Fachlexikon ABC Physik

Fachlexikon
ABC PHYSIK

Ein alphabetisches Nachschlagewerk
in zwei Bänden

Etwa 12000 Stichwörter sowie 2000 Abbildungen
im Text und 64 Tafeln
Unveränderter Nachdruck, 1982

Band 2: M—Z

Verlag Harri Deutsch · Thun · Frankfurt/M.

Herausgeber: Richard Lenk und Walter Gellert

ISBN 3 87144 003 5

1982

Lizenzausgabe für den Verlag Harri Deutsch, Thun

Redaktionelle Bearbeitung: Lektorat Enzyklopädie,
verantwortlicher Redakteur Dipl.-Phys.
Thomas Pfeifer
Bildredaktion: Helga Röser
Schutzumschlag und Einbandgestaltung:
Günter Junge
Typografie und Herstellung: Rolf Kunze,
Paul Kretzschmar
Satz: Offizin Andersen, Nexö,
Graphischer Großbetrieb, Leipzig III/18/38-5
Druck: Hans Kock Buch- und Offsetdruck GmbH Bielefeld

Vorwort

Hervorragende Naturforscher wie Kepler, Galilei und Newton begründeten im Kampf gegen die Enge mittelalterlichen Denkens die Physik als grundlegende Naturforschung. Von der Herausbildung der Mechanik, der Optik, der Elektrodynamik und Thermodynamik als den Disziplinen der klassischen Physik führt ein gerader Weg zu der beeindruckenden Vertiefung und Erweiterung physikalischer Erkenntnisse und Fragestellungen in der modernen Physik, die das naturwissenschaftlich exakte Bild von der Welt immer fester gründen.

Von den Elementarteilchen über die Atomkerne, Atome, Moleküle, den Substanzen in ihren verschiedenen Aggregatzuständen bis zum Plasma im Innern der Sterne und in den galaktischen Systemen spannt sich ein weiter Bogen von Strukturen der unbelebten Natur. Vor allem bei den kleinsten und größten Strukturen, in der Elementarteilchenphysik, in der Kosmologie und Kosmogonie sind wesentlich neue Erkenntnisse noch zu erwarten.

Beruhen die Ergebnisse physikalischer Forschung bereits seit den ersten Anfängen der klassischen Physik auf der Synthese von Erfahrung aus systematischem Experimentieren und der gedanklichen Analyse und Verallgemeinerung, so bietet der heutige Erkenntnisstand ein außerordentlich beeindruckendes Bild einer weit über das empirische Sammeln und Ordnen von Fakten hinausgehenden Wissenschaft, die zu einem qualitativen und in vielen Bereichen quantitativen Verständnis der Naturerscheinungen, mit der Aufdeckung physikalischer Gesetze und der oft kühnen Einführung völlig neuer Konzeptionen zur immer besseren Beherrschung der Natur geführt hat. Wie die industrielle Revolution zu Beginn des 19. Jahrhunderts undenkbar wäre ohne die auf physikalischen Erkenntnissen beruhende Entwicklung der Wärmekraftmaschinen, so gründet sich in der Gegenwart, da die Wissenschaft allgemein zu einer der bestimmenden Produktivkräfte geworden ist, die moderne Technik wesentlich auf die Ergebnisse der aus physikalischer Forschung entstandenen Elektronik, die grundlegenden Beiträge der Physik zur modernen Materialforschung und das breite Spektrum physikalischer Meßprinzipien. Physikalische Forschung heute ist nur in gut organisierter Gemeinschaftsarbeit möglich und benötigt aufwendige, großräumige Forschungsanlagen.

Bei der Bestimmung des Umfangs der einzelnen Gebiete in diesem „Fachlexikon ABC Physik" wurden bewußt die für die moderne Physik typischen Gebiete betont, insbesondere die atomphysikalisch-quantenmechanische Analyse der Struktur der Materie. Dabei erwies sich die alphabetische Reihenfolge des Lexikons als vorteilhaft, weil sie gekünstelte Fragen der Zuordnung zu bestimmten Sachgebieten gar nicht auftreten läßt, z. B. die Frage, ob Spektralanalyse oder Spektroskopie besser in der Optik oder beim Aufbau der Atome und Moleküle zu behandeln sind. Dieser Vorteil erlaubt es auch, bei Abgrenzungen gegen Nachbargebiete eine passende Grenze einzuhalten, z. B. bei Abgrenzung gegen die Chemie vom physikalischen Standpunkt aus auf Photochemie, chemische Bindung, das Periodensystem, die Phasenumwandlungen, das Massenwirkungsgesetz und andere Fragen der Thermodynamik einzugehen. Wert wurde auf benachbarte Gebiete der Technik gelegt, z. B. auf elektrische Maschinen, Wärmekraftmaschinen, Dosimetrie und Strahlenschutz, Reaktortechnik und Kernenergetik sowie Halbleiterbauelemente und Vakuumtechnik. Gegenstand des Lexikons sind weiterhin Anwendungen der Physik in der Astro-, Geo- und Biophysik. Mit knappen Darstellungen kybernetischer Grundbegriffe soll einerseits der Anschluß an die Grundlagen einer allgemeinen Systemtheorie hergestellt und andererseits den wesentlichen Anwendungen der modernen Datenverarbeitung, Informations- und Rechentechnik bei der Bearbeitung physikalischer Fragen Rechnung getragen werden.

Das abstrakteste Hilfsmittel der Physik ist die Mathematik. Ihre Sprache ist in weiten Gebieten auch die des Physikers. Zur Erleichterung für den Leser sind die für den Physiker wichtigen Grundbegriffe der Mathematik bereitgestellt, wobei jedoch für viele Einzelheiten auf mathematische Spezialwerke verwiesen werden muß.

Ein einheitliches Niveau im Abstraktionsgrad und in den mathematischen Voraussetzungen konnte naturgemäß nicht angestrebt werden. Der Leser spezieller Artikel über Elementarteilchentheorie beispielsweise muß über größere Voraussetzungen verfügen als der Leser, der sich für die Grundlagen der Kernspaltung interessiert.

Das aktuelle physikalische Wortgut von den Grundbegriffen zu den modernsten Problemen und Erkenntnissen zu ordnen und einem möglichst breiten Leserkreis verständlich zu machen, ist Anliegen des „Fachlexikons ABC Physik". Es erläutert physikalische Gesetzmäßigkeiten und Zusammenhänge, berücksichtigt die Anwendung der Physik auf den verschiedenen Gebieten, ermöglicht es, Kenntnisse zu festigen und Wissenslücken zu schließen, und weist auf weiterführende Fachliteratur hin. Damit wird das „Fachlexikon ABC Physik" zu einem verläßlichen Ratgeber für Studierende, Lehrende und die in Wissenschaft, Technik und Industrie Tätigen, die ihre physikalischen Kenntnisse erweitern und sich Einblick auch in die Gebiete außerhalb ihres speziellen Aufgabenbereiches verschaffen wollen.

Die vorliegende Lizenzausgabe des „Fachlexikons ABC Physik" wurde für die Gegebenheiten des westlichen Marktes bearbeitet.

Herausgeber und Verlag danken allen, die an diesem Nachschlagewerk mitgewirkt haben.

Herausgeber und Verlag

Hinweise für die Benutzung und Abkürzungen

Reihenfolge der Stichwörter. Die Stichwörter sind nach dem Alphabet geordnet. Die Umlaute ä, ö, ü gelten in der alphabetischen Reihenfolge wie die einfachen Buchstaben a, o, u; die Doppelbuchstaben ai, au, äu, ei, eu, ae, oe, ue (auch die wie Umlaute gesprochenen) werden wie getrennte Buchstaben behandelt, ebenso sch, st, sp usw. ß gilt wie ss. So folgen z. B. aufeinander die Stichwörter Cockcroft-Walton-Generator, Coehnsches Aufladungsgesetz, Cole-Cole-Diagramm.

Griechische Buchstaben in Zusammensetzung sind, soweit möglich, ausgeschrieben, z. B. Gammastrahlen. Falls einzelne griechische Buchstaben als Stichworte erscheinen, sind sie im Alphabet mit unter dem entsprechenden deutschen Buchstaben eingeordnet, z. B. Γ unter G. Wörter, die man unter C vermißt, suche man je nach Aussprache unter K oder Z und umgekehrt. Wörter, die man unter F vermißt, suche man unter Ph. In diesem Zusammenhang sei darauf hingewiesen, daß bei Wörtern griechischen Ursprungs die Ph-Schreibweise beibehalten wurde (z. B. Photographie); ausgenommen davon sind die postamtlichen Bezeichnungen Telefon und Telegraf sowie Zusammensetzungen bzw. Ableitungen. Der Schreibung russischer Eigennamen wurde die Transkription nach Prof. Steinitz zugrunde gelegt; so heißt es z. B. Tscherenkow-Strahlung (nicht Čerenkov-Strahlung) und Wlassow-Gleichung (nicht Vlasov-Gleichung).
Stichwörter wie $T^{3/2}$-Gesetz, $1/v$-Gesetz u. ä. werden im Alphabet entsprechend der Aussprache angeordnet und abgehandelt, also unter *T*-hoch-drei-Halbe-Gesetz und Eins-durch-*v*-Gesetz.

Schriftarten. Die Stichwörter sind in **halbfetter Grundschrift** gedruckt. Synonyme zum Stichwort (also Wörter, die die gleiche Bedeutung haben) und Begriffe, die hervorgehoben werden sollen, sind *kursiv* (in *Schrägschrift*) gedruckt. Zur sachlichen Gliederung der Artikel, z. T. auch zur Hervorhebung wird S p e r r d r u c k verwendet.

Abkürzungen. Das Stichwort wird im Artikeltext stets mit dem Anfangsbuchstaben abgekürzt. Sonstige verwendete Abkürzungen sind aus dem Abkürzungsverzeichnis zu ersehen.

Verweise. Wird ein Begriff unter einem anderen Stichwort abgehandelt, so ist auf diesen mit einem Verweispfeil (→) verwiesen, z. B. **Punktgruppe,** → Symmetrie. Handelt es sich bei den beiden Begriffen um Synonyme, so fehlt der Verweispfeil, und es ist der Zusatz svw. (soviel wie) verwendet, z. B. **elektrischer Fluß,** svw. Verschiebungsfluß. Bei weniger wichtigen Begriffen ist, um Raum zu sparen, auf Verweisstichworte verzichtet worden, insbesondere dann, wenn es sich um Zusammensetzungen mit dem Hauptbegriff handelt. So ist z. B. das Stichwort Mikrowellenantenne nicht vorhanden, dieser Begriff wird unter dem Stichwort Antenne abgehandelt; Teilkapazität erscheint nicht als Stichwort, sondern ist unter dem Stichwort Kapazität nachzuschlagen.

Am Schluß wichtiger Artikel werden Literaturangaben gebracht, geordnet nach Autoren. Es wurde meist deutschsprachige Literatur berücksichtigt, einschließlich Übersetzungen.

Abkürzungen

Abb.	= Abbildung
abg.	= abgekürzt
Abk.	= Abkürzung
Abschn.	= Abschnitt
Aufl.	= Auflage
Bd	= Band
Bde	= Bände
d. h.	= das heißt
d. i.	= das ist
d. s.	= das sind
engl.	= englisch
f	= Femininum
franz.	= französisch
GBl.	= Gesetzblatt
Handb.	= Handbuch
hrsg.	= herausgegeben
Jahrb.	= Jahrbuch
Jh.	= Jahrhundert
Jt.	= Jahrtausend
Kurzz.	= Kurzzeichen
Lit.	= Literatur
m	= Maskulinum
n	= Neutrum
Plur.	= Plural
russ.	= russisch
S.	= Seite
Sing.	= Singular
s. u.	= siehe unten
svw.	= soviel wie
Tab.	= Tabelle
Taschenb.	= Taschenbuch
Tl(e)	= Teil(e)
u. a.	= und andere(s)
Übers.	= Übersicht
vgl.	= vergleiche
v. u. Z.	= vor unserer Zeitrechnung
z. T.	= zum Teil
Ztschr.	= Zeitschrift

Formelschreibweise. Bei Verwendung eines schrägen Bruchstriches ist die Formel wie folgt zu lesen: a/bc bedeutet $\frac{a}{bc}$, nicht: $\frac{a}{b}c$.

Quellennachweis

Tafelabbildungen (Tafel/Abb.)

Albring, Angewandte Strömungslehre, 4. Auflage, Verlag Theodor Steinkopff, Dresden 1970: 17/1a und 1b, 18/2a bis 2d, 3a und 3b, 19/1a und 1b; V. Alex, Halle: 56/5; S. Amelinckx, Studiecentrum voor Kernenergie S. C. K., Mol-Donk: 59/3 und 4; Hans-Jochen Arndt, Leipzig: 6/1 bis 6, 7/1 bis 6, 8/1 bis 7, 9/1 bis 6, 13/2 bis 6, 14/1 bis 12, 16/1 und 2, 22/6, 23/1, 24/1 und 2, 54/1 bis 6; W. Bierdümpfel u. H. Gobsch, Halle: 51/3; W. Bostanov, Sofia: 56/2; S. S. Brenner u. Ph. D. Thesis, Rensllaer Polytechnical Institute: 56/4; Cambridge Instrument Company, Cambridge: 50/3; VEB Carl Zeiss Jena: 25/1 bis 3, 26/1 bis 6, 50/2, 56/6; CERN Public Information Office, Genf: 35/3, 38/1 und 2, 43/1 bis 3, 44/1 bis 4, 46/1 und 2; Foto-Clauss, Leipzig: 47/1; Deutsches Amt für Meßwesen und Warenprüfung, Berlin: 64/1 bis 3; D. Eckert, Dresden: 60/3 bis 5; Fachbereich Angewandte Physik II der Friedrich-Schiller-Universität Jena: 52/1 bis 6; VEB Filmfabrik Wolfen: 3/1 und 2, 4/1 bis 6; VEB Funkwerk Erfurt: 53/3 und 4; Grünberger, Dresden: 60/6; K. A. Haines u. B. P. Hildebrand, Surface-deformation measurement using the wavefront reconstruction technique, Academic Press, New York u. London 1966: 29/6b; L. O. Heflinger, R. Wuerker, R. S. Brooks, Holographic Interferometry, Prince and Lemon Street, Lancaster/Pa. 1966: 29/6a; Helmut Hemschick, Dresden: 60/1, 2a und 2b; Kurt Herschel, Holzhausen: 57/1 bis 9, 58/1 bis 9; Johannes Heydenreich, Halle: 49/1 und 2, 50/4, 51/1 und 4; J. Heymann, Karl-Marx-Stadt: 30/1 bis 6, 31/3 und 4; M. Hofmann, Halle: 59/5; J. Houtgast, Utrecht: 32/3; K. A. Jackson, Bell Telephone Laboratories: 56/3; Karl-Schwarzschild-Observatorium Tautenburg der DAdW zu Berlin: 63/1; K. W. Keller, Halle: 56/1; M. Klaua, Halle: 49/3; Gerhard Krause, Wittenberg: 53/1 und 2; M. Krohn, Halle: 51/5; Wolfgang Krug, Berlin: 28/1a bis 1c, 2a bis 2c, 3a und 3b, 4a und 4b, 5a und 5b; Günther Langhammer, Leipzig: 12; E. N. Leith u. J. Upatnieks, Microscopy by wavefront reconstruction, Lancaster Press Inc., Lancaster/Pa. 1965: 29/5; Hans Lenk, Berlin: 29/1, 2, 3a bis 3c, 4a bis 4c; VEB RFT Meßelektronik Berlin: 23/2 und 3, 24/3; VEB RFT Meßelektronik „Otto Schön" Dresden: 23/5; Kombinat VEB Meßgerätewerk Zwönitz: 23/4; U. Messerschmidt, Halle: 51/6; R. Meyer, Karl-Marx-Stadt: 30/7 und 8, 31/5 und 6; Kleines Lexikon, Bd I, VEB Verlag Enzyklopädie, Leipzig 1967: 1; A. A. Michailow, Leningrad-Pulkowo: 61/1, 62/2; E. W. Müller, Pennsylvania State University: 49/4; Hildegard Müller, Leipzig: 51/2; Nowosti, Moskau: 34/2, 35/1; Erna Padelt, Berlin: 64/4 bis 8; M. Peschel, Karl-Marx-Stadt: 11; Friedrich Plümer, Leipzig: 20/1 bis 6, 55/5 und 6; Jochen Rannacher, Dresden: 19/2a und 2b, 3a bis 3c; J. Richter, Dresden: 59/2a und 2b; R. Ritschl, Berlin: 32/4 und 5; Edmund Rommel, Leipzig: 13/1 und 7, 15/1 bis 6, 16/3 bis 5, 21/1 bis 9, 22/1 bis 5, 27/1 bis 6, 54/7; Werner Schmidt, Leipzig: 55/1 bis 4; R. Scholz, Halle: 59/1; Wolfgang G. Schröter, Markkleeberg: 5; Sektion Energieumwandlung der Technischen Universität Dresden, Bereich Strömungstechnik: 10/1, 2a und 2b, 3a und 3b, 17/2a und 2b, 3 und 4, 18/1a bis 1d, 19/1c, 4a und 4b; Sektion Physik der Technischen Universität Dresden, Bereich Experimentalphysik IV: 40/4, 41/5; Sektion Technologie der metallverarbeitenden Industrie der Technischen Hochschule Otto von Guericke Magdeburg: 48/1 bis 8; Sky Publishing Corporation, Cambridge/Mass.: 61/2; Vom Sonnenobservatorium Einsteinturm Potsdam des Zentralinstituts für solarterrestrische Physik der Deutschen Akademie der Wissenschaften zu Berlin zur Verfügung gestellt: 32/1 und 2; Sternwarte Sonneberg der Deutschen Akademie der Wissenschaften zu Berlin: 62/1; Tafeln zur Prüfung des Farbensinnes, 24. Auflage, Hg. K. Velhagen, VEB Georg Thieme Verlag, Leipzig 1967: 2/1 bis 3; Tumanow, VIK Dubna: 33/1 bis 6, 34/1, 3 und 4, 35/2, 36/1 bis 4, 37/1 und 2, 38/3 und 4, 39/1 bis 3, 40/1 bis 3, 41/1 bis 4, 42/1, 43/4 und 5, 45/1 bis 4, 46/3 bis 5; Klaus Ullmann, Karl-Marx-Stadt: 31/1 und 2, 7 und 8; VEB Werk für Fernsehelektronik Berlin: 50/1; Zentralbild/TASS, Berlin: 47/5 und 6; Zentralinstitut für Kernforschung Rossendorf der Deutschen Akademie der Wissenschaften zu Berlin: 42/2 bis 4; Zentralinstitut für Strahlen- und Isotopentechnik Leipzig der Deutschen Akademie der Wissenschaften zu Berlin, Bereich Angewandte Radioaktivität: 47/4a und 4b; Georg Zimmer, Leipzig: 24/4, 47/2 und 3; Helmut Zimmermann, Universitäts-Sternwarte Jena: 63/2 und 3.

Textabbildungen

Albring, Angewandte Strömungslehre, 4. Auflage, Verlag Theodor Steinkopff, Dresden 1970; Bachmann, Manometrie, VEB Fachbuchverlag, Leipzig 1964; Beier, Biophysik, 3. Auflage, VEB Georg Thieme Verlag, Leipzig 1968; Birkenfeld, Haase, Zahn, Massenspektrometrische Isotopenanalyse, VEB Deutscher Verlag der Wissenschaften, Berlin 1962; Bitterlich, Elektronik, Springer-Verlag, Wien u. New York 1967; Bloembergen u. Benjamin, Nonlinear Optics, W. A. Benjamin Inc., New York u. Amsterdam 1965; Brügel, Einführung in die Ultrarotspektroskopie, Dr. Dietrich Steinkopff Verlag, Darmstadt 1969; Chemie, VEB Deutscher Verlag für Grundstoffindustrie, Leipzig 1963; Cotton u. Wilkinson, Anorganische Chemie, Verlag Chemie, Weinheim (Bergstraße) 1968; d'Ans u. Lax, Taschenb. für Chemiker und Physiker, Bd I, 3. Auflage, Springer-Verlag, Berlin, Heidelberg, New York 1967; Ebert u. Seifert, Kernresonanz im Festkörper, Akademische Verlagsgesellschaft Geest & Portig KG, Leipzig 1966; Egyed, Physik der Erde, BSB B. G. Teubner Verlagsgesellschaft, Leipzig 1969; electronicum, Deutscher Militärverlag, Berlin 1967; Ergebnisse europäischer Ultrahochvakuumforschung, Leybold, Köln 1968; Fastowski, Petrowski, Rowinski, Kryotechnik, Akademie-Verlag GmbH, Berlin 1970; Finkelnburg, Atomphysik, Springer-Verlag, Berlin, Göttingen, Heidelberg 1962; Flügge, Handb. der Physik, Springer-Verlag, Berlin, Göttingen, Heidelberg 1955; Fowler, Physics of Color Centers, Academic Press Inc., New York 1968; Friedel, Dislocations, Pergamon Press Ltd, Oxford 1964; VEB Funkwerk Erfurt; Grimsehl, Lehrb. der Physik, Bd I bis IV, BSB B. G. Teubner Verlagsgesellschaft, Leipzig 1965; Haase,

Physikalische Grundlagen, Akademische Verlagsgesellschaft, Frankfurt/Main 1968; Hall, Coherent light emission form p-n junctions, Solid-State Electronics, Pergamon Press Ltd, Oxford 1963; Handb. für Hochfrequenz- und Elektrotechniker, Bd V, Verlag für Radio-Foto-Kinotechnik GmbH, Berlin 1967; Hanle, Isotopentechnik, Verlag Karl Thiemig KG, München 1964; Harrison, Pseudopotentials in the Theory of Metals, W. A. Benjamin Inc., New York 1966; Harrison, Solid State Theory, McGraw-Hill Book Company, New York 1970; Hertz, Lehrb. der Kernphysik, Bd I u. II, Verlag Werner Dausien, Hanau 1966; Hirth u. Lothe, Theory of Dislocations, McGraw-Hill Book Company, New York 1968; JEOL, Tokio; Keck, Teilchenbeschleuniger, Urania-Verlag, Leipzig, Jena, Berlin 1967; Khambata, Einführung in die Mikroelektronik, VEB Verlag Technik, Berlin 1966; Kiefer u. Manshart, Strahlenschutzmeßtechnik, G. Braun GmbH Verlag, Karlsruhe 1964; Kleine Enzyklopädie Atom, Verlag Chemie, Weinheim (Bergstaße) 1970; Kleine Enzyklopädie Mathematik, Verlag Harri Deutsch, Zürich u. Frankfurt/M. 1972; Kneller, Ferromagnetismus, Springer-Verlag, Berlin, Göttingen, Heidelberg 1962; Kohlrausch, Praktische Physik, B. G. Teubner, Stuttgart 1968; Kortüm, Einführung in die chemische Thermodynamik, 5. Auflage, Vandenhoeck & Ruprecht Verlagsbuchhandlung, Göttingen 1966; Landau u. Lifschitz, Lehrgang der Theoretischen Physik, Bd V, Akademie-Verlag GmbH, Berlin 1966; Lappe, Thyristor-Stromrichter für Antriebsregelungen, VEB Verlag Technik, Berlin 1968; Lippmann u. Mahrenholtz, Plastomechanik der Umformung metallischer Werkstoffe, Springer-Verlag, Berlin, Heidelberg, New York 1967; Macke, Felder, Akademische Verlagsgesellschaft Geest & Portig KG, Leipzig 1960; Macke, Quanten, Akademische Verlagsgesellschaft Geest & Portig KG, Leipzig 1965; Martin, Die Ferroelektrika, Akademische Verlagsgesellschaft Geest & Portig KG, Leipzig 1964; Meinke u. Gundlach, Taschenb. der Hochfrequenztechnik, 2. Auflage, Springer-Verlag, Berlin, Göttingen, Heidelberg 1962; Meyerhof, Elements of Nuclear Physics, McGraw-Hill Book Company, New York 1967; Mittelstraß, Magnetbänder und Magnetfilme, VEB Verlag Technik, Berlin 1965; Mutter, Wissenschaftliche und angewandte Photographie, Bd V, Springer-Verlag, Wien u. New York 1967; Paul u. Brooks in: Progress of Semiconductors, Hg. Gibson u. Burgess, Bd VII, Heywood & Company, London 1963; Pfeifer, Elektronik für den Physiker, Bd I, II u. V, Vieweg Verlag, Braunschweig 1966/1967; Philippow, Taschenb. Elektrotechnik, Bd I bis III, VEB Verlag Technik, Berlin 1963–1969; Picht u. Heydenreich, Einführung in die Elektronenmikroskopie, VEB Verlag Technik, Berlin 1966; Prandtl, Führer durch die Strömungslehre, Friedr. Vieweg & Sohn, Braunschweig 1965; Putnam, Geologie: Einführung in ihre Grundlagen, Walter de Gruyter & Co., Berlin 1969; Rank Xerox Corporation; Roman, Theory of Elementary Particles, North-Holland Publishing Company, Amsterdam; Schield, A source for field-digned currents at auroral latitudes, Preprint Dept. Space Sic.; Rice-University, Houston/Tex. 1968; Schilling u. Tischer, Energetik, VEB Verlag Technik, Berlin 1967; Schlichting, Grenzschichttheorie, G. Braun GmbH. Verlag, Karlsruhe 1965; Schlichting u. Truckenbrodt, Aerodynamik des Flugzeuges, Springer-Verlag, Berlin, Heidelberg, New York 1967; Schoffa, Elektronenspinresonanz in der Biologie, G. Braun GmbH. Verlag, Karlsruhe 1964; G. E. R. Schulze, Metallphysik, Akademie-Verlag GmbH, Berlin 1967; Sektion Energieumwandlung der Technischen Universität Dresden, Bereich Strömungstechnik; Sommerfeld, Thermodynamik und Statistik, Akademische Verlagsgesellschaft Geest & Portig KG, Leipzig 1962; Stranski, Wachstum und Auflösen der Kristalle vom NaCl-Typ, Akademische Verlagsgesellschaft Geest & Portig KG, Leipzig; Streitwolf, Gruppentheorie in der Festkörperphysik, Akademische Verlagsgesellschaft Geest & Portig KG, Leipzig 1967; Suhr, Anwendungen der kernmagnetischen Resonanz in der organischen Chemie, Springer-Verlag, Berlin, Heidelberg, New York 1965; Szabo, Höhere Technische Mechanik, Springer-Verlag, Berlin, Göttingen, Heidelberg 1960; Taschenb. Maschinenbau, VEB Verlag Technik, Berlin 1964; F. Tomamichel, Photographisches Institut der Eidgenössischen Technischen Hochschule Zürich; Trendelenburg, Ultrahochvakuum, G. Braun GmbH. Verlag, Karlsruhe 1963; Vortrag von Professor Dr. Gothe, Herbstschule für Hochfrequenzspektroskopie, Leipzig 1969; Vorträge über Supraleitung, Hg. Physikalische Gesellschaft Zürich, Birkhäuser Verlag, Basel u. Stuttgart 1968; Wertheim, Mößbauer-Effekt: Principes and Applications, Academic Press Inc., New York 1964; Ziman, Principles of the Theory of Solids, Cambridge University Press, London 1964; Zwischen absolutem Nullpunkt und Sonnentemperatur, Urania-Verlag, Leipzig, Jena, Berlin 1967.

m, 1) → Meter. 2) → Milli. 3) m, → Helligkeit. 4) m, → Masse. 5) m^*, → effektive Masse. 6) $\vec{m}$, magnetisches Dipolmoment, → Dipol 2).

M, 1) → Mega. 2) → Machzahl. 3) → Maxwell. 4) Mired, → Miredskale. 5) M, → Massezahl. 6) M, → Helligkeit.

ma, → Myria.

mA, → Ampere.

Ma, → Machzahl.

Mache-Einheit, Symbol ME, alte Einheit der radiologischen Konzentration von Quellen u. ä. 1 ME = $3{,}64 \cdot 10^{-10}$ Ci/l = $13{,}468 \cdot 10^{3}\,m^{-3} \cdot s^{-1}$.

Machsche Linie, → Machsche Welle.

Machscher Kegel, → Machsche Welle.

Machscher Winkel, → Machsche Welle.

Machsches Prinzip, beinhaltet die Hypothese, daß die Trägheit (Trägheitskräfte) der Körper in der Existenz der „fernen Massen" des Kosmos ihren Ursprung hat, also als ein kollektiver Effekt ihrer Wechselwirkung zu erklären ist. Die Trägheit eines Körpers soll verschwinden, wenn man die übrigen Massen aus dem Kosmos entfernt. Darüber hinaus macht das Machsche P. Aussagen über die Beziehungen zwischen Kinematik und Dynamik bewegter Körper. Mach ging davon aus, daß es kinematisch äquivalent ist, ob sich ein Körper mit der Geschwindigkeit v gegenüber dem Kosmos bewegt oder der Kosmos mit der Geschwindigkeit $-v$ gegenüber dem Körper. Mach verlangte nun, daß die kinematische Relativität auch für die Dynamik gelten soll, d. h., es soll auch dynamisch gleichwertig sein, ob sich ein Körper translatorisch gegenüber dem Kosmos bewegt bzw. beschleunigt wird oder umgekehrt. Damit fordert das Machsche P. auch die Relativität translatorischer Beschleunigungen, es bedeutet also eine Erweiterung der → Galilei-Gruppe.

Das Machsche P. wurde von E. Mach 1883 in seinen kritischen Untersuchungen zur Newtonschen Mechanik entwickelt. Ausgangspunkt war die Bemerkung, daß die → Inertialsysteme der Newtonschen Mechanik experimentell durch bezüglich des Systems der Fixsterne rotationsfreie Bezugssysteme realisierbar sind. Für Mach ist der Newtonsche Eimerversuch, der einmal die Flüssigkeit, das andere Mal die Gefäßwände rotieren läßt und die dabei unterschiedliche Gleichgewichtsfigur der Flüssigkeit betrachtet, kein Beweis für die Existenz des absoluten Raumes, sondern zeigt nur, daß die Relativdrehung zwischen Flüssigkeit und Gefäßwänden nur dann Zentrifugalkräfte hervorruft, wenn sie auch eine Relativdrehung der Flüssigkeit gegenüber den „fernen Massen" des Kosmos bedeutet. Die Ursache der Zentrifugalkräfte ist nach Mach nicht die Rotation gegenüber dem fiktiven absoluten Raum, sondern die Rotation gegenüber dem Fixsternhimmel. Demgemäß soll es für die Gleichgewichtsfigur einer rotierenden Flüssigkeit dasselbe sein, ob der Fixsternhimmel rotiert oder die Flüssigkeit.

Das Machsche P. war einer der Ausgangspunkte A. Einsteins bei der Entwicklung der → allgemeinen Relativitätstheorie, konnte jedoch innerhalb der Theorie nur teilweise verwirklicht werden. Es spielt in der Kosmologie eine bedeutende Rolle, konnte jedoch erst vor kurzem in Anlehnung an die von Riemann entwickelte Mechanik theoretisch voll erfaßt und berücksichtigt werden.

Lit. Hönl in: Entstehung, Entwicklung und Perspektiven der Einsteinschen Gravitationstheorie (Berlin 1966); Mach: Die Mechanik in ihrer Entwicklung (Leipzig 1953); Treder: Die Relativität der Trägheit (Berlin 1972).

Machsche Welle, in Überschallströmungen die Hüllfläche an die von einer Druckstörung ausgehenden Kugelwellen, die nach dem Huygensschen Prinzip die Form eines Kegelmantels besitzt. Eine punktförmige Druckstörung breitet sich in einer gleichförmigen Gasströmung mit Schallgeschwindigkeit a in Form einer Kugelwelle aus, deren Mittelpunkt mit der Strömungsgeschwindigkeit c weiterwandert. Ist die Strömungsgeschwindigkeit größer als die Schallgeschwindigkeit, so breitet sich die Störung nur in einem kegelförmigen Raum, dem *Machschen Kegel*, hinter der Störquelle S aus, die z. B. ein winziges Hindernis sein kann (Abb.). Der Raum außerhalb des Kegels bleibt vom Hindernis völlig unbeeinflußt. In ebener Strömung wird die M. W. auch *Machsche Linie* genannt. Der halbe Öffnungswinkel des Machschen Kegels und der Machschen Linien trägt die Bezeichnung *Machscher Winkel* α. Nach einer Zeit t_n hat sich die punktförmige Störung zu einer Kugel vom Radius $a \cdot t_n$ ausgeweitet, und deren Mittelpunkt hat den Weg $c \cdot t_n$ zurückgelegt (Abb.). Somit folgt $\sin\alpha = a \cdot t_n/(c \cdot t_n) = a/c = 1/\mathrm{Ma}$; dabei bedeutet Ma die Machzahl.

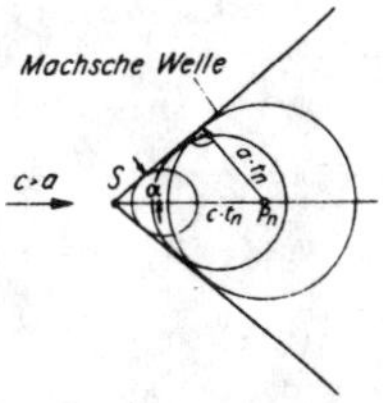

Ausbreitung kleiner Druckstörungen in Überschallströmungen

Während sich durch Wandrauhigkeiten entstehende kleine Druckunterschiede in Unterschallströmungen schnell ausgleichen, geht in Überschallströmungen von jeder Unebenheit eine Welle unter dem Machschen Winkel aus. Diese breitet sich in den gesamten Strömungsraum aus und wird an gegenüberliegenden Wänden reflektiert. Die Strömungsrichtung ist durch die Richtung der Winkelhalbierenden zweier sich schneidender Machscher Linien gegeben. Aus dem experimentell z. B. durch eine Schattenaufnahme ermittelten Verlauf der Machschen Linien kann α und damit auch die Machzahl Ma bestimmt werden.

Mächtigkeit, → Menge.

Machzahl, Ma oder M, eine → Kennzahl, das Verhältnis von Strömungsgeschwindigkeit c zu Schallgeschwindigkeit a: Ma = c/a, oder auch das Verhältnis der Geschwindigkeit v eines Körpers zur Schallgeschwindigkeit c in dem betrachteten Medium, meist Luft: Ma = v/c. Ma > 1 bedeutet, daß die Geschwindigkeit größer ist als die Schallgeschwindigkeit, Ma < 1, daß die Geschwindigkeit kleiner ist als die Schallgeschwindigkeit. In Luft von der Temperatur 20 °C ist in Bodennähe Ma = 1, das entspricht einer Körpergeschwindigkeit von $v \approx 340$ m/s ≈ 1200 km/h, Ma = 2 entsprechend 680 m/s ≈ 2400 km/h.

Außerdem benutzt man noch $\mathrm{Ma}^* = c/a^*$, d. i. die auf die kritische Schallgeschwindigkeit a^* bezogene M., und $\mathrm{Ma_R} = c/a_R$, d. i. die auf die Ruheschallgeschwindigkeit a_R bezogene M. Die M. ist von Bedeutung für kompressible Strömungen (→ Gasdynamik). Da für isentrope und adiabate Rohrströmung a^* eine Konstante ist, ist Ma* proportional zu c. Deshalb verwendet man im Maschinenwesen vorzugsweise Ma*. In der Flugmechanik benutzt man meistens Ma, weil durch den Flug eines Körpers in der Atmosphäre die Temperatur der umgebenden Luft nicht geändert wird und bei konstanter Temperatur auch a = konst. bleibt. Damit ist Ma proportional zu c. Während der Maximalwert $Ma^{*}_{max} = \sqrt{\varkappa + 1/(\varkappa - 1)}$ endlich ist ($\varkappa$ bedeutet den Isentropenexponent), ergibt sich für $Ma_{max} = \infty$. Als *kritische M.* Ma_{kr} bezeichnet man die Zuström-Machzahl, bei der auf der Oberfläche umströmter Körper gerade Schallgeschwindigkeit auftritt.

Mach-Zehender-Interferometer, ein aus dem Jamin-Interferometer entwickeltes Interferometer, mit dem eine größere räumliche Trennung der beiden Teilstrahlenbündel möglich ist. An der ersten Trennplatte wird das von der Lichtquelle kommende Licht in zwei Anteile aufgespalten, die an je einem ebenen Spiegel reflektiert und an der zweiten Trennplatte vereinigt werden.

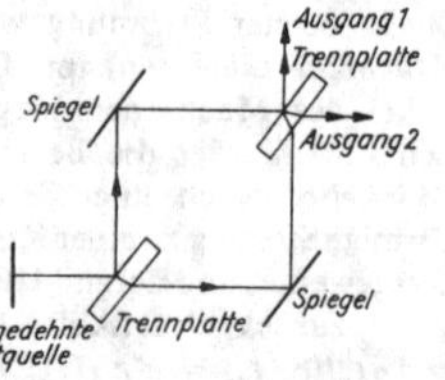

Schematischer Strahlengang beim Mach-Zehender-Interferometer

Es sind zwei Ausgänge vorhanden, wobei aus Symmetriegründen der zweite vorzuziehen ist. Je nach Dimensionierung und Verwendungszweck des M.-Z.-I.s werden die Interferenzen mit Fernrohr, Auge oder Mikroskop beobachtet oder bei geeigneter Einstellung auch außerhalb des Interferometers auf einem Schirm aufgefangen. Sind die beiden reellen bzw. virtuellen Bilder der ausgedehnten Lichtquelle einander parallel, so werden im Unendlichen Interferenzen gleicher Neigung (Haidingersche Ringe) beobachtet. Bilden sie miteinander einen Keil so beobachtet man Interferenzen gleicher Dicke (Fizeausche Streifen), die beim Keilwinkel Null in Interferenzkontrast übergehen. Das M.-Z.-I. ist nicht an die rechtwinklige Form gebunden. Zur besseren Ausnutzung der Trennplatten wird häufig ein Einfallswinkel von 30° an Stelle von 45° gewählt.

Man verwendet das M.-Z.-I. hauptsächlich als Interferenzrefraktometer zur interferometrischen Brechzahlbestimmung, ferner zur Untersuchung von Strömungsvorgängen in der Aerodynamik oder von Schlieren in Luft oder Glas (dabei z. T. mit Schlierenanordnungen kombiniert), ferner als Interferenzmikroskop sowie als Shearing-Interferometer.

Maclaurinsche Reihe, für die Umgebung der Stelle $x = 0$ entwickelte Taylor-Reihe (→ Taylorsche Formel, → Exponentialfunktion).

Magdeburger Halbkugeln, zwei hohle Halbkugeln aus Kupferblech mit Rändern, die luftdicht aufeinander paßten und mit deren Hilfe Guericke 1654 zuerst die Wirkung des Luftdrucks auf Gegenstände an der Erdoberfläche nachwies. Wurde die zusammengesetzte Kugel evakuiert, so drückte der äußere Luftdruck die beiden Halbkugeln so fest zusammen, daß es mit je 8 Pferden auf beiden Seiten nicht gelungen sein soll, sie zu trennen. Die M. Kugel hatte einen Durchmesser von 42 cm.

Maggi-Righi-Leduc-Effekt, seltene Bezeichnung für den → Righi-Leduc-Effekt.

magisches Auge, svw. Abstimmanzeigeröhre.

magisches Band, svw. Abstimmanzeigeröhre.

magisches T-Glied, *Doppel-T-Glied, Doppel-T-Verzweigung, Doppel-T, magisches T,* ein spezielles Hohlleiterbauteil, das eine kombinierte Serien- und Parallelverzweigung darstellt. Diese wird z. B. häufig in Brückenschaltungen oder zur Mischung verwendet. Schließt man die beiden gegenüberliegenden H-Arme 1 und 2 eines magischen T-G.es mit gleichen beliebigen Widerständen ab, so sind der dritte, zu 1 und 2 senkrechte H-Arm und der zu allen drei H-Armen senkrechte E-Arm voneinander vollkommen entkoppelt. Das bedeutet, daß, wenn man die Arme 1 und 2 reflexionsfrei abschließt und in den H-Arm eine Welle einspeist, sich diese nur in die Arme 1 und 2 ausbreitet und keine Energie in den E-Arm gelangt. Analog verhält sich das magische T-G. bei Einspeisung einer Welle in den E-Arm.

magische Waage, svw. Abstimmanzeigeröhre.

magische Zahlen, die Protonen- oder Neutronenzahlen 2, 8, 20, 28, 50, 82 und 126. Kerne mit diesen Nukleonenzahlen (*magische Kerne*) sind besonders stabil. Als doppelt magisch bezeichnet man einen Kern, bei dem Protonen- und Neutronenzahl magisch sind. Solche Kerne sind z. B. ${}^{4}_{2}He$, ${}^{16}_{8}O$ und ${}^{208}_{82}Pb$. Magische Kerne haben eine große Bindungsenergie. Von ihnen existieren besonders viele stabile Isotope oder Isotone, außerdem treten Maxima der Elementenhäufigkeit auf. Die Existenz m.r Z. wird theoretisch durch das Schalenmodell (→ Kernmodelle) beschrieben.

Magnet, ein Körper, der die Quelle eines Magnetfeldes bildet. Jeder M. hat zwei Stellen, in deren Umgebung die magnetische Feldstärke besonders groß ist, die Pole, und zwar den magnetisch positiven Nordpol N und den magnetisch negativen Südpol S. Bei den M.en unterscheidet man zwischen Dauer- und Elektromagneten.

1) *Dauermagnete* oder *Permanentmagnete* behalten nach ihrer Aufmagnetisierung einen großen Teil ihrer Magnetisierung bei, die wenig von äußeren Feldern abhängen soll. Werkstoffe für Dauermagnete sind durch ihre Hysteresisschleife gekennzeichnet. Neben einer hohen Remanenz wird von einem guten Dauermagneten noch eine große Koerzitivkraft verlangt. Der Flächeninhalt der Hysteresisschleife ist ein Maß für die zur Ummagnetisierung notwendige Energie. Dauermagnete wurden früher aus gehärteten Kohlenstoffstählen hergestellt. Heute werden vorwiegend Legierungen aus Eisen, Nickel und Aluminium mit besonderen Legierungszusätzen (z. B. Kobalt, Mangan, Titan und Kupfer) sowie die keramischen Oxidwerkstoffe, die vor allem aus Gemischen von Barium- und Eisenoxid bestehen (Bariumferrite), zur Herstellung von Dauermagneten benutzt. Die Verwendung von Dauermagneten ist sehr vielseitig und erfolgt z. B. als Magnetnadel im Kompaß, in kleinen elektrischen

Generatoren und Motoren sowie in elektrischen Meßgeräten (Drehspul- und Drehmagnetinstrumenten).

2) *Elektromagnete* bestehen in der Regel aus einer oder zwei stromdurchflossenen Spulen mit einem Eisenkern. Diese Anordnung ist von einem starken Magnetfeld umgeben. Der Eisenkern besteht aus weichem Eisen mit möglichst geringer Remanenz und ist bei Betrieb mit Gleichstrom massiv, bei Betrieb mit Wechselstrom zur Vermeidung von Wirbelstromverlusten aus einzelnen, voneinander isolierten Blechen aufgebaut. Weiteres → Elektromagnetismus.

Elektromagnete finden breite Anwendung in vielen Gebieten der Technik und Physik. In der Elektrotechnik und der Fernmeldetechnik dienen sie in Relais und Schützen als Schaltorgane, beim Telefon, Mikrophon und Lautsprecher als Übermittlungsorgane, beim Dynamo und Elektromotor als Felderreger u. a. Als magnetischer Kran dient der Elektromagnet zum Heben schwerer Lasten (bis etwa 30 Mp) in Form eines Topfmagneten (Abb. 1), wobei die ausschließlich weichmagnetischen Lasten selbst das Joch (→ magnetischer Kreis) darstellen. → Haftmagnet.

In der physikalischen Forschung, beispielsweise in der Hochfrequenzspektroskopie und der Kernphysik, benötigt man oft sehr starke und streng homogene Magnetfelder. Die hier verwendeten Elektromagnete, z. B. der Elektromagnet nach Weiß (Abb. 2), haben Polschuhe

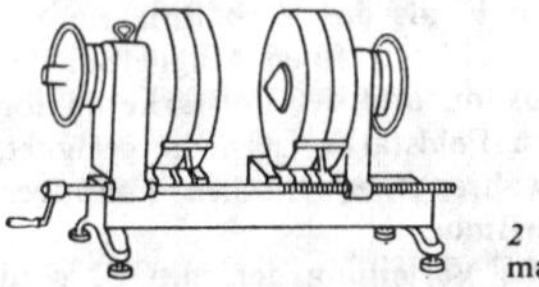

2 Großer Elektromagnet nach Weiß

aus Material mit hoher Sättigungsmagnetisierung, um ein sehr hohes Feld bei möglichst guter Homogenität auf den Luftspalt zu konzentrieren. Dabei muß jedoch beachtet werden, daß nach Erreichen der Sättigung der Polschuhe eine Erhöhung der Feldstärke nur durch ein erhebliches Anwachsen des Stromes erreicht werden kann. Dann wird die Ableitung der durch die Verluste entstehenden Wärme problematisch. Die höchsten Feldstärken, die man mit solchen Elektromagneten erreicht, liegen bei Spaltbreiten von einigen cm bei $5 \cdot 10^6$ A m^{-1}.

Immer größere Bedeutung erlangen supraleitende Elektromagnete aus harten Supraleitern (→ supraleitender Magnet). Der große Vorteil dieser M.e besteht im Verschwinden der ohmschen Verluste; die Schwierigkeit besteht hier aber darin, daß man bei Temperaturen unter 18 K arbeiten muß. Allerdings wird die Supraleitung durch hohe Felder aufgehoben, so daß mit solchen Elektromagneten bisher nur Felder bis $1 \cdot 10^8$ A m^{-1} erreicht wurden.

Ein besonderer Elektromagnet ist die Spulenanordnung nach Helmholtz (Helmholtzspulen). Mit ihr werden allseitig zugängliche Magnetfelder, die über einen größeren Bereich homogen sind, durch zwei flache Zylinderspulen erzeugt, die parallel und koaxial im Abstand ihres Radius einander gegenüberstehen. Die Homogenität des Feldes kann vergrößert werden durch mehrere hintereinandergeschaltete Spulen, deren Radius nach außen immer größer wird, damit der Abstand entsprechender Spulenpaare immer gleich ihrem Radius ist. Handelsübliche Helmholtzspulen liefern Felder bis $8 \cdot 10^4$ A m^{-1}.

Magnetband, ein Schichtband mit einer Unterlage aus Azetylzellulose oder Polyester, auf die eine 10 bis 25 µm dicke Schicht magnetisierbares Material, meist Eisen(III)-oxid γ-Fe_2O_3 (→ magnetische Werkstoffe 4), aufgetragen ist, das zur Informationsspeicherung, besonders von Schallereignissen in der Rundfunk-, Fernseh- und Filmtechnik, aber auch von Impulsen bei der Datenverarbeitung und der Regelungstechnik, dient. Die Kerngröße des magnetisierbaren Materials ist < 1 µm. Durch besondere Technologie der Oxidherstellung wird erreicht, daß sich die ursprünglich kubischen γ-Fe_2O_3-Kristalle zu nadelförmigen Teilchen ordnen, wodurch ein höherer Informationsgehalt je Bandlänge ermöglicht wird. Magnetbänder werden in der international standardisierten Breite von 6,25 mm hergestellt und in mehreren, meist zwei Spuren bespielt. Besonders für die Datenspeicherung werden Magnetbänder mit acht (und mehr) Spuren verwendet. Dementsprechend sind diese Spezialbänder mit Breiten von 16 mm und breiter angefertigt.

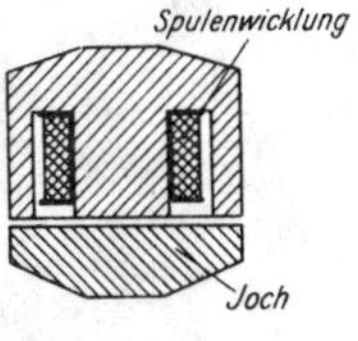

1 Topfmagnet

Magnetfalle, Magnetfeldanordnung, in der Hochtemperaturplasmen für längere Zeit zusammengehalten werden können. Die Wirkung der M. beruht darauf, daß sich die Ladungsträger des Plasmas nur längs der magnetischen Kraftlinien frei bewegen können, während sie senkrecht dazu durch Kopplung an das Magnetfeld kreisförmige Bahnen ausführen müssen. Eine Grenzfläche des Plasmas, zu der das Magnetfeld parallel verläuft, kann stabil sein, wenn das Magnetfeld nach außen zunimmt. Praktisch zeigt sich allerdings, daß doch Plasma entweicht. Zur Erklärung und Beherrschung dieser *Instabilitäten* werden genauere Analysen angestellt. Man hat versucht, das Plasma durch besondere Feldkombinationen zu haltern: solche Anordnungen werden als *magnetische Flaschen* oder als *magnetische Spiegel* bezeichnet, bei denen durch ein starkes Feld an den Enden ein Entweichen des Plasmas auf ein Minimum reduziert wird. Fast völlig verlustfreie Anordnungen stellen die *Toroidfallen* dar, bei denen offene Enden gänzlich vermieden sind.

Magnetfeld, → magnetisches Feld, → kosmische Magnetfelder.

Magnetfeldglühung, die Abkühlung oder isotherme Wärmebehandlung magnetischer Stoffe in einem hinreichend starken Magnetfeld unterhalb der Curie-Temperatur. Die Wirkung der M. beruht auf der Ausbildung einer einachsigen magnetischen Anisotropie durch Richtungsordnung von Atompaaren oder durch orientierte Ausscheidung. Die M. führt zu Hystereseschleifen, die der Rechteckform näherkommen.

Magnetik, in der Geophysik Bezeichnung für die Arbeitsmethode der Vermessung von vorwiegend kleinräumigen Gebieten mit Magnetometern einschließlich der notwendigen Reduktionen und der (meist auf kleinräumige Störkörper orientierten) Interpretation der Meßergebnisse zur Suche von Erzlagerstätten u. a. Unter M. im weiteren Sinne ist, ähnlich wie bei der Gravimetrie, die Gesamtheit aller Theorien, Beobachtungs- und Interpretationsmethoden zu verstehen, die das Hauptfeld (→ Erdmagnetismus) und seine Vermessung zum Gegenstand haben.

magnetische Abkühlung, → Entmagnetisierung 3).

magnetische Doppelbrechung, svw. Voigt-Effekt.

magnetische Elemente, Bezeichnung für alle die Größen (Gesamtbetrag, Komponenten, Richtungen) des → Erdmagnetismus, die das Erdmagnetfeld an einem Ort bestimmen.

magnetische Energie, *magnetische Feldenergie, Energie des magnetischen Feldes,* W_m, die im magnetischen Feld gespeicherte Energie, die beim Aufbau des magnetischen Feldes aufzuwenden ist und die beim Abbau (Zerfall) des Feldes zurückgewonnen wird (analog der → elektrischen Energie). Die Energiedichte w_m, d.i. die auf die Volumeneinheit bezogene Energie eines beliebigen magnetischen Feldes, das durch die Feldgrößen der magnetischen Feldstärke $\vec{H}$ und der magnetischen Induktion $\vec{B} = \mu_0\mu_r\vec{H} = \mu_0\vec{H} + \vec{J}$ gekennzeichnet wird, ist allgemein gegeben zu $w_m = \frac{1}{2}(\vec{H}\vec{B}) = \frac{1}{2}\mu_0\vec{H}^2 + \frac{1}{2}(\vec{H}\vec{J})$. Dabei bedeuten μ_0 die magnetische Feldkonstante, μ_r die relative Permeabilität des Mediums im Feldraum und $\vec{J}$ die magnetische Polarisation. Die gesamte Energie eines das Volumen V erfüllenden magnetischen Feldes folgt durch Summation über das Volumen zu $W_m = \int_V w_m \, dV = \frac{1}{2}\int_V (\vec{H}\vec{B})\, dV$.

Für ferromagnetische Stoffe, bei denen in weiten Grenzen keine Proportionalität zwischen $\vec{H}$ und $\vec{J}$ besteht, gilt entsprechend für die Energiedichte die allgemeinere Beziehung $w_m = \int_0^B (\vec{H}\, d\vec{B})$.

Wird das Magnetfeld speziell von einem elektrischen Strom I erzeugt, der durch einen Stromkreis der Induktivität L fließt, so gilt für die Energie des Magnetfeldes

$$W_m = \frac{1}{2}LI^2 = \frac{1}{2}\frac{\Phi^2}{L} = \frac{1}{2}\Phi I.$$

Dabei ist $\Phi = LI$ der vom Strom I erzeugte magnetische Fluß. Für zwei getrennte Stromkreise mit den Strömen I_1 und I_2, den Induktivitäten L_1 und L_2 und der Gegeninduktivität L_{12} zwischen beiden Stromkreisen gilt entsprechend

$$W_m = \frac{1}{2}\mu_0\mu_r \int_V (\vec{H}_1^2 + \vec{H}_2^2 + 2\vec{H}_1\vec{H}_2)\, dV = \frac{1}{2}L_1I_1^2 + \frac{1}{2}L_2I_2^2 + \frac{1}{2}L_{12}I_1I_2.$$

Der Anteil $\frac{1}{2}L_{12}I_1I_2$ berücksichtigt die Wechselwirkung zwischen den beiden Strömen bzw. zwischen den von diesen erzeugten Magnetfeldern $\vec{H}_1$ und $\vec{H}_2$.

magnetische Feldenergie, svw. magnetische Energie.

magnetische Feldkonstante, → Permeabilitätskonstante 1).

magnetische Feldlinien, *magnetische Kraftlinien,* zur Veranschaulichung der räumlichen Verteilung des → magnetischen Feldes gedachte Linien, an die die Tangente in jedem Punkt mit der Richtung des dortigen Feldes zusammenfällt. Der Richtungssinn der m.n F. ist gleich dem der magnetischen Feldstärke und verläuft vom Nordpol zum Südpol eines Magneten. Als Maß für den Betrag der Feldstärke benutzt man die Dichte der m.n F., d. h. die Zahl der F., die die Einheitsfläche senkrecht durchsetzen.

Der Verlauf der m.n F. kann im magnetostatischen Feld durch (längliche) Eisenfeilspäne sichtbar gemacht werden, die sich in Feldrichtung einstellen.

magnetische Feldstärke $\vec{H}$, ein Vektor, der die Stärke des magnetischen Feldes in jedem Punkt des Raumes beschreibt. Die m. F. wird durch das Drehmoment $\vec{T} = \vec{m} \times \vec{H}$ definiert, das ein magnetischer Dipol mit dem magnetischen Dipolmoment $\vec{m}$ in dem als homogen vorausgesetzten magnetischen Feld erfährt und das den Dipol in die Richtung von $\vec{H}$ einzustellen versucht. Die Richtung des Vektors $\vec{H}$ ist dabei die des Dipolmomentes $\vec{m}$ in der Gleichgewichtslage. Um die örtliche Verteilung der m.n F. zu erhalten und den Einfluß des Dipols auf das zu messende Feld und umgekehrt vernachlässigen zu können, wählt man den Dipol hinreichend klein.

Die Einheit der m. F. ist das Ampere je Meter, A/m.

Eine der elektrischen Feldstärke analoge Definition der m.n F. als das Verhältnis aus der Kraft, die das Feld auf einen Magnetpol der Polstärke Φ ausübt, und der Polstärke analog zur elektrischen Feldstärke ist nicht geeignet, da es keine wahren magnetischen Ladungen gibt, → Magnetismus.

Die räumliche Verteilung der m.n F. wird durch → magnetische Feldlinien dargestellt.

magnetische Feldwaage, empfindliches Meßgerät zur Relativbestimmung der Vertikal- und Horizontalintensität (→ Erdmagnetismus) des Momentanwertes des Erdmagnetfeldes. Als Meßfühler dient ein Magnet, dessen Auslenkung von der Normallage mittels Spiegels und Fernrohrs abgelesen wird. Als rückstellende Kraft dient in älteren Ausführungen die Schwere, in neueren die Torsionskraft des Bandes bzw. Drahtes, an dem der Magnet aufgehängt ist. Die m. F. wird meist zur Landesaufnahme und zur Lagerstättensuche verwendet.

magnetische Flasche, → Magnetfalle.

magnetische Flußdichte, *magnetische Induktion, magnetische Kraftflußdichte,* $\vec{B}$, ein Vektor, der neben der magnetischen Feldstärke $\vec{H}$ den magnetischen Zustand beschreibt. Die m. F. $\vec{B}$ ist die Dichte des magnetischen Flusses Φ. Der Betrag von $\vec{B}$ ist somit das Verhältnis aus dem Fluß Φ und aus der vom Fluß senkrecht durchsetzten Fläche A, im homogenen Feld also $B = d\Phi/dA$. Im allgemeinen Fall gilt $d\Phi = \vec{B}\, d\vec{A}$ für ein kleines orientiertes Flächenelement $d\vec{A}$. Der Richtungssinn weist außerhalb des $\vec{B}$ erzeugenden Körpers von dessen Nordpol zu dessen Südpol, im Innern entgegengesetzt, da wegen des Fehlens wahrer magnetischer Mengen die Induktionslinien stets in sich geschlossen sind (div $\vec{B} = 0$).

Die m. F. setzt sich zusammen aus dem Anteil $\mu_0\vec{H}$ des freien Raumes (μ_0 ist die magnetische Feldkonstante) und aus dem Anteil des den Feldraum erfüllenden Mediums, den die magnetische Polarisation $\vec{J} = \mu_0\vec{M}$ beschreibt: $\vec{B} = \mu_0\vec{H} + \vec{J} = \mu_0(\vec{H} + \vec{M})$. Dabei ist $\vec{M}$ die Magnetisierung. Da in vielen Fällen $\vec{J}$ und $\vec{M}$ proportional zu $\vec{H}$ sind, läßt sich $\vec{J} = \mu_0\chi_m\vec{H}$ und somit $\vec{B} = \mu_0(\chi_m + 1)\,\vec{H} = \mu_0\mu_r\vec{H}$ mit konstantem χ_m bzw. μ_r schreiben. χ_m ist die magnetische Suszeptibilität des Mediums, $\mu_r = \chi_m + 1$ ist die relative Permeabilität des Mediums. Bei Ferromagnetika ist μ_r eine von $\vec{H}$ abhängige Größe, so daß keine Proportionalität und meist auch kein eindeutiger Zusammenhang (Hysterese) zwischen $\vec{B}$ und $\vec{H}$ besteht.

Die m. F. wird wie der Fluß Φ mit Hilfe der Erscheinung der elektromagnetischen Induktion eingeführt. Bei Abnahme der m.n F. von $\vec{B}$ auf Null in der Zeit t wird in einer die Windungsfläche A berandenden Leiterschleife ein Spannungsstoß $\int_0^t U\,dt = -\int_A (\vec{B}\,d\vec{A}) = -\Phi$ induziert. Durchsetzt die m. F. die Fläche A senkrecht, so wird der Spannungsstoß maximal, und der Betrag der m.n F. ist (B homogen über A vorausgesetzt) $B = \frac{1}{A}\int_0^t U\,dt$.

Die Einheit der m.n F. ist das Tesla, T; 1 T = 1 Wb/m² = 1 Vs/m².

magnetische Induktion, svw. magnetische Flußdichte.

magnetische Instabilitäten in Supraleitern, → Supraleiter.

magnetische Kernresonanz, *paramagnetische Kernresonanz*, *Kerninduktion*, *Kernspinresonanz*, *nmr* [engl. *n*uclear *m*agnetic *r*esonance], eine Methode der Hochfrequenzspektroskopie, die in der Resonanzabsorption von elektromagnetischer Energie durch die Atomkerne von Festkörpern, Flüssigkeiten und Gasen besteht, auf die ein starkes konstantes und ein hochfrequentes Magnetfeld einwirken. Die m. K. ist eine wichtige Methode zur Untersuchung der Struktur und des mikrodynamischen Verhaltens von Flüssigkeiten, Kristallen, Metallen, Halbleitern u. a. sowie zur genauen Bestimmung von Kernmomenten.

Der erste Nachweis der m.n K. gelang fast gleichzeitig Bloch, Hansen, Packard und Purcell, Torrey, Pound im Jahre 1946.

Grundlage der m.n K. bildet die Erscheinung des *Kernparamagnetismus*: Eine große Zahl von Atomkernen hat einen Eigendrehimpuls (Spin) und damit ein permanentes magnetisches Dipolmoment $\vec{\mu}_I$, dessen Betrag gegeben ist durch $|\vec{\mu}_I| = \gamma_I\hbar\sqrt{I(I+1)}$. Hierbei sind I die Kernspinquantenzahl, γ_I das gyromagnetische Verhältnis des Kerns und $\hbar$ die Plancksche Konstante. Schreibt man $|\vec{\mu}_I| = g_I\mu_K\sqrt{I(I+1)}$, so stellen g_I den Kern-g-Faktor und μ_K das Kernmagneton dar.

Sind in einem Körper N Kerne je cm³ enthalten, so liefern sie infolge ihrer magnetischen Momente einen Beitrag $\chi_I = N\frac{\mu_I^2}{3kT} = N\frac{\gamma_I^2\hbar^2 I(I+1)}{3kT}$ zur Gesamtsuszeptibilität, der jedoch im allgemeinen gegenüber der diamagnetischen Suszeptibilität zu vernachlässigen ist. Hierbei sind k die Boltzmannsche Konstante und T die absolute Temperatur. Kerne mit $I > 1/2$ können zusätzlich zu ihrem magnetischen Moment ein elektrisches Quadrupolmoment haben.

In einem magnetischen Feld H kann jedes Kerndipolmoment infolge der Richtungsquantelung $2I + 1$ verschiedene Orientierungen bezüglich der Feldrichtung einnehmen, die dadurch gegeben sind, daß die Komponente des Kerndrehimpulses in Richtung von H nur die Werte $m\hbar$ aufweisen kann. Die magnetische Kernspinquantenzahl m durchläuft dabei entsprechend den $2I + 1$ Einstellmöglichkeiten die Werte $-I, -I+1, \ldots, +I$.

In einer Orientierung, die durch eine magnetische Quantenzahl m charakterisiert ist, beträgt die potentielle Energie des Kernmoments, die *Zeeman-Energie*, $E_m = -\gamma_I\hbar Hm$, wobei m die Werte $m = -I, -I+1, \ldots, +I$ annehmen kann. Die Einstellmöglichkeiten und Energieniveaus eines Kerns mit $I = 1$ sind in Abb. 1 gezeigt.

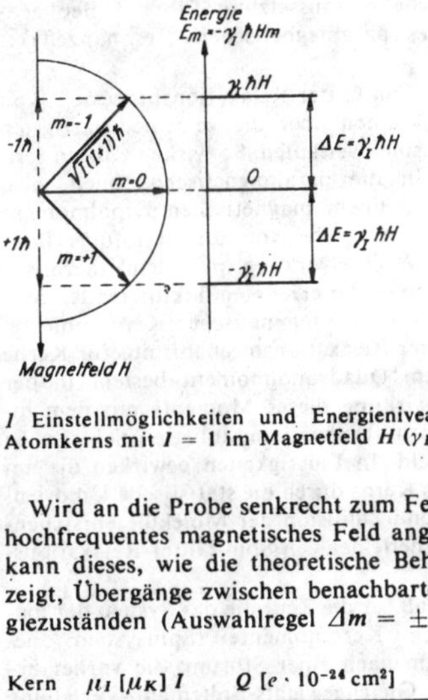

1 Einstellmöglichkeiten und Energieniveaus eines Atomkerns mit $I = 1$ im Magnetfeld H ($\gamma_I > 0$)

Wird an die Probe senkrecht zum Feld H ein hochfrequentes magnetisches Feld angelegt, so kann dieses, wie die theoretische Behandlung zeigt, Übergänge zwischen benachbarten Energiezuständen (Auswahlregel $\Delta m = \pm 1$) induzieren, d. h. im klassischen Bild die Orientierung der Kernmomente ändern, wenn seine Frequenz ν der Bedingung $h\nu = |E_{m+1} - E_m| =$

Kern	μ_I [μ_K]	I	Q [$e \cdot 10^{-24}$ cm²]	ν [MHz]
^{1}H	2,793	1/2		42,576
^{2}H	0,857	1	0,003	6,536
^{23}Na	2,218	3/2	0,1	11,267
^{31}P	1,132	1/2		17,235
^{35}Cl	0,821	3/2	−0,08	4,172
^{59}Co	4,639	7/2	0,5	10,103
^{75}As	1,435	3/2	0,3	7,292
^{203}Tl	1,596	1/2		24,33
^{205}Tl	1,611	1/2		24,57

Kerne mit Angaben der magnetischen Momente μ_I in Einheiten des Kernmagnetons μ_K, der Spinquantenzahlen I, der elektrischen Quadrupolmomente Q in Einheiten von $e \cdot 10^{-24}$ cm² und der Resonanzfrequenzen ν in MHz in einem Magnetfeld von 10 kOe $\approx 8 \cdot 10^5$ A/m.

$|-\gamma_I \hbar H(m+1) - (-\gamma_I \hbar H m)| = \Delta E = \gamma_I \hbar H$ genügt. Hieraus folgt mit $\hbar = h/2\pi$ die *Resonanzbedingung* $\nu = \frac{\gamma_I}{2\pi} H$.

Der → paramagnetische Resonanzeffekt läßt sich hochfrequenztechnisch nachweisen. Er äußert sich im Prinzip bei der m.n K. und der → paramagnetischen Elektronenresonanz gleichartig. Eine theoretische Beschreibung des Resonanzeffekts liefern die → Blochschen Gleichungen. Aus ihren Lösungen ergeben sich nähere Einzelheiten über Form und Intensität der Linien der m.n K. Die Intensität eines Kernresonanzsignals ist um so größer, je größer die Zahl der zu ihm beitragenden Kerne und je niedriger die Probentemperatur ist.

Die Wechselwirkungsprozesse der magnetischen Kernmomente mit ihrer thermisch bewegten molekularen Umgebung, dem *Gitter*, wirken der Tendenz des Hochfrequenzfeldes, die Besetzungszahlen der verschiedenen Kern-Zeeman-Niveaus auszugleichen, entgegen (→ paramagnetischer Resonanzeffekt). Die Gesamtheit dieser Wechselwirkungsvorgänge bezeichnet man als *Spin-Gitter-Relaxation* (→ paramagnetische Relaxation). Sie stellt eine wesentliche Voraussetzung für die Beobachtung des paramagnetischen Resonanzeffekts dar.

Die Spin-Gitter-Relaxationsprozesse von Kernen können über die verschiedenartigsten Mechanismen verlaufen. So wirken z. B. in Kristallen, in die paramagnetische Ionen, also Ionen mit einem magnetischen Dipolmoment eingebaut sind, die von diesen infolge ihrer starken Wechselwirkung mit dem thermisch angeregten Gitter erzeugten fluktuierenden Magnetfelder auf die magnetischen Kernmomente. Ein starker Relaxationsmechanismus für Kerne mit einem Quadrupolmoment besteht in der Wechselwirkung dieses Moments mit dem inhomogenen, thermisch modulierten elektrischen Kristallfeld. In Flüssigkeiten bewirken die am Ort eines Kerns durch die statistische Umorientierung und Diffusion der Moleküle entstehenden Magnetfelder den Spin-Gitter-Relaxationsprozeß.

Ein Maß für die Zeit, die das System der magnetischen Kernmomente (Spinsystem) benötigt, um nach einer Störung die vorher bestehende Gleichgewichts-Boltzmann-Verteilung wiederherzustellen, bezeichnet man als *Spin-Gitter-Relaxationszeit* T_1. Je stärker die Wechselwirkung mit dem Gitter ist, um so kürzer ist T_1. In reinen Flüssigkeiten liegt T_1 bei einigen Sekunden, in reinen Festkörpern bei tiefen Temperaturen kann T_1 einige Tage betragen. Paramagnetische Verunreinigungen verkürzen T_1 wesentlich.

Bei großen Amplituden H_1 des hochfrequenten Magnetfelds überwiegen die durch dieses Feld induzierten Übergänge die Übergänge infolge Spin-Gitter-Relaxation. Die Zahl der Kerne auf den verschiedenen Zeeman-Niveaus wird gleich, und es tritt keine makroskopische Energieabsorption mehr auf. Dieses Verhalten bezeichnet man als *Sättigung* der Kernspinresonanz.

Aber nicht nur zwischen den Kernspins und dem Gitter bestehen Wechselwirkungen, sondern auch innerhalb des Kernspinsystems. Die *Spin-Spin-Relaxationszeit* T_2 ist ein Maß für die Zeit, in der sich nach einer Störung das Gleichgewicht innerhalb des Spinsystems einstellt. Bei der *Spin-Spin-Relaxation* bleibt im Gegensatz zur Spin-Gitter-Relaxation die Gesamtenergie des Spinsystems erhalten. Die Spin-Spin-Relaxationszeit T_2 bestimmt neben anderen Faktoren, z. B. der Inhomogenität des an die Probe angelegten konstanten Magnetfelds H, die Breite der Absorptionslinien der m.n K.

In Flüssigkeiten ist $T_1 \approx T_2$, in Festkörpern dagegen $T_2 \ll T_1$. Typische T_2-Werte für Flüssigkeiten ohne paramagnetische Verunreinigungen liegen größenordnungsmäßig bei 1 s, für Kristalle bei 10^{-5} s.

In Kristallen können die Kerndipole infolge des starren Kristallgitters nicht ihre gegenseitigen Abstände ändern. Am Ort eines jeden Kerns wird zusätzlich zum von außen an die Probe gelegten Magnetfeld H durch die magnetischen Momente der Nachbarkerne ein lokales magnetisches Feld erzeugt. Ist μ_I das magnetische Kerndipolmoment und r der mittlere Abstand zweier Kerne, so ergibt sich für dieses Feld größenordnungsmäßig μ_I/r^3. Für typische Werte von μ_I und r erhält man lokale Felder von 5 bis 10 Oe. Infolge der statistischen Orientierungen der Nachbarkerne ist dieses Zusatzfeld für die Atomkerne, die sich an verschiedenen Stellen im Kristallgitter befinden, unterschiedlich, d. h., die Kerne haben keine einheitliche Resonanzfrequenz mehr. Die Resonanzlinie erhält somit eine Linienbreite, die wesentlich größer als in Flüssigkeiten ist und in der Größenordnung des lokalen Zusatzfeldes liegt. Das Teilgebiet der m.n K., bei dem Festkörper untersucht werden, heißt *Breitlinienkernresonanz*. Die magnetische Dipolwechselwirkung benachbarter Spins kann zur Aufspaltung der Kernresonanzabsorptionslinien führen. Sind einzelne Molekülgruppen im Kristall beweglich, rotiert also z. B. eine CH_3-Gruppe um ihre Achse, so führt dies zu einer Änderung der Linienform bzw. -breite.

Haben die untersuchten Atomkerne ein elektrisches Quadrupolmoment ($I > 1/2$), so führt die Wechselwirkung dieses Moments mit dem Gradienten des elektrischen Kristallfeldes zu Linienaufspaltungen und Linienverschiebungen. Die Quadrupolwechselwirkung stellt für diese Kerne außerdem einen starken Relaxationsmechanismus dar. Zur Untersuchung der Wechselwirkung der Kernquadrupolmomente mit dem inhomogenen elektrischen Kristallfeld wird oft die Methode der → Kernquadrupolresonanz angewendet.

In Metallen und Halbleitern beobachtet man eine Verschiebung der Resonanzfrequenzen der Kerne, die durch Wechselwirkung der magnetischen Momente der Leitungselektronen mit den Kernen verursacht wird. Diese Verschiebung wird als *Knight-Shift* bezeichnet.

In Flüssigkeiten mitteln sich durch die schnelle Umorientierung und Diffusion der Moleküle die magnetischen Felder am Ort der

Atomkerne weitgehend aus. Die Kerne erfahren im Mittel nur sehr kleine magnetische Zusatzfelder. Infolgedessen sind die beobachteten Linien der m.n K. sehr schmal. Die Linienbreiten betragen im allgemeinen nur wenige mOe, sie sind somit um einige Größenordnungen kleiner als bei Festkörpern.

Für die Untersuchung flüssiger Proben hat sich ein selbständiges Teilgebiet der magnetischen Kernresonanzspektroskopie herausgebildet, die → hochauflösende Kernresonanz, mit deren Hilfe es möglich ist, wichtige Aussagen über Molekülstrukturen, chemische Reaktionen u. a. zu gewinnen.

An Stelle des hochfrequenten magnetischen Feldes, das bei Resonanz die Spinübergänge zwischen den Kern-Zeeman-Niveaus induziert, kann ein Ultraschallfeld verwendet werden. Im Resonanzfall wird Ultraschallenergie vom Spinsystem absorbiert, was zu einer experimentell nachweisbaren Dämpfung der Ultraschallwellen führt., Diese Methode bezeichnet man als *akustische Kernresonanz* (→ akustische paramagnetische Resonanz).

Oftmals benutzt man experimentelle Verfahren, bei denen durch zwei hochfrequente Felder verschiedener Frequenz die Resonanzen zweier Kernsorten angeregt werden, oder man strahlt gleichzeitig einen Kernresonanz- und einen Elektronenresonanzübergang ein. Diese als → Doppelresonanzmethoden bezeichneten Verfahren ergeben eine Reihe Informationen, die die Aussagen der reinen m.n K. und der reinen Elektronenspinresonanz ergänzen und erweitern. Gelegentlich werden auch optische Verfahren mit der m.n K. kombiniert (→ optisches Pumpen).

Experimenteller Nachweis. Der Nachweis der m.n K. ist mit Hilfe stationärer Verfahren oder Impulsmethoden möglich. Bei *stationären Verfahren* ist die Probe ständig dem hochfrequenten Magnetfeld ausgesetzt. Die zu untersuchende Probe befindet sich beim Kernresonanzspektrometer (Abb. 2) im Innern einer Probenspule,

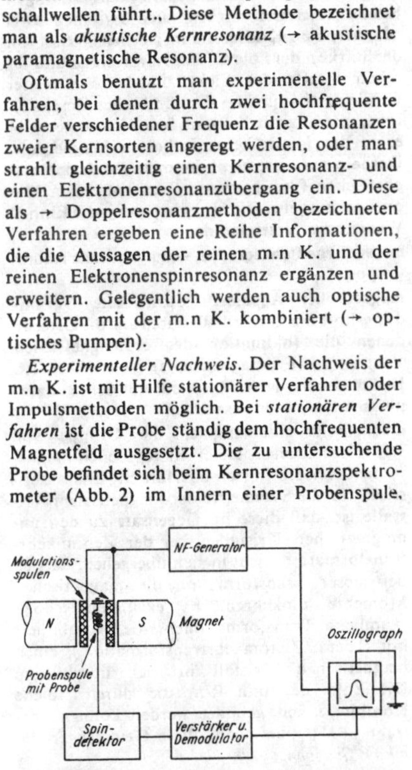

2 Blockschaltbild eines einfachen Kernresonanzspektrometers

deren Achse senkrecht zur Richtung des konstanten magnetischen Felds orientiert ist. Die Spule bildet im einfachsten Falle die Induktivität eines durch eine geeignete Schaltung angeregten Hochfrequenzschwingkreises. Bei Resonanz, d. h., wenn die Resonanzfrequenz des Schwingkreises in der Nähe der Frequenz der Larmor-Präzession der Kerne liegt (→ paramagnetischer Resonanzeffekt), führt der Resonanzeffekt zu einer Verstimmung (Dispersionssignal) und zu einer Änderung der Güte des Schwingkreises (Absorptionssignal). Die Änderungen der Resonanzfrequenz des Schwingkreises und der Amplitude der Schwingungen können hochfrequenztechnisch durch geeignete Diskriminatoren in Spannungsänderungen umgewandelt werden, die dann registriert werden. Diese Aufgaben führt der Spindetektor aus. Als Spindetektoren werden Sender verwendet, bei denen also die Sondenspule einen Teil des Schwingkreises darstellt (*Autodyndetektoren*), oder Vierpolschaltungen, die von einem Hochfrequenzgenerator gespeist werden (*Brückendetektoren*). Anschließend folgt die Verstärkung und Demodulation.

Die infolge des Resonanzeffekts entstehenden Spannungen liegen bei 10^{-6} V. Um diese kleinen Signalspannungen nachweisen zu können, erzeugt man zusätzlich zum konstanten Magnetfeld mit Hilfe des Niederfrequenzgenerators und der Modulationsspule ein niederfrequentes Zusatzfeld (etwa 100 Hz). Dadurch erscheint das Kernresonanzsignal periodisch am Spindetektor. Nach der Demodulation und Verstärkung wird es auf dem Oszillographenschirm dargestellt. Die verwendeten Magnetfelder liegen bei 10 kOe $\approx 8 \cdot 10^5$ A/m, die entsprechenden Kernresonanzfrequenzen im MHz-Gebiet. Meist wird die Amplitude der Magnetfeldmodulation klein gegenüber der Kernresonanzlinienbreite gewählt. Nach einer schmalbandigen Verstärkung und einer phasenempfindlichen Gleichrichtung wird die erste Ableitung des Absorptionssignals registriert.

Bei den *Impuls-* oder *Spin-Echo-Verfahren* wird das hochfrequente Magnetfeld in Form kurzer HF-Impulse an die Probe gelegt. Diese Impulse drehen die Kernmagnetisierung der Probe um 90° oder 180°. Durch die präzedierenden Kernspins entsteht dann in einer Empfängerspule eine Induktionsspannung. Impulsmethoden werden in der m.n K. vor allem zur Untersuchung der Relaxationsprozesse, speziell zur Messung der Kernrelaxationszeiten, angewendet.

Lit. Ebert u. Seifert: Kernresonanz im Festkörper (Leipzig 1966); Lösche: Kerninduktion (Berlin 1957); Suhr: Anwendungen der kernmagnetischen Resonanz in der Chemie (Berlin, Heidelberg, New York 1965).

magnetische konjugierte Punkte, symmetrisch liegende Punkte in speziellen Magnetfeldkonfigurationen. Weisen Magnetfelder Spiegelungssymmetrien bezüglich einer Ebene auf, so existieren zu dieser Ebene symmetrisch liegende Punkte auf derselben Feldlinie des Magnetfeldes. Derartige Punkte werden als m. k. P. bezeichnet. Im engeren Sinne sind dies Punkte auf der Erdoberfläche, die auf derselben geomagnetischen Feldlinie liegen.

magnetische Kraft, 1) die zwischen zwei gleichnamigen magnetischen Einheitspolen entstehende abstoßende Kraft F: $F = \frac{\Phi_1 \Phi_2}{4\pi\mu r^2}$. Dabei bedeuten Φ_1, Φ_2 die magnetischen Flüsse, r den Abstand und μ die Permeabilität. Für einen Magneten (auch Elektromagneten, Abb.) wird $F = \frac{B^2 S}{\mu_0}$. Dabei bedeuten B die Luftspaltinduktion und S den Gesamtquerschnitt der

Luftspalte $= 3a \cdot l$; a ist die Breite und l die Länge der Schenkel des Magneten.

2) die auf das Längenelement $d\vec{s}$ eines stromdurchflossenen linienhaften Leiters im homo-

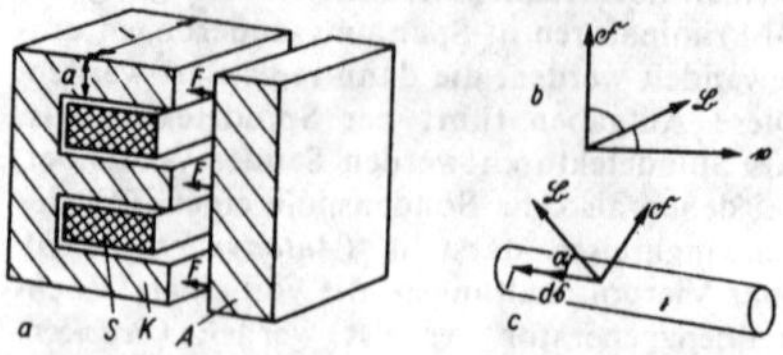

Kraftwirkung im Magnetfeld: *a* Kraftwirkung auf den Anker *A* eines Elektromagneten. *S* stromdurchflossene Spule, *K* Eisenkern. *b* Rechtssystem $\vec{v}$, $\vec{B}$, $\vec{F}$. $\vec{v}$ Geschwindigkeit der positiven Ladungsträger, $\vec{B}$ Induktion, $\vec{F}$ Kraftwirkung. *c* Kraftwirkung auf einen stromdurchflossenen Leiter im Magnetfeld. $\alpha = \sphericalangle(\vec{B}, d\vec{s}) < 90°$

genen Magnetfeld der Induktion $\vec{B}$ wirkende Kraft: $d\vec{F} = I(d\vec{s} \times \vec{B})$. Dabei ist I die Stromstärke. Die Kraft steht senkrecht auf der von der Induktion und dem Leiterelement $d\vec{s}$ gebildeten Ebene. Für einen geradlinigen, stromdurchflossenen Leiter wird $F = B \cdot I \cdot l \cdot \sin\alpha$. Dabei bedeuten l die Leiterlänge und α den Winkel zwischen Feld- und Stromrichtung.

3) Auf eine mit der Geschwindigkeit $\vec{v}$ im homogenen Magnetfeld $\vec{B}$ bewegte Ladung Q wird die Kraft $\vec{F} = Q(\vec{v} \times \vec{B})$ ausgeübt. Geschwindigkeit, Induktion und Kraft bilden ein Rechtssystem (Abb.). Weicht im allgemeinen Falle der Winkel α zwischen Bewegungs- und Feldrichtung von 90° ab, so erhält man $F = B \cdot Q \cdot v \cdot \sin\alpha$.

magnetische Kraftflußdichte, svw. magnetische Flußdichte.

magnetische Kraftlinien, svw. magnetische Feldlinien.

magnetische Kühlung, svw. Entmagnetisierung 3).

magnetische Monopole, hypothetische Teilchen, die „magnetische" Ladung tragen. M. M. wurden von Dirac (1931) eingeführt, um die Asymmetrie der Maxwellschen Gleichungen bezüglich elektrischer und magnetischer Ladungen, für die bisher kein Symmetrieprinzip gefunden werden konnte, zu beheben. Dabei zeigte sich, daß die elektrische Elementarladung e und die magnetische Einheitsladung g der Quantisierungsvorschrift $e \cdot g = n \cdot h$ genügen müssen, wobei h das Plancksche Wirkungsquantum und $n = \pm 1, \pm 2, \ldots$ ist; die Existenz m.r M. würde damit zugleich die bisher unverständliche Quantelung der elektrischen Ladung erklären. Quantenfeldtheoretische Rechnungen von Schwinger (1965) ergaben bis auf einen Faktor 2 dasselbe Ergebnis. Die Existenz der Quarks (→ Quarkmodell) würde wegen der Drittelzahligkeit ihrer Ladung einen weiteren Faktor 3 ergeben.

Zwei entgegengesetzt geladene m. M. müßten sich sehr viel stärker als zwei entgegengesetzt elektrisch geladene Teilchen, z. B. Elektron und Proton, anziehen; das Verhältnis der entsprechenden Anziehungskräfte $\vec{F}_g$ bzw. $\vec{F}_e$ ist $F_g^{\pm}/F_e^{\pm} = (2 \cdot 3)^2 \cdot 4700$, je nachdem, ob die o. a. Faktoren mitzunehmen sind oder nicht. Die Wechselwirkung m.r M. liegt also mindestens in der Größenordnung der starken Wechselwirkung, die etwa 2000mal stärker als die elektromagnetische Wechselwirkung ist oder bei Existenz des Quarks wesentlich darüber. Wegen der größenordnungsmäßigen Übereinstimmung der superstarken Wechselwirkung der Quarks mit der m.r M. wurde auch vermutet, daß die Quarks Träger magnetischer Einheitsladungen g seien. Nachgewiesen wurden bisher m. M. ebensowenig wie Quarks und müßten daher wie jene Massen über 3 GeV haben.

magnetische Nachwirkung, → Nachwirkung 1).

magnetische Polarisation, → magnetische Flußdichte.

magnetische Polstärke, magnetostatische Größe, die der elektrischen Ladung in der Elektrostatik entspricht. Die Magnetpole sind in Analogie zu den elektrischen Ladungen die gedachten Quellen bzw. Senken des magnetischen Feldes. Ebenso wie zwischen zwei elektrischen Ladungen Kräfte auftreten, wirken auch zwischen zwei Magnetpolen Kräfte, die in gleicher Weise von der Stärke p der Pole abhängen wie die Coulombschen Kräfte der Elektrizitätslehre von der Größe der Ladung (→ Coulombsches Gesetz 2). Im Gegensetz zur Existenz freier Ladungen gibt es in der Natur keine isolierten Magnetpole. Deshalb wird die m. P. indirekt durch den magnetischen Fluß gemessen, der von einem Magnetpol ausgeht. Die m. P. hat somit die Einheit Weber bzw. Voltsekunde.

magnetische Punktgruppe, → magnetische Raumgruppe.

magnetischer Äquator, geschlossene Verbindungslinie um den Erdball durch alle die Orte, an denen die Inklination des erdmagnetischen Vektors (→ Erdmagnetismus) gleich Null ist. Der magnetische Ä. fällt nicht mit dem geographischen Äquator zusammen.

magnetische Raumgruppe, die Gruppe von Transformationen, die einen gegebenen magnetischen Kristall in sich überführen. Charakteristisch für die Symmetrie der magnetischen Kristalle ist, daß diese im Gegensatz zu den unmagnetischen Kristallen bei der Zeitumkehrtransformation nicht in sich übergehen, da sich bei dieser Transformation die magnetischen Momente umkehren. Es existieren jedoch räumliche Transformationen, die, kombiniert mit der Zeitumkehrtransformation, einen magnetischen Kristall in sich überführen. Die Zahl der m.n R.n, die durch solche Kombinationen gebildet werden können, beträgt 1651; man nennt diese Gruppen *Schubnikow-Gruppen*.

Für die Untersuchung der makroskopischen Eigenschaften eines magnetischen Kristalls ist die Kenntnis der Translationssymmetrie des Kristallgitters meist belanglos, so daß man mit der *magnetischen Punktgruppe*, die nur Kombinationen von Drehungen, Spiegelungen und Zeitumkehr enthält, auskommt. Die Zahl der magnetischen Punktgruppen und daher der magnetischen Kristallklassen ist 122.

magnetischer Dipol, → Dipol 2).

magnetischer Fluß, *magnetischer Induktionsfluß*, veraltet *magnetischer Kraftfluß*, Φ, der Fluß der magnetischen Induktion (Flußdichte) $\vec{B} =$

$\mu_0\mu_r\vec{H}$, der eine Fläche A durchsetzt: $\Phi = \int_A \vec{B}\,d\vec{A}$. Dabei bedeuten μ_0 die magnetische Feldkonstante, μ_r die relative Permeabilität, $\vec{H}$ die magnetische Feldstärke und $d\vec{A}$ das Flächenelement mit der vektoriellen Orientierung nach der Außenseite der Fläche bzw. in Richtung der als positiv definierten Flußrichtung. Wegen des Fehlens wahrer magnetischer Mengen ist der magnetische F. durch eine beliebige geschlossene Fläche stets Null:

$$\Phi = \oint \vec{B}\,d\vec{A} = 0.$$

Der magnetische F. wird mit Hilfe der Erscheinung der elektromagnetischen → Induktion eingeführt. Ändert sich der magnetische F. durch eine Leiterschleife, die die Fläche A umschließt, während der Zeit t um Φ, so wird in der Leiterschleife ein Spannungsstoß $\int_0^t U\,dt$ induziert, der betragsmäßig gleich der Flußänderung ist. Dabei bedeutet U die elektrische Spannung. Die Flußrichtung folgt aus dem Vorzeichen der Flußänderung und dem Vorzeichen der induzierten Spannung.

Die Einheit des magnetischen Flusses ist das Weber, Wb; 1 Wb = 1 Vs.

Ein „eingefrorener" m. F. kann in nichtsupraleitenden Bereichen, Löchern oder Hohlräumen enthalten sein, die von einem mehrfach zusammenhängenden Supraleiter umgeben sind. Da der magnetische F. in einen Supraleiter 1. Art nicht einzudringen vermag, kann er aus derartigen Hohlräumen nicht entweichen und bleibt so lange „eingefroren", bis ein Übergang zur Normalleitfähigkeit erfolgt. Ein nichtidealer Supraleiter 2. Art kann einen eingefrorenen magnetischen F. enthalten, ohne Löcher zu haben, da in ihm die Flußschläuche durch Pinning-Zentren festgehalten werden und so z. T. auch nach dem Abschalten eines äußeren Magnetfeldes in dem nichtidealen Supraleiter 2. Art verbleiben (→ Flußquantisierung, → Schwamm-Modell).

magnetischer Formfaktor, → elektromagnetische Formfaktoren.

magnetischer Kreis, eine in sich geschlossene Anordnung zur weitgehenden Führung und Bündelung des magnetischen Flusses mit dem Ziel, eine hohe magnetische Flußdichte zu erreichen. Der magnetische K. besteht aus Stoffen hoher Permeabilität (Eisen, Ferrit u. a.) und kann gegebenenfalls auch einen oder mehrere schmale Luftspalte enthalten. Bei guter Bündelung des Flusses kann der außerhalb des magnetischen K.es verlaufende Fluß, der Streufluß, meist vernachlässigt werden, so daß mit einem über den magnetischen K. konstanten Fluß gerechnet werden kann. Nach dem Durchflutungsgesetz ist die Durchflutung $\Theta = n \cdot I$ gleich der magnetischen Umlaufspannung $\oint \vec{H}\,d\vec{s}$. Dabei sind n die Windungszahl der den magnetischen K. erregenden Spule, I der Strom durch die Spule, $\vec{H}$ das magnetische Feld und $d\vec{s}$ das Linienelement auf der umlaufenen Kurve. Setzt sich der magnetische K. aus einzelnen, hintereinander liegenden Teilstücken von der Länge l_i und vom Querschnitt A_i zusammen, so folgt wegen der Konstanz des magnetischen Flusses Φ über den magnetischen K. und wegen der Verknüpfung des Flusses mit der magnetischen Induktion $\vec{B}$ und mit dem magnetischen Feld $\vec{H}$ durch $\Phi = BA = \mu_0\mu_r HA$ nach Summation über die Teilstücke des magnetischen K.es die Beziehung

$$\Theta = nI = \sum_i H_i l_i = \Phi \sum_i \frac{1}{\mu_0\mu_r} \frac{l_i}{A_i} = \Phi \sum_i R_{mi}.$$

Dabei bedeuten μ_0 die magnetische Feldkonstante und μ_r die relative Permeabilität, $\vec{B}$ durchsetze senkrecht die Fläche A. In Analogie zum ohmschen Gesetz für elektrische Ströme bezeichnet man diese Beziehung als das *ohmsche Gesetz des Magnetismus.* Es verknüpft die magnetische Spannung $U_m = \int_1^2 \vec{H}\,d\vec{s}$ in jedem Stück des magnetischen K.es mit dem magnetischen Fluß Φ. Dabei heißt $R_m = \frac{1}{G_m} = \frac{1}{\mu_0\mu_r}\frac{l}{A}$ der *magnetische Widerstand,* sein reziproker Wert G_m der *magnetische Leitwert.* Die Einheit des magnetischen Widerstandes ist Eins je Henry, die des magnetischen Leitwertes Henry (H). Der magnetische Widerstand ist umgekehrt proportional der Permeabilität $\mu_0\mu_r$ des Materials ($1/\mu_0\mu_r$ kann als spezifischer magnetischer Widerstand aufgefaßt werden), woraus sich die oben erwähnte, den Fluß bündelnde Eigenschaft hochpermeabler Stoffe erklärt. Zugleich erhöht der magnetische K. mit der relativen Permeabilität μ_r bei vorgegebener Durchflutung den magnetischen Fluß gegenüber dem Vakuum ($\mu_r = 1$) um den Faktor μ_r.

Magnetische K.e werden beispielsweise in Transformatoren, Drosseln, Relais u. ä. angewendet. Eine besondere Bedeutung hat der magnetische K. im Elektromagnet zur Erzeugung hoher magnetischer Felder im Luftspalt zwischen den Polschuhen.

Speziell in elektrischen Maschinen und Geräten wird das Magnetfeld vom Magnetisierungsstrom in der Feldwicklung erregt. Bei Dauermagneterregung ist der Dauermagnet Bestandteil des magnetischen K.es. Um den Magnetisierungsstrom klein zu halten, besteht der magnetische K. weitgehend aus ferromagnetischem Material. Ausnahme ist der Luftspalt bei elektrischen Maschinen und elektromagnetischen Betätigungsgeräten, bei denen der magnetische K. ein stillstehendes und ein bewegliches Konstruktionsteil enthält.

Werden die ferromagnetischen Teile von einem Wechselfeld durchsetzt bzw. bewegen sie sich in einem Gleichfeld, so werden sie aus lack- oder papierisolierten Dynamoblechen zusammengesetzt, d. h. lamelliert, um die Wirbelstromverluste zu vermindern.

Für die Berechnung wird der magnetische K. als Reihen- und Parallelschaltung von Einzelteilen, wie Luftspalt, Kern bzw. Polkern, Joch u. a., angesetzt.

magnetischer Leitwert, → magnetischer Kreis.

magnetischer Pincheffekt, → Höchststromentladung.

magnetischer Schutz, svw. magnetische Schirmwirkung.

magnetischer Speicher, System, bei dem die remanente Magnetisierung ferro- und ferrimagnetischer Stoffe zur Speicherung von Informationen ausgenutzt wird. Während bei *Digitalspeichern* die beiden remanenten Zustände bistabiler magnetischer Elemente die Speicherung einer Dualzahl ermöglichen, muß bei *Analogspeichern* eine eindeutige, von der Vorgeschichte unabhängige Zuordnung zwischen Remanenz und Signal durch Ausnutzung der idealen Magnetisierungskurve gewährleistet werden. Die wichtigsten Formen sind als Digitalspeicher → Magnettrommel, → Kernspeicher und → Dünnschichtspeicher, als Digital- oder Analogspeicher das → Magnetband – je nach Eigenschaften der magnetischen Schicht. Magnetische S. werden in der Fernmeldetechnik, bei der Programmsteuerung von Maschinen und in der elektronischen Datenverarbeitung verwendet.

magnetischer Spiegel, → Magnetfalle.

magnetischer Stern, ein Stern, bei dem ein Magnetfeld nachgewiesen wurde. Die Messungen erfolgen mit Hilfe des Zeeman-Effektes. Die gemessenen Feldstärken betragen bis zu 35000 G, sind aber vielfach veränderlich. Es wurden sogar Umpolungen des Magnetfeldes beobachtet.

magnetischer Umwandlungspunkt, Temperatur, bei der die magnetische Struktur verändert oder aufgelöst wird. Magnetische U.e sind z. B. die Curie-Temperatur, die Néel-Temperatur oder die Temperatur, bei der der ferromagnetische Zustand in den antiferromagnetischen übergeht.

magnetischer Verstärker, *Transduktor*, ein Gerät, eine Baugruppe o. ä. zur Verstärkung von niederfrequenten Wechselströmen und von Gleichströmen, das den nichtlinearen Zusammenhang zwischen dem magnetischen Fluß Φ und der magnetisierenden Stromstärke I in einer Eisendrossel ausnutzt (Abb. 1). Magnetisiert man die Drossel über eine zusätzliche Gleichstromwicklung vor, so sieht man, daß sich die differentielle Induktivität $\frac{d\Phi}{dI}$ der Drosselspule ändert. Dadurch kann ein Wechselstromwiderstand ωL mit Hilfe eines Gleichstromes gesteuert werden. Durch die Entwicklung von Eisensorten mit fast rechteckiger Magnetisierungskurve ist es möglich geworden, mit sehr kleinen Gleichstromleistungen sehr hohe Wechselstromleistungen zu steuern. Nach diesem Prinzip arbeitet die älteste Form der Steuerung eines magnetischen V.s, die Induktivitätssteuerung (Abb. 2).

1 Abhängigkeit des magnetischen Flusses Φ in einer Eisendrossel von der magnetisierenden Stromstärke I

Für die technische Ausführung der Schaltung werden zwei Kerne benötigt, deren Steuerwicklungen gegensinnig in Reihe geschaltet sind, damit sich die auf die Steuerseite transformierten Wechselspannungen aufheben. Die zur Steuerung benötigte Gleichstromleistung beträgt nur einen Bruchteil der gesteuerten Leistung im Arbeitskreis, so daß eine Verstärkerwirkung zustande kommt. Verstärkte Gleichströme erhält man, indem anstelle des Verbrauchers eine Gleichrichterschaltung mit angeschlossenem Verbraucher in den Arbeitskreis

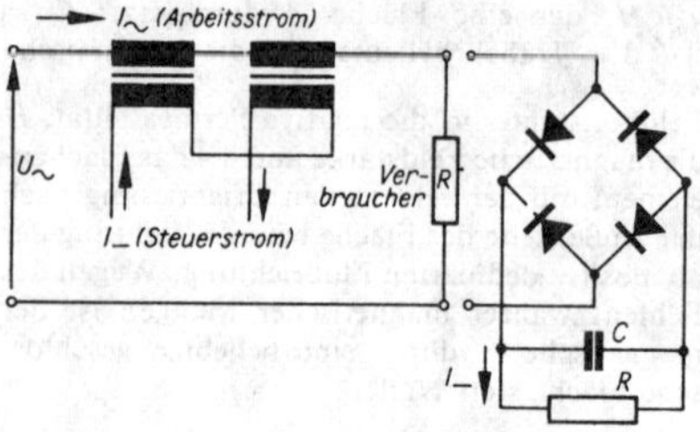

2 Induktivitätssteuerung eines magnetischen Verstärkers

geschaltet wird (Abb. 2). Bei der Sättigungswinkelsteuerung werden Trockengleichrichter mit guten Sperreigenschaften, d. h. geringen Rückströmen, zu den Drosseln in Reihe geschaltet. Werden Spezial-Eisensorten mit einem scharfen Sättigungsknick in der magnetischen Kennlinie verwendet, so kann durch die Vormagnetisierung der Kerne die Durchlaßzeit der Gleichrichter gesteuert werden. Ihre Arbeitsweise ist mit der von gittergesteuerten Schaltdioden (Thyristoren, Thyratrons) vergleichbar.

Transduktoren werden in der Steuerungs- und Regelungstechnik als Leistungsverstärker und auch als Meßverstärker häufig angewandt. Ihr Hauptnachteil liegt in der durch die Trägheit des magnetischen Flusses bedingten Zeitverzögerung zwischen der Änderung des Steuerstromes und der des Arbeitsstromes. Für trägheitslose Verstärkung sind magnetische V. nicht geeignet. Von Vorteil ist dagegen die galvanische Trennung von Steuer- und Arbeitskreis sowie der robuste Aufbau, der praktisch keinem Verschleiß unterliegt.

magnetischer Widerstand, → magnetischer Kreis.

magnetischer Widerstandseffekt, Änderung des elektrischen Widerstandes magnetischer Stoffe durch magnetische Einflüsse. Zwei Beiträge sind zu unterscheiden: 1) Die Streuung der Leitungselektronen an den atomaren magnetischen Spinmomenten verursacht eine Erhöhung des elektrischen Widerstands. Sie hängt stark vom Grad der Spinordnung und dem Betrag der atomaren magnetischen Momente ab. Sinkt die Temperatur z. B. unter die Curie-Temperatur, so ergibt sich wegen der einsetzenden Spin-Ordnung eine besonders starke Widerstandsabnahme. 2) Die Drehung der spontanen Magnetisierung durch äußere Felder führt zu einer Änderung des elektrischen Widerstands (Magnetowiderstand) bis zu einigen Prozent bei Raumtemperatur. Dieser Effekt zeigt Hysterese und wird bei tiefen Temperaturen (Restwiderstand) wesentlich verstärkt. Großen Einfluß auf den Magnetowiderstand übt die magnetische Bezirksstruktur im entmagnetisierten Zustand aus.

Über die Wirkung äußerer Magnetfelder → Magnetowiderstand.

magnetischer Zugeffekt, die Änderung der Remanenz in einem ferromagnetischen Material durch eine von außen angelegte Zugspannung. Der Effekt beruht auf der Änderung der Richtungsverteilung der spontanen Magnetisierung der Weißschen Bezirke durch die Zug-

spannung. Es entsteht eine Erhöhung der Remanenz bei positiver → Magnetostriktion und eine Abnahme der Remanenz bei negativer Magnetostriktion. Bei verschwindender Magnetostriktion ist kein m. Z. zu beobachten.

Lit. Kneller: Ferromagnetismus (Berlin, Göttingen, Heidelberg 1962).

magnetische Sättigung, Zustand einer ferromagnetischen Probe, in dem die spontane Magnetisierung aller Weißschen Bezirke parallel zum Feld ausgerichtet ist. Mit wachsender Feldstärke nähert sich die Magnetisierung einem Grenzwert, der als *Sättigungsmagnetisierung* M_s bezeichnet wird, praktisch mit der → spontanen Magnetisierung übereinstimmt und die gleiche Temperaturabhängigkeit hat. In der Nähe der Curie-Temperatur θ ist das Quadrat der Sättigungsmagnetisierung proportional $\theta - T$. Im übrigen Temperaturbereich gilt $M_s = M_{abs} \times \times (1 - cT^n)$, wobei n Werte zwischen 2 und 3/2 annimmt. Die absolute Sättigung M_{abs} wird in einem unendlich hohen Feld gemessen und ist gleich der spontanen Magnetisierung am absoluten Nullpunkt. Die störungsunabhängige Sättigungsmagnetisierung gilt als eine wichtige Stoffkonstante, deren Betrag von großer Bedeutung für die Anwendung ist. Von Eisen-Kobalt-Legierungen sind Höchstwerte der m.n S. von 2,48 Vs/m^2 bekannt, die nur noch von seltenen Erdmetallen, z. B. Gadolinium, bei tiefen Temperaturen übertroffen werden. Die m. S. beträgt bei Raumtemperatur für Eisen 2,16 und für Nickel 0,61 Vs/m^2.

Der Quotient aus Sättigungsmagnetisierung und Dichte wird als *spezifische m. S.* σ bezeichnet.

Lit. Kneller: Ferromagnetismus (Berlin, Göttingen, Heidelberg 1962).

magnetische Schirmwirkung, *magnetischer Schutz*, die Abschirmung eines magnetischen Feldes durch hochpermeable Stoffe. Bringt man einen aus hochpermeablem ferromagnetischem Material (→ magnetische Werkstoffe) bestehenden Hohlkörper in ein Magnetfeld, so wird im Innern die Feldstärke H_i viel kleiner als im Außenraum sein. H_i ist die Differenz von äußerem Feld H_a und entmagnetisierendem Feld. Damit ergibt sich $H_i = H_a/(1 + N \cdot \chi)$. Dabei ist N der Entmagnetisierungsfaktor und χ die Suszeptibilität. Für nicht verschwindenden Entmagnetisierungsfaktor und großes χ kann man im Inneren also einen fast feldfreien Raum erreichen.

magnetisches Feld, ein Raumgebiet, in dem jedem Punkt eine magnetische Feldstärke zugeordnet ist. Magnetische F.er sind an das Vorhandensein bewegter elektrischer Ladungen oder schnell veränderlicher elektrischer Felder (→ elektromagnetisches Feld) gebunden. Magnetische F.er treten in der Umgebung von stromdurchflossenen Leitern und Dauermagneten auf. Verursacht wird das magnetische F. der Dauermagnete letzten Endes durch die inneratomaren Ströme der sich bewegenden Elektronen. Diese Ströme entsprechen den Ampèreschen Kreisströmen. Die Stärke und die Richtung des magnetischen F.es wird durch den Vektor der magnetischen Feldstärke gekennzeichnet (→ Magnetismus).

Veranschaulicht wird das magnetische F. mit Hilfe von Feldlinien, die im Falle starker Felder mittels Eisenfeilspänen sichtbar gemacht werden können. Die Messung magnetischer F.er kann z. B. erfolgen durch die Messung des Drehmomentes, das auf einen kleinen Probemagnet mit bekanntem Moment ausgeübt wird, durch die Messung der Änderung des spezifischen Widerstandes bestimmter Substanzen (Wismut, Indiumantimonid) im Magnetfeld, durch Hall-Effekt-Messungen und unter Ausnutzung des Zeeman-Effektes durch Kernresonanzmessungen bzw. nach der Methode des optischen Pumpens.

magnetisches Horn, *Neutrinohorn*, Gerät zur Bündelung von Teilchen verschiedener Impulse. Dadurch wird z. B. eine hohe Intensität von Neutrinostrahlen erreicht. Das Prinzip entspricht der Wirkungsweise eines Schalltrichters. Die π- und K-Mesonen, bei deren Zerfällen die Neutrinos entstehen, werden durch ein Magnetfeld gebündelt, das durch einen starken Strom in Längsrichtung eines hornförmigen Leiters erzeugt wird.

magnetisches Kriechen, Instabilität des Magnetisierungszustandes dünner magnetischer Schichten gegenüber der gleichzeitigen Einwirkung aufeinander senkrechter magnetischer Gleich- und Wechselfelder. Das magnetische K. beruht auf der unterschiedlichen Wirksamkeit von Hindernissen gegenüber → Néel-Wänden entgegengesetzter Polarität und der Verschiebung von Bloch-Linien durch das Wechselfeld. Das magnetische K. beeinträchtigt die Zuverlässigkeit von Dünnschichtspeichern.

magnetisches Moment, 1) → Dipol 2).

2) → atomares magnetisches Moment.

3) *anomales m. M. des Elektrons*, die durch Präzisionsexperimente genau ermittelte Abweichung des magnetischen Moments eines Elektrons μ_{el} von 1 Bohrschen Magneton, die von der Quantenelektrodynamik erklärt und zusammen mit der Lamb-Verschiebung eine ihrer wesentlichsten experimentellen Bestätigungen darstellt (→ Wasserstoffspektrum).

4) *m. M. der Elementarteilchen*, eine mit dem → Spin $J \neq 0$ verknüpfte Eigenschaft der Elementarteilchen. Das magnetische M. der Elementarteilchen hat die Richtung des Spins; sein Betrag setzt sich aus dem normalen, nur von der Gesamtladung abhängenden, und dem anomalen, von der Ladungsverteilung ausgedehnter Teilchen (→ elektromagnetische Formfaktoren) herrührenden magnetischen M. zusammen. Das magnetische Moment der Elektronen wird als → Bohrsches Magneton bezeichnet; die → Quantenelektrodynamik liefert jedoch hierzu einige in bester Übereinstimmung mit dem Experiment stehende Korrekturen. Die magnetischen Momente der Nukleonen weichen wegen der ausgeprägten Struktur der Nukleonen erheblich vom normalen magnetischen Moment, dem → Kernmagneton, ab; Neutronen und Λ-Hyperonen haben nur ein anomales magnetisches Moment, da ihre Gesamtladung Null ist (→ Elementarteilchen, Tab. A).

magnetische Spannung, → magnetischer Kreis.

magnetisches Potential, → Potential.

magnetisches Spektrum, im engeren Sinne die Frequenzabhängigkeit der komplexen Permeabilität, im weiteren Sinne die Frequenzabhängigkeit jeder magnetischen komplexen Größe, z. B. Induktion, Magnetisierung. Das magnetische S. wird von niedrigen Frequenzen (Bruchteile eines Hertz) bis ins Infrarotgebiet beobachtet. Besonders charakteristisch sind die natürlichen Resonanzen, d. s. ferromagnetische Resonanzen im magnetischen Anisotropiefeld, Nachwirkungseffekte und Bloch-Wand-Resonanzen, denen ein Maximum im Imaginärteil der Permeabilität entspricht. Das magnetische S. erlaubt also Aussagen über die verschiedenen Magnetisierungsprozesse, ihre Aktivierungsenergie, die Anisotropiekonstanten u. ä.

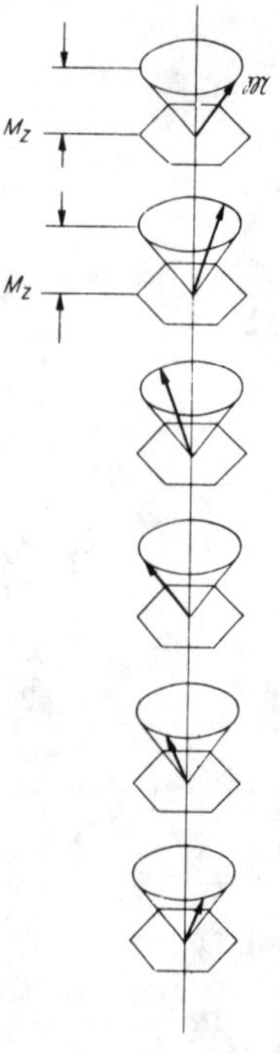

2 Helikoidale Strukturen. $|\vec{M}|$ = konst., M_z = konst.

magnetische Struktur, 1) die räumliche Anordnung und Orientierung der atomaren magnetischen Momente in einem Kristall (→ magnetische Raumgruppe). Von der m.n S. hängen unter anderem auch die makroskopischen magnetischen Eigenschaften ab. Die m. S. wird experimentell mit der magnetischen Neutronenstreuung bestimmt. Man unterscheidet folgende m. S.en: I) *Kollineare Strukturen* (Abb. 1a bis

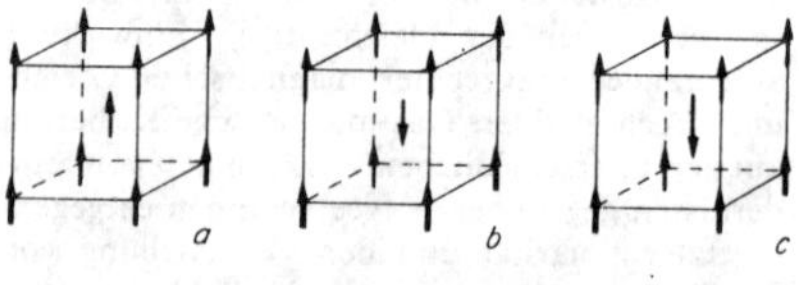

1 Kollineare Strukturen: *a* ferromagnetische, *b* antiferromagnetische, *c* ferrimagnetische Struktur

c): a) Bei den *ferromagnetischen Strukturen*, z. B. in Eisen, Kobalt, Nickel oder Gadolinium, sind gleichgroße Momente parallel angeordnet. b) Bei den *antiferromagnetischen Strukturen*, z. B. im Mangan(II)- oder Nickel(II)-oxid, sind gleichgroße Momente antiparallel angeordnet, so daß die resultierende Magnetisierung verschwindet. c) Bei den *ferrimagnetischen Strukturen*, z. B. in Fe_3O_4 oder $NiO \cdot Fe_2O_3$, stehen die Momente antiparallel, sind aber verschieden groß, so daß eine resultierende Magnetisierung übrigbleibt.

II) *Helikoidale Strukturen* (Abb. 2). Im Fall $M_z \neq 0$ liegt eine ferromagnetische, für $M_z = 0$ eine antiferromagnetische Spirale vor. Die Periode der Spirale ist im allgemeinen kein Vielfaches der Gitterperiode. Im Gegensatz zu III) ist das atomare magnetische Moment $|\vec{M}|$ von Gitterplatz zu Gitterplatz hier konstant.

III) *Zykloidale Strukturen* (Abb. 3). Das magnetische Moment der Atome zeigt – obwohl diese sich auf völlig äquivalenten Plätzen befinden – eine periodische Modulation. Zykloidale Strukturen treten in Chrom und seinen Legierungen auf (→ Spindichtewellen).

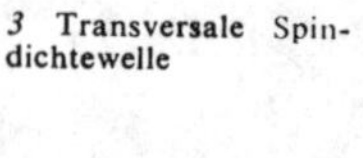

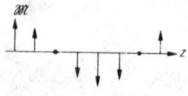

3 Transversale Spindichtewelle

2) svw. Bezirksstruktur.

magnetische Suszeptibilität, → Suszeptibilität.

magnetische Verluste, → Eisenverluste.

magnetische Waage, Meßgerät zur Bestimmung magnetischer Momente M mittels mechanischer Kräfte. Ein inhomogenes Magnetfeld übt auf eine Probe die Kraft F aus, die dem Feldstärkegradienten dH/dx proportional ist: $F = M \cdot (dH/dx)$. Die m. W. wird besonders für temperaturabhängige Messungen eingesetzt.

magnetische Werkstoffe, wichtige Gruppe von Spezialwerkstoffen für Elektrotechnik, Elektronik und Gerätebau. Die vielseitigen Forderungen an Nichtlinearität, Verluste, Permeabilität, Energiedichte, Mikrowellenverhalten bis zu mechanischen Eigenschaften führten zur Entwicklung zahlreicher m.r W.

Nach der Koerzitivfeldstärke H_c unterscheidet man *weichmagnetische Werkstoffe* (H_c < 10 A/cm; Tab. 1) und *hartmagnetische Werkstoffe* (H_c > 10 A/cm; Tab. 2). Während Sättigungsmagnetisierung und Curie-Temperatur störunempfindlich sind und nur von Zusammensetzung und Kristallgitter abhängen, zeigen alle Hystereseeigenschaften eine große Störempfindlichkeit gegenüber Herstellungsparametern und Gefügeeinflüssen. Die Abhängigkeit von der Kristallorientierung wird bei den Texturen technisch ausgenutzt. Bedingungen zur Erzielung weichmagnetischer Eigenschaften sind: homogenes, spannungsfreies Gefüge mit hohem Reinheitsgrad; Schlußwärmebehandlung bei Temperaturen bis 1 200 °C zur Reinigung und Ausheilung von Fehlstellen. Bedingungen zum Erreichen hartmagnetischer Eigenschaften sind heterogener Gefügeaufbau durch Ausscheidungen, Umwandlungen oder Ordnungsvorgänge. Die magnetische Wirkung hängt hierbei von Verteilung, Menge und Größe der heterogenen Phase ab.

Nach Anwendung und Eigenschaften lassen sich die m.n W. folgendermaßen einteilen: 1) *Elektroblech* (*Transformatoren-* und *Dynamoblech*). Die Forderungen des Elektromaschinen- und Transformatorenbaus sind auf geringe Ummagnetisierungsverluste und hohe Induktionen gerichtet. Im großen Umfang werden dafür Eisen-Silizium-Legierungen mit 0,5 bis 4,5% Silizium benutzt, wobei isotrope (warmgewalzte) Bleche und anisotrope (kaltgewalzte) Großtexturbänder mit einer Längsvorzugsrichtung zum Einsatz gelangen. Der Ummagnetisierungsverlust $V_{1,0}$ beträgt 0,4 W/kg. Würfellagentexturen mit 2 Vorzugsrichtungen sind entwickelt.

2) *Spulen- und Übertragerwerkstoffe* werden in Nachrichtentechnik und Elektronik wegen hoher Anfangspermeabilität μ_a und geringer Verluste angewendet. Hohe μ_a-Werte haben Nickel-Eisen-Legierungen (Permalloy) mit 50 bis 80% Ni. Aus der Theorie abgeleitete Forderungen für hochpermeable Legierungen sind Kristallenergie $E_k \to 0$ und Magnetostriktion $\Delta l \to 0$. Sie werden im Bereich um 80% Nickel mit Zusätzen von Molybdän, Kupfer und Chrom realisiert, z. B. Supermalloy $\mu_a > 10^5$. Einen flachen Permeabilitätsanstieg erreichen Eisen-Nickel-Legierungen mit 36% Nickel sowie Eisen-Kobalt-Nickel-Legierungen nach einer Magnetfeldglühung in Querrichtung. Bei Übertragern wird auch die geringere Permeabilität der Eisen-Silizium-Bleche ausgenutzt. Eisen-Aluminium-Legierungen mit 16% Aluminium (Alfenol) zeigen neben günstigen Permeabilitäten hohe mechanische Härte und Verschleißfestigkeit (Magnetköpfe).

Die Hochfrequenztechnik wendet Pulver- oder Massekerne für Filter und Übertrager an. Vorteilhaft ist die Konstanz der Permeabilität mit der Aussteuerung und die Verbesserung der Temperaturabhängigkeit. Nachteilig ist die Permeabilitätserniedrigung auf $\mu = 20$ bis 120 durch innere Scherung. In zunehmendem Umfang werden *Ferritkerne* infolge ihrer höheren Permeabilität und geringeren Verlustfaktoren als Mangan-Zink-, Nickel-Zink- und Sonder-Ferrite eingesetzt. Die magnetischen Eigenschaften lassen sich dem Frequenzbereich und Temperaturverhalten anpassen. Bedeutendste Eigenschaft gegenüber metallischen Werkstoffen ist der um über sieben Größenordnungen höhere spezifische Widerstand. Die geringere Sättigungsmagnetisierung von 40 bis 60 μVs/cm^2 wirkt nachteilig.

3) *Relaiswerkstoffe.* Aus der Arbeitsweise elektromagnetischer Schaltgeräte lassen sich Anforderungen für die m.n W. ableiten: hohe Induktion (Anzugskraft) und geringe Koerzitivfeldstärke (Ankerabfall). Vorwiegend werden technische Eisensorten mit $H_c = 0{,}5$ bis 1,5 A/cm eingesetzt. Durch Ausscheidungen entstehen Alterungseffekte, wobei H_c ansteigt. In polarisierten Relais werden Eisen-Nickel-Legierungen mit kleinerem H_c benutzt. Höchste Sättigungsinduktionen zeigen Eisen-Kobalt-Legierungen mit 35 bis 50% Kobalt (Polschuhe). Sie haben eine hohe reversible Permeabilität bei starker Vormagnetisierung (Telefon-Membranen).

4) *Werkstoffe für magnetische Speicher und Schalter* sowie *Zähl-*, *Verstärker-* und *Steuerungselemente* nutzen die Nichtlinearität der Hystereseschleife aus. Rechteckförmige Hystereseschleifen mit hohem Remanenz-Sättigungsverhältnis $B_r/B_s \geqq 0{,}9$ werden durch Texturbildung, Magnetfeldglühung oder durch spontane Rechteckigkeit (Kristallenergie $\gg$ magnetoelastische Energie) hergestellt. Anisotrope Eisen-Nickel-Bleche (Würfellagentextur) und Eisen-Silizium-Bleche werden in Magnetverstärkern und Transduktoren verwendet. Diese sind Anordnungen von Spulen mit ferromagnetischem Kern, deren Hystereseschleife zur Regelung von Wechselstromkreisen unsymmetrisch ausgesteuert wird.

Für Speicheraufgaben werden Schaltzeiten von μs durch Verringerung der Abmessung auf Banddicken von 2 μm erreicht (Folienkerne). Die *Kernspeicher* sind aber vorwiegend mit Rechteckferriten auf der Basis von Mangan-Magnesium-Ferrit aufgebaut, wobei der Ringkern-Durchmesser bei 1 mm liegt. Für Transfluxoren werden Ferritwerkstoffe mit spontaner Rechteckschleife eingesetzt. Diese Speicherkerne sind durch verschiedene Öffnungen in mehrere Magnetkreise unterteilt. Da der Magnetfluß auf andere Kreise übertragen werden kann, sind die eingespeicherten Informationen zerstörungsfrei lesbar.

Eine breite Anwendung in der Audio-, Video- und Digitaltechnik haben *Magnetbandspeicher* erfahren. Das Magnetband besteht aus einem dünnen Polyesterband, auf dem eine hartmagnetische Schicht von 10 bis 25 μm Dicke aus Eisen(III)-oxid-Teilchen aufgebracht ist (H_c = 240 A/cm). Durch ein Magnetfeld beim Aufbringen der Pulverteilchen werden diese parallel ausgerichtet und die Remanenz wird erhöht. Auch feinkörniges Chrom(IV)-oxid wird als hartmagnetische Schicht verwendet. Zur Aufzeichnung und Wiedergabe muß das Magnetband an einem Magnetkopf vorbeigeführt werden, der elektrische Signale in eine magnetische Feldstärke (Streufeld am Luftspalt) und umgekehrt umwandelt. Nach gleichem Prinzip arbeiten Magnetplattenspeicher und Trommelspeicher. Die Dünnschichtspeicher verwenden weichmagnetische Permalloy-Legierungen mit einachsiger Vorzugsrichtung. Dünne Schichten bis 300 nm werden durch Drehprozesse ummagnetisiert, die hysteresefrei mit kurzen Schaltzeiten von ns ablaufen.

5) *Dauermagnete* sind hartmagnetische Werkstoffe zur Felderzeugung in Meßgeräten und Lautsprechern sowie für den Einsatz als Haftmagnete. Wichtigstes Kriterium ist die magnetische Energiedichte $(BH)_{max}$. Sie kann durch hohe Koerzitivfeldstärken H_c und Remanenzwerte B_r gesteigert werden. Alnico-Magnete auf der Basis von Aluminium-Nickel-Kobalt-Eisen mit $H_c \approx 500$ A/cm, bei Zusätzen von Titan bis 1600 A/cm, sind am weitesten verbreitet. Die hartmagnetischen Eigenschaften werden durch gerichtete Ausscheidungen einer zweiten Phase erreicht. Durch Kristallorientierung und Magnetfeldglühung steigt $(BH)_{max}$ auf 110 mWs/cm^3 in der Vorzugsrichtung an. Alnico-Magnete sind hart und spröde. Ihre Formgebung erfolgt durch Gießen und Sintern (*Sintermagnete*) und anschließendes Schleifen. Gut zu verarbeiten ist Vicalloy, eine Eisen-Kobalt-Vanadin-Legierung mit 52% Kobalt (H_c = 400 A/cm). Wegen der für die magnetischen Eigenschaften erforderlichen hohen Kaltverformung können nur dünnere Abmessungen hergestellt werden, z. B. Magnetnadeln. Hohe Koerzitivfeldstärken bis zu 4000 A/cm und Energiedichten von 80 mWs/cm^3 sind mit verformbaren Platin-Kobalt-Legierungen zu erreichen. Sie werden nur für sehr kleine hochwertige Magnete eingesetzt. Dagegen hat die Anwendung oxidischer Dauermagnete, z. B. Bariumferrit, einen erheblichen Umfang angenommen. Die Feinstpulver-Magnete aus Einbereichsteilchen von Eisen oder Eisen-Kobalt-Legierung werden wenig angewendet.

6) *M. W. für weitere Anwendungen.* In der Mikrowellentechnik werden neben Dauermagneten vor allem hochohmige magnesiumhaltige Mischferrite eingesetzt, die eine Herstellung nichtreziproker passiver Schaltelemente ermöglichen (Gyrator, Richtkoppler, Zirkulator). Durch direkte Wechselwirkung zwischen Mikrowellen und Elektronenspin ergeben sich unterschiedliche Übertragungseigenschaften in den beiden Übertragungsrichtungen.

Die Ausnutzung magnetostriktiver Erscheinungen führt zur Umwandlung elektromagnetischer Schwingungen in mechanische (Wandler, Resonatoren). Die Forderungen nach hoher Magnetostriktion, geringem Temperaturkoeffizienten des Elastizitätsmoduls und großem magnetomechanischem Kopplungsfaktor lassen sich z. B. mit Nickel-Eisen-Legierungen erfüllen. Von Bedeutung sind auch m. W. zur Abschirmung gegen Streufeldeinflüsse, zur Tempe-

Tab. 1. *Weichmagnetische Werkstoffe*

Werkstoff	Koerzitivfeldstärke H_c in A/cm	Anfangspermeabilität μ_a	Sättigungsmagnetisierung M_s in μVs/cm²	Curie-Temperatur T_c in °C	spezifischer Widerstand in $\mu\Omega$cm
Technisches Eisen	0,8	600	215	770	12
Eisen-Silizium-Legierung	0,5	1 000	200	700	45
Eisen-Silizium-Legierung (Textur)	0,1	5 000	200	700	45
Eisen-Aluminium-Legierung mit 16% Al	0,04	5 000	85	400	143
Eisen-Kobalt-Legierung mit 50% Co	0,5	1 000	240	950	20
Eisen-Nickel-Legierung mit 50% Ni	0,08	12 000	160	490	37
Supermalloy (80% Ni, Zusatz Mo)	0,005	100 000	75	400	60
Ferrite	0,4	3 000	45	180	$> 10^8$
Massekerne	10	50			

raturkompensation in Meßgeräten (Wirbelstromdrehzahlmesser) sowie die nichtmagnetischen Werkstoffe im Elektromaschinen- und Gerätebau.

Tab. 2. Hartmagnetische Werkstoffe

Werkstoff	Energieprodukt $(BH)_{max}$ in mWs/cm³	Koerzitivfeldstärke H_c in A/cm	Remanenz B_r in μVs/cm²
Magnetstahl (Zusätze C, Cr, Co)	2	45	94
Vicalloy (Co-Fe-V)	25	400	100
Cunife (Cu-Ni-Fe)	15	460	49
Alnico (Al-Ni-Co-Fe)	40	500	120
Alnico (kristallorientiert)	60	650	130
Platin-Kobalt-Magnete	80	3 000	68
Bariumferrit (orientiert)	25	2 000	35

magnetische Wirbellinie in einem Supraleiter, gelegentliche Bezeichnung für die in Supraleitern 2. Art auftretenden Flußschläuche. Die magnetischen Wirbellinien stellen Analoga zu den in superflüssigem Helium auftretenden mechanischen Wirbeln dar.

magnetisch hart, → magnetische Werkstoffe.

magnetisch weich, → magnetische Werkstoffe.

Magnetisierung, 1) $\vec{M}$, der Quotient aus der Vektorsumme $\Sigma\,\vec{\mu}_i$ der magnetischen Momente der Elementarmagnete und dem Volumen V, das diese einnehmen: $\vec{M} = \Sigma\,\vec{\mu}_i/V$. Die Einheit der M. ist Vs/m². Das Volumen V ist einerseits so groß, daß der Stoff durch ein Kontinuum beschrieben werden kann, andererseits so klein, daß örtliche Inhomogenitäten von $\vec{M}$ erfaßt werden. $\vec{M}$ hängt außer von dem äußeren Magnetfeld, dessen Einfluß in gewisser Weise durch die Materialkonstante magnetische Suszeptibilität erfaßt wird, von der Temperatur ab (→ Paramagnetismus, → Diamagnetismus, → Paraprozeß). Wichtig ist, daß die Ferro- und Ferrimagnetika bereits ohne Feld eine → spontane Magnetisierung haben. Ihre pauschale M., die durch den Mittelwert über die Weißschen Bezirke gegeben ist, hängt von der magnetischen Vorgeschichte ab (→ Magnetisierungskurve). Die M. führt zu einer Schwächung des angelegten Feldes im Inneren des Körpers (→ Entmagnetisierung). → magnetische Flußdichte.

Die nichtpermanente M. eines magnetisch weichen Körpers, die durch das Feld eines Elektromagneten oder eines Permanentmagneten hervorgerufen wird, bezeichnet man als *induzierte M.* Das auf die Masseeinheit bezogene magnetische Moment, d.h. die M. dividiert durch die Dichte, ergibt die *spezifische M.*

2) *technische M.*, die aus der → Magnetisierungskurve ermittelte M. eines ferromagnetischen Körpers.

3) → spontane Magnetisierung.

Magnetisierungsarbeit, die auf das Volumen bezogene Arbeit A, die zur Änderung der Magnetisierung $\vec{M}$ aufgebracht werden muß. Das dazu notwendige Magnetfeld $\vec{H}$ kann entweder von einer stromdurchflossenen Spule oder von einem permanenten Magneten geliefert werden. Man betrachtet zunächst das ganze System von Apparatur und Probe und berechnet die Arbeit. Dann denkt man sich die Magnetisierung der Probe „eingefroren" und getrennt von der Apparatur und stellt den Ausgangszustand der Apparatur ohne Probe wieder her. Die M. ist die Differenz zwischen der aufgewendeten Arbeit und der frei werdenden Arbeit, im Falle der Spule das Mehr an Arbeit, das man in der Spule mit Eisenkern gegenüber der eisenfreien Spule zu leisten hat: $A = \int_0^M \vec{H}\cdot \mathrm{d}\vec{M}$ bzw. bei einer Änderung der Magnetisierung von $\vec{M}_1$ auf $\vec{M}_2$: $A = \int_{M_1}^{M_2} \vec{H}\cdot \mathrm{d}\vec{M}$. Im Fall eines Permanentmagneten muß man von der Gesamtarbeit die potentielle Energie $-\vec{M}\cdot\vec{H}$ oder bei einer Magnetisierungsänderung die Differenz $\vec{M}_1\cdot\vec{H}_1 - \vec{M}_2\cdot\vec{H}_2$ abziehen, so daß man erhält: $A = \int_0^M \vec{H}\cdot \mathrm{d}\vec{M} = \vec{M}\cdot\vec{H} - \int_0^H \vec{M}\cdot \mathrm{d}\vec{H}$ bzw. $A = \vec{M}_2\cdot\vec{H}_2 - \vec{M}_1\cdot\vec{H}_1 - \int_{H_1}^{H} \vec{M}\cdot \mathrm{d}\vec{H}$. Dabei bedeuten $\vec{H}_1$ bzw. $\vec{H}_2$ die magnetische Feldstärke bei $\vec{M}_1$ bzw. $\vec{M}_2$. In paramagnetischen Substanzen ist $A = \vec{M}\cdot\vec{H}/2$ wegen der Proportionalität von $\vec{M}$ und $\vec{H}$. In ferromagnetischen Substanzen ergibt sich die M. aus der Fläche der gescherten Neukurve (→ Scherung) der Magnetisierung mit der Achse der Magnetisierung (Abb. S. 923). Der irreversible Anteil wird bei der Magnetisierung in Wärme umgewandelt.

Lit. Kneller: Ferromagnetismus (Berlin, Göttingen, Heidelberg 1962).

Magnetisierungsgeschwindigkeit, die auf die Zeit bezogene Magnetisierungsänderung einer ferromagnetischen Probe. Der Meßwert der M. hängt nicht nur von der Frequenz der Grundwelle, sondern vom Zeitverlauf des magnetischen Feldes oder der Magnetisierung $M(t)$ ab. Sie ist

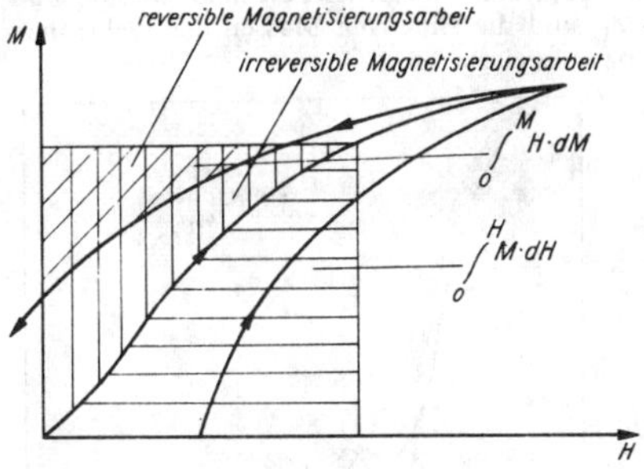

Magnetisierungsarbeit bei ferromagnetischen Materialien

eine wichtige Einflußgröße auf die dynamische Hystereseschleife. Mit zunehmender M. wird die Koerzitivfeldstärke metallischer Magnetwerkstoffe wesentlich erhöht.

Magnetisierungskurve, funktioneller Zusammenhang zwischen der Magnetisierung bzw. magnetischen Induktion eines Stoffes und der wirksamen Feldstärke, der für die technische Anwendung der magnetischen Werkstoffe fundamentale Bedeutung hat. Die M. ist nur für dia-, para- oder antiferromagnetische Stoffe eindeutig und in kleinen Magnetfeldern linear. Bei ferro- oder ferrimagnetischen Stoffen hängt die M. von der magnetischen Vorgeschichte ab. Grundsätzlich gibt es für diese Stoffe viele M.n. Ohne zusätzliche Erläuterungen versteht man unter M. die Neukurve, vielfach auch die äußere Hystereseschleife. Die *Neukurve* (*jungfräuliche Kurve*, *Kommutierungskurve*) geht vom entmagnetisierten Zustand ($H = M = B = 0$) aus und stellt die Induktion B bzw. Magnetisierung M in Abhängigkeit von der stetig ansteigenden Feldstärke H dar (Abb.). Bei ihrer Bestimmung

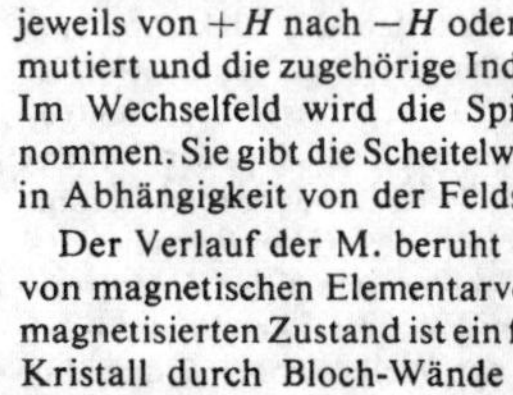

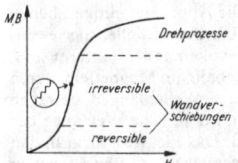

Magnetische Elementarprozesse längs der Neukurve. M Magnetisierung, B Induktion, H Feldstärke

im Gleichfeld wird mit zunehmender Feldstärke jeweils von $+H$ nach $-H$ oder umgekehrt kommutiert und die zugehörige Induktion gemessen. Im Wechselfeld wird die Spitzenkurve aufgenommen. Sie gibt die Scheitelwerte derInduktion in Abhängigkeit von der Feldstärke an.

Der Verlauf der M. beruht auf einer Vielzahl von magnetischen Elementarvorgängen. Im entmagnetisierten Zustand ist ein ferromagnetischer Kristall durch Bloch-Wände in Weißsche Bezirke unterteilt, deren spontane Magnetisierung in verschiedenen leichten Richtungen liegt, so daß die mittlere Magnetisierung des Gesamtkristalls gleich Null ist. Beim Anlegen eines äußeren Feldes wird mit zunehmender Feldstärke eine Parallelstellung der spontanen Magnetisierung aller Bezirke in Feldrichtung erzwungen. Dies geschieht durch zwei Elementarprozesse (Abb.), die bei weichmagnetischen Werkstoffen wie folgt ablaufen: 1) Wandverschiebungen. Günstig zur Feldrichtung gelegene Bezirke wachsen im Anfangsteil der Neukurve auf Kosten der übrigen. Die Vorgänge sind zunächst reversibel. Man bezeichnet die Steigung der Neukurve in diesem Bereich als *Anfangssuszeptibilität* bzw. *Anfangspermeabilität*. Mit zunehmender Feldstärke werden im steilen Teil der Neukurve die Bloch-Wände aus ihren Vorzugslagen losgerissen. Ganze Volumenbereiche klappen mit ihrer Magnetisierungsrichtung in günstigere Lagen um. Diese irreversiblen Bloch-Wandbewegungen nennt man *Barkhausen-Sprünge*. 2) Drehprozesse. Nach Ablauf der Wandverschiebungen werden mit zunehmender Feldstärke die Magnetisierungsvektoren in die Feldrichtung gedreht. Da hierbei die Induktionszunahme nur noch gering ist, verläuft die Neukurve sehr flach (magnetische Sättigung). Nach Ablauf dieser Elementarprozesse ist eine weitere schwache Erhöhung der Magnetisierung nur noch durch den → Paraprozeß möglich.

Bei hartmagnetischen Werkstoffen treten Wandverschiebungen im allgemeinen nicht auf. In diesem Falle wird die M. durch reversible und irreversible Drehungen bestimmt.

Während die *reale M.* mit der → Hystereseschleife ferromagnetischer Substanzen identisch ist, gibt die *ideale M.* (*anhysteretische M.*) den eindeutigen Zusammenhang an zwischen der Magnetisierung einer ferromagnetischen Probe, die nach dem Abklingen eines von großen Werten stetig abnehmenden magnetischen Wechselfeldes verbleibt, und dem überlagerten magnetischen Gleichfeld. Der Anstieg der idealen M. in schwachen Feldern ist außerordentlich steil und die anhysteretische Anfangssuszeptibilität dem totalen Entmagnetisierungsfaktor umgekehrt proportional. Die ideale M. hat keine Hysterese, sie ist unabhängig von der magnetischen Vorgeschichte.

Magnetisierungsstrom, 1) der Strom, der zum Erregen des Magnetfeldes bzw. des magnetischen Flusses in einer Spule oder Spulenanordnung (z. B. in elektrischen Maschinen oder Geräten) notwendig ist. Bei Spulen mit Eisenkreisen ist der M. infolge der nichtlinearen Kennlinie des magnetischen Kreises stark oberwellenbehaftet. Da er oberhalb des Sättigungsknicks der Magnetisierungskennlinie sehr stark anwächst, wählt man diesen als Arbeitspunkt für Nennbetrieb.

2) eine Stromverteilung, die das gleiche Magnetfeld wie ein makroskopischer Körper vorgegebener Magnetisierung $\vec{M}$ erzeugt. Die Dichte dieses M.s ist $j_M = \text{rot}\,\vec{M}$ oder $\mu_0^{-1}\,\text{rot}\,\vec{M}$, in Abhängigkeit von der genauen Definition der Magnetisierung.

Magnetisierungsumkehr, svw. Ummagnetisierung.

Magnetisierungswärme, der Anteil der → Magnetisierungsarbeit, der beim Durchlaufen der Hystereseschleife irreversibel in Wärme umgewandelt wird.

Magnetismus, die Lehre vom magnetischen Feld und vom Verhalten der Materie im magnetischen Feld.

Das magnetische Feld ist durch den Vektor der magnetischen Feldstärke $\vec{H}$ in Abhängigkeit vom Ort und von der Zeit gegeben. Verursacht werden magnetische Felder durch elektrische Ströme, durch rasch veränderliche elektrische Felder (→ Elektromagnetismus) und durch magnetisierte Körper.

Ist $\vec{J}$ der Vektor der Stromdichte, $\vec{E}$ der Vektor des elektrischen Feldes, ε_0 die absolute Dielektrizitätskonstante, ε_r die relative Dielektrizitätskonstante, μ_0 die absolute Permeabilitätskonstante und μ_r die relative Permeabilitätskonstante, so ist das magnetische Feld mit diesen Größen durch die Maxwellschen Gleichungen $\operatorname{rot} \vec{H} = \left(\vec{J} + \varepsilon_r \varepsilon_0 \frac{\partial \vec{E}}{\partial t} \right)$ und $\operatorname{div} \mu_r \mu_0 \vec{H} = 0$ verknüpft.

Im Gegensatz zu den wahren elektrischen Ladungen gibt es keine wahren magnetischen Ladungen.

Bezüglich des Verhaltens der Materie im magnetischen Feld unterscheidet man → Diamagnetismus, → Paramagnetismus, → Ferromagnetismus, → Ferrimagnetismus, → Antiferromagnetismus und → Metamagnetismus.

Ursprünglich verstand man unter M. die Eigenschaft bestimmter Körper, der → Magnete, Eisen anzuziehen und andere Magnete anzuziehen oder abzustoßen.

Magnetit, *Magneteisenstein,* $FeO \cdot Fe_2O_3$, zur Gruppe der Ferrite gehörendes, in der Natur vorkommendes Mineral. M. gehört zu den Spinellen. Er ist stark ferrimagnetisch und leitet den elektrischen Strom ziemlich gut. Der Ferrimagnetismus ist damit verbunden, daß die Eisenatome sich auf zwei kristallographisch verschiedenen Sorten von Gitterplätzen befinden.

Magnetnadel, → Dipol 2c).

Magnetoabsorption, die optische Absorption an Halbleitern in einem äußeren Magnetfeld. Zur M. gehören die Zyklotronresonanzabsorption und die Interbandmagnetoabsorption.

1) *Zyklotronresonanzabsorption* ist die bei der → Zyklotronresonanz auftretende Absorption durch Übergänge der freien Ladungsträger zwischen Landau-Niveaus mit unterschiedlicher Quantenzahl n. Für diese Übergänge gilt die Auswahlregel $\Delta n = \pm 1$. Die Zyklotronresonanzabsorption liegt meist im Mikrowellenbereich, bei Verwendung sehr hoher Magnetfelder im fernen Infrarot.

2) *Interbandmagnetoabsorption* ist die durch ein Magnetfeld hervorgerufene Änderung in der → Grundgitterabsorption eines Halbleiters. Sie läßt sich wegen des hohen Absorptionskoeffizienten der Grundgitterabsorption experimentell nur in der Umgebung der → Absorptionskante von Halbleitern verfolgen. Die Abb. gibt das Interbandmagnetoabsorptionsspektrum von Germanium wieder. Es zeigt einen oszillatorischen Verlauf der Absorption, die Absorptionsmaxima sind optischen Übergängen von Landau-Niveaus des Valenzbandes in Landau-Niveaus des Leitungsbandes zuzuordnen. Für diese Übergänge gilt die Auswahlregel $\Delta n = 0$. Die Lage der Absorptionskante verschiebt sich im Magnetfeld zu höheren Photonenenergien um die Energiedifferenz $\Delta E = (1/2)\, \hbar\omega_c$. Dabei ist $\hbar$ das durch 2π geteilte Plancksche Wirkungsquantum, ω_c ist die Summe der Zyklotronresonanzfrequenzen der Elektronen und Löcher, definiert durch $\omega_c = eB(1/m_e + 1/m_L)$, e ist die Elementarladung, B die magnetische Flußdichte, m_e und m_L sind die effektiven Massen der Elektronen bzw. Löcher.

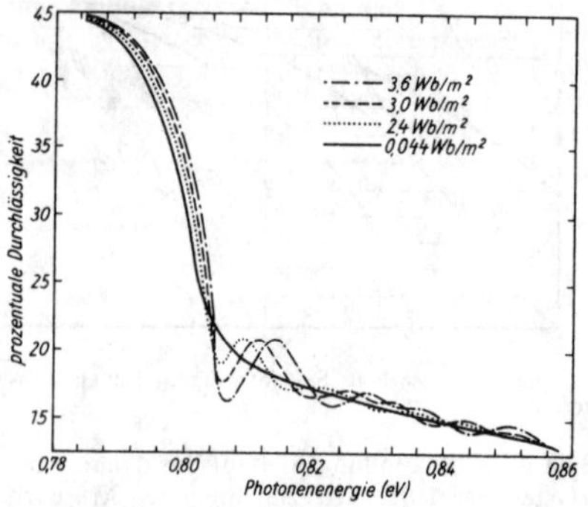

Verlauf der Durchlässigkeit von Germanium bei verschiedenen magnetischen Flußdichten

Die M. hat sich bislang als eine sehr leistungsfähige und genaue Methode zur Bestimmung von effektiven Massen, von Interbandenergien einschließlich der Breite der verbotenen Zone und von anderen Bandstrukturparametern erwiesen.

Lit. Madelung: Das Verhalten von Halbleitern in hohen Magnetfeldern, in Halbleiterprobleme, Bd V (Braunschweig 1960).

magnetoakustischer Effekt, das Auftreten von Oszillationen der Ultraschallabsorption und der Ultraschallgeschwindigkeit in Metallen als Funktion eines homogenen Magnetfeldes. Der wichtigste magnetoakustische E. besteht in den geometrischen Oszillationen der Ultraschallabsorption, die in sauberen Metalleinkristallen bei tiefen Temperaturen überwiegend dann zu beobachten sind, wenn das Magnetfeld senkrecht zur Ausbreitungsrichtung der Ultraschallwelle gerichtet ist. Die Abb. zeigt einige Ebenen gleicher Phase der Ultraschallwelle, die jeweils eine Wellenlänge λ voneinander entfernt sind, sowie eine Elektronenbahn im Magnetfeld, deren Durchmesser D einige Wellenlängen betragen und kleiner als die mittlere freie Weglänge der Elektronen sein muß. Das Elektron fliegt in den Punkten P und P' parallel zu den Phasenebenen und absorbiert dort die Welle am stärksten, sofern die Wellenphasen in diesen Punkten ebenso wie die Geschwindigkeiten des Elektrons entgegengesetzt sind. Die Ultraschallabsorption ist maximal, wenn der Durchmesser der Elektronenbahn ein halbzahliges Vielfaches der Wellenlänge des Ultraschalls ist. Andererseits beträgt der Bahndurchmesser das $(\hbar/|e|\, B)$-fache des entsprechenden Durchmessers K der Zyklotronbahn auf der Fermi-Fläche senkrecht zur Ausbreitungsrichtung der Welle, wobei B die Magnetfeldstärke, $\hbar$ die Plancksche Konstante und e die Elektronenladung sind. Infolgedessen ist die Ultraschallabsorption eine periodisch oszillierende Funktion der reziproken Magnetfeldstärke. Aus der Periode $\Delta(1/B) = |e|\, \lambda/\hbar K$ der Oszillationen lassen sich die am häufigsten vorkommenden, also extremalen Durchmesser K der Fermi-Fläche ermitteln. Diese Oszillationen stellen daher ein wichtiges Mittel zur Bestimmung von Fermi-Flächen dar und sind in zahl-

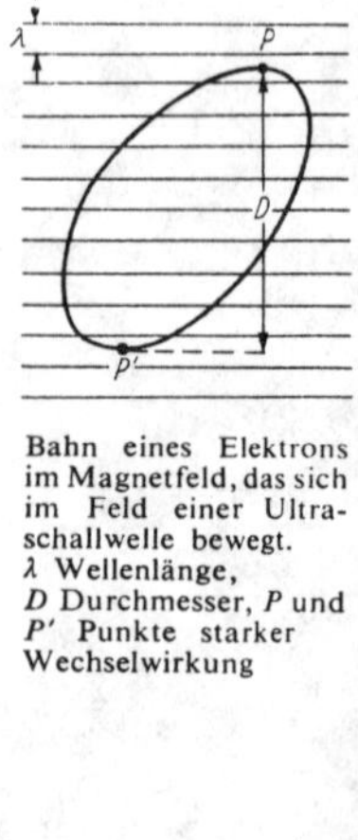

Bahn eines Elektrons im Magnetfeld, das sich im Feld einer Ultraschallwelle bewegt. λ Wellenlänge, D Durchmesser, P und P' Punkte starker Wechselwirkung reichen Metallen experimentell untersucht worden. Weitere magnetoakustische E.e beruhen auf Zyklotronresonanz, dopplerverschobener Zyklotronresonanz, Quantenoszillationen und Riesenoszillationen und erlauben ebenfalls die Bestimmung von gewissen Parametern der Fermi-Fläche.

Magnetodiode, → Halbleiterdiode.

magnetoelastische Effekte, svw. magnetomechanische Effekte 2).

magnetoelektrischer Effekt, Erscheinung, daß ein elektrisches Feld $\vec{E}$ in Isolatoren eine dem Feld proportionale Magnetisierung bzw. daß ein magnetisches Feld $\vec{H}$ eine dem Feld proportionale elektrische Polarisation hervorruft. Das thermodynamische Potential muß dann einen Ausdruck enthalten, der proportional $\vec{E} \cdot \vec{H}$ ist. Das ist aus Symmetriegründen jedoch nur bei magnetisch geordneten Stoffen mit bestimmten komplizierten Strukturen möglich. Am besten untersucht sind die magnetoelektrischen E.e in Chrom(III)-oxid. Als Ursache der magnetoelektrischen E.e kommen Spin-Bahn-Kopplungen und Austauscheffekte in Betracht.

Magnetogramm, die fortlaufende Aufzeichnung der zeitlichen Variationen des Momentanwertes des Erdmagnetfeldes an einem bestimmten Ort mittels eines Magnetometers und einer entsprechenden Registriereinrichtung (photoelektrisch, Bandschreiber), → Variometer. Dargestellt werden meist die Deklination sowie die Horizontal- und Vertikalintensität in Abhängigkeit von der Zeit (→ Erdmagnetismus, → Seismograph).

Magnetohydrodynamik, Methode zur theoretischen Behandlung makroskopischer Plasmaphänomene in einer Kontinuumstheorie, die das Plasma als eine Art elektrisch leitender Flüssigkeit ansieht. Die M. verwendet zur Beschreibung des Plasmazustands hydro- und thermodynamische sowie elektromagnetische Vorstellungen. Aus den Grundgleichungen der M. können Eigenschaften wie das Einfrieren der magnetischen Kraftlinien und die Alfvén-Wellen (→ Plasmaschwingungen) abgeleitet werden. Um die Mikrostruktur des Plasmas, d. h. das Vorhandensein von Neutralteilchen, Ionen und Elektronen, besser berücksichtigen zu können, wurde die M. zur verallgemeinerten Plasmadynamik weiterentwickelt. Diese faßt das Plasma bereits als eine Zusammensetzung mehrerer sich gegenseitig durchdringender Kontinua, des Atom-, des Ionen- und des Elektronenkontinuums, auf. Entsprechend ihrer Konzeption erweist sich die M. insbesondere für Plasmen größerer Dichte mit starken gerichteten Strömen und starken Magnetfeldern als sehr fruchtbar.

Über die M. anisotroper stößefreier Magnetoplasmen → Quasimagnetohydrodynamik.

magnetohydrodynamischer Generator, *MHD-Generator, hydromagnetischer Generator*, in der Plasmaphysik eine Einrichtung zur direkten Umwandlung der dem Plasma innewohnenden thermischen Energie in elektrische (Abb.). Ähnlich wie beim Hall-Effekt entsteht eine elektrische Spannung zwischen zwei Elektroden, die in einen von einem Magnetfeld $\vec{B}$ durchsetzten Plasmastrom eingeführt werden. Das Plasma wird in einer Brennkammer erzeugt. Das mit der induzierten Spannung verbundene elektrische Feld bremst dabei nach der Lenzschen Regel den Plasmastrom etwas ab. Da beim magnetohydrodynamischen G. die Umwandlung von thermischer in elektrische Energie direkt erfolgt, ist der Wirkungsgrad höher als bei herkömmlichen Verfahren, z. B. mit Dampfmaschinen oder -turbinen, die Dynamomaschinen antreiben. Deshalb wird der magnetohydrodynamische G. in Zukunft zur besseren Energieausnutzung in Wärme- und Kernkraftwerken große Bedeutung erlangen.

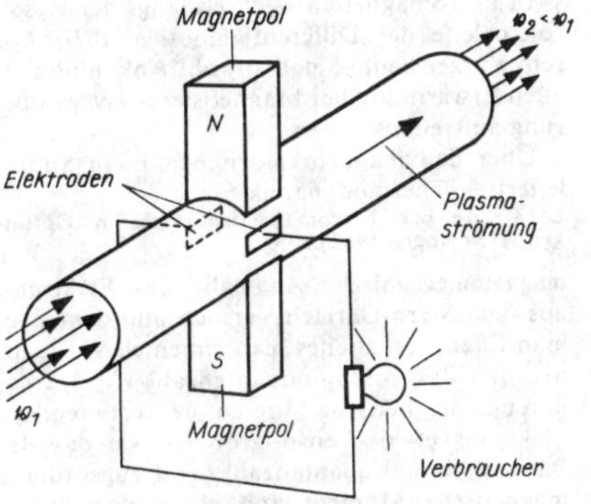

Schematische Darstellung der Wirkungsweise des magnetohydrodynamischen Generators

magnetohydrodynamische Wellen, → Plasmaschwingungen.

magnetoionische Theorie, die Theorie der Ausbreitung elektromagnetischer Wellen in einem teilweise ionisierten Gas bei Anwesenheit eines konstanten äußeren Magnetfeldes (→ Plasmaschwingungen). Diese Theorie wird hauptsächlich bei der Behandlung der Wellenausbreitung in der → Ionosphäre angewendet und beruht im wesentlichen auf geometrisch-optischer Betrachtungsweise (Appleton-Hartree-Formel, → Plasmaschwingungen).

magnetokalorischer Effekt, die Temperaturänderungen bei rein magnetischen Zustandsänderungen. Der bekannteste Effekt ist die Temperaturänderung dT durch adiabatische → Entmagnetisierung. Der 1. Hauptsatz der Wärmelehre lautet, wenn man für die Arbeit δA die Magnetisierungsarbeit $\vec{H} \cdot d\vec{M}$ einsetzt, $dU = \delta W + \vec{H} \cdot d\vec{M}$. Dabei ist U die innere Energie, δW die zugeführte Wärme, $\vec{H}$ das Magnetfeld und $d\vec{M}$ die Magnetisierungsänderung. Mit Hilfe der thermodynamischen Funktionen errechnet man für adiabatische Änderungen des Magnetfeldes

$$dT = -(T/\varrho \cdot c_H) \cdot (\partial M/\partial T)_H \cdot dH.$$

Dabei ist ϱ das spezifische Gewicht und c_H die spezifische Wärme bei konstantem Magnetfeld. Für adiabatische Änderungen der Magnetisierung ergibt sich

$$dT = (T/\varrho \cdot c_M) \cdot (\partial H/\partial T)_M \cdot dM.$$

Hierbei ist c_M die spezifische Wärme bei konstanter Magnetisierung. Bei Magnetisierungsänderungen in diamagnetischen Substanzen tritt keine Temperaturänderung auf, da M unabhängig von der Temperatur ist. In paramagnetischen Stoffen ist der Differentialquotient $(\partial H/\partial T)_M$ stets positiv, eine Magnetisierungserhöhung ist mit einer Temperaturerhöhung verbunden. Sofern für paramagnetische Stoffe die Ungleichung $(\vec{\mu} \cdot \vec{H}/k \cdot T) \ll 1$ erfüllt ist, wobei $\vec{\mu}$ das Dipolmoment der Elementarmagnete und k die Boltzmannsche Konstante bedeutet, ist die innere Energie unabhängig von der Magnetisierung, woraus folgt: $(\partial H/\partial T)_M = H/T$. Es gilt die einfache Gleichung

$$dT = (H/\varrho) \cdot c_M \cdot dM.$$

In Ferromagnetika wechselt längs der Hystereseschleife der Differentialquotient $(\partial H/\partial T)_M$ sein Vorzeichen, so daß sowohl Abkühlung als auch Erwärmung bei Magnetisierungsvergrößerung auftreten können.

Über den magnetokalorischen E. in Supraleitern → Thermodynamik 6).

Lit. Kneller: Ferromagnetismus (Berlin, Göttingen, Heidelberg 1962).

magnetomechanische Anomalie des Elektrons, aus dem Stern-Gerlach-Versuch und dem Zeeman-Effekt erhaltenes experimentelles Ergebnis, daß das zur Spinquantenzahl $s = 1/2$ gehörende magnetische Moment des (rotierenden) Elektrons etwa ebenso groß ist wie das der Bahndrehimpulsquantenzahl $l = 1$ zugeordnete magnetische Moment und gleich dem Bohrschen Magneton ist. Das der Einheit des mechanischen Eigendrehimpulses $\vec{S}$ entsprechende Spinmoment $\vec{m}(\vec{S}) = -e\vec{S}/m_e$ des Elektrons (mit der Ruhmasse m_e und der Ladung e) ist also das Doppelte seines auf die Einheit des Bahndrehimpulses $\vec{L}$ bezogenen magnetischen Bahnmoments $\vec{m}(\vec{L}) = -e\vec{L}/2m_e$. Die m. A. d. E. folgt auch aus der Diracschen (relativistisch-wellenmechanischen) Theorie des Elektrons.

magnetomechanische Dämpfung, → Hysterese.

magnetomechanische Effekte, 1) → gyromagnetischer Effekt.

2) *magnetoelastische Effekte*, die Beeinflussung mechanischer Größen in einem ferromagnetischen Material durch Magnetisierungsänderung infolge mechanischer Spannungen z. B. mechanischer Zug. Unter Zug stellen sich in einem Ferromagnetikum die Magnetisierungsrichtungen der Weißschen Bezirke so ein, daß die mit dieser Einstellung verbundene Magnetostriktion die von der Spannung herrührende Dehnung $\varepsilon = \sigma/E$ noch vergrößert um einen zu σ proportionalen Betrag ε_m. Dabei ist σ die Zugspannung und E der Elastizitätsmodul. Im unmagnetischen Zustand ist der Elastizitätsmodul um den Betrag ΔE verringert. Ein starkes Magnetfeld verhindert jedoch eine Richtungsänderung der Weißschen Bezirke, so daß der Elastizitätsmodul mit wachsender Feldstärke zunimmt.

Normalerweise nimmt E mit steigender Temperatur monoton zu. In kleinen Magnetfeldern verschwindet jedoch ΔE bei Annäherung an die Curie-Temperatur, so daß sich ein Maximum des Elastizitätsmoduls ergibt, das zur Bestimmung der Curie-Temperatur benutzt werden kann. Zum anderen ist die Zusatzdehnung ε_m von der Amplitude der elastischen Spannung abhängig. Da ε_m außerdem eine → Hystereseschleife besitzt, tritt eine Dämpfung bei mechanischen Schwingungen auf, die proportional der Amplitude und der Frequenz der Schwingung ist.

Lit. Kneller: Ferromagnetismus (Berlin, Göttingen, Heidelberg 1962); Kronmüller: Nachwirkung in Ferromagnetika (Berlin, Göttingen 1968).

magnetomechanischer Parallelismus, die Tatsache, daß jeder Bahndrehimpuls $\vec{L}$ und Spindrehimpuls $\vec{S}$ eines quantenmechanischen Teilchens der Masse m mit einem magnetischen Moment $\vec{m}_L$ bzw. $\vec{m}_S$ verknüpft ist, das zu $\vec{L}$ bzw. $\vec{S}$ parallel ist: $\vec{m}_L = \frac{e}{2m} g_L \vec{L}$ bzw. $\vec{m}_S = \frac{e}{2m} g_S \vec{S}$. Da $g_L \neq g_S$ gilt, ist das resultierende Moment nicht parallel zum Gesamtdrehimpuls. g_L bzw. g_S sind die gyromagnetischen Faktoren und e die Elementarladung. → gyromagnetisches Verhältnis.

Magnetometer, Geräte zur Messung der Vektorenelemente magnetischer Felder (Betrag, Richtung, zeitliche Veränderlichkeit) und zur Prüfung von Materialeigenschaften. Die Meßmethoden beruhen 1) auf dem Vergleich von Drehmomenten (in den Hauptlagen bei Präzessionsmessungen, in der geophysikalischen Meßpraxis bei der → magnetischen Feldwaage angewandt); 2) auf Induktionswirkungen an bewegten Spulen (Erdinduktor) und ruhenden Spulen (Kernsättigungsmagnetometer, „Förster-Sonde"); 3) auf der Ablenkung der Flugbahn von Elektronen im Magnetfeld; 4) auf der Präzessionsfrequenz von Elementarteilchen (Protonenmagnetometer).

In der Geophysik werden M. zur Ermittlung der zeitlichen Variationen (→ Magnetogramm) oder der örtlichen Variationen (z. B. innerhalb eines Landes) verwendet. Im Flugzeug oder an Bord einer Raumsonde werden bes. Kernsättigungs- und Protonenmagnetometer eingesetzt.

Für die Untersuchung von Materialeigenschaften benutzt man 1) *Nadelmagnetometer*. Das magnetische Moment der Probe ist dem Drehausschlag der an einem Torsionsfaden hängenden Magnetnadel proportional. Zum Vermeiden von Fremdfeldeinflüssen sind astatische Anordnungen zweier Meßmagnete üblich. Bei Verwendung einer Magnetisierungsspule muß der Einfluß dieses Feldes auf das Meßwerk durch geeignete Kompensationsspulen eliminiert werden. Ersetzt man die Magnetnadel durch eine stromdurchflossene Spule, erhält man das *Drehspulmagnetometer*.

2) *Vibrationsmagnetometer*. Es basiert auf der Anwendung der Induktionsmethode, wobei die Entfernung zwischen Probe und einer Meßspule periodisch geändert wird. Die in der Spule induzierte Wechselspannung ist dem Volumen und der Magnetisierung der Probe proportional. Grundsätzlich können sowohl die Spule als auch die Probe bewegt werden. Vorteilhafter ist das *Probenvibrationsmagnetometer*.

3) *Drehmagnetometer*. Hiermit wird das auf die Probe selbst ausgeübte Drehmoment in einem Magnetfeld gemessen (Drehmomentenmethode). Die hohen Magnetfelder werden meist in schwenkbaren Elektromagneten erzeugt, um beliebige Winkeleinstellungen zwischen Probe und Feldrichtung zu ermöglichen. In diesem homogenen Feld drehen sich rotationssymmetrische Proben, z. B. Kugeln oder

Kreisschalen, infolge der anisotropen magnetischen Eigenschaften mit ihrer Vorzugslage in die Feldrichtung. Das zum Herausdrehen notwendige Drehmoment wird über einen Torsionsdraht oder elektrodynamisch erzeugt und gemessen. Die Abhängigkeit des Drehmomentes vom Winkel gibt Aufschluß über Art und Grad einer Textur sowie über die magnetokristallinen Anisotropiekonstanten bei Einkristallen.

4) *Sondenmagnetometer*. Als Meßindikator dienen hochempfindliche, nichtmechanische Oberwellensonden. Das Prinzip beruht auf der Ausbildung geradzahliger Oberwellen durch Vormagnetisierung wechselstromdurchflossener Spulen mit hochpermeablem Kern. Das Verfahren ist auch für die magnetische Erdfeldmessung bedeutungsvoll.

Supraleitende M. dienen zur empfindlichen Messung magnetischer Größen. Sie beruhen auf dem → Meißner-Ochsenfeld-Effekt oder auf dem → Josephson-Effekt.

Magneton, → Bohrsches Magneton, → Kernmagneton.

Magnetooptik, befaßt sich mit dem Einfluß magnetischer Felder auf elektromagnetische Wellen bei ihrer Emission, Absorption und Ausbreitung in Medien. Die hierbei auftretenden Effekte können qualitativ bereits auf der Basis der klassischen Elektronentheorie gedeutet werden. Die → Lorentz-Kraft wirkt auf die Elektronen des Mediums und verursacht eine Präzession der Elektronen um die magnetische Feldrichtung. Darauf beruhen insbesondere der Zeeman-Effekt, der Faraday-Effekt und der Voigt-Effekt. Da induzierte oder permanente magnetische Atom- oder Molekülmomente in der Feldrichtung eingestellt sind, ergibt sich die paramagnetische Drehung der Polarisationsebene, der Cotton-Mouton-Effekt, der Kundt-Effekt und der Majorana-Effekt.

Beim normalen → *Zeeman-Effekt* werden entsprechend der magnetischen Feldrichtung und der Rotation der Elektronen deren Rotationsfrequenzen um die Atomkerne vergrößert, verkleinert oder bleiben unbeeinflußt. Dies führt zu einer Aufspaltung der Spektrallinien.

Der → *Faraday-Effekt* besteht in der Doppelbrechung als Folge der Einwirkung eines äußeren Magnetfeldes, das die gleiche Richtung wie die Ausbreitungsrichtung der elektromagnetischen Wellen hat. Dabei wird beim Eintritt der elektromagnetischen Welle in das Medium und in das Magnetfeld eine zirkulare Doppelbrechung induziert, d. h., es entstehen eine rechts und eine links polarisierte Welle mit unterschiedlichen Ausbreitungsgeschwindigkeiten. Dies führt zu einer Drehung der Polarisationsebene einer linear polarisierten Welle, die als Überlagerung zweier zirkular polarisierter Wellen aufgefaßt werden kann.

Der *Cotton-Mouton-Effekt* (→ Doppelbrechung 3) ergibt sich bei einer magnetischen Feldrichtung senkrecht zur Ausbreitungsrichtung der elektromagnetischen Welle. Dabei führen erst die in der magnetischen Feldstärke quadratischen Glieder zu einer Veränderung des Brechungsindexes, im Gegensatz zum Faraday-Effekt für in verschiedenen Richtungen polarisierte Wellen. Der Cotton-Mouton-Effekt beruht auf einer Einstellung von durch das Magnetfeld induzierten magnetischen Momenten in Feldrichtung und entspricht dem quadratischen optisch-elektrischen Kerr-Effekt.

Als *Voigt-Effekt* wird eine sehr starke transversale magnetische Doppelbrechung im Bereich einer Absorptionslinie bezeichnet.

Die magnetische Orientierung größerer Molekülkomplexe mit anisotroper Struktur wird durch den → *Majorana-Effekt* beschrieben.

Paramagnetische Stoffe drehen bei Orientierung des atomaren magnetischen Momentes durch ein Magnetfeld die Polarisationsebene elektromagnetischer Wellen. Dünne ferromagnetische Substanzen zeigen eine große Drehung, was man als *Kundt-Effekt* bezeichnet.

Durch die in neuerer Zeit zur Verfügung stehenden starken Magnetfelder gewinnt die M. an praktisch-technischer Bedeutung. Ihr Anwendungsbereich wird mit dem der elektrooptischen Effekte vergleichbar.

Die quantenmechanische Analyse der *M. fester Körper* befaßt sich mit den optischen Übergängen zwischen den quantisierten Elektronenzuständen der Festkörper im Magnetfeld. Man unterscheidet 1) Intraband-Effekte durch freie Ladungsträger, 2) Interband-Effekte durch Übergänge der Elektronen zwischen den magnetisch quantisierten Zuständen des voll besetzten Valenzbandes und des leeren Leitungsbandes, 3) magnetooptische Effekte an Exzitonen und Störstellen. Experimentell unterscheidet man zwischen Effekten, die in Transmission beobachtet werden, und Effekten, die in Reflexion beobachtet werden.

Die Tab. S. 928 gibt eine Zusammenstellung der wichtigsten magnetooptischen Effekte in Festkörpern. In Spalte 1 ist der betreffende magnetooptische Effekt angegeben. In Spalte 2 ist angeführt, ob die bei der Beobachtung des Effektes benutzte Lichtfrequenz in Resonanz mit dem betreffenden elektronischen Übergang sein muß oder nicht. In Spalte 3 bedeuten F (Faraday-Konfiguration) bzw. V (Voigt-Konfiguration), daß das Magnetfeld parallel bzw. senkrecht zur Ausbreitungsrichtung des Lichtes liegt. In Spalte 4 bedeuten $n_{\pm}$ den Brechungsindex bzw. $k_{\pm}$ den Absorptionsindex für rechts und links zirkular polarisiertes Licht im Falle der Faraday-Konfiguration; $n_{\parallel}$, $n_{\perp}$ ist der Brechungsindex und $k_{\parallel}$, $k_{\perp}$ der Absorptionsindex für parallel bzw. senkrecht zur Richtung des Magnetfeldes polarisiertes Licht im Falle der Voigt-Konfiguration. In Spalte 5 ist angeführt, welche Art von Übergängen zu dem betreffenden magnetooptischen Effekt beitragen.

Für die Beobachtung der Effekte durch freie Ladungsträger ist eine genügend große Zahl von freien Elektronen bzw. Löchern erforderlich. Für die Beobachtung von Resonanzphänomenen ist erforderlich, daß die durch das Magnetfeld hervorgerufene Aufspaltung in Landau-Niveaus größer ist als die Energieunschärfe $\hbar/\tau$, wobei τ die Lebensdauer der am Übergang beteiligten Zustände ist.

magnetooptischer Kerr-Effekt, → Kerr-Effekt 2).

Magnetopause, → Magnetosphäre.

Magnetoplasmaeffekte, Effekte bei Halbleiterplasmen in einem Magnetfeld. Ein Beispiel dafür ist die *Änderung der Anregung transversaler elektromagnetischer Wellen im Halbleiterplasma,*

Magnetooptische Effekte in Festkörpern

Effekt	Resonanzcharakter	Orientierung	Meßgröße	Mechanismus
		a) in Transmission		
Faraday-Drehung	nein	F	$n_+ - n_-$	freie Ladungsträger und Interbandübergänge
Faraday-Elliptizität	nein	F	$k_+ - k_-$	
Voigt-Effekt	nein	V	$n_{\parallel} - n_{\perp}$	
Zyklotronresonanzabsorption	ja	F oder V	$k\pm$	freie Ladungsträger
Interbandmagnetoabsorption	ja	F oder V	$k\pm$	Interbandübergänge
Zeeman-Effekt	Verschiebung der Resonanz	F V	$k\pm$; $k_{\parallel}$, $k_{\perp}$	Exzitonen, Störstellen
		b) in Reflexion		
Magnetoplasmareflexion	Verschiebung	F oder V	n_+; $n_{\parallel}$, $n_{\perp}$	freie Ladungsträger
Interbandmagnetoreflexion	ja	F oder V	n_+; $n_{\parallel}$, $n_{\perp}$	Interbandübergänge
magnetooptischer Kerr-Effekt		F		Interbandübergänge

wenn ein statisches Magnetfeld, das mindestens eine Komponente parallel zur Ausbreitungsrichtung der Welle hat, angelegt wird. Sie beruht auf der Beeinflussung der Bewegung der Ladungsträger durch das Magnetfeld. Wenn man sich eine ebene linear polarisierte Welle aus einer rechts und einer links zirkular polarisierten Komponente zusammengesetzt vorstellt, so zeigt eine von ihnen gewöhnliches, die andere außergewöhnliches Verhalten, da in Abhängigkeit vom Vorzeichen des Produktes $\omega_c\eta$, wobei ω_c die Zyklotronresonanzfrequenz ist und η die Phasenverschiebung zwischen der x- und y-Komponente des Feldes beschreibt, für eine von ihnen schon für Frequenzen unterhalb der Plasmafrequenz keine Totalreflexion mehr besteht. Bei den in Halbleitern auftretenden Werten für ω_c im Bereich 10^{11} bis $10^{13}\,s^{-1}$ bedeutet das, daß die außergewöhnliche Welle praktisch für alle interessierenden Frequenzen ins „magnetisierte" Plasma eindringen kann. Außerdem werden die Verluste stark reduziert, da $\omega + \omega_c$ meistens größer als die Stoßfrequenz der Elektronen bei Wechselwirkung mit dem Gitter (Übergangswahrscheinlichkeit bei Streuung) ist. Dadurch kommt es zur Ausbreitung zirkular polarisierter Wellen im Plasma, die auch als → Helikon bezeichnet werden. – Ein anderes Beispiel ist die *Oszillistorschwingung*. Im Halbleiter- wie im Gasplasma kann in Anwesenheit eines parallel zu einem äußeren elektrischen Gleichfeld angelegten magnetischen Feldes eine spiralförmige Strominstabilität erzeugt werden. Voraussetzung dafür ist, daß die Richtung des Teilchenstromes nicht mit der Feldrichtung zusammenfällt. Die auftretende *Lorentz-Kraft*, die dem Vektorprodukt aus Geschwindigkeit und magnetischer Feldstärke proportional ist, gibt dann Anlaß zu einer spiralförmigen Stromführung. Die zu der Richtung von elektrischem und magnetischem Feld senkrechte Komponente des Teilchenstromes kann beispielsweise durch Oberflächenrekombination hervorgerufen werden.

Magnetosheath, *Übergangsregion*, stark turbulentes Übergangsgebiet vom → Sonnenwind zur → Magnetosphäre zwischen → Bow Shock und Magnetopause. Die M. hat am Subsolarpunkt eine Dicke von ungefähr 4 bis 5 R_e (R_e ist der Erdradius). In der M. wird der Sonnenwind um die Magnetosphäre herumgeleitet. Das Magnetfeld wie das Geschwindigkeitsfeld weisen in der M. starke Fluktuationen auf. Temperatur und Dichte steigen in der M. gegenüber dem ungestörten Sonnenwind etwa um eine Größenordnung an.

Magnetosphäre, *geomagnetische Kavitation*, der erdnächste Bereich des interplanetaren Raumes, in dem das geomagnetische Feld die Bewegung des kosmischen Plasmas determiniert. Der Begriff M. ist in dieser Weise nicht streng definiert. Die eigentliche M. beginnt erst oberhalb etwa 100 km Höhe über der Erdoberfläche, also oberhalb der → Atmosphäre. Ihre untere Begrenzung bildet die → Ionosphäre. In der Atmosphäre und der unteren Ionosphäre selbst bestimmt das Magnetfeld trotz seiner Stärke die Bewegung des teilweise ionisierten Gases nur wenig. Wegen der zunehmenden Ionisation und Verdünnung des Plasmas mit der Höhe nimmt die Beeinflussung der Bewegung durch das Magnetfeld mit dem Aufstieg in die M. zu. Die M. im engeren Sinne ist daher nur das Gebiet zwischen Ionosphäre und Magnetopause.

1) Struktur der M. Die besondere Struktur der M. entsteht auf Grund der Dipoleigenschaften des geomagnetischen Hauptfeldes (→ Erdmagnetismus), welches in größeren Entfernungen von der Erde mit großer Genauigkeit durch das Feld eines im Erdmittelpunkt gelegenen, Nord–Süd gerichteten und gegen die Rotationsachse der Erde geneigten Dipols dargestellt werden kann, sowie durch seine Wechselwirkung mit dem → Sonnenwind. Im Vakuum wäre der gesamte Raum vom Magnetfeld der Erde erfüllt. Der Sonnenwind, ein hochleitendes quasineutrales Plasma, preßt das geomagnetische Feld auf einen kleinen Raumbereich (Kavitation) zusammen. Der Sonnenwind ist elektrisch sehr gut leitend. Aus diesem Grunde kann das irdische Magnetfeld nicht in ihn eindringen, und umgekehrt kann der Sonnenwind nicht durch das geomagnetische Hauptfeld hindurch bis an die Erdoberfläche vordringen. Es kommt zu einer Umströmung. Da der Sonnenwind mit Überschall- und Überalfvéngeschwindigkeit (→ Alfvén-Mach-Zahl) strömt, bildet sich in ihm vor dem Magnetfeld der Erde eine *schnelle Stoßwelle* aus (→ Diskontinuität, → Bow Shock). Innerhalb derselben liegt das *Übergangsgebiet*, eine turbulente Schicht, die den Übergang vom ungestörten Sonnenwind zur Magnetosphäre herstellt (→ Magnetosheath). Am Subsolar-

punkt beträgt die Dicke dieser Schicht etwa 3 bis 5 R_e (R_e = Erdradius). Der größte Teil des Sonnenwindes wird in dieser Schicht um das Magnetfeld der Erde herumgeleitet.

Die innere Grenze der Übergangsregion und gleichzeitig die äußere Begrenzung der M. bildet die *Magnetopause*, eine Stromschicht von ungefähr 100 km Dicke auf der der Sonne zugewandten Seite der Erde in etwa 10 R_e Abstand vom Erdmittelpunkt. Nach ganz einfachen Vorstellungen entsteht diese Stromschicht dadurch, daß die Elektronen und Protonen des Sonnenwindes bei ihrem Auftreffen auf das geomagnetische Feld auf Kreisbahnen (→ Gyration) um die Feldlinien abgelenkt werden. Die Ablenkung erfolgt dabei wegen der entgegengesetzten Ladungen der Teilchen in entgegengesetzte Richtungen. Dadurch entsteht ein Magnetisierungsstrom, der in einer dünnen Schicht von der Dicke des Gyrationsradius der Ionen fließt, die wegen ihrer größeren Trägheit tiefer ins Feld eindringen können (Chapman-Ferraro-Schicht), und der das Feld im Inneren der M. verstärkt und außerhalb der Schicht annulliert. In der Magnetopause ändert das Magnetfeld seine Richtung und steigt betragsmäßig von etwa 5γ im Sonnenwind auf etwa 100γ in der M. an. Gleichzeitig fällt hier die Plasmadichte von $10^7\,m^{-3}$ im Sonnenwind um einen Faktor 10 bis 100 in der M. Nachgewiesen wurde die Magnetopause noch bei etwa 60 bis 80 R_e auf der Nachtseite der Erde. Ihre gesamte Länge und Gestalt ist aber noch nicht restlos bekannt. Es wird vermutet, daß sie die M. bis etwa 1000 R_e umhüllt. Lage und Form der Magnetopause ergeben sich nach dem → Chapman-Ferraro-Modell in niedrigster Näherung aus dem Gleichgewicht von magnetischem Druck in der Magnetosphäre und Plasmadruck im Sonnenwind. Die Magnetopause hat in der Äquatorebene auf der Tagseite eine halbkreisförmige Gestalt. Auf der Nachtseite geht sie langsam in eine zylindrische Fläche über, deren meridionaler Durchmesser 40 bis 50 R_e beträgt. In der Mittag-Mitternachts-Meridianebene wird der Kreisbogen bei etwa 78° geomagnetischer Breite durch eine auf der Nachtseite asymptotisch gegen die Zylinderform strebende Kurve abgelöst. Die ganz im Inneren der M. verlaufenden Feldlinien des geomagnetischen Feldes biegen in diesem Gebiet, den *Neutralhörnern* (→ Neutralpunkte), von der Tagseite auf die Nachtseite um. Hieraus folgt, daß die auf der Tagseite bei Breiten kleiner ≈ 78° gelegenen Feldlinien die geschlossene tagseitige M. bilden, während die Feldlinien der Polarkappe (≈ 78°) den offenen kometenschweifähnlichen magnetosphärischen *Schweif* bilden, der sich weit auf die Nachtseite erstreckt und bei 500 bis 1000 R_e noch nachgewiesen worden ist.

In jüngster Zeit hat das Gebiet der Neutralhörner große Bedeutung für das Verständnis sowohl der Struktur der M. als auch der in der M. ablaufenden Prozesse erlangt. Satellitenbeobachtungen (Frank, Heikkila und Winningham 1971) ergaben nämlich, daß über die Neutralhörner ständig niederenergetisches Sonnenwindplasma in die polare M. eindringt, die Magnetopause in diesem Gebiet also durchlässig sein muß. Man hat den Neutralhörnern deshalb den Namen *polare Cusp* gegeben. Auf der Grundlage der Chapman-Ferraro-Theorie läßt sich diese Beobachtung nicht verstehen. Eine Möglichkeit zu ihrer Erklärung bietet die Berücksichtigung von Gradientendriften infolge tangentialer Magnetfeldgradienten und Dichtegradienten an der Magnetopause.

Die Magnetopause ist keine mathematische → Diskontinuität, sondern eine Schicht endlicher Dicke, in der dissipative Vorgänge ablaufen und Impulsübertragungen (→ Axford-Hines-Modell) sowie Magnetfeldverschmelzungen (→ Reconnectionmodell) und Teilchendiffusionen (→ Diffusion geladener Teilchen) vor sich gehen. Die hydrodynamische bzw. magnetohydrodynamische Theorie der Magnetopause ist noch wenig entwickelt. Laminare Rechnungen zeigen, daß die Magnetopause mit wachsendem Abstand von der Erde und vom Subsolarpunkt an Dicke zunimmt, auffächert und gegebenenfalls durchlässiger wird. Allerdings ist die laminare Theorie eine unzureichende Näherung, da es sich beim stößefreien Plasma um ein stark turbulentes Medium handelt. Auch scheint die hydrodynamische oder magnetohydrodynamische Näherung den mikrophysikalischen Prozessen in der Magnetopause kaum angepaßt zu sein. Eine Untersuchung auf der Grundlage der quasilinearen Plasmatheorie scheint die Möglichkeit von Teilchendiffusion zu bestätigen.

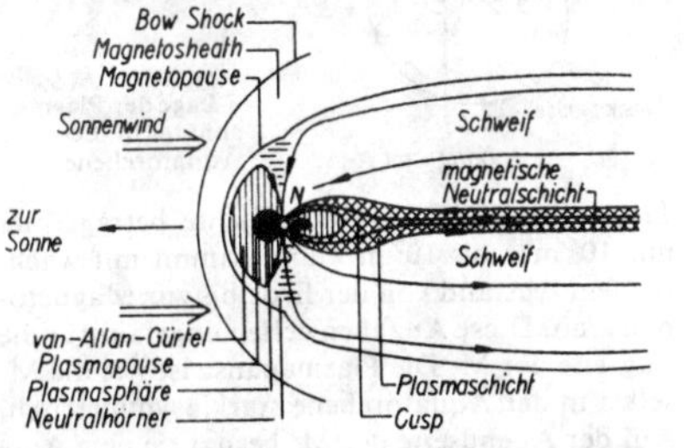

1 Meridionaler Schnitt durch die Magnetosphäre der Erde

Außer der groben Einteilung der M. in Tagseite und Schweif werden in der M. je nach ihren Magnetfeld- oder Plasmaeigenschaften verschiedene Gebiete unterschieden. Vom Magnetfeld her ergibt sich eine weitere Strukturierung des Schweifs. Dieser enthält in seinem Inneren die ungefähr parallel zur Äquatorebene verlaufende magnetische → Neutralschicht, in der sich die oberhalb und unterhalb der Äquatorebene antiparallelen magnetischen Felder kompensieren. Die Neutralschicht endet ungefähr

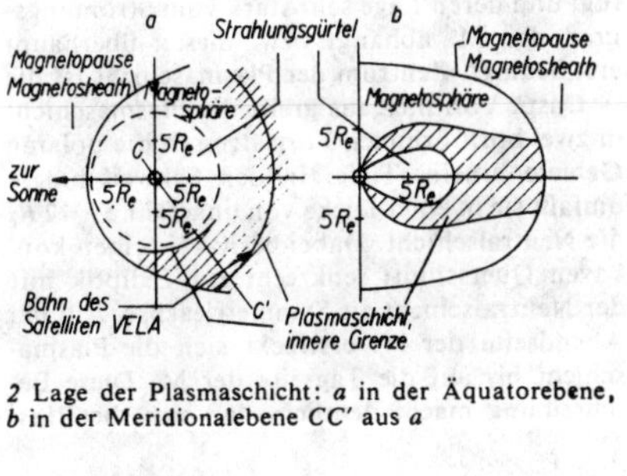

2 **Lage der Plasmaschicht:** ***a*** **in der Äquatorebene,** ***b*** **in der Meridionalebene** ***CC'*** **aus** ***a***

8 R_e von der Erde entfernt in der → Cusp. Näher an die Erde heran sind auch auf der Nachtseite die magnetischen Feldlinien geschlossen. Die Ursprungspunkte der letzten geschlossenen Feldlinien auf der Erdoberfläche fallen ungefähr mit dem Nordlichtoval zusammen (→ Polarlicht).

Wichtiger ist die Einteilung der M. nach den Eigenschaften des magnetosphärischen Plasmas. Dieses wird vorteilhaft in nieder- und hochenergetisches Plasma eingeteilt. Die gesamte M. ist mit niederenergetischem Plasma gefüllt, das insgesamt eine Konvektion ausführt, welche von der Inhomogenität des magnetischen Feldes und der Krümmung der Feldlinien nur wenig beeinflußt wird. Die Dichte des niederenergetischen Plasmas in der M. ist jedoch eine stark ortsabhängige Funktion. Mit wachsendem Abstand von der Erde nimmt sie langsam ab und fällt bei etwa 3 bis 5 R_e bzw. $L \approx 4$ (→ *BL*-Koordinaten) um zwei bis drei Größenordnungen ab. Man nennt diese Grenze *Plasmapause*, das Gebiet in ihrem Inneren *Plasmasphäre*. Außerhalb der Plasmasphäre befindet sich der

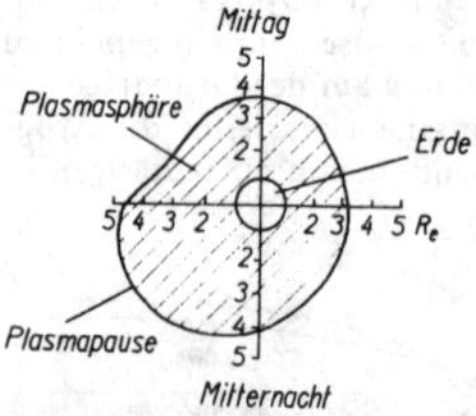

3 Lage der Plasma sphäre in der Äquatorebene

Plasmatrog. Die Elektronendichte beträgt hier nur $10^6\,m^{-3}$ bis $10^7\,m^{-3}$ und nimmt mit wachsendem Abstand von der Erde bis zur Magnetopause ab. Diese Angaben gelten ungefähr für die Tagseite der M. Die Plasmapause ist wie die M. selbst in der Äquatorebene stark asymmetrisch. Auf der Abendseite der M. besitzt sie eine Ausbuchtung, den *Bulg*. Den gegenwärtigen Vorstellungen entsprechend kommen Plasmapause und Bulg durch das Zusammenwirken von Konvektion und Korotation des niederenergetischen Plasmas zustande. Auf der Nachtseite der M. im Schweif besitzt das niederenergetische Plasma eine weitere charakteristische Struktur. Es hat sich gezeigt, daß Flüsse von Elektronen mit Energien $< 10^4$ eV vorwiegend in einem Gebiet angetroffen werden, das man *Plasmaschicht* nennt. In der Äquatorebene wird dieses Gebiet durch eine scharfe, bei 8 bis 10 R_e liegende Grenze zur Erde hin beschnitten, die selbst über eine komplizierte Unterstruktur verfügt und deren Lage sehr stark vom Strömungsgrad der M. abhängt bzw. diesen überhaupt erst bedingt. Zentrum der Plasmaschicht ist die → Cusp. Von hier aus greift die Plasmaschicht in zwei hornförmigen Fortsätzen in die polaren Gebiete hinein. Tiefer in den Schweif hinein umfaßt sie in einer Dicke von ungefähr $5 \cdots 12\,R_e$ die Neutralschicht. Dabei besitzt sie einen konkaven Querschnitt senkrecht zur Ekliptik mit der Neutralschicht als Symmetrieachse. Auf der Abendseite der M. erstreckt sich die Plasmaschicht bis auf die Tagseite der M. Diese Beschreibung macht deutlich, daß sich die Plasmaschicht in der äußeren M. befindet. Gleichzeitig ist aber die Plasmaschicht auch Träger des warmen Plasmas in der äußeren M., womit Teilchen mit Energien zwischen 1 keV und 20 keV gemeint sind. Seine Dichte beträgt hier etwa $0{,}5 \cdot 10^6\,m^{-3}$. Außerhalb der Plasmaschicht sinkt sie auf $10^4\,m^{-3}$ ab. In diesem Bereich existieren vereinzelt Populationen warmen Plasmas (→ Elektroneninseln). Vom Standpunkt der hochenergetischen Teilchen ist zwischen → eingefangenen Teilchen, welche die Strahlungsgürtel bevölkern und den Ringstrom bilden, und quasieingefangenen (oder nicht azimutal driftenden) Teilchen zu unterscheiden, die sich im weiter entfernten Schweif finden. Ihre Dichte ist sehr gering. Sie bilden den hochenergetischen Schwanz der Teilchenverteilungsfunktion und bewegen sich über dem niederenergetischen Hintergrundplasma praktisch stößefrei. In den dicht an der Erde gelegenen Strahlungsgürteln (→ Van-Allen-Gürtel) bewegen sich die Teilchen unter Erhaltung aller drei adiabatischen Invarianten. Innerhalb von $L \lesssim 3$ existiert eine sehr hochenergetische Protonenpopulation ($E \approx 1 \cdots 100$ MeV). Außerhalb von $L = 3$ gibt es nur Protonen mit 10 keV $\lessapprox E \lessapprox$ 1 MeV, deren Energiespektrum exponentiell abfällt. Sie bilden den *Ringstrom* und werden daher für die großen geomagnetischen Effekte in der M. verantwortlich gemacht. Zwischen $3 < L < 8$ existieren stabil eingefangene, energiereiche (> 200 keV) Elektronen. Ihre Bewegung wird gut durch die → Orbittheorie beschrieben.

2) Modelle der M.

Zur Beschreibung der Magnetfeldstruktur in der M. sind eine Reihe von Modellen entwickelt worden. Aus der Berechnung der Magnetopause nach dem → Chapman-Ferraro-Modell ging als einfachstes Magnetosphärenmodell dasjenige von Mead (1964) hervor, das die Magnetopause mit den Neutralpunkten, die Kompression des Magnetfeldes auf der Tagseite und den langen Schweif wiedergibt. Mead und Williams änderten dieses Modell nach Entdeckung der Neutralschicht im Schweif durch Hinzunahme einer in der Ekliptikebene liegenden Stromschicht im Schweif ab. Da der Schweif jedoch eine dreidimensionale Struktur besitzt, kann man mit Dungey und Axford ein θ-förmiges Modell des Schweifs, das θ-Modell (Thetamodell), annehmen (Beard). Der Balken im θ soll dabei die Plasmaschicht als Stromschicht verdeutlichen.

Neben diesen Modellen gibt es eine Reihe anderer, die ein Verschmelzen von magnetosphärischen Feldlinien im fernen Schweif in der Neutralschicht (Dessler; Axford-Levy-Petschek) oder ein Verschmelzen von magnetosphärischem und interplanetarem Magnetfeld auf Tag- und Nachtseite der M. annehmen (Dungey, Frank). Diese Modelle werden → Reconnectionmodelle oder Modelle mit → Merging genannt.

Den genannten physikalischen Magnetosphärenmodellen stehen mathematische oder experimentelle reine Beschreibungsmodelle des Magnetfeldes gegenüber (Fairfield, Taylor and Hones, Shabansky).

3) Prozesse in der M.

In der M. läuft eine Vielzahl äußerst komplexer physikalischer Vorgänge ab, die vorläufig nur in ihren Grundzügen verstanden sind. Indikatoren für solche Vorgänge sind die in hohen magnetischen Breiten visuell beobachtbaren Polarlichter, magnetische Störungen von der Art der → Bay-Störungen, der → Pulsationen oder der geomagnetischen → Stürme, die Absorption von Radiowellen u. a. Da die freie Weglänge der geladenen Teilchen in der M. mit Ausnahme ihrer erdnahen Grenze, der → Ionosphäre, ungefähr 1 AE beträgt und damit viel größer ist als die Dimensionen der M., kann das Magnetosphärenplasma in ausgezeichneter Näherung als stößefreies Plasma angenommen werden. Die Zahl der in einem solchen Plasma möglichen Prozesse ist ungeheuer groß. Trotzdem läßt sich eine Einteilung in makroskopische und mikroskopische Vorgänge geben. Die makroskopischen Vorgänge betreffen vorwiegend die Bewegung des niederenergetischen Hintergrundplasmas und die großräumige Struktur der M. sowie deren quasistationären Zustand. Es besteht kein Zweifel, daß die M. selbst auf Grund von Wechselwirkung des geomagnetischen Feldes mit dem Sonnenwind geformt wird. Die Umströmung der M. durch den Sonnenwind wiederum ruft in irgendeiner Weise durch tangentiale Spannungen an der Magnetopause, wie sie das → Axford-Hines-Modell annimmt, oder durch Verschmelzung von Feldlinien des interplanetaren und des magnetosphärischen Magnetfeldes und durch den Transport desselben entlang der Magnetopause wie im → Reconnectionmodell eine Mitführung des magnetosphärischen Plasmas hervor (→ Konvektion). Diese wiederum ist mit einem elektrischen Feld $\vec{E} = -\vec{v} \times \vec{B}$ verbunden, dessen Transformation in die Ionosphäre wegen der dort vorhandenen tensoriellen Leitfähigkeit charakteristische Stromsysteme erzeugt, deren Magnetfeld auf der Erdoberfläche als Variation meßbar wird. Das elektrische Konvektionsfeld kann mit Hilfe von Bariumionenwolken in einem instruktiven Experiment nachgewisen und gemessen werden. Einen anderen Nachweis für die Existenz der magnetosphärischen Konvektion bilden die systematischen Verschiebungen der Nordlichtbögen in der Polarlichtzone. In der Ionosphäre selbst entstehen Ströme, die durch atmosphärische Winde und periodische Änderungen der Leitfähigkeit infolge der Sonneneinstrahlung hervorgerufen werden und Sq-Variationen bzw. sfe-Variationen bewirken (→ atmosphärischer Dynamo).

Verstärkungen der zur Ekliptik senkrechten Komponente des interplanetaren Magnetfeldes sind korreliert mit einer Intensivierung der Konvektion und des mit dieser verkoppelten DP-2-Stromsystems (→ *DS*). Starke Änderungen des Druckes im Sonnenwind rufen eine plötzliche stärkere Kompression der M. hervor. Sie äußert sich in einem sprunghaften Anstieg der horizontalen magnetischen Feldstärke an der Erdoberfläche, einem *SSC* (Abk. für *s*torm *s*udden *c*ommencement), an den sich in der Regel ein geomagnetischer Sturm anschließt. Bei diesem Vorgang werden Teilchen tief ins Innere der M. injiziert (→ Injektion schneller Teilchen); sie bilden den Ringstrom. Ein weiteres, bisher ungelöstes Problem, welches das kalte und warme Plasma betrifft, ist die Entstehung der Plasmaschicht und der magnetischen Neutralschicht im Schweif. Dieses kann aber wahrscheinlich nicht losgelöst von mikroskopischen Vorgängen behandelt werden.

Neuere Vorstellungen über die Entstehung der Plasmaschicht nehmen die 1971 von Heikkila und Winningham und von Frank entdeckte polare Cusp als Ausgangspunkt. Danach soll die polare Cusp den freien Einstrom von Plasma aus der Magnetosheath in die M. zulassen. Das Plasma sammelt sich nach erfolgter Umströmung der Erde in der Plasmaschicht an (Frank, Dessler und Hill). Gleichzeitig würde eine solche Einwärtskonvektion des praktisch eingefrorenen Sonnenwindplasmas das interplanetare Magnetfeld in die polare Cusp transportieren und dort unabhängig von der Magnetfeldrichtung Reconnection zwischen interplanetarem und magnetosphärischem Magnetfeld erzwingen. Letzteres hat für das Verständnis der magnetischen Vorgänge in der M. ebenso große Konsequenzen wie die Existenz der Plasmaschicht für das Verständnis der plasmaphysikalischen Prozesse.

Infolge der Stößefreiheit des Magnetosphärenplasmas und seiner damit verbundenen Anfälligkeit gegenüber Störungen des stationären Gleichgewichtszustandes ist das Plasma mit großer Wahrscheinlichkeit turbulent. Der Mikrozustand des Plasmas bestimmt folglich den Makrozustand der M. Kollektive Wechselwirkungen und Plasmainstabilitäten spielen eine entscheidende Rolle in der Dynamik des energiereichen Plasmas der M. So können sich Bow Shock und Magnetopause nur auf Grund nichtlinearer Mikroprozesse ausbilden. Die magnetische Neutralschicht im Magnetosphärenschweif dürfte nach der magnetohydrodynamischen Theorie gegenüber der → Tearing-Instabilität nicht beständig sein. Ihre Stabilisierung wird wahrscheinlich durch die quasilineare Wechselwirkung zwischen Teilchen und Feldern erzwungen. Dabei entsteht ein schwaches mittleres, zur Neutralschicht vertikales Magnetfeld, das den makroskopischen Gleichgewichtszustand herstellt. Durch Änderung der Bedingungen in der Plasmaschicht, die infolge von Änderungen des magnetosphärischen Zustandes auftreten können, werden geladene Teilchen aus der Plasmaschicht über die Cusp in die polare nächtliche Ionosphäre beschleunigt und ausgefällt. Dort tragen sie zur Erhöhung der ionosphärischen Leitfähigkeit und zur Ausbildung des DP-1-Stromsystems (→ *DS*) und des polaren Elektrojets bei und können Erscheinungen wie polare Substürme (→ Sturm) und → Polarlichter hervorrufen. Diese nichtstationären Vorgänge in der M. sind vorläufig nur in ihren gröbsten Zügen verstanden. Nordlichter werden durch → Precipitation geladener Teilchen, vorwiegend Elektronen, hervorgerufen, welche die Ionen der polaren Ionosphäre durch Stöße zum Leuchten anregen. Sie sind häufig mit erhöhter geomagnetischer Aktivität und mit Substürmen gekoppelt. Wichtige Ursache für die Precipitation von Teilchen ist neben der Beschleunigung in der Plasmaschicht die Resonanz von Strahlungsgürtelpartikeln mit → Whistlern und Ionenzyklotronwellen, die zur Verletzung der ersten adiabatischen Invarianten und damit zur

Pitchwinkeldiffusion (→ Diffusion geladener Teilchen) führt. Die gewöhnlich stabil eingefangenen driftenden Strahlungsgürtelelektronen und -protonen ändern bei Überschreitung einer bestimmten Intensität, des *stable trapping limit* (Kennel und Petschek), durch die Resonanz mit den Wellen, in deren Verlauf sie Energie an die Wellen abgeben, ihren Pitchwinkel so lange, bis sie in den Verlustkegel (→ Bounce-Bewegung, → Driftverlustkegel) diffundiert sind und in der Ionosphäre ausgefällt werden. Dieser Vorgang läuft so lange ab, bis die Intensität unter den stable trapping limit abgesunken ist. Ein Anwachsen der Strahlungsgürtelintensität kann durch Teilcheninjektion erfolgen. Auf der Grundlage dieser Vorstellungen lassen sich neben der begrenzten Intensität der Teilchenflüsse in den Strahlungsgürteln auch einige Züge der Plasmastruktur der M., wie beispielsweise die Entstehung zweier Elektronenstrahlungsgürtel, das Auftreten eines partiellen asymmetrischen Ringstromes, die Beobachtung relativistischer Elektronenprezipitationen am Plasmapausenrand der nachtseitigen M. und die innere Struktur des Plasmaschichtrandes und des Plasmas der polaren Cusp erklären. Weiterhin schließen sich an diesen Vorgang Theorien von Substürmen an. Wichtig für deren Erklärung sind die → Field aligned currents, deren Existenz von der Mehrzahl der Forscher angenommen wird. Ihre theoretische Begründung setzt die Entwicklung einer Theorie der elektrischen Parallelleitfähigkeit im stößefreien Plasma voraus, welche ihrem Wesen nach stark nichtlinear sein muß und auf der Theorie der Plasmaturbulenz beruht.

magnetosphärische Cusp, → Cusp.

magnetosphärische Drift, → Drift.

magnetosphärische Grenzschicht, → Magnetosphäre.

magnetosphärische Korotation, → Korotation.

Magnetostatik, die Lehre von den zeitlich konstanten magnetischen Feldern. In der M. wird die räumliche Verteilung magnetischer Felder in der Umgebung von permanenten Magneten und von stationären Strömen sowie die Kraftwirkung des magnetischen Feldes auf Magnete und Ströme untersucht. Der Einfluß einer räumlich veränderlichen Permeabilität kann dabei berücksichtigt werden. Während in elektrischen Feldern Raumelemente vorhanden sind, in deren Umgebung die Kraftwirkungen ausschließlich von ihnen weg gerichtet sind (Quellen) oder zu denen die Kraftwirkungen ausschließlich hin gerichtet sind (Senken), treten in magnetischen Feldern Quellen und Senken immer paarweise auf. Der Grund ist, daß keine isolierten positiven oder negativen magnetischen Ladungen existieren, d. h. keine isolierten Nord- und Südpole, sondern nur Dipole. Die Grundgleichungen der M. sind rot $\vec{H} = 0$ und div $\vec{B} = 0$, wobei $\vec{H}$ die magnetische Feldstärke, $\vec{B} = \mu_0 (\vec{H} + \vec{M})$ die magnetische Induktion und $\vec{M}$ die Magnetisierung ist. Analog zum Coulombschen Gesetz der Elektrostatik ist das Coulombsche Gesetz der M. formuliert (→ Coulombsches Gesetz 2).

Magnetostriktion, die Änderung der geometrischen Abmessungen eines Körpers unter dem Einfluß von Magnetisierungsänderungen. Sie ist entweder eine Volumenänderung bei gleicher Gestalt (*Volumenmagnetostriktion*) oder eine Gestaltsänderung bei gleichem Volumen. Letztere wird nach ihrem Entdecker als *Joule-Magnetostriktion* oder einfach als M. im engeren Sinne bezeichnet.

Kühlt man einen ferromagnetischen, kugelförmigen Einkristall in einem Magnetfeld, das groß genug ist, um Sättigung zu erreichen, unter die Curie-Temperatur ab, so entsteht ein Ellipsoid mit der größten Halbachse in Feldrichtung bei positiver M. und mit der kleinsten Halbachse in Feldrichtung bei negativer M. Diese relative Längenänderung $\Delta l/l$ abzüglich der Längenänderung infolge Temperaturänderung und der Volumenmagnetostriktion, also die Joule-M., wird durch das Auftreten der spontanen Magnetisierung verursacht, die mit einer spontanen Gitterverzerrung verbunden ist. Die Größe und das Vorzeichen der Joule-M. ist sowohl von der Temperatur und der Feldstärke als auch vom Kristallaufbau und von der Kristallrichtung abhängig (Abb.).

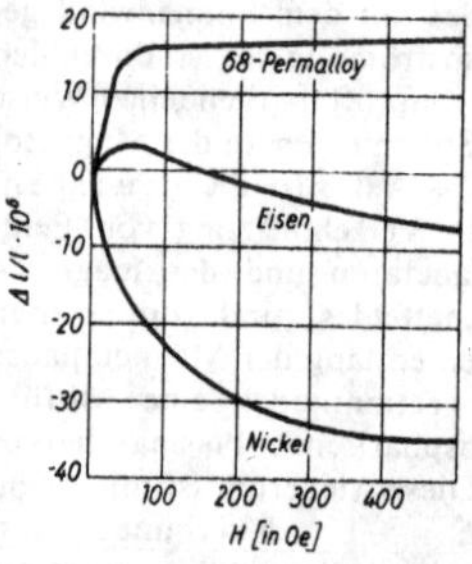

Feldabhängigkeit der Magnetostriktion

Die Volumenmagnetostriktion ist viel kleiner als die Joule-M. und setzt sich aus mehreren Anteilen zusammen. Der Magnetisierungsanteil hängt vom Betrag der wahren Magnetisierung ab. In einem gewissen Temperaturbereich kann man also die thermische Ausdehnung kompensieren, da die Magnetisierung bei konstantem Feld mit der Temperatur abnimmt (Invarlegierungen). In sehr hohen Feldern, wenn die Magnetisierung in allen Weißschen Bezirken in Feldrichtung zeigt, ändert sich das Volumen linear mit der Feldstärke (*erzwungene M.*).

Der Kristallanteil beschreibt die Abhängigkeit des Kristallvolumens von der Richtung der spontanen Magnetisierung. Die Volumenänderung des Formeffektes ist proportional dem Quadrat der Magnetisierung. Der Formeffekt folgt aus der Tatsache, daß die Energie eines ferromagnetischen Körpers in seinem eigenen entmagnetisierenden Feld vom Volumen und der Form des Körpers abhängt.

Der thermische Ausdehnungskoeffizient α enthält in magnetisch geordneten Materialien außer dem normalen Gitteranteil einen magnetostriktiven Anteil, der durch die Temperaturabhängigkeit der Magnetisierung entsteht. Dieser magnetostriktive Anteil ist je nach dem Vorzeichen der Volumen-Magnetostriktion positiv oder negativ und hat nahe der Curie-Temperatur maximale Werte. Dadurch ist es möglich, daß α in bestimmten Temperaturbereichen sehr klein oder sogar negativ wird.

Eine Umkehrung der M., eine Magnetisierungsänderung infolge mechanischer Spannungen, ist der → magnetische Zugeffekt.

magnetostriktiver Schwinger, magnetomechanischer Wandler zur Umwandlung von Wechselströmen in mechanische Schwingungen und umgekehrt für den Ultraschallbereich bis etwa 60 kHz. Ein vormagnetisierter Kern, der aus einem Material besteht, das Magnetostriktion zeigt (z. B. Nickel), wird mit einer Spule, durch die sinusförmiger Wechselstrom fließt, zu mechanischen Eigenschwingungen angeregt. Durch die Vormagnetisierung erreicht man einen für die Energieumwandlung günstigen Arbeitspunkt. Ohne Vormagnetisierung entstehen Schwingungen mit einer gegenüber der Anregung verdoppelten Frequenz.

magnetostriktives Filter, ein Bandfilter, bei dem als Resonanzelement ein magnetostriktiver Schwinger verwendet wird. Da mechanische Schwinger schwächer gedämpft sind, erhöht sich gegenüber *LC*-Schwingkreisen, d. h. solchen, die aus Induktivitäten *L* und Kapazitäten *C* bestehen, die Selektivität. Nachteil der magnetostriktiven F. ist, daß ihre Eigenschaften von Magnetfeldern, dem Erregerstrom und der Temperatur abhängen.

Magnetotellurik, Verfahren der Geophysik, bei dem eine gleichzeitige Registrierung der zeitlichen Veränderungen der im Erdboden fließenden Ströme (→ Erdelektrizität) und des Momentanwertes des Erdmagnetfeldes vorgenommen wird. Die zur Auswertung entwickelte Theorie muß die gegenseitigen Induktionserscheinungen berücksichtigen. Man erhält Aussagen über Leitfähigkeit und Tiefenlage einzelner Schichten im Erdinnern.

Magnetowiderstand, elektrische Widerstandszunahme bei Einwirken eines Magnetfeldes auf den stromführenden Leiter. Im Experiment gemessen wird der elektrische Widerstand unter Einwirkung eines äußeren Magnetfeldes $\vec{B}$ in Abhängigkeit von dessen Richtung und Betrag sowie in Abhängigkeit von der absoluten Temperatur T und Probenreinheit und auf den Widerstand im feldfreien Fall bezogen: $\frac{\Delta\varrho}{\varrho(0, T)} = \frac{\varrho(\vec{B}, T) - \varrho(0, T)}{\varrho(0, T)}$. Hierbei bedeutet $\varrho(\vec{B}, T)$ den von Magnetfeld und Temperatur abhängigen spezifischen elektrischen Widerstand. Obwohl äußere Magnetfelder nur Kräfte senkrecht zu den Ladungsträgerbahnen auszuüben vermögen und demzufolge die Energie der Leitungselektronen nicht direkt ändern können, beeinflussen sie deren Verteilungsfunktion und damit mittelbar den elektrischen Widerstand. Übersichtliche Resultate vermag die Theorie des M.es vorläufig nur für die Grenzfälle schwacher und starker reduzierter Magnetfelder B/ϱ zu liefern. Neben der absoluten Magnetfeldstärke haben also auch Probenreinheit und Temperatur einen Einfluß, der als Abhängigkeit von der mittleren freien Weglänge zu deuten ist.

1) *Schwache reduzierte Magnetfelder,* $\omega_c\tau \ll 1$. Dabei ist $\omega_c = eB/m$ die Zyklotronresonanzfrequenz (e ist die elektrische Ladung, m die Elektronenmasse) und τ die Relaxationszeit. Die Elektronen legen zwischen zwei Streuprozessen mit Phononen oder Gitterstörungen nur kurze Stücke auf der Fermi-Fläche zurück, so daß Informationen über dieselbe nicht erwartet werden können.

Zur genaueren theoretischen Berechnung des longitudinalen M.es, d. i. der elektrische Widerstand eines Metalls bei Einwirkung eines zum Strom parallelen Magnetfeldes, und des transversalen M.es, d. i. der elektrische Widerstand eines Metalls bei Einwirkung eines zum Strom senkrechten Magnetfeldes, ist die Kenntnis der Funktionen $E(\vec{k})$ und $\tau(\vec{k})$ erforderlich. Ohne diese Voraussetzung liefert die Rechnung für reguläre Metalle in Übereinstimmung mit dem Experiment eine Proportionalität des longitudinalen wie des transversalen M.es zu B^2 für kleine Werte des Magnetfeldes. Beim transversalen M. tritt das auf dem Meßstrom und dem äußeren Magnetfeld senkrecht stehende Hall-Feld auf, während beim longitudinalen M. kein elektrisches Querfeld existiert. Unter der Annahme einer isotropen Relaxationszeit $\tau = \tau(E)$ kann die empirisch gefundene → Kohlersche Regel hergeleitet werden.

2) *Starke reduzierte Magnetfelder,* $\omega_c\tau \gg 1$. Die Elektronen legen zwischen zwei Streuprozessen mehrere Umläufe im k-Raum zurück, es sind deshalb Aussagen über Zusammenhangsverhältnisse einzelner Teile der Fermi-Fläche zu erwarten.

Die Theorie liefert folgende Ergebnisse: a) Der longitudinale M. strebt einem Sättigungswert zu. b) Bei kompensierten Metallen wächst für geschlossene Bahnen der Ladungsträger der transversale M. unbeschränkt mit B^2 an, bei unkompensierten strebt er einem Sättigungswert zu. c) Für offene Bahnen in Meßstromrichtung wächst der transversale M. in jedem Falle mit B^2 an, für offene Bahnen senkrecht zur Strom- und Feldrichtung strebt er in jedem Falle einem Sättigungswert zu. d) Bei verschieden gerichteten offenen Bahnen strebt der transversale M. einem Sättigungswert zu. Mit Hilfe dieser Aussagen können durch experimentelle Bestimmungen des M.es Lage und Durchmesser offener Stellen der Fermi-Fläche ermittelt werden.

Lit. Brauer: Einführung in die Elektronentheorie der Metalle (2. Aufl. Leipzig 1971).

Magnetron, Höchstfrequenzgenerator, der im Prinzip ein rückgekoppeltes → Wanderfeldmagnetron darstellt und zur Erzeugung von Mikrowellen dient. Deshalb wird das M. auch als Mikrowellenröhre bezeichnet. Das M. ent-

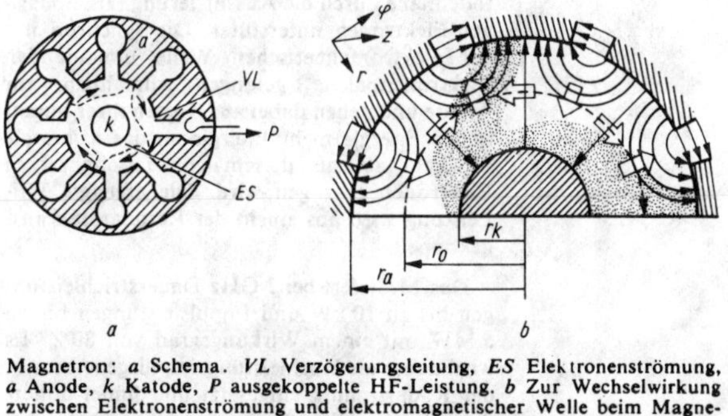

Magnetron: *a* Schema. *VL* Verzögerungsleitung, *ES* Elektronenströmung, *a* Anode, *k* Katode, *P* ausgekoppelte HF-Leistung. *b* Zur Wechselwirkung zwischen Elektronenströmung und elektromagnetischer Welle beim Magnetron. Umrandete Pfeile symbolisieren die Feldkräfte, die die dargestellte Elektronenverteilung hervorrufen hält eine ringförmige inhomogene Verzögerungsleitung, die konzentrisch als Anode *a* um eine zentrale Katode *k* angeordnet ist. Das durch die Anodenspannung erzeugte radiale elektrostatische Feld ist mit einem statischen axialen Magnetfeld gekreuzt. Dadurch werden die aus der Katode austretenden Elektronen in radialer und azimutaler Richtung beschleunigt. Die resultierende Bahn, auf die die Elektronen gezwungen werden, ist ein Kreis (Rollkreis), dessen Mittelpunkt auf einer kreisförmigen Leitbahn mit dem Radius *r* um die Katode umläuft. Die Winkelgeschwindigkeit der Rollkreisbewegung ist gegeben durch $\omega = (e/2m)B$, die der Leitbahnbewegung durch $\omega_L = E/Br$. Dabei bezeichnen *B* die magnetische Induktion und *E* die elektrische Feldstärke. Ersetzt man die Leitbahn des Elektrons in erster Näherung durch eine Kreisbahn mit dem Radius $r_0 = (r_a + r_k)/2$ um die Katode, so läßt sich das M. als Wanderfeldmagnetron betrachten, das durch die Rückkopplung der in sich geschlossenen Verzögerungsleitung zum Generator wird. Ist auf der Verzögerungsleitung die Ausbreitung einer elektromagnetischen Welle möglich, deren Umlaufgeschwindigkeit ω/p (*p* ist die Zahl der Polpaare der Anode) mit der mittleren Winkelgeschwindigkeit der Elektronen übereinstimmt, so ist durch die Wechselwirkung zwischen den Elektronen und dem elektrischen HF-Feld unter Mitwirkung der statischen Felder die Anfachung und Aufrechterhaltung von Schwingungen möglich. Der Nachteil der Anordnung besteht darin, daß verschiedene Schwingungsmoden möglich sind, die sich durch die jeweilige Phasenlage des hochfrequenten Wechselfeldes in den einzelnen Spalten unterscheiden. Im allgemeinen wird der Schwingungsmodus angestrebt, bei dem benachbarte Hohlräume in der Gegenphase schwingen. Er wird als π-Modus bezeichnet.

Zur Unterdrückung unerwünschter Störschwingungen bringt man über den Anodensegmenten leitende Brücken an (strapping), die die Anodensegmente gleicher Phase miteinander verbinden. In Analogie zum Wanderfeldmagnetron erfolgt die Geschwindigkeitssteuerung der umlaufenden Elektronen durch das radiale elektrische HF-Feld, wodurch es zur Ausbildung von Elektronenpaketen im Bereich des verzögernden azimutalen HF-Feldes kommt. Der Vorgang der Phasenfokussierung wird in Katodennähe durch die Aussortierung falschphasiger Elektronen unterstützt. Die synchron mit der elektromagnetischen Welle umlaufenden Elektronenpakete gelangen allmählich zur Anode und geben dabei auf Kosten ihrer potentiellen Energie mehr Energie an das azimutale HF-Feld ab, als diesem von falschphasigen Elektronen entzogen wird. Die erzeugte HF-Leistung wird aus einem der Resonatoren ausgekoppelt.

Das M. liefert bei 3 GHz Dauerstrichleistungen bis zu 10 kW und Impulsleistungen bis zu 5 MW mit einem Wirkungsgrad von 80%. Es wird daher als Hochleistungsimpulsgenerator in der Radartechnik eingesetzt und findet außerdem Verwendung als Dauerstrichgenerator bei 2,4 GHz für Zwecke der industriellen HF-Erwärmung, besonders für die → Mikrowellenerwärmung, sowie für die HF-Therapie.

Magnetronvakuummeter, → Vakuummeter.

Magnetschallwellen, → Plasmaschwingungen.

Magnetspektrometer, → Betaspektrometrie.

Magnetstahl, → magnetische Werkstoffe.

Magnettrommel, magnetischer Speicher, der aus einer Trommel mit einem dünnen ferromagnetischen Überzug besteht. Die Information wird mit Magnetköpfen übertragen. Beim Lesen bleibt die Information erhalten. Die M. wird häufig in elektronischen Rechenmaschinen verwendet.

Magnetverstärker, → magnetischer Verstärker.

Magnitude, oft *Richter-Magnitude* genannt, eine von Richter eingeführte Zahl, die die Stärke eines Erdbebens charakterisieren soll und unmittelbar aus dem Seismogramm zu ermitteln ist. Sie wird aus dem Logarithmus des Verhältnisses der größten Schwingungsweite zur Dauer dieser Schwingung sowie aus einer von der Epizentralentfernung und dem geologischen Untergrund der Station abhängigen Eichfunktion berechnet. Die Magnitudenbestimmung erfolgte zunächst aus den Aufzeichnungen der Oberflächenwellen (→ seismische Wellen). Neuerdings werden hierzu auch die Raumwellen sowie die Dauer der Oberflächenwellen herangezogen. Das Verhältnis der seismisch freigewordenen Energien zweier Beben, deren M.n sich um 0,5 unterscheiden, beträgt 10. Das stärkste registrierte Erdbeben hatte die Magnitude 8,6, das Erdbeben von Lissabon 1755 maximal die Magnitude 9, was einer Energie von etwa 10^{28} erg entspricht.

Magnon, → Spinwelle.

Magnus-Effekt, das Entstehen einer senkrecht zur Anblasrichtung wirkenden Kraft an umströmten, sich drehenden Zylindern und Kugeln. Diese Kraft wird → Auftrieb oder Quertrieb genannt. Der M.-E. soll am querangeblasenen ebenen Zylinder (→ Zylinderumströmung) näher untersucht werden. Analog zum Anfahren des Tragflügels bildet sich am Zylinder ein Anfahrwirbel, der mit der Grundströmung abschwimmt (Abb.). Seine Zirkulation Γ ist von

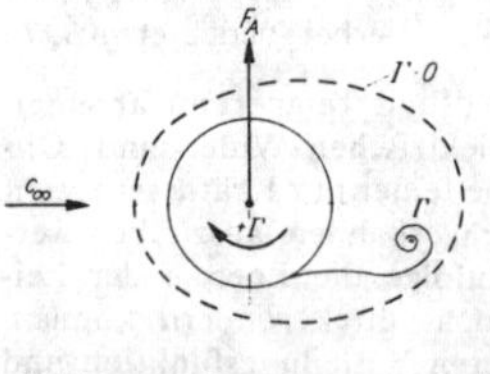

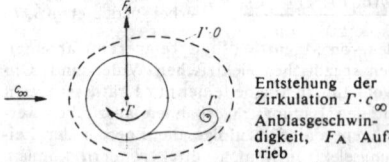

Entstehung der Zirkulation $\Gamma \cdot c_\infty$ Anblasgeschwindigkeit, F_A Auftrieb

gleicher Größe, aber umgekehrter Richtung wie die um den rotierenden Zylinder sich bildende Zirkulation, so daß der → Wirbelsatz von Thomson erfüllt ist (Abb.). Die Wirbelablösung erfolgt jedoch unsymmetrisch, da bei genügend starker Rotation des Zylinders auf der Seite, an der Strömung und Zylinder gleichläufig sind, keine Verzögerung und damit auch keine Ablösung auftritt. Auf der gegenläufigen Seite jedoch bildet sich infolge Ablösung der Wirbel aus, für dessen Entstehung die Reibung maßgebend ist. Nach der Kutta-Joukowsky-Gleichung ergibt sich der maximale Auftriebsbeiwert für Potentialströmung zu $c_{A_{max}} = 4\pi$, wenn die Umfangsgeschwindigkeit viermal so groß ist wie die Anblasgeschwindigkeit. In reibungsbehafteter Strömung wird jedoch nur $c_{A_{max}} \approx 10$ bei einem Widerstandsbeiwert (→ Strömungswiderstand) $c_W \approx 6$ erreicht.

Der M.-E. ist für die Seitenabweichung von Geschossen sowie geschnittenen Tennis- und Golfbällen maßgebend. Seine direkte Anwendung in der Technik ist versucht worden, hatte jedoch keinen Erfolg, z. B. rotierende Walzen zur Auftriebssteigerung bei landenden Flugzeugen und als Schiffsantrieb der Flettner-Rotor, ein senkrecht auf dem Deck angeordneter rotierender Zylinder.

Majorana-Darstellung, → Dirac-Gleichung.

Majorana-Effekt, die magnetische → Doppelbrechung kolloider Lösungen. In Eisenoxidsolen bilden sich längliche, magnetisch anisotrope, kolloide Teilchen, die sich in Feldrichtung einstellen. Ähnlich wie die paramagnetischen Moleküle beim Cotton-Mouton-Effekt rufen diese Teilchen eine Doppelbrechung des Lichtes hervor, das sich senkrecht zum Magnetfeld ausbreitet. Der M.-E. tritt auch in diamagnetischen Solen auf, z. B. Gold- und Silbersolen, wobei sich die Teilchen senkrecht zum Magnetfeld einstellen (→ Magnetooptik).

Majorana-Kraft, eine Austauschwechselwirkung, → Nukleon-Nukleon-Wechselwirkung.

Majorantenkriterium, → Reihe.

Makrokausalität, → Kausalität.

Makromolekül, → Polymere.

Makrorheologie, → Rheologie.

makroskopische Quantenerscheinung, *makroskopischer Quanteneffekt*, eine Erscheinung, bei der sich quantenmechanisch bedingte Effekte direkt makroskopisch äußern. Man versteht unter m.n Q.en die beiden analogen Erscheinungen → Supraleitfähigkeit und → Supraflüssigkeit. Beide Erscheinungen kann man qualitativ auf die → Bose-Einstein-Kondensation eines Systems aus Bose-Teilchen zurückführen, denn auch die Cooper-Paare (→ BCS-Theorie der Supraleitfähigkeit) haben infolge des entgegengesetzten Spins der beiden beteiligten Elektronen den Gesamtspin Null und folgen so der Bose-Einstein-Statistik.

makroskopischer Quanteneffekt, svw. makroskopische Quantenerscheinung.

Makrozustand, → Maxwell-Boltzmann-Statistik.

Malter-Effekt, der Aufbau hoher elektrischer Spannungen durch Sekundärelektronenemission. Ist eine Sekundärelektronen emittierende Halbleiterschicht durch eine dünne Isolierschicht von der an negativer Spannung liegenden Metallunterlage getrennt, so lädt sich infolge der Sekundärelektronenemission die Halbleiterschicht bis zu 100 V positiv gegen die Metallunterlage auf. Zwischen Metallunterlage und Halbleiterschicht können sich dadurch elektrische Feldstärken bis zu 10^7 V/cm ausbilden, die eine beträchtliche Feldelektronenemission des Metalls bewirken. Der scheinbare Sekundäremissionskoeffizient solcher Schichten kann durch die große Nachlieferung zusätzlicher Elektronen durch Feldemission der Metallunterlage die Größenordnung 10^3 haben.

Malusscher Satz, eine Regel, die besagt, daß zu jeder Ausbreitungsfront (Wellenfront) des Lichtes ein Normalensystem besteht, das ein gemeinsames Zentrum im Ursprungsort der Ausbreitungsfront oder im optisch erzeugten Bild dieses Ortes hat. Dieses System bleibt auch nach beliebig vielen Durchgängen durch Medien unterschiedlicher Brechzahl bestehen. Die Normalen können als Lichtstrahlen im geometrisch-optischen Sinn aufgefaßt werden.

Lit. Picht: Grundlagen der geometrisch-optischen Abbildung (Berlin 1955).

Malus-Versuch, → Polarisation des Lichtes.

mamu, Milli-atomare Masseeinheit, → atomare Masseeinheit 2).

Mandelstam-Darstellung, → analytische S-Matrix-Theorie.

Mandelstam-Hypothese, → analytische S-Matrix-Theorie.

Mangan-54-Standard, → radioaktiver Standard.

Manley-Rowe-Beziehungen, → Reaktanzverstärker.

man-made earthquake [engl. ‚vom Menschen hervorgerufenes Erdbeben'], ein → Erdbeben, das aus menschlichen Eingriffen in die Natur erwächst. Wird Wasser in Bohrlöcher von einigen km Tiefe eingepreßt, so bewirkt die lokale Druckänderung zusammen mit einer physikalisch-chemischen Änderung der Substanz kleinere Erdbeben. Derselbe Effekt wurde beim Stau von großen Talsperren beobachtet. Unter dem Einfluß unterirdischer Kernexplosionen ereignen sich in der Umgebung von einigen 10 km ebenfalls man-made earthquakes. Sie treten meist als größere Folge auf und klingen nach Wochen ab.

Manometer, Gerät zum Bestimmen des Drucks von Gasen und Flüssigkeiten. Dem Meßprinzip nach unterscheidet man verschiedene Arten von M.n.

1) Statische M. Zu ihnen gehören die *Flüssigkeitsmanometer*. Das einfachste Flüssigkeitsmanometer ist das U-Rohr-Manometer. Es besteht aus einem mit Quecksilber oder mit einer anderen nicht benetzenden Flüssigkeit gefüllten U-Rohr, auf dessen einen Schenkel der zu messende Druck und auf dessen anderen Schenkel der Bezugsdruck wirkt.

Solange der Druck über beiden Schenkeln von gleicher Größe ist, steht der Flüssigkeitsspiegel nach dem Prinzip der → kommunizierenden Röhren gleich hoch. Bei Vorhandensein einer Druckdifferenz stellt sich ein Ausschlag h ein (Abb. 1). Je nach der Größe des zu messenden Differenzdruckes, der bis zu einigen Atmosphären betragen kann, verwendet man Meßflüssigkeiten unterschiedlicher Dichte (Quecksilber, Wasser, Toluol, Nonan, Silikonöl). Das U-Rohr-Manometer wird in verschiedenen Abarten praktisch angewandt. So wird ein Schenkel zu einem größeren Behälter umgestaltet, in dem die Spiegeländerung vernachlässigbar klein ist; die Flüssigkeitshöhe braucht dann nur an einer Stelle abgelesen zu werden. Der Stand der Flüssigkeit wird an einer Skale unmittelbar abgelesen. Die Meßunsicherheit ist $\leqq \pm 0,5\%$ des Meßbereichsendwertes, der 0,5 bis 250 kp/cm² beträgt. U-Rohrmanometer eignen sich für Druck- und Vakuummessungen sowie zur Anzeige bei Durchfluß- und Niveaustandsmessungen. Die Stellung des Meniskus kann zur Meßwertübertragung mit Schwimmerplatten oder -kugeln abgetastet werden. Eine Abwandlung

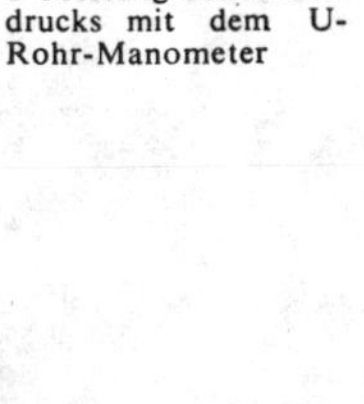

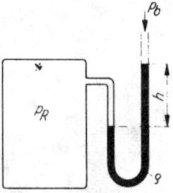

1 Messung des Kesseldrucks mit dem U-Rohr-Manometer

des U-Rohrmanometers ist das *Schrägrohrmanometer*, das zum Messen von Drücken $\leqq$ 100 mmWS geeignet ist. Seine Meßunsicherheit beträgt $\pm 0{,}5$ mmWS. *Schwimmermanometer* sind hydrostatische Druckmeßgeräte. Der Durchmesser des Schwimmers hängt von der geforderten Empfindlichkeit ab. Schwimmermanometer können auch als Wirkdruckgeber benutzt werden. *Tauchglockenmanometer*, ebenfalls zum Messen von niederen Drücken und von Druckdifferenzen geeignet, haben eine Glocke mit großem Querschnitt, die in die Sperrflüssigkeit eintaucht. Die Eintauchtiefe ist ein Maß für die Druckdifferenz. Bei *Kolbenmanometern* wird der Druck p als Überdruck gegen den Atmosphärendruck gemessen. Er wirkt auf den im senkrecht stehenden Zylinder Z frei beweglichen Kolben K, der durch eine Kraft F belastet werden kann (Abb. 2). Der Druck berechnet sich aus dem Kräftegleichgewicht zu $p = F/A$; dabei ist A der wirksame Querschnitt. Zur Verminderung der Reibung zwischen Zylinder und Kolben rotiert der Kolben. Das Kolbenmanometer dient zur Messung hoher Drücke. Dabei ist die Deformation von Kolben und Zylinder zu berücksichtigen. Zur Verminderung der Kolbenauslenkung verwendet man zweifach geführte Differentialkolben. Läßt man den Kolben auf einen Hebelarm wirken, so entsteht die ***Druckwaage*** (Abb. 3).

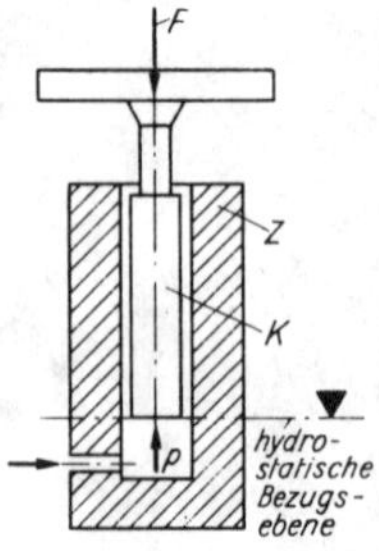

2 Schema eines Kolbenmanometers

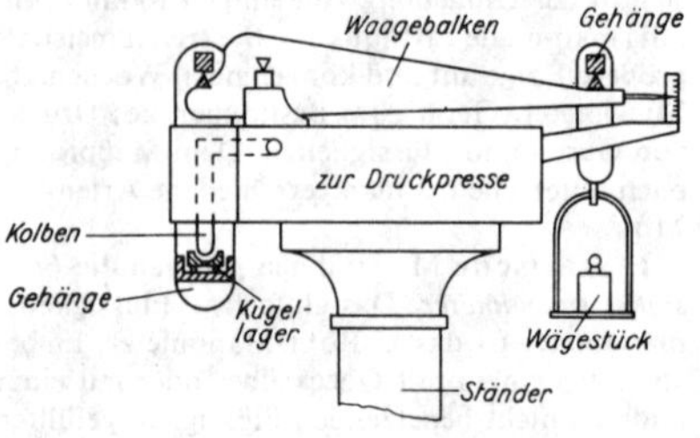

3 Druckwaage

M. mit elastischem Meßglied werden eingeteilt in Feder- und Membranmanometer. *Kapselfedermanometer* sind hochempfindliche Meßgeräte für Gasdrücke in niederen Meßbereichen. Sie bestehen aus zwei gewellten Metallmembranen, die zu einer Kapsel druckdicht zusammengelötet sind. Wird der Innenraum der Kapsel dem zu messenden Druck ausgesetzt, so dehnt sie sich bei Überdruck nach außen, bei Unterdruck nach innen. Der Druck wird über ein Gestänge auf einen Zeiger übertragen, der vor einer Skale schwingt. *Balgenfedermanometer* oder *Wellrohrmanometer* für Meßbereiche bis 2 kp/cm^2 haben Bälge aus Messing oder Stahl; der Druckausgleich wird durch eine Feder vorgenommen. *Plattenfedermanometer* gehören zu den Membranmanometern. Die Druckübertragung erfolgt durch eine elastische Platte, die zwischen den Flanschen eines Gehäuses eingespannt ist und von einer Seite vom Druck beaufschlagt wird. Die Durchbiegung der Platte ist ein Maß für den Druck. *Röhrenfedermanometer* oder *Bourdon-Manometer* (→ Bourdon-Röhre) sind mit einem Federkörper aus Bronze oder Stahl ausgeführt. Als elastisches Meßglied dient eine elastische Feder mit ovalem Querschnitt. Diese ist oben geschlossen und wird dem Meßdruck ausgesetzt. Entsprechend der jeweiligen Belastung biegt sie sich auf und überträgt den Federhub auf ein Anzeigewerk. *Schrauben-* und *Schneckenfedermanometer* beruhen auf dem gleichen Meßprinzip wie Bourdon-Manometer. *Aneroidmanometer* messen die Durchbiegung einer Membran, ihre Meßunsicherheit ist infolge der Hysterese des elastischen Materials wesentlich größer als die anderer Geräte. *Mikromanometer*, bei denen die Dichtezahl von entscheidendem Einfluß ist, dienen zur Erfassung sehr geringer Druckunterschiede. Zu dieser Art M. gehören auch M. mit verfeinerter Ableseeinrichtung mittels Flüssigkeiten geringer Dichte, wie Wasser, Toluol, Petroleum, Alkohol u. ä., z. B. die Wasserminimeter sowie M. mit gegen die Vertikale geneigtem Schenkel sowie die Mikromanometer von Recknagel, Krell, Block, die je einen weiten und einen engen Schenkel haben. *Kreismanometer* sind unter dem Namen → Ringwaagen bekannt. *Differentialmanometer* sind Kolbenmanometer, bei denen der Druck auf einen unbekannten wirksamen Querschnitt mit einem Flüssigkeitsmanometer oder einer Druckwaage verglichen wird.

2) Elektrische M. beruhen entweder auf der Nutzung piezoelektrischer Effekte, oder sie bestehen aus Säulen von Kohleplättchen, die bei Druckänderung eine Änderung des elektrischen Übergangswiderstandes zwischen den Schichten bzw. des ohmschen Widerstandes zwischen künstlichen Kohleplättchen erfahren, oder sie messen den Widerstand in einer Wheatstoneschen Brücke mit Spiegelgalvanometer. Die relative Meßunsicherheit elektrischer M. beträgt etwa 1%.

3) M. nach anderen Meßprinzipien. *Dynamische M.* messen den Druck aus der Beschleunigung einer Masse. Die Kraft erhält man, indem man die Beschleunigung einer bewegten Masse durch das Aufnehmen ihrer Zeit-Weg-Kurve berechnet. Wenn der Querschnitt, der diese Kraft überträgt, bekannt ist, ist auch der Druck bekannt. Dynamische M. verbrauchen im Gegensatz zu den statischen M.n ständig Flüssigkeit, so daß in den Zuleitungen ein Druckabfall entsteht. Zu den M.n dieser Art gehören die *Impulsmanometer*, die nach dem Prinzip Düse-Prallplatte gebaut sind.

Lit. Ebert: Statische und quasistatische Druckmessung, Handb. der Betriebskontrolle, Bd 3 (Leipzig 1959).

Margules-Wohl-Ansatz, Formel, die das Verhältnis der Aktivitätskoeffizienten γ_i in Nichtelektrolytmischungen charakterisiert. Für binäre Mischungen gilt $\log(\gamma_1/\gamma_2) = (1 - 2x)\,B + (1 - x)(1 - 3x)(A - B)$. Dabei ist x der Molenbruch der Komponente 1; A und B sind empirische Konstanten.

Mariotte-Flasche, → Ausströmen.

Markow-Prozesse, spezielle, von A. A. Markow untersuchte Klasse stochastischer Prozesse. Ein stochastischer Prozeß werde durch die Variable y beschrieben, die zu den Zeitpunkten t_i die Werte y_i annehme ($1 \leqq i \leqq n - 1$). Der Prozeß heißt dann markowsch oder M.-P., wenn die Wahrscheinlichkeit, daß die Variable y zur Zeit t_n im Intervall y_n und $y_n + dy_n$ liegt, außer von y_n und t_n nur noch von y_{n-1} und t_{n-1} abhängt, dagegen nicht von den Werten y_i zu früheren Zeitpunkten. M.-P., bei denen also die Vorgeschichte des Systems unwesentlich ist, haben besonders bei kontinuierlichen Variablen eine große Bedeutung in der kinetischen Gastheorie und speziell in der Theorie der Brownschen Bewegung.

Mars, der erdnächste der äußeren Planeten. Er bewegt sich mit einer mittleren Geschwindigkeit von 24,14 km/s in einem mittleren Abstand von 1,524 AE in 1,88 Jahren einmal um die Sonne. Die Entfernung zur Erde schwankt je nach der Stellung der Planeten in ihren Bahnen zwischen $55 \cdot 10^6$ und $400 \cdot 10^6$ km. Die Masse des M. beträgt nur 0,107 Erdmassen, sein Durchmesser 6800 km, der damit wenig größer als der halbe Erddurchmesser ist. Die mittlere Dichte ist mit 3,95 g/cm³ kleiner als die der Erde. M. rotiert in 24 h 37,4 min einmal um seine Achse. Die Schwerkraft an der Marsoberfläche beträgt nur 38 % der an der Erdoberfläche, demzufolge ist auch die Dichte der Marsatmosphäre wesentlich geringer als die der Erdatmosphäre, ihre Ausdehnung ist aber mit der der irdischen Lufthülle vergleichbar. Der Hauptanteil der Marsatmosphäre besteht aus Kohlendioxid, freier Sauerstoff ist nur in geringen Mengen vorhanden, ebenso Wasserdampf. Der Gehalt an Kohlendioxid ist doppelt so groß wie in der Erdatmosphäre. Die dünne Atmosphäre gewährt einen freien Einblick auf die Oberfläche. Helle, gleichbleibend gelblichrot gefärbte Gebiete, die dem M. seine rote Farbe geben, sind wahrscheinlich wüstenähnliche Regionen. Sie werden von dunkleren Gebieten durchsetzt, deren bräunliche und mattgrüne Färbung mit den Jahreszeiten wechselt. Diese Flächen sind möglicherweise mit niederen Pflanzen bedeckt. Mit Hilfe künstlicher Planetoiden (Marssonden) gelangen Nahaufnahmen der Marsoberfläche, die Kraterstrukturen ähnlich denen der Mondoberfläche zeigen. Die Temperatur der Marsoberfläche liegt im Jahresmittel mit −15 °C um 19 Grad niedriger als auf der Erde. M. wird von 2 Satelliten, Phobos und Deimos, umkreist. Phobos umläuft M. schneller, als dieser rotiert, so daß er im Westen aufgeht.

Martensitumwandlung, eine diffusionslose Phasenumwandlung, bei der sich die Gitterstruktur ändert, ohne daß Konzentrationsunterschiede einer möglicherweise gelösten Komponente auftreten. Die M. erfolgt durch Scherung des Gitters, verbunden mit einer Volumenänderung. Sie tritt besonders bei Eisenlegierungen auf, kann durch eine Temperaturbehandlung ausgelöst werden und hat Änderungen der Kristalleigenschaften zur Folge.

Mascaret, svw. Bore.

Maschenregel, → Kirchhoffsche Regeln.

Maser (Abk. für *M*icrowave *A*mplification by *S*timulated *E*mission of *R*adiation, ‚Mikrowellenverstärkung durch induzierte Strahlungsemission'), *Molekularverstärker*, *Quantenverstärker* (besonders in der sowjetischen Literatur gebräuchlich), ein rauscharmer Verstärker für kleine Leistungen im Mikrowellenbereich. Er findet Anwendung als Vorverstärker in Empfangsgeräten von Nachrichtenübertragungsanlagen. Durch Rückkopplung der verstärkten Signale kann aus dem Verstärker ein Oszillator (*Quantengenerator*) werden. Der Verstärkungsvorgang beim M. basiert im Gegensatz zur Verstärkung mit Transistoren und Elektronenröhren auf dem Energieaustausch zwischen einem Hochfrequenzfeld und der inneren Energie von Materie. Dem M. und dem → Laser liegt das gleiche physikalische Wirkungsprinzip zugrunde. Der Unterschied zwischen M. und Laser besteht einmal darin, daß der M. für den Mikrowellenbereich bestimmt ist und der Laser für den optischen Bereich, zum anderen darin, daß der M. als Verstärker und als Oszillator eingesetzt wird, während der Laser z. Z. nur als Oszillator Verwendung findet. In der älteren Literatur wird der Laser auch als optischer M. bezeichnet.

Wirkungsprinzip. Beim M. und beim Laser werden unter Ausnutzung der induzierten Strahlungsemission elektromagnetische Wechselfelder verstärkt. Dazu ist es erforderlich, daß das Temperaturgleichgewicht von Materie in dem Sinne geändert wird, daß eine Inversion der Besetzungsdichten erfolgt, indem in einem höheren Energieniveau Überschußenergie gegenüber dem normalen thermischen Gleichgewichtszustand gespeichert wird. Durch ein induzierendes Wechselfeld kann dann elektromagnetische Energie entnommen werden. Ist die entnommene Energie größer als die Energie, welche zur Herstellung des induzierten Wechselfeldes erforderlich ist, so wird an das Feld Energie abgegeben, d. h., es besteht eine Verstärkerwirkung. Eine Inversion der Besetzungsdichten gegenüber dem thermischen Gleichgewicht kann wie beim Laser auf verschiedene Art erfolgen.

Abb. 1 zeigt zwei Termschemata des Drei-Niveau-Systems des M.s. Die thermische Besetzung der einzelnen Terme nach der Boltzmann-Verteilung soll durch geeignete Wahl der Temperatur merklich unterschiedlich sein. Zwischen den Niveaupaaren 1−3, 3−2 und 2−1 seien strahlende Übergänge möglich. Auf das Material wird zunächst Energie der Frequenz f_p eingestrahlt; sie induziert Übergänge zwischen den Niveaus 1 und 3. Dieser Vorgang wird als *Pumpen* bezeichnet; die Pumpenergie ist gleich $hf_p = E_3 - E_1$. Dabei ist h das Plancksche Wirkungsquantum, E_3 und E_1 sind die Energieniveaus. Die Energiedichte der Pumpstrahlung soll groß sein gegen die Energiedichte der thermi-

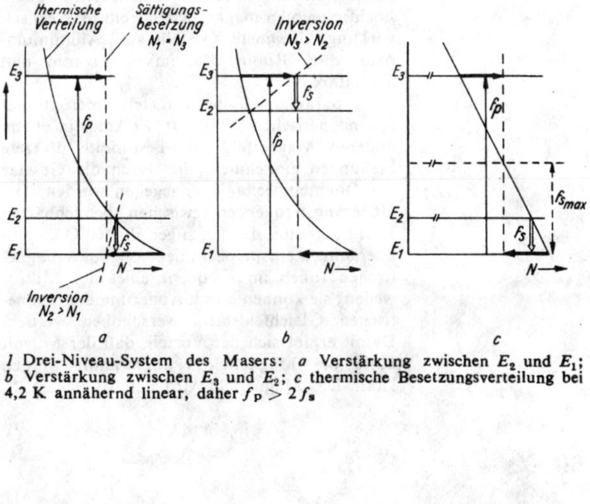

1 Drei-Niveau-System des Masers: *a* Verstärkung zwischen E_2 und E_1; *b* Verstärkung zwischen E_3 und E_2; *c* thermische Besetzungsverteilung bei 4,2 K annähernd linear, daher $f_p > 2 f_s$

schen Strahlung. Unter dem Einfluß der Pumpstrahlung wird das Besetzungsverhältnis der Energieniveaus E_1 und E_3 gegenüber dem thermischen Gleichgewicht verändert, d. h. die Anzahl der Teilchen im Zustand 3 vergrößert, im Zustand 1 entsprechend herabgesetzt. Bei ausreichend hoher Pumpleistung kann die Besetzung gleich groß werden, d. h. $N_1 = N_3$. Dieser Zustand ist in Abb. 1 durch die gestrichelte Linie dargestellt. Wirkt auf ein Teilchen im höheren Energiezustand ein Signal, d. h. ein elektromagnetisches Wechselfeld, mit der Frequenz f_s ein, so geht es mit einer gewissen Wahrscheinlichkeit unter Aussenden eines Strahlungsquants hf_s in den niedrigeren Energiezustand über. Die emittierte Strahlung stimmt in Frequenz und Phase mit dem anregenden Signal überein, das dadurch verstärkt wird. Es gilt dabei für das Termschema nach Abb. 1a die Beziehung $hf_s = E_2 - E_1$ und nach Abb. 1b die Beziehung $hf_s = E_3 - E_2$.

Damit die Pumpquelle die thermischen Besetzungsverhältnisse merklich stören kann, muß der obere Energiezustand E_3 zunächst ausreichend schwächer besetzt sein als der Grundzustand E_1. Bei einem typischen M. einer Empfangsanlage für Satelliten-Nachrichtenübertragung beträgt beispielsweise die Signalfrequenz $f_s = 4 \cdot 10^9$ Hz und die Pumpfrequenz $f_p = 30 \cdot 10^9$ Hz. Damit E_3 wenigstens 5% schwächer besetzt ist als E_1, müßte die Temperatur kleiner als 3,2 K sein. Dies ist der Grund dafür, daß M. nur bei sehr tiefen Temperaturen betrieben werden können, z. B. bei 4,2 K durch Kühlung mit flüssigem Helium. Bei hohen Temperaturen ist das Pumpen wirkungslos. Für 4,2 K ist die Verteilung der Besetzungen, wie Abb. 1c zeigt, näherungsweise im Bereich der Pumpfrequenz f_p linear. Es ist zu erkennen, daß in linearer Näherung die Pumpfrequenz f_p mindestens gleich der doppelten Signalfrequenz f_s sein muß, um eine Inversion zu erhalten.

Beim M. werden als aktive Teilchen, deren innere Energie mit dem elektromagnetischen Wechselfeld in Energieaustausch tritt, paramagnetische Ionen verwendet. Als besonders geeignet für den Mikrowellenbereich erwiesen sich paramagnetische Chrom-, Eisen-, Gadolinium- und Nickelionen. Diese Ionen sind als Fremdkörper in geringer Konzentration in einem sonst nicht magnetischen Kristall eingebaut; ihr magnetisches Moment tritt mit dem hochfrequenten magnetischen Feld in Wechselwirkung. Geeignete Kristalle sind Aluminiumoxid, d. h. Rubin, Kaliumkobaltzyanid und Titandioxid.

Ein paramagnetisches Ion stellt einen atomaren magnetischen Dipol dar. Er kann in einem äußeren Magnetfeld nur bestimmte diskrete Stellungen einnehmen, die durch die Gesetze der Quantenmechanik angegeben werden. Die Übergangsfrequenzen zwischen benachbarten Energieniveaus, die den zugeordneten Quantenübergängen entsprechen, liegen bei paramagnetischen Ionen im Frequenzgebiet der Mikrowellen; sie können durch Änderung der magnetischen Gleichfeldstärke verschoben werden. Damit ergibt sich der Vorteil, daß der M. mit Hilfe des Magnetfeldes abgestimmt werden kann. Das Magnetfeld wird stets so eingestellt, daß der Abstand der Energieniveaus 1 und 2 der vorgegebenen Signalfrequenz f_s entspricht.

Rauschen des M.s. Der besondere Vorteil bei der Anwendung des M.s als Verstärker besteht darin, daß er einen äußerst geringen Rauschpegel besitzt und daher zur Verstärkung extrem schwacher Signale benutzt werden kann. → Rauschen II, 8.

Die allgemein verwendeten elektronischen Verstärkerelemente Transistor und Elektronenröhre sind Spannungs- und Stromverstärker. Die Verstärker der Quantenelektronik, d. h. M. und Laser, verstärken dagegen direkt die elektromagnetische Strahlung. Das Spannungs- und Stromverhalten der Transistoren und Elektronenröhren ist streng genommen eine statistische Beschreibung des Verhaltens der Gesamtheit der Stromträger, die selbst ihren Gesetzmäßigkeiten folgen. Wird die Verstärkung so weit getrieben, daß sich das vom Mittel abweichende Verhalten der Einzelteilchen bemerkbar macht, so ist der Rauschpegel und damit die Grenze einer sinnvollen Verstärkung erreicht. In der Quantenelektronik werden dagegen direkt die Atome, Moleküle oder Ionen zur Verstärkung herangezogen; ein Rauschen wie beim Transistor und bei der Elektronenröhre kann daher beim M. nicht entstehen. Auch das thermische Rauschen der gesamten Anordnung ist sehr gering, da der M. in der Nähe des absoluten Nullpunktes betrieben wird. Der Einsatz des M.s als Verstärker erfolgt daher überall dort, wo das Eingangssignal so schwach ist, daß es bei einem normalen Empfänger von dessen Eigenrauschen überdeckt werden würde. Anwendung findet der M. in radioastronomischen Empfangsanlagen, in Weitbereichradargeräten, in Scatter-Richtfunkanlagen sowie bei Empfangsanlagen für Nachrichtensatelliten und Raumflugkörper.

Technische Ausführung. Im einfachsten Fall läßt sich ein M. in der Weise aufbauen, daß der Kristall in einen als Resonator dienenden Koaxialleitungskreis gebracht wird. Der Koaxialleitungskreis wird dann sowohl auf die Signalfrequenz als auch auf die Pumpfrequenz abgestimmt. Zur Trennung der hinlaufenden und der reflektierten Welle muß vor der Energieleitung ein nichtreziprokes Dämpfungsglied liegen, z. B. ein Zirkulator. Der Resonator befindet sich zur Kühlung in einem Gefäß mit flüssigem Helium.

Bei den heute vorwiegend eingesetzten M.n wird an Stelle des Resonators eine Verzögerungsleitung verwendet (Abb. 2). Die Energie muß möglichst langsam transportiert werden, damit die Wechselwirkung zwischen Signal- bzw. Pumpwelle und den in die Leitung eingelagerten aktiven Elementen groß wird; dies erreicht man durch die Verzögerungsleitung. Derartige M. werden als *Wanderfeldmaser* bezeichnet. Eine in die Verzögerungsleitung eingebettete Richtungsleitung bewirkt, daß die unerwünschten rücklaufenden Wellen ausreichend gedämpft werden. Durch Veränderung der Pumpfrequenz und des Gleichmagnetfeldes kann der Betriebsbereich des M.s variiert werden. Beispiel eines als rauscharmer Vorverstärker in Satellitennachrichtenanlagen eingesetzten Rubinmasers: Signalfrequenzbereich 3,7 bis 4,2 GHz, Pumpfrequenz 30 GHz, Pumpleistung etwa 100 mW,

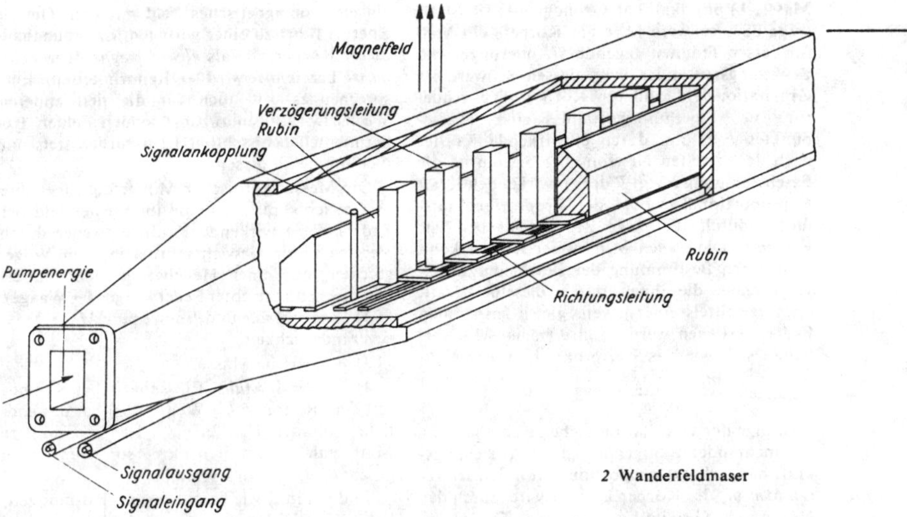

2 Wanderfeldmaser

magnetisches Gleichfeld 3 kOe, Leistungsverstärkung 10^3, Bandbreite 50 MHz, Rauschtemperatur bei Kühlung mit flüssigem Helium etwa 3,5 K, Durchstimmbarkeit durch Änderung der magnetischen Gleichfeldstärke etwa 350 MHz. Das Magnetfeld muß längs des Kristalls auf $1^0/_{00}$ genau eingehalten werden.

Festkörpermaser lassen sich wie Laser auch als Oszillatoren betreiben; in diesem Fall werden sie beispielsweise als Atomuhren, Frequenznormale und als Generatoren für mm-Wellen verwendet. Maseroszillatoren können sowohl in der Amplitude als auch in der Frequenz moduliert werden. Die Frequenz läßt sich durch Modulation des Niveauabstandes mit elektrischen oder magnetischen Feldern modulieren, die Amplitude durch Änderung der Besetzungsdichte der beiden Niveaus, deren Übergangsfrequenz der Arbeitsfrequenz entspricht.

Geschichtliches → Laser.

Lit. Vuylsteke: Masertheorie, Grundlagen des Molekularverstärkers (Wien u. München 1965).

Maskenverfahren, in der Reproduktionsphotographie übliche Korrektur, um den Überfluß oder den Mangel an Farbe auszugleichen. Die *Maske* ist ein Korrekturbild, das in Verbindung mit dem Originalbild desselben Objektes verwendet wird, aber in seiner Helligkeitsverteilung dem Originalbild entgegengesetzt ist, d. h. die Maske ist ein Positiv, wenn das Originalbild ein Negativ ist und umgekehrt. Mit grauen Masken wird die Gesamtgradation oder die Gradation einer Teilfarbe zur Erhöhung der Farbsättigung oder zur Verbesserung der Farbtonrichtigkeit verändert. Allgemein wird die Maske durch das Auszugsfilter hergestellt, das komplementär zu der Druckfarbe ist, für die die Korrektur erfolgen soll; so ergibt die Maske durch das Rotfilter Korrekturen für Blau und Grün.

Größte Bedeutung bei Farbfilmmaterialien haben *Farbstoffmasken*, die in der gleichen Schicht wie der Farbauszug entstehen und wie die eingewickelten *Silbermasken* zu den automatischen M. gehören. Es ist sowohl möglich, mit dem subtraktiven Hauptfarbstoff zu beginnen und ihn in die Korrekturfarbe zu verändern, als auch von der Korrekturfarbe auszugehen; die erste Variante bildet die Basis des → Silberfarbbleichverfahrens, die andere findet u. a. Anwendung in den ORWO-Color-Materialien. Dazu werden aus den → Farbkupplern Azofarbstoffe verwendet, die in der Farbentwicklung den Azorest abspalten, wobei der normale Bildfarbstoff entsteht. Der gelbgefärbte Maskenkuppler in der grünempfindlichen Schicht des Colorfilms absorbiert ebensoviel im blauen Spektralbereich wie der aus ihm entstehende Purpurfarbstoff. Nach der Farbentwicklung ergibt die Kombination des purpurfarbenen Negativbildes und des restlichen Positivbildes des gelben Kupplers, der nicht zur Reaktion kam, die gleiche Absorption im Blau über das ganze Bild. Ebenso wird als Korrekturprinzip des blaugrünen Kupplers ein rötlich gefärbter Maskenkuppler verwendet.

Maskierung, ein Verfahren zur Abdeckung bestimmter nicht zu dotierender Bereiche von Halbleiterkristallen, das bei der Herstellung von → Halbleiterbauelementen mittels → Planartechnik sowie in der → Mikroelektronik angewandt wird.

Maß, 1) körperliche Darstellung einer Einheit, z. B. ein Wägestück, ein Normalelement, ein Prototyp oder Urmaß. Im weiteren Sinne werden Einheiten, die durch ein Meßverfahren auf eine Naturkonstante zurückgeführt werden, *Naturmaße* genannt.

2) Als M. einer Größe kann auch eine andersartige Größe verstanden werden, wenn zwischen beiden eine eindeutige Beziehung besteht. Z. B. kann ein Volumen das M. einer Masse eines Stoffs von bekannter Dichte sein, wie früher 1 dm³ das M. für 1 kg (destillierten Wassers) war.

3) Logarithmus des Verhältnisses zweier Größen gleicher Art, meist von Energien oder von Feldgrößen. Das *Dämpfungsmaß* $a = \ln (U_1/U_2)$ wird in *Neper* Np angegeben oder als $a = 20 \lg (U_1/U_2)$ in Dezibel dB. → Kennwort.

Masse, 1) physikalische Grundgröße; sie ist als träge bzw. schwere M. eines Körpers ein Maß für dessen Trägheit gegenüber Änderungen des Bewegungszustandes bzw. dessen Schwere im Gravitationsfeld anderer Körper. Die Änderung des Bewegungszustandes eines Massepunktes P erfolgt durch einwirkende Kräfte: nach dem zweiten Newtonschen Axiom ist die Beschleunigung $\vec{b}$ von P der einwirkenden Kraft $\vec{F}$ proportional, wobei der Proportionalitätsfaktor durch die *träge M.* m_t gegeben ist: $\vec{F} = m_t\vec{b}$. Die trägen M.n zweier Körper kann man durch Bestimmung der Beschleunigungen vergleichen, die ihnen durch dieselbe Kraft, etwa vermittels einer jeweils gleich gespannten Feder, verliehen werden; ihre trägen M.n verhalten sich wie das Reziproke ihrer Beschleunigungen $\frac{m_{1t}}{m_{2t}} = \frac{b_2}{b_1}$.

Infolge der Gravitation ziehen sich alle Körper mehr oder weniger an; diese Anziehungskraft hängt direkt proportional von den *schweren M.n* m_s der Körper ab und wird durch das Newtonsche Gravitationsgesetz $F = Gm_{1s}m_{2s}/r^2$ gegeben. Die schwere M. kann in Analogie zum Coulombschen Gesetz der Elektrostatik als *Gravitationsladung* angesehen werden. Da bei Abwesenheit anderer Kräfte, z. B. des Luftwiderstandes, alle Körper im Gravitationsfeld der Erde gleich schnell fallen, also dieselben Beschleunigungen erfahren, sind schwere und träge M. streng proportional; diese Tatsache ist durch Präzisionsmessungen mittels Drehwaage von Cavendish (1798), Eötvös und Zeeman durch immer präzisere Messungen mit sehr großer Genauigkeit bestätigt worden. Durch geeignete Wahl der Gravitationskonstanten G kann daher $m_s = m_t$ gesetzt und der Index weggelassen werden. Diese Äquivalenz von schwerer und träger M. war der Ausgangspunkt Einsteins für die Aufstellung der allgemeinen Relativitätstheorie, nach der kein begrifflicher Unterschied zwischen beiden M.n besteht (→ Äquivalenzprinzip). Die M. kommt den Körpern nicht nur in ihrer Eigenschaft als Probekörper in einem Kraftfeld zu, sondern sie ist selbst Quelle der Gravitation.

Für die M. gilt ein Erhaltungssatz, wonach M. weder entstehen noch vergehen kann; wegen der aus der speziellen Relativitätstheorie folgenden → Trägheit der Energie E gemäß $E = mc^2$ gilt er auch für Elementarprozesse, bei denen Teilchen erzeugt oder vernichtet werden (→ Antiteilchen). Ebenfalls aus der speziellen Relativitätstheorie folgt, daß die M. vom Bewegungszustand des Körpers abhängt. Es gilt $m = m_0/\sqrt{1 - v^2/c^2}$, wobei m_0 die Ruhmasse des Körpers, v seine Geschwindigkeit und c die Vakuumlichtgeschwindigkeit ist; danach vergrößert sich die M. und damit die Trägheit mit wachsender Geschwindigkeit, bis sie für $v = c$ den Wert ∞ erreichen würde – Teilchen der Ruhmasse $m_0 \neq 0$ können also niemals auf Lichtgeschwindigkeit beschleunigt werden.

Photonen und Neutrinos, die sich mit Lichtgeschwindigkeit bewegen, haben die Ruhmasse Null. Bewegte elektrisch geladene Körper führen neben ihrer Gravitationsmasse m auch noch ein elektromagnetisches Feld mit sich. Dessen Energie führt zu einer geringen Massezunahme dieser Körper, die als *elektromagnetische Feldmasse* bezeichnet wird (→ Renormierung). Entsprechendes gilt auch für die den anderen Wechselwirkungen zuzuordnenden Felder. Experimentell beobachtbar ist natürlich stets nur die Summe all dieser M.n.

Die Messung irdischer M.n erfolgt über ihre → Gewichtskraft, d. i. die im Schwerefeld der Erde auf sie wirkende Kraft, entweder durch Vergleich mit Gewichtsnormalen, den Wägestücken, auf einer Hebelwaage oder mittels entsprechend geeichter Federwaagen (→ Waage).

2) *Longitudinale* und *transversale M.*, → Masseveränderlichkeit.

3) → kritische Masse.

4) *M. des Weltalls.* Ein sphärischer Kosmos mit dem Radius R (→ Weltradius) hat das endliche Volumen $V = 2\pi^2 \cdot R^3$. Ist ϱ die mittlere Materiedichte im Kosmos, so nennt man $\varrho \cdot 2\pi^2 R^3$ die M. des Weltalls.

Sind ϱ und R wie beim Einstein-Kosmos zeitlich konstant, dann ist es auch die M. des Weltalls. Sie bleibt für einen zeitabhängigen Kosmos der Einsteinschen Theorie auch dann zeitlich konstant, wenn den Kosmos eine druckfreie Materie füllt. Aus den Einsteinschen Gleichungen folgt in diesem Fall $\varrho S^3 =$ konst. (→ Robertson-Walkersches Linienelement).

In der Einsteinschen Theorie ist diese Beziehung unabhängig von der Krümmung des dreidimensionalen Raumes. Jedoch ist die M. des Weltalls für ebene und hyperbolische dreidimensionale Räume wegen des unendlichen Volumens dieser Räume unendlich. Endlich und zeitlich konstant bleibt in diesem Fall die Masse eines endlichen Eigenvolumens der Materie.

Ist der Druck der Materie von Null verschieden, dann ist nach der Einsteinschen Theorie die M. des Weltalls oder die Masse eines endlichen Eigenvolumens nicht mehr zeitlich konstant, wenn der Kosmos zeitabhängig ist.

In anderen Theorien, wie der → Jordanschen oder der steady-state-Theorie (→ steady-state-Kosmologie), mit Erzeugung bzw. Vernichtung von herkömmlicher Materie ist die M. des Weltalls bzw. die Masse in einem endlichen Eigenvolumen auch für druckfreie Materie nicht zeitlich konstant. Der Begriff der M. des Weltalls hat nur sehr beschränkte physikalische Bedeutung. Er läßt sich nur bezüglich einer ausgezeichneten Menge von Koordinatensystemen invariant definieren.

Massedefekt, Δ, der Masseverlust, der stets beim Verschmelzen von Nukleonen zu einem Kern eintritt. Die Ruhmasse M_K zusammengesetzter Kerne ist daher etwas kleiner als die Summe ihrer Protonenmassen und ihrer Neutronenmassen: $M_K = Zm_p + Nm_n - \Delta$, wobei Z die Protonen- und N die Neutronenzahl ist. m_p bedeutet Protonenmasse und m_n Neutronenmasse. Der M. ist eine Folge der Bindungsenergie E_B der Kerne. Die Energieverminderung eines Systems aus Z Protonen und N Neutronen entspricht nach der Masse-Energie-Äquivalenz einem M. $\Delta = E_B/c^2$, wobei c die Lichtgeschwindigkeit ist. Der M. steigt mit zunehmender Massezahl und erreicht für die schwersten Elemente etwa 2 AME. Die Bindungsenergie je Nukleon beträgt im Mittel 8 MeV.

Massedichte, Masse je Volumeneinheit. Die M. $\mu(\vec{r})$ im Punkte $\vec{r}$ ist definiert als Grenzwert $\mu(\vec{r}) = \lim_{\Delta V \to 0} \frac{\Delta m}{\Delta V}$, wobei sich das Volumen für $\Delta V \to 0$ auf den Punkt $\vec{r}$ zusammenzieht und Δm die in ΔV eingeschlossene Masse ist (→ Dichte).

Masseeinheit, 1) früher fälschlich als *Gewichtseinheit* bezeichnet, im SI als Grundeinheit Kilogramm (kg), außerdem die inkohärenten Einheiten Gramm (g) und Tonne (t) mit Vorsätzen und das (metrische) Karat (Kt) als Eigenname für $2 \cdot 10^{-4}$ kg. Siehe Tabelle 1, Masse.

2) *atomphysikalische M.*, → atomare Masseeinheit 1).

3) *technische M.*, ME oder TME, auch *Kilohyl* (khyl) genannt, abgeleitete Einheit des alten technischen Maßsystems; 1 ME = 1 TME = 1 kp · s²/m = 1 khyl = 9,80665 kg.

4) *Äquivalentmasseeinheit*, ME, alte Einheit für die Masse, die nach der speziellen Relativitätstheorie einer bestimmten Energie äquivalent ist. Nach der Beziehung $E = mc^2$ entspricht 1 ME einer Energie von 931,4 MeV und einer Masse von $1{,}6597 \cdot 10^{-27}$ kg und die Tausendstel Masseeinheit 1 TME = 10^{-3} ME einer Energie von 0,931 MeV und einer Masse von $1{,}6597 \cdot 10^{-30}$ kg. Somit entspricht 1 ME = 1 amu bzw. 1 TME = 1 mamu (→ atomare Masseeinheit 2).

Masse-Energie-Äquivalenz, → Trägheit der Energie.

Masseerhaltung, *Erhaltungssatz der Masse*, von M. W. Lomonossow 1748 und A. L. Lavoisier 1789 entdecktes Gesetz (→ Erhaltungssätze), daß die Masse eines abgeschlossenen Systems, in dem also weder Masse- noch Energieumsatz mit der Außenwelt stattfindet, konstant ist; Masse kann weder aus dem Nichts entstehen noch verschwinden.

A. Einstein erkannte die Äquivalenz von Masse und Energie (→ Trägheit der Energie), die in den letzten Jahrzehnten bei der Zerstrahlung und Paarbildung auch experimentell nachgewiesen wurde. Damit verschmelzen die vorher getrennten Erhaltungssätze für Masse und Energie zu einem einheitlichen Erhaltungssatz. Nach Einstein findet bei jeder chemischen Reaktion, bei der ein Energieumsatz erfolgt, auch eine Veränderung der Masse statt, die allerdings so klein ist, daß sie weit unterhalb der Fehlergrenze der genauesten Methoden liegt und somit experimentell bisher nicht nachweisbar ist. → Energiesatz.

Masseexzeß, der Masseunterschied $M - A$ zwischen den auf Kohlenstoff-12 bezogenen Atommassen M und den ganzzahligen Massezahlen A.

Massekern, *Pulverkern*, ferromagnetischer Spulenkern in Induktivitäten. Der M. ist ein Preßkörper aus ferromagnetischem Pulver, wobei jedes Teilchen mit einer elektrisch isolierenden Schicht überzogen ist. Daher ist die Wirbelstrombildung nur gering und eine Verwendung bis zu hohen Frequenzen möglich. Zur Charakterisierung der Eigenschaften werden die Werte der → Jordanschen Konstanten angeführt.

Massekraft, → Kraft.

Massemittelpunkt, svw. Schwerpunkt.

Massemittelpunktsystem, svw. Schwerpunktsystem.

Massemultipol, die höheren Momente der Massedichte. Da die Massedichte proportional zu T_{00}, der Zeit-Zeit-Komponente des metrischen Energie-Impuls-Tensors $T_{\mu\nu}$ ist, spricht man allgemein von M.en 0., 1., 2., ..., n-ter Ordnung, wenn mindestens jeweils eines der höheren Momente $M_{\mu\nu\lambda_1 \cdots \lambda_n} = \int (x_{\lambda_1} - \bar{x}_{\lambda_1}) \times \times (x_{\lambda_2} - \bar{x}_{\lambda_2}) \cdots (x_{\lambda_n} - \bar{x}_{\lambda_n}) T_{\mu\nu} \, d\tau$ von $T_{\mu\nu}$ mit $\mu, \nu, \lambda_1, \ldots, \lambda_n = 0, 1, 2, 3$ und Volumenelement $d\tau = dx_0 \, dx_1 \, dx_2 \, dx_3$ von Null verschieden ist, wobei $(\bar{x}_0, \bar{x}_1, \bar{x}_2, \bar{x}_3)$ die Weltkoordinaten des Teilchens sind. Für ein *Pol-Dipol-Teilchen* muß $\int T_{\mu 0} \, d\tau \neq 0$ und $\int (x_\lambda - \bar{x}_\lambda) T_{\mu 0} \, d\tau \neq 0$ sein. Ein derartiges Teilchen wurde von Hönl und Papapetrou eingeführt, um den Spin modellmäßig zu beschreiben, da dann der Masseschwerpunkt nicht mit dem Ladungsschwerpunkt übereinstimmt und der Spin aus der Rotation der Ladung um den Massemittelpunkt gedeutet werden kann. Allerdings bewegt sich dann auch ein kräftefreies Teilchen im allgemeinen beschleunigt, da sich seine Bahn um den unbeschleunigt bewegten Massemittelpunkt „schraubt". $T_{\mu\nu}$ kann für derartige Teilchen auch indefinit werden. Da dies für alle Teilchen der Fermi-Dirac-Statistik zutrifft, kann z. B. die aus der relativistischen Dirac-Gleichung folgende Schrödingersche Zitterbewegung des Elektrons als spezieller Fall der Oszillationsbewegung eines kräftefreien Pol-Dipol-Teilchens angesehen werden.

Massen ..., → Masse ...

Massenabsorptionskoeffizient, → ionisierende Strahlung 1.3), → Absorptionsfaktor.

Massenanziehung, → Gravitation.

Massenaustausch, svw. Austausch.

Massenbremsvermögen eines Stoffes für geladene Teilchen bestimmter Energie, → ionisierende Strahlung 2.2).

Massendefekt, → Massedefekt.

Massendicke, → elektronenmikroskopischer Bildkontrast.

Massenenergieabsorptionskoeffizient, → ionisierende Strahlung 1.3).

Massenenergieübertragungskoeffizient, → ionisierende Strahlung 1.3).

Massenexzeß, → Masseexzeß.

Massenfilter, → Massenspektrograph.

Massenformel, *Massengleichung*, Zusammenhang zwischen den Massen der Teilchen ein und desselben oder verschiedener Elementarteilchenmultipletts. Die M. wird entweder auf Grund allgemeiner gruppentheoretischer Untersuchungen, wie z. B. die M. von Gell-Mann und Okubo (→ unitäre Symmetrie, → Stromalgebra), abgeleitet oder empirisch ermittelt und einer theoretischen Deutung anheimgestellt, wie z. B. das *Massenverhältnis* $m_p/m_e = 1836{,}1$ der Massen des Protons (m_p) und des Elektrons (m_e), dessen Erklärung bisher noch aussteht.

Massenformel von Bethe und Weizsäcker, *Bethe-Weizsäcker-Formel*, Interpolationsformel für die Massen bzw. für die Bindungsenergien der Atomkerne in Abhängigkeit von ihrer Neutronenzahl N und Protonenzahl Z, $A = N + Z$ ist die Massezahl. Diese Formel wurde ursprüng-

Massenformel von Bethe und Weizsäcker

lich auf der Grundlage des Tröpfchenmodells aufgestellt. Sie gibt den allgemeinen Trend der Bindungsenergien von den leichten bis zu den schwersten Kernen mit einer relativen Genauigkeit von etwa 1 % wieder, und zwar sowohl für die stabilen als auch für die instabilen Kerne. Die Besonderheiten der leichtesten Kerne werden nicht erfaßt, mit dem Schalenaufbau der Kerne zusammenhängende Besonderheiten in

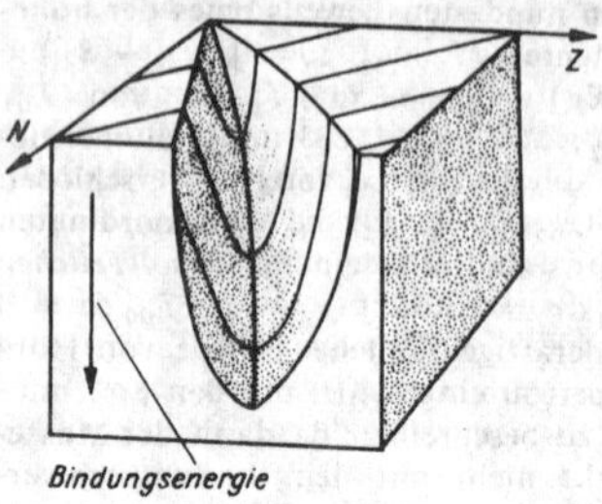

1 Energiefläche

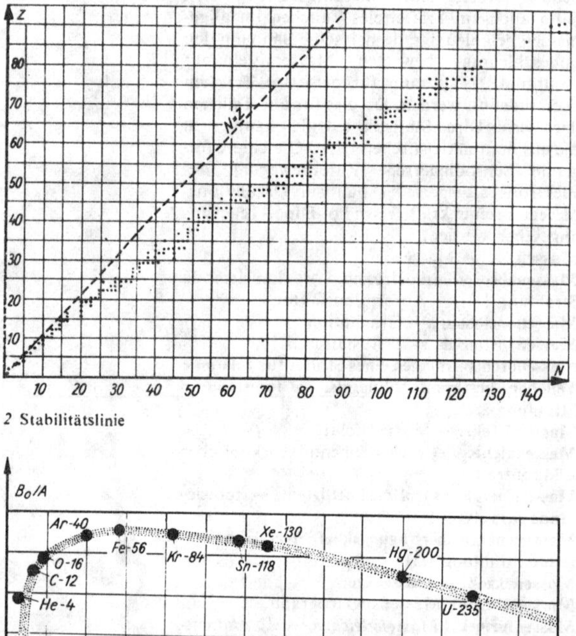

2 Stabilitätslinie

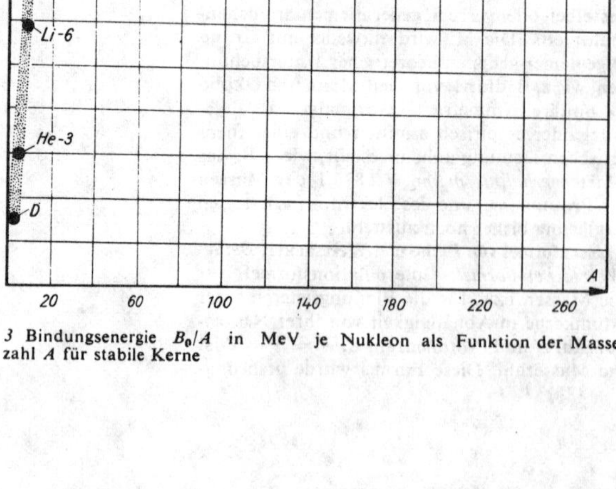

3 Bindungsenergie B_0/A in MeV je Nukleon als Funktion der Massezahl A für stabile Kerne

der Umgebung magischer Nukleonenzahlen können nur durch zusätzliche Korrekturen berücksichtigt werden. Aus dem Massedefekt $\Delta M = Nm_n + Zm_p - M(N, Z)$ erhält man die Bindungsenergie $B(N, Z)$ nach der Einsteinschen Energie-Masse-Äquivalenz zu $B = \Delta M \cdot c^2$. Dabei sind m_n bzw. m_p die Massen des freien Neutrons bzw. Protons. Die M. v. B. u. W. lautet somit $B(N, Z) = aA - bA^{2/3} - c(N - Z)^2/A - dZ^2/A^{1/3} + \delta e/A^{3/4}$ mit

$$\delta = \begin{cases} +1 & \text{(gg)-Kerne} \\ 0 \quad \text{für} & \text{(gu)- und (ug)-Kerne} \\ -1 & \text{(uu)-Kerne.} \end{cases}$$

Zur physikalischen Bedeutung → Kernmodelle; der letzte Term ist die dort ebenfalls diskutierte Paarungsenergie, die eine besondere Stabilität von Kernen mit geraden gegenüber solchen mit ungeraden Nukleonenzahlen ausdrückt. Ein möglicher Satz von Konstanten, bei dem der Wert von d für die Coulomb-Energie in guter Übereinstimmung mit den experimentell bestimmten Ladungsverteilungen der Kerne ist, lautet

$a = 15{,}75$ MeV, $b = 17{,}8$ MeV, $c = 23{,}7$ MeV, $d = 0{,}710$ MeV, $e = 34$ MeV.

Die Darstellung von $B(N, Z)$ liefert die Energiefläche (Abb. 1) über der N, Z-Ebene, die bei Berücksichtigung der Paarungsenergie für alle geraden Massezahlen in zwei Flächen, eine für die (gg)- und eine für die (uu)-Kerne, aufspaltet. Die *Stabilitätslinie* in der N, Z-Ebene liefert die mittlere Zusammensetzung der stabilen Kerne, längs der die Bindungsenergie bei festem A maximal ist: $\partial B/\partial\eta = 0$ mit $\eta = \frac{N - Z}{N + Z}$ (Abb. 2).

Eine einfache Rechnung liefert

$$\left(\frac{N}{Z}\right)_{\text{Stabilitätslinie}} = 1 + \frac{d}{2c}A^{2/3} = 1 + \frac{A^{2/3}}{66{,}8}.$$

Die Bindungsenergie längs der Stabilitätslinie kann als Funktion der Massezahl allein dargestellt werden (Abb. 3):

$$B(N, Z)_{\text{Stabilitätslinie}} = B_0(A) = aA + bA^{2/3} + \frac{cA}{1 + \frac{4c}{dA^{2/3}}},$$

sie durchläuft ein flaches Maximum bei $A = 60 \cdots 65$, also im Bereich mittlerer Kerne. Daher kann sowohl durch Verschmelzung leichter Kerne (→ Kernfusion) als auch durch α-Zerfall oder Kernspaltung schwerer Kerne Energie gewonnen werden. Die Schwächung der Bindung beruht bei leichten Kernen auf der Oberflächenenergie, bei schweren auf der Coulomb-Energie, deren Einfluß durch den sich einstellenden Neutronenüberschuß bei gleichzeitigem Auftreten einer Symmetrieenergie bereits so weit wie möglich abgeschwächt ist.

Auf jedem Isobarenschnitt, d. h. A = konst., durch die Oberfläche ergibt sich bei Entfernung von der Stabilitätslinie ein quadratischer Abfall der Bindungsenergie, der wesentlich in die Energiebilanz aller längs eines solchen Isobarenschnittes verlaufenden Kernprozesse eingeht; solche Prozesse sind Elektronen- und Protonenemissionen ($\beta^{\mp}$-Prozesse) und Elektroneneinfang.

Eine absolute energetische Stabilität in dem Sinne, daß weder durch Kernfusion noch durch Kernspaltung oder α-Zerfall die Bindungsenergien der Endprodukte kleiner als die der Ausgangskerne sind, liegt nur in einem wesentlich kleineren Bereich von Massezahlen vor, als es dem tatsächlich beobachteten Stabilitätsbereich entspricht. So würde bei der Kernspaltung bereits für $A > 120 \cdots 130$ und beim α-Zerfall für $A > 160$ Energie frei. Die tatsächliche Stabilität wesentlich schwererer Kerne beruht auf der Ausbildung von hohen Potentialbergen (Coulomb-Wall, Gamow-Berg, kritische Deformation bei der Spaltung) zwischen Ausgangs- und Endzustand, also auf der Existenz einer Aktivierungsenergie für den Umwandlungsprozeß. Erst wenn diese Aktivierungsenergie klein genug ist, wird der Prozeß als spontaner Prozeß, d. h. ohne äußere Anregung, mit einer meßbaren Wahrscheinlichkeit durch Tunneleffekt möglich.

Massengleichung, svw. Massenformel.

Massenmittelpunkt, svw. Schwerpunkt.

Massenoperator, in der Quantenfeldtheorie der Operator $\hat{M} = \frac{1}{c}\sqrt{\hat{P}_\mu \hat{P}^\mu}$, wobei $\hat{P}^\mu$ der Operator des Viererimpulses mit den Eigenwerten $p^\mu = (E/c, \vec{p})$ ist. Wegen des Zusammenhangs $E^2/c^2 - \vec{p}^2 = m^2c^2$ zwischen Energie E, Impuls $\vec{p}$ und Masse m eines Teilchens (c = Vakuumlichtgeschwindigkeit) sind die Eigenwerte von $\hat{M}$ gerade gleich m. Häufig bezeichnet man auch $\hat{M}^2 = \hat{P}_\mu \hat{P}^\mu / c^2$ als M. (→ Lorentz-Gruppe).

Massenormal, die Verkörperung einer bestimmten Masseeinheit, die zum Prüfen von Wägestücken und Waagen benutzt wird. Höchstes M. für die Staaten, die der Internationalen Meterkonvention angeschlossen sind, ist der Internationale Kilogrammprototyp. Das Kilogramm war ursprünglich von der Längeneinheit, dem Meter, abgeleitet und als die Masse eines mit reinem Wasser größter Dichte gefüllten Würfels der Kantenlänge 1 dm definiert. Es wurde durch einen geraden Kreiszylinder von 39 mm Durchmesser und 39 mm Höhe aus Platinschwamm, dem mètre des archives, verkörpert. 1868 wurde dieser durch einen ebenso ausgeführten Zylinder aus Platin-Iridium (90% Pt, 10% Ir) ersetzt, der aber nur als Prototyp galt und ein Volumen von 46,3947 ml hat. Er wird im Pavillon de Breteuil in Sèvres bei Paris vom Bureau International des Poids et Mesures aufbewahrt. In den Jahren 1868 bis 1888 diente er zum ersten Vergleich der später an die Mitgliedstaaten der Meterkonvention verteilten nationalen Prototype. Heute besitzt das Bureau International des Poids et Mesures zusätzlich sechs internationale Kontrollnormale, deren Masse auf 2 bis $3 \cdot 10^{-9}$ bestimmt ist und deren Massekonstanz von 0,01 mg für einen Zeitraum von mehr als 1000 Jahren gewährleistet sein soll. Deutschland hatte 1889 den Prototyp Nr. 22 erhalten, der nach dem zweiten Weltkrieg in der DDR verblieb und durch Kriegseinwirkungen beschädigt war. Die BRD erwarb nach 1948 den Prototyp Nr. 52, dessen Masse mit der gleichen Meßunsicherheit bestimmt ist wie die übrigen Prototype. An diesen sind über Haupt-, Kontroll- und Gebrauchsnormale alle eichpflichtigen Wägestücke der BRD angeschlossen.

Für die M.e ergibt sich folgende Staffelung: An den Prototyp in Paris werden die nationalen Prototype in Fristen von ≈ 30 Jahren oder, sofern dies aus besonderen Gründen erforderlich sein sollte, in kürzerer Frist angeschlossen. An den nationalen Prototyp werden die Arbeitsnormale der Staatsinstitute für Metrologie nach Bedarf angeschlossen. Hauptnormale werden alle 10 Jahre, Kontrollnormale alle 5 Jahre und die Gebrauchsnormale der Eichämter zum Eichen von Handelswägestücken alljährlich mit dem nächsthöheren M. verglichen. Bei Normalanschlüssen von Wägestücken aus Werkstoffen sehr verschiedener Dichte müssen Luftdichte, Luftfeuchtigkeit, Lufttemperatur und Luftdruck, erforderlichenfalls auch die Luftzusammensetzung, berücksichtigt werden. Beim Vergleich von M.en nahezu gleicher Dichte, bei denen die Auftriebsdifferenz relativ klein ist, genügt im allgemeinen die Berücksichtigung der Luftdichte. Bei der Prüfung von Sätzen von M.en reicht der unmittelbare Vergleich eines Stücks mit einem M. höherer Stufe aus, weil der Satz in sich geprüft werden kann. Bei höheren M.en ist zuweilen die Kenntnis des Volumens erwünscht. Wägungen unter Wasser sind nicht empfehlenswert, da sich dadurch die Meßunsicherheit auf Jahre, wenn nicht Jahrzehnte wesentlich verschlechtert. Deshalb ist die Bestimmung des Volumens aus den geometrischen Abmessungen der M.e wesentlich zweckmäßiger.

M.e in Form von Wägestücken haben eine Masse von 50 kg bis herab zu 0,5 mg. Für die Prüfung von Waagen großer Höchstlast werden größere M.e als 50 kg benötigt, die unter dem Namen Wägegerätschaften zusammengefaßt werden. Es sind dies Blockwägestücke, Rollwägestücke und Gruppen von 50-kg-Wägestücken, die als Gruppe justiert und beglaubigt werden, sowie Schienenbündel, die auf eine bestimmte Masse justiert sind. Die Massewerte betragen 200 kg bis 5 t. Für die Eichung von Gleis- und Straßenfahrzeugwaagen sowie für große Kranwaagen werden Eichfahrzeuge benutzt.

Massenrenormierung, → Renormierung.

Massenschale, dreidimensionale Hyperfläche im vierdimensionalen Impulsraum, auf der wegen des relativistischen Zusammenhangs $E^2/c^2 - \vec{p}^2 = m^2c^2$ zwischen Energie E, Impuls $\vec{p} = (p^1, p^2, p^3)$ und der Masse m eines Teilchens die Energie-Impuls-Vektoren (Viererimpulse) $p^\mu \equiv (p^0 - E/c, p^1, p^2, p^3)$ liegen. Man spricht von einer M., weil die Projektion von $p_\mu p^\mu \equiv (p^0)^2 - \vec{p}^2 = m^2c^2$ auf die (p^0, p^i)-Ebenen (i = 1, 2, 3) jeweils Hyperbeln mit den Asymptoten $p^0 = \pm p^i$ sind (Abb.).

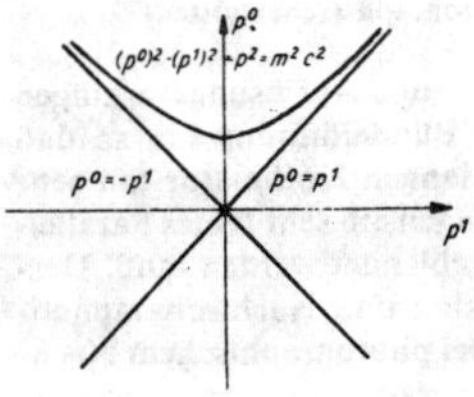

Massenschale

Massenspektrograph, *Massenspektrometer,* Gerät zur Analyse eines Ionenstrahles auf Bestandteile verschiedener Masse und zur genauen Massebestimmung. Abb. 1 zeigt das Grundprinzip eines M.en. Die zu analysierende Substanz wird

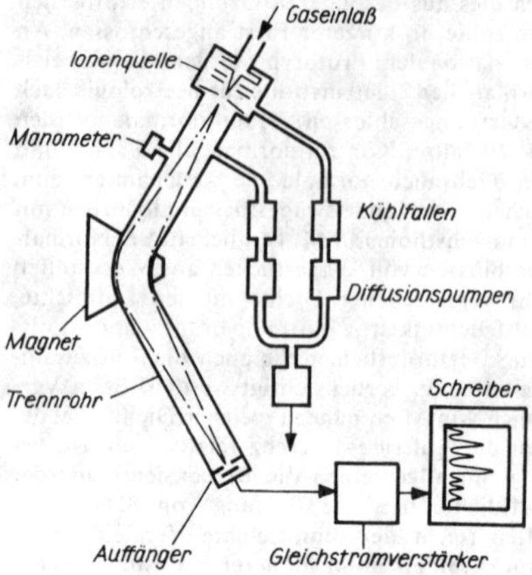

1 Grundprinzip eines Massenspektrographen

einer Ionenquelle zugeführt und dort ionisiert. Die Ionen werden in einem elektrischen Feld beschleunigt. Es entsteht ein gebündelter Ionenstrahl (→ Fokussierung 2), der z. B. durch Ablenkung im magnetischen Feld in seine verschiedenen Masseanteile zerlegt wird. Die elektrische Ladung der einzelnen Bestandteile wird an den Auffänger abgegeben. Der dort gemessene Strom ist der Intensität der jeweiligen Masse proportional. Die ankommenden Ionen können auch photographisch registriert werden. Ionentrennung und Massentrennung müssen im Hochvakuum erfolgen. Die Leistungsfähigkeit eines M.en wird durch sein Auflösungsvermögen $A = \Delta M/M$ charakterisiert. Man versteht darunter die Fähigkeit des M.en, zwei eng benachbarte Massen mit der Massendifferenz ΔM noch zu trennen, wenn M der Mittelwert der beiden Massen ist. Ein Auflösungsvermögen von 1000 bedeutet, daß zwei Massen, die sich um $^1/_{1000}$ unterscheiden, noch getrennt werden können.

Der erste moderne M. ist der von Aston 1919 gebaute *Aston-Massenspektrograph* mit Geschwindigkeitsfokussierung (Abb. 2). Bei die-

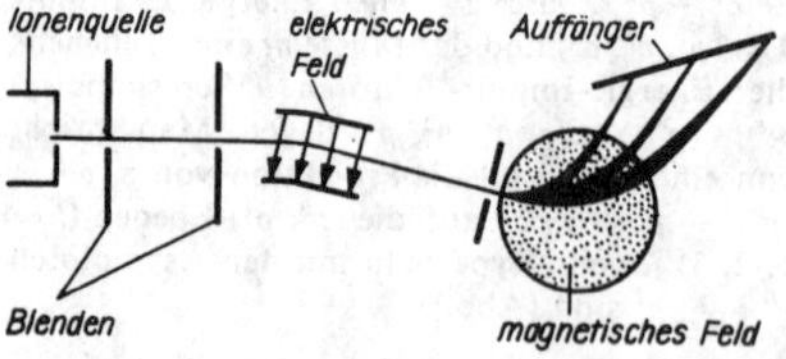

2 Aston-Massenspektrograph (schematisch)

sem hängen Bildbreite und Auflösungsvermögen sehr stark von der Bündelöffnung ab, so daß durch einen relativ langen Kollimator mit sehr engen Blendenöffnungen ein sehr feines Parallelstrahlenbündel ausgeblendet werden muß. Deshalb sind Transmission und Nachweisempfindlichkeit sehr klein, bei photographischem Nachweis ist daher eine sehr lange Belichtungszeit erforderlich. Durch die Anordnung der Felder wird erreicht, daß auch Ionen gleicher Masse, aber etwas unterschiedlicher Geschwindigkeit eine scharfe Linie auf der Photoplatte ergeben.

Das *Dempster-Massenspektrometer* (Abb. 3) arbeitet mit Richtungsfokussierung. Dabei werden Ionen, die mit etwas unterschiedlicher Richtung in den Magneten eintreten, nach einer Ablenkung um 180° wieder in einem Punkt gesammelt. Wegen der fehlenden Geschwindigkeitsfokussierung werden hohe Anforderungen

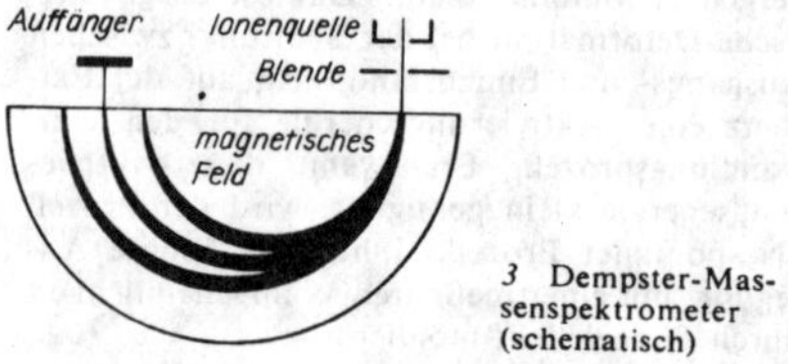

3 Dempster-Massenspektrometer (schematisch)

an die Energiehomogenität der Ionen, d. h. an die Ionenquelle und die Beschleunigungsspannung, gestellt. Das Abtasten des Massenspektrums erfolgt durch Variation des Magnetfeldes.

Der *Mattauchsche M.*, ein von Mattauch und Herzog entwickelter M., arbeitet mit Doppelfokussierung. Er wird in der Kernphysik zur Präzisionsmassenbestimmung benutzt. Die einzelnen Massenwerte können teilweise auf 10^{-6} Einheiten genau gemessen werden.

In *Hochfrequenzmassenspektrometern* werden Ionenschwingungen mit masseabhängiger Frequenz in elektrostatischen Potentialmulden ausgenutzt. Durch Anlegen eines zusätzlichen hochfrequenten Wechselfeldes können Ionen einheitlicher Masse bzw. eines engen Massebereiches zu derartigen Schwingungen angeregt werden, wenn die Erregerfrequenz mit der zur Ionenmasse gehörenden Eigenfrequenz in Resonanz ist. Das *Quadrupolmassenfilter*, kurz *Massenfilter*, zuerst 1953 von Paul und Steinwedel

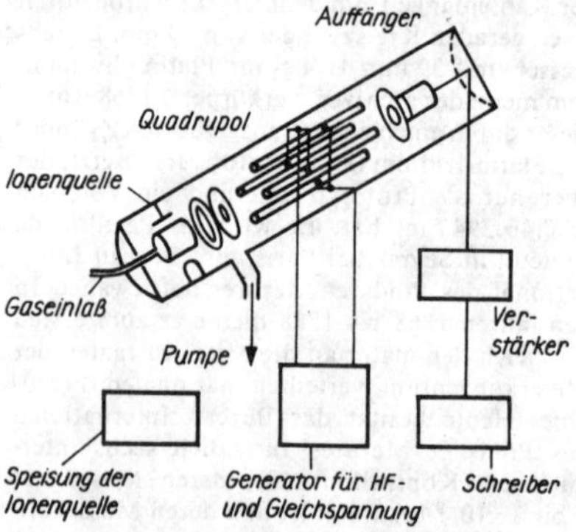

4 Aufbau eines Quadrupolmassenfilters (nach Paul)

angegeben, hat ein durch vier stabförmige Elektroden erzeugtes Quadrupolfeld (Abb. 4). Die zu trennenden Ionen gelangen von einer Ionenquelle als feiner Strahl in das Quadrupolsystem. Am Quadrupolsystem liegen eine Gleichspannung und eine hochfrequente Wechselspannung, die die Ionenschwingungen anregt. Bei vorgegebenem Gleichspannungswert sowie vorgegebener Amplitude und Frequenz der Wechselspannung sowie bei festem Elektrodenabstand können nur Ionen mit einer bestimmten Masse den Ausgang des Quadrupolsystems erreichen. Die übrigen Massen werden defokussiert und treffen auf die Elektroden. Ein anderes Hochfrequenzmassenspektrometer ist das *Bennett-Massenspektrometer*, bei dem zwischen Ionenquelle und Auffänger eine Reihe paralleler Gitter angeordnet sind, an denen eine Gleichspannung zur Beschleunigung der Ionen liegt. Außerdem liegt an gewissen Gittern eine hochfrequente Wechselspannung, die die Ionen auf dem Wege zum Auffänger ihrer Masse nach trennt.

Nicht immer klar abgrenzbar von den Hochfrequenzmassenspektrometern sind die *Laufzeitmassenspektrometer*. Bei ihnen wird als Auswahlprinzip entweder die massenabhängige Umlaufzeit der Ionen im Magnetfeld oder die massenabhängige Laufzeit der Ionen gleicher kinetischer Energie bei geradliniger Bewegung (→ Flugzeitmethode) angewandt. Zu den Laufzeitmassenspektrometern gehört das *Massensynchrometer*, das die Massenbestimmung aus der unterschiedlichen Laufzeit bzw. Bahn der Ionen im Magnetfeld ermöglicht. Ein anderes Laufzeitmassenspektrometer ist das *Omegatron* (Abb. 5). Die Ionen werden im Zentrum der

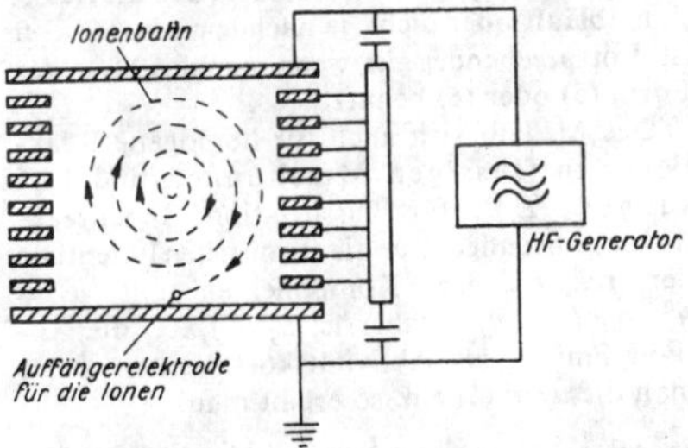

5 Wirkungsweise des Omegatrons (schematisch). Das Magnetfeld H steht senkrecht zur Zeichenebene

Kammer durch Elektronenstoß gebildet und durch ein elektrisches Hochfrequenzfeld beschleunigt, das senkrecht zu einem homogenen Magnetfeld steht. Ionen der Ladung Ze und Masse m haben die Zyklotronfrequenz $\omega_c = ZeB/m$. Dabei gibt Z den Ionisationsgrad an, e ist die Elementarladung und B die magnetische Induktion. Ist ω_c gleich der Frequenz des angelegten Hochfrequenzfeldes, so bewegen sich die Ionen auf einer spiralförmigen Bahn und erreichen den Auffänger, während Ionen mit anderer Masse zum Zentrum zurückkehren. Das Auflösungsvermögen des Omegatrons wird durch die natürliche Größe der Ionenquelle und Magnetfeldhomogenität bestimmt; es kann bisher maximale Auflösungsvermögen von $M/\Delta M \approx 10000$ erreichen. Im gleichen Magnetfeld kann auch die Larmor-Frequenz ω_L gemessen werden. Dafür gilt $\omega_L = \mu B/I$, wobei I der Spin und μ das magnetische Moment des Atomkerns ist. Aus dem Verhältnis $\left(\frac{\omega_c}{\omega_L}\right)^{-1}$ erhält man das magnetische Moment mit großer Genauigkeit. In der Technik werden Omegatrons auch zur Messung sehr kleiner Partialdrücke im Hochvakuum- und Ultrahochvakuumgebiet, zur Restgasanalyse, zur Lecksuche (→ Lecksuchmassenspektrometer) sowie in der Desorptionsspektrometrie verwendet.

M.en eignen sich neben den bereits genannten Anwendungsmöglichkeiten auch zur qualitativen und quantitativen Analyse, z. B. zur Untersuchung von Isotopenhäufigkeiten, zu physikalisch-chemischen Untersuchungen und zur Untersuchung der Wechselwirkung von Ionen mit Materie.

Lit. → Massenspektroskopie.

Massenspektrometer, svw. Massenspektrograph.

Massenspektroskopie, Gesamtheit der experimentellen Verfahren zur Ermittlung von Aussagen über Massenspektren, absolute Massen und relative Häufigkeiten von Teilchen, speziell von Isotopen. Die M. ist aus der klassischen Methode der e/m-Bestimmung hervorgegangen, wobei e die Elementarladung eines Teilchens und m die Masse ist. Sie beruht auf der Eigenschaft elektrischer und magnetischer Felder, Ionen hinsichtlich ihrer Masse und kinetischen Energie (Geschwindigkeit) zu trennen. Die massenspektroskopische Analyse umfaßt vier Arbeitsgänge: 1) Erzeugung positiver Ionen in einer Ionenquelle; 2) Bündelung der Ionen zu einem Ionenstrahl und Beschleunigung in einem elektrischen Längsfeld; 3) Aufspaltung des Ionenstrahles nach Anteilen von e/m durch Ablenkung im Magnetfeld; 4) Registrierung und Messung der Intensitäten aller Anteile des Ionenstrahles.

Lit. Birkenfeld, Haase, Zahn: Massenspektrometrische Isotopenanalyse (2. Aufl. Berlin 1969); Budzikiewicz: Massenspektrometrie (Mosbach 1972); Ege: Zahlentafeln zur Massenspektrometrie u. Elementaranalyse (Weinheim 1970); Massenspektrometrie (Hrsg. H. Kienitz, Weinheim 1968).

Massenspektrum, 1) Hochenergiephysik: Gesamtheit der Massenwerte der verschiedenen Elementarteilchen. Da die Massen der Elementarteilchen entsprechend $E = mc^2$ gewöhnlich in MeV angegeben werden, spricht man auch von ihrem *Energiespektrum* oder *Teilchenspektrum*. Die Erklärung des experimentell beobachteten M.s ist Aufgabe einer Theorie der Elementarteilchen (→ axiomatische Quantentheorie).

2) Kernphysik: die Häufigkeitsverteilung von Massen in Abhängigkeit von der Massezahl (Abb.). Das M. ist die Gesamtheit aller Massen

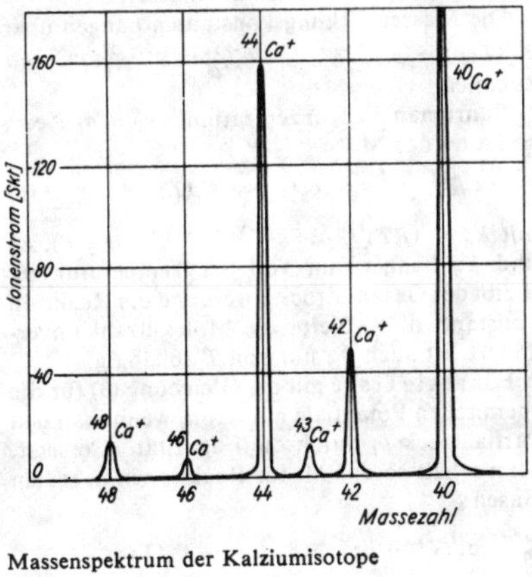

Massenspektrum der Kalziumisotope

einschließlich ihrer Intensitäten, die in dem zu analysierenden Ionenstrahl vorhanden sind. Man gewinnt es mittels Massenspektrographen.

Massensynchrometer, → Massenspektrograph.

Massenverhältnis, → Rakete

Massenwirkungsgesetz, von Guldberg und Waage auf Grund kinetischer Überlegungen 1867 aufgestelltes Gesetz zur Berechnung der Lage des chemischen Gleichgewichtes. Die Lage des Gleichgewichts hängt von den gegebenen Bedingungen, d. h. von der Temperatur, dem Druck und den Anfangskonzentrationen der Ausgangsstoffe ab. Für die allgemeine Reaktion

$$\nu_1 A_1 + \nu_2 A_2 + \nu_3 A_3 + \cdots \rightleftarrows \nu_n A_n + + \nu_{n+1} A_{n+1} + \cdots \quad (1)$$

lautet die allgemeine Gleichgewichtsbedingung

$$\nu_1 \mu_1 + \nu_2 \mu_2 + \cdots = \nu_n \mu_n + \nu_{n+1} \mu_{n+1} + \cdots \quad (2)$$

Dabei sind A_i die sich umsetzenden Stoffe, ν_i die stöchiometrischen Koeffizienten, μ_i die chemischen Potentiale. Für ein Gemisch idealer Gase gilt

$$\mu_i = \mu_i^0 + RT \cdot \ln p_i, \quad (3)$$

so daß für dieses aus (2) das M. in der Form

$$p_n^{\nu_n} \cdot p_{n+1}^{\nu_{n+1}} \cdots / p_1^{\nu_1} \cdot p_2^{\nu_2} \cdots = K_p(T) \quad (4)$$

folgt. Dabei ist p_i der Partialdruck der Komponente i im Gleichgewichtszustand, R die universelle Gaskonstante, T die absolute Temperatur und

$$K_p(T) = \exp[(1/RT)\{(\nu_1\mu_1^0 + \nu_2\mu_2^0 + \cdots) - - (\nu_n\mu_n^0 + \nu_{n+1}\mu_{n+1}^0 + \cdots)\}]$$

die *Gleichgewichtskonstante* oder *Massenwirkungskonstante*. Geht man von einem gegebenen Anfangszustand aus – gegebene Partialdrücke –, so kann man also voraussagen, in welcher Richtung die chemische Reaktion ablaufen wird, damit sich die Gleichgewichtsdrücke ergeben. Weiter folgt aus (4), daß bei einer homogenen Reaktion keine Komponente verschwinden kann.

Als Konzentrationsmaß können anstelle der Partialdrücke p_i in Gleichung (4) die Molenbrüche $x_i = p_i/p$ (p ist der Gesamtdruck) eingesetzt werden, und man erhält

$$x_n^{\nu_n} \cdot x_{n+1}^{\nu_{n+1}} \cdots / x_1^{\nu_1} \cdot x_2^{\nu_2} \cdots = K_x(T, p). \quad (5)$$

In realen Gasen werden statt der Molenbrüche x_i die Aktivitäten a_i eingesetzt.

Die Massenwirkungskonstanten hängen über $K_x(T, p) = p^{\nu_1+\nu_2+\cdots-\nu_n-\nu_{n+1}-\cdots} K_p(T)$ zusammen.

Führt man die Konzentrationen $c_i = n_i/V$ ein, so lautet das M.

$$c_n^{\nu_n} \cdot c_{n+1}^{\nu_{n+1}} \cdots / c_1^{\nu_1} \cdot c_2^{\nu_2} \cdots = K_c(T) \quad (6)$$

mit $K_c = (RT)^{\nu_1+\nu_2+\cdots-\nu_n-\nu_{n+1}-\cdots} K_p(T)$. K_c und K_p hängen nur von der Temperatur ab. Bleibt der Gesamtdruck p während der Reaktion konstant, d. h., bleibt die Molekülzahl unverändert, ist auch K_x nur von T abhängig.

Für reale Gase gilt die Gleichung (3) für die chemischen Potentiale nur dann, wenn man den Partialdruck p_i durch die Fugazität p' ersetzt. Man erhält so das M. für Reaktionen in realen Gasen:

$$p_n'^{\nu_n} \cdot p_{n+1}'^{\nu_{n+1}} \cdots / p_1'^{\nu_1} \cdot p_2'^{\nu_2} \cdots = K_p(T).$$

Die Fugazitäten sind keine reinen Konzentrationsvariablen mehr, sondern sie sind im allgemeinen von allen Zustandsvariablen abhängig.

Die Massenwirkungskonstante K_p hängt eng mit der Reaktionsenthalpie zusammen. Setzt man in (4) das chemische Potential ein, erhält man

$$\ln K_p = -\frac{1}{RT} \sum_{i \geqq n} \nu_i \mu_i^0 = -\frac{\Delta G^0}{RT}. \quad (7)$$

ΔG^0 ist die Änderung der freien Enthalpie bei einem Formelumsatz, wenn alle Reaktionsteilnehmer sich im Standardzustand befinden. Sie hängt mit der Änderung der freien Enthalpie ΔG während der tatsächlich stattfindenden Reaktion zusammen über $\Delta G = \Delta G^0 + RT \sum_i \nu_i \cdot \ln x_i$, woraus mit (4) die *van't Hoffsche Reaktionsisotherme* folgt

$$\Delta G = -RT \ln \frac{p_n^{\nu_n} \cdot p_{n+1}^{\nu_{n+1}} \cdots}{p_1^{\nu_1} \cdot p_2^{\nu_2} \cdots} + + RT \ln \frac{p_{A_n}^{\nu_n} \cdot p_{A_{n+1}}^{\nu_{n+1}} \cdots}{p_{A_1}^{\nu_1} \cdot p_{A_2}^{\nu_2} \cdots}.$$

Die p_{A_i} sind die Partialdrücke, in denen das Gas gemischt wurde, also zu Beginn der Reaktion. Eine spontan ablaufende Reaktion ist nur mit $\Delta G < 0$ möglich. Kennt man K_p, kann man die Anfangsdrücke so wählen, daß die Reaktion abläuft oder nicht, je nachdem ob $\Delta G \gtrless 0$ ist. Entsprechendes gilt, wenn man das M. in der Form (5) oder (6) benutzt.

Das M. läßt sich auch für homogene Reaktionen in flüssigen Mischungen und Lösungen, z. B. für Dissoziation, Ionenreaktionen, anwenden. Für die chemischen Potentiale der reagierenden Komponenten gilt $\mu_i = \mu_i^0 + RT \cdot \ln a_i$. Dabei ist $a_i = f_i \cdot x_i$ die Aktivität mit f_i als Aktivitätskoeffizienten. Setzt man die a_i in (5) ein, so erhält man

$$a_n^{\nu_n} \cdot a_{n+1}^{\nu_{n+1}} \cdots / a_1^{\nu_1} \cdot a_2^{\nu_2} \cdots = K(T, p).$$

In idealen Mischungen ist $f_i = 1$ und statt a_i geht der Molenbruch x_i in das M. ein. Sind feste Stoffe an der Reaktion in der Lösung beteiligt, so können sie oft dadurch berücksichtigt werden, daß man ihre Aktivität gleich 1 setzt.

Die *Temperaturabhängigkeit* der Massenwirkungskonstanten wird durch die van't Hoffschen Reaktionsisochore bzw. -isobare beschrieben. Ausgehend von den Gibbs-Helmholtzschen Gleichungen, die man auf die Reaktionsumsätze ΔG^0 und ΔF^0 für Standardreaktionen anwendet, erhält man

$$\left(\frac{\partial \Delta F^0/T}{\partial T}\right)_V = -\frac{\Delta U}{T^2}, \left(\frac{\partial \Delta G^0/T}{\partial T}\right)_p = -\frac{\Delta H}{T^2}.$$

Mit (6) und (7) folgen die *Reaktionsisobare* $(\partial \ln K_p/\partial T)_p = \Delta H/RT^2$ und die *Reaktionsisochore* $(\partial \ln K_c/\partial T)_V = \Delta U/RT^2$.

Es bedeuten ΔF^0 die Änderung der freien Energie bei einem Formelumsatz. ΔU und ΔH sind die Reaktionswärmen. Aus diesen Gleichungen kann man Aussagen über die Verschiebung des Gleichgewichtes bei Temperaturänderungen machen.

Lit. Kortüm: Einführung in die chemische Thermodynamik (5. Aufl. Göttingen 1966).

Massenwirkungskonstante, → Massenwirkungsgesetz.

Massenzahl, → Massezahl.

Masseprozent, ein Konzentrationsmaß, → Konzentration.

Massepunkt, fiktiver materieller Punkt, der als Idealisierung eines Körpers anzusehen und mit dessen Schwerpunkt, in dem man sich die gesamte Masse vereinigt denkt, zu identifizieren ist. Eine solche Abstraktion von der Ausdehnung der Körper ist dann erlaubt, wenn deren Abmessungen klein sind im Vergleich zur Länge und zum Krümmungsradius ihrer Bahnkurven sowie zu ihren gegenseitigen Abständen. Beispielsweise betrachtet man die Planeten bei der Untersuchung ihrer Bewegung um die Sonne als M.e. Innere Eigenschaften und Deformationen der Körper dürfen bei dieser Idealisierung keine Rolle spielen; zur Erklärung von Ebbe und Flut z. B. kann die Erde nicht als M. angesehen werden. Während Atome und Moleküle in idealen Gasen als M.e betrachtet werden, ist dies zur Erklärung ihrer chemischen Eigenschaften und der chemischen Bindung nicht möglich. Elektronen und andere Elementarteilchen können im allgemeinen als punktförmig angenommen werden; sie sind jedoch nicht als M.e schlechthin anzusehen, da sie Träger noch weiterer Eigenschaften außer der Masse sind. Die Behandlung eines Körpers als M. schließt eine Betrachtung seiner Eigendrehbewegungen aus; diese lassen sich erst am starren Körper untersuchen.

Massestück, Ausgleichsmasse bei Meßgeräten zur Erzielung des Gleichgewichts, z. B. als Beschwerungsmasse an Pendeluhren für den „Gewichtsaufzug".

Masse und Energie, → Trägheit der Energie.

Masseveränderlichkeit, Abhängigkeit der trägen Masse eines Körpers von seiner Geschwindigkeit gemäß $m = m_0 \Big/ \sqrt{1 - \frac{v^2}{c^2}}$ (→ Viererimpuls).

Die Geschwindigkeitsabhängigkeit der trägen Masse ist ein kinematischer Effekt, der auf die Zeitdilatation und die Messung der Geschwindigkeit eines Körpers als Verhältnis von Raum- und Zeit-Koordinatendifferenzen zurückzuführen ist.

Die Bewegungsgleichung eines Massepunktes lautet in der speziellen Relativitätstheorie nach den Newtonschen Axiomen und der Definition der → Eigenzeit $\vec{F} = \frac{d}{dt}[m_0(1 - v^2/c^2)^{-1/2} \cdot \vec{v}]$. m_0 ist dabei die Ruhmasse des Massepunktes. Da die Geschwindigkeit direkt immer als dreidimensionale Geschwindigkeit $\vec{v}$ und nicht als Vierergeschwindigkeit gemessen wird, erscheint in Korrespondenz zu den Begriffen der Newtonschen Mechanik über $\vec{F} = \frac{d}{dt}(m\vec{v})$ die Größe $m = m_0/\sqrt{1 - v^2/c^2}$ als träge Masse des Massenpunktes.

Ist die Kraft parallel zur Geschwindigkeit, so ergibt sich weiter $\vec{F} = m_0(1 - v^2/c^2)^{-3/2} \frac{d\vec{v}}{dt}$, während für $\vec{F}$ senkrecht zu $\vec{v}$ die Konstanz des Betrages von $\vec{v}$ und damit $\vec{F} = m_0(1 - v^2/c^2)^{-1/2} \times \frac{d\vec{v}}{dt}$ folgt. Im Vergleich mit der Formel $\vec{F} = m\frac{d\vec{v}}{dt}$ bezeichnet man $m_0\left(1 - \frac{v^2}{c^2}\right)^{-\frac{3}{2}}$ auch als *longitudinale* und $m_0\left(1 - \frac{v^2}{c^2}\right)^{-\frac{1}{2}}$ als *transversale Masse*. Beide Begriffe werden aber nicht mehr benutzt, weil die Formel $\vec{F} = m \times \frac{d\vec{v}}{dt}$ nur für konstante Massen richtig ist.

Ist die Geschwindigkeit relativ zum Beobachter gleich Null, so wird als träge Masse die Ruhmasse m_0 beobachtet. Die Ruhmasse m_0 kann als Lorentz-Skalar nicht vom Bezugssystem und somit auch nicht von der Geschwindigkeit abhängen. Für kleine Geschwindigkeiten ist die träge Masse annähernd $m = m_0 + \frac{1}{c^2} \cdot \frac{m_0 v^2}{2}$. Die M. hängt also mit der Änderung der kinetischen Energie zusammen (→ Trägheit der Energie).

In einem geschlossenen System bleibt die gesamte träge Masse erhalten, da die vierte Komponente des Viererimpulses proportional der trägen Masse ist. Die kinetische Energie der Teilsysteme kann sich aber verändern, somit sind auch deren träge Massen veränderlich. Die M. kann mit dem Prinzip des → Massenspektrographen nachgemessen werden und ist bereits bis zu $m = 6\ m_0$ mit der Genauigkeit $5 \cdot 10^{-4}$ an Elektronen bestätigt worden.

Die M. ist für die Dynamik schneller Teilchen entscheidend und bei der Teilchenbeschleunigung zu berücksichtigen.

Die spezielle Relativitätstheorie erlaubt prinzipiell auch stetige Veränderungen der Ruhmasse, die Viererkraft muß dazu nur geeignet eingerichtet werden. Die Lorentz-Kraft (→ Relativitätselektrodynamik) erhöht die Ruhmasse der Ladungsträger nicht.

Die Quantentheorie erklärt, wieso die Ruhmassen der Elementarteilchen nicht stetig variieren können. Das quantenhafte Verhalten der Elementarteilchen sichert die Konstanz ihrer Ruhmasse, solange nicht Elementarprozesse auftreten. Die Ruhmasseänderungen stellen Teilchenumwandlungen dar.

Massezahl, A oder M, die Summe der in einem Atomkern enthaltenen Neutronen und Protonen. Sie entspricht dem gerundeten Wert der relativen Atommasse.

Maßstab, 1) allgemein das Verhältnis der Lineardimensionen von Abbild zu Objekt bei der graphischen Darstellung geometrisch interpretierbarer Objekte. Beispiele sind der kartographische M. bei Landkarten und der M. von Abszisse und Ordinate in Koordinatensystemen.

2) *M. der optischen Abbildung*, das gegenseitige Verhältnis konjugierter Größen von Bild und Objekt (Strecken und Winkel) bei der geometrisch-optischen → Abbildung. Es wird unterschieden zwischen → *Abbildungsmaßstab* (senkrecht zur optischen Achse), *Tiefenmaßstab* (in Achsrichtung) und → *Winkelverhältnis* (bild- und objektseitige Öffnungswinkel).

3) Meßtechnik: Längenmaßstab mit oder ohne Teilung, je nach Ausführung als Endmaß oder als Strichmaßstab, wobei das Endmaß eine

Maßgröße verkörpert, das Strichmaß dagegen unendlich viele. Zusammenlegbare Maßstäbe sind als Gliedermaßstäbe bekannt.

Maßstabparadoxon, Gegenstück zum → Zwillingsparadoxon (Uhrenparadoxon der → speziellen Relativitätstheorie). Das M. ist ein Beispiel zur Anwendung der Längenkontraktion. Die hierin formulierte scheinbar widersprüchliche Aussage der Längenkontraktion zeigt, daß auch die Parallelität zweier Geraden eine relative Feststellung sein kann. Aufgeklärt wird das M. durch die Beachtung der → Relativität der Gleichzeitigkeit.

Eine Reihe von punktförmigen Hindernissen und ein dazu paralleler Stab stehen sich gegenüber (Abb. 1). Die Hindernisse haben im Ruh-

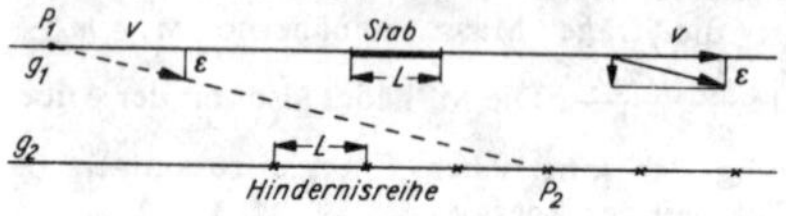

1 Formulierung des Maßstabparadoxons

system der Reihe den Abstand L, die Ruhlänge des Stabes sei ebenfalls L. Der Stab bewege sich mit der Geschwindigkeit v parallel zur Hindernisreihe und mit einer sehr kleinen Geschwindigkeit ε auf die Reihe zu. Vom Ruhsystem der Hindernisreihe aus gesehen erscheint der Stab verkürzt (→ Längenkontraktion); zu geeignetem Zeitpunkt kann er also die Hindernisreihe passieren. Vom Ruhsystem des Stabes aus betrachtet erscheinen dagegen die Hindernisse zusammengerückt, der Stab kann also nicht passieren. Das ist aber ein Widerspruch. Die Abstände können zwar wechselseitig verkürzt erscheinen, die Aussage des Passierens oder Nichtpassierens kann aber nicht vom Bezugssystem abhängen. Die Lösung erfordert zu zeigen, daß die Parallelität von Stab und Hindernisreihe vom Bezugssystem abhängt und damit die Standpunkte von Hindernisreihe und Stab physikalisch verschiedene Situationen beschreiben.

Jeder Punkt P_1 auf der Geraden g_1 fällt zu einem bestimmten Zeitpunkt t_P mit einem bestimmten Punkt P_2 auf g_2 zusammen (Abb. 1). Die Geraden g_1 und g_2 sind genau dann parallel, wenn die Ereignisse t_P gleichzeitig sind, d. h. wenn g_1 die Gerade g_2 in allen Punkten gleichzeitig überquert. Ist aber Gleichzeitigkeit und damit Parallelität in einem Bezugssystem festgestellt, so sind wegen der Relativität der Gleichzeitigkeit die Zeitpunkte t_P in einem anderen Bezugssystem nicht mehr gleichzeitig und damit die Geraden nicht mehr parallel.

3 Beobachtung in Σ_1 bei Parallelität in Σ_2

Situation 1: Sind die Geraden im Ruhsystem Σ_2 der Hindernisreihe parallel, d. h. sind die Ereignisse des Überquerens in Σ_2 gleichzeitig (Abb. 2), so sind diese Ereignisse im Ruhsystem Σ_1 des Stabes in Bewegungsrichtung früher; in Σ_1 wird dann also Eintauchen beobachtet (Abb. 3). Von Σ_2 aus beurteilt ist der Stab parallel und verkürzt, er kann also passieren. Dann ist nach dem Standpunkt von Σ_1 die Hindernisreihe zwar verengt, der Stab kann aber wegen seiner Eintauchstellung trotzdem passieren.

4 Beobachtung in Σ_2 bei Parallelität in Σ_1

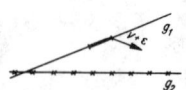

Situation 2: Sind die Geraden in Σ_1 parallel, so liegt tatsächlich eine andere Situation vor. Es ist also nicht verwunderlich, wenn man zu

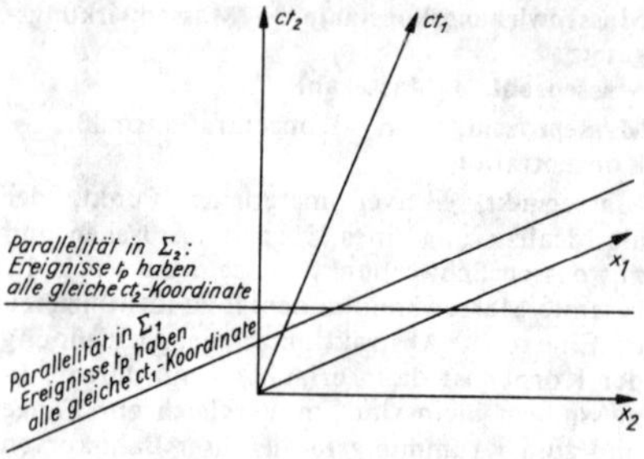

2 Einfluß der Relativität der Gleichzeitigkeit

einem anderen Ergebnis gelangt. Gleichzeitigkeit der Ereignisse t_P in Σ_1 bedeutet, daß in Σ_2 diese Ereignisse in Bewegungsrichtung des Stabes später liegen (Abb. 4), in Σ_2 wird also Auflaufen beobachtet. Nach dem Standpunkt Σ_1 ist die Hindernisreihe verengt, und wegen der parallelen Lage ist Passieren unmöglich. Von Σ_2 aus beurteilt ist der Stab zwar verkürzt, aber in eine Auflaufstellung verdreht, so daß er dennoch nicht passieren kann. Das M. löst sich also in der Weise, daß die beiden vermengten Situationen getrennt werden.

Maßsystem, vor der Einführung des Système International d'Unités (SI) verwendete systematische Zusammenstellung von Einheiten und Maßen zum Messen physikalischer Größen (→ Größenarten, → Einheiten, → Meterkonvention). Von der französischen Revolution ging der Gedanke aus, natürliche Einheiten zu verwenden: das Meter als Teil des Erdmeridians, das Kilogramm als die Masse von destilliertem Wasser mit dem Volumen 1 dm³ und die Sekunde als Schwingungsdauer des Sekundenpendels für $\varphi = 45°$. Aus diesem *MKS-System* oder *metrischen M.* entwickelten Gauß und Weber 1832 das *Gaußsche M.* mit den Einheiten Zentimeter, Gramm und Sekunde. Dieses *CGS-System* nannte man absolut, weil keine eigenen Etalons bestanden. Es wurde 1881 vom Elektrikerkongreß anerkannt und galt in der Wissenschaft bis 1954. Durch Hinzunahme der Dielektrizitätskonstante ε_0 erweiterte Gauß dieses M. zum *elektrostatischen CGS-System* mit den elektrostatischen Einheiten esE und durch Hinzunahme der absoluten Permeabilität μ_0 zum *elektromagnetischen CGS-System* mit den elektromagnetischen Einheiten emE. Die Vereinigung beider ergab ein symmetrisches oder gemischtes *Fünfersystem* mit den Einheiten cm, g, s, $\varepsilon_0 \equiv 1$ und $\mu_0 \equiv 1$. Dieses *elektromagnetische M.* hat wie die meisten anderen, durch die Hinzunahme nur einer Einheit vorgeschlagenen *Vierersysteme* den Nachteil, daß physikalisch verschiedene Größen mit gleichen Einheiten gemessen und bezeichnet wurden; z. B. war die esE für Länge und für Kapazität 1 cm, für Geschwindigkeit und für den elektrischen Leitwert 1 cm/s, für Zeit und für den elektrischen Widerstand 1 s. Um eine bessere Übereinstimmung der Aussagen aus einem M. mit den Gegebenheiten der Wirklichkeit zu erreichen, wurde eine Reihe von weiteren M.en entwickelt. Im *Lorentzschen M.* wurde der Faktor 4π in die Definitionsgleichungen eingeführt, um geometrische Übereinstimmung zu erzielen, und man definierte z. B. den ebenen Winkel rational durch $\varphi = \frac{1}{2\pi}\frac{b}{r}$ statt nichtrational durch $\varphi = \frac{b}{r}$. Das *Miesche M.* basierte auf den Einheiten Zentimeter, Sekunde, $Volt_{int}$ und $Ampere_{int}$. Die abgeleitete Masseeinheit Hyle hatte den Wert 1 Hyle = 10^7 g = 10 t. Im *Kalantaroffschen M.* wurde an die Stelle der Masse die Wirkung mit der Einheit Quadratmeter mal Kilogramm je Sekunde oder in Symbolen $m^2 \cdot kg/sec$ gesetzt. Aus ihr ergab sich die Krafteinheit Sthen, die 10^2 N entspricht. De Boer entwickelte zwei Verersysteme: Das *CGSFr-Maßsystem* war um die Ladungseinheit Franklin mit 1 Fr = $3{,}333 \cdot 10^{-10}$ C erweitert und das *CGSBi-Maßsystem* um die Stromeinheit Biot mit 1 Bi = 10 A. Giorgi forderte 1901 die Rückkehr zum MKS-System und die Hinzunahme einer elektrischen Einheit für die Ladung oder für die Stromstärke, also ein Verersystem. Das *Giorgische MKSA-System* wurde zur Grundlage des SI. Für die Elektrotechnik wurden auch Fünfersysteme aufgestellt, um die Dimensionsgleichheit der Verersysteme zu vermeiden.

Im *Technischen M.* war an die Stelle der Masseeinheit Kilogramm kg die Krafteinheit *Kilogramm-Kraft* kg*, auch kg_f, gesetzt worden, die 1939 den Namen *Kilopond* kp oder *kilogramme-force* kgf erhielt. Die abgeleitete technische Masseeinheit ME oder TME wurde auch Kilohyl genannt, sie hatte den Wert 9,80665 kg. In dem von Maxwell vorgeschlagenen *Quadratsystem* sollte die Länge des Erdmeridianquadranten Längeneinheit sein, die 10^9 cm = 10^7 m entspricht. Danach ergaben sich 1881 z. B. die folgenden Definitionen: $1\,\Omega = 10^9$ cm/sec; $1\,V = 10^8 cm^{3/2} \cdot g^{1/2}/sec^2$; $1\,A = 10^{-1}$ emE $= 10^{-1} cm^{1/2} \cdot g^{1/2}/sec$. Das Maxwellsche M. bildete die Grundlage für die Definitionen der internationalen elektrischen Einheiten (1898 in Deutschland, 1908 international eingeführt). Das *Hartree-M.* wurde für die Atomphysik bzw. die Quantenmechanik entwickelt. Einheit der Länge sollte die Länge $0{,}529 \cdot 10^{-10}$ m der ersten Bohrschen Kreisbahn im Wasserstoffatom, Masseeinheit sollte die Elektronenmasse $m_e = 9{,}108 \cdot 10^{-31}$ kg sein, Zeiteinheit $t_0 = 2{,}419 \cdot 10^{-17}$ sec sollte $1/\pi$ der Umlaufzeit des Elektrons auf der ersten Bohrschen Kreisbahn sein.

Unter den *ausländischen M.en* sind die in England und den USA gebräuchlichen am weitesten verbreitet, und zwar das foot-pound-second-M., das yard-pound-second-M., das foot-pound-second-degree-Rankine-M., das foot-lambert-second-M. sowie das technische foot-pound-force-second-M. Innerhalb der Masseeinheiten werden in England und den USA drei unterschiedliche Systeme angewandt: das avoirdupois-System für den Handel, das apothecaries-System für Drogen und Apothekerwaren und das troy-System für den Handel mit Edelmetallen und Edelsteinen.

Die Einheiten des technischen M.s in England und den USA wurden ursprünglich durch Großschreibung gekennzeichnet, doch hat sich in den letzten Jahren z. B. statt des Lb für pound-force das Symbol lbf eingebürgert.

In der UdSSR gab es vor Einführung des SI eine Vielzahl von Maßen, die z. T. durch Zahlenwertbeziehungen verknüpft waren.

In Frankreich galt von 1919 bis 1961 das *MTS-System* mit den Einheiten Meter, Tonne und Sekunde.

Lit. Oberdorfer: Das Internationale M. und die Kritik seines Aufbaus (2. Aufl. Leipzig 1970); Padelt u. Laporte: Einheiten und Größenarten der Naturwissenschaften (2. Aufl. Leipzig 1967); Stille: Messen und Rechnen in der Physik (2. Aufl. Braunschweig 1961).

Maßverkörperung, ein Meßmittel, das einen oder mehrere Einzelwerte einer Meßgröße oder einer Einheit oder aber Vielfache oder Teile einer Einheit verkörpert, z. B. ein Längenmaßstab mit Teilung, ein Wägestück, ein Widerstand. Charakteristisch für M.en ist, daß sie keine während der Messung beweglichen Ableseeinrichtungen haben, sie werden deshalb auch → Maße genannt. Der Anzeige von M.en entspricht das Nennmaß bzw. der Nennwert oder die Aufschrift. → Fehler.

Maßzahl, 1) → Größenart, **2)** → Vektor.

Master-Gleichungen, → Nichtgleichgewichtsschwankungen.

Materialgleichungen, → Maxwellsche Theorie des elektromagnetischen Feldes, → Relativitätselektrodynamik.

Materialkonstanten, svw. Stoffkonstanten.

Materialprüfung mit Röntgenstrahlen, → Grobstrukturuntersuchung, → Feinstrukturuntersuchung, → Röntgenspektralanalyse.

Materie, „philosophische Kategorie zur Bezeichnung der objektiven Realität, die dem Menschen in seinen Empfindungen gegeben ist, die von unseren Empfindungen ... abgebildet wird und unabhängig von ihnen existiert" (Lenin). Die Erscheinungsformen der M. sind äußerst vielgestaltig. Sie reichen von den einfachsten unbelebten Objekten über Mikroorganismen, Pflanzen und andere Lebewesen bis zu biologischen Gesellschaften auf der einen Seite; auf der anderen Seite befinden sich die physikalisch beschreibbaren Objekte der M.

In der Physik werden die meßbaren Eigenschaften unbelebter M. und die der belebten M. nur insoweit untersucht, wie sie den für die unbelebte M. entwickelten Meßmethoden unterworfen werden können. Häufig wird der Materiebegriff einschränkend nur für M. mit von Null verschiedener Ruhmasse gebraucht, z. B. für Elektronen, Protonen und die aus ihnen zusammengesetzten Systeme, nicht aber für Photonen, Neutrinos und Gravitonen bzw. die zugeordneten physikalischen Felder. Dies ist insofern inkonsequent, als Elementarteilchen mit Ruhmasse, wie Baryonen und Mesonen, in solche ohne Ruhmasse umgewandelt werden können und umgekehrt (→ Antiteilchen), ferner die ruhmasselosen Felder sich mit Lichtgeschwindigkeit bewegen, daher eine endliche Energie und wegen der Einsteinschen Äquivalenz von Masse und Energie auch eine endliche Masse $m = E/c^2$ haben.

Die allseitige Wechselwirkung der M. kann in 4 Klassen von Wechselwirkungen verschiedener Stärke unterteilt werden: die Gravitationswechselwirkung, die schwache, die elektromagnetische und die starke Wechselwirkung, die außerdem im allgemeinen orts- und zeitabhängig sind (Näheres → Wechselwirkung). Diese Eigenschaften der Wechselwirkungen ermöglichen es, die M. durch nahezu isolierte, relativ stabile, lokalisierbare Systeme zu beschreiben und ihre Eigenschaften und ihre Bewegung als Folge der Wechselwirkung und dadurch bedingte Veränderung von Untersystemen zu erklären.

Als die heute kleinsten bekannten physikalischen Systeme sind die Elementarteilchen anzusehen; wegen der Kleinheit ihrer Masse spielt für sie die Gravitation nahezu keine Rolle. Aus den Nukleonen bauen sich die Atomkerne auf, da bei Entfernungen von $\leqq 10^{-13}$ cm die aus der starken Wechselwirkung resultierenden Kernkräfte eine Bindung der Nukleonen bewirken. Die elektromagnetische Wechselwirkung bindet durch die Coulomb-Kraft an diese Kerne eine Elektronenhülle; es entstehen Atome mit etwa 10^{-8} cm Durchmesser. Die Atome vereinigen sich zu Molekülen (→ chemische Bindung). Organische Moleküle können sich zu Makromolekülen mit einigen 100 Atomen zusammenschließen; diese wiederum können Kolloide mit 10^3 bis 10^9 Atomen und Durchmessern von 10^{-7} bis 10^{-4} cm bilden. Bestimmte organische Moleküle, und zwar Aminosäuren, Fettsäuren, Eiweiße und Enzyme, sind die Bausteine der lebenden M.

Atome und Moleküle der idealen Gase wechselwirken nur sehr selten bei direkten Stößen. Ionisierte Gase, in denen geladene Teilchen eine wesentliche Rolle spielen, heißen Plasma. Sonderfälle von Gasen sind das Elektronen- und das Photonengas. Im idealen Festkörper dagegen sind alle Bausteine unverrückbar in der regelmäßigen Gitterstruktur eines Einkristalls gebunden. Zwischen idealem Gas und idealem Festkörper gibt es viele Zwischenstufen: reale Gase, ideale, d. h. reibungsfreie Flüssigkeiten, zähe Flüssigkeiten, Gläser und amorphe Körper, mikrokristalline Festkörper und schließlich Realkristalle. Diese homogenen reinen Stoffe sind durch eine Reihe makrophysikalischer Eigenschaften charakterisiert, und zwar durch 1) mechanische: Gleitmodul und Kompressibilität, 2) thermische: Ausdehnungskoeffizient und spezifische Wärme, 3) elektrische und magnetische: Dielektrizitätskonstante, Permeabilität und elektrische Leitfähigkeit, 4) optische: Brechungsindex und Absorptionsvermögen, 5) Transportgrößen: Zähigkeit, Wärmeleitfähigkeit und Diffusionskoeffizient. Andere Eigenschaften, z. B. Dichte, Schallgeschwindigkeit und Refraktion, lassen sich im wesentlichen aus den genannten ableiten. Zum Verständnis des Verhaltens der Stoffe ist die Abhängigkeit dieser Eigenschaften von Druck, Temperatur und anderen äußeren Bedingungen notwendig (→ Stoffkonstanten).

Komplizierter gebaute Systeme bestehen oft aus mehreren homogenen Bereichen, den Phasen. Enthält die Phase nur einen Stoff, so ist sie rein, andernfalls, z. B. bei Lösungen, gemischt. Die Grenzflächen zwischen zwei Phasen sind durch ihre Oberflächenspannung und elektrische Grenzflächenpotentiale charakterisiert. Phasenübergänge sind durch Schmelz- und Verdampfungswärmen, chemische Gleichgewichte durch Reaktionswärmen und Gleichgewichtskonstanten, chemische Reaktionen durch Reaktionsgeschwindigkeiten und Aktivierungsenergie charakterisiert.

Die mannigfachen Formen der makroskopischen M. gründen sich im wesentlichen auf die elektromagnetische Wechselwirkung ihrer atomaren Bausteine. Ziel der Physik ist es, Eigenschaften der M. aus diesen mikroskopischen Bausteinen und deren Wechselwirkungen zu erklären. Bei sehr großen (astronomischen) Objekten spielt die Gravitation eine wesentliche Rolle; die gravitativen Eigenschaften der M. bestimmen die Geometrie der Welt, d. h. die Struktur von Raum und Zeit (→ Riemannscher Raum). Beim Aufbau und der Entwicklung der Sterne und deren Eigenschaften sind Elementarprozesse der Mikrophysik, die sich jedoch in gewaltigen Ausmaßen abspielen, im Wechselspiel mit der Gravitation von wesentlicher Bedeutung, so Kernfusion und Kernspaltung. Die Entwicklung der M. als Ganzes, als → Kosmos, wird fast ausschließlich durch die Gravitationswechselwirkung bestimmt (→ Kosmologie).

Weiteres → interstellare Materie, → intergalaktische Materie, → interplanetare Materie.

Materietensor, → Energie-Impuls-Tensor.

Materiewellen, *de-Broglie-Wellen*, nach der Wellenmechanik jedem Teilchenstrom zugeordnete Wellen. Die Existenz der M. wurde 1924 von de Broglie in Analogie zum Dualismus des Lichtes, zugleich Wellen- und Korpuskeleigenschaften zu haben, als Ergänzung des bis dahin allein betrachteten Korpuskelbildes der Materie hypothetisch angenommen; danach sollte jedem Strom von Teilchen mit der Teilchenenergie E eine Materiewelle mit der Frequenz $\nu = E/h$, wobei h das Plancksche Wirkungsquantum ist, und der Wellenlänge $\lambda = h/p$ (*de-Broglie-Wellenlänge*), wobei $p = mv$ der Impuls der Teilchen mit der Masse $m = m_0/\sqrt{1-(v/c)^2}$, m_0 die Ruhmasse und v die Geschwindigkeit der Teilchen sowie c die Vakuumlichtgeschwindigkeit ist, zugeordnet werden. In der Statistik wird mitunter eine statistische de-Broglie-Wellenlänge benutzt, wobei für den Impuls der aus $p^2/2m \sim kT$ folgende mittlere Impulsbetrag $p \sim \sqrt{mkT}$ eines Teilchens der Masse m in einem System mit der Temperatur T eingesetzt wird. Hierbei ist k die Boltzmannsche Konstante. Der Zusammenhang $\lambda = h \cdot \sqrt{1-(v/c)^2}/m_0 v$ wird als *de-Broglie-Beziehung* bezeichnet.

Für Elektronen mit der Ruhmasse $m_e = 9{,}11 \cdot 10^{-28}$ g ergeben sich bei den angegebenen Beschleunigungsspannungen U_0 folgende Zusammenhänge:

U_0 in V	v in cm/s	λ in nm
10^3	$0{,}187 \cdot 10^{10}$	0,0388
10^4	$0{,}585 \cdot 10^{10}$	0,0122
10^5	$1{,}644 \cdot 10^{10}$	0,0037
10^6	$2{,}822 \cdot 10^{10}$	0,0009

Für nichtrelativistische Geschwindigkeiten der Elektronen hängt die Wellenlänge in Å von Elektronenstrahlen wegen $p = \sqrt{2m_e/E}$ nur von der Beschleunigungsspannung U_0 in Volt nach der Beziehung $\lambda = \sqrt{150\ \mathrm{V}/U_0}$ ab. Die Wellenlänge von schwereren Teilchen der Masse M ist entsprechend um den Faktor m_e/M kleiner.

Die M. müssen in Analogie zu den Lichtwellen die Erscheinung der Interferenz und Beugung aufweisen (→ Wellentheorie der Materie). Tatsächlich gelang Davisson und Germer 1927 analog der Beugung von Röntgenstrahlen an den Atomen eines Kristalls die Beugung von Elektronenstrahlen an einem Zn-Einkristall.

Haben die Teilchen einen Spin, dann können diese in einem Magnetfeld ausgerichtet werden, d. h., die M. zeigen eine Polarisation.

mathematisches Pendel, → Pendel.

mathematisches Vakuum, → Vakuumzustand.

Mathiassche Regel, *Valenzelektronenregel*, eine von Mathias aufgestellte empirische Beziehung zwischen der Valenzelektronenzahl je Atom und der kritischen Temperatur T_c bei Supraleitern. Man findet bei supraleitenden Elementen, daß die ungeraden Werte der Valenzelektronenzahl 3, 5 und 7 von der Supraleitung bevorzugt werden (Abb.). In Legierungen und intermetallischen Verbindungen kann man eine mittlere Valenzelektronenzahl je Atom angeben, die nicht ganzzahlig sein muß. In diesem Fall ergibt sich als günstigster Wert eine Zahl von etwa 4,5 Valenzelektronen je Atom.

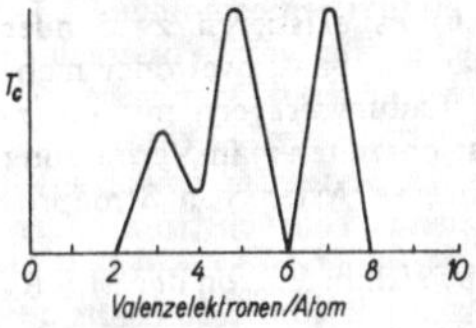

Die Mathiassche Regel für das Auftreten der Supraleitung

Es ist schwierig und deshalb bis heute noch nicht befriedigend gelungen, die M. R. aus der mikroskopischen Theorie der Supraleitfähigkeit abzuleiten, da diese nur das Leitfähigkeitsband berücksichtigt und nicht die tiefer liegenden Bänder der weiteren Valenzelektronen. Die M. R. hat eine wesentliche Hilfe bei der Suche nach Supraleitern mit hoher kritischer Temperatur geleistet.

Matrix, Menge von $m \cdot n$ Elementen a_{ik}, die reelle oder komplexe Zahlen, aber auch Vektoren, Polynome, Differentiale oder selbst wieder Matrizen sein können und in einem Schema von m Zeilen und n Spalten angeordnet sind:

$$A = (a_{ik}) = \begin{pmatrix} a_{11}a_{12} & \cdots a_{1n} \\ a_{21}a_{22} & \cdots a_{2n} \\ \vdots & \vdots \\ a_{m1}a_{m2} & \cdots a_{mn} \end{pmatrix}.$$

Der Typ (m, n) der M. gibt die Anzahl m der Zeilen und die Anzahl n der Spalten an. Beide Anzahlen sind bei einer *quadratischen M.* einander gleich; ist die M. vom Typ (m, m), so hat sie die *Ordnung m*. Ein *Zeilenvektor* kann als M. vom Typ $(1, n)$, ein *Spaltenvektor* als M. vom Typ $(m, 1)$ aufgefaßt werden.

In einer *Diagonalmatrix* (a_{ik}) sind nur die Elemente in der Hauptdiagonalen, für die $i = k$ gilt, von Null verschieden; dagegen ist $a_{ik} = 0$ für $i \neq k$. Eine *Einheitsmatrix E* ist eine quadratische Diagonalmatrix, deren Diagonalelemente a_{ii} sämtlich 1 sind. Ist sie vom Typ (r, r), so gilt nach den Regeln für das Multiplizieren von Matrizen $EA = A$, wenn A vom Typ (r, p) ist, und $BE = B$ für eine M. B vom Typ (q, r).

1) Die *Addition* zweier Matrizen $A = (a_{ik})$ und $B = (b_{ik})$ ist nur definiert, wenn beide vom gleichen Typ, z. B. (m, n), sind. Dann gilt $A + B = C = (c_{ik})$ mit $c_{ik} = a_{ik} + b_{ik}$ oder $A + B$

$$= \begin{pmatrix} (a_{11} + b_{11})\,(a_{12} + b_{12}) \cdots (a_{1n} + b_{1n}) \\ \vdots \qquad \vdots \qquad \vdots \\ (a_{m1} + b_{m1})\,(a_{m2} + b_{m2}) \cdots (a_{mn} + b_{mn}) \end{pmatrix}.$$

2) Eine M. $A = (a_{ik})$ wird *mit einer Zahl* λ *multipliziert*, indem jedes Element der M. mit λ multipliziert wird: $\lambda A = (\lambda a_{ik})$.

3) Das *Produkt* $C = AB$ einer M. $A = (a_{ik})$ vom Typ (m, n) mit einer M. $B = (b_{pq})$ vom Typ (r, l) ist nur für den Fall *verketteter Matrizen*, d. h. $n = r$, erklärt durch $c_{iq} = \sum_{j=1}^{n} a_{ij}b_{jq}$ mit $i = 1, \ldots, m$ und $q = 1, \ldots, l$. Dieses Element c_{iq} läßt sich auffassen als das *Skalarprodukt* des i-ten Zeilenvektors von A mit dem q-ten Spaltenvektor von B. Die Produktmatrix ist vom Typ (m, l):

$$C = AB = \begin{pmatrix} \sum a_{1j}b_{j1} \cdots & \sum a_{1j}b_{jl} \\ \vdots & \vdots \\ \sum a_{mj}b_{j1} \cdots & \sum a_{mj}b_{jl} \end{pmatrix}.$$

Das *Kommutativgesetz* der Multiplikation gilt nicht. Ist AB wegen $n = r$ definiert, so muß BA wegen der zusätzlichen Voraussetzung $l = m$ nicht definiert sein. Existieren aber AB und BA, so ist im allgemeinen $A \cdot B \neq B \cdot A$. Das Assoziativgesetz $(AB)\,C = A(BC)$ gilt dagegen für Matrizen, falls die Produkte existieren.

Die Matrizen vom Typ $(n, 1)$ können hinsichtlich der Addition und der Multiplikation mit einer komplexen Zahl λ einen *komplexen Vektorraum* $\mathfrak{C}^n$ bilden; n bezeichnet man als seine *Dimension*. In $\mathfrak{C}^n$ gibt es stets ein System von n → linear unabhängigen Vektoren, so daß jeder Vektor in $\mathfrak{C}^n$ als Linearkombination dieser Vektoren dargestellt werden kann; $n + 1$ Vektoren in $\mathfrak{C}^n$ sind immer linear abhängig. *Transformationen* in diesem Vektorraum sind durch quadratische Matrizen der Ordnung n gegeben. Das *Skalarprodukt* zweier Vektoren $\vec{a}$ und $\vec{b}$ des $\mathfrak{C}^n$ wird durch

$$(\vec{a}, \vec{b}) = \vec{a}^{*T}\vec{b} = (a_1^*, \ldots, a_n^*) \begin{pmatrix} b_1 \\ \vdots \\ b_n \end{pmatrix} = \sum_{i=1}^{n} a_i^* b_i$$

definiert. Dabei ist a_i^* die konjugiert komplexe Zahl zu a_i, und $\vec{a}^T$ ist die *transponierte M.* zur Spaltenmatrix $\vec{a}$.

Die *transponierte M.* A^T geht aus A durch Vertauschen der Zeilen und Spalten hervor:

$$A = \begin{pmatrix} a_{11} \cdots a_{1n} \\ \vdots \quad \vdots \\ a_{m1} \cdots a_{mn} \end{pmatrix}; \quad A^T = \begin{pmatrix} a_{11} \cdots a_{m1} \\ \vdots \quad \vdots \\ a_{1n} \cdots a_{mn} \end{pmatrix}.$$

Eine quadratische M. heißt *symmetrisch*, falls gilt $A = A^T$ bzw. $a_{ik} = a_{ki}$. Die zu einer quadratischen M. A konjugiert komplexe und transponierte M. heißt die zu ihr *adjungierte M.* $A^\dagger = A^{*T}$, z. B.

$$A = \begin{pmatrix} a_{11}a_{12} \cdots a_{1n} \\ \vdots \quad \vdots \quad \vdots \\ a_{n1}a_{n2} \cdots a_{nn} \end{pmatrix}; \quad A^\dagger = \begin{pmatrix} a_{11}^* a_{21}^* \cdots a_{n1}^* \\ \vdots \quad \vdots \quad \vdots \\ a_{1n}^* a_{2n}^* \cdots a_{nn}^* \end{pmatrix}.$$

Für zwei Vektoren $\vec{a}$ und $\vec{b}$ im n-dimensionalen komplexen Vektorraum $\mathfrak{C}^n$ ist dann $(A\vec{a}, \vec{b}) = (\vec{a}, A^\dagger\vec{b})$ das Skalarprodukt.

Für eine *hermitesche* oder *selbstadjungierte M.* gilt $A = A^\dagger$. Ist A eine hermitesche M., so gilt für ihre Elemente $a_{ik} = a_{ki}^*$ und für das Skalarprodukt zweier Vektoren $\vec{x}_1$, $\vec{x}_2$ die Beziehung $(A\vec{x}_1, \vec{x}_2) = (\vec{x}_1, A\vec{x}_2)$.

Als *hermitesche Form* bezeichnet man das Skalarprodukt $(A\vec{x}, \vec{x}) = \sum_{ik} a_{ik} x_i^* x_k$, wenn die x_i Komponenten des Vektors $\vec{x}$ sind.

Jeder quadratischen M. $A = (a_{ik})$ kann die aus ihren Elementen in der gegebenen Anordnung gebildete Determinante $\|A\| = \|a_{ik}\|$ zugeordnet werden, die eine bestimmte Zahl darstellt. Die M. A heißt *regulär*, falls $\|A\| \neq 0$, und *singulär*, falls $\|A\| = 0$. Durch Streichen von Zeilen und Spalten gewinnt man aus einer beliebigen M. *Untermatrizen.* Zu jedem quadratischen Schema aus Elementen der gegebenen M. kann die *Unterdeterminante* gebildet werden. Ist r die höchste Ordnung der von Null verschiedenen Unterdeterminanten einer M., so hat sie den *Rang r.* In diesem Fall gibt es in ihr r voneinander linear unabhängige Zeilen bzw. Spalten. Ist die M. A selbst quadratisch, etwa vom Typ (n, n), und hat den Rang n, so ist $\|A\| \neq 0$. Für eine singuläre quadratische M. gilt $r < n$ bzw. $\|A\| = 0$. Sind A und B reguläre Matrizen und hat C den Rang r, dann gilt die Gleichung Rang (ACB) = Rang $(C) = r$.

Da mit A und B auch $A \cdot B$ regulär ist, bilden die regulären Matrizen eine *Gruppe* bezüglich der Matrizenmultiplikation.

Von einer regulären M. A ist die *reziproke M.* A^{-1} definiert, für die gilt $AA^{-1} = A^{-1}A = E$, wenn E die Einheitsmatrix bedeutet. Bezeichnet A_{ik} das algebraische Komplement des Elements a_{ik} (→ Determinante), so gilt
$A^{-1} = \|A\|^{-1}(A_{ki})$ oder

$$A^{-1} = \frac{1}{\|A\|}\begin{pmatrix} A_{11}A_{21}\cdots A_{n1} \\ A_{12}A_{22}\cdots A_{n2} \\ \vdots \\ A_{1n}A_{2n}\cdots A_{nn} \end{pmatrix}.$$

Für eine *unitäre M.* U gilt $U^\dagger = U^{*T} = U^{-1}$, d. h., ihr Produkt $U^\dagger U = U^{-1}U = E$ mit der zu ihr adjungierten M. ist die Einheitsmatrix E. Ihre Elemente genügen den *Unitaritätsbedingungen* $\sum_i u_{ik}^* u_{ij} = \delta_{kj}$ und $\sum_m u_{im}^* u_{nm} = \delta_{ni}$, wenn δ_{pq} das *Kronecker-Symbol* ist. Das Skalarprodukt bleibt bei unitären Transformationen invariant, d. h. $(\vec{a}, \vec{b}) = (U\vec{a}, U\vec{b})$. Eine reelle unitäre M. heißt *orthogonale M.* In der Physik sind Matrizen zum unentbehrlichen Hilfsmittel geworden, besonders in der Matrizenmechanik zur Matrixdarstellung eines → Operators. Über Pauli-Matrizen → Spin. In der → Funktionalanalysis ist der Matrixkalkül auf unendliche Matrizen, d. h. Matrizen mit unendlich vielen Elementen, erweitert worden.

Matrixdarstellung, → Quantenmechanik.

Matrixeffekte, → Röntgenspektralanalyse.

Matrizenmechanik, → Quantenmechanik.

Mattauchsche Regeln, svw. Isobarenregeln.

Mattauchscher Massenspektrograph, → Massenspektrograph.

Matthiessensche Regel, additive Überlagerung von Restwiderstand r_0 und idealem elektrischem Widerstand r_i zum Gesamtwiderstand r einer Metallprobe:

$$r(T) = r_0 + r_i(T). \qquad (1)$$

Dieser Zusammenhang folgt aus der von Matthiessen 1867 gefundenen Konstanz des Produktes des elektrischen Widerstandes und dessen Temperaturkoeffizienten bei verschiedenen Proben eines Metalls mit nicht zu starken Gitterstörungen: $r(T) \cdot \frac{dr}{dT} / r(T) = f(T)$.

Diese Regel wurde genähert an vielen Metallen bestätigt und wird immer noch in vielen Fällen zur Bestimmung des idealen elektrischen Widerstandes verwandt. Präzise Experimente ergeben jedoch Abweichungen von der M.n R., die folgende Ursache haben können: 1) Veränderung des Phononenspektrums durch Verunreinigungen (Änderung der → Debye-Temperatur); 2) anisotrope Elektronen-Phonon-Streuung; 3) Anisotropie der Fermi-Fläche; 4) die Gitterschwingungen erzeugen ein effektives Punktdefekt-Streupotential; 5) Punktdefekte und Gitterschwingungen modifizieren die Fermi-Fläche und die effektive Leitungselektronenanzahl; 6) es existieren zwei oder mehrere Leitungsbänder (bzw. zwei oder mehrere Gruppen von Ladungsträgern mit unterschiedlichen Relaxationszeiten τ) in Verbindung mit zwei oder mehreren Arten von Streuprozessen.

Die Abb. zeigt Abweichungen von der M.n R.

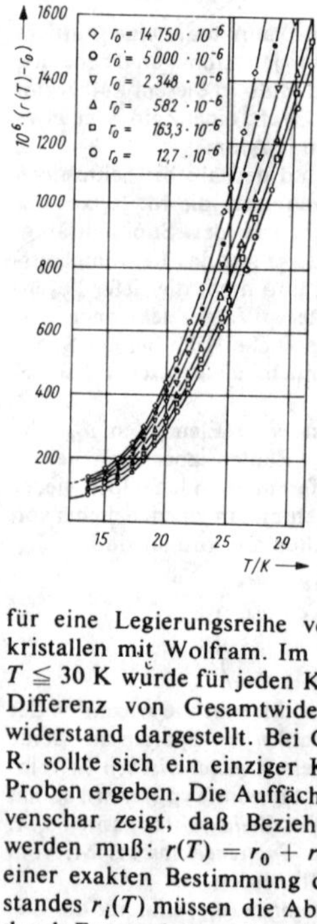

Abweichungen von der Matthiessenschen Regel für unterschiedlich wolframdotierte Molybdän-Einkristalle als Ausdruck unterschiedlicher Differenzen von Gesamtwiderstandsverhältnis und Restwiderstandsverhältnis

für eine Legierungsreihe von Molybdän-Einkristallen mit Wolfram. Im Temperaturbereich $T \leqq 30$ K wurde für jeden Kristall nach (1) die Differenz von Gesamtwiderstand und Restwiderstand dargestellt. Bei Gültigkeit der M.n R. sollte sich ein einziger Kurvenzug für alle Proben ergeben. Die Auffächerung in eine Kurvenschar zeigt, daß Beziehung (1) korrigiert werden muß: $r(T) = r_0 + r_i(T) + \Delta r_0(T)$. Bei einer exakten Bestimmung des idealen Widerstandes $r_i(T)$ müssen die Abweichungen $\Delta r_0(T)$ durch Extrapolation eliminiert werden.

Mattscheibenebene, svw. Einstellebene.

Maupertuissches Prinzip, genauer *Maupertuissches Prinzip der kleinsten Wirkung, Euler-Maupertuissches Prinzip,* spezielles Integralprinzip (→ Prinzipe der Mechanik), das die Bewegung holonomer und konservativer mechanischer Systeme mit vorgegebener Gesamtenergie E zu bestimmen ermöglicht. Verglichen mit dem Hamiltonschen Prinzip wird beim Maupertuisschen P. die Zeit völlig aus dem Variationsprinzip eliminiert, so daß unmittelbar ein Prinzip für die geometrische Form der Bahnkurven entsteht. Durch die Einschränkung auf den Vergleich von Bewegungen, die alle zur gleichen Gesamtenergie E gehören (Abb. 1), wobei natürlich auch auf jeder Einzelbahn die Energie konstant bleiben muß, kann im Wirkungsintegral $S = \int_{t_0}^{t_1} L\,dt$ die obere Grenze nicht mehr festgehalten werden, vielmehr ist t_1 eine Funktion des gewählten Bahnverlaufs und der vorgegebenen Energie E; L ist die Lagrange-Funktion. Für die Variation von S gilt dann nicht mehr $\delta S = 0$, sondern $\delta S = -H\delta t_1$, wobei H die Hamilton-Funktion ist (→ Hamilton-Jacobische Differentialgleichung). Andererseits kann mit $L = \sum_i p_i\dot{q}_i - H$ und $H(p, q) = E \equiv$ konst. die Variation von S als $\delta S = \delta \int_{t_0}^{t_1} \sum_i p_i\dot{q}_i\,dt - E\delta t_1$ geschrieben werden, so daß sich insgesamt $\delta \int_{t_0}^{t_1} \sum_i p_i\dot{q}_i\,dt = \delta S_0 = \delta \int_{q_A}^{q_E} \sum_i p_i\,dq_i = 0$ als zeitunabhängige Variationsforderung ergibt; q_A und q_E geben Anfangs- und Endlage des Systems an, $p_i = \partial L/\partial \dot{q}_i = \sum_j a_{ij} \cdot \dot{q}_j$ sind die kanonischen Impulse. Falls L wie üblich eine bilineare Funktion der verallgemeinerten Geschwindigkeiten $\dot{q}_i$ ist, stimmt der Integrand des Zeitintegrals mit der doppelten kinetischen Energie $2T$ des Systems überein. Definiert man im durch die Koordinaten q_i aufgespannten f-dimensionalen Lageraum eine Metrik durch das Linienelement $(ds)^2 = 2T(dt)^2 = \sum_{ij} a_{ij}\,dq_i\,dq_j$, wobei s die Bogenlänge ist, so ergibt sich $dt = ds/\sqrt{2T}$, und unter Berücksichtigung von $T = E - U$ mit

$$\sum_i p_i\,dq_i = \sum_{i,j} a_{ij} \frac{dq_j}{dt}\,dq_i = \frac{(ds)^2}{dt} = \frac{(ds)^2}{ds}\sqrt{2(E-U)}$$

folgt dann

$$\delta S_0 = \delta \int_{q_A}^{q_E} \sqrt{(E-U)}\,ds = 0.$$

Das ist die von Jacobi stammende Fassung (1842) des Maupertuisschen P.s, das in dieser Form auch *Jacobisches Prinzip* genannt wird. Für ein einzelnes Teilchen stimmt ds bis auf einen unwesentlichen Faktor $\sqrt{m}$ mit dem Element der geometrischen Bogenlänge der durchlaufenen Bahn überein. Mit einem zu $\sqrt{E-U}$ proportionalen Brechungsindex erhält man genau die in der Optik übliche Form des → Fermatschen Prinzips. Für die kräftefreie Bewegung, für die $U = 0$ gilt, ergibt sich speziell $\delta \int ds = 0$, da $\sqrt{E}$ konstant ist und daher zur Variation keinen Beitrag liefert. Danach verläuft die kräftefreie Bewegung auf einer Geodätischen im Lageraum; für einen einzelnen Massepunkt ist dies das *Fermatsche Prinzip des kürzesten Weges*: Die Bewegung eines kräftefreien Massepunktes zwischen zwei Punkten, z. B. denen einer gekrümmten Fläche, erfolgt auf kürzestem Weg. Da in diesem Fall die Bahngeschwindigkeit des Massepunktes $v = \frac{ds}{dt}$ konstant ist, kann statt dessen auch $\delta \int_{t_0}^{t_1} dt = \delta(t_1 - t_0) = 0$ gefordert werden, d. h., die Bewegung erfolgt in der kürzesten Zeit (*Fermatsches Prinzip der kürzesten Ankunft*); in dieser Form spielt das Maupertuissche P. in der Optik eine wichtige Rolle.

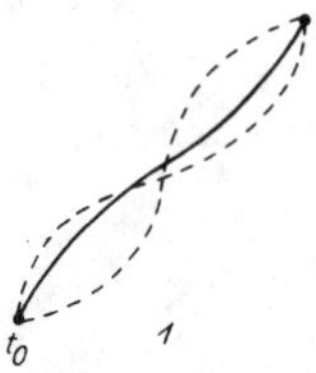

Maupertuissches Prinzip

In der Form $\delta \int \vec{p}\,d\vec{r} = 0$ ist das Maupertuissche P. auch auf die Bewegung geladener Teilchen im Magnetfeld anwendbar, wobei die Lagrange-Funktion nicht in der Form $T - U$ darstellbar und $\vec{p} = m\dot{\vec{r}} - q\mathfrak{A}(\vec{r})$ nicht mit dem gewöhnlichen mechanischen Impuls $m\dot{\vec{r}}$ übereinstimmt; q ist die Ladung des Teilchens, $\mathfrak{A}$ das Vektorpotential des Magnetfeldes. Die Bewegung von Elektronen im magnetischen Ablenksystem ist ein wesentliches Element der Elektronenoptik.

Die von Maupertuis vertretene teleologische Interpretation des Prinzips der kleinsten Wirkung, daß die Natur unter allen möglichen Bewegungen diejenige auswähle, die ihr Ziel mit dem kleinsten Aufwand an Wirkung erreiche, muß als verfehlt betrachtet werden. Einerseits verlangt die Fassung als Variationsproblem nur das Vorliegen eines Extremums, das gegebenenfalls auch als Maximum realisiert werden kann, z. B. sind die Geodätischen auf einer Kugel Großkreise, das Prinzip sagt jedoch nichts darüber aus, ob der längere oder der kürzere Großkreisbogen zwischen zwei Punkten A und E (Abb. 2) zu wählen ist; es handelt sich lediglich um eine mathematisch besonders eindrucksvolle Fassung von Extremaleigenschaften der dynamischen Gesetze. Andererseits sind die Integralprinzipe den in Gestalt von Differentialgleichungssystemen formulierten Bewegungsgleichungen äquivalent, deren Lösung durch die Angabe eines vollständigen Satzes von Anfangswerten eindeutig bestimmt ist.

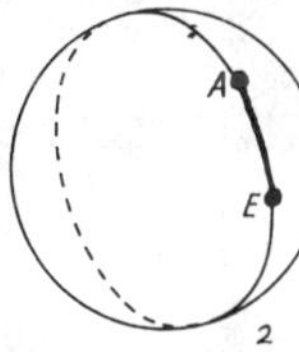

Maupertuissches Prinzip

Lit. → Prinzipe der Mechanik.

Mavar, → Reaktanzverstärker.

Maximalbeobachtung, → Meßprozeß in der Quantenmechanik.

maximale Analytizität, → analytische S-Matrix-Theorie.

maximale magnetische Energiedichte, früher *Güteziffer, Gütewert, Güteprodukt*, $(BH)_{max}$, Kenngröße zur Beurteilung von hartmagnetischen Werkstoffen und Grundlage für die Berechnung von Dauermagnetkreisen. $(BH)_{max}$ ist der Höchstwert des Produktes, das sich für die Punkte der Entmagnetisierungskurve aus den zugehörigen Koordinaten B und H bilden läßt.

maximale Messung, → Meßprozeß in der Quantenmechanik.

Maximalpermeabilität, → Permeabilitätskonstante.

Maximum, → Extremwert.

Maximumprinzip nach Pontrjagin, Weiterentwicklung der Variationsrechnung, um Beschränkungen von Steuervariablen auf abgeschlossene Mengen bei der Lösung von Optimierungsaufgaben zuzulassen. Werden stetige Systeme durch die Modellgleichungen $dz/dt =$

$f(z, y)$ mit $z = (z_1, z_2, \ldots, z_n)$ als Zustandsvektor und $y = (y_1, y_2, \ldots, y_m)$ als Steuervektor beschrieben, so ist eine optimale Steuerung $y = y^*$ aus einer Menge y zulässiger Steuerungen, z. B. mit $a_i \leqq y_i \leqq b_i$ auszuwählen, die das System aus dem Anfangszustand $z(t_1)$ in den Endzustand $z(t_2)$ so überführt, daß eine Kostenfunktion $x(t) = \int_{t_1}^{t} f_0(z(t'), y(t'))\,dt'$ im Punkte t_2 einen minimalen Wert annimmt. Mit *adjungierten Variablen* l_i, $i = 0, 1, 2, \ldots, n$, bildet man eine *Hamilton-Funktion* $H(l, z, y) = l_0 f_0 + l_1 f_1 + \cdots + l_n f_n$. Dann spannen die optimalen Trajektorien von Zustandsvariablen $(x, z_1, \ldots, z_n)$ mit gleichen minimalen Kosten eine Hyperfläche im $(n + 1)$-dimensionalen Zustandsraum auf. Hierbei sind die $l_i(t)$ die Komponenten des Flächennormalenvektors längs einer optimalen Trajektorie mit einer Orientierung in Richtung minimaler Kosten. Die adjungierten Variablen l_i genügen dabei den Differentialgleichungen $\frac{dl_i}{dt} = -\sum_j \frac{\partial f_j(z, y)}{\partial z_i} l_j(t)$. Gibt man den Systemgleichungen und den adjungierten Gleichungen die Gestalt $\frac{dz_i}{dt} = \frac{\partial H(l, z, y)}{\partial l_i}$ und $\frac{dl_i}{dt} = \frac{-\partial H(l, z, y)}{\partial z_i}$, so unterscheidet sich diese von den aus der analytischen Mechanik bekannten Hamiltonschen Bewegungsgleichungen mechanischer Systeme nur durch das Auftreten der Steuergrößen y, die in optimaler Weise noch festgelegt werden müssen. Diese Festlegung ergibt sich aus der Hauptforderung des Maximumprinzips: Nichtoptimale Trajektorien müssen die Flächen konstanter optimaler Kosten nach oben, d. h. in Richtung wachsender Kosten verlassen. Dies bedeutet für die optimale Trajektorie $z^*(t)$, für die zugehörige optimale Steuerung $y^*(t)$ und für den entsprechenden Flächennormalenvektor $l^*(t)$ die Forderung $H(z^*, l^*, y^*) = \max_y H(l^*, z^*, y) = 0$. Hieraus erhält man im Prinzip $y^* = y(z^*, l^*)$ und durch Einsetzen in die Gleichungssysteme eine Rückführung auf die Hamiltonschen Gleichungen der Mechanik.

Mechanische Systeme sind in diesem Sinne als autonome Systeme aufzufassen, weil steuernde Kräfte durch Felder ersetzt sind. Die Gesamtheit der äußeren Einwirkungen erfaßt man durch die *potentielle Energie U*, und das Maß der inneren treibenden Ursachen mechanischer Systeme ist die *kinetische Energie T*. Das Optimierungsprinzip mechanischer Systeme besteht darin, im integralen Mittel ständig die kinetische Energie T an die potentielle Energie U anzugleichen, denn der Integrand des Gütefunktionals ist die *Lagrange-Funktion* $L = T - U$.

Maxwell, M oder Mx, alte elektromagnetische Einheit des magnetischen Flusses. 1 M $= 1\ \mathrm{G \cdot cm^2} = 10^{-8}$ Wb.

Maxwell-Boltzmann-Gesetz der Plasmaphysik, → Plasmastatistik.

Maxwell-Boltzmann-Statistik, klassische (nichtquantenmechanische) Gleichgewichtsstatistik im μ-Raum (→ Phasenraum). Voraussetzung ist also, daß die betrachteten Teilchen, z. B. Gasmoleküle, nicht oder nur sehr schwach in Wechselwirkung stehen. Die M.-B.-S. gilt also streng nur für das ideale Gas. Weiterhin ist für sie die Annahme charakteristisch, daß gleichartige Teilchen im Prinzip unterscheidbar, also auch numerierbar sind. Die M.-B.-S. beschreibt somit das Verhalten des idealen Gases nur in Bereichen, in denen Quanteneffekte nicht wirksam werden. Im Fall der Gasentartung treten an die Stelle der M.-B.-S. die → Bose-Einstein-Statistik oder → Fermi-Dirac-Statistik.

Ausgangspunkt der von Boltzmann angegebenen *Abzählmethode* zur Herleitung der Formeln der M.-B.-S. sind die Begriffe Makrozustand, Mikrozustand und thermodynamische Wahrscheinlichkeit. Unter einem *Makrozustand* oder *thermodynamischen Zustand* versteht man einen Zustand des betrachteten Systems, z. B. eines Gases, der durch makroskopische Angaben, wie Druck und Temperatur, charakterisiert, also durch eine Messung erfaßbar ist. Dieser Makrozustand kann im allgemeinen durch sehr viele Molekülkonstellationen im Phasenraum realisiert werden. Eine solche konkrete mikroskopische Realisierung eines Makrozustandes nennt man *Mikrozustand* oder (eine) *Komplexion*. Die Zahl der Mikrozustände, durch die ein Makrozustand realisiert wird, heißt *thermodynamische Wahrscheinlichkeit w* dieses Makrozustandes. Die thermodynamische Wahrscheinlichkeit ist im Gegensatz zum üblichen Wahrscheinlichkeitsbegriff stets eine ganze Zahl und im allgemeinen größer als 1. Sie hängt mit der Entropie S des betrachteten Systems durch die Gleichung $S = k \ln w$ zusammen (Boltzmannsches Prinzip). Die Berechnung der thermodynamischen Wahrscheinlichkeit eines Zustandes geschieht nach Boltzmann durch Abzählverfahren, die auf der Basis der Kombinatorik arbeiten. Der Phasenraum wird in Zellen eingeteilt, die alle gleich groß sind. In der klassischen Statistik ist die Größe dieser Phasenzellen weitgehend unbestimmt, durch die Quantentheorie wird für das Zellenvolumen der Wert h^{3f}, wobei h das Plancksche Wirkungsquantum und f die Zahl der Freiheitsgrade der betrachteten Teilchen ist, festgelegt. Man nimmt an, daß alle Zellen gleichberechtigt sind und ihr Fassungsvermögen nicht begrenzt ist. Diese Annahme hängt eng mit der Ergodenhypothese (→ Statistik) zusammen.

Die mittlere Besetzungszahl einer Phasenzelle, also die mittlere Anzahl der darin befindlichen Moleküle, wird durch die → Verteilungsfunktion geliefert. Infolge der Unterscheidbarkeit der N Teilchen kann man durch Vertauschen $N!$ Permutationen erhalten. Der betrachtete Makrozustand werde nun dadurch charakterisiert, daß sich N_1 Teilchen in Zelle Nr. 1, N_2 Teilchen in Zelle Nr. 2, usw. und schließlich N_l Teilchen in Zelle Nr. l befinden. Da eine Vertauschung zweier Teilchen innerhalb einer Zelle demselben Mikrozustand entspricht, während eine Vertauschung zweier Teilchen aus verschiedenen Zellen einen anderen Mikrozustand, aber denselben Makrozustand liefert, ist $w = N!/N_1! \cdot N_2! \cdot \cdots \cdot N_l!$, d. i. gerade die Zahl der Mikrozustände, durch die der betrachtete Makrozustand realisiert wird, also genau die thermodynamische Wahrscheinlichkeit des betrachteten Makrozustandes.

Gemäß der Herleitung ist für w auch die Bezeichnung *Permutabilität* gebräuchlich.

Es wird nun die Verteilung mit der größten thermodynamischen Wahrscheinlichkeit bzw. mit maximaler Entropie gesucht. In Übereinstimmung mit dem Gesetz der phänomenologischen Thermodynamik, daß die Entropie im Gleichgewicht ein Maximum hat, ist das die Gleichgewichtsverteilung. Dabei sind als Nebenbedingungen zu berücksichtigen, daß die Gesamtteilchenzahl und die Gesamtenergie des Systems konstante, vorgegebene Werte haben. Auf diese Weise erhält man die Energieverteilung im Gleichgewicht

$$n_i = g_i \, e^{\frac{\mu - E_i}{kT}} = g_i \frac{N}{Z} e^{-\frac{E_i}{kT}}.$$

Dabei ist n_i die mittlere Besetzungszahl des Zustandes Nr. i mit der Energie E_i, k die Boltzmannsche Konstante und T die absolute Temperatur. Das chemische Potential μ bzw. die Zustandssumme Z bestimmen sich aus der Nebenbedingung konstanter Gesamtteilchenzahl $\Sigma n_i = N$, und g_i ist das statistische Gewicht des Zustandes mit der Energie E_i. Der Ausdruck $\exp(-E_i/kT)$, der die Energieabhängigkeit der Besetzungszahl enthält, heißt → Boltzmann-Faktor.

In der klassischen Statistik treten meist kontinuierliche Energieverteilungen auf. Die Verteilungsfunktion wird dann durch die Proportionalität $dn \sim e^{-E/kT} dE$, wobei dn die Zahl der Teilchen mit Energien zwischen E und $E + dE$ ist, charakterisiert. Setzt man für E die kinetische Energie $E = mv^2/2$ ein, so erhält man als ein Beispiel einer solchen kontinuierlichen Verteilung unmittelbar die Maxwellsche Geschwindigkeitsverteilung der Moleküle des idealen Gases (→ Verteilungsfunktion). Eine weitere wichtige Schlußfolgerung aus der M.-B.-S. ist der → Gleichverteilungssatz der klassischen Statistik. Die quantisierte oder quantenmechanisch korrigierte M.-B.-S. berücksichtigt die (klassisch allerdings unverständliche) Nichtunterscheidbarkeit gleichartiger nichtlokalisierter Teilchen durch Hinzufügen von Faktoren $1/N!$ (wobei N die Anzahl der gleichartigen Teilchen des Systems ist) an die entsprechenden Formeln, z. B. die Formel für das Zustandsintegral (→ Zustandssumme). Die Behandlung von Systemen, bei denen die Wechselwirkung der Moleküle untereinander wesentlich ist, erfordert die Methoden der → Gibbssche Statistik.

Maxwell-Gas, Gas, das aus Maxwellschen Molekülen (→ Molekülmodell der Gastheorie) besteht.

Maxwell-Relation, svw. thermodynamische Relation.

Maxwellsche Beziehung, *Maxwellsche Relation,* gibt den Zusammenhang wieder zwischen dem Brechungsindex, der relativen Permeabilität μ_r und der relativen Dielektrizitätskonstanten ε_r eines Mediums. Die Ausbreitungsgeschwindigkeit elektromagnetischer Wellen im Medium ist nach der Maxwellschen Theorie $v = c/\sqrt{\varepsilon_r \mu_r}$. c ist die Vakuumlichtgeschwindigkeit. Das Verhältnis von c und v definiert den Brechungsindex n: $n = c/v = \sqrt{\varepsilon_r \mu_r}$. Da sich aber in Ferromagnetika, deren relative Permeabilität μ_r sehr viel größer als Eins ist, elektromagnetische Felder nicht ausbreiten können, für die meisten anderen Stoffe aber μ_r sehr nahe bei Eins liegt, erhalten wir daraus die M. B. $n = \sqrt{\varepsilon_r}$.

Die M. B. hält einer experimentellen Überprüfung nur bei elektromagnetischen Wellen nicht zu hoher Frequenzen stand, bei sichtbarem Licht ist sie nicht mehr erfüllt. Das liegt daran, daß die Maxwellsche Theorie die atomistische Struktur von Materie und Ladungen vernachlässigt. Bei hohen Frequenzen sind die Eigenschaften der Materie stark frequenzabhängig, was erst in der Lorentzschen Elektronentheorie berücksichtigt wurde.

Maxwellsche Ergänzung, → Maxwellsche Theorie des elektromagnetischen Feldes.

Maxwellsche Flüssigkeit, *Maxwellscher Körper,* in der Modelldarstellung der Rheologie ein Material, das sich aus einem Hookeschen Körper und einer Newtonschen Flüssigkeit in Reihenanordnung aufbaut. Entsprechend der Reihenanordnung werden die Verformungsanteile der einzelnen Elemente zur Gesamtverformung addiert, so daß sich für eine eindimensionale Scherverformung die Gleichung $\dot{\gamma} = \frac{\dot{\tau}}{G_{f1}} + \frac{\tau}{\eta}$ ableiten läßt. G_{f1} ist eine die Flüssigkeit charakterisierende Elastizitätsgröße, die die Steifigkeit der Flüssigkeit ausdrückt, τ ist die Schubspannung, η die Viskosität, γ die relative Winkeländerung. Bei konstanter Spannung verhält sich die M. F. wie eine rein viskose Flüssigkeit. Bei schlagartiger Beanspruchung werden nur die elastischen Anteile angesprochen, das Material wirkt wie ein elastischer Körper. Wird das Material zur Zeit $t = 0$ mit der Spannung τ belastet, so stellt sich sofort der elastische Anteil ein, während der viskose Deformationsanteil bei konstant gehaltener Spannung mit der Zeit linear zunimmt. Dieser Vorgang wird als Kriechen, die Größe τ/η als Kriechgeschwindigkeit bezeichnet. Bei plötzlicher Entlastung verschwindet der elastische Anteil, die durch das Kriechen entstandene Verformung bleibt als irreversible Verformung zurück. Bei vorgegebener und konstant gehaltener Verformung wird zunächst für $t = 0$ der elastische Spannungsanteil auftreten, der aber gemäß $\tau = \gamma G_{f1} e^{-\frac{G_{f1}}{\eta} t}$ mit der Zeit asymptotisch gegen Null geht. Dieser Vorgang wird Relaxation genannt. Für die Größe G_{f1}/η ist die Bezeichnung Relaxationszeit üblich (→ Relaxation).

Maxwellsche Geschwindigkeitsverteilung, → Verteilungsfunktion.

Maxwellsche Gleichungen, → Maxwellsche Theorie des elektromagnetischen Feldes.

Maxwellsche Moleküle, → Molekülmodelle der Gastheorie.

Maxwellscher Dämon, von Maxwell erdachtes mikroskopisches Wesen mit der Eigenschaft, in molekulare Vorgänge ordnend eingreifen zu können, um unter Ausnutzung mikroskopischer Schwankungserscheinungen makroskopische Wirkungen zu erzielen. Der M. D. könnte z. B. nach einem Gedankenexperiment von Maxwell im Widerspruch zum 2. Hauptsatz der Thermodynamik eine makroskopische Temperaturdifferenz hervorrufen, indem er an einer kleinen Öffnung in der Trennwand zweier ursprünglich gleichmäßig temperierter Behälter in der einen Richtung nur die langsamen, in der anderen Richtung nur die schnellen Moleküle passieren läßt. Daß der Widerspruch zum 2. Hauptsatz der Thermodynamik im Grunde nur scheinbar ist, wurde von Szilard gezeigt, der die Entropieänderungen bei den ständig notwendigen Meßprozessen des Maxwellschen D.s mit in die Entropiebilanz einbezog. Die Unmöglichkeit des Maxwellschen D.s oder eines analog wirkenden physikalischen Gerätes ergibt sich daraus, daß er als irgendwie geartetes physikalisches System selbst Schwankungserscheinungen unterworfen sein muß.

Maxwellsche Regel, → van-der-Waalssche Zustandsgleichung.

Maxwellsche Relation, svw. Maxwellsche Beziehung.

Maxwellscher Spannungstensor, Hilfsmittel zur Berechnung elektrischer und magnetischer Kräfte in statischen bzw. quasistationären Feldern. Die Kräfte auf elektrische Ladungen und Ströme können entweder als Raumintegrale über die Kraftdichte $\vec{f} = \varrho\vec{E} + \vec{j} \times \vec{B}$, häufig aber bequemer als Flächenintegrale über Spannungen berechnet werden, die an den Oberflächen des betrachteten Volumens angreifen. Alle diese Spannungen sind im Maxwellschen S. zusammengefaßt. Befinden sich im Innern des Volumens keine Ladungen, so verschwindet das Flächenintegral der Spannungen. Für rasch zeitabhängige Felder sind die Kräfte nicht durch Spannungen darstellbar, der Spannungsbegriff ist also im allgemeinen nicht anwendbar. Er ist durch den Begriff Impulsstromdichte zu ersetzen, → Energie-Impuls-Tensor. Ist $\vec{n}$ die nach außen positiv gerichtete Flächennormale, so erhält man für Komponenten der Spannung $\vec{T}$ nach den 3 Koordinatenrichtungen x, y und z

$$T_x = T_{xx} \cos(\vec{n}, x) + T_{xy} \cos(\vec{n}, y) + T_{xz} \cos(\vec{n}, z)$$

$$T_y = T_{yx} \cos(\vec{n}, x) + T_{yy} \cos(\vec{n}, y) + T_{yz} \cos(\vec{n}, z)$$

$$T_z = T_{zx} \cos(\vec{n}, x) + T_{zy} \cos(\vec{n}, y) + T_{zz} \cos(\vec{n}, z).$$

Die Koeffizienten T_{ik} bilden den Maxwellschen S.

$$\mathfrak{T} = \begin{pmatrix} T_{xx} & T_{xy} & T_{xz} \\ T_{yx} & T_{yy} & T_{yz} \\ T_{zx} & T_{zy} & T_{zz} \end{pmatrix}.$$

Der Tensor ist symmetrisch, d. h. $T_{ik} = T_{ki}$. Die Komponenten des Maxwellschen S.s lassen sich getrennt für elektrostatische und magnetostatische Felder berechnen. Für quasistationäre elektromagnetische Felder erhält man die Komponenten des Maxwellschen S.s durch Addition der Komponenten des elektrischen und magnetischen Maxwellschen S.s. Man erhält

$$T_{xx} = H_x B_x + D_x E_x - w$$
$$T_{yy} = H_y B_y + D_y E_y - w$$
$$T_{zz} = H_z B_z + D_z E_z - w$$
$$T_{xy} = T_{yx} = H_x B_y + D_x E_y$$
$$T_{xz} = T_{zx} = H_x B_z + D_x E_z$$
$$T_{yz} = T_{zy} = H_y B_z + D_z E_y$$

Dabei ist $w = \frac{1}{2}(\vec{E}\vec{D} + \vec{B}\vec{H})$ die Energiedichte des elektromagnetischen Feldes. Ist $\vec{n}$ parallel zu $\vec{E}$, so ergibt sich im elektrischen Feld reine Zugspannung. Bei einem Winkel von 45° zwischen beiden erhält man reine Schubspannung. Steht $\vec{n}$ senkrecht auf $\vec{E}$, so ist $\vec{T}$ antiparallel zu $\vec{n}$, und man erhält reine Druckspannung. Entsprechendes erhält man für das magnetostatische Feld, wenn man $\vec{E}$ durch $\vec{H}$, ε_r durch μ_r und ε_0 durch μ_0 ersetzt. → Relativitätselektrodynamik.

Maxwellsche Sätze, → Gegenseitigkeit der Verschiebungen.

Maxwellsche Schraubenregel, → Schraubenregel.

Maxwellsches Kriterium, folgt aus thermodynamischen Überlegungen und besagt, daß die Flächen A_1 und A_2 zwischen der aus der van-der-Waalsschen Zustandsgleichung folgenden Isotherme und der experimentell beobachteten Geraden gleich sein müssen (Abb.).

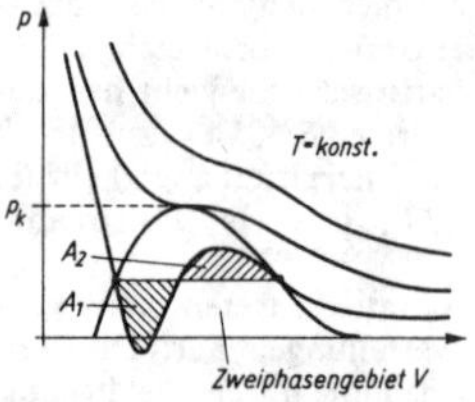

Maxwellsches Kriterium

Maxwellsche Theorie des elektromagnetischen Feldes, *Faraday-Maxwellsche Theorie,* beschreibt die elektromagnetischen Erscheinungen im Vakuum und in ruhenden Medien. Die M. T. wurde von J. C. Maxwell auf Grund der Faradayschen Vorstellungen über das elektrische und magnetische Feld in den Jahren 1861 bis 1864 aufgestellt. Sie revolutionierte die Vorstellungen über die elektrischen und magnetischen Erscheinungen und stellt eine außerordentlich eindrucksvolle begriffliche Fassung eines physikalischen Erscheinungsgebietes dar. Ein entscheidender Schritt Maxwells bestand darin, daß er sich von der bis dahin herrschenden Fernwirkungstheorie (→ Feld) abwandte und eine *Nahwirkungs-* oder *Feldtheorie* aufstellte. Nach der M.n T. wird durch eine elektrische Ladung in dem umgebenden Raum ein bestimmter physikalischer Zustand erzeugt, der durch das elektrische Feld dieser Ladung beschrieben wird. Jeder Punkt besitzt eine gerichtete elektrische Feldstärke. Man erhält auf diese Weise ein Vektorfeld, das zum Gegenstand der Theorie gemacht wird. Alle Wirkungen werden durch dieses Feld übertragen. Entsprechend werden von Dauermagneten oder bewegten Ladungen herrührende magnetische Felder als Vektorfelder beschrieben. Jedes Volumenelement eines Raumes, in dem ein elektrisches oder magnetisches Feld existiert, besitzt eine von der elektrischen oder magnetischen Feldstärke an dieser Stelle abhängige Energie (→ elektrische Energie, → magnetische Energie).

Der wichtigste Schritt Maxwells bestand darin, daß er bei der Aufstellung seiner Theorie die von Ampère und Faraday erfaßten Gesetzmäßigkeiten über Ströme in geschlossenen Leitern verallgemeinerte, indem er den Verschiebungsstrom einführte. Der Verschiebungsstrom ergänzt den Leitungsstrom formal zu einem quellenfreien Gesamtstrom.

Maxwell erfaßte die bis dahin bewiesenen Grundgesetze über elektrische und magnetische Felder, verallgemeinerte durch seine Überlegungen ihren Geltungsbereich und erhielt als Ergebnis die nach ihm benannten *Maxwellschen Gleichungen*. Diese lauten in integraler Schreibweise (im praktischen Maßsystem):

$$\oiint \vec{B}\, d\vec{f} = 0, \tag{1}$$

$$\oint \vec{E}\, d\vec{r} = -(d/dt) \iint \vec{B}\, d\vec{f} = -\iint \dot{\vec{B}}\, d\vec{f}, \tag{2}$$

$$\oiint \vec{D}\, d\vec{f} = Q, \tag{3}$$

$$\oint \vec{H}\, d\vec{r} = I + (d/dt) \iint \vec{D}\, d\vec{f} = I + \iint \dot{\vec{D}}\, d\vec{f}. \tag{4}$$

Dabei sind $\vec{B}$ die magnetische Induktion oder Flußdichte, $\vec{D}$ die dielektrische Verschiebung, $\vec{E}$ bzw. $\vec{H}$ die elektrische bzw. magnetische Feldstärke. Q die elektrische Ladung und I der elektrische Strom. Die einzelnen Gleichungen bedeuten folgendes:

(1) Das magnetische Feld $\vec{B}$ ist quellfrei, daher verschwindet der magnetische Fluß $\Phi = \iint \vec{B}\, d\vec{f}$ durch eine geschlossene Oberfläche. Die magnetische Induktion $\vec{B}$ ist definiert durch die Kraft $\vec{F} = Q\vec{v} \times \vec{B}$, die auf eine im Magnetfeld, dessen magnetische Induktion die Größe $\vec{B}$ hat, mit der Geschwindigkeit $\vec{v}$ bewegte Ladung Q ausgeübt wird. Entsprechend ist die elektrische Feldstärke $\vec{E}$ definiert durch die Kraft $\vec{F} = Q \cdot \vec{E}$, die auf eine Ladung Q im elektrischen Feld $\vec{E}$ wirkt.

(2) Zeitliche Änderungen der magnetischen Flußdichte bewirken Wirbel der elektrischen Feldstärke, d. h., (2) gibt das Induktionsgesetz (→ Induktion) wieder.

(3) Die elektrischen Ladungen sind Quellen der elektrischen Verschiebung.

(4) Die elektrischen Ströme, und zwar die Leitungs- und Verschiebungsströme, bestimmen die Wirbel der magnetischen Feldstärke. Der den Verschiebungsstrom darstellende zweite Summand wird auch *Maxwellsche Ergänzung* genannt. (4) stellt das allgemein gefaßte *Durchflutungsgesetz* dar.

Für Rechnungen oft bequemer ist eine differentielle Schreibweise der Maxwellschen Gleichungen. Sie entsteht, wenn man (1) und (3) mit Hilfe des Gaußschen Satzes sowie (2) und (4) mit Hilfe des Stokesschen Satzes umformt. Man erhält (im praktischen Maßsystem):

$$\operatorname{div} \vec{B} = 0 \tag{5}$$

$$\operatorname{rot} \vec{E} = -\dot{\vec{B}} \tag{6}$$

$$\operatorname{div} \vec{D} = \varrho \tag{7}$$

$$\operatorname{rot} \vec{H} = \vec{\imath} + \dot{\vec{D}}. \tag{8}$$

Dabei bedeuten $\vec{\imath}$ die Flächenstromdichte und ϱ die Raumladungsdichte. Dazu kommen noch die „Materialgleichungen", die das elektrische und magnetische Verhalten des Mediums widerspiegeln. Sie lauten für isotrope Medien

$$\vec{D} = \varepsilon_r \varepsilon_0 \vec{E} \quad (9) \qquad \vec{B} = \mu_r \mu_0 \vec{H} \quad (10)$$

und bei stromleitenden Medien $\vec{\imath} = \sigma\vec{E}$. (11)

Dabei bedeuten ε_0 und μ_0 die elektrische bzw. magnetische Feldkonstante, ε_r die relative Dielektrizitätskonstante, μ_r die relative Permeabilität und σ die elektrische Leitfähigkeit.

Vollzieht man in (4) den Grenzübergang zu einer geschlossenen Fläche, so verschwindet die linke Seite, da man damit das Linienintegral auf einen Punkt zusammenzieht. Es ergibt sich die Kontinuitätsgleichung für den elektrischen Strom, die den Erhaltungssatz der elektrischen Ladung formuliert:

$$I + \oiint \dot{\vec{D}}\, d\vec{f} = I + \dot{Q} = 0. \tag{12}$$

Mit $\operatorname{div} \operatorname{rot} \vec{H} = 0$ folgt entsprechend aus den Gleichungen (7) und (8)

$$\dot{\varrho} + \operatorname{div} \vec{\imath} = 0. \tag{13}$$

Das ist die differentielle Formulierung der Ladungserhaltung.

Die Maxwellschen Gleichungen sind ein System von Differentialgleichungen, die die Grundeigenschaften elektrischer und magnetischer Felder, ihren Zusammenhang mit den elektrischen Ladungen und Strömen und ihre gegenseitige Verknüpfung im Falle zeitlich veränderlicher elektrischer und magnetischer Felder umfassen. Mit ihrer Hilfe kann man unter Beachtung der Definitionen der elektrischen bzw. magnetischen Feldstärke aus ihren Kraftwirkungen auf elektrische Ladungen sowohl schnell veränderliche Felder als auch quasistationäre, stationäre und statische Felder behandeln. Alle Gesetze der Elektrostatik, der Magnetostatik sowie der Elektrodynamik im engeren Sinne lassen sich aus ihnen ableiten, und alle Probleme dieser Gebiete sind durch sie zu lösen.

Darüber hinaus konnte Maxwell mit Hilfe dieser Gleichungen die Möglichkeit des Auftretens elektromagnetischer Wellen voraussagen, die erst mehr als 20 Jahre später von Hertz (→ Hertzsche Versuche) nachgewiesen wurden. Auf Grund der mathematischen Untersuchung dieser Wellen kam er zu dem Schluß, daß ihre Eigenschaften analog zu denen der Lichtwellen sind. Auf dieser Grundlage entstand seine elektromagnetische Lichttheorie, die die gesamte Wellenoptik in die Elektrodynamik einbezieht.

Ein wichtiges Charakteristikum der M.n T. ist ihre kausale Struktur. Durch die Größen $\vec{E}$, $\vec{B}$, $\vec{D}$, $\vec{H}$, ϱ und $\vec{\imath}$ des elektromagnetischen Zustands zu irgendeinem Zeitpunkt sind durch die Gleichungen (5) bis (8) auch $\dot{\vec{B}}$, $\dot{\vec{D}}$ und $\dot{\varrho}$ bestimmt sowie durch die Materialgleichungen $\dot{\vec{E}}$ und $\dot{\vec{H}}$. Das bedeutet aber, daß die ganze Zukunft des beschriebenen Systems durch den Zustand in irgendeinem Augenblick bestimmt wird.

Die Maxwellschen Gleichungen sind außerdem invariant gegen Lorentz-Transformation, und es ist eine relativistisch exakte Darstellung der Elektrodynamik ohne Änderung ihres physikalischen Inhalts möglich, → Relativitätselektrodynamik. Nach Vorarbeiten von H. A. Lorentz und Minkowski gelang Einstein 1905 die Formulierung der Elektrodynamik bewegter Medien in seiner speziellen Relativitätstheorie.

In der M.n T. werden die Eigenschaften des Mediums mit Hilfe der Materialkonstanten ε_r, μ_r und σ beschrieben. Das elektromagnetische Feld wird durch die elektrischen Ladungen und deren Bewegung hervorgerufen. Da die Materialkonstanten makroskopische Mittelwerte sind, die durch Mittelung über die atomistische Struktur des Mediums entstehen, versagt die

M. T. dort, wo die atomistische Struktur der Materie und der elektrischen Ladungen von Bedeutung ist. Das ist bei elektromagnetischen Feldern hoher Frequenzen der Fall, wo die Materialeigenschaften von der Frequenz abhängen. In der Lorentzschen Elektronentheorie wurde die atomistische Struktur berücksichtigt. Die Maxwell-Lorentzschen Gleichungen stellen das Feld im Vakuum zwischen den einzelnen Ladungen dar und ergeben als Mittelung die Maxwellschen Gleichungen.

Lit. Becker: Theorie der Elektrizität, 3 Bde (20. Aufl. Stuttgart 1972); Hund: Theoretische Physik, Bd 2 (4. Aufl. Stuttgart 1963); Macke: Elektromagnetische Felder (3. Aufl. Leipzig 1965).

Maxwell-Verteilung, → Verteilungsfunktion.

Maxwell-Wien-Brücke, → Meßbrücke.

Mayer-Bogoljubowsche Zustandsgleichung, spezielle Virialform der thermischen Zustandsgleichung. Die M.-B. Z. lautet

$$pV = RT\left(1 - \sum_{n=1}^{\infty} \frac{n}{n+1} A_n/V^n\right).$$

Es bedeuten p den Druck, V das Volumen, R die Gaskonstante, T die absolute Temperatur und A_n die Virialkoeffizienten, die von Mayer und Bogoljubow aus dem Wechselwirkungspotential der Gasatome erstmals errechnet wurden.

M-Band, → Frequenz.

M-Bande, → Farbzentrum.

McIlwainsche Koordinaten, svw. *BL*-Koordinaten.

McLeod-Vakuummeter, → Vakuummeter.

Md, → Mendelevium.

ME, 1) → Masseeinheit. **2)** → Mache-Einheit.

Mechanik, *allgemeine Mechanik*, Lehre von der Bewegung materieller Körper und Systeme unter dem Einfluß von Kräften, deren spezielle Herkunft jedoch unberücksichtigt bleibt. Die M. gliedert sich in die → Kinematik, d. i. die reine Bewegungslehre, die lediglich die raumzeitlichen Änderungen der Körper und Systeme untersucht, und die → Dynamik, die auch die bewegenden Kräfte betrachtet und als Spezialfall die → Statik enthält. Ziel der M. ist die Aufstellung eines Systems von Grundbegriffen und -gesetzen (→ Axiomensystem) oder diesen äquivalenter allgemeiner Prinzipe (→ Prinzipe der Mechanik) zur Beschreibung und praktischen Lösung mechanischer Probleme. Die M. nimmt unter den Teilgebieten der Physik eine besondere Stellung ein, da sie die historische Entwicklung der Physik einleitete und lediglich die allgemeinen Eigenschaften der Bewegungen und der Kräfte in den Mittelpunkt der Untersuchung stellte; ihre allgemeinen Begriffe, wie Arbeit, Energie, Masse oder Kraft, und ihre mathematischen Methoden, wie die Behandlung der Bewegung durch Differential- und Integralgleichungen, sind für die gesamte Physik grundlegend.

Die *klassische* oder *Newtonsche M.* von Massepunktsystemen ist auf den → Newtonschen Axiomen aufgebaut; sie gilt nur für Geschwindigkeiten, die klein gegenüber der Lichtgeschwindigkeit sind, und wenn die auftretenden Wirkungen groß gegenüber dem Planckschen Wirkungsquantum sind. Je nach den Umständen werden die materiellen Objekte als Massepunkte oder Systeme von solchen, insbesondere → starre Körper, oder als Kontinua betrachtet. Man unterscheidet daher *M. der Massepunkte* (*Punktmechanik*), *M. der Massepunktsysteme* und *M. des starren Körpers* (*Stereomechanik*) sowie die *M. der deformierbaren Medien* (*M. der Kontinua*), zu der Elastomechanik (→ Elastizität, → Kontinuumsmechanik), → Hydromechanik und → Aeromechanik gehören. Ein wichtiges Teilgebiet der M. ist die Lehre von den Schwingungen und der Ausbreitung von mechanischen Wellen; hierher gehört insbesondere die → Akustik.

Die Erweiterung der klassischen M. auf den Fall beliebiger, physikalisch zulässiger Geschwindigkeiten erfolgt in der relativistischen M. (→ Relativbewegung, → spezielle Relativitätstheorie), während die Bewegungsgesetze von Mikroobjekten zunächst in der nichtrelativistischen → Quantenmechanik formuliert werden; die Vereinigung der Relativitäts- und Quantenmechanik zu einer relativistischen Quantenmechanik (→ Quantenfeldtheorie) ist bisher noch nicht in allgemein gültiger Weise gelungen.

Geschichtliches. Die Entwicklung der M. begann im Altertum im wesentlichen mit der Statik durch Aristoteles und Archimedes; sie wurde erst im 16. Jh. von Leonardo da Vinci und Stevin wieder bereichert. Die Entwicklung der Kinematik begann mit der Beschreibung der Planetenbewegung durch Kepler; die Dynamik setzte erst mit der Behandlung des freien Falls und der Trägheit der Körper durch Galilei ein. Die M. des Massepunktes wurde durch Newton mit der Aufstellung der Newtonschen Axiome und deren Anwendung auf die Bewegung der Himmelskörper gekrönt. Die Ausdehnung auf die Bewegung der Massepunktsysteme und des starren Körpers erfolgte im wesentlichen durch Euler und d'Alembert.

Die abstrakte analytische Behandlung mechanischer Probleme wurde durch Lagrange begründet und in der Folgezeit von Poisson, Gauß, Jacobi, Hamilton, H. Hertz, Maupertuis, Hölder, Routh und Appell fortgesetzt; die anschaulich-geometrischen Untersuchungen wurden von Poinsot und Chasles begonnen.

Die Begründung der Relativitätsmechanik erfolgte durch Einstein im Jahre 1905, nachdem Poincaré und Lorentz Vorarbeit geleistet hatten. Die Entwicklung der Quantenmechanik begann mit der Quantenhypothese Plancks im Jahre 1900; sie wurde von Bohr, Sommerfeld und de Broglie wesentlich vorangetrieben, bis schließlich 1926/1927 Schrödinger, Heisenberg, Born und Jordan ihr die heute gültige Gestalt gaben.

Lit. Budó: Theoretische M. (6. Aufl. Berlin 1971); Flügge: Lehrb. der theoretischen Physik, Bd I (Berlin, Göttingen, Heidelberg 1961); Grimsehl: Lehrbuch der Physik Bd I (21. Aufl. Leipzig 1971); Hamel: Theoretische M. (Berlin 1949); Hund: Lehrb. der theoretischen Physik, Bd I (5. Aufl. Stuttgart 1962); Joos: Lehrb. der theoretischen Physik (12. Aufl. Frankfurt/M 1970); Kompanejez: Theoretische Physik (Leipzig 1969); Landau u. Lifschitz: Lehrb. der theoretischen Physik, Bd I (Braunschweig 1970); Macke: M. der Teilchen, Systeme und Kontinua. Ein Lehrb. der theoretischen Physik (3. Aufl. Leipzig 1967); Recknagel: Physik-M. (8. Aufl. Würzburg 1966); Sommerfeld: Vorlesungen über theoretische Physik, Bd I (8. Aufl. Leipzig 1968); Weizel: Lehrb. der theoretischen Physik Bd I (3. Aufl. Berlin, Göttingen, Heidelberg 1963).

mechanische Ähnlichkeit, *dynamische Ähnlichkeit*, Analogie zweier mechanischer Systeme S und S', wenn ihre Bahnkurven geometrisch ähnlich sind und sich die Zeitdifferenzen t und t' für das Durchlaufen ähnlicher Abschnitte der Bahnkurven verhalten wie $t/t' = (l/l')^\lambda$, wobei l/l' das Verhältnis der linearen Abmessungen der beiden Bahnkurven ist. Die m. Ä. tritt auf für konservative Systeme, wenn die potentielle Energie U eine homogene Funktion der Koordinaten q_i vom Grade k ist, d. h., $U(\alpha q_i) = \alpha^k U(q_i)$. Die Lagrange-Funktion des mechanischen Systems multipliziert sich lediglich mit dem konstanten Faktor α^k, der die Bewegungsgleichungen nicht beeinflußt, wenn man die Transformation $q_i \to \alpha q_i$, $t \to \beta t$ mit $\beta = \alpha^\lambda$, $\lambda = 1 - k/2$ ausführt. Die Invarianz der Bewegungsgleichungen bei dieser Transformation bedeutet, daß mit $q_i(t)$ zugleich $\alpha q_i(t/\beta)$ Lösung dieser Gleichungen ist.

Im Falle der Wechselwirkungen zweier Massen bzw. Ladungen über das Newtonsche Gravitationsgesetz bzw. das Coulombsche Gesetz ist $U \sim 1/r$, wobei r der gegenseitige Abstand beider Teilchen ist. Daher gilt $U(\alpha r) = \alpha^{-1} U(r)$, so daß $k = -1$, $\lambda = 3/2$ sowie $t/t' = (l/l')^{3/2}$ gilt, dies entspricht der Aussage des dritten → Kepler-Gesetzes. Ein anderes Beispiel ist die für ein konstantes homogenes Kraftfeld, z. B. das Schwerefeld der Erde in der Nähe der Erdoberfläche, folgende Tatsache, daß die Quadrate der Fallzeiten beim freien Fall dem durchfallenen Weg proportional sind, d. h., $t^2 \sim s$.

mechanische Energie, → Energie.

mechanische Impedanz, in der Akustik der Quotient aus Schalldruck und Schallschnelle. Einheit ist das mechanische Ohm (→ Ohm 3).

mechanisches Ohm, → Ohm 3).

mechanisches Potential, → Potential.

mechanisches System, Massepunkte und starre Körper sowie deren System mit einer endlichen Anzahl von Freiheitsgraden. Zwischen den Massepunkten eines mechanischen S.s können Bindungen bestehen, die gewöhnlich als reibungsfrei angesehen werden und zu Zwangs- oder Reaktionskräften Anlaß geben, die bei virtuellen Verrückungen keine Arbeit leisten. Je nach der Art der → Bindungen heißt das System *holonom* bzw. *anholonom* oder *nichtholonom*, *skleronom* (starr) bzw. *rheonom* (fließend). Ein skleronomes m. S. heißt *konservativ*, wenn die eingeprägten Kräfte konservativ sind, d. h. ein rein ortsabhängiges Potential haben.

Der Zustand eines abgeschlossenen mechanischen Systems zur Zeit t ist durch die Angabe der verallgemeinerten Koordinaten $q_i(t)$ ($i = 1, 2, \ldots, f$, wobei f die Anzahl der Freiheitsgrade ist) und der zu diesen kanonisch konjugierten (verallgemeinerten) Impulse $p_i(t)$ bestimmt. Er hängt für ein abgeschlossenes m. S. auf Grund der Erhaltung von Energie, Impuls, Drehimpuls und Schwerpunktsbewegung für das Gesamtsystem wesentlich von den Werten dieser Größen ab. Der Zustand zu einem späteren Zeitpunkt $t' > t$ folgt aus den Bewegungsgleichungen des mechanischen S.s, die sich aus den Prinzipen der Mechanik ergeben.

Die Untersuchung der Bewegung eines mechanischen S.s erfolgt gewöhnlich in folgenden Schritten: 1) Untersuchung der Bindungen, 2) Wahl geeigneter verallgemeinerter Koordinaten, 3) Bestimmung der eingeprägten Kräfte und Bestimmung der verallgemeinerten Kräfte (→ verallgemeinerte Koordinaten), 4) Aufstellung der Gleichgewichtsbedingungen bzw. Bewegungsgleichungen, 5) Integration der Bewegungsgleichungen und 6) physikalische Interpretation der gewonnenen mathematischen Ergebnisse (→ Axiomensystem).

Man nennt die Bewegung eines mechanischen S.s *endlich*, wenn die q_i und p_i betragsmäßig stets endlich bleiben, d. h., wenn $|q_i(t)| < \infty$ und $|p_i(t)| < \infty$ für alle t gilt; anderenfalls wird die Bewegung *unendlich* genannt. Beispiel einer endlichen Bewegung ist die stets auf elliptischer Bahn verlaufende Planetenbewegung, während die Kometenbewegung parabolisch oder hyperbolisch verläuft und daher unendlich ist. In der Quantenmechanik sind die analogen Beispiele die gebundene Bewegung der Elektronen im Atom bzw. die Streuung von Elektronen an Protonen oder Atomkernen.

Die Bewegung mechanischer S.e ist im allgemeinen *aperiodisch*, d. h., das System erreicht im Laufe der Zeit einen bereits durchlaufenen Zustand nicht noch einmal. Ein einfaches Beispiel hierfür ist die Bewegung eines anisotropen Oszillators bei nichtrationalem Verhältnis ω_1/ω_2 der beiden Eigenfrequenzen ω_1 und ω_2.

Die *periodische Bewegung* eines mechanischen S.s von einem Freiheitsgrad teilt man in zwei Klassen ein: 1) *Librationsbewegungen*, bei denen die Phasenbahn eine geschlossene Kurve im zweidimensionalen Phasenraum ist und daher $q(t + T) = q(t)$ und $p(t + T) = p(t)$ für eine bestimmte Periodendauer T gilt (Abb. 1), 2) *Rotationsbewegungen*, bei denen p eine periodische Funktion von q ist und daher $p(q_1 + q_0) = p(q_1)$ gilt (Abb. 2). In beiden Fällen ist das über eine volle Periode erstreckte Phasenintegral $I = \oint p \, dq$ konstant. Der Grenzfall zwischen Li-

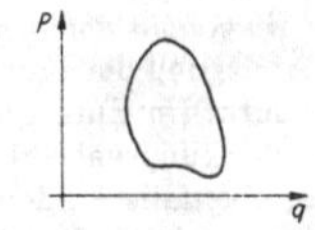

1

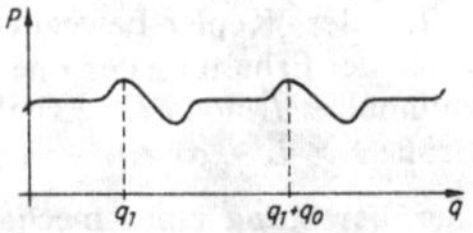

2

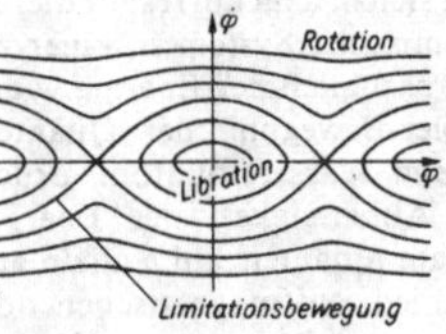

3

mechanisches System

brations- und Rotationsbewegung ist die *Limitationsbewegung*. Diese Typen der Bewegung sind für das Kreispendel (→ Pendel) realisiert, wobei q und p durch φ und $\dot\varphi$ vertreten sind (Abb. 3); die Limitationsbewegung verläuft durch $\varphi = \pi$, wobei dieser Punkt erst im Limes einer unendlich langen Zeit erreicht wird.

Man nennt eine Bewegung *bedingt periodisch*, wenn nach einer hinreichend langen Zeit ein dem ursprünglichen Zustand beliebig benachbarter eingenommen wird; dies ist für *ergodische* bzw. *quasiperiodische* (*fastperiodische*) Bewegungen der Fall; bei denen das mechanische S. jeden Punkt der durch die Bedingung E = konst. im Phasenraum ausgezeichneten Hyperebene erreicht bzw. ihm beliebig nahe kommt (Ergodenhypothese, → Statistik).

Bei endlichen Bewegungen des mechanischen S.s kann Periodizität bezüglich einer oder auch mehrerer Koordinaten q_i vorliegen, d. h., in den von q_i und p_i aufgespannten Phasenebenen (i beliebig fest) findet jeweils eine Librations- oder Rotationsbewegung statt. Dann verringert sich die Anzahl der unabhängigen Phasenintegrale oder *Wirkungsvariablen* $I_i = \frac{1}{2\pi} \oint p_i \, dq_i$, wobei die Integration über einen vollen „Hin- und Hergang" des endlichen Variabilitätsbereichs Δq_i von q_i zu erstrecken ist: Die Energie E des mechanischen Systems hängt dann nämlich nicht mehr von den I_i direkt, sondern nur von der Summe $n_1 I_1 + n_2 I_2 + \cdots$ bzw. im allgemeinen Fall von $\sum_{j=1}^{r} n_j I_j$ ab; man nennt eine solche Bewegung *entartet*, und die Grundfrequenzen $\omega_i = \partial E/\partial I_i$ sind kommensurabel, d. h., es ist $\omega_1/\omega_2 = n_1/n_2$ mit ganzzahligem n_1 und n_2. Bei vollständiger Entartung ist die Bewegung streng periodisch. Der Grad der Entartung wird durch die Zahl s der Grundfrequenzen ω_i bestimmt, die sich rational durch die übrigen ausdrücken lassen. Ein m. S. bzw. eine Bewegung heißt dann *s-fach entartet* oder *$(f - s)$-fach periodisch*, wobei f die Anzahl der Freiheitsgrade ist. Die Wirkungsvariablen I_i sind insgesamt f eindeutige Bewegungsintegrale. Die übrigen $f - 1$ nichteindeutigen Bewegungsintegrale lassen sich als Differenzen $w_i \omega_k - w_k \omega_i$ angeben, wobei $w_i = (\partial E/\partial I_i) \cdot t +$ konst. die *Winkelvariablen* sind und sich bei einer vollen Änderung der Koordinaten q_i jeweils um 2π ändern. Im Entartungsfall lassen sich neben den f Wirkungsvariablen I_i noch insgesamt s weitere, ebenfalls eindeutige Bewegungsintegrale angeben; ein Beispiel ist $\sin(w_i n_k - w_k n_i)$. Bei der Kepler-Bewegung ergibt sich daher neben der Erhaltung der Energie E und des Drehimpulses $\vec{L}$ noch ein Erhaltungssatz für die Größe $\vec{v} \times \vec{L} - \alpha \vec{r}/r$.

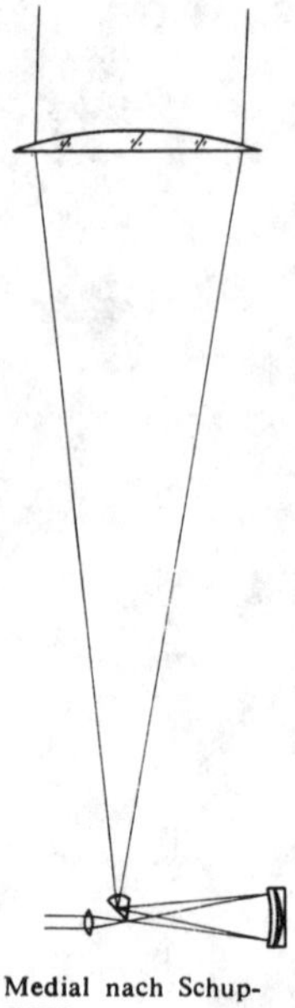

Medial nach Schupmann

Die Entartung der Bewegung eines mechanischen S.s spiegelt sich in dem korrespondierenden quantenmechanischen System in einer zufälligen Entartung bezüglich der Energie wider. Im Fall der Kepler-Bewegung der Quantenmechanik, d. h. beim Wasserstoffatom, drückt sich dies in der Abhängigkeit der Energieniveaus von der Hauptquantenzahl n allein aus, während die verschiedenen magnetischen oder Nebenquantenzahlen der Elektronen m bzw. l nicht eingehen, d. h., $E_{nlm} = E_n$. Die Größen I_i sind bei der Bewegung eines endlichen abgeschlossenen mechanischen S.s konstant, d. h., sie sind Integrale der Bewegung. Ist das mechanische S. nicht abgeschlossen, sondern ändert es sich unter dem Einfluß eines äußeren Feldes, jedoch so, daß sich ein diesen Einfluß beschreibender Parameter $\lambda(t)$ adiabatisch ändert, dann sind die I_i konstant und heißen ***adiabatische Invariante***. Diese Aussage wird als *Adiabatensatz* bezeichnet. Die besagte Änderung ist adiabatisch, wenn die Zeit, während der sich λ wesentlich ändert, groß gegenüber derjenigen Zeit T ist, während der das mechanische S. auf Grund seiner bedingten Periodizität dem ursprünglichen Zustand nahekommt. Für eine eindimensionale endliche Bewegung bedeutet daher die adiabatische Invarianz, daß eine Funktion $I = I(E, \lambda)$ existiert, die bei der Bewegung des mechanischen S.s ungeändert bleibt, dies ist gerade die Wirkungsvariable.

mechanisches Wärmeäquivalent, → Energieäquivalent.

mechanische Wärmetheorie, → kinetische Theorie, Abschn. Geschichtliches.

mechanokalorischer Effekt, Erscheinung, daß durch eine Druckdifferenz zwischen zwei mit supraflüssigem Helium II gefüllten Behältern, die durch eine Kapillare verbunden sind, eine Temperaturdifferenz hervorgerufen wird. Der Behälter unter höherem Druck hat dabei die höhere Temperatur. Der mechanokalorische E. ist die Umkehrung des → thermomechanischen Effektes.

Medial, ein → Fernrohr nach L. S. Schupmann mit Linsenobjektiv, Kompensationssystem und Okular. Das Kompensationssystem besteht aus einem Linsenspiegel oder einem Linsen-Spiegelsystem und einem 90°-Umlenksystem (→ Brachy-Medial).

Medium, allgemein Mittel, Träger bestimmter Eigenschaften; in der Kontinuumphysik im Gegensatz zum Vakuum, dem leeren Raum, der stofferfüllte Raum als Träger z. B. elastischer Wellen. Wie die Ausbreitung elektromagnetischer Wellen im Vakuum beweist, ist für diese kein M. erforderlich. Das gilt auch für Gravitations- und Materiewellen.

Meereskunde, svw. Ozeanologie.

Meeresströmungen, horizontale Wasserversetzungen in den Weltmeeren. M. werden ausgelöst durch die an der Meeresoberfläche wirkende Schubkraft des Windes, durch innere und äußere Druckkräfte sowie durch die gezeitenerzeugenden Kräfte. Die vorhandenen M. unterliegen dem Einfluß der ablenkenden Kraft der Erdrotation und der Reibung.

Die Schubkraft des Windes beruht darauf, daß die Luft nicht über der Wasseroberfläche dahingleitet, sondern eine Reibung ausübt und das Oberflächenwasser nachschleppt. Durch innere turbulente Reibung wird die Bewegung eines dünnen Oberflächenfilms auf die darunterliegenden Schichten übertragen. Der für den theoretischen Fall eines unbegrenzten Meeres ohne Schichtung und eines beständigen Windes abgeleitete Triftstrom würde auf der Nordhalbkugel an der Meeresoberfläche eine um 45° nach rechts von der Windrichtung abweichende Bewegung mit etwa 1,5% der Windgeschwindigkeit haben. Mit zunehmender Tiefe dreht die Strömung weiter nach rechts, und die Geschwindigkeit nimmt ab.

Die inneren Druckkräfte im Meer entstehen durch Druckunterschiede, die von horizontalen Unterschieden der Temperatur und des Salzgehaltes bedingt werden, sowie durch horizontale Druckunterschiede infolge eines windbedingten Wasseranstaus. Die äußeren Druckkräfte beruhen auf Änderungen des Luftdrucks. Die Druckkräfte äußern sich in einer Neigung der Meeresoberfläche oder der Flächen gleichen Druckes senkrecht zur Strömungsrichtung. Diese Neigungen sind aber nur sehr klein. Sie betragen selbst im Golfstrom, einer der stärksten M., nur 1 m auf 100 km Entfernung. Im Unterschied zu dem auf die oberflächennahen Schichten beschränkten Triftstrom erfassen die durch die

Druckkräfte erzeugten Gradientströmungen auch tiefere Wasserschichten.

Bei den M. unterscheidet man Oberflächen- und Tiefenströmungen. Die *Oberflächenströmungen* bilden die großen planetarischen Strömungssysteme in den einzelnen Ozeanen. Hierzu gehören westwärts gerichtete Äquatorialströmungen in den niederen Breiten, polwärts gerichtete Strömungen vor den Ostküsten der Kontinente, z. B. der Golfstrom im Atlantik oder der Kuroshio im Pazifik, ostwärts gerichtete Strömungen in den mittleren Breiten, die meist schwächer ausgebildet sind, und schließlich äquatorwärts gerichtete Strömungen an den Westküsten der Kontinente, z. B. der Humboldtstrom. Im Indischen Ozean kommt es in den niederen Breiten als Folge der Monsunwinde im Gegensatz zu den anderen Ozeanen zu einer jahreszeitlichen Umstellung der Oberflächenströmungen.

Die in der Tiefsee auftretende Tiefenzirkulation ist bisher nur teilweise untersucht. Die vorliegenden Forschungsergebnisse lassen deutlich den Austausch von Wassermassen zwischen den polaren und tropischen Gebieten erkennen.

Durch den Transport von unterschiedlich temperierten Wassermassen, z. B. von Warmwasser in den Ausläufern des Golfstromsystems oder von Kaltwasser im Humboldtstrom, können die M. in Verbindung mit einer entsprechenden Luftzirkulation die klimatischen Verhältnisse des angrenzenden Festlandes beeinflussen.

Zur direkten Messung der M. dienen → Strömungsmesser. Strömungsmessungen sind jedoch sehr aufwendig, da die Schaffung eines Bezugspunktes schwierig ist. Der größte Teil der Kenntnisse über das planetare System der M. wurde auf indirektem Wege gewonnen.

Meereswellen, wellenförmige Bewegungen im Meer. M. werden hauptsächlich durch den Wind, aber auch durch Luftdruckänderungen, durch die gezeitenerzeugenden Kräfte, durch Erdbeben und durch Vulkanausbrüche hervorgerufen. An den Grenzflächen von Wassermassen unterschiedlicher Dichte im Meer entstehen interne Wellen. Die Perioden der M. reichen von Sekunden bis zu Tagen und können in dem folgenden Spektrum angeordnet werden.

Bezeichnung	angeregt durch	Periode
Kapillarwellen Ultra-Schwerewellen	Wind	bis 1 s
Gewöhnliche Schwerewellen: Windsee Dünung	Wind	 1…≈12 s 10…≈30 s
Infra-Schwerewellen	Wind, gewöhnliche Schwerewellen	0,5…5 min
langperiodische Wellen: Seiches, Tsunami	Wind und Luftdruckänderungen, Erdbeben	5 min… mehrere Stunden
Gezeitenwellen	Mond, Sonne	12, 24 h
Trans-Gezeitenwellen	Stürme, Sonne und Mond	größer als 24 h

Ferner unterscheidet man Tiefwasser- und Seichtwasserwellen. Bei den *Tiefwasserwellen* ist die Wellenlänge klein im Vergleich zur Wassertiefe, die Wellenbewegung nimmt mit der Tiefe ab. Beispiele sind die Windsee und die Dünung. Bei den *Seichtwasserwellen* oder *langen Wellen* ist die Wellenlänge groß im Vergleich zur Wassertiefe; die Wellenbewegung erfaßt die ganze Wassersäule. Beispiele sind Brandungswellen, die Gezeiten des Meeres und die Tsunami.

Von besonderer Bedeutung ist der *Seegang*, d. s. die winderzeugten M. an der Meeresoberfläche. Hierzu gehören die *Windsee*, bei der die Wellen noch unter dem Einfluß des erregenden Windes stehen, die → Dünung und die → Brandung. Der genaue Mechanismus für die Entstehung der winderzeugten M. ist noch nicht geklärt. Unter dem Einfluß des Windes entstehen zunächst kleine Kapillarwellen, die nur durch die Oberflächenspannung des Wassers bestimmt werden. Bei den größeren Schwerewellen überwiegt dann als Richtkraft der Schwingung die Schwerkraft. Unter dem anhaltenden Einfluß des Windes entstehen zunächst kurze, steile Wellen, deren Fortpflanzungsgeschwindigkeit kleiner ist als die Windgeschwindigkeit. Sie werden instabil und brechen über. Infolge ständiger Energiezufuhr durch den Wind bilden sie sich immer wieder neu. Da die Geschwindigkeit der Wellen von ihrer Länge abhängt, wandern längere Wellen schneller und überholen die kürzeren, die beim Überbrechen ihre Energie auf sie übertragen. Die Windsee wächst an. Ihre Eigenschaften hängen im wesentlichen davon ab, wieviel Energie durch den Wind auf die obersten Wasserschichten übertragen wird. Diese Energiezufuhr wird bestimmt von der Windgeschwindigkeit und von der Dauer der Windeinwirkung oder der Streichlänge, über die der Wind weht. Sind schließlich Energiezufuhr und Energiedissipation z. B. durch das Überbrechen gleich, so ist der Seegang ausgereift.

Infolge der auftretenden Unregelmäßigkeiten der winderzeugten Wellen läßt sich der Seegang nur statistisch beschreiben.

Lit. Pflugbeil, Schäfer, Walden: Wellenbeobachtungen von deutschen Bordwetterwarten im Nordsee-Bereich 1957–1966 (Hamburg 1971); Walden: Der Seegang und seine Vorhersage, in: Erforschung des Meeres (Frankfurt/M. 1970).

Meerwasser, das in den offenen Weltmeeren vorhandene Wasser, eine Lösung von Salzen (hauptsächlich Natriumchlorid NaCl, Magnesiumchlorid $MgCl_2$, Magnesiumsulfat $MgSO_4$ und Kalziumsulfat $CaSO_4$). Der Salzgehalt des M.s ist weitaus höher als der des Süßwassers des Binnenlandes; er beträgt in den offenen Ozeanen etwa 35‰, in der Ostsee 6 bis 12‰ und im Mittelmeer etwa 38‰. Die anomalen physikalischen Eigenschaften des reinen Wassers, die sich letztlich aus dem unsymmetrischen Bau des Wassermoleküls herleiten, sind auch dem M. eigen. So sind die thermischen Grundwerte des Wassers, wie spezifische Wärme, Schmelz- und Verdunstungswärme, ungewöhnlich hoch. Auf Grund der hohen spezifischen Wärme ist Wasser der beste Wärmespeicher, so daß in den → Meeresströmungen ein großer Wärmetransport erfolgt. Im M. bleiben die Anomalien des reinen Wassers erhalten, sie werden lediglich abgewandelt. Teilweise sind die Auswirkungen bedeutungslos, wie bei der Zähigkeit, Oberflächenspannung, Wärmeleitfähigkeit, spezifischen Wärme, Verdunstungswärme und Lichtabsorption; teilweise sind sie wichtig, wie bei der Zusammendrückbarkeit und der Schallgeschwindigkeit. Entscheidend sind die Änderungen bei der Temperatur des Dichtemaximums, bei der Gefrierpunkterniedrigung, bei dem osmotischen Druck und bei der elektrischen Leitfähigkeit.

Die Dichte des M.s hängt ab von der Temperatur, dem Salzgehalt und — da das Wasser etwas zusammendrückbar ist — auch vom Druck. An der Meeresoberfläche kommen nach den Beobachtungen Dichtewerte zwischen 0,9960 und 1,0283 g/cm³ vor. Die Dichteverteilung bestimmt die inneren Druckkräfte im Meer und damit die Zirkulationsvorgänge. Daher gehört die Dichte zu den wichtigsten Grundgrößen der Ozeanologie. Die Temperatur, bei der das Dichtemaximum eintritt, verringert sich mit steigendem Salzgehalt. Bei einem Salzgehalt von 24,7‰ beträgt sie −1,33 °C und fällt mit dem Gefrierpunkt des M.s zusammen. Bei höheren Salzgehalten liegt die Temperatur unterhalb des Gefrierpunktes, d. h., bei einem Salzgehalt von über 24,7‰ verhält sich M. beim Gefrieren anders als Süßwasser. Im M. bleibt der vertikale Austausch bis zum Gefrierpunkt erhalten, d. h., die gesamte Wassersäule muß sich bis zum Gefrierpunkt abkühlen, ehe das M. gefriert. Damit kommt der Wärmeinhalt einer ozeanischen Wassersäule bei Abkühlung der Atmosphäre zugute.

Der osmotische Druck hängt sehr stark vom Salzgehalt des M.s ab. Während er in Ostseewasser von 7‰ Salzgehalt 4,5 at ist, beträgt er im Ozean bei 34‰ 23,1 at. Der osmotische Druck beeinflußt die Zellflüssigkeiten der Lebewesen, woraus sich die enge Verknüpfung der Flora und Fauna im Meer mit bestimmten Salzgehalten im Meer erklärt.

Die im M. gelösten Salze sind fast völlig dissoziiert. Daher ist M. ein guter elektrischer Leiter, dessen Leitfähigkeit mit steigendem Salzgehalt stark zunimmt. Diese Abhängigkeit der Leitfähigkeit wird zur Bestimmung des Salzgehalts ausgenutzt, → Bathysonde.

Geschwindigkeit, Brechung und Absorption des Schalls im M. bestimmen die Schallausbreitung im Meer. Ihre Kenntnis ist von besonderem Interesse für die akustischen Ortungsverfahren, wie Echolot und Sonar. Die Schallgeschwindigkeit im M. ist von Temperatur, Salzgehalt und Druck abhängig und liegt an der Meeresoberfläche zwischen den Extremen 1400 m/s im Finnischen Meerbusen und 1550 m/s im Roten Meer.

Die optischen Eigenschaften des M.s bestimmen die Eindringtiefe und die spektrale Zusammensetzung des Lichtes im Meer und damit die Wassertemperatur, die Farbe des M.s und die biologisch wichtige Assimilationsgrenze der Planktonalgen. Die Lichtbrechung hängt ab von Temperatur und Salzgehalt. Lichtabsorption und Lichtstreuung, die zusammen für die Extinktion oder Schwächung des einfallenden Lichtes verantwortlich sind, hängen stark von der Wellenlänge des Lichtes ab. Der langwellige Teil des Spektrums wird sehr rasch absorbiert, kurzwellige Strahlung kann tiefer ins Meer eindringen. Die Farbe des Meeres entspricht dem Wellenlängenbereich des Lichtes, in dem das Verhältnis von Streuung und Absorption des einfallenden Lichtes ein Maximum hat. Das ist in reinem M. bei 470 nm, d. h. im Kobaltblauen der Fall. Durch gelöste Humusstoffe, Plankton und Schwebstoffe kommt es zu Farbverschiebungen.

Mega, M, Vorsatz vor Einheiten mit selbständigem Namen = 10^6, → Vorsätze.

Megawatt-Tag je Tonne, MWd/t, in der Reaktorphysik gebräuchliche Maßeinheit für die *Energiemenge*, die je Tonne Kernbrennstoff im Reaktor nutzbar freigesetzt wird.

Mehrebenenschaltung, eine aus mehreren Schichten bestehende → gedruckte Schaltung.

Mehrelektronenanregung, *Mehrfachanregung*, in der Atomhülle der Übergang aus dem Grundzustand in einen angeregten Zustand mit einer Elektronenkonfiguration, in der zwei oder mehr Elektronen energetisch höher gelegene Einteilchenzustände als im Grundzustand besetzen. Diese Elektronen werden als → Leuchtelektronen bezeichnet. Durch M. entstehen vor allem hoch angeregte Zustände.

Mehrfachbindung, eine kovalente Bindung zwischen zwei Atomen, an der außer einer σ-Bindung (→ Sigma-Bindung) ein oder zwei π-Bindungen (→ Pi-Bindung) beteiligt sind. Die *Doppel-* oder *Zweifachbindung* enthält neben der σ-Bindung nur eine π-Bindung, die *Dreifachbindung* dagegen zwei π-Bindungen. Die Beschreibung der Bindungsorbitale kann auf zweierlei Art erfolgen: 1) mit Hilfe des Tetraedermodells. Für eine Doppelbindung sind von jedem der beteiligten Atome zwei Valenzorbitale erforderlich, die als Tetraederorbitale angenommen werden und nach zwei Ecken eines Tetraeders weisen (→ Tetraedervalenz). Diese zwei Ecken bilden mit zwei Tetraederecken des anderen Atoms eine gemeinsame Kante, so daß die Doppelbindung durch zwei gebogene Einfachbindungen dargestellt wird. Hieraus folgen die ebene Anordnung der Doppelbindungsatome mit ihren vier Liganden und die Behinderung der Drehbarkeit um die Doppelbindung. In einem Molekül vom allgemeinen Typ ABX=YCD sollten nach dem Tetraedermodell die Winkel AXY, CYX usw. ungefähr 125° und die Winkel AXB und CYD etwa 109° betragen (Abb. 1). Die Dreifachbindung wird durch ein

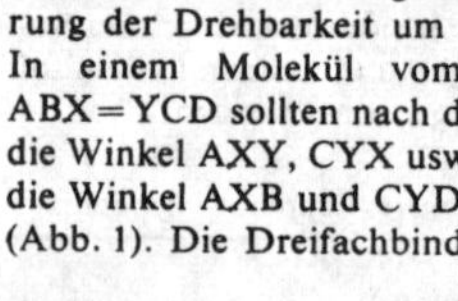

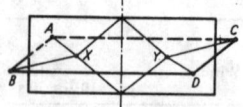

1 Tetraedermodell der Doppelbindung

Modell veranschaulicht, in dem die beiden durch Tetraederorbitale aufgespannten Tetraeder eine gemeinsame Grundfläche haben. Daraus folgt in Übereinstimmung mit der Erfahrung, daß die beiden Dreifachbindungsatome und ihre zwei Liganden linear zueinander angeordnet sind. Die Beschreibung der M. durch das Tetraedermodell weist einige Mängel auf, indem sich zu kleine Bindungslängen ergeben und sich die im Vergleich zu den Einfachbindungen abweichenden physikalischen Eigenschaften, z. B. Lichtabsorption und Polarisierbarkeit sowie die für M.en charakteristische Reaktionsfähigkeit, nicht erklären lassen. 2) auf quantenmechanischer Grundlage. In einem Molekül vom Typ ABX=YCD hat jedes der Atome X und Y einen Satz von je drei Hybridfunktionen mit sp^2-Charakter, die aus den s-, p_x- und p_y-Atomorbitalen zusammengesetzt sind (→ Hybridisation). Zwei Hybridfunktionen jedes Satzes werden benutzt, um Bindungen mit den Atomen A und B bzw. C und D zu bilden. Die dritte Hybridfunktion dient zur Bildung einer σ-Bindung zwischen den Atomen X und Y. Die verbleibenden p_z-Bahnfunktionen am X- und Y-Atom kombinieren unter Bildung einer π-Bindung (Abb. 2). Mit

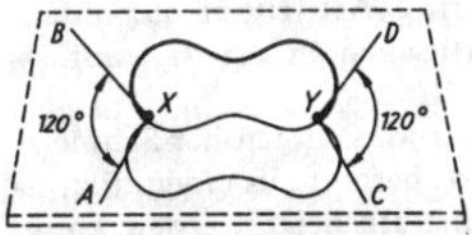

2 π-Elektronenmodell der Doppelbindung

Hilfe der → Methode der Molekülzustände läßt sich bestätigen, daß bei der Drehung eines der beiden Molekülteile um die X=Y-Bindung die Überlappung der π-Elektronen abnimmt. Das bedeutet, daß die ebene Atomanordnung und die parallele Stellung der atomaren π-Orbitale energetisch am günstigsten sind. Abweichungen von der bei sp^2-Hybridisation zu erwartenden Bindungswinkel von 120° werden auf den unterschiedlichen Einfluß der Atome A, B, C und D zurückgeführt. Wegen der zusätzlichen π-Bindungsenergie ist die X=Y-Doppelbindung gegenüber der X–Y-Einfachbindung verkürzt; z. B. beträgt die C=C-Bindungslänge 0,1353 nm, die Bindungslänge der C–C-Einfachbindung dagegen 0,1543 nm. Bei Molekülen vom Typ AX≡YB mit einer Dreifachbindung hat jedes der Atome X und Y zwei sp-Hybridorbitale, durch die je eine σ-Bindung mit den Atomen A und B sowie die σ-Bindung zwischen X und Y gebildet werden. Die an den Atomen X und Y verbleibenden p_y- und p_z-Atombahnen, deren Achsen miteinander einen rechten Winkel bilden und senkrecht zur Achse der sp-Hybridorbitale stehen, überlappen unter Bildung zweier π-Bindungen. Die Bindungslänge der C≡C-Dreifachbindung beträgt 0,1207 nm. Die charakteristische Ladungsverteilung der π-Elektronen erklärt die physikalischen Besonderheiten, die bei Molekülen mit M.en auftreten. Die große Polarisierbarkeit der M.en ist auf die leichte Verschiebbarkeit der π-Elektronen unter dem Einfluß elektrischer Felder zurückzuführen. Infolge der lockeren Bindung der π-Elektronen absorbieren Mehrfachbindungssysteme im Vergleich zu gesättigten Verbindungen im längerwelligen Gebiet des Spektrums und benötigen eine bedeutend geringere Ionisierungsenergie als die σ-Bindungselektronen einfacher Bindungen.

Mehrfachempfang, *Diversityempfang*, ein in der kommerziellen Empfangstechnik im KW-Bereich übliches Verfahren, das dazu dient, durch Mehrfachempfang die vor allem im Überseeverkehr auftretenden, durch selektiven Schwund bedingten Empfangsstörungen zu verbessern. Die Verbesserung wird durch gleichzeitige mehrfache Aufnahme der Nachricht mit verschiedenen Übertragungsbedingungen erreicht. Man unterscheidet verschiedene Arten des M.s. Bei der *Raumdiversity* werden zwei oder mehrere Antennen räumlich im Abstand mehrerer Wellenlängen voneinander entfernt angeordnet. Bei der *Polarisationsdiversity* besitzen zwei Empfangsantennen verschiedene Polarität hinsichtlich des aufgenommenen Feldstärkevektors. Bei der *Frequenzdiversity* wird die Nachricht auf verschiedenen Frequenzen ausgesendet und empfangen.

Die häufigste Methode, die verschiedenen empfangenen Signale auszuwerten, verwendet für *n* Übertragungswege *n* Empfänger; man bezeichnet diese Methode als Mehrfachempfangsverfahren nach dem Empfängerauswahlsystem (*Empfängerdiversity*). Dabei gehen die Empfängerausgänge zu einem Diversityablösegerät, das automatisch den Empfänger mit dem störungsärmsten Ausgangssignal auswählt.

Im Gegensatz dazu ist noch eine Methode gebräuchlich, bei der für *n* Übertragungswege nur ein Empfänger benötigt wird. Diese Methode wird als Mehrfachempfangsverfahren nach dem Antennenauswahlsystem (*Antennendiversity*) bezeichnet. Bei diesem Verfahren wird mit Hilfe von Diodenschaltern die Antenne mit dem störungsärmsten Signal automatisch an den Empfängereingang geschaltet. Dieses Verfahren eignet sich nicht für Frequenzdiversity.

Der M. hat größte Bedeutung für die Telegrafieübertragungen, da dort der Nachrichteninhalt im wesentlichen in einer Frequenz enthalten ist, so daß ein selektiver Schwund dieser Frequenz den vollständigen Verlust der Nachricht bedeutet.

Mehrfachsterne, Gruppen von mehr als 2 Sternen, die infolge ihrer gegenseitigen Anziehung eine physische Einheit bilden, → Doppelstern.

Mehrfachstoß, → Stoß.

Mehrfachstreuung, → Streuung, → ionisierende Strahlung 2.3).

Mehrkanalanalysator, svw. Vielkanalanalysator.

Mehrkanalstreuung, → Streuexperiment.

Mehrkörperkräfte, Wechselwirkungen, bei denen sich die Kraft auf ein Teilchen nicht mehr als Summe zweier Wechselwirkungen schreiben läßt, das Superpositionsprinzip für das Kraftfeld also verletzt wird. Die potentielle Energie hat dann die Form $V = \sum_{i<j} v_{ij} + \sum_{i<j<k} v_{ijk} + \cdots$, wobei der erste Anteil die üblichen Paarwechselwirkungen, der zweite Dreiteilchenwechselwirkungen beschreibt. M. sind gelegentlich für die Nukleon-Nukleon-Wechselwirkung im Atomkern angenommen worden, insbesondere zur theoretischen Erklärung der Absättigung.

Mehrkörperproblem, svw. n-Körperproblem.

Mehrpunktfunktion, → Ausbreitungsfunktion.

Mehrpunktglieder, statische nichtlineare Glieder, deren Eingangsgröße ein beliebiges Signal sein kann, während die Ausgangsgröße nur endlich viele unterschiedliche Zustände annehmen kann. Diese Glieder werden in Regelkreisen vielfältig verwendet und wirken durch ihre Begrenzungseigenschaft vielfach stabilisierend (→

Impulsrelaisregelsystem). Die einfachsten, die *Zweipunktglieder*, lassen sich durch eine *Relais-Kennlinie* beschreiben (Abb.), z. B. die meisten *Schalter*, die Grundbausteine von Schaltsystemen, da an ihrem Ausgang immer die Belegung einer binären Größe entsteht. Beim Aufwärtsfahren und beim Abwärtsfahren der Eingangsgröße unterscheiden sich die Schaltpunkte meist etwas voneinander; man spricht hier von der *Hystereseerscheinung*. Liegt zwischen beiden Schaltzuständen eine Totzone, die zu einem Ruhezustand gehört, so spricht man von einem *Dreipunktglied*. Die Zweilaufglieder der Antriebstechnik haben z. B. eine Totzone, innerhalb derer wegen zu niedriger Spannung der Antrieb nicht läuft, und zwei Zustände, einen des Rechtslaufs und einen des Linkslaufs. Kodescheiben, die für A/D-Wandler verwendet werden und einen stetigen Drehwinkel in einen Digitalkodewert umsetzen, sind ebenfalls als M. gemäß der allgemeinen Definition anzusprechen.

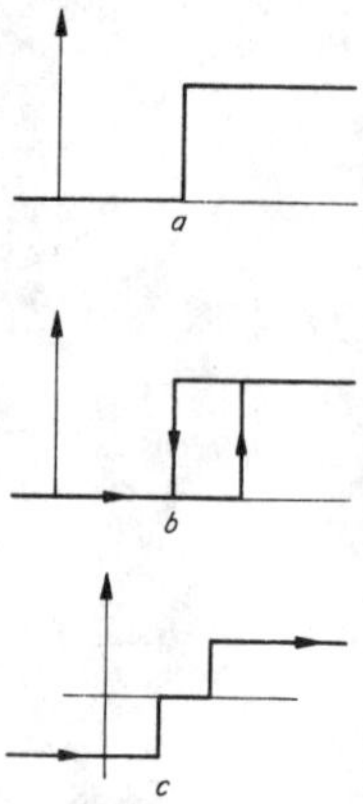

Relaiskennlinien: *a* ideale Relaiskennlinie, *b* Relaiskennlinie mit Hysterese, *c* Relaiskennlinie (Signum) mit Totzone

Mehrschichttransistor, → Transistor.

Mehrstärkenglas, → Augenoptik.

Mehrstrahlinterferenzen, *Vielstrahlinterferenzen*, Interferenzerscheinungen, die an durchsichtig verspiegelten Platten (z. B. Fabry-Perot-Interferometern) durch Zusammenwirken vieler Teilstrahlen entstehen. M. haben einen wesentlich steileren Intensitätsverlauf als Zweistrahlinterferenzen und liefern durch die dadurch exaktere mögliche Lokalisation der Maxima eine höhere Meßgenauigkeit als diese. Die *Mehrstrahlkeilinterferenzen* bilden die Grundlage für spezielle Interferometer und Interferenzmikroskope zur Oberflächenuntersuchung (Tolansky, Abb. 1). Hier sind die einzelnen wirksamen Strahlen wegen der unterschiedlichen Weglängen im allgemeinen nicht phasengleich. Überdies fällt für Interferenz im Punkte D der n-te Teilstrahl um so weiter vom ersten entfernt auf die Keilplatte, je größer Keilwinkel θ und Keildicke sind.

Bei Stufen in Kristallen können Meßgenauigkeiten von $\lambda/500$ des verwendeten Lichtes erzielt werden. Bei großen Keilwinkeln können Verfälschungen dadurch entstehen, daß die Rauhigkeit der Oberfläche zu gering gemessen wird, da die beteiligten Teilstrahlen von zu großen Gebieten der Oberfläche zusammenwirken, über die dann gemittelt wird (Abb. 2a, b, c). In solchen Fällen ist es besser, Zweistrahlinterferenzen zu verwenden und diese mit Äquidensiten auszuwerten.

Mehrstrahlröhre, → Katodenstrahlröhre.

Mehrtreffervorgang, → biologische Strahlenwirkung.

Meile, altes Entfernungsmaß, entstanden aus dem lateinischen milia passuum = 1000 Doppelschritte ≈ 6000 m = 6 km; später 15ter Teil des Äquatorgrades, geographische Meile oder Landmeile. Demgegenüber hatte die M. im metrischen System eine Länge von 7500 m. Sie gilt seit 1873 nicht mehr.

Meißner-Effekt, svw. Meißner-Ochsenfeld-Effekt.

Meißner-Ochsenfeld-Effekt, *Meißner-Effekt*, Erscheinung, daß ein Magnetfeld aus einer Substanz verdrängt wird, die aus dem normalleitenden in den supraleitenden Zustand übergeht. Man findet den M.-O.-E. in Supraleitern 1. Art. In Supraleitern 2. Art tritt er nur unterhalb des unteren kritischen Feldes H_{c1} auf. → Supraleitfähigkeit.

Meldometer, Gerät zur Messung hoher Schmelztemperaturen. Das M. besteht aus einem Platinband, das elektrisch aufgeheizt werden kann. Aus der Wärmeausdehnung des Platinbandes wird gleichzeitig die Temperatur bestimmt.

Membrangleichgewicht, das isotherme Gleichgewicht zwischen zwei Lösungen, die durch eine semipermeable Membran voneinander getrennt sind. Beim osmotischen Gleichgewicht (→ Osmose) ist die Membran ausschließlich für das Lösungsmittel, beim → Donnan-Gleichgewicht für das Lösungsmittel und kleinere Ionen, nicht aber für Ionen kolloider Größenordnung durchlässig.

Membranspannungen, Tangentialspannungen in dünnwandigen Bauteilen, wie Scheiben, Platten, Schalen.

Membrantransportvorgänge, Sammelbezeichnung für alle mit Austausch von Stoffen und Energie verknüpften Transportvorgänge, die zwischen zwei Phasen über eine dritte, die beide voneinander trennt, hinweg erfolgen. Diese dritte Phase hat zumeist eine gegenüber der Flächen- und der Volumenausdehnung der angrenzenden Phasen kleine Schichtdicke und wird gewöhnlich als *Membran* bezeichnet. Ihre physikalische und chemische Struktur kann dabei sehr verschiedenartig sein.

Die Zahl der möglichen Kombinationen ist sehr groß. Die Thermodynamik irreversibler Prozesse führt zu einigen sehr weitgehenden allgemeinen Aussagen, ohne daß Struktur der Membran und Art des Transportprozesses

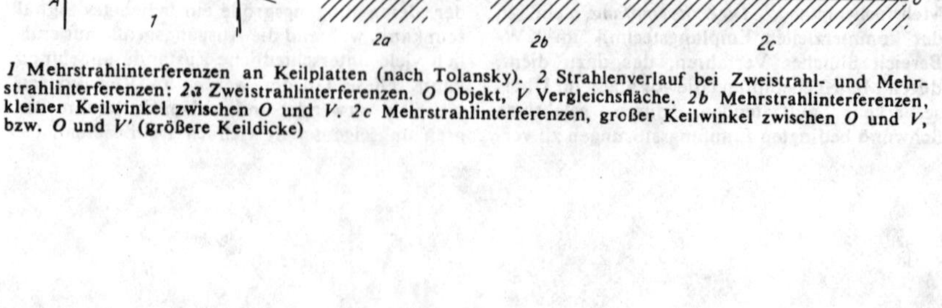

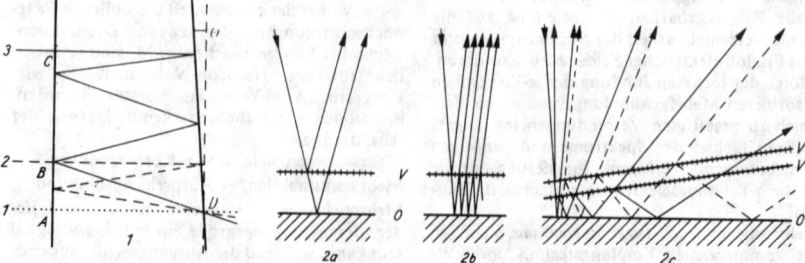

1 Mehrstrahlinterferenzen an Keilplatten (nach Tolansky). *2* Strahlenverlauf bei Zweistrahl- und Mehrstrahlinterferenzen: *2a* Zweistrahlinterferenzen. *O* Objekt, *V* Vergleichsfläche. *2b* Mehrstrahlinterferenzen, kleiner Keilwinkel zwischen *O* und *V*. *2c* Mehrstrahlinterferenzen, großer Keilwinkel zwischen *O* und *V*, bzw. *O* und *V'* (größere Keildicke)

bekannt sein müssen. Eine der wichtigsten Aussagen ist, daß die Durchtrittsgeschwindigkeit oder der Fluß Φ_A einer Teilchensorte A nicht allein vom Gradienten bzw. von der Differenz des chemischen Potentials μ dieser Teilchenart, sondern auch vom Gradienten bzw. von der Differenz aller anderen Teilchenarten abhängt, bei zwei Teilchensorten A und B gilt z. B. $\Phi_A = L_A \Delta\mu_A + L_{AB}\Delta\mu_B$ und $\Phi_B = L_{BA}\Delta\mu_A + L_B\Delta\mu_B$. Nach der Theorie gilt für die phänomenologischen Koeffizienten L: $L_A \geqq 0$; $L_B \geqq 0$; $L_{AB} = L_{BA}$; $L_A L_B \geqq L_{AB}^2$. Das Auftreten eines von Null verschiedenen Wertes von L_{AB} bezeichnet man als *Flußkopplung*. Diese kann bei geeigneten Werten von L_A und L_{AB} dazu führen, daß z. B. Φ_A die entgegengesetzte Richtung aufweist als dem Vorzeichen von $\Delta\mu_A$ entspricht, d. h., daß die Substanz in Richtung wachsender Aktivität bzw. Konzentration wandert. Eine derartige Anreicherung der Substanz wird als *inkongruenter Transport* bezeichnet. Dieser ist im isotherm-isobaren System zwangsläufig mit dem kongruenten Transport einer anderen Substanz gekoppelt. Die Größe $q = L_{AB}/\sqrt{L_A L_B}$ $(-1 \leqq q \leqq 1)$ ist der *Kopplungsparameter*. Besteht zwischen den beiden Phasen ein Druckunterschied Δp, so tritt ein *Volumenfluß* $Q = V_A\Phi_A + V_B\Phi_B$ auf. Für kleine Konzentrationsdifferenzen Δc_A gilt dann z. B. $\Phi_A = \omega_A RT\Delta c_A + c_A(1 - \sigma)\,Q$ und $Q = L_P(\Delta p - \sigma RT\Delta c_A)$.

Der *hydraulische Permeabilitätskoeffizient* L_P bestimmt den von einer Druckdifferenz Δp allein verursachten Anteil des Volumenflusses; ω_A ist der chemische Fluß, d. h. der von der Konzentrationsdifferenz hervorgerufene Fluß, der *chemische Permeabilitätskoeffizient*, R die Gaskonstante und T die absolute Temperatur. Der Volumenfluß Q kann demnach durch Einwirkung einer Druckdifferenz p_0 Null werden, wenn diese gleich $\sigma RT\Delta c$ gewählt wird. Wäre die Membran für die Substanz A impermeabel, so würde (bei kleinem Δc) die Größe $RT\Delta c$ der Differenz der osmotischen Gleichgewichtsdrücke entsprechen; σ ist der Reflexionskoeffizient, der das Verhältnis von „scheinbarem" osmotischem Druck Δp_0 und dem osmotischen Druck angibt, also ein Maß für den osmotisch „wirksamen", d. h. den im Sinne der van't-Hoffschen kinetischen Theorie des osmotischen Druckes an der Membran „reflektierten" Anteil der gelösten, aber permeationsfähigen Moleküle; σ ist konzentrationsabhängig. Für semipermeable Membranen ist $\sigma = 1$, für unselektive $\sigma = 0$. Der Reflexionskoeffizient bestimmt auch das Verhalten einer Mischung bei der Filtration durch eine sehr engporige Membran (→ Ultrafiltration). Für $\sigma = 1$ besteht das Filtrat aus reinem Lösungsmittel, $\sigma = 0$ bedeutet das Ausbleiben einer Filterwirkung. Wenn $\sigma < 1$ wird, so hat das Filtrat eine höhere Konzentration als die filtrierte Lösung; diese als *negativer Filtriereffekt* bezeichnete Erscheinung tritt z. B. bei der Filtration von Salzsäure höherer Konzentration ($c > 0{,}3$ m) an stark basischen Anionenaustauschermembranen ein.

Beim Transport in weitporigen Membranen ist $\sigma = 0$, dagegen $q \neq 0$; es tritt positive Flußkopplung auf. In den Löslichkeitsmembranen, in denen keine Poren vorliegen und der Transport über molekulare Platzwechsel erfolgt, tritt dagegen eine weitgehende Flußentkopplung auf; die permeierenden Teilchen wandern unabhängig voneinander; der Transport ist durch das Produkt aus Verteilungskoeffizient und Diffusionskoeffizient im Membranmaterial bestimmt. Löslichkeitsmembranen aus hochmolekularen Stoffen sind sehr geeignet für Trennprozesse, die auf dieser Kombination von Verteilung (Löslichkeit) und Diffusion beruhen. Bei hohen Konzentrationen an permeierenden, quellend oder lösend wirkenden Substanzen können bei solchen Membranen Strukturumwandlungen auftreten, die zu abnormen Erscheinungen, z. B. zum Auftreten nicht-Fickscher Diffusion, führen.

Eine extrem starke Flußkopplung tritt in solchen Membranen auf, deren Poren so eng sind, daß benachbarte Teilchen in ihnen ihre Plätze nicht mehr vertauschen können (*Transport in einer linearen Kette*, in „intranichtpermutierenden" Membranen).

Bei dem *Trägertransport* erfolgt auf der einen Seite der Membran die Bildung eines Komplexes des Moleküls mit einem auf den Membranbereich beschränkten Träger (Carrier), der das Molekül auf der anderen Seite wieder freisetzt. Maßgebend für die Transportgeschwindigkeit ist entweder die Bildungsgeschwindigkeit des Komplexes oder – vorzugsweise – der in der Membran entstehende Gradient der Komplexkonzentration. Im letzteren Falle tritt ein Sättigungseffekt auf; alle Trägermoleküle liegen oberhalb einer bestimmten Konzentration der aufzunehmenden Moleküle als Komplexe vor, eine weitere Steigerung der Konzentration ergibt somit keine Steigerung des Gradienten in der Membran.

Als *aktiver Transport* wird vorwiegend ein kongruenter oder inkongruenter Transport bezeichnet, der mit einer chemischen Reaktion gekoppelt ist. Diese kann unter anderem dazu dienen, für eine oder mehrere Substanzen eine bestimmte Aktivitätsdifferenz aufrechtzuerhalten, die dann ihrerseits über Flußkopplung für den inkongruenten Transport der betreffenden Substanz sorgt. Bei biologischen Membranen, für die der aktive Transport charakteristisch ist, sind die chemischen Vorgänge jedoch wahrscheinlich in einer vorläufig noch ungeklärten Weise viel enger mit dem aktiven Transport gekoppelt.

Bei Membranen, die im Inneren elektrische Ladungen tragen, z. B. Ionenaustauschermembranen, sind die Flüsse sämtlicher Ionenarten über die elektrischen Felder gekoppelt. Es treten die → elektrokinetischen Erscheinungen auf. An den Grenzflächen der Membranen und z. T. auch im Inneren, z. B. bei heterogen zusammengesetzten Membranen, ergeben sich elektrische Potentialdifferenzen (Diffusions- und verallgemeinerte Donnan-Potentiale). In besonderen Fällen – wenn die Koionen beweglicher als die Gegenionen sind – kann bei bestimmten Konzentrationsverhältnissen die anomale oder negative Osmose (mit negativem Reflexionskoeffizienten) auftreten, die mit einem Volumenfluß aus der konzentrierten in die verdünntere Elektrolytlösung, d. h. mit einem inkongruenten Transport von Wasser, gleichbedeutend ist.

Membranvakuummeter, → Vakuummeter.

Mendelevium, Md, radioaktives, nur künstlich darstellbares chemisches Element der Ordnungszahl 101, ein Transuran. Bekannt sind drei Isotope der Massezahlen 252, 256 und 259. Das längstlebige Isotop ist ^{256}Md mit einer Halbwertszeit von etwa 1,5 Stunden. Es wandelt sich durch K-Einfang zu ^{256}Fm um. M. wurde 1955 von Ghiorso, Harvey, Choppin, Thompson und Seaborg durch die Reaktion ^{253}Es(α, n)^{256}Md erstmals dargestellt.

Menge, Zusammenfassung gewisser Objekte zu einem Ensemble; die Objekte x nennt man Elemente der M. M und schreibt $x \in M$. Eine *endliche M.* enthält nur endlich viele Elemente, z. B. $\{a, b, c\}$ die Elemente a, b und c. Bei unendlichen M.n unterscheidet man zwischen abzählbaren und nichtabzählbaren M.n. Es heißt eine M. genau dann *abzählbar*, wenn sich umkehrbar eindeutig jedem Element der M. eine natürliche Zahl als Index zuordnen läßt. Die Elemente lassen sich dann als eine Folge $\{x_1, x_2, \ldots, x_n, \ldots\}$ schreiben. Zwei M.n M und N heißen *äquivalent* oder von gleicher *Mächtigkeit*, wenn ihre Elemente sich umkehrbar eindeutig einander zuordnen lassen. Daher ist jede abzählbare M. äquivalent zur M. der natürlichen Zahlen. Eine M. M heißt Teilmenge oder Untermenge von N, in Zeichen $M \subseteq N$, wenn für jedes $x \in M$ gilt $x \in N$. $N \supseteq M$ ist dann Obermenge von M.

Die *Vereinigung* $V = M_1 \cup M_2 \cup \ldots$, der M.n $M_1, M_2, \ldots$ wird von den Elementen aller M.n $M_1, M_2, \ldots$ gebildet, jedes ihrer Elemente $x \in V$ gehört mindestens einer der Mengen M_i, $i = 1, 2, \ldots$, an. Der *Durchschnitt* der M.n $M_1, M_2, \ldots$, auch ihr *Mengenprodukt* genannt, ist die M. $D = M_1 \cap M_2 \cap \ldots$, deren Elemente gleichzeitig jeder der M.n M_i angehören; d. h., $x \in D$ dann und nur dann, wenn $x \in M_i$ für alle i gilt Haben die M.n M_i kein gemeinsames Element, dann ist der Durchschnitt eine leere M. Solche M.n werden als *Null-M.n* bezeichnet.

Aus dem weiteren Aufbau der Mengenlehre werden am Beispiel der M. aller Punkte $P(\vec{r})$ des dreidimensionalen Raumes einige Begriffe angeführt.

Die *ε-Umgebung* $U(P)$ eines Punktes $P(\vec{a})$ ist die M. aller Punkte $P(\vec{r})$, für die $|\vec{a} - \vec{r}| < \varepsilon$ ist. Ein Punkt $P \in M$ heißt *innerer Punkt* der M. M, wenn eine Umgebung $U(P)$ existiert, so daß $U(P) \subseteq M$ ist. $Q \in M$ heißt *äußerer Punkt* von M, wenn es keine Umgebung $U(Q) \subseteq M$ gibt. P heißt *Randpunkt*, wenn in jeder Umgebung von P Punkte von M und Punkte, die nicht zu M gehören, liegen. Die Randpunkte einer M. brauchen nicht Elemente dieser M. zu sein; z. B. die Punkte im Inneren einer Kugel. Enthält eine M. nur innere Punkte, so heißt sie *offen*. Ein Punkt P heißt *Häufungspunkt* der M. M, wenn in jeder Umgebung $U(P)$ unendlich viele Punkte liegen. Ist die M. M' der Häufungspunkte von M in M enthalten, $M' \subseteq M$, dann heißt M abgeschlossen. Schließlich sei noch der grundlegende *Satz von Bolzano-Weierstrass* erwähnt: Jede beschränkte unendliche M. hat mindestens einen Häufungspunkt.

Mengendurchsatz, das durch die Zeiteinheit dividierte Produkt aus Druck und Volumen der Gasmenge, die ohne zu- oder abzunehmen durch ein Leitungselement strömt.

Mengenmessung, svw. Durchflußmessung.

Mengenprodukt, → Menge.

Meniskuslinse, → Linse.

Mensuren, charakteristische Maßbeziehungen bei Musikinstrumenten, insbesondere die die Tonerzeugung beeinflussenden geometrischen Proportionen betreffend, durch die Tonhöhe und Klangfarbe der Instrumente bestimmt werden.

Mercalli-Skala, → seismische Intensität.

Merging (engl.), das Verschmelzen von Feldlinien im Schweif der → Magnetosphäre. Es spielt in manchen Magnetosphärenmodellen (→ Reconnectionmodell) eine ausgezeichnete Rolle und wird vor allem im Gebiet der magnetischen → Neutralschicht vermutet. Mit dem M. ist eine Teilchenbeschleunigung in der Plasmaschicht des magnetischen Schweifs verbunden.

Meridional-, *Tangential-*, in Wortverbindungen wie Meridionalebene, Meridionalschnitt, Meridionalstrahl Bezeichnung für den Hauptschnitt durch ein optisches System, in dem ein außeraxialer Objektpunkt, sein konjugierter Bildpunkt sowie die optische Achse liegen. Das ist in der üblichen Darstellung durch die Zeichenebene verwirklicht. → Abbildungsfehler.

Merkur, der sonnennächste Planet. Er bewegt sich mit einer mittleren Geschwindigkeit von 47,9 km/s in einem mittleren Abstand von 0,387 AE in 0,24 Jahren einmal um die Sonne. Die Exzentrizität mit 0,2056 ist die zweitgrößte aller Planetenbahnen. M. hat eine Masse von nur 0,056 Erdmassen, sein Durchmesser beträgt 4840 km. Seine mittlere Dichte mit 5,6 g/cm^3 ist fast genau so groß wie die der Erde. Der M. weist große Temperaturunterschiede zwischen der von der Sonne beleuchteten Seite (+350 °C) und der der Sonne abgekehrten Seite (−200 °C) auf. M. rotiert mit einer Periode von 58,65 Tagen, die gleich $^2/_3$ seiner Umlaufperiode ist. Wegen der geringen Masse und der infolge der Sonnennähe hohen Temperatur hat M. nur eine dünne Atmosphäre. Trotzdem ist wegen der ungünstigen Beobachtungsmöglichkeiten nur wenig über die Oberflächenbeschaffenheit bekannt.

Die → Periheldrehung des M. dient als ein Prüfstein für die allgemeine Relativitätstheorie.

meroedrisch, → holoedrisch.

meromorphe Funktion, eine komplexwertige Funktion $f(z)$ der komplexen Veränderlichen z, die bis auf Pole in der ganzen endlichen Ebene regulär und eindeutig ist; z. B. die Funktion $\mathrm{ctg}\, z = \frac{\cos z}{\sin z}$, die in den unendlich vielen Punkten Pole hat, die Nullstellen der Funktion $\sin z$ sind. Eine m. F., die endlich viele Pole hat, ist eine *gebrochenrationale Funktion*. Für m. F.en gilt nach dem *Theorem von Mittag-Leffler* folgende in einem beliebigen endlichen Kreis absolut und gleichmäßig konvergierende Darstellung:

$$f(z) = f_0(z) + \sum_{k=1}^{\infty} \left\{ g_k\left(\frac{1}{z - a_k}\right) - h_k^{(p_k)}(z) \right\}.$$

Hierbei sind $f_0(z)$ eine ganze Funktion, a_k die *Pole* von $f(z)$, $g_k\left(\frac{1}{z-a_k}\right) = G_k(z)$ die *Hauptteile der Pole* a_k, d. h., die Glieder mit negativen Potenzen in $(z - a_k)$ der Laurent-Reihe von $f(z)$ im Pol a_k, p_k sind ganze Zahlen, und $h_k^{(p_k)}$ ist definiert durch

$$h_k^{(p_k)}(z) = G_k(0) + G_k(0) \cdot z + + \dots + \frac{G_k^{(p_k)}(0)}{p_k!} z^{p_k}.$$

Merrington-Effekt, ein auf das Wirken von positiven Normalspannungen zurückzuführender Effekt, der bei viskoelastischen Flüssigkeiten, aber auch bei Reiner-Rivlin-Flüssigkeiten und bei Rivlin-Ericksenschen Flüssigkeiten auftritt. Derartige Flüssigkeiten zeigen beim Austreten aus einem Rohr oder einer Düse ein starkes Aufschwellen, wobei der Durchmesser des austretenden Strahles ein Vielfaches des Rohr-(Düsen-)durchmessers ist. Die Aufweitung ist um so größer, je kleiner der Rohrdurchmesser und je größer der Durchsatz ist.

Mesatechnik, ein Verfahren in der Halbleitertechnik zur Herstellung von Halbleiterbauelementen in der Dünnschichttechnik, Mikroelektronik und zur Herstellung von Festkörperschaltkreisen. Die M. stellt meist eine Kombination aus → Diffusionstechnik und → Legierungstechnik dar, sie ist speziell dadurch gekennzeichnet, daß z. B. bei einem Transistor Basis und Emitter einseitig auf der Kollektorzone sitzen. So werden z. B. in p-leitende Germaniumkristalle Donatoren mittels Diffusion eingebracht, wodurch sich eine n-leitende Diffusionsschicht (→ n-Leitung) bildet. Die Kristalle werden dann durch die Öffnungen einer Metallmaske mittels einer Metallaufdampfvorrichtung mit Gold- und Aluminiumstreifen bedampft. Dabei kann eine große Anzahl von Metallstreifen mit Dicken von 0,1 μm in Abständen von etwa 10 μm aufgebracht werden. Eine nachfolgende Erwärmung bringt eine Legierung dieser Metallstreifen mit der Diffusionsschicht. Gold bildet dabei sperrschichtfreie Kontakte, Aluminium jedoch liefert Akzeptoren. Der p-leitende Kristall wird zum Kollektor, die n-leitende, mit Gold kontaktierte Diffusionsschicht zur Basis und die p-leitende Zone an den Aluminiumkontakten zum Emitter eines pnp-Transistors. Schließlich wird die Deckschicht des Kristalls einschließlich Teilen der Metallstreifen so weit abgeätzt, daß einzelne Transistorsysteme entstehen, die voneinander getrennt werden können. Da Basis und Emitter als Erhebungen auf dem Kristall erscheinen, hat dieses Verfahren die Bezeichnung „Mesatechnik" [span. mesa 'Berg'].

Mesatransistor, → Transistor.

MESFET, → Transistor.

mesische Atome, svw. Mesonenatome.

Mesomerie, nach Pauling auch *Resonanz,* die 1933 begründete Theorie (Ingold), daß bei bestimmten Molekülen der Zustand minimaler Energie (*Grundzustand*), in dem sich das Molekül tatsächlich befindet, durch Überlagerung von zwei oder mehreren fiktiven → Grenzstrukturen beschrieben werden kann. Die Aufzeichnung des Grundzustandes kann mit Hilfe von Grenzformeln erfolgen, die man zur Kennzeichnung der M. mit einem Doppelpfeil (↔) verbindet und die als unreale Extremzustände den Grundzustand eingrenzen (Abb. 1a). Nach Ingold kann man die Verlagerung der π-Elektronen auch durch gebogene Pfeile symbolisieren (Abb. 1b). Ferner kann das in Wechselwirkung getretene π-Elektronensystem in seiner Gesamtheit dargestellt werden (Abb. 1c). Die quantenmechanischen Vorstellungen von der M. wurden vor allem zur Aufklärung der Bindungsverhältnisse in konjugierten und speziell aromatischen Verbindungen verwendet. Mit Hilfe der → Valenzstruktur-Methode läßt sich nachweisen, daß die Energie eines mesomeren Bindungszustandes nicht zwischen den Energiewerten der Grenzzustände liegt, sondern um die *Mesomerieenergie* E_M (*Resonanzenergie, Konjugationsenergie*) erniedrigt ist (Abb. 2). Diese Mesomerieenergie ist als Differenz zwischen der Energie des tatsächlichen Grundzustandes und der Energie der energieärmsten Grenzstruktur definiert und stabilisiert das Molekül zusätzlich. Sie führt dazu, daß der Grundzustand konjugierter Moleküle stabiler ist als der energieärmste der beteiligten Grenzzustände. Experimentell wird E_M bestimmt, indem man die wirkliche Energie des Moleküls aus den Verbrennungs- oder Hydrierwärmen ermittelt und davon den auf Grund des Prinzips der Additivität der Einzelbindungsenergien (→ Bindungsenergie 1) berechneten fiktiven Energieinhalt der energieärmsten Grenzstruktur subtrahiert. Wegen der beschränkten Gültigkeit des Additivitätsprinzips haben die so ermittelten Mesomerieenergien nur qualitative Bedeutung.

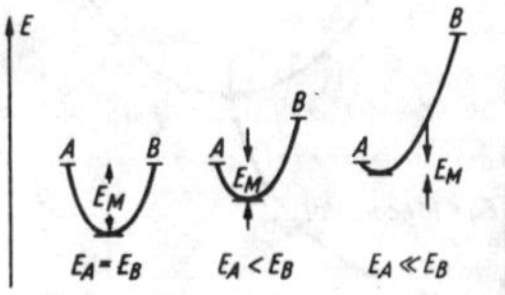

2 Mesomerieenergien. E_M Mesomerieenergie, E_A und E_B Energie der Grenzzustände A und B

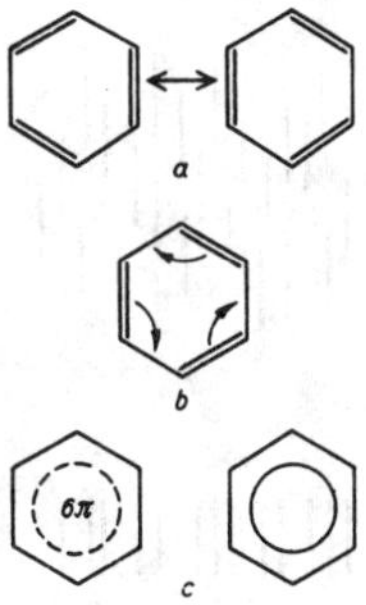

1 Mesomerie

Die Anwendung der Valenzstruktur-Methode hat zu den folgenden allgemeinen Bedingungen für die M. geführt: 1) M. existiert nur, wenn sich zwei oder mehrere Grenzstrukturen angeben lassen und ein Übergang von einer in die andere prinzipiell möglich ist. Insbesondere muß bei Grenzstrukturen die Anzahl gepaarter oder ungepaarter Elektronen gleich sein. 2) M. ist nur möglich zwischen Elektronenkonfigurationen der gleichen räumlichen Struktur. 3) M. wird nur dann bedeutsam, wenn die beteiligten Grenzstrukturen Energieinhalte nahezu gleicher Größe haben. Nur die Konfigurationen können wesentlich zum mesomeren Grundzustand beitragen, deren Energie sich nur wenig von der Energie der energieärmsten Konfiguration unterscheidet. Beispielsweise entfällt beim Benzol mit 78% der Hauptanteil der energetischen Stabilisierung auf die beiden Kekulé-Strukturen K_1 und K_2, während die energiereichen Dewar-Strukturen D_1, D_2 und D_3 (Abb 3) nur 22% zur Energiesenkung des Systems beitragen. Abb. 4 zeigt qualitativ die Energieverhältnisse bei der M. der Grenzstrukturen des Benzol-

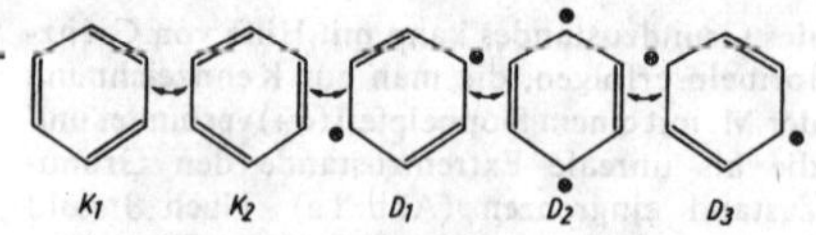

3 Darstellung der Mesomerie des Benzols. K_1 und K_2 Kekulé-Strukturen, D_1, D_2, D_3 Dewar-Strukturen

moleküls. 4) Die Mesomerieenergie nimmt dann einen maximalen Wert an, wenn das an der M. beteiligte Bindungsgerüst eben gebaut ist, weil es dann wegen der stärkeren Überlappung zu einer größeren Wechselwirkung der senkrecht zu dieser Ebene angeordneten π-Elektronen kommen kann. Die Mesomerieenergie wird kleiner, wenn sich infolge sterischer Behinderungen keine ebene Anordnung ausbilden kann.

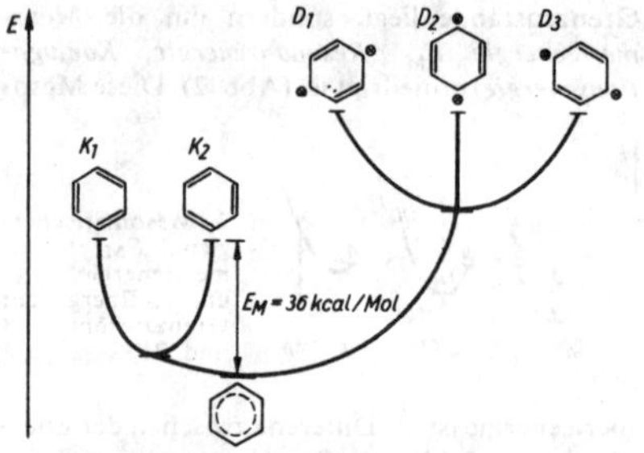

4 Mesomerieenergien des Benzols

Die M. ist streng von der → Tautomerie zu unterscheiden. Während bei der Tautomerie ein echtes Gleichgewicht zwischen verschiedenen chemischen Molekülformen vorliegt, die die Möglichkeit haben, ineinander überzugehen, kommt bei der M. den Grenzstrukturen keine reale Bedeutung zu. Es gibt nur einen molekularen Zustand, der durch die Überlagerung der Grenzstrukturen beschrieben wird.

mesomorphe Phase, *Mesophase, flüssige Kristalle, kristalline Flüssigkeiten,* Phase (im thermodynamischen Sinn), die sich einerseits von kristallinen Phasen dadurch unterscheidet, daß sie nicht dreidimensional periodisch ist, andererseits aber im Gegensatz zu Flüssigkeiten nicht isotrop ist.

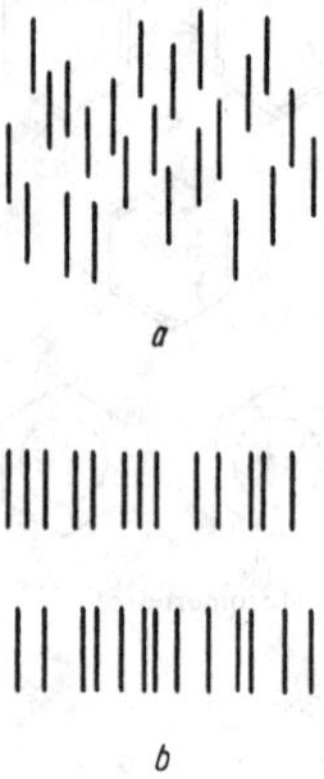

Schematische Darstellung einer nematischen (*a*) und einer smektischen (*b*) Struktur

Während die Mehrzahl der anorganischen und organischen Kristalle beim Erhitzen über den Schmelzpunkt unmittelbar in eine isotrope Flüssigkeit, die Schmelze, übergeht, sind physikalische Eigenschaften der Schmelzen einiger organischer Verbindungen (z. B. die Polarisierbarkeit) anisotrop (thermotrope Phasen). Ähnliche Erscheinungen zeigen auch Lösungen einiger organischer Verbindungen (z. B. Seifen) in gewissen Konzentrationsbereichen (lyophile Phasen). All diese organischen Verbindungen haben langgestreckte, stab- oder lattenförmige Moleküle.

Thermotrope Phasen gehen bei einer definierten höheren Temperatur in eine andere Phase über: entweder in die isotrope, klar erscheinende flüssige Phase oder in eine andere m. P. Die m.n P.n sind jeweils in den Temperaturbereichen zwischen den Umwandlungspunkten stabil, sie treten daher bei Abkühlung der isotropen Flüssigkeit in umgekehrter Reihenfolge, und zwar ohne Unterkühlung auf. Den Umwandlungspunkt von einer m.n P. zur Flüssigkeit nennt man *Klärpunkt*.

M. P.n erkennt man am sichersten an der optischen Doppelbrechung von Mikro- oder Makrobereichen.

Nach ihrem optischen Verhalten und ihren Röntgenbeugungsdiagrammen unterscheidet man nematische, smektische und cholesterische Phasen.

1) In *nematischen Phasen* sind die Moleküle innerhalb größerer oder kleinerer Gebiete mit ihren Längsachsen parallel gerichtet (Abb.). Sie können jedoch in Richtung dieser Achse beliebig gegeneinander verschoben und um diese Achse gegeneinander verdreht sein.

2) In *smektischen Phasen* liegen die Moleküle auch mit ihren Längsachsen parallel, aber in Schichten (Abb.). Wie aus dem optischen Verhalten erschlossen werden konnte, gibt es mindestens 5 verschiedene smektische Modifikationen, die nach H. Sackmann als smektisch *A* bis *E* bezeichnet werden. Lückenlos mischbar sind smektische Phasen verschiedener Substanzen nur dann, wenn sie in derselben smektischen Modifikation vorliegen (*Mischbarkeitsauswahlregel*). Die strukturellen Unterschiede der verschiedenen smektischen Modifikationen sind noch unbekannt.

3) Die *cholesterische* (*cholesterinische*) *Phase* tritt besonders bei Cholesterinderivaten auf und ist durch ihr abnorm hohes optisches Drehungsvermögen (bis zu etwa 10000 Grad/mm) ausgezeichnet. Zur Erklärung dieser Erscheinung wurde folgende Modellvorstellung entwickelt: Die cholesterische Phase besteht aus monomolekularen Schichten, wobei in jeder Schicht die Moleküle mit ihren Längsachsen parallel gerichtet, aber in Richtung dieser Achsen gegeneinander beliebig verschoben sind. Derartige Schichten sind so aufeinandergestapelt, daß die Schichtebenen zueinander parallel liegen, die Richtungen der Längsachsen jedoch von Schicht zu Schicht um einen kleinen konstanten Winkel verdreht sind. Die Verdrillung scheint die Folge einer molekularen Asymmetrie zu sein, da die cholesterische Phase nur bei optisch aktiven Verbindungen auftritt. Cholesterische Phasen zeigen oft eine stark von der Temperatur abhängige Farbe.

Durch magnetische oder elektrische Felder sowie auch durch mechanische Einwirkungen können ausgedehnte Proben von m.n P.n einheitlich orientiert werden (flüssige Einkristalle).

Dünne Schichten von Lösungen bestimmter Farbstoffe in m.n P.n zeigen Farberscheinungen, die empfindlich von der Temperatur bzw. von der elektrischen Feldstärke abhängen. Diese Erscheinung wird einerseits zur Bestimmung von Oberflächentemperaturen, z. B. in der Medizin, und als Nachweis für Infrarot- oder Mikrowellenstrahlung verwendet. Andererseits ermöglicht diese Eigenschaft die bildmäßige Darstellung von Feldverteilungen bei außerordentlich kleinen Steuerleistungen. Entwicklungsarbeiten zur Ausnützung dieses Phänomens für den Fernsehempfang sind an einer Reihe von Stellen im Gange.

Lyophile Phasen (*lyotrope Phasen*) haben nicht nur technisch z. B. als Wasch- und Schmiermittel, sondern vor allem im biologischen Geschehen eine große Bedeutung. So wird vermutet, daß gewisse Zellmembranen derartige Strukturen aufweisen. Von einigen solchen m.n P.n wurde festgestellt, daß sie OD-Strukturen sind (→ Kristall).

Mesonen, veraltet *Mesotronen,* Familie instabiler Elementarteilchen, die der starken Wechselwirkung unterliegen und daher zu den Hadronen gehören, die Baryonenzahl $A = 0$, im Gegensatz zu den Baryonen aber ganzzahligen Spin haben und daher der Bose-Einstein-Statistik genügen, also Bosonen sind. Außer dem → Pion (π), dem → Kaon (K) und dem Eta-Meson (η), die gegenüber starker Wechselwirkung — jedoch nicht gegenüber elektromagnetischer und schwacher Wechselwirkung — stabil sind, kennt man heute noch eine Vielzahl von Mesonenresonanzen, d. s. angeregte Zustände dieser Teilchen, die nach einer mittleren Lebensdauer von $\tau \approx 10^{-23}$ s zerfallen und Massen bis zu etwa 2000 MeV haben (→ Elementarteilchen, Tab. A und B). π- und K-Mesonen wurden zunächst — wie auch die Hyperonen — in der kosmischen Strahlung entdeckt. Da ihre Masse zwischen der des Elektrons und der des Protons lag, erhielten sie den Namen M., d. h. mittelschwere Teilchen. Die Existenz der π-Mesonen war 1930 von Yukawa auf Grund seiner Mesonentheorie der Kernkräfte vorausgesagt worden (→ Müon). Die M. werden in demselben Sinne, wie man das Photon (γ) als Quant der elektromagnetischen Wechselwirkung betrachtet, als Quanten der starken Wechselwirkung angesehen, obwohl sie im Gegensatz zu γ eine von Null verschiedene Ruhmasse haben. Sie werden heute bei Stößen von hochenergetischen Protonen oder Elektronen auf Materie, z. B. Wasserstoff, von einer durch die Ruhmasse der M. bestimmten Schwellenenergie an künstlich erzeugt.

Mesonenatome, *mesische* oder auch *mesonische Atome,* Atome, in denen ein Elektron der innersten Schale gegen ein negativ geladenes Meson ausgetauscht ist. Auf Grund der starken Wechselwirkung der Mesonen mit den Nukleonen des Atomkerns sind M. nur sehr kurzlebig und konnten lediglich bei Atomen mit kleiner Ordnungszahl Z beobachtet werden. Bisher konnten π- und K-Mesonenatome beobachtet werden. π-Mesonenatome werden zur Bestimmung von Kernradien benutzt. Die genaueste Massebestimmung der π-Mesonen wurde mit Hilfe von π-Mesonenatomen durchgeführt. Die Existenz von M.n kann z. B. durch Beobachtung der Röntgenstrahlung dieser Atome nachgewiesen werden.

Als M. werden fälschlich auch die → Müonenatome bezeichnet.

Mesonenbremsstrahlung, die beim Durchdringen der Materie von geladenen Mesonen auf Grund der elektromagnetischen Wechselwirkung mit den Atomkernen erzeugten Photonen. Die Abstrahlung der Photonen bedingt einen Energieverlust und damit ein Abbremsen der Mesonen. Der Wirkungsquerschnitt dieses für alle geladenen Teilchen gültigen Mechanismus der Bremsstrahlung ist proportional $1/m^2$, wobei m die Masse der Teilchen ist; er hängt aber auch noch vom magnetischen Moment der Teilchen und logarithmisch von der Energie E ab. Bei genügend hohen Energien, und zwar von $\approx 10^{11}$ eV an, wie sie in der kosmischen Strahlung vorkommen, überwiegt dieser letzte Faktor, und die M. wird merklich. Die Bremsstrahlung der Müonen ist für die weiche Kaskadenstrahlung verantwortlich; die M. von Pionen und Kaonen ist wegen deren kurzer Lebensdauer nicht beobachtet worden.

Mesonenfabrik, → Teilchenbeschleuniger.

Mesonenfeld, *Kernfeld,* Feld der starken Wechselwirkung. Der Begriff M. wurde in Analogie zum Photon- oder Lichtquantenfeld als Träger der elektromagnetischen Wechselwirkung eingeführt, da Mesonen wie auch das Photon stets ganzzahligen Spin haben und die starke Wechselwirkung als Austausch von Mesonen (als Quanten des Kernfeldes) zwischen den Baryonen verstanden werden kann (→ Mesonentheorie der Kernkräfte). Im stationären Fall, z. B. für Nukleonen im Atomkern, befinden sich im M. der Nukleonen virtuelle Mesonen, die als Mesonenwolke die innere Struktur der Nukleonen bestimmen; im nichtstationären Fall, z. B. bei Streuprozessen, kann die Energie der Nukleonen ausreichen, um reale Mesonen zu erzeugen, d. h. gewissermaßen einen Teil der Mesonenwolke abzustreifen, und zwar dann, wenn die Stoßenergie im Ruhsystem der stoßenden Teilchen größer als die mit dem Quadrat der Lichtgeschwindigkeit multiplizierte Ruhmasse ist.

Mesonenmultiplett, → Elementarteilchenmultiplett.

Mesonenresonanz, → Elementarteilchen.

Mesonenspektrum, → Elementarteilchen.

Mesonentheorie der Kernkräfte, Theorie, bei der in Analogie zur Quantenelektrodynamik, bei der die Wechselwirkung zwischen Elektronen und Positronen durch den Austausch virtueller oder realer Photonen erklärt wird, die Kernkraft durch den Austausch von Mesonen, und zwar von Pionen (π), gedeutet wird. Proton (p) und Neutron (n) werden dabei wegen ihres Spins $s = 1/2$ in Analogie zum Elektron jeweils durch einen Dirac-Spinor ψ_p bzw. ψ_n beschrieben, die zu dem Nukleon-Spinor $\psi = \begin{pmatrix}\psi_p \\ \psi_n\end{pmatrix}$ im zweidimensionalen Isotopenspinraum zusammengefaßt werden, während die zugehörigen Antiteilchen, das Antiproton ($\bar{p}$) und das Antineutron ($\bar{n}$), durch die entsprechenden ladungskonjugierten Spinoren ψ_p^c und ψ_n^c bzw. ψ^c beschrieben werden. Das freie Nukleon genügt dann der Wellengleichung

$$\sum_{\mu=0}^{3} (i\gamma^\mu \partial_\mu - M)\psi = 0$$

(mit $M = m_p/\hbar c$, übrige Symbole → Dirac-Gleichung). Die Pionen werden als Teilchen mit Spin $s = 0$ durch die Klein-Gordon-Gleichung $(\Box - \varkappa^2)\varphi = 0$ beschrieben; die drei verschiedenen Ladungszustände der Pionen werden dadurch erfaßt, daß die drei Wellenfunktionen dieser Teilchen zu einem Isovektor φ_α (mit $\alpha = 1, 2, 3$) zusammengefaßt werden.

Die Wechselwirkung des Nukleonfeldes mit dem Pionfeld wird durch die Gleichungen

$$(\Box - \varkappa^2)\varphi_\alpha = -ig\bar{\psi}\tau_\alpha\gamma_5\psi$$

und

$$(i\gamma^\mu \partial_\mu - M)\psi = -g\sum_{\alpha=1}^{3} \tau_\alpha\gamma_5\psi\varphi_\alpha$$

(im Fall pseudoskalarer Kopplung) beschrieben, wobei τ_α die Isospinmatrizen sind und g die Kopplungskonstante (als *nukleare Ladung*, gelegentlich auch als *mesonische Ladung* bezeichnet, nicht identisch mit der elektrischen → Ladung von Nukleonen und Mesonen) ist. Diese Kopplung der Felder ist die aussichtsreichste, jedoch nicht die einzig mögliche; es läßt sich auch eine skalare (ohne γ_5) und vor allem eine vektorielle Kopplung einführen. Bei letzterer wird das Meson als Vektorfeld (Vektormeson) und daher mit Spin 1 betrachtet (→ Elementarteilchenmultiplett).

Die (nichtrelativistischen) Potentiale dieser verschiedenen Kopplungen, das *pseudoskalare Potential* V_{ps} und das *Vektorpotential* V_v, die sich bei der Beschränkung auf den statischen Anteil der Wechselwirkung zweier Nukleonen und daher der Vernachlässigung aller relativistischen Effekte ergeben, sind

$$V_v = \{(g_1 g_2 + f_1 f_2([\vec{\tau}_1 \vec{\tau}_2 - 3(\vec{\tau}_1 \vec{r})(\vec{\tau}_2 \vec{r})/r^2] \times [(\varkappa r)^{-2} + (\varkappa r)^{-1} + 1/3] + (2/3)(\vec{\tau}_1 \vec{\tau}_2))\}\, e^{-\varkappa r}/r$$

bzw.

$$V_{ps} = -f_1 f_2 \{[\vec{\tau}_1 \vec{\tau}_2 - 3(\vec{\tau}_1 \vec{r})(\vec{\tau}_2 \vec{r})/r^2] \times [(\varkappa r)^{-2} + (\varkappa r)^{-1} + 1/3] + (2/3)(\vec{\tau}_1 \vec{\tau}_2)\}\, e^{-\varkappa r}/r,$$

wobei sich die Indizes 1 bzw. 2 auf die Nukleonen 1 und 2 beziehen und r der Abstand derselben ist. Das Glied

$$\vec{\tau}_1 \vec{\tau}_2 - 3(\vec{\tau}_1 \vec{r})(\vec{\tau}_2 \vec{r})/r^2$$

wird als Tensorpotential zweier nuklearer Dipole bezeichnet. Das Glied $g_1 g_2 e^{-\varkappa r}/r$ entspricht der Coulomb-Wechselwirkung in der Elektrostatik und ist gegenüber der Vertauschung der beiden mesonischen Ladungen symmetrisch; wird dieser Anteil allein betrachtet, so spricht man auch von der *symmetrischen Theorie der Kernkräfte*.

Eine konsequente Durchführung dieser M. d. K. ist jedoch in dieser Form nicht möglich, da die angegebene Wechselwirkung nicht renormierbar ist (→ Quantenfeldtheorie). Das recht anschauliche Bild, wonach die Nukleonen ständig von einer virtuellen *Pionenwolke* umgeben sind, ist aber auch nicht völlig falsch (→ Nukleon, → elektromagnetische Formfaktoren).

Eine korrekte Beschreibung der Kernkräfte erfordert die Einbeziehung auch der übrigen Mesonen, d. h., es bildet sich auch eine Wolke anderer Mesonen aus, und kann nur mit einer Theorie der starken Wechselwirkung erfolgen; eine solche Theorie gibt es bisher nicht, die analytische S-Matrix-Theorie und die Dispersionsrelationen bilden einen brauchbaren Ausgangspunkt. Solange eine solche Theorie fehlt, muß die Behandlung der Kernkräfte notwendigerweise auf phänomenologische Potentialansätze zurückgreifen. Die M. d. K. wurde 1935 von Yukawa begründet (→ Yukawasche Theorie des Kernfeldes).

Mesonenwolke, → Mesonentheorie der Kernkräfte.

mesonische Atome, svw. Mesonenatome.

Mesopause, → Atmosphäre.

Mesophase, svw. mesomorphe Phase.

Mesosphäre, → Atmosphäre.

Mesothorium, → Thorium.

Mesotronen, → Mesonen.

Meßblende, svw. Drosselscheibe.

Meßbrücke, eine elektrische Meßschaltung. Sie besteht aus vier passiven Brückenzweigen, die im Viereck zusammengeschaltet sind, einem Indikatorzweig mit einem Nullinstrument und einem weiteren Zweig, der die speisende Spannungsquelle der M. enthält. Indikatorzweig und Speisezweig werden an jeweils zwei gegenüberliegende Verbindungspunkte der Brückenzweige angeschlossen. Abb. 1a zeigt die Grundschaltung einer M. für Gleichstrom (*Wheatstone-Brücke*). Sie enthält in den Brückenzweigen die vier ohmschen Widerstände R_1 bis R_4, im Indikatorzweig das Nullinstrument I und im Speisezweig die Spannungsquelle E. M.n für Wechselstrom (Abb. 1b) werden nach dem gleichen Grundprinzip aufgebaut, jedoch sind im allgemeinen Fall in den Brückenzweigen komplexe Widerstände $\underline{Z}_1$ bis $\underline{Z}_4$ zu berücksichtigen, die je nach Verwendungszweck der M. aus parallel- und reihengeschalteten Induktivitäten, Kondensatoren und ohmschen Widerständen zusammengesetzt sein können. Als Speisequelle dient bei der Wechselstrommeßbrücke die sinusoidale Spannungsquelle $\underline{E}$. Die komplexen Größen sind in den Abbildungen durch deutsche Buchstaben gekennzeichnet.

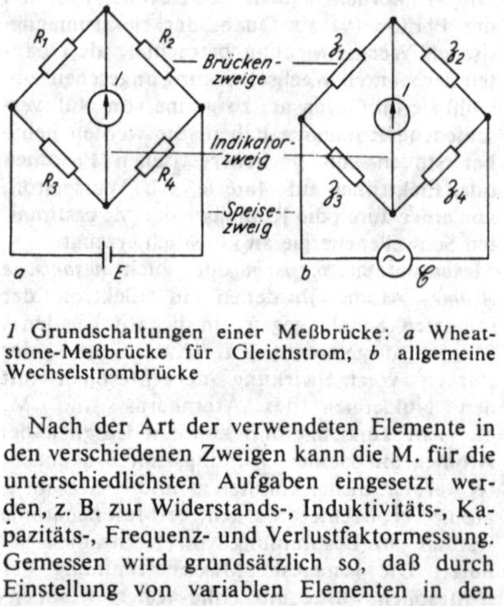

1 Grundschaltungen einer Meßbrücke: *a* Wheatstone-Meßbrücke für Gleichstrom, *b* allgemeine Wechselstrombrücke

Nach der Art der verwendeten Elemente in den verschiedenen Zweigen kann die M. für die unterschiedlichsten Aufgaben eingesetzt werden, z. B. zur Widerstands-, Induktivitäts-, Kapazitäts-, Frequenz- und Verlustfaktormessung. Gemessen wird grundsätzlich so, daß durch Einstellung von variablen Elementen in den Brückenzweigen der Strom durch den Indikatorzweig zu Null gemacht wird. Dann gilt die fundamentale Abgleichbedingung $R_1/R_2 = R_3/R_4$ im Gleichstromfall bzw. analog $\underline{Z}_1/\underline{Z}_2 = \underline{Z}_3/\underline{Z}_4$ im Wechselstromfall. Aus der fundamentalen Abgleichbedingung wird die zu messende Größe bestimmt, d. h., die Genauigkeit der Messung hängt in erster Linie von der Genauigkeit der Brückenzweigelemente ab. Das Nullinstrument muß lediglich eine ausreichende Empfindlichkeit zum Nachweis des Verschwindens des Stromes, jedoch keine besondere Genauigkeit aufweisen. Für die Spannungsquelle bestehen überhaupt keine Genauigkeitsforderungen.

1) *Gleichstrommeßbrücken.* Abb. 1a zeigt, wie bereits angeführt, die ursprüngliche, von Wheatstone angegebene Grundschaltung der Gleich-

strommeßbrücke, die zur Messung ohmscher Widerstände etwa von 1 Ω bis 1 MΩ dient (*Wheatstone-Brücke*). R_1 ist der zu messende ohmsche Widerstand und wird deshalb meist als R_x bezeichnet; einer der übrigen bekannten Widerstände R_2 bis R_4 ist einstellbar. Bei Nullabgleich ergibt sich $R_x = R_2R_3/R_4$. In einfachen Ausführungen werden die Widerstände R_3 und R_4 als Schleifdraht ausgebildet, während Präzisionsmeßbrücken mit einer Genauigkeit von $10^{-3}...10^{-4}$ Normalwiderstände sowie als Einstellglied eine Präzisionswiderstandsdekade (→ Meßwiderstand) aufweisen. Als Nullindikatoren werden → Drehspulinstrumente oder Drehspulgalvanometer (→ Galvanometer) benutzt. Kleine Widerstände (unter 1 Ω) werden mit der *Thomson-Brücke* gemessen, bei der durch eine zusätzliche Kunstschaltung der Einfluß der Übergangswiderstände sehr stark reduziert wird. Große Widerstände (bis 10^{12} Ω) lassen sich mit der *Elektrometerbrücke* bestimmen, bei der ein Quadrantenelektrometer (→ Elektrometer) in Brückenschaltung arbeitet.

2) *Wechselstrommeßbrücken.* Da die komplexen Widerstände $\underline{Z}_1$ bis $\underline{Z}_4$ (Abb. 1b), die im Wechselstromfall anzusetzen sind, durch jeweils zwei Bestimmungsgrößen (Betrag und Phasenwinkel) eindeutig festgelegt sind, werden in der Regel auch zwei einstellbare Elemente für den Abgleich benötigt. Als Nullindikatoren werden bei tiefen Frequenzen bis zu 120 Hz Vibrationsgalvanometer verwendet (→ Galvanometer), für 500 bis 2000 Hz Kopfhörer und darüber hinaus elektronische Spannungsmesser hoher Verstärkung (→ elektronischer Spannungsmesser).

Abb. 2 zeigt die am häufigsten verwendeten Wechselstrommeßbrücken. Die mit einem Pfeil markierten Elemente dienen zum Abgleich. Die *Maxwell-Wien-Brücke* (Abb. 2a) dient zum Messen von Induktivitäten (L_x) und ihrer Verlustwiderstände (R_x); diese ergeben sich nach dem

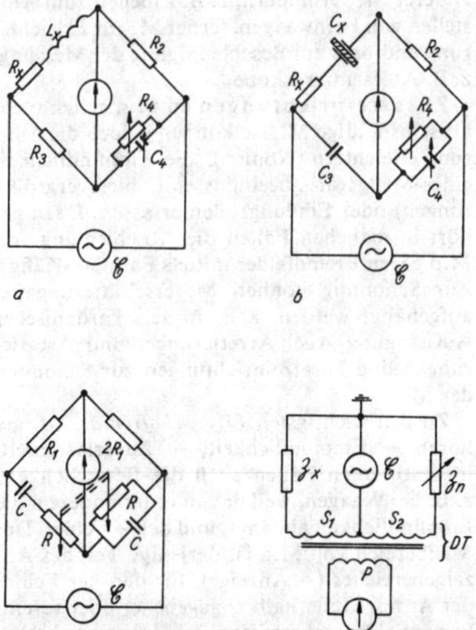

2 Wechselstrommeßbrücken: *a* Maxwell-Wien-Brücke, *b* Schering-Brücke, *c* Wien-Robinson-Brücke, *d* Differentialmeßbrücke

Nullabgleich zu $L_x = R_2R_3C_4$ und $R_x = R_2R_3/R_4$, wobei die ohmschen Widerstände R_2 bis R_4 und der Kondensator C_4 Normalwiderstände bzw. Normalkondensatoren sind. R_4 und C_4 sind variabel und dienen zum Abgleichen der M. Mit der *Schering-Brücke* (Abb. 2b) werden Kapazitäten (C_x) und ihre Verlustwiderstände (R_x) bzw. der daraus gebildete Verlustfaktor, bezogen auf die Ersatzreihenschaltung, gemessen. Die Abgleichbedingungen lauten $C_x = C_3R_4/R_2$ und $R_x = R_2C_4/C_3$. Daraus erhält man den Verlustfaktor des Kondensators $\tan\delta = \omega C_xR_x = \omega C_4R_4$. Dabei ist ω die Kreisfrequenz der Spannungsquelle. R_2, R_4 sowie C_3, C_4 sind wiederum Normalwiderstände bzw. Normalkondensatoren, wobei R_4 und C_1 für den Abgleich variabel ausgeführt sind. Diese Brücke wird auch zur zerstörungsfreien Prüfung von Isolierfolien und -platten benutzt, die zwischen die Platten eines ebenen Plattenkondensators geschoben werden, welcher wie C_x ausgemessen wird. Dabei läßt sich die Brücke auch so dimensionieren, daß der Isolierstoff mit Hochspannung belastet werden kann. Die *Wien-Robinson-Brücke* (Abb. 2c) enthält in den unteren Zweigen jeweils zwei gleiche Kondensatoren C und Widerstände R; letztere werden gemeinsam durch Doppelkurbelwiderstände eingestellt. Die Wien-Robinson-Brücke wird für die Messung der Frequenz f der Wechselspannungsquelle benutzt, denn für den Abgleich gilt $f = 1/2\pi CR$. Hohe Meßgenauigkeiten erzielt man auch mit den *Differentialmeßbrücken* (Abb. 2d), bei denen die Zweige 3 und 4 der Grundschaltung als zwei symmetrische Teilsekundärwicklungen (S_1, S_2) eines Differentialtransformators (DT) ausgebildet sind. Die in der Primärwicklung (P) induzierte und dem Indikator zugeführte Spannung ist der Differenz der Ströme durch S_1 und S_2 proportional und verschwindet, wenn diese gleich sind, d. h. bei $\underline{Z}_x = \underline{Z}_n$. Durch die Symmetrie der Anordnung und die Möglichkeit, die Spannungsquelle, das Meßobjekt ($\underline{Z}_x$) und die einstellbaren Vergleichselemente ($\underline{Z}_n$) gleichermaßen an Erde legen zu können, werden Stör- und Abschirmprobleme, die bei Wechselstrommeßbrücken von Einfluß sind, verringert. Die Differentialmeßbrücken werden häufig in Universal- und Präzisionsmeßgeräten eingesetzt. $\underline{Z}_n$ wird in der Regel aus parallelgeschalteten Widerstands- und Kapazitätsdekaden gebildet.

Meßdose, → Kraftmeßdose.

Meßdüse, → Düse.

Meßeinrichtung, die Zusammenstellung aller technischen Meßmittel bzw. die Glieder oder Baugruppen einer längeren Meßkette zum Lösen einer bestimmten meßtechnischen Aufgabe nach einem bestimmten Meßverfahren. Wesentlicher Bestandteil von Meßeinrichtungen sind → Meßgeräte. M.en werden nach einem vorgegebenen Schema zur Anwendung eines bestimmten Meßverfahrens zusammengestellt oder zusammengebaut. Zu einer M. gehören z. B. ein oder mehrere Meßgeräte, die gleichzeitig oder nacheinander zur Wirkung kommen, und die sie verbindenden Glieder, ferner die sie ergänzenden Hilfsmeßgeräte und Hilfseinrichtungen, z. B. Visiergeräte, Meßwandler und/oder Zusatzeinrichtungen für Fernanzeige oder für

Meßwerterfassung und -verarbeitung. Zu einer Meß- und Prüfeinrichtung für Strahlenschutzdosimetrie gehören z. B. Ionisationskammer, Meßkondensatoren, Anodenbatterie und Photozellenkompensator; dazu kommen verschiedene Hilfsmeßgeräte, wie Stoppuhr, Thermometer, Barometer, Maßstäbe u. ä., sowie eine Anzahl Hilfseinrichtungen, z. B. Leuchtschirme, Strahlenschutzwände, Taschendosimeter, Spannungsregler usw. M.en mit mehreren Meßgeräten werden meist dann eingesetzt, wenn gleichzeitig mehrere Meßgrößen veränderbar sind, z. B. Druck, Temperatur, Dichte, Durchflußstärke. Kombinationen mehrerer M.en für eine bestimmte Meßaufgabe werden oft als *Meßanlagen* bezeichnet.

Meßfühler, svw. Meßgrößenaufnehmer.

Meßgeräte, alle Geräte, die unmittelbar zu Meßzwecken dienen. Sie werden zur qualitativen und/oder quantitativen Bestimmung von physikalischen, technischen oder chemischen Meßgrößen oder von charakteristischen Merkmalen eines Meßgegenstandes benutzt, z. B. von einer Geschwindigkeit, Induktivität, Temperatur, Konzentration, Farbe, Umkehrspanne. M. liefern oder verkörpern stets Meßwerte in Form von Größen, in speziellen Fällen auch das Verhältnis von Meßwerten.

Ihrem Aufbau nach werden die M. unterteilt in M. im engeren Sinne, in → Maße oder Maßverkörperungen und in → Meßeinrichtungen.

M. im engeren Sinn können folgenden Zwekken dienen: 1) Sie nehmen den gemessenen Wert selbst auf, um ihn als Meßgröße unmittelbar zur Anzeige zu bringen; 2) sie wandeln den gemessenen Wert einer Größe in eine Anzeige oder in eine dieser äquivalente Information bzw. in ein Signal um; 3) sie wandeln die Beträge bestimmter Meßgrößen in Beträge anderer Meßgrößen um, z. B. bei der elektrischen Messung nichtelektrischer Größen; 4) sie überführen die gemessenen Beträge einer Meßgröße in andere Beträge der gleichen Meßgröße (Übersetzer); 5) sie ermöglichen den Vergleich von Meßgrößen (Komparatoren), z. B. Hebelwaagen. Die Unterteilung der M. im engeren Sinn kann nach verschiedenen Gesichtspunkten vorgenommen werden. Dem Anwendungsgebiet nach unterscheidet man z. B. physikalische, chemische, geodätische, medizinische M., der Meßgröße nach z. B. mechanische, elektrische, thermische, optische, akustische, radiologische M., dem Meßprinzip nach z. B. statische, dynamische, hydrodynamische, pneumatische, elektronische M. Dabei sind gewisse Überschneidungen in der Bezeichnung nicht immer zu vermeiden. In der elektrischen Meßtechnik ist es überdies üblich, M. im engeren Sinn auch als „Instrumente" zu bezeichnen, → elektrische Meßinstrumente.

Nach der Anzeigeeinrichtung unterscheidet man folgende M.: *Anzeigende M.* geben durch eine einfache, meist einmalige Anzeige den gemessenen Wert der Meßgröße an. Anzeigende M. mit einfachen Hilfseinrichtungen zum Erleichtern der Messung bzw. der Ablesung werden als *Meßzeuge* bezeichnet, z. B. Planimeter, Meßzeuge für Flüssigkeiten. Bei *integrierenden M.n* wird der Wert der Meßgröße durch Integration über verschiedene gleichartige Meßwerte bestimmt. Sie sind häufig mit einer Nullstelleinrichtung versehen, damit jeder Meßvorgang einzeln gezählt werden kann, z. B. bei Flüssigkeitsmeßgeräten. *Summierende M.* geben den Wert der gemessenen Größe als Summe der Teilwerte an. Sie werden deshalb zum Abgeben bestimmter gleicher Volumina, Massen oder Energien benutzt, z. B. Abfüllmaschinen. Auch hier sind Nullstellwerke üblich, z. B. bei manchen Zählern. *M. mit Mengeneinstellwerk* arbeiten stetig oder diskontinuierlich. Die Messung wird selbsttätig unterbrochen, wenn der zuvor eingestellte Wert erreicht ist, z. B. Abfüllwaagen. *Dosierende M.* führen verschiedene Stoffe in unterschiedlichen oder gleichen Mengen zusammen. Diese M. arbeiten periodisch, z. B. Dosierwaagen. *Registrierende M.* registrieren die ermittelten Meßwerte für eine oder mehrere Meßgrößen, gegebenenfalls ohne sie unmittelbar zur Anzeige zu bringen. Die Registrierung kann stetig in Kurvenform erfolgen, z. B. bei Thermographen, oder springend oder in Zahlenwerten (digital). *Druckende M.* drucken das Meßergebnis in Form von Zeichen, Buchstaben oder Ziffern bzw. in entsprechenden Kombinationen. *Umformende M.* sind → Meßwandler.

Feinmeßgeräte sind hochempfindliche M. verschiedener Art, z. B. Feinmeßokulare in Mikroskopen zur Ablesung von Längen- und Winkelteilungen (Zehntelmillimeter werden an der Okularplatte, Hundertstel und Tausendstel an der Teilung einer archimedischen Spirale abgelesen, Zehntausendstel werden geschätzt), Feinzeiger zur Sichtbarmachung geringer Längenänderungen, Feinmeßschrauben, Spiegelgalvanometer, Feinwaagen u. a.

M. gelten als *Hilfsmeßgeräte*, wenn sie zum Messen von Einflußgrößen oder anderen Größen dienen, die die meßtechnischen Eigenschaften von M.n während des Gebrauchs beeinflussen, z. B. Thermometer an Durchflußmeßgeräten oder M., die den unsachgemäßen Gebrauch anderer M. verhindern, z. B. Libellen zum Aufstellen von Feinwaagen, ferner M. zur Erleichterung und/oder zur Beschleunigung der Messung, z. B. Ablesemikroskope.

Z u s a t z e i n r i c h t u n g e n an M.n gelten nicht als selbständige M., sie können jedoch die Messung erleichtern (Nonien), die Empfindlichkeit eines Meßgerätes beeinflussen (Ablesevergrößerungen) oder Einflußgrößen erfassen. Dazu gehört in manchen Fällen die Abschirmung von M.n gegen Fremdfelder mittels Faraday-Käfigs. Zur Schonung können M. erschütterungsfrei aufgehängt werden, z. B. mittels kardanischer Aufhängung. Auch Arretierungen und Astasierungen sind Zusatzeinrichtungen zur Schonung der M.

Zu den wichtigsten *Eigenschaften der M.* gehören → Empfindlichkeit, → Zuverlässigkeit, in bestimmten Fällen auch die Beweglichkeit, z. B. bei Waagen, weil davon unter anderem die Empfindlichkeit abhängt, und der → Fehler. Der Meßbereich von M.n ist derjenige Teil des Anzeigebereiches (→ Anzeige), für den der Fehler der Anzeige innerhalb angegebener oder vereinbarter Fehlergrenzen liegt. Bei M.n mit mehreren Meßbereichen können für die einzelnen Meßbereiche unterschiedliche Fehlergrenzen festgelegt sein. Unterdrückungsbereich ist der Bereich von Meßgrößen, die nicht angezeigt oder abgelesen werden können, z. B. bei Fieberthermometern der Bereich unterhalb 35,5 °C. Der Unterbrechungsbereich ist der Teil, für den die Teilung unterbrochen ist, z. B. bei manchen Thermometern.

Meßglied, der messende oder umformende Teil einer Meßkette oder eines Signalflusses, der meist als Teil eines Blockschaltbildes dargestellt wird. Sein statisches oder dynamisches Verhalten ist von der gerätetechnischen Aufgabe im Wirkungsweg einer Steuer- oder Regeleinrichtung unabhängig. Es ergibt sich z. B. bei einem thermoelektrischen Thermometer mit Millivoltmeter als Anzeigegerät folgende Reihenfolge von M.ern: 1) Das Thermoelement als Meßwertaufnehmer für eine Temperatur T formt diese in eine elektromotorische Kraft E um (als Funktion von T); ein Meßwertumformer, z. B. ein geschlossener Stromkreis, formt den Strom I unter Einwirkung von E in eine Funktion von E um; das elektromagnetische System des Millivoltmeters wandelt I in ein Drehmoment M als Funktion von I um; eine Feder läßt bei einem Drehmoment M einen Winkel α als Funktion von M entstehen.

Das erste M. einer Meßkette wird meist als Meßwertaufnehmer, Meßfühler oder Sonde bezeichnet, das letzte als Meßwertausgeber bzw. als Anzeige des Meßwertes.

Meßgröße, physikalische Größe, deren Zahlenwert durch eine Messung in einer physikalisch-technischen Einheit bestimmt werden soll. Innerhalb eines Regelkreises ist die M. meist mit der Regelgröße identisch. Durch *Meßwandler* kann die M. in eine andere Größe umgewandelt werden, bei einem Thermoelement z. B. wird die *Eingangsgröße* Temperatur in eine elektrische Spannung als *Ausgangsgröße* umgewandelt, bei einem Voltmeter die Spannung in die Bewegung eines Zeigers oder eines Zählwerks. Für analoge Anzeigen verwendet man *Meßumformer*, für digitale Anzeigen *Meßumsetzer*. Durch Störgrößen kann die M. beeinflußt werden, z. B. durch Feuchte oder Temperatur, in Regelkreisen auch durch Belastungsschwankungen in elektrischen Anlagen. Weitere *Einflußgrößen* sind Abweichungen von der Justiertemperatur, Beschleunigungen, innerer Widerstand, elektrische und magnetische Störfelder, Strahlung, Wärmeleitung und Konvektion.

Meßgrößenaufnehmer, *Meßgrößenfühler, Meßfühler*, das erste Glied einer → Meßkette. Es hat die Aufgabe, den Verlauf der Meßwerte in eine für die Weiterverarbeitung günstige Form umzuwandeln, die den speziellen Bedingungen angepaßt ist.

Meßgrößenfühler, svw. Meßgrößenaufnehmer.

Meßgrößenumformer, → Meßwandler.

Meßgrößenwandler, → Meßwandler.

Meßinstrument, unexakte Bezeichnung für Meßgerät.

Meßkette, eine Aufeinanderfolge von → Meßgliedern in einem Meßgerät bzw. in einer Meßeinrichtung. Sie beginnt mit dem Meßgrößenaufnehmer und endet mit dem Meßwertausgeber. Die Empfindlichkeit einer M. hängt von der Empfindlichkeit der einzelnen Meßglieder ab.

Meßkondensator, ein elektrischer Kondensator hoher Genauigkeit, der als Element von Meß- und Eichschaltungen benützt wird. M.en müssen geringe Verluste, geringe Frequenzabhängigkeiten und hohe zeitliche Konstanz der Kapazität aufweisen. Sie sind im allgemeinen durch ein Metallgehäuse geschirmt; als Dielektrikum wird Luft oder Glimmer benützt. Höchste Genauigkeit (10^{-4}) erzielt man mit *Normalkondensatoren*, die auf feste Kapazitätswerte zwischen 10 pF bis 1 µF abgeglichen sind. Als veränderliche M.en dienen *Luftdrehkondensatoren* von hoher mechanischer Qualität, die eine Maximalkapazität von einigen 100 pF besitzen können, und *Kapazitätsdekaden*, die durch Kurbelschalter in mehreren Zehnerpotenzen eingestellt werden können.

Meßleitung, *Eichleitung*, eine Meßeinrichtung zur Bestimmung komplexer Widerstände nach Betrag und Phase im Höchstfrequenzbereich. Die M. besteht aus einem Leitungsstück mit über die ganze Länge konstantem Wellenwiderstand und einer längs der Leitung verschiebbaren Spannungsmeßsonde. An dem einen Ende der M. wird ein Meßgenerator und am anderen Ende der zu messende Widerstand angeschaltet. Dabei treten stehende elektromagnetische Wellen mit Maxima und Minima der Spannung auf. Die Abstände der Extrema und die Spannungswerte werden mit der Sonde gemessen, und aus den Meßwerten läßt sich mit Hilfe von Gleichungen oder Diagrammen (Smith-Diagramm) der komplexe Widerstand bestimmen.

Meßmikroskop, ein Mikroskop, bei dem der Prüfling nach einem → optischen Längenmeßverfahren in einer Koordinate oder in zwei Koordinaten rechtwinklig zur optischen Achse des M.s ausgemessen wird. Dies kann nach zwei Verfahren erfolgen. 1) Verschiedene Meßpunkte des Prüflings werden mit dem M. nacheinander visuell angetastet (beispielsweise mit einem Fadenkreuz). Hierzu wird der Prüfling gegenüber dem M. verschoben und die Verschiebung mit Maßstäben oder ähnlichen Einrichtungen gemessen. 2) Die Messung wird durch Vergleich in der Zwischenbildebene des M.s vorgenommen, in der sich eine Längenteilung (*Okularmikrometer*) oder ein verschiebbares Fadenkreuz befindet, dessen Verschiebung abgelesen wird (*Okularschraubenmikrometer*). Hierzu muß der Abbildungsmaßstab des Mikroskopobjektivs bekannt sein.

Die M.e werden angewendet zur Ausmessung von Teilstrichabständen, kleinen Bohrungsdurchmessern und -abständen, Profilen usw., ferner zum Auswerten von Vickers- und Brinellhärteeindrücken.

Meßmittel, alle zur Durchführung einer Messung erforderlichen Gegenstände. Dazu gehören insbesondere Maße oder Maßverkörperungen, Meßgeräte, Meßeinrichtungen einschließlich der Meßwandler und Stabilisatoren sowie die Verbindungen zwischen den Meßgliedern (Kabelleitungen u. dgl.), ferner Zuführungseinrichtungen für Meßgut, z. B. eine Schneckenzuführung vor einer Abfüllwaage, außerdem Normale, Hilfsmeßgeräte und -einrichtungen und gegebenenfalls auch das Meßgut, wenn dessen Beschaffenheit für die Messung von Bedeutung ist, z. B. bestimmte Kohlenwasserstoffe zur Prüfung von Mineralölzählern.

M. werden eingeteilt in *aktive M.*, die unmittelbar zum Messen eingesetzt werden, und *passive M.*, die nur mittelbar an der Messung beteiligt sind.

In der Längenmeßtechnik werden zuweilen unter M.n lediglich Längenmeßgeräte nach Art der Meßzeuge sowie Längenmaße und die in der Längenmeßtechnik benutzten optischen Meßgeräte verstanden. Zu letzteren gehören Längenmeßgeräte, die mit Lichtinterferenzen messen, und Meßgeräte, bei denen ein optisches System zum Anvisieren bzw. zum Positionieren dient, sowie diejenigen Meßgeräte, bei denen ein Mikroskop zum Ablesen eines als Normal eingebauten Maßstabes benutzt wird. Diese Einteilung ist nicht international anerkannt.

Meßprozeß in der Quantenmechanik. Jede Messung setzt eine Wechselwirkung zwischen Meßobjekt, d. h. dem zu untersuchenden physikalischen System, und dem Meßinstrument voraus. In der klassischen Physik wird angenommen, daß die mit dem Meßprozeß verbundene Störung des Systems, also z. B. die Änderung des elektrischen Feldes durch das Einbringen einer kleinen Probeladung, durch Übergang zu immer feineren Meßmethoden im Grenzfall prinzipiell beseitigt werden kann; für makroskopische Systeme ist diese Annahme gerechtfertigt, wegen der Endlichkeit der Planckschen Konstanten $\hbar$ ist sie jedoch prinzipiell unrichtig. Die sorgfältige Analyse des Meßprozesses wird für mikrophysikalische Objekte, wie Atome und Moleküle, wesentlich, sie führte historisch zur Aufstellung der Heisenbergschen Unbestimmtheitsrelation. Nach der Quantentheorie sind in einem bestimmten Zustand des Systems gleichzeitig nicht mehr beliebige, sondern nur solche physikalische Größen meßbar, die durch paarweise vertauschbare Operatoren repräsentiert werden, man nennt sie daher *kommensurable Größen*. Nicht kommensurabel sind beispielsweise Ort und Impuls eines Teilchens.

Die maximale Information, die man über den Zustand eines quantenmechanischen Systems erhalten kann, ist die Angabe der Werte aller voneinander unabhängigen kommensurablen Größen; ihre Bestimmung heißt *maximale Messung* oder *Maximalbeobachtung*. Läßt sich der so bestimmte Zustand als Einheitsstrahl bzw. eindimensionaler Unterraum eines Hilbert-Raumes auffassen, dann wird die Messung *vollständig* genannt; entsprechend unterscheidet man zwischen maximalen bzw. vollständigen Sätzen kommensurabler Größen oder kommutierender Observablen.

Die Inkommensurabilität verschiedener physikalischer Größen führt insbesondere dazu, daß quantenmechanisch auch bei vollständiger Kenntnis des Systemzustands nur Wahrscheinlichkeitsaussagen über das Ergebnis einer Messung gemacht werden können (→ statistische Interpretation). Eine Meßapparatur besteht prinzipiell aus drei Teilen: a) einem präparativen Teil, in dem die Mikroobjekte einer bestimmten Vorbehandlung unterzogen werden, z. B. durchlaufen Elektronen bestimmte Beschleunigungsstrecken und Blendensysteme; b) einem analysierenden Teil oder Filter, der das eigentliche Kernstück der Anordnung darstellt und meist zu einer bestimmten Zuordnung verschiedener Raumgebiete und Werten bestimmter physikalischer Größen der Mikroobjekte führt; ein einfaches Beispiel liefert das inhomogene Magnetfeld beim Stern-Gerlach-Versuch, durch das die Atome nach ihrer Spineinstellung „sortiert" werden; c) einem registrierenden Teil (Photoplatte, Zählrohr), in dem das Mikroobjekt in Wechselwirkung mit makroskopischen, nicht durch eine Wellenfunktion beschreibbaren Körpern tritt, die – bzw. deren Untersysteme – sich stets in metastabilen Zuständen befinden und durch Wechselwirkung mit dem Mikroobjekt in neue stabilere Zustände übergehen.

Während die Teile a) und b) des Meßprozesses im Rahmen des quantenmechanischen Formalismus ohne weiteres beschreibbar sind, gilt das für c) nicht. Aber gerade c) enthält die wesentliche Situation eines „Entscheidungszwangs", wobei über die Wechselwirkung von Mikroobjekt und makroskopischer Registriereinrichtung nur eine der vorher noch offen gelassenen, im Filter herausgearbeiteten und im quantenmechanischen Formalismus durch komplexe Wahrscheinlichkeitsamplituden bewerteten Möglichkeiten wirklich realisiert wird, und zwar mit einer durch das Absolutquadrat der Wahrscheinlichkeitsamplitude gegebenen Wahrscheinlichkeit. Dieser Prozeß ist als physikalischer Prozeß noch nicht voll verstanden, in ihm kommen fundamentale Zusammenhänge zwischen Quantentheorie und statistischer Mechanik zum Tragen (→ Präparation, → Reduktion der Wellenfunktion, → Beobachtung).

Meßreihe, die vom gleichen Beobachter unter gleichen Bedingungen wiederholt vorgenommene Messung ein und derselben Meßgröße mit ein und demselben Meßgerät zur Gewinnung einer größeren Anzahl von Meßwerten. Als Meßwert einer M. gilt der Mittelwert der n Einzelwerte.

Meßschieber, früher *Schieblehre* oder *Schublehre*, ein einfaches anzeigendes Meßgerät (Meßzeug) zur unmittelbaren Längenmessung. Der M. besteht aus einer Schiene mit einem Strichmaßstab sowie einem festen und einem auf der Schiene verschiebbaren Meßschenkel, die meist in Meßschnäbeln enden. Der verschiebbare Schenkel dient zugleich als Visierlinie bei der Ablesung. Die einander zugekehrten Flächen der Meßschnäbel werden zu Außenmessungen benutzt. Sind die Schnabelenden abgesetzt, so können damit auch Innenmessungen vorgenommen werden, wenn die Dicke der beiden Schnabelenden zu dem abgelesenen Wert addiert wird. Dieser Nachteil wird vermieden, wenn der M. nach oben schneidenförmige Verlängerungen hat, deren Schneiden voneinander abgewandt sind und bei Nullstellung übereinander liegen. Der verschiebbare Meßschenkel hat meist eine Aussparung für den Nonius; zuweilen ist außerdem eine Klemmschraube vorhanden, mit der der verschiebbare Schenkel festgestellt werden kann, wenn der M. als feste Lehre verwendet werden soll. Der verschiebbare Schenkel wird häufig mit einem Tiefentaster verbunden, der aus einer auf der Rückseite des M.s geführten Leiste besteht; diese schließt bei Nullstellung mit der Führungsschiene ab und wird nur für Tiefenmessungen hervorgezogen. Die Ablesung wird an dem Strichmaßstab und dem Nonius vorgenommen.

Der Meßbereich üblicher M. liegt bei 120 mm bis 150 mm, in Ausnahmefällen reicht er bis 1000 mm. Der Skalenwert beträgt je nach Ausführung 0,1 mm, 0,05 mm oder 0,02 mm, für den Nonius je nach Teilung $\pm 5\,\mu m$ bis $\pm 15\,\mu m$.

Spezialausführungen sind *Tiefen-*, *Zahndicken-* und *Keilnutmeßschieber*. Zur Vergrößerung der Anzeige sind M. zuweilen mit einer Lupe ausgerüstet.

Meßschraube, früher *Mikrometer* oder *Mikrometerschraube* genannt, ein Feinmeßgerät zur Längenmessung, bei dem als Längenmaß eine Gewindespindel mit sehr genauer Steigung verwendet wird. Der zu messenden Länge entspricht eine bestimmte Anzahl von Spindelumdrehungen. Die vollen Spindelumdrehungen, die eine Verschiebung der Spindel gegenüber dem feststehenden Mutterstück (Amboß) bewirken, werden an einer Längsteilung, die Bruchteile einer Spindelumdrehung an der Rundteilung der Meßtrommel angezeigt. Die M. wird als Meßgerät in verschiedenen Meßeinrichtungen verwendet, z. B. eingebaut in einen biegesteifen Bügel als *Bügelmeßschraube*, als Einbaumeßschraube an Koordinatenmeßtischen von Meßmikroskopen u. a. M.n lassen sich als induktive oder kapazitive Meßgeräte bauen, wenn damit ein entsprechender Meßwandler gekoppelt wird.

Meßschreiber, *Registrierinstrument*, ein Meßgerät zum Aufzeichnen des zeitlichen Verlaufes von veränderlichen Größen, z. B. von Kräften, Durchflüssen, Temperaturen, elektrischen Spannungen und Strömen auf Papier. Die M. erhalten in der Regel die gleichen Meßwerke wie die dafür üblichen Zeigerinstrumente. Diese sind jedoch mit einem höheren Drehmoment ausgestattet, um die zusätzliche Reibung der Schreibfeder auf dem Papier und des Schreibmechanismus zu überwinden, und haben dementsprechend einen höheren Leistungsverbrauch.

Bei der einfachsten Ausführung wird die Drehung des Meßwerkes auf eine Schreibfeder übertragen. Bei M.n mit fremder Hilfskraft wird die Schreibfeder z. B. mit einem kleinen Motor bewegt. Das schwache Meßwerk kontrolliert nur die richtige Schreibfedereinstellung und steuert den Motor. Dadurch ist auch die Aufzeichnung von Größen, die kein Meßwerk mit ausreichendem Drehmoment betätigen könnten, möglich. Beim *Punktschreiber* spielt der Zeiger eines schwachen Meßwerkes leicht über dem Schreibpapier und wird in gewissen zeitlichen Abständen durch eine Hilfskraft niedergedrückt. Auf dem bewegten Papierband reihen sich dann Punkte zu einer Meßkurve aneinander. Bei dem empfindlichen *Lichtschreiber* ist auf dem beweglichen Meßwerkteil ein Spiegel angebracht, der die Ablenkung eines Lichtstrahles bewirkt. Dies erfordert ein lichtempfindliches Papier und einen Entwicklungs- und Fixierprozeß. Punktschreiber und Lichtschreiber sind vielfach so gestaltet, daß mehrere Vorgänge auf einen Papierstreifen geschrieben werden. Hierzu werden sie durch eine Automatik periodisch auf verschiedene Meßstellen geschaltet.

Große Bedeutung haben in letzter Zeit die sehr universell einsetzbaren elektronischen *Kompensationsschreiber* oder *Kompensographen* erhalten. In diesem Fall erfolgt die Aufzeichnung auf einem lichtempfindlichen Papier (Photopapier), das nach dem Messen entwickelt und fixiert werden muß. Lichtschreiber enthalten einen elektrischen Kompensator, welcher von einem Nullmotor selbstständig auf die zu messende Spannung abgeglichen wird. Die Bewegung des Motors wird automatisch von der Differenzspannung zwischen Meß- und Kompensationsspannung, die noch geeignet verstärkt wird, gesteuert. Das Kompensationsprinzip gestattet eine sehr leistungsarme und genaue Registrierung.

Nichtelektrische Größen werden durch einen Wandler in eine elektrische Gleichspannung umgesetzt und können somit ebenfalls registriert werden. Mit Hilfe zweier Kompensationsschreiber werden sogenannte *XY-Schreiber* aufgebaut, die das Aufzeichnen von Kurven in zwei Koordinaten gestatten.

Lit. Palm u. a.: Registrierinstrumente (2. Aufl. Berlin, Göttingen, Heidelberg 1959).

Meßsender, ein Generator mit Elektronenröhren zum Erzeugen hochfrequenter, einstellbarer Wechselspannungen. Die Ausgangsspannung wird mit einem eingebauten Instrument gemessen und kann mittels kalibrierter Spannungsteiler bis auf 10^{-6} V herabgesetzt werden. Wahlweise kann die Ausgangsspannung auch mit einer Niederfrequenzschwingung frequenz- oder amplitudenmoduliert werden. M. werden vorwiegend zum Prüfen und Abgleichen von Rundfunk- und Fernsehempfängern, aber auch zu anderen Labormessungen im Hochfrequenzbereich eingesetzt.

Meßstrecke, 1) Volumenmessung: ein Meßfühler für den Volumenstrom. Die M. arbeitet nach dem Wirkdruckverfahren und ist in die Rohrleitung fest eingebaut. Sie besteht aus Blende, Einlauf- und Auslaufstrecke. An der Blende wird der Differenzdruck abgegriffen und von einem Wandler in eine Durchflußanzeige oder in ein dieser äquivalentes Signal umgewandelt.

2) Regelungstechnik: eine Meßanordnung, in der der Meßwert in ein Signal umgewandelt wird.

meßtechnischer Grundsatz, → optische Längenmeßverfahren.

Meßuhr, Meßgerät zur unmittelbaren Messung von Längen. Das Meßwerk besteht meist aus Zahnstange, Ritzel und Zahnrad, seltener aus Schnecke und Schneckenrad. Der Skalenwert beträgt 0,01 mm, der Meßbereich 10 mm, die Meßkraft zwischen 70 und 130 p.

Meßumformer, → Meßwandler.

Meßumsetzer, → Meßwandler.

Messung, experimentelle Bestimmung der Quantität einer physikalischen Größe durch Vergleich mit einem im Prinzip willkürlich wählbaren Normal, der Einheit der zu messenden Größe. Zur Erzielung vergleichbarer Meßergebnisse werden heute durch internationale Konvention einheitlich festgelegte Einheiten und Normale benutzt. Das Ergebnis einer M. wird ausgedrückt durch den *Meßwert*, das Produkt aus Maßzahl und Einheit; er ist um den systematischen Fehler zu berichtigen. Die Maßzahl gibt an, wie oft die Einheit in der vorliegenden Größe enthalten ist. Um die → Meßunsicherheit zu verringern, sind zufällige Fehler sowie Beeinflussungen der zu messenden Größe bei der M. durch physikalische Bedingungen der Umgebung zu berücksichtigen. Die direkte M., z. B. einer Länge, erfolgt durch unmittelbares Anlegen der Längeneinheiten bzw. von Vielfachen oder Teilen derselben; die meisten M.en erfolgen jedoch indirekt, indem sie unter Ausnutzung bekannter physikalischer Gesetze, z. T. auch nur empirisch festgestellter, aber eindeutiger Zusammenhänge auf eine Zeigerablesung reduziert werden. Außerordentlich häufig werden in den Meßgeräten in Abhängigkeit von den Werten der primär zu messenden Größen elektrische Ströme oder Spannungen erzeugt, die — unter Umständen nach entsprechender Verstärkung — einfach gemessen werden können. Die Genauigkeit der M. ist durch unvermeidliche Ableseungenauigkeiten, die endliche Empfindlichkeit der Meßinstrumente und die Abweichungen der ausgenutzten Gesetzmäßigkeiten von der Wirklichkeit begrenzt. Oft mißt man auch eine oder mehrere andere physikalische Größen, aus denen die gesuchte mittels derartiger Gesetzmäßigkeiten bestimmt wird. Außer der Maßzahl, der Einheit und der Qualität, d. h. der Art der physikalischen Größe, werden im Meßergebnis zuweilen die Fehlergrenzen der M. angegeben. Bei *absoluten* oder *fundamentalen M.en* werden die zur Definition der verwendeten Einheit vorgeschriebenen Methoden benutzt, z. B. die M. einer Länge mittels Lichtwellenlängen oder die Dichtebestimmung aus Masse und Volumen. Dagegen sind M.en von Längen mittels elektrischer Verfahren (kapazitive oder induktive Wegmessung) oder der Dichte mittels eines Aräometers *relative M.en*. Bei *Ausgleichs-* oder *Kompensationsmessungen* z. B. in Meßbrücken oder bei Wägungen, ergibt sich die unbekannte Größe durch Vergleich oder durch Kompensation mit einer bekannten Größe. Bei *absoluten Vergleichsmessungen* zeigt das Meßgerät ohne Beeinflussung durch die zu messende Größe Null an (Nullmethode), bei *differentiellen Vergleichsmessungen* einen beliebigen Vergleichswert, bei der M. des absoluten Drucks eines Gases z. B. den atmosphärischen Luftdruck. In vielen Meßgeräten verursacht die unbekannte Größe einen *Ausschlag* oder eine *Abweichung* von einer Nullage, die nach der M. besonders bei Galvanometern, Manometern und Thermometern wieder angezeigt werden muß. Wird beim Ausschlag kein Gleichgewicht erreicht, weil die Meßgröße nur kurze Zeit einwirkt bzw. das Meßgerät zu langsam reagiert, so spricht man von einer *ballistischen M.* Bei der M. der Ladung eines Kondensators mit einem Galvanometer z. B. erreicht die Abweichung ein Maximum, dessen Wert der Energie proportional ist, die ihm die Entladung erteilt hat.

Bei *Nullmethoden* wird die Meßgröße x unmittelbar mit einer bekannten Größe y gleicher Art und gleichen Betrags verglichen, so daß sich $x - y = 0$ ergibt. Es ist auch möglich, die Größe x mit einer ihr proportionalen Größe y zu vergleichen, so daß sich $ax - by = 0$ ergibt, z. B. bei Wägungen mit der Dezimalwaage. Im allgemeinsten Fall sind Funktionen zwischen x und y bekannt, und es besteht die Beziehung $f(x) - g(y) = 0$. Die M.en mit Meßbrücken sind meist Nullmethoden. Das Prinzip der gleichen Werte wird durch die Gleichung $x = y$ dargestellt. Die zu bestimmende und die messende Größe sind in diesem Fall gleich, so daß ein von ihnen erzeugtes Phänomen zum Verschwinden gebracht wird, z. B. beim Fettfleckphotometer oder bei der Wägung mit einer gleicharmigen Hebelwaage. In manchen Fällen reicht es aus, die Summe $x + y =$ konst. zu halten.

Eine berührungsfreie M. zur Verringerung der Meßunsicherheit ist mit optischen und radioaktiven Gebern möglich, z. B. bei der M. von Banddicken.

Eine *subjektive M.* beruht auf der subjektiven menschlichen Wahrnehmung, z. B. bei der Farbbestimmung. Man versucht sie durch eine *objektive* M. mittels Meßgeräten (z. B. in Verbindung mit Photozellen) zu ersetzen.

Bei *analogen M.en* wird der Wert der Meßgröße an einer Skale angezeigt, deren Zeiger sich auf den gemessenen Wert einstellt, z. B. bei einem Amperemeter. In der Regelungstechnik ist in diesem Fall das Signal als Träger der Information mit der Meßgröße durch ein Gesetz verknüpft, und die Anzeige ist der gemessenen Größe analog. Die Ergebnisse *numerischer* oder *digitaler M.en* werden vom Meßgerät durch Zahlen angegeben und verursachen seltener Irrtümer.

Auch die reine *Zählung* kann als M. angesehen werden, z. B. die der Zerfallsakte bei ionisierender Strahlung oder die der Umdrehungen im Maschinenbau. Dabei kann die Zählung mit einem Zählrohr durchgeführt oder unmittelbar von einem Zählwerk übernommen werden.

Meßunsicherheit, u, früher *Genauigkeit*, in der Metrologie das Kennzeichen der bei einem Meßergebnis oder einem Meßverfahren nach Berücksichtigung des Fehlers verbleibenden Unsicherheit. Die M. umfaßt unter bestimmten Gebrauchsbedingungen die zufälligen Fehler und den Zuverlässigkeitsfehler. Sie wird rechnerisch durch die Standardabweichung s oder durch den Vertrauensbereich ausgedrückt (→ Fehler). In der Praxis wird häufig angegeben: $u = t\sigma$, wobei t von der geforderten statistischen Sicherheit P abhängt; σ ist die Standardabweichung der Grundgesamtheit bei Normalverteilung. Sie wird stets mit $\pm$-Zeichen versehen, z. B. bei der Angabe der 2. Planckschen Strahlungskonstante $c_2 = (1{,}43879 \pm 0{,}00019) \cdot 10^{-2}$ mK, das bedeutet, daß der Zahlenwert zwischen 1,43860 und 1,43898 liegt.

In der Elektronik gelten für Meßgeräte die *Genauigkeitsklassen* 0,1; 0,2; 0,5; 1; 1,5; 2,5; 5, für Zubehörteile auch 0,05 in Prozenten des Meßbereichsendwerts als Fehlergrenzen.

Der *Genauigkeitsgrad* von Lehren bezeichnet die Fehlergrenzen der betreffenden Geräte, er wird meist in Mikrometer (μm) angegeben.

Meßverstärker, eine Schaltungseinheit zur Verstärkung kleiner elektrischer Ströme und Spannungen in Größenordnungen, die zur Aussteuerung eines Meßinstrumentes ausreichen. M. sind heute vorzugsweise mit Transistoren, seltener mit Elektronenröhren bestückt. Sie werden als komplette Geräte, aber auch als Baugruppen in größeren Geräten, z. B. Elektronenstrahloszillographen und elektronischen Spannungsmessern, eingesetzt. Von einem M. spricht man erst dann, wenn gewisse Qualitätsforderungen erfüllt werden, die sich z. B. auf die Konstanz der Verstärkung, die Störspannungsfreiheit, das Frequenzverhalten und die Verzerrungsfreiheit bezüglich des zu übertragenden Signals beziehen können. Besonders hohe Anforderungen werden an die M. in Analogrechnern gestellt, die dann als *Operationsverstärker* bezeichnet werden.

Meßvorschrift, Anweisung zur Benutzung bestimmter Meßgeräte bzw. zur Anwendung bestimmter Meßverfahren mit dem Ziel der qualitativen und/oder quantitativen Bestimmung einer Meßgröße. Dazu gehört z. B. auch die Einhaltung einer bestimmten Temperatur, der Aufbau einer größeren Meßanlage hinsichtlich elektrischer oder anderer Anschlüsse, also Umweltbedingungen, Schaltpläne u. ä.

Meßwandler, früher auch *Transmitter*, in eine Meß- oder Regeleinrichtung bzw. in eine Meßkette eingeschaltetes Meßgerät zur Umwandlung einer Meßgröße in eine andere (*Meßgrößenwandler, Meßgrößenumformer*) oder zur Umwandlung eines Meßwertes in einen anderen (*Meßwertwandler, Meßwertumformer*). In Meß-, Steuerungs- und Regelungssystemen dienen M. dazu, den Übergang auf Einheitssignalbereiche zu ermöglichen. Da die physikalischen Größen am Ausgang eines M.s als Ersatzgrößen der Eingangsgrößen in einem Einheitsbereich abgebildet werden können, ist die Möglichkeit gegeben, daß alle nachfolgenden Geräte und Baugruppen mit vereinheitlichten Ein- und Ausgangsbereichen arbeiten. Damit ist ihre universelle Anwendung und Kombinierbarkeit gewährleistet, was für den Aufbau von Meß- und Regeleinrichtungen nach dem Baukastenprinzip von großer wirtschaftlicher Bedeutung ist.

Meßgrößenwandler oder *Meßgrößenumformer* sind z. B. bei der elektrischen Messung nichtelektrischer Größen die Thermoelemente zur Temperaturmessung. Die Eingangsgröße erzeugt oder steuert dabei die Ausgangsgröße, oder physikalisch ausgedrückt: Es wird eine Dimensionsänderung hervorgerufen, z. B. erzeugt die Temperatur ϑ beim Thermoelement eine Gleichspannung U.

Meßwertwandler oder *Meßwertumformer* nehmen eine Vergrößerung oder Verkleinerung des Meßwertes durch Teilung vor, z. B. mit Spannungsverteiler, oder aber durch Verstärkung, z. B. Spannungsverstärker. In beiden Fällen bleibt die Dimension U unverändert, es ändert sich nur ihr Betrag.

In der Analogtechnik werden M. auch *Meßumformer*, in der Digitaltechnik *Meßumsetzer* genannt, da sie die von einem Meßfühler erfaßte Größe in eine erste zur Weiterverarbeitung geeignete Größe umformen.

Speziell werden M., hier auch kurz als *Wandler* bezeichnet, in der Elektrizitätsversorgung und der Hochspannungsprüftechnik verwendet. Dabei wird vom M. verlangt, daß die maßstabsgetreue Umwandlung, das Übersetzungsverhältnis, im gesamten Meßbereich konstant bleibt und keine Phasendrehung auftritt. Beim *Stromwandler* wird die Transformation der Ströme beim Transformator, das Stromübersetzungsverhältnis, ausgenutzt, um hohe Stromstärken auf einen leicht meßbaren Wert (5 A) herabzusetzen und außerdem den Meßkreis vom Hochspannungskreis galvanisch zu trennen. Dabei darf der Wechselstromwiderstand (*Bürde*) der sekundärseitig angeschlossenen Verbraucher (Meßinstrumente, Zähler, Relais u. a. Schutzeinrichtungen) keinen Einfluß auf das Meßergebnis besitzen. Außerdem müssen im Störungsfall die hohen Über- oder Kurzschlußströme weitgehend maßstabsgetreu ungewandelt werden, um die Leistungsschalter sicher und zeitabhängig (→ Selektivschutz) auszulösen. Um eine hohe Genauigkeit zu erzielen, wählt man die Sekundärwindungszahl sehr groß und stellt den Kern aus ferromagnetischem Material sehr hoher Anfangspermeabilität her. Beim *induktiven Spannungswandler* wird als Sekundärspannung 110 V (100 V) gewählt. Niederspannungswandler werden wie Kleintransformatoren ausgeführt. Bis 60 kV werden Isolierpasten mit Porzellan oder Gießharz (*Gießharzwandler*) als Isolation gewählt. Ab 60 kV baut man ölisolierte Spannungswandler. Ab 220 kV ist der *kapazitive Spannungswandler* billiger. Bei diesem wird ein induktiver Spannungswandler an einen kapazitiven Spannungsteiler angeschlossen. Der Spannungsteiler kann gleichzeitig für die Hochfrequenztelefonie ausgenutzt werden.

Induktive Spannungs- und Stromwandler sind nur für reine Wechselströme (ohne Gleichstromkomponente) anwendbar, da andernfalls die Vormagnetisierung des Eisenkerns das Meßergebnis verfälscht.

Soll bei einer Hochspannungsdurchführung ein *kapazitiver Spannungsteiler* geschaffen werden, so wird als erste Kapazität die Kapazität zwischen dem Leiter und einem Schirmbelag in der Isolation gewählt und als zweite Kapazität ein äußerer Festkondensator oder die Kapazität zwischen einem weiteren Schirmbelag und Erde. *Ohmsche Spannungsteiler*, z. B. für hohe Gleichspannungen, werden aus Schichtwiderständen gebildet.

Vor allem für höchste Gleichstromstärken wurden weitere M. entwickelt. So kann bei einer Ausführung im Feld des zu messenden Stromes ein kleiner Gleichstromanker gedreht und die induzierte Spannung gemessen werden. Bei einem anderen M. verursacht das Feld des zu messenden Stromes eine Gleichstromvormagnetisierung in einem Eisenkreis mit praktisch rechtwinkliger Magnetisierungskurve, wobei die Permeabilitätsänderung bestimmt wird. In einer ähnlichen Meßanordnung wird der Feldeinfluß des zu messenden Stromes auf einen Wechselstrom-Magnetkern durch einen Hilfsgleichstrom kompensiert; seine Größe ist ein Maß für den zu messenden Strom.

Lit. Grave: Elektrische Messung nichtelektrischer Größen (2. Aufl. Frankfurt/M. 1965).

Meßwertumformer, → Meßwandler.

Meßwertwandler, → Meßwandler.

Meßwiderstand, früher als *Rheostat* bezeichnet, ein elektrischer Widerstand hoher Genauigkeit, der in der elektrischen Meßtechnik in Meßbrücken, Kompensatoren, für die Meßbereichserweiterung von Strom- und Spannungsmessern usw. eingesetzt wird. Für tiefe Frequenzen werden Drahtwiderstände verwendet. Die aus möglichst temperaturunabhängigen Legierungen (z. B. Manganin, Novokonstant, Goldchrom) hergestellten Drähte werden nach besonderen Wickelschemen kapazitäts- und induktivitätsarm auf meist zylindrische Wickelkörper aufgebracht. Für hohe Frequenzen werden Kohle- und Metallschichtwiderstände verwendet, die besonders sorgfältig produziert und durch mehrfache Verlackung geschützt werden.

Die höchste Genauigkeit (10^{-4}) besitzen die *Normalwiderstände*, die als drahtgewickelte Festwiderstände mit Werten zwischen 0,0001 Ω bis 100 kΩ im Handel sind. Sie weisen neben den zwei Stromklemmen noch zwei Potentialklemmen auf, über die durch Anschluß eines Spannungsmessers die Spannung über dem Nennwert des Normalwiderstands gemessen werden kann, wodurch die unvermeidlichen Übergangswiderstände aus der Meßstrecke eliminiert werden (Abb. 1).

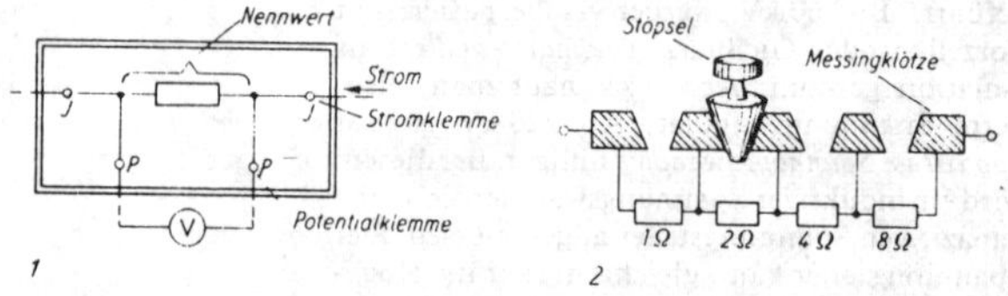

Meßwiderstand: *1* Schaltung eines Normalwiderstandes. *2* Stöpselwiderstand

Präzisionswiderstandsdekaden oder *Präzisionskurbelwiderstände* ermöglichen eine stufenweise Einstellung in mehreren Zehnerpotenzen, und zwar meist zwischen 0,1 Ω und 100 kΩ. Die Genauigkeit kann bis $2 \cdot 10^{-4}$ betragen. Ebenfalls einstellbar sind die noch genaueren *Stöpselwiderstände* (Abb. 2). Bei ihnen sind zweckmäßig gestufte Festwiderstände zwischen Messingklötzen geschaltet, die durch das Einstecken von Stöpseln überbrückt werden können.

Bei den stufenlos einstellbaren *Schiebewiderständen, Drehwiderständen* und *Wendelwiderständen* gleitet ein Schleifer über den aufgewikkelten Draht oder die Hartkohleschicht. Dreh- und Wendelwiderstände werden auch als Meßpotentiometer (→ Potentiometer) bezeichnet. Bei hochwertiger Ausführung, die z. B. die Verwendung kalibrierten Widerstandsdrahtes erfordert, können Genauigkeiten von 10^{-12} bis 10^{-3} erreicht werden.

Meßzeuge, → Meßgeräte.

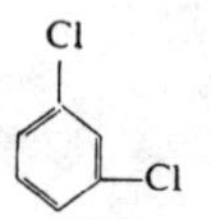

m-Dichlorbenzol

meta-, m-, Bezeichnung für die 1,3-Stellung von zwei Substituenten am Benzolring, z. B. m-Dichlorbenzol.

Metadyne, eine → Querfeldmaschine mit Zwischenbürstensatz, die als Umformer konstanten Strom liefert. Die Ankerwicklung wird über ein Bürstenpaar eingespeist. Das zugehörige Ankerquerfeld bildet die Erregung für den Anker in der Querrichtung. Die induzierte Spannung treibt einen Strom durch den Zwischenbürstenkreis und den Verbraucher. Die Größe dieses Stromes kann durch eine zusätzliche Erregerwicklung eingestellt werden. Der Antriebsmotor für die M. deckt nur die Leerlaufverluste.

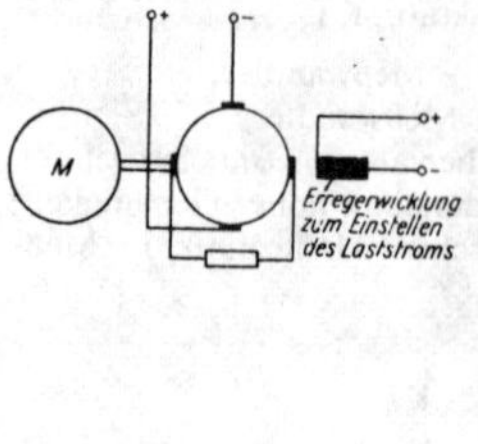

Schaltbild einer Metadyne mit einer Erregerwicklung. *M* Antriebsmotor zur Dekkung der Verlustleistung

Metagalaxis, hypothetisches System, dem viele → Sternsysteme, unter anderem auch das Milchstraßensystem, angehören sollen.

Metall, ein Stoff, in dem im Grundzustand bewegliche Leitungselektronen vorhanden sind und der charakteristische Eigenschaften, wie hohe elektrische Leitfähigkeit und Wärmeleitfähigkeit sowie hohes optisches Reflexionsvermögen, hat. Die Leitungselektronen bedingen die chemische Valenz des M.s und sind in einem kondensierten M. nicht an einzelne Atome gebunden. Sie bilden bei der metallischen Bindung (→ chemische Bindung 4) ein Elektronengas, das sich mit hoher Beweglichkeit durch das M. bewegen kann. Ein M. läßt sich auch dadurch charakterisieren, daß die nichtlokalisierten Elektronen eine von Null verschiedene Zustandsdichte an der Fermi-Energie haben. Das bedeutet, daß die Fermi-Energie innerhalb gewisser Energiebänder (→ Bandstruktur) liegt, die als Leitungsbänder bezeichnet werden. Die Leitungselektronen besetzen die Zustände in den Leitungsbändern nur teilweise, während die Zustände aller energetisch tiefer liegenden Bänder vollständig mit weiteren Elektronen besetzt sind. Durch Zufuhr beliebig kleiner Energien, zum Beispiel durch ein elektrisches Feld, können Leitungselektronen in unbesetzte Zustände im Leitungsband übergehen und den elektrischen Strom leiten. – In einem festen Nichtmetall liegt dagegen die Fermi-Energie zwischen den Energiebändern in der verbotenen Zone (→ Bändermodell), so daß keine Leitungselektronen im Grundzustand vorhanden sind und ein endlicher Energiebetrag zur Anregung von Elektronen erforderlich ist.

Ein *einfaches M.* ist ein M., dessen Leitungselektronen sich in vieler Hinsicht wie freie Elektronen in einem homogenen positiv geladenen Medium verhalten, das die negative Ladung der Elektronen kompensiert. Die positiv geladenen Metallionen sind in einem einfachen M. relativ klein. Die gebundenen Elektronen in den Metallionen haben eine wesentlich geringere Energie als die Leitungselektronen. Demzufolge wird die Bewegung der Leitungselektronen nur wenig durch die Metallionen beeinflußt. Zu den einfachen M.en gehören die einwertigen Alkalimetalle Lithium, Natrium, Kalium, Rubidium, Zäsium, die zweiwertigen Metalle Beryllium, Magnesium, Kalzium, Strontium, Zink, Kadmium sowie die dreiwertigen Metalle Aluminium, Gallium und Indium (→ Halbmetall, → Übergangsmetall, → Edelmetalle).

Lit. Kittel: Einführung in die Festkörperphysik (2. Aufl. München 1969).

Metalldampflampe. → Gasentladungslichtquelle.

Metallinienstern, ein Stern mit ungewöhnlich starken Metallinien im Spektrum.

metallische Bindung, → chemische Bindung 4).

Metalloptik, ein Zweig der Optik, der sich mit den für Metalle charakteristischen Eigenschaften sowie deren praktischer Anwendung befaßt.

Die Metalle zeichnen sich in ihren optischen Eigenschaften durch ein hohes Reflexionsvermögen in einem weiten Spektralbereich (bei typischen Metallen größer als 99%) und durch geringe Eindringtiefe des Lichtes (einige 10^{-5} cm) aus. Daraus resultiert das glänzende Aussehen der meisten Metalle.

Im Rahmen der klassischen Optik werden die optischen Eigenschaften der Metalle mit Hilfe eines komplexen Brechungsindexes beschrieben. Der gewöhnliche Brechungsindex n und der Absorptionsindex k hängen mit dem komplexen Brechungsindex n' zusammen durch $n' = n - ik$, dabei ist $i = \sqrt{-1}$. Die Tabelle gibt den Brechungsindex n, den Absorptionsindex k sowie das Reflexionsvermögen R bei senkrechter Inzidenz für einige wichtige Metalle bei der Wellenlänge $\lambda = 5893$ Å an.

Optische Konstanten einiger Metalle (für $\lambda = 5893$ Å)

Metall	n	k	R (%)
Na	0,05	2,61	99,8
Ag	0,18	3,64	95,0
Au	0,37	2,82	85,1
Cu	0,64	2,62	70,1
Ni	1,97	1,30	43,3
Fe	1,51	1,63	32,6

Die Frequenzabhängigkeit von n und k sowie des Reflexionsvermögens der Metalle zeigt im ultravioletten Spektralbereich charakteristische Strukturen, die optischen Eigenschaften der Metalle in diesem Spektralbereich ähneln denen von Isolatoren (→ Absorptionsspektrum von Festkörpern). Im sichtbaren und infraroten Spektralbereich unterscheiden sich die Eigenschaften der Metalle jedoch grundlegend von denen der Isolatoren und meisten Halbleiter. Die Abhängigkeit von n und k sowie des Reflexionsvermögens von der Wellenlänge in diesem Bereich ist bei Metallen vergleichsweise monoton. Im Infrarot ist bei typischen Metallen $k \gg n$, woraus das hohe Reflexionsvermögen folgt (→ Beersche Formel).

Auch bei Verwendung von polarisiertem Licht zeigen Metalle ein anderes Verhalten als Isolatoren. Bei Isolatoren gibt es für parallel zur Einfallsebene polarisiertes Licht einen bestimmten Winkel, den Polarisationswinkel, bei dem kein in der Einfallsebene polarisiertes Licht reflektiert wird; bei Metallen dagegen erreicht das Reflexionsvermögen für parallel zur Einfallsebene polarisiertes Licht lediglich ein Minimum. Der zugehörige Winkel heißt Haupteinfallswinkel. Einfallendes linear polarisiertes Licht ist daher nach der Reflexion an einer Metalloberfläche elliptisch polarisiert.

Die für Metalle charakteristischen optischen Eigenschaften sind ebenso wie ihre große elektrische und thermische Leitfähigkeit dem Vorhandensein einer großen Zahl frei beweglicher Elektronen (Leitungselektronen) im Metall zuzuschreiben. Das einfachste Modell zum Verständnis der optischen Eigenschaften freier Elektronen ist die *Drudesche Theorie vom freien Elektronengas*, nach der die Leitungselektronen in Metallen durch äußere Felder gleichsam wie freie geladene Teilchen beschleunigt werden und durch Stöße mit anderen Teilchen ihren Geschwindigkeitszuwachs wieder verlieren. Wenn $\vec{v}$ die Geschwindigkeit, $\frac{d\vec{v}}{dt}$ die Beschleunigung, $1/\tau$ die Stoßfrequenz, e/m die spezifische Ladung des Elektrons und $\vec{E}$ das äußere elektrische Feld sind, so hat die Bewegungsgleichung eines freien Elektrons die Form:

$$\frac{d\vec{v}}{dt} = \frac{e}{m}\vec{E} - \frac{\vec{v}}{\tau}. \qquad (1)$$

Formal ist diese Gleichung mit der eines Oszillators mit der Eigenfrequenz Null identisch (→ Oszillatormodell für die Dielektrizitätskonstante).

Für ein zeitlich periodisches elektrisches Feld der Form $\vec{E} = \vec{E}_0 e^{i\omega t}$, wobei $\vec{E}_0$ die Amplitude des elektrischen Feldes, ω die Kreisfrequenz und t die Zeit sind, hat Gleichung (1) für die Ortskoordinate $\vec{r}$ eines freien Elektrons die Lösung

$$\vec{r}(t) = -\frac{e}{m} \cdot \frac{1}{\omega(\omega + i/\tau)} \vec{E}_0 e^{i\omega t}. \qquad (2)$$

Die komplexe Form für $\vec{r}(t)$ bringt zum Ausdruck, daß das von der Bewegung des Elektrons hervorgerufene Dipolmoment $e\vec{r}(t)$ gegenüber dem elektrischen Feld phasenverschoben ist. Die Dielektrizitätskonstante (Realteil ε_1, Imaginärteil ε_2) sowie die mit ihr verknüpften → optischen Konstanten n und k eines freien Elektronengases mit N Elektronen je cm^{-3} sind

$$\begin{aligned} \varepsilon_1 &= n^2 - k^2 = \varepsilon_\infty - \frac{e^2}{m\varepsilon_0} N \frac{\tau^2}{1 + \omega^2\tau^2}, \\ \varepsilon_2 &= 2nk = \frac{e^2}{m\varepsilon_0} N \frac{\tau}{\omega(1 + \omega^2\tau^2)}. \end{aligned} \qquad (3)$$

Die Größe $\frac{e^2N}{m}\tau$ ist die statische elektrische Leitfähigkeit σ_0 des Materials, ε_0 ist die Influenzkonstante. Die hierbei eingeführte Größe ε_∞ (→ Dielektrizitätskonstante 3) berücksichtigt, daß neben freien Elektronen auch gebundene Elektronen zur Dielektrizitätskonstante beitragen (→ Dispersionstheorie). Die Dispersion und Absorption auf Grund dieses Beitrages sind in Gleichung (2) nicht enthalten.

Charakteristische Größen im Spektrum der optischen Eigenschaften freier Elektronen sind die Stoßfrequenz $1/\tau$ und die Plasmafrequenz $\omega_p = \left(\frac{e^2N}{m\varepsilon_0}\right)^{1/2}$. Typische Werte bei Metallen sind hierfür $1/\tau \approx 10^{13}\,s^{-1}$ und $\omega_p \approx 10^{15}\,s^{-1}$. Die Frequenzen des Lichtes im sichtbaren und infraroten Spektralbereich liegen zwischen diesen beiden charakteristischen Frequenzen, daher sind für die M. vor allem die optischen Eigenschaften freier Elektronen in dem Bereich $1/\tau < \omega < \omega_p$ von Bedeutung. Der Absorptionskoeffizient in diesem Bereich ist proportional zu $\sigma_0\omega^{-2}$. Das Reflexionsvermögen bei senkrechter Inzidenz (→ Beersche Formel) in diesem Bereich wird durch das → Hagen-Rubens-Gesetz erfaßt. Für gut leitende Metalle ist das Reflexionsvermögen fast Eins. Die elementare Drudesche Theorie ist folglich in der Lage, das hohe Absorptions- und Reflexionsvermögen der Metalle auf einfache Weise zu erklären.

Eine tiefere Begründung für die optischen Eigenschaften freier Elektronen und für die

Existenz des freien Elektronengases überhaupt vermag erst die Quantentheorie zu geben. Nach ihren Vorstellungen haben die optischen Eigenschaften freier Elektronen ihre Ursache in Übergängen der freien Elektronen in einem nur teilweise besetzten Energieband. Die einfache quantenmechanische Behandlung ohne Berücksichtigung von Stößen ergibt als Beitrag zum Realteil der Dielektrizitätskonstanten $\frac{e^2 N}{\varepsilon_0 m_{opt} \omega^2}$. Dieses Ergebnis stimmt mit dem von Gleichung (3) für $\omega\tau \gg 1$ überein bis auf den Umstand, daß die Elektronenmasse durch eine *optische* Masse m_{opt} ersetzt wurde. Diese wird durch die Struktur des Bandes, in dem die Übergänge der freien Elektronen erfolgen, bestimmt. Liegt ein einfaches parabolisches Band vor, so ist $1/m_{opt} = (1/3) \cdot (1/m_1 + 1/m_2 + 1/m_3)$. Dabei sind m_1, m_2, m_3 die Komponenten des Effektivmasse-Tensors in den drei Hauptrichtungen eines Kristalls. Erst die Berücksichtigung der Wechselwirkung der freien Elektronen mit Phononen und Störstellen führt bei der quantenmechanischen Behandlung zur optischen Absorption. Modifizierungen gegenüber dem klassischen $\sigma_0\omega^{-2}$-Gesetz für den Absorptionskoeffizienten gibt es in jenen Fällen, in denen die kinetische Energie der am Übergang beteiligten Elektronen klein bzw. vergleichbar mit der Energie $\hbar\omega$ eines Lichtquants ist. $\hbar$ ist das Plancksche Wirkungsquantum geteilt durch 2π. Das trifft insbesondere auf die freien Elektronen bzw. Defektelektronen in nichtentarteten Halbleitern zu, deren mittlere kinetische Energie $kT \ll \hbar\omega$ ist. Dabei bedeuten T die absolute Temperatur und k die Boltzmannsche Konstante. Für den Absorptionskoeffizienten α hat man je nach Art des Streumechanismus folgende Gesetzmäßigkeiten zu erwarten: bei Streuung an akustischen Phononen $\alpha \sim \omega^{-1,5}$, bei Streuung an optischen Phononen $\alpha \sim \omega^{-2,5}$, bei Streuung an geladenen Störstellen $\alpha \sim \omega^{-3}$. Bei der Reflexion an Halbleiterflächen führen die optischen Eigenschaften freier Ladungsträger zum Auftreten der → Plasma-Resonanz-Reflexion.

Metamagnetismus, Erscheinung bei einigen Antiferromagnetika, die aus ferromagnetisch geordneten, in der Schichtebene magnetisierten Schichten bestehen, die untereinander antiferromagnetisch durch Dipolkräfte oder Superaustausch gekoppelt sind. Wird ein starkes äußeres Feld parallel zur Schichtebene angelegt, so klappen die magnetischen Momente in Feldrichtung, was zu einem ferromagnetischen Zustand führt. M. zeigen z. B. Kobalt(II)-chlorid, Eisen(II)-chlorid, -bromid und -karbonat.

Metametalle, tiefschmelzende Schwermetalle, deren Kristallgitter eine etwas geringere Symmetrie aufweist (Koordinationszahlen 8, 6, 4) als das der echten (Ortho-) Metalle (Koordinationszahlen 12 oder 8). Die spezifischen Leitfähigkeiten der M. liegen mit 10^4 bis 10^5 niedriger als bei den (Ortho-) Metallen, aber weit über den Werten der Halbmetalle. Die Hydroxide der M. sind amphoter, aber bevorzugt schwach alkalisch. Zu den M.n zählen Zink, Gallium, Kadmium, Indium, Quecksilber, Thallium und Blei. Zinn weist eine metametallische und eine halbmetallische Modifikation auf (weißes und graues Zinn). Mitunter wird auch Beryllium zu den M.n gerechnet und Gallium zu den Halbmetallen.

metastabile Phase, *Ostwald-Miers-Bereich*, Zustand eines Stoffes, der als übersättigte oder unterkühlte Phase vorliegt, ohne daß die neue Phase gebildet wird. Übersteigt die Übersättigung oder Unterkühlung einen kritischen Wert, die *metastabile Grenze*, so geht der metastabile Zustand in den labilen über, und es bildet sich eine neue Phase. Fügt man der metastabilen Phase Kondensations- oder Kristallisationskerne hinzu – z. B. in der Nebelkammer –, dann braucht die metastabile Grenze nicht überschritten zu werden. Nach der Theorie der Keimbildung (→ Kristallkeim) ist der Phasenübergang stetig, er wird an der metastabilen Grenze auf Grund eines schnellen Anwachsens der Keimbildungshäufigkeit mit der Übersättigung sichtbar, während im metastabilen Zustand die Keimbildungshäufigkeit Null ist.

metastabile Zustände, relativ langlebige angeregte Zustände von Kernen, Atomen, Molekülen oder auch Festkörpern, deren Zerfall durch → Auswahlregeln verboten wird. Sie sind dennoch nicht vollständig stabil, da die Auswahlregeln meist nicht streng bzw. nur für einen Zerfalls- (Strahlungs-) Prozeß gelten, der normalerweise den Hauptprozeß bildet und schwächere Übergänge überdeckt.

Metatheorie, die einer mathematischen Theorie übergeordnete Theorie, die aussagt, was die mathematischen Symbole bedeuten und wie sie den physikalischen Größen zuzuordnen sind. Die M. einer Theorie bestimmt deren (mögliche) Interpretationen. Es kann durchaus sein, daß eine M. logisch fehlerfrei (und mit der entsprechenden Theorie prinzipiell verträglich), aber empirisch falsch ist, d. h. eine zwar mögliche, aber durch die Natur nicht realisierte Interpretation liefert.

Meteor *n*, die beim Eindringen eines → Meteoriten in die Erdatmosphäre hervorgerufene Leuchterscheinung. M.e mit → Helligkeiten schwächer als -4^m werden *Sternschnuppen* genannt, die helleren *Feuerkugeln*. Beim Eindringen eines Meteoriten in die Erdatmosphäre werden durch die auftreffenden Luftmoleküle Atome herausgeschlagen, die angeregt oder ionisiert werden. Dadurch kommt das *Meteorleuchten* zustande. Die Teilchen, die Sternschnuppen verursachen, haben einen Durchmesser von etwa 1 mm bis 1 cm und verdampfen in Höhen von etwa 90 bis 100 km über der Erdoberfläche. Die größeren Teilchen, die Feuerkugeln erzeugen und von nachleuchtenden Schweifen begleitet sind, erreichen Höhen von etwa 10 bis 50 km, gelegentlich fallen sie auch auf die Erdoberfläche. Die Temperaturen, die bei der aerodynamischen Bremsung auftreten, werden auf etwa 3000 K geschätzt. Neben den Abschmelzvorgängen kommt es manchmal auch zur Explosion der Meteoriten.

Helle und schwächere M.e sind nicht gleich häufig; Feuerkugeln sind wesentlich seltener als Sternschnuppen. Mit bloßem Auge sichtbare M.e treten in jeder Nacht auf, ganze Meteorströme dann, wenn die Erdbahn die Bahn eines schon ziemlich stark aufgelösten Kometen schneidet, dessen Auflösungsprodukte in die Erdatmosphäre eindringen.

Meteorit, ein von außen in die Erdatmosphäre eindringender Kleinkörper, der dabei ganz oder teilweise verdampft und so eine als → Meteor bezeichnete Leuchterscheinung verursacht. Die kleinsten M.e sind staubartige Teilchen mit Massen von 10^{-6} g. Je größer die Masse eines M.en ist, desto tiefer kann er in die Erdatmosphäre eindringen, bevor er verdampft oder explodiert (→ Meteor). Nur relativ große M.e erreichen die Erdoberfläche. Haben die M.e Massen von mehr als 1 t, so verursachen sie beim Aufschlag auf die Erde Krater. Der größte bisher gefundene M. hat eine Masse von 60 t.

Nach der Zusammensetzung unterscheidet man *Eisenmeteorite* mit durchschnittlich 91% Eisen- und 8% Nickelgehalt und *Steinmeteorite*, die im Mittel unter anderem 42% Sauerstoff, 20,6% Silizium, 15,8% Magnesium und 15,6% Eisen enthalten. Es existieren aber auch Übergangsformen, z. B. die *Stein-Eisen-M.e.* Bei Meteoritenfällen werden Steinmeteorite am häufigsten beobachtet, sie machen etwa 93% aus. Betrachtet man aber die Meteoritenfunde, bei denen keine Meteorerscheinungen beobachtet wurden, so sind die Eisenmeteorite mit 66% häufiger, da sie weniger schnell verwittern. Für Steinmeteorite ergeben sich anhand radioaktiver Zerfallsprozesse Alterswerte von 1 bis 4 Milliarden Jahren, bei Eisenmeteoriten bis 6 Milliarden Jahre, wobei als Alter die Zeit seit der Verfestigung zu verstehen ist.

Meteorograph, Gerät zur automatischen Registrierung von zwei oder mehr meteorologischen Elementen in der freien Atmosphäre. M.en besitzen gewöhnlich Meßwertgeber für Druck, Temperatur und Feuchte, die auf ein und derselben Schreibtrommel synchron die zeitliche Veränderung der meteorologischen Elemente aufzeichnen. In Abhängigkeit von der Art ihres Aufstieges (Drachen, Fesselballon, Flugzeug) besitzen M.en konstruktive Besonderheiten.

M.en, die während des Aufstieges ihre Meßwerte drahtlos zur Bodenstelle übertragen, nennt man → Radiosonden.

Meteorologie, die Wissenschaft von der → Atmosphäre, in der antiken Naturphilosophie Lehre von dem in der Mitte – d. h. zwischen Erde und Himmelssphäre – Schwebenden. Die M. untersucht die vornehmlich physikalischen Zustände und Prozesse, die innerhalb der Atmosphäre und in Wechselwirkung mit der festen oder flüssigen Erdoberfläche sowie mit dem kosmischen Raum ablaufen. Die zunehmend betriebene mathematische Modellierung und numerische Simulation der genannten Zustände und Prozesse ist Grundlage für ihre Vorhersage und ihre noch in den Anfängen stehende gezielte künstliche Beeinflussung.

Als beobachtende Naturwissenschaft ist die M. im wesentlichen auf die messende Erfassung der atmosphärischen Zustände und Vorgänge in situ, in der Atmosphäre selbst, angewiesen, dagegen spielen Laboratoriumsuntersuchungen insgesamt eine geringere Rolle als in der Physik. Zur theoretischen Interpretation und Verallgemeinerung ihrer Ergebnisse stützt sich die M. in erster Linie auf die Physik und deren umfangreichen mathematischen Apparat, dabei spielen angesichts des massenhaft anfallenden Datenmaterials auch die Wahrscheinlichkeitsrechnung, die mathematische Statistik und die elektronische Datenverarbeitung sowie angesichts des komplexen Charakters der untersuchten Erscheinungen in Zukunft auch die Systemtheorie und die Kybernetik eine besondere Rolle.

Innerhalb der M. lassen sich nach unterschiedlichen Gesichtspunkten zahlreiche Teilgebiete abgrenzen. Theoretische Grundlage der M. ist die → physikalische Meteorologie. Nach der Arbeitsmethode kann unterschieden werden zwischen der vorwiegend phänomenologisch-beschreibenden *allgemeinen M.*, der *theoretischen M.* (wenig zutreffend auch *dynamische M.* genannt) und der *experimentellen M.* Während die *synoptische M.* mittels spezieller Methoden der gleichzeitigen Erfassung und Darstellung die raum-zeitliche Verteilung atmosphärischer Zustände und den Ablauf atmosphärischer Prozesse unter der besonderen Zielstellung ihrer Vorhersage untersucht (→ Wetter, → Wettervorhersage), befaßt sich die *Klimatologie* mit dem Studium des mittleren Zustandes und des durchschnittlichen Verlaufs der Vorgänge in der Atmosphäre (→ Klima). Eine unmittelbare Nutzanwendung meteorologischer Kenntnisse und Informationen in verschiedenen anderen Wissenschaften bzw. Zweigen der gesellschaftlichen Praxis erfolgt in der angewandten M., zu der unter anderem *Agrarmeteorologie*, *Forstmeteorologie*, *Humanbiometeorologie*, *Flugmeteorologie*, *Hydrometeorologie* und *technische M.* gehören, von denen einige bereits weiter unterteilt werden.

Andere Einteilungsprinzipien beziehen sich auf die räumliche Ausdehnung der untersuchten Phänomene (*Mikrometeorologie*, *Mesometeorologie*, *Makrometeorologie*), Besonderheiten der Unterlage (*maritime M.*, *Gebirgsmeteorologie*) bzw. der geographischen Lage (*Polarmeteorologie*, *tropische M.*) oder auf spezielle Beobachtungsmittel (*Radarmeteorologie*, *kosmische M.*, → Radar, → Wettersatellit). Speziell mit der reinen Atmosphäre befaßt sich die *Aerologie*. Die Physik der Hochatmosphäre wird wegen der qualitativen Besonderheiten der dort herrschenden physikalischen Zustände und Prozesse meist nicht zur M. im engeren Sinne gerechnet (→ Aeronomie).

meteorologische Optik, svw. atmosphärische Optik.

Meter, m, SI-Grundeinheit der Länge. Vorsätze erlaubt. Das Meter wird definiert als 1650763,73 Vakuumwellenlängen der Strahlung, die dem Übergang zwischen den Niveaus $2p_{10}$ und $5d_5$ des Krypton-86 entspricht. Diese Definition löste 1960 die durch den Meterprototyp gegebene Definition ab, nach der 1 m der Abstand der Mittelstriche der auf diesem angebrachten Strichgruppen bei 0 °C war (→ Urmeter). Daneben hatte seit 1927 die Wellenlängendefinition als 1553164,13 Wellenlängen der Strahlung der roten Kadmiumlinie bei einer Temperatur von 15 °C und 760 Torr Luftdruck in trockener Luft mit einem Kohlendioxidgehalt von 0,03% und dem Dampfdruck Null für die industrielle Längenmessung gegolten. Die ursprüngliche Definition des M.s als 10^7ter Teil des Erdmeridianquadranten (diese Länge des Meters weicht aber um etwa 0,02% davon ab, wie spätere Nachrechnungen durch Bessel ergaben) war bereits mit der Ausgabe der Platin-Iridium-Prototype an die Signatarstaaten der Internationalen Meterkonvention im Jahre 1889 aufgegeben worden. Danach war 1 m = 443,295938 Pariser Linien.

Über die interferentielle Darstellung des M.s → Länge.

Meterkilogramm, falsche Bezeichnung für → Kilopondmeter.

Meterkilopond, → Kilopondmeter.

Meterkonvention, *Internationale M.*, seit dem 20. Mai 1875 bestehender Zusammenschluß der Staaten, die das metrische System (→ Maßsystem) der → Einheiten bzw. seit 1960 das Système International d'Unités (Symbol SI) anwenden. Die M. gilt auch heute noch. Die Anzahl der in der M. zusammengeschlossenen Staaten hat sich inzwischen mehr als verdoppelt, doch sind bei weitem nicht alle Staaten, die das SI anwenden, der M. angeschlossen.

Mindestens alle 6 Jahre finden *Generalkonferenzen für Maß und Gewicht* der Vertreter der Signatarstaaten der M. in Paris statt, auf denen über Fortschritte des SI beraten wird. Die Generalkonferenz ist in allen Fragen des Internationalen Einheitensystems die entscheidende oberste Instanz.

Ein *Internationales Komitee für Maß und Gewicht* (Comité International des Poids et Mesures, Symbol CIPM) besteht aus 18 Spezialisten der Metrologie aus 18 verschiedenen Staaten. Es tritt alle zwei Jahre zusammen und berät aktuelle metrologische Probleme. Ihre Beschlüsse müssen durch eine Generalkonferenz bestätigt werden. Im Pavillon de Breteuil in Sèvres bei Paris unterhalten die Signatarstaaten der M. für wissenschaftliche metrologische Arbeiten eine Anzahl modern ausgestatteter Speziallaboratorien, die zum *Internationalen Büro für Maß und Gewicht* (Bureau International des Poids et Mesures, Symbol BIPM) gehören, dem auch die Leitung obliegt. Außerdem bestehen noch Comités Consultatifs für spezielle Aufgaben auf bestimmten Fachgebieten, z. B. für ionisierende Strahlung.

Im Pavillon de Breteuil werden auch die internationalen Prototype aufbewahrt. Bei den Generalkonferenzen wird den Teilnehmern Gelegenheit gegeben, die Prototype zu besichtigen. Im BIPM wird nur mit angeschlossenen Kopien gearbeitet.

Meterwellen, → Frequenz.

Methode der kleinsten Quadrate, → Ausgleichsrechnung.

Methode der Molekülzustände, *MO-Methode*, [engl. *m*olecular *o*rbital method], *Molekülorbitalmethode*, *Molekülbahntheorie*, *Hund-Mulliken-Methode*, besonders durch Hund, Mulliken und Lennard-Jones entwickeltes Näherungsverfahren zur Beschreibung der molekularen Bindungsverhältnisse. Dabei wird davon ausgegangen, daß die Valenzelektronen unter Beachtung des → Pauli-Prinzips die durch Molekül-Einelektronenfunktionen beschriebenen Zustände (*Molekülorbitale*, *Molekülbahnen*) besetzen und sich im vereinigten Potentialfeld der Kerne und der anderen Elektronen des Moleküls bewegen. Die Ermittlung der Einelektronenfunktionen nach dem Hartree- und Hartree-Fock-Verfahren ist bei den Molekülen schwierig. Zur mathematischen Darstellung der Molekularbahnen [engl. molecular orbitals] wird die *LCAO-Methode* [engl. *l*inear *c*ombination of *a*tomic *o*rbitals] benutzt. Dabei werden die Moleküleigenfunktionen ψ_k als lineare Kombinationen von genäherten Atomeigenfunktionen (Atomorbitale) χ_p dargestellt: $\psi_k = \sum_p C_{kp}\chi_p$. Hierbei bedeuten die C_{kp} Konstanten, die ein Maß für den Beitrag der p-ten Atomeigenfunktionen χ_p zur k-ten Moleküleigenfunktion ψ_k darstellen. Diese Atomeigenfunktionen können Lösungen des Hartree-Fock-Verfahrens für das jeweilige freie Atom sein.

Für zweiatomige Moleküle mit gleichen Atomen a und b aus der 1. Periode des Periodensystems der Elemente (Li, Be, B, C, N, O, F) ergeben sich mit Hilfe der LCAO-Methode bei Berücksichtigung der empirisch bekannten Symmetrie der Moleküle (Symmetriegruppe $D_{\infty h}$) folgende (nicht normierte) Molekül-Einelektronenfunktionen:

$$\psi(\sigma_g 1s) = \chi^a(1s) + \chi^b(1s)$$
$$\psi(\sigma_u 1s) = \chi^a(1s) - \chi^b(1s)$$
$$\psi(\sigma_g 2s) = \chi^a(2s) + \chi^b(2s)$$
$$\psi(\sigma_u 2s) = \chi^a(2s) - \chi^b(2s)$$
$$\psi(\sigma_g 2p_x) = \chi^a(2p_x) + \chi^b(2p_x)$$
$$\psi(\sigma_u 2p_x) = \chi^a(2p_x) - \chi^b(2p_x)$$
$$\psi(\pi_g 2p_y) = \chi^a(2p_y) + \chi^b(2p_y)$$
$$\psi(\pi_u 2p_y) = \chi^a(2p_y) - \chi^b(2p_y)$$
$$\psi(\pi_g 2p_z) = \chi^a(2p_z) + \chi^b(2p_z)$$
$$\psi(\pi_u 2p_z) = \chi^a(2p_z) - \chi^b(2p_z)$$

Hierbei bedeuten $\chi(1s)$, $\chi(2s)$ und $\chi(2p)$ die $1s$-, $2s$- und $2p$-Atomorbitale, wobei den Atomen a und b je ein kartesisches Koordinatensystem derart zugeordnet ist, daß die y- und z-Achsen der Systeme einander parallel sind und die x-Achsen jeweils in Richtung des Partneratoms weisen. Die den Funktionen in Klammern beigefügten Symbole geben an, aus welchem Paar von Atomeigenfunktionen die betreffende Linearkombination gebildet ist und welche Symmetrieeigenschaft sie hat. Die Bezeichnung σ bedeutet, daß das Molekülorbital eine zur Kernverbindungsachse rotationssymmetrische Ladungsverteilung zeigt, während mit π diejenigen Molekülorbitale gekennzeichnet werden, die eine Knotenebene durch die Kernverbindungslinie aufweisen. Die Indizes g und u bedeuten, daß das Vorzeichen der Molekülfunktionen bei Spiegelung an der Symmetrieebene des Moleküls erhalten bleibt (g) oder sich ändert (u). Für die einzelnen Molekülzustände ermittelte man folgende Aufeinanderfolge der Energiewerte (Abb.): $E(\sigma_g 1s) < E(\sigma_u 1s) < E(\sigma_g 2s) < E(\sigma_u 2s) < E(\sigma_g 2p_x) < E(\pi_g 2p_y) = E(\pi_g 2p_z) < E(\pi_u 2p_y) = E(\pi_u 2p_z) < E(\sigma_u 2p_x)$. Die Energie der g-Zustände ist kleiner als die Energie der dazugehörigen Atomzustände, die Energie der u-Zustände dagegen größer. Wenn ein Molekül bei Besetzung eines Molekülorbitals durch ein Elektron stabiler wird, nennt man dieses Molekülorbital *bindendes Orbital* oder *bindenden Molekülzustand* und das Elektron *bindendes Elektron*. Andererseits bezeichnet man ein Molekülorbital als *lockernd*, wenn durch Be-

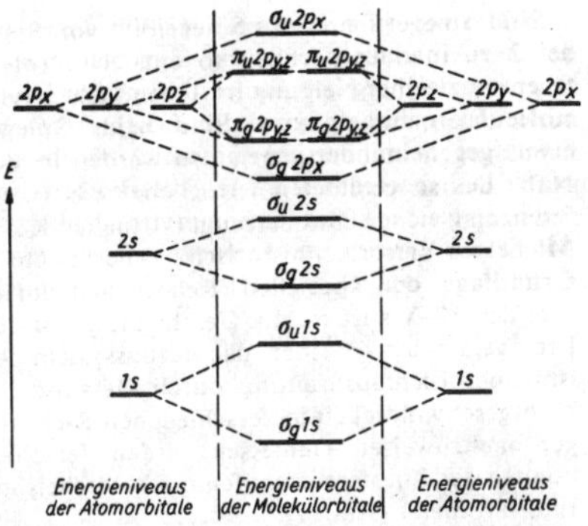

Energieniveauschema eines zweiatomigen Moleküls

setzung dieses Orbitals mit einem Elektron das Molekül eine geringere Stabilität erhält. Die Molekülzustände $(\sigma_g 1s)$, $(\sigma_g 2s)$, $(\sigma_g 2p_x)$, $(\pi_g 2p_x)$, $(\pi_g 2p_y)$ sind bindende Molekülzustände. Die Molekülzustände $(\sigma_u 1s)$, $(\sigma_u 2s)$, $(\pi_u 2p_y)$, $(\pi_u 2p_z)$, $(\sigma_u 2p_x)$ sind lockernde Molekülzustände. Bindende Elektronen haben eine große Ladungsdichte zwischen den Atomkernen, lockernde Elektronen dagegen eine kleine Ladungsdichte. Der Aufbau der Grundzustände der zweiatomigen Moleküle erfolgt wie der Aufbau der Grundzustände der Atome, indem – beginnend mit dem niedrigsten Energieniveau – nacheinander jedes Niveau unter Beachtung des Pauli-Prinzips mit je zwei Elektronen entgegengesetzten Spins besetzt wird. Die Zahl der Bindungen ist gleich der durch 2 geteilten Differenz der bindenden und lockernden Elektronen. Nach dieser Regel liegt im Sauerstoffmolekül eine Zweifachbindung vor, da sich von den insgesamt 16 Elektronen je zwei auf die bindenden Molekülorbitale $(\sigma_g 1s)$, $(\sigma_g 2s)$, $(\sigma_g 2p_x)$, $(\pi_g 2p_z)$ und $(\pi_g 2p_y)$ verteilen, während die lockernden Molekülorbitale $(\sigma_u 1s)$, $(\sigma_u 2s)$ mit je zwei Elektronen und $(\pi_u 2p_y)$, $(\pi_u 2p_z)$ mit je einem Elektron besetzt werden.

Die Molekülfunktionen für zweiatomige Moleküle mit verschiedenen Atomen haben in der LCAO-Näherung die Form $\psi = C_a\psi_a + C_b\psi_b$, wobei ψ_a und ψ_b die Atomeigenfunktionen sind. Es ist $C_{a,\,b} \neq \pm 1$. Wie bei den zweiatomigen Molekülen mit gleichen Atomen brauchen auch hier nur solche Molekülzustände berücksichtigt zu werden, die aus Atomelgenfunktionen mit etwa gleicher Energie zusammengesetzt sind.

Große Bedeutung hat die M. d. M. für die theoretische Behandlung mehratomiger Moleküle erlangt. Als besonders zweckmäßig und erfolgreich hat sich dabei die *Hundsche Methode* erwiesen, nach der die Molekülorbitale durch Linearkombination von Atomorbitalen der beiden unmittelbar an der Bindung beteiligten Atome zusammengesetzt werden. Neben der M. d. M. existiert ein zweites durch Heitler und London begründetes Näherungsverfahren zur Beschreibung molekularer Bindungsverhältnisse, die → Valenzstruktur-Methode.

Methode kleiner Schwingungen, → lineare mechanische Schwingungen.

Metrik, → Riemannscher Raum, → Minkowski-Raum.

Metriktensor, → Riemannscher Raum, → euklidischer Raum.

metrischer Fundamentaltensor, → Riemannscher Raum.

metrischer Raum, ein vollständiger linearer Raum, über dem eine *Metrik* erklärt ist, durch die zwei Elementen f und g eine reelle Zahl $\varrho(f, g)$ dergestalt zugeordnet wird, daß gilt:

a) $\varrho(f, g) \geqq 0$, wobei das Gleichheitszeichen nur für $f = g$ gilt;

b) $\varrho(f, g) = \varrho(g, f)$;

c) $\varrho(f, g) \leqq \varrho(f, h) + \varrho(h, g)$ (Dreiecksrelation).

Ein spezieller m. R. ist der → Hilbert-Raum.

metrischer Tensor, → Riemannscher R[illegible] → euklidischer Raum.

metrisches Potential, → Potential.

Metrologie, Teilgebiet der Physik, hat die Aufgabe, die wissenschaftlichen Grundlagen des Messens zu erarbeiten, die Einheitlichkeit des Messens zu sichern und die richtige Anwendung der Maße und Meßgeräte sowie der Meßverfahren zu gewährleisten. In diesem Zusammenhang wird unter Messen der unmittelbare oder mittelbare Vergleich einer vorgegebenen Größe mit einer durch Übereinkunft als Einheit festgelegten Größe gleicher Art verstanden.

Die M. läßt sich in drei Teilgebiete unterteilen, deren Aufgabe die Erarbeitung der wissenschaftlichen, technischen und gesetzlichen Grundlagen und Regelungen ist. 1) Die *Meßkunde* ist die Wissenschaft von der Theorie des Messens, von den Verfahren zur Auswertung von Meßergebnissen und von der Theorie der Meßfehler und der Grundlagen der Meßsysteme. 2) Die *Meßtechnik* ist die Technik der Meßmittel (d. h. der Maße und Meßgeräte, gegebenenfalls auch des Meßgutes), deren Eigenschaften und deren richtiger Anwendung. 3) Das *Meßwesen* ist der Teil der Organisationswissenschaft, der die Aufgabe hat, die gesetzlichen Maßnahmen zur Sicherung der Einheitlichkeit des Messens und der richtigen Durchführung von Messungen zu organisieren.

Zur M. gehören in diesem Sinne auch die Aufbewahrung von Prototypen und Etalons, z. B. des Kilogrammprototyps, der Standard-Radium-Strahlungsquellen und der Normalelemente, die Darstellung der physikalisch-technischen Einheiten durch entsprechende Etalons, z. B. Induktivitätsnormale, sowie ihrer Vielfachen und Teile durch Normale gestufter Meßunsicherheit oder durch Verfahren ihrer Darstellung, z. B. die Realisierung der Festpunkte der Temperaturskala.

Bis vor kurzem war es noch üblich, die M. nach anderen Gesichtspunkten zu gliedern, die sich teilweise mit den eingangs gegebenen etwas überschneiden. Die *allgemeine M.* umfaßt danach Aufgaben zur Lösung übergeordneter meßkundlicher und meßtechnischer Probleme allgemeiner Art, z. B. Fragen der Terminologie. Die *theoretische M.* hat die Aufgabe, das Aufstellen von Systemen von Grundgrößenarten in Zusammenhang mit den entsprechenden Einheiten zu kohärenten widerspruchsfreien Systemen vorzunehmen. Die *angewandte M.* hat meßtechnische Probleme zu lösen, insbesondere Probleme der praktischen Meßtechnik bestimmter Gebiete, die ihrerseits nach Spezialgebieten unterteilt werden können, z. B. Längenmeßtechnik, Wägetechnik, elektrische Meßtechnik, Hochfrequenzmeßtechnik usw. oder Meßtechnik in der Medizin, in der Landwirtschaft u. ä.

Ein weiteres Teilgebiet der M. ist die *gesetzliche M.* Ihr obliegt die Sicherung eines technisch einwandfreien Zustandes von Meßgeräten in bestimmten Bereichen des Warenumschlages im rechtsgeschäftlichen Verkehr, in der Produktion, im Gesundheitswesen, im Arbeitsschutz und Sicherheitswesen durch Eichung und periodische Nacheichung der einzelnen Meßgeräte. Ferner erstreckt sich die gesetzliche M. auf die Beglaubigung und Nachbeglaubigung solcher Meßgeräte, die als Normale verwendet werden, sowie auf die Kontrolle der Einhaltung der gesetzlichen Bestimmungen des Meßwesens, z. B. auf die richtige Angabe der Einheiten bei Warenangeboten und -abgaben.

Die Aufgaben der gesetzlichen M. werden in der BRD von der Physikalisch-Technischen Bundesanstalt und den Landeseichdirektionen sowie den diesen nachgeordneten Eich- und Prüfämtern wahrgenommen.

Lit. Strecher: Eichgesetz Einheitengesetz Kommentar (Braunschweig 1971).

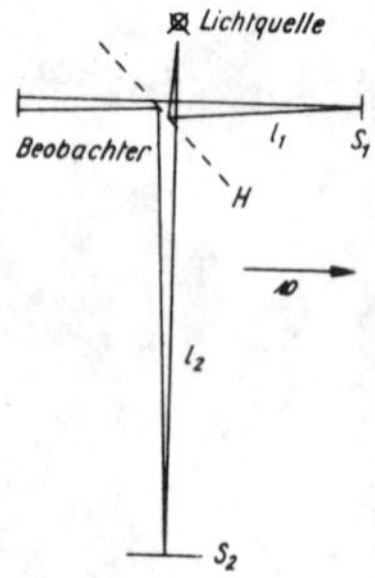

1 Schema des Michelson-Versuchs

MeV, Megaelektronenvolt, → Elektronenvolt.
MEZ, → Zeitmaße.
MF, → Frequenz.
MHD-Generator, svw. magnetohydrodynamischer Generator.
MHD-Triebwerk, → Raketentriebwerk.
mi, Tabelle 2, Länge.
Michelson-Interferometer, ein optisches Gerät, das von W. A. Michelson (1852 bis 1931) ursprünglich zum Nachweis der Erdbewegung relativ zum Äther entworfen wurde (→ Michelson-Versuch). Sein Aufbauprinzip wurde aber in der Folgezeit als Grundlage für zahlreiche Interferenzgeräte (z. B. Interferenzkomparatoren, Interferenzmikroskope) benutzt. Das Licht wird an einer teildurchlässig verspiegelten Trennplatte in einen reflektierten und einen hindurchgehenden Anteil aufgespalten und an den ebenen Spiegeln 1 und 2 reflektiert (Abb.). Die beiden Anteile gelangen nach Wiedervereinigung an der Trennplatte in den Ausgang; dort können die Interferenzen mit dem Auge, dem Fernrohr oder dem Mikroskop beobachtet bzw. auf einer Photoplatte festgehalten werden. Eine Kompensationsplatte dient dem optischen Wegausgleich; sie kann fortfallen, wenn man statt der Trennplatte einen Trennwürfel benutzt.

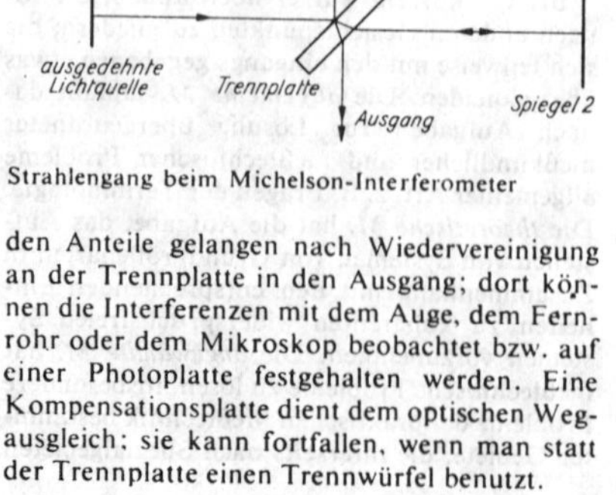

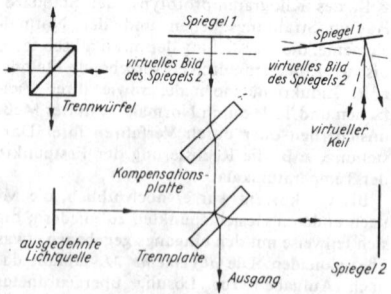

Strahlengang beim Michelson-Interferometer

Sind Spiegel 1 und das Spiegelbild von Spiegel 2 zueinander parallel, so entstehen Interferenzen gleicher Neigung im Unendlichen (virtuelle Planparallelplatte). Sind beide Spiegel etwas gegeneinander geneigt, so werden in der Nähe des so gebildeten virtuellen Keils Interferenzen gleicher Dicke erzeugt (virtueller Keil).

Michelson-Versuch, historisch experimentelle Grundlage der speziellen Relativitätstheorie. Ziel des M.-V.s ist es, die Geschwindigkeit der Erde gegen den → Äther, das Bezugssystem der isotropen Lichtausbreitung, durch Messung der Lichtgeschwindigkeit in verschiedenen Richtungen nachzuweisen. Gemessen werden Verschiebungen der Interferenzstreifen im → Michelson-Interferometer (Abb. 1).

Die Lage der Interferenzstreifen hängt von der Differenz der Zeit ab, die das Licht vom zentralen halbdurchlässigen Spiegel H zu den Spiegeln S_1 und S_2 und zurück braucht. Nach der Newtonschen Mechanik wird diese Zeitdifferenz von der Bewegung der Versuchsanordnung gegen das Isotropiesystem der Lichtausbreitung beeinflußt (→ Galilei-Gruppe). Die Zeit längs des in Bewegungsrichtung liegenden Arms ist $t = \frac{2l}{c}\left(1 - \frac{v^2}{c^2}\right)^{-1}$, die Zeit für den Arm senkrecht dazu ist $t = \frac{2l}{c}\left(1 - \frac{v^2}{c^2}\right)^{-1/2}$ Als Geschwindigkeit der Versuchsanordnung gegen das universelle Ruhsystem der Lichtausbreitung ist die Geschwindigkeit der Erde im Sonnensystem anzusetzen ($v \approx 30\ \mathrm{km\,s^{-1}}$, $v/c \approx 10^{-4}$). Die Streifen werden einmal beobachtet, wenn der Arm 1 in Bewegungsrichtung liegt, zum anderen nach Drehung der Anordnung um 90°, so daß nun der Arm 2 in Bewegungsrichtung liegt. Der Unterschied in den Zeitdifferenzen, die ja die Interferenzstreifen bestimmen, hat die Größe $\Delta(\Delta t) = \frac{l_1 + l_2}{c}\frac{v^2}{c^2} + 0\left(\frac{v^4}{c^4}\right)$. Dieser Effekt ist so groß, daß er gut beobachtbar sein müßte. Für die Erdgeschwindigkeit ist $v^2/c^2 \approx 10^{-8}$, und 10^{-15} könnte bereits nachgewiesen werden. Trotzdem wird der Effekt nicht gefunden. Man beobachtet keine Streifenverschiebung beim Drehen der Versuchsanordnung. Obwohl sich die Erde gegen das mittlere Ruhsystem des Sonnensystems bewegt, kann diese Bewegung nicht als Bewegung gegen das Isotropiesystem der Lichtausbreitung nachgewiesen werden. Mitführung des Mediums der Lichtausbreitung durch die Erde kommt wegen der entsprechenden Beobachtungen nicht in Betracht (→ Mitführungskoeffizient).

Versuch von Champeney: 1963 wurde der M.-V. in der Hinsicht verbessert, daß nicht mehr nur das harmonische Mittel der Lichtgeschwindigkeit in den einzelnen Richtungen und zurück gemessen und dann noch mit einer anderen Richtung verglichen wurde. Mit Hilfe der geringen relativen Linienbreite beim Mößbauer-Effekt kann ein einarmiger Versuch aufgebaut werden, in dem das Licht diesen Arm nur in einer Richtung durchmißt (Abb. 2). Ein Sender S und ein Absorptionsglied A rotieren in Gegenüberstellung um den Mittelpunkt der Verbindungslinie mit der Winkelgeschwindigkeit ω. Der Detektor D mißt die Absorption bei genau einer Winkelstellung von AS. Die Absorption

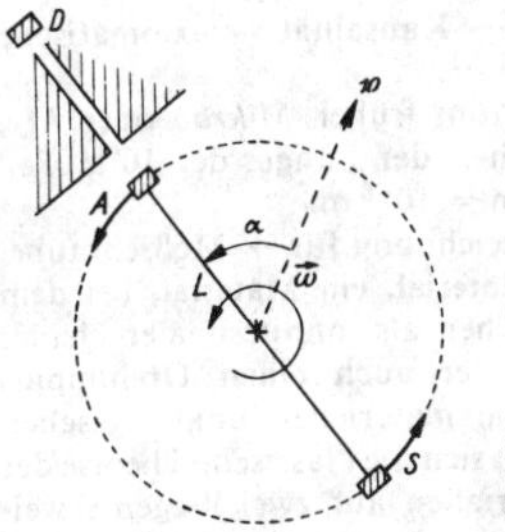

2 Schema des Versuchs von Champeney und Mitarbeitern

ist ein Maß für die von A empfangene Frequenz, da sie stark frequenzabhängig ist. Bildet nun die Richtung $S-A$ den Winkel α mit der Richtung der Bewegung des Mediums der Wellenausbreitung, so ergibt sich die Laufzeit T des Signals von S nach A zu

$$T = \frac{L}{c}\left(1 - \frac{v}{c}\cos\alpha + 0\left(\frac{v^2}{c^2}\right)\right),$$

wobei L der Abstand von S und A ist. Wegen der Drehung ändert sich diese Laufzeit, und die beobachtbare Frequenzänderung ist danach

$$\frac{\nu_A}{\nu_S} = \left[\frac{\mathrm{d}(t+T)}{\mathrm{d}t}\right]^{-1} = 1 - \frac{L\omega v}{c^2}\sin\alpha + 0\left(\frac{v^2}{c^2}\right).$$

Auch diese aus den Vorstellungen der Newtonschen Mechanik folgende Frequenzverschiebung wird nicht gefunden, obwohl die Genauigkeit noch größer als beim M.-V. ist: $v/c = 10^{-10}$ kann noch nachgewiesen werden.

Deutung der Versuchsergebnisse: Die Annahme, daß sich eine Länge in Bewegungsrichtung um den Faktor $\sqrt{1 - v^2/c^2}$ verkürzt, sollte das negative Ergebnis des M.-V.s erklären (→ Längenkontraktion). Unter dieser Annahme kommt keine Streifenverschiebung der nachweisbaren Größenordnung zustande.

A. Einsteins viel weitergehende Hypothese der Isotropie der Lichtausbreitung und ihre Unabhängigkeit vom Bezugssystem revolutionierte die Anschauungen von Raum und Zeit. Obwohl sich die spezielle Relativitätstheorie auf den M.-V. stützt, hängt sie nicht mehr von ihm ab. Der M.-V. ist auch durch eine Reihe anderer Hypothesen erklärbar, die aber in anderen Phänomenen keine passende Erklärung liefern. Die Längenkontraktion allein kann das Ergebnis des Versuchs von Champeney nicht erklären. Dagegen hat sich die auf der Hypothese der Konstanz der Lichtgeschwindigkeit aufbauende spezielle Relativitätstheorie in allen Fällen bewährt und zu neuen Erkenntnissen weit außerhalb der ursprünglichen Fragestellungen geführt.

Microstrip-Leitung, → Doppelleitung.

Miesche Theorie der Materie, die von G. Mie begründete und von anderen Autoren fortgeführte Theorie der Elementarteilchen, die die Maxwellschen Gleichungen der Elektrodynamik relativistisch invariant und nichtlinear abändert sowie die elektrische Ladung und die Masse der Elementarteilchen über ein Eigenwertproblem abzuleiten versucht. Trotz Hinzunahme von Quantenbedingungen führte diese Theorie nicht zum Erfolg.

Mie-Streuung, → Streuung B 6 b).

Migration [lat. migratio ‚Wanderung'], Bezeichnung für die gerichtete Bewegung von Partikeln molekularer oder kolloider Größe, die – im Gegensatz zur → Diffusion – unter dem Einfluß äußerer Kräfte, z. B. eines elektrischen Feldes in Elektrolytlösungen, eintritt.

Migrationslänge, *Wanderlänge*, ein wichtiger Begriff in der Theorie der Neutronendiffusion. Die M., meist mit M bezeichnet, ist definiert sowohl durch die Gleichung $M^2 = L^2 + \tau$, wobei L die → Diffusionslänge, τ das Fermialter bzw. $\sqrt{\tau}$ die ungefähre Bremslänge ist (→ ist Age-Theorie, → Neutronenbremsung), als auch durch die Gleichung $M^2 = \frac{1}{6}\,\overline{r^2}$ mit $\overline{r^2}$ als mittleres Quadrat derjenigen geradlinigen Strecke, die zwischen dem Entstehungsort eines Neutrons, z. B. einer Spaltung, und dem Absorptionsort liegt.

Mikratplatten, photographische Platten mit höchstauflösenden Schichten für extreme Verkleinerungen. Die Emulsionen für M. sind besonders feinkörnig, haben geringen Besatz mit Schleierkörnern und arbeiten sehr steil (→ photographische Schwärzung). Bei der außerordentlich geringen Korngröße ist die Empfindlichkeit niedrig. Zur Kennzeichnung der Abbildungsschärfe dient die Breite des Graubereichs bei der unter definierten Bedingungen hergestellten Abbildung einer Testkante. Sensibilisierung für das gelbgrüne Spektralgebiet gilt als günstig. M. brauchen wirksame Vorkehrungen zur Herabsetzung des Diffusions- und Reflexionslichthofes.

Mit M. hergestellten Verkleinerungen werden in der Regel in 2 Stufen gewonnen. Details der dabei aufgezeichneten Strukturen haben die Größe von wenigen nm. Bereits sehr kleine Verunreinigungen auf der Oberfläche oder im Innern der Schicht können daher Teile der Aufzeichnung undeutlich machen. Ebenso wie bei der Herstellung sind deshalb bei der Verarbeitung von M. außerordentliche Sauberkeitsvorkehrungen notwendig. Einsatzgebiete für M. → Photofabrikation.

Mikro, μ, Vorsatz vor Einheiten mit selbständi gem Namen $= 10^{-6}$, → Vorsätze.

Mikroaufzeichnung, *Mikrodokumentation*, die Anwendung von Mikrofilmen als Hilfsmittel der Dokumentation, Information und Rationalisierung, wobei die Originalunterlagen, wie Zeichnungen, Schriftstücke und Drucke, verkleinert in einheitliche Formen und Größe gebracht werden, um Raum zu sparen und einen schnelleren Zugriff zu ermöglichen.

Für die M. werden Filme verlangt, die neben hoher Schärfe, Feinkörnigkeit, Auflösungsvermögen und einwandfreier Kopierfähigkeit besonders widerstandsfähig gegen mechanische und chemische Beanspruchung sind. Als Aufzeichnungsmaterialien werden neben den herkömmlichen Halogensilberschichten solche aus Diazoverbindungen (→ Diazotypie), weiterhin Kalvarfilme (→ Kalvar-Verfahren), Photopolymere (→ Photopolymerisation) sowie Spezialmaterialien für Elektronenstrahlaufzeichnung verwendet. Die Filme haben eine Breite von 16 oder 35 mm, nach der Entwicklung werden sie in Klarsichttaschen u. a. eingelegt; von bes. Bedeutung sind *Mikrofilmblätter* (*Mikrofiches*) im Format A 6, auf denen neben einer Überschrift 60 Buchseiten gespeichert werden können. Zur Aufnahme dienen Mikrofilmschrittschaltgeräte, zur Entnahme der Information Lese- und Rückvergrößerungsgeräte, zur Aufbewahrung speziell konstruierte Mikrofiche-Speicheranlagen; jeder Mikrofiche trägt an festgelegter Stelle als Adresse eine Zahl, durch Sucheinrichtungen wird in Großspeichern eine Zugriffszeit unter 5 Sekunden erreicht.

Mikrodosimetrie, → Dosimetrie 4).

Mikroelektronik, ein Gebiet der Elektronik, das sich mit der Entwicklung und Anwendung kleinster Bauelemente für elektronische Schaltungen befaßt. In einer ersten Entwicklungsstufe entfallen zunächst die Zuleitungen zu den einzelnen Bauelementen, die Form der Bauelemente wird durch die Trägerplatte, das → Substrat, bestimmt. Eine weitere Verkleinerung bringt die *Funktionsblockmethode*, bei der die Funktion einer Schaltung oder Baugruppe – weitgehend unter Verwendung von Halbleiterbauelementen – in einem einzigen *Funktionsblock* verrichtet wird. Innerhalb eines solchen Funktionsblockes sind keine diskreten elektronischen Bauelemente oder Schaltkreise mehr feststellbar. Man spricht deshalb auch von *morphologisch integrierten Funktionsblöcken*.

Den nächsten Schritt zur Verkleinerung stellt die → Dünnschichttechnik dar, bei der zur Herstellung mikroelektronischer Schaltkreise halbleitertechnologische Verfahren angewendet werden.

Bei der *Hybridintegration* schließlich werden sämtliche aktiven Elemente des Schaltkreises eindiffundiert. Passive Bauelemente, z. B. Widerstände und Kondensatoren, werden ebenso wie verbindende Leiterbahnen nacheinander aufgedampft. Sie können auch auf einem getrennten Substrat aufgedampft sein, wobei zwischen diesem und dem die Halbleiterbauelemente tragenden Substrat mittels Thermokompressionskontaktierung Verbindungen hergestellt werden.

Für die Bildung der passiven Bauelemente werden zwar meist Verfahren der Dünnschichttechnik angewendet. Kapazitäten können aber auch durch diffundierte → pn-Übergänge gebildet werden, die in Sperrichtung vorgespannt sind und damit eine isolierende Trennschicht bilden. Sie wirken dann wie ein Dielektrikum (Kapazitätsdiode, → Halbleiterdiode). Legierte, in Sperrichtung vorgespannte pn-Übergänge haben wegen des abrupten pn-Überganges höhere Kapazitätswerte bei relativ kleinen Sperrspannungen. Es gibt auch epitaxiale vorgespannte pn-Übergänge, die als Trennschichten bei mikroelektronischen Kondensatoren eingesetzt werden.

Leiterbahnen werden mittels Aufdampfens von Metallen im Vakuum (→ Katodenzerstäubung) oder mittels Galvanisierung unter Verwendung von Masken erzeugt. Auf Metallen wie Tantal, Tellur, Aluminium oder Niob lassen sich auch isolierende Oxidzwischenschichten mittels Elektrolyse bilden. Ferner werden Zerstäubungsverfahren angewendet (→ Festkörperschaltkreis, → Multichiptechnik).

Lit. Khambata: Einführung in die M. (dtsch Berlin 1967).

Mikrofiche, → Mikroaufzeichnung.

Mikrointerferometer, svw. → Interferenzmikroskop.

mikrokanonische Gesamtheit, → Gibbssche Statistik.

Mikrokausalität, → Kausalität, → axiomatische Quantentheorie.

Mikrometer, 1) µm, früher *Mikron* oder *My*, inkohärente Einheit der Länge, der 10^6te Teil des Meters; 1 µm = 10^{-6} m.

2) frühere Bezeichnung für → Meßschraube.

mikromorphes Material, ein Material, bei dem jedes Körperteilchen als infinitesimaler kleiner starrer Körper, der auch einen Drehimpuls haben kann, statt als materieller Punkt angesehen wird. Danach läßt sich die klassische Theorie der elastischen Materialien auf zwei Wegen erweitern: 1) durch Einführen der mikrokinematischen Freiheitsgrade, insbesondere der lokalen Drehung (Cosserat-Kontinuum mit echten Momentenspannungen) auf der Grundlage des Cosserat-Toupinschen Theorems; 2) durch Einführen höherer Deformationsgradienten, insbesondere des zweiten Gradienten, in die Speicherenergiefunktion zu dem Zweck, die endliche Reichweite der Kohäsionskräfte zu berücksichtigen.

Mikrophoneffekt, Modulation des Elektronenstroms in einer Elektronenröhre durch mechanische Schwingungen von Röhrenteilen, insbesondere Elektroden. Diese Schwingungen können z. B. auf akustischem Wege vom Lautsprecher her angeregt werden und schaukeln sich bei ungenügender Dämpfung bis zur Selbsterregung auf, wodurch ein Pfeifton entsteht.

Mikroplatten, photographische Platten für die Aufnahme kleiner Objekte mit Mikroskop und Kamera. M. sind für das gelbgrüne Spektralgebiet sensibilisiert, weil das menschliche Auge dafür am empfindlichsten ist und die Mikroskopobjektive in der Regel dafür korrigiert sind; der Gebrauch eines Gelbgrünfilters gibt optimale Voraussetzungen für die visuelle Scharfeinstellung. Für Mikroaufnahmen mit Kleinbildfilmen eignen sich Schwarzweiß- und Colormaterialien mit guter Auflösung.

Mikropulsationen, *geomagnetische M.*, kurzperiodische Fluktuationen des geomagnetischen Feldes mit einer Periode von Sekunden- bis Minutenlänge. M. sind vorübergehende Variationen kleiner Amplitude, gewöhnlich geringer als der 10^4te Teil des geomagnetischen Hauptfeldes. Ihr zeitlicher Mittelwert ist Null. In seltenen Fällen erreichen M. eine Amplitude von einigen 10γ ($1\gamma = 10^{-9}$ Vs m^{-2}). Beobachtet werden M. a) durch direkte Aufzeichnung der Komponenten des geomagnetischen Feldes mit Hilfe hochempfindlicher Variometer und schneller Filme; b) mit Hilfe des Induktionsmagnetographen, der die zeitliche Ableitung des geomagnetischen Feldes registriert; c) über die Beobachtung von Erdströmen.

M. können in die beiden großen Klassen der regulären und irregulären M. eingeteilt werden. Die Klasse der *regulären M.*, die einen kontinuierlichen, über längere Zeit anhaltenden Verlauf haben, umfaßt alle M. mit Perioden zwischen 0,2 und 600 s. Sie werden in fünf Gruppen Pc-1 bis Pc-5 eingeteilt entsprechend den Periodenintervallen 0,2···5 s, 5···10 s, 10···45 s, 45···150 s, 150···600 s. Die Klasse der *irregulären M.* hängt mit Störungen des geomagnetischen Feldes infolge von Störungen in der Hochatmosphäre zusammen. Man unterteilt sie in die Gruppen Pi-1 mit 1···40 s Periode und Pi-2 mit 40···150 s Periode. Die verschiedenen Typen von M. weisen unterschiedliche Bandbreiten, Eintrittszeiten im Ablauf eines Tages, planetare Verteilungen und Korrelationen mit geomagnetischen Störungen auf. Dementsprechend werden unterschiedliche Mechanismen für ihre Erzeugung verantwortlich gemacht. Als solche kommen z. B. in Frage: an der Magnetopause erzeugte magnetohydrodynamische Wellen, die sich längs der magnetischen Feldlinien ausbreiten (*toroidale M.*) bzw. senkrecht zu den Feldlinien laufen (*poloidale M.*); Transformation von magnetohydrodynamischen Wellen in der Ionosphäre in elektromagnetischen Wellen; Resonanzen und Ausbreitung im Wellenleiter Erde–Ionosphäre; magnetosphärische Resonanzen; Gyroresonanzphänomene zwischen im geomagnetischen Felde eingefangenen Teilchen und elektromagnetischen Wellen wie Whistlern oder Ionenzyklotronwellen, die zur Teilchenprecipitation und damit verbundenen irregulären Änderungen in der polaren Ionosphäre führen. Letzteres ist insbesondere zur Erklärung von kurzperiodischen M. von Bedeutung.

Die Theorie der M. kann nur im Zusammenhang mit der Theorie der Mikroprozesse in der Magnetosphäre gesehen werden. M. haben daher große theoretische und experimentelle Bedeutung zur Erklärung und Sondierung magnetosphärischer Vorgänge. Mit ihrer Hilfe kann die Geschwindigkeit des Sonnenwindes, der Magnetopausenabstand, die Plasmadichte und die Alfvèn-Geschwindigkeit der Magnetosphäre gemessen werden. Neuerdings wurden M. mit Hilfe von Satelliten auch unmittelbar in der Magnetosphäre registriert.

Mikroradiographie, → Grobstrukturuntersuchung, → Röntgenstrahlmikroskopie.

Mikrorheologie, → Rheologie.

Mikroröntgenbilderzeugung, → Röntgenstrahlmikroskopie.

Mikroschall, svw. Hyperschall.

mikroseismische Bodenunruhe, → seismische Wellen, besonders Oberflächenwellen, die hauptsächlich durch Meereswellen, Brandung, Verkehr und Wind hervorgerufen werden. Sie stören die Aufzeichnung eigentlicher Erdbeben, so daß der Vergrößerung der Bodenbewegung natürliche Grenzen gesetzt sind. Diese Störungen lassen sich teilweise filtertechnisch unterdrücken. Ihre Stärke hängt auch vom unmittelbaren Untergrund des Beobachtungspunktes ab, was bei der Wahl des Standortes einer seismischen Station zu beachten ist. Da Böden mit starker m.r B. auch empfindlicher gegen Erdbebenwellen sind als solche mit schwacher m.r B., gestattet deren Untersuchung, die Erdbebensicherheit von verschiedenen Standorten für Industrieanlagen und andere Bauten eines Gebietes miteinander zu vergleichen und den günstigsten Standort auszuwählen.

Lit. Hardtwig: Theorien zur m.n B. (Leipzig 1962).

Mikroskop, ein optisches Gerät, das dem Auge kleine Gegenstände unter einem größeren Sehwinkel darbietet, als sie aus der konventionellen Sehweite erscheinen; sie werden also vergrößert abgebildet. Das M. besteht aus zwei optischen Systemen, dem Objektiv und dem Okular, einem Beleuchtungssystem und den mechanischen Teilen, die zum Halten und Führen der optischen Teile dienen. Nach der Art der Beleuchtung unterscheidet man Durchlicht- und Auflichtmikroskope.

1) Das *Durchlichtmikroskop* dient zur Beobachtung durchsichtiger (transparenter) Objekte. Aus Abb. 1 ist der Strahlengang für das Durchlichtmikroskop ersichtlich. Das Objekt befindet sich in der Objektebene *OE* auf dem Objekttisch *OT* und wird durch das Objektiv *Ob* vergrößert in die Zwischenbildebene *ZE* abgebildet. Hier wird es mit dem als Lupe wirkenden Okular *Ok* betrachtet und dadurch nochmals vergrößert.

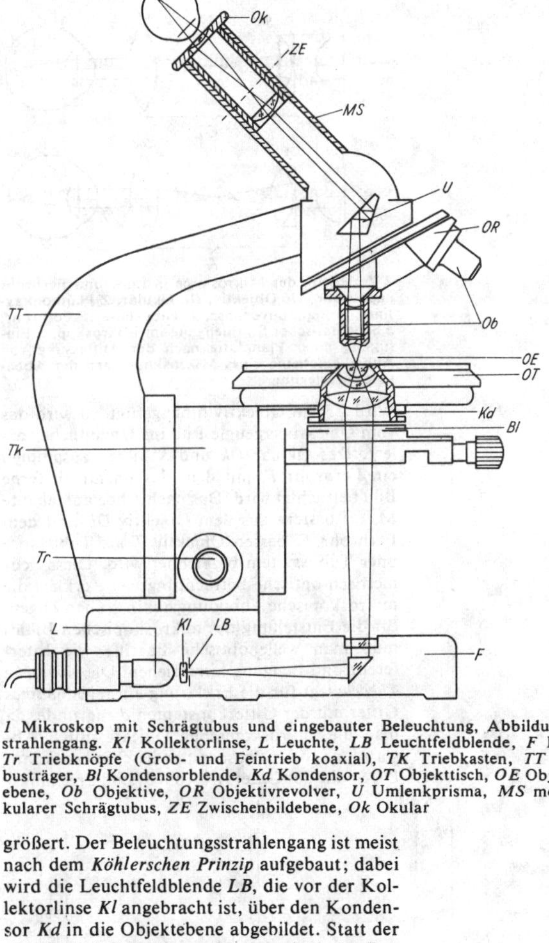

1 Mikroskop mit Schrägtubus und eingebauter Beleuchtung, Abbildungsstrahlengang. *Kl* Kollektorlinse, *L* Leuchte, *LB* Leuchtfeldblende, *F* Fuß, *Tr* Triebknöpfe (Grob- und Feintrieb koaxial), *TK* Triebkasten, *TT* Tubusträger, *Bl* Kondensorblende, *Kd* Kondensor, *OT* Objekttisch, *OE* Objektebene, *Ob* Objektive, *OR* Objektivrevolver, *U* Umlenkprisma, *MS* monokularer Schrägtubus, *ZE* Zwischenbildebene, *Ok* Okular

Der Beleuchtungsstrahlengang ist meist nach dem *Köhlerschen Prinzip* aufgebaut; dabei wird die Leuchtfeldblende *LB*, die vor der Kollektorlinse *Kl* angebracht ist, über den Kondensor *Kd* in die Objektebene abgebildet. Statt der eingebauten Beleuchtung kann auch eine außerhalb des M.s aufgestellte Mikroskopierleuchte verwendet werden, wenn unterhalb des Kondensors ein kippbarer Beleuchtungsspiegel vorgesehen ist. In diesem Falle wird die Lampenwendel in die untere Brennebene des Kondensors abgebildet, wo sich auch eine variable Kondensorblende *Bl* befindet. Die früher oft angewandte *kritische Beleuchtung*, bei der die Lichtquelle direkt in das Objekt abgebildet wird, setzt flächenhafte Lichtquellen (z. B. Tageslicht) voraus und gewährleistet bei den modernen Glühlampen keine gleichmäßige Ausleuchtung des Objektes. Die mikroskopische Abbildung kann nach Abbe durch Zerlegung des M.s in Lupe und Fernrohr erklärt werden (Abb. 2). In den schematischen Strahlengang des M.s (a) wird eine planparallele Platte $S + Z$ eingefügt (b), die aus einer Sammel- und einer Zerstreuungslinse zusammengesetzt gedacht ist und auf den Gesamtstrahlengang keinen Einfluß hat.

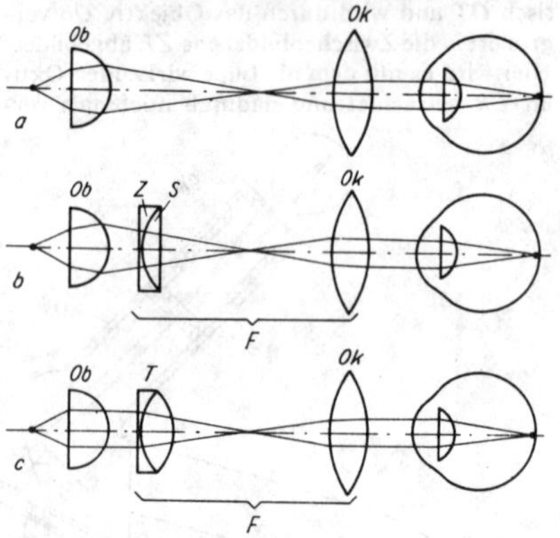

2 Zerlegung des Mikroskops in Lupe und Fernrohr nach Abbe. *Ob* Objektiv, *Ok* Okular, *Z* Plankonkavlinse, *S* Plankonvexlinse, *T* Tubuslinse, *F* Fernrohr. *a* Schematischer Strahlengang im Mikroskop, *b* Einfügung einer Planplatte nach der Auffassung von Abbe, *c* Schema eines Mikroskops nach der Abbeschen Zerlegung

Wird *Z* dem Objektiv hinzugefügt, so wird das vom Objektiv erzeugte Bild ins Unendliche verlegt. Das Okular *Ok* und *S* bilden zusammen ein Fernrohr *F*, mit dem das unendlich ferne Bild betrachtet wird. Das nach Abbe aufgebaute M. (c) besteht aus dem Objektiv *Ob* und dem Fernrohr *F*, dessen Objektiv *T* als Tubuslinse oder Tubussystem bezeichnet wird. Diese geometrisch-optische Betrachtungsweise erklärt die mikroskopische Abbildung nur in groben Zügen, für die Entstehung des mikroskopischen Bildes muß man wellenoptische Begriffe wie Interferenz und Beugung hinzuziehen. Die *Abbesche Theorie* legt für die Erklärung ein regelmäßiges Gitter mit der Gitterkonstanten *d* zugrunde, da man die mikroskopischen Objekte durch Absorptions- oder Phasengitter beschreiben kann. Die Spalte des Gitters *G* (Abb. 3) sind Erregungszentren von Kugelwellen, die das Objektiv *Ob* in verschiedenen Richtungen durchsetzen und durch Interferenz Helligkeit erzeugen; in den dazwischenliegenden Richtungen erhält man dagegen Dunkelheit. In der bildseitigen Objektivbrennebene *F'* entstehen daher Beugungsbilder 0., ±1., ±2., ..., ±*m*-ter Ordnung der Lichtquelle (primäres Interferenzbild). Von den einzelnen Punkten der Beugungsbilder gehen wieder Elementarwellen aus, die im Bildraum des Objektivs miteinander interferieren (sekundäres Interferenzbild) und in der Zwischenbildebene *Z* ein Bild des Objektes erzeugen. Dieses wird um so objekttreuer sein, je mehr von dem gebeugten Licht in das Objektiv gelangt.

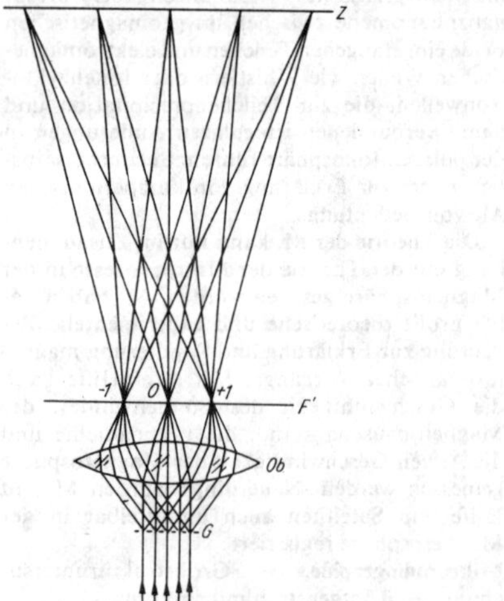

3 Zur Abbeschen Theorie. *G* Gitter, *Ob* Objektiv, *F'* hintere Objektivbrennebene, *Z* Zwischenbildebene

Die mechanische Einrichtung des M.s ergibt sich aus dem Schema der Abb. 1. Zum Scharfstellen muß der Tubus gegenüber dem Objekt mit Hilfe der Triebknöpfe *Tr* verschoben werden; je nach Konstruktion wird hierbei der Tubus oder der Tisch bewegt.

2) *Das Auflichtmikroskop* dient zum Beobachten von Oberflächen undurchsichtiger (opaker) Objekte. Bei Auflichtmikroskopen muß dafür Sorge getragen werden, daß das Licht auf das undurchsichtige Präparat auffällt. Dies geschieht durch *Illuminatoren* (auch Vertikal- oder Opakilluminatoren genannt), die das Licht durch halbdurchlässige Spiegel oder Prismen auf das Präparat lenken (Abb. 4). Diese Einrichtungen werden zwischen Objektiv und Okular – meist in den Tubus einschiebbar – angebracht oder sind mit dem Objektiv vereinigt.

Einzelne optische und mechanische Teile des M.s sind gegen andere austauschbar, um das Gerät besonderen Aufgaben anzupassen; insbesondere können die Objektive und Okulare ausgewechselt werden, wenn verschiedene Vergrößerungen gebraucht werden. Zur Auswechslung der Objektive sind heute Objektivrevolver üblich. In ihnen sind 2 bis 5 verschiedene Objektive eingeschraubt, die durch eine Drehung

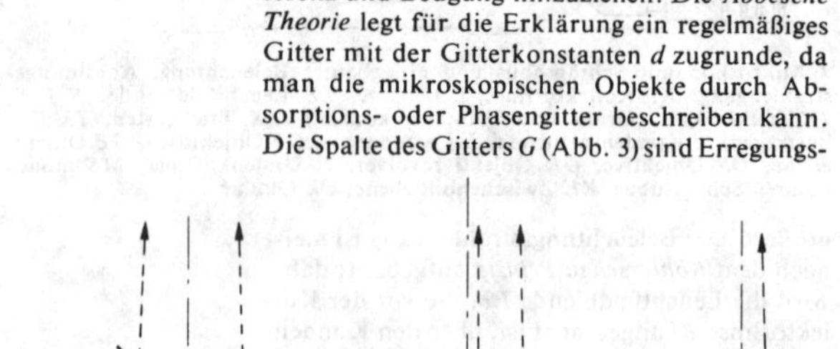

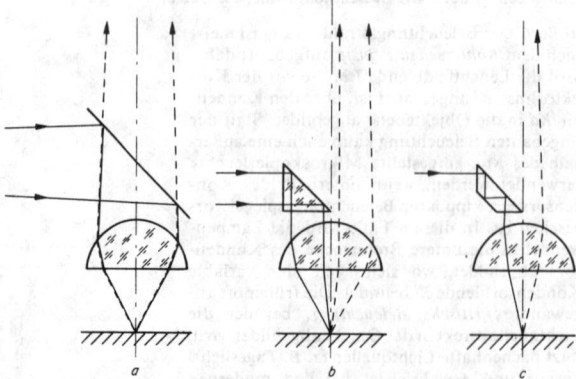

4 Auflichtilluminatoren: *a* Planglas, *b* Prisma, *c* Berek-Prisma

des Revolvers rasch nacheinander in den Strahlengang gebracht werden können.

Um die Objektive und Präparate beobachten zu können, gibt es verschiedene Verfahren der → Mikroskopie. Zur Beobachtung im polarisierten Licht wird das → *Polarisationsmikroskop* verwendet, zur Beobachtung von Phasenstrukturen das *Phasenkontrastmikroskop* (→ Phasenkontrastverfahren) bzw. das → *Interferenzmikroskop*. Das *Lumineszenz-* oder *Fluoreszenzmikroskop* macht fluoreszierende Präparate sichtbar (→ Fluoreszenzmikroskopie), das → *Ultramikroskop* wird zum Nachweis submikroskopischer Teilchen angewendet. Das *Stereomikroskop* besteht aus zwei Mikroskoptuben, die in verschiedenem Blickwinkel zum Objekt stehen und so eine stereoskopische Beobachtung mit beiden Augen ermöglichen. Davon zu unterscheiden ist der Binokulartubus, der an das normale einobjektivige M. angebracht wird. Bei diesem M. wird das vom Objektiv kommende Licht in zwei Anteile aufgespalten, die je einem Okular zugeführt werden und so die binokulare Beobachtung ermöglichen. Diese ist für die Augen weniger ermüdend als die monokulare Betrachtung.

Der Gebrauchswert des M.s wird durch zwei Größen bestimmt, die → Vergrößerung und das → Auflösungsvermögen. Beide werden im wesentlichen durch die *Apertur A* des verwendeten Objektivs bestimmt; sie ist gegeben durch $A = n \sin \alpha$, wobei α der Öffnungswinkel des Strahlenkegels ist, und kann also in Luft ($n = 1$) höchstens 1 betragen (Trockenobjektive). Für Immersionsobjektive (→ Immersionsmethoden) ergibt sich die Apertur aus dem Brechungsindex des Immersionsmittels; sie beträgt z. B. bei Verwendung von Zedernholzöl 1,4. Die maximal anwendbare Vergrößerung beim M. liegt zwischen $500 \times A$ und $1000 \times A$. Das Auflösungsvermögen hängt noch von der benutzten Lichtwellenlänge λ ab. Nach Abbe können zwei Objektpunkte noch getrennt werden, wenn sie nicht enger liegen als $\lambda/2A$, also im sichtbaren Licht ($\lambda = 0{,}4 \cdots 0{,}7\ \mu$m) $0{,}2 \cdots 0{,}5\ \mu$m. Dabei ist zu berücksichtigen, daß auch die Apertur des Kondensors von großem Einfluß ist; sie soll mindestens $^1/_3$ bis $^1/_2$ der Objektivapertur betragen. Bei Beleuchtung der Untersuchungsobjekte mit ultravioletter Strahlung (*Ultraviolettmikroskop*, $\lambda = 0{,}2 \cdots 0{,}4\ \mu$m, → Ultraviolettmikroskopie) wird eine entsprechend höhere Auflösung erzielt. Im *Elektronenmikroskop* (→ Elektronenmikroskopie) erreicht man mit den sehr kurzen Wellenlängen der Elektronenstrahlen ($\lambda \approx 0{,}05$ Å) ein extrem hohes Auflösungsvermögen.

Mikroskopie, Verfahren zum Beobachten, Sichtbarmachen oder Untersuchen mikroskopischer Objekte mit Hilfe des Mikroskops. In optischer Hinsicht unterscheiden sich die Verfahren der M. zunächst durch verschiedene Beleuchtungsmethoden. Bei der *Durchlichtmikroskopie* durchdringt das Licht das Objekt, bei der *Auflichtmikroskopie* wird in dem vom Objekt reflektierten Licht beobachtet (→ Mikroskop). Dringt das gesamte beleuchtende Licht in das Objektiv ein, spricht man von *Hellfeldmikroskopie*; die Objekte erscheinen dunkel auf hellem Grund. Dringt dagegen vorwiegend das vom Objekt gebeugte Licht in das Objektiv ein, spricht man von *Dunkelfeldmikroskopie*; die Objekte erscheinen dann hell auf dunklem Grund. Beide Verfahren können sowohl in der Durchlicht- als auch in der Auflichtmikroskopie Anwendung finden, wobei verschiedene Kondensoren in den Beleuchtungsstrahlengang eingesetzt werden. Behelfsmäßig läßt sich bei Durchlichtbeobachtungen der normale Hellfeldkondensor durch Einsetzen geeigneter Blenden in die Brennebene für Dunkelfeldbeobachtung verwenden. Für Auflichtdunkelfeldkondensoren gibt es verschiedene Ausführungsformen (Abb. 1) mit Ringspiegeln oder Ringlinsen, die in der Mitte zur Aufnahme des Objektivs durchbohrt sind.

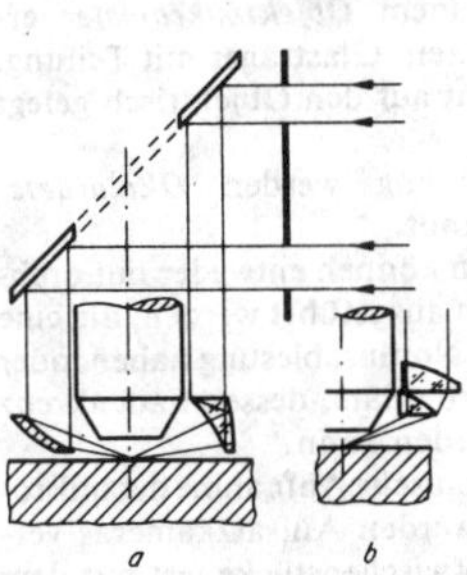

1 **Auflichtdunkelfeldkondensoren: *a* zwei verschiedene Ausführungsformen für Ringspiegelkondensoren, linke und rechte Seite des Bildes; *b* Ringlinsenkondensor**

Man unterscheidet Objektstrukturen, welche die Amplitude des durchgehenden Lichtes beeinflussen (Amplitudenstrukturen), und solche, die nur die Phase des Lichtes ändern (Phasenstrukturen). Die Amplitudenstrukturen verlangen häufig die Anwendung von Färbemethoden, um im Hellfeld besser beobachtbar zu werden. Phasenstrukturen sind im Hellfeld kaum sichtbar (z. B. biologische Dünnschnitte, lebende Zellen u. dgl.) und müssen durch besondere Verfahren (→ Phasenkontrastverfahren) sichtbar gemacht oder mit besonderen Geräten (→ Interferenzmikroskop, → Polarisationsmikroskop) untersucht werden. In vielen Fällen ist man auch in der Dunkelfeldmikroskopie in der Lage, Phasenstrukturen nachzuweisen. Spezielle optische Verfahren der M. sind die → Immersionsmethoden, die → Ultraviolettmikroskopie, die → Fluoreszenzmikroskopie und neuerdings auch die Mikroskopie mittels rekonstruierter Wellenfronten (→ Gabor-Verfahren). Mit dem → Ultramikroskop können auch Teilchen nachgewiesen werden, die unter der Auflösungsgrenze (→ Auflösungsvermögen 1) des Mikroskops liegen.

Die Untersuchungsobjekte werden meist auf einem Objektträger befestigt und in der Durchlichtmikroskopie mit einem dünnen Deckglas bedeckt. Die Objekte müssen zur Beobachtung meist präpariert werden; dies gilt insbesondere für biologische und medizinische Präparate, die fixiert (d. h. in einen dauerhaften Zustand übergeführt), entwässert, eingefärbt, eingebettet, geschnitten (Mikrotomie) und befestigt werden. Von Mineralen werden Dünnschliffe oder Anschliffe angefertigt. Zum Halten bestimmter Objekte oder zum Ausführen bestimmter Bewegungen werden Mikromanipulatoren verwendet, die auch bei stärksten Vergrößerungen gestatten, die Objekte in die richtige Lage zu bringen. Zur Untersuchung lebender Objekte in bestimmter Umgebungstemperatur benutzt man

Temperaturregler in heizbaren Objekttischen (Heiztische).

Zur Längenmessung mikroskopischer Objekte werden Okular- und Objektmikrometer verwendet. Das *Okularmikrometer* ist ein Strichplättchen mit Intervallteilung, das in Verbindung mit einem Meßokular steht; es ist dort am Ort des Objektbildes eingelegt. Man mißt nicht am Objekt selbst, sondern am Objektbild, so daß die gemessene Größe noch mit dem Mikrometereichwert multipliziert werden muß. Dieser muß mit einem *Objektmikrometer* ermittelt werden, d. i. ein Glasträger mit Teilung, der wie ein Präparat auf den Objekttisch gelegt wird.

Zur Flächenmessung werden *Okularnetzmikrometer* angewandt.

Winkelmessungen können entweder mit drehbaren Objekttischen ausgeführt werden, die eine Gradeinteilung mit Noniusablesung haben, oder mittels Goniometerokulars, dessen Fadenkreuz meßbar gedreht werden kann.

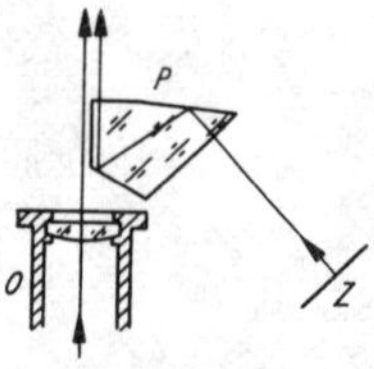

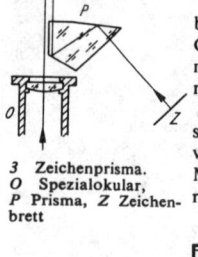

3 Zeichenprisma. *O* Spezialokular, *P* Prisma, *Z* Zeichenbrett

Für die photographische Aufnahme des mikroskopischen Bildes werden Aufsatzkameras verwendet, die durch Zwischenstücke fest mit dem Mikroskop verbunden werden; es handelt sich meist um Plattenkameras (Abb. 2). Am Kameraansatzstück ist meist ein Beobachtungsokular (Einstellfernrohr) vorgesehen, mit dem die Scharfstellung des Objektes kontrolliert werden kann. Viele Aufsatzeinrichtungen ermöglichen auch die Verwendung von normalen Kleinbildkameras (ohne Kameraobjektiv). In gleicher Weise können auch mikrokinematische Aufnahmen von Bewegungsvorgängen im Objekt hergestellt werden. Die Wahl des Schwarz-Weiß-Materials hängt von der Farbe des beleuchtenden Lichtes ab.

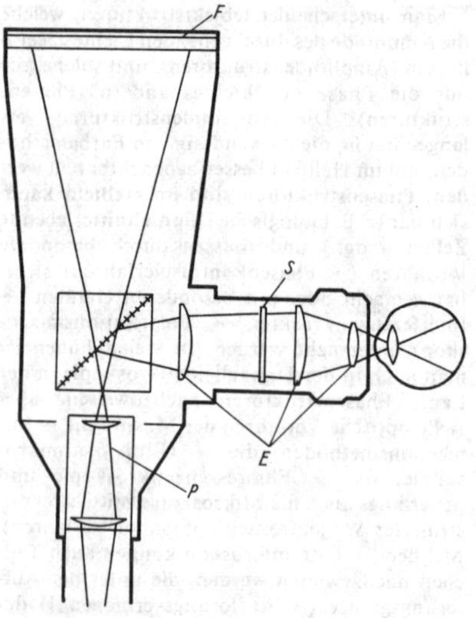

2 Aufsatzkamera (Plattenkamera). *P* Projektiv, *E* Einstellfernrohr, *S* Strichplatte, *F* Filmebene

Zur Hervorhebung bestimmter farbiger Objektstrukturen dienen Kontrastfilter von der gleichen Farbe im Beleuchtungsstrahlengang; zur Unterdrückung solcher Strukturen beleuchtet man mit der Komplementärfarbe. Zur Anpassung des Lichtstroms an die spektrale Empfindlichkeit des Aufnahmematerials müssen Kompensationsfilter benutzt werden. Für Aufnahmen im monochromatischen Licht dienen Monochromatfilter (Interferenzfilter). Bei der Mikrofarbenphotographie muß weißes Licht verwendet werden. Die Belichtungszeit kann entweder durch Probeaufnahmen ermittelt oder einfach mit einem Belichtungsmesser bestimmt werden, wenn dieser nach Probeaufnahmen geeicht ist. Den Abbildungsmaßstab in der Aufnahmeebene erhält man, wenn man die Mikroskopvergrößerung mit einem Verhältnisfaktor multipliziert. Dieser Faktor ist der Quotient aus der optischen Kameralänge (gemessen von der Austrittspupille des Okulars bis zur Auffangebene) und der konventionellen Sehweite von 250 mm.

Bei der Mikroprojektion (zu Demonstrationszwecken) wird das aus dem Mikroskop austretende Bild durch ein über dem Okular angebrachtes Projektionsprisma auf die Projektionsfläche geworfen. Dieses Verfahren erfordert starke Lichtquellen und Spezialokulare.

Zeichnungen können mittels eines Zeichenprismas (Abb. 3) vom mikroskopischen Bild angefertigt werden. Diese optische Einrichtung wird anstelle des Okulars am Mikroskoptubus angebracht und besteht aus einem Spezialokular und einem Prisma. Man bringt das Auge so nahe an das Gerät, daß man gleichzeitig das Präparat im Mikroskop und die Spitze des Zeichenstiftes sieht, die auf dem schräg geneigten Zeichenbrett die Konturen des Objektes nachzeichnet.

mikroskopische Beschreibung, → phänomenologische Beschreibung.

Mikrotron, ein → Teilchenbeschleuniger.

Mikrowellen, → Frequenz.

Mikrowellendiagnostik, → Plasmadiagnostik.

Mikrowellenerwärmung, die elektrische Erwärmung im Mikrowellenfeld, dessen Energie bei der Ausrichtung (dielektrische → Polarisation) natürlicher polarer Moleküle (z. B. Wassermoleküle) im dielektrischen Stoff in Wärmeenergie umgewandelt wird. Ist der Imaginärteil ε_r'' der komplexen Dielektrizitätskonstanten $\underline{\varepsilon}_r = \varepsilon_r' - j\varepsilon_r''$ des betrachteten Stoffes innerhalb des bestrahlten Volumens V konstant, so betragen die Wirkverluste je Zeiteinheit, d. i. die im Dielektrikum umsetzbare HF-Leistung, allgemein $P_{\mathrm{Verl}} = \omega\varepsilon_0\varepsilon_r'' \int_V |\vec{E}|^2 \, \mathrm{d}V$. Speziell im homogenen Feld beträgt dementsprechend die räumliche Wirkleistungsdichte der umgesetzten Mikrowellenenergie $N = \omega\varepsilon_0\varepsilon_r'' \, |\vec{E}|^2 = 2\pi\nu E^2\varepsilon_0\varepsilon_r' \tan\delta$. Es bedeuten $\omega = 2\pi\nu$ mit ν als Mikrowellenfrequenz, δ den dielektrischen Verlustwinkel des bestrahlten Materials, ε_0 die Dielektrizitätskonstante des Vakuums, $\vec{E}$ die elektrische Feldstärke. Die Erwärmungsgeschwindigkeit $\mathrm{d}T/\mathrm{d}t$ ergibt sich aus $V \cdot N\,(t_2 - t_1) = V \cdot N \cdot \Delta t = W = m \cdot c\,(T_2 - T_1) = m \cdot c \cdot \Delta T$, worin W die Wärmeenergie und V das erwärmte Volumen bedeutet, nach vollzogenem Grenzübergang $\Delta T/\Delta t \to \mathrm{d}T/\mathrm{d}t$ zu $\frac{\mathrm{d}T}{\mathrm{d}t} = \frac{V \cdot N}{m \cdot c} = \frac{2\pi\varepsilon_0\varepsilon_r' \cdot \tan\delta \cdot E^2 \cdot \nu}{\varrho \cdot c}$. In der Praxis wird für die Leistungsdichte häufig die folgende Formel

$N = 0{,}556 \cdot 10^{-12}\, \varepsilon_r'' E^2 \cdot \nu$ benutzt, wobei N in W/cm³ erhalten wird, wenn man ν in Hz und E in V/cm einsetzt. Die zur Erwärmung umgesetzte Leistungsdichte wächst also proportional der Frequenz der eingestrahlten Welle und proportional dem Quadrat der elektrischen Feldstärke, deren Erhöhung infolge der Durchschlagsfestigkeit des zu erwärmenden Stoffes Grenzen gesetzt sind, so daß der Erwärmungsprozeß nur durch eine Frequenzerhöhung optimiert werden kann, zumal der Verlustfaktor im allgemeinen mit steigender Frequenz auch zunimmt. Deshalb gewinnen die Mikrowellen mit ihren hohen Frequenzen im Gigahertzbereich seit der Erstellung von leistungsfähigen Generatoren (Dauerstrichmagnetrons) zunehmende Bedeutung zur schnellen Erwärmung von tiefgefrorenen Speisen in Mikrowellenherden, zum Trocknen bzw. Aushärten von Kunststoffen in Taktstraßen und neuerdings auch im Bergbau zum thermischen Zersprengen von Gestein.

Lit. H. Püschner: Wärme durch Mikrowellen (Hamburg 1964).

Mikrowellen-Gasspektroskopie, eine Methode der Mikrowellenspektroskopie, mit deren Hilfe die Rotationsspektren molekularer Gase und die Inversionsspektren einiger Moleküle, z. B. des Ammoniaks NH_3, untersucht werden. Die M.-G. umfaßt einen Wellenlängenbereich, der sich vom dm- und cm-Gebiet bis an das Ultrarotgebiet erstreckt. Sie liefert wichtige Aussagen über Molekülstrukturen. Mit Hilfe der M.-G. ist es möglich, Atomabstände und Bindungswinkel in Molekülen, Kernspins und Kernquadrupolmomente, elektrische Moleküldipolmomente, Isotopenmassen u. a. zu bestimmen. Die M.-G. ist der Ultrarotspektroskopie hinsichtlich Auflösungsvermögen und Genauigkeit der bestimmten Parameter weit überlegen. Sie wird eingesetzt zur Untersuchung von *Rotationsspektren* zwei- und mehratomiger Moleküle, die stets dann auftreten, wenn die Moleküle ein elektrisches oder magnetisches Dipolmoment aufweisen. Durch Wechselwirkung mit diesem permanenten Dipolmoment ist das elektromagnetische Feld der Mikrowellenstrahlung in der Lage, Übergänge zwischen den Rotationszuständen der Moleküle hervorzurufen. Beim Übergang von einem Rotationszustand mit der Energie E^1_{rot} zu einem energetisch höher gelegenen Zustand der Energie E^2_{rot} absorbiert ein Molekül die Differenzenergie $E^2_{rot} - E^1_{rot}$ aus dem Mikrowellenfeld. Diese Absorption läßt sich mikrowellentechnisch nachweisen. Um einen solchen Übergang zu induzieren, muß die Frequenz ν der Mikrowellenstrahlung der Bedingung $h\nu = E^2_{rot} - E^1_{rot}$ genügen. Dabei ist h das Plancksche Wirkungsquantum. Der Schwingungs- und Elektronenzustand des Moleküls ändert sich bei einem Rotationsübergang nicht.

Fast alle Untersuchungen der M.-G. sind an Molekülen mit einem *elektrischen Dipolmoment* vorgenommen worden. Die Übergänge zwischen den Rotationszuständen und damit die Energieabsorption erfolgen hierbei durch Kopplung des rotierenden elektrischen Dipolmoments mit den elektrischen Komponenten des Mikrowellenfeldes. Das Sauerstoffmolekül O_2 ist eines der wenigen Beispiele, bei denen Rotationsspektren infolge eines *magnetischen Moleküldipolmoments* auftreten.

Beim *Inversionsspektrum von Ammoniak* spalten die Rotations- und Schwingungszustände des NH_3-Moleküls in *Inversionsdubletts* auf (→ Spektren mehratomiger Moleküle). Das Rotationsspektrum des NH_3 liegt im Ultraroten (Übergänge $\Delta J = +1$, $\Delta K = 0$). Im Mikrowellengebiet ist es infolge der geringeren Quantenenergien möglich, Übergänge zwischen den Inversionsniveaus eines Rotationsterms nachzuweisen ($\Delta J = 0$, $\Delta K = 0$). Zu jedem Rotationsniveau J_K gehört ein Inversionsübergang, den man in der Form J, K kennzeichnet. Die 3,3-Linie mit einer Frequenz von 23870,13 MHz ist die intensive Linie des NH_3-Inversionsspektrums. Sie wird zur Steuerung von Moleküluhren und beim NH_3-Maser ausgenutzt.

Zeeman- und Stark-Effekt der Rotationslinien. Zum gesamten magnetischen Moment eines Moleküls tragen die Spin- und Bahnmomente der Elektronen, die magnetischen Kernmomente und das durch die Molekülrotation entstehende magnetische Rotationsmoment bei. Bringt man die rotierenden Moleküle in ein äußeres Magnetfeld, so können die magnetischen Momente der Moleküle infolge der Richtungsquantelung bezüglich dieses Feldes bestimmte diskrete Orientierungen einnehmen. Den verschiedenen Orientierungen entsprechen unterschiedliche Energiebeträge, die das Molekül zusätzlich zu seiner Rotationsenergie erhält. Die dadurch entstehende Aufspaltung der Rotationslinien bezeichnet man als *Zeeman-Effekt*. Werden die Moleküle einem elektrischen Feld ausgesetzt, so tritt ein analoger Effekt ein. Die verschiedenen möglichen Orientierungen ergeben unterschiedliche Energien, die das elektrische Moleküldipolmoment im elektrischen Feld erhält. Die dadurch hervorgerufene Aufspaltung der Linien heißt *Stark-Effekt*. Zeeman- und Stark-Aufspaltungen liefern zusätzliche Informationen über die Molekülstrukturen und erleichtern oft die Linienzuordnung.

Hyperfeinstruktur der Molekülrotationslinien. Vor allem durch magnetische Kopplung der Atomkerne des Moleküls mit den magnetischen Feldern der Molekülrotation tritt eine Hyperfeinstrukturaufspaltung der Rotationslinien auf, die zur → Hyperfeinstruktur in Atomen analog ist. Die *Linienbreite* der Absorptionslinien bei der M.-G. wird durch eine Reihe von Faktoren bestimmt, z. B. durch die Sättigungsverbreiterung infolge zu großer Mikrowellenleistung und durch Zusammenstöße der Moleküle mit den Wänden der Absorptionszelle und untereinander (Druckverbreiterung).

Experimentelle Technik. Im Prinzip besteht ein Mikrowellenspektrometer zur Untersuchung der Absorptionslinien der Moleküle aus drei Teilen: einem frequenzvariablen Mikrowellengenerator, z. B. einem Reflexklystron, einer Absorptionszelle, in der sich das zu untersuchende Gas befindet, und einem Detektorglied, z. B. einer Diode, das die erfolgte Absorption von Mikrowellenenergie anzeigt. Das Spektrometer muß mittels Bauteilen der Mikrowellentechnik aufgebaut werden. Zur Übertragung der Mikrowellen werden Hohlleiter benutzt.

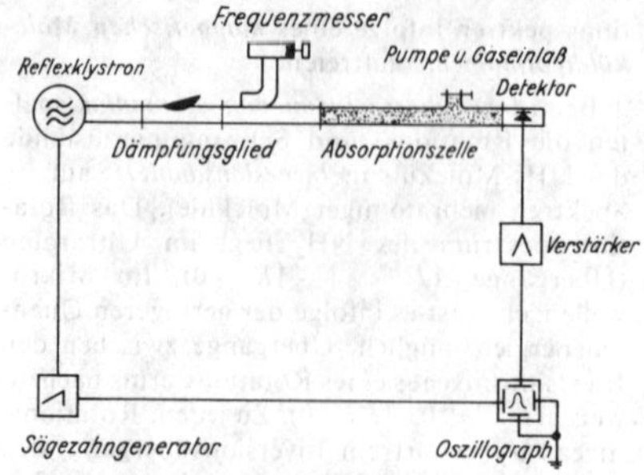

Blockschaltbild eines einfachen Mikrowellenspektrometers

Die Abb. zeigt das Blockschaltbild eines einfachen Spektrometers. Durch einen Sägezahngenerator wird die Klystronfrequenz moduliert und damit die Absorptionslinie abgetastet. Am Detektor erscheint dann mit der Frequenz des Sägezahngenerators periodisch das Absorptionssignal, das nach einer Verstärkung auf dem Oszillographen sichtbar gemacht wird. Als Absorptionszellen dienen abgedichtete Hohlrohrstücke, die einige Meter lang sein können. In ihnen befindet sich das zu untersuchende Gas bei Drücken von 1 bis 10^{-5} Torr. Oft werden die Absorptionszellen durch Hohlraumresonatoren ersetzt. An Stelle der Frequenzmodulation des Klystrons zum Signalnachweis kann unter Ausnutzung des Stark-Effekts eine Stark-Modulation treten.

Lit. Maier: Die Mikrowellenspektren molekularer Gase und ihre Auswertung, in: Ergebnisse der exakten Naturwissenschaften, Bd 24 (Berlin, Göttingen, Heidelberg 1951).

Mikrowellenrauschen des Plasmas, → Rauschen III).

Mikrowellenröhren, Elektronenröhren für Frequenzen, bei denen der Laufwinkel, d. h. das Produkt aus Kreisfrequenz und Laufzeit nicht mehr klein gegen 1 ist, d. h. die Beziehungen $\omega\tau \ll 1$ bzw. $\omega \ll \frac{1}{\tau}$ nicht erfüllt sind. Die M. werden eingeteilt in → Scheibenröhren und → Laufzeitröhren. Spezielle M. sind auch die → Maser.

Mikrowellenschall, svw. Hyperschall.

Mikrowellenspektroskopie, ein Teilgebiet der Hochfrequenzspektroskopie. Die bei der M. nachgewiesenen Quantenübergänge liegen in einem Wellenlängenbereich, der bei Wellenlängen von weniger als 1 mm – also dem langwelligen Ultrarot – beginnt und sich bis ins Dezimeterwellengebiet erstreckt. Im weiteren Sinne umfaßt die M. die → Mikrowellen-Gasspektroskopie, bei der Rotations- und Inversionsübergänge von molekularen Gasen unter geringem Druck beobachtet werden, die → paramagnetische Elektronenresonanz, die Übergänge zwischen den verschiedenen Einstellungen der magnetischen Momente unpaariger Elektronen in einem äußeren Magnetfeld untersucht, sowie die speziellen Formen der → ferromagnetischen Resonanz und der → antiferromagnetischen Resonanz. Weiterhin gehört zur M. die → *Zyklotronresonanz.* Hierbei wird die Absorption von elektromagnetischer Energie durch die Elektronen und Löcher in Halbleitern und Metallen im äußeren Magnetfeld beobachtet. Im engeren Sinne versteht man unter M. oftmals nur die Mikrowellen-Gasspektroskopie.

Mikrowirbelstrom, → Wirbelstrom.

Mikrozustand, → Maxwell-Boltzmann-Statistik.

mil, Tabelle 2, Länge.

Milchstraße, schwach leuchtendes, unregelmäßig begrenztes Band, das den Himmel annähernd in einem Großkreis umspannt. Es wird durch eine große Menge Sterne und leuchtende interstellare Materie hervorgerufen, die wegen der geringen scheinbaren Helligkeit vom Auge nicht als Einzelobjekte wahrnehmbar sind. Alle Objekte der M. gehören zum → Milchstraßensystem.

Milchstraßensystem, *Galaxis,* ein Sternsystem, dem neben der Sonne etwa 10^{11} Sterne sowie große Mengen interstellarer Materie angehören Das M. bildet im wesentlichen eine diskusähnliche Scheibe mit einem Durchmesser von etwa 30 kpc. Es besitzt einen zentralen Kern von hoher Sterndichte, der eine Dicke von etwa 5 kpc hat. Die Sonne befindet sich rund 10 kpc vom Zentrum, aber nur etwa 15 pc von der Symmetrieebene der Scheibe entfernt. Einzelne Sterngruppen zeigen eine verschieden starke Konzentration zur Milchstraßenebene. So bilden die Objekte der extremen Population I ein sehr flaches Untersystem, die Mitglieder der älteren Population I und der Scheibenpopulation, z. B. die Sterne der Spektralklasse A bis M, die Planetarischen Nebel und die Novae, zeigen hingegen eine viel geringere Dichteabnahme senkrecht zur Symmetrieebene. Das größte, nahezu sphärische Untersystem wird von den Objekten der extremen Population II, der Halopopulation, gebildet, der z. B. die Kugelsternhaufen angehören. Es hat einen Durchmesser von etwa 40 bis 50 kpc und umschließt das eigentliche M. Um den Kern des M.s winden sich Spiralarme, die von den Objekten der extremen Population I, z. B. von Q- und B-Sternen, offenen Sternhaufen und interstellarer Materie gebildet werden. Optisch lassen sich in Sonnennähe drei Spiralarme nachweisen. Mit Hilfe der im Radiofrequenzbereich liegenden 21-cm-Linie, die vom neutralen interstellaren Wasserstoff emittiert wird, konnte die Spiralstruktur auch über größere Entfernungen hin verfolgt werden.

Das gesamte M. rotiert um den Kern mit nach außen abnehmender Winkelgeschwindigkeit.

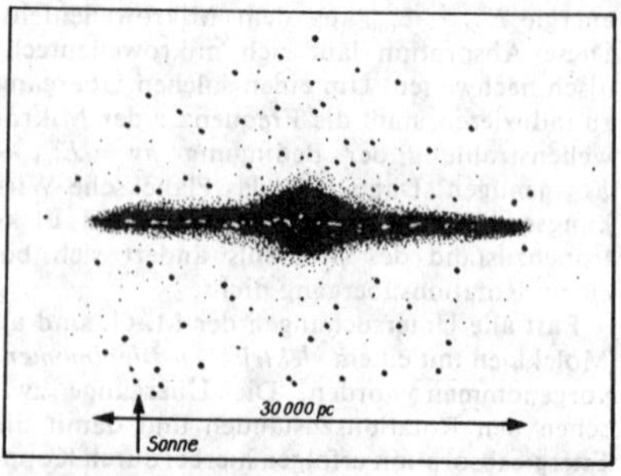

Schematisierter wahrscheinlicher Anblick des Milchstraßensystems für einen außergalaktischen Beobachter beim Blick in Richtung der Symmetrieebene. Die großen isolierten Punkte stellen Mitglieder der Halopopulation dar

Die Sonne hat eine Umlaufgeschwindigkeit von etwa 250 km/s und eine Umlaufzeit von etwa $2{,}5 \cdot 10^8$ Jahren. Der Rotation überlagert ist noch eine zufällige Geschwindigkeit der Sterne, Sternhaufen und interstellaren Wolken relativ zu ihrer Umgebung. Aus der Rotation errechnet sich die Masse des M.s zu etwa $2{,}3 \cdot 10^{11}$ Sonnenmassen. Etwa 1 bis 2% davon entfallen auf die interstellare Materie. Die mittlere Massendichte im M. ergibt sich näherungsweise zu 0,15 Sonnenmassen je pc^3 oder 10^{-23} g cm^{-3}.

Das Alter des M.s beträgt etwa 10 bis $15 \cdot 10^9$ Jahre.

mile, Tabelle 2, Länge.

Miller-Effekt, → Verstärker.

Millersche Indizes, → Indizes.

Milli, m, Vorsatz vor Einheiten mit selbständigem Namen $= 10^{-3}$, → Vorsätze.

Millimeter Quecksilbersäule, mm Hg, mmHg, alte Einheit des Druckes, definiert als 760ster Teil des Druckes, den eine Quecksilbersäule von 760 mm Höhe im normalen Schwerefeld der Erde auf die Grundfläche ausübt, wenn das Quecksilber eine Dichte von 13,595 g/cm³ bei 0 °C hat. Die Einheit M. Q. wurde durch das Torr ersetzt. 1 mm Hg = 1 Torr = 133,3 N/m² = 133,3 Pa.

Millimeter Wassersäule, mm WS, mmWS, inkohärente Einheit für kleine Drücke bei Angaben mit einer relativen Unsicherheit $> 5 \cdot 10^{-5}$, abgeleitet von der technischen Atmosphäre (at) als deren 10^4ter Teil. 1 mm WS $= 10^{-4}$ at $= 10^{-4}$ kp/cm² = 9,80665 N/m² = 9,80665 Pa.

Millimeterwellen, → Frequenz.

Millman-Struktur, → Verzögerungsleitung.

min, → Minute.

Mindestenergie, → Schwellenreaktionen.

Mineralisator, svw. Kristallisator 2).

Minimalpendel, → Pendel.

Minimeter, *Wasserminimeter*, ein Mikromanometer zum Messen sehr geringer Differenzdrücke nach dem Prinzip der kommunizierenden Röhren. Das M. besteht aus zwei durch einen Gummischlauch verbundenen Druckgefäßen verschiedenen Durchmessers. Das Gefäß mit dem größeren Durchmesser kann mittels Spindel gehoben und gesenkt werden, es dient als messendes Organ. Die Messung des Druckes erfolgt, indem die Lage des Meßgefäßes so geändert wird, daß sie einer in dem zweiten, engen Gefäß eingestellten Nullage entspricht. Der Druckunterschied wird an einer Skale und einem zugehörigen Teilkopf abgelesen. Mit dem M. können Druckdifferenzen von 0,01 mm WS gemessen werden. Nachteilig ist die verhältnismäßig lange Einstellzeit. Man verwendet M. im Bergbau zur Messung der z. B. durch Reibung der Wetter entstehenden kleinen Druckunterschiede an den Streckenstößen.

Minimum, → Extremwert.

Minimum der Ablenkung, → Brechzahlmessung.

Minimum Guidance, → Auswertung von Aufnahmen.

Minimumsatz von Castigliano, → Castiglianosche Sätze.

Minkowski-Raum, *Minkowski-Welt*, vierdimensionaler pseudoeuklidischer Raum mit der Metrik $ds^2 = (dx^1)^2 + (dx^2)^2 + (dx^3)^2 - (dx^4)^2 = \eta_{\mu\nu}\, dx^\mu\, dx^\nu$ (→ Summationskonvention, → Minkowski-Symbol). Die spezielle Relativitätstheorie zeigt, daß der dreidimensionale Raum und die Zeit einen M.-R. bilden, wenn man die Koordinate x^4 mit ct identifiziert (ct = Lichtgeschwindigkeit · Zeitkoordinate). Die Invarianz-Gruppe des M.-R.s ist die → Lorentz-Gruppe. Vektoren und Tensoren des M.-R.es sind durch ihre Transformation mit der Lorentz-Gruppe definiert. Bei Lorentz-Transformationen der Koordinaten des M.-R.es bleibt die Form der Metrik erhalten. Die Koordinatensysteme mit der angegebenen Form der Metrik repräsentieren physikalisch die → Inertialsysteme.

Die Punkte des M.-R.es (Weltpunkte) werden in jedem Koordinatensystem durch die Angabe der drei Lagekoordinaten im Raum und eines Zeitpunktes festgelegt. Sie repräsentieren also abstrakte Ereignisse, die zu dieser Zeit an diesem Raumpunkt stattfinden. Die Vektoren im M.-R. sind Vierervektoren, d. h. Vektoren mit vier Komponenten. Jeder Vierervektor besitzt eine skalare Invariante analog der Metrik, die die Invariante des infinitesimalen Verbindungsvektors dx^μ ist: $a^2 = \eta_{\mu\nu} a^\mu a^\nu = (a^1)^2 + (a^2)^2 + (a^3)^2 - (a^4)^2$. Hierbei ist a^2 analog dem Quadrat der Länge eines Vektors im euklidischen Raum, nur kann a^2 im M.-R. sowohl positiv und gleich Null als auch negativ sein. Danach werden die Vektoren in *raumartige* ($a^2 > 0$), *zeitartige* ($a^2 < 0$) und Nullvektoren oder *lichtartige Vektoren* ($a^2 = 0$) eingeteilt. Analog klassifiziert man Punktepaare nach den Verbindungsvektoren. Die lichtartig zu einem festen Weltpunkt p_0 gelegenen Weltpunkte bilden einen Lichtkegel (Abb. 1), auch Nullkegel genannt:

$$(x^1 - x_0^1)^2 + (x^2 - x_0^2)^2 + (x^3 - x_0^3)^2 - (x^4 - x_0^4)^2 = 0.$$

Liegt ein Punkt x zeitartig zu x_0, so existiert ein Inertialsystem, in dem die drei ersten Koordinaten der beiden Punkte übereinstimmen; die beiden repräsentierten Ereignisse also am gleichen Ort stattfinden, nur zu einem anderen Zeitpunkt. Die Zeitrichtung wird bei eigentlichen Lorentz-Transformationen nicht geändert. Damit ist das Innere des Lichtkegels von x_0 physikalisch Zukunft bzw. Vergangenheit des Ereignisses x_0 (Abb. 1). Analog gibt es zu jedem zeitartigen Vektor ein Inertialsystem, in dem die ersten drei Komponenten des Vektors gleich Null sind (→ Ruhsystem).

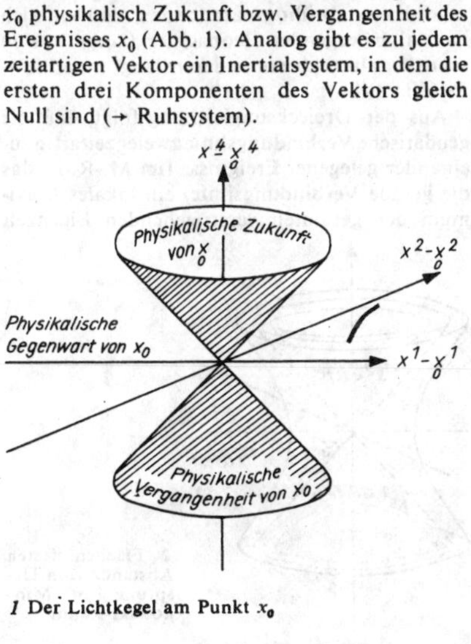

1 Der Lichtkegel am Punkt x_0

Liegt ein Punkt x raumartig zu x_0, so existiert ein Inertialsystem, in dem beide Weltpunkte die gleiche Zeitkoordinate haben und die repräsentierten Ereignisse gleichzeitig stattfinden. Die Gesamtheit der raumartig zu x_0 gelegenen Weltpunkte, das ist das Äußere des Lichtkegels, bildet also physikalisch die Gegenwart von x_0. Für einen raumartig zu x_0 gelegenen Punkt ist die zeitliche Reihenfolge bezüglich x_0 nicht eindeutig, je nach dem Bewegungszustand des Bezugssystems wird x früher, später oder gleichzeitig mit x_0 beobachtet (→ Relativität der Gleichzeitigkeit). Zusammen mit dem Prinzip, daß Ursache und Wirkung in einer eindeutigen zeitlichen Reihenfolge angeordnet sein müssen, können also Ursachenereignisse von x_0 nur in dessen Vorkegel stattfinden und Wirkungen von x_0 nur in dessen Nachkegel auftreten. Wirkungen können sich dann also maximal mit Lichtgeschwindigkeit ausbreiten.

Das Skalarprodukt zweier Vektoren im M.-R. lautet

$$(a, b) = \eta_{\mu\nu} a^\mu b^\nu = \\ = a^1b^1 + a^2b^2 + a^3b^3 - a^4b^4.$$

Zwei Vektoren heißen orthogonal, wenn dieses Skalarprodukt gleich Null ist. Wegen des Minuszeichens gelten hier andere Ungleichungen als im euklidischen Raum. Dort ist $(a, b) = a^1b^1 + a^2b^2 + a^3b^3 + a^4b^4$, und es gilt $(a, b)^2 \leqq (a, a)\,(b, b)$ (Schwarzsche Ungleichung). Im M.-R. dagegen gilt die Ungleichung $(a, b)^2 \geqq (a, a)\,(b, b)$, also mit anderem Vorzeichen, und diese Ungleichung gilt auch nur für zeitartige Vektoren a und b. Entsprechendes gilt für die Dreiecksungleichung. Im euklidischen Raum gilt: $\sqrt{(a + b, a + b)} \leqq \sqrt{(a, a)} + \sqrt{(b, b)}$, im M.-R. dagegen $\sqrt{-(a + b, a + b)} \geqq \sqrt{-(a, a)} + \sqrt{-(b, b)}$ für zeitartige Vektoren a und b, wenn die vierte Komponente von beiden das gleiche Vorzeichen hat.

Für zeitartige Verbindungsvektoren ist aber $\sqrt{-(a, a)}$ die auf der Uhr eines sich längs a bewegenden Beobachters verstreichende Zeit. Daher liefert die Dreiecksungleichung die Aussage des → Zwillingsparadoxons, daß ein sich inertial bewegender Beobachter (längs $a + b$) schneller altert als ein anderer (längs a und b, → Zeitdilatation).

Aus der Dreiecksungleichung folgt, daß die geodätische Verbindungslinie zweier zeitartig zueinander gelegener Ereignisse (im M.-R. ist das die gerade Verbindungslinie) ein lokales Maximum der gesamten verstreichenden Eigenzeit liefert. In einem euklidischen Raum ist die Gerade dagegen die Kurve kürzester Länge zwischen zwei Punkten.

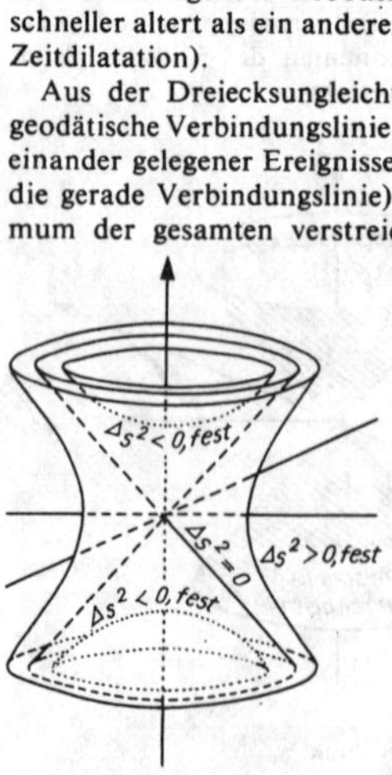

2 Flächen festen Abstands vom Ursprung im Minkowski-Raum

Während im euklidischen Raum die Punkte festen Abstands vom Ursprung auf einer Kugel liegen, befinden sie sich im M.-R. auf Hyperboloiden. Die Punkte mit festem positivem Δs^2 bilden ein einschaliges, die Punkte mit festem negativem Δs^2 ein zweischaliges Hyperboloid. Der Asymptotenkegel ist jedesmal der Lichtkegel (Abb. 2).

Minkowski-Symbol, metrischer Fundamentaltensor

$$\eta_{\mu\nu} = \begin{Bmatrix} 1 & 0 & 0 & 0 \\ 0 & 1 & 0 & 0 \\ 0 & 0 & 1 & 0 \\ 0 & 0 & 0 & -1 \end{Bmatrix}$$

des → Minkowski-Raums. Hierbei ist es in der speziellen Relativitätstheorie üblich, die Zeitkomponente mit $\mu = 4$ zu indizieren, so daß also $ct = x_4$ gilt, während in der allgemeinen Relativitätstheorie die Zeitkomponente mit $\mu = 0$ indiziert wird, so daß das M.-S. darin die Form

$$\eta_{\mu\nu} = \begin{pmatrix} -1 & 0 & 0 & 0 \\ 0 & 1 & 0 & 0 \\ 0 & 0 & 1 & 0 \\ 0 & 0 & 0 & 1 \end{pmatrix}$$

annimmt.

Minkowski-Welt, svw. Minkowski-Raum.

Minute, 1) Kurzzeichen min, inkohärente Einheit (international) der Zeit. Vorsätze nicht erlaubt. 1 min = 60 s.

2) Kurzzeichen ′, inkohärente Einheit (international) des ebenen Winkels Minute (Altminute). $1' = (1/60)° = 0{,}000291$ rad.

Mirastern, → veränderlicher Stern.

Miredskale, in der Farbphotographie eine auf den Temperaturschwerpunkt einer Lichtquelle bezogene Skale. Einheit ist *Mired*, Symbol M. $1\ \text{M} = 10^6/\text{K}$.

Mirror-Maschine, → Kernfusion.

Mischbande, → Spektren mehratomiger Moleküle.

Mischbildentfernungsmesser, → Entfernungsmesser.

Mischkristall, *feste Lösung*, eine Anordnung von Bausteinen (Atomen, Ionen, Molekülen), die zwei oder mehr Komponenten entstammen, mit einer Struktur, die sich aus der Kristallstruktur einer der Komponenten ableitet.

Bei einigen Stoffsystemen kommen M.e beliebiger relativer Konzentration der Komponenten vor, z. B. bei Silber und Gold (*unbeschränkte* oder *lückenlose Mischkristallbildung*). Meist ist die Mischkristallbildung auf bestimmte Konzentrations- und Temperaturbereiche beschränkt, z. B. bei Gold und Aluminium (*beschränkte Mischkristallbildung*). Die Konzentrationsbereiche, in denen keine Mischkristallbildung möglich ist, nennt man *Mischungslücken*.

Man unterscheidet drei Arten von M.en: Einlagerungsmischkristalle, Substitutionsmischkristalle und Adsorptionsmischkristalle. 1) *Einlagerungsmischkristalle* (*interstitielle M.*) entstehen aus einem geordneten Kristall der einen Komponente durch Besetzung von Gitterlücken (Zwischengitterplätzen) durch Atome oder

Ionen einer anderen Komponente. Voraussetzung für die Bildung von Einlagerungsmischkristallen ist ein vergleichsweise kleiner Atomradius der eingelagerten Komponente. Einlagerungsmischkristalle sind z. B. die Karbide mancher Metalle.

2) Bei *Substitutionsmischkristallen* sind Translations- oder symmetrieäquivalente Lagen (Gitterplätze) des Kristalls einer reinen Komponente teilweise durch Atome einer anderen Komponente besetzt. Dabei können die Lageparameter (Atomkoordinaten) dieser Gitterplätze je nach ihrer Besetzung etwas variieren, wenn Atome der verschiedenen Komponenten in verschiedener Weise gebunden sind.

Eine gute Mischbarkeit setzt bei Substitutionsmischkristallen eine gute Übereinstimmung der Atomradien und ähnliche Bindungseigenschaften der Komponenten voraus. Bei heteropolaren Kristallen muß die Ladungsneutralität des Kristalls gewahrt bleiben. Werden bestimmte Ionen durch andere mit abweichender Wertigkeit ersetzt, so müssen zur Ladungskompensation entweder Ionen einer zweiten Art ausgetauscht oder Leerstellen eingebaut werden.

Substitutionsmischkristalle sind viele Legierungen, z. B. von Kupfer mit Gold, aber auch zahlreiche Minerale, z. B. viele Silikoaluminate.

3) Als *anomalen* oder *Adsorptions-Mischkristall* bezeichnet man ein festes Stoffgemisch, das sich nicht auf ein einheitliches Translationsgitter beziehen läßt, in dem jedoch die einzelnen Komponenten in submikroskopischen Bereichen in gesetzmäßiger Weise verwachsen sind. Beispiele für Adsorptionsmischkristalle sind die mixed-layer-Strukturen.

Bei den ungeordneten (echten) M.en ist die Besetzung (→ Symmetrie) äquivalenter Lagen mit Bausteinen der Sorten A, B, ... entweder völlig regellos oder nur jeweils in kleinen Bereichen regelmäßig. Der regellose M. hat im Grunde keine Symmetrie. Jedoch ist es üblich, bei regellosen M.en von den Unterschieden der Bausteine A, B, ... abzusehen und dem regellosen M. die Symmetrie der reinen Komponente zuzuschreiben, weil das Röntgendiagramm eines regellosen M.s neben einem diffusen Untergrund, der von der Fehlordnung herrührt, Reflexe enthält, die einer Besetzung jeder einzelnen Lage der reinen Komponente mit einem „gemittelten Atom" entspricht. Sind benachbarte äquivalente Lagen stark bevorzugt von gleichartigen Bausteinen besetzt, so kommt es zu einer *Nahentmischung*. Dadurch entstehen im M. Bereiche, die im wesentlichen nur eine der Komponenten enthalten und als „*cluster*" oder „*Guinier-Preston-Zonen*" bezeichnet werden. Werden benachbarte Plätze bevorzugt von ungleichartigen Bausteinen eingenommen, so können sich kleine, geordnete Bereiche bestimmter Zusammensetzung – bei einem M. aus den Komponenten A und B z. B. von der Zusammensetzung AB oder AB_3 usw. – bilden; man spricht dann von *Nahordnung*. Unter bestimmten Bedingungen (spezielle stöchiometrische Verhältnisse, spezielle Kristallisationsbedingungen) kann es auch zu einer *Fernordnung* kommen, bei der die Anordnung der Atome auch in großen Bereichen regelmäßig ist, z. B. $AB\,AB\,A$ .... Verglichen mit der Struktur der reinen Komponente hat der geordnete M. verminderte Symmetrie: gewisse Raumtransformationen (→ Symmetrie), die für die reine Komponente Symmetrieoperationen darstellen (Translationen oder andere Raumbewegungen), sind keine Symmetrieoperationen des geordneten M.s. Man spricht dann von einer *Überstruktur*.

Entfallen beim geordneten M. – verglichen mit der reinen Komponente – gewisse Translationen, Gleitspiegelebenen oder Schraubenachsen, so ist seine → Elementarzelle bzw. eine Projektierung der Elementarzelle größer als die der reinen Komponente, oder das Bravais-Gitter ist verschieden, und es treten, verglichen mit dem Röntgendiagramm des ungeordneten M.s, zusätzliche Reflexe auf, die *Überstrukturreflexe* genannt werden. Geht eine geordnete Besetzung durch Fehler entlang einer Grenze in die umgekehrte Besetzung über (... $ABAB\;BABA$ ...), so nennt man diese Grenzen *Antiphasengrenzen* und die Bereiche innerhalb dieser Grenzen *Antiphasenbereiche*.

Lit. Schulze: Metallphysik (2. Aufl. Berlin 1973).

Mischröhre, Elektronenröhre, in der zwei Wechselspannungen verschiedener Frequenz in einen Wechselstrom umgeformt werden. Dieser enthält die Summen- und die Differenzfrequenz der ursprünglichen Spannungen. Beim Rundfunkempfang werden die Empfangsfrequenz und eine Hilfsfrequenz, die in einem besonderen Oszillator erzeugt wird, gemischt. Es entsteht die sogenannte Überlagerungs- oder Zwischenfrequenz, die sich gut verstärken läßt. Als Mischröhren finden Verwendung → Hexoden, → Heptoden und → Oktoden, aber auch Dioden und Trioden in Spezialschaltung.

Mischphase, svw. Mischung.

Mischreibung, → Reibung.

Mischsteilheit, → Mischung.

Mischstrom, svw. Wellenstrom.

Mischung, 1) *Mischphase*, homogenes gasförmiges, flüssiges oder festes Mehrkomponentensystem mit im allgemeinen stetig veränderlichem Massenverhältnis. Meist liegen die Komponenten in etwa gleich großen Mengen vor, so daß man nicht zwischen Lösungsmittel und gelöstem Stoff wie bei der → Lösung unterscheiden kann. Im übrigen ist eine scharfe Trennung zwischen M. und Lösung kaum möglich. Die Komponenten einer M. durchdringen sich in molekularer Form und können nicht auf mechanischem Wege getrennt werden, im Gegensatz zu Aufschlemmungen, Suspensionen und Emulsionen. Bei vielen M.en kann das Mengenverhältnis der Komponenten beliebig sein (z. B. Wasser – Alkohol), häufig gibt es Einschränkungen (z. B. Wasser – Phenol), die im allgemeinen temperaturabhängig sind (→ Mischungslücke). Feste M.en werden als → Mischkristalle bezeichnet.

Nach ihren thermodynamischen Eigenschaften unterscheidet man ideale und nichtideale M.en. Bei *idealen M.en* setzen sich alle extensiven Zustandsgrößen A (z. B. Volumen, Energie, Enthalpie) additiv aus denen der reinen Komponenten zusammen. Es gilt also

$$A = n_1A_1 + n_2A_2 + \cdots + n_kA_k. \qquad (1)$$

Dabei sind die n_i die Molzahlen und die A_i die molaren Größen der Komponente i. Da die

A_i unabhängig von der Zusammensetzung der M. sind, treten bei idealen M.en keine Mischungseffekte, wie Mischungswärme oder Volumenänderung, auf. Sehr verdünnte Lösungen, M.en chemisch ähnlicher Stoffe und idealer Gase verhalten sich ideal. Bei den meist vorliegenden *nichtidealen M.en* verhalten sich die extensiven Zustandsgrößen nicht mehr additiv. Statt (1) gilt

$$A = n_1 \bar{A}_1 + n_2 \bar{A}_2 + \cdots + n_k \bar{A}_k \quad (2)$$

Die $\bar{A}_i$ sind die partiellen molaren Größen, die vom Verhältnis der Molzahlen aller Komponenten der M. abhängen, also für verschiedene Zusammensetzung der M. verschieden sind. Es gilt $\bar{A}_i = (\partial A/\partial n_i)_{p,V,n_j}$. Die Änderung ΔA einer Zustandsgröße bei der Herstellung einer M. ist somit $\Delta A = A_{nach} - A_{vor} = n_1(\bar{A}_1 - A_1) + \cdots + n_k(\bar{A}_k - A_k)$. An je einem Beispiel für eine binäre M. zeigt Abb. 1 die

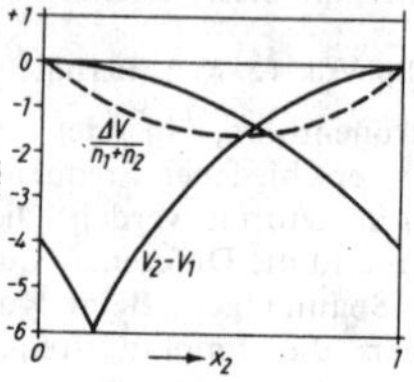

1 Änderung der partiellen Molvolumina und des mittleren molaren Volumens im System Äthanol(1) — Wasser(2)

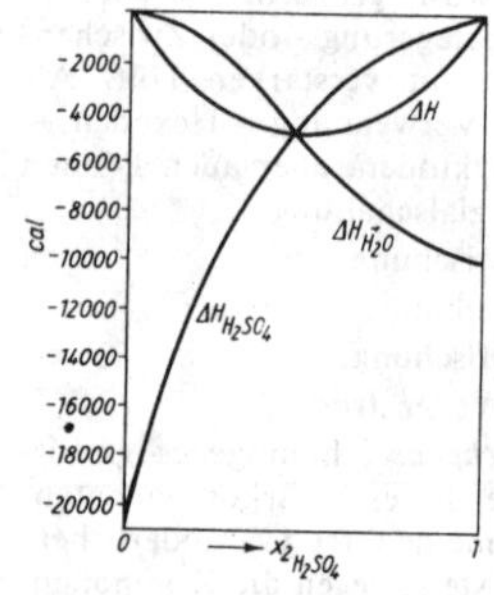

2 Mittlere molare und partielle molare Mischungswärmen von H_2O und H_2SO_4 bei 18 °C als Funktion des Molenbruchs

Änderung ΔV des Volumens und Abb. 2 die Änderung ΔH der molaren Enthalpie. Diese Änderung ΔH, bezogen auf 1 Mol der M., bezeichnet man als *integrale* oder *totale Mischungswärme* W_M. Als *differentielle Mischungswärme* führt man die partiellen Ableitungen von ΔH ein: $\partial \Delta H/\partial n_1 = \mathrm{d}W_1$ und $\partial \Delta H/\partial n_2 = \mathrm{d}W_2$. Dies sind die Mischungswärmen, die bei der Zumischung eines Mols eines Stoffes zu einer sehr großen Menge der M. von gegebener Konzentration auftreten.

Über das Gleichgewicht einer M. mit ihrem Dampf → Dampfdruck, → Dampfdruckerniedrigung. → Gibbs-Duhem-Gleichungen.

2) *Frequenzwandlung, Frequenzumsetzung, Transponierung*, eine spezielle Art der Überlagerung zweier Frequenzen in einem nichtlinearen Schaltungselement. Dabei entstehen neue Frequenzen, wobei die erwünschten weiterverarbeitet und die unerwünschten durch geeignete Schaltungselemente unterdrückt werden. Beim Rundfunkempfänger versteht man unter M. die Erzeugung der Zwischenfrequenz f_z als Differenz zwischen Oszillatorfrequenz f_0 und Empfangsfrequenz f_E. Dabei ist zu beachten, daß die Zwischenfrequenz auf zwei Arten entstehen kann: $f_z = |f_0 - f_E|$ und $f_z = |f'_E - f_0|$.

Das bedeutet aber, daß neben einem Sender mit der Frequenz f_E auch noch ein Sender mit der Frequenz $f'_E = f_E + 2f_z$ empfangen werden kann, wenn $f_0 > f_E$ ist, oder mit der Frequenz $f'_E = f_E - 2f_z$, wenn $f_0 < f_E$ ist.

Die Frequenz f_E wird als *Spiegelfrequenz* bezeichnet. Sie kann bei der M. nur durch auf die Empfangsfrequenz f_E abgestimmte Vorkreise (Vorselektion) ausgesiebt werden.

Man unterscheidet zwischen *additiver M.* und *multiplikativer M.*, je nachdem, ob die beiden Frequenzen additiv dem nichtlinearen Element (z. B. dem Steuergitter einer Triode bzw. Pentode, einem Transistor oder einer Röhren- bzw. Halbleiterdiode) zugeführt werden oder ob beide multiplikativ mittels verschiedener Steuergitter (z. B. mit einer Doppelsteuer-Mischröhre) überlagert werden (→ Modulation).

Als *Mischsteilheit* oder *Konversionssteilheit* S_c bezeichnet man das Verhältnis der Amplitude des Stroms der Zwischenfrequenz I_z zur Amplitude der Signaleingangsspannung U_E bei Kurzschluß des Ausgangs oder für den Fall, daß der Lastwiderstand R_A klein gegen den Innenwiderstand R_i ist.

Während im Frequenzbereich bis zu etwa 10^9 Hz zur M. vorwiegend Röhren und Transistoren verwendet werden, arbeiten die Überlagerungsempfänger im Mikrowellenbereich oberhalb 10^9 Hz mit Halbleiterdioden als nichtlineare Elemente.

Außer im Sinne von M. wird als *Frequenzwandlung* auch die Herleitung von Wechselströmen aus einem Wechselstrom gegebener Grundfrequenz bezeichnet, wobei die neuen Frequenzen zu der gegebenen in einem ganzzahligen Verhältnis stehen. Bei der *Frequenzvervielfachung* erreicht man die Bildung ganzzahliger Vielfacher der Grundfrequenz durch Verzerrung der sinusförmigen Ausgangsspannung mit Hilfe von Schaltelementen mit nichtlinearer Stromspannungscharakteristik. Nach Fourier läßt sich die verzerrte Wechselspannung in eine Summe reiner Sinusschwingungen zerlegen. Außer der Grundfrequenz f sind an der Zerlegung noch die höheren Harmonischen $2f$, $3f$, $4f$ ... beteiligt. Aus diesem Gemisch läßt sich die gewünschte Harmonische mit Hilfe von abgestimmten Schwingkreisen oder Resonatoren (bei höheren Frequenzen) aussieben und für sich weiterverstärken. Der Anteil der gewünschten Harmonischen im Frequenzgemisch kann durch Wahl des Arbeitspunktes in gewissen Grenzen beeinflußt werden. Als Schaltelemente mit nichtlinearer Stromspannungscharakteristik eignen sich z. B. gleichstromvormagnetisierte oder übersättigte Drosseln, Elektronenröhren, deren Arbeitspunkt weit in den negativen Bereich, d. h. in den stark gekrümmten Bereich der Kennlinie verschoben ist, sowie Halbleiterdioden und Ferrite bis ins Mikrowellengebiet. Bei der *Frequenzteilung* oder *Frequenzuntersetzung* liegt die erzeugte Frequenz niedriger als die Grundfrequenz. Ein Generator, der zur Erzeugung der gewünschten Frequenz geeignet ist, wird dabei so eingestellt, daß er die Schwingung verzerrt und unmittelbar unter der Selbsterregungsgrenze liegt. In der verzerrten Schwingung ist dabei insbesondere die Harmonische vertreten, die der zum Vergleich verwendeten Grundfrequenz entspricht. Durch Einkopplung der Grundfrequenz z. B. in den Gitterkreis einer Röhrenschaltung wird die Mitnahme des Senders erzwungen, d. h., dieser fängt an, auf der niedrigeren Frequenz zu schwingen, und zwar in dem durch die Grundfrequenz vorgeschriebenen Rhythmus. In nachfolgenden Verstärkerstufen kann man die höheren Harmonischen dann unterdrücken, so daß nur die gewünschte Frequenz in reiner Sinusform auftritt. Das Verhältnis der Vergleichsfrequenz (Grundfrequenz) zur untersetzten Frequenz kann dabei ganzzahlig sein oder einem unechten rationalen Bruch entsprechen (z. B. $^5/_3$). Die Bedeutung der Frequenzwandlung liegt vor allem darin, daß man aus einer gegebenen Normalfrequenz (Quarzuhr oder Atomuhr) eine beliebige Anzahl weiterer Frequenzen ableiten kann, die zur Normalfrequenz in einem festen Frequenz- und Phasenverhältnis stehen.

Mischungsentropie, die Entropieänderung, die bei Vermischung zweier oder mehrerer verschiedener Gase entsteht. Zwei verschiedene ideale Gase I und II z. B. seien durch eine Wand voneinander getrennt. Ihre Molzahlen seien n_1 und n_2, ihre Volumina V_1 und V_2, die Temperaturen seien gleich. Wird die Trennwand zwischen den Gasen entfernt, so diffundieren beide Gase ineinander und breiten sich gleichmäßig im neuen Gesamtvolumen $V_1 + V_2$ aus. Dieser irreversible Prozeß hat die Entropieerhöhung (→ Entropie)

$$\Delta S = n_1 R \ln [(V_1 + V_2)/V_1] + + n_2 R \ln [(V_1 + V_2)/V_2] \quad (1)$$

zur Folge, die die M. darstellt. Speziell für gleiche Volumina $V_1 = V_2$ und Molzahlen $n_1 = n_2 = n$ folgt daraus

$$\Delta S = nR\, 2 \ln 2. \quad (2)$$

Die Abb. zeigt eine Vorrichtung, die eine reversible Durchmischung zweier Gase (mit gleichem Volumen) gestattet. Im linken Zylinder befindet sich zu Beginn der Durchmischung das Gas I unter dem Druck p_1, im rechten das Gas II unter dem Druck p_2. Die rechte Deckfläche des linken Zylinders sei nur für das Gas II durchlässig und die linke Deckfläche des rechten Zylinders nur für das Gas I (semipermeable Wände oder Membranen). Unter diesen Voraussetzungen können die Zylinder ohne Arbeitsleistung und Wärmeaufnahme ineinandergeschoben werden. Die beiden Gase befinden sich nach diesem Prozeß im Volumen $V = V_1 = V_2$. Die Entropie des Gasgemisches ist dann einfach gleich der Summe der ursprünglichen Entropien beider Gase, d. h., $S = S_I + S_{II}$. Diese Aussage wird als *Gibbssches Theorem* bezeichnet.

Läßt man sich das Gemisch unter Arbeitsleistung isotherm-reversibel auf das Volumen 2 V ausdehnen, so ist derselbe Zustand erreicht wie bei der oben beschriebenen irreversiblen Durchmischung (für $V_1 = V_2 = V$). Die isotherme Expansion führt gerade zur Entropieerhöhung (1). Wählt man die beiden Gase I und II immer ähnlicher und läßt sie schließlich gleich werden, so scheint allein die Entfernung der Trennwand ebenfalls nach der Beziehung (1) zu einer Entropieerhöhung zu führen (*Gibbssches Paradoxon*). Der Widerspruch löst sich, wenn man berücksichtigt, daß beide halbdurchlässigen Wände entweder für „beide" Gase I und II durchlässig oder undurchlässig sind, da Gas I mit Gas II identisch ist. Die „Durchmischung" ist nun nicht mehr ohne Arbeitsaufwand, sondern nur infolge Kompression möglich. Aus diesem Grunde gibt es hier keine M. In der klassischen Statistik oder Boltzmann-Statistik tritt das Gibbssche Paradoxon durch die Unterscheidbarkeit der Teilchen auf und läßt sich nicht lösen. In der Quantenstatistik, in der nur die Zustände, nicht aber die Teilchen unterscheidbar sind, tritt das Gibbssche Paradoxon nicht mehr auf, was ein wichtiges Argument zugunsten der Quantenstatistik darstellt.

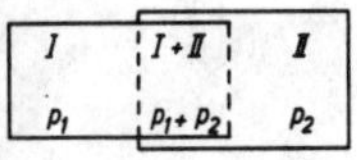

Mischungsentropie

Mischungslücke, temperaturabhängiger Konzentrationsbereich, in dem zwei oder mehrere begrenzt mischbare Komponenten keine Mischung bilden können. M.n können im festen und flüssigen Zustand auftreten, Gase dagegen mischen sich bei allen Temperaturen in beliebigen Mengenverhältnissen. Als *kritischen Mischungspunkt* bezeichnet man die Temperatur, bei der die M. verschwindet. Die Mischbarkeit kann mit sinkender Temperatur abnehmen, zunehmen oder innerhalb eines Temperaturintervalls eingeschränkt sein. Je nachdem unterscheidet man einen oberen und unteren Mischungspunkt. Bei binären Mischungen unterscheidet man vier verschiedene Typen: 1) Mischungen mit oberem kritischem Mischungspunkt (Abb. 1): Kühlt man eine solche Mischung gegebener Zusammensetzung ab, so erreicht man bei einer Temperatur T_1 die Löslichkeitskurve. Die Mischung zerfällt in zwei Phasen der Zusammensetzung c_1 und c_2. Kühlt man weiter ab, ändert sich die Zusammensetzung der beiden Phasen, bei T_2 z. B. beträgt sie c_1 bzw. c_2. K_1 ist der obere Mischungspunkt. 2) Mischungen mit unterem kritischen Mischungspunkt K_2, 3) Mischungen mit geschlossener M., d. h. mit oberem und unterem Mischungspunkt (Abb. 2) und 4) Mischungen mit getrennten Entmischungsgebieten.

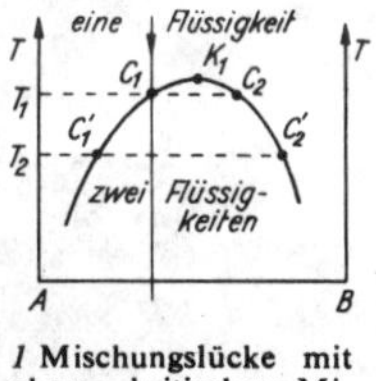

1 Mischungslücke mit oberem kritischem Mischungspunkt K_1

Begrenzt mischbar sind viele organische Flüssigkeiten untereinander und mit Wasser, einige Metallschmelzen, Metalle mit ihren Salzen. M.n im festen Zustand werden oft zur Verbesserung der Festigkeitseigenschaften ausgenutzt (→ Abschreckspannungen). Das Auftreten von M.n beeinflußt die Zustandsdiagramme (→ Schmelzdiagramm, → Siedediagramm).

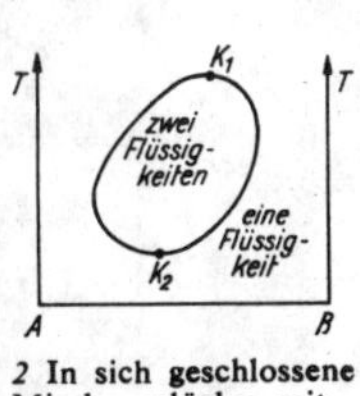

2 In sich geschlossene Mischungslücke mit oberem und unterem kritischem Mischungspunkt K_1 und K_2

Mischungsmethode, in der Kalorimetrie häufig verwendetes Verfahren besonders zur Messung der spezifischen Wärmekapazität. Wird im Mischungskalorimeter in die Meßflüssigkeit (meist Wasser) mit der Temperatur T_1 der zu messende Körper mit der Temperatur T_2 eingetaucht, so stellt sich in der Meßflüssigkeit die Temperatur T_3 ein. Die Wärmeenergie muß vor und nach dem Eintauchen gleich sein. Deshalb gilt $C_K(T_2 - T_3) = C_F(T_3 - T_1)$, wobei C_K und C_F die Wärmekapazitäten des zu messenden Körpers bzw. der Meßflüssigkeit sind. Bei bekannter Wärmekapazität C_F kann daraus C_K bestimmt werden. Bei der experimentellen Bestimmung von C_K treten jedoch eine Reihe von Unsicherheitsfaktoren auf, die das Resultat verfälschen. So müssen bei genaueren Messungen die Wärmekapazität des Thermometers, das zur Messung von T_1 und T_3 benötigt wird, die Wärmekapazität des Rührwerkes und des Gefäßes sowie die Wärmeleitung und -strahlung berücksichtigt werden.

Mischungswärme, → Mischung.

Mischungsweg, der Abstand senkrecht zur Richtung der mittleren Geschwindigkeit, den ein Flüssigkeitsballen mit der mittleren Geschwindigkeit seiner Ausgangsschicht zurücklegen muß, bis der Unterschied zwischen seiner eigenen Geschwindigkeit und der des neuen Ortes gleich der mittleren Längsschwankung der turbulenten Strömung ist. Der von Prandtl eingeführte M. ist eine Länge, die in Analogie zur freien Weglänge der kinetischen Gastheorie vergleichbar ist mit dem Abstand der Flüssigkeitsballen. In turbulenter Strömung existieren molare Flüssigkeitsballen oder *Turbulenzballen*, die relativ zur übrigen Flüssigkeit einem zum M. l proportionalen Weg zurücklegen können, bevor sie durch Vermischung mit der Umgebung ihre Individualität verlieren. In einer turbulenten Strömung sei der zeitliche Mittelwert der Geschwindigkeit $\bar{u}(y)$ quer zu den Stromlinien veränderlich. Durch eine zufällige Querschwankung gelangt der Flüssigkeitsballen auf eine neue Stromlinie $y \pm l$ und besitzt gegenüber seiner neuen Umgebung einen Geschwindigkeitsunterschied in x-Richtung:

$$\Delta u = u' = \mp l \frac{\partial \bar{u}}{\partial y},$$ wobei nach der Kontinuität die Geschwindigkeitsschwankungen u' und v' in x- bzw. y-Richtung von gleicher Größenordnung sind. Damit kann die Reynoldssche Spannung $\tau = \varrho \cdot \overline{u'v'}$ wie folgt geschrieben werden: $\tau = \varrho l^2 \left|\frac{\partial \bar{u}}{\partial y}\right| \cdot \frac{\partial \bar{u}}{\partial y}$; ϱ ist die Dichte des Strömungsmediums. Diese Gleichung ist der *Prandtlsche Mischungswegansatz*. Die Proportionalitätskonstanten sind in l enthalten; das Betragszeichen wurde geschrieben, weil τ und $\partial\bar{u}/\partial y$ dasselbe Vorzeichen haben. Die turbulente Schubspannung ist durch diese halbempirische Theorie mit der mittleren Strömung verknüpft worden. Dabei ist jedoch der M. unbekannt, für den im Einzelfall ein ergänzender Ansatz gemacht werden muß. Da die Querschwankungen in Richtung auf die Wand abklingen, muß für $y \to 0$ auch $l \to 0$ gehen. Für die turbulente Strömung an der ebenen Platte ergibt sich für l der einfache Ansatz $l = \varkappa \cdot y$, wobei $\varkappa$ eine dimensionslose Konstante ist, die experimentell bestimmt werden muß.

Der Mischungswegansatz ist eine brauchbare Näherung für Strömungen in geraden Rohren von Kreisquerschnitt und entlang ebener Platten. Ähnliche Ansätze für die turbulente Schubspannung stellten Taylor und v. Karman auf.

Misessche Theorie, Theorie des idealplastischen Körpers, die elastische Formänderungen vernachlässigt. Wenn die elastischen Formänderungen vernachlässigt werden, sind Gesamtformänderung und plastische Formänderung identisch. Die M. T. drückt aus, daß die Formänderungsgeschwindigkeit der Spannungsdeviation proportional ist:

$$\dot{\varepsilon}_{ij} = \mu s_{ij} \quad (1)$$

Hierin ist μ ein positiver Proportionalitätsfaktor. Die Huber-Misessche Fließbedingung ermöglicht die Bestimmung dieses Faktors.

$$I_2 = \tfrac{1}{2}\,\dot{\varepsilon}_{ij}\dot{\varepsilon}_{ij} \quad (2)$$

ist die zweite Invariante des Formänderungsgeschwindigkeitstensors, $J_2 = \frac{1}{2} s_{ij}s_{ij}$ diejenige des Spannungstensors. Wird (1) in (2) eingesetzt, entsteht

$$I_2 = \mu^2 J_2 \quad (3)$$

Mit der Huber-Misesschen Fließbedingung

$$J_2 - K_0 = 0 \quad \text{ist} \quad \mu = \frac{\sqrt{I_2}}{K_0}.$$

Damit lautet die Beziehung (1) schließlich

$$s_{ij} = \frac{K_0 \dot{\varepsilon}_{ij}}{\sqrt{I_2}}. \quad (4)$$

MIS-Halbleiterbauelement, ein Halbleiterbauelement mit *M*etall-*I*solator-*S*ilizium-Struktur. Die Oberfläche des MIS-H.es besteht aus Isolator und Metall, wobei als Isolator eine Schicht aus Siliziumdioxid mit einer darüberliegenden Schicht aus Siliziumnitrid dient. Damit wird die Oberfläche gegen äußere Einflüsse geschützt und eine erhöhte Zuverlässigkeit erzielt.

Missing-Mass [engl., ‚fehlende Masse'], *MM*, eine in der experimentellen Hochenergiephysik benutzte Größe, die Aufschluß über die Masse nichterfaßter Teilchen bei der Untersuchung der Wechselwirkung von Elementarteilchen gibt. Werden in einer Wechselwirkung von Elementarteilchen $A + B \to C + D + \cdots$ die Primärteilchen A und B und die Sekundärteilchen C und D gemessen, so wird die M.-M. definiert als $(MM)^2 = (E_p - E_s)^2 - (\vec{P}_p - \vec{P}_s)^2$, wobei E_p und $\vec{P}_p$ die Summe der Energie und der Impulse der gemessenen Primärteilchen und E_s und $\vec{P}_s$ entsprechend die Summe der Energie und der Impulse der gemessenen Sekundärteilchen sind. Auf Grund des Energie-Impuls-Satzes gilt $E_p - E_s = 0$ und $\vec{P}_p - \vec{P}_s = 0$, wenn alle Teilchen erfaßt werden. Wird ein Teil der Sekundärteilchen nicht erfaßt, so ist $E_p - E_s = E_M \neq 0$ gleich der Summe der Energie der fehlenden Teilchen und $\vec{P}_p - \vec{P}_s = \vec{P}_M \neq 0$ gleich der Summe ihrer Impulse. Nach der Einsteinschen Beziehung $M^2 = E^2 - \vec{P}^2$ ist $(MM)^2 = E_M^2 - (\vec{P}_M)^2$ dann gleich der Ruhmasse des fehlenden Teilchens oder, wenn es mehrere sind, gleich der totalen Energie dieser Teilchen in ihrem Ruhesystem ($\vec{P}_M = 0$). Bei diesen Betrachtungen wurde die Vakuumlichtgeschwindigkeit c gleich 1 gesetzt.

Werden bei der Untersuchung einer bestimmten Wechselwirkung alle Teilchen erfaßt, so sind die Werte der M.-M. für eine Vielzahl solcher Ereignisse um Null verteilt. Wurde ein bestimmtes Teilchen nicht gemessen, so verteilen sich die Werte von *MM* um den Wert der Masse dieses Teilchens; wurden mehrere Teilchen übersehen, so erhält man eine breite Verteilung der *MM*. Diese Verteilungen der *MM* benutzt man daher häufig zum Nachweis von Resonanzen.

mitbewegter Beobachter, ein mit einem physikalischen Körper starr verbundener Beobachter, der dessen Translationen und Drehungen mit ausführt. Ein m. B. sieht den betreffenden Körper als ruhend an.

Mitbewegungseffekt, durch die Mitbewegung des Atomkerns verursachter Beitrag zur Bindungsenergie der Atomhülle. In erster Näherung wird der Atomkern als ruhende Punktladung betrachtet (→ Hamilton-Operator). Beim Einelektronenproblem kann man die Mitbewegung exakt durch den Übergang zur reduzierten Masse berücksichtigen. Bei Atomen mit mehreren Elektronen treten kompliziertere, durch die Korrelation der Elektronen verursachte Ausweichbewegungen des Atomkerns auf.

Mitführungskoeffizient, von Fresnel 1818 vorausgesagter und 1851 zuerst von Fizeau experimentell bestimmter Koeffizient $F = \left(1 - \frac{1}{n^2}\right)$. Die Lichtgeschwindigkeit und die Geschwindigkeit v des Körpers, in dem sich das Licht ausbreitet, addieren oder subtrahieren sich nicht einfach, sondern die Lichtgeschwindigkeit c' im bewegten Körper beträgt $c' = (c/n) \pm (1 - 1/n^2)\, v = (c/n) \pm Fv$. Die Geschwindigkeitskomponente v des betreffenden Körpers in (+) bzw. entgegen (−) der Ausbreitungsrichtung des Lichtes muß mit einem verkleinernden Faktor, dem *Fresnelschen M. F*, versehen werden. Es bedeutet n den Brechungsindex und c die Vakuumlichtgeschwindigkeit. Quantitativ bekommt man den genaueren Wert des M.en aus der Lorentz-Transformation der Relativitätstheorie zu $L = 1 - \frac{1}{n^2} - \frac{\lambda}{n}\frac{dn}{d\lambda}$, der sich von dem Fresnelschen M.en durch das Glied $-\frac{\lambda}{n}\frac{dn}{d\lambda}$ unterscheidet, das die Frequenz- bzw. Wellenlängenänderung des Lichtes im bewegten Körper infolge des Doppler-Effektes berücksichtigt.

Fizeau konnte in einem Versuch zeigen, daß durch die Mitführung der eine Teilstrahl beschleunigt, der andere verzögert wurde beim Durchgang der Strahlen durch eine U-förmige Röhre, wobei der eine Lichtstrahl in der Richtung, der andere entgegen der Richtung des Wasserflusses in der Röhre hindurchging. Wichtig ist aber, daß es sich nicht um eine dem M.en entsprechende teilweise Mitführung eines angenommenen „Äthers" handelt, sondern um eine Änderung der Phasengeschwindigkeit, d. h. also um eine Änderung der Brechungszahl des Mediums. Die Bewegung hat den Einfluß, als ob das Medium seine Dichte ändert, so daß mehr oder weniger Moleküle je Zeiteinheit von der Lichtbewegung erfaßt werden als beim ruhenden Medium. Das bewirkt aber eine Änderung der Ausbreitungsgeschwindigkeit der Phasen entsprechend der Brechungszahl.

Dieses Ergebnis ist eine Stütze der speziellen Relativitätstheorie, da es eine Erklärung des → Michelson-Versuchs mittels Mitführung ausschließt. Das „Medium" der Lichtausbreitung wird durch andere Medien nicht vollständig und durch Luft fast gar nicht mitgenommen. Sollte die Mitführung das negative Ergebnis des Michelson-Versuches erklären, so müßte $F = 1$ gelten. Das Einsteinsche → Additionstheorem der Geschwindigkeiten erklärt den M.en, ohne konkrete Annahmen über die Struktur des Mediums zu benötigen:

$$c' = \frac{\frac{c}{n} + v}{1 + \frac{v}{nc}} = c\left\{\frac{1}{n} + \frac{v}{c}\left(1 - \frac{1}{n^2}\right) + O\left(\frac{v^2}{c^2}\right)\right\}.$$

Lorentz leitet den M.en ohne explizite Anwendung der speziellen Relativitätstheorie ab. Er stützt sich dabei auf eine konkrete Untersuchung des atomaren Mechanismus der Lichtbrechung. In der Theorie des Elektromagnetismus ist die spezielle Relativitätstheorie allerdings implizit enthalten.

Mitkopplung, → Rückkopplung.

Mitteleuropäische Zeit, → Zeitmaße.

Mittelfrequenzmaschine, eine → elektrische Maschine zum Erzeugen von Einphasen-, seltener Dreiphasenwechselspannungen mit Frequenzen von 200 bis 10000 Hz, maximal 30000 Hz für Mittelfrequenzerwärmungsanlagen. Der Ständer trägt die Wechsel- oder Drehstromwicklung. Anstelle der ausgeprägten Pole bei Maschinen für 50 Hz wird bei der M. ein genuteter Läufer ausgeführt; wobei nur jeder zweite Zahn eine Wicklung erhält. Diese Wechselpoltype kann auch mit einem Klauenpolläufer ausgerüstet werden mit einer Läuferwicklung auf der Welle, die von klauenförmig ineinandergreifenden Polen umfaßt wird. Die Wechselpoltype wird bis 1000 Hz und bis zu 4000 kVA gebaut.

Für Frequenzen über 1000 Hz werden Gleichpoltypen gebaut, die als → Reluktanzmaschinen arbeiten. Der Läufer wird geblecht als Doppelzahnrad ausgeführt; der Ständer besteht ebenfalls aus zwei Blechringen mit durchgehender Wechselstromwicklung. Der Läufer wird durch eine im Läufer oder Ständer zwischen den Ringen liegende Ringerregerspule erregt.

An Stelle der Ringerregerspule tritt bei der Lorenz- oder Guy-Bauart eine Axialerregerspule. Diese ist bei der Lorenz-Bauart in den neben den kleinen Nuten für die Wechselstromwicklungen liegenden größeren Nuten untergebracht. Bei der Guy-Bauart, zu der bei höheren Leistungen übergegangen wird, liegt auch die Wechselstromwicklung in wenigen großen Nuten. Die hohe Reaktanz der M. wird durch Kondensatoren kompensiert.

Mittellinie, → Kristalloptik.

Mittelspannung, → Hochspannung.

Mittelwellen, → Frequenz.

Mittelwert, allgemein der mittlere Wert einer Schwankungsgröße. Handelt es sich um eine Zufallsgröße (→ zufälliges Ereignis) im Sinne der Wahrscheinlichkeitsrechnung mit der Wahrscheinlichkeitsverteilungsfunktion $F(u)$, so ist ihr statistischer M. durch das Stieltjes-Integral $M(x) = \int_{-\infty}^{+\infty} u\, dF(u)$ gegeben. Bei differenzierbarer Verteilungsfunktion $F(u)$ existiert eine Wahrscheinlichkeitsdichte $f(u) = dF(u)/du$, und man erhält für den M. den Ausdruck $M(x) = \int_{-\infty}^{+\infty} uf(u)\, du$.

Bei einer diskreten Zufallsgröße x_i ist die Verteilungsfunktion $F(u)$ eine Treppenfunktion $F(u) = \sum_i p_i \, 1(u - x_i)$ (→ Übergangsvorgang). Dann erhält man den M. als eine Summe $M(x) = \sum_i p_i x_i$. Dies gilt genau so für die eindimensionalen Zufallsgrößen, die man einem zufälligen Prozeß zu einem Zeitpunkt t entnimmt.

Ist der zufällige Prozeß stationär und ergodisch, so kann man die M.e durch Integralschätzungen $M(x(t)) = \lim_{T\to\infty} \frac{1}{T} \int_0^T x(u)\, du$ bestimmen. Hierbei ist $x(u)$ ein fester zeitlicher Verlauf dieses Prozesses.

Diese Integralmittelwerte kann man auch für stationäre deterministische Signale bilden, z. B. für *fastperiodische Funktionen*, die Überlagerungen harmonischer Schwingungen sind. Von besonderer Bedeutung sind auch die M.e von abgeleiteten nichtlinearen Zufallsgrößen, z. B. quadratische M.e, die über die in einem Prozeß enthaltene Leistung eine Aussage liefern, die Streuung oder Varianz, die Anfangs- und Zentralmomente und die Korrelationsfunktion.

Die besondere Bedeutung der M.e besteht darin, daß alle deterministischen Verläufe physikalischer Größen nichts anderes sind als Mittelwertsverläufe der realen, d. h. stets zufälligen Prozesse.

In der Wechselstromtechnik unterscheidet man zwischen arithmetischem und quadratischem M.

a) Der *arithmetische M.* einer Wechselstromgröße $w(t)$ über eine Schwingungsperiode T ist definiert zu $W_a = (1/T) \int_0^T |w(t)|\, dt$. Für $w(t)$ ist die entsprechende Wechselstromgröße (Strom, Spannung, magnetischer Fluß u. a.) einzusetzen.

Ist $w(t)$ eine harmonische Zeitfunktion, d. h. gilt $w(t) = W \sin(\omega t + \varphi)$, wobei W die Amplitude, ω die Kreisfequenz (also die mit dem Faktor 2π multiplizierte Frequenz) und φ die Anfangsphase darstellen, so ergibt sich $W_a = (2/\pi)\, W = 0{,}637\, W$.

b) Als *quadratischer M.* oder → Effektivwert einer Wechselstromgröße $w(t)$ über eine Periode T wird definiert: $W_{\text{eff}} = \sqrt{(1/T) \int_0^T w^2(t)\, dt}$. Für harmonische Größen $w(t) = W \sin(\omega t + \varphi)$ ergibt sich $W_{\text{eff}} = W/\sqrt{2} = 0{,}707\, W$.

Ein Maß für die Kurvenform ist der *Formfaktor*, der als Verhältnis des Effektivwertes zum arithmetischen M. definiert ist. Bei Sinuskurven beträgt er 1,11. Als *Scheitelfaktor* bezeichnet man das Verhältnis des Amplituden- oder Scheitelwertes zum Effektivwert. Bei sinoidalen Kurven beträgt er $\sqrt{2} = 1{,}41$.

Mittelwertsatz, → Differentialrechnung, → Integralrechnung.

mittlere freie Weglänge, svw. freie Weglänge.

mittlere Lebensdauer, → Lebensdauer, → Aktivität 2), → Neutronenbremsung.

mittlere Lückenlänge, → Ionisationsmessung.

mittlere quadratische Abweichung, der Ausdruck $[\int_a^b |f(x) - g(x)|^2\, dx]^{1/2}$, wenn eine Funktion $f(x)$ im Intervall (a, b) durch eine andere Funktion $g(x)$ approximiert wird. Der Wert dieses Integrals ist nie negativ und stellt ein quantitatives Maß für die Güte der Approximation dar. → Fehler 1), → Fehlerrechnung.

mittlere Reichweite, → ionisierende Strahlung.

mittlerer Fehler, → Fehlerrechnung.

mittlerer quadratischer Fehler, → Fehler, → Fehlerrechnung.

mittlerer Sonnentag, → Tag.

m kp oder mkp, → Kilopondmeter.

MKSA-System, → Maßsystem.

MKS-System, → Maßsystem.

ML, → Frequenz.

***MM*,** → Missing-Mass.

mm Hg oder mmHg, → Millimeter Quecksilbersäule.

M.M.-Skala, → seismische Intensität.

mm WS oder mmWs, → Millimeter Wassersäule.

Mode, svw. Schwingungsmode.

Modell, die Abbildung komplizierter Strukturen, Funktionen oder Verhaltensweisen eines Objektes oder Systems von Objekten in vereinfachter, nur auf die wesentlichsten Eigenschaften beschränkter, übersichtlicherer Form. M.e erlauben, Aufgaben zu lösen, deren Durchführung mit Hilfe direkter Operationen am Original nur bedingt möglich, überhaupt nicht möglich oder unter gegebenen Bedingungen zu aufwendig wären. M.e werden zu Mitteln der Erkenntnis über ein Original sowie einzelne seiner Eigenschaften, wenn durch Analogieschluß aus Eigenschaften des M.s hypothetisch auf entsprechende Eigenschaften des Originals geschlossen werden kann (z. B. Strukturmodell der Eiweißkörper, Tierexperiment in der Humanmedizin) oder am Original selbst nicht meßbare Eigenschaften im M. faßbar werden (z. B. spannungsoptisches M. der Bälkchenstruktur von Knochen). Das M. kann als *Modelltheorie* ohne direkten Bezug auf seine reale Existenz oder die Möglichkeit der realen Konstatierbarkeit zur Untersuchung von Teilaspekten physikalischer Systeme herangezogen werden (→ physikalische Theorie); es kann ferner als *Modellvorstellung* die Anschauung komplizierter Systeme ermöglichen, z. B. das Bohrsche Atommodell, oder Teilaspekte solcher Systeme durch Abbildung auf verstandene Erscheinungen in bekannten Theorien beleuchten, z. B. die Kernmodelle.

In der Kybernetik ist das M. ein nach einem meist konkreten System O geschaffenes System M, wenn bestimmte, als wesentlich ausgesonderte Größen beider Systeme einander umkehrbar eindeutig zugeordnet sind und wenn die Beziehungen zwischen diesen Größen in M eine homöomorphe Abbildung der Beziehungen in O sind. Da bei dieser Abbildung einige Eigenschaften von O unberücksichtigt bleiben, tritt ein Informationsverlust auf. Die *Nutzinformation* über O erscheint im Modell M in bestimmten physikalischen Größen und ist in den Beziehungen zwischen ihnen verschlüsselt. Die physikalischen Größen werden durch *Störgrößen* beeinflußt; dadurch kommt es zu einer Verfälschung der Nutzinformation, es tritt eine *Scheininformation* auf. Des weiteren kommt es zu Relationsfehlern bei der Widerspiegelung. Besonders große Bedeutung haben *Theorie-*

modelle. Sie sondern genau wie materielle M.e aus dem konkreten Objekt *O* gewisse wesentliche Größen aus und ordnen ihnen Grundobjekte der Theorie zu, die mit Namen belegt werden. Sie sondern Beziehungen zwischen den abgebildeten Größen als wesentlich aus und geben diese durch mathematische Relationen zwischen den Grundobjekten wieder. Es entsteht damit die Grundlage für eine Theorie über das widergespiegelte Objekt *O*. *Verhaltensmodelle* widerspiegeln ein Übertragungsverhalten, *Strukturmodelle* einen Aufbau aus Grundbausteinen und *Formmodelle* die räumliche Gestalt des Originals.

Künstliche Augen und Schablonen für Nachformeinrichtungen sind reine Formmodelle, künstliche Zähne und Gliedmaßen sind Form- und Verhaltensmodelle; die Herz-Lungenmaschine, die für eine gewisse Zeit den menschlichen Kreislauf steuert, und die künstliche Niere, die zeitweilig die Nierenfunktion ersetzt, sind reine Verhaltensmodelle. In der Technik bildet man Anlagen und Geräte durch Verhaltensmodelle auf Analogrechnern nach, aber auch Systeme aus einem technischen Bereich durch Systeme eines anderen technischen Bereichs. Dabei finden elektrische und mechanische Netzwerke vielfältige Verwendung. Über elektrische Analogien ist man in der Pneumatik und Hydraulik zu brauchbaren Regelungs- und Steuerungsgeräten gelangt. Besonders wichtig ist die Darstellung des Verhaltens durch M.e eines einheitlichen Bereichs dort, wo in Wandlern physikalische Größen eines technischen Bereichs in Größen eines anderen Bereichs umgesetzt werden, z. B. elektroakustische Wandler wie Lautsprecher, Mikrophone, Schwingquarze. Ähnlichkeitsgesetze der Hydromechanik gestatten die Modellierung umströmter Systeme, z. B. von Tragflügeln durch geometrisch verkleinerte M.e. Viele Erscheinungen der Wirklichkeit lassen sich durch die Potentialgleichung beschreiben. Jeder solche konkrete Sachverhalt kann zur Modellierung jedes anderen solchen Sachverhalts dienen. Man kann z. B. elektrische Felder durch Gummimembranmodelle oder durch M.e im elektrolytischen Trog wiedergeben.

Modellpotential, in der Festkörperphysik ein Potential, das anstelle der tiefen Potentialtrichter des Kristallpotentials einen nur schwach variablen Verlauf zeigt, aber dieselben Streueigenschaften wie das Kristallpotential hat.

Die Bandstruktur vieler Festkörper unterscheidet sich nicht allzu stark von den empty-lattice-Bändern. Die Ursache dafür ist, daß die zwar tiefen Potentialtrichter im Rumpfbereich des Kristallpotentials jedoch nur ein geringes Streuvermögen für Valenzelektronen haben. Interessiert man sich nicht für das Verhalten der Valenzelektronen im Rumpfbereich, das für viele Festkörpereigenschaften unwichtig ist, so kann man das Potential im Rumpfbereich durch eine Konstante A ersetzen, die so gewählt ist, daß die Streuphasen des M.s klein werden und sich von den Streuphasen der Kristallpotentialtrichter um ganzzahlige Vielfache von π unterscheiden. Das ist jedoch nur dadurch zu erreichen, daß A von der Energie und der Drehimpulsquantenzahl l abhängig wird, d. h., das M. ist nichtlokal und energieabhängig. Dafür ist es so schwach, daß alle nur von den Streueigenschaften abhängigen Größen des Festkörpers störungstheoretisch berechnet werden können. Das M. wird besonders für die einfachen Metalle benutzt. Seine Eigenfunktionen stimmen nur im interatomaren Bereich mit den Bloch-Funktionen überein. Im Rumpfbereich verlaufen sie glatt und haben nicht die für atomare Eigenfunktionen charakteristischen Knoten.

Meist wird das Potential des nackten Ions modelliert. Die Streueigenschaften des Ions führt man auf die atomaren Terme zurück. Das Modellion wird linear abgeschirmt (→ Abschirmung durch Leitungselektronen). Das so erhaltene M. kann man als Überlagerung von Potentialen einzelner Modellatome auffassen, so daß man Formfaktoren für das M. angeben kann. Diese Modellatome, d. h. ihre Formfaktoren, sind relativ unabhängig von ihrer Umgebung, so daß mit dieser Vorstellung viele Festkörpereigenschaften berechnet werden können, z. B. die Bandstruktur von idealen Kristallen und Legierungen, Streuquerschnitte für Transportphänomene, Elektron-Phonon-Wechselwirkung, Supraleitungs-Sprungtemperaturen, Stabilität von Kristallstrukturen und Phononenspektren (→ Kristallpotential).

Modellregeln, die aus der → Ähnlichkeitstheorie folgenden Regeln zur Übertragung der Versuchsergebnisse vom Modell auf die Großausführung. Aus ökonomischen und technischen Gründen ist man vor allen Dingen auf dem Gebiet der Strömungslehre und des Wärme- und Stoffaustausches oft gezwungen, physikalische Vorgänge an Modellen zu untersuchen. Nach der Dimensionsanalyse wird für die vollständige Ähnlichkeit zwischen zwei physikalischen Vorgängen die lineare Abhängigkeit entsprechender Größen in Modell und Hauptausführung voneinander gefordert. Aus der Gleichheit der charakteristischen dimensionslosen Kennzahlen für Modell und Großausführung erhält man die M. Die Größen einer dimensionslosen Kennzahl dürfen sich zwar ändern, aber immer nur so, daß sich dabei der Gesamtwert der Kennzahl nicht ändert. Zur richtigen Anwendung der Ähnlichkeitstheorie ist jedoch die eingehende Kenntnis der physikalischen Vorgänge erforderlich. So ist z. B. für die inkompressible Umströmung eines Tragflügels die → Reynoldszahl $\mathrm{Re} = c \cdot l/\nu$ die charakteristische Einflußgröße. Dabei bedeutet c die Strömungsgeschwindigkeit, l die charakteristische Körperabmessung und ν die kinematische Zähigkeit des Strömungsmediums. Die Reynoldszahl des Modells Re_M muß gleich der Reynoldszahl der Großausführung Re_G sein. Am geometrisch ähnlich verkleinerten Modell tritt bei gleichbleibender Zähigkeit eine höhere Geschwindigkeit auf als an der Großausführung. Dabei darf jedoch die Geschwindigkeit nicht so weit gesteigert werden, daß sich am Modellflügel infolge des Kompressibilitätseinflusses ein qualitativ anderes Strömungsbild einstellt als an der Großausführung. Dann wäre nämlich noch die → Machzahl zu berücksichtigen.

Bei den Modellversuchen ist es meist nicht möglich, die vollständige Ähnlichkeit zu verwirklichen, man begnügt sich deshalb mit der partiellen Ähnlichkeit, z. B. bei Schiffen. Für die Strömungsverhältnisse an Schiffen sind die Reynoldszahl $Re = c \cdot l/\nu$ und die Froudezahl $Fr = c/\sqrt{g \cdot l}$ die maßgebenden Ähnlichkeitskennzahlen; g ist die Erdbeschleunigung. Setzt man voraus, daß $g_M = g_G$ und $\nu_M = \nu_G$ sind, so gibt es kein von der Großausführung verschiedenes Modell, das die Forderung vollkommener Ähnlichkeit erfüllt. Man verzichtet deshalb auf die Bedingung $Re_M = Re_G$ und achtet nur darauf, daß die Strömung am Modell genau wie an der Großausführung turbulent verläuft. Die dadurch auftretenden Abweichungen sind gering und können abgeschätzt werden.

Modellstoßterm, *Stoßmodell*, phänomenologischer Ersatzausdruck für einen exakten Stoßterm, z. B. für das Stoßintegral der Boltzmann-Gleichung oder den Wechselwirkungsterm anderer kinetischer Gleichungen. Der M. beschreibt die zeitliche Änderung der Verteilungsfunktion infolge der Wechselwirkung der Teilchen untereinander und ist mathematisch einfacher als die exakten Stoßterme zu handhaben. In bestimmten wesentlichen Eigenschaften muß der M. mit dem exakten Stoßterm übereinstimmen. Er muß die Erhaltungssätze für Anzahl, Impuls und kinetische Energie der Teilchen erfüllen, das H-Theorem muß aus ihm ableitbar sein, und er muß für die Gleichgewichtsverteilung verschwinden. Die einfachste Form eines M.es stellt der *Relaxationsterm* $(\partial f/\partial t)_w = -(1/\tau)[f(t, \vec{r}, \vec{v}) - f^\circ(v)]$ dar. Hierbei ist τ die Relaxationszeit, d. i. eine phänomenologisch gegebene Zeit, die den Übergang zum Gleichgewicht charakterisiert und als Reziprokwert der mittleren Stoßfrequenz (→ kinetische Theorie) mikroskopisch gedeutet werden kann, $f(t, \vec{r}, \vec{v})$ die Einteilchen-Verteilungsfunktion, $f^\circ(v)$ die Geschwindigkeitsverteilung für das Gleichgewicht, also die Maxwellsche Geschwindigkeitsverteilung

$$f^\circ(v) = n\left(\frac{m}{2\pi kT}\right)^{3/2} e^{-mv^2/(2kT)}$$

mit der Teilchenmasse m, der Boltzmannschen Konstanten k, der Teilchenzahldichte n und der Temperatur T im Gleichgewicht. Der Relaxationsterm erfüllt allerdings nicht wie gefordert die Erhaltungssätze für Impuls und kinetische Energie der Teilchen.

Der bekannteste und am meisten verwendete M. ist der *BGK-Stoßterm* (zuerst angewandt von *B*hatnagar, *G*ross und *K*rook): $(\partial f/\partial t)_w = -(1/\tau)[f(t, \vec{r}, \vec{v}) - f^\circ(t, \vec{r}, \vec{v})]$. Formal ähnelt er dem Relaxationsterm, jedoch ist f° hier die lokale Maxwell-Verteilung (→ Boltzmann-Gleichung). Der BGK-Stoßterm, der sämtlichen geforderten Erhaltungssätzen genügt, beschreibt also die Relaxation zu einem lokalen Gleichgewicht. Während der BGK-Stoßterm die Eigenschaften der exakten Stoßterme qualitativ recht gut widerspiegelt, ergeben sich bei speziellen Anwendungen beträchtliche quantitative Abweichungen der berechneten Transportkoeffizienten von den aus exakten Stoßtermen berechneten bzw. experimentell bestimmten Werten. Es wurden daher in letzter Zeit für spezielle Anwendungen weitere M.e vorgeschlagen und verwandt, die auch quantitativen Anforderungen genügen, z. B. der M. von Dougherty.

Modelltheorie, → Modell.

Modell unabhängiger Elektronen, svw. Schalenmodell.

Modell von Eddington und Lamaitre, → Newtonsche Kosmologie.

Modellvorstellung, → Modell.

moderating ratio, engl. für Bremsverhältnis, → Neutronenbremsung.

Moderator *m*, *Verlangsamer*, *Bremssubstanz*, ein Stoff, der Neutronen hoher Energien auf geringere Energien abbremst. Die Bremswirkung eines M.s beruht auf Stoßprozessen zwischen den Neutronen einerseits und den Atomkernen der M.substanz andrerseits; je leichter die Stoßpartner sind, umso günstiger verhält sich i. a. ein Material als M. Außer dieser Forderung nach möglichst schneller Abbremsung erfüllt ein M. seine Aufgabe umso besser, je weniger Neutronen er absorbiert. Ein Maß für die Güte eines M.s ist das Bremsverhältnis (→ Neutronenbremsung, → Lethargie). Der Prozeß der Neutronenbremsung im M. ist dann beendet, wenn die kinetische Energie der Neutronen vergleichbar mit der Energie der Wärmebewegung der Atomkerne der Moderatorsubstanz geworden ist; die Neutronen verhalten sich dann wie ein Gas im M. (→ Neutronengas). M.en müssen in allen thermischen Reaktoren benutzt werden, damit die bei der Kernspaltung entstehenden schnellen Neutronen, die Spaltneutronen mit einer mittleren Energie um 2 MeV, auf thermische Energien von ≈ 0,025 eV abgebremst werden. Bekanntlich kann eine → Kernkettenreaktion in natürlichem oder leicht angereichertem Uran nicht mit schnellen Neutronen aufrecht erhalten werden; bremst man aber die Neutronen schnell auf thermische Energien ab, so ist dies möglich, und man nutzt außerdem den großen thermischen Spaltquerschnitt aus. Der M. ist deshalb unmittelbar mit in der Spaltzone des Reaktors untergebracht. Eine schnelle Abbremsung der Spaltneutronen ist z. B. bei der Kernkettenreaktion in Uran deshalb nötig, um die Resonanzstellen (→ Resonanzabsorption) des U-238, die Neutronen wegfangen können, nach Möglichkeit zu überspringen (→ Vierfaktorenformel, → Bremsnutzung). Als M.en dienen u. a. H_2O, D_2O, Be-9, C sowie organische Verbindungen. Zu der guten Bremswirkung des gewöhnlichen Wassers – infolge seines hohen Wasserstoffgehalts – tritt noch eine unerwünschte, nachteilige Absorptionswirkung, weil sich langsame Neutronen leicht an Protonen anlagern und Deuteronen bilden. Wesentlich weniger werden Neutronen von Deuteronen, reinstem Graphit oder auch reinstem Beryllium absorbiert. Der kernphysikalisch und technisch günstigste und bequemste M. ist D_2O. Seiner großen Kosten wegen wird D_2O bei Leistungsreaktoren trotzdem wieder durch H_2O ersetzt. Jedoch hat sowohl D_2O wie auch H_2O einige Eigenschaften, die sich bei Reaktoren mit besonders hohen Betriebstemperaturen ungünstig bemerkbar machen. Ein Nachteil ist z. B. die Korrosion, die das Wasser an den Brennstoffelementen bewirkt. Als flüssige M.en, die diese Nachteile nicht oder nur in geringem Maße haben, empfehlen sich organische Substanzen mit sehr hoch liegendem Siedepunkt, z. B. Diphenyl, Terphenyl.

Modifikationen, unterschiedliche Kristallstrukturen bei Kristallen gleicher chemischer Zusammensetzung. Wandeln sich die verschiedenen M. einer Verbindung bei einer bestimmten Temperatur (Umwandlungstemperatur) und bestimmtem Druck ineinander um, so spricht man von *Enantiotropie*. *Bei Monotropie* erfolgt die Umwandlung nur in einer Richtung. Gibt es zwei M. einer Substanz, so liegt *Dimorphie* vor, bei mehreren M. *Polymorphie*. Polymorphie von chemischen Elementen wird *Allotropie* genannt. M. einer Verbindung werden meist mit Buchstaben α-, β- usw. bezeichnet, die dem Namen des Kristalls vorangestellt werden. Die bei niedrigster Temperatur stabile Modifikation wird mit α- oder als „Tief-" bezeichnet, z. B. α-Quarz oder Tiefquarz im Gegensatz zu β-Quarz oder Hochquarz. M. von Mineralen werden, vor allem wenn sie sich in ihrer Struktur und damit auch in ihren Gitterkonstanten oder ihrer Symmetrie stark unterscheiden, häufig mit verschiedenen Namen bezeichnet, z. B. Anatas und Rutil für TiO_2.

M., die sich als aus geometrisch definierten Schichten mit derselben Atomanordnung oder aus wenigen Arten von Schichten aufgebaut auffassen lassen und sich nur durch die Stapelung dieser Schichten unterscheiden, werden *Polytypen* genannt. Die wichtigsten Beispiele sind Siliziumkarbid und Zinksulfid. Im Zinksulfid besetzen die Schwefelatome einer Schicht die Gitterpunkte eines hexagonalen Netzes (→ Kugelpackung); die mit denselben x- und y-Koordinaten unmittelbar über den Schwefelatomen liegenden Zinkatome sind derselben Schicht zuzuordnen. Die so definierten Schichten sind in der Weise übereinander gestapelt, daß die Schwefelatome eine dichte Kugelpackung bilden. Dieselbe Beschreibung trifft auf Siliziumkarbid zu, wenn man an die Stelle der Schwefelatome Kohlenstoffatome und an die Stelle der Zinkatome Siliziumatome setzt. Es sind bisher Dutzende von Siliziumkarbid- und von Zinksulfid-Polytypen gefunden und von vielen ist die Stapelung der Schichten bestimmt worden.

Modulation, in der Nachrichtentechnik jede Art der Beeinflussung eines relativ höherfrequenten, periodischen Vorgangs (z. B. einer elektromagnetischen Hochfrequenzschwingung, einer Lichtwelle oder einer Impulsfolge) zur Nachrichtenübermittlung (z. B. Telegrafie, Rundfunk, Fernsehen) sowie zur Übertragung von Meßwerten (z. B. Meteorologie) und von Signalen.

1) Eine hochfrequente Schwingung $s = A\cos(\Omega t + \varphi)$ kann durch Veränderung der Amplitude A, der Frequenz Ω und der Phase φ beeinflußt werden. Dementsprechend unterscheidet man zwischen Amplituden-, Frequenz- und Phasenmodulation.

a) *Amplitudenmodulation* (abgekürzt AM). Bei ihr wird die Amplitude des Trägers entsprechend dem zeitlichen Verlauf des Modulierzeichens gesteuert. Wenn die Trägerschwingung mit der Kreisfrequenz Ω durch $A\cos\Omega t$ und die Modulierschwingung durch $a\cos\omega t$ gegeben ist, so lautet die Gleichung der Hüllkurve: $A + a\cos\omega t = A(1 + m\cos\omega t)$ und die der modulierten Schwingung $s = A(1 + m\cos\omega t) \times \cos\Omega t$. Dabei ist $m = \frac{a}{A} < 1$ der Modulationsgrad und a der Amplitudenhub. $m = 1$ bedeutet volle Aussteuerung und Rückgang der Amplitude der Trägerschwingung bis auf Null.

Für $m > 1$ (Übermodulation) entstehen im allgemeinen starke Verzerrungen.

Durch trigonometrische Umformungen erhält man aus der Beziehung für die modulierte Schwingung $s = A\cos\Omega t + \frac{m}{2}A\cos(\Omega + \omega)t + \frac{m}{2}A\cos(\Omega - \omega)t$. Außer der Trägerfrequenz mit unveränderter Amplitude treten noch die beiden Seitenschwingungen mit den Seitenfrequenzen $\Omega + \omega$ und $\Omega - \omega$ auf. Diese haben gleiche Amplitude, die dem halben Modulationshub entspricht. Wird statt mit einer Frequenz der Träger mit einem Frequenzgemisch moduliert, welches den Frequenzbereich zwischen ω_1 und ω_2 ausfüllt, so entsteht neben dem Träger ein unteres Seitenband mit Seitenfrequenzen zwischen $\Omega - \omega_2$ und $\Omega - \omega_1$ und ein oberes Seitenband mit Seitenfrequenzen zwischen $\Omega + \omega_1$ und $\Omega + \omega_2$. Jedes dieser Seitenbänder enthält dabei den vollständigen Nachrichteninhalt, während der Träger nur als Hilfsschwingung zur M. benötigt wurde, aber zur Übertragung nicht unbedingt erforderlich ist. Es genügt zur Nachrichtenübertragung, wenn eines der Seitenbänder ausgestrahlt wird.

Trennt man das obere Seitenband ab, so erhält man ein Frequenzgemisch, das sich vom natürlichen Frequenzspektrum (der Niederfrequenz) nur dadurch unterscheidet, daß es um den Träger Ω verschoben ist. Man bezeichnet diesen Vorgang als *Frequenzumsetzung* oder *Konversion* und Ω als *Konversionsfrequenz*. Die Amplitudenmodulation ist eines der wichtigsten Modulationsverfahren und wird von den Rundfunksendern im Kurz-, Mittel- und Langwellenbereich angewandt.

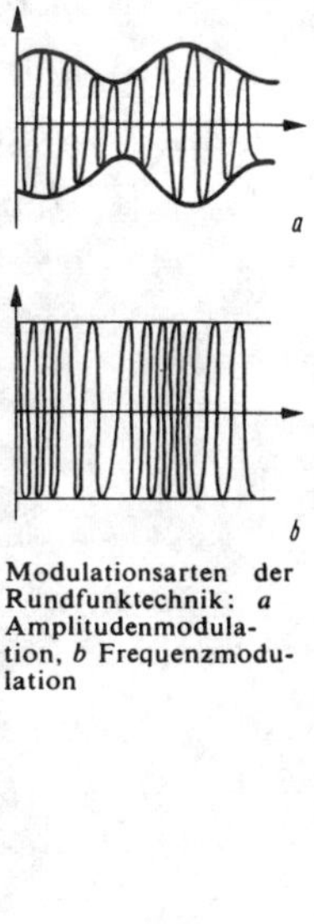

Modulationsarten der Rundfunktechnik: *a* Amplitudenmodulation, *b* Frequenzmodulation

b) *Frequenzmodulation* (abgekürzt FM). Als frequenzmoduliert bezeichnet man einen hochfrequenten Träger, wenn seine Momentanfrequenz sich im Takte einer zu übertragenden Nachricht zeitlich ändert. Die Amplitude bleibt dabei konstant. Bei der Frequenzmodulation ist die Trägerfrequenz nicht mehr konstant, es muß also Ωt durch $\int \Omega(t)\,dt$ ersetzt werden. Entsprechend der obigen Definition spricht man jedoch nur dann von einer frequenzmodulierten Schwingung, wenn sich die Kreisfrequenz Ω maximal um den *Frequenzhub*, im übrigen aber kosinusförmig ändert. Für eine einzelne modulierende Niederfrequenz ω gilt $\Omega(t) = \Omega + \Delta\omega\cos\omega t$, wobei $\Delta\omega$ der Frequenzhub ist. Damit ergibt sich für die frequenzmodulierte Schwingung

$$s = A\cos\int_0^t (\Omega + \Delta\omega\cos\omega t)\,dt =$$

$$= A\cos\left(\Omega t + \frac{\Delta\omega}{\omega}\sin\omega t\right).$$

Die Größe $\Delta\varphi = \frac{\Delta\omega}{\omega}$ ist der Phasenhub, der als *Modulationsindex* m_F bezeichnet wird. Der Frequenzhub $\Delta\omega$ ist proportional der Amplitude (Lautstärke) des Signals. Demgegenüber entspricht die Schnelligkeit, mit der die Hochfrequenz des Trägers zwischen ihren Extremwerten $\Omega + \Delta\omega$ und $\Omega - \Delta\omega$ hin- und herpendelt, der Frequenz ω. Das Frequenzspektrum enthält neben dem Träger unendlich viele Seitenfrequenzen. Für eine einwandfreie Nachrichtenübertragung rechnet man in der Praxis, daß bei einer Breite f_n des zu übertragenden Niederfrequenzbandes und bei einem Frequenzhub $\Delta\omega$ in Hertz eine Gesamtbandbreite von $B \approx 2(\Delta\omega + f_n)$ benötigt wird.

Die Frequenzmodulation wird wegen der erforderlichen großen Bandbreiten vorwiegend im UKW-Bereich und bei höheren Frequenzen angewendet.

c) *Phasenmodulation* (abgekürzt PM). Ein hochfrequenter Träger wird als phasenmoduliert bezeichnet, wenn sich der Phasenwinkel φ im Rhythmus der Niederfrequenz mit $\cos \omega t$ verändert. Auch bei dieser Modulationsart bleibt die Amplitude des Trägers konstant. Im Gegensatz zur Frequenzmodulation, bei der der Frequenzhub unabhängig von der Modulierfrequenz ω ist, ist bei der Phasenmodulation der Phasenhub $\Delta\varphi$ unabhängig von ω. Die hochfrequente Schwingung ist im Falle der Modulation mit nur einer Niederfrequenz ω ebenfalls durch $s = A \cos(\Omega t + \Delta\varphi \sin \omega t)$ gegeben. Der Frequenzhub $\Delta\omega = \omega\Delta\varphi$ ist bei der Phasenmodulation von ω abhängig. Wie bei der Frequenzmodulation sind neben der Trägerwelle unendlich viele Seitenfrequenzen im Frequenzspektrum enthalten. Ein Unterschied zwischen Frequenz- und Phasenmodulation läßt sich bei einer mit nur einem Sinuston modulierten Schwingung nicht feststellen; der Unterschied wird erst bemerkbar, wenn mit einem Frequenzband moduliert wird. In der Praxis wird meist die Frequenzmodulation angewandt.

2) Bei den bisher beschriebenen Arten der M. dient eine kontinuierliche Schwingung als Träger der Nachricht. Demgegenüber wird bei der *Impulsmodulation* oder *Pulsmodulation* eine Folge periodischer, äußerst kurzzeitiger Impulse (Impulsdauer 10^{-6} s und weniger) als Träger eingesetzt. Die Grundlage dieses Modulationsverfahrens bildet die Tatsache, daß es nicht notwendig ist, den zeitlichen Verlauf einer Nachricht kontinuierlich zu übertragen, sondern daß es genügt, der Nachricht genügend häufig kurzzeitige Amplitudenproben zu entnehmen. Theoretische Überlegungen und Versuche haben gezeigt, daß eine Sinusschwingung, wenn man diese als die zu übertragende Nachricht betrachtet, während einer Periode kurzzeitig etwas mehr als dreimal abgetastet werden muß, um sie richtig wiederzugeben. Das bedeutet, daß der zeitliche Abstand T_i der Impulse etwas kleiner sein muß als die halbe Periodendauer der höchsten in der Nachricht vorkommenden Frequenz. $f_i = \frac{1}{T_i}$ ist die *Tastfrequenz* oder *Pulsfrequenz*. In der Praxis hat sich für die Sprachübertragung erwiesen, daß bei einer höchsten zu übertragenden Frequenz von 3400 Hz die Tastfrequenz etwa 8000 Hz betragen muß. Die kontinuierlich verlaufende Nachricht läßt sich aus dieser Impulsfolge sehr einfach wiedergewinnen, indem im Spektrum der Impulse alle Frequenzen oberhalb der höchsten in der Nachricht vorkommenden Frequenz durch ein Tiefpaßfilter unterdrückt werden. Die der Nachricht entnommenen Amplitudenproben können einfach als Impulse schwankender Amplitude übertragen werden. Man bezeichnet dieses Verfahren dann als *Pulsamplitudenmodulation* (PAM) oder *Impulshöhenmodulation*.

Die Amplitudenschwankungen können auch einem anderen Kennzeichen des Impulses aufmoduliert werden, z. B. dadurch, daß die Länge (Breite) des Impulses entsprechend der Amplitude verändert wird. Dieses Verfahren wird *Pulszeitmodulation*, *Pulslängenmodulation* (PLM) oder *Impulsbreitenmodulation* genannt.

Eine dritte Möglichkeit besteht darin, den Abstand des Impulses gegenüber einer festen, den Einsatz des nichtmodulierten Impulses kennzeichnenden Zeitmarke entsprechend der Größe der Amplitudenprobe zu verändern. Man spricht dann von *Pulsabstandsmodulation* oder *Pulszeitpunktsmodulation*, auch als *Pulsphasenmodulation* (PPM) bezeichnet. Mit dieser verwandt ist die *Pulsfrequenzmodulation* (PFM), bei der die Impulsfrequenz verändert wird.

Eine weitere Möglichkeit besteht darin, die der Nachricht entnommenen Amplitudenproben in bestimmte, den einzelnen Amplitudenwerten zugeordnete Kombinationen von Impulsen umzusetzen und diese zu übertragen. Das Verfahren entspricht etwa der telegrafischen Übermittlung von Schriftzeichen und wird als *Pulscodemodulation* (PCM) bezeichnet. Die Impulsamplituden werden bei diesem Verfahren quantisiert, und für jeden Wert wird ein bestimmtes Zeichen übertragen. Insgesamt ist der Vorrat an Zeichen allerdings begrenzt.

Der Vorteil der Pulsmodulationsverfahren besteht darin, daß in der Zeit zwischen den einzelnen Impulsen z. B. ein zweites Telefongespräch übertragen werden kann (*Zeitmultiplexübertragung*). Das ist vor allem für die Übertragung von Nachrichten auf Richtfunkstrekken von Bedeutung, da hier die üblichen Trägerfrequenzverfahren sehr hohe Anforderungen an die Linearität der Verstärker stellen. Hinzu kommt, daß vor allem bei der Pulscodemodulation der Einfluß des Rauschens stark herabgesetzt wird.

Lit. Meinke u. Gundlach: Taschenb. der Hochfrequenztechnik (3. Aufl. Berlin, Göttingen, Heidelberg 1968).

Modulationsgitter, bei einer zur Modulation verwendeten Röhre dasjenige Gitter, an das die dem Träger aufzumodulierende NF-Spannung gelegt wird. In der Senderendstufe beispielsweise wird die Vorspannung des M.s im Takte der Modulation geändert; damit ändert sich entsprechend die HF-Amplitude im Anodenkreis der Endstufe.

Modulationsindex, → Modulation 1 b).

Modulationsrauschen, → Rauschen II, 6c.

Modulationsspektroskopie, die Untersuchung optischer Spektren bzw. ihrer Abhängigkeit von äußeren Parametern durch Messung des modulierten Transmissions-, Emissions- oder Reflexionsvermögens eines Stoffes, das durch die Modulation gewisser Parameter erzeugt wird. Der besondere Vorzug der M. ist, daß mit ihr auch sehr geringe Änderungen der optischen Eigenschaften mit den modulierten Parametern untersucht werden können.

Man unterscheidet zwischen der *äußeren Modulation*, bei der die Eigenschaften der benutzten elektromagnetischen Strahlung — Wellenlänge oder Polarisation — moduliert werden, und der *inneren Modulation*, bei der der Zustand der Probe moduliert wird, z. B. Temperaturwechsel, Anlegen eines elektrischen Wechselfeldes oder einer zeitlich periodischen mechanischen Spannung.

Ein typisches Modulationsspektrometer besteht aus folgenden Elementen: Modulationseinrichtung (unterschiedlich je nach Art des zu modulierenden Parameters), Lichtquelle, Monochromator, Detektor, Verstärker mit phasenempfindlichem Gleichrichter und Modulationsoszillator zur Erzeugung eines Referenzsignals, Schreiber und Datenverarbeitungssystem.

Mit der M. werden die 1. und 2. Ableitung der optischen Konstanten nach dem modulierten Parameter gemessen, weshalb die M. häufig auch als *Ableitungsspektroskopie* bezeichnet wird. Diese Eigenschaft macht die M. zur Untersuchung von Linienprofilen geeignet.

Modulator, 1) Schaltungstechnik: ein zur Modulation von Schwingungen dienendes elektrisches Schaltelement mit nichtlinearer Strom-Spannungs-Kennlinie. Als M.en werden vor allem Halbleiterdioden, Transistoren und Elektronenröhren (Dioden, Trioden und Mehrgitterröhren) verwendet; daneben eignen sich als M.en auch das Mikrophon und der Eisenmodulator, d. i. ein vormagnetisierter Hochfrequenzwandler. Ist Ω die Kreisfrequenz der Trägerschwingung und ω die Kreisfrequenz der Modulierschwingung, so erhält man bei einfachen Modulatorschaltungen eine große Anzahl von Modulationsprodukten $m\Omega \pm n\omega$, wobei m und n ganze Zahlen sind. Bei der Gegentaktschaltung und der Doppelgegentaktschaltung, die auch als Ringmodulator bezeichnet wird, ist die Zahl der Modulationsprodukte vermindert. Dadurch können bei geringen Frequenzdifferenzen zwischen Trägerfrequenz und Modulationsfrequenzen Überlagerungen von Oberwellen und Kombinationsfrequenzen vermieden werden, die zu Störungen Anlaß geben.

2) Vakuummeßtechnik: *M. nach Redhead*, Teil einer Meßeinrichtung, der in Verbindung mit dem beim Ionisationsvakuummeter angewandten Meßprinzip nach Bayard-Alpert Druckbestimmungen bis herab in den 10^{-12}-Torr-Bereich ermöglicht. Der M. nach Redhead ist ein dünner Wolframdraht, der parallel zum Ionenfänger innerhalb der Anode des Meßsystems angebracht ist und verschiedene Potentiale erhalten kann. Indem man an den M. nach Redhead zunächst Anodenpotential legt und den Ionenstrom mißt und dann das Potential des Ionenkollektors und wieder den Ionenstrom mißt, gelingt es, durch Differenzbildung den druckinvarianten Reststrom, hervorgerufen durch den Röntgen-Effekt und die Ionendesorption von Oberflächen des Elektrodensystems, unter bestimmten Voraussetzungen getrennt zu erfassen und dadurch die untere Druckgrenze nach extrem niedrigen Drücken hin zu untersuchen.

Modulschaltung, → Schaltung.

Mögel-Dellinger-Effekt, → Sonneneruptionseffekt.

Mohorovičić-Diskontinuität, → Erde.

Mohrsche Spannungskreise, die graphische Darstellung des Spannungszustandes an einem Materialpunkt. Auf der Abszisse wird die Normalspannung aufgetragen, auf der Ordinate die Schubspannung; α, β (und γ) sind Winkel in den Hauptebenen. Auf den 3 Kreisen liegen die Spannungskomponenten normal zu oder in den Hauptebenen. Die Komponenten in beliebiger Richtung sind durch den Spannungspunkt S dargestellt, der im schraffierten Gebiet liegt (Abb.).

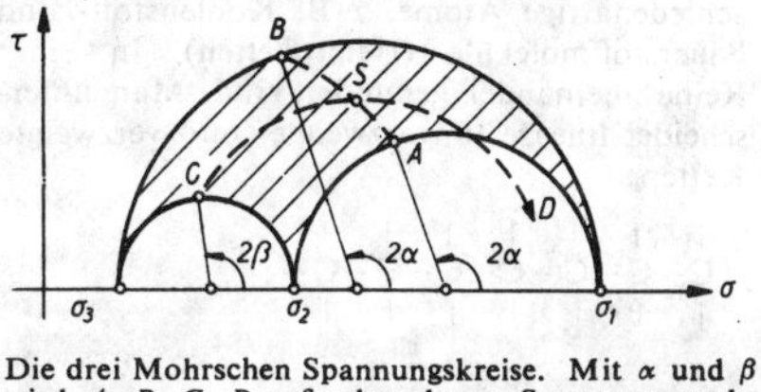

Die drei Mohrschen Spannungskreise. Mit α und β wird A, B, C, D gefunden, daraus Spannungspunkt $S(\sigma/\tau)$

Mol, Kurzz. mol, gesetzliche SI-Grundeinheit der Stoff- oder Teilchenmenge. Vorsätze erlaubt. Das Mol ist die Stoffmenge eines Systems bestimmter Zusammensetzung, das aus ebenso vielen Teilchen besteht, wie Atome in 0,012 kg ^{12}C enthalten sind. Die Teilchen, die Atome, Moleküle, Ionen, Elektronen, andere Elementarteilchen oder auch spezielle Gruppen solcher Teilchen sein können, müssen in Zusammenhang mit dem Mol angegeben werden, z. B. 1 mol Fluor, 5 mol Schwefel. Nach älteren Definitionen war das Mol eine Masseeinheit der physikalischen Chemie (→ Grammolekül). Mit der neuen Definition, die 1971 international angenommen wurde, wird dem Bedürfnis der physikalischen Chemie entsprochen, abzählbare Vergleichsmengen zu verwenden.

Molalität, ein Konzentrationsmaß, → Konzentration 4).

molare Größen, makroskopische extensive Größen, die auf ein Mol eines reinen Stoffes bezogen sind. So hat z. B. jeder Stoff unter gegebenen Bedingungen von Druck und Temperatur eine ganz bestimmte molare „spezifische Wärmekapazität".

Molarität, ein Konzentrationsmaß, → Konzentration 3).

Molekel, svw. Molekül.

Molekül, *Molekel*, ein aus zwei oder mehreren gleichen oder verschiedenartigen Atomen zusammengesetztes, durch → chemische Bindungen zusammengehaltenes Teilchen von bestimmter stöchiometrischer Zusammensetzung. Das M. stellt die kleinste selbständige Einheit eines chemischen Stoffes dar. Die Bindung der Atome im Molekül übertrifft größenordnungsmäßig die Stärke der Kräfte zwischen den Molekülen (→ zwischenmolekulare Kräfte, → chemische Bindung). Der Abstand zweier M.e, innerhalb dessen die Wechselwirkung zwischen ihnen wesentlich ist, wird als *Wirkungssphäre* der M.e bezeichnet. Charakteristische, die geometrische Gestalt eines Moleküls bestimmende Größen sind die → Bindungslänge und der → Valenzwinkel. Die bisherigen Kenntnisse über den Molekulbau und die Elektronenstruktur der Moleküle sind vorwiegend der Analyse der → Molekülspektren zuzuschreiben. In der kinetischen Gastheorie betrachtet man die M.e in grober Vereinfachung als kleine Kugeln mit einem bestimmten Moleküldurchmesser, der aus Messungen der Reibung oder Wärmeleitfähigkeit in der Größe einiger Zehntel Nanometer-Einheiten gefunden wird. Exakt ist jedoch der Moleküldurchmesser wegen der komplizierten geometrischen Gestalt nicht definierbar.

Kettenmoleküle sind M.e, bei denen gleichartige Atome, z. B. Kohlenstoffatome oder verschiedenartige Atome, z. B. Kohlenstoff- und Sauerstoffmoleküle (Heteroketten), in einer Reihe aneinander gebunden sind. Man unterscheidet lineare (unverzweigte) und verzweigte Ketten:

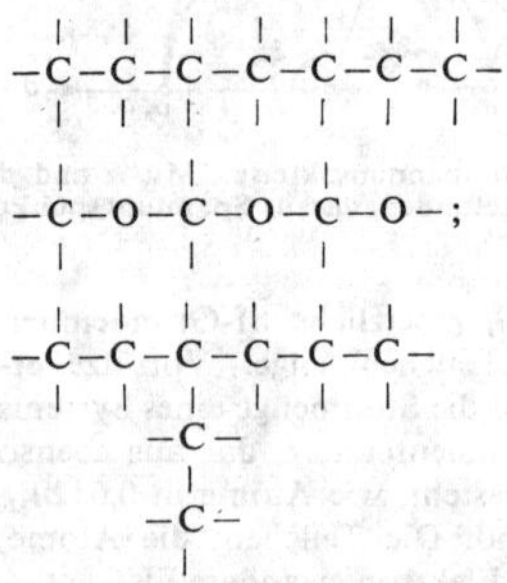

Lit. Barrett: Molekülstruktur (Weinheim 1972); Pauling: Die Architektur der M.e (Villingen 1969); Stuart u. a.: Molekülstruktur (3. Aufl. Berlin, Göttingen, Heidelberg 1967); Tatewski: Quantenmechanik und Theorie des Molekülbaus (Weinheim 1969).

Molekularakustik, Teil der Akustik, der sich mit den Wechselwirkungen hochfrequenter Schallwellen, d. s. Ultraschallwellen und Hyperschallwellen, mit den Molekülen und Atomen des Ausbreitungsmediums befaßt.

Im Bereich des Hörschalls sind die Wellenlängen groß gegenüber den die Struktur des Mediums bestimmenden Molekularabmessungen, so daß das Medium als Kontinuum aufzufassen ist. Für die Frequenzen des kurzwelligen Ultraschalls gilt dies nicht mehr. Vielmehr machen sich hier in Form von Resonanz- und Relaxationserscheinungen die individuellen und strukturbestimmenden Parameter in molekularen Dimensionen bemerkbar, so daß die Hochfrequenzakustik als Instrument molekularkinetischer Untersuchungen große Bedeutung erlangt hat. Da die Reichweite solcher Schallsignale aber sehr klein wird und an der oberen Grenze der Hyperschallwellen nur noch molekulare Dimensionen erreicht, werden auch neue, von älteren akustischen Meßverfahren abweichende instrumentelle Methoden erforderlich, um die obengenannten Wechselwirkungen zu erfassen.

Man geht z. B. davon aus, daß die thermische Bewegung der Moleküle einer Flüssigkeit als eine Überlagerung zahlreicher nach und aus allen Richtungen laufender elastischer Wellen, sogenannter Hyperschallwellen, aufgefaßt werden kann. Bei der Reflexion einer monochromatischen Lichtwelle an solchen Wellenfronten erleidet das reflektierte Licht eine Aufspaltung infolge des Doppler-Effekts um den Betrag $\pm\Delta\lambda = \lambda \cdot (c_H/c) \sin\varphi$ der ursprunglichen Wellenlänge λ, wobei c_H Hyperschallwellengeschwindigkeit, c Lichtgeschwindigkeit und φ der Winkel zwischen den Wellenfronten von Licht und Schall sind. Die daraus berechenbare Hyperschallgeschwindigkeit erlaubt im Vergleich mit der bekannten Ultraschallgeschwindigkeit Aussagen über molekularkinetische Vorgänge.

Lit. Schaafs: Molekularakustik (Berlin, Göttingen, Heidelberg 1963).

Molekularbewegung, Bewegung der mikroskopischen Teilchen von Stoffen, die in Form der Wärmebewegung dieser Teilchen und der Bewegungen des Stoffes als Ganzes vonstatten gehen (Schwankungserscheinungen).

Molekularbiologie, die Erklärung des Lebens und aller biologischen Phänomene als materielle Erscheinungen auf der Grundlage molekularer und atomarer Vorgänge. Die M., entstanden durch das Eindringen physikalischer, chemischer, mathematischer und kristallographischer Methoden in die Biologie, hat die Aufgabe, das Wesen der Lebensvorgänge, speziell die physikalischen und chemischen Grundprozesse in der lebenden Zelle, zu erkennen und deren Wechselwirkung auch quantitativ faßbar zu machen. Kernstück der M. ist die → *Molekulargenetik.* In anderen Arbeitsrichtungen wie der Untersuchung der Nervenleitung, der Signalübertragung und -verarbeitung, der Informationsspeicherung (Gedächtnis), der Immunbiologie mit der Antigen-Antikörperwirkung und der *Bioenergetik*, die mit Atmung, Oxydation und Photosynthese als den Formen biologischer Energieumwandlung das zelluläre System der Energietransformation untersucht, gehen molekularbiologische und biophysikalische Fragestellungen ineinander über.

Molekulardestillation, *Kurzwegdestillation*, eine spezielle Form der Vakuumdestillation. Die M. ist, unabhängig von Verfahrensvarianten, eine Destillation, die bei einem Druck von etwa 10^{-3} Torr durchgeführt wird, d. h. unter Bedingungen, bei denen die mittlere freie Weglänge der Dampfmoleküle größer ist als der Abstand zwischen der Verdampfungs- und der Kondensationsfläche. Bei der Reinigung und Trennung hochsiedender Produkte verhindert die Vakuumdestillation häufig die thermische Zersetzung wertvoller Bestandteile bzw. den gewaltsamen Abbau hochmolekularer Verbindungen. Durch die Anwendung des Vakuums wird der Siedepunkt vieler Substanzen herabgesetzt. Zu diesem Zweck wird die zu destillierende Substanz in einen vakuumdichten Behälter gegeben und der Luftdruck über der Flüssigkeit mit

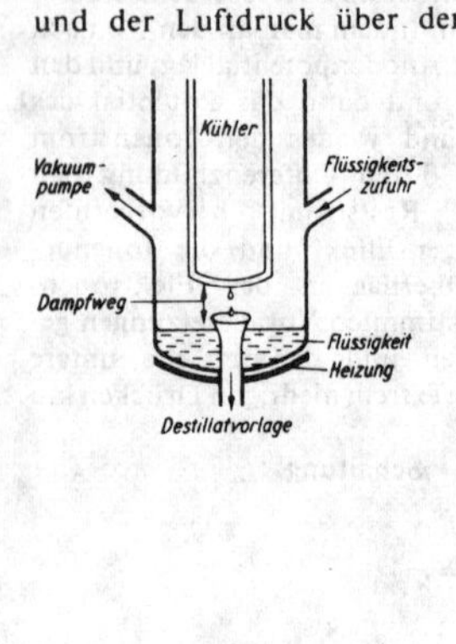

Molekulardestillation

Hilfe einer Vakuumpumpe erniedrigt. Bei Destillationen im Druckbereich unter 1 Torr werden die Dampfvolumina sehr groß, und es treten bei Verwendung von Außenkondensatoren große Druckdifferenzen zwischen dem Verdampfer und dem Kondensator auf. Über der siedenden Flüssigkeit findet eine Dampfstauung statt, die bewirkt, daß an der Flüssigkeitsoberfläche ein Druck von z. B. nur etwa 1 Torr erreicht wird. Eine Destillation unter einem wesentlich geringeren Druck von z. B. etwa 10^{-3} Torr erreicht man, wenn die Kondensation ganz in der Nähe der verdampfenden Flüssigkeit stattfindet. Der Dampf legt hierbei einen sehr kurzen Weg zurück, daher der Name Kurzwegdestillation. Da bei geeigneter Konstruktion der Einrichtungen die verdampfenden Moleküle auf ihrem Weg zur Kühlfläche nicht mehr mit fremden Molekülen, z. B. mit Luftmolekülen, zusammenstoßen, sondern jedes Dampfmolekül einzeln für sich abdestilliert, heißt diese Destillation auch M.

Molekulardichtung, svw. Diffusionsspaltdichtung.

Molekulardruckvakuummeter, → Vakuummeter.

Molekulareffusion, der Gasdurchtritt durch eine Öffnung in ebener Wand mit vernachlässigbarer Dicke, wobei der größte Durchmesser der Öffnung kleiner als die mittlere freie Weglänge ist.

molekulares Chaos, → Boltzmann-Gleichung.

Molekularfeld, das in der → Weißschen Theorie des Ferromagnetismus den kleinen spontan magnetisierten Bereichen phänomenologisch zugeordnete Magnetfeld.

Molekulargenetik, ein Teilgebiet der Vererbungslehre, biologische Arbeitsrichtung, die sich mit der molekularen Struktur der Gene und ihrer Wirkungsweise beschäftigt. Nach den Ergebnissen klassischer Kreuzungsversuche waren Gene zunächst biologische Einheiten mit der Fähigkeit zur Selbstreproduktion (identische Reduplikation) und zur Auslösung art- und formbestimmender Merkmale als Voraussetzung für die Kontinuität des Lebendigen in allen Erscheinungsformen (Mannigfaltigkeit der Arten) sowie mit der Fähigkeit zur erblichen Merkmalsänderung (Mutation) infolge innerer Ursachen oder äußerer Einflüsse als Grundlage der Evolution.

Aus dem experimentell erbrachten Nachweis, daß bei Viren und Bakterien Nukleinsäuren die materiellen Träger der Erbinformation sind und bestimmte Abschnitte der hochpolymeren Desoxyribonukleinsäure (DNS) und Ribonukleinsäure (RNS) alle Eigenschaften der Gene aufweisen sowie aus der Tatsache, daß auch die Genörter in den Chromosomen der Pflanzen- und Tierzelle aus DNS bestehen, konnte geschlossen werden, daß die *Gene* allgemein gleichzusetzen sind mit Struktur und Wirkungsweise des DNS-Makromoleküls.

Die Konstruktion des 1953 von Watson und Crick beschriebenen *Strukturmodells der DNS* beruht im wesentlichen auf röntgenographisch gewonnenen Daten. Danach besteht die DNS aus zwei Polynukleotidsträngen, die als *Doppelhelix* entgegen dem Uhrzeigersinn aufsteigend um eine senkrechte Achse geschlungen sind, den Zusammenhalt beider Ketten bewirken Wasserstoffbrücken zwischen gegenüberliegenden Basen; es sind die Pyrimidinbasen Thymin (T) und Zytosin (C) sowie die Purinbasen Adenin (A) und Guanin (G). Die Basen des einen Helixstranges sind immer so an die des anderen gebunden, daß die Basenpaare entweder aus A und T oder G und C bestehen; aus der Basensequenz des einen Stranges folgt eindeutig die des anderen (Abb.). Bei der identischen Selbstreduplikation der DNS wird die Doppelhelix unter dem Einfluß spezifischer Enzyme wie ein Reißverschluß geöffnet. Mit der fortschreitenden Auftrennung der Helix wird das fehlende komplementäre Gegenstück mit der richtigen Nukleotidsequenz ergänzt, so daß nach erfolgter Reduplikation zwei identische Helixmoleküle vorliegen, die während der mitotischen Zellteilung gleichmäßig auf die Tochterzellen verteilt werden und deren genetische Ausstattung bedingen.

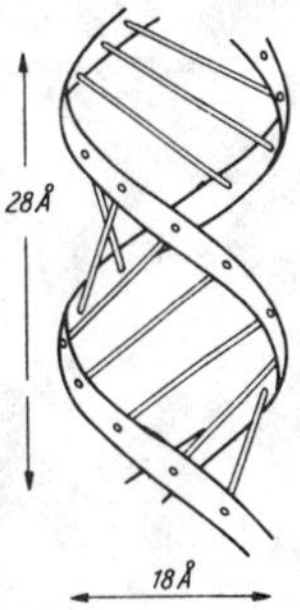

Ausschnitt aus der Doppelhelix eines DNS-Moleküls

Andere *Helixstrukturen* befinden sich in den Molekülen der Eiweiße; die α-Helix besitzt eine zweifache Asymmetrie; sie enthält asymmetrische Aminosäureglieder und ist als Ganzes asymmetrisch, was in den optischen Eigenschaften zum Ausdruck kommt. Bei der β-Helix befinden sich die Eiweißketten in gestreckterem Zustand als in der α-Helix. Diese Struktur wird nicht mehr innerhalb eines Moleküls stabilisiert, sondern intermolekular durch Wasserstoffbindungen zwischen den parallel gestreckten aber antiparallelen Ketten.

Molekulargewicht, → Molekularmasse.

Molekularkräfte, svw. zwischenmolekulare Kräfte.

Molekularmagnet, → Elementarmagnet.

Molekularmasse, die Summe aller Atommassen der in einem Molekül vereinigten Atome. Die M. gibt das Verhältnis der Masse des betreffenden Moleküls zum zwölften Teil der Masse des Kohlenstoffisotops ^{12}C an (früher: zum sechzehnten Teil der Masse des Sauerstoffatoms ^{16}O). Der häufig verwendete Begriff Molekulargewicht ist unkorrekt, da es sich nicht um Gewichte, sondern um Massen handelt.

Molekularpumpe, eine → Turbopumpe, bei der die Gasmoleküle durch Zusammenstöße mit einer hinreichend schnell bewegten Fläche in Form einer rotierenden Scheibe oder eines Zylinders tangential zur Bewegungsrichtung dieser Fläche in einen Raum höheren Drucks gefördert werden.

Eine M. erreicht bei 10^{-2} Torr ihr volles Saugvermögen, das bis zu Drücken unter 10^{-8} Torr konstant bleibt. In neuerer Zeit sind M.n entwickelt worden, die, nachdem sie mehrere Tage bei etwa 100 °C ausgeheizt worden sind, Vakua

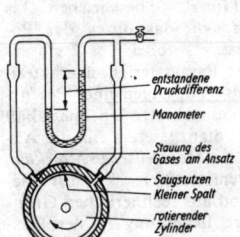

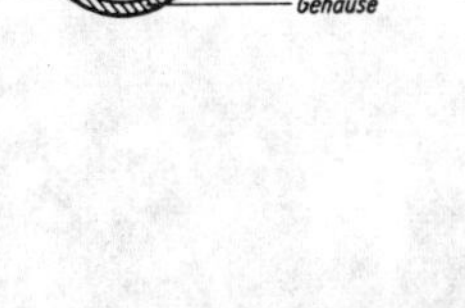

Arbeitsprinzip einer Molekularpumpe

in der Größenordnung von 10^{-10} Torr zu erreichen gestatten.

Da M.n. ohne Treibmittel arbeiten, deren Moleküle in den zu evakuierenden Vakuumbehälter zurückdiffundieren könnten, ist eine Kühlfalle zwischen M. und Vakuumbehälter nicht erforderlich. Weiter ist von Vorteil, daß sie schnell betriebsbereit und weitgehend unempfindlich gegen Lufteinbrüche sind.

Das Prinzip der M. ist bereits 1913 von Gaede theoretisch und praktisch ausgearbeitet und durch Siegbahn, Holland-Merten, Holweck und in neuerer Zeit vor allem durch Becker technisch weiterentwickelt worden.

Molekularrotation, → Drehvermögen 1).

Molekularsiebe, *Zeolithe*, ein in der Vakuumtechnik häufig verwendetes Adsorptionsmittel. Es besteht aus Natrium-Aluminium-Silikaten mit einer im Verhältnis zum Volumen des Materials sehr großen, porenreichen Oberfläche. Es wird für die Bestückung von Sorptionspumpen und Sorptionsfallen verwendet. Zum Absaugen von Quecksilberdampf ist es jedoch ungeeignet. Quecksilber verstopft die feinen Poren der M.; dieser Vorgang ist nicht reversibel. In neuerer Zeit werden besonders aktivierte M. in ständig steigendem Umfang in der Katalysetechnik eingesetzt.

Molekularstrahlen, svw. Molekülstrahlen.

Molekularströmung, die den Druckausgleich bewirkende Strömung zweier → Knudsen-Gase.

Molekularverstärker, svw. Maser.

Molekularwärme, svw. Molwärme.

Molekülbahn, → Methode der Molekülzustände.

Molekülbahntheorie, svw. Methode der Molekülzustände.

Moleküldurchmesser, → Molekül.

Molekülkristall, → Kristallchemie.

Molekülmodelle der Gastheorie, mathematische Modelle, in denen die Abhängigkeit der molekularen Anziehungs- und Abstoßungskräfte vom Abstand zum Molekülmittelpunkt durch mathematisch einfach zu handhabende Ausdrücke dargestellt wird. Die M. d. G. sind Ansätze zur Bestimmung der wahren Größe und radialen Abhängigkeit dieser Molekularkräfte, denn gaskinetische Berechnungen von Transportkoeffizienten, z. B. Thermodiffusionskoeffizienten, auf der Basis dieser Molekülmodelle und deren Vergleich mit experimentell bestimmten Werten dieser Größen gestatten eine Anpassung der M. d. G. an die wirklichen Molekularkräfte durch geeignete Wahl freier Parameter.

Folgende M. d. G. enthalten nur Abstoßungskräfte: Das einfache, bereits von Clausius 1858 benutzte *Modell starrer Kugeln* mit dem Radius d wird durch das Potential $\Phi(r) = \infty$ für $r < d$ und $\Phi(r) = 0$ für $r > d$ beschrieben. Das *Chapman-Enskog-Modell*, das durch das Potential $\Phi(r) = \text{konst.}/r^{\nu}$, wobei $\nu > 2$ ein zunächst unbestimmter Parameter ist, charakterisiert wird, liefert also ein allgemeines Potenzgesetz für die Abstoßungskraft. Ein Spezialfall dieses allgemeinen Potenzgesetzes für die Abstoßungskräfte sind die *Maxwellschen Moleküle*, die durch das Potential $\Phi(r) = \text{konst.}/r^4$ beschrieben werden und aus rechnerischen Gründen von besonderer Bedeutung in der Gastheorie sind.

Das *Sutherland-Modell* benutzt für die Abstoßungskräfte das Modell starrer Kugeln, während zusätzlich Anziehungskräfte durch ein Potenzkraft-Potential berücksichtigt werden, d. h. $\Phi(r) = \infty$ für $r < d$ und $\Phi = \text{konst.}/r^{\nu}$ für $r > d$. Mit dem *Lennard-Jones-Potential* $\Phi = \text{konst.} \left[\left(\frac{d}{r}\right)^{\nu_1} - \left(\frac{d}{r}\right)^{\nu_2}\right]$, das sowohl für Anziehungs- als auch für Abstoßungskräfte ein Potenzgesetz annimmt, erreicht man eine beträchtliche Annäherung an die realen Verhältnisse. Mit diesem Modell gelang erstmalig eine qualitativ befriedigende Berechnung eines Thermodiffusionskoeffizienten. Quantentheoretische Überlegungen legen es nahe, $\nu_2 = 6$ zu wählen, d. h. für die Anziehungskraft die Dispersionskraft (Potential $\sim 1/r^6$) einzusetzen. Für ν_1 wurden die Werte 12 und 8 besonders untersucht, während d etwa zwischen 0,2 und 0,5 nm liegt. Durch direkte quantentheoretische Berechnungen der Molekülkräfte erhält man das *Exponential-Potential-Modell* $\Phi = be^{-r/a} - c/r^6$. Die Konstanten a, b und c lassen sich für einfache Moleküle quantenmechanisch unmittelbar berechnen. In letzter Zeit gelang es durch Anwendung der modernen Rechentechnik, mathematisch komplizierte, die realen Molekularkräfte besser widerspiegelnde Molekülmodelle zu behandeln.

Molekülorbital, → Methode der Molekülzustände.

Molekülorbitalmethode, svw. Methode der Molekülzustände.

Molekülspektren, die Linien oder Banden bestimmter Frequenzen, die durch Absorption oder Emission von elektromagnetischer Strahlung bei Änderung des Rotations-, Schwingungs- und Elektronenzustandes von Molekülen auftreten. M. können den gesamten Frequenzbereich zwischen Vakuum-Ultraviolett und fernem Infrarot überstreichen. Änderung des Elektronenzustandes liegt auch den → Atomspektren zugrunde; die bei Molekülen zusätzlich auftretenden Möglichkeiten der Änderung der Schwingungs- und Rotationsbewegung des durch die Atomkerne gebildeten Molekülgerüsts führen zu einem veränderten Aussehen der M. gegenüber den Atomspektren. Je nach Spektralbereich und Auflösung beobachtet man einfache Linienfolgen, Banden (mehr oder weniger breite verwaschene Bänder) oder Bandensysteme. Die Banden freier Moleküle erweisen sich bei der Untersuchung mit hoher spektraler Auflösung im allgemeinen als *Vielliniensysteme*. Größere Wechselwirkung der Moleküle (bei hohen Temperaturen oder Drücken, im Festkörper, bei Einlagerung in Lösungsmitteln) führen meist zu einem Verlust an Feinstruktur, es entstehen *diffuse M.* Daneben gibt es echte → kontinuierliche Molekülspektren.

Je nach Anzahl der ein Molekül bildenden Atome unterscheidet man zwischen → Spektren zweiatomiger Moleküle und → Spektren mehratomiger Moleküle.

Durch Auswertung der M. erhält man mehrere grundlegende Moleküldaten, z. B. Energiezustände, Rotations- und Schwingungsfrequenzen, Trägheitsmomente, Kraftkonstanten, in speziellen Fällen ergeben sich Aussagen über

Kernspin, Potentialkurven, Dissoziationsarbeit und isotope Zusammensetzungen, über die Elektronenstruktur, Relaxationsmechanismen und die Kinetik chemischer Reaktionen in angeregten Zuständen.

Die wichtigsten Verfahren, M. zu charakterisieren (*Molekülspektroskopie*), sind die magnetische Kernresonanz, die Mikrowellenspektroskopie, die Mikrowellen-Gasspektroskopie, die Raman-Spektroskopie, die Ultrarotspektroskopie sowie auch die Röntgenspektroskopie.

Molekülspektroskopie, → Molekülspektren.

Molekülstrahlen, *Molekularstrahlen*, Strahlen neutraler Moleküle im Vakuum. Die Abstände der Moleküle im Strahl voneinander und von umgebenden Körpern sind so groß, daß Stöße und Wechselwirkungen vernachlässigt werden können. Die Geschwindigkeiten der Teilchen des Strahls sind durch die Maxwellsche Geschwindigkeitsverteilung (→ Verteilungsfunktion) gegeben.

Besteht der Strahl aus neutralen Atomen, so bezeichnet man ihn als *Atomstrahl.*

Als Quelle der M. dient ein „Ofen", in dem die zu untersuchende Substanz bei definierter Temperatur verdampft wird. Bei Gasen genügt es, sie über einen Spalt im Vakuum zu leiten. Der Druck im Ofen darf nur so hoch sein, daß die mittlere freie Weglänge der Moleküle groß gegenüber der Breite des Austrittsspalts bleibt. Andernfalls kommt es zu unerwünschten Zusammenstößen außerhalb des Ofens.

Zum Nachweis der Atomstrahlen und M. verwendet man Vakuummeter, z. B. Pirani-Manometer, oder man kondensiert den Strahl auf einer polierten und gekühlten Fläche. Auch durch Ionisation der Moleküle ist ein Nachweis möglich, wobei die entstehenden Ionen in einem Massenspektrometer analysiert werden können.

Atomstrahlen und M. werden in der Physik zu vielfältigen Zwecken verwendet, so z. B. zu Untersuchungen der magnetischen Momente von Atomen und Molekülen durch → Atomstrahlresonanz und → Molekülstrahlresonanz, zur Schaffung von Frequenzstandards (Moleküluhren), zur Bestimmung von freien Weglängen und Geschwindigkeitsverteilungen in Gasen u. a. m.

Lit. Kopfermann: Kernmomente (2. Aufl. Frankfurt am Main 1956).

Molekülstrahlresonanz, *Rabi-Methode*, eine 1938/39 von Rabi und Mitarbeitern entwickelte Methode der Hochfrequenzspektroskopie, die zu Präzisionsmessungen der magnetischen Dipolmomente von Atomkernen angewendet wird. Weiterhin kann man durch M. Informationen über Rotationsmomente, Quadrupolmomente und innere Wechselwirkungen in Molekülen erhalten. Diese Untersuchungen wurden vor allem an zweiatomigen Molekülen, wie H_2, HD und D_2, ausgeführt.

Die Molekülstrahlresonanzmethode stellt eine Abwandlung des klassischen → Stern-Gerlach-Versuchs dar. Je nachdem, ob das hochfrequente Feld magnetische oder elektrische Dipolübergänge in Molekülen induziert, spricht man von magnetischer oder elektrischer M.

Bei der *magnetischen M.* durchläuft der in einem „Ofen" erzeugte → Molekülstrahl nacheinander drei magnetische Felder (Abb. 1). Die Felder der Magnete *A* und *B* sind gleichgerichtet, aber infolge der Form der Polschuhe stark inhomogen. Die Feldgradienten $dH/dz \approx 10^5$ G/cm beider Magnete sind einander entgegengerichtet. Zwischen beiden Magneten befindet sich der *C*-Magnet, der ein homogenes Feld *H* erzeugt.

Um Kernmomente zu bestimmen, verwendet man einen Strahl von Molekülen, die kein resul-

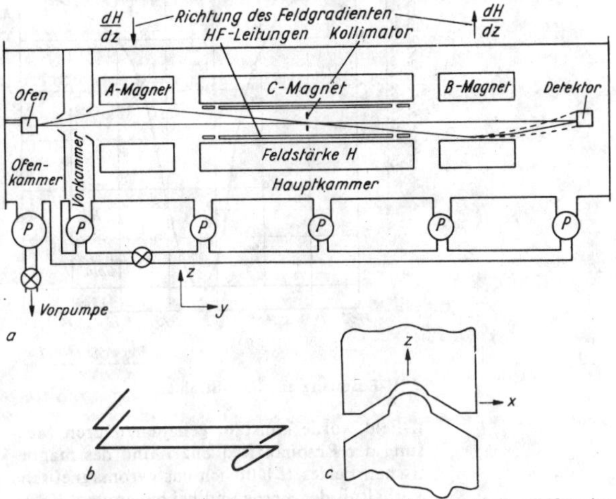

1 Molekülstrahlresonanzapparatur: *a* Gesamtanordnung, *b* haarnadelförmige Hochfrequenzleitung, *c* Schnitt durch den A- und B-Magneten. *P* Vakuumpumpe

tierendes magnetisches Moment der Elektronenhülle aufweisen, z. B. ^{7}LiCl zur Bestimmung des magnetischen Moments des ^{7}Li-Kerns. Beim Durchlaufen des *A*-Feldes stellen sich die Kernmomente in die nach der Richtungsquantelung möglichen Orientierungen bezüglich der Feldrichtung ein. Die Moleküle erfahren in diesem inhomogenen Feld eine ablenkende Kraft $\mu_z\, dH/dz$, die der Komponente μ_z des magnetischen Kernmoments in Feldrichtung proportional ist. Beim Durchfliegen des homogenen Feldes *C* werden die Kerne und damit die Moleküle nicht abgelenkt. Die Kerne behalten ihre Orientierung bei. Da der Feldgradient dH/dz des Feldes $\vec{B}$ entgegengesetzt zu dem des *A*-Feldes verläuft, wird in diesem Feld der Molekülstrahl wieder zur Achse zurückgelenkt und tritt in den Detektor *D*, meist ein Pirani-Vakuummeter, ein. Erzeugt man jedoch senkrecht zum homogenen Feld *H* des Magneten *C* durch eine haarnadelförmige Drahtschleife ein hochfrequentes Magnetfeld, dessen Frequenz ν der Resonanzbedingung $\nu = \frac{\gamma_I}{2\pi} H$ genügt, so werden die Kerne wie bei der → magnetischen Kernresonanz umorientiert. γ_I ist das gyromagnetische Verhältnis des Kerns. Die Kerne haben nunmehr beim Eintreten in den *B*-Magneten eine andere Orientierung, d. h. eine andere Komponente ihres magnetischen Moments in *z*-Richtung, als sie beim Austreten aus dem *A*-Magneten hatten. Auf sie wirkt somit eine andere Kraft, die Auslenkungen in den Magneten *A* und *B* sind nicht mehr gleich, und die Moleküle gelangen nicht in den Detektor. Der

Resonanzeffekt zeigt sich also darin, daß die am Detektor gemessene Strahlintensität abnimmt.

Als Beispiel einer Resonanzkurve ist in Abb. 2 die Änderung der Strahlintensität als Funktion der Frequenz des Hochfrequenzfeldes für ^{1}H-Resonanz an KOH-Strahlen dargestellt. Das

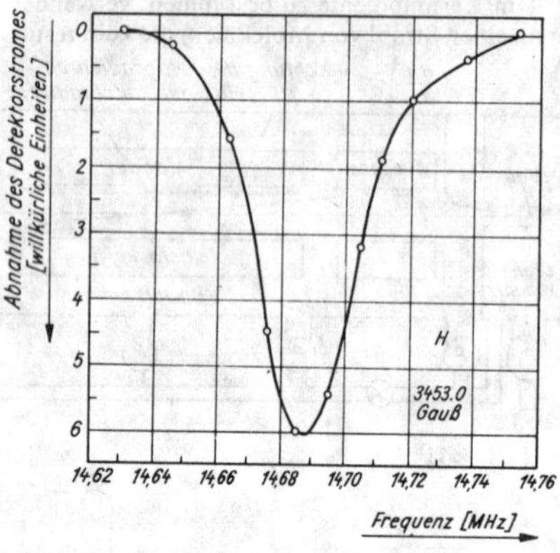

2 ^{1}H-Resonanz an KOH-Strahlen

C-Feld wurde konstant gehalten. Durch Messung der Resonanzfrequenz ν und des magnetischen Feldes H läßt sich das gyromagnetische Verhältnis der Kerne und bei bekanntem Kernspin auch das Kernmoment bestimmen. Mit einer modifizierten experimentellen Anordnung gelang es 1940 Bloch und Alvarez, das magnetische Moment des Neutrons zu ermitteln.

Mittels der *elektrischen M.* werden polare Moleküle untersucht. Die elektrischen Molekülstrahlresonanz-Spektrometer zeigen im Prinzip den gleichen Aufbau wie die oben beschriebenen magnetischen Anordnungen. Jedoch treten an die Stellen der magnetischen Felder elektrische. Die Resonanzübergänge werden durch ein hochfrequentes elektrisches Feld induziert.

Lit. Kopfermann: Kernmomente (2. Aufl. Frankfurt am Main 1956).

Molekülstruktur, die sich aus der Art der Bindungen ergebende räumliche Anordnung der Atome im Molekül. Die M. läßt sich aus der Beugung der Röntgen- und Elektronenstrahlen, aus spektroskopischen Untersuchungen, aus der Messung des elektrischen Dipolmoments u. a. m. ermitteln.

Moleküluhr, → Atomuhr.

Molekülzustand, ein durch die → Methode der Molekülzustände beschreibbarer Zustand von Elektronen im Molekül, auch Molekülorbital genannt, in dem die Elektronen nicht den einzelnen Atomen, sondern dem ganzen Molekül zugeordnet werden. Im Grundzustand eines Moleküls werden die Molekülzustände in ihrer energetischen Reihenfolge von unten her durch je zwei Elektronen mit entgegengesetztem Spin besetzt. Man unterscheidet lockernde und bindende Molekülzustände. Ist die Energie eines Molekülorbitals größer als die der Atomorbitale, aus denen das Molekülorbital angenähert wird, spricht man von einem *lockernden M.* und entsprechend von *lockernden Elektronen*. Tritt beim Übergang vom Atomorbital zum Molekülorbital eine Erniedrigung der Energie auf, so liegt ein *bindender M.* vor. Elektronen, die einen bindenden M. besetzen, werden *bindende Elektronen* genannt.

Molenbruch, ein Konzentrationsmaß, das vorwiegend für die Angabe der Zusammensetzung von Mischungen oder Lösungen von Nichtelektrolyten verwendet wird. Der M. ist gleich der Zahl der Mole des gelösten Stoffes dividiert durch die Zahl der Mole aller Stoffe in der Mischung bzw. der Lösung.

Möller-Prisma, → Reflexionsprisma.

Møllersche Wellenoperatoren, → S-Matrix.

Møller-Streuung, → Feynman-Diagramm.

Mollier-Diagramm, Diagramm für Zustandsänderungen, bei denen die Enthalpie H als eine Koordinate dient. Am meisten verbreitet ist das Enthalpie-Entropie-Diagramm, aber auch Enthalpie-Druck- und Enthalpie-Temperatur-Diagramme werden benutzt. M.-D.e werden besonders in der Dampftechnik verwendet.

Mollsche Thermosäule, → Aktinometer.

moll-Skala, → Tonskalen.

Mollwo-Ivey-Relation, eine empirische Beziehung zwischen der energetischen Lage des Maximums von Absorptionsbanden von Alkalihalogeniden und deren Gitterkonstanten a. Für das Maximum E_F der F-Bande gilt z. B. $E_F = 17{,}7\, a^{-1,84}$, wobei E_F in Elektronenvolt und a in Ångström einzusetzen sind. → Störstelle.

Molnormvolumen, → Molvolumen.

Molpolarisation, die mit der Loschmidtschen Zahl multiplizierte molekulare elektrische → Polarisierbarkeit.

Molprozent, ein Konzentrationsmaß, → Konzentration.

Molverhältnis, ein Konzentrationsmaß. → Konzentration.

Molvolumen, V_{mol}, das Volumen eines Mols eines Stoffes. Es ist gegeben durch $V_{mol} = M/\varrho$, wobei M das Molekulargewicht und ϱ die Dichte bedeuten. Bei idealen Gasen ist das M. jedoch von der speziellen Substanz unabhängig und nur von Druck und Temperatur abhängig (→ Clapeyronsche Zustandsgleichung). Bei physikalischen Normalbedingungen beträgt das M. idealer Gase (*Molnormvolumen*) V_{mol} = 22,414 Liter. Nach der von H. Kopp 1855 aufgestellten empirischen Regel sind die Molvolumina der Flüssigkeiten bei ihren Siedepunkten gleich der Summe der Atomvolumina. Bei realen Flüssigkeits- und Gasgemischen setzt sich das M. nicht additiv aus den Molvolumina der einzelnen Komponenten zusammen; in solchen Fällen muß mit partiellen Molvolumina gerechnet werden.

Molwärme, die auf ein Mol eines Stoffes bezogene → spezifische Wärmekapazität.

Momente, allgemein die für eine beliebige diskrete oder kontinuierliche Verteilung $\mu(x_1, \ldots, x_n)$ im n-dimensionalen euklidischen Raum $\mathfrak{R}^n$ bezüglich des Koordinatenursprungs definierten Ausdrücke $M^{(n)}_{i_1\, i_2 \ldots i_n} = \int x_{i_1} x_{i_2} \cdots x_{i_n}\, dm$ für $i_k = 1, \ldots, n$. Speziell für eine Masseverteilung $\varrho(\vec{r})$ im dreidimensionalen Raum sind die x_{i_k} mit der x-, y- oder z-Koordinate zu identifizieren, je nachdem ob die i_k die Werte 1, 2 oder 3 annehmen. Dabei sind x, y und z die Koordinaten des Masseelementes $dm = \varrho(\vec{r})\, d\tau$, wobei $d\tau$ das infinitesimale Volumenelement ist; der obere Index (n) zeigt an, daß ein Moment n-ter Ordnung vorliegt. Die *M. 1. Ordnung* $M_i^{(1)} = \int x_i \, dm$ liefern den Schwerpunkt des Systems, im homogenen Schwerefeld außerdem das Drehmoment. Die *M. 2. Ordnung* $M_{ij}^{(2)} = \int x_i x_j \, dm$ geben die Komponenten des Trägheitstensors; sie spielen für die Drehbewegung starrer Körper eine wichtige Rolle. Höhere M. werden bei der Behandlung des starren Körpers nicht benötigt, spielen aber bei mathematischen Problemen und bei Wahrscheinlichkeitsverteilungen wie auch für die Spektrenauswertung (→ Momentenmethode) eine Rolle.

Das Moment eines Vektors $\vec{v}$ im Punkte P bezüglich eines festen Bezugspunktes O ist das Vektorprodukt $\vec{r} \times \vec{v}$ mit $\vec{r} = \overrightarrow{OP}$, dem Radiusvektor $\vec{r}$ zum Punkte P (→ Drehmoment, → Drehimpuls). → magnetisches Moment.

momentane Auslenkung, → Schwingung.

Momentanleistung, → Wechselstromleistung.

Momentenbeiwert, → Druckpunkt.

Momentengleichungen, → Boltzmann-Gleichung.

Momentenmethode, eine Methode zur Analyse von experimentellen Absorptions- bzw. Emissionsspektren von Festkörpern. Das nullte Moment einer Absorptionsbande ist definiert als $M_0 = \int f(E) \, dE$, das erste Moment $M_1 = \frac{1}{M_0} \int f(E) \, E \, dE$ gibt den Schwerpunkt der Bande. Das n-te Moment ist $M_n = \frac{1}{M_0} \int f(E) \times (E - M_1)^n \, dE$ mit $f(E) = \frac{1}{E} \cdot \alpha(E)$; α ist der optische Absorptionskoeffizient für die Photonenenergie E. Die M. wird vor allem zur Analyse breiter, wenig strukturierter Banden angewandt, wenn eine Entartung der elektronischen Energieniveaus der Störstellen vorliegt, die die Banden verursachen.

Momentensatz, → Drehmoment.

MO-Methode, svw. Methode der Molekülzustände.

Monat, die Zeitdauer eines Umlaufes des Mondes um die Erde. Je nach Wahl des Bezugspunktes oder der Bezugslinie, gegenüber denen ein voller Umlauf gezählt wird, ergeben sich unterschiedliche Monatslängen. Der *drakonitische M.* mit 27 d 5 h 5 min 35,8 s mittlerer Sonnenzeit ist auf den aufsteigenden Knoten der Mondbahn bezogen, der *tropische M.* mit 27 d 7 h 43 min 4,7 s auf den Stundenkreis des Frühlingspunktes, der *siderische M.* mit 27 d 7 h 43 min 11,5 s auf den Stundenkreis eines Fixsternes, der *anomalistische M.* mit 27 d 13 h 18 min 33,2 s auf das Perigäum und der *synodische M.* mit 29 d 12 h 44 min 2,9 s auf gleiche Mondphase.

Monazitsand, isomorphes Gemisch von Silikaten und Phosphaten des Thoriums und der Seltenerdmetalle, das für deren Gewinnung – besonders des Thoriums – ein wichtiges Ausgangsmaterial ist. M. ist häufig radioaktiv, man findet ihn vor allem an den Mündungen großer Flüsse, z. B. in Süd-Norwegen, Indien, Ceylon, Brasilien, im Ural.

Mond, 1) im *engeren Sinne* der die Erde umkreisende Himmelskörper (*Erdmond, Erdtrabant*). Die mittlere Entfernung des M.es von der Erde beträgt 384400 km, die siderische Umlaufzeit 27,32166 Tage, die synodische Umlaufzeit ist um 2,209 Tage länger (→ Monat). Der Durchmesser des M.es beträgt 3476 km, die Masse $7{,}35 \cdot 10^{25}$ g = 1/81,3 Erdmassen. Die mittlere Dichte ergibt sich damit zu 3,34 g/cm³. Die Schwerebeschleunigung an der Mondoberfläche beträgt 16,6% derjenigen an der Erdoberfläche. Die Temperatur schwankt zwischen +130 °C auf der Tagseite und etwa −160 °C auf der Nachtseite. Der M. strahlt im reflektierten Sonnenlicht, nur im Infraroten und im Radiogebiet tritt thermisches Eigenleuchten auf (→ Radioastronomie).

Der M. besitzt nur eine außerordentlich dünne Atmosphäre, die radioastronomisch nachweisbar ist. Die Elektronendichte liegt etwa um 10^4 Elektronen je cm³ über der des interplanetaren Gases.

Von der Oberfläche des M.es kann von der Erde aus nur etwas mehr als die Hälfte beobachtet werden, weil der M. infolge seiner gebundenen Rotation der Erde ständig die gleiche Seite zuwendet.

In der Abb. ist schematisch der M. an vier Stellen seiner Bahn um die Erde dargestellt. Die Pfeile sind gedachte Markierungen, die fest mit der Mondoberfläche verbunden sein sollen. Bei der gebundenen Rotation weisen die Pfeile immer zur Erde: Der M. kehrt der Erde stets die gleiche Seite zu. Verfolgt man die Veränderung der Pfeilrichtungen in den vier aufeinanderfolgenden Stellungen, so erkennt man, daß sich der M. während eines Umlaufes um die Erde gerade um 360° gedreht hat. Hätte der M. keine Rotation, so würde die Richtung der Pfeile immer gleich bleiben, der M. würde aber der Erde immer andere Teile seiner Oberfläche zukehren.

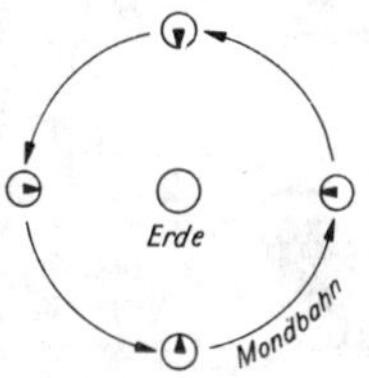

Zur Veranschaulichung der gebundenen Rotation des Mondes

Mit Hilfe von Raumsonden und künstlichen Mondsatelliten gelang es, auch die Rückseite des M.es zu untersuchen.

Bei den Oberflächenstrukturen unterscheidet man Ebenen und Gebirge. Es treten sowohl *Ketten-* als auch *Ringgebirge* auf. Die Ringgebirge, die oftmals einen Zentralberg umschließen, können Durchmesser bis zu 200 km haben. Mit Abnahme der Durchmesser steigt die Zahl der Ringgebirge steil an, sie werden dann als *Krater* bezeichnet. Über die Entstehung einzelner Mondformationen ist noch nichts Endgültiges bekannt; die Entstehung der Krater wird aber meist auf den Einschlag von Meteoriten zurückgeführt. In jüngster Zeit gelang die direkte physikalische und chemische Untersuchung der Mondoberfläche mit Hilfe weich gelandeter Mondsonden und durch die Untersuchung der auf die Erde gebrachten Proben von Mondgestein. Dabei ergab sich, daß die Mondoberfläche mit einer Schicht porösen, staubförmigen Materials bedeckt ist, in das feste Gesteinsbrocken eingebettet sind. Diese sind ähnlich dem irdischen Basalt, es wurden aber auch Minerale gefunden, die auf der Erde unbekannt sind. Der Mondstaub ist das Ergebnis einer durch Meteorite, Sonnenwind und kosmische Strahlung verursachten Erosion des Mondgesteins. Für das Alter der Mondbodenproben ergaben sich Werte zwischen 2 und mehr als 4 Milliarden Jahre.

Der M. ist Ziel zahlreicher Unternehmungen der Weltraumfahrt. Mit Lunik 2 (UdSSR) erreichte 1959 zum ersten Mal ein von Menschen gebautes Objekt den M. Die Mondrückseite wurde 1959 erstmalig durch Lunik 3 (UdSSR) photographiert. Die erste weiche Landung auf dem M. erfolgte 1966 durch Luna 6 (UdSSR).

Am 20. 7. 1969 betraten zum ersten Mal Menschen die Mondoberfläche, die Besatzung der Landefähre von Apollo 11 (USA).

Das erste automatische unbemannte fahrbare Mondlaboratorium war Lunochod I, gelandet am 17. 11. 1970.

2) im weiteren Sinne jeder Himmelskörper, der einen Planeten umkreist, → Satellit.

Mondbeben, durch Einschläge von Meteoriten oder eventuelle tektonische Vorgänge hervorgerufene Erschütterung des Bodens des Mondes. M. sind verglichen mit → Erdbeben äußerst schwach, dennoch können sie infolge des Fehlens der → mikroseismischen Bodenunruhe mittels hochempfindlicher Seismographen registriert werden. Die gewonnenen Seismogramme unterscheiden sich wesentlich von denen bei Erdbeben. Man kann sie als Schwingungsbilder vieler, auf ganz verschiedenen Wegen gelaufener Teilwellen deuten, was auf viele reflektierende große Spalten hinweist.

Monitor, ein Gerät oder eine Einrichtung zur Beobachtung oder Kontrolle der Funktion einer komplexen Anlage. Derartige Einrichtungen, zu denen die erforderlichen Signale oft über Entfernungen von vielen km übertragen werden, bestehen z. B. aus Fernsehbildwiedergabegeräten, Fernanzeigegeräten u. a. m.

In der Hochenergiephysik ist ein M. im einfachsten Falle ein Zählrohr oder ein Szintillationszähler mit nachgeschaltetem elektronischem Impulszähler zur Absolutbestimmung der Teilchenstrahlintensität an einer Beschleunigungsanlage.

Im Strahlenschutz ist ein M. ein Überwachungsgerät für ionisierende Strahlung, das die Überschreitung vorgegebener Schwellwerte optisch oder akustisch signalisiert. Meist werden → Zählrohre oder → Ionisationskammern als Detektoren verwendet. Beispiele sind M.e für die Kontamination der Körperoberfläche (Hand-Fuß-Monitor, Personen-Monitor), der Kleidung oder des Fußbodens. Von besonderer Bedeutung sind M.e für die Ortsdosisleistung (Labormonitore, Raumwarnanlagen) sowie Luftmonitore, die wesentliche Überschreitungen der maximal zulässigen Äquivalentdosisleistung bzw. der maximal zulässigen Konzentration radioaktiver Stoffe in der Luft (→ Strahlenschutzgrenzwerte) signalisieren und damit das rechtzeitige Verlassen eines Raumes bei Gefahr ermöglichen. Zur groben Feststellung von → Inkorporationen dient der Inkorporations-Monitor, eine einfache Form des Ganzkörperzählers.

Monochromat, ein Linsensystem, bei dem die chromatischen Bildfehler (→ Abbildungsfehler) nicht behoben sind. Der M. kann also nur für eine ausgezeichnete Wellenlänge benutzt werden. Er findet oft für Abbildung im Ultravioletten Anwendung, weil hier für die Behebung der chromatischen Bildfehler keine geeigneten Linsenwerkstoffe zur Verfügung stehen.

Monochromator, eine Vorrichtung zur Auswahl von Teilchen nach ihrer Energie oder von Wellen nach ihrer Frequenz. Wegen des Welle-Teilchen-Dualismus können (meist in verschiedenen Energiebereichen) Teilchen- und Wellenmethoden für dieselbe Strahlungsart benutzt werden. Mit den Wellen-(Interferenz-)Methoden kann man eine höhere Genauigkeit (höheres Auflösungsvermögen) erreichen.

1) M. für Teilchenstrahlen. Es wird gefordert, daß die Energie der Teilchen nur wenig um einen Mittelwert schwanken soll. *Mechanische M.en* dienen z. B. zur Energieselektion thermischer Neutronen eines Reaktors. Auf einer Achse rotieren Kadmiumscheiben, in denen sich um den Winkel φ versetzte Schlitze befinden (Abb. 1). Entsprechend der Drehgeschwindigkeit der Scheiben gelangen nur Neutronen einer definierten Energie durch den M. (→ Chopper, → Flugzeitmethode, → Geschwindigkeitsselektor). Diese mechanischen M.en eignen sich nur für Neutronen geringer Energie. Monochromatische Neutronen hoher Energie erhält man lediglich durch spezielle Kernprozesse, in denen solche direkt erzeugt werden. *Elektromagnetische*

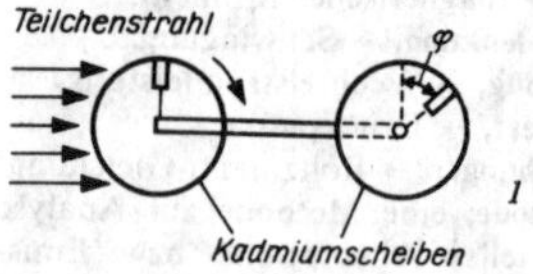

1 Monochromator für thermische Neutronen

M.en bewirken eine Geschwindigkeitsauswahl der geladenen Teilchen. Bei vorgegebener Geometrie kann dazu die Ablenkung eines geladenen Teilchens in einem homogenen elektrischen oder magnetischen Feld sowie in zueinander senkrechten elektrischen und magnetischen Feldern benutzt werden.

2) M. für Wellen. Im grundsätzlichen Aufbau ähnelt der M. einem → Spektrographen. Das vom Eintrittsspalt kommende Licht wird von einem Spiegel parallelgerichtet und auf das Prisma oder Beugungsgitter gelenkt. Das parallele Licht wird von einem zweiten Spiegel in die Ebene des Austrittsspaltes fokussiert. Auf diese Weise wird der Eintrittsspalt auf den Austrittsspalt abgebildet. Diese Abbildung ist nur für die eingestellte Wellenlänge vollständig. Eintrittsspaltbilder, die zu benachbarten Wellenlängen gehören, werden etwas seitlich versetzt abgebildet, so daß deren Licht nur noch teilweise oder gar nicht durch den Austrittsspalt gelangt. Zur Einstellung der gewünschten Wellenlänge wird das Prisma oder Gitter um eine bestimmte Achse gedreht.

Bei den M.en haben sich zwei Grundbauformen durchgesetzt, die Wadsworth- und die

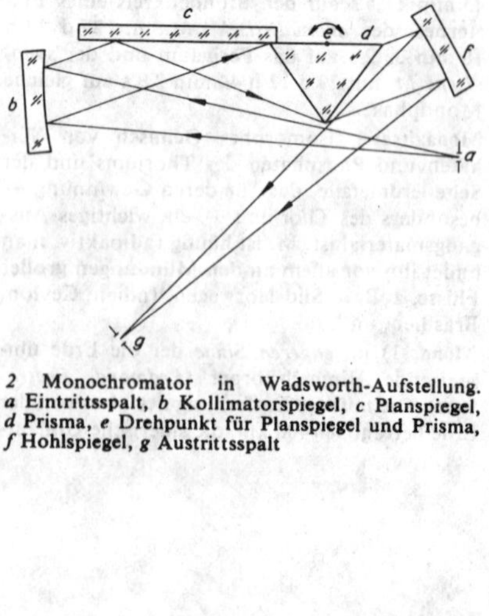

2 Monochromator in Wadsworth-Aufstellung. *a* Eintrittsspalt, *b* Kollimatorspiegel, *c* Planspiegel, *d* Prisma, *e* Drehpunkt für Planspiegel und Prisma, *f* Hohlspiegel, *g* Austrittsspalt

Littrow-Aufstellung. Bei der *Wadsworth-Aufstellung* (Abb. 2) ist mit dem Prisma ein Planspiegel (Wadsworth-Spiegel) starr gekoppelt. Beide werden um eine feste Achse gedreht, die sich in der Schnittlinie der Planspiegelebene mit der winkelhalbierenden Ebene des Prismas befindet. Auf diese Weise wird erreicht, daß das Prisma für jede Wellenlängenjustierung im Minimum der Ablenkung benutzt wird. Bei der *Littrow-Aufstellung* (Abb. 3) wird eine Autokollimationsanordnung benutzt. Das Prisma steht fest, während der dahinter befindliche Planspiegel gedreht wird.

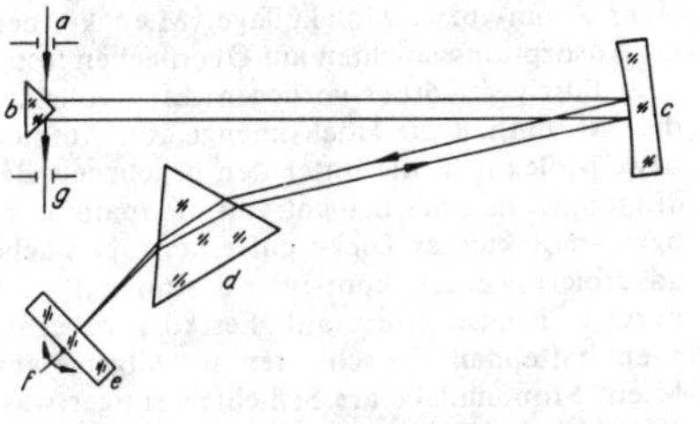

3 Monochromator in Littrow-Aufstellung. *a* Eintrittsspalt, *b* Umlenkprisma, *c* Hohlspiegel, *d* Dispersionsprisma, *e* Planspiegel, *f* Drehpunkt zur Wellenlängenvariation, *g* Austrittsspalt

Gittermonochromatoren werden unter Verwendung von Reflexions-Beugungsgittern gebaut. Eine Ausführungsform bedient sich der *Ebert-Aufstellung* (Abb. 4). Das vom Eintrittsspalt kommende Licht wird von einem Hohlspiegel parallelgerichtet und auf das Beugungsgitter gelenkt. Von diesem gelangt das abgebeugte Licht auf einen zweiten Hohlspiegel, der das Licht auf den Austrittsspalt fokussiert.

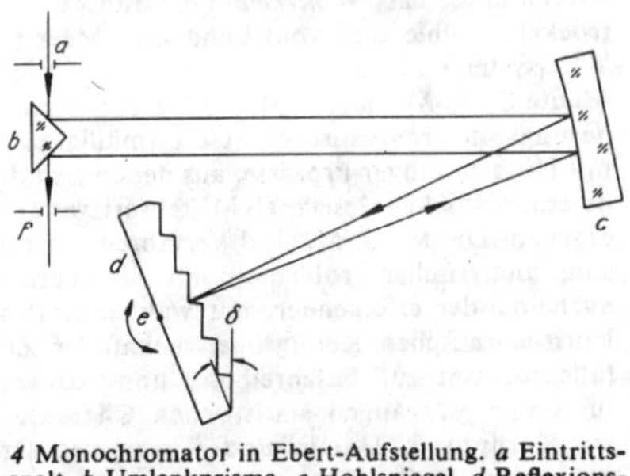

4 Monochromator in Ebert-Aufstellung. *a* Eintrittsspalt, *b* Umlenkprisma, *c* Hohlspiegel, *d* Reflexions-Beugungsgitter, *e* Drehpunkt zur Wellenlängenänderung, *f* Austrittsspalt

Da sich einzelne ***Beugungsordnungen*** überlappen können, wird bei der Verwendung eines Gittermonochromators häufig eine angemessene Vorzerlegung notwendig.

M.en werden allgemein unter Verwendung von Spiegeln als abbildende Elemente gebaut, um die störende chromatische Aberration von Linsen zu vermeiden. Im vakuumultravioletten Bereich entstehen zusätzliche Nachteile durch die geringer werdende Reflexion der Spiegelbelegungen.

Der auf eine bestimmte Wellenlänge eingestellte M. läßt stets einen schmalen Wellenlängenbereich hindurch. Diesen Intensitätsverlauf in Abhängigkeit von der Wellenlänge nennt man Apparatefunktion. Diese errechnet sich aus der Faltung der Intensitätsverteilung im Bild des Eintrittsspaltes eines Spektrographen mit der Funktion (Rechteck), die den Austrittsspalt beschreibt. Die Apparatefunktion eines M.s unterliegt den gleichen Einflüssen (Spaltbeleuchtung, Beugung, Abbildungsfehler, Prismen- und Gitterfehler) wie bei Spektrographen. Eine häufig ausreichende Näherung für die Apparatefunktion ist die Gauß-Kurve, deren Halbwertbreite $\Delta\lambda$ sich aus der Winkeldispersion und dem Beugungsauflösungsvermögen nach Rayleigh näherungsweise errechnet:

$$\Delta\lambda = \frac{S}{f\left(\frac{d\alpha}{d\lambda}\right)} + F(\omega)\,\Delta\lambda_{\mathrm{Beug}} = \Delta\lambda_{\mathrm{Beug}}\,[\omega + F(\omega)];\quad \omega = \frac{SD}{\lambda f}.$$

Dabei bedeutet S geometrische Spaltbreite, f die Brennweite des Monochromators, $\frac{d\alpha}{d\lambda}$ die Winkeldispersion des Gitters bzw. Prismas, $F(\omega)$ die Gewichtsfunktion, $\Delta\lambda_{\mathrm{Beug}}$ die Beugungsauflösung nach Rayleigh und D die genutzte Breite des parallelen Lichtbündels. $\Delta\lambda_{\mathrm{Beug}} = \frac{\lambda}{A} = \frac{\lambda}{b\left(\frac{dn}{d\lambda}\right)}$ für ein Prisma, dabei bedeutet b die Prismenbasis, $\frac{dn}{d\lambda}$ die Materialdispersion und A das Auflösungsvermögen. Für ein Gitter ist $\Delta\lambda = \lambda/A = \lambda/mN$, wobei m die Beugungsordnung und N die Gesamtstrichanzahl bedeutet.

Die Halbwertbreite der Apparatefunktion wird auch als *spektrale Spaltbreite* bezeichnet.

Die Kopplung zweier Einfachmonochromatoren ergibt einen *Doppelmonochromator*. Es gibt zwei Möglichkeiten der Kopplung. Die eine führt zu einer Addition der Dispersionen der beiden Einfachmonochromatoren, die zweite Kopplungsart ergibt eine Subtraktion der beiden Einzeldispersionen. Bei einem Doppelmonochromator ist der Mittelspalt der Austrittsspalt für den ersten M. und zugleich der Eintrittsspalt für den zweiten M. Die additive und subtraktive Dispersion entsteht durch das unterschiedliche Zusammenwirken der Bildumkehrung und der Dispersionrichtung im zweiten M. Bei der Bestimmung der Apparatefunktion sind eine Reihe von Spezialfällen zu unterscheiden. Der Vorteil eines Doppelmonochromators liegt im außerordentlich geringen Streulichtanteil und teilweise im größeren Auflösungsvermögen (bei additiver Dispersion).

Von besonderer Bedeutung ist der ***M. für Röntgenstrahlen*** zur Aussonderung eines gewünschten Wellenlängenintervalls aus dem Spektrum der Röntgenstrahlen. Diese M.en sind besonders für Röntgenbeugungsaufnahmen von Bedeutung. Für Pulvermethoden, Einkristallmethoden und beim Röntgendiffraktometer verwendet man in vielen Fällen die nicht reinmonochromatische, charakteristische Röntgenstrahlung des Antikatodenmaterials, insbesondere die Alphastrahlung von Kupfer, Molybdän, Kobalt, Eisen. M.en für Röntgenstrahlen beruhen auf der selektiven Reflexion des Röntgenstrahls an Einkristallen. Dabei wird der Kristall so orientiert, daß für die gewünschte Wellenlänge die → Braggsche Reflexionsbedingung erfüllt ist. Der Kristall muß unempfindlich gegen Röntgenstrahlung und gegen die Einflüsse der umgebenden Atmosphäre sein. Der zur Monochromatisierung benutzte Reflex sollte unter kleinem Glanzwinkel auftreten, damit die Polarisation des monochromatisierten Strahles möglichst gering ist.

Folgende Typen sind gebräuchlich: *a) M.en mit ebenem Einkristall*, der derart geschliffen oder gespalten ist, daß eine stark reflektierende Ebene parallel zur Oberfläche des Kristalls liegt. b) „*Tilted-Crystal-Monochromator*" nach Fankuchen, bei dem die Oberfläche des Einkristalls in solch einem Winkel zur reflektierenden Ebene geschliffen ist, daß der monochromatisierte Strahl auf eine geringere Breite und damit größere resultierende Intensität konzentriert wird. c) *Linienfokus-Monochromator* (*Johann-Monochromator*) aus einem zylindrisch gebogenen Einkristall. Die aus der Röhre austretenden divergenten Röntgenstrahlen werden mit dieser Anordnung auf eine Linie fokussiert. Der Abbildungsfehler wird verringert, wenn (nach Johansson) der auf den Zylinderradius $2R$ gebogene Kristall zusätzlich zylindrisch mit dem Radius R geschliffen wird. Die Linienfokus-Monochromatoren werden hauptsächlich bei Pulvermethoden angewandt. d) Bei *Punktfokus-Monochromatoren* wird entweder ein zu einem Ellipsoid verformter Einkristall verwendet oder ein Paar im Strahlengang hintereinander liegender Linienfokus-Monochromatoren. e) Für beste Monochromatisierung verwendet man M.en aus zwei nacheinander reflektierenden unverformten Einkristallen.

Die genannten M.en für Röntgenstrahlen dienen besonders zur Untersuchung von Kristallen mit sehr großen Gitterkonstanten, z. B. Eiweißkristallen, zur Untersuchung der Beugung an Flüssigkeiten, amorphen Substanzen oder Gasen sowie von Fehlstellen.

Genau so arbeitende Einkristallmonochromatoren werden auch als *Neutronenkristallspektrographen* eingesetzt. Aus Intensitätsgründen ist allerdings eine sehr große Flußdichte des primären Neutronenstrahls notwendig. Dabei läßt man Neutronen streifend unter einem Winkel φ auf einen Kristall auftreffen, so daß sie entsprechend ihrer de-Broglie-Wellenlänge gebeugt werden. Mittels der Braggschen Gleichung und der de-Broglie-Beziehung erhält man einen Zusammenhang zwischen Neutronengeschwindigkeit v und Einfallswinkel φ, nämlich $v = (h/2)\, Ma \sin\varphi$. Dabei ist h das Plancksche Wirkungsquantum, M die Neutronenmasse und a die Gitterkonstante des Kristalls. Durch Veränderung von φ erhält man Neutronen mit der gewünschten Geschwindigkeit. Diese Methode eignet sich für Neutronen des Energiebereichs von 0,01 bis 100 eV.

monoklin, Bezeichnung für diejenigen Raum- und Punktgruppen, die eine ausgezeichnete Richtung, d. i. die *m.e Achse*, haben; parallel, zu der es 2zählige Symmetrieachsen oder senkrecht, zu der es Symmetrieebenen (oder beides) gibt, während Symmetrieachsen höherer Zähligkeit oder anderer Orientierung und anders orientierte Symmetrieebenen fehlen (→ Symmetrie, Tab. 3). Meist wird der Basisvektor $\vec{b}$ (seltener $\vec{c}$) parallel zur m.en Achse gewählt, die beiden anderen Basisvektoren sind dann senkrecht zur m.en Achse (→ Elementarzelle). Die Winkel zwischen diesen letzteren (β bzw. γ) nennt man *m.e Winkel*. M.e Raum- und Punktgruppen faßt man zum *m.en Kristallsystem* zusammen. Einen Kristall mit einer m.en Raumgruppe, sein Punktgitter, Translationsgitter und seine Elementarzelle nennt man ebenfalls m.

Monoschicht, dünne Schicht von der Dicke einer Atom- bzw. Moleküllage. M.en können als Adsorptionsschichten auf Oberflächen fester oder flüssiger Körper vorliegen. Eine vollständige M. enthält die Höchstmenge von Atomen bzw. Molekülen, die unter den gegebenen Bedingungen in einer Schicht von monoatomarer bzw. -molekularer Dicke auf einer Oberfläche adsorbiert werden können. So sind z. B. die durch Chemisorption auf Festkörperoberflächen haftenden Gasschichten im allgemeinen M.en. Monomolekulare Schichten einiger wasserunlöslicher Substanzen, z. B. bestimmte Fettsäuren, Alkohole und Nitrile, lassen sich durch Spreitung auf einer Wasseroberfläche erzeugen.

Monotektikum, → Schmelzdiagramm.

monoton, → Funktion.

Monotonie, → Folge.

Monotropie, → Modifikation.

Monsun, jahreszeitlich wechselnde großräumige Luftströmung, besonders in Indien und Ostasien. Der *Sommermonsum* weht vom Meer zum Land und bringt Bewölkung, Niederschlag und Abkühlung, der *Wintermonsun* transportiert trockene, kühle Luft vom Land zum Meer (→ Windsysteme).

Monte-Carlo-Methoden, Methoden der Modellierung deterministischer Gesetzmäßigkeiten mit Hilfe zufälliger Prozesse, aus denen sich die deterministischen Gesetze als Mittelwertsverläufe ergeben. Die M.-C.-M. sind Verfahren zur Lösung analytischer Probleme durch Simulierung nacheinander erfolgender, mit wahrscheinlichkeitstheoretischen Kenngrößen behafteter Zufallsprozesse; zur Beschreibung und Auswertung von Vorgängen statistischen Charakters aus Kernphysik, Handel und Versorgung, Organisation der Produktion u. a. m.

Die M.-C.-M. werden z. B. angewendet zur Lösung von Gleichungssystemen, von Eigenwertproblemen, von gewöhnlichen und partiellen Differentialgleichungen sowie zur Berechnung bestimmter Integrale und Mehrfachintegrale, deren analytische Lösung wesentlich aufwendiger wäre. Die Parameter der zufälligen Prozesse werden den Eingangs- und Ausgangsgrößen zugeordnet, zwischen denen die zu untersuchenden deterministischen Gesetze bestehen. Die gesuchten Größen ergeben sich als Schätzwerte entsprechender Mittelwerte des zufälligen Prozesses. Dafür ist die Konvergenz der Mittelwerte gegen die gesuchten deterministischen Werte entscheidend. Genauigkeitsaussagen können nur durch statistische Kriterien, z. B. die Varianz, erhalten werden.

Auch die Parameterschätzverfahren der angewandten Statistik und Verfahren der Korrelationsmeßtechnik zur Kennwertermittlung deterministischer Systeme müssen als M.-C.-M. angesehen werden. Von besonderer Bedeutung ist die Simulation dieser Prozesse auf Digitalrech-

nern. Sie erfordert die Erzeugung von Zufallszahlen oder Pseudozufallszahlen durch deterministische Algorithmen.

So kann z. B. der Durchgang von Neutronen durch Materie auf einer Rechenmaschine ausgewertet werden, indem individuelle Wege und Wechselwirkungsprozesse vieler Neutronen nacheinander simuliert, verfolgt und registriert werden. Das Prinzip dieser Methode besteht in folgendem: Ein Neutron mit bestimmtem Anfangszustand, dem Ort X_{i0} ($i = 1, 2, 3$), der Geschwindigkeit v_0 und der Richtung $\cos \varphi_{i0}$, wird gestartet und legt bis zu seiner ersten Wechselwirkung eine Strecke s_1 zurück. Wie groß s_1 ist, wird für das individuelle Neutron vollkommen dem Zufall überlassen, d. h. *irgendeiner* reellen Zahl, die an dieser Stelle des Programms von einem in der Rechenmaschine arbeitenden Zufallszahlengenerator abgefragt wird. Da die Wahrscheinlichkeit, eine Strecke s zu durchlaufen, gegeben ist durch $w(s) = e^{-\lambda s}$, wird mit Hilfe eines deterministischen Algorithmus gleichzeitig dafür gesorgt, daß die erzeugbaren Zufallsgrößen diesem exponentiellen Gesetz folgen. λ ist eine experimentell zu bestimmende Größe. Genauso wird mit der ersten Wechselwirkung verfahren. Ob das Neutron absorbiert, elastisch oder unelastisch gestreut wird, Spaltung o. ä. auslöst, wird wieder dem Zufall überlassen. Als statistische Gewichte fungieren jetzt die experimentell zu bestimmenden Wirkungsquerschnitte. Ist das Neutron absorbiert worden, wird dieser Fakt in der Rechenmaschine vermerkt und ein neues Neutron gestartet, wenn nicht, wird der neue Zustand x_{i1}, v_1, $\cos \varphi_{i1}$ vom Zufallsgenerator abgefragt; ebenso die Wegstrecke bis zur zweiten Wechselwirkung, die zweite Wechselwirkung usw.

Jedes der gestarteten Neutronen wird solange verfolgt, bis es entweder absorbiert wird oder das Materiestück wieder verlassen hat. Die Tatsache der Absorption oder der Zustand, mit dem das Neutron aus der Materie austritt, wird registriert. Die Wahrscheinlichkeiten für bestimmte Erscheinungen erhält man dann als Quotient aus der Häufigkeit des Auftretens und der Zahl der insgesamt gestarteten Neutronen. Daraus folgt auch, daß das Endergebnis um so genauer wird, je mehr Neutronen gestartet und verfolgt wurden. Auf diese Weise können Probleme der Neutronenstreuung, der Abschirmung, der Kernreaktorberechnung, der Diffusion von Teilchen, der Gas- und Magnetodynamik u. a. behandelt werden.

Morgenrot, → Dämmerung.

Mosaikblock, → Einkristall.

Mosaikkristall, → Einkristall.

Mosaikstruktur, → Einkristall.

Moseleysches Gesetz, von H. Moseley 1913 entdeckte Gesetzmäßigkeit in den Röntgenspektren. Moseley fand, daß sich eine gesetzmäßige Verschiebung der Frequenzen der Röntgenlinien nach größeren Werten mit zunehmender Ordnungszahl der emittierenden chemischen Elemente ergibt, und zwar ist die Frequenz ν analoger Serienglieder (Differenz von Röntgentermen) proportional zum Quadrat der Ordnungszahl Z, genauer zu $(Z - \sigma)^2$, wobei σ eine Abschirmkonstante ist (*Moseley-Diagramm*, Abb.). Das Moseleysche G. gilt vor allem für

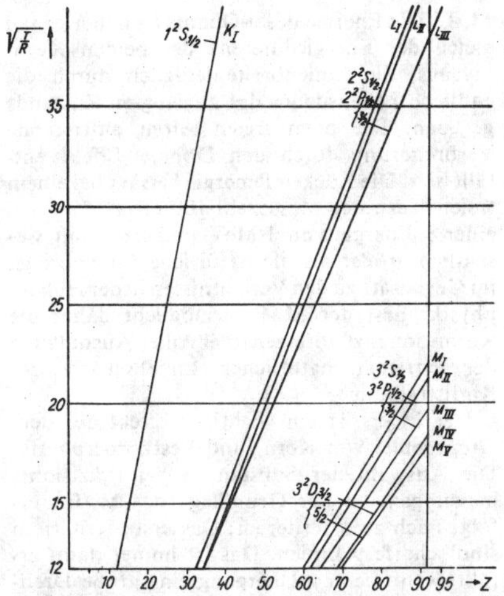

Moseley-Diagramm der Röntgenterme. K, L und M (→ Röntgenspektrum), Z Ordnungszahl, T Termwert, R Rydberg-Konstante

die K-Serie, während die anderen Serien Abweichungen zeigen. Das Gesetz hatte große Bedeutung für die Erkenntnis vom Aufbau der Atome. Mit seiner Hilfe wurde zum erstenmal die physikalische Bedeutung der zunächst formal eingeführten Ordnungszahlen als Kernladungszahlen erkannt. Das Moseleysche Gesetz ist eine wichtige Bestätigung der Bohrschen Atomtheorie und kann quantentheoretisch abgeleitet werden.

MOSFET, → Transistor.

Mosotti-Lorentz-Modell, → Lorentz-Feld.

Mößbauer-Effekt, rückstoßfreie, d. h. ohne gleichzeitige Anregung von Phononen erfolgende Absorption oder Emission von γ-Quanten durch im Festkörper gebundene Kerne, wodurch trotz der sehr geringen natürlichen Linienbreite der γ-Linien Resonanzfluoreszenz möglich wird. Es ergeben sich sehr scharfe Absorptions- und Emissionslinien (Abb. 1), die zu Präzisionsmessungen in vielen Bereichen der Physik benutzt werden. Beispielsweise können mit Hilfe des M.-E.s die Hyperfeinstruktur und die Lebensdauer von Kernzuständen, die Dipol- und Quadrupolmomente von Kernen, die Felder am Kernort (HFS-Wechselwirkung) und der Einfluß des Gravitationsfeldes auf γ-Quanten gemessen werden.

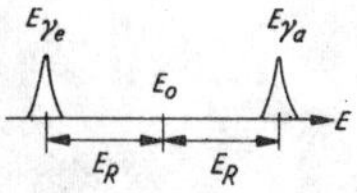

1 Linienbreiten und Rückstoßenergien bei γ-Emission und -Absorption. E_R Rückstoßenergie

Beim Kern eines freien Atoms beobachtet man eine Frequenz, die niedriger ist als die dem Übergang entsprechende, weil ein Teil der aus dem Übergang stammenden Energie für den Rückstoß des emittierenden Kerns verbraucht wird. Wenn der Kern im Kristall gebunden ist, äußert sich die Rückstoßenergie in der Änderung des inneren Zustandes und einer Translationsbewegung des Gesamtkristalls. Die Energie der letzteren kann wegen der vergleichsweise sehr großen Masse des makroskopischen Kristalls immer vernachlässigt werden. Für tiefe Temperaturen folgt aus der Quantenmechanik, daß mit großer Wahrscheinlichkeit eine Emission ohne Änderung des inneren Zustandes des Kristalls, d. h. ohne Phononenemission, erfolgt. Dieser Prozeß heißt rückstoßfreie Emission oder

M.-E. Die Energie des γ-Quants ist daher genau gleich der Energiedifferenz der beiden Kernniveaus, die Linienbreite lediglich durch die endliche Lebensdauer des angeregten Zustands gegeben. Die beim freien Atom auftretende Verbreiterung durch den Doppler-Effekt entfällt hier. Die Rückstoßenergie beträgt bei einem freien Kern der Massezahl 100 etwa 10 eV bei einer γ-Energie von 1 MeV und ist damit wesentlich größer als die natürliche Linienbreite, im Gegensatz zu den Verhältnissen in der Hüllenphysik. Erst der M.-E. ermöglicht daher die Kernresonanzfluoreszenz bei voller Ausnutzung der extremen natürlichen Linienschärfe der Kernstrahlung.

Der M.-E. ist ein wichtiger Effekt auf dem Grenzgebiet von Kern- und Festkörperphysik. Die Auswahl der Substanzen bei Präzisionsmessungen auf der Grundlage des M.-E.s erfolgt nach zwei Kriterien: Das erste Kriterium sind scharfe γ-Linien. Das ist immer dann erfüllt, wenn beim γ-Übergang eine große Drehimpulsdifferenz zwischen Anfangs- und Endzustand vorliegt. Das zweite Kriterium ist die hohe Wahrscheinlichkeit für den rückstoßfreien Prozeß. Das wird bei Substanzen mit möglichst hoher Debye-Temperatur realisiert.

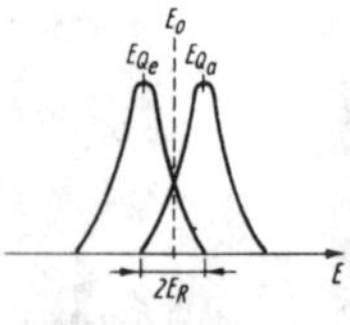

2 Resonanzfluoreszenz bei Überlagerung der Linien des emittierten Quants Q_e und des absorbierten Quants Q_a.

Die äußerst kleine Linienbreite (Abb. 2) erlaubt es, bei einer Resonanzfluoreszenzanordnung sehr kleine Frequenz- bzw. Energieverstimmungen nachzuweisen, so die Rotverschiebung im Schwerefeld oder eine Doppler-Verschiebung durch Bewegung der Quelle bereits bei Geschwindigkeiten der Größenordnung 2 cm/min.

Das Schema einer entsprechenden experimentellen Anordnung ist in Abb. 3 dargestellt. Ein

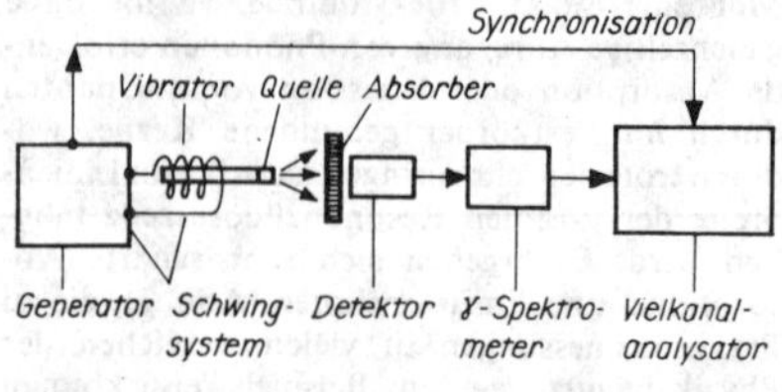

3 Schema einer Apparatur zur Untersuchung des Mößbauer-Effekts

Schwingsystem, das aus einem Schwingungsgenerator und einem Vibrator besteht, erzeugt die Bewegung der Quelle. Mit Hilfe des γ-Spektrometers wird die zu untersuchende γ-Linie ausgewählt, und die Zählrate wird in einem vom Schwingungsgenerator zeitlich gesteuerten Vielkanalanalysator als Funktion der Geschwindigkeit registriert. Abb. 4 zeigt ein typisches Mößbauer-Spektrum.

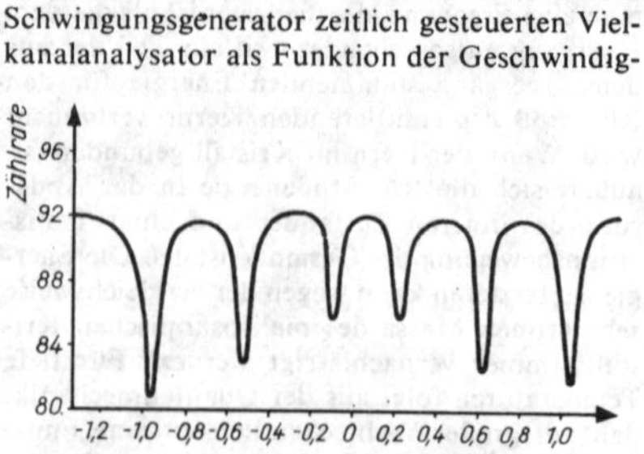

4 Mößbauer-Spektrum von Eisen-57. Übergang vom ersten angeregten Niveau zum Grundzustand

Über den *optischen M.-E.* → Null-Phonon-Übergang.

Lit. Kleine Enzyklopädie Atom – Struktur der Materie (Hrsg. Ch. Weißmantel, Weinheim 1970); Wegener: Der M.-E. und seine Anwendungen in Physik und Chemie (Mannheim 1965): Wertheim: Mössbauer Effect – Principles and Applications (London 1964).

Mößbauer-Spektroskopie, Messung der Resonanzabsorption monochromatischer γ-Strahlung durch Kerne von in Festkörpern eingebauten Atomen in Abhängigkeit von der γ-Frequenz. Die Erzeugung der monochromatischen γ-Strahlung erfolgt durch rückstoßfreie γ-Emission angeregter Atomkerne, die in ein Festkörpergitter eingelagert sind (→ Mößbauer-Effekt). Die Strahlung entsteht durch Übergang eines Kernes vom ersten angeregten Kernzustand, der etwa 100 keV über dem Grundzustand liegt, in den Grundzustand. Die relative Frequenzbreite solcher Linien beträgt $\Delta\nu/\nu = 10^{-13}$, das ist eine relative Schärfe, wie sie sonst nirgends in der Physik erreicht wird.

Die zur Aufnahme eines Mößbauer-Spektrums erforderliche Variation der Primärfrequenz wird durch den → Doppler-Effekt erzielt. Die γ-Strahlenquelle und der Absorber werden relativ zueinander mit Geschwindigkeiten v bis zu 10 cm/s bewegt. Die Aufnahme eines Mößbauer-Spektrums erfolgt durch Registrierung der Zahl der vom Absorber absorbierten γ-Quanten in Abhängigkeit von der Relativgeschwindigkeit. Emitter und Absorber enthalten das gleiche Nuklid.

A p p a r a t i v e s. Als Emitter- und Absorberkerne eignen sich hinreichend stabile Kerne, die bei etwa 100 keV angeregte Niveaus haben. Es gibt mehr als 80 Nuklide dieser Art. Als Wirtskristalle sind solche mit Debye-Temperaturen von einigen 10^2 K günstig. Die Anregung zur γ-Emission ist durch β-Zerfall, K-Einfang, γ-Übergang, α-Zerfall, Coulomb-Anregung und Kernreaktion möglich. Die Relativbewegung, meist durch Bewegung der Quelle, kann linear sägezahnförmig oder auf einer Kreisbahn sinusförmig erfolgen, und zwar mechanisch, hydraulisch, elektromagnetisch (z. B. mittels Lautsprechersystems). Die Emitter- und Absorberkerne werden meist in dünne Kristallfolien physikalisch oder chemisch eingebaut und durch Kryostaten abgekühlt (mittels flüssigen Stickstoffs). Als Zählrohre werden für niedrige γ-Frequenzen Proportionalzähler mit Edelgasfüllung und für hohe Frequenzen Szintillationszähler (NaJ-Kristalle) verwendet.

Die R e g i s t r i e r u n g eines Mößbauer-Spektrums erfolgt im allgemeinen nach folgendem Prinzip: Die γ-Quanten erzeugen im Zähler elektrische Impulse, deren Höhe der Quantenenergie entspricht. Ein Einkanaldiskriminator scheidet die Impulse mit falscher Höhe (falsche Quanten) aus. Die richtigen Impulse erhalten im Modulator eine Höhe proportional zur Relativgeschwindigkeit von Quelle und Absorber (γ-Frequenz). Die Impulse werden einem Vielkanalanalysator zugeführt, der sie der Höhe nach in verschiedene Kanäle einsortiert (einige hundert Kanäle). Die Kanalnummer ist ein Maß für die Quellengeschwindigkeit. Als Bezugsstrahlung wird eine Hilfsstrahlung ohne Mößbauer-Effekt mitgezählt; für jeden v-Wert muß die Zählrate der Meßstrahlung durch die der Vergleichsstrahlung dividiert werden. Mößbauer-Spektren können wichtige Daten der Kern- und der Festkörperphysik liefern. Die wichtigsten sind folgende:

1) *Magnetische Hyperfeinstruktur.* Herrscht am Ort des Absorberkerns ein magnetisches Feld, so spalten das angeregte Niveau und das Grundniveau in eine vom Gesamtdrehimpuls des Kerns (Kernspin) in diesem Zustand abhängige Zahl von Hyperfeinniveaus auf. Die Aufspaltungsgröße ist ein Maß für die Magnetfeldstärke. Das Mößbauer-Spektrum liefert das Produkt aus dem magnetischen Moment des Kerns und dem Magnetfeld am Ort des Kerns. Ist eine dieser Größen bekannt, so kann die andere aus dem Mößbauer-Spektrum ermittelt werden. Man benutzt diese Auswertung zur Bestimmung von magnetischen Kernmomenten im angeregten und im Grundzustand sowie zur Bestimmung von örtlichen Magnetfeldern im Kristallinneren. Die Magnetfelder am Kernort können herrühren von Hüllenelektronen des Probeatoms, von Leitungsbandelektronen des Wirtsgitters, von magnetischen Momenten der Nachbaratome sowie von äußeren Magnetfeldern. Besonders wichtig wurde die Bestimmung innerer Magnetfelder in Ferromagnetika und ähnlichen Stoffen sowie die von magnetischen Kristallstrukturen.

2) *Elektrische Quadrupolaufspaltung.* Sitzt ein Kern mit einer von der Kugelsymmetrie abweichenden Ladungsverteilung in einem inhomogenen elektrischen Feld, so spaltet die U-Linie in eine vom Kernspin abhängige Anzahl von Komponenten auf; die Aufspaltung ist proportional zu dem Produkt aus dem elektrischen Quadrupolmoment des Kerns und der Inhomogenität des elektrischen Feldes am Ort des Kerns. Ist eine dieser Größen bekannt, so kann die andere aus dem Mößbauer-Spektrum ermittelt werden. Man kann somit Kernquadrupolmomente, Kristallfeldparameter und Symmetrien bestimmen.

3) *Isomerieverschiebung.* Die Energiewerte der Kernzustände, deren Kombination zur Aussendung und zur Absorption des γ-Quants führt, hängen unter anderem vom Kernradius und von der Elektronendichte am Kernort ab. Der Kernradius kann im angeregten Zustand und im Grundzustand des Kerns verschiedene Werte haben; die Elektronendichte hängt ab von der chemischen Bindung des Atoms im Kristall. Unterschiede dieser Größen im strahlenden Kern und im Absorber führen zu einer Verschiebung des Schwerpunkts der Mößbauer-Linie gegenüber dem Wert bei der Relativgeschwindigkeit $v = 0$. Man wendet diese Isomerieverschiebung zur Bestimmung von Kernradien, Kerndeformationen und zur Bestimmung von Parametern der chemischen Bindung im Kristall, beispielsweise Wertigkeit und Bindungstyp, an.

4) *Weitere physikalische Effekte.* Die Genauigkeit der M.-S. erlaubt unter anderem die Bestätigung und Neuvermessung der aus der Relativitätstheorie folgenden Linienverschiebung im Gravitationsfeld der Erde, die Messung des transversalen Doppler-Effekts infolge der relativistischen Zeitdilatation an thermisch bewegten Atomen, die Lebensdauermessung angeregter Kernzustände, die Bestimmung von Molekülstrukturen in Molekülkristallen und die Bestimmung von Gitterschwingungsspektren und Debye-Temperaturen.

Mottsche Streuformel, → Streuformeln.

mph, Tabelle 2, Geschwindigkeit.

mS, → Siemens.

MSK 64, → seismische Intensität.

mSZ, → Zeitmaße.

mu, → atomare Masseeinheit 1).

MUF (Abk. von *m*aximum *u*sable *f*requency), in der Funknachrichtentechnik übliche Bezeichnung für die höchste Frequenz elektromagnetischer Wellen, die zu einem bestimmten Zeitpunkt auf einer vorgegebenen Übertragungsstrecke benutzt werden kann. Sie ist bestimmt durch die Grenzfrequenz der Ionosphäre auf dem Ausbreitungsweg der Welle.

muffin-tin-Potential, → Kristallpotential.

Multichiptechnik, ein Verfahren zur Herstellung mikroelektronischer Schaltkreise (→ Mikroelektronik), wobei ein Schaltkreis auf mehrere Substrate verteilt ist, die untereinander mit Drähten verbunden sind. Die Kontaktierung der Drähte erfolgt durch Thermokompressionskontaktierung.

multiperipheres Modell, → Phänomenologie der Hochenergiephysik.

Multiphotowiderstand, eine Kombination einzelner → Photowiderstandszellen.

Multiple-Film-Technik, gleichzeitige Belichtung einiger hintereinander liegender Filme durch reflektierte Röntgenstrahlen bei der → Kristallstrukturanalyse. Die M.-F.-T. gestattet es, mit ein und demselben Aufnahmevorgang sehr starke und sehr schwache Reflexe in einem zur Intensitätsschätzung oder -messung günstigen Schwärzungsbereich des Filmmaterials zu erhalten. Anstelle von nur einem Film wird ein Packen von 2 bis 6 Filmen benutzt. Treffen die Röntgenstrahlen bei allen Reflexen unter gleichem Winkel auf den Filmpacken, so wirken die vorderen Filme als einheitliche Absorber und reduzieren die Intensität des Strahls, der die Filme durchdringt, jeweils um einen konstanten Faktor.

Multiplett, 1) Gruppe von Spektrallinien, die durch Übergänge zwischen Termen mit Feinstrukturaufspaltung entstehen.

2) Gruppe von Energieniveaus oder Termen, die zu einer Elektronenkonfiguration und unterschiedlichen Werten der Quantenzahl J des → Gesamtdrehimpulses gehören. Die M.s entstehen durch magnetische Wechselwirkung zwischen dem Magnetismus der Elektronenbahnbewegung und dem Eigenmagnetismus (→ Spin) der Elektronen. Die dadurch hervorgerufene Aufspaltung der Linien im Spektrum wird als → Feinstruktur bezeichnet.

Jeder Term eines M.s der Feinstruktur bildet im allgemeinen ein M. der Hyperfeinstruktur.

Die Anzahl der zu einem M. gehörenden Terme nennt man → Multiplizität (Vielfachheit). Ein Singulett, Dublett, Triplett, ... besteht aus 1, 2, 3, ... Termen.

Ein M. von Termen, bei dem die Reihenfolge der Terme der Umkehrung der → Landéschen Intervallregel entspricht, bezeichnet man als *verkehrtes M.*

Multiplettstruktur im Kern, in Analogie zur Atomhülle (→ Multiplett) beobachtete Zustände, die sich nur durch die Projektionen der Quantenzahlen, wie etwa Isospin und Spin, unterscheiden und unterschiedliche Energien haben. Die Energieunterschiede können bei Isospin- bzw. Ladungsmultipletts einige MeV zwischen den Zuständen benachbarter Projektionen betragen. Spinmultipletts haben bei Kernen so geringe Abstände, daß sie nur mit dem Mößbauer-Effekt nachgewiesen werden können. Abweichend von obiger Definition werden Zustände, die durch Kopplung des ungeraden Protons und Neutrons zum Gesamtspin I bei uu-Kernen entstehen, als *Kernmultiplett* bezeichnet. Die Energiedifferenzen dieser Zustände liegen bei einigen 10 keV.

Multiplex-Interferenzspektroskop von Gehrcke-Lau, *Multiplex-Interferenzspektrometer*, eine Kombination zweier Etalonplatten-Spektroskope (→ Fabry-Perot-Interferometer) verschiedener Dicken. Mit ihm kann man sowohl eine Verschärfung der Interferenzerscheinung als auch eine Vergrößerung des Dispersionsgebietes erzielen, wobei bestimmte Ordnungen unterdrückt werden. Bei Verwendung zweier Luftplatten anstelle der beiden Etalonplatten erhält man das *Compound-Interferometer nach Houston*. Die Verschärfung der Interferenzen bei diesen Anordnungen beruht auf Folgendem: Werden zwei einander gleiche Systeme zur Erzeugung Haidingerscher Ringe hintereinander angeordnet, so kommen bei entsprechender Justierung die von den beiden Platten erzeugten Interferenzen zur Deckung. Dabei fallen die Maxima der einen Platte auf diejenigen der anderen und ebenso Minima auf Minima. Die Interferenzen werden verschärft. Bei Hinzufügung weiterer Platten läßt sich diese Verschärfung weiter steigern. In ähnlicher Weise wird bei der Kreuzung zweier Interferenzsysteme eine Verschärfung, d. h. eine Vergrößerung des Auflösungsvermögens erzielt. Bei Verwendung verschiedener Plattenstärken ergibt sich der Vorteil, daß bei geeigneter Wahl der Dickenverhältnisse gewisse Ordnungen nahezu ganz ausgelöscht werden, während andere ebenso gut zur Deckung kommen wie für den Fall gleicher Etalons, also nach wie vor verschärft werden. Beim M.-I. ist bereits bei gleichem Dispersionsgebiet der „Nebel" geringer als beim Fabry-Perot-Interferometer, so daß die Linien klarer zu sehen sind. Außerdem braucht man für das gleiche Auflösungsvermögen nicht zu so extrem schmalen Dispersionsgebieten überzugehen.

Zur Anwendung des Gerätes ist eine Vorzerlegung des Lichts erforderlich, die z. B. bewirkt wird durch die Aufstellung hinter einem Monochromator oder im parallelen Strahlengang bzw. vor dem Eintrittsspalt eines Spektrographen. Damit die durch die Luftplatte zwischen den beiden Etalons entstehenden Interferenzen nicht in Erscheinung treten, stellt man beide in so großer Entfernung (30 bis 50 cm) voneinander auf, daß diese Interferenzen so dicht sind, daß sie nicht mehr aufgelöst werden können. Man kann auch zwischen den beiden Multiplexplatten eine unversilberte, etwa 40 mm dicke dritte Platte anbringen, deren Endflächen um etwa 1° gegen die Etalonflächen geneigt sind. Die Justierung eines M.-I.s ist einfacher als die eines Compound-Interferometers. Verwendung von Glas- oder Quarzplatten erhöht das Dispersionsgebiet, was für das sehr große Auflösungsvermögen solcher Spektroskope von Wichtigkeist ist.

Multiplier, svw. Sekundärelektronenvervielfacher.

Multiplikationsfaktor, → Vierfaktorenformel, → Kernkettenreaktion, → Neutronenvermehrung.

Multiplizität, *Vielfachheit*, 1) Anzahl der zu einem Multiplett von Spektrallinien gehörenden Komponenten. 2) Anzahl der zu einem Multiplett von Termen gehörenden Terme. Bei normaler Kopplung ist die M. gleich $2S + 1$ für $S \leqq L$ und $2L + 1$ für $S > L$. Hierbei ist S die Quantenzahl des Gesamtspindrehimpulses und L die des Gesamtbahndrehimpulses der Atomhülle. Innerhalb eines Termsystems (festes S) wird bei wachsendem L ein größter Wert der M. erreicht (*permanente M.*). $S = 0$ ergibt demnach ein Singulettermsystem mit der M. 1, der Gesamtspin $S = 1/2$ ein Dublettermsystem mit der M. 2 usw.

Multiplizitätenwechselsatz, besagt, daß beim Fortschreiten im Periodensystem geradzahlige und ungeradzahlige → Multiplizitäten einander abwechseln. Dabei gehören zu geraden Elektronenanzahlen im Atom bzw. Molekül ungerade Multiplizitäten und umgekehrt.

Multipol, *2^l-Pol*, räumlich symmetrische Anordnung von 2^{l-1} ($l = 1, 2, \ldots$) negativen und 2^{l-1} positiven Ladungen (Unipolen, Monopolen) mit verschwindendem Abstand zwischen den Ladungen. Einfachster M. ist daher der → *Dipol* (Bipol, 2-Pol) mit der Ladungsanordung $(+\,-)$. Ein *Quadrupol* (2^2-Pol) kann in zwei unterschiedlichen Anordnungen auftreten, und zwar als $\binom{+\;-}{-\;+}$ und $(+\;-\;-\;+)$; für *Oktupole* und M.e höherer Ordnung l wächst die Zahl verschiedener Anordnungen mit $2l + 1$, wenn man die Orientierung bezüglich der zueinander senkrechten Koordinatenebenen berücksichtigt.

Das Potential der M.e ergibt sich durch Überlagerung der Potentiale der einzelnen Unipole für den Grenzfall verschwindenden Abstands aller Ladungen $d \to 0$, wenn zugleich der Betrag e der einzelnen Ladungen so gegen Unendlich geht, daß endliche konstante Multipolmomente resultieren, proportional zu $r^{-l-1}\,P_m^l(\cos\vartheta)$, wobei $P_m^l(x)$ die zugeordneten Legendreschen Polynome mit $-l \leqq m \leqq l$ sind, r der Abstand des Aufpunktes Q vom Zentrum O der Ladungsverteilung und ϑ der Winkel zwischen der z-Achse und dem Radiusvektor $\overrightarrow{OQ}$ ist.

M.e aller Ordnungen l ergeben sich, wenn man das Potential $\varphi(\vec{r}) = \sum_a e_a/|\vec{r} - \vec{r}_a|$ einer beliebigen Ladungsverteilung mit den einzelnen Ladungen an den Punkten $\vec{r}_a$, wobei der Ursprung innerhalb der Ladungsverteilung liegt, für große Entfernungen vom Ursprung nach Potenzen von $1/r$ entwickelt: Sei $\varphi(\vec{r}) = \sum_{l=0}^{\infty} \varphi^{(l)}(\vec{r})$ mit $\varphi^{(l)} \sim r^{-l-1}$, dann ergibt sich wegen

$$\frac{1}{|\vec{r}-\vec{r}_a|} = \sum_{l=0}^{\infty} \frac{r_a^l}{r^{l+1}} P_l(\cos\chi_a)$$ mit dem Winkel χ_a zwischen $\vec{r}$ und $\vec{r}_a$ auf Grund des Additionstheorems für die Kugelfunktionen P_l

$$\varphi^{(l)} = \frac{1}{r^{l+1}} \sum_{m=-l}^{l} \sqrt{\frac{(l-|m|)!}{(l+|m|)!}} \times$$
$$\times P_l^{|m|}(\cos\vartheta)\, e^{-im\varphi} D_m^{(l)}$$

mit

$$D_m^{(l)} = \sum_a e_a r_a^l \sqrt{\frac{(l-|m|)!}{(l+|m|)!}} \times$$
$$\times P_l^{|m|}(\cos\vartheta_a)\, e^{im\varphi_a},$$

wobei ϑ, φ bzw. ϑ_a, φ_a die Polarwinkel von $\vec{r}$ bzw. $\vec{r}_a$ sind; die $2l+1$ Größen $D_m^{(l)}$ bilden das 2^l-Polmoment der Ladungen, einen Tensor l-ter Stufe $T_{i_1 \dots i_l}$, der in allen Indizes $(i_1, \dots, i_l)$ symmetrisch ist und bei Verjüngung zweier beliebiger Indizes verschwindet. Die obige Entwicklung des Potentials φ kann auch mit Hilfe von Differentiationen nach der Aufpunktskoordinate $\vec{r}$ so geschrieben werden:

$$\varphi = \sum_a e_a \Big(1 - (x_a)_i \frac{\partial}{\partial x_i} + $$
$$+ \frac{1}{2!}(x_a)_i (x_a)_j \frac{\partial^2}{\partial x_i\, \partial x_j} -$$
$$- \frac{1}{3!}(x_a)_i (x_a)_j (x_a)_k \frac{\partial^3}{\partial x_i \partial x_j \partial x_k} + - \dots\Big) \frac{1}{r},$$

d. h., $\varphi^{(0)} = \frac{1}{r} \sum_a e_a$ ist das Potential der im Ursprung vereinigten Gesamtladung,

$\varphi^{(1)} = -\sum_a e_a \vec{r}_a \cdot \operatorname{grad} \frac{1}{r} = \sum_i T_i x_i / r^3$ mit dem Dipolmoment $\vec{T} = \sum_a e_a \vec{r}_a$ ist das Potential eines im Ursprung befindlichen Dipols (mit Moment $\vec{T}$),

$$\varphi^{(2)} = \frac{1}{2} \sum_{a,i,j} e_a (x_a)_i (x_a)_j \frac{\partial^2}{\partial x_i\, \partial x_j}\left(\frac{1}{r}\right)$$
$$= \frac{1}{6} \sum_{i,j} T_{ij} \frac{\partial^2}{\partial x_i\, \partial x_j}\left(\frac{1}{r}\right)$$
$$= \frac{1}{2} \sum_{i,j} T_{ij} x_i x_j / r^5$$

mit dem Quadrupolmoment

$$T_{ij} = \sum_a e_a (3(x_a)_i (x_a)_j - r_a^2 \delta_{ij})$$

ist das Potential eines im Ursprung befindlichen Quadrupols (T_{ij} erfüllt obige Bedingungen, da wegen der Gültigkeit der Laplace-Gleichung

$$\Delta \frac{1}{r} = \sum_i \frac{\partial^2}{\partial x_i\, \partial x_i} \cdot \frac{1}{r} = \sum_{i,j} \delta_{ij} \frac{\partial^2}{\partial x_i\, \partial x_j} \cdot \frac{1}{r} = 0$$

gilt). Entsprechendes gilt für die höheren Entwicklungsglieder.

Obwohl es keine magnetischen Einzelladungen (→ magnetische Monopole) gibt, sind magnetische M.e definiert und spielen in der Magnetostatik eine wichtige Rolle. Bei der Abstrahlung durch elektromagnetische Systeme (z. B. Antennen, bewegte elektrische Ladungen, Strahlungsübergänge in Atomen) ergibt sich bei einer Entwicklung des Strahlungsfeldes nach Potenzen von $1/r$ in voller Analogie zur obigen eine Zerlegung in elektrische und magnetische Multipolstrahlung. – M.e und ihre Momente sind nicht nur für elektrische, sondern auch andere → Ladungen definiert, spielen gegenwärtig jedoch keine solch dominierende Rolle wie die erstgenannten (→ Massemultipol).

Multipolmomente, Momente einer Ladungs- oder Stromverteilung beliebiger Ordnung. Ein Multipolmoment nullter Ordnung ist die Gesamtladung einer Ladungswolke, M. erster Ordnung sind die elektrischen oder magnetischen Dipolmomente, ein Multipolmoment zweiter Ordnung ist das elektrische Quadrupolmoment. M. höherer Ordnung treten bei den Strahlungsübergängen in angeregten Atomkernen auf (→ Kernmomente).

Multipolordnung, → Multipolstrahlung, → Übergänge.

Multipolstrahlung, elektromagnetische Strahlung, die von einem strahlungsfähigen System in einer bestimmten Näherung bei einer Entwicklung nach Potenzen des meist kleinen Parameters R/λ emittiert wird. R kennzeichnet die lineare Ausdehnung der Quelle, λ ist die Wellenlänge der Strahlung. Die unterste Multipolordnung $L = 1$ ist die der *Dipolstrahlung*, darauf folgen mit $L = 2$ bzw. 3 *Quadrupol-* bzw. *Oktupolstrahlung*. Die abgestrahlte Intensität ist proportional zu $(R/\lambda)^{2L}$. Die verschiedenen Multipolordnungen sind jeweils durch eine bestimmte Winkelabhängigkeit der abgestrahlten Intensität charakterisiert. Diese ist proportional zu $P_L(\cos\vartheta)$, wobei ϑ der Winkel gegen eine durch die Quelle festgelegte Bezugsrichtung und P_L das Legendresche Polynom der Ordnung L ist.

Bei quantenmechanischen Systemen ist L die Quantenzahl des vom emittierten Lichtquant „wegtransportierten" Drehimpulses. Es ist $L \geqq 1$, da das Lichtquant stets einen Eigendrehimpuls (Spin) mit der Betragsquantenzahl 1 hat. Diese Kennzeichnung der Multipolordnung ist von einer Entwicklung nach Potenzen von R/λ unabhängig. Bei Atomen und Molekülen werden praktisch nur Dipolübergänge ($L = 1$) beobachtet. Ist für einen Übergang $L > 1$ notwendig, so hat er eine so kleine Übergangswahrscheinlichkeit, daß er von Konkurrenzprozessen, vor allem durch die Energieabgabe bei Stößen zwischen den Teilchen, überdeckt wird. Solche Strahlungsübergänge nennt man daher verboten. Bei Atomkernen können dagegen Strahlungsübergänge höherer Ordnung ohne weiteres beobachtet werden (→ Übergänge). Sie haben für $L > 2$ auch bei Kernen sehr kleine Wahrscheinlichkeiten; dadurch entstehen Isomere, d. h. angeregte Kerne mit sehr großer Lebensdauer.

Multirotation, → Drehvermögen.

Multizellularelektrometer, → Elektrometer.

Mündungsknall, → Geschoßknall.

Mündungskorrektion, die Korrektur der Länge einer realen, einseitig offenen Pfeife gegenüber der für einen bestimmten Ton berechneten Länge einer idealisierten Pfeife.

Die Nichtübereinstimmung einiger zur Integration der Differentialgleichung der Schwingung zylindrischer Gassäulen gemachter Annahmen mit den realen Bedingungen der Pfeifen, insbesondere die Vernachlässigung der Absorptionsvorgänge an der Phasengrenze

Gas—Pfeifenwand, des elastischen Nachgebens dieser Wand und die unexakte Ausbildung eines Druckknotens am offenen Ende der Pfeife, führt dazu, daß eine zu große Schallgeschwindigkeit der Berechnung der Pfeife zugrunde gelegt wird. Die kleinere Schallgeschwindigkeit in realen Pfeifen erfordert eine Verkürzung der berechneten Pfeifenlänge, um den gewünschten Ton erzeugen zu können.

Die M. α ist demnach die Zusatzstrecke, um die die Pfeifenlänge l vergrößert zu denken ist, damit man die derart *reduzierte* Länge $l + \alpha$ zur Berechnung der Eigenfrequenzen der Pfeife benutzen kann.

Müon, *My-Teilchen*, *μ-Teilchen*, *schweres Elektron*, veraltet *Barytron*, instabiles → Elementarteilchen (Tab. A) aus der Familie der Leptonen. Das M. hat die gleichen Quantenzahlen wie das Elektron, aber eine 207mal größere Masse als dieses. Das M. μ^- ist elektrisch negativ, sein Antiteilchen μ^+ elektrisch positiv geladen. Es wurde 1937 von Anderson und Neddermeyer in der kosmischen Strahlung mittels Nebelkammeraufnahmen entdeckt, zunächst für das von Yukawa vorhergesagte Meson der Kernwechselwirkung angesehen und wegen seiner mittleren, zwischen der des Elektrons und des Protons liegenden Masse als *My-Meson* (*μ-Meson*) bezeichnet. Seine Wechselwirkung mit den Nukleonen des Kerns ist jedoch so gering, daß es die Kernkraft nicht erklären kann. Das negativ geladene M. zerfällt mit $\tau_\mu = 2{,}2 \cdot 10^{-6}$ s gemäß $\mu^- \rightarrow e^- + \bar{\nu}_e + \nu_\mu$ in Elektron, Antielektron-Neutrino und Müon-Neutrino, und analog zerfällt das positiv geladene M. (ebenfalls mit τ_μ) gemäß $\mu^+ \rightarrow e^+ + \nu_e + \bar{\nu}_\mu$; dies ist der einzige Prozeß mit schwacher Wechselwirkung zwischen Teilchen, die nicht zugleich auch stark wechselwirken, und daher für das Studium der schwachen Wechselwirkung besonders wichtig.

Die M.en, die 90% der kosmischen Strahlung in Meereshöhe ausmachen, entstehen beim Zerfall der Pionen, die wiederum durch die Nukleonen der Primärkomponente beim Stoß mit den schweren Atomkernen der äußeren Atmosphäre erzeugt werden. Sie haben eine außergewöhnlich große Durchdringungsfähigkeit für Stoffe; fast ruhende M.en werden von den Atomkernen eingefangen und können ein Elektron der innersten Schale ersetzen (→ Müonenatome), oder sie wechselwirken mit den Nukleonen des Kerns direkt. Den gebundenen Zustand $\mu^- e^+$ eines M.s mit einem Positron bezeichnet man als → Müonium. Das M. kann theoretisch mit der Quantenelektrodynamik beschrieben werden.

Müonenatome, Atome, in denen ein Elektron der innersten Schale gegen ein negatives Müon (ein „schweres" Elektron) ausgetauscht ist. Da Müonen im Gegensatz zu den Mesonen nicht „stark" wechselwirken können, hat die Lebensdauer der M. die Größenordnung wie die des Müons selbst, d. h. etwa 10^{-6} s. Wegen der gegenüber den Elektronen 207mal größeren Masse der Müonen ist ihr mittlerer Kernabstand um diesen Faktor kleiner, und die Müonen sind entsprechend fester gebunden. Bei Strahlungsübergängen wird äußerst harte Röntgenstrahlung emittiert (0,35 MeV bei μ-Aluminium, 6 MeV bei μ-Blei); diese Röntgenspektren ermöglichen Rückschlüsse auf die Größe des Kerns und die Ladungsverteilung im Kern, da die Müonen besonders in die schweren Kerne stark eindringen.

Da die Müonen früher als Mesonen angesehen wurden, werden die M. fälschlich auch als → Mesonenatome bezeichnet.

müonische Leptonenzahl, → Leptonenzahl.

Müonium, wasserstoffähnlicher gebundener Zustand eines positiven Müons (μ^+) anstelle eines Protons mit einem Elektron. Dieser Zustand konnte erstmals 1960 nachgewiesen werden. M. entsteht, wenn ein freies μ^+ ein Elektron einfängt. Seine mittlere Lebensdauer ist mit der des Müons identisch; sie beträgt $2{,}2 \cdot 10^{-6}$ s. Die exakte Messung der Hyperfeinstrukturaufspaltung der Spektren des M.s, die gegenüber der des Wasserstoffatoms wegen der etwa neunmal kleineren Masse des Müons gegenüber dem Proton größer ist, ergab einen Test der Gültigkeit der Quantenelektrodynamik bis zu etwa 10^{-14} cm.

Müon-Neutrino, → Neutrino.

Musikinstrumente [lat. instrumentum 'Werkzeug', 'Gerät'], untrennbar mit dem durch sie erzeugbaren Produkt, der Musik, verbundene Geräte, mit denen Töne zum Erklingen gebracht werden. Wie jeder Schallerzeuger führen auch Teile der M. mechanische Schwingungen aus, die über bestimmte Übertragungselemente, z. B. die Resonanzböden, ihre Energie in Form von Luft-Schallwellen abgeben. Die Anregung dieser Schallgeneratoren kann mechanisch erfolgen, z. B. durch Streichen, Schlagen oder Zupfen, oder aber aerodynamisch, z. B. durch Blasen, oder auch elektrisch. Diesen Anregungsarten zufolge ließe sich eine Einteilung der M. in Streichinstrumente, Schlaginstrumente, Zupfinstrumente, Blasinstrumente und elektrische M. vornehmen.

A. Kalähne gibt eine die physikalischen Grundvorgänge berücksichtigende Einteilung der M. hinsichtlich der Art der die mechanischen Schwingungen ausführenden Teile des Schallgenerators, bei der die Anregungsart nur als weitere Unterteilung auftritt. Man unterscheidet danach:

1) Instrumente mit Saiten. Die Saiten werden gestrichen, gezupft, angerissen oder geschlagen, z. B. Geige, Harfe, Cembalo, Klavier.

2) Instrumente mit Stäben, Röhren oder Zungen, z. B. Triangel, Xylophon, Harmonium, Ziehharmonika, Mundharmonika.

3) Instrumente mit Membranen, z. B. Pauke, Trommel.

4) Instrumente mit Platten, z. B. Becken, Glocke, Gong.

5) Instrumente mit schwingenden Luftsäulen, z. B. alle Blasinstrumente, Orgel.

Weiteres → Blasinstrumente, → elektrische Musikinstrumente, → Saiteninstrumente, → Schlaginstrumente.

Mutarotation, → Drehvermögen.

Muttersubstanz, → radioaktive Familien.

mV, → Volt.

MV, → Volt.

MVA, → Voltampere.

Mvar, → Var.

mW, → Watt.

MW, → Watt.

MWd/t, → Megawatt-Tag je Tonne.
Mx, → Maxwell.
My-Meson, → Müon.
Myopie, → Augenoptik.
My-Raum, → Phasenraum.
Myria, ma, alter französischer Vorsatz vor Einheiten mit selbständigem Namen = 10^{-4}, international nicht mehr gültig, → Vorsätze.
Myriameterwellen, → Frequenz.
myriotische Darstellung, → Erzeugungs- und Vernichtungsoperatoren.
My-Teilchen, svw. Müon.
mZ*, → Zeitmaße.
MZD, maximal zulässige Äquivalentdosis, → Strahlenschutzgrenzwerte.
M-Zentrum, → Störstelle.
MZIA, maximal zulässige inkorporierte Aktivität, → Strahlenschutzgrenzwerte.
MZK, maximal zulässige Konzentration radioaktiver Stoffe, → Strahlenschutzgrenzwerte.
MZZ, maximal zulässige jährliche Aktivitätszufuhr, → Strahlenschutzgrenzwerte.

n, 1) → Neutron, **2)** → Nano, **3)** *n*, → Brechung.
N, 1) → Newton, **2)** → Nukleon, **3)** *N*, → Entmagnetisierungsfaktor, → Entelektrisierungsfaktor, **4)** N_L, → Loschmidtsche Konstante.
nA, → Ampere.
Nabla-Operator, Differentialoperator
$\vec{e}_x \frac{\partial}{\partial x} + \vec{e}_y \frac{\partial}{\partial y} + \vec{e}_z \frac{\partial}{\partial z} = \sum_{i=1}^{3} \vec{e}_i \frac{\partial}{\partial x_i}$, der mit $\frac{\partial}{\partial \vec{r}}$ oder ∇ bezeichnet wird. Er ist als symbolischer Vektor aufzufassen. Die Anwendung des N.s auf ein → Skalarfeld $\varphi(\vec{r})$ ergibt den *Gradienten* grad $\varphi(\vec{r}) = \nabla \varphi$, ein Vektorfeld. Das *skalare Produkt* des N.s mit einem Vektor ordnet dem Vektorfeld $\vec{a}(\vec{r})$ das Skalarfeld

$$\nabla \cdot \vec{a}(\vec{r}) = \operatorname{div} \vec{a}(\vec{r}) = \frac{\partial a_x}{\partial x} + \frac{\partial a_y}{\partial y} + \frac{\partial a_z}{\partial z}$$

zu (→ Divergenz).

Das *vektorielle Produkt* des N.s mit dem Vektor $\vec{a}(\vec{r})$ ergibt den Vektor

$$\nabla \times \vec{a}(\vec{r}) = [\nabla \vec{a}(\vec{r})] = \operatorname{rot} \vec{a}(\vec{r}) = \begin{vmatrix} \vec{e}_x & \vec{e}_y & \vec{e}_z \\ \frac{\partial}{\partial x} & \frac{\partial}{\partial y} & \frac{\partial}{\partial z} \\ a_x(\vec{r}) & a_y(\vec{r}) & a_z(\vec{r}) \end{vmatrix} = \vec{e}_x \left(\frac{\partial a_z}{\partial y} - \frac{\partial a_y}{\partial z} \right) + \vec{e}_y \left(\frac{\partial a_x}{\partial z} - \frac{\partial a_z}{\partial x} \right) + \vec{e}_z \left(\frac{\partial a_y}{\partial x} - \frac{\partial a_x}{\partial y} \right)$$

(→ Rotation 1). Mehrfache Produkte sind auf vielfältige Weise möglich und finden sich in allen gängigen Formelsammlungen. → Vektorgradient.
Nachbeschleunigungsanode, → Katodenstrahlröhre.
Nachentladung, Impulse, die im Anschluß an einen von einem Teilchen ausgelösten Impuls zusätzlich auftreten. N.en werden besonders im Auslösebereich von selbstlöschenden Zählrohren beobachtet. Ursache der N. sind Sekundärelektronen, die durch Ionen aus der Katode herausgeschlagen werden.
Nachhall, → Raumakustik.
Nachkegel, die Zukunft eines Ereignisses darstellender Teil des → Lichtkegels (→ Minkowski-Raum, → spezielle Relativitätstheorie, → Kosmologie).
Nachlauf, *Nachstrom, Wirbelschleppe, Kielwasser,* Gebiet verminderter Strömungsenergie hinter Körpern. Der N. wird bei ablösungsfreier Umströmung von Flüssigkeitsteilchen gebildet, die in den → Grenzschichten abgebremst wurden. Bei Grenzschichtablösung ist der N. breiter, da das im → Totwasser befindliche Material noch hinzukommt. Das Nachlaufprofil der Geschwindigkeit weist eine Delle auf, deren Breite durch Impulsaustausch mit der Außenströmung mit zunehmendem Abstand vom Körper zunimmt, während deren Tiefe abnimmt (Abb.). Die Größe der Nachlaufdelle hängt unmittelbar mit dem → Strömungswiderstand des Körpers zusammen. Das Nachlaufprofil ist in großem Abstand vom Körper bis auf einen Maßstabsfaktor unabhängig von der Gestalt des Körpers; unmittelbar hinter dem Körper wird es durch die Grenzschicht des Körpers und eventuell auftretende Ablösung bestimmt. Mit Ausnahme sehr kleiner Reynoldszahlen ist die Nachlaufströmung turbulent, und zwar auch dann, wenn die Grenzschicht am Körper laminar anliegend ist, da die Geschwindigkeitsprofile im N. instabil sind und in den turbulenten Zustand umschlagen. Die turbulente Nachlaufströmung wird auch als *Windschatten* bezeichnet. Aus der Geschwindigkeitsverteilung im N. kann mit Hilfe des → Impulssatzes der Widerstand berechnet werden.

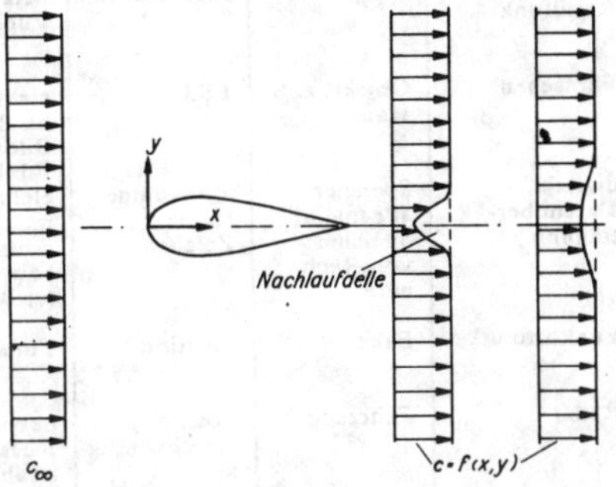

Nachlauf hinter einem symmetrischen Tragflügelprofil. c_∞ Zuströmgeschwindigkeit, c örtliche Geschwindigkeit

Nachrichtenübertragung, zusammenfassende Bezeichnung für die Verfahren und technischen Lösungen zur Aufnahme von Nachrichten an der Quelle, die Übertragung nach einem entfernten Bestimmungsort und die Wiedergabe. Die Gesamtheit der Einrichtungen, die für eine bestimmte Nachrichtenart und Aufgabe bestimmt sind und zusammenwirken, wird als *Nachrichtenübertragungssystem* bezeichnet.

1) Grundprinzip. Ein Nachrichtenübertragungssystem besteht aus der Nachrichtenquelle, dem Sender mit den Aufnahmeeinrichtungen, dem Übertragungskanal oder Übertragungsmedium und dem Empfänger mit einer Einrichtung zur Wiedergabe der Nachricht. Die in Form einer physikalischen Erscheinung auftretende Nachricht muß zunächst in ein übertragbares Signal umgewandelt werden. Der Wandler ist daher ein Bestandteil des Senders.

1) *Nachrichtenübertragungssysteme* (*Beispiele*)

Nachrichtenübertragungssystem	Nachrichtenquelle	Nachrichtenart	Sender (Wandler)	Signalart	Übertragungsmedium	Empfänger (Wandler)
mechanischer Wasserstandsmelder	Wasserspiegel	vertikale Koordinate	Schwimmer	mechanische Bewegung	Drahtseil	Zeigerinstrument
pneumatische Alarmanlage	Behälter	Gasentwicklung	Druckdose	Druckänderung	Rohrleitung	Zeigerinstrument
Fernsprechen	Mensch	Sprache	Mikrophon	elektrische kontinuierliche Ströme	Kabel	(Kopf-) Hörer
Fernschreiber	Schreibmaschine	Buchstaben, Zahlen, Satzzeichen	mechanisch betätigte Kontakte	elektrische Impulse	Kabel	Schreibmaschine (Papierstreifen)
Ton-Rundfunk	z.B. Orchester	z. B. Musik	Mikrophon, Funksender	modulierte elektromagnetische Wellen	freier Raum	Lautsprecher
Fernsehen	Objekt, z. B. Haus	Bild	elektronischer Bildwandler, Funksender	modulierte elektromagnetische Wellen	freier Raum	Elektronenstrahlröhre (Fernsehbildröhre)
digitale Datenübertragung	Speicher allgemein, Speicher von Rechnern	alphanumerische Zeichen	elektromagnetischer Abtaster bzw. direkter Anschluß	elektrische Impulse oder modulierte elektromagnetische Wellen	Kabel oder freier Raum	Speicher allgemein, Speicher von Rechnern
Funkortung	Bake	Position	Funksender	elektromagnetische Wellen	freier Raum	Zeigerinstrument
Radar	Fahrzeug	Position, Geschwindigkeit	passive Rückstrahlung	elektromagnetische Wellen	freier Raum	Elektronenstrahlröhre (Radarbildröhre)

Der Sender liefert das ausreichend verstärkte Signal für die Übertragung. Über das Übertragungsmedium gelangt das Signal zum Empfänger. Nach Verstärkung des Signals erfolgt in einem Wandler die Rückwandlung des Signals in eine entsprechende Nachricht. Die auf der Empfängerseite wiedergegebene Nachricht soll sich möglichst wenig von der an der Quelle auftretenden Nachricht unterscheiden. Abweichungen haben ihre Ursache in den Störungen, die in den Einrichtungen zur Aufnahme, Übertragung und Wiedergabe entstehen oder in diese von außen eindringen. Die Störungen können durch die Signale selbst verursacht werden, oder sie treten unabhängig von vorhandenen Signalen auf.

Von den zahlreichen in der Praxis vorkommenden Nachrichtenübertragungssystemen sind einige in Tab. 1 angeführt. Von größter Bedeutung sind die elektrischen Nachrichtenübertragungssysteme; mechanische, pneumatische und hydraulische Systeme erfordern vor allem für den Übertragungskanal einen wesentlich höheren Aufwand. Außerdem ist der Umfang der von ihnen lieferbaren Nachrichten relativ gering, da wegen der Trägheit keine schnellen Zustandsänderungen wiedergegeben werden können.

2) Güte der Nachricht. Die Güte der auf der Empfängerseite wiedergegebenen Nachricht wird durch das Verhältnis der gewünschten Signalleistung, in der die Nachricht enthalten ist, zur unerwünschten Stör- oder Geräuschleistung ausgedrückt. Dieses Verhältnis wird als *Signal-Geräusch-Verhältnis* oder *Störabstand* bezeichnet. Die Angabe erfolgt meist mit dem 10fachen Logarithmus, d. h. in Dezibel. Nur bei ausreichend großem Störabstand ist eine unverfälschte Nachrichtenübertragung und -wiedergabe gewährleistet.

3) Störungen. Für die Nachrichtenübertragung sind Störungen, die der Nachricht *ähnlich* sind, besonders nachteilig.

Sie entstehen vor allem durch Beeinflussung von benachbarten ähnlichen Nachrichtenübertragungssystemen sowie durch Nichtlinearitäten im gesamten Übertragungsweg. Die Nichtlinearitäten verursachen im allgemeinen verzerrte Signale, die sich aus Harmonischen der Signalfunktion zusammensetzen.

Periodische Störungen entstehen durch Quellen, die periodischen Spannungen und Felder erzeugen, z. B. durch den Zundvorgang in Kraftfahrzeugen und durch störende Funksender.

Unregelmäßige Störungen sind statistisch schwankende Vorgänge, die man in ihrer Gesamtheit als → Rauschen bezeichnet.

Nachrichtenähnliche und periodische Störungen können durch schaltungstechnische Maßnahmen reduziert oder sogar ganz beseitigt werden. Das Rauschen läßt sich dagegen nicht beseitigen, da es sich um statistisch schwankende Vorgänge handelt. Die Kenntnis der Rauschquellen ist daher für die Nachrichtentechnik von hoher Bedeutung. Die auf die Bandbreite von $B = 1$ Hz bezogene verfügbare thermische Rauschleistung ist bei der Zimmertemperatur $T = T_0 = 293$ K gleich $P_0 = kT_0B = 4 \cdot 10^{-21}$ W, wobei $k = 1{,}38 \cdot 10^{-23}$ Ws/K die Boltzmannsche Konstante ist. Diese Rauschleistung dient in der Nachrichtentechnik als Bezugsleistung.

Bei der Nachrichtenübertragung über eine Funkverbindung dringt Rauschleistung in den Übertragungskanal ein, indem die Antenne kosmisches und ionosphärisches Rauschen sowie Gewitterstörungen aufnimmt. Diese Rauschleistungen sind stark frequenzabhängig, auch hängen sie vom Neigungswinkel der Antennenachse ab.

Weitere Rauschquellen sind die in Röhren und Halbleiterbauelementen vorhandenen Elektronenströmungen, wobei zwischen Konvektionsstrom- und Geschwindigkeitsschwankungen zu unterscheiden ist.

Bei niedrigen Frequenzen entstehen durch Oberflächeneffekte in Halbleitern, Schichtwiderständen und Katoden zusätzliche Schwankungen, das Stromrauschen und der Funkeleffekt.

Die Empfindlichkeit eines Empfängers wird durch seine *Rauschzahl* ausgedrückt. Sie gibt an, um welchen Faktor die an den Eingang des Empfängers zu liefernde Signalleistung gegenüber der Rauschleistung $P_0 = kT_0B$ größer sein muß, damit am Ausgang des linearen Empfängers ein Signal-Geräusch-Verhältnis von 1 herrscht. Die Rauschzahl ist stets größer als 1, nur ein idealer Empfänger hat die Rauschzahl 1.

4) Kanalkapazität. Durch eine Fourier-Entwicklung kann die Anzahl der unterscheidbaren Zeichen oder Signale berechnet werden, die über einen Übertragungskanal mit der Bandbreite B in der Zeit t ohne Fehler übertragbar sind. Die Anzahl z der unterscheidbaren Zeichen ist bei einer mittlere Signalleistung P_s und einer mittleren Störleistung P_R gleich $z = \left(1 + \frac{P_s}{P_R}\right)^{Bt}$. Es ist stets möglich, z verschiedene Zeichen durch eine Folge von Zweierschritten (binary digits, abg. Bit) zu kennzeichnen. Für jedes Zeichen sind $\log_2 z = \text{ld}\, z$ Zweierschritte erforderlich.

Wenn in der Zeit t aus der Menge von z Zeichen ein beliebiges Zeichen übertragen wird, so entspricht das dem Transport von $\frac{\text{ld}\, z}{t} = \text{ld}\left(1 + \frac{P_s}{P_R}\right) B$ Bits je Zeiteinheit; mit t in s sind das bit/s. Diese Größe wird als *Kanalkapazität* bezeichnet.

5) Bestandteile eines Nachrichtenübertragungssystems. Nachrichten können in verschiedenen physikalischen Erscheinungsformen und somit in verschiedenen Energieformen auftreten. Für die Übertragung der Nachricht müssen aus ihr analoge Signale gebildet werden, deren Energieform dem Übertragungsmedium angepaßt ist.

a) Übertragungsmedium. In Tab. 2 sind die wichtigsten Arten der Übertragungsmedien und die dafür geeigneten Energieformen angegeben. In weit überwiegendem Maße benutzt man als Übertragungsmedium die metallische Leitung, und zwar die *Drahtleitung* und das *Kabel*; davon dient der größte Teil den Fernsprech- und Fernschreibverbindungen. In zunehmendem Maße werden jedoch drahtlose Verbindungen, d. h. *Funk-Verbindungen*, verwendet, und zwar nicht nur für Aufgaben, die sich nur mit funktechnischen Mitteln erfüllen lassen, sondern auch für das Fernsprechen und Fernschreiben. In Zukunft wird als Übertragungsmedium auch das Hohlkabel und der optische Wellenleiter benutzt werden. Insgesamt hat die elektrische N. im Rahmen der gesamten Nachrichtentechnik eine überragende Bedeutung.

2) *Übertragungsmedium und Energieform* (*Beispiele*)

Übertragungsmedium	Energieform	Übertragungsmittel
Drahtleitung Kabel freier Raum Hohlleiter Hohlkabel Lichtwellenleiter	elektrisch elektromagnetisch	Leitungsströme Wellen
Rohrleitung	mechanisch Übertragung: pneumatisch	Gas
Rohrleitung	mechanisch Übertragung: hydraulisch	Flüssigkeit
Drahtseil Gestänge	mechanisch Übertragung: mechanisch	festes Material

b) Wandler. Zur Erzeugung der für die Übertragung der Nachricht erforderlichen Signale dienen Wandler, die im allgemeinen Bestandteile der Sender und der Empfänger sind. In Tab. 3 sind die zur elektrischen N. eingesetzten Wandler zusammengestellt. Einige der angeführten Wandler können auch in nichtelektrischen Nachrichtensystemen verwendet werden.

c) Sender. Sender haben die Aufgabe, die im Wandler erzeugten Signale so aufzubereiten und zu verstärken, daß sie nach Durchlaufen des Übertragungsmediums am Empfängereingang noch eine ausreichende Leistung besitzen. Das Signal-Geräusch-Verhältnis muß am Empfängereingang so groß sein, daß durch das Geräusch keine Verfälschung der wiedergegebenen Nachricht auftritt. Da die Übertragung der Signale entweder in der Originalfrequenzlage per Draht oder Kabel oder mit Hilfe eines Trägers mit höherer Frequenz im freien Raum erfolgt, gehört die → Modulation des Trägers mit zu den Aufgaben des Senders, da sich niederfrequente elektrische Schwingungen infolge zu starker Dämpfung nicht im Raum ausbreiten und somit nicht zur N. benutzt werden können. Das Signal in der Originalfrequenzlage bzw. der modulierte Träger wird in einem Leistungsverstärker auf die notwendige Leistung gebracht. In Tab. 5 sind als Beispiele einige aktive Bauelemente angegeben, die sich zur Leistungsverstärkung in Sendern eignen. Die meisten Typen sind für Funksendeanlagen bestimmt; für die Verstärker bei drahtgebundenen Verbindungen kommen als Verstärkerelemente z. Z. nur Transistoren in Frage.

d) Empfänger. Empfänger haben die Aufgabe, die übertragenen Signale aufzunehmen und zu verstärken, sie dann in die Nachricht umzuwandeln (→ Demodulation) und wiederzugeben. Die Empfänger unterscheiden sich auf Grund des Übertragungsverfahrens der Signale. Erfolgt die Übertragung in der Originalfrequenzlage, so wird meist ein *Geradeaus-Verstärker* verwendet, d. h., die Verstärkung erfolgt unter Beibehaltung der. Frequenzlage. Bei der Übertragung mit einem modulierten hochfrequenten Träger wird meist ein Empfänger mit

Nachrichten-übertragung

Umwandlungsart	Umwandlungsmethode	Prinzip	Erläuterung	prakt. Anwendung
akustische Energie in elektrische Energie	direkt	elektrodynamisch oder induktiv	Induktionsvorgang	dynamisches Mikrophon
desgleichen	indirekt	elektrostatisch	Kapazitätsänderung	kapazitives Mikrophon, kapazitiver Geber
desgleichen	indirekt	Widerstandsänderung	druckabhängige Widerstandsänderung	Kohlemikrophon
elektrische Energie in akustische Energie	direkt	elektrodynamisch	Kraftwirkung auf stromdurchflossenen Leiter	Lautsprecher, Drehspulmeßinstrument
desgleichen	direkt	elektromagnetisch	Kraftwirkung auf ferromagnetischen Stoff	Hörer, Lautsprecher, Relais
mechanische Energie in elektrische Energie	direkt	piezoelektrisch	Ladungserzeugung an der Oberfläche von Kristallen	Kristalltonabnehmer, piezoelektrischer Geber
desgleichen	indirekt	desgleichen	elastische Verformung eines Leiters	Dehnungsmeßstreifen
elektrische Energie in mechanische Energie	direkt	elektrostatisch	Kraftwirkung geladener Körper aufeinander	Elektrometer
desgleichen	direkt	piezoelektrisch	Kompressions- und Dilatationswirkung von Kristallen im elektrischen Feld	Ultraschallsender
desgleichen	direkt	magnetostriktiv	Längenänderung ferromagnetischer Stoffe	Ultraschallsender
desgleichen	direkt	elektrothermisch	Wärmeausdehnung stromdurchflossener Leiter	Bimetallrelais
magnetische Energie in elektrische Energie	indirekt	galvanomagnetisch	Erzeugung einer Potentialdifferenz	Hall-Element
Wärmeenergie in elektrische Energie	indirekt	Widerstandsänderung	Widerstandsänderung von Halbleitern	Bolometer
elektromagnetische Energie in elektrische Energie	direkt	äußerer Photoeffekt	Elektronenauslösung bei Bestrahlung	Photozelle, Sekundärelektronenvervielfacher
desgleichen	direkt	Sperrschicht-Photoeffekt	desgleichen	Photoelement
desgleichen	indirekt	innerer Photoeffekt	Leitfähigkeitsänderung bei Bestrahlung	Photodiode, Phototransistor
elektrische Energie in elektromagnetische Energie	direkt	Temperaturstrahlung	Strahlung fester und flüssiger Körper	Glühlampe
desgleichen	direkt	Anregungsleuchten	Anregung von Quantensprüngen	Glimmentladung
desgleichen	indirekt	Intensitätsänderung	Doppelbrechung isotroper Stoffe	Kerr-Zelle
elektromagnetische Energie in elektromagnetische Energie	direkt	Anregung	Lichtemission	Fluoreszenz, Phosphoreszenz
desgleichen	indirekt	Elektrolumineszenz	Reihenschaltung von Photoleitern	Bildverstärker
desgleichen	indirekt	äußerer Photoeffekt und Phosphoreszenz	Photokatode, elektronenoptische Abbildung	Bildwandler

4) *Empfangsverstärker*

aktives Bauelement Verstärkerart	Rauschzahl F*)	Rauschtemperatur
	(typische Meßwerte)	
Elektronenröhre		
Triode	4,5 dB bei 300 MHz	
Wanderfeldröhre (Vorstufentyp)	5 dB bei 7 GHz ohne Kühlung 1,7 dB mit Kühlung der Wendel (nicht handelsüblicher Typ)	
Halbleiter		
Transistor	2,5 dB bei 2 GHz	
Tunneldiode	5 dB bei 4 GHz	
parametrischer Verstärker		15 K bei 4 GHz, Kühlung mit flüssigem Helium 80 K bei 4 GHz, ohne Kühlung
Maser		3,5 K bei 4 GHz

*) Rauschfaktor $n = 10^{F/10}$, Rauschleistung $P_R = n\,kT_0 = n \cdot 4 \cdot 10^{-21}$ W

Frequenzumsetzung (→ Mischung), auch *Überlagerungsempfänger* oder *Superhet* genannt, benutzt. Hierbei wird das empfangene Signal in eine andere, im allgemeinen niedrigere Frequenzlage (Zwischenfrequenz), umgesetzt und in dieser Frequenzlage durch Selektionsmittel von benachbarten Störsignalen befreit. Außerdem erfolgt in dieser Frequenzlage die notwendige Verstärkung.

Die wichtigsten Kenngrößen von Empfängern sind Empfindlichkeit und Verstärkungsgrad. Die *Empfindlichkeit* wird durch die Rauschzahl ausgedrückt (siehe Abschn. 3). Je größer die Rauschzahl, desto größer muß die Signalleistung am Eingang des Empfängers sein. Die Größe des notwendigen Verstärkungsgrades hängt einmal von der Rauschzahl und zum anderen von der Spannung oder Leistung ab, die der Wandler des Empfängers bzw. die Wiedergabeeinrichtung benötigt. In Tab. 4 sind einige Empfangsverstärker angegeben, die für die Praxis von Bedeutung sind.

e) Antennen. Funk- und Nachrichtenübertragungssysteme benötigen zur Abstrahlung und zum Empfang der elektromagnetischen Wellen → Antennen.

6) Übertragungsverfahren. a) Die *kontinuierlichen Modulationsverfahren* bestehen in Amplituden-, Frequenz-, Winkel- und Phasenmodulation (→ Modulation). Setzt sich das Modulationssignal aus einer Summe von sinusförmigen Signalen zusammen, so treten zwei Seitenbänder auf, deren Umfang dem Frequenzband des Modulationssignals entspricht.

Bei der Amplitudenmodulation ist das Modulationssignal in beiden Seitenbändern enthalten. Für die Demodulation und Signalauswertung auf der Empfangsseite genügt *ein* Seitenband; auch kann auf die Übertragung des Trägers verzichtet werden, da er eine konstante Größe ist, die auf der Empfangsseite erzeugt und dort zugesetzt werden kann. Somit genügt es bei Amplitudenmodulation, nur ein Seitenband zu übertragen; dieses Verfahren wird auch als Einseitenband-Amplitudenmodulation bezeichnet. Der Vorteil besteht darin, daß zur Übertragung nur die halbe Bandbreite und eine kleinere Leistung benötigt wird.

Kommt bei der Übertragung in der Originalfrequenzlage oder bei der Einseitenband-AM-Übertragung EAM zu dem Nutzsignal noch ein Stör- oder Rauschsignal hinzu, so wird dieses genau so wie das Nutzsignal übertragen. Das Signal-Geräusch-Verhältnis am Eingang ist somit gleich demjenigen am Ausgang: $a_{EAM} = \frac{P_S}{P_R} = \frac{P}{P_R}$. Dabei ist P_S die Nutzsignalleistung, P die gleich große Sendeleistung und P_R die Rauschleistung im Basisband, d. h. in der Originalfrequenzlage.

Bei der Übertragung beider Seitenbänder (ZAM) und des Trägers wird dagegen das Signal-Geräusch-Verhältnis gleich $a_{ZAM} = \frac{P_s}{2P_R} = \frac{m^2}{2 + m^2}\,\frac{P}{P_R}$. Mit m wird der Modulationsgrad der Amplitudenmodulation bezeichnet. Bei voller Modulation, d. h. $m = 1$, ist daher bei gleicher Sendeleistung und doppelter Übertragungsbandbreite die Zweiseitenband-Amplitudenmodulation-Übertragung um den Faktor 3

5) *Aktive Bauelemente für Sendeverstärker*

Art	physikalisches Grundprinzip	Leistung/Frequenz (typische Meßwerte)
Halbleiter		
Transistor	pn-Übergänge	CW*): 6 W bei 3 GHz
Lawinendiode	Lawineneffekt	CW: 0,5 W bei 12 GHz
Gunn-Element	Elektronenüberführungseffekt, Volumeneffekt	CW: 10 mW bei 25 GHz Puls**): 500 W bei 8 GHz
Elektronenröhren		
Triode	Stromdichtesteuerung Drei-Elektroden-Anordnung	CW: 750 kW bei 500 kHz CW: 30 kW bei 30 MHz CW: 1 W bei 7 GHz
Tetrode	Vier-Elektroden-Anordnung	CW: 500 kW bei 1 MHz CW: 250 kW bei 30 MHz CW: 10 kW bei 800 MHz
	Laufzeitsteuerung	
Reflexklystron	Elektronengruppenbildung im Driftraum, Ein-Kreis-Anordnung	CW: 20 mW bei 120 GHz
Mehrkammerklystron	desgleichen mit 2 und mehr Kreisen	CW: 100 kW bei 400 MHz Puls: 30 MW bei 1,5 GHz
Wanderfeldröhre	Elektronengruppenbildung in mitlaufendem Feld	CW: 10 kW bei 6 GHz
Wanderfeldklystron	verteilte Wechselwirkung in Resonatoren mit Verzögerungsstruktur	CW: 20 kW bei 800 MHz
Magnetron	Elektronengruppenbildung bei gekreuzten Feldern	CW: 10 kW bei 500 MHz* Puls: 10 MW bei 300 MHz Puls: 1 MW bei 10 GHz

*) CW = Dauerstrichbetrieb. Puls**) = Pulsbetrieb, z. B. bei Radaranlagen

schlechter. Die Einseitenband-Amplitudenmodulation-Übertragung stellt das ideale Übertragungsverfahren dar und wird daher als Bezugsverfahren benutzt.

Bei der Winkelmodulation tritt ein Spektrum auf, das bei einem einzelnen sinusförmigen Modulationssignal aus dem Träger und zwei Seitenbändern mit einer unendlichen Reihe von Frequenzen besteht. Die Amplituden des Trägers und der Seitenbänder verlaufen nach den Bessel-Funktionen. Der Vorteil der Winkelmodulation gegenüber der Amplitudenmodulation liegt in der Unabhängigkeit von Pegelschwankungen und vor allem in der Reduzierung des Einflusses von Störungen und Rauschen bei ausreichend großem Phasen- bzw. Frequenzhub oberhalb eines bestimmten Schwellwertes. Diese Reduzierung wird durch eine gegenüber der Amplitudenmodulation größere Bandbreite erkauft. Bei idealer Demodulation ist bei einer Störung, die aus einem einzelnen sinusförmigen Signal besteht, das Signal-Geräusch Verhältnis am Ausgang bei Phasenmodulation gleich $a_{PM} = \left(\frac{\Delta\varphi}{\Delta\varphi_R}\right)^2 = \Delta\varphi \cdot a_{EAM}$ und bei Frequenzmodulation $a_{FM} = \left(\frac{\Delta f}{\Delta f_R}\right)^2 = \left(\frac{\Delta f}{f_m}\right)^2 \cdot a_{EAM}$. Dabei sind $\Delta\varphi$ der Phasenhub des Nutzsignals, $\Delta\varphi_R$ der Phasenhub des Störsignals, Δf der Frequenzhub des Nutzsignals, Δf_R der Frequenzhub des Störsignals und f_m der Frequenzabstand des Störsignals vom Träger. a_{EAM} stellt das Signal-Geräusch-Verhältnis bei Einseitenband-AM-Übertragung dar.

b) Diskontinuierliche Modulationsverfahren. Beim Zeitmultiplexverfahren werden die Signale der einzelnen Nachrichtenkanäle mit einer Frequenz abgetastet, die größer ist als die doppelte maximale Frequenz des Signals. Beim Abtastvorgang entsteht ein Impuls, dessen Amplitude gleich ist dem Momentanwert des Signals zum Zeitpunkt der Abtastung. Dieser Vorgang stellt eine Pulsamplitudenmodulation PAM dar. Da mit Amplitudenmodulation und daher auch mit PAM keine Verbesserungen des Signal-Geräusch-Verhältnisses zu erzielen ist, findet PAM in der Praxis keine Anwendung.

Um eine Geräuschverminderung zu erreichen, müssen Modulationsverfahren benutzt werden, die der Winkelmodulation bei kontinuierlichen Modulationsverfahren ähnlich sind, d. h., die Proportionalität zur Nachricht darf nicht in der Amplitude liegen, sondern muß in der zeitlichen Lage oder der Dauer des Impulses zum Ausdruck kommen. Von praktischer Bedeutung sind Pulsphasenmodulation PPM und Pulsdauermodulation PDM.

Die Vergrößerung des Signal-Geräusch-Verhältnisses hängt bei PPM vom Zeithub des Impulses und von der Steilheit der Flanken des Impulses und damit von der Bandbreite ab. Die Vergrößerung ist bei PPM proportional dem Quadrat der Bandbreite, bei PDM proportional der Bandbreite.

c) Pulscodemodulation. Die diskontinuierliche Modulation ermöglicht es, kontinuierliche Signale in digitale Zeichen umzuwandeln. Das Verfahren setzt sich aus zwei Schritten zusammen: Quantisierung des Signals und Codierung des Signals. Das Verfahren wird als Pulscodemodulation PCM bezeichnet.

Quantisierung bedeutet, daß die durch Abtastung gewonnenen Momentanwerte eines Signals nicht genau übertragen werden. Es erfolgt vielmehr eine Einordnung in eine vorgegebene Anzahl von Quantisierungsstufen. Der Variationsbereich bei den in der Praxis vorkommenden Signalen liegt in der Größenordnung von 1 : 100 bis 1 : 1000. Erfahrungsgemäß kann z. B. das Signal der Sprache mit etwa 250 Stufen gut übertragen werden. Die Codierung dieser 250 Stufen erfordert 8 zweiwertige Symbole, mit denen sich $2^8 = 256$ verschiedene Zeichen bilden lassen. Da die wirklichen Abtastwerte mit einem Fehler, der maximal die halbe Stufenhöhe erreicht, übertragen werden, entsteht ein Quantisierungsgeräusch, das mit dem Quadrat der relativen Stufenhöhe steigt.

7) Dämpfung von Leitungen.

a) Drahtleitungen und Kabel. In der drahtgebundenen elektrischen Nachrichtentechnik werden symmetrische und unsymmetrische Leitungen und Kabel verwendet. Leitungen und Kabel werden durch folgende Kenngrößen beschrieben: Gleichstromwiderstand, Wirkwiderstand als Funktion der Frequenz, Isolationswiderstand, Betriebskapazität, Betriebsinduktivität, Verlustleitwert, Wellenwiderstand, Übertragungskonstante und daraus Dämpfungskonstante und Phasenkonstante.

Die Übertragungskonstante homogener Leitungen ist gleich

$$\gamma = \alpha + j\beta = \sqrt{(R + j\omega L)(G + j\omega C)}.$$

Für $\omega L \gg R$ gilt näherungsweise für die Dämpfungskonstante $\alpha = \frac{R}{2}\sqrt{\frac{C}{L}} + \frac{G}{2}\sqrt{\frac{L}{C}}$ und für die Phasenkonstante $\beta = \omega\sqrt{LC}$. Die Dämpfungskonstante setzt sich somit aus der Widerstandsdämpfung und der Ableitungsdämpfung zusammen. Es bedeuten f die Frequenz in Hz, R den Wirkwiderstand in Ω/km, L die Induktivität in H/km und C die Kapazität in F/km; $\omega = 2\pi f$.

Mit Hilfe der Gleichungen können die Dämpfungen von Kabelverbindungen berechnet werden. Da die für den Empfänger erforderliche Signalleistung bekannt ist, kann somit die notwendige Senderleistung bestimmt werden.

b) Hohlleiter. In der Funktechnik werden bei hohen Frequenzen, insbesondere oberhalb 1 GHz, als Energieleiter innerhalb der Geräte und für die Leitungen zu den Antennen bevorzugt metallische Hohlleiter mit rechteckigem und rundem Querschnitt verwendet. Die Dämpfung eines Rechteckhohlleiters aus Kupfer für die H_{10}-Welle in dB/m ist gleich

$$\alpha_{H_{10}} = \frac{0{,}21}{\sqrt{\lambda}} \cdot \frac{1}{a \cdot b} \cdot \frac{\frac{a}{2} + b\left(\frac{\lambda}{2a}\right)^2}{\sqrt{1 - \left(\frac{\lambda}{2a}\right)^2}},$$

wobei a die Länge der langen Innenkante in cm, b die Länge der kurzen Innenkante in cm und λ die Betriebswellenlänge in cm ist.

Für die Überbrückung größerer Entfernungen ist der Rundhohlleiter wegen der geringeren Dämpfung günstiger. Es wird dann mit der H_{01}-

Welle gearbeitet. Für noch größere Entfernungen sollen in Zukunft Hohlkabel (→ Hohlkabelnachrichtenübertragung) eingesetzt werden.

8) Ausbreitung elektromagnetischer Wellen. Bei der drahtlosen N. werden elektromagnetische Wellen mit Wellenlängen von etwa 10 mm bis zu 10000 m verwendet, das sind Frequenzen von 30 kHz bis zu 30 GHz. Demzufolge sind auch die Ausbreitungserscheinungen sehr unterschiedlich. Bei der Ausbreitung der elektromagnetischen Wellen ist zu unterscheiden zwischen der ungestörten Ausbreitung im freien Raum, die als Freiraumausbreitung bezeichnet wird, und der Ausbreitung längs der Erdoberfläche oder in der Nähe der Erdoberfläche.

Die von der Empfangsantenne bei Freiraumausbreitung aufgenommene Leistung ist gleich $P_e = P_s \left(\frac{\lambda}{4\pi r}\right)^2 G_e G_s$; dabei ist P_s die Sendeleistung in W, λ die Wellenlänge in m, r die Entfernung in m, G_e der Gewinn der Empfangsantenne und G_s der Gewinn der Sendeantenne. Der Zusammenhang zwischen Gewinn G der Antenne und wirksamer Antennenfläche A ist gegeben durch $A = G\frac{\lambda^2}{4\pi}$. Für die effektive elektrische Feldstärke in V/m ergibt sich somit folgende Beziehung: $E_d = \sqrt{30} \cdot \frac{\sqrt{P_s G_s}}{r}$.

Die Grenze für den Gültigkeitsbereich der Freiraumausbreitung in Nähe der Erdoberfläche ist durch die quasioptische Sichtweite gegeben. Befinden sich die Sendeantenne in der Höhe h_1 oberhalb der Erdoberfläche und die Empfangsantenne in der Höhe h_2, so gibt es einen Strahl, der die Erdoberfläche gerade berührt. Die Entfernung zwischen Sender und Empfänger ist in diesem Fall gleich $r = \sqrt{2R'}\,(\sqrt{h_1} + \sqrt{h_2})$; dabei ist $R' = k_R R = 8470$ km der effektive Erdradius, $R = 6370$ km der geometrische Erdradius und k_R die Refraktionszahl. Bei Normalatmosphäre ist $k_R = 4/3$.

Die Bedingungen der Freiraumausbreitung gelten im wesentlichen für Anlagen, die mit Wellenlängen unterhalb etwa 3 m arbeiten, d. h. im UKW-Bereich und darunter. Außerdem gelten sie natürlich für Verbindungen zu und zwischen Raumflugkörpern.

Tritt zu der Freiraumwelle noch die am Erdboden reflektierte Welle, so addieren sich beide Wellen entsprechend ihren Phasenwinkeln. Unter der Voraussetzung, daß der reflektierte Strahl flach auf die Erde fällt und der Reflexionsfaktor gleich 1 ist, ergibt sich in Näherung folgende Beziehung für die Feldstärke:

$$E_p = E_d \, 2 \sin \frac{2\pi h_1 h_2}{r\lambda}.$$

Es entsteht eine Interferenzstruktur, die von den Antennenhöhen h_1 und h_2 sowie von der Wellenlänge und der Entfernung r abhängt. Diese Interferenzstruktur findet unter anderem zur Erzeugung von speziellen Strahlungscharakteristiken bei Anlagen für die Funkortung und Funknavigation Anwendung.

Im Kurzwellenbereich, d. h. bei Wellenlängen zwischen etwa 10 m und 100 m, wird ein Teil der sich ausbreitenden Welle an Schichten der Ionosphäre reflektiert und als *Raumwelle* am Boden in größerer Entfernung vom Sender empfangen. Am Tage wird diese Raumwelle durch die Absorption in den unteren Schichten der Ionosphäre stark gedämpft, nachts geht die Absorption jedoch zurück, und die Raumwelle tritt mit nutzbarer Intensität in Erscheinung. Die Ausbreitung der Kurzwellen wird daher im wesentlichen von der Reflexion in den oberen Ionosphärenschichten und von der Dämpfung in den unteren Schichten bestimmt. Die auf der Erde vorkommenden Entfernungen lassen sich mit Kurzwellen unter Berücksichtigung des tageszeitabhängigen Zustandes der Ionosphäre überbrücken.

Bei längeren Wellen, d. h. bei Wellenlängen oberhalb 100 m (Mittelwellenbereich), tritt die *Bodenwelle* auf. Die Bodenwelle beugt sich um die kugelförmige Erdoberfläche und gelangt auch an Orte, die jenseits der optischen Sichtweite, also hinter dem Horizont, liegen. Die Feldstärke im Beugungsschatten ist abhängig von der Dielektrizitätskonstanten und der Leitfähigkeit des Erdbodens, von der Wellenlänge, den Antennenhöhen, der Richtwirkung der Antenne, der Polarisation der Welle, der Sendeleistung und der Entfernung. Als Bezugswert wird die Feldstärke am Boden angesehen, die ein vertikaler Dipol mit $G_s = 1{,}5$ auf dem Erdboden stehend bei einer Sendeleistung von $P_s = 1$ kW liefert. Die Feldstärke in Abhängigkeit von der Wellenlänge λ und der Entfernung r nähert sich mit zunehmendem Verhältnis λ/r folgendem Wert in μV/m: $E = \frac{1}{r} 3 \cdot 10^5$, wobei r in km einzusetzen ist. Beispielsweise wird dieser Wert annähernd erreicht bei $\lambda = 1000$ m und $r = 100$ km.

Für sehr lange Wellen, d. h. λ oberhalb 3000 m, wird die Ausbreitungsdämpfung der Wellen besonders klein und die Empfangsfeldstärke stabiler als bei kürzeren Wellen. In Entfernungen zwischen etwa $r = 2000$ und 18000 km gilt in Annäherung für die durchschnittlichen Tageswerte der Feldstärke in mV/m: $E = \frac{300}{r}\sqrt{P_s}\sqrt{\frac{r/R}{\sin(r/R)}}\, e^{-\frac{0{,}0014}{\lambda^{0{,}6}} r}$; dabei ist P_s die Sendeleistung in kW, λ die Wellenlänge in km, r die Entfernung und R der Erdradius in km.

Mit Hilfe der angegebenen Gleichungen können die Sendeleistungen berechnet werden, die notwendig sind, um in einer vorgegebenen Entfernung vom Sender eine bestimmte Feldstärke zu erreichen.

9) Klassifizierung der elektrischen Nachrichtenübertragungssysteme. Die elektrischen Systeme der N. lassen sich nach verschiedenen Gesichtspunkten klassifizieren.

a) *Art der Nachricht*:
- alphanumerische Zeichen
- Meßwerte
- Fernschreiben
- Fernsprechen
- Rundfunkton
- Faksimile
- Fernsehen
- Ortungssignale im allgemeinen (→ Funkortung)
- Radar

b) *Übertragungsmedium*:
Drahtleitungen
symmetrische Leitungen und Kabel
unsymmetrische Leitungen und Kabel
Hohlleiter, Hohlkabel (→ Hohlkabelnachrichtenübertragung)
Lichtwellenleiter (→ Lichtnachrichtenübertragung)
drahtlose Verbindung
Funkverbindung
Lichtverbindung ohne Lichtwellenleiter
c) *Übertragungsverfahren*
kontinuierliche Übertragung
Einzelkanal
in natürlicher Frequenzlage
mit moduliertem Träger
mehrere Kanäle gleichzeitig
Frequenzmultiplex
diskontinuierliche Übertragung
Einzelkanal
mehrere Kanäle
Zeitmultiplex

Nachspannungen, svw. Eigenspannungen.

Nachstrom, 1) bei selbsttätigen *Waagen* zum Abwägen die Menge des Wägegutes, die nach dem Absperren der Wägegutzufuhr noch in die Lastschale der Waage fällt.

2) svw. Nachlauf.

Nachwirkung, 1) *magnetische N.*, das gegenüber einer Feldänderung verspätete Einstellen eines Gleichgewichtes der Magnetisierung. Die sowohl mathematisch als auch physikalisch einfachste Annahme, daß die Änderungsgeschwindigkeit der Magnetisierung, die Relaxation, proportional der Differenz von Gleichgewichtsmagnetisierung und Augenblicksmagnetisierung ist, führt zu einem exponentiellen Anstieg bzw. Abfall der Magnetisierung mit der Zeitkonstanten τ, der *Relaxationszeit*. Einschalt- und Ausschaltvorgang werden im allgemeinen durch je eine Relaxationszeit beschrieben, die außerdem stark temperaturabhängig sind. Karbonyleisen besitzt bei −12 °C eine Relaxationszeit von einigen Minuten, bei 100 °C beträgt sie nur noch etwa 10^{-2} s. Ursachen der magnetischen N. sind die bei allen ferromagnetischen Stoffen auftretenden Wirbelstrom- und Spinrelaxationserscheinungen (→ ferromagnetische Resonanz), wobei ihr Anteil an der magnetischen N. von der Leitfähigkeit des Materials abhängt (Ferrite $\approx 10^{-8}\,\Omega^{-1}\,\text{cm}^{-1}$, Eisen $\approx 10^{5}\,\Omega^{-1}\,\text{cm}^{-1}$). Die auftretenden Relaxationszeiten sind jedoch viel länger, als daß sie allein durch Wirbelstrom-und Spinrelaxation verursacht werden könnten. Zum anderen läßt sich dadurch auch noch nicht die starke Temperaturabhängigkeit erklären. Diese Tatsachen weisen auf eine enge Verbindung mit der mechanischen N. hin. Bei Wandverschiebungen der Bloch-Wände entstehen infolge der Magnetostriktion innere Spannungen. Ein Gleichgewichtszustand stellt sich wegen der mechanischen N. nicht sofort ein. Einfluß auf das Gleichgewicht haben die Diffusion von Verunreinigungen, der Zerfall fester Lösungen, die Ordnung der Atome im Kristallgitter u. a. Da es sich bei der Ausbildung des Gleichgewichtes um einen Diffusionsprozeß handelt, bezeichnet man diesen Vorgang als *Diffusionsnachwirkung*. Die Relaxationszeit τ ist sehr stark von der Temperatur abhängig: $\tau \sim \exp(A/T)$ (Desakkommodation). Dabei ist T die absolute Temperatur und A eine Materialkonstante. Ein weiterer Bestandteil der magnetischen N. ist die *thermische* oder *Jordansche N.* Die thermischen Schwankungen sind nach Neel einem statistisch schwankenden Zusatzfeld äquivalent, dessen wahrscheinliche Maximalamplitude mit der Zeit zunimmt. Werden durch dieses Feld irreversible Magnetisierungsprozesse ausgelöst, so nimmt der zeitliche Mittelwert der Magnetisierung zu.

Die magnetischen Eigenschaften hängen ferner stark von den Gefügeeigenschaften der Substanz ab, die sich im Laufe der Zeit ändern, und zwar um so schneller, je höher die Temperatur ist. Diese Veränderungen können sich über Wochen bis Jahre hinziehen. Die Alterung sollte für technisch verwertbare Stoffe im benutzten Temperaturbereich gering bleiben. Man nimmt deshalb eine künstliche Alterung vor, damit der Körper schneller sein Gleichgewicht erreicht. Die Remanenz bei Permanentmagneten und die Anfangspermeabilität nehmen zwar etwas ab ($\approx 10\%$), bleiben aber nach der Behandlung weitgehend konstant. Die künstliche Alterung erfolgt nach empirisch ermittelten Methoden, z. B. durch Erwärmen auf etwa 100 °C und leichte Erschütterungen.

Befindet sich ein ferromagnetischer Körper in einem magnetischen Wechselfeld, so treten infolge der magnetischen N. Energieverluste auf. Die Summe der Verluste, die nicht auf Wirbelströme oder Hysterese zurückzuführen sind, bezeichnet man als *magnetische Nachwirkungsverluste*. Sie sind proportional der Frequenz.

Lit. Kneller: Ferromagnetismus (Berlin 1962); Kronmüller: Nachwirkung in Ferromagnetika (Berlin 1968); Lambeck: Barkhausen-Effekt und Nachwirkung in Ferromagnetika (Berlin 1971).

2) *dielektrische N.*, die Erscheinung, daß in einem Dielektrikum die elektrische Polarisation in einer endlichen Zeit einer Änderung des elektrischen Feldes folgt, → dielektrischer Rückstand.

3) *thermische N.*, tritt bei Thermometern in Form der Nullpunktdepression in Erscheinung.

4) *elastische N.*, → Kriechen, → Retardation.

Nachwirkungsbeiwert, → Jordansche Konstanten.

Nachzerfallswärme, der verzögerte Anteil der bei der Kernspaltung freiwerdenden Gesamtenergie, die sich auf einen prompten und einen verzögerten Anteil verteilt. Der letztere ist durch den radioaktiven Zerfall der gebildeten Spaltprodukte bedingt und gibt einen Beitrag von ungefähr 6% zur Reaktorleistung. Während der prompte Anteil mit dem Abschalten des Reaktors, d. h. mit Unterbrechen der Kernkettenreaktion, verschwindet, gibt der verzögerte Anlaß zur N. Ihre Größe läßt sich praktisch nicht beeinflussen, und es ist Aufgabe der → Reaktorsicherheit, ein Abführen der N. durch natürliche oder erzwungene Konvektion zu gewährleisten.

Für lange Betriebszeiten läßt sich eine empirische Formel $N = N_0 \cdot 5{,}7 \cdot 10^{-2}\, t^{-0{,}2}$ angeben, die die zeitliche Abnahme der N. beschreibt. Dabei bedeuten N_0 die stationäre Reaktorleistung, N die Leistung zum Zeitpunkt t (in Sekunden) nach Abschalten des Reaktors. So beträgt die

Leistung nach 1 s noch 5,7%, nach 1 min noch 2,5%, nach 1 h noch 1,1% und nach 1 d noch 0,6% der ursprünglichen Reaktorleistung.

Nacken-Kyropoulos-Verfahren, → Kristallzüchtung.

„nackte" Teilchen, → Vakuumzustand.

Nadelkristall, svw. Whisker.

Nahentmischung, → Mischkristall.

Näherungsverfahren der Quantenfeldtheorie, die im Rahmen der Quantenfeldtheorie entwickelten, relativistisch invarianten Verfahren zur approximativen Bestimmung der Matrixelemente des Streuoperators. Dazu gehören die → Störungstheorie und die im Rahmen der analytischen S-Matrix-Theorie entwickelten Verfahren der → Dispersionsrelationen für die Streuamplitude, die N/D-Methode und eine Reihe von Modellen, wie das Regge-Pol-Modell, das Veneziano-Modell und das Interferenzmodell (→ analytische S-Matrix-Theorie), und eine Reihe von phänomenologischen Beschreibungen der Elementarteilchenprozesse, die ein einseitiges, näherungsweises Verhalten der Elementarteilchen wiedergeben (→ Phänomenologie der Elementarteilchen).

Näherungsverfahren der Quantenmechanik, zur approximativen Bestimmung der Eigenwerte und Eigenfunktionen hauptsächlich des Hamilton-Operators quantenmechanischer Systeme sowie zur Berechnung der Zeitabhängigkeit der Wellenfunktion entwickelte Verfahren, wenn eine exakte Behandlung versagt. Falls der vorliegende Hamilton-Operator nur geringfügig von einem andern, dem ungestörten, abweicht, für den das Problem exakt lösbar ist, bedient man sich der → Störungstheorie; die Variationsverfahren wendet man bei der Bestimmung der Eigenfunktionen vor allem des Grundzustandes (→ Ritzsches Verfahren) bzw. der Eigenfunktionen von Mehrteilchensystemen (→ Hartree-Fock-Verfahren) an; Vielteilchensysteme werden auch mit statistischen Methoden behandelt (→ Thomas-Fermi-Modell). Im Fall langsam veränderlicher Potentiale läßt sich eine quasiklassische Näherung durchführen (→ WKB-Näherung). Alle N. d. Q. sind spezielle Abwandlungen, Weiterentwicklungen oder Kombinationen der genannten Methoden.

Nahkraft, → Kraft.

Nahordnung, → Mischkristall.

Nahwirkungstheorie, → Maxwellsche Theorie des elektromagnetischen Feldes, → Feldtheorie.

naives Quarkmodell, → Quarkmodell.

NAND-Schaltung, → logische Grundschaltungen.

Nano, n, Vorsatz vor Einheiten mit selbständigem Namen $\triangleq 10^{-9}$, → Vorsätze.

Natriumdampflampe, → Gasentladungslichtquelle.

Naturgesetze, in der Natur existierende, allgemeine und wesentliche Zusammenhänge zwischen den Erscheinungen, denen gemäß die Natur strukturiert ist und sich verändert. Die → Naturwissenschaften haben die Aufgabe, die N. aufzufinden, zu analysieren und auf diesem Wege weitgehend unter die Herrschaft des Menschen zu stellen. Dies geschieht durch Aufdeckung und Reproduktion der spezifischen Wirkbedingungen und der Ursachen bestimmter Erscheinungen und durch das Studium von deren Wirkung mittels der Beobachtung bzw. des Experiments. Durch Messung der Ursachen, Wirkungen und Bedingungen werden die N. auf mathematische Beziehungen abgebildet und deren Gültigkeitsbereich bestimmt. Gestützt auf die Methoden und Ergebnisse der Mathematik, werden die Zusammenhänge verallgemeinert und verschiedene N. über eine bestimmte Klasse von Erscheinungen zu einer Theorie derselben zusammengefaßt. Häufig werden die mathematischen Abbilder der N. mit den in der Natur objektiv und real wirkenden N.n identifiziert; dies ist nur insofern sachlich begründet, als eine wissenschaftliche Formulierung der N. notwendig ist und diese zweckmäßig mit Hilfe der Mathematik geschieht. Das Eintreffen von Voraussagen naturwissenschaftlicher Theorien beweist die Zweckmäßigkeit dieses Gebrauchs und die Realität der N.

Man unterscheidet *allgemeine N.*, wie die Erhaltungssätze von Energie und Impuls, die in der gesamten Natur gelten, und *spezifische N.*, wie die Maxwellschen Gleichungen oder die mechanischen Gesetze, die sich nur auf bestimmte Bereiche der Natur (elektromagnetische Erscheinungen) oder bestimmte Betrachtungsweisen der Natur (Mechanik) beziehen. Ferner unterscheidet man zwischen dynamischen und statistischen N.n. *Dynamische N.* beschreiben das Verhalten einzelner Systeme exakt und enthalten im Spezialfall des Gleichgewichts der Kräfte auch die *statischen N.*, während sich die *statistischen N.* stets auf eine Gesamtheit sehr vieler Einzelsysteme beziehen und über diese Einzelsysteme nur Wahrscheinlichkeitsaussagen machen. Trotzdem spiegeln statistische N. einen Zusammenhang der objektiven Realität wider, der aber erst bei einer großen Anzahl von Einzelsystemen wirksam wird (→ Thermodynamik, → Statistik). Nach ihrem Gültigkeitsbereich können die N. eingeteilt werden in physikalische, die man noch in mikrophysikalische und makrophysikalische untergliedern kann (→ Physik), chemische und biologische Gesetze. Die physikalischen Gesetze gelten in allen Bereichen, können aber allein nicht die ganze Mannigfaltigkeit der Erscheinungen erklären. Diese Einteilung entspricht der wachsenden Strukturierung und der Höherentwicklung der Bewegungsformen der Materie.

Naturkonstanten, in die mathematische Formulierung der Naturgesetze eingehende im allgemeinen dimensionsbehaftete Konstanten, deren Zahlenwerte vom gewählten Maßsystem abhängen. In einigen Fällen werden durch im Prinzip willkürliche Festlegung der Zahlenwerte von Konstanten die Maßeinheiten physikalischer Grundgrößen definiert. Die Zahl der im Experiment zu messenden Größen ist daher von der Zahl der benutzten Grundgrößen abhängig. So werden z. B. im Gaußschen System die beiden Vakuumkonstanten ε_0 und μ_0 durch die Wahl des Maßsystems definitiv festgelegt. Viele Konstanten können auf andere, allgemeinere, die → *universellen Naturkonstanten* zurückgeführt werden, die alle quantitativen Aussagen der bekannten Naturgesetze ermöglichen. Zu den → *universellen Zahlenkonstanten* gelangt man durch Verknüpfung bestimmter universeller Naturkonstanten. Die universellen Zahlenkonstanten sind dimensionslos und vom gewählten Maßsystem unabhängig.

Weitere Unterteilungen der N. lassen sich nach ihrem Wirkungsbereich festlegen; alle im atomphysikalischen Bereich auftretenden Konstanten werden unter dem Begriff *Atomkonstanten* oder *atomare Grundkonstanten* zusammengefaßt; alle übrigen grundlegenden Konstanten, die in den Wirkungsbereich der nichtatomaren Physik fallen, werden *allgemeine physikalische Konstanten* genannt. Die das elektromagnetische Feld im Vakuum charakterisierenden Konstanten sind die → *Vakuumkonstanten*, die auch als *Fundamentalkonstanten* bezeichnet werden.

Neben den allgemeinen Konstanten werden für die Beschreibung der Eigenschaften und des Verhaltens der Materie viele *Stoffkonstanten* verwendet, z. B. die spezifische Leitfähigkeit σ oder der Ausdehnungskoeffizient α bestimmter Metalle. Prinzipiell können auch diese Konstanten auf allgemeinere und universelle Konstanten zurückgeführt werden. Die genaue Durchführung solcher Vorhaben scheitert aber bisher an mathematischen Schwierigkeiten, so daß auf eine experimentelle Bestimmung einer Vielzahl der Stoffkonstanten nicht verzichtet werden kann.

natürliche Blende, → Abbildungsfehler.

natürliche Breite, Energiebreite der Resonanz des Wirkungsquerschnittes einer Kernreaktion. Die n. B. ergibt sich nach der Heisenbergschen Unschärferelation aus der Lebensdauer des Zwischenzustandes. Ihr Wert liefert Informationen über den Mechanismus der Kernreaktion und über den Charakter des Zwischenzustandes (→ Breit-Wigner-Formel).

Lit. Hertz: Lehrbuch der Kernphysik, Bd 2 (Hanau 1961).

natürlicher Homomorphismus, → Algebra.

natürliches Licht, → Polarisation des Lichtes.

natürliche Strahlung, die Gesamtheit der → ionisierenden Strahlung, die ohne Zufuhr radioaktiver Stoffe oder sonstige Veränderungen durch den Menschen an der Erdoberfläche anzutreffen ist. Die n. S. setzt sich aus der terrestrischen und der → kosmischen Strahlung zusammen. Durch die terrestrische Strahlung wird sowohl eine äußere Strahlungsbelastung, z. B. durch γ-strahlende Nuklide im Boden und in Baumaterialien, als auch eine innere Bestrahlung, z. B. durch das natürlich radioaktive Nuklid ^{40}K, verursacht. Gegenwärtig ist an der Erdoberfläche außer der n. S. auch eine durch die Tätigkeit des Menschen verursachte künstliche Strahlung anzutreffen (Fallout, → radioaktiver Niederschlag).

Naturmaße, → Maß 1).

Naturwissenschaften, Wissenschaften, die sich mit der Erkennung und systematischen Erforschung der → Naturgesetze sowie ihrer Wechselbeziehungen und mit der adäquaten Abbildung von Naturvorgängen auf wissenschaftliche Theorien über die Natur oder deren Teilbereiche befassen mit dem Ziel der Erkenntnis der Natur und Nutzanwendung der Naturgesetze im Dienste des Menschen. Die N. liefern die theoretischen Voraussetzungen für Technik, Landwirtschaft und Medizin. Die Methoden der N. sind Beobachtung und Experiment, Messung, Beschreibung und Vergleich, ferner Abstraktion, Induktion und Synthese sowie Analyse von Hypothesen und Deduktion aus Theorien. Die Exaktheit der N. wächst mit ihrer Mathematisierung, die in immer stärkerem Maße voranschreitet und die Anwendung logischen Schließens erleichtert; dies setzt jedoch die vollständige Quantifizierung der zu beschreibenden Erscheinungen durch Experiment und Messung voraus. Prüfstein der Richtigkeit wissenschaftlicher Theorien ist die Praxis, die experimentelle Verifikation ihrer Schlußfolgerungen. Man trennt die N. im allgemeinen nach der unbelebten und der belebten Natur in die physikalischen (im weitesten Sinne) und die biologischen Wissenschaften; zu ersteren gehören Physik im engeren Sinne, Chemie, Kosmologie, Astronomie, Geologie, physische Geographie und Meteorologie; letztere gliedern sich in Botanik und Zoologie mit den Disziplinen Genetik, Zytologie, Ökologie u. a.

Der Prozeß der Herauslösung der einzelnen N. aus der griechischen Naturphilosophie und die Entwicklung naturwissenschaftlicher Methoden begannen mit Aristoteles. Nach einer durch den Einfluß der Kirche bedingten Stagnation im Mittelalter setzte sich diese Entwicklung, im Beginn vermittelt durch die Araber und später getragen von der europäischen Renaissance, mit der Hinwendung zum Experiment und der systematischen Analyse fort. Die von Galilei und Newton im 17. Jh. geschaffene Mechanik war die erste mathematisierte Theorie. Der Versuch, mit ihr alle Erscheinungen der Natur zu erklären (Mechanistik), zunächst ein großartiger Versuch zu einem einheitlichen Weltbild mit progressiver Kraft, scheiterte schließlich im 19. Jh. durch den Beweis, daß die Elektrodynamik nicht mechanisch erklärt werden kann. Wichtig für die Entwicklung der N. waren die ebenfalls im 19. Jh. sich durchsetzenden Ideen der Evolution, wie sie im Gesetz von der Erhaltung und Umwandlung der Energie (R. Mayer 1842, Helmholtz 1847), in der Theorie vom Aufbau lebender Organismen aus Zellen, der Entstehung der Arten (Darwin) und den Vorstellungen von der Entwicklung der Erdkruste zum Ausdruck kamen.

Neben der immer weitergehenden Differenzierung der N. ist heute eine Integration der N. zu beobachten, die einerseits gegenstandsorientiert ist, wie dies z. B. bei Biophysik und -chemie sowie Astro- und Geophysik der Fall ist, und die andererseits im Zuge der ständig wachsenden Abstraktion und damit zugleich sich erweiternden Anwendungsmöglichkeiten methodisch bedingt ist, wie dies z. B. bei der physikalischen Chemie und den verschiedenen Zweigen der Physik selbst zutrifft, oder es werden gemeinsame Gesetzmäßigkeiten vieler Bewegungsformen der Materie zum Gegenstand neuer Disziplinen gemacht, z. B. in der Kybernetik. Charakteristisch für die N. ist ferner eine immer stärker werdende Prozeßorientierung und damit eine engere Bindung an die industrielle Produktion.

Obwohl die Mathematik sich in enger Wechselbeziehung mit den N., besonders der Physik und Astronomie, entwickelte, viele in der Mathematik untersuchte Strukturen direkt aus den N. stammen und der Grad der Mathematisie-

rung sowie der damit verbundene theoretische Entwicklungsstand das Niveau der N. wesentlich bestimmt, gehört die Mathematik selbst nicht zu den N. Der besondere Wert ihrer abstrakten Ergebnisse besteht in der Anwendbarkeit auf die unterschiedlichsten Systeme.

Lit. Bernal: Die Wissenschaft in der Geschichte (2. Aufl. Berlin 1967).

nautical mile, Tabelle 2, Länge.

nautischer Strich, ⁻, inkohärente Winkeleinheit, früher in der Seefahrt üblich gewesen.

$$1^{-} = 11° 15' = \frac{\pi}{16}\,\text{rad}.$$

NAVARHO, → Funkortung 3e).

Navier-Stokes-Gleichungen, Bewegungsgleichungen einer isotropen zähen Flüssigkeit. Sie stellen eine Erweiterung der → Eulerschen Gleichungen dar und gehen aus diesen durch Berücksichtigung der Reibungskräfte hervor. Die Grundgleichung der Dynamik lautet in Vektorform $\varrho(\mathrm{d}\vec{c}/\mathrm{d}t) = \vec{K} + \vec{P}$. Es bedeutet ϱ die Dichte des Strömungsmediums, $\vec{c}$ den Geschwindigkeitsvektor, t die Zeit, $\vec{K}$ den Vektor der Massenkraft je Volumeneinheit. Dabei sind dieselben Bezeichnungen verwendet wie bei den Eulerschen Gleichungen, nur bedeutet hier $\vec{P}$ die Oberflächenkraft, die Summe von Druck- und Reibungskraft je Volumeneinheit. Die aus dem Spannungszustand an dem Volumenelement $\mathrm{d}V = \mathrm{d}x \cdot \mathrm{d}y \cdot \mathrm{d}z$ herrührende Oberflächenkraft je Volumeneinheit ist

$$\vec{P} = \partial\vec{p}_x/\partial x + \partial\vec{p}_y/\partial y + \partial\vec{p}_z/\partial z.$$

Die Spannungsvektoren $\vec{p}_x, \vec{p}_y, \vec{p}_z$ haben die Komponenten

$$\vec{p}_x = \vec{i}\cdot\sigma_x + \vec{j}\cdot\tau_{xy} + \vec{k}\cdot\tau_{xz}$$
$$\vec{p}_y = \vec{i}\cdot\tau_{yx} + \vec{j}\cdot\sigma_y + \vec{k}\cdot\tau_{yz}$$
$$\vec{p}_z = \vec{i}\cdot\tau_{zx} + \vec{j}\cdot\tau_{zy} + \vec{k}\cdot\sigma_z.$$

Dabei sind $\vec{i}, \vec{j}, \vec{k}$ die Einheitsvektoren in x-, y- und z-Richtung.

Die Normalspannung σ steht senkrecht zu dem Flächenelement, der Index gibt die Richtung von σ an. Die Komponente in der Ebene des Flächenelements heißt Schubspannung τ und erhält einen Doppelindex. Die erste Stelle kennzeichnet, zu welcher Achse das Flächenelement, an dem τ angreift, senkrecht steht; die zweite Stelle kennzeichnet, in welche Richtung die Schubspannung zeigt (Abb.). Da $\tau_{xy} = \tau_{yx}$,

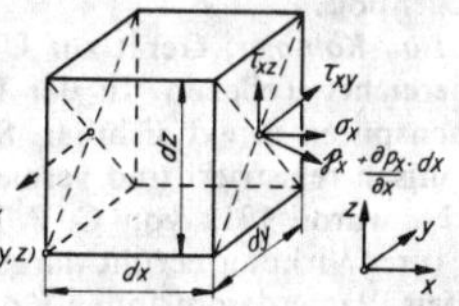

Allgemeiner Spannungstensor einer strömenden zähen Flüssigkeit

$\tau_{xz} = \tau_{zx}$ und $\tau_{yz} = \tau_{zy}$ gilt, ergibt sich eine zur Hauptdiagonale symmetrische Spannungsmatrix:

$$\pi = \begin{pmatrix} \sigma_x & \tau_{xy} & \tau_{xz} \\ \tau_{xy} & \sigma_y & \tau_{yz} \\ \tau_{xz} & \tau_{yz} & \sigma_z \end{pmatrix}.$$

Damit lautet die Bewegungsgleichung in Komponentenschreibweise

$$\varrho\frac{\mathrm{d}u}{\mathrm{d}t} = X + \left(\frac{\partial\sigma_x}{\partial x} + \frac{\partial\tau_{xy}}{\partial y} + \frac{\partial\tau_{xz}}{\partial z}\right)$$
$$\varrho\frac{\mathrm{d}v}{\mathrm{d}t} = Y + \left(\frac{\partial\tau_{xy}}{\partial x} + \frac{\partial\sigma_y}{\partial y} + \frac{\partial\tau_{yz}}{\partial z}\right)$$
$$\varrho\frac{\mathrm{d}w}{\mathrm{d}t} = Z + \left(\frac{\partial\tau_{xz}}{\partial x} + \frac{\partial\tau_{yz}}{\partial y} + \frac{\partial\sigma_z}{\partial z}\right).$$

Der Flüssigkeitsdruck ist gleich dem negativen arithmetischen Mittel der Normalspannungen: $p = -(1/3)\,(\sigma_x + \sigma_y + \sigma_z)$.

Nach Stokes werden die von den Reibungskräften herrührenden Spannungen proportional zur Formänderungsgeschwindigkeit gesetzt (→ Newtonscher Schubspannungsansatz). Für den allgemeinen Fall einer kompressiblen zähen Flüssigkeit gelten die Beziehungen

$$\sigma_x = -p + \eta\left(2\frac{\partial u}{\partial x} - \frac{2}{3}\operatorname{div}\vec{c}\right),$$
$$\sigma_y = -p + \eta\left(2\frac{\partial v}{\partial y} - \frac{2}{3}\operatorname{div}\vec{c}\right),$$
$$\sigma_z = -p + \eta\left(2\frac{\partial w}{\partial z} - \frac{2}{3}\operatorname{div}\vec{c}\right),$$
$$\tau_{xy} = \eta\left(\frac{\partial u}{\partial y} + \frac{\partial v}{\partial x}\right),$$
$$\tau_{yz} = \eta\left(\frac{\partial v}{\partial z} + \frac{\partial w}{\partial y}\right),$$
$$\tau_{xz} = \eta\left(\frac{\partial w}{\partial x} + \frac{\partial u}{\partial z}\right).$$

Die dynamische Zähigkeit η ist besonders in kompressiblen Strömungen vom Ort abhängig, da erhebliche Temperaturunterschiede auftreten können. Die N.-S.-G. lauten damit in Komponentenschreibweise

$$\varrho\frac{\mathrm{d}u}{\mathrm{d}t} = X - \frac{\partial p}{\partial x} + \frac{\partial}{\partial x}\left[\eta\left(2\frac{\partial u}{\partial x} - \frac{2}{3}\operatorname{div}\vec{c}\right)\right] + {}$$
$$+ \frac{\partial}{\partial y}\left[\eta\left(\frac{\partial u}{\partial y} + \frac{\partial v}{\partial x}\right)\right] + \frac{\partial}{\partial z}\left[\eta\left(\frac{\partial w}{\partial x} + \frac{\partial u}{\partial z}\right)\right],$$
$$\varrho\frac{\mathrm{d}v}{\mathrm{d}t} = Y - \frac{\partial p}{\partial y} + \frac{\partial}{\partial y}\left[\eta\left(2\frac{\partial v}{\partial y} - \frac{2}{3}\operatorname{div}\vec{c}\right)\right] + {}$$
$$+ \frac{\partial}{\partial z}\left[\eta\left(\frac{\partial v}{\partial z} + \frac{\partial w}{\partial y}\right)\right] + \frac{\partial}{\partial x}\left[\eta\left(\frac{\partial u}{\partial y} + \frac{\partial v}{\partial x}\right)\right],$$
$$\varrho\frac{\mathrm{d}w}{\mathrm{d}t} = Z - \frac{\partial p}{\partial z} + \frac{\partial}{\partial z}\left[\eta\left(2\frac{\partial w}{\partial z} - \frac{2}{3}\operatorname{div}\vec{c}\right)\right] + {}$$
$$+ \frac{\partial}{\partial x}\left[\eta\left(\frac{\partial w}{\partial x} + \frac{\partial u}{\partial z}\right)\right] + \frac{\partial}{\partial y}\left[\eta\left(\frac{\partial v}{\partial z} + \frac{\partial w}{\partial y}\right)\right]$$

und in vektorieller Schreibweise

$$\varrho\frac{\mathrm{d}\vec{c}}{\mathrm{d}t} = \varrho\frac{\partial\vec{c}}{\partial t} + \varrho(\vec{c}\ \mathfrak{grad})\ \vec{c} =$$
$$= \vec{K} - \operatorname{grad} p + \eta\Delta\vec{c} + \tfrac{1}{3}\,\eta\operatorname{grad}\operatorname{div}\vec{c},$$

wobei $(\vec{c}\ \mathfrak{grad})\ \vec{c}$ der Vektorgradient von $\vec{c}$ ist.

Um die unbekannten Größen berechnen zu können, müssen noch die Kontinuitätsgleichung, die Zustands- und Energiegleichung der Thermodynamik und das empirische Zähigkeitsgesetz $\eta = f(\text{Temperatur})$ hinzugezogen werden.

Für inkompressible Strömungen vereinfachen sich die N.-S.-G. erheblich, da $\operatorname{div}\vec{c} = 0$ ist und die dynamische Zähigkeit auf Grund der geringen Temperaturdifferenzen als konstant angenommen werden kann. In vektorieller Schreibweise lauten dann die Gleichungen für $\varrho =$ konst.:

$$\varrho \frac{d\vec{c}}{dt} = \vec{K} - \operatorname{grad} p + \eta \Delta \vec{c},$$

bzw. wegen $(\vec{c} \operatorname{grad}) \vec{c} = \frac{1}{2} \operatorname{grad} \vec{c}^2 - \vec{c} \times \operatorname{rot} \vec{c}$ und

$\Delta \vec{c} = \operatorname{grad} \operatorname{div} \vec{c} - \operatorname{rot} \operatorname{rot} \vec{c}$ folgt

$$\varrho \left(\frac{\partial \vec{c}}{\partial t} + \operatorname{grad} \frac{\vec{c}^2}{2} - \vec{c} \times \operatorname{rot} \vec{c} \right) =$$

$$= \vec{K} - \operatorname{grad} p - \eta \operatorname{rot} \operatorname{rot} \vec{c};$$

dabei bedeutet Δ den Laplace-Operator:

$$\Delta = \frac{\partial^2}{\partial x^2} + \frac{\partial^2}{\partial y^2} + \frac{\partial^2}{\partial z^2}.$$

Von den Eulerschen Gleichungen unterscheiden sich die N.-S.-G. nur durch das Reibungsglied. Dieses ist aber maßgebend dafür, daß die N.-S.-G. von zweiter Ordnung sind und somit die → Haftbedingung erfüllt werden kann. In kartesischen Koordinaten lauten die N.-S.-G., wenn die substantiellen Beschleunigungsglieder ausführlich geschrieben werden, wie folgt:

$$\varrho \left(\frac{\partial u}{\partial t} + u \frac{\partial u}{\partial x} + v \frac{\partial u}{\partial y} + w \frac{\partial u}{\partial z} \right)$$
$$= X - \frac{\partial p}{\partial x} + \eta \left(\frac{\partial^2 u}{\partial x^2} + \frac{\partial^2 u}{\partial y^2} + \frac{\partial^2 u}{\partial z^2} \right)$$
$$= X - \frac{\partial p}{\partial x} + \eta \Delta u;$$

$$\varrho \left(\frac{\partial v}{\partial t} + u \frac{\partial v}{\partial x} + v \frac{\partial v}{\partial y} + w \frac{\partial v}{\partial z} \right)$$
$$= Y - \frac{\partial p}{\partial y} + \eta \left(\frac{\partial^2 v}{\partial x^2} + \frac{\partial^2 v}{\partial y^2} + \frac{\partial^2 v}{\partial z^2} \right)$$
$$= Y - \frac{\partial p}{\partial y} + \eta \Delta v;$$

$$\varrho \left(\frac{\partial w}{\partial t} + u \frac{\partial w}{\partial x} + v \frac{\partial w}{\partial y} + w \frac{\partial w}{\partial z} \right)$$
$$= Z - \frac{\partial p}{\partial z} + \eta \left(\frac{\partial^2 w}{\partial x^2} + \frac{\partial^2 w}{\partial y^2} + \frac{\partial^2 w}{\partial z^2} \right)$$
$$= Z - \frac{\partial p}{\partial z} + \eta \Delta w.$$

Das Strömungsfeld kann unter Hinzuziehung der Kontinuitätsgleichung bestimmt werden.

Es gilt als gesichert, daß die N.-S.-G. alle wirklichen Flüssigkeitsbewegungen – also sowohl laminare als auch turbulente – beschreiben. Die Integration dieses Systems nichtlinearer Differentialgleichungen zweiter Ordnung ist so schwierig, daß sie nur in folgenden Spezialfällen gelungen ist (→ Strömung):

a) Potentialströmungen: Die Reibung ist Null, die N.-S.-G. gehen in die Eulerschen Gleichungen über.

b) Schleichende Strömungen: Die Zähigkeitskräfte sind sehr groß, so daß die Trägheitskräfte vernachlässigt werden können.

c) Stationäre laminare voll ausgebildete Rohrströmung: Die Trägheitskräfte sind vernachlässigbar.

d) Für große Reynoldszahlen vereinfachen sich die N.-S.-G. zu den Grenzschichtgleichungen, die Reibungskräfte sind klein verglichen mit den Trägheitskräften.

e) Einige exakte Lösungen, wie für ebene und räumliche Staupunktströmung, Strömung zwischen zwei konzentrisch rotierenden Zylindern, ebene Wirbelfelder u. ä.

Geschichtliches. Die N.-S.-G. wurden 1827 von Navier für inkompressible Strömungen und 1831 von Poisson für kompressible Strömungen auf Grund von hypothetischen Vorstellungen über die Molekularkräfte aufgestellt. De Saint-Venant und Stokes leiteten die Gleichungen 1843 bzw. 1845 neu ab unter der Annahme, daß die Spannungen proportional zu den Deformationsgeschwindigkeiten sind.

Lit. Albring: Angewandte Strömungslehre (3. Aufl. Dresden 1966); Lichtenstein: Grundlagen der Hydromechanik (29. Nachdr. Berlin, Göttingen, Heidelberg 1968); Landau u. Lifschitz: Lehrb. der theoretischen Physik Bd IV, Hydrodynamik (2. Aufl. Berlin 1971); Schlichting: Grenzschichttheorie (5. Aufl. Karlsruhe 1965).

N-Bande, → Farbzentrum.

NCL, → leuchtende Nachtwolken.

Nd, → Neodym.

N/D-Gleichungen, → analytische S-Matrix-Theorie.

N/D-Methode, → analytische S-Matrix-Theorie.

Nebel, 1) Thermodynamik: in Gas feinverteilte Flüssigkeit, ein disperses System mit gasförmigem Dispersionsmittel und flüssigem dispersem Anteil.

2) Meteorologie: kondensierter Wasserdampf in den untersten, bodennahen Luftschichten, der eine Lufttrübung verursacht. Bei N. liegt die Tagessichtweite unter 1 km, eine geringere Lufttrübung bezeichnet man als → Dunst. N. und Wolken sind ihrem Wesen nach gleich und bilden sich durch Abkühlung wasserdampfhaltiger Luft unter die Taupunktstemperatur bei Vorhandensein von Kondensationskernen. Nach den Ursachen der Nebelbildung unterscheidet man 1) *Advektionsnebel*, der durch Transport warmer Luft über eine kalte Oberfläche oder kalter Luft über eine warme Wasseroberfläche entsteht; 2) *Strahlungsnebel*, der infolge mangelnder Gegenstrahlung bei wolkenarmem, windschwachem Wetter durch starke Bodenabkühlung verursacht wird, über dem Lande die häufigste Nebelart; 3) *Maritimnebel*, der bei Abkühlung einer maritimen Polarluftmasse über dem Lande entsteht und meist dichten Dauernebel bringt; 4) *Stadtnebel* (Smog).

3) Astronomie: dunkles oder schwach leuchtendes, nicht scharf begrenztes Gebiet am Sternhimmel. Die *galaktischen N.* sind Ansammlungen von → interstellarer Materie im Milchstraßensystem, die *extragalaktischen N.* sind selbständige → Sternsysteme.

Nebelbogen, → Regenbogen.

Nebelkammer, *Wilson-Kammer*, Gerät zur Untersuchung energiereicher Teilchen. In der N. werden die Teilchenspuren direkt sichtbar. Sie können photographisch registriert und vermessen werden. Die N. wurde 1912 von C. T. R. Wilson erfunden. Ihre Wirkung beruht darauf, daß im übersättigten Wasserdampf Ionen Kondensationskeime für Wassertröpfchen bilden. Das in die Kammer eindringende Teilchen ionisiert den Wasserdampf längs seiner Bahn. Die entstehenden Wassertröpfchen können durch geeignete Beleuchtung sichtbar gemacht werden. Die Übersättigung des Wasserdampfes wird durch schnelles Vergrößern des Kammervolumens erreicht, dadurch ist für einen Bruchteil einer Sekunde der Nachweis von Teilchen möglich. Die Auslösung des Übersättigungsmechanismus und die Beleuchtung des Übersättigungsbereiches in der Kammer können durch das anfliegende Teilchen selbst gesteuert werden (*automatische N.*). In *Diffusionsnebelkammern*, bei denen die Übersättigung des Dampfes einer organischen Flüssigkeit durch ein Temperaturgefälle in einem Teil ihres Volumens gewährleistet ist, kann man ständig Spuren beobachten. Bringt man die N. in ein starkes Magnetfeld, so kann man aus der Krümmung der Teilchenbahn die Energie und das Vorzeichen der Ladung bestimmen. Neuerdings werden auch stereoskopische Bilder von Nebelkammerspuren aufgenommen.

Nebellinien, → interstellare Materie.

Nebenbilder, Störbilder, die bei der Abbildung durch Reflexion an den Flächen eines optischen Systems entstehen und sich dem eigentlichen Bild überlagern.

Nebengruppe, → Periodensystem der Elemente.

Nebenquantenzahl, eine → Quantenzahl des Bahndrehimpulses.

Nebenschluß, 1) *elektrischer N.*, die Parallelschaltung eines Stromzweiges, z. B. die Überbrückung eines Widerstandes durch Parallelschalten eines weiteren Widerstandes. Bei der Meßbereichserweiterung von Strommessern wird der im N. geschaltete Widerstand als Nebenschlußwiderstand oder Shunt bezeichnet. Bei elektrischen Maschinen bezeichnet N. die Parallelschaltung der Erreger- zur Ankerwicklung und hiervon abgeleitet ein entsprechendes Drehzahlverhalten.

2) *magnetischer N.*, der magnetische Parallel- oder Nebenweg für das magnetische Feld in magnetischen Kreisen elektrischer Maschinen und Geräte. Damit kann der magnetische Fluß an bestimmten Stellen verringert werden (Schweißtransformator, Meßinstrumente), oder es wird bei magnetischen Wechselfeldern eine zeitliche Phasenverschiebung der beiden Flüsse erzielt (Induktionszähler).

Nebenschlußmaschine, eine → elektrische Maschine mit Nebenschlußverhalten. Meist ist speziell die Gleichstromnebenschlußmaschine gemeint.

Nebenschlußverhalten, → Drehzahlverhalten.

Nebenschlußwiderstand, *Nebenwiderstand*, der Parallelwiderstand zu einem elektrischen Gerät in einem elektrischen Stromkreis. In Verbindung mit einem Meßgerät, z. B. einem Amperemeter, bezeichnet man den N. auch als *Shunt*. Der N. ruft eine Stromverzweigung hervor, er dient bei Strommeßgeräten zur Meßbereichserweiterung.

Nebensonne, → Halo.

Nebenvalenz(bindung), → chemische Bindung.

Nebenwiderstand, svw. Nebenschlußwiderstand.

Nebularhypothese, → Kosmogonie.

Néel-Temperatur, T_N, die Temperatur, bei der die antiferromagnetische Ordnung der atomaren magnetischen Momente (→ magnetische Struktur) zerstört wird und damit der Antiferromagnetismus verschwindet.

Néel-Wand, von Néel 1955 untersuchter Wandtyp zwischen Weißschen Bezirken in magnetischen dünnen Schichten: Bloch-Wände würden an den Durchstoßstellen durch die Probenoberfläche zu freien Polen führen. In dünnen Schichten sind die Oberflächen benachbart, und die Streufelder dieser Pole enthalten in dünnen Schichten so viel Energie, daß die Ausbildung von N.-W.en u. U. günstiger wird. Es gibt auch verschiedene Übergangsformen zwischen Bloch- und Néel-Wänden. Speziell treten auch Wände auf, bei denen Néel-Wände entgegengesetzter Polarität (Abb. a und b) durch kurze Bloch-Wände, Bloch-Linien genannt, getrennt werden. Durch die Beweglichkeit der N.-W. wird das → magnetische Kriechen verursacht.

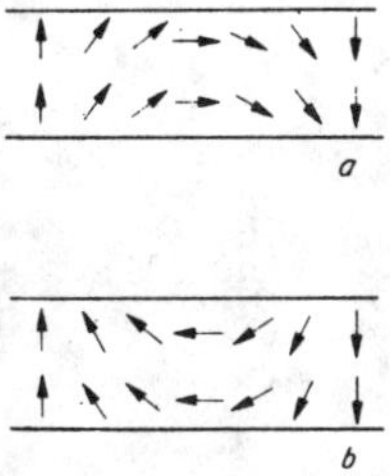

Zwei Néel-Wände entgegengesetzter Polarität

Negation, → logische Grundschaltungen.

negative absolute Temperaturen, Temperaturen, die in thermodynamischen Systemen mit begrenztem Energiespektrum auftreten können. In thermodynamischen Zuständen mit n.n a.n T. sind die Mikrozustände höherer Energie stärker besetzt als die mit kleinerer Energie, das Verteilungsgesetz $w_n \sim \exp(-E_n/kT)$ bleibt ungeändert. Für die meisten Systeme scheiden negative Temperaturen aus, da wegen des im allgemeinen nach oben unbegrenzten Energiespektrums – die Teilchen können beliebig große kinetische Energien haben – sich für $T < 0$ sofort $w_n \to \infty$ für $E_n \to \infty$, also eine nicht mehr normierbare Verteilung ergeben würde. Bei einem begrenzten Energiespektrum fällt diese Einschränkung weg. Für $T \to +0$ ist nur der unterste Energiezustand besetzt, mit wachsender (positiver) Temperatur befindet sich das System mit zunehmenden Wahrscheinlichkeiten auch in höheren Zuständen, für $T \to +\infty$ werden alle Energiezustände gleich oft angenommen. Für sehr große negative Temperaturen entsteht zunächst eine schwache Besetzungsinversion der Mikrozustände, die sich in dem Maße verstärkt, wie sich T betragsmäßig verkleinert, für $T \to -0$ ist schließlich nur noch der Zustand mit der größten Energie besetzt. Der Energieinhalt $U(T)$ des Systems wächst also in der Reihenfolge $0 \cdots + |T| \cdots \pm \infty \cdots - |T| \cdots -0$. Zwischen $T = +\infty$ und $-\infty$ besteht kein Unterschied, beides beschreibt die Gleichverteilung über alle Zustände, während $+0$ und -0 zwei vollkommen verschiedene Temperaturen bedeuten. Die Entropie $S(T)$ des Systems verschwindet für $T = \pm 0$, da sich das System in beiden Fällen mit Sicherheit in einem Mikrozustand (dem untersten bzw. dem obersten) befindet, während die für $T \to \pm\infty$ entstehende Gleichverteilung einen thermodynamischen Zustand maximaler Entropie charakterisiert. Die Unstetigkeit der Energie $U(T)$ bei $T = 0$ kann beseitigt werden, wenn man nicht T, sondern T^{-1} als Temperaturparameter benutzt, häufig wählt man $\beta = (kT)^{-1}$.

Realisierbar sind n. a. T. in Spinsystemen. Befinden sich z. B. Atomkerne mit dem Spin $I = 1/2$ in einem äußeren Magnetfeld, so gibt es für jeden Kern nur zwei Energieniveaus: ein unteres $E\uparrow\uparrow$, in dem das dem Kernspin proportionale magnetische Spinmoment parallel zum Feld steht, und ein oberes $E\uparrow\downarrow$ mit antiparalleler Einstellung. Bei der Temperatur $T = +0$ stellen sich alle Momente parallel zum Feld (*Grundzustand*). Mit wachsender Temperatur klappen mehr und mehr Spins durch thermische Anregung auch in die entgegengesetzte Richtung um. Bei der Temperatur $+\infty$ sind gleichviel Spins in beiden Richtungen orientiert, für $T < 0$

überwiegt die Zahl der antiparallel eingestellten Spins. Durch rasche Richtungsumkehr des Magnetfeldes gelang es Purcell und Pound 1951 erstmals, eine solche Besetzungsinversion, also einen Zustand n.r a.r T., zu realisieren. Kernspinsysteme können längere Zeit (bis zu einigen Tagen) im thermodynamischen Gleichgewicht mit n.n a.n T. existieren, da die Wechselwirkung mit anderen Freiheitsgraden, besonders mit den Phononen, klein gehalten werden kann. Beispiele für Nichtgleichgewichtssysteme mit „n.n a.n T.“ sind Laser und Maser.

negatives Glimmlicht, → Glimmentladung.

Negaton, svw. Elektron.

Neigungskorngrenze, → Korngrenze.

Neigungsmesser, empfindliches Meßgerät zur Bestimmung der Neigungsänderung einer Fläche (bis zu $< 10^{-2}$ Bogensekunden) mittels Schlauchwaagen oder Horizontalpendeln. Bei N.n mit Horizontalpendeln (→ Pendel) wird die Drehachse eines Meßsystems ganz wenig gegenüber der Lotrichtung geneigt. Mit diesen N.n können die Lotschwankungen infolge der Erdgezeiten registriert werden.

nematische Phase, → mesomorphe Phase.

Nenngrößen, die Nenndaten einer elektrischen Maschine oder eines Geräts, für die sie ausgelegt sind. Die N. sind auf dem Leistungsschild verzeichnet. Hierzu gehören die Nennleistung (bei Motoren die mechanische Leistung, bei Generatoren die elektrische Wirkleistung), die Nenn- oder Arbeitsspannung, der Nennstrom, die Nennfrequenz u. a.

Nennsaugleistung, bei Vorvakuumpumpen die errechnete Nominalsaugleistung gegeben durch das Produkt von Schöpfraum mal Atmosphärendruck mal Drehzahl.

Nennspannung, 1) in der Elektrizitätsversorgung die Spannung, für die ein Netz, eine Anlage, ein Gerät oder eine Maschine gebaut ist und die auftreten muß, damit bestimmte Betriebsgrößen (Nenngrößen) erreicht werden. Genormte Nennspannungen über 100 V für Gleichstrom sind 110, 220, 440, 600, 750, 1500, 3000 V, für Wechselstrom 110, 220 V, für Drehstrom 50 Hz 380 V, 500 V, 10 kV, 20, 25, 30, 110, 220, 380 kV.

2) → Kerbspannung.

Neodym, Nd, chemisches Element der Ordnungszahl 60. Von den natürlichen Isotopen der Massezahlen 142 bis 146, 148 und 150 ist ^{144}Nd schwach radioaktiv. Mit einer Halbwertszeit von 10^{15} Jahren sendet es α-Teilchen einer Energie von 1,830 MeV aus. Bekannt sind künstlich erzeugte Isotope mit Massezahlen zwischen 138 und 151.

Neodymlaser, → Laser.

Neonlampe, mit Neon gefüllte Gasentladungslichtquelle, die vorwiegend als Reklameleuchtröhre Verwendung findet. Wegen der mitunter erheblichen Länge ihrer positiven Säule ist zu ihrem Betrieb eine Spannung von mehreren Kilovolt erforderlich. Als N.n werden fälschlicherweise mitunter auch mit anderen Edelgasen oder mit Metalldämpfen gefüllte Reklameleuchtröhren bezeichnet.

Neopositivismus, → Positivismus.

Neper, Np, Kennwort für den natürlichen Logarithmus des Verhältnisses zweier gleicher Größen, z. B. zweier Spannungen U, zweier Amplituden. Vorsätze erlaubt. $\mathrm{Np} = \ln U_1/U_2$. $1\,\mathrm{Np} = 8{,}686\,\mathrm{dB}$.

Nephelometer, → Tyndall-Effekt.

Nephelometrie, → Tyndall-Effekt.

Neptun, ein Planet. Er bewegt sich mit einer mittleren Geschwindigkeit von 5,43 km/s in einem mittleren Abstand von 30,06 AE in 164,79 Jahren einmal um die Sonne. Die Masse von N. beträgt 17,22 Erdmassen, der Äquatordurchmesser 49200 km. Die mittlere Dichte mit 1,65 g cm^{-3} ist ebenso wie Masse und Durchmesser ähnlich den entsprechenden Werten von Uranus. Die Oberflächentemperatur dürfte bei etwa -110 °C liegen. Die Rotationsdauer von 15 h 40 min konnte nur spektroskopisch ermittelt werden, da N. nur einen scheinbaren Durchmesser von 1″ bis 2″ hat und daher keine Oberflächeneinzelheiten wahrnehmbar sind. Die Atmosphäre besteht aus Wasserstoff und sehr viel Methan, sie bewirkt eine sehr hohe Albedo von 0,84. N. wurde auf Grund der auf die Bewegung von Uranus ausgeübten Störungen nach Berechnungen von Leverrier im Jahre 1846 entdeckt. N. wird von 2 Satelliten, Triton und Nereide, umkreist. Triton übertrifft an Größe den Erdmond, während die Bahn von Nereide mit $\varepsilon = 0{,}7$ die größte numerische Exzentrizität aller Satellitenbahnen aufweist.

Neptunium, Np, radioaktives, nur künstlich darstellbares chemisches Element der Ordnungszahl 93, ein Transuran. Bekannt sind elf Isotope der Massezahlen 231 bis 241. Das längstlebige Isotop ist ^{237}Np mit einer Halbwertszeit von $2{,}2 \cdot 10^6$ Jahren. Am schnellsten zerfällt ^{240}Np mit einer Halbwertszeit von 7,3 Minuten. ^{237}Np hielt man für das Ausgangsnuklid der Neptuniumreihe. Neuerdings weiß man, daß diese Reihe mit ^{241}Pu beginnt, das durch β-Zerfall in ^{241}Am übergeht. Durch anschließenden Zerfall des ^{241}Am bildet sich ^{237}Np. N. wurde erstmals 1940 von McMillan und Abelson durch die Reaktion $^{238}\mathrm{U}(n,\gamma) \xrightarrow{\beta^-} {}^{239}\mathrm{Np}$ dargestellt.

Neptuniumreihe, → radioaktive Familien.

Nernst-Effekt, → Thermoelektrizität 2), → galvanomagnetische Effekte.

Nernst-Einstein-Beziehung, Beziehung, die den Zusammenhang zwischen der Beweglichkeit μ von Teilchen und ihrem Selbstdiffusionskoeffizienten D ausdrückt: $\mu/D = 1/(kT)$. Hierbei ist k die Boltzmannsche Konstante und T die absolute Temperatur.

Nernst-Kalorimeter, ein → Kalorimeter, bei dem durch elektrische Aufheizung und Temperaturmessung die spezifische Wärmekapazität bestimmt wird. Ein Platindraht dient als Heizung und Widerstandsthermometer.

Nernstscher Verteilungssatz, → Absorption 1).

Nernstscher Wärmesatz, svw. 3. Hauptsatz, → Hauptsätze der Thermodynamik.

Nernstsches Vakuumkalorimeter, → Vakuumkalorimeter.

Nernst-Stab, → Wärmestrahlung.

Nernst-Stift, → Ultrarotspektroskopie.

Nervenmodelle, physikalische oder physikalisch-chemische Systeme, die funktionale Eigenschaften der Nerven nachbilden.

Zur modellmäßigen Darstellung der saltatorischen Erregungsleitung, bei der eine Erregung mit bestimmter Geschwindigkeit von einem Schnürring einer Nervenfaser mit Markscheide zum nächsten Schnürring springt, benötigt man ein Modell aus hintereinandergeschalteten aktiven Elementen, z. B. monostabile Flip-Flops. Eine solche Schaltung enthält zwei Elektronenröhren oder Transistoren, die so miteinander gekoppelt sind, daß immer nur eine Röhre oder ein Transistor stromdurchlässig ist. Dieses System wird als „erregt" bezeichnet, wenn durch einen äußeren Impuls eine Zustandsänderung des Systems erfolgt, d. h., wenn das vorher gesperrte Schaltungselement stromdurchlässig wird. Ein damit verbundenes Aufleuchten einer Glimmlampe kann diesen Vorgang nach außen sichtbar machen (Abb.). Mit diesem Modell lassen sich das Refraktärverhalten, die Hemmung und die Akkommodation von Nervenzellen simulieren.

Andere N. arbeiten mit passiven Eisendrähten in konzentrierter Salpetersäure (Nervenmodell von Lillie) oder mit pneumatischen Anordnungen.

Netz, in der elektrischen Energieversorgung die Zusammenschaltung eines Systems von Kraftwerken, Freileitungen, Kabeln und Umspannwerken. Die N.e können nach der Ausführung eingeteilt werden (Abb.). Das *Strahlennetz* ist ein Linienverteilersystem, das *Ringnetz* ein in sich geschlossenes N.; beim *vermaschten N.* oder *Verbundnetz* sind auch Kraftwerke in das vielmaschige N. einbezogen. Durch das Verbundnetz lassen sich die Wirtschaftlichkeit der Energieversorgung durch Ausgleich von Belastungsspitzen und die Störanfälligkeit herabsetzen. Verbundnetze werden über die Landesgrenzen hinaus ausgedehnt. Nach der Netzspannung unterscheidet man *Höchstspannungsnetze* (400 kV, 750 kV), *Hochspannungsnetze* (110 kV, 220 kV), *Mittelspannungsnetze* (10⋯30 kV) und *Niederspannungsnetze* (220/380/500 V).

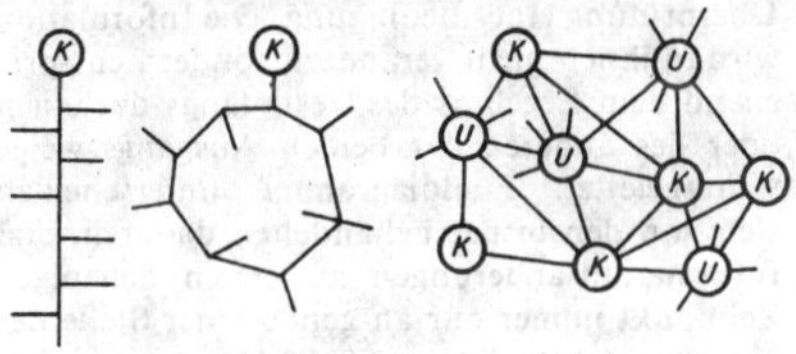

Aufbau der Energieversorgungsnetze: *1* Strahlennetz, *2* Ringnetz, *3* vermaschtes Netz (Verbundnetz). *K* Kraftwerk, ⊢ Verbraucherabgang, *U* Umspannwerk

Lit. Gester u. Lorenz: Starkstromleitungen, Leitungsnetze und deren Berechnung (5. Aufl. Berlin 1971).

Netzebene, Ebene durch drei nicht kollineare, translationsäquivalente Punkte einer dreidimensional periodischen Anordnung (eines Kristalls). Wegen der Periodizität der Anordnung gehört zu jeder N. eine Schar translationsäquivalenter paralleler, äquidistanter N.n, die *Netzebenenschar*. Der Netzebenenabstand *d* zweier benachbarter N.n einer Schar hängt mit den Gitterkonstanten *a*, *b*, *c*, *α*, *β*, *γ* wie folgt zusammen:

$d = a/\sqrt{h^2 + k^2 + l^2}$ für kubische Kristalle,

$d = \frac{1}{2}\sqrt{3}a/\sqrt{h^2 + k^2 + hk + 3a^2l^2/4c^2}$ für hexagonale Kristalle,

$$d = \frac{a\sqrt{1 + 2\cos^3\alpha - 3\cos^2\alpha}}{\sqrt{(h^2+k^2+l^2)\sin^2\alpha + 2(hk+kl+lh)(\cos^2\alpha - \cos\alpha)}}$$

für rhomboedrische Kristalle,

$d = a/\sqrt{h^2 + k^2 + a^2l^2/c^2}$ für tetragonale Kristalle,

$d = 1/\sqrt{h^2/a^2 + k^2/b^2 + l^2/c^2}$ für orthorhombische Kristalle,

$$d = \sin\beta \cdot \{h^2/a^2 + k^2\sin^2\beta/b^2 + l^2/c^2 - 2lh\cos\beta/(ca)\}^{-1/2}$$

für monokline Kristalle,

$$d = \{h^2a^{*2} + k^2b^{*2} + l^2c^{*2} + 2klb^*c^*\cos\alpha^* + 2lhc^*a^*\cos\beta^* + 2hka^*b^*\cos\gamma^*\}^{-1/2}$$

für trikline Kristalle

mit

$$a^* = \frac{1}{D}bc\cdot\sin\alpha$$

$$\cos\alpha^* = \frac{\cos\beta\cos\gamma - \cos\alpha}{\sin\beta\sin\gamma}$$

$$b^* = \frac{1}{D}ca\cdot\sin\beta$$

$$\cos\beta^* = \frac{\cos\gamma\cos\alpha - \cos\beta}{\sin\gamma\sin\alpha}$$

$$c^* = \frac{1}{D}ab\cdot\sin\gamma$$

$$\cos\gamma^* = \frac{\cos\alpha\cos\beta - \cos\gamma}{\sin\alpha\sin\beta}$$

$$D = abc\cdot(1 + 2\cos\alpha\cos\beta\cos\gamma - \cos^2\alpha - \cos^2\beta - \cos^2\gamma)^{1/2}$$

Dabei sind *hkl* die Braggschen bzw. Millerschen Indizes der Netzebenenschar. Unabhängig von der Symmetrie gilt $d = V/QF$, wobei *V* das Volumen der *Q*fach primitiven Elementarzelle und *F* den Flächeninhalt einer Elementarmasche der N. (*hkl*) bedeuten. Die Anzahl $1/A_{hkl}$ der Gitterpunkte je Flächeneinheit einer N. heißt die *Netzebenenbelastung* oder *Belastungsdichte*. Nach Bragg läßt sich die Beugung von

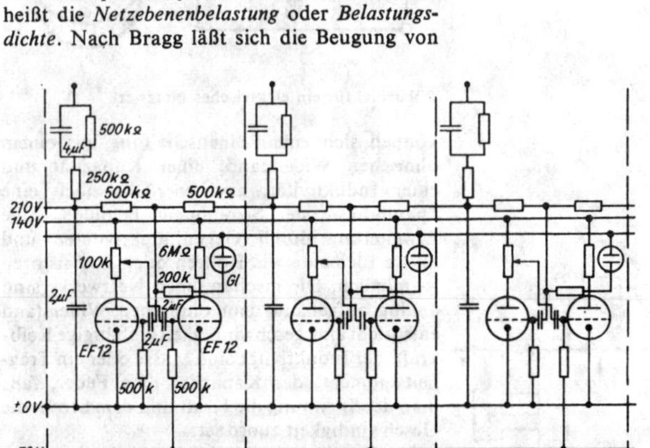

Drei Stufen eines elektronischen Nervenmodells

Röntgenstrahlen an Kristallen als Spiegelung des einfallenden Strahls an einer Netzebenenschar des Kristalls deuten, wobei die → Braggsche Reflexionsbedingung den Zusammenhang von Netzebenenabstand und Winkel zwischen einfallendem und gebeugtem Strahl angibt. Entsprechendes gilt für die Beugung von Elektronen- und Neutronenstrahlen an Kristallen.

Netzhaut, → Auge.

Netzmodell, ein im bestimmten Maßstab verkleinertes Modell der Energieversorgungsnetze mit veränderbaren Elementen, so daß jedes beliebige elektrische Netz nachgebildet und das N. als Analogrechner betrachtet werden kann. Nach Speisefrequenz und Aufbau unterscheidet man *Gleichstromnetzmodelle* und *Wechselstromnetzmodelle*. Unter bestimmten Voraussetzungen können auch stationäre Betriebsverhältnisse des Wechselstromnetzes auf dem wesentlich billigeren Gleichstromnetzmodell nachgebildet werden. Wegen Schwierigkeiten der Modellierung von Induktivitäten geht man beim Wechselstromnetzmodell zu Speisefrequenzen um 500 Hz oder zur Nachbildung durch Kapazitäten über. Beim Wechselstromnetzmodell kann die Wirk- und Blindleistungsverteilung nachgebildet werden.

Netzplan, geometrische Darstellung der Struktur eines Systems durch Angabe der Teilsysteme oder der Funktionselemente, z. B. von Vorgängen oder Aktivitäten. In einem *Graphen* werden diese Teile als Knoten oder als Zweige dargestellt (Abb. 1). Die Knoten werden als Kreise oder Rechtecke angegeben, die Zweige durch Geraden oder durch Pfeile, um die Richtung der Verbindung zu kennzeichnen. *Zweignetze* bezeichnet man dann auch als *Pfeilnetze*. Mitunter werden Zweige, in denen die gleiche Wirkung fortgepflanzt wird, mehrfach aufgeführt, oder es werden zusätzliche Knoten eingeführt. Die *elektrischen* Netzwerke sind die ältesten; sie sind Zweignetze (Abb. 2). In jedem Zweig

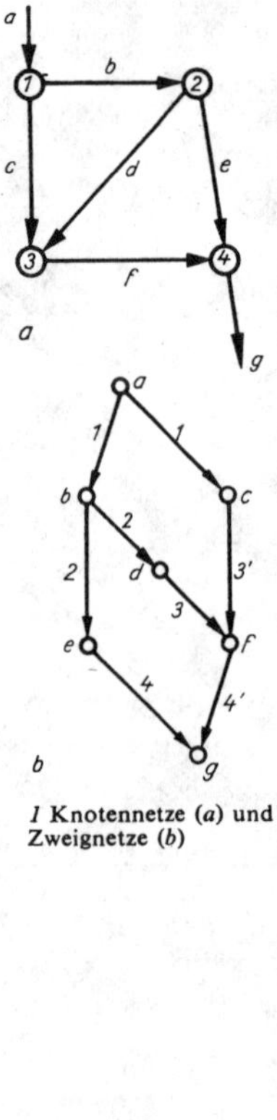

1 Knotennetze (*a*) und Zweignetze (*b*)

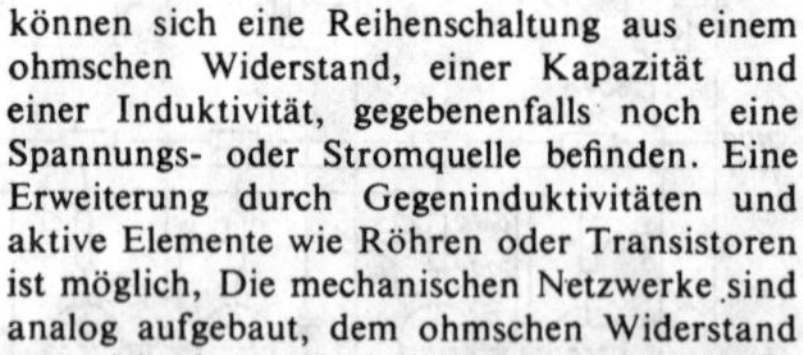

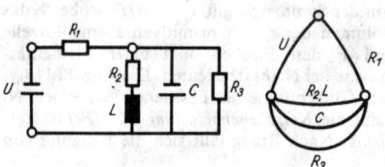

2 Beispiel für ein elektrisches Netzwerk

können sich eine Reihenschaltung aus einem ohmschen Widerstand, einer Kapazität und einer Induktivität, gegebenenfalls noch eine Spannungs- oder Stromquelle befinden. Eine Erweiterung durch Gegeninduktivitäten und aktive Elemente wie Röhren oder Transistoren ist möglich, Die mechanischen Netzwerke sind analog aufgebaut, dem ohmschen Widerstand entspricht eine geschwindigkeitsabhängige Reibkraft, der Induktivität eine Masse oder ein Trägheitsmoment, der Kapazität eine Feder, falls man der Spannung die Kraft und dem Strom die Geschwindigkeit zuordnet.

In der Automatisierungstechnik weit verbreitet sind die *Blockschaltbilder*, das sind *Knotennetze* mit beliebigen Übertragungsgliedern als Knoten. Die einfachsten dieser Netzpläne stellen die Grundschaltungen von Übertragungsgliedern dar.

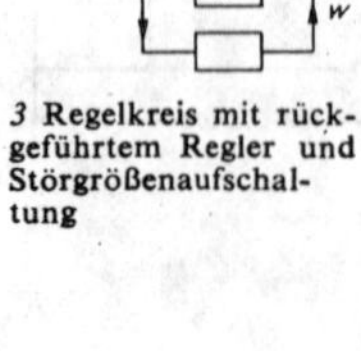

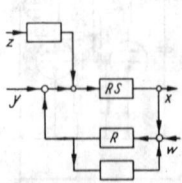

3 Regelkreis mit rückgeführtem Regler und Störgrößenaufschaltung

Die Kontaktschaltungen sind Vorläufer beliebiger sequentieller Schaltungen. *Kontaktschaltungen* sind Zweignetze, in denen als Funktionselement in jedem Zweig ein Schalter, ein Relaisglied oder ein → Mehrpunktglied auftritt. Man unterscheidet öffnende und schließende Schalter. Ein schließender Schalter stellt die durch den Zweig festgelegte Verbindung zwischen einem Knotenpaar her, wenn er sich schließt, ein öffnender Schalter dann, wenn er sich öffnet. Jedem Schalter entspricht eine binäre Variable, die in dem betreffenden Zweig den Stromfluß herstellt oder negiert. Ein und dieselbe binäre Schaltervariable kann Funktionen in mehreren Zweigen ausüben, wenn einige Schalter synchron betätigt werden. Zwei beliebigen Knoten *A* und *B* einer Kontaktschaltung kann man eine Schaltfunktion zuordnen, die den Wert *L* genau dann annimmt, wenn zwischen den Knoten ein leitender Durchgang besteht.

Ein weiteres Beispiel für Netzpläne sind die *Flußdiagramme* der Rechentechnik. Sie sind Knotennetze. Es gibt zwei Arten von Knoten. Knoten, die Information verarbeiten, haben genau einen Ausgangszweig und beliebig viele Eingangszweige, Testknoten dagegen dienen der Überprüfung einer Bedingung. Die Information wird in ihnen nicht verändert, sondern entsprechend dem Ergebnis des Tests längs des einen oder des anderen der beiden Ausgangszweige weitergeleitet. Flußdiagramme unterscheiden sich von den bisher behandelten dadurch, daß Informationsänderungen zu einem beliebigen Zeitpunkt immer nur an genau einer Stelle des N.s stattfinden können (Tafel 11). Als Spezialfall der Flußdiagrammnetze können die Netzpläne der *Netzplantechnik* angesehen werden. Hier wird ein beliebiges Projekt im Bauwesen, in der Planung eines Automatisierungsvorhabens, in der Konstruktion einer Werkzeugmaschine oder beim Entwurf einer binären Steuerung in relativ abgeschlossene Teilaufgaben zerlegt. Diesen Teilaufgaben ordnet man Knoten oder Zweige eines N.s zu. Nach der danach gefundenen Entscheidung über den Projektablauf ist für jedes Teilprojekt der unmittelbare zeitliche Vorläufer festgelegt. Nach dieser Vorläuferbeziehung werden aufeinanderfolgende Teilprojekte durch einen Zweig oder einen Knoten verbunden. Im Unterschied zum Flußdiagramm müssen alle im N. vorhandenen Wege vom Anfangsschritt bis zum Endschritt wirklich durchlaufen werden. Danach kann jedes Teilprojekt nach einem passenden Kriterium bewertet werden, z. B. nach der erforderlichen Abarbeitungszeit oder nach der Bereitstellung von Mitteln. Nach dieser Festlegung läßt sich der Weg des größten Aufwands, der *kritische Weg* des N.s, ermitteln und danach die Güte des aufgestellten N.s einschätzen. Eventuelle Umgestaltungen des N.s durch den Entscheid für andere Tätigkeitsabläufe lassen in der Regel noch Optimierungen zu, z. B. zeitliche Verkürzungen der Realisierung des Gesamtprojekts.

Netzschutz, Einrichtungen und Maßnahmen zum Verhüten von Fehlern und ihren schädlichen Auswirkungen in der Elektrizitätsversorgung. Den N. gegen thermische Überbeanspruchung übernehmen Sicherungen und Leistungsschalter. Sie gewährleisten auch sicheres Abschalten bei Kurzschlüssen oder Erdschlüssen (→ Selektivschutz). Gegen elektrische Überbeanspruchungen schützen Überspannungsableiter.

Netzverluste, Stromwärmeverluste und Koronaverluste in elektrischen Energieversorgungsnetzen. Wegen der Stromwärmeverluste werden sehr hohe Übertragungsspannungen gewählt. Da aber mit der Spannung die Koronaverluste stark anwachsen, geht man bei sehr hohen Spannungen auch zur Hochspannungs-Gleichstromübertragung über, bei der die Koronaverluste nicht auftreten.

Netzwerk, 1) → Netzplan. **2)** → Fachwerk.

Neue Kerze, NK, vor 1948 gebräuchlicher Name für → Candela.

Neugrad, svw. Gon.

Neukurve, → Hystereseschleife.

Neumann-Koppsche Regel, *Kopp-Neumannsche Regel,* besagt, daß die Molwärme fester Verbindungen gleich der Summe der Atomwärmen der sie bildenden Elemente ist.

Neumannsche Formel, → Induktionskoeffizient.

Neumannsche Funktion, durch die Beziehungen

$$N_p(z) = \frac{J_p(z)\cos p\pi - J_{-p}(z)}{\sin p\pi}$$

$$N_p(z) = \frac{1}{2i}\, H_p^{(1)}(z) - H_p^{(2)}(z)$$

mit den Besselschen Funktionen J_p und den Hankelschen Funktionen $H_p^{(1)}$ und $H_p^{(2)}$ verknüpfte Funktion, die der *Besselschen Differentialgleichung* (→ Bessel-Funktionen) genügt. Für große Werte von z gilt die asymptotische Darstellung:

$$N_p(z) \approx \sqrt{\frac{2}{\pi z}}\,\sin\left(z - \frac{p\pi}{2} - \frac{\pi}{4}\right).$$

Für $z \to 0$ divergiert die N. F. $N_n(z)$ wie z^{-n}.

Lit. → Bessel-Funktionen.

Neumannsche Reihe, → Integralgleichung.

Neumannsches Problem, → Potentialtheorie, → Differentialgleichung.

Neuminute, *Zentigon,* ^{c}, inkohärente Einheit (international) des ebenen Winkels. Keine Vorsätze. $1^c = (10^{-2})^g = \pi/(2 \cdot 10^4)$ rad $= 15{,}708 \cdot 10^{-5}$ rad.

Neun-jot-Symbole, *9j-Symbole,* → Vektoraddition von Drehimpulsen.

Neuromime, aus einer elektrischen Schaltanordnung mit einem Schwellenwert, mehreren Eingängen und einem Ausgang bestehendes künstliches *Neuron.* Jedes N. besitzt Eingangsleitungen, die binäre Signale heranführen. Der Wert 1 dieser Signale bedeutet „erregt", der Wert 0 „nicht erregt". An der Berührungsstelle einer Eingangsleitung mit einem N.n, die einer Synapse (→ Neuron) entspricht, ist der synaptische Wert, eine sich sprunghaft verändernde reelle Variable, von Bedeutung; er bestimmt, in welchem Maße eine Erregung in der entsprechenden Eingangsleitung auf das N. einwirken soll. Die N. nehmen eine Unterteilung der Zeit in diskrete Intervalle vor; die Eingangs- und Ausgangssignale sowie die synaptischen Werte bleiben innerhalb eines Zeitintervalls konstant, sie ändern sich nur beim Übergang zum nächsten Intervall. Ist die Summe aller Reizeingänge eines N.n innerhalb eines Zeitintervalls größer oder gleich dem Schwellenwert, dann wird das N. erregt. Im nächsten Zeitintervall erscheint dann an der einzigen Ausgangsleitung ein Signal ($P(t + 1) = +1$); andernfalls ist im folgenden Zeitintervall das Ausgangssignal gleich 0 (Abb.).

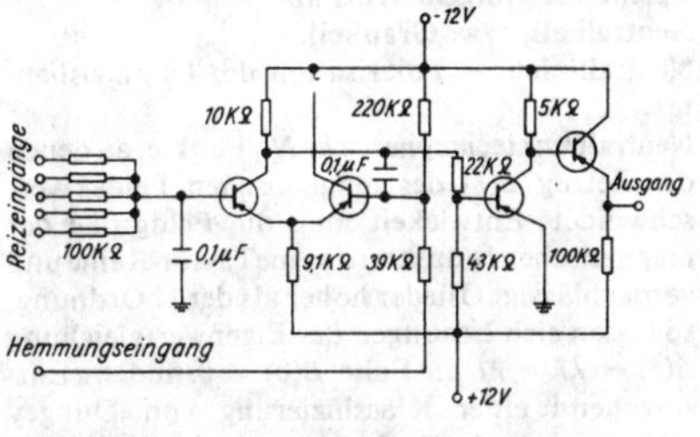

Beispiel eines Neuromime mit 2 m/s integraler Zeitkonstanten und einer Refraktärzeit von etwa 10 m/s

N. müssen nicht wirklich gebaut werden, sondern können als Programm in einen Computer gespeichert und zu neuralen Netzwerken wie dem → Perzeptron zusammengesetzt werden.

Neuron, jede Nervenzelle mit der Gesamtheit ihrer Fortsätze, die Erregung leiten, worauf die Wirkungsweise des Nervensystems beruht. Eine Nervenzelle besteht aus dem von Zytoplasma umgebenen Kern und endet in fadenförmigen Fortsätzen, den Nervenfasern, unterschiedlicher Länge und Anzahl. Meist leitet ein einziger langer Fortsatz (Neurit oder Axon) die Erregung vom Zellkörper weg, und mehrere kurze Fortsätze (Dendriten) nehmen die Erregung von anderen Axonen auf. An einem N. lassen sich funktionell drei Abschnitte unterscheiden: die als Rezeptor wirkende Zellmembran, das als Modulator wirkende Netzwerk der Dendriten und der als Effektor wirkende Neurit, der die in der Zelle entstehenden Impulse in die Peripherie und zu anderen Zellen leitet. Die Erregungsübertragung von einem N. auf das andere erfolgt in den *Synapsen,* den Berührungsstellen der Nervenfasern verschiedener Zellen. Diese Berührungs- oder Verbindungsstellen summieren die von verschiedenen N.en einlaufenden Impulse, verteilen neu entstandene Erregungen in andere Bahnen und begrenzen diese Erregungen als Voraussetzung für eine gesteuerte Ausbreitung. Zu ihren Leistungen werden die Synapsen durch elektrische Potentialänderungen und durch chemische Änderungen befähigt.

Neusekunde, ^{cc}, inkohärente Einheit (international) des ebenen Winkels. Keine Vorsätze. $1^{cc} = (10^{-2})^c = (10^{-4})^g = 15{,}708 \cdot 10^{-7}$ rad $= [\pi/(2 \cdot 10^6)]$ rad.

neutrale Faser, → Biegung.

neutrale Punkte, → Polarisation des Himmelslichtes.

neutrale Spannungsvariation, eine Änderung der Spannungen, wobei der Spannungszustand auf der Fließfläche verbleibt.

Neutralhörner, → Magnetosphäre.

Neutralisationswärme, die bei der Neutralisation einer Säure und Base auftretende Reaktionswärme. Da die Neutralisationsreaktionen fast ausschließlich bei konstantem Druck vor sich

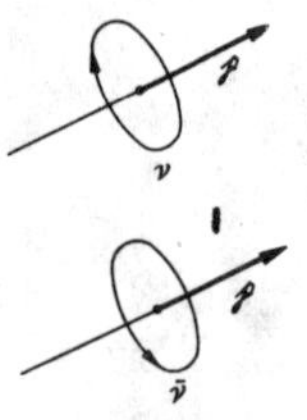
Neutrino

gehen, ist die N. meist identisch mit der *Neutralisationsenthalpie* ΔH. Bei starken Elektrolyten ist die N. unabhängig von der Natur der Metallionen und Säurereste und immer gleich der Bildungsenthalpie des Wassers: $\Delta H = 13{,}75$ kcal/mol. Bei schwachen Elektrolyten ist die N. abhängig vom Dissoziationsgrad und weicht von obigem Wert ab.

Neutralkeil, svw. Graukeil.

Neutrallinien, → Polarisation des Himmelslichtes.

Neutralpunkte, *magnetische N.*, Punkte, an denen der Betrag $B(\vec{r})$ des magnetischen Feldes verschwindet. Entwickelt man die Feldgröße der magnetischen Induktion in eine Taylor-Reihe und vernachlässigt Glieder höher als der 1. Ordnung, so lassen sich Lösungen der Eigenwertgleichung $\hat{B}(\vec{r}) = \lambda\vec{r} = \vec{r}I$ im Falle $B(0) = 0$ finden. Entsprechend einer Klassifizierung von Dungey lassen sich in der 1. Ordnung zwei unterschiedliche Typen von N.n angeben, und zwar X-förmige und O-förmige. X-förmige N. spielen beim → Reconnectionmodell eine wesentliche Rolle. Bei Berücksichtigung höherer Ordnungen der Taylor-Entwicklung sind weitere Typen von N.n möglich.

Die an der Magnetopause auftretenden, ebenfalls als N. bezeichneten singulären Punkte sind keine N. im angegebenen engeren Sinne, sondern nur Verzweigungspunkte des Magnetfeldes.

Neutralschicht, Übergangsgebiet zwischen solarer und antisolarer Magnetfeldrichtung im Schweif der → Magnetosphäre. Entsprechend den Vorstellungen von Axford und Dungey ist die N. ein Gebiet warmen Plasmas, das erforderlich ist, um die Trennung zwischen dem antisolar gerichteten Magnetfeldfluß von der Südpolarregion in den Schweif und in umgekehrter Richtung zur Nordpolarregion aufrechtzuerhalten. Die Dicke dieser Schicht wird mit einigen Erdradien (R_e) angegeben. Auf Grund der mittels des Satelliten IMP-1 vorgenommenen Magnetfeldmessungen kehrt sich tatsächlich beim Durchgang des Satelliten durch die Neutralschicht das Feld um. Aus den Messungen kann geschlossen werden, daß die Dicke der Neutralschicht zwischen (1/10) R_e und 1 R_e liegt.

Neutretto, veraltete Bezeichnung für neutrales Meson.

Neutrino, ν, stabiles → Elementarteilchen (Tab. A) aus der Familie der Leptonen. Das N. wurde 1931 von Pauli hypothetisch eingeführt, um die Erhaltung der Energie und des Drehimpulses beim β-Zerfall gemäß $n \rightarrow p + e^- + \bar{\nu}$ bzw. $p \rightarrow n + e^+ + \nu$ zu sichern, wobei sich Neutronen (n) und Protonen (p) des Atomkerns unter Emission eines Elektrons (e^-) bzw. Positrons (e^+) und eines *Antineutrinos* ($\bar{\nu}$) bzw. N.s (ν) ineinander umwandeln. 1956 gelang es Cowan und Reines, die N.s in der Umgebung von Kernreaktoren über die Reaktion $\bar{\nu} + p \rightarrow n + e^+$ direkt nachzuweisen. 1962 konnte eine Gruppe in Berkeley (USA) nachweisen, daß die beim β-Zerfall bzw. beim Zerfall der Pionen (π) gemäß $\pi \rightarrow \mu + \nu$ entstehenden N.s nicht identisch sind; sie werden, da sie stets zusammen mit einem Elektron bzw. einem Müon (μ) auftreten, *Elektron-Neutrino* oder *e-Neutrino* (ν_e) bzw. *Müon-Neutrino* oder *μ-Neutrino* (ν_μ) genannt (die Reaktion $\bar{\nu}_\mu + p \rightarrow n + e^+$ findet nicht statt!); ν_e und ν_μ sind bis auf diese eigenartige Bindung an Elektron und Müon identisch, was in Einklang mit der bis auf die Masse vollständigen Identität von Elektron und Müon steht. Die Masse der N.s wird als Null angenommen, in Übereinstimmung mit den vom Experiment gegebenen oberen Grenzen, und zwar 60 eV für ν_e und 1,6 MeV für ν_μ. Der Spin beider N.s ist $\hbar/2$, und sie haben insbesondere dieselbe Helizität, die für N.s linkshändig oder negativ bzw. für Antineutrinos rechtshändig oder positiv ist, d. h., die Projektion des Spins auf die Bewegungsrichtung ist dieser entgegengesetzt bzw. gleichgerichtet (Abb.).

Die N.s werden wegen dieser Eigenschaften durch die → Weyl-Gleichung beschrieben, die gegenüber der Paritätsoperation, d. i. die Spiegelung am Koordinatenursprung, nicht invariant ist, sondern gegenüber der kombinierten Parität *CP* (→ Parität). Dies ist eine Folge davon, daß Teilchen und Antiteilchen im Falle des N.s nicht wie beim Photon identisch sind, und zieht die Verletzung der Parität bei der schwachen Wechselwirkung nach sich. N.s sind die einzigen Elementarteilchen, die nur schwach wechselwirken. Da sie weder Ladung noch Masse haben, durchdringen sie Stoffe nahezu ungehindert; ihr Wirkungsquerschnitt $\sigma \approx 10^{-43}$ cm^2 ist extrem klein, wächst jedoch für hohe Energien der N.s stark an. Da die N.s beim Zerfall der in der Sekundärkomponente der kosmischen Strahlung so häufig vorkommenden Pionen und Müonen entstehen, ist die *Neutrinostrahlung* in Meereshöhe und im Erdboden sehr intensiv; ihre Auswirkungen können jedoch nur vereinzelt festgestellt werden.

Wegen der hohen Durchdringungsfähigkeit der N.s könnte man mit ihrer Hilfe Aussagen über das Sonneninnere und unter Umständen das Innere auch anderer Sterne machen, wo sie ebenfalls bei Kernprozessen entstehen; gegenwärtig ist eine solche *Neutrinoastronomie* allerdings noch unmöglich. Ebenfalls wegen ihrer Inaktivität sollte sich im Weltraum eine ungeheure Anzahl von N.s befinden, da wesentlich mehr N.s entstehen, als durch Reaktionen wieder umgewandelt werden; so verliert die Sonne durch die Abstrahlung von N.s ständig an Masse.

Neutrinoastronomie, → Astrophysik, → Neutrino.

Neutrinohorn, svw. magnetisches Horn.

Neutrinostrahlung, → Neutrino.

Neutrinotheorie des Lichtes, von de Broglie diskutierte Hypothese, wonach sich die Photonen aus zwei Neutrinos so zusammensetzen sollten, daß deren Spins (jeweils 1/2) gerade den Spin $s = 1$ des Photons ergeben. Eine experimentelle Stütze ist hierfür nicht bekannt.

Neutron, n, ein instabiles, elektrisch neutrales Elementarteilchen mit einer Ruhmasse von $m_{n0} = 1{,}6747 \cdot 10^{-24}$ g, d. s. 1,008982 AME, üblicherweise mit dem Symbol n bezeichnet. Nachdem das N. bereits 1920 von E. Rutherford theoretisch vorhergesagt worden war, wurde es 1932 von I. Chadwick entdeckt. Es ist neben dem Proton ein Grundbaustein aller Atomkerne. Das N. unterscheidet sich vor allem durch die elektrische Neutralität vom positiv geladenen Proton. Deshalb können beide als die zwei möglichen Ladungsgegenstände eines Teilchens, des

Nukleons, angesehen werden. Als Nukleon gehört das N. zur Gruppe der Baryonen. Das N. hat den Spin 1/2, d. h., es genügt der Fermi-Dirac-Statistik, das magnetische Moment $\mu_n = -1{,}9131$ Kernmagnetonen und die Baryonenzahl +1. Als freies Teilchen wandelt es sich wegen seiner verglichen mit dem Proton um 1,4% größeren Ruhmasse durch Betazerfall mit einer Halbwertszeit von 932 s ≙ 15,5 min nach der Reaktion $n \rightarrow p + e^- + \bar{\nu}$ in Proton, Elektron und Antineutrino um.

N.en wie Protonen haben eine elektromagnetische Struktur, die von einer sie umgebenden virtuellen Pionenwolke hervorgerufen wird (→ Nukleon), die das magnetische Moment der N.en und die Bindung der N.en und Protonen im Kern vermittelt. Bei den β-Strahlern, d. s. Kerne mit Neutronenüberschuß, findet Zerfall der im Kern gebundenen Neutronen genau wie bei den freien N.en statt. Dagegen wandeln sich bei Positronenstrahlern Protonen gemäß $p \rightarrow n + e^+ + \nu$ in Neutronen um (→ Betazerfall).

Das Antiteilchen des N.s, das Antineutron $\bar{n}$, ist ebenfalls elektrisch neutral, hat aber das umgekehrte magnetische Moment. Es wurde 1956 entdeckt (→ Antiteilchen).

In der Nebelkammer oder auf Photoplatten erzeugen sie keine Spuren, man kann sie aber trotzdem in einer mit Wasserstoff gefüllten Nebelkammer erkennen, da die von ihnen gestoßenen Protonen Spuren geben. N.en werden bei Kernumwandlungen erzeugt. Die *Quellen* (→ Neutronenquelle) sind Reaktionen von leichten Kernen mit Wasserstoff- oder Heliumkernen, z. B. von der Art ${}^9_4Be(\alpha, n)\,{}^{12}_6C$, der Kernphotoeffekt mit harter Gammastrahlung und die Kernspaltung (→ Reaktor). N.en kann man nicht nachbeschleunigen, die maximale Energie ist also durch den betreffenden Kernprozeß und die Energie der Geschoßteilchen gegeben. Das Energiespektrum der erzeugten Neutronen ist oft recht breit. Monochromatische N.en im Energiebereich von 0,01 bis 100 eV erhält man mit dem Neutronenkristallspektrographen, bis etwa 1 000 eV durch mechanische Mittel. Zur Erzeugung annähernd monochromatischer N.en hoher Energie muß man spezielle Kernprozesse benutzen.

Im Gegensatz zu Röntgenstrahlen werden Neutronen auch an Wasserstoff stark gestreut. Die Beugung von N.en an Substanzen, die Wasserstoffatome enthalten, ist daher viel effektiver als die Beugung mit Röntgenstrahlung, die wegen der geringen Kernladung keinen Effekt zeigt. Da Neutronen einen Spin und ein magnetisches Moment haben, können N.en polarisiert werden, z. B. durch Streuung an Targets mit polarisierten Wasserstoffkernen.

Die Wechselwirkung der N.en mit Materie hängt in starkem Maße von ihrer kinetischen Energie ab. Es ist deshalb üblich, N.en nach ihrer Energie in Gruppen zu klassifizieren. Tab. 1 enthält Energiegrenzen und Bezeichnungen der Gruppen für die gebräuchlichsten Energieintervalle.

Die ersten fünf Gruppen werden zuweilen als langsame N.en bezeichnet.

Üblich ist auch eine Klassifizierung der N.en nach ihrer Geschwindigkeit v, Wellenlänge λ,

Tab. 1

Energieintervall	Bezeichnung der N.en
$< 10^{-5}$ eV	ultrakalte N.en
$10^{-5} \cdots 5 \cdot 10^{-3}$ eV	kalte N.en
$5 \cdot 10^{-3} \cdots 0{,}5$ eV	thermische N.en
$0{,}5$ eV $\cdots$ 1 keV	epithermische N.en, auch intermediäre N.en genannt
als obere Grenze dieses Gebietes wird manchmal 100 keV angegeben	N.en über der → Kadmiumgrenze, Resonanzneutronen (für mittlere und schwere Kerne), mittelschnelle N.en (unterer Teil), in thermischen Reaktoren manchmal als „schnelle" N.en bezeichnet.
$1 \cdots 100$ keV	Resonanzneutronen (für leichte Kerne), mittelschnelle N.en (oberer Teil)
$0{,}1 \cdots 50$ MeV manchmal gelten als obere Grenze 10 MeV oder 200 MeV	schnelle N.en
> 50 MeV	sehr schnelle, relativistische N.en.

Wellenzahl k, Flugzeit t oder Temperatur T. Zwischen der Energie E und den genannten Größen bestehen folgende Beziehungen:

E [in eV] $= 0{,}523 \cdot 10^{-8} v^2$ [v in m/s] $=$ $= 0{,}523 \cdot 10^4 t^{-2}$ [t in μs/m] $= 8{,}18 \cdot 10^{-2} \lambda^{-2}$ [λ in 10^{-8} cm] $= 0{,}207 \cdot 10^{-2} k^2$ [k in 10^8 cm^{-1}] $= 8{,}62 \cdot 10^{-5}\, T$ [T in K].

Infolge ihrer elektrischen Neutralität ionisieren N.en nicht und erleiden im durchquerten Stoff fast keine Wechselwirkung mit Elektronen oder mit Coulomb-Feldern, sondern nur unmittelbar durch seltene Treffer mit den Atomkernen, so daß sie starke Materieschichten durchdringen können. Man unterscheidet bei ihrem direkten Auftreffen auf Atomkerne elastische Streuung, unelastische Streuung und Absorption von Neutronen; zur Absorption gehören Strahlungseinfang, Kernreaktionen sowie Spaltung und Spallation. Für jede der Wechselwirkungen lassen sich die Abhängigkeit von der Neutronenenergie und vom durchquerten Stoff ein makroskopischer Wirkungsquerschnitt Σ und eine mittlere freie Weglänge $l = 1/\Sigma$ angeben. Der Wirkungsquerschnitt der Streuung wächst dabei im allgemeinen mit abnehmender Neutronengeschwindigkeit. Ähnlich wie bei Röntgen- und γ-Strahlung (→ ionisierende Strahlung) kann eine exponentielle Abnahme der Neutronen bestimmter Energie mit dem Abstand von einer Quelle angenommen werden, wenn die Umgebung der Quelle genügend ausgedehnt und homogen ist.

Kalte und *thermische N.en* dienen zur Untersuchung der Strukturen von Festkörpern und Molekülen, da ihre de-Broglie-Wellenlängen den charakteristischen Dimensionen dieser Objekte entsprechen (→ Neutronenbeugung). 1969 ist es im Vereinigten Institut für Kernforschung in Dubna (UdSSR) erstmals gelungen, Neutronenstrahlen so stark abzubremsen, daß ihre Wellenlänge makroskopische Werte annahm; dadurch ergab sich die Möglichkeit der Ausbildung stehender Wellen und damit der Speicherung von N.en in makroskopischen Behältern.

Thermische N.en zeigen folgende Wechselwirkungen mit Medien: *Absorption thermischer N.en* vollzieht sich durch Strahlungseinfang, (n, p)- oder (n, α)-Prozesse bei einigen leichten und Kernspaltung bei einigen sehr schweren Kernen. Im thermischen Energiebereich ändert sich der Wirkungsquerschnitt jedes dieser Prozesse ungefähr nach dem $1/v$-Gesetz, die Größe des Querschnitts hängt von den Parametern der am nächsten gelegenen Neutronenresonanzen ab. Der wahrscheinlichste Wechselwirkungstyp des thermischen N.s ist die elastische *Streuung*, deren Winkelverteilung bezüglich des streuenden Atomkerns isotrop im Schwerpunktsystem ist. Thermische N.en werden durch *Abbremsung* schneller N.en aus Neutronenquellen und Kernreaktoren in Moderatoren gewonnen, d. h., die

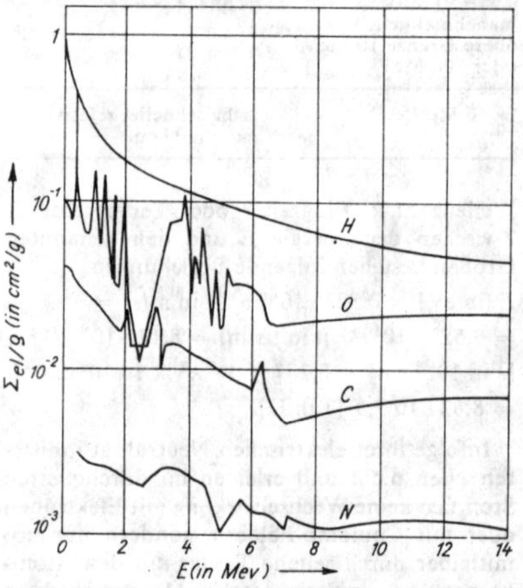

Massenschwächungskoeffizient von Neutronen für elastische Streuung in Gewebe (bereits gewichtet mit der atomaren Häufigkeit der Elemente H, O, C und N in Gewebe)

schnellen N.en werden z. B. in Paraffin oder Wasser auf einem Weg von wenigen Zentimetern bis auf die Geschwindigkeit der thermischen Molekularbewegung abgebremst. An Kernreaktoren dient zu diesem Zweck die thermische Säule, ein Graphitblock, der sich an die aktive Zone des Reaktors anschließt. Das Neutronenspektrum in dieser Säule weist in einer Entfernung von den Uranblöcken, die groß gegenüber der freien Weglänge der N.en bzgl. zweier Wechselwirkungen, z. B. Streuung (→ Streuweglänge), ist, wenig schnelle N.en auf. Es entspricht der Maxwellschen Geschwindigkeitsverteilung. Dabei kommt die effektive Temperatur des → Neutronengases der tatsächlichen Temperatur des Moderators sehr nahe, wenn die Lebensdauer der N.en im Moderator sehr groß ist und das Neutronenspektrum nur unwesentlich durch den Prozeß der Absorption der thermischen N.en beeinflußt wird. Im thermischen Gleichgewicht der N.en mit dem Moderator ist die wahrscheinlichste Energie der N.en $E = kT$ und ihre mittlere Energie $E_{\text{mittl.}} = (3/2)\,kT$; dabei sind k die Boltzmannsche Konstante und T die absolute Temperatur. Eine vollständige Übereinstimmung des Neutronenspektrums mit der Maxwell-Verteilung wird jedoch nicht erreicht, da der Einfangquerschnitt üblicherweise dem $1/v$-Gesetz folgt und somit das Gebiet geringer Energien verarmt. Bei Zimmertemperatur beträgt die wahrscheinlichste Energie der thermischen N.en etwa 0,025 eV. Thermische N.en sind verantwortlich für den Hauptteil der Spaltprozesse in thermischen Reaktoren, denn sie führen z. B. bei U-235 und Pu-239 zur *Kernspaltung*.

Diffusion und Einfang thermischer N.en. Thermische und bedingt auch langsame N.en können manche Stoffe ohne starke Schwächung durchdringen, in anderen Stoffen, wie Kadmium, Gadolinium oder Bor, werden die N.en mit viel höherer Wirksamkeit auf Grund von Kernumwandlungen, für die diese Kerne einen besonders großen Querschnitt haben, absorbiert. Ist die Neutronendichte räumlich verschieden, so entsteht ein Diffusionsstrom, der näherungsweise den üblichen Gesetzen der Diffusion gehorcht. Für den *Diffusionskoeffizienten* gilt $D = \lambda_{tr} v/3$, wobei die Transportweglänge $\lambda_{tr} = \lambda_s/(1 - \overline{\cos\vartheta})$ wie angegeben mit der mittleren freien Weglänge λ_s für elastische Streuung, der *Streuweglänge*, und dem Betrag v der mittleren Geschwindigkeit der Neutronen zusammenhängt. ϑ ist der Streuwinkel im Laborsystem, und der Faktor $(1 - \overline{\cos\vartheta})^{-1}$ bei der Transportweglänge berücksichtigt die Anisotropie der Streuung im Laborsystem. Soll die Abnahme der Neutronendichte infolge Absorption und elastischer Streuung mit zunehmendem Abstand von einer Flächen- oder Punktquelle beschrieben werden, so ist als mittlere freie Weglänge die *Diffusionslänge* $L = \sqrt{\lambda_a \lambda_{tr}/3}$ einzusetzen; dabei wird die *Absorptionslänge* λ_a ausschließlich durch Einfangprozesse bestimmt.

Die Abschirmung thermischer N.en wird durch wenige Millimeter dicke Schichten von Stoffen mit hohen Einfangquerschnitten realisiert, z. B. bei Bor mit $\sigma_e = 750$ barn oder bei Kadmium mit $\sigma_e = 2400$ barn. Die von thermischen N.en an biologisches Gewebe übertragene Dosis rührt ausschließlich von Absorptionsprozessen her; dabei sind $^{14}N(n, p)^{14}C$ und $^{1}H(n, \gamma)^{2}H$ die wichtigsten. Die 0,62 MeV-Protonen aus der (n, p)-Reaktion werden lokal absorbiert, während die 2,2 MeV-γ-Strahlung der (n, γ)-Reaktion das bestrahlte Gewebe gut durchdringen kann. Der Dosisanteil der Protonen überwiegt deshalb in kleinen Gewebeproben, z. B. von 1 cm Durchmesser, der Anteil der γ-Strahlung in großen Organismen.

Bei der Wechselwirkung *epithermischer N.en* Neutronenresonanzen mit mittelschweren und schweren Kernen treten ausgeprägte Resonanzen in den Wirkungsquerschnitten auf, da bei entsprechender Energie der N.en mit hoher Wahrscheinlichkeit angeregte Zwischenkerne gebildet werden, die nach relativ langer Lebensdauer von 10^{-15} bis 10^{-16} s wieder zerfallen (→ Breit-Wigner-Formel). Je nach der Zerfallsart des Compoundkerns liegt Resonanzstreuung,

Resonanzeinfang oder, bei einigen sehr schweren Isotopen, auch Resonanzspaltung vor.

Bremsung und Absorption epithermischer und schneller N.en. N.en mit höherer als thermischer Energie werden bei elastischen Stößen gebremst; dabei bleibt die kinetische Gesamtenergie des Systems Neutron/Kern erhalten. Die von einem N. der Energie E_n je Stoß an einen Kern der Massezahl A übertragene Energie E_A beträgt im Mittel $E_A = \frac{2A}{(A+1)^2} \cdot E_n$. Die Kerne erhalten eine um so größere Energie, je kleiner A ist. Wasserstoff mit $A = 1$ ist deshalb die wichtigste Brennsubstanz. Die mittlere Anzahl der elastischen Stöße, durch die die N.en von 1 MeV auf 0,025 eV abgebremst werden, beträgt 18 bei H-1, 114 bei C-12 und 2170 be iU-238 (→ Lethargie).

Epithermische N.en werden bereits durch eine viel geringere Anzahl von Stößen auf thermische Energie abgebremst. Bei ihnen jedoch spielen die Resonanzstellen der Einfangquerschnitte vieler Materialien eine große Rolle (→ Neutronenresonanzen). Die Gesamtheit aller Wechselwirkungen wird in einem *fast-removal-Querschnitt* σ_{fr} zusammengefaßt, der die exponentielle Schwächung schneller Neutronen beschreibt. Für Wasserstoff gilt z. B. $\sigma_{fr} = \frac{11}{E_n + 1,65}$ in barn bei E_n in MeV. Für schwere Kerne gilt größenordnungsmäßig $\sigma_{fr} = 2\pi R^2 = 0,12\, A^{2/3}$ in barn. Dabei sind R der Kernradius und A die Massezahl. Den Schwächungskoeffizienten erhält man jeweils gemäß $\Sigma_{fr} = L \cdot \varrho \cdot \sigma_{fr}/A$ in cm^{-1}; dabei bedeuten L die Loschmidtsche Zahl und ϱ die Dichte des Stoffes.

Die an biologisches Gewebe durch elastische Stöße übertragene Dosis wird überwiegend durch Rückstoßprotonen bewirkt. Diese tragen im Bereich von 250 keV bis 14 MeV zu 85% zur Rückstoßkerndosis bei, bei 10 keV sogar zu 97%. Dies beruht insbesondere bei großen biologischen Organismen darauf, daß jedes schnelle N. viele Stöße innerhalb des bestrahlten Volumens ausführt (→ Dosimetrie 2.3). Außer elastischen Stößen tragen oberhalb der Schwellenenergie von einigen MeV auch unelastische Stoßprozesse zur Dosis bei, z. B. $^{16}O(n, n')\,^{16}O^*$; dabei emittiert der angeregte O-16-Kern ein 6,1 MeV γ-Quant. Der Beitrag dieser γ-Strahlung hängt wieder in komplizierter Weise von der Ausdehnung des bestrahlten Objektes ab. Die Bedeutung unelastischer Stöße nimmt mit wachsender Neutronenenergie zu und übertrifft die der elastischen Stöße im Bereich oberhalb 20 bis 30 MeV. Bei Energien über 100 MeV tritt auch Spallation auf, bei der durch Kernfragmente eine hohe lokale Energieübertragung erfolgt und außerdem durch Neutronen- und γ-Emission ein großer Energieanteil den Ort der primären Absorption verläßt. Die Bestimmung der räumlichen Verteilung und der Energieverteilung von N.en in einem bestrahlten Stoff sowie der Energieabsorption an verschiedenen Punkten in einem ausgedehnten Objekt erfordert großen mathematischen Aufwand.

Im Gebiet der *mittelschnellen N.en* kommt es bei vielen mittelschweren und schweren Atomkernen zur starken Überlappung der Resonanzen, die einzelnen Resonanzen verschwimmen und sind nicht mehr voneinander unterscheidbar. Der Einfangquerschnitt sinkt rasch mit steigender Energie, die elastische Streuung ist der dominierende Prozeß, daneben wird auch Spaltung für die gleichen Kerne beobachtet.

Für Neutronenenergien über 0,1 MeV, d. h. für *schnelle N.en*, werden *inelastische Streuung* und viele Kernreaktionen energetisch möglich, neben der elastischen Streuung und dem Neutroneneinfang können u. a. (n, n')-, (n, p)-, (n, α)-, (n, 2n)-Reaktionen einsetzen. In einigen schweren Isotopen setzt beim Überschreiten entsprechender Schwellenergien Kernspaltung ein, so z. B. bei U-238 für $E > 1,4$ MeV.

Während bei geringen Neutronenenergien der Mechanismus der Wechselwirkung mit Ausbildung eines Zwischenkerns überwiegt, steigt bei zunehmender Einschußenergie der N.en der Anteil direkter Kernreaktionen. Die Untersuchung der Spektren der Reaktionsprodukte und deren im allgemeinen Falle nichtisotropen Winkelverteilungen gibt Aufschluß über die Struktur der beschossenen Atomkerne und den Reaktionsmechanismus.

Bei *N.en im relativistischen Energiegebiet* kann die Wechselwirkung mit Elementarteilchen zur Bildung von π-Mesonen und anderen Teilchen führen. Die Untersuchung der Nukleon-Nukleon-Wechselwirkung mit schnellen und sehr schnellen N.en gibt Aufschluß über den Charakter der Kernkräfte und die innere Struktur des N.s.

Spaltneutronen gehören in das Gebiet der mittelschnellen N.en. Die Zahl der Spaltneutronen je γ-Spaltprozeß kann gleich 0, 1, 2 oder 3 sein. Die mittlere Zahl der je Spaltakt infolge des Eindringens eines thermischen N.s in den zu spaltenden Kern emittierten schnellen N.en wird meist mit ν bezeichnet und beträgt 2,61 für U-233; 2,46 für U-235; 2,9 für Pu-239 und 3,1 für Pu-241. Davon entstehen mehr als 99% als *prompte N.en* in einem Zeitintervall bis zu 10^{-13} s unmittelbar nach der Spaltung. Weniger als 1% werden als *verzögerte N.en* einige Zehntel Sekunden bis Minuten nach dem Spaltprozeß emittiert. Trotz ihres geringen Anteils spielen letztere eine wichtige Rolle bei der Steuerung von Kernreaktoren.

Als → Neutronenquellen für mittelschnelle und schnelle N.en dienen radioaktive Quellen, Beschleuniger, z. B. Neutronengeneratoren, sowie Kernreaktoren. N.en treten auch in der kosmischen Strahlung auf. Zum Neutronennachweis und zur Neutronenspektrometrie wurden spezielle Verfahren entwickelt, von denen sich die Flugzeitmethode als universellstes Verfahren im gesamten Energiebereich erwiesen hat.

Lit. Gläser: Einführung in die Neutronenphysik (München 1972); Schalnow: Neutronen-Gewebedosimetrie (dtsch Berlin 1963).

Neutronenabschirmung, Maßnahmen und Vorrichtungen zur Abschwächung und Absorption von Neutronenstrahlung.

Das Absorptionsvermögen der Abschirmstoffe für Neutronen steigt mit kleiner werdender Neutronenenergie sehr stark an. Deshalb erfolgt die Abschirmung von Neutronenstrahlen in zwei Stufen:

1) Abbremsung der schnellen Neutronen durch unelastische Streuung an schweren Ker-

nen oder durch elastische Streuung an leichten Kernen, insbesondere an Wasserstoff bis auf thermische Energie E_{th} (→ Neutronenbremsung).

2) Absorption bzw. Einfang der thermisch gewordenen Neutronen in Materialien mit großem Absorptionsquerschnitt und möglichst vielen Atomkernen je Volumeneinheit, wie metallisches Kadmium (Kadmiumblech), Lithium und Borverbindungen, wie Boral und Borstahl.

Durch Neutronenabsorption bzw. Neutroneneinfang werden die meisten Atomkerne aktiviert und senden neben geladenen Teilchen auch γ-Strahlung aus. Auch bei der unelastischen Streuung schneller Neutronen entstehen durchdringende γ-Quanten. Deshalb ist das Problem der N. stets mit der Abschirmung der dabei entstehenden γ-Strahlung verknüpft. Zu ihrer Abschwächung eignen sich Elemente mit hoher Ordnungszahl und großer Dichte am besten, wie zum Beispiel Blei, Wolfram, Eisen, Kupfer. Gute Eigenschaften für die gleichzeitige Neutronen- und γ-Abschirmung in Strahlungsfeldern, wie sie an Reaktoren (→ Reaktorabschirmung) auftreten, hat Schwerbeton, dem Bor beigefügt ist. Bor ist ein günstiger Absorber, denn es sendet bei Neutroneneinfang nur eine weiche, leicht absorbierbare γ-Strahlung von 480 keV aus.

Neutronenabsorption, Oberbegriff für alle Prozesse, die zum Verschwinden von freien Neutronen führen. Der Begriff N. wird hauptsächlich auf thermische Neutronen angewandt, für die neben dem dominierenden → Neutroneneinfang bei einigen leichten Kernen (n, α)-Prozesse und für einige schwere Kerne die Spaltung zur N. beitragen. Materialien mit großer N. werden als *Neutronenabsorber* bezeichnet. Zu ihnen gehören beispielsweise B, Cd, Sm, Eu, Gd, Dy und Hf, die zur Steuerung von Kernreaktoren eingesetzt werden.

Neutronenbeugung, neutronenoptische Erscheinung bei der Wechselwirkung langsamer Neutronen mit Kristallgittern, die dadurch zustande kommt, daß die Wellenlänge λ_n langsamer Neutronen von etwa gleicher Größe wie der Abstand der Gitterebenen in Kristallen ist. In der folgenden Tabelle sind die Neutronenwellenlängen λ_n in cm für einige Neutronenenergien E_n in eV gemäß der nichtrelativistischen Beziehung $\lambda = h/\sqrt{2mE_n} = 2{,}86 \cdot 10^{-9}/\sqrt{E_n}$ angegeben.

E_n in eV	1/40	1	10^3	10^6	10^8
λ_n in cm	$1{,}8 \cdot 10^{-8}$	$2{,}86 \cdot 10^{-9}$	$0{,}9 \cdot 10^{-10}$	$2{,}86 \cdot 10^{-12}$	$2{,}86 \cdot 10^{-13}$

Im Bereich thermischer Neutronen, d. h. $E_n \approx 1/40$ eV, sind die Neutronenwellenlängen von $\lambda_n \approx 10^{-8}$ cm mit den Atomabständen in festen Körpern vergleichbar; im Energiebereich 1 MeV und höher liegen sie in der Größenordnung der Atomkerndurchmesser und darunter. Die Tatsache, daß man Neutronen einen Wellencharakter zuschreiben kann, ist durch die N. experimentell bewiesen. Die N. ist der Beugung des Lichtes an Beugungsgittern sowie der Beugung von Röntgenstrahlen an Kristallgittern analog und veranschaulicht somit den Wellencharakter des Neutrons.

Die N. eignet sich bei der → Kristallstrukturanalyse zum Nachweis leichter Kerne, zur Unterscheidung von Atomen mit benachbarten Ordnungszahlen und zur Aufklärung magnetisch geordneter Strukturen. (→ magnetische Raumgruppe).

Neutronenbilanz, → Neutronenökonomie.

Neutronenbremsung, gebräuchliche Bezeichnung für die Verminderung der kinetischen Energie E_n von Neutronen bei Stoßprozessen, d. h. für die Energieabgabe von Neutronen an Atomkerne bei Stößen mit den Atomkernen eines → Moderators. Durch Kernreaktionen erzeugte Neutronen haben im allgemeinen hohe Energien E_n (Größenordnung MeV), die weit oberhalb des Bereiches der thermischen Energien E_{th} (Größenordnung 1/40 eV) liegen. Bei Zusammenstößen eines schnellen Neutrons mit den Atomkernen des Streumediums können deshalb elastische und unelastische Stöße stattfinden; unterhalb $E_n \approx 1$ MeV sind es im allgemeinen nur elastische Stöße. Dabei sind gegenüber Neutronen mit Energien $E_n \gtrapprox 1$ eV die Atome des Streumediums als frei und vor dem Stoß ruhend anzusehen. Bei wesentlich kleineren Energien E_n ist dies jedoch nicht mehr der Fall; die chemischen Bindungen und die thermische Bewegung der Streuatome, die die Stoßpartner der Neutronen sind, beeinflussen dann den Prozeß der N.

Zur N. kann die elastische und die unelastische Streuung an Atomkernen ausgenutzt werden. Bei der elastischen Streuung wird der Teil der Energie des Neutrons, der auf den Rückstoßkern übertragen wird, vom Streuwinkel und dem Atomgewicht A des streuenden Kernes bestimmt. Aus Energie- und Impulssatz folgt für die Energie des Neutrons E_n nach dem Stoß: $E_0 \geqq E_n \geqq E_0 \left[1 - \frac{4A}{(A+1)^2}\right]$, wobei E_0 die Energie vor dem Stoß ist. Daraus ersieht man, daß die leichtesten Elemente, insbesondere Wasserstoff, am besten zur Bremsung geeignet sind, während schwere Elemente die Energie der Neutronen durch elastische Streuung nur sehr schwach reduzieren. Das kommt noch deutlicher zum Ausdruck, wenn die Zahl der elastischen Streuergebnisse angegeben wird, die notwendig ist, um ein Neutron von der Energie E_1 bis zu einer Energie E_2 abzubremsen. Diese *Stoßzahl* beträgt zum Beispiel bei $E_1 = 1$ MeV und $E_2 = E_{thermisch} = 0{,}025$ eV für Wasserstoff 18, Kohlenstoff 114, Blei 1820 und Uran 2170. Für Neutronenenergien < 5 MeV ergeben sich die besten Werte für Wasserstoff, wasserstoffhaltige Verbindungen (Wasser, organische Verbindungen), Lithium- und Berylliumverbindungen. Neutronen mit Energien > 5MeV werden zunächst mit schweren Elementen (Wolfram, Kupfer, Eisen) und anschließend weiter mit Wasserstoff oder anderen leichten Kernen gebremst; zum Beispiel werden Eisen-Wasser-Schichten verwendet. Schwere Elemente können Neutronen effektiv nur durch unelastische Streuung bremsen. Die unelastische Neutronenstreuung setzt merklich bei Energien $> 1{,}5$ MeV ein und steigt mit zunehmender Neutronenenergie. Bei 3 MeV erreicht ihr Wirkungsquerschnitt etwa die Größe des geometrischen Kernquerschnitts. Für schwere Kerne ist der unelastische Streuquerschnitt größer durch die höhere

Anzahl der möglichen Anregungsniveaus. Der mittlere Energieverlust ist ebenfalls für schwere Kerne größer als für leichte Kerne. Durch zwei oder drei unelastische Stöße können Neutronen von 10 MeV schon bis auf 1 MeV abgebremst werden. Die weitere Abbremsung geschieht danach durch elastische Streuung.

In Stoffen mit niedrigem Atomgewicht abgebremste und somit thermisch gewordene Neutronen können wegen der $1/v$-Abhängigkeit des Einfangquerschnittes z. B. in Kadmiumblech absorbiert bzw. eingefangen werden. Vorrichtungen zur → Neutronenabschirmung sind deshalb aus wasserstoffhaltigen Substanzen bzw. aus günstigen Verbindungen leichter Elemente und Schichten aus schweren Materialien in abwechselnder Reihenfolge zusammengestellt. Ein schnelles Neutron, das in ein solches Medium eintritt, kann einen elastischen Stoß an einem Wasserstoffkern erleiden, der sowohl mit starker Richtungs- als auch großer Energieänderung verbunden ist. Durch die Richtungsänderung verlängert sich der Weg des Neutrons im Medium, zudem wächst die Stoßwahrscheinlichkeit auch noch deshalb, weil der Streuquerschnitt für Wasserstoff mit kleiner werdender Neutronenenergie zunimmt. Man kann darum ein schnelles Neutron, das in solchem Medium einen Stoß mit einem Wasserstoffkern ausgeführt hat, in guter Näherung als absorbiert betrachten. Ebenso einzuschätzen sind der elastische und besonders der unelastische Stoß schneller Neutronen an einem schweren Kern innerhalb dieses Mediums, da auch diese Prozesse im allgemeinen mit einer Richtungsänderung der Neutronen verbunden sind; denn die Neutronen gelangen dabei in einen Energiebereich, in dem weitere Stöße mit Wasserstoffkernen sehr wahrscheinlich sind. Bei Neutronenenergien oberhalb $E_n \approx 5$ MeV ist die elastische Streuung allerdings stark anisotrop und trägt deshalb zur Abschirmung praktisch nicht bei (→ Transportweglänge).

Der Prozeß der N. ist für die thermischen Reaktoren von großer Wichtigkeit. Bekanntlich kann eine Kernkettenreaktion in natürlichem oder schwach angereichertem Uran **nicht** mit den bei der → Kernspaltung entstehenden schnellen Neutronen, den Spaltneutronen mit einer mittleren Energie um 2 MeV, aufrechterhalten werden; vielmehr müssen die Spaltneutronen in einer Bremssubstanz, dem → Moderator, auf thermische Energien E_{th} abgebremst werden. Eine Substanz bremst um so besser, d. h. der entsprechende Moderator im Reaktor erfüllt seine Aufgabe um so vollständiger, je größer der mittlere Energieverlust für das Neutron je Stoß ist (→ Lethargie) und je mehr Stöße pro Wegstrecke erfolgen. Man charakterisiert die Bremseigenschaft eines Moderators deshalb häufig durch das Produkt: mittlerer (logarithmischer) Energieverlust ξ je Stoß mal makroskopischer Streuquerschnitt Σ_s, und nennt $\xi \cdot \Sigma_s$ das *Bremsvermögen* (engl. slowing down power). Für die dimensionslose Größe ξ hat man genähert $\xi = 1 + \frac{(A-1)^2}{2A} \cdot \ln \frac{A-1}{A+1}$ oder, noch einfacher, für $A > 2$, $\xi \approx \frac{2}{A + 2/3}$.

Tab. 1

Element	H	D	He	Li	Be	C	O	U
ξ	1	0,72	0,42	0,27	0,21	0,16	0,12	0,00838
A	1	2	4	7	9	12	16	238

Die Tab. 1 gibt einige Werte von ξ in Abhängigkeit von der Massezahl A der Atomkerne an. Bei einem guten Moderator soll die N. **nicht** gleichzeitig zu starker Absorption der Neutronen führen, d. h. sein makroskopischer Absorptionsquerschnitt Σ_a muß klein sein. Z. B. ist das Bremsvermögen des Wassers das weitaus beste (siehe Tab. 2), aber seine Absorption ist beträchtlich. Ein besseres Maß für die Moderatoreigenschaft als $\xi \cdot \Sigma_s$ ist deshalb die Größe $\xi \cdot \Sigma_s/\Sigma_a$, die man *Bremsverhältnis* nennt (engl. moderating ratio). Das Bremsverhältnis ist eine dimensionslose Zahl. Aus der Tab. 2, in der die mittlere freie Streuweglänge $\lambda_s = 1/\Sigma_s$ mit angegeben ist, sieht man, daß schweres Wasser ein besonders günstiger Moderator ist. Die Zeitdauer der N. von der Energie E_1 auf die Energie E_2 wird durch die *Bremszeit*

$$t_s = \frac{1}{\xi\sqrt{2m}} \cdot \int\limits_{E_2}^{E_1} \frac{\mathrm{d}E}{\Sigma_s \cdot E_2^{3/2}}$$

gegeben, wobei allerdings die Einflüsse der chemischen Bindung und die thermische Bewegung der Atome des Streumediums unberücksichtigt sind. Die Masse des Neutrons ist mit m bezeichnet. In der Tabelle 2 sind die Bremszeiten t_s für die N. von der bei etwa 2 MeV liegenden Spaltenergie bis zu der etwa 1/40 eV betragenden thermischen Energie angegeben; vergleichsweise ist auch die *Diffusionszeit der Neutronen*, d. h. die Zeitdauer, während der die Neutronen bei thermischen Energien bis zu ihrer Absorption diffundieren, mit angegeben. Trotz der Tatsache, daß bei den angeführten Werten für die Diffusionszeit jegliche Korrektionen infolge Materialverunreinigungen oder Absorptionen im Medium — z. B. im Uran eines Schwerwasserreaktors — unberücksichtigt blieben, ist die Bremszeit stets viel kürzer als die Diffusionszeit. Die Diffusionszeit kann deshalb als *mittlere Lebensdauer der thermischen Neutronen* im Moderator betrachtet werden. Bremszeit und Diffusionszeit zusammen bestimmen die → Generationsdauer in der Kernkettenreaktion eines Reaktors.

Ein Maß für diejenige geradlinige Strecke, die ein Neutron während des Prozesses der N. zurücklegt, ist die *Bremslänge* (engl. slowing down length), die z. B. mit Hilfe der → Age-Theorie berechnet werden kann. Für eine punktförmige Neutronenquelle in einem unendlich ausgedehnten Medium gilt: Fermi-Alter τ = (Quadrat des mittleren Bremsabstandes)/6, damit ist $\sqrt{\tau} \sim$ Bremslänge. In der Tab. 2 sind einige Angaben über Fermi-Alter und Bremslängen zusammengestellt.

Gelegentlich bezeichnet man Neutronen, die den Prozeß der N. durchmachen, als → Bremsneutronen. Sie verhalten sich während des Bremsprozesses und besonders danach ähnlich wie ein

Tab. 2 *Neutronenbremsung*

Stoff	Dichte ϱ	mittlere freie Streuweglänge $\lambda_s = 1/\Sigma_s$	Bremsvermögen $\xi \cdot \Sigma_s$	Bremsverhältnis $\xi \cdot \Sigma_s/\Sigma_a$	Bremszeit t_s	Diffusionszeit	Fermi-Alter¹) $\tau_{1,44}$	Fermi-Alter²) $\tau_{1,44}$	Bremslänge ³) in cm für E_0 in MeV = 3	2	1	0,5	0,1
	g/cm³	cm	cm⁻¹	—	s	s	cm²	cm²					
H_2O	1	0,69	1,5	74	10^{-5}	$0,2 \cdot 10^{-3}$	30	47	6.4	5,3	3,8	3,1	2,8
D_2O	1,1	2,9	0,2	10000	$4 \cdot 10^{-5}$	0,15	100	157	11	10,5	9,9	9,6	9,0
Be	1,85	1,4	0,16	150	$6 \cdot 10^{-5}$	$4 \cdot 10^{-3}$	80	—	—	—	—	—	—
C	1,6	2,66	0,06	200	$1,5 \cdot 10^{-4}$	$12 \cdot 10^{-3}$	310	360	19,5	18	16	14,8	13,2

¹) für die Abbremsung von Spaltneutronen bis auf 1,44 eV (= Energie der Indium-Resonanz)
²) für die Abbremsung von RaBe-Neutronen bis auf 1,44 eV (= Energie der Indium-Resonanz)
³) für die Abbremsung von Neutronen der Energie E_0 bis auf 1,44 eV (= Energie der Indium-Resonanz)

Gas: Sie diffundieren durch das Medium, wobei im thermischen Gleichgewicht ihre mittlere Geschwindigkeit gleichbleibt. Thermische Neutronen haben deshalb eine Maxwellsche Energieverteilung (→ Neutronengas). Die rechnerische Behandlung der N. ist nicht einfach; es existieren Näherungsverfahren, z. B. die Age-Theorie. Für den wichtigen Prozeß der N. in resonanzartig absorbierenden Substanzen, z. B. Uran-238, hat die Größe der → Bremsnutzung eine hohe praktische Bedeutung, besonders in der Reaktortechnik.

Neutronendetektor, Vorrichtung zum Nachweis von Neutronen. Da Neutronen ladungslos sind, können sie nur nach Wechselwirkung mit Atomkernen nachgewiesen werden. Dafür kommen in Frage:

1) *Elastische Streuung*. Bei der elastischen Streuung wird dem Atomkern, je nach Streuwinkel und Masse des Kernes, ein Teil der kinetischen Energie des Neutrons übertragen. Dieser Rückstoßkern kann als geladenes Teilchen mit den üblichen Teilchendetektoren, wie Halbleiterdetektor, Ionisationskammer, Szintillationsdetektor, Proportionalzähler, Kernemulsion, Nebelkammer u. ä., nachgewiesen werden. Die größte Bedeutung besitzt die Erzeugung von → Rückstoßprotonen.

2) *Kernumwandlungen*. Bei (n, α)- und (n, p)-Kernreaktionen überträgt sich die Energie des Neutrons und der Q-Wert der Reaktion auf das α-Teilchen bzw. das Proton und den Endkern der Reaktion. Diese werden dann in Teilchendetektoren nachgewiesen. Die für den Neutronennachweis wichtigsten Kernumwandlungen sind:

$^{10}B(n, \alpha)^7Li, \quad Q = +2,9$ MeV,
$^{6}Li(n, \alpha)^3T, \quad Q = +4,78$ MeV,
$^{3}He(n, p)^3T, \quad Q = +0,76$ MeV.

In N.en wird Bor gasförmig als BF_3 oder als fester Überzug aus einer Borverbindung, Lithium als feste, dünne Schicht aus einer Verbindung und Helium gasförmig verwendet.

3) *Kernspaltung*. Bei der Spaltung eines Kernes nach Neutroneneinschuß wird ein bedeutend größerer Energiebetrag frei, etwa 150 bis 170 MeV, als bei den Reaktionen unter 2). Diese Energie, die den ionisierenden Spaltprodukten übertragen wird, bewirkt, daß sich die einzelnen Spaltereignisse in einem Teilchendetektor weit vom Detektorrauschen abheben.

Zum Nachweis langsamer Neutronen wird die Spaltung von U-235 und Pu-239 verwendet, während bei schnellen Neutronen Kerne mit geeigneten Schwellenergien Anwendung finden, zum Beispiel U-238 und Th-232.

4) *Methode der radioaktiven Indikatoren*. Eine Vielzahl von Atomkernen wird durch Neutroneneinfang instabil. Meist erleiden die so gebildeten radioaktiven Kerne → Betazerfälle.

Neutronen werden nachgewiesen, indem eine Probe dem Neutronenfluß ausgesetzt und anschließend die dabei künstlich erzeugte Radioaktivität ausgemessen wird. Die für diese Art des Neutronennachweises verwendeten Elemente heißen *radioaktive Indikatoren*.

Neutronendichte, die Gesamtzahl $n(\vec{r})$ der Neutronen in der Volumeneinheit am Ort $\vec{r}$. Die N. muß oft zusätzlich auch als Funktion von Zeit, Energie bzw. Geschwindigkeit und Flugrichtung der Neutronen angegeben werden (→ Neutronenfluß). In diesem Falle spricht man von der differentiellen N. $n(t, \vec{r}, E, \Omega)$ oder $n(t, \vec{r}, v, \Omega)$, die zum Zeitpunkt t die Anzahl der Neutronen mit der Energie E bzw. Geschwindigkeit v im Intervall dE bzw. dv mit den durch das Raumwinkelintervall $\Delta\Omega$ definierten Flugrichtungen um die Richtung Ω in 1 cm³ am Ort $\vec{r}$ angibt. Die Gesamtzahl der Neutronen einer bestimmten Geschwindigkeitsrichtung erhält man durch Integration über alle Geschwindigkeitsbeträge. Den Ausdruck $n(t, \vec{r}, \Omega)$ nennt man vektorielle N., die speziell dann an die Stelle der differentiellen N. tritt, wenn es sich um ein Feld von Neutronen konstanter Geschwindigkeit handelt. Durch Integration der differentiellen N. über alle Raumrichtungen erhält man die skalare N. $n(t, \vec{r}, E)$, wobei wiederum $n(t, \vec{r}, E) \cdot \mathrm{d}E \cdot \mathrm{d}V$ die Anzahl jener Neutronen angibt, die sich zum Zeitpunkt t im Volumenelement dV am Ort $\vec{r}$ befinden und deren kinetische Energien zwischen E und $E + \mathrm{d}E$ liegen. Führt man schließlich noch die Integration der vektoriellen N. über alle Geschwindigkeitsrichtungen oder die Integration der skalaren N. über alle Neutronenenergien bzw. -geschwindigkeiten aus, so erhält man den eingangs erwähnten elementaren Begriff der N. Die Gesamtzahl der Neutronen im Volumenelement dV am Ort $\vec{r}$ ist durch $n(\vec{r})$ dV gegeben.

Neutronendiffusion, Spezialfall der allgemeinen Transporttheorie für die Beschreibung des räumlichen und zeitlichen Verhaltens eines Neutronenfeldes thermischer bzw., im einfachsten Fall, konstanter Geschwindigkeit. Es werden dabei die Gesetzmäßigkeiten, die die Diffusion von chemisch inaktiven Gasen beherrschen, auf die Diffusion von Neutronen mit Rücksicht auf das Entstehen und Verschwinden von Neutronen angewendet; z. B. liegen im Falle eines Kernreaktors die Orte des Entstehens im Moderator, die Stellen des Verschwindens im Spaltmaterial.

In der elementaren Theorie der N. werden die Lösungen der elementaren Diffusionsgleichung
$-D \cdot \Delta\Phi + \Sigma_a \cdot \Phi = q$
untersucht. Dabei bedeuten D die Diffusionskonstante, Φ den Neutronenfluß, Σ_a den makroskopischen Absorptionsquerschnitt und q die Quelldichte, d. i. die Zahl der insgesamt je cm^3 und s entstehenden Neutronen; Δ ist der Laplace-Operator. An Voraussetzungen für die Behandlung der N. mit der angegebenen Diffusionsgleichung müssen erfüllt sein: 1) Alle Grenzflächen des Streumediums und die evtl. vorhandenen Flächenquellen müssen weit entfernt sein von dem Gebiet, in dem die N. untersucht wird; die entsprechenden Abstände sollen mindestens von der Größenordnung der → Transportweglänge sein.

2) Der makroskopische Absorptionsquerschnitt Σ_a muß klein sein gegenüber dem makroskopischen Streuquerschnitt Σ_s.

3) die räumlich verteilten Neutronenquellen müssen isotrop emittieren.

Man kann zeigen, daß ein Neutronenfeld auch im Inneren eines schwach absorbierenden Streumediums, solange sich nur die Dichteverteilung der Neutronen in Abständen der → Streuweglänge nicht wesentlich ändert, mit der Theorie der N., d. h. mit obiger Diffusionsgleichung beschrieben werden kann. Der Lösungsweg für diese Differentialgleichung wird je nach der durch die Quelle vorgegebenen Symmetrie immer so vorgenommen, daß im quellenfreien Bereich, d. h. für $q = 0$, Lösungen unter den Bedingungen gesucht werden, daß der Fluß Φ im Unendlichen verschwindet und die Anzahl der je Zeiteinheit von der Quelle ausgehenden Neutronen gleich der Anzahl der im Streumedium absorbierten Neutronen wird. Die Größe $L = \sqrt{D/\Sigma}$ nennt man → Diffusionslänge, sie hat eine anschauliche Bedeutung für das Abklingen der Neutronendichte um die Neutronenquelle herum. Die Bezeichnung Σ deutet darauf hin, daß bei Diffusionsvorgängen in nichtisotrop streuenden Medien entsprechende Größen aus der Transporttheorie, wie Transportquerschnitt u. dgl., anzuwenden sind. Bei punktförmiger Neutronenquelle im unendlich ausgedehnten Medium gilt $L^2 = \overline{r^2}/6$ mit $\overline{r^2}$ als mittlerem Quadrat der Entfernung des Absorptionsortes von der Quelle; für Kohlenstoff erhält man experimentell $L = 40$ cm, für Uran entsprechend $L = 1{,}5$ cm. Bei der Diffusion in einem Moderator werden die thermischen Neutronen allmählich durch Einfangreaktionen absorbiert. Mit λ_a als mittlere freie Weglänge für Absorption (→ Absorptionsweglänge) und v als Neutronengeschwindigkeit ergibt sich die *Diffusionszeit* $\vartheta_s = \lambda_a/v = 1/v \cdot \Sigma_a$. Diese Größe ϑ_s entspricht der mittleren Lebensdauer der thermischen Neutronen im Moderator. Obwohl sich die gesamte Lebensdauer eines abzubremsenden Neutrons aus Bremszeit und Diffusionszeit zusammensetzt, ist die Bezeichnung „mittlere" Lebensdauer für die Diffusionszeit allein insofern gerechtfertigt, als dieser Anteil bei weitem die meist nur Bruchteile davon große Bremszeit überwiegt. Einige Zahlenwerte sind unter → Neutronenbremsung zusammengestellt.

Neutroneneinfang, *(n, γ)-Prozeß*, Spezialfall des Strahlungseinfangs, das Eindringen eines Neutrons in den Atomkern mit anschließendem Übergang des dabei entstehenden neuen hochangeregten Kernes in den Grundzustand durch Emission eines oder mehrerer γ-Quanten. Im Ergebnis des N.s entsteht aus dem Targetkern mit der Massezahl A ein neues Isotop mit der Massezahl $A + 1$, dieses ist häufig β-aktiv und wandelt sich in ein neues Element mit nächsthöherer Ordnungszahl um. Die Gesamtenergie der emittierten γ-Quanten ist gleich der Summe aus kinetischer Energie und Bindungsenergie des eingedrungenen Neutrons. N. ist hauptverantwortlich für die Absorption von thermischen Neutronen. Neutronenresonanzen führen zum → Resonanzeinfang, wobei die Wahrscheinlichkeit des N.s mit wachsender Massezahl und sinkender Resonanzenergie steigt. In größerer Entfernung von Resonanzen sinkt die Wahrscheinlichkeit des N.s nach dem $1/v$-Gesetz. Für schnelle Neutronen hat der Prozeß des N.s nur einen sehr geringen Anteil am gesamten nichtelastischen Querschnitt.

N. ist ein in Kernreaktoren unerwünschter Prozeß, der den Neutronenfluß verringert. Durch N. und anschließenden β-Zerfall können Entstehung und Häufigkeitsverteilung der Isotope auf der Erde erklärt werden.

Neutronenfluß, *Fluß der Neutronen*, das Produkt → Neutronendichte mal Neutronengeschwindigkeit. Ist die Zahl der Neutronen je cm^3 am Ort $\vec{r}$ gleich $n(\vec{r})$ und der Betrag ihrer Geschwindigkeit gleich v, so heißt das Produkt $\Phi = n(\vec{r}) \cdot v$ der N., wobei in dieser einfachen Darstellung nichts über die Bewegungs*richtung* der Neutronen ausgesagt ist. Dies wird genauer berücksichtigt, wenn man das Produkt Teilchendichte mal Geschwindigkeit über alle Bewegungsrichtungen der Teilchen integriert, formelmäßig für den N. also schreibt $\Phi(\vec{r}, v) = \int n(\vec{r}', v, \Omega) \cdot v \cdot d\Omega$; hier bedeutet $n(\vec{r}', v, \Omega)$ die Zahl der Neutronen, die sich je Volumeneinheit an der Stelle $\vec{r}'$ befinden und mit der Geschwindigkeit v unter der Richtung Ω nach $\vec{r}$ bewegen. Das Produkt $n(\vec{r}', v, \Omega) \cdot v$ ist gleich der Zahl derjenigen Neutronen, die in der Zeiteinheit von $\vec{r}'$ nach $\vec{r}$ gelangen. Die Gesamtzahl der in ein Volumenelement dV am Ort $\vec{r}$ je Sekunde aus allen Richtungen einfallenden Teilchen ist dann das obige Integral. Die elementare Diffusionstheorie nimmt an, daß die Teilchendichte $n(\vec{r}', v, \Omega)$ durch die Teilchendichte $n(\vec{r}, v, \Omega)$ ersetzt werden kann. Damit wird die Definition des Neutronenflusses mathematisch wesentlich einfacher: $\Phi(v, \vec{r}) = \int n(v, \vec{r}, \Omega) \cdot v \cdot d\Omega$. Wenn die Geschwindigkeit v nicht von der Richtung abhängt, ist $\Phi(v, \vec{r}) = \int n(v, \vec{r}, \Omega) \cdot v \cdot d\Omega = n(v, \vec{r}) \cdot v$ und damit ergibt sich die eingangs erwähnte elementare Definition des Neutronenflusses; $n(v, \vec{r})$ ist die Zahl der Teilchen mit der Geschwindigkeit v und beliebiger Bewegungsrichtung an der Stelle $\vec{r}$, bezogen auf das Einheitsvolumen. Zur Benutzung der angegebenen zweiten, vereinfachten Formel für den N. ist man dann berechtigt, wenn über Strecken $|\vec{r}' - \vec{r}| \approx 2$ bis 3 freie Weglängen eine Homogenität der Neutronenverteilung und Isotropie herrschen. Das ist in der Regel im Inneren eines Mediums, aber nicht an seinen Grenzen erfüllt. In einem Kernreaktor unterscheidet man gewöhnlich den Fluß der schnellen und den der thermischen Neutronen. Die den schnellen Neutronen entsprechende Temperatur ist höher als die der Atomkerne des umgebenden Mediums, während für die thermischen Neutronen Übereinstimmung vorliegt (→ Neutronengas). Damit ein Abfall des thermischen Neutronenflusses in der Spaltzone eines Reaktors, wo die Kernspaltungen stattfinden, verhindert wird, benutzt man *Reflektoren aus Graphit*. Die Umwandlung eines vorgegebenen Neutronenflusses in einen energetisch anderen N. wird mittels *Flußumwandler* realisiert.

Neutronengas, Bezeichnung für das den Gasen vergleichbare Verhalten von Neutronen bei der Diffusion (→ Neutronendiffusion). Wenn der Prozeß der Neutronenbremsung in einem Moderator beendet ist, d. h., wenn die kinetische Energie der Neutronen von der Größenordnung der Energie der Wärmebewegung geworden ist, diffundieren diese thermischen Neutronen wie ein verdünntes Gas durch das Medium, wobei ihre mittlere Geschwindigkeit gleichbleibt. Im thermischen Gleichgewicht haben diese Neutronen eine Maxwellsche Geschwindigkeitsverteilung, welche durch eine von der Moderatortemperatur T abhängige mittlere Energie $(3/2)\,kT$ gekennzeichnet ist, wobei k die Boltzmannsche Konstante bedeutet. Voraussetzung für das Zustandekommen des Temperaturgleichgewichts zwischen dem N. und den Atomkernen der Moderatorsubstanz ist, daß der Neutroneneinfangquerschnitt des Materials klein ist, damit die thermischen Neutronen viele Stöße ausführen können, ehe sie absorbiert werden. Wenn der Moderator ein guter Absorber ist, resultiert eine Verzerrung der Maxwellschen Geschwindigkeitsverteilung: Da Neutronen mit geringer Energie bevorzugt absorbiert werden, tritt eine Verarmung der langsamen Neutronenkomponente ein. Diesen Effekt nennt man *Härtung des Neutronenspektrums*. Sie kann so berücksichtigt werden, daß man zwar die Geschwindigkeitsverteilung wieder durch eine Maxwell-Verteilung beschreibt, jedoch eine andere Moderatortemperatur als die tatsächliche einsetzt. Die Korrektur liegt allgemein in der Größenordnung von +50 °C. In der Abb. sind zwei Maxwellsche Geschwindigkeitsverteilungen (20 °C, 70 °C) gezeigt; der Sachverhalt der Härtung des Spektrums, womit die Verschiebung der Verteilung und des Maximums zu höheren Geschwindigkeiten hin bezeichnet wird, ist klar ersichtlich.

Die recht schwierigen und umfangreichen Berechnungen und Messungen der jeweils vorliegenden Geschwindigkeitsverteilung können formal auch so in Übereinstimmung gebracht werden, daß man ein effektives Atomgewicht

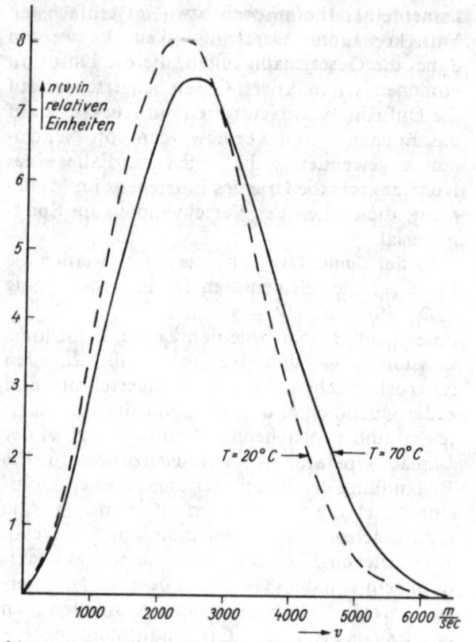

Maxwell-Verteilung für die Neutronendichte $n(v)$ bei $T = 20$ °C und $T = 70$ °C

der Moderatorsubstanz einführt. Im Graphitgitter wird gebräuchlich ein effektives Atomgewicht von 30 bis 40 des Kohlenstoffatoms angesetzt.

Lit. K. Wirtz u. K. H. Beckurts: Elementare Neutronenphysik (Berlin, Göttingen, Heidelberg 1959).

Neutronengenerator, Anordnung zur Neutronenerzeugung, → Neutronenquelle.

Neutronengruppe, Bezeichnung für die einzelnen Anteile der verzögerten Neutronen, die jeweils vom gleichen Mutterkern bzw. vom gleichen neutronenaktiven Kern, einem Neutronenstrahler, stammen. Die Gesamtzahl der verzögerten Neutronen wird auf diese Weise in 6 verschiedene N.n eingeteilt (→ verzögerte Neutronen).

Weiterhin nennt man die Unterteilung eines Neutronenspektrums in einzelne Abschnitte, die für theoretische Überlegungen bzw. für praktische Rechnungen besonders geeignet sind, vor allem aber in solche Intervalle, innerhalb derer die Wirkungsquerschnitte für die Wechselwirkungen der Neutronen mit den Atomkernen einigermaßen als konstant angenommen werden können, eine Einteilung in N.n; → Eingruppenmodell, → Gruppendiffusionsmethode.

Neutronenindikator, → Neutronendetektor.

Neutronenkaskade, → Kaskade.

neutronenkinetische Gleichungen, → Reaktorregelung.

Neutronenökonomie, Bezeichnung für die mehr oder weniger rationelle Verwendung der Neutronen in einem Reaktor im Sinne der Erhaltung einer Kernkettenreaktion bzw. auch im Hinblick auf die optimale Erzeugung weiterer Spaltelemente in einem Konverter- oder Brutreaktor. Der Ausdruck Neutronenbilanz ist ähnlich zu verstehen (→ Vierfaktorenformel). Unter *Neutronenbilanz* versteht man außerdem ganz allgemein die mathematische Erfassung der Neutronenquellen und Neutronenverluste, d. h. die

Gesamtzahl der momentan in einem bestimmten System vorhandenen Neutronen.

Neutronenpolarisation, die Ausrichtung der Spins der Neutronen in eine bestimmte Richtung, → Polarisation 2). Polarisierte Neutronen mit Energien von einigen MeV erhält man durch Kernreaktionen, wobei die Kernspin-Bahn-Wechselwirkung die entscheidende Rolle spielt. Die Polarisation langsamer Neutronen erhält man entweder durch Wechselwirkung des Neutrons mit polarisierten Atomkernen auf Grund der Spinabhängigkeit der Kernkräfte oder durch magnetische Wechselwirkung des Neutrons auf Grund seines magnetischen Moments. Im ersten Fall hängt der Streuquerschnitt der Neutronen stark davon ab, ob Neutronen- und Kernspin parallel oder antiparallel zueinander stehen, wodurch sich die Kernpolarisation auf die gestreuten Neutronen überträgt. Im zweiten Falle ergeben sich die effektivsten Möglichkeiten der Spinpolarisation langsamer Neutronen beim Durchgang durch Ferromagnetika. Der höchste Polarisationsgrad, der mit dieser Methode erreicht wurde, beträgt 60%. Auch durch Verwendung von „Spiegeln" aus ferromagnetischen Materialien gelingt es, ähnlich wie bei der Erzeugung polarisierten Lichtes durch Reflexion, langsame Neutronen zu polarisieren. Das Reflexionsvermögen derartiger Spiegel hängt von der Spinrichtung der auftreffenden Neutronen ab. Die Reflexion und Brechung von Neutronen an der Grenze Spiegel–Vakuum (Luft) kann durch den Brechungsindex n beschrieben werden: $n_\pm = 1 - \frac{1}{2}(N\lambda^2 b/\pi \pm \mu B/E)$. Dabei ist N die Zahl der ferromagnetischen Atome je cm^3, λ die Wellenlänge der Neutronen im Vakuum (→ Materiewellen), b die mittlere Streulänge, μ das magnetische Moment des Neutrons, B die magnetische Induktion im Ferromagnetikum und E die Neutronenenergie. Das Vorzeichen + oder − bezieht sich auf die Richtung des Neutronenspins zur Magnetisierungsrichtung. Eine vollständige Reflexion des Neutronenstrahles erhält man für den Einfallwinkel $\theta \leqq \theta_{krit}$, mit $\theta_{krit} \approx \sin\theta_{krit} = \sqrt{1 - n_\pm}$. Burgy erreichte 1960 mit dieser Methode bei Reflexion an einem Kobaltspiegel einen Polarisationsgrad von 87%.

Weiterhin können langsame Neutronen durch Beugung an ferromagnetischen Einkristallen erzeugt werden. Mit dieser Methode erhält man polarisierte monochromatische Neutronen in einem breiten Energieintervall bis zu einigen keV. Am Einkristall werden nur solche Neutronen reflektiert, für die die Braggsche Bedingung $n\lambda = 2d \sin\theta$ erfüllt ist. n ist die Ordnungszahl der Interferenz, d ist die Gitterkonstante, θ der Winkel des gegen die Netzebene einfallenden Neutronenstrahles. Clark und Robson erhielten 1961 mit dieser Methode einen Polarisationsgrad von 92%, wobei die Wellenlänge λ der Neutronen 0,137 nm betrug.

Den Polarisationsgrad mißt man mit Hilfe eines Analysators, der im Prinzip wie der Polarisator arbeitet.

Mittels polarisierter Neutronen wurde das magnetische Moment des Neutrons mit großer Genauigkeit gemessen. Polarisierte Neutronen gewinnen in zunehmendem Maße sowohl in der Kern- als auch in der Festkörperphysik an Bedeutung.

Neutronenquelle, Anordnung zur Erzeugung freier Neutronen, die bei Kernreaktionen und bei der Kernspaltung entstehen. Die zum Auslösen der Kernreaktion auf einen geeigneten Targetkern geschossenen geladenen Teilchen oder γ-Quanten werden von Teilchenbeschleunigern oder von radioaktiven Nukliden geliefert.

1) *N. mit radioaktivem Nuklid.* Für die Neutronenerzeugung mittels radioaktiver Nuklide hat die $^9Be(\alpha, n)^{12}C$-Reaktion die größte Bedeutung. Diese Reaktion, die auch zur Entdeckung des Neutrons führte, ist exotherm mit $Q = +5{,}708$ MeV.

Eine N. dieses Typs enthält in einer Stahlkapsel im allgemeinen ein Gemisch aus Berylliumpulver und einer geeigneten Verbindung eines α-Teilchen aussendenden Nuklids, wonach die einzelnen N.n auch bezeichnet werden, so z. B. die Polonium-Beryllium-Neutronenquelle, wenn Polonium als α-Strahler dient. Entsprechendes gilt für die anderen verwendeten α-Strahler. In nachfolgender Tabelle sind die am häufigsten verwendeten α-Strahler, deren Halbwertszeiten und die Quellstärken, d. h. die Anzahl der Neutronen, die je s in den gesamten Raumwinkel von 4π emittiert wird, angegeben, die mit 1 mCi α-Aktivität, d. h. mit $3{,}7 \cdot 10^7$ α-Teilchen je s erreicht werden:

radioaktives Nuklid	Ra-226	Po-210	Am-241	Th-228	Ac-227
Halbwertszeit	1620 Jahre	138,4 Tage	458 Jahre	697 Tage	22 Jahre
Quellstärke Neutronenanzahl je s und mCi	$1{,}5 \cdot 10^4$	$2{,}5 \cdot 10^3$	$2{,}5 \cdot 10^3$	$2 \cdot 10^4$	$1{,}5 \cdot 10^4$

Es werden α-Aktivitäten bis zu einigen 10 Ci in einer Quelle verwendet.

Das Energiespektrum der Neutronen aus diesen Quellen reicht bis etwa 12 MeV und hat Intensitätsmaxima bei 4 bis 5 MeV. Neben Beryllium finden, wenn auch seltener, Bor, Fluor und Lithium als Targetsubstanzen Anwendung. Mit einem Be-B-F-Gemisch und Po-210 als α-Strahler kann eine Energie-Verteilung der erzeugten Neutronen erreicht werden, wie sie das Spaltspektrum aufweist. Durch (γ, n)-Reaktionen an geeigneten Targetkernen werden ebenfalls Neutronen erzeugt, indem an Stelle von α-aktiven Nukliden γ-Strahler verwendet werden. Diese *Kernphotoneutronen* sind monoenergetisch, wenn die Gammastrahlung des verwendeten Nuklids monoenergetisch ist. Da (γ, n)-Reaktionen einen Energieschwellwert haben, der gleich der Bindungsenergie des Neutrons im Targetkern ist, aber die verfügbaren γ-Strahler Quanten mit Energien < 3 MeV liefern, werden als Targetkerne Be-9 und D-2 verwendet, die die niedrigsten Bindungsenergien haben, nämlich 1,63 bzw. 2,23 MeV. Als γ-Strahler finden zum Beispiel Sb-124, Na-24, La-140 und Ra-226 Anwendung. Eine Sb-Be-Quelle mit 1 Ci γ-Aktivität liefert etwa 10^5 Neutronen/s.

2) *Teilchenbeschleuniger als N.* Werden beschleunigte Teilchen, z. B. α-Teilchen, Deuteronen, Protonen, Elektronen, auf geeignete Targetkerne geschossen, so entstehen Neutronen, deren Energie neben dem Q-Wert der jeweiligen Reaktion von der Energie der eingeschlossenen Teilchen und dem Winkel des auslaufenden Neutrons bezüglich der Einschußrichtung abhängt. Dadurch lassen sich mit Teilchenbeschleunigern monoenergetische N.n realisieren, deren Energie variiert werden kann. Außerdem können bedeutend größere Quellstärken als mit radioaktiven Nuklidquellen erreicht werden. Neben der ^{9}Be(α, n) ^{12}C-Reaktion, die auch an Teilchenbeschleunigern Anwendung findet, werden vor allem die folgenden Reaktionen ausgenutzt: 2.1) *(d, n)-Reaktionen*. Während bei der Reaktion ^{2}D(d, n) ^{3}He (→ d-d-Prozeß) und der Reaktion ^{3}T(d, n) ^{4}He (→ d-t-Prozeß) *monoenergetische* Neutronen erzeugt werden, liefert die ^{9}Be(d, n) ^{10}Be-Reaktion *fünf* Neutronen*energiegruppen*, und beim Deuteronenbeschuß von Lithium entstehen aus dem Reaktionsanteil ^{7}Li(d, n) 2 ^{4}He Neutronen mit *kontinuierlichem Energiespektrum* und aus der gleichzeitig stattfindenden Reaktion ^{7}Li(d, n) ^{8}Be *monoenergetische* Neutronen. Die angegebenen (d, n)-Reaktionen sind durchweg exotherm.

2.2) *(p, n)-Reaktionen* wie ^{7}Li(p, n) ^{7}Be mit Q = −1,646 MeV bzw. ^{3}T(p, n) ^{3}He mit Q = −0,764 MeV sind endotherm und besitzen demzufolge eine Reaktionsschwelle von 1,882 MeV bzw. 1,019 MeV. Die Energie der entstehenden *monochromatischen* Neutronen kann in einem weiten Bereich durch Veränderung der Einschußenergie der Protonen variiert werden.

2.3) *(γ, n)-Reaktionen*. In Linearbeschleunigern, Betatrons und Synchrotrons werden Elektronen hochbeschleunigt. Beim Auftreffen auf ein Target entsteht Bremsstrahlung, die durch Kernphotoeffekt Neutronen erzeugt. Da das γ-Spektrum der Bremsstrahlung kontinuierlich ist, ist das Energiespektrum der entstehenden Neutronen ebenfalls *kontinuierlich*. Man kann aber den impulsweisen Betrieb des Beschleunigers ausnutzen und mittels → Geschwindigkeitsselektors die Neutronen energetisch auseinanderziehen oder bestimmte Energien auswählen.

Als Targetmaterialien werden schwere Elemente verwendet, da der Wirkungsquerschnitt für den Kernphotoeffekt mit wachsendem Atomgewicht zunimmt. Das Target zur γ-Strahlenerzeugung kann gleichzeitig zur Neutronenerzeugung dienen. Intensität und Energie der γ-Quanten nehmen ebenfalls mit größer werdendem Atomgewicht der Targetkerne zu. Die unter 1) und 2) beschriebenen Neutronenquellen liefern *schnelle* Neutronen. *Thermische* Neutronen können erzeugt werden, wenn die Quellen mit einem geeigneten → Moderator umgeben werden.

3) *Der Kernreaktor als N.* Bei der Kernspaltung entstehen je Spaltakt etwa 1 bis 3 freie Neutronen. Die Energieverteilung unmittelbar nach der Spaltung läßt sich durch das Spaltspektrum beschreiben. Durch den Moderator im Reaktor werden diese Neutronen aber sehr schnell abgebremst, so daß das Energiespektrum der Neutronen im Reaktor im wesentlichen eine Maxwellsche Verteilung besitzt, zu der bei höheren Energien noch kleinere Anteile an Resonanzneutronen und schnellen Neutronen kommen.

Kernreaktoren sind außerordentlich intensive N.n. In der aktiven Zone eines Reaktors herrschen Stromdichten von 10^{12} bis 10^{15} Neutronen/(s · cm^{2}). Nach außen lassen sich Stromdichten von 10^{6} bis 10^{10} Neutronen/(s · cm^{2}) zu Experimentierzwecken abführen. Dabei können ebenfalls monochromatische Neutronen mit Hilfe eines Geschwindigkeitsselektors ausgesiebt werden.

Neutronenradius, → Kernradius.

Neutronenresonanzen, resonanzartiger Anstieg des effektiven Wirkungsquerschnittes für die Wechselwirkung von Neutronen mit Atomkernen bei diskreten Energiewerten.

N. werden als quasistationäre Zustände des sich aus dem einfallenden Neutron und dem Atomkern bildenden Zwischenkerns interpretiert. Die Lebensdauer dieser Zustände ist groß im Vergleich zur Durchlaufzeit des Neutrons durch den Kern, sie beträgt bis zu 10^{-15} s. *Isolierte N.* werden bei der Wechselwirkung mit mittelschweren und schweren Kernen in großer Zahl für Neutronenenergien von 0,5 eV bis zu einigen keV, d. h. für die *Resonanzneutronen*, beobachtet. In einigen Fällen wird die obere Grenze des Energiebereichs auch höher, bis zu 100 keV angegeben. Die Anregungsenergie des Zwischenkerns liegt damit dicht über der Bindungsenergie des Neutrons, also etwa bei 8 MeV. Die tiefstliegenden N. gehen vorzugsweise durch → Resonanzeinfang in den Grundzustand des Isotops mit einer um eins größeren Massezahl über. Mit steigender Energie und für leichte Kerne wächst die Wahrscheinlichkeit der → Resonanzstreuung, d. h. des Zerfalls des Zwischenkerns über den Eingangskanal. Neben diesen beiden Prozessen ist in einigen sehr schweren Kernen → Resonanzspaltung und in einigen leichten Kernen der Zerfall der N. durch Emission geladener Teilchen möglich. Bei geringen Einschußenergien werden hauptsächlich *s*-Wellen-Resonanzen angeregt. Der Wirkungsquerschnittsverlauf in der Nähe einer isolierten *s*-Wellen-Resonanz wird sehr gut durch die → Breit-Wigner-Formel beschrieben.

Mit steigender Energie wächst die Breite der N., ihr mittlerer Abstand verringert sich, so daß es zur Überlappung vieler N.n kommt und im Wirkungsquerschnittsverlauf keine isolierten Resonanzen, sondern statistische Fluktuationen beobachtet werden.

Neutronenspektrometrie, Bestimmung der Intensitätsverteilung der Neutronen in einer Neutronenstrahlung bezüglich der Energie der Neutronen.

Der Funktionsweise von Anlagen zur N. liegen die verschiedenen Wechselwirkungen der Neutronen mit Materie zugrunde.

1) Da Neutronen ladungslos sind, wechselwirken sie im wesentlichen nur mit den Atomkernen einer Substanz. Zur N. verwendet man (n, α)-, (n, p)- und (n, γ)-Kernreaktionen und auch die Spaltung geeigneter Kerne und registriert die geladenen α-Teilchen, Protonen und Spaltprodukte sowie die γ-Quanten.

Mittels Teilchendetektoren wie Halbleiterdetektoren, Proportionalzählern, Szintillationsdetektoren u. a. kann die kinetische Energie der geladenen Reaktionsprodukte ermittelt werden, die um den bekannten Q-Wert der Reaktion größer als die Energie des einfallenden Neutrons ist.

Die Reaktion kann im Detektor ausgelöst werden, in dem die Reaktionsprodukte stecken bleiben, oder zwischen zwei Detektoren, die die nach verschiedenen Seiten herausfliegenden Reaktionsprodukte registrieren und deren entstehenden Impulsamplituden addiert werden.

Eine besondere Rolle für die N. spielt die Streuung von Neutronen n an Protonen p. Mit Kernstrahlungsdetektoren, die Wasserstoff enthalten oder vor denen eine dünne, wasserstoffhaltige Folie angebracht ist, wird das Rückstoßprotonenspektrum aufgenommen, das nach graphischer Differentiation das Neutronenspektrum ergibt. Die Differentiation des Rückstoßprotonenspektrums kann entfallen, wenn nur die Rückstoßprotonen p' spektrometriert werden, die bezüglich der Richtung der einfallenden Neutronen n unter einem Winkel φ gestreut werden. Die Energie der Neutronen E_n der einfallenden Neutronen ergibt sich direkt aus der Energie der Rückstoßprotonen $E_{p'}$ nach $E_n = E_{p'}/\cos^2 \varphi$. Mit dieser Methode kann die Energieauflösung im Vergleich zur integralen Methode verbessert werden, allerdings auf Kosten der Effektivität des Spektrometers.

2) Zur N. können auch die Welleneigenschaften der Neutronen ausgenutzt werden. Nach der de-Broglieschen Gleichung ist ihre Wellenlänge $\lambda = h/\sqrt{2mE}$, wobei m die Masse des Neutrons und E die kinetische Energie des Neutrons ist. Neutronen mit Energien in der Größenordnung 1 eV haben Wellenlängen wie Röntgenstrahlen und können deshalb durch Beugung und Reflexion an Kristallen, deren Gitterebenen einen Abstand in der Größenordnung der Wellenlängen haben, spektrometriert werden. Für diesen Zweck entwickelte Anlagen heißen → Kristallspektrometer.

3) Das am häufigsten verwendete Verfahren der N. besteht in der direkten Bestimmung der Geschwindigkeit der Neutronen. Man läßt Neutronen eine bestimmte Strecke durchlaufen und mißt die dafür benötigte Zeit direkt. In nichtrelativistischer Näherung gilt für die Flugzeit T: $T = L/\sqrt{2E/m}$, wobei L die Flugstrecke, E die Energie und m die Masse des Neutrons bedeuten.

Je Meter Flugstrecke betragen die Flugzeiten T in μs demnach

E in eV	1	10^3	10^6	10^8
T in μs	72,3	2,29	0,0723	0,0072

Je nach Intensität der Neutronenquelle können Flugstrecken in der Größenordnung zwischen 1000 und 1 m verwendet werden. Die Flugzeit wird gemessen zwischen einem elektrischen Impuls, der bei der Erzeugung oder bei der interessierenden Wechselwirkung des Neutrons mit Hilfe eines Kernstrahlungsdetektors abgenommen wird, und einem elektrischen Impuls, der beim Eintreffen des Neutrons im Detektor am Ende der Flugstrecke entsteht.

Bei Neutronenquellen, die impulsweise Neutronen abgeben, hervorgerufen entweder durch die Funktion der Anlage, zum Beispiel Impulsreaktor, Linearbeschleuniger, Synchrotron, oder durch zusätzliche Einrichtungen wie → Chopper an Reaktoren, Strahlablenk- und Gruppierungsvorrichtungen an van-de-Graaff- und Kaskadengeneratoren, wird die Flugzeit zwischen einem zum Neutronenimpuls synchronen elektrischen Impuls und dem Zeitpunkt des Eintreffens am Detektor bestimmt.

Anlagen, die nach diesem Prinzip, der → Flugzeitmethode, arbeiten, heißen Flugzeitspektrometer.

Neutronenspektroskop, → Monochromator.

Neutronenstern, ein als sehr wahrscheinlich existierend angesehener Stern, der im wesentlichen aus Neutronen besteht. Die Dichte eines N.s ist von der Größenordnung 10^{14} bis 10^{15} g/cm^3. Der Radius beträgt damit nur wenige km, wenn die Masse des N.s etwa einer Sonnenmasse entspricht. N.e entstehen wahrscheinlich bei Supernovaausbrüchen und stellen die Überreste der ursprünglichen Sterne dar, die beim Ausbruch nicht in den interstellaren Raum abgegeben werden. Rotierende N.e mit sehr hohen Magnetfeldern werden als mögliche Ursachen für Pulsare angesehen (→ Gravitationskollaps).

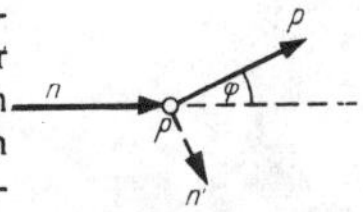

Neutronenspektrometrie

Neutronenstrahler, → verzögerte Neutronen, → Spaltprodukte.

Neutronenstrahlung, jede Art von ausgesandten Neutronen. N. ist Bestandteil der durchdringenden Strahlung einer Atom- oder Wasserstoffbombenexplosion, welche im Resultat der Kernprozesse, wie z. B. Spaltung oder Fusion, entsteht. Neutronen aus der Atomexplosion haben eine starke schädigende Wirkung, da wegen fehlender elektrischer Ladung ihre Durchdringungsfähigkeit sehr hoch ist. Mehr als 99% der Spaltneutronen werden in weniger als 10^{-13} s ausgesandt, ihre Energie beträgt etwa 3% der Gesamtenergie der Explosion. Die N. breitet sich mit einer Geschwindigkeit bis zu 20000 km/h aus. Sie ist außerordentlich gefährlich für den Organismus, da sie tief in das lebende Gewebe eindringt und dort von den Atomkernen eingefangen wird. Der Schutz vor N. erfordert eine spezielle Neutronenabschirmung (→ Reaktorabschirmung).

Neutronenstreuung in Festkörpern, eine Methode, mit Hilfe von Neutronen niedriger Energie (thermische und kalte Neutronen mit Energien kleiner als 1 eV) das dynamische Verhalten des Festkörpers zu untersuchen. Sie zeichnet sich gegenüber der Streuung elektromagnetischer Wellen (Infrarot- und Röntgenstreuung) dadurch aus, daß sowohl die Energie als auch der Impuls der Neutronen in der Größenordnung der Energie bzw. des Quasiimpulses der quantisierten Gitterschwingungen oder anderer Elementaranregungen liegen können. Die thermischen Neutronen können somit nur *elastisch* oder *unelastisch* an den Atomkernen gestreut werden. Bei elastischer Streuung bleibt die Energie des Neutrons erhalten, anderenfalls handelt es sich um unelastische Streuung. Infolge der periodischen Gitterstruktur können die Neutronen *kohärent* gestreut werden, in der Wellenvorstellung interferieren die gestreuten Neutronen miteinander. Andererseits gibt es dabei Ursachen, die die Kohärenz der gestreuten Neutronen stören können, die Wechselwirkung der Neutronenspins mit den Spins der Atome, eine ungeordnete Verteilung verschiedener Isotope u. a. In diesen Fällen addieren sich die Intensitäten der an den einzelnen Zentren gestreuten Neutronen, man spricht von *inkohärenter* Streuung.

Mit Hilfe der N. i. F. lassen sich folgende Informationen über die Gitterschwingungen erhalten:

1) Die Winkelverteilung der gestreuten Neutronen bei unelastischer kohärenter Streuung erlaubt bei Einphononenprozessen, unmittelbar auf das Dispersionsgesetz für die entsprechenden Phononen zu schließen.

2) In kubischen Kristallen ist der Wirkungsquerschnitt bei der inkohärenten, unelastischen Einphononenstreuung direkt proportional zur Spektraldichte $g(\omega)$ der Gitterschwingungen; somit kann man $g(\omega)$ direkt messen.

3) Die kohärente unelastische Neutronenstreuung erlaubt bei Einphononenprozessen, auch die Phonon-Phonon-Wechselwirkung in Kristallen zu untersuchen. Infolge dieser Wechselwirkung werden die Maxima im Interferenzbild verbreitert. Diese Verbreiterung kann man in Abhängigkeit von der Temperatur und der Wellenzahl messen.

Die Berechnung der Wirkungsquerschnitte erfolgt unter zwei Grundvoraussetzungen: a) Die Wechselwirkung der thermischen Neutronen mit den Atomen an den Orten $\vec{R}(l)$ kann durch das Fermische Pseudopotential $V(\vec{r}) = \frac{2\pi\hbar^2}{m_n} \sum_l a_l \delta(\vec{r} - \vec{R}(l))$ beschrieben werden, wobei $\hbar = h/2\pi$ die Plancksche Konstante, m_n die Neutronenmasse, a_l die Streulängen für die gegebenen Atome bedeuten. b) Es wird die Bornsche Näherung verwendet, was bedeutet, daß die Neutron-Phonon-Wechselwirkung schwach sein soll.

Falls ein Neutron bei der Streuung in der Näherung der ebenen Wellen eine Impulsänderung $\hbar\vec{k} = \hbar(\vec{k}_2 - \vec{k}_1)$ und eine Energieänderung $\hbar\omega = \frac{\hbar}{2m_n}(k_2^2 - k_1^2) = E_2 - E_1$ erfährt, dann läßt sich der differentielle Wirkungsquerschnitt, bezogen auf ein Atom, auf die Einheit des Raumwinkels Ω und auf die Energieeinheit des gestreuten Neutrons in der Form

$$\frac{d^2\sigma}{d\Omega\, dE} = \frac{1}{2\pi\hbar} \frac{|\vec{k}_2|}{|\vec{k}_1|} \frac{1}{N} \sum_{ll'} a_l a_{l'} e^{-i\vec{k}[\vec{x}(l) - \vec{x}(l')]} \times$$
$$\times \int_{-\infty}^{+\infty} dt\, e^{i\omega t} \langle e^{-i\vec{k}\vec{u}(l,t)}\, e^{i\vec{k}\vec{u}(l',0)} \rangle_T$$

darstellen, wobei die Lagen der Atome $\vec{R}(l) = \vec{x}(l) + \vec{u}(l)$ durch ihre auf die Gleichgewichtslagen $\vec{x}(l)$ bezogenen Verschiebungen $\vec{u}(l)$ ausgedrückt werden; $\vec{u}(l, t)$ ist diese Verschiebung im Heisenberg-Bild. Die Klammer $\langle \ldots \rangle_T$ bedeutet die quantenstatistische Mittelung über die Zustände des Phononensystems im thermischen Gleichgewicht bei der Temperatur T. $\vec{k}_1$ ist der Wellenzahlvektor des Neutrons vor und $\vec{k}_2$ der nach der Streuung. Im Falle der elastischen Streuung der Neutronen erhält man nach der Integration über die Neutronenenergie

$$\left.\frac{d\sigma}{d\Omega}\right|_{\substack{\text{elast.}\\ \text{inkohär.}}} = (\overline{a^2} - \bar{a}^2)\, e^{-2W} \quad \text{und}$$

$$\left.\frac{d\sigma}{d\Omega}\right|_{\substack{\text{elast.}\\ \text{kohär.}}} = \frac{8\pi^3}{V_0} \bar{a}^2 e^{-2W} \sum_n \delta(\vec{k} - \vec{K}_n).$$

Hierbei sind $\bar{a} = N^{-1} \sum_l a_l$ und $\overline{a^2} = N^{-1} \sum_l a_l^2$ Mittelwerte über die N Atome des Kristalls, $\vec{K}_n$ Gittervektoren des reziproken Gitters und V_0 das Volumen der Einheitszelle. Der Ausdruck $\exp(-2W)$ mit $2W = \sum_{q,j} \frac{|\vec{k}\vec{e}_j(\vec{q})|^2}{2NM\omega_j(\vec{q})} \times \coth \frac{\hbar\omega_j(\vec{q})}{2k_B T}$ wird als *Debye-Waller-Faktor* bezeichnet. Es bedeuten k_B die Boltzmannsche Konstante, T die absolute Temperatur, M die Masse der Atome, N die Anzahl der Einheitszellen im Kristall, $\vec{e}_j(\vec{q})$ die Polarisationsvektoren, $\omega_j(\vec{q})$ die Eigenfrequenzen, $\vec{q}$ die Wellenzahlvektoren, j die Nummer des Energiezweiges der Phononen. Der Debye-Waller-Faktor dient als Maß des Einflusses der Wärmebewegung des Gitters auf mit verschiedenen spektroskopischen Methoden untersuchte Störungen der Periodizität des Kristallgitters.

Im Rahmen des Debye-Modells (→ Debyesche Theorie der spezifischen Wärmekapazität) läßt sich der Debye-Waller-Faktor durch

$$e^{-2W} = \exp\left\{-3\frac{\hbar^2 k^2}{Mk_B\theta}\left[\frac{1}{4} + \left(\frac{T}{\theta}\right)^2 \int_0^{T/\theta} \frac{x\, dx}{e^x - 1}\right]\right\}$$

ausdrücken (θ ist die Debye-Temperatur). Für Untersuchungen des Phononenspektrums ist die unelastische Streuung von Neutronen an Phononen besonders wichtig. Dabei wird zwischen Neutronen und Phononen Energie und Impuls ausgetauscht. Die differentiellen Wirkungsquerschnitte für unelastische Streuung bei Einphononenprozessen betragen

$$\left.\frac{d^2\sigma}{d\Omega\, dE}(\vec{q}j)\right|_{\substack{\text{unelast.}\\ \text{inkoh.}}} = \frac{|\vec{k}_2|}{|\vec{k}_1|}\{\overline{a^2} - \bar{a}^2\} \times$$
$$\times \frac{\hbar\, e^{-2W}}{2M\omega_j(\vec{q})} |\vec{k}\vec{e}_j(\vec{q})|^2 \times$$
$$\times \begin{Bmatrix} \bar{n}_j(\vec{q}) \\ \bar{n}_j(\vec{q}) + 1 \end{Bmatrix} \delta(E_1 - E_2 \pm \hbar\omega_j(\vec{q}))$$

und

$$\left.\frac{d^2\sigma}{d\Omega\, dE}(\vec{q}j)\right|_{\substack{\text{unelast.}\\ \text{kohär.}}} = \frac{|\vec{k}_2|}{|\vec{k}_1|} \bar{a}^2 \times$$
$$\times \frac{(2\pi)^3\, \hbar\, e^{-2W}}{V_0\, 2M\omega_j(\vec{q})} |\vec{k}\vec{e}_j(\vec{q})|^2 \times$$
$$\times \begin{Bmatrix} \bar{n}_j(\vec{q}) \\ \bar{n}_j(\vec{q}) + 1 \end{Bmatrix} \delta(E_1 - E_2 \pm \hbar\omega_j(\vec{q})) \times$$
$$\times \delta(\vec{k} \pm \vec{q} + \vec{K}_n)$$

Dabei ist

$$\bar{n}_j(\vec{q}) = \left[\exp\left(\frac{\hbar\omega_j(\vec{q})}{k_B T}\right) - 1\right]^{-1}$$

die mittlere Zahl von Phononen $(\vec{q}, j)$. Die kohärente unelastische Streuung von Neutronen erfolgt unter Erhaltung der Energie und des Gesamtquasiimpulses der an der Streuung beteiligten Quasiteilchen. Die angegebenen Wirkungsquerschnitte gelten für die Streuung eines Neutrons unter Absorption (Faktor $\bar{n}$, $\vec{k} = \vec{K}_n - \vec{q}$, $\omega = \omega_j(\vec{q})$) bzw. Emission (Faktor $\bar{n} + 1$, $\vec{k} = \vec{K}_n + \vec{q}$, $\omega = -\omega_j(\vec{q})$) eines Phonons mit der Frequenz $\omega_j(\vec{q})$ und dem Wellenzahlvektor $\vec{q}$.

Für die inkohärente Streuung gilt die Erhaltung des Quasiimpulses im Neutron-Phonon-

System nicht mehr. **Bei Kristallen** mit kubischer Symmetrie vereinfacht sich die Beziehung für den Wirkungsquerschnitt im Falle inkohärenter Streuung bedeutend:

$$\left.\frac{d\sigma}{d\Omega\, dE}\right|_{\substack{\text{unelast.}\\ \text{inkohär.}}} = \frac{|\vec{k}_2|}{|\vec{k}_1|}\,\frac{\vec{k}^2}{6M\omega}\,(\overline{a^2} - \bar{a}^2)\,e^{-2W} \times$$
$$\times \begin{Bmatrix}\bar{n} \\ \bar{n}+1\end{Bmatrix} g(\omega),$$

wobei $g(\omega)$ die Spektraldichte der Gitterschwingungen ist. Für Gitter mit mehratomigen Elementarzellen gelten ähnliche Relationen.

In den meisten Neutronenstreuexperimenten werden monoenergetische Neutronen gestreut, die man erhalten kann, wenn man den aus einem Reaktor kommenden Neutronenstrahl einer Bragg-Reflexion an Einkristallen unterwirft. Gemessen wird die Energie- und Impulsänderung der Neutronen bei der Streuung an Phononen. Als experimentelle Parameter können die Energie der zu streuenden Neutronen, der Streuwinkel und die Targetorientierung variiert werden. Die Frequenzen der Normalschwingungen werden bei fest gewählter Impulsänderung $\vec{k}$, die den Phononenwellenzahlvektor $\vec{q}$ festlegt, aus der Energieverteilung der gestreuten Neutronen bestimmt.

Für Neutronenstreuexperimente gibt es im Prinzip keine Beschränkungen der Anwendbarkeit auf Metalle, Halbleiter oder Isolatoren. Jedoch werden relativ große Kristalle gebraucht, die einen möglichst kleinen Absorptionswirkungsquerschnitt für thermische Neutronen haben und deren inkohärenter Beitrag zur Streuung klein gegenüber dem kohärenten ist.

Die kohärente unelastische Streuung von thermischen Neutronen ist gegenwärtig die fruchtbarste Methode zum Studium der → Gitterschwingungen, insbesondere zur Bestimmung der → Dispersionsrelation der Phononen (Abb.), obwohl die Experimente schwieriger als die mit optischen Methoden sind.

Über magnetische N. → Streuung B4).

Neutronentemperatur, → Neutronengas.

Neutronenüberschuß, die Differenz zwischen den Anzahlen der Neutronen und Protonen im Atomkern. Mit Ausnahme einiger sehr leichter Atomkerne ist die Neutronenzahl gleich, meistens aber größer als die Protonenzahl; die Differenz steigt bis auf 58 bei den schwersten stabilen Kernen. Mit N. bezeichnet man gelegentlich auch eine entsprechende Abweichung von der Stabilitätslinie, → Massenformel von Bethe und Weizsäcker. Solche Atomkerne sind β-radioaktiv; in ausgeprägtester Form findet man das bei den Spaltprodukten der Kernspaltung (→ verzögerte Neutronen).

Neutronenverdampfung, Prozeß, bei welchem die überschüssige Energie eines stark angeregten Atomkerns durch die Emission eines oder mehrerer Neutronen abgegeben wird. Die Energieverteilung im Falle der Verdampfung von Neutronen wird durch das → Verdampfungsspektrum beschrieben.

Neutronenvermehrung, die Zunahme der Anzahl von Neutronen bei bestimmten Kernreaktionen. Außer (γ, n)-Reaktionen (→ Kernphotoeffekt), die je Elementarakt ein (zusätzliches) Neutron abgeben, bezeichnet man vor allem (n, 2n)-Prozesse als Reaktionen, die zur N. ausgenutzt werden können. Nur bei sehr leichten Atomkernen, Massezahl $A < 10$, sind die Schwellenenergien für den Beginn der (n, 2n)-Prozesse klein, z. B. beginnt die Reaktion ^{9}Be(n, 2n)^{8}Be → 2α bereits bei 1,67 MeV Energie (Labor-System) der diesen Neutronenvermehrungsprozeß auslösenden Neutronen; für schwere Kerne mit $A \to 100$ liegen die (n, 2n)-Schwellenenergien oberhalb 6 bis 9 MeV, wohingegen diese Reaktionen der N. an mittelschweren Kernen, $10 < A < 100$, erst oberhalb 10 bis 17 MeV, je nach Atomkern, einsetzen. Die Endkerne aus (n, 2n)-Prozessen sind oft radioaktiv. Bei noch höheren Neutronenenergien, die sogar zu (n, 3n)- und weiteren ähnlichen Prozessen ausreichen, spricht man von Neutronenverdampfung; die Energieverteilung der dabei emittierten Neutronen wird Verdampfungsspektrum genannt. Prozesse der N. können für verschiedene Anlagen zur Realisierung der Kernfusion von Bedeutung werden.

Die technisch bisher wichtigsten Prozesse der N. sind durch *Kernspaltung* gegeben. Unter der Einwirkung von Neutronen können die Atomkerne der Spaltelemente im allgemeinen in 2 große Spaltprodukte und 2 bis 3 Spaltneutronen zerlegt werden, d. h., der Spaltungsprozeß liefert diejenigen Teilchen, hierbei also Neutronen, im Überschuß, die zum Auslösen des Prozesses benötigt werden. Damit ist die prinzipielle Mög-

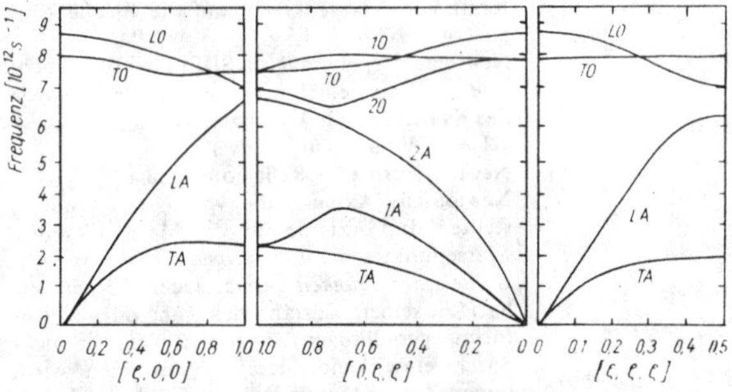

Dispersionsrelation für GaAs aus Neutronenstreuexperimenten. *L* longitudinal, *T* transversal, *A* akustisch, *O* optisch

lichkeit zur Realisierung einer *Kernkettenreaktion* gegeben, die im einfachsten Fall mit der → *Vierfaktorenformel* beschrieben werden kann. Da bei der Absorption eines Neutrons im Spaltelement nicht immer eine Kernspaltung erfolgt, sondern mit einer gewissen Wahrscheinlichkeit auch (n, γ)-Prozesse ablaufen, muß zwischen dem Vermehrungsfaktor η, der die Anzahl der nach der Spaltung je absorbiertes Neutron noch vorhandenen Neutronen angibt, und dem Vermehrungsfaktor ν, der die Anzahl der je Spaltung entstehenden Neutronen mißt, unterschieden werden; es ist stets $\eta < \nu$. Anstelle der Bezeichnung Vermehrungsfaktor ist auch der Ausdruck Neutronenvermehrungskoeffizient gebräuchlich. Nicht alle η neu entstandenen Neutronen führen wieder zu Kernspaltungen, sofern ein endlicher, steuer- und regelbarer Reaktor betrachtet wird; vielmehr ergibt sich bei Berücksichtigung aller Wechselwirkungen, die die Neutronen in der Spaltzone des Reaktors erleiden können, schließlich als Vermehrungsfaktor der *Multiplikationsfaktor* k bzw. k_{eff}, der als Verhältnis der Gesamtzahlen der Neutronen von zwei aufeinanderfolgenden Generationen der Kernkettenreaktion im unendlich ausgedehnten bzw. endlichen Reaktor definiert ist und der für den stationären Betrieb bei konstanter Leistung eines Reaktors gleich eins gehalten werden muß.

Neutronenzählrohr, Zählrohr, das zur Registrierung von Neutronen geeignet ist.

Da im Zählrohrvolumen nur geladene Teilchen ionisierend wirken können, besteht entweder eine Elektrode oder die Gasfüllung des Zählrohres aus einem Material, in dem die einfallenden Neutronen Kernreaktionen auslösen (→ Neutronendetektoren).

Sehr häufig wird Bor in Form von BF_3 als Zählrohrgas verwendet. Dieses N., *Bortrifluorid-Zählrohr* genannt, ist besonders für langsame Neutronen empfindlich, weil der Wirkungsquerschnitt der ablaufenden $^{10}B(n, \alpha)^7Li$-Kernreaktion für niedrige Neutronenenergien groß ist.

Newton, N, früher als *Großdyn* bezeichnet, gesetzliche abgeleitete SI-Einheit der Kraft. Vorsätze erlaubt. Das Newton ist die Kraft, die der Masse 1 kg die Beschleunigung 1 m/s² erteilt. $1\,N = 1\,m \cdot kg \cdot s^{-2}$.

Newton durch Quadratmeter, N/m², SI-Einheit des Druckes, Eigenname → Pascal (Pa). Das N. d. Q. ist der Druck, den eine gleichmäßig verteilte Kraft von 1 N senkrecht auf die Fläche 1 m² ausübt. $1\,N/m^2 = 1\,kg/m \cdot s^2 = 1\,Pa$.

Newtonmeter, N · m, Nm, SI-Einheit für Arbeit, Energie (mit dem Eigennamen Joule J) sowie das Kraftmoment. Vorsätze erlaubt. $1\,N \cdot m = 1\,J = 1\,W \cdot s = 1\,m^2 \cdot kg \cdot s^{-2}$.

Newton-Prisma, → Reflexionsprisma.

Newtonsche Axiome, die von Newton aufgestellten drei Axiome für die Mechanik eines Massepunktes: 1) *Lex prima, Trägheitsgesetz, Galileisches Trägheitsgesetz*: Jeder Körper verharrt in seinem Zustand der Ruhe oder gleichförmig geradlinigen Bewegung, wenn er nicht durch einwirkende Kräfte gezwungen wird, seinen Zustand zu ändern (→ Trägheit). 2) *Lex secunda, Newtonsche Bewegungsgleichung, dynamisches Grundgesetz*: Die zeitliche Änderung des Impulsvektors $\vec{p} = m\vec{v}$, wobei m die Masse und $\vec{v}$ die Geschwindigkeit des Massepunktes ist, ist der einwirkenden Kraft $\vec{F}$ proportional und geschieht längs derjenigen geraden Linie, in der $\vec{F}$ wirkt (→ Newtonsche Bewegungsgleichung). 3) *Lex tertia, Reaktions-* oder *Wechselwirkungsprinzip, Gesetz von Wirkung und Gegenwirkung, Gegenwirkungsprinzip, actio et reactio, Newtonsches Wechselwirkungsgesetz der Mechanik*: Die von zwei Körpern aufeinander ausgeübten Wirkungen, d. s. Kräfte und Momente, sind stets gleich groß und entgegengesetzt gerichtet.

Nach dem Trägheitsgesetz ist die kräftefreie Bewegung eines Körpers bereits durch seine Geschwindigkeit $\vec{v}$ eindeutig festgelegt. Die Newtonschen Bewegungsgleichungen verknüpfen die Änderung des Bewegungszustandes mit den einwirkenden Kräften. Wählt man die Maßeinheit der Kraft so, daß der Proportionalitätsfaktor gleich 1 wird, folgt die Newtonsche Bewegungsgleichung in der allgemein üblichen Form: $d\vec{p}/dt = \vec{F}$, die auch in der Relativitätsmechanik gültig ist. Wirken auf den Massepunkt mehrere Kräfte $\vec{F}_i$, bewegt er sich so, als wirke allein die vektorielle Summe $\vec{F} = \Sigma\vec{F}_i$ dieser Kräfte. Dies ist eine Folge des *Superpositionsprinzips*, das Newton als Corollar (Zusatz) zu den Axiomen formulierte: Zwei Kräfte, die am gleichen Massepunkt angreifen, setzen sich zur Diagonalen des von ihnen aufgespannten Parallelogramms zusammen (→ Parallelogrammsatz). Für konstante Masse, d. h. bei $dm/dt = 0$, folgt die speziellere Form der Newtonschen Bewegungsgleichungen: $m\vec{a} = \vec{F}$ oder $m\ddot{\vec{r}} = \vec{F}$, wobei $\vec{a} = d\vec{v}/dt = d^2\vec{r}/dt^2 = \ddot{\vec{r}}$ die Beschleunigung des Massepunktes ist. Hieraus folgt das Trägheitsgesetz für $\vec{F} = 0$, da $\vec{v} =$ konst. aus $d\vec{v}/dt = 0$ folgt. Die Annahme konstanter Masse wird in der Relativitätsmechanik verletzt. Aber auch in der klassischen Mechanik ist die Betrachtung veränderlicher Massen bei der Behandlung offener mechanischer Systeme zweckmäßig, wenn diese (z. B. Raketen) ständig Masse ausstoßen; die Newtonschen Bewegungsgleichungen lauten dann $m(t)\,\frac{d\vec{v}}{dt} = \vec{F}$.

Die beiden ersten N.n A. bestimmen den Bewegungsablauf in Inertialsystemen. In nichtinertialen Bezugssystemen, z. B. rotierenden Bezugssystemen, ist auch die kräftefreie Bewegung beschleunigt. Um die Gültigkeit der N.n A. zu sichern, muß man in diesem Fall Schein- oder Trägheitskräfte, z. B. die Zentrifugalkraft, einführen.

Das Wechselwirkungsprinzip spiegelt diejenige allgemeine Eigenschaft der Wechselwirkung beliebiger physikalischer Systeme wider, die von der speziellen Form der Wechselwirkung unabhängig ist; es ermöglicht die Behandlung mechanischer Systeme mit mehreren Massepunkten.

Geschichtliches. Die N.n A. stellen zusammen mit den Definitionen der benutzten physikalischen Begriffe das erste physikalische Axiomensystem dar, auf Grund dessen sich eine saubere mathematische Behandlung mechanischer Vorgänge durchführen läßt. Das Trägheitsgesetz wurde bereits von Galilei aus Versuchen mit der Fallrinne als Grenzfall bei verschwindender Neigung der Rinne abstrahiert und von Newton auf eine beliebige geradlinig gleichförmige Bewegung erweitert. Die anderen Axiome wurden erstmals von Newton in seinem Hauptwerk „Philosophiae naturalis principia mathematica" (London 1687) formuliert. Diese und die weitere Entwicklung der Mechanik waren mit der voneinander abhängigen Erfindung der Infinitesimalrechnung durch Newton und Leibniz eng verbunden.

Newtonsche Bewegungsgleichung, dynamisches Grundgesetz der Bewegung eines freien Massepunktes P; identisch mit dem zweiten → Newtonschen Axiom, das die Bestimmung des zeitlichen Ablaufs der Bewegung in einem Inertialsystem bei Kenntnis der Resultierenden $\vec{F}$ aller Kräfte gestattet. Ist m die Masse, $\vec{r}$ der Ortsvektor, $\vec{v} = \dot{\vec{r}}$ die Geschwindigkeit und $\vec{p} = m\vec{v}$ der Impuls des Massepunktes P, dann lautet die N. B. $\frac{d\vec{p}}{dt} = \vec{F}$ oder, unter der Voraussetzung konstanter Masse m, $m\ddot{\vec{r}} = \vec{F}$. Im allgemeinen ist $\vec{F}$ eine Funktion des Ortes $\vec{r}$, der Geschwindigkeit $\dot{\vec{r}}$ und der Zeit t, so daß dieser Vektorgleichung in einem kartesischen Koordinatensystem die folgenden drei skalaren Gleichungen entsprechen: $m\ddot{x} = F_x(x, y, z, \dot{x}, \dot{y}, \dot{z}, t)$, $m\ddot{y} = F_y(x, y, z, \dot{x}, \dot{y}, \dot{z}, t)$, $m\ddot{z} = F_z(x, y, z, \dot{x}, \dot{y}, \dot{z}, t)$. Dabei sind F_x, F_y, F_z die kartesischen Komponenten von $\vec{F}$; dies ist ein System von drei gewöhnlichen, miteinander verkoppelten Differentialgleichungen 2. Ordnung für die Unbekannten $x(t)$, $y(t)$ und $z(t)$, die kartesischen Komponenten des Ortsvektors $\vec{r}(t)$. Die allgemeine Lösung dieses Systems enthält 6 willkürlich wählbare Konstanten, die man durch Vorgabe des Bewegungszustands zu einem beliebigen Zeitpunkt t_0, d. s. die Anfangswerte $x_0 = x(t_0)$, $y_0 = y(t_0)$, $z_0 = z(t_0)$ und $\dot{x}_0 = \dot{x}(t_0) = \left.\frac{dx}{dt}\right|_{t = t_0}$, $\dot{y}_0 = \dot{y}(t_0)$, $\dot{z}_0 = \dot{z}(t_0)$, bestimmen kann; dann existiert unter gewissen, für physikalische Probleme zumeist erfüllten Bedingungen für die Komponenten F_x, F_y, F_z von $\vec{F}$ stets eine eindeutige und stetige Lösung, die für $t = t_0$ die vorgeschriebenen Anfangswerte annimmt.

Ist das mechanische System abgeschlossen, d. h. ohne Wechselwirkung mit seiner Umgebung, dann braucht man nicht alle Integrationen der obigen Differentialgleichungen auszuführen, da sich aus den Erhaltungssätzen bereits erste oder intermediäre Integrale, auch Zwischenintegrale oder Bewegungsintegrale genannt, ergeben; deren Konstanz ergibt gewöhnlich Differentialgleichungen 1. Ordnung der Gestalt $\varphi(x, y, z, \dot{x}, \dot{y}, \dot{z}, t) = C$, wobei $C =$ konst. eine Bewegungskonstante ist, d. h. während der Bewegung unverändert bleibt. Solche Bewegungsintegrale sind z. B. die Energie und der Drehimpuls.

Newtonsche Flüssigkeit, Flüssigkeit, deren Viskosität vom Spannungs- bzw. Deformationszustand unabhängig ist. Flüssigkeiten, die vom Newtonschen Verhalten abweichen, werden als *nicht-Newtonsche F.en* bezeichnet, ihre Viskosität ist vom Spannungs- bzw. Deformationszustand abhängig.

Newtonsche Kosmologie, zur Newtonschen Gravitationstheorie und Mechanik gehörende Kosmologie.

Es wird angenommen, daß die Bewegung der Materie, die den Kosmos füllt, im wesentlichen durch das Gravitationsfeld bestimmt wird, das die Materie selbst erzeugt.

Das Potential dieses Feldes wird durch die Poisson-Gleichung

$$\Delta\Phi = -4\pi G\varrho \tag{1}$$

bestimmt. Dabei ist ϱ die Materiedichte und G die Gravitationskonstante.

Ein unendlicher Kosmos mit einer räumlich und zeitlich konstanten Materiedichte führt auf ein Gravitationspotential $\Phi \sim r^2$. Auf die Materie wirkt also eine Kraft, so daß die Teilchen der Materie nicht in Ruhe bleiben können. Nach der Newtonschen Theorie ist daher kein statischer Kosmos möglich.

Um zu einem statischen → kosmologischen Modell zu kommen, wurde deshalb (1) durch die *Gleichung von v. Seeliger*

$$\Delta\Phi - \lambda\Phi = -4\pi G\varrho \quad (\lambda = \text{konst.})$$

ersetzt, die die Lösung $\Phi =$ konst. zuläßt, so daß auf die Materie keine Kraft wirkt. Gegen statische kosmologische Lösungen spricht nun das → Olberssche Paradoxon und die Entdeckung der → kosmologischen Rotverschiebung der Spektrallinien. Unter diesem Aspekt erübrigt sich die Einführung des λ-Gliedes in die Poisson-Gleichung.

Die Deutung der Rotverschiebung als → Doppler-Effekt liefert für die Entfernung r zwischen den Galaxien die Beziehung $dr/r\,dt = h(t)$, wenn man noch zuläßt, daß die Hubble-„Konstante" h (→ Hubble-Effekt) von der Zeit abhängen kann. Die Beschleunigung der Galaxien ist demzufolge $\frac{d^2r}{dt^2} = \left(h^2 + \frac{dh}{dt}\right) r$ und wird durch das Gravitationspotential $\Phi = -\frac{1}{2}(h^2 + dh/dt)\, r^2$ erzeugt. Aus der Poisson-Gleichung folgt für die Materiedichte

$$\tfrac{4}{3}\pi G\varrho = h^2 + dh/dt. \tag{2}$$

Das → kosmologische Postulat erzwingt nun für die Geschwindigkeit v ein lineares Strömungsfeld $v = r\, dR/R\, dt$ mit einer noch zu bestimmenden Funktion der Zeit $R(t)$.

Für die Entfernung zwischen den Galaxien gilt somit $r =$ konst. $\cdot\, R(t)$, und die Kontinuitätsgleichung liefert $4\pi\varrho R^3/3 =$ konst.$' = M$. Aus (2) folgt dann für $R(t)$ die *Friedmannsche Gleichung*

$$\dot{R}^2 - (2GM/R) + \beta = 0, \tag{3}$$

wobei β eine Integrationskonstante ist. In der zur Einsteinschen Gravitationstheorie (→ allgemeine Relativitätstheorie) gehörenden Kosmologie ergibt sich für die den Abstand zwischen den Galaxien bestimmende Funktion $S(t)$ (→ Robertson-Walkersches Linienelement) formal dieselbe Gleichung. Anstelle der Konstanten β steht in der Einsteinschen Theorie die Krümmung ε der dreidimensionalen Raumschnitte.

Newtonsche wie Einsteinsche Theorie führen also hier zu formal übereinstimmenden Ergebnissen, obwohl beide Theorien qualitativ sehr verschieden sind. Man sollte sich hier aber nicht dazu verleiten lassen, zu glauben, daß die Newtonsche Mechanik und Gravitationstheorie eine bedeutend einfachere Beschreibung des Kosmos liefern als die Einsteinsche Theorie und die letztere somit unnötig ist. Hier wurde nur gezeigt, wie sich ein Weltsubstrat nach der Newtonschen Theorie bewegen muß, um eine Deutung der Rotverschiebung als Doppler-Effekt zu liefern. Dabei ergab sich, daß die Geschwindigkeit mit unbegrenzt wachsendem Abstand zwischen den Galaxien ebenfalls unbegrenzt wächst, also auch größer als die Vakuumlichtgeschwindigkeit wird. Hier kommt also die N. K. mit der experimentell gesicherten speziellen Relativitätstheorie in Konflikt. Außerdem gibt es andere Erscheinungen, die die Einsteinsche, aber nicht die Newtonsche Theorie befriedigend erklärt. Mit der Deutung der Rotverschiebung als Fluchtbewegung der Galaxien ist auch folgende abgeänderte Gleichung $\Delta\Phi = -4\pi G\varrho - \Lambda$ für das Gravitationspotential Φ verträglich. Die Einführung von Λ ist analog der Einführung des → kosmologischen Gliedes in der Einsteinschen Theorie.

Für die verschiedenen Werte von β und Λ ergeben sich nun verschiedene Typen von Lö-

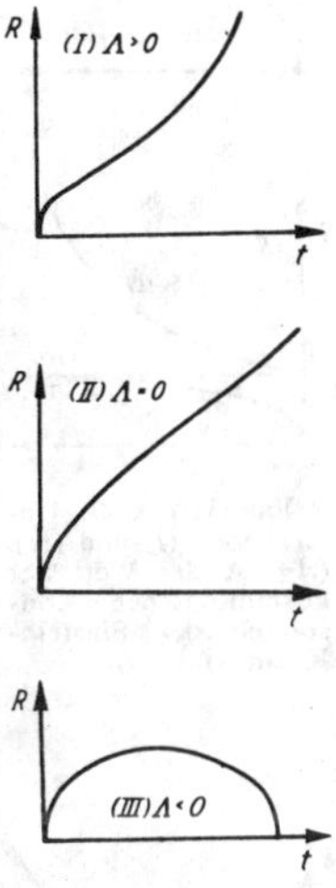

1 Fall 1: $\beta > O$

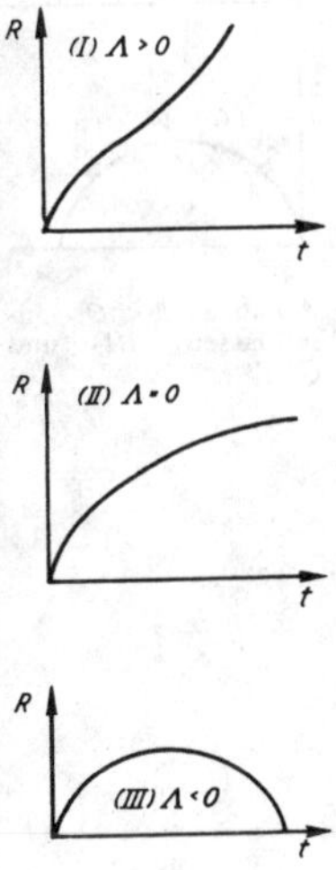

2 Fall 2: $\beta = O$

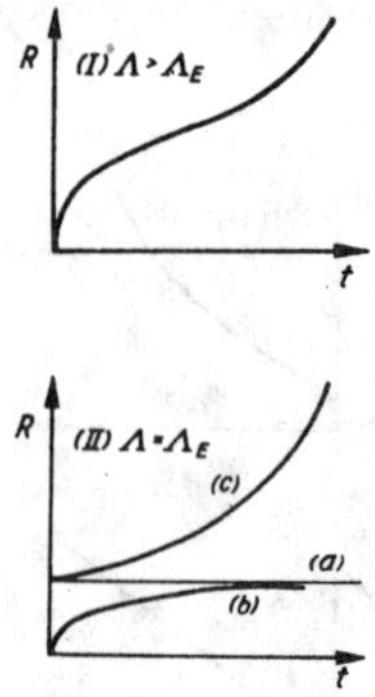

3 Fall 3: $\beta < O$. Unterklassen (*I*) und (*II*). (Λ_E ist der Wert der kosmologischen Konstanten des Einstein-Kosmos)

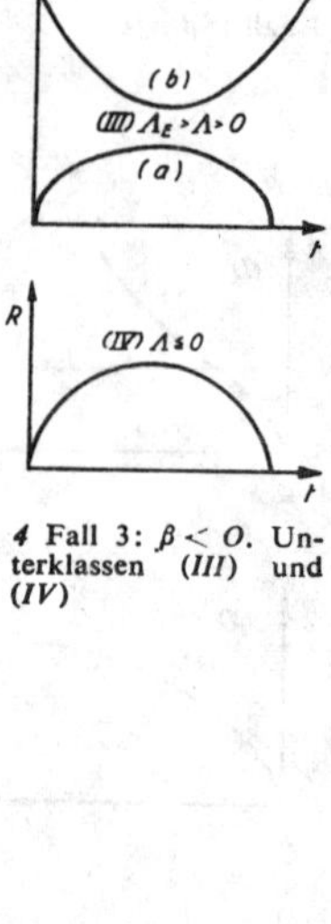

4 Fall 3: $\beta < O$. Unterklassen (*III*) und (*IV*)

sungen der durch das Λ-Glied ergänzten Friedmannschen Gleichung (3)

$\dot{R}^2 - (2GM/R) - (\Lambda R^2/3) + \beta = 0$,

wie die Abbildungen 1 bis 4 zeigen.

Es gibt Modelle, in denen der Abstand zwischen den Galaxien wie folgt variieren kann:

1) Er oszilliert zwischen Null und einem endlichen Wert. Fälle 1 (III), 2 (III), 3 (IIIa), 3 (IV).

2) Er fällt von einem unendlichen Wert auf einen von Null verschiedenen Wert, um dann wieder gegen einen unendlichen Wert zu wachsen. Fall 3 (IIIb).

3) Er ist zu einem bestimmten Zeitpunkt Null und wächst dann ständig. Fälle 1 (I), 1 (II), 2 (I), 2 (II), 3 (I).

4) Er ist konstant. Fall 3 (IIa).

5) Er hat in der unendlich fernen Vergangenheit einen endlichen Wert und wächst mit zunehmender Zeit unbeschränkt. Fall 3 (IIc) (Modell von Eddington und Lemaître).

6) Er wächst von Null asymptotisch gegen einen endlichen Wert. Fall 3 (IIb).

Newtonsche Mechanik, svw. klassische → Mechanik.

Newtonscher Eimerversuch, → Machsches Prinzip.

Newtonsche Ringe, → Interferenzerscheinungen.

Newtonscher Schubspannungsansatz, empirische Beziehung zwischen dem Betrag des Geschwindigkeitsgradienten $\partial c/\partial n$ senkrecht zur momentanen Strömungsrichtung und der Schubspannung τ in Strömungen: $\tau = \eta(\partial c/\partial n)$. Als Proportionalitätsfaktor erscheint die dynamische Zähigkeit η. Unter Verwendung räumlicher Koordinaten kann geschrieben werden:

$$\tau_{xy} = \eta(\partial u/\partial y + \partial v/\partial x)$$
$$\tau_{yz} = \eta(\partial v/\partial z + \partial w/\partial y)$$
$$\tau_{xz} = \eta(\partial w/\partial x + \partial u/\partial z).$$

Diese Gleichungen werden auch als *Stokesscher Ansatz* bezeichnet. Es bedeuten x, y, z die kartesischen Koordinaten, u, v, w die Geschwindigkeitskomponenten in den Koordinatenrichtungen. Die Schubspannung erhält einen Doppelindex. Die erste Stelle kennzeichnet, zu welcher Achse das Flächenelement, an dem τ angreift, senkrecht steht; die zweite Stelle kennzeichnet, in welche Richtung die Schubspannung zeigt.

Der Newtonsche S. gilt sowohl für laminare Strömung als auch für turbulente Bewegungen, wenn diese in ihren Einzelheiten betrachtet werden, d. h., wenn der Geschwindigkeitsvektor $\vec{c} = \vec{c}(x, y, z, t)$ im gesamten Strömungsfeld ermittelt wird. → Wirbel.

Newtonsches Abkühlungsgesetz, → Abkühlungsvorgänge.

Newtonsches Gravitationsgesetz, → Gravitationsgesetz.

Newtonsches Potential, → Potential.

Newtonsche Staubringe, → Interferenzerscheinungen 5).

Newtonsches Wechselwirkungsgesetz der Mechanik, → Newtonsche Axiome.

Newtonsekunde, N · s oder Ns, SI-Einheit des Impulses, der der Masse 1 kg eine Geschwindigkeit von 1 m/s erteilt. 1 N · s = 1 m · kg/s.

Newtonsekunde durch Quadratmeter, N · s/m², SI-Einheit der dynamischen Viskosität, Eigenname Pascalsekunde Pa · s. Die N. d. Q. ist die dynamische Viskosität eines laminar strömenden, homogenen Fluids, in dem zwischen zwei ebenen parallelen Schichten mit dem Geschwindigkeitsunterschied 1 m/s je 1 m Abstand in der Schichtfläche der Druck 1 N/m² = 1 Pa herrscht. 1 N · s/m² = 1 Pa · s = 1 kg/m · s.

Newton-Spiegelteleskop, → Spiegelteleskop.

nF, → Farad.

NF, → Frequenz.

N(h)-Profil, → Sondierung der Ionosphäre.

nichtabgeschlossenes System, → physikalische Systeme.

Nichtdiagrammlinien, → Röntgenspektrum.

nichtelastischer Querschnitt, totaler Wirkungsquerschnitt abzüglich des elastischen Wirkungsquerschnitts. Bei der Wechselwirkung schneller Neutronen mit Atomkernen enthält der nichtelastische Q. alle Kernprozesse, die zur Änderung der Energie des Neutrons (→ unelastische Neutronenstreuung) im Schwerpunktsystem oder zum Verschwinden des Neutrons (→ Neutroneneinfang) führen, das sind hauptsächlich (n, n′)-, (n, α)-, (n, p)-, (n, 2n)-, (n, γ)- und Spaltprozesse.

Der nichtelastische Q. wird meist nach der Transmissionsmethode in sphärischer Geometrie bestimmt. Dabei wird eine Neutronenquelle kugelförmig mit dem zu untersuchenden Material umschlossen und die durchgegangenen, *transmittierten*, Neutronen mit einem Neutronendetektor nachgewiesen.

nichteuklidischer Raum, → gekrümmter Raum.

nichtfokussierende Röntgenverfahren, → Pulvermethoden.

NICHT-Funktion, → logische Grundschaltungen.

Nichtgleichgewicht, Zustand eines thermodynamischen Systems bei zeitlicher Veränderung oder bei äußerem Eingriff. Demgegenüber stellt sich das → Gleichgewicht in einem abgeschlossenen System ohne äußere Eingriffe nach einer gewissen Zeit, der Relaxationszeit, ein. Prozesse, die Nichtgleichgewichtszustände durchlaufen, sind irreversibel und Gegenstand der Thermodynamik irreversibler Prozesse (→ Thermodynamik 5).

Nichtgleichgewichtsprozesse, → irreversible Prozesse.

Nichtgleichgewichtsschwankungen, Schwankungen physikalischer Größen in Nichtgleichgewichtsprozessen. Während die Thermodynamik irreversibler Prozesse Aussagen nur über die zeitlichen Mittelwerte physikalischer Größen im Nichtgleichgewicht, z. B. über den Wärmestrom beim Temperaturausgleich, macht, untersucht die moderne Theorie der N. auch Abweichungen von diesen Mittelwerten. Ausgangspunkt dieser Behandlung sind die *Master-Gleichungen*. Eine Master-Gleichung ist eine Bilanzgleichung für die zeitliche Änderung der Wahrscheinlichkeitsverteilung $f(A, t)$ einer physikalischen Größe A. Dabei gibt $f(A, t)$ an, mit welcher Wahrscheinlichkeit ein bestimmter Wert von A zum Zeitpunkt t gefunden werden kann. Die Master-Gleichungen können aus der Liouville-Gleichung abgeleitet werden und haben die Form $\frac{\partial}{\partial t} f(A, t) = \int \mathrm{d}A'[W(A|A')\, f(A', t) - W(A'|A) f(A, t)]$, wobei $W(A|A')$ die Übergangswahrscheinlichkeit im Gleichgewicht von einem Wert A' nach einem anderen Wert A der entsprechenden physikalischen Größe bedeutet. Indem man Mittelwert und höhere Schwankungsmomente der physikalischen Größe mit der Wahrscheinlichkeitsverteilung $f(A, t)$ ausdrückt, kann man Bilanzgleichungen für den Mittelwert und die Schwankungen unter Verwendung der Master-Gleichung gewinnen. Die so abgeleiteten Gleichungen für die Mittelwerte physikalischer Größen entsprechen den Gleichungen der Thermodynamik irreversibler Prozesse, berücksichtigen jedoch in Zusatzgliedern den Zusammenhang der Schwankungen mit dem Mittelwert. Außerdem können aus den Master-Gleichungen Bilanzgleichungen für die Schwankungen physikalischer Größen abgeleitet werden, über die die Thermodynamik irreversibler Prozesse keine Aussagen macht. Die Lösungen dieser Gleichungen geben an, wie durch äußere Störungen in einem System erzeugte Schwankungen abklingen und wie sich die Gleichgewichtsschwankungen einstellen.

Als phänomenologische Gleichung beschreibt die Master-Gleichung die Zeitabhängigkeit der Besetzungszahlen von quantenmechanischen Zuständen, zwischen denen Übergänge stattfinden. Sie lautet hierfür

$$\frac{\mathrm{d}N_i}{\mathrm{d}t} = \sum_{j \neq i} P_{ij} N_j - N_i \sum_{j \neq i} P_{ji}.$$

Dabei ist N die Besetzungszahl des Zustandes i und P_{ij} die Übergangswahrscheinlichkeit vom Zustand j zum Zustand i je Zeiteinheit. Der erste Summand auf der rechten Seite der Master-Gleichung gibt die Zahl der Teilchen an, die in der Zeiteinheit in den Zustand i übergehen, der zweite Term erfaßt die Zahl der Teilchen, die infolge von Übergängen in der Zeiteinheit den Zustand i verlassen.

Die *Methode von Langevin* zur Untersuchung von N. geht von den phänomenologischen Gesetzen der Thermodynamik irreversibler Prozesse aus. In diesen Gleichungen wird eine stochastische Kraft hinzugefügt, die die Abweichungen von den stationären Lösungen der Gleichungen erzeugen soll und zu berechnen gestattet. Diese Methode ist besonders erfolgreich bei der Behandlung der Brownschen Bewegungen gewesen.

nichtholonome Bindung, → Bindung.

nichtholonome Geschwindigkeitsparameter, → Bindung.

nichtholonome Koordinaten, → Bindung.

nichtholonomes System, → mechanisches System.

nichtkommensurable Aussagen, → Aussagenkalkül der Quantentheorie.

nichtkonservative Kraftfelder, → Kraft.

nichtkonservatives System, → physikalische Systeme.

Nichtleiter, svw. Dielektrikum.

nichtlineare Feldtheorie, Theorie, in der die Feldgrößen nicht mehr Lösungen *linearer* Gleichungen sind, so daß das Superpositionsprinzip (→ Wellengleichung) keine Gültigkeit mehr hat.

In linearen Feldtheorien ist die Summe zweier Lösungen wieder eine Lösung und sollte demnach einer physikalisch möglichen Situation entsprechen. So müßte die Summe der Einzelfelder zweier ruhender Punktladungen, da die Maxwellschen Gleichungen linear sind, wieder einem möglichen physikalischen Zustand entsprechen. Tatsächlich können sich zwei Ladungen jedoch nicht in Ruhe befinden, sondern bewegen sich, weil sie sich anziehen bzw. abstoßen. Das wird in linearen Feldtheorien berücksichtigt, indem zusätzlich zu den Feldgleichungen Bewegungsgleichungen aufgestellt werden. Von einer einheitlichen Feldtheorie muß man jedoch verlangen, daß die Bewegungsgleichungen der Feldquellen ebenfalls aus ihr folgen. Im Rahmen von linearen Theorien ist das offensichtlich nicht möglich.

Da die Bewegung eines Körpers durch mindestens drei skalare Gleichungen zu beschreiben ist, und eine Feldtheorie, deren Feldgrößen einen Vektor bilden, nur eine Gleichung, den Erhaltungssatz für die Feldquellen zusätzlich liefert, muß eine Theorie, die auch die Bewegungsgleichungen liefern kann, eine n. F. für mindestens tensorielle Feldgrößen zweiter Stufe sein, Feldgleichungen ohne Quellen ausgenommen. Die Einsteinsche Gravitationstheorie ist der Prototyp einer solchen n.n F.; sie liefert auch automatisch das Bewegungsgesetz für Feldquellen (→ allgemeine Relativitätstheorie).

Da in einer n.n F. über die Nichtlinearität eine Rückwirkung der Feldgrößen auf sich selbst erfolgt, besteht die Hoffnung, daß nichtlineare Theorien in der Lage sind, z. B. den Zusammenhalt der elektrischen Ladung auf kleinstem Bereich zu erklären (→ einheitliche Feldtheorie). Nach A. Einstein müßte sich die korpuskulare Struktur der Materie aus einer nichtlinearen Theorie des allen physikalischen Erscheinungen zugrunde liegenden „materiellen Gesamtfeldes" in Form von singularitätsfreien Lösungen ergeben (→ Singularitätsproblem). Diese sollten kleine Bereiche starken Feldes enthalten und überall Lösungen der quellfreien Gleichungen sein. In den Bereichen starken Feldes würden die Potenzreihenentwicklungen nach kleinen Parametern, die im Bereich schwachen Feldes möglich sind, divergieren. Die Bereiche starken Feldes würden also vom Standpunkt der Näherungsmethoden für schwache Felder als Singularitäten und Quellen des schwachen Feldes erscheinen, ganz wie die korpuskulare Materie in den linearen Feldtheorien.

Von diesem Gesichtspunkt aus erscheint die Quantisierung linearer Feldtheorien zur Beschreibung diskreter Materie nur als Versuch, wesentlich nichtlineare Zusammenhänge mit Hilfe von statistischen Betrachtungen und linearen Methoden zu beschreiben (A. Einstein). Neben den n.n F.n im Anschluß an Einsteins Gravitationstheorie (→ einheitliche Feldtheorie) wurde auch in der Quantenfeldtheorie versucht, über nichtlineare Gleichungen zu einer eingeschränkten Anzahl von Lösungen zu kommen, die den Elementarteilchen mit ihren diskreten Massewerten entsprechen. Besonders ausgearbeitet ist die Heisenbergsche Theorie der Urmaterie.

Lit. A. Einstein: Grundzüge der Relativitätstheorie (6. Aufl. Braunschweig 1972).

nichtlineare Filter, → Absorption.

nichtlineare Optik, das Teilgebiet der physikalischen Optik, das die Erscheinungen und Effekte bei Einstrahlung hoher Intensitäten beschreibt. Nachweisbare Effekte der n.n O. treten bei der Bestrahlung gasförmiger, flüssiger und fester Medien mit intensiver elektromagnetischer Strahlung auf, deren Wellenlängen im nahen ultravioletten, sichtbaren und infraroten Spektralbereich liegen (→ Absorption). Im Gegensatz zur linearen Optik, deren Erscheinungen durch lineare Materialbeziehungen der Maxwellschen Gleichungen beschrieben werden können, sind für die n. O. auch nichtlineare Anteile in den Materialbeziehungen wesentlich. Die dielektrische Polarisation hängt somit nichtlinear von der Amplitude der sich im Medium ausbreitenden elektromagnetischen Welle ab (→ Brechung 2). Diese Nichtlinearitäten führen zu einer gegenseitigen Wechselwirkung von elektromagnetischen Wellen im Gegensatz zur linearen Optik, wo sich Lichtstrahlen gegenseitig wechselwirkungsfrei durchdringen. Das in der linearen Optik gültige Superpositionsprinzip, nach dem sich z. B. zwei elektromagnetische Wellen unterschiedlicher Frequenz unabhängig voneinander ausbreiten, ist in der n.n O. verletzt. Typische Effekte der n.n O. sind die Erzeugung von Harmonischen (→ Reflexion), Subharmonischen, Summen- und Differenzfrequenzen, induzierte Streuprozesse (z. B. Raman-Effekt), Mehrphotonenabsorption (in einem Elementarakt werden gleichzeitig mehrere Photonen absorbiert) und die Selbstfokussierung in einem Medium, dessen Brechungsindex von der Lichtintensität abhängt. Eine experimentelle Untersuchung dieser Erscheinungen verlangt eine Lichtstrahlungsquelle hoher Intensität, wie sie vor allem erst durch die Entwicklung der Laser mit ihrer hohen Kohärenz und spektralen Energiedichte geschaffen wurde.

nichtlineare Schwingungen, Schwingungsvorgänge, deren theoretische Behandlung auf nichtlineare Differentialgleichungssysteme führt. Im Prinzip trifft dies für alle physikalischen Probleme zu, bei vielen kann man aber die von den nichtlinearen Gliedern herrührenden Beiträge vernachlässigen und in erster Näherung nur das linearisierte Problem behandeln (→ lineare mechanische Schwingungen). Bei vielen realen Vorgängen sind die Nichtlinearitäten jedoch wesentlich. Wegen des Fehlens einer mathematischen Theorie nichtlinearer Differentialgleichungen gibt es keine allgemeinen Verfahren zur vollständigen Lösung, sondern lediglich für spezielle, praktisch besonders wichtige Teilfragen der Existenz von Gleichgewichtszuständen sowie deren und der Schwingungen Stabilität. 1) Bei der indirekten Methode werden, im allgemeinen mittels Reihenentwicklung charakteristischer Größen, wie Amplituden, Frequenz und Abklingzeiten, recht genaue Informationen über einzelne Lösungen gewonnen. Sie ist besonders bei quasilinearen Systemen bzw. quasilinearen Schwingungen anwendbar, wo die Nichtlinearität mit einem Parameter verknüpft ist, der klein gegenüber den anderen charakteristischen Größen des Systems, also nur eine kleine Störung ist. Bei einem mechanischen System mit den Eigenfrequenzen ω_α treten dann in 2. Näherung (die 1. Näherung entspricht den linearen Schwingungen) harmonische Schwingungen, aber nur mit den Kombinationsfrequenzen $\omega_\alpha \pm \omega_\beta$, auf, also auch $2\omega_\alpha$ und 0 (d. i. eine konstante Verschiebung); die Amplituden dieser *Kombinationsschwingungen* sind den Produkten $A_\alpha A_\beta$ der Amplituden der Normalschwingungen proportional. In höheren Näherungen treten Kombinationsfrequenzen höherer Ordnung auf, z. B. $\omega_\alpha + \omega_\beta \pm \omega_\gamma$ usw.; die Lösung, d. h. die tatsächliche Schwingung, ergibt sich dann als Überlagerung dieser einzelnen Beiträge und ist wesentlich anharmonisch, d. h. eine komplizierte periodische Funktion. Dies trifft besonders bei Saitenschwingungen zu, wo neben der Grundschwingung mit der Frequenz ω_0 auch die Oberschwingung mit den Frequenzen $n\omega_0$ (n ganzzahlig) auftritt und sich überlagert; die Art der Überlagerung bestimmt die Tonfarbe. *Summationston* $\omega_1 + \omega_2$ und *Differenzton* $\omega_1 - \omega_2$, d. s. → Kombinationstöne, lassen sich z. B. bei gleichzeitigem starkem Erregen zweier geeignet dimensionierter Stimmgabeln hören, wenn bei der dann sehr großen Amplitude das lineare Kraftgesetz ungültig ist.

2) Bei der direkten Methode, die auf Ljapunow und Poincaré zurückgeht, werden allgemeine Aussagen über die Lösungsmannigfaltigkeit der Differentialgleichungen, vor allem über die Existenz von Gleichgewichtszuständen und stationären Schwingungen, gewonnen. In einigen Fällen konnte eine gewisse Selbststabilisierung des Systems nachgewiesen werden. So tritt z. B. beim van-der-Pol-Oszillator, der der Differentialgleichung $\ddot{x} - \varepsilon(1 - x^2)\,\dot{x} + x = 0$ mit $\varepsilon > 0$ genügt und bestimmte elektrische Schwingkreise beschreibt, in der $(\dot{x}, x)$-Ebene, der Phasenebene, ein stabiler Grenzzykel auf, auf den sich alle Phasenbahnen spiralig zusammenziehen (Abb. 1), so daß das System von selbst in eine Schwingung gerät (*Selbststeuerung* oder *Selbsterregung*). Ist ε klein, sind die Schwingungen fast harmonisch, andernfalls gehen sie in Kippschwingungen der Periode $T \approx \varepsilon\left(\frac{3}{A} - \ln 2\right)$ mit der Amplitude $A \approx 2$ über.

Im allgemeinen bezeichnet man ein System als quasiharmonisch und entsprechend seine Schwingungen als *quasiharmonische Schwingungen*, wenn das System einer Differentialgleichung $\ddot{x} + \omega_0^2 x = \varepsilon f(x, \dot{x}, t)$ genügt, wobei ε eine kleine positive Konstante ist, so daß die Bewegung nur wenig von der eines harmonischen Oszillators abweicht; trotzdem treten qualitative Besonderheiten auf. Da das lineare Kraftgesetz nur bei kleinen Amplituden gilt, muß bei größeren Amplituden der Kraftansatz abgeändert werden. Die einfachsten Möglichkeiten sind $F = -kx - lx^3$ und $F = -kx - lx^2$, wobei $k/m = \omega_0^2$ und $l/m = \varepsilon$ ist. Im ersten Fall erhält man ein symmetrisches Potential $U = \frac{k}{2}x^2 + \frac{l}{4}x^4$, weshalb man auch von *symmetrischer Schwingung* spricht (Abb. 2a); im zweiten Fall erhält man ein unsymmetrisches Potential $U = \frac{k}{2}x^2 + \frac{l}{3}x^3$ und dementsprechend eine *unsymmetrische Schwingung*, d. h., bei vorgegebener Energie E ist die Elongation nach einer Seite weiter als nach der anderen (Abb. 2b). Liegt das Potential der n.n S. inner-

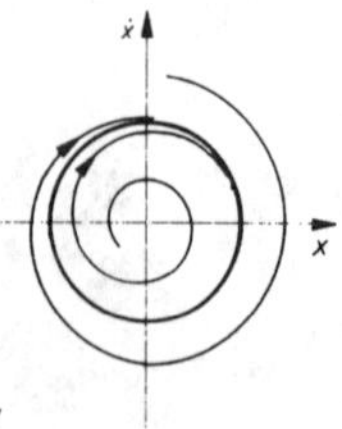

1

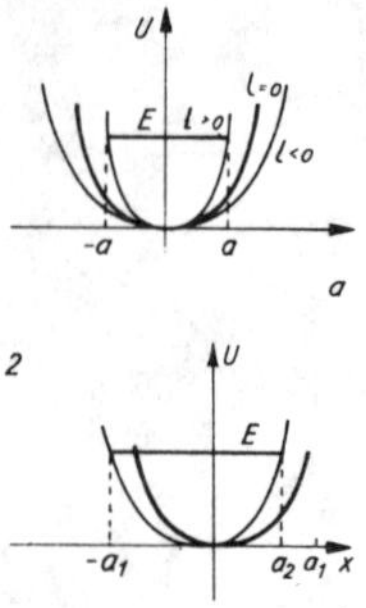

2

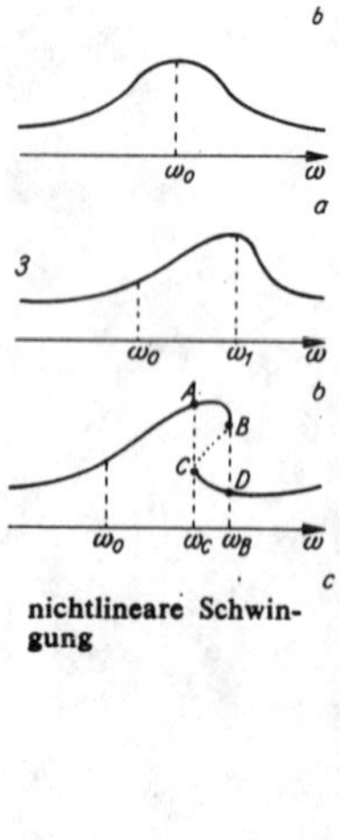

3

nichtlineare Schwingung

halb des Potentials für die lineare Schwingung, spricht man von einem *harten* oder *überlinearen System* ($l > 0$, Abb. 2a), andernfalls von einem *weichen* oder *unterlinearen System* ($l < 0$, Abb. 2a); für die meisten Systeme trifft je nach der Auslenkung sowohl das eine als auch das andere zu (Abb. 2b).

Nichtlineare Systeme zeigen bei erzwungener Schwingung insbesondere in der Nähe der Resonanz Besonderheiten, die lineare Systeme nicht aufweisen. Ist die Erregung nur schwach, so ist die Resonanzkurve nur wenig verändert (Abb. 3a); bei stärkerer Erregung verschiebt sich das Maximum der Amplitude zu höheren Werten $\omega_1 > \omega_0$ (Abb. 3b), um dann von einer kritischen Stärke an zu einem Verlauf mit drei möglichen Schwingungsweiten innerhalb eines bestimmten Frequenzbereiches zu kommen (Abb. 3c). Schwingungen im Bereich *BC* sind instabil, d. h., bei dem kleinsten äußeren Anstoß wird der in *AB* oder *CD* liegende Schwingungstyp sprunghaft angenommen. Beim Anwachsen der Frequenz ω der Erregung werden zunächst die Amplituden im Bereich *AB* realisiert; wächst die Frequenz über ω_B, so reißt die Amplitude plötzlich ab, und die Resonanzkurve wird von *D* aufwärts durchlaufen, während bei anschließender Verminderung der Frequenz das System bis zum Punkt *C* gelangt und dann nach *A* springt.

Es führen aber nicht nur Erregungen mit Frequenzen in der Nähe der Eigenfrequenzen des nichtlinearen Systems zur Resonanz, sondern auch Erregungen mit Frequenzen $\omega = n\omega_0/m$ (n, m ganzzahlig). Ist $\omega = \omega_0/m$, so spricht man von *subharmonischer Resonanz* der Ordnung m, bei $\omega = n\omega_0$ von *ultraharmonischer Resonanz* der Ordnung n und im allgemeinen Fall $\omega = n\omega_0/m$ (n, m teilerfremd) von subharmonischer Resonanz der Ordnung n/m. Im allgemeinen sind die Amplituden subharmonischer Resonanz kleiner und nur für kleine Werte von n und m wesentlich.

nichtlineares System, → physikalische Systeme.

nichtlokales Potential, → Potential.

nichtlokale Wechselwirkung, → Wechselwirkung.

nichtlokalisierte Bindung, Bindung in einem Molekül, dessen Struktur nicht durch eine einzige Valenzstrichformel dargestellt werden kann, sondern durch Überlagerung von zwei oder mehreren → Grenzstrukturen beschrieben werden muß. Moleküle mit wesentlich n.n B.en werden auch als *mesomer* bezeichnet. Gegensatz: → lokalisierte Bindung.

nichtreziproke Bauelemente, im Bereich hoher Frequenzen (ab etwa 100 MHz) verwendete Bauelemente, deren Übertragungseigenschaften im Gegensatz zu denen der *reziproken Bauelemente* nicht für jede Ausbreitungsrichtung gleich sind. N. B. können sowohl als koaxiale Leitungsbauelemente als auch als Hohlleiterbauelemente ausgeführt werden.

Für die Ausbreitungskonstante g_{ik} eines Vierpols mit dem Dämpfungsmaß a_{ik} und dem Phasenmaß b_{ik} gilt $g_{12} = a_{12} + jb_{12} = g_{21} = a_{21} + jb_{21}$, wenn dieser reziprok ist; gilt dagegen $g_{12} = a_{12} + jb_{12} \neq g_{21} = a_{21} + jb_{21}$, so ist der Vierpol nichtreziprok. Es kann dann sowohl $a_{12} \neq a_{21}$ und/oder $b_{12} \neq b_{21}$ sein. Der Index 12 bedeutet dabei, daß die elektromagnetische Welle bei 1 eintritt und bei 2 austritt; entsprechend gilt für 21, daß die elektromagnetische Welle bei 2 eintritt und bei 1 austritt.

Durch das Einbringen von gyromagnetischen Werkstoffen (Ferrite, Granate), deren Anwendung auf der ferromagnetischen Resonanz beruht, in einen Hohlleiter oder in eine koaxiale Leitung kann man je nach dem verwendeten Werkstoff, nach dessen Anordnung und Form im Leiter sowie nach der Stärke des magnetischen Feldes Bauelemente mit reziproken und nichtreziproken Übertragungseigenschaften herstellen. In allen Fällen nutzt man die Tatsache aus, daß Ferrite für eine in einer bestimmten Richtung sich ausbreitende zirkular polarisierte Welle in der Nähe der ferromagnetischen Resonanz eine zusätzliche Dämpfung bzw. eine zusätzliche Phasenverschiebung aufweisen. Für die in der entgegengesetzten Richtung sich ausbreitende zirkular polarisierte Welle ist das nicht der Fall. In reziproken Bauelementen werden gyromagnetische Werkstoffe in Phasenschiebern und Dämpfungsgliedern mit fester oder variabler Phasenverschiebung bzw. Dämpfung, in Oberwellenfiltern, Einseitenbandmodulatoren sowie Mischern und Frequenzverdopplern verwendet. Die auf einer Dämpfungsänderung beruhenden Mikrowellenschalter weisen dabei Schaltzeiten von weniger als 10^{-7} s auf.

Die wichtigsten n.n B. sind Richtungsleitungen, Richtungsgabeln (Zirkulatoren) und Richtungsphasenschieber.

1) *Richtungsleitungen* oder *Isolatoren* haben die Eigenschaft, eine elektromagnetische Welle in einer (vorher festgelegten) Richtung sehr wenig (in der Regel weniger als 1 dB) zu dämpfen, während die Welle in der entgegengesetzten Richtung sehr stark gedämpft wird (normalerweise mehr als 20 bis 30 dB). Richtungsleitungen können auf dem Prinzip der Faraday-Drehung, der gyromagnetischen Resonanzabsorption und der nichtreziproken Feldverzerrung oder Feldverdrängung basieren.

2) *Richtungsgabeln* oder *Zirkulatoren* können drei oder vier Arme besitzen; die dreiarmigen werden auch als *Y-Zirkulatoren* bezeichnet. Richtungsgabeln haben die Eigenschaft, daß eine eingespeiste Welle nur in einem bestimmten Umlaufsinn weitergeleitet wird und nach jeweils 90° bzw. 120° ausgekoppelt werden kann. In der angegebenen Richtung wird die Welle dabei sehr schwach gedämpft (etwa 0,5 dB), während sie in der entgegengesetzten Richtung sehr stark gedämpft wird (etwa 30 bis 40 dB). Richtungsgabeln können nach dem Prinzip der Faraday-Drehung, der nichtreziproken Phasenverschiebung in Verbindung mit Brückenschaltungen (Gyrator) oder der nichtreziproken Feldverzerrung (Y-Zirkulator) gebaut werden.

Die Bandbreite von Richtungsleitungen und Richtungsgabeln liegt normalerweise in der Größenordnung von 10^2 bis 10^3 MHz.

3) *Richtungsphasenschieber* oder *nichtreziproke Phasenschieber* besitzen die Eigenschaft, die Phase einer in der einen Richtung hindurchlaufenden Welle um einen bestimmten Betrag zu verschieben, während die Phase der in der entgegengesetzten Richtung hindurchlaufenden Welle eine Verschiebung um den gleichen Be-

trag in der entgegengesetzten Richtung erfährt. Die Anwendung erfolgt z. B. im Gyrator.

nichtschwarzer Körper, → schwarzer Körper.

nichtstatische Prozesse, → irreversible Prozesse.

nichtumkehrbare Prozesse, → irreversible Prozesse.

Nichtunterscheidbarkeit von Mikroteilchen, → identische Teilchen.

Nicol, → Polarisationsprisma.

Nicolsches Prisma, → Polarisationsprisma.

Niederdruckentladung, elektrische Gasentladung bei niedrigen Drücken, die gewöhnlich als → Glimmentladung, seltener als → Bogenentladung brennt.

Niederdrucklampe, → Gasentladungslichtquelle.

niederenergetisches Theorem, → Stromalgebra.

Niederfrequenz, → Frequenz.

Niederschlagsbildung, das Zustandekommen der mittelbaren Kondensation in der Atmosphäre (→ Hydrometeore). Sie hat die unmittelbare Kondensation in der freien Atmosphäre zur Voraussetzung (Wasserwolken, Eiswolken). Der Anfangszustand der Wolkentropfenbildung ist die thermodynamische Aktivierung der → Kondensationskerne in leicht übersättigter Umgebung. Als Folge der Aktivierung wächst der so entstandene „Tröpfchenkeim" durch Diffusion von Wassermolekülen allmählich zu einem Tropfen. Der Einfluß der Kondensationskerne auf die Anzahl und Größe der Wolkentröpfchen beschränkt sich auf die untersten hundert Meter oberhalb der Wolkenbasis. Der weitere Wachstumsprozeß der Wolkentröpfchen besteht darin, daß größere Tröpfchen kleinere einholen, mit ihnen zusammenstoßen und sich mit ihnen vereinigen. Dieser Vorgang wird als *Koaleszenz* bezeichnet. Die Rolle der Koaleszenz bei der Auslösung von Regen variiert beträchtlich zwischen Wolken verschiedenen Typs, die in verschiedenen Gebieten und Jahreszeiten auftreten. Viele Details der Eiskristallbildung sind erst in jüngster Zeit aufgedeckt worden. Man unterscheidet zwischen primären und sekundären Quellen der atmosphärischen Eispartikeln. Primäre Quellen sind Kerne aus silikathaltigen Materialien der Erde mit einem Durchmesser von 0,1 bis 3 μm (primäre Eiskerne). Die Möglichkeit eines extraterrestrischen Ursprungs für einige der primären Eiskerne ist nicht ausgeschlossen. Allerdings zeigen die Messungen, daß primäre Eiskerne in der Regel zu selten sind für eine wirksame N. und für die Erklärung der in natürlichen Wolken beobachteten Eiskristall-Konzentration. Als sekundäre Quellen werden der Einfluß höher gelegener Wolken und das Zersplittern gefrorener Tropfen diskutiert. Der Splitterprozeß wird zurückgeführt auf das mechanische Zerbrechen eines äußeren Eisgürtels unter dem Druck des inwendigen Gefrierens. Auch konnte nachgewiesen werden, daß in einer Wolke einige anfängliche Eispartikeln mit unterkühlten Tropfen zusammenstoßen. Diese gefrieren und erzeugen verschiedene Splitter, wodurch eine Kettenreaktion in Gang gesetzt wird, die eine unterkühlte Wolke vollständig in eine Eiswolke umwandeln kann. Andererseits kann auch ein bereits gefrorener Tropfen (→ Gefrierkerne) beim Zusammenstoß mit einem Eiskristall diesen zertrümmern. Im Anschluß an die primäre und sekundäre Eiskernbildung entwickelt sich die weitere Wachstumsform allein als Funktion der Temperatur, während die Größe der Kristallentwicklung durch den Grad der Dampfsättigung kontrolliert wird. Die Kristallanhäufung zu Schneeflocken und das Auskehren unterkühlter Wolkentropfen durch Eispartikeln sind weitere Prozesse, die über die Bildung von Reifgraupeln, Frostgraupeln zum Hagelniederschlag führen. Beim Auskehren handelt es sich um den Wachstumsprozeß von Eispartikeln durch Reifansatz, bei dem Eispartikel unterkühlte Wolkentropfen „auskehren" (einfangen), die bei der Berührung alle oder teilweise gefrieren. Fallen die genannten Hydrometeore in fester Form jedoch durch wärmere Schichten in der Atmosphäre und verweilen sie in ihnen so lange, daß sie auftauen, so fällt am Boden Regen.

Niederschlagsmesser, *Regenmesser*, Gerät zur Bestimmung der Niederschlagshöhe. Der N. besteht aus einem zylindrischen Gefäß mit einem Auffangtrichter. Die in ihm gesammelte Niederschlagsmenge wird durch Umfüllen in ein Meßglas bestimmt, das meist in mm Niederschlagshöhe geeicht ist. 1 mm Niederschlagshöhe = 1 *l* Niederschlag auf 1 m².

Zur selbsttätigen Aufzeichnung von Höhe und zeitlichem Ablauf (Intensität) dienen Niederschlagsschreiber (*Pluviographen*). Bei Schneefall wird der im N. befindliche Schnee geschmolzen und danach die Niederschlagshöhe bestimmt.

Niederspannung, die → Spannung einer Spannungsquelle bzw. eines Energieversorgungsnetzes zwischen Kleinspannung (bis 42 V) und Mittelspannung (oberhalb 500 V). Zur N. gehören die üblichen Betriebsspannungen 110 V, 220 V und 440 V bei Gleichstrom, 110 V und 220 V bei Wechselspannung und 380 V und 500 V im verketteten Drehstromnetz.

Niedervoltbogen, elektrische Bogenentladung, die auf Grund einer zusätzlichen Fremdionisation (→ Dunkelentladung) einen vergleichsweise geringen Brennspannungsbedarf aufweist.

Nigglische Matrixdarstellung, die Charakterisierung einer Zelle eines Translationsgitters (→ Elementarzelle) durch die sechs skalaren Größen $S_{11} = a^2$, $S_{22} = b^2$, $S_{33} = c^2$, $S_{23} = bc\cos\alpha$, $S_{31} = ca\cos\beta$, $S_{12} = ab\cos\gamma$. Hierbei sind a, b, c, α, β und γ die zur Darstellung des Gitters verwendeten Gitterkonstanten (→ Elementarzelle). Die Matrix

$$\begin{pmatrix} S_{11} & S_{12} & 0 \\ 0 & S_{22} & S_{23} \\ S_{31} & 0 & S_{33} \end{pmatrix}$$

ist die Nigglische Matrix. Die N. M. ist besonders zweckmäßig zur Durchführung von Achsentransformationen und zur Charakterisierung der verschiedenen Typen von reduzierten Zellen (Definition nach Buerger).

Nimbostratus, → Wolken.

Nit, nt, alte Einheit der Leuchtdichte, ersetzt durch → Candela durch Quadratmeter. 1 nt = 10^{-4} sb = 1 cd/m². → Tabelle 1, Leuchtdichte.

Niton, frühere Bezeichnung für → Radon.

Niveau, in der Kernphysik svw. Kernniveau.

Niveaufläche, → Potential, → Äquipotentialfläche, → Skalarfeld.

Niveauschema, → Energieniveau.

NK, Neue Kerze → Candela.

***n*-Körperproblem,** *Mehrkörperproblem*, Problem der Bewegung eines Systems von n miteinander wechselwirkenden, als Massepunkte idealisierten Körpern oder Teilchen. Beim n-K. der klassischen Mechanik, d. h. der Bewegung von n Massepunkten unter dem Einfluß ihrer gegenseitigen, sich aus dem Newtonschen Gravitationsgesetz ergebenden Massenanziehung, handelt es sich um die Lösung von $3n$ gewöhnlichen Differentialgleichungen 2. Ordnung; sie ist für $n > 2$ nur in sehr seltenen Spezialfällen, die für das → Dreikörperproblem weitgehend bekannt sind, exakt möglich. In den übrigen Fällen ist man auf geeignete Näherungsverfahren angewiesen, z. B. um in der → Himmelsmechanik den Einfluß der Bewegung der Himmelskörper des Sonnensystems untereinander oder auf die Bewegung eines Satelliten zu bestimmen.

Streng genommen handelt es sich bei allen realen Bewegungsproblemen um n-K.e, wobei n sogar eine sehr große Zahl ist und die Art der Körper recht verschieden sein kann. In vielen Fällen finden sich jedoch solche Teilsysteme, die man als abgeschlossen, d. h. vom Rest des Systems als unabhängig betrachten kann; jedoch läßt sich eine solche Isolierung nur selten bis zu den exakt lösbaren → Zweikörperproblemen vortreiben. Besonders schwierig liegen die Verhältnisse, wenn n weder besonders klein noch besonders groß ist, denn dann ist weder die Störungsrechnung noch die Anwendung statistischer Methoden erfolgreich. Dies trifft insbesondere beim quantenmechanischen n-K. bei der äußerst schwierigen Behandlung von Atomen mittlerer Ordnungszahlen zu. Analog verhält es sich mit Problemen der Molekül- und Festkörperphysik.

N*l*, → Normliter.

n-Leitung, der Ladungstransport, der vorwiegend durch Elektronen getragen wird. Sind die Ladungsträger überwiegend Defektelektronen oder → Löcher, so bezeichnet man das als *p-Leitung*. Im Halbleiter ist die n- bzw. p-Leitung durch → Störstellen in Form von Donatoren bzw. Akzeptoren bedingt.

N · m oder Nm, → Newtonmeter.

Nm³, → Normkubikmeter.

n mile, Tabelle 2, Länge.

nmr oder NMR, → magnetische Kernresonanz.

No, → Nobelium.

Nobelium, No, radioaktives, nur künstlich darstellbares chemisches Element der Ordnungszahl 102, ein Transuran. Es sind sieben Isotope mit den Massezahlen 251 bis 257 bekannt, die Halbwertszeiten konnten noch nicht genau festgestellt werden. Sie betragen einige Sekunden. ^{254}No ist ein α-Strahler. Über die erstmalige Herstellung des N.s herrscht Unklarheit. 1957 veröffentlichten Fields u. a. vom Nobel-Institut für Physik zu Stockholm die Entdeckung der Isotope ^{251}No und ^{252}No durch die Kernreaktion ^{244}Cm + ^{13}C. 1958 stellten Ghiorso, Sikkeland, Walton und Seaborg ^{254}No mittels der Reaktion ^{246}Cm (^{12}C,4n) ^{254}No her.

Noethersches Theorem, in der Feldtheorie der von Emmy Noether (1918) bewiesene mathematische Satz, daß die Invarianz (bis auf eine Divergenz) des n-dimensionalen Wirkungsintegrals $J = \int \mathscr{L}(x)\, d^n x$ gegenüber einer r-parametrigen stetigen Transformationsgruppe G_r (→ Liesche Gruppe) die Existenz von r lokalen Erhaltungssätzen zur Folge hat. Das Noethersche T. ist für die Physik von überaus großer Bedeutung, da es die Symmetrieeigenschaften eines physikalischen Systems, ausgedrückt durch G_r, mit den Erhaltungssätzen in Beziehung setzt. Sei $x = (x^0, x^1, x^2, x^3) = (ct, \vec{r})$ ein beliebiger Punkt des Raum-Zeit-Kontinuums, $\mathscr{L}(x) = \mathscr{L}[\psi_\alpha(x), \partial\psi_\alpha/\partial x^\mu, \ldots]$ die Lagrange-Dichte und G_r durch die infinitesimalen Transformationen der Koordinaten x^μ und Felder $\psi_\alpha(x)$ gemäß $x^\mu \to x^{\mu\prime} = x^\mu + \delta x^\mu$ und $\psi_\alpha(x) \to \psi_\alpha(x') = \psi_\alpha(x) + \delta\psi_\alpha(x)$ charakterisiert, wobei die infinitesimalen Variationen δx^μ und $\delta\psi_\alpha(x)$ linear von den r Parametern a_ϱ ($\varrho = 1, \ldots, r$) der Gruppe G_r abhängen, $\delta x^\mu = \sum_\varrho a_\varrho \delta^{(\varrho)} x^\mu$ bzw. $\delta\psi_\alpha(x) = \sum_\varrho a_\varrho \delta^{(\varrho)} \psi_\alpha(x)$, dann genügen die r Größen

$$j_\mu^{(\varrho)}(x) = \frac{\partial \mathscr{L}}{\partial(\partial\psi_\alpha/\partial x^\mu)} \cdot \delta^{(\varrho)} \psi_\alpha(x) + \mathscr{L}\delta^{(\varrho)} x^\mu$$

der Kontinuitätsgleichung $\sum_{\mu=0}^{3} \partial j_\mu^{(\varrho)}/\partial x^\mu = 0$, und die Integrale $Q^{(\varrho)}(t) = \int j_0^{(\varrho)}(x)\, d^3\vec{r}$ sind zeitunabhängig: $Q^{(\varrho)}(t) =$ konst. Insbesondere folgt aus der Invarianz gegenüber den vier Translationen $x^{\mu\prime} = x^\mu + a^\mu$ die Existenz eines Tensors

$$\theta_{\mu\nu} = -\frac{\partial \mathscr{L}}{\partial\left(\dfrac{\partial\psi_\alpha}{\partial x^\mu}\right)} \cdot \frac{\partial\psi_\alpha}{\partial x^\nu} + \delta_{\mu\nu}\mathscr{L}$$

mit dem Kronecker-Symbol $\delta_{\mu\nu}$, dessen Divergenz verschwindet:

$$\sum_{\mu=0}^{3} \frac{\partial\theta_{\mu\nu}}{\partial x^\nu} = 0$$

($\theta_{\mu\nu}$ ist der kanonische Energie-Impuls-Tensor und $\theta_{00}(x)$ die Energiedichte des Feldes); aus dem Noetherschen T. folgt so die Erhaltung von Energie und Impuls des als abgeschlossenes System aufgefaßten Feldes $\psi_\alpha(x)$. Analog folgen die Erhaltung des Drehimpulses und der Schwerpunktsatz aus der Drehinvarianz, die im vierdimensionalen Raum-Zeit-Kontinuum die gewöhnlichen räumlichen Drehungen und die eigentlichen Lorentz-Transformationen einschließt. Aus der Invarianz gegenüber Eichtransformationen, die nur die Felder abändern, d. h., $\delta x^\mu \equiv 0$, folgt die Ladungserhaltung.

Nollsche Flüssigkeit, auf eine abgeschwächte Form des Bestimmtheitsprinzips aufgebauter Flüssigkeitstyp. Hierbei wird nicht die gesamte kinematische Vorgeschichte betrachtet. Die Spannung in einem materiellen Punkt wird lediglich durch die Vorgeschichte des Verformungsgradienten in einer beliebig kleinen Umgebung des materiellen Punktes bestimmt. Zu den N. n F.en gehören auch die Rivlin-Ericksenschen Flüssigkeiten. Die N.n F.en sind aber noch allgemeiner, was sich bei einer Betrachtung nichtstationärer Fließbewegungen zeigt.

Nominaldefinition, → Definition.

nonevolutionary, → Diskontinuitäten.

Nonius, *Vernier*, eine zusätzliche Strichteilung an Längen- und Winkelmeßgeräten, die dazu dient, Bruchteile oder Zwischenwerte an einer gleichmäßig geteilten Hauptskale abzulesen, statt zu schätzen. Der N. ist parallel der Hauptskale verschiebbar angeordnet und hat eine Teilung, die um $1/n$ (n: Nenner des N., z. B. $n = 10$, Zehntelnonius; $n = 25$, Fünfundzwanzigstelnonius) enger geteilt (vortragender N.) oder weiter geteilt ist (nachtragender N.) als die Hauptskale. In der Technik wird der vortragende N. bevorzugt, und zwar meist als Zehntelnonius. Dabei entsprechen 10 Skalenteile des N. 9 Skalenteilen der Hauptteilung. Demgemäß hat der N. bei Millimeterteilung der Hauptskale einen Teilstrichabstand von 0,9 mm. Zur Ablesung am vortragenden N. wird zunächst die Hauptskale abgelesen, z. B. 3,6 cm; dann wird festgestellt, welcher Teilstrich der Noniusteilung einem Teilstrich der Hauptskale gegenübersteht, und die Anzahl der Noniusteilstriche von der Nullmarke bis zu diesem Punkt gezählt, z. B. 4. Das Gesamtergebnis lautet dann im vorliegenden Beispiel 3,64 mm.

Der N. kann mit unbewaffnetem Auge auf etwa 20 μm abgelesen werden, er ist also nur für $^1/_{10}$- bis $^1/_{20}$-mm-Teilung brauchbar. Für kleinere Werte, z. B. Fünfzigstelnonius, müssen Ablesehilfen, z. B. Visiermikroskope, benutzt werden. Nonien werden vornehmlich an Meßschiebern und zur Ablesung von Kreisskalen verwendet, z. B. Teilkreisen an Theodoliten.

Norburysche Regel, besagt, daß der elektrische Widerstandsbeitrag je Atom einer substitutionellen Verunreinigung mit dem Quadrat des Spaltenabstandes zwischen Wirtsmetall und Legierungsmetall im Kristall anwächst.

Nordabweichung, → Fall.

Nordlicht, → Polarlicht.

Nordlichtoval, → Polarlicht.

Norm, → Hilbert-Raum.

Normal, → Etalon.

Normalanisotropie von Blechen, → R-Faktor.

Normalatmosphäre, 1) svw. Atmosphäre 1).

2) *Standardatmosphäre*, Atmosphärenmodell auf der Grundlage realistischer Annahmen über die vertikale Verteilung von Temperatur und Luftfeuchte und der daraus folgenden Verteilung des Luftdruckes sowie weiterer Parameter mit der Höhe. Beispiele sind die N.n der internationalen Luftfahrtorganisation ICAO, die Standardatmosphäre GOST 4401-64 der UdSSR und die US-Standardatmosphäre.

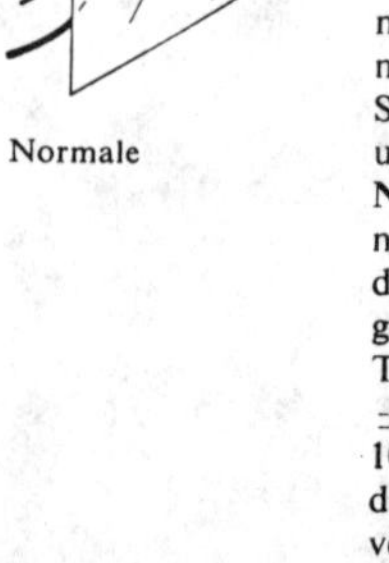

Normale

Normalbedingungen. Bisher wurde zwischen technischen und physikalischen N. unterschieden, die bei der Prüfung und Anwendung von Meßgeräten gelten. Unter *technischen N.* wird eine Temperatur (*Normaltemperatur*) von 20 °C ± 1 K, ein Luftdruck (*Normaldruck*) von 101325 Pa oder 760 Torr bzw. ein Luftdruck von $9{,}80665 \cdot 10^4$ Pa oder 1 kp/cm^2 verstanden. Die *physikalischen N.* bezogen sich bisher auf die Temperatur 0 °C und 101325 Pa, was wahrscheinlich eng mit der früheren Meterdefinition zusammenhing. Inzwischen gilt für alle Prüfungen die Temperatur von 20 °C und 101325 Pa als Normalbedingung, so daß die Unterscheidung der N. kaum noch Bedeutung hat. In Spezialgebieten wird aus meßtechnischen Gründen außerdem des öfteren von diesen N. abgewichen.

Ein *Normalzustand* oder *Normzustand* liegt vor, wenn für ein System die Normalbedingungen erfüllt sind.

Normalbelastungsmaschine, Kraftnormal höchster Genauigkeit (Etalon) zur statischen Messung von Kräften. N.n werden nach dem Prinzip der hydrostatischen Druckwaage oder der zweiarmigen Hebelwaage gebaut. Die Belastung erfolgt mittelbar oder unmittelbar mit Massen in Form von Scheiben, die sehr genau auf die örtliche Schwerebeschleunigung abgeglichen sind. Sie werden bei der Messung auf einem dazu bestimmten Geräteteil elektromechanisch nahezu stoßfrei auf- und abgesetzt. Die gesamten Belastungseinrichtungen (fahrbarer Kran, hydraulische Pumpenanlagen, elektrische Schaltschränke) sind üblicherweise im Kellergeschoß eines Gebäudes untergebracht. Der Hauptteil der N. befindet sich dann im Erdgeschoß des gleichen Gebäudes in einer klimatisierten Halle.

Die Meßbereiche der N.n betragen: bei einer 10-Mp-Normalbelastungsmaschine bei mittelbarer Massewirkung über Hebel (1 : 50) 100 kp bis 10 Mp, Fehler der erzeugten Kräfte $< 0{,}1\,‰$; bei einer 100-Mp-Normalbelastungsmaschine bei unmittelbarer Massewirkung 500 kp bis 5 Mp, Fehler $\leq 0{,}02\,‰$, bei mittelbarer Massewirkung über Hebel (1 : 20) 1 Mp bis 100 Mp, Fehler $< 0{,}1\,‰$; bei einer 1-Gp-Normalbelastungsmaschine bei mittelbarer Massewirkung über eine hydraulische Druckwaage 2 Mp bis 200 Mp und 10 Mp bis 1 Gp, Fehler $0{,}1\,‰$.

N.n dienen zur Beglaubigung von Kraftnormalen 1. Ordnung. Sie befinden sich bei den metrologischen Staatsämtern, in der BRD bei der PTB.

Normalbeschleunigung, → Beschleunigung.

Normaldampf, gesättigter Wasserdampf von 100 °C bei 760 Torr.

Normaldruck, → Normalbedingungen.

Normale, die auf der Tangente T bzw. der Tangentialebene TE im Punkte P einer Kurve C bzw. Fläche A senkrecht stehende Gerade. Im dreidimensionalen euklidischen Raum hat jede Kurve unendlich viele N.n. Sie liegen alle in der zu T senkrechten Ebene (Abb.). Zwei dieser N.n sind linear unabhängig; man wählt dafür die *Hauptnormale*, die in der Schmiegungsebene liegt, und die dazu senkrechte *Binormale*. Die Hauptnormale weist zum Krümmungsmittelpunkt der Kurve C im Punkte P. In höherdimensionalen Räumen gibt es entsprechend mehr unabhängige N.n.

normale Kopplung, svw. Russell-Saunders-Kopplung, → Vektormodell der Atomhülle.

Normalelement, *Weston-Normalelement*, ein 1908 durch die Internationale Elektrotechnische Kommission anerkanntes Spannungsnormal. Das N. besitzt ein H-förmiges Glasgehäuse. Als Zuleitungen werden Platindrähte verwendet, die in die unteren Enden des Gehäuses eingeschmolzen sind. Als positiver Pol dient reines Quecksilber, als negativer Pol ein aus einer flüssigen und einer festen Phase bestehendes Amalgam, das 10 bis 13 % Kadmium enthält. Der positive Pol ist mit einer Schicht aus einem Gemisch von Quecksilber(I)-sulfat und Kadmiumsulfathydratkristallen bedeckt, die als Depolarisator wirkt. Der negative Pol befindet sich unter einer Schicht von Kadmiumsulfathydratkristallen. Als Elektrolyt dient eine alkalifreie gesättigte Kadmiumsulfatlösung. Voraussetzung für einwandfreies Arbeiten ist höchste Reinheit der Materialien.

Bei 20 °C beträgt die Spannung des N.s bei stromlosem Zustand 1,01865 V. Ihr Temperaturbeiwert beträgt $-4 \cdot 10^{-5}$ V/K; bei zunehmender Temperatur wird die Spannung kleiner. Die Strombelastung darf 0,1 mA nicht überschreiten. Für Präzisionsmessungen werden die N.e in Thermostaten untergebracht. (→ Elemente 2.)

normale Termordnung, → Atomspektren.

Normalfeld, in der Geophysik Bezeichnung für die von → Störkörpern bestimmter Dimensionen bzw. von → Anomalien bestimmter Größe befreiten Meßwerte der örtlichen Verteilung eines geophysikalischen Feldes, z. B. der → Schwerkraft oder des Hauptfeldes (→ Erdmagnetismus).

Normalfrequenz, → lineare mechanische Schwingungen.

Normalinduktivität, eine Spule mit hoher Genauigkeit des Induktivitätswertes, die als Element von Meß- und Eichschaltungen verwendet wird. Sie ist meist in Form eines Toroids aus Hochfrequenzlitze auf einen mechanisch stabilen keramischen Körper mit geringen dielektrischen Verlusten gewickelt (→ Induktivitätsnormal).

Normalität, ein Konzentrationsmaß, → Konzentration.

Normalkomplexe, → Komplexverbindungen.

Normalkondensator, → Meßkondensator.

Normalkoordinaten, zur mathematischen Beschreibung harmonischer Eigenschwingungen geeignete Koordinaten für ein System, in dem die rücktreibenden Kräfte der schwingungsfähigen Elemente des Systems linear von den Auslenkungen aller Elemente aus den Gleichgewichtslagen abhängen (→ lineare mechanische Schwingungen). Die potentielle Energie dieses Systems ist eine quadratische Form in den Auslenkungen, aus der durch Hauptachsentransformation die N. des Systems gewonnen werden können; dabei wird zugleich das hochgradig verkoppelte Gleichungssystem in den Auslenkungen durch Lösung des zugehörigen Eigenwertproblems entkoppelt. Bei jeder den N. entsprechenden *Normalschwingungen* schwingen alle Elemente des Systems mit einer Frequenz und jeweils zwei Elemente mit konstantem Amplitudenverhältnis und konstanter Phasendifferenz.

Es existieren so viel Normalschwingungen, wie es innere Bewegungsfreiheitsgrade des Systems gibt. Ein schwingungsfähiges Kontinuum hat unendlich viele Normalschwingungen. In Systemen mit N Elementen (Kristallgitteratomen, Atomen in einem Molekül) können $3N - f$ Normalschwingungen angeregt sein, wobei der Faktor 3 infolge der Schwingungsmöglichkeiten in den drei Raumrichtungen auftritt und f die Anzahl der Translations- und Rotationsfreiheitsgrade des Systems als Ganzes angibt. Für drei- und mehratomige Moleküle ist $f = 6$, für zweiatomige Moleküle $f = 5$, bei makroskopischen Kristallen kann $f = 6$ gegenüber $3N$ vernachlässigt werden.

Alle N. sind unabhängig voneinander. Durch spezielle Wahl der Anfangsbedingungen kann nur eine der Normalschwingungen angeregt werden. Bei beliebigen Anfangsbedingungen, aus denen sich die Amplituden und Anfangsphasen bestimmen, werden im allgemeinen gleichzeitig alle Normalschwingungen (mit unterschiedlicher Intensität) angeregt, diese überlagern sich. Daher stellt jede Schwingung eines Systems mit harmonischem Potential eine Überlagerung von Normalschwingungen dar; andererseits sind an jeder Normalschwingung im allgemeinen alle Elemente des Systems beteiligt. Die Bewegungsgleichungen der Normalschwingungen sind die unabhängiger harmonischer Oszillatoren.

N. des Kristallgitters. Die Auslenkung $\vec{u}\begin{pmatrix} l \\ \varkappa \end{pmatrix}$ des $\varkappa$-ten Atoms in der l-ten Elementarzelle läßt sich nach den Eigenvektoren der Gitterschwingungen $\vec{e}(\varkappa|{}^{\vec{q}}_{j})$, d. s. Polarisationsvektoren, entwickeln, wobei $\vec{q}$ den Wellenzahlvektor und j den Zweigindex bedeutet:

$$\vec{u}_\alpha\begin{pmatrix} l \\ \varkappa \end{pmatrix} = \frac{1}{\sqrt{NM_\varkappa}} \sum_{qj} \vec{e}\left(\varkappa\middle|\begin{matrix} \vec{q} \\ j \end{matrix}\right) Q\begin{pmatrix} \vec{q} \\ j \end{pmatrix} e^{i\vec{q}\vec{x}(l)}. \tag{1}$$

Hierbei gibt der Vektor $\vec{x}(l)$ die Gleichgewichtslage und $M_\varkappa$ die Masse des entsprechenden Atomes an. Die komplexen Koordinaten $Q\binom{\vec{q}}{j} = Q^*\binom{-\vec{q}}{j}$ erfüllen in harmonischer Näherung die Beziehungen $\frac{\partial^2 Q\binom{\vec{q}}{j}}{\partial t^2} + \omega_j^2(\vec{q})\, Q\binom{\vec{q}}{j} = 0$. Hierbei bedeuten $\omega_j(\vec{q})$ die Frequenzen der Normalschwingungen und t die Zeit. Diese komplexen N. sind Lösungen der Gleichungen harmonischer Oszillatoren und können entweder dargestellt werden durch reelle Koordinaten $q_1\binom{\vec{q}}{j}$ und $q_2\binom{\vec{q}}{j}$ mittels

$$Q\binom{\vec{q}}{j} = \frac{1}{\sqrt{2}}\left[q_1\binom{\vec{q}}{j} + i\, q_2\binom{\vec{q}}{j}\right]$$

oder durch die ebenfalls reellen Koordinaten $q\binom{\vec{q}}{j}$ mittels

$$Q\binom{\vec{q}}{j} = \frac{1}{2}\left[q\binom{\vec{q}}{j} - \frac{1}{\omega_j(\vec{q})}\frac{\partial q\binom{\vec{q}}{j}}{\partial t}\right].$$

In der quantenmechanischen Beschreibung lassen sich die N. durch die Erzeugungs- bzw. Vernichtungsoperatoren für Phononen $\hat{b}_{qj}^+$ bzw. $\hat{b}_{qj}$ ausdrücken:

$$\hat{Q}\binom{\vec{q}}{j} = \sqrt{\frac{\hbar}{2\omega_j(\vec{q})}}\,(\hat{b}^+_{-qj} + \hat{b}_{qj}).$$

Diese genügen den Vertauschungsregeln:

$[\hat{b}_{qj}, \hat{b}^+_{q'j'}] = \delta_{qq'}\delta_{jj'}$ und

$[\hat{b}_{qj}, \hat{b}_{q'j'}] = [\hat{b}^+_{qj'}, \hat{b}^+_{q'j'}] = 0.$

In der harmonischen Näherung der Gitterschwingungen können den N. Eigenschaften von Quasiteilchen, den → Phononen, zugeordnet werden.

Normalkraft, → Kraft.

Normalkraftbeiwert, → Profilbeiwerte.

normalleitender Zustand, Zustand, in dem im Gegensatz zum → supraleitenden Zustand oder zum widerstandsbehafteten supraleitenden Zustand keine supraleitenden Ladungsträger vorhanden sind.

Normalleiter, ein metallischer Leiter, der im Gegensatz zu einem → Supraleiter die Eigenschaft der → Supraleitfähigkeit nicht aufweist. Man gebraucht die Bezeichnung „N.“ nur, wenn man den Gegensatz zu einem Supraleiter ausdrücken möchte.

Normalleitfähigkeit, die Elektronenleitung in Metallen. Man gebraucht die Bezeichnung „N." nur als Gegensatz zu „Supraleitfähigkeit".

Normalpotential, → Spannungsreihe 1).

Normalprodukt, *N-Produkt*, besondere Anordnung des Produktes von Erzeugungs- und Vernichtungsoperatoren, das bei der störungstheoretischen Behandlung quantenfeldtheoretischer Probleme eine ausschlaggebende Rolle spielt (→ Quantenelektrodynamik). Das N. ist für Bose- bzw. Fermi-Felder unterschiedlich definiert. Seien $\hat{A}^{(+)}, \hat{B}^{(+)}, \ldots$ bzw. $\hat{A}^{(-)}, \hat{B}^{(-)}$ Erzeugungs- bzw. Vernichtungsoperatoren von im gleichen Hilbert-Raum definierten Bose-Feldern $A, B, \ldots$, so ist das N. einer beliebigen Anordnung dieser Operatoren dadurch definiert, daß sich sämtliche Erzeugungsoperatoren l i n k s von den Vernichtungsoperatoren befinden, z. B.

$$\mathrm{N}(\hat{A}^{(+)}\hat{B}^{(-)}\hat{A}^{(-)}\hat{B}^{(+)}) = \mathrm{N}(\hat{A}^{(-)}\hat{B}^{(-)}\hat{A}^{(+)}\hat{B}^{(+)}) = \hat{A}^{(+)}\hat{B}^{(+)}\hat{A}^{(-)}\hat{B}^{(-)} \equiv \hat{B}^{(+)}\hat{A}^{(+)}\hat{B}^{(-)}\hat{A}^{(-)}.$$

Da die Erzeugungsoperatoren und die Vernichtungsoperatoren von Bosonen jeweils untereinander kommutieren, ist ihre relative Stellung in der Gruppe der Erzeugungs- bzw. Vernichtungsoperatoren irrelevant. Das N. von Fermi-Operatoren ist analog definiert; da die Erzeugungs- bzw. Vernichtungsoperatoren in diesem Falle untereinander antivertauschbar sind, ist noch ein Vorzeichen einzuführen, das angibt, ob die Anzahl der Transpositionen bei der Umordnung des ursprünglichen Produktes gerade (+) oder ungerade (−) ist, d. h., es gilt

$$\mathrm{N}(\hat{A}^{(+)}\hat{B}^{(-)}\hat{A}^{(-)}\hat{B}^{(+)}) = -\mathrm{N}(\hat{A}^{(+)}\hat{B}^{(-)}\hat{B}^{(+)}\hat{A}^{(-)}) = \hat{A}^{(+)}\hat{B}^{(+)}\hat{B}^{(-)}\hat{A}^{(-)} = -\hat{A}^{(+)}\hat{B}^{(+)}\hat{A}^{(-)}\hat{B}^{(-)}.$$

Das N. wird häufig durch vor- und nachgesetzte Doppelpunkte bezeichnet, d. h., $\mathrm{N}(\hat{A}^{(+)}\hat{A}^{(-)}) \equiv :\hat{A}^{(+)}\hat{A}^{(-)}:$. Der Vakuumerwartungswert beliebiger N.e verschwindet (→ Wicksches Theorem).

Normalprozeß, → Streuung B5), → Elektron-Elektron-Streuung, → Elektron-Phonon-Streuung.

Normalschall, eine ebene fortschreitende Schallwelle der Frequenz 1 kHz in Luft, die einen Schallempfänger senkrecht trifft und deren Schalldruck definiert ist (→ Thermophon). Der N. dient als Vergleichsstandard zur Bestimmung von Lautstärken.

Normalschwere, → Schwerkraft.

Normalschwingung, → lineare mechanische Schwingungen.

Normalsichtigkeit, → Augenoptik.

Normalspannung, → Spannung 1). *N. in Flüssigkeiten*, → Weissenberg-Effekt, → Merrington-Effekt.

Normalspannungseffekte, Effekte, die nur auf das Wirken von Normalspannungen zurückzuführen sind. M. Reiner und W. Prager benutzten unabhängig voneinander ein Theorem der Tensoralgebra (Hamilton-Caylaysches Theorem) und stellten erstmalig eine dreidimensionale rheologische Zustandsgleichung mit tensorieller Nichtlinearität auf. In Verbindung mit den Erhaltungssätzen der Mechanik gelingt es, für bestimmte Verformungsfälle N. vorauszusagen. N. sind z. B. → Merrington-Effekt, → Weissenberg-Effekt.

Normalteiler, → Gruppentheorie.

Normaltemperatur, → Normalbedingungen.

Normalwiderstand, → Meßwiderstand.

Normalzustand, → Normalbedingungen.

Normblende, *Normdüse*, Meßgerät zum Messen des Volumendurchflusses in Zusammenhang mit der Reynoldszahl.

Normdruck, 1) *physikalischer N.*, die physikalische Atmosphäre, Symbol atm; 1 atm = 101325 N/m². **2)** *technischer N.*, die technische Atmosphäre, Symbol at; 1 at = 1 kp/cm² = $9{,}80665 \cdot 10^4$ N/m².

normierter Raum, ein vollständiger linearer Raum, in dem zu jedem Element f ein Betrag $\|f\|$ dergestalt erklärt ist, daß a) aus $\|f\| = 0$ sofort $f \equiv 0$ folgt, b) daß $\|a \cdot f\| = |a| \cdot \|f\|$ für eine beliebige reelle oder komplexe Zahl a gilt und daß c) die *Dreiecksungleichung* $\|f + g\| \leqq \|f\| + \|g\|$ gilt. Ein spezieller n. R. ist der Hilbert-Raum.

Normierung der Wellenfunktion, svw. Normierungsbedingung.

Normierungsbedingung, *Normierung der Wellenfunktion*, in der Quantenmechanik die Normierung des Skalarprodukts (ψ, ψ) des Zustandsvektors ψ mit sich selbst auf den Wert 1. Die N. ist eine Folge der → statistischen Interpretation der Wellenfunktion und hat je nach der gewählten Darstellung der Quantenmechanik verschiedene Gestalt; in der meist gebrauchten Ortsdarstellung gilt $\int_{-\infty}^{\infty} |\psi(\vec{r}, t)|^2 \, d\tau = \int_{-\infty}^{\infty} \psi^* \psi \, d\tau = 1$, wobei ψ^* der konjugiert komplexe Zustandsvektor ist.

Normkubikmeter, Nm³, nicht zulässige Einheitenbezeichnung für das Volumen von 1 m³ Gas im Normzustand bei 0 °C und 101325 N/m² Luftdruck. Als Stoffmenge für ideale zweiatomige Gase entspricht dem N. das → Normvolumen: $V_{norm} \mathrel{\hat{=}} 1$ mol/22,40 l.

Normliter, Nl, nicht zulässige Einheitenbezeichnung für das Volumen von 1 l Gas im Normzustand, → Normkubikmeter.

Normspektralwerte, → Farbenlehre.

Normstimmton, der 1939 durch eine internationale Vereinbarung auf eine Frequenz von 440 Hz für a′ festgelegte Stimmton für musikalische Darbietungen, auch als Kammerton oder Normal-a′ bezeichnet (→ Tonskalen).

Normtemperatur, → Justierung.

Normtöne, Bezugshöhe zur Frequenzbestimmung; in der akustischen Meßtechnik 1 kHz, in der Musik 440 Hz und bei der Post (Rundfunk) 800 Hz.

Normvolumen, Symbol V_{norm}, das Volumen von Stoffen, insbesondere Gasen, bei einer Temperatur von 0 °C und einem Luftdruck von 101325 N/m².

Normzahl, → Vorzugszahl.

Normzustand, → Normalbedingungen.

NOR-Schaltung, → logische Grundschaltungen.

Nova, *Plur.* Novae, ein veränderlicher Stern, dessen Helligkeit innerhalb weniger Stunden um 7^m bis 16^m steigt, dessen Leuchtkraft also um den Faktor 10^3 bis 10^6 zunimmt. Danach fällt die Helligkeit in 1 bis 100 Jahren ab; aus einem Stern des meist unbekannten Zustandes, einer *Praenova*, ist eine *Postnova* oder *Exnova* vom Spektraltyp 0 oder B geworden. Aus dem

Spektrum einer N. erkennt man, daß beim Ausbruch Gashüllen mit 600 km/s bis 2500 km/s ausgestoßen werden. Während eine N. zunächst ein Absorptionsspektrum zeigt, treten mit zunehmender Expansion der Hüllen immer stärker Emissionslinien und bei weiterer Verdünnung des Hüllengases auch verbotene Linien (→ interstellare Materie) auf. Bei einem Ausbruch werden rund 0,001 Sonnenmassen ausgestoßen und eine Energie freigesetzt, wie sie die Sonne in etwa 2000 Jahren ausstrahlt. Die physikalischen Ursachen dafür sind vermutlich plötzlich einsetzende Kernprozesse, die zu Instabilitäten führen. Im Milchstraßensystem sind mehr als 150 Novae und etwa ebenso viele in anderen Sternsystemen beobachtet worden.

Die Helligkeitssteigerung einer *Supernova* erreicht 20^m, die Leuchtkraftsteigerung somit einen Faktor 10^8. Im Maximum ist die Leuchtkraft einer Supernova der eines ganzen Sternsystems vergleichbar; die Sonne strahlt die gleiche Energie erst in 10^7 bis 10^8 Jahren aus. Im Milchstraßensystem wurden in den Jahren 1054, 1572 und 1604 Supernovae beobachtet, in anderen Sternsystemen hat man aber bisher mehr als 180 entdeckt. Die bei einem Ausbruch ausgestoßene Materie macht einen beträchtlichen Teil der Sternenmasse aus und erreicht Geschwindigkeiten bis zu 10^4 km/s. Man vermutet, daß die Ursache eines Supernovaausbruches in dem Auftreten von Energie verbrauchenden Kernprozessen tief im Sterninnern zu suchen ist; die dadurch ausgelöste Kontraktion der zentralen Gebiete zieht eine Kontraktion der äußeren Bereiche nach sich, wodurch es zu Kernprozessen auch in diesem Gebiet kommt, die zur Explosion führen.

Nox, nx, alte Einheit für die Dunkelbeleuchtungsstärke beim Sehen mittels Stäbchen der Netzhaut des Auges im Bereich von Leuchtdichten $< 10^{-3}$ asb $= 318{,}31$ cd/m². 1 nx $= 10^{-3}$ lx. → Skot.

Np, 1) → Neptunium, **2)** → Neper.

N-Produkt, svw. Normalprodukt.

N-Prozeß, → Elektron-Phonon-Streuung, → Elektron-Elektron-Streuung.

***n*-Punktfunktion,** → Ausbreitungsfunktion.

N*-Resonanzen, → Elementarteilchen.

N · s, Ns, → Newtonsekunde.

N-Stern-Resonanzen, → Elementarteilchen.

nt, → Nit.

Nt, → Radon.

NTC-Widerstand, → Heißleiter, → Thermistor.

Nu, → Nusseltzahl.

N-über-D-Gleichungen, → analytische S-Matrix-Theorie.

nuclear alignment, → polarisierte Kerne.

nuclear democracy, → analytische S-Matrix-Theorie.

nuklear [lat. nucleus ‚Kern'], svw. Kern ...

nukleare Energie, svw. Kernenergie.

nukleare Meßgeräte, Geräte, die zum Nachweis und zur Messung von Korpuskeln und Quanten (→ Detektor) und zur elektronischen Weiterverarbeitung durch Verstärker, Diskriminatoren, Zählgeräte u. a. dienen.

Nuklearmedizin, Disziplin der Radiologie, die radioaktive Nuklide in offener Form für diagnostische und therapeutische Zwecke anwendet. Es können Lokalisations- und Funktionsuntersuchungen erfolgen, z. B. der Radiojodtest der Schilddrüsen- und Leberfunktion, Prüfungen der Lungenfunktion in bezug auf Ventilation und Durchblutung u. a. Ein besonderes Anwendungsgebiet ist die Lokalisation von Tumoren. Man mißt die in dem Organ gespeicherte Aktivität mit Szintillationszählern oder die ausgeschiedene oder mit Blutproben entnommene Aktivität. Für Lokalisationsuntersuchungen wird mit der *Scanningeinrichtung* die Körperregion punktweise mit einem Szintillationszähler abgetastet. Die Impulse werden in Form von Punkten, Strichen oder auf photographischem Wege zweidimensional registriert (*Szintigraphie*). Die für die Diagnostik wichtigsten Radionuklide sind Na-24 für Kreislaufuntersuchungen, P-32 und K-42 zur Tumorlokalisation, J-131 und J-132 für verschiedene Funktions- und Lokalisationsuntersuchungen, Xe-133 zur Lungenfunktionsprüfung, Au-198 zur Lokalisation in Lunge, Leber, Lymphsystem sowie Ag-203 zur Nierenfunktionsprüfung, zur Hirntumor- und Nierenlokalisation. Eine Therapie ist in verschiedenen Fällen mit Radionukliden möglich, wenn die Substanzen organ- bzw. tumorspezifisch eingelagert werden. Die wichtigsten Nuklide für therapeutische Zwecke sind J-131 bei Schilddrüsenerkrankungen, wie Karzinomen und deren Metastasen, bei Adenomen, P-32 bei Blutkrankheiten, wie z. B. erhöhter Erythrozytenproduktion, und Au-198 bei Leukämie und speziellen Karzinomen.

Nuklearphysik, svw. Kernphysik.

Nukleon, N, → Elementarteilchen (Tab. A und B) aus der Familie der Baryonen, gemeinsame Bezeichnung für → Proton (p) und → Neutron (n). Diese beiden Elementarteilchen unterscheiden sich bis auf den geringen Masseunterschied von $\approx 1{,}4\,‰$ der Protonenmasse $m_p = 1{,}6724 \cdot 10^{-24}$ g nur durch die dritte Komponente I_3 des → Isospins und sind als zwei verschiedene Ladungszustände eines Teilchens, eben des N.s, anzusehen; es ist $I_3 = 1/2$ bzw. $-1/2$ für p bzw. n. Der Isospin I wurde ursprünglich von Heisenberg und Iwanenko zu dem Zwecke eingeführt, beide Teilchen einheitlich zu beschreiben.

Die N.en bilden zusammen mit den Elektronen die grundlegenden Bausteine der Atome; sie werden durch die Kernkraft im Atomkern zusammengehalten. Ihre → Antiteilchen, die Antiprotonen ($\bar{p}$) und Antineutronen ($\bar{n}$), kommen dagegen nur äußerst selten in der kosmischen Strahlung vor und konnten erst 1955 bzw. 1956 mit Hilfe der großen Teilchenbeschleuniger künstlich erzeugt werden.

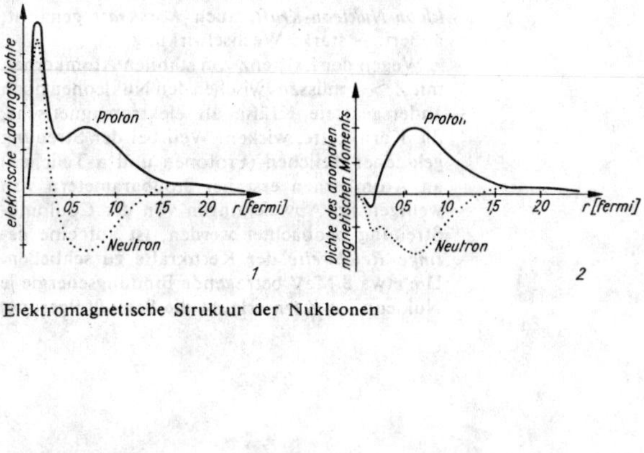

Elektromagnetische Struktur der Nukleonen

Durch die Streuung hochenergetischer Elektronen (e^-) an Protonen und Nukleonen gelang es R. Hofstadter und Mitarbeitern 1960, eine elektromagnetische Struktur der N.en nachzuweisen, die auf deren Selbstwechselwirkung mit dem von ihnen erzeugten Kernfeld zurückgeführt werden kann. Diese Struktur läßt sich grob veranschaulichen durch ein *nacktes N.* von der Ausdehnung der Compton-Wellenlänge $\hbar/m_p c \approx 10^{-14}$ cm des N.s, das von einer Pionenwolke der Ausdehnung $\hbar/m_\pi c \approx 10^{-13}$ cm umgeben ist; die exakt gemessene Verteilung der Ladung ist in Abb. 1, die des magnetischen Moments in Abb. 2 wiedergegeben.

Diese Verteilungen können durch je drei → elektromagnetische Formfaktoren wiedergegeben werden, je einen isoskalaren Formfaktor für den nackten Kern und die Pionenwolke und einen zusätzlichen isovektoriellen Formfaktor für die Pionenwolke. Der Beitrag der einzelnen Anteile zur elektrischen Ladung und zum magnetischen Moment und deren als rotationssymmetrisch angenommene räumliche Verteilung ist in der Tab. angegeben. Danach hat der

	Ladung	Radius in Fermi = 10^{-13} cm	anomales magnetisches Moment in Pauli *)	Radius in Fermi
Kern	35%	0,2	−0,12	?
isoskalare Wolke	15%	1,37	0,08	1,24
isovektorielle Wolke	50%	0,57	1,0	0,79

*) 1 Pauli = 1,85 μ_K (μ_K = Kernmagneton)

Kern der Nukleonen einen Radius von 0,2 f = $0{,}2 \cdot 10^{-13}$ cm und enthält 35% der elektrischen Ladung; beim Neutron tragen die Beiträge zur Ladung unterschiedliches Vorzeichen und heben sich gegenseitig gerade auf (Abb. 1).

Ein tieferes Verständnis dieser Formfaktoren ist mit Hilfe der Theorie der Dispersionsrelationen unter Einbeziehung der Pionenresonanzen mit Isospin und *G*-Parität $I^G = 0^+$ (isoskalare Mesonen) und $I^G = 1^-$ (isovektorielle Mesonen) möglich.

Nukleonenformfaktor, → Nukleon.

Nukleonenkaskaden, → Kaskade.

Nukleonenresonanz, → Elementarteilchen.

Nukleonenstruktur, → Nukleon.

Nukleon-Nukleon-Kraft, → Nukleon-Nukleon-Wechselwirkung.

Nukleon-Nukleon-Wechselwirkung, die zwischen den Nukleonen innerhalb eines Atomkerns bestehende Wechselwirkung, die sich in der *Nukleon-Nukleon-Kraft*, auch *Kernkraft* genannt, äußert. → starke Wechselwirkung.

Wegen der Existenz von stabilen Atomkernen mit $Z > 1$ müssen zwischen den Nukleonen noch andersgeartete Kräfte als elektromagnetische, die Kernkräfte, wirken. Weil bei der Streuung geladener Teilchen (Protonen und α-Teilchen) an Atomkernen erst bei Stoßparametern von wenigen fm Abweichungen von der Coulomb-Streuung beobachtet werden, ist auf eine *geringe Reichweite* der Kernkräfte zu schließen. Die etwa 8 MeV betragende Bindungsenergie je Nukleon im Kern erlaubt die Schlußfolgerung, daß im Vergleich zu elektrischen Kräften die Kernkräfte innerhalb ihrer kurzen Reichweite *sehr stark* sind. Beispielsweise beträgt die potentielle Energie zweier Protonen in 2 fm gegenseitigem Abstand nach dem Coulombschen Gesetz ≈ 0,7 MeV. Die Kernkräfte zwischen Nukleonen sind ladungsunabhängig, d. h., es wirken die gleichen Kräfte zwischen zwei Neutronen, zwei Protonen oder einem Neutron (n) und einem Proton (p). Das hat zu der Auffassung von n und p als zwei Ladungszuständen eines Nukleons geführt, die durch die Einstellung des Isospins τ unterschieden werden. Die Kernwechselwirkung zwischen zwei Nukleonen ist abhängig von der gegenseitigen Spineinstellung und der Symmetrie der Wellenfunktion gegenüber Vertauschung der Ortsvektoren der Nukleonen, das Wechselwirkungspotential V enthält daher Operatoren $\hat{P}^s$ und $\hat{P}^r$ für den Austausch der Spins und der Orte der Nukleonen: $V = V(r)\,[W + M\hat{P}^r + B\hat{P}^s + H\hat{P}^r\hat{P}^s]$. W, M, B und H bezeichnen die Wigner-, Majorana-, Bartlett- und Heisenbergkraft, im letzteren Fall handelt es sich um einen vollständigen Austausch (Platzwechsel) beider Nukleonen, in den anderen werden nur die Spins oder Orte ausgetauscht. Die Annahme, daß alle Anteile der angegebenen Austauschkraft die gleiche Ortsabhängigkeit haben, ist eine Näherung, ebenso die, daß es sich um reine Zentralkräfte handelt. So wird z. B. am Quadrupolmoment des Deuterons ein tensorieller Anteil der Kernkraft, die → Tensorkraft, ersichtlich.

Die Austauschkräfte wurden von Heisenberg in die Kerntheorie eingeführt in der Hoffnung, die Absättigung der Bindungsenergie und des Volumens je Nukleon in Analogie zur homöopolaren chemischen Bindung erklären zu können, bei der jedes Atom nur mit einer begrenzten Anzahl von anderen eine bindende Wechselwirkung eingehen kann; denn die Kernkräfte müssen *Sättigungscharakter* haben, d. h. nur zwischen einer hinreichend kleinen Anzahl von Nukleonen anziehend wirken, weil die Bindungsenergie je Nukleon und die Dichte der Kerne nahezu konstant sind, also kaum von der Massezahl abhängen. Tatsächlich ist der aus Experimenten der Nukleon-Nukleon-Streuung ermittelte Anteil der Austauschkräfte zu gering, um die Absättigung zu erklären. Zu ihrer Deutung wurden nicht-monotone Potentiale mit starker Abstoßung bei kleinen Abständen (*hard core*) und geschwindigkeitsabhängige bzw. nichtlokale Potentiale untersucht.

Betrachtet man die Wellenfunktion des Nukleonensystems als Funktion von Orts-, Spin- und Isospinvariablen, so fordert das verallgemeinerte Pauli-Prinzip die Antisymmetrie der Wellenfunktion gegenüber Vertauschung aller drei Variablen zweier Nukleonen, also $\hat{P}^s\hat{P}^\tau\hat{P}^r = -1$, wobei $\hat{P}^\tau$ die Isospins austauscht. Wegen $\hat{P}^2 = 1$ kann also der Ortsaustauschoperator $\hat{P}^r = -\hat{P}^s\hat{P}^\tau$ auch durch Spin- und Isospinaustausch ausgedrückt werden. Die Analyse der Streudaten ((p, p)- oder (n, p)-Streuung) eines Zweinukleonensystems, das sich im Singulett- bzw. Triplettzustand befinden kann, je nachdem, ob die Spins antiparallel oder parallel eingestellt sind, zeigt die *Spinabhängigkeit* der Kernkräfte und weiterhin nach Abzug der elektromagnetischen Wechselwirkung auch die *Ladungsunabhängigkeit* der N.-N.-W.

Eine allgemeine mikroskopische Theorie der N.-N.-W. ist noch nicht vollständig ausgearbeitet. Mit der → Mesonentheorie der Kernkräfte wird gegenwärtig versucht, die verschiedenen Nukleon-Nukleon-Kräfte zu erklären. → skalares Feldmodell.

Nuklid, eine Atomkernart, die sich im Bau bzw. in der Zusammensetzung von anderen Atomkernarten unterscheidet, d. h. eine bestimmte Ordnungszahl Z und Massezahl A hat. Atomkerne mit Lebensdauern $>10^{-10}$ s in einem definierten Energiezustand können als N. bezeichnet werden. Der Begriff N. wurde 1950 international eingeführt, um den heute noch sehr verbreiteten, aber unkorrekten Gebrauch des Wortes Isotop für Atomart schlechthin auf seine ursprüngliche Bedeutung zu beschränken, denn Isotope sind N.e gleicher Kernladungszahl, die also im Periodensystem der Elemente an gleicher Stelle stehen. Beispiel: (Radioaktive) Isotope sind Phosphor-32 ($^{32}_{15}$P) und Phosphor-33 ($^{33}_{15}$P); dagegen sind Phosphor-32 und Kobalt-60 ($^{60}_{27}$Co) nur mit dem Sammelbegriff (radioaktive) N.e (oder → Radionuklide) zu bezeichnen, denn diese haben verschiedene Kernladungszahlen, sind also keine Isotope.

In der Tabelle S. 1066ff. sind die wichtigsten Eigenschaften der N.e aufgeführt. Die Spalten bedeuten:

1. Spalte: Ordnungszahl Z des Elements, gleichbedeutend mit der Anzahl der Protonen im Kern.

2. Spalte: Symbol des Elements.

3. Spalte: Massezahl A des N.es.

4. Spalte: Massedefekt für das N. in der Einheit 10^{-6} u. Die Masseeinheit u ist so definiert, daß das Gewicht des neutralen ^{12}C Atoms 12,00000 u beträgt (→ atomare Masseeinheit 1). Die Masse eines N.es ergibt sich aus der Summe von Massezahl und Massendefekt unter Berücksichtigung des Faktors 10^{-6}.

5. Spalte: Relative Häufigkeit des N.es im natürlichen Element. Die in der Natur vorkommenden radioaktiven N.e sind in dieser Spalte durch den Buchstaben n gekennzeichnet.

6. Spalte: Drehimpuls in der Einheit $\hbar$ und Parität für den Grundzustand des Kernes. Bei langlebigen isomeren Kernzuständen sind diese Größen ebenfalls angegeben.

7. Spalte: Magnetisches Dipolmoment des Kernes in der Einheit Kernmagneton.

8. Spalte: Elektrisches Quadrupolmoment des Kernes in der Einheit $e^2\ 10^{-24}$ cm^2.

9. Spalte: Wirkungsquerschnitt für thermische Neutronen in der Einheit barn (10^{-24} cm^2). Bei den schweren Elementen ist durch den Buchstaben f angedeutet, daß es sich um den Spaltquerschnitt handelt.

10. Spalte: Halbwertszeit des Grundzustandes oder eines isomeren Zustandes des N.es. Die Abkürzungen bedeuten: s Sekunden, min Minuten, h Stunden, d Tage und a Jahre. Der Ausdruck $\times 10(5)$ bedeutet den Faktor 10^5.

11. Spalte: Radioaktivität des N.es. Es werden die Energien der emittierten Strahlungen in der Einheit keV angegeben. K-X deutet auf die Emission der charakteristischen Röntgenstrahlung des Elements K (Kalium) hin.

nü, ν, **1)** Rayleigh-Konstante, → Rayleigh-Gesetz. **2)** → Viskosität. **3)** → Vierfaktorenformel.

Nü-Lambda-Kurve, *ν_λ-Kurve*, → spektraler Hellempfindlichkeitsgrad.

Nulladungspotential, *Nullpotential, Lippmann-Potential*, das Potential einer Elektrode, deren Doppelschicht keine Überschußladungen enthält, gegenüber einer Bezugselektrode. Die Bezeichnung rührt daher, daß das Einzelpotential einer solchen Elektrode den Wert Null haben müßte und somit das N. zugleich den Absolutwert für das Einzelpotential der jeweiligen Vergleichs- oder Bezugselektrode ergeben würde. Annähernde Werte für das N. von Quecksilberelektroden gegen Quecksilbersalzlösungen (Hg/Hg^{++}) lassen sich aus Untersuchungen der Kapazität der Doppelschicht und der Elektrokapillarkurve gewinnen. Die Genauigkeit der Festlegung des N.s reicht jedoch nicht aus, um es zur Basis einer Standardisierung der Einzelpotentiale zu machen. Daher wird das Einzelpotential der Normalwasserstoffelektrode zu Null definiert und als Bezugspotential verwendet.

Nulleffekt, svw. Nullrate.

Nulleiter, unmittelbar geerdeter Mittelpunktsleiter oder Sternpunktsleiter in Netzen mit Nullung als Schutzmaßnahme (→ Erdung).

Nullfeldaufspaltung, → paramagnetische Elektronenresonanz.

Nullfläche, Fläche in der Raum-Zeit-Welt, $f(x^\mu) = 0$, deren Normalvektoren $q_\mu = \dfrac{\partial f}{\partial x^\mu}$ Nullvektoren sind. Diese Normalvektoren definieren ein Richtungsfeld $\dfrac{dx^\mu}{d\lambda} = g^{\mu\nu} q_\nu$ in der Fläche, dessen Integralkurven Nullgeodäten sind (→ Minkowski-Raum, → Riemannscher Raum).

Nullgeodäte, Nullinie, auf der formal die Geodätengleichung (→ geodätische Linie)

$$\frac{d^2x^\mu}{d\lambda^2} + \Gamma^\mu_{\nu\varrho} \frac{dx^\nu}{d\lambda} \frac{dx^\varrho}{d\lambda} = 0$$

gilt. Die orthogonalen Trajektorien auf einer einbettbaren → Nullfläche sind N.en.

Nullinie, 1) *lichtartige Linie*, → Weltlinie eines Teilchens, das sich mit Vakuumlichtgeschwindigkeit bewegt. Die Tangentialvektoren haben den Betrag Null (→ spezielle Relativitätstheorie, → Minkowski-Raum).

2) → Nullgeodäte.

Nullinstrument, ein elektrisches Meßinstrument, das positive und negative Werte (meist des Stromes) anzeigen kann und den Nullpunkt in der Skalenmitte hat. N.e werden z. B. als Nullindikatoren für Gleichstrommeßbrücken (→ Meßbrücke) oder Gleichstromkompensatoren (→ Kompensator) benötigt. Sie besitzen in der Regel ein Drehspulmeßwerk (→ Drehspulinstrument).

Nullinvariante, svw. Abbesche Invariante.

Null-Phonon-Übergang, bei einer Störstelle in einem Kristall der optische Übergang eines an die Störstelle gebundenen Elektrons ohne gleichzeitige Emission oder Absorption von Phononen. Der Schwingungszustand des Kristalls bleibt bei dem optischen Übergang ungeändert. Der N.-P.-Ü. führt im Absorptions-

Tabelle Nuklide

1*)	2	3	4	5	6	7	8
0	n	1	8665,20		1/2+	−1,91314	
1	H	1	7825,20	99,9852	1/2+	2,79277	
		2	14102,22	0,0148	1+	0,857406	0,00282
		3	16049,71	n	1/2+	2,97885	
2	He	3	16029,73	0,00013	1/2+	−2,12755	
		4	2603,12	99,99	0+		
		5	12297				
		6			0+		
3	Li	6	15124,7	7,42	1+	0,822010	−0,0011
		7	16004,0	92,58	3/2−	3,25628	−0,040
		8	22487,1		2+	1,653	
4	Be	7	16928,9		3/2−		
		9	12185,5	100	3/2−	−1,17744	0,029
		10	13534,4		0+		
		11	21666		1/2+		
5	B	8	24609,3		2+		
		10	12938,8	19,61	3+	1,80063	0,074
		11	9305,3	80,39	3/2−	2,68857	0,036
6	C	10	16810		0+		
		11	11431,7		3/2−	±1,03	±0,031
		12	0	98,893	0+		
		13	3354,4	1,107	1/2−	0,702381	
		14	3241,97	n	0+		
		15	10599,5		1/2+		
		16	14700		0+		
7	N	12	18641		1+		
		13	5738,4		1/2−	±0,3221	
		14	3074,39	99,6337	1+	0,40361	0,011
		15	107,7	0,3663	1/2−	−0,28309	
		16	6103,3		2−		
		17	8450		1/2−		
8	O	14	8597,09		0+		
		15	3070,3		1/2−		±0,719
		16	−5084,98	99,759	0+		
		17	−867,1	0,0374	5/2+	−1,89370	−0,030
		18	−839,98	0,2039	0+		
		19	3577,9		5/2+		
		20	4079		0+		
9	F	17	2095,5		5/2+	4,722	
		18	936,6		1+		
		19	−1595,4	100	1/2+	2,6287	
		20	−13		2+	2,092	
		21	−49		5/2+		
10	Ne	18	5711		0+		
		19	1880,9		1/2+	−1,886	
		20	−7559,5	90,92	0+		
		21	−6151,4	0,257	3/2+	−0,66176	0,09
		22	−8615,3	8,82	0+		
		23	−5527,1		5/2+		
		24	−6387		0+		
11	Na	21	−2345		3/2+	2,39	
		22	−5563,4		3+	1,746	
		23	−10229,3	100	3/2+	2,21751	0,11
		24	−8418,4		4+	1,68	
		24			1+		
		25	−10045		5/2+		
		26	−8260		2∼3+		
12	Mg	23	−5875,0		3/2+		
		24	−14958,3	78,60	0+		
		25	−14161,0	10,11	5/2+	−0,85512	0,22
		26	−17407,0	11,29	0+		
		27	−15655,3		1/2+		
		28	−16125		0+		
13	Al	24			4+		
		25	−9588		5/2+		
		26	−13109,1		5+		
		26			0+		
		27	−18461,1	100	5/2+	3,64140	−0,15
		28	−18095,3		3+		
		29	−19558		5/2+		
		30	−18410		2∼3+		
14	Si	26	−7657		0+		
		27	−13297,2		5/2+		
		28	−23070,8	92,18	0+		
		29	−23504,2	4,71	1/2+	−0,55525	
		30	−26237,2	3,12	0+		
		31	−24651		1/2+		
		32	−25980		0+		
15	P	28	−8220		2∼3+		
		29	−18192		1/2+		
		30	−21683		1+		
		31	−26235,3	100	1/2+	1,13166	
		32	−26090,5		1+	−0,2523	
		33	−28271,8		1/2+		
		34	−26660		1+		

(* Erklärung der Spaltennummern im Stichwort Nuklid)

3	9	10	11
1		11,7 min	β−: 780
1	0,33	stabil	
2	0,0005	stabil	
3		12,26 a	β−: 18,6
3		stabil	
4		stabil	
5			
6		0,79 s	β−: 3508; kein γ
6	953	stabil	
7	0,04	stabil	
8		0,8 s	
7		53,4 d	γ: 477
9	0,009	stabil	
10		1,9×10 (6) a	β−: 555; kein γ
11		13,6 s	β−: 11500; γ: 2140, 4670, 5850, 6790
8		0,77 s	β+: 14000; γ: 511
10	3837	stabil	
11	0,005	stabil	
10		19,3 s	β+: 1870; γ: 511, 717, 1023
11		20,3 min	β+: 970; γ: 511
12	0,0034	stabil	
13	0,0009	stabil	
14		5730 a	β−: 156; kein γ
15		2,25 s	β−: 9820, 4510; γ: 5299
16		0,74 s	
12		0,011 s	β+: 16400; γ: 511; 4430; α: 195
13		9,96 min	β+: 1200; γ: 511
14	0,075	stabil	
15	0,00002	stabil	
16		7,1 s	β−: 1040, 4270; γ: 2750, 6130, 7110; α: 1700
17		4,2 s	β−: 8680, 7810, 4100; γ: 870, 2190
14		71,3 s	β+: 4120, 1811; γ:511, 2312
15		2,03 min	β+: 1740; γ: 511
16	0,00018	stabil	
17	0,235	stabil	
18	0,00021	stabil	
19		27 s	β−: 4600; γ: 197, 1370
20		13,6 s	β−: 2750; γ: 1060
17		66 s	β+: 1740; γ: 511
18		109,7 min	β+: 635; γ: 511
19	0,0098	stabil	
20		11,2 s	β−: 5410; γ: 1630
21		4,4 s	β−: 5400; γ: 350, 1380
18		1,47 s	β+: 3420; γ: 511, 1040
19		17,4 s	β+: 2220; γ: 511
20		stabil	
21		stabil	
22	0,04	stabil	
23		38 s	β−: 4380; γ: 439, 1640
24		3,38 min	β−: 1990; γ: 472, 880
21		23,0 s	β+: 2520; γ: 350, 511
22		2,62 a	β+: 1820, 545; γ: 511, 1275
23	0,40	stabil	
24		14,9 h	β−: 4170, 1389; γ: 1369, 2754;
24		0,02 s	β−: 6000; γ: 472
25		60 s	β−: 3830; γ: 390, 580, 980, 1610
26		1,04 s	β−: 6700; γ: 1820
23		12,1 s	β+: 3030; γ: 440, 511
24	0,03	stabil	
25	0,3	stabil	
26	0,027	stabil	
27	< 0,03	9,46 min	β−: 1750; γ: 180, 840, 1013
28		21,2 h	β−: 460; γ: 31, 400, 950, 1350;
24		2,1 s	β+: 8500; γ: 511, 1368, 2754, 4200, 5300
25		7,24 s	β+: 3240; γ: 511
26		7,4×10 (5) a	β+: 1170; γ: 511, 1120, 1810
26		6,37 s	β+: 3210; γ: 511
27	0,235	stabil	
28		2,31 min	β−: 2850; γ: 1780
29		6,6 m	β−: 2400; γ: 1280, 2430
30		3,3 s	β−: 5000; γ: 1270, 2230, 3510
26		2,1 s	β+: 3830; γ: 511, 820
27		4,14 s	β+: 3850; γ: 511
28	0,08	stabil	
29	0,3	stabil	
30	0,11	stabil	
31		2,62 h	β−: 1480; γ: 1260
32		≈650 a	β−: 210; kein γ
28		0,28 s	β+: 11000; γ: 511, 1780, 2600, 4440, 7600
29		4,45 s	β+: 3950; γ: 511, 1280, 2430
30		2,50 min	β+: 3240; γ: 511, 2230
31	0,19	stabil	
32		14,28 d	β−: 1710; kein γ
33		24,4 d	β−: 248; kein γ
34		12,4 s	β−: 5100; γ: 2130, 4000

Tabelle (Fortsetzung)

1	2	3	4	5	6	7	8
16	S	30	−15127		0+		
		31	−20389		1/2+		
		32	−27926,3	95,0	0+		
		33	−28538,1	0,76	3/2+	0,64327	−0,1
		34	−32135,4	4,22	0+		
		35	−30969,2		3/2+	±1,00	0,05
		36	−32910	0,014	0+		
		37	−28990		7/2−		
		38	−28770		0+		
17	Cl	32	−13760		2+		
		33	−22560		3/2+		
		34	−26250		0+		
		34			3+		
		35	−31148,9	75,53	3/2+	0,82183	0,080
		36	−31691,1		2+	1,28538	−0,017
		37	−34101,5	24,47	3/2+	0,68409	−0,063
		38	−31995		2−		
		39	−31992		3/2+		
		40	−29600				
18	Ar	35	−24746		3/2+	0,632	
		36	−32455,5	0,337	0+		
		37	−33227,8		3/2+	1,0	
		38	−37272,2	0,063	0+		
		39	−35683		7/2−		
		40	−37615,8	99,600	0+		
		41	−35500		7/2−		
		42	−36052		0+		
19	K	37	−26635		3/2+		
		38	−30903		3+	1,373	
		38			0+		
		39	−36289,9	93,22	3/2+	0,39140	
		40	−36000,2	0,118	4−	−1,2981	−0,09
		41	−38167,7	6,77	3/2+	0,21483	0,11
		42	−37594		2−	−1,141	
		43	−39270		3/2+	±0,163	
		44	−37960		2−		
		45	−39320				
20	Ca	38	−23280		0+		
		39	−29309		3/2+		
		40	−37411,1	96,97	0+		
		41	−37725		7/2−	−1,5946	
		42	−41374,8	0,64	0+		
		43	−41220,4	0,145	7/2−	−1,3172	
		44	−44509,5	2,06	0+		
		45	−43810,5		7/2−		
		46	−46311	0,0033	0+		
		47	−45462		7/2−		
		48	−47469	0,185	0+		
		49	−44325		3/2−		
21	Sc	43	−38835		7/2−		
		44	−40505		2+	±2,56	±0,1
		44			6+	±4,0	±0,4
		45	−44081,1	100	7/2−	4,75626	−0,22
		46	−44827,4		4+	3,04	0,12
		47	−47587,1		7/2−		
		48	−47779		6+		
		49	−49974		7/2−		
22	Ti	44	−40428		0+		
		45	−41871		7/2−		
		46	−47368,4	7,99	0+		
		47	−48231,5	7,32	5/2−	−0,7881	0,29
		48	−52049,7	73,99	0+		
		49	−52129,7	5,46	7/2−	−1,1036	0,24
		50	−55214,1	5,25	0+		
		51	−53397		3/2−		
23	V	47	−45101		3/2−		
		48	−47741,3		4+		
		49	−51477,5		7/2−	±4,46	
		50	−52836,2	0,24	6+	3,347	±0,4
		51	−56038,8	99,76	7/2−	5,148	0,2
		52	−55220		3+		
24	Cr	48	−46240		0+		
		49	−48729		5/2−		
		50	−53945,5	4,31	0+		
		51	−55231,8		7/2−		
		52	−59486,9	83,76	0+		
		53	−59347,3	9,55	3/2−	−0,47434	−0,03
		54	−61118,5	2,38	0+		
		55	−59167		3/2−		
25	Mn	51	−51810		5/2−		
		52	−54432		6+	±3,0	
		52			2+	±0,0077	
		53	−58705		7/2−	±5,05	
		54	−59638		3+	±3,3	
		55	−61949,7	100	5/2−	3,4678	0,35
		56	−61089,8		3+	3,2403	

3	9	10	11
30		1,4 s	β+ : 5090, 4420, γ: 511, 687
31		2,72 s	β+ : 4420; γ: 511, 1270
32		stabil	
33		stabil	
34	0,27	stabil	
35		87,9 d	β− : 167; kein γ
36	0,14	stabil	
37		5,07 min	β− : 4700, 1600; γ: 3090
38		2,87 h	β− : 3000, 1100; γ: 1880
32		0,3 s	β+ : 9900; γ: 511, 2240, 4290, 4770
33		2,53 s	β+ : 4550; γ: 511, 2900
34		1,56 s	β+ : 4460; γ: 511
34		32,0 min	β+ : 2480; γ: 145, 511, 1170, 2120, 3300
35	44	stabil	
36	100	3,1×10 (5) a	β− : 714; γ: 511
37	0,43	stabil	
38		37,29 min	β− : 4910; γ: 1600, 2170
39		55,5 min	β− : 3450, 2180, 1910; γ: 246, 1270, 1520
40		1,4 min	β− : 7500; γ: 1460, 2830, 3100, 5800
35		1,83 s	β+ : 4940; γ: 511, 1220, 1760
36	6	stabil	
37		35,1 d	Cl—X
38	0,8	stabil	
39		269 a	β− : 565
40	0,61	stabil	
41	0,5	1,83 h	β− : 2490, 1198; γ: 1293
42		33 a	
37		1,23 s	β+ : 5140; γ: 511, 2790
38		7,71 min	β+ : 2680; γ: 511, 2170
38		0,95 s	β+ : 5000; γ: 511
39	2,0	stabil	
40	70	1,2×10 (9) a	β− : 1314; β+ : 483; γ: 1460
41	1,2	stabil	
42		12,36 h	β− : 3520; γ: 310, 1524
43		22,4 h	β− : 1820, 1200, 830; γ: 220, 373, 390, 619
44		22,0 min	β− : 5200; γ: 1156, 1740, 2100, 2600, 3700
45		16,3 min	β− : 4000, 2100; γ: 175, 500, 1710, 1900
38		0,66 s	β+; γ: 511, 3500
39		0,87 s	β+ : 5490; γ: 511
40	0,23	stabil	
41		8×10 (4) a	K—X
42	42	stabil	
43		stabil	
44	0,7	stabil	
45		165 d	β− : 252
46	0,3	stabil	
47		4,53 d	β− : 1980, 670; γ: 490, 815, 1308
48	1,1	stabil	
49		8,8 min	β− : 1950; γ: 3100, 4100
43		3,92 h	β+ : 1200; γ: 375, 511
44		3,92 h	β+ : 1470; γ: 511, 1159
44		2,44 d	γ: 271, 1020, 1140; SC—X
45	13	stabil	
46		83,9 d	β− : 1480, 357; γ: 889, 1120
47		3,43 d	β− : 600; γ: 160
48		1,83 d	β− : 650; γ: 175, 983, 1040, 1314
49		57,5 min	β− : 2010; γ: 1760
44		48 a	γ: 68, 78
45		3,09 h	β+ : 1040; γ: 511, 718, 1408
46	0,6	stabil	
47	1,7	stabil	
48	8,0	stabil	
49	1,9	stabil	
50	0,14	stabil	
51		5,79 min	β− : 2140; γ: 320, 605, 928
47		33 min	β+ : 1890; γ: 511, 1800, 2160
48		16,2 d	β+ : 696; γ: 511, 945, 983, 1312, 2241
49		330 d	
50	80	stabil	
51	4,9	stabil	
52		3,75 min	β− : 2470; γ: 1434
48		23 h	γ: 116, 310; V—X
49		42 min	β+ : 1540; γ: 63, 91, 153, 511
50	15,9	stabil	
51		27,8 d	γ: 320; V—X
52	0,76	stabil	
53	18,2	stabil	
54	0,38	stabil	
55		3,6 min	β− : 2590
51		46,5 min	β+ : 2170; γ: 511, 2030
52		5,7 d	β+ : 575; γ: 511, 744, 935, 1434
52		21 min	β+ : 1630; γ: 383, 511, 1434
53		1,9×10 (6) a	
54		303 d	γ: 835; Cr—X
55	13,3	stabil	
56		2,57 h	β− : 2850; γ: 847, 1811, 2110

Tabelle (Fortsetzung)

1	2	3	4	5	6	7	8
26	Fe	52	−51883		0+		
		53	−54428		7/2−		
		54	−60383	5,82	0+		
		55	−61701,4		3/2−		
		56	−65063,7	91,66	0+		
		57	−64602,2	2,19	1/2−	0,090	
		58	−66718	0,33	0+		
		59	−65122,2		3/2−		
27	Co	55	−57987		7/2−	±4,3	
		56	−60153		4+	±3,80	
		57	−63704		7/2−	±4,85	
		58	−64239		5+		
		58			2+	±4,00	
		59	−66810,7	100	7/2−	4,583	0,40
		60	−66186,6		5+	±3,75	
		61	−67560		7/2−		
28	Ni	56	−57884		0+		
		57	−60231		3/2−		
		58	−64658	67,88	0+		
		59	−65657,7		3/2−		
		60	−69213	26,23	0+		
		61	−68944	1,19	3/2−	−0,74868	
		62	−71658	3,66	0+		
		63	−70336		1/2−		
		64	−72042	1,08	0+		
		65	−69928		5/2−		
		66	−70915		0+		
29	Cu	60	−62638		2+		
		61	−66543		3/2−	2,2	
		62	−67434		1+		
		63	−70408	69,09	3/2−	2,2261	0,16
		64	−70241		1+	±0,216	
		65	−72214	30,91	3/2−	2,3849	0,15
		66	−71129		1+	±0,283	
		67	−72241		3/2−		
30	Zn	62	−65620		0+		
		63	−66794		3/2−		
		64	−70855	48,89	0+		
		65	−70766		5/2−	0,7692	−0,024
		66	−73948	27,81	0+		
		67	−72855	4,11	5/2−	0,87552	0,16
		68	−75143	18,57	0+		
		69	−73459		9/2+		
		69			1/2−		
		70	−74666	0,62	0+		
		71	−72490		9/2+		
		71			1/2−		
		72	−73157		0+		
31	Ga	66	−68393		0+		
		67	−71784		3/2−	1,850	0,22
		68	−72008		1+	±0,0118	±0,031
		69	−74426,0	60,4	3/2−	2,01602	0,19
		70	−73965		1+		
		71	−75294,0	39,6	3/2−	2,56161	0,12
		72	−73628		3−	−0,13220	0,59
		73	−74874				
32	Ge	68			0+		
		69	−72036,8				
		70	−75748,5	20,52	0+		
		71	−75044		1/2−	0,6	
		72	−77918,2	27,43	0+		
		73	−76537,5	7,76	9/2+	−0,8788	0,2
		74	−78819,4	36,54	0+		
		75	−77117		1/2−		
		76	−78594,8	7,76	0+		
		77	−76400		1/2−		
		77			7/2+		
		78			0+		
33	As	73	−76139		3/2−		
		74	−76067,3		2−		
		75	−78403,6	100	3/2−	1,4390	0,3
		76	−77603		2−	−0,906	
		77	−79354		3/2−		
34	Se	74	−77524	0,87	0+		
		75	−77475,1		5/2+		1,1
		76	−80793	9,02	0+		
		77	−80089	7,58	1/2−	0,5344	
		78	−82686,3	23,52	0+		
		79	−81505,7		7/2+	−1,02	0,9
		80	−83472,7	49,82	0+		
		81	−82016		7/2+		
		81			1/2−		
		82	−83293	9,19	0+		
		83			1/2−		
		83			9/2+		
		84			0+		

3	9	10	11
52		8,2 h	β+: 800; γ: 165, 511
53		8,51 min	β+: 3000; γ: 380, 511
54	2,8	stabil	
55		2,60 a	Mn—X
56	2,7	stabil	
57	2,5	stabil	
58	1,2	stabil	
59		45 d	β−: 1570, 475; γ: 143, 192, 1095, 1292
55		18 h	β+: 1500; γ: 480, 511, 930, 1410
56		77,3 d	β+: 1490; γ: 511, 847, 1040, 1240, 3260
57		270 d	γ: 14, 122, 136, 692
58		9,15 h	Co—X
58		71 d	β+: 474; γ: 511, 810, 865, 1670
59	17	stabil	
60		5,26 a	β−: 1480, 314; γ: 1173, 1332
61		1,6 h	β−: 1220; γ: 67
56		6,1 d	γ: 163, 276, 472, 748, 812, 1560; Co—X
57		36,0 h	β+: 850; γ: 127, 511, 1370, 1890
58	4,4	stabil	
59		7,5×10 (4) a	Co—X
60	2,6	stabil	
61	2,0	stabil	
62	15	stabil	
63		92 a	β−: 67
64	1,52	stabil	
65		2,56 h	β−: 2130; γ: 368, 1115, 1481
66		55 h	β−: 200; γ: kein
60		23 min	β+: 3920, 3000, 2000; γ: 511, 1332, 4000
61		3,3 h	β+: 1220; γ: 67, 284, 380, 511, 1190
62		9,76 min	β+: 2910; γ: 511, 880, 1170
63	4,51	stabil	
64		12,8 h	β−: 573; β+: 656; γ: 511, 1340
65	2,3	stabil	
66		5,1 min	β−: 2630; γ: 1039
67		71,9 h	β−: 570; γ: 92, 184
62		9,13 h	β+: 660; γ: 42, 511, 590
63		38,4 min	β+: 2340; γ: 511, 669, 962, 1420
64	0,47	stabil	
65		245 d	β+: 327; γ: 511, 1115; Cu—X
66		stabil	
67		stabil	
68	1,09	stabil	
69		13,9 h	γ: 439; Zn—X
69		55 min	β−: 900
70	0,11	stabil	
71		3,9 h	β−: 1460; γ: 130, 385, 495, 609, 760, 1110
71		2,4 min	β−: 2610; γ: 120, 390, 510, 920, 1120
72		46,5 h	β−: 300; γ: 15, 46, 145, 192
66		9,3 h	β+: 4153; γ: 511, 828, 1039, 1910, 2183
67		78 h	γ: 93, 184, 296, 388; Zn—X
68		68,3 min	β+: 1900; γ: 511, 800, 1078, 1870
69	1,9	stabil	
70		21,1 min	β−: 1650; γ: 173, 1040
71	5	stabil	
72		14,1 h	β−: 3150; γ: 630, 835, 1860, 2201, 2500
73		4,8 h	β−: 1190; γ: 54, 295, 740
68		275 d	Ga—X
69		39 h	β+: 1220; γ: 511, 573, 872, 1107, 1335
70	3,4	stabil	
71		11 d	Ga—X
72	0,98	stabil	
73	14	stabil	
74	0,5	stabil	
75		83 min	β−: 1190; γ: 199, 265, 427, 628
76	0,2	stabil	
77		54 s	β−: 2900; γ: 159, 215
77		11,3 h	β−: 2200; γ: 210, 263, 368, 632, 930, 1090
78		88 min	β−: 710; γ: 277
73		76 d	γ: 54; Ge—X
74		17,7 d	β−: 1360; β+: 1540, 950; γ: 511, 596, 635
75	4,5	stabil	
76		26,4 h	β−: 2970; γ: 559, 657, 1220, 1789, 2100
77		38,8 h	β−: 680; γ: 239, 522
74	30	stabil	
75		120 d	γ: 121, 136, 265, 280, 401; As—X
76	85	stabil	
77	42	stabil	
78	0,43	stabil	
79		6,5×10 (4) a	β−: 160
80	0,61	stabil	
81		57 min	γ: 103; Se—X
81		18 min	β−: 1580; γ: 280, 560, 830
82	0,05	stabil	
83		69 s	β−: 3800; γ: 350, 650, 1010, 2020
83		23 min	β−: 1800; γ: 220, 360, 1880, 2290
84		3,3 min	

Tabelle (Fortsetzung)

1	2	3	4	5	6	7	8
35	Br	77	−78624		3/2−		
		78	−78850		1+		
		79	−81670,9	50,537	3/2−	2,1056	0,33
		80	−81464,3		5−	1,3171	0,72
		80			1+	±0,5138	±0,19
		81	−83708	49,463	3/2−	2,2696	0,28
		82	−83198		5−	±1,6264	±0,73
		83	−84832		3/2−		
36	Kr	78	−79597	0,354	0+		
		79	−79932		1/2−		
		80	−83620	2,27	0+		
		81	−83390		7/2+		
		82	−86518	11,56	0+		
		83			1/2−		
		83	−85868,3	11,55	9/2+	−0,97017	0,25
		84	−88496,6	56,90	0+		
		85			1/2−		
		85	−87477		9/2+	−1,004	0,45
		86	−89384,1	17,37	0+		
		87	−86635		5/2+		
		88	−85730		0+		
37	Rb	84	−85619,3		2−	−1,32	
		85	−88200	72,15	5/2−	1,35267	0,286
		86	−88807		2−	−1,691	
		87	−90813,5	27,85	3/2−	2,7505	0,140
		88	−88730		2−		
38	Sr	84	−86569,3	0,56	0+		
		85	−87011		9/2+		
		86	−90715	9,86	0+		
		87			1/2−		
		87	−91107,8	7,02	9/2+	−1,0930	0,36
		88	−94359	82,56	0+		
		89	−92558		5/2+		
		90	−92253		0+		
		91	−89839		5/2+		
39	Y	87	−89260		1/2−		
		88	−90472		4−		
		89			9/2+		
		89	−94128,1	100	1/2−	−0,137316	
		90			7+		
		90	−92837		2−	−0,163	
		91	−92705		1/2−	±0,164	
40	Zr	88	−89940		0+		
		89			1/2−		
		89	−91086		9/2+		
		90	−95300,4	51,46	0+		
		91	−94358	11,23	5/2+	−1,30285	
		92	−94969,1	17,11	0+		
		93	−93550		5/2+		
		94	−93686,6	17,40	0+		
		95	−91965		5/2+		
		96	−91714	2,80	0+		
		97	−89034				
41	Nb	92	−92789		2+		
		93	−93618	100	9/2+	6,1671	−0,2
		94			3+		
		94	−92697		6+		
		95	−93168,2		9/2+		
42	Mo	92	−93189,9	15,84	0+		
		93			21/2+		
		93	−93170		5/2+		
		94	−94909,9	9,04	0+		
		95	−94161,0	15,72	5/2+	−0,9133	
		96	−95326,2	16,53	0+		
		97	−93978,5	9,46	5/2+	−0,9325	
		98	−94591,2	23,78	0+		
		99	−92280		1/2+		
		100	−92525,3	9,63	0+		
		101	−89647		1/2+		
43	Tc	95	−92380		1/2−		
		95			9/2+		
		96	−92170				
		97			1/2−		
		97	−93660		9/2+		
		98	−92890		7+		
44	Ru	96	−92402	5,51	0+		
		97			5/2+		
		98	−94711,3	1,87	0+		
		99	−94064,5	12,72	5/2+	−0,62	
		100	−95782	12,62	0+		
		101	−94423,2	17,07	5/2+	−0,7	
		102	−95652,2	31,61	0+		
		103	−93694		5/2+		
		104	−94570	18,58	0+		
		105	−92321		7/2+		
		106	−92678		0+		

3	9	10	11
77		56 h	β^+: 340; γ: 240, 300, 520, 580, 820, 1000
78		6,4 min	β^+: 2550; γ: 511, 614
79	10,9	stabil	
80		4,4 h	γ: 37; Br—X
80		17,6 min	β^-: 2000; β^+: 870; γ: 511, 618, 666
81	3,26	stabil	
82		35,4 h	β^-: 444; γ: 554, 619, 698, 777, 828, 1475
83		2,40 h	β^-: 930; γ: 530
78	2	stabil	
79		34,9 h	β^+: 600; γ: 261, 398, 511, 606, 836, 1336
80	14	stabil	
81		2,1 × 10 (5) a	Br—X
82	45	stabil	
83		1,9 h	γ: 9; Kr—X
83	180	stabil	
84	0,142	stabil	
85	15	4,4 h	β^-: 820; γ: 150, 305
85		10,76 a	β^-: 670; γ: 514
86	0,06	stabil	
87	600	76 min	β^-: 3800; γ: 403, 850, 2570
88		2,80 h	β^-: 2800; γ: 166, 191, 360, 850, 1550, 2400
84		33 d	β^+: 1660; β^-: 910; γ: 511, 880, 1010, 1900
85	0,76	stabil	
86		18,7 d	β^-: 1780; γ: 1078
87	0,12	stabil	
88	1,0	17,8 min	β^-: 5300; γ: 898, 1863, 2680
84	0,69	stabil	
85		65 d	γ: 514; Rb—X
86	0,8	stabil	
87		2,8 h	γ: 388; Sr—X
87		stabil	
88	0,006	stabil	
89	0,5	50,5 d	β^-: 1463; γ: 910
90	0,8	28,1 a	β^-: 546
91		9,7 h	β^-: 2670; γ: 645, 748, 930, 1025, 1413
87		80 h	β^+: 700; γ: 483
88		108 d	β^+: 760; γ: 898, 1836
89		16 s	γ: 910
89	1,28	stabil	
90		3,19 h	γ: 202, 482, 2315; Y—X
90	1,07	64,1 h	β^-: 2270
91		58,5 d	β^-: 1545; γ: 1210
88		85 d	γ: 394; Y—X
89		4,2 min	β^+: 2400, 890; γ: 588, 1510
89		78,4 h	β^+: 900; γ: 511, 910, 1710
90	0,1	stabil	
91	1,58	stabil	
92	0,25	stabil	
93		1,5 × 10 (6) a	β^-: 60
94	0,075	stabil	
95		65,5 d	β^-: 890, 396; γ: 724, 756
96	0,05	stabil	
97		16,8 h	β^-: 1910; γ: 747
92		10,2 d	γ: 934; Zr—X
93	1,1	stabil	
94		6,3 min	γ: 871; Nb—X
94	5	2 × 10 (4) a	β^-: 490; γ: 702, 871
95	7	35 d	β^-: 160; γ: 765
92	0,306	stabil	
93		6,9 h	γ: 264, 685, 1479; Mo—X
93		100 a	Nb—X
94		stabil	
95	14,5	stabil	
96	1,2	stabil	
97	2,2	stabil	
98	0,15	stabil	
99		66,7 h	β : 1230; γ: 181, 372, 740, 780
100	0,20	stabil	
101		14,6 min	β^-: 2230; γ: 191, 590, 700, 890, 1020, 2080
95		60 d	β^+: 680; γ: 204, 584, 780, 823, 838, 1042
95		20 h	γ: 768, 840, 1060; Mo—X
96		4,3 d	γ: 320, 778, 810, 851, 1120; Mo—X
97		91 d	
97		2,6 × 10 (6) a	
98	2,6	1,5 × 10 (6) a	β^-: 300; γ: 660, 760
96	0,27	stabil	
97		2,9 d	γ: 215, 324; Tc—X
98		stabil	
99	4,37	stabil	
100	6,12	stabil	
101	5,48	stabil	
102	1,23	stabil	
103		39,5 d	β^-: 700, 210; γ: 497, 610
104	3,65	stabil	
105	0,2	4,4 h	β^-: 1870, 1150; γ: 263, 317, 475, 670, 726
106	0,15	1,0 a	β^-: 39; γ: keine

Tabelle (Fortsetzung)

1	2	3	4	5	6	7	8
45	Rh	102					
		102	−93158				
		103			7/2+		
		103	−94489,0	100	1/2−	−0,0883	
		104			5+		
		104	−93341		1+		
46	Pd	101	−91930		5/2+		
		102	−94391	0,96	0+		
		103	−93893		5/2+		
		104	−95989	10,97	0+		
		105	−94936	22,23	5/2+	−0,615	
		106	−96521	27,33	0+		
		107	−94868,4		5/2+		
		108	−96109	26,71	0+		
		109	−94046		5/2+		
		110	−94836	11,81	0+		
		111					
		111	−92330				
47	Ag	105	−93540		1/2−	±0,1012	
		106			6+		
		106	−93339		1+		
		107	−94906,0	51,35	1/2−	−0,113548	
		108			6+		
		108	−94051		1+	±4,2	
		109	−95244	48,65	1/2−	−0,130538	
		110			6+	3,55	
		110	−93905		1+		
		111	−94684		1/2−	−0,146	
48	Cd	106	−93537,4	1,215	0+		
		107	−93385		5/2+	−0,616	0,8
		108	−95813,4	0,875	0+		
		109	−95072		5/2+	−0,829	0,8
		110	−96988,2	12,39	0+		
		111	−95811,6	12,75	1/2+	−0,59501	
		112	−97237,5	24,07	0+		
		113	−95591,5	12,26	1/2+	−0,62243	
		114	−96639,7	28,86	0+		
		115			11/2−	−1,044	−0,6
		115	−94569		1/2+	−0,6469	
		116	−95238,2	7,58	0+		
		117			11/2−		
		117	−92761		1/2+		
49	In	111	−94640		9/2+	5,5	1,18
		112			4+		
		112	−94456		1+		
		113			1/2−	−0,21051	
		113	−95911	4,28	9/2+	5,5233	1,14
		114	−95095		5+	4,7	
		115	−96129	95,72	9/2+	5,5351	1,16
		116			5+	4,3	
		116	−94683		1+		
50	Sn	112	−95165	0,96	0+		
		113	−94813		1/2+		
		114	−97227	0,66	0+		
		115	−96654	0,35	1/2+	−0,91781	
		116	−98255,4	14,30	0+		
		117			11/2−		
		117	−97041,9	7,61	1/2+	−0,99983	
		118	−98394,2	24,03	0+		
		119			11/2−		
		119	−96686,7	8,58	1/2+	−1,04621	
		120	−97801,8	32,85	0+		
		121	−95773		11/2−		
		122	−96558,9	4,72	0+		
		123			3/2+		
		123	−94262		11/2−		
		124	−94728	5,94	0+		
		125			3/2+		
		125	−92254		11/2−		
51	Sb	120			8−		
		120	−94919		1+		
		121	−96183,9	57,25	5/2+	3,3590	−0,5
		122	−94817		2−	−1,90	0,47
		123	−95787,3	42,75	7/2+	2,547	−0,7
		124	−94027		3−		
		125	−94768		7/2+		
52	Te	120	−95977	0,089	0+		
		121			11/2−		
		121	−94801		1/2+		
		122	−96934	2,46	0+		
		123			11/2−		
		123	−95723	0,87	1/2+	−0,73585	
		124	−97158	4,61	0+		
		125	−95582	6,99	1/2+	−0,88715	
		126	−96678	18,71	0+		
		127			11/2−		
		127	−94791		3/2+		
		128	−95524	31,79	0+		
		129			11/2−		
		129	−93425		3/2+		

3	9	10	11
102		2,1 a	γ: 418, 475, 632, 768, 1050, 1110; Ru—X
102		206 d	β−: 1150; β+: 1290; γ: 475, 511, 628, 1570
103		57 min	γ: 40; Rh—X
103	150	stabil	
104	800	4,4 min	γ: 51, 78, 97, 560, 770; Rh—X
104	40	42 s	β−: 2440; γ: 560, 1240
101		8,3 h	β+: 780; γ: 270, 296, 590, 723, 993, 1300
102	4,8	stabil	
103		17 d	γ: 297, 362, 498; Rh—X
104		stabil	
105		stabil	
106	0,29	stabil	
107		7×10 (6) a	β−: 40
108	12	stabil	
109		13,5 h	β−: 1028; γ: 88, 129, 310, 410, 600, 640
110	0,24	stabil	
111		5,5 h	β−: 2000; γ: 170
111		22 min	β−: 2200; γ: 380, 600, 810, 1400
105		41,2 d	γ: 64, 280, 344, 443, 1088
106		8,3 d	γ: 221, 451, 512, 616, 800, 1046, 1830; Pd—X
106		24 min	β+: 1960; γ: 511, 512
107	35	stabil	
108		100 a	γ: 80, 434, 614, 722; Pd—X
108		2,4 min	β−: 1640; β+: 900; γ: 434, 615, 632
109	92	stabil	
110		253 d	β−: 1500, 530, 87; γ: 658, 680, 706, 885
110	82	24,4 s	β−: 2870; γ: 658
111	3,2	7,5 d	β−: 1050; γ: 247, 342
106	1,0	stabil	
107		6,5 h	β+: 302; γ: 511, 796, 829; Ag—X
108	2,0	stabil	
109		453 d	γ: 88; Ag—X
110	11	stabil	
111	24	stabil	
112	2,2	stabil	
113	20000	stabil	
114	0,44	stabil	
115		43 d	β−: 1620; γ: 485, 935, 1290
115		53,5 h	β−: 1110; γ: 230, 262, 490, 530
116	0,077	stabil	
117		3,1 h	β−: 2230; γ: 273, 314, 434, 1303, 1577
117		2,5 h	β−: 670; γ: 880, 1065, 1338, 1433, 2319
111		2,8 d	γ: 173, 247; Cd—X
112		21 min	γ: 156; In—X
112		14,4 min	β−: 660; β+: 1560; γ: 511, 617
113		1,66 h	γ: 393; In—X
113	11,1	stabil	
114		50 d	γ: 192, 558, 724; In—X
115	204	stabil	
116		54 min	β−: 1000; γ: 417, 819, 1090, 1293, 2111
116		14 s	β−: 3300; γ: 434, 950, 1293
112	1,25	stabil	
113		115 d	γ: 255; In—X
114		stabil	
115		stabil	
116	0,006	stabil	
117		14 d	γ: 158; Sn—X
117		stabil	
118	0,01	stabil	
119		245 d	γ: 24; Sn—X
119		stabil	
120	0,15	stabil	
121		76 a	β−: 420; γ: 37
122	0,18	stabil	
123		40 min	β−: 1260; γ: 160
123		129 d	β−: 1420
124	0,14	stabil	
125		9,7 min	β−: 2040; γ: 325
125		9,6 d	β−: 2340; γ: 342, 811, 1068, 1410, 2230
120		5,8 d	γ: 90, 200, 1030, 1171; Sn—X
120		15,9 min	β+: 1700; γ: 511, 1171; Sn—X
121	6,5	stabil	
122		2,68 d	β−: 1970; β+: 560; γ: 564, 686, 1140, 1260
123	2,5	stabil	
124	6,5	60,3 d	β−: 2310; γ: 603, 644, 967, 1370, 1692, 2088
125		2,7 a	β−: 610; γ: 176, 427, 463, 599, 634, 660
120	2,34	stabil	
121		154 d	γ: 212, 1100; Te—X
121		17 d	γ: 508, 573; Sb—X
122	3,1	stabil	
123		117 d	γ: 159; Te—X
123	410	1,2×10 (13) a	Sb—X
124	6,8	stabil	
125	1,56	stabil	
126	1,0	stabil	
127		109 d	β−: 730; γ: 59, 89, 670
127		9,4 h	β−: 700; γ: 58, 210, 360, 417
128	0,169	stabil	
129		34,1 d	β−: 1600; γ: 690
129		69 min	β−: 1450; γ: 27, 455, 810, 1080

Tabelle (Fortsetzung)

1	2	3	4	5	6	7	8
		130	−93762	34,48	0+		
		131			11/2−		
		131	−91425		3/2+		
53	J	125	−95422		5/2+	±3	−0,9
		126	−94369		2−		
		127	−95530,2	100	5/2+	2,8091	−0,7
		128	−94162		1+		
		129	−95013		7/2+	2,6173	−0,55
		130	−93324		5−		
		131	−93872,9		7/2+	2,738	−0,40
54	Xe	124	−93880	0,096	0+		
		125	−93380		1/2+		
		126	−95712	0,090	0+		
		127	−94780		1/2+		
		128	−96460	1,919	0+		
		129	−95216	26,44	1/2+	−0,77686	
		130	−96491	4,08	0+		
		131			11/2−		
		131	−94914,7	21,18	3/2+	0,69066	−0,12
		132	−95839,0	26,89	0+		
		133			11/2−		
		133	−94185		3/2+		
		134	−94602,9	10,44	0+		
		135	−92980		3/2+		
		136	−92779	8,87	0+		
		137	−88900				
55	Cs	133	−94645	100	7/2+	2,5789	−0,003
		134	−93177		4+	2,990	
		135	−94230		7/2+	2,7290	0,49
		136	−92660				
		137	−93230		7/2+	2,8382	0,050
56	Ba	130	−93755	0,101	0+		
		131	−93284		1/2+		
		132	−94880	0,097	0+		
		133	−94121		1/2+		
		134	−95388	2,42	0+		
		135	−94450	6,59	3/2+	0,83718	0,18
		136	−95700	7,81	0+		
		137	−94500	11,32	3/2+	0,93654	0,28
		138	−95000	71,66	0+		
		139	−91400		7/2−		
57	La	138	−93090	0,089	5−	3,7071	±1
		139	−93860	99,911	7/2+	2,7781	0,23
		140	−90562		3−		
58	Ce	136	−92900	0,193	0+		
		137			11/2−	±0,89	
		137	−92670		3/2+		
		138	−94170	0,250	0+		
		139	−93570		3/2+	±0,9	
		140	−94608	88,48	0+		
		141	−91781		7/2−	±0,97	
		142	−90860	11,07	0+		
		143	−87673		3/2−		
		144	−86409		0+		
59	Pr	141	−92404	100	5/2+	4,3	−0,059
		142	−90022		2−	±0,250	±0,03
60	Nd	142	−92337	27,11	0+		
		143	−90221	12,17	7/2−	−1,064	−0,482
		144	−89961	23,85	0+		
		145	−87462	8,30	7/2−	−0,653	−0,255
		146	−86914	17,22	0+		
		147	−83926		5/2−	±0,577	
		148	−83131	5,73	0+		
		149	−79878		5/2−		
		150	−79085	5,62	0+		
		151	−76230				
61	Pm	145	−87309		5/2+		
		146	−85368		3−		
		147	−84892		7/2+	2,8	±0,9
62	Sm	144	−88011	3,09	0+		
		145	−86606		7/2−		
		146	−87008		0+		
		147	−85133	14,97	7/2−	−0,80	−0,208
		148	−85209	11,24	0+		
		149	−82820	13,83	7/2−	−0,65	0,60
		150	−82724	7,44	0+		
		151	−80081		7/2−		
		152	−80244	26,72	0+		
		153	−77898		3/2+		
		154	−77718	22,71	0+		
		155	−75299		3/2−		
63	Eu	151	−80162	47,82	5/2+	3,465	0,9
		152			0−		
		152	−78251		3−	1,910	
		153	−78758	52,18	5/2+	1,52	2,4
		154	−76947		3−	±1,97	3,3
		155	−77070		5/2+		

3	9	10	11
130	0,26	stabil	
131		30 h	β− : 2460, 900; γ: 102, 200, 780, 850, 1965
131		25 min	β− : 2140; γ: 150, 453, 603, 950, 1147
125	894	60 d	γ: 35; Te—X
126		12,8 d	β− : 1250; β+ : 1130; γ: 386, 667
127	6,2	stabil	
128		25 min	β− : 2120; γ: 441, 528, 743, 969
129	28	1,7×10 (7) a	β− : 150; γ: 40
130	18	12,3 h	β− : 1700, 1040; γ: 419, 538, 669, 743, 1150
131		8,05 d	β− : 806, 606; γ: 80, 284, 364, 637, 723
124	100	stabil	
125		16,8 h	γ: 55, 188, 242; J—X
126	1,5	stabil	
127		36,4 d	γ: 58, 145, 172, 203, 375; J—X
128	<5	stabil	
129	21	stabil	
130	<26	stabil	
131		11,8 d	γ: 164; Xe—X
131	110	stabil	
132	0,27	stabil	
133		2,2 d	γ: 233; Xe—X
133	190	5,65 d	β− : 346; γ: 81
134	0,228	stabil	
135	3,6×10(6)	9,15 h	β− : 920; γ: 250, 610
136	0,281	stabil	
137		3,9 min	β− : 4100; γ: 455
133	31,6	stabil	
134	134	2,05 a	β− : 662; γ: 570, 605, 796, 1365
135	8,7	2×10 (6) a	β− : 210
136		12,9 d	β− : 657, 341; γ: 67, 86, 340, 818, 1050, 1250
137	0,11	30,0 a	β− : 1176, 514; γ: 662
130	13,5	stabil	
131		12,0 d	γ: 124, 216, 373, 496, 924, 1048; Cs—X
132	8,5	stabil	
133		10,7 a	γ: 80, 276, 302, 356, 382; Cs—X
134	2	stabil	
135	5,8	stabil	
136	0,4	stabil	
137	5,1	stabil	
138	0,35	stabil	
139	4	82,9 min	β− : 2300; γ: 166, 1430
138		stabil	
139	9,55	stabil	
140	2,7	40,2 h	β− : 2175, 1690, 1360; γ: 329, 487, 1596
136	7,3	stabil	
137		34,4 h	γ: 255, 762, 825; Ce—X
137		9,0 h	γ: 446, 481, 698, 920; La—X
138	1,1	stabil	
139		140 d	γ: 165; La—X
140	0,54	stabil	
141	29	32,5 d	β− : 581; γ: 145
142	0,95	stabil	
143	6,0	33,4 h	β− : 1390; γ: 293, 493, 668, 725, 880, 1100
144	1,0	284 d	β− : 310; γ: 80, 134
141	10,9	stabil	
142		19,2 h	β− : 2160; γ: 1570
142	18	stabil	
143	335	stabil	
144	5,0	stabil	
145	52	stabil	
146	1,3	stabil	
147		11,1 d	β− : 810; γ: 91, 319, 430, 533
148	2,5	stabil	
149		1,73 h	β− : 1500; γ: 114, 210, 270, 424, 541, 654
150	1,0	stabil	
151		12 min	β− : 2000; γ: 118, 138, 174, 737, 1122, 1180
145		17,7 a	γ: 67, 72; Nd—X
146	8400	5,53 a	β− : 780; γ: 453, 750
147	154	2,62 a	β− : 224
144	0,7	stabil	
145	110	340 d	γ: 61, 485; Pm—X
146		7×10 (7) a	α: 2460
147	51	stabil	
148		stabil	
149	41000	stabil	
150	102	stabil	
151	15000	87 a	β− : 76; γ: 22
152	210	stabil	
153		46,8 h	β− : 800; γ: 70, 103
154	5,5	stabil	
155		22,4 min	β− : 1530; γ: 104, 246
151	8800	stabil	
152		9,3 h	β− : 1880; β+ : 890; γ: 842, 963, 1315, 1389
152		12,4 a	β− : 1480; β+ : 710; γ: 122, 245, 344, 1408
153	390	stabil	
154	1500	16 a	β− : 1850, 870; γ: 123, 724, 759, 876, 1278
155	14000	1,81 a	β− : 250; γ: 87, 105

Tabelle (Fortsetzung)

1	2	3	4	5	6	7	8
64	Gd	152	−80206	0,200	0+		
		153	−78497		3/2+		
		154	−79071	2,15	0+		
		155	−77336	14,73	3/2−	−0,242	1,1
		156	−77825	20,47	0+		
		157	−75975	15,68	3/2−	±0,323	1,0
		158	−75822	24,87	0+		
		159	−73632		3/2−		
		160	−72885	21,90	0+		
		161	−70280		5/2−		
65	Tb	159	−74649	100	3/2+	±1,90	1,3
		160	−72854		3−	±1,6	1,9
		161	−72428		3/2+		
66	Dy	156	−76070	0,0524	0+		
		157	−74730		3/2−		
		158	−75551	0,0902	0+		
		159	−74241		3/2−		
		160	−74798	2,294	0+		
		161	−73055	18,88	5/2+	−0,45	1,3
		162	−73197	25,53	0+		
		163	−71245	24,97	5/2−	0,63	1,6
		164	−70800	28,18	0+		
		165	−68184		7/2+		
67	Ho	165	−69579	100	7/2−	4,0	2,82
		166			7−		
		166	−67711		0−		
68	Er	162	−71260	0,136	0+		
		163	−69935		5/2−		
		164	−70713	1,56	0+		
		165	−69181		5/2−	±0,65	±2,2
		166	−69693	33,41	0+		
		167	−67940	22,94	7/2+	−0,565	2,83
		168	−67617	27,07	0+		
		169	−65390		1/2−	0,51	
		170	−64440	14,88	0+		
		171	−61870		5/2−	±0,70	±2,4
69	Tm	169	−65755	100	1/2+	−0,231	
		170	−63940		1−	±0,247	±0,57
		171	−63470		1/2+	±0,227	
70	Yb	168	−65840	0,135	0+		
		169	−64470		7/2+		
		170	−64980	3,03	0+		
		171	−63570	14,31	1/2−	0,4930	
		172	−63640	21,82	0+		
		173	−61940	16,13	5/2−	−0,678	3,1
		174	−61260	31,84	0+		
		175	−58860		7/2−	±0,13	
		176	−57320	12,73	0+		
		177	−54590		9/2+		
71	Lu	175	−59360	97,41	7/2+	2,23	5,7
		176	−57340	2,59	7−	3,18	8,1
		176			1−		
		177	−56070		23/2−		
		177			7/2+	2,24	5,5
72	Hf	174	−59640	0,18	0+		
		175	−58390		5/2−		
		176	−58430	5,20	0+		
		177	−56600	18,50	7/2−	0,61	
		178	−56120	27,14	0+		
		179	−53970	13,75	9/2+	−0,47	
		180	−53180	35,24	0+		
		181	−50895		1/2−		
73	Ta	180	−52456	0,0123			
		180			1−		
		181	−51993	99,9877	7/2+	2,35	3,9
		182	−49833		3−		
74	W	180	−53000	0,135	0+		
		181	−51789		9/2+		
		182	−51699	26,41	0+		
		183	−49676	14,40	1/2−	0,117224	
		184	−48975	30,64	0+		
		185	−46481		3/2−		
		186	−45560	28,41	0+		
		187	−42756		3/2−		
75	Re	185	−46941	37,07	5/2+	3,1718	2,8
		186	−44980		1−	1,728	
		187	−44167	62,93	5/2+	3,2043	2,6
		188	−41647		1−	1,777	
76	Os	184	−47250	0,018	0+		
		185	−45887		1/2−		
		186	−46130	1,59	0+		
		187	−44168	1,64	1/2−	0,065	
		188	−43919	13,3	0+		
		189	−41700	16,1	3/2−	0,65596	0,8
		190	−41370	26,4	0+		
		191	−39030		9/2−		
		192	−38550	41,0	0+		
		193	−35773				

3	9	10	11
152	<125	stabil	
153		242 d	γ: 70, 97, 103; Eu—X
154	23	stabil	
155	61000	stabil	
156	8,67	stabil	
157	254000	stabil	
158	3,5	stabil	
159		18,56 h	β−: 950; γ: 58, 363
160	0,768	stabil	
161		3,6 min	β−: 1600; γ: 102, 284, 315, 361
159	22	stabil	
160	525	72,1 d	β−: 1740, 860; γ:87, 299, 879, 966, 1272
161		6,9 d	β−: 590, 520; γ: 26, 57, 75
156		stabil	
157		8,06 h	γ: 326; Tb—X
158	96	stabil	
159		144 d	γ: 58; Tb—X
160	55	stabil	
161	600	stabil	
162	160	stabil	
163	125	stabil	
164	2700	stabil	
165	4700	2,35 h	β−: 1290; γ: 95, 361, 633, 716, 1080
165	66,5	stabil	
166		1200 a	β−: 70; γ: 81, 184, 280, 532, 711, 810, 830
166		26,7 h	β−: 1840; γ: 81, 1380, 1582, 1663
162	2,0	stabil	
163		75 min	β+: 190; γ: 430, 1100
164	1,65	stabil	
165		10,3 h	Ho—X
166	35	stabil	
167	650	stabil	
168	2,03	stabil	
169		9,5 d	β−: 340; γ: 8
170	9	stabil	
171	250	7,5 h	β−: 1490, 1060; γ: 122, 124, 296, 308
169	106	stabil	
170	150	130 d	β−: 970; γ: 84; Yb—X
171		1,92 a	β−: 97; γ: 67; Yb—X
168	5500	stabil	
169		32 d	γ: 63, 110, 131, 177, 198, 308
170	92	stabil	
171	46	stabil	
172	3,3	stabil	
173	20	stabil	
174	55	stabil	
175		4,2 d	β−: 466; γ: 114, 283, 396
176	5,5	stabil	
177		1,9 h	β−: 1400; γ: 122, 151, 1080, 1241
175	23	stabil	
176	2100	3×10 (10) a	β−: 430; γ: 88, 202, 306
176		3,68 h	β−: 1310; γ: 88
177		155 d	β−: 165; γ: 105, 113, 128, 153, 208, 414
177		6,7 d	β−: 497; γ: 113, 208
174	400	stabil	
175		70 d	γ: 89, 343, 433
176	15	stabil	
177	370	stabil	
178	80	stabil	
179	65	stabil	
180	12,6	stabil	
181	40	42,5 d	β−: 410; γ: 133, 346, 482
180		stabil	
180		8,1 h	β−: 710; γ: 93, 103
181	21	stabil	
182	8200	115 d	β−: 1710, 522; γ: 68, 100, 1122, 1189, 1222
180	<20	stabil	
181		130 d	γ: 6, 136, 152
182	20,7	stabil	
183	10,2	stabil	
184	1,8	stabil	
185		74 d	β−: 429
186	38	stabil	
187	90	23,8 h	β−: 1310, 630; γ: 72, 479, 618, 686, 773
185	105	stabil	
186		90 h	β−: 1070; γ: 137, 632, 768
187	73	5×10 (10) a	β−: 3
188		16,8 h	β−: 2120; γ: 155, 478, 633, 829, 932
184	<200	stabil	
185		94 d	γ: 646, 875
186		stabil	
187		stabil	
188		stabil	
189		stabil	
190	12,5	stabil	
191		15 d	β−: 143; γ: 129; Ir—X
192	1,6	stabil	
193	8	31 h	β−: 1130; γ: 139, 322, 380, 460, 558

Tabelle (Fortsetzung)

1	2	3	4	5	6	7	8
77	Ir	191	−39360	37,3	3/2+	0,16	1,5
		192	−37300		4−	±1,9	
		193	−36988	62,7	3/2+	0,17	1,5
		194	−34875		1−		
78	Pt	190	−40050	0,0127	0+		
		191	−38550		3/2−		
		192	−38850	0,78	0+		
		193					
		193	−36940				
		194	−37275	32,9	0+		
		195	−35187	33,8	1/2−	0,60602	
		196	−35033	25,3	0+		
		197	−32653		1/2−		
		198	−32105	7,21	0+		
		199	−29420				
79	Au	197	−33459	100	3/2+	0,14485	0,6
		198	−31769		2−	±0,6	
		199	−31227		3/2+	±0,26	
80	Hg	196	−34180	0,146	0+		
		197			13/2+	−1,032	
		197	−32640		1/2−	0,52406	
		198	−33244	10,02	0+		
		199	−31721	16,84	1/2−	0,502702	
		200	−31673	23,13	0+		
		201	−29692	13,22	3/2−	−0,556701	0,50
		202	−29358	29,80	0+		
		203	−27120		5/2−		
		204	−26505	6,85	0+		
		205	−23790		1/2−		
		206	−22487		0+		
81	Tl	203	−27647	29,50	1/2+	1,61169	
		204	−26135		2−	±0,089	
		205	−25558	70,50	1/2+	1,62754	
		206	−23896		0−		
		207	−22550		1/2+		
		208	−17987	n	5+		
		210	−9946	n			
82	Pb	204	−26956	1,48	0+		
		205	−25520		5/2−		
		206	−25532	23,6	0+		
		207	−24097	22,6	1/2−	0,5895	
		208	−23350	52,3	0+		
		209	−18918		9/2+		
		210	−15813	n	0+		
		211	−11258	n	9/2+		
		212	−8095	n	0+		
		214	−234	n	0+		
83	Bi	209	−19606	100	9/2−	4,0802	−0,34
		210	−15879				
		210		n	1−	±0,0442	±0,13
		211	−12700	n	9/2−		
		212	−8721	n	1−		
		214	−1314	n	1−		
		215	1830				
84	Po	210	−17124	n	0+		
		211	−13343	n	9/2+		
		212	−11134	n	0+		
		214	−4799	n	0+		
		215	−577	n	9/2+		
		216	1922	n	0+		
		218	8930	n	0+		
85	At	209	−13833		9/2−		
		210	−12964		5+		
		211	−12538		9/2−		
86	Rn	219	9481	n			
		220	11401	n	0+		
		222	17531	n	0+		
87	Fr	223	19736	n	3/2+		
88	Ra	223	18501	n	1/2+		
		224	20218	n	0+		
		226	25360	n	0+		
		228	31139	n	0+		
89	Ac	227	27753	n	3/2+	1,1	
		228	31080	n			
90	Th	227	27706	n	3/2+		
		228	28750	n	0+		
		230	33087	n	0+		
		231	36291	n	5/2+		
		232	38124	100	0+		
		234	43583	n	0+		
91	Pa	231	35877	n	3/2−	1,98	
		234		n	0−		
		234	43298	n	4+		
92	U	234	40904	0,0056	0+		
		235	43915	0,7205	7/2−	±0,35	±3,8
		238	50770	99,2739	0+		
93	Np	237	48056		5/2+	±6	

3	9	10	11
191	910	stabil	
192	700	74 d	β− : 670; γ: 296, 308, 317, 468, 604, 612
193	110	stabil	
194		17,4 h	β− : 2240; γ: 328, 640, 939, 1480, 1700
190	150	6×10 (11) a	α: 3180
191		3,0 d	γ: 96, 129, 175, 269, 410, 457, 539, 624
192	2	stabil	
193		4,4 d	Pt—X
193		500 a	Ir—X
194	1,1	stabil	
195	27	stabil	
196	0,96	stabil	
197		18 h	β− : 670; γ: 77, 191
198	0,27	stabil	
199	15	31 min	β− : 1690; γ: 75, 197, 245, 475, 540, 960
197	98,8	stabil	
198	25800	2,70 d	β− : 962; γ: 412, 676, 1088
199	30	3,15 d	β− : 460, 300; γ: 158, 208
196	3199	stabil	
197		23,8 h	γ: 134, 279; Hg—X
197		64,14 h	γ: 77, 191, 268; Au—X
198		stabil	
199	2500	stabil	
200	<60	stabil	
201	<60	stabil	
202	5,0	stabil	
203		46,9 d	β− : 214; γ: 279
204	0,43	stabil	
205		5,5 min	β− : 1700; γ: 205
206		8,1 min	β− : 1300; γ: 310
203	8	stabil	
204		3,8 a	β− : 766; Hg—X
205	0,11	stabil	
206		4,3 min	β− : 1520
207		4,8 min	β− : 1440; γ: 897
208		3,1 min	β− : 1800; γ: 510, 583, 860, 2614
210		1,3 min	β− : 2300; γ: 296, 795, 1210, 1310, 2430
204	0,655	stabil	
205		3×10 (7) a	Tl—X
206	0,030	stabil	
207	0,709	stabil	
208	0,0006	stabil	
209		3,3 h	β− : 635
210		22 a	β− : 61; γ: 47; Bi−X; α: 3720;
211		36,1 min	β− : 1360; γ: 405, 427, 702, 766, 832;
212		10,6 h	β− : 580; γ: 239, 300;
214		26,8 min	β− : 1030, 670; γ: 242, 295, 352;
209	0,034	stabil	
210		2,6×10 (6) a	α: 4960, 4920, 4570; γ: 262, 300, 340, 610;
210		5,0 d	β− : 1160; α: 4690, 4650;
211		2,15 min	α: 6620, 6280; γ: 351
212		60,6 min	β− : 2250; α: 6090, 6050; γ: 40, 288, 727
214		19,8 min	β− : 3260; α: 5510, 5450; γ: 609, 1764, 2445
215		7,4 min	
210		138,40 d	α: 5305; γ: 803
211		0,52 s	α: 7450; γ: 570, 900
212		0,3×10(−6)s	α: 8780
214		1,6×10(−4)s	α: 7690; γ: 799
215		1,8×10(−3)s	α: 7380
216		0,15 s	α: 6780
218		3,05 min	α: 6000
209		5,5 h	α: 5650; γ: 195, 545, 780
210		8,3 h	α: 5520, 5440, 5360; γ: 245, 1180, 1436
211		7,2 h	α: 5868; Po—X
219		3,96 s	α: 6820, 6550, 6420; γ: 272, 401
220	<0,2	55,6 s	α: 6290; γ: 550
222	0,72	3,824 d	α: 5490; γ: 510
223		21,8 min	β− : 1150; γ: 50, 80, 234
223	130	11,43 d	α: 5750, 5710, 5610, 5540; γ: 149, 270
224	12	3,64 d	α: 5680, 5450; γ: 241
226	20	1600 a	α: 4780, 4600; γ: 186
228	36	5,75 a	β− : 50
227	830	21,8 a	α: 4950, 4860; β− : 46; γ: 70, 166, 190
228		6,13 h	β− : 2110; γ: 340, 908, 960
227	250 f	18,72 d	α: 6040, 5980, 5760, 5720; γ: 50, 237
228	123	1,913 a	α: 5430, 5340; γ: 84, 132, 167, 214
230	23	7,5×10 (4) a	α: 4680, 4620; γ: 68, 142, 184, 253
231		25,6 h	β− : 300; γ: 26, 84
232	7,4	1,4×10 (10) a	α: 4010, 3950; Ra—X
234	1,8	24,10 d	β− : 191; γ: 63, 93
231	200	3,25×10 (4) a	α: 5060, 5020, 5010, 4950, 4730; γ: 27, 290
234	500 f	1,18 min	β− : 2290; γ: 765, 1001
234		6,75 h	β− : 1300, 1130, 530; γ: 100, 126, 220, 1080
234	95	2,47×10 (5) a	α: 4770, 4720; γ: 53, 117
235	579,5 f	7,1×10 (8) a	α: 4580, 4400, 4370; γ: 143, 185, 204
238	2,73	4,51×10 (9) a	α: 4200, 4150; Th−X
237	170	2,14×10 (6) a	α: 4780, 4650; γ: 30, 86, 145

1	2	3	4	5	6	7	8
94	Pu	239	52146		1/2+	0,200	
		240	53882		0+		
		242	58725		0+		
95	Am	241	56714		5/2−	1,58	4,9
		243	61367		5/2−	1,4	4,9
96	Cm	245	65371		7/2+		
		246	67202		0+		
		247	70280				
		248	72220		0+		
97	Bk	247	70260				
		249	74883		7/2+		
98	Cf	249	74749		9/2−		
		250	76384		0+		
		251	79260		1/2+		
		252	81500		0+		
99	Es	253	84730		7/2+		
		255					
100	Fm	252	82562		0+		
		253	84930				
101	Md	258					
102		255	92730				
103	Lr	256					
104	Ku	260					

bzw. Emissionsspektrum des Kristalls bei der gleichen Wellenlänge zum Auftreten einer sehr schmalen Linie (Null-Phonon-Linie, Abb.).

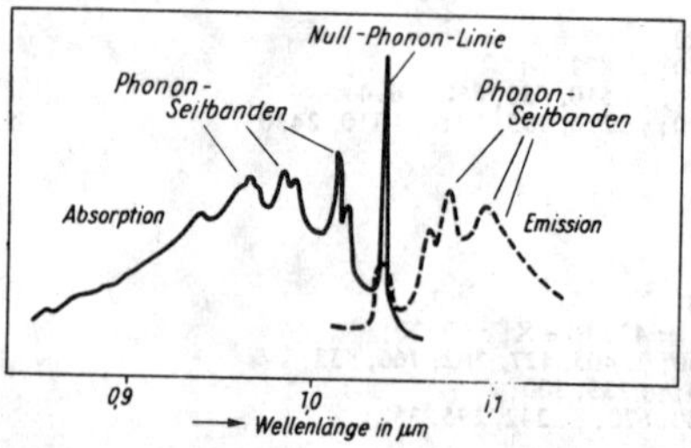

Null-Phonon-Linie und Phonon-Seitbanden im Absorptions- und Emissionsspektrum des M′-Zentrums in LiF bei 4 K

Zusätzlich werden im Absorptionsspektrum bei kleineren Wellenlängen und spiegelsymmetrisch im Emissionsspektrum bei größeren Wellenlängen *Phonon-Seitbanden* beobachtet (Abb.). Diese entstehen dadurch, daß sich beim Elektronenübergang in der Störstelle mit gewisser Wahrscheinlichkeit gleichzeitig der Schwingungszustand des gesamten Kristalls ändert, d. h., es werden Phononen emittiert oder absorbiert. Wegen einer formalen Analogie zum → Mößbauer-Effekt wird das Auftreten von schmalen Null-Phonon-Linien und Phonon-Seitbanden im optischen Spektralbereich auch *optischer Mößbauer-Effekt* genannt. Das Verhältnis der Intensität der Null-Phonon-Linie zur Intensität der gesamten Bande wird durch den *Debye-Waller-Faktor* e^{-2W} gegeben, wobei W mit wachsender Temperatur stark zunimmt. Für die Beobachtung eines N.-P.-Ü.s sind daher sehr tiefe Temperaturen (< 20 K) erforderlich, ferner darf die Elektron-Phonon-Kopplung bei der Störstelle nicht zu stark sein, da sonst die Phonon-Seitbanden überwiegen.

Nullpotential, svw. Nulladungspotential.

Nullpunkt, *absoluter N.*, der Nullpunkt der thermodynamischen Temperatur, festgelegt als 0 K. Am absoluten N. befinden sich alle physikalischen Systeme in ihrem Zustand niedrigster Energie, dem Grundzustand. Von ihm aus werden die Kelvin-Skala und die Rankine-Skala gezählt, → Temperaturskala.

Nullpunktfeld, → Vakuumschwankung.

Nullpunktschwankung, svw. Vakuumschwankung.

Nullpunktsdepression, thermische Nachwirkung bei Gläsern, die sich besonders bei Thermometern störend bemerkbar macht. Wird ein Glasgefäß erhitzt und anschließend auf die Ausgangstemperatur abgekühlt, so nimmt es nicht gleich seine ursprüngliche Größe und Form wieder an. Es kehrt nur sehr langsam in seinen Anfangszustand zurück. Bei Thermometern führt dieser Umstand zu Meßfehlern. Man gibt die Abweichung an, die bei 0 °C auftritt. Das Thermometer zeigt nach Abkühlung eine geringfügig kleinere Temperatur an. Durch Verwendung geeigneter Gläser kann die N. auf einige hundertstel Grad heruntergedrückt werden.

Nullpunktsenergie, die Energie eines Systems am absoluten Nullpunkt der Temperatur, d. h. im Grundzustand des Systems. In der Quantentheorie wird der Begriff N. oft auch nur für die kinetische Energie gebraucht, die wegen der Heisenbergschen Unbestimmtheitsrelation im Gegensatz zu den Aussagen der klassischen statistischen Mechanik am absoluten Nullpunkt nicht verschwindet. So ergeben sich z. B. die quantenmechanischen Energieniveaus eines eindimensionalen harmonischen Oszillators der Frequenz ν zu $E_n = h\nu(n + 1/2)$, wobei h das Plancksche Wirkungsquantum ist und n die Werte $n = 0, 1, 2, \ldots$ annehmen kann; der Grundzustand des harmonischen Oszillators ist daher $E_0 = h\nu/2 = \hbar\omega/2$ (mit $\hbar = h/2\pi$, $\omega = 2\pi\nu$). Dieser Wert folgt auch aus der Unbestimmtheitsrelation $\Delta q \cdot \Delta p \geqq \hbar/2$ für die Orts- bzw. Impulsunbestimmtheiten Δq bzw. Δp eines Teilchens. Danach kann auch am absoluten Nullpunkt der Temperatur ($T = 0$) die Bewegung eines Teilchens nicht völlig „einfrieren", da sonst der Ort genau bekannt ($\Delta q = 0$) und der Impuls $p = 0$ (d. h., auch $\Delta p = 0$) wäre; es muß statt dessen eine Nullpunktsbewegung und daher eine N. E_0 verbleiben.

Die N. kann natürlich willkürlich, durch Umnormierung der Energieskala, zu Null definiert werden. Dies ist insbesondere in der Quanten-

3	9	10	11
239	742,4 f	2,44×10 (4) a	α: 5160, 5110; γ: 39, 52, 129; U—X
240	281	6600 a	α: 5170, 5120; U—X
242	19,8	3,8×10 (5) a	α: 4900, 4860
241	740	433 a	α: 5490, 5440; γ: 60
243	68	7950 a	α: 5280, 5230; γ: 44, 75
245	1900 f	9320 a	α: 5360, 5310; γ: 130, 173
246	15	5480 a	α: 5390, 5340
247	180	1,64×10 (7) a	
248	7,2	4,7×10 (5) a	α: 5080, 5040
247		1380 a	α: 5680, 5520; γ: 84, 270
249	500	314 d	$\beta-$: 125; α: 5420
249	1735 f	360 a	α: 5810; γ: 333, 388
250	1500	13,2 a	α: 6030, 5990
251	3000 f	892 a	α: 5850, 5670; γ: 180
252	30	2,65 a	α: 6120, 6080
253	351	20,47 d	α: 6640; γ: 387, 429
255		39,8 d	α: 6310
252		23 h	α: 7050
253		3,0 d	α: 6960, 6910
258		54 d	α: 6730, 6780
255		185 s	α: 8110
256		35 s	α: 8350
260		0,3 s	

feldtheorie notwendig, da hier die N. häufig den Wert unendlich annimmt, z. B. beim elektromagnetischen Feld, das als Superposition unendlich vieler harmonischer Oszillatoren mit verschiedenen Frequenzen ω aufgefaßt werden kann. Diese N.n der Quantenfelder werden bereits durch geeignete Definition der Lagrange-Dichte eliminiert, indem statt der üblicherweise auftretenden bilinearen Produkte von Bose- bzw. Fermi-Feldern deren Kommutatoren bzw. Antikommutatoren eingeführt werden; sie sind nicht identisch mit den → Selbstenergien der zugehörigen Teilchen.

Nullrate, *Nulleffekt*, Anzahl der Impulse je Zeiteinheit, die in einem Strahlungsdetektor durch andere Ursachen als die zu messende Strahlung ausgelöst werden. Die N. wird durch kosmische Strahlung und durch die Radioaktivität in der Umgebung des Strahlungsdetektors hervorgerufen.

Nullschicht, → Atmosphäre.

Nullstrahler, svw. Strahler nullter Ordnung, → Kugelstrahler.

Nullteiler, Elemente x und y einer Menge M, in der eine Multiplikation yx erklärt ist, deren Produkt yx Null sein kann, ohne daß notwendig x oder y Null sein muß. Nullteiler gibt es bei Vektoren und Matrizen, z. B. ist $\vec{a} \cdot \vec{b} = 0$, wenn die Vektoren $\vec{a}$ und $\vec{b}$ senkrecht zueinander stehen.

Nullücke, → Spektren zweiatomiger Moleküle.

Nullung, → Erdung.

Nullvektor, *lichtartiger Vektor* oder *isotroper Vektor*, Vierervektor mit dem Betrag Null: $g_{\mu\nu}k^{\mu}k^{\nu} = 0$ (→ spezielle Relativitätstheorie, → Minkowski-Raum). Beispiele für einen N. sind der Tangentialvektor an eine Nullinie, Vierergeschwindigkeit bzw. -impuls eines ruhmasselosen Teilchens.

numerische Analysis, Gesamtheit der Methoden zur zahlenmäßigen Auswertung von Gleichungssystemen. Das wichtigste Hilfsmittel der n. A. ist heute der Rechenautomat.

numerische Exzentrizität, bei Kegelschnitten das Verhältnis $\varepsilon = d/r$ des Abstands d eines Kegelschnittpunkts von einer Leitlinie L und des Abstands r vom zugehörigen Brennpunkt. Diese Konstante hat für die Parabel den Wert $\varepsilon = 1$, für Ellipse und Hyperbel den Wert $\varepsilon = e/a$, wenn e die lineare Exzentrizität und a die halbe große Achse ist. Für die Ellipse ist $\varepsilon < 1$, für die Hyperbel ist $\varepsilon > 1$. Der Kreis kann mit $\varepsilon = 0$ als Grenzfall angesehen werden (Abb.).

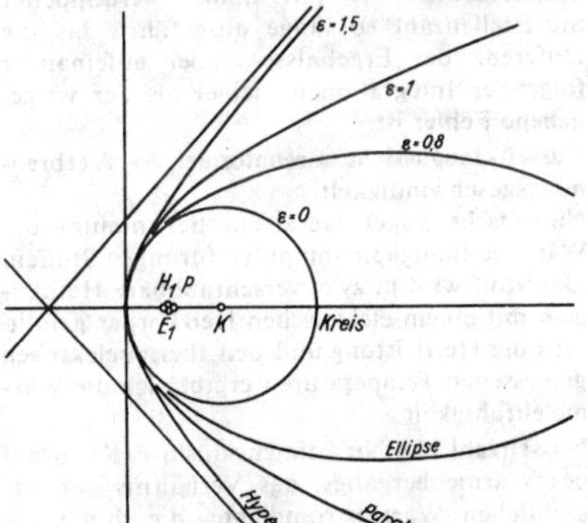

Abhängigkeit eines Kegelschnitts von der numerischen Exzentrizität

numerische Integration, die angenäherte zahlenmäßige Berechnung eines bestimmten Integrals $\int_a^b f(x)\,dx$. Die n. I. wird angewandt, wenn die Funktion $f(x)$ nur an bestimmten Punkten des Intervalles $[a, b]$ z. B. in Form von Meßwerten gegeben ist oder wenn der Wert des Integrals auf andere Weise nicht oder nur mit großem Aufwand bestimmt werden kann, wie es z. B. bei der Berechnung von Streuamplituden der Fall ist. Die n. I. kann von Hand oder besonders rationell mit EDV-Anlagen durchgeführt werden.

Allgemein wird bei der n.n I. das Integrationsintervall $[a, b]$ in eine Anzahl N von Stützstellen x_i mit $a = x_0 < x_1 < \cdots < x_N = b$ zerlegt und das Integral in der Form

$$\int_a^b f(x)\,dx = \sum_{i=0}^{N} a_i f(x_i) + R \qquad (1)$$

dargestellt, wobei die Gewichtsfaktoren a_i sich aus dem jeweiligen Integrationsverfahren und der Verteilung der Stützstellen ergeben. Das Restglied R läßt sich bei hinreichend großem N beliebig klein machen. Mehrdimensionale Integrale werden bei der n.n I. im allgemeinen auf eindimensionale Integrale zurückgeführt.

Das gebräuchlichste Verfahren, das bei relativ geringem Aufwand die genauesten Werte liefert, ist die Integration nach der Simpsonschen Regel, auch Keplersche Faßregel genannt. Bei dieser wird unter der Voraussetzung, daß N gerade ist und daß die Stützstellen äquidistant verteilt sind, durch die Funktionswerte $f(x_k), f(x_{k+1}), f(x_{k+2}), \ldots$ mit $k = 0, 2, \ldots, N-2$ je eine Parabel gelegt, d. h., $f(x)$ wird durch Parabelstücken angenähert. Dann kann die Integration leicht ausgeführt werden und im Ergebnis entsteht

$$\int_a^b f(x)\,\mathrm{d}x = \frac{b-a}{N}\,(f(x_0) + 4f(x_1) + + 2f(x_2) + 4f(x_3) + \cdots + 2f(x_{N-2}) + + 4f(x_{N-1}) + f(x_N)) + R \qquad (2)$$

Bei der praktischen Verwendung von (2) auf EDV-Anlagen wird zur Fehlerabschätzung nicht das Restglied R abgeschätzt, sondern die Integration ausgehend von einer vorgegebenen Stützstellenzahl N mit immer verdoppelter Stützstellenzahl so lange ausgeführt, bis die Differenz der Ergebnisse zweier aufeinander folgender Integrationen kleiner als der vorgegebene Fehler ist.

Nusselt-Jouguetsche Brennformel, → Verbrennungsgeschwindigkeit.

Nusseltsche Kugel, Gerät zur Bestimmung der Wärmeleitfähigkeit von pulverförmigen Stoffen. Der Stoff wird in zwei verschraubbare Halbkugeln mit einem elektrischen Heizkörper gefüllt. Aus der Heizleistung und den thermoelektrisch gemessenen Temperaturen ergibt sich die Wärmeleitfähigkeit.

Nusseltzahl, 1) Nu, dimensionslose Kennzahl des Wärmeübergangs, das Verhältnis der tatsächlichen Wärmestromdichte, die durch die Wärmeübergangszahl α gekennzeichnet wird, zu der Wärmestromdichte, die durch reine Leitung in einer Schicht von der Dicke l auftreten würde: $\mathrm{Nu} = \frac{\alpha \cdot l}{\lambda}$; dabei ist l eine charakteristische Länge und λ die Wärmeleitzahl. Die N. ist von großer Bedeutung für die Wärmeübertragung einer Strömung an eine Wand (→ Konvektion, → Impulstheorie des Wärmeübergangs).

2) Nu′, Kennzahl des Stoffübergangs, auch *N. zweiter Art* genannt, analog zur N. des Wärmeübergangs definiert: $\mathrm{Nu}' = \frac{\beta' \cdot l}{D}$, dabei ist β' die Stoffübergangszahl und D der Diffusionskoeffizient (→ Austausch).

Nutation, → Präzession, → Kreisel.

Nutationskegel, → Kreisel.

Nutzeffekt, weniger gebräuchliche Bezeichnung für → Wirkungsgrad.

nx, → Nox.

Nyktometer, → Adaptation.

Nyquist-Formel, → Rauschen II, 1).

Nyquist-Kriterium, → Rückkopplung.

Nyquist-Rauschen, → Rauschen II, 1).

O, 1) *O* Oberfläche. **2)** $o(z)$ mathematisches Symbol zur Bezeichnung für unendlich kleine Größen höherer Ordnung als z. **3)** $O(z)$ mathematisches Symbol zur Bezeichnung für unendlich kleine Größen gleicher Ordnung wie z.

O-Bande, → Farbzentrum.

Oberfläche, Grenzfläche zwischen einem Festkörper oder einer Flüssigkeit und einem stoffarmen Raum, z. B. dem Vakuum oder einem Dampfraum. O.n sind auf Grund der Grenzschichteigenschaften charakterisiert durch die Oberflächenenergie (→ Oberflächenspannung). Festkörperoberflächen weisen je nach der Methode ihrer Erzeugung oder Behandlung unterschiedliche → Oberflächenstrukturen auf. O.n, die außer den durch das Potentialgebirge der regelmäßigen Atomanordnung bedingten Adsorptionsstellen keine Stellen besonders erhöhter Adsorptionsenergie aufweisen, bezeichnet man als *homogene O.n*, solche mit Stellen unterschiedlicher Adsorptionsenergie als *heterogene O.n*. Ist eine O. als Ganzes in bezug auf die Adsorption zwar heterogen, setzt sich aber aus kleinen homogenen Bereichen zusammen, so nennt man sie *homotattisch*. Einkristalle bilden beim Kristallwachstum oder Kristallabbau meist niedrig indizierte glatte Oberflächen aus. Ideal glatte O.n kann es bei endlichen Temperaturen auf Grund der thermodynamisch bedingten → Oberflächenrauhigkeit nicht geben. Reine, von adsorbierten Fremdstoffen freie O.n sind nur im Ultrahochvakuum zu erhalten. Bei spaltbaren Substanzen erhält man sie am besten durch Kristallspaltung im Ultrahochvakuum-Rezipienten, wobei verhindert werden muß, daß Verunreinigungen während des Spaltvorganges oder nachträglich durch Diffusion aus dem Inneren des Kristalls auf die O. gelangen. O.n nicht spaltbarer Substanzen werden durch Beschuß mit Edelgasionen im Ultrahochvakuum gereinigt. Die durch den Beschuß erzeugte Oberflächenrauhigkeit muß durch eine nachfolgende Temperung ausgeheilt werden. Da dabei erneut Verunreinigungen aus dem Kristallinneren zur Oberfläche diffundieren können, wird im allgemeinen zur Reinigung ein mehrfach wiederholter Ionenbeschuß-Temper-Zyklus angewendet.

Oberflächenaktivität, 1) das auf der Ausbildung großer innerer Oberflächen beruhende starke Adsorptionsvermögen einiger Materialien, z. B. von Aktivkohle, Kieselgel und den Bleicherden (→ Adsorption), **2)** die Fähigkeit einer gelösten Substanz, die Oberflächenspannung eines Lösungsmittels, insbesondere die von Wasser, zu erniedrigen. Die Verminderung der Oberflächenspannung beruht auf einer Anreicherung des gelösten Stoffes an der Oberfläche der Lösung. Der Zusammenhang zwischen der Oberflächenspannung σ, der Konzentration des gelösten Stoffes im Inneren der Lösung c und der Konzentration des gelösten Stoffes an der Oberfläche der Lösung a wird durch die *Gibbssche Adsorptionsgleichung* gegeben:

$$a = -\frac{c}{RT} \cdot \left(\frac{\partial\sigma}{\partial c}\right)_{O=\mathrm{konst.}}$$

Hierbei ist T die absolute Temperatur, R die Gaskonstante und $\left(\frac{\partial\sigma}{\partial c}\right)_{O=\mathrm{konst.}}$ die Änderung der Oberflächenspannung mit wachsender Konzentration bei konstant gehaltener Größe der Oberfläche. Im Falle oberflächenaktiver Stoffe ist $\left(\frac{\partial \sigma}{\partial c}\right)_O$ negativ, d. h., es findet in der Oberfläche eine Anreicherung des gelösten Stoffes statt. Stoffe, die die Oberflächenspannung nicht ändern oder vergrößern, heißen *oberflächeninaktiv*. Bei diesen ist $\left(\frac{\partial \sigma}{\partial c}\right)_O$ positiv, und es tritt eine Verarmung des gelösten Stoffes an der Oberfläche ein. Stoffe, die die Oberflächenspannung erniedrigen, werden auch als kapillaraktiv, und solche, die sie nicht erniedrigen, als kapillarinaktiv bezeichnet. Durch die Erniedrigung der Oberflächenspannung wird die Benetzbarkeit eines festen Körpers durch die Flüssigkeit gefördert; hierauf beruht vor allem die Wirkung der Waschmittel.

Oberflächendekorationsverfahren, → elektronenmikroskopische Präparationstechnik.

Oberflächendiffusion, → Diffusion.

Oberflächenelement, → Integralrechnung.

Oberflächenenergie, → Oberflächenspannung.

Oberflächenfilm, im weiteren Sinne eine flüssige dünne Schicht auf der Oberfläche fester oder flüssiger Körper, im engeren Sinne eine monomolekulare Schicht wasserunlöslicher Substanzen auf einer Wasseroberfläche. Wird eine geringe Menge einer wasserunlöslichen Fettsäure in einem geeigneten Lösungsmittel, z. B. Benzol, gelöst und ein Tropfen dieser Lösung auf eine reine Wasseroberfläche gegeben, dann breitet sich dieser Tropfen durch Spreitung über die gesamte Oberfläche aus. Nach dem Verdunsten des Lösungsmittels bleibt auf der Oberfläche ein dünner O. dieser Fettsäure zurück. Steht der Fettsäure mehr Platz zur Verfügung, als zur Bildung einer Monoschicht notwendig ist, dann bildet sich eine ideal-gasanaloge Schicht, indem sich ihre Moleküle wie die Molekeln eines idealen Gases auf der Oberfläche bewegen. Gleich diesen führen sie Stöße aus, die einen zweidimensionalen Oberflächendruck Π(dyn/cm) bewirken. Die Beziehung zwischen Π und der einem Molekül zur Verfügung stehenden Fläche A ist der idealen Gasgleichung völlig analog: $\Pi \cdot A = kT$, wobei k die Boltzmannsche Konstante und T die absolute Temperatur ist. Der Druck ergibt sich auch aus der durch die Anwesenheit des Films hervorgerufenen Erniedrigung der Oberflächenspannung. Werden die Moleküle durch Verkleinerung der Oberfläche zusammengedrängt, so treten beim Erreichen bestimmter Oberflächendrücke Umwandlungen auf, die der Kondensation von Dämpfen analog sind; der Film zeigt dann realgasanaloges Verhalten. Kondensierte Filme von monomolekularer Dicke können auf Metall- oder Glasplättchen aufgefischt und Schicht für Schicht zu „Aufbaufilmen" übereinandergelagert werden, die wertvolle Hilfsmittel der Forschung darstellen.

Lit. Dettner: Lexikon für Metalloberflächen-Veredlung (Saulgau 1972).

Oberflächenimpedanz, eine Größe, die das Reflexionsverhalten von Wellen an der ebenen Oberfläche eines Mediums beschreibt. In der Elektrodynamik und Optik ist die O. ein Tensor Z, der das elektrische Feld $\vec{E}$ einer elektromagnetischen Welle der Frequenz ω mit der Normalableitung $\vec{E}'$ dieses Feldes an einer Oberfläche gemäß der Relation $\vec{E} = (1/\mu_0\mu_{rel}i\omega) \cdot Z \cdot \vec{E}'$ verknüpft. In einem Medium mit einer wellenzahlunabhängigen Dielektrizitätsfunktion ε_{rel} beträgt die O. $Z = \sqrt{\mu_0\mu_{rel}/\varepsilon_0\varepsilon_{rel}}$, speziell $Z = 4\pi c$ im Vakuum. Für unmagnetische Festkörper ist $\mu_{rel} = 1$. Fällt eine elektromagnetische Welle mit der elektrischen Feldstärke $\vec{E}_e$ aus dem Vakuum auf die Oberfläche eines Mediums, so ist die elektrische Feldstärke in der reflektierten Welle $\vec{E}_r = (Z - \sqrt{\mu_0/\varepsilon_0})(Z + \sqrt{\mu_0/\varepsilon_0})^{-1} \vec{E}_e$. Die O. läßt sich durch Messung der reflektierten Welle experimentell ermitteln. Im Frequenzbereich der Radio- und Mikrowellen wird die O. eines Festkörpers experimentell über ihren Einfluß auf die Resonanzeigenschaften eines Resonators bestimmt, in den der Festkörper eingebaut wird.

Bei Supraleitern 1. Art ist die O. der elektrische Widerstand des Supraleiters bei Belastung mit Wechselstrom hoher Frequenzen. Da es sich um einen Wechselstrom handelt, spricht man besser von O. als von *Oberflächenwiderstand*. Die Vorsetzung des Wortes „Oberfläche" rührt daher, daß einerseits in Supraleitern 1. Art Ströme nur in der Oberfläche fließen können und andererseits infolge des Skineffekts bei genügend hoher Frequenz des Wechselstroms auch bei Normalleitern nur ein Oberflächenstrom fließt. Bei Frequenzen ν des Wechselstroms bzw. der entsprechenden eingestrahlten elektromagnetischen Welle, für die die Energie der Strahlungsquanten $E = h\nu$ etwa der Energielücke $2\Delta = 3{,}5\, kT_c$ entspricht, nimmt die O. eines Supraleiters wesentlich zu, da dann die Energie E der Strahlungsquanten genügt, um die Cooper-Paare (→ BCS-Theorie der Supraleitfähigkeit) aufzubrechen, und somit eine Annäherung an die O. eines Normalleiters erfolgt. Es bedeuten k die Boltzmannsche Konstante, h das Plancksche Wirkungsquantum und T_c die der Energielücke entsprechende Temperatur der Cooper-Paare. Bei Supraleitern 2. Art ergeben sich kompliziertere Verhältnisse. → Wechselstromverluste in Supraleitern.

Oberflächenintegral, → Integralrechnung.

Oberflächenionisation, → Ionisation.

Oberflächenpassivierungstechnik, svw. Planartechnik.

Oberflächenpumpe, svw. Kapazitätspumpe.

Oberflächenrauhigkeit, Abweichung des Profils einer Oberfläche von der ideal glatten Form. Bei technischen Oberflächen wird zwischen Rauhigkeit, Welligkeit und Formfehlern unterschieden, und die technischen Prüfverfahren haben die Aufgabe, diese drei im Rauhigkeitsgebirge überlagerten Komponenten zu trennen. Die *Rauhigkeit* im technischen Sinn ist eine Folge von Hügeln und Tälern mit mittleren Abständen von etwa 10^{-4} bis 10^{-1} cm. Der Rauhigkeit kann noch eine *Welligkeit* mit einer mittleren Periode von etwa 10^{-1} bis 1 cm überlagert sein, die meist von einem periodischen Gang bei der Bearbeitung der Oberfläche herrührt. Eine Abweichung der Oberfläche als Ganzes von der gewünschten Form wird als *Formfehler* bezeichnet.

Aussagen über die O. sind nur sinnvoll bei gleichzeitiger Angabe des Prüfverfahrens. So erscheinen z. B. submikroskopisch rauhe Oberflächen bei einem groben technischen Prüfverfahren als glatt, und technisch als rauh erkannte Oberflächen können in submikroskopischen Elementarbereichen glatt sein. Die wichtigsten technischen Prüfverfahren sind die ***Stylusmethode***, bei der ein feiner Stift die Oberfläche abtastet, und ***interferenzmikroskopische Verfahren***, insbesondere das der Vielstrahlinterferenz nach Tolansky.

Da die O. stets mit einer Vergrößerung der Oberfläche verbunden ist, wird als Maß für die O. oft das Verhältnis von wahrer zu scheinbarer, d. h. makroskopisch ausgemessener Oberfläche angegeben.

Auch makroskopisch glatte Spaltflächen von Einkristallen zeigen noch eine submikroskopische O. Einerseits wird beim Spaltprozeß im allgemeinen eine Vielzahl nur wenige Atomlagen hoher Stufen erzeugt, andererseits können auch von Stufen freie Bereiche aus thermodynamischen Gründen nicht völlig glatt sein. Bei endlichen Temperaturen besteht immer eine gewisse Wahrscheinlichkeit dafür, daß einzelne Atome durch thermische Aktivierung ihre festen Plätze in der Oberfläche verlassen und sich als → Adatome auf die oberste Netzebene des Kristalls begeben, während in der obersten Netzebene Oberflächenlücken und Lückenaggregate zurückbleiben.

Oberflächenreibung, → Reibung.

Oberflächenrekombination, → Rekombination 1).

Oberflächenspannung, σ, an einer Oberfläche wirkende Spannung, die bestrebt ist, die Oberfläche zu verkleinern. Sie ist am auffälligsten an der Oberfläche von Flüssigkeiten, da diese der Wirkung der O. nachgeben und Oberflächen mit minimaler Größe ausbilden können. Ihre Dimension ist dyn/cm. Die O. beruht darauf, daß die Moleküle der Oberfläche nur auf einer Seite gleichartige Nachbarn haben und folglich nur von einer Seite her anziehenden Kräften unterliegen (Abb. 1, Molekül *A*), während im Innern eines Körpers die Kraftwirkungen auf ein Molekül allseitig gleich sind (Abb. 1, Molekül *B*). Als Resultierende aller Molekularkräfte wirkt auf ein in der Oberfläche liegendes Molekül stets eine in das Innere des Körpers gerichtete Kraft. Das bedeutet, daß die Moleküle der Oberfläche eine höhere potentielle Energie als die im Inneren des Körpers liegenden haben. Deshalb ist zur Erzeugung einer Oberfläche stets eine bestimmte Energie, die *Oberflächenenergie*, erforderlich, und alle flüssigen und festen Körper haben das Bestreben, möglichst kleine Oberflächen auszubilden. Die mechanische Arbeit, die aufgewendet werden muß, um eine Oberfläche isotherm um 1 cm² zu vergrößern, ist gleich der *spezifischen freien Oberflächenenergie* (*Kapillarkonstante*) mit der Dimension erg/cm². Diese ist identisch mit der O. Dementsprechend sind auch die Dimensionen gleich, da 1 erg/cm² = 1 dyn/cm. Die gesamte Oberflächenenergie Σ beinhaltet außerdem den bei einer isothermen Vergrößerung der Oberfläche notwendigen Wärmeaustausch, $\Sigma = \sigma - T\left(\frac{\partial\sigma}{\partial T}\right)$. Meist ist

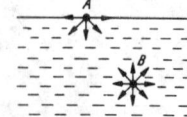

1 Kräfte auf ein Molekül *A* an der Oberfläche und im Inneren eines Körpers *B*

$\partial\sigma/\partial T$ negativ, d. h., daß zur Vergrößerung einer Oberfläche fast immer eine Wärmezufuhr notwendig ist. Bei Flüssigkeiten bezeichnet man die Größe σ meist als O., bei Festkörpern spricht man häufiger von Oberflächenenergie oder exakter von freier Oberflächenenergie.

Oberflächenspannungen (gegen Luft) bei 20 °C in dyn/cm

Kupfer	1820
Silber	1190
Steinsalz	155
Quecksilber	487
Wasser	72,75
NaCl-Lösung (10%ig)	75,9
Seifenlösung	30
Olivenöl	32
Benzol	28,85
Azeton	23,70
Äthanol	22,75

Spielen elastische Spannungen an der Oberfläche von Festkörpern eine Rolle, so wird mitunter zwischen O. und Oberflächenenergie unterschieden. Während der Begriff Oberflächenenergie dann die obige Bedeutung behält, berücksichtigt der Begriff O. dann auch die durch elastische Kräfte bewirkten Änderungen der Oberflächenenergie.

Die Oberflächenenergie der Festkörper ist schwer meßbar. Die besten vorliegenden Werte scheinen die zu sein, die aus der molekularen Wechselwirkung der Gitterbausteine unter Annahme bestimmter Wechselwirkungspotentiale berechnet wurden.

Die O. einer Flüssigkeit kann experimentell direkt gemessen werden als die Kraft, die an einer in der Oberfläche liegenden Linie von 1 cm Länge senkrecht zu dieser Linie angreift. Die O. ist die Ursache der besonderen Erscheinungen in Kapillaren (→ Kapillarität).

An einer gekrümmten Oberfläche verursacht die O. einen Normaldruck; z. B. ist der Druck innerhalb eines Wassertropfens stets höher als außerhalb. Der von einer Kugeloberfläche nach innen ausgeübte Normaldruck (*Kohäsionsdruck*) ist $p = 2\sigma/r$, wobei r der Krümmungsradius ist. An beliebig gekrümmten Flächen mit den Hauptkrümmungsradien r_1 und r_2 ist der Normaldruck $p = \sigma(1/r_1 + 1/r_2)$. Aus der Zunahme des Druckes mit abnehmendem Radius erklärt sich z. B. die Beobachtung, daß von Seifenblasen, die miteinander in Kontakt gebracht werden, stets die größeren auf Kosten der kleineren wachsen.

Die O.en, die an einem in der Oberfläche liegenden Molekül angreifen, lassen sich vektoriell addieren. Das wird deutlich durch das Kräftegleichgewicht an einem auf einer Wasseroberfläche schwimmenden, linsenförmigen Öltropfen (Abb. 2), wobei die vektorielle Summe

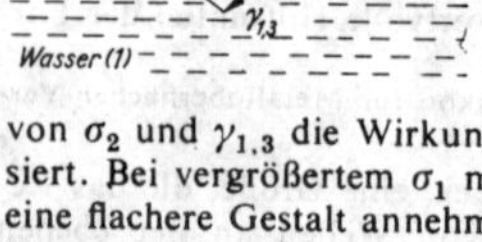

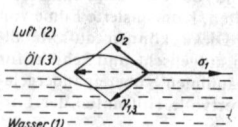

2 Kräftegleichgewicht an einem Öltropfen auf einer Wasseroberfläche. σ_1 Oberflächenspannung des Wassers, σ_2 Oberflächenspannung des Öls, $\gamma_{1,3}$ Grenzflächenspannung Wasser/Öl

von σ_2 und $\gamma_{1,3}$ die Wirkung von σ_1 kompensiert. Bei vergrößertem σ_1 müßte der Tropfen eine flachere Gestalt annehmen, um die nötige Kompensation zu ermöglichen. Wird $\sigma_1 > \gamma_{1,3} + \sigma_2$, dann ist ein Kräftegleichgewicht nicht mehr möglich, der Tropfen spreitet über die ganze Oberfläche (→ Benetzung).

Die Oberflächenenergie eines Supraleiters wird bestimmt durch das Verhältnis der Kohärenzlänge ξ des Supraleiters zur Eindringtiefe λ eines magnetischen Feldes in den Supraleiter. Sie ist gleich Null für $\xi = \lambda$, positiv für Supraleiter 1. Art mit $\xi > \lambda$ und negativ für Supraleiter 2. Art mit $\xi < \lambda$. Für Werte des Ginzburg-Landau-Parameters $\varkappa = \lambda/\xi\sqrt{2}$, die $< 1/\sqrt{2}$ sind, ergeben sich also positive Oberflächenenergien und für Werte $> 1/\sqrt{2}$ negative (→ GLAG-Theorie der Supraleitfähigkeit).

Oberflächensperrschichtzähler, svw. Halbleiterdetektor.

Oberflächenstruktur, das Gefüge bzw. die Gliederung einer Oberfläche. Je nachdem, welche besonderen Anordnungen und Eigenschaften einer Oberfläche interessieren, bezeichnet man mit dem Begriff O. die geometrische Anordnung der Atome an der Oberfläche oder aber auch die chemische und elektronische Struktur der Oberfläche, z. B. die Dichte und Anordnung von Oberflächenzuständen, die Bandstruktur, die Ladungsträgerdichte und die Lage des Fermi-Niveaus an der Oberfläche und im oberflächennahen Bereich.

Da das periodische Gitterpotential an der Oberfläche gestört ist, wird erwartet, daß die räumliche Anordnung an der Oberfläche von der im Volumen eines Kristalls vorliegenden abweicht. Kenntnis über die Atomanordnung in der Oberfläche wird durch die Beugung langsamer Elektronen (LEED) gewonnen. Die LEED-Beobachtungen haben ergeben, daß bei Oberflächen von Kristallen, deren Atome eine kugelsymmetrische Bindungsstruktur haben, die Atome nicht seitlich verrückt sind. Dementsprechend weicht die Struktur der niedrigindizierten Oberflächen von Metallkristallen meist nicht von der Struktur der entsprechenden Ebenen im Kristallinneren ab. Bei Atomen mit ausgeprägt gerichteten Valenzen kann sich die O. jedoch stark von der Struktur des Kristallinneren unterscheiden. Es treten seitliche und auch senkrechte Verrückungen auf, die zu periodisch wiederkehrenden Gruppierungen führen, die als Überstrukturen in Erscheinung treten. Da die Gitterkonstanten der Überstrukturen ein Vielfaches der Gitterkonstanten der ungestörten Kristalls betragen, machen sie sich im LEED-Diagramm als Reflexe gebrochener Ordnung bemerkbar. Adsorbierte Fremdatome können die Atomanordnung in der Oberfläche entscheidend verändern, so daß dann auch auf niedrigindizierten Metalloberflächen Überstrukturen auftreten.

Besondere O.en werden durch die zahlreichen auf den Oberflächen vorhandenen Stufen gebildet. Das Stufenprofil der Alkalihalogenidkristalle ist gut bekannt, da es hier elektronenmikroskopische Präparationsmethoden gibt, die Stufen bis hinab zu monoatomarer Höhe sichtbar machen.

Oberflächensupraleitfähigkeit, besondere Art der Supraleitfähigkeit in einem Supraleiter 2. Art, in dem oberhalb des oberen kritischen Feldes H_{c2} in einer Oberflächenschicht von etwa der Dicke der Kohärenzlänge ξ des Supraleiters noch Supraleitfähigkeit vorliegt. O. tritt nur auf, wenn das anliegende Magnetfeld parallel zur Oberfläche liegt und nicht größer als das kritische Feld der O. H_{c3} ist, wobei gilt: $H_{c3} = 1{,}69\,H_{c2}$.

Ursache für die O. ist im wesentlichen, daß das obere kritische Feld H_{c2} sich aus der Oberflächenenergie an den Phasengrenzen im Innern des Metalls ergibt, daß aber in der Nähe der Grenzfläche zwischen Metall und Vakuum etwas andere Bedingungen vorliegen. Deshalb wird der effektive Ginzburg-Landau-Ordnungsparameter ψ dort erhöht. Dadurch gibt es Lösungen der Ginzburg-Landau-Gleichungen mit $\psi \neq 0$ oberhalb von H_{c2} in der Nähe der Oberfläche.

Oberflächenverbindungen, chemische Verbindungen, die bei Adsorption von Molekülen an einer Oberfläche durch Haupt- oder Nebenvalenzen zwischen den Molekülen oder Atomen des Adsorbens und Adsorptivs zustande kommen.

Oberflächenwellen, 1) elektromagnetische ebene Wellen, die sich längs der Grenzfläche zweier verschiedener Medien ausbreiten. O. sind z. B. Bodenwellen (→ elektromagnetische Wellen) und Wellen längs eines dünnen Drahtes. Die theoretischen Untersuchungen wurden von A. Sommerfeld durchgeführt.

Die sich auf dünnen Drähten ausbreitenden Wellen sind vom *E*-Typ. Das elektrische Feld steht im wesentlichen senkrecht (radial) auf dem Draht und hat nur eine kleine axiale Komponente. Das magnetische Feld hat dagegen nur eine zirkulare Komponente. Die Energie ist in der Hauptsache in einem Schlauch konzentriert, der durch den Grenzradius bestimmt wird. Die Ausbreitungsgeschwindigkeit ist nur wenig von der Lichtgeschwindigkeit verschieden. Die Dämpfung ist gering. Für die technische Anwendung wichtiger als der blanke Draht ist der mit einer dünnen Isolierschicht umgebene metallische Draht. Dadurch verkleinert sich der Grenzradius und damit die Feldausdehnung sehr stark. Man erreicht eine erhebliche Herabsetzung der Störungen von und nach außen. Derartige Leitungen sind als Leitungen nach Goubau-Harms oder *Goubau-Leitungen* bekannt geworden. Als Isolierstoff wird z. B. Polyäthylen verwendet. Die Leitungsverluste sind sehr gering, steigen jedoch bei Regen und Vereisung stark an. Die Ankopplung erfolgt im allgemeinen durch einen Trichter. Die Goubauleitung wird als Zubringerleitung für Gemeinschafts-Fernsehempfangsanlagen kleiner Ortschaften oder Gebäudegruppen in Gebirgstälern verwendet. Läßt man bei dem metallischen Draht mit Isolierschicht den Draht weg, so entsteht der *dielektrische Hohlleiter*, der ebenfalls die Eigenschaft hat, das elektromagnetische Feld in axialer Richtung fortzuleiten.

Lit. Simonyi: Theoretische Elektrotechnik (4. Aufl. Berlin 1971).

2) Grenzflächenwellen an der freien Oberfläche einer Flüssigkeit, für die der Einfluß eines angrenzenden gasförmigen Mediums vernachlässigt werden kann. O. entstehen infolge der Wechselwirkung zwischen der Bewegung der beteiligten Medien, z. B. Strömung und Wind, und der Richtwirkung von Gravitation und

Oberflächenspannung, die die O. zu glätten versuchen.

In und nahe der Flüssigkeitsoberfläche vollführen die einzelnen Flüssigkeitselemente kreisende Bewegungen, die eine nicht-sinusförmige Welle hervorrufen. Überwiegt die Schwerkraft, treten *Schwerewellen* mit einer Phasengeschwindigkeit von $c_{ph} = \sqrt{g\lambda/2\pi}$ (g Erdbeschleunigung) auf. Diese Wellen zeigen normale Dispersion, d. h., die Geschwindigkeit c_{ph} steigt mit der Wellenlänge λ. Wegen dieser Dispersion existiert eine von c_{ph} verschiedene Gruppengeschwindigkeit c_{gr}, wobei gilt $c_{gr} = c_{ph}/2$. Bei kleinen Wellenlängen überwiegt die Richtwirkung der Oberflächenspannung σ; für die Phasengeschwindigkeit derartiger *Kapillar-*, *Kräusel-* oder *Rippenwellen* findet man $c_{ph} = \sqrt{2\sigma\pi/\varrho\lambda}$, wobei ϱ die Dichte ist.

Diese Wellen zeigen anomale Dispersion, weil $c_{gr} = (3/2)\, c_{ph}$ ist. Die Erscheinung äußert sich darin, daß Kapillarwellen in einem ruhig strömenden Gewässer stromauf laufen.

Die *allgemeinen O.* enthalten beide Richtwirkungen, so daß für ihre Geschwindigkeit gilt:

$$c_{ph} = \sqrt{\frac{g\lambda}{2\pi} + \frac{2\pi\sigma}{\varrho\lambda}}\,.$$

Für die Wellenlänge $\lambda_{krit} = 2\pi\sqrt{\sigma/g\varrho}$ hat c_{ph} ein Minimum, $c_{ph,min} = \sqrt[4]{4g\sigma/\varrho}$.

Für Wasser ergeben sich die Werte $\lambda_{krit} \approx 1{,}7$ cm und $c_{min} \approx 23$ cm/s. O. mit kleineren Geschwindigkeiten als c_{min} können nicht auftreten. Die zu dieser kritischen Geschwindigkeit gehörende Wellenlänge λ_{krit} teilt zugleich quantitativ den Bereich der O. in Schwerewellen mit $\lambda > \lambda_{krit}$ und in Kapillarwellen mit $\lambda < \lambda_{krit}$ (Lord Kelvin). O. können zudem an der Oberfläche fester Körper auftreten, z. B. die an der Erdoberfläche laufenden Erdbebenwellen (→ seismische Welle).

Oberflächenwiderstand, 1) → Strömungswiderstand, **2)** → Oberflächenimpedanz.

Oberflächenzustand, ein elektronischer Zustand, der durch die Existenz einer Oberfläche des Festkörpers bedingt ist. Die Oberfläche verletzt die durchgehende Periodizität des Kristalls und führt dadurch zum Auftreten von Zuständen, die energetisch in der Bandlücke liegen (→ Bändermodell). Sie sind an der Oberfläche lokalisiert und klingen nach beiden Seiten der Oberfläche exponentiell ab. Man bezeichnet sie als *Tammsche Oberflächenzustände*.

Da die Oberfläche eines Realkristalls durch Defekte und adsorbierte Atome oft stark gestört ist, bilden sich zusätzlich *lokalisierte Oberflächenzustände* aus, deren Eigenschaften empfindlich von der Behandlung der Oberfläche und dem angrenzenden Medium abhängen. Diese Oberflächenzustände spielen eine große Rolle in Halbleiterbauelementen.

Unter *magnetischem O.* versteht man ein quantisiertes Energieniveau eines Metallelektrons, das sich unter dem Einfluß eines homogenen Magnetfeldes entlang einer Metalloberfläche bewegt. Die in der Abb. dargestellte Bahn eines solchen Elektrons ist in Richtung der Oberflächennormalen periodisch und erfüllt dementsprechend eine Bohr-Sommerfeldsche Quantisierungsregel. Aus dieser folgt, daß die Energiewerte der magnetischen Oberflächenzustände proportional zu $B^{2/3}(n - 1/4)^{2/3}$ sind, wobei B die Magnetfeldstärke und $n = 1, 2, \ldots$ eine ganze Quantenzahl ist. Magnetische Oberflächenzustände sind nur in sauberen Kristallen mit glatter Oberfläche bei tiefen Temperaturen möglich, wenn die Elektronen flach auf die Oberfläche treffen und dort mehrfach hintereinander spiegelnd reflektiert werden. Die magnetischen Oberflächenzustände sind in schwachen Magnetfeldern unter 100 G in Indium, Gallium, Wismut und anderen Metallen bei Mikrowelleneinstrahlung experimentell nachgewiesen worden. Stimmt die Energiedifferenz zweier magnetischer Oberflächenzustände mit dem Energiequant $\hbar\omega$ der Welle überein, so absorbieren die Elektronen in einem magnetischen O. die Welle und gehen dabei in einen anderen magnetischen O. über. Dabei ist $\hbar$ die Plancksche Konstante und ω die Kreisfrequenz der Welle. Diese Übergänge treten als Resonanzen in der Oberflächenimpedanz des Metalls als Funktion des Magnetfeldes in Erscheinung. Die Resonanzen sind durch die Streuung der Elektronen gedämpft, so daß insbesondere die Streuung an der Oberfläche auf diese Weise experimentell untersucht werden kann.

Bahn eines Elektrons in einem magnetischen Oberflächenzustand

Oberschwingung, svw. Oberwelle.

Obertöne, die durch Oberschwingungen (→ Oberwelle) im Tonfrequenzbereich erzeugten Teiltöne. Durch ihre Frequenz, Zahl und Stärke wird die → Klangfarbe eines musikalischen Schalleindruckes bestimmt.

Oberwelle, *Oberschwingung*, eine Teilschwingung eines periodischen Vorgangs, deren Frequenz ein ganzzahliges Vielfaches der Grundfrequenz ist. Fourier hat gezeigt, daß sich jeder periodische Vorgang durch eine Summe von rein sinusförmigen Teilschwingungen darstellen läßt, deren Frequenzen ganzzahlige Vielfache der Grundfrequenz bilden. Als Grundschwingung oder 1. Harmonische wird die Sinusschwingung bezeichnet, deren Periodendauer mit der längsten in der gegebenen Kurve vorhandenen Periode übereinstimmt. Die Schwingungen mit kleinerer Periodendauer, d. h. mit höherer Frequenz, heißen höhere Harmonische, Oberschwingungen oder O.n.

Die Teilschwingung mit der doppelten Frequenz der Grundschwingung wird als 2. Harmonische oder 1. Oberschwingung oder 1. O. bezeichnet. Entsprechend ist die Bezeichnung der Teilschwingung mit der dreifachen Frequenz usw.

Bei akustischen Schwingungen spricht man anstelle von O.n von Obertönen.

Bei Wechselströmen oder Wechselspannungen stellt der Klirrfaktor ein Maß für den Oberwellengehalt der Grundschwingung dar.

O.n entstehen z. B. durch nichtlineare Verzerrungen einer sinusförmigen elektromagnetischen Welle beim Durchgang durch Schaltungselemente mit nichtlinearer Kennlinie, z. B. Elektronenröhren, Halbleiterdioden, Transistoren und Induktivitäten mit ferromagnetischen Kernen.

Objektebene, → Kardinalelemente.

Objektfeld, → Strahlenraum der optischen Abbildung.

Objektgröße, *Dinggröße*, der senkrecht zur optischen Achse liegende Abstand eines (am Rande des Objektes befindlichen) Objektpunktes von der Achse, → Abbildung.

Objektiv, allgemeine Bezeichnung für dasjenige abbildende Element eines optischen Geräts, das die eigentliche Abbildung des jeweiligen Objektes bewirkt. Als O. kann eine Einzellinse, ein Linsensystem oder ein Hohlspiegel dienen. Die Bezeichnung O. geht auf die Anfänge des Fernrohrbaus zurück und diente zur Unterscheidung von dem augenseitigen Betrachtungssystem, dem Okular. Später wurde der Name auch für solche Systeme übernommen, die nicht zur unmittelbaren visuellen Betrachtung in Verbindung mit einem Okular dienen. Das O. muß in seinen optischen Eigenschaften, insbesondere in der Behebung der → Abbildungsfehler, dem jeweiligen Verwendungszweck angepaßt sein, z. B. Fernrohr-, Mikroskop-, Photoobjektiv. O.e, die eine Kombination von spiegelnden und brechenden Elementen enthalten, werden als Spiegelobjektive bezeichnet.

Objektivaperturblende, → elektronenmikroskopischer Bildkontrast.

Objektivierbarkeit von Sinneseindrücken, wissenschaftlich-notwendige Voraussetzung, um aus den unmittelbaren Einwirkungen der objektiven Erscheinungen in der den Menschen umgebenden Außenwelt beginnend mit Empfindung und Wahrnehmung über Sinneserfahrung und durch rationale Verarbeitung sinnlich erfaßter Daten empirisches, Fakten über beobachtbare Gegenstände feststellendes Wissen zu erhalten. In der Physik erfolgt die O. v. S. durch Angabe von adäquaten physikalischen Größen, einer Meßvorschrift für diese und deren Messung. Sinneseindrücken werden so Maßzahlen und physikalische Dimension zugeordnet; vergleichbare Sinneseindrücke müssen dieselben physikalischen Dimensionen haben, d. h. durch dieselben Grundgrößen darstellbar sein; identische Sinneseindrücke sind durch die Identität der Maßzahlen definiert. Diese O. v. S. wird durch die exakte Vergleichbarkeit und die Wiederholbarkeit der Messung für gleichartig präparierte physikalische Systeme in der Praxis erzielt.

Objektpunkt, → Abbildung.

Objektweite, → Kardinalelemente.

Observable, beobachtbare physikalische Größen, wie Energie, Impuls, Parität, Spin oder Ladung, und deren Funktionen, soweit diese erklärbar, d. h. als Meßvorschrift zumindest prinzipiell ausführbar sind. In der Quantentheorie werden O. durch hermitesche Operatoren eines Hilbert-Raumes repräsentiert. Im physikalischen Sprachgebrauch identifiziert man die O.n oft mit den zugeordneten hermiteschen Operatoren. Die Korrespondenz Observable ↔ hermitescher Operator ist jedoch nicht eindeutig, da es sicher hermitesche Operatoren gibt, denen keine meßbare physikalische Größe entspricht.

Die *lokalen O.n*, d. h. die innerhalb eines beschränkten Raum-Zeit-Bereiches meßbaren O.n, bilden unter wenigen, physikalisch einleuchtenden Voraussetzungen die lokale Observablenalgebra (→ axiomatische Quantentheorie).

Observablenalgebra, → axiomatische Quantentheorie.

Observablenring, → axiomatische Quantentheorie.

odd-even-staggering, → Isotopieverschiebungen.

ODER-Schaltung, → logische Grundschaltungen.

OD-Struktur, → Kristall.

Oe, → Oersted.

Oersted, Oe, alte Einheit der magnetischen Feldstärke. $1\ \text{Oe} = \frac{10^3}{4\pi}\ \text{A/m} = 79{,}59\ \text{A/m}$.

offener Kosmos, → geschlossener Kosmos.

offenes System, → physikalische Systeme.

Öffnungsblende, → Strahlenraum der optischen Abbildung.

Öffnungsfehler, → Abbildungsfehler.

Öffnungsspannung, → Induktionserscheinungen bei Schaltvorgängen.

Öffnungsverhältnis, *relative Öffnung*, Meßgröße der Öffnung und damit des geometrischen Strahlungsflusses durch ein optisches System (→ Strahlenraum der optischen Abbildung). Das Ö. wird definiert als Verhältnis des Durchmessers der Eintrittspupille *EP* zur Brennweite *f* des Systems, also $\text{Ö.} = EP/f$. Der Kehrwert des Ö.ses heißt *Öffnungszahl* (*Blendenzahl*) und dient zur Kennzeichnung der Wirkung verstellbarer Blenden, wobei die Stufung meist proportional der Bildhelligkeit in einer standardisierten Reihe gewählt wird.

Das Ö. ist wichtige Rechengröße für geometrische Bildhelligkeit (ohne Verluste durch Reflexion und Absorption) sowie für Schärfentiefe.

Öffnungswinkel, → Strahlenraum der optischen Abbildung.

Öffnungszahl, → Öffnungsverhältnis.

Ogra, → Kernfusion.

Ohm, Ω, **1)** gesetzliche abgeleitete SI-Einheit des elektrischen Widerstandes. Vorsätze erlaubt. Das Ohm ist der elektrische Widerstand zwischen zwei Punkten eines homogenen und gleichmäßig temperierten metallischen Leiters, durch den bei der Spannung 1 V zwischen den beiden Punkten ein zeitlich unveränderlicher Strom der Stärke 1 A fließt. $1\ \Omega = 1\ \text{V/A} = 1\ \text{m}^2 \cdot \text{kg} \cdot \text{s}^{-3} \cdot \text{A}^{-2}$.

Milliohm, mΩ, $1\ \text{m}\Omega = 10^{-3}\ \Omega$; *Kiloohm*, kΩ, $1\ \text{k}\Omega = 10^3\ \Omega$; *Megaohm*, früher Megohm, MΩ, $1\ \text{M}\Omega = 10^6\ \Omega$; *Gigaohm*, GΩ, $1\ \text{G}\Omega = 10^9\ \Omega$; *Teraohm*, TΩ, $1\ \text{T}\Omega = 10^{12}\ \Omega$.

2) *akustisches O.*, Einheit der akustischen Impedanz, → Schallwellenwiderstand. 1 akustisches Ohm $= 1\ \frac{\mu\text{bar}}{\text{cm}^3/\text{s}} = 10^5\ \text{Ns/m}^5$.

3) *mechanisches O.*, Einheit der mechanischen Impedanz. 1 mechanisches Ohm $= 1\ \frac{\text{dyn}}{\text{cm/s}} = 10^{-3}\ \text{Ns/m}$.

Ohmmeter, 1) Ωm, gesetzliche Einheit des spezifischen elektrischen Widerstandes. Das O. ist der spezifische elektrische Widerstand eines homogenen Leiters mit dem Querschnitt 1 m² und der Länge 1 m, dessen Widerstand 1 Ω beträgt. $1\ \Omega\text{m} = 1\ \text{m}^3 \cdot \text{kg} \cdot \text{s}^{-3} \cdot \text{A}^{-2}$.

2) svw. Widerstandsmesser.

ohmscher Widerstand, → Widerstand 2).

Ohmsches Gesetz, 1) Elektrizitätslehre: von G. S. Ohm 1826 entdecktes Gesetz, das besagt, daß bei Stromfluß durch einen Leiter unter bestimmten Bedingungen (insbesondere konstanter Temperatur) das Verhältnis aus dem Spannungsabfall U über dem Leiter und der Stärke I des fließenden Stromes konstant ist. Dieses Verhältnis wird elektrischer Widerstand R genannt: $R = U/I$. In lokaler Formulierung lautet das Ohmsche G. $\vec{j} = \sigma\vec{E}$; dabei ist $\vec{j}$ die elektrische Stromdichte, $\vec{E}$ ist die elektrische Feldstärke und σ die elektrische Leitfähigkeit. $\sigma^{-1} = \varrho$ ist der spezifische elektrische Widerstand.

Geringe Abweichungen vom Ohmschen G. bei Raumtemperatur konnten erst bei Stromdichten von $5 \cdot 10^6$ A/cm² gefunden werden. Scheinbare Abweichungen bei hochfrequenten Strömen lassen sich mit Hilfe der Maxwellschen Gleichungen erklären. Bei tiefen Temperaturen und sehr reinem Untersuchungsmaterial kann das Magnetfeld des Meßstroms scheinbare Abweichungen vom Ohmschen G. hervorrufen, → Magnetowiderstand.

Verallgemeinertes O. G., im Plasma unter gewissen Voraussetzungen gültige Beziehung zwischen der Stromdichte $\vec{j}$ und dem elektrischen Feld $\vec{E}$. Es kann, streng genommen, für ein Plasma nur dann definiert werden, wenn dieses das hydrodynamische Stadium erreicht hat. Auf die einfachste Weise läßt sich das O. G. für ein aus positiven Ionen und Elektronen bestehendes Plasma aus den linearisierten hydrodynamischen Gleichungen für ein zweikomponentiges Plasma gewinnen. Wird $m_i \gg m_e$ und Quasineutralität $n_e = Zn_i$ angenommen, wobei m_i, m_e die Ionen- bzw. Elektronenmassen, n_i, n_e die Ionen- bzw. Elektronenkonzentrationen und Z die Kernladungszahl der Ionen bedeuten, so ist $\partial\vec{j}/\partial t = (e/m_e)(\partial p_e/\partial\vec{r}) + (\varrho Ze^2/m_e m_i) \times (\vec{E} + \vec{v} \times \vec{B} - \sigma^{-1}\vec{j}) - (e/m_e)\vec{j} \times \vec{B}$ das verallgemeinerte Ohmsche G. e ist die Elementarladung, p_e der Elektronendruck, ϱ die Ionendichte, $\vec{v}$ die Plasmageschwindigkeit, $\vec{B}$ das Magnetfeld, σ die parallele Leitfähigkeit. Andere Darstellungen machen vom Leitfähigkeitstensor σ_{ij} Gebrauch. Wenn die obengenannten Vernachlässigungen nicht gerechtfertigt sind, besitzt das Ohmsche G. eine komplizierte Gestalt. Seine Ermittlung ist eine Aufgabe der Transporttheorie.

2) Magnetismus: dem Ohmschen G. für elektrische Ströme analoge Beziehung, die in einem → magnetischen Kreis die magnetische Spannung $U_m = \int_1^2 (\vec{H}\, d\vec{r})$ und den magnetischen Fluß Φ miteinander verknüpft. Das Verhältnis aus der magnetischen Spannung und dem Fluß heißt magnetischer Widerstand $R_m = \dfrac{U_m}{\Phi}$.

Das Ohmsche G. des Magnetismus erlaubt die Berechnung magnetischer Kreise mit Hilfe eines dem elektrischen Fall äquivalenten Formalismus, → magnetischer Kreis.

3) Akustik: von G. S. Ohm 1843 aufgestelltes und von Helmholtz bewiesenes Gesetz, nach dem vom menschlichen Ohr nur eine einfache sinusförmige Schwingung als einfacher Ton empfunden wird. Jede andere periodische Druckschwankung der Luft wird nach Art der → Fourier-Analyse in eine Reihe von sinusförmigen Schwingungen zerlegt, die als getrennte Töne wahrgenommen werden. Jeder Klang wird vom menschlichen Ohr als die Summe seiner Teiltöne aufgenommen. Eine solche Analyse entspricht jedoch nicht vollständig einer exakten Fourier-Analyse, da sie wegen der Nichtlinearität des Hörvorgangs amplitudenabhängig ist. → Schallschnelle.

4) Wärmelehre: thermisches O. G., → Wärmeleitung.

5) Optik: dem Ohmschen G. für elektrische Ströme analoge Beziehung für den Lichtfluß. Geht von der leuchtenden Fläche F mit der Leuchtdichte B ein Strahlenbündel aus, das nacheinander die Blendenöffnungen mit dem gegenseitigen Abstand a und den Querschnittsflächen A_1 und A_2 durchstrahlt, so gilt für $a^2 \gg A_1, A_2$ nach dem photometrischen Grundgesetz für den aus der zweiten durchstrahlten Blende tretenden Lichtstrom

$\Phi = (n^2 A_1 A_2/a^2) \cdot B$,

wobei n die Brechzahl des zwischen den Blendenöffnungen liegenden Mediums ist. Faßt man den Ausdruck $\Lambda = n^2 A_1 A_2/a^2$ als *Lichtleitwert* bzw. dessen Kehrwert $1/\Lambda = a^2/n^2 A_1 A_2 = R_\Phi$ als *Lichtflußwiderstand* auf, so erhält man

$\Phi = \Lambda B = B/R_\Phi$

als *O. G. des Lichtflusses*, worin Λ die Dimension Fläche × (Fläche/Entfernung²) = Fläche × Raumwinkel = m²sr und R_Φ die Dimension $m^{-2}\,sr^{-1}$ hat. Im Falle ungleichmäßiger Leuchtdichte ergibt sich Λ zu

$\Lambda = n^2 \iint \cos\varepsilon \, dA \, d\varepsilon$,

worin ε den Öffnungswinkel des Strahlenkegels bedeutet.

6) O. G. der γ-Strahlung, → Gammastrahlungskonstante.

7) O. G. des Verschiebungsflusses, → Verschiebungsfluß.

OIML, Symbol für → Organisation Internationale de Métrologie Légale.

Okklusion, → Front.

o-Komponente einer Funkwelle, → elektromagnetische Wellen.

Oktaederschubspannung, Schubspannung in der Oktaederebene, d. i. die Ebene desjenigen Oktaeders, dessen Eckpunkte auf den Hauptspannungsachsen liegen. Zur Interpretation der 2. Invariante des Spannungsdeviators J_2 kann die O. dienen. In den Oktaederflächen wirken die Normalspannungen

$$\overset{n}{\sigma} = \tfrac{1}{3}(\sigma_1 + \sigma_2 + \sigma_3) = p \qquad (1)$$

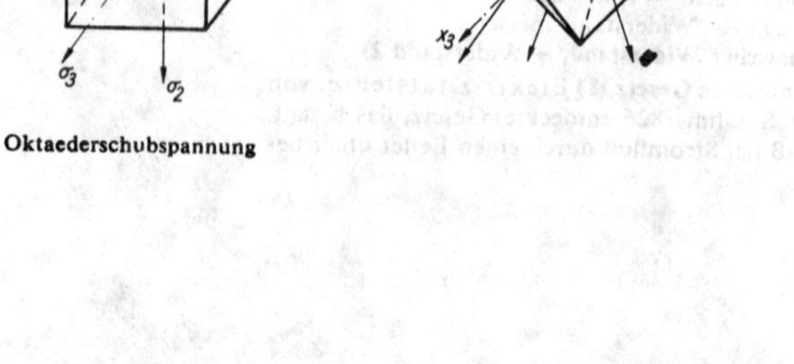

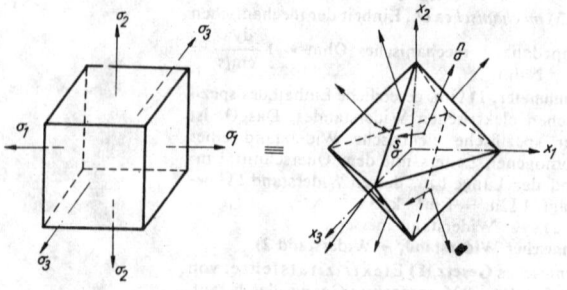

Oktaederschubspannung

und die Schubspannungen

$$\mathring{\sigma} = \tfrac{1}{3}\sqrt{(\sigma_1 - \sigma_2)^2 + (\sigma_2 - \sigma_3)^2 + (\sigma_3 - \sigma_1)^2} = \sqrt{-\tfrac{2}{3} J_2}. \qquad (2)$$

Da der hydrostatische Druck p keinen Einfluß auf die plastischen Formänderungen hat und vom Spannungstensor abgespalten wurde, bleibt als einzige Deviatorspannung in den Flächen des Oktaeders die O. $\mathring{\sigma}$ als eine Größe, die plastische Formänderungen hervorrufen kann, übrig. Die Abb. zeigt, wie ein allgemeiner dreidimensionaler Spannungszustand durch den Oktaederspannungszustand ersetzt werden kann.

Oktave, Intervall zweier Töne oder allgemein Schwingungen, deren Frequenzen sich wie 2 : 1 verhalten.

Oktavsiebanalyse, → akustisches Filter, → Schallanalyse.

Oktettprinzip, die 1916 von Kossel und Lewis entwickelte und von Langmuir verfeinerte Vorstellung, daß die Atome bestrebt sind, eine den Edelgasen entsprechende Besetzung der äußeren Elektronenschale anzunehmen. Diese Edelgaskonfiguration hat ein Energieminimum und ist daher gegenüber einer anderen Elektronenverteilung bevorzugt. Die Anwendung des O.s auf die heteropolare Bindung brachte in den meisten Fällen eine Erklärung für das Zustandekommen dieser Bindung. Das O. ist hauptsächlich auf die Elemente der I., II. und VII. Hauptgruppe des Periodensystems anzuwenden, jedoch nur bei Elementen mit niedriger Ordnungszahl. Das Zustandekommen heteropolarer Bindungen konnte häufig mittels des O.s erklärt werden. Die Natur der kovalenten Bindung versuchte Lewis mit dem O. in Übereinstimmung zu bringen, indem er annahm, daß die an der Bindung beteiligten Elektronen beiden Bindungspartnern gemeinsam angehören. Das führt für beide Atome zur Ausbildung der Edelgaskonfiguration. Trotz verschiedener Mängel hat das O. die Erkenntnis von der Struktur der chemischen Bindungen in bedeutendem Maße gefördert. Eine befriedigende Erklärung der kovalenten Bindung gelang erst mit den Mitteln der Quantenmechanik (→ Valenzstrukturmethode).

Oktode, Elektronenröhre mit sechs Gittern zur Verwendung als Mischröhre. Katode und Gitter 1 und 2 bilden eine Triode zur Erzeugung der Oszillatorspannung. Die Signalspannung (HF-Eingangsspannung) liegt am Gitter 4, Gitter 3 und 5 sind Schirmgitter, Gitter 6 stellt ein Bremsgitter dar (Abb.).

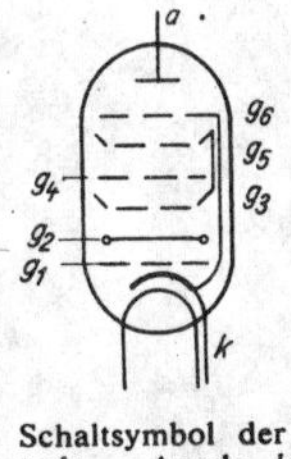

Schaltsymbol der Oktode. *a* Anode, *k* Katode, g_1 Steuergitter, g_2 Hilfsanode, g_3, g_5 Schirmgitter, g_4 Empfangsgitter, g_6 Bremsgitter

Oktupol, → Multipol.

Oktupolstrahlung, → Multipolstrahlung, → Übergänge.

Okular, allgemeine Bezeichnung für dasjenige abbildende Element eines optischen Geräts, insbesondere eines Fernrohrs oder Mikroskops, das zur vergrößerten subjektiven Betrachtung des vom Objektiv erzeugten reellen Bildes dient. Das O. hat demnach eine der Lupe analoge Wirkung. In der Regel besteht das O. aus zwei Gliedern, und zwar der dem Objektiv zugekehrten *Feldlinse* zur Bündelung der ankommenden Strahlen und der *Augenlinse* als dem eigentlichen Betrachtungselement. Die meisten Formen des O.s gehen auf zwei Grundformen zurück, das Huygens- und das Remsden-Okular. Das *Huygens-O.* besteht aus Feldlinse (Brennweite f_1) und Augenlinse (Brennweite f_2) aus gleichen Gläsern, wobei $f_1 = 2f_2$ und der Linsenabstand $e = \dfrac{f_1 + f_2}{2}$ ist. Die Gesamtbrennweite wird dann $f = (4/3) f_2$, die Bildebene liegt zwischen Feld- und Augenlinse. Das *Ramsden-O.* besteht ebenfalls aus Feld- und Augenlinse aus gleichen Gläsern, wobei $f_1 = f_2 = f$ und $e = f_1 = f_2$ ist. Die Bildebene liegt unmittelbar vor der Augenlinse.

Durch Variationen der Grundtypen, insbesondere durch zweiteilige Augenlinsen, wird die Korrektion der Abbildungsfehler verbessert. Hieraus wurden mannigfaltige Bauformen entwickelt.

Bei stärkeren Vergrößerungen wird oft auf die Trennung in Feld- und Augenlinse verzichtet. Ein Beispiel dafür ist das *orthoskopische O.*, das sich durch hohe Verzeichnungsfreiheit und großen freien Abstand der Bildebene auszeichnet und deshalb vielfach als Meßokular für Mikrometer verwendet wird.

O.e mit einem augenseitigen Sichtfeld von mehr als 60° werden als *Weitwinkelokulare* bezeichnet. Eine Sonderform bildet das *terrestrische O.*, bei dem ein übliches O. gemeinsam mit einem → Umkehrsystem eine Einheit bildet, die zusätzlich eine Bildumkehr herbeiführt. Dieser Typ wird bei einigen Typen von Fernrohren benutzt.

Okularfadenentfernungsmesser, → Entfernungsmesser.

Okularmikrometer, → Meßmikroskop.

Okularschraubenmikrometer, → Meßmikroskop.

Olberssches Paradoxon, von dem Astronomen Olbers 1820 gestellte paradoxe Frage, warum der Nachthimmel dunkel sei.

Geht man von einem kosmologischen Modell aus, dessen dreidimensionaler Raum unendlich ist und dessen Materie (Sterne) den Raum gleichmäßig „bevölkert" und sich in ihm nicht bewegt, dann ist nicht zu verstehen, warum der Nachthimmel dunkel ist. Der Kosmos sollte nämlich im thermodynamischen Gleichgewicht sein, so daß Emission und Absorption von Strahlung für alle Körper gleich sind. Früher sah man in dem Olbersschen P. einen Hinweis darauf, daß der Kosmos räumlich endlich ist. Gleiche Betrachtungen führen aber zu dem Schluß, daß auch der Nachthimmel eines endlichen, sich im thermodynamischen Gleichgewicht befindenden Kosmos hell sein sollte.

In Wahrheit hat man in dem Paradoxon einen Hinweis darauf zu sehen, daß der Kosmos nicht im thermodynamischen Gleichgewicht ist, nicht statisch ist.

Die moderne Kosmologie gibt zwei Erklärungsmöglichkeiten für das Olberssche P.: 1) Expandiert der Kosmos schnell genug, dann existiert für jeden Beobachter ein Ereignishorizont (→ Horizont), d. h., nicht das gesamte von den Sternen ausgestrahlte Licht kann den Beobachter erreichen; daher ist der Nachthimmel nicht hell. 2) Der Kosmos ist noch sehr „jung". Hat nämlich der Kosmos einen „zeitlichen Anfang" (→ Ursprung des Weltalls), so kann das Licht aus hinreichend großer Entfernung auf

Grund seiner endlichen Ausbreitungsgeschwindigkeit einen Beobacher nicht erreichen. In diesem Fall müßte der Nachthimmel dann aber immer heller werden.

Omega-Hyperon, *Ω-Hyperon,* → Elementarteilchen (Tab. A und C) aus der Familie der Baryonen. Das O.-H. wurde 1964 durch eine Gruppe von 33 Physikern am Brookhaven National Laboratory (USA) auf einer Blasenkammeraufnahme mit der Reaktion $K^- + p \to \Omega^- + K^+ + K^0$ entdeckt. Seine Existenz war mehrfach auf Grund von Symmetriemodellen der Hadronen (→ unitäre Symmetrie) vorausgesagt worden.

Omega-Mesonen, → Elementarteilchen.

Omegatron, → Massenspektrograph.

Onsager-Casimirsche Reziprozitätsbeziehungen, → Thermodynamik 5).

Onsager-Koeffizienten, → phänomenologische Koeffizienten.

Onsagersche Quantisierungsregel, eine Regel zur näherungsweisen Bestimmung der Quantenzustände eines Elektrons im homogenen Magnetfeld. Sie ist ein Spezialfall der Bohr-Sommerfeldschen Quantisierungsregel, die besagt, daß bei einer periodischen Bewegung das Integral $\oint p\,dq$ des verallgemeinerten Impulses p über die Koordinate q für einen Umlauf ein halbzahliges Vielfaches des Planckschen Wirkungsquantums $h = 2\pi\hbar$ ist. Hieraus folgt die O. Q., nach der die Fläche, die eine geschlossene Zyklotronbahn im Wellenvektorraum umschließt, ein halbzahliges Vielfaches von $2\pi\,|e|\,B/\hbar$ sein muß. Aus dieser Bedingung folgen die möglichen quantisierten Energiewerte eines Elektrons im Magnetfeld $\vec{B}$, sofern das Energiespektrum bei abwesendem Magnetfeld und insbesondere die Flächen konstanter Energie mit den zugehörigen Zyklotronbahnen bereits bekannt sind. Die O. Q. ergibt für freie Elektronen die exakten Energien der Landau-Niveaus, gilt aber für Kristallelektronen nur näherungsweise und versagt unter den Bedingungen des magnetischen Durchbruchs. Sie bildet die Grundlage zur Interpretation der → Quantenoszillationen, insbesondere des → de-Haas-van-Alphen-Effekts, der das wichtigste Hilfsmittel zur experimentellen Bestimmung von Fermi-Flächen in Metallen ist.

Onsagersche Reziprozitätsbeziehungen, Beziehungen zwischen den phänomenologischen Koeffizienten überlagerter Erscheinungen in der Thermodynamik irreversibler Prozesse, die von Casimir zu den *Onsager-Casimirschen Reziprozitätsbeziehungen* erweitert wurden (→ Thermodynamik 5).

Opaleszenz, → kritische Opaleszenz.

Opazität, → photographische Schwärzung.

Operationsforschung, Anwendung mathematischer Methoden in der Ökonomie zur Optimierung komplexer Systeme mit im allgemeinen vielen Variablen und unter Beachtung zufälliger Einflußgrößen, d. h. unter den Bedingungen unvollständiger Information. Zur Zeit nimmt das *Linearprogrammieren* breitesten Raum ein. Da die Automatisierung der Produktion immer mehr auf große Systeme führt, finden die Hauptmethoden der O. auch in technische Fragestellungen Eingang. Ein zentrales Problem ist hierbei das *dynamische Optimieren.* Von großer Bedeutung sind weiterhin die *Spieltheorie,* die *Theorie der statistischen Entscheidungen* und die *Zuverlässigkeitstheorie.* Wegen der Komplexität der Aufgaben ist man in den meisten Fällen zur Anwendung von Digitalrechnern gezwungen.

Operationsverstärker, *Rechenverstärker,* ein Gleichspannungsverstärker mit einem hohen negativen Verstärkungsfaktor und einem großen Übertragungsbereich. O. bilden einen der Grundbausteine von Analogrechnern. Durch geeignete Gegenkopplung mit linearen Bauelementen (im allgemeinen Widerstände und Kondensatoren) können O. als Vorzeichenumkehrer, Summierer, Integrierer und Differenzierer eingesetzt werden. Bei Verwendung von Dioden und Widerständen im Gegenkopplungszweig können mit O.n auch nichtlineare Rechenoperationen ausgeführt werden. Ein idealer O. erfüllt folgende Forderungen: 1) Der Verstärkungsfaktor ist unendlich groß und frequenzunabhängig. 2) Zwischen der Eingangsgröße und der Ausgangsgröße beträgt die Phasenverschiebung für alle Frequenzen 180°. 3) Der Eingangswiderstand ist unendlich groß. 4) Der Ausgangswiderstand ist Null. 5) Der Eingangsstrom ist Null. 6) Die Ausgangsspannung weist keine Drift- und Störspannungen auf. Reale O. erfüllen diese Forderung nur mehr oder weniger gut. O. werden heute vorwiegend als integrierte Schaltkreise hergestellt.

Lit. Philippow: Taschenb. Elektrotechnik, Bd 3 (Berlin 1969).

Operator, in der Mathematik eine durch ein Symbol bezeichnete Rechen- oder Zuordnungsvorschrift, die auf bestimmte mathematische Größen, z. B. Funktionen, anzuwenden ist und diese dabei im allgemeinen in andere gleichartige oder auch verschiedenartige Größen überführt. In der Physik kommt den in den physikalischen Theorien auftretenden O.en häufig auch eine anschauliche Bedeutung zu, so z. B. den häufig benutzten Differentialoperatoren div, grad und rot (→ Divergenz, → Skalarfeld, → Rotation). Eine besondere Bedeutung haben die O.en in der Quantentheorie, in der die physikalischen Größen, z. B. Energie und Impuls, durch O.en repräsentiert werden (→ Hamilton-Operator, → Impulsoperator, → Drehimpulsoperator, → Erzeugungs- und Vernichtungsoperatoren, → Quantenfeldtheorie, → Quantisierung). Die genannten O.en sind als O.en in einem Hilbert-Raum, d. h. einem abstrakten Funktionen- oder Vektorraum, erklärt. Aussagen über O.en, die für deren gesamten Anwendungsbereich, z. B. für alle Vektoren des Hilbert-Raumes $\mathfrak{H}$, gelten, können ohne direkten Bezug auf diesen als *Operatorgleichungen* formuliert werden.

Allgemeiner bezeichnet man jede Gleichung der Gestalt $\hat{A}\psi = \varphi$ mit dem O. $\hat{A}$ und den Vektoren ψ bzw. φ aus dem Definitions- bzw. Wertebereich von $\hat{A}$ als Operatorgleichung, speziell $\hat{A}\psi = a\psi$ als die Eigenwertgleichung des O.s $\hat{A}$.

Im allgemeinen benutzt man in der Physik nur lineare O.en; die Mathematik nichtlinearer O.en ist bisher wenig entwickelt. Die Betrachtung nichtlinearer O.en macht sich z. B. in der Theorie der Elementarteilchen und der allgemeinen Feldtheorie erforderlich.

Für die allgemein-mathematische Analyse wird ein O. als eine Vorschrift $\hat{A}$, die einem Element f eines abstrakten Raumes ein anderes Element $g = \hat{A}f$ zuordnet, definiert. Entsprechend der physikalischen Bedeutung werden im folgenden nur O.en im Hilbert-Raum $\mathfrak{H}$ betrachtet, bei denen die Elemente f und g in einem Hilbert-Raum liegen.

Der *Definitionsbereich* $\mathfrak{D}(\hat{A})$ des O.s ist die Gesamtheit der Elemente f, auf denen der O. erklärt ist, der *Wertevorrat* $\mathfrak{W}(\hat{A})$ ist die Gesamtheit der Elemente g, die sich in der Form $\hat{A}f$ darstellen lassen. Man unterscheidet im wesentlichen die folgenden Typen von O.en.

1) Sind α und β zwei beliebige komplexe Zahlen, so gilt für einen *linearen O.* $\hat{A}(\alpha f + \beta g) = \alpha \hat{A}f + \beta \hat{A}g$ und für einen *antilinearen O.* $\hat{A}(\alpha f + \beta g) = \alpha^* \hat{A}f + \beta^* \hat{A}g$, wobei der Stern das Konjugiertkomplexe der Zahlen α und β bezeichnet.

2) Ein O. $\hat{A}$ heißt *beschränkt*, falls $\mathfrak{D}(\hat{A}) \equiv \mathfrak{H}$ ist und für alle f aus $\mathfrak{H}$ gilt $\|\hat{A}f\| < c \cdot \|f\|$. Dabei ist c eine beliebige endliche reelle Zahl und $\|f\|$ die Norm des Elementes f (→ Hilbert-Raum). Gilt dies nicht, so nennt man den O. *unbeschränkt*.

3) Für einen stetigen O. folgt aus $\lim\limits_{n\to\infty} f_n = f$ mit $f_n, f \in \mathfrak{D}(\hat{A})$ auch $\lim\limits_{n\to\infty} \hat{A}f_n = \hat{A}f$. Dabei versteht man unter $\lim\limits_{n\to\infty} f_n = f$ die Aussage, daß der Abstand $\|f_n - f\|$ mit wachsendem n beliebig kleiner wird. Insbesondere sind alle beschränkten O.en auch stetig und ein auf ganz $\mathfrak{H}$ definierter und stetiger O. ist auch beschränkt.

4) Ein O. heißt *abgeschlossen*, falls für $\lim\limits_{n\to\infty} f_n = f$ mit $f_n \in \mathfrak{D}(\hat{A})$ und $\lim\limits_{n\to\infty} \hat{A}f_n = g$ folgt, daß auch $f \in \mathfrak{D}(\hat{A})$ ist und $\hat{A}f = g$ gilt. Im Unterschied zur Stetigkeit wird hierbei nicht verlangt, daß aus $\lim\limits_{n\to\infty} f_n = f$ auch $\lim\limits_{n\to\infty} \hat{A}f_n = g$ folgt, sondern nur ausgesagt, daß der Grenzwert $g = \lim\limits_{n\to\infty} \hat{A}f_n$, falls er existiert, mit $\hat{A}f$ übereinstimmt. Die Forderung nach Abgeschlossenheit ist keine sehr starke Einschränkung, da man alle physikalisch interessanten O.en durch Hinzunahme der entsprechenden Grenzelemente stets abschließen kann.

Es läßt sich zeigen, daß jeder auf dem gesamten Hilbert-Raum $\mathfrak{H}$ erklärte und abgeschlossene O. auch beschränkt ist.

5) Ein O. $\hat{A}^{-1}$ heißt der zu $\hat{A}$ *inverse O.*, falls $\hat{A}^{-1}g = f$ aus $\hat{A}f = g$ folgt. Diese Definition hat zur Voraussetzung, daß aus $f \neq 0$ stets auch $\hat{A}f \neq 0$ folgt.

6) Für den zu $\hat{A}$ *adjungierten O.* $\hat{A}^\dagger$ gilt für alle $f \in \mathfrak{D}(\hat{A})$ eine Relation der Gestalt $(\hat{A}f, g) = (f, \hat{A}^\dagger g)$, wobei das Klammersymbol das Skalarprodukt zweier Vektoren des Hilbert-Raumes bezeichnet. Dabei wurde $\mathfrak{D}(\hat{A})$ als *dicht* vorausgesetzt, d. h., zu jedem Element f aus $\mathfrak{H}$ existiert ein Element h aus $\mathfrak{D}(\hat{A})$, so daß $\|f - h\|$ beliebig klein ist. Es kann dann gezeigt werden, daß auch $\mathfrak{D}(\hat{A}^\dagger)$ dicht ist, daß mit $\hat{A}$ auch $\hat{A}^\dagger$ abgeschlossen ist, und, falls $\hat{A}$ abgeschlossen ist, daß $(\hat{A}^\dagger)^\dagger = \hat{A}$ gilt. Ist $\hat{A}$ selbst beschränkt, so ist es auch $\hat{A}^\dagger$.

7) Ein O. $\hat{A}$ heißt *symmetrisch*, falls $\mathfrak{D}(\hat{A})$ dicht in $\mathfrak{H}$ ist und $\hat{A}^\dagger \supseteq \hat{A}$ gilt. Diese Relation bedeutet, daß der Definitionsbereich von $\hat{A}^\dagger$ nie kleiner als der Definitionsbereich von $\hat{A}$ ist, und daß die beiden O.en auf $\mathfrak{D}(\hat{A})$ übereinstimmen. Solche O.en werden auch häufig als *hermitesch* bezeichnet.

8) Ist ein O. $\hat{A}$ symmetrisch und fallen zusätzlich noch die beiden Definitionsbereiche $\mathfrak{D}(\hat{A})$ und $\mathfrak{D}(\hat{A}^\dagger)$ zusammen, so nennt man $\hat{A}$ *selbstadjungiert*.

9) Ein O. $\hat{U}$ heißt *unitär*, falls er beschränkt ist und $\hat{U} \cdot \hat{U}^\dagger = \hat{E}$ gilt, wobei $\hat{E}$ der Einheitsoperator ist. Daraus folgt sofort, daß für beliebige f und g aus $\mathfrak{H}$ gilt $(\hat{U}f, \hat{U}g) = (f, g)$, d. h., daß das Skalarprodukt erhalten bleibt.

10) Gilt $(\hat{U}f, \hat{U}g) = (g, f)$ für alle Elemente f und g, so nennt man $\hat{U}$ *unitär*.

11) Gilt die Relation $(\hat{U}f, \hat{U}g) = (f, g)$ nicht für alle Elemente f und g des Hilbert-Raumes, so nennt man $\hat{U}$ *isometrisch*.

12) Ein O. $\hat{N}$ heißt *normal*, falls $\hat{N}$ beschränkt ist und $\hat{N} \cdot \hat{N}^\dagger = \hat{N}^\dagger \cdot \hat{N}$ gilt. Insbesondere sind danach beschränkte, selbstadjungierte und unitäre O.en auch normal.

13) Ein *Projektionsoperator* $\hat{P}$, auch *Projektor* genannt, ist linear und selbstadjungiert, und für ihn gilt $\hat{P}^2 = P$. Er ist dann auch beschränkt.

14) Sei als Hilbert-Raum etwa der Raum aller quadratisch integrablen Funktionen über dem Intervall (a, b) der reellen Achse vorgegeben, d. h. die Menge aller Funktionen $f(x)$ mit endlichem $\int\limits_a^b |f(x)|^2 \, dx$, dann versteht man unter einem *Differentialoperator* einen O. der Form: $a_n \dfrac{d^n}{dx^n} + a_{n-1} \dfrac{d^{n-1}}{dx^{n-1}} + \cdots + a_0$. Sein Definitionsbereich ist dann die Menge der über (a, b) quadratisch integrablen und dort n-mal differenzierbaren Funktionen.

In der Quantenmechanik werden die physikalischen Observablen durch O.en und die Zustände des Systems durch Vektoren eines Hilbert-Raums dargestellt (→ Dichtematrix). Der *Erwartungswert* $\langle A \rangle$ *einer physikalischen Größe* A im Zustand f ist gegeben durch $\langle A \rangle = (f, \hat{A}f)$. Die möglichen Meßgrößen sind die Eigenwerte von $\hat{A}$ (→ Eigenwertproblem).

Lit. Achieser, Glasman: Theorie der linearen O.en im Hilbert-Raum (5. Aufl. Berlin 1968); Smirnow: Lehrgang der höheren Mathematik, Tl V (3. Aufl. Berlin 1971).

ophthalmologische Optik, ein Gebiet der Optik, das sich von der medizinischen Seite her mit den Vorgängen im menschlichen Sehorgan befaßt. Neben der Forschung stehen Untersuchungen über Sehstörungen und ihre Ursachen im Vordergrund. Von den Sehstörungen sind es vor allem die Störungen des Lichtsinnes, der → Adaptation, des Farbsinnes (→ Farbensehen), der Augenbewegungen sowie der Schwachsichtigkeit (Amblyopie).

Zur Untersuchung des Auges dient der *Augenspiegel*, bei der Untersuchung des Augeninnern als einfacher durchbohrter Spiegel oder in verbesserter Form als *Ophthalmoskop* mit eigener Lichtquelle und Zusatzoptik oder als *Hornhautmikroskop* mit der Spaltlampe, das *Perimeter* zur Untersuchung und Ausmessung des Gesichtsfeldes, das *Adaptometer* zur Untersuchung der Anpassung des Lichtsinnes an die Umweltleuchtdichte für langdauernde Anpassungsvorgänge sowie das *Nyktometer* für kurzdauernde Anpassungen im ersten Abschnitt der Adaptation, das *Anomaloskop* zur Prüfung des

Farbsinnes (→ Farbensehen), ferner verschiedene Geräte und Instrumente zur Untersuchung und zur Behandlung des Schielens.

Als *Sehhilfen* werden in der o.n O. Starbrillen nach einer Operation des Grauen Stars, Fernrohrbrillen, Fernrohrlupen und Brillenlupen für Schwachsichtige, Spezialbrillen bei Gesichtsfeldausfällen, Prismenbrillen bei Störungen des Augenmuskelgleichgewichts verordnet.

Oppenheimer-Phillips-Prozeß, → Strippingreaktion.

Optik, 1) die Lehre vom Licht als dem Teil des elektromagnetischen Spektrums, der sich vom Infrarot über das eigentlich sichtbare Licht bis hin zum Ultraviolett erstreckt.

Die physikalische O. untersucht die objektiven Vorgänge bei der Lichtentstehung und Lichtausbreitung. Sie beschreibt das Licht mittels physikalischer Größen und Eigenschaften (→ photometrische Größen und Einheiten). Die Reaktion der Lichtsinneszellen in der Netzhaut des Auges auf eine physikalische Reizung durch die elektromagnetische Strahlung der Wellenlängen zwischen etwa 380 nm und 780 nm, d. h. die physiologische Erscheinung des (sichtbaren) Lichtes, die Wirkung der elektromagnetischen Strahlung auf das Auge und die Vorgänge, die hiermit zusammenhängen und letzten Endes zu einer Wahrnehmung von Licht- und Farbeindrücken, von Objekten, von Raum und Bewegung führen, sind Gegenstand der biologischen Optik und schließlich der *Optologie* (nach Velhagen), der Wissenschaft vom Sehen im allgemeinen.

I) Die *physikalische O.* wird eingeteilt in die klassische O. und die Quantenoptik. Diese Einteilung ist historisch bedingt und hängt mit den Vorstellungen über die Erzeugung und Ausbreitung des Lichtes zusammen.

a) Bei der *klassischen O.* unterscheidet man zwischen der geometrischen O. und der Wellenoptik. In der *geometrischen O.* oder *Strahlenoptik* wird die Wellennatur des Lichtes vernachlässigt. Grundlegend ist der Begriff des Lichtstrahls. Lichtstrahlen verlaufen geradlinig, können in beiden Richtungen durchlaufen werden und durchdringen sich, ohne sich gegenseitig zu beeinflussen. Mit dem Strahlbegriff lassen sich die Erscheinungen der Lichtreflexion und Lichtbrechung behandeln. Auch alle Fragen, die mit der Dispersion durch Brechung zusammenhängen, können durch die Gesetzmäßigkeiten der geometrischen O. erfaßt werden. Die *angewandte O.* ist insoweit ein Teilgebiet der geometrischen O., als sie Strahlengänge durch Linsen, Linsensysteme, Prismen und Spiegel (vielfach in der Kombination von Spiegeln und Linsen) berechnet. Ausgedehnte Gebiete der *instrumentellen O.*, in Zusammenhang mit der optischen Abbildung stehend, werden unter fast ausschließlicher Anwendung der geometrischen O. behandelt, so die Berechnung von Fernrohren, Mikroskopen und Photoobjektiven. Auch die instrumentelle Spektroskopie, also die Entwicklung von Spektralapparaten und Spektralphotometern, bedient sich der geometrischen O., soweit Dispersionsprismen zur spektralen Zerlegung des Lichts Anwendung finden. Hier wird der Begriff O. und Licht weit über die Grenzen des sichtbaren Spektralbereichs, in dem das Auge empfindlich ist, in das Ultraviolette und Infrarote ausgedehnt.

Die *Wellenoptik*, die in ihrer ersten Form als Undulationstheorie des Lichts von Huygens, Young und Fresnel entwickelt wurde, ermöglicht die Erklärung der Beugung, Interferenz und Polarisation des Lichts. Die optischen Teilgebiete der *Interferenzoptik, Beugungsoptik* und der *Polarisationsoptik* können daher nur mit wellenoptischen Vorstellungen behandelt werden. Aber auch die Brechung und Reflexion des Lichts lassen sich wellenoptisch erklären.

Nach der elektromagnetischen Lichttheorie, der durch Faraday und Maxwell vorgenommenen Vollendung der Wellenoptik, sind das sichtbare Licht sowie die ultraviolette und infrarote Strahlung nur kleine Gebiete des elektromagnetischen Spektrums, und die Lehre vom Licht ist nur ein Teil der Lehre von den elektromagnetischen Wellen, für die allgemein die Maxwellschen Gleichungen die theoretische Grundlage sind. Umgekehrt gelten die für Licht gefundenen Gesetze der Reflexion, Brechung, Beugung, Interferenz und Polarisation grundsätzlich auch für die sonstige elektromagnetische Strahlung, z. B. die Radarstrahlung oder auch allgemein die Radiostrahlung. Eine wichtige Größe der Wellenoptik ist die Lichtgeschwindigkeit im Vakuum; sie hat im Zusammenhang mit der Relativitätstheorie (→ Optik bewegter Körper) eine sehr große Bedeutung als universelle Konstante gefunden.

Die Wellenoptik besteht gleichberechtigt neben der Quantenoptik; bei vielen optischen Vorgängen ist der wellenoptischen, bei anderen der quantenoptischen Vorstellung der Vorrang zu geben. So sind alle Fragen der Ausbreitung des Lichtes im Gegensatz zu seiner Erzeugung, Verstärkung und Modulation wellenoptisch erklärbar.

b) Die *Quantenoptik* beruht auf der Annahme von Lichtquanten und befaßt sich mit der Wechselwirkung Licht/Stoffe, die durch die Elementarprozesse der Erzeugung und Vernichtung von Lichtquanten vermittelt wird. Die Lichtquantenenergie ε ist das Produkt der Frequenz ν der Lichtstrahlung mit dem Planckschen Wirkungsquantum h, also $\varepsilon = h\nu$. Je kurzwelliger eine Strahlung ist, um so größer ist die Frequenz und um so größer die Energie der Lichtquanten. Verschiedene optische Vorgänge lassen sich nur nach der Quantenoptik erklären. Hierzu gehören insbesondere der lichtelektrische Effekt (Photoeffekt) und die Lichtverstärkung (→ Laser). Die Entstehung von Licht in Form diskreter Spektrallinien (→ Atomspektren, → Molekülspektren) ist nur nach quantenoptischer Vorstellung zu deuten und steht in engem Zusammenhang mit den Vorstellungen über den Aufbau der Atome und Moleküle, wie überhaupt die Entwicklung der Atomphysik durch die Spektroskopie entscheidend gefördert wurde.

Entsprechend dem Dualismus von Welle und Korpuskel haben auch Objekte mit von Null verschiedener Ruhmasse Wellencharakter. Daher können z. B. auch für Elektronenstrahlen wellenoptische Vorstellungen herangezogen werden. Hierauf beruht die Elektronenbeugung, während die *Elektronenoptik*, die vor allem in der Elektronenmikroskopie außerordentlich erfolgreich elektronenoptische Abbildungen liefert, die viele Analogien zur lichtoptischen Abbildung in Mikroskopen aufweisen und die letzteren bezüglich der erreichbaren Vergrößerung übertreffen, wie auch die *Ionenoptik* eine geometrische Strahlenoptik von schnell bewegten Korpuskeln (→ Korpuskularoptik) ist, wobei den Strahlen die Teilchenbahnen entsprechen. Als weitere Spezialgebiete der physikalischen O. haben sich herausgebildet → atmosphärische O., → Elektrooptik, → Faseroptik, → Gitteroptik, → Kristalloptik, → Magnetooptik, → Metalloptik, → nichtlineare O., → Spannungsoptik u. a.

2) Die *biologische O.* umfaßt die Vorgänge physikalischer, physiologischer und psychologischer Natur im Auge und im Sehorgan bei der optischen Wahrnehmung unserer Umwelt. Die einzelnen Anteile lassen sich beim Sehen nicht trennen oder geteilt untersuchen, sondern wirken vielmehr immer gemeinsam. Die biologische O. ist eine Weiterentwicklung der *physiologischen O.*, welche die optische Wahrnehmung, also das psychische Geschehen beim Sehvorgang (→ Sehen), bisher nur am Rande berücksichtigte und es im allgemeinen der Psychologie überließ.

Die biologische O., früher ein Grenzgebiet verschiedener Wissensgebiete, z. B. der Physik, der Lichttechnik, der Medizin, der Psychologie u. a., ist heute ein großes umfassendes eigenes Wissensgebiet, das mit seinen Erkenntnissen in alle Gebiete des täglichen Lebens ausstrahlt. Das Sehen im Verkehr dient neben der Verbesserung im Verkehr und der Verkehrssicherheit auch der Unfallverhütung, das Sehen am Arbeitsplatz ist ein wesentlicher Faktor einer hohen Arbeitsproduktivität und Arbeitsqualität und eines unfallfreien Arbeitens, das Sehen bei hohen Geschwindigkeiten läßt neue Probleme aufkommen. Die hohe Allgemeinbeanspruchung des Menschen durch den Fortschritt in der Technik und Zivilisation stellt auch höhere Anforderungen an eine gute Sehleistung und an die Beseitigung von optischen Sehstörungen, deren Überwindung eine nicht mehr tragbare Belastung für den Betreffenden beseitigt. Ein wichtiges Teilgebiet der biologischen O. in dieser Richtung ist die → *Augenoptik*, die der wissenschaftlichen Bestimmung und der technischen Fertigung und Anpassung einer Sehhilfe dient. Eng verknüpft mit der biologischen O. ist die → *ophthalmologische Optik*, die sich von der medizinischen Seite her mit den Vorgängen im menschlichen Sehorgan, insbesondere seinen krankhaften Erscheinungen, befaßt.

2) Sammelbezeichnung für zweckmäßig angeordnete Bauelemente (Linsen, Spiegel, Blenden, Prismen u. ä.), Geräte und Systeme (Objektive, Okulare, Kondensoren u. ä.), die eine optische Wirkung (Abbildung, Vergrößerung, Fokussierung u. ä.) erzielen.

Optik bewegter Körper, Teilgebiet der Optik und im Zusammenhang mit der elektromagnetischen Lichttheorie auch der Elektrodynamik. Es behandelt unter anderem die Aberration des Lichtes, den Doppler-Effekt und die Mitführung des Lichtes durch bewegte Körper und spielt in den Grundlagen der Relativitätstheorie eine wichtige Rolle.

Optikrechnen, mathematisches Arbeitsverfahren zur rechnerischen Festlegung der Größe und Richtung der durch die optischen → Abbildungsfehler bewirkten Abweichungen von der idealen optischen Abbildung. Das wichtigste Anwendungsgebiet des O.s ist die technische Konstruktion abbildender Systeme. Beim O. wird der wahre Verlauf ausgewählter Strahlen durch trigonometrische Durchrechnung von Fläche zu Fläche eines Systems bestimmt. Durch bewußte Variation der Durchbiegung einer Linse (gleichzeitige Veränderung der Krümmungsradien einer Linse unter Beibehalten der Brennweite) sowie der Linsendicken und Linsenabstände wird versucht, dem Idealzustand der optischen Korrektion möglichst nahe zu kommen. Diese Arbeit ist sehr langwierig, in neuerer Zeit werden dazu Rechenautomaten herangezogen.

Von besonderer Wichtigkeit für das O. ist die weitgehende Vereinheitlichung der Bezeichnungen sowie das Festlegen der Richtung und Lage von Strecken und Winkeln. Dies wird durch konventionell geschaffene *Vorzeichenregeln* erreicht. Diese besagen, daß die positive Richtung der optischen Achse (Rotationsachse) von links nach rechts weisen soll. Sie stellt die Lichtrichtung dar. Strecken sind negativ zu rechnen, wenn sie vom Bezugspunkt (Flächenscheitel, Brennpunkt, Hauptpunkt) aus links liegen. Rechtwinklig zur optischen Achse liegende Strecken sind positiv, wenn sie nach oben weisen; sie sind negativ, wenn sie nach unten weisen. Die Vorzeichen der Winkel folgen den Vorzeichen der Strecken, die zur Bestimmung ihrer trigonometrischen Funktionen benutzt werden. Diese Art der Vorzeichenregel ist in der neueren Literatur fast durchweg eingehalten.

Die Methodik des O.s unterscheidet sich von der allgemeinen Berechnung der optischen → Kardinalelemente nach den → Abbildungsgleichungen und den → Linsenformeln dadurch, daß eine Linse oder ein optisches System als Folge einzelner brechender oder spiegelnder Flächen betrachtet wird und daß die den Strahlverlauf bestimmenden Strecken und Winkel fortschreitend von Fläche zu Fläche berechnet werden, wobei das von einer Fläche erzeugte Bild zum Objekt für die folgende Fläche wird.

Die Auswahl der beim O. herangezogenen Strahlen folgt Erfahrungsprinzipien. Es werden neben der Berechnung der Strecken auf der optischen Achse (Paraxialstrahl) der das System am Rande der Öffnung durchsetzende Strahl (Randstrahl) sowie zwischen beiden liegende Zonenstrahlen benutzt.

Lit. Flügge: Das photographische Objektiv (Wien 1955), Leitfaden der geometrischen Optik und des O.s (Göttingen 1956); Tiedeken: Lehrb. für den Optikkonstrukteur (Berlin 1963); DIN 1335 Bezeichnungen in der technischen Strahlenoptik.

optimaler Schild, → thermischer Schild.

Optimeter, ein Meßgerät zur Messung von Längenunterschieden im Vergleich zu einem Bezugsobjekt. Messendes Organ ist ein Planspiegel, der durch einen Meßbolzen eine der Verschiebung proportionale Drehung ausführt. Diese wird durch ein Autokollimationsfernrohr gemessen. Der Skalenwert beträgt 1 μm, der Meßbereich $\pm 100\,\mu$m, die Meßunsicherheit $\pm 0{,}25\,\mu$m. Für dünne Drähte gibt es spezielle Drahtmeßoptimeter.

Ultraoptimeter arbeiten nach dem gleichen Prinzip wie die üblichen O., jedoch unter Verwendung doppelter Reflexion an einem kippbaren Spiegel und mit erhöhter Fernrohrvergrößerung. Ihr Skalenwert beträgt 0,2 μm, der Meßbereich $\pm 80\,\mu$m, die Meßunsicherheit bei einer Bezugstemperatur von 20 °C ± 1 K für die Feinteilung $\pm\left(0{,}06 + \frac{A}{400} + \frac{1{,}6\,l}{1000}\right)\mu$m oder $\pm\left(0{,}2 + \frac{A}{400} + \frac{1{,}6\,l}{1000}\right)\mu$m; dabei ist A die Maßzahl der Anzeige und l die Meßlänge in Millimeter. Ultraoptimeter können zur Prüfung von Parallelendmaßen dienen, die als Gebrauchsnormale beglaubigt werden.

Optimierung, Projektierung und Durchführung von Handlungen mit maximalem Effekt an einem System. Als Maß für die erreichte Güte der Arbeit des Systems muß ein Bewertungskriterium gegeben sein, das von der jeweiligen Aufgabenstellung abhängt.

Die O. setzt voraus, daß die vorgelegte Aufgabenstellung auf mehrere verschiedene Arten gelöst werden kann, zwischen denen nach dem Gütekriterium die Anzahl der möglichen Problemlösungen auf wenige Lösungen – mitunter nur auf eine, die optimale Lösung – reduziert werden soll.

Bei *statischer O.* bestimmt man Einstellwerte der Zustandsvariablen z des Systems, für die eine Gütefunktion $f(z_1, z_2, \ldots, z_n)$, ein absolutes Maximum oder ein absolutes Minimum annimmt. Ist jedoch ein Übergangsvorgang $z_1(t)$, $z_2(t)$, ..., $z_n(t)$ der Zustandsgrößen aus einem Anfangszustand $z_i(0)$ in einem Endzustand $z_i(T)$ gesucht, der ein Gütefunktional $f(z_1(t), z_2(t), \ldots, z_n(t))$ zum Extremum machen soll, so spricht man von *dynamischer O.* Mitunter kann zwischen beiden Optimierungsarten nur bedingt unterschieden werden. So artet die Aufgabe der dynamischen O. in die der statischen O. aus, wenn der gesuchte Übergangsvorgang eindeutig durch endlich viele Werte von Einstellparametern festgelegt ist, z. B. die Übergangsvorgänge in Regelkreisen, die von den Einstellparametern des Reglers abhängen.

Die wichtigsten Verfahren der statischen O. sind *Suchstrategien* für Optimalwertregler, das *Linearprogrammieren* und das *konvexe Programmieren*. Die wichtigsten Methoden zur dynamischen O. sind das *Maximumprinzip nach Pontrjagin* und die *dynamische Programmierung nach Bellman*. Reale Optimierungsverfahren müssen die Beschränkungen, denen Zustandsgrößen und Steuergrößen unterworfen sind, beachten.

optisch aktiv, → Drehvermögen.

optisch anomal, → Drehvermögen.

optische Achse, 1) die Symmetrieachse abbildender optischer Systeme, d. i. die Verbindungslinie der Krümmungsmittelpunkte der brechenden oder spiegelnden Flächen einer Linse oder eines optischen Systems.

2) → Kristalloptik.

optische Datenverarbeitung, → Holographie.

optische Diagnostik, → Plasmadiagnostik.

optische Durchlässigkeit, → Absorption.

optische Eigenschaften freier Ladungsträger, → Metalloptik.

optische Filter, zur Aussonderung eines Teils des Lichtspektrums dienende Vorrichtungen. Die einfachsten o.n F. sind Filtergläser und Farbgläser, deren Filterwirkung auf selektiver Absorption beruht. Für die verschiedensten Spektralbereiche dienen Vielfachschichten (→ Interferenzfilter) als o. F. Durch einen sehr engen Durchlaßbereich zeichnen sich → Dispersionsfilter und → Polarisationsfilter aus.

optische Flächen, brechende oder reflektierende Oberflächen von optischen Bauelementen (Linsen, Spiegel, Prismen u. a.). Als Flächentypen werden nachfolgende Formen verwendet: → Planflächen, → sphärische Flächen, → asphärische Flächen, → zylindrische Flächen, → torische Flächen. Hohl gekrümmte Flächen bezeichnet man als *konkav*, erhaben gekrümmte Flächen als *konvex*.

optische Indexfläche, → Kristalloptik,

optische Invarianten, → Invariante 2).

optische Isomerie, → Drehvermögen 1).

optische Kardinalelemente, → Kardinalelemente.

optische Konstanten, physikalische Größen, die das Verhalten einer elektromagnetischen Welle optischer Frequenzen in einem Material charakterisieren. Solche Größen sind der Brechungsindex n und der Absorptionsindex k, welche die Änderung der Phase und die Abnahme der Amplitude mit dem Ort x einer elektromagnetischen Welle angeben gemäß

$$\vec{E}(x, t) = \vec{E}_0 e^{i(n+ik)\omega x/c - i\omega t}.$$

Dabei bedeuten x die Ortskoordinate, t die Zeit, $\vec{E}$ die elektrische Feldstärke am Orte x zur Zeit t, $\vec{E}_0$ die elektrische Feldstärke bei $x = 0$ und $t = 0$, ω die Kreisfrequenz und c die Vakuumlichtgeschwindigkeit. Die Größe $n + ik$ wird als komplexer Brechungsindex bezeichnet. Das Quadrat dieser Größe ist gleich der komplexen Dielektrizitätskonstante, d. h. $\varepsilon' - i\varepsilon'' = (n + ik)^2$. Die Trennung in Realteil $\varepsilon' = n^2 - k^2$ und Imaginärteil $\varepsilon'' = 2nk$ stellt den Zusammenhang her zwischen den in der mikroskopischen Theorie der optischen Eigenschaften (→ Dispersionstheorie) berechneten Größen ε' und ε'' einerseits und den phänomenologisch bei der Beschreibung der Wellenausbreitung in einem Material eingeführten Größen n und k andererseits.

Zur Bestimmung der o.n K. gibt es mehrere Methoden. Die am häufigsten verwendeten sind:

1) Messung des Transmissions- und Reflexionsvermögens bei senkrechter Inzidenz. Der Absorptionsindex k ist mit dem Absorptionskoeffizienten α verknüpft durch $\alpha = 2\frac{\omega}{c}k$. Das Reflexionsvermögen bei senkrechter Inzidenz ist durch die → Beersche Formel gegeben.

2) Messung nach polarimetrischen Methoden, d. h. Messung des Reflexionsvermögens bei verschiedenen Einfallswinkeln des Lichtes und Analyse der Polarisation des reflektierten Lichtes. Grundlage dieser Methode sind die Fresnelschen Formeln (→ Reflexion).

3) Messung des Reflexionsvermögens über einen möglichst großen Spektralbereich und anschließende → Kramers-Kronig-Analyse.

optische Längenmeßverfahren. In der Feinmeßtechnik werden verschiedene o. L. angewendet, die nach unterschiedlichen Prinzipien arbeiten.

In Feinmeßgeräten erfolgt dabei häufig auch eine Kombination der verschiedenen Verfahren.

1) Verfahren, bei denen als maßverkörperndes Normal die *Wellenlänge des Lichtes* zugrunde gelegt wird. Hierzu gehören die *Interferenzverfahren* (→ Interferometer), bei denen die zu messende Strecke in Bruchteile (in der Regel $\lambda/2$) der Lichtwellenlänge zerlegt wird. Ist die Wellenlänge der Strahlung bekannt, so kann aus der Ordnungszahl der Interferenzstreifen die Länge einer Strecke ermittelt werden. Hierzu ist es erforderlich, die Ordnungen zu zählen. Die Zählung kann bei kleinen Strecken langsam visuell erfolgen oder aber schnell unter Verwendung von lichtelektrischen Empfängern und elektronischen Zählgeräten (digital-inkrementale Meßmethode). Die Zählung wird umgangen beim o.n L. mit Hilfe des *Interferenzkomparators nach Kösters*, der vorwiegend für Endmaßmessung benutzt wird, → Interferenzlängenmessung. Eine Interpolation zwischen zwei benachbarten Interferenz-Ordnungen kann visuell oder lichtelektrisch erfolgen, so daß die interferentielle Längenmessung auf Bruchteile ($\lambda/20$ oder kleiner) der Wellenlänge λ möglich ist ($\approx 2 \cdot 10^{-8}$ m). Wegen dieser hohen erreichbaren Genauigkeit und der unabhängigen Reproduzierbarkeit wurde die interferentielle Längenmessung der Meterdefinition (→ Meter) zugrunde gelegt.

2) Verfahren, bei denen eine *Ablesung von Maßstäben* unter Zuhilfenahme optischer Mittel erfolgt. In vielen Längenmeßgeräten werden *Strichmaßstäbe* verwendet, die eine Teilung 1 mm oder feiner haben. Die Ablesung dieser Strichmaßstäbe erfolgt mit Mikroskopen entweder im Durchlicht (Glasmaßstäbe) oder im Auflicht (Metallmaßstäbe). Zur Interpolation der Teilung der Strichmaßstäbe werden spezielle Okularmikrometer (z. B. Spiralokular) verwendet. Damit kann eine 1-mm-Teilung in 1000 Teile direkt unterteilt werden, die $^1/_{10000}$ mm können geschätzt werden. Zur Ablesung von Strichmaßstäben verwendet man außer visuellen optischen Methoden auch lichtelektrische Methoden. Hierfür werden in der Regel Maßstäbe mit feineren Teilungen verwendet, um den Aufwand für die Interpolation zu reduzieren. Mit dieser Methode erreicht man eine Meßgenauigkeit von $2 \cdot 10^{-7}$ m. Werden bei einspurigen Maßstäben die Striche von einer Meßstelle bis zur nächsten lediglich gezählt, spricht man von digital-inkrementaler Längenmessung. Bei mehrspurigen codierten Maßstäben kann jeder Meßstelle ein bestimmter Zahlenwert zugeordnet werden (digital-absolutes Verfahren).

3) Verfahren, bei denen eine *Antastung des Prüflings* nach optischen bzw. optisch-mechanischen Methoden erfolgt. Eine Antastung nach optischen Methoden kann mit Mikroskopen visuell oder lichtelektrisch vorgenommen werden. Die Meßrichtung kann parallel oder rechtwinklig zur optischen Achse des Mikroskops liegen. Letzteres ist z. B. bei Meßmikroskopen der Fall. Bei einer mechanisch-optischen Antastung wird der Prüfling mit konstanter Meßkraft über einen Tastbolzen berührt. Die Stellung des Tastbolzens wird optisch angezeigt. Diese Anzeige kann über einen kippbaren Spiegel (Optimeter, Fühlhebel) durch verschiebbare Marken bzw. Raster erfolgen.

4) Verfahren, bei denen eine *Ausmessung der vergrößerten Abbildung* des Prüflings erfolgt. Zur Vermessung kleinerer Objekte werden Meßmikroskope oder Meßprojektoren (Profilprojektoren) benutzt, die den Prüfling in einem in der Regel bekannten Abbildungsmaßstab vergrößern. In der Bildebene ist ein Vergleich mit Teilungen oder Profilvorlagen möglich. Es kann auch eine meßbare Verschiebung des Objektes in zwei Koordinaten erfolgen; diese Verschiebung kann mechanisch oder optisch gemessen werden.

Bei der Entwicklung von o.n L. wird häufig eine Kombination der genannten Meßmethoden benutzt. Wichtig ist bei Längenmeßverfahren die Einhaltung des *Komparatorprinzips nach Abbe*. Danach sollen die Meßstrecke des Prüflings und die Richtung der Maßverkörperung stets fluchtend angeordnet sein (*1. meßtechnischer Grundsatz*). Bei Betrachtung des Prüflings oder der Maßverkörperung mit einem Mikroskop sollen nicht das Mikroskop, sondern Prüfling und Maßverkörperung verschiebbar angeordnet sein (*2. meßtechnischer Grundsatz*).

Bei Einhaltung des Komparatorprinzips werden Meßfehler 1. Ordnung vermieden, die bei Verkippung infolge mechanischen Spiels während der Verschiebungen auftreten. Der Meßfehler f ist dann proportional arc$^2\,\alpha$, wobei α die Verkippung des bewegten Teiles ist (z. B. Meßwagen, auf dem Prüfling und Normal angeordnet sind). Wird das Komparatorprinzip nicht eingehalten, ist der Meßfehler f proportional arc α.

optische Masse, → Metalloptik.

optische Nachrichtenübertragung, svw. Lichtnachrichtenübertragung.

optischer Fehler, svw. Abbildungsfehler.

optischer Kerr-Effekt, → Brechung 2).

optischer Maser, svw. Laser.

optischer Mittelpunkt, → Kardinalelemente.

optischer Resonator, → Laser.

optisches Drehvermögen, → Drehvermögen 1).

optisches Fenster, derjenige Wellenlängen- bzw. Frequenzbereich des Spektrums der elektromagnetischen Wellenstrahlung, in dem das Absorptionsminimum des bestrahlten Materials liegt. Das optische F. durchsichtiger Stoffe (Glas, Luft u. a.) liegt im Bereich optischer Wellenlängen. Von Luft werden energieärmere infrarote Frequenzen (Wärmestrahlung) und energiereichere Frequenzen als Licht absorbiert. Erstere regen Luftschwingungen an, letztere wirken ionisierend (→ Ionosphäre).

Neben dem optischen F. im Bereich des sichtbaren Lichts besitzt Luft noch je ein „optisches F." für Radiostrahlung und kosmische Strahlung. Da beide Frequenzbereiche in der solaren Strahlung mit relativ geringen Intensitäten vertreten sind, werden sie auf der Erdoberfläche von der Intensität des sichtbaren Lichtes bei weitem übertroffen. Die Sehorgane der höheren Lebewesen haben sich deshalb zweckmäßigerweise auf solche Strahlung spezialisiert.

Der Begriff o. F. darf nicht verwechselt werden mit dem der Durchlässigkeit. Während ersterer nur angibt, ob das Medium elektromagnetische Strahlung absorbiert oder nicht, hängt die Durchlässigkeit eines durchsichtigen Stoffes außer von seiner Absorptionsfähigkeit noch von makroskopischen Faktoren, wie Dicke der beleuchteten Schicht, Strahlungsstreuung u. dgl., ab.

optisches Gitter, → Beugungsgitter 1).

optisches Glas, Gläser mit optimalen Lichtdurchlässigkeiten im sichtbaren sowie im nahen ultravioletten und infraroten Wellenlängenbereich und festgelegten optischen Eigenschaften, wie Brechungsindex n_d für die He-d-Linie, Dispersion bzw. Abbesche Zahl ν_d. O. G. muß weitgehend frei von Glasfehlern, wie Blasen, Steinchen, Schlieren u. a., sowie Spannungen sein. Die optischen Gläser können in Kron- und Flintgläser eingeteilt werden, von denen es zahlreiche Untergruppen gibt, wie sie im n_d-ν_d-Diagramm angegeben sind. Die *Krongläser* weisen schwache Brechung und kleine Dispersion auf, die *Flintgläser*, die mehr oder weniger Bleioxid enthalten, starke Brechung und große Dispersion.

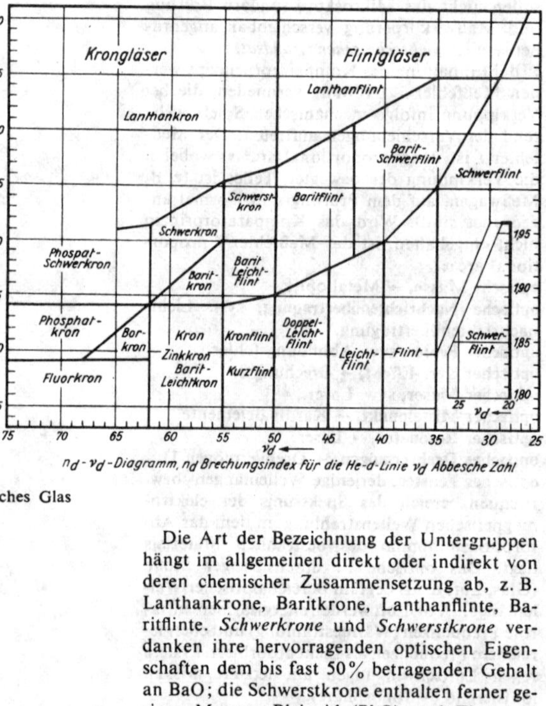

n_d-ν_d-Diagramm, n_d Brechungsindex für die He-d-Linie ν_d Abbesche Zahl

optisches Glas

Die Art der Bezeichnung der Untergruppen hängt im allgemeinen direkt oder indirekt von deren chemischer Zusammensetzung ab, z. B. Lanthankrone, Baritkrone, Lanthanflinte, Baritflinte. *Schwerkrone* und *Schwerstkrone* verdanken ihre hervorragenden optischen Eigenschaften dem bis fast 50% betragenden Gehalt an BaO; die Schwerstkrone enthalten ferner geringe Mengen Bleioxid (PbO) und Titanoxid (TiO_2) und weisen dadurch eine etwas höhere Brechzahl und Dispersion als die Schwerkrone auf. Die spezifisch schweren (5,13 g/cm³) und bis etwa 70% PbO enthaltenden *Schwerflinte* weisen die größten Brechzahlen bei gleichzeitig größter Dispersion auf. Die *Kurzflinte*, die bis 20% Antimonoxid (Sb_2O_3) enthalten, wurden so genannt, weil sie die Blaudispersion der Flintgläser beträchtlich verkürzen.

Jedes einzelne optische Glas der verschiedenen Untergruppen hat auf Grund der mannigfaltig variierbaren chemischen Zusammensetzung jeweils eine wichtige Spezialeigenschaft. Das eine zeichnet sich aus durch extreme optische Lage im n_d-ν_d-Diagramm, das andere besitzt herausragende Teildispersionen in Wellenlängengebieten, die in diesem Diagramm nicht zum Ausdruck kommen, woraus sich auch die angeführten gemeinsamen Bereiche verschiedener Untergruppen erklären. Weitere Gläser besitzen besonders gute Ultraviolettdurchlässigkeit oder hervorragende chemische Beständigkeit, andere wiederum absorbieren auf Grund besonders hochgezüchteter optischer Eigenschaften weitgehend das ultraviolette Licht.

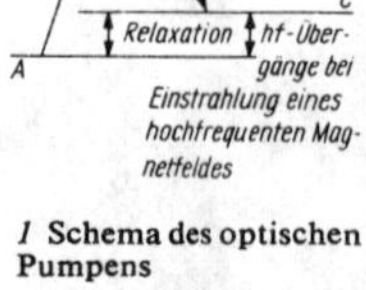

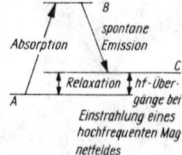

1 Schema des optischen Pumpens

optisches Medium, *optisches Mittel*, ein Stoff, der vom Licht durchlaufen wird und mit ihm in Wechselwirkung tritt. Dabei erfolgt eine Änderung der Ausbreitungsgeschwindigkeit als Wirkung der optischen Dichte, zu deren Kennzeichnung die → Brechzahl *n* dient. Die *Grenze zweier Medien* ist die Fläche, mit der sich zwei Medien unterschiedlicher Brechzahl berühren. Es wird angenommen, daß eine scharfe Grenze mit sprunghafter Brechzahländerung nicht existiert, sondern daß eine wenn auch äußerst dünne Übergangsschicht entsteht, in der sich die Brechzahl stetig ändert.

Sind die Eigenschaften des Mediums in seiner durchlaufenen Ausdehnung einheitlich, so handelt es sich um ein *homogenes Medium*; sind die Eigenschaften örtlich verschieden, so liegt ein *inhomogenes Medium* vor.

optisches Mittel, svw. optisches Medium.

optisches Modell, → Phänomenologie der Hochenergiephysik, → Kernmodelle.

optisches Pumpen, Bezeichnung für eine bedeutende Änderung der Besetzungsverteilung der Energieniveaus von Atomen und Ionen eines Systems durch Einstrahlung von Licht. Die Erzeugung einer Besetzungsinversion ist Voraussetzung für die Lichtverstärkung bzw. -erzeugung beim → Laser. 1950 schlug Kastler vor, mit Hilfe des optischen P.s Änderungen der relativen Besetzungen der Zeeman-Niveaus und Hyperfeinstrukturniveaus des Atomgrundzustandes hervorzurufen.

Das optische P. kann anhand des Dreiniveauschemas erklärt werden (Abb. 1). Zunächst wird Licht absorbiert. Damit gelangen Atome auf Grund der Energieübertragung vom Zustand *A* in den Zustand *B*. Durch anschließende spontane Emission gelangen die Atome in den Zustand *C*. Damit ist das Besetzungsverhältnis der Niveaus *A* und *C* geändert. Die Besetzung des Niveaus *A* wurde vermindert, die des Niveaus *C* erhöht. Je nachdem, ob das Niveau *C* energetisch höher oder niedriger liegt als *A*, kann der optische Pumpvorgang als Erwärmung oder Kühlung betrachtet werden. Die bei einem stationären Prozeß erreichte Besetzungsveränderung hängt ab von der Intensität des eingestrahlten Lichtes und von der Geschwindigkeit des Relaxationsprozesses, der das thermische Gleichgewicht zwischen *A* und *C* wieder herzustellen strebt. Effektives Pumpen erfordert intensives Pumplicht und geringe Relaxation. *A* und *C* können Hyperfeinstrukturniveaus oder Zeeman-Niveaus des Grundzustandes sein, *B* ist ein optisch angeregter Zustand. Besteht der Grundzustand aus mehreren Unterniveaus, so können Besetzungsveränderungen erreicht werden, wenn sich die Übergangswahrscheinlichkeiten von *B* zu den einzelnen Unterniveaus zumindest für zwei Unterniveaus unterscheiden oder wenn die Unterniveaus bereits beim Anregungsprozeß verschieden stark geleert werden. Man kann dies auf zwei Wegen erreichen:

1) durch *Hyperfeinstrukturpumpen*: Nicht alle Hyperfeinstrukturkomponenten einer Spektrallinie werden eingestrahlt. Die Hyperfeinstrukturkomponenten einer Spektrallinie liegen dicht beieinander. Sie lassen sich durch gewöhnliche Filtertechnik nur schwer trennen. Man nutzt hier die Existenz verschiedener Isotope eines Elementes aus. So unterscheiden sich z. B. die Frequenzen der Hyperfeinstrukturkomponenten des Isotops ^{85}Rb (Rubidium) von den Frequenzen der Hyperfeinstrukturkomponenten des Isotops ^{87}Rb (Abb. 2). Das Licht einer Lampe, die ^{87}Rb enthält, wird von einer mit ^{85}Rb gefüllten Absorptionszelle gefiltert und gelangt in eine Küvette, die ^{87}Rb enthält (Abb. 3). Das Pumplicht kann aus einer Linie

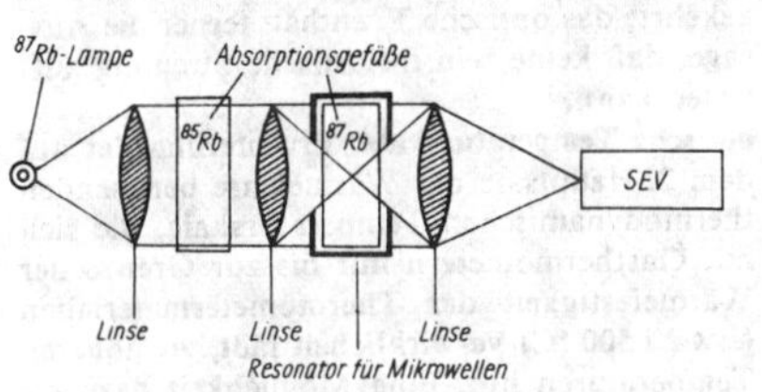

3 Experimentelle Anordnung für das Hyperfeinstrukturpumpen

oder aus beiden Linien des Hauptdubletts bestehen (Abb. 4). Die *a*-Komponente des Lichtes wird durch das Filter stark abgeschwächt. Die ^{87}Rb-Isotope im Resonanzgefäß werden somit nur von der *b*-Komponente gepumpt. Dadurch wird das Hyperfeinstrukturniveau $F = 1$ entvölkert, das Hyperfeinstrukturniveau $F = 2$

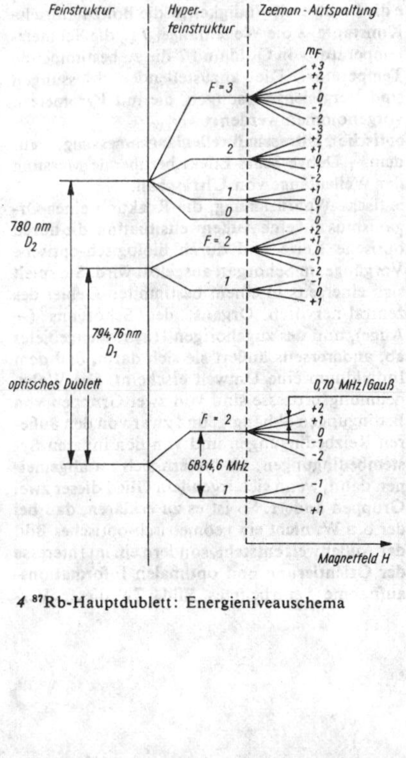

4 ^{87}Rb-Hauptdublett: Energieniveauschema

wird bevölkert. Auf diesem Wege erhält man leicht Inversionsbesetzungen zwischen den beiden Hyperfeinstrukturniveaus $F = 1$ und $F = 2$ des Grundzustandes, zwischen denen ein Gasmaser (→ Maser) betrieben werden kann. Die Frequenz des Mikrowellenüberganges von dem Niveau $F = 2$, $m_F = 0$ zu dem Niveau $F = 1$, $m_F = 0$ beträgt 6834,6 MHz. Sie ist in erster Ordnung vom Magnetfeld unabhängig. Deshalb wird dieser Übergang für Hochpräzisionsfrequenzstandards verwendet.

2) durch *Zeeman-Pumpen*: Das Pumplicht ist hierbei zirkular polarisiert. Durch Einstrahlung von zirkular polarisiertem Licht werden Besetzungsänderungen zwischen den magnetischen Unterniveaus des Grundzustandes verursacht. Diese Besetzungsänderungen sind mit dem Entstehen einer Polarisation des Spinsystems und einer dazu proportionalen Magnetisierung verbunden. In Abb. 5 ist der Pumpprozeß für die zirkular polarisierte Hyperfeinstruktur-

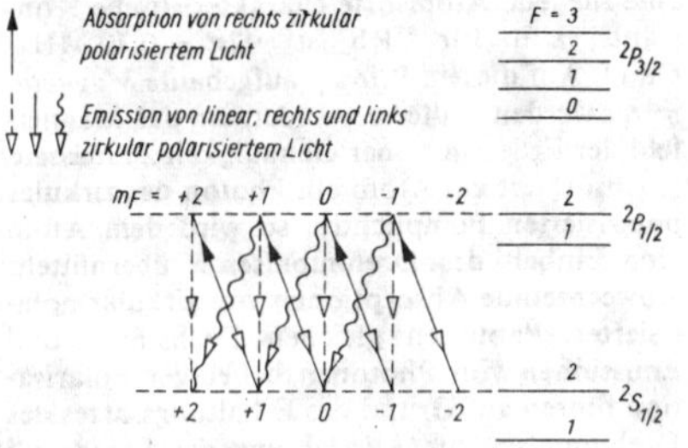

5 Schema des Zeeman-Pumpens für eine Hyperfeinstrukturkomponente bei fehlendem äußerem Magnetfeld

komponente $5S_{1/2}$, $F = 2 \rightarrow 5P_{1/2}$, $F = 2$ der D_1-Linie (Abb. 5) dargestellt. Die Übergangswahrscheinlichkeiten sind für die einzelnen Zeeman-Niveaus verschieden groß, wenn polarisiertes Licht beim Übergang absorbiert wird. So absorbiert z. B. der Term $F = 2$, $m_F = 2$ bei gegebenem Drehsinn des zirkular polarisierten Lichtes überhaupt nicht, weil im $P_{1/2}$-Zustand kein Term mit $m_F > 2$ existiert.

Eine durch optisches P. aufgebaute Magnetisierung verschwindet bei Einstrahlung eines starken hochfrequenten H_1-Magnetfeldes. Die Frequenz des H_1-Feldes entspricht dem Energieabstand zwischen den Zeeman-Niveaus. Das konstante Magnetfeld $\vec{H}_0$ liegt parallel zur Einstrahlungsrichtung des Pumplichtes.

Der Nachweis der Magnetisierung erfolgt optisch, denn die Stärke der Absorption des Pumplichtes ist eine zur Magnetisierung des Dampfes proportionale Größe. Bei plötzlichem Einschalten eines H_1-Feldes werden die Absorptionseigenschaften des Gases geändert. Dies macht sich in einer Intensitätsänderung des durch die Küvette durchgehenden und vom Sekundärelektronenvervielfacher (SEV) registrierten Pumplichtes bemerkbar. Das Pumplicht wird zum Aufbau und zum Nachweis der Magnetisierung verwendet (Abb. 6). Der optische Nachweis der magnetischen Resonanz ist sehr empfindlich; so können noch Signale der magnetischen Resonanz an 10^6 Atomen je cm^3 beobachtet werden. Aus der Beobachtung der Signale

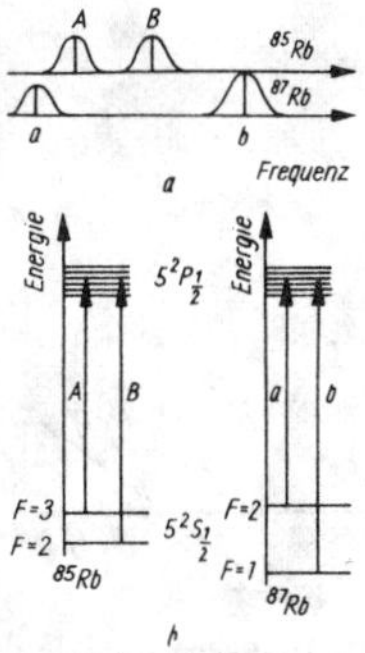

2 Hyperfeinstruktur der Resonanzlinie D_1 ($5^2S_{1/2} \rightarrow 5^2P_{1/2}$) von ^{85}Rb und ^{87}Rb

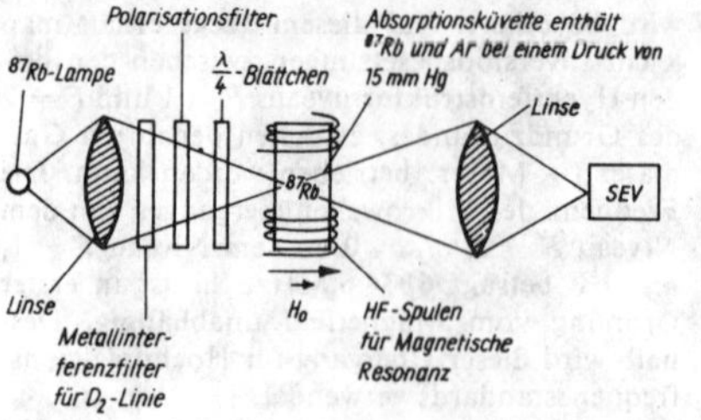

6 Experimentelle Anordnung für das Zeeman-Pumpen

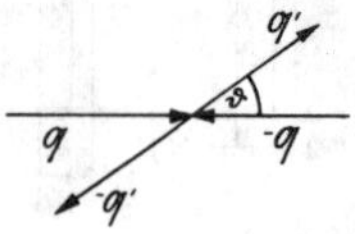

optisches Theorem

der magnetischen Resonanz kann man die Resonanzfrequenz des H_1-Feldes und damit die Stärke des konstanten Magnetfeldes H_0 bestimmen. Die Magnetfeldmessung wird auf eine einfache Frequenzmessung zurückgeführt, denn $\nu = (\gamma/2\pi)\, H_0$. Hierbei ist ν die Übergangsfrequenz zwischen den Zeeman-Niveaus, $\gamma/2\pi$ eine für jede Atomsorte charakteristische Konstante, z. B. für ^{87}Rb ist $\gamma/2\pi = 0{,}70$ MHz/Gauß. Auf diesem Prinzip aufgebaute *Magnetometer* werden heute verwendet, um das Magnetfeld der Erde mit hoher Genauigkeit zu messen.

Absorbiert ein Atom ein Photon des zirkular polarisierten Pumplichtes, so wird dem Atom eine Einheit des Drehimpulses $\hbar$ übermittelt. Abwechselnde Absorptionen von zirkular polarisierten Photonen gleichen Drehsinnes und Emissionen von Photonen beliebiger Polarisation führen auf Grund des Erhaltungssatzes des Drehimpulses zur Ausrichtung des Spins und damit des magnetischen Moments des Atoms parallel zur Ausbreitungsrichtung des Lichtes. Diese Orientierung der Atome drückt sich makroskopisch in der Magnetisierung des Systems aus. Mit kontinuierlich eingestrahltem zirkular polarisiertem Licht kann eine Magnetisierung auch ohne äußeres Magnetfeld aufgebaut werden.

Die Größe der beim optischen P. erreichten Magnetisierung hängt von der Relaxation zwischen den Zeeman-Niveaus ab. In einem Atomstrahl ist diese Relaxation äußerst gering, da die Wechselwirkung der einzelnen Atome mit ihrer Umgebung vernachlässigbar klein ist. Experimente im Atomstrahl sind allerdings sehr aufwendig. Deshalb versucht man das System der Alkalimetallatome in einer Glasküvette optisch zu pumpen. In dieser Küvette wird die Relaxation verursacht durch → Spinaustauschstöße mit paramagnetischen Fremdatomen, die sich noch als Restgas in der Küvette befinden können und die in der Glaswand des Gefäßes vorhanden sind. Um die Zahl solcher Spinaustauschstöße zu verringern, wird das Glasgefäß sorgfältig ausgeheizt und abgepumpt, bevor ^{87}Rb in die Küvette gelangt. Beim *Dehmelt-Pumpen* wird durch Einführen eines diamagnetischen Puffergases, z. B. Argon, genügend hohen Druckes die Anzahl der Stöße der Alkalimetallatome mit der Wand stark vermindert. Dabei führen Stöße zwischen ^{87}Rb und Ar-Atomen nicht zum Verlust der Orientierung. Überzieht man die Wand des Gefäßes mit einem diamagnetischen Stoff, so verlieren die ^{87}Rb-Atome bei Wandstößen ihre Orientierung nicht, d. h., die Relaxation zwischen den Zeeman-Niveaus des Grundzustandes wird dadurch stark vermindert.

optisches Theorem, aus der Unitarität der S-Matrix, d. h. der Erhaltung der Teilchenzahl, folgende Aussage über den Zusammenhang des totalen Wirkungsquerschnitts σ_{tot} mit dem Imaginärteil der Streuamplitude $f(E, \vartheta)$ für die elastische Streuung zweier Teilchen in Vorwärtsrichtung ($\vartheta = 0$) bei fester Energie E der einfallenden Teilchen: $\sigma_{tot}(E) = \frac{4\pi}{k} \operatorname{Im} f(E, 0)$, wobei ϑ der Winkel zwischen den Impulsen eines der beiden Teilchen vor und nach der Streuung und $q = \hbar k$ der Betrag des Relativimpulses der Teilchen im Schwerpunktsystem ist (Abb.). Als Folge des optischen T.s ist für hohe Energien, bei denen in σ_{tot} die inelastischen Reaktionen dominieren, also $\sigma_{tot} \approx \sigma_{inel}$, der Imaginärteil der Amplitude der elastischen Vorwärtsstreuung im wesentlichen durch σ_{inel} bestimmt und umgekehrt; das optische T. enthält ferner die Aussage, daß keine rein inelastische Streuung auftreten kann.

optische Temperaturskala, Erweiterung der auf dem 2. Hauptsatz der Wärmelehre beruhenden thermodynamischen Temperaturskala, die sich mit Gasthermometern nur bis zur Grenze der Wärmefestigkeit der Thermometermaterialien (etwa 1 500 °C) verwirklichen läßt, zu höheren Temperaturen hin. Eine Möglichkeit dazu ergibt sich mit Hilfe der Planckschen Strahlungsformel. Als Bezugspunkt wird die Schmelztemperatur von Gold (Au) gewählt. Die zu messende Temperatur T wird dann aus dem Meßresultat für $K_T/K_{T_{Au}} = \frac{\exp(hc/\lambda k T_{Au}) - 1}{\exp(hc/\lambda k T) - 1}$ ermittelt. Dabei bedeutet K_T die spektrale Strahlungsdichte des schwarzen Strahlers bei der Temperatur. T, $K_{T_{Au}}$ die spektrale Strahlungsdichte von Gold, h das Plancksche Wirkungsquantum, c die Lichtgeschwindigkeit, k die Boltzmannsche Konstante, λ die Wellenlänge, T_{Au} die Schmelztemperatur von Gold und T die zu bestimmende Temperatur. Die anzustellenden Messungen sind Vergleichsmessungen, die mit Pyrometern vorgenommen werden.

optische Ultraschallwellenlängenmessung, auf dem → Debye-Sears-Effekt beruhende Messung der Wellenlänge von Ultraschall.

optische Wahrnehmung, die Reaktion eines Organismus auf eine Außenweltsituation, die durch optische Reize und durch biologisch-optische Vorgänge im Sehorgan ausgelöst wird. Sie spielt sich einerseits in einem bestimmten Gebiet des zentral-nervösen Organs, des Sehorgans (→ Auge), und des zugehörigen Hirnrindengebietes ab, andererseits äußert sie sich darin, daß dem Individuum eine Umwelt erscheint. Die Wahrnehmungsprozesse sind von zwei Gruppen von Bedingungen abhängig, und zwar von den äußeren Reizbedingungen und von den inneren Systembedingungen; sie ändern sich im allgemeinen dann, wenn sich irgendein Glied dieser zwei Gruppen ändert. So ist es zu erklären, daß bei der o.n W. nicht ein geometrisch-optisches Bild der Außenwelt entsteht, sondern ein im Interesse der Orientierung und optimalen Informationsaufnahme verarbeitetes Bild. Zu dieser Verarbeitung gehören als Beispiel die Auswahl der aufgenommenen Information aus der Menge der empfangenen Reize nach ihrer Wichtigkeit und die Vervollständigung durch gespeicherte Information.

Ein weiteres Beispiel sind die *Konstanzphänomene*. Damit bezeichnet man Beständigkeiten anschaulicher, d. h. wahrgenommener Eigenschaften, wie Helligkeit, Farbe, Form, Größe, Bewegung usw., trotz Änderung der unmittelbar dazu gehörigen Reizgrundlagen. Personen und Gegenstände in verschiedenen Entfernungen unterscheiden sich in ihrer Größe nicht entsprechend der geometrischen Entfernung und Perspektive; ein schwarzer Gegenstand z. B. behält sein Aussehen im Schatten und in der Sonne, obwohl sich seine objektiven Leuchtdichten in beiden Fällen erheblich unterscheiden; farbige Gegenstände erscheinen in gleicher Farbe, auch wenn sich das farbige Umfeld ändert.

Bei der o.n W. sind als Grundfunktionen des Sehorgans die Helligkeitswahrnehmung und die Farbwahrnehmung zu nennen. Die *Helligkeitswahrnehmung* ist eine Reaktion auf eine allgemeine Reizung durch elektromagnetische Strahlung eines Wellenlängenbereiches zwischen 380 und 780 nm nach der Intensität der Strahlung. Die *Farbwahrnehmung* ist eine Fähigkeit, die elektromagnetische Strahlung nicht nur nach ihrer Intensität, sondern auch nach ihrer Wellenlänge zu bewerten. Weitere Grundfunktionen des Gesichtssinnes, die darauf aufbauen, sind die Wahrnehmung von Leuchtdichteunterschieden, die Sehschärfe, die Formwahrnehmung, die Raumwahrnehmung, die Bewegungswahrnehmung und die Wahrnehmung von Farbunterschieden.

Eine *Leuchtdichteunterschiedswahrnehmung* ermöglicht erst das Wahrnehmen von Objekten und Gegenständen. Durch sie und durch eine feingegliederte Anordnung der Sinneselemente auf der lichtempfindlichen Schicht des Auges, der Netzhaut, besitzt das Auge zumindest beim direkten Sehen eine sehr hohe Sehschärfe. Dazu kommt ein Formsinn, der mit der Sehschärfe eng verbunden ist.

Die Wahrnehmung von Objekten in verschiedenen Entfernungen vom Auge erfordert eine Einstellmöglichkeit des abbildenden Apparates des Auges auf das betrachtete Objekt, so daß es auf der Netzhaut scharf abgebildet wird.

Mit der Wahrnehmung der Sehferne im Raum und der Sehtiefe ist auch die der Sehgröße verbunden. Sehferne und Sehgröße, d. h. wahrgenommene Entfernung des Objektes und wahrgenommene Größe des Objektes, sowie Akkommodation und Konvergenz der Blicklinien hängen eng miteinander zusammen als wichtige Faktoren der Raumorientierung.

optische Weglänge, die mit dem Brechungsindex *n* des Ausbreitungsmediums multiplizierte geometrische Weglänge *l* längs eines Lichtstrahls. Die o. W. ist somit wegen der Definition des Brechungsindexes die auf Vakuum bezogene Weglänge beim Durchtritt des Lichtes durch ein Medium mit der Brechzahl *n* und der Länge *l*. Als *reduzierte W.* wird in der geometrischen Optik der Quotient l/n verstanden, zum Beispiel die Bildortverlagerung, wenn das Licht statt durch Glas durch Luft laufen würde.

Optoelektronik, ein Gebiet der Elektronik, das sich mit der Anwendung der Wechselwirkung zwischen Licht und elektrischen Ladungsträgern in optischen und elektronischen Einrichtungen zur Informationsgewinnung, -übertragung, -verarbeitung und -speicherung beschäftigt. Für die O. sind insbesondere elektrooptische und magnetooptische Effekte, Photoeffekte sowie verschiedene Lumineszenzerscheinungen von Bedeutung. Bei optoelektronischen Anordnungen gibt es ein lichtemittierendes, ein lichtübertragendes und ein lichtempfindliches Glied. Die Steuerung des Lichtstrahles erfolgt im Gegensatz zur Photoelektronik nicht optisch, sondern elektrisch, wobei die Anwendung elektrooptischer Effekte, wie sie z. B. bei lichtempfindlichen Halbleitermaterialien auftreten, in das Gebiet der O. gehört.

Bei einer optoelektronischen Übertragungskette erfolgt die Modulation des Lichtsignals entweder durch Modulation des Lichtsenders selbst oder unmittelbar danach vor Eintritt in den Übertragungsweg. An den Übertragungsweg schließt sich ein Lichtempfänger an, der die Information entweder z. B. mittels einer Anzeigevorrichtung wiedergibt oder einem Speichermedium zuführt. Im Falle einer Anzeige kann die Wiedergabe wieder mittels eines Lichtsenders, z. B. eines Bildschirmes oder mit Leuchtdioden (→ Halbleiterdiode), erfolgen.

Das Merkmal eines Lichtsenders in einem optoelektronischen Übertragungsweg ist die Umwandlung elektrischer Energie in Licht, und zwar auch in den Bereichen des infraroten und des ultravioletten Spektrums. Als Lichtsender dienen z. B. Glühlampen, Gasentladungslampen, Leuchtdioden und Lasergeneratoren. Der Übertragungsweg kann durch direkte Kopplung ohne Hilfsmittel, d. h. Übertragung durch den freien Raum, durch Verkopplung über optische Systeme, z. B. Spiegel und Linsen, oder über lichtleitende Vorrichtungen, z. B. Lichtleitfasern, überwunden werden (→ Faseroptik). Als Lichtempfänger, in denen das Licht in elektrische Energie umgewandelt wird, dienen Vorrichtungen zur Ausnutzung des äußeren Photoeffektes, z. B. gasgefüllte Photozellen, Hochvakuumphotozellen und Photovervielfacher, oder Vorrichtungen zur Ausnutzung des inneren Photoeffektes, wie Photowiderstandszellen, Halbleiterbauelemente mit photoempfindlichem pn-Übergang, z. B. Photodioden, Phototransistoren und Photothyristoren (→ Halbleiterdiode, → Transistor, → Thyristor).

Optoelektronische Übertragungseinrichtungen sind unter anderem das Lichttelefon und die Übertragungseinrichtungen für hochfrequente breitbandige Nachrichtensignale, z. B. für Fernsehen, mittels Lasers u. a.

Die *optoelektronische Kopplung* ist eine fast trägheits- und rückwirkungsfreie Signalübertragung innerhalb eines kombinierten Bauelementes, das aus einem Lichtemitter, z. B. einer Leuchtdiode, und einem Lichtempfänger, z. B. einer Photowiderstandszelle, besteht. Optoelektronische Kopplung liegt z. B. auch beim Leuchttransistor (→ Transistor) vor. Der Röntgenstrahlbildwandler arbeitet ebenfalls nach dem Prinzip der optoelektronischen Kopplung.

Optologie, → Optik, → Sehen.

OPW-Methode, → Bandstruktur.

Orbital, vor allem bei der quantenmechanischen Analyse des Atom- und Molekülbaus benutzte Bezeichnung für einen Elektronenzustand mit nicht ganz scharfer Bedeutung. Die Bezeichnung ist aus den Vorstellungen des Bohrschen Atommodells heraus entstanden, nach dem sich jedes Elektron auf einer bestimmten durch Quantenbedingungen ausgewählten Bahn [engl. orbit] bewegt. Obwohl die moderne Quantenmechanik den Bahnbegriff als für Mikroobjektive prinzipiell unanwendbar nicht enthält, sondern für die Elektronen lediglich eine räumliche Aufenthaltswahrscheinlichkeit angibt, bestehen Korrespondenzen zwischen dieser Wahrscheinlichkeitsverteilung und den Bohrschen Bahnen in dem Sinne, daß die Aufenthaltswahrscheinlichkeit dort besonders groß ist, wo diese Bahnen verlaufen. Die Bezeichnung O. wird sowohl im Sinne von Wellenfunktion ψ des gebundenen Elektrons als auch im Sinne ihres die Dichte der Aufenthaltswahrscheinlichkeit definierenden Absolutquadrats gebraucht. Entsprechend können die O.e etwa durch die (durch $\psi = 0$ definierten) Knotenflächen der Wellenfunktion oder durch eine Darstellung der Wahrscheinlichkeitsverteilung (Form der „Elektronenwolke", Fläche mit $|\psi|^2 =$ konst., innerhalb derer das Elektron mit überwiegender Wahrscheinlichkeit gefunden wird) veranschaulicht werden. Die Symmetrie solcher Flächen entspricht der Symmetrie der Wellenfunktion. Da sich im allgemeinen nur dem Gesamtsystem, nicht aber jedem einzelnen Elektron eine Wellenfunktion zuordnen läßt, ist die Zuordnung von O.en zu einzelnen Elektronen an das Modell unabhängiger Teilchen gebunden, bzw. dienen die Orbitale im Sinne von Einelektronenwellenfunktion lediglich als „Baumaterial" zur Bildung allgemeiner Wellenfunktionen in Form von Linearkombinationen (LCAO-Methode, → Methode der Molekülzustände). Oft sind die O.e einem einzigen Atom zugeordnet, in einfachster Näherung können sie als wasserstoffähnliche O.e dargestellt werden. Gehören die Elektronenzustände zu bestimmten Werten $\hbar^2 l(l+1)$, $l = 0, 1, 2, \ldots$ des Drehimpulsquadrats, so spricht man in der angegebenen Reihenfolge von *s*-, *p*-, *d*-, *f*-, *g*-O.en. Für die chemische Bindung sind die kugelsymmetrischen *s*- und die eine Raumrichtung auszeichnenden *p*-O.e von besonderem Interesse, wobei für → *p*-Orbitale in der Molekülphysik eine etwas andere Auswahl dieser O.e getroffen wird als in den meisten Anwendungen auf ein isoliertes Atom.

Chemische Reaktionen verlaufen weitgehend unter Erhaltung der Orbitalsymmetrie, d. h., sie verlaufen dann bevorzugt und glatt, wenn zwischen den Orbitalsymmetrieeigenschaften der Reaktanden und der Produkte Übereinstimmung besteht.

Orbittheorie, *Bahntheorie*, Theorie der wechselwirkungsfreien Bewegung geladener Teilchen in elektromagnetischen Feldern. Ausgangsgleichung der O. ist die Bewegungsgleichung eines Teilchens der Masse m und der Ladung e im äußeren Kraftfeld $\vec{F}$, zu dem das elektrische Potentialfeld hinzugerechnet wird, und im magnetischen Feld $\vec{B}$: $m\,\mathrm{d}\vec{v}/\mathrm{d}t = \vec{F} + e\vec{v} \times \vec{B}$, $\vec{F} = e\vec{E} - m\,\partial\Phi_{\text{grav}}/\partial\vec{r}$.

Wenn sich $\vec{B}$ über die Entfernung eines Gyrationsradius und während einer Gyrationsperiode des Teilchens nur wenig ändert, kann die Geschwindigkeit $\vec{v}$ des Führungszentrums in eine zu $\vec{B}$ parallele $\vec{v}_{||} = \vec{u}_{||}$ und eine zu $\vec{B}$ senkrechte $\vec{u}_{\perp}$ zerlegt werden. Letztere stellt eine Drift des Teilchens von Feldlinie zu Feldlinie dar. Ihre Bewegungsgleichung ergibt sich aus der obigen durch einen Störungsansatz in erster Ordnung in m/e und durch eine Entwicklung von $\vec{B}(\vec{r}, t)$ und $\vec{F}(\vec{r}, t)$ nach dem Gyrationsradius und anschließende Mittelung über die Gyrationsperiode. Das setzt die Erhaltung des magnetischen Moments $\vec{M}$ während der Bewegung des Teilchens voraus (→ adiabatische Invariante). Die Bewegungsgleichung des Führungszentrums ist $m \frac{\mathrm{d}\vec{u}}{\mathrm{d}t} = \vec{F} + e\vec{u} \times \vec{B} - M \frac{\partial B}{\partial \vec{r}}$. Hieraus folgt, daß sich die Driftgeschwindigkeit aus vier Anteilen zusammensetzt: 1) der äußeren Kraftdrift $\vec{u}_F = \vec{F} \times \vec{B}/eB^2$; 2) der Gradientenkrümmungsdrift $\vec{u}_{CG} = M(1 + 2u^2/W^2)\,e^{-1}B^{-2}\vec{B} \times \partial B/\partial\vec{r}$; 3) Trägheitsdrift $\vec{u}_T = (m/eB^2)\,\vec{B} \times \mathrm{d}\vec{u}_{\perp}/\mathrm{d}t$; 4) Polarisationsdrift $\vec{u}_p = (m/eB^2)\,\partial\vec{E}_{\perp}/\partial t$. Dabei ist W die Teilchenenergie. Besitzt das $\vec{B}$-Feld weitere Symmetrien, so lassen sich neben der Gyrationsbewegung zwei neue Periodizitäten der Bewegung angeben, die → Bounce-Bewegung und die Driftbewegung (→ Drift). Zu jeder von ihnen gehört eine weitere → adiabatische Invariante, die durch Mittelung über die entsprechende Periode gefunden werden kann.

Ordnung, 1) *Anordnung*, eine „größer-kleiner"-Relation $<$ (oder $\leqq$) einer Menge von Elementen $x, y, \ldots$ mit der Eigenschaft, daß aus $x \neq y$ entweder $x < y$ oder $y < x$ folgt. Die Menge der reellen Zahlen ist z. B. eine geordnete Menge. Kann aus $x \neq y$ nicht auf $x > y$ oder $x < y$ geschlossen werden, dann spricht man von einer *Halbordnung*. Die Menge der komplexen Zahlen ist z. B. bezüglich des absoluten Betrags eine halbgeordnete Menge: Eine Ordnungsrelation ist nur für die Zahlen auf einem vom Ursprung ausgehenden Strahl, einer Halbgeraden, definiert. Auch die Menge der Untermengen z. B. einer Ebene oder des Hilbert-Raumes ist halbgeordnet, falls eine Untermenge E_1 dann größer als die Untermenge E_2 genannt wird, wenn sie diese (ganz) enthält (→ Verband).

2) abzählbares Merkmal, Kriterium bzw. Charakteristikum eines Zustandes, z. B. O. der Nichtholonomität (→ Bindung) oder O. einer Flüssigkeit (→ Flüssigkeit mit Gedächtnis), eines Vorganges, z. B. O. von Interferenzstreifen (→ Interferenz), O. einer Resonanz (→ nichtlineare Schwingungen), oder einer mathematischen Operation, z. B. O. von → Differentialgleichungen.

Ordnungsparameter, svw. Ginzburg-Landau-Ordnungsparameter.

Ordnungszahl, *Kernladungszahl*, *Atomnummer*, *Z*, Abk. OZ, Anzahl Z der im Atomkern enthaltenen positiven Elementarladungen, deren Träger die Protonen sind. Die Atomhülle eines neutralen Atoms der O. Z enthält gerade Z Elektronen.

Orech, → Kernfusion.

Organisation Internationale de Métrologie Légale, Symbol OIML, Internationale Organisation für gesetzliches Meßwesen, speziell für das Eichwesen. Bereits 1937 kamen Delegierte von 37 Staaten in Paris zu einer internationalen Metrologenkonferenz zusammen, um über den internationalen Erfahrungsaustausch auf dem Gebiet des staatlichen Meß- und Eichwesens zu beraten. Die Gründung der OIML fand jedoch erst 1955 statt. Ihre Aufgaben sind: 1) Bildung eines Dokumentations- und Informationszentrums über die verschiedenen nationalen Organisationen, deren Aufgabe die Eichung und die Kontrolle der Meßgeräte ist, sowie die Darstellung der Konzeption, der Konstruktion und des Gebrauchs der Meßgeräte; 2) Übersetzung der Beschreibungen von Meßgeräten und ihrer Anwendung in den verschiedenen Staaten einschließlich der Kommentare über die gesetzlichen Grundlagen; 3) Festlegung allgemeiner Prinzipien des gesetzlichen Meßwesens; 4) Vereinheitlichung der Meßmethoden und -vorschriften; 5) Vorlage von Gesetzentwürfen über das Meßwesen; 6) Ausarbeitung des Projekts eines typischen Eich- und Kontrolldienstes; 7) Festlegung über die charakteristischen Eigenschaften der Meßgeräte und der an sie zu stellenden Anforderungen hinsichtlich ihrer Eigenschaften, die für einen internationalen Plan geeignet sind; 8) Vertiefung der Beziehungen zwischen den Eichorganisationen und den Beauftragten für gesetzliches Meßwesen der einzelnen Staaten sowie den Staaten, die der OIML angeschlossen sind.

Die OIML gibt seit 1960 eine eigene Zeitschrift, das *Bulletin de l' Organisation Internationale de Métrologie Légale*, heraus, in dem die verschiedensten Probleme des staatlichen Meßwesens behandelt werden, unter anderem zahlreiche Veröffentlichungen über die Einführung des Internationalen Einheitensystems (SI). Außerdem ist im Rahmen der OIML-Arbeit 1967 ein Wörterbuch der Grundbegriffe der Metrologie herausgegeben worden, das unter Mitwirkung zahlreicher Staatsämter für Metrologie und Experten dieses Fachgebiets entstanden ist und etwa 300 Begriffe umfaßt. Ein Wörterbuch mit Begriffen des Waagenbaues ist in Vorbereitung.

organische Supraleiter, → Exzitonen-Mechanismus der Supraleitfähigkeit.

Orientierungspolarisation, → Polarisation 3).

Orientierungsüberstruktur, svw. Richtungsordnung.

Orientierungsverteilung von Kristalliten, svw. Textur.

Orkan, 1) svw. tropischer Wirbelsturm. **2)** Bezeichnung für schwersten Sturm mit Windgeschwindigkeiten über 100 km/h.

OR-Schaltung, → logische Grundschaltungen.

Orthikon, → Superorthikon.

ortho-, abg. o-, Bezeichnung für die 1,2 Stellung von zwei Substituenten am Benzolring, z. B.

o-Dichlorbenzol.

orthobare Dichte, das arithmetische Mittel der Dichten einer Flüssigkeit und ihres gesättigten Dampfes. Sie ergibt sich aus der Cailletet-Matthiasschen Regel (→ Dampf).

orthogonale Koordinaten, → Koordinatensystem.

orthogonale Matrix, → Matrix.

Orthogonalisierungsverfahren, → Hilbert-Raum.

Orthogonalitätsbedingung, → Polardiagramm 2).

Orthogonalsystem, → Entwicklung von Funktionen, → Dichtematrix.

Ortho-Helium, → Helium-Linienspektrum.

orthohexagonale Zelle, → Elementarzelle.

Orthonormalsystem, → Hilbert-Raum.

orthonormiertes Funktionssystem, ein Orthogonalsystem normierter Funktionen (→ Dichtematrix, → Hilbert-Raum).

Orthophorie, → Augenoptik.

orthorhombisch, *rhombisch*, Bezeichnung für diejenigen Raum- und Punktgruppen, bei denen es drei paarweise aufeinander senkrecht stehende Richtungen gibt, wobei es zweizählige Symmetrieachsen parallel oder Symmetrieebenen senkrecht (oder beides) zu jeder dieser Richtungen gibt, während Symmetrieachsen höherer Zähligkeit fehlen (→ Symmetrie, Tab. 3). Man wählt die Basisvektoren parallel zu diesen drei Richtungen (→ Elementarzelle).

Die Raum- und Punktgruppen faßt man zum *o.en Kristallsystem* zusammen. Einen Kristall mit o.er Raumgruppe, sein Punkt- und Translationsgitter und seine Elementarzelle nennt man ebenfalls o.

orthoskopischer Strahlengang, → Interferenz 3).

Orthotropie, gleichbedeutend mit orthogonaler Anisotropie, wobei die Stoffeigenschaften vollständig durch die Angabe der entsprechenden Materialkonstanten für zwei zueinander senkrechte Richtungen gekennzeichnet werden; ein sehr häufig auftretender Sonderfall der Anisotropie. Beispiele: Bewehrung bei Stahlbeton, Schmiedefasern, Zellenstruktur des Holzes.

Ortsdarstellung, in der Quantenmechanik spezielle Darstellung der Schrödingerschen Wellenfunktion ψ als Funktion der räumlichen Koordinaten bzw. im Falle eines Mehrteilchensystems als Funktion der Ortskoordinaten aller Teilchen, d. h. als Funktion im Orts- oder Koordinatenraum des Systems. Eine andere Möglichkeit ist die → Impulsdarstellung.

Ortsfunktion, eine lediglich vom Ort, d. h. den Punkten des dreidimensionalen Raumes abhängende Funktion. Beispielsweise ist die Schwere oder das Gravitationspotential eines Massepunktes eine reine O., reibungsabhängige Kräfte dagegen sind keine O.en, da sie wesentlich von der Geschwindigkeit der Massepunkte abhängen.

Ortshöhe, → Bernoullische Gleichung 2).

Ortskurve, der geometrische Ort physikalischer Größen wie Spannungen, Ströme, Widerstände oder Leitwerte elektrischer Stromkreise, Maschinen, Geräte oder Anlagen. In der komplexen Wechselstromrechnung sind die elektrischen Größen frequenzabhängige komplexe Größen und lassen sich in der Gaußschen Zahlenebene darstellen. Bei veränderlicher Frequenz, veränderlichem Betrag oder Phasenwinkel beschreiben diese Größen die O. Aus ihr läßt sich das Betriebsverhalten elektrischer Einrichtungen ableiten.

O.n werden auch im stationären Schallfeld, z. B. für die Darstellung des Schallwiderstands in Abhängigkeit von der Wellenlänge der Schallstrahlung, und in weiteren stationären Feldern, wie solchen der Wärme- und Flüssigkeitsströmungen, zur Bestimmung der jeweiligen Kenngrößen, beispielsweise des Strömungswiderstandes in Abhängigkeit von der Strömungsgeschwindigkeit, angewandt.

Ortsmessung, → Heisenbergsches Unbestimmtheitsprinzip.

Ortsoperator, der dem Ort eines Teilchens gemäß der Quantenmechanik korrespondierende Operator $\hat{\vec{r}}$. In der Ortsdarstellung der Wellenfunktion als Funktion der räumlichen Koordinaten $\psi(x, y, z, t)$ entspricht dem O. die Multiplikation der Wellenfunktion mit $\vec{r}$, d. h., $\hat{\vec{r}}\psi = \vec{r} \cdot \psi$; in der Impulsdarstellung dagegen ist $\hat{\vec{r}} \equiv \mathrm{i}\hbar$ grad $= \mathrm{i}\hbar(\partial/\partial p_x, \partial/\partial p_y, \partial/\partial p_z)$; → Impulsoperator.

Ortsraum, → verallgemeinerte Koordinaten, → Phasenraum.

Ortszeit, → Zeitmaße.

Osmometer, Gerät zur Messung des → osmotischen Drucks. Das Membranosmometer enthält als wesentliches Funktionselement eine semipermeable (halbdurchlässige) Membran, die die zu untersuchende Lösung von dem reinen (gleichen) Lösungsmittel trennt und nur das Lösungsmittel, aber nicht die gelösten Moleküle oder Partikeln passieren läßt. Da es keine Membranen gibt, die für niedermolekulare Stoffe ausreichend undurchlässig sind, werden O. praktisch nur zu Messungen an Polymerlösungen verwendet. Während die ältesten O. meist nach dem Prinzip der *Pfefferschen Zelle*, d. h. nach einer statischen Methode arbeiteten, was zu sehr langen Versuchszeiten führte, bedient man sich bei den modernen Geräten fast ausschließlich der *Kompensationsmethode*. Dabei wird ein Gegendruck auf der Lösungsseite so eingeregelt, daß die Durchtrittsgeschwindigkeit des Lösungsmittels gerade Null wird. Als Regelausgangsgröße wird z. B. entweder die Durchbiegung der Membran, die kapazitiv, oder die Verschiebung einer Luftblase in einem Flüssigkeitsfaden, die optisch gemessen wird. Auf einem anderen Prinzip beruht das *Dampfdruckosmometer* (*thermoelektrisches O.*). Bei ihm werden je ein Tropfen der Lösung und des reinen Lösungsmittels in geringer Entfernung voneinander auf je einen Thermistor gebracht. Beide Thermistoren befinden sich in einem gut thermostatierten und mit dem Dampf des Lösungsmittels gesättigten Hohlraum. Indem vom Lösungsmitteltropfen etwas Lösungsmittel verdampft und im Lösungstropfen kondensiert wird, kühlt sich ersterer ab, und der letztere erwärmt sich etwas. Diese Temperaturdifferenz wird mit einer Brückenschaltung gemessen und kann bei geeigneter Eichung mit Testsubstanzen bekannten Molekulargewichtes und bei Extrapolation auf die Konzentration Null als Maß des Molekulargewichtes der Probe verwendet werden. – Die Membranosmometer werden benutzt, wenn das Molekulargewicht der Probe zwischen 2 bis $5 \cdot 10^4$ und etwa 10^6 liegt; oberhalb dieses Bereiches werden die Meßeffekte zu klein. Die Dampfdruckosmometer sind für einen Molekulargewichtsbereich von etwa 200 bis $2 \cdot 10^4$ geeignet.

Osmose, allgemeine und nicht ganz scharf abgegrenzte Bezeichnung für einen Materietransport (→ Membrantransportvorgänge) zwischen zwei Phasen durch eine dritte, die sie voneinander trennt und meist als Membran betrachtet und bezeichnet wird, obwohl sie bei geologischen Vorgängen viele Meter dick sein kann. Die Dimensionen der Hohlräume, über die der Transport erfolgt, können dabei vom makroskopischen Bereich (Siebmembranen) bis zu „Zwischengitterplätzen" in festen anorganischen oder organischen Gläsern bzw. Flüssigkeiten herab gehen. Der Transport infolge O. kann sowohl Diffusions- wie auch Konvektionsanteile enthalten; die Phasen können unter gleichem oder verschiedenem Druck stehen. Bei Verschiedenheit der Temperatur spricht man von *Thermoosmose*. Ist die Membran für eine Teilchenart undurchlässig (semipermeabel), so bildet sich ein echter Gleichgewichtszustand aus, in dem beide Phasen unter einem verschiedenen Druck stehen; die dem Gleichgewichtszustand entsprechende Druckdifferenz heißt → osmotischer Druck.

Als *umgekehrte O.* bezeichnet man ein Verfahren zur Entsalzung von Lösungen, z.B. Meerwasser, mit Hilfe einer speziell strukturierten Membran, die bei ausreichend hoher Durchtrittsgeschwindigkeit für das Lösungsmittel – auch bei geringen Drücken – den Durchtritt der Ionen des Salzes verhindert.

osmotischer Druck, ein Gleichgewichtsdruck in einem heterogenen Zwei- (oder Mehr-) Komponentensystem, das aus zwei Phasen aufgebaut ist, die durch eine Wand getrennt sind, die für die Teilchen mindestens einer Komponente durchlässig und ebenfalls mindestens einer Komponente undurchlässig ist (semipermeable Membran). Im einfachsten Fall handelt es sich um eine permeationsfähige Komponente, das Lösungsmittel, und eine nicht permeierende, den gelösten Bestandteil. Im Gleichgewicht müssen die Temperatur und die chemischen Potentiale aller der Teilchenarten, die die Membran passieren können, in beiden Phasen gleich sein. Da die chemischen Potentiale aber nur von Druck, Temperatur und Zusammensetzung abhängen und letztere infolge der Anwesenheit der semipermeablen Wand verschieden ist, muß auch der Druck auf beiden Seiten der Membran verschieden sein. Diese Druckdifferenz wird o. D. genannt, insbesondere dann, wenn die eine Phase ein reiner Stoff (Lösungsmittel) ist. Besteht mindestens eine Teilchenart aus Ionen, so tritt zur osmotischen Druckdifferenz noch eine Differenz der elektrischen Potentiale; das entsprechende Gleichgewicht heißt → Donnan-Gleichgewicht. Die chemischen bzw. elektrochemischen Potentiale der nicht permeationsfähigen Teilchenarten bleiben auch im Gleichgewicht in beiden Phasen verschieden.

Ist der Druck des reinen Lösungsmittels p_0 und sein chemisches Potential beim Druck p_0 in reinem Zustand μ_{01} und in der Lösung μ_1, so gilt die Beziehung $(\mu_1 - \mu_{01})_{p_0} = (\Delta\mu_1)_{p_0} = -\int_{p_0}^{p_0+\Pi} V_1 \, \mathrm{d}p$. Da in Flüssigkeiten V_1, das partielle Molvolumen des Lösungsmittels, nur wenig vom Druck abhängt, ergibt sich $(\Delta\mu_1)_{p_0} = -V_1\Pi$. Demnach können durch Messungen des osmotischen D.es Π bei mehreren Konzentrationen die chemischen Potentiale in einer Lösung bei jeder Temperatur als Funktion der Zusammensetzung bestimmt werden. Damit sind prinzipiell die partielle molare Mischungsentropie und die partielle molare Mischungsenthalpie des Lösungsmittels zugänglich. Gemäß dem Zusammenhang zwischen chemischem Potential und osmotischem D. ist letzterer eng verknüpft mit anderen Größen, die ebenfalls ein Maß für die Änderung des chemischen Potentials darstellen, z. B. molare Siedepunktserhöhung oder molare Gefrierpunktserniedrigung, und die deshalb oft als „*osmotische*" *Effekte*, jetzt meist zusammen mit dem osmotischen D. als *kolligative Effekte* bezeichnet werden.

Die statistische Theorie liefert für die Abhängigkeit des osmotischen D.es einer Lösung von der Konzentration der gelösten Teilchen die Beziehung $\Pi = kT[c - \sum_{n\geqq 2}(n-1)\,\beta_{0n}c^n]$. Dabei ist c die Konzentration, n ist eine ganze Zahl und β_{0n} sind die unreduzierbaren Cluster-Integrale für Cluster aus n Molekülen des gelösten Stoffes. Damit ist eine strenge Begründung für die exakte Gültigkeit der van't-Hoffschen Gleichung $\lim_{c\to 0}\Pi/c = RT/M_2$ als Grenzgesetz bei unendlicher Verdünnung gegeben (M_2 ist das Molekulargewicht des gelösten Stoffes). Dieses Grenzgesetz gilt auch für makromolekulare Lösungen. Damit ist die osmotische Molekulargewichtsbestimmung theoretisch sicher begründet. Zugleich ist die Berechtigung erwiesen, den osmotischen Druck analog wie den Druck eines realen Gases in eine Reihe von ganzzahligen positiven Potenzen zu entwickeln. Trotz dieser formalen Analogie ist der osmotische D. einer Lösung nicht äquivalent mit dem thermischen Druck der gelösten Teilchen im Sinne der kinetischen Gastheorie; er ist charakteristisch für ein heterogenes Zweikomponentensystem und hat mit dem äußeren Druck der homogenen Lösung nichts zu tun. Bei polymolekularen Lösungen, d. h. bei verschiedener Größe bzw. Masse M_i der gelösten Teilchen in den jeweiligen Konzentrationen c_i, ist der osmotische D. dem durch $\bar{M}_n = (\sum_i c_i/M_i)^{-1}$ definierten Mittelwert der Teilchen- bzw. Molekularmasse proportional und kann zu dessen Bestimmung dienen (→ Osmometer).

osmotischer Koeffizient, das Verhältnis g des realen → osmotischen Druckes Π zu dem Wert Π_{id}, den dieser annehmen würde, wenn sich die betreffende Lösung ideal verhalten würde. Ist x_1 der Molenbruch des Lösungsmittels und V_1 sein molares Volumen, so gilt $\Pi = -RTV_1^{-1} \times g_1 \ln x_1$. Der o. K. g_i und der Aktivitätskoeffizient f_i einer Komponente hängen nach der Beziehung $g_i = 1 + (\ln f_i/\ln x_i)$ zusammen. Der Begriff des osmotischen K.en wird vor allem in der Theorie der Elektrolytlösungen verwendet. → interionische Wechselwirkung.

Ostabweichung, → Fall.

Ostwald-de-Waelesche Flüssigkeit, svw. Potenzgesetzflüssigkeit.

Ostwald-Miers-Bereich, svw. metastabiler Zustand.

Ostwaldsche Kurve, die in einem Viskosimeter aufgenommene Fließkurve einer allgemeinen nicht-Newtonschen Flüssigkeit. Die Kurve beginnt im Ursprung mit einer endlichen Tangente (erste Newtonsche Zone). Die Ordinatenwerte V wachsen monoton mit den Abszissenwerten P. Für große P-, V-Werte geht die Kurve in eine Gerade über (zweite Newtonsche Zone), die bei Verlängerung durch den Nullpunkt geht und deren Anstieg steiler als der Anstieg der Kurve im Nullpunkt ist. Da der Anstieg der Fluidität der Flüssigkeit proportional ist, wird eine derartige Flüssigkeit mit zunehmender Beanspruchung leichtflüssiger werden. Je nach Beanspruchungsgröße werden Teile der Struktur der Flüssigkeit zerstört, wobei Lösungsmittel frei

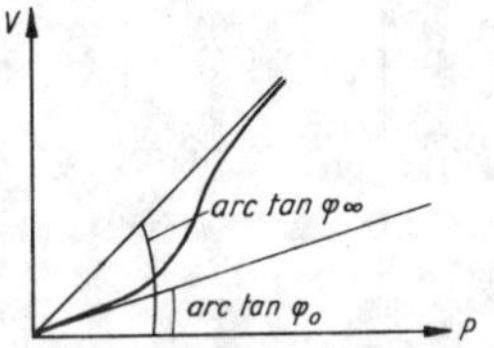

Ostwaldsche Kurve. $\varphi\infty$, φ_0 Fluiditäten, P und V Konsistenzvariable

wird. Dadurch wird die Fluidität erhöht. Flüssigkeiten, die ein solches Verhalten zeigen, werden strukturviskose Flüssigkeiten genannt.

Ostwaldscher Doppelkegel, → Farbenlehre

Ostwaldscher Farbenkreis, → Farbenlehre

Ostwaldsche Stufenregel, eine von Wilhelm Ostwald gefundene Regel, die besagt, daß bei physikalischen oder chemischen Prozessen ein System nicht unmittelbar von dem energiereichsten (instabilen) in den energieärmsten (stabilen) Zustand übergeht, sondern zunächst einen oder mehrere Zustände mit mittlerem Energiegehalt durchläuft, wenn diese die „nächstliegenden" sind. So wurde z. B. bei Kristallwachstumsexperimenten beobachtet, daß bei Überschreitung der Koexistenzlinie gasförmig – fest zunächst flüssige Tröpfchen entstehen, die sich erst anschließend in Kristalle umwandeln. So kristallisiert z. B. Kaliumnitrat aus wäßriger Lösung in der bei Zimmertemperatur instabilen rhomboedrischen Form, die sich nach einiger Zeit in die stabile rhombische umwandelt. Daß sich überhaupt erst eine instabile Modifikation bilden kann, hängt damit zusammen, daß Kristallwachstumsgeschwindigkeit und Kristallisationsvermögen nicht immer bei gleicher Temperatur ihre größten Werte haben. Eine theoretische Erklärung für die O. S. ist durch Diskussion der Keimbildungsgeschwindigkeiten bzw. der Lage der Koexistenz- und metastabilen Grenzen (→ metastabiler Zustand) möglich.

Oszillation, svw. Schwingung.

Oszillator, *Schwinger*, einfachstes schwingungsfähiges mechanisches System. Ein *freier eindimensionaler harmonischer O.* ist ein Massepunkt der Masse m, der unter dem Einfluß einer der Auslenkung x proportionalen rücktreibenden Kraft $F = -kx$, wobei $k>0$, in einer räumlichen Richtung Schwingungen um eine Gleichgewichtslage $x = 0$ ausführt. Er kann näherungsweise realisiert werden durch ein Schwerependel mit kleiner Amplitude (→ Pendel) oder

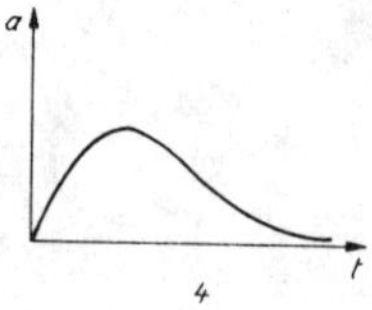

4

Oszillator

einen im Schwerefeld der Erde an einer Feder hängenden Körper (Abb. 1). Bei kleinen Auslenkungen genügt die Federkraft gerade der genannten Bedingung (→ Hookesches Gesetz); k heißt deshalb Federkonstante.

Die Newtonsche Bewegungsgleichung des harmonischen O.s, die eindimensionale *Schwingungsgleichung*, lautet $m\ddot{x} = -kx$; nach Einführung der Größe $\omega_0 = \sqrt{k/m}$ (Kreisfrequenz) lautet sie $\ddot{x} + \omega_0^2 x = 0$. Sie hat harmonische Funktionen als Lösungen; die allgemeinste Lösung lautet $x = a\cos(\omega_0 t + \alpha)$, wobei a die Amplitude, t die Zeit und α die Phasenkonstante sind (Abb. 2).

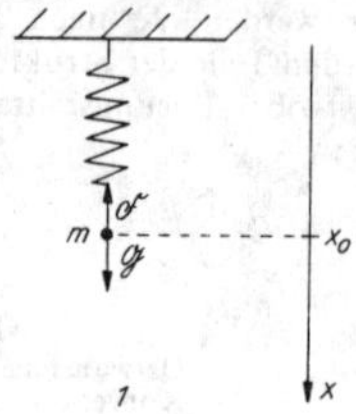

1

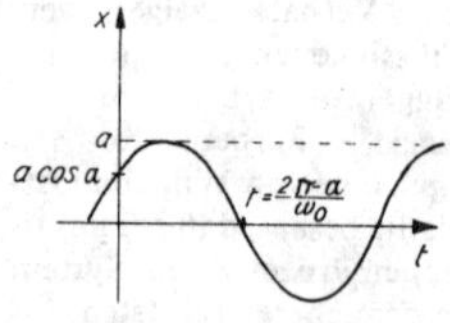

2

Bei Berücksichtigung einer der Geschwindigkeit $\dot{x}$ proportionalen Reibung, z. B. infolge von Luft, ändert sich die Schwingungsgleichung zu $m\ddot{x} = -kx - \varrho\dot{x}$, wobei $\varrho > 0$ der Reibungskoeffizient ist. Mit $\varrho/m = 2\beta$ folgt $\ddot{x} + 2\beta\dot{x} + \omega_0^2 x = 0$. Die Lösungen dieser Differentialgleichungen hängen wesentlich vom Verhältnis der Dämpfung β zur Kreisfrequenz ω ab:

1) Schwache Dämpfung ($\beta < \omega_0$) ergibt $x = a\,e^{-\beta t}\cos(\omega' t + \alpha)$ mit $(\omega')^2 = \omega_0^2 - \beta^2$, d. h., die Amplituden der Schwingung nehmen unbegrenzt ab (Abb. 3), die Frequenz $\nu' = \omega'/2\pi$ ist

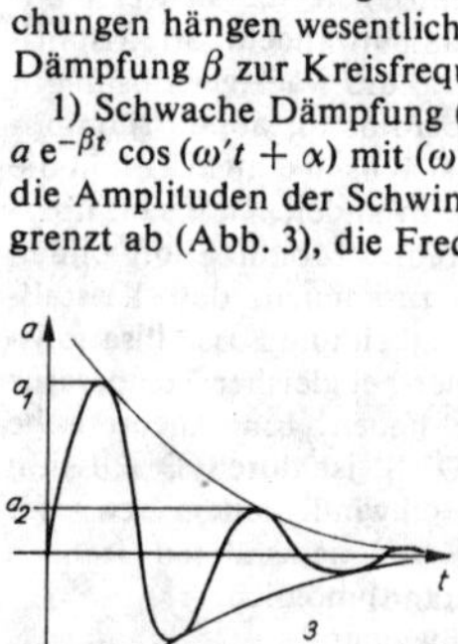

3

kleiner und die Schwingungsdauer $T = 2\pi/\omega'$ somit größer geworden. Zwei aufeinanderfolgende gleichsinnige Amplituden verhalten sich wie $K = a_1/a_2 = e^{-\Lambda}$, wobei K das Dämpfungsverhältnis, $\Lambda = 2\pi\beta/\omega'$ das logarithmische Dekrement der Amplitude sind. Wegen des Abklingens der Schwingung ist die Bewegung nicht im eigentlichen Sinne periodisch (→ mechanisches System), und es ist berechtigt, von einer aperiodischen Schwingung zu sprechen.

2) Starke oder aperiodische Dämpfung ($\beta = \omega_0$) ergibt $x = (c_1 + c_2 t)\,e^{-\beta t}$ (*aperiodischer Grenzfall*); für $\beta > \omega_0$ folgt $x = c_1 e^{-\lambda_1 t} + c_2 e^{-\lambda_2 t}$, wobei $\lambda_{1,2} = \beta \pm \sqrt{\beta^2 - \omega_0^2} > 0$ ist (*aperiodische Kriechbewegung*); die Bewegung verläuft ohne Schwingung nach Erreichen eines Maximalanschlags asymptotisch gegen die Ruhelage $x = 0$. Der genaue Verlauf der Bewegung hängt von den Konstanten c_1 und c_2 ab, die durch die Anfangsbedingungen bestimmt sind; ein spezielles Beispiel ist in Abb. 4 angegeben. Für praktische Zwecke, z. B. bei Musikinstrumenten, wird der aperiodische Grenzfall angestrebt, weil in diesem Fall die Schwingung am schnellsten im Vergleich mit anderen Schwingungen abklingt.

Ist der O. nicht frei, sondern zusätzlich dem Einfluß einer periodisch mit der Kreisfrequenz ω wirkenden Kraft $F_0\cos\omega t$ unterworfen, führt er erzwungene Schwingungen aus. Dies kann als ständige, aber zeitlich variierende Erregung der freien Schwingung angesehen werden. Die allgemeine Bewegung setzt sich aus einer freien Schwingung und der eigentlichen erzwungenen Schwingung zusammen. Die Bewegungsgleichung lautet $\ddot{x} + 2\beta\dot{x} + \omega_0^2 x = (F_0/m)\cos\omega t$, $\beta > 0$; ihre Lösung für den Fall schwacher Dämpfung ist $x = x_0 + x_P$, wobei $x_0 = a\,e^{-\beta t}\cos(\omega' t + \alpha)$ der mit der Zeit abklingende, von der freien Schwingung mit der Frequenz $\omega' = \sqrt{\omega_0^2 - \beta^2}$ herrührende Anteil und $x_P = A\cos(\omega t - \varphi)$ mit der Amplitude

$$A = (F_0/m)/\{(\omega_0^2 - \omega^2)^2 + 4\beta^2\omega^2\}^{1/2}$$

die mit der Erregerfrequenz ω erfolgende erzwungene Schwingung ist. Die Phasenverschiebung φ zwischen der Phase der erregenden Kraft und der Phase des O.s bestimmt sich aus $\operatorname{tg}\varphi = 2\beta\omega/(\omega_0^2 - \omega^2)$. Den Nenner $\left(\sqrt{(\omega_0^2 - \omega^2)^2 + 4\beta^2\omega^2}\right)^{-1}$ der Amplitude bezeichnet man auch als *Resonanznenner*. Der Bewegungsablauf bis zum Abklingen der freien Schwingung heißt *Einschwingvorgang*; in der Praxis ist er gewöhnlich nach kurzer Zeit abgeschlossen, z. B. beim Anstoßen einer Pendeluhr. Ist die Erregerfrequenz klein, schwingt der O. nahezu in Phase mit der Kraft, d. h., $\operatorname{tg}\varphi \approx 0$ und daher $\varphi \approx 0$. Bei schneller Erregung spielt die rücktreibende Kraft $F = -kx$ und damit die Eigenfrequenz ω_0 des O.s nahezu keine Rolle; gleichzeitig wird die Amplitude A immer kleiner, d. h., auf den O. wirkt nur die mittlere Kraft, und diese verschwindet.

Ganz anders ist der Verlauf, wenn ω und ω_0 nur wenig verschieden sind. Es kommt zur Resonanz, d. h., der O. schwingt stark mit. Bei fehlender Dämpfung würde die Amplitude infolge ständiger Energiezufuhr unendlich groß werden; mit Dämpfung erreicht sie für $\omega = \sqrt{\omega_0^2 - 2\beta^2}$ ein Maximum (*Amplitudenresonanz*), während das Maximum der kinetischen Energie bei $\omega = \omega_0$ liegt (*Energie-* oder *Geschwindigkeitsresonanz*), wozu die Phasenverschiebung $\varphi = \pi/2$ gehört. Bei fehlender Dämpfung klingt die freie Schwingung nicht ab, und für $\omega \neq \omega_0$ kommt es zu Interferenzen und Schwebungen (Abb. 5).

Ist die Kraft nicht harmonisch, sondern eine beliebige periodische Funktion $f(t)$, so kann sie in eine Fourier-Reihe entwickelt werden, und die Beiträge der einzelnen Komponenten können wie angegeben berechnet werden.

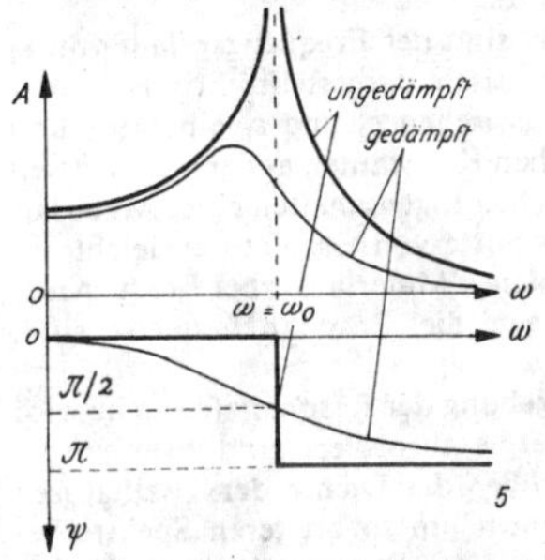

5

Kann sich der Massepunkt des O.s räumlich bewegen, spricht man von einem *räumlichen* oder *dreidimensionalen isotropen O.*, wenn für die rücktreibende Kraft $\vec{F} = -k\vec{r}$ gilt, d. h., daß die Federkonstante k für alle drei Komponenten von $\vec{F}$ übereinstimmt. Ein isotroper O. kann durch die Federkonstruktion der Abb. 6 realisiert werden. Die freie Schwingung des isotropen O.s erfolgt wegen der Erhaltung des Drehimpulses in einer Ebene, der *Schwingungsebene*, die durch die anfängliche Erregung bestimmt ist. Die Bewegung ergibt sich als Überlagerung zweier zueinander orthogonaler harmonischer Schwingungen in dieser Ebene; im allgemeinen Falle ergibt sich eine elliptische Bahnkurve (Abb. 7).

Beim *anisotropen O.* sind die Federkonstanten für die Komponenten verschieden, d. h. $F_i = -k_i x_i$, wobei $i = 1, 2, 3$, und damit auch die Frequenzen $\omega_i = \sqrt{k_i/m}$ sowie die Perioden der drei zueinander orthogonalen Schwingungen des O.s. Die Überlagerung zweier orthogonaler Schwingungen mit verschiedenen Frequenzen führt wieder zu periodischen Bewegungen, wenn das Frequenzverhältnis $\eta = \omega_1/\omega_2$ rational ist. Es entstehen die *Lissajous-Figuren*, deren Gestalt für festes η noch von der relativen Phasenlage beider Schwingungen abhängt (Abb. 8, siehe

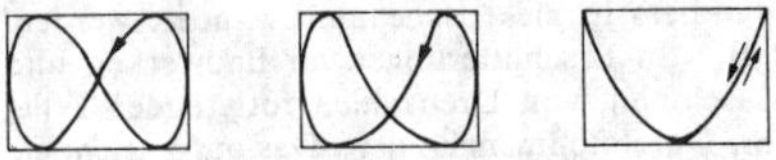
8

auch Tafel 14). Aus der Form der Figuren kann man auf den Wert von ω_1/ω_2 schließen. Die Überlagerung elektrischer Schwingungen kann mittels Oszillographen sichtbar gemacht werden.

Bei irrationalem Verhältnis der Frequenzen sind die Bewegungen bedingt periodisch; die Bahnkurve erfüllt jeweils die gesamten „Kästchen" (Abb. 9). Das Hookesche Kraftgesetz für die elastischen Federkräfte ist nur bei kleinen Amplituden gültig; im allgemeinen Fall hat man statt dessen anzusetzen $F = -kx + k_2x^2 + k_3x^3 \dots$. Auch die Reibungskraft ist nur in wenigen Fällen zu $\dot{x}$ proportional; allgemein gilt: $|F_R| = \varrho|\dot{x}| + \sigma|\dot{x}^2| - \cdots$. Die entsprechenden Änderungen der Bewegungsgleichung führen zu Anharmonizitäten der Bewegung, die wegen der Kleinheit der Konstanten der Zusatzgleichung im allgemeinen gering sind, aber doch zu qualitativen Besonderheiten führen (→ nichtlineare Schwingungen).

Die genannten Schwingungstypen des O.s treten nicht nur an mechanischen, sondern auch an elektromagnetischen Systemen auf (→ Schwingkreis). Der harmonische O. kann daher auch mittels anderer physikalischer Größen realisiert werden.

Der harmonische O. hat wegen seiner einfachen mathematischen Struktur für die theoretische Physik eine besondere Bedeutung. Er ist zudem einfachstes Modell der Quantisierung. Die Hamilton-Funktion des harmonischen O.s lautet $H = \frac{1}{2m}p^2 + \frac{m\omega_0^2}{2}x^2$ mit $p = m\dot{x}$. In der Ortsdarstellung lautet der zugehörige Hamilton-Operator $\hat{H} = -\frac{\hbar^2}{2m}\Delta + \frac{m\omega_0^2}{2}x^2$. Er hat die Eigenfunktion $\psi_n(x) = \mathrm{e}^{-\xi^2/2}H_n(\xi)$, wobei $\xi = x\sqrt{m\omega_0/\hbar}$ und $H_n(\xi)$ das Hermitesche Polynom n-ter Ordnung ist; seine Eigenwerte sind $E = \hbar\omega_0(n + 1/2)$, wobei $\hbar = h/2\pi$ mit dem Planckschen Wirkungsquantum h und $n = 0, 1, 2, \dots$ ist. Darüber hinaus liefert der harmonische O. eine Möglichkeit der Feldquantisierung: Man kann ein physikalisches Feld nach harmonischen Eigenschwingungen zerlegen und diese als harmonische O.en ansehen und entsprechend quantisieren.

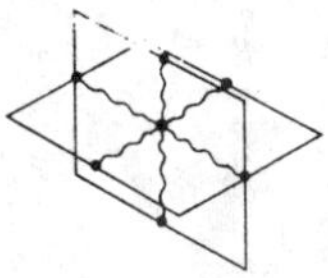
6

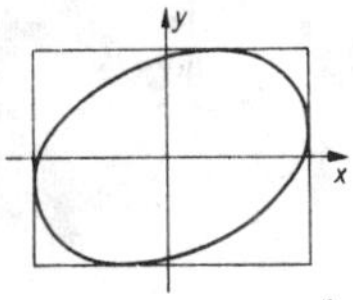

7

Oszillator

Über den linearen oder Hertzschen O. → Hertzscher Oszillator.

Speziell in der Nachrichtentechnik versteht man unter O. eine Anordnung zur Erzeugung elektrischer Schwingungen. Neben negativen Widerständen (Dynatron) werden vor allem rückgekoppelte Röhren- und Transistorverstärker zur Schwingungserzeugung verwendet. Damit ein durch Rückkopplung selbsterregter Verstärker nicht auf einer willkürlichen Frequenz schwingt, muß entweder im Rückkopplungsweg oder im Verstärkungsweg ein frequenzbestimmendes Schaltglied, z. B. ein Schwingkreis oder ein Doppel-T-Filter, enthalten sein. Im Bereich sehr hoher Frequenzen (ab etwa 10^9 Hz) werden zur Erzeugung elektrischer Schwingungen vorwiegend Laufzeitröhren (z. B. Klystrons und Magnetrons) sowie spezielle Halbleiterbauelemente (Gunn-Dioden) eingesetzt.

O.en werden zur Schwingungserzeugung in Sendern verwendet. Insbesondere werden die in Überlagerungsempfängern (z. B. Rundfunk- und Fernsehempfänger) zur Erzeugung der Zwischenfrequenz verwendeten Hilfssender als O.en bezeichnet.

Ein *supraleitender O.* ist ein einzelnes supraleitendes Element oder eine Schaltung aus supraleitenden Elementen, das elektromagnetische Schwingungen erzeugen kann. Supraleitende O.en lassen sich aus supraleitenden Tunneldioden oder aus Josephson-Tunnelelementen aufbauen und können z. B. in supra-

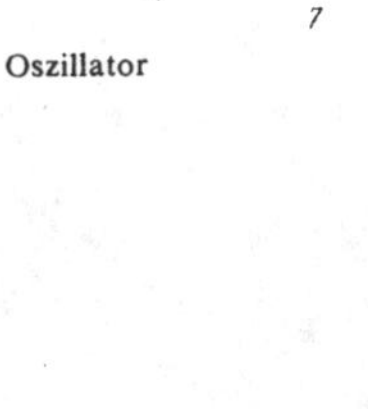
9

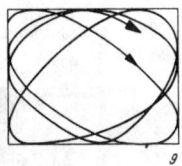

Oszillator

leitenden Überlagerungsempfängern eingesetzt werden.

Oszillatormodell für die Dielektrizitätskonstante, einfaches Modell zur Erklärung der optischen Eigenschaften atomarer Systeme. Als Modell dient ein um seine Ruhelage schwingendes Teilchen mit einer elektrischen Ladung e und einer Masse m, das bei Auslenkung aus der Ruhelage um einen Vektor $\vec{s}$ eine zur Auslenkung proportionale rücktreibende Kraft $-k\vec{s}$ mit k als Kraftkonstante und eine der Geschwindigkeit proportionale Reibungskraft $\varrho \frac{d\vec{s}}{dt}$ mit ϱ als Dämpfungskonstante erfährt. Ein solches Verhalten zeigen: 1) ein Elektron in einem bestimmten Bindungszustand, wobei e die Ladung und m die Masse des Elektrons sind; 2) zwei benachbarte, aber verschieden geladene Ionen eines Festkörpers, wobei e eine effektive Ionenladung und $m = \frac{M_1 M_2}{M_1 + M_2}$ die reduzierte Masse eines Ionenpaares ist (M_1, M_2 ist die Masse des positiv bzw. negativ geladenen Ions). Ein zeitlich periodisches elektrisches Feld mit der Frequenz ω und der Amplitude $\vec{E}_0$ regt einen solchen Oszillator zu gedämpften erzwungenen Schwingungen an, die durch die Gleichung

$$\frac{d^2\vec{s}}{dt^2} + \gamma \frac{d\vec{s}}{dt} + \omega_0^2 \vec{s} = \frac{e}{m} \vec{E}_0 e^{i\omega t}$$

beschrieben werden. Dabei ist $\omega_0 = \sqrt{k/m}$ die Eigenfrequenz des Oszillators und $\gamma = \varrho/m$. Die Lösung der Bewegungsgleichung ist

$$\vec{s}(t) = \frac{e}{m} \frac{\vec{E}_0}{\omega_0^2 - \omega^2 + i\gamma\omega} e^{i\omega t}.$$

Die periodische Bewegung bringt ein periodisches Dipolmoment $e \cdot \vec{s}(t)$ mit sich. Die Phase φ dieser Bewegung und damit auch die des Dipolmoments ist um

$$\varphi = \arctan \frac{\omega\gamma}{\omega_0^2 - \omega^2}$$

gegenüber der des elektrischen Feldes verschoben.

Gibt es je Volumeneinheit N Oszillatoren mit der Eigenfrequenz ω_0, so ist die gesamte induzierte Polarisation $\vec{P} = N \cdot e \cdot \vec{s}(t)$. Folglich ist wegen $\vec{P} = \varepsilon_0(\varepsilon_{rel} - 1)\vec{E}$ die komplexe Dielektrizitätskonstante $\varepsilon(\omega) = \varepsilon_1 + j\varepsilon_2$ bei einer Oszillatorendichte N:

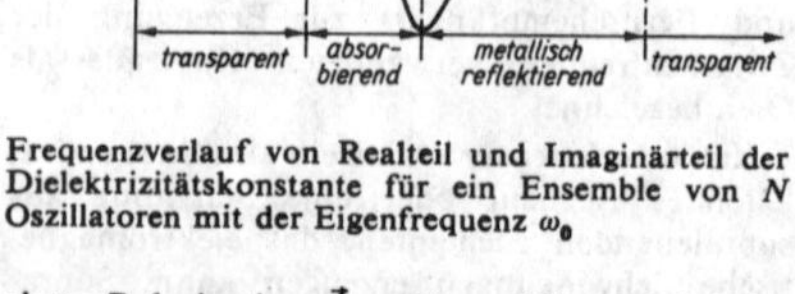

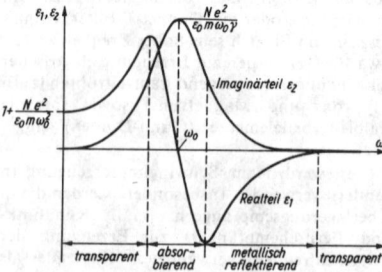

Frequenzverlauf von Realteil und Imaginärteil der Dielektrizitätskonstante für ein Ensemble von N Oszillatoren mit der Eigenfrequenz ω_0

$$\varepsilon_1(\omega) = 1 + \frac{e^2}{m\varepsilon_0} N \frac{\omega_0^2 - \omega^2}{(\omega_0^2 - \omega^2)^2 + \gamma^2\omega^2},$$

$$\varepsilon_2(\omega) = \frac{e^2}{m\varepsilon_0} N \frac{\gamma\omega}{(\omega_0^2 - \omega^2)^2 + \gamma^2\omega^2}.$$

Dabei sind ε_1 der Realteil und ε_2 der Imaginärteil der Dielektrizitätskonstante, ε_0 ist die Influenzkonstante.

In der Abb. sind der Frequenzverlauf von ε_1 und ε_2 schematisch dargestellt. Mit Hilfe der Beziehungen zwischen ε_1 und ε_2 einerseits und den → optischen Konstanten andererseits lassen sich die optischen Eigenschaften eines Materials mit nur einer Sorte von Oszillatoren leicht angeben. Ein solches Material ist bei Frequenzen, die klein gegen die Resonanzfrequenz sind, transparent.

In der Umgebung der Resonanzfrequenz wird Strahlungsenergie absorbiert, und zwar um so stärker, je größer die Dichte der Oszillatoren ist, und in einem um so breiteren Spektralbereich, je größer die Dämpfungskonstante γ ist. Die Halbwertsbreite der Absorptionskurve ist im Falle $\gamma \ll \omega_0$ gleich 2γ. An das Absorptionsgebiet schließt sich ein Bereich $\varepsilon_1 < 0$ an. Elektromagnetische Wellen dieses Frequenzbereiches können sich in dem Material nicht ausbreiten, sie werden total reflektiert. Mit weiter wachsender Frequenz wird das Material wieder transparent, und ε_1 nähert sich asymptotisch dem Wert 1.

Die experimentell beobachteten optischen Konstanten eines Stoffes lassen sich stets nur durch Superposition von Oszillatoren mit verschiedenen Eigenfrequenzen approximieren. In diesen Fällen geht jedoch nur oberhalb der höchsten Resonanzstelle $\varepsilon_1 \to 1$. Für alle übrigen Gebiete liefern die jeweils bei höheren Frequenzen liegenden Resonanzen einen konstanten Beitrag zu ε_1.

Oszillatorpotential, → Kernmodelle, Abschn. Schalenmodell.

Oszillatorstärke, → quantenmechanische Dispersionstheorie.

Oszillograph [lateinisch/griechisch, 'Schwingungsschreiber'], ein Gerät zum Beobachten oder (meist photographischen) Aufzeichnen des zeitlichen Verlaufs von elektrischen Schwingungen, z. B. der Spannungs- oder Stromkurve von Wechselströmen, sowie von nichtelektrischen Schwingungen, die mittels eines geeigneten Wandlers in elektrische umgewandelt werden, z. B. von Erschütterungen an Bauwerken und Maschinen, von Drehzahlen rotierender Teile, von Durchflußmengen usw. Das aufgezeichnete Bild wird *Oszillogramm* genannt.

Der *Schleifenoszillograph* weist eine oder mehrere Meßschleifen aus dünnem Draht auf, die jeweils zwischen den Polen eines Dauermagneten gespannt sind und auf denen ein winziger Spiegel befestigt ist. Auf diesen Spiegel wird der Strahl einer Lichtquelle geworfen und von ihm reflektiert. Fließt Strom durch die Schleife, so wird diese infolge der Kraftwirkung des Feldes des Dauermagneten auf den Schleifenstrom gedreht, und der Lichtzeiger schlägt proportional der Stromstärke aus. Seine Auslenkung kann mittels eines gleichmäßig rotierenden Polygonspiegels zeitlich auseinandergezogen, auf einer Mattscheibe beobachtet oder auf ablaufendem photographischem Papier dauerhaft registriert werden. Der Schleifenoszillograph wird zur Aufzeichnung von Vorgängen bis zu Frequenzen von etwa 10 kHz verwendet. Mit Hilfe mehrerer Schleifen können unterschiedliche Vorgänge gleichzeitig registriert werden.

Eine Spezialform ist der mit Zusatzverstärkern ausgestattete *Kardiograph* zur Aufzeichnung von Herzaktionsspannungen.

Der *Elektronenstrahloszillograph* oder *Katodenstrahloszillograph*, neuerdings häufig auch als *Oszilloskop* bezeichnet, dient zum Sichtbarmachen schnell verlaufender elektrischer Vorgänge. Er besteht im wesentlichen aus einer Elektronenstrahlröhre, die zusammen mit einem Kippgenerator und Verstärkern in einem Gerät vereinigt ist. Der in der Elektronenstrahlröhre erzeugte Elektronenstrahl wird mit einer Linsenelektrode auf einen Leuchtschirm als Punkt abgebildet und durch zwei senkrecht zueinander stehende Paare von Ablenkplatten abgelenkt. An das zweite Plattenpaar wird eine mittels einer Kippschaltung erzeugte, sägezahnförmige Spannung gelegt (Zeitablenkung). Diese läßt den Elektronenstrahl mit konstanter Geschwindigkeit waagerecht von einer Seite des Leuchtschirmes zur anderen laufen, wieder zurückspringen usw. An das erste Plattenpaar wird die zu untersuchende Spannung gelegt, die vorher noch geeignet verstärkt wurde. Ihre zeitlichen Änderungen werden durch die zeitproportionale Ablenkung in x-Richtung auseinandergezogen und erscheinen als ortsabhängige positive und negative Abweichungen in y-Richtung um einen Mittelwert (z. B. Schirmmitte). Die Zeitablenkung läßt sich durch zusätzliche Maßnahmen (Gleichlaufzwang) mit der zu untersuchenden Frequenz synchronisieren, so daß sich stehende Bilder ergeben.

Sollen zwei Vorgänge gleichzeitig beobachtet werden, so gibt man die beiden Spannungen mit Hilfe eines *Elektronenschalters* abwechselnd an den y-Eingang des O.en. Da der Elektronenschalter bis zu 10^5 Umschaltungen in einer Sekunde vornehmen kann, erscheinen die Kurven dem Auge trotzdem voll ausgezogen. Der *Zweistrahloszillograph* gestattet ebenfalls die gleichzeitige Aufzeichnung zweier Spannungen. Er benutzt eine Röhre mit zwei getrennten Ablenksystemen, so daß zwei Strahlen auf dem Schirm erscheinen, die unabhängig voneinander arbeiten. Für besondere Zwecke sind Elektronenstrahlröhren mit noch mehr Ablenksystemen konstruiert worden.

Mit Elektronenstrahlröhren hoher Ablenkgeschwindigkeit und breitbandigen Verstärkern können Schwingungen bis zu Frequenzen von etwa 100 MHz dargestellt werden.

Eine noch höhere zeitliche Auflösung erhält man mit dem *Sampling-Oszillographen* oder *Abtastoszillographen*, mit dem sich jedoch nur periodische Vorgänge aufzeichnen lassen. Diese werden punktweise mit Hilfe einer sehr schnellen Schaltdiode abgetastet, wobei der Abtastpunkt nach jeder Periode um einen geringen Zeitabschnitt verschoben wird. Auf dem Schirm wird dann der Schwingungszug einer Periode aus den vielen Perioden gewonnenen Einzelpunkten zusammengesetzt.

Durch Anwendung von Blauschriftspeicherröhren (→ Katodenstrahlröhre) werden einmalige Vorgänge zur Betrachtung über längere Zeit gespeichert. Ein solches Gerät wird als *Blauschreiber* oder *Speicheroszillograph* bezeichnet.

Der Elektronenstrahloszillograph in seinen verschiedenen Varianten ist ein sehr vielseitiges Meß- und Prüfgerät, das neben der Schwingungsaufzeichnung für zahlreiche andere Aufgaben verwendet werden kann, z.B. für die Aufnahme von Bauelementen- und Schaltungskennlinien, für die Leistungs-, Phasenwinkel-, Frequenz- und Zeitmessung, für die Fehlersuche in elektronischen Geräten u. a. m.

Lit. Czech: Oszillografen-Meßtechnik (Berlin-Borsigwalde 1965); Millner: Katodenstrahl-Oszillographen (2. Aufl. Berlin 1968).

Oszillographenröhre, eine → Katodenstrahlröhre.

Oszilloskop, → Oszillograph.

Ottomotor, → Verbrennungsmotor.

ounce, 1) Tabelle 2, Masse. **2)** Tabelle 2, Volumen.

Overhauser-Effekt, eine Erscheinung, die bei einer speziellen → Doppelresonanzmethode der Hochfrequenzspektroskopie auftritt und die es ermöglicht, → polarisierte Kerne herzustellen.

Oxidkatode, eine → Glühkatode.

Oxydation, der mit einer Reduktion gekoppelte Teilprozeß einer → Redoxreaktion.

oz, Tabelle 2, Masse.

OZ, → Ordnungszahl.

Ozeanographie, → Ozeanologie.

Ozeanologie, *Ozeanographie*, *Meereskunde*, die Wissenschaft vom Meer, ein Teilgebiet der Geophysik. Die O. beschäftigt sich mit der räumlichen und zeitlichen Verteilung der Eigenschaften des → Meerwassers und deren Einfluß auf lebende Organismen, mit den Wechselbeziehungen zwischen den Wassermassen der Ozeane und der Lufthülle über dem Meer und der festen Erde darunter sowie mit der Form und mit dem Aufbau der Ozeanbecken. Die *physikalische O.* befaßt sich speziell mit den physikalischen Eigenschaften des Meerwassers und mit den Bewegungsvorgängen im Meer. Eine wichtige Größe dabei bildet der Energie- und Stofftransport. Kennzeichnend für die von der physikalischen O. untersuchten Größen ist ihre große räumliche und zeitliche Veränderlichkeit.

Grundlage der O. bilden Messungen, die im Meer ausgeführt werden müssen. Hierfür ist eine spezielle Meßtechnik erforderlich, die den Einsatz von Forschungsschiffen und hochempfindlichen und zugleich robusten Spezialgeräten, zum Beispiel Bathysonden, Bathythermographen oder Strömungsmessern, umfaßt. Automatisch messende Geräte mit Datenfernübertragung und Raumflugkörper gewinnen auch für die O. an Bedeutung. Labor- und Modellversuche sind in der O. nur in beschränktem Umfang möglich. Zunehmende Bedeutung erlangt die mathematische Modellierung ozeanologischer Prozesse.

Lit. Bruns: O. 3 Bde (Berlin, Leipzig 1958, 1962, 1968).

Ozonosphäre, die Ozonschicht der → Atmosphäre.

Ozonschicht, → Atmosphäre.

oz tr, Tabelle 2, Masse.

p, 1) → Piko. **2)** → Pond. **3)** → Proton. **4)** p, → Druck. **5)** p, → Schalldruck. **6)** $\vec{p}$, elektrisches Dipolmoment, → Dipol. **7)** $\vec{p}$, → magnetische Polstärke. **8)** $\vec{p}$, → Impuls.

P, 1) → Poise. **2)** P, → Leistung. **3)** P, → Parität. **4)** $\vec{P}$, elektrische → Polarisation. **5)** P_s → Schallleistung.

Pa, 1) → Pascal. **2)** → Protaktinium.

Paarbildung, *Paarbildungseffekt, Paarerzeugung,* im engeren ursprünglichen Sinne eine Wechselwirkung hinreichend energiereicher (oberhalb 1,02 MeV) Röntgen- oder γ-Strahlung beim Durchgang durch Materie, wobei infolge eines Zusammenstoßes eines Photons (der Energie $\varepsilon = h\nu$) bzw. eines γ-Quants mit einem geladenen Teilchen des durchstrahlten Stoffes ein Elektron und dessen Antiteilchen, das Positron, *paarweise* entstehen. Da gemäß der Einsteinschen Formel $E = mc^2$ zur Bildung eines Elektrons eine Energie von $m_e c^2 = 511$ keV, also zur Bildung eines Paares eine Quantenenergie von $h\nu = 2m_e c^2 = 1{,}022$ MeV erforderlich ist, kann unterhalb dieser Schwelle kein Paarbildungseffekt mehr auftreten. Es stellt sich mit abnehmender Energie der → Compton-Effekt und darunter der → Photoeffekt ein (→ ionisierende Strahlung 1.4, Abb. 2). Für $h\nu > 2m_e c^2$ verteilt sich die überschüssige Quantenenergie $h\nu - 2m_e c^2$ als kinetische Energie in beliebiger Weise auf das Paar. Die Umsetzung der Strahlungsenergie der Quanten in ruhmassebehaftete Elementarteilchen erfolgt bei der Paarerzeugung stets im starken Felde geladener Teilchen, hauptsächlich im Kernfeld. Die P. ist ein Beweis für die aus der Relativitätstheorie folgende Möglichkeit der Erzeugung eines materiellen Teilchens aus Energie.

Als Folge der P. beobachtet man oberhalb 1,02 MeV eine zusätzliche Streustrahlung aus zwei monochromatischen Komponenten mit den Wellenlängen $2{,}4 \cdot 10^{-12}$ m $= \lambda_C = h/m_e c$ (Compton-Wellenlänge des Elektrons) und $1{,}2 \cdot 10^{-12}$ m $= \lambda_C/2$. Die Ursache dieser Strahlung besteht in der Vereinigung des Positrons mit einem (negativen) Elektron zu einem Positron-Elektron-Atom, dem Positronium, das in zwei Zuständen mit Lebensdauern von $1{,}4 \cdot 10^{-7}$ s bzw. $1{,}2 \cdot 10^{-10}$ s existiert. Beim Positroniumzerfall entsteht entweder ein Lichtquant der Energie $h\nu = 2m_e c^2$, was $\lambda_C/2$ als Wellenlänge entspricht, oder es entstehen zwei Lichtquanten mit einer Energie von je $m_e c^2$ entsprechend der Wellenlänge λ_C.

Im weitesten Sinne umfaßt die P. die Wechselwirkung hochenergetischer (GeV-Bereich) Elementarteilchen wie Photonen, Pionen oder Protonen beim Zusammenstoß mit Materie unter Entstehung eines Teilchen-Antiteilchen-Paares je Elementarakt (→ Antiteilchen).

paarbrechende Mechanismen bei der Supraleitfähigkeit, Vorgänge, die das Aufbrechen der Cooper-Paare (→ BCS-Theorie der Supraleitfähigkeit) bewirken und so in einem Supraleiter den Übergang zur Normalleitfähigkeit fördern. Unter p.n M. versteht man z. B. die Belastung mit hohen Strömen, das Anlegen hoher Magnetfelder, die Einstrahlung hochfrequenter elektromagnetischer Wellen und die Wirkung zulegierter paramagnetischer Fremdatome.

Paarspektrometer, ein spezielles Szintillationsspektrometer für γ Strahlung höherer Energie, bei der der Paarbildungseffekt merklich wird. Das Positron zerstrahlt zusammen mit einem Elektron in zwei Quanten der Energie 511 keV, die in entgegengesetzte Richtungen emittiert werden. Zur Registrierung dieser Vernichtungsstrahlung werden zu beiden Seiten des von der zu analysierenden Strahlung getroffenen Szintillators zwei weitere Szintillatoren angeordnet. Ein Impuls vom Zentralkristall wird nur dann analysiert, wenn er in Dreifachkoinzidenz auftritt, also die beiden Vernichtungsquanten in den Nachbarkristallen nachgewiesen werden. Damit wird ein Spektrum ohne den kontinuierlichen Untergrund gewonnen, das lediglich um die Energie 1 022 keV zu korrigieren ist, die bei der Paarbildung aufgewendet wurde.

Paarungsmaß, Symbol P_m, wichtige Kenngröße bei der Paarung von Bauteilen, namentlich von Meßgeräten. Das P. ist das Maß des möglichst formvollkommenen Gegenstücks, mit dem das nicht fehlerfreie Werkstück ohne Kraftaufwand oder mit einer definierten Kraft gerade noch gepaart werden kann. Als *Abmaß* gilt der Unterschied zwischen P. und Nennmaß.

Bei Auslese-P.en werden die Werkstücke mit größerer Toleranz gefertigt und später zu passenden Gegenstücken sortiert.

Paarvernichtung, → Antiteilchen.

Paarwechselwirkung, svw. Elektron-Elektron-Wechselwirkung in Supraleitern.

Packungsanteil, Masseexzeß je Nukleon. Er ist als $(M - A)/A$ definiert, wobei M die auf Kohlenstoff-12 bezogene Atommasse (relative Kernmasse), A die Massezahl ist. Ein großer (positiver) Wert des P.s bedeutet eine lose Bindung der Nukleonen.

Packungsdichte, das Verhältnis des Volumens einer ferromagnetischen Komponente zum Gesamtvolumen in mehrphasigen Stoffen.

Paläomagnetismus, die Wissenschaft von der Erforschung des erdmagnetischen Hauptfeldes (→ Erdmagnetismus) in verflossenen erdgeschichtlichen Epochen mit Hilfe des remanenten Anteils des → Gesteinsmagnetismus. Den vulkanischen Gesteinen wird die Richtung des zum Zeitpunkt der Abkühlung unter den Curie-Punkt gerade herrschenden Hauptfeldes eingeprägt; bei Sedimenten wird die Richtungsmagnetisierung durch die Einregelung der Längsachsen der magnetischen Partikel in die Richtung des Hauptfeldes während des Ablagerungsprozesses hervorgerufen. Der Zeitpunkt der Entstehung des Gesteins wird für die Datierung benutzt. Als Modell für die Lagebestimmung des Pols benutzt man den zentralen Dipol. Der Magnetpol wird in Abhängigkeit von der geographischen Lage des Fundortes des Gesteins so festgelegt, daß die Richtung der remanenten Magnetisierung mit der Richtung des Feldes des Dipols übereinstimmt. Weiteres → Polwanderung.

PAM, Abk. für Pulsamplitudenmodulation, → Modulation.

Pankratisches System, ein abbildendes optisches System, dessen Brennweite sich durch Verschieben einzelner Linsen oder Linsengruppen kontinuierlich verändern läßt. Pankratische Systeme werden z. B. als Objektive bei speziellen Fernrohren mit variabler Vergrößerung oder bei Photoobjektiven mit variabler Brennweite angewendet.

Papierelektrophorese, → Elektrophorese.

Papille, → Auge.

Papinscher Topf, „*Schnellkochtopf*", ein 1681 von Papin erfundenes Gefäß, in dem durch künstliche Druckerhöhung der Siedevorgang bei höherer Temperatur eintritt als bei Normaldruck. Der Papinsche T. besteht aus einem dickwandigen Gefäß mit einem luftdicht abschließenden Deckel und einem Sicherheitsventil. Durch Dampfentwicklung steigt der Druck im Papinschen T. über den äußeren Luftdruck hinaus, was einen erhöhten Siedepunkt zur Folge hat (→ Dampfdruck).

Der Überdruck kann durch das Sicherheitsventil reguliert werden. Speisen werden bei höherer Temperatur schneller gar gekocht. Das Sinken des Siedepunktes bei Abnahme des äußeren Luftdruckes z. B. auf hohen Bergen kann im Papinschen T. kompensiert werden.

para-, abg. p-, Bezeichnung für die 1,4-Stellung von zwei Substituenten am Benzolring, z. B. p-Dichlorbenzol (Abb.).

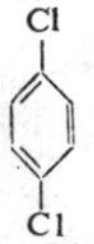

p-Dichlorbenzol

Parabelmethode, von Thomson und Aston 1913 entwickelte Methode zur Massebestimmung, anfänglich eines Kanalstrahlbündels, durch Ablenkung ionisierter Atome oder Moleküle, d. h. Ionen, im elektrischen und magnetischen Feld. Die P. ist die klassische Methode der Massenspektroskopie. Sie beruht auf der e/M-Bestimmung, wobei e die Ladung und M die Masse des Ions sind. Bei der P. benutzt man ein am gleichen Ort wirkendes elektrisches und ein ihm gleichgerichtetes oder auch antiparalleles magnetisches Feld (Abb.). Bei einer Teilchen-

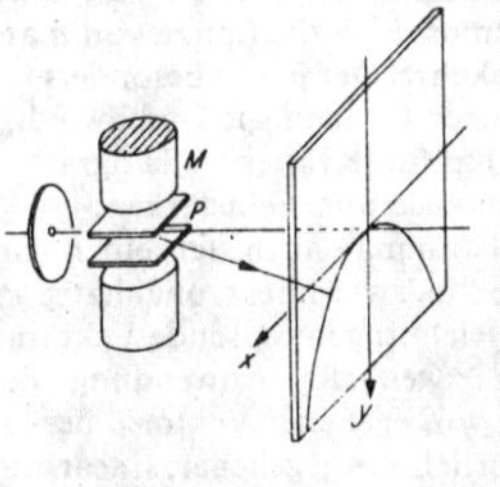

1 Schematische Darstellung der Parabelmethode zur Messung von Ionenmassen. *P* Kondensatorplatten, *M* Magnetpole

geschwindigkeit v gilt für die elektrische Ablenkung Y bei einem über die Länge l wirkenden elektrischen Feld E die Formel $Y = eEl^2/2Mv^2$. Da die magnetische Kraft stets senkrecht zum Geschwindigkeitsvektor steht, beschreiben die Ionen im Magnetfeld H Kreise. Durchlaufen sie also im Magnetfeld die Strecke l, so erfahren sie in x-Richtung eine Ablenkung vom Betrage

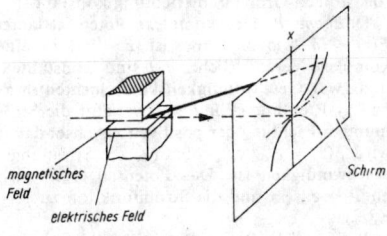

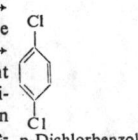

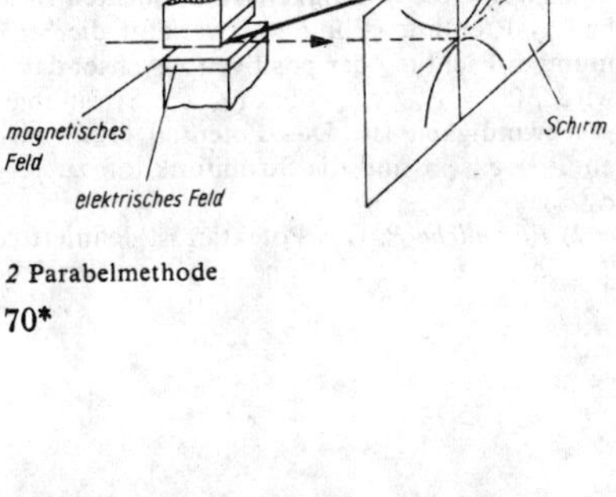

2 Parabelmethode

$X = eHl^2/2Mv$. Elimination der unbekannten Geschwindigkeit v ergibt $Y = 2EMX^2/l^2H^2e$.

Ionen gleicher Masse und Ladung, aber variabler Geschwindigkeit v, zeichnen auf dem Leuchtschirm Parabeln, deren Neigung ihren e/M-Wert und damit ihre Masse zu bestimmen gestattet. Zur Eichung der Anordnung benutzt man Ionen bekannter Massen. Die Intensität der einzelnen Parabeln entspricht der relativen Häufigkeit der betreffenden Ionen im Gemisch.

Lit. Finkelnburg: Atomphysik (11./12. Aufl. Berlin, Göttingen, Heidelberg 1967).

Paradoxon, Erscheinung oder Aussage, die der oberflächlichen Erwartung widerspricht, sich jedoch bei genauerer Untersuchung auf bekannte Gesetze zurückführen läßt. In der Physik kennt man z. B. das → hydrodynamische Paradoxon, das → hydrostatische Paradoxon, das Uhrenparadoxon (→ Maßstabparadoxon, → Zwillingsparadoxon), das Gibbssche P. (→ Mischungsentropie) und das → d'Alembertsche Paradoxon. Ein astronomisches P. ist das → Olberssche Paradoxon. Paradoxa waren nicht selten Anlaß für ein tieferes Verständnis physikalischer Theorien. In der Mathematik werden die Paradoxa gewöhnlich als *Antinomien* bezeichnet, wobei man logische und semantische Antinomien unterscheidet. Ein Beispiel für erstere ist die *Russellsche Antinomie* der Mengenlehre, die besagt „Die Menge aller Mengen, die sich nicht selbst als Element enthalten, muß zugleich sich selbst enthalten und deswegen wiederum nicht", ein Beispiel für letztere die schon im Altertum bekannte *Antinomie des Lügners*: „Alles, was ich sage, ist gelogen." Die Antinomien rühren von einem unkontrollierten Gebrauch mengentheoretischer bzw. semantischer Begriffsbildungen her.

Parakristall, Substanz, die nicht den periodischen Aufbau eines Kristallgitters hat, aber doch in mindestens einer Richtung eine gewisse Ordnung aufweist. P.e sind z. B. die kristallinen Flüssigkeiten (→ mesomorphe Phase).

Paraleitfähigkeit, eine erhöhte elektrische Leitfähigkeit, die oberhalb der kritischen Temperatur eines Supraleiters durch thermodynamische Fluktuationen des Ginzburg-Landau-Ordnungsparameters zustande kommen kann. Dabei bilden sich vorübergehend Cooper-Paare (→ BCS-Theorie der Supraleitfähigkeit), die jeweils nach sehr kurzer Zeit wieder zerfallen und so nicht zur → Supraleitfähigkeit, sondern nur zur P. führen. Durch die P. kommt eine Abrundung des oberhalb der Übergangstemperatur liegenden Teils der Übergangskurve des Supraleiters zustande.

Parallaxe, 1) Astronomie: der Winkel π, unter dem von einem Punkte P aus die Endpunkte A und B einer Basis erscheinen. Er wird durch Beobachtung in A und B gemessen und in Bogensekunden angegeben. Bei der Entfernungsbestimmung im Planetensystem dient der Erdradius, für die Bestimmung von Sternentfernungen der Erdbahnhalbmesser oder 1 AE als Basis. Die Entfernung eines Punkts P, für den mit dem Erdbahnhalbmesser als Basis $\pi = 1''$ ist, wird als → Parallaxensekunde (Parsek, pc) bezeichnet. Für die Entfernung r in pc gilt $r = 1/\pi$. *Trigonometrische P.n* können nur bis

$r = 100$ pc bestimmt werden, da sich Winkel unter 0,01″ nicht mit genügender Genauigkeit messen lassen. Für *säkulare P.n* dient die Strecke als Basis, die die Sonne in einer bestimmten Zeit zwischen den Sternen zurücklegt. Für Objekte, deren Geschwindigkeit nach Richtung und Größe bekannt ist, kann auch eine von ihnen zurückgelegte Strecke als Basis dienen. Für die Sterne eines Sternstroms erhält man z. B. so die *Sternstromparallaxe*.

Allgemeiner wird in der Astronomie jede Entfernungsbestimmung als Parallaxenbestimmung und dann die in pc gemessene Entfernung r als P. bezeichnet. Z. B. spricht man von *dynamischer P.*, wenn r aus dem Verhältnis des beobachteten Winkelabstands zum wahren Abstand der beiden Komponenten eines visuellen Doppelsterns bestimmt wird, wobei der wahre Abstand aus der spektroskopisch bestimmten Geschwindigkeit einer Komponente und aus ihrer Umlaufzeit oder über das 3. Keplersche Gesetz unter Annahme eines plausiblen Wertes für die Massen der beiden Komponenten berechnet wird. *Photometrische P.n* r ergeben sich aus der Beziehung $M - m = 5 - 5 \lg r$, wenn die scheinbare Helligkeit m gemessen und die absolute M bekannt ist (→ Helligkeit). Speziell wird bei *spektroskopischen P.n* die absolute Helligkeit M aus den Intensitätsverhältnissen von Absorptionslinien in den Sternspektren gewonnen, bei *Spektraltypparallaxen* aus dem Spektraltyp und bei den *Veränderlichenparallaxen* aus der Art des Lichtwechsels veränderlicher Sterne, z. B. δ Cephei- oder RR Lyrae-Sternen (→ veränderlicher Stern). Bei den *Kalziumparallaxen* wird die Entfernung aus der Stärke der im Sternspektrum auftretenden interstellaren Ca-Linien abgeschätzt, bei den *Verfärbungsparallaxen* aus dem → Farbexzeß, den der interstellare Staub verursacht.

2) Meßtechnik: ein bei der Ablesung von Anzeigen an Meßgeräten auftretender Fehler. P. entsteht, wenn die Zeigerstellung an einer Skale nicht senkrecht zur Skalenebene abgelesen wird, so daß eine Verschiebung zwischen Zeigerstellung und Skale eintritt. Durch Anbringen eines Spiegels parallel zur Skalenebene läßt sich dieser Fehler beseitigen, weil dann nur abgelesen werden kann, wenn Anzeigemarke und ihr Spiegelbild sich decken.

Parallaxensekunde, *Parsek*, *Parsec*, pc, inkohärente astronomische Entfernungseinheit (international). Vorsätze erlaubt. Die P. ist die Entfernung, von der aus der Erdbahnhalbmesser unter dem Winkel (Parallaxe) von 1 Bogen-

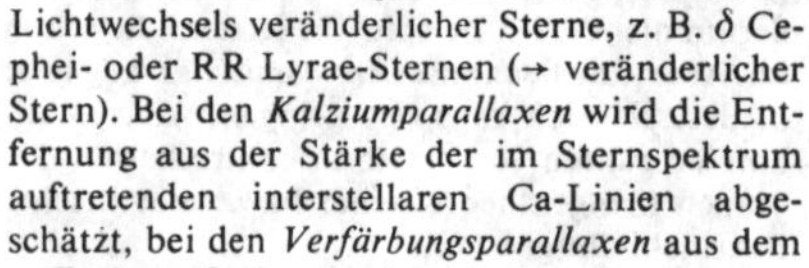

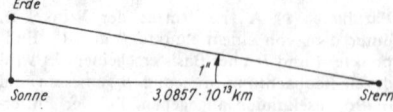

Zur Definition des Parsek

sekunde erscheint. 1 pc = 3,08572 · 10^{13} km = 3,2615 Lj = 206264,8 AE.

Parallelbande, → Spektren mehratomiger Moleküle.

Parallelbetrieb, die Parallelarbeit besonders von Spannungserzeugern, z. B. Generatoren und Akkumulatoren. Voraussetzung für den P. sind gleiches Spannungsverhalten bei Belastung und geringer Leistungsunterschied. Zur Parallelschaltung von Gleichstromnebenschlußgeneratoren (→ elektrische Maschine) müssen die Spannungen in Übereinstimmung gebracht werden; die Last wird durch Feldreglung verteilt. Synchrongeneratoren sind vor dem Parallelschalten zu synchronisieren (→ Synchronisierung). Nach Parallelschaltung werden die Wirkleistung durch die Regler der Antriebsmaschinen und die Blindleistung über die Feldregler der Synchronmaschinen auf die parallelgeschalteten Maschinen verteilt. Die Spannungshöhe im gemeinsamen Netz kann nur bei gleichzeitigem Verstellen der Feldregler aller Maschinen geändert werden. Beim P. von Transformatoren sind gleiche Spannung, gleiche Schaltgruppe und gleiche, höchstens um ±10% abweichende Kurzschlußspannung erforderlich, wobei das Verhältnis der Nennleistungen 3 : 1 nicht übersteigen soll. Der P. der Generatoren und Transformatoren ermöglicht die Konzentration hoher Leistungen in Kraftwerken und Umspannwerken und ist Voraussetzung für den Verbundbetrieb (→ Netz) der Kraftwerke.

parallele Kräfte, → Kraft.

Parallelendmaß, → Endmaß.

Parallel-Leitfähigkeit, → ionosphärische Leitfähigkeit.

Parallelogrammsatz, die Regel, daß zwei im gleichen Punkt des Raumes angreifende gleichartige Vektoren $\vec{a}$ und $\vec{b}$ zu einem resultierenden Vektor $\vec{c}$ zusammengesetzt werden können, dessen Betrag und Richtung durch Länge und Richtung der Diagonalen eines von $\vec{a}$ und $\vec{b}$ aufgespannten Parallelogramms gegeben sind (Abb. 1). Die Addition von $\vec{a}$ und $\vec{b}$ kann also so erfolgen, daß man $\vec{b}$ an die Spitze von $\vec{a}$ anheftet, oder umgekehrt. Der P. gilt besonders für solche physikalischen Größen wie Geschwindigkeiten, Impulse, Kräfte (Kräfteparallelogramm, → Kraft), Drehimpulse und Feldstärken.

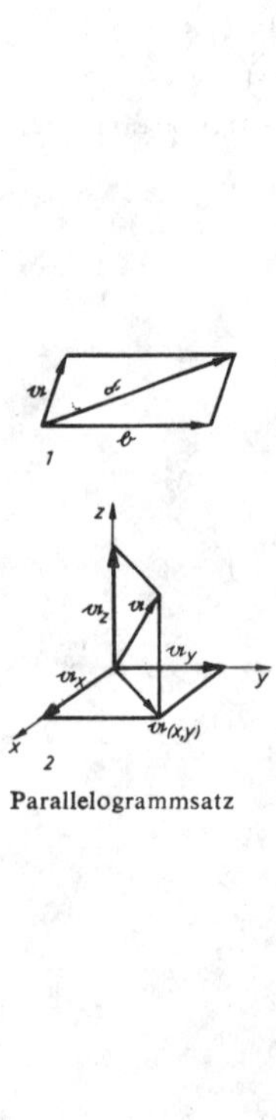

Parallelogrammsatz

Entsprechend kann man auch stets einen vorgegebenen Vektor in zwei linear unabhängige, in nichtparallele Richtungen weisende Vektoren zerlegen. Durch zweifache Anwendung des P.es läßt sich ein vorgegebener Vektor $\vec{a}$ bezüglich dreier willkürlich vorgegebener, linear unabhängiger Richtungen x, y und z zerlegen (Abb. 2).

Parallelresonanz, → Schwingkreis.

Parallelschaltung, → Grundschaltung.

Parallelschwingkreis, → Schwingkreis.

Parallelströmung, elementare Potentialströmung (→ Strömung), deren Stromlinien parallele Geraden sind. Der Geschwindigkeitsvektor ist nach Größe und Richtung konstant.

1) *Ebene P.* Das komplexe Potential lautet $F(z) = (a + ib)\,z$. Dabei ist $z = x + iy$ eine komplexe Veränderliche; a, b sind Konstanten, und zwar Geschwindigkeitskomponenten in x- bzw. y-Richtung. Für $b = 0$ verläuft die Strömung in Richtung der positiven x-Achse; damit wird $F(z) = c_\infty \cdot z$, wobei c_∞ die Strömungsgeschwindigkeit ist. Das Potential ergibt sich zu $\Phi = c_\infty \cdot x$ und die Stromfunktion zu $\psi = c_\infty \cdot y$.

2) *Räumliche P.* Das Potential ist definiert zu $\Phi = ax + by + cz$, wenn x, y, z räumliche

Koordinaten bedeuten und *a*, *b*, *c* Konstanten, und zwar Geschwindigkeitskomponenten in den Koordinatenrichtungen.

Parallelübertragung, → kovariante Ableitung.

Parallelverschiebung, → Translationsbewegung.

paramagnetische Elektronenresonanz, *Elektronenspinresonanz*, *paramagnetische Resonanz*, *EPR*, *epr* (engl. electron paramagnetic resonance), *ESR*, *esr* (engl. electron spin resonance), eine 1944 von J. K. Sawoiski begründete Methode der Hochfrequenzspektroskopie, die auf der in einem äußeren Magnetfeld stattfindenden Absorption von Hochfrequenzenergie durch Stoffe mit unpaarigen Elektronen beruht. Aus Untersuchungen der p.n E. lassen sich wesentliche Aussagen über Kristall- und Molekülstrukturen, Kernmomente, chemische Reaktionen u. a. m. gewinnen.

P. E. wird nur an solchen Substanzen beobachtet, die einen *Elektronenparamagnetismus* aufweisen. Dieser tritt auf bei Atomen mit einer ungeraden Elektronenzahl, bei Elementen der Übergangsgruppen, die unaufgefüllte innere Schalen aufweisen (z. B. Cr^{3+}, Mo^{5+}, Ce^{3+}, Ir^{4+}, U^{5+}), an freien Radikalen, d. h. an chemischen Verbindungen mit unpaarigen Elektronen, bei Metallen (Leitungselektronen), Halbleitern, Gitterdefekten (Farbzentren) u. a.

Im magnetischen Feld können die magnetischen Momente der Elektronen verschiedene diskrete Orientierungen relativ zur Feldrichtung einnehmen. Jeder Orientierung entspricht ein Zustand bestimmter Zeeman-Energie. Unter dem Einfluß eines hochfrequenten magnetischen Feldes geeigneter Frequenz werden Übergänge zwischen diesen Niveaus induziert, und es tritt ähnlich wie in der magnetischen Kernresonanz ein → paramagnetischer Resonanzeffekt auf, der sich in der Absorption von Hochfrequenzenergie durch die Probe zeigt (→ Blochsche Gleichungen).

Die Resonanzbedingung ist am einfachsten am Beispiel eines *freien paramagnetischen Ions* zu übersehen. Infolge ihrer Bahnbewegung haben die Elektronen außer dem Spinmagnetismus einen Bahnmagnetismus, wobei für die Komponente des magnetischen Moments des Ions in Magnetfeldrichtung $\mu_H = g\mu_B M$ gilt. Dabei ist g der g-Faktor, μ_B das Bohrsche Magneton und M die Quantenzahl der Komponente des Gesamtdrehimpulses in Feldrichtung. Der g-Faktor kann die Werte zwischen 1 und 2 annehmen; er ist um so größer, je kleiner der Beitrag des Bahndrehimpulses zum Gesamtdrehimpuls der Elektronen ist. Hat ein Elektron nur einen reinen Spinmagnetismus, so ist $g = 2$ (genauer infolge relativistischer Korrekturen $g = 2{,}0023$).

Im Magnetfeld entsprechen den $2J + 1$ möglichen Orientierungen des Gesamtdrehimpulses die Energien $E_M = g\mu_B HM$, wobei die magnetische Quantenzahl M die $2J + 1$ Werte J, $J - 1, \ldots, -J$ annehmen kann.

Infolge der Auswahlregel für magnetische Dipolübergänge können nur solche Übergänge stattfinden, bei denen sich die magnetische Quantenzahl um $\Delta M = \pm 1$ ändert, deren Energiedifferenz also $g\mu_B H$ beträgt. Daher ist es nur möglich, durch ein von außen angelegtes Hochfrequenzfeld Übergänge zu induzieren, wenn dessen Frequenz ν die *Resonanzbedingung* $h\nu = g\mu_B H$ erfüllt. Hierbei ist h das Plancksche Wirkungsquantum. Bei $g \approx 2$ ergibt sich für die Resonanzfrequenz die Zahlenwertgleichung ν [GHz] $\approx 2{,}8 \cdot H$ [kG]. Die oben genannte Voraussetzung von freien paramagnetischen Ionen ist jedoch in der p.n E. nicht erfüllt. Die untersuchten paramagnetischen Zentren sind entweder in ein Kristallgitter eingebaut oder befinden sich, von einer Solvathülle umgeben, in Lösung. Dadurch wirken auf sie die elektrischen Felder, die von den Atomen der Umgebung erzeugt werden. Diese starken elektrischen Felder heben die Bahnentartung völlig oder teilweise auf und beeinflussen über die Spin-Bahn-Wechselwirkung die Zeeman-Aufspaltung der Elektronen. Dadurch wird der g-Faktor anisotrop, ändert sich in seiner Größe, und in den Spektren der p.n E. tritt eine Feinstruktur auf.

In einer Vielzahl freier Radikale werden g-Faktoren gemessen, die sehr nahe dem Wert $g = 2{,}0023$ des freien Elektrons liegen. Dies spricht für eine sehr geringe Spin-Bahn-Kopplung der unpaarigen Elektronen in diesen Substanzen.

Durch das an die Probe angelegte Hochfrequenzfeld, dessen Frequenz der Resonanzbedingung genügt, werden die Besetzungszahlen der Elektronen auf den Zeeman-Niveaus verändert. Der Prozeß der *Spin-Gitter-Relaxation* (→ paramagnetische Relaxation) ist jedoch bestrebt, die anfängliche Gleichgewichtsverteilung wiederherzustellen.

Da die Elektronen im Gegensatz zu den Atomkernen einen Bahnmagnetismus aufweisen, stehen sie in wesentlich stärkerer Wechselwirkung mit ihrer molekularen Umgebung, dem Gitter, denn die Felder der benachbarten Teilchen in der Probe beeinflussen direkt die Bahnbewegung und über die Spin-Bahn-Wechselwirkung den Elektronenspin. Der Austausch der Energie des Spinsystems erfolgt in Kristallen mit den Schwingungen des Kristallgitters und in Flüssigkeiten mit der Brownschen Bewegung.

Auch zwischen den magnetischen Momenten der Elektronen herrschen Wechselwirkungen, die *Spin-Spin-Wechselwirkungen* (→ paramagnetische Relaxation).

Das Studium der Spin-Spin- und Spin-Gitter-Relaxation liefert Informationen über das mikrodynamische Verhalten der Probe. Die Elektronenrelaxationszeiten sind im allgemeinen sehr kurz. Sie liegen oft bei 10^{-6} bis 10^{-7} s.

Es ist möglich, die p.n E. unter Verwendung eines Ultraschallfeldes an Stelle des hochfrequenten magnetischen Feldes nachzuweisen. Genügt die Ultraschallfrequenz der Resonanzbedingung, so absorbiert das Elektronenspinsystem Ultraschallenergie (→ akustische paramagnetische Resonanz).

Häufig wird auch die p. E. mit optischen Verfahren gekoppelt, oder es wird durch ein zweites Hochfrequenzfeld gleichzeitig ein Übergang der magnetischen Kernresonanz angeregt. Diese → Doppelresonanzmethoden ergänzen oft in wertvoller Weise die Aussagen der p.n E.

Die Spektren der p.n E. werden wesentlich durch Feinstruktur- und Hyperfeinstrukturaufspaltung bestimmt.

Feinstruktur (FS). Ist der Eigendrehimpuls (Spin) $S > 1/2$, so können zwischen mehreren benachbarten Spinniveaus der Elektronen Übergänge erfolgen. Die Anzahl dieser möglichen Feinstrukturlinien ist gleich $2S$. Für einen Spin $S = 3/2$ ergeben sich drei Linien, die jedoch übereinander liegen, also experimentell nicht zu trennen sind (Abb. 1a). Wird dagegen die Spinentartung bereits ohne äußeres Magnetfeld durch das Kristallfeld und die Spin-Bahn-Kopplung aufgehoben (*Nullfeldaufspaltung*), so werden mehrere FS-Linien beobachtet (Abb. 1b). Die FS-Aufspaltungen sind von der Orientierung des Magnetfeldes zu den Kristallhauptachsen abhängig.

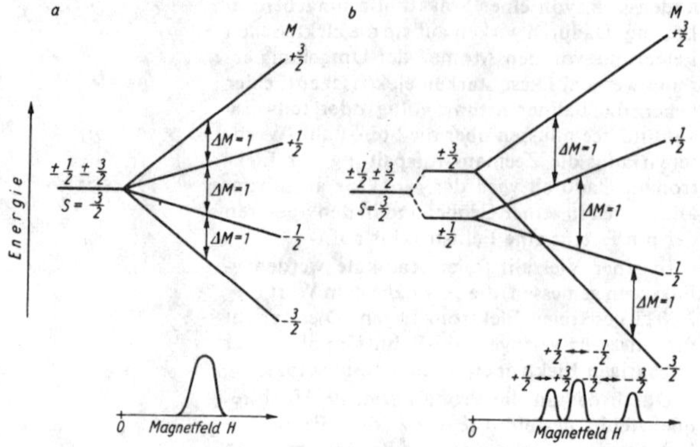

1 Entstehung der Feinstrukturlinien: *a* ohne Nullfeldaufspaltung, *b* mit Nullfeldaufspaltung. $S = 3/2$

Hyperfeinstruktur (HFS). Die Wechselwirkung der unpaarigen Elektronen mit den magnetischen Momenten der Atomkerne in der Probe gibt Anlaß zur HFS-Aufspaltung der Elektronenresonanzlinien. Diese Wechselwirkung kann mit dem Kernspin desselben Atoms erfolgen, zu dem das unpaarige Elektron gehört, oder mit den Kernen benachbarter Atome. Voraussetzung ist jedoch, daß die Atomkerne einen Kernspin und damit ein magnetisches Moment haben. Die HFS entsteht dadurch, daß die magnetischen Momente der Kerne am Ort der Elektronen ein zusätzliches Magnetfeld erzeugen, das von der Spinorientierung der Kerne abhängig ist und sich dem von außen angelegten Feld überlagert.

Im einfachsten Falle, wenn die HFS durch einen einzelnen Kern mit einem Spin I hervorgerufen wird, spaltet die Linie der p.n E. in $2I + 1$ Komponenten auf (→ Hyperfeinstruktur). Abb. 2 zeigt diesen Effekt für einen Kern mit $I = 3/2$ (z. B. ^{63}Cu), der im Magnetfeld die $2I + 1 = 4$ Einstellungen $m = +3/2, +1/2, -1/2, -3/2$ einnehmen kann, was zu 4 HFS-Linien führt.

Steht nicht nur ein Kern in HFS-Wechselwirkung mit dem Elektron, so entstehen komplizierte Aufspaltungsbilder. Auch die Wechselwirkung des elektrischen Quadrupolmoments des Kerns mit den elektrischen Feldern der umgebenden Teilchen kann die HFS-Aufspaltung stark beeinflussen. HFS-Aufspaltungen liefern wichtige Informationen über die Struktur der molekularen Umgebung der paramagnetischen Zentren.

Linienform. Die Form und die Breite der Linien der p.n E. wird durch eine Reihe Faktoren bestimmt, wie Spin-Gitter-Wechselwirkungen, Spin-Spin-Wechselwirkungen, nichtaufgelöste Fein- und Hyperfeinstruktur, Anisotropie des g-Faktors in polykristallinen Proben, Sättigungseffekte und Inhomogenitäten des äußeren Magnetfeldes. Die Intensität der Linien der p.n E. ist proportional zur Zahl der unpaarigen Elektronenspins, die zur Linie beitragen. Daher kann aus den Linien der p.n E. die Spinkonzentration der Probe bestimmt werden.

Kristallfeld und Spin-Hamilton-Operator. Sind paramagnetische Ionen in einen Kristall eingebaut, so wirkt auf sie das von den elektrischen Ladungen und Dipolen in ihrer Umgebung herrührende *kristallelektrische Feld.* Durch die Wirkung dieses Feldes kann der Bahndrehimpuls der Elektronen ausgelöscht werden ('quenching'). Um die energetischen Zustände eines Ions im Kristall zu bestimmen, muß zum Hamilton-Operator des freien Ions der Operator der Wechselwirkungsenergie des Ions mit dem Kristallfeld hinzugefügt werden. Das Kristallfeld weist die gleiche Symmetrie auf wie die Anordnung seiner Quellen (Ionen, Dipolmoleküle, z. B. H_2O) im Kristallgitter. Diese Symmetrie bestimmt die Energiezustände der Ionen im Kristall und damit die beobachteten Spektren der p.n E. wesentlich. Zur theoretischen Untersuchung dieser Probleme werden mit Erfolg Hilfsmittel der Gruppentheorie angewendet. Aus gruppentheoretischen Betrachtungen folgen das → Jahn-Teller-Theorem und das → Kramerssche Theorem, die für die p. E. von Bedeutung sind.

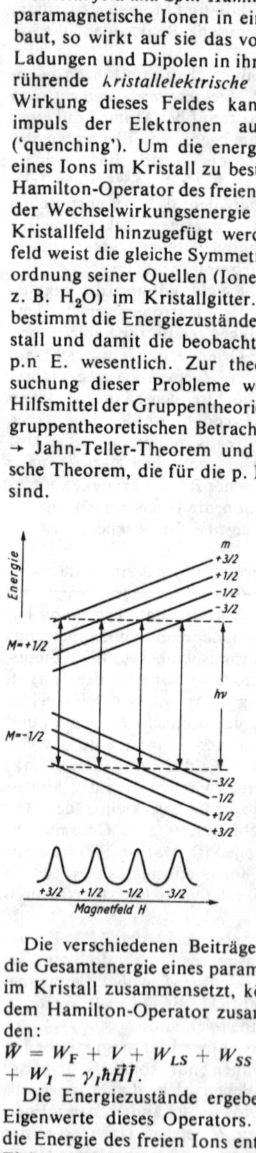

2 Hyperfeinstrukturaufspaltung einer Elektronenresonanzlinie durch Wechselwirkung mit einem ^{63}Cu-Kern: $I = 3/2$, $S = 1/2$. M und m sind die magnetischen Quantenzahlen von Elektron und Kern

Die verschiedenen Beiträge, aus denen sich die Gesamtenergie eines paramagnetischen Ions im Kristall zusammensetzt, können zu folgendem Hamilton-Operator zusammengefaßt werden:

$$\hat{W} = W_F + V + W_{LS} + W_{SS} + \mu_B \vec{H}(\vec{L} + 2\vec{S}) + W_I - \gamma_I \hbar \vec{H}\vec{I}.$$

Die Energiezustände ergeben sich dann als Eigenwerte dieses Operators. Dabei sind W_F die Energie des freien Ions entsprechend seiner Elektronenkonfiguration (Niveauaufspaltung größenordnungsmäßig 10^5 cm^{-1}); V die elektrostatische Energie des Ions im Kristallfeld (Niveauaufspaltung größenordnungsmäßig 10^3 bis $10^4\,cm^{-1}$); W_{LS} die Energie der Spin-Bahn-Wechselwirkung (bei Elementen der Eisengruppe größenordnungsmäßig $10^2\,cm^{-1}$); W_{SS} die Spin-Spin-Wechselwirkungsenergie der paramagnetischen Ionen untereinander (in der Größenordnung $1\,cm^{-1}$); $\mu_B \vec{H}(\vec{L} + 2\vec{S})$ die Energie der Elektronen im äußeren Magnetfeld (bei Magnetfeldern von einigen kG größenordnungsmäßig $1\,cm^{-1}$); W_I die Wechselwirkungsenergie des Kerns des Ions mit inneren magnetischen Feldern, die zur Hyperfeinstrukturaufspaltung führt, und mit inneren elektrischen Feldern, die Quadrupolübergänge verursachen können (größenordnungsmäßig $10^{-2}\,cm^{-1}$); $-\gamma_I \hbar \vec{I} \vec{H}$ die Energie des Atomkerns im magnetischen Feld (etwa $10^{-3}\,cm^{-1}$) und γ_I das gyromagnetische Verhältnis des Kerns. Infolge der großen Niveauaufspaltungen beeinflussen W_F, V und W_{LS} die p. E. nur indirekt.

Abragam und Pryce leiteten aus diesem Hamilton-Operator, dessen Eigenwertproblem nur für einfachste Fälle lösbar ist, den Spin-Hamilton-Operator $\hat{\mathscr{H}}$ her, der nur Spinvariable enthält, jedoch keine Bahngrößen. Die Energieniveaus der Elektronen, soweit sie die p. E. betreffen und damit die experimentell beobachtbaren Übergänge, ergeben sich nunmehr aus $\hat{\mathscr{H}}$, so daß es nicht mehr nötig ist, das viel kompliziertere Problem der Bestimmung der Energieeigenwerte von $\hat{W}$ zu lösen.

Für axiale Kristallsymmetrie ergibt sich folgender Spin-Hamilton-Operator, wenn die Symmetrieachse als z-Achse eines rechtwinkligen Koordinatensystems x, y, z gewählt wird:

$\hat{\mathscr{H}} = g_{\parallel}\mu_B H_z S_z + g_{\perp}\mu_B(H_x S_x + H_y S_y)$	Elektronen-Zeeman-Term
$+ D[S_z^2 - (1/3)\,S(S+1)]$	Feinstrukturterm
$+ A_{\parallel} I_z S_z + A_{\perp}(I_x S_x + I_y S_y)$	Hyperfeinstrukturterm
$+ Q[I_z^2 - (1/3)\,I(I+1)]$	Quadrupolterm
$- \gamma_I \hbar \vec{H} \vec{I}$	Kern-Zeeman-Term

Die experimentellen Resultate können somit durch die Angabe einer kleinen Anzahl von Konstanten $g_{\parallel}$, $g_{\perp}$, D, $A_{\parallel}$, $A_{\perp}$ und Q eindeutig beschrieben werden. Diese Größen werden aus den experimentellen Spektren bestimmt und mit den auf der Grundlage von bestimmten Molekül- bzw. Kristallmodellen berechneten Werten verglichen. Es lassen sich dann Rückschlüsse auf die molekulare Struktur und die Bindungsverhältnisse der Elektronen ziehen.

Experimentelle Technik. Ein großer Teil der Untersuchungen wird bei Magnetfeldern von etwa 3500 G ausgeführt. Die entsprechenden Resonanzfrequenzen liegen bei 10 GHz (Wellenlänge $\lambda \approx 3$ cm, X-Band), also im Mikrowellenbereich. In geringerem Maße werden Frequenzen von 25 GHz (K-Band) und 35 GHz (Q-Band) verwendet.

Das Blockschaltbild eines einfachen Elektronenresonanzspektrometers ist in Abb. 3 gezeigt. Im Mikrowellenteil werden zur Übertragung der Mikrowellenenergie Hohlleiter verwendet. Die zu untersuchende Probe befindet sich zwischen den Polschuhen eines Elektromagneten in einem Hohlraumresonator, der am Arm 1 einer Doppel-T-Mikrowellenbrücke angekoppelt ist. Am Arm 2 befindet sich ein Dämpfungsglied mit Kurzschlußschieber, am E-Arm zur Gleichrichtung ein Detektorglied (Diode). Der H-Arm wird über eine Richtungsleitung und ein Dämpfungsglied von einem Klystron gespeist. Ist die Brücke abgeglichen, so sind die Arme H und E sowie 1 und 2 entkoppelt. In den E-Arm gelangt keine Energie, wenn die Arme 1 und 2 mit gleichen Widerständen abgeschlossen sind, was sich durch Einstellung des Dämpfungsgliedes und des Kurzschlußschiebers am Arm 2 erreichen läßt.

Bei Resonanzabsorption in der Probe entsteht eine Bedämpfung des Resonators, dadurch wird die Mikrowellenbrücke verstimmt, und in den E-Arm gelangt Mikrowellenenergie, die durch die Diode angezeigt wird. Um die Signale oszillographisch aufnehmen zu können, wird das Magnetfeld niederfrequent moduliert und das am Detektorglied nunmehr periodisch erscheinende Signal nach einer Verstärkung auf dem Oszillographen sichtbar gemacht.

Moderne Elektronenresonanzspektrometer arbeiten zur Erhöhung der Empfindlichkeit mit hochfrequenter Magnetfeldmodulation von etwa 100 kHz und benutzen phasenempfindliche Gleichrichtung des Signals. Zum Teil wird auch Überlagerungsempfang angewendet. Man erreicht Nachweisempfindlichkeiten von weniger als 10^{11} Spins je G Linienbreite.

Lit. Altschuler u. Kosyrew: P. E. (Frankfurt/M 1964); Bljumenfeld, Wojewodski, Semjonow: Die Anwendung der p.n E. in der Chemie (Frankfurt/M. 1966); Schoffa: Elektronenspinresonanz in der Biologie (Karlsruhe 1964).

paramagnetische Kernresonanz, svw. magnetische Kernresonanz.

paramagnetische Relaxation, Gesamtheit der Wechselwirkungsprozesse, die die Kinetik der Magnetisierung der Probe bei Untersuchungen der paramagnetischen Elektronenresonanz und der magnetischen Kernresonanz entscheidend mitbestimmen.

Das System der magnetischen Momente aller Teilchen der Probe wird als *Spinsystem* bezeichnet. Die Gesamtheit aller sonstigen Freiheitsgrade (Schwingungen, Rotationen, Translationen) der Probe, unabhängig davon, in welchem Aggregatzustand sie vorliegt, nennt man *Gitter*

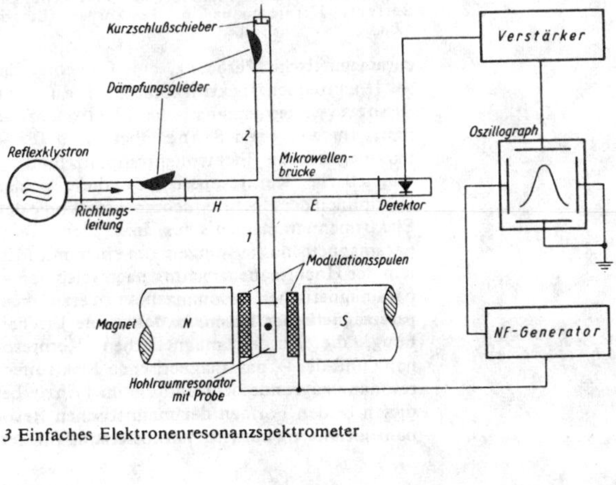

3 Einfaches Elektronenresonanzspektrometer

Da sowohl innerhalb des Spinsystems als auch zwischen Spinsystem und Gitter Wechselwirkungen bestehen, unterscheidet man *Spin-Spin-Relaxation* und *Spin-Gitter-Relaxation*. Beide Relaxationstypen können durch die verschiedenartigsten Mechanismen hervorgerufen werden. Die Wechselwirkung innerhalb des Spinsystems erfolgt meist durch Dipol- oder Austausch-Wechselwirkung der magnetischen Momente der Kerne oder Elektronen. Die Ursache der Spin-Gitter-Wechselwirkung besteht in der direkten oder indirekten Einwirkung fluktuierender magnetischer oder elektrischer Felder auf das Spinsystem, die durch die Gitterschwingungen in Festkörpern oder durch die thermische Bewegung der Moleküle in Flüssigkeiten und Gasen erzeugt werden.

Man kann das Gitter als Wärmebad mit einer bestimmten Temperatur, der *Gittertemperatur* T, auffassen. Das Spinsystem befindet sich im thermischen Kontakt mit diesem Wärmereservoir. Dem Spinsystem kann ebenfalls eine gewisse Temperatur, die *Spintemperatur* T_s, zugeordnet werden. Ist anfangs $T_s \neq T$, so wird durch die Spin-Gitter-Wechselwirkungen ein Energieaustausch zwischen Spinsystem und Gitter herbeigeführt, der ein thermisches Gleichgewicht zwischen beiden Systemen herstellt. Im Gleichgewicht ist die Spintemperatur gleich der Gittertemperatur: $T_s = T$. Als Maß für die Zeit, in der dieser Zustand erreicht wird, führt man die *Spin-Gitter-Relaxationszeit* T_1 ein. Mit einer Zeitkonstanten T_1 verlaufen demnach alle Vorgänge, bei denen sich die Gesamtenergie des Spinsystems verändert. So erfolgt die Einstellung der Komponente der makroskopischen Magnetisierung der Probe in Richtung des angelegten Magnetfeldes mit der Zeitkonstanten T_1. T_1 ist eine Funktion der Probentemperatur und hängt vom speziellen Typ des Relaxationsmechanismus ab. Die Zeitkonstante, mit der sich innerhalb des Spinsystems nach einer Störung ein Gleichgewichtszustand einstellt, wird *Spin-Spin-Relaxationszeit* T_2 genannt. T_2 ist nur wenig von der Temperatur abhängig. Bei Spin-Spin-Wechselwirkungen bleibt die Gesamtenergie des Spinsystems erhalten.

Über negative Spintemperaturen → paramagnetischer Resonanzeffekt.

Lit. Altschuler u. Kosyrew: Paramagnetische Elektronenresonanz (Frankfurt/M 1964); Ebert u. Seifert: Kernresonanz im Festkörper (Leipzig 1966).

paramagnetische Resonanz, ein Teilgebiet der → Hochfrequenzspektroskopie. Im engeren Sinne svw. paramagnetische Elektronenresonanz. Im weiteren Sinne Oberbegriff für → paramagnetische Elektronenresonanz und → magnetische Kernresonanz, da diese beiden Disziplinen der Hochfrequenzspektroskopie den Elektronenparamagnetismus bzw. den Kernparamagnetismus ausnutzen, um einen mit Mitteln der Hochfrequenztechnik nachweisbaren → paramagnetischen Resonanzeffekt zu erzielen.

paramagnetischer Resonanzeffekt, eine Erscheinung, die der → magnetischen Kernresonanz und der → paramagnetischen Elektronenresonanz zugrunde liegt und die im Prinzip bei diesen beiden Formen der magnetischen Resonanz gleichartig auftritt. Voraussetzung für den paramagnetischen R. ist, daß die Teilchen (Atomkerne oder Elektronen) ein permanentes magnetisches Dipolmoment $\vec{\mu}$ haben. Dies ist bei Kernen mit einer Spinquantenzahl $I \neq 0$ und unpaarigen Elektronen der Fall. Im folgenden soll nicht zwischen Kernen und Elektronen unterschieden werden, so daß die Ausführungen für beide in vollem Umfange gültig sind.

Klassisches Bild der magnetischen Resonanz. Die zu untersuchende Probe enthalte Teilchen (Kerne, unpaarige Elektronen), die mit dem Eigendrehimpuls verbunden ein magnetisches Moment $\vec{\mu}$ aufweisen. An die Probe werde ein starkes konstantes Magnetfeld $\vec{H}$ gelegt. Die Momente $\vec{\mu}$ präzedieren dann in Analogie zur Kreiselbewegung um die Richtung von $\vec{H}$. Dieser Vorgang, die → *Larmor-Präzession*, erfolgt mit der Kreisfrequenz $\omega_0 = \gamma H$. Für γ ist das gyromagnetische Verhältnis der Kerne bzw. der Elektronen einzusetzen. Die zu $\vec{H}$ parallelen Komponenten $\vec{\mu}_{\parallel}$ aller magnetischen Momente der Probe ergeben eine makroskopische statische Magnetisierung $\vec{M}$ in $\vec{H}$-Richtung, da die Zahl der in Feldrichtung orientierten Momente größer ist als die entgegengesetzt ausgerichteten.

Da die Momente über den gesamten Präzessionskegel gleichmäßig verteilt sind, heben sich ihre zu $\vec{H}$ senkrechten Komponenten $\vec{\mu}_{\perp}$ auf, und es kann keine Transversalkomponente der Magnetisierung entstehen (Abb. 1).

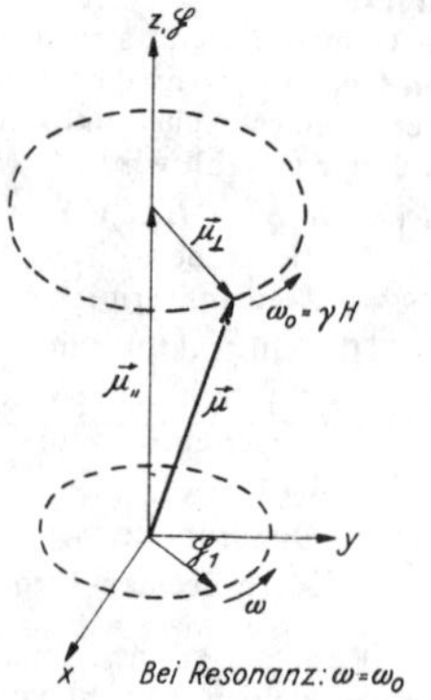

1 Präzession eines magnetischen Moments

Es wird nunmehr senkrecht zu $\vec{H}$ ein schwaches magnetisches Feld $\vec{H}_1$ angelegt, das mit der Kreisfrequenz ω gleichsinnig mit der Präzessionsbewegung der magnetischen Momente um die Richtung von $\vec{H}$ rotiert. Ist $\omega = \omega_0 = \gamma H$ (Fall der *Resonanz*), d. h. dreht sich das Feld $\vec{H}_1$ mit der gleichen Frequenz wie die Momente $\vec{\mu}$, so sammelt es die Momente in einer solchen Weise, daß sich die Komponenten $\vec{\mu}_{\perp}$ zu einer in Richtung von $\vec{H}_1$ zeigenden mitrotierenden makroskopischen Magnetisierung überlagern. Gleichzeitig wird nunmehr durch das Feld $\vec{H}_1$ auf die magnetischen Momente ständig ein Drehmoment ausgeübt, das den Winkel zwischen $\vec{\mu}$ und $\vec{H}$ ändert. Die dazu notwendige Energie wird aus dem Wechselfeld H_1 absorbiert.

Der paramagnetische R. kann daher mittels der Spannung, die die transversale Komponente der Magnetisierung in einer mit der Achse senkrecht zu $\vec{H}$ liegenden Spule induziert, oder durch die Energie, die bei Resonanz dem Hochfrequenzkreis durch die Probe entzogen wird, nachgewiesen werden.

Quantenmechanisches Bild der magnetischen Resonanz. Folgende Darlegungen, die am Beispiel der Kerne verdeutlicht werden, gelten analog auch für die Elektronen. Wird an die Probe in z-Richtung ein Magnetfeld $\vec{H}$ angelegt, so erhält jeder Kern die potentielle Energie $E = -\vec{\mu}\vec{H}$. Für Kerne mit einem Spin $\vec{I}$ gilt also $E = -\vec{\mu}\vec{H} = -\gamma I_z H$. Die Komponente I_z kann $2I + 1$ verschiedene Werte $\hbar m$ annehmen, die den verschiedenen Einstellungen des Kerns im Magnetfeld entsprechen und durch die magnetische Quantenzahl m gegeben sind. Es entstehen also $2I + 1$ äquidistante Energieniveaus $E_m = -\gamma\hbar Hm$ mit $m = -I, -I + 1, \ldots, I$. Hierbei ist $\hbar$ das durch 2π geteilte Plancksche Wirkungsquantum. Durch ein an die Probe senkrecht zu H angelegtes rotierendes magnetisches Feld der Frequenz $\nu = \omega/2\pi$ können Übergänge zwischen benachbarten Energieniveaus induziert werden (Auswahlregel $\Delta m = \pm 1$), wenn seine Frequenz der Resonanzbedingung $E = |E_{m+1} - E_m| = \gamma\hbar H = h\nu$ genügt. Berücksichtigt man $\hbar = h/2\pi$, so ist diese Bedingung der oben angeführten klassischen Resonanzbedingung $\omega = \gamma H$ vollkommen äquivalent. Es werde nun speziell eine Probe betrachtet, die Kerne mit einem Spin $I = 1/2$ enthält. Beim Anlegen des Magnetfelds H entstehen $2I + 1 = 2$ Energieniveaus. Die Zahl der Kerne mit den diesen Niveaus entsprechenden Energien sei n_- bzw. n_+ (Abb. 2).

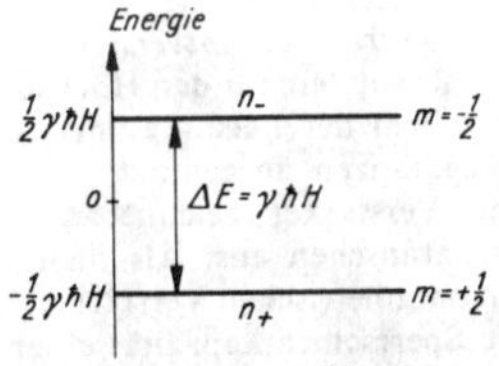

2 Energiezustände von Atomkernen mit einem Spin $I = 1/2$ im Magnetfeld H

Im thermodynamischen Gleichgewicht verteilen sich die Kerne nach einer Boltzmann-Verteilung auf die beiden Energieniveaus. Es gilt $n_-/n_+ = \exp(-\Delta E/kT) = \exp(-\gamma\hbar H/kT)$. Hierbei ist k die Boltzmannsche Konstante und T die absolute Temperatur der Probe. Der Exponent $\gamma\hbar H/kT$ ist im allgemeinen sehr klein. Für ^{1}H-Kerne, die sich bei Zimmertemperatur in einem Magnetfeld von 10^4 G befinden, beträgt er etwa 10^{-5}. Der Besetzungsunterschied der beiden Niveaus ist also sehr gering.

Das an die Probe angelegte Hochfrequenzfeld der Frequenz ν induziert bei Resonanz ($\nu = \Delta E/h = \gamma H/2\pi$) Übergänge zwischen den beiden Niveaus. Die Übergangswahrscheinlichkeit vom oberen zum unteren Niveau ist, wie die Quantenmechanik zeigt, gleich der Wahrscheinlichkeit in umgekehrter Richtung. Eine makroskopische Energieabsorption aus dem Hochfrequenzfeld ist also nur möglich, wenn das untere Niveau stärker besetzt ist als das obere, da nur dann in der Zeiteinheit die Zahl der auf das obere Niveau gehobenen Teilchen die Zahl der durch angeregte Emission auf das untere Niveau übergehenden übertrifft.

Wenn keine Wechselwirkung der Kernmomente mit ihrer molekularen Umgebung, die *Gitter* genannt wird, bestünde, wären nach kurzer Zeit beide Niveaus gleich besetzt, und es würde keine weitere Absorption beobachtet werden. Infolge ihrer Spin-Gitter-Wechselwirkung (→ paramagnetische Relaxation) können die Kerne jedoch die von ihnen absorbierte Energie an das Gitter weitergeben. In der Probe verlaufen also zwei einander entgegenwirkende Prozesse: Das Hochfrequenzfeld versucht, die Besetzungszahlen auszugleichen, während die Spin-Gitter-Wechselwirkung bestrebt ist, die Boltzmann-Verteilung des thermodynamischen Gleichgewichts wiederherzustellen. Es stellt sich schließlich ein stationärer Zustand ein, bei dem sich die Besetzungszahlen auf den beiden Niveaus nicht mehr ändern. Das Verhältnis n_-/n_+ der Besetzungszahlen wird aber jetzt größer sein als im thermodynamischen Gleichgewicht.

Man ordnet dem Spinsystem eine Temperatur T_S zu, die *Spintemperatur*, und schreibt für das Verhältnis der Besetzungszahlen:

$n_-/n_+ = \exp(-\gamma\hbar H/kT_S)$.

Ohne Hochfrequenzfeld ist die Spintemperatur gleich der Temperatur der Probe, der Gittertemperatur: $T_S = T$. Bei Einstrahlung eines Hochfrequenzfeldes, das der Resonanzbedingung genügt, sind die Besetzungsunterschiede zwischen beiden Niveaus kleiner als im thermodynamischen Gleichgewicht, d. h. $T_S > T$. Geht die Intensität des angelegten Wechselfelds gegen unendlich, so werden die Besetzungen beider Niveaus gleich. Das entspricht einer Spintemperatur $T_S = \infty$. Bei sehr großen Hochfrequenzfeldern vergrößert sich die absorbierte Energie mit wachsender Intensität des Feldes nicht mehr, da die Besetzungszahlen fast vollkommen gleich sind. Man spricht dann von *Sättigung* der paramagnetischen Resonanz.

Durch geeignete experimentelle Anordnungen, z. B. beim Maser, gelingt es, Zustände herzustellen, bei denen das obere Niveau stärker besetzt ist als das untere. Diese Situation wird durch eine *negative Spintemperatur* $T_S < 0$ beschrieben.

Eine theoretische Beschreibung des paramagnetischen R.s geben die → Blochschen Gleichungen.

Lit. Ebert u. Seifert: Kernresonanz im Festkörper (Leipzig 1966).

paramagnetisches Atom, Atom, dessen Atomhülle ein permanentes magnetisches Dipolmoment aufweist, das sich aus den magnetischen Momenten der Elektronenspins (Spinmagnetismus) und den von ihrer Bewegung (Bahnmagnetismus, → atomares magnetisches Moment) herrührenden zusammensetzt. Die quantenmechanischen Mittelwerte des magnetischen Moments sind proportional zu den entsprechenden Mittelwerten des Gesamtdrehimpulses der Atomhülle. Der maximale Wert des magnetischen Moments ist $\mu_B gJ$, wobei μ_B das Bohrsche Magneton, g den g-Faktor und J die Drehimpulsquantenzahl bedeuten.

Paramagnetismus, die Erscheinung, daß ein Stoff in einem äußeren Magnetfeld $\vec{H}$ eine Magnetisierung $\vec{M}$ in Richtung dieses Feldes erfährt. Dabei darf zwischen den magnetischen Momenten der Atome oder Moleküle keine so starke Wechselwirkung vorhanden sein, daß diese die Momente bereits ohne äußeres Feld in irgendeinem Sinne ausrichtet, wodurch Ferro-, Antiferro- oder Ferrimagnetismus entsteht. Bei $\vec{H} = 0$ ist auch $\vec{M} = 0$. Die Ursache des P. ist die Ausrichtung bereits vorhandener lokalisierter magnetischer Momente, die sich den einzelnen Atomen bzw. Molekülen durch das äußere Feld $\vec{H}$ zuordnen lassen. Bei kleinen Feldern ist die Magnetisierung $\vec{M}$ proportional $\vec{H}$: $\vec{M} = \chi\vec{H}$, wobei der Proportionalitätsfaktor, die Suszeptibilität χ, positiv ist. χ hängt im allgemeinen von der Temperatur T ab (→ Curiesches Gesetz). Für klassische magnetische Dipole, die entgegen der Temperaturbewegung ausgerichtet werden, gilt für χ die Langevin-Formel $\chi = n\bar{\mu}^2/3kT$, wobei $\bar{\mu}$ das magnetische Moment eines einzelnen Dipols, n die Teilchendichte und k die Boltzmannsche Konstante bedeuten. In Metallen liefern auch die Leitungselektronen wegen des → Pauli-Paramagnetismus einen paramagnetischen Beitrag zur Suszeptibilität.

Parameter, im weiteren Sinne die für einen mathematischen oder physikalischen Sachverhalt charakteristischen Größen (→ Freiheitsgrad, → Variable); im engeren Sinne nur solche Veränderliche, die bei dem gerade vorliegenden Prozeß konstant gehalten, von Versuch zu Versuch jedoch variiert werden können. In der Thermodynamik unterscheidet man innere und äußere P., extensive und intensive Größen.

Die *äußeren P.* (*äußere Variable*) sind durch den Zustand der nicht zum thermodynamischen System gehörenden Teilsysteme bestimmt, sie können im Experiment unmittelbar auf vorgegebene Werte eingestellt werden. Hierzu zählen das Volumen, das durch die spezielle Anordnung nicht zum thermodynamischen System gehörender Körper, nämlich durch die Gefäßwände bestimmt ist, ferner solche elektro- oder magnetostatische Felder, deren Quellen und Ströme außerhalb des betrachteten thermodynamischen Systems liegen. Die äußeren P. haben im allgemeinen feste Werte und unterliegen keinen statistischen Schwankungen.

Die *inneren P.* (*innere Variable*) werden nach Vorgabe der äußeren P. durch die Verteilung und Bewegung der Teilchen des betrachteten thermodynamischen Systems bestimmt. Zu ihnen gehören z. B. innere Energie, elektrische Polarisation und Magnetisierung sowie der Druck bei von außen vorgegebenem Volumen.

Bei einigen indeterministischen Versuchen zur Interpretation der Quantenmechanik spielen die → verborgenen Parameter eine Rolle.

In der Mathematik ist ein P. eine Variable mit besonderer Bedeutung für ein behandeltes Problem, z. B. weist die Parameterdarstellung $x = x(t)$, $y = y(t)$, $z = z(t)$ einer Raumkurve darauf hin, daß diese eine eindimensionale Menge ist, oder die Lösung $F(\alpha, \beta, \gamma, x)$ der von Gauß untersuchten hypergeometrischen Differentialgleichung $x(x-1)\,y'' + [(\alpha+\beta+1)x - \gamma]\,y' + \alpha\beta y = 0$ stellt je nach Wahl der P. α, β und γ eine der Funktionen $\frac{1}{1-x} = F(1, \beta, \beta, x)$, $(1+x)^n = F(-n, \beta, \beta, x)$, $\frac{\ln(1+x)}{x}$, e^x oder $\frac{\sin x}{x}$ in ihrem Konvergenzbereich dar.

parametrische Erregung, Anregung eines dynamischen Systems durch periodische Änderung einer oder mehrerer physikalischer Größen, d. h. der Parameter, zu erzwungenen Schwingungen. Da diese Größen in die sonst konstanten Koeffizienten der Schwingungsgleichung des Systems eingehen (→ lineare mechanische Schwingungen), werden die Parameteränderungen bei p.r E. ebenfalls periodische Funktionen der Zeit t. Die Bewegungsgleichung des harmonischen Oszillators ist dann z. B. dahin abzuändern, daß seine Eigenfrequenz zeitabhängig wird, d. h., $\ddot{x} + \omega^2(t)\,x = 0$, wobei $\omega(t+T) = \omega(t)$, T die Periode der p.n E. ist. Dies läßt sich praktisch realisieren, indem man die Pendellänge eines Fadenpendels periodisch ändert. Die allgemeine Lösung dieser Gleichung läßt sich als Überlagerung zweier Lösungen $x_i(t) = \mu_i^{t/T}\xi_i(t)$ mit $i = 1, 2$ darstellen, wobei $\xi_i(t) = \xi_i(t+T)$ gilt; ferner ist entweder μ_i komplex mit $|\mu_1| = |\mu_2| = 1$ oder $\mu_1 = 1/\mu_2$. Im zweiten Fall ist daher $x_\pm = (\mu^\pm)^{t/T}\xi_\pm(t)$, wobei $\mu > 0$ ist, und die Lösung x_+ wächst mit der Zeit stark an, d. h., das System ist instabil, die Amplituden werden immer größer; man spricht dann von *parametrischer Resonanz*. Für den harmonischen Oszillator ist sie besonders stark, wenn $T = \pi/\omega_0$ und ω_0 die Eigenfrequenz des freien Oszillators ist.

parametrische Resonanz, → parametrische Erregung.

parametrischer Verstärker, *Reaktanzverstärker*, ein Verstärkertyp, insbesondere für den Höchstfrequenzbereich, bei dem der Leistungsumsatz in nichtlinearen Reaktanzen ausgenutzt wird. Der parametrische Verstärker zeichnet sich durch geringes Eigenrauschen aus. Als nichtlineare Reaktanz in parametrischen Verstärkern wird bevorzugt die Sperrschichtkapazität einer Halbleiterdiode benutzt. Zur Anwendung kommen spezielle Halbleiterdioden, die Varaktoren. Es sind dies geschichtete pn-Übergänge, die eine nichtlineare Ladungs-Spannungs-Kennlinie aufweisen. Sie stellen bei einer geringen negativen Vorspannung eine nichtlineare Kapazität von einigen pF mit sehr geringem reellem Reihenwiderstand dar.

Wirkungsprinzip des parametrischen Verstärkers mit Halbleiterdiode. Als nichtlineare Reaktanz findet ein Varaktor Verwendung. Dieser wird durch eine Spannung mit hoher Frequenz und großer Amplitude, die vom Pumposzillator erzeugt und als Pumpspannung bezeichnet wird, ausgesteuert. Die zugeführte Signalspannung, deren Amplitude sehr klein ist, mischt sich an der nichtlinearen Reaktanz mit der Pumpspannung und erzeugt Ströme der Summenfrequenz und Differenzfrequenz. Bei dem hier interessierenden parametrischen Verstärker werden nur bei der Differenzfrequenz 1. Ordnung, der Hilfsfrequenz f_h, auch Idlerfrequenz genannt, und der Signalfrequenz f_s Wirkleistungen umgesetzt. Es gilt die Beziehung $f_s + f_h = f_p$, wobei f_p die Pumpfrequenz ist. Die an der nichtlinearen Reaktanz entstehende Spannung mit der Frequenz f_h hat wieder durch

Mischung mit der Pumpfrequenz einen Strom der Signalfrequenz f_s zur Folge, der jedoch bei geeigneter Bemessung gegenüber dem ursprünglichen, zufließenden Signalstrom eine Phasenverschiebung von 180° besitzt und eine größere Amplitude hat. Der Varaktor entspricht in diesem Fall einem negativen Widerstand, der bei der Signalfrequenz auftritt und zur Verstärkung der Signalspannung ausgenutzt wird. Die dazu notwendige Leistung liefert der Pumposzillator. Die mittlere Sperrschichtkapazität der Halbleiterdiode und die Reaktanzen der Diodenanschlüsse müssen bei den drei am Vorgang beteiligten Frequenzen durch geeignete Reaktanzen kompensiert werden, die von außen in die Schaltung eingefügt werden. Der im Signalfrequenzkreis als Zweipol auftretende negative Widerstand läßt sich zu einem nichtreziproken Vierpol erweitern.

Kenngrößen des parametrischen Verstärkers. Für die Beurteilung des parametrischen Verstärkers sind in erster Linie das Verstärkungs-Bandbreiten-Produkt und die Rauschtemperatur maßgebend. Die Bandbreite des parametrischen Verstärkers wird durch die Bandbreiten des Signalkreises und des Hilfskreises bestimmt. Beide Kreise werden um so mehr durch den negativen Widerstand entdämpft, je höher die Verstärkung ist. Durch Mehrfachabstimmung des Signalkreises und des Hilfskreises läßt sich das Verstärkungs-Bandbreiten-Produkt erhöhen.

Das Rauschen des parametrischen Verstärkers ist gering, da keine mit Schrotrauschen behafteten Ströme auftreten. Die einzige prinzipielle Rauschquelle ist das thermische Rauschen des zum Leistungsumsatz notwendigen Belastungswiderstandes des Hilfskreises. Die Rauschtemperatur kann durch Wahl einer hohen Hilfsfrequenz und durch Kühlung des Hilfskreiswiderstandes bzw. des ganzen Verstärkers auf sehr kleine Werte gebracht werden.

Technische Ausführung. Die Abbildung zeigt die technische Ausführung eines parametrischen Reflexionsverstärkers. Bei der Signalfrequenz wird die Halbleiterdiode mit einer Induktivität auf Serienresonanz abgestimmt und der negative Widerstand mit Hilfe eines $\lambda/4$-Transformators auf den gewünschten Wert übersetzt. Bei der Hilfsfrequenz wird mit Hilfe der Bandsperre und des Pumphohlleiters ein Leerlauf an die Klemmen der Diode transformiert. Die Sperrschichtkapazität bildet bei der Hilfsfrequenz mit der Streuinduktivität der Diode und ihrer Gehäusekapazität einen Serienresonanzkreis. Die Abstimmung der Diode bei der Pumpfrequenz erfolgt mit einem Schieber.

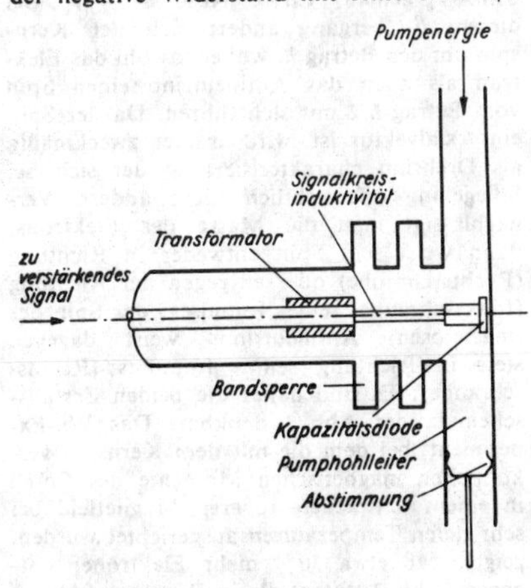

Parametrischer Reflexionsverstärker

Die mit parametrischen Verstärkern erzielbare Rauschtemperatur hängt von der Kühlung ab. Theoretisch ist bei einer Umgebungstemperatur T_u in grober Annäherung eine minimale Rauschtemperatur von $T_{min} = T_u/4$ erreichbar. In der Praxis erhöht sich jedoch dieser Wert infolge der Erwärmung des Bahnwiderstandes durch die Diodenverlustleistung. Dieser Effekt tritt vor allem in Erscheinung, wenn der parametrische Verstärker tief gekühlt wird. Auch die Schaltungsbestandteile, wie Zirkulator und Zuleitungen, ergeben einen von der Umgebungstemperatur abhängigen Rauschbeitrag. Außerdem hat der dem parametrischen Verstärker nachgeschaltete Verstärker Einfluß auf die tatsächliche Rauschtemperatur. Meist werden daher in der Praxis mehrstufige parametrische Verstärker benutzt. Beispielsweise besitzt ein dreistufiger parametrischer Verstärker im 4-GHz-Bereich, bei dem die ersten beiden Stufen mit flüssigem Helium gekühlt sind, die dritte Stufe dagegen Zimmertemperatur besitzt, eine Rauschtemperatur von etwa 15 K und eine Verstärkung von 35 dB.

Während der Maser nur bei extrem tiefen Temperaturen arbeiten kann, ist der Einsatz von parametrischen Verstärkern auch bei höheren Temperaturen, z. B. bei Kühlung mit gasförmigem Helium (20 K) oder flüssigem Stickstoff (77 K), möglich. Obwohl die Rauschtemperaturen der parametrischen Verstärker in diesen Fällen entsprechend höher sind, bleiben sie stets weit unterhalb der Rauschtemperaturen konventioneller Verstärker, die im GHz-Bereich in der Größenordnung von 2500 K liegen.

Lit. Steiner u. Pungs: Parametrische Systeme (Stuttgart 1965).

parametrisches Pumpen, dynamisches Trennverfahren für flüssige Mischungen, das auf der periodischen Änderung eines thermodynamischen Gleichgewichts zwischen zwei Phasen beruht, die durch die periodischen Veränderungen einer thermodynamischen intensiven Größe hervorgerufen wird. Als solche eignen sich vorzugsweise die Temperatur, aber auch z. B. elektrische und magnetische Felder oder das chemische Potential. Eine mögliche Anordnung besteht z. B. darin, daß eine flüssige Mischung bei einer bestimmten Temperatur über ein Adsorbens geführt und anschließend bei einer höheren Temperatur zurückgeführt wird. Hier ist das thermodynamische Gleichgewicht ein Adsorptionsgleichgewicht und die Temperatur die intensive Größe.

Paraprozeß, der Teil der Magnetisierungsänderung eines Ferro- oder Ferrimagneten im äußeren Feld bei konstanter Temperatur, der nicht durch Wandverschiebungen oder magnetische Drehprozesse bedingt ist, sondern durch die Erhöhung der Magnetisierung über die spontane hinaus. Die Wirkung der Magnetfelder unter-

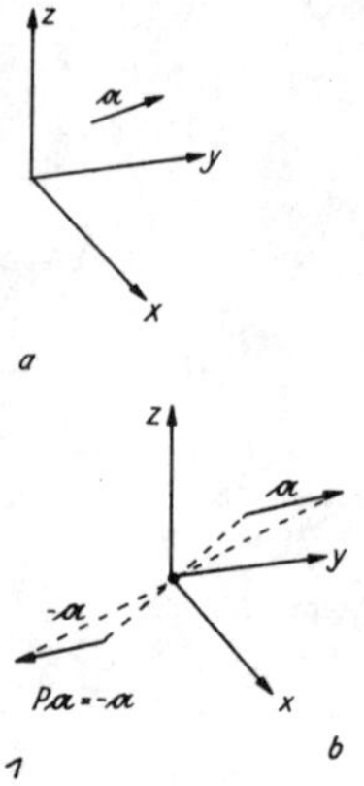

1

Parität

drückt die thermischen Schwankungen der atomaren magnetischen Momente, die die spontane Magnetisierung gegenüber ihrem Wert bei $T = 0$ reduzieren. Der P. ist besonders in der Nähe der Curie-Temperatur und in hohen Feldern wesentlich.

Parastatistik, → Symmetrisierungsprinzip.

Parateilchen, → Permutationsgruppe.

paraxialer Bildpunkt, → Abbildung.

paraxiales Gebiet, → Abbildung.

Paraxialstrahl, → Optikrechnen.

Parität, P, physikalische Größe, die das Verhalten eines physikalischen Systems gegenüber räumlichen Spiegelungen angibt. Im allgemeinen bezieht sich die P. auf Spiegelungen an einem Punkt. Man spricht von *gerader* oder *positiver* bzw. *ungerader* oder *negativer* P., wenn das System bei der Spiegelung in sich oder sein Inverses übergeht und ordnet ihm dann $P = +1$ bzw. -1 zu. Vektoren bzw. Axialvektoren haben $P = -1$ (Abb. 1) bzw. $+1$ (Abb. 2); man nennt Axialvektoren daher auch Pseudovektoren. Da die elektrische Feldstärke ein Vektor, die magnetische Feldstärke aber ein Pseudovektor ist, hat ein Plattenkondensator negative, ein Solenoid aber positive P.

Die P. eines zusammengesetzten Systems ist das Produkt der Einzelparitäten (Abb. 2). Die gesamte P. eines physikalischen Systems bleibt

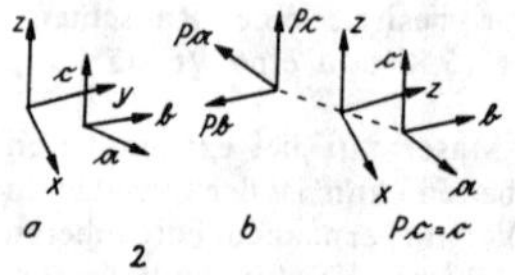

2

im allgemeinen erhalten (*Paritätserhaltung*), lediglich bei schwacher Wechselwirkung wurde eine *Paritätsverletzung* gefunden (s. u.). Die Erhaltung der P. führt z. B. in der Atomphysik zur Laporteschen Auswahlregel (→ Atomspektren), die besagt, daß sich die P. bei elektromagnetischer Dipolstrahlung ändert. Die P. eines Atoms ist $P = \prod_{i=1}^{Z} (-1)^{l_i}$, wobei l_i die Quantenzahlen der Bahndrehimpulse der Elektronen ($i = 1, 2, \ldots, Z$, wobei Z die Kernladungszahl bedeutet) der Atomhülle sind.

In den Quantentheorien wird der Paritätsoperation $\vec{r}_i \to -\vec{r}_i$, die das Vorzeichen aller Koordinaten in der Wellenfunktion $\psi(\vec{r}_1, \vec{r}_2, \ldots, \vec{r}_n)$ umkehrt, ein Operator $\hat{P}$ zugeordnet. Wellenfunktionen $\psi(\vec{r})$ mit der Eigenschaft $\hat{P}\psi(\vec{r}) = \pm\psi(\vec{r})$ sind Eigenfunktionen der P. mit den Eigenwerten $P = \pm 1$; so ist z. B. die Wellenfunktion $\psi_{nlm}(r, \vartheta, \varphi) = f_{nl}(r)\, Y_l^m(\vartheta, \varphi)$ der Elektronenniveaus eines Wasserstoffatoms wegen $\hat{P}r = r$ gemäß $\hat{P}Y_l^m = (-1)^l\, Y_l^m$ von der P. $(-1)^l$. Dabei sind Y_l^m die Kugelflächenfunktionen. Speziell in der Quantenfeldtheorie bezieht man die P. auf den Vakuumzustand $|0\rangle$, der als invariant gegenüber $\hat{P}$ vorausgesetzt wird: $\hat{P}\,|0\rangle = |0\rangle$. Dann gilt für einen Einteilchenzustand $|E, \vec{p}\rangle$ mit der Energie E und dem Impuls $\vec{p}$: $\hat{P}\,|E, \vec{p}\rangle = \eta_P\,|E, -\vec{p}\rangle$, wobei η_P ein Phasenfaktor ist. Bei Teilchen mit ganzzahligen Spin ($s = n$), die durch die eindeutigen Darstellungen – die Tensordarstellungen – der dreidimensionalen räumlichen Drehgruppe beschrieben werden, entspricht die zweimalige Anwendung von $\hat{P}$ der Identität: $\hat{P}^2 = \mathbf{1}$, und es gilt $\eta_P^2 = 1$; bei Teilchen mit halbzahligem Spin ($s = n + 1/2$), die durch die zweideutigen Darstellungen – die Spinordarstellungen – der dreidimensionalen räumlichen Drehgruppe beschrieben werden, gilt bei zweimaliger Anwendung von $\hat{P}$ entweder $\hat{P}^2 = \mathbf{1}$ oder $\hat{P}^2 = -\mathbf{1}$, und es gilt $\eta_P^2 = \pm 1$. Daher haben Teilchen mit ganzzahligem Spin (Bosonen) die *innere P.* oder *Eigenparität* $\eta_P = \pm 1$, Teilchen mit halbzahligem Spin (Fermionen) $\eta_P = \pm 1$, $\pm$i relativ zum Vakuum. Spinlose Teilchen mit $\eta_P = +1$ bzw. -1 nennt man skalare bzw. pseudoskalare Teilchen, Teilchen mit Spin $s = 1$ und $\eta_P = -1$ bzw. $+1$ Vektor- bzw. Pseudovektorteilchen. Da die innere P. nur als relative P. definiert und die P. des Vakuums nicht beobachtbar ist, können die verschiedenen relativen P.en der Elementarteilchen nur über ihre gegenseitigen Wechselwirkungen bestimmt werden. Die Superauswahlregeln schränken diese Vergleichbarkeit ein, so daß man für Bosonen und Fermionen je eine willkürliche Wahl treffen muß: Man legt die P. des π^--Mesons mit $P = -1$, die des Protons mit $P = +1$ fest (→ Elementarteilchen, Tab. A); die relative P. von Teilchen desselben Ladungsmultipletts (→ Elementarteilchenmultiplett) kann man willkürlich zu $+1$ festlegen.

Bis 1956 war man von der Erhaltung der P. in der Natur überzeugt und betrachtete daher nur spiegelungsinvariante Ansätze für die Wechselwirkungen. Im Zusammenhang mit der Klärung des Θ-τ-Rätsels wiesen Lee und Yang darauf hin, daß keine experimentelle Begründung für diese Annahme vorliegt und daher bestimmte physikalische Vorgänge, z. B. Umwandlungen, Zerfälle und Erzeugungen, und deren spiegelbildliche Ausführung nicht notwendig gleich wahrscheinlich sein müssen (→ Kaon). Tatsächlich wurde von Frau Wu und ihren Mitarbeitern 1957 am β-Zerfall des Co-60 eine Verletzung der P. nachgewiesen (*Wu-Experiment*), die auch anderweitig mehrfach bestätigt wurde: Co-60 zerfällt in Ni-60 unter Emission eines Elektrons e^- und eines Antineutrinos $\bar{\nu}_e$ gemäß $^{60}Co \to {}^{60}Ni + e^- + \bar{\nu}_e$. Bei diesem β-Übergang ändert sich der Kernspin um den Betrag $\hbar$, wobei sowohl das Elektron als auch das Antineutrino einen Spin vom Betrag $\hbar/2$ mit sich führen. Da der Spin ein Axialvektor ist, wird er hier zweckmäßig als Drehsinn charakterisiert – der sich bei Spiegelung offensichtlich nicht ändert. Vernachlässigt man die Masse des Elektrons, dann weist sein Spin entweder in Richtung (Rechtsschraube) oder entgegen der Richtung (Linksschraube) seines Impulses; der Spin des (masselosen) Antineutrinos weist dagegen stets in Richtung seines Impulses (Rechtsschraube): Es sind daher die beiden Zerfallsschemata der Abb. 3 denkbar. Das Wu-Experiment, bei dem die mit dem Kernspin verkoppelten magnetischen Momente des Co-60 in einem schwachen äußeren Magnetfeld bei sehr tiefen Temperaturen ausgerichtet wurden, zeigte, daß etwa 30% mehr Elektronen entgegen (Abb. 3 unten) als in Richtung (Abb. 3 oben) des Kernspins emittiert wurden; die

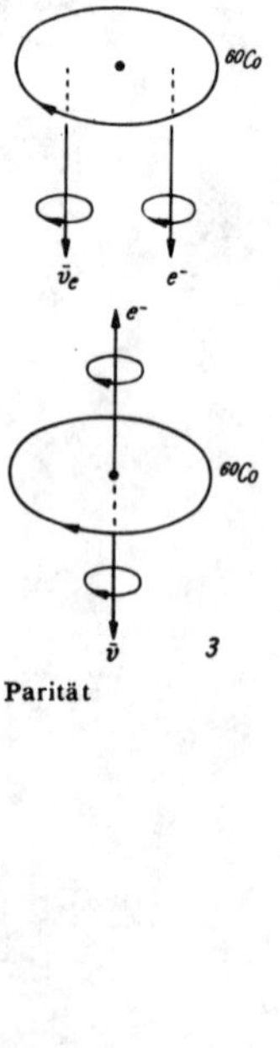

3

Parität

Antineutrinos wurden nicht registriert. Da bei Spiegelungen eine Rechts- in eine Linksschraube übergeht, und umgekehrt, bedeutet dies eine Verletzung der P. Die gemessene Richtungsverteilung der Elektronen stimmt mit der theoretisch unter Berücksichtigung dieser Paritätsverletzung und der von Null verschiedenen Elektronenmasse zu erwartenden Verteilung genau überein.

Der tiefere Grund für die Verletzung der P. bei allen schwachen Wechselwirkungen sind die Eigenschaften der Neutrinos, die stets eine definierte Helizität haben; Eigenzustände der Helizität können aber nicht zugleich Eigenzustände der P. sein (→ Neutrino). Da die schwache Wechselwirkung stets mit dem Auftreten von Neutrinos verknüpft ist, zerstört sie also die Paritätserhaltung. In der Natur besteht somit ein Unterschied zwischen links (L) und rechts (R); es besteht nur Invarianz gegenüber der *kombinierten P.* oder *CP-Parität*, wobei außer der Paritätsoperation P noch die Ladungskonjugation C, d. h. der Übergang vom Teilchen X zum Antiteilchen $\bar{X}$, ausgeführt wird (→ CP-Invarianz). Bei schwacher Wechselwirkung wird also auch die Ladungskonjugation C verletzt. Bei einem speziellen Prozeß der schwachen Wechselwirkung, dem Zerfall neutraler K-Mesonen, ist aber auch die kombinierte P. verletzt (→ Zeitumkehr).

Außer der räumlichen P. kann man für die Mesonen der Hyperladung $Y = 0$ die → C-Parität und die → G-Parität definieren, die das Verhalten der neutralen Mitglieder eines Ladungsmultipletts bzw. das Verhalten von n-Pion-Systemen charakterisieren.

Paritätserhaltung, → Parität.

Paritätsoperation, → Parität.

Paritätsverletzung, → Parität.

Parsec oder **Parsek,** svw. Parallaxensekunde.

Partialbreite, Anteil der Gesamtbreite einer Resonanz des Wirkungsquerschnittes, der zu einem speziellen Kanal einer Kernreaktion gehört. Sind z. B. bei einer durch Protonen ausgelösten Kernreaktion neben der elastischen Streuung noch γ- und n-Emission möglich, dann setzt sich die Gesamtbreite Γ der Resonanz aus den P.n der elastischen Streuung Γ_p, der γ-Emission Γ_γ und der Neutronenemission Γ_n zusammen.

Partialdruck, derjenige Druck, den ein Bestandteil einer gasförmigen Mischung zum Gesamtdruck beiträgt und den dieser Bestandteil ausüben würde, wenn er allein im Gasraum vorhanden wäre. Die Summe der Partialdrücke aller im Raum befindlichen Gase und Dämpfe gibt den *Totaldruck*. Der P. eines im Raum enthaltenen Dampfes heißt *Dampfdruck*. Für ein Gemisch aus idealen Gasen gilt das → Daltonsche Gesetz.

Partialschwingungen, → harmonische Schwingungsanalyse.

Partialsummen, → Reihe.

Partialtöne, svw. Teiltöne, → Klang.

Partialwellenanalyse, → quantenmechanische Streutheorie.

partielle Ableitung, → Differentialrechnung.

partielle molare Größen, Rechengrößen zur Beschreibung der thermodynamischen Eigenschaften realer Mischungen. Sie sind für jede Komponente i definiert als partielle Ableitung der entsprechenden extensiven Zustandsgröße A nach der Molzahl n_i: $A_i = (\partial A/\partial n_i)_{p,T,n_{j(\neq i)}}$. Die p.n m. G. sind intensive Variablen und vom Verhältnis aller Molzahlen der Komponenten der Mischung abhängig. Für die entsprechende extensive Eigenschaft gilt $A = \sum_i A_i n_i$. Mittels p.r m.r G. lassen sich die Mischungseffekte beim Herstellen einer Mischung beschreiben. P. m. G. sind z. B. das partielle Molvolumen und die partielle molare Enthalpie. Die → Gibbs-Duhem-Gleichungen verknüpfen die einander entsprechenden p.n m.n G. einer Mischung.

Partikel, svw. Korpuskel.

partikuläre Lösung, → Differentialgleichung.

Parton, → Phänomenologie der Hochenergiephysik.

Partonmodell, → Phänomenologie der Hochenergiephysik.

parts per billion, ppb oder p. p. b., der billionste Teil, z. B. von Spurenelementen u. ä., insbesondere in England und Frankreich, wo 1 billion = 10^9. 1 ppb = 10^{-7} Vol.% = 10^{-7} M%.

parts per million, ppm oder p. p. m., der millionste Teil, z. B. von Masse- oder Volumenteilen chemischer Elemente in Lösungen u. dgl. 1 ppm = 10^{-4} Vol.% = 10^{-4} M%.

Pascal, Pa, Eigenname für die gesetzliche abgeleitete SI-Einheit des Druckes Newton durch Quadratmeter (N/m²), vgl. Tabelle 1. Vorsätze erlaubt. 0,1 Megapascal (MPa) wird → Bar genannt.

Pascalsche Flüssigkeit, *reibungsfreie Flüssigkeit*, Flüssigkeit, deren Teilchen sich unendlich leicht gegeneinander verschieben lassen, ohne dabei einen Widerstand zu leisten.

Pascalsekunde, Pa · s, gesetzlicher Eigenname für die SI-Einheit der dynamischen Viskosität Newtonsekunde durch Quadratmeter (N · s/m²).

Paschen-Back-Effekt, → Zeeman-Effekt.

Paschensches Gesetz, auf der Grundlage des Townsend-Mechanismus (→ Zündmechanismus) ableitbare Gesetzmäßigkeit, nach der die Zündspannung allein vom Produkt aus Gasdruck und Elektrodenabstand abhängt. Danach lassen sich entweder durch geringe Gasdrücke oder durch geringe Elektrodenabstände kleine Zündspannungen erzielen. Ein und dieselbe Zündspannung kann einerseits durch hohen Gasdruck und kleinen Elektrodenabstand, andererseits aber auch durch geringen Gasdruck und großen Elektrodenabstand realisiert werden.

Paschen-Serie, → Wasserstoffspektrum.

Passatwinde, → Windsysteme.

Passivierungstechnik, svw. Planartechnik.

Passivität, → Elektrodenvorgänge.

Path-Integral-Quantisierung, eine von Feynman (1948) eingeführte Methode zur Formulierung der Quantentheorie mit Hilfe der funktionalen Integration über alle möglichen „Wege“ [engl. path], auf denen das System vom Anfangszustand (a) in den Endzustand (b) gelangen könnte. Diese P.-I.-Q. ist im Fall der nichtrelativistischen Theorie der Schrödingerschen Quantenmechanik äquivalent. Im Fall der relativistischen Theorie können Abweichungen gegenüber der kanonischen Quantisierung (→ Quantenfeldtheorie) auftreten, weshalb die P.-I.-Q.

häufig zur Behandlung quantenfeldtheoretischer Probleme herangezogen wird. Die Methode der P.-I.-Q. hat gegenüber den anderen Quantisierungen den Vorteil, daß sich allgemeine Fragen und Zusammenhänge relativ einfach formulieren lassen; wegen des Fehlens einer allgemeinen Methode zur Berechnung derartiger Integrale, vor allem im relativistischen Fall, hat sie wenig praktische Anwendung gefunden.

Im Falle der Bewegung eines Teilchens der Masse m im (eindimensionalen) Potential $V(x)$ arbeitet die Methode der P.-I.-Q. folgendermaßen: Während in der klassischen Mechanik die Bahnkurve $x(t)_{kl}$ über das Hamilton-Prinzip aus der Forderung bestimmt wird, daß die Wirkung $S = \int_{t_a}^{t_b} L(\dot{x}, x, t)\, dt$ ein Extremum (im allgemeinen ein Minimum) ist, wobei $L = (m\dot{x}^2/2) - V(x, t)$ die Lagrange-Funktion des Systems ist, werden bei der P.-I.-Q. alle Trajektorien $x(t) = x_{kl}(t) + y(t)$ (Abb. 1) zugelassen.

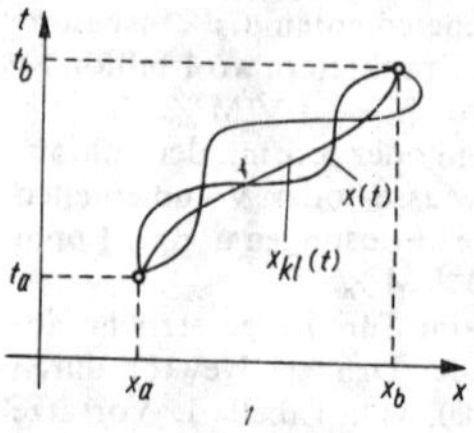

1

$S = S[x(t)]$ und ebenso die Phase $\exp\{(i/\hbar) \times S[x(t)]\}$ ist ein Funktional der Trajektorie $x(t)$. Die Wahrscheinlichkeit $P(b, a)$ dafür, daß das Teilchen von a nach b gelangt, ist durch das Absolutquadrat der Übergangsamplitude $K(b, a)$ gegeben; $P(b, a) = |K(b, a)|^2$; die Übergangsamplitude ergibt sich zu $K(b, a) = \int_a^b \exp\{(i/\hbar)\, S[x(t)]\}\, \mathscr{D}[x(t)]$, wobei $\mathscr{D}[x(t)]$ das Differential in dem von allen Trajektorien aufgespannten Funktionenraum $\mathfrak{X}$ ist. Das funktionale Integral $K(b, a)$ ist dabei der Grenzwert eines N-fachen Integrals

$$K(b, a) = \lim_{\varepsilon \to 0} \frac{1}{A} \int \cdots \int \exp\{[(i/\hbar)\, S(a, b)\} \times \\ \times \frac{dx_1}{A} \cdots \frac{dx_N}{A}$$

mit $A = \sqrt{2\pi i \hbar \varepsilon / m}$, wobei $x_i = x(t_i)$ mit $t_{i+1} - t_i = \varepsilon$ die Werte der Trajektorien an äquidistanten Zeitschnitten t_i sind (Abb. 2),

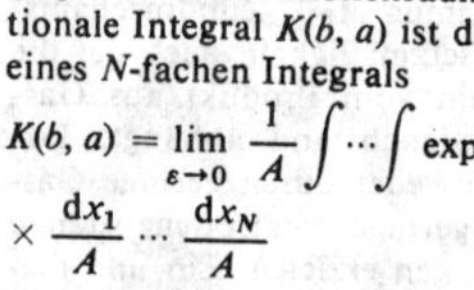

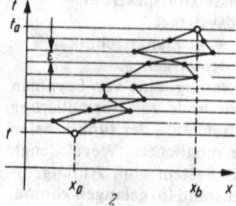

2

zwischen denen die Bahnkurve linearisiert wird; tatsächlich kann man bei praktischen Rechnungen auch so vorgehen und dann nach der Berechnung den Übergang $\varepsilon \to 0$ ausführen. Man gelangt zum selben Resultat, wenn man zunächst einen (oder auch mehrere) Zwischenpunkte $x_c, x_d, \ldots, x_f$ festhält, $K(c, a)$, $K(d, c)$, $\ldots$, $K(b, f)$ berechnet und dann über diese Zwischenpunkte integriert (Abb. 3):

$$K(b, a) = \int_{-\infty}^{\infty} \cdots \int K(b, f) \cdots K(d, c)\, K(c, a) \times \\ \times dx_c\, dx_d \cdots dx_f .$$

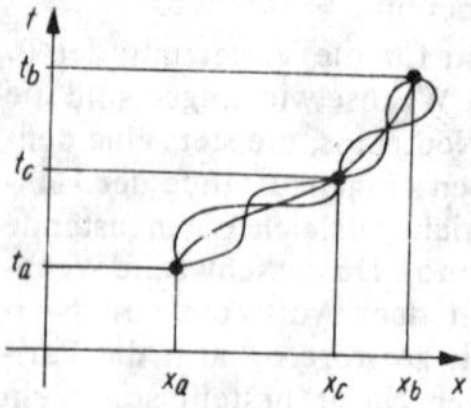

Hält man den Anfangspunkt a fest, läßt aber den Endpunkt $b = (x, t)$ wandern, dann ist $K(x, t; a) \equiv \psi(x, t)$ gerade die Schrödingersche Wellenfunktion, und es gilt insbesondere

$$\psi(x_2, t_2) = \int_{-\infty}^{\infty} K(x_2, t_2; x_1, t_1)\, \psi(x_1, t_1)\, dx_1;$$

hieraus läßt sich die Schrödinger-Gleichung ableiten, wenn man $t_2 = t + dt$, $t_1 = t$ setzt und die Wirkung für dieses kleine Zeitintervall $dt = \varepsilon$ durch $S = (i/\hbar)\varepsilon$ und $\dot{x} \approx (x_2 - x_1)/\varepsilon$, $x \approx (x_1 + x_2)/2$ in $L(\dot{x}, x)$ nähert.

Dieser Formalismus ist auf mehrere Freiheitsgrade ohne weiteres übertragbar. Die Methode der funktionalen Integration ist auch für die Behandlung von Problemen der statistischen Mechanik geeignet; sie wurde zuerst auf die Behandlung der Brownschen Bewegung angewendet (N. Wiener 1923, → Wiener-Integral). Inzwischen haben die funktionale Integration und die P.-I.-Q. Anwendung auch bei vielen Problemen der Festkörperphysik erfahren.

Patterson-Funktion, $P(\vec{u}) = P(u, v, w)$, Faltung der Dichtefunktion $\varrho(\vec{r}) = \varrho(x, y, z)$ des Streuvermögens mit sich selbst:

$$P(u, v, w) = V \iiint \varrho(x, y, z) \cdot \\ \varrho(x + u,\ y + v,\ z + w) \cdot dx\, dy\, dz.$$

Der Raum mit den Ortsvektoren $\vec{u}$ wird im Gegensatz zu dem Kristallraum (Ortsvektor $\vec{r} = x\vec{a} + y\vec{b} + z\vec{c}$) *Patterson-Raum* [engl. vector space] genannt. $P(\vec{u})$ hat insbesondere an denjenigen Stellen große Werte, für die $\vec{u} = \vec{r}_i - \vec{r}_j$ gleich der Differenz der Ortsvektoren zweier Streuzentren (Atomschwerpunkte) ist. Ist die Funktion $\varrho(\vec{r})$ reell, so ist $P(\vec{u}) = P(-\vec{u})$, und die Symmetrie der P.-F. ist, abgesehen von ihrer Periodizität, gleich der → Laue-Symmetrie des Kristalls.

Die große Bedeutung der P.-F. ergibt sich aus der Tatsache, daß sie sich nach $P(u, v, w) = (1/V) \sum_h \sum_k \sum_l |F(hkl)|^2 \cos 2\pi(hn + kv + lw)$ aus den dem Experiment zugänglichen Betragsquadraten $|F(hkl)|^2$ der Strukturfaktoren berechnen läßt. Um für die → Kristallstrukturanalyse brauchbare P.-F.en zu erhalten, muß die Summation über alle Wertetripel (hkl) eines hinreichend großen Bereichs $(-H \leqq h \leqq H;\ -K \leqq k \leqq K;\ -L \leqq l \leqq L)$ erstreckt werden (*dreidimensionale P.-F.*), oder es muß eine systematische Auswahl der Reflexe verwendet werden, insbesondere solcher mit einem Index Null

(*Patterson-Projektion*) oder mit einem Index konstant ungleich Null (*verallgemeinerte Patterson-Projektion*). Die Kenntnis der Raumgruppe erleichtert die Auswertung der P.-F., weil die aus der Raumgruppe folgenden Beziehungen zwischen den Koordinatentripeln äquivalenter Punkte einer Punktlage charakteristische Maxima in der P.-F. hervorrufen.

Pauli-Gleichung, die aus der Dirac-Gleichung im nichtrelativistischen Grenzfall kleiner kinetischer Energien E des Elektrons folgende Wellengleichung

$$i\hbar \frac{\partial \psi}{\partial t} = \left[\frac{1}{2m} \left(\hat{\vec{p}} - \frac{e}{c} \mathfrak{A} \right)^2 + e\varphi - \frac{e\hbar}{2m} \vec{\sigma}\vec{B} \right] \psi,$$

wobei $\hat{\vec{p}}$ der Impulsoperator, $\mathfrak{A}$ das Vektorpotential, φ das skalare Potential, $\vec{B}$ das Magnetfeld und $\vec{\sigma} = (\sigma_1, \sigma_2, \sigma_3)$ die Paulischen Spinmatrizen sind. Die P.-G. unterscheidet sich von der nichtrelativistischen → Schrödinger-Gleichung um das Glied $\vec{\mu}\vec{B}$ mit $\vec{\mu} = e\hbar\vec{\sigma}/2m$, das die Wechselwirkung des vom Spin des Elektrons herrührenden magnetischen Moments $\vec{\mu}$ mit einem äußeren Magnetfeld beschreibt. Diese Gleichung wurde von Pauli (1927) vor der Diracschen Beschreibung des Elektrons eingeführt.

Pauli-Lubanski-Operator, → Lorentz-Gruppe, → Symmetriemodelle.

Pauli-Matrizen, → Spin.

Paulingsche Regeln, Regeln für Strukturen, in denen Anionen komplex auftreten. Für Ionengitter mit kleinen, hochgeladenen Kationen und wesentlich größeren Anionen gelten folgende P. R.:

1. Regel: Jedes Kation ist von einem Anionenpolyeder umgeben (→ Koordinationspolyeder).

2. Regel: Ordnet man jeder Bindung eines Kations an ein Anion eine Bindungsstärke von L/P zu, wobei L die Ladung des Kations und P die Anzahl der Ecken des Polyeders um das Kation (Koordinationszahl) bedeuten, so ist die Summe der in einem Anion zusammentreffenden Bindungsstärken von der Ladung des Anions nicht sehr verschieden.

3. Regel: Gemeinsame Kanten und Flächen der Anionenpolyeder setzen die Stabilität der Strukturen herab.

4. Regel: Liegen in der Struktur mehrere Arten von Kationen vor, so streben die Kationen mit hohen Ladungen und kleiner Koordinationszahl danach, möglichst wenige Ecken, Kanten oder Flächen der Polyeder gemeinsam zu haben.

5. Regel: Die Zahl der wesentlich verschiedenen Arten von Bausteinen in einem Kristallgitter strebt einem Minimum zu.

Pauli-Paramagnetismus, der Paramagnetismus der Metalle, soweit er vom Spin der Leitungselektronen herrührt. Die magnetischen Momente dieser Elektronen werden im äußeren Magnetfeld ausgerichtet. Im Gegensatz zum Paramagnetismus ist der P.-P., falls die Elektronenkonzentration vergleichbar mit der Zahl der Atome ist, nur sehr schwach von der Temperatur abhängig. Die Suszeptibilität χ ist in erster Näherung $\chi = \frac{12m\mu_B^2}{h^2}\left(\frac{\pi}{3}\right)^{2/3} \cdot n^{1/3}$, wobei m die Elektronenmasse, n die Dichte des Elektronengases, h das Plancksche Wirkungsquantum und μ_B das Bohrsche Magneton bedeuten.

Pauli-Prinzip, *Ausschließungsprinzip,* von W. Pauli 1925 – also noch vor der Formulierung der modernen Quantentheorie – erkannte Grundeigenschaft der Zustände quantenmechanischer Systeme aus mehreren ununterscheidbaren Fermionen. Für beliebige Systeme ununterscheidbarer Fermionen gilt das P.-P. in folgender Form: Ein durch eine räumliche Wellenfunktion und die Spinquantenzahl charakterisierter Quantenzustand kann höchstens durch ein Teilchen besetzt werden. Das Verbot, einen solchen Zustand mit mehr als einem Teilchen zu besetzen, wird als *Pauli-Verbot* bezeichnet. Ursprünglich wurde das P.-P. im Rahmen des Modells unabhängiger Elektronen für die Atomhülle formuliert. Danach sind nur solche Zustände der Atomhülle möglich, bei denen jeder durch die Quantenzahlen n, l, m_l und m_s charakterisierte Einteilchenzustand nur von einem Elektron besetzt ist. Das P.-P. kann unabhängig von Modellen als Symmetrieforderung für die Wellenfunktion formuliert werden: Für ein System aus mehreren ununterscheidbaren Fermionen sind nur Zustände mit antisymmetrischer Wellenfunktion möglich, d. h., die Wellenfunktion ändert ihr Vorzeichen, wenn man die Koordinaten (auch die Spins) zweier Fermionen vertauscht. Im Hartree-Fock-Verfahren wird das P.-P. durch den Determinantenansatz für die Wellenfunktion berücksichtigt. Das P.-P. ermöglicht, die Gesetzmäßigkeiten des Periodensystems vom Atombau her zu verstehen.

Paulischer Lückensatz, besagt, daß sich Zahl und Charakter der zu einer Elektronenkonfiguration gehörenden Terme sowohl auf Grund der besetzten als auch der unbesetzten Einteilchenzustände ermitteln lassen. Dies ist möglich, da der Gesamtdrehimpuls und – falls normale Kopplung vorliegt – der Gesamtbahndrehimpuls und der Gesamtspindrehimpuls einer abgeschlossenen Elektronenuntergruppe verschwinden.

Paulische Spinmatrizen, → Spin.

Pauli-Verbot, → Pauli-Prinzip.

Pauli-Villars-Regularisierung, → Regularisierung.

P-Band, → Frequenz.

PBC-Vektor, Abk. für → periodischer Bindungskettenvektor.

pc, → Parallaxensekunde.

PCAC-Hypothese, → schwache Wechselwirkung.

PCA-Effekt, (Abk. von engl. *P*olar *C*ap *A*bsorption), ein mehrere Stunden bis mehrere Tage anhaltender Effekt extrem starker Dämpfung (Absorption) von Funkwellen in der → Ionosphäre über den Polargebieten der Erde. Er kann dort zum Zusammenbruch der Funkverbindungen führen. Verursacht wird dieser Effekt durch exzessive Ionisation der Atmosphäre durch energiereiche Protonen, die von starken Eruptionen auf der → Sonne ausgeschleudert werden.

***PC*-Invarianz,** svw. *CP*-Invarianz.

PCM, Abk. für Pulscodemodulation, → Modulation.

pdl, Tabelle 2, Kraft.

Pe, → Pécletzahl.

Pécletzahl, Pe, eine → Kennzahl, das Verhältnis von konvektiver Wärme zu geleiteter Wärme in Strömungen: $Pe = c \cdot l/a = Pr \cdot Re$; dabei ist c die Strömungsgeschwindigkeit, l die charakteristische Länge, a die Temperaturleitfähigkeit, Pr die Prandtlzahl, Re die Reynoldszahl. Die P. hat große Bedeutung für die → Konvektion.

Peculiar-Stern, → Spektralklasse.

Pedersen-Leitfähigkeit, die elektrische Leitfähigkeit von Plasmen senkrecht zum Magnetfeld in Richtung des angelegten elektrischen Feldes, → ionosphärische Leitfähigkeit.

Peierls-Spannung, die zur Bewegung einer Versetzung in einem sonst störungsfreien Kristall notwendige mechanische Schubspannung (Grundgitterreibung). Zur Berechnung dieser Spannung stellten Peierls und Nabarro ein Versetzungsmodell (*Peierlssches Modell*) auf, das einen Kompromiß zwischen der elastizitätstheoretischen und der atomistischen Beschreibung der Versetzungen darstellt. Eine Stufenversetzung muß sich bei ihrer Gleitbewegung zwischen zwei Gleichgewichtslagen minimaler Energie (*Peierls-Täler*) durch eine Lage mit verzerrten Bindungsverhältnissen (*Peierls-Hügel*) und deshalb erhöhter Fehlordnungsenergie hindurchbewegen (Abb.). Im Peierlsschen Ver-

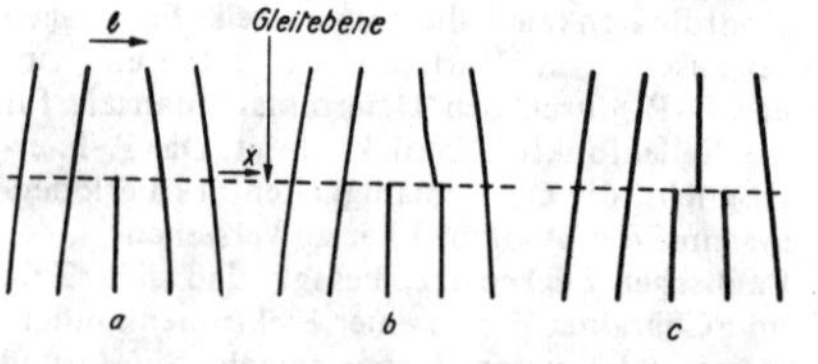

Konfigurationen einer Stufenversetzung bei einer Gleitbewegung: a und c symmetrische Konfigurationen, b unsymmetrische Konfiguration. $\vec{b}$ Burgersvektor, x Koordinate in Bewegungsrichtung der Versetzung

setzungsmodell wird diese periodische Variation der Versetzungsenergie bei der Versetzungsbewegung dadurch berücksichtigt, daß ein Bereich der Dicke d unmittelbar um die Gleitebene aus der elastizitätstheoretischen Behandlung ausgeschlossen wird, und daß für die Wechselwirkung zwischen den beiden entstandenen Halbkristallen eine in der Lagekoordinate x der Versetzung periodische, z. B. sinusförmige Funktion angesetzt wird. Die Gesamtenergie $W(x)$ der Versetzung setzt sich dann aus der elastischen Energie W_e der beiden Halbkristalle und dem Peierls-Anteil zusammen:

$$W(x) = \frac{Gb^2}{4\pi(1-\nu)} + \frac{Gb^2}{2\pi(1-\nu)} \times$$
$$\times \exp\left(-\frac{2\pi d}{b(1-\nu)}\right) \cos\left(\frac{4\pi x}{b}\right) =$$
$$W_e + \frac{W_p}{2} \cos\left(\frac{4\pi x}{b}\right).$$

Hierbei ist G der Schubmodul, $\vec{b}$ der Burgersvektor und ν die Poissonsche Zahl. Aus der Peierls-Energie W_p berechnet sich die Peierls-Spannung

$$\sigma_p = \frac{2G}{1-\nu} \exp - \frac{2\pi d}{b(1-\nu)}.$$

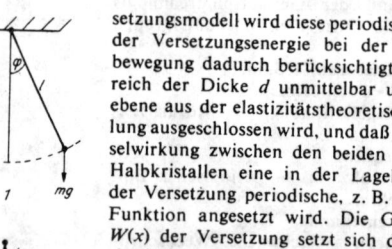

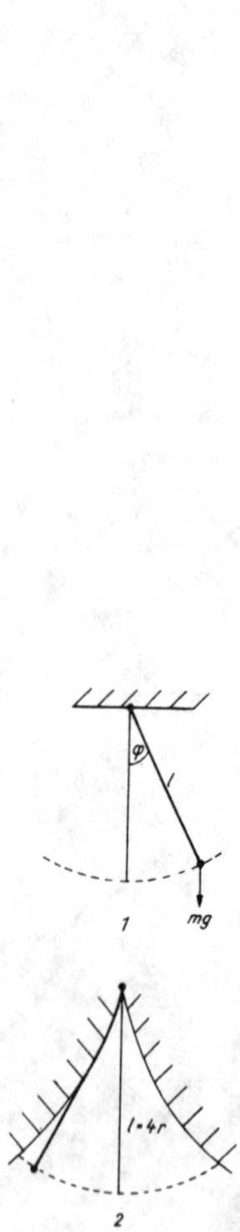

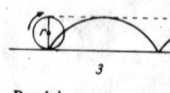

Pendel

Bei der Bewegung von Versetzungen in Kristallen wird der Peierls-Hügel im allgemeinen nicht von der Versetzung als Ganzes, sondern durch die Bewegung von → Kinken längs der Versetzung in kleinen Schritten überwunden. In den meisten Festkörpern liefert die P.-S. nur einen kleinen Anteil zur Fließspannung. Dominierend ist sie wahrscheinlich bei Kristallen mit ausgeprägter Valenzbindung, in denen nur bei hohen Temperaturen Gleitung auftritt, und in kubisch raumzentrierten Kristallen bei tiefen Temperaturen.

Peltier-Effekt, → Thermoelektrizität 2).

Peltier-Element, → Halbleiterkühlelement.

Peltier-Koeffizient, → Thermoelektrizität 2).

Peltier-Wärme, → Thermoelektrizität 2).

Peltonturbine, → Wasserturbine.

Pendel, in einem (homogenen) Kraftfeld um eine feste Achse oder einen festen Punkt drehbar gelagerter starrer Körper, der unter dem Einfluß dieser Kraft Schwingungen um eine Ruhelage ausführt, auch durch einen an einem Faden oder einem Stab befindlichen Massepunkt realisierbar. Man spricht von einem *Schwerependel*, wenn es – wie im folgenden stets angenommen wird – unter dem Einfluß der Schwerkraft schwingt.

Ein reales, d. h. *physikalisches* oder *physisches P.*, bei dem die Ausdehnung des Pendelkörpers nicht vernachlässigt wird, kann idealisiert werden als *mathematisches P.*, bei dem ein Massepunkt der Masse m am freien Ende eines idealen masselosen und undehnbaren Fadens der Länge l, der *Pendellänge*, hängt und unter dem Einfluß der Fallbeschleunigung g steht (Abb. 1). Das mathematische Pendel kann physikalisch durch einen kleinen, aber schweren Körper am Ende eines langen materiellen Fadens, ein *Fadenpendel*, in guter Näherung realisiert werden.

Bei Vernachlässigung der Reibung im Aufhängepunkt P und des Luftwiderstandes lautet die *Pendelgleichung*, d. i. die Bewegungsgleichung des Massepunktes für ein *ebenes mathematisches P.* oder *Kreispendel*, $\ddot{\varphi} + \omega^2 \sin\varphi = 0$, wobei $\omega^2 = g/l$ von der Masse m des Pendelkörpers unabhängig ist. Für kleine Ausschläge oder Amplituden des P.s, d. i. für $\varphi \ll 1$, kann in der Pendelgleichung $\sin\varphi$ durch φ in guter Näherung ersetzt werden; dann folgt die *linearisierte Pendelgleichung* $\ddot{\varphi} + \omega^2\varphi = 0$. Ihre Lösung ist $\varphi = a \sin(\omega t + \alpha)$, wobei a die maximale Amplitude des P.s ist und $\alpha = 0$ gewählt werden kann, wenn man für $t = 0$ zugleich $\varphi = 0$ annimmt, d. h. die Zeitzählung von der Ruhelage $\varphi = 0$ aus beginnt. Die Dauer eines Hin- und Hergangs, d. i. die Schwingungsdauer T, ergibt sich aus der Kreisfrequenz $\omega = 2\pi/T$ zu $T = 2\pi\sqrt{l/g}$. Sie ist von m unabhängig, deswegen haben verschieden schwere Körper bei gleicher Pendellänge l die gleiche Schwingungsdauer T. Ist $T/2 = 1$ s, so spricht man von einem *Sekundenpendel*. Da die Schwingungsdauer nicht vom Ausschlag a abhängt, sind kleine Pendelschwingungen *isochron*, d. h., unabhängig von der Amplitude folgen stets gleiche T. Bei großen Amplituden geht diese Isochronie jedoch verloren: Die Bestimmung der Schwingungsdauer aus der *nicht linearisierten Pendelgleichung* führt auf ein vollständiges elliptisches

Integral 1. Gattung, und es ergibt sich die von der Amplitude α abhängende Periode $T = 2\pi\sqrt{l/g} \cdot \left(1 + \frac{1}{4}\sin^2(\alpha/2) + \frac{9}{64}\sin^4(\alpha/2) + \right.$ $\left. + \cdots\right)$, wobei α der Winkel ist, der bei maximalem Ausschlag a erreicht wird. Für $\alpha = 1{,}5°$ beträgt die Korrektur lediglich $^1/_{20000}$, für $\alpha = 40°$ bereits 3%.

Isochronie für beliebige Ausschläge erzielt man mit dem *Zykloidenpendel*, bei dem sich der Pendelfaden beim Schwingen an zwei zykloidenförmige Backen (Abb. 2) anlegt. Der Massepunkt selbst bewegt sich dabei auf der zur vorgegebenen Zykloide kongruenten Zykloide. Die Schwingungsdauer ist für beliebige Amplituden gleich $T = 2\pi\sqrt{l/g}$, wobei $l = 4r$ und r der Radius des Kreises ist, der beim Abrollen auf der Horizontalen die vorgelegte Zykloide erzeugt (Abb. 3). Die Zykloide wird wegen dieser Eigenschaft auch als Iso- oder Tautochrone bezeichnet.

Die allgemeine Form des mathematischen P.s ist das *sphärische P.* oder *Kugelpendel*, bei dem sich der Massepunkt auf einer Kugeloberfläche bewegen kann. Die allgemeinste Bewegungsform des Massepunktes ist dann ein Pendeln zwischen zwei Breitenkreisen mit dem Azimut ϑ_1 bzw. ϑ_2, von dem mindestens einer auf der unteren Halbkugel liegen muß (Abb. 4). Die Bahnkurve hat keine Schleifen oder Spitzen und ist im allgemeinen nicht in sich geschlossen. In der Draufsicht ergibt sich der in Abb. 5 skizzierte Bahnverlauf. Bei hinreichend kleinem Ausschlag bewegt sich der Massepunkt auf einer horizontalen Ellipse, deren Lage und Gestalt durch die Anfangsbedingungen eindeutig bestimmt ist. Die Schwingungsdauer ist in diesem Fall wieder $T = 2\pi\sqrt{l/g}$. Als weitere spezielle Bewegungsform des sphärischen P.s ergibt sich neben dem schon genannten ebenen P. das *konische P.* oder *Kegelpendel*, bei dem $\vartheta_1 = \vartheta_2$ ist und der Massepunkt auf einem Kreis umläuft (Abb. 6); es wird auch *Fliehkraft-* oder *Zentrifugalpendel* genannt, da der Radius r des Bahnkreises von der Zentrifugalkraft bestimmt wird: $F_P = mr\omega^2$. Die Umlaufzeit ist $T = 2\pi\sqrt{h/g}$, wobei $h = \sqrt{l^2 - r^2}$ die Höhe des vom Faden des P.s beschriebenen Kegels ist. Das Kegelpendel wird in der Technik beim Fliehkraftregler (Abb. 7) angewandt; da $\tan\alpha = mr\omega^2/mg = r\omega^2/g$ ist, führt ein Anwachsen der Winkelgeschwindigkeit ω zum Anheben der Massestücke G, womit sich eine Regelung verbinden läßt.

Beim realen physikalischen P. muß die räumliche Masseverteilung des schwingenden Körpers berücksichtigt werden. Für den Fall eines ebenen physikalischen P.s (Abb. 8), dessen Drehachse O nicht durch den Schwerpunkt S geht, erhält man aus der Grundgleichung für die Drehbewegung des starren Körpers $\theta\ddot{\varphi} = M$, wobei θ das Trägheitsmoment und M das Drehmoment bezüglich der Achse O sind, die Bewegungsgleichung $\theta\ddot{\varphi} + mga \cdot \sin\varphi = 0$. Der Vergleich mit der Bewegungsgleichung des ebenen mathematischen P.s ergibt, daß ein korrespondierendes mathematisches P. die *korrespondierende* oder *reduzierte Pendellänge* $\lambda = \theta/ma = k^2/a$ haben muß, damit die Schwingungsdauer beider P. übereinstimmt. Dabei ist k der Trägheitsradius des physikalischen P.s und a der Abstand $\overline{OS}$. Trägt man die reduzierte Pendellänge vom Drehpunkt O auf der durch S gehenden Geraden ab, so gelangt man zum *Schwingungsmittelpunkt* O' des physikalischen P.s, in dem man sich die gesamte Masse m des P.s vereinigt denken kann, um ein mathematisches P. zu erhalten. Bei kleinen Auslenkungen schwingt daher das physikalische P. mit der gleichen Schwingungsdauer wie ein mathematisches P. mit der Pendellänge λ: $T = 2\pi\sqrt{\lambda/g} = 2\pi\sqrt{\theta/mga}$. Die Rollen von O und O' sind vertauschbar, was man beim *Reversions-* oder *Umkehrpendel* ausnutzt: Durch Verschieben von Zusatzmassen kann man erreichen, daß das P. um O und O' mit der gleichen Schwingungsdauer T schwingt; aus der reduzierten Pendellänge läßt sich dann die Erdbeschleunigung g mit großer Genauigkeit bestimmen. Beim *Minimal-*, *Kompensations-* oder *Ausgleichspendel* ist $a = \lambda/2$. Man kann damit g nicht bestimmen, jedoch haben Änderungen der Pendellänge z. B. durch Temperaturschwankungen nur einen sehr schwachen Einfluß auf die Schwingungsdauer, was für genau gehende Pendeluhren erforderlich ist. Zur Messung der Änderung der Lotrichtung durch die Einwirkung der Anziehungskraft von Sonne bzw. Mond, d. s. die Gezeitenkräfte, und Masseverschiebungen in der Erdkruste, z. B. bei Erdbeben, benutzt man das *Horizontalpendel*, ein starres P. großer Schwingungsdauer, dessen nahezu vertikale Drehachse fest mit der Erdoberfläche verbunden ist und nur horizontale Schwingungen zuläßt.

Die beim ebenen mathematischen bzw. physikalischen P. aus der Erhaltung des Drehimpulses folgende Konstanz der Schwingungsebene in Inertialsystemen kann zum Nachweis der Erdrotation und der Tatsache dienen, daß die Erde kein Inertialsystem ist (→ Foucaultsches Pendel).

Neben der Schwerkraft läßt sich auch die elastische Rückstell- oder Direktionskraft von Federn oder anderen elastischen Körpern für Pendelkonstruktionen ausnutzen. Als *Torsions-* oder *Drehpendel* bezeichnet man einen mit einem elastischen Faden oder Draht verbundenen Körper, der Drehschwingungen um die Ruhelage ausführt und dabei den Draht periodisch verdrillt. Die Schwingungsdauer dieses P.s ist um so größer, je größer das Trägheitsmoment θ und je kleiner der Torsionsmodul E des Drahtes ist. Es gilt $T = 2\pi\sqrt{\theta/D'}$, wobei D' die Winkelrichtgröße (Richtmoment) des Drahtes ist, die von E abhängt.

Von den P.n mit mehreren Pendelkörpern seien die *sympathischen P.* genannt. Handelt es sich um gleich lange P. mit gleicher Masse der Pendelkörper und Koppelung durch eine elastische Feder, so tritt auf Grund der gleichen Schwingungsdauer der beiden gekoppelten P. Resonanz auf; sind die Massen der Pendelkörper oder die Pendellängen etwas verschieden, so sagt man, die P. seien verstimmt. Wird im Resonanzfall zunächst nur ein P. angestoßen, so tritt eine Schwebung auf: Die Energie überträgt sich auf das zweite P., und zwar so lange, bis dieses voll ausschlägt und das erste P. in Ruhe ist. An-

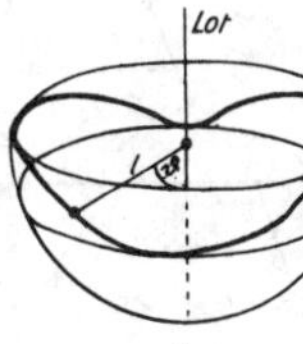

4

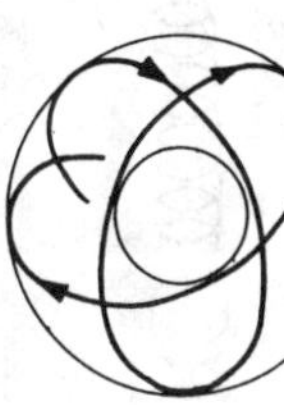
5

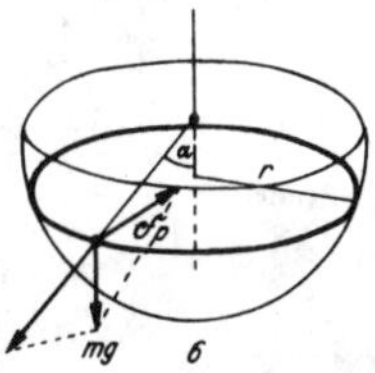

6

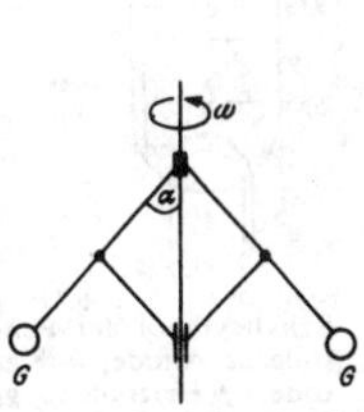

7

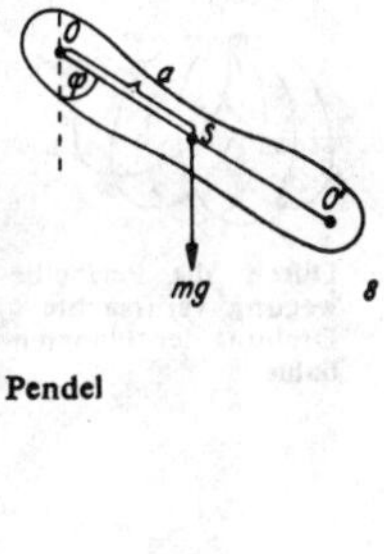

8

Pendel

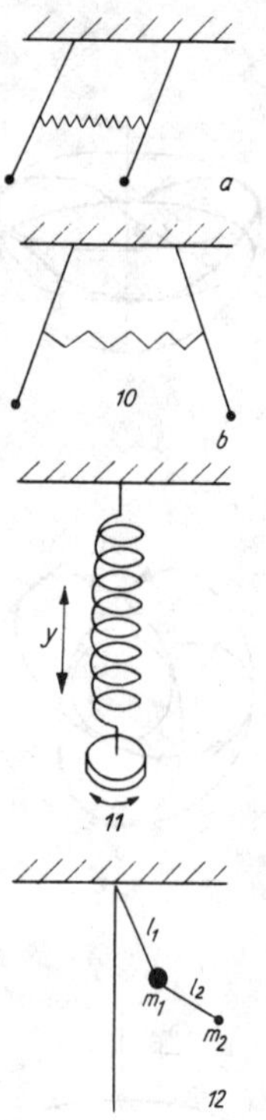

Pendel

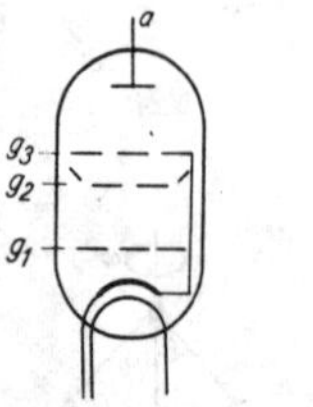

Schaltsymbol der Pentode. *a* Anode, *k* Katode, *f* Heizfaden, g_1 Steuergitter, g_2 Schirmgitter, g_3 Bremsgitter

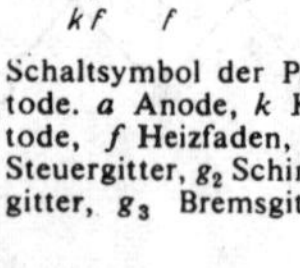

Durch die Perihelbewegung verursachte Drehung der Planetenbahn

schließend kehrt sich der Vorgang des gegenseitigen Aufschaukelns der Schwingung um; er verläuft um so rascher, je stärker die Kopplung zwischen den P.n ist (Abb. 9). Werden

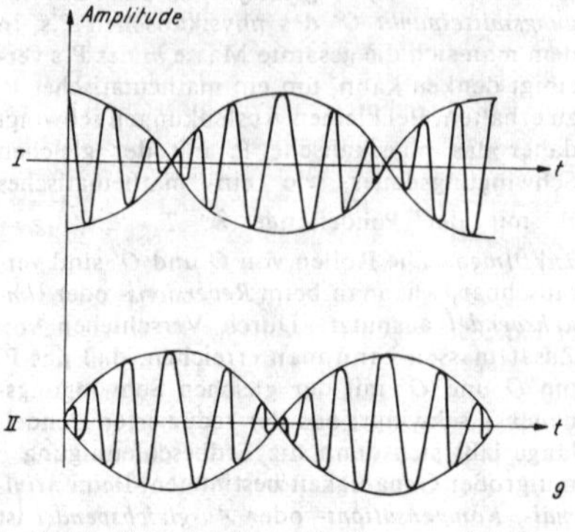

beide P. im gleichen oder entgegengesetzten Sinne angestoßen, tritt keine Schwebung auf; man spricht dann von den beiden Normal- oder Fundamentalschwingungen des Systems (Abb. 10a, b). Bei *n* miteinander gekoppelten P.n gibt es genau *n* Fundamentalschwingungen. Die Bewegung bei beliebigem Anstoß, also auch die Schwebung, ist eine Überlagerung der Fundamentalschwingungen mit geeigneten Amplituden. Bei Verstimmung erreicht das ursprünglich angestoßene P. im Verlaufe der auch hier stattfindenden Schwebung keinen Ruhepunkt; die Energieübertragung ist nur unvollkommen. Sympathische P. können auch mit nur einem Pendelkörper realisiert werden, z. B. bei einer schwingenden Schraubenfeder (Abb. 11), wenn neben der Schwingung in Richtung der Federachse eine Drehschwingung um diese Achse angeregt wird; auch hier kann Resonanz eintreten. Tatsächlich wird solch eine sympathische Schwingung bereits beim gewöhnlichen Ausdehnen der Feder angeregt, da mit der Ausdehnung in der y-Richtung gleichzeitig eine geringe Torsion der Feder verbunden ist.

Die einfachste Form gekoppelter P. ist das *Doppelpendel*, bei dem an einem im allgemeinen schwereren Pendelkörper der Masse m_1 ein zweiter der Masse m_2 hängt (Abb. 12). Ist $l_1 \approx l_2 \approx l$ und $m_2 \ll m_1$, so findet wieder die o. a. Schwebung statt, die beiden Fundamentalschwingungen haben nahezu gleiche Frequenz: $\omega_\pm = \omega_0\left(1 \pm \frac{1}{2}\sqrt{\mu}\right)$, wobei $\omega_0 = \sqrt{g/l}$ und $\mu = \frac{m_2}{m_1 + m_2} \ll 1$ ist.

Pendelstütze, ein stabförmiges Lager, das nur in Stabrichtung eine Kraft aufzunehmen vermag. Eine P. ist statisch einwertig.

Penning-Effekt, Ansteigen der effektiven Ionisation in Gasentladungsstrecken, bei denen sich die Anode als ringförmiges Gebilde zwischen zwei tellerförmigen Katoden befindet und bei der in Richtung der Symmetrieachse ein geeignet bemessenes Magnetfeld wirkt. Der Anstieg der Ionisation rührt daher, daß die Elektronen wegen des Magnetfelds in Schraubenlinien zwischen den beiden Katoden hin und her pendeln und ihr effektiver Ionisationsweg dadurch verlängert wird, bis sie auf die ringförmige Anode auffallen.

Penning-Pumpe, svw. Ionenzerstäuberpumpe.

Penning-Vakuummeter, → Vakuummeter.

pennyweight, Tabelle 2, Masse.

Pentagonprisma, → Reflexionsprisma.

Pentaprisma, → Reflexionsprisma.

Pentode, eine Schirmgitterröhre, die zwischen Anode und Schirmgitter g_2 ein Bremsgitter g_3 hat. Dieses soll den bei Tetroden störenden Einfluß der Sekundäremission unterdrücken; die Sekundärelektronen werden durch das auf Katodenpotential liegende Bremsgitter abgebremst und kehren zur Anode zurück. Der Anodendurchgriff und die Gitter/Anodenkapazität sind kleiner als bei der Tetrode. Die P. hat ausgezeichnete Verstärkungseigenschaften (Abb.).

Eine spezielle P., die sich durch große Steilheit und hohe Anodenverlustleistung auszeichnet, ist die *Endpentode*. Sie wird hauptsächlich als Leistungsverstärker eingesetzt.

Penumbra, → Sonne.

Peplopause, → Grundschicht der Troposphäre.

Peplosphäre, svw. Grundschicht der Troposphäre.

Peptisation, die Redispergierung bzw. Wiederauflösung eines ausgeflockten (koagulierten) Kolloids. Die P. erfolgt in der Hauptsache durch Adsorption von Ionen, die dann den Kolloidteilchen eine abstoßende Aufladung erteilen.

Perhapsotron, → Kernfusion.

Periastron, → Apsiden.

Perigalaktikum, → Apsiden.

Perigäum, → Apsiden.

Perihel, → Apsiden.

Perihelbewegung, die Bewegung des Perihels der Planetenbahnen um die Sonne im gleichen Sinne wie die Umlaufrichtung der Planeten um die Sonne.

Ein Planet des Sonnensystems würde sich nach dem ersten Keplerschen Gesetz (→ Kepler-Gesetze) auf einer Ellipse um die Sonne bewegen (wobei die Sonne in einem Brennpunkt der Ellipse steht), sofern die gravitative Anziehung zwischen Sonne und Planet die einzige bahnbestimmende Kraft wäre. Da aber die anderen Planeten des Sonnensystems die Bahnbewegung ebenfalls beeinflussen, wird die Ellipsenbewegung etwas gestört; die Störung verursacht die Perihelbewegung. Die Bahn der Planeten ist infolgedessen keine Ellipse, sondern eine nicht geschlossene Rosette (Abb.).

Periheldrehung des Merkur, die Tatsache, daß eine → Perihelbewegung des Merkur auftritt, die nicht durch die Newtonsche Gravitationstheorie (→ Gravitationsgesetz 1), sondern erst durch die allgemeine Relativitätstheorie erklärt werden kann.

Berechnet man den Einfluß, den die anderen Planeten unseres Sonnensystems auf die Bewegung des Merkur ausüben, und vergleicht ihn mit den aus der Beobachtung gewonnenen Werten für die Störung der Ellipsenbahn, so stellt man fest, daß eine Periheldrehung von $\Delta\varphi = 41{,}25''$ (in 100 Jahren) durch die theoretischen Berechnungen unerklärt bleibt. Es wurde zunächst versucht, diese Bewegungsanomalie im Rahmen der Newtonschen Gravitationstheorie

zu erklären. Man versuchte, die P. d. M. darauf **zurückzuführen**, daß außer den bekannten Planeten noch andere bis dahin unbeobachtete Massen einen störenden Einfluß auf den Merkur ausüben würden. Diese Massen wurden entweder nicht gefunden (wie etwa der hypothetische Planet „Vulkan"), oder die Hypothesen führten zum Widerspruch mit den anderen astronomischen Beobachtungen. Andere Versuche liefen darauf hinaus, das Newtonsche Gravitationsgesetz etwas abzuändern oder dem Raum bestimmte Eigenschaften (wie z. B. eine Absorption der Gravitation) zuzuschreiben. Das führte ebenfalls zu großen Schwierigkeiten.

Gelöst wurde das Problem von A. Einstein in seiner allgemeinen Relativitätstheorie. Sie ergab sich aus einer völlig neuen Auffassung vom Wesen der Gravitation, und die P. d. M. wurde zu einer wichtigen beobachtungsmäßigen Stütze dieser neuen Auffassung. — Die Einsteinsche Formel lautet:

$$\Delta\varphi = \frac{24\pi^2 a^2}{(1 - e^2)\, c^2 T^2},$$

wobei a die große Halbachse der Bahn, T die Umlaufzeit, e die numerische Exzentrizität der Bahn und c die Vakuumlichtgeschwindigkeit bedeutet. Für den Planeten Merkur ergibt diese Formel den Wert $\Delta\varphi = 42{,}89''$ in 100 Jahren.

Für die Venus beträgt dieser Wert für den gleichen Zeitraum $\Delta\varphi = 8{,}4''$, für die Erde $\Delta\varphi = 3{,}8''$. Die Werte liegen an der Grenze der Beobachtungsmöglichkeiten. Sie sind jedoch größenordnungs- und vorzeichenmäßig bestätigt.

Perimeter, → ophthalmologische Optik.

Periode, → Schwingung.

Periodensystem der Elemente, Anordnung der chemischen Elemente. Nachdem bereits zu Beginn des 19. Jh. versucht worden war, die chemischen Elemente in ein System einzuordnen (z.B. durch Döbereiner, Pettenkofer, Odling und Newlands), ordneten 1869 D. J. Mendelejew und L. Meyer unabhängig voneinander die damals bekannten chemischen Elemente nach steigendem Atomgewicht. In dieser Reihe kehrten Elemente mit ähnlichen chemischen Eigenschaften periodisch wieder, so daß — ohne die durch das steigende Atomgewicht festgelegte Ordnung zu verletzen — chemisch ähnliche Elemente jeweils untereinander gesetzt werden konnten.

Die so entstehenden Spalten bezeichnet man als *Gruppen* oder *Familien*, die zu einer Gruppe gehörenden chemisch ähnlichen Elemente als *homologe Elemente*, die Zeilen als *Perioden*. In den Gruppen stehen dann jeweils zwei Untergruppen, die Haupt- und Nebengruppen von Elementen mit sehr ähnlichen Eigenschaften. Innerhalb jeder Periode kehren ähnliche *chemische Eigenschaften* (z. B. Wertigkeit und Oxydationsstufe, Elektronegativität, Elektroaffinität) und *physikalische Eigenschaften* (z. B. Atomradius bzw. Atomvolumen, Dichte, Ionisationsenergie, Schmelzpunkt, Siedepunkt, Standard-Redoxpotential, Schmelz-, Verdampfungs- und Sublimationswärme, Hydratationswärme der Ionen, Härte, Duktilität, Ausdehnungskoeffizient, Wärmeleitfähigkeit, optische Spektren, magnetisches Verhalten, Ionenbeweglichkeit, Bildungswärme bestimmter Verbindungen) regelmäßig wieder. Auf Grund dieser Systematik konnte eine Reihe von damals unbekannten Elementen vorausgesagt werden (Gallium $_{31}$Ga, Germanium $_{32}$Ge, Skandium $_{21}$Sc, Technetium $_{43}$Tc, Promethium $_{61}$Pm, Astat $_{85}$At, Frankium $_{87}$Fr). Gegenwärtig enthält das P. d. E. 105 Elemente; es gibt keine von bekannten Elementen eingeschlossenen freien Plätze mehr. Alle neu entdeckten Elemente sind *Transaktinide*. Die Auswertung der Röntgenspektren zeigte, daß die Kernladungszahl (Ordnungszahl) den wesentlichen innerhalb des P.s d. E. monoton wachsenden Parameter darstellt (→ Moseleysches Gesetz). Außerdem fand man, daß die chemischen Elemente im allgemeinen aus mehreren Atomarten, den *Isotopen*, bestehen, die bei gleicher Kernladungszahl einen unterschiedlichen Aufbau des Atomkerns haben.

Die Periodizität der Eigenschaften im P. d. E. ist Ausdruck des Schalenaufbaus der → Atomhülle. Eine Begründung des P.s d. E. unter diesem Gesichtspunkt gab N. Bohr 1921. Im Rahmen der modernen Quantenmechanik beschreibt man den Zustand der Atomhülle näherungsweise durch Angabe der besetzten Einteilchenzustände. Jeder Einteilchenzustand wird durch die vier Quantenzahlen n, l, m_l und m_s charakterisiert. Es wird die → Elektronenkonfiguration angegeben. Man kann den Aufbau des P.s d. E. vollständig verstehen, wenn man bei der Besetzung der Einteilchenzustände das → Pauli-Prinzip berücksichtigt. Wenn die Einteilchenzustände streng in der Reihenfolge nach wachsender Hauptquantenzahl n und Nebenquantenzahl l besetzt würden, so müßten bei den Elementen Helium He, Neon Ne, Nickel Ni und Neodym Nd mit den Kernladungszahlen 2, 10, 28 und 60 abgeschlossene Elektronengruppen vorliegen, da auf Grund der Gültigkeit des Pauli-Prinzips eine Elektronengruppe mit der Hauptquantenzahl n genau $2n^2$ Elektronen aufnehmen kann. Tatsächlich trifft diese Vermutung nur bei $_{10}$Ne zu. Denn von allen nach dem Pauli-Prinzip freien Einteilchenzuständen nimmt das hinzukommende Elektron stets den mit der kleinsten Energie ein. Diese hängt vom effektiven Potential ab, das alle Elektronen bilden. Gegebenenfalls ist daher die Besetzung eines Zustands außerhalb der vermuteten Reihenfolge energetisch günstiger. Es werden bevorzugt abgeschlossene Elektronenuntergruppen aufgebaut, z. B. bei den Edelgasen mit den Elektronenkonfigurationen $1s^2$ für Helium He; (He)$2s^2\,2p^6$ für Neon Ne; (Ne)$3s^2\,3p^6$ für Argon Ar; (Ar)$3d^{10}\,4s^2\,4p^6$ für Krypton Kr; (Kr)$4d^{10}\,5s^2\,5p^6$ für Xenon Xe; (Xe)$4f^{14}\,5d^{10}\,6s^2\,6p^6$ für Radon Rn und (Rn)$5f^{14}\,6d^{10}\,7s^2\,7p^6$ für Eka-Radon. Die in Klammern vorangesetzten Elementsymbole stehen dabei jeweils für die Konfiguration des betreffenden Edelgases. Es werden also hier stets nur die zusätzlich zum vorangehenden Edelgas besetzten Zustände ausführlich beschrieben. Die angegebenen *Edelgaskonfigurationen* enthalten die energetisch besonders günstigen und daher stabilen *Achterschalen* und *Achtzehnerschalen*. Auch die *Pseudoedelgaskonfiguration* (Kr)$4d^{10}$ des Palladiums (Pd) hat diese Eigenschaft. *Hauptgruppenelemente* sind solche, bei denen die d- und f-Elektronenuntergruppen abgeschlossen sind oder fehlen; andernfalls spricht man von *Nebengruppenelementen*.

Alle Hauptgruppenelemente, zu denen sämtliche Nichtmetalle gehören, haben neben der im Aufbau begriffenen äußeren Elektronenuntergruppe nur abgeschlossene Elektronenuntergruppen.

1 H																	2 He
3 Li	4 Be											5 B	6 C	7 N	8 O	9 F	10 Ne
11 Na	12 Mg											13 Al	14 Si	15 P	16 S	17 Cl	18 Ar
K 19	Ca 20	Sc 21	Ti 22	V 23	Cr 24	Mn 25	Fe 26	Co 27	Ni 28	Cu 29	Zn 30	Ga 31	Ge 32	As 33	Se 34	Br 35	Kr 36
Rb 37	Sr 38	Y 39	Zr 40	Nb 41	Mo 42	Tc 43	Ru 44	Rh 45	Pd 46	Ag 47	Cd 48	In 49	Sn 50	Sb 51	Te 52	J 53	Xe 54
Cs 55	Ba 56	La 57	Hf 72	Ta 73	W 74	Re 75	Os 76	Ir 77	Pt 78	Au 79	Hg 80	Tl 81	Pb 82	Bi 83	Po 84	Ar 85	Rn 86
Fr 87	Ra 88	Ac 89	Ku 104	Bo 105	(106)	(107)	(108)	(109)	(110)	(111)	(112)	(113)	(114)	(115)	(116)	(117)	(118)
(119)	(120)	(121)	(154)	(155)	(156)	(157)	(158)	(159)	(160)	(161)	(162)	(163)	(164)	(165)	(166)	(167)	(168)

Lanthanide	Ce 58	Pr 59	Nd 60	Pm 61	Sm 62	Eu 63	Gd 64	Tb 65	Dy 66	Ho 67	Er 68	Tm 69	Yb 70	Lu 71
Aktinide	Th 90	Pa 91	U 92	Np 93	Pu 94	Am 95	Cm 96	Bk 97	Cf 98	Es 99	Fm 100	Md 101	No 102	Lr 103
Superaktinide	(122)	(123)	(124)											(153)

2 Erweitertes Periodensystem der Elemente

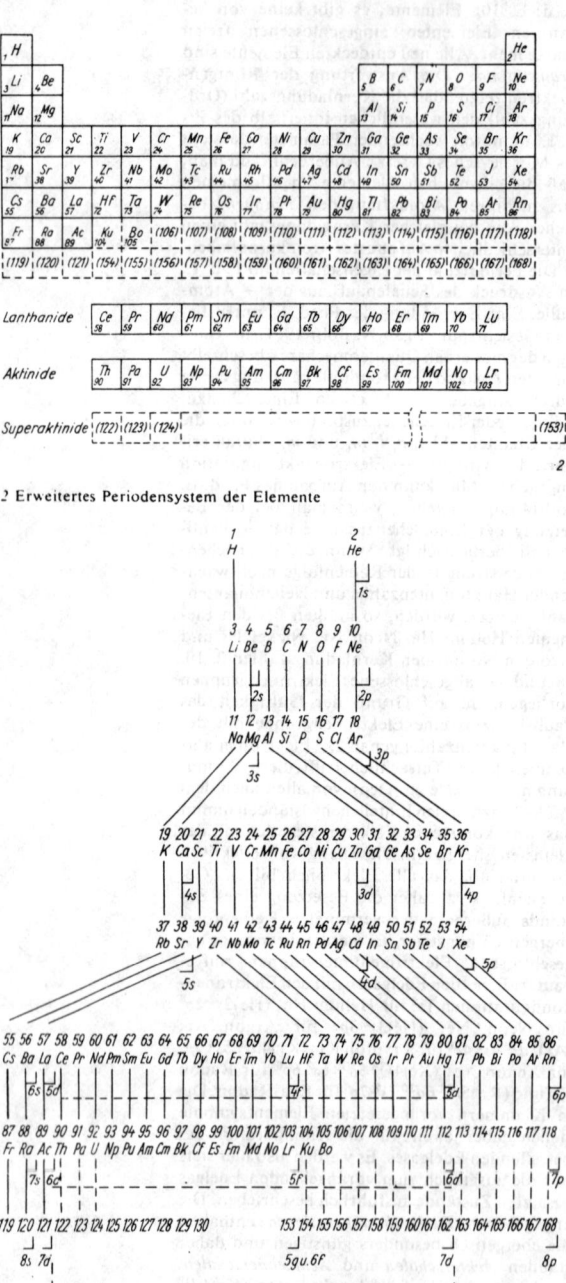

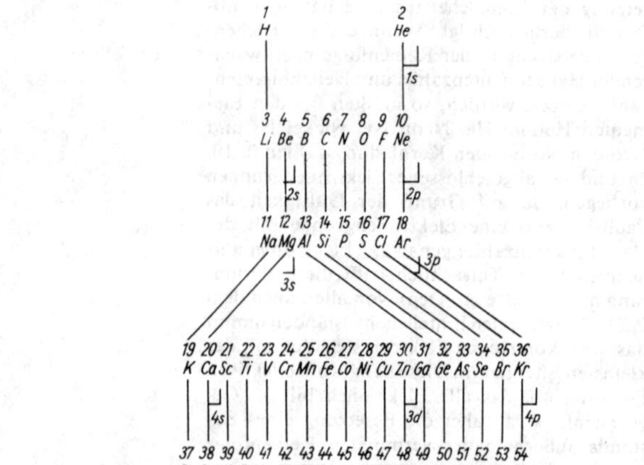

3 Modifizierte Form des erweiterten Periodensystems der Elemente in der Anordnung nach Bohr und Thomson

Kupfer, Silber, Gold sowie Zink, Kadmium, Quecksilber, bei denen unter der *ns*- oder ns^2-Konfiguration die Pseudoedelgaskonfiguration $(n-1)s^2p^6d^{10}$ liegt, werden ebenfalls häufig zu den Hauptgruppenelementen gerechnet. Die Nebengruppenelemente sind sämtlich Metalle, bei ihnen ist die zweitäußerste Schale nicht voll aufgefüllt; es gibt 4 Serien entsprechend den unvollständigen *3d*, *4d*, *5d* und *6d*-Niveaus. Sie beginnen mit Skandium Sc, Yttrium Y, Lanthan La, Aktinium Ac und enden mit Nickel Ni, Palladium Pd, Platin Pt und dem noch nicht bekannten Element 110.

Das chemische Verhalten und das optische Spektrum eines Atoms werden durch seine Außenelektronen bestimmt. Die Elemente einer Gruppe haben daher ähnliche Konfigurationen der Außenelektronen. Die Längen der Perioden werden durch die besondere Stabilität der Elektronenkonfigurationen der Edelgase festgelegt. Es ergeben sich Periodenlängen von 2, 8, 8, 18, 18, 32 Elementen, d. h., man trifft anfangs nach 2, dann nach 8 und später nach 18 Elementen auf solche mit weitgehend ähnlichen Eigenschaften (streng *homologe Elemente*). Je nachdem, ob man die Schreibweise des P. s. d. E. an die 8er- oder die 18er-Perioden anpaßt, unterscheidet man *Kurzperiodensystem* (nach Mendelejew und Meyer, Tab. 1, S. 1129 und *Langperiodensystem* (nach Werner, Tafel 12). Die Edelgase erscheinen zweimal, als Abschluß und Eröffnung einer Periode. Der Wasserstoff nimmt eine Sonderstellung ein; da er +1- und −1-wertig sein kann, läßt er sich sowohl den Alkalimetallen als auch den Halogenen zuordnen. Auf Grund seines Elektronegativitätswertes könnte er über dem Kohlenstoff stehen. Das *erweiterte P. d. E.* (Tab. 2) zeigt theoretisch und empirisch begründete Darstellungen der Elemente über das bis z. Z. zuletzt bekannte Element 105 hinaus. Eine Darstellung des erweiterten P.s d. E. in der von Thomson und Bohr vorgeschlagenen Form zeigt Tab. 3. Die Tabelle der Elektronenkonfigurationen läßt die Reihenfolge der Besetzung der Einteilchenzustände mit wachsender Kernladungszahl erkennen. Die *K*-Schale enthält 2 Elektronen und ist daher bei $_2$He abgeschlossen. Bei $_3$Li beginnt der Aufbau der *L*-Schale, der beim Edelgas $_{10}$Ne abgeschlossen ist. Die ersten beiden Elektronenuntergruppen der *M*-Schale werden von $_{11}$Na bis $_{18}$Ar aufgebaut (Achterschale). Bei $_{19}$K ist der Einbau des ersten Elektrons der *N*-Schale energetisch günstiger als der weitere Aufbau der *M*-Schale. Schließlich beginnt bei $_{21}$Sc der Aufbau der *3d*-Elektronenuntergruppe (Nebengruppenelemente), die bei $_{29}$Cu vollständig besetzt ist. Zusammen mit den Elementen $_{57}$La und $_{89}$Ac nehmen die 14 Lanthanide bzw. Aktinide (*Übergangselemente* im engeren Sinne, *innere Übergangselemente*) die gleichen Plätze ein. Die Konfigurationen ihrer Außenelektronen entsprechen jeweils der von $_{57}$La bzw. $_{89}$Ac. Das hinzukommende Elektron wird in die *4f*- bzw. *5f*-Elektronenuntergruppe eingebaut. Bei den inneren Übergangselementen ist daher die drittäußerste Schale unvollständig. Die allgemeine Konfiguration lautet $(n-2)\,f^{1\ldots14}(n-1)\,s^2p^6ns^2$ (mit $n = 6$ entspricht dies den Lanthaniden, mit $n = 7$ den Aktiniden).

In den *4f*-Zuständen bei den Lanthaniden

1 Periodensystem der Elemente in kurzperiodischer Darstellung nach Mendelejew und Meyer

Periode	Gruppe 0	Gruppe I N	Gruppe I H	Gruppe II N	Gruppe II H	Gruppe III N	Gruppe III H	Gruppe IV N	Gruppe IV H	Gruppe V N	Gruppe V H	Gruppe VI N	Gruppe VI H	Gruppe VII N	Gruppe VII H	Gruppe VIII N			Gruppe VIII H
0	0 Nn		1 H 1,00797 ±0,00001																2 He 4,0026
1	2 He 4,0026		3 Li 6,939		4 Be 9,0122		5 B 10,811 ±0,003		6 C 12,01115 ±0,00005		7 N 14,0067		8 O 15,9994 ±0,0001		9 F 18,9984				10 Ne 20,183
2	10 Ne 20,183		11 Na 22,9898		12 Mg 24,312		13 Al 26,9815		14 Si 28,086 ±0,001		15 P 30,9738		16 S 32,064 ±0,003		17 Cl 35,453 ±0,001				18 Ar 39,948
3	18 Ar 39,948	29 Cu 63,54	19 K 39,102	30 Zn 65,37	20 Ca 40,08	21 Sc 44,956	31 Ga 69,72	22 Ti 47,90	32 Ge 72,59	23 V 50,942	33 As 74,9216	24 Cr 51,996 ±0,001	34 Se 78,96	25 Mn 54,9380	35 Br 79,909 ±0,002	26 Fe 55,847 ±0,003	27 Co 58,9332	28 Ni 58,71	36 Kr 83,80
4	36 Kr 83,80	47 Ag 107,870 ±0,003	37 Rb 85,47	48 Cd 112,40	38 Sr 87,62	39 Y 88,905	49 In 114,82	40 Zr 91,22	50 Sn 118,69	41 Nb 92,906	51 Sb 121,75	42 Mo 95,94	52 Te 127,60	43 Tc 97*	53 J 126,9044	44 Ru 101,07	45 Rh 102,905	46 Pd 106,4	54 Xe 131,30
5	54 Xe 131,30	79 Au 196,967	55 Cs 132,905	80 Hg 200,59	56 Ba 137,34	57 La 138,91 58···71[1])	81 Tl 204,37	72 Hf 178,49	82 Pb 207,19	73 Ta 180,948	83 Bi 208,980	74 W 183,85	84 Po 209*	75 Re 186,2	85 At 210*	76 Os 190,2	77 Ir 192,20	78 Pt 195,09	86 Rn 222*
6	86 Rn 222*		87 Fr 223*		88 Ra	89 Ac 90···103[2])		104 Ku 258*		105 Bo 260*									

[1]) Lanthanide

58 Ce 140,12	59 Pr 140,907	60 Nd 144,24	61 Pm 145*	62 Sm 150,35	63 Eu 151,96	64 Gd 157,25	65 Tb 158,924	66 Dy 162,50	67 Ho 164,930	68 Er 167,26	69 Tm 168,934	70 Yb 173,04	71 Lu 174,97

[2]) Aktinide

90 Th 232,038	91 Pa 231*	92 U 238,03	93 Np 237*	94 Pu 244*	95 Am 243*	96 Cm 247*	97 Bk 247*	98 Cf 251*	99 Es 254*	100 Fm 253*	101 Md 256*	102 No 253* (251*)	103 Lr 257*

Die Elemente sind von links oben beginnend in waagerechten Reihen nach wachsender Ordnungszahl angeordnet. Die waagerechten Reihen heißen *Perioden*, die senkrechten *Gruppen*; diese sind wieder nach *Hauptgruppen* (H) und *Nebengruppen* (N) unterschieden. Die Nebengruppen treten erst von der 4. Periode an in Erscheinung. Besondere Ähnlichkeit zeigen vor allem die untereinanderstehenden Elemente gleicher Hauptgruppen. * Massenzahl des längstlebigen der bekannten Isotope

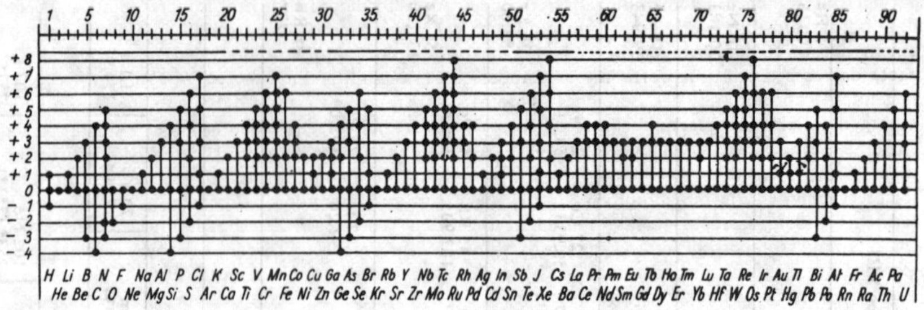

4

4 Übersicht über die wichtigsten Oxydationszahlen der Elemente bis zum Uran. – – – – – äußere, - - - - - - - - - - - - innere Übergangselemente

z. B. halten sich die Elektronen im Mittel bedeutend näher am Kern auf als die Elektronen der bereits abgeschlossenen 5*s*- und 5*p*-Elektronenuntergruppen. Die *s*- und *p*-Elektronen spielen die Rolle der Außenelektronen. Sie sorgen so für Konstanz der chemischen Eigenschaften, während die 4*f*-Elektronenuntergruppe aufgebaut wird. Ähnlich verhält es sich bei den Aktiniden in bezug auf die 5*f*-, 6*s*- und 6*p*-Elektronenuntergruppen. Etwas weniger ausgeprägt als bei den *f*-Zuständen tritt dieser Effekt bei den *d*-Zuständen auf. Bei den Übergangselementen im weiteren Sinne werden zu den inneren Übergangselementen die übrigen Nebengruppenelemente mitgezählt. Auch die Elemente der Kupfergruppe und vielfach auch der Zinkgruppe werden mitunter zu den Übergangselementen gerechnet.

Die sich besonders in der Wertigkeit und in der Bevorzugung bestimmter Bindungstypen sowie in den Eigenschaften der Verbindungen äußernden chemischen Eigenschaften der Elemente – insbesondere auch deren Periodizität – können im Prinzip aus dem Elektronenkatalog abgelesen werden. Bei den Hauptgruppenelementen besteht die Tendenz, Elektronen so aufzunehmen (elektronegative Elemente), abzugeben (elektropositive Elemente) oder mit dem Verbindungspartner zu teilen, daß die nächstgelegene Edelgas- oder Pseudoedelgaskonfiguration erreicht wird (Tendenz zur Oktettbildung, → chemische Bindung). In Abb. 4 wird eine Übersicht über die wichtigsten Oxydationszahlen der Elemente gegeben. Gegenüber Sauerstoff haben die Elemente – mit Ausnahme von Fluor – ihre höchsten Wertigkeiten, die mit der Gruppennummer übereinstimmen:

Hauptgruppe:		II	III	IV	V	VI	VII
	Li_2O	BeO	B_2O_3	CO_2	N_2O_5	(O_2)	(F_2O)
	Na_2O	MgO	Al_2O_3	SiO_2	P_2O_5	SO_3	Cl_2O_7

Die Wasserstoffverbindungen nehmen folgende Reihe an, da Wasserstoff elektropositiv oder elektronegativ auftreten kann:

Hauptgruppe:		II	III	IV	V	VI	VII
	LiH	(BeH_2)	BH_3	CH_4	NH_3	OH_2	FH
	NaH	(MgH_2)	AlH_3	SiH_4	PH_3	SH_2	ClH
Wasserstoff	negativ		unpolar			positiv	

Allgemein stehen die elektropositivsten Elemente der (Haupt-)Gruppen links unten, die elektronegativsten rechts oben im P. d. E. Demnach nimmt der Säurecharakter der Wasserstoffverbindungen von links unten nach rechts oben zu; umgekehrt verläuft die Basizität der Hydroxide. Der Säurecharakter der Sauerstoffsäuren nimmt von links nach rechts zu und von oben nach unten ab. Während bei den überwiegend heteropolaren Verbindungen die Zahl der Außenelektronen die Wertigkeit bestimmt, ist für die homöopolaren Verbindungen in der Hauptsache die Zahl der Elektronen mit nichtkompensiertem Spin (ungepaarte Elektronen) im Atom maßgebend, z. B. haben Fluor, Sauerstoff und Stickstoff 1, 2 und 3 ungepaarte *p*-Elektronen und sind demnach in homöopolaren Verbindungen 1-, 2- und 3wertig. Durch Kombination mit ebenfalls ungepaarten Elektronen des Verbindungspartners wird die Bildung einer Elektronenkonfiguration mit vollständig kompensierten Spins, d. h. eines Oktetts angestrebt. Für die Verbindungsbildung ist nicht immer die Elektronenverteilung im Grundzustand maßgebend. Oft liegen angeregte Niveaus nur wenig über dem Grundzustand und können bei Wechselwirkung mit den Atomen des Partners leicht angenommen werden. Daraus erklären sich die leicht wechselnden Wertigkeiten der Nebengruppenelemente, bei denen Elektronen vielfach zwischen Unterniveaus und „äußerer Schale" wechseln können, z. B. 1- und 2wertiges Kupfer. Auch die ausgesprochene Tendenz dieser Elemente, Koordinationsverbindungen vor regulären Verbindungen zu bevorzugen und ebenso das häufige Auftreten farbiger, stark paramagnetischer Ionen hängt damit zusammen. Andererseits haben die Übergangselemente, besonders die inneren, gleiche Elektronenanordnungen in den äußeren Schalen und sind demgemäß in physikalischer und chemischer Hinsicht sehr ähnlich; besonders ist dies bei den chemisch sehr ähnlichen Seltenerdmetallen, weniger bei den Aktiniden der Fall. Die mögliche Höchstwertigkeit auch der Nebengruppenelemente entspricht stets ihrer Gruppennummer; in der VIII. Gruppe wird sie nur beim Osmium erreicht. Die Verbindungsbildung der Elemente und ihre dabei eingenommene Wertigkeit wird ferner stark durch ihre Fähigkeit zur Hybridisierung bestimmt; besonders wichtig ist dies beim Kohlenstoff.

Lit. Landau: Lehrbuch der Theoretischen Physik, Bd 3: Quantenmechanik (3. Aufl. Berlin 1967).

periodisch, svw. zyklisch.

periodische Bewegung, → mechanisches System.

periodische Randbedingung, eine spezielle Bedingung für die Randwerte einer Funktion ψ in einem parallelepipedförmigen Bereich. Sie besagt, daß die Funktionswerte an gegenüberliegenden Randpunkten des Bereiches übereinstimmen sollen, zum Beispiel $\psi(x + L) = \psi(x)$ für eine Gerade der Länge L. Die p. R. ist zumeist ohne physikalische Bedeutung. Sie erleichtert lediglich die Berechnung von physikalischen Größen in einem großen Volumen, die unabhängig von dessen Berandung sind, zum Beispiel der elektrischen Leitfähigkeit in einem großen Kristall unter Vernachlässigung des Einflusses der Kristalloberfläche. Die Volumeneigenschaften hängen nämlich nicht von der speziellen Form der Randbedingung ab, so daß eine komplizierte reale Randbedingung durch die einfache p. R. ersetzt werden kann.

periodischer Bindungskettenvektor, abg. *PBC-Vektor* (engl. *p*eriodic *b*ond *c*hain vector), charakteristischer Vektor innerhalb eines Kristallgitters, mit dessen Hilfe qualitative Aussagen darüber möglich sind, inwieweit eine kristallographisch mögliche Oberfläche zur Gleichgewichts- bzw. Wachstumsform eines Kristalls gehört.

Periselen, → Apsiden.

Peritektikum, → Schmelzdiagramm.

Perlfeuer, → Bürstenfeuer.

Perlmutterwolken, in lebhaften Farben leuchtende irisierende Wolken in 23 bis 26 km Höhe, die sich anscheinend nur in 55 bis 65° Breite bilden. Sie entstehen durch Beugung des Sonnenlichts an Eiskristallen von weitgehend einheitlicher Größe.

Permanentmagnet, → Magnet.

Permeabilität, svw. Permeabilitätskonstante.

Permeabilitätskonstante, *Permeabilität, Induktionskonstante,* 1) *absolute P., magnetische Feldkonstante,* μ_0, Proportionalitätsfaktor zwischen der magnetischen Induktion $\vec{B}$ und Feldstärke $\vec{H}$ im Vakuum: $\vec{B} = \mu_0\vec{H}$. Darin hat die absolute P. den Wert $\mu_0 = 4\pi \cdot 10^{-9}$ Vs A^{-1} cm^{-1} und wird als *magnetische Induktionskonstante* bezeichnet.

2) *relative P.*, μ_{rel}, häufig verwendete dimensionslose Materialkenngröße, die angibt, um welchen Faktor sich die magnetische Induktion des Materials gegenüber dem magnetischen Feld im Vakuum (Leerinduktion $\mu_0 H$) ändert: $\vec{B} = \mu_0\mu_{rel}\vec{H}$. Die P. kann zum Tensor werden, wenn Feldstärke und Induktion nicht in einer Richtung liegen. μ_{rel} hat bei vielen Stoffen einen nur gering von 1 abweichenden Wert, wobei $\mu > 1$ für paramagnetische, $\mu < 1$ für diamagnetische Substanzen gilt. Dagegen sind ferro- und ferrimagnetische Stoffe durch eine

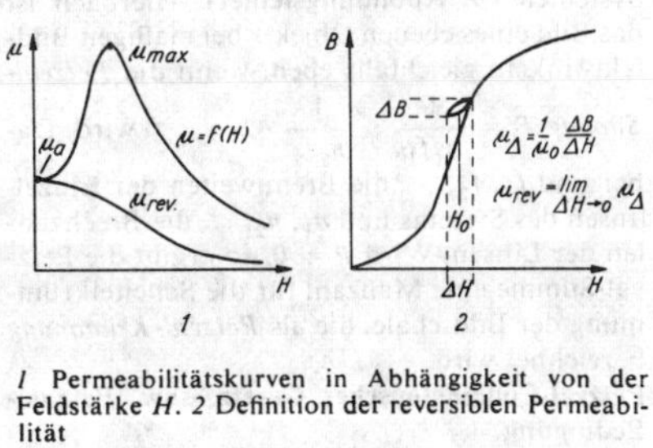

1 Permeabilitätskurven in Abhängigkeit von der Feldstärke *H*. *2* Definition der reversiblen Permeabilität

um Größenordnungen höhere relative P. gekennzeichnet. Ihre starke Feldabhängigkeit geht aus den von der Neukurve abgeleiteten Permeabilitätskurven $\mu = f(H)$ hervor (Abb. 1). Die relative P. strebt dabei von einem endlichen Wert bei verschwindend kleiner Feldstärke, der *Anfangspermeabilität* μ_a, einem Höchstwert zu, der *Maximalpermeabilität* μ_m, und fällt dann mit zunehmender Feldstärke asymptotisch auf den Wert 1 ab. Zur Bestimmung der relativen P. im Wechselfeld, der *Amplitudenpermeabilität* μ_{amp}, wird der Quotient aus den Scheitelwerten der Induktion B_{max} und der Feldstärke H_{max} ohne Rücksicht auf die Phasenlage gebildet.

3) *Überlagerungspermeabilität*, μ_Δ, Verhältnis der periodischen Änderung von Induktion ΔB und Feldstärke ΔH im Wechselfeld bei gleichzeitiger Überlagerung eines Gleichfeldes (Vormagnetisierung): $\mu_\Delta = \dfrac{1}{\mu_0}\dfrac{\Delta B}{\Delta H}$. Die Überlagerungsschleife liegt mit ihrer Spitze auf der Neukurve (Abb. 2) oder der Hystereseschleife. Bei Permanentmagneten bezeichnet man die Neigung der Überlagerungsschleife, deren Spitze auf der Entmagnetisierungskurve liegt, als *permanente P.* μ_p. Bei sehr kleinen Wechselfeldern geht μ_Δ in die *reversible P.* über: $\mu_{rev} = \lim\limits_{\Delta H \to 0} \mu_\Delta$. Sie erreicht am Anfang der Neukurve bei $B = H = 0$ ihren höchsten Wert, der gleich μ_a ist (Abb. 1).

4) *differentielle P.*, μ_{dif}, gibt die Steilheit $dB/(\mu_0\, dH)$ im jeweiligen Punkt der Neukurve oder Hystereseschleife an.

5) *komplexe P.*, $\underline{\mu}$, berücksichtigt die bei der Magnetisierung in schwachen Wechselfeldern auftretenden Verluste und die damit verbundene Phasenverschiebung zwischen B und H. Entsprechend dem komplexen Scheinwiderstand einer Spule mit ferromagnetischem Kern als Ersatzreihenschaltung von Widerstand R und Induktivität L wird die komplexe P. aufgespalten: $\underline{\mu} = \mu_L - j\mu_R$. Hierbei ist der Realteil μ_L die *Induktivitätspermeabilität*, und der Imaginärteil μ_R ist die *Widerstandspermeabilität*, die den durch Hysterese und Wirbelströme verursachten Verlustwiderstand charakterisiert.

Permeation, das Diffundieren eines Gases aus der äußeren Atmosphäre durch das Wandmaterial, z. B. einer Vakuumapparatur bei der durch das Experiment gegebenen Temperatur.

In Ultrahochvakuumsystemen aus Hart- oder Quarzglas kann sich die Druckbilanz durch P. von Helium, bei solchen in Metallausführung durch P. von Wasserstoff verschlechtern. Die hohe Permeationsrate von Wasserstoff durch Palladium und Nickel sowie von Sauerstoff durch Silber und Helium durch Quarzglas wird andererseits experimentell ausgenutzt, um diese Gase dosiert in ein Vakuumsystem einzulassen. Die Einlaßgeschwindigkeit wird durch die Abhängigkeit der Permeationsrate von der Temperatur geregelt.

Weiteres über P. → elektrokinetische Erscheinungen.

Permutabilität, → Maxwell-Boltzmann-Statistik.

Permutation, Anordnung von *n* Zahlen oder Objekten in einer bestimmten Reihenfolge; z. B. lassen sich *n* verschiedene Zahlen zu $n! =$

$1 \cdot 2 \cdot \cdots \cdot n$ verschiedenen P.en anordnen (zu $n!$ → Gammafunktion). Wird eine Grundanordnung, z. B. durch natürliche Zahlen als Indizes, festgelegt, so bildet in einer anderen P. jedes Element a_i mit jedem folgenden a_k eine *Inversion*, deren Index k kleiner als i ist. Z. B. enthält die Indexfolge 1, 2, 6, 4, 5, 3, 7, die durch das Vertauschen $3 \leftrightarrow 6$ aus der der natürlichen Zahlen entstand, $I(P) = 5$ Inversionen. Bezeichnet die Funktion $\mathrm{sgn}\,(P) = (-1)^{I(P)}$ den *Charakter* der P., so ist im Beispiel $\mathrm{sgn}\,(P) = -1$. Eine solche P. heißt *ungerade*; dagegen ist 1, 2, 3, 4, 6, 7, 5 wegen $I(P) = 2$ eine *gerade P.*

Permutationsgruppe, *symmetrische Gruppe*. Die P. spielt bei der Behandlung von Systemen identischer Teilchen eine wesentliche Rolle, da ihre Darstellungen in engem Zusammenhang mit der Quantisierung von Feldern und der Statistik stehen, die die Elementarteilchen befolgen. Außer den beiden eindimensionalen Darstellungen, der Einsdarstellung bzw. der alternierenden Darstellung, bei der alle → Permutationen durch 1 bzw. ± 1 dargestellt werden, je nachdem, ob die Permutation gerade oder ungerade ist, gibt es noch mehrdimensionale Darstellungen, bei denen die Permutationen durch Matrizen in einem endlich-dimensionalen Vektorraum repräsentiert werden. Die bisher in der Natur gefundenen Teilchen gehören zu den beiden eindimensionalen Darstellungen, sie werden als Bosonen bzw. Fermionen bezeichnet. Diese Zuordnung steht in direktem Zusammenhang mit den Vertauschungsrelationen der entsprechenden Feldoperatoren, für die der Kommutator bzw. der Antikommutator zu wählen ist. Die höherdimensionalen Darstellungen können eine gewisse Rolle in der Vielteilchenphysik im Zusammenhang mit dem Auftreten von Quasiteilchen und für die zunächst hypothetischen Quarks (→ Quarkmodell) von Bedeutung sein. Besonders wurden in diesem Zusammenhang die *Parateilchen* diskutiert, deren Feldoperatoren trilinearen Vertauschungsrelationen genügen. Die Darstellungen dieser Vertauschungsregeln enthalten insbesondere die der Bose- und der Fermi-Operatoren, darüber hinaus jedoch noch unendlich viele andere.

Permutationsoperator, svw. Austauschoperator.

Perpetuum mobile, → Hauptsätze der Thermodynamik.

Persistenz, Tatsache, daß bei Zusammenstößen von jeweils 2 Molekülen ein Teil der Geschwindigkeitskomponente in der ursprünglichen Bewegungsrichtung erhalten bleibt. Das Verhältnis dieser Geschwindigkeitskomponente in der ursprünglichen Bewegungsrichtung nach und vor dem Stoß wird als *Persistenzverhältnis* bezeichnet. Bei gleichartigen Molekülen hat das mittlere Persistenzverhältnis den Wert 0,406.

Persistenzlänge, die durchschnittliche Länge einer Strecke entlang des Molekülfadens eines Polymeren, die noch als Gerade bezeichnet werden kann und damit ein Maß für die Länge eines statistischen Fadenelementes und für die Gestrecktheit eines Polymermoleküls ist. Innerhalb der P. fällt der Kosinus des Winkels einer Bindungsrichtung relativ zu einer willkürlichen Ausgangsrichtung auf den Wert 1/e.

Perspektiveeffekt, → Längenkontraktion, → Zeitdilatation.

Perzeptron, technisches Modell zur Nachbildung von Wahrnehmungs- und Lernprozessen. Das P. stellt ein sich selbst organisierendes oder adaptatives System dar, dessen Hauptzweck darin besteht, Zusammenhänge zwischen Struktur und Funktion des Gehirns darzustellen. In der Regel besteht ein P. aus *Rezeptoren* (rezeptiver Bereich), die als Analog-Digital-Wandler am Eingang die aus Beobachtung eines gegebenen Umweltzustandes gewonnenen Daten in logische Variable umwandeln und zur Weiterverarbeitung bereitstellen. Die logischen Variablen werden im zentralen Bereich, in den *Assoziationseinheiten*, durch logische Verknüpfungen verarbeitet. Die Assoziationseinheiten sind über ein logisches Netzwerk mit *Effektoren* (effektorischer Bereich) verbunden (Abb.).

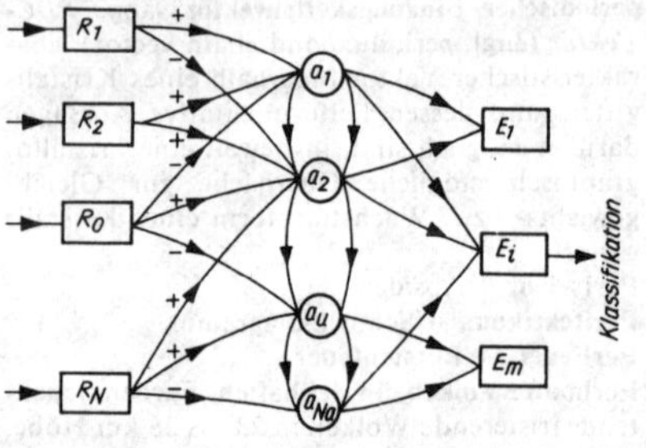

Blockschaltbild eines Perzeptrons

Durch Änderung der inneren Parameter besitzt ein P. die Fähigkeit, die Zuordnung bestimmter Antwortmuster (effektorischer Bereich) zu den Reizmustern (rezeptiver Bereich) zu erlernen, so daß allgemein betrachtet das P. ein spezielles lernendes Klassifikationssystem ist. Häufig arbeitet man mit 20×20 sensorischen Einheiten, 500 Verknüpfungseinheiten und 4 Antworteinheiten. Damit können bereits viele Lernexperimente durchgeführt werden. Dabei bietet ein Trainer dem P. ein Reizmuster an. Diesem Reizmuster ordnet das P. ein Antwortmuster zu. Daraufhin teilt der Trainer dem P. mit, ob die getroffene Zuordnung richtig oder falsch war. Abschließend erfolgt eventuell eine Änderung innerer Parameter. Die Reihenfolge, in der die Reizmuster von Versuch zu Versuch dargeboten werden, kann zyklisch oder rein zufällig sein. Die Auswertung der Lernexperimente erfolgt durch Zeichnen einer Lernkurve.

Petzval-Bedingung, *Petzval-Coddingtonsches Gesetz*, eine von Petzval angegebene Bedingung für die Behebung der Bildfeldwölbung, d. h. für die Bildfeldebnung, bei anastigmatischen optischen Systemen (→ Abbildungsfehler). Hiernach ist das Bild eines ebenen Objekts bei mäßigen Bildfeldwinkeln gleichfalls eben, wenn die *Petzval-Summe* $P = \frac{1}{n_1 f_1} + \frac{1}{n_2 f_2} + \cdots = 0$ wird. Dabei sind $f_1, f_2, \ldots$ die Brennweiten der Einzellinsen des Systems und $n_1, n_2, \ldots$ die Brechzahlen der Linsen. Wird $P \neq 0$, so ergibt die Petzval-Summe eine Maßzahl für die Scheitelkrümmung der Bildschale, die als *Petzval-Krümmung* bezeichnet wird.

Petzval-Coddingtonsches Gesetz, svw. Petzval-Bedingung.

Petzval-Krümmung, → Petzval-Bedingung.
Petzval-Summe, → Petzval-Bedingung.
pF, → Pikofarad.
Pfeifen, Schallquellen, bestehend aus von festen Wänden eingeschlossenen schwingenden Luftsäulen, die durch Tonerregungssysteme zum Mitschwingen angeregt werden. Die Art der primären Tonerregung bestimmt die Einteilung der P. in Lippenpfeifen und Zungenpfeifen. Nur bei einigen P., den kubischen P., ist die Ausdehnung der Luftmassen in allen 3 Raumdimensionen annähernd gleich; die meisten P. sind säulenförmig, beispielsweise zylindrisch oder konisch. Bei den *Lippenpfeifen* (Abb. 1) tritt durch den Fuß *F* ein Luftstrom *Lu* in eine Kammer *K* ein und verläßt diese als schmales Luftband durch einen Spalt *Sp*, dem eine scharfe Schneide oder Lippe *Sch* gegenübersteht. Diese Schneide ist der obere Rand einer als Pfeifenmund *M* bezeichneten Öffnung am unteren Ende der nach Länge l und Durchmesser d auf bestimmte Eigenfrequenzen abgestimmten Luftsäule *L*. Infolge Wirbelablösung an der Schneide (→ Schneidentöne) wird das Luftband moduliert und regt die Luftsäule zum Mitschwingen an. Am oberen Ende der Luftsäule können die P. offen oder geschlossen sein.

Für beiderseits offene P. ist die Frequenz des Grundtones $f = c_s/2l$ mit Schallgeschwindigkeit c_s und Länge l der Luftsäule; damit ist $l = \lambda/2$, λ ist die Wellenlänge. Die Obertöne haben die Frequenz $f_n = n \cdot c_s/l$ mit $n = 1, 2, 3, 4, \ldots$. Die einseitig geschlossenen, d. h. gedeckten oder gedackten P. haben die Eigenfrequenzen $f_n = (2m + 1) \cdot c_s/4l$ mit $m = 0, 1, 2, 3, \ldots$, dabei stellt der Fall $m = 0$ den Grundton dar. Die Klangfarben der offenen und gedeckten P. sind verschieden. Die Klangfarbe hängt vom Verhältnis des Durchmessers zur Länge der Luftsäule, von der → Mensur, ab. Enge Mensuren begünstigen die höheren, große oder weite dagegen die tieferen Obertöne. Große Mensuren erfordern bei der Berechnung der für bestimmte Frequenzen zu konstruierenden P. eine Längenkorrektion bzw. → Mündungskorrektion.

Eine im Vergleich zum Grundton starke Anregung der Obertöne, teilweise sogar ohne den Grundton, kann durch → Überblasen erreicht werden. Dies wird bei den zu den Lippenpfeifen zu rechnenden Blasinstrumenten, z. B. der Flöte, zur Erweiterung des Tonumfangs ausgenutzt.

Die *Zungenpfeifen* (Abb. 2) besitzen als Tonerzeugungssystem eine in einer Öffnung zwischen der Kammer *K* und der Luftsäule *L* einseitig eingespannte, dünne Metallzunge *Z*, die diese Öffnung beim Anblasen der Pfeife periodisch öffnet und schließt. Die Eigenfrequenz der Zunge bestimmt wesentlich die Tonhöhe, allerdings beeinflußt durch die Länge der mit dem primären Erregungssystem akustisch gekoppelten Luftsäule. Die Tonhöhe der Zungenpfeifen, beispielsweise derjenigen der Orgel, kann mit einem als Krücke *Kr* bezeichneten Drahtbügel, der die Länge des frei schwingenden Teils der Zunge einstellt, korrigiert werden. Die Blasinstrumente Fagott, Oboe und Klarinette stellen Zungenpfeifen dar, bei denen die Metallzunge durch ein oder zwei Rohrblättchen ersetzt werden. Sie werden auch Rohrblattinstrumente genannt.

Polsterpfeifen, auch Gegenschlagpfeifen genannt, eine Abart der Zungenpfeifen, enthalten als Tonerregungssystem zwei durch Federn gegeneinander gedrückte Polster, die beim Anblasen den Luftstrom periodisch unterbrechen.

Die beschriebenen Grundtypen der P., wie sie beispielsweise im Orgelbau Verwendung finden, sind *eintönige* P. Alle P. darstellenden Blasinstrumente sind *vieltönige* P., bei denen auf einem Pfeifengrundkörper die gesamte chromatische Tonleiter über mehrere Oktaven spielbar ist. Dies wird durch Anbringen von seitlichen Grifflöchern möglich, so daß jeweils diejenige Luftsäule, die sich zwischen Tonerzeugungssystem und erstem offenen Loch befindet, für die Entstehung eines bestimmten Tones verantwortlich ist. Die einzelnen Löcher verkürzen damit die wirksame Pfeifenlänge.

Für hohe tonfrequente Töne und Ultraschallwellen kann die *Galton-Pfeife*, auch Grenzpfeife genannt, verwendet werden (Abb. 3). Sie stellt

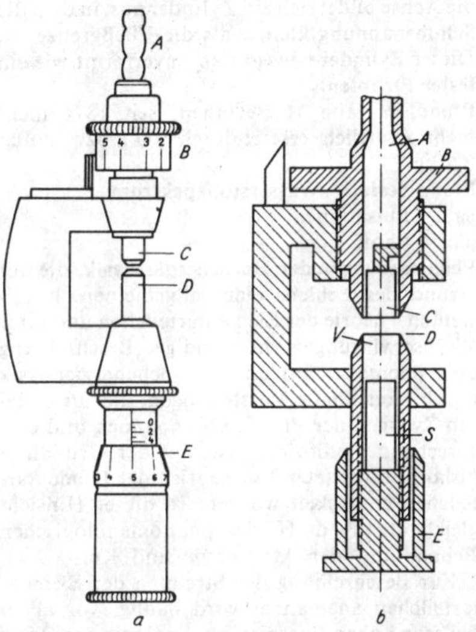

3 Galton-Pfeife: *a* Ansicht, *b* Längsschnitt. *A* Mundstück, *B* Mikrometerschraube, *C* ringförmiger Schlitz, *D* ringförmige Schneide, *E* Trommel zum Verstellen des Pfeifenvolumens, *S* verschiebbarer Stempel, gekoppelt mit *E*, *V* Luftvolumen

eine besonders kurze, gedackte Lippenpfeife mit ringförmigem Schlitz und ebensolcher Schneide dar und wird mit Druckluft angeblasen. Die Länge der Luftsäule wird mit einer Mikrometerschraube verändert, so daß ein bestimmter Frequenzbereich exakt meßbar überstrichen werden kann.

In Flüssigkeiten *Fl* können intensive Ultraschallwellen durch eine *Flüssigkeitspfeife* (Abb. 4) erzeugt werden, wenn ein kräftiger, aus

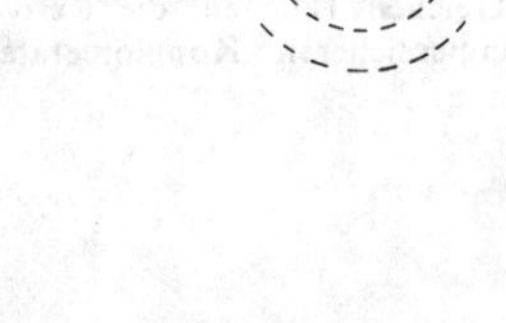

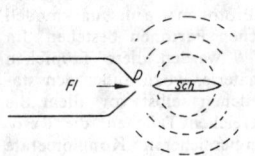

4 Prinzip der Flüssigkeitspfeife

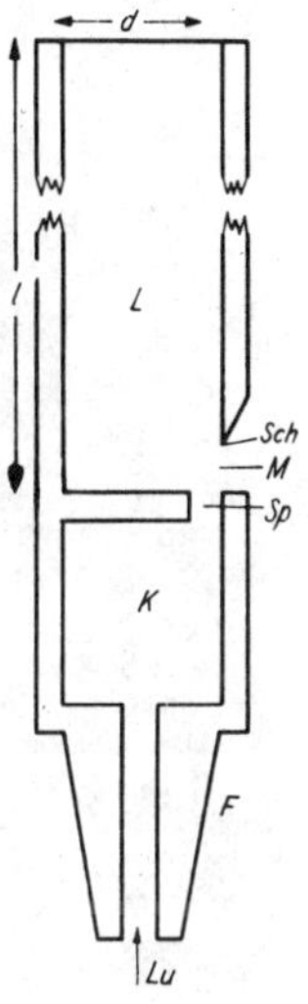

1 Lippenpfeife

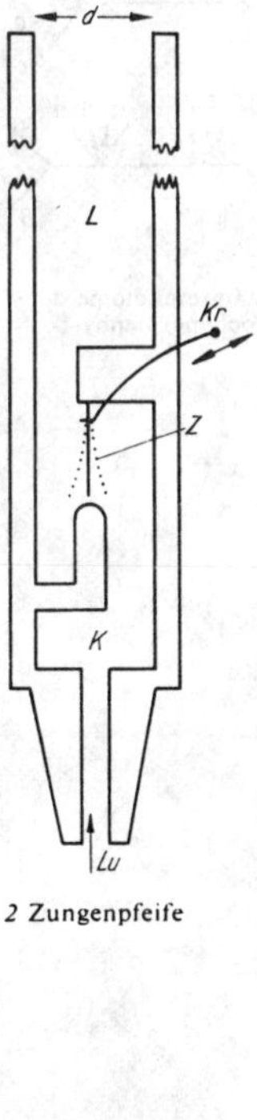

2 Zungenpfeife

einer Düse D tretender Flüssigkeitsstrahl auf eine metallische Schneide *Sch* trifft. Die sich ablösenden Wirbel erregen die Schneide zu kräftigen Biegeschwingungen hoher Frequenz, so daß sie zum Ausgangspunkt intensiver Ultraschallwellen wird.

Pferdestärke, PS, alte inkohärente Einheit der Leistung von Kraft- und Arbeitsmaschinen. Vorsätze nicht erlaubt. 1 PS = 735,49875 W.

Pferdestärkestunde, PSh, alte, nicht mehr zulässige Einheit der Arbeit. 1 PSh = $2{,}648 \cdot 10^6$ J.

PFM, Abk. für Pulsfrequenzmodulation, → Modulation.

Pfropfenfließen, eine spezielle Fließerscheinung eines viskoplastischen Materials in einem Rohr. Da ein solches Material nur Fließen oberhalb der Fließgrenze zeigt, werden bei einer Rohrströmung nur die Teile fließen, bei denen diese Bedingung erfüllt ist. In Rohrmitte sind in einer viskosen Flüssigkeit die Schubspannungen Null und nehmen mit zunehmendem Radius zu. Um die Achse bildet sich ein Zylinder aus, in dem die Schubspannung kleiner als die Fließgrenze ist. Dieser Zylinder bewegt sich unverformt wie ein fester Pfropfen.

Pfund, ℔, alte Masseeinheit, seit 1874 nicht mehr gesetzlich, ersetzt durch 500 g bzw. durch 0,5 kg.

Pfund-Serie, → Wasserstoffspektrum.

pg, → Pulsationen.

ph, → Phot.

Phänomenologie der Hochenergiephysik, die auf Grund des Fehlens einer allgemeinen, konsistenten Theorie der Elementarteilchen und ihrer Wechselwirkungen notwendige Beschreibung experimenteller Fakten der Hochenergiephysik durch modellhafte Vorstellungen, die aus anderen Zweigen der Physik übernommen und entsprechend modifiziert bzw. auf der Grundlage bislang erarbeiteter Teiltheorien der Elementarteilchen entwickelt wurden. In dieser Hinsicht gleicht die P. d. H. der phänomenologischen Behandlung der Atomkerne und Kernkräfte.

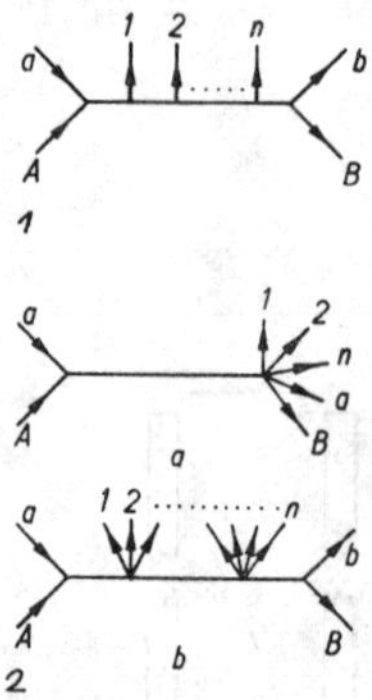

Phänomenologie der Hochenergiephysik

Zur Beschreibung der Streuung der Elementarteilchen aneinander wird häufig, vor allem bei sehr hohen Energien, in Analogie zur Optik der beschleunigte Primärstrahl als Materiewelle und das Targetteilchen als teilweise absorbierende Kugel, graue Kugel genannt, betrachtet, an der die einfallende Welle gestreut wird (*optisches Modell*). Im *Tröpfchenmodell* dagegen werden die beiden stoßenden Teilchen als deformierte Tröpfchen betrachtet, die sich beim eigentlichen Streuakt ganz oder teilweise durchsetzen, dabei wechselwirken und die zusätzlich zu den unbeeinflußt weiterfliegenden Tröpfchen auftretende Endprodukte der Reaktion bilden. Den korpuskularen „Stoff", aus dem diese Tröpfchen bestehen sollen, bezeichnet man jetzt häufig als *Partonen*, das Tröpfchenmodell daher auch als *Partonmodell*, und identifiziert diese hypothetischen Teilchen gelegentlich mit den Quarks (→ Quarkmodell), ohne dabei zugleich anzunehmen, daß Protonen wie im Quarkmodell aus nur drei solchen Partonen bestehen. Im *statistischen Modell* werden diese Tröpfchen angeregter Kernmaterie, wozu außer den stabilen Elementarteilchen selbst vor allem die angeregten, massereichen Teilchen, die Resonanzen und energiereicheren Konglomerate zählen, als *Feuerbälle* bezeichnet; diese sollen selbst wieder aus Feuerbällen aufgebaut sein. Mit Hilfe einer Selbstkonsistenzbedingung und unter Berücksichtigung der Erhaltungssätze und der Kinematik erhält man daraus z. B. Angaben über das Anwachsen der Anzahl der verschiedenen Teilchen mit der Masse, die experimentell im heute zugänglichen Bereich gut unterstützt sind. Dabei ergibt sich ferner die Existenz einer höchsten Temperatur $T_0 = 1{,}8 \cdot 10^{12}$ K, die nicht überschritten werden kann, weil bei T_0 die hochgradig angeregte Materie in kleinere Teilchen „verdampft".

Charakteristisch für alle phänomenologischen Modelle ist, daß sie die wegen des Fehlens einer vollständigen Theorie ungeklärten Teilfragen der Dynamik auf einige wenige Parameter zurückführen, die dem Experiment zu entnehmen sind. Dabei gelingt im allgemeinen eine Beschreibung einer ganzen Klasse von Erscheinungen im vorgegebenen Energiebereich und/oder eine Erweiterung des Energiebereichs, so daß gewöhnlich prognostische Aussagen über die bei höheren Energien zu erwartenden Phänomene folgen. Auch die Einführung der Formfaktoren der starken Wechselwirkung ist ein Teil der P. d. H. Gewöhnlich zählt man auch einige anhand einer vorläufigen Theorie entwickelte Modelltheorien zu den phänomenologischen Modellen, besonders wenn sie noch mit bestimmten Näherungen verknüpft sind. Hierunter fällt das *multiperiphere Modell*, dem die Vorstellung zugrunde liegt, daß die Vielteilchenerzeugung bei hochenergetischen Stößen hauptsächlich durch peripheres „Streifen der Randzone" des Targetteilchens und dabei im wesentlichen jeweils über Zwei-Teilchen-Reaktionen erfolgt, d. h., es werden nur Feynman-Diagramme der Abb. 1 und nicht z. B. solche, wie sie in Abb. 2a und 2b angegeben sind, bei der Berechnung (und zwar mit Erfolg) herangezogen.

phänomenologische Beschreibung, Betrachtungsweise eines Vielteilchensystems, z. B. Gas, Flüssigkeit, Festkörper oder Plasma, bei der man von der mikroskopischen Struktur der Systeme vollkommen absieht und nur die makroskopisch sichtbaren und damit phänomenologisch gegebenen Größen berücksichtigt, die man auf Grund experimenteller Beobachtungen in den phänomenologischen Gesetzen miteinander zu verknüpfen versucht. Die p. B. ist die Grundlage der klassischen Thermodynamik und der Thermodynamik irreversibler Prozesse, wo Größen wie die Gesamtenergie eines Systems und Transportkoeffizienten eingehen. Der p.n B. steht die *mikroskopische Beschreibung* in der Statistik gegenüber, die von den Teilcheneigenschaften, z. B. Atommasse, Atomgeschwindigkeit, ausgeht.

phänomenologische Koeffizienten, *kinetische Koeffizienten*, Proportionalitätsfaktoren in den linearen Beziehungen zwischen Strömen und thermodynamischen Kräften in der Thermodynamik irreversibler Prozesse. Sie hängen mit den Transportkoeffizienten und mit den Koeffizienten in überlagerten Erscheinungen, wie Thermodiffusion und thermoelektrische Effekte, zusammen. Sie werden *Onsager-Koeffizienten* genannt, wenn in den zwischen ihnen geltenden

Onsager-Casimirschen Reziprozitätsbeziehungen (→ Thermodynamik 5) kein Vorzeichenwechsel auftritt, und *Casimirsche Koeffizienten*, wenn er auftritt.

phänomenologische Stofftheorie. Die Mannigfaltigkeit der möglichen Beziehungen zwischen den dynamischen und kinematischen Größen wird durch Einführen bestimmter Prinzipien auf eine beschränkte Anzahl von Gleichungen zurückgeführt. Diese stimmen mit den schon experimentell beobachteten überein und können bisher unbekannte Gesetze voraussagen. Man geht dabei vom feldtheoretischen Standpunkt aus, abstrahiert also von der Korpuskularstruktur der Materie und betrachtet die Materie als ein Kontinuum.

Phantom, festes oder flüssiges gewebeäquivalentes Medium zur Simulierung der Wechselwirkung ionisierender Strahlung in biologischen Objekten. Für Messungen unter wirklichkeitsnahen Bedingungen wird das Objekt je nach der Meßaufgabe mehr oder weniger formgetreu nachgebildet. Üblich sind P.e aus Paraffin mit oder ohne Knocheneinlagerungen, Wasserphantome u. a. Bei Inkorporationsmessungen z. B. mit einem Ganzkörperzähler werden zur Eichung der Apparatur radioaktive Nuklide in das P. eingebracht.

Phase, 1) Schwingungslehre: *Schwingungsphase*, die zeitliche Entfernung eines Schwingungszustandes vom festgelegten Nullpunkt. Eine sinusförmige Schwingung (Abb.) wird durch die Gleichung

$$a = a_0 \sin\left(2\pi \frac{t}{T} - \varphi_0\right) = a_0 \cdot \sin 2\pi\left(\frac{t - t_0}{T}\right)$$

dargestellt; a ist die momentane Auslenkung zur Zeit t, a_0 ist die maximale Auslenkung oder Amplitude zur Zeit t_0, T ist die Schwingungsdauer. Das Argument der Sinusfunktion $2\pi \frac{t}{T} - \varphi_0$ heißt *Phasenwinkel*, φ_0 ist die

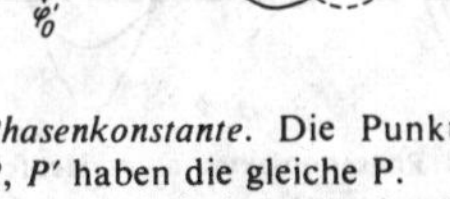

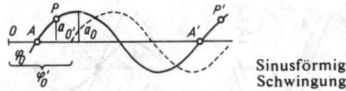

Sinusförmige Schwingung

Phasenkonstante. Die Punktpaare A, A' und P, P' haben die gleiche P.

Im analytischen Ausdruck für eine harmonische Schwingung bzw. für eine harmonische Welle mit der Frequenz $\nu = \omega/2\pi$, dem Wellenvektor $\vec{k}$ und dem Ortsvektor $\vec{r}$ wird das Argument $\omega t + \varphi_0$ bzw. $\omega t - \vec{k}\vec{r} + \varphi_0$ der den Zeitverlauf beschreibenden harmonischen Funktion auch als P. bezeichnet.

Zwei gleichfrequente Schwingungen mit den Phasenkonstanten φ_0 und φ_0' haben eine *Phasendifferenz* $\alpha = \varphi_0 - \varphi_0'$, die auch *Phasenverschiebung* genannt wird. Ist $\alpha = 2\pi, 4\pi, \ldots$, so heißen die Schwingungen gleichphasig. Beim Auffallen einer elektromagnetischen Welle (Lichtwelle) auf die Oberfläche eines optisch dichteren Mediums erleidet die reflektierte Welle eine *Phasenänderung* (*Phasensprung*, *Phasenverlust*); man spricht auch von ***Phasenumkehr***, weil die Auslenkung a dann das entgegengesetzte Vorzeichen annimmt. Unregelmäßigkeiten der P. (***Phasenanomalien***) treten in der Umgebung von Bild- bzw. Brennpunkten, -linien und -flächen auf.

2) Thermodynamik: jeder homogene Teil eines heterogenen Systems. Homogen ist ein Teil eines Systems, wenn seine makroskopischen Eigenschaften, z. B. Dichte, Kristallstruktur, Temperatur, Brechungsindex, spezifische Wärmekapazität, in allen seinen Orten gleich sind. Inhomogenitäten, die durch das Schwerefeld hervorgerufen werden, werden im allgemeinen nicht berücksichtigt. Mehrere räumlich getrennte Bereiche, die aber in ihren makroskopischen Eigenschaften gleich sind, z. B. die vielen einzelnen Kristalle in einer gesättigten Lösung, werden als nur eine P. angesehen.

Die verschiedenen P.n sind durch *Phasengrenzflächen* getrennt, an denen sich die Eigenschaften sprunghaft innerhalb einiger Atomabstände ändern. Der Einfluß dieser Grenzschichten auf die makroskopischen Eigenschaften des Gesamtsystems kann im allgemeinen vernachlässigt werden, da die Zahl der Moleküle in ihnen klein ist im Vergleich zur Zahl in den kompakten P.n. Werden die Phasengrenzflächen sehr groß, wie bei Kolloiden und Emulsionen, so können die Eigenschaften des Gesamtsystems durch sie wesentlich beeinflußt werden.

Stehen P.n miteinander im thermodynamischen Gleichgewicht, so spricht man von *koexistierenden P.n*, z. B. eine Flüssigkeit und ihr Dampf, und von → Phasengleichgewichten, z. B. von Schmelz-, Siede- oder Lösungsgleichgewichten. In einem metastabilen Gleichgewicht bestehen *metastabile P.n* (→ chemisches Gleichgewicht).

Enthält eine P. nur einen einzigen Stoff, so heißt sie *reine P.*; z. B. bilden die verschiedenen Aggregatzustände eines Stoffes sowie mehrere nicht mischbare Stoffe stets je eine besondere P. innerhalb eines Stoffsystems. Durchdringen sich verschiedene Komponenten in molekularer Form, so spricht man von *Mischphasen* (→ Mischung), im festen Zustand von Mischkristallen. Gase können stets nur eine P. bilden. → Gibbssche Phasenregel, → Phasenübergänge.

phased array, → Radar.

Phasenanalyse, 1) bei kristallinen Substanzen die Bestimmung der Mengenanteile der einzelnen Komponenten eines Gemisches kristalliner Substanzen (*quantitative P.*). Die P. wird meistens an Hand der Intensitäten von Röntgenstrahlinterferenzen (→ Pulvermethoden) durchgeführt. Gelegentlich werden auch die Neutronenbeugung oder mikroskopische Methoden angewandt. Als *qualitative P.* bezeichnet man die Identifizierung der einzelnen Komponenten eines Gemisches kristalliner Substanzen. Diese erfolgt meist auf Grund von Röntgenaufnahmen nach einer der Pulvermethoden. Zur Kennzeichnung der Substanzen dienen dabei die d-Werte und die zugehörigen Röntgenbeugungsintensitäten unter Verwendung on Vergleichsaufnahmen bekannter Substanzen oder mit Hilfe des → ASTM-Index. Auch auf Grund von Gitterkonstanten ist eine Identifizierung möglich. In vielen Fällen ist die qualitative P. auch mit anderen physikalischen Methoden möglich, z. B. durch Bestimmung des Brechungsindex, der Achsenverhältnisse oder des Winkels zwischen den Flächennormalen gut ausgebildeter Kristallflächen.

2) Bestimmung der Streuphasen aus den gemessenen partiellen Wirkungsquerschnitten, insbesondere wesentlich bei der Nukleon-Nukleon-Streuung, → quantenmechanische Streutheorie.

Phasenbahn, 1) Statistik: → Phasenraum.

2) Kernphysik: Darstellung einer Teilchenbahn in Strahlführungssystemen, die beschleunigte Teilchen im Teilchenbeschleuniger oder im Anschluß an diesen durchlaufen, um zum Target zu gelangen. Die P. ist hierbei die Bahn des Teilchens im Raumkoordinaten-Geschwindigkeits-Diagramm. In fokussierenden Systemen ist die P. eine Ellipse, deren Form sich entlang dem Strahlführungskanal ändert, deren Fläche jedoch konstant bleibt.

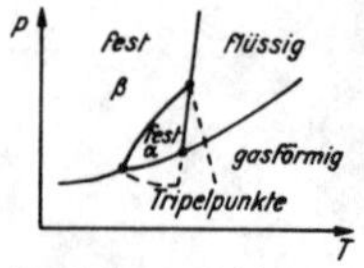

Zweiphasengleichgewichte eines Einkomponentensystems (schematisch)

Phasenbildpunkt, → Phasenraum.

Phasendiagramme, 1) allgemein: Sammelbezeichnung für Diagramme, aus denen die Phasenbereiche eines oder mehrerer Stoffe und die Grenzkurven zwischen ihnen dargestellt sind, z. B. → Schmelzdiagramm, → Siedediagramm, → p,T-Diagramm.

2) Das Phasendiagramm eines Supraleiters gibt in der H,T-Ebene denjenigen Bereich an, in dem der supraleitende Zustand existiert. Hierbei ist H die magnetische Feldstärke und T die absolute Temperatur. Das Phasendiagramm eines Supraleiters ist auch im thermodynamischen Sinne ein Phasendiagramm.

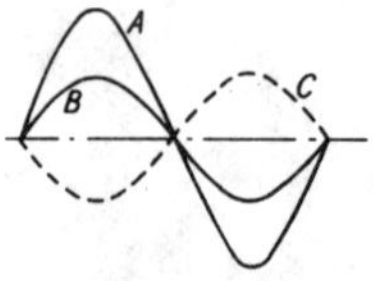

1 Darstellung eines Amplitudenobjekts

Phasendifferenz, → Phase.

Phasengeschwindigkeit, Proportionalitätsfaktor v_P im Zusammenhang $\nu = v_P/\lambda$ zwischen der Frequenz ν und der Wellenlänge λ. Die P. tritt vor allem als Ausbreitungsgeschwindigkeit einer ebenen Welle auf (→ Lichtgeschwindigkeit). Von der P. zu unterscheiden ist die Gruppengeschwindigkeit als mittlere Ausbreitungsgeschwindigkeit eines begrenzten → Wellenpaketes.

Phasengitter, → Beugungsgitter.

Phasengleichgewicht, ein thermodynamisches Gleichgewicht, an dem mehrere Phasen beteiligt sind und der Anteil einer Phase auf Kosten der anderen zu- oder abnehmen kann. Haben bei diesen Phasenumwandlungen die beteiligten Phasen die gleiche Zusammensetzung, so spricht man von *Phasenreaktionen.* Je nach der Zahl der thermodynamischen Freiheitsgrade unterscheidet man nonvariante, univariante, bivariante und multivariante P.e (→ Gibbssche Phasenregel). Beispiele für P.e sind das Schmelz-, Siede- bzw. Verdampfungs-, Sublimations- und Lösungsgleichgewicht ein- und mehrkomponentiger Systeme.

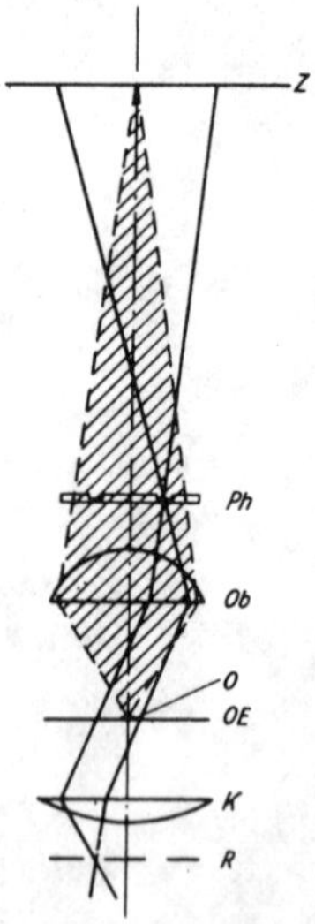

3 Schema des Strahlengangs im Phasenkontrastmikroskop. *R* Ringblende, *K* Kondensor, *OE* Objektebene, *O* Objekt, *Ob* Objektiv, *Ph* Phasenplatte, *Z* Zwischenbildebene

Bei einkomponentigen Systemen gibt es Zweiphasen- und Dreiphasengleichgewichte, was am besten im p,T-Diagramm zu sehen ist (Abb.). Auf den Kurven koexistieren die jeweils benachbarten Phasen. Die beiden festen Phasen α und bedeuten, daß viele Stoffe im festen Zustand verschiedene Kristallformen bei verschiedenen Temperaturen und Drücken haben (→ Modifikation), die als verschiedene Phasen anzusehen sind. Die Differentialgleichung der Koexistenzkurven ist die → Clausius-Clapeyronsche Gleichung.

Bei mehrkomponentigen Systemen gibt es eine große Vielfalt von Zustandsdiagrammen, die davon abhängen, bei welchen Temperaturen und Zusammensetzungen die Komponenten eine Mischphase bilden können oder eine Verbindung eingehen. Im allgemeinen haben die Phasen, die sich ineinander umwandeln können, nicht dieselbe Zusammensetzung, z. B. hat der Dampf einer binären Flüssigkeit eine andere Zusammensetzung als diese. Bei einigen Stoffen gibt es bestimmte Mischungsverhältnisse, bei denen beide Phasen gleiche Zusammensetzung haben, z. B. bei azeotropen Mischungen und bei der eutektischen Zusammensetzung von Legierungen. Bei diesen P.en gilt für Druck- und Temperaturänderungen ebenfalls die Clausius-Clapeyronsche Gleichung.

Weiteres → Schmelzdiagramm, → Siedediagramm.

Lit. Münster: Chemische Thermodynamik (Weinheim 1969).

Phasenintegral, → mechanisches System.

Phasenkonstante, → Phase.

Phasenkontrastverfahren, ein Verfahren der Mikroskopie, bei dem die dem Auge unsichtbaren Phasenänderungen, die das Licht in oder an einem Objekt erfährt, in Intensitätsänderungen umgewandelt und damit sichtbar gemacht werden. Dies wird dadurch erreicht, daß bei der Abbildung dieser Objekte das nicht gebeugte (direkte) Licht gegenüber dem gebeugten etwas in der Phase verschoben und meist auch noch geschwächt wird. Objekte, die einen Teil des Lichtes absorbieren, ohne dessen Phase gegenüber der Umgebung zu verschieben, heißen Amplitudenobjekte (Abb. 1). Bei ihnen ist entsprechend der Abbeschen Abbildungstheorie direktes Licht (*A*) und durch das Objekt (*B*) gebeugtes Licht (*C*) um 180° phasenverschoben. Im Gegensatz dazu wird beim Phasenobjekt (Abb. 2) die Phase des Lichtes (*B*) gegenüber

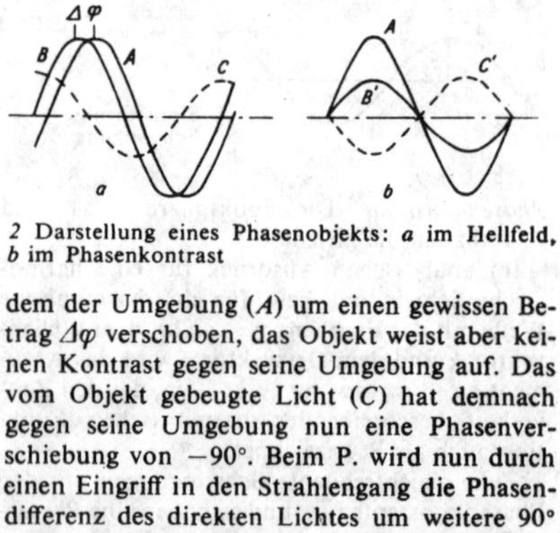

2 Darstellung eines Phasenobjekts: *a* im Hellfeld, *b* im Phasenkontrast

dem der Umgebung (*A*) um einen gewissen Betrag $\Delta\varphi$ verschoben, das Objekt weist aber keinen Kontrast gegen seine Umgebung auf. Das vom Objekt gebeugte Licht (*C*) hat demnach gegen seine Umgebung nun eine Phasenverschiebung von −90°. Beim P. wird nun durch einen Eingriff in den Strahlengang die Phasendifferenz des direkten Lichtes um weitere 90° größer, so daß wieder die gleichen Verhältnisse wie beim Amplitudenobjekt und damit der notwendige Kontrast vorliegen. In der Praxis wird beispielsweise verfahren, wie in Abb. 3 dargestellt. Das Licht tritt durch eine Ringblende *R* und den Kondensor *K*, durchsetzt die Objektebene *OE*, entwirft über das Objektiv *Ob* in der hinteren Bildebene ein Bild von der Ringblende *R* und beleuchtet die Zwischenbildebene *Z*. Das vom Objekt *O* gebeugte Licht (schraffiert) wird im Bildpunkt von *Z* vereinigt. Die Phasenplatte

Ph. z. B. eine planparallele Glasplatte mit ringförmiger Ätzung an der Stelle des Ringblendenbildes, bewirkt, daß das direkte Licht in seiner Phase verschoben wird.

Das P. wird bei Strukturen angewendet, die die Phase nur wenig ändern; hier können noch Phasenverschiebungen von etwa 3° erkannt werden. Große Werte sind erfahrungsgemäß auch ohne P. zu erkennen, wie im übrigen reine Phasenobjekte selten vorkommen. Zum Messen eignet sich das P. weniger, obwohl es empfindlicher ist als interferometrische Meßverfahren, d. h., kleine Phasenverschiebungen sind mit dem P. noch erkennbar, jedoch im Interferometer nicht mehr sichtbar. Dies gilt insbesondere für kleine Objekte. Bei ausgedehnten Strukturen werden gleiche Phasenänderungen nicht über die ganze Fläche gleichmäßig wiedergegeben, da sich direktes und gebeugtes Licht nicht vollständig trennen lassen; man beobachtet dann auch häufig den Haloeffekt, d. h., die Struktur ist von einem Lichthof umgeben.

Beim *variablen P.* können Phasenverschiebung, Absorption oder beides beliebig verändert werden. Beim *P. für Auflicht* wird statt des Phasenkontrastkondensors mit Ringblende ein spezieller Phasenkontrastilluminator benutzt (Metallmikroskopie). Die *P. im Durchlicht* haben in der Zytologie und Bakteriologie Eingang gefunden, da man durch sie auf Färbemethoden verzichten kann, die zur Kontrastanhebung sonst nötig sind und bei lebendem Material nicht angewendet werden können. Bei der Refraktometrie lebender Zellen haben sich die P. besonders bewährt, da die Brechzahl ihrer Trockenmasse proportional ist. Das P. wird dabei als empfindliches Kriterium für die Gleichheit der Brechzahlen im Einbettungsverfahren angewandt.

Phasenmatrix, → S-Matrix, → axiomatische Quantentheorie.

Phasenmodulation, → Modulation.

Phasenraum, *P. eines mechanischen Systems,* $2f$-dimensionaler euklidischer Raum, der durch die f verallgemeinerten Koordinaten q_i und die f verallgemeinerten Impulse p_i aufgespannt wird. f ist dabei die Zahl der Freiheitsgrade des betrachteten Systems, d. h., jeder mögliche mechanische Zustand des Systems wird eindeutig durch einen Bildpunkt im P., den *Phasenbildpunkt,* dargestellt.

Ist zu irgendeinem Zeitpunkt der mechanische Zustand eines Systems bekannt, so ist nach den Gesetzen der klassischen Mechanik durch die Bewegungsgleichungen der weitere Zustand für jeden späteren (und auch früheren) Zeitpunkt festgelegt. Die zeitliche Entwicklung des Systems wird im P. durch eine Bewegung des Phasenbildpunktes im P. auf einer Kurve dargestellt, die von dem dem Anfangszustand entsprechenden Bildpunkt ausgeht und als *Phasenbahn* oder *Phasentrajektorie* bezeichnet wird.

Wegen der Eindeutigkeit der Lösung der Bewegungsgleichungen kann durch jeden Punkt des P.es nur e i n e Phasentrajektorie gehen. Führt das System eine periodische Bewegung aus, dann sind die Phasenbahnen in sich geschlossen. Gelten für das System irgendwelche Erhaltungssätze, so wird die Mannigfaltigkeit der Phasentrajektorien eingeschränkt; z. B. müssen bei Gültigkeit des Energiesatzes alle zulässigen Phasenbahnen in der $(2f-1)$-dimensionalen Energiehyperfläche des P.es liegen. Der von der Energiehyperfläche umschlossene Teil des Phasenraumes wird als *Phasenvolumen* bezeichnet.

In der Quantentheorie sind die Größen q_i und p_i nicht gleichzeitig genau bestimmbar (→ Heisenbergsches Unbestimmtheitsprinzip); deshalb entspricht einem Zustand des Systems nicht ein Punkt des P.es, sondern eine Zelle, die *Phasenraumzelle,* mit dem Volumen h^f, wobei h das Plancksche Wirkungsquantum ist.

Als *Gasphasenraum* oder *Gammaraum* (*Γ-Raum*) bezeichnet man nach P. und T. Ehrenfest den P. eines aus sehr vielen gleichartigen Teilchen bestehenden Systems, z. B. eines aus N Molekülen bestehenden Gases. Die Zahl der Dimensionen des Γ-Raumes ist das doppelte Produkt aus der Zahl der Freiheitsgrade jedes einzelnen Teilchens und der Gesamtanzahl der Teilchen; für ein Mol eines einatomigen idealen Gases ergibt sich z. B. $2 \cdot 3 \cdot 6{,}02 \cdot 10^{23} = 3{,}6 \cdot 10^{24}$, wobei für die Anzahl der Moleküle die Loschmidtsche Zahl $6{,}03 \cdot 10^{23}$ eingesetzt wurde.

Stehen die einzelnen Moleküle eines Gases nicht miteinander in Wechselwirkung, wie das beim idealen Gas der Fall ist, so bewegen sie sich unabhängig voneinander; der zugehörige Γ-Raum setzt sich zusammen aus voneinander getrennten und untereinander identischen Teilphasenräumen, die den einzelnen Molekülen zugeordnet sind. Einen derartigen Teilphasenraum bezeichnet man als *Molekülphasenraum* oder *μ-Raum.* Bei einem einatomigen Molekül ist er 6-dimensional ($f = 3$), bei einem zweiatomigen starren Molekül dagegen ist er wegen der beiden hinzugekommenen Rotationsfreiheitsgrade 10-dimensional ($f = 5$).

Bei praktischen Rechnungen, vor allem wenn man mit gewöhnlichen Orts- und Impulskoordinaten anstelle der verallgemeinerten rechnet, spaltet man zweckmäßigerweise den P. in einen von den Ortskoordinaten aufgespannten *Orts-* oder *Konfigurationsraum* und einen von den Impulskoordinaten aufgespannten *Impulsraum* auf. Oft rechnet man auch nicht mit den Impulsen, sondern mit den Geschwindigkeiten der Teilchen. An die Stelle des Impulsraumes tritt dann der *Geschwindigkeitsraum.*

Phasenraumdichte, svw. Verteilungsfunktion.

Phasenraumzelle, → Phasenraum, → Maxwell-Boltzmann-Statistik.

Phasenregel, → Gibbssche Phasenregel.

Phasenschieber, eine Einrichtung, die es ermöglicht, aus einer Wechselspannung eine Spannung gleicher Frequenz zu erzeugen, die gegenüber der erregenden zeitlich um einen einstellbaren Winkel verschoben ist. In der Starkstromtechnik werden P. zur Verbesserung des Leistungsfaktors eingesetzt. Zur Kompensation von größeren Netzen dienen rotierende P. in Form von leerlaufenden Synchronmaschinen oder Kondensatorbatterien. Im ersten Fall kann die Blindleistung mit geringem Aufwand stetig über die Erregung der Synchronmaschine gestellt werden, im zweiten Fall müssen die Kondensatoren zu- oder abgeschaltet werden. Zur Kompensation eines kleinen Netzes kann an passender Stelle ein Synchronmotor eingesetzt werden, der übererregt zur Kompensation von induktiver Blindleistung bzw. untererregt zur Kompensation von kapazitiver Blindleistung betrieben wird. Bei sehr kleinen Leistungen kann zur Phasenverschiebung auch eine Brückenanordnung verwendet werden, bei der ein Zweig aus einem Kondensator bzw. aus einer Induktivität und einem regelbaren Widerstand besteht, während der andere Zweig, über dem die primäre Wechselspannung liegt, aus zwei festen Widerständen besteht. Die Phase der sekundären Spannung kann in dieser Schaltung zwischen 0 und 180° geregelt werden.

Im Bereich hoher Frequenzen kann die „Posaunen-Leitung" als ein koaxialer, absoluter und direkt ablesbarer P. verwendet werden. Als P. für Rechteckhohlleitersysteme eignen sich Streifen aus möglichst verlustfreiem dielektrischem Material, die parallel zur Schmalseite des Hohlleiters verschiebbar in diesen eingesetzt werden. Die erzielbare Phasenverschiebung ist von der Länge des Streifens und der Größe der relativen Dielektrizitätskonstante ε_r sowie vom Abstand von den Seitenwänden abhängig. In kreisförmigen Hohlleitern kann der dielektrische Streifen rotierbar um die Mittelachse angebracht werden. Die Phasenverschiebung hängt dann vom Drehwinkel ab. Phasenverschiebungen zwischen 0 und 360° sind ohne Schwierigkeiten realisierbar.

Phasenschieberkondensator, zur Blindleistungskompensation in der Energieversorgung eingesetzter Kondensator. Bei Gruppenkompensation werden P.en zu einer → Kondensatorbatterie vereinigt.

Phasensprung, 1) Wellenlehre: plötzliche Änderung der Phase von fortschreitenden Wellen. Beispielsweise beträgt der P. von Lichtwellen bei Reflexion an der Grenzfläche vom optisch dichteren zum optisch dünneren Medium π, das entspricht einem Gangunterschied $\lambda/2$.

2) Hochenergiephysik: → Fokussierung.

Phasenstabilität, → Fokussierung.

Phasenstrukturen, → Mikroskopie.

Phasentrajektorie, → Phasenraum.

Phasenübergänge, Umwandlungen eines Stoffes aus einer Phase in eine andere bei charakteristischen Werten von Temperatur T und Druck p. Im folgenden sollen nur die P. reiner Stoffe behandelt werden. Aus der thermodynamischen Gleichgewichtsbedingung folgt für das Phasengleichgewicht während des Phasenübergangs die Gleichheit der spezifischen freien Enthalpien g_i der koexistierenden Phasen: $g_1(p, T) = g_2(p, T)$. Daraus kann man im Prinzip die Koexistenzkurve $p(T)$ erhalten, wenn die Funktionen g_1 und g_2 auf statistischem Wege berechnet wären. Auf thermodynamischem Wege kann man differentielle Aussagen machen. Auf beiden Seiten der Gleichung entwickelt man in der Umgebung der Gleichgewichtswerte p_0 und T_0 und erhält

$$g_1(p_0, T_0) + \mathrm{d}p \frac{\partial g_1}{\partial p} + \mathrm{d}T \frac{\partial g_1}{\partial T} + \cdots = g_2(p_0, T_0) + \mathrm{d}p \frac{\partial g_2}{\partial p} + \mathrm{d}T \frac{\partial g_2}{\partial T} \cdots \quad (1)$$

Auf dieser Grundlage hat Ehrenfest die Ordnung eines Phasenübergangs definiert durch die Festsetzung, daß im Umwandlungspunkt bei P.n n-ter Ordnung die freie Enthalpie und ihre Ableitungen bis zur $(n-1)$-ten Ordnung stetig, die n-te Ableitung unstetig und die $(n+1)$-te Ableitung unendlich sind. Für *P. 1. Ordnung* (*P. 1. Art*) erhält man dann aus (1) die gewöhnliche Clausius-Clapeyronsche Gleichung

$$\frac{\mathrm{d}p}{\mathrm{d}T} = -\frac{(\partial g_1/\partial T)_p - (\partial g_2/\partial T)_p}{(\partial g_1/\partial p)_T - (\partial g_2/\partial p)_T} = \frac{H_2 - H_1}{T(V_2 - V_1)}.$$

Ein Phasenübergang 1. Ordnung liegt also vor, wenn eine Umwandlungswärme auftritt (spezifische Wärmekapazität wird unendlich) und eine Änderung des spezifischen Volumens stattfindet. Wegen der Volumenänderung spielen Oberflächeneffekte eine Rolle, daher sind bei vielen P.n 1. Art Überhitzung und Unterkühlung möglich. P. 1. Art (Abb. 1 und 6) sind z. B. Schmelzen, Erstarren, Sieden, Sublimieren, Kondensieren, polymorphe Umwandlungen.

Für *P. 2. Ordnung* (*P. 2. Art*) erhält man aus (1) eine Verallgemeinerung der Clausius-Clapeyronschen Gleichung, die *Ehrenfestschen Gleichungen*: $\frac{\mathrm{d}p}{\mathrm{d}T} = \frac{c_p^{(2)} - c_p^{(1)}}{V_m T(\gamma_2 - \gamma_1)}$ und $\frac{\mathrm{d}p}{\mathrm{d}T} = \frac{\gamma_2 - \gamma_1}{\varkappa_2 - \varkappa_1}$. Hierbei bedeuten c_p die spezifische Wärmekapazität bei konstantem Druck, γ den kubischen Ausdehnungskoeffizienten, $\varkappa$ die isotherme Kompressibilität, V_m das spezifische Volumen. Bei P.n 2. Art tritt keine Umwandlungswärme auf, auch das Volumen ändert sich am Übergangspunkt nicht sprunghaft. Im Unterschied zu P.n 1. Art, bei denen zwei in ihren Eigenschaften unterschiedliche Phasen im Gleichgewicht sind, sind im Umwandlungspunkt bei P.n 2. Art die beiden Phasen identisch. Je nachdem, in welcher Weise Temperatur bzw. Druck geändert werden, existiert dann die eine oder andere Phase. Unterkühlung oder Überhitzung ist daher hier nicht möglich. Es läßt sich für P. 2. Art ein innerer Parameter definieren, der beim Umwandlungspunkt Null wird (*Landau-Theorie der P. 2. Art*). Beispiele für P. 2. Art (Abb. 2, 3 und 4) sind die Übergänge am kritischen Punkt, der Übergang von ferro- zu paramagnetisch, von Ordnung zu Unordnung in Legierungen, von normalleitend zu supraleitend, von He I zu superfluidem He II (λ-Punkt).

P. 3. und höherer Ordnung (*3. und höherer Art*) sind zwar theoretisch möglich (Abb. 5), wurden aber bisher noch nicht gefunden. Andererseits existieren P., die sich nicht in das Ehrenfestsche Schema einordnen lassen, z. B. die Einstein-Kondensation eines Bose-Gases, die Onsagersche Umwandlung (Abb. 7) des zweidimensionalen → Ising-Modells.

Eine diffuse Umwandlung (Abb. 8) findet bei stark verunreinigtem System statt.

Phasenverschiebung, die Differenz zwischen zwei Wellen verschiedener → Phase bzw. das Hervorrufen einer Phasendifferenz.

Phasenvolumen, → Phasenraum.

Phasenwinkel, der Winkel, der die Phasenverschiebung zweier Wechselstromgrößen, z. B. von Strom und Spannung, angibt (→ Phase).

$$\begin{array}{cccc} \frac{T \to}{1} & \frac{T \to}{2} & \frac{T \to}{3} & \frac{T \to}{4} \end{array}$$

$$\begin{array}{cccc} \frac{T \to}{5} & \frac{T \to}{6} & \frac{T \to}{7} & \frac{T \to}{8} \end{array}$$

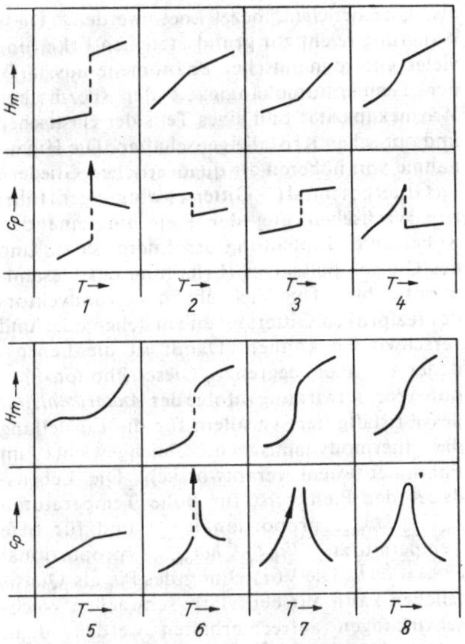

Verschiedene Typen von Phasenübergängen. *1* Phasenübergang 1. Ordnung, *2* Phasenübergang 2. Ordnung, *3* Phasenübergang 2. Ordnung, *4* Phasenübergang 2. Ordnung (λ-Punkt), *5* Phasenübergang 3. Ordnung, *6* anomaler Phasenübergang 1. Ordnung, *7* Onsagersche Umwandlung, *8* diffuse Umwandlung

Phasitron, eine axial gesteuerte Elektronenstrahlröhre, die zur Phasenmodulation dient. Unter dem Einfluß einer Fokussierungseinrichtung (Abb.) wird von einer axialen Katode eine diskusförmige Elektronenströmung zur Anode erzeugt. Auf einem Kreis um die Katode sind $3 \cdot 12$ Ablenkplattenpaare in Form von radial

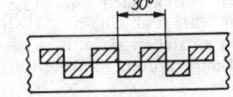

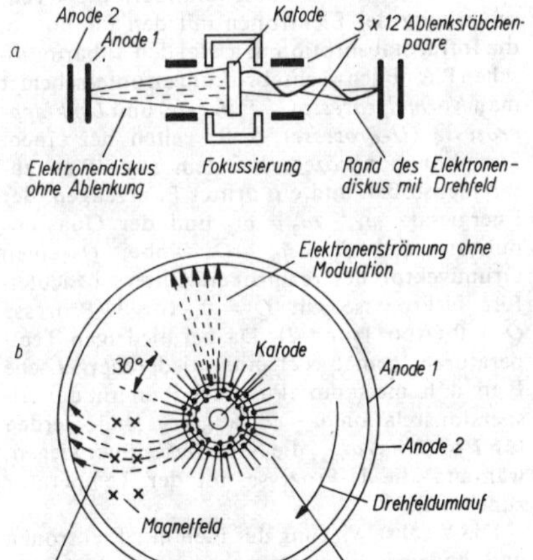

Schematischer Aufbau und Wirkungsweise eines Phasitrons: *a* Querschnitt, *b* Aufsicht, *c* Anode 1 aufgerollt.

gerichteten Ablenkstäbchen angeordnet. Von diesen sind jeweils 12 miteinander verbunden, so daß 3 ineinandergeschachtelte Ablenksysteme entstehen, die mit einem dreiphasigen Drehfeld der zu modulierenden Frequenz *f* verbunden sind. Durch die axiale Strahlablenkung wird der Elektronendiskus gewellt. Diese Wellung läuft unter dem Einfluß des Drehfeldes um.

Die Anode 1 ist fensterförmig ausgespart, so daß zu einem bestimmten Zeitpunkt der gesamte Strom auf sie fließt, nach einer halben Periode dagegen auf eine dahinterliegende 2. Anode. Legt man noch ein axiales Magnetfeld an, so wird der gesamte Elektronendiskus je nach der Richtung des Magnetfeldes vor oder zurück gedreht, wodurch eine Phasenmodulation entsteht.

Phasotron, ein → Teilchenbeschleuniger.

Philco-Transistor, → Transistor.

Philips-Vakuummeter, → Vakuummeter.

Phi-Mesonen, → Elementarteilchen.

phon, → Phon.

Phon, Kurzz. phon, Kennwort für die Lautstärkeempfindung, der zehnfache dekadische Logarithmus des Verhältnisses zweier Schallstärken bzw. der zwanzigfache dekadische Logarithmus des Verhältnisses zweier Schalldrücke.

$$\text{phon} = 10 \lg \times \frac{I}{I_0} = 20 \lg \frac{p}{p_0}.$$

Die Schallstärke I_0 ist ein Schwellenwert, d. i. die vom menschlichen Ohr noch wahrnehmbare Schallstärke von 10^{-12} W/m² bei einer Frequenz von 1 kHz.

Phonon, eine Elementaranregung des Kristallgitters eines Festkörpers, die sich in kollektiven kleinen Oszillationen aller Gitterbausteine äußert. Die Bezeichnung P. erfolgt in Analogie zur Beschreibung des freien elektromagnetischen Feldes mittels Photonen. Klassisch läßt sich das ungedämpfte Schallfeld wie das freie elektromagnetische Feld durch einen Feldvektor beschreiben. Dieser genügt einer linearen, homogenen Wellengleichung zweiter Ordnung in Raum- und Zeitkoordinaten, deren Lösungen Superpositionen von ebenen Wellen darstellen, und führt zu einer Dispersionsrelation analog der des Photonenfeldes, die sich nur in den Ausbreitungsgeschwindigkeiten und den möglichen Polarisationszuständen unterscheidet. Die quantenmechanische Beschreibung der kollektiven mechanischen Anregung der Gitterbausteine als ununterscheidbare quantisierte Oszillatoren oder als ein Gas ununterscheidbarer Teilchen, die im thermodynamischen Gleichgewicht über ihre möglichen Zustände analog zu den Lichtquanten gemäß der → Planckschen Strahlungsformel verteilt sind, wird bei der Behandlung von Wechselwirkungsprozessen der P.en untereinander und der P.en mit anderen Systemen angewandt.

Die P.en sind mit Massen verbundene Anregungen; das drückt sich auch in der → Dispersionsrelation der Phononen aus. Ein P. ist Träger eines Energiequants $\hbar \omega_j(\vec{q})$. Hierbei bedeutet $\omega_j(\vec{q})$ die Frequenz einer Normalschwingung des Gitters mit dem Wellenzahlvektor $\vec{q}$ des *j*-ten Zweiges der Dispersionsrelation und $\hbar = h/2\pi$ die Plancksche Konstante.

Ein P. ist eine kollektive Anregung aller Gitterbausteine. Die Quantelung der Energie der Gitterschwingungen folgt experimentell z. B. daraus, daß die spezifische Wärmekapazität von Festkörpern mit der Temperatur gegen Null geht (→ Einsteinsche Theorie der spezifischen Wärmekapazität, → Debyesche Theorie der spezifischen Wärmekapazität), oder sie ergibt sich aus der unelastischen Streuung von Röntgenstrahlung und thermischen Neutronen an Kristallen, wobei Energie- und Impulsänderungen auftreten, die der Erzeugung oder Absorption eines oder mehrerer P.en entsprechen. Ein P., dessen entsprechende elastische Welle einen Wellenzahlvektor $\vec{q}$ hat, tritt mit anderen Anregungen oder mit Feldern in Wechselwirkung, als hätte es einen Impuls $\hbar\vec{q}$ (*de-Broglie-Impuls*); der wirkliche Impuls einer Anregung mit dem Wellenzahlvektor $\vec{q}$ ist in einem Kristall aber Null. Daher wird dem P. ein bis auf einen Grundvektor des reziproken Gitters bestimmter Quasiimpuls $\hbar\vec{q}$ zugeschrieben. Die Bewegung des Kristallgitters, bei der die Atome kleine Schwingungen um ihre Gleichgewichtsposition ausführen, kann in der *adiabatischen* und *harmonischen Näherung* als Überlagerung von *Normalschwingungen*, d. h. $3Nr$ voneinander unabhängig schwingenden linearen harmonischen Oszillatoren, angesehen werden (→ Gitterschwingungen). Hierbei ist N die Anzahl der Elementarzellen, in der sich jeweils r Atome befinden. Die Energie der Gitterschwingungen ist

$$E = \sum_{qj} \hbar\omega_j(\vec{q})\,[n_j(\vec{q}) + \tfrac{1}{2}]. \qquad (1)$$

Hierbei ist $n_j(\vec{q})$ die Anzahl der angeregten Schwingungen der Wellenzahl $\vec{q}$ und des Zweiges j, die alle nichtnegativen Zahlen annehmen kann. Daher gehören die P.en zu den Bosonen und unterliegen der Einstein-Bose-Statistik – unabhängig davon, welcher Statistik die Strukturelemente des Gitters genügen –; diesbezüglich lassen sich die Anregungszustände des Gitters als ein ideales Gas, das *Phononengas*, vorstellen. Da die Gesamtzahl dieser Quasiteilchen im thermischen Gleichgewicht nur durch die Gleichgewichtsbedingungen bestimmt wird, ist das chemische Potential der P.en Null. Die mittlere Anzahl der P.en $\langle n_j(\vec{q})\rangle$ in einem Quantenzustand der Energie $\hbar\omega_j(\vec{q})$ und dem Quasiimpuls $\hbar\vec{q}$ bestimmt sich im thermischen Gleichgewicht durch die Plancksche Funktion

$$\langle n_j(\vec{q})\rangle = [\exp(\hbar\omega_j(\vec{q})/k_B T) - 1]^{-1}. \qquad (2)$$

Hierbei ist k_B die Boltzmannsche Konstante und T die absolute Temperatur.

Der Vorstellung der Gitterschwingungen als stehende Wellen, die in zwei in entgegengesetzte Richtungen laufende Wellen mit den Wellenzahlvektoren $\vec{q}$ (bzw. $-\vec{q}$), den Polarisationsvektoren $\vec{e}(\varkappa|\vec{q}j)$ ($\varkappa$ ist die Nummer des entsprechenden Atoms) und den Frequenzen $\omega_j(\vec{q})$ zerlegt werden können, kann man nach dem quantenmechanischen Korrespondenzprinzip das Bild einer Gesamtheit von Quasiteilchen mit dem Quasiimpuls $\hbar\vec{q}$ und der Energie $\hbar\omega_j(\vec{q})$ gegenüberstellen. Die *Phononengeschwindigkeit* bestimmt sich entsprechend der Gruppengeschwindigkeit der klassischen Wellen $\vec{v}_j(\vec{q}) = \mathrm{grad}_q\, \omega_j(\vec{q})$.

In der harmonischen Näherung ist die Lebensdauer der P.en unbegrenzt, und sie können als Quasiteilchen bezeichnet werden. Diese Näherung reicht zur grundsätzlichen Erklärung vieler gitterdynamischer Phänomene aus, z. B. der Temperaturabhängigkeit der spezifischen Wärmekapazität und eines Teils der elastischen und optischen Kristalleigenschaften. Die Hinzunahme von höheren als quadratischen Gliedern im Gitterpotential (→ Gitterschwingungen) führt zur Wechselwirkung der P.en untereinander, wobei unter Einhaltung des Energiesatzes und des Quasiimpulssatzes (Erhaltung des Gesamtimpulses bis auf ein Vielfaches des Grundvektors des reziproken Gitters) P.en entstehen oder/und verschwinden können. Damit ist die Lebensdauer der P.en begrenzt. Diese Phonon-Phonon-Wechselwirkung infolge der *Anharmonizität* des Kristallgitters ist allein für die Einstellung des thermodynamischen Gleichgewichts im Phononensystem verantwortlich. Die Lebensdauer der P.en τ ist für hohe Temperaturen $k_B T \gtrsim \hbar\omega_{max}$ proportional T^{-1} und für tiefe Temperaturen $k_B T \ll \hbar\omega_{max}$ proportional $e^{\hbar\omega_{max}/k_B T}$. Die Vorstellung des P.s als Quasiteilchen kann nur bei relativ schwachen Wechselwirkungen aufrechterhalten werden, d. h. solange $\omega_j(\vec{q}) \gg \tau^{-1}$. Bei Zimmertemperatur liegt die Lebensdauer der P.en gewöhnlich bei $\tau \approx 10^{-12}$ s.

Anharmonische Wechselwirkungen in Kristallen erklären eine Reihe von physikalischen Eigenschaften, z. B. die Wärmeausdehnung, die Druck- und Temperaturabhängigkeit der elastischen Konstanten, die Abweichung der spezifischen Wärmekapazität (Anwachsen) von der Dulong-Petitschen Regel bei hohen Temperaturen, die Wärmeleitfähigkeit (Wärmewiderstand), außerdem beeinflussen sie die Wirkungsquerschnitte der Streuung von Neutronen- und Röntgenstrahlen und verändern die Wechselwirkung der Elektronen mit den Phononen, die Infrarotabsorption u. a. Bei den anharmonischen Phononenwechselwirkungen unterscheidet man *Normalprozesse* (*N-Prozesse*) und *Umklappprozesse* (*U-Prozesse*); z. B. gelten bei einem Dreiphononenprozeß, bei dem zwei P.en zusammenstoßen und ein drittes P. erzeugen, der Energiesatz $\omega_1 + \omega_2 = \omega_3$ und der Quasiimpulssatz $\vec{q}_1 + \vec{q}_2 = \vec{q}_3 - \vec{Q}$, wobei $\vec{Q}$ einen Grundvektor des reziproken Gitters bedeutet. Für N-Prozesse gilt $\vec{Q} = 0$, für U-Prozesse $\vec{Q} \neq 0$ (Abb. 1 und 2). Da bei niedrigen Temperaturen gemäß (2) nur niederenergetische P.en, d. h. meist nur akustische P.en mit der Dispersionsrelation $\omega \sim |\vec{q}|$, angeregt sind, werden für $T \ll (\hbar/k_B)\,\omega_{max}$ die N-Prozesse überwiegen, während die U-Prozesse mit der Temperatur zunehmen.

Die Wechselwirkung der P.en mit Elektronen und anderen Elementaranregungen des Festkörpers sowie die Stöße mit Fehlstellen des Gitters oder mit den Kristallgrenzen können die Phononenlebensdauer erheblich herabsetzen.

Die kollektiven Anregungen vom Typ der P.en sind nicht unbedingt an eine Kristallstruktur gebunden; so entstehen sie z. B. auch bei sehr niedrigen Temperaturen in Bose-Flüssigkeiten.

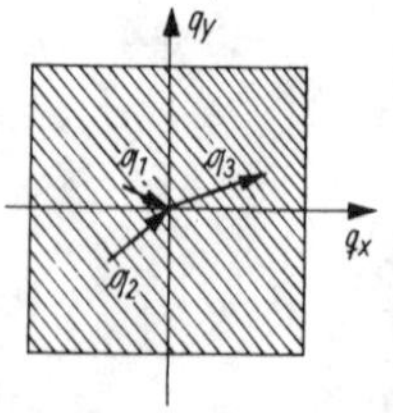

1

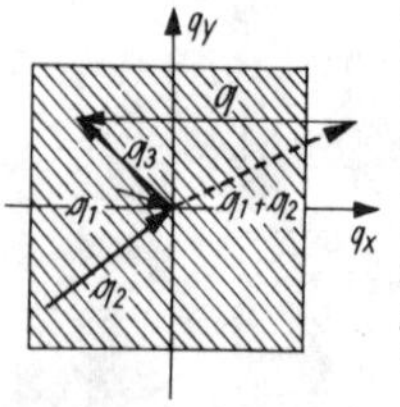

2

1 Normalprozeß $\vec{q}_1 + \vec{q}_2 = \vec{q}_3$ und *2* Umklappprozeß $\vec{q}_1 + \vec{q}_2 = \vec{q}_3 - \vec{Q}$ in einem zweidimensionalen quadratischen reziproken Gitter (schraffiert = die erste Brillouin-Zone). Phononen der Wellenvektoren $\vec{q}_1$, $\vec{q}_2$ werden beim Stoß vernichtet und das Phonon mit $\vec{q}_3$ wird dabei erzeugt. Der reziproke Vektor $\vec{Q}$ mit der Länge 2π/Gitterkonstante holt den beim U-Prozeß resultierenden Vektor $\vec{q}_1 + \vec{q}_2$ in die erste Brillouin-Zone zurück

Phononenspektrum, → Dispersionsrelation der Phononen.

Phononentemperatur, die als Boltzmann-Temperatur $k_B T_i$ ausgedrückten, den kritischen Punkten im Phononenspektrum zugeordneten Energien $\hbar\omega_i$. Dabei sind k_B die Boltzmannsche Konstante, ω_i die Phononfrequenz zum entsprechenden kritischen Punkt, $\hbar = h/2\pi$ die Plancksche Konstante und T_i die Temperatur zur Kennzeichnung des entsprechenden kritischen Punktes.

Phonon-Seitbande, → Null-Phonon-Übergang.

Phoronomie, → Kinematik.

Phosphoreszenz, → Lumineszenz, → Spektren mehratomiger Moleküle 4).

Phot, ph, alte Einheit der spezifischen Lichtausstrahlung bzw. der Beleuchtungsstärke. 1 ph = 10^4 lx.

Photoanregung, Anregung eines Atoms oder Moleküls durch Absorption eines Photons, d. h. durch Bestrahlung mit Licht.

Photochromie, 1899 von Markwald entdecktes, nicht auf der Grundlage von Silberhalogenid arbeitendes reversibles photographisches Verfahren. Die ihm zugrundeliegenden Reaktionen können verschiedener Natur sein; es kann sich um Isomerisation (Spiroverbindungen), Redox-Systeme (Gold- und Cer-Salze) oder um Dissoziation handeln; man hat beispielsweise lichtempfindliche Gläser entwickelt, die Cer(III)- und Gold(I)-Ionen enthalten. Beim Kopieren von Negativen im ultravioletten Licht auf solche Gläser treten die folgenden Redoxvorgänge ein:

$$Ce^{+++} + UV \rightarrow Ce^{++++} + e^-$$

$$e^- + Au^+ \rightarrow Au.$$

Durch Erhitzen auf 600°C wird das latente Bild „entwickelt"; die beweglichen benachbarten Goldatome koagulieren bei dieser Temperatur zu ultramikroskopischen Teilchen, die ein purpurblaues oder braunes Sol bilden.

Der technische Einsatz dieses Verfahrens ist noch gering, es wird aber für die Informationsspeicherung auf Grund der enormen Auflösung der Schichten, der schnellen Zugriffszeiten und der hohen Speicherdichte (3200 Seiten Format A4 auf einer Fläche von 10 × 15 cm) zunehmend an Bedeutung gewinnen, wenn die Frage der Stabilisierung dieser Schichten geklärt ist.

Der Vorteil des Verfahrens der P., das als Zwischenpositiv in der Mikroverfilmung eingesetzt werden kann, besteht darin, daß sofort visuell kontrollierbare Einzelbilder vorliegen, welche einzeln gelöscht werden und durch erneutes Kopieren korrigiert werden können; diese Möglichkeit hat bisher kein anderes Verfahren.

Photodielektrikum, ein Dielektrikum, dessen dielektrische Eigenschaften durch die Einstrahlung elektromagnetischer Strahlung beeinflußt werden. Es kommen Wellenlängen vom Ultraviolett- bis zum Infrarotgebiet zur Anwendung. Der noch wenig bekannte Effekt der Änderung der Dielektrizitätskonstanten durch Lichteinwirkung hat Bedeutung für die Steuerung der Kapazität von Kondensatoren.

Photodiode, → Halbleiterdiode, → Photozelle.

Photoeffekt, eine Wechselwirkung von Photonen mit Materie.

1) Beim Durchgang *niederenergetischer Röntgen-* oder *γ-Strahlung* (→ ionisierende Strahlung 1) durch Materie wird die Gesamtenergie E_γ des Quants einem in der Atomhülle gebundenen Elektron des durchstrahlten Mediums übertragen, so daß das Elektron den Atomverband mit der kinetischen Energie $W_{kin} = E_\gamma - B$ verläßt. Hier ist B die zur Ablösung aus der Atomhülle zu überwindende Bindungsenergie des Elektrons. Der freie Platz wird in dem Orbital des entstandenen Ions von einem Elektron der äußeren Schale unter Aussendung der charakteristischen Röntgenstrahlung wieder aufgefüllt. Für die Ablösung von Elektronen aus den äußersten Schalen des Mediumatoms ist die geringste γ-Energie erforderlich. Bei höherer Energie kann auch ein stärker gebundenes Elektron aus einer inneren Schale abgelöst werden. Übertrifft die Röntgen- oder γ-Strahlung die Bindungsenergie der Elektronen der K-Schale, so wird für alle Elektronen des Atoms ein P. möglich. Die wegen der Impulserhaltung vom Atomkern aufgenommene Rückstoßenergie ist gegenüber der Energie des Strahlungsquants bzw. der kinetischen Energie des abgelösten Elektrons zu vernachlässigen. Mit wachsender Energie des γ-Quants wird der P. vom Compton-Effekt und darüber von der Paarbildung übertroffen.

2) Bei *energiereichen γ-Quanten* tritt im Gegensatz zur bisherigen Wechselwirkung mit der Atomhülle eine Wechselwirkung des γ-Quants mit dem Atomkern auf, wobei das energiereiche Quant vollständig vom Kern absorbiert wird, und die absorbierte Energie zur Emission eines Nukleons führt (→ Kernphotoeffekt). Diese Art des P.es wird zusammen mit dem → Auger-Effekt als *innerer P.* bezeichnet.

Bei der Streuung *hochenergetischer Photonen* an Nukleonen wird die → Photoproduktion beobachtet.

3) Bei Einstrahlung von *ultraviolettem Licht* werden von einer negativ geladenen Metallplatte Elektronen abgelöst. Dieser durch Lichtabsorption verursachte Austritt von Elektronen aus einem Festkörper wird *äußerer P.* oder auch → *Photoemission* genannt.

4) Speziell die *Wechselwirkungen von Photonen mit Festkörpern* umfassend versteht man unter P. eine zusammenfassende Bezeichnung für verschiedene Effekte, bei denen ein Elektron bzw. ein Loch durch Absorption eines Photons in einen angeregten Zustand gelangt, in dem es im Festkörper frei beweglich ist oder sogar aus dem Festkörper austreten kann. Beim äußeren P. (Photoemission) verlassen die angeregten Elektronen den Festkörper; beim inneren P., der bezüglich Elektronen nur in Halbleitern und Isolatoren auftritt (→ Auger-Effekt), werden Elektronen ins Leitungsband bzw. Löcher ins Valenzband angeregt, so daß sie einen Beitrag zur Leitfähigkeit des entsprechenden Kristalls (→ Photoleitung) leisten.

Photoelastizität, durch elastische Deformation hervorgerufene Anisotropie optisch isotroper Medien. Setzt man Gläser, Kunststoffe oder andere im Normalzustand nicht optisch doppelbrechende Stoffe einer äußeren Belastung aus, so werden diese doppelbrechend. Die Größe der Doppelbrechung steigt gesetzmäßig mit wachsender Spannung und kann daher als Maß für die Spannung dienen, → Spannungsoptik.

Photoelektronik, ein Gebiet der Elektronik, das sich mit der Anwendung der Wechselwirkung zwischen Licht und elektrischen Ladungsträgern in optischen und elektronischen Einrichtungen zur Informationsgewinnung, -übertragung, -verarbeitung und -speicherung beschäftigt. Im Gegensatz zur → Optoelektronik erfolgt jedoch die Steuerung des die Information übertragenden Lichtes nicht elektrisch, sondern optisch, z. B. mittels mechanischer Blenden oder mit Hilfe von Polarisationsfiltern.

Photoemission, *äußerer Photoeffekt*, der durch Lichtabsorption verursachte Austritt von Elektronen aus einem Festkörper.

Bestrahlt man eine negativ aufgeladene Metallplatte mit ultraviolettem Licht, so verliert sie ihre Ladung, d. h., durch Licht werden negative Ladungen aus der Platte herausgelöst. Diese Erscheinung nennt man *Hallwachs-Effekt*. Allgemein gilt: Treffen Photonen mit einer die Austrittsarbeit A übersteigenden Energie $h\nu$ auf eine saubere Metalloberfläche, so vermögen sie von dieser Elektronen abzulösen, die die Oberfläche mit einer durch die Einsteinsche Gleichung $(m/2)\,v^2 = h\nu - A$ gegebenen Geschwindigkeit v verlassen. Dabei sind h das Plancksche Wirkungsquantum und ν die Frequenz, $h\nu$ die Energie des absorbierten Photons. Diese Beziehung zeigt, daß die Zahl der ausgelösten Elektronen durch die Lichtintensität bestimmt wird, während die kinetische Energie der austretenden Elektronen von der Frequenz ν des benutzten Lichtes abhängt. Verkleinert man die Frequenz, d. h. vergrößert man die Wellenlänge λ, so gelangt man zu einer unteren Grenzfrequenz ν_G, bei der die Elektronen die Metalloberfläche gerade noch verlassen können. Wegen der für ν_G gültigen Beziehung $h\nu_G = A$ kann man daraus die photoelektrische *Austrittsarbeit* bestimmen. Photonen mit einer Energie $h\nu < A$ führen nicht zu einer P., die *langwellige Grenze* λ_{grenz} der P. wird durch die Austrittsarbeit bestimmt: $\lambda_{grenz} = hc/A$. Dabei ist c die Lichtgeschwindigkeit.

Die Zahl der im Mittel von einem absorbierten Photon ausgelösten Elektronen wird Quantenausbeute genannt. Die Quantenausbeute der P. ist meist kleiner als 1, die größten Werte zeigen Halbleiter (0,1 bis 1), z. B. Cs_3Sb und CsJ. Bei reinen Metallen beträgt die Quantenausbeute der P. nur etwa 10^{-3}. Die Austrittsarbeit A ist bei Metallen gleich der thermischen Austrittsarbeit (Glühemission) für Elektronen. Bei Metallen werden die Elektronen aus dem Leitungsband, das bis zum Fermi-Niveau mit Elektronen besetzt ist, angeregt, bei genügend hohen Photonenenergien auch aus tieferen Bändern. Die kleinste Austrittsarbeit reiner Metalle besitzen Alkalimetalle, die größte Edelmetalle:

	A [eV]		A [eV]
K	2,25	Ag	4,70
Rb	2,13	Au	4,05
Cs	1,8	Pt	5,32

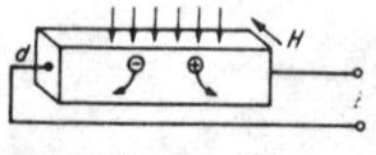

Halbleiteranordnung zum Nachweis des photogalvanomagnetischen Effektes. Durch Anschluß eines Strommeßinstrumentes kann der Kurzschlußstrom I_K gemessen werden

Bei Halbleitern und Isolatoren ist A größer als die thermische Austrittsarbeit. Die austretenden Elektronen stammen entweder aus dem Valenzband oder aber aus Energieniveaus in der verbotenen Zone, die durch Störstellen erzeugt werden. Die Austrittsarbeit der P. ist beim gleichen Festkörper für verschiedene kristallographische Flächen unterschiedlich. Sie hängt außerdem stark von adsorbierten Fremdatomen an der Oberfläche des Kristalls ab (P. von Elektronen aus Oberflächenzuständen).

Die primär durch Absorption von Photonen im Kristall angeregten Elektronen müssen, bevor sie austreten können, zur Oberfläche des Kristalls wandern, wobei sie Stöße mit anderen Elektronen und Phononen erleiden. Die aus dem Kristall austretenden Elektronen besitzen daher eine Energieverteilung, die sowohl durch die Zustandsdichte und den Besetzungsgrad der Ausgangszustände der Elektronen als auch durch die sekundären Stoßprozesse bestimmt wird.

Die P. wird technisch bei Photokatoden, in Photozellen und Bildaufnahmeröhren angewandt.

Photofabrikation, der Einsatz photomechanischer Verfahren in der industriellen Fertigung, wobei im Prinzip das zu bearbeitende Werkstück mit einer lichtempfindlichen Kopierschicht, z. B. Photolack (→ Photopolymerisation) überzogen wird. Mit einer Schablone wird auf den Photokopierlack eine Struktur aufgelichtet und anschließend in einem Lösungsmittel entwickelt, das die vom Licht nicht getroffenen Teile der Lackschicht auflöst; der darauf folgende Arbeitsgang, Ätzen, Oxydieren o. a., wird nur dort wirksam, wo der Photolack entfernt ist. Da es möglich ist, auf photographischem Wege Schablonen mit beliebig komplizierten Strukturen und sehr feinen Dimensionen z. B. auf → Mikratplatten herzustellen, lassen sich technologische Probleme bewältigen, die mit den herkömmlichen Bearbeitungsmethoden nicht lösbar sind; die P. hat bes. bei der Herstellung von mikroelektronischen Bauelementen, von Skalen und Feinteilungen u. a. Bedeutung erlangt.

photogalvanomagnetischer Effekt, *photomagnetoelektrischer Effekt, PME-Effekt*, die Folge der Einwirkung von Lorentz-Kräften auf eine durch Lichteinwirkung hervorgerufene Bewegung von Ladungsträgern in einem Halbleiter. Ein durch Lichteinstrahlung hervorgerufenes Konzentrationsgefälle der Ladungsträger in einem Halbleiter bewirkt einen Diffusionsstrom. Wird senkrecht zu dessen Bewegungsrichtung ein Magnetfeld angelegt, so erfahren negative und positive Ladungsträger Lorentz-Kräfte in entgegengesetzten Richtungen, wodurch ein elektrisches Feld, das *PME-Feld*, senkrecht zur Diffusionsbewegung und zur Magnetfeldrichtung entsteht (Abb.). Der photogalvanomagnetische E. wird mittels geeigneter Metallkontakte an der Halbleiterprobe als elektromotorische Kraft E nachgewiesen.

Die theoretische Behandlung des photogalvanomagnetischen E.s gründet sich analog zum Vorgehen bei vielen anderen Erscheinungen des Ladungsträgertransports auf die Berechnung der *Verteilungsfunktion* für die Ladungsträger. Diese Aufgabe wird im Fall des photogalvanomagnetischen E.es dadurch erschwert, daß man in den → Boltzmann-Gleichungen zur Berechnung der Verteilungsfunktionen neben *Stoßtermen* und *Drifttermen* auch die Prozesse der *Generation* und *Rekombination* von Ladungsträgern zu berücksichtigen hat. Sie kann nur näherungsweise unter einschränkenden Voraussetzungen über die relative Häufigkeit von Relaxations- und Rekombinationsprozessen gelöst werden. Verläuft die Rekombination der Ladungsträger sehr viel langsamer als die Relaxation, so können für die Formulierung der Theorie des photogalvanomagnetischen E.es gebräuchliche Transportkoeffizienten verwendet werden. Mit einigen weiteren Näherungsannahmen, z. B. der linearen Beziehung zwischen der eingestrahlten Lichtintensität I und der elektrischen Leitfähigkeit, des linearen Rekombinationsmodells, mit Forderungen an Probengeometrie $L \ll d$ und Lichtfrequenz $\hbar\omega > E_g$ berechnet man den Kurzschlußstrom I_K des photogalvanomagnetischen E.es, bezogen auf die Probenbreite b, zu

$$I_K = e(\mu_n + \mu_p)\, HLI. \qquad (1)$$

Dabei ist μ_n die Beweglichkeit der Elektronen, μ_p die Beweglichkeit der Löcher, H die Magnetfeldstärke, e die elektrische Elementarladung, I die Lichtintensität, L die ambipolare Diffusionslänge, ω die Lichtfrequenz, $\hbar = h/2\pi$ die Plancksche Konstante, E_g die Breite der verbotenen Zone, d die Dicke der Halbleiterprobe und b die Breite der Halbleiterprobe.

Komplizierte Formeln ergeben sich, wenn man die Rekombination an der Oberfläche des Halbleiters berücksichtigt, nichtlineare Rekombinationsmodelle zugrunde legt und die Einschränkungen bezüglich Probengeometrie und Lichtfrequenz aufgibt. Experimentelle Untersuchungen des photogalvanomagnetischen E.es brachten Fortschritte in der Erforschung der Rekombination der Ladungsträger durch zuverlässige Messungen der ambipolaren Diffusionslänge L bzw. der mit L verknüpften Lebensdauer τ der Ladungsträger (→ Rekombinationszeit). Im Vergleich mit Meßergebnissen der Photoleitung wurde die Wirkung von Haftstellen festgestellt. Experimentelle Untersuchungen des photogalvanomagnetischen E.es an InSb bei der Temperatur des flüssigen Heliums in Abhängigkeit von der Frequenz des anregenden Lichtes weisen auf eine unelastische Streuung der Ladungsträger unter Beteiligung optischer Phononen hin; die theoretische Analyse dieser Erscheinungen kann sich nicht darauf stützen, daß die Rekombination der Ladungsträger sehr viel langsamer als die Relaxation verläuft. Sie geht von der Annahme aus, daß im Prozeß der Photoanregung *heiße Ladungsträger* entstehen. Die technische Anwendung des photogalvanomagnetischen E.es für empfindliche und schnell ansprechende Strahlungsdetektorbauelemente konnte sich bisher nicht in industriellem Maßstab durchsetzen.

Photographie, im weiteren Sinne das Erzeugen dauerhafter Abbildungen auf der Grundlage des photographischen Prozesses durch photographische Entwicklung von photographischen Materialien, die mit photographisch wirksamer Strahlung, wie sichtbarem Licht, Infrarot, Ultraviolett oder ionisierender Strahlung, belichtet worden sind. Unter P. im engeren Sinne versteht man das Belichten des Materials mit sichtbarem Licht, wobei eine photographische Kamera zur optischen Abbildung des Objekts, d. h. zur Aufnahme, dient.

Die P. ist eine wichtige experimentelle Methode zur Beobachtung vieler physikalischer Vorgänge, wie optische Interferenzen, Strömungen (→ Strömungsphotographie), radioaktiver Zerfall (→ Autoradiographie) u. a. m.

photographische Emulsion, umgangssprachliche und in der Photographie übliche Bezeichnung für die Suspension der lichtempfindlichen Silberhalogenidkristalle (AgBr, AgCl) in wäßriger Gelatinelösung bzw. die Dispersion der Körner in der Bindemittelmatrix nach dem Beguß und Trocknen der p.n E. Die feinen Silberhalogenidkristalle oder -körner machen 30 bis 40% des totalen Gewichts der p.n E. aus; die Empfindlichkeit steigt vom AgCl zum AgBr, so daß alle p.n E.en hoher Empfindlichkeit aus AgBr mit kleinen Anteilen AgJ bestehen.

Die Herstellung p.r E.en umfaßt die Etappen der Fällung, der physikalischen und der chemischen Reifung. Die Fällung reguliert die Keimbildung, die physikalische Reifung reguliert das Kornwachstum, und die chemische Reifung reguliert den Ablauf der chemischen Oberflächenreaktionen, die dem Silberhalogenidkorn die endgültigen photographischen Eigenschaften verleihen. Die Fällungsphase der Umsetzung des Alkalihalogenids mit $AgNO_3$ zum Silberhalogenid kann variiert werden; durch Einhalten bestimmter Temperatur, verschiedener Einlaufgeschwindigkeiten, Konzentration der Salzlösungen und der Gelatine, Digestionszeit sowie Zugabe weiterer Substanzen erhält man p. E.en mit unterschiedlichen Eigenschaften. Entsprechend den Fällbedingungen haben sich Charakterisierungen von p. E.en eingeführt: *Kipp-* und *Einlaufemulsion*, durch Einsatz neutraler Silbernitratlösungen *Siedeemulsion*, durch Einsatz des Silberdiamminkomplexes *Ammoniakemulsionen*.

In der Praxis werden keine äquivalenten Mengen von Silber und Halogenid, sondern Halogenid im Überschuß eingesetzt, da sich bei Überschuß an $AgNO_3$ Silberkörper mit leichter Schleierneigung bilden. Der Dispersitätszustand nach der Fällung ist nicht optimal; es schließt sich die *physikalische Reifung* an, die Kornzahl, Kornform und Korngröße festlegt; sie erfolgt nach dem Prinzip des auf den Löslichkeitsunterschieden kleiner Körner basierenden Wachstums, d. h., eine Zunahme des mittleren Teilchendurchmessers ist verbunden mit einer Abnahme der Kornzahl und wird beeinflußt durch verschiedene Ladung der Silberkomplexionen, die Gegenwart von Silberhalogenidlösungsmitteln, sowie die Gelatine-Silberhalogenid-Konzentration in Gegenwart von Schwefelverbindungen.

Nach Entfernung der löslichen Salze aus der p.n E. erfolgt durch zusätzliche Digestion bei erhöhter Temperatur die *chemische Reifung* oder *Nachreifung* bis zum Empfindlichkeitsoptimum; dabei kann die durch labile Schwefelverbindungen, z. B. Thiosulfat, erzielte Empfindlichkeitssteigerung durch Goldsalze und chemische Sensibilisatoren günstig beeinflußt werden; es tritt keine wesentliche Veränderung der Korngrößenverteilung ein, sondern Empfindlichkeitskeime bilden sich auf und in dem Korn heraus. Zur Verhinderung von Nachreaktionen wird die p. E. vor dem Beguß auf die Unterlage stabilisiert. Bindemittel bei der Herstellung p.r

E.en ist die *Gelatine*, die gleichzeitig als Dispergiermittel und Schutzkolloid für das Silberhalogenid dient und die sensitometrischen Eigenschaften der Emulsion direkt beeinflußt; wirksame Bestandteile sind dabei in der Gelatine enthaltene Aminosäurereste, aktive Schwefelverbindungen, Verbindungen mit reduzierenden Eigenschaften und den Reifungsprozeß der Emulsion hemmende Substanzen. Als Schutzkolloid beeinflußt die Gelatine das Wachstum der Silberhalogenidkristalle kaum. Schnelle Erstarrung in Sekunden, hohe Gelfestigkeit und hoher Schmelzpunkt der Gelatine sind nach dem Vergießen der Emulsion auf die Unterlage erforderlich; die Gelatine in der getrockneten photographischen Schicht beeinflußt die Naßfestigkeit, die Quellung, Trockenzeit nach Verarbeitung, den Schmelzpunkt, die Haftung auf der Unterlage, die Entwicklerdiffusion, die Stabilität des latenten Bildes und die Differenzierung zwischen Bildkeim- und Schleierentwicklung. Diese Eigenschaften und bes. die Funktion der Gelatine bei der chemischen Sensibilisierung (es werden hohe photographische Empfindlichkeit und geringer Schleier angestrebt), haben bisher nur zu einem teilweisen Ersatz der Gelatine durch synthetische Polymere, wie Polyvinylalkohol oder Polyakrylamid, geführt. Die Eigenschaften der Gelatine sind abhängig von ihrer Herstellung, die durch partiellen hydrolytischen Abbau des Bindegewebeeiweißes (Kollagen) erfolgt; Rohprodukte sind Knochen und Häute, die nach der Entfettung gekälkt und anschließend durch Heißwasserhydrolyse verkocht werden; je nach Abbaugrad liegt das Molekulargewicht zwischen 15000 und 250000. Durch besondere Verfahren lassen sich begleitstoffarme, inerte Gelatinen herstellen, die durch dosierte Zugabe photographisch aktiver Begleitstoffe in verschiedenen Emulsionstypen eingesetzt werden können.

Um ungünstige physikalische Eigenschaften der Gelatine, wie Schmelzpunkt, Naßfestigkeit, Quellung und Trockendauer, in den Emulsionsschichten zu verbessern, wird die p. E. gehärtet. Zur *Härtung* werden hauptsächlich organische Verbindungen mit mehreren reaktionsfähigen Gruppen eingesetzt, die die Peptidketten der Gelatine vernetzen. Als Mechanismus der Härtung wird die Verknüpfung der kettenförmigen Makromoleküle durch Brücken mit bi- oder polyfunktionellen Substanzen angenommen; organische Verbindungen gehen normale, anorganische koordinative chemische Bindungen mit den Gelatinemolekülen ein; aktive Stellen der Gelatine sind Atome mit freien Elektronenpaaren, d. h. Sauerstoff- und Stickstoffatome der Peptidgruppen. Als Härtungsverfahren kommen entsprechend der Zugabe des Härtungsmittels *Emulsionshärtung*, *Schutzschichthärtung* und die *Härtung in Verarbeitungsbädern* zum Einsatz. Die wichtigsten Klassen der *Härtungsmittel* sind Metallsalze, die wie Chromalaun stabile Komplexsalze bilden können, Aldehyde, Akrylsäurederivate, Epoxidverbindungen und Chlorazetyl- oder Chlorsulfonylverbindungen. Die Härtung wird außerdem beeinflußt von den Trocknungsbedingungen des Begusses, den Herstellungsbedingungen der Gelatinen und der Emulsionen sowie dem Farbkupplergehalt.

Um eine ausreichende Haltbarkeit (Schleierfreiheit) der lichtempfindlichen Schichten während der natürlichen Lagerung zu erreichen, werden die p.n E.en stabilisiert, indem die Reifungsreaktion, d. h. Bildung von Empfindlichkeitskeimen an diskreten Stellen auf oder in dem Silberhalogenidkorn bei der Emulsionsherstellung kurz vor oder in dem Maximum der Empfindlichkeit abgebrochen wird. Der Reifkörpergehalt der Gelatine ist beim Abbruch der Reifung ungleich 0. Durch Zugabe organischer Verbindungen, die Silbersalz bilden können, erfolgt Adsorption am Korn oder in der kornfreien Umgebung; die Stabilisierung tritt durch Verminderung oder Aufhebung der katalytischen Wirkung der Reifkeime bzw. Empfindlichkeitszentren infolge selektiver Adsorption und durch Verhinderung der Reaktionen zur Reifkeimbildung ein; die Adsorption an den Keimen ist abhängig vom Löslichkeitsprodukt der Silbersalze, von der Gelatinekonzentration und der Säuredissoziationskonstante. Gute *Stabilisatoren* sind Indolizine (I), die auch hochempfindliche p. E.en ohne Empfindlichkeitsverlust stabilisieren.

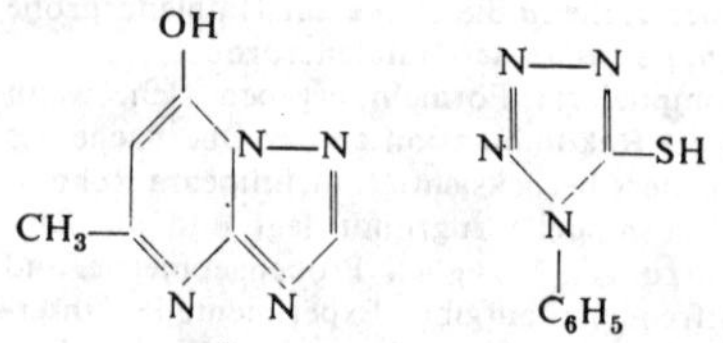

(I) (II)

Verbindungen mit einer silberspezifischen Gruppe (II) reagieren im Gegensatz zu den Indolizinen (I) in der Emulsion unter Vermittlung von Reifkeimen und beeinflussen deshalb die photographische Empfindlichkeit, diese zur Unterscheidung von Stabilisatoren als *Klarhalter* bekannten Verbindungen haben aber eine ausgezeichnete Wirkung im Entwickler.

photographische Entwicklung, das Verstärken und Sichtbarmachen des nach der Belichtung in der photographischen Schicht noch unsichtbaren latenten Bildes durch Reduktion des Silberhalogenids zu metallischem Silber in einem Entwickler, der dabei oxydiert wird. Die Silberatome des latenten Bildes leiten die chemische Reaktion der Erzeugung eines Silberbildes durch photographische Entwicklersubstanzen geeigneten Redoxpotentials ein und verstärken dabei die Silberbildung um das 10^5- bis 10^9fache. Stets werden die durch Belichtung mit Silberkeimen versehenen Halogensilberkörner schneller zu Silber reduziert als die unbelichteten, die keine katalytisch wirksamen Entwicklungskeime haben; die Entwicklerionen geben Elektronen an den Entwicklungskeim ab und werden oxydiert, Silberionen des Halogensilbers werden reduziert. Erfolgt die Zuführung der Silberionen für die Reduktion durch die Lösungsphase, liegt eine *physikalische Entwicklung* vor, läuft dieser Teilprozeß durch den Silberhalogenidkristall ab, wird von *chemischer Entwicklung* gesprochen. In der Praxis laufen beide Arten nebeneinander ab.

Die Brauchbarkeit einer Entwicklerlösung ist abhängig von der erreichbaren Entwicklungsgeschwindigkeit, von dem Geschwindigkeitsverhältnis der Entwicklung zu belichtetem und unbelichtetem Halogensilber (Selektivität) und der erzielten Maximalschwärzung. Für die Selektivität ist wichtig, daß der langsamste Teilprozeß der p.n E. wesentlich schneller als die direkte Reaktion der Entwicklerlösung mit dem unbelichteten Halogensilber verläuft. Der Sekundärprozeß der schnellen Entfernung der Oxydationsprodukte ist für die Gesamtreaktion von großer Bedeutung; organische Entwicklersubstanzen werden dabei nach der irreversiblen Umsetzung mit dem Sulfit des photographischen Entwicklers löslich und können leicht vom Reaktionsort abdiffundieren.

Die Bestandteile des Entwicklers sind Alkali, Puffersubstanzen, Antioxydantien, Antischleiermittel und Entwicklungsbeschleuniger; neben Ionen der niedrigeren Wertigkeitsstufe von Metallen und Verbindungen mit Nichtmetallen veränderlicher Elektronenbindigkeit werden hauptsächlich Derivate aromatischer Ringsysteme mit mindestens zwei aktiven Gruppen – (OH) oder (NH_2) in ortho- oder para-Stellung – verwendet. Zur Verkürzung der Induktionsperiode wird die superadditive Wirkung von 2 oder 3 Entwicklersubstanzen ausgenutzt, bei der die schnell entwickelnde Substanz am Silberhalogenidkorn adsorbiert wird.

Zur Optimierung des Systems Filmmaterial und Verarbeitung werden Spezialentwicklungen durchgeführt; neben Ausgleichs- und Feinkornentwicklung finden Rapid-Verfahren mit schnellem Bildzugriff Anwendung; Beispiele dafür sind die Fixier- oder Einbadentwicklung, die Zweibadentwicklung mit Entwicklersubstanz in der Emulsion sowie Sprüh- und Pastenentwicklung.

Farbenentwicklung. Beim Farbfilm entsteht durch Entwicklung des latenten Bildes der Silberhalogenidschicht mit einem Derivat des p-Phenyldiamins in Gegenwart einer anderen als → Farbkuppler bezeichneten Verbindung proportional zum gebildeten Silber ein Farbbild; durch anschließende Behandlung im Bleich- und Fixierbad resultiert nach dem Herauslösen des Silbers das alleinige Fabbild (Tafel 3). Die 3 subtraktiven Farbstoffe entstehen mit gleicher Entwicklersubstanz, aber mit 3 Kupplern verschiedener chemischer Konstitution; sie sind in wäßrigen Lösungen unlöslich und in der Gelatine am Ort der Entstehung um die entwickelten Emulsionskörner abgelagert. Varianten in der Farbstoffbildung ergeben sich durch Zugabe der Farbkuppler zur begießfertigen Emulsion oder zur Entwicklerlösung. Die Gesamtreaktion der Farbentwicklung benötigt je nach Art des Kupplers 4 oder 2 AgBr zur Farbstoffbildung.

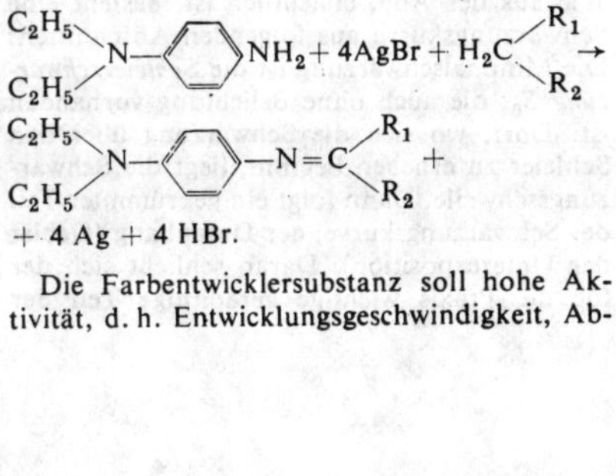

Die Farbentwicklersubstanz soll hohe Aktivität, d. h. Entwicklungsgeschwindigkeit, Absorptionsverschiebung der Farbstoffe in gewünschter Richtung, geringe Giftigkeit und gute Wasserlöslichkeit zeigen. Der Mechanismus der Farbentwicklung erfolgt über die stufenweise Abgabe der Elektronen, wobei verschieden beständige Oxydationsprodukte der Farbentwicklersubstanz entstehen, die nur teilweise zur Farbstoffbildung befähigt sind.

Gegenüber der Schwarz-Weiß-Entwicklung tritt in der Farbentwicklung mindestens eine zusätzliche Verarbeitungsstufe, die Entfernung des entwickelten Silbers. Außerdem führt die Eigenschaft der Farbentwicklungssubstanzen, außer durch belichtetes Silberhalogenid auch durch beliebige andere Oxydationsmittel kupplungsfähige Produkte zu bilden, zu nicht bildgemäßer Farbstoffbildung, dem *Farbschleier.*

photographische Materialien, photographische Schichten mit speziellen Eigenschaften für unterschiedliche Anwendungsgebiete der Photographie außerhalb der Kinematographie, des Fernsehfilms sowie der Amateur- und Berufsphotographie. Der Mannigfaltigkeit der Aufgaben entspricht eine Vielfalt spezialisierter Materialien, wie → Astroplatten, Autoradiographie-Filme und -Platten, → Elektronenplatten, → Infrarotmaterialien, → Kernspurplatten, → Mikratplatten, → Mikroplatten, → Repromaterialien, → Röntgenfilme, → Spektralplatten u. a.

Neu aufgekommen ist die Bezeichnung *angewandte Photographie* für den Einsatz der von der Photographie gebotenen Möglichkeiten in Industrie, Technik und Wissenschaft. Dabei handelt es sich nicht nur um Aufnahmen zu Werbezwecken, sondern in zunehmendem Maße um Problemlösungen, z. B. um Diagnostik sehr schneller Vorgänge mit Hilfe der Kurzzeitphotographie, um Photographie als Mittel der industriellen Fertigung, um Rationalisierung im Zeitungsarchiv, um Informationsspeicherung, um Überwachungsaufgaben, um automatische photographische Registrierung von Vorgängen an Maschinen oder im Handel.

photographischer Prozeß, die Erzeugung reeller Bilder durch Strahlungsenergie in mit Silberhalogeniden strahlungsempfindlich gemachten Schichten (photographische Emulsionen); außer dem sichtbaren Licht finden auch Ultrarot, Ultraviolett, Röntgenstrahlen, Elektronenstrahlen u. a. als Strahlungsenergie Anwendung. Als das zunächst entstehende *Latentbild* bezeichnet man die durch Lichtabsorption verursachte stabile Veränderung der Silberhalogenidkörner einer photographischen Emulsion. Dabei entstehen Keime, die katalytisch die Reduktion des Silberhalogenidkornes durch ein Reduktionsmittel, den photographischen Entwickler, stark beschleunigen. Nach der Absorption eines Lichtquants $h\nu$ entsteht im Gitter des Silberhalogenidkorns (-kristalls) ein freibewegliches Photoelektron $\ominus$ und ein Defektelektron $\oplus$

$Br^- + h\nu \to \oplus + \ominus$.

Damit bei Rekombination dieser Primärreaktion der Photoeffekt nicht rückgängig gemacht werden kann, ist entscheidend, daß das Photoelektron in einer Falle mit Zwischengittersilberionen reagiert und in einem mehrmals sich wiederholenden Prozeß zur Bildung eines latenten Bildkeimes führt. Nach der *Theorie von Gurney und Mott* entstehen nach dem Einfang des Photoelektrons zuerst negativ geladene Zentren, die Zwischengittersilberionen anziehen und Silberatome bilden; die Defektelektronen diffundieren an die Oberfläche des Kristalls und werden als Br_2 von den Halogenakzeptoren gebunden. Für diese Theorie ist Voraussetzung, daß die Beweglichkeit der Defektelektronen wesentlich kleiner als die der Zwischengittersilberionen ist, da umgekehrt Rekombination erfolgt.

Nach der *Theorie von Mitchell* sind die Oberflächeneckenstellen für die Bildung des latenten Bildes entscheidend. Im Gegensatz zum Kristallinnern sind sie nur von 3 statt 6 Ionen gegensätzlicher Ladung umgeben und wirken daher besonders als Elektronenfallen. Bei der Schwefelsensibilisierung entstehen deshalb infolge der Ag_2S-Bildung auch noch Sulfidioneneckenstellen; eine wirksame Falle für Elektronen entsteht dann, wenn ein Zwischengittersilberion sich in der Nähe des Ag^+-Ions einer Oberflächeneckenstelle befindet. Durch Einfangen weiterer Elektronen bildet sich so die kleinste stabile Einheit des latenten Bildes heraus, als Tetraeder aus drei Silberatomen und einem Silberion angeordnet.

Die *Theorie von Stasiw* hat sich gegenüber der Mitchellschen nicht durchgesetzt; durch Untersuchungen an Alkalihalogeniden experimentell unterstützt, besagt sie, daß Silberbromidkristalle, die durch unbesetzte Bromidionengitterstellen gestört sind, Elektronen einfangen können und F-Zentren entstehen; durch Anziehen einer weiteren Bromidionenlücke und Einfangen eines weiteren Elektrons entstünde eine 2F-Zelle, bis bei Erreichung einer bestimmten Größe das Gitter zusammenbräche und ein Silberkeim entsteht.

Lit. Barchet: Chemie photographischer Prozesse (Berlin 1965); Junge u. Hübner: Photographische Chemie (Leipzig 1966); Mutter: Kompendium der Photographie (3 Bde, Berlin 1958/62/63), Photographie — Theorie und Praxis (Wien, New York 1967); Teicher: Handbuch der Phototechnik (2. Aufl. Halle 1963); Die wissenschaftliche und angewandte Photographie 10 Bde, Bd. 4: Mutter: Farbphotographie (Wien 1967).

photographisches Auflösungsvermögen, die Fähigkeit des photographischen Materials, kleine Einzelheiten, etwa Feinstrukturen des Originals (Details), im Bild getrennt wiederzugeben. Das photographische A. wird durch die Körnigkeit begrenzt. Eine zweite Ursache für ein vermindertes p. A. ist der Diffusionslichthof, der eine Unschärfe aller scharf aufbelichteten Konturen bewirkt. Das photographische A. begrenzt in der bildmäßigen Photographie das Format nach unten, d. h., das Negativformat muß so groß sein, daß noch eine genügende Auflösung von Größendetails vorhanden ist. Überdies kommt dem photographischen A. noch eine besondere Bedeutung zu, wenn an dem Negativ Messungen ausgeführt werden sollen, z. B. bei astronomischen Aufnahmen, bei Spektralaufnahmen, bei Registrierungen. Das photographische A. wird durch Aufkopieren ineinander verlaufender Raster auf das Negativmaterial ermittelt und in Linien je mm angegeben. Beeinflußt wird das photographische A. durch die Eigenschaften der Schicht, durch Belichtung (Überbelichtung setzt es herab), durch das Licht (Abhängigkeit von der Wellenlänge) und durch die Entwicklung. Durch ein besonders hohes p. A. zeichnen sich → Mikratplatten aus.

photographische Schwärzung, die Eigenschaft einer photographischen Schicht, an ihren infolge photochemischer Reaktionen bei Belichtung und Entwicklung entstandenen Silberkörnern Licht zu absorbieren und dadurch geschwärzt zu erscheinen. Bei photographischen Platten und Filmen wird die Schwärzung gemessen, indem die Intensitätsabnahme, d. h. die Abnahme der Beleuchtungsstärke, eines Lichtbündels, das durch eine Stelle der photographischen Schicht hindurchgetreten ist, photometrisch ermittelt wird. Beträgt die Beleuchtungsstärke vor dem Durchgang E_0 und nach dem Durchgang durch die Schicht E, so heißt $\tau = E/E_0$ die *Transparenz* oder auch *Durchlässigkeit*, $\sigma = 1 - \tau = (E_0 - E)/E_0$ die *Bedeckung* und $1/\tau = E_0/E$ die *Opazität*. Das Maß für die Schwärzung bzw. Anfärbung einer photographischen Schicht ist die Größe $S = \lg(1/\tau) = \lg(E_0/E)$, die auch als *photographische Dichte D* bezeichnet wird. Demnach entsprechen folgende Schwärzungswerte S bzw. Dichtewerte D den Transparenzwerten τ.

S bzw. D	0	0,3	0,6	1	2	3
τ in %	100	50	25	10	1	0,1

Schwärzungsmessung mit parallelem Licht führt zu höheren Schwärzungswerten als die Messung mit diffusem Licht (*Callier-Effekt*). Bei diffusem Licht trägt das an den photographischen Körnern gestreute Licht mit zunehmender Korngröße zu einer Transparenzvergrößerung bei, so daß S_{diff} hierbei gegenüber dem bei parallelem Licht gemessenen S_{par} kleiner wird, weil dieser Streuanteil fehlt. Der Quotient S_{par}/S_{diff} ist damit ein Maß für die Körnigkeit des photographischen Materials und heißt *Callier-Quotient*.

Bei photographischen Papieren wird das Remissionsvermögen der photographischen Schicht zur Schwärzungsmessung benutzt, d. h. $S = \lg(R_0/R)$, wenn R_0 die an einer völlig ungeschwärzten Stelle und R die an einer geschwärzten Stelle remittierte Lichtintensität bedeutet.

Die graphische Darstellung der p.n S. in Abhängigkeit von der Belichtung H, auch Exposition genannt, $H = E \cdot t$ in lxs oder erg/cm² ergibt die *Schwärzungs-* oder *Gradationskurve*, wobei t die Belichtungszeit für die zu prüfende unentwickelte Schicht ist. S wird auf der Ordinate und lg H auf der Abszisse aufgetragen. Die erhaltene Schwärzungskurve charakterisiert das Verhalten der photographischen Schicht. Lage und Gestalt der Kurve hängen nicht allein vom untersuchten Photomaterial, sondern auch vom verwendeten Entwickler und von der Wellenlänge des zur Belichtung benutzten Lichtes ab. Wie aus der Abb. ersichtlich ist, besteht eine Schwärzungskurve aus folgenden Abschnitten: Die Minimalschwärzung ist die *Schleierschwärzung* S_0, die auch ohne Belichtung vorhanden ist. Dort, wo sich die Schwärzung über den Schleier zu erheben beginnt, liegt die Schwärzungsschwelle. Dann folgt ein gekrümmter Teil der Schwärzungskurve, der Durchhang (Gebiet der Unterexposition). Daran schließt sich der für die Praxis wichtige geradlinige Teil der

Schwärzungskurve an. In hohen Schwärzungen krümmt sich die Schwärzungskurve erneut (Gebiet der Überexposition) und erreicht schließlich ihre Maximalschwärzung. Eine eventuelle nochmalige Abnahme der Schwärzung infolge Rekombination der bei Überbelichtung gebildeten Brom- und Silberatome heißt Solarisation. → Reziprozitätsgesetz 4).

Der Anstieg des geradlinigen Teils der Schwärzungskurve kennzeichnet die Gradation (oder Steilheit) des betreffenden photographischen Materials. Die Gradation wird durch den γ-Wert (*Gamma-Wert*) gemessen:
$\gamma = \tan\alpha = \Delta S/\Delta \log (Et)$.

Die Stelle, an der die Verlängerung des geradlinigen Teils der Schwärzungskurve die Abszisse schneidet, heißt *Inertia*.

Aus der Schwärzungskurve kann vom Schleier auf die Empfindlichkeit des Photomaterials geschlossen werden. So liegt z. B. der DIN-Empfindlichkeit eine Schwärzung von $S = 0{,}1$ über dem Schleier zugrunde. Die DIN-Zahl wird in DIN an einem 30stufigen Keil eines Kopiersensitometers als Nummer der Keilstufe abgelesen, an deren Stelle die nach Normvorschrift entwickelte Schwärzung den Wert 0,1 über dem Schleier hat. Der Dichteanstieg des Keils beträgt dabei von Stufe zu Stufe 0,1, d. h., das Verhältnis der durchgelassenen Lichtströme von Stufe zu Stufe ist 1 : 1,26, denn $\lg 1{,}26 = 0{,}1$.

Die Gradation γ beschreibt die Kontrastwiedergabe des photographischen Materials, wobei unter Kontrast allgemein der Quotient $K = (B_2 - B_1)/(B_2 + B_1)$ mit $B_2 > B_1$ verstanden wird. B_1 und B_2 sind dabei die von zwei benachbarten Details ausgehenden Leuchtdichten. Bei der Kontrastermittlung der Details 1 und 2 im photographischen Bild mißt man die von deren Schwärzungen S_1 und S_2 durchgelassenen (bzw. remittierten) Anteile E_1 und E_2 einer beide Bildpunkte erreichenden Beleuchtungsstärke E_0 und erhält daraus den Bildkontrast $K_B = (E_1 - E_2)/(E_1 + E_2)$ mit $E_1 > E_2$. Unter Voraussetzung kleiner Kontraste, d. h. $B_2 \approx B_1$ und damit auch $S_2 \approx S_1$ und $E_2 \approx E_1$, ist der Bildkontrast K_B mit dem Originalkontrast K_O durch die Beziehung $K_B = \gamma K_O$ verknüpft. Somit bedeutet $\gamma = 1$, daß der Kontrast zwischen zwei Bilddetails des Aufnahmeobjektes der gleiche wie auf dem photographischen Bild ist. Bei $\gamma > 1$ (hartes Photomaterial) werden die Kontraste (im Bild) vergrößert, bei $\gamma < 1$ (weiches Photomaterial) werden sie verringert.

photographische Sensibilisierung, Steigerung der Empfindlichkeit des gefällten Silberhalogenids in photographischen Schichten. Die p. S. wird auch als *chemische Sensibilisierung* bezeichnet, weil durch die Nachbehandlung mit geringen Mengen Thiosulfat, Goldsalzen o. a. an der Kornoberfläche Reaktionsprodukte gebildet werden, die die Folgeprozesse der Quantenabsorption, d. h. die Bildung eines latenten Bildkeimes beeinflussen. Charakteristisch für die chemische Sensibilisierung mit Thiosulfat ist ein beträchtlicher Empfindlichkeitsgewinn, gekoppelt mit Schleierzunahme, der mit der Entstehung von Silbersulfid und Silberkeimen erklärt wird. Die Reaktion des Silberhalogenids mit dem chemischen Sensibilisator verläuft autokatalytisch und beginnt an gewissen Punkten der Kornoberfläche. Bei zu langer Ausdehnung der Nachreifung werden die Keime der gebildeten Empfindlichkeitszentren zu groß und spontan entwickelbar, d. h. Schleierbildung tritt ein.

In der Edelmetallsensibilisierung war die Auffindung der Empfindlichkeitssteigerung durch Goldsalze von großer Bedeutung; sie führte 1936 in Wolfen in Zusammenhang mit der Auffindung der Indolizine zur sprunghaften Verbesserung aller Silberhalogenidmaterialien.

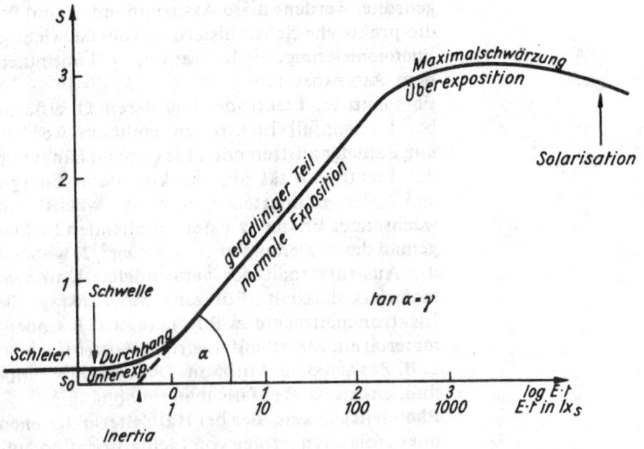

Verlauf einer Schwärzungskurve

Die Erweiterung des praktisch ausnutzbaren Empfindlichkeitsbereiches der Silberhalogenide nach größeren Wellenlängen des Lichtes durch Anfärben mit spezifischen Farbstoffen, den Polymethinen, bezeichnet man als *spektrale* oder *optische Sensibilisierung*, dabei wirkt der Sensibilisator, der in dem geforderten Spektralbereich das Licht genügend stark absorbiert, auf das eigentlich lichtempfindliche System über die absorbierte Strahlungsenergie ein; auf diese Weise können durch Farbstoffe mit unterschiedlichen Lichtabsorptionsbanden photographische Emulsionen bis in das ultrarote Gebiet empfindlich werden.

Ein spektraler Sensibilisator muß neben definierter Lichtabsorption an der Oberfläche der Silberhalogenidkörner fest adsorbiert sein, darf keine Reduktion des Silberhalogenids, keine Oxydation der Silberkeime im latenten Bild, keine Hemmung der Entwicklung und soll eine hohe Quantenausbeute in der Sensibilisierungsreaktion zeigen.

Durch bestimmte Stoffe wird die spektrale S. zur *Supersensibilisierung* gesteigert. Die Gegenreaktion der spektralen S., die Erniedrigung der Empfindlichkeit durch am Korn adsorbierte Stoffe führt zur *Desensibilisierung*.

Grundtyp spektraler Sensibilisatoren sind die Polymethin-Farbstoffe, bei denen zwei oder mehr Heteroatome y und y′ über ein System von konjugierten Kohlenstoff-Doppelbindungen miteinander verbunden sind $-y-(CH=CH)_n-CH=y'-$,

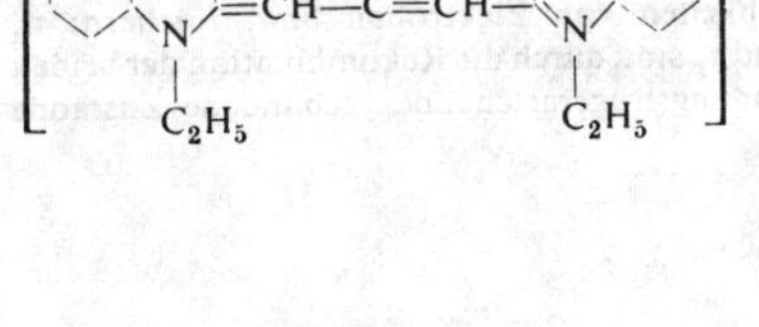

wie im 544-nm-Sensibilisator für Grün und Orange: Je länger die Kohlenstoffkette mit den konjugierten Doppelbindungen ist, die die beiden Ringsysteme miteinander verbindet, desto langwelliger ist die Lichtabsorption und damit auch der Sensibilisierungsbereich.

Im Absorptions- oder Sensibilisierungsspektrum einer Emulsion befinden sich entsprechend der Konzentration des adsorbierten Farbstoffes verschiedene Banden, die dem monomeren Farbstoff oder seinen J- und H-Aggregaten zugeordnet werden; diese Assoziatbanden sind für die praktische Sensibilisierung äußerst wichtig.

Photoionisierung, → Ionisation, → kontinuierliche Atomspektren.

Photokatode, Elektrode, aus deren Oberfläche bei Lichteinfall Elektronen emittiert werden. Die Zahl der austretenden Elektronen hängt von der Lichtintensität ab, die kinetische Energie $mv^2/2$ der emittierten Elektronen wächst mit wachsender Frequenz ν des einfallenden Lichtes gemäß der Beziehung $h\nu = A + mv^2/2$, wobei A die Austrittsarbeit des verwendeten Katodenmaterials darstellt. Für eine möglichst große Elektronenausbeute wählt man als Katodenmaterial ein Metall mit niedriger Austrittsarbeit, z. B. Zäsium oder Antimon. Die spektrale Empfindlichkeit ist ebenfalls materialabhängig.

Photoleitfähigkeit, der bei Halbleitermaterialien oder Isolatoren infolge von Lichtabsorption auftretende Beitrag zur elektrischen Leitfähigkeit (→ Photoleitung).

Photoleitung, die Erhöhung der elektrischen Leitfähigkeit von Halbleitern und Isolatoren bei Belichtung. Die P. ist die wichtigste Erscheinungsform des inneren Photoeffekts. Bei der P. wird die Konzentration der Ladungsträger durch Absorption von Photonen im Vergleich zur Konzentration im Dunkeln erhöht. Bei Anlegung einer konstanten Spannung an den Kristall fließt daher bei Belichtung ein gegenüber dem Dunkelstrom erhöhter Strom (*Photostrom*).

Durch Absorption eines Photons genügender Energie (→ Grundgitterabsorption) kann ein Elektron aus dem Valenzband in das Leitungsband angeregt werden, wobei ein Defektelektron (Loch) im Valenzband verbleibt. Photonen kleinerer Energie können an Störstellen gebundene Elektronen bzw. Defektelektronen in das Leitungs- bzw. Valenzband anregen (Ionisation von Donatoren und Akzeptoren). Elektronen im Leitungsband und Defektelektronen im Valenzband sind beweglich und bedingen die elektrische Leitfähigkeit des Kristalls. Auch die Dissoziation optisch erzeugter Exzitonen führt zu frei beweglichen Ladungsträgern. Wenn die absorbierten Photonen je Zeit- und Volumeneinheit g Elektron-Loch-Paare erzeugen, so ergibt sich die Erhöhung der Elektronenkonzentration Δn bzw. der Defektelektronenkonzentration Δp durch die Belichtung zu $\Delta n = g\tau_n$, $\Delta p = g\tau_p$; dabei ist τ_n die Lebensdauer der angeregten Elektronen und τ_p die Lebensdauer der angeregten Defektelektronen im jeweiligen Band. Die entsprechende Leitfähigkeitserhöhung ist $\Delta\sigma = e(\mu_n\tau_n + \mu_p\tau_p)\,g$. Dabei bedeutet e die Elementarladung, μ_n und μ_p sind die Beweglichkeiten von Elektronen bzw. Löchern. τ_n und τ_p sind durch die Rekombination der beiden Ladungsträgerarten über gebundene Zustände an Störstellen oder über Exzitonzustände bestimmt. Während ihrer Wanderung zu der entsprechenden Elektrode können die Ladungsträger ferner vorübergehend in Haftstellen eingefangen werden. Alle diese Prozesse beeinflussen in komplizierter Weise die Temperaturabhängigkeit der P. und ihre Kinetik beim An- und Abschalten des anregenden Lichts. Eine hohe Haftstellenkonzentration kann zu Abklingzeiten der P. von einigen Stunden führen. Nur im einfachsten Fall ist der Photostrom proportional zur Intensität des anregenden Lichts, er kann sowohl stärker als auch schwächer als linear von der Lichtintensität abhängen. Ist die Lebensdauer der Ladungsträger größer als ihre Laufzeit im elektrischen Feld zwischen den Elektroden, so wird eine entsprechende Anzahl Ladungsträger durch die Elektroden nachgeliefert. Es tragen mehr Ladungsträger zum Photostrom I_{ph} bei, als primär durch die absorbierten Photonen erzeugt wurden. Der Verstärkungsfaktor $G = I_{ph}/egV$ ist dann größer als 1. V ist das Volumen des Kristalls.

Zusatzeinstrahlung von Infrarotlicht führt oft zu einer Verringerung der P. (→ Tilgung).

Technische Anwendung findet die P. von Halbleitern im Photowiderstand zur Messung von Lichtintensitäten.

Photolumineszenz, → Lumineszenz.

photomagnetoelektrischer Effekt, svw. photogalvanomagnetischer Effekt.

Photometer, *Lichtmesser,* Gerät zur Lichtstärkemessung. Gemäß dem Prinzip der → Photometrie wird in P.n die Lichtstärke einer Normallichtquelle mit der der zu messenden Lichtquelle verglichen, indem im allgemeinen die von der unbekannten Lichtstärke erzeugte Beleuchtungsstärke, z. B. mittels Abstandsvariation, gleich der von der Normallichtquelle abgegebenen gemacht wird. Je nach Methode unterteilen sich die P. in visuelle und physikalische P.

1) *Visuelle P.* Da das Auge unmittelbare Lichtmessungen nicht ausführen kann, bedient man sich besonderer Verfahren, bei denen zwei benachbarte Flächen auf gleichen Helligkeitseindruck oder auf gleichen Kontrast eingestellt werden können. Die eine Fläche ist von dem Prüfling, die andere von einer Photometerlampe beleuchtet, die bei einer bestimmten Stromstärke konstant brennt. Wichtig ist die Güte der Photometerfelder, wobei es insbesondere darauf ankommt, daß die beiden Vergleichsflächen sehr scharf aneinander grenzen. Die Vergleichsvorrichtung eines P.s heißt *Photometerkopf*. Besonders geeignet ist der *Photometerwürfel* (*Lummer-Brodhun-Würfel*), ein Glaswürfel, der aus zwei 90°-Prismen so zusammengesetzt ist, daß die zusammengelegten Basis- bzw. Diagonalflächen durch Verkitten stellenweise optischen Kontakt haben, stellenweise aber total reflektieren. Die Totalreflexion wird durch Aussparungen im Glas erreicht, indem die Basisfläche des einen 90°-Prismas bis auf ein ebenes Mittelstück kugelförmig abgeschliffen ist, so daß an dem entstehenden Luftraum Totalreflexion auftritt. Es entstehen zwei Trapezfelder, wobei die Strahlengänge a und b vor ihrer Vereinigung senkrecht aufeinander stehen (Abb.). Bei Helligkeitsgleichheit ver-

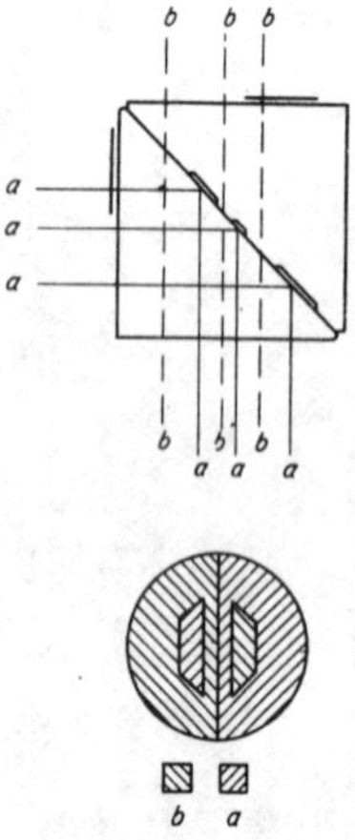

Photometerwürfel: Oben Schnitt, unten Gesichtsfeld

schwinden die Trapezfelder, bei Zwischenschalten von Kontrastplättchen erscheinen die Trapezfelder etwas dunkler als die Umgebung. Zu einem P. gehört ferner eine Lichtschwächungseinrichtung nach einem der folgenden Prinzipien: Schwächung durch Anwendung des Entfernungsgesetzes (→ photometrisches Grundgesetz), durch einen rotierenden Sektor, durch Polarisation, durch Blenden oder durch Grauglässer. Es können auch zwei gegeneinander verschiebbare Graukeile benutzt werden.

Dem Aufbau nach unterscheidet man feststehende und tragbare P. Feststehende P. verwenden eine Photometerbank mit Millimetereinteilung und benutzen vorwiegend das Entfernungsgesetz. Die beiden Lichtquellen (Prüfling und Vergleichslampe), der Photometerkopf und die Lichtschwächungseinrichtung sind auf Wagen montiert und können meßbar an beliebige Stellen der Bank gestellt werden. Der Photometerkopf ist in einen Photometeraufsatz eingebaut, z. B. den Photometeraufsatz nach Lummer-Brodhun mit Photometerwürfel und Spiegelanordnung, dessen einfachster Vorläufer ein mit einem Fettfleck versehenes Blatt Papier war, das auf der Photometerbank zwischen zwei zu vergleichenden Lichtquellen an den Ort geschoben wurde, wo der Kontrast des Fettflecks zu seiner Umgebung möglichst verschwand. Dieses P. wird nach seinem Erfinder *Bunsensches Fettfleckphotometer* genannt. Zu den tragbaren P.n gehören z. B. die historischen *Tubusphotometer*, das handliche *Taschenphotometer von Bechstein*, ein Universalphotometer mit großem Meßbereich, das ebenfalls universell einsetzbare *Pulfrich-Photometer* und das *Sektorenphotometer*. Zur Photometrie verschiedenfarbiger Lichtquellen können → *Flimmerphotometer* verwendet werden.

2) *Physikalische P.* oder *lichtelektrische P.* ersetzen das Auge durch lichtelektrische Empfänger (z. B. durch eine Photozelle), die durch geeignete Filter dem spektralen Hellempfindlichkeitsgrad des Auges angepaßt sein müssen. Mit physikalischen P.n ist eine höhere Empfindlichkeit als bei visuellen P.n möglich. Es gibt vier verschiedene Meßverfahren. Beim *Ausschlagsverfahren* wird der Photostrom unmittelbar mit einem empfindlichen Meßinstrument gemessen. Hierzu gehören außer Beleuchtungsmessern z. B. die Mikrophotometer, die vorwiegend zur Auswertung von Spektralplatten bestimmt sind. Durch ein optisches System wird ein beleuchteter Spalt jeweils über eine parallel dazu eingestellte Spektrallinie auf einen Photoempfänger abgebildet und so deren Schwärzung gemessen. Bei Mikrophotometern ist eine Anpassung an den Hellempfindlichkeitsgrad des Auges nicht nötig. Beim *Kompensationsverfahren* wird der Photostrom in einer Brückenschaltung kompensiert, so daß das Meßinstrument als Nullinstrument dient. Besonders genau arbeitet das *Substitutionsverfahren*, bei dem unter unverändertem optischem Strahlengang die beiden Lichtquellen unmittelbar nacheinander mit dem gleichen Strahlungsempfänger verglichen werden. Beim *Wechsellichtverfahren* fällt die Strahlung des Meß- und Vergleichsstrahlenganges in kurzer Folge abwechselnd nacheinander auf den Photoempfänger. Im Vergleichsstrahlengang befindet sich eine meßbare Schwächungseinrichtung, die beide Photoströme automatisch aneinander angleicht. Nach dem Wechsellichtverfahren arbeiten auch die modernen hochentwickelten vollautomatischen → Spektralphotometer, die von den sonstigen P.n im Prinzip sehr abweichen.

Eine besondere Art von P.n sind die *Kugelphotometer*, die bei der → Lichtstrommessung angewendet werden. Ein als Schwärzungsmesser verwendetes P. bezeichnet man als → Densitometer.

Photometrie, *Lichtmessung*, Verfahren zur Ermittlung der → photometrischen Größe mittels → Photometern. Das Prinzip der P. besteht darin, daß die Lichtstärke einer Normallichtquelle mit der der zu messenden Lichtquelle *verglichen* wird. Dabei unterscheidet man je nach Vergleichsmethode zwischen visueller, physikalischer und photographischer P.

1) Bei der *visuellen P.*, bei der das Auge als Empfänger dient, werden immer zwei im Gesichtsfeld dicht benachbart dargebotene Leuchtdichten unter meßbarer Abschwächung der einen miteinander verglichen. Die eine der beiden Leuchtdichten oder die Lichtstärke der sie erzeugenden Lichtquelle soll bestimmt werden. Beim *Gleichheitsprinzip* ist das Einstellkriterium die Leuchtdichtegleichheit der Gesichtsfelder, beim genauer arbeitenden *Kontrastprinzip* die Einstellung auf gleichen Kontrast. Beim Direktvergleich werden Prüfling und Normal unmittelbar miteinander verglichen, bei der Substitutionsmethode nacheinander unter völlig gleichen Bedingungen. Die erreichbare Genauigkeit beträgt beim Gleichheitsprinzip etwa 1%, beim Kontrastprinzip etwa $^1/_2$%, vorausgesetzt, daß jeweils die Vergleichsfelder scharfe Grenzen haben, ihre Leuchtdichte zwischen etwa 5 und 25 cd/m^2 beträgt und mehrere Messungen gemittelt werden.

Das Auge kann nur Leuchtdichten miteinander unmittelbar vergleichen, wenn sie isochrom (gleichfarbig) sind (*isochrome oder gleichfarbige P.*). Für die *heterochrome* oder *verschiedenfarbige P.* ist daher ein visueller Direktvergleich nicht möglich. Hier kann man jedoch erfolgreich das *Flimmerprinzip* ausnutzen und ein → Flimmerphotometer verwenden.

Die P. sehr kleiner Lichtquellen heißt *Punktphotometrie*. Hier gibt es zwei Wege bei visuellen Verfahren: Man bildet entweder die Lichtquelle in die Pupille des Auges ab, oder man bildet sie im Gesichtsfeld ab. Beide Verfahren haben Nachteile, so daß die Punktphotometrie jetzt vorwiegend nur noch mit physikalischen Empfängern vorgenommen wird.

2) Bei der *physikalischen P.* muß der benutzte Empfänger der spektralen Empfindlichkeit des Auges (→ spektraler Hellempfindlichkeitsgrad) angeglichen sein, wenn Licht verschiedener spektraler Energieverteilung miteinander verglichen werden soll (heterochrome P.). Man benutzt lichtelektrische Photometer.

3) Bei der *photographischen P.* dient die photographische Platte als Empfänger. Sie wird vorwiegend in Verbindung mit Spektrographen angewendet. Aus der Schwärzungskurve, die unter Verwendung eines Stufenkeils gewonnen wird, kann auf die eingestrahlte Lichtintensität ge-

schlossen werden, die zu den verschiedenen Schwärzungen geführt hat. Die Auswertung erfolgt mit einem Mikrophotometer.

Über die P. der Gestirne → Astrophotometrie.

photometrische Größen und Einheiten, die von den Strahlungsgrößen unter Berücksichtigung der spektralen Empfindlichkeit des menschlichen Auges abgeleiteten Größen. Grundlegend sind der relative spektrale Hellempfindlichkeitsgrad V_λ für das helladaptierte Auge und das photometrische Strahlungsäquivalent (→ spektraler Hellempfindlichkeitsgrad).

Wichtigste photometrische Größen	Einheiten	entsprechende Strahlungsgrößen
Lichtstrom Φ	Lumen lm	Strahlungsfluß
Lichtmenge Q	Lumensekunde lms	Strahlungsmenge
Lichtstärke I	Candela cd	Strahlstärke
Leuchtdichte B	Candela/Quadratmeter cd/m²	Strahldichte
Beleuchtungsstärke E	Lux lx	Bestrahlungsstärke

Der *Lichtstrom* Φ ist die von einer Lichtquelle in verschiedenen Richtungen ausgestrahlte Leistung, bewertet nach V_λ. Einheit ist das Lumen lm. Wird nur ein gewisser Raumwinkel betrachtet, wie es meist der Fall ist, so spricht man von Teillichtstrom. Der gesamte von einer Lichtquelle in alle Richtungen des Raumes ausgestrahlte Lichtstrom ist der *Gesamtlichtstrom*. → Lichtstrommessung.

Die *Lichtmenge* Q ist die von einer Lichtquelle in Form von Licht aufgebrachte Arbeit; sie ist somit das Zeitintegral des Lichtstroms Φ, also $Q = \int_0^t \Phi \, dt$. Ist Φ zeitlich konstant, dann gilt $Q = \Phi t$. Einheit ist die Lumensekunde lms.

Die *Lichtstärke* I ist der Quotient aus dem Lichtstrom Φ und dem zugehörigen Raumwinkel ω, also $I = \frac{\Phi}{\omega} = \frac{d\Phi}{d\omega}$. Einheit ist die Candela cd, die international als *Lichteinheit* festgelegt ist. Diese ist dadurch definiert, daß ein Strahler bei der Temperatur des erstarrenden Platins (2042 K) je cm² Fläche in senkrechter Richtung die Lichtstärke von 60 cd ausstrahlt. Auf die Candela als Einheit sind alle p.n G. u. E. bezogen. So strahlt eine Lichtquelle der Lichtstärke 1 cd in den Einheitsraumwinkel von 1 Steradiant sr den Lichtstrom 1 lm aus, eine Lichtquelle mit allseitiger Lichtstärke 1 cd strahlt in den Gesamtraum 4π lm ab.

Die *Leuchtdichte* B, die photometrisch bewertete Strahldichte, ist die Dichte des durch eine Fläche in einer bestimmten Richtung durchtretenden Lichtstromes, bezogen sowohl auf den durchstrahlten Raumwinkel als auch auf die zu der betreffenden Richtung senkrechte Projektion der Fläche gemäß dem → photometrischen Grundgesetz. Die Leuchtdichte kann auch als die je Flächeneinheit senkrecht abgestrahlte Lichtstärke aufgefaßt werden. Die Einheit der Leuchtdichte ist somit Candela je Quadratmeter (cd/m²). Früher waren Stilb sb (1 sb = 1 cd/cm²) und Apostilb asb [1 asb = $(1/\pi)$ cd/m²] gebräuchlich. In angelsächsischen Ländern wird auch das foot-lambert (1 foot-lambert = 3,43 cd/m²) benutzt. → Skot.

Die *Beleuchtungsstärke* E ist die auf die Fläche bezogene Dichte des Lichtstromes, also $E = d\Phi/df$. Einheit ist das Lux lx (1 lx = 1 lm/m²), auch meter-candle genannt. In angelsächsischen Ländern wird auch das foot-candle (1 foot-candle = 10,76 lx) benutzt. Eine Einheit der Beleuchtungsstärke ist auch das → Nox. Die Beleuchtungsstärke dient zur photometrischen Bewertung der Beleuchtung einer Fläche. Das Produkt aus Beleuchtungsstärke und Zeit ist die *Belichtung*, Einheit ist die Luxsekunde lxs.

Die *spezifische Lichtausstrahlung* R ist die Dichte des von einer Fläche abgegebenen Lichtstromes, bezogen auf die strahlende Fläche; $R = \Phi/f = d\Phi/df$. Einheit ist das Phot ph (1 ph = 1 lm/cm²).

photometrisches Grundgesetz, besagt, daß ein leuchtendes Flächenelement df_1 der Leuchtdichte B unter dem Winkel ε einem Flächenelement df_2 im Abstand r unter dem Winkel i den Lichtstrom $d^2\Phi = B df_1 \cos\varepsilon \, d\omega$ zustrahlt. Es ist der Raumwinkel $d\omega = (df_2 \cos i)/r^2$ und somit $d^2\Phi = (B df_1 \cos\varepsilon \, df_2 \cos i)/r^2$. Eine wesentliche Aussage des photometrischen G.es ist das Entfernungsquadrat im Nenner, auch *quadratisches* oder *photometrisches Entfernungsgesetz* genannt. Für punktförmige Lichtquellen folgt daraus: Beleuchtungsstärke $E = I/r^2$; I = Lichtstärke.

photometrisches Strahlungsäquivalent, → spektraler Hellempfindlichkeitsgrad.

Photomultiplier, svw. Sekundärelektronenvervielfacher.

Photon, *Lichtquant*, *Strahlungsquant*, γ, Quant des elektromagnetischen Feldes. Das P. bildet eine Familie der → Elementarteilchen (Tab. A) für sich. Jeder elektromagnetischen Strahlung, z. B. in Form von Licht (Lichtquanten), Röntgenstrahlung (Röntgenquanten) oder Gammastrahlung (Gammaquanten), entsprechen P.en mit der Energie $E = h\nu$ und dem Impuls (Lichtquantenimpuls) $\vec{p}$ vom Betrag $p = h\nu/c$ (h Plancksches Wirkungsquantum, c Lichtgeschwindigkeit, ν Frequenz der Strahlung), dessen Richtung mit der Ausbreitungsrichtung der elektromagnetischen Strahlung zusammenfällt; nach der speziellen Relativitätstheorie ist die Ruhmasse des P.s Null, da es sich mit Lichtgeschwindigkeit bewegt. Ladung und magnetisches Moment des P.s sind ebenfalls Null. P.en haben ferner den Spin 1 (in Einheiten von $\hbar = h/2\pi$) und genügen daher der Bose-Einstein-Statistik, zählen also zu den Bosonen. Die feldtheoretische Beschreibung der P.en erfolgt durch ein skalares und ein Vektorpotential, die der Wellengleichung genügen. Das Vektorfeld gestattet zwei transversale, eine longitudinale und eine skalare („zeitartige") Schwingung, von denen nur die transversalen Schwingungen optisch als Polarisation beobachtbar sind (→ Quantenelektrodynamik), während die longitudinalen und skalaren Schwingungen sich kompensieren. Die longitudinalen Schwingungen werden gelegentlich den Coulombschen Kräften zwischen elektrischen Ladungen zugeordnet. Im Teilchenbild spricht man dementsprechend von transversalen, longitudinalen und skalaren P.en. Die transversalen, linear polarisierten P.en haben bezüglich einer vorgegebenen Richtung entsprechend dem Spin 1 drei mögliche Einstellungen zu einer etwa durch ein elektrisches Feld vorgegebenen Richtung: parallel, antiparallel und senkrecht. Die quantentheoretische Beschreibung des P.s erfolgt durch die Quantenelektrodynamik gemeinsam mit dem Elektron und dem Positron.

Die Existenz der P.en war bereits von Newton angenommen worden, schien sich aber nach der Entdeckung der Interferenz- und Beugungsphänomene des Lichts nicht zu bestätigen; nach Aufstellung der Quantenhypothese durch M. Planck (1900) führte sie Einstein 1905 zur Erklärung des äußeren lichtelektrischen Effekts wieder ein; der überzeugende experimentelle Existenzbeweis erfolgte 1923 durch Compton (→ Compton-Effekt) und später durch Versuche von Joffe und Dobronrawow (→ Dualismus von Welle und Korpuskel).

Photonenfeld, svw. Lichtquantenfeld.

Photonengas, dem Teilchenbild der Materie entsprechende Interpretation der in einem Hohlraum eingeschlossenen elektromagnetischen Strahlung. Diese kann nach Planck auf Grund der Lichtquantenhypothese als Gas, das aus den den Hohlraum erfüllenden Photonen besteht, angesehen werden, wobei die Photonen der Energie $E = h\nu$ (h Plancksches Wirkungsquantum, ν Frequenz der Strahlung) von den Wänden des Hohlraums unter Ausbildung eines thermodynamischen Gleichgewichtes ständig emittiert und absorbiert werden. Die Planckschen Strahlungsgesetze des schwarzen Strahlers ergeben sich durch Anwendung der statistischen Mechanik auf das P. unter Berücksichtigung der Bose-Einstein-Statistik.

Photonenhypothese, → Lichttheorien.

Photonenstoßionisation, → Ionisation.

Photoneutron, ein Neutron, das durch Beschuß von Atomkernen mit γ-Quanten über den (γ, n)-Prozeß erzeugt wird. Häufig treten P.en aus der Wechselwirkung der γ-Quanten (→ Kernphotoeffekt) verschiedener radioaktiver Isotope mit Deuterium oder Beryllium auf, wie es in Neutronenquellen ausgenutzt wird. Mit großer Intensität entstehen P.en an Elektronenbeschleunigern, z. B. an Linearbeschleunigern, Betatrons, Mikrotrons oder Synchrotrons, durch Erzeugung von Bremsstrahlung mit anschließendem (γ, n)-Prozeß an schweren Atomkernen, wie Uran und Thorium.

Photophorese, die Bewegung von kleinsten Teilchen unter dem Einfluß einer intensiven Lichtbestrahlung. Ehrenhaft (1918) beobachtete, daß sich kleine Teilchen mit Durchmessern von 10^{-4} bis 10^{-6} cm, die im Gas schweben, bei intensiver Lichtbestrahlung in Richtung der Lichtstrahlen (*positive P.*) und andere in entgegengesetzter Richtung (*negative P.*) bewegen. In einigen Fällen läßt sich die P. als *Radiometerwirkung* deuten, während für andere Fälle eine Erklärung noch aussteht.

Photopolymerisation, photographisches Verfahren, bei dem eine Unterlage mit einer monomeren organischen Verbindung beschichtet ist, welche Doppelbindungen enthält und durch lichtempfindliche Katalysatoren (Eisen(III)-Ionen, Silberhalogenide oder organische Radikalbildner) bei der Belichtung polymerisiert wird. Nach der alkalischen Entwicklung verbleiben Reliefbilder. Die Photopolymere können auf einer Unterlage als *Photo-Druckplatte* oder als *Photokopierlack* in flüssiger Form zum Selbstansatz geliefert werden. Dabei unterscheidet man *negative* und *positive Photopolymere*. Die negativen Photopolymere werden durch Lichteinwirkung vernetzt und bei der Entwicklung die unbelichteten Bestandteile der Schicht herausgelöst. Bei den positiven Photopolymeren werden die Verbindungen durch Licht zersetzt und im Entwicklungsvorgang die belichteten Bestandteile der Schicht herausgelöst. Das bei diesem Verfahren erzielte Auflösungsvermögen liegt so hoch, daß die P. in zunehmendem Maße bei der Herstellung von gedruckten Schaltungen, Halbleiterbauelementen und polygraphischen Druckplatten eingesetzt wird.

Photoproduktion, in der Hochenergiephysik Erzeugung massiver Elementarteilchen bei der Streuung hochenergetischer Photonen an Nukleonen. Je nach der Energie dieser Photonen können Mesonen und Hyperonen erzeugt werden, z. B. im Prozeß $\gamma + p \rightarrow n + \pi^+$. Photoproduktionsexperimente werden vor allem an Elektronenbeschleunigern durchgeführt, da die hochenergetischen Elektronen beim Abbremsen an Materie sehr energiereiche Photonen emittieren. Sie spielen mit zunehmender Primärenergie der Elektronen eine wachsende Rolle in der Hochenergiephysik.

Photoschichtspuren, von ionisierenden Teilchen in Kernemulsionen erzeugte Spuren. Die von den Teilchen erzeugten Ionen in der photographischen Schicht sind Keime von Schwärzungskörnern und somit entwicklungsfähig. Mit Hilfe von P. werden z. B. Teilchen der kosmischen Strahlung untersucht; besonderer Aufschluß über diese Teilchen wird aus der durch sie verursachten Kernzertrümmerung, die als Stern in der entwickelten Emulsion sichtbar wird, erhalten.

Photospaltung, die Spaltung von Atomkernen mittels γ-Quanten. Außer durch Neutronen oder andere schwere Teilchen lassen sich auch mit γ-Quanten Kernspaltungen hervorrufen. Die Beobachtung der Reaktionsschwelle der P. gibt eine besonders zuverlässige Bestimmung der Aktivierungsenergie für den Spaltvorgang. Mit steigender γ-Energie bemerkt man eine Tendenz zur symmetrischen Spaltung. Die P. ist bei einigen der schwersten Kerne durch γ-Quanten mit Energien von $\gtrsim 20$ MeV mit bemerkenswerter Ausbeute möglich.

Photosphäre, → Sonne.

Photothyristor, → Thyristor.

Phototransistor, → Transistor.

Photoumwandlung, svw. Kernphotoeffekt.

Photovervielfacher, svw. Sekundärelektronenvervielfacher.

Photowiderstand, svw. Photowiderstandszelle.

Photowiderstandszelle, *Photowiderstand,* ein Halbleiterbauelement, bei dem die Photoleitfähigkeit zum Nachweis oder zur Messung von Licht ausgenutzt wird.

Eine P. besteht aus einem Substrat mit einer meist aufgedampften dünnen Schicht aus lichtempfindlichem Material, z. B. CdS, CdSe, InSb oder PbS. Letzteres ist speziell im Infrarotbereich empfindlich, da der Bandabstand noch ausreicht, um bei der in diesem Bereich geringen Energie der Lichtquanten noch Photoleitfähigkeit zu erhalten.

Mehrere zu einem gemeinsamen Bauelement zusammengefaßte P.n heißen *Multiphotowiderstände*. Sie werden z. B. als *Differentialphotowiderstände* in Brückenschaltungen zur Steuerung von Schneidwerkzeugen verwendet.

Neuerdings werden P.n weitgehend durch Photodioden (→ Halbleiterdioden) verdrängt.

Photozelle, ein photoelektrisches Bauelement, das auf dem äußeren lichtelektrischen Effekt beruht (→ Elektronenemission 2). In einem evakuierten oder gasgefüllten Rohr steht einer photoelektrischen Schicht, der *Photokatode*, die meist schleifen- oder netzförmige Anode gegenüber, an die durch eine Batterie eine positive Spannung gelegt ist (Abb.). Die Photokatode sendet Elektronen aus, wenn Licht genügender Energie, d. h. genügend kurzer Wellenlängen, auf sie fällt. Die ausgesandten Elektronen fliegen zur Anode unter dem Einfluß der an sie angelegten positiven Spannung. Die Quantenausbeute, d. i. die Zahl der ausgelösten Photoelektronen bezogen auf die eingefallenen Photonen, ist von der Wellenlänge abhängig. Die Photonen müssen mindestens eine Energie haben, die zur Überwindung der photoelektrischen Austrittsarbeit notwendig ist. Die Abhängigkeit der Quantenausbeute von der Wellenlänge und die langwellige Grenze sind charakteristisch für das Material der Photokatode. Obwohl grundsätzlich alle Metalle photoelektrische Eigenschaften ausweisen, werden in modernen P.n heute fast ausschließlich Alkalimetalle bzw. -oxide (z. B. Zäsiumoxid, Kalium, Natrium) und Kadmium verwendet (*Alkalizelle*).

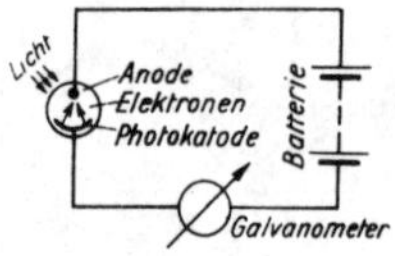

Photozelle
(Schaltschema)

Die Zahl der ausgelösten Photoelektronen je Sekunde, d. h. der Photostrom, ist der Intensität der einfallenden Lichtstrahlung streng proportional. Der Photostrom wird mit einem Galvanometer gemessen, seine Größe folgt den Schwankungen der Intensität trägheitslos. Damit sind die P.n ein wichtiges Meßorgan für die objektive Photometrie vom infraroten Gebiet des Spektrums über das sichtbare bis in das ultraviolette Licht. Durch Füllung der Photozelle mit einem neutralen Gas (Edelgas von ≈ 1 Torr) kann die Empfindlichkeit etwa um den Faktor 5 bis 10 erhöht werden. Gleichzeitig sinkt durch die Gasfüllung infolge der Trägheit der Gasmoleküle die obere Frequenzgrenze (etwa 25% Abnahme der Empfindlichkeit bei 10 kHz).

Man verwendet P.n für die gleichen Zwecke wie die Photowiderstände bzw. Photodioden, von denen sie aus zunehmend mehr Gebieten verdrängt werden. Nur einige Eigenschaften der P.n, z. B. ihre geringe Temperaturabhängigkeit, sind die Ursache dafür, daß sie sich für wenige bestimmte Zwecke gegenüber den modernen photoelektrischen Halbleiterbauelementen (→ Halbleiterdiode) behaupten können.

Lit. Görlich: Photoeffekte 3 Bde (Leipzig 1962/63/66).

Photozellenrauschen, → Rauschen II, 3.

pH-Wert, der negative dekadische Logarithmus der Wasserstoffionenkonzentration (genauer: Hydroniumionenaktivität), das Maß für den sauren oder basischen Charakter einer Lösung. Thermodynamisch exakt wird die Azidität einer wäßrigen Lösung durch die Hydroniumionenaktivität $a_{H_3O^+}$ definiert, die mit der Hydroxidionenaktivität durch das Ionenprodukt des Wassers zusammenhängt: $a_{H_3O^+} \cdot a_{OH^-} = K_W$. Dabei hat K_W bei 20 °C den Wert 10^{-14}, so daß $a_{OH^-} = \frac{10^{-14}}{a_{H_3O^+}}$. Um Säuren und Laugen durch die gleiche Maßzahl charakterisieren zu können, führte S. P. L. Sörensen den Begriff des $pH = -\log a_{H_3O^+} = -\log c_{H_3O^+} \cdot f_{H_3O^+}$ ein. Hierbei ist $c_{H_3O^+}$ die Konzentration der Hydroniumionen, $f_{H_3O^+}$ der Aktivitätskoeffizient der wäßrigen Hydroniumionenlösungen. Die genaue Angabe des pH-W.es setzt somit die Kenntnis der Hydroniumionenaktivität voraus, die nur in verdünnten Lösungen im Gültigkeitsbereich der Debye-Hückelschen Grenzgesetze unter Zuhilfenahme von Konzentrationsketten mit Überführung mittels Näherungsmethoden ermittelt werden kann. Die praktische *pH-Messung* beschäftigt sich oft mit der Untersuchung von Mischlösungen und Lösungen höherer Konzentration, so daß die thermodynamisch exakte Ermittlung des $p a_{H_3O^+}$ nicht in Betracht kommt. Man hilft sich deshalb mit einer konventionellen pH-Skala, die auf der Messung der elektromotorischen Kraft EMK der Zelle Platinwasserstoffelektrode / unbekannte Lösung / gesättigte Kaliumchloridlösung / 0,1 m-Kalomelelektrode beruht. Ist die Lösung genügend verdünnt, so kann man die Aktivität des Wassers als konstant ansehen und bei einem Wasserstoffdruck von 1 atm nach der Nernstschen Gleichung die EMK der Zelle berechnen: $E = E_0 + (RT/F) \times \ln a_{H_3O^+} + \varepsilon$. Hierbei bedeutet E_0 die EMK der Zelle unter Standardbedingungen, d. h. 1 atm, $a_{H_3O^+} = 1$, R die universelle Gaskonstante, T die absolute Temperatur, F die Faraday-Konstante, ε die Diffusionspotentiale an den beiden Grenzflächen zur gesättigten KCl-Lösung. Für verdünnte Lösungen wird nun im Gültigkeitsbereich der Debye-Hückel-Gleichung $E'_0 + \varepsilon$ bestimmt. Bei Vernachlässigung der Konzentrationsabhängigkeit von ε kann man mittels der Nernstschen Gleichung aus den EMK-Werten $\ln a_{H_3O^+}$ und damit pH berechnen: $pH = (E - E'_0 - \varepsilon) \cdot \frac{0{,}4343\,F}{RT}$. Unter Standardbedingungen ergibt sich: $pH = \frac{E - 0{,}3376}{0{,}05914}$. Die EMK-Messungen erfolgen an Standard-Pufferlösungen, deren pH-Werte nach der letzten Gleichung berechnet wurden und die als Grundlage der konventionellen pH-Skala dienen (Tab. 1).

Tab. 1. pH-Werte einiger Standard-Pufferlösungen und ihre Temperaturabhängigkeit

°C	0,05 m-Kalium-tetroxalat-lösung	Kalium-hydrogen-tartrat-lösung, gesättigt bei 25 °C	0,05 m-Kalium-hydrogen-phthalat-lösung	0,025 m-Kalium-hydrogenphos-phat- + 0,025 m-Natriumhydrogen-phosphatlösung	0,01 m-Borax-lösung
0	1,67	·	4,01	6,98	9,46
10	1,67	·	4,00	6,92	9,33
20	1,68	·	4,00	6,88	9,22
30	1,69	3,55	4,01	6,85	9,14
40	1,70	3,54	4,03	6,84	9,07
50	1,71	3,55	4,06	6,83	9,01
60	1,73	3,57	4,10	6,84	8,96
70	·	3,59	4,12	6,85	8,92
80	·	3,61	4,16	6,86	8,88
90	·	3,64	4,20	6,86	8,85

Im Ionenprodukt des Wassers ist neben der Hydroniumionenkonzentration noch die Hydroxylionenkonzentration c_{OH^-} enthalten, deren negativer Logarithmus pOH als Maß für die Basizität der Stoffe verwendet werden kann. Hierbei gilt: pOH = 14 − pH. Tab. 2 zeigt den Zusammenhang zwischen Säure- und Basencharakter (pH und pOH).

Tab. 2. pH- und pOH-Werte wäßriger Lösungen

$n_{H_3O^+}$ (Normalität starker Säuren)	10	1	10^{-1}	10^{-2}	10^{-3}	10^{-4}	10^{-5}	10^{-6}	10^{-7}	n_{OH^-} (Normalität starker Basen)	10^{-6}	10^{-5}	10^{-4}	10^{-3}	10^{-2}	10^{-1}	1	10
pH	−1	0	1	2	3	4	5	6	7	pH	8	9	10	11	12	13	14	15
pOH	15	14	13	12	11	10	9	8	7	pOH	6	5	4	3	2	1	0	−1
	stark				schwach				neutral		schwach			stark				
	sauer										alkalisch							

Die Messung des pH-Wertes kann grundsätzlich nach zwei Methoden erfolgen: 1) durch elektrochemische Methoden, mit deren Hilfe man die EMK der zu untersuchenden Lösung messen kann. Reine Säuren und Basen können mittels der Wasserstoffelektrode gemessen werden. Für Messungen im sauren Gebiet ist weiterhin die Chinhydronelektrode verwendbar, bei der das Redoxpotential Chinon/Hydrochinon im Chinhydron vom pH-Wert abhängig ist. Für Messungen in alkalischen Lösungen geeignet sind einige Metallelektroden, wie die Antimonelektrode, die Wismutelektrode, die Tantal- und Niobelektrode; hierbei ist das Redoxpotential der Metalle pH-abhängig. Die Genauigkeit der Metallelektroden ist allerdings nur gering. Sehr verbreitet sind in neuerer Zeit Glaselektroden. Dabei hängt das Potential der in eine dünnwandige Glaskapsel eingeschlossenen Ableitungselektrode, die von einer Pufferlösung umgeben ist, vom pH-Wert der die Glaskapsel von außen umgebenden Lösung ab. Als Bezugselektrode dient bei allen Meßverfahren meist die Kalomelelektrode. 2) Näherungsweise erfolgt die Messung durch bestimmte Farbstoffe (*Indikatoren*), die in Lösung eine vom pH-Wert abhängige Färbung aufweisen. Auf dieser Methode beruhen die im Labor sehr gebräuchlichen Indikatorpapiere (z. B. Lackmuspapier, Unitest-Papier) und die bei Säure-Basen-Titrationen verwendeten Indikatorlösungen (z. B. Phenolphthalein, Methylorange, Methylrot, Bromthymolblau).

Wird der pH-Wert auf Volumenkonzentrationen bezogen (pH_c), so kann er aus den auf die Normalität bezogenen pH-Werten (pH_n) berechnet werden: $pH_c = pH_n - \log d$, wobei d die Dichte des reinen Wassers ist. Für Temperaturen unter 25 °C kann dieser Unterschied vernachlässigt werden.

Physik, die Wissenschaft von den Eigenschaften und Zustandsformen, der Struktur und der Bewegung der unbelebten Materie, den diese Bewegung hervorrufenden Kräften oder Wechselwirkungen und den hierbei konstant bleibenden Größen. Die P. ist eine grundlegende Naturwissenschaft, die auf der Basis quantitativer, durch Messungen präzisierter Erfahrungen zur Aufdeckung, zur mathematischen Formulierung und praktisch-technischen Anwendung der Naturgesetze führt. Vom behandelten Gebiet her bestehen keine scharfen Grenzen, einige historisch entstandene Unterteilungen des Gesamtkomplexes Naturwissenschaft sind durch den Fortschritt der Wissenschaft verwischt worden, so der zwischen P. und Chemie und in zunehmendem Maße auch der zwischen P. und Biologie. Seit Entwicklung der Quantentheorie, insbesondere der Quantenchemie, besitzt die Chemie keine von der P. unabhängigen Grundlagen mehr, dennoch rechtfertigen der relativ geringe Nutzen der theoretischen Quantenchemie für die praktischen Aufgaben des Chemikers einerseits und die z. T. spezifisch chemischen Methoden der Stoffanalyse und Stoffumwandlung andererseits, vor allem aber auch der riesige, rasch anwachsende Umfang des Wissensgebietes vollständig die Abtrennung der Chemie von der P. Auch die Grenzen zwischen P. und Biologie verschwimmen in dem Maße, in dem die quantitativen physikalischen Methoden durch ihre Verfeinerung auf die hochkomplizierten biologischen Systeme anwendbar werden (*Biophysik*). Der rasche Fortschritt auf diesem Gebiet macht immer deutlicher, daß die Objekte der Biologie hochorganisierte Systeme „gewöhnlicher" Materie sind, zu deren Verständnis die physikalisch-chemischen Erfahrungen und Gesetzmäßigkeiten durch eine entsprechende kybernetische Systemtheorie mit zentraler Benutzung des Begriffs Information zu erweitern sind. Wahrscheinlich wird es zweckmäßig sein, diese allgemeine Systemtheorie wegen ihres ausgeprägten Querschnittcharakters (Automaten, selbstregelnde Systeme, Lebewesen) als eigenständige Disziplin beizubehalten. Enge Wechselbeziehungen bestehen zwischen P. und Mathematik, die allerdings keine Naturwissenschaft ist; denn die Mathematik geht in ihrem logischen inneren Aufbau (nicht in ihrer historischen Entwicklung!) nicht von überprüfbaren Erfahrungen aus, sondern erforscht logisch widerspruchsfreie Strukturen ohne unmittelbaren Bezug auf deren konkrete Realisierung. Wenn auch durchaus nicht alle mathematischen Strukturen realisierbar sein müssen, hat sich diese Methode als sehr erfolgreich erwiesen. Insbesondere sind viele abstrakte mathematische Strukturen historisch aus physikalischen Problemstellungen erwachsen, andererseits müssen auch neue, noch unerkannte reale Strukturen zumindest logisch widerspruchsfrei sein, so daß man mit Recht sucht, ihr formales Äquivalent aus bereits erforschten mathematischen Strukturen abzuleiten.

Die P. als Ganzes entstand und entwickelt sich als untrennbare Einheit von experimenteller Forschung und theoretischer Durchdringung. Es gibt daher strenggenommen keine Trennung in Experimentalphysik und theoretische P., wohl aber gibt es eine Arbeitsteilung zwischen Experimentalphysikern und theoretischen Physikern, da normalerweise ein Einzelner nicht gleichzeitig in die methodischen Feinheiten des immer anspruchsvoller und aufwendiger werdenden modernen Präzisionsexperiments und der ebenfalls immer komplizierter werdenden mathematischen Methoden eindringen kann. Die Experimentalphysik gewinnt aus der exakten Beobachtung und dem planmäßigen, unter kontrollierten übersichtlichen und vereinfachten Bedingungen ausgeführten Versuch, dem *Experiment*, Kenntnis über den qualitativen und quantitativen Zusammenhang der untersuchten Größen. Die theoretische P. abstrahiert aus dem experimentellen Material die physikalischen Gesetze und bildet diese auf mathematische Strukturen ab. Diese intensive mathematische Durchdringung der gesamten P. führt durch mathematisch-präzise Formulierung und Verallgemeinerung grundlegender Erfahrungen zu den Grundgesetzen der P. und damit zu einer mathematisch formulierten *Theorie* über bestimmte Klassen von Erscheinungen, die zugleich deren Struktur widerspiegelt. Ausgehend von den Grundgesetzen führt die Theorie durch mathematische Deduktion zu genauen Aussagen über die Einzelerscheinungen, deren Form, Struktur, Verlauf durch die jeweiligen Grundgesetze beherrscht werden. Diese Aussagen können wieder experimentell geprüft werden und führen zu einer Bestätigung oder auch Widerlegung der Theorie. Für einen weiten Erfahrungsbereich sind die Grundgesetze erkannt und mathematisch formuliert, sie sind noch unbekannt im Bereich der Elementarteilchenphysik. Die Entwicklung und Vervollkommnung der Methoden zur mathematischen Lösung der gegebenen Grundgleichungen wird oft als mathematische P. bezeichnet.

Von wenig bedeutsamen Vorläufern abgesehen beginnt die physikalische Forschung im 17. Jahrhundert mit der wissenschaftlichen Durchdringung der elementaren Bewegungsvorgänge, der durch die Begriffe Masse und Kraft gekennzeichneten *Mechanik*. Ausgehend von der Mechanik einzelner diskreter Körper wurden die mechanischen Grundgleichungen auf verformte und bewegte kontinuierliche Medien angewendet, was zur Entwicklung der *Elastizitäts-* und der *Strömungslehre* führte. Ausgehend vom Kraftbegriff einerseits und den zur Charakterisierung kontinuierlicher Medien andererseits eingeführten Feldgrößen, wie Dichteverlauf, Druckverlauf, Strömungsfeld, entwickelte sich der Begriff des *Feldes*, insbesondere die Begriffsbildung des elektromagnetischen (bei statischen Problemen auch einzeln des elektrischen und des magnetischen) Feldes als einer neuen selbständigen physikalischen Realität. Mit der Mechanik (Punktmechanik und Kontinuumsmechanik) und der *Elektrodynamik* wird ein sehr weiter Erfahrungsbereich bereits ausreichend genau erfaßt, ergänzt durch die *Thermodynamik* als einer auf wenige sehr allgemeine und grundlegende Erfahrungstatsachen, die Hauptsätze der Thermodynamik, gegründete Theorie makroskopischer, aber im Sinne der informationsverarbeitenden oder gar biologischen Systeme nicht organisierter, Systeme. Prinzipiell erklärbar waren alle rein mechanischen Vorgänge von der Himmelsmechanik bis zu den elastisch deformierten Substanzen, alle elektrischen und magnetischen Erscheinungen, schließlich alle thermischen, mit typisch thermodynamischen Begriffen wie Temperatur und Wärme erfaßbaren Vorgänge. Die *Akustik* als Lehre von den Schallwellen war auf Mechanik und Thermodynamik zurückgeführt. Die *Optik* als Lehre von den Lichtwellen, ihrer Erzeugung und Ausbreitung wurde Bestandteil der Elektrodynamik mit der Erkenntnis, daß Lichtwellen elektromagnetische Wellen aus einem bestimmten Wellenlängenbereich sind. Mit der *Elektronentheorie* wurde schließlich eine Kombination von Mechanik und Elektrodynamik geschaffen, deren Ausbau vor allem zu einem wesentlich vertieften Verständnis der elektrischen und magnetischen Erscheinungen führte. Die Gesamtheit des skizzierten Erfahrungsbereichs und der zugehörigen theoretischen Vorstellungen bildet den Komplex der klassischen P.

Die Weiterentwicklung zur modernen P. erfolgte in zwei Richtungen mit unterschiedlichem Umfang: 1) Gestützt auf optische Präzisionsexperimente wurden die Grundbegriffe Raum und Zeit einer tiefgehenden Kritik unterzogen, als deren Resultat in der Einsteinschen *speziellen Relativitätstheorie* die Vakuumlichtgeschwindigkeit als eine universelle Naturkonstante in die Physik eingefügt wurde. Die Relativitätstheorie ist von ihrer Fragestellung und Methodik her die Krönung der klassischen P., aber entsprechend ihrer grundlegenden Fragestellung eine wesentliche Basis der P. überhaupt. Die Umgestaltung der Mechanik zur relativistischen Mechanik lieferte die richtigen Gesetzmäßigkeiten für schnell bewegte Teilchen. Mit der *allgemeinen Relativitätstheorie* entstand eine relativistische Theorie des Gravitationsfeldes, mit der dieses Feld ähnlich dem elektromagnetischen zu einer selbständigen Realität innerhalb der klassischen P. wurde.

2) Die klassische P. gab nur eine sehr pauschale phänomenologische Beschreibung der Eigenschaften von Medien. Dabei werden diese je nach der Fragestellung gekennzeichnet durch thermodynamische Parameter, wie Druck und Temperatur, und durch Materialkonstanten, wie Dielektrizitätskonstante, magnetische Permeabilität und Brechungsindex; Transportkoeffizienten, wie elektrische Leitfähigkeit, thermische Leitfähigkeit und Diffusionskoeffizient, die bestimmte (elektrische, Wärme-, Massen-) Ströme mit ihren Ursachen verknüpfen; elastische Koeffizienten u. a. Die einzelnen Substanzen werden dabei zunächst als strukturlose Kontinua gedacht, die Frage nach Erklärung der thermodynamischen Gesetzmäßigkeiten oder der Berechnung der Materialkonstanten tritt in der klassischen P. nicht auf. Wenn auch für viele praktische Fragen die rein phänomenologische Beschreibung der Substanzen völlig ausreicht und auch heute noch genaue Berechnungen von Materialkonstanten auf allergrößte Schwierigkeiten stoßen, so ist

doch die prinzipielle Auffassung von einem beliebigen Medium in der modernen P. völlig anders, untrennbar von dem Begriff *Atom*.

Moderne P. ist *Atomphysik*, weil sie einerseits die Struktur der Atome selbst erforscht, wobei sie zwangsläufig zu den feineren Strukturen der *Kernphysik* und *Elementarteilchenphysik* vorstößt, und andererseits, weil das Zusammenwirken der atomaren Bausteine (Atome, Ionen, Elektronen) in größeren Komplexen (Moleküle bis zu den Eiweißmolekülen und Hochpolymeren) und makroskopischen Substanzmengen, die in verschiedenen Aggregatzuständen auftreten, die Eigenschaften der Materie in ihren verschiedenen Zustandsformen erklärt. Von den Elementarteilchen bis zu den galaktischen Systemen der *Astrophysik* entsteht eine Hierarchie von aufeinander aufbauenden Strukturen, die auf jeder einzelnen Stufe zu eigenen Teildisziplinen der P. führen: Elementarteilchenphysik (Hochenergiephysik), Kernphysik, Atomphysik im engeren Sinne, Molekülphysik und Quantenchemie, Plasmaphysik, Festkörperphysik, Biophysik, Astrophysik. Andere Gliederungsprinzipien können sich aus den speziellen Untersuchungsbedingungen ergeben, z. B. Tieftemperaturphysik, die wesentliche Teile der Festkörperphysik und die P. des flüssigen Heliums umfaßt, oder die P. der Materie unter hohem Druck (Hochdruckphysik), die wesentliche Beziehungen zur Astrophysik besitzt.

Die Frage, ob die strukturelle Hierarchie nach unten oder oben abgeschlossen ist, kann gegenwärtig nicht beantwortet werden, einiges spricht dafür, daß in der Elementarteilchenphysik wirklich eine unterste Schicht „materieller Grundstrukturen" vorliegt.

Innerhalb der Astrophysik nehmen die *Kosmologie* und *Kosmogonie* eine gewisse Sonderstellung ein; aufbauend auf der allgemeinen Relativitätstheorie konnte erstmalig die Frage der Entwicklung und Struktur der Welt als Ganzes in den Bereich naturwissenschaftlicher Forschung einbezogen werden.

Im atomaren Bereich (im weitesten Sinne) zeigt die Materie (einschließlich des Lichts und der Vielzahl verschiedener Elementarteilchen) völlig unerwartete, von der klassischen P. her unverständliche Eigenschaften: Alle atomaren Objekte, z. B. Elektronen, Neutronen, Atome, Licht, zeigen sowohl Teilchen- als auch Welleneigenschaften, wobei unter verschiedenen Versuchsbedingungen sowohl die einen als auch die anderen Eigenschaften relativ klar hervortreten. Dieser experimentell gesicherte Dualismus der atomaren Objekte findet seine theoretische Widerspiegelung in der *Quantentheorie*, die unter entscheidender Benutzung des *Wahrscheinlichkeitsbegriffs* eine Synthese von Teilchen- und Wellenaspekten erreicht und das Plancksche Wirkungsquantum als universelle Naturkonstante in den Grundlagen der P. verankert. Die Quantentheorie stellt ein prinzipiell neues Schema der Naturbeschreibung und -erklärung dar, das weder auf das Begriffssystem der klassischen P. zurückgeführt noch als dessen einfache Ergänzung oder Erweiterung aufgefaßt werden kann. Im Grenzfall makroskopischer Körper geht die Quantentheorie in die klassische Theorie über, die Quantenmechanik in die klassische Mechanik der Bewegung von Teilchen, die Quantenelektrodynamik in die klassische Elektrodynamik. Die Grundprinzipien der Quantentheorie, die vor allem aus der Atomphysik in engerem Sinne entstanden sind, haben sich auch im Bereich der Kern- und Elementarteilchenphysik bewährt. Die *Quantenfeldtheorie* versucht den Übergang von einer klassischen, den Gesetzen der speziellen Relativitätstheorie gehorchenden Feldtheorie zu einer entsprechenden Quantentheorie; diese Theorien enthalten noch wesentliche ungeklärte Fragen, die nur für den Fall der *Quantenelektrodynamik* überbrückt werden konnten. Wegen der fundamentalen Bedeutung der Quantentheorie für das Verständnis der P. der Atome und Atomkomplexe wird diese oft auch als *Quantenphysik* bezeichnet. Da die Quantenobjekte normalerweise Abmessungen unterhalb 10^{-6} cm haben, spricht man auch von *Mikrophysik*. Es gibt jedoch ausgeprägte Quanteneffekte auch im makroskopischen Bereich, wie *Suprafluidität* und die *Supraleitung*.

Das Programm, die Eigenschaften makroskopischer Körper aus ihrer atomaren Struktur heraus zu erklären, erfordert eine spezielle, mit statistischen Methoden arbeitende Theorie makroskopischer Systeme, die *statistische Mechanik*. Diese Theorie erklärt die Grundgesetze der Thermodynamik und eröffnet den Weg zur numerischen Berechnung der thermodynamischen Zustandsgrößen eines Systems, wenn seine Mikrostruktur bekannt ist. Die Schwierigkeiten, die einer allgemeinen statistischen Mechanik von Transport- und Ausgleichsprozessen entgegenstehen, konnten bisher noch nicht überwunden werden, jedoch existieren sehr erfolgreiche Theorien für Teilgebiete, insbesondere für Transportvorgänge in verdünnten Gasen (kinetische Theorie).

Im Mittelpunkt der gegenwärtigen physikalischen Forschung stehen die Theorie der Elementarteilchen, die experimentelle Verwirklichung der Kernfusion sowie die Festkörper- und Molekülphysik mit dem Ziel der Erklärung makroskopischer Eigenschaften und der Schaffung von Materialien mit vorgegebenen optimalen Eigenschaften. Die moderne Forschung kann auf vielen Gebieten nur durch gut organisierte Gemeinschaftsarbeit, die z. T. mit großem technischem Aufwand betrieben werden muß, wesentliche und neue Erkenntnisse gewinnen, was jedoch der Entwicklung der Technik wieder zugute kommt; z. B. hat die Elementarteilchenphysik in der Hochfrequenz-, der Vakuum- und Tieftemperaturtechnik, im optischen und Präzisionsgerätebau, in der elektronischen Datenverarbeitung und in der internationalen Wissenschaftsorganisation zu bedeutenden Fortschritten beigetragen.

Zwischen P. und Philosophie bestehen enge Wechselbeziehungen. Die P. hat nicht nur wesentlich zu einem naturwissenschaftlich exakten, materialistischen Weltbild und vor allem durch die Ergebnisse der Relativitäts- und Quantentheorie zu einer grundlegenden Vertiefung solcher philosophischen Kategorien wie Kausalität, Raum und Zeit, Einheit und Vielfalt der Materie beigetragen, sondern wendet ständig schöpferisch und konkret die allgemeinen philosophischen Methoden an.

Geschichtliches. Wie alle Naturwissenschaften wurzelt die P. in den praktischen Bedürfnissen der menschlichen Gesellschaft. Auf vorderasiatische und ägyptische Überlieferungen gestützt, bezogen erstmals die vorsokratischen Naturphilosophen in den ionischen Handelsstädten physikalische Fragestellungen in weltanschauliche Betrachtungen ein. Die *Pythagoräer* entdeckten, daß Zahlen als Schwingungszahlen Qualitäten kennzeichnen und begannen mit der Erforschung von Gesetzen der Akustik. *Demokrit* führte Atome als letzte unteilbare Einheiten ein. *Platon* dagegen wollte die Dinge als mathematische Strukturen begreifen. *Aristoteles*, auf den die Benennung der P. zurückgeht, hemmte durch irrtümliche Lehrmeinungen ihre Entwicklung. Beachtenswertes leisteten einige Forscher der Akademie in Alexandria: *Euklid* schuf mit seiner Geometrie ein Modell des deduktiven Denkens, zugleich fand er die einfachsten Gesetze optischer Abbildung, *Ktesibios* und *Heraklit* die für ruhende und strömende Gase sowie für Flüssigkeiten und der Astronom *Ptolemaios* Gesetze über die Lichtbrechung. Die überragende Gestalt unter den Physikern der Antike war *Archimedes* aus Syrakus (287–212). Theorie und Experiment verknüpfend, entdeckte er das Hebelgesetz und das hydrostatische Prinzip; er untersuchte die Bestimmung des Schwerpunktes und konstruierte danach einfache Maschinen. Alle Fortschritte in der Mechanik gingen später von seinen Forschungsergebnissen aus. Das physikalische Erbe der Griechen wurde von den Arabern gepflegt und weitergegeben; sie erzielten dabei gewisse Neuerungen in der Optik, *Alhazen* kannte die vergrößernde Wirkung von Linsen.

Haupthindernis für die Entwicklung der P. war der Aristoteles-Kult der christlichen Scholastiker. An Ansätzen zu selbständiger Forschung fehlte es jedoch nicht.

In der Renaissance wirkte *Kopernikus* mit seiner Schrift „De revolutionibus" (1543) bahnbrechend nicht nur für die Astronomie. *Dürer* befaßte sich mit geometrischer Optik und untersuchte auch physikalisch die Gesetze der Zentralperspektive. *Leonardo da Vinci* hinterließ kühne Gedanken und Projekte, besonders in der Mechanik, um die sich auch der Mathematiker *Cardano* Verdienste erwarb. Berg- und Hüttenleute, Baumeister, Feuerwerker, Orgelbauer, Uhrmacher u. a. betätigten sich mit Erfindungen und Verbesserungen als praktische Physiker. Mit der Herausbildung der frühkapitalistischen Produktionsweise begann sich gegen Ende des 16. Jh. in den fortgeschrittenen Ländern die P. als selbständige Wissenschaft zu entwickeln. Der holländische Ingenieur *Stevin* arbeitete über die Statik der Festkörper und der Flüssigkeiten; er beschrieb bereits 1586 — vor Galilei — Versuche über den freien Fall, die die aristotelische Auffassung widerlegten. In England faßte *W. Gilbert* in dem Werk „De Magnete" (1600) seine Vorstellungen über den Magnetismus zusammen.

Der eigentliche Begründer der neuzeitlichen physikalischen Methode ist *Galileo Galilei* (1564–1642), der wie Stevin von Archimedes ausging und sich bewußt auf die experimentell-mathematische Erfassung der Naturvorgänge beschränkte. Galilei fand die Gesetze der Pendelbewegung, des Wurfes und des freien Falles. Mit seinem „Beharrungsprinzip" kam er dicht an das klassische Trägheitsgesetz heran. Wegen seiner Parteinahme für die kopernikanische Lehre, von deren Wahrheitsgehalt er nach seinen astronomischen Entdeckungen (Jupitermonde, Lichtphasen der Venus) noch mehr als zuvor überzeugt war, wurde er von der Inquisition gemaßregelt. Als ihr Gefangener begründete er mit seinen „Discorsi" (1638) die Dynamik der festen Körper und mit ihr ein wichtiges Teilsystem der klassischen P.

Unter Galileis Zeitgenossen steht an erster Stelle *Johannes Kepler* (1571–1630), der mit seinen Bewegungsgesetzen der Planeten die Grundlage zu Newtons Gravitationstheorie gab. In der Optik entdeckte er die Abnahme der Lichtintensität mit dem Quadrat der Entfernung von der Lichtquelle und lieferte eine erste, praktisch brauchbare Theorie des Fernrohrs, erkannte die Irradiation und deutete zutreffend die Funktion der Netzhaut. Auch der Astronom Scheiner arbeitete über Lichtintensitäten. Zu gleicher Zeit erneuerte der Mathematiker Jungius die antike Atomlehre. Bacon verkündete in seinem „Novum Organon" (1620) die empirisch-induktive Methode der Naturforschung, während *Descartes*, der Schöpfer der analytischen Geometrie, dem mathematisch-deduktiven Verfahren den Vorzug gab.

Das Rätsel des Weltraums zu lösen, war das Anliegen des Physikers und Kommunalpolitikers *Otto von Guericke* (1602–1686), der mit Großexperimenten bewies, daß man mit einer Luftpumpe ein Vakuum erzeugen kann und daß der Luftdruck Arbeit leistet. Guericke erkannte, daß im luftleeren Raum Schallausbreitung und Verbrennung unmöglich sind, er baute ein Wasserbarometer und eine Elektrisiermaschine, mit der er die Abstoßung gleichgeladener Teilchen, den Spitzeneffekt und die Fortleitung elektrischer Ladungen beobachtete. Seine Ansichten über das Vakuum regten *Boyle* zu weiterführenden Versuchen an, die zur Aufstellung des nach ihm und Mariotte benannten gasmechanischen Gesetzes führten. Galileis Arbeiten über den Luftdruck wurden von Torricelli und Viviani fortgesetzt; mit dem von ihnen geschaffenen Quecksilberbarometer beobachtete *Pascal* 1648 die Abnahme des Luftdrucks mit steigender Höhe über dem Meeresspiegel.

In der Optik weist die Zeit zwischen Kepler und Newton bedeutende Ergebnisse auf. Snellius fand das Gesetz der Lichtbrechung. Der Astronom Bradley entdeckte den Aberrationseffekt. Der Mathematiker *Fermat* suchte mit dem Prinzip des kürzesten Weges den Lichtweg in verschiedenen Medien zu berechnen. Grimaldi bemerkte die Beugung des Lichtes. Die Lichtgeschwindigkeit, die noch Kepler und Descartes als unendlich groß annahmen, bestimmte der dänische Astronom *Römer* 1675 angenähert aus den Verfinsterungszeiten der Jupitermonde. Diese Erkenntnis sowie die Entdeckung der Doppelbrechung am isländischen Kalkspat veranlaßte *Christian Huygens* (1629–1695) zur Aufstellung seiner Lehre, daß sich das Licht in Form von Längswellen im „Äther" ausbreite, vergleichbar dem Schall in der Luft. Huygens entdeckte die Gesetze des Stoßes und der Fliehkraft, erkannte die Unmöglichkeit eines „Perpetuum mobile" und schuf 1656 mit der Pendeluhr ein Gerät zur Zeitmessung. Der vielseitige Experimentalphysiker *Hooke*, der wie Huygens dem Gravitationsgesetz auf der Spur war, machte sich verdient um die Elastizitätslehre und um den Bau des zusammengesetzten Mikroskops.

Ähnlich wie heute förderten drei Impulse den Fortschritt der P., die Verfeinerung der Meßmethoden (z. B. durch Nonius und Fadenkreuz), die Steigerung der Rechentechnik (durch Logarithmentafeln und Rechenstäbe) sowie die Bereitstellung logischer Mittel durch die Mathematik, damals die Methoden der Differential- und Integralrechnung. Sie wurden gegen Ende des 17. Jh. von Leibniz und Newton unabhängig voneinander geschaffen.

Isaac Newton (1643–1727) begründete die theoretische P. als besonderen Wissenschaftszweig. In seinem fundamentalen Werk „Mathematische Prinzipien der Naturlehre" (1687) stellte er zum ersten Mal die P. umfassend und systematisch dar, wobei er die physikalische Welt als ein System von Massepunkten auffaßte. Mit dem Erscheinen dieser Schrift beginnt das Zeitalter der klassischen P. Auf der Grundlage seines Gravitationsgesetzes konnte Newton die von Kepler empirisch ermittelten Bewegungsgesetze der Planeten mathematisch ableiten. Er schuf damit die Himmelsmechanik, die, von Laplace durch eine Theorie der Störungen ergänzt, bis zur allgemeinen Relativitätstheorie uneingeschränkt galt. Die Entdeckung des Planeten Neptun (1846) aufgrund der Newtonschen Lehre war einer ihrer sichtbarsten Triumphe. Zugleich arbeitete Newton über Hydrodynamik und Akustik und erforschte in der Optik die prismatische Zerlegung des Sonnenlichtes in monochromatische Spektralfarben mit unterschiedlicher Brechbarkeit; er erklärte das Auftreten der Regenbogenfarben, entdeckte die nach ihm benannten farbigen Ringe und baute das erste Spiegelteleskop. Die von ihm aufgestellte Emissionstheorie des Lichtes war dank seiner Autorität für mehr als ein Jahrhundert die vorherrschende Lehrmeinung.

Neben und nach Newton wurde die klassische *Mechanik* weiter ausgebaut von Leibniz, von den *Bernoullis*, Euler, Maupertuis, d'Alembert, *Lagrange* und *Laplace*. Die bedeutendsten Ereignisse in der Lehre vom Licht nach der Veröffentlichung von Newtons zusammenfassendem Werk über die Optik (1704) waren im 18. Jh. Eulers Untersuchungen über die Entstehung der Farben sowie die Entdeckung der photometrischen Grundgesetze durch Lambert (1760) der damit die wissenschaftliche Photometrie begründete.

Die Entwicklung der *Wärmelehre* wurde zu Beginn des 18. Jh. gefördert durch Fahrenheit, der erstmals zuverlässige, miteinander vergleichbare Quecksilberthermometer herstellte. Black, Cavendish und Wilke führten um 1760 den Begriff der spezifischen Wärme ein. Scheele untersuchte als Chemiker die Wärmestrahlung, von deren weiterer Erkundung später eine der größten Umwälzungen in der P. ausging. Alle diese Forschungen stützten sich auf die Lehrmeinung, daß die Wärme ein gewichtsloses Fluidum sei, das die Körper durchdringt. Ein großer Fortschritt bei der technischen Nutzung der Wärmeenergie war die Erfindung der Dampfmaschine.

In der *Elektrizitätslehre* stellte man zu Beginn des 18. Jh. den Unterschied zwischen Leitern und Nichtleitern fest. Dufay beschrieb den Gegensatz von „Harzelektrizität" und „Glaselektrizität". 1745 wurde die „Leidener Flasche" erfunden. Um 1750 wies Franklin nach, daß der Blitz eine elektrische Erscheinung ist, und entwickelte die Idee einer elementaren Ladungseinheit. Die von ihm aufgestellte Lehre von einem einheitlichen elektrischen Fluidum („unitarische" Theorie der Elektrizität) wurde schon bald danach durch die Auffassung verdrängt, daß zwei einander entgegengesetzte Flüssigkeiten vorhanden seien („dualistische" Theorie). Wilke und Volta erfanden den Elektrophor. Lichtenberg regte mit seinen Arbeiten zur Elektrostatik („Lichtenbergsche Figuren", 1777) den Mitbegründer der experimentellen *Akustik*, Chladni, zu analogen Versuchen an („Chladnische Klangfiguren"). Die Lehre von der Reibungselektrizität gipfelte 1785 in der Aufstellung des Grundgesetzes der elektrischen Anziehung und Abstoßung durch *Coulomb*, wobei das Newtonsche Gravitationsgesetz als Vorbild und Muster diente.

Der Anatom Galvani beschrieb 1790 eine Erscheinung, die er bei physiologischen Versuchen bemerkt hatte und für eine Äußerung der „tierischen Elektrizität" hielt. *Volta* deutete 1792 diese Beobachtung richtig als „Berührungselektrizität". Durch Vereinigung mehrerer galvanischer Elemente schuf er die Voltasche Säule. Zu Beginn des 19. Jh. entdeckte Ritter, der Begründer der Elektrochemie, die ultravioletten Strahlen, er legte die Grundlage für das Ohmsche Gesetz und baute den ersten Akkumulator.

Begünstigt durch die Errichtung polytechnischer Hochschulen im Ergebnis der bürgerlichen Revolution, hatte Frankreich in den ersten Jahrzehnten des 19. Jh. in der theoretischen und experimentellen P. die Führung inne. Die *Mechanik* förderten Poinsot in der Lehre vom Gleichgewicht, Cauchy und Poisson in der Elastizitätstheorie sowie Coriolis in der Theorie der Trägheitsbeschleunigung rotierender Systeme. Die Wirkung der nach ihrem Entdecker benannten „Corioliskraft" wurde besonders augenfällig bei dem Pendelversuch, mit dem *Foucault* 1851 die Achsenumdrehung der Erde experimentell zeigte und bewies. Auch Hamilton („Prinzip der kleinsten Wirkung"), Gauß und Jacobi trugen zum Ausbau der klassischen Mechanik bei.

In der *Optik* wurde um 1820 der Kampf zwischen Emissionstheorie und Undulationstheorie entschieden. Die 1808 von Malus beobachtete Polarisation des Lichtes durch Reflexion an Glasflächen gab dabei den Ausschlag. Young und Fresnel, der Erfinder der Scheinwerferlinse, konnten zeigen, daß diese und andere optische Erscheinungen nur erklärbar sind, wenn man das Licht als Querwellen im Äther auffaßt. Fizeau und Foucault, die 1850 erstmals die Lichtgeschwindigkeit mit Hilfe irdischer Lichtquellen und in verschiedenen Medien maßen, erhärteten diese Ansicht. Der Mitbegründer der optischen Industrie Deutschlands, *J. v. Fraunhofer* (1787–1826), beschrieb die dunklen Linien im Spektrum der Sonne und bestimmte mit feinen Beugungsgittern erstmals die Wellenlänge verschiedener Spektrallinien. Seine Arbeiten, die um 1850 von Stokes fortgesetzt wurden, bildeten die Basis für die später geschaffene Spektralanalyse. Doppler entdeckte 1842 den nach ihm benannten Effekt, der im 20. Jh. in der relativistischen Kosmologie und in der Atomphysik große Bedeutung erlangte.

In der *Wärmelehre* legten die Versuche von Rumford und Davy (um 1800) zwar die Entstehung der Wärme durch Reibung nahe, doch wurde dadurch die herrschende Lehrmeinung vom „Wärmestoff" noch nicht entkräftet. Auf ihrer Grundlage arbeitete Leslie über Wärmestrahlung, erforschte Gay-Lussac gemeinsam mit A. v. Humboldt die Ausdehnung der Gase bei steigender Temperatur, erfaßten *Dulong* und *Petit* mit der nach ihnen benannten Regel den Zusammenhang zwischen Atommasse und spezifischer Wärme, analysierte Fourier in mathematischer Form Fragen der Wärmeleitung, stellte S. Carnot mit dem „Carnotschen Prinzip" den thermischen Kreisprozeß auf und untersuchte F. Neumann die Molekularwärme der Kristalle.

In der *Elektrizitätslehre* begann 1820 eine neue Etappe mit der Beobachtung Oersteds, daß der galvanische Strom magnetische Wirkungen hervorbringt. Mathematisch von Biot und Savart formuliert, wurde diese Entdeckung weiterentwickelt von Ampère, der die Wechselwirkung der elektrischen Ströme nachwies, eine der Grundtatsachen der Elektrodynamik. Um die gleiche Zeit entdeckte Seebeck die Thermoelektrizität. Seine Thermosäule ermöglichte es Ohm, das Gesetz über den Zusammenhang von Stromstärke, Spannung und Widerstand aufzustellen. Poggendorff fertigte das erste brauchbare Galvanometer und erfand die Spiegelablesung. W. Weber baute mit Gauß den ersten elektromagnetischen Telegrafen und schuf im Anschluß an das Gaußsche absolute magnetische Maßsystem die Grundlagen für die absoluten elektrischen Maße, die 1881 international eingeführt wurden. Kirchhoffs Entdeckung der Gesetze der Stromverzweigung (1847) waren auch praktisch bedeutsam.

Um die Mitte des 19. Jh. trat die klassische P. in ihre letzte Entwicklungsstufe ein. Der Umschwung ging dabei wesentlich von Deutschland aus, das am Vorabend der bürgerlichen Revolution stand und auf dem Gebiet der Naturwissenschaften stärker hervorzutreten begann. Angeregt durch physiologische Beobachtungen, verkündete *J. R. Mayer* (1814–1878) das allgemeine *Prinzip der Erhaltung und Umwandlung der Energie*. Dieses Gesetz schwebte zwar schon früheren Forschern vor, wurde jedoch erst 1842 von Mayer am Beispiel des mechanischen Wärmeäquivalents quantitativ formuliert. Unabhängig von ihm und von Joule, der den Zahlenwert durch eigene Experimente genauer bestimmte, gab Helmholtz in seinem Vortrag „Über die Erhaltung der Kraft" 1847 diesem universellen Naturgesetz eine exakte Begründung. Wenige Jahre nach der Entdeckung des Energiegesetzes, das als *Erster Hauptsatz der Thermodynamik* die Mechanik mit der Wärmelehre verknüpfte, stellten Clausius und Thomson (Lord Kelvin), ausgehend vom Carnotschen Prinzip, den *Zweiten Hauptsatz der Thermodynamik* auf. Clausius wandte die mechanische Wärmetheorie, die nun die Lehre vom „Wärmestoff" ablöste, auf die Vorgänge bei Dampfmaschinen an und führte den Begriff der Entropie ein; Kelvin schuf die absolute Temperaturskale. In den 70er und 80er Jahren veröffentlichten *Gibbs* und *Helmholtz* richtungweisende Untersuchungen zur chemischen Thermodynamik; *W. Nernst* (1864–1941) fügte mit seinem Wärmetheorem den *Dritten Hauptsatz* hinzu.

Die *kinetische Gastheorie*, die erste moderne Form der physikalischen Atomistik, von D. Bernoulli 1738 versucht, von Krönig 1856 geschaffen und von Clausius vervollkommnet, wurde weiter ausgebaut von Maxwell und Gibbs, insbesondere aber von *L. Boltzmann* (1844–1906), der den Zusammenhang zwischen Entropie und Wahrscheinlichkeit erkannte und 1877 die Gasgesetze statistisch begründete. Über die kinetische Gastheorie hinausgehend schuf Gibbs bereits die Grundlagen für eine auf allgemeine Systeme anwendbare statistische Mechanik. Mit der nach ihm benannten Loschmidtschen Zahl bestimmte Loschmidt bereits 1865 näherungsweise Anzahl und Größe der Gasmoleküle. Wesentlich für die Weiterentwicklung der Gasphysik wurden die Forschungen von van der Waals über die Zustandsgleichung realer Gase (1873) sowie der von Andrews erbrachte Nachweis, daß es für jedes Gas eine kritische Temperatur gibt, oberhalb der es nicht verflüssigt werden kann. Diese Erkenntnisse hatten die Entwicklung der Tieftemperaturphysik zur Folge, die 1908 zur Verflüssigung des Heliumgases durch Kamerlingh-Onnes und weiter zur Entdeckung der Supraleitfähigkeit führte.

Mitte des 19. Jh. erhielten die Auffassungen von *Elektrizität* und *Magnetismus* durch Faraday und Maxwell ein völlig neues Fundament. An die Stelle der unwägbaren elektrischen und magnetischen „Flüssigkeiten" mit ihrer unvermittelten und augenblicklichen „Fernwirkung" setzte *Michael Faraday* (1791–1867), der Entdecker der magneto-elektrischen Induktion, elektrische und magnetische Kraftlinien, in denen die „Nahwirkung" als Änderung von Zustandsgrößen mit endlicher Geschwindigkeit fortschreitet. Die von ihm vermutete Wesensgleichheit von Elektromagnetismus und Licht machte *J. C. Maxwell* (1831–1879), der den intuitiv-anschaulichen Modellvorstellungen Faradays die abstrakt-mathematische Gestalt gab, 1862 zur Grundlage seiner Theorie des elektromagnetischen Feldes. Die Maxwellsche Theorie wurde 1887/88 durch die Versuche von *Heinrich Hertz* (1857–1894) in allen Punkten bestätigt.

Zu der Rundfunktechnik, die sich im Anschluß an Hertz zu entwickeln begann, leistete – neben Popow, der die Antenne, und Marconi, der den abgestimmten Schwingkreis erfand – *Ferdinand Braun* (1850–1918) einen bedeutenden Beitrag. Braun hatte bereits 1874 den Kristallgleichrichter-Effekt entdeckt, schuf später den „Braunschen Sender" und wurde mit der Erfindung der Katodenstrahlröhre (1897) auch zu einem Wegbereiter des elektronischen Fernsehens. Der von Hertz beobachtete, von Hallwachs und Lenard näher erkundete photoelektrische Effekt konnte erst 1905 von Einstein auf der Grundlage der Lichtquantentheorie erklärt werden.

Gestützt auf Fraunhofers Untersuchungen, begründeten Kirchhoff und Bunsen 1859/60 die *Spektralanalyse*. Mit diesem fundamentalen Forschungsverfahren, das sich schon bald der Photographie bediente, konnten mehrere chemische Elemente, wie Rubidium, Germanium, Helium, aufgespürt und neue Wissenschaftszweige geschaffen oder entscheidend gefördert werden, z. B. die Astrophysik. In Verbindung mit der Theorie des Atombaus trat die Spektroskopie ein halbes Jahrhundert später erneut beherrschend in den Vordergrund.

Auf dem Gebiet der *Akustik* entwickelte Helmholtz vor allem die Lehre von den Tonempfindungen. Die Messung der Schallgeschwindigkeit in Flüssigkeiten und Gasen wurde in der zweiten Hälfte des 19. Jh. von Kundt mit den Kundtschen Staubfiguren, die Theorie der Schallschwingungen von Lissajous mit den Lissajous-Figuren gefördert; die Probleme der Überschalldynamik in der Luft erforschte *E. Mach* (1838–1916), dessen Ergebnisse erst heute beim Bau von Überschallflugzeugen und Weltraumraketen technisch genutzt werden; auf ihn weisen Bezeichnungen wie Machzahl oder Machscher Kegel hin.

Auf *physikalisch-technischem Gebiet* wirkten in der zweiten Hälfte des 19. Jh. neben anderen in England Lord Kelvin, der sich besonders um die Unterwassertelegrafie bemühte, in Frankreich M. Deprez, der das Verbundsystem bei der elektrischen Energieübertragung einführte, in den USA Edison, der z. B. auf den Gebieten der elektrischen Beleuchtungstechnik und der mechanischen Schallaufzeichnung als Erfinder hervortrat, in Deutschland W. Siemens, der durch die Aufstellung des dynamo-elektrischen Prinzips (1866) zum Urheber der Starkstromtechnik wurde, sowie E. Abbe und C. Zeiss, die den Bau von Mikroskopen auf eine wissenschaftliche Grundlage stellten. Die Tätigkeit dieser und anderer Physiker und Techniker zeigt, wie die P. mit der Entfaltung des Kapitalismus mehr und mehr zur Produktivkraft wurde. Als Elektrodynamik lieferte sie die Basis für die elektronische Großindustrie, als Thermodynamik für die Kältetechnik und für die Herstellung von Verbrennungsmotoren, Dampfturbinen u. a., als Mechanik und Optik für den Bau wissenschaftlicher Präzisionsgeräte. In dieser Entwicklung lag auch die Gründung der Physikalisch-Technischen Reichsanstalt in Berlin (1888), deren erster Präsident *Hermann von Helmholtz* (1821–1894) war.

Seit dem Ende der 50er Jahre hatten sich Plücker und Hittorf in Deutschland sowie Crookes in England eingehend mit der Untersuchung der Glimmentladung in Geißlerschen Röhren beschäftigt. In Fortsetzung dieser Arbeiten mit den Katodenstrahlen entdeckte Goldstein 1886 die Kanalstrahlen, die dann von Lenard und anderen näher erforscht wurden. Bei der Wiederholung und Nachprüfung dieser Experimente beobachtete *W. C. Röntgen* (1845–1923) Ende 1895 die nach ihm benannten Strahlen, für deren Entdeckung er 1901 als erster Physiker den Nobelpreis erhielt. Die Versuche mit den Katodenstrahlen hatten auch Bedeutung für die Ausarbeitung der Elektronentheorie durch H. A. Lorentz (1895), die sich bereits ein Jahr später bei der Deutung des Zeeman-Effekts bewährte. J. J. Thomson gelang 1897 der Nachweis des freien Elektrons.

Die Entdeckung Röntgens zog Anfang 1896 die der *natürlichen Radioaktivität* durch Becquerel nach sich. Bei ihrer Erforschung fanden *M.* und *P. Curie* 1898 das Polonium und das Radium. Damit wurde die Ära der strahlenden Stoffe eröffnet. Noch in demselben Jahr legte W. Wien mit seinen Ablenkungsversuchen den Grundstein für die Entwicklung der Massenspektroskopie. Elster und Geitel sprachen zuerst das Prinzip des radioaktiven Zerfalls aus, dessen Exponentialgesetz sie 1899 formulierten. Der eigentliche Bahnbrecher auf dem Gebiet der Kernphysik und Kernchemie wurde *E. Rutherford* (1871 bis 1937), der mit seinen Arbeitsmethoden dem neuen Wissenschaftszweig die Richtung wies.

In der *theoretischen Mechanik* machte sich seit den 80er Jahren bei einzelnen Physikern, insb. bei Mach und Hertz, eine kritische Einstellung zu gewissen Lehrmeinungen Newtons bemerkbar. Während Mach in seiner Geschichte der Mechanik (1883) weiterführende Gesichtspunkte über Raum, Zeit, Bewegung, Masse und Trägheit entwickelte, die später in der Relativitätstheorie wirksam wurden, bemühte sich Hertz darum, in seinen „Prinzipien der Mechanik" (1894) selbst ein System dieser Wissenschaft ohne den Newtonschen Begriff der Kraft aufzubauen. Auch Ludwig Langes historisch-kritische Untersuchungen über den Bewegungsbegriff (1886) bereiteten die Relativitätstheorie vor. Die Grundlagenkrise der Physik, die sich in diesen und anderen Arbeiten bereits deutlich abzuzeichnen begann, erreichte nach der Entdeckung des Radiums ihren Höhepunkt. Sie hatte zur Folge, daß um die Jahrhundertwende, begünstigt durch die gesellschaftliche Entwicklung, in die Gedankenwelt der Physiker mehr und mehr subjektiv-idealistische Auffassungen verschiedener Prägung eindrangen.

Der alte Meinungsstreit über die Struktur der Materie, der in den 90er Jahren in Deutschland im Zusammenhang mit den Auseinandersetzungen um die Ostwaldsche „Energetik" erneut aufgeflammt war, konnte in den ersten Jahren des 20. Jh. zugunsten der *Atomistik* entschieden werden. Dies geschah vor allem durch die Nachweisgeräte für Atomteilchen oder deren Bahnen, z. B. das Spinthariskop oder die Wilson-Kammer, aber auch durch die theoretischen Untersuchungen Einsteins und Smoluchowskis über die Brownsche Molekularbewegung (1905), die von Perrin experimentell bestätigt wurden, sowie durch die Entdeckung der Röntgenstrahlinterferenzen in den Laue-Diagrammen an Kristallen durch Laue, Friedrich und Knipping. Die Atome waren nun optisch erfaßbar. Überdies hatte sich inzwischen herausgestellt, daß auch der Energie eine „körnige" Struktur zukommt.

Aufgrund von Daten, die in der Physikalisch-Technischen Reichsanstalt bei bolometrischen Messungen an Energiespektren des „schwarzen Körpers" gewonnen worden waren, gab *M. Planck* (1858 bis 1947) Ende 1900 mit der Einführung des elementaren Wirkungsquantums ***h*** eine theoretische Ableitung, die diese Messungen richtig beschrieb. Diese epochemachende Entdeckung einer universellen Naturkonstante, die die Entwicklung der P. des 20. Jh. entscheidend bestimmte, war theoretisch vorbereitet durch das Kirchhoffsche Gesetz der Hohlraumstrahlung (1859), das Stefan-Boltzmannsche Gesetz (1884) und die Wiensche Strahlungsformel (1896). Die mit der Einführung der Energiequanten von Planck begründete *Quantentheorie*, die zunächst wenig Beachtung fand, wurde von *Einstein* 1905 zur Lichtquantenlehre (Photonentheorie) erweitert, die 1923 durch den Compton-Effekt endgültig bestätigt wurde. Einstein führte 1907 die Quantenvorstellung auch in die Theorie der spezifischen Wärme fester Körper ein, er entwickelte 1909 den Gedanken einer Verschmelzung von Undulations- und Emissionstheorie des Lichtes auf der Grundlage der „Dualität" von Welle und Teilchen und stellte 1912 auf quantenphysikalischer Basis das photochemische Grundgesetz auf. Die Quantenhaftigkeit der Wechselwirkung zwischen Elektronen und Atomen wurde 1913 durch die Elektronenstoßversuche von J. Franck und G. Hertz bewiesen. Der Stark-Effekt, die von Stark entdeckte Aufspaltung der Spektrallinien des Wasserstoffatoms im elektrischen Feld, ließ sich gleichfalls nur quantentheoretisch erklären.

Den sichtbaren Sieg der Quantenauffassung bedeutete jedoch die Aufstellung der *Bohrschen Atomtheorie* im Jahre 1913. *N. Bohr* (1885–1962) verbesserte das 1911 von Rutherford vorgeschlagene Atommodell durch die Einführung von Quantenbedingungen. Er schuf so für das Wasserstoffatom ein Modell, das sowohl die Stabilität der Atome gegen Stöße und Strahlung als auch spektroskopische Tatsachen, z. B. die Balmer-Serie oder die Rydberg-Konstante, verständlich machte. Sommerfeld wandte die relativistische Mechanik auf Bohrs Atommodell an und konnte so die Feinstruktur der Spektrallinien erklären. Damit war die moderne Atomdynamik begründet. Einstein fand 1917 in seiner Ableitung des Planckschen Strahlungsgesetzes theoretisch die induzierte Emission, die in der heutigen Lasertechnik angewendet wird. Zu den bedeutendsten experimentellen Arbeiten um 1920 zählt der Stern-Gerlach-Versuch über die Richtungsquantelung von Silberatomen in

einem Magnetfeld. Erkenntnistheoretisch stand die Quantentheorie damals ganz im Zeichen des Bohrschen *Korrespondenzprinzips*, das auf dem asymptotischen Übergang der Gesetze der Atommechanik in die der klassischen Mechanik beruht. Diese ältere Quantentheorie wurde um 1925 mit der Aufstellung des Pauli-Verbots abgeschlossen, das für das Periodensystem der Elemente erstmals eine physikalische Begründung gab und die Chemie in ihren theoretischen Fundamenten mit der P. vereinigte. Um dieselbe Zeit entdeckten Goudsmit und Uhlenbeck den Elektronenspin.

Die andere große Theorie des 20. Jh., die *Relativitätstheorie*, wurde 1905 von *A. Einstein* (1879–1955) in der Abhandlung „Zur Elektrodynamik bewegter Körper" begründet. Ihr Ausgangspunkt war die Definition der Gleichzeitigkeit räumlich getrennter Ereignisse. Das negative Ergebnis des Michelson-Versuchs und seiner Wiederholungen war für die Entstehung der Theorie ebenso grundlegend wie die erkenntnistheoretische Forderung, prinzipiell Nicht-Beobachtbares aus den theoretischen Überlegungen auszuklammern. Die *spezielle Relativitätstheorie* leitete vorangegangene Teillösungen, wie die Fitzgerald-Kontraktion, die Lorentz-Transformation und die Poincaresche Kritik der Äthervorstellung, aus einem Prinzip ab. Zu ihren frühesten Förderern zählte Planck, der sich selbst am Ausbau der relativistischen Dynamik beteiligte. Minkowski gab der Theorie 1908 die vollendete mathematische Form, *M. von Laue* (1879–1960) stellte sie 1911 erstmals monographisch dar. Die aus der Theorie folgende Zunahme der Masse mit der Geschwindigkeit stimmte mit Beobachtungen über die Ablenkung schneller Elektronen überein; das folgenreiche Gesetz von der Trägheit der Energie wurde später vor allem durch die Ergebnisse der Kernforschung bestätigt. Daß das Licht auf Festkörper und Gase einen Druck ausübt, hatte bereits 1901 der russische Physiker *P. N. Lebedew* (1866–1912) experimentell bewiesen.

Ausgehend von der durch Messungen gesicherten Gleichheit von träger und schwerer Masse und geleitet vom Machschen Prinzip, daß das Gravitationsfeld durch die Masse der Körper bestimmt werde, sowie von der Raumlehre Riemanns, entwickelte Einstein 1915 im Rahmen seiner *allgemeinen Relativitätstheorie* eine nichteuklidisch-geometrische Theorie der Gravitation, in der das von H. Hertz aufgestellte Prinzip der geradesten Bahn als Bewegungsgesetz der Himmelskörper verwirklicht war. Damit wurden die fragwürdigen Newtonschen Fernkräfte gegenstandslos. 1917 legte Einstein das Modell eines unbegrenzten, aber endlichen, geschlossenen Weltalls vor. Seit dem Bekanntwerden der Rotverschiebung der fernen Milchstraßensysteme erlangte dieser Gedanke in der Kosmologie fundamentale Bedeutung.

Um die Mitte der 20er Jahre trat die Quantenphysik in eine neue Entwicklungsetappe ein. Geleitet von der Forderung, nur grundsätzlich meßbare Größen zuzulassen, schuf Heisenberg 1925 in Gemeinschaft mit Born und Jordan in der Matrizenmechanik eine neue, höhere Form der Quantentheorie. Ein Jahr danach begründete *E. Schrödinger* (1887–1961) mit der nach ihm benannten Gleichung die Wellenmechanik. Er ging dabei aus von der Konzeption der Materiewelle, die L. de Broglie 1924 auf der Grundlage der Einsteinschen Lehre von der Dualität des Lichtes entworfen hatte. Schrödingers Wellenmechanik, von Born noch im Jahre ihrer Entstehung wahrscheinlichkeitstheoretisch gedeutet, erwies sich in ihren Aussagen als gleichwertig mit der Heisenbergschen Quantenmechanik. Schließlich stellte *Heisenberg* 1927 das Unbestimmtheitsprinzip auf, das den Verzicht auf die anschauliche, klassische Beschreibung der atomaren Vorgänge besiegelte und damit tief in die Denkgewohnheiten der Physiker eingriff. Dem allgemeinen Teilchen-Welle-Dualismus, der auch Grundlage der Unbestimmtheitsbeziehungen ist, gab Bohr 1927 mit seinem *Komplementaritätsprinzip* erkenntnistheoretischen Ausdruck. Die „Kopenhagener Deutung" der Quantenmechanik, anfangs vielfach mißverstanden und aus verschiedenen, auch philosophischen Gründen abgelehnt, setzte sich nach Zurückdrängung ihrer positivistischen Elemente inzwischen allgemein durch. An der Ausgestaltung der Quantentheorie und ihrer Anwendungen waren seit 1930 auch sowjetische Physiker, wie L. I. Mandelstam, Frenkel, Landau und Iwanenko, beteiligt.

Eine *relativistische Quantenmechanik* wurde 1928 von Dirac erarbeitet. Das von ihm theoretisch geforderte Positron konnte 1932 von Anderson als erstes Antiteilchen experimentell festgestellt werden. In demselben Jahr fand Chadwick das von Rutherford vermutete Neutron. Auch Pauli sagte theoretisch ein neues Elementarteilchen voraus, das Neutrino, das später ermittelt wurde. Um die Ausarbeitung der relativistischen Quantenelektrodynamik haben sich insbesondere Dirac, Fermi, Pauli und Heisenberg verdient gemacht.

Seit Rutherford 1919 die erste künstliche Kernumwandlung bewirkt hatte und neue Forschungsgeräte, wie der Massenspektrograph von Aston, das Geiger-Müller-Zählrohr, das Zyklotron und andere Beschleuniger, zur Verfügung standen, rückte die Erforschung des Atomkerns in den Vordergrund. Yukawa stellte 1935 die erste Theorie der Kernkräfte auf; die dabei vermuteten Mesonen wurden in den 40er Jahren in der Höhenstrahlung nachgewiesen. Die Entdeckung der *künstlichen Radioaktivität* durch das Ehepaar *Joliot-Curie* (1933) sowie Fermis Versuche mit thermischen Neutronen Transurane herzustellen, führten *O. Hahn* (1879–1968) und seine Mitarbeiter 1938 zur Entdeckung der Spaltung des Urankerns. Von *L. Meitner* (1878–1968) wurde bereits Anfang 1939 diese Entdeckung physikalisch exakt interpretiert. Kurz danach wiesen Joliot und Fermi die Kettenreaktion nach. Damit waren die Grundvoraussetzungen für die technische Nutzung der Kernenergie geschaffen. Das Atomzeitalter konnte beginnen. Wie bekannt, wurde unter den Bedingungen des zweiten Weltkrieges die befreite Atomkraft zunächst von den USA-Imperialisten zur Menschenvernichtung mißbraucht; erst seit 1954, seit der Eröffnung des ersten Atomkraftwerkes in der Sowjetunion, wird sie auch für friedliche Zwecke verwendet.

Sowjetische Physiker traten seit Mitte der 20er Jahre immer stärker hervor. *A. F. Joffe* (1880–1960) arbeitete besonders über Kristallphysik, *S. I. Wawilow* über physikalische Optik, *Kapitza* über die Physik der tiefen Temperaturen, *Skobeltzyn* über Höhenstrahlen. *Tscherenkow* entdeckte 1934 den nach ihm benannten Effekt, der von Tamm und I. N. Frank theoretisch geklärt wurde. *W. A. Fock* lieferte Arbeiten zur Gravitationstheorie, *I. W. Kurtschatow* machte sich um die Nutzung der Kernenergie verdient, *Wechsler* um den Bau großer Beschleunigungsanlagen, *Blagonrawow* um die Raketentechnik, *L. D. Landau* (1908–1968) um die Tieftemperaturphysik, um die Quantenfeldtheorie und andere theoretische Gebiete. Der Start des ersten Sputniks (1957) und der erste bemannte Weltraumflug (1961) kennzeichnen den Aufschwung der Sowjetwissenschaft in der P. und ihren Anwendungsbereichen.

Unter den kernphysikalischen Forschungen aus der Zeit nach dem zweiten Weltkrieg seien hervorgehoben: die Schalentheorie des Atomkerns von Jensen, die Entwicklung der Blasenkammer durch Glaser, die Entdeckung des Mößbauer-Effekts sowie die Arbeiten von Lee und Yang zum Problem der Verletzung der Parität. Heisenberg und seine Mitarbeiter bemühten sich neben anderen Physikern um die Schaffung einer einheitlichen Feldtheorie der Elementarteilchen.

Die P. ist heute der Prototyp der „Großen Wissenschaft". Sie wirkt in der Epoche der wissenschaftlich-technischen Revolution als unmittelbare Produktivkraft. Die Einzelforscher, die für das 19. und das beginnende 20. Jh. typisch waren, wurden von Forscherkollektiven abgelöst. An die Stelle der bescheiden ausgerüsteten Laboratorien, in denen Faraday, Hertz und Röntgen, aber auch noch Rutherford und Hahn ihre Entdeckungen machten, traten großräumige, aufwendige Forschungsanlagen und ganze Forschungsstädte.

Die weitere Entwicklung der physikalischen Wissenschaft wird in der Hauptsache bestimmt werden von Problemen der Festkörperphysik, der Elektronik, der Plasmaphysik, der Kernforschung, der Elementarteilchenphysik, der kosmischen P. und verwandter Gebiete. Wichtige Fragen sind heute noch offen; noch weiß man z. B. wenig über die Wechselwirkung der Kernbausteine; das Problem der kontrollierten Kernverschmelzung ist unbewältigt; es gibt noch keine befriedigende Elementarteilchentheorie; die Ableitung der dimensionslosen Naturkonstanten ist bisher nicht gelungen; gewisse Beobachtungen der Radioastronomie geben Rätsel auf. Auch in einigen der gegenwärtig gültigen Fundamentaltheorien ist nicht alles in Strenge richtig. So wird die P. bleiben, was sie nach einem Wort Albert Einsteins während ihrer bisherigen Entwicklungsgeschichte stets gewesen ist: ein „Abenteuer der Erkenntnis"

physikalische Altersbestimmung, *absolute Altersbestimmung, radioaktive Zeitmessung,* die Messung des Alters von Mineralen, Gesteinen und anderen hinreichend alten Proben mit Hilfe der natürlichen Radioaktivität bestimmter in ihnen enthaltener Elemente. Falls die Anzahl der in einer Probe enthaltenen radioaktiven Atomkerne und die ihrer Zerfallsprodukte nicht durch irgendwelche Sekundärprozesse im Laufe der Zeit verändert worden ist, kann man aus ihrem gemessenen Verhältnis mit Hilfe des Zerfallsgesetzes und der für jedes Radionuklid charakteristischen Halbwertszeit das Alter der Probe berechnen, d. h. die Zeit, die z. B. seit der letzten Entmischung vergangen ist. Gegenwärtig werden zur p.n A. von terrestrischen Proben die Radionuklide C-14, K-40, Rb-87, U-235 und U-238 verwendet. Sie erfordern jeweils gesonderte Arbeitsmethoden. Zur Bestimmung des Alters von Meteoriten u. a. werden Produkte von bestimmten Kernreaktionen (Spallationen) herangezogen.

1) *Kohlenstoff-14-Methode, Radiokohlenstoffdatierung, Radiokarbonmethode*, engl. *radio carbon dating*. Infolge der kurzen Halbwertszeit (etwa 6000 Jahre) des β-strahlenden Kohlenstoffisotops C-14 ist dieses nur zur Datierung von Proben, die ungefähr 500 bis 50000 Jahre alt sind, geeignet. Die Genauigkeit der Altersbestimmungen beträgt gegenwärtig ± 100 Jahre. Bei Beschuß von Stickstoffkernen durch Neutronen der kosmischen Strahlung wird in der oberen Atmosphäre Radiokohlenstoff gebildet. Beim Assimilationsprozeß wird dieser von Pflanzen aufgenommen, durch Nahrungsaufnahme gelangt er in Tierkörper. Infolge der in lebender Materie ständig erfolgenden Austauschprozesse stellt sich in dieser eine konstante C-14-Aktivität ein, die der C-14-Produktionsrate entspricht. Nach Aufhören des Austausches (Tod) fällt diese Aktivität nach dem Zerfallsgesetz ab. Der Zeitpunkt des Absterbens kann also aus Messungen der spezifischen Aktivität berechnet werden. Die Aktivitätsmessungen erfolgen mittels Proportionalzählrohren oder Szintillationszählern. Die Kohlenstoff-14-Methode wurde 1946 von dem Amerikaner Libby entwickelt, der dafür 1960 den Nobelpreis für Chemie erhielt. Sie wurde an zahlreichen Objekten genau bekannten Alters geprüft, wobei sich eine sehr gute Übereinstimmung ergab.

2) *Kalium-Argon-Methode*. Ein Teil des im Element Kalium enthaltenen Isotops K-40 zerfällt (K-Einfang) mit einer Halbwertszeit von etwa 10^9 Jahren in das stabile Isotop Ar-40 des Edelgases Argon, das also in jedem alten Mineral, das Kalium enthält, in geringen Mengen vorhanden sein muß. Durch Erhitzen kann man es aus der Probe austreiben und nach sorgfältiger Reinigung in einem Massenspektrometer messen. Aus der Menge des gebildeten Ar-40 und dem K-40-Gehalt der Probe kann man ihr Alter – seit der letzten Entgasung – berechnen. Die Hauptfehlerquelle dieser Methode besteht im allmählichen Ausdiffundieren des gebildeten Ar-40 aus dem Mineral. Die Empfindlichkeit des Verfahrens ist so weit gesteigert worden, daß der Anschluß an Datierungen mit Hilfe der Kohlenstoff-14-Methode erreicht wurde.

3) *Rubidium-Strontium-Methode*. Das β-aktive Rubidiumisotop Rb-87 zerfällt mit einer Halbwertszeit von $5 \cdot 10^{10}$ Jahren in das stabile Strontiumisotop Sr-87. Infolge der geringen Diffusionsgeschwindigkeit des Strontiums ist diese Methode, die nur bei sehr hohem Alter der Minerale anwendbar ist, besonders zuverlässig. Aus dem massenspektrometrisch bestimmten Anteil an Sr-87 und dem Rubidiumgehalt der Probe berechnet man das Alter seit der letzten Entmischung.

4) Die *Bleimethoden* sind die am längsten bekannten Methoden der p.n A. Die Endprodukte der mit den Nukliden Th-232, U-235 und U-238 beginnenden natürlich-radioaktiven Zerfallsreihen sind die stabilen Bleiisotope Pb-208, Pb-207 und Pb-206. Aus deren massenspektrometrisch bestimmten Häufigkeiten kann man das Alter einer Probe – seit der letzten Abtrennung des Bleis – berechnen. Infolge der großen Halbwertszeiten der Ausgangsprodukte (etwa 10^{10} Jahre) ist diese Methode nur für sehr alte Proben verwendbar. Die Hauptfehlerquelle besteht in der Möglichkeit der Ausdiffusion der gasförmigen Zwischenprodukte. Da bei einem Teil der Zerfallsakte α-Teilchen emittiert werden, kann man auch die Menge des entstandenen Heliums bestimmen (*Heliummethode*).

In der Astronomie umfaßt die p. A. die Bestimmung des Alters von Himmelskörpern aus durch den Ablauf physikalischer Vorgänge bedingten Beobachtungstatsachen. Aus der Menge der stabilen Zerfallsprodukte radioaktiver Stoffe und aus den Halbwertszeiten in ihren Zerfallsreihen findet man das Alter von Gesteinen, also die Zeit seit ihrer Verfestigung, und daraus das Mindestalter der Erde, des Mondes oder von Meteoriten. Für das irdische Gestein ergaben sich 3,6 bis $4{,}6 \cdot 10^9$ a, für Mondgestein 1,6 bis $4{,}5 \cdot 10^9$ a, für Steinmeteorite 1 bis $4 \cdot 10^9$ a, für Eisenmeteorite bis zu $6 \cdot 10^9$ a.

Aus der Leuchtkraft eines Sterns der Spektralklassen O, B und A läßt sich eine obere Schranke für sein Alter daraus bestimmen, daß die ausgestrahlte Energie bei den Hauptreihensternen durch Umwandlung von Wasserstoff in Helium ersetzt wird (→ Stern). Unter Annahme zeitlich konstanter Leuchtkraft und vollständiger Umwandlung eines anfangs ganz aus Wasserstoff bestehenden Sterns errechnet sich die Zeit, die der Stern maximal als Hauptreihenstern existieren kann. Sein tatsächliches Alter ist aber wesentlich geringer, da die Umwandlung nicht vollständig erfolgt. Danach ist das maximale Alter eines B0-Sterns $2{,}2 \cdot 10^8$, eines A0-Sterns $5{,}2 \cdot 10^9$ a. Genauere Altersangaben gibt die Theorie der Sternentwicklung (→ Kosmogonie).

Auch das Alter von Sternhaufen läßt sich über die Theorie der Sternentwicklung ermitteln. Bisher wurden keine kosmischen Objekte gefunden, die älter als etwa 12 bis $15 \cdot 10^9$ a sind.

Physikalische Gesellschaft, Deutsche, e. V., Abk. DPG, am 15. Jan. 1845 als „Physikalische Gesellschaft zu Berlin" gegründete und seit 1899 „Deutsche Physikalische Gesellschaft" heißende Fachorganisation deutscher Physiker. Am 13. Okt. 1950 schlossen sich die nach 1945 entstandenen selbständigen regionalen Gesellschaften in der BRD zum „Verband Deutscher Physikalischer Gesellschaften e. V." zusammen, der 1963 in „Deutsche Physikalische Gesellschaft" umbenannt wurde (Sitz Hanau). Die DPG vertritt die Interessen der Physikergemeinschaft und pflegt Kontakte zu in- und ausländischen Physikern und deren Organisationen. Sie fördert die reine und angewandte Physik. Ihre Referateorgane sind: ab 1847 die „Fortschritte der Physik" und ab 1920 die „Physikalischen Berichte". Seit 1966 gibt sie die „Verhandlungen der DPG"mit den Kurzfassungen der Vorträge auf den Frühjahrstagungen der Regionalverbände heraus. Die Hauptvorträge der jährlich im Herbst stattfindenden Physikertagungen werden seit 1964 in den „Plenarvorträgen" und „Fachberichten" veröffentlicht. Die DPG umfaßt gegenwärtig etwa 6000 Mitglieder.

physikalische Kinetik, svw. kinetische Theorie.

physikalische Meteorologie, *Physik der Atmosphäre*, grundlegender Zweig der → Meteorologie, in dem die atmosphärischen Zustände und Prozesse auf der Grundlage der in der Atmosphäre herrschenden physikalischen Gesetzmäßigkeiten und Bedingungen beschrieben, erklärt und mathematisch modelliert werden. Die p.M. umfaßt unter anderem die Statik, Quasistatik, Thermodynamik und Dynamik der Atmosphäre, ferner die Theorie der Strahlungsprozesse in der Atmosphäre, die Physik der Wolken- und Niederschlagsbildung, die Theorie der atmosphärischen Turbulenz, die Physik der Grundschicht, die atmosphärische Optik, die Akustik, die Lehre von der atmosphärischen Elektrizität und weitere Spezialgebiete.

physikalische Nichtlinearität, die Abhängigkeit der Materialparameter von den rheologischen Veränderlichen. P. N. tritt besonders bei den nicht-Newtonschen Flüssigkeiten auf.

physikalisches Pendel, → Pendel.

physikalisches Vakuum, → Vakuumzustand.

physikalische Systeme, reale materielle Objekte, die von der übrigen Materie zumindest gedanklich isoliert und von anderen Objekten unterschieden werden können, oder miteinander in Wechselwirkung stehende derartige Objekte. P. S., wie Atomkerne, Atome, Kristalle, Gase, Flüssigkeiten, das Planetensystem und das Milchstraßensystem, sind der eigentliche Gegenstand der physikalischen Forschung.

Von besonderer Bedeutung sind *abgeschlossene p. S.*, auch *freie p. S.* genannt, die in keinerlei Wechselwirkung, also auch nicht im Energieaustausch mit der Umgebung stehen und deren Bewegung daher *eigengesetzlich*, d. h. nur auf Grund ihrer inneren Kräfte bzw. Wechselwirkungen, abläuft. Bei *nichtabgeschlossenen p.n S.n* kann von der Wechselwirkung mit der Umgebung nicht abgesehen werden. Abgeschlossene p. S. sind nur als Grenzfall in der Natur verwirklicht, denn prinzipiell hängt alle Materie über verschiedene mehr oder weniger starke Wechselwirkungen zusammen; absolut abgeschlossene p. S. wären prinzipiell unbeobachtbar, da nur über irgendeine Wechselwirkung, und sei diese noch so schwach, Kenntnis von den p.n S.n erlangt werden kann. Wegen der Entfernungsabhängigkeit und der verschiedenen Stärke der Wechselwirkungen ist diese Idealisierung oft gerechtfertigt; bei Vernachlässigung der äußeren Wechselwirkung können die obengenannten p.n S. als abgeschlossen angesehen werden, und die äußere Wechselwirkung kann dann nachträglich als Störung behandelt werden.

Das allgemeine Vorgehen der Physik ist derart, daß man von einem abgeschlossenen System ausgeht und dessen Bewegung und Eigenschaften zu verstehen sucht auf Grund einer Zerlegung desselben in quasiabgeschlossene Untersysteme und deren Wechselwirkung, wobei man diese Untersysteme zunächst als abgeschlossen ansieht und die gegenseitige Wechselwirkung erst nachträglich berücksichtigt. Ist die Zahl der Untersysteme sehr groß, benutzt man zur Behandlung des Systems statistische Methoden (→ Statistik). Die kleinsten auf diesem Wege bisher bekannt gewordenen p.n S. sind die Elementarteilchen, die auf diesem Wege nicht weiter in Untersysteme zerlegt werden konnten. Der Grund hierfür dürfte sein, daß ihre Wechselwirkungen zu stark sind und daher keine Untersysteme sinnvoll eingeführt werden können. Abgeschlossene p. S. werden auch *konservative p. S.* genannt, da ihre Gesamtenergie erhalten bleibt (→ Energiesatz); im engeren Sinne versteht man unter konservativen p.n S.n solche, für die sich die Kräfte als Gradient eines Potentials darstellen lassen, da dann die mechanische Energie erhalten bleibt. Bei nichtabgeschlossenen Systemen bleibt die Energie im allgemeinen nicht erhalten. Speziell nennt man *dissipative p. S.* solche, bei denen stets ein Teil der Energie infolge Reibung in Wärme übergeht; sie sind daher *nichtkonservative p. S.* im engeren Sinne.

Offene p. S., auch *rheonome p. S.* genannt, sind solche nichtabgeschlossene Systeme, die ihren Zustand in ständigem Energie- und Materieaustausch mit der Umgebung stationär beibehalten. Sie spielen vor allem in der Biophysik eine wesentliche Rolle und werden durch Transportgleichungen beschrieben. Wenn die das System beschreibenden Grundgleichungen linear in den *Systemfunktionen*, den vom jeweiligen Zustand des Systems abhängenden physikalischen Größen, sind, bezeichnet man das System als *lineares* oder *rheolineares physikalisches System*, andernfalls als *nichtlineares physikalisches System*. Die Grundgleichungen abgeschlossener p.r S. sind in niedrigster Näherung gewöhnlich linear, die Berücksichtigung höherer Näherungen, besonders der Wechselwirkungen mit anderen Systemen, führt zu nichtlinearen Gleichungssystemen (→ Quantenfeldtheorie).

Die physikalischen S. erfahren in den verschiedenen Gebieten der Physik noch weitergehende Charakterisierungen (→ mechanisches System); besonders werden in der Thermodynamik, einer ausgesprochenen Systemtheorie, geschlossene heterogene, polytherme, kondensierte usw. Systeme betrachtet (→ thermodynamisches System).

physikalische Theorie, mehr oder weniger scharf abgegrenzter Bereich von Erkenntnissen über allgemeine und spezielle Eigenschaften und Zusammenhänge bestimmter Klassen physikalischer Systeme sowie allgemeiner Methoden zu ihrer mathematischen Behandlung. Ausgangspunkt aller p.n T.n ist die Sammlung empirischer Fakten mittels Beobachtung und Experiment, die durch Messung bestimmter physikalischer Größen qualifiziert und quantifiziert und so der mathematischen Analyse zugänglich gemacht werden. Über die Ermittlung von Korrelationen zwischen Ereignissen werden Gesetzmäßigkeiten aufgedeckt, die die Struktur der Erscheinungen widerspiegeln. Die vollständige p. T. gibt eine Ableitung dieser Gesetzmäßigkeiten aus wenigen allgemeinen Grundgesetzen, dem → Axiomensystem der p.n T., wozu auch die Angabe der zulässigen Ableitungsregeln (neben der mathematischen Logik) und der den mathematischen Begriffen korrespondierenden Meßverfahren gehört.

Da die physikalischen Systeme stets bestimmte Idealisierungen der Wirklichkeit sind, ist der *Gültigkeitsbereich* einer p.n T. auf die Erfülltheit dieser Voraussetzungen eingeschränkt; Erweiterung des Gültigkeitsbereiches erfordert daher den Übergang zu einer neuen p.n T., die die alte als Grenzfall enthält. Beispiele sind die Erweiterungen der klassischen Newtonschen Mechanik durch die Relativitäts- bzw. die Quantentheorie. Je umfassender eine p. T. ist, desto ärmer ist die Struktur des zugrunde liegenden Axiomensystems, das dann für spezielle Bereiche durch zusätzliche Strukturen ergänzt wird.

Von einer *Modelltheorie* spricht man, wenn diese nicht alle, sondern nur einige der wesentlichen Strukturen des physikalischen Systems widerspiegelt. Modelltheorien sind für vorläufige Studien der realen Systeme oft unersetzlich, z. B. das Lee-Modell und eine ganze Reihe von Modellfeldtheorien (→ Quantenfeldtheorie). → Metatheorie wird eine Theorie genannt, die Aussagen über eine ganze Klasse von Theorien bzw. deren Methoden macht.

physikalische Zeitschriften, der Dokumentation wissenschaftlicher Ergebnisse, der Information über die Fortschritte der Wissenschaft und der Weiterbildung dienende periodische Publikationsorgane. Dazu gehören:

BRD

Westberlin

Archiv für technisches Messen und meßtechnische Praxis (ATM). Verlag R. Oldenbourg, München (monatlich)

Astronomy and Astrophysics. Springer-Verlag, Berlin (monatlich)

Beiträge zur Physik der Atmosphäre. Verlag Fr. Vieweg & Sohn, Braunschweig (4mal jährlich)

Communications in Mathematical Physics. Springer-Verlag, Berlin (16mal jährlich)

Helvetica Physica Acta. Birkhäuser Verlag, Stuttgart (6- bis 8mal jährlich)

International Journal of Applied Physics (Zeitschrift für angewandte Physik). Springer-Verlag, Berlin (monatlich)

Laser und Elektrooptik. AT-Fachverlag GmbH., Stuttgart (4mal jährlich)

Physikalische Blätter. Physik-Verlag, Weinheim (monatlich)

Physik der kondensierten Materie. Springer-Verlag, Berlin (vierteljährlich)

Physik in unserer Zeit. Verlag Chemie GmbH., Weinheim (6mal jährlich)

Physik und Didaktik. Bayerischer Schulbuchverlag, München (vierteljährlich)

Praxis der Naturwissenschaften. Aulis Verlag, Deubner & Co., Köln (monatlich)

PTB Mitteilungen (Physikalisch-Technische Bundesanstalt). Verlag Fr. Vieweg, Braunschweig (6mal jährlich)

Zeitschrift für angewandte Mathematik und Physik (ZAMP). Birkhäuser Verlag GmbH., Stuttgart (6mal jährlich)

Zeitschrift für Physik. Springer-Verlag, Berlin (10mal im Vierteljahr)

Zeitschrift für physikalische Chemie (Neue Folge). Akademische Verlagsgesellschaft mbH., Frankfurt/M. (5mal im Jahr)

Zeitschrift für Naturforschung. Verlag der Zeitschrift für Naturforschung, Tübingen (monatlich)

DDR

Beiträge aus der Plasmaphysik. Akademie-Verlag, Berlin (6mal jährlich)

Experimentelle Technik der Physik. Deutscher Verlag der Wissenschaften, Berlin (6mal jährlich)

Fortschritte der Physik. Akademie-Verlag, Berlin (monatlich)

Gerlands Beiträge zur Geophysik. Akademische Verlagsgesellschaft Geest & Portig, Leipzig (6mal jährlich)

physica status solidi (applied research). Akademie-Verlag, Berlin (3mal jährlich)

physica status solidi (basic research). Akademie-Verlag, Berlin (6mal jährlich)

Physikalische Berichte. Akademie-Verlag, Berlin (monatlich)

Physik in der Schule. Verlag Volk und Wissen, Berlin (monatlich)

studia biophysica. Gesellschaft für reine und angewandte Biophysik, Berlin (unregelmäßig)

Zeitschrift für physikalische Chemie. Akademische Verlagsgesellschaft Geest & Portig, Leipzig (9mal im Jahr)

Niederlande

Österreich

Acta Physica Austriaca. Springer-Verlag, Wien (unregelmäßig)

International Journal of Mass Spectrometry and Ion Physics. Elsevier Publishing Co., Amsterdam (14mal jährlich)

Neue Physik (Zeitschrift für die Gebiete der Atom- u. Strahlungsphysik). Verlag Neue Physik, Wien (vierteljährlich)

Physica. North-Holland Publishing Company, Amsterdam (alle 2 Monate)

Solar-Physics. D. Reidel Publishing Company, Dordrecht (monatlich)

Als exakte naturwissenschaftliche Disziplin ist die Physik die theoretische Grundlage für viele Anwendungsbereiche in Wissenschaft und Technik, u. a. in der Elektrotechnik, Elektronik, Kältetechnik, Kybernetik, Medizin, Landwirtschaft und weiteren Gebieten. Das findet auch seinen Niederschlag in einer größeren Anzahl eng mit der Physik verknüpfter Zeitschriften:

BRD

Westberlin

AEU – Archiv für Elektronik und Übertragungstechnik. Wissenschaftliche Verlagsgesellschaft, Stuttgart (monatlich)

Allgemeine Wärmetechnik (Archiv für Wärme-, Kälte- und Verfahrenstechnik). Verlag Allgemeine Wärmetechnik, Frankfurt/M. (unregelmäßig)

„am + R" (Informationen für angewandte meß- + regeltechnik. Internationale Zeitschrift für Automation, Messen, Regeln, Steuern, Datenverarbeitung u. Industrielle Elektronik). Sprechsaal Verlag Müller & Schmidt, Coburg (monatlich)

Archiv für Elektrotechnik. Springer-Verlag, Berlin (6mal jährlich)

Brennstoff – Wärme – Kraft (Zeitschrift für Energietechnik u. Energiewirtschaft). VDI-Verlag GmbH., Düsseldorf (monatlich)

Elektronik (Fachzeitschrift für die gesamte elektronische Technik u. ihre Nachbargebiete). Franzis-Verlag, München (monatlich)

elektrotechnik (Fachzeitschrift für angewandte Elektrotechnik u. Elektronik). Vogel-Verlag, Würzburg (2mal monatlich)

eR – Elektronische Rechenanlagen (Zeitschrift für Technik u. Anwendung der Nachrichtenverarbeitung in Wissenschaft, Wirtschaft u. Verwaltung). R. Oldenbourg Verlag GmbH., München (alle 2 Monate)

ETZ – Elektrotechnische Zeitschrift. VDE-Verlag, Berlin (monatlich)

Frequenz (Zeitschrift für Schwingungs- u. Schwachstromtechnik). Fachverlag Schiele & Schön, Berlin (monatlich)

Kältetechnik (Zeitschrift für das gesamte Gebiet der Kälteerzeugung u. Kälteanwendung u. Klimatisierung). Verlag C. F. Müller, Karlsruhe (monatlich)

Kybernetik. Springer-Verlag, Berlin (unregelmäßig)

Scientia Electrica (Zeitschrift für moderne Probleme der theoretischen u. angewandten Elektrotechnik). Birkhäuser Verlag, Stuttgart (4mal jährlich)

DDR

Elektronische Informationsverarbeitung u. Kybernetik. Akademie-Verlag, Berlin (10mal jährlich)

messen – steuern – regeln (Technisch-wissenschaftliche Zeitschrift für die Automatisierungstechnik). Verlag Technik, Berlin (monatlich)
Nachrichtentechnik – Elektronik (Technisch-wissenschaftliche Zeitschrift für die gesamte elektronische Nachrichtentechnik). Verlag Technik, Berlin (monatlich)

Bedeutende physikalische Beiträge erscheinen auch in den naturwissenschaftlichen Querschnittszeitschriften: Bild der Wissenschaft; Die Naturwissenschaften; Ideen des exakten Wissens; Naturwissenschaftliche Rundschau; Umschau in Wissenschaft und Technik.

Physikalisch-Technische Bundesanstalt, *PTB*, Nachfolgebehörde der *Physikalisch-Technischen Reichsanstalt* (PTR) in der BRD. Ihre Hauptaufgaben bestehen in Forschung und Entwicklung auf allen Gebieten des Meßwesens sowie besonders in der Darstellung, Aufbewahrung und Entwicklung der physikalisch-technischen Maßeinheiten zur Sicherung der nationalen und internationalen Einheitlichkeit der Meßgeräte. Dazu kommen gesetzlich vorgeschriebene Prüfungen und Zulassungen von Meßgeräten zur Beglaubigung, Eichung und Bauartprüfungen auf dem Gebiet der Sicherheitstechnik und des Strahlenschutzes sowie Mitarbeit in internationalen metrologischen Gremien. Die PTB ist Technische Oberbehörde für die Elektrischen Prüfämter und für das Eichwesen, das in der BRD Aufgabe der Länder ist.

Physikalismus, → Positivismus.

Physik der Atmosphäre, svw. physikalische Meteorologie.

physisches Pendel, → Pendel.

pi, π, transzendente Zahl, die geometrisch als Verhältnis $u : d$ des Umfangs u eines Kreises zu seinem Durchmesser d eingeführt wurde. Von ihrer Darstellung durch einen unendlichen unperiodischen Dezimalbruch sind $\pi = 3{,}141\,592\,653\ldots$ die ersten 10 Ziffern.

Pi-Bindung, *π-Bindung*, Bindung, bei der im Gegensatz zur Sigma-Bindung (σ-Bindung) die Ladungsverteilung der Valenzelektronen nicht rotationssymmetrisch um die Verbindungslinie ist. π-B.en können z. B. auftreten, wenn die das gemeinsame Elektronenpaar bildenden Valenzelektronen p_y- oder p_z-Orbitale sind. (Die x-Achse liegt in der Bindungsachse, Abb.) Wegen

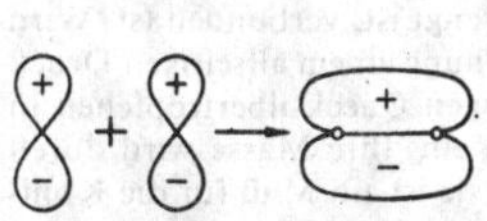

Schematische Darstellung der Ladungsverteilung einer durch zwei p_y- bzw. p_z-Elektronen gebildeten π-Bindung

der besonderen Ladungsverteilung der → Pi-Elektronen ergeben sich weitaus ungünstigere Überlappungsbedingungen als bei den σ-Bindungen. Daraus erklärt sich die im Vergleich zur σ-Bindung kleinere Energie der π-B.en. Die Ladungsverteilung einer π-B. verhindert die freie Drehbarkeit der Bindungspartner um die Bindungsachse. Für eine π-B. ergibt sich der energetisch günstigste Zustand dann, wenn die Hauptachsen der Ladungsverteilung der p-Orbitale parallel zueinander angeordnet sind und sich dadurch maximal überlappen. Eine Verdrehung aus dieser Lage führt zur Verringerung der Überlappung, die bei einer Drehung um 90° ihren Minimalwert erreicht.

π-B.en treten immer bei Mehrfachbindungen auf, deren charakteristische Eigenschaften durch die besondere Verteilung der Elektronenladung in der π-B. erklärt werden können.

pick-up-Prozeß, Art einer direkten Kernreaktion, bei der das einfallende Teilchen nur an der Kernoberfläche mit wenigen Nukleonen in Wechselwirkung tritt und diese dabei aufnimmt (engl. to pick up). Es fliegt ein schweres Teilchen weiter. Die Reaktionen (p, α); (d, t); (d, α) können z. B. p.-u.-Prozesse enthalten. Die zum p.-u.-P. inverse Kernreaktion ist die Strippingreaktion.

Pi-Elektron, *π-Elektron*, ein Elektron, dessen ψ-Funktion sich bei Spiegelung an einer die Verbindungsachse der beiden Bindungspartner enthaltenden Ebene antisymmetrisch verhält. Daher ist die Ladungsdichte eines π-E.s in dieser Ebene Null. Die Wechselwirkung zweier π-E.en führt zur → Pi-Bindung.

Pierce-Schaltung, → Schwingquarz.

pièze, Tabelle 2, Druck.

Piezoeffekt, *piezoelektrischer Effekt*, → Piezoelektrizität.

piezoelektrische Eigenschaften, → Piezoelektrizität.

piezoelektrischer Koeffizient, → Piezoelektrizität.

piezoelektrischer Meßwandler, ein → Meßwandler, der auf der Ausnützung des piezoelektrischen Effektes beruht. Infolge dieses Effektes treten in bestimmten natürlichen Kristallen, z. B. Quarz und Turmalin, sowie in künstlichen Werkstoffen, z. B. Bariumtitanat, bei Druck- und Zugspannungen elektrische Ladungen auf. Diese influenzieren auf zwei auf den Kristall aufgedampften Metallelektroden elektrische Spannungen, deren Größe der Druck- bzw. Zugspannung proportional ist. Mit einem hochohmigen Verstärker (Elektrometerverstärker) werden diese geeignet verstärkt, so daß sie zur Anzeige gebracht werden können. Piezoelektrische M. dienen zur Messung von Druck- und Zugspannungen, Beschleunigungen und Kräften bei Gleich- und Wechselbelastungen bis zu Frequenzen von etwa 15 kHz.

Piezoelektrizität, die Entstehung von Ladungen an den Grenzflächen bestimmter Kristalle, wenn diese durch mechanische Kräfte deformiert werden (*piezoelektrischer Effekt*). P. wird bei Kristallen beobachtet, die eine oder mehrere polare Achsen, jedoch kein Symmetriezentrum aufweisen. Solche Kristalle sind z. B. Quarz, Turmalin, Seignettesalz, Zinksulfid und Rohrzucker. Die P. ist eng verwandt mit der *Pyroelektrizität* und der *Elektrostriktion*. Bei näherer Betrachtung des strukturellen Aufbaus piezoelektrischer Kristalle wird der molekulare Mechanismus der Erscheinung deutlich. Eine Kraft bzw. ein Druck bewirkt, daß sich in piezoelektrischen Kristallen sowohl die positiven als auch die negativen Ladungen so verschieben, daß ein elektrisches Dipolmoment entsteht. Ob dieser Effekt beobachtet wird oder nicht, hängt davon ab, wie die negativen und positiven Bausteine in einem speziellen Gitter verteilt sind. Liegt ein Symmetriezentrum vor, ist es z. B. unmöglich, mit mechanischem Druck ein Dipolmoment zu erzeugen. P. und Elektrostriktion sind zwar einander reziproke Effekte, während aber bei der Elektrostriktion die Verlängerung oder Verkürzung der Abmessungen eines Festkörpers nach Umkehr der Feldrichtung nicht verändert wird, ist die durch den *Piezoeffekt* bedingte Aufladung von der Art der mechanischen Deformation, also Zug oder Druck, richtungsabhängig.

Von den 32 existierenden Kristallklassen erlauben 20 P., davon 10 auch Pyroelektrizität.

Piezoelektrische Materialien mit technischer Bedeutung sind Quarz (*Piezoquarz*), Rochelle-Salz, Natrium-Kalium-Tartrat, Ammonium-Dihydrogen-Phosphat (ADP), Äthylen-Diamin-Tartrat (EDT) und Dikalium-Tartrat (DKT). Am häufigsten davon wird Quarz verwendet. Er besteht chemisch aus Siliziumdioxid und kristallisiert in der trigonalen Struktur. Gewöhnlich bezeichnet man seine Achsen mit x, y, z. Bei einer Rotation des Kristalls um die z-Achse, die eine Symmetrieachse ist, wird jeweils nach 120° Drehung eine identische Lage erreicht. Quarz schmilzt bei 1750 °C. Große Einkristalle werden seit 1950 durch Hydrothermalsynthese gezüchtet. Ein herausgeschnittenes quaderförmiges Quarzstück, ein Quarzschwinger, wird danach benannt, wie die größten Oberflächen gegen die Kristallachsen orientiert sind. Bei einem X-Schnitt z. B. steht die x-Achse senkrecht auf den größten Flächen. Bedampft man diese Flächen mit Metallelektroden, so läßt sich der *piezoelektrische Koeffizient d* für die x-Richtung bestimmen. Er ist definiert als $d = \Delta x/U$. Man deformiert also um Δx und mißt die entstehende Spannung U. In der Praxis ist es allerdings einfacher, den piezoelektrischen Koeffizienten aus dynamischen Messungen herzuleiten. Für den allgemeinen Fall läßt sich der Zusammenhang zwischen der dielektrischen Polarisation $\vec{P}$ und einer mechanischen Spannung $\vec{T}$ durch die Beziehung $P_i = \sum_j d_{ij} T_j$ $(i = 1, 2, 3;\ j = 1, \ldots, 6)$ erfassen. Dabei bedeuten die i drei senkrecht zueinander stehende Richtungen und die j sechs Komponenten der Normal- und Schubspannung des symmetrischen *Spannungstensors*.

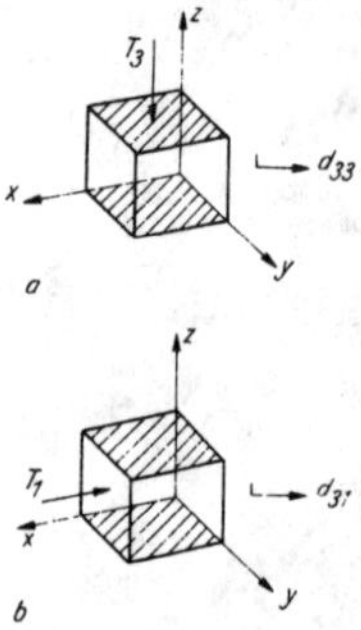

Longitudinaler (a) und transversaler (b) Piezoeffekt bei Piezokeramik. Auf die schraffierten Flächen sind Metallelektroden aufgedampft. Hier wird ein elektrisches Feld in z-Richtung bei Druckeinwirkung nachgewiesen. T_1 und T_3 Druckeinwirkung in x- bzw. in z-Richtung, d_{33} und d_{31} piezoelektrischer Koeffizient, der in der entsprechenden Anordnung gemessen wird

Die vollständige Matrix der piezoelektrischen Koeffizienten lautet dann:

$$d_{ij} = \begin{pmatrix} d_{11} & d_{12} & d_{13} & d_{14} & d_{15} & d_{16} \\ d_{21} & d_{22} & d_{23} & d_{24} & d_{25} & d_{26} \\ d_{31} & d_{32} & d_{33} & d_{34} & d_{35} & d_{36} \end{pmatrix}$$

In den praktischen Fällen reduziert sich die Matrix stark, da die meisten $d_{ij} = 0$ werden. Die P_i sind die Komponenten des Vektors $\vec{P}$ der dielektrischen Polarisation in drei senkrecht zueinander stehenden Richtungen.

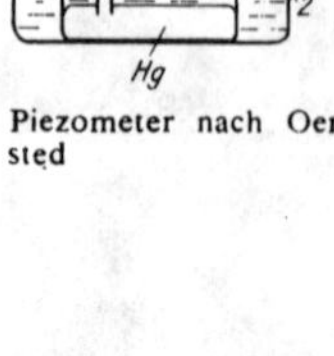

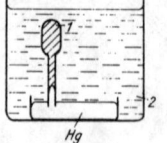

Piezometer nach Oersted

Piezoelektrische Koeffizienten von Einkristallen
(Werte in Meter/Volt)

Quarz	d_{11} =	$2{,}25 \cdot 10^{-12}$
	d_{14} =	$0{,}85 \cdot 10^{-12}$
Rochelle-Salz	d_{14} =	$2{,}3 \cdot 10^{-9}$
	d_{25} =	$-5{,}6 \cdot 10^{-11}$
	d_{36} =	$1{,}16 \cdot 10^{-11}$
ADP	d_{36} =	$5{,}2 \cdot 10^{-11}$
Bariumtitanat	d_{15} =	$3{,}9 \cdot 10^{-10}$
	d_{31} =	$-3{,}4 \cdot 10^{-11}$
	d_{33} =	$8{,}6 \cdot 10^{-11}$

Für verschiedene Anwendungsgebiete wurden *Piezokeramiken* entwickelt. Infolge ihrer polykristallinen Struktur zeichnen sich diese Keramiken durch eine Isotropie der Eigenschaften aus.

Piezoelektrische Eigenschaften von Piezokeramiken

Material	relative DK	d_{31}	d_{33} ($\cdot 10^{-12}$ m/V)
$Ba(Ti_{0,95}Zr_{0,05})O_3$	1400	−60	150
$(Ba_{0,80}Pb_{0,08}Ca_{0,12})TiO_3$	600	−35	90
$(Na_{0,8}Cd_{0,2})NbO_3$	2000	−80	200
$(Na_{0,75}Cd_{0,25})NbO_3$	2000	−60	150
$(Pb_{0,70}Ba_{0,30})Nb_2O_6$	900	−40	100
$(Pb_{0,6}Ba_{0,4})Nb_2O_6$	1500	−90	220

Zur Beschreibung eines polykristallinen Körpers reicht es aus, d_{31} und d_{33} zu kennen (Abb.).
Lit. Martin: Die Ferroelektrika (Leipzig 1964).

Piezokeramik, → Piezoelektrizität.

Piezometer, ein Gerät zum Messen der Kompressibilität fester und flüssiger Körper in Hochdruckgefäßen. *P. für feste Körper* bestehen meist aus einem dickwandigen Stahlzylinder mit einer Bohrung zum Aufnehmen der zu untersuchenden Probe. Diese hat die Form eines Stabes und wird von zwei Federn gehaltert. Über die beiden Verschlußstücke wird Druck in den Innenraum geleitet, der mit klarem durchsichtigem Öl o. dgl. gefüllt ist. Die Beobachtung der Längenänderung unter dem eingeleiteten Druck erfolgt mittels zweier Mikroskope mit Okularmikrometer durch zwei über den Stabenden angebrachte Fenster.

P. für Flüssigkeiten dienen meist zum Vergleich der Kompressibilität einer Probe mit einer bekannten Kompressibilität, z. B. von Wasser oder von Quecksilber. P. dieser Art bestehen aus einem Gefäß mit Ansatzkapillare von bekanntem Volumen. Die zu untersuchende Flüssigkeit wird in das Gefäß eingefüllt und einem auf den Flüssigkeitsmeniskus sowie auf die Behälterwand wirkenden Druck ausgesetzt. Die Verschiebung des Flüssigkeitsmeniskus in der Ansatzkapillare wird mittels Kathetometers oder elektrisch mittels der Widerstandsänderung eines dünnen Drahtes in einem Glasgefäß gemessen; daraus wird die Kompression berechnet. Eine andere Form des P.s besteht aus einem Stahlzylinder, der vollständig mit der zu untersuchenden Flüssigkeit gefüllt wird. In dem aufschraubbaren Deckel befindet sich ein Gefäß mit Quecksilber, das mit dem Inneren des Zylinders durch eine feine Bohrung, die noch durch einen Stahlstift verengt ist, verbunden ist. Wird die gesamte Anordnung einem allseitigen Druck ausgesetzt, so dringen Quecksilbertröpfchen in das Innere des P.s ein. Ihre Masse wird durch Wägung ermittelt, sie ist ein Maß für die Kompressibilität der Flüssigkeit. Die Abb. zeigt das P. von Oersted. Die zu untersuchende Flüssigkeit befindet sich im Gefäß *1*, das durch eine in ihr nicht lösliche Flüssigkeit abgeschlossen wird. Als Sperrflüssigkeit dient oft Quecksilber. Zur Vermeidung einer Eigendehnung von *1* stellt man dieses in ein mit Wasser gefülltes größeres Gefäß *2*. Mit Hilfe eines Kolbens kann nun *2* unter Druck gesetzt werden. Dabei wirken auf das Gefäß *1* von innen und außen die gleichen Kräfte, sie heben sich also auf. Die Kompressibilität der Flüssigkeit wird am Stande des Quecksilbers abgelesen.

P. W. Bridgeman hat Flüssigkeiten bis zu Drücken von $30 \cdot 10^8$ N/m² untersucht. Für seine Experimente benutzte er Gefäße aus Carboloy, da bei den extrem hohen Drücken die herkömmlichen Werkstoffe plastisch werden. Die Viskosität der Flüssigkeiten nimmt bei diesen Drücken um mehrere Zehnerpotenzen zu. → Hochdruckphysik.

Piezoquarz, → Piezoelektrizität, → Schwingquarz.

Piezospektroskopie, die Untersuchung des Einflusses eines äußeren mechanischen Druckes oder Zuges auf das Absorptions- und Emissionsspektrum eines Festkörpers. Die durch den Druck bedingten mechanischen Deformationen können die Symmetrie des untersuchten Kristalls verringern und dadurch zu einer Aufhebung der Entartung von Elektronenzuständen im Festkörper führen, was sich in einer Aufspaltung von Absorptions- bzw. Emissionslinien äußern kann.

Piezowiderstand, die Änderung des spezifischen Widerstandes bei Einwirkung mechanischer Spannungen. Für kleine Änderungen ist er durch einen Tensor 4. Stufe beschreibbar. Auf Grund der Symmetrieeigenschaften des Kristalls ist die Zahl der nicht verschwindenden unabhängigen Komponenten reduziert. Die → Elastoleitfähigkeit beschreibt den gleichen Sachverhalt in anderer Weise. Hohe Werte einer Komponente des Piezowiderstandstensors (z. B. in n-Si und n-SiC, n-Ge, p-Ge, p-Si und p-GaAs) führen zur industriellen Anwendung als → Halbleiterdruckwandler und Halbleiterdehnungsmesser.

Bei reinen Halbleitern ist der P. bei schwachen elektrischen Feldern umgekehrt proportional zur Temperatur, bei höher dotiertem Material liegt wegen des abnehmenden Beitrages der Streuung an ionisierten Störstellen eine schwächere Temperaturabhängigkeit vor.

Pigmentverfahren, → Lichtgerbung.

Piko, p, Vorsatz vor Einheiten mit selbständigem Namen = 10^{-12}, → Vorsätze.

Pikofarad, pF, früher häufig $\mu\mu$F, Teil der SI-Einheit → Farad. 1 pF = 10^{-12} F.

Pile, svw. Reaktor.

pile up, → Versetzung (Abschn. IX).

Pilotballon, → Wind.

Pi-Meson, svw. Pion.

Pinatypie, → Lichtgerbung.

Pincheffekt, ein Effekt, bei dem das durch einen Strom erzeugte Magnetfeld eine Einschnürung des von den Ladungsträgern durchflossenen Gebietes bewirkt. Durch die Einschnürung erhöht sich die Temperatur des Plasmas. Es wird ein stationärer Zustand erreicht, wenn der dadurch erhöhte Druck das weitere Zusammendrücken des Plasmas durch die magnetischen Kräfte verhindert. In Gasentladungsplasmen ist der P. für die Erzeugung der notwendigen hohen Temperaturen und zur Stabilisierung des Plasmas in Kernfusionsanlagen (→ Kernfusion) wichtig. In Halbleitern kann es bei starker Einschnürung im Pinch [engl. 'Schlauch'] zur thermischen Anregung von Ladungsträgern kommen, was zu einer Ausdehnung des Plasmas führt. Ein *Hollow-Pinch* genannter Stromschlauch entsteht dadurch, daß die hohe Trägerdichte zur Verringerung des Spannungsabfalles im Pinchgebiet und so zur Verringerung der Energiezufuhr führt, was eine Verringerung der Plasmadichte in diesem inneren Bereich bewirkt.

Pinchentladung, svw. Höchststromentladung.

pin-Diode, → Halbleiterdiode.

Pinning-Zentrum, Haftzentrum der Flußschläuche, ein Bezirk in einem nichtidealen Supraleiter 2. Art, der etwa die Ausdehnung der Kohärenzlänge ξ des Supraleiters hat, und in dem sich das chemische Potential von dem der Umgebung unterscheidet. Als P.-Z. wirken z. B. Versetzungen, Ausscheidungen anderer Phasen sowie durch Bestrahlung erzeugte Defekte im Kristallgitter. An Pinning-Zentren werden die magnetischen Flußschläuche festgehalten, die Supraleiter 2. Art im gemischten Zustand in Form eines regelmäßigen Flußschlauchgitters durchsetzen. Dieses Festhalten wird als *Pinning* (*Flußschlauchverankerung*, *Flußfadenverankerung*, *Flußlinienverankerung*) bezeichnet und durch die *Pinning-Kraft* bewirkt. Dadurch wird der Supraleiter 2. Art zum nichtidealen Supraleiter 2. Art. Erst wenn die Pinning-Kraft durch thermische Aktivierung oder durch die Lorentz-Kraft überwunden wird, die auf die Flußschläuche wirkt, wenn quer zu den Flußschläuchen ein Strom fließt, kommt es zur Flußbewegung und damit zum Auftreten des widerstandsbehafteten supraleitenden Zustands.

pint, Tabelle 2, Volumen.

Pion, *Pi-Meson*, *π-Meson*, instabiles → Elementarteilchen (Tab. A) aus der Familie der Mesonen, das elektrisch positiv (π^+), neutral (π^0) und negativ (π^-) geladen auftreten kann. Die geladenen P.en wurden 1947 von Powell, Lattes und Occhialini in der kosmischen Strahlung mit Hilfe von Kernemulsionsplatten entdeckt, das π^0 wurde 1950 ebenfalls in der kosmischen Strahlung gefunden. Künstlich erzeugt man die P.en bei der Streuung von hochenergetischen Nukleonen (N) mit einer Mindestenergie von 300 MeV (etwa dem doppelten Energieäquivalent der Pionruhmasse) an Materie über die Reaktion $N + N \to N + N + \pi$. Mit wachsender Energie der Nukleonen, besonders in der kosmischen Strahlung, können sehr viele P.en erzeugt werden (Mehrfacherzeugung), bei *Feuerbällen* geht die Zahl der explosionsartig entstehenden P.en in die Hunderte.

Die geladenen P.en zerfallen zu etwa 100% über schwache Wechselwirkung gemäß $\pi^\pm \to \mu^\pm + \nu_\mu$ in Müonen und Müon-Neutrinos, ganz selten gemäß $\pi^\pm \to e^\pm + \nu_e$ in Elektronen und Elektron-Neutrinos: neutrale P.en zerfallen zu 99% über elektromagnetische Wechselwirkung gemäß $\pi^0 \to \gamma + \gamma$ nach einer mittleren Lebensdauer von $0{,}9 \cdot 10^{-16}$ s in Photonen (zu 99%) bzw. $\pi^0 \to \gamma + e^+ + e^-$ (zu 1%). Durch den $\pi^\pm$-Zerfall entsteht die Müonkomponente und durch den π^0-Zerfall in Photonen und die anschließende Paarerzeugung ($e^+ + e^-$) die schwache oder Elektron-Photon-Komponente der kosmischen Strahlung.

Die P.en sind — wie auch die Kaonen — Quanten des Kernfeldes, waren 1935 durch Yukawa auf Grund der Mesonentheorie der Kernkräfte vorausgesagt worden und werden daher gelegentlich *Yukonen*, *Yukawa-Teilchen* oder *Yukawa-Quanten* genannt.

Pionenwolke, → Mesonentheorie der Kernkräfte.

Pirani-Vakuummeter, → Vakuummeter.

Pitchwinkel, Winkel $\alpha = \arc \cos(v_{\parallel}/v)$ zwischen Magnetfeldrichtung und Teilchengeschwindigkeit v. Hierbei bedeutet $v_{\parallel}$ die Parallelgeschwindigkeit bezüglich des Magnetfeldes.

Unter dem *Pitchwinkelkosinus* wird $\cos \alpha = v_{\parallel}/v$ verstanden.

Pitchwinkeldiffusion, → Diffusion geladener Teilchen.

Pitchwinkelkosinus, → Pitchwinkel.

Pitchwinkelstreuung, → Diffusion geladener Teilchen.

Pi-Theorem von Buckingham, → Ähnlichkeitstheorie.

Pitotrohr, eine → Strömungssonde.

Planartechnik, *Oberflächenpassivierungstechnik, Passivierungstechnik*, ein Verfahren in der Mikroelektronik und Halbleitertechnik zur Herstellung von Halbleiterbauelementen, bei dem ein Halbleitermaterial mittels Diffusion in ausgewählten Bereichen dotiert wird (→ Dotierung). Die Oberfläche des Substrates wird durch einen meist aus Siliziumdioxid (SiO_2) bestehenden Schutzfilm geschützt oder passiviert. Diese Schicht wirkt für Dotierungsstoffe aus der III. Gruppe (z. B. Bor) oder V. Gruppe (z. B. Phosphor) des Periodensystems diffusionshemmend. Mittels einer lichtempfindlichen Lackmaske wird der Schutzfilm abgedeckt und an den später zu dotierenden Stellen belichtet. Der Lackfilm polymerisiert infolge der Belichtung, während er an den unbelichteten Stellen leicht abgelöst werden kann. Danach kann an diesen Stellen der SiO_2-Schutzfilm abgeätzt werden. Die Diffusion der Dotierungsatome erfolgt dann bei etwa 1200 °C durch die entstandenen Fenster der Haft- oder Diffusionsmaske hindurch (→ Diffusionstechnik, → Maskierung), wodurch die Leitfähigkeit und der Leitfähigkeitstyp (p- oder n-leitend) der Fenster verändert werden. Schließlich können diese Fenster durch einen neuen Schutzfilm wieder verschlossen werden. In ähnlicher Weise werden Kontaktierungsfenster an den Stellen gebildet, an denen eine metallische Kontaktschicht aufgedampft werden soll (Abb.).

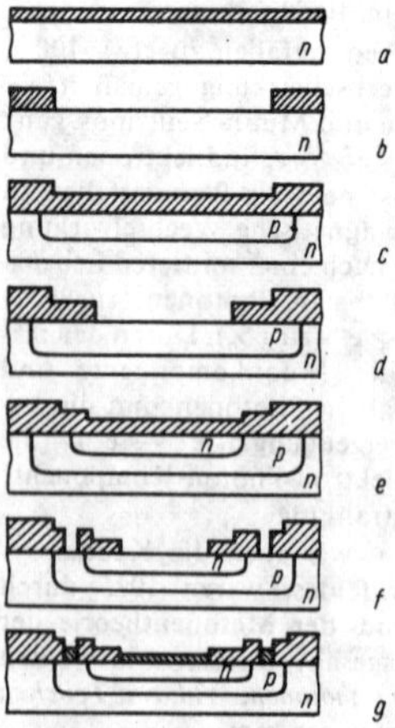

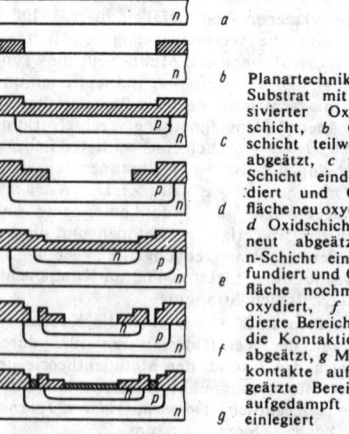

Planartechnik: *a* Substrat mit passivierter Oxidschicht, *b* Oxidschicht teilweise abgeätzt, *c* p-Schicht eindiffundiert und Oberfläche neu oxydiert, *d* Oxidschicht erneut abgeätzt, *e* n-Schicht eindiffundiert und Oberfläche nochmals oxydiert, *f* oxydierte Bereiche für die Kontaktierung abgeätzt, *g* Metallkontakte auf abgeätzte Bereiche aufgedampft und einlegiert

Die Vorteile der P. bestehen darin, daß auf einer Halbleitereinkristallscheibe bis zu mehreren tausend Bauelemente gleichzeitig hergestellt werden können und daß durch den Schutzfilm die Oberfläche des Halbleiterbauelementes vor Umwelteinflüssen geschützt und damit seine Zuverlässigkeit erhöht wird. Zur Gewährleistung der mechanischen Festigkeit muß jedoch das Halbleitermaterial relativ dick sein. – Die P. kann getrennt oder in Verbindung mit der → Epitaxialtechnik angewandt werden.

Planartransistor, → Transistor.

Planck-Boltzmann-Konstante, svw. Boltzmannsche Konstante.

Plancksche Elementarlänge, hypothetische untere Meßschranke für Längenmessungen. Die P. E. l ergibt sich als geometrisches Mittel $\sqrt{\lambda a}$ aus der de-Broglie-Materiewellenlänge $\lambda \approx hc/W$ (mit der relativen Energie W eines Teilchens) und dem Gravitationsradius $a = GW/c^4$ zu $l = \sqrt{hG/c^3} \approx 4 \cdot 10^{-33}$ cm; hierbei sind h das Plancksche Wirkungsquantum, G die Gravitationskonstante und c die Vakuumlichtgeschwindigkeit. Aus der Quantentheorie des Gravitationsfeldes folgt, daß es nicht möglich ist, durch Experimente direkte Informationen über Raum-Zeit-Bereiche mit kleineren Abmessungen als l zu erhalten.

Auf Grund der quantenmäßigen Schwankungen der die Elementarteilchen beschreibenden Felder ist auch das Gravitationsfeld Schwankungen unterworfen. Mit der Heisenbergschen Unschärferelation erhält man für die Schwankung $\Delta\Gamma$ der gravischen Feldstärke bzw. die Schwankung Δg des Gravitationspotentials und die Unschärfe der Längenmessung ΔL:

$$\Delta\Gamma(\Delta L)^3 \geqq l^2 \quad (1)$$

$$\Delta g(\Delta L)^2 \geqq l^2 \quad (2)$$

Die Möglichkeit, eine Längenmessung beliebiger Schärfe auszuführen ($\Delta L \to 0$), bedeutet, daß die Fluktuationen des Gravitationsfeldes beliebig groß werden. Da das Gravitationsfeld aber die Metrik der Raum-Zeit ist, sind nur extrem starke, aber beschränkte Gravitationsfelder möglich, weil die Elementarlänge l aus der Gravitationstheorie selbst aus folgenden Gründen resultiert:

In einem statischen Gravitationsfeld gilt für die Metrik $g_{\mu\nu}$:

$$g_{i4} = 0, \quad \frac{\partial}{\partial x^4} g_{i4} = 0 \quad (3)$$

$$-\gamma^2 = \det g_{ik} < 0 \quad (i, k = 1, 2, 3). \quad (4)$$

Die Riemannsche Raum-Zeit-Welt hat in diesem Fall nur dann die gleiche Kausalstruktur wie die Minkowski-Welt (→ Minkowski-Raum), wenn gilt

$$g_{44} = \frac{\det g_{\mu\nu}}{\gamma^2} = 1 - 2\varphi > 0. \quad (5)$$

Hierbei ist $c^2\varphi$ das Newtonsche Potential, so daß $\varphi = GM/rc^2$ gilt.

Bei Gültigkeit von (5) liegen infinitesimal die gleichen Verhältnisse wie im Minkowski-Raum vor, $g_{\mu\nu}$ ist in jedem Punkt auf die Minkowskischen Werte $h_{\mu\nu}$ transformierbar.

Um nun eine kleine Länge ΔL zu messen, braucht man ein Meßteilchen mit einer Energie W, so daß für die zugehörige de-Broglie-Wellenlänge hc/W gilt:

$$\Delta L \geqq hc/W. \quad (6)$$

Ein Teilchen der Energie W besitzt nach dem → Äquivalenzprinzip einen Gravitationsradius

$$a = GW/c^4. \qquad (7)$$

Dieser Radius muß kleiner sein als jede im System betrachtete Abmessung, damit (5) nicht verletzt wird, d. h.:

$$(\Delta L)^2 \geqq a\Delta L \geqq hGc^{-3} = l^2, \qquad (8)$$

wenn man noch (6) und (7) berücksichtigt. Für die Schwankung der Feldstärke $\Delta\Gamma$ bedeutet (8):

$$\Delta\Gamma \leqq l^{-1}. \qquad (9)$$

Physikalisch bedeutet das, daß bei dem Versuch, kleinere Längen als die Plancksche Elementarlänge zu messen, die durch (5) charakterisierten Kausalverhältnisse zusammenbrechen. Da die Metrik $g_{\mu\nu}$ für

$$g_{44} = 0 \text{ bzw. } g_{44} < 0 \qquad (10)$$

in den betreffenden Bereichen nur noch raumartige Vektoren und Nullvektoren zuläßt und für jeden Vektor V^μ mit (10) und (4)

$$g_{\mu\nu}V^\mu V^\nu \leqq 0 \qquad (11)$$

gilt, kann keine Wirkung entlang Weltlinien mit zeitartigem Tangentialvektor in diesen Bereich eindringen.

Der Bereich reagiert auf jede Wirkung wie ein ideal harter Körper; er ist gegenüber direkter Beobachtung abgekapselt. Dieses Abkapseln von Raumgebieten unterhalb der Größenordnung der Planckschen E. auf Grund von Quantenfluktuationen hat nicht nur Konsequenzen für den Kausalzusammenhang in diesen Gebieten, sondern auch Konsequenzen für die globalen Zusammenhangsverhältnisse des Raumes, d. h. für seine Topologie. Diese Überlegungen bilden den wesentlichen Ausgangspunkt für die modernen Ansätze zu einer Quantengeometrodynamik (→ Geometrodynamik) von Raum und Zeit.

Plancksche Hypothese, svw. Quantenhypothese

Plancksche Konstante, → Plancksches Wirkungsquantum.

Plancksches Potential, das von M. Planck eingeführte thermodynamische Potential $\Phi = S - (U + pV)/T$. Sein totales Differential kann in der Form $d\Phi = -(V/T)\,dp + (U + pV)\,dT/T^2$ geschrieben werden. Dabei bedeutet S die Entropie, U die innere Energie, p den Druck, V das Volumen und T die absolute Temperatur. Aus dem Planckschen P. folgen ebenso wie auch aus den anderen thermodynamischen Potentialen sämtliche thermodynamischen Funktionen und Parameter. So erhält man z. B. für die Entropie $S = \Phi + T(\partial\Phi/\partial T)p$ und für die freie Enthalpie $G = -T\Phi$, die i. a. anstelle des Planckschen P.s benutzt wird.

Plancksche Strahlungsformel, von M. Planck aufgestelltes Strahlungsgesetz für den schwarzen Körper. Es gibt den Zusammenhang zwischen Strahlungsdichte eines strahlenden Hohlraums und der Temperatur im ganzen Temperatur- und Wellenlängenbereich richtig wieder. Die Bedeutung der P.n S. ist jedoch weit größer, da an ihr die Grenzen der klassischen Physik sichtbar werden. Bei der Ableitung der P.n S. muß auf jeden Fall die Quantennatur der Energie des harmonischen Oszillators beobachtet werden. $E_n = nh\nu$ sind die möglichen Energiewerte des harmonischen Oszillators. Dabei ist h das Plancksche Wirkungsquantum mit dem Zahlenwert $6{,}6256 \cdot 10^{-27}$ erg · s, ν ist die Eigenfrequenz des Oszillators, und n durchläuft die natürlichen Zahlen. Die möglichen Energiewerte E_n des harmonischen Oszillators, die sich streng aus der → Schrödinger-Gleichung ableiten lassen, wurden von Max Planck bei der Ableitung der P.n S. postuliert. Diese Hypothese stellt den Beginn der → Quantenmechanik dar.

Bezeichnet man die Energie, die je Zeiteinheit von der Flächeneinheit in den Halbraum im Frequenzbereich $\nu, \ldots, \nu + d\nu$ gestrahlt wird, mit $W_\nu\,d\nu$, so lautet die P. S.

$$W_\nu\,d\nu = \frac{2h\nu^3}{c^2} \cdot \frac{1}{e^{h\nu/kT} - 1}\,d\nu.$$

Hierbei ist k die Boltzmannsche Konstante, c die Lichtgeschwindigkeit, T die absolute Temperatur und W_ν die spektrale Strahlungsdichte. Wird über $c = \lambda\nu$ die Wellenlänge λ eingeführt, so ist

$$W_\lambda\,d\lambda = \frac{2hc^2}{\lambda^5} \cdot \frac{1}{e^{hc/\lambda kT} - 1}\,d\lambda.$$

Aus der P.n S. ergibt sich das *Wiensche Verschiebungsgesetz*, das besagt, daß sich das Maximum der Strahlungsdichte bei steigenden Temperaturen nach kürzeren Wellenlängen verschiebt: $\lambda_{max}T = \text{konst.} = 0{,}2898$ cm · K. Für den Maximalwert selbst gilt das *T^5-Gesetz*: $W_{max} = \text{konst.}\,T^5$. Im Grenzfall sehr niedriger Temperaturen, d. h. für $h\nu \gg kT$, geht die P. S. in das *Wiensche Strahlungsgesetz* über:

$$W_\lambda\,d\lambda = \frac{2hc^2}{\lambda^5}\,e^{-hc/\lambda kT}\,d\lambda.$$

Diese Formel erhält man, wenn man sich die den Hohlraum erfüllende Strahlung aus einzelnen Lichtteilchen bestehend denkt, die der klassischen Boltzmann-Statistik gehorchen. Verwendet man die für Lichtquanten gültige → Bose-Einstein-Statistik, so ergibt sich zwanglos die P. S. Im Grenzfall hoher Temperaturen, d. h. für $h\nu \ll kT$, geht die P. S. in das *Rayleigh-Jeanssche Strahlungsgesetz* über: $W_\lambda\,d\lambda = \frac{2ckT}{\lambda^4}\,d\lambda$. Diese Strahlungsformel wurde vor der Planckschen auf Grund rein klassischer Überlegungen gefunden – ihr Gültigkeitsbereich beschränkt sich nur auf den langwelligen Bereich und hohe Temperaturen.

Schließlich erhält man durch Integration über den ganzen Wellenlängenbereich aus der P.n S. das *Stefan-Boltzmannsche Strahlungsgesetz* (*T^4-Gesetz*): $\int W_\lambda\,d\lambda = \sigma T^4$, wobei $\sigma = \frac{2\pi^5 \cdot k^4}{15c^2h^3} = 1{,}355 \cdot 10^{-12}$ cal cm^{-2} s^{-1} K^{-4} $= 5{,}669 \cdot 10^{-5}$ erg cm^{-2} s^{-1} K^{-4} $= 5{,}669 \cdot 10^{-8}$ Wm^{-2} K^{-4} ist. Die Gesamtstrahlung des schwarzen Körpers ist der vierten Potenz der absoluten Temperatur proportional.

Plancksches Wirkungsquantum, h, fundamentale Naturkonstante mit der Dimension einer Wirkung, d. h. Energie × Zeit, $h = 6{,}6256 \cdot 10^{-27}$ erg · s $= 6{,}6256 \cdot 10^{-34}$ Js. Es wurde im Zusammenhang mit Problemen der Hohlraumstrahlung 1900 von Max Planck entdeckt und bei der Postulierung diskreter Energieniveaus des harmonischen Oszillators mit der Energiedifferenz $h\nu$ zwischen benachbarten Niveaus eingeführt, wobei ν die Schwingungsfrequenz bedeutet.

Die Existenz des Planckschen W.s führt zur Quantelung vieler physikalischer Größen (→ Quantenzahlen), die dann nur noch diskrete Werte annehmen können, insbesondere zum Auftreten von Energiequanten.

In der Planckschen Beziehung $E = h\nu$ und in der de-Broglieschen Beziehung $p = h/\lambda$, mit dem Impuls p und der Wellenlänge λ, verknüpft das Plancksche W. Teilchen- und Welleneigenschaften (→ Dualismus von Welle und Korpuskel).

Für die Anwendung bei theoretischen Problemen ist das durch 2π dividierte Plancksche W. geeigneter. Nach Dirac wird es mit $\hbar$ bezeichnet und häufig *Plancksche Konstante* genannt, $\hbar = h/2\pi = 1{,}05450 \cdot 10^{-27}$ erg · s. Sie ist die Grundkonstante der Quantentheorie. Die Einführung des Planckschen W.s in die physikalische Beschreibung führt zur → Quantentheorie, die für $h \to 0$ in die entsprechenden klassischen Theorien übergeht.

Das Plancksche W. h wurde häufig mit großem Aufwand experimentell bestimmt. Diesbezügliche Messungen liefern h meist in irgendeiner Verknüpfung mit der Elementarladung e, z. B. als Größe $h \cdot e^x$. Es müssen deshalb jeweils 2 voneinander unabhängige Messungen zur Bestimmung von h durchgeführt werden. Zur Bestimmung des Wertes können beispielsweise Messungen auf der Grundlage des lichtelektrischen Effektes, der Ionisationsgrenzen, der Anregungsspannungen im ultravioletten Licht und im Röntgenfrequenzbereich, der kurzwelligen Grenze des Röntgenkontinuums, der de-Broglieschen Beziehung, des Stefan-Boltzmannschen und des Planckschen Strahlungsgesetzes sowie des Wienschen Verschiebungsgesetzes gemacht werden. Neuere Präzisionsbestimmungen von h/e beruhen auf der Flußquantelung des magnetischen Flusses in Supraleitern.

Planet, *Wandelstern*, nicht selbstleuchtender großer Himmelskörper des Sonnensystems. Es sind 9 P.en bekannt; nach wachsender Entfernung von der Sonne geordnet sind es → Merkur, → Venus, → Erde, → Mars, → Jupiter, → Saturn, → Uranus, → Neptun und → Pluto. Nach den Dimensionen unterscheidet man *erdähnliche P.en* — Merkur, Venus, Erde, Mars, Pluto — und *jupiterähnliche P.en* oder *Riesenplaneten* — Jupiter, Saturn, Uranus, Neptun. Die mittlere Dichte der erdähnlichen P.en ist durchschnittlich doppelt so groß wie die der Riesenplaneten; die Mitglieder der beiden Gruppen sind wahrscheinlich ganz verschieden aufgebaut. Einen wesentlich kleineren Durchmesser haben die kleinen P.en, die → Planetoiden, die sich in ihrer Mehrheit im Raum zwischen Mars und Jupiter aufhalten.

Alle P.en bis auf Merkur, Venus und Pluto werden von einem oder mehreren → Satelliten umkreist.

Die P.en sind von Gashüllen, den Atmosphären, umgeben, die durch die Massenanziehung zusammengehalten werden. Die P.en Merkur und Mars haben wegen der geringen Schwerebeschleunigung an ihrer Oberfläche und wegen der relativen Sonnennähe nur dünne Atmosphären, die Atmosphären der jupiterähnlichen P.en sind dagegen sehr mächtig. Die Zusammensetzung der Atmosphären ist sehr unterschiedlich, am ähnlichsten sind sich die der Riesenplaneten, für die ein hoher Gehalt an Kohlenwasserstoffen charakteristisch ist. Die meisten Planetenatmosphären sind so dicht, daß man die eigentliche Planetenoberfläche gar nicht sehen kann. Einzelheiten über die Planetenoberfläche kennt man daher nur von Mars und im geringen Maße von Merkur, für den die Beobachtungsbedingungen aber wesentlich ungünstiger sind. Über den inneren Aufbau der Planetenkörper ist noch sehr wenig bekannt.

Die P.en umlaufen die Sonne in Ellipsenbahnen, wobei sich die Bewegung nach den Kepler-Gesetzen vollzieht. Zwischen den mittleren Sonnenentfernungen der P.en besteht ein exponentielles Abstandsgesetz, die → Titius-Bodesche Reihe, das wahrscheinlich ein Schlüssel für das Verständnis der Entstehung des Systems der P.en ist, → Sonnensystem.

planetare Kennziffer, K_p, charakterisiert den Störungsgrad des geomagnetischen Feldes (Aktivität). K_p ist der Mittelwert von standardisierten Aktivitätskennziffern von 12 geomagnetischen Observatorien: Lerwick (Großbrit.), Lovö (Schweden), Meanook (Kanada), Sitka (USA), Eskdalemuir (Großbrit.), Rude Skov (Dänemark), Agincourt (Kanada), Wingst (BRD), Witteveen (Niederlande), Abinger (Großbrit.), Cheltenham (USA) und Amberley (Neuseeland). Diese Kennziffer ist formal zur Kennzeichnung des mittleren Störungsgrades des geomagnetischen Feldes eingeführt worden. Statistische Untersuchungen der Korrelation von K_p mit physikalischen Größen zeigten, daß offensichtlich ein enger Zusammenhang zwischen dem Absolutbetrag der Sonnengeschwindigkeit und K_p vorliegt.

planetarische Nebel, leuchtende Gasnebel von meist relativ regelmäßiger Form. Sie haben im Mittel Durchmesser von etwa 20 bis 40 AE, doch kommen auch wesentlich größere vor. P. N. bestehen aus expandierenden Gasmassen von meist weniger als 0,2 Sonnenmassen und einer Dichte von 10^2 bis 10^4 Teilchen/cm^3. Als Expansionsgeschwindigkeiten wurden 10 bis 50 km/s, im Krebsnebel aber 1000 km/s gemessen. Das Spektrum der planetarischen N. enthält Emissionslinien, darunter auch verbotene Linien (→ interstellare Materie). Erstere kommen als Folge von Ionisationsprozessen zustande, die die ultraviolette Strahlung des Zentralsterns auslöst, letztere durch Elektronenstöße. Die Temperatur der Zentralsterne übersteigt oft 10^5 K. Die p.n N. entstehen wahrscheinlich im Verlaufe der normalen Sternentwicklung, wenn beim Entstehen eines Weißen Zwerges die äußeren Sternschichten als Gashüllen abgestoßen werden.

Planetensystem, im engeren Sinne die Gesamtheit der Planeten, in weiterem Sinne auch svw. Sonnensystem.

Planetoid, *kleiner Planet*, *Asteroid*, planetenartiger Himmelskörper des Sonnensystems. Nur für die vier größten P.en sind die Durchmesser mit einiger Sicherheit bekannt, sie betragen zwischen 190 und 770 km. Für die meisten anderen bekannten P.en ergaben Abschätzungen

Werte zwischen 20 bis 40 km. Die Gesamtzahl der P.en wird auf 50000 bis 100000 geschätzt. Von diesen wurden etwa 4000 beobachtet, aber nur von etwa 1700 die Bahnen berechnet. Genaue Massen einzelner P.en konnten mit Ausnahme von Vesta, deren Masse $2,4 \cdot 10^{17}$ t beträgt, noch nicht bestimmt werden; die Gesamtmasse wird auf etwa $^1/_{1000}$ Erdmassen geschätzt.

Die Bahnen der P.en sind Ellipsen mit meist geringer Exzentrizität. Sie befinden sich im allgemeinen nahe der Ekliptikebene zwischen den Bahnen von Mars und Jupiter. Der mittlere Abstand von der Sonne beträgt 2,9 AE, die mittlere Umlaufzeit 4,5 Jahre. Es wurden aber auch P.en mit großen Exzentrizitäten gefunden, z. B. Icarus mit 0,83, ferner solche mit großen Bahnneigungen zur Ekliptik, z. B. Hidalgo mit fast 43°, und mit verhältnismäßig großen und kleinen mittleren Abständen von der Sonne, z. B. Hidalgo mit 5,8 AE und Ikarus mit 1,08 AE. Die Häufigkeitsverteilung der Bahnen in Abhängigkeit von der Umlaufzeit ist nicht gleichmäßig. Es treten vielmehr Häufigkeitslücken und z. T. auch Häufigkeitsmaxima an Stellen auf, an denen ein ganzzahliges Verhältnis zur Umlaufzeit von Jupiter existiert. Am bekanntesten ist die Planetoidengruppe der Trojaner mit einem Verhältnis 1 : 1. Sie bilden mit Jupiter und der Sonne ein gleichseitiges Dreieck und realisieren einen analytisch lösbaren Spezialfall des Dreikörperproblems, → Himmelsmechanik.

Planfläche, eine ebene brechende oder reflektierende Begrenzungsfläche bei Prismen, Linsen oder Spiegeln. Die Planfläche kann als Grenzfall der sphärischen Flächen mit unendlich großem Krümmungsradius betrachtet werden. Bei Toleranz- oder Fehlerangaben wird entweder die Abweichung von der Ebene in μm oder in Wellenlängen des bei der Prüfung oder beim Gebrauch benutzten Lichtes angegeben, oder aber es wird bei Betrachtung der P. als sphärische Fläche der Mindestkrümmungsradius angegeben. Die Qualität einer optischen Abbildung wird durch die Fehler einer brechenden oder reflektierenden P. nicht merklich beeinflußt, wenn die Abweichungen von der Ebenheit bei einer brechenden Fläche kleiner als $\lambda \cdot \cos \varepsilon'/4(n' - n)$ und bei einer reflektierenden Fläche kleiner als $\lambda/8 \cos \varepsilon$ sind ($\lambda/4$-Kriterium). Für die Restfehler einer P. ist anzustreben, daß diese regelmäßig verlaufen, denn eine gleichmäßig schwach gekrümmte Fläche ist vorteilhafter als eine Fläche mit zwar etwas geringeren, aber dafür unregelmäßigen Abweichungen. Die Prüfung von P.n erfolgt interferometrisch mit Planprobegläsern oder in einem Interferenzprüfgerät, bei dem Interferenzen gleicher Dicke (Fizeausche Streifen), die in der dünnen Luftschicht zwischen dem Prüfling und einer Normalfläche entstehen, beobachtet und ausgemessen werden. Zur interferentiellen Prüfung kann auch ein Flüssigkeitsspiegel als Vergleichsfläche benutzt werden. Eine interferentielle Prüfung der Ebenheit kann ferner erfolgen, indem die Parallelität der Luftschicht zwischen Prüfling und Vergleichsfläche vermittels Interferenzen gleicher Neigung (Haidingersche Ringe) geprüft wird. Geometrisch-optisch können P.n mit einem Autokollimationsfernrohr geprüft werden oder dadurch, daß mit einem Fernrohr das Spiegelbild eines geeigneten Testobjektes bei großen Reflexionswinkeln beobachtet wird. Abweichungen von der Ebenheit machen sich durch Astigmatismus bemerkbar (Verfahren von Oertling). Sehr große P.n kann man bei Vorhandensein eines noch größeren genauen sphärischen Hohlspiegels in Autokollimation nach der Foucaultschen Schneidemethode prüfen (Ritchey). Abgesehen von den letzten beiden Verfahren, die als einzige für sehr große P.n anwendbar sind, kommt den Interferenzverfahren die größere Bedeutung zu. Bei visueller Beobachtung lassen sich bei Interferenzen gleicher Dicke noch Abweichungen von $\lambda/20$ erkennen, d. h., es sind Fehler von 0,02 bis 0,03 μm nachweisbar. Bei einem Prüflingsdurchmesser von 100 mm ergibt sich bei einem regelmäßigen Fehler dieser Größe ein Krümmungsradius von etwa 100 km. Photographische Interferogramme können noch wesentlich genauer vermessen werden, insbesondere unter Anwendung von Äquidensiten.

Plangitter, → Beugungsgitter.

Planimeter, *Flächenmeßgerät*, ein Gerät zum Messen des Flächeninhaltes von ebenen Figuren. Das Messen erfolgt nicht durch Umfahren der geschlossenen Begrenzungskurve. Bei *Linearplanimetern* ist ein Fahrarm mit einem Fahrstift in einem Punkt A beweglich und wird auf einer Geraden geführt. Bei *Polarplanimetern* bewegt sich der Punkt A auf einem Kreis. In beiden Fällen überträgt ein parallel zum Fahrarm auf einer Achse laufendes Meßrädchen seine Umdrehungen auf ein Zählwerk, so daß sie abgelesen werden können.

Plankonkavlinse, → Linse.

Plankonvexlinse, → Linse.

Planwelle, svw. ebene → Welle.

Plasma, *Plur.* Plasmen, Gemisch aus freien Elektronen, positiven Ionen und Neutralteilchen eines Gases, die sich durch die ständige Wechselwirkung untereinander und mit Photonen in verschiedenen Energie- bzw. Anregungszuständen befinden. Dieser *Plasmazustand* wird berechtigterweise oft als vierter Aggregatzustand bezeichnet.

Durch Energiezufuhr geht jeder Stoff über den gasförmigen Aggregatzustand in den Plasmazustand über, in dem bei genügend hohen Temperaturen kaum noch ungeladene Teilchen vorkommen. Die freien Elektronen und Ionen entstehen aus neutralen Atomen bzw. Molekülen durch → Ionisation. Durch das Wechselspiel von Ionisation und → Rekombination bildet sich ein Ionisationsgleichgewicht aus, das in vielen Fällen in ziemlich komplizierter Weise von den im P. ablaufenden Elementarprozessen und in einfachen Fällen allein von der Temperatur abhängt (→ Saha-Gleichung). Die elastischen Stöße zwischen den Plasmateilchen, bei denen nur sehr wenig Energie ausgetauscht wird, sind für ein P. nicht so charakteristisch wie die mit inelastischen Stößen verbundenen → Elementarprozesse.

Eigenschaften des Plasmazustandes. Die Quasineutralität besagt, daß jedes Volumenelement des P.s nahezu die gleiche Anzahl positiver und negativer Ladungsträger enthält. Da bei der Ionisation die ladungstragenden Elektronen und Ionen immer paarweise gebildet werden und bei der Rekombination auch wieder paarweise verschwinden, bleibt ein P. als Ganzes elektrisch neutral. Durch die freie Beweglichkeit der Ladungsträger entstandene Ladungsunterschiede zwischen verschiedenen Volumenelementen rufen starke elektrische Felder hervor, die einer weiteren Ladungstrennung entgegenwirken. Dadurch wird die im großen vorhandene Neutralität auch im kleinen nicht wesentlich gestört. Durch Überlagerung dieser Felder mit den Coulomb-Feldern, die zwischen je zwei geladenen Teilchen vorhanden sind, entsteht das *Mikrofeld* des P.s, das in Stärke und Richtung örtlich und zeitlich stark variiert; es beeinflußt die Bewegung jedes einzelnen Teilchens, spielt aber für das Gesamtverhalten des P.s nur eine untergeordnete Rolle. Nach statistischen Berechnungen hängt es allein von der Ladungsträgerkonzentration n_e bzw. n_i ab und hat für Laborplasmen Werte zwischen 10^2 und 10^4 V cm^{-1}.

Da die Ladungsträger frei beweglich sind, ist die elektrische Leitfähigkeit des P.s groß. Wegen der völlig regellosen thermischen Bewegung und der isotropen Verteilung ihrer Geschwindigkeiten kommt es aber nicht zu einem nachweisbaren Stromfluß durch eine beliebige Fläche. Ist aber ein äußeres elektrisches Feld vorhanden, so überwiegen die Bewegungen in seiner Richtung. Es kommt zu einem Stromfluß durch eine gedachte Fläche. Sind n_e, n_+ und n_- die Konzentrationen der Elektronen bzw. der positiv oder negativ geladenen Ionen, b_e, b_+ bzw. b_- ihre Beweglichkeiten (→ Driftgeschwindigkeit) und e die Elementarladung, so stellt $\sigma = e(n_e b_e + n_+ b_+ + n_- b_-)$ die Leitfähigkeit dar. Da in bezug auf das äußere Feld b_+ die entgegengesetzte Richtung hat wie b_- oder b_e, bezogen auf die gedachte Fläche, dem Transport einer positiven Ladung in Richtung b_+ aber der einer negativen Ladung in Richtung b_- entspricht, addieren sich die einzelnen Anteile. Man bezeichnet $\sigma_p = n_e b_e e$ als Elektronenleitfähigkeit und $\sigma_i = e(n_+ b_+ + n_- b_-)$ als Ionenleitfähigkeit. Wegen der größeren Beweglichkeit b_e der Elektronen wird in vielen Fällen die Gesamtleitfähigkeit σ des P.s näherungsweise durch den Anteil $\sigma_p = n_e b_e e$ der Elektronenkomponente gegeben. Einer unbegrenzten Vergrößerung der Leitfähigkeit des P.s wirken wie in Metallen die Stöße der Träger untereinander und mit den Neutralteilchen entgegen. Bei der Einwirkung äußerer elektrischer Felder tritt eine Anhäufung von Überschußladungen an den Grenzflächen auf; diese führt ihrerseits zu einer Polarisation des P.s, die mit den → Plasmarandschichten in Zusammenhang steht.

Thermodynamische Begriffe, z. B. Temperatur, spezifische Wärme, Wärmeleitfähigkeit oder Verteilungsfunktion, setzen ein thermodynamisches Gleichgewicht zwischen allen energieaustauschenden Teilchen des P.s und damit eine Maxwellsche Geschwindigkeitsverteilung voraus. Ein solches *Gleichgewichtsplasma* heißt *isothermisch*, da in ihm insbesondere von einer einheitlichen Plasmatemperatur für Ionen, Elektronen und Neutralteilchen gesprochen werden kann. Wegen der großen Stoßhäufigkeit der Plasmateilchen in sehr dichten und relativ *kalten Plasmen* sind solche meist isothermisch. Weniger dichte und heißere Plasmen sind *nicht-isothermisch*. In ihnen kann aber ein partielles thermodynamisches Gleichgewicht in der Art bestehen, daß für einzelne Teilchenarten eine Maxwellsche Geschwindigkeitsverteilung existiert. In ihnen ist dann zwischen Ionen-, Elek-

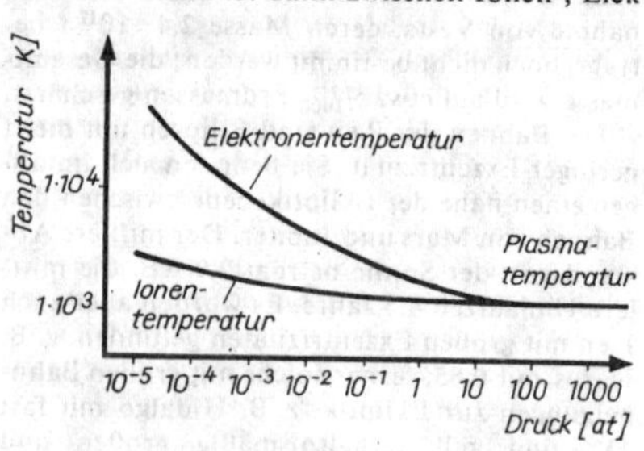

Verlauf von Elektronen-, Ionen- und Plasmatemperatur in Abhängigkeit vom Druck (qualitativ)

tronen- und Neutralteilchentemperatur zu unterscheiden, die im allgemeinen voneinander verschieden sind. Auf sehr dünne und heiße Plasmen lassen sich thermodynamische Begriffe nicht anwenden.

Das Verhalten des P.s im Magnetfeld wird durch die Lorentz-Kraft zwischen den beweglichen elektrischen Ladungen und dem Magnetfeld bestimmt und führt zu einer Kopplung zwischen diesem und dem P. (→ Plasmaschwingungen, → Magnetoplasmaeffekt). Die Ladungsträger beschreiben schraubenförmige Bahnen um die Feldlinien und sind dadurch an das Magnetfeld gebunden (→ Magnetohydrodynamik). Das gilt insbesondere für heiße und dünne Plasmen, in denen der durch das Magnetfeld hervorgerufene Ordnungszustand der Trägerbewegung nicht durch viele Stöße mit anderen Teilchen gestört wird. Im Magnetfeld werden dadurch viele Eigenschaften des P.s, z. B. die elektrische Leitfähigkeit oder die Wärmeleitfähigkeit, anisotrop. Das P. sendet vom infraroten über den sichtbaren bis zum ultravioletten Spektralbereich eine intensive elektromagnetische Strahlung aus. Die Strahlungsrekombination führt zu einem kontinuierlichen Spektrum mit einer durch die Ionisierungsenergie festgelegten langwelligen Grenze, die Emission nach der Anregung dagegen zu einer diskreten Linienstrahlung in Form von Atom-, Molekül- oder Ionenspektren. Bei der Wechselwirkung der geladenen Teilchen miteinander, z. B. bei den Stößen der Elektronen mit den Ionen, tritt eine intensive Bremsstrahlung auf. Schließlich können in heißen Plasmen, deren Elektronen relativistische Geschwindigkeiten haben und in denen starke Magnetfelder existieren, die Zyklotronschwingungen zur Emission der Zyklotronstrahlung führen. Alle diese Strahlungen treten gleichzeitig auf und sind schwer zu trennen, da Lage, Form und Struktur jeder Spektrallinie außer von der Temperatur von einer Reihe von Faktoren beeinflußt werden. Durch die heftige Wärmebewegung der emittierenden Teilchen tritt jede Spektrallinie mit Doppler-Verbreiterung auf. Aus dem gleichen Grund führt die durch das Mikrofeld verursachte Stark-Aufspaltung zu einer Stark-Verbreiterung. Der Zeeman-Effekt wirkt entsprechend, wenn stärkere Magnetfelder das P. durchsetzen. Schließlich können die verbreiterten Spektrallinien komplex nach dem Doppler-Effekt im Spektrum verschoben werden, wenn sich Teile des P.s oder das gesamte P. als Ganzes gegen den Beobachter bewegen.

Zur eindeutigen Beschreibung eines P.s werden gewöhnlich folgende *inneren Plasmaparameter* gebraucht: Dichte, Druck und Temperatur der Neutralteilchen, der Elektronen und der Ionen, Ionisierungsgrad, Massenspektrum der Neutralteilchen und der Ionen sowie mitunter die effektiven Stoßfrequenzen oder die mittlere freie Weglänge. Bei den in elektrischen Gasentladungen erzeugten Plasmen werden noch *äußere Plasmaparameter* verwendet, z. B. Spannung und Stromstärke der Entladung oder vorhandene äußere Magnetfelder. Physikalisch aufschlußreich ist allein eine Klassifizierung der Plasmen nach ihren inneren Eigenschaften, z. B. unterscheidet man *Hoch-* und *Niederdruckplasmen*, je nachdem, ob ihr Druck größer oder kleiner als der Atmosphärendruck ist. Trotz der Schwierigkeit, thermodynamische Begriffe auf das P. anzuwenden, unterscheidet man neben den *kalten Plasmen* mit Temperaturen $T < 10^5$ K *heiße Plasmen* mit $T > 10^6$ K. Ein *Fusionsplasma* setzt $T > 10^8$ K voraus, damit Kernverschmelzungsreaktionen in ihm ablaufen können. In einem *vollständig ionisierten P.* existieren keine Neutralteilchen mehr. Nach der Ionisationsstufe unterscheidet man *einfach-* und *mehrfachionisierte Plasmen*. Ein *Kernplasma* enthält nur freie Elektronen und nackte Atomkerne, ein *Molekülplasma* dagegen noch Moleküle in beträchtlicher Anzahl. Nach der Elektronenkonzentration n_e unterscheidet man *dünne Plasmen* mit $n_e < 10^8\,\mathrm{cm}^{-3}$ von *dichten Plasmen* mit $n_e > 10^{14}\,\mathrm{cm}^{-3}$. Ein *stationäres P.* behält seinen Zustand längere Zeit bei; ein *Impulsplasma* ist instationär und wird nur kurzzeitig aufrechterhalten. Im Unterschied zum *feldfreien P.* ohne ein elektrisches oder ein magnetisches Feld existieren im *Magnetoplasma* starke magnetische Felder. Ein solches P. ist stets *anisotrop*, d. h., seine Eigenschaften hängen von der Beobachtungsrichtung ab. Ein *homogenes P.* schließlich hat über größere Volumenbereiche eine nahezu konstante Ladungsträgerkonzentration.

Vorkommen und Erzeugung von Plasmen. Im Kosmos befindet sich der überwiegende Teil der Materie im Plasmazustand, z. B. Fixsterne, diffuse Nebel und interstellares Gas. Auch in der höheren Erdatmosphäre ist der Plasmazustand weit verbreitet, z. B. in den Ionosphärenschichten, in Polarlichtern oder in Meteoritenspuren. An der Erdoberfläche und in der niedrigen Atmosphäre treten Plasmen auf im Blitz, in Flammen, bei Explosionsvorgängen, in Auspuffgasen, beim elektrischen Durchschlag und beim elektrischen Kurzschluß, in Büschel- und in Koronaentladungen.

Die wichtigsten Methoden zur künstlichen Erzeugung von Plasmen beruhen auf der Ionisierung durch Elektronenstoß (→ Ionisation). Dieses Verfahren wird sowohl im Kingschen Ofen als auch bei elektrischen Gasentladungen angewandt.

Neben den vorstehend aufgeführten Plasmen, deren Komponenten frei beweglich sind, kommen auch in Festkörpern Plasmen vor. Man unterscheidet folgende Arten: *Unkompensiertes P.* kann in störleitenden Halbleitern, dotierten Halbmetallen und Metallen auftreten und ist dadurch gekennzeichnet, daß die eine Komponente (Ladungsträger) quasifrei beweglich ist, während die andere (ionisierte Störstellen, Atomrümpfe) räumlich fixiert ist. *Kompensiertes P.* kann in eigenleitenden Halbleitern und in reinen Halbmetallen vorkommen und besteht aus quasifreibeweglichen Elektronen und Löchern. *Nichtgleichgewichtsplasma* kann durch elektrische und optische Injektionen oder durch Stoßionisation in Halbleitern erzeugt werden.

Außer dem Einfluß der Energiebandstruktur auf die Plasmaeigenschaften im Festkörper bedingen die vielfachen Streuprozesse an den Gitterschwingungen neben den Wechselwirkungen der Partikeln untereinander weitere spezifische Besonderheiten.

Beschleunigungsmechanismen für Plasmateilchen. Im Rahmen der → Orbittheorie versteht man darunter Mechanismen, die geeignet sind, die Führungszentren der Teilchen zu beschleunigen und damit die Energie der Führungszentren zu vergrößern. Hierbei muß zwischen den Beschleunigungen senkrecht und parallel zum magnetischen Feld unterschieden werden. Die drei wichtigsten Beschleunigungsmechanismen sind die adiabatische Kompression, die Fermi-Beschleunigung und die Beschleunigung durch Wellen.

1) *Adiabatische Kompression.* Sie hängt eng zusammen mit der → Injektion schneller Teilchen ins Innere eines Magnetfeldes mit Spiegelsymmetrie und longitudinaler Driftsymmetrie. Bei adiabatischer Kompression wird die dritte → adiabatische Invariante verletzt. Ein niederenergetisches Teilchen führt bevorzugt eine $\vec{v}_F = \vec{E} \times \vec{B}/B^2$-Drift aus. Befindet sich ein solches Teilchen an einer Stelle im stationären Magnetfeld und wird das Magnetfeld plötzlich komprimiert, so entsteht infolge $\partial\vec{B}/\partial t \neq 0$ ein elektrisches Feld, das das „eingefrorene" Teilchen mit der Geschwindigkeit $\vec{v}_F$ mit der Feldlinie in ein Gebiet höherer Feldstärke transportiert. Da hierbei das magnetische Moment $M = \varepsilon_\perp/B$ erhalten bleibt ($\varepsilon_\perp$ ist die kinetische Energie der bezüglich des Magnetfeldes senkrechten Bewegung des Teilchens), wächst $\varepsilon_\perp$ proportional zu B. Die Gyrationsgeschwindigkeit des Teilchens nimmt damit zu, was einer Vergrößerung des → Pitchwinkels entspricht. Im Dipolfeld nimmt die Energie nach innen wie r^{-3} zu. Die adiabatische Kompression spielt eine bedeutende Rolle in der Theorie der Strahlungsgürtel und des Ringstromes in der Magnetosphäre. Unter anderem kann mit Hilfe dieses Mechanismus, der zur einer radialen Diffusion der Teilchen führt, den Aufbau von Ringstrom und Strahlungsgürtel während geomagnetischer Stürme erklärt werden.

2) *Fermi-Beschleunigung.* Sie besteht in der Energieänderung des Führungszentrums infolge einer Bewegung des Magnetfeldes mit Spiegelsymmetrie. Die Änderung der kinetischen Energie T des Führungszentrums eines bewegten Teilchens mit der Ladung q und dem magnetischen

Moment $\vec{M}$ setzt sich aus zwei Anteilen zusammen:
$\frac{\mathrm{d}T}{\mathrm{d}t} = q\vec{v}_\perp \cdot \vec{E} + \vec{M}\,\frac{\partial \vec{B}}{\partial t}$. Der erste Anteil gibt die Geschwindigkeit der Energieänderung unter der Wirkung eines elektrischen Feldes an, der zweite beschreibt den Zuwachs infolge zeitlicher Änderungen des Magnetfeldes, die Betatronbeschleunigung. Wir betrachten nun ein Magnetfeld mit Spiegelsymmetrie, dessen Spiegelpunkte sich mit einer Geschwindigkeit $\vec{u}$ langsam gegeneinander verschieben. Durch Ausnutzung der Lorentz-Transformation und durch Transformation des in obiger Form im bewegten System geltenden Energiesatzes auf das unbewegte Beobachtersystem findet man $\frac{\mathrm{d}T}{\mathrm{d}t} = -\vec{M}u_{||}\,\frac{\partial \vec{B}}{\partial s} + m(\vec{v}_{||} - \vec{u}_{||})^2\,\vec{u}_\perp \cdot \frac{\partial}{\partial s}(\vec{B}/B)$. Dabei bedeutet s die längs $\vec{B}$ gemessene Bogenlänge und $\vec{u}_{||}$, $\vec{v}_{||}$ und $\vec{u}_\perp$ zu $\vec{B}$ parallele und senkrechte Geschwindigkeiten. Der erste Term der rechten Seite entspricht einer Energieänderung durch Bewegung der Spiegelpunkte im schwach gekrümmten Magnetfeld, der zweite Term gibt die zusätzliche Änderung infolge einer Krümmung der bewegten magnetischen Feldlinien an. Die totale Änderung der kinetischen Energie beträgt

$$\Delta T = m\{(\vec{v}_{||\infty} - \vec{u}_{||\infty})\,\vec{u}_{||\infty} - (\vec{v}_{||-\infty} - \vec{u}_{||-\infty})\,\vec{u}_{||-\infty}\}.$$

Die mit $-\infty$ indizierten Größen sind die parallelen Geschwindigkeitskomponenten am Ort $-\infty$, d. h. am Ausgangspunkt des Teilchens vor der Spiegelung; die mit ∞ indizierten Größen sind diejenigen am Ort $+\infty$, d. h. am Endpunkt des Teilchens nach der Spiegelung.

Die Fermi-Beschleunigung wurde zuerst von E. Fermi im Zusammenhang mit der Beschleunigung kosmischer Strahlung in interplanetaren Plasmawolken und solaren Eruptionen diskutiert. Ferner wird die Existenz sehr schneller Teilchen in der Übergangsregion, der → Magnetosheath, zwischen → Bow Shock und Magnetopause teilweise auf die Wirksamkeit der Fermi-Beschleunigung zurückgeführt.

3) *Beschleunigung durch Wellen.* Schnelle Elektronen oder Protonen können infolge von Resonanz mit bestimmten Plasmawellen beschleunigt werden. Dieses Problem steht in unmittelbarem Zusammenhang mit der Ausbildung von Plasmainstabilitäten infolge von Welle-Teilchen-Wechselwirkungen und ist insbesondere im stößefreien P. von Interesse. Zum Beispiel werden durch im Inneren von Stoßwellen im stößefreien P. entstehende Wellen Teilchen auf hohe Energien beschleunigt. Dieser Vorgang ist nichtlinearer Natur. Die Wellen werden erst durch die Wechselwirkung mit Teilchen verstärkt; überschreitet ihre Intensität aber ein Maximum, so setzt nichtlineare Stabilisierung ein, die einen Teil der Energie auf Teilchen überträgt. Diese „reflektierten" Teilchen werden bei Stoßwellenexperimenten im stößefreien Plasma gemessen und sind gleichfalls im Sonnenwind vor der Bow Shock beobachtet worden.

4) Neben den genannten Beschleunigungsmechanismen für Plasmateilchen gibt es noch Beschleunigungsmechanismen, welche das P. als Ganzes beschleunigen, falls dieses magnetohydrodynamisch behandelt werden darf. Solche Beschleunigungsmechanismen sind einmal mit $\vec{E} = -\vec{v} \times \vec{B}$ verknüpft, wobei $\vec{v}$ die hydrodynamische Geschwindigkeit des P.s ist; man bezeichnet eine solche Bewegung als → Konvektion. Beispielsweise kann ein plötzlich eingeschaltetes rotierendes Magnetfeld ein ideal leitendes P. als Ganzes in Rotation versetzen, ein Phänomen, das unter dem Namen → Korotation bekannt geworden ist. Ein weiterer Beschleunigungsmechanismus, der in der Reconnectiontheorie (→ Reconnectionmodell) eine wesentliche Rolle spielt, ist in der Nähe magnetischer Neutralpunkte vom *X*-Typ wirksam. Hier wird das P. als Ganzes aus dem Inneren des sehr schlecht leitenden Neutralgebietes herausgeschleudert.

Lit. Cap: Einführung in die Plasmaphysik 3 Bde (Braunschweig 1970/1972); Ergebnisse der Plasmaphysik und der Gaselektronik (Hrsg. Rompe u. Steenbeck) Bd 1 (Berlin 1967), Bd 2 (Berlin 1971).

Plasmabeschleunigung, Beschleunigung eines Plasmas als Ganzes durch magnetische Kräfte. Wird zwischen zwei geeigneten Elektroden ein elektrischer Strom quer zu der Richtung der magnetischen Induktion B durch das Plasma geschickt, so tritt an diesem eine Kraft auf, die es senkrecht zu B und zur Stromrichtung in Bewegung setzt. Auf dieser Grundlage werden nach mehreren Verfahren Plasmen auf hohe Geschwindigkeit beschleunigt, mit der Plasmakanone z. B. Plasmapakete impulsmäßig auf Geschwindigkeiten von vielen 100 km/s.

Plasmabrenner, Einrichtung zum Schweißen, Schneiden und Schmelzen mit Hilfe eines Plasmastrahls (Abb.). Dieser entsteht, indem das

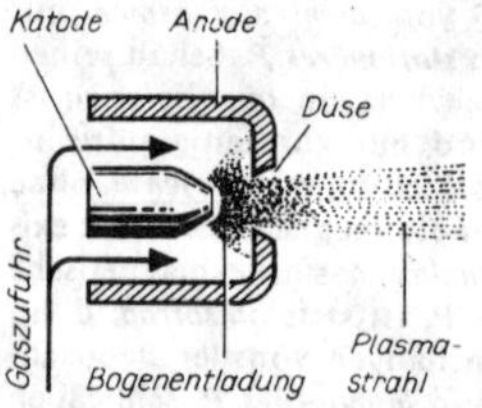

Prinzipieller Aufbau eines Plasmabrenners

Plasma einer stromstarken Glimmentladung mittels eines schnellen Gasstroms durch eine in der Bogenanode angebrachte düsenförmige Öffnung nach außen geblasen wird. Die Elektronentemperatur übertrifft die der Ionen und neutralen Teilchen wesentlich, d. h., das Entladungsplasma ist noch nicht im thermischen Gleichgewicht. Die erzeugte Wärme entsteht in diesem Plasma vorwiegend durch Elektronenstoß. Die vom P. ausgenutzte (einpolige) Hochfrequenzentladung brennt unter Zufuhr von Mikrowellenenergie auf der Spitze des Mittelleiters einer Koaxialanordnung. Den für eine Gleichstromentladung erforderlichen Vorwiderstand bildet hier die Kapazität zwischen Entladungskern und dessen Umgebung bis hin zum Außenleiter. Entladungstemperaturen bis zu 4500 °C wurden in Luft, Stickstoff, Sauerstoff, Kohlendioxid und anderen Gasen bei einer Mikrowellenlänge von 12,4 cm und 2 kW Dauerleistung erreicht, wobei der Entladungskern je nach Gasart 3 bis 6 mm stark und 50 bis 90 mm lang, die Gesamtentladung bis zu 25 cm lang ausgebildet war. Dank der hohen Temperatur des Plasmastrahls können praktisch alle Werkstoffe auf diese Weise geschmolzen werden. Beim *Plasmaspritzen* werden durch Zugabe pulverförmiger Metallkarbide zum Plasmastrahl hochtemperaturfeste und verschleißfeste Überzüge auf Werkstücke aufgesprüht.

Plasmachemie, modernes Teilgebiet der Plasmaphysik, das sich mit dem chemischen Reaktionsverhalten der Elemente im Plasmazustand beschäftigt. Da deren chemisches Verhalten durch die Anordnung und die Anzahl der Elektronen in der äußeren Elektronenschale bestimmt wird, treten im Plasmazustand neue Eigenschaften und Verbindungen auf. Während beispielsweise Edelgase bei normalen Temperaturen nicht miteinander und mit anderen Elementen reagieren, weil sie über abgeschlossene Elektronenschalen verfügen, werden sie im ionisierten Zustand chemisch äußerst aktiv. In Edelgasplasmen sind schon oft Verbindungen zwischen verschiedenen Edelgasen und mit anderen Stoffen beobachtet worden. Auch andere Elemente zeigen im Plasmazustand andere chemische Aktivitäten und Wertigkeiten als im klassischen Temperaturbereich; dadurch treten bei niedrigerer Temperatur nicht beobachtbare chemische Verbindungen auf.

Plasmadiagnostik, Gesamtheit der Methoden, die inneren Parameter eines Plasmas zu messen. Wegen der komplexen Struktur des Plasmas handelt es sich weniger um die Meßtechnik zur Ermittlung einzelner physikalischer Eigenschaften als um den sachgemäßen und kombinierten Einsatz der verschiedensten Meßmöglichkeiten. In diesem Sinne haben sich einige wesentlich voneinander verschiedene Untersuchungstechniken entwickelt:

Die *Sondendiagnostik* verwendet in das Plasma eintauchende → Plasmasonden und mißt mit ihrer Hilfe die Konzentration und die Temperatur von Elektronen und Ionen, das Plasma- und das Wandpotential, die Energieverteilungsfunktionen der einzelnen Trägersorten sowie ihre Leitfähigkeitsanteile und allenfalls noch die Stoßfrequenz. Die Druckanteile und die Beweglichkeiten der einzelnen Trägersorten sowie das elektrische Mikrofeld können aus den direkt meßbaren Parametern ziemlich einfach berechnet werden.

Bei der *optischen Diagnostik* wird das zu untersuchende Plasma mit Licht geeigneter Wellenlänge durchstrahlt. Aus der gemessenen Absorption kann auf die Absorptions- und Emissionseigenschaften und aus der mit Interferometern meßbaren Phasenverschiebung auf Brechungsindex und Neutralgaskonzentration geschlossen werden sowie aus der Streuung des Lichtbündels auf Elektronenkonzentration und Elektronentemperatur.

Bei der *spektroskopischen Diagnostik* wird die vom Plasma selbst emittierte Linien-, Rekombinations- und Bremsstrahlung zur P. ausgenutzt, z. B. läßt sich aus der spektralen Intensitätsverteilung auf die Elektronentemperatur und die Konzentration der strahlenden Atome oder Ionen schließen. Schließlich kann aus der spektroskopischen Feinstrukturuntersuchung an einzelnen ausgewählten Spektrallinien (→ Plasma) über den Doppler-Effekt auf die Temperatur der strahlenden Atome oder Ionen sowie auf eventuelle Driftbewegungen des Plasmas geschlossen werden, fernerhin über Stark- und Zeeman-Effekt auf im Plasma vorhandene elektrische und magnetische Felder.

Bei der *Mikrowellendiagnostik* werden außerhalb erzeugte Mikrowellen durch das Plasma hindurchgeschickt, oder aber es wird die im Plasma selbst erzeugte Mikrowellenstrahlung, das Mikrowellenrauschen des Plasmas (→ Rauschen III), zur P. ausgenutzt. Z. B. können mit Hilfe der Durchstrahlungsmethode unter Verwendung von Mikrowelleninterferometern (Abb. 1) die Absorptions-, Transmissions- und

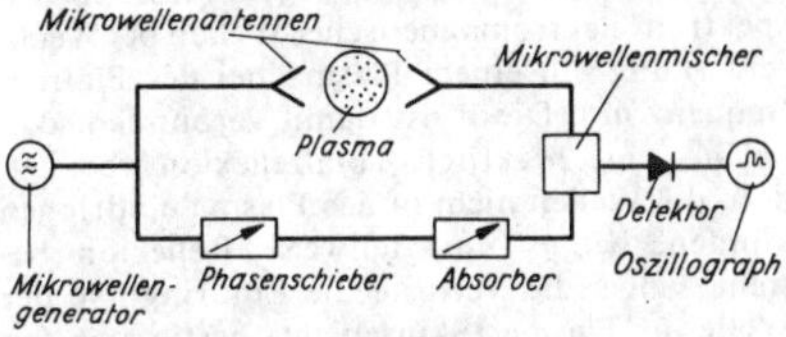

1 Prinzipieller Aufbau eines Mikrowelleninterferometers (vereinfacht)

Reflexionseigenschaften sowie die dielektrischen Eigenschaften des Plasmas untersucht werden. Aus der meßbaren Phasenverschiebung der Mikrowellen im Plasma läßt sich die Elektronenkonzentration sehr genau bestimmen. Die mit Mikrowellenradiometern (Abb. 2) meßbare

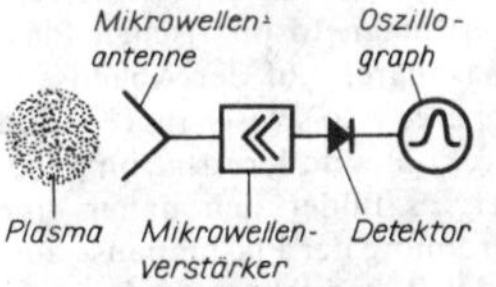

2 Prinzipieller Aufbau eines Mikrowellenradiometers (stark vereinfacht)

Rauschtemperatur des Plasmas ist fast immer mit der Elektronentemperatur identisch. Mit Hilfe des Doppler-Radars schließlich kann eine Lokalisierung und Verfolgung sich bewegender Plasmaschichten vorgenommen werden. Weitere spezielle Mikrowellenmethoden nutzen die Drehung der Polarisationsebene der Mikrowellen im Magnetfeld, den Faraday-Effekt, aus, um entweder das Magnetfeld oder die Elektronenkonzentration zu bestimmen.

Zum Studium schneller Bewegungsvorgänge im Plasma werden *Methoden der Hochgeschwindigkeitskinematographie* angewandt. Aus der Ablenkung und Aufweitung durch das Plasma hindurchgeschossener Elektronenstrahlen lassen sich Rückschlüsse auf Größe und Verteilung elektrischer und magnetischer Felder im Plasma ziehen. Ähnlich kann mit Hilfe von durch das Plasma hindurchgeschossenen γ-Strahlen oder Korpuskularstrahlen (meist α-Strahlen) die Neutralgasdichte bestimmt werden. Die Magnetfeldsonden, entweder kleinste Drahtspulen oder geeignete Halbleiterkristalle, machen die Messung des inneren Magnetfeldes im Plasma möglich. Die örtliche Verteilung der Stromdichte im Plasma läßt sich mit Hilfe von Rogowski-Spulen messen.

Neben diesen speziellen Untersuchungsmethoden werden neuerdings auch massenspektrometrische Hilfsmittel zur Bestimmung der Plasmazusammensetzung herangezogen. Schließlich gewinnen für die Diagnostik außerordentlich heißer Plasmen immer mehr kernphysikalische Meßmethoden an Bedeutung.

Plasmafrequenz, die Frequenz der longitudinalen Plasmaschwingungen. Die P. ist $\omega_p = \sqrt{4\pi n_e e^2/m_e}$, wobei n_e die Elektronendichte, m_e die Masse der freien Elektronen im Gasplasma oder eine effektive Masse von Leitungselektronen im Festkörper und e die Elektronenladung bezeichnet. In Metallen beträgt die P. einige 10^{15} Hz.

Plasmakanone, → Plasmabeschleunigung.

Plasmakante, der steile Anstieg im Absorptionsspektrum elektromagnetischer Wellen bei Wechselwirkung mit einem Plasma bei der Plasmafrequenz ω_p. Die P. ist damit verbunden, daß bei $\omega < \omega_p$ praktisch Totalreflexion vorliegt, d. h. die Wellen nicht in das Plasma eindringen können, bei $\omega > \omega_p$ teilweise Reflexion besteht, wobei die Verluste die Eindringtiefe der Welle ins Plasma (Skinschicht) bestimmen, an der Stelle $\omega = \omega_p$ aber Resonanz vorliegt, d. h., die Welle regt die Eigenschwingung des Plasmas an.

Bei Anwesenheit eines magnetischen Gleichfeldes parallel zur Ausbreitungsrichtung der Welle wird die P. durch die Zyklotronfrequenz der quasifreien Ladungsträger im Halbleiter verschoben.

Plasmaparameter, → Plasma.

Plasmapause, die äußere Grenze des korotierenden (→ Korotation) magnetosphärischen Plasmas, der → Plasmasphäre. Auf der Abendseite der → Magnetosphäre, also zwischen 18^h und 24^h LT, sind Konvektion und Korotation nahezu entgegengesetzt; es bildet sich daher eine Beule in der Umströmung der Plasmapause aus, die auch als *Knie* der P. bezeichnet wird.

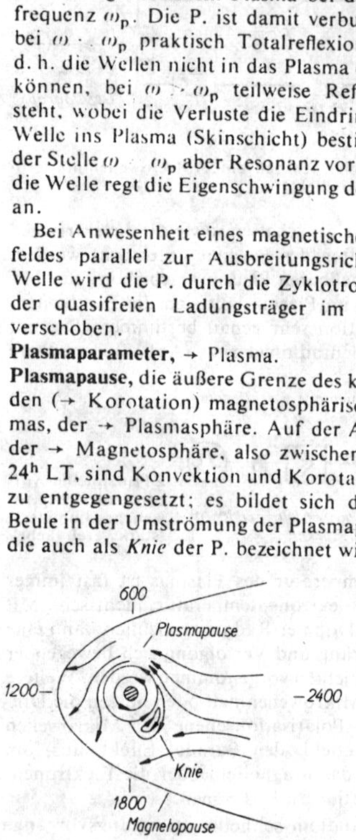

Knie der Plasmapause

Plasmaphysik, Teilgebiet der Physik, das sich mit dem Plasmazustand (→ Plasma) der Materie beschäftigt. Vorstufe und Teilgebiet der heutigen Plasmaphysik ist die Gasentladungsphysik (→ Gasentladung).

Plasmapotential, elektrisches Potential, auf dem sich eine Stelle des Plasmas befindet. Es ist vom *Wandpotential*, dem Potential, auf das sich ein in das Plasma isoliert eintauchender Körper auflädt, zu unterscheiden. Mitunter wird fälschlich als P. auch die Potentialdifferenz zwischen Plasma und Wand bezeichnet, die jedoch genauer Kontaktpotentialdifferenz genannt werden sollte. → Plasmarandschicht.

Plasmarandschicht, die Grenzschicht zwischen den Gefäßwänden, Elektroden oder anderen in das Plasma eingetauchten Körpern und dem Plasma. Ihre Aufladung ist fast immer negativ, da die Elektronen bei der Diffusion den Ionen zunächst vorauseilen. Dessen negative Ladung erzeugt ein elektrisches Feld, das den Aufbau der P. anzeigt, weitere Elektronen abbremst und die Ionen beschleunigt. Auf einem isolierten Körper, von dem keine Ladungen abfließen können, werden in der Zeiteinheit gleiche Mengen von negativen und positiven Ladungsträgern durch einen Vorgang abgesetzt, der dem der ambipolaren Diffusion entspricht. In der P. ist die Quasineutralität des Plasmas aufgehoben.

Die Dicke der P. wird größenordnungsmäßig durch die Debye-Länge gegeben (→ Plasmastatistik) und hängt damit nur von der Elektronenkonzentration und -temperatur im Plasma ab. Die Struktur der P. ist im einzelnen noch nicht vollständig erforscht. Für den Potential- und damit Feldverlauf in ihr haben Langmuir und Tonks unter sehr vereinfachenden Annahmen eine Gleichung aufgestellt, die trotzdem nur für wenige einfache Spezialfälle exakt gelöst werden konnte. Die P. ist die Ursache dafür, daß ein Plasma sich nur schwer durch äußere elektrische Felder beeinflussen läßt, da diese Felder fast vollständig in ihr zusammenbrechen. Die P. schirmt das Plasma ab. Noch komplizierter gestalten sich die Verhältnisse in der P., wenn hochfrequente Wechselfelder auftreten.

Plasmarauschen, → Rauschen III).

Plasmaresonanzen, → Plasmaschwingungen.

Plasma-Resonanz-Reflexion, die an dotierten Halbleitern im Infraroten auftretende Reflexionskante sowie das ihr auf der kurzwelligen Seite vorgelagerte Reflexionsminimum. Die Abb. zeigt das Reflexionsvermögen von InSb

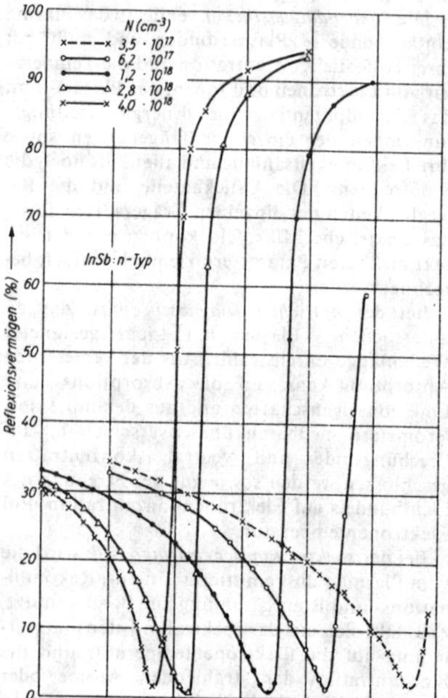

Reflexionsvermögen von n-leitendem InSb mit unterschiedlicher Elektronenkonzentration

für mehrere Proben mit unterschiedlicher Konzentration freier Elektronen. Das Auftreten der P.-R.-R. läßt sich aus den optischen Eigenschaften freier Ladungsträger auf Grund des negativen Beitrages der freien Ladungsträger zum Brechungsindex der Halbleiter verstehen. Dieser bringt bei einem Absorptionsindex $k \ll 1$ mit sich, daß bei einer bestimmten, von der Konzentration der freien Ladungsträger abhängigen Frequenz der Brechungsindex $n \approx 1$ wird und das Reflexionsvermögen folglich verschwindet (→ Beersche Formel). Bei nicht vernachlässigbarem Absorptionsindex hat das Reflexionsvermögen nur ein Minimum, das um so ausgeprägter ist, je kleiner der Absorptionsindex und folglich je geringer die Stoßfrequenz der freien Ladungsträger ist. Die P.-R.-R. eignet sich zur Bestimmung der Konzentration von freien Ladungsträgern in Halbleitern, sofern diese größer als $\approx 10^{17}$ cm^{-3} ist.

Plasmaschicht, → Magnetosphäre.

Plasmaschwingungen, Schwingungen der Elektronen und Ionen im Plasma. Eine herbeigeführte oder eine spontan entstandene Ladungstrennung in kleinsten Bereichen kann zu *elektrostatischen P.* führen. Die dabei möglichen Eigenfrequenzen $\omega_p = \sqrt{4\pi n_e e^2/m_e}$ bzw. $\omega_i = \sqrt{4\pi n_i e^2/m_i}$ der Elektronen bzw. der Ionen hängen ausschließlich von ihren Konzentrationen n_e bzw. n_i, ihrer Masse m_e bzw. m_i und der Elementarladung e ab. Wegen $m_i \gg m_e$ ist dabei $\omega_i \ll \omega_p$. Aus Gründen der Raumladungskompensation bewegen sich die leichteren Elektronen im Rhythmus der *elektrostatischen Ionenschwingungen*, die lokal in eine zeitliche Aufeinanderfolge von Verdichtungen und Verdünnungen des Plasmas entarten und als *Ionenschall* bezeichnet werden, wenn sie sich ausbreiten. Wegen der leichten Beweglichkeit der Elektronen sind die wahren Werte für ω_i bedeutend kleiner als die berechneten.

Nach der Dispersionsgleichung $\omega^2 = \omega_p{}^2 + k^2 v_{th}^2$ für *elektrostatische Elektronenschwingungen* können sich diese nur für $\omega > \omega_p$ ausbreiten; dabei bedeutet $k = 2\pi/\lambda$ die Wellenzahl, $v_{th} = \sqrt{\dfrac{8k_B T_e}{\pi m_e}}$ die thermische Geschwindigkeit der Elektronen, die von der Temperatur T_e und der Masse m_e der Plasmaelektronen abhängt. k_B ist die Boltzmannsche Konstante. Diese Schwingungen treten auf beim *Elektronenschall*, dessen Wellen sich longitudinal fortpflanzen, in Richtung der Schallausbreitung.

Die Plasmaelektroneneigenfrequenzen treten auch als Resonanzeffekt auf, wenn elektromagnetische Wellen oder elektrische Hochfrequenzfelder das Plasma durchsetzen. In Gasentladungsgefäßen definierter Form kann sich z. B. durch ein Wechselfeld zwischen ebenen Elektroden eine *Plasmaresonanz* mit der Frequenz ω_p ausbilden; in zylindrischen bzw. sphärischen Plasmagebilden ergibt sich dagegen $\omega_p/\sqrt{2}$ bzw. $\omega_p/\sqrt{3}$ als Plasmaformresonanzfrequenz. Diese Resonanzen und ihre Frequenzen können durch die Eigenschaften der Plasmarandschichten beeinflußt werden.

Zyklotronschwingungen treten im Plasma auf, wenn in ihm ein Magnetfeld vorhanden ist, z. B. eine konstante magnetische Induktion $\vec{B}$. Zerlegt man dann die Geschwindigkeit $\vec{v}$ der Elektronen in zwei Komponenten $\vec{v}_{\parallel}$ parallel und $\vec{v}_{\perp}$ senkrecht zu $\vec{B}$, so werden unter dem Einfluß von $\vec{v}_{\perp}$ die Bahnen der Elektronen Kreise mit dem Radius $r_z = m v_{\perp} c/(eB)$ um $\vec{B}$, die durch $\vec{v}_{\parallel}$ zu Schraubenlinien um die Feldlinien auseinandergezogen werden. Die Zyklotron- oder Larmor-Frequenz ist dabei $\omega_H = v_{\perp}/r_z = eB/(mc)$. Auch durch *Gyroresonanz* mit dieser Frequenz ω_H kann einem Feld im Plasma Energie entzogen werden. Aus der Zyklotronfrequenz ω_H und der Frequenz ω_p kann die Hybridfrequenz $\omega_{Hyb} = \sqrt{\omega_p^2 + \omega_H^2}$ zusammengesetzt werden.

In Gegenwart starker Magnetfelder im Plasma treten wegen der innigen Kopplung zwischen Magnetfeld und Plasma besondere Wellentypen auf; wie z. B. das Auftreten der Gyroresonanz zeigt, sind die Bahnen der Elektronen und über die Raumladungskompensation damit das gesamte Plasma mit den Feldlinien der magnetischen Induktion $\vec{B}$ verbunden. Vom Plasma aus betrachtet, bezeichnet man die Feldlinien als im Plasma eingefroren. In P. quer zu den Feldlinien wechseln deshalb in Ausbreitungsrichtung Gebiete erhöhter und verminderter Magnetfeldstärke und Plasmakonzentration miteinander ab. Wegen ihrer Ähnlichkeit mit gewöhnlichen Schallwellen bezeichnet man diese P. als *Magnetschallwellen*. Im Unterschied dazu pflanzen sich *Alfvén-Wellen*, auch *magnetohydrodynamische Wellen* genannt, ähnlich wie Seilwellen längs der Feldlinien fort. Ihre Phasengeschwindigkeit, die Alfvén-Geschwindigkeit $v_A = B_0/\sqrt{\mu_0 \varrho_0}$, hängt dabei vom Betrag $B_0 = |\vec{B}_0|$ der magnetischen Induktion und von der Plasmadichte ϱ_0 ab. An Grenzflächen oder Inhomogenitäten können sich die einzelnen Schwingungsformen infolge der Dispersion und der Dämpfung ineinander umwandeln. Auch *äußerlich erzeugte Wellen* können sich im Plasma ausbreiten, *Schallwellen* aber nur bei einer ausreichenden Neutralgasdichte.

Die *magnetoionische Theorie* der Ausbreitung elektromagnetischer Wellen im inhomogenen magnetfeldbehafteten Plasma leitet alle Ausbreitungsphänomene, wie Brechung, Doppelbrechung, Reflexion und Absorption, aus der Dielektrizitätskonstante ε des Plasmas ab, die im allgemeinen komplex ist und in inhomogenen Plasmen Tensorcharakter hat. Bezeichnet man mit ω die Frequenz des Hochfrequenzfeldes oder der elektromagnetischen Welle, mit ω_p die Plasmaelektroneneigenfrequenz, mit ω_H die Zyklotronfrequenz und mit ω_c die Stoßfrequenz, so erhält man für die Dielektrizitätskonstante $\varepsilon = 1 - \omega_p{}^2/(\omega^2 - \omega_c{}^2) - \mathrm{i}[\omega_p{}^2/(\omega^2 + \omega_c{}^2)](\omega_c/\omega)$ und danach aus $n^2 = \varepsilon$ den Brechungsexponenten n sowie die elektrische Leitfähigkeit $\sigma = [\mathrm{i}\omega/\mu_0](\varepsilon - 1)$. Man ersieht, daß der Brechungsexponent stark frequenzabhängig ist und daß sein Betrag stets kleiner als 1 ist, ja negativ werden kann. Deshalb können sich nur elektromagnetische Wellen ausbreiten, deren Frequenz größer als ω_p ist. P. mit kleinerer Frequenz werden stets total reflektiert.

Die Reflexion bei Frequenzen über ω_p erfolgt nur partiell, die Eindringtiefe ist jedoch wegen des Skineffektes hochleitender Materialien gering. Dieses Verhalten wird bei einem Halbleiterplasma durch Anlegen eines magnetischen Gleichfeldes mit mindestens einer Komponente in Ausbreitungsrichtung der Welle wesentlich geändert, da die Leitfähigkeit des Plasmas durch die Zyklotronbewegung der quasifreien Ladungsträger beeinflußt wird. Bei nicht kompensiertem Plasma kann sich dadurch eine zirkularpolarisierte Helikonwelle ausbreiten (→ Magnetoplasmaeffekte). Im kompensierten Plasma kann eine ebene polarisierte Alfvén-Welle beobachtet werden, wenn die Zyklotronbewegungen der Elektronen und Löcher sich in ihrer Wirkung aufheben.

Der Realteil der Dielektrizitätskonstante, für den die *Ecclessche Beziehung* $\varepsilon_r = 1 - \omega_p^2/(\omega^2 + \omega_c^2)$ gilt, beschreibt das dielektrische Verhalten des Plasmas. Den Tensorcharakter dagegen zeigt die *Appleton-Hartree-Formel*, auch *Appleton-Lassen-Formel* genannt. Sie ist die Grundlage der magnetoionischen Theorie der Ausbreitung elektromagnetischer Wellen in der Ionosphäre im Rahmen einer geometrisch-optischen Näherung und lautet

$$n_{1,2}^2 = \varepsilon = 1 - \{2X(1 - X - iZ)\} / \left\{2(1 - iZ)(1 - X - iZ) - Y_T^2 \mp \sqrt{Y_T^4 + 4Y_L^2(1 - X - iZ)^2}\right\};$$

in ihr bedeuten $n_{1,2}$ die Brechungsindizes für die ordentliche und für die außerordentliche Strahlkomponente bei Doppelbrechung und $X = \omega_p^2/\omega^2$, $Y = \omega_H/\omega$, $Z = \omega_c/\omega$, $Y_L = Y \cos\theta$, $Y_T = Y \sin\theta$, nach der *Ratcliffe-Symbolik*, wenn θ der Winkel zwischen dem Magnetfeld und der Ausbreitungsrichtung der elektromagnetischen Wellen ist.

Plasmasonde, Meßgerät der Plasmadiagnostik; ein in das zu untersuchende Plasma eintauchendes System von zwei oder mehreren Elektroden, zwischen denen variable Gleichspannungen, frequenzvariable Wechsel- bzw. Hochfrequenzspannungen oder eine Kombination beider anliegen. Auf eine der Elektroden als Nullpunkt wird das Potential aller anderen bezogen. Als Referenz- bzw. Bezugselektrode dient in Gasentladungsplasmen meist die Anode, seltener die Katode der Entladungsstrecke, bei der Untersuchung kosmischer Plasmen fast immer die metallische Oberfläche der Rakete oder des Satelliten. Nach den zugrundeliegenden Meßprinzipien unterscheidet man verschiedene Typen.

Bei Gleichspannungssonden liegt zwischen der oder den Meßelektroden und der Bezugselektrode eine variable Gleichspannung, der Gleichstrom zwischen den Elektroden wird gemessen, und aus der Strom-Spannungs-Charakteristik des Sondensystems, der *Sondencharakteristik*, lassen sich die interessierenden Plasmaparameter bestimmen. Die *Langmuir-Sonden* haben eine kleinflächige ebene, zylindrische oder sphärische Meßelektrode und eine großflächige Bezugselektrode (Anode, Katode; Rakete, Satellit). Der zwischen Meßelektrode und Bezugselektrode durch das Plasma fließende

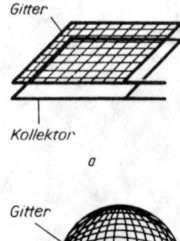

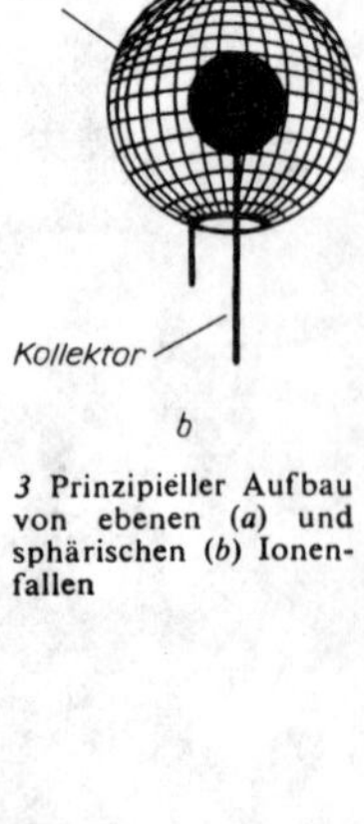

3 Prinzipieller Aufbau von ebenen (*a*) und sphärischen (*b*) Ionenfallen

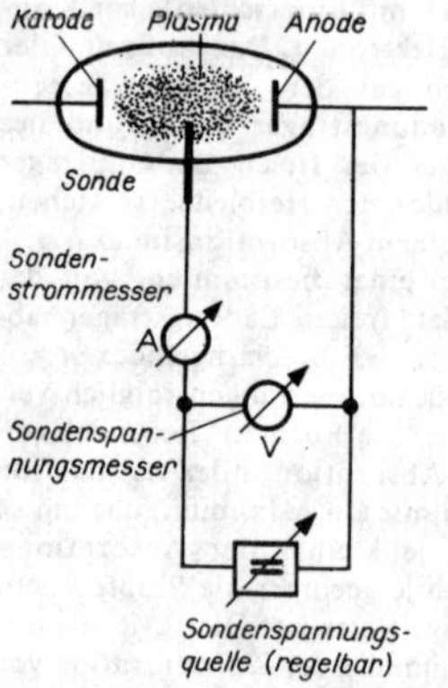

1 Einfacher Sondenmeßkreis für Langmuir-Sonden

Strom (Abb. 1) besteht für Elektronen und Ionen aus einer Anlauf- und aus einer Saugstromkomponente und ergibt sich nach der *Langmuirschen Sondentheorie* als reine stoßfreie Orbitalbewegung der Ladungsträger. Dabei werden in der als scharf begrenzt angenommenen Randschicht zwischen der Sonde und dem quasineutralen, ungestörten Plasma Teilchenstöße nicht berücksichtigt, so daß diese Sondentheorie nur für stoßfreie Plasmen gilt. Aus der Sondencharakteristik (Abb. 2) lassen sich primär

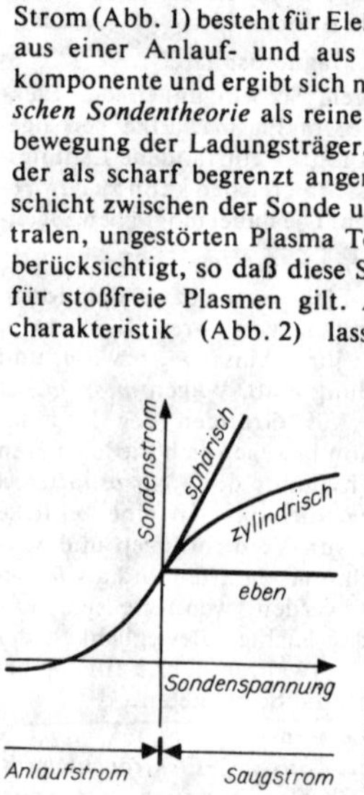

2 Sondencharakteristik für ebene, zylindrische und sphärische Langmuir-Sonden

Elektronentemperatur und Elektronenkonzentration sowie Plasma- und Wandpotential bestimmen. Sekundär kann aus diesen Meßwerten die Ionenkonzentration gefolgert werden. Auch *Doppelsonden* sind Langmuir-Sonden, Meß- und Bezugselektrode sind aber symmetrisch aufgebaut und haben gleich große Flächen. Aus ihrer Sondencharakteristik kann neben der Elektronentemperatur auch die Ionenkonzentration primär bestimmt werden. Im Prinzip kann jede Langmuir-Sonde als eine unsymmetrische, ungleichflächige Doppelsonde aufgefaßt werden. *Gittersonden* sind Langmuir-Sonden, deren Meßelektrode von einem elektrisch vorgespannten teilchendurchlässigen Gitter umgeben ist. Polarität und Größe der Vorspannung lassen sich so regeln, daß nur eine Ladungsträgerart die Meßelektrode erreicht und sich zugleich Geschwindigkeits- bzw. Energieverteilung ergibt. Solche Analysen liefern damit die Geschwindigkeits- bzw. die Energieverteilungsfunktionen der einzelnen Trägersorten. Größere Ausführungsformen von Gittersonden für Untersuchungen an kosmischen Plasmen werden als *Ionenfallen* (Abb. 3) bezeichnet. Mit ihnen können außer den Konzentrationen auch die Temperaturen der Trägersorten gemessen werden.

Leitfähigkeits- bzw. *Beweglichkeitssonden* können nach den Vorstellungen über Leitfähigkeit und Beweglichkeit nur in stoßbestimmten Plasmen eingesetzt werden. Sie sind fast immer ebene oder zylindrische Kondensatoren, die vom zu untersuchenden Plasma parallel zu den Kondensatorplatten bzw. parallel zur Zylinderachse durchströmt werden. Solche *Gerdien-Kondensatoren* dienten früher ausschließlich für luftelektrische Messungen in der Tropo- und Stratosphäre, werden aber jetzt verstärkt angewendet zur Untersuchung des Plasmas der D-Region der Ionosphäre. Mit ihnen werden Konzentration und Beweglichkeit der einzelnen Trägerarten bestimmt. Vielfach kann aus den Beweglichkeiten auf das Massenspektrum der Ionenkomponente geschlossen werden.

Bei den Wechselspannungs- bzw. Hochfrequenzsonden liegt zwischen der Meß- und der Bezugselektrode eine frequenzkonstante oder frequenzvariable Wechsel- bzw. Hochfrequenzspannung, und der Hochfrequenzstrom zwischen ihnen wird gemessen. Aus der Hochfrequenzstrom-Frequenz-Charakteristik lassen sich eine Reihe interessierender Parameter bestimmen. *Kapazitätssonden* arbeiten mit einer frequenzkonstanten Hochfrequenzspannung, und der Hochfrequenzstrom ist der Dielektrizitätskonstanten (→ Plasmaschwingungen) des Plasmas proportional. Aus dieser kann die Elektronenkonzentration des Plasmas bestimmt werden. *Admittanz-* bzw. *Impedanzsonden* arbeiten mit einer frequenzvariablen Hochfrequenzspannung. Der zwischen den Elektroden fließende Hochfrequenzstrom ist der Admittanz des Plasmas proportional, und aus ihr lassen sich Elektronendichte und Stoßfrequenz bestimmen. *Resonanzsonden* sind Admittanzsonden, deren Frequenz über einen vergleichsweise weiten Bereich variiert wird. Die Hochfrequenzstrom-Frequenz-Charakteristik solcher Sonden (Abb. 4) weist eine Reihe von

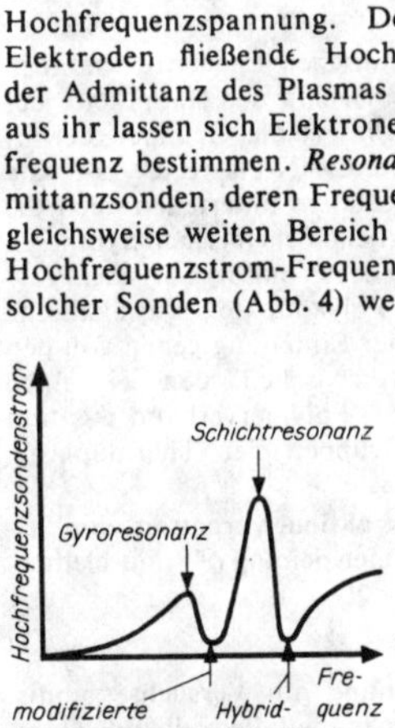

4 Sondencharakteristik einer Resonanzsonde (schematisch)

Resonanzstrukturen, Maxima und Minima, auf aus deren Lage, Höhe und Breite auf Elektronenkonzentration, Elektronentemperatur und Stoßfrequenz geschlossen werden kann. Außerdem läßt sich daraus mitunter auch die Dichte der Plasmarandschicht vor der Meßelektrode bestimmen. Eine Sonderform der Resonanzsonde ist die *Resonanzrektifikationssonde*, bei der der Anteil des Hochfrequenzstroms gemessen wird, der zwangsläufig in der Randschicht zwischen dem Plasma und der Meß- oder der Bezugselektrode gleichgerichtet wird. Dieser weist dieselben Resonanzstrukturen auf wie der Hochfrequenzstrom selbst. *Gyroplasmasonden* sind Resonanzsonden, mit denen gleichzeitig die Phasenlage zwischen treibender Hochfrequenzspannung und fließendem Hochfrequenzstrom gemessen und damit das komplette Spektrum der möglichen Resonanz erfaßt wird. An Stelle der üblicherweise angezeigten Plasmaresonanz und Schichtresonanz lassen sich mit der Gyroplasmasonde Hybridresonanz, Schichtresonanz, modifizierte Plasmaresonanz und Gyroresonanz nachweisen (Abb. 4). Dadurch können einmal aus der Gyroresonanz (→ Plasmaschwingungen) das am Meßort vorhandene Magnetfeld und aus den übrigen Resonanzen Elektronenkonzentration, Elektronentemperatur und Stoßfrequenz bestimmt werden. Die Meßergebnisse der Gyroplasmasonde sind weitestgehend frei von Meßfehlern, die bei allen anderen P.n durch unter Umständen vorhandene Magnetfelder verursacht werden. → Glühsonde.

Plasmasphäre, das Gebiet des mit der Erde mitrotierenden magnetosphärischen Plasmas. Die P. ist der erdnahe Teil der → Magnetosphäre, in dem relativ viel niederenergetisches Plasma angesammelt ist, das korotiert (→ Korotation). In diesem Medium können sich → Whistler ausbreiten. Die äußere Grenze der P. ist die → Plasmapause. Ihre Form kann durch Whistlermessungen bestimmt werden.

Plasmaspritzen, → Plasmabrenner.

Plasmastatistik, Erweiterung der kinetischen Gastheorie zu einer statistisch-mikroskopischen Betrachtungsweise des Plasmas. Außer den statistisch-mechanischen Gesetzmäßigkeiten sind wegen der Wechselwirkung der Elektronen und Ionen solche der Elektrodynamik zu berücksichtigen. Die Verteilungsfunktion $f(\vec{r}, \vec{v}, t)$ hängt dabei nicht nur von der Geschwindigkeit $\vec{v}$ der Teilchen, sondern auch von ihrem Ort $\vec{r}$ und von der Zeit t ab. Nach dem *Liouvilleschen Theorem* $\mathrm{d}f/\mathrm{d}t = \partial f/\partial t + (\partial f/\partial \vec{r})\,\vec{v} + (\partial f/\partial \vec{v})(\vec{F}/m)$ wird die zeitliche Änderung $\partial f/\partial t$ der Verteilungsfunktion bestimmt durch die Konvektion $-\vec{v}(\partial f/\partial \vec{r})$ der Teilchen auf Grund ihrer Geschwindigkeit, durch ihre Beschleunigung $-(\vec{F}/m)\,(\partial f/\partial \vec{v})$ unter dem Einfluß äußerer Kräfte $\vec{F}$, wenn m ihre Masse ist, und durch den Stoßterm oder das Stoßintegral $\mathrm{d}f/\mathrm{d}t$, das die Stöße der Teilchen untereinander berücksichtigt. Das Stoßintegral läßt sich nur selten in expliziter Form abgeben. Für stoßarme bzw. stoßfreie Plasmen folgt aus dem Liouvilleschen Theorem die *stoßfreie Boltzmann-* oder *Boltzmann-Wlassow-Gleichung* $\partial f/\partial t + (\partial f/\partial \vec{r})\,\vec{v} + (\partial f/\partial \vec{v})\,(\vec{F}/m) = 0$, in der die Stöße mitunter pauschal durch eine Modifikation der auf die geladenen Teilchen wirkenden Kraft $\vec{F}$ berücksichtigt werden. Als Lösung der Boltzmann-Wlassow-Gleichung erhält man als Gleichgewichtsverteilung über $n(\vec{r}) = \int f(\vec{r}, \vec{v})\, \mathrm{d}^3v$ die Ladungsträgerkonzentration

$$n(\vec{r}) = n_0 \exp\,[-eV(\vec{r})/(kT)],$$

wenn $V(\vec{r})$ das abstoßende elektrische Potentialfeld, n_0 die Trägerkonzentration im feldfreien ungestörten Plasma, k die Boltzmannsche Konstante, T die Ladungsträgertemperatur und e die Elementarladung bedeutet. Dieses *Maxwell-*

Boltzmann-Gesetz der Plasmaphysik entspricht der Maxwell-Verteilung in Gasen.

Aus der Verteilungsfunktion $f(\vec{r}, \vec{v}, t)$ läßt sich die Wahrscheinlichkeit $W(\vec{v}, t) = \int f(\vec{r}, \vec{v}, t)\, d^3r$ dafür bestimmen, daß ein Teilchen im Geschwindigkeitsraumelement d^3v anzutreffen ist. Dann bestimmt die *Fokker-Planck-Gleichung* $\partial W/\partial t = \beta\, \partial[W\vec{v} + (kT/m)\,(\partial W/\partial \vec{v})]/\partial \vec{v}$ die zeitliche Änderung dieser Wahrscheinlichkeit. Sie macht es möglich, die Teilchenwechselwirkung durch Reibungs- oder Friktionskräfte zu beschreiben; β ist der Reibungs- oder Friktionskoeffizient.

Gewöhnlich ist das Stoßintegral df/dt, hauptsächlich wegen der Wechselwirkung eines Teilchens der Zentralladung q mit jedem anderen, divergent, da die Coulomb-Kräfte bis ins Unendliche wirken und ihr Potential $V_C \sim q/r$ nur schwach abnimmt. In Analogie zur Theorie der starken Elektrolyte von Debye und Hückel kann man aber annehmen, daß jede Ladung q von einer Wolke entgegengesetzt geladener Träger umgeben ist, die das von q erregte elektrische Feld abschirmen. Man erhält ein *Debye-Potential* $V_D \sim (q/r) \exp(-r/\lambda_D)$, das schneller als V_C gegen Null geht und die Konvergenz des Stoßintegrals sichert. Der Abschirmradius, die *Debye-Länge* $\lambda_D = \sqrt{kT_e/(4\pi n_e e^2)}$, ist z. B. für ein Elektron aus der Elektronendichte n_e, der Elektronentemperatur T_e und der Boltzmannschen Konstante k zu bestimmen.

Insbesondere für Plasmen geringer Dichte mit nur schwacher Wechselwirkung erweist sich die P. als sehr fruchtbar. Allgemein führt die Aufgabe, die Bewegung der Ladungsträger im Plasma kinetisch zu behandeln, auf das *Vielkörperproblem der Plasmaphysik*, bei dem wegen der großen Reichweite der Coulomb-Kräfte alle Teilchen zu berücksichtigen sind. Da eine exakte Lösung nicht möglich ist, unterscheidet man zwischen nahen und fernen Wechselwirkungen. Die Grenze für die nahen Wechselwirkungen wird durch die Debye-Länge festgelegt.

Plasmastrahl, beim Austritt von Plasmen aus einem Plasmaraum durch eine geeignet geformte Düse gebildeter quasineutraler Strahl von Plasmateilchen (Neutralteilchen, Elektronen und Ionen). Ein P. wird beispielsweise im → Plasmabrenner erzeugt.

Plasmatheorie, theoretische Beschreibung des Plasmazustandes. Wegen seiner komplexen Struktur lassen sich nicht alle Erscheinungen in einer einzigen geschlossenen Theorie erfassen; die → Plasmastatistik stellt statistisch-mikroskopische Aspekte in den Vordergrund, während die → Magnetohydrodynamik das Plasma in phänomenologisch-makroskopischer Betrachtungsweise behandelt. Während die Plasmastatistik besonders für dünne Plasmen mit schwacher Wechselwirkung gilt, erweist sich die Magnetohydrodynamik für dichte Plasmen mit starken Strömen und starken magnetischen Feldern als vorteilhaft. Für viele Erscheinungen lassen sich beide Theorien ineinander überführen. Auf quantentheoretische Aspekte brauchen beide Theorien keine Rücksicht zu nehmen, da ausgesprochene Quanteneffekte im Plasma nur bei außerordentlich niedrigen Temperaturen < 100 K wirksam werden. Die Elementarprozesse im Plasma sind natürlich größtenteils Quantenprozesse; sie gehen jedoch in die Beschreibung des Plasmazustandes nur indirekt ein. Relativitätstheoretische Aspekte können in beiden Theorien in den meisten Fällen ebenfalls außer Betracht bleiben, da relativistische Effekte erst bei Elektronentemperaturen oberhalb von 10^8 K eine Rolle zu spielen beginnen.

Plasmatriebwerk, → Raketentriebwerk.

Plasmatrog, → Magnetosphäre.

Plasmatron, → Ionenquelle.

Plasmon, quantisierte Plasmaschwingung, aus Energieverlusten von Elektronen beim Durchgang durch dünne Metallschichten direkt nachgewiesen. Ein P. hat im wesentlichen die Energie $\hbar\omega_p$, wobei ω_p die Plasmafrequenz und $\hbar$ die Plancksche Konstante ist. Die Quantisierung der Plasmawellen tritt besonders in Metallen in Erscheinung, wenn die Energie des P.s infolge der hohen Dichte der Leitungselektronen relativ groß ist und einige eV beträgt. Zur Erzeugung von P.en wird das Metall mit schnellen Elektronen beschossen, die charakteristische Energieverluste in Höhe der Plasmaenergie erleiden.

Plaste, Sing. der Plast, im weiteren Sinne eine ohne Berücksichtigung der physikalischen Eigenschaften gewählte, allgemein gültige Bezeichnung für organische Kunststoffe. Die Einteilungsprinzipien orientieren sich entweder am chemischen Aufbau der Makromoleküle (→ Polymere) oder am physikalischen Eigenschaftsbild der hochpolymeren Gebilde. Im engeren Sinne wird als P. nur die Gruppe der Kunststoffe bezeichnet, die sich durch ihre → Plastizität innerhalb eines bestimmten Temperaturbereichs auszeichnet. P. können folglich innerhalb eines größeren, für jedes Material verschiedenen plastischen Bereiches verformt werden.

Die Art der chemischen Elemente wie auch ihre Anordnung innerhalb der Hauptkette des Makromoleküls definiert die Gruppen der C-Plaste, C—O-Plaste, C—N-Plaste, C—S-Plaste und Si—O-Plaste. Zudem unterteilen auch die Prinzipien der möglichen chemischen Synthesen den Gesamtbereich der P. in Polymerisate, Polykondensate und Polyaddukte. Physikalische Gesichtspunkte einer Einteilung gehen von den Wechselwirkungen zwischen den einzelnen Makromolekülen im Polymerverband aus und führen zu den Gruppen der Thermoplaste, Duroplaste und Elaste.

plastische Querkontraktion, Verhältnis von bleibender Querzusammenziehung δ^{pl} und bleibender Längsdehnung ε^{pl}

$$\nu^{pl} = \delta^{pl}/\varepsilon^{pl} \qquad (1)$$

In Übereinstimmung mit Versuchsergebnissen wird angenommen, daß die bleibende Querzusammenziehung mit der bleibenden Längsdehnung so zusammenhängt, daß keine bleibende Volumenänderung auftritt. Daraus folgt

$$\delta^{pl} = \frac{\varepsilon^{pl}}{2} \rightarrow \nu^{pl} = \frac{1}{2}, \qquad (2)$$

$$\frac{\delta^{ges}}{\varepsilon^{ges}} = \frac{\delta^{el} + \delta^{pl}}{\varepsilon^{el} + \varepsilon^{pl}} = \frac{2\nu^{el} + \varepsilon^{pl}/\varepsilon^{el}}{2(1 + \varepsilon^{pl}/\varepsilon^{el})}. \qquad (3)$$

Aus der Gleichung (3) unter Berücksichtigung der Beziehung (2) folgt, daß das Verhältnis $\delta^{ges}/\varepsilon^{ges}$ während des plastischen Fließens monoton wächst, wobei es sich vom Wert ν^{el} ausgehend dem Wert 0,5 asymptotisch nähert.

plastischer Stoß, → Stoß.

plastische Schicht, in einer Materialprobe die Schicht, die durch folgende Merkmale gekennzeichnet ist:

1) Die Schichtebene ist Hauptspannungsebene;

2) die Geschwindigkeiten von Punkten der Schichtebene fallen in diese;

3) die Formänderungsgeschwindigkeiten senkrecht zur Schichtebene sind eine gegebene Funktion des Ortes und der Geschwindigkeit in dieser Ebene.

plastisches Potential, mögliche Bezeichnung für die Fließfunktion $f(\sigma_1, \ldots, \sigma_n)$, wobei $f = 0$ die Fließgrenze definiert. Durch partielle Ableitung der Fließfunktion f nach den Spannungen erhält man den jeweiligen Zuwachs der plastischen Formänderungen: $d\varepsilon_i^{pl} = \lambda \frac{\partial f}{\partial \sigma_i}$. Dabei ist λ ein beliebiger Proportionalitätsfaktor. Die angegebene Beziehung rechtfertigt die Bezeichnung p. P.; die Fließfunktion tritt als Potential der plastischen Formänderungen auf.

plastisches Sehen, → stereoskopisches Sehen.

Plastizität, die irreversible Formänderung fester Körper unter der Einwirkung äußerer, deformierender Kräfte. Ist die Formänderung reversibel, d. h., erreicht der Körper nach Beendigung der äußeren Krafteinwirkung seine ursprüngliche Gestalt wieder, dann gelten die Gesetze der Elastizitätstheorie. Bleiben jedoch nach Rückgang eines elastischen Anteils der Deformation Restverformungen zurück, können für den Gesamtvorgang diese Gesetze nicht mehr angewandt werden. Der grundsätzliche Unterschied zwischen diesen beiden Formänderungsarten ergibt sich aus dem strukturbestimmenden atomaren bzw. molekularen Aufbau der Stoffe.

Eine elastische Formänderung findet man, wenn durch die äußere Belastung die bestehende Anordnung der Atome oder Molekülteile im Festkörper nicht geändert wird, d. h., wenn die gegenseitige Bindung dieser Bausteine zwar infolge Abstandsänderung oder Winkelverzerrung belastet, aber nicht aufgehoben wird. Plastisch wird die Formänderung dann, wenn einzelne dieser Bindungen durch das weiter anwachsende äußere Kraftfeld aufgehoben werden und wenn bei Vorhandensein freier Platzwechselmöglichkeit neue Bindungen eingegangen werden. Das Vorhandensein freier Plätze, die sich im Festkörper als Kristallbaufehler, als Fehler an Phasengrenzen oder als eingelagerte amorphe Bereiche, allgemein also als Störungen einer idealen Ordnung zeigen, ist eine Voraussetzung für das Auftreten plastischer Verformungen. Je größer die Zahl der Platzwechsel bei konstanter Kraft in der Zeiteinheit ist, um so größer ist die Formänderungsgeschwindigkeit. Besonders hoch ist sie bei leicht knetbaren Stoffen, z. B. Kitt, die bereits bei leichtem Druck plastisch verformt werden. Nach Beendigung der äußeren Krafteinwirkung bleiben die neuen Nachbarschaften als neueingestellte Gleichgewichtszustände oder als eingefrorene Nichtgleichgewichtszustände formbestimmend erhalten. Eine mathematische Formulierung dieses Verhaltens gibt unter molekularkinetischen Gesichtspunkten die → Platzwechseltheorie. Besondere Bedeutung hat die plastische Verformbarkeit für die spanlose Formgebung. Insbesondere eine Gruppe der hochpolymeren Werkstoffe, die Thermoplaste, sind infolge ihrer Struktur für diese Verformungsart geeignet. Bei höheren Temperaturen setzt die plastische Verformung bereits bei kleineren äußeren Kräften ein; zugleich nimmt der Anteil der zur elastischen Formänderung aufzuwendenden Arbeit ab, so daß dann bereits durch niedrige Verformungsdrücke die gewünschte Formänderung erreicht wird, wie z. B. beim Vakuumtiefziehverfahren. Dieses spezifische Verhalten der Thermoplaste läßt sich durch die amorphe oder teilkristalline Struktur dieser Stoffe erklären, da durch den Kettenaufbau der Makromoleküle nur eine Teilordnung aller Nebenvalenzbindungen eingebauter Molekülteile erreicht werden kann. Im Vergleich zu Metallen haben deshalb Kunststoffe eine wesentlich höhere Zahl von Fehlstellen oder freien Plätzen als Voraussetzung für die plastische Verformung zur Verfügung.

Bei Erhöhung der Temperatur wird durch die zunehmende Energie der Molekülteilbewegungen die Bereitschaft zum Platzwechseln ständig erhöht, insbesondere werden bei bestimmten Temperaturen durch Nebenvalenzbindungen definierte Ordnungsbereiche infolge der verstärkten Wärmebewegung der Molekülteile nicht mehr aufrechterhalten. Dies drückt sich in einer unstetigen Erhöhung der Platzwechselzahl bei Überschreitung der entsprechenden Temperatur aus. Durch bestehende Unregelmäßigkeiten in der Struktur der Thermoplaste muß allerdings ein Temperaturbereich für diesen als *Erweichung* bezeichneten Vorgang angegeben werden.

Plastizitätstheorie, die Wissenschaft, die sich mit dem Belastungs-Formänderungs-Verhalten der Körper im überelastischen (plastischen) Bereich befaßt. Die P. untersucht die bleibenden Formänderungen von Werkstoffen unter der Einwirkung von Kräften. Hierbei ist ein im allgemeinen monoton steigender nichtlinearer Spannungs-Formänderungs-Verlauf zu berücksichtigen. Während der Elastizitätstheorie eine eindeutige Zuordnung von Spannung und Formänderung zugrunde liegt, ist das beim plastischen Materialverhalten nicht der Fall. Das zeigt die Betrachtung des Spannungs-Dehnungs-Diagramms eines verfestigenden Werkstoffes (Abb. 1).

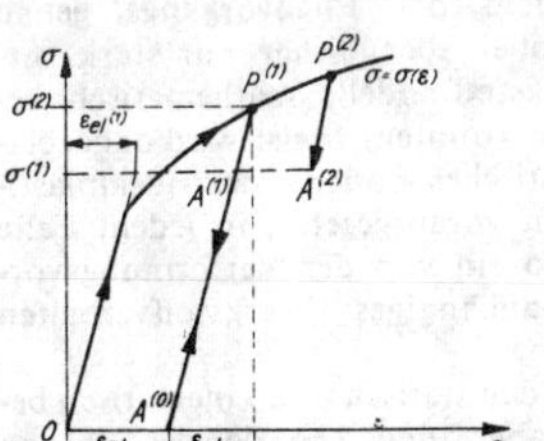

1 Idealisiertes Spannungs-Formänderungs-Diagramm

Experimente haben gezeigt, daß die Gesamtdehnung in ihren elastischen und plastischen Anteil aufgespalten werden kann: $\varepsilon = \varepsilon_{el} + \varepsilon_{pl}$.

Wird entlang des Kurvenzuges $OP^{(1)}$ belastet und längs $P^{(1)}A^{(0)}$ entlastet, so werden die Dehnungen $\varepsilon_{el}^{(1)}$ und $\varepsilon_{pl}^{(1)}$ festgestellt. Bei neuerlicher Belastung folgt das Material bis $P^{(1)}$ der Linie $A^{(0)}P^{(1)}$ und darüber hinaus der Kurve $P^{(1)}P^{(2)}$, wie es auch ohne Zwischenentlastung der Fall gewesen wäre. Es ist zu erkennen, daß einer bestimmten Spannung $\sigma^{(1)}$ je nach der Formänderungs- bzw. der Belastungsgeschichte, ob bis $P^{(1)}$ oder $P^{(2)}$ mit anschließender Entlastung bis $A^{(1)}$ oder $A^{(2)}$ – belastet wurde, verschiedene plastische Dehnungen zugeordnet sein können. Aus diesem idealisierten Spannungs-Formänderungs-Diagramm von Prandtl lassen sich folgende vereinfachte Darstellungen des Werkstoffverhaltens ableiten: 1) Ein → elastisch-idealplastischer Werkstoff ist dadurch gekennzeichnet, daß er nach Erreichen der Fließgrenze σ_0 unter konstanter Fließspannung fließt. 2) Ein elastisch-verfestigender Werkstoff wird dadurch charakterisiert, daß nach dem Überschreiten der Fließgrenze σ_0 die Spannung mit wachsender Formänderung monoton ansteigt. Je nach der Gestalt dieser Verfestigungskurve (auch Fließkurve) wird von linearer oder nichtlinearer Verfestigung gesprochen.

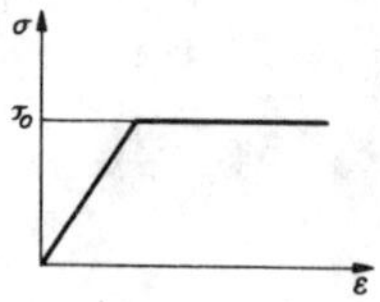

2 Elastisch-idealplastischer Werkstoff

Die Ursachen der Verfestigung sind sich vermehrende und aufstauende Versetzungen. In Gebieten unterhalb der Rekristallisationstemperatur heißt diese Erscheinung auch Kaltverfestigung (→ Verfestigungsregeln).

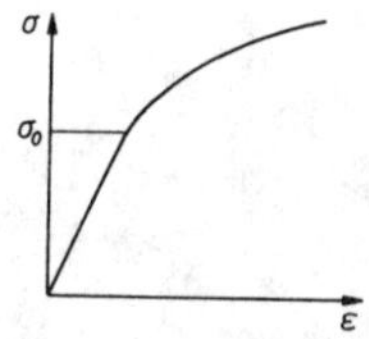

3 Elastisch-verfestigender Werkstoff

3) Wenn die elastische Formänderung vernachlässigt werden kann, z. B. weil sie gegenüber der plastischen klein ist, dann entfällt der elastische Abschnitt des Spannungs-Formänderungs-Diagramms. Die entsprechenden Materialien heißen starr-plastische, speziell starr-idealplastische bzw. starr-verfestigende Werkstoffe.

Der Übergang vom elastischen zum plastischen Gebiet in einem Bauteil wird elastisch-plastische Grenze genannt. Ihre Berechnung aus den Kontinuitätsbedingungen der Spannungen und Verformungen ist im allgemeinen Falle schwierig. In der Theorie des plastischen Fließens wird einerseits in der elementaren Theorie die Kinematik der Fließvorgänge auf der Basis einfacher → Verformungsmodelle stark vereinfacht, wobei es aber möglich ist, das Materialverhalten einschließlich der Verfestigung und der Geschwindigkeitsabhängigkeit wiederzugeben, andererseits wird mit den strengen Methoden der Kontinuumsmechanik das Spannungs- und Geschwindigkeitsfeld des Fließvorgangs genau untersucht, wobei aber bisher nur stark vereinfachte Werkstoffmodelle mathematisch behandelt werden konnten. Meist wird dabei elastisch-idealplastisches oder starr-idealplastisches Verhalten vorausgesetzt; in jedem Falle wird dabei also ein von der Verformungsvorgeschichte unabhängiges Werkstoffverhalten angenommen.

In der P. werden statisch und kinematisch bestimmte Aufgaben der Theorie des ebenen Fließens unterschieden. Statisch bestimmte Probleme sind solche Probleme, bei denen geeignete Randbedingungen der Spannungen gegeben sind, so daß aus den Gleichgewichtsbedingungen und der Fließbedingung, die zusammen ein System von drei Gleichungen für die Spannungen σ_{xx}, σ_{yy} und σ_{xy} bilden, die Spannungsverteilung berechnet werden kann, ohne die Spannungs-Formänderungsbeziehungen heranzuziehen. Kinematisch bestimmte Aufgaben liegen dann vor, wenn es möglich ist, das Formänderungsgeschwindigkeitsfeld ohne Kenntnis der Spannungslösung zu ermitteln. Das Geschwindigkeitsfeld wird mit Hilfe der von den Grundgleichungen des ebenen plastischen Formänderungszustandes übrigbleibenden zwei Geschwindigkeitsgleichungen berechnet. Die überzähligen Geschwindigkeitsrandbedingungen können dann in Spannungsrandbedingungen umgewandelt werden, wodurch eine einfache Berechnung des Spannungsfeldes möglich wird.

Bei Problemen des ebenen plastischen Fließens starr-idealplastischer Werkstoffe, die sich nicht in die statisch bzw. kinematisch bestimmten Aufgaben einordnen lassen, wird die *trial-and-error-Methode* zur Lösung verwendet. Sie besteht darin, daß eine den Rand schneidende Startgleitlinie, wobei deren Neigungswinkel der vorliegenden Randschubspannung entspricht, vorgegeben wird. Damit liegt das zweite Randwertproblem nach Prager und Hodge vor, und es kann das am Rand anliegende plastische Gebiet bestimmt werden. Meist gelingt es, das gesamte plastische Gebiet durch Zuhilfenahme von zentrierten Fächern zu vervollständigen. Anschließend wird das zum Gleitlinienfeld (Spannungsfeld) gehörende Geschwindigkeitsfeld auf die Erfüllung der Geschwindigkeitsrandbedingungen überprüft. Werden die Geschwindigkeitsrandbedingungen nicht erfüllt, ist das Geschwindigkeitsfeld nicht kinematisch zulässig, und die vorgegebene Startgleitlinie muß verändert werden. Durch Versuch [engl. 'trial'] und Irrtum [engl. 'error'] wird sich an die richtige Lösung herangetastet. Auf die Erfüllung der beiden übrigen Bedingungen für eine vollständige Lösung, nämlich daß die Dissipationsleistung nirgends negativ und die Fließbedingung in den starren Gebieten nicht verletzt werden darf, wird in der Regel verzichtet.

Hill gelang es, durch Vorgeben einer geraden Startgleitlinie die Probleme des Ziehens und Fließpressens für gerade Werkzeugschultern zu lösen.

Im Rahmen der *phänomenologischen P.* werden die sich verformenden Körper als Punkt-Kontinua oder Cosserat-Kontinua betrachtet. Cosserat-Kontinua wurden bisher jedoch nur für die Beschreibung von Zuständen im Inneren der Kristalle genutzt. Die in der phänomenologischen P. verwendeten theoretischen Ansätze beziehen das allgemeinere Werkstoffverhalten ein, sofern es für die Betrachtung von Festigkeits- oder Verformproblemen von Bedeutung ist.

Die P. steht vermittelnd zwischen der Festkörperphysik und den Zweigen der Technik, die die Möglichkeit plastischen Werkstoffverhaltens nutzen bzw. zur Ausnutzung von Tragfähigkeitsreserven in Rechnung stellen. Sie wird im wesentlichen in den Bereichen der Festigkeitsberechnung und Konstruktion, der Umformtechnik, der Baugrund- und Bodenmechanik und der Schneemechanik angewendet.

Variationsprinzipe der P. Zur genäherten Lösung schwieriger Randwertaufgaben werden in der mathematischen Elastizitätstheorie Prinzipe vom Minimum der Formänderungsarbeit und vom Minimum der Ergänzungsarbeit verwendet. In der ungleich schwierigeren P. spielen deshalb ähnliche Extremalprinzipe eine noch wichtigere Rolle. Insbesondere wird es möglich, untere und obere Schranken anzugeben, innerhalb deren die exakte Lösung liegt. Während die obere Schranke vor allem für den Umformtechniker interessant ist, da sie die Last angibt, bei der das plastische Fließen garantiert auftritt, ist die untere Schranke für den Maschinenbauer wichtig, weil sie diejenige Last ergibt, bei der garantiert noch kein Fließen des Bauteiles einsetzt. I) Die *Sätze von Drucker, Greenberg und Prager* sind Aussagen über den Sicherheitsfaktor beim Traglastverfahren für ebene Verzerrung.

Wird der Sicherheitsfaktor S als das Verhältnis der Spannung in irgendeinem Punkt der Oberfläche im Augenblick des unmittelbar bevorstehenden plastischen Fließens und der Spannung im gleichen Punkt im Bereich des eingeschränkten plastischen Fließens definiert, so gelten die Sätze:

1) Der Sicherheitsfaktor ist der größte statisch zulässige Multiplikator;

2) der Sicherheitsfaktor ist der kleinste kinematisch zulässige Multiplikator.

Ist m_s ein statisch zulässiger Multiplikator und m_k ein kinematisch zulässiger Multiplikator, dann sind diese Multiplikatoren die Grenzen für den Sicherheitsfaktor S.

$$m_s \leqq S \leqq m_k.$$

Dabei versteht man unter dem *statisch zulässigen Multiplikator* eine Zahl $m_s \geqq 1$, für die es mindestens ein statisch zulässiges Spannungsfeld mit den Spannungen $m_s F_1$ und $m_s F_2$ an der Berandung gibt. Der *kinematisch zulässige Multiplikator* ist die Zahl, die sich für ein kinematisch zulässiges Geschwindigkeitfeld ergibt.

Definition:

$$m_k = \frac{k\left[\int\limits_A \dot{\Gamma}\,\mathrm{d}A + \Sigma \int\limits_{l_{hk}} |v_s^{(kh)}|\,\mathrm{d}l_{hk}\right]}{\int\limits_s (F_x v_x + F_y v_y)\,\mathrm{d}s}.$$

Dabei ist k Schubfließgrenze, A betrachtetes Gebiet, $\dot{\Gamma}$ maximale Schiebungsgeschwindigkeit, l_{hk} Länge der Geschwindigkeitsunstetigkeitslinie zwischen den Teilgebieten A_h und A_k, v_s Sprung der Tangentialgeschwindigkeitskomponente an dieser Linie, s Berandung des Gebietes A, $F_x = \sigma_{xx}\cos\alpha + \sigma_{xy}\sin\alpha$, $F_y = \sigma_{yy}\sin\alpha + \sigma_{xy}\cos\alpha$. Die Spannungskomponenten beziehen sich auf einen Punkt der Berandung (innere Komponenten). α ist dabei der Winkel zwischen der x-Achse und der Normalen der Berandung in diesem Punkt, F_x, F_y sind die gegebene äußere Belastung im betrachteten Punkt, v_x, v_y die Geschwindigkeitskomponenten in Richtung der Koordinaten, σ_{xx}, σ_{yy}, σ_{xy} sind die Komponenten des Spannungstensors.

II) Die *obere Schranke* legt diejenige äußere Belastung fest, bei der garantiert plastisches Fließen eintritt. Sie wird auf der Grundlage des kinematisch zulässigen Verschiebungsfeldes berechnet. Aus der virtuellen Arbeit für ein kinematisch zulässiges Verschiebungsfeld und dem wirklichen Spannungsfeld σ_{ij} ergibt sich die Beziehung

$$\int\limits_{A_u} F_i\,\mathrm{d}u_i\,\mathrm{d}A_u \leqq \int\limits_V \hat{\sigma}_{ij}\,\mathrm{d}\hat{\varepsilon}_{ij}\,\mathrm{d}V + \Sigma \int\limits_{A_D} q\,|\mathrm{d}\hat{v}_D|\,\mathrm{d}\hat{A}_D - \int\limits_{A_F} F_i\,\mathrm{d}\hat{u}_i\,\mathrm{d}A_F, \quad (1)$$

die zum Ausdruck bringt, daß unter allen kinematisch zulässigen Verschiebungsfeldern das wirkliche Verschiebungsfeld den kleinsten Zuwachs der plastischen Arbeit ergibt. Dabei ist F_i die Randbelastung, σ_{ij} der Spannungstensor, $\mathrm{d}\varepsilon_{ij}$ der Zuwachs des Verformungstensors, $\mathrm{d}u_i$ der Zuwachs des Verschiebungsvektors.

Je geringer die Abweichung zwischen dem gewählten kinematisch zulässigen und dem wirklichen Verschiebungsfeld ist, um so mehr nähert sich der berechnete Wert dem für das wirkliche Verschiebungsfeld. Sonderfälle:

1) keine Diskontinuität vorhanden
$|\mathrm{d}\hat{v}_D| \equiv 0$; $\mathrm{d}\hat{u}_i \neq 0$

2) $|\mathrm{d}\hat{v}_D| \neq 0$; $\mathrm{d}\hat{u}_i = 0$

(im Inneren und entlang A_F).

Damit folgt aus der G eichung (1)

$$\int\limits_{A_u} F_i\,\mathrm{d}u_i\,\mathrm{d}A_u \leqq \Sigma \int\limits_{\hat{A}_D} q\,|\mathrm{d}\hat{v}_D|\,\mathrm{d}\hat{A}_D. \quad (2)$$

Auf Grund des Charakters der Ergebnisse hat die obere Schranke in der Umformtechnik große Bedeutung, wobei meist der Sonderfall 2 vorausgesetzt wird. Die obere Schranke wird auch als Minimalprinzip für die Verschiebungen bezeichnet.

Ein *kinematisch zulässiges Verschiebungsfeld* $\mathrm{d}\hat{u}_i$ liegt vor, wenn folgende Bedingungen erfüllt sind:

1) Randbedingung auf A_u:
$\mathrm{d}\hat{u}_i \equiv \mathrm{d}u_i$ auf A_u.

2) Inkompressibilität:
$\mathrm{d}\hat{u}_{i,i} = 0$.

Das aus einem kinematisch zulässigen Verschiebungsfeld resultierende Spannungsfeld erfüllt nicht die Gleichgewichtsbeziehungen, die Spannungsrandbedingung auf A_F und die Fließbedingung.

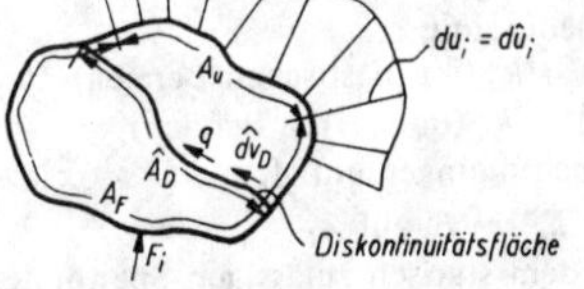

4 Kinematisch zulässiges Verschiebungsfeld. q Schubspannung längs $\hat{A}_D$, $d\hat{v}_D$ Geschwindigkeitssprung

1) $\mathrm{d}\hat{u}_i \Rightarrow \mathrm{d}\hat{\varepsilon}_{ij} \xrightarrow{\text{Materialgesetz}} \hat{s}_{ij} \Rightarrow \hat{\sigma}_{ij}$
$\hat{\sigma}_{ij,j} \neq 0$

2) $\hat{\sigma}_{ij} \Rightarrow \hat{F}_i$, $\hat{F}_i \neq F_i$ auf A_F

3) $f = \frac{1}{2}\hat{s}_{ij}\hat{s}_{ij} \neq k_0^2$.

III) Die *untere Schranke* gibt diejenige äußere Belastung an, bei der garantiert noch kein plastisches Fließen auftritt. Sie wird auf der Grundlage des statisch zulässigen Spannungsfeldes und des wirklichen Formänderungsfeldes berechnet. Aus der virtuellen Arbeit für ein statisch zulässiges Spannungsfeld σ_{ij}^* und dem wirklichen Formänderungsfeld ergibt sich die Beziehung $\int\limits_{A_u} F_i \, du_i \, dA_u \geqq \int\limits_{A_u} F_i^* \, du_i \, dA_u$, die zum Ausdruck bringt, daß unter allen statisch zulässigen Spannungsfeldern das wirkliche Spannungsfeld den größten Zuwachs der plastischen Arbeit ergibt. Je geringer die Abweichung zwischen dem gewählten statisch zulässigen und dem wirklichen Spannungsfeld ist, um so mehr nähert sich der berechnete Wert dem Wert für das wirkliche Spannungsfeld.

Auf Grund des Charakters der Ergebnisse hat die untere Schranke in der Festigkeitslehre große Bedeutung.

Die Gleitlinienlösung kann in die Extremalprinzipe eingeordnet werden. Erfüllt das zu einem Gleitlinienfeld gehörende Geschwindigkeitsfeld die Geschwindigkeitsrandbedingungen, dann ist das Geschwindigkeitsfeld kinematisch zulässig. Damit wird die Bedingung der oberen Schranke erfüllt.

Ergibt die Fortsetzung der Spannungslösung in die starren Gebiete keine Verletzung der Fließbedingung, dann ist auch das Spannungsfeld statisch zulässig. Oberer und unterer Grenzwert fallen somit zusammen, und die Lösung aus der Gleitlinientheorie stellt den exakten Wert dar. Die untere Schranke wird auch als Maximalprinzip für die Spannungen bezeichnet.

Ein *statisch zulässiges Spannungsfeld* σ_{ij}^* liegt vor, wenn folgende Bedingungen erfüllt sind:

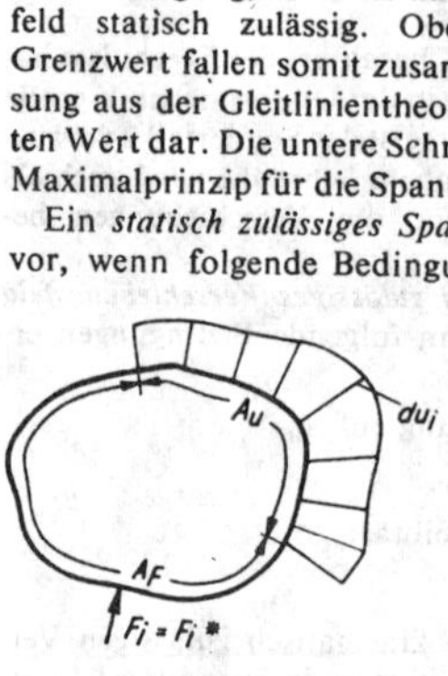

5 Statisch zulässiges Spannungsfeld σ_{ij}^*

1) Gleichgewichtsbedingungen

$\sigma_{ij,j}^* = 0$

2) Fließbedingung

$f = \frac{1}{2} s_{ij}^* s_{ij}^* = k_0^2$ (im plastischen Bereich)

$f = \frac{1}{2} s_{ij}^* s_{ij}^* < k_0^2$ (im starren Bereich)

3) Randbedingungen auf A_F

$\sigma_{ij}^* \Rightarrow F_i^*, \; F_i^* \equiv F_i$ auf A_F.

Das aus dem statisch zulässigen Spannungsfeld resultierende Verschiebungsfeld erfüllt nicht die Randbedingung auf A_u.

$\sigma_{ij}^* \xRightarrow{\text{Materialgesetz}} d\varepsilon_{ij}^* \Rightarrow du_i^*$

$du_j^* \neq du_i$ auf A_u

Der Stern * kennzeichnet das statisch zulässige Spannungsfeld σ_{ij}^* und die daraus abgeleiteten Größen.

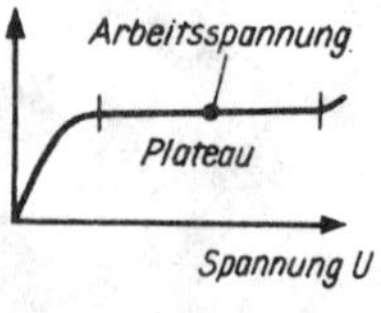

Zählrohrcharakteristik mit Plateau

Geschichtliches. Coulomb gab 1773 in seiner Erddruck-Theorie eine Bruchhypothese für sprödes Material an. Sie diente der Berechnung des Erddruckes auf Wände und wird heute noch in der Bodenmechanik als Ausgangsgleichung verwendet. Im Jahre 1864 berichtete Tresca über eine Reihe von Umformversuchen, aus denen er die Vorstellung gewann, daß die größte Schubspannung die für das Eintreten plastischer Formänderungen bedeutsame Größe ist. Plastisches Fließen tritt demnach ein, wenn die größte Schubspannung einen konstanten Wert überschreitet. Dieser Sachverhalt wurde mathematisch durch die Trescasche Fließbedingung wiedergegeben. De Saint Venant griff 1870 diese Formulierung auf und entwickelte damit die „Theorie des langsamen Fließens fester Körper aus idealplastischem Material" für die Ebene. Er postulierte als Ersatz für das Hookesche Gesetz, daß die Hauptachsen des Tensors der Formänderungsinkremente mit den Hauptspannungsachsen zusammenfallen. Levy gab im selben Jahr das entsprechende Gleichungssystem für axialsymmetrische Probleme an. Auf Grund rein mathematischer Überlegungen gelangte v. Mises 1913 zu einer neuen Fließbedingung. Sie gab den Anstoß für eine schnelle Weiterentwicklung der P.

Durch Arbeiten von Prandtl über ebene Probleme angeregt, gab Hencky 1923 für die Spannungsfelder solcher Probleme einige allgemeine Beziehungen an, die für die Ermittlung von Gleitlinienfeldern von Bedeutung sind. Hencky wies auch auf die Bedeutung der Berücksichtigung eines Zähigkeits- bzw. Geschwindigkeitseinflusses bei der Anwendung der P., besonders in der Umformtechnik hin. Der Schwerpunkt der Weiterentwicklung der P. lag bis 1933 in Deutschland und war mit den Namen v. Karman Nadai, Prager und Reuß verknüpft. Von diesem Zeitpunkt ging die Entwicklung in stärkerem Maße auf die USA und die UdSSR über, wo besonders die Namen Michlin und Iljuschin zu nennen sind.

Lit. Houwink: Elastizität, Plastizität und Struktur der Materie (3. Aufl. Dresden 1958); Kienzle u. Dohmen: Mechanische Umformtechnik (Berlin, Heidelberg, New York 1968); Kröner: Plastizität und Versetzungen, in Sommerfeld: Mechanik der deformierbaren Medien (6. Aufl. Leipzig 1970); Lippmann u. Mahrenholtz: Plastomechanik der Umformung metallischer Werkstoffe, Bd 1 (Berlin, Heidelberg, New York 1967); Pawelski: Grundbegriffe und Grundgleichungen der bildsamen Formgebung (Düsseldorf 1966); Pawelski u. Lueg: Der Spannungszustand beim Ziehen und Einstoßen von runden Stangen (Köln-Opladen 1962); Prager: Probleme der P. (Basel, Stuttgart 1955); Prager u. Hodge: Theorie ideal plastischer Körper (Wien 1954); Reckling: P. und ihre Anwendung auf Festigkeitsprobleme (Berlin, Heidelberg, New York 1967); Sokolowski: Theorie der Plastizität (Berlin 1955); Szabo: Höhere Technische Mechanik (5. Aufl. Berlin, Göttingen, Heidelberg 1972).

Plateau, 1) ultrarelativistischer Bereich der Kurve, die den spezifischen Energieverlust von Teilchen beim Durchgang durch Materie in Abhängigkeit von der Teilchenenergie darstellt. Das P. wird bei Teilchenenergien erreicht, die etwa dem 100- bis 300fachen der Ruhenergie entsprechen. Die Höhe des Plateauwerts hängt von der mittleren Ordnungszahl des durchquerten Mediums ab und liegt bis zu 35% über dem Wert der minimalen Ionisationsverluste.

2) der Kurvenabschnitt einer Zählrohrcharakteristik mit nahezu horizontalem Verlauf. Im Bereich des P.s ist die Ansprechempfindlichkeit fast unabhängig von der Arbeitsspannung (Abb.), d. h., jedes einfallende Teilchen wird registriert. Das Geiger-Müller-Zählrohr arbeitet im Plateaubereich (*Plateaubetrieb*).

Platin, Pt, chemisches Element der Ordnungszahl 78. Von den natürlichen Isotopen der Massezahlen 192, 194 bis 196 und 198 ist ^{192}Pt ein α-Strahler, der mit einer Halbwertszeit von 10^{15} Jahren Teilchen einer Energie von 2,6 MeV aussendet. ^{196}Pt sendet mit einer Halbwertszeit von $6{,}9 \cdot 10^{11}$ Jahren ebenfalls α-Teilchen aus, während ^{198}Pt ein β-Strahler mit einer Halbwertszeit größer als 10^{15} Jahre ist. Bekannt sind künstlich erzeugte Isotope der Massezahlen zwischen 184 und 200.

Platinpunkt, Gleichgewichtstemperatur zwischen reinem flüssigem und festem Platin. Der P. ist ein sekundärer Fixpunkt der internationalen Temperaturskala, $T_{Pt} = 2042$ K. Man benötigt etwa 150 g Pt, um den P. zu realisieren. Die Verunreinigungen müssen geringer als 0,01% sein. Besondere Bedeutung hat der P. für die Definition der Lichtstärke: erstarrendes Platin dient als Normallichtquelle.

Platte-Kegel-Viskosimeter, Viskosimetertyp, bei dem zwischen Platte und Kegel eine Relativgeschwindigkeit herrscht.

Plattenreibung, → Plattenströmung.

Plattenströmung. 1) *Inkompressible Potentialströmung.* Die inkompressible reibungsfreie Umströmung der ebenen unendlich dünnen Platte wird nach der konformen Abbildung (→ komplexe Methoden der Strömungslehre) mit Hilfe der Abbildungsfunktion $\zeta = z + a^2/z$ (→ Joukowsky-Profil) aus der Strömung um einen Kreis mit dem Radius a berechnet. z ist die komplexe Veränderliche. Die mit der Geschwindigkeit c_∞ längs angeströmte Platte beeinflußt die Parallelströmung nicht. Die in Abb. 1 dargestellte Strömung um die senkrecht zur Anströmrichtung stehende ebene Platte stellt sich in realer Strömung nicht ein. Die Strömung reißt an den Kanten ab, hinter der Platte bildet sich ein breites → Totwasser. Dessen näherungsweise Berücksichtigung führt zur → Kirchhoffschen Strömung. Die zirkulationsbehaftete Strömung um die unter einem kleinen Winkel α angestellte ebene Platte (Abb. 2) erhält man aus der → Zylinderumströmung mit Zirkulation, indem in der Abbildungsfunktion $ze^{-i\alpha}$ anstelle von z geschrieben wird. Die Zirkulation ergibt sich nach der Joukowsky-Bedingung (→ Kutta-Joukowsky-Gleichung) zu $\Gamma = 4\pi a \cdot c_\infty = \pi \cdot l \cdot c_\infty$, mit $l = 4a$ als Plattenlänge. Da der vordere Staupunkt auf der Plattenunterseite liegt, wird die Vorderkante theoretisch mit unendlich großer Geschwindigkeit umströmt. Bei zähen Flüssigkeiten reißt die Strömung an der Vorderkante ab, legt sich jedoch wieder an die Plattenoberfläche an, wenn der Anstellwinkel $\alpha < 10°$ ist. Der theoretisch ermittelte Auftriebsbeiwert $c_A = 2\pi \sin \alpha$ ist dann nur wenig größer als der tatsächliche Auftriebsbeiwert. Für die gewölbte Platte beträgt er $c_A = 2\pi(\sin \alpha + 2f/l)$; f ist der Wölbungspfeil (→ Tragflügel).

2) *Kompressible Potentialströmung.* Bei kleinem Anstellwinkel kann die Strömung im Unterschallbereich nach der → Prandtlschen Regel berechnet und im Überschallbereich als → Prandtl-Meyer-Strömung behandelt werden. Der Auftriebsanstieg ist in Unterschallströmung $dc_A/d\alpha = 2/\sqrt{1 - Ma_\infty^2}$, für Überschallströmung gilt $dc_A/d\alpha = 4/\sqrt{Ma_\infty^2 - 1}$; dabei ist Ma_∞ die Machzahl der Zuströmung. In der Überschallströmung tritt ein Wellenwiderstand auf (→ Strömungswiderstand).

3) *Reibungsbehaftete inkompressible Strömung um die parallel angeblasene Platte.* Die → Wandreibung an der ebenen Platte wird mit Hilfe der Grenzschichttheorie (→ Grenzschicht) berechnet. Aus Ähnlichkeitsbetrachtungen folgt, daß bei laminarer Strömung die dimensionslosen Geschwindigkeitsprofile $u/u_\infty = f(y/\delta)$ überall gleich sind unabhängig von der Lauflänge x. Dabei bedeuten u die Geschwindigkeitskomponente in x-Richtung in der Grenzschicht, u_∞ die Zuströmgeschwindigkeit, x, y die Koordinate tangential bzw. normal zur Wand, δ die Grenzschichtdicke. Die einzelnen Grenzschichtgrößen sind nur von der mit der Lauflänge x gebildeten Reynoldszahl $Re = u_\infty \cdot x/\nu$ abhängig; ν ist die kinematische Zähigkeit. Die Grenzschichtgleichungen wurden zuerst von Blasius gelöst. Danach ergibt sich der Reibungsbeiwert c_f (→ Strömungswiderstand) für eine Seite der ebenen Platte von der Länge x zu $c_f = 1{,}32824/\sqrt{Re}$ und die Verdrängungsdicke zu $\delta^* = (1{,}73/\sqrt{Re})\,x$.

Abhängig von der Turbulenz der Außenströmung und der Rauhigkeit der Platte erfolgt der Grenzschichtumschlag laminar–turbulent im Reynoldszahlbereich $Re = 5 \cdot 10^5$ bis $3 \cdot 10^6$. Unter Verwendung des 1/7-Potenzgesetzes für das Geschwindigkeitsprofil $u/u_\infty = (y/\delta)^{1/7}$ ergibt sich für die hydraulisch glatte Platte bei rein turbulenter Grenzschicht der Reibungsbeiwert $c_f = 0{,}072 \cdot Re^{-1/5}$ und die Verdrängungsdicke $\delta^* = 0{,}0463 \cdot Re^{-1/5}$. Ragen die Rauhigkeitserhebungen k_s aus der → laminaren Unterschicht heraus, so treten analog wie bei der → Rohrströmung erhöhte Reibungsverluste auf. Bei der aus Messungen gewonnenen Darstellung des Reibungsbeiwertes c_f in Abb. 3 ist für die Plattenlänge $x = l$ gesetzt worden.

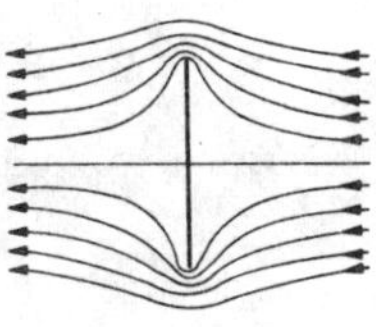

1 Senkrecht angeströmte ebene Platte

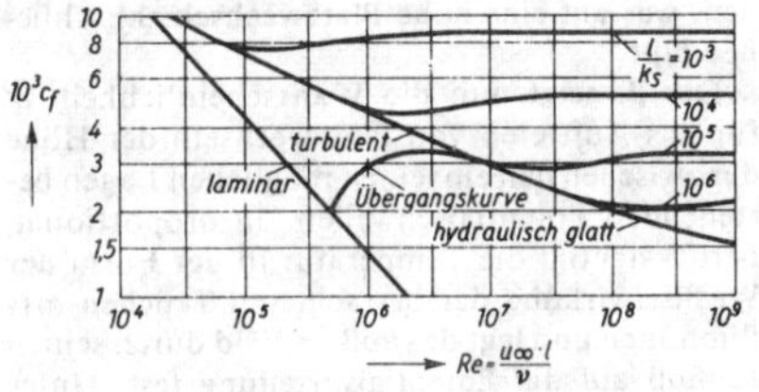

3 Reibungsbeiwert der ebenen Platte $c_f = f(Re, l/k_s)$

Platzwechsel, Austausch von Molekülen, Atomen oder Ionen in einer Flüssigkeit oder einem Festkörper. Platzwechselprozesse ermöglichen Transporterscheinungen, z. B. Diffusion. Wie man mit dem → Kirkendall-Effekt zeigt, erfolgen P. in Festkörpern durch die Bewegung atomarer Fehlstellen (→ Diffusion) und nur sehr selten durch den direkten Austausch zweier benachbarter Gitterbausteine, da die dafür notwendige Aktivierungsenergie meist relativ hoch ist.

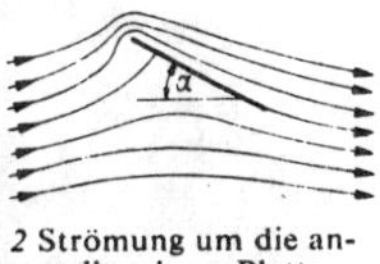

2 Strömung um die angestellte ebene Platte

Platzwechseltheorie, die mathematische Behandlung reversibler und irreversibler Form- und Strukturänderungsprozesse in Festkörpern unter der Einwirkung äußerer Kraftfelder und Berücksichtigung molekularkinetischer, statistischer Modellvorstellungen.

Einige Grundvorstellungen zu dieser Theorie gehen auf Eyring und Debye zurück, während eine systematische Ausarbeitung für grundlegende Fälle, insbesondere unter Berücksichtigung der Struktur hochpolymerer Werkstoffe, durch W. Holzmüller erfolgte.

Die P. geht davon aus, daß für alle makroskopischen Erscheinungen in Festkörpern das mikroskopische Strukturbild des Körpers, das sich durch sein System von Haupt- und Nebenvalenzbindungen und bestimmte Ordnungszustände charakterisieren läßt, verantwortlich ist. Verwirklicht wird dieser Zusammenhang durch die grundlegende Vorstellung, daß bei Anliegen eines irgendwie gearteten äußeren Feldes die Atome, Moleküle oder Molekülteile, auf die in dem entsprechenden Feld eine Kraft ausgeübt wird, je nach ihren Bewegungsmöglichkeiten Drehungen, Rotationen, Schwingungen oder Translationen ausführen. Verharrt das beanspruchte Teil nach Beendigung der Feldeinwirkung in einer neuen stabilen Lage innerhalb des Festkörperverbandes, spricht man von einem erfolgten Platzwechsel.

Platzwechsel werden im wesentlichen dort gehäuft auftreten, wo eine Vielzahl freier Plätze infolge hoher Unordnung im Festkörperaufbau vorhanden ist und wo die den Festkörper aufbauenden Bindungsenergien gering sind. Beispiele dafür sind viele hochpolymere Werkstoffe, insbesondere die Thermoplaste, bei denen die den Festkörper aufbauenden intermolekularen Wechselwirkungen durch die relativ schwachen Nebenvalenzbindungen verwirklicht werden. Zudem erlaubt der Zusammenschluß aus langen Kettenmolekülen keinen sehr hohen Ordnungszustand, so daß viele dieser Plaste rein amorph (z. B. Polymethakrylat), andere maximal teilkristallin sind (z. B. Polyäthylen). Bereits bei Zimmertemperatur können diese Stoffe mechanisch irreversibel deformiert werden, was auf eine hohe Platzwechselzahl schließen läßt.

Die P. setzt nun die Wahrscheinlichkeit W für das Auftreten von Platzwechseln der Höhe der zwischen den einzelnen möglichen Lagen bestehenden Potentialschwellen Δu proportional, berücksichtigt die Temperatur in der Form der Wechselwirkung der betrachteten Teilchen mit Phononen und legt das äußere Feld durch seinen Einfluß auf die Potentialverteilung fest. Unter Zugrundelegung der Boltzmann-Statistik erhält man die für alle Fälle gültige Ausgangsgleichung:

$$W_{\Delta u_{m,n}} = \exp(-\Delta u \cdot m/kT) \times \times \left[1 + \frac{m \cdot \Delta u}{kT} + \cdots + \frac{1}{(n-1)!}\left(\frac{m \cdot \Delta u}{kT}\right)^{n-1}\right].$$

Dabei ist m die Zahl der gleichzeitig platzwechselnden Teilchen und n die Zahl der zu einem Platzwechsel beitragenden koppelnden Wärmeschwingungen der umgebenden Teilchen. $W_{\Delta u_{m,n}}$ ist dann die Platzwechselwahrscheinlichkeit je Wärmestoß.

Lit. Holzmüller u. Altenburg: Physik der Kunststoffe (Berlin 1961).

p-Leitung, → n-Leitung.

Pleochroismus, Verschiedenfarbigkeit bei absorbierenden doppelbrechenden Kristallen. Bei isotropen Kristallen ist die Absorption unabhängig von der Richtung im Kristall und vom Polarisationszustand des Lichtes. Bei anisotropen absorbierenden Kristallen ist die Lage der Absorptionsmaxima abhängig von der kristallographischen Orientierung und vom Schwingungszustand und der Schwingungsrichtung des Lichtes. Ein solcher Kristall wird daher bei Änderung der Durchstrahlungsrichtung oder bei Änderung der Schwingungsrichtung des durchstrahlenden Lichtes seine Farbe ändern.

Durchstrahlt man einen anisotropen Kristall mit linear polarisiertem weißem Licht, dessen Schwingungsrichtung mit einer Hauptschwingungsrichtung im Kristall zusammenfällt, so ruft das hindurchgehende Licht einen Farbeindruck hervor, der als *Achsenfarbe* bezeichnet wird. Sind beide Hauptschwingungsrichtungen vorhanden, z. B. bei unpolarisiertem Licht, so ist der entstehende Farbeindruck eine additive Mischung der beiden Achsenfarben und wird als *Flächenfarbe* bezeichnet. Bei optisch einachsigen Kristallen gibt es zwei Richtungen mit extrem unterschiedlichem Absorptionsvermögen (senkrecht und parallel zur optischen Achse), man spricht dann von *Dichroismus.* Bei optisch zweiachsigen Kristallen gibt es drei ausgezeichnete Richtungen mit extremen Farbunterschieden, was man als *Trichroismus* bezeichnet. Trägt man für eine bestimmte Wellenlänge und eine bestimmte Schwingungsrichtung des polarisierten Lichtes das Absorptionsvermögen in Abhängigkeit von der kristallographischen Orientierung auf, so erhält man die *Absorptionsfläche.* Diese ist bei isotropen Kristallen eine Kugel, bei einachsigen Kristallen ein Rotationsellipsoid, bei zweiachsigen Kristallen ein dreiachsiges Ellipsoid. Zur Beobachtung des P. dient die → Haidingersche Lupe. Eine Ausnutzung des Dichroismus erfolgt bei den → Polarisationsfiltern.

PLM, Abk. für Pulslängenmodulation, → Modulation.

Plot, das von Rechenautomaten ausgedruckte Diagramm. Die Häufigkeitsverteilung einer Größe wird als *eindimensionaler P.*, die Verteilung der Häufigkeit einer Größe in Abhängigkeit von einer anderen als *zweidimensionaler P.* bezeichnet.

Plumbikon, eine Bildaufnahmeröhre. Das P. unterscheidet sich vom → Vidikon hauptsächlich im Aufbau der lichtempfindlichen Schicht und des Speichersystems. Während der Photohalbleiter beim Vidikon meist aus Antimontrisulfid besteht, ist beim Plumbikon – wie der Name andeutet – eine Bleiverbindung, (Bleioxid) aufgedampft worden. Diese Schicht ist in drei Lagen aufgeteilt, die elektrisch verschiedenartigen Charakter tragen: n-leitend, intrinsisch leitend (eigenleitend), p-leitend. Auch die durchsichtige Leitschicht ist durch Dotierung n-leitend. Dies ist wesentlich für die Eigenschaften des P.s, denn der Photohalbleiter hat jetzt zusätzlich die Eigenschaften einer pin-Diode, die in Sperrichtung betrieben wird, sobald die Rückseite der Schicht von langsamen Elektronen abgetastet wird. Die Folge davon ist, daß der Dunkelstrom dem Sperrstrom der Diode entspricht, kleiner als 5 nA ist und sich mit der Spannung der Signalelektroden kaum noch ändert. Auch die Einführung einer intrinsisch leitenden Schicht wirkt sich günstig aus.

Pluto, der sonnenfernste Planet. Er bewegt sich mit einer mittleren Geschwindigkeit von 4,74 km/s in einem mittleren Abstand von 39,7 AE in 247,7 Jahren einmal um die Sonne. Die Exzentrizität ist mit 0,253 die größte von allen Planetenbahnen, so daß P. im Perihel sich innerhalb der Neptunbahn befindet. Auch in größten Fernrohren erscheint P. nahezu punktförmig, genaue Durchmesserbestimmungen sind daher nur schwer möglich. Aus Sternbedeckungen konnte aber der Durchmesser zu etwa 5000 km ermittelt werden. Die Plutomasse beträgt etwa 0,18 Erdmassen. P. wurde erst 1930 entdeckt, und zwar auf Grund der auf die Bewegung von Neptun ausgeübten Störungen, also himmelsmechanisch.

Plutonium, Pu, radioaktives, nur künstlich darstellbares chemisches Element der Ordnungszahl 94, Atomgewicht 239, Dichte 19,4 gcm^{-3}, ein Transuran. Bekannt sind 15 Isotope der Massezahlen 232 bis 246. Das längstlebige Isotop ist ^{244}Pu mit einer Halbwertszeit von $7{,}6 \cdot 10^7$ Jahren. Am schnellsten zerfällt ^{233}Pu mit einer Halbwertszeit von 20 Minuten. ^{241}Pu ist die Muttersubstanz der Neptuniumreihe (→ radioaktive Familien). Zuerst hergestellt wurde 1940 von Seaborg, McMillan, Wahl und Kennedy ^{238}Pu nach der Reaktion $^{238}U(d, 2n) \xrightarrow{\beta^-} {}^{238}Pu$. P. entsteht in großen Mengen im Reaktor und hat große Bedeutung als → Kernbrennstoff. Die Erzeugung im Reaktor läuft nach dem Plutonium-Zyklus ab:

$$^{238}U(n,\gamma)\,^{239}U \xrightarrow[23{,}5\ min]{\beta^-} {}^{239}Np \xrightarrow[2{,}35\ d]{\beta^-} {}^{239}Pu.$$

Durch Neutroneneinfang im entstandenen Pu-239 werden höhere Pu-Isotope aufgebaut:

$$^{239}Pu(n,\gamma)\,^{240}Pu(n,\gamma)\,^{241}Pu(n,\gamma)\,^{242}Pu.$$

Die Isotopenzusammensetzung hängt von dem jeweiligen → Reaktorspektrum ab. Von diesen Isotopen sind Pu-239 und Pu-241 spaltbar. Werte der spezifischen P.-Produktion für verschiedene Reaktortypen sind in der folgenden Tabelle zusammengestellt. Die Zahlenwerte sind in Tonnen angegeben und sind auf eine Reaktorbetriebsdauer von 1 Jahr bei einer Leistung von 1000 MW_{el} bezogen.

Reaktortyp	Plutonium-Produktion in $t/a \cdot 1000\ MW_{el}$
Schwerwasserreaktor	0,44
Druckwasserreaktor	0,26
Siedewasserreaktor	0,22
Gas-Graphit-Reaktor	0,37
schneller Brutreaktor	1,1

Wie man aus der Tabelle ersieht, wird das meiste P. im schnellen Brutreaktor aus dem Uranbrutmaterial erbrütet und dabei mehr Pu erzeugt als verbraucht. Im Brutreaktor wird dieses gewonnene Pu auch wieder am effektivsten eingesetzt. Als Kernbrennstoff wird ein Pu-U-238-Gemisch verwendet, das in keramischer Form, zumeist als Oxid, vorliegt. Die industrielle Verarbeitung von P. wird durch die Giftigkeit erschwert. Heiße Labors sind einerseits wegen der α-Aktivität des P.s und andererseits zur Aufbereitung des schon bestrahlten Brennstoffs erforderlich. Hochangereichertes Pu-239 wird als Kernsprengstoff in Atom- und Wasserstoffbomben verwendet. Außerdem dient P. als Ausgangssubstanz für die Erzeugung schwererer Transurane, z. B. von Cm, Fm, Am.

Plutonium-239-Standard, → radioaktiver Standard.

Pluviograph, → Niederschlagsmesser.

Pm, → Promethium.

PM, Abk. für Phasenmodulation, → Modulation.

PME-Effekt, svw. photogalvanomagnetischer Effekt.

pn-Übergang, der Übergang zwischen einem p-leitenden und einem n-leitenden Halbleiter, die verschiedene Dotierungen enthalten. In einem p-Halbleiter, der mit Akzeptoren dotiert ist, werden die Löcher durch die überschüssigen Ladungen der Akzeptoren durch gegenseitige Kompensation der Raumladungen ausgeglichen, während der n-Halbleiter, der mit Donatoren dotiert ist, Elektronen als frei bewegliche Ladungsträger enthält, die die positiven Ladungen der Donatoren ausgleichen. Infolge thermischer Bewegung diffundieren Löcher in den n-Halbleiter und Elektronen in den p-Halbleiter. Damit entsteht im Bereich des pn-Ü.s eine *Raumladungszone* (*Sperrschicht*), die aus einem negativen Potentialwall im p-Gebiet und einem positiven Potentialwall im n-Gebiet besteht. Diese Potentialwälle hindern eine weitere Diffusion, nachdem sich eine material- und dotierungsabhängige Diffusionsspannung aufgebaut hat. Da die Ladungen der Akzeptoren durch Löcherladungen und die der Donatoren durch Elektronenladungen kompensiert sind, ist das gesamte Gebilde nach außen neutral. Je nach der Polarität eines von außen angelegten elektrischen Feldes werden die Potentialwälle entweder verstärkt oder abgebaut. Damit hat der pn-Ü. eine Gleichrichterwirkung. Einfache pn-Ü.e befinden sich z. B. in Halbleiterdioden, mehrfache in Transistoren, Vierschichtdioden, Thyristoren u. a.

pn-Zähldiode, svw. Halbleiterdetektor.

Po, → Polonium.

Pockels-Effekt, *linearer elektrooptischer Effekt*, das Auftreten von Doppelbrechung bzw. die Änderung bereits vorhandener Doppelbrechung in einem elektrischen Feld linear mit der elektrischen Feldstärke. Der P.-E. ist der Erscheinung nach dem Kerr-Effekt verwandt, jedoch mit dem Unterschied, daß unter Kerr-Effekt die von einem elektrischen Feld verursachte Doppelbrechung verstanden wird, die quadratisch mit der elektrischen Feldstärke anwächst. Aus Symmetriegründen gibt es den P.-E. nur in Kristallen ohne Inversionszentrum, der Kerr-Effekt kann dagegen an allen Stoffen auftreten. Der P.-E. wird zur Lichtmodulation angewendet.

Poggendorf-Kompensator, → Kompensator.

Pogsonsche Helligkeitsskala, → Helligkeit.

Poincaré-Gruppe, *inhomogene Lorentz-Gruppe*, Lorentz-Gruppe, die jedem Vektor x des Minkowski-Raums einen Vektor $x' = \Lambda x + a$ zuordnet; dabei ist Λ eine homogene Lorentz-Transformation und a ein konstanter Vektor des Minkowski-Raumes. Die P. hat wie die homogene → Lorentz-Gruppe vier zusammenhängende Komponenten, die ebenso wie bei dieser durch das Vorzeichen des Elementes Λ^0 und die Werte der Determinante $\det \Lambda$ unterschieden werden.

Poincarésches Wiederkehrtheorem, → Wiederkehreinwand.

Poinsot-Konstruktion, → Trägheitsmoment.

Poise, P, inkohärente Einheit der dynamischen Viskosität. Vorsätze erlaubt. $1\ P = 10^{-1}\ N \cdot s \cdot m^{-2} = 10^{-1}\ Pa \cdot s$. Bevorzugt wird die gesetzliche abgeleitete SI-Einheit → Pascalsekunde.

Poiseuille-Gesetz, → Rohrströmung.

Poiseuille-Strömung, → Rohrströmung.

Poisson-Gleichung, 1) → Potentialtheorie, **2)** → adiabatischer Prozeß.

Poisson-Klammer, → Klammerausdrücke.

Poissonsche Formel, → Wellengleichung.

Poissonsche Konstante, → Querdehnzahl.

Poissonsches Integral, → Potentialtheorie.

Poissonsche Zahl, → Querdehnzahl.

Poisson-Verteilung, → Binomialverteilung.

Pol, 1) die Anschlußklemme einer Spannungsquelle oder der mit ihr verbundenen Leitung. Definitionsgemäß wird der Pol mit Elektronenmangel als *Pluspol* und der Pol mit Elektronenüberschuß als *Minuspol* bezeichnet.

2) *magnetische P.e*, die Enden eines magnetischen → Dipols, beim Elektro- oder Dauermagneten der Teil, aus dem die Feldlinien vorzugsweise eintreten (*Südpol*) oder austreten (*Nordpol*).

3) der Teil des magnetischen Kreises in elektrischen Maschinen, der die Erregerwicklung trägt.

4) *P. einer Funktion*, → Funktionentheorie.

Polacolor-Verfahren, → Farbstoffdiffusionsübertragungsverfahren.

Polar Cap Absorption, → PCA-Effekt.

Polardiagramm, 1) allgemein eine graphische Darstellung, in der der Wert einer winkelabhängigen physikalischen Größe proportional zum Abstand zwischen dem Nullpunkt und dem unter dem jeweiligen Winkel auf der Figur des P.s liegenden Punkt ist. Beispielsweise können P.e zur Darstellung der Richtungsabhängigkeit der Strahlungsintensität einer Antenne dienen.

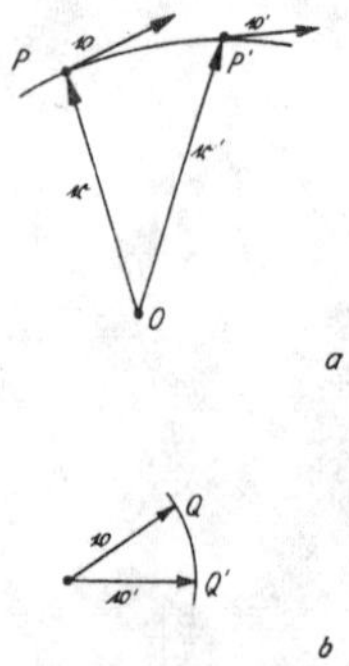

Polardiagramm der Geschwindigkeit

2) *P. der Geschwindigkeit*, *Hodograph*, *Geschwindigkeitsplan*, eine Kurve im Raum der Geschwindigkeiten, die sich ergibt, wenn man die Geschwindigkeiten $\vec{v}(t)$ eines Massepunktes P beim Durchlaufen seiner Bahnkurve $\vec{r}(t)$ von einem festen Pol O aus abträgt (Abb.). Der Bewegung des Massepunktes P entspricht eine Bewegung des Bildpunktes Q auf dem P. der Geschwindigkeit; die Beschleunigung des Massepunktes ist dabei gleich der Geschwindigkeit des Bildpunktes Q. Das P. der Geschwindigkeit einer ebenen Bewegung ist eben; für die Planetenbewegung z. B. ergibt sich ein Kreis. Man verwendet das P. der Geschwindigkeit in der Hydrodynamik und in der Gasdynamik bei der Behandlung ebener inkompressibler Potentialströmungen und in der Plastizitätstheorie. Dort wird der Hodograph der Geschwindigkeiten von Werkstoffteilchen auf einer Gleitlinie auch als *Bild der Gleitlinie* bezeichnet. Zwischen den Gleitlinien und ihren Bildern besteht die von Geiringer und Lee gefundene *Orthogonalitätsbedingung*, nach der einander entsprechende Elemente einer Gleitlinie in der physikalischen Ebene und ihres Bildes im Geschwindigkeitsplan orthogonal sind. Mit dieser Aussage und den Geiringer-Gleichungen (→ Gleitlinientheorie) ist die Konstruktion des Hodographen aus dem Gleitlinienfeld möglich.

3) → Polare.

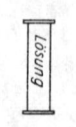

Aufbau eines Polarimeters

Polare, die graphische Darstellung des → Auftriebsbeiwertes c_A eines Tragflügels abhängig vom Widerstandsbeiwert c_W (→ Strömungswiderstand) in einem rechtwinkligen Koordinatensystem (Abb.). Der Vektor vom Ursprung zu einem Punkt der P. stellt die dimensionslose resultierende Kraft nach Größe und Richtung dar. Die zuerst von O. Lilienthal verwendete Darstellung, die auch als *Polardiagramm* bezeichnet wird, wurde von G. Eiffel dadurch verbessert, daß der c_W-Maßstab fünfmal so groß wie der c_A-Maßstab gewählt wird. An die P. wird der zugehörige → Anstellwinkel α angeschrieben. Da außerdem der Gleitwinkel und die → Gleitzahl ermittelt werden können, ist diese Auftragungsart für die Flugtechnik besonders geeignet. Für jede P. sind das → Seitenverhältnis Λ, die → Reynoldszahl Re und die → Machzahl Ma sowie der → Turbulenzgrad der Außenströmung anzugeben.

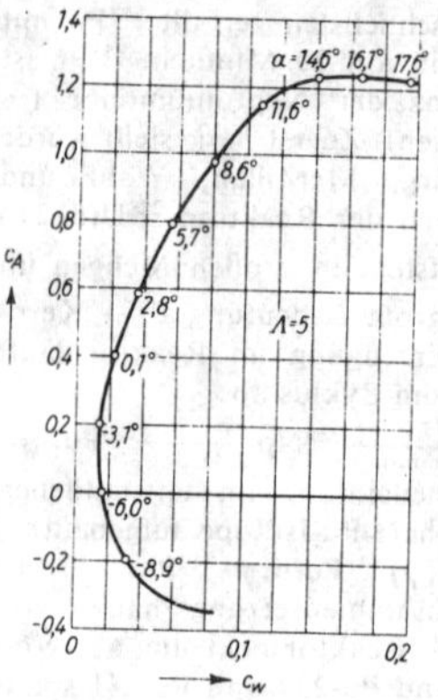

Polardiagra mm

polare Achse, Symmetrieachse (→ Symmetrie) im Kristall mit der Eigenschaft, daß eine Richtung parallel zu der Achse der Gegenrichtung nicht symmetrieäquivalent ist. Sind Richtung und Gegenrichtung symmetrieäquivalent wie bei Inversionsachsen bzw. Drehspiegelachsen, so spricht man von *bipolarer Achse*. Eine Dreh- oder Schraubenachse für sich allein ist polar; tritt sie jedoch mit einer senkrecht zu ihr stehenden Spiegelebene, mit einer zweiten auf ihr senkrecht stehenden geradzähligen Dreh- oder Schraubenachse oder mit einem Symmetriezentrum auf, so ist sie bipolar.

polare Bindung, → chemische Bindung.

polare Cusp, → Magnetosphäre.

polarer Elektrojet, → Elektrojet.

polarer Vektor, → axialer Vektor, → Tensor.

Polarfront, → Windsysteme.

Polarimeter, *Polaristrobometer*, ein Polarisationsapparat zur Bestimmung der Drehung der Polarisationsebene optisch aktiver Substanzen (→ Drehvermögen). Es existiert eine Vielzahl verschiedener P., wobei gemeinsame Bauteile aller Ausführungen eine geeignete Lichtquelle (meist Spektrallampe), ein Polarisator, ein Analysator und eine Vorrichtung zur Aufnahme der zu untersuchenden Substanzen sind (Abb.). Je nach Empfänger unterscheidet man zwischen *visuellen* und *photoelektrischen P.n.* Bei den einfachsten Ausführungen wird durch den drehbaren Analysator auf maximale Dunkelheit vor und nach Einbringung der Substanz eingestellt. Verbesserte P., die eine genauere Auswertung ermöglichen, arbeiten mit einem aufgehellten Gesichtsfeld und Einstellung des Analysators auf gleiche Helligkeit. Zu diesem Zweck sind derartige P. mit einem Halbschattenapparat versehen.

P. zur Untersuchung von Zuckerlösungen heißen → Sacharimeter.

Polarisation, 1) Bezeichnung für den Schwingungszustand vektorieller Wellen. Während bei einer skalaren Welle (z. B. Schallwelle) die Angabe der Feldfunktion als Funktion von Ort und Zeit genügt und die Welle erschöpfend beschreibt, ist es bei Vektorwellen erforderlich, die Richtungen der Feldvektoren anzugeben. Einfache Spezialfälle sind longitudinal und transversal polarisierte Wellen, bei denen der Feldvektor in Ausbreitungsrichtung oder senkrecht zur Ausbreitungsrichtung schwingt. Bei elastischen Wellen in anisotropen Medien (Kristallen) kommen auch Zwischenformen vor. Ein wichtiger Sonderfall sind Lichtwellen, die im Vakuum oder in einem isotropen Medium stets rein transversale Wellen sind, → Polarisation des Lichtes. Zur quantitativen Kennzeichnung des Polarisationszustandes dienen gemittelte Intensitätsgrößen, wobei durch die Mittelung solche Produkte wegfallen, deren Faktoren keine regelmäßigen Phasenbeziehungen zueinander haben. Solche Phasenbeziehungen, zwischen den Komponenten des Feldvektors zu verschiedenen Raumrichtungen sind Voraussetzung für eine P.; fehlen sie völlig, so ändert sich die Schwingungsrichtung völlig unregelmäßig, und die Welle ist unpolarisiert. Die Gesamtintensität I kann aufgespalten werden in einen Anteil I_p für polarisierte Strahlung und einen Anteil I_u für unpolarisierte Strahlung, der beim Licht als natürliches Licht bezeichnet wird. Der Polarisationsgrad ist $P = I_p/I$; er variiert zwischen $P = 0$ für unpolarisierte Strahlung und $P = 1$ für vollständig polarisierte Strahlung.

2) Das Auftreten einer Vorzugsorientierung für den Spin von Teilchen. Experimente mit polarisierten Teilchenstrahlen sind vor allem von Bedeutung in der Hochenergiephysik und der Kernphysik (→ polarisierte Kerne, → Neutronenpolarisation, → Elektronenpolarisation). Der Mittelwert des Spinvektors definiert die Polarisationsrichtung. Für Neutrinos ist eine Zuordnung von Polarisations- und Bewegungsrichtung (Impulsrichtung) möglich, sie sind longitudinal polarisiert. Die Beschreibung des Spinzustandes durch eine Wellenfunktion liefert stets einen Zustand vollständiger P. zu einer beliebig vorgebbaren Polarisationsrichtung. Zur Beschreibung teilweise polarisierter oder unpolarisierter Teilchen sind → Dichtematrizen erforderlich. Ist bei Teilchen mit Spin 1/2 (Neutronen, Elektronen) die Dichtematrix diagonal bei Darstellung mit den Spineigenfunktionen der z-Richtung, so stimmt diese mit der Polarisationsrichtung überein, die beiden Diagonalelemente der Dichtematrix sind die Wahrscheinlichkeiten w_+ und w_- dafür, daß der Teilchenspin in positive bzw. negative z-Richtung zeigt. Der Polarisationsgrad kann als $w_+ - w_-$ definiert werden, er variiert dann zwischen -1 und $+1$.

3) *elektrische P., Elektrisierung*, das auf die Volumeneinheit bezogene elektrische Dipolmoment eines Körpers (→ Dipol), d. h. die Dipoldichte, zur Charakterisierung seines elektrischen Zustandes. Besitzt das Volumenelement ΔV das elektrische Dipolmoment $\vec{P} \cdot \Delta V$, so stellt $\vec{P}$ den Vektor der elektrischen P. an dieser Stelle im Körper dar. Die Einheit, in der die elektrische P. im Internationalen Einheitensystem (SI) gemessen wird, ist demzufolge As/m². Die elektrische P. gibt den Anteil der dielektrischen Verschiebung $\vec{D}$ wieder, der durch die elektrische P. $\vec{P}$ entsteht: $\vec{D} = \varepsilon_0 \cdot \vec{E} + \vec{P}$.

Den Vorgang, daß die elektrische P. dem elektrischen Feld nur in endlicher Zeit folgt, bezeichnet man als *dielektrische Relaxation*.

Der Zusammenhang mit dem elektrischen Feld $\vec{E}$ im Dielektrikum (→ Entelektrisierung) wird durch die elektrische Suszeptibilität χ_{el} gegeben: $\vec{P} = \chi_{el} \cdot \varepsilon_0 \cdot \vec{E}$.

Eine *permanente* oder *spontane elektrische P.* ist eine elektrische P., die nach Abschalten des elektrisierenden Feldes erhalten bleibt. Die permanent elektrische P. stellt das Analogon zur permanenten Magnetisierung dar, obwohl die Ursachen anderer Natur sind. Ein Körper, der eine permanent elektrische P. besitzt, wird als *Elektret* bezeichnet. Während in ihm die P. durch freie Ladungen kompensiert werden kann, ist das in einem Permanentmagneten nicht möglich, weil es keine magnetischen Ladungen gibt.

Eine experimentelle Realisierung einer permanenten P. kann man durch Anlegen einer hohen Spannung an festwerdendes Harz erzielen. Natürliche permanent elektrische P. ist unter den Bezeichnungen → Pyroelektrizität und → Piezoelektrizität bekannt.

Bei bestimmten Kristallen, den Ferroelektrika, ordnen sich die permanenten Dipole in einem kleinen räumlichen Bereich. Dadurch entsteht ein starkes inneres elektrisches Feld, das ein weiteres Fortschreiten des Ordnungsvorgangs bewirkt. In statischen elektrischen Feldern ist das Auftreten einer elektrischen P. typisch für jedes Dielektrikum. Daher ist eine elektrische P. im allgemeinen eine *dielektrische P.*, die durch gegenseitige Verschiebung von Ladungen in einem Isolator unter dem Einfluß eines elektrischen Feldes entsteht. Jedes Dielektrikum besteht aus relativ stabilen Bausteinen mit der Gesamtladung Null. Da die Ladungen in einem Isolator nicht frei beweglich sind, findet unter der Einwirkung eines elektrischen Feldes nur eine Verschiebung statt: Positive Ladungen werden in Richtung des Feldes verschoben und negative in entgegengesetzter Richtung. Der Verschiebungsstrom in Feldrichtung kommt zum Erliegen, wenn die Verschiebung eine dem Feld proportionale Größe erreicht hat. Die Größe der Elektrizitätsmenge, die durch die Flächeneinheit senkrecht zur Verschiebungsrichtung fließt, ist ein Maß für die Verschiebung bzw. für die dielektrische P.

Auf Grund der Kenntnis vom Materieaufbau unterscheidet man drei verschiedene Formen der dielektrischen P.: die Elektronenpolarisation, die Atompolarisation und die Orientierungspolarisation.

a) *Elektronenpolarisation*, die Deformationspolarisation von Atomen bzw. deren Elektronenhüllen unter der Wirkung eines elektrischen Feldes. Im Gegensatz zur Orientierungspolarisation (s. u.) werden bei der Elektronenpolarisation auch vollkommen kugelsymmetrische Atome in einem Feld polarisiert. Das geschieht durch die Verschiebung von positivem Atomkern und negativer Elektronenhülle gegeneinander. Durch diese Verschiebung fallen die Ladungsschwerpunkte von positiver und negativer Ladung in einem Atom nicht mehr zusammen. Es entsteht ein *induzierter Dipol*. Die Verschiebung der Ladungsschwerpunkte gegeneinander beträgt nur Bruchteile eines Atomdurchmessers. Es stellt sich ein Gleichgewicht zwischen den Kraftwirkungen des von außen angelegten elektrischen Feldes und eines durch die Verschiebung im Inneren des Atoms entstehenden Gegenfeldes ein. Die Einstellzeiten für die Elektronenpolarisation sind kleiner als 10^{-14} s.

Das Analogon auf magnetischem Gebiet ist der → Diamagnetismus.

b) *Atompolarisation, Ionenpolarisation, Gitterpolarisation*, die Verschiebung geladener Atome unter der Wirkung eines elektrischen Feldes. Bei Molekülen, die aus verschiedenartigen Atomen aufgebaut sind, verteilen sich die Elektronen nicht gleichmäßig im gesamten Molekül. Die mittlere Elektronendichte ist an den Atomen mit einer höheren Elektronenaffinität am höchsten. Trotzdem können in Molekülen die Ladungsschwerpunkte der positiven Atomkerne und der gesamten Elektronenwolke zusammenfallen. Das gilt auch sinngemäß für Substanzen mit bevorzugtem Anteil an Ionenbindung. Unter der Wirkung eines äußeren Feldes wird auf die Ladungen eine Kraft ausgeübt. Damit kommt es sowohl zu einer Verschiebung der Elektronendichteverteilung als auch zu einer Verschiebung der geladenen Atome bzw. Atomgruppen gegeneinander. Es wird ein Dipolmoment erzeugt bzw. ein bereits vorhandenes Dipolmoment vergrößert (→ Deformationspolarisation). In Festkörpern wird das Kristallgitter beeinflußt (→ Elektrostriktion, → Piezoelektrizität).

c) *Orientierungspolarisation, paraelektrische P.*, die Ausrichtung von schon vor Anlegen des elektrischen Feldes vorhandenen Dipolen. Die Einstellzeiten sind wesentlich größer als bei a) und b) ($\approx 10^{-11}$ s). Nach der Debyeschen Theorie (→ dielektrische Verluste) ergibt sich für die Relaxationszeit $\tau = 4\pi\eta r^3/kT$. Dabei bedeutet η die Zähigkeit, r den Molekülradius, k die Boltzmann-Konstante und T die absolute Temperatur. Die Relaxationszeit τ ist definiert als die Zeit, in der die P. nach Abschalten des Feldes auf 1/e absinkt. Für elektromagnetische Wellen mit Frequenzen oberhalb 10^3 GHz trägt die Orientierungspolarisation nicht mehr zur Dielektrizitätskonstanten und damit zum Brechungsindex bei.

Im Unterschied zu einem → Ferroelektrikum kommt es in einer paraelektrischen Substanz nicht zur spontanen P. Bei hohen Temperaturen werden Phasenübergänge vom ferroelektrischen zum paraelektrischen Zustand beobachtet.

P. tritt auch beim Durchgang ionisierender Strahlung durch Materie (→ Hohlraumionisation) auf.

4) *magnetische P.*, → magnetische Flußdichte.

Polarisation des Himmelslichtes, der → Polarisationszustand der → Himmelsstrahlung. Da die kurzwellige Himmelsstrahlung gestreute Sonnenstrahlung ist, kann die P. d. H. aus den Streutheorien, der Rayleigh-Theorie für Moleküle der atmosphärischen Gase und der Mie-Theorie für atmosphärische Schwebstoffe (→ Streuung B 6), abgeleitet werden. Das Himmelslicht ist teilweise polarisiert, die polarisierte Komponente ist nahezu linear polarisiert, elliptische P. konnte nur in der stark getrübten Atmosphäre nachgewiesen werden. Maximale P. beobachtet man in nahezu 90°-Winkelabstand von der Sonne. Streuung an Dunstteilchen und mehrmalige Streuung an Molekülen der atmosphärischen Gase führt zum Auftreten von *neutralen Punkten* im Sonnenvertikalkreis, die natürliches Licht aussenden. Sie werden nach ihrem jeweiligen Entdecker als *Arago-Punkt, Babinet-Punkt* und *Brewster-Punkt* bezeichnet. Die mittlere Lage der Maximalpolarisation und der neutralen Punkte ist in der Abb. dargestellt. Spiegelnde

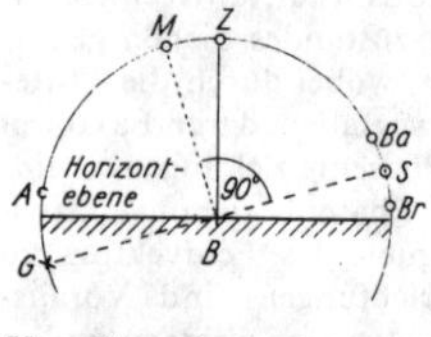

Ungefähre Lage der neutralen Punkte und der Maximalpolarisation im Sonnenvertikalkreis. *B* Beobachter, *S* Sonne, *G* Sonnengegenpunkt, *Z* Zenit, *A* Arago-Punkt, *Ba* Babinet-Punkt, *Br* Brewster-Punkt, *M* Himmelspunkt mit maximalem Polarisationsgrad

Reflexion an einer Wasserfläche kann zum Auftreten weiterer neutraler Punkte führen. Die Polarisationsebene stimmt nur im Sonnenvertikalkreis mit der Visionsebene, d. h. den jeweiligen durch den Zenit gehenden Vertikalkreisen, überein. Die *Neutrallinien* verbinden alle Punkte des Himmelsgewölbes mit einer Neigung der Polarisationsebene von 45° gegenüber dem jeweiligen Vertikalkreis.

Polarisation des Lichtes, Bezeichnung für jede gesetzmäßige Änderung der Schwingungsrichtung des Lichtvektors. Da Licht eine elektromagnetische Welle ist (→ Lichttheorien), können Schwingungen in allen Richtungen senkrecht zur Ausbreitungsrichtung des Lichtstrahls auftreten. Man spricht von *natürlichem* oder *unpolarisiertem Licht*, wenn die Schwingungen in allen Richtungen der senkrecht zur Strahlausbreitung liegenden Ebene regellos erfolgen, so daß bei zeitlicher Mittelung keine Richtung bevorzugt ist. Bis auf den Laser senden alle gewöhnlichen Lichtquellen natürliches Licht aus. Von *vollständig polarisiertem Licht* spricht man, wenn feste Phasenbeziehungen zwischen den beiden Komponenten der elektrischen bzw. magnetischen Feldstärke senkrecht zur Ausbreitungsrichtung bestehen. Bei *linear polarisiertem Licht* sind beide Komponenten in Phase. In diesem Falle schwingt der Lichtvektor in einer Ebene. Als *Schwingungsebene* wird dabei die Ebene bezeichnet, die den Lichtstrahl und den Lichtvektor, also die Schwingungen der elektrischen Feldstärke bzw. der dielektrischen Verschiebung, enthält. Die *Polarisationsebene* ist die dazu senkrechte Ebene, sie enthält also den Lichtstrahl und die Schwingungen der magnetischen Feldstärke.

Die Abweichung der Polarisationsebene von einer festen Bezugsebene bezeichnet man als *Polarisationsazimut*. Als Bezugsebene wird häufig die *Visionsebene* gewählt, d. i. die Ebene, die den Sehstrahl Beobachter – beobachtetes Objekt und den Lichtstrahl enthält.

Zirkular polarisiertes Licht liegt vor, wenn die aufeinander senkrecht stehenden Komponenten der elektrischen Feldstärke gleiche Amplitude und einen Phasenunterschied von $\pi/2$ haben. In diesem Fall läuft die Schwingungsrichtung mit konstanter Winkelgeschwindigkeit um den Lichtstrahl, und der Endpunkt des umlaufenden Lichtvektors beschreibt einen Kreis. *Elliptisch polarisiertes Licht* liegt vor, wenn Phasenwinkel und Amplitude der Komponenten beliebig sind, jedoch eine feste Phasenbeziehung besteht. In diesem Fall beschreibt der Endpunkt des Lichtvektors eine Ellipse um den Lichtstrahl.

Bei zirkular und elliptisch polarisiertem Licht unterscheidet man zwischen links und rechts zirkular bzw. elliptisch polarisiert, je nachdem, ob der Lichtvektor bei Betrachtung des ankommenden Lichtstrahls links oder rechts herum läuft. Bei exakt fixierter Frequenz, d. h. für eine streng monochromatische Welle, ist die elliptische P. der allgemeinste Lösungstyp. Jede phasenkonstante (d. h. kohärente) Überlagerung zweier in beliebigen Richtungen linear polarisierter Wellen liefert eine elliptisch polarisierte Welle, die in Spezialfällen zu einer zirkular oder linear polarisierten Welle entarten kann. Aus den Grundtypen von a) in zwei zueinander senkrechten Richtungen linear polarisierten oder b) rechts bzw. links zirkular polarisierten Wellen können durch Überlagerung alle anderen vollständig polarisierten Wellen aufgebaut werden. Eine Mischung von natürlichem und polarisiertem Licht, die in jedem Verhältnis auftreten kann, wird als *teilweise polarisiertes Licht* bezeichnet.

Der als Verhältnis der Intensität des polarisierten Lichts zur Gesamtintensität definierte *Polarisationsgrad* kann mit einem → Polarisationsprisma oder einem → Polarisationsfilter gemessen werden. Tritt teilweise polarisiertes Licht durch einen Analysator, dann gibt es zwei zueinander senkrechte Stellungen, in denen maximale und minimale Intensität durchgelassen werden. Der Polarisationsgrad ist dann gleich $\frac{I_{max} - I_{min}}{I_{max} + I_{min}}$.

Dem Polarisationsgrad äquivalente, ebenfalls dimensionslose Größen sind Depolarisationsgrad und Polarisationsgröße oder Polarisationsverhältnis. Der *Depolarisationsgrad D* ist das Verhältnis der Komponente natürlichen Lichtes I_n zum Gesamtlicht I:

$$D = \frac{I_n}{I} = \frac{2I_{min}}{I_{min} + I_{max}}.$$

Der Wertevorrat liegt zwischen 0 (vollständig linear polarisiertes Licht) und +1 (natürliches Licht). Die *Polarisationsgröße* oder das *Polarisationsverhältnis* $P' = \frac{I_{max}}{I_{min}} = \frac{2I_p + I_n}{I_n}$ gibt Werte zwischen +1 (natürliches Licht) und ∞ (vollständig linear polarisiertes Licht).

Zur Erzeugung von polarisiertem Licht aus natürlichem Licht gibt es verschiedene Möglichkeiten.

1) Erzeugung durch Reflexion. Bei schräger Reflexion von unpolarisiertem Licht an durchsichtigen isotropen Körpern ist der reflektierte Strahl teilweise polarisiert, wobei vorwiegend die senkrecht zur Einfallsebene schwingende Komponente reflektiert wird. Ist der Einfallswinkel gleich dem Brewster-Winkel, so ist der reflektierte Strahl vollständig linear polarisiert, seine Polarisationsebene ist dann identisch mit der Einfallsebene. Nach dem Brewsterschen Gesetz gilt für den Polarisationswinkel α die Beziehung $\tan \alpha = n$; n ist der Brechungsindex des reflektierenden Mediums. Für Glas mit $n \approx 1{,}5$ ist $\alpha \approx 57°$. Fällt das von einem Glasspiegel unter dem Polarisationswinkel reflektierte Licht unter demselben Winkel auf einen zweiten Glasspiegel (Abb. 1), so wird von diesem nur dann Licht reflektiert, wenn die Einfallsebene dieses Spiegels und die Polarisationsebene nicht aufeinander senkrecht stehen. Bei Drehung des zweiten Spiegels um den einfallenden Lichtstrahl wechselt die Intensität des austretenden Lichtstrahls ständig (*Malus-Versuch*, Abb. 2).

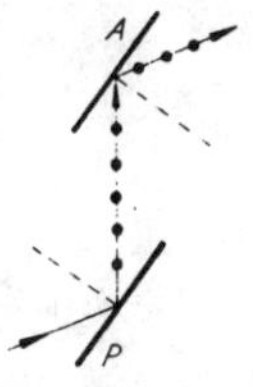

1 Polarisation durch Reflexion an einem Glasspiegel. Spiegel *P* wirkt als Polarisator, Spiegel *A* als Analysator. —•—•— Schwingungsrichtung des Lichtvektors senkrecht zur Bildebene

Durch Reflexion an Metallschichten entsteht nicht linear, sondern elliptisch polarisiertes Licht.

2) Erzeugung durch Brechung. Das in dem durchsichtigen isotropen Körper gebrochene Licht ist nur teilweise linear polarisiert. Durch mehrmalige Brechung in einem *Glasplattensatz*, d. h. einem Satz paralleler Glasplatten, kann man polarisiertes Licht mit einem Polarisationsgrad über 99% erzeugen (Abb. 3).

3) Erzeugung durch Doppelbrechung. In optisch anisotropen Medien wird ein einfallender Lichtstrahl, wenn er sich nicht in Richtung der optischen Achse fortpflanzt, in den ordentlichen und außerordentlichen Strahl zerlegt, die senkrecht zueinander polarisiert sind. Über die technische Anwendung → Polarisationsprisma.

4) Erzeugung durch Dichroismus. Bestimmte doppelbrechende Kristalle absorbieren Licht unterschiedlicher Schwingungsrichtung verschieden stark. Über die technische Anwendung → Polarisationsfilter.

5) Erzeugung durch Streuung. Bei der Lichtstreuung an im Vergleich zur Lichtwellenlänge kleinen Teilchen ist das infolge Mie-Streuung gestreute Licht teilweise polarisiert (Streuung B 6).

6) Erzeugung durch Beugung. Bei der Beugung entsteht teilweise polarisiertes Licht.

Über die Analyse des polarisierten Lichtes → Polarisationszustand des Lichtes.

Die P. d. L. wurde 1808 durch Malus bei Betrachtung des Reflexlichtes einer Fensterscheibe durch ein Kalkspatprisma zufällig entdeckt.

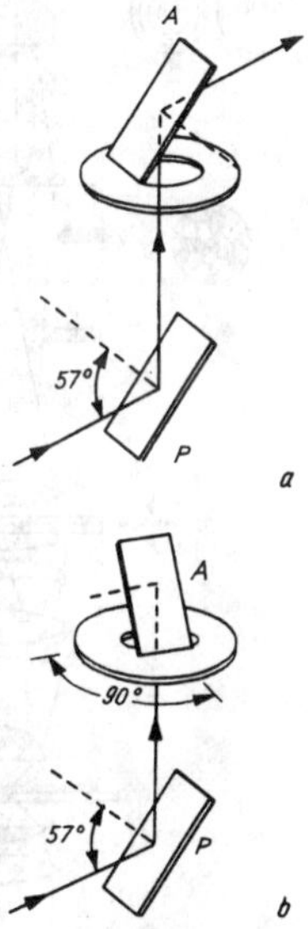

2 Malus-Versuch. In Stellung *a* der Spiegel findet maximale Reflexion am Spiegel *A* statt, in Stellung *b* Auslöschung am Spiegel *A*. Der Spiegel *P* wirkt als Polarisator

Polarisation des Vakuums, → Vakuumpolarisation.

Polarisationsapparat, → Polarisationsoptik.

Polarisationsarbeit, svw. Elektrisierungsarbeit.

Polarisationsbüschel, svw. Haidinger-Büschel.

Polarisationsdiversity, → Mehrfachempfang.

Polarisationsdrift, → Driftgeschwindigkeit.

Polarisationsfilter, *Filterpolarisator,* ein Filter zur Erzeugung von linear polarisiertem Licht aus natürlichem Licht, der auf dem Prinzip des Dichroismus bestimmter doppelbrechender Kristalle beruht. Durch einen dichroitischen doppelbrechenden Kristall wird einfallendes natürliches Licht nicht nur in den ordentlichen und außerordentlichen Strahl aufgespalten, sondern die Strahlen werden auch sehr unterschiedlich absorbiert, so daß bei genügender

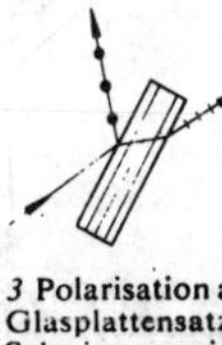

3 Polarisation an einem Glasplattensatz. —|—|—|— Schwingungsrichtung des Lichtvektors parallel zur Bildebene, —•—•— Schwingungsrichtung senkrecht zur Bildebene

Schichtdicke des Kristalls nur noch eine linear polarisierte Komponente aus dem P. austritt.

Das älteste P. besteht aus einem dunkelgrünen Turmalinkristall (→ Turmalinplatte), der senkrecht zur optischen Achse durchstrahlt wird und in dem der ordentliche Strahl vollkommen absorbiert wird. Jedoch wird auch der außerordentliche Strahl ziemlich stark absorbiert.

Bei der technischen Herstellung sind drei verschiedene Verfahren zur Anwendung gekommen. 1) Die dichroitische Kristallschicht wird auf eine Glasplatte niedergeschlagen. Hierzu gehören das *Herapathit* (nach W. Herapath 1852), das Perjodid des Chininsulfats, sowie die *Bernotare* (von Zeiss unter diesem Namen in den Handel gebracht) und *Herotare*. 2) Mechanisch gedehnte Kunststoffolien werden mit dichroitischen Farbstoffen angefärbt, wobei die Dehnung eine orientierte Adsorption der Farbstoffmoleküle bewirkt. 3) Die in die Kunststofffolie eingebetteten dichroitischen Kristalle werden elektrisch oder magnetisch ausgerichtet. Nach den letzten beiden Verfahren lassen sich großflächige P. herstellen, die *Polarisationsfolien* oder *Polaroidfilter*. Diese polarisieren im allgemeinen nicht vollständig, insbesondere nicht im roten Spektralbereich, jedoch ist der Polarisationsgrad meist größer als 99%. Für exakte Messungen werden daher auch heute noch → Polarisationsprismen verwendet.

Polarisationsfolie, → Polarisationsfilter.

Polarisationsfunktion, → Tyndall-Effekt.

Polarisationsgrad, → Polarisation des Lichtes.

Polarisationsgröße, → Polarisation des Lichtes.

Polarisationsmikroskop, Mikroskop zur Untersuchung anisotroper Materialien mit Hilfe linear polarisierten Lichtes. Der Beleuchtungsapparat des P.s besitzt einen Polarisationskondensor (Polarisator). Durch diese Einrichtung wird das zur Beleuchtung verwendete Licht in linear polarisiertes Licht verwandelt, das nach Durchgang durch das Objekt mit einem zweiten Polarisator analysiert wird (Analysator); dieser liegt hinter dem Objekt im Mikroskoptubus.

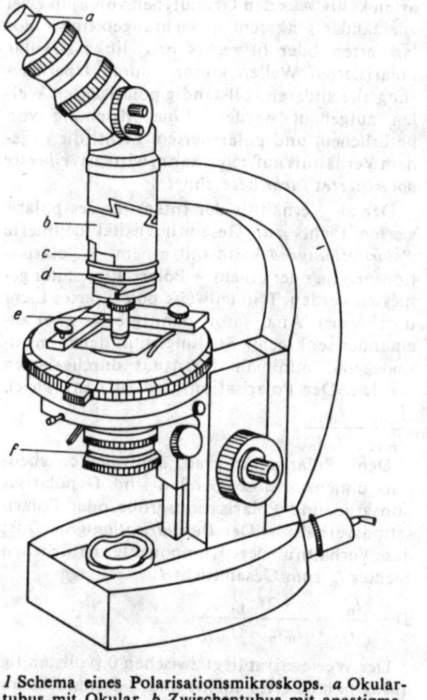

1 **Schema eines Polarisationsmikroskops. *a* Okulartubus mit Okular, *b* Zwischentubus mit anastigmatischem Tubusanalysator (Telanlinse), *c* ausschlagbarer, drehbarer Analysator, *d* Tubusschlitz zur Aufnahme der Kompensatoren, *e* Objektiv, *f* Beleuchtungsapparat mit Polarisationskondensor (Polarisator)**

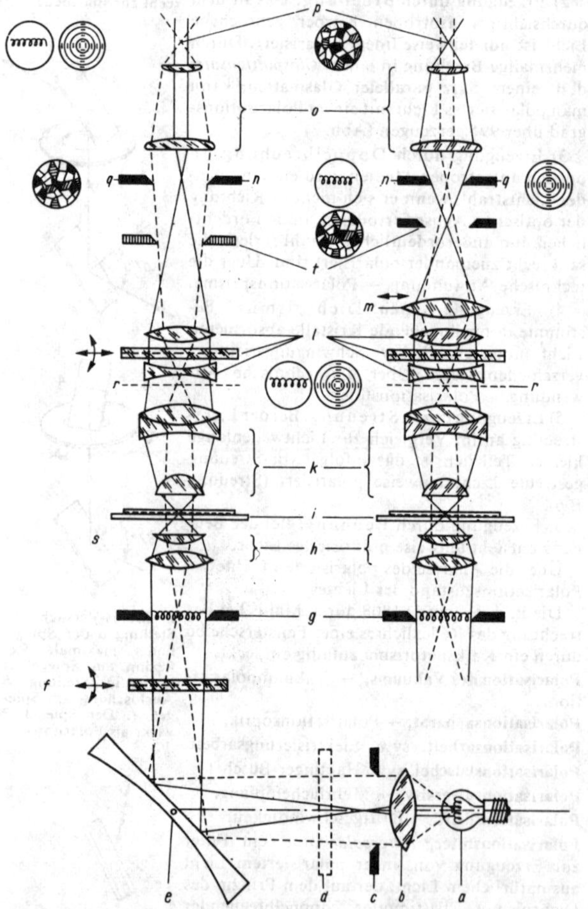

2 **Polarisationsmikroskop (schematisch): links orthoskopischer Strahlengang, rechts konoskopischer Strahlengang. *a* Lichtquelle, *b* Kollektor, *c* Leuchtfeldblende, *d* Mattscheibe oder Filter, *e* Spiegel, *f* Polarisator, *g* Aperturblende, *h* Kondensor, *i* Objekt, *k* Objektiv, *l* Analysator (im telezentrischen Strahlengang), *m* Amici-Bertrandsche Linse, *nq* vordere Brennebene des Okulars (Zwischenbildebene), *o* Okular, *p* Austrittspupille, *r* hintere Brennebene des Objektivs, *s* obere Kondensorlinse (ausklappbar), *t* Irisblende, mit der bei konoskopischem Strahlengang Objektdetails ausgeblendet werden**

Polarisator und Analysator sind drehbar angeordnet, die Drehwinkel sind mit Hilfe eines Indexes an einer Gradteilung abzulesen. Meist hinter dem Objektiv befindet sich im Tubus ein Schlitz, um Kompensatoren, zum Beispiel $\lambda/4$-Plättchen, Rot 1. Ordnung, Quarzkeile oder Gipskeile sowie Drehkompensatoren, einschieben zu können. Der Tisch eines P.s

ist drehbar und mit einer Gradteilung versehen, so daß die Stellung des Objekts genau festgestellt werden kann. Der mechanische Aufbau eines P.s ist aus der Abb. zu ersehen. Optisch unterscheidet man den orthoskopischen (direkten) und den konoskopischen (indirekten) Strahlengang, der beim modernen P. mittels der einschiebbaren Amici-Bertrand-Linse hergestellt werden kann. Diese ist ein Linsensystem, das zwischen Okular und Analysator liegen muß, damit die Achsenbilder der bildseitigen Brennebene des Objektivs in der Zwischenbildebene des Mikroskops beobachtet werden können. Die *orthoskopische Beobachtung* entspricht der der üblichen Mikroskopie. Die anisotropen Objekte erscheinen in Polarisationsfarben, deren Stärke und Charakter von der Orientierung und den optischen Eigenschaften abhängen; die Farbfolge ist durch die Dicke und die Doppelbrechung des Präparates bestimmt. Es werden die Lichtbrechung, die Winkel, die Dicke und die Gangunterschiede an Kristallen ermittelt. In der *konoskopischen Beobachtung* werden die Achsenbilder der Kristalle untersucht. Es sind das Interferenzerscheinungen in der hinteren Brennebene der Objektive bei gekreuzten Polarisatoren, die durch die Einwirkung bestimmter Kristallschnitte hervorgerufen werden. Die Achsenbilder geben Aufschluß über die Richtungsabhängigkeit der Doppelbrechung und zeigen, ob der Kristall ein- oder zweiachsig ist; ferner läßt sich die Lage der Hauptschwingungsrichtungen ermitteln.

Für Untersuchungsmethoden, die eine beliebige meßbare Verkippung des Kristallpräparates gegenüber der optischen Achse des P.s erfordern, bedient man sich des *Universal-Drehtisches* nach *Fedorow*. Dieser wird auf den Objekttisch des P.s aufgesetzt. Das Objekt (Dünnschliff) befindet sich mit Immersionsflüssigkeit zwischen Kugelsegmenten aus Glas auf einer Platte; diese kann um eine senkrecht zur Objektebene stehende Achse gedreht und mittels einer kardanischen Lagerung um zwei senkrecht aufeinander stehende Achsen gegenüber der optischen Achse des P.s verkippt werden. Die einzelnen Drehwinkel lassen sich an Teilungen ablesen.

Polarisationsoptik, Sammelbezeichnung für optische Bauelemente und Geräte zur Erzeugung und Untersuchung von polarisiertem Licht (→ Polarisation des Lichtes). Bauelemente zur Erzeugung von linear polarisiertem Licht werden *Polarisatoren* genannt. Als solche finden im allgemeinen → Polarisationsfilter und → Polarisationsprismen Verwendung. Bauelemente zur Untersuchung des → Polarisationszustandes des Lichtes nennt man *Analysatoren*. Jeder Polarisator kann auch als Analysator verwendet werden. Polarisatoren und Analysatoren unterscheiden sich nur durch ihre Funktion im gewählten optischen Aufbau. Der Polarisator befindet sich dabei auf der Lichtquellen-, der Analysator auf der Beobachterseite.

Polarisator und Analysator sind Bestandteile der kommerziellen Geräte zur Erzeugung und Untersuchung von polarisiertem Licht, der *Polarisationsapparate*. Spezielle Polarisationsapparate sind das → Polarimeter zur Bestimmung der Lage der Polarisationsebene und das → Polarisationsmikroskop zur Untersuchung anisotroper Materialien. Ein älterer Polarisationsapparat ist die Turmalinzange (→ Turmalinplatte).

Polarisationsprisma, Prisma zur Erzeugung von linear polarisiertem Licht aus natürlichem Licht, das auf dem Prinzip der → Doppelbrechung beruht. Das P. besteht im allgemeinen aus zwei oder mehr Teilprismen doppelbrechender Kristalle, wie Kalkspat oder Quarz. Es zerlegt unpolarisiertes Licht in zwei senkrecht zueinander schwingende, linear polarisierte Anteile, die räumlich getrennt werden und wobei entweder nur ein Anteil oder beide linear polarisierten Anteile im Gesichtsfeld erscheinen. Im letzten Fall ist also das Gesichtsfeld in zwei Teilbereiche unterteilt, die jeweils linear polarisiertes Licht mit senkrecht zueinander stehenden Schwingungsrichtungen durchlassen. Am meisten benutzt werden Polarisationsprismen der ersten Art, zu denen z. B. das *Nicolsche P.*, auch kurz *Nicol* genannt, gehört. Es ist ein aus einem Kalkspatrhomboeder hergestelltes P. mit schrägen Endflächen (Einfallswinkel 22°), die mit den Längskanten einen Winkel von 68° bilden (Abb. 1). Das Kalkspatrhomboeder wird

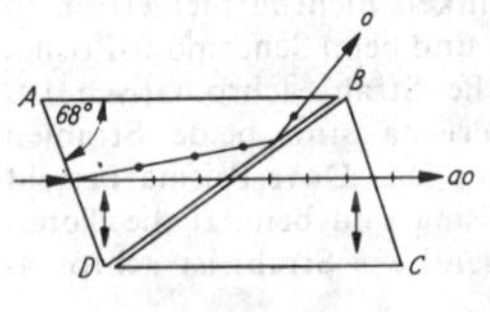

1 Nicolsches Prisma. *o* ordentlicher Strahl, *ao* außerordentlicher Strahl, ┼┼┼ Schwingungsrichtung parallel zur Bildebene, —•— Schwingungsrichtung senkrecht zur Bildebene, ←→ Richtung der optischen Achse des Kristalls parallel zur Bildebene

längs *BD* zerschnitten, die beiden Prismen werden mit Kanadabalsam wieder verkittet. Der auf die Schnittfläche *AD* einfallende Lichtstrahl wird im Kalkspat in den ordentlichen Strahl mit der Brechzahl $n_o = 1{,}658$ und den außerordentlichen Strahl mit der Brechzahl $n_a \approx 1{,}54$ zerlegt. Der ordentliche Strahl erleidet an der Balsamschicht ($n = 1{,}54$) Totalreflexion und wird an den schwarzen Wänden der Längskanten absorbiert, der außerordentliche Strahl tritt nur mit einer geringen Parallelverschiebung aus dem Prisma aus. Das Nicol erzeugt jedoch nur vollständige Polarisation für Licht, das aus einem Kegel mit dem Öffnungswinkel von 29° auf die Fläche *AD* auftrifft. Man spricht dann davon, daß das Nicol ein Gesichtsfeld oder einen Gesichtswinkel von 29° hat.

Ein wesentlich größeres Gesichtsfeld von 39° (bei Verwendung von Kanadabalsam) bzw. 42° (bei Verwendung von eingedicktem Leinöl mit $n = 1{,}49$ als Bindemittel) besitzt das *Thompson-Prisma* oder *Glan-Thompson-Prisma* (Abb. 2), das auf demselben Prinzip wie das Nicol aufgebaut ist und heute vorwiegend verwendet wird. Es besitzt gerade Endflächen, so daß beim Eintritt in das Prisma der einfallende Lichtstrahl zwar in die zwei senkrecht zueinander schwingenden Komponenten aufspaltet, die aber räumlich nicht getrennt sind und nur mit unterschiedlicher Geschwindigkeit fortlaufen. Die räum-

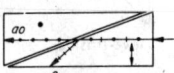

2 Glan-Thompson-Prisma. • Richtung der optischen Achse des Kristalls senkrecht zur Bildebene liche Trennung des ordentlichen und außerordentlichen Strahls erfolgt durch Totalreflexion des ordentlichen Strahls an der Kittfläche.

Beide Polarisationsprismen haben den Vorteil, daß sie ohne Farbfehler arbeiten. Im UV müssen jedoch die im Sichtbaren benutzten Kittmittel wegen starker Absorption derselben durch Glyzerin, Rizinusöl oder Luft auf Kosten des Gesichtsfeldes ersetzt werden.

Das *Ahrens-Prisma* (Abb. 3) ist ein aus drei Teilprismen aus optischem Doppelspat hergestelltes Prisma und wird vorwiegend in Polarisationsmikroskopen verwendet. Die Basis des Mittelprismas wird entweder den Beleuchtungs- oder den Abbildungsstrahlen zugekehrt.

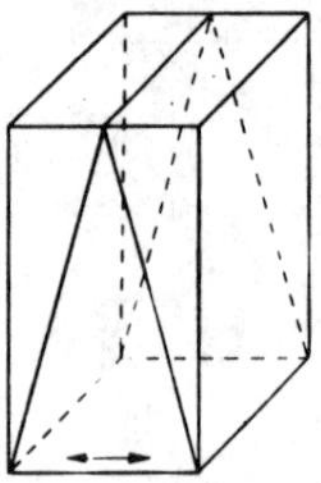

3 Ahrens-Prisma

Polarisationsprismen, bei denen sowohl der ordentliche als auch der außerordentliche Strahl im Gesichtsfeld erscheinen, sofern nicht einer der beiden Strahlen ausgeblendet wird, sind das *Rochon-Prisma*, das *Sénarmont-Prisma*, das *Wollaston-Prisma* und das *Dove-Prisma* (Abb. 4 bis 7). In allen Abbildungen sind die Richtung der optischen Achse, der Strahlengang der beiden Strahlen sowie die Schwingungsrichtungen beider Strahlen eingezeichnet. Gebrochene Strahlen sind infolge wellenabhängigen Brechungswinkels nicht farbfehlerfrei, so daß beim Rochon- und beim Sénarmont-Prisma nur der ordentliche Strahl achromatisch ist. Beim Wollaston-Prisma sind beide Strahlen nicht achromatisch. Das Dove-Prisma besteht nur aus einem Prisma und benutzt die Totalreflexion. Der ordentliche Strahl ist achromatisch.

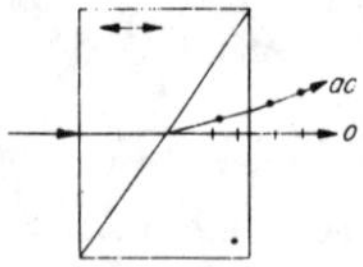

4 Rochon-Prisma

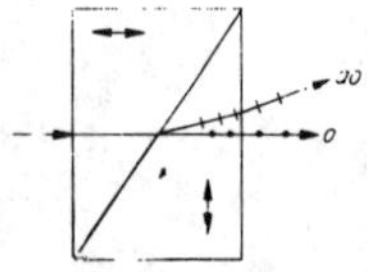

5 Sénarmont-Prisma

Polarisationsprismen sind nur in relativ begrenzten Abmessungen herstellbar und nur für begrenzte Bildwinkel (maximal etwa 40°) brauchbar. Sie werden heute nach Möglichkeit durch *Polarisationsfilter* oder *Polarisationsfolien* ersetzt. Den Polarisationsfiltern sind sie jedoch dann überlegen, wenn die Anwendung für einen großen Spektralbereich (UV und IR) gefordert und eine optimale Auslöschung bei gekreuzten Polarisatoren verlangt wird, da Polarisationsprismen leicht vollständig polarisieren, während die Polarisationsfolien insbesondere am roten Ende des Spektrums nicht vollständig polarisieren.

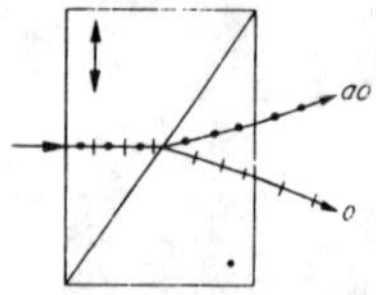

6 Wollaston-Prisma

Polarisationstensor, → Relativitätselektrodynamik.

Polarisationsverhältnis, → Polarisation des Lichtes.

Polarisationswinkel, svw. Brewster-Winkel.

Polarisationszustand des Lichtes, die Gesamtheit der zur Beschreibung der Polarisation des Lichtes notwendigen Angaben. Durch Angabe von Polarisationsgrad, Achsenverhältnis und Lage der Ellipse des polarisierten Anteils ist der P. eines Lichtstrahls eindeutig festgelegt. Gibt man zusätzlich noch die Gesamtintensität, so sind die Ergebnisse aller Intensitätsmessungen nach Durchgang durch beliebige Polarisatoren bzw. Analysatoren vollständig bestimmt. Statt des Polarisationsgrades kann zur Charakterisierung des Gemisches natürliches Licht – polarisiertes Licht auch die dem Polarisationsgrad entsprechende Größe Depolarisationsgrad bzw. Polarisationsverhältnis herangezogen werden, → Polarisation des Lichtes. Mathematisch bequem läßt sich der P. eines Lichtstrahls einschließlich einer Gesamtintensität durch vier Parameter beschreiben, die Stokesschen Parameter (1852 von Stokes eingeführt), die mit $I_{(i)}$ ($i = 1, 2, 3, 4$) bezeichnet werden. Der allgemeinste P. ist der der elliptischen Polarisation. Die Polarisationsellipse ist eindeutig definiert durch zwei senkrecht zueinander in den Richtungen $\mathfrak{s}$ und $\mathfrak{r}$ schwingende Lichtvektoren der Intensitäten I_s und I_r und die Lage der Ellipse im Raum (Abb.). Ist $\varkappa$ der Winkel zwischen $\mathfrak{s}$ und der großen Achse der Ellipse und $\operatorname{tg}\beta$ das Verhältnis der Achsen der Ellipse, dann sind die Stokesschen Parameter

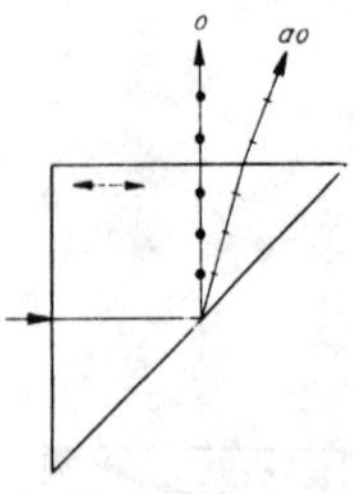

7 Dove-Prisma

$$I_1 = I_s + I_r$$
$$I_2 = Q = I_s - I_r$$
$$I_3 = U = Q \tan 2\beta$$
$$I_4 = V = Q \tan 2\beta \sec 2\varkappa .$$

Alle $I_{(i)}$ haben die Dimension einer Intensität. Es gilt I_1 = Gesamtintensität des Lichtstrahls, $\frac{I_2}{I_1}$ = Polarisationsgrad. Der Grad der Elliptizität ist durch I_3 und die Lage der Polarisationsebene durch I_4 charakterisiert. Es gelten für

a) natürliches Licht:

$I_s = I_r$, also $Q = U = V = 0$,

b) vollständig polarisiertes Licht:

$I_r = 0$, also $I^2 = Q^2 + U^2 + V^2$,

c) teilweise polarisiertes Licht:

$I^2 > Q^2 + U^2 + V^2$.

Der Vorteil der Beschreibung des P.es durch die Stokesschen Parameter besteht darin, daß Änderungen des P.es, die durch Störung des Lichtstrahls (Durchgang durch ein optisches Instrument o. ä.) hervorgerufen werden, durch lineare Transformationen der Stokesschen Parameter des einfallenden Lichtstrahls beschrieben werden.

Zur experimentellen Untersuchung des P.es siehe Tabelle.

Polarisator, → Polarisationsoptik.

Polarisierbarkeit, *elektrische P.*, ein Maß dafür, inwieweit in einem zuvor unpolaren Dielektrikum durch Anlegen eines elektrischen Feldes Dipole erzeugt werden. Makroskopisch wird das durch das Auftreten einer Elektrisierung sichtbar. Zu diesem Anteil an der dielektrischen Polarisierung des Dielektrikums, der Elektronen- und der Atompolarisation, kommt bei polaren Dielektrika noch die Orientierungspolarisation hinzu (→ Polarisation 3).

Die P. kann auf die Volumeneinheit, ein Molekül o. a. bezogen werden. Wenn $\vec{m}$ das elektrische Dipolmoment des Moleküls eines zuvor unpolaren Dielektrikums und $\vec{E}$ das makroskopische elektrische Feld bezeichnen, so gilt für die molekulare elektrische P. $\alpha = m/E$. Der makroskopische Vektor der Elektrisierung ergibt sich dann zu $\vec{P} = L \cdot (\varrho/M) \cdot \alpha \cdot \vec{E}$. Dabei bedeuten $L = 6{,}023 \cdot 10^{23}$ [Moleküle/Mol] die Loschmidtsche Zahl, ϱ [kg/m³] die Dichte und M[kg/mol] das Molekulargewicht.

Kann man die Wechselwirkung der einzelnen Moleküle vernachlässigen (Gase, verdünnte Flüssigkeiten), so ist die elektrische Feldstärke am Ort des Moleküls $\vec{E}_M$ gleich der makroskopischen Feldstärke $\vec{E}$, so daß gilt:

$L \cdot \alpha = \varepsilon_0(\varepsilon - 1) \cdot (M/\varrho)$. Dabei sind ε die relative Dielektrizitätskonstante und ε_0 die elektrische Feldkonstante.

Unter Berücksichtigung der Wechselwirkungen der Moleküle in unpolaren Flüssigkeiten und festen Körpern gilt $\vec{E}_M = \vec{E} + (1/3) \cdot \vec{P}/\varepsilon_0$. Damit ergibt sich für den Zusammenhang zwischen der molekularen elektrischen P. und der makroskopischen Dielektrizitätskonstanten die → Clausius-Mosottische Gleichung $L \cdot \alpha = 3\varepsilon_0 \cdot (M/\varrho) \cdot (\varepsilon - 1)/(\varepsilon + 2)$. So beträgt zum Beispiel bei dem unpolaren Gas H_2 die molekulare elektrische P. $\alpha = 1{,}95 \cdot 10^{-40}$ As · m²/V und bei der unpolaren Flüssigkeit CCl_4 $\alpha = 11{,}7 \cdot 10^{-40}$ As · m²/V.

polarisierte Kerne, ein System von Atomkernen mit einer Kernspinquantenzahl $I \neq 0$, die ungleichmäßig auf die infolge der Richtungsquantelung möglichen $2I + 1$ Orientierungen relativ zu einer bestimmten Raumrichtung verteilt sind (→ magnetische Kernresonanz). Das bedeutet, daß die Eigendrehimpulse (Spins) der Atomkerne eine bestimmte Vorzugsrichtung im Raum haben. Da Kerne mit $I \neq 0$ ein magnetisches Dipolmoment aufweisen, bei $I > 1/2$, außerdem noch ein elektrisches Quadrupolmoment, ist es möglich, die Kerne durch Ausrichtung in einem magnetischen oder auch einem inhomogenen elektrischen Feld zu polarisieren. Die bevorzugte Raumrichtung ist dann die Richtung dieses Feldes.

P. K. in Targets werden bei kernphysikalischen Untersuchungen oftmals benötigt. So verwendet man z. B. p. K. für Untersuchungen des β- und γ-Zerfalls radioaktiver Kerne (Nichterhaltung der Parität bei schwachen Wechselwirkungen, Bestimmung der Kernmomente angeregter Kerne), des γ-Zerfalls und der Wechselwirkungen p. K. mit langsamen Neutronen. Ferner werden p. K. in der Tieftemperatur- und Festkörperphysik eingesetzt.

Der Orientierungszustand eines Kernspinsystems kann durch Angabe der Zahlen n_m der Kerne charakterisiert werden, die sich in den $2I + 1$ möglichen Orientierungen m befinden. Eine Orientierung m ist dadurch gegeben, daß in ihr die Komponente I_z des Spinvektors $\vec{I}$ in der bevorzugten Raumrichtung z, die z. B. durch ein von außen angelegtes starkes Magnetfeld gegeben wird, einen bestimmten diskreten Wert $I_z = \hbar m$ hat. Die magnetische Quantenzahl m kann die $2I + 1$ Werte $-I, -I + 1, \ldots, I$ annehmen. Meist gibt man an Stelle der Besetzungszahlen n_m zur Beschreibung des Orientierungszustandes einer Gesamtheit von Kernen mit dem Spin I $2I$ Orientierungsparameter f_j an ($j = 1, 2, \ldots, 2I$). Die Orientierung von Kernen mit $I = 1/2$ wird durch die Größe $f_1 = p = \bar{I}_z/I$

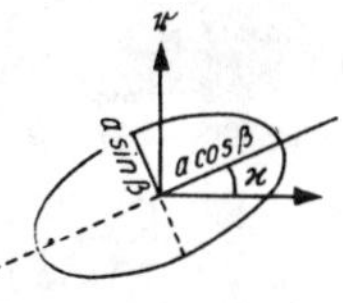

Parameter, die den Polarisationszustand eines elliptisch polarisierten Lichtstrahls definieren. $\vec{r}$, $\vec{s}$ Bezugskoordinatensystem, willkürlich gewählt in der Ebene senkrecht zur Ausbreitungsrichtung des Lichts. Ausbreitungsrichtung senkrecht zur Zeichenebene nach hinten. $\varkappa$ Winkel zwischen der großen Halbachse der Ellipse und der Achse $\vec{s}$ des Bezugskoordinatensystems, a^2 Intensität des Lichtstrahls, $a \sin\beta$ bzw. $a \cos\beta$ Länge der kleinen bzw. großen Halbachse der Ellipse

Gang der Untersuchung des Lichtes auf seinen Polarisationszustand (nach Haas)

1	2	3	4	5	6	7	8	9
2	Maßnahme	Analysator wird gedreht						
3	Erscheinung	die Helligkeit wechselt; völlige Dunkelheit bei				die Helligkeit wechselt nicht		
		einer Stellung	keiner Stellung					
4	Ergebnis	linear polarisiertes Licht						
5	Maßnahme	man erteilt dem Licht einen Gangunterschied von $\lambda/4$; Analysator wird gedreht						
6	Erscheinung		die Helligkeit wechselt; völlige Dunkelheit bei keiner Stellung				einer Stellung	die Helligkeit wechselt nicht
7	Ergebnis					teilweise zirkular polarisiertes Licht	zirkular polarisiertes Licht	natürliches Licht
8	Maßnahme	man erteilt dem Licht einen von Null und $\lambda/4$ verschiedenen Gangunterschied; der Analysator wird gedreht						
9	Erscheinung		völlige Dunkelheit bei					
			einer Stellung von Analysator und Kompensator	keiner Stellung die größte Helligkeit liegt bei derselben	anderer Analysatorstellung			
10	Ergebnis		elliptisch polarisiertes Licht	teilweise linear polarisiertes Licht	teilweise elliptisch polarisiertes Licht			

angegeben. Bei $I \geqq 1$ wird als weiterer Orientierungsparameter $f_2 = a = 3[\overline{I_z^2} - (1/3)\, I(I+1)]/ I(2I-1)$ definiert.

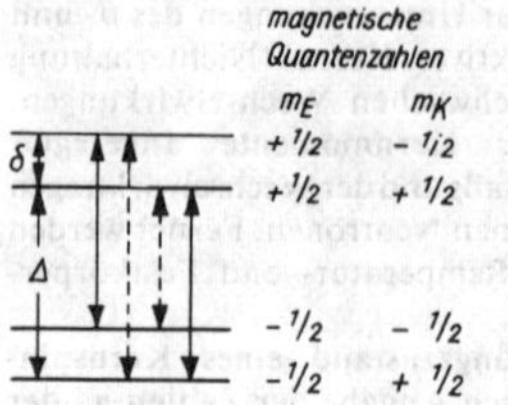

Energieniveauschema bei dynamischer Kernpolarisation

Hierbei ist

$$I_z = \sum_m m n_m / \sum_m n_m,\ \overline{I_z^2} = \sum_m m^2 n_m / \sum_m n_m.$$

Die Summation erfolgt über alle Werte $m = -I, -I+1, \ldots, +I$. f_1 bezeichnet man als *Kernpolarisation* und f_2 als *Kernausrichtung* (nuclear alignment). Bei $I > 1$ lassen sich weitere Größen f_j einführen. Ihre Zahl beträgt allgemein $2I$. Sämtliche Orientierungsparameter sind Null, wenn die Kerne auf alle möglichen Richtungen gleichmäßig verteilt sind, d. h., wenn $n_m = \sum_m n_m/(2I+1)$. Für Kerne mit $I = 1/2$, z. B. ^{1}H, ^{19}F, ergibt sich $f_1 = (n_{+1/2} - n_{-1/2})/(n_{+1/2} + n_{-1/2})$, da nur die beiden Werte $m = \pm 1/2$ auftreten können.

Die Orientierung von Atomkernen ist durch statische und dynamische Methoden möglich. Die *statischen Methoden* benutzen in der Regel starke Magnetfelder. In einem Magnetfeld H ist die Zahl n_m der Kerne, die sich in einer bestimmten Orientierung m befinden, nach dem Boltzmannschen Verteilungsgesetz proportional zu $\exp(-E_m/kT)$. Dabei ist $E_m = m\mu_I H/I$ die Wechselwirkungsenergie (Zeeman-Energie) der magnetischen Kernmomente μ_I im magnetischen Feld H; k ist die Boltzmannsche Konstante und T die absolute Temperatur. Damit erhält man im speziellen Fall $I = 1/2$ für die Kernpolarisation $f_1 = p = \tanh(\mu_I H/kT) \approx \mu_I H/kT$. Diese Beziehung ist für $\mu_I H \ll kT$ gültig. Somit wird deutlich, daß die erzielbare Kernpolarisation um so größer ist, je höhere Magnetfelder auf die Kerne wirken und um so niedriger die Temperaturen sind. Um eine Kernpolarisation von etwa 70% zu erhalten, muß man Magnetfelder der Größenordnung 10^4 bis 10^5 G und extrem niedrige Temperaturen im Bereich von 0,1 bis 0,001 K verwenden. Die auf den Kern einwirkenden Magnetfelder können direkt von außen angelegt werden (*brute-force-Methode*). Es ist jedoch auch möglich, solche Substanzen zu verwenden, die unpaarige Elektronen enthalten, z. B. paramagnetische Salze der Übergangsgruppenelemente oder auch ferromagnetische Stoffe. Die Elektronen erzeugen durch ihre magnetischen Momente, die etwa drei Größenordnungen stärker sind als die Kernmomente, an den Atomkernen starke Magnetfelder der Größenordnung 10^5 G, die die Kernpolarisation bewirken (*Rose-Gortler-Methode, Bleaney-Methode*). Zum Teil werden die Elektronenmomente dabei durch ein relativ schwaches äußeres Magnetfeld polarisiert, was infolge der großen Elektronenmomente experimentell leicht möglich ist.

Auch starke, im Innern von Kristallen herrschende inhomogene elektrische Felder können durch Wechselwirkung mit dem elektrischen Kernquadrupolmoment eine Kernausrichtung bewirken (*Pound-Methode*). Diese elektrischen Feldgradienten liegen bei 10^{17} bis 10^{18} V/cm^2 und können durch von außen an die Probe gelegte inhomogene elektrische Felder nicht erreicht werden.

Die *dynamischen Methoden* gehen ebenfalls davon aus, daß die permanenten magnetischen Momente der Elektronen etwa tausendmal größer sind als die Kernmomente. Die Elektronen sind daher schon bei relativ hohen Temperaturen und relativ geringen Magnetfeldern (1 K, 20 kG) fast vollständig polarisiert, d. h., fast alle Spins zeigen in eine Richtung. Unter Ausnutzung der zwischen den unpaarigen Elektronen und den Atomkernen bestehenden magnetischen Wechselwirkungen wurden dynamische Methoden entwickelt, mit denen man die hohe Elektronenpolarisation auf die Kerne übertragen und damit die Kernpolarisation im Idealfall um einen Faktor der Größenordnung 10^3 vergrößern kann. Diese Verfahren der dynamischen Kernpolarisation machen von der Erscheinung der → paramagnetischen Elektronenresonanz und der → magnetischen Kernresonanz Gebrauch und verwenden hochfrequente elektromagnetische Felder geeigneter Frequenz, um Übergänge zwischen den Energiezuständen der magnetischen Kern- und Elektronenmomente in einem starken konstanten Magnetfeld anzuregen. Dabei wird eine Vergrößerung der Kernpolarisation um einen Faktor der Größenordnung $\gamma_e/\gamma_I \approx 10^3$ erreicht. Hierbei bedeuten γ_e und γ_I die gyromagnetischen Verhältnisse von Elektron und Kern.

In Metallen und Flüssigkeiten erfolgt die dynamische Erhöhung der Kernpolarisation durch den *Overhauser-Effekt* (→ Doppelresonanzmethoden), in paramagnetisch dotierten Kristallen durch den *Festkörpereffekt* und verwandte Verfahren (→ Doppelresonanzmethoden). Diese Methoden werden vorwiegend zur Polarisation von ^{1}H-Kernen verwendet. So ist es z. B. möglich, durch den Festkörpereffekt in Kristallen von Lanthan-Magnesium-Doppelnitrat $La_2Mg_3(NO_3)_{12} \cdot 24\,H_2O$, die mit Neodymionen Nd^{3+} dotiert sind, bei etwa 1 K und einem Feld von 20 kG ^{1}H-Polarisationen von 70 bis 80% zu erreichen.

Bei einer anderen dynamischen Methode, der *Spinkühlung* oder *spin refrigeration*, wird die Kernpolarisation durch Rotation des Probenkristalls bei tiefen Temperaturen in einem starken Magnetfeld erreicht (1 K, 20 kG). Auch durch Anregung optischer Übergänge in Festkörpern und Gasen, z. B. ^{3}He, ist eine Kernorientierung möglich (*Methode des optischen Pumpens*). Bei einem weiteren Verfahren wird durch eine geeignet dotierte Halbleiterprobe, z. B. InSb, die sich bei tiefen Temperaturen in einem Magnetfeld befindet, ein Gleichstrom geschickt. Durch Wechselwirkung der Kerne mit den „heißen" Leitungselektronen entsteht eine Vergrößerung der Kernpolarisation. Diese Methode wird als *Gleichstrompolarisation* oder *Polarisation durch heiße Elektronen* bezeichnet.

Polarisierung elektromagnetischer Wellen, → Hertzsche Versuche.

Polariskop, Gerät, mit dem eine Unterscheidung zwischen teilweise oder linear polarisiertem Licht und natürlichem Licht möglich ist. Messungen des Polarisationsgrades sind mit dem P. nicht möglich. In der atmosphärischen Optik verwendet man P.e zur Feststellung der Polarisationsebene des polarisierten Himmelslichtes und zur Bestimmung der neutralen Punkte. Das bekannteste P. ist die → Savartsche Doppelplatte.

Polaristrobometer, svw. Polarimeter.

Polariton, ein Quasiteilchen im Festkörper, das bei starker Wechselwirkung von Photonen mit nichtlokalisierten Anregungszuständen eines Kristalls entsteht. Eine entsprechend starke Wechselwirkung liegt mit transversalen Exzitonen, transversalen optischen Phononen und Magnonen vor. Ein Exziton z. B. kann in einem Kristall durch ein Photon geeigneter Energie erzeugt werden und umgekehrt bei seiner Annihilation ein Photon erzeugen. Erreicht die Wechselwirkungsenergie die Größenordnung der Photonenenergie, so können die beiden Teilsysteme der Exzitonen und der Photonen nicht mehr isoliert behandelt werden. Die quantenmechanische Behandlung des Gesamtsystems führt vielmehr auf neue Boseteilchen, die P.en. Die Abb. zeigt die Auswirkung der starken Wechselwirkung auf die Abhängigkeit der Energie E der Exzitonen vom Wellenvektor $\vec{k}$ (Dispersionskurve). Ohne Berücksichtigung eine

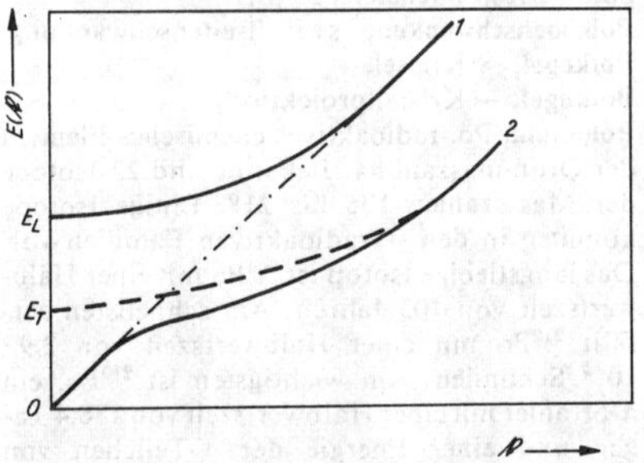

Abhängigkeit der Energie E eines Polaritons vom Wellenvektor $\vec{k}$ (ausgezogene Kurve). – – – – – Exziton-Dispersionskurve, . – . – . – . – . Photon-Dispersionskurve, E_T und E_L Energie des transversalen bzw. longitudinalen Exzitons für $\vec{k} = 0$

Wechselwirkung ist die Energie der Photonen im Kristall eine lineare und die der Exzitonen eine quadratische Funktion von $\vec{k}$. Bei Berücksichtigung der Wechselwirkung ergibt sich für die P.en die aus zwei Ästen 1 und 2 bestehende Dispersionskurve, die sich in der Umgebung des Schnittpunktes der Dispersionskurven der Teilsysteme von diesen wesentlich unterscheidet.

Die bisher überzeugendste experimentelle Bestätigung der Polaritonentheorie ist im Falle der Wechselwirkung transversaler optischer Phononen mit Photonen in Kristallen gelungen. Unter Ausnutzung des Raman-Effekts war es möglich, große Teile der Dispersionskurve $E(\vec{k})$ des Gesamtsystems zu messen und die durch die Entstehung von P.en bedingten Änderungen nachzuweisen.

Polarkoordinaten, → Koordinatensystem.

Polarlicht, veraltet *polare Aurora*, Ionisationsleuchten der Luft in der Polarzone der Erde (*Nordlicht* und *Südlicht*). Die Polarlichter sind farbenprächtige Lichterscheinungen, die in verschiedenster Gestalt auftreten und ab etwa 77° nördlicher bzw. südlicher Breite in fast jeder klaren dunklen mondlosen Nacht zu sehen sind. Die Polarlichtbögen befinden sich im allgemeinen in einer Höhe von etwa 100 km. Bei starken geomagnetischen Störungen nimmt die Höhe noch zu; der Nordlichtbogen verbreitert sich und wandert äquatorwärts. An dem Ionisationsleuchten sind verschiedene Atom- bzw. Molekülspektren beteiligt (O-Atome, N_2-Moleküle, N_2^+-Ionen, Wasserstoffatome), d. h., es sind verschiedene Farbkomponenten beobachtbar, z. B. rot, grün, gelb; auch violette Töne können vorkommen. Dabei zeigen die verschieden farbigen Teile des P.s unterschiedliche Beweglichkeiten. Die Polarlichterscheinungen werden photographisch mit All-Sky-Kameras erfaßt. Aus derartigen Beobachtungen können wertvolle Schlüsse über geomagnetische Stürme, Substürme bzw. über den Teilchentransport aus den Strahlungsgürteln erhalten werden.

Bei Untersuchungen von Nordlichterscheinungen gelangten Akasofu und Feldstein zu der Auffassung, daß Nordlichtbögen entlang eines ovalförmigen Gürtels orientiert sind, dessen Zentrum der Magnetfeldpol ist. Dieser Gürtel wird als *Nordlichtoval* oder *Auroraoval* bezeichnet; seine Erscheinungsformen spiegeln dynamische Prozesse in der Magnetosphäre wider.

Polarlicht-Es-Schicht, eine sporadisch, meist zusammen mit sichtbarem Polarlicht auftretende ionisierte Schicht im Höhenbereich der E-Region der → Ionosphäre der Erde. Sie kann zu Störungen der Funknachrichtenverbindungen in hohen geographischen Breiten und in den Polargebieten führen.

Polaroidfilter, → Polarisationsfilter.

Polaron, ein zusammengesetztes Teilchen, das aus einem Elektron im Festkörper und aus der durch das Elektron hervorgerufenen Gitterdeformation besteht. In der quantentheoretischen Behandlung wird gezeigt, daß ein Elektron im Kristallgitter infolge der Elektron-Phonon-Wechselwirkung von einer Wolke virtueller Phononen begleitet wird. Für schwache Elektron-Phonon-Wechselwirkung kann die Polaron-Wellenfunktion unter Verwendung von Bloch-Funktionen für den ungestörten Zustand des Elektronensystems mit Hilfe der Störungstheorie berechnet werden. Hieraus ergibt sich die Anzahl der das Elektron umgebenden Phononen als Erwartungswert des Phononteilchenzahloperators $\langle\hat{N}\rangle$.

Bei Deformationspotentialwechselwirkung ergibt sich für langsame Elektronen

$$\langle\hat{N}\rangle \approx \frac{8\pi m_{\mathrm{eff}}^2\, C_{\mathrm{D}}^2}{h^3 \varrho c_s} \log \frac{q_m}{q_c}\,. \qquad (1)$$

Für kovalente Halbleiter hat $\langle\hat{N}\rangle$ Werte in der Größenordnung von 10^{-2}. In Ionenkristallen oder in Kristallen mit einem ionogenen Bindungsanteil ist die Wechselwirkung der Elektronen mit longitudinalen optischen Phononen zu berücksichtigen. Unter vereinfachenden Annahmen ergibt sich

$$\langle \hat{N} \rangle = \frac{e^2 \pi}{2\hbar\omega_1} \left(\frac{4\pi m_{eff} \omega_1}{h} \right)^{\frac{1}{2}} \left(\frac{1}{\varepsilon_\infty} - \frac{1}{\varepsilon_s} \right). \quad (2)$$

Es bedeuten e die Ladung des Elektrons, $\hbar$ die Plancksche Konstante, ϱ die makroskopische Dichte des Festkörpers, c_s die longitudinale Schallgeschwindigkeit, m_{eff} die effektive Elektronenmasse, C_D die Deformationspotentialkonstante, ω_1 die Frequenz der longitudinalen optischen Phononen, ε_s die statische Dielektrizitätskonstante, ε_∞ die optische Dielektrizitätskonstante, $q_m = (6\pi)^{3/2} g^{-1}$ (g ist die Gitterkonstante) und $q_c = \frac{4\pi m_{eff}}{c_s h}$.

Der Wert von $\langle \hat{N} \rangle$ ist ein direktes Maß für die Kopplungsstärke der Elektron-Phonon-Wechselwirkung. Für Ionenkristalle ergeben sich hierfür Werte größer als 1; in solchen Kristallen liegt also der Fall mittlerer oder starker Elektron-Phonon-Kopplung vor. Die genauere Behandlung der Polaronentheorie für den Fall straker Kopplung ist sehr viel aufwendiger als die hier angeführte störungstheoretische Rechnung, die jedoch zu qualitativ richtigen Resultaten führt.

Tab. Kopplungskonstante $\alpha = 2 \langle \hat{N} \rangle$

Material	LiF	NaCl	AgBr	CdS	GaP	GaAs	InSb
α	5,2	5,5	1,6	1,2	0,1	0,06	0,014

(Die Angaben für LiF und NaCl enthalten mangels genauer Kenntnisse der Werte für m_{eff} die Annahme $m_{eff} = 1$).

Ein weiteres Ziel der Polaronentheorie besteht in der Formulierung des Polarontransports unter der Einwirkung äußerer Felder und der Streuung an thermisch angeregten Phononen. Die Masse des Polarons ist nach der Theorie für $\alpha \gtrapprox 1$

$$m_{pol} \gtrapprox (1 + \alpha/6)\, m_{eff} \quad (3)$$

und kann durch Zyklotronresonanzmessungen bei kleinen Frequenzen, $\omega_c \ll \omega_1$, experimentell bestimmt werden. Die Kenntnis von m_{pol} sowie der Größen ε_s, ε_∞ und ω_1 ermöglicht mit den Formeln (2) und (3), die Kopplungskonstante α und die effektive Elektronenmasse zu bestimmen. Bei Messungen der Zyklotronresonanz über einen größeren Feldstärkebereich wurde in Kadmiumtellurid eine Magnetfeldabhängigkeit der durch die Zyklotronfrequenz ω_c definierten Zyklotronmasse festgestellt, eine auch in Magnetowiderstandsmessungen beobachtete Erscheinung, die im Zusammenhang mit der nichtparabolischen Energie-Impulsbeziehung des P.s in diesem Stoff zu sehen ist. Auch in Stoffen mit verhältnismäßig kleinen Kopplungskonstanten, z. B. in Indiumantimonid, zeigen sich ausgeprägte Polaroneffekte, wenn eine Zyklotronresonanz mit der Energie eines longitudinalen optischen Phonons korrespondiert. Bei der Annäherung an diese Energie wird die Ableitung von ω_c, $\frac{\partial \omega_c}{\partial H}$, merklich kleiner. Diese als *pinning* oder *level-crossing-Effekt* bezeichnete Besonderheit wird durch Absorption oder Photoleitung gemessen.

Lit. Haken: Halbleiterprobleme, Bd II (Braunschweig 1955); Kleine Enzyklopädie Atom (Hrsg. Ch. Weißmantel, Weinheim 1970); Larsen: 10. Internationale Halbleiterkonferenz (Cambridge, Massachusetts 1970).

Pol-Dipol-Teilchen, → Massemultipol.

Polfigur, → Textur.

Polfluchtkraft, in der Geophysik Bezeichnung für eine Kraft, die die Kontinente in Richtung Äquator zu drücken versucht. Die Kontinente unterliegen der P. auf Grund der Erdabplattung und nach den Vorstellungen der Isostasie: Die → Lotrichtungen der Erdoberfläche und der Ausgleichsfläche (→ Isostasie) verlaufen nicht parallel, es bleibt als resultierende eine äquatorgerichtete Kraft.

Polhodiekegel, → Kreisel.

Polhöhe, der Winkelabstand des Himmelspols vom Horizont eines Beobachtungsortes. Er ist gleich der geographischen Breite des Beobachtungsortes. Langjährige Beobachtungen zeigen, daß die P. mit der *Chandlerschen Periode* von etwa 415 bis 433 Tagen um einen Mittelwert mit maximalen Abweichungen von 0,35″ schwankt. Aus der Annahme einer von der Rotationsachse verschiedenen Symmetrieachse eines starren Kreisels ergibt sich eine Periode von rund 304 Tagen. Aus der größeren und nicht konstanten Chandlerschen Periode folgt, daß die Erde nicht vollkommen starr ist und daß auf oder in ihr Massenverlagerungen durch Luftdruckschwankungen oder Verschiebung von Erdschollen stattfinden. Die durch die Polhöhenschwankungen verursachte Abweichung der Erdpole beträgt höchstens 20 m.

Polhöhenschwankung, svw. Breitenschwankung.

Polkegel, → Kreisel.

Polkugel, → Kristallprojektion.

Polonium, Po, radioaktives chemisches Element der Ordnungszahl 84. Bekannt sind 23 Isotope der Massezahlen 196 bis 218. Einige Isotope kommen in den → radioaktiven Familien vor. Das längstlebige Isotop ist ^{209}Po mit einer Halbwertszeit von 103 Jahren. Am schnellsten zerfällt ^{212}Po mit einer Halbwertszeit von $2{,}9 \cdot 10^{-7}$ Sekunden. Am wichtigsten ist ^{210}Po, ein α-Strahler mit einer Halbwertszeit von 138,4 Tagen und einer Energie der α-Teilchen von 5,304 MeV. Es kann im Reaktor durch n-Einfang und anschließendem β-Zerfall gewonnen werden. Wegen seiner leichten Abtrennbarkeit und seines Spektrums dient es als α-Quelle, zusammen mit Beryllium als Neutronenquelle.

Polonium-Beryllium-Neutronenquelle, → Neutronenquelle.

Polrad, → elektrische Maschine.

Polschuh, ein auf den bewickelten Polkern elektrischer Maschinen und Geräte aufgeschraubtes oder mittels Schwalbenschwänzen aufgeschobenes Eisenteil. Dieses ist entweder massiv oder zur Vermeidung von Wirbelströmen geblecht. Polkern und P. bilden zusammen den Pol, der auch aus einem Teil bestehen kann. Die Formgebung des P.s am Luftspalt des → magnetischen Kreises elektrischer Maschinen und Geräte bestimmt den Induktionsverlauf (→ Feldkurve) im Luftspalt und damit maßgeblich die Wirkungsweise. Bei Synchronmaschinen ist in den P.en die Dämpferwicklung untergebracht, bei Gleichstrommaschinen die Kompensationswicklung.

Polschuhlinse, → Elektronenlinsen.

Polstärke, → magnetische Polstärke.

Polumschaltung, ein Verfahren zur stufenweisen Änderung der Polpaarzahl von Drehstromwicklungen und damit zur Drehzahlsteuerung von Asynchronmotoren (→ elektrische Maschine). Durch Anordnung von getrennten Wicklungen unterschiedlicher Polpaarzahl oder durch geeignete Kombination von Wicklungsteilen wird die Polpaarzahl im Verhältnis 1 : 2, seltener 1 : 2 : 4 geändert. Da die Drehzahl des Drehfelds umgekehrt proportional der Polpaarzahl ist, erzielt man eine verlustlose stufenweise Drehzahlsteuerung. Die bekannteste polumschaltbare Wicklung ist die Dahlander-Wicklung.

Polwanderung, die Ortsverlagerung der Rotationsachse relativ zur Erdoberfläche innerhalb geologischer Zeiträume. Die P. wird aus paläogeographischen, paläoklimatologischen und geologischen Befunden und unter der Annahme einer Kopplung der Dipolachse des Erdmagnetfeldes mit der Rotationsachse der Erde auch aus dem → Paläomagnetismus gefolgert. Durch letzteren werden *Polwanderungskurven* ermittelt, die zugleich Aufschluß über eine Verschiebung der Kontinente gegeneinander geben.

Polwender, svw. Stromwender.

Polyaddition, chemischer Reaktionstyp, bei dem sich aus verschiedenartigen, niedermolekularen, polyfunktionellen Verbindungen (also solchen mit mehreren reaktionsfähigen Atomgruppierungen) durch Addition makromolekulare Produkte bilden. Im Gegensatz zur → Polykondensation treten keine niedermolekularen Nebenprodukte auf, die Anlagerung erfolgt unter Umgruppierung innerhalb der Monomermoleküle.

Polyeder, ein von ebenen Flächen begrenzter Körper. Die Summe der Eckenanzahl E und der Flächenanzahl F eines P.s ist um 2 größer als die Anzahl K der Kanten: $E + F = K + 2$ (*Eulerscher Polyedersatz*). Regulär heißt ein P., das von gleichen, regelmäßigen Vielecken begrenzt ist und dessen Ecken auf einer Kugelfläche liegen. Es gibt nur 5 reguläre P.: Tetraeder, Ikosaeder, Oktaeder, Würfel oder Hexaeder, Dodekaeder. Dem → Rationalitätsgesetz genügen weder Ikosaeder noch Dodekaeder. Sie können daher nicht als Kristallformen auftreten. Von besonderer Bedeutung für die chemischen Eigenschaften von Molekülen und Kristallen sind → Koordinationspolyeder.

Polygonisation, die Bildung von Versetzungswänden oder Korngrenzen aus gleichmäßig verteilten Versetzungen, besonders nach plastischer Biegung. In einem gebogenen Kristall ist die Gitterkrümmung durch einen Überschuß an Stufenversetzungen eines Vorzeichens realisiert (Abb. a). Zur Erniedrigung der Fehlordnungsenergie des Kristalls ordnen sich die Versetzungen durch Gleitbewegungen übereinanderstehend in Wänden an (Abb. b). Aus dem gleichmäßig gebogenen Kristall wird dadurch ein Polygon. Es entstehen relativ versetzungsarme Kristallbereiche. Bei hohen Temperaturen können sich die Versetzungen durch Klettern innerhalb der Wand äquidistant verteilen (Abb. c). Die Versetzungswand entspricht dann einer Neigungskorngrenze (→ Korngrenze Abschn. 1). Die Kinetik der P. wird durch die Geschwindigkeit des Kletterns bestimmt. → Rekristallisation.

polyionische Potentiale, Diffusions- oder Donnan-Potentiale, die durch Zusammenwirken mehrerer Ionenarten entstehen. P. P. treten in Anordnungen folgenden Typs auf:

Elektrolytlösung 1′			Elektrolytlösung 2″	
$K_1^{n_1+}(a_1)'$		Membran, perme-	$K_1^{n_1+}(a_1)''$	
$K_2^{n_2+}(a_2)'$		selektiv für Katio-	$K_2^{n_2+}(a_2)''$	
$K_3^{n_3+}(a_3)'$	$A^{n}A^{+}(a_A)$	nen	$K_3^{n_3+}(a_3)''$	$A^{n}A^{-}(a_A)$
$K_4^{n_4+}(a_4)'$			$K_4^{n_4+}(a_4)''$	
…			…	
…			…	

$K_i^{n_i+}$ bezeichnet ein Kation mit der Ladungszahl n_i, A^- sind nichtpermeierende Anionen, a die jeweiligen Aktivitäten bzw. Konzentrationen. Die p.n P. sind von biophysikalischer Bedeutung.

Polykondensation, chemischer Reaktionstyp, bei dem sich niedermolekulare Ausgangsstoffe unter Austritt niedermolekularer Spaltprodukte, z. B. Wasser, Ammoniak, zu makromolekularen Polykondensaten verbinden. Im Gegensatz zur → Polymerisation ist der Startschritt vom Wachstumsschritt nicht zu unterscheiden. Mit jedem dieser Reaktionsschritte wächst das Molekulargewicht stetig. Voraussetzung für den Ablauf einer P. ist das Vorhandensein von polyfunktionellen Ausgangsmolekülen, d. s. Substanzen mit mindestens zwei reaktionsfähigen Atomgruppierungen. Erst bei langen Reaktionszeiten treten Produkte mit hohem Polymerisationsgrad auf. Bei mehr als bifunktionellen Monomeren sind die entstehenden Polykondensate vernetzt.

Polykristall, svw. Vielkristall.

Polykristallmethoden, svw. Pulvermethoden.

Polymere, Makromoleküle mit einer Molekularmasse von mehr als 10^3, die durch Aneinanderlagerung und hauptvalenzmäßige Verbindung einer Vielzahl von gleichen oder von mehreren verschiedenen Grundbausteinen, den *Monomeren*, entstehen. Synthetisch entstehen P. unter geeigneten Bedingungen durch → Polymerisation, → Polykondensation und → Polyaddition. Die Produkte dieser Reaktionen heißen auch Kunststoffe oder Plaste. Durch biologische Stoffwechselvorgänge entstehen natürliche P., z. B Zellulose, Lignin, Stärke, Naturkautschuk und Eiweiße.

Polymerstrukturen. Die Anzahl der in einem Polymermolekül verknüpften Monomereinheiten bestimmt den *Polymerisationsgrad P* und das diesem proportionale Molekulargewicht M. Bei $P < 10^1$ spricht man von *Oligomeren*, bei $P > 10^2$ von P.n oder auch *Hochpolymeren*. P. mit chemisch identischen Einheiten heißen *Homopolymere*, solche mit verschiedenen Monomeren *Kopolymere*. Letztere unterscheiden sich in der Länge der Abschnitte mit aufeinanderfolgenden gleichartigen Bausteinen in *Block-* oder *Segmentpolymere* (AAAAAAAA ... BBBBBBBB ...), *statistische* (AABABABBABAB ...) und *alternierende Kopolymere* (ABABABABABAB ...). Diese Anordnungsverhältnisse im Makromolekül werden durch Konstitution und Konformation beschrieben.

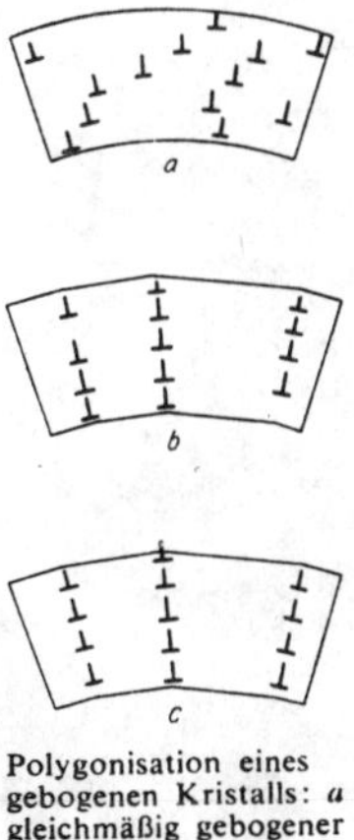

Polygonisation eines gebogenen Kristalls: *a* gleichmäßig gebogener Kristall mit statistisch verteilten Versetzungen, *b* Bildung von Polygonistionsgrenzen durch Gleitbewegungen der Versetzungen, *c* Ausbildung gleichmäßiger Versetzungsabstände in den Polygonisationsgrenzen durch Kletterbewegungen

Die meisten P. sind polymolekular, d. h., die Moleküle haben kein einheitliches Molekulargewicht, sondern es existiert eine mehr oder weniger breite Molekulargewichtsverteilung. Molekulargewichtsangaben für P. sind daher je nach der Bestimmungsmethode mehr oder weniger scharf definierte verschiedenartige statistische Mittelwerte. Analoges gilt auch für alle anderen physikalisch-chemischen Parameter von P.n. Die Verknüpfung der Grundbausteine eines Polymeren bedingt weitgehend die Besonderheiten in ihrem molekularkinetischen und molekularstatistischen und damit auch in ihrem thermodynamischen und makroskopischen Verhalten. Das liegt vor allem daran, daß die Bausteine ein und desselben Polymermoleküls molekularkinetisch voneinander nicht unabhängig sind, sondern z. B. molekulare Platzwechsel nur gekoppelt (kooperativ) ausführen können. Charakteristische, hierdurch bedingte Unterschiede gegenüber niedermolekularen Substanzen sind z. B. die starke Nichtidealität der Lösungen, das Auftreten koexistierender Phasen extrem verschiedener Zusammensetzung bei Mischsystemen, die stark erhöhte Viskosität, das viskoelastische Verhalten und das Auftreten kautschukelastischer Zustandsbereiche. Grundlegend für die Eigenschaften der P.n sind die chemischen Eigenschaften oder die Kraftfelder der Monomereinheiten und die molekulare Architektur, d. h. die geometrische Gestalt, die die Polymermoleküle infolge der Wechselwirkung mit sich selbst und mit ihrer Umgebung annehmen können. Es ist üblich, zwischen Primär-, Sekundär- und – besonders bei Proteinen – Tertiär- und Quartärstrukturen zu unterscheiden:

Die Primärstruktur wird bestimmt durch die Art und Weise der Verknüpfung unmittelbar benachbarter Monomereinheiten, sie ist gleichbedeutend mit der → Konfiguration der Polymerkette. Der einfachste Fall ist die lineare Kette aus chemisch völlig gleichartigen Monomereinheiten, die in völlig gleichartiger Weise miteinander verbunden sind, z. B. $-CH_2-$ in einer Polymethylenkette. Darüber hinaus sind alle auch bei niedermolekularen Stoffen beobachteten Arten der Isomerie anzutreffen, zu denen noch die Bildung iso-, syndio- und ataktischer Strukturen hinzutritt. Außerdem können Verzweigungsstrukturen auftreten, bei denen von einem Atom drei oder mehr Folgen von Monomerketten (Seitenzweige) ausgehen. Sind die Seitenketten aus andersartigen Monomereinheiten aufgebaut als die Haupt- oder Rückgratkette, so liegen *Pfropf-* oder *Graftpolymere* vor. Die Sekundärstruktur, d. h. die aktuelle Konfiguration bzw. die → Konformation entsteht durch die Wechselwirkung der Bausteine des Polymeren mit den Lösungsmittelmolekülen sowie mit den benachbarten oder entfernteren Abschnitten (Segmenten) des gleichen Polymermoleküls über van-der-Waals-(Dispersions-), Dipol- und hydrophobe Wechselwirkungen sowie über Wasserstoffbrückenbindungen und – bei Polyelektrolyten – über Coulomb-Wechselwirkungen. Wichtige Grenzfälle sind das statistische Knäuelmolekül mit völlig regelloser Orientierung aufeinanderfolgender Segmente, die Helixstrukturen und die regelmäßig gefalteten Molekülketten. Zeit- und Scharmittel der Gestalt und der Abmessungen des realen Molekülknäuels werden bestimmt durch die Abstände der die Monomeren verknüpfenden Bindungen, die Raumerfüllung der Monomereinheiten und das Potential der Rotationsbehinderung um die Bindungen, die durch die Wechselwirkungen mit gegebenenfalls vorhandenen Lösungs- oder Quellungsmittelmolekülen beeinflußt werden und festlegen, bis zu welchem Maße sich ein gestrecktes Molekül einknäueln kann. Dieser Effekt wird oft als *Effekt des ausgeschlossenen Volumens* bezeichnet. Er verschwindet im Thetazustand bzw. bei der Theta- (Flory-) temperatur (s. u.); das Knäuel hat die einer reinen Irrflugstatistik entsprechenden Abmessungen. Für den mittleren Abstand der Endpunkte des Polymermoleküls (Fadenendabstand h) in einem Knäuel gilt $(\bar{h}^2)^{1/2} = k \cdot P^{1/2}$, d. h., der „Durchmesser" des in Wirklichkeit etwa bohnenförmig gestalteten Knäuels wächst mit der Wurzel aus dem Polymerisationsgrad P. k ist ein materialbedingter Proportionalitätsfaktor. Es kann angenommen werden, daß auch der Fadenendabstand des Knäuels im festen amorphen Zustand dem im Thetazustand entspricht. Bei der statistischen Behandlung des realen Knäuels wird dieses oft durch ein Knäuel aus statistischen Fadenelementen ersetzt, deren Länge A_n dadurch bestimmt wird, daß die Orientierung einer Monomereinheit am Anfang des Elementes die einer Einheit am Ende nicht mehr beeinflußt, d. h., daß die Fadenelemente frei gegeneinander orientierbar sind. A_2 ist ein Maß für die Steifheit und Gestrecktheit des Moleküls. Die Dichte eines Knäuels in Lösung beträgt einige Promille der Dichte im kompakten Zustand und nimmt mit steigendem Polymerisationsgrad ab. Sie bzw. das ihr reziproke Knäuelvolumen bestimmt weitgehend das Viskositätsverhalten verdünnter Lösungen (→ Staudinger-Index). Führt die abwechselnde Folge von helikalen und knäuelartigen Bereichen oder anderen Strukturelementen, z. B. Wasserstoffbrücken, zu hochgeordneten Gebilden, so spricht man, besonders bei Proteinen, von einer Tertiärstruktur. Die Zerstörung dieser Strukturen unter Übergang in den ungeordneten Knäuelzustand bei Biopolymeren wird als *Denaturierung*, ihre teilweise oder völlige Wiederherstellung als *Renaturierung* bezeichnet. Die Quartärstruktur von Proteinen entsteht durch geordnete Zusammenlagerung (Multimerisation) selbständiger Proteinmoleküle, der Subeinheiten.

Polyelektrolyte sind solche P., die – vorzugsweise in Lösung – Ionen bilden, die aus dissoziationsfähigen Gruppen, z. B. Karboxyl-, Sulfo- oder Aminogruppen, im Molekül entstehen. *Polyampholyte* tragen im gleichen Molekül anionische und kationische Gruppen, am isoelektrischen Punkt sind deren Ionenkonzentrationen gleich. Die Form eines Polyelektrolytmoleküls hängt sehr von der Konzentration an niedermolekularen Begleitelektrolyten ab. Ist diese gering oder Null, so führt bei niederen Polyelektrolytkonzentrationen die Ionisierung zu einer starken Aufweitung und Streckung des Knäuels und zu einem starken Anstieg der Viskositätszahl. Auch hängt die Knäuelaufweitung (Quellung) – besonders bei Proteinen – sehr von der speziellen Natur des niedermolekularen Elektrolyten ab (→ Hofmeistersche Reihen).

Polymerlösungen. P. sind in der Regel mit einem Lösungsmittel, auch einem Gemisch, entweder völlig mischbar (unbegrenzt quellbar) oder unmischbar, d. h. begrenzt quellbar. Vernetzte P. sind nur begrenzt quellbar; aus dem Quellungsgrad, d. h. aus dem Verhältnis der Volumina nach und vor der Quellung können Vernetzungsdichte und Wechselwirkungsparameter bestimmt werden. Maßgebend für die Lösungswirkung ist die Gleichheit der Kohäsionsenergiedichten von Polymerem und Lösungsmittel, doch können spezifische Assoziations- und Entassoziationsvorgänge von starkem Einfluß sein. Dadurch können Gemische von Nichtlösern zu einem Lösungsmittel, wie auch Gemische von Lösern zu einem Nichtlöser werden. Polymerlösungen sind thermodynamisch stark nichtideal, was in der Hauptsache auf den Effekt der Mischungsentropie der sehr ungleich großen Teilchen zurückzuführen ist, indem die Polymermoleküle ein großes zugängliches Volumen und das Lösungsmittel eine große Zahl kinetisch unabhängiger Teilchen beisteuern. In thermodynamisch guten Lösungsmitteln werden Kontakte der Polymersegmente mit den Lösungsmittelmolekülen bevorzugt, und das Knäuel weitet sich auf. In schlechten Lösungsmitteln werden die Kontakte zwischen den Segmenten der Polymerkette bevorzugt; das Molekül knäuelt sich ein, wird kompakter, und mit weiterer Verschlechterung des Lösungsmittels, z. B. durch Zusatz eines Nichtlösers, kommt es zur Abscheidung einer polymerreichen Gelphase von einer sehr verdünnten Solphase. Auch beim Abkühlen einer Lösung kann eine derartige Entmischung eintreten. Die *Thetatemperatur* ist definiert als Entmischungstemperatur einer molekulareinheitlichen Probe unendlich hohen Molekulargewichtes. Bei realen P.n werden Feinheiten des Entmischungsvorgangs durch Molekulargewicht und Molekulargewichtsverteilung sowie durch andere Strukturparameter beeinflußt. Schon oberhalb sehr geringer Konzentrationen (je nach Molekulargewicht oberhalb von 0,01 bis 1 %) bildet sich in den Lösungen ein dynamisches Netz von Haftpunkten aus, das mit steigender Konzentration über eine Gellösung sich mehr und mehr einem (konzentrations- und thermoreversiblen) Gel nähert und im amorphen lösungsmittelfreien Festkörper einen Grenzfall findet. Es gibt jedoch auch den unmittelbaren Übergang von der verdünnten Lösung zum makromolekularen Kristall bzw. Einkristall. — Zwei P. sind im gleichen Lösungsmittel bis auf wenige Ausnahmen unverträglich, d. h., es tritt eine Entmischung in zwei oder auch mehrere Phasen ein, deren jede vorzugsweise eines der P.n enthält. Diese Erscheinung wird oft den Koazervatbildungserscheinungen zugerechnet. Eine solche Unverträglichkeit tritt auch im festen Zustand auf und spielt eine wichtige Rolle bei der Herstellung von Polymermischungen.

Die *Viskositätserscheinungen* in verdünnten Polymerlösungen werden vorwiegend vom Verhalten des Einzelknäuels (Ausdehnung, Verformbarkeit bei der Rotation in der Scherströmung, Vorzugsorientierung in Richtung der Strömungslinien) bestimmt. In konzentrierten Lösungen steigt die Viskosität etwa mit der 5. Potenz der Konzentration. Für das Viskositätsverhalten solcher Lösungen sind die Entflechtung der Moleküle und die fortwährende Zerstörung bzw. Neubildung von Verhakungen und Haftpunkten maßgebend. Dies ergibt eine starke Abhängigkeit der scheinbaren Viskositätskoeffizienten vom Schergefälle bzw. von der Schubspannung (*Nicht-Newtonsches Verhalten*) meist im Sinne einer Abnahme mit steigender Schergeschwindigkeit (Scherempfindlichkeit).

Polymere Festkörper und Schmelzen. Bei polymeren Festkörpern sind fast alle Zwischenformen von amorpher Struktur und dem Einkristall anzutreffen. Alle polymeren Stoffsysteme sind — bis auf wenige sorgfältig vorbehandelte Proben und die hochverdünnten Lösungen — faktisch niemals im thermodynamischen, oft nicht einmal im inneren mechanischen Gleichgewicht; das trifft auch besonders auf den makromolekularen Festkörper zu. Die Eigenschaften dieser Systeme hängen dabei außerordentlich von ihrer thermischen und mechanischen Vorgeschichte sowie von der Geschwindigkeit der Beanspruchung bei allen Meßeffekten ab.

Ein Grenzfall der Struktur ist der völlig amorphe Festkörper —, z. B. bei ataktischem Polystyrol annähernd verwirklicht —, der molekularstatistisch als Flüssigkeit mit eingefrorener Struktur, als Glas, anzusehen ist. Als solcher hat er eine Einfrierungstemperatur (bei der die Viskosität größer als etwa 10^{13} P wird) oder ein Einfrierintervall und ist nicht im inneren thermodynamischen Gleichgewicht. Die Einfriertemperatur kann durch niedermolekulare Zusätze herabgesetzt werden; dies entspricht dem Vorgang der äußeren → Weichmachung. Stoffe, deren Einfrier- bzw. Erstarrungstemperatur oberhalb der Zersetzungstemperatur liegt, bilden die Klasse der *Duroplaste*. Das gesamte Verhalten makromolekularer Substanzen in Abhängigkeit von der Temperatur wird bestimmt durch die Lage der Relaxationsgebiete, d. h. derjenigen Temperaturbereiche, innerhalb der infolge der Erhöhung der thermischen Energie die Brownsche Bewegung einzelner Strukturgruppen einsetzt und die durch die Untersuchung des mechanischen und dielektrischen Relaxationsspektrums als Funktion der Frequenz und/oder der Temperatur ermittelt werden kann. Im allgemeinen ist bei tiefer Temperatur nur eine Rotationsbewegung von kleineren Gruppen um ihre Achsen möglich, bei höherer Temperatur treten die Schwingungen z. B. um die Achse des Makromoleküls hinzu, bis bei noch höherer Temperatur die Kettensegmente und schließlich die Gesamtketten gegeneinander beweglich werden (mikrobrownsche und makrobrownsche Bewegung). Die Lage der Relaxationsgebiete hängt dabei von den Kraftfeldern um die Monomereinheiten und den Rotationsbehinderungspotentialen ab. Je nachdem durchläuft somit ein polymerer Festkörper mehrere Zustandsgebiete vom Glas über die Kautschukelastizität (s. u.), die Plastizität bis zur Schmelze, wobei die Temperaturintervalle der Zustandsgebiete von Material zu Material je nach der molekularen Beweglichkeit, den zwischenmolekularen Kräften und der Molekülgröße sehr verschieden sind und einzelne Zustandsgebiete auch gänzlich fehlen können, z. B. der kautschukelastische Bereich oder bei vernetzten oder thermisch leicht zersetzlichen Stoffen der Bereich der Schmelze. Bei kristallinen bzw. teilkristallinen Polymeren, z. B. Polyäthylen und Polyamiden, werden im Prinzip die gleichen Erscheinungen beobachtet; sie verlaufen hierbei in Einzelheiten anders, insbesondere findet der Übergang vom Festkörper zur Schmelze meist in einem engen Temperaturintervall statt.

Die für die praktische Verwendung neben der chemischen Beständigkeit ausschlaggebenden mechanischen Eigenschaften, besonders auch das Bruchverhalten, werden ebenfalls weitgehend durch das Relaxationsverhalten bestimmt. *Kautschukelastizität* kann auftreten, wenn ein Polymeres oberhalb seiner Glastemperatur durch Kristallitanteile, Neben- oder vorzugsweise Hauptvalenzkräfte vernetzt ist. Sie ist durch die Möglichkeit großer Dehnungen (bis zu 800%) bei völligem und sehr schnellem Rückgang der Verformung ausgezeichnet und in der Hauptsache ein Entropieeffekt; die beim Streckvorgang eintretende Ordnung (Parallelisierung), die bis zur temporären Kristallisation gehen kann, wird beim Aufhören der Spannung durch die Brownsche Bewegung der Segmente aufgehoben, und die Probe kontrahiert sich wieder unter Übergang der Ketten in den Zustand des ungeordneten Knäuels.

Im allgemeinen findet bei P.n stets eine Überlagerung einer elastischen mit einer plastischen Verformung statt, wobei die bleibende, plastische Verformung mit dem Betrag der Deformation und mit deren Dauer zunimmt. Polymere Substanzen verhalten sich demnach *viskoelastisch*. Das bedeutet vor allem, daß die Effekte stark von der Verformungsgeschwindigkeit und der Dauer der Verformung bzw. der Aufrechterhaltung eines Spannungszustandes abhängen.

So kann z. B. ein von außen aufgeprägter Spannungszustand eine langsame Dehnung oder Verformung (*Kriechen* oder *kalter Fluß*) hervorrufen. Wird ein elastisches Polymere nach der Verformung in der neuen Gestalt unter die Einfriertemperatur abgekühlt und später wieder erwärmt, so nimmt es die ursprüngliche Form wieder an (*Gedächtniseffekt*). Sprödbruch wird bei schneller Belastung und bei tiefen Temperaturen beobachtet, viskoelastische Dehnung unter Fließverfestigung mit Abnahme der Querdimension erfolgt bei langsamer Beanspruchung. Die Kopolymerisation von Komponenten, die für sich allein weit auseinander liegende Glastemperaturen bzw. kristalline Anteile in sehr verschiedenem Ausmaß haben würden, führt zu einer Verschiebung des Relaxationsgebietes in die Mitte und damit zur analogen Verschiebung der Zustandsbereiche (innere Weichmachung). Bei Blockkopolymeren und Polymermischungen zeigen sich die Relaxationsgebiete der Komponenten im großen und ganzen unverändert. Dies kann zu erwünschten Eigenschaftskombinationen benutzt werden, z. B. zur Erhöhung der Schlagzähigkeit durch die Kombination einer Glaskomponente (Styrol) und einer Kautschukkomponente (Butadien) in den mannigfaltigsten Varianten. Blockkopolymere der gleichen Art verhalten sich bei Raumtemperatur wie Elaste, können aber bei erhöhter Temperatur im Gegensatz zu den gewöhnlichen Kautschuken thermoplastisch verarbeitet werden. Sie werden als *Thermoelaste* bezeichnet.

Die Lage der Relaxationsgebiete bestimmt auch das akustische Verhalten der P.n und ihre mehr oder weniger große schalldämmende Wirkung sowie das dielektrische Verhalten. P. erleiden während der Verarbeitung im thermoplastischen oder geschmolzenen Zustand z. T. sehr starke und schnelle Verformungen, die im molekularen Bereich zu einer weitgehenden Parallelorientierung der Kettensegmente führen. Diese kann – vor allem bei schnellem Erkalten – erhalten bleiben und Anisotropien der mechanischen Eigenschaften, z. B. der Reißfestigkeit, hervorrufen. Ein solcher Effekt ist bei Fasern erwünscht; hier ergibt die Orientierung infolge der Verstreckung (*Reckung*) eine Festigkeitserhöhung in Richtung der Faserachse. In vielen Fällen ist der Effekt jedoch nachteilig, da er zu *eingefrorenen inneren Spannungen* und damit zu einer späteren unerwünschten Formänderung, z. B. zum Schrumpfen, Anlaß geben kann. Andererseits wird der Effekt in den biaxial vorgereckten Schrumpffolien ausgenutzt, die beim Erwärmen unter Kontraktion dicht anschließende Verpackungen bilden. Innere Spannungen lassen sich durch längeres Erwärmen (Tempern) unter Belastung abbauen, ohne daß eine wesentliche Schrumpfung erfolgt und die Orientierung verloren geht. In Polymerformkörpern, die unter innerer oder äußerer Spannung stehen, können sich bei Einwirkung von Wärme oder Quellungsmitteln, aber auch von nichtquellenden Chemikalien, z. B. Netzmitteln, plötzlich Risse (in Richtung der Orientierung) bilden. Diese – sehr gefürchtete – Erscheinung heißt *Temperatur-*, *Quellungs-* oder allgemein *Spannungsrißkorrosion*. Durch Füllstoffe, z. B. Kaolin oder Glasfasern, auch Kohlenstofffasern, können die mechanischen Eigenschaften von Polymerformkörpern erheblich verbessert werden; dies wird in den „verstärkten Kunststoffen" ausgenutzt.

Schmelzen hochpolymerer Stoffe spielen vor allem bei den Verarbeitungsprozessen für P. (Strangpressen oder Extrusion und Spritzgießen) eine Rolle. Ihre Viskosität nimmt wie bei niedermolekularen Stoffen exponentiell mit steigender Temperatur ab und etwa mit der Potenz 3,5 des Molekulargewichts zu, zudem fällt sie mit wachsendem Schwergefälle stark ab. Die Ursache dafür liegt in Entschlaufung und Orientierung der Kette zufolge der Scherung, die bei sehr hohem Schergefälle auch zu einem mechanischen Abbau führen kann. Die Scherempfindlichkeit hat zur Folge, daß in verschiedenen Bereichen eines Werkstücks aus einem Polymeren ein sehr verschiedener Orientierungsgrad der Ketten entsteht, was die Anisotropie steigert. Polymerschmelzen zeigen ausgesprochene Normalspannungseffekte (*Weißenberg-Effekte*), die dazu führen, daß der Polymerstrang, der das Mundstück der Strangpresse verläßt, in einem je nach dem Polymeren verschiedenen Ausmaß seinen Querschnitt erweitert. Das wird damit erklärt, daß die in Fließrichtung gestreckten Ketten beim Verlassen des Düsenraums wieder die statistische Knäuelgestalt annehmen, was einer Querausdehnung des Stranges äquivalent ist. Ferner tritt in Polymerschmelzen auch das Phänomen der Longitudinal- oder Volumenviskosität auf, das vor allem für die Verstreckung von Fäden beim Schmelzspinnprozeß von Bedeutung ist.

Lit. Holzmüller und Altenburg: Physik der Kunststoffe (Berlin 1961).

Polymerisation, chemischer Reaktionstyp, bei dem sich mehrere kleine Moleküle zu Makromolekülen unter Ausbildung hauptvalenter Bindungen zusammenschließen. Die reaktiven Grundbausteine werden *Monomere* genannt, aus denen *Polymere* entstehen. Ist die Zahl der verknüpften Moleküle sehr groß, so werden die Polymere auch als *Hochpolymere* bezeichnet. Werden einheitliche Monomere polymerisiert, spricht man von *Homopolymerisation*, liegen verschiedene Monomere im polymerisierenden System vor, die ein Mischpolymerisat bilden, spricht man von *Ko-* oder *Mischpolymerisation*.

Die Zahl der Grundeinheiten im Makromolekül, die mit der Zahl der eingebauten Monomeren identisch ist, gibt den *Polymerisationsgrad P* an. Das Molekulargewicht *M* des Makromoleküls errechnet sich aus $P \cdot m = M$, wobei *m* das Molekulargewicht eines Grundbausteins ist.

Die eigentliche P., die von der Polykondensation und Polyaddition zu unterscheiden ist, besteht aus 3 Schritten. 1) Startreaktion: Überführung des Monomeren in einen reaktiven Zustand, z. B. in ein freies Radikal oder in ein Ion bzw. Radikalion, durch Aufnahme von Energie. Die Energiezufuhr kann durch Wärme, Katalysatoren oder energiereiche Strahlung erfolgen. Aktivieren lassen sich im allgemeinen solche Stoffe, die eine Mehrfachbindung enthalten oder die zyklisch sind. 2) Kettenwachstum: Anlagerung eines weiteren Monomeren an das aktivierte Molekül. Das angelagerte Monomere übernimmt den reaktiven Zustand, so daß ein Weiterwachstum möglich ist. 3) Kettenabbruchreaktion: Die Kettenreaktion, bei der jeweils das Ende des wachsenden Moleküls aktiv ist (Makroradikal) wird durch Anlagerung eines Moleküls, das den aktiven Zustand zerstört, abgebrochen. Dabei kann durch einen Übertragungsmechanismus auch ein neues Startmolekül entstehen. Die Geschwindigkeit v_P einer solchen Polymerisationsreaktion ist der Konzentration von Initiator *I* und Monomerem *M* proportional: $v_P = \{k_P f \cdot k_a I / k_t\}^{0,5} \cdot M$. Hierbei sind k_a, k_p, k_t die Geschwindigkeitskonstanten der 3 genannten Schritte, *f* ist der Wirkungsgrad des eingesetzten Initiators.

Bei der Kopolymerisation bestimmen die Reaktivitäten der beteiligten Monomeren die Bruttozusammensetzung im entstehenden Mischpolymerisat und die Anordnung der Grundbausteine in der polymeren Kette.

Eine *Pfropfpolymerisation* liegt vor, wenn auf ein vorgegebenes Makromolekül nachträglich Seitenketten aus im allgemeinen anderen Monomeren aufpolymerisiert worden sind. Dazu muß das Grundmakromolekül aktiviert werden, um so als Startmodell für das Pfropfmonomere zu dienen.

Polymorphie, → Modifikationen.

Polynom, eine ganzrationale Funktion *n*-ten Grades der Form $w(z) = a_0 z^n + a_1 z^{n-1} + \cdots + a_{n-1} z + a_n$. Nach dem Fundamentalsatz der Algebra hat ein P. genau *n* Nullstellen und ist deshalb auch darstellbar in der Form $w(z) = a_0 \cdot (z - z_1) \cdot (z - z_2) \cdots (z - z_n)$. Dabei sind die z_i die Nullstellen $w(z_i) = 0$ des P.s. Man spricht von einer *k*-fachen Nullstelle, wenn *k* Nullstellen z_i einander gleich sind, z. B. ist $z_1 = z_2$ eine doppelte Nullstelle. Der unendlich ferne Punkt $z = \infty$ ist die einzige Singularität des P.s; er ist ein Pol der Ordnung *n*. Die inverse Funktion eines P.s ist im allgemeinen nicht rational.

Polytrope, → polytroper Prozeß.

Polytropenindex, → polytroper Prozeß.

polytroper Prozeß, reversibler thermodynamischer Prozeß, bei dem im Unterschied zum adiabatischen Prozeß ($\delta W = 0$) im allgemeinen keine adiabatische Wärmedämmung vorhanden ist, sondern $\delta W = C\,\mathrm{d}T$ gilt, wobei *C* eine konstante Wärmekapazität ist. Das heißt also, ein p. P. verläuft unter teilweisem Wärmeaustausch mit der Umgebung und unter Temperaturänderung.

Grenzfälle eines polytropen Prozesses stellen der adiabatische Prozeß mit $C = 0$ und der isotherme Prozeß mit $C = \infty$ dar. Aus dem 1. Hauptsatz folgen für ein ideales Gas bei Verwendung der kalorischen und thermischen Zustandsgleichungen durch analoge Rechnungen wie beim → adiabatischen Prozeß die *Polytropengleichungen* (*Polytropen*) $TV^{k-1} =$ konst.; $Tp^{(1-k)/k} =$ konst.; $pV^k =$ konst. Dabei ist $k = (C_p - C)/(C_V - C)$ der *Polytropenindex*; es bedeuten C_p und C_V die Wärmekapazitäten bei konstantem Druck bzw. konstantem Volumen. Für $C = 0$ wird $k = \varkappa = C_p/C_V$, und die Polytropengleichungen gehen in die Adiabatengleichungen über. Ein p. P. liegt z. B. vor, wenn bei der Expansion eines Gases die Wärmekapazität der Gefäßwände mit berücksichtigt werden muß. Ferner treten polytrope Prozesse in Wärmekraftmaschinen oft auf, auch spielen sie in der Atmosphäre und in den Fixsternen eine Rolle.

Polytypen, → Modifikationen.

Pomeranchon, → analytische S-Matrix-Theorie.

Pomeranchuk-Theorem, → analytische S-Matrix-Theorie.

Pomeranchuk-Trajektorie, → analytische S-Matrix-Theorie.

Pomeron, → analytische S-Matrix-Theorie.

Pond, p, alte inkohärente Einheit der Kraft. Vorsätze erlaubt. 1 p = 0,980665 · 10^{-2} N.

Pontrjaginsches Maximumprinzip, → Maximumprinzip nach Pontrjagin.

Population, in der Astronomie eine Gruppe von Himmelskörpern, die nach ihrem Alter, ihrer chemischen Zusammensetzung, ihrer Verteilung in den Sternsystemen und ihren Bewegungsverhältnissen einander ähnlich sind. Die Einteilung in P. I oder *Feldpopulation* und P. II oder *Kernpopulation* wurde nach steigendem Alter verfeinert: 1) Zur *extremen P. I* gehören die interstellare Materie, junge Sterne, Überriesen, δ Cephei-Sterne u. a., 2) zur *älteren P. I* A-Sterne und Sterne mit starken Metallinien im Spektrum (→ Stern), 3) zur *Scheibenpopulation* unter anderem Sterne aus dem Kern der Galaxis, planetarische Nebel, Novae, 4) zur *Zwischenpopulation II* unter anderem Schnelläufer, die

Geschwindigkeiten $v > 30$ km/s senkrecht zur galaktischen Ebene (z-Richtung) besitzen, 5) zur *Halopopulation* oder *extremen P. II* Unterzwerge und Kugelsternhaufen mit großem v in z-Richtung.

Populationstheorie, die mathematische Erfassung der zeitlichen und räumlichen Änderungen der Populationsdichte sowie der aus den Wechselwirkungen zwischen den Individuen resultierenden Verhaltensweisen ganzer Populationen.

Unter einer *Population* versteht man eine Menge von Individuen, die einen gemeinsamen Lebensraum besitzen, wobei sowohl zwischen den Individuen als auch zwischen den Individuen und ihrem Lebensraum biophysikalisch faßbare Wechselwirkungen bestehen. Als *mittlere Dichte einer Population* bezeichnet man das Verhältnis der Anzahl der Individuen dieser Art zum gesamten Lebensraum. Eine *Gesellschaft* ist im Sinne der P. eine Organisation von Individuen, die fähig ist, eine auf Vereinbarung beruhende Kompetition (Rangordnung in zahlreichen Wirbeltiersozietäten) unter ihren Mitgliedern hervorzubringen. In vielen Fällen können in den Lebensraum einer Population oder einer Gesellschaft Individuen imigrieren oder emigrieren. Deshalb werden Populationen und Gesellschaften als offene Systeme betrachtet. Beschränkt man sich auf das Wachstum ortsunabhängiger Populationsdichten, so spricht man von *Populationskinetik*. Hängt das Wachstum der Population allein von den einzelnen Arten von Individuen in der Population ab, so beschreiben die *Gleichungen der Volterraschen Populationsmechanik* das Wachstum der Population:

$$dx_i/dt = P_i(x_1, x_2, \ldots, x_n) \text{ für } i = 1, 2, 3, \ldots, n.$$

Existiert in der Population nur eine Art von Individuen, so liefert eine Reihenentwicklung $dx/dt = a_1x + a_2x^2 + a_3x^3 + \cdots$. Bricht man diese Entwicklung nach dem ersten Glied ab und integriert, so erhält man $x = x_0 e^{a_1 t}$, das *Gesetz von Malthus*; es kann das Wachstum einer Population mit nicht exponentiell wachsendem Nahrungsreservoir jedoch nur in der Anfangsphase richtig beschreiben. Tritt infolge Nahrungsverknappung im Laufe der Zeit eine Verminderung der Wachstumsrate der Population ein, wird dies durch Berücksichtigung des zweiten Terms der Reihenentwicklung erfaßt, man erhält das *Gesetz von Verhulst-Pearl*; es führt auf einen sigmoiden Verlauf der Wachstumskurve $x = \dfrac{x_0 a_1 e^{a_1 t}}{a_1 + a_2 x_0 (e^{a_1 t} - 1)}$. Bestehen in einer Population zwei Arten von Individuen, die um eine gemeinsame Nahrung konkurrieren, so bildet sich nur bei einem bestimmten Verhältnis der Parameter beider Arten ein konstantes Verhältnis der Populationsdichten. In allen anderen Fällen kommt es zu einem Aussterben der unterlegenen Art.

Stellt in einer Mischpopulation die eine Art die Nahrung der anderen dar, so bildet sich eine Räuber-Beute-Wechselwirkung aus. Hierbei entstehen Fluktuationen beider Populationsdichten. Die Periode dieser Fluktuationen hängt nur von den Wachstumskoeffizienten beider Arten ab, und die zeitlichen Mittelwerte der Populationsdichten sind unabhängig von den Anfangsdichten. Werden die Individuen beider Arten gleichmäßig und proportional zu ihren Gesamtzahlen vertilgt, so wird der Mittelwert der Beute vergrößert, derjenige der Räuber vermindert. Umgekehrt läßt vermehrter Schutz der Beute beide Arten zunehmen. Die P. hat eine große praktische Bedeutung für den Fischfang, für die Fluktuation der Insekten, bes. der Schadinsekten, für die Land- und Forstwirtschaft sowie für die Mikrobiologie.

Lit. Beier: Biophysik (3. Aufl. Stuttgart 1968).

p-Orbitale, *p-Zustände*, Bezeichnung für Elektronenzustände eines Atoms mit der Drehimpulsquantenzahl $l = 1$, d. h. $\hat{l}^2 = \hbar^2 l(l+1) = 6\hbar^2$ (→ Orbital). Nach den allgemeinen Richtlinien der Quantentheorie von Drehimpulsen gehören zu $l = 1$ insgesamt drei voneinander linear unabhängige Zustände, die allerdings in der Atom- und Molekülphysik meist verschieden gewählt werden. Bei der theoretischen Behandlung einzelner Atome wählt man die Zustände mit bestimmten Werten, $l_z = \hbar m$, wobei $m = -1, 0, +1$, bezüglich einer Raumrichtung z, die – z. B. beim Zeeman-Effekt – durch ein äußeres Magnetfeld gegeben sein kann. Ist φ der Drehwinkel um die z-Achse, so sind die Wellenfunktionen ψ proportional zu $\exp(im\varphi)$, die Aufenthaltswahrscheinlichkeiten $|\psi|^2$ also unabhängig von φ und daher rotationssymmetrisch um die ausgezeichnete z-Achse. Zum Aufbau von Molekülfunktionen, sowohl nach der → Methode der Molekülzustände als auch nach der → Valenzstruktur-Methode, verwendet man zweckmäßigerweise anstelle der zu $\exp(\pm i\varphi)$ proportionalen Eigenfunktionen zu $l_z = \pm\hbar$ die zu $\sin\varphi$ und $\cos\varphi$ proportionalen reellen Linearkombinationen, die jeweils zum Wert Null der Drehimpulskomponente in y- bzw. z-Richtung gehören. Auf diese Weise lassen sich nur bei p-O.n die drei linear unabhängigen Zustände den drei Raumrichtungen so zuordnen, daß als p_x-, p_y- und p_z-Zustände normierte und zueinander orthogonale Wellenfunktionen zu $l_x = 0$, $l_y = 0$ bzw. $l_z = 0$ entstehen. Die Aufenthaltswahrscheinlichkeit in diesen Zuständen ist proportional zu $\cos^2\vartheta$, wobei ϑ der Winkel gegen die jeweilige Achse ist. Diese Verteilungen sind also bevorzugt in x-, y- oder z-Richtung orientiert. Dadurch wird bei Molekülen die Bildung gerichteter Valenzen durch Überlappung solcher Elektronenverteilungen ermöglicht.

Porenkörper, → disperses System.

Pororoca, svw. Bore.

Porro-Prismensystem, → Reflexionsprisma.

Porrosystem, → Reflexionsprisma.

Porterscher Ansatz, Ansatz, der das Verhalten niedrigmolekularer Nichtelektrolytlösungen für die Abhängigkeit des Aktivitätskoeffizienten f_i vom Molenbruch x_i der Komponente „i" gut beschreibt. Für eine binäre Mischung z. B. lautet der Portersche A. $RT \ln f_1 = Ax_1^2$ und $RT \ln f_2 = Ax_2^2$. Dabei ist A eine empirische Funktion von T und p.

positiver Krater, → Kohlelichtbogen.

positive Säule, → Gasentladung.

Positivismus, im weiteren Sinne eine subjektiv-idealistische Philosophie, im engeren Sinne diejenige erkenntnistheoretisch-methodologische Grundhaltung, wonach Erkenntnisse allein auf Grund von Beobachtungen und

Experimenten, den „positiven" Tatsachen, gewonnen werden können und wobei letztlich nur die Sinnesempfindungen als real anerkannt werden. Der *ältere P.* wurde von Comte begründet und von Mill und Spencer weiterentwickelt; der *Neopositivismus*, auch *logischer Empirismus* genannt, wurde durch den Wiener Kreis (Schlick, Carnap, Neurath) 1922 begründet und von Reichenbach, Russell und Wittgenstein fortgeführt. Der Neopositivismus anerkennt als sinnvoll nur solche Sätze, die sich logisch oder empirisch mit den Mitteln der formalen Logik verifizieren lassen, wobei unter *logischer Verifizierbarkeit* die Verträglichkeit mit der Logik und unter *empirischer Verifizierbarkeit* die formallogische Zurückführung auf unmittelbare Erlebnisse oder Aufweisungen (z. B. „Hier ist rot"), *Tatsachenwahrheiten* genannt, verstanden wird. Damit wird die Grundfrage der Philosophie als sinnlos erklärt und die Aufgabe der Philosophie auf die logische Analyse einzelwissenschaftlicher Sätze und Begriffsbildungen, d. h. reine Sprachphilosophie, degradiert. Der Neopositvismus hat auf diese Weise wesentlich zur Entwicklung der Semantik und Semiotik beigetragen. Die philosophische Grundhaltung der Neopositivisten drückt sich insbesondere im *Physikalismus* aus, d. i. die prinzipielle Zurückführbarkeit aller wissenschaftlichen Sprachen auf die physikalische Sprache. Einige wesentliche Annahmen des Neopositivismus werden von dessen Vertretern selbst ad absurdum geführt, so wurde z. B. die wissenschaftliche Unbrauchbarkeit eines rein syntaktisch-mathematischen Wahrheitsbegriffs von Gödel nachgewiesen.

Lit. Jordan: Die Physik des 20. Jh. (Braunschweig 1949).

Positon, svw. Positron.

Positron, *Positon* (international korrekte Bezeichnung, 1949 in der IUPAP angenommen), *positives Elektron, Antielektron*, Antiteilchen des Elektrons, das sich von diesem nur durch seine entgegengesetzte Ladung unterscheidet und wie dieses zur Familie der Leptonen (→ Elementarteilchen, Tab. A) gehört. Das P. wurde 1932 von C. D. Anderson in der kosmischen Strahlung gefunden, nachdem es von Dirac auf Grund der relativistischen Gleichung des Elektrons (→ Dirac-Gleichung) schon 1928 vorausgesagt worden war. Künstlich werden P.en gleichzeitig mit einem Elektron durch Photonen von etwas mehr als 1 MeV Energie beim Auftreffen auf einen Atomkern erzeugt, der hierbei lediglich Impulse aufnimmt und sonst nicht verändert wird (Paarerzeugung); ferner entstehen P.en bei zahlreichen Kernumwandlungen, vor allem beim β^+-Zerfall.

P.en sind an sich stabil; in einer Umgebung von Elektronen „zerstrahlen" sie jedoch mit diesen in zwei Photonen, so daß sie normalerweise in der Natur nur selten vorkommen (Paarvernichtung, → Antiteilchen). Die quantentheoretische Beschreibung des P.s erfolgt durch das Elektron-Positron-Feld in der → Quantenelektrodynamik.

Positronenemission, → Betazerfall.

Positronenstrahler, → Betastrahler.

Positronenzerfall, → Betazerfall.

Positronium, gebundenes System aus einem Elektron e^- und einem Positron e^+. P. wurde 1951 erstmals nach Einschuß von Positronen in ein Gas beobachtet, wobei die Positronen nicht sofort mit den Elektronen über Paarvernichtung zerstrahlen, sondern erst ein wasserstoffähnliches System bilden, in dem das Proton des Wasserstoffatoms durch das 1836mal leichtere e^+ ersetzt wird; Elektron und Positron „kreisen" dabei um den gemeinsamen Schwerpunkt. Sind die Spins von e^+ und e^- — analog zum → Protonium — entgegengesetzt bzw. gleich gerichtet, spricht man von einem Singulett- bzw. Triplettzustand, der nach etwa 10^{-10} bzw. 10^{-7} s in zwei bzw. drei Photonen zerstrahlt. Mit Hilfe der Hochfrequenzspektroskopie konnten Hyperfeinstruktur und Zeeman-Effekt in Übereinstimmung mit den durch die Quantenelektrodynamik theoretisch bestimmten Werten gemessen werden.

Postnova, → Nova.

Postulat, *Axiom*, notwendige logische, methodische oder erkenntnistheoretische Voraussetzung, die nicht oder noch nicht bewiesen werden kann. P.e sind die Grundbausteine jeder mathematischen oder physikalischen Theorie (→ Axiomensystem); sie werden entweder aus schon vorhandenen Theorien isoliert oder aus der Erfahrung abstrahiert.

Potential, im weiteren Sinne eine von bestimmten physikalischen Größen, z. B. Ortskoordinaten oder Volumen eines thermodynamischen Systems, abhängende Funktion (*Potentialfunktion, skalares P.*), aus der sich durch partielle Differentiation nach diesen andere physikalische Größen, wie Kraft, elektrische Feldstärke oder Druck, bestimmen lassen, wobei sich in manchen Fällen mehrere solche Potentialfunktionen als verschiedene Komponenten eines *Vektor-* oder *Tensorpotentials* auffassen lassen.

Das *lokale P.* ist eine Funktion des Ortes. Die Wirkung eines lokalen P.s V auf eine beliebige Ortsfunktion ψ am Orte $\vec{r}$ besteht in der Multiplikation mit dem P. am gleichen Ort, d. h., $V\psi(\vec{r}) = V(\vec{r}) \cdot \psi(\vec{r})$. Die meisten in der Mechanik, Elektrodynamik und Quantenmechanik gebräuchlichen P.e sind lokal. Das *nichtlokale P.* ist eine Funktion von zwei Orten. Die Wirkung eines nichtlokalen P.s V auf eine beliebige Ortsfunktion ψ am Orte $\vec{r}$ hängt von dem Wert dieser Funktion an allen anderen Orten $\vec{r}'$ ab und ist durch das Integral $V\psi(\vec{r}) = \int V(\vec{r}, \vec{r}')\, \psi(\vec{r}')\, d^3\vec{r}'$ definiert. Nichtlokale P.e sind z. B. das Austauschpotential sowie das → Pseudopotential und das → Modellpotential in der Festkörperphysik.

Als P. im engeren Sinne bezeichnet man die *potentielle Energie* oder *Lageenergie* eines physikalischen Systems.

Der Begriff des P.s entstammt der Mechanik. Befindet sich ein Massepunkt P mit dem Ortsvektor $\vec{r} = (x, y, z)$ unter dem Einfluß einer äußeren Kraft $\vec{F} = (X, Y, Z)$, die im allgemeinen vom Ort $\vec{r}$, gelegentlich aber auch von der Zeit t und der Geschwindigkeit $\dot{\vec{r}}$ des Massepunktes abhängt, so muß bei der Lageänderung von P eine Arbeit verrichtet werden. Ist die Arbeit $A_{12} = \int_{\vec{r}_1}^{\vec{r}_2} \vec{F}\, d\vec{r}$ vom Wege, auf dem P von $\vec{r}_1$ nach $\vec{r}_2$ gebracht wird, unabhängig, dann heißt

$U(\vec{r}) = -\int_{\vec{r}_0}^{\vec{r}} \vec{F}\,\mathrm{d}\vec{r}$ das P. der Kraft $\vec{F}$ im Punkte $\vec{r}$, das auch als *mechanisches P.* bezeichnet wird, und es ist $-A_{12} = U(\vec{r}_2) - U(\vec{r}_1)$; strenggenommen existiert daher ein P. nur für rein ortsabhängige Kräfte. $U(\vec{r})$ ist die potentielle Energie des Massepunktes am Ort $\vec{r}$; das P. ist nur bis auf eine von der Lage des Anfangspunktes $\vec{r}_0$ abhängige Konstante definiert, die man gewöhnlich willkürlich so festlegt, daß das P. im Unendlichen den Wert $U(\infty) = 0$ hat. Der Wert des P.s liegt neben seiner physikalisch anschaulichen Bedeutung darin, daß statt der Kenntnis der Vektorfunktion $\vec{F} = (X, Y, Z)$ nur die der skalaren Funktion U benötigt wird. Die Kräfte erhält man aus U durch partielle Differentiation nach den Ortskoordinaten (x, y, z): $X = -\partial U/\partial x$, $Y = -\partial U/\partial y$, $Z = -\partial U/\partial z$ oder zusammengefaßt $\vec{F} = -\mathrm{grad}\, U$, wobei $\mathrm{grad} = (\partial/\partial x, \partial/\partial y, \partial/\partial z)$ der vektorielle Differentialoperator Gradient ist. Als *Kräftefunktion* bezeichnet man daher die Funktion $-U$. Kräfte, die aus einem P. abgeleitet werden können, heißen *konservative Kräfte* oder *Potentialkräfte*; die Schwerkraft der Erde z. B. hat das P. $U(x, y, z) = mgz$, wobei m die Masse von P, z der Abstand von der Erdoberfläche und g die Erdbeschleunigung ist. Für einen Massepunkt P in einem konservativen Kraftfeld gilt der Energiesatz $\frac{m}{2}v^2 + U(x, y, z) = E = \text{konst.}$, wobei v die Bahngeschwindigkeit von P, $\frac{m}{2}v^2 = T$ seine kinetische Energie und E die Gesamtenergie ist. Die Gesamtheit aller Werte des P.s bildet ein skalares *Potentialfeld*, dessen Flächen $U(x, y, z) = c$, $c = \text{konst.}$, *Äquipotential-*, *Niveau-* oder *Potentialflächen* genannt werden. Für das Schwerefeld der Erde sind es die Flächen $z = \text{konst.}$ Die Verschiebung des Massepunktes auf einer Äquipotentialfläche erfordert keinen Arbeitsaufwand. Die zu den Äquipotentialflächen senkrechten Linien heißen auch *Fallinien*; sie sind die Linien größter Änderung von U und mit den Kraftlinien identisch (Abb. 1).

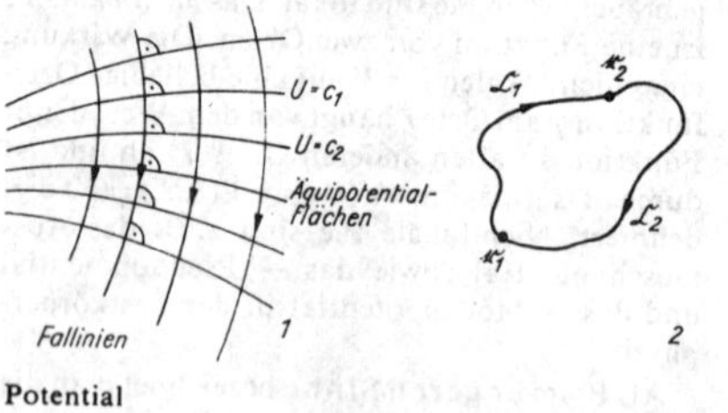

Potential

Die Bedingungen für die Existenz eines P.s kann man auch so formulieren: Das Arbeitsintegral über einen beliebigen geschlossenen Weg $\mathfrak{C}$ muß verschwinden, $\oint_{\mathfrak{C}} \vec{F}\,\mathrm{d}\vec{r} = 0$; dies ist mit der Wegunabhängigkeit von A_{12} gleichwertig, da dann $A_{12} - A_{21} = 0$ ist (Abb. 2) und jeder geschlossene Weg in zwei orientierte Teile $\mathfrak{C}_1$ und $\mathfrak{C}_2$ aufgetrennt werden kann. Nach dem Stokesschen Satz ist diese Bedingung mit $\int_A \mathrm{rot}\,\vec{F}\,\mathrm{d}\vec{f} = 0$ identisch, wobei über eine Fläche A zu integrieren ist, die von $\mathfrak{C}$ berandet wird; daraus kann man auf die Bedingung $\mathrm{rot}\,\vec{F} = 0$, oder in Komponenten aufgeschrieben
$$\frac{\partial X}{\partial y} = \frac{\partial Y}{\partial x}, \quad \frac{\partial X}{\partial z} = \frac{\partial Z}{\partial x}, \quad \frac{\partial Y}{\partial z} = \frac{\partial Z}{\partial y},$$
schließen. Das Verschwinden von $\mathrm{rot}\,\vec{F}$ bedeutet, daß das Kraftfeld $\vec{F}$ keine Wirbel hat, z. B. treten dann keine (im Endlichen) geschlossenen Kraftlinien auf, denn die Integration längs dieser Linien würde $\oint \vec{F}\,\mathrm{d}\vec{r} \neq 0$ ergeben. Ändert sich das Kraftfeld $\vec{F}$ mit der Zeit, und ist es für jeden Zeitpunkt aus einer Kräftefunktion ableitbar, die sich selbstverständlich mit der Zeit ändert, dann sagt man, $\vec{F}$ besitze ein *zeitabhängiges* P. $U(\vec{r}, t)$, so daß gilt $\vec{F}(\vec{r}, t) = -\mathrm{grad}\, U(\vec{r}, t)$; der Energiesatz gilt dann allerdings nicht mehr!

Die Lage eines beliebigen skleronomen mechanischen Systems ist durch die Lage sämtlicher Massepunkte P_i ($i = 1, \ldots, N$) des Systems bestimmt; die potentielle Energie ist dann eine Funktion aller Ortsvektoren $\vec{r}_i$. In Analogie zum P. eines Massepunktes ist $U(\vec{r}_1, \vec{r}_2, \ldots, \vec{r}_i, \ldots, \vec{r}_N) = U\{\vec{r}_i\}$ das P. des Massepunktsystems, wenn aus ihm die Kräfte $\vec{F}_i$ auf die einzelnen Massepunkte gemäß $\vec{F}_i = -\mathrm{grad}_{(\vec{r}_i)} U$ folgen, wobei der Gradient lediglich bezüglich $\vec{r}_i = (x_i, y_i, z_i)$, der Koordinaten von P_i, gebildet wird, und wenn ferner die am System bei einer Bewegung von $\{\vec{r}_i^{(1)}\}$ nach $\{\vec{r}_i^{(2)}\}$ verrichtete Arbeit wegunabhängig und gleich $-A_{12} = U\{\vec{r}_i^{(2)}\} - U\{\vec{r}_i^{(1)}\}$ ist. Greifen am System mehrere konservative Kräfte $\vec{F}_\mu$ mit den P.en $U_\mu\{\vec{r}_i\}$ an, wobei $\mu = 1, \ldots, m$ ist, so ist das P. deren Resultierender $\vec{F} = \sum_{\mu=1}^{m} \vec{F}_\mu$ gleich $U = \sum_{\mu=1}^{m} U_\mu$.

Geht man zu verallgemeinerten Koordinaten q_j und verallgemeinerten Kräften Q_j über, so haben auch die Q_j ein P.: $Q_j = -\partial U/\partial q_j$; das zugehörige P. $U = U(q_1, \ldots, q_f)$ ergibt sich aus $U\{\vec{r}_i\}$, indem man die $\vec{r}_i$ gemäß $\vec{r}_i = \vec{r}_i(q_j, t)$ durch die q_j ausdrückt.

Das P. spielt jedoch nicht nur die Rolle einer physikalischen Hilfsgröße zur Bestimmung der Kräfte, sondern hängt unmittelbar mit den Quellen der Kraftfelder zusammen. Die von einer Masse m' am Ort $\vec{r}'$ auf eine Masse m am Ort $\vec{r}$ ausgeübte Newtonsche Massenanziehung ist $\vec{F} = -G\frac{m\,m'}{\bar{r}^3}(\vec{r} - \vec{r}')$, wobei G die Newtonsche Gravitationskonstante und $\bar{r} = |\vec{r} - \vec{r}'|$ der gegenseitige Abstand der Massen ist. Das P. dieser Kraft ist nur von $\bar{r}$ abhängig und lautet $\frac{1}{m}U(\bar{r}) = \frac{Gm'}{\bar{r}}$, wobei m' als Quelle des Kraftfeldes aufzufassen ist, in dem sich m bewegt. Bewegt sich m dagegen im Kraftfeld mehrerer Massen oder einer durch die Massedichte $\mu(\vec{r}')$ charakterisierten kontinuierlichen Masseverteilung, so ist das *Newtonsche P.* der Masseverteilung als Überlagerung der P.e der einzelnen Masseelemente $\frac{1}{m}U(\vec{r}) = -G\int \frac{\mu(\vec{r}')}{|\vec{r} - \vec{r}'|}\,\mathrm{d}V'$ gegeben. Außerhalb der Quellen genügt dieses P. der Laplaceschen Differentialgleichung $\Delta U = 0$, auch *Potentialgleichung* genannt, wobei $\Delta = \frac{\partial^2}{\partial x^2} + \frac{\partial^2}{\partial y^2} + \frac{\partial^2}{\partial z^2}$ der Laplace-Operator ist, und innerhalb des von Quellen erfüllten Raumes genügt es der Poissonschen Differentialgleichung $\frac{1}{m}\Delta U(\vec{r}) = -4\pi G\mu(\vec{r})$. Die Lösung der Laplaceschen Differentialgleichung für vorgegebene Randwerte, d. s. die Masseverteilungen auf dem Rand des quellfreien Gebietes, und die Lösung der Poisson-Gleichung aufzufinden, ist Aufgabe der Potentialtheorie.

Der Newtonschen Gravitationstheorie analoge Aufgaben liegen in der Elektrostatik vor, da die die Wechselwirkung zweier Ladungen q und q' bestimmende Coulomb-Kraft die gleiche räumliche Abhängigkeit wie die Massenanziehung hat: $\vec{F}_{\text{Coul.}} = \frac{q \cdot q'}{4\pi\varepsilon_0 \vec{r}^3}(\vec{r} - \vec{r}')$, dabei ist ε_0 die Dielektrizitätskonstante des Vakuums. Für die vorgegebene Ladungsverteilung $\varrho(\vec{r}')$ ist daher das mechanische P. im quellfreien Raum durch $U(\vec{r}') = -\frac{q}{4\pi\varepsilon_0} \times \times \int \frac{\varrho(\vec{r}')}{|\vec{r} - \vec{r}'|}\,\mathrm{d}V'$ gegeben. – Die Wechselwirkung elektrischer Ladungen wird gewöhnlich durch elektrische Felder $\vec{E}(\vec{r})$ beschrieben, die in der Elektrostatik zeitunabhängig sind; ihre Kraftwirkung auf die Ladung q ist durch $\vec{F} = q \cdot \vec{E}$ gegeben. Man kann daher $\vec{E}$ aus einem *elektrischen P.* $\Phi(\vec{r})$ ableiten, wobei $U(\vec{r}) = q \cdot \Phi(\vec{r})$ und $\vec{E} = -\operatorname{grad}\Phi(\vec{r})$ gilt. Alles im Abschnitt über das P. in der Mechanik über den Zusammenhang zwischen $\vec{F}$ und U Gesagte überträgt sich auf $\vec{E}$ und Φ; insbesondere gilt auch hier $\operatorname{rot}\vec{E} = 0$. Die Differenz $\Phi(\vec{r}_2) - \Phi(\vec{r}_1) = U_{12}$ der elektrischen P.e an den Punkten $\vec{r}_1$ und $\vec{r}_2$ heißt elektrische Spannung U.

Auch in der Magnetostatik können die von magnetischen Substanzen erzeugten Magnetfelder mit Hilfe eines skalaren magnetischen P.s $\Phi_{\text{mag.}}$ beschrieben werden. Die Behandlung der durch stationäre Ströme der Stromdichte $\vec{\jmath}(\vec{r})$ erzeugten Magnetfelder erfordert wegen des Vektorcharakters von $\vec{\jmath}$ die Einführung eines *Vektorpotentials* $\mathfrak{A}(\vec{r}) = \frac{\mu_0}{4\pi}\int \frac{\vec{\jmath}(\vec{r}')\,\mathrm{d}V'}{|\vec{r} - \vec{r}'|}$, wobei μ_0 die Permeabilitätskonstante des Vakuums ist. Aus dem Vektorpotential folgt die magnetische Induktion $\vec{B}$ durch Bildung der Rotation: $\vec{B} = \operatorname{rot}\mathfrak{A}$. In der Elektrodynamik können für schnell bewegte elektrische Ladungen getrennte elektrische und magnetische P.e nicht eingeführt werden, statt dessen benutzt man das skalare P. Φ und das Vektorpotential $\mathfrak{A}$, die beide zeitabhängig sind und gemäß $\vec{E} = -\operatorname{grad}\Phi - \dot{\mathfrak{A}}$, $\vec{B} = \operatorname{rot}\mathfrak{A}$ das elektromagnetische Feld bestimmen. Φ und $\mathfrak{A}$ bilden die Komponenten eines Vierervektors, des Viererpotentials $A_\mu(\vec{r}, t)$, dessen drei räumliche Komponenten mit $\mathfrak{A}$ und dessen zeitartige Komponente mit $c\Phi$ (c ist die Vakuumlichtgeschwindigkeit) übereinstimmt; $A_\mu = (\mathfrak{A}, c\Phi)$. Das Viererpotential genügt der vierdimensionalen Wellengleichung $\Box A_\mu = j_\mu$, wobei $\Box = \Delta - \frac{1}{c^2}\cdot\frac{\partial^2}{\partial t^2}$ der d'Alembertsche Wellenoperator und $j_\mu = (\vec{\jmath}, c\varrho)$ der Viererstrom ist.

Auf Grund der endlichen Ausbreitungsgeschwindigkeit der Wirkung ist die Abhängigkeit der P.e von den potentialerzeugenden Quellen z. B. für das skalare P. durch $\Phi(\vec{r}, t) = \int \frac{\varrho(\vec{r}', t')}{|\vec{r} - \vec{r}'|}\frac{\mathrm{d}V'}{4\pi\varepsilon_0}$ gegeben, wobei $t' = t - \frac{|\vec{r} - \vec{r}'|}{c}$ ist. Wegen der expliziten Berücksichtigung der Zeitverzögerung (Retardierung) um $\frac{|\vec{r} - \vec{r}'|}{c}$ bezeichnet man diese P.e als → *retardierte P.e.* Das retardierte P. einer bewegten punktförmigen Ladung heißt → *Liénard-Wichert-Potential.* Benutzt man dagegen $t' = t + \frac{|\vec{r} - \vec{r}'|}{c}$ in der Definition des P.s, erhält man die → *avancierten P.e,* die formal einer Wirkung zukünftiger auf gegenwärtige Ereignisse, d. h. einer akausalen Verknüpfung entsprechen. Nichtsdestoweniger sind die avancierten P.e ebenso Lösungen der Maxwellschen Gleichungen wie die retardierten P.e. Dieser Umstand ist eine Folge der Invarianz der Maxwellschen Gleichungen gegenüber Zeitumkehr und hat seine Entsprechung im analogen Verhalten der Lösungen der Bewegungsgleichungen der Mechanik (→ Determinismus). Avancierte und retardierte P.e werden sowohl in der klassischen Elektrodynamik als auch in der Quantenelektrodynamik eingeführt; eine große Bedeutung hat die halbe Summe aus avanciertem und retardiertem P., durch die formal die elektromagnetische Strahlung eliminiert werden kann.

In der Hydrodynamik kann die wirbelfreie Bewegung einer Flüssigkeit, bei der also die Rotation des Geschwindigkeitsfeldes $\vec{v}(\vec{r})$ verschwindet ($\operatorname{rot}\vec{v} = 0$), durch ein → *Geschwindigkeitspotential* $\Phi(\vec{r}, t)$ angegeben werden, aus dem $\vec{v} = \operatorname{grad}\Phi$ folgt; man nennt solche Strömungen deshalb → Potentialströmungen. Ist die Flüssigkeit inkompressibel, so befolgt Φ die Potentialgleichung $\Delta\Phi = 0$. Die Geschwindigkeiten ebener inkompressibler Flüssigkeiten kann man auch aus einer Funktion $\psi(x, y)$, der → Stromfunktion, bestimmen, die für die wirbelfreie Strömung ebenfalls $\Delta\psi = 0$ erfüllt: $v_x = \partial\psi/\partial y$, $v_y = -\partial\psi/\partial x$. Φ und ψ kann man zum *komplexen P.* oder *Strömungspotential* $F(z) = \Phi(x, y) + \mathrm{i}\psi(x, y)$ mit $z = x + \mathrm{i}y$ zusammenfassen; Φ und ψ heißen konjugierte Potentialfunktionen, sie genügen den Cauchy-Riemannschen Differentialgleichungen der Funktionentheorie und erlauben eine funktionentheoretische Behandlung ebener wirbelfreier Strömungen inkompressibler Flüssigkeiten (→ komplexe Methoden 1).

Auch in der Thermodynamik spielen P.e eine wichtige Rolle. Die wichtigsten → thermodynamischen P.e sind innere Energie $U = U(S, V)$, freie Energie $F = F(T, V)$, Enthalpie $H = H(p, S)$, freie Enthalpie, auch Gibbssches P. genannt, $G = G(T, p)$, die von den angegebenen Variablen Volumen V, Druck p, Temperatur T und Entropie S des thermodynamischen Systems abhängen. Die thermodynamischen P.e sind Zustandsfunktionen, also – in voller Analogie zur Mechanik – nur von den angegebenen Variablen abhängig und nicht vom speziellen Prozeß (Weg), auf dem das System in diesen Zustand gebracht wurde. Partielle Differentiation der thermodynamischen P.e nach den auftretenden Veränderlichen ergibt jeweils die dazu konjugierte Variable, wobei p und V bzw. T

und S jeweils zueinander konjugierte Paare sind, z. B. ist $p = -\frac{\partial U}{\partial V}$, $T = \frac{\partial U}{\partial S}$.

Differenziert man die thermodynamischen P.e eines aus mehreren Stoffen bestehenden thermodynamischen Systems nach der Molzahl n_i der Stoffsorte i, erhält man die → *chemischen P.e*, z. B. $\mu_i = \left(\frac{\partial G}{\partial n_i}\right)_{p,T}$, wobei p und T festzuhalten sind. Daher ist $G = \sum_i n_i \mu_i$, und das Verhalten einer einzelnen Komponente des Systems ist allein durch das chemische P. bestimmt. Während in der Mechanik durch P.e Kraftfelder beschrieben und in der Elektrodynamik elektrische und magnetische Feldgrößen bestimmt werden, dient z. B. das chemische P. zur Berechnung des Gleichgewichts bei chemischen Reaktionen und von Aggregatzustandsänderungen. Dabei wird häufig das thermodynamische P. $\Omega(\mu_i, T, V) = F(T, V) - \sum_i \mu_i n_i = -p(\mu_i, T) \cdot V$ benutzt, das im thermodynamischen Gleichgewicht bezüglich Zustandsänderungen bei konstanten T, V, μ_i ein Minimum annimmt und dessen Änderungen die bei reversibel durchgeführten Prozessen zu verrichtende Arbeit angibt.

In der allgemeinen Relativitätstheorie werden P.e zur Beschreibung der physikalischen Eigenschaften des Raumes benutzt; diese *metrischen P.e* oder *Gravitationspotentiale* $g_{\mu\nu}$ sind Tensoren, sie bestimmen die Krümmung des Raumes (→ allgemeine Relativitätstheorie, → Einstein-Maxwell-Gleichungen).

Potentialbarriere, svw. Potentialwall.

Potentialberg, svw. Potentialwall.

Potentialfeld, → Potential.

Potentialfläche, → Potential.

Potentialfunktion, → Potential, → Potentialtheorie.

Potentialgleichung, → Potential, → Potentialtheorie, → Potentialströmung.

Potentialkraftfelder, → Kraft.

Potentialkurven, *P. eines Moleküls,* Kurven, die die Abhängigkeit der Gesamtenergie eines zweiatomigen Moleküls vom Kernabstand oder eines mehratomigen Moleküls von den die geometrische Anordnung der Atomkerne vollständig kennzeichnenden Größen (Abstände, Winkel) darstellen. Diese geometrischen Größen werden dabei als klassische Parameter behandelt. Der Definition der P. liegt eine Entkopplung von Kern- und Elektronenbewegung zugrunde, die als adiabatische oder Born-Oppenheimer-Näherung bezeichnet wird: Wegen der sehr unterschiedlichen Massen von Kernen und Elektronen bewegen sich die Elektronen wesentlich schneller als die Kerne, so daß die Elektronenverteilung praktisch trägheitsfrei den Kernbewegungen folgt. Das drückt sich quantenmechanisch in dem Näherungsansatz $\psi(\varepsilon, K) = \psi_K(\varepsilon)\,\Phi(K)$ aus, wobei ε und K die Koordinaten der Elektronen und Kerne symbolisieren und $\psi_K(\varepsilon)$ die Wellenfunktion der Elektronen bei fixierten Kernorten ist. Die in den P. dargestellte Energie enthält die kinetische Energie der Elektronen, ihre gegenseitige elektrostatische Wechselwirkungsenergie und die potentielle Wechselwirkungsenergie mit den Atomkernen sowie die Energie der gegenseitigen Abstoßung der positiv geladenen Atomkerne. Die Potentialkurve stellt insgesamt die potentielle Energie für die Bewegungen der Atomkerne im Molekülverband dar, quantenmechanisch also die Bestimmung der Wellenfunktion $\Phi(K)$ der Kernbewegung und der zugehörigen Schwingungsenergie der Kerne.

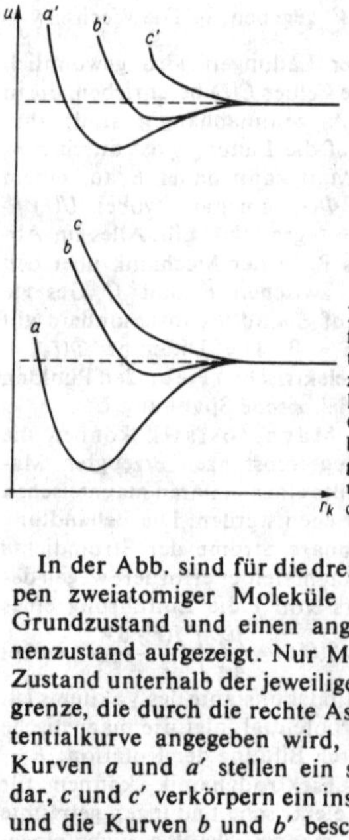

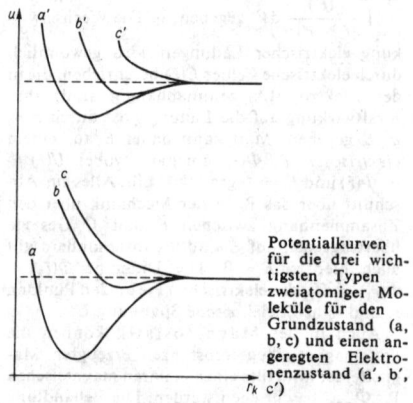

Potentialkurven für die drei wichtigsten Typen zweiatomiger Moleküle für den Grundzustand (a, b, c) und einen angeregten Elektronenzustand (a', b', c')

In der Abb. sind für die drei wichtigsten Typen zweiatomiger Moleküle die P. für den Grundzustand und einen angeregten Elektronenzustand aufgezeigt. Nur Moleküle in einem Zustand unterhalb der jeweiligen Dissoziationsgrenze, die durch die rechte Asymptote der Potentialkurve angegeben wird, sind stabil. Die Kurven *a* und *a'* stellen ein stabiles Molekül dar, *c* und *c'* verkörpern ein instabiles Molekül, und die Kurven *b* und *b'* beschreiben ein sehr schwach gebundenes van-der-Waalssches Molekül.

Potentialmulde, charakteristischer Potentialverlauf, der in vielen Zweigen der Physik von Bedeutung ist (Abb. 1). Die eindimensionale P. ist in gewissem Sinne die Umkehrung des → Potentialwalls. Klassische Teilchen mit einer Energie $-V_0 \leqq E < 0$ können sich nur zwischen den beiden Umkehrpunkten a und b bewegen; sie führen Schwingungen um die Gleichgewichtslage x_0 aus, die bei der niedrigsten möglichen Energie $E = -V_0$ angenommen wird. Spezielle P.n sind das Potential des harmonischen Oszillators und das rotationssymmetrische Potential des Wasserstoffatoms, allgemeiner die Potentiale $V(r) = \frac{\beta}{r^2} - \frac{\alpha}{r}$ (Abb. 2), die eine Überlagerung des Zentrifugalpotentials (β/r^2) mit dem Coulomb-Potential $(-\alpha/r)$ sind. Derartige

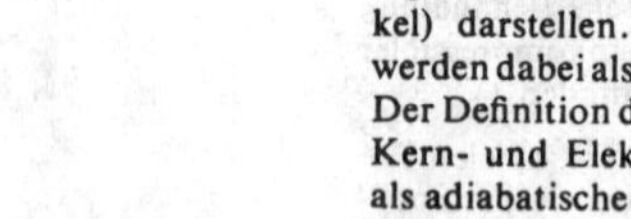

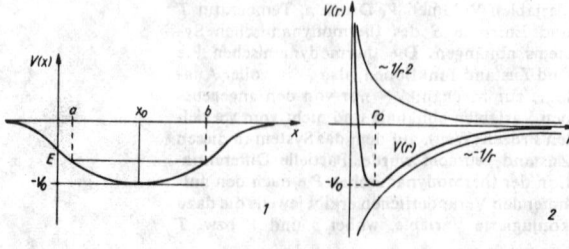

1

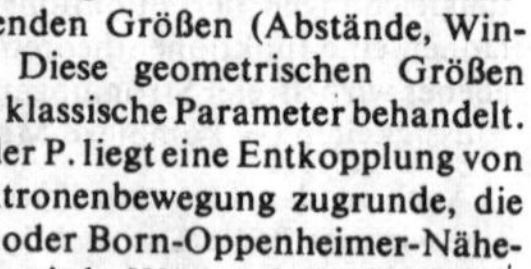

2

P.n führen zu gebundenen Systemen und spielen in der Atom- und Molekülphysik eine überragende Rolle zur Erklärung der Bindung der **Elektronen** an den Atomkern und der Atome **zu Molekülen.** Im Gegensatz zur klassischen **Mechanik,** wonach die gebundenen Teilchen alle **Energiewerte** $V_0 \leqq E < 0$ annehmen können, **läßt** die Quantenmechanik nur bestimmte, diskrete Energiewerte zu (→ Eigenwertproblem).

Eine rotationssymmetrische P. mit steilen (Abb. 3) oder auch abgeflachten Wänden (Abb. 4) wird oft als *Potentialtopf* bezeichnet; sie spielt z. B. als Modellpotential für die Bindung der Nukleonen im Atomkern eine Rolle. Die Werte des Potentials gehen dabei in die Bewegungsgleichungen der Nukleonen im Kern oder auch in die Bewegungsgleichung von Teilchen und Kern bei Kernreaktionen ein. Mit Hilfe des Potentialansatzes werden die experimentellen Ergebnisse berechnet, und die Richtigkeit der Wahl des Potentials wird durch das Experiment überprüft. Abb. 5 zeigt einen symmetrischen Potentialtopf mit Coulomb-Wall.

Potentialschwelle, svw. Potentialwall.

Potentialsprung, der Sprung $\Delta\Phi = 2\pi c \sin\alpha$ des Potentials, der bei der konformen Abbildung eines Streifens der unter dem Winkel α zur x-Achse geneigten Parallelströmung der Breite $2\pi\cos\alpha$ auf eine Wirbelquelle in der ζ-Ebene auftritt, wenn der dort vorhandene Schlitz überschritten wird. Dabei bedeutet Φ das Geschwindigkeitspotential und c die Geschwindigkeit der Parallelströmung in der z-Ebene. → komplexe Methoden 1).

Potentialstreuung, → quantenmechanische Streutheorie, → Streuung A.

Potentialströmung, wirbelfreie Strömung, bei der das Geschwindigkeitsfeld der Bedingung $\mathrm{rot}\,\vec{c} = 0$ genügt und daher entsprechend als Gradient eines → Geschwindigkeitspotentials Φ dargestellt werden kann.

1) *Inkompressible P.* Setzt man $\vec{c} = \mathrm{grad}\,\Phi$ in die → Kontinuitätsgleichung ein, so ergibt sich $\mathrm{div}\,\vec{c} = \mathrm{div}\,\mathrm{grad}\,\Phi = \Delta\Phi = \partial^2\Phi/\partial x^2 + \partial^2\Phi/\partial y^2 + \partial^2\Phi/\partial z^2 = 0$ bzw. $\Phi_{xx} + \Phi_{yy} + \Phi_{zz} = 0$, d. h., das Geschwindigkeitspotential genügt der Potential- oder Laplace-Gleichung, die sowohl für stationäre als auch für instationäre Strömungen gilt. x, y, z sind rechtwinklige Raumkoordinaten. Da die Potentialgleichung linear ist, können durch Superposition beliebiger Lösungen Φ_n neue Lösungen gefunden werden. Die Potentiale werden algebraisch und die zugehörigen Geschwindigkeitsfelder automatisch vektoriell addiert. Die Laplacesche Gleichung für zweidimensionale Strömungen bildet die Grundlage für die → komplexen Methoden der Strömungslehre.

2) *Kompressible P.* Die Potentialgleichung erhält man durch Kombination von → Kontinuitätsgleichung und → Eulerscher Gleichung. Bei Beschränkung auf stationäre Strömung eines idealen Gases ergibt sie sich durch Einsetzen von $\vec{c} = \mathrm{grad}\,\Phi$ in die gasdynamische Gleichung für das Geschwindigkeitsfeld $\mathrm{div}\,\vec{c} - (\vec{c}/a^2) \cdot \mathrm{grad}\,c^2/2 = 0$ zu $\Phi_{xx}(1 - \Phi_x^2/a^2) + \Phi_{yy}(1 - \Phi_y^2/a^2) + \Phi_{zz}(1 - \Phi_z^2/a^2) - 2\Phi_{xy}(\Phi_x \cdot \Phi_y/a^2) - 2\Phi_{yz}(\Phi_y \cdot \Phi_z/a^2) - 2\Phi_{zx}(\Phi_x \cdot \Phi_z/a^2) = 0$, wobei für die örtliche Schallgeschwindigkeit a die Beziehung $a^2 = a_R^2 - \frac{\varkappa - 1}{2} \cdot \vec{c}^2$ gilt; dabei bedeutet a_R die Schallgeschwindigkeit im Ruhezustand und $\varkappa = c_p/c_v$ den Isentropenexponent.

Die Potentialgleichung für kompressible Strömung ist nicht linear und damit mathematisch schwierig zu behandeln. Sie geht im Grenzfall für die Machzahl $\mathrm{Ma} = \vec{c}/a \to 0$ in die Laplacesche Gleichung $\Delta\Phi = 0$ über. In Unterschallströmungen $\mathrm{Ma} < 1$ ist die Differentialgleichung vom elliptischen Typ, es existieren keine reellen Charakteristiken. Mit Hilfe eines Differenzenverfahrens ist es möglich, die Geschwindigkeitsgradienten nach allen Richtungen zu bestimmen und eine örtlich gegebene Lösung fortzusetzen. Bei Vorgabe der Randwerte für Φ oder $\vec{c}$ kann das gesamte Strömungsfeld schrittweise berechnet werden. Für Überschallströmungen ist die Gleichung vom hyperbolischen Typ, die oben beschriebene schrittweise Integration versagt hier. In ebener Strömung ist durch Transformation des Potentials von Ortskoordinaten auf Geschwindigkeitskoordinaten (→ Hodographenmethode) eine exakte Linearisierung der P. möglich (→ Tschaplygin-Gleichung). Man arbeitet hier mit den → Charakteristikenverfahren. Eine näherungsweise Linearisierung kann vorgenommen werden, wenn die örtliche Geschwindigkeit $\vec{c}$ nach Größe und Richtung nur wenig von der Geschwindigkeit $\vec{c}_\infty$ der Parallelströmung abweicht: $\vec{c} = \vec{c}_\infty + \vec{c}'$; dabei ist $\vec{c}'$ die Störgeschwindigkeit. Durch Vernachlässigung der Quadrate kleiner Größen erhält man $(1 - \mathrm{Ma}_\infty^2)\,\Phi_{xx} + \Phi_{yy} + \Phi_{zz} = 0$, wobei Ma_∞ die Anströmmachzahl bedeutet. Durch diese Vereinfachung wird die Gleichung für $\Phi(x, y, z)$ linear und unterscheidet sich von der Gleichung für inkompressible Strömung im Abschnitt 1 nur durch den Faktor $(1 - \mathrm{Ma}_\infty^2)$ des ersten Gliedes. Für $\mathrm{Ma}_\infty < 1$ ist die Gleichung wie bei inkompressibler Strömung vom elliptischen Typ, für $\mathrm{Ma}_\infty > 1$ ist sie jedoch vom hyperbolischen Typ. Im transsonischen Bereich (→ Gasdynamik) $\mathrm{Ma}_\infty \approx 1$ ist die Linearisierung nicht erlaubt. Danach kann die Umströmung von spitzen und schlanken Profilen oder Rotationskörpern mit Ausnahme der unmittelbaren Umgebung des Staupunktes ermittelt werden, → Prandtlsche Regel.

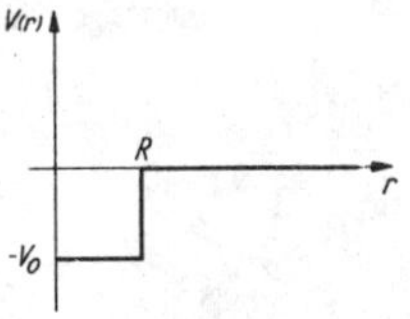

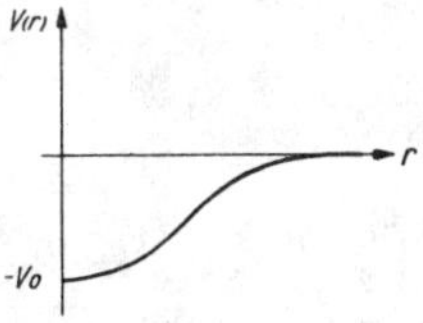

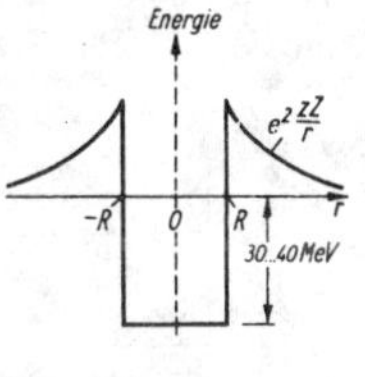

Potentialmulde

Potentialstufe, charakteristischer Potentialverlauf (Abb.). Charakteristisch für eine P. ist, daß

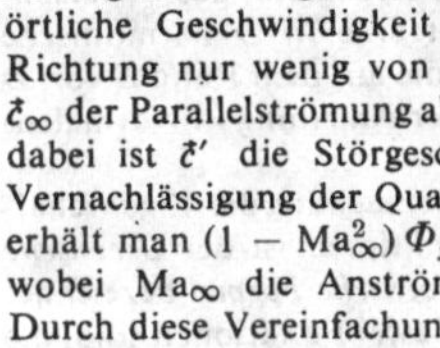

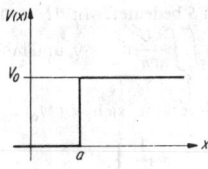

Potentialstufe

von links mit einer Energie $E > V_0$ einlaufende Teilchen bei quantenmechanischer Beschreibung an der P. bei $x = a$ teilweise reflektiert werden, was nach den Gesetzen der klassischen Mechanik nicht auftritt (→ Tunneleffekt).

Potentialtheorie, aus der Untersuchung des elektrischen und des Gravitationspotentials entstandene Theorie der Lösungen U der *Laplace*-

Gleichung $\Delta U = \frac{\partial^2 U}{\partial x^2} + \frac{\partial^2 U}{\partial y^2} + \frac{\partial^2 U}{\partial z^2} = 0$, in der U eine gesuchte Funktion der drei Variablen x, y und z ist. Die Lösungen U heißen *harmonische Funktionen*, falls sie stetige Ableitungen bis zur zweiten Ordnung haben.

Die P. in zwei Dimensionen, die Theorie der Gleichung $\frac{\partial^2 U}{\partial x^2} + \frac{\partial^2 U}{\partial y^2} = 0$ hängt eng mit der Funktionentheorie zusammen, da Real- und Imaginärteil einer regulären Funktion zweidimensionale harmonische Funktionen sind.

Die fundamentale Aufgabe der P. ist die Lösung des *Dirichletschen Problems*: Es ist eine in einem gewissen Bereich D harmonische Funktion zu finden, die auf dem Rand S des Bereiches gewisse vorgegebene Werte annimmt. Ist der Bereich D endlich, d. h. im Inneren von S, spricht man vom *inneren Dirichletschen Problem*, ist D unendlich groß, d. h. im Äußeren von S, vom *äußeren Dirichletschen Problem*.

Im zweiten Fall fordert man zusätzlich, daß die gesuchte harmonische Funktion im Unendlichen schwindet, bzw. im zweidimensionalen Fall, daß sie im Unendlichen einen endlichen Grenzwert hat.

In der Hydrodynamik z. B. taucht noch eine zweite Art der Fragestellung auf, das *Neumannsche Problem*: Es ist eine in D harmonische Funktion zu finden, die auf dem Rand S von D vorgegebene Werte der Ableitung in Normalenrichtung hat.

Wichtig für die Untersuchung der Eigenschaften harmonischer Funktionen ist der *Greensche Satz*, der auch als *Greensche Formel* bezeichnet wird: Wenn U und V zwei Funktionen sind, die in D stetige Ableitungen bis zur zweiten Ordnung haben, gilt

$$\iiint_D \left(\frac{\partial U}{\partial x}\cdot\frac{\partial V}{\partial x} + \frac{\partial U}{\partial y}\cdot\frac{\partial V}{\partial y} + \frac{\partial U}{\partial z}\cdot\frac{\partial V}{\partial z}\right) \mathrm{d}v = \iint_S U \frac{\partial V}{\partial n}\,\mathrm{d}S - \iiint_D U \Delta V\,\mathrm{d}v \text{ und}$$

$$\iiint_D (U\Delta V - V\Delta U)\,\mathrm{d}v = \iint_S \left(U\frac{\partial V}{\partial n} - V\frac{\partial U}{\partial n}\right)\mathrm{d}S,$$

wobei $\frac{\partial}{\partial n}$ die Ableitung in Richtung der äußeren Normalen von S bedeutet. Mit $\Delta U = 0$ und $V = 1$ folgt daraus $\iint_S \frac{\partial U}{\partial n}\,\mathrm{d}S = 0$, und mit $\Delta U = 0$ und $V = \frac{1}{r}$ ergibt sich $U(M_0) = \frac{1}{4\pi}\iint_S \left[\frac{1}{r}\frac{\partial U}{\partial n} - U\frac{\partial \frac{1}{r}}{\partial n}\right]\mathrm{d}S$ für M_0 in D. Diese Ergebnisse drücken zwei wichtige Eigenschaften harmonischer Funktionen aus: 1) Das Integral über die Ableitung in Normalenrichtung einer in einem abgeschlossenen Bereich harmonischen Funktion, erstreckt über den Rand des Bereiches, ist Null. – 2) Der Wert einer harmonischen Funktion in einem beliebigen Punkt innerhalb des Bereiches läßt sich durch die Werte der Funktion und ihrer Normalableitung auf dem Rand des Bereiches ausdrücken.

Die letzte Formel stellt noch keine Lösung des Dirichletschen Problems dar, da sie noch die Normalableitung $\frac{\partial U}{\partial n}$ enthält.

Für den Spezialfall einer Kugel mit dem Radius R und dem Mittelpunkt M_0 ergibt sich: $U(M_0) = \frac{1}{4\pi R^2}\iint_S U\,\mathrm{d}S$. Diese Gleichung drückt die dritte Eigenschaft harmonischer Funktionen aus: 3) Der Wert einer harmonischen Funktion im Mittelpunkt einer Kugel ist gleich dem arithmetischen Mittelwert der Funktionswerte auf der Kugeloberfläche.

Hieraus läßt sich zeigen: 4) Eine im Inneren eines Bereiches harmonische und bis an den Rand des Bereiches heran stetige Funktion nimmt ihren größten und ihren kleinsten Wert auf dem Rand des Bereiches an, außer in dem trivialen Fall, daß die Funktion konstant ist.

Daraus folgt unmittelbar die *Eindeutigkeit* des inneren Dirichletschen Problems; denn gäbe es zwei harmonische Funktionen, die auf S dieselben Werte annähmen, so wäre die Differenz beider Funktionen in D wieder harmonisch und würde auf dem Rand identisch verschwinden. Dann muß nach 4) diese Differenz aber überall in D gleich Null sein.

Spezielle Lösungen des Dirichletschen Problems sind:

A) Das *Dirichletsche Problem für einen Kreis*. Ist R sein Radius, der Kreismittelpunkt der Ursprung des Koordinatensystems und sind $f(\theta)$ die vorgegebenen Randwerte als Funktion des Polarwinkels θ, so ist die Lösung des inneren Dirichletschen Problems gegeben durch das *Poissonsche Integral* $U(r, \theta) =$

$$\frac{1}{2\pi}\int_{-\pi}^{+\pi} f(t)\frac{R^2 - r^2}{R^2 - 2rR\cdot\cos(t-\theta) + r^2}\,\mathrm{d}t.$$

B) Das *Dirichletsche Problem für eine Kugel*. Ist R ihr Radius und sind $f(M')$ die vorgegebenen Randwerte auf der Kugeloberfläche, so lautet die Lösung des inneren Dirichletschen Problems $U(M_0) = \frac{1}{4\pi R}\iint_S f(M')\frac{R^2 - \varrho^2}{r^3}\,\mathrm{d}S$, wenn $\varrho^2 = R^2 + r^2 - 2rR\cos(r, n)$ und r der Abstand von M' zu M_0 ist. Das Integral erstreckt sich hierbei über die Oberfläche der Kugel.

Für den allgemeinen Fall eines beliebigen Bereiches läßt sich keine strenge Lösung des Dirichletschen Problems angeben. Zur weiteren Untersuchung nimmt man an, es sei eine Funktion $G_1(M, M_0)$ mit folgenden Eigenschaften bekannt: 1) M_0 sei ein fester Punkt im Inneren von D, 2) als Funktion des variablen Punktes M sei G_1 eine harmonische Funktion in D und 3) auf dem Rand S seien ihre Randwerte $\frac{1}{r}$, wenn r der Abstand eines variablen Punktes auf S von M_0 ist. Dann kann gezeigt werden, daß die Lösung des Dirichletschen Problems durch die Gleichung

$$U(M_0) = -\frac{1}{4\pi}\iint\limits_S U(M)\frac{\partial}{\partial n}G(M, M_0)\,dS$$

$$= -\frac{1}{4\pi}\iint\limits_S U(M)\frac{\partial}{\partial n}\left[\frac{1}{r} - G_1(M, M_0)\right]dS$$

gegeben ist. Die Funktion $G(M, M_0) = \frac{1}{r} - G_1(M, M_0)$ heißt *Greensche Funktion* für den von S berandeten Bereich mit dem Pol M_0. Sie ist in D harmonisch mit Ausnahme des Punktes M_0, in dem sie einen Pol hat, und verschwindet auf dem Rand S. Ganz analog besteht im Fall der Ebene die Lösung des inneren Dirichletschen Problems in der Gleichung

$$U(M_0) = -\frac{1}{2\pi}\int\limits_l U(M)\frac{\partial}{\partial n}G(M, M_0)\,dS,$$

wobei $G(M, M_0)$ eine im Inneren des von l umrandeten Bereiches harmonische Funktion mit Ausnahme des Punktes M_0 ist, deren Randwerte auf l verschwinden.

Im Unterschied zum dreidimensionalen Fall, in dem $G(M, M_0) - \frac{1}{r} = -G_1(M, M_0)$ im Punkt M_0 endlich ist, bleibt im zweidimensionalen Fall der Ausdruck $G(M, M_0) - \ln\frac{1}{r}$ endlich. Die Kenntnis der Greenschen Funktion ist auch aus dem Grund interessant, da sie gleichzeitig eine Lösung der inhomogenen Laplace-Gleichung $\Delta U = \varphi(x, y, z)$, der *Poisson-Gleichung*, angibt. Diese spielt z. B. in der nichtrelativistischen Gravitationstheorie und in der Elektrostatik eine beherrschende Rolle.

Ihre Lösung mit der Randbedingung $U(M) = 0$ lautet $U(M) = -\frac{1}{4\pi}\iiint\limits_D \varphi(N)G(M,N)\,dv$, wenn $G(M, N)$ die Greensche Funktion des Bereiches D mit dem Pol in N ist.

Lit. W. I. Smirnow: Lehrgang der höheren Mathematik, Tl II (10. Aufl. Berlin 1971); Sommerfeld: Vorlesungen über theoretische Physik, Bd VI (6. Aufl. Leipzig 1966).

Potentialtopf, → Potentialmulde.

Potentialwall, *Potentialberg*, *Potentialbarriere*, *Potentialschwelle*, charakteristischer Potentialverlauf, der in verschiedenen Zweigen vor allem der Quantenphysik wiederkehrt (Abb. 1). Der P. stellt die potentielle Energie in Abhängigkeit vom Abstand dar, wobei ein bergähnliches Maximum bei einem bestimmten Abstand vom Nullpunkt entsteht. Genau wie beim Hinaufklettern auf einen Berg Energie aufgewendet werden muß, braucht auch ein Teilchen Energie, um den P. überwinden zu können. Liegt etwa der durch Abb. 2 charakterisierte eindimensionale P. vor, so wird ein den Gesetzen der klassischen Mechanik gehorchendes Teilchen an den Wänden des P.s, d. h. an den Orten $x = a$ bzw. $x = b$ reflektiert, falls es von links bzw. rechts mit einer Energie $E < V_0$ einläuft; auch quantenmechanisch findet eine Reflexion bei $x = a$ bzw. $x = b$ statt, es besteht aber hierbei eine von Null verschiedene Wahrscheinlichkeit dafür, daß die Teilchen in den P. eindringen und ihn schließlich auf der anderen Seite wieder verlassen (→ Tunneleffekt). Eine analoge Erscheinung findet man in der klassischen Optik bei der Totalreflexion, wenn ein optisch dichtes von einem optisch dünneren Medium geringer Dicke durchsetzt wird. Abb. 3 zeigt den Potentialverlauf bei Annäherung eines geladenen Teilchens an einen Atomkern.

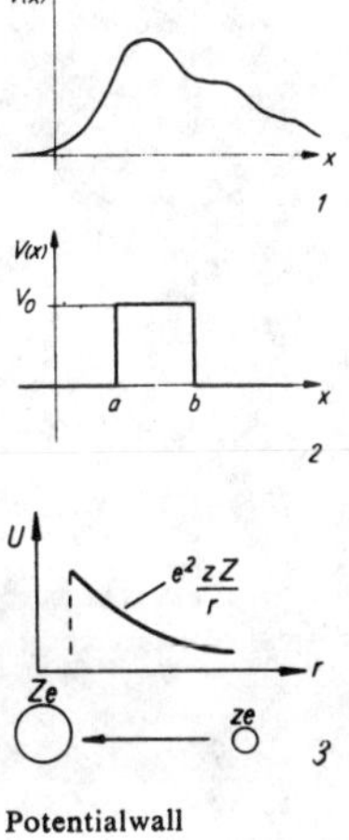

Potentialwall

Potentialwirbel, Singularität in ebener inkompressibler Strömung, bei der die Flüssigkeitsteilchen eine kreisende Bewegung um den Ursprung ausführen. Außerhalb des im Zentrum liegenden Wirbelpunktes liegt Potentialströmung vor. Der P. ist ein → Wirbel mit verschwindendem Kern. Das Strömungsfeld erhält man aus dem der → Quellen- und Senkenströmung durch Vertauschen von Potential- und Stromlinien. Dabei wird die Ergiebigkeit der Quelle Q durch die Zirkulation Γ ersetzt. Das komplexe Potential des P.s lautet $F(z) = -\frac{i\Gamma}{2\pi b}\cdot\ln z$. Dabei ist i die imaginäre Einheit. In Polarkoordinatenschreibweise folgt für das Potential $\Phi = \frac{\Gamma}{2\pi b}(\varphi + 2K\pi)$; $K = 0, \pm 1, \pm 2, \pm \ldots$ Bei jedem Umlauf nimmt Φ um den Betrag $\frac{\Gamma}{b}$ zu oder ab, es ist mehrdeutig. Die zugehörige Stromfunktion ist $\psi = -\frac{\Gamma}{2\pi b}\cdot\ln r$. Es bedeuten z die komplexe Koordinate, b die Länge des Wirbelfadens senkrecht zur x,y-Ebene; r, φ sind Polarkoordinaten.

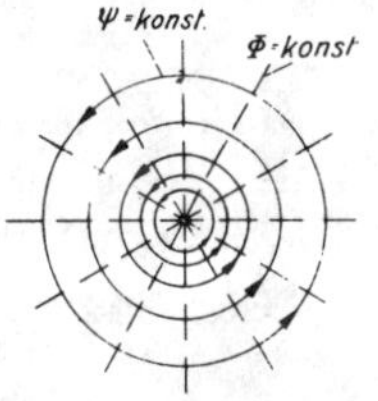

Stromlinien Ψ = konst. und Potentiallinien Φ = konst. eines Potentialwirbels

Die Stromlinien sind konzentrische Kreise um den Ursprung und die Potentiallinien Strahlen durch den Ursprung (Abb.). Die Geschwindigkeit weist in Umfangrichtung und ist vom Betrag $c_u = \Gamma/2\pi br$. Die Geschwindigkeitsverteilung über den Radius erhält man aus $c_u \cdot r$ = konst. Nach außen nimmt die Geschwindigkeit mit $1/r$ ab, während sie für $r \to 0$ nach Unendlich geht. Die Stelle $r = 0$ ist ein singulärer Punkt. Jede geschlossene Linie, die den Wirbelpunkt enthält, besitzt die Zirkulation Γ. Liegt der Wirbelpunkt außerhalb der geschlossenen Linie, so ist die Zirkulation Null.

In kompressibler Strömung gilt ebenfalls das Drallgesetz $c_u \cdot r$ = konst. Es kann jedoch die Maximalgeschwindigkeit $c_{u_{max}}$ (→ Ausströmen) nicht überschritten werden, da dort der Druck $p = 0$ erreicht wird. Damit existiert für $r <$ konst.$/c_{u_{max}}$ keine Lösung.

potentielle Energie, → Potential.

Potentiometer, ein stufenlos einstellbarer elektrischer Widerstand, bei dem mittels eines drehbaren Schleifkontaktes Widerstandswerte zwischen Null und einem Maximalwert eingestellt werden können. Als Widerstandsmaterialien werden Drähte verwendet, die wendelförmig angeordnet oder auf einem Isolierring mit kreisförmigem Querschnitt aufgewickelt sind, sowie Hartkohleschichten auf einer ebenen runden Trägerplatte. P. können auch als einstellbare → Spannungsteiler benutzt werden. Präzisionsausführungen mit hochgenauem Zusammenhang zwischen Widerstandswert und Einstellwinkel werden als Meßpotentiometer (→ Meßwiderstand) bezeichnet.

Potenzgesetzflüssigkeit, *Ostwald-de-Waelesche Flüssigkeit*, nicht-Newtonsche Flüssigkeit, die als inkompressibel angenommen wird und für deren scheinbaren Scherviskositätskoeffizienten ein Potenzansatz gemacht wird. In diesem Ansatz erscheint nur die 2. Invariante des Deformationsgeschwindigkeitstensors D_{ij}. Als Zustandsgleichung erhält man

$$\sigma_{ij} = -p\delta_{ij} + 2^n K(\tfrac{1}{2}D_{rs}D_{sr})^{\frac{n-1}{2}} D_{ij}.$$

Dabei ist p der hydrostatische Druck. Die beiden Koeffizienten K, n, die noch von der Temperatur abhängig sein können, haben keinerlei physikalische Bedeutung im Sinne einer Stoffkennzahl und gelten nur in einem sehr engen Intervall. Der Parameter K wird als Konsistenzkoeffizient und der Parameter n als Fließindex (Fließexponent) der nicht-Newtonschen Flüssigkeit bezeichnet. Für $n < 1$ nimmt die scheinbare Viskosität mit zunehmender Deformation ab. Derartige Flüssigkeiten werden pseudoplastisch genannt. Für $n = 1$ resultiert daraus die Newtonsche Flüssigkeit mit konstantem Viskositätswert. Für $n > 1$ nimmt die scheinbare Viskosität mit zunehmender Deformation zu. Derartige Flüssigkeiten heißen dilatante Flüssigkeiten. Das Potenzgesetz für vom Newtonschen Verhalten abweichende Flüssigkeiten entstand aus der Viskosimetrie, und zwar in dem Bestreben, die Fließkurve einer mathematischen Formulierung zuzuordnen.

Potenzreihe, eine Reihe der Gestalt $a_0 + a_1(z - b) + a_2(z - b)^2 + \cdots$, in der die Koeffizienten a_n, die Konstante b und die Veränderliche z im allgemeinen komplexe Zahlen sind. Konvergiert die P. in einem Punkt $z = z_0$, so konvergiert sie absolut in jedem näher an b gelegenen Punkt z, für den $|z - b| < |z_0 - b|$ gilt, und sie konvergiert gleichmäßig in jedem Kreis um den Mittelpunkt b mit dem Radius $\varrho < |z_0 - b|$ (→ Funktionenreihe). Divergiert die Reihe in einem Punkt $z = z_0$, so divergiert sie auch in jedem Punkt, der von b weiter entfernt ist als z_0. Das heißt, es existiert eine positive Zahl R dergestalt, daß die Reihe für $|z - b| < R$ absolut konvergiert und für $|z - b| > R$ divergiert. Dabei konvergiert sie in jedem Kreis mit einem Radius kleiner als R gleichmäßig. Die Zahl R wird auch als *Konvergenzradius* der Reihe bezeichnet.

Die P. kann im Inneren ihres Konvergenzkreises gliedweise differenziert und integriert werden. Die so entstehenden Reihen haben denselben Konvergenzradius wie die ursprüngliche Reihe. → Entwicklung von Funktionen.

pound, Tabelle 2, Masse.

poundal, Tabelle 2, Kraft.

pound-force, Tabelle 2, Kraft.

Pound-Methode, → polarisierte Kerne.

Pound-Rebka-Versuch, → Rotverschiebung im Schwerefeld.

Pourbaix-Diagramm, graphische Darstellung der pH- und Potentialbereiche, in denen bestimmte Vorgänge an einer Elektrode ablaufen können. In der Abb. ist das P.-D. einer Eisenelektrode schematisch dargestellt. Die Felder entsprechen folgenden Elektrodenreaktionen: A Passivierung (Oxidschicht); B Korrosion (Fe^{2+} ist stabil); C Immunität (Eisen wird katodisch); D Korrosion (Bildung von Ferratanionen).

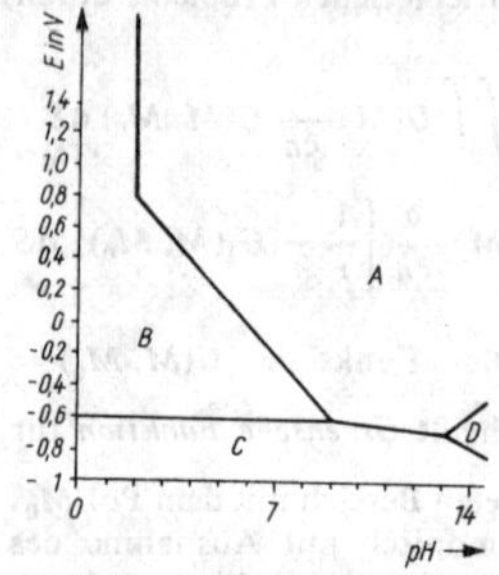

Pourbaix-Diagramm des Eisens (stark schematisiert)

Poynting-Effekt, die Längung eines zylindrischen Körpers unter Torsion. Bei sehr langen Stahl- und Kupferzylindern wurde von Poynting bei Einwirkung eines Torsionsmomentes neben der Torsion auch eine elastische Dehnung beobachtet, die zu einer Volumenzunahme führt. Die Volumenzunahme deutet auf elastische Dilatanz hin. Es läßt sich theoretisch nachweisen, daß eine Streckung von Zylindern erfolgt, wenn Effekte zweiter Ordnung berücksichtigt werden.

Poyntingscher Satz, der Energiesatz der Elektrodynamik. Man erhält ihn aus den beiden Maxwellschen Gleichungen (→ Maxwellsche Theorie)

$$\mathrm{rot}\,\vec{H} = \vec{\imath} + \dot{\vec{D}} \qquad (1)$$

$$\mathrm{rot}\,\vec{E} = -\dot{\vec{B}}. \qquad (2)$$

Dabei bedeuten $\vec{E}$ und $\vec{H}$ die elektrische bzw. magnetische Feldstärke, $\vec{B}$ die magnetische Flußdichte, $\vec{D}$ die elektrische Verschiebung und $\vec{\imath}$ die Stromdichte. Durch skalare Multiplikation von (1) mit $-\vec{E}$, und von (2) mit $\vec{H}$ und durch nachfolgende Addition der so entstandenen Gleichungen erhält man

$$\vec{H}\,\mathrm{rot}\,\vec{E} - \vec{E}\,\mathrm{rot}\,\vec{H} = -\vec{E}\dot{\vec{D}} - \vec{H}\dot{\vec{B}} - \vec{E}\vec{\imath}. \qquad (3)$$

Daraus erhält man unter Verwendung von

$$\vec{H}\,\mathrm{rot}\,\vec{E} - \vec{E}\,\mathrm{rot}\,\vec{H} = \mathrm{div}\,(\vec{E} \times \vec{H}) \qquad (4)$$

den Ausdruck

$$\vec{E}\dot{\vec{D}} + \vec{H}\dot{\vec{B}} + \vec{\imath}\vec{E} + \mathrm{div}\,(\vec{E} \times \vec{H}) = 0. \qquad (5)$$

Es werden nun die „Materialgleichungen" eingeführt:

$$\vec{D} = \varepsilon_r\varepsilon_0\vec{E}, \; \vec{B} = \mu_r\mu_0\vec{H}. \qquad (6)$$

Dabei bedeuten ε_r die relative Dielektrizitätskonstante, μ_r die relative Permeabilität, ε_0 und μ_0 die elektrische bzw. magnetische Feldkonstante. Mit Hilfe von (6) sieht man, daß der erste Term von (5) die zeitliche Änderung der Energiedichte des elektrischen Feldes ist und der zweite Term die zeitliche Änderung der Energiedichte des magnetischen Feldes. Die Energiedichte des elektrischen Feldes ist

$$w_e = \tfrac{1}{2}\,\vec{E}\vec{D} = \tfrac{1}{2}\,\varepsilon_r\varepsilon_0\vec{E}^2 \qquad (7)$$

und die Energiedichte des magnetischen Feldes

$$w_m = \tfrac{1}{2}\,\vec{H}\vec{B} = \tfrac{1}{2}\,\mu_r\mu_0\vec{H}^2. \qquad (8)$$

Der dritte Summand in (5) ist ein Ausdruck für die räumliche Dichte der Stromwärmeleistung von Strömen in Leitern bzw. für die an Ladungen im Vakuum übertragene kinetische

Energie, denn mit der Materialgleichung $\vec{\imath} = \sigma\vec{E}$, wobei σ die elektrische Leitfähigkeit ist, folgt
$\vec{\imath}\vec{E} = \sigma\vec{E}^2$. (9)

Die Gleichung (5) ist der Poyntingsche S. in differentieller Schreibweise. Integriert man (5) über ein bestimmtes Volumen und wendet auf den 4. Summanden den Gaußschen Satz an, so erhält man die integrale Schreibweise des Poyntingschen S.es

$$-\frac{\mathrm{d}}{\mathrm{d}t}\iiint \frac{1}{2}(\vec{E}\vec{D} + \vec{B}\vec{H})\,\mathrm{d}V =$$
$$= \iiint \sigma\vec{E}^2\,\mathrm{d}V + \iint (\vec{E} \times \vec{H})\,\mathrm{d}\vec{f}. \quad (10)$$

Der Poyntingsche S. sagt aus, daß die in einem Volumen befindliche Energiedichte des elektromagnetischen Feldes durch Stromwärmeverluste, durch Erhöhung der kinetischen Energie geladener Teilchen und durch eine Größe $\iint (\vec{E} \times \vec{H})\,\mathrm{d}\vec{f}$ abnehmen kann.

$$\vec{S} = (\vec{E} \times \vec{H}) \quad (11)$$

ist der ***Poyntingsche Vektor***, und das Oberflächenintegral stellt den Fluß von $\vec{S}$ durch die Oberfläche des betrachteten Volumens dar. Damit ergibt sich für $\vec{S}$ die Deutung als Dichte des Energiestromes.

Bei einer ebenen elektromagnetischen Welle stehen $\vec{E}$ und $\vec{H}$ senkrecht zur Ausbreitungsrichtung. Daher zeigt $\vec{S}$ dort in Ausbreitungsrichtung, außerdem gilt $S = (w_e + w_m)\,c$ mit c als der Lichtgeschwindigkeit.

Poyntingscher Vektor, → Poyntingscher Satz.

ppb, → parts per billion.

PPI, → Radar.

ppm, → parts per million.

PPM, Abk. für Pulsphasenmodulation, → Modulation.

p-p-Prozeß, Proton-Proton-Prozeß, → Kernfusion.

***P*-Produkt,** → zeitgeordnetes Produkt.

Pr, → Prandtlzahl.

Prädissoziation, der Zerfall eines mehrfachangeregten, mehratomigen (vorzugsweise zweiatomigen) Moleküls in dissoziierte (nichtionisierte) Bruchstücke, *bevor* die im gesamten angeregten Molekül gespeicherte, häufig sogar die Dissoziationsenergie (→ Dissoziation 1) überwiegende Anregungsenergie als elektromagnetische Strahlung abgegeben wird. Es findet bei der P. also ein strahlungsloser Übergang in einen dissoziierten Zustand statt, auch wenn die Dissoziationsgrenze des jeweiligen Zustandes noch nicht erreicht ist.

Demgegenüber zerfällt bei der *Präionisation* (→ Autoionisation) vor Strahlungsaussendung das angeregte, mehratomige Molekül in ionisierte Atome.

Praenova, → Nova.

Präionisation, svw. Autoionisation.

praktische Reichweite, → ionisierende Strahlung 2.4).

Prandtl-Meyer-Strömung, stetige isentrope Verdünnungsströmung um eine konvexe Ecke. Entlang einer ebenen Wand (Abb. 1) strömt ein Gas links vom Punkt E mit Schallgeschwindigkeit, die Machzahl beträgt $Ma^* = 1$. Im Punkt E ist die Wand unter dem Winkel ϑ_{Wand} abgeknickt. Rechts von der Knickstelle expandiert das Gas nach außen, so daß hier $Ma^* > 1$ ist. Stromabwärts vom Punkt E stellt sich wieder eine Parallelströmung ein, jedoch mit vergrößertem Stromlinienabstand. Bei infinitesimalem Abknickwinkel breitet sich die durch den Knick verursachte Störung von E beginnend entlang einer geraden Machschen Linie bzw. einer → Machschen Welle unter dem Machschen Winkel $\alpha = \arcsin(1/Ma)$ aus. Ma ist dabei die mit der örtlichen Schallgeschwindigkeit gebildete Machzahl. An der Machschen Linie erfolgt eine kleine Umlenkung der Stromlinien. Die Dichte und der Druck sind dahinter etwas niedriger und die Machzahl etwas größer als in der Zuströmung. Die Machsche Linie wird deshalb auch als *Verdünnungslinie* bzw. *Verdünnungswelle* bezeichnet. Einen endlich großen Abknickwinkel ϑ_{Wand} kann man sich als Folge sehr vieler infinitesimaler Winkel $\mathrm{d}\vartheta$ vorstellen, weil sich die Machschen Linien nicht kreuzen. Geht deren Anzahl nach unendlich, so ergibt sich die stetige Verdünnungsströmung. Die in Abb. 1 vom Punkt E

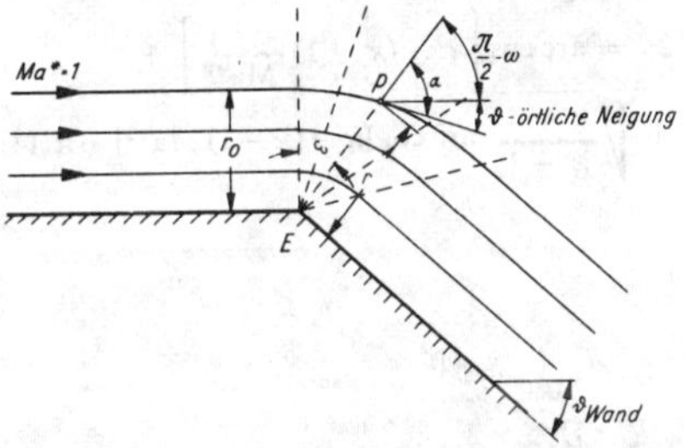

1 Prandtl-Meyer-Strömung

strahlenförmig ausgehenden, gestrichelt gezeichneten Machschen Linien werden als *Verdünnungsfächer* bezeichnet, da die Strömung expandiert. Entlang einer Machschen Linie bleibt der Gaszustand unverändert, die Machsche Linie schneidet alle Stromlinien unter dem gleichen Winkel. Die erste Linie des Verdünnungsfächers wird durch die Zuström-Machzahl bestimmt, die letzte Linie durch die zunächst noch unbekannte Abström-Machzahl der Parallelströmung hinter dem Knick, die von ϑ_{Wand} abhängt. Die Stromlinien sind ähnliche Kurven mit E als Ähnlichkeitszentrum. Innerhalb des Verdünnungsfächers sind Geschwindigkeit, Druck, Dichte und Temperatur des Gases nur vom Zentriwinkel ω abhängig. Die Berechnung der Strömung erfolgt deshalb zweckmäßig mit den Polarkoordinaten r und ω unter Verwendung der Geschwindigkeitskomponenten: $c_r(\omega) = \partial\Phi/\partial r$; $c_\omega(\omega) = \partial\Phi/(r \cdot \partial\omega)$, wobei für das Potential Φ der Ansatz $\Phi = r \cdot F(\omega)$ gemacht wird. Die Funktion $F(\omega)$ wird aus der Bedingung bestimmt, daß die Geschwindigkeitskomponente senkrecht zur Machschen Linie immer gleich der Schallgeschwindigkeit ist. Aus der Rechnung erhält man als Funktion von ω für die Machzahl

$$Ma^* = 1 + \frac{2}{\varkappa - 1} \cdot \sin^2\left(\sqrt{\frac{\varkappa - 1}{\varkappa + 1}} \cdot \omega\right) \quad (1)$$

den Druck

$$\frac{p_R}{p} = \left[\frac{\varkappa + 1}{2} \cdot \frac{1}{\cos^2\left(\sqrt{\frac{\varkappa - 1}{\varkappa + 1}} \cdot \omega\right)}\right]^{\frac{\varkappa}{\varkappa - 1}}. \quad (2)$$

und den Machschen Winkel

$$\tan\alpha = \sqrt{\frac{\varkappa-1}{\varkappa+1}}\cdot\cot\left(\sqrt{\frac{\varkappa-1}{\varkappa+1}}\cdot\omega\right). \qquad (3)$$

Alle übrigen, den Gaszustand charakterisierenden Größen können mit Hilfe der Isentropenbeziehung berechnet werden.

In der Praxis ist meist ϑ_{Wand} vorgegeben und ω unbekannt. Deshalb ist es günstiger, bei der Berechnung der P.-M.-S. mit der Abhängigkeit $Ma^*(\vartheta)$ zu arbeiten. Durch Betrachtung der Strömung für einen infinitesimalen Abknickwinkel $d\vartheta$ erhält man die Differentialgleichung

$$d\vartheta = \sqrt{\frac{Ma^{*2}-1}{1-\frac{\varkappa-1}{\varkappa+1}Ma^{*2}}}\cdot\frac{d\,Ma^*}{Ma^*}.$$

Daraus ergibt sich durch Integration für die Anfangsbedingungen $\vartheta = 0$, $Ma^* = 1$ die Beziehung

$$2\vartheta = \arccos\left[\varkappa-(\varkappa+1)\frac{1}{Ma^{*2}}\right] + \sqrt{\frac{\varkappa+1}{\varkappa-1}}\cdot\arccos\left[\varkappa-(\varkappa-1)Ma^{*2}\right]-\pi. \qquad (4)$$

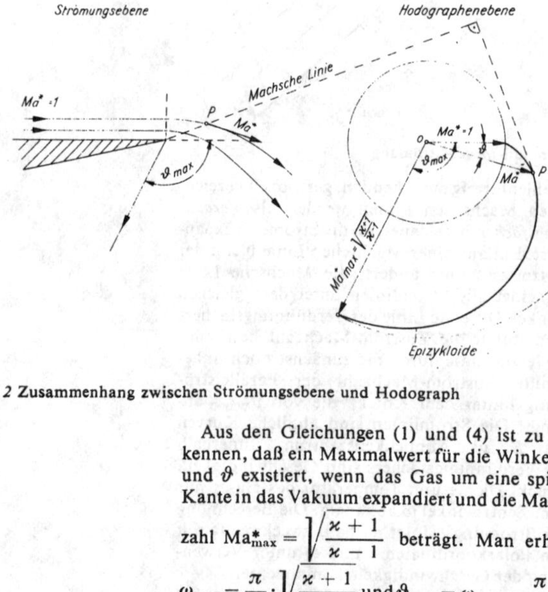

2 Zusammenhang zwischen Strömungsebene und Hodograph

Aus den Gleichungen (1) und (4) ist zu erkennen, daß ein Maximalwert für die Winkel ω und ϑ existiert, wenn das Gas um eine spitze Kante in das Vakuum expandiert und die Machzahl $Ma^*_{max} = \sqrt{\frac{\varkappa+1}{\varkappa-1}}$ beträgt. Man erhält

$$\omega_{max} = \frac{\pi}{2}\cdot\sqrt{\frac{\varkappa+1}{\varkappa-1}} \text{ und } \vartheta_{max} = \omega_{max} - \frac{\pi}{2} = \frac{\pi}{2}\cdot\left(\sqrt{\frac{\varkappa+1}{\varkappa-1}}-1\right).$$

Für Luft ergeben sich als Grenzwerte $\omega_{max} = 219{,}32°$, $\vartheta_{max} = 129{,}32°$. Ist der Abknickwinkel der Wand größer als ϑ_{max}, so erfüllt die Strömung nicht den gesamten Raum, sondern löst sich am Eckpunkt E von der Wand ab und folgt der von einer geraden Stromlinie gebildeten Freistrahlgrenze. Zwischen dieser Grenzlinie und der Wand bildet sich ein Vakuum. Dieser Vorgang ist für stark angestellte Tragflügel und Schaufelgitter in Überschallströmungen von Bedeutung. Die Machzahl der Zuströmung Ma^* kann auch größer als eins sein. Die erste Machsche Linie des Verdünnungsfächers ist dann nicht unter dem Winkel $\alpha = \pi/2$, sondern $\alpha = \arcsin(1/Ma)$ geneigt. Außerdem ist der maximale Ablenkwinkel ϑ_{max} kleiner als ϑ_{max} bei $Ma = 1$. Es gilt $\bar{\vartheta}_{max} = \vartheta_{max} - \bar{\vartheta}$, wobei $\bar{\vartheta}$ ein fiktiver Ablenkwinkel ist, der zur Zuström-Machzahl $Ma^* > 1$ gehört. Für $Ma^* = 1$ ist $\bar{\vartheta} = 0$, für $Ma^* = Ma^*_{max}$ ist $\bar{\vartheta} = \vartheta_{max}$. Das Ablösen der hier vorliegenden Potentialströmung hat grundsätzlich andere Ursachen als die → Grenzschichtablösung. Die Gleichung für die Stromlinien der P.-M.-S. lautet

$$\frac{r}{r_0} = \left[\cos\left(\sqrt{\frac{\varkappa-1}{\varkappa+1}}\cdot\omega\right)\right]^{-\frac{\varkappa+1}{\varkappa-1}};$$

dabei ist r_0 ein Bezugsradius (Abb. 1).

Eine anschauliche Darstellung der P.-M.-S. erhält man, wenn in der Hodographenebene (→ Hodographenmethode) von einem festen Nullpunkt O aus die Geschwindigkeitsvektoren entlang einer Stromlinie aufgetragen werden. Die Geschwindigkeitsvektoren können dabei auch in dimensionsloser Form $\frac{c}{a^*} = Ma^*$ verwendet werden; a^* ist die kritische Schallgeschwindigkeit. Die Endpunkte der Vektoren beschreiben entsprechend Gleichung (4) eine Kurve, die als *Hodograph der Stromlinie* oder *Charakteristik* bezeichnet wird (Abb. 2). Sie hat die Form einer Epizykloide, die entsteht, wenn ein Kreis mit dem Durchmesser

$$Ma_{max} - 1 = \sqrt{\frac{\varkappa+1}{\varkappa-1}} - 1$$

auf dem Grundkreis mit dem Radius $Ma^* = 1$ abgerollt wird. Da der Vektor des Geschwindigkeitszuwachses senkrecht auf der zugehörigen Machschen Linie steht und im Hodographen in die Richtung der Tangente an die Charakteristik fällt, gilt der Satz: Die Tangente in einem Punkt P' der Epizykloide steht senkrecht auf der durch den entsprechenden Punkt P der Stromlinie hindurchgehenden Machschen Linie. Verwendet man noch zusätzlich zur Charakteristik $Ma^*(\vartheta)$ die Darstellung $Ma^*(\alpha)$, die Isentropenellipse mit den Hauptachsen $\sqrt{\frac{\varkappa+1}{\varkappa-1}}$ und 1, so kann leicht die Richtung der Machschen Linien festgestellt werden. Zur Berechnung der Strömung längs einer beliebig geformten konvexen Wand kann die Kontur durch einen einbeschriebenen Polygonzug ersetzt werden, der eine Folge von konvexen Ecken darstellt. Von jedem Eckpunkt geht ein Verdünnungsfächer aus. Durch den Grenzübergang zu einer unendlich großen Anzahl von Eckpunkten erhält man die Umströmung einer stetig gekrümmten konvexen Wand. Von jedem Punkt der Wand gehen gerade Machsche Linien aus, auf denen die Zustandsgrößen des Gases konstant sind. Um den Strömungsverlauf bestimmen zu können, müssen die Ablenkwinkel, also die Richtung der Tangente in jedem Punkt der Wand, bekannt sein.

Weil jede Stromlinie durch eine reibungsfreie gedachte Wand ersetzt werden kann, lassen sich mit Hilfe der P.-M.-S gerade Schaufelgitter für Überschallströmungen entwerfen.

Die Gleichungen der P.-M.-S. gelten grundsätzlich auch für die Strömung entlang einer konkaven Wand mit negativem Ablenkwinkel ϑ, solange die Strömung isentrop verläuft. Durch Überschneiden der Machschen Linien kommt es jedoch zur Ausbildung eines schrägen → Verdichtungsstoßes. Wenn er schwach ist, d. h., wenn der Ablenkwinkel sehr klein ist, kann näherungsweise mit der Charakteristik gearbeitet werden.

Prandtl-Prisma, → Reflexionsprisma.

Prandtl-Rohr, → Strömungssonden.

Prandtlsche Grenzschichtgleichungen, → Grenzschicht.

Prandtlsche Regel, Richtlinie zum Vergleich von ebenen kompressiblen Unterschallströmungen mit ebenen inkompressiblen Strömungen. Die linearisierte Potentialgleichung für die Zuström-Machzahl $Ma_\infty < 1$, die lautet

$$(1 - Ma_\infty^2)\left(\frac{\partial^2\Phi}{\partial x^2}\right)_U + \left(\frac{\partial^2\Phi}{\partial y^2}\right)_U = 0, \quad (1)$$

ist wie die Potentialgleichung der Hydrodynamik

$$\left(\frac{\partial^2\Phi}{\partial x^2}\right)_H + \left(\frac{\partial^2\Phi}{\partial y^2}\right)_H = 0 \quad (2)$$

vom elliptischen Typ und unterscheidet sich von dieser nur durch den Faktor $(1 - Ma_\infty^2)$ des ersten Gliedes (→ Potentialströmung). Es bedeuten Φ Potentialfunktion; x, y kartesische Koordinaten; der Index U kennzeichnet die Unterschallströmung, der Index H die hydrodynamische Strömung. Die Gleichung (1) wird durch die Transformationsformeln

$$c_{xU} = \left(\frac{\partial\Phi}{\partial x}\right)_U = c_{xH} = \left(\frac{\partial\Phi}{\partial x}\right)_H \text{ und}$$

$$c_{yU} = \frac{1}{\sqrt{1 - Ma_\infty^2}} \cdot c_{yH} = \left(\frac{\partial\Phi}{\partial y}\right)_U = \frac{1}{\sqrt{1 - Ma_\infty^2}} \cdot \left(\frac{\partial\Phi}{\partial y}\right)_H$$

in die Potentialgleichung (2) der Hydrodynamik überführt. Es wurde dabei vorausgesetzt, daß in der inkompressiblen Strömung die Geschwindigkeitskomponenten c_{yU} in y-Richtung um den Faktor $1/\sqrt{1 - Ma_\infty^2}$ gegenüber der kompressiblen Strömung verändert wird, während die x-Komponenten $c_{xU} = c_{xH}$ übereinstimmen. Aus der linearisierten → Bernoullischen Gleichung folgt, daß die Druckverteilung $c_p = \frac{p - p_\infty}{(\varrho/2)\, c_\infty^2} = -2\,\frac{\Delta c_x}{c_\infty}$ dann in beiden Strömungen übereinstimmt. Dabei bedeuten p den örtlichen Druck, p_∞ den Druck und c_∞ die Geschwindigkeit der Zuströmung, $\Delta c_x = c_x - c_\infty$. Damit gleiche Druckverteilungen in beiden Strömungsfeldern auftreten, müssen die Neigung der Stromlinien im inkompressiblen Bereich um den Faktor $1/\sqrt{1 - Ma_\infty^2}$ größer und die Abstände zwischen den Stromlinien um den Faktor $\sqrt{1 - Ma_\infty^2}$ kleiner sein als bei der Unterschallströmung. Die Geschwindigkeiten und Drücke in der kompressiblen Unterschallströmung um ein schlankes Tragflügelprofil (→ Tragflügel) können an einem Profil in hydrodynamischer Strömung berechnet oder gemessen werden, dessen Wölbungsverhältnis, Dickenverhältnis und Anstellwinkel um den Faktor $1/\sqrt{1 - Ma_\infty^2}$ größer sind als die entsprechenden Werte des Unterschallprofils. Soll eine bekannte günstige Druckverteilung der inkompressiblen Strömung auch im kompressiblen Bereich beibehalten werden, so müssen Wölbungsverhältnis, Dickenverhältnis und Anstellwinkel durch Multiplizieren mit $\sqrt{1 - Ma_\infty^2}$ vermindert werden.

Stimmen Profilkontur und Anstellwinkel in hydrodynamischer Strömung und in Unterschallströmung überein, so ändern sich Druckverteilung und Auftriebsbeiwert in erster Näherung proportional zu $1/\sqrt{1 - Ma_\infty^2}$. Bei der Strömung durch Kanäle ist der Querschnitt in volumenbeständiger Strömung um den Faktor $\sqrt{1 - Ma_\infty^2}$ kleiner als in der kompressiblen Strömung.

Die P. R. gilt für schlanke, schwach angestellte Profile, solange die Zuström-Machzahl kleiner ist als die kritische Machzahl, bei der im Druckminimum auf dem Profil gerade die Schallgeschwindigkeit erreicht wird. Daß die Voraussetzungen der Linearisierung in der Umgebung des Staupunktes nicht erfüllt sind, hat praktisch keinen Einfluß auf die Ergebnisse.

Prandtlscher Körper, Kombination des elastischen oder Hookeschen Körpers mit dem plastischen oder St.-Venantschen Körper. Der St.-Venantsche Grundkörper ist durch das starr-idealplastische Werkstoffverhalten gekennzeichnet.

Prandtlsches Staurohr, eine → Strömungssonde.

Prandtlzahl, Pr, eine → Kennzahl, das Verhältnis von kinematischer Zähigkeit ν zu Temperaturleitfähigkeit a: $Pr = \nu/a = \eta \cdot g \cdot c_p/\lambda = Pe/Re$; dabei ist η die dynamische Zähigkeit, g die Erdbeschleunigung, c_p die spezifische Wärmekapazität bei konstantem Druck, λ die Wärmeleitzahl, Pe die Pécletzahl, Re die Reynoldszahl. Die P. ist ein reiner Stoffwert und von Bedeutung für die Wärmeübertragung in Strömungen (→ Konvektion).

Pränukleation, svw. Bekernung.

Präparation, *Präparationsmessung*, Herstellung eines physikalischen Systems oder einer Gesamtheit von solchen mit bestimmten, fest vorgegebenen Eigenschaften nach einer eindeutigen Meßvorschrift, der *Präparationsvorschrift*. Durch die P. wird die Wiederholbarkeit von Experimenten unter gleichen physikalischen Bedingungen gesichert.

Präparationsmessung, svw. Präparation.

Präparationstechnik, → elektronenmikroskopische Präparationstechnik.

Präparationsvorschrift, → Präparation.

Präzession, 1) Mechanik: → Kreisel.

2) Astronomie: die Verlagerung der Schnittpunkte des Himmelsäquators mit der Ekliptik längs der Ekliptik. Die P. wird verursacht durch die anziehende Wirkung von Sonne und Mond auf die nicht völlig kugelsymmetrische Erde, die wegen ihrer Rotation (→ Erdrotation) als Kreisel aufgefaßt werden kann. Das von Sonne und Mond auf die Erde ausgeübte Drehmoment bewirkt nach den Kreiselgesetzen eine Verlagerung der Rotationsachse und damit eine Verschiebung des Himmelsäquators. Die Rotationsachse der Erde beschreibt den Mantel eines Kegels, dessen feststehende Achse senkrecht auf der Ebene der Ekliptik steht. Ein voller Umlauf dauert 25700 Jahre. Der halbe Öffnungswinkel des Kegels ist gleich der Schiefe der Ekliptik $\varepsilon = 23° 27'$, d. h. gleich dem Winkel, unter dem sich Himmelsäquator und Ekliptik schneiden. Die P. ist nicht vollkommen gleichförmig, da das vom Mond erzeugte Drehmoment wegen des wechselnden Abstandes des Mondes vom Erdmittelpunkt und von der Symmetrieebene der Erde zeitlich veränderlich ist. Die periodischen Schwankungen der P. werden als *Nutation* bezeichnet.

Die um die Sonne laufende Erde kann ebenfalls als Kreiselbewegung aufgefaßt werden. Die anderen Planeten üben dann ein Drehmoment aus, was zu einer Verlagerung der Erdbahnebene und damit der Ekliptik führt.

Präzisionswiderstandsdekade, → Meßwiderstand.

Preisach-Modell, Modellvorstellung zur Behandlung irreversibler Magnetisierungsänderungen. Es wird angenommen, daß der Stoff durch eine Gesamtheit kleiner Bereiche mit rechteckigen Hystereseschleifen beschrieben werden kann. Diese Schleifen werden durch ihre Koerzitivfeldstärke H_c und ein mittleres Wechselwirkungsfeld H_m charakterisiert, das sie aus der symmetrischen Lage verschiebt. Der jeweilige Zustand des Stoffes ist dann festgelegt durch die Angabe, ob die einem Punkt H_c, H_m des Preisach-Diagrammes entsprechenden Bereiche positiv oder negativ magnetisiert sind. Angewandt wird das P.-M. auf die Berechnung der Magnetisierung in schwachen Feldern (→ Rayleigh-Gesetz) und Nachwirkungserscheinungen (→ Nachwirkung 1).

Presbyopie, → Akkommodation.

Preßgaskondensator, als Spannungsteiler in der Hochspannungsmeßtechnik verwendeter Kondensator mit koaxialen Zylinderelektroden in einem mit Stickstoff unter 10 bis 15 at gefüllten Isoliergefäß. P.en werden bis 1000 kV gefertigt; sie haben einen niedrigen Verlustfaktor und Kapazitätswerte von 50 bis 100 pF.

Preßmagnete, svw. Pulvermagnete.

Pressung, Beanspruchung von aufeinandergedrückten Teilen. Allgemein sind Normal- und Schubspannungen sowie Verschiebungskomponenten an der Kontaktfläche unbekannte Randbedingungen; Sonderfall → Hertzsche Pressung.

Prevostsches Gesetz, → Kirchhoffsches Strahlungsgesetz.

Prezipitation, das Herabregnen von Teilchen des magnetosphärischen Plasmas in die Ionosphäre. Teilchen, die den Spiegelungspunkt ihrer → Bounce-Bewegung in der Ionosphäre unterhalb etwa 120 km Höhe haben, wechselwirken mit den Teilchen des ionosphärischen Plasmas, verlieren Energie und verbleiben in der Ionosphäre. Die P. führt in der Ionosphäre zu Gebieten mit erhöhten elektrischen Leitfähigkeiten.

Primärelektronen, Elektronen in elektrischen Gasentladungen, die, aus der Katode ausgelöst und im Katodenfall stark beschleunigt, noch keine oder nur sehr wenig Stöße mit den Plasmateilchen ausgeführt haben, so daß sie das Entladungsgefäß mehr oder minder gerichtet durchsetzen. Die P. unterscheiden sich von den eigentlichen Plasmaelektronen durch ihre vergleichsweise hohe kinetische Energie und durch ihre stark gerichtete Bewegung.

Primärkreis, Stromkreis elektrischer Maschinen und Geräte, der die elektrische Energie aufnimmt. Gegensatz: → Sekundärkreis.

Primärradar, → Radar.

Primärstrahl, in der Hochenergiephysik bei Streuexperimenten das Bündel der stoßenden Teilchen, d. h. der auf das Target auftreffende Teilchenstrahl.

Primärstrahlung, → kosmische Strahlung.

Primärvalenzen, → Farbenlehre.

Primärwicklung, *Primärspule,* beim Transformator die die elektrische Energie aufnehmende und das Magnetfeld aufbauende Wicklung bzw. Spule. Die P. wirkt als Verbraucher elektrischer Leistung. Gegensatz: → Sekundärwicklung.

Prime, Grundton einer Tonleiter oder eines Akkords, zugleich Intervallbezeichnung. Im letzten Fall bezeichnet man das Intervall c — c als reine P., die Intervalle c — cis und c — ces als übermäßige P.n.

primitiv divergente Feynman-Diagramme, → Renormierung.

primitives Gitter, → Elementarzelle.

Prinzip, weitreichende Aussage über das Verhalten von physikalischen Systemen, die gewöhnlich die Bewegung einer ganzen Klasse physikalischer Systeme aus allgemeinen Annahmen zu erklären ermöglicht und Bewegungsgleichungen liefert. Beispielsweise sind die P.e der Mechanik im wesentlichen äquivalente Vorschriften zur Behandlung mechanischer Systeme. Aber auch einzelne, in einem Wissenschaftszweig nicht erklärbare, jedoch durch Experimente als wahr befundene Aussagen werden P.e genannt und zur Erklärung der Erscheinungen mit an die Spitze der Theorie gestellt; z. B. läßt sich das Pauli-Prinzip im Rahmen der Quantenmechanik nicht erklären und wird deshalb als zusätzliches Postulat aufgenommen. Entsprechendes gilt vom speziellen und vom allgemeinen Relativitätsprinzip, die von Einstein zur Grundlegung der Relativitätstheorie benutzt wurden. Die Thermodynamik irreversibler Prozesse benutzt wesentlich das P. der mikroskopischen Reversibilität. Über diese an spezielle Theorien oder Klassen von Erscheinungen gebundenen P.e hinaus geht das für die Naturwissenschaften grundlegende Kausalitätsprinzip.

Prinzipalfunktion, → Wirkung.

Prinzip der allgemeinen Kovarianz, → Relativitätsprinzip.

Prinzip der geradesten Bahn, → Hertzsches Prinzip der geradesten Bahn.

Prinzip der kleinsten Wirkung, → Hamiltonsches Prinzip, → Maupertuissches Prinzip.

Prinzip der Materialindifferenz, *Prinzip der Materialobjektivität.* Das Prinzip drückt mathematisch die Tatsache aus, daß sich die Substanz bei der Einwirkung äußerer Kräfte unabhängig vom Beobachter verhält. Das bedeutet, daß die Form der rheologischen Zustandsgleichung nicht durch eine willkürliche Drehung des Bezugssystems verändert wird.

Prinzip der mikroskopischen Reversibilität, besagt, daß im thermodynamischen Gleichgewicht die zeitlichen Schwankungen physikalischer Größen um ihre Mittelwerte keine der beiden Zeitrichtungen auszeichnen, so daß eine Umkehrung der zeitlichen Reihenfolge ebenfalls einen möglichen Schwankungsverlauf liefert. Aus dem P. d. m. R. können die Onsagerschen Reziprozitätsbeziehungen der Thermodynamik irreversibler Prozesse abgeleitet werden.

Prinzip der thermodynamischen Zulässigkeit, ein Prinzip, nach dem alle rheologischen Zustandsgleichungen außer den mechanischen Erhaltungs- und Gleichgewichtsbedingungen der Clausius-Duhemschen Ungleichung gehorchen müssen.

Prinzip der virtuellen Arbeit, *Prinzip der virtuellen Verrückungen, Prinzip der virtuellen Verschiebungen,* Differentialprinzip der Mechanik (→ Prinzipe der Mechanik), speziell der Statik, das die Untersuchung von Gleichgewichtszuständen mechanischer Systeme, zwischen deren Massepunkten Bindungen bestehen, ermöglicht. Das P. d. v. A. verlangt, daß die bei virtuellen Verrückungen $\delta\vec{r}_i$ $(i = 1, \ldots, N)$ der N Massepunkte von den am System angreifenden Kräften $\vec{F}_i$ verrichtete virtuelle Arbeit $\delta A = \sum_{i=1}^{N} \vec{F}_i \delta\vec{r}_i$ im Gleichgewicht verschwindet. Da die inneren Kräfte $\vec{F}_i^{(i)}$ am System keine Arbeit verrichten können (sonst wäre die Konstruktion eines perpetuum mobile 1. Art möglich), ist

$$\sum_{i=1}^{N} \vec{F}_i^{(i)} \delta\vec{r}_i = 0,$$

und das P. d. v. A. verlangt daher

$$\delta A = \sum_{i=1}^{N} \vec{F}_i^{(\ddot{a})} \delta\vec{r}_i = 0$$

für alle möglichen virtuellen Verrückungen, wobei $\vec{F}_i^{(\ddot{a})}$ die äußeren, eingeprägten Kräfte sind. Das P. d. v. A. macht die oft sehr mühsame Ermittlung der von den Bindungen herrührenden Zwangskräfte überflüssig; bei Kenntnis des Gleichgewichtszustands ermöglicht es die Ermittlung dieser Zwangskräfte, und zwar nach der *kinematischen Methode*: Man hat die infinitesimalen Verrückungen des Systems dazu so einzurichten, daß alle von den Bindungen herrührenden Bedingungen bis auf diejenige erfüllt sind, die der gesuchten Reaktion entspricht. Eine andere Möglichkeit ist das Befreiungsprinzip von Lagrange (→ Zwangskraft). Beim Flaschenzug mit einer losen Rolle wird bei einer virtuellen Verrückung des Seilendes mit der Kraft P um δ_P die Last Q um $\delta_Q = -\frac{1}{2}\delta_P$ verschoben (Abb.), wenn das Seil undehnbar ist (das negative Vorzeichen tritt wegen der entgegengesetzten Richtung beider Verrückungen auf); $\delta A = P\delta_P + Q\delta_Q = (P - \frac{1}{2}Q)\,\delta_P = 0$ führt, da δ_P beliebig ist und daher auch verschieden von Null angenommen werden kann, auf die Gleichung $P = Q/2$ im Gleichgewicht. Kräfte zwischen den Rollen oder Seilspannungen brauchen hierfür nicht betrachtet zu werden.

Da die virtuelle Arbeit in der Form $\delta A = \sum_{j=1}^{f} Q_j \delta q_j$ (wobei f Anzahl der Freiheitsgrade des Systems, Q_j verallgemeinerte Kräfte, q_j verallgemeinerte Koordinaten) mit völlig willkürlichen δq_j (→ virtuelle Verrückungen) geschrieben werden kann, verlangt das P. d. v. A. für holonome Systeme das Verschwinden aller verallgemeinerten Kräfte im Gleichgewicht.

Neben Systemen mit endlich vielen Freiheitsgraden gilt das P. d. v. A. für Systeme starrer Körper, wenn keine Reibung zu berücksichtigen ist, ferner für inkompressible reibungsfreie Flüssigkeiten und undehnbare Seile.

Bei einseitigen Bindungen lautet die Gleichgewichtsbedingung $\delta A \leqq 0$, wobei man praktisch mit dem Gleichheitszeichen arbeitet und das Ungleichheitszeichen lediglich zur Kontrolle heranzieht. Diese von Fourier stammende Erweiterung des P.s d. v. A. wird auch *Fouriersches Prinzip* genannt. Die Erweiterung auf Probleme der Dynamik wurde von d'Alembert vorgenommen (→ d'Alembertsches Prinzip).

Prinzip der virtuellen Verrückungen, svw. Prinzip der virtuellen Arbeit.

Prinzip der virtuellen Verschiebungen, svw. Prinzip der virtuellen Arbeit.

Prinzip des alternierenden Gradienten, svw. starke → Fokussierung.

Prinzip des kleinsten Zwangs, → Gaußsches Prinzip, → Le-Chatelier-Braunsches Prinzip.

Prinzip des Maximums, → Funktionentheorie.

Prinzipe der Mechanik, Aussagen, aus denen die Bewegungsgleichungen für freie und gebundene mechanische Systeme abgeleitet werden können. Man unterscheidet *Differentialprinzipe*, bei denen benachbarte Augenblickszustände verglichen werden, und *Integralprinzipe*, bei denen das Verhalten des Systems während endlicher Zeiten auf benachbarten Bahnkurven verglichen wird. Bei den Integralprinzipen wird ein Integral von der Dimension einer Wirkung zu einem Extremum, im allgemeinen zu einem Minimum, gemacht, weshalb sie auch *Extremal-* oder *Variationsprinzipe*, häufig auch *Aktions-* oder *Wirkungsprinzipe* genannt werden (→ Variationsrechnung).

Differentialprinzipe sind das → Prinzip der virtuellen Arbeit, das → d'Alembertsche Prinzip, das → Gaußsche Prinzip und das aus ihm abgeleitete → Hertzsche Prinzip; Integralprinzipe sind das → Hamiltonsche Prinzip, das → Maupertuissche Prinzip einschließlich des Jacobischen Prinzips und der beiden → Fermatschen Prinzipe der schnellsten Ankunft und des kürzesten Weges, die vor allem in der Optik angewandt werden.

Die P. d. M. sind der Aussage der Newtonschen Axiome äquivalent, haben aber im allgemeinen den Vorteil, daß sie gleich mit Hilfe verallgemeinerter Koordinaten formuliert werden können und daher häufig schneller zum Ziel führen als jene.

Eng verknüpft mit den P.n d. M. sind Differentialgleichungssysteme, die als allgemeine Bewegungsgleichungen mechanischer Systeme eine große Rolle spielen, und zwar die → Lagrangeschen Gleichungen 1. und 2. Art, die Hamiltonschen kanonischen Gleichungen, die Grundlage der → Hamiltonschen kanonischen Theorie sind, und die Hamilton-Jacobische partielle Differentialgleichung (→ Hamilton-Jacobische Differentialgleichung).

Lit. → Mechanik.

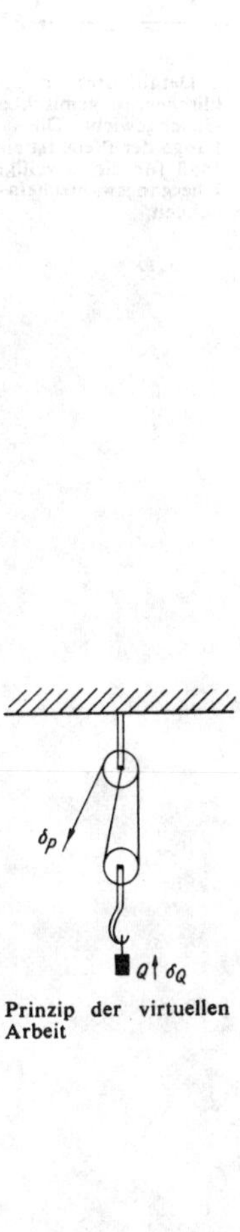

Prinzip der virtuellen Arbeit

Prinzip vom detaillierten Gleichgewicht, Aussage, daß im Gleichgewicht die Übergangswahrscheinlichkeiten für einen beliebigen Elementarprozeß und seine Umkehrung gleich sind. Bei Molekülstößen z. B. steht im kinetischen Gleichgewicht jedem elastischen Stoß ein ebenso häufiger Gegenstoß, der inverse Stoß, gegenüber. Der denkbare Fall eines *zyklischen* oder eines *gemischten Gleichgewichtes*, bei dem im Gegensatz zum detaillierten Gleichgewicht nicht jeder Teilprozeß für sich im Gleichgewicht ist, sondern dies erst im Gesamtprozeß realisiert ist, kommt in der Natur nicht vor (Abb.).

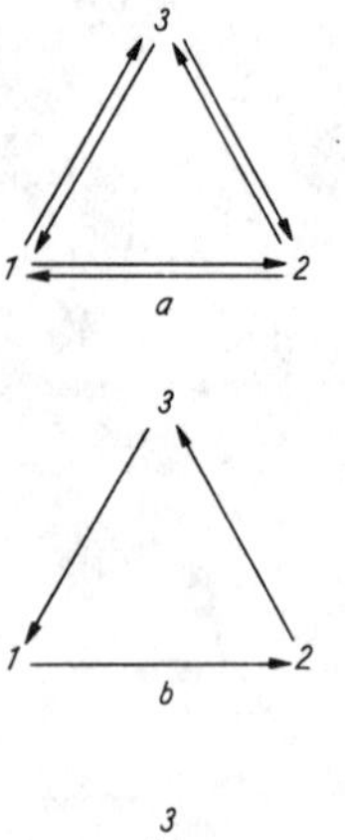

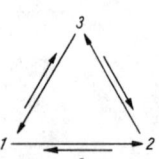

a Detailliertes, *b* zyklisches, *c* gemischtes Gleichgewicht. Die Länge der Pfeile ist ein Maß für die jeweilige Übergangswahrscheinlichkeit

Prinzip vom Minimum der potentiellen Energie, Satz, wonach die Gleichgewichtslage eines schwingungsfähigen physikalischen Systems durch das Minimum der potentiellen Energie bestimmt ist. Das P. v. M. d. p. E. kann für lineare Schwingungen bewiesen werden.

Prinzip von der Erhaltung der Energie, → Energiesatz, → Erhaltungssätze.

Prinzip von Feinberg. Die Tragfähigkeit eines Tragwerkes kann unter solchen Lasten nicht erschöpft sein, für die sich ein Gleichgewichtszustand finden läßt, der nirgends die Fließgrenze erreicht.

Prisma, in der Optik ein Körper aus durchsichtigem Stoff, der von mindestens zwei sich schneidenden Ebenen begrenzt ist. Die Schnittkante dieser beiden Ebenen heißt *brechende Kante*, senkrecht zu ihr liegt der *Hauptschnitt* des P.s. Der im Hauptschnitt liegende Winkel an der brechenden Kante ist der *Prismenwinkel* (*brechender Winkel*). Ein das P. durchsetzender Lichtstrahl wird aus seiner ursprünglichen Richtung um den *Ablenkwinkel* des P.s abgelenkt.

Nach Wirkungsweise und Anwendung unterscheidet man 1) das → Dispersionsprisma, das zur spektralen Zerlegung des Lichtes benutzt wird, 2) das → Ablenkprisma (Keil), bei dem die Brechung eine meist kleine Änderung der Abbildungsrichtung erzeugt, 3) das → Reflexionsprisma, ein totalreflektierendes P., das in der Wirkung dem ebenen Spiegel entspricht und zu stärkerer Ablenkung oder Bildumkehr dient, und 4) das → Polarisationsprisma.

Prismenfernrohr, ein Fernrohr vom Typ → Keplersches Fernrohr, bei dem sich zwischen Objektiv und Okular ein bildumkehrendes Prismensystem befindet. Es entsteht so ein aufrechtes, seitenrichtiges Bild. P.e für den Handgebrauch werden auch *Prismenfeldstecher* oder *Prismengläser* genannt. Als Prismensysteme werden vorwiegend Porro-Prismensysteme 1. und 2. Art (→ Reflexionsprisma) verwendet. Durch diese Prismenanordnung wird die Baulänge kürzer als beim Keplerschen Fernrohr. Beim Doppelfernrohr kann außerdem durch die Prismen Einfluß auf die Perspektive genommen werden. So wird durch einen Objektivabstand, der größer als der Augenabstand ist, ein besserer stereoskopischer Eindruck vermittelt. Derartige P.e mit gesteigerter Plastik sind häufig mit Mitteltrieb zur gleichzeitigen Fokussierung und mit Knickbrücke zur Augenabstandsanpassung versehen. Dabei kann unterschiedliche Fehlsichtigkeit der beiden Augen an einer Okulareinstellung kompensiert werden. Bei besonders staub- und spritzwassergeschützten Prismen-Doppelfernrohren ist kein Mitteltrieb vorhanden, die Fokussierung erfolgt getrennt an den Okularen.

Die Bezeichnung auf P.en gibt üblicherweise Vergrößerung und Durchmesser der Eintrittspupille in mm an, z. B. 8 × 30 (8fache Vergrößerung und 30 mm Durchmesser der Eintrittspupille). Bei Handfernrohren ist eine Vergrößerung über 10fach ungeeignet.

Interessant für P.e ist die Dämmerungssehleistung. Als Maß dafür hat sich der Ausdruck $\sqrt{\Gamma' \cdot 2\varrho_{EP}}$ bewährt. Dabei ist Γ' die Vergrößerung und $2\varrho_{EP}$ der Durchmesser der Eintrittspupille.

Prismenglas, → Prismenfernrohr.

Prismenspektrograph, → Spektrograph.

Prismenspektrometer, ein Spektrometer, bei dem die spektrale Zerlegung und die Ablenkung des Lichtes durch ein Prisma erfolgt und das vielfach zur Brechzahlmessung verwendet wird. Das P. mit schwenkbarem Fernrohr hat folgenden Aufbau (Abb.): Der vom schwenkbaren Kollimator ins Unendliche abgebildete Spalt wird mit dem Fernrohr (in der Regel einem Autokollimationsfernrohr) betrachtet. Das auf dem dreh- und justierbaren Prismentisch befindliche Prisma lenkt den Parallelstrahlengang um den Winkel δ ab. Der detaillierte Strahlenverlauf am Prisma geht aus der Abb. 1 im Artikel Brechzahlmessung hervor. Die Verschwenkung des Fernrohres oder des Kollimators ergibt diesen Ablenkungswinkel δ und kann mit dem Teilkreis gemessen werden. Dazu dienen zwei diametral gegenüberliegende Teilkreisableseeinrichtungen, wodurch die Ablesefehler einer exzentrischen Lagerung des Teilkreises eliminiert und der Einfluß von Teilungsfehlern verringert werden. → Betaspektrometrie.

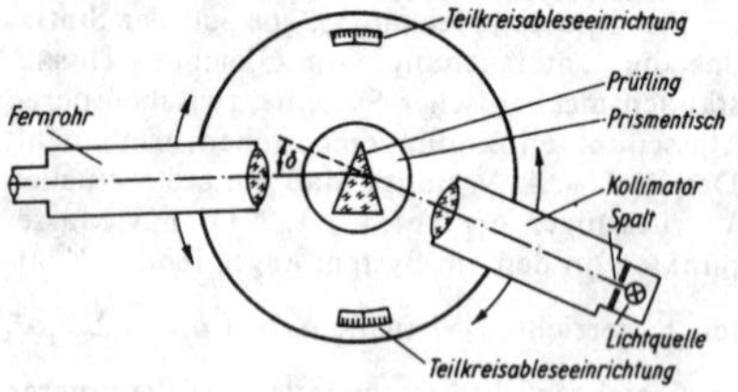

Prinzipieller Aufbau eines Prismenspektrometers

Prismenwinkel, → Prisma.

Probekörper, Körper zur Ausmessung der Stärke eines Feldes. Ein idealer P. sollte punktförmig sein, z. B. eine *Punktladung* zur Ausmessung des elektrischen Feldes oder eine *Punktmasse* zur Ausmessung des Gravitationsfeldes, und das Feld selbst nicht verändern. Wegen der räumlichen Ausdehnung der Elementarteilchen (→ Elementarlänge) und des endlichen Betrags der Ladungen können beide Voraussetzungen nicht ideal erfüllt werden (→ axiomatische Quantentheorie). Für reale makroskopische Feldmessungen können stets hinreichend kleine P. konstruiert werden.

Probiermethode, → Kristallstrukturanalyse.

Produktregel, → Differentialrechnung.

Profilbeiwerte, dimensionslose Größen zur Charakterisierung der strömungstechnischen Eigenschaften eines → Tragflügels. Man unterscheidet den → *Auftriebsbeiwert* $c_A = F_A/((\varrho/2)\, c_\infty^2 \cdot A)$, den *Widerstandsbeiwert* $c_W = F_W/((\varrho/2)\, c_\infty^2 \cdot A)$ (→ Strömungswiderstand), den *Normalkraftbeiwert* $c_N = F_N/((\varrho/2)\, c_\infty^2 \cdot A)$, den *Tangentialkraftbeiwert* $c_T = F_T/((\varrho/2)\, c_\infty^2 \cdot A)$ und den *Momentenbeiwert* $c_M = M/((\varrho/2)\, c_\infty^2 \cdot A \cdot l)$ (→ Druckpunkt). Dabei bedeuten F_A den Auftrieb,

ϱ die Dichte des Strömungsmediums, c_∞ die Zuströmgeschwindigkeit, A die Projektion der Flügelfläche auf die Zuströmebene, F_W ist der Widerstand, F_N die Normalkraft und F_T die Tangentialkraft, Komponenten der resultierenden Luftkraft normal bzw. parallel zur Flügelsehne. M ist das Moment, für das als Bezugspunkt die Profilvorderkante oder ein im Abstand $l/4$ von der Vorderkante auf der Sehne liegender Punkt gewählt wird; l ist die Sehnenlänge oder Flügeltiefe.

Profilebene, Scheibe mit variabler Dicke, die in ihrer Ebene belastet wird.

Lit. Vocke: Lineare Elastizität, Profilstab und Profilebene (1. Aufl. Leipzig 1966).

Profilwiderstand, → Strömungswiderstand.

Programm, die Darstellung der Elementarschritte eines → Algorithmus durch Anweisungen an einen Automaten. Eine Verschlüsselung des P.s im *Autokode* enthält Operationen, die der Automat unmittelbar ausführen kann. Anweisungen in einer problemorientierten Programmsprache, z. B. Algol, Fortran oder Cobol, müssen durch ein *Übersetzungsprogramm* durch einen Compiler erst in den Autokode übertragen werden. Im zweiten Fall ist das P. in mehreren Automaten anwendbar, aber redundant, es erfordert größere Rechenzeiten.

Ein *unverzweigtes Geradeausprogramm* arbeitet die Befehle in festgelegter Folge ab, so daß jeder der vorhandenen Befehle genau einmal durchlaufen wird. Ein *verzweigtes Geradeausprogramm* hat mehrere Geradeauszweige zur Verfügung, und der Automat entscheidet nach einem Test, nach Überprüfen einer Bedingung, welcher Zweig abgearbeitet wird. Jeder Programmbefehl wird dann höchstens einmal abgearbeitet.

Ein *zyklisches P.* enthält Befehle, die in Abhängigkeit von Testergebnissen wenigstens zweimal durchlaufen werden können. Die Programmierung in zyklischen P.en erleichtert den Programmieraufwand erheblich.

Informationsverarbeitende Befehle führen arithmetische oder logische Operationen aus. *Logische Befehle* können Wörter des Automatenkodes logisch transformieren, z. B. gegeneinander verschieben, bitweise vereinigen, Konjunktionsoperationen oder Wortspiegelungen ausführen. *Testbefehle* geben Ja-nein-Entscheidungen, je nachdem, ob eine eingegebene Bedingung erfüllt ist oder nicht. *Sprungbefehle* machen ein Verlassen der natürlichen Befehlsabarbeitungsfolge im Speicher möglich, *organisatorische Befehle* steuern den Informationstransport im Automaten bzw. zwischen dem Automaten und den peripheren Geräten, z. B. den Ein- und Ausgabegeräten. Sie können auch Befehlswörter des P.s in ihrem Adressenteil modifizieren. *Makrobefehle* sind Unterprogramme, die nach Abarbeitung einiger organisatorischer Befehle wie ein kompakter Befehl vom Automaten ausgeführt werden und im Ergebnis der Abarbeitung ihre Resultate an vereinbarter Stelle abliefern.

Projektionsapparat, svw. Bildwerfer.

Projektionsoperator, → Operator.

projektive Relativitätstheorie, svw. fünfdimensionale Relativitätstheorie.

Projektor, → Operator.

Promethium, Pm, radioaktives, nur künstlich darstellbares chemisches Element der Ordnungszahl 61. Bekannt sind 13 Isotope der Massezahlen 141 bis 152 und 154. Das längstlebige Isotop ist ^{145}Pm mit einer Halbwertszeit von 18 Jahren. Am schnellsten zerfällt ^{142}Pm mit einer Halbwertszeit von 30 Sekunden. ^{147}Pm wurde 1945 von Marinsky, Glendenin und Coryell erstmals in Uranspaltprodukten gefunden. Es wird zur radioaktiven Dickenmessung und in Isotopenbatterien verwendet.

Promotionsenergie, → Promovierung.

Promovierung, Übergang eines Elektrons aus dem Grundzustand in den Valenzzustand eines Atoms. Bei mehreren Elementen besteht keine Übereinstimmung zwischen der Anzahl der auf Grund der Elektronenkonfiguration des Grundzustandes zu erwartenden und der Anzahl der wirklich betätigten kovalenten Bindungen (→ chemische Bindung). So ist z. B. beim Kohlenstoff mit seiner Elektronenkonfiguration $1s^2\,2s^2\,2p^2$ zu erwarten, daß er in chemischen

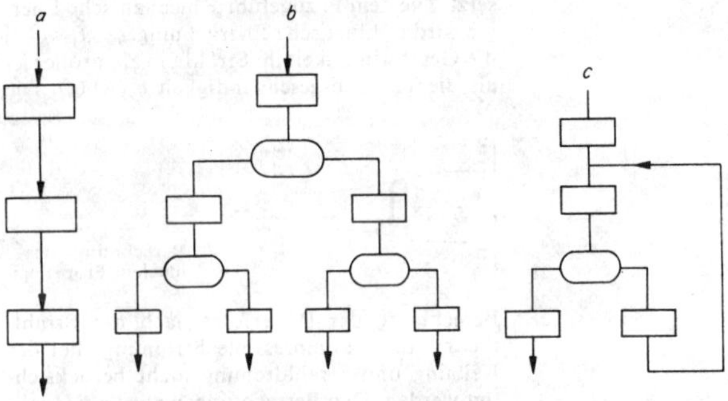

Programmtypen: *a* unverzweigtes Geradeausprogramm, *b* verzweigtes Geradeausprogramm, *c* zyklisches Programm

Verbindungen zweibindig auftritt. Jedoch wird im Methan Vierbindigkeit des Kohlenstoffs festgestellt. Dieser Widerspruch wird durch die Annahme gelöst, daß ein Elektron aus dem $2s$-Orbital in ein $2p$-Orbital übergeht, so daß Kohlenstoff den Valenzzustand $1s^2\,2s\,2p^3$ mit vier einfach besetzten Atombahnen annimmt und daher vier kovalente Bindungen bilden kann. Für diesen als P. bezeichneten Vorgang ist Energie, die *Promotionsenergie*, erforderlich, die von der bei der Bildung der Bindung frei werdenden Energie aufgebracht wird. Der im Methan tatsächlich vorliegende Valenzzustand des Kohlenstoffs ergibt sich schließlich durch Mischung des $2s$- und der drei $2p$-Elektronenzustände (→ Hybridisation).

prompte Neutronen, Bezeichnung für diejenigen Neutronen, die unmittelbar, d. h. innerhalb 10^{-12} s, bei der *Kernspaltung* entstehen. Mehr als 99% aller *Spaltneutronen* sind p. N., der Rest dagegen, bis zu Minuten verzögert, erscheint als *verzögerte Neutronen* aus neutronenemittierenden Mutterkernen.

prompt-kritisch, Bezeichnung für einen Reaktor, der bereits mit → prompten Neutronen *kritisch* wird, d. h., daß in ihm eine Kernkettenreaktion ablaufen kann. Der p.-k.e Reaktor ist nicht auf die verzögerten Neutronen angewiesen, und weil der Neutronenfluß dabei außerordentlich schnell anwächst, ist er sehr schwer zu regeln; → Vierfaktorenformel.

Pronyscher Zaum, → Reibung.

Propagator, svw. Ausbreitungsfunktion.

Propeller, rotierender → Tragflügel zur Erzeugung einer in Bewegungsrichtung weisenden Kraft (Schub) in Flüssigkeiten und Gasen. Im Unterschied zur geradlinigen Bewegung des Tragflügels bewegt sich der Propellerflügel infolge der Rotation bei gleichzeitigem Fortschreiten auf einer Schraubenlinie. Deshalb wird der P. auch *Schraubenpropeller* oder kurz *Schraube* (*Luftschraube* bzw. *Schiffsschraube*) genannt. Jeder radiale Schnitt des Flügelblattes kann näherungsweise wie ein unendlich langer Tragflügel behandelt werden, der mit der Relativgeschwindigkeit zwischen Flügelelement und umgebendem Medium angeströmt wird. Die Berechnung und optimale Gestaltung des P.s ist Gegenstand der *Propellertheorie*.

Nach dem → Impulssatz der Strömungslehre entsteht der Schub F_s dadurch, daß der P. dauernd neue Flüssigkeitsmassen in Bewegung setzt. Die dem P. zugeführte mechanische Energie wird in kinetische Energie umgesetzt, wobei die Geschwindigkeit im Strahl um Δc größer ist als die Vortriebsgeschwindigkeit c (Abb.). Die

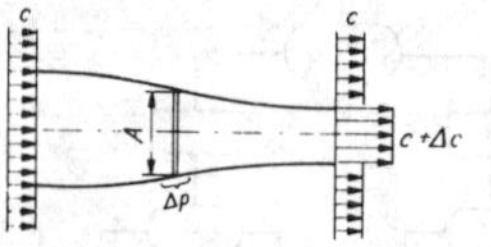

Berechnung des idealen Propellers

Berechnung des P.s erfolgt nach der Strahltheorie für inkompressible Strömung, bei der Reibung und Strahldrehung nicht berücksichtigt werden. Den Betrachtungen wird ein idealisierter P. mit verschwindender Tiefe der Schaufelblätter zugrundegelegt. Weiterhin wird angenommen, daß alle durch den Schraubenkreis mit der Fläche A gehenden Flüssigkeitsteilchen die gleiche Druckerhöhung Δp erfahren. Wendet man die → Bernoullische Gleichung auf die Strömung unmittelbar vor und hinter dem P. an, so ergibt sich für den Drucksprung $\Delta p = \varrho c(c + (\Delta c/2))$; ϱ ist die Dichte des Strömungsmediums. Der Impulssatz für eine die Schraubenkreisebene eng umschließende Kontrollfläche liefert die Bestimmungsgleichung für den Schub: $F_s = A \cdot \Delta p = \varrho \cdot A \cdot c(c + (\Delta c/2))$. Die Axialgeschwindigkeit an der Schraubenkreisebene c_p ist das Mittel zwischen der Vortriebsgeschwindigkeit und der Geschwindigkeit weit hinten im Strahl: $c_p = c + (\Delta c/2)$. Infolge der Übergeschwindigkeit $\Delta c = -c + \sqrt{c^2 + (2F_s/\varrho \cdot A)}$ muß sich der Strahl nach der Kontinuitätsgleichung einschnüren. Die Antriebsleistung P_Z des P.s ist gleich der Summe der Nutzleistung $P_N = F_s \cdot c$, der Leistung zur Erzeugung der Übergeschwindigkeit im Propellerstrahl $P_s = \dot{m}\Delta c^2/2$, wobei m die sekundlich bewegte Masse bedeutet, und der Verlustleistung infolge von → Strömungswiderständen, die durch Reibung und Verwirbelung des nutzlos im Strahl erzeugten Dralles hervorgerufen werden. Der Wirkungsgrad des P.s ist das Verhältnis von Nutzleistung zu aufgewandter Leistung: $\eta = P_N/P_Z$. Unabhängig von der Art der Energiezufuhr ist der für Vergleichszwecke gut geeignete Froudesche Strahlwirkungsgrad η_F, der P_N mit $P_N + P_S$ vergleicht: $\eta_F = P_N/(P_N + P_S) = c/(c + (\Delta c/2))$. Danach ist es empfehlenswert, einen bestimmten Schub zu erzeugen, indem eine möglichst große Flüssigkeitsmasse nur geringfügig beschleunigt wird und somit die Übergeschwindigkeit im Strahl klein bleibt. Wird der Belastungsgrad $c_s = F_s/((\varrho/2) \cdot c^2 \cdot A)$ eingeführt, so kann der Strahlwirkungsgrad auch geschrieben werden $\eta_F = 2/(1 + \sqrt{1 + c_s})$.

Bei *Verstellpropellern* kann der örtliche → Anstellwinkel des Flügels während des Betriebes verstellt werden, um den bei verschiedenen Betriebsbedingungen erforderlichen Schub mit gutem Wirkungsgrad zu erzeugen.

Als Schiffsschraube hat neben dem Schraubenpropeller der *Voith-Schneider-P.* breite Anwendung gefunden, und zwar für Schiffe mit geringem Tiefgang, die eine gute Manövrierfähigkeit aufweisen sollen. Bei diesem P. sind eine Anzahl Flügel senkrecht auf einer waagerecht rotierenden Kreisscheibe angebracht, wobei sich ihr Anstellwinkel während jedes Umlaufes ändert. Eine weitere Abart ist die *Mantelschraube*, ein ummantelter Schraubenpropeller. An Schiffspropellern kann Kavitation auftreten.

Auch auf Windmühlen können viele Ergebnisse der Propellertheorie übertragen werden.

Propellertriebwerk, → Propeller, → Flugtriebwerk.

Propellerturbine, → Strahltriebwerk.

Propeller-Turbinen-Luftstrahltriebwerk, → Strahltriebwerk.

Proportionalitätsgrenze, der Punkt der → Spannungs-Dehnungs-Linie, bis zu dem lineare Proportionalität existiert. → Hookesches Gesetz.

Proportionalkammer, eine → Gasspurkammer.

Proportionalverstärker, elektronischer Verstärker mit einem Verstärkungsfaktor, der über einem großen Amplitudenbereich linear ist. Die Spannungsimpulse von Kernstrahlungsdetektoren werden proportional verstärkt, d. h. ohne daß sie ihre Energieinformation verlieren. Deshalb verwendet man P. zur Spektroskopie von Kernstrahlung. Sie sollen möglichst rauscharm sein und für bestimmte Anwendungen auch kurze Impulsanstiegszeiten übertragen.

Proportionalzählrohr, ein → Zählrohr.

Protaktinium, Pa, natürliches radioaktives chemisches Element der Ordnungszahl 91. Bekannt sind 12 Isotope der Massezahlen 225 bis 235 und 237. Das längstlebige Isotop ist ^{231}Pa, ein α-Strahler einer Halbwertszeit von 34300 Jahren. Von dem in der Uran-Radium-Reihe vorkommenden Isotop ^{234}Pa existieren zwei Isomere, UZ und UX_2.

Protium, *leichter Wasserstoff*, ^{1}H, das leichteste Wasserstoffisotop mit der Massezahl 1. Physikalische Daten: F. −259,19 °C, Kp. −252,76 °C. P. ist im gewöhnlichen Wasserstoff zu 99,984% enthalten, und zwar größtenteils in Form von Protiumdoppelmolekülen $^1H_2$. In seinen chemischen und physikalischen Eigenschaften stimmt P. mit gewöhnlichem Wasserstoff fast völlig überein. P. geht durch Elektronenabgabe in das positiv geladene → Proton $^1H^+$ (in Kernphysik und -chemie als p bezeichnet) und durch Elektronenaufnahme in das negativ geladene Hydridion $^1H^-$ über. Zur Herstellung von P. wird Wasser elektrolysiert; der dabei frei werdende Wasserstoff ist zunächst an P. angereichert. Er wird zu Wasser oxydiert und erneut elektrolysiert. Nach mehrfacher Wiederholung erhält man reines P., das jedoch nur wissenschaftliche Bedeutung hat.

Proton, p, stabiles → Elementarteilchen (Tab. A und B) aus der Familie der Baryonen. Es hat die Ruhmasse $m_p = 1{,}6724 \cdot 10^{-24}$ g und eine positive Elementarladung e, trägt den Spin $\hbar/2$ und genügt daher der Fermi-Dirac-Statistik, zählt also zu den Fermionen, und hat ein magnetisches Moment von $2{,}793\,\mu_K$, wobei $\mu_K = e\hbar/2m_p$ das → Kernmagneton ist.

Das P. ist zusammen mit dem → Neutron, das sich nur durch die Ladung und geringfügig in der Masse vom P. unterscheidet, Baustein aller Atomkerne; beide Teilchen faßt man daher als zwei verschiedene Zustände des → Nukleons auf. Der Kern des Wasserstoffatoms ^1H (→ Protium) enthält nur ein P.; freie P.en können daher sehr leicht durch Ionisierung von Wasserstoff erzeugt werden, zumal die notwendige Ionisierungsenergie nur 13,5 eV beträgt. P.en lassen sich wegen ihrer Ladung und Stabilität in Teilchenbeschleunigern fast auf Lichtgeschwindigkeit und damit auf sehr hohe Energie bringen; diese Protonenstrahlen können in Hochvakuumsystemen geführt und auf Targets gelenkt werden. Beschleunigte *Protonenstrahlen* werden zur Einleitung von Kernreaktionen und zur Streuung an Kernen benutzt, um die Eigenschaften der Kernkräfte zu untersuchen. Sie werden in Ionenquellen erzeugt und in Teilchenbeschleunigern gegenwärtig auf maximal 76 GeV beschleunigt. Die folgende Abbildung zeigt die Abhängigkeit der Geschwindigkeit der P.en von ihrer

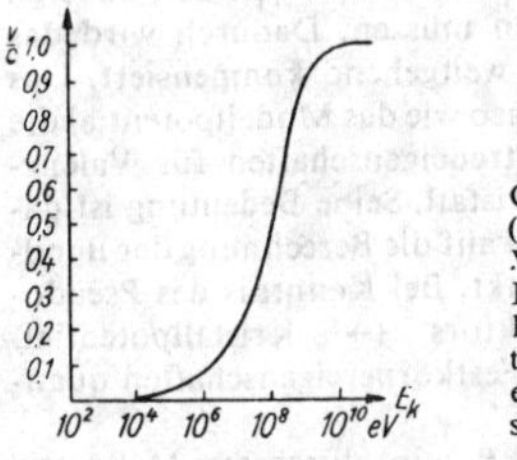

Geschwindigkeit v (angegeben in Vielfachen der Lichtgeschwindigkeit c) und kinetische Energie E_K eines Protonenstrahls

Energie bei Berücksichtigung der relativistischen Massezunahme.

Die Untersuchung der Proton-Proton-Streuung gibt neben der Neutron-Proton-Streuung wertvolle Aufschlüsse über die starken Wechselwirkungen. Das P. hat eine innere Struktur, die durch die elektromagnetischen Formfaktoren erfaßt wird und vor allem für die Erklärung des großen anomalen magnetischen Moments $\mu_p - \mu_K = 1{,}793\,\mu_K$ verantwortlich ist (→ Nukleon).

1955 wurde beim Beschuß von Kupfer mit hochenergetischen Protonenstrahlen das zugehörige → Antiteilchen, das *Antiproton* ($\bar{p}$) entdeckt, das unter anderem eine negative Elementarladung trägt und mit dem P. einen gebundenen Zustand (→ Protonium) bilden kann.

Über ***hydriertes Proton*** → Wasser-Cluster-Ion.

Protonenstrahl, Teilchenbündel gleichgerichteter → Protonen aus einem Teilchenbeschleuniger.

Protonenakzeptor, → Wasserstoffbrückenbindung.

Protonenbremsstrahlung, die von energiereichen Protonen infolge elektromagnetischer Wechselwirkung mit den Atomkernen in Materie abgestrahlten Photonen. Da der Wirkungsgrad für solche Bremsstrahlungsvorgänge proportional $1/m^2$ (m Masse der abgebremsten Teilchen) ist, tritt P. etwa um den Faktor $4 \cdot 10^6$ seltener auf als Elektronenbremsstrahlung. Sie wird erst bei Protonenenergien von 10^{12} eV = 1000 GeV wesentlich, d. s. Energien, die erst in naher Zukunft mit Beschleunigern erzielt werden können. Aber auch dann trägt die P. nur zu einem geringen Prozentsatz zur Anzahl derjenigen Photonen (γ) bei, die über die Erzeugung neutraler Pionen (π^0) und deren Zerfall gemäß $\pi^0 \rightarrow 2\gamma$ emittiert werden.

Protonendonator, → Wasserstoffbrückenbindung.

Protonenradius, → Kernradius.

Protonenstreuungsmikroskop, ein Gerät zur Kristallstrukturanalyse mit Protonenstrahlen. Im P. wird die Erscheinung des *Channellingeffektes* ausgenutzt, nach der die in ein Kristallgitter einfallenden Ionen – hier Protonen – durch die Ionen des Kristallgitters so beeinflußt werden, daß sie sich vorwiegend zwischen den von Ionen besetzten Ebenen des Kristallgitters bewegen. Das an einem oder mehreren Ionen rückgestreute Proton wird entweder in den Raum zwischen zwei Atomebenen (Kanal) gelenkt, von wo aus es ungehindert austreten kann, oder es erfolgt eine Streuung in Richtung einer dicht besetzten Ebene, so daß es in dieser Richtung nicht austreten kann. Die Eindringtiefe der Protonen beträgt etwa 100 Atomlagen. Gerätetechnisch besteht das P. aus einer Vakuumanlage, in der eine Protonenquelle mit einer Energie von etwa 20 keV, eine Fokussierungseinrichtung für Protonen und eine geeignete dreh- und schwenkbare Objekthalterung (Goniometertisch) vorhanden sind. Die Verteilung der rückgestreuten Elektronen wird auf einem Fluoreszenzschirm erfaßt. → Ionographie.

Protonensynchrotron, ein → Teilchenbeschleuniger.

Protonium, gebundenes System aus einem Proton p und einem Antiproton $\bar{p}$. In Analogie zum → Positronium können die Spins entgegengesetzt bzw. gleich gerichtet sein; man spricht dann von *Para-* bzw. *Orthoprotonium* oder $^1S_0$- bzw. $^3S_1$-Zustand, und es erfolgt ein Zerfall in 3 bzw. 2 (unter Umständen 3, dann jedoch nicht nur neutrale) Pionen.

Protonogramm, → Ionographie.

Protonographie, → Ionographie.

Protonosphäre, Bezeichnung für die äußeren Bereiche der → Atmosphäre der Erde, die fast ausschließlich aus atomarem Wasserstoffgas bestehen. Dieses ist durch die Ultraviolettstrahlung der Sonne ionisiert und enthält somit überwiegend freie Protonen und Elektronen. Je nach der Temperatur der oberen Atmosphäre beginnt die P. oberhalb von etwa 1000 bis 3000 km Höhe über der Erdoberfläche.

Proton-Proton-Prozeß, → Kernfusion.
Proton-Proton-Reaktion, → Kernfusion, → Stern.
Protostern, → Kosmogonie.
Prototyp, → Größenart.
Protuberanz, → Sonne.
Proximity-Effekt, *Kopplungseffekt an Supraleitern*, Erscheinung, die sich als Folge der engen räumlichen Nachbarschaft eines Supraleiters mit anderen Substanzen ergibt. Da derartige Kopplungswirkungen nur eine sehr begrenzte Reichweite haben, können sie im allgemeinen nur an dünnen Schichten beobachtet werden. Grundlage für die P.-E.e ist, daß sich der Ginzburg-Landau-Ordnungsparameter ψ nicht sprunghaft, sondern nur allmählich über den Bereich der Kohärenzlänge ξ des Supraleiters ändern kann. Deshalb ist er in einem unmittelbar an den Supraleiter angrenzenden Normalleiter noch etwas von Null verschieden, so daß auch dort Cooper-Paare, wenn auch in geringerer Anzahl, auftreten. Im erweiterten Sinne bezeichnet man als P.-E.e Erscheinungen, die auftreten, wenn die angrenzende Schicht ferromagnetisch und metallisch leitend, ferrimagnetisch und isolierend oder ferroelektrisch und isolierend ist. Zu beobachten ist beim P.-E. gewöhnlich eine Änderung der Übergangstemperatur des Supraleiters.
Prozeß, ein physikalischer Vorgang, dessen Verlauf durch Funktionen skalarer oder vektorieller Größen beschrieben wird. Der P. ist *steuerbar*, wenn diese Funktionen sich durch andere physikalische Größen beeinflussen lassen; er ist *deterministisch*, wenn sich der Verlauf des Prozesses vorhersagen läßt, dagegen *stochastisch* oder *zufällig*, wenn für seine Werte nur Wahrscheinlichkeitsaussagen möglich sind. Durch Analyse des Prozesses nach Meßwerten sucht man die Funktionen zu bestimmen, um quantitative Aussagen über den Verlauf machen zu können. Mitunter interessieren nur Prozeßkennwerte, z. B. Mittelwerte oder Leistungen; bei zufälligen Prozessen sind sie allein zugänglich. Sie werden mit den Mitteln der statistischen Datenverarbeitung erhalten. Bei periodischen Prozessen z. B. sind Frequenzen und deren Amplituden Prozeßkenngrößen, bei Impulsfolgen können es Impulsbreite, Impulshöhe und Impulsabstand sein; bei Übergangsprozessen sind Einschwingdauer, Überschwingweite über ein bestimmtes Niveau, Einschwingfrequenz und -dämpfung Prozeßkenngrößen und in zufälligen Prozessen neben dem Mittelwert noch die Streuung und der Korrelationsfaktor. Abhängigkeiten zwischen verschiedenen zufälligen Prozessen lassen sich durch Korrelations- oder Spektralanalyse aufdecken. Um Verhaltensmodelle von Systemen zu gewinnen, muß man gleichzeitig viele Prozesse in ihrem synchronen Ablauf untersuchen und in Beziehung setzen.
PS, → Pferdestärke.
Pseudoadiabaten, svw. Feuchtadiabaten.
pseudoeuklidische Metrik, indefinite Metrik mit konstanten Koeffizienten, im Falle des Minkowski-Raumes gilt $ds^2 = (dx^1)^2 + (dx^2)^2 + (dx^3)^2 - (dx^4)^2$. Wegen des Minuszeichens vor dem letzten Quadrat, das den wesentlichen Unterschied zur euklidischen Metrik darstellt, kann ds^2 sowohl positiv wie negativ sein, es ist also eine indefinite Größe.
pseudoeuklidischer Raum, Raum mit → pseudoeuklidischer Metrik.
Pseudokoordinaten, → Bindung.
Pseudoparameter der Geschwindigkeit, → Bindung.
pseudoplastische Flüssigkeit, ein Flüssigkeitstyp mit im Ruhezustand unendlich großer Viskosität. Die Fließkurve hat im Nullpunkt eine horizontale Tangente. Mit steigender Beanspruchung wird die Viskosität kleiner. → Potenzgesetzflüssigkeit.
Pseudopotential, ähnlich dem Modellpotential ein in der Festkörperphysik das stark variierende Kristallpotential ersetzendes Potential, das das Eigenwertproblem der Valenzelektronen einfacher zu lösen gestattet. Man leitet das P. aus der OPW-Methode (→ Bandstruktur) her. Wie zu jeder OPW eine ebene Welle gehört, aus der sie sich durch Projektion herleitet, kann man zu jeder Valenzwellenfunktion einen glatten Anteil [engl. smooth part] $\varphi_{k\gamma}$ bilden, so daß $\psi_{k\gamma} = (1 - \hat{P})\,\varphi_{k\gamma}$ ist, wobei $\hat{P}$ der Projektionsoperator auf den Unterraum der Rumpfzustände ist. Da die $\psi_{k\gamma}$ Überlagerungen weniger OPWs sind, sind die $\varphi_{k\gamma}$ Überlagerungen weniger ebener Wellen, und die für die $\varphi_{k\gamma}$ gültige Eigenwertgleichung läßt sich mit der Methode ebener Wellen behandeln. Das Potential in dieser Eigenwertgleichung für die glatten Anteile heißt P. und werde mit dem Buchstaben W bezeichnet. Das P. ist nicht eindeutig definiert. Es hat unter sehr allgemeinen Voraussetzungen die Form $W = V_0 + \hat{P}\hat{A}$, wobei $\hat{A}$ ein beliebiger Operator sein kann. $\hat{A}$ wird meist so gewählt, daß das P. möglichst glatt ist. Zum Kristallpotential V_0 kommt also noch ein nichtlokales Potential $\hat{P}\hat{A}$ hinzu, das man auch als *Repulsionspotential* bezeichnet. Es enthält nämlich den Einfluß der Rumpfelektronen, der allein dadurch zustande kommt, daß die Rumpfzustände besetzt sind und die Valenzelektronen sich in den äußeren Schalen anordnen müssen. Dadurch wird das Kristallpotential weitgehend kompensiert. Das P. beschreibt ebenso wie das Modellpotential die oft schwachen Streueigenschaften für Valenzelektronen im Kristall. Seine Bedeutung ist daher ebenfalls nicht auf die Berechnung der Bandstruktur beschränkt. Bei Kenntnis des Pseudopotential-Formfaktors (→ Kristallpotential) lassen sich viele Festkörpereigenschaften quantitativ erfassen.

Das *empirische P.* wird durch aus Meßdaten abgeleitete Pseudopotential-Formfaktoren dargestellt. Aus gemessenen Energiedifferenzen an kritischen Punkten und effektiven Massen kann man lokale empirische P.e ableiten, bei denen nur wenige Fourier-Koeffizienten ungleich Null sind und die trotzdem eine gute Bandstruktur ergeben. Dieses Verfahren wurde besonders für Halbleiter erfolgreich angewandt.
pseudopotentielle Temperatur, die Temperatur, die eine gegebene Luftmenge annimmt, wenn sie längs einer Feuchtadiabaten zunächst allen Wasserdampf zur Kondensation gebracht hat und dann trockenadiabatisch bis zu einem Druck von 1000 mb erwärmt wird. Da sich die p. T. bei adiabatischen Temperaturänderungen und bei allen Vorgängen, die nur aus Kondensation oder Verdampfung bestehen, nicht ändert, bleibt sie auch bei der Wolkenbildung in

aufsteigender Luft konstant. Ihre Bestimmung läßt daher Aussagen zu über durch Strahlung oder Leitung zugeführte Wärme und über zugeführten Wasserdampf in bestimmte Luftgebiete. Sie gestattet, die Gleichartigkeit von horizontal und vertikal benachbarten Luftmengen festzustellen.

pseudoskalare Mesonen, → Elementarteilchenmultiplett.

pseudoskalares Potential, → Mesonentheorie der Kernkräfte.

pseudostationäres Fließen, Bezeichnung für Probleme des ebenen plastischen Fließens, bei denen sich das Gleitlinienfeld ähnlich vergrößert, jedoch zeitlich unveränderliche Abbildungen in der Spannungsebene und im Geschwindigkeitsplan besitzt. Ein Beispiel ist das Eindringen eines gut geschmierten Keiles, bei dem sich das Gleitlinienfeld proportional zur Eindringtiefe vergrößert.

Pseudosymmetrie, die Erscheinung, daß Kristalle auf Grund spezieller Achsenverhältnisse und Winkel morphologisch eine höhere Symmetrie vortäuschen, als ihrer Struktur tatsächlich zukommt.

Pseudotensor, *Tensordichte*, eine vielkomponentige Größe, für die dieselben Verknüpfungsregeln gelten wie für Tensoren, aber abweichendes Verhalten bei Koordinatentransformationen. Für einen P. vom Gewicht w gilt bei einer Koordinatentransformation

$$T'_{ijk\dots}{}^{lmn\dots} = J^W \frac{\partial x^p}{\partial x'^i} \frac{\partial x^q}{\partial x'^j} \frac{\partial x^r}{\partial x'^k} \dots$$

$$\dots \frac{\partial x'^l}{\partial x^u} \frac{\partial x'^m}{\partial x^v} \frac{\partial x'^n}{\partial x^z} \dots T_{pqr\dots}{}^{uvz}\dots.$$

$J = \dfrac{\partial(x'^1, \dots, x'^n)}{\partial(x^1, \dots, x^n)}$ ist die Jacobi-Determinante

Pseudoturbulenz, → Turbulenz.

PSh, → Pferdestärkestunde.

Psi-Funktion, → Wellenfunktion.

Psychrometer, Gerät zur → Feuchtigkeitsmessung.

pt, Tabelle 2, Volumen.

Pt, → Platin.

PTB, → Physikalisch-Technische Bundesanstalt.

***p*,*T*-Diagramm,** ein Zustandsdiagramm, das angibt, bei welchen Drücken und Temperaturen sich ein Stoff in einem der drei Aggregatzustände befindet bzw. wann sich ein Phasengleichgewicht einstellen kann. Im *p*,*T*-D. werden z. B. Dampfdruckkurven dargestellt (→ Dampf).

Ptolemäisches System, → geozentrisches System.

Pu, → Plutonium.

Pulsabstandsmodulation, → Modulation.

Pulsamplitudenmodulation, → Modulation.

Pulsar, eine rasch pulsierende Radioquelle, von der sehr regelmäßige, schwache Impulse von Radiostrahlung empfangen werden. Die Perioden liegen in der Größenordnung von einer Sekunde und werden außerordentlich genau eingehalten; sie umfassen einzelne Pulse mit einer Dauer von im Mittel etwa 5% der Periodenlänge. Bei den P.en handelt es sich wahrscheinlich um rotierende Neutronensterne, von denen eng gebündelte Elektronenwolken abgeschleudert werden. Die Radiostrahlung entsteht wahrscheinlich als Synchrotronstrahlung. Der Zentralstern des Krebsnebels konnte als P. identifiziert werden, der auch im optischen und im Röntgenbereich mit der gleichen Frequenz wie im Radiobereich pulsiert. Die P.e wurden 1967 entdeckt.

Pulsationen, periodische Schwankungen des geomagnetischen Feldes im Frequenzbereich 1 Hz bis 10^{-3} Hz. Die Amplituden liegen im Bereich von einigen Zehntel γ ($1\ \gamma = 10^{-9}\ \mathrm{Vs/m^2}$) bis zu einigen γ. Neben den → *Mikropulsationen* mit Perioden von Sekunden- bis Minutenlänge gibt es die regelmäßigen, aber seltenen *Riesenpulsationen*, Zeichen pg (von engl. *g*iant *p*ulsations), die Perioden von einigen Minuten und Amplituden von einigen $10\,\gamma$ aufweisen. Sie treten lokal und hauptsächlich in der Polarlichtzone auf.

Pulsationsdiffusion, Verfahren zur Durchführung von Diffusionsprozessen und -messungen. Dabei wird etwas von der zu untersuchenden Lösung in eine Kapillare hineingedrückt, so daß sich in dieser ein parabolisches Konzentrationsprofil ausbildet. Aus diesem heraus diffundiert die gelöste Substanz in Richtung auf die Kapillarwand. Danach wird von der anderen Seite unter Verdrängung der Lösung reines Lösungsmittel in die Kapillare gedrückt. Die gelöste Substanz diffundiert nun von der Kapillarwand her in dieses Lösungsmittel ein und wird dann im nächsten Schritt konvektiv aus der Kapillare nach der Seite des Lösungsmittels heraustransportiert, wenn von der anderen Seite her wiederum Lösung in die Kapillare eingedrückt wird. Die rhythmische Wiederholung dieser Schritte führt zu einer starken Erhöhung des Diffusionstransportes sowie zur Verkürzung der Versuchsdauer und kann für Trennprozesse herangezogen werden.

Pulsationsveränderlicher, → veränderlicher Stern.

Pulscodemodulation, → Modulation.

Pulsfrequenzmodulation, → Modulation.

Pulslängenmodulation, → Modulation.

Pulsostrahlrohr, → Strahltriebwerk.

Pulsphasenmodulation, → Modulation.

Pulszeitmodulation, → Modulation.

Pulszeitpunktsmodulation, → Modulation.

Pulverkern, svw. Massekern.

Pulvermagnet, *Preßmagnet*, *Feinstteilchenmagnet*, durch Pressen von Einbereichsteilchen hergestellte Dauermagnete. P.e aus Eisen haben Koerzitivfeldstärken bis 600 A/cm und $(BH)_{max}$-Werte bis $8\ \mathrm{mWs/cm^3}$. Bessere ,hartmagnetische Eigenschaften ergeben sich durch Ausnützung der Formanisotropie, z. B. bei den *ESD-Magneten* (Abk. von magnet from *e*longated *s*ingle *d*omain particles). Die formanisotropen Eisen- oder Legierungsteilchen werden durch elektrolytische Abscheidung an Quecksilberkatoden gewonnen. ESD-Magnete erreichen $(BH)_{max}$-Werte von $35\ \mathrm{mWs/cm^3}$. Allerdings konnten sich diese P.e noch nicht durchsetzen. Zu den P.en gehören auch Verbindungen von Kobalt mit Lanthaniden mit $(BH)_{max}$-Werten bis $160\ \mathrm{mWs/cm^3}$, die voraussichtlich größere technische Bedeutung erlangen werden (→ magnetische Werkstoffe).

Pulvermethoden, *Polykristallmethoden*, Methoden zur Untersuchung von feinkristallinem Material (Kristallpulver) mit Hilfe der Beugung von Röntgenstrahlen, der Elektronen- oder Neutronenbeugung. Die weitaus größte Bedeutung kommt den röntgenographischen P.n zu, nicht nur wegen des geringeren apparativen Aufwandes, sondern auch wegen ihrer allgemeineren Anwendbarkeit.

Bei den *röntgenographischen P.* wird monochromatische bzw. fast monochromatische Strahlung (charakteristische Röntgenstrahlung) verwendet. Bei der Beugung an einem polykristallinen Material mit statistischer Orientierung einer hinreichend großen Anzahl von Kristalliten werden alle auf Grund der → Braggschen Reflexionsbedingung möglichen Interferenzmaxima („Pulverlinien") gleichzeitig erzeugt. Mit Filmmethoden können diese Interferenzmaxima auch gleichzeitig aufgezeichnet werden, während bei Diffraktometermethoden die einzelnen Intensitätsmaxima nacheinander registriert werden (→ Röntgendiffraktometer).

A) *Filmmethoden*. Man unterscheidet nichtfokussierende und fokussierende Röntgenverfahren.

I) Bei den *nichtfokussierenden Röntgenverfahren* wird die einfallende Röntgenstrahlung meist gefiltert (→ Filter 2). 1) Am einfachsten und am weitesten verbreitet ist die *Debye-Scherrer-Methode* (*Hull-Methode*), die 1916 von P. Debye und P. Scherrer sowie unabhängig davon 1917 von A. W. Hull entwickelt wurde. In der *Debye-Scherrer-Kamera* (Abb. 1) ist die pulverförmige

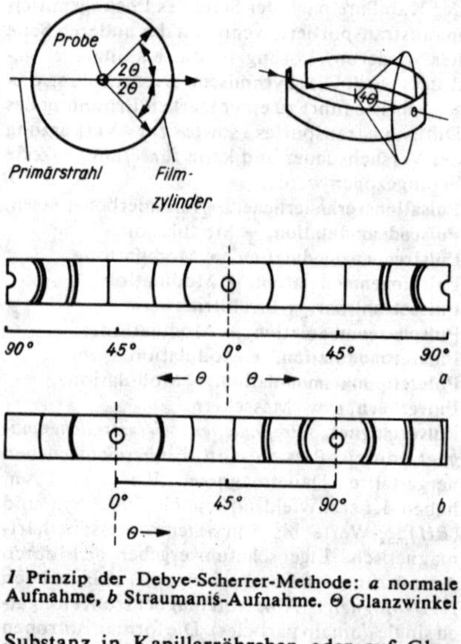

1 **Prinzip der Debye-Scherrer-Methode: *a* normale Aufnahme, *b* Straumaniś-Aufnahme. Θ Glanzwinkel**

Substanz in Kapillarröhrchen oder auf Glasfäden in der Mitte des zylindrischen Filmhalters angebracht. Die Probe kann um die Zylinderachse gedreht werden. Die Glanzwinkel Θ erhält man aus dem Abstand r der Pulverlinien vom Primärstrahl gemäß $\Theta = r/R$, wobei R den Radius des Films bedeutet. Für stark absorbierende Proben ist die → Haddingsche Stäbchenkorrektur anzubringen. Mit Hilfe der von Straumanis eingeführten asymmetrischen Anordnung des Filmes in bezug auf den Primärstrahl können Fehler durch ungenaue Kenntnis des Kameraradius und durch die Filmschrumpfung bei der Auswertung eliminiert werden (*Straumanis-Methode*).

Die Debye-Scherrer-Methode ist ein verbreitetes Hilfsmittel zur Identifizierung kristalliner Substanzen mittels der → ASTM-Indizes.

2) Für spezielle Anwendungsgebiete sind *Flachkammern* geeignet, bei denen ein ebener Film senkrecht zum einfallenden Röntgenstrahl angebracht wird.

Ein Nachteil der nichtfokussierenden P. besteht darin, daß von verschiedenen Teilen des Präparats unter dem gleichen Glanzwinkel Θ reflektierte Strahlen an verschiedenen Stellen registriert werden, so daß verhältnismäßig breite Interferenzlinien entstehen, die um so breiter sind, je ausgedehnter das Präparat ist.

II) Bei den *fokussierenden Röntgenverfahren* wird eine wesentlich geringere Breite der Interferenzlinien bei ausgedehnterem Präparat durch eine geometrische Anordnung erreicht, bei der unter gleichem Glanzwinkel Θ von verschiedenen Teilen des Präparates reflektierte Strahlen — wenigstens soweit sie in einer Ebene liegen — jeweils auf einen Punkt fokussiert werden. Dadurch haben fokussierende Verfahren ein besseres Auflösungsvermögen als die nichtfokussierenden.

1) Bei der *Seemann-Bohlin-Methode* sind Präparat und Film auf einer gemeinsamen zylindrischen Fläche angeordnet, die den Fokussierungskreis enthält. Mit einer einzelnen Aufnahme kann allerdings jeweils nur ein beschränkter Bereich des Glanzwinkels Θ erfaßt werden.

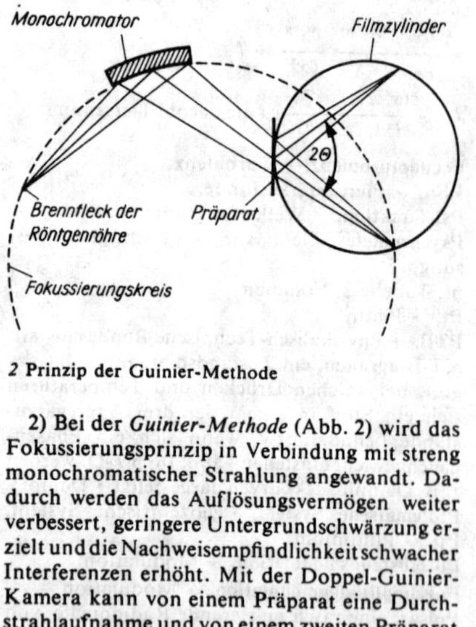

2 **Prinzip der Guinier-Methode**

2) Bei der *Guinier-Methode* (Abb. 2) wird das Fokussierungsprinzip in Verbindung mit streng monochromatischer Strahlung angewandt. Dadurch werden das Auflösungsvermögen weiter verbessert, geringere Untergrundschwärzung erzielt und die Nachweisempfindlichkeit schwacher Interferenzen erhöht. Mit der Doppel-Guinier-Kamera kann von einem Präparat eine Durchstrahlaufnahme und von einem zweiten Präparat gleichzeitig eine Rückstrahlaufnahme angefertigt werden.

Über Aufnahmemethoden, die auf der Beugung von Elektronen und Neutronen beruhen, → Elektronenbeugung und → Neutronenbeugung. Über Methoden zur Untersuchung von polykristallinen Aggregaten mit Vorzugsorientierungen der Kristallite → Textur.

B) *Diffraktometermethoden*. Nichtfokussierende Diffraktometermethoden sind nicht üblich.

Es ist ein einfaches Glühfadenpyrometer mit einer speziellen vergrößernden Optik (Mikroskop mit großem Objektabstand).

Gesamtstrahlungs- und Teilstrahlungspyrometer werden vor einem schwarzen Strahler direkt in Temperaturgraden geeicht. Bei nichtschwarzen Strahlern zeigen sie dann die Gesamtstrahlungstemperatur bzw. die schwarze Temperatur an.

Beim *Farbpyrometer* werden aus der zu untersuchenden Strahlung zwei komplementäre Spektralbereiche (z. B. Grün und Rot) ausgefiltert und gemischt. Die Mischfarbe wird mit der entsprechenden Farbe einer konstant gehaltenen Lampe bekannter Farbtemperatur verglichen. Das Verhältnis der beiden Komplementärfarben in der zu messenden Strahlung wird durch Verstellen eines keilförmigen Zweifarbenfilters auf Farbgleichheit mit der Lampe bekannter Farbtemperatur eingestellt. Die Stellung des Farbkeils gegenüber einer Skale ist ein Maß für die Farbtemperatur.

Das *Photozellenpyrometer* arbeitet nach dem Kompensationsverfahren. Es mißt das Verhältnis von Strahlungsintensitäten bei Wellenlängen von 410 bis 720 nm.

pyrotechnische Sätze, → Explosivstoffe.

pz, Tabelle 2, Druck.

***p*-Zustände,** svw. *p*-Orbitale.

***P*-Zweig,** → Spektren zweiatomiger Moleküle, → Spektren mehratomiger Moleküle.

q, 1) altes Symbol für Quadrat als Vorsatz für Längeneinheiten, um deren Quadrat zu bilden; wurde durch die zweiten Potenzen ersetzt. **2)** Tabelle 2, Masse. **3)** *q*, Ladung. **4)** *q*, verallgemeinerte Koordinate.

***Q*, 1)** elektrische → Ladung. **2)** Lichtmenge, → photometrische Größen und Einheiten. **3)** → Wärme. **4)** Kraft.

$\hat{Q}$, → Ladungsoperator.

Q-Band, → Frequenz.

***QF*,** → Äquivalentdosis.

Quadrantenelektrometer, → Elektrometer.

Quadrat-Altgrad, $\square^2$ oder $(°)^2$, alte Einheit des Raumwinkels. $1\,\square^2 = 1(°)^2 = (\pi/180)^2$ sr. Vorsätze nicht erlaubt.

Quadratgon, svw. Quadrat-Neugrad.

quadratische Form, ein Polynom der Form $\sum_{i=1}^{n}\sum_{j=1}^{n} a_{ij}x_i x_j$, wobei x_i Veränderliche und a_{ij} Konstante bedeuten.

Ist eine q. F. für alle reellen Werte der Variablen positiv, so nennt man die Form *positiv definit*, ist sie hingegen unter denselben Bedingungen entweder positiv oder Null, so nennt man sie *semidefinit*.

In der Kristallographie sind die Quadrate der Netzebenenabstände d_{hkl} eines Kristalls eine q. F. der Indizes *h, k, l* der Netzebenen. Der Zusammenhang ist besonders übersichtlich, wenn er mit Hilfe der Konstanten a^*, b^*, c^*, α^*, β^*, γ^* des reziproken Gitters formuliert wird:

$$1/d_{hkl}^2 = a^{*2}h^2 + b^{*2}k^2 + c^{*2}l^2 + \\ + 2b^*c^* \cos\alpha^* \cdot kl + 2a^*c^* \cos\beta^* \cdot hl + \\ + 2a^*b^* \cos\gamma^* \cdot hk.$$

quadratisch integrabel, → Integralgleichung.

Quadrat-Neugrad, *Quadratgon,* $\square^g$ oder $(^g)^2$, alte Einheit des Raumwinkels. $1\,\square^g = (1^g)^2 = (\pi/200)^2$ sr. Vorsätze nicht erlaubt.

Quadratsystem, → Maßsystem.

Quadrupelpunkt, → Gibbssche Phasenregel.

Quadrupol, eine Verteilung elektrischer Ladungen oder magnetischer Pole, deren Dipolmoment verschwindet. Ein elektrischer Q. wird z. B. realisiert durch eine regelmäßige Anordnung von vier betragsmäßig gleich großen Ladungen (Abb.) oder durch ein Rotationsellipsoid mit homogener Ladungsverteilung. Q.e treten in der Atomhülle und auch im Atomkern auf. Sie sind nur mit empfindlichen Meßverfahren nachzuweisen. → Multipol.

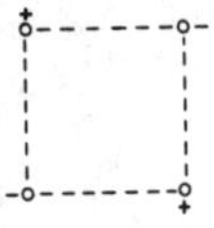

Quadrupol

Quadrupollinse, eine stark fokussierende Elektronenlinse, die aus vier parallel zur optischen Achse angeordneten zylindrischen Elektronen (*elektrische Q.*) oder Polschuhen (*magnetische Q.*) besteht. Die Q. (Abb. 1) hat vier Symmetrieebenen, die sich unter einem Winkel von 45° längs der senkrecht zur Zeichenebene liegenden optischen Achse (*OZ*) schneiden. Das durch sie an einem Punkt *P* erzeugte elektrische oder magnetische Feld ist proportional dem Abstand dieses Punktes von der optischen Achse. Nimmt man eine unendliche Ausdehnung der zylindrischen Elektroden in Richtung der optischen Achse (*Z*-Richtung) an und legt man an die Elektroden *A* und *A'* den Potentialwert $+\Phi$ und an die Elektroden *B* und *B'* den Potentialwert $-\Phi$ an, so verläuft die Elektronenbewegung in der elektrischen Q. folgendermaßen: Wenn ein Elektron parallel zur optischen Achse in der Ebene ZOX_1 einfällt, so wird es von den Elektroden *A* bzw. *A'* angezogen, wegen der Symmetrie der Anordnung jedoch von den Elektroden *B* und *B'* nicht beeinflußt. Das Elektron verbleibt in der Ebene ZOX_1; es divergiert aber von der Achse weg. Ein in der Ebene ZOY_1 verlaufendes Elektron verbleibt ebenfalls in seiner Ebene, wird aber durch die Elektroden *B* bzw. *B'* abgestoßen und konvergiert deshalb zur optischen Achse hin. Elektronen, die außerhalb der Ebene ZOX_1 und ZOY_1 einfallen, folgen schiefen Bahnen, die in der Richtung OX_1 von der optischen Achse wegführen und in der Richtung OY_1 zur optischen Achse hinführen. Man erhält in *einer* Richtung Konvergenz, in der dazu senkrechten Divergenz. Bei magnetischen Q.n sind die wirkenden Kräfte mit den Komponenten F_x, F_y senkrecht zur Richtung des Feldes (Abb. 2), so daß die ausgezeichneten Flächen für die ebene Elektronenbewegung nunmehr die Ebenen ZOX_2 und ZOY_2 sind. Wird – wie im üblichen Abbildungsstrahlengang erforderlich – Konvergenz für alle Meridianebenen verlangt, so sind zwei Q.n längs der optischen Achse geeignet aneinanderzusetzen (*Dublett*), und zwar so, daß die zweite, die die gleichen Eigenschaften wie die erste hat, bezüglich der ersten um 90° um die optische Achse gedreht ist. Die Divergenzebene der zweiten Linse entspricht dann der Konvergenzebene der ersten und umgekehrt.

Die Q.n werden angewandt sowohl zur Fokussierung schneller Elektronen (im Strahlspannungsbereich von etlichen Megavolt, z. B. in Teilchenbeschleunigern) als auch zur Fokussierung der schwieriger ablenkbaren positiven Teilchen (Ionen). Neuerdings werden Q.n auch in der Elektronensondentechnik benutzt.

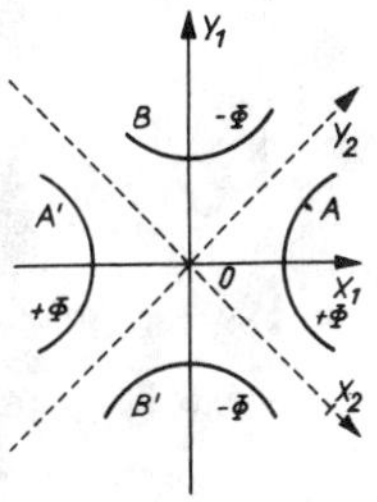

1 Geometrische Anordnung der Elektroden bzw. Polschuhe in einer Quadrupollinse

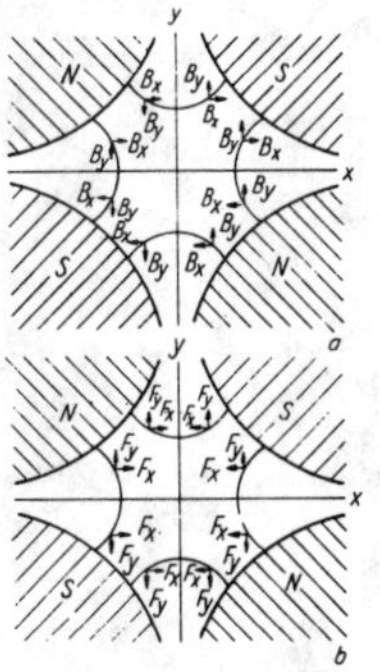

2 Quadrupolmagnet: *a* Verlauf der Feldkomponenten B_i. *b* Verlauf der Kraftkomponenten F_i, die Teilchen werden nur in *x*-Richtung fokussiert

Quadrupolmassenfilter, → Massenspektrograph.

Quadrupolmoment, → Multipol, → Multipolmomente, → Kernmomente.

Quadrupolresonanz, svw. Kernquadrupolresonanz.

Quadrupolstrahlung, → Multipolstrahlung bei → Übergängen im Atomkern. Die mit einem Einteilchenmodell berechneten Übergangswahrscheinlichkeiten für Q. waren im Vergleich mit den experimentellen Werten für viele mittlere und schwere Kerne zu klein (→ Weißkopf-Einheit). Die Erklärung für diese „beschleunigten" Quadrupolübergänge liefert das Kollektivmodell des Kerns.

Qualität, philosophische Kategorie; wesentliche Eigenschaft einer Erscheinung, die diese von anderen Erscheinungen unterscheidet. Beispielsweise ist Masse eine Q., die aller Materie zukommt, elektrische Ladung eine Q., die nur bestimmten Objekten eigen ist. Dagegen unterscheiden sich zwei gleichartige Körper der Massen 5 kg und 10 kg nur durch die → Quantität der Masse.

Qualitätsfaktor, → Äquivalentdosis.

Qualitätsgröße, svw. intensive Größe.

Quant, allgemeine Bezeichnung für → Elementarteilchen oder Elementaranregung (→ Quasiteilchen), spezieller jedoch nur dann, wenn diese als die einem Quantenfeld zugeordneten Teilchen, d. h. als *Feldquanten*, betrachtet werden. Ursprünglich ist der Begriff Q. nur auf Photonen angewandt worden (Einsteinsche Lichtquantenhypothese), deren korpuskulare Eigenschaft von Planck implizit mit der Quantenhypothese postuliert wurde, wonach Energie des Strahlungsfeldes nur als Energiequanten $E = h\nu$ (h Plancksches Wirkungsquantum, ν Frequenz der Lichtwelle) abgegeben und aufgenommen werden kann. Diesen Sachverhalt verallgemeinernd, spricht man von Q.en einschränkend oft nur dann, wenn es sich um die den Feldern der physikalischen Wechselwirkungen zugeordneten Teilchen handelt, wobei die Photonen der elektromagnetischen Wechselwirkung, die Mesonen der starken Wechselwirkung zugeordnet sind, während die Q.en des Gravitationsfeldes, die Gravitonen, und der schwachen Wechselwirkung, die intermediären Bosonen, bisher experimentell nicht nachgewiesen werden konnten. Als *Quantenenergie* bezeichnet man die von den Q.en übertragene Energie. Neben dem Feldquant tritt z. B. in der Beschreibung der Supraleitung der Begriff des *Flußquants* auf (→ Flußquantisierung).

Quantelung, svw. Quantisierung.

Quantenchemie, Behandlung und Beschreibung chemischer Erscheinungen, vor allem der chemischen Bindung, mit Hilfe der Methoden der Quantenmechanik.

Die Q. ermöglicht es, aus den spektroskopisch zugänglichen Energietermschemata der Elektronenhülle einzelner Atome (→ Atommodell) Energie und Verteilung der Elektronen im Molekül, die Energie homöopolarer Bindungen, d. h. die Bindungsfestigkeit der Atome im Molekül, sowie den Energieinhalt von Molekülen vorauszuberechnen. Mit Hilfe der Q. können in der organischen Chemie Voraussagen über die Polarisierbarkeit organischer Moleküle, die Reaktionsfähigkeit an bestimmten Stellen des Moleküls, die Lage tautomerer Gleichgewichte, die Elektronenverteilung in mesomeriefähigen Molekülen unter bestimmten Bedingungen gemacht werden. Da bei der Berechnung vereinfachende Modellvorstellungen zugrunde gelegt werden müssen, die die Wirklichkeit lediglich angenähert widerspiegeln, haben die Ergebnisse nur den Charakter von Näherungen.

Der Lösungsweg eines quantenchemischen Problems, z. B. die Berechnung der Bindungsenergien eines Moleküls, kann wie folgt angedeutet werden: 1) Aufstellung der Hamilton-Funktion $H = T(p_1, p_2, p_3, \ldots) + U(q_1, q_2, q_3, \ldots)$, die die Energie des betrachteten Systems (also des Moleküls), und zwar die kinetische Energie T als Funktion der Impulse p und die potentielle Energie U als Funktion der Ortskoordinaten q der einzelnen das System bildenden Teilchen, darstellt. 2) Bildung des Hamilton-Operators $\hat{H}$. Dazu werden in der Hamilton-Gleichung alle p_i durch den Ausdruck $\frac{h}{2\pi i} \frac{d}{dq}$ ersetzt. Die Gestalt von $\hat{H}$ hängt stark von der Symmetrie des betrachteten Systems ab. Häufig gelingt mit auf einfachen Modellvorstellungen beruhenden $\hat{H}$-Ansätzen eine befriedigende Lösung des Problems, z. B. bei organischen π-Elektronensystemen mit dem „eindimensionalen Kastenmodell". 3) Der dritte Schritt besteht in der Ermittlung der Eigenwerte E, d. s. die diskreten Energiewerte des Systems, und der zu diesen Eigenwerten gehörenden Eigenfunktionen ψ mit Hilfe der → Schrödinger-Gleichung $\hat{H}\psi = E\psi$. Hierzu wendet man die Methoden der Störungsrechnung oder – in den meisten Fällen – der Variationsrechnung an. In der Lösung tritt eine Reihe charakteristischer Integrale (Überlappungs-, Coulomb- und Austausch-Integrale) auf, die häufig nur mit großem Aufwand, z. B. mit Rechenmaschinen, zu berechnen sind, teilweise aber bereits Tabellenwerken entnommen werden können.

Praktisch erfolgt die skizzierte grundsätzliche Lösung gegenwärtig vor allem nach zwei Methoden, der *VB-Methode* (→ Valenzstruktur-Methode) und der *LCAO-Methode* (→ Methode der Molekülzustände).

Lit. Preuss: Quantentheoretische Chemie 3 Bde (Mannheim 1963/1965/1967).

Quantendefekt, → Atomspektren.

Quantenelektrodynamik, spezielle Quantenfeldtheorie, die die elektromagnetische Wechselwirkung der Elementarteilchen beschreibt. Da die meisten Elementarteilchen, nämlich Mesonen und Baryonen, auch der starken Wechselwirkung unterliegen und für diese bisher noch keine befriedigende Theorie vorliegt, lassen sich die von beiden Wechselwirkungen herrührenden Effekte nur schwer voneinander abtrennen. Die Q. wird daher hauptsächlich auf die Wechselwirkung der Elektronen und Müonen, deren Antiteilchen und das Photon angewandt, wobei zudem angenommen wird, daß die schwache Wechselwirkung vernachlässigbar ist. Von dieser Problematik abgesehen ist die Q., die sich durch kanonische Quantisierung der über die elektromagnetische Wechselwirkung gekoppelten klassischen Feldgleichungen des Photonfeldes (→

Maxwellsche Theorie des elektromagnetischen Feldes) und des Elektron-Positron-Feldes (→ Dirac-Gleichung) ergibt, die einzige Quantenfeldtheorie, die in ausgezeichneter Übereinstimmung (Abweichungen von der Größenordnung 10^{-6} und geringer) mit den experimentellen Resultaten steht; ihre Gültigkeit ist bis zu 10^{-15} cm herab gesichert. Diese Erfolge der Q. sind vor allem dadurch begründet, daß eine renormierbare Wechselwirkung mit kleiner Kopplungskonstante α (Sommerfeldsche → Feinstrukturkonstante) vorliegt, so daß zum ersten die jeder Quantenfeldtheorie eigenen Divergenzen durch eine kovariante Renormierung beseitigt werden können und zum anderen eine störungstheoretische Entwicklung nach Potenzen von α möglich ist, die die Anwendung der Feynman-Graphen gestattet. Um diese Entwicklung besonders verdient gemacht haben sich in den 40er Jahren Feynman, Schwinger und Tomonaga; sie wurden 1967 gemeinsam mit dem Nobelpreis ausgezeichnet. Trotz der überragenden praktischen Resultate und ihrer eleganten Darstellung ist heute noch unklar, ob die Q. überhaupt eine mathematisch konsistente Theorie ist.

Ausgangspunkt der Q. bildet die Lagrange-Dichte $\mathcal{L} = \mathcal{L}_{\text{em}} + \mathcal{L}_{\text{D}} + \mathcal{L}_{\text{W}}$. Dabei ist $\mathcal{L}_{\text{em}} = -\frac{1}{2}[\partial_\mu A_\nu(x)]\,[\partial^\mu A^\nu(x)]$ die Lagrange-Dichte des freien elektromagnetischen Feldes $F_{\mu\nu} \triangleq \partial_\mu A_\nu - \partial_\nu A_\mu$ mit den klassischen elektromagnetischen Potentialen $A_\mu(x) \equiv (c\Phi, \mathfrak{A})$; $\mathcal{L}_{\text{D}} = \bar{\psi}(x)\,(\mathrm{i}\gamma^\mu\,\partial_\mu - \varkappa)\,\psi(x)$ ist die Lagrange-Dichte für das durch den Viererspinor

$$\psi(x) = \begin{pmatrix} \psi_1(x) \\ \psi_2(x) \\ \psi_3(x) \\ \psi_4(x) \end{pmatrix}$$

beschriebene Elektron-Positron-Feld und $\mathcal{L}_{\text{W}} = ej^\mu(x)\,A_\mu(x)$ mit $j^\mu = \frac{c}{2}\,(\bar{\psi}\gamma^\mu\psi - \bar{\psi}^c\gamma^\mu\psi^c)$ die Lagrange-Dichte der minimalen elektromagnetischen Wechselwirkung. Über doppelt auftretende Indizes $\mu, \nu = 0, 1, 2, 3$ ist gemäß der Einsteinschen Konvention zu summieren, $\partial_\mu = \partial/\partial x^\mu$; ψ^c ist der ladungskonjugierte Spinor (→ Dirac-Gleichung), $\bar{\psi} = \psi^*\gamma_0$ ist der zu ψ adjungierte Spinor, γ^μ sind die Diracschen Gammamatrizen, $\varkappa = mc/\hbar$, m ist die Ruhmasse und e die Ladung des Elektrons, c die Lichtgeschwindigkeit, $\hbar = h/2\pi$, h das Plancksche Wirkungsquantum. Die Koppelung $j^\mu A_\mu$ des Elektron-Positron-Stromes j^μ mit den elektromagnetischen Potentialen folgt aus den freien Feldgleichungen bei Ersetzung von $\mathrm{i}\hbar\partial_\mu \to \mathrm{i}\hbar\partial_\mu + eA_\mu$. Sie wird minimal genannt, weil die Lagrange-Dichte nur bis auf eine Viererdivergenz $\partial_\mu\chi^\mu$ bestimmt ist und auf diese Weise eine Koppelung der Gestalt $F_{\mu\nu}\bar{\psi}\sigma^{\mu\nu}\psi$ mit $\sigma^{\mu\nu} = \frac{1}{2\mathrm{i}}(\gamma^\mu\gamma^\nu - \gamma^\nu\gamma^\mu)$ auftreten könnte, die eine zusätzliche Wechselwirkung des magnetischen Moments der Teilchen mit dem elektromagnetischen Feld bedingt.

Aus der Lagrange-Dichte $\mathcal{L}$ ergeben sich mit Hilfe des Variationsprinzips $\delta \int \mathcal{L}\,\mathrm{d}^4x = 0$ die Feldgleichungen (im Heisenberg-Bild) zu

$$\Box A_\mu(x) = -\frac{e}{\hbar}\,j_\mu(x),$$
$$(\mathrm{i}\gamma^\mu\,\partial_\mu - \varkappa)\,\psi(x) = -\frac{e}{\hbar}\,\gamma^\mu A_\mu(x)\,\psi(x),$$

d. h., es stehen auf der rechten Seite der Gleichungen die Quellen der Felder; die elektromagnetischen Potentiale genügen ferner der Gleichung $\partial_\mu A^\mu(x) = 0$ (Lorentz-Konvention).

Die Quantisierung erfolgt durch den Übergang zur Betrachtung von $A_\mu(x)$ und $\psi(x)$ als Feldoperatoren (die in diesem Artikel entgegen der hier sonst üblichen Kennzeichnung mit einem Dach „^" ebenfalls als A bzw. ψ gesetzt werden), für die folgende gleichzeitige Vertauschungsrelationen angenommen werden:

$$[\dot{A}_\mu(x_1), A_\nu(x_2)]_{t_1=t_2} = \mathrm{i}cg_{\mu\nu}\delta(\vec{r}_1 - \vec{r}_2)$$
$$\{\psi_\alpha(x_1), \bar{\psi}_\beta(x_2)\}_{t_1=t_2} = \gamma^0_{\alpha\beta}\delta(\vec{r}_1 - \vec{r}_2).$$

Dabei ist $g_{\mu\nu}$ der metrische Tensor ($\alpha, \beta = 1, 2, 3, 4$ indiziert die Komponenten des Viererspinors und der γ^0-Matrix), und [,] bzw. {,} bezeichnet den Kommutator bzw. Antikommutator; die Kommutatoren bzw. Antikommutatoren für die übrigen Größen verschwinden. Die relativistische Verallgemeinerung dieser Vertauschungsrelationen ist nicht ohne weiteres möglich. Geht man jedoch in das Wechselwirkungsbild über, wo die wechselwirkenden Feldoperatoren denselben Bewegungsgleichungen wie die freien Felder, d. h. ohne die Quellen auf den rechten Seiten, genügen, dann kann man für die freien Felder die folgenden Vertauschungsregeln benutzen:

$$[A_\mu(x_1), A_\nu(x_2)] = \mathrm{i}\hbar c g_{\mu\nu} D(x_1 - x_2)$$
$$\{\psi_\alpha(x_1)\,\bar{\psi}_\beta(x_2)\} = -\mathrm{i}S_{\alpha\beta}(x_1 - x_2),$$

wobei

$$D(x) = \Delta(x, 0),\ S(x) = (-\mathrm{i}\gamma^\mu\,\partial_\mu + \varkappa)\,\Delta(x, m)$$

mit

$$\Delta(x, m) = -\frac{\mathrm{i}}{(2\pi)^3}\int \frac{\mathrm{d}^3\vec{k}}{2k_0}\,\mathrm{e}^{\mathrm{i}\vec{k}\vec{r}}\sin(k_0x_0)$$
$$(k_0 = +\sqrt{\vec{k}^2 + \varkappa^2},\ x_0 = ct)$$

ist. Die Lorentz-Konvention (Lorentz-Bedingung) in der Form $\partial^\mu A_\mu = 0$ widerspricht jedoch den Vertauschungsregeln; sie muß in der Form $\partial^\mu A_\mu(x)\,|\Phi\rangle = 0$ geschrieben werden, wobei $|\Phi\rangle$ einen beliebigen physikalischen Zustand repräsentiert. Diese Nebenbedingung garantiert nun, daß entsprechend der Transversalität des Lichtes nur die transversalen Photonen, deren Polarisation senkrecht zur Ausbreitungsrichtung steht, auftreten und die longitudinalen Photonen mit der Polarisation in Ausbreitungsrichtung sowie „skalare Photonen" mit „Polarisation" in Zeitrichtung aus der Theorie eliminiert werden. Derartige Zustände führten auf negative Wahrscheinlichkeiten, weshalb sie auch → Geisterzustände genannt werden; die genannte Bedingung eliminiert also diese Geisterzustände.

Das Gleichungssystem der wechselwirkenden Felder der Q. ist – wie für alle wechselwirkenden Quantenfelder – ein nichtlineares System von Operatorgleichungen; diese haben keinen mathematischen Sinn, da das Produkt von Distributionen, worum es sich hier handelt, mathematisch nicht erklärt ist (→ axiomatische Quantentheorie). Als einzige Methode zur Behandlung derartiger Gleichungssysteme ist bisher nur die störungstheoretische Entwicklung nach der Kopplungskonstante $e^2/4\pi\varepsilon_0\hbar c$ in größerem Umfang untersucht und mit Erfolg angewandt worden. Dazu muß man ebenfalls vom Wechselwirkungsfeld ausgehen. In diesem ist die S-Matrix, die die Anfangszustände in Endzustände (Zustände des Systems zur Zeit $t = -\infty$ bzw. $t = +\infty$) überführt, durch

$$S = T\exp\left\{-\frac{\mathrm{i}}{\hbar c}\int_{-\infty}^{\infty}\mathscr{L}_{\mathrm{W}}\,\mathrm{d}^4x\right\} = \sum_{n=0}^{\infty} S_n =$$

$$= \sum_{n=0}^{\infty}\frac{1}{n!}\left(-\frac{\mathrm{i}e}{\hbar c}\right)^n \int_{-\infty}^{\infty}\mathrm{d}^4x_1 \cdots \int_{-\infty}^{\infty}\mathrm{d}^4x_n \times$$

$$\times\, T[j_\mu(x_1)\,A^\mu(x_1)\cdots j_\nu(x_n)A^\nu(x_n)]$$

gegeben, wobei das T-Produkt der Operatoren in [ ] bedeutet, daß die Operatoren entsprechend dem jeweiligen Integrationsbereich in der Klammer so anzuordnen sind, daß die zugehörigen Zeiten von rechts nach links nicht abnehmen. Die explizite Berechnung der einzelnen Ordnungen S_n dieser Entwicklung benutzt jedoch die Umordnung der T-Produkte in Normalprodukte, bei denen sämtliche Vernichtungsoperatoren rechts von den Erzeugungsoperatoren stehen (→ Wicksches Theorem); dann tragen zu einem bestimmten Prozeß nur solche Glieder der S-Matrix bei, bei denen zunächst die Teilchen des Anfangszustandes vernichtet und schließlich die Teilchen des Endzustandes erzeugt werden. Die Entwicklung der Feldoperatoren in Erzeugungs- und Vernichtungsoperatoren hat die Gestalt

$$A_\mu(x) = A_\mu^{(+)}(x) + A_\mu^{(-)}(x),$$
$$\psi_\alpha(x) = \psi_\mu^{(+)}(x) + \psi_\mu^{(-)}(x),$$
$$\bar\psi_\alpha(x) = \bar\psi_\mu^{(+)}(x) + \bar\psi_\mu^{(-)}(x),$$

wobei (+) bzw. (−) zum positiven bzw. negativen Frequenzanteil $\pm k_0$ der folgenden Entwicklungen gehört:

$$A_\mu(x) =$$
$$= \sqrt{\frac{\hbar c}{2(2\pi)^3}}\int\frac{\mathrm{d}^3\vec k}{k_0}\sum_{\lambda=0}^{3}\varepsilon_\mu^{(\lambda)}(\vec k)\{a^{(\lambda)}(\vec k)\,\mathrm{e}^{-\mathrm{i}(k_0x_0-\vec k\vec r)}$$
$$+\, a^{(\lambda)+}(\vec k)\,\mathrm{e}^{\mathrm{i}(k_0x_0-\vec k\vec r)}\}$$

mit den Polarisationsvektoren $\varepsilon_\mu^{(\lambda)}(\vec k)$ in λ-Richtung bezüglich des Impulses $\vec k$,

$$\psi(x) =$$
$$= \frac{1}{(2\pi)^{3/2}}\int\mathrm{d}^3\vec k\sqrt{\frac{m}{k_0}}\sum_{r=1}^{2}\{b_r(\vec k)\,w_r(\vec k)\,\mathrm{e}^{-\mathrm{i}(k_0x_0-\vec k\vec r)}$$
$$+\, d_r^+(\vec k)\,v_r(\vec k)\,\mathrm{e}^{\mathrm{i}(k_0x_0-\vec k\vec r)}\},$$

und

$$\bar\psi(x) =$$
$$= \frac{1}{(2\pi)^{3/2}}\int\mathrm{d}^3\vec k\sqrt{\frac{m}{k^0}}\sum_{r=1}^{2}\{b_r^+(\vec k)\,w_r^*(\vec k)\,\mathrm{e}^{\mathrm{i}(k_0x_0-\vec k\vec r)}$$
$$+\, d_r(\vec k)\,v_r^*(\vec k)\,\mathrm{e}^{-\mathrm{i}(k_0x_0-\vec k\vec r)}\}$$

mit den vier linear unabhängigen Lösungen $w_r(\vec k)$ und $v_r(\vec k)$ der Dirac-Gleichung im Impulsraum zu Elektronen- bzw. Positronen-Zuständen. $A^{(+)}(x)$ bzw. $A^{(-)}(x)$ beschreibt daher die Erzeugung bzw. Vernichtung eines Photons mit Polarisation λ im Raum-Zeit-Punkt x, d. h. am Ort $\vec r$ zur Zeit t, und $\psi^{(+)}(x)$ bzw. $\bar\psi^{(-)}(x)$ beschreibt die Erzeugung bzw. Vernichtung eines Positrons im Punkte x, entsprechend $\bar\psi^{(+)}(x)$ bzw. $\psi^{(-)}(x)$ für Elektronen; dementsprechend beschreibt $a^{(\lambda)+}(\vec k)$ die Erzeugung und $a^{(\lambda)}(\vec k)$ die Vernichtung eines Photons der Polarisation λ und mit dem Impuls $\hbar\vec k$, und analog beschreiben $b_r^+(\vec k)$ und $b_r(\vec k)$ bzw. $d_r^+(\vec k)$ und $d_r(\vec k)$ die Erzeugung und Vernichtung von Elektronen bzw. Positronen mit der Spineinstellung r und dem Impuls $\hbar\vec k$. Bezeichnet man wie üblich das Normalprodukt durch Vor- und Nachsetzen eines Doppelpunktes (:....:), so folgt für den Zusammenhang zwischen zeitgeordnetem Produkt und Normalprodukt

$$T[\bar\psi_\alpha(x_1)\,\psi_\beta(x_2)] = :\bar\psi_\alpha(x_1)\,\psi_\beta(x_2):$$
$$-\, S_{\mathrm{F}\alpha\beta}(x_1 - x_2),$$
$$T[A_\mu(x_1)\,A_\nu(x_2)] = :A_\mu(x_1)A_\nu(x_2):$$
$$-\,\hbar c g_{\mu\nu} D_{\mathrm{F}}(x_1 - x_2),$$

wobei

$$S_{\mathrm{F}}(x) =$$
$$= \lim_{\varepsilon\to 0}\frac{\mathrm{i}}{(2\pi)^4}\int_{-\infty}^{\infty}\mathrm{d}^4p\,\frac{(\gamma^\mu p_\mu + mc)\,\mathrm{e}^{-\mathrm{i}(p_0x_0-\vec p\vec r)}}{p_0^2 - \vec p^2 - m_0^2c^2 + \mathrm{i}\varepsilon}$$

und

$$D_{\mathrm{F}}(x) = \lim_{\varepsilon\to 0}\frac{\mathrm{i}}{(2\pi)^4}\int_{-\infty}^{\infty}\mathrm{d}^4k\,\frac{\mathrm{e}^{-\mathrm{i}(k_0x_0-\vec k\vec r)}}{k_0^2 - \vec k^2 + \mathrm{i}\varepsilon}$$

die Feynmanschen oder kausalen Propagatoren des Dirac- bzw. Photonfeldes sind, die eine entscheidende Rolle für die Auswertung der S-Matrix -Elemente spielen. Die Einführung der kleinen Imaginärteile $+\mathrm{i}\varepsilon$ in dem Ausdruck des Nenners legt eigentlich nur fest, wie die Pole des Integranden auf der reellen Achse an den Stellen $k_0 = \pm|\vec k|$ und $p_0 = \pm\sqrt{\vec p^2 + m^2c^2}$ bei der Integration zu umgehen sind; der Grenzübergang $\varepsilon \to 0$ ist also erst nach der Integration auszuführen. Der Integrationsweg in der komplexen k_0-Ebene ist also gemäß Abb. 1 zu führen und analog für S_{F}.

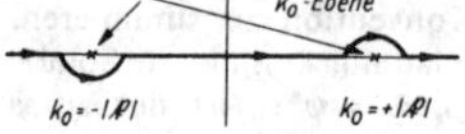

1

Die Überführung des T-Produktes in das Normalprodukt kann man sich so veranschaulichen, daß man nach der Zerlegung der Feldoperatoren in ihre positiven und negativen Frequenzteile dieselben nach links bzw. rechts unter Beachtung der Vertauschungsregeln durchkommutiert, wobei eine Summe von N-Produkten verschiedener Ordnung entsteht und bei den N-Produkten niedrigerer Ordnung jeweils ein eliminiertes Paar von $A_\mu(x_1)\,A_\nu(x_2)$ bzw. $\bar\psi(x_1)\,\psi(x_2)$ durch die kausalen Propagatoren ersetzt wurde. Zu einem bestimmten Prozeß, z. B. der elastischen Streuung von zwei Elektronen, tragen dann nur diejenigen Summanden bei, die rechts zwei Operatoren $\bar\psi^{(+)}(x_1)\,\bar\psi^{(+)}(x_2)$, links die Operatoren $\psi^{(-)}(x_1)\,\psi^{(-)}(x_1)$ und sonst weiter keine Erzeugungs- und Vernichtungsoperatoren enthalten.

Die einzelnen störungstheoretischen Näherungen der S-Matrix können auf elegante Weise graphisch durch die Feynman-Diagramme symbolisiert und unter Beachtung einiger einfacher Regeln in die mathematischen Ausdrücke überführt werden: Zuerst wird eine Zeitachse festgelegt, die die Richtung des Prozeßablaufs bestimmt. Dann werden so viele Punkte x_i festgelegt, wie die Ordnung der Entwicklung, d. h. die Potenz von e, angibt. Gemäß der Struktur der Wechselwirkung $\bar{\psi}\gamma^{\mu}\psi A_{\mu}$ gehören zu jedem dieser Punkte je zwei der Erzeugungs- oder Vernichtungsoperatoren $\bar{\psi}^{(\pm)}$, $\psi^{(\pm)}$ sowie einer der Erzeugungs- oder Vernichtungsoperatoren $A_{\mu}{}^{(\pm)}$. Jede dieser Größen wird durch Linien charakterisiert, für Elektronen bzw. Positronen durch ausgezogene in bzw. entgegen der Zeitrichtung orientierte Linien (→– bzw. –←), für Photonen durch Wellenlinien (~). Linien zwischen zwei Punkten heißen *innere Linien*, ihnen entsprechen die Propagatoren D_F bzw. S_F; frei endende, d. s. *äußere Linien*, entsprechen den Anfangs- bzw. Endzuständen, wenn sie in bzw. entgegen der Zeitrichtung einlaufen. In der Abb. 2 enthält der Anfangszustand ein Elektron und ein Positron, die im Punkt x_1 einlaufen, und ein im Punkt x_3 einlaufendes Photon, der Endzustand ein im Punkt x_2 bzw. x_3 auslaufendes Positron bzw. Elektron. Da die ein- bzw. auslaufenden Teilchen bestimmte Energien, Impulse und Polarisationen haben, geht man gewöhnlich in den Impulsraum über, wenn man die Matrixelemente von S in der betrachteten Ordnung aufschreibt. Die den inneren Linien entsprechenden Teilchen werden virtuell genannt, da sie nicht dem Energie-Impuls-Erhaltungssatz genügen müssen; man sagt auch, sie liegen außerhalb der Masseschale [engl. "off mass shell"]. Im Fall der Compton-Streuung ergeben sich in 2. Ordnung die beiden Diagramme der Abb. 3, und das dazugehörige Matrixelement von S lautet:

$$(S_2)_{p,k\to p',k'} = -\frac{e^2}{2}\iint \mathrm{d}x_1\,\mathrm{d}x_2\,\langle p'|\,\bar{\psi}(x_2)\,|0\rangle\cdot$$
$$\gamma_{\mu}S_F(x_2-x_1)\,\gamma_{\nu}\,\langle 0|\,\psi(x_1)\,|p\rangle\,\{\langle 0|\,A_{\nu}(x_1)\,|k\rangle\cdot$$
$$\langle k'|\,A_{\mu}(x_2)\,|0\rangle + \langle 0|\,A_{\mu}(x_2)\,|k\rangle\,\langle k'|\,A_{\nu}\,|0\rangle\} =$$
$$= \frac{\mathrm{i}e^2}{2}\,\frac{1}{\sqrt{\omega\omega'}}\,\bar{u}(p')\left\{\gamma\varepsilon'\,\frac{\mathrm{i}\gamma(p+k)-m}{(p+k)^2+m^2}\,\gamma\varepsilon+\right.$$
$$\left.+\gamma\varepsilon\,\frac{\mathrm{i}\gamma(p-k')-m}{(p-k')^2+m^2}\,\gamma\varepsilon'\right\}\,u(p)\,(2\pi)^4\times$$
$$\times\,\delta(p+k-p'-k'),$$

wobei $|p\rangle$, $|k\rangle$ bzw. $|0\rangle$ Einelektron-, Einphotonzustände bzw. der Vakuumzustand sind, ε bzw. ε' die Polarisationsvektoren der Photonen und ω bzw. ω' die Energien des einlaufenden bzw. auslaufenden Photons sind, während $\bar{u}(p')$ bzw. $u(p)$ die Lösungen der Dirac-Gleichung im Impulsraum sind ($\bar{u} = u^*\gamma_0$ ist die zu u adjungierte Lösung) und die δ-Funktion die Erhaltung des Viererimpulses bei der Reaktion sichert.

Durch diese Feynman-Regeln zur Übertragung der anschaulichen, den betrachteten Prozeß symbolisierenden Diagramme in die entsprechenden mathematischen Ausdrücke ist die Störungstheorie in eine handliche Form gebracht. Schwierigkeiten bereiten jedoch die drei Diagramme der Abb. 4, die der Elektronselbstenergie (Abb. 4a) und der Photonselbstenergie (Abb. 4b) entsprechen bzw. als Vertex- oder Eckgraph (Abb. 4c) bezeichnet werden und in den höheren Näherungen der S-Matrix auftreten; sie können in jede Elektron- bzw. Photonlinie bzw. jeden Punkt eines Diagramms niedriger Ordnung eingesetzt werden, ohne an den äußeren Teilchen etwas zu ändern. Diese Graphen sind divergent; sie heißen primitiv-divergent, weil jeder beliebige andere divergente Graph als bestimmte Anordnung dieser primitiv-divergenten Graphen interpretiert werden kann. Da es nur endlich viele der primitiv-divergenten Graphen gibt, können deren Beiträge in kovarianter Weise subtrahiert werden, so daß endliche Beiträge für die Matrixelemente verbleiben (→ Renormierung). Diese Renormierung kann auch dadurch formal ausgedrückt werden, daß man die Elektronenmasse und -ladung m bzw. e durch $m_0 + \delta m$ bzw. $e_0 + \delta e$ mit $\delta m \to \infty$, $\delta e \to \infty$ ersetzt und m_0 bzw. e_0 als die physikalische Masse bzw. Energie, die im Experiment gemessen wird, interpretiert, während δm bzw. δe der von der Wechselwirkung mit dem eigenen elektromagnetischen Feld herrührenden Selbstmasse (Selbstenergie) bzw. -ladung entspricht. Mit diesem Renormierungsverfahren liefert die Störungstheorie der Q. auch für höhere Ordnungen Resultate, die sich in ausgezeichneter Übereinstimmung mit dem Experiment befinden: Für das anomale magnetische Moment des Elektrons $\delta\mu$ ergibt sich unter Berücksichtigung der Glieder bis zur 3. Ordnung

$$\delta\mu = \left[\frac{\alpha}{2\pi} - 0{,}32848\,\frac{\alpha^2}{\pi^2} + (0{,}39 \pm 0{,}05) \times \right.$$
$$\left.\times\,\frac{\alpha^3}{\pi^3}\cdots\right]\mu_B = 0{,}001\,159\,642\,\mu_B,\ \mu_B = \frac{e\hbar}{2m_e}$$

(→ Bohrsches Magneton); $\alpha = e^2/4\pi\varepsilon_0\hbar c$ (→ Feinstrukturkonstante); für die Lambsche Verschiebung (→ Lamb-Shift) der Frequenz des Übergangs $2P_{1/2} \to 2S_{1/2}$ des Wasserstoffatoms ergibt sich $\omega(2S_{1/2}) - \omega(2P_{1/2}) = (1057{,}86 \pm 0{,}06)$ MHz. Dabei handelt es sich um Prozesse bei Anwesenheit eines äußeren elektromagnetischen Feldes A_{μ}^{0}, das nicht quantisiert wird, d. h., man hat an die Stelle der Operatoren A_{μ} die unquantisierten Potentiale A_{μ}^{0} einzusetzen; man symbolisiert diese im Feynman-Diagramm durch die Kopplung der Photonlinie an ein Kreuz (×).

Die Ausdrücke für das anomale magnetische Moment und die Lamb-Shift des Müons erhält man durch die Ersetzung der Elektronenmasse durch die Müonmasse; auch hier liegt ausgezeichnete Übereinstimmung mit den experimentellen Werten vor. Dies trifft auch für die anderen mit der Q. beschreibbaren Prozesse zu, wozu vor allem die Wechselwirkung der Elektronen und Positronen untereinander, Elektron-Positron-Wechselwirkung, Wechselwirkung mit Photonen und äußeren elektromagnetischen Feldern, d. h. die gesamte Theorie der Strahlungsübergänge im Atom, gehört. Aber auch für andere elektromagnetische Wechselwirkungen, etwa zwischen π-Mesonen und Protonen, ist es gelungen, die elektromagnetische Wechselwirkung unter Berücksichtigung der starken Wechselwirkung zu bestimmen.

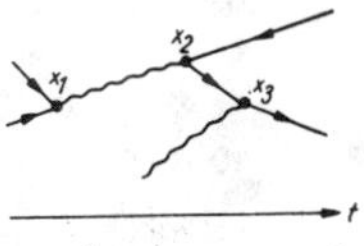

2

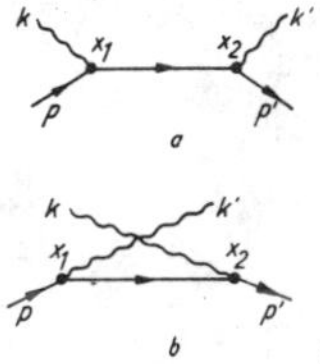

3

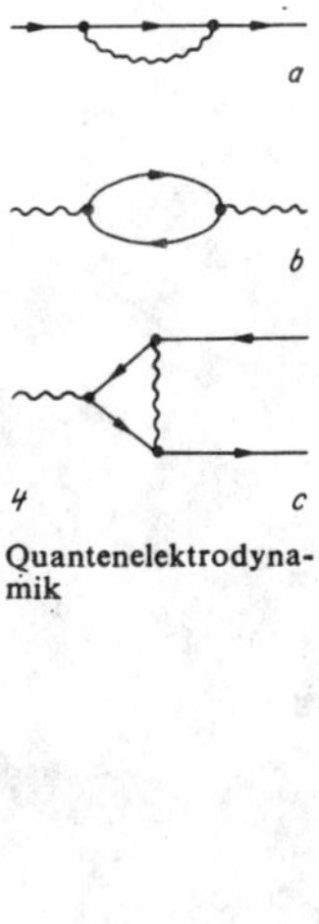

4

Quantenelektrodynamik

Die erstaunliche Brauchbarkeit der Q. darf jedoch nicht darüber hinwegtäuschen, daß ihre Grundlagen mathematisch ungenügend geklärt sind. So ist bisher ungeklärt, ob die Entwicklung nach Potenzen von e^2 konvergiert, obwohl dies für die ersten Glieder so aussieht, aber mit wachsender Ordnung sind immer mehr, wenn auch immer kleiner werdende Beiträge zu berücksichtigen; man kann aber zumindest von Semikonvergenz sprechen. Andererseits ist nachgewiesen, daß die Wechselwirkung aus dem Hilbert-Raum $\mathfrak{H}_0$ der freien Teilchen, der in Gestalt der ein- und auslaufenden Zustände benutzt wird, herausführt und $\mathfrak{H}_0$ daher zur Beschreibung wechselwirkender Teilchen eigentlich ungeeignet ist (→ Erzeugungs- und Vernichtungsoperatoren).

Quantenenergie, → Quant.

Quantenfeldtheorie, *Quantentheorie der Wellenfelder*, relativistische Quantentheorie, die vom Wellencharakter der Materie ausgeht und den korpuskularen Aspekt, wie z. B. die Erzeugung und Vernichtung von Teilchen, durch die Quantisierung der entsprechenden, relativistisch formulierten, klassischen Feldtheorie nachträglich einführt. Man spricht dabei von *Wellen-* oder *Feldquantisierung*, auch von *zweiter Quantisierung*. Die Q. wurde zur Behandlung des Problems der Elementarteilchen und deren Wechselwirkungen entwickelt, zunächst für den Fall der Wechselwirkung der Photonen mit den Elektronen und Positronen (→ Quantenelektrodynamik), später auch für die der starken bzw. schwachen Wechselwirkung unterliegenden Elementarteilchen (→ Mesonentheorie der Kernkräfte, Theorie der → schwachen Wechselwirkung). Prinzipiell werden dabei zunächst die freien, nichtwechselwirkenden Felder einer Teilchensorte quantisiert, die Wechselwirkung der als punktförmig angenommenen Teilchen wird danach durch eine lokale, d. h. in jedem Raum-Zeit-Punkt als Produkt der wechselwirkenden Felder oder deren Ableitungen definierte Wechselwirkungsdichte eingeführt; dieses Vorgehen führt jedoch zu divergenten Ausdrücken für physikalische Größen (unendlich große → Selbstenergien), von denen in einigen Fällen durch geeignete Verfahren (→ Renormierung) endliche, physikalisch sinnvolle Größen abgetrennt werden können. Diese Divergenzschwierigkeiten haben zu zahlreichen Versuchen zu ihrer Vermeidung geführt (→ analytische S-Matrix-Theorie, → axiomatische Quantentheorie).

Die Q. geht von der Lagrange-Dichte $\mathscr{L} = \mathscr{L}(\psi_\alpha, \partial\psi_\alpha/\partial x^\nu)$ der klassischen Felder $\psi_\alpha(x^\nu)$ und deren Ableitungen nach den Koordinaten x^ν mit $\nu = 0, 1, 2, 3$ des vierdimensionalen Raum-Zeit-Kontinuums aus (→ Feldtheorie), aus der sich die kanonischen Feldgleichungen zu $\frac{\partial\mathscr{L}}{\partial\psi_\alpha} - \sum_{\nu=0}^{3} \frac{\partial\mathscr{L}}{\partial(\partial\psi_\alpha/\partial x^\nu)} = 0$ ergeben, wobei $\alpha = 1, \ldots, m$ ist. Der Index α kann sowohl die verschiedenen Tensor- oder Spinorkomponenten eines Feldes als auch die verschiedenen Felder kennzeichnen. Die zu den Feldern ψ_α kanonisch konjugierten „Impulse" sind durch $\pi_\alpha = \partial\mathscr{L}/\partial\dot\psi_\alpha$, $\dot\psi_\alpha = \partial\psi_\alpha/\partial t$, wobei $t = x^0/c$, gegeben. Die Quantisierung erfolgt nun dadurch, daß die ψ_α als Operatoren aufgefaßt werden (*Feldoperatoren*), die bestimmten Vertauschungsrelationen genügen (sie werden in diesem Artikel, entgegen der hier sonst üblichen Kennzeichnung mit einem Dach, ebenfalls als ψ usw. gesetzt). In Analogie zu den quantenmechanischen Vertauschungsregeln zwischen Ort und Impuls für einen bestimmten Zeitpunkt fordert man $[\psi_\alpha(\vec r, t), \pi_\beta(\vec r\,', t)]_\pm = \mathrm{i}\hbar\delta_{\alpha\beta}\delta(\vec r - \vec r\,')$, wobei $\delta_{\alpha\beta}$ das Kronecker-Symbol und $\delta(\vec r)$ die (dreidimensionale) Deltafunktion ist ($\hbar = h/2\pi$, h ist das Plancksche Wirkungsquantum). Dabei hat man den Kommutator $[,]_-$ bzw. den Antikommutator $[,]_+$ zu wählen, wenn die Felder ψ_α Bosonen bzw. Fermionen beschreiben. Durch diese *kanonische (Feld-) Quantisierung* werden nur die gleichzeitigen Vertauschungsrelationen ($t = t'$) festgelegt (*kanonische Vertauschungsrelationen*), diese sind relativistisch für $t \neq t'$ zu verallgemeinern. Für freie, skalare, ungeladene Teilchen der Ruhmasse m, die der Feldgleichung $(\Box + \varkappa^2)\, A(\vec r, t) = 0$ (Klein-Gordon-Gleichung) mit

$$\Box = \frac{1}{c^2}\frac{\partial^2}{\partial t^2} - \frac{\partial^2}{\partial x^2} - \frac{\partial^2}{\partial y^2} - \frac{\partial^2}{\partial z^2},$$

wobei $\varkappa = mc/\hbar$ (c ist Lichtgeschwindigkeit) genügen, ergibt sich $[A(\vec r, t), A(\vec r\,', t')]_- = \mathrm{i}\hbar\Delta(\vec r - \vec r\,', t - t')$, wobei $\Delta(\vec r, t) =$

$$= \frac{1}{(2\pi)^3}\int \frac{\mathrm{d}^3\vec k}{\omega(\vec k)}\, \mathrm{e}^{\mathrm{i}\vec k\vec r} \sin(\omega t) =$$

$$= \frac{1}{2\pi}\,\varepsilon(t)\left\{\delta(\lambda) - \frac{\varkappa}{2}\,\theta(\lambda)\, J_1\!\left(\varkappa\sqrt{\lambda}\right) \lambda^{-1/2}\right\}$$

mit

$$\omega(\vec k) = c\,\sqrt[+]{\vec k^2 + \varkappa^2},\quad \theta(x) = \begin{cases} 1 \text{ für } x > 0 \\ 0 \text{ für } x < 0 \end{cases},$$

$\varepsilon(x) = \theta(x) - \theta(-x)$, $J_1(x)$ die Bessel-Funktion 1. Ordnung und $\lambda = c^2t^2 - \vec r^{\,2}$ ist. Die Funktion $\Delta(\vec r, t)$ genügt ebenfalls der Wellengleichung $(\Box + \varkappa^2)\,\Delta(\vec r, t) = 0$. Jede Komponente eines beliebigen Feldes genügt der Klein-Gordonschen Wellengleichung; dabei ist für Teilchen mit verschwindender Ruhemasse $\varkappa = 0$.

Wird die Wellengleichung der Felder durch den Differentialoperator $\Lambda_{\alpha\beta}(\partial/\partial x^\nu)$ charakterisiert, und zwar $\Lambda_{\alpha\beta}\psi_\beta(x) = 0$, dann gibt es einen anderen Differentialoperator $\mathrm{d}_{\alpha\beta}(\partial/\partial x^\nu)$, so daß $\sum_\beta \Lambda_{\alpha\beta}\,\mathrm{d}_{\beta\gamma} = (\Box + \varkappa^2)\,\delta_{\alpha\gamma}$ ist. Die Vertauschungsrelationen der Felder $\psi_\alpha(x)$ lauten dann $[\psi_\alpha(x), \bar\psi_\beta(x')]_\pm = \mathrm{i}\mathrm{d}_{\alpha\beta}\Delta(x - x')$, wobei $\bar\psi_\beta = \sum_\alpha \psi^*\eta_{\alpha\beta}$ durch eine Matrix $\eta_{\alpha\beta}$ mit den konjugiert komplexen Feldern ψ_α^* verknüpft sind und der Differentialoperator $\Lambda_{\alpha\beta}$ auf die Funktion $\Delta(x)$ anzuwenden ist; x steht symbolisch für $\vec r$, t.

Wird das skalare Feld $A(\vec r, t)$ nach Fourier zerlegt, nämlich $A(\vec r, t) = \frac{1}{(2\pi)^{3/2}} \cdot \int \frac{\mathrm{d}^3\vec k}{\sqrt{2\omega(\vec k)}} \times \{a^-(\vec k)\,\mathrm{e}^{-\mathrm{i}(kx)} + a^+(\vec k)\,\mathrm{e}^{\mathrm{i}(kx)}\}$, wobei $(kx) = \omega(\vec k)\, t - \vec k\vec r$ ist, so sind die Entwicklungskoeffizienten $a^\pm(\vec k)$ als Operatoren aufzufassen, die den Vertauschungsregeln $[a^-(\vec k), a^+(\vec k')] = \delta(\vec k - \vec k')$, $[a^-(\vec k), a^-(\vec k')] = [a^+(\vec k), a^+(\vec k')] = 0$ genügen müssen. Der Operator der Energie E und des Impulses $\vec P$ ergibt sich dann (nach Abzug einer unendlichen Größe) zu $E = \int \mathrm{d}^3\vec k \cdot \hbar\omega a^+(\vec k)\, a^-(\vec k)$ bzw. $\vec P = \int \mathrm{d}^3\vec k \cdot \hbar\vec k a^+(\vec k)\, a^-(\vec k)$.

Die Operatoren $a^+(\vec k)$, $a^-(\vec k)$ bzw. $a^+(\vec k)\, a^-(\vec k) = N(\vec k)$ werden als Erzeugungs-, Vernichtungsbzw. Anzahloperatoren für Teilchen mit dem Impuls $\hbar\vec{k}$ interpretiert: Sei $|0\rangle$ der Vakuumzustand, in dem kein Teilchen vorhanden ist, dann repräsentiert $|\vec{k}\rangle = a^+(\vec{k})\,|0\rangle$ einen Einteilchenzustand mit dem Impuls $\hbar\vec{k}$, und allgemein ist $|\vec{k}_1, \vec{k}_2, \ldots, \vec{k}_n\rangle = a^+(\vec{k}_1), \ldots, a^+(\vec{k}_n)\,|0\rangle$ ein n-Teilchenzustand; wird ferner $a^-(\vec{k})\,|0\rangle = 0$ gefordert, dann ist $N(\vec{k})\,|0\rangle = 0$, $N(\vec{k}')\,|\vec{k}\rangle = \delta(\vec{k}' - \vec{k})\,|\vec{k}\rangle$ usw. $a^-(\vec{k})$ führt wegen der Vertauschungsregeln einen n-Teilchenzustand in einen Zustand mit $n - 1$ Teilchen über, z. B. gilt $a^-(\vec{k})\,a^+(\vec{k}')\,|0\rangle = \delta(\vec{k} - \vec{k}')\,|0\rangle$, während $a^+(\vec{k})$ zu einem Zustand mit $n + 1$ Teilchen führt. Der von den Zuständen $|\vec{k}_1, \ldots, \vec{k}_n\rangle$, n beliebig, aufgespannte Hilbert-Raum wird als Fock-Raum bezeichnet. Er wird von der direkten Summe $\mathfrak{H} = \bigoplus_{n=0}^{\infty} \mathfrak{H}_n = \mathfrak{H}_0 \oplus \mathfrak{H}_1 \oplus, \ldots, \oplus \mathfrak{H}_n \oplus \ldots$ der n-Teilchen-Hilbert-Räume gebildet; $\mathfrak{H}_0 = c\,|0\rangle$ ist der Hilbert-Raum der komplexen Zahlen c. Die Feldoperatoren $A(\vec{r}, t)$ verknüpfen auf Grund ihrer Konstruktion die $\mathfrak{H}_n$ mit den $\mathfrak{H}_{n+1}$ und $\mathfrak{H}_{n-1}$, erhöhen und erniedrigen die Teilchenzahl zugleich um 1.

Analog kann man auch bei anderen Feldern verfahren. Komplexe Felder lassen sich als Überlagerung zweier reeller Felder für Teilchen bzw. Antiteilchen deuten. Sie ermöglichen die Einführung eines Ladungsdichteoperators $Q = e\int d^3\vec{k}\,\{N^{(+)}(\vec{k}) - N^{(-)}(\vec{k})\}$, wobei e die Elementarladung und $N^{(\pm)}(\vec{k})$ die Anzahloperatoren für Teilchen (+) bzw. Antiteilchen (−) mit Impuls $\hbar\vec{k}$ sind.

Aus der Forderung nach der Positivität der Energie ergibt sich, daß Spinor- bzw. Tensorfelder mit den Antikommutatoren bzw. Kommutatoren zu quantisieren sind.

Die Wechselwirkung zwischen zwei verschiedenen Feldern ψ_A und ψ_B wird dadurch berücksichtigt, daß man die Lagrange-Dichte $\mathscr{L}$ der wechselwirkenden Felder aus den Lagrange-Dichten der freien Felder und einem Wechselwirkungsglied $\mathscr{L}_{AB}$ zusammensetzt: $\mathscr{L} = \mathscr{L}_A + \mathscr{L}_B + \mathscr{L}_{AB}$; $\mathscr{L}_{AB}$ wird im allgemeinen aus den Produkten der Ströme j_A und j_B (der Teilchen A bzw. B) untereinander oder mit den Feldern ψ_A bzw. ψ_B oder deren Ableitungen gebildet, die noch mit einer Kopplungskonstante zu multiplizieren sind. Beispielsweise erfolgt die Koppelung des elektromagnetischen Feldes A_μ mit dem Elektron-Positron-Feld ψ_α durch $\mathscr{L}_{AB} = e\bar{\psi}\gamma^\mu\psi A_\mu = ej^\mu A_\mu$ (→ Quantenelektrodynamik), während die Nukleonen N mit den π-Mesonen über $g\bar{N}\gamma_5\vec{\tau}N\vec{\pi}$ oder $g\bar{N}\gamma^\mu\gamma_5\vec{\tau}N\frac{\partial}{\partial x^\mu}\vec{\pi}$ gekoppelt werden können; dabei sind N bzw. $\vec{\pi}$ die Felder der Nukleonen bzw. π-Mesonen, γ^μ und $\gamma_5 = \gamma^0\gamma^1\gamma^2\gamma^3$ die Diracschen Gammamatrizen und $\vec{\tau}$ die Isospinmatrizen $\vec{\tau} = (\tau_1, \tau_2, \tau_3)$.

Die aus den Lagrange-Funktionen der wechselwirkenden Felder folgenden Feldgleichungen sind nichtlinear, d. h., sie enthalten Produkte zweier oder mehrerer Feldoperatoren. Derartige Produkte sind mathematisch nicht wohldefiniert und geben daher Anlaß zumindest zu einem Teil der Divergenzschwierigkeiten der Q. Außer für vereinfachte Modelltheorien sind diese nichtlinearen Gleichungssysteme (bisher) nicht exakt lösbar. Sie müssen mit Näherungsmethoden behandelt werden; am gebräuchlichsten ist die Störungstheorie, die im Falle kleiner Kopplungskonstanten, wie in der Quantenelektrodynamik, mit Erfolg angewandt wird. Im Falle der Kernkräfte, wo die Kopplungskonstante g von der Größenordnung 1 ist, versagt diese Methode; hier wendet man mit Erfolg die Methode der Stromalgebra und der Dispersionsrelationen an.

Der große Unterschied zwischen der Quantenmechanik, in der derartige Schwierigkeiten nicht auftreten, und der Q. besteht vor allem darin, daß letztere als (mechanisches) System von überabzählbar unendlich vielen Freiheitsgraden anzusehen ist. Es ist jedenfalls bisher noch nicht geklärt, ob die Q. in der angegebenen Form als mathematisch konsistente Theorie geschrieben werden kann. Trotzdem liefert sie bei genügender Sorgfalt Resultate, die in vielen Fällen mit der Erfahrung ausgezeichnet übereinstimmen, und zwar in der Quantenelektrodynamik; in anderen Fällen versagte sie jedoch bisher völlig, z. B. in der Theorie der Kernkräfte.

Quantengenerator, → Laser, → Maser.

Quantengeometrodynamik, → Geometrodynamik.

Quantenhypothese, *Plancksche Hypothese*, die 1900 von Planck zur Ableitung der nach ihm benannten Strahlungsformel des schwarzen Strahlers eingeführte Hypothese, wonach die Emission und Absorption von Energie nur in Form von Vielfachen einer minimalen Energie $E_0 = h\nu$ erfolgen kann (h Plancksches Wirkungsquantum, ν Frequenz der Lichtwelle). Die kleinsten übertragenen Wirkungen sind $h = 6{,}6262 \cdot 10^{-27}$ erg · s. Die Emission und Absorption von Licht kann man sich als Energieänderung harmonischer Oszillatoren vorstellen. Daher führt die Q. zu der Forderung, daß die Energieniveaus harmonischer Oszillatoren diskret und äquidistant sind, nämlich $E_n = h\nu(n + 1/2)$, wobei $n = 0, 1, 2, \ldots$ ist, so daß beim Übergang von einem Niveau zum anderen gerade die Energiedifferenz $E_{n+1} - E_n = h\nu$ abgestrahlt wird. Über die Weiterentwicklung der Q. → Quantentheorien.

Quanteninterferometer, *quantenmechanisches Interferometer*, *supraleitendes Interferometer*, *Squid* [engl. superconducting quantum interference device], ein äußerst empfindliches und genaues Meßinstrument für magnetische und aus diesen ableitbare elektrische und andere Größen (Abb.). Das Q. gestattet z. B. die Messung von Bruchteilen eines Flußquants. Es beruht auf dem Josephson-Effekt, bei dem magnetisch beeinflußbare Interferenzerscheinungen des Josephson-Tunnelstroms auftreten. Die Periode der Interferenzerscheinungen wird durch das magnetische Flußquant bestimmt.

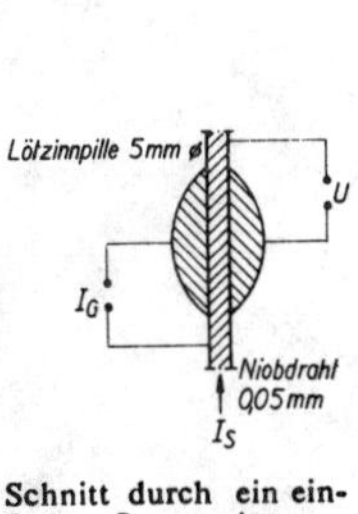

Schnitt durch ein einfaches Quanteninterferometer

Quantenlogik, Aussagenlogik der Quantentheorie. Im Gegensatz zur klassischen oder formalen Logik, die mit den Wahrheitswerten „wahr" und „falsch" arbeitet und einem Booleschen Verband entspricht, wird der Q. ein allgemeiner Verband zugeordnet, der den Booleschen Verband als Spezialfall enthält (→ Aussagenkalkül der Quantentheorie).

Quantenmechanik, die nichtrelativistische Theorie der Bewegung von Mikrosystemen, d. s. Elementarteilchen, Atome und Moleküle, und deren Wechselwirkung. Die Q. berücksichtigt den Dualismus der Materie und kann durch → Quantisierung entweder der klassischen Mechanik oder der klassischen Wellentheorie der Materie erhalten werden. Diese beiden Wege wurden auch historisch gleichzeitig beschritten, der erste von Heisenberg (1925), der die in der klassischen Mechanik auftretenden physikalischen Größen, wie Ort, Impuls und Energie, durch Matrizen ersetzte und die Bewegungsgleichungen als Matrizengleichungen schrieb, und der zweite von Schrödinger (1926), der die beobachtete Quantelung der Energie durch Eigenschwingungen eines Materiefeldes deutete und Differentialausdrücke für die physikalischen Größen einsetzte. Beide Formulierungen, die als Matrizen- bzw. Wellenmechanik bezeichnet werden, sind einander mathematisch äquivalent, wie Schrödinger 1926 zeigte, und stellen nur verschiedene Darstellungen ein und derselben abstrakten Q. dar. Wesentlichen Anteil an der Entwicklung beider Darstellungen der Q. hatte Born, der die → statistische Interpretation der Schrödingerschen Wellenfunktion einführte, die die Teilcheninterpretation in der Q. gewährleistet, aber andererseits zur Folge hat, daß nur statistische Aussagen, z. B. über Aufenthaltswahrscheinlichkeiten der Teilchen, gemacht werden können. Dies ist eine unmittelbare Folge davon, daß kanonisch konjugierte Größen, wie Ort und Impuls, nicht gleichzeitig beliebig genau gemessen werden können (→ Heisenbergsches Unbestimmtheitsprinzip). Dieser der Q. eigene, gegenüber der klassischen Physik neue Zug hat anfangs zu einigen philosophischen Schwierigkeiten geführt, die heute überwunden sind; allgemein kann man sagen, daß die Q. wie jede andere physikalische Theorie sich auf die objektiven Eigenschaften der Materie bezieht und nicht auf unsere subjektive Unkenntnis der „wirklichen" Gesetze der Mikrophysik zurückzuführen ist (→ Kausalität, → Determinismus, → Objektivierbarkeit).

In der Q. werden die möglichen Zustände ψ eines physikalischen Systems als Elemente eines abstrakten, meist unendlich dimensionalen Zustandsraumes $\mathfrak{H}$, des → Hilbert-Raums des Systems, aufgefaßt, genauer korrespondieren den Zuständen die Einheitsstrahlen in $\mathfrak{H}$ (→ Strahl); ψ, oder in Diracscher Schreibweise $|\psi\rangle$, wird als Zustandsvektor bezeichnet. Seine Zerlegung nach verschieden wählbaren Basisvektoren liefert verschiedene Darstellungen der Q.; am häufigsten wird die Ortsdarstellung benutzt, in der der Zustandsvektor durch eine von den räumlichen und Spinkoordinaten aller Teilchen abhängige Wellenfunktion dargestellt wird. Die Korrespondenz der Zustände eines physikalischen Systems mit den Elementen eines Hilbert-Raumes berücksichtigt die Superponierbarkeit der Zustände, so daß mit ψ_1 und ψ_2 auch $\psi = \alpha_1\psi_1 + \alpha_2\psi_2$ mit beliebig komplexen α_1 und α_2 wieder ein möglicher Zustand des Systems ist (→ Superpositionsprinzip).

Eine physikalische Größe A kann im Hilbert-Raum durch einen vollständigen Satz orthogonaler Basisvektoren $|\psi_n\rangle$ und die zu ihnen gehörenden reellen Meßwerte a_n dieser Größe charakterisiert werden. Diese Angaben definieren $\hat{A} \equiv \sum_n |\psi_n\rangle\, a_n\, \langle\psi_n|$, einen hermiteschen Operator, der im quantenmechanischen Apparat der physikalischen Größe zugeordnet ist. Ist er in irgendeiner expliziten Form gegeben (→ Impulsoperator, → Hamilton-Operator), so ergeben sich die Vektoren $|\psi_n\rangle$ und Meßwerte a_n als Lösungen des Eigenwertproblems $\hat{A}\,|\psi_n\rangle = a_n\,|\psi_n\rangle$. Bei der Anwendung der den physikalischen Größen korrespondierenden Operatoren kommt es im allgemeinen auf die Reihenfolge an, in der sie auf die Zustandsvektoren wirken, d. h., Operatoren sind daher nicht vertauschbar: $\hat{A}\hat{B} \neq \hat{B}\hat{A}$ (→ Vertauschungsrelation). So gilt z. B. für $\hat{x}$ bzw. $\hat{p}$, die Operatoren des Ortes bzw. des Impulses, die Relation $\hat{x}\hat{p} - \hat{p}\hat{x} \equiv [\hat{x}, \hat{p}] = \mathrm{i}\hbar$, wobei $\hbar = h/2\pi$ die Plancksche Konstante ist. Die Wahrscheinlichkeit W_n, im Zustand ψ den Meßwert a_n zu finden, ergibt sich als $W_n = |(\psi_n, \psi)|^2 = |\langle\psi_n|\psi\rangle|^2$, also als Absolutquadrat des Skalarprodukts von ψ mit dem zu a_n gehörenden Eigenvektor ψ_n. Alle so gewinnbaren Wahrscheinlichkeitsverteilungen für die Messung verschiedener physikalischer Größen sind wegen $(\psi, \psi) = 1$ entsprechend $\sum_n W_n = 1$ richtig normiert. Der Erwartungswert $\bar{A} = \sum_n W_n a_n$ kann als $\bar{A} = (\psi, \hat{A}\psi) = \langle\psi|\hat{A}\psi\rangle$ direkt durch ψ ausgedrückt werden.

In der *Matrizenmechanik*, der Q. im *Heisenberg-Bild*, gelegentlich auch als *Matrixdarstellung* oder *Heisenberg-Darstellung* der Q. bezeichnet, werden als Zustände die möglichen Bewegungsabläufe des Systems angesehen, das entspricht in der klassischen Mechanik den möglichen Phasenbahnen des Systems; die Zustandsvektoren sind daher durch die Invarianten der Bewegung charakterisiert und zeitunabhängig, während die Operatoren zeitabhängig sind. Die Zustände können durch unendlichkomponentige Vektoren und die Operatoren als unendliche Matrizen dargestellt werden. Sind c_i die Komponenten von ψ und A_{ik} die Elemente der Matrizen, wobei $i, k = 1, 2, 3, \ldots$ ist, dann ist das Skalarprodukt zweier Vektoren mit den Komponenten c_i bzw. c_i' durch $\sum_{i=1}^{\infty} c_i^* c_i'$ und der Erwartungswert von A durch $\bar{A} = \sum_{i,k=1}^{\infty} c_i^* A_{ik}\, c_k$ gegeben, wobei c_i^* das konjugiert Komplexe von c_i ist. Die zeitliche Entwicklung des Systems ist durch die *Heisenbergsche Bewegungsgleichung*, kurz *Heisenberg-Gleichung* genannt, für die Operatoren $\hat{A}(t)$ gegeben; sie lautet $\mathrm{d}\hat{A}/\mathrm{d}t = \partial\hat{A}/\partial t + (\mathrm{i}/\hbar)\,[\hat{H}, \hat{A}]$, wobei $\hat{H}$ der Hamilton-Operator des Systems und $[\hat{H}, \hat{A}] \equiv \hat{H}\hat{A} - \hat{A}\hat{H}$ ist. Ist $\hat{A}$ nicht explizit zeitabhängig, d. h. $\partial\hat{A}/\partial t = 0$, dann genügt $\hat{A}(t) = \hat{U}(t)^\dagger\, \hat{A}(0)\, \hat{U}(t)$ der Heisenbergschen Bewegungsgleichung, wobei $\hat{U}^\dagger$ der zu $\hat{U}$ adjungierte Operator ist. Der Operator $\hat{U}(t)$ der zeitlichen Entwicklung genügt der Gleichung $\mathrm{d}\hat{U}/\mathrm{d}t = -(\mathrm{i}/\hbar)\,\hat{H}\hat{U}$ und ergibt sich für nicht explizit von t abhängendes $\hat{H}$ zu $\hat{U}(t) = \exp\{-(\mathrm{i}/\hbar)\,\hat{H}t\}$.

In der *Wellenmechanik*, der Q. im *Schrödinger-Bild* oder der *Schrödinger-Darstellung* der Q., werden die Zustände durch die augenblicklichen Werte eines vollständigen Satzes von Observablen charakterisiert; in der klassischen Mechanik entspricht dies den möglichen Punkten im Phasenraum. Die Zustände sind also zeitabhängig, während die Operatoren zeitunabhängig sind. Die Zustände werden durch zeitabhängige, quadratisch integrable Funktionen $\psi(\vec{r}, t; \alpha)$ mit $\int_{-\infty}^{+\infty} |\psi(\vec{r}, t; \alpha)|^2 \, d^3\vec{r} < \infty$ dargestellt; dieses Integral definiert zugleich das Skalarprodukt zweier Wellenfunktionen ψ und ψ' zu $\int_{-\infty}^{+\infty} \psi^* \psi' \, d^3\vec{r}$, wobei ψ^* die zu ψ konjugiert komplexe Funktion ist, α steht für die Quantenzahlen des Zustandes; die den physikalischen Größen korrespondierenden Operatoren werden als Differentialoperatoren dargestellt, die auf die Wellenfunktionen ψ wirken. Dem Impuls entspricht $-i\hbar(\partial/\partial x, \partial/\partial y, \partial/\partial z) \equiv -i\hbar\nabla$ (→ Nabla-Operator), der Energie $i\hbar\partial/\partial t$ und dem Ort die einfache Multiplikation mit $\vec{r}$. Der Erwartungswert $\bar{p}_x$ der x-Komponente des Impulses ergibt sich im Zustand ψ zu $\bar{p}_x = -i\hbar \int_{-\infty}^{+\infty} \psi^*(x, y, z, t) \frac{\partial}{\partial x} \psi(x, y, z, t) \, dx \, dy \, dz$; allgemein gilt $\bar{A} = \int_{-\infty}^{+\infty} \psi^* \hat{A} \psi \, d^3\vec{r}$. Die zeitliche Entwicklung des Systems wird durch die Zeitabhängigkeit der Wellenfunktion charakterisiert, die der *Schrödinger-Gleichung* $i\hbar\partial\psi(\vec{r}, t)/\partial t = \hat{H}\psi$ genügt, wobei der Hamilton-Operator für ein Teilchen der Masse m im Potential $U(\vec{r})$ durch $\hat{H} = -(\hbar^2/2m)\Delta + U(\vec{r})$ gegeben ist; wenn $\hat{H}$ nicht explizit zeitabhängig ist, gilt $\psi(\vec{r}, t) = \hat{U}(t)\,\psi(\vec{r}, 0)$, wobei wieder $\hat{U}(t) = \exp\{-(i/\hbar)\hat{H}t\}$ ist.

Die Heisenbergsche bzw. die Schrödingersche Bewegungsgleichung steht in enger Analogie zu den Hamiltonschen kanonischen Gleichungen bzw. der Hamilton-Jacobischen Differentialgleichung der klassischen Mechanik (→ Quantisierung).

Bei zusammengesetzten Systemen mit Wechselwirkung, die durch $\hat{H} = \hat{H}_0 + \hat{H}_1$, die Summe des freien Hamilton-Operators $\hat{H}_0$ und der Wechselwirkung $\hat{H}_1$, charakterisiert sind, kann man eine gemischte Darstellung (→ Wechselwirkungsbild) wählen, bei der die Zeitabhängigkeit der Zustandsvektoren durch $\hat{H}_1$ und die der Operatoren durch $\hat{H}_0$ bestimmt wird (→ Quantenelektrodynamik).

quantenmechanische Dispersionstheorie, die quantenmechanische Behandlung der Wechselwirkung ebener elektromagnetischer Wellen mit den Elektronen der Atome der durchlaufenen Materie und der daraus folgenden Dispersion, d. h. der Abhängigkeit des Brechungsindex von der Frequenz ν bzw. der Wellenlänge λ. Unter dem Einfluß der einfallenden elektromagnetischen Welle werden die Atome zu induzierter Emission (→ Strahlungstheorie) angeregt, und zwar um so stärker, je näher $\omega = 2\pi\nu$ den Eigenfrequenzen $\omega_{nm} = (E_n^{(0)} - E_m^{(0)})/\hbar$ der Atome mit den Energieniveaus $E_k^{(0)}$, wobei $k = 1, 2, \ldots$ ist, kommt. Berechnet man die Matrixelemente des Dipolmoments $\vec{d}$ des durch das zeitlich veränderliche elektrische Feld $\vec{E} = \vec{E}_0 \cdot e^{i\omega t}$ gestörten Atoms zwischen den Zuständen ψ_n und ψ_m mit den Energien E_n und E_m, dann erhält man in erster Näherung die *Kramers-Heisenbergsche Dispersionsformel*

$$\vec{d}_{nm}^{(1)} = \vec{d}_{nm}^{(0)} + \frac{e^{i\omega t}}{2\hbar} \sum_{k=1}^{\infty} \left(\frac{\vec{d}_{nk}^{(0)} \vec{d}_{km}^{(0)}}{\omega_{nk} - \omega} + \frac{\vec{d}_{mk}^{(0)} \vec{d}_{kn}^{(0)}}{\omega_{nk} + \omega} \right) \vec{E}_0,$$

wobei $\vec{d}_{nk}^{(0)} \equiv \langle \psi_n^{(0)} | \vec{d} | \psi_k^{(0)} \rangle$ das Matrixelement des Dipolmoments $\vec{d}$ zwischen den ungestörten Zuständen mit den ungestörten Energien $E_n^{(0)}$ und $E_k^{(0)}$ ist. Unter Voraussetzung der Isotropie der betreffenden Materie ergibt sich für die Polarisierbarkeit β die auch aus der klassischen Wellenoptik folgende Gleichung

$$\beta = (e^2/\mu) \sum_k f_{nk}/(\omega_{nk}^2 - \omega^2),$$

wobei die Oszillatorstärken

$$f_{nk} = (2\mu/e^2\hbar)\, \omega_{nk}\, |\vec{d}_{nk}^{(0)}|^2$$

im Gegensatz zur klassischen Theorie und in Übereinstimmung mit dem Experiment keine ganzen Zahlen sind und sowohl positiv als auch negativ sein können. Wegen $|\vec{d}_{nk}^{(0)}|^2 = A_{nk} \cdot (3\hbar c^3/4\omega_{nk}^3)$, wobei A_{nk} die Wahrscheinlichkeit des spontanen Übergangs ist, bestimmt f_{nk} zugleich die Intensität der spontanen Emission. Der Brechungsindex $n(\omega)$ ergibt sich dann aus $n^2 - 1 = 4\pi N\beta$, wobei N die Zahl der Atome je Volumeneinheit ist. Wegen des Resonanznenners $1/(\omega_{nk}^2 - \omega^2)$ hat $n^2(\omega)$ einen charakteristischen Verlauf in der Nähe der Eigenfrequenzen ω_{nk}, was zur Bestimmung dieser Absorptionsfrequenzen genutzt werden kann (→ Dispersionsrelation).

quantenmechanisches Interferometer, svw. Quanteninterferometer.

quantenmechanische Streutheorie, nichtrelativistische quantentheoretische Beschreibung der Streuung von Teilchen aneinander, wobei die Wechselwirkung durch das Potential $V(\vec{r})$ charakterisiert wird und $\vec{r}$ der Radiusvektor von dem als (im Streuzentrum) ruhend angenommenen Targetteilchen zum primären, einlaufenden Teilchen ist; man spricht daher auch von *Potentialstreuung*. Die q. S. kann für eine große Klasse von Potentialen weitgehend mathematisch streng durchgeführt werden und ist ein wichtiges Vorbild für die Theorie relativistischer Streuprozesse zwischen Elementarteilchen, wo vor allem inelastische Streuung eine wesentliche Rolle spielt und eine befriedigende allgemeine Theorie noch fehlt. Das hauptsächliche Anliegen der Streutheorie ist in jedem Fall, aus den experimentell beobachtbaren Streu- oder Wirkungsquerschnitten auf die der Streuung zugrunde liegende Wechselwirkung, im Fall der q.n S. auf das Potential $V(\vec{r})$, zu schließen.

Im stationären Fall, bei dem ein zeitlich konstanter Strom von Teilchen der festen Energie $E > 0$ auf das Streuzentrum hin läuft und ein ebenfalls zeitlich konstanter Strom elastisch gestreuter Teilchen vom Streuzentrum weg läuft, ist die Streuung durch die zeitunabhängige Schrödinger-Gleichung

$$\Delta\psi(\vec{r}) + \frac{2m}{\hbar^2} [E - V(\vec{r})]\, \psi(\vec{r}) = 0$$

zu beschreiben; für große Abstände r vom Streuzentrum muß sich die Wellenfunktion asymptotisch als Überlagerung der in z-Richtung einlaufenden ebenen Welle e^{ikz} und der auslaufenden Kugelwelle $f(k, \vartheta, \varphi) \cdot e^{ikr}/r$, der Streuwelle mit der Streuamplitude $f(k, \vartheta, \varphi)$, darstellen: $\lim_{r \to \infty} \psi(\vec{r}) = e^{ikz} + f(k, \vartheta, \varphi) e^{ikr}/r$; dabei sind ϑ und φ die beiden sphärischen Winkel, wobei ϑ zweckmäßig als Winkel zwischen der Beobachtungs- und der z-Richtung, der Richtung des Primärstrahls, gewählt wird und $k = \sqrt{2mE}/\hbar$ der zur Energie E gehörende Betrag des Wellenzahlvektors ist. Der differentielle (elastische) Streuquerschnitt $d\sigma(E, \vartheta, \varphi)/d\Omega$ in das Raumwinkelelement $d\Omega = \sin\vartheta \, d\vartheta \, d\varphi$ ist $|f(k, \vartheta, \varphi)|^2$ und der totale Wirkungsquerschnitt $\sigma = \int |f|^2 \, d\Omega$.

Da das Potential gewöhnlich nur vom Abstand $r = |\vec{r}|$ abhängt, legt dies eine Separation der Schrödinger-Gleichung in Kugelkoordinaten nahe, wobei wegen der Zylindersymmetrie der Anordnung bezüglich der z-Achse die Wellenfunktion und auch die Streuamplitude f nicht vom Winkel φ abhängen kann:

$$\psi(\vec{r}) \equiv \psi(r, \vartheta) = \sum_{l=0}^{\infty} r^{-1} \chi_l(r) P_l(\cos\vartheta),$$

wobei $P_l(\cos\vartheta)$ die Legendreschen Polynome vom Grade l sind, $\chi_l(r)$ der radialen Schrödinger-Gleichung

$$\chi_l'' + [k^2 - l(l+1)/r^2 - (2m/\hbar^2) V(r)] \chi_l = 0$$

genügt und $\hbar l(l+1)$ die Bedeutung des Drehimpulsquadrats hat. Falls das Potential für $r \to \infty$ stärker als $1/r$ abfällt, so hat $\psi(r, \vartheta)$ die asymptotische Gestalt

$$\psi(r, \vartheta) \sim$$
$$\sim (kr)^{-1} \sum_{l=0}^{\infty} (2l+1) i^l P_l(\cos\vartheta) e^{i\delta_l} \sin(kr - \pi l/2 + \delta_l);$$

wegen $z = r \cos\vartheta$ hat die einlaufende Welle $\psi_0(r, \vartheta) = \exp(ikr\cos\vartheta)$ die Partialwellenzerlegung $\psi_0(r, \vartheta) \sim$

$$\sim (kr)^{-1} \sum_{l=0} (2l+1) i^l P_l(\cos\vartheta) \sin(kr - \pi l/2),$$

d. h., die auslaufenden Kugelwellen zu festem Drehimpuls l sind gegenüber den entsprechenden einlaufenden Kugelwellen um die Streuphasen δ_l verschoben. Die Streuamplitude ergibt sich daraus zu

$$f(k, \vartheta) =$$
$$= (2ik)^{-1} \sum_{l=0}^{\infty} (2l+1)(e^{2i\delta_l} - 1) P_l(\cos\vartheta),$$

sie ist eindeutig durch die Streuphasen δ_l bestimmt, und der totale Wirkungsquerschnitt ist gegeben durch

$$\sigma_{el}(k) = 2\pi \int_0^{\pi} |f(k, \vartheta)|^2 \sin\vartheta \, d\vartheta =$$
$$= 4\pi k^{-2} \sum_{l=0}^{\infty} (2l+1) \sin^2 \delta_l.$$

Die Bestimmung der Partialwellen (zum Drehimpuls l), die an der Streuung beteiligt sind, bzw. der Phasenverschiebungen δ_l bezeichnet man als *Partialwellen-* bzw. *Streuphasenanalyse*; ihre Bedeutung liegt darin, daß besonders bei niedrigeren Energien nur die niedrigsten Partialwellen, die s-, p-, d- usw. Wellen mit $l = 0, 1, 2, \ldots$, beteiligt sind oder in der Nähe einer Resonanz zum Drehimpuls $l = l_R$ nur dieser Drehimpuls bei der Summation berücksichtigt werden muß. Das ist besonders wichtig, da man in den seltensten Fällen $f(k, \vartheta)$ exakt berechnen kann und gewöhnlich auf Näherungen angewiesen ist.

Falls die beiden Stoßpartner identische Teilchen sind, z. B. bei der Proton-Proton-Streuung, gilt $d\sigma = |f(\vartheta) \pm f(\pi - \vartheta)|^2 \, d\Omega$, wobei wegen der Symmetrisierung bzw. Antisymmetrisierung der Wellenfunktionen identischer Teilchen das positive bzw. negative Vorzeichen zu wählen ist, falls der Gesamtspin der Teilchen gerade bzw. ungerade ist; das Auftreten des Interferenzterms $f(\vartheta) f^*(\pi - \vartheta) + f^*(\vartheta) f(\pi - \vartheta)$ ist eine Folge der Austauschwechselwirkung.

Eine tiefere Begründung der q.n S. erfordert die Betrachtung der zeitlichen Entwicklung, wobei man die einlaufenden bzw. auslaufenden Teilchen asymptotisch für $t \to -\infty$ bzw. $t \to +\infty$ durch Wellenpakete mit dem mittleren Impuls $\hbar k$ charakterisiert und die Streuung mit Hilfe der → S-Matrix beschreibt. Die Diagonalelemente $S_l(k)$ der S-Matrix für $l = 0, 1, 2, \ldots$ hängen über $S_l(k) = e^{2i\delta_l}$ mit den Streuphasen zusammen, entsprechend ist die S-Matrix durch $S = e^{2i\eta}$ mit der Phasenmatrix η definiert. Die Einführung der S-Matrix in die Theorie der Potentialstreuung ermöglicht die Darstellung wesentlicher Fakten auf einfache Weise.

Treten neben der elastischen Streuung noch andere Prozesse, z. B. inelastische Streuung oder Absorption auf, so werden die Phasenverschiebungen komplex (mit einem positiven Imaginärteil) und $|S_l|^2 \leq 1$, d. h., die Intensität der Partialwellen ändert sich ebenfalls. Es gilt $\sigma_{el} = \pi k^{-2} \sum_{l=0}^{\infty} (2l+1) |1 - S_l|^2$, $\sigma_{inel} = \pi k^{-2} \sum_{l=0}^{\infty} (2l+1)(1 - |S_l|^2)$; σ_{el} bzw. σ_{inel} hängt von Betrag und Phase bzw. nur vom Betrag der Matrixelemente S_l ab. Für den totalen Wirkungsquerschnitt gilt das optische Theorem $\sigma_{tot} = \sigma_{el} + \sigma_{inel} = 4\pi k^{-1} \operatorname{Im} f(k, \vartheta = 0)$. Der maximale Wert von σ_{el} folgt für $S_l = -1$: $\sigma_{l,el} = 4\pi(2l+1)/k^2$, $\sigma_{l,inel} = 0$; ferner zeigt sich, daß es keine inelastische Streuung ohne elastischen Anteil gibt; speziell für $S_l = 0$ folgt $\sigma_{l,el} = \sigma_{l,inel} = \pi k^{-2}(2l+1)$; dies ist eine direkte Folge der Unitarität der S-Matrix. Wegen der stets vorhandenen kohärenten Streuwelle aus der elastischen Streuung beobachtet man bei beliebigen Streuprozessen auch innerhalb des geometrischen Schattens hinter dem streuenden Objekt eine Diffraktions- oder Beugungserscheinung, weshalb man dann von *Diffraktions-*, *Beugungs-* oder auch *Schattenstreuung* spricht; der Eindringwinkel ist von der Größenordnung λ/R (λ = Wellenlänge der Primärwelle, R = Größenordnung des streuenden Objekts) und wird daher mit wachsender Energie größer. Die Diffraktionsstreuung bei hochenergetischer Pion-Proton- sowie Proton-Proton-Streuung ist bisher nur unbefriedigend geklärt; insbesondere beobachtet man bei festem Impulsübertrag eine Abnahme der Halbwertsbreite der zentralen Beugungsfigur bei ansteigender

Energie, d. h. ein Schrumpfen des Diffraktionsmaximums.

Die S-Matrix kann man mit Hilfe der *Jost-Funktion* $\varphi_l(k)$, die sich als Grenzwert $\varphi_l(k) = \lim_{r \to 0} (rk)^l \varphi_l(k, r)$ einer Lösung der radialen Schrödinger-Gleichung mit dem asymptotischen Verhalten $\lim_{r \to \infty} \varphi(\pm k, r) = (\pm \mathrm{i})^l \mathrm{e}^{\pm \mathrm{i}kr}$ ergibt, gemäß $S_l(k) = \varphi_l(-k)/\varphi_l(k)$ darstellen. Der Vorteil dieser Darstellung liegt darin, daß die Streuamplitude bereits durch $\varphi_l(k)$ festgelegt ist und daß diese Funktion für Potentiale $V(r)$, die der Bedingung $\int_0^\infty \mathrm{d}r\, \mathrm{e}^{2ar}\, |V(r)| < \infty$ genügen, in der komplexen k-Ebene eine holomorphe Funktion für $|\mathrm{Im}\, k| < a$ ist; und speziell für Überlagerungen von Yukawa-Potentialen ist $\varphi_l(k)$ in der ganzen k-Ebene mit Ausnahme eines Schnittes von $k = \mathrm{i}a$ bis $k = \mathrm{i}\infty$ holomorph. Die Betrachtung von $S_l(k)$ als analytische Funktion von k bringt den Vorteil mit sich, daß $S_l(k)$ dann auch gebundene Zustände und Resonanzen beschreibt; Nullstellen von $\varphi_l(k)$ auf der negativ imaginären k-Achse gehören zu gebundenen Zuständen, und für $|\mathrm{Im}\, k| \leqq a$ ergibt sich folgendes Bild: Pole von $S_l(k)$ auf der positiv imaginären Achse entsprechen eineindeutig gebundenen Zuständen, Pole von $S_l(k)$ auf der negativ imaginären Achse entsprechen eineindeutig virtuellen Zuständen oder Antibindungszuständen, die einen für kleine Energien $\mathrm{Re}\, k$ und kleine Imaginärteile $\mathrm{Im}\, k$ wachsenden Beitrag $\sigma_{\mathrm{el}} = 4\pi/[(\mathrm{Im}\, k)^2 + (\mathrm{Re}\, k)^2]$ zum Wirkungsquerschnitt haben; Pole von $S_l(k)$ an den Stellen $k_{\mathrm{R}} = k_0 - \mathrm{i}\gamma$ und k_{R}^* gehören zu zerfallenden Zuständen (Abb. 1). Wegen $k_{\mathrm{R}} = \sqrt{2m\, E_{\mathrm{R}}}/\hbar$ hat das $E_{\mathrm{R}} = E_0 - \mathrm{i}\Gamma_0/2$ zur Folge; das entspricht gerade dem exponentiellen Abfall $\exp\,(-\Gamma_0 t/\hbar) = \mathrm{e}^{-t/\tau}$ der Wahrscheinlichkeitsdichte für zerfallende Zustände mit der Halbwertszeit $\tau = \hbar/\Gamma_0$, und die Amplitude der vom Streuzentrum auslaufenden Kugelwellen $r^{-1}\mathrm{e}^{+\mathrm{i}kr} = \mathrm{e}^{-r\,\mathrm{Im}\,k} \cdot (r^{-1}\mathrm{e}^{+\mathrm{i}r\,\mathrm{Re}\,k})$ erhält einen zusätzlichen exponentiell anwachsenden Faktor $\mathrm{e}^{r\gamma}$, der die mit wachsender Zeit immer schwächer werdende Intensität der Quelle der zerfallenden Zustände (d. h. des Streuzentrums) widerspiegelt.

Es ist zweckmäßig, statt der komplexen k-Ebene die komplexe Energieebene zu betrachten. Wegen $k = \sqrt{2mE}/\hbar$ hat die Jost-Funktion $\varphi_l(E)$ und damit auch die S-Matrix $S_l(E)$ an der Stelle $E = 0$ einen Verzweigungspunkt, von dem aus die E-Ebene (üblicherweise) längs der positiv reellen Halbachse aufgeschnitten wird und die beiden Blätter der Riemannschen Fläche kreuzweise verheftet werden (Abb. 2). Das erste, obere oder „physikalische" Blatt ist durch $\mathrm{Im}\, k \geqq 0$, das zweite, untere oder „unphysikalische" Blatt durch $\mathrm{Im}\, k < 0$ charakterisiert. Der k-Schnitt längs der imaginären Halbachse wird in einem bei $E = -\hbar^2 a^2/2m$ beginnenden Schnitt längs der negativen Halbachse abgebildet. Die physikalischen Größen (für reelle Energien) erhält man als Werte des oberen Ufers des 1. Blattes bzw. des unteren Ufers des 2. Blattes; speziell ist $S_l(E)_{\mathrm{phys}} = \lim_{\varepsilon \to 0} S_l^{(1)}(E + \mathrm{i}\varepsilon) = \lim_{\varepsilon \to 0} S_l^{(2)}(E - \mathrm{i}\varepsilon)$, ausgedrückt durch die Pfeile in Abb. 2. Die Analytizitätseigenschaften der S-Matrix bzw. der Streuamplituden haben als eine wesentliche Konsequenz die in der starken Wechselwirkung so wichtigen Dispersionsrelationen zur Folge. Die den gebundenen bzw. virtuell gebundenen Zuständen korrespondierenden Pole von $S_l(E)$ liegen auf der negativen Halbachse im physikalischen bzw. unphysikalischen Blatt und sind in Abb. 2 als Kreuze bzw. Punkte markiert, während die den zerfallenden Zuständen oder Resonanzen korrespondierenden, konjugiert komplex liegenden Pole im unphysikalischen Blatt paarweise ober- und unterhalb der positiven Halbachse liegen (Kreuze in Abb. 2). Obwohl zerfallende Zustände streng genommen kein diskretes Energiespektrum haben, ist die Zerfallwahrscheinlichkeit, d. h. Γ, im allgemeinen sehr klein; man spricht daher von metastabilen oder quasistationären Zuständen und von einem quasidiskreten Spektrum bzw. Niveau, d. h., den Energieniveaus kommt die von Null verschiedene Halbwerts- oder Resonanzbreite Γ zu. Liegt nun die (positive) Energie E des Primärstrahls in der Nähe der (komplexen) Resonanzenergie $E_{\mathrm{R}} = E_0 - \mathrm{i}\Gamma/2$, so wird ein um so größerer Teil der Primärteilchen eingefangen, je kleiner $E - E_0$ und je kleiner Γ ist, d. h., es wird eine mit der Halbwertszeit $\tau = \hbar/\Gamma$ zerfallende „Resonanz" gebildet; im Unterschied zu der reinen Potentialstreuung spricht man daher in diesem Fall von ***Resonanzstreuung***. Für die S-Matrix gilt in diesem Fall

$$S_l(E) = \mathrm{e}^{2\mathrm{i}\delta_l} = \mathrm{e}^{2\mathrm{i}\delta_l^{(0)}} \left(1 - \frac{\mathrm{i}\Gamma}{E - E_0 + \mathrm{i}\Gamma/2}\right)$$

und daher $\delta_l = \delta_l^{(0)} - \arctan\,[\Gamma/2(E - E_0)]$; $S_l(E)$ hat also den besagten Pol, und die Phase setzt sich additiv zusammen aus $\delta_l^{(0)}$, das die Verhältnisse „weit weg" von der Resonanzstelle, d. h. für $|E - E_0| \gg \Gamma$, beschreibt, und einem weiteren Term, dessen Phase sich beim Durchgang durch das Resonanzgebiet um π ändert und die Resonanzstreuung beschreibt. In

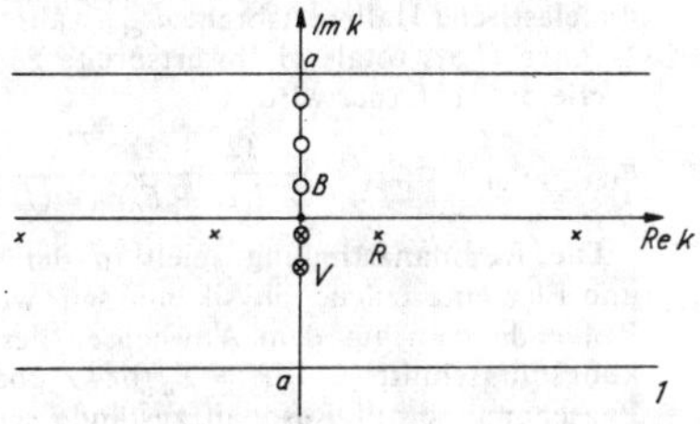

1

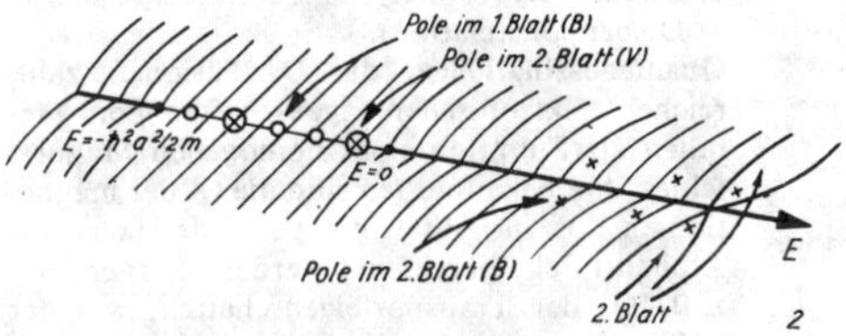

2

quantenmechanische Streutheorie

unmittelbarer Nähe der Resonanz trägt $\delta_l^{(0)}$ nicht zum Wirkungsquerschnitt bei, der dann durch die Breit-Wigner-Formel

$$\sigma_{el} \approx \frac{(2l+1)\pi}{k^2} \cdot \frac{\Gamma^2}{(E-E_0)^2 + (\Gamma/2)^2}$$

beschrieben wird; an der Resonanzstelle wächst der Wirkungsquerschnitt bis auf seinen Maximalwert $\sigma_{max} = 4\pi(2l+1)/k^2$. Enthält die Resonanzstreuung noch einen inelastischen Anteil, dann tritt bei σ_{el} an Stelle von Γ im Zähler die elastische Halbwertsbreite Γ_{el}, während im Nenner Γ als totale Halbwertsbreite zu interpretieren ist; ferner wird

$$\sigma_{tot} = \sigma_{el} + \sigma_{inel} = \frac{(2l+1)\pi\Gamma_{el} \cdot \Gamma}{k^2[(E-E_0)^2 + (\Gamma/2)^2]}.$$

Die Resonanzstreuung spielt in der Kern- und Elementarteilchenphysik eine sehr wichtige Rolle, da man aus dem Anwachsen des Wirkungsquerschnitts bei $E = E_0$ bzw. über die Phasenanalyse auf Resonanzzustände schließt. Die große Anzahl der Resonanzen der Elementarteilchen wird gerade auf diese Weise entdeckt und analysiert (→ analytische S-Matrix-Theorie, → Dispersionsrelation).

Quantenoszillationen, die Oszillationen zahlreicher elektronischer Eigenschaften von Metallen als Funktion eines homogenen Magnetfeldes. Am bekanntesten sind die Q. der magnetischen Suszeptibilität, die als → de-Haas-van-Alphen-Effekt bezeichnet werden. Ferner sind z. B. Q. der Transporteigenschaften, wie der elektrischen und thermischen Leitfähigkeit, sowie der spezifischen Wärmekapazität und der Mikrowellen- und Ultraschallabsorption beobachtet worden. Die Q. beruhen auf der Quantisierung der Elektronenzustände im Magnetfeld B. Gemäß der Onsagerschen Quantisierungsregel müssen alle geschlossenen Zyklotronbahnen eine Fläche S umschließen, die ein halbzahliges Vielfaches von $2\pi\,|e|\,B/\hbar$ ist, wobei e die Elektronenladung und $\hbar$ die Plancksche Konstante bedeutet. Die Abb. zeigt als Beispiel die möglichen Zyklotronbahnen auf einer kugelförmigen Fermi-Fläche. Bei Erhöhung des Magnetfeldes verschieben sich die Bahnen in Richtung auf den Äquator zu. Sobald das reziproke Magnetfeld ein halbzahliges Vielfaches von $2\pi\,|e|/\hbar S_e$ ist, erreicht eine Bahn den Äquator mit der Fläche S_e und verschwindet bei weiterer Erhöhung des Magnetfeldes von der Kugel. Entsprechend verschwinden (oder erscheinen) auf einer be-

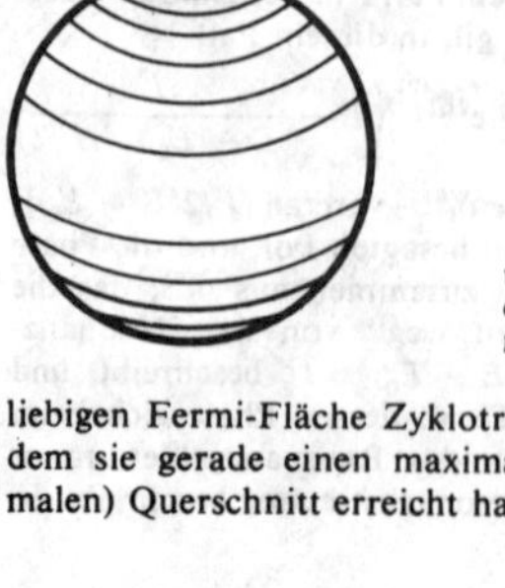

Mögliche Zyklotronbahnen auf einer kugelförmigen Fermi-Fläche

liebigen Fermi-Fläche Zyklotronbahnen, nachdem sie gerade einen maximalen (oder minimalen) Querschnitt erreicht haben. Die Q. entstehen durch die sprunghafte Änderung der Anzahl der Zyklotronbahnen auf der Fermi-Fläche bei kontinuierlicher Veränderung des Magnetfeldes. Beispielsweise ist die Gesamtenergie aller Leitungselektronen dann minimal, wenn eine erlaubte Zyklotronbahn von der Fermi-Fläche verschwindet. Aus der Periode $\Delta(1/B) = 2\pi\,|e|/\hbar S_e$ der Q., d. h. der Differenz der reziproken Magnetfeldstärken an zwei aufeinanderfolgenden Minima, lassen sich die Extremalquerschnitte S_e der Fermi-Fläche und damit die Fermi-Fläche selbst bestimmen. Q. treten nur dann in Erscheinung, wenn die Elektronen mehrmals hintereinander im Magnetfeld rotieren, bevor sie an einer Unregelmäßigkeit im Kristallgitter gestreut werden, und wenn die thermische Energie kT der Elektronen kleiner ist als ein Energiequant $\hbar\omega_c$, wobei ω_c die Umlaufsfrequenz der Elektronen, k die Boltzmannsche Konstante und T die Temperatur ist. Daher können Q. nur an sauberen Metall-Einkristallen in hohen Magnetfeldern von einigen 10^4 G bei tiefen Temperaturen um $T \leqq 4$ K beobachtet werden.

Quantensprung, Bezeichnung für die plötzlichen Übergänge zwischen stationären Quantenbahnen bei der Emission oder Absorption eines Lichtquants in der älteren Bohrschen Theorie.

Quantenstatistik, Teilgebiet der Statistik, dem die Quantenmechanik zugrunde liegt. Charakteristisch für die Q. ist, daß die statistische Unbestimmtheit infolge des mikroskopisch nur unvollständig bestimmten Systemzustandes zu der in der Quantenmechanik allgemein vorhandenen, z. B. durch die Heisenbergsche Unschärferelation beschriebenen Unbestimmtheit, hinzukommt. Der formale Aufbau der Q., insbesondere die Verwendung von statistischen Gesamtheiten, und wesentliche Züge der Gleichgewichts-Quantenstatistik, z. B. die Herleitung thermodynamischer Potentiale aus Zustandssummen, können aus der klassischen Statistik übernommen werden.

An die Stelle der Verteilungsfunktion tritt in der Q. die → Dichtematrix. Ein wesentlicher Unterschied zur klassischen Statistik wird durch die quantenmechanische Nichtunterscheidbarkeit der Teilchen bedingt. Diese wirkt sich so aus, daß quantenmechanische Zustände, die sich nur durch Vertauschung gleichartiger Teilchen unterscheiden, für die Q. identisch sind und bei Abzählverfahren nicht doppelt gezählt werden dürfen.

Meistens werden die Abweichungen zwischen Q. und klassischer Statistik erst unter speziellen Bedingungen, insbesondere bei tiefen Temperaturen, z. B. bei der Gasentartung, wesentlich. An die Stelle der klassischen Maxwell-Boltzmann-Statistik im μ-Raum (→ Phasenraum) treten zwei wesentlich verschiedene Formen der Q., die → Bose-Einstein-Statistik und die → Fermi-Dirac-Statistik. Der Unterschied ist eine Folge des Pauli-Prinzips, nach dem sich niemals zwei oder mehr Fermionen im gleichen Quantenzustand befinden können.

Aus der Q. folgt, daß der Gleichverteilungssatz für tiefe Temperaturen nicht mehr gilt. Im Zusammenhang damit steht das Einfrieren von Freiheitsgraden und die Temperaturabhängigkeit der spezifischen Wärmekapazität von Festkörpern bei tiefen Temperaturen (→ Einsteinsche Theorie der spezifischen Wärmekapazität, → Debyesche Theorie der spezifischen Wärmekapazität), also Erscheinungen, die experimentell bereits vor der Entwicklung der Q. bekannt waren und von der klassischen Statistik nicht geklärt werden konnten.

Quantenstreuung, → Raman-Effekt.

Quantentheorien, physikalische Theorien für das Verhalten der Mikroobjekte, die auf deren experimentell gesichertem Welle-Korpuskel-Dualismus beruhen und das Plancksche Wirkungsquantum h als grundlegende neue Naturkonstante enthalten. Die Bezeichnung Q. rührt daher, daß sie die diskrete quantenhafte Natur vieler physikalischer Größen als Folge der Endlichkeit von h erklärt. Aus einer Quantentheorie folgt durch einen Grenzübergang $h \to 0$ die zugehörige klassische Theorie, z. B. aus der nichtrelativistischen Quantenmechanik die Newtonsche Mechanik. Die Q. gestatten die Erklärung vieler vom klassischen Erwarten abweichender Beobachtungen an Mikrosystemen, z. B. Molekülen, Atomen und Elementarteilchen, und bei Kombination mit den Prinzipien der statistischen Mechanik die Deutung vieler Eigenschaften kondensierter Materie, besonders der Festkörper, z. B. Leitfähigkeit, Magnetismus und spezifische Wärme.

Die Q. wurden 1900 von Planck durch die im Zusammenhang mit der Ableitung der nach ihm benannten Strahlungsformel für den schwarzen Strahler formulierte → Quantenhypothese begründet, wonach die Materie (Strahlungs-) Energie nicht beliebig, sondern nur in kleinen Portionen (Quanten) emittieren und absorbieren kann. Die Weiterentwicklung durch Einstein, Bohr, Sommerfeld u. a. führte über die Lichtquantenhypothese, das Bohrsche Atommodell und das Bohrsche Korrespondenzprinzip zur sog. „*älteren Quantentheorie*". Da diese durch einfaches Aufpfropfen von Quantenvorstellungen auf die klassische Physik entstand, konnte sie zwar einige Atomspektren qualitativ recht gut beschreiben, zeigte aber innere Widersprüche und ergab quantitative Fehler, die erst von der Quantenmechanik überwunden wurden.

Die Q. lassen sich prinzipiell aus den jeweiligen klassischen Theorien mit Hilfe einer Quantisierungsvorschrift gewinnen. Durch Quantisierung klassischer Partikeltheorien entstand die nichtrelativistische → Quantenmechanik, durch Quantisierung von klassischen relativistischen Feldtheorien eine Reihe von Quantenfeldtheorien, z. B. die → Quantenelektrodynamik. Der grundlegende Unterschied zwischen klassischen Theorien und Q. besteht darin, daß physikalische Größen, wie z. B. Ort und Impuls eines Teilchens, im allgemeinen prinzipiell nicht gleichzeitig beliebig genau gemessen werden können (→ Heisenbergsches Unbestimmtheitsprinzip); die Messung der einen Größe beeinflußt die der dazu kanonisch konjugierten Größe. Das findet seinen mathematischen Ausdruck darin, daß alle physikalischen Größen in Q. durch Operatoren, auch *q-Zahlen* [von engl. quantum numbers] genannt, dargestellt werden, während man die klassischen Größen als *c-Zahlen* [von engl. commutative numbers] bezeichnet. Diese Operatoren wirken in einem *Hilbert-Raum*, der im Fall einer nichtrelativistischen Quantentheorie, bei der die Teilchenzahlen konstant bleiben, von quadratisch integrierbaren Funktionen, den Wellen- oder Zustandsfunktionen des physikalischen Systems, aufgespannt wird. Die Hilbert-Räume der → relativistischen Quantentheorie haben dagegen die Erzeugung und Vernichtung von Teilchen zu berücksichtigen (→ Fock-Raum).

Neben der Quantisierungsvorschrift, die die algebraischen Eigenschaften der Observablen und der den physikalischen Größen zugeordneten Operatoren festlegt und vom Spin der zugehörigen Teilchen abhängt (→ Vertauschungsrelation), werden die Q. durch eine Vorschrift über die zeitliche Entwicklung der Systeme, d. h. durch eine Bewegungsgleichung, und ferner durch eine Interpretationsvorschrift, die den Zusammenhang zwischen den mathematischen Symbolen und der experimentellen Erfahrung herstellt, festgelegt.

Für die Formulierung der Q. haben sich verschiedene Darstellungen herausgebildet, Betrachtungsweisen, die sich durch die Betonung der Zeitabhängigkeit entweder der Zustände oder der Observablen des physikalischen Systems unterscheiden. Im Schrödinger-Bild, auch Schrödinger-Darstellung genannt, wird die Zeitabhängigkeit ganz auf die Zustände verlegt und die zeitliche Entwicklung der Zustände durch eine Differentialgleichung, die → Schrödinger-Gleichung, beschrieben, während die Operatoren für jeden Zeitpunkt die gleiche Gestalt haben und zeitunabhängig sind; im Heisenberg-Bild, auch Heisenberg-Darstellung genannt, werden die Zustände als zeitunabhängig angenommen — sie entsprechen den Phasenbahnen der klassischen Mechanik —, und die zeitabhängigen Operatoren, die der Heisenbergschen Bewegungsgleichung genügen, führen von einem zeitunabhängigen Zustand zu einem anderen über (→ Quantenmechanik). Neben diesen extremen Betrachtungsweisen hat sich für die Behandlung der Q. wechselwirkender Felder das → Wechselwirkungsbild als nützlich erwiesen, bei dem die Zeitabhängigkeit der Zustände den Bewegungsgleichungen für freie, nichtwechselwirkende Felder genügt, während die Zeitabhängigkeit der Operatoren die Wechselwirkung der Systeme berücksichtigt. Besonders für den Fall, daß die Wechselwirkung als kleine Störung angesehen werden kann, läßt sich im Wechselwirkungsbild ein zweckmäßiges Näherungsverfahren aufbauen.

Charakteristisch für die Q. ist, daß sie im allgemeinen nur Wahrscheinlichkeitsaussagen machen (→ statistische Interpretation); in allgemeinster Weise wird die Interpretation der Q. durch die Quantenlogik festgelegt (→ Aussagenkalkül der Quantentheorie). Die allgemeinste Formulierung der Q. ist eine rein algebraische über die zugehörige Observablenalgebra, die sich unter Voraussetzung bestimmter, mathematisch begründeter Annahmen als C*-Algebren erweisen; die Darstellungen dieser Algebren können wieder in Hilbert-Räumen erfolgen, deren Vektoren den Zuständen der physikalischen Systeme zugeordnet werden (→ axiomatische Quantentheorie).

Die Entwicklung der Quantenmechanik ist heute abgeschlossen, die allgemeine Entwicklung der Q., besonders die Theorie der Elementarteilchen, dagegen nicht (→ Quantenfeldtheorie).

Quantenübergang, Übergang eines quantenmechanischen Systems von einem gebundenen Zustand zu einem anderen. Da physikalische Größen (z. B. Energie) nur bestimmte, durch → Quantenzahlen charakterisierte Werte annehmen können, ist ein Q. mit dem Austausch eines Energiequants verbunden. Entsprechenden quantenhaften Änderungen unterliegt der Drehimpuls des Systems.

Quantenverstärker, → Laser, → Maser.

Quantenzahl, ganze (n) oder auch halbe ($n + {}^1/_2$) Zahl, die den Zustand eines quantenphysikalischen Systems charakterisiert. Die Q.en sind der mathematische Ausdruck für den diskreten Wertevorrat vieler physikalischer Größen. Zur eindeutigen Beschreibung eines solchen Systems ist ein vollständiger Satz von Q.en erforderlich. So ist jede Erhaltungsgröße durch eine bestimmte Q. gekennzeichnet. Jede Q. hängt daher mit dem zum betreffenden Zustand gehörenden Eigenwert einer Meßgröße zusammen.

In der Quantenmechanik wurden Q.en zuerst von M. Planck für die diskreten Energieniveaus $E_n = (n + 1/2)\, h\nu$ mit $n = 0, 1, 2, \ldots$ und h als Planckschem Wirkungsquantum, des quantisierten harmonischen Oszillators der Frequenz ν eingeführt.

Die meisten Q.en zur Kennzeichnung der Zustände der Atomhülle wurden durch das Bohr-Sommerfeldsche Atommodell eingeführt. Neben den Q.en für die gesamte Atomhülle treten die beim Einelektronenproblem vorkommenden Q.en auf, d. s. die Q.en für die Bewegung eines Teilchens im Zentralfeld: *Hauptquantenzahl* $n = n_r + l + 1$; *radiale Q.* n_r; *(Bahn-) Drehimpulsquantenzahl* (*Nebenquantenzahl, azimutale Q.*) l; *magnetische Q.* (*räumliche Q., Orientierungsquantenzahl*) m_l oder m, die die z-Komponente des Bahndrehimpulses bestimmt; *Spinquantenzahl* des Elektrons $s = 1/2$; *Q. der z-Komponente des Spins* $m_s = \pm 1/2$; *Gesamtdrehimpulsquantenzahl des Elektrons* $j = l \pm 1/2$ und die *Q. der z-Komponente des Gesamtdrehimpulses* $m_j = m_l + m_s$.

Im Rahmen des Vektormodells der Atomhülle bzw. des Atoms treten entsprechende Q.en für die Gesamtdrehimpulse auf: Q. für das Quadrat des Gesamtdrehimpulses der Atomhülle J, Q. für die z-Komponente des Gesamtdrehimpulses der Atomhülle M_J und die Q.en des Gesamtdrehimpulses des Atoms F und M_F. Bei normaler Kopplung verwendet man außerdem die Q.en L, M_L und S, M_S für den Gesamtbahn- bzw. den Gesamtspindrehimpuls der Atomhülle. Die Q.en des Bahndrehimpulses werden in der Reihenfolge 0, 1, 2, ... durch die Buchstaben $s, p, d, \ldots$ bezeichnet, falls es sich um den Bahndrehimpuls eines Teilchens handelt. Für den Gesamtbahndrehimpuls verwendet man die entsprechenden Großbuchstaben.

Für Elementarteilchen werden die für dieses Teilchen charakteristischen Eigenwerte der folgenden physikalischen Größen als innere Q.en bezeichnet (→ Elementarteilchen): Spin J, Isobarenspin I und dessen dritte Komponente I_3 (oft auch I_z genannt); elektrische Ladung Q, baryonische Ladung, Baryonenzahl oder Atommassenzahl A, leptonische Ladung oder Leptonenzahl L, Hyperladung $Y = 2(Q - I_3)$, Strangeness oder Fremdheitsquantenzahl $S = Y - A$ (die beiden letzten Größen sind nur für Mesonen mit $Y = 0$ und das Photon definiert). Diese Q.en sind auch für die aus den Elementarteilchen aufgebauten Systeme erklärt. Die Q.en für zusammengesetzte Systeme ergeben sich aus den Q.en der Teilsysteme für die drehimpulsartigen Q.en J und I nach den Regeln der Vektoraddition (→ Drehimpuls), für die additiven oder ladungsartigen Q.en Q, A, L, Y und S durch gewöhnliche Addition (→ Ladung) und für die multiplikativen Q.en P, G und C_n durch gewöhnliche Multiplikation.

Die Gesamtquantenzahlen bleiben bei den Elementarprozessen im allgemeinen erhalten; bei der → elektromagnetischen Wechselwirkung bleiben I_3 und Y, bei der → schwachen Wechselwirkung ferner P nicht erhalten.

quantisierter Fluß, → Flußquantisierung.

Quantisierung, *Quantelung*, der Übergang von klassischen physikalischen Theorien zu den entsprechenden Quantentheorien. Es gibt kein eindeutiges Quantisierungsverfahren; das → Korrespondenzprinzip, wonach im Limes $\hbar \to 0$ die klassische Theorie folgen soll (falls sie überhaupt existiert), und so allgemeine Forderungen, wie die der Positivität der Energie, legen die Q. nicht vollständig fest. Bei allen Quantisierungsverfahren werden bestimmte Vertauschungsrelationen für die Operatoren der Quantentheorie oder – allgemeiner – die algebraischen Eigenschaften dieser Operatoren festgelegt.

In der Quantenmechanik begegnet man je nach der Darstellung zwei äquivalenten Verfahren, dem Schrödingerschen Verfahren und dem Heisenbergschen oder kanonischen Verfahren. Im ersten Fall erhält man die Schrödingersche Wellenmechanik, im zweiten Fall die Heisenbergsche Matrizenmechanik (→ Quantenmechanik). Beim *Schrödingerschen Verfahren* besteht die Q. in der statistischen Interpretation der als Lösung der zeitabhängigen Schrödinger-Gleichung zu bestimmenden Wellenfunktion. Beim *Heisenbergschen* oder *kanonischen Verfahren* werden physikalische Größen, wie Ort, Impuls und Energie, nicht als gewöhnliche Funktionen (*c-Zahl-Funktionen*) aufgefaßt, sondern als operatorwertige Funktionen (*q-Zahl-Funktionen*), die bestimmten Vertauschungsregeln genügen. Der Kommutator kanonisch konjugierter Größen, z. B. der x-Koordinate und der x-Komponente p_x des Impulses, wird gleich $i\hbar$ gesetzt: $[\hat{x}, \hat{p}_x] \equiv \hat{x}\hat{p}_x - \hat{p}_x\hat{x} = i\hbar$; der Kommutator nicht konjugierter Größen wird dagegen gleich Null gesetzt.

Der Übergang von der klassischen Mechanik zur Quantenmechanik kann allgemein durch folgende Korrespondenzen hergestellt werden: Die physikalische Größe $F(q, p)$, als Funktion der kanonisch konjugierten Variablen q und p aufgefaßt, geht in die Observable $\hat{F} = F(\hat{q}, \hat{p})$ als Funktion der hermiteschen Operatoren $\hat{q}$ und $\hat{p}$ über, und die Poisson-Klammer

$$(F, G) \equiv \left(\frac{\partial F}{\partial p} \frac{\partial G}{\partial q} - \frac{\partial F}{\partial q} \frac{\partial G}{\partial p} \right)$$

geht über in den Kommutator $\frac{i}{\hbar}[\hat{F}, \hat{G}] \equiv \frac{i}{\hbar}(\hat{F}\hat{G} - \hat{G}\hat{F})$; speziell ist der Hamilton-Operator als Funktion der Orts- und Impulsoperatoren $\hat{H} = H(\hat{q}, \hat{p})$ aufzufassen, und die klassischen Bewegungsgleichungen $\mathrm{d}F/\mathrm{d}t = (H, F) + \partial F/\partial t$ gehen über in die Heisenbergsche Bewegungsgleichung für die Operatoren $\mathrm{d}\hat{F}/\mathrm{d}t = (\mathrm{i}/\hbar)\,[\hat{H}, \hat{F}] + \partial\hat{F}/\partial t$.

In der älteren Quantentheorie nach Bohr und Sommerfeld führte man die Q. durch die Forderung ein, daß die über eine volle Periode der Bewegung erstreckten Phasenintegrale ganzzahlige Vielfache von h sein sollen: $I = \oint p\,\mathrm{d}q = hn$, genauer $h(n + \alpha)$, wobei α unbestimmt bleibt. Diese Q. liegt auch der Zelleneinteilung des Phasenraums der (klassischen) statistischen Mechanik zu Grunde, sie ist jedoch im allgemeinen Fall nicht korrekt.

Als Folge der Q. können viele physikalische Größen nicht beliebige, sondern nur ganz bestimmte, diskrete Werte annehmen; sie werden *gequantelt*. Als Beispiel sei die Quantelung der Energie des harmonischen Oszillators gemäß $E_n = \hbar\omega(n + 1/2)$ mit $n = 0, 1, 2, \ldots$ und die Richtungsquantisierung des Drehimpulses eines starren Rotators $J_z = m\hbar$ mit $m = 0, \pm 1, \pm 2, \ldots, \pm J$ (→ Drehimpulsoperator) genannt.

Die Q. einer Theorie klassischer Materiewellen durch die statistische Interpretation der Wellenfunktion, die häufig als *erste Q.* bezeichnet wird, liefert nur das quantenmechanische Einteilchenproblem. Bei der systematischen Q. einer klassischen Wellentheorie, der *Wellen-* oder *Feldquantisierung*, werden den Wellenfunktionen selbst Operatoren zugeordnet, die wiederum bestimmten Vertauschungsregeln genügen (→ Quantenfeldtheorie). Als Q. eines Wellenfeldes führt sie zusätzlich zu den Welleneigenschaften der Materie deren Teilcheneigenschaften ein und ermöglicht die Beschreibung der Erzeugung und Vernichtung von Teilchen. Da die klassischen Wellenfunktionen sich von den Schrödingerschen Wellenfunktionen der Quantenmechanik nur durch ihre Interpretation und die damit verbundene Normierung unterscheiden, wird die Wellenquantisierung oft auch als *zweite Q.* bezeichnet, in Verkennung des Umstands, daß tatsächlich eine *klassische* Wellentheorie quantisiert wird. → Flußquantisierung.

Quantität, äußere Bestimmtheit einer Erscheinung, die die Größe oder Menge charakterisiert, mit der eine bestimmte → Qualität vorhanden ist. Q. ist stets meßbar, d. h. durch Zahlenwerte ausdrückbar. Durch die Einführung weniger, aber exakt quantifizierbarer Qualitäten, wie Masse, Energie, Impuls und Kraft, erzielt die Physik eine exakte Naturbeschreibung und kann viele zunächst qualitative Unterschiede, wie rot, grün, blau, auf reine Quantitätsunterschiede, hier der Wellenlängen elektromagnetischer Wellen, zurückführen.

Quantitätsgröße, svw. extensive Größe.

Quantometer-Prinzip, → Spektralanalyse.

Quark, → Quarkmodell, → unitäre Symmetrie.

Quarkfeldtheorie, → Quarkmodell.

Quarkmodell, sich aus den Symmetrien der Elementarteilchen ableitendes Modell, das die Vielzahl der stark wechselwirkenden Teilchen (Hadronen) als gebundene Zustände subnuklearer, zunächst hypothetischer Teilchen, der *Quarks*, auffaßt und die Eigenschaften der Hadronen auf die Wechselwirkung dieser wenigen neuen Teilchen zurückführt.

Das bekannteste Q. ist das sich aus der unitären Symmetrie der starken Wechselwirkung ergebende *Ein-Triplett-Modell*, kurz *Triplettmodell*, wonach die drei Quarks q_1, q_2 und q_3, die häufig auch mit n, p und λ bezeichnet werden (und nichts mit Proton, Neutron und Λ-Hyperon zu tun haben), und die zugehörigen Antiquarks $\bar{q}_1$, $\bar{q}_2$ und $\bar{q}_3$ (bzw. $\bar{n}$, $\bar{p}$ und $\bar{\lambda}$) die Mesonen als gebundene Quark-Antiquark-Zustände ($q\bar{q}$) und die Baryonen als Tri-Quark-Zustände (qqq) aufbauen. Die Quarks bzw. Antiquarks bilden ein fundamentales Triplett bzw. Antitriplett (Abb. 1a bzw. 1b), d. s. die beiden

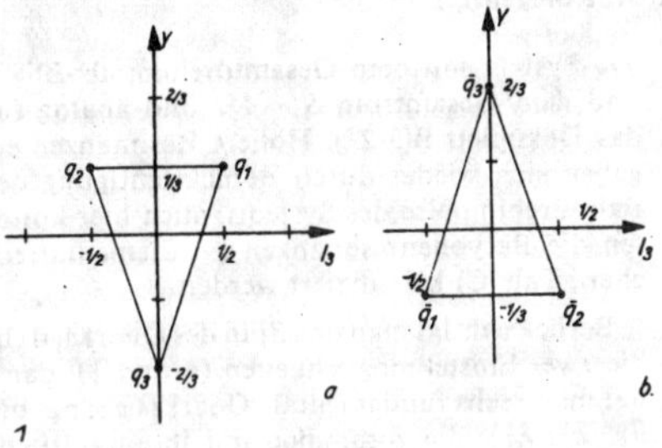

1

niedrigstdimensionalen nichttrivialen Darstellungen der speziellen unitären Gruppe SU(3) in drei Dimensionen, aus denen sich alle anderen Darstellungen dieser Gruppe aufbauen lassen (→ unitäre Symmetrie); ihre Quantenzahlen sind in der Tab. eingetragen (A Baryonenzahl, Q elektrische Ladung, Y Hyperladung, I Isospin, I_3 dritte Komponente des Isospins, J Spin, P Parität).

Quarkmodell

<table>
<tr><th></th><th>A</th><th>Q</th><th>Y</th><th>I_3</th><th>I</th><th>J^P</th></tr>
<tr><td>$q_1 = p$</td><td rowspan="3">$1/3$</td><td>$2/3$</td><td rowspan="2">$1/3$</td><td>$-1/2$</td><td rowspan="2">$1/2$</td><td rowspan="3">$1/2^+$</td></tr>
<tr><td>$q_2 = n$</td><td rowspan="2">$-1/3$</td><td>$1/2$</td></tr>
<tr><td>$q_3 = \lambda$</td><td>$-2/3$</td><td>0</td><td>0</td></tr>
<tr><td>$q_1 = p$</td><td rowspan="3">$-1/3$</td><td>$-2/3$</td><td rowspan="2">$-1/3$</td><td>$-1/2$</td><td rowspan="2">$1/2$</td><td rowspan="3">$1/2^-$</td></tr>
<tr><td>$q_2 = n$</td><td rowspan="2">$1/3$</td><td>$1/2$</td></tr>
<tr><td>$q_3 = \bar{\lambda}$</td><td>$2/3$</td><td>0</td><td>0</td></tr>
</table>

Die Bewegung der Quarks in den Hadronen kann zunächst als nichtrelativistisch angenommen und der Aufbau der Hadronen in enger Analogie zur Atom- und Molekülphysik verstanden werden (*naives* oder *nichtrelativistisches Q.*).

Das Nonett der pseudoskalaren Mesonen $M(0^-)$, das sich aus einem unitären Oktett (Abb. 2a) und einem unitären Singulett (Abb. 2b) zusammensetzt, ergibt sich aus dem $q\bar{q}$-System, wobei Quark und Antiquark entgegengesetzten Spin (und den Bahndrehimpuls $L = 0$) haben. Der Spin $\vec{J}$ der höher liegenden Mesonenresonanzen setzt sich dann zusammen aus dem Gesamtspin $\vec{S}$ und dem Gesamtdrehimpuls $\vec{L}$ des $q\bar{q}$-Systems: $\vec{J} = \vec{L} + \vec{S}$, und ihre Parität ergibt sich zu $(-1)^{L+1}$; auf diese Weise konnten eine große Anzahl der Mesonenresonanzen (→ Elementarteilchen, Tab. B) und speziell das Nonett der Vektormesonen $M(1^-)$ gemäß ihrem L-S-Gehalt klassifiziert und die relative Aufspaltung dieser Multiplets bestimmt werden. Entsprechend ergibt sich das Baryonenoktett $B(1/2^+)$ als

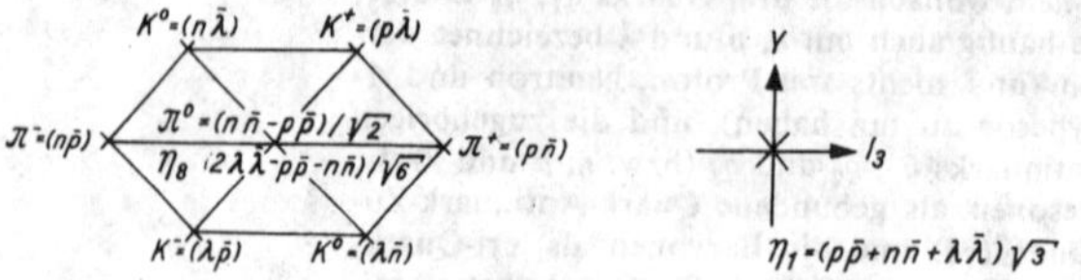

2a 2b

2 Quarkmodell: *a* Oktett, *b* Singulett

qqq-System mit dem Gesamtdrehimpuls $L = 0$ und dem Gesamtspin $S = 1/2$ und analog für das Dekuplett $B(3/2^+)$. Höhere Resonanzen ergeben sich wieder durch Berücksichtigung der Bahndrehimpulse des Systems, auch hier konnten die Baryonenresonanzen (→ Elementarteilchen, Tab. C) klassifiziert werden.

Berücksichtigt man den Spin des Quarks, d. h. die zwei Einstellmöglichkeiten (↑ und ↓), dann hat man sechs fundamentale Quarks ($p\uparrow$, $p\downarrow$, $n\uparrow$, $n\downarrow$, $\lambda\uparrow$, $\lambda\downarrow$), die zusammen mit ihren Antiteilchen sämtliche Darstellungen der SU(6) aufzubauen gestatten. Die Multipletts $B(1/2^+)$ und $B(3/2^+)$ werden hierbei zu einem 56-plett zusammengefaßt. Der räumliche Anteil der zu diesem Supermultiplett gehörigen Wellenfunktion muß antisymmetrisch sein; das steht im Widerspruch zu der sonst für den Grundzustand üblichen Symmetrie der räumlichen Wellenfunktion, was zur Annahme führte, daß Quarks keine Fermionen, sondern Parafermionen sind. Deshalb und wegen der Drittelzahligkeit der Ladungen B, Q und Y erscheinen die Quarks als recht mysteriöse Teilchen.

Man hat daher versucht, diesen „Mangel" des von Gell-Mann und Zweig stammenden *Ein-Triplett-Modells* zu beheben. Die wichtigsten, jeweils nach den Wissenschaftlern, die sie aufgestellt haben, benannten Modelle mit Spin 1/2-Quarks sind das *Quartettmodell* (von Hara und Maki) mit den Ladungen (1, 0, 0, 0) oder (0, −1, 0, −1), das *Zwei-Triplett-Modell* (von Bacry, Nuyts und van Hove) mit den Ladungen (1, 0, 0) und (0, −1, −1) und das *Drei-Triplett-Modell* (nach Han, Namba und Tavchelidze) mit den Ladungen $(Z_i + 1, Z_i, Z_i)$ für die 3 Tripletts, wobei $Z_1 = Z_2 = 0$, $Z_3 = -1$ gewählt werden kann; andere Möglichkeiten sind, neben den Fermiontripletts q noch ein Bosontriplett Q oder ein Bosonsingulett B einzuführen (Gluonmodell); schließlich wurden auch Quarks mit höherem Spin vorgeschlagen, für die die Para-Fermi-Statistik vermeidbar ist.

Die experimentelle Suche nach den Quarks bei Beschleunigerexperimenten, in der Höhenstrahlung und in irdischer Materie war bisher erfolglos. Diese Experimente schließen allerdings nur die Existenz von Quarks mit einer Masse $m_q < 3\,\text{GeV}/c^2$ aus; da sich aus Abschätzungen der Bindungsenergie der Quarks in Mesonen und Protonen $2\,\text{GeV}/c^2 < m_q < 10\,\text{GeV}/c^2$ ergibt, spricht das keineswegs gegen ihre Existenz. Es wurde auch versucht, die Quarks mit den ebenfalls hypothetischen → magnetischen Monopolen zu identifizieren.

Trotz seiner ungewöhnlichen Eigenschaften hat sich das Ein-Triplett-Modell mit Para-Fermi-Statistik (und das im wesentlichen äquivalente Drei-Triplett-Modell mit Fermi-Statistik) zur Beschreibung der Hadronen auf Grund der überraschenden Erfolge durchgesetzt. Zu diesen Erfolgen zählen unter anderem die im *additiven Quarkmodell* aus ganz simplen Annahmen über das Verhalten der Quarks folgenden Aussagen über Relationen zwischen den Streuquerschnitten verschiedener Meson-Baryon- und Baryon-Baryon-Streuprozesse: Nimmt man an, daß sich der Streuquerschnitt der Hadron-Hadron-Streuung additiv aus den Streuquerschnitten der $q\bar{q}$- bzw. qq-Streuung zusammensetzt, d. h., daß die einzelnen Quarks der Hadronen unabhängig voneinander gestreut werden, dann erhält man z. B. die experimentell gut verifizierten Relationen für die Streuamplituden $\langle AB|T|AB\rangle \equiv (AB)$, nämlich $(PP) + (NP) + (\bar{N}P) + (\bar{P}P) = 3[(\pi^+P) + (\pi^-P)]$ und $(K^+P) - (K^-P) = (\pi^+P) - (\pi^-P) + (K^+N) - (K^-N)$, wobei Proton (P) und Neutron (N) durch Großbuchstaben wiedergegeben sind, um Verwechslung mit den Quarks p und n zu vermeiden; für die totalen Streuquerschnitte bei unendlich großer Energie E gilt $\lim\limits_{E^2\to\infty} \sigma_{tot}(\pi P)/\sigma_{tot}(PP) = 2/3$.

Die Wechselwirkung der Quarks untereinander ist bisher völlig ungeklärt. Sie ist sicher „superstark", da bei einer Quarkmasse $m_q \approx 10\,\text{GeV}/c^2$ die Bindungsenergie des $q\bar{q}$-Systems etwa 20 GeV betragen muß, da die Masse z. B. des π-Mesons mit $m_\pi \approx 140\,\text{MeV}/c^2$ dagegen vollkommen vernachlässigt werden kann, und sie ist ferner SU(6)-symmetrisch. Unklar ist, warum eine so starke Bindung nur für das $q\bar{q}$- und das qqq-System und nicht z. B. für das qq-System zustande kommt, denn sonst hätte man Teilchen mit verhältnismäßig kleiner Masse, der Baryonenzahl 2/3, den Ladungen 2/3 bzw. 4/3 finden müssen.

Gegenüber dieser superstarken Wechselwirkung kann die starke Wechselwirkung als schwache Störung der Quarkbindungskräfte betrachtet und eine störungstheoretische *Quarkfeldtheorie* benutzt werden. Die Wechselwirkungsdichte der Quark-Meson-Wechselwirkung wird dabei durch

$$\mathscr{H}(x) = (f_{\pi q}/m_\pi) \sum_{i=1}^{3} \sum_{j=1}^{8} \bar{q}(x)\, \sigma_i \lambda_j\, q(x)\, \partial M_j/\partial x_i$$

gegeben, wobei $x = (\vec{r}, t)$ die raum-zeitlichen Koordinaten, $q(x)$ bzw. $M_j(x)$ die Quark- bzw. Mesonfelder des $M(0^-)$-Oktetts ($j = 1, \ldots, 8.$), σ_i ($i = 1, 2, 3$) die Paulischen Spin-Matrizen und λ_j deren Verallgemeinerung auf den Fall der SU(3)-Symmetrie sind:

$$\lambda_1 = \begin{pmatrix} 0 & 1 & 0 \\ 1 & 0 & 0 \\ 0 & 0 & 0 \end{pmatrix} \quad \lambda_2 = \begin{pmatrix} 0 & -i & 0 \\ i & 0 & 0 \\ 0 & 0 & 0 \end{pmatrix}$$

$$\lambda_3 = \begin{pmatrix} 1 & 0 & 0 \\ 0 & -1 & 0 \\ 0 & 0 & 0 \end{pmatrix} \quad \lambda_4 = \begin{pmatrix} 0 & 0 & 1 \\ 0 & 0 & 0 \\ 1 & 0 & 0 \end{pmatrix}$$

$$\lambda_5 = \begin{pmatrix} 0 & 0 & -i \\ 0 & 0 & 0 \\ i & 0 & 0 \end{pmatrix} \quad \lambda_6 = \begin{pmatrix} 0 & 0 & 0 \\ 0 & 0 & 1 \\ 0 & -1 & 0 \end{pmatrix}$$

$$\lambda_7 = \begin{pmatrix} 0 & 0 & 0 \\ 0 & 0 & -i \\ 0 & i & 0 \end{pmatrix} \quad \lambda_8 = \frac{1}{\sqrt{3}} \begin{pmatrix} 1 & 0 & 0 \\ 0 & 1 & 0 \\ 0 & 0 & -2 \end{pmatrix}$$

Die λ_j wirken auf den SU(3)-Anteil des 6-Vektors q, d. h. auf p, n, λ, und die σ_l wirken auf den Spinanteil von q, d. h. auf ↑ bzw. ↓; m_π ist die Mesonmasse und $f_{\pi q}$ die Meson-Quark-Kopplungskonstante. Die Quarkfeldtheorie kann zur Grundlage der Stromalgebra gemacht werden, indem man die Hadronströme (→ schwache Wechselwirkung) aus den Quarkfeldern aufbaut; auf diese Weise konnten die Adler-Weisberger-Summenregel und viele andere Relationen der Stromalgebra auf das Ein-Triplett-Modell zurückgeführt werden.

quart, Tabelle 2, Volumen.

Quarte, der vierte Ton der diatonischen Tonleiter, zugleich das Intervall zwischen diesem und dem Grundton. Die reine Q. ist ein Intervall mit 2 Ganz- und einem Halb-Tonschritt, deren Frequenzen im Verhältnis 4 : 3 zueinander stehen, während die übermäßige Q. aus 3 Ganztonschritten, die verminderte Q. aus einem Ganz- und 2 Halb-Tonschritten aufgebaut ist.

quarter, 1) Tabelle 2, Masse. **2)** Tabelle 2, Volumen.

Quartettmodell, → Quarkmodell.

Quarz-Cornu-Prisma, → Dispersionsprisma.

Quarzlampe, → Gasentladungslichtquelle.

Quarzuhr, ein Zeitmeßgerät sehr hoher Genauigkeit. Die Q. besteht im wesentlichen aus einem piezoelektrischen Quarzstab, der durch eine angelegte Spannnung zu longitudinalen Eigenschwingungen angeregt wird. Die dabei entstehende Wechselspannung wird in einer Elektronenröhre verstärkt und anschließend durch Frequenzteiler oder Untersetzungsstufen auf eine geringere Schwingungszahl herabgesetzt, damit ein kleiner Synchronmotor, der sonst keinen Schwankungen unterliegt, betrieben werden kann. Dieser dient zur Erzeugung der als Zeitmaß benutzten Zeitintervalle, er kann erforderlichenfalls mit einem Uhrzeigerwerk verbunden werden. Die Quarztemperatur wird durch einen Doppelthermostaten auf 10^{-3} K konstant gehalten. Die mittlere tägliche Gangschwankung der Q. beträgt $3 \cdot 10^{-4}$ s, die relative Meßunsicherheit wird zu 10^{-9} angegeben, was einem Fehler von 1 s in 30 Jahren entspricht. Nach einigen Jahren zeigen Q.en Alterserscheinungen.

Die erste Q. wurde in den Jahren 1933/34 von den deutschen Physikern Scheibe und Adelsberger entwickelt. Heute finden Q.en als Teil der Atomuhr Verwendung. Seit einiger Zeit werden Q.en auch industriell hergestellt, z. B. als Marinechronometer, neuerdings auch als Herren-Armbanduhren. Für die Schaltung wird eine Vielzahl von Transistoren benötigt, während der Strom von einer Monozelle oder von einem Miniaturgenerator geliefert wird. Die tägliche Gangschwankung solcher Q.en beträgt 10^{-2} bis 10^{-1} s.

Quarzwind, die von einem Ultraschallsender, z. B. einem → Schwingquarz, in viskosen Medien erzeugte und vom Schallsender weg gerichtete Gleichströmung. Diese Erscheinung entsteht, wenn die vor der Ultraschall abstrahlenden Fläche befindliche Luft oder Flüssigkeit zunächst weggestoßen, aber dann nicht völlig zurückgesaugt wird, so daß von den Seiten Luft oder Flüssigkeit nachströmen kann, die in der nächsten Schwingphase ebenfalls in Bewegung gesetzt wird.

Quasar, *quasistellare Radioquelle*, *Radiostern*, auf photographischen Platten sternartig erscheinendes Objekt mit einer starken Radiofrequenzstrahlung. Ihr Emissionslinienspektrum zeigt eine starke Rotverschiebung bis zu $\Delta\lambda/\lambda = 2{,}877$, so daß z. T. die im Ultraviolett bei 121,6 nm liegende Lyman-α-Linie des Wasserstoffspektrums im sichtbaren Spektralbereich erscheint. Die Verteilung der Intensitäten zeigt einen hohen Überschuß im ultravioletten Bereich. Die Intensitätsverteilung im sichtbaren Bereich und im Radiofrequenzbereich deutet darauf hin, daß die Ausstrahlung nicht thermischen Ursprungs ist, sondern als Synchrotronstrahlung entsteht. Das Radiospektrum der Q.e ist dem der Radiogalaxien sehr ähnlich. Da die Q.e isoliert und nicht in Verbindung mit extragalaktischen Sternsystemen auftreten, sind ihre Entfernungen unbekannt. Im sichtbaren Licht zeigen einige Q.e Helligkeitsschwankungen mit einer Amplitude von etwa 1^m bis zu 3^m. Die charakteristischen Zeiten für diese Schwankungen liegen zwischen 1 Woche und mehreren Jahren.

Die hohe Rotverschiebung kann unterschiedlich gedeutet werden. Eine Gravitationsverschiebung nach Einstein würde eine extreme Massenkonzentration erfordern im Widerspruch zu dem Auftreten verbotener Linien im Spektrum. Eine Doppler-Rotverschiebung durch Ausschleudern von Gasmassen mit nahezu Lichtgeschwindigkeit aus dem Kern eines Sternsystems würde unwahrscheinlich hohe Energien voraussetzen. Im allgemeinen neigt man dazu, die Rotverschiebung kosmologisch zu deuten. Danach würden die Q.e zu den am weitesten entfernten und absolut hellsten Objekten im Weltall gehören, die die Leuchtkraft der hellsten Sternsysteme um das 100fache übertreffen. Eine eindeutige Entscheidung über die tatsächliche Natur der Q.e ist noch nicht möglich.

quasidiskretes Energieniveau, → quantenmechanische Streutheorie.

quasidiskretes Spektrum, → quantenmechanische Streutheorie.

quasielastisches Material, eine besondere Klasse von nichtlinearen Materialien mit Gedächtnis. Hierbei ist die Geschichte eines Materialteilchens ein Element einer nur einparametrigen Familie von Geschichten, wobei als Parameter die Zeit auftritt. Da die Vergangenheit für alle Zukunft ungeändert bleibt, läßt sich das Verhaltensfunktional durch eine Funktion ersetzen. Der Gedächtnisschwund, engl. fading memory, einer jeden Zustandsveränderlichen, wie Spannungstensor, innere Energie, Wärmefluß, wird nicht extra ausgedrückt.

Quasiergodenhypothese, → Statistik.

quasifreie Näherung, die störungstheoretische Berücksichtigung des Einflusses des Kristallpotentials auf die Valenzelektronen über ein Modell- oder Pseudopotential, ausgehend von den empty-lattice-Bändern. Da der Einfluß des → Kristallpotentials auf die Valenzelektronen zumindest im interatomaren Bereich oft nur gering ist, läßt er sich durch ein schwaches → Modellpotential oder → Pseudopotential beschreiben, die störungstheoretisch berücksichtigt werden können und dadurch bewirken, daß an den Brillouinschen Zonengrenzen vorliegende Bandentartung der empty-lattice-Bänder aufgehoben wird und die Bänder um den Betrag $2\,|V(\vec{K})|$ aufspalten. $V(\vec{K})$ ist der zu der durch den reziproken Gittervektor $\vec{K}$ gekennzeichneten Brillouinschen Zonenebene gehörige Fourierkoeffizient des Modell- oder Pseudopotentials. Die q. N. liefert vor allem für die einfachen Metalle befriedigende Ergebnisse.

quasiharmonische Schwingung, → nichtlineare Schwingungen.

Quasiisotropie, Eigenschaft von Körpern aus einer Vielzahl regellos verteilter anisotroper Kristallite, die sich insgesamt isotrop verhalten.

quasiklassische Näherung, svw. WKB-Näherung.

Quasikoordinaten, → Bindung.

quasilineare Schwingungen, → nichtlineare Schwingungen.

quasilineare Theorie, Theorie zur näherungsweisen Beschreibung der (nichtlinearen) kollektiven Phänomene in Plasmen. In Plasmen existieren als Folge der langreichweitigen elektrischen Wechselwirkungen der Teilchen kollektive Zustände, z. B. Plasmawellen und Plasmaschwingungen, die zu Welle-Teilchen-Wechselwirkungen führen. Der Einfluß dieser kollektiven Phänomene auf den Zustand des Plasmas (auf das Verhalten der Verteilungsfunktion) wird näherungsweise mit der q.n T. beschrieben. Die wesentliche Näherung ist die Vernachlässigung der Kopplung der Plasmaschwingungen und Wellen untereinander.

quasilokale Observable, → axiomatische Quantentheorie.

quasilokalisierte Gitterschwingungen, *Resonanzschwingungen* [engl. resonance modes], in Kristallen mit Defekten auftretende Gitterschwingungen mit Frequenzen, die meist im Frequenzbereich der akustischen Phononen liegen. Sie erscheinen z. B. bei Substitution eines Wirtsgitteratoms oder -ions durch ein *schweres* Atom oder Ion oder bei *schwächerer* Kopplung einzelner Atome an ihre nächsten Nachbarn (Abb. 1).

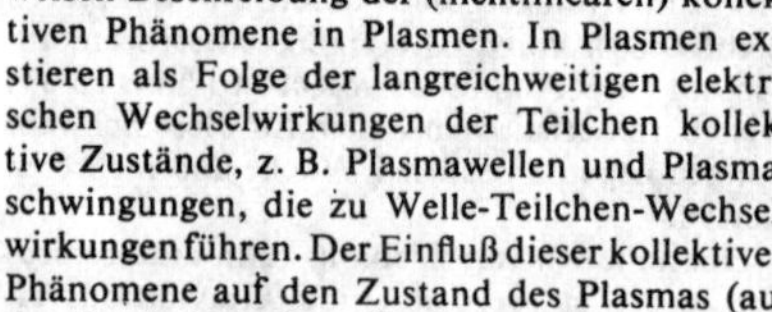

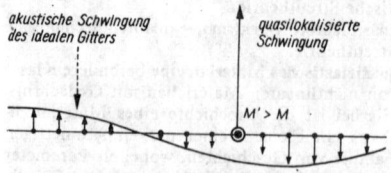

1 Schematische Darstellung einer quasilokalisierten Gitterschwingung. ↑ und ↓ momentane transversale Auslenkungen

Unterschied: → lokalisierte Gitterschwingungen. Q. G. werden außer bei Punktdefekten auch bei linearen und flächenförmigen Gitterstörungen nachgewiesen. Die q.n G. lassen sich auch in asymptotischer Näherung als Streuzustände bei der Streuung von Phononen an Gitterstörstellen behandeln. Da ihre Frequenzen im Bereich der Frequenzen der Schwingungen des idealen Gitters liegen, können sich die q.n G. über den ganzen Kristall ausbreiten; im Kontinuumsgrenzfall fällt die Schwingungsamplitude mit dem Abstand r vom Streuzentrum wie r^{-1} ab. Bei Ersatz eines Atoms der Masse M des idealen Gitters durch ein Atom der Masse $M' = [(1 + \varepsilon) \cdot M] > M$ treten im Rahmen des Debye-Modells der Gitterschwingungen bei der Frequenz $\nu_R = \nu_D \sqrt{\frac{1}{3\varepsilon}}$ q. G. mit einer Linienbreite von $\Gamma = \nu_D \pi^2/6\varepsilon$ auf, wobei ν_D die Debyesche Abbruchfrequenz bedeutet. Bei wachsender Substitutionsmasse M' verschiebt sich die Resonanzfrequenz ν_R zu niedrigeren Frequenzen bei gleichzeitiger Verschmälerung der Linie. Das Frequenzspektrum der q.n G. weist eine resonanzartige Gestalt auf (Abb. 2), deshalb werden die q.n G. auch als Resonanzschwingungen des gestörten Gitters bezeichnet. Die q.n G. haben schon in harmonischer Näherung eine nichtverschwindende Linienbreite. Wechselwirkungen der Gitterstörungen (bei hohen Konzentrationen zu erwarten) bewirken eine Verbreiterung bzw. Aufspaltung der Linien im Frequenzspektrum der q.n G.

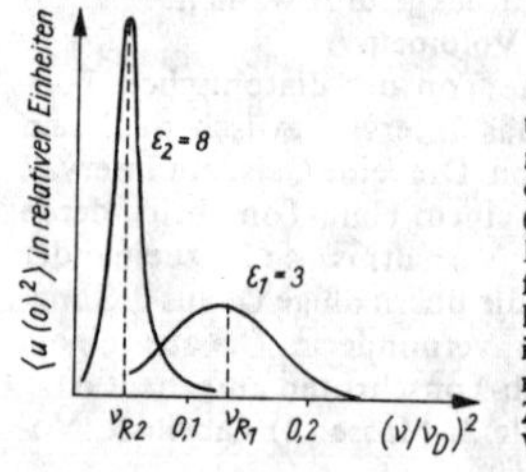

2 Mittlere quadratische Schwingungsamplitude u einer schweren ($\varepsilon > 0$) isotropen Fehlstelle in einem flächenzentrierten kubischen Gitter im Modell der nächsten Nachbar-Zentralkraft-Wechselwirkung

Die q.n G. können durch Messungen des elektrischen Widerstandes ϱ (Abb. 3), Infrarotmessungen, Neutronenstreuung, Mößbauer-Spektroskopie und andere Methoden nachgewiesen werden.

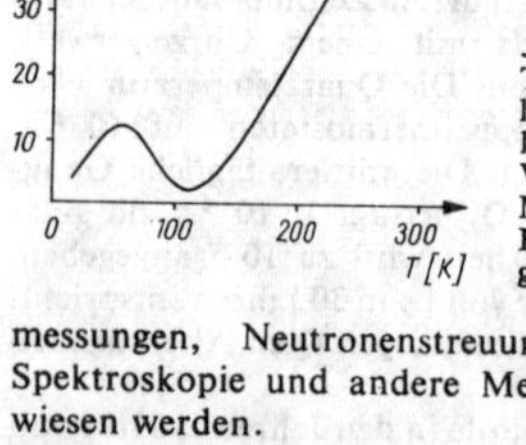

3 Experimentelle Temperaturabhängigkeit des relativen elektrischen Widerstandes von Magnesium mit Blei-Gitterstörungen

Quasimagnetohydrodynamik, Magnetohydrodynamik anisotroper stößefreier Magnetoplasmen. In nichtdissipativen, stößefreien Plasmen übernimmt das Magnetfeld die Rolle der die Druckübertragung vermittelnden Stöße, so daß Drücke durch Magnetisierungs- und Driftströme übertragen werden. Die durch das Magnetfeld vorhandene Asymmetrie bedingt dann die Einführung eines Drucktensors, der in der quasimagnetohydrodynamischen Näherung die Rolle des skalaren Druckes in der → Magnetohydrodynamik übernimmt.

Quasineutralität des Plasmas, → Plasma.

quasioptisch, Bezeichnung für die Ausbreitung von Ultrakurzwellen, da diese sich geradlinig wie das Licht ausbreiten und ihre Reichweite nicht wesentlich größer als die Sichtweite ist.

quasiperiodische Bewegung, → mechanisches System.

quasistationär, zeitlich langsam veränderlich. In verschiedenen Gebieten der Physik wird die Bedeutung von q. exakt festgelegt. In der Elektrodynamik sind q.e Ströme dadurch definiert, daß der Verschiebungsstrom gegenüber dem Leitungsstrom $\vec{\imath}$ vernachlässigt werden kann; dann gilt div $\vec{\imath} = 0$, und die Maxwellschen Gleichungen vereinfachen sich beträchtlich; für technische Wechselströme bis zu 1 000 Hz ist diese Voraussetzung im allgemeinen gut erfüllt. Unter q.en Feldern versteht man solche Felder, bei denen die Retardierung vernachlässigt werden kann.

Eine Flüssigkeitsströmung bezeichnet man als q., wenn sie durch Überlagerung einer konstanten Geschwindigkeit stationär gemacht werden kann (→ Strömung).

quasistationärer Zustand, → Compoundzustand, → quantenmechanische Streutheorie.

quasistatisch, Bezeichnung für Prozesse, die „unendlich langsam" ablaufen, so daß das jeweilige System trotz der vor sich gehenden Zustandsänderungen ständig im thermodynamischen Gleichgewicht ist. Das ist der Fall, wenn sich der Zustand während der für Einstellung des neuen Gleichgewichtszustandes charakteristischen Relaxationszeit nur sehr wenig ändert. Dann verlaufen alle Prozesse quasi reversibel.

quasistatische Prozesse, svw. reversible Prozesse.

quasistellare Radioquelle, → Quasar.

Quasiteilchen, Elementaranregungen von Vielteilchensystemen, die im Gegensatz zu den Elementarteilchen nicht als freie Teilchen auftreten können, da ein Teil der Wechselwirkung des Systems in ihre Definition eingeht. Die durch Erzeugung von Q. entstehenden Anregungszustände sind im allgemeinen keine exakt stationären Zustände; nach einer Zeit von der Ordnung der Lebensdauer τ der Q. ist die Anregungsenergie auf alle Freiheitsgrade des Systems gleichzeitig verteilt, und die den Quasiteilchenzustand charakterisierenden Phasenbeziehungen zwischen den Bewegungen der einzelnen das Gesamtsystem aufbauenden Teilchen sind zerstört. Das Konzept der wechselwirkungsfreien Q. erlaubt, die einfache Theorie des idealen Bose- und Fermi-Gases auf die Behandlung von realen Systemen zu übertragen. Es bildet die theoretische Grundlage für die Modelle unabhängiger Teilchen, wie sie mit Erfolg in der Theorie der Metallelektronen (→ Bändermodell) oder der Atomkerne (→ Kernmodelle) benutzt werden. Wichtigstes Charakteristikum der Q. ist ihre Dispersionsrelation, d. i. der Zusammenhang zwischen Energie bzw. Frequenz und Impuls bzw. Wellenzahl, wobei für Q. in einem periodischen Kristallgitter, z. B. Phononen und Magnonen (→ Spinwellen), an die Stelle des Impulses der Quasiimpuls tritt.

In Analogie zur Quantenfeldtheorie entspricht der Grundzustand des Systems dem Vakuumzustand. Bei der formal-theoretischen Beschreibung werden die Q., also die Zustände mit elementaren Anregungen, durch Anwendung von Quasiteilchen-Erzeugungsoperatoren auf den anregungsfreien Grundzustand erzeugt. Diese Erzeugungsoperatoren und die dazu hermitesch adjungierten Operatoren, die Vernichtungsoperatoren, diagonalisieren zwar nicht den gesamten Hamilton-Operator $\hat{H}$ des wechselwirkenden Vielteilchensystems, jedoch einen über den freien Hamilton-Operator $\hat{H}_0$ hinausgehenden Teil $\hat{H}_0 + \hat{H}'$, so daß nur ein „kleiner", als Störung zu behandelnder Teil $\hat{H}'' = \hat{H} - \hat{H}_0 - \hat{H}'$ als Wechselwirkung zwischen den Q. zurückbleibt. Diese Erzeugungs- und Vernichtungsoperatoren der Q. setzen sich im allgemeinen aus Produkten bestimmter Erzeugungs- und/oder Vernichtungsoperatoren der Teilchen des Systems zusammen; sie sind weder Bose- noch Fermi-Operatoren im strengen Sinn. Die Quasiteilchenoperatoren können auch durch bestimmte kanonische Transformationen der Teilchenoperatoren eingeführt werden, z. B. durch eine Bogoljubow-Transformation, und stehen mit den verschiedenen inäquivalenten irreduziblen Darstellungen, den myriotischen Darstellungen, der kanonischen Vertauschungsregeln in engem Zusammenhang.

Q. sind außer den bereits erwähnten auch Rotonen (→ Supraflüssigkeit), → Plasmonen und die Q. in Supraleitern, d. s. die Cooper-Paare (→ BCS-Theorie der Supraleitfähigkeit) und außerdem noch thermisch angeregte Leitfähigkeitselektronen, die sich im Einelektronenanregungsspektrum des Supraleiters oberhalb der Energielücke befinden zusammen mit den zugehörigen Löchern unterhalb der Energielücke. Letztere werden in der Fachsprache der Theorie der Supraleitfähigkeit nicht mit einem besonderen Namen versehen, sondern direkt als Q. bezeichnet. Alle diese Q. spielen in der Theorie der Leitfähigkeit und der Theorie des Magnetismus sowie für Festkörper und Flüssigkeiten eine große Rolle. So besteht ein Q. in einem Vielelektronensystem aus einem angeregten Elektron einschließlich seiner polarisierten Umgebung, aus der die anderen Elektronen infolge der Coulomb-Abstoßung etwas verdrängt sind.

quasi-thermodynamisches Postulat, → Druckersches Postulat.

Quaternionen, → Cliffordsche Algebra.

Quecksilberdampfbogenentladung, → Gasentladungsgleichrichter.

Quecksilberdampfgleichrichter, → Gasentladungsgleichrichter.

Quecksilberdampfkraftanlagen, eine technische Einrichtung, die der (Wasser-) Dampfturbine vorgeschaltet werden kann, um einen höheren Gesamtwirkungsgrad zu erzielen. Dieses Zweistoffverfahren beruht darauf, daß zwei Stoffe — Quecksilber und Wasser — eingesetzt werden, von denen der eine bei hohen Temperaturen und relativ geringen Drücken und der andere bei niedrigen Temperaturen, aber relativ hohen Drücken siedet. Beispielsweise wird bei einem Druck von $21{,}6 \cdot 10^4$ N/m² bei 400 °C Quecksilberdampf erzeugt, der auf 450 °C überhitzt wird und dann Arbeit in einer Quecksilberkondensationsturbine leistet, wobei die Kondensation bei einem Druck von 0,43 · 10^4 N/m² und 220 °C stattfindet. Die Kondensationswärme überträgt man in einem Wärmeübertrager, dem Quecksilberkondensator, an das darin als Kühlmittel verdampfende Wasser bei 157 · 10^4 N/m² und 200 °C. Thermische Wirkungsgrade für das Zweistoffverfahren betragen bis zu 45%, die damit viel höher als die des gewöhnlichen Kreisprozesses liegen. Auf Grund der Giftigkeit der Quecksilberdämpfe und der großen Anlagenkosten haben die Q. z. B. in der Praxis noch keine große Bedeutung.

Quecksilberdampflampe, → Gasentladungslichtquelle.

Quecksilberdampfventil, svw. Quecksilberdampfgleichrichter, → Gasentladungsgleichrichter.

Quelle, 1) Vektoranalysis: → Divergenz, → Feld. **2)** Strömungslehre: → Quellen- und Senkenströmung. **3)** Elektronik: → Transistor.

Quellenfeld, → Feld.

Quellensenke, svw. Dipolströmung.

Quellen- und Senkenströmung, inkompressible Potentialströmung mit einem singulären Punkt im Zentrum, in dem je Zeiteinheit die Flüssigkeitsmenge Q entspringt bzw. verschwindet. Ist die Ergiebigkeit $Q > 0$, so handelt es sich um eine *Quelle*, die Strömung ist radial nach außen gerichtet. Für $Q < 0$ ist die Strömung radial nach innen gerichtet, man spricht von einer *Senke*.

1) *Ebene Q.- u. S.* Das komplexe Potential lautet $F(z) = \frac{Q}{2\pi b} \cdot \ln z$. Daraus ergeben sich das Potential $\Phi = \frac{Q}{2\pi b} \cdot \ln r$, wobei $r = \sqrt{x^2 + y^2}$ ist und die Stromfunktion $\psi = \frac{Q}{2\pi b} (\varphi + 2k\pi)$, $k = 0, \pm 1, \pm 2, \ldots$ Dabei bedeuten $z = x + iy$ komplexe Koordinaten, b die Länge des Quellen- bzw. Senkenfadens senkrecht zur x,y-Ebene und r, φ die Polarkoordinaten. Die Stromfunktion ist mehrdeutig und ändert sich mit jedem Umlauf von φ. Die Potentiallinien sind Kreise um den Nullpunkt, die Stromlinien sind Geraden durch den Ursprung (Abb.). Die resultierende Geschwindigkeit ist

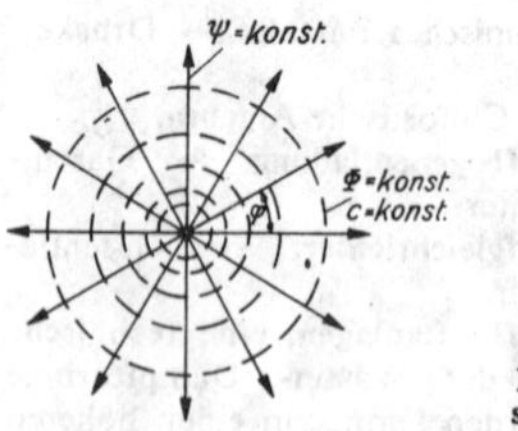

Ebene Quellenströmung

radial gerichtet: $c_r = \frac{\partial \Phi}{\partial r} = \frac{Q}{2\pi b} \cdot \frac{1}{r}$. Für $r \to 0$ wird die Geschwindigkeit unendlich groß, was jedoch in realer Strömung physikalisch unmöglich ist. Deshalb bezeichnet man $r = 0$ als singulären Punkt. Für $r > 0$ ist das Strömungsfeld quellen- und wirbelfrei. Die Isotachen, die Linien konstanter Geschwindigkeit, sind Kreise und fallen mit den Potentiallinien zusammen.

2) *Räumliche Q.- u. S.* Das Potential lautet $\Phi = -\frac{Q}{4\pi} \cdot \frac{1}{r}$; dabei ist $r = \sqrt{x^2 + y^2 + z^2}$. Die Potentialflächen Φ = konst. sind konzentrische Kugelflächen um den Ursprung, die Stromlinien verlaufen radial. Die in radiale Richtung weisende resultierende Geschwindigkeit ergibt sich zu $c_r = \frac{Q}{4\pi} \cdot \frac{1}{r^2}$.

Kompressible Strömungen, die radial von einem Zentrum aus verlaufen, werden analog zum inkompressiblen Fall als Quelle oder Senke bezeichnet, je nachdem, ob sich die Teilchen radial nach außen oder nach innen bewegen. Für die Stromdichte gilt die Beziehung $\varrho \cdot c_r$ = konst./r für ebene Strömungen und $\varrho \cdot c_r$ = konst./r^2 für räumliche Strömungen. Da die Stromdichte bei der Machzahl Ma = 1 den Maximalwert $\varrho^* \cdot c^*$ erreicht, existiert ein kleinster Radius $r = r^*$, innerhalb dessen es keine Lösung gibt. Für $r > r^*$ liegt entweder stets Unterschallströmung mit nach außen abnehmender Geschwindigkeit oder Überschallströmung mit nach außen zunehmender Geschwindigkeit.

Quellpunkt, Punkt im physikalischen Raum, von dem eine Wirkung ausgeht. Der Q. kann eine Quelle oder eine Senke (→ Feld) sein.

Quellungspotential, elektrokinetisches Potential, das von einer beim Quellungsvorgang im Gel auftretenden Flüssigkeitsbewegung verursacht wird.

Quellungswärme, die bei der Quellung von hochmolekularen Stoffen (Leime, Gelatine, Zellulose) auftretende Reaktionswärme.

Queraberration, numerische Größe der optischen → Abbildungsfehler, gemessen als Durchstoßungshöhen durch die achsensenkrechte Bildebene.

Querdämpfung, → Längsdämpfung.

Querdehnzahl, ν, Verhältnis zwischen Querkontraktion ε_y und Längsdehnung ε_x bei einachsiger Längsspannung σ_x, so daß $\nu = -\varepsilon_y/\varepsilon_x$. Beispiele für Q.en: ν(Stahl) ≈ 0,3; ν(Grauguß) ≈ 0,2 bis 0,25; ν(Gummi) ≈ 0,5. Der Kehrwert $\frac{1}{\nu}$ heißt *Poissonsche Konstante* oder auch *Poissonsche Zahl*.

Querfeldmaschine, eine rotierende Gleichstrommaschine (→ elektrische Maschine) mit zwei Bürstensätzen. Im Unterschied zu anderen Gleichstrommaschinen bestehen die Hauptpole im Ständer aus zwei Teilen, so daß ein weiterer Zwischenraum entsteht, in dem um einen Winkel von 90° gegenüber dem üblichen Bürstenpaar verschoben das Zwischenbürstenpaar angeordnet werden kann. Die Q. nutzt das bei Stromdurchgang in einem Bürstenkreis entstehende Ankerquerfeld zur Erregung in der Querachse aus, so daß an den Zwischenbürsten eine Spannung abgenommen werden kann. Q.n werden als Konstantstromgeneratoren, als Konstantstromumformer (→ Metadyne) und als Verstärkermaschinen (→ Amplidyne) hergestellt.

Quergleichung, mathematische Beschreibung des Kräftegleichgewichtes senkrecht zur Strömungsrichtung in ebenen reibungsfreien Strömungen.

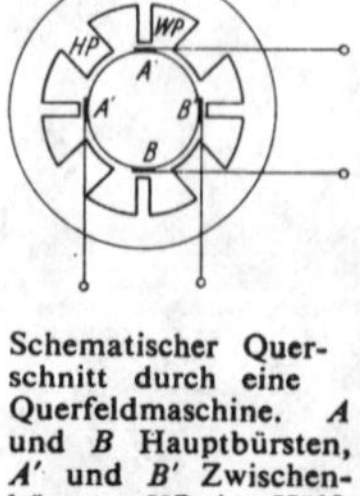

Schematischer Querschnitt durch eine Querfeldmaschine. *A* und *B* Hauptbürsten, *A'* und *B'* Zwischenbürsten, *HP* eine Hälfte des Hauptpols, *WP* Wendepol

An einem Masseteilchen, das sich auf einer gekrümmten Stromlinie ψ bewegt, halten sich die Fliehkräfte $dF_z = \varrho(c^2/r)\,ds \cdot dn \cdot b$ und die radial wirkenden Druckkräfte $dF_p = (\partial p/\partial n) \cdot ds \cdot dn \cdot b$ das Gleichgewicht (Abb.). Damit gilt die Beziehung $\partial p/\partial n = \varrho \cdot c^2/r$; dabei bedeutet p den statischen Druck, n die Normale zur Stromlinie, ϱ die Dichte, c die Geschwindigkeit, r den Krümmungsradius der Stromlinie, s die Koordinate in Strömungsrichtung und b die Erstreckung senkrecht zur Zeichenebene. Mit der Eulerschen Gleichung $\varrho \cdot c \cdot dc = -dp$ folgt daraus die Differentialgleichung zur Bestimmung der Geschwindigkeit: $c/r + \partial c/\partial n = 0$.

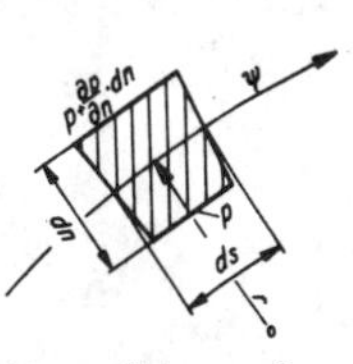

Masseteilchen auf gekrümmter Stromlinie

Querkraft, eine → Schnittreaktion. Die Q. hält an jeder Schnittstelle x allen orthogonal zur Balkenachse wirkenden Kraftkomponenten rechts und links von dieser Stelle das Gleichgewicht. Bei räumlichen Problemen ist eine Zerlegung der resultierenden Querkraft in Richtung der Koordinatenachsen z. B. $Q_y = Q_y(x)$ und $Q_z = Q_z(x)$ üblich.

Querstrahler, → Antenne.

Quertrieb, → Auftrieb.

Querviskosität, *Querzähigkeit*, bei Flüssigkeiten mit tensorieller Nichtlinearität das Auftreten von Stoffwerten als zusätzliche Koeffizienten, die zu Spannungen führen, die in Richtung quer zur Strömungsrichtung wirksam sind. In Verbindung damit lassen sich Normalspannungseffekte, wie Weißenberg-Effekt, Merrington-Effekt erklären. → Reiner-Rivlin-Flüssigkeit.

Querwelle, → Welle.

Querzähigkeit, svw. Querviskosität.

Queteletsche Streifen, → Interferenzerscheinungen 5).

Quincke-Rohr, 1) Metrologie: Einrichtung nach Art der kommunizierenden Röhren zur Bestimmung der magnetischen Suszeptibilität von Flüssigkeiten bei bekanntem Feld bzw. zur Bestimmung des Betrages des Feldes bei bekannter Suszeptibilität. Die zu untersuchende Flüssigkeit befindet sich in einem engen Rohr, das mit einem weiten Rohr kommuniziert. Das enge Rohr wird in ein horizontales Magnetfeld gebracht, so daß sich die Flüssigkeitsoberfläche mitten zwischen den Polen eines Elektromagneten befindet. Bei paramagnetischen Stoffen steigt die Flüssigkeit in der Kapillare, bei diamagnetischen Flüssigkeiten fällt sie. Aus der Höhe des Auf- bzw. Abstiegs kann bei bekanntem Feld die Suszeptibilität, bei bekannter Suszeptibilität der Betrag des Feldes berechnet werden.

2) Akustik: Hilfsmittel zum Nachweis der Interferenz und Messung der Wellenlänge von Schallwellen. Zwei U-Rohre, deren einer Schenkel sich zugposaunenartig auseinanderziehen läßt, erlauben einem in T erzeugten Ton zwei Wege nach O (Abb.). Je nach der Wegdifferenz, die durch Verschieben des unteren U-Rohres geändert werden kann, tritt eine Schwächung oder Verstärkung des Tones infolge Interferenz ein.

Beträgt die Wegdifferenz $2d = n\lambda/2$ mit $n = 1, 3, 5, \ldots$, schwächen sich die Teilwellen aus den beiden Rohrwegen bei der Überlagerung; mit $n = 2, 4, 6, \ldots$ wird die Intensität des Tones in O maximal. Bei ständiger Verlängerung des unteren Umweges folgen äquidistante Schallmaxima bzw. -minima in Abständen der Wellenlänge λ, woraus bei bekannter Schallfrequenz die Schallgeschwindigkeit berechnet werden kann.

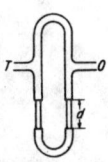

Interferenzrohr nach Quincke

quintal, Tabelle 2, Masse.

Quinte, der fünfte Ton der diatonischen Tonleiter, zugleich das Intervall zwischen diesem und dem Grundton. Die reine Q. ist ein Intervall mit 3 Ganztonschritten, während die übermäßige Q. aus 3 Ganz- und 2 Halb-Tonschritten, die verminderte Q. aus 2 Ganz- und 2 Halb-Tonschritten besteht. Bei der reinen Quinte verhalten sich die Frequenzen der beiden das Intervall bildenden Töne wie 3 : 2.

Quotientenkriterium, → Reihe.

Quotientenmeßinstrument, *Quotientenmesser*, ein elektrisches Meßinstrument, dessen Ausschlag von dem Quotienten zweier Gleich- oder Wechselströme abhängt, die durch zwei um einen festen Winkel gegeneinander verdrehte, elektrisch getrennte Spulen geleitet werden. Beim *Drehmagnetquotientenmesser* sind die beiden Spulen unbeweglich; die Richtung des sich in ihrem Inneren ausbildenden Feldes, in die sich ein dort drehbar gelagertes Dauermagnetstück einstellt, hängt nur von dem relativen Verhältnis der beiden Ströme, d. h. von ihrem Quotienten ab. Beim *Drehspulquotientenmesser* oder *Kreuzspulinstrument* ist dieses Prinzip umgekehrt: Die Spulen sind drehbar gelagert und bewegen sich im Feld eines feststehenden Dauermagneten. Die Wirkung ist die gleiche. Beide Ausführungen besitzen kein Rückstellmoment.

Q.e werden insbesondere für die elektrische Messung nichtelektrischer Größen und in der Fernmeßtechnik eingesetzt. Häufig finden sie auch in Widerstandsmessern Anwendung.

qt, Tabelle 2, Volumen.

q-Valenz, svw. Tetraedervalenz.

***Q*-Wert,** bei Kernreaktionen der Form $A(a,b)\,B$ in der Energiebilanz $A + a \to B + b + Q$ auftretender Energiewert Q, der früher *Wärmetönung* oder *Energietönung* genannt wurde. Man erhält Q aus der Energiebilanz: Der Energiesatz hat für die Kernreaktion $A(a, b)\,B$ die Form $\varepsilon_a + E_A = \varepsilon_b + E_B$. ε_a und ε_b sind die kinetischen Energien der Relativbewegung vor und nach der Reaktion, E_A und E_B die inneren Energien der Kerne; $\varepsilon_b - \varepsilon_a = Q$. Eine Reaktion heißt exotherm, wenn $Q > 0$ ist und endotherm, wenn $Q < 0$ ist. Die Reaktionsschwelle einer endothermen Reaktion wird im Schwerpunktsystem durch $\varepsilon_a = -Q$ gegeben. Der Q-W. kann direkt aus den Kernreaktionen bestimmt werden. Man kann ihn auch mit Hilfe sehr genauer Massetabellen berechnen. Den Q-W. der Kernspaltung erhält man zu $Q = -E_{A_1} - E_{A_2} + E_A$. Dabei sind E_{A_1} und E_{A_2} die inneren Energien der Endprodukte der Spaltung, E_A ist die innere Energie des Ausgangskerns.

q-Zahl, → Quantentheorien.

q-Zahl-Funktionen, → Quantisierung.

***Q*-Zweig,** → Spektren zweiatomiger Moleküle.

r, 1) r, Zeichen für Recoveryfaktor, → Eigentemperatur. **2)** r, Radius. **3)** r, Reflexionsfaktor. **4)** $\vec{r}$, Ortsvektor. **5)** r_0, → Restwiderstandsverhältnis.

R, 1) → Röntgen. **2)** R, → Gaskonstante. **3)** R, → Rydberg-Konstante. **4)** R, elektrischer → Widerstand. **5)** R, → Schallwellenwiderstand.

°R, 1) degree Rankine, → Temperaturskala. 2) Grad Réaumur, → Temperaturskala.

Ra, → Radium.

Rabi-Methode, svw. Molekülstrahlresonanz.

Racah-Koeffizient, → Vektoraddition von Drehimpulsen.

rad, → Radiant.

Rad, Kurzz. rd, inkohärente bisherige Einheit der Energiedosis (→ Dosis 1.1.1). Das Rad ist die Energiedosis einer ionisierenden Strahlung, die der Masse 1 kg eines bestrahlten Stoffes die Energie 10^{-2} J unmittelbar oder mittelbar zuführt. Vorsätze erlaubt. 1 rd = 10^{-2} J/kg = 10^2 erg/g. Das R. wird durch die gesetzliche SI-Einheit → Joule durch Kilogramm ersetzt.

Radar (Abk. für engl. *R*adio *D*etecting *a*nd *R*anging, ‚Entdeckung und Entfernungsbestimmung mit Hochfrequenzstrahlung'), Verfahren zur Entdeckung und Bestimmung der Position von festen und bewegten Objekten, ausgedrückt durch Entfernung und Winkel, mit Hilfe elektromagnetischer Wellen hoher Frequenz. Das Verfahren beruht einmal auf der Korrelation zwischen der Winkelorientierung der Richtcharakteristik der Radarantenne und dem Erscheinen der vom Zielobjekt zurückgestrahlten Welle und zum anderen auf der Messung der Laufzeit der Welle vom Zeitpunkt des Sendens bis zum Zeitpunkt des Empfangs. Zusätzlich kann mit Hilfe des Doppler-Effektes die Relativgeschwindigkeit zwischen dem Radarstandort und dem angestrahlten Zielobjekt bestimmt werden.

1) *Klassifizierung.* Entsprechend den gestellten Aufgaben gibt es verschiedene Arten des R.s, die sich in bestimmte Gruppen einteilen lassen. Die wichtigsten beiden Gruppen sind durch die Art der Rückstrahlung bei den Zielobjekten gekennzeichnet; man unterscheidet danach Radaranlagen, die mit passiven Rückstrahlern arbeiten (Primärradar), und solche, die mit aktiven Rückstrahlern arbeiten (Sekundärradar). Ein weiteres Unterscheidungsmerkmal ist durch die Betriebsweise gegeben; dementsprechend unterscheidet man zwischen Impulsradar und CW-Radar (weiteres s. u.). Tab. 1 zeigt eine Klassifizierung der wesentlichsten Radar-Arten. Eine weitere spezielle Klassifizierung geht davon aus, ob das R. auf eine Vielzahl von Zielobjekten oder auf ein einzelnes Zielobjekt angesetzt werden soll (Tab. 2). Die Aufgaben Suchen und Zielverfolgen können auch mit einer einzigen Radaranlage wahrgenommen werden; dabei werden die beiden Funktionen entweder nacheinander oder gleichzeitig ausgeführt. Letzteres bedeutet gleichzeitig Suchen und Verfolgen (engl. track-while-scan).

2) *Grundlagen.* Das R. beruht auf folgenden physikalischen Gesetzen: a) konstante Ausbreitungsgeschwindigkeit der elektromagnetischen Welle, b) geradlinige Ausbreitung der Wellenfront, c) Reflexion der Welle an Inhomogenitäten im Ausbreitungsweg, d) Bündelung der Strahlung durch Antennen. e) Für spezielle Verfahren und Aufgaben wird darüber hinaus der Doppler-Effekt ausgenutzt.

Mit R. lassen sich folgende Aufgaben lösen:

a) Auffinden von Objekten von einem bestimmten Beobachtungsort aus, auch bei fehlender optischer Sicht; b) Bestimmung des Standortes von Objekten in der Ebene oder im Raum

1 Klassifizierung der wesentlichsten Radar-Arten. Die angegebenen Größen sind mit dem betreffenden Radar meßbar. Θ Azimut, ψ Elevationswinkel, ϱ Entfernung

Radar mit passiven Rückstrahlern (Primärradar)	Radar mit aktiven Rückstrahlern (Sekundärradar)
Rundsichtradar $\Theta = 0°\cdots360°$ $\varrho = 80\cdots250$ km	Rundsichtradar $\Theta = 0°\cdots360°$ $\varrho = 50\cdots150$ km Kennzeichen (Flughöhe)
Suchradar (Rundsichtradar mit eingeschränkten Winkelbereichen) $\Theta < 360°$ $\psi < 90°$ $\varrho < 100$ km	Suchradar (Rundsichtradar mit eingeschränkten Bereichen)
Zielverfolgungsradar Θ, ψ (eingeschränkte Bereiche nach Vorgabe) $\Delta\Theta$, $\Delta\psi$, $d\Theta/dt$, $d\psi/dt$ $\varrho < 100$ km	
Entfernungsmesser, Abstandsmesser Entfernung, Abstand Höhe über Grund	Entfernungsmeßsystem große Entfernungen
Geschwindigkeitsmesser Doppler-Frequenz Geschwindigkeit	Geschwindigkeitsmeßsystem über große Entfernungen Doppler-Frequenz Geschwindigkeit
Doppler-Radar für Navigationssystem Doppler-Frequenzen Geschwindigkeitsvektor	

2 Grundsätzliche Merkmale typischer Radargeräte

	Für viele Zielobjekte	Für ein einzelnes Zielobjekt
Informationen	Entfernung ϱ Azimut Θ evtl. auch Elevation ψ	Entfernung ϱ Azimut Θ Elevation ψ sowie $\frac{d\Theta}{dt}$ und $\frac{d\psi}{dt}$
Genauigkeit	mäßig	sehr hoch
Anzeige	rohe Angabe	präzise Angabe
Aufgabe	Suchen (search) Rundsicht (surveillance)	Zielverfolgung, Kursverfolgung (tracking)
Bezeichnung	Suchradar Rundsichtradar	Zielverfolgungsradar, Kursradar

durch Messen der Entfernung, des Azimutes oder/und des Erhebungswinkels; c) Verfolgen von sich bewegenden Objekten durch kontinuierliches Messen; d) Messen der Relativgeschwindigkeit von Objekten in Bezug zum Beobachtungsort; e) Unterscheiden von bewegten und ruhenden Objekten.

2.1. *Primärradar.*

2.1.1. *Verfahren.* Beim Impulsradar werden vom Sender über die Richtantenne für die Dauer t_i und mit der Folgefrequenz f_i impulsförmig elektromagnetische Wellen hoher Frequenz, meist im Bereich oberhalb 1000 MHz, abgestrahlt. Die Abstrahlung erfolgt mit hoher Richtwirkung, d. h. mit großer Bündelung. Trifft die von der Antenne abgestrahlte Energie auf ein in der Entfernung r befindliches Objekt, so wird beim R. mit passivem Rückstrahler ein Teil der Energie zurückgestrahlt und von der Empfangsantenne als Echoimpuls aufgenommen. Die Laufzeit des Impulses vom Aussenden bis zum Empfangen ist gleich $\tau = 2r/c$, wobei c die Ausbreitungsgeschwindigkeit der elektromagnetischen Welle und etwa gleich $3 \cdot 10^8$ m/s ist. Zum Messen der Laufzeit τ werden Sendeimpuls und empfangener Echoimpuls entweder auf dem Bildschirm einer Elektronenstrahlröhre abgebildet, oder es wird der zeitliche Abstand der beiden Impulse mit Hilfe elektronischer Einrichtungen gemessen. Wegen der Proportionalität von Laufzeit τ und Entfernung r kann die Zeitachse der Elektronenstrahlröhre bzw. das Anzeigeinstrument der elektronischen Meßeinrichtung unmittelbar die Entfernung, z. B. in km, angeben.

Um die Richtung, in der sich Zielobjekte befinden, winkelmäßig bestimmen zu können, wird die Sende- und Empfangsantenne periodisch gedreht oder geschwenkt. Zur Erfassung der gesamten Horizontalebene erfolgt eine ständige Rotation der scharf bündelnden Antenne, so daß sie kontinuierlich und periodisch den Azimutbereich von 0 bis 360° überstreicht; eine derartige Radaranlage wird als *Rundsichtradar* bezeichnet. In ähnlicher Weise kann auch die Vertikalebene oder ein Teil der Vertikalebene durch periodisches Schwenken der Antenne erfaßt werden. Da hiermit der Elevations- oder Höhenwinkel bestimmt werden kann, trägt diese Radaranlage die Bezeichnung *Höhenwinkelradar*.

Der Winkel, unter dem sich das betreffende Zielobjekt jeweils befindet, ergibt sich aus der momentanen Richtung der Antennenachse zum Zeitpunkt des Eintreffens des Echoimpulses. Die Genauigkeit der Azimut- bzw. Elevationswinkelangabe hängt einmal von der Schärfe der Richtwirkung der Radarantenne und zum anderen von der Genauigkeit der Winkeleinstellung und der Winkelanzeige der Antenne ab.

Die kleinste noch meßbare Entfernungsdifferenz r_{min} ist durch die Impulsdauer t_i gegeben: $r_{min} = ct_i/2$. Das ist zugleich die Grenze der Auflösung für die Entfernung. Die größte eindeutig meßbare Entfernung r_{max} ist durch die Impulsfolgefrequenz f_i bestimmt: $r_{max} = c/2f_i$.

2.1.2. *Reichweitengleichung*. Die Lösung der einem Radargerät gestellten Aufgabe hängt unter anderem davon ab, inwieweit es gelingt, die von einem Zielobjekt zurückgestrahlte, relativ schwache Energie im Empfänger am Beobachtungsort zu einer brauchbaren Anzeige zu verarbeiten. Die wesentlichsten Faktoren sind in der Reichweitengleichung (häufig als *Radargleichung* bezeichnet) zusammengefaßt. Dabei wird jedoch die Annahme gemacht, daß sich die elektromagnetischen Wellen in einem ideal freien Raum gleichmäßig ausbreiten; es sollen also keine Absorptionen, Beugungen, Brechungen und Interferenzen auftreten. Die erzielbare Reichweite ist von der Art des R.s abhängig; sie wird nachfolgend für das Primärradar und für eine spezielle Art des Primärradars, das bistatische R., angegeben. Die Gleichungen gelten sowohl für Impulsbetrieb als auch für CW-Betrieb.

Die prinzipielle Konzeption des Primärradars geht aus Abb. 1 a hervor. Sender und Empfänger befinden sich am gleichen Ort, dem Beobachtungsort. Für Senden und Empfangen wird meist eine gemeinsame Antenne mit hoher Richtwirkung verwendet. Das Zielobjekt ist ein passiver Rückstrahler.

Die maximal erzielbare Reichweite im freien Raum gegen punktförmige Zielobjekte ist gleich $r_{max} = \sqrt[4]{\dfrac{P_S A^2 q^2 \sigma f^2}{4\pi c^2 \psi F k T_0 B}}$. Dabei bedeuten r_{max} die maximale Entfernung in m, P_S die Sendeleistung in W, A die Öffnungsfläche (Apertur) der Antenne in m², q den Antennenausnutzungsgrad, σ den Rückstrahlquerschnitt des Zielobjektes in m², f die Radiofrequenz in Hz, c die Ausbreitungsgeschwindigkeit der Welle $\approx 3 \cdot 10^8\ \mathrm{m \cdot s^{-1}}$, ψ das Signal/Rausch-Leistungsverhältnis, das zur Auswertung des Radarechos erforderlich ist, F den Empfängerrauschfaktor und B die Radar-Videobandbreite in Hz. $kT_0 = 4 \cdot 10^{-21}$ Ws.

Beim Primär-Impulsradar wird für eine Auswertung der empfangenen Radarechoimpulse meist eine Elektronenstrahlröhre verwendet. Erfolgt die Anzeige durch eine Strahlauslenkung, dann ist in Annäherung folgendes Signal/Rausch-Leistungsverhältnis erforderlich: $\psi = 11{,}9\sqrt{f_i}$; dabei ist f_i die Impulsfolgefrequenz. Erfolgt die Anzeige durch eine Leuchtfleckaufhellung, dann ist etwa erforderlich: $\psi = \sqrt{n_i} = 11{,}9\sqrt{\beta f_i/6U}$. Dabei bedeutet n_i die Anzahl der Radarechoimpulse je Antennenumlauf, β die Halbwertsbreite der Antennencharakteristik und U die Antennenumdrehungen je min.

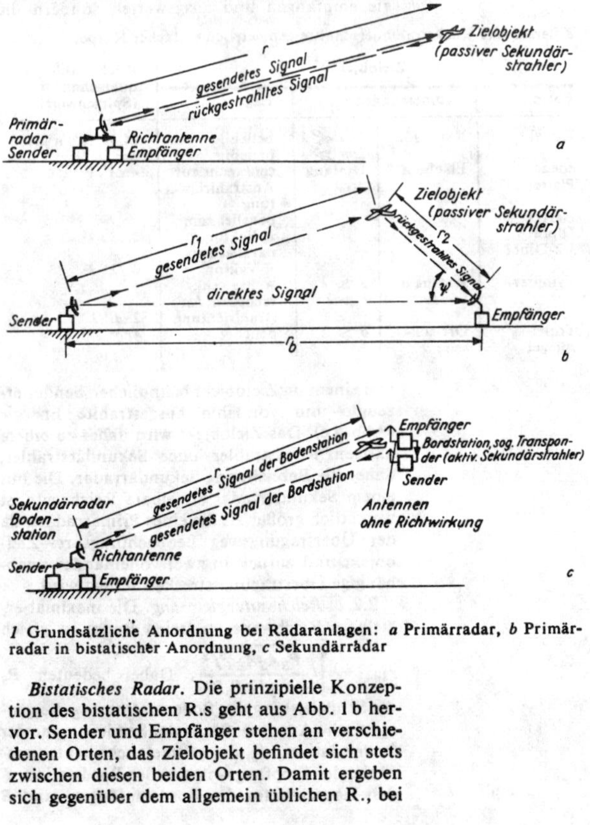

1 Grundsätzliche Anordnung bei Radaranlagen: *a* Primärradar, *b* Primärradar in bistatischer Anordnung, *c* Sekundärradar

Bistatisches Radar. Die prinzipielle Konzeption des bistatischen R.s geht aus Abb. 1 b hervor. Sender und Empfänger stehen an verschiedenen Orten, das Zielobjekt befindet sich stets zwischen diesen beiden Orten. Damit ergeben sich gegenüber dem allgemein üblichen R., bei dem Sender und Empfänger am gleichen Ort stehen, unter bestimmten Bedingungen größere Empfangsleistungen bzw. größere Reichweiten.

Die maximal erzielbare Reichweite im freien Raum für punktförmige Zielobjekte ist unter der Voraussetzung, daß der Rückstrahlquerschnitt von der Anstrahlungsrichtung annähernd unabhängig ist, gleich

$$r_{1\max} = \sqrt[2]{\frac{P_s A_s A_E \cdot q^2 \sigma f^2}{4\pi c^2 \psi \cdot F k T_0 B} \cdot \frac{1}{r_2}}.$$

Dabei ist r_1 die Strecke zwischen Sender und Zielobjekt, r_2 die Strecke zwischen Zielobjekt und Empfänger. Gegenüber der meist angewandten Anordnung, bei der Sender und Empfänger am gleichen Ort stehen (Abb. 1a), tritt eine Zunahme der Reichweite im Verhältnis $r_1/r = r/r_2$ auf, die um so größer ist, je mehr r_1 und r_2 voneinander abweichen. Beispielsweise tritt theoretisch eine Zunahme von r_1 gegenüber r um den Faktor 4 auf, wenn $r_1/r_2 = 16$ ist. Das größte noch zulässige Verhältnis r_1/r_2 ist einmal dadurch festgelegt, daß der Rückstrahlquerschnitt auch bei stark voneinander abweichenden Anstrahl- und Rückstrahlrichtungen noch angenähert seinen Wert beibehält und daß sich außerdem das Zielobjekt noch im Bereich des Fernfeldes der Antenne befindet.

2.2. *Sekundärradar.*

2.2.1. *Verfahren.* Beim Sekundärradar wird im Gegensatz zum Primärradar nicht die vom angestrahlten Zielobjekt zurückgestrahlte Energie empfangen und ausgewertet, sondern die von einem im Zielobjekt befindlichen Sender erzeugte und von ihm ausgestrahlte Energie (Abb. 1c). Das Zielobjekt wird daher zu einem aktiven Rückstrahler oder Sekundärstrahler, daher die Bezeichnung Sekundärradar. Die mit einem Sekundärradar erzielbare Reichweite ist wesentlich größer als die eines Primärradars, da der Übertragungsweg Beobachtungsort–Zielobjekt und zurück in zwei voneinander unabhängige Übertragungsstrecken zerlegt wird.

3 **Berechnete Rückstrahlquerschnitte geometrisch einfacher Körper**

Zielobjekt: Form	Abmessungen		Lage	Rückstrahlquerschnitt σ (Spitzenwert)
Kugel	Radius a	$2a\pi \ll \lambda$	beliebig	$(4{,}4 \cdot 10^4)\, a^6/\lambda^4$
		$2a\pi \gg \lambda$	beliebig	πa^2
ebene Platte	Fläche A	Umfang $\gg \lambda$	senkrecht zur Anstrahlrichtung	$4\pi A^2/\lambda^2$
Hertzscher Dipol	·	·	parallel zum E-Vektor	$0{,}18 \cdot \lambda^2$
$\lambda/2$-Dipol	·	·	parallel zum E-Vektor	$0{,}22 \cdot \lambda^2$
Zylinder	Radius a, Länge l	$a \gg \lambda$, $l \gg \lambda$	Achse senkrecht zur Anstrahlrichtung	$2\pi a l^2/\lambda$
Tripelspiegel	Dreieckseite a	$a \gg \lambda$	beliebig	$4\pi a^4/3\lambda^2$

2.2.2. *Reichweitengleichung.* Die maximal erzielbare Reichweite im freien Raum ist gleich

$$r_{1\max} = \sqrt[2]{\frac{P_S A_S A_E q^2 f^2}{c^2 \psi F k T_0 B}}.$$

Dabei bedeuten P_S die Sendeleistung der Bodenstation, A_S die geometrische Antennenfläche der Sendeantenne der Bodenstation, A_E die geometrische Antennenfläche der Empfangsantenne der Bordstation, F den Rauschfaktor des Bordempfängers und B dessen Bandbreite. Die Formel gilt auch für $r_{2\max}$, wobei sich die Zuordnung zu Bordstation und Bodenstation umkehren. Für die praktisch ausnutzbare Reichweite ist die Erdkrümmung maßgebend, da die Ausbreitung der Welle für die beim R. üblichen Frequenzbereiche in Annäherung nach quasioptischen Gesetzen erfolgt. Die Entfernung bis zum geometrischen Horizont ist gegeben durch die Tangente an die kugelförmige Erdoberfläche zum Beobachtungspunkt; diese Entfernung beträgt (in km) $r_0 = 3{,}57\sqrt{h}$. Dabei ist h die Höhe des Beobachtungspunktes über der Erdoberfläche in m. Unter Berücksichtigung der Brechung bei Normalatmosphäre erhöht sich die Entfernung auf $r_R = \sqrt{\tfrac{4}{3}}\, r_0 = 4{,}12\sqrt{h}$. Diese Entfernung wird als *Sichtweite bei Normalatmosphäre* bezeichnet. Sie gilt auch für die quasioptische Ausbreitung der elektromagnetischen Wellen beim R. Der dieser Entfernung entsprechende Horizont wird daher auch als *Radarhorizont* bezeichnet. Befinden sich das Radargerät in der Höhe h_1 und das Zielobjekt in der Höhe h_2, so beträgt die Entfernung unter Berücksichtigung der Brechung bei Normalatmosphäre $r_R = 4{,}12(\sqrt{h_1} + \sqrt{h_2})$.

2.3. *Rückstrahlquerschnitt.* Die relative Größe der von einem Zielobjekt reflektierten Leistung kann mit Hilfe einer reflektierenden Ersatzfläche beschrieben werden. Diese Ersatzfläche wird durch den Rückstrahlquerschnitt, auch *Radarquerschnitt* genannt, ausgedrückt. Er ist wie folgt definiert: Der Rückstrahlquerschnitt σ eines Zielobjektes ist die fiktive Fläche, deren Leistungsaufnahme so groß ist, daß bei isotroper Strahlung dieser Fläche am Empfangsort eine Strahlungsdichte erzeugt wird, die derjenigen Strahlungsdichte gleich ist, die das rückstrahlende Zielobjekt selbst erzeugt. Nach dieser Definition ist die fiktive Fläche gleich dem Querschnitt einer ideal leitenden Kugel, daher auch der Ausdruck *Rückstrahlquerschnitt*. Für geometrisch einfache Objekte kann σ als Spitzenwert bei direkter Spiegelung berechnet werden (Tab. 3). Für komplizierte Objekte, wie Luftfahrzeuge und Schiffe, muß dagegen mit dem mittleren Rückstrahlquerschnitt gerechnet werden (Tab. 4). Die Frequenzabhängigkeit des Rückstrahlquerschnittes ist bei Flugzeugen und Schiffen zu vernachlässigen, da die Abmessungen stets sehr groß zur Wellenlänge sind.

4 **Mittlere Rückstrahlquerschnitte von Luftfahrzeugen und Schiffen**

Zielobjekt	Rückstrahlquerschnitt σ (Mittelwert) m^2
Strahltrieb-Jagdflugzeug	0,3···3
Flugzeug, 1 Kolbentriebwerk	5 ···10
kleines Flugzeug, 2 Triebwerke	15 ···20
mittleres Flugzeug, 2 Triebwerke	20 ···30
großes Flugzeug, 4 Triebwerke	50 ···100
kleines Frachtschiff	bis 150
Tanker	bis 2500
mittleres Frachtschiff	bis 8000
großes Frachtschiff	bis 15000

Hat das rückstrahlende Objekt eine Ausdehnung, die groß ist gegenüber der Ausdehnung des elektromagnetischen Feldes senkrecht zur

Ausbreitungsrichtung, so wird die Rückstrahlfläche von Sendeantenne und Entfernung abhängig; das trifft zu bei Wetterfronten mit Regen, Schnee, Hagel. Die Rückstrahleigenschaften derartiger rückstrahlender Objekte werden durch die frequenzabhängige Größe η ausgedrückt, wobei η als Bruchteil von 1 cm^2 Rückstrahlfläche je m^3 äquivalenter Niederschlagsmenge angegeben wird.

2.4. *Atmosphärische Absorption und Rückstrahlung*. Die atmosphärische Absorption ist bei Frequenzen oberhalb 10 GHz zu berücksichtigen. Der atmosphärische Wasserdampf hat bei etwa 22,5 GHz eine Resonanzstelle, die eine Ausbreitungsdämpfung von 0,15 dB/km zur Folge hat. Sauerstoff hat eine Resonanz bei etwa 60 GHz, die zu einer Ausbreitungsdämpfung von 14 dB/km führt (Abb. 2).

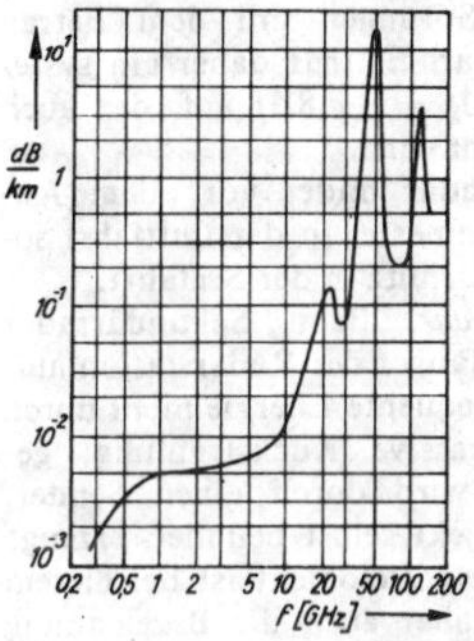

2 Atmosphärische Dämpfung der elektromagnetischen Wellen infolge Resonanzabsorption in Abhängigkeit von der Frequenz f

Flüssige und feste Partikeln, wie sie in Regen, in kondensiertem Wasserdampf in der Atmosphäre sowie in Schnee und Hagel vorkommen, verursachen Absorption und Rückstrahlung. Die entsprechende Ausbreitungsdämpfung ist für Regen am größten. Die Rückstrahlung der Regentropfen wird durch den Rückstrahlquerschnitt angegeben. Die Rückstrahlung der Niederschlagspartikeln wird bei dem Wetterradar ausgenutzt, um Schlechtwettergebiete, die einen hohen Gehalt an rückstrahlenden Partikeln besitzen, nachzuweisen.

2.5. *Frequenzbereiche*. Der günstigste Frequenzbereich für ein bestimmtes Radargerät hängt von einer Vielzahl von Parametern ab, z. B. Verwendungszweck, zulässige atmosphärische Dämpfung, verfügbare Sendeleistung, Antennengröße. Weitbereichanlagen arbeiten bei Frequenzen unterhalb 1 GHz; sie benötigen große Antennen, um die notwendige Strahlbündelung zu erreichen. Frequenzen oberhalb 10 GHz sind wegen der atmosphärischen Dämpfung nur für kleine Entfernungen geeignet. Es ist international üblich, die einzelnen Frequenzbereiche mit Buchstaben zu bezeichnen (Tab. 5).

3. *Wirkungsprinzip der verschiedenen Radargeräte*.

3.1. *Primärradar*. Beim Primärradar hat die empfangene Energie ihren Ursprung in der Energie der primären Strahlungsquelle des Senders. Diese Energie wird auf das Zielobjekt gestrahlt und von ihm zum Teil wieder zurückgestrahlt. Das Zielobjekt verhält sich passiv, daher auch die Bezeichnung *passive Rückstrahlortung*.

5 Radar-Frequenzbereiche

Bandbezeichnung		Frequenz in GHz	Wellenlänge in cm
Buchstabenkennzeichnung	Bereich GHz		
P	0,3	0,225 ··· 0,390	133,3 ··· 76,92
L	1	0,390 ··· 1,55	76,92 ··· 19,35
S	3	1,55 ··· 3,90	19,35 ··· 7,69
C	5	3,90 ··· 6,20	7,69 ··· 4,84
X	9	6,20 ··· 10,90	4,84 ··· 2,75
J	15	10,90 ··· 17,25	2,75 ··· 1,74
K	25	17,25 ··· 33,00	1,74 ··· 0,91
Q	40	33,00 ··· 46,00	0,91 ··· 0,65
V	50	46,00 ··· 56,00	0,65 ··· 0,54

Beim Primärradar unterscheidet man zwischen Impulsradar und CW-Radar.

3.1.1. Das *Primär-Impulsradar* arbeitet mit Impulsen. Abb. 3 zeigt ein vereinfachtes Blockschaltbild einer Primär-Impulsradaranlage. Der Impulsgenerator (1) erzeugt eine Folge von Gleichspannungsimpulsen mit der Folgefrequenz f_i und der Impulsdauer t_i. Im Impulsmodulator (2) werden damit die vom Senderoszillator (3) erzeugten hochfrequenten Schwingungen getastet. Bei Radargeräten mit sehr großer Senderleistung erfolgt eine Nachverstärkung in einem Mehrkammerklystron. Die hochfrequente Energie gelangt über den Duplexer (4), der zur gegenseitigen Entkopplung von Sender und Empfänger dient, zur Antenne (10). Trifft die abgestrahlte hochfrequente Energie auf ein in der Entfernung r befindliches reflexionsfähiges Zielobjekt, so wird ein Teil der Energie zurückgestrahlt. Diese Radarechoimpulse werden von der Antenne empfangen. Die

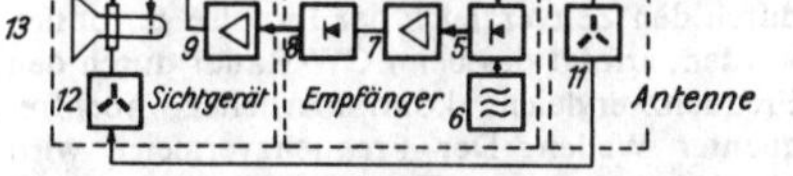

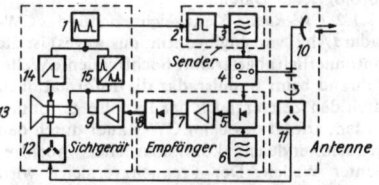

3 Vereinfachtes Blockschaltbild einer Primär-Impulsradaranlage

Laufzeit vom Aussenden bis zum Empfang der Radarechoimpulse ist gleich $\tau = 2r/c$, wobei r die Entfernung und c die Ausbreitungsgeschwindigkeit sind. Die Radarechoimpulse gelangen zur Mischstufe (5) des Empfängers, an der gleichzeitig die vom Empfängeroszillator (6) erzeugte hochfrequente Spannung liegt. Die Frequenz des Empfängeroszillators wird so gewählt, daß nach der Mischung die Echoimpulse in der Zwischenfrequenz von etwa 35 MHz liegen. Die zwischenfrequenten Impulse werden verstärkt (7) und gleichgerichtet (8). Das durch die Gleichrichtung gewonnene Signal wird als Radar-Videosignal bezeichnet. Nach der Verstärkung (9) wird das Videosignal der Elektronenstrahlröhre (13) des Sichtgerätes zugeführt. Die Ablenkung des Elektronenstrahls der Elektronenstrahlröhre erfolgt mit Hilfe der Ablenkspulen, die vom Ablenkspannungsgenerator (14) gespeist werden. Der radiale Abstand des abgebildeten Echoimpulses vom Nullpunkt auf dem Bildschirm ist proportional der Entfernung vom Radarstandort bis zum Zielobjekt. Zur Entfernungseichung dienen Impulsfolgen, die sich von den vom Impulsgenerator erzeugten Impulsen ableiten lassen (15). Um Antennenstrahlwinkel und die radiale Ablenkstrahlrichtung der Elektronenstrahlröhre des Sichtgerätes in Übereinstimmung zu halten, wird eine Drehwinkelübertragung (11, 12) verwendet.

Das Primär-Impulsradar hat einen großen Anwendungsbereich gefunden, insbesondere für zivile Aufgaben.

In der Luftfahrt werden angewendet: Rundsichtradar zur Überwachung des Luftverkehrs in Nahbereichen und auf der Strecke; Höhenmeßradar in Verbindung mit Rundsichtradar zur Bestimmung des Azimutes und des Elevationswinkels bzw. der Flughöhe von Luftfahrzeugen; Präzisionsanflugradar zur Führung der zur Landung anfliegenden Luftfahrzeuge; Rollfeldradar, d. i. ein Rundsichtradar mit besonders hoher Auflösung; Wetterradar in Boden- und Bordanlagen zur Ermittlung von Wetterfronten, indem die Rückstrahlung von Niederschlagspartikeln ausgenutzt wird; Impulshöhenmesser zur Bestimmung von Flughöhen über Grund, insbesondere von großen Höhen.

In der Schiffahrt setzt man das Rundsichtradar in Küstenstationen zur Überwachung des Schiffsverkehrs in Hafeneinfahrten ein sowie auf Schiffen zum Kollisionsschutz und zur Navigation.

In der Raumfahrt verwendet man Rundsichtradar und Höhenmeßradar zur Überwachung der Bahnen von Flugkörpern.

In der Wissenschaft dienen das Wetterradar und das Windradar zur Bestimmung meteorologischer Daten.

3.1.2. *CW-Radar*. Kennzeichnend für das CW-Radar (Abk. von engl. *c*ontinuous *w*aves) ist die kontinuierlich abgestrahlte hochfrequente Welle. Während beim Impulsradar die Informationen durch den Zeitvergleich der Impulse gewonnen werden, erfolgt das beim CW-Radar durch den Frequenzvergleich kontinuierlicher hochfrequenter Wellen. Der Frequenzvergleich wird dabei zwischen der Frequenz der gesendeten und der Frequenz der empfangenen hochfrequenten Welle vorgenommen. Um die Frequenz der beiden Wellen miteinander vergleichen zu können, muß die vom Sender abgestrahlte hochfrequente Welle in der Frequenz zeitabhängig periodisch verändert werden, d. h., die Welle muß frequenzmoduliert werden. Die nach diesem Verfahren arbeitenden Anlagen werden deshalb als FM-CW-Radar bezeichnet. Die vom Senderoszillator erzeugte hochfrequente Schwingung f_0 wird in ihrer Frequenz entsprechend der Modulationsfrequenz f_m zwischen den Extremwerten $(f_0 - \Delta f)$ und $(f_0 + \Delta f)$ verändert. Trifft die von der Sendeantenne abgestrahlte Welle auf ein Zielobjekt, so wird ein Teil der Energie zurückgestrahlt, von der Empfangsantenne aufgenommen und der Mischstufe des Empfängers zugeführt. Außerdem gelangt an die Mischstufe die vom Sender unmittelbar auf die Empfangsantenne gekoppelte Energie.

Der Momentanwert der Frequenz f_e der empfangenen Welle ist gegenüber dem Momentanwert der Frequenz f_s der abgestrahlten Welle um die Laufzeit $\tau = 2r/c$ verschoben. Durch die Mischung wird die Schwebungsfrequenz gewonnen, die sich aus der Differenz von f_s und f_e ergibt. Bei linearer Frequenzmodulation ist dann der mittlere Wert der Schwebungsfrequenz gleich $f_r = \frac{\tau \Delta f \cdot f_m}{4} = \frac{8 \Delta f \cdot f_m}{c} r$, wobei das Zielobjekt eine Entfernung r vom Standort des Radargerätes hat. Bleiben Frequenzhub Δf und Modulationsfrequenz f_m konstant, dann ist f_r ein Maß für die Entfernung r. Das bei der Mischung gewonnene Signal besitzt einen Phasensprung am Ende jeder Halbperiode des modulierenden Signals. Die Frequenz f_r ist somit nicht nach dem Resonanzverfahren meßbar, sondern es wird statt dessen ein Zählverfahren angewandt. Die Frequenz f_r ist aber nur in Sprüngen mit dem Betrag $(8 \Delta f r)/c = 1$ meßbar. Es tritt daher ein systematischer Fehler $\Delta r = \pm c/8 \Delta f$ auf, der auch *Stufeneffekt* genannt wird.

Das FM-CW-Radar findet vor allem Anwendung als Höhenmesser in der Luftfahrt sowie zum Kollisionsschutz in der Seefahrt.

3.2. *Sekundärradar*. Beim Sekundärradar wird die vom Empfänger der Radarstation aufgenommene hochfrequente Energie nicht durch Reflexion, d. h. passive Rückstrahlung, gewonnen, sondern wird durch einen Sender, der sich im Zielobjekt selbst befindet, erzeugt und abgestrahlt. Das Zielobjekt ist bei diesem Verfahren aktiv, daher auch die Bezeichnung *aktive Rückstrahlortung*. Da die vom Zielobjekt erzeugte und abgestrahlte hochfrequente Schwingung bezüglich ihrer Frequenz oder Modulation mit der vom Sender der Radarstation erzeugten hochfrequenten Schwingung korreliert ist, wird das Zielobjekt als sekundäre Strahlungsquelle bezeichnet. Die gesamte Anordnung führt dementsprechend die Bezeichnung Sekundärradar.

Das Sekundärradar arbeitet nach einem Abfrage- und Antwort-Verfahren. Die Abfrageeinrichtungen und die Einrichtungen für die Auswertung befinden sich in der Radarstation. Die Antworteinrichtungen befinden sich an Bord des Zielobjektes, dessen Position bestimmt werden soll. Bei dem in der Luftfahrt angewandten Sekundär-Rundsichtradar befinden sich die Abfrage- und Auswerteeinrichtungen in der festen Bodenstation. Die Abfrageeinrichtungen werden auch als *Interrogator*, d. h. Abfrager, bezeichnet. Die Antworteinrichtungen befinden sich an Bord des Luftfahrzeuges; sie werden als *Transponder*, d. h. Antworter, bezeichnet. Früher war auch die Bezeichnung *Radarbake* für die Antworteinrichtungen gebräuchlich.

Von der Bodenstation werden Abfragesignale ausgestrahlt und von der Bordstation empfangen. Hier lösen sie die Antwortsignale aus, die von dem zugeordneten Bordantwortsender ausgestrahlt und von dem in der Bodenstation stehenden Antwortempfänger aufgenommen werden. Aus der Laufzeit der Signale von der Bodenstation zur Bordstation und zurück ergibt sich die Entfernung des Zielobjektes.

Die Abfragesignale der Bodenstation werden mit einer Antenne, die eine hohe Richtwirkung besitzt, abgestrahlt. Da die Richtcharakteristik neben dem Hauptmaximum noch Nebenmaxima besitzt, besteht die Gefahr, daß auch durch die Nebenmaxima Antworten ausgelöst werden. Es wird deshalb das Verfahren der Nebenkeulenunterdrückung angewandt, bei dem ein Abfrageimpuls mit Richtcharakteristik und zusätzlich ein Kontrollimpuls mit Rundstrahlcharakteristik zur Ausstrahlung kommen.

Die Bordstation arbeitet mit einer Antenne ohne Richtwirkung. Die an Bord empfangenen Abfrage- und Kontrollimpulse gelangen über einen Decoder zu einer Koinzidenzstufe, mit der gewährleistet wird, daß Nebenkeulensignale keine Antworten auslösen.

Einen besonderen Vorteil bietet das Sekundärradar dadurch, daß mit dem Antwortsignal zugleich weitere Informationen von Bord zur Bodenstation übertragen werden können, z. B. die Identifikation des betreffenden Luftfahrzeuges und dessen Flughöhe.

Das Sekundärradar findet in der Luftfahrt in zunehmendem Maße Anwendung, und zwar als Rundsichtradar. Gegenüber dem Primär-Rundsichtradar besitzt das Sekundär-Rundsichtradar den großen Vorteil, daß das Radarechosignal die Identifikation enthält und somit Fehldeutungen anonymer Radarsignale verhindert werden.

3.3 *Zielverfolgungsradar* (*Kursradar*). Es dient der ununterbrochenen Bestimmung der Position eines einzelnen Zielobjektes mit großer Genauigkeit und der Bestimmung der Flugbahn. Das Suchen des betreffenden Zielobjektes wird meist mit einem gesonderten Radargerät vorgenommen; es kann aber dafür auch das Zielverfolgungsradar selbst eingesetzt werden. Mit einem stark gebündelten Strahl wird das Zielobjekt erfaßt und verfolgt. Die Nachführung der Antenne erfolgt automatisch auf Grund der vom Zielobjekt zurückgestrahlten und vom Radarempfänger aufgenommenen Signale. Azimut und Erhebungswinkel lassen sich mit großer Genauigkeit bestimmen. Bei Verwendung sehr kurzer Impulse ist auch eine genaue Entfernungsmessung möglich. Aus den gemessenen Größen Azimut, Erhebungswinkel und Entfernung werden im Rechner Position und Flugbahn berechnet und außerdem die Steuersignale zum Nachführen der Antenne gebildet.

Es gibt im wesentlichen drei verschiedene Verfahren: Umschaltverfahren, konisches Suchverfahren und Monopulsverfahren. Das *Umschaltverfahren* arbeitet mit einer Antennenanlage, die umschaltbar zwei um einen Winkel versetzte gleichartige Richtcharakteristiken besitzt (Abb. 4a). Befindet sich das Zielobjekt abseits von der Symmetrieachse der beiden Richtcharakteristiken, so liefert das angestrahlte Zielobjekt bei Umschaltung der Antennencharakteristiken unterschiedliche Rückstrahlintensitäten A_1 und A_2. Die Antennenanlage wird nun so lange nachgesteuert, bis die Symmetrieachse mit der Richtung zum Zielobjekt zusammenfällt. In diesem Zustand ändert sich die Rückstrahlintensität bei der Umschaltung nicht. Aus dem Steuersignal läßt sich der Ablagewinkel bestimmen. Dieses Verfahren liefert nur den Richtungswinkel des Zielobjektes in einer Ebene. Um die räumliche Position des Zielobjektes bestimmen zu können, muß noch eine weitere Antennenanordnung mit zwei versetzten Richtcharakteristiken für die zweite Ebene vorgesehen werden.

Beim *konischen Suchverfahren* (engl. conical-scan-tracking) rotiert ein von einer stark bündelnden Antenne erzeugter Strahl um eine Rotationsachse (Abb. 4b). Die Richtungsgerade des Maximums der Richtcharakteristik beschreibt somit einen Kegelmantel, dessen Achse die Rotationsachse ist. Von der Antenne wird die hochfrequente Energie abgestrahlt. Ein Teil dieser Energie wird vom Zielobjekt zurückgestrahlt und von der Antenne wieder aufgenommen. Befindet sich das Zielobjekt in Richtung der Rotationsachse, so ist die Intensität der vom Zielobjekt zurückgestrahlten hochfrequenten Energie konstant, andernfalls ergeben sich Amplitudenschwankungen im Rhythmus der Rotation des Antennenstrahls. Diese Amplitudenschwankungen stellen eine Amplitudenmodulation dar, die gemessen werden kann und ein Maß für die Ablage des Zielobjektes von

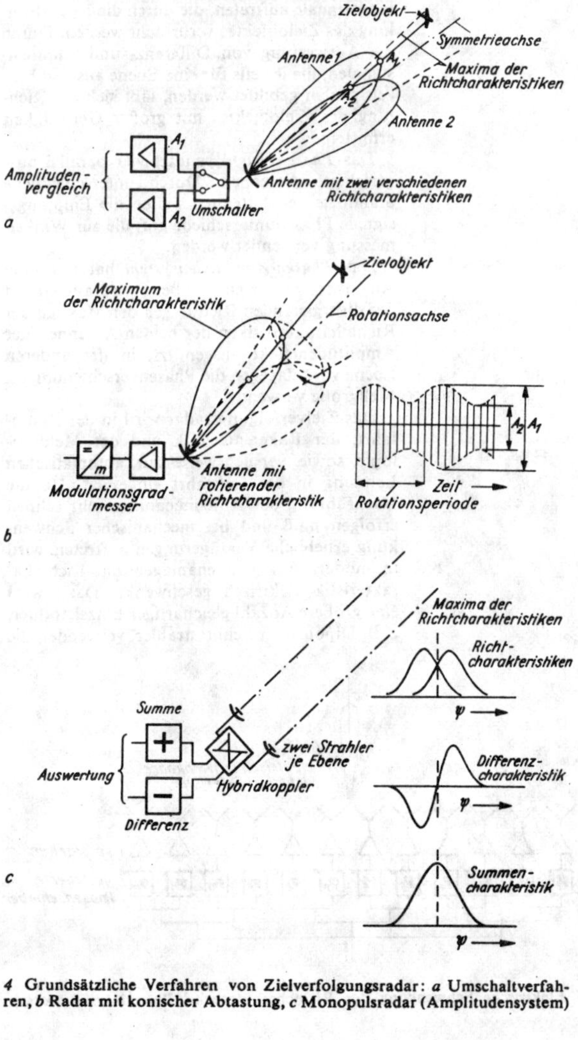

4 Grundsätzliche Verfahren von Zielverfolgungsradar: *a* Umschaltverfahren, *b* Radar mit konischer Abtastung, *c* Monopulsradar (Amplitudensystem)

der Richtung der Rotationsachse ist. Die Amplitudenmodulation ist Null, wenn das Zielobjekt in Richtung der Rotationsachse liegt. Durch eine elektromechanische Steuerung der Antennenanlage, wobei der Betrag und die Phase der Amplitudenmodulation als Steuergrößen dienen, wird die Rotationsachse in die Richtung zum Zielobjekt gebracht.

Das *Monopuls-Radar* ist dadurch gekennzeichnet, daß die Position eines Zielobjektes mit einem einzigen Impulssignal bestimmbar ist und keine mechanisch oder elektrisch bewirkten Strahlschwenkungen erforderlich sind. Man unterscheidet zwischen Amplituden- und Phasensystem.

Das *Amplitudensystem* besitzt eine Antennenanlage mit je zwei Strahlern in zwei senkrecht zueinander stehenden Ebenen (Abb. 4c). Die Maxima der Richtcharakteristiken der vier Strahler bilden mit der Symmetrieachse einen Winkel, so daß bei einer Ablage eines Zielobjektes von der Symmetrieachse in den vier Antennen unterschiedliche Amplituden der Empfangssignale auftreten, die durch die Rückstrahlung des Zielobjektes verursacht werden. Durch die Auswertung von Differenz- und Summensignalen, die jeweils für eine Ebene aus den Einzelsignalen gebildet werden, läßt sich die Richtung des Zielobjektes mit großer Genauigkeit ermitteln.

Das *Phasensystem* benutzt vier parallel ausgerichtete Antennen. Durch unterschiedliche Standorte der Antennen weisen die Empfangssignale Phasenunterschiede auf, die zur Winkelmessung verwendet werden.

Das *Phasen-Amplitudensystem* hat nur zwei Antennen. In der einen Ebene wird auf Grund der divergierenden Richtungen der Maxima der Richtcharakteristiken der beiden Antennen der Amplitudeneffekt ausgenützt, in der anderen Ebene wird dagegen die Phasenverschiebung als Meßgröße verwendet.

Das Zielverfolgungsradar wird in der Raumfahrt, der Raketentechnik und der Meteorologie sowie versuchsweise zur automatischen Landung in der Luftfahrt eingesetzt. Da die Nachführung der Antennenanlage sehr schnell erfolgen muß und bei mechanischer Schwenkung erhebliche Verzögerungen auftreten, wird in modernen Antennenanlagen die Richtcharakteristik elektrisch geschwenkt. Dazu wird eine größere Anzahl gleichartiger Einzelstrahler, z. B. Dipole oder Schlitzstrahler, verwendet, die über gesteuerte Phasenschieber und Verstärker angeschlossen sind (Abb. 5). Wegen der erforderlichen großen Anzahl von Phasenschiebern wird ein solches Antennensystem als „phased array", d. h. „phasengesteuerte Anordnung" bezeichnet. Eine derartige Anordnung kann sowohl auf der Sendeseite zur Erzeugung einer gerichteten Abstrahlung als auch auf der Empfangsseite zur Erzielung eines gerichteten Empfangs eingesetzt werden.

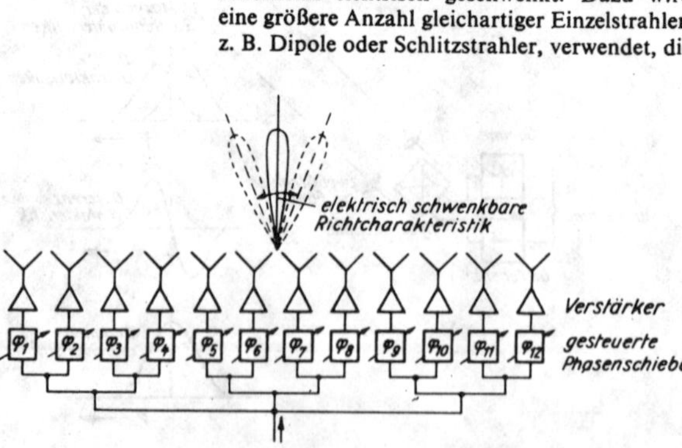

5 **Elektrische Schwenkung der Richtcharakteristik (Phased-Array-Radar)**

3.4. *Doppler-Radar*. Das Doppler-Radar beruht auf der Erscheinung, daß eine elektromagnetische Welle, die von einem Objekt ausgesendet wird, an einem Beobachtungspunkt mit einer von der Sendefrequenz abweichenden Frequenz wahrgenommen wird, wenn sich der Abstand zwischen Objekt und Beobachtungspunkt verändert. Die im Beobachtungspunkt wahrgenommene Frequenz ist gleich

$$f_1 = f_s \frac{1 + \frac{v}{c}\cos\gamma}{\sqrt{1 - \left(\frac{v}{c}\right)^2}}.$$

Dabei bedeuten f_s die Sendefrequenz, v die Geschwindigkeit des Objektes, c die Ausbreitungsgeschwindigkeit der Welle und γ den Winkel zwischen Geschwindigkeitsvektor und Richtung vom Objekt zum Beobachtungspunkt.

Da die Geschwindigkeit v von Luftfahrzeugen und Raumflugkörpern sehr klein gegenüber der Ausbreitungsgeschwindigkeit c der Welle ist, gilt mit genügender Genauigkeit $f_1 = f_s\left(1 + \frac{v}{c}\cos\gamma\right)$. f_1 kann kleiner oder größer als die Sendefrequenz f_s sein, je nachdem, ob sich das Objekt vom Beobachtungspunkt entfernt oder sich ihm nähert.

Die Differenz zwischen der Sendefrequenz f_s und der Frequenz f_1 im Beobachtungspunkt ist die Dopplerfrequenzverschiebung f_d, häufig auch *Doppler-Frequenz* genannt: $f_d = f_1 - f_s = \frac{v}{c} f_s \cos\gamma$.

Ist das Objekt ein passiver Rückstrahler und wird es von einem am Beobachtungspunkt stehenden Sender mit der Frequenz f_s angestrahlt, so durchläuft die Welle den Weg zwischen Beobachter und Objekt zweimal. In diesem Fall wird im Beobachtungspunkt die empfangene Welle mit folgender Frequenz wahrgenommen: $f_2 = f_s \frac{\left(1 + \frac{v}{c}\cos\gamma\right)^2}{1 - \left(\frac{v}{c}\right)^2}$. Die Doppler-Frequenz ist dann in Annäherung gleich $f_d = \frac{2v}{c} f_s \cos\gamma$.

Das Doppler-Radar findet Anwendung bei der Geschwindigkeitsmessung, speziell beim Doppler-Navigationssystem.

Bei der *Geschwindigkeitsmessung* wird meist das Verfahren mit passiver Rückstrahlung verwendet. Gemessen wird die Doppler-Frequenz f_d. Bei bekannter Sendefrequenz f_s und bekanntem Winkel γ kann aus f_d die gesuchte Geschwindigkeit v bestimmt werden: $v = \frac{c}{2 f_s \cos\gamma} f_d$.

Dieses Verfahren wird beim *Verkehrsradar* benutzt, mit dem die Geschwindigkeit von Kraftfahrzeugen kontrolliert wird.

Das in der Luftfahrt verwendete *Doppler-Navigationssystem* gehört zur Gruppe der bordautonomen Systeme der → Funknavigation. Es besteht aus dem Doppler-Radar, mit dem die relative Geschwindigkeit des Luftfahrzeuges über Grund, d. h. in bezug zur Erdoberfläche, gemessen wird, sowie aus einem Rechner und den Anzeigevorrichtungen. Durch Integration der relativen Geschwindigkeit über die Zeit t wird der vom Luftfahrzeug in der Zeit t zurückgelegte Weg berechnet. Bei bekannten Koordinaten des Startortes kann dann mit Hilfe der Komponenten des zurückgelegten Weges der momentane Standort des Luftfahrzeuges berechnet werden.

Das Doppler-Radar benötigt zur Bestimmung der Geschwindigkeit über Grund mindestens drei nicht komplanare Strahlen. Meist werden vier Strahlen verwendet, die paarweise symmetrisch zur Längs- und Querachse des Luftfahrzeuges liegen, d. h. symmetrisch zur x- und y-Achse (Abb. 6). Die vier Strahlen sind A, B, C, D mit ihren Einheitsvektoren $\vec{A}$, $\vec{B}$, $\vec{C}$, $\vec{D}$. Die Winkel zwischen Strahlrichtung und Geschwindigkeitsvektor sind γ_A, γ_B, γ_C, γ_D. Die Winkel zwischen den Strahlrichtungen und den Achsen des Koordinatensystems sind bei allen Strahlen gleich. Die Doppler-Frequenz für den Strahl A ist gleich $\nu_A = \frac{2f_s}{c} v \cos \gamma_A = \frac{2f_s}{c} \vec{v}\vec{A}$, wobei $\vec{v}$ der Geschwindigkeitsvektor ist. Die Gleichungen für die Doppler-Frequenzen ν_B, ν_C, ν_D der Strahlen B, C, D lauten sinngemäß. Mit drei aus den vier Gleichungen werden bei bekannter Sendefrequenz f_s die drei Geschwindigkeitskomponenten v_x, v_y, v_z bestimmt. Unter Verwendung der Längs- und Querneigungswinkel des Luftfahrzeuges läßt sich daraus die Geschwindigkeitskomponente über Grund berechnen.

Eine andere Methode zur Berücksichtigung der Längs- und Querneigung besteht darin, die Strahler an einer Plattform zu befestigen und die Plattform zu stabilisieren. Dazu muß die Plattform so gedreht werden, daß sie stets horizontal liegt und ihre Symmetrieachse in Richtung Kurs über Grund zeigt. Die Symmetrieachse ist die x-Achse des mit der Plattform starr verbundenen Koordinatensystems. Die Bedingung für die Übereinstimmung von Symmetrieachse und Kurs über Grund ist gegeben, wenn die Doppler-Frequenzen von Strahl A und B oder von C und D einander gleich sind. Es wird eine der Differenz der Doppler-Frequenzen der Strahlen A und B oder C und D proportionale Steuerspannung gebildet und damit mit Hilfe eines Servomotors die Plattform gedreht, bis die Differenz Null ist. Der Winkel der Drehung ist der Abdriftwinkel. Nach erfolgter Plattformdrehung werden die Differenzen der Doppler-Frequenzen der symmetrisch zur y-Achse liegenden Strahlen A und C oder B und D bestimmt. Daraus ergibt sich dann die gesuchte Geschwindigkeit über Grund. Durch Integration der Geschwindigkeit über die Flugzeit wird der in dieser Zeit zurückgelegte Flugweg gewonnen. Die Zahlenwerte werden in den Rechner gegeben.

Abb. 7 zeigt schematisch den Aufbau einer Doppler-Navigationsanlage, die drei Strahlrichtungen und somit drei Sendeantennen und drei Empfangsantennen besitzt. Die vierte Strahlrichtung ist zwar grundsätzlich nicht erforderlich, sie ermöglicht aber die Verwendung eines einfacheren Rechners und wird daher häufig angewandt.

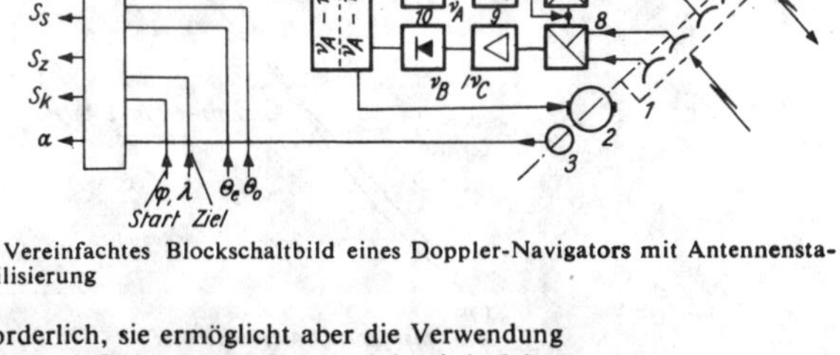

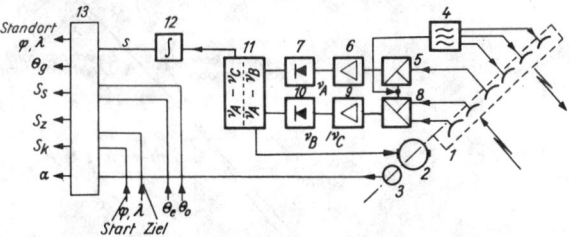

7 Vereinfachtes Blockschaltbild eines Doppler-Navigators mit Antennenstabilisierung

Dem Rechner werden manuell zusätzlich folgende Daten eingegeben: Koordinaten von Startort und Zielort, Steuerkurs, Sollkurs. Der Rechner liefert folgende Daten: momentaner Standort in geographischen Koordinaten, Kurs über Grund, Abdriftwinkel, Flugweg vom Startort, Flugweg bis zum Ziel, noch fliegbare Strecke auf Grund des Kraftstoffvorrates.

4. *Spezielle Radarverfahren*. Zur Erhöhung der Leistungsfähigkeit von Radaranlagen sind in den letzten Jahren mehrere spezielle Verfahren entwickelt worden, von denen zwei kurz erläutert werden.

4.1. *Digital-Radar*. Es wird angestrebt, die in einem Radarsignal enthaltene Information von einem Rechner auswerten zu lassen. Dazu müssen jedoch die vom Radargerät gelieferten Signale so aufbereitet werden, daß sie vom Rechner verarbeitet werden können. Erstens müssen die Echoimpulse digitalisiert werden, und zweitens muß die Geschwindigkeit, mit der die Radarinformation anfällt, an die Eingabeleistung des Rechners angepaßt werden.

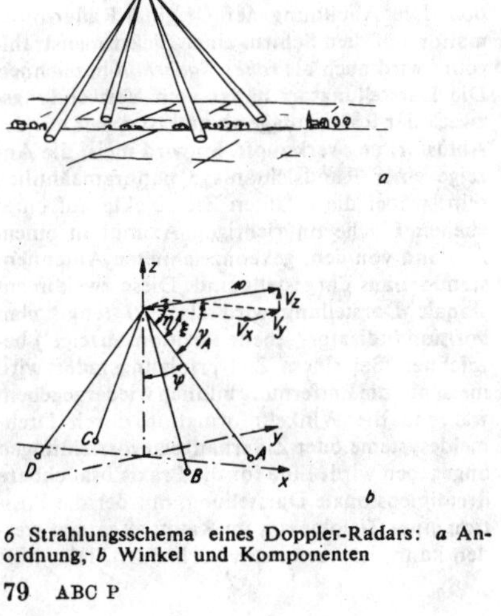

6 Strahlungsschema eines Doppler-Radars: *a* Anordnung, *b* Winkel und Komponenten

Eine komplexe Anlage besteht aus 1) dem Rundsichtradar, das die Zielobjekte entdecken und orten muß; 2) dem Digitaldetektor zur Aufbereitung der rohen Radarinformationen, damit diese in den Rechner eingespeist werden können; 3) dem Rechner, der die anfallenden Daten zur Ermittlung des Verkehrsbildes auswertet; 4) den Ausgabeeinrichtungen, z. B. Drucker, Tableau oder Sichtgerät. Der Digitaldetektor betrachtet die Echoimpulse jeweils eines Antennenumlaufs und wertet sie aus. Der Rechner hat die Möglichkeit, Positionswerte nicht nur innerhalb eines Antennenumlaufs in Beziehung zu setzen, sondern über mehrere Antennenumläufe hinweg. Die Taktik der Zielverfolgung nutzt dabei folgende Tatsache aus: Ein falscher Positionswert eines Antennenumlaufs hat mit einem solchen des darauffolgenden keine Beziehung, ihre Lage ist rein zufällig. Bei den Positionswerten von echten Zielobjekten ist die Lage zueinander durch die Bewegungseigenschaften des Zielobjektes determiniert. Aus der Kenntnis zweier Zielobjektpositionen läßt sich somit ein begrenztes Erwartungsgebiet angeben, in dem die nächste zu erwartende Zielposition erscheinen muß (Abb. 8). Tastet die Radar-

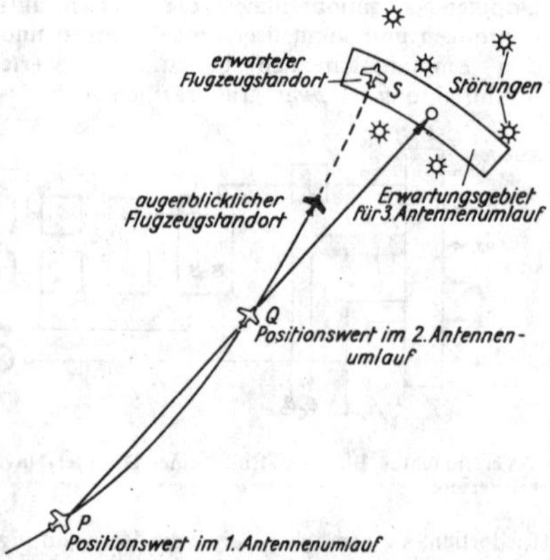

8 Vereinfachte Darstellung des berechneten Erwartungsgebietes beim Digital-Radar

antenne den fraglichen Winkelraum ab, in dem das Erwartungsgebiet liegt, so werden alle dort erscheinenden Positionswerte auf Zugehörigkeit geprüft. Fällt ein solcher Positionswert in das Erwartungsgebiet, so wird er als Zielposition gewertet. Dieser und der letzte Positionswert werden wieder verknüpft und ergeben das nächste Erwartungsgebiet. Die konsekutive Anwendung dieses Prinzips sichert die Verfolgung des betrachteten Zielobjektes. Der Rechner erledigt das gleichzeitig für alle im betreffenden Luftraum befindlichen Luftfahrzeuge. Dabei müssen alle Rechenprozesse jeweils in der relativ kurzen Zeit eines Antennenumlaufs abgeschlossen sein. Durch dieses Prinzip werden fast alle Störimpulse ausgeschieden, insbesondere bleiben die außerhalb eines Erwartungsgebietes liegenden Positionen unberücksichtigt.

Die Ausgabe der berechneten Daten kann entweder durch alphanumerische Zeichen mit Druckern oder durch analoge Darstellung mit elektronischen Sichtgeräten erfolgen.

4.2. *Laser-Radar* (*optisches R.*). Die kohärente Strahlung des → Lasers ist wegen der Möglichkeit der außerordentlich hohen Strahlbündelung für die Anwendung in der Radartechnik hervorragend geeignet. Das optische R., für das die Bezeichnung *Colidar* (Abk. von engl. *co*herent *li*ght *d*etecting *a*nd *r*anging) gebräuchlich ist, arbeitet im Prinzip genau so wie das im Hochfrequenzbereich arbeitende R. Die von einem Laser über ein optisches Linsensystem ausgesendeten Lichtimpulse werden nach ihrer Reflexion am Zielobjekt mit einem Spiegelteleskop aufgefangen. Durch ein Filter wird störendes Fremdlicht unterdrückt und dadurch das Signal/Rausch-Verhältnis verbessert. Das empfangene Laserlicht wird einer Photoröhre zugeführt, die ein elektrisches Signal abgibt, das dem üblichen Radarsignal entspricht und in bekannter Weise im Sichtgerät angezeigt wird. Wegen der lichtabsorbierenden Wirkung der Atmosphäre ist das optische R. für den Einsatz in Erdnähe weniger geeignet, dagegen bietet es im Weltraum wegen des verhältnismäßig geringen Aufwandes und der erzielbaren großen Winkelauflösung erhebliche Vorteile.

5. *Anzeige und Auswertung der Radarinformation.* Die vom Radargerät gelieferte Information muß für die Auswertung in geeigneter Form zur Verfügung gestellt werden. Die Auswertung erfolgt in den meisten Fällen durch den Menschen. Die Auswertung mit Hilfe von Rechnern beschränkt sich zur Zeit auf Sonderfälle, doch wird sie in Zukunft vorherrschen. Für die Auswertung der Radarinformation (im wesentlichen Winkel- und Entfernungsangaben) durch den Menschen eignet sich die analoge Darstellung in Form der Abbildung auf dem Schirm einer Elektronenstrahlröhre. Dabei kann diese Darstellung vollständig die originale Information wiedergeben, wie sie vom Radargerät geliefert wird. Es ist aber auch möglich, die Information erst nach Beseitigung der Störungen, die der Information überlagert sind, wiederzugeben.

Für die Auswertung der Radarinformation durch einen Rechner ist es notwendig, die vom Radargerät in analoger Form gelieferte Information in die digitale Form umzusetzen.

5.1. *Darstellung der Original-Radarinformation.* Die Abbildung der Original-Radarinformation auf dem Schirm einer Elektronenstrahlröhre wird auch als *rohes Radarbild* bezeichnet. Die Darstellungsart hängt vom Verwendungszweck der Radaranlage ab und ist daher mit der Abtastart eng verknüpft. So wird meist die Anzeige einer Rundsichtanlage panoramaähnlich sein, wobei die erfaßten Zielobjekte auf einer ebenen Fläche im richtigen Azimut in einem Abstand von dem gekennzeichneten Antennenstandort aus dargestellt sind. Diese zweidimensionale Darstellung wird als *PPI* (engl. *p*lan *p*osition *i*ndicator, ‚ebene Positionsanzeige') bezeichnet. Bei einem Zielverfolgungsradar wird meist nur die Entfernung bildlich wiedergegeben, während die Winkelinformation durch Drehmeldesysteme oder Ziffernanzeigevorrichtungen angegeben wird. Eine für die Praxis brauchbare dreidimensionale Darstellung, mit der die Position eines Zielobjektes im Raum angezeigt werden kann, ist noch nicht vorhanden. Hier hilft man sich meist mit der Kombination von zwei zweidimensionalen Darstellungen.

5.2. *Darstellung festzeichenfreier Radarinformation.* Alle Objekte und Partikeln, die einen gewissen Anteil der aufgestrahlten hochfrequenten Energie zurückstrahlen, ergeben beim Primärradar entsprechende Echosignale. Daher enthält das Radarsignal meist außer den gewünschten Echosignalen von beweglichen Objekten, z. B. Schiffen und Luftfahrzeugen, auch unerwünschte Echosignale von festen Objekten, z. B. Häusern, Schornsteinen, Bäumen u. a. Diese *Festzeichen* erschweren die Auswertung eines Radarbildes oder machen sie sogar unmöglich. Um trotz vorhandener fester Objekte eine auswertbare Darstellung der Radarsignale beweglicher Objekte zu gewährleisten, wird das Verfahren der *Festzeichenlöschung* angewandt. Dazu wird die Tatsache ausgenutzt, daß bewegliche Objekte gegenüber dem ruhenden Radargerät meist eine radiale Geschwindigkeitskomponente besitzen und daher die hochfrequente Trägerschwingung des Radarsignals eine Doppler-Frequenzverschiebung aufweist. Alle Echosignale, die keine Doppler-Frequenzverschiebung besitzen, werden unterdrückt und nicht angezeigt. Somit kommen nur Radarsignale von beweglichen Objekten zur Anzeige (engl. moving target indication, ‚Anzeige beweglicher Objekte').

5.3. *Darstellung synthetischer Radarinformation.* Die Auswertung der auf dem Schirm einer Elektronenstrahlröhre wiedergegebenen Original-Radarinformation sowie die der festzeichenfreien Radarinformation ist bei vorhandenen Störsignalen, die z. B. durch fremde funktechnische Einrichtungen verursacht werden, schwierig bzw. unmöglich. Nur eine von allen unerwünschten Echo- und Störsignalen befreite Radarinformation vermittelt ein leicht auswertbares, eindeutiges und fehlerfreies Bild der vorhandenen Verkehrslage. Eine derartige Radarinformation wird z. B. von einem Digitaldetektor in Verbindung mit einem Rechner geliefert (siehe Abschn. 4.1.). Die digitalisierte Information kann zur topographischen Darstellung verwendet werden, wozu Digital-Analog-Bildgeräte benutzt werden. Jedes Zeichen, das einem echten Zielobjekt entspricht, erscheint dann auf der Bildfläche eindeutig und frei von irgendwelchen Störzeichen. Zur Abbildung werden Symbole verwendet, die z. B. je nach Art des Zielobjektes unterschiedlich sein können. Ein in dieser Weise erzeugtes Radarbild wird auch als *synthetisches Radarbild* oder *gereinigtes Radarbild* bezeichnet. In das Bild können ohne besondere Schwierigkeiten noch Kenndaten, Kartensymbole, Begrenzungsmarkierungen u. a. eingefügt werden.

Lit. Bopp, Paul, Taeger: R., Grundlagen und Anwendungen (2. Aufl. Berlin 1965); Philippow: Taschenb. Elektrotechnik, Bd III (Berlin 1969).

Radargleichung, → Radar 2.1.2).

Radarhorizont, → Radar 2.2.2).

Radarquerschnitt, → Radar 2.3).

Radialbeschleunigung, → Beschleunigung.

radiale Dichteverteilung, $D(r)$; $D(r)\,dr$ ist die Anzahl der im Mittel in einer Kugelschale der Dicke dr enthaltenen Teilchen, z. B. Elektronen der Atomhülle. Es gilt $D(r) = 4\pi r^2 \varrho(r)$, wobei r den Abstand eines Elektrons vom Atomkern und $\varrho(r)$ die mittlere Elektronendichte bedeuten. Besonders bei den Atomen der Edelgase zeigt $D(r)$ eine deutliche Schalenstruktur der räumlichen Dichteverteilung der Elektronen (Abb.).

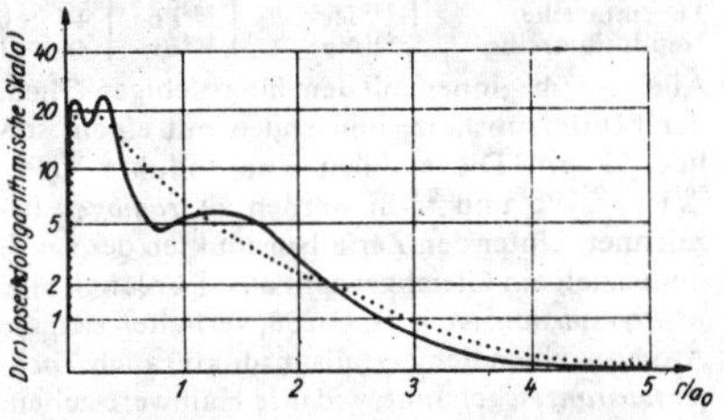

Radiale Dichteverteilung $D(r)$ in Einheiten a_0^{-1} beim Argonatom nach Hartree (—) und Thomas-Fermi (...). a_0 ist der Bohrsche Wasserstoffradius

radiale Eigenfunktion, → Einelektronenproblem.

Radialgeschwindigkeit, → Geschwindigkeit.

Radialkraft, → Kraft.

Radialteil der Wellenfunktion, → Einelektronenproblem.

Radiant, rad, gesetzliche abgeleitete SI-Einheit für den ebenen Winkel. 1 rad ist die Größe des ebenen Winkels zwischen zwei Radien eines Kreises, die aus dem Kreisumfang einen Bogen von der Länge des Radius ausschneiden. Vorsätze erlaubt. 1 rad = 57,295 78° (Altgrad) = 63,661 97^g (Neugrad).

Radienquotient, → Ionenradius.

Radikale, 1) ein- oder mehrwertige eng verbundene Atomgruppen, die häufig als charakteristische Bestandteile eines Moleküls oder Kristallgitters auftreten und meist in Form eines Ions mit den anderen Bestandteilen verbunden sind, z. B. $(SO_4)^{2-}$ in Na_2SO_4, $ZnSO_4$, H_2SO_4.

2) *Freie R.* sind Gruppen von Atomen, die durch chemische Bindung verbunden und durch die Anwesenheit von einem (Monoradikal) oder zwei (Biradikal) ungepaarten Elektronen charakterisiert sind. Sie können auf Grund ihres paramagnetischen Verhaltens nachgewiesen werden. Die freien R. können geladen sein (Ionenradikale). Monoradikale sind z. B. $(OH)^-$, $(CH_3)^-$, Biradikale z. B. $(SO_4)^{2-}$. Instabile R. rekombinieren zu nichtparamagnetischen Molekülen, z. B. $(CH_3)^- + (CH_3)^- \rightarrow C_2H_6$.

Die Bildung von freien R.n geschieht einmal durch Bestrahlung, z. B. von Gammastrahlen, Neutronen, oder durch chemische und photochemische Einwirkung auf die Stoffe. Die verbreitetste Methode des Nachweises und der Analyse freier R. ist die paramagnetische Elektronenresonanz.

Radioaktinium, → Thorium.

radioaktiv, → Radioaktivität.

radioaktive Altersbestimmung, unexakte Bezeichnung für → physikalische Altersbestimmung.

radioaktive Familien, *radioaktive Zerfallsreihen,* Zuordnung der im natürlichen Uran oder Thorium vorkommenden radioaktiven Nuklide zu einzelnen Folgen radioaktiver Zerfallsprodukte. Die einzelnen Nuklide einer r.n Familie gehören genetisch zusammen. Es sind vier r. F. bekannt:

Bezeichnung der Reihe	Muttersubstanz	Ende	Massezahl *A* =
Uran-Radium-Reihe	^{238}U	^{206}Pb	$4n + 2$
Uran-Aktinium-Reihe	^{235}U	^{207}Pb	$4n + 3$
Thoriumreihe	^{232}Th	^{208}Pb	$4n + 0$
Neptuniumreihe	^{237}Np	^{209}Bi	$4n + 1$

Alle r.n F. beginnen mit dem längstlebigen Glied, der Muttersubstanz, und enden mit einem stabilen Kern. Die stabilen Endprodukte $^{206}_{82}$Pb, $^{207}_{82}$Pb, $^{208}_{82}$Pb und $^{209}_{83}$Bi werden als *radiogen* bezeichnet. Unter den Zerfallsprodukten der r.n F. bildet sich ein Gleichgewicht aus. Für langlebige *Muttersubstanzen*, z. B. U-238, verhalten sich die Atomanzahlen der Zerfallsprodukte, auch *Tochtersubstanzen* genannt, wie ihre Halbwertszeiten. Ein *Übergangsgleichgewicht* stellt sich ein, wenn die Halbwertszeit der Muttersubstanz nicht groß gegenüber der Tochtersubstanz ist. Die Umwandlung der Kerne r.r F. erfolgt unter α-, β- und γ-Emission (→ radioaktiver Zerfall). Da in den r.n F. nach α-Emission häufig zwei β^--Zerfälle folgen, existieren oft mehrere Isotope eines Elements in einer Zerfallsreihe, z. B. U-238 und U-234, Po-214, Po-218 und Po-210 in der Uran-Radium-Reihe.

radioaktive Indikatoren, → Tracer, → Neutronendetektor.

radioaktive Infektion → radioaktive Kontamination.

radioaktive Isotope, → Radionuklide.

radioaktive Kontamination, *radioaktive Infektion*, *Verseuchung*, die unerwünschte Verteilung radioaktiver Substanzen über Räume, Menschen, Tiere, Pflanzen, Gegenstände, Ausrüstungen, Maschinen, Einrichtungen, Arbeits-, Wand- und Bodenflächen, Kleidung, in der Luft, in Wasser und Lebensmitteln derart, daß sie gesundheitsgefährdend werden bzw. daß gewisse Einrichtungen oder Erzeugnisse für den vorgesehenen Zweck unbrauchbar gemacht werden. Der Fachausdruck Kontamination bedeutet soviel wie Verschmelzung. Die Entfernung der Radioaktivität heißt → Dekontamination. Sie gehört wie die Kontrolle der radioaktiven K. zu den Aufgaben des → Strahlenschutzes. Ein gewisses Ausmaß der radioaktiven K. wird als zulässig angesehen (→ Strahlenschutzgrenzwerte). Von besonderer Bedeutung ist die radioaktive K. der Biosphäre durch den Fallout.

Gelegentlich nennt man auch die Vergiftung von Kernbrennstoffen (→ Brennstoffvergiftung) infolge der Anhäufung von neutronenabsorbierenden Spaltprodukten Kontamination, obwohl dieser Ausdruck für die Verseuchung von Arbeitsplätzen, Räumen, des Wassers u. a. durch radioaktive Stoffe gebraucht wird.

Die r. K. von Gelände, Gebäuden, Gegenständen und Lebewesen tritt z. B. als Folge radioaktiver Kampfstoffe auf, das sind Folgeprodukte von Kernreaktionen, die als Aerosol z. B. nach Detonation einer Kernwaffe oder als Müll, d. h. Abfallprodukte gelenkter Kernreaktionen, die Luft, das Gelände und damit Menschen und Gegenstände verseuchen können. Die Gefährdung für den Menschen ist durch ionisierende Strahlung als Folge des radioaktiven Zerfalls und durch die Radiotoxizität der Spaltprodukte im Falle der Inkorporation gegeben. Außerdem kann r. K. bei Lebewesen, Personen,

Die radioaktiven Familien

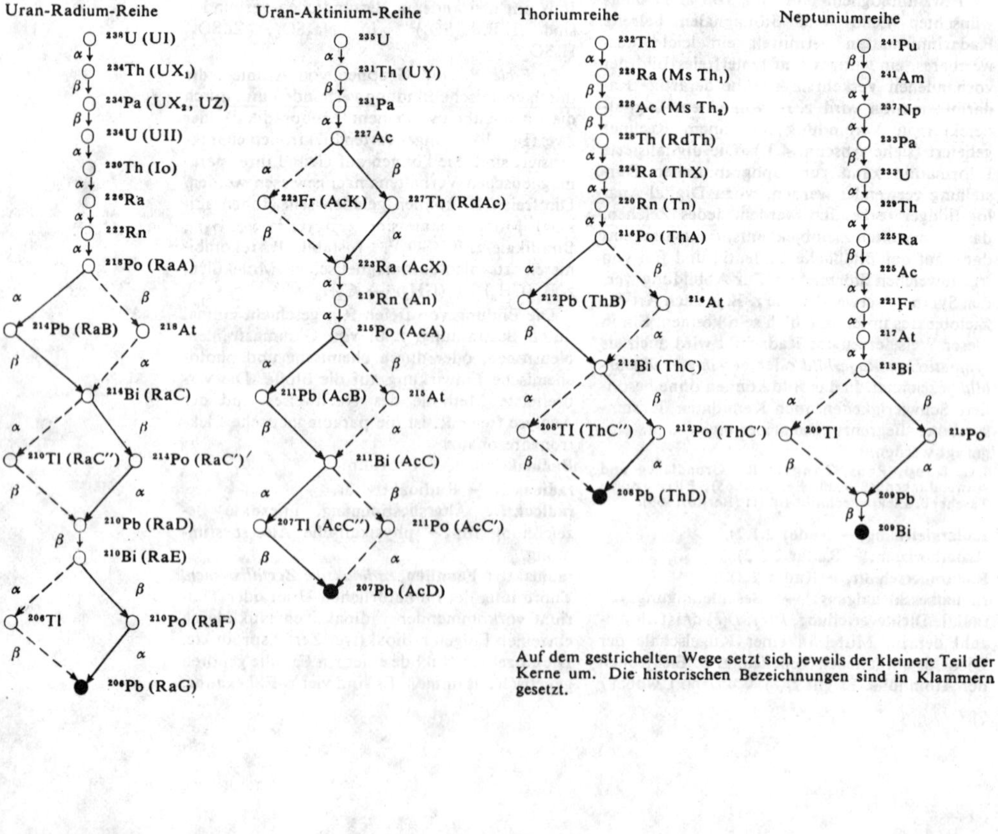

Auf dem gestrichelten Wege setzt sich jeweils der kleinere Teil der Kerne um. Die historischen Bezeichnungen sind in Klammern gesetzt.

Gegenständen und Materialien durch natürlich vorkommende radioaktive Substanzen, bei kernphysikalischen Versuchen oder beim Betrieb von Kernreaktoren auftreten. Da die Mengen der radioaktiven Substanzen, die eine r. K. bewirken, oft außerordentlich klein sind, wird die r. K. durch unbeabsichtigtes Verschleppen meist auf größere Bereiche ausgedehnt; selbst bei sehr kleinen Aktivitäten können dadurch Meßgeräte oder ganze Laboratorien u. U. für sehr lange Zeit für empfindliche kernphysikalische Messungen unbrauchbar werden. Ausgedehnte r. K. ist eine Gefährdung für mehr oder weniger große Personengruppen vor allem wegen der Möglichkeit, daß radioaktive Substanzen über die Atmungsorgane, durch die Haut oder durch Wunden, vor allem aber durch Aufnahme verseuchter Nahrung über den Verdauungstrakt inkorporiert werden, d. h. in den menschlichen Organismus gelangen.

radioaktiver Abfall, 1) *radioaktiver Rückstand, radioaktives Abprodukt, Atommüll,* alle in gasförmiger, flüssiger oder fester Form anfallenden radioaktiven oder kontaminierten Stoffe, die in der Industrie, bei der Benutzung oder Aufbereitung von radioaktiven Stoffen in Krankenhäusern oder radiochemischen Laboratorien keine weitere Nutzung als Strahlenquelle erfahren bzw. die beim Betrieb von Reaktoren oder Brennstoffaufbereitungsanlagen nicht mehr als Spaltmaterial verwendet werden können. Lediglich r. A. mit sehr geringer spezifischer Aktivität darf mit entsprechender Genehmigung auf normalen Müllhalden abgelegt werden. R. A. höherer spezifischer Aktivität kann bei kurzlebigen Nukliden nach Zwischenlagerung in Abklingbehältern auf die gleiche Weise beseitigt werden, muß aber im allgemeinen gesondert behandelt werden. Entsprechend ihrer radiobiologischen Giftigkeit müssen die r. A.e so behandelt werden, daß die Menschheit biologisch nicht gefährdet wird. Zu diesem Zwecke sind spezielle Methoden zur Entaktivierung bzw. Dekontamination sowie zur Abfallkonzentrierung entwickelt worden. Meist wird eine Volumenreduktion des radioaktiven Abfalls angestrebt, bei festen Stoffen durch Verpressen oder Verbrennen sowie durch biologische Prozesse, bei Flüssigkeiten durch Ionenaustauschverfahren, chemische Fällung, Eindampfen u. a. Um ein Austreten radioaktiver Stoffe in den Boden, in das Grund- oder Oberflächenwasser zu verhindern, werden die Abfallkonzentrate durch Einbetten in Bitumen, Glasschmelzen, Asphalt, Beton u. a. in eine widerstandsfähige Form gebracht und endgültig eingelagert. Die evtl. entstehende Wärme muß durch ein Kühlsystem abgeführt werden. Die Lagerbunker, zumeist aus Blei- oder Edelstahlgefäßen bestehend und von dicken Betonwänden umschlossen, müssen sehr alterungsbeständig sein und dürfen unter der Einwirkung von radioaktiver Strahlung keine Zerstörung erleiden. Die strahlensicheren und wasserdichten Behälter, auch → Kontainer genannt, werden in verlassenen Bergwerken oder in strahlensicheren, wasserdichten Betonbunkern gelagert und in Gräben der Ozeane versenkt. Die sichere Lagerung und Handhabung des radioaktiven A.s ist eine Voraussetzung für die Kernenergieerzeugung im großen Maßstab. Besondere Bedeutung erlangt die Endbeseitigung des radioaktiven Abfalls von Kernkraftwerken, bei dem die Spaltprodukte von Cs-137 und Sr-90 mit jeweils etwa 30 Jahren Halbwertszeit die Hauptrolle spielen. Es wird nach Möglichkeiten für die Nutzung dieser Spaltprodukte gesucht, z. B. ist Cs-137 als γ-Strahlungsquelle für großtechnische Bestrahlungen und Sr-90 für die Wärme- und Stromerzeugung geeignet. Außerdem ist eine Nutzung des radioaktiven A.s in der Strahlenchemie, zur Verbesserung der Eigenschaften von Werkstoffen, in Kunststoffveredlung bei der Strahlungspolymerisation, zur Sterilisation von Lebensmitteln u. a. möglich. Statt von radioaktivem Abfall wird deshalb besser von radioaktiven Abprodukten gesprochen.

2) Bezeichnung für die zeitliche Abnahme der → Aktivität einer radioaktiven Substanz gemäß dem exponentiellen Zerfallsgesetz. Bei der graphischen Darstellung auf halblogarithmischem Koordinatenpapier erhält man für den r. A. eines nichtzusammengesetzten Strahlers eine Gerade in Abhängigkeit von der Zeit; bei zusammengesetzten Strahlern entsprechend eine Superposition derartiger Abfall-Geraden. Bei radiometrischen Messungen muß der r. A. durch eine Korrektion, die durch den zeitlichen Aktivitätsverlust hervorgerufen ist, berücksichtigt werden.

radioaktiver Auswurf, die von einem Kernkraftwerk oder einer anderen Kernanlage mit der Abluft oder dem Abwasser in die Umgebung abgegebenen radioaktiven Stoffe, charakterisiert durch deren Aktivität. Der r. A. wird durch die maximal zulässigen Konzentrationen radioaktiver Nuklide begrenzt, die in der Luft von bewohnten Gebieten und im Trinkwasser nicht überschritten werden dürfen (→ Strahlenschutzgrenzwerte). Durch hohe Schornsteine, Radioaktivfilter, die Einrichtung von Schutzgebieten und andere Maßnahmen muß die Kontamination bewohnter und für die menschliche Ernährung genutzter Gebiete in zulässigen Grenzen gehalten werden.

radioaktiver Kohlenstoff, → Radiokohlenstoff.

radioaktiver Niederschlag, das Ausfallen von in die Atmosphäre gelangten (injizierten) radioaktiven Teilchen aus von ihnen gebildeten radioaktiven Aerosolen, das zu einer Kontamination der Biosphäre führt. Sie entstehen z. B. infolge

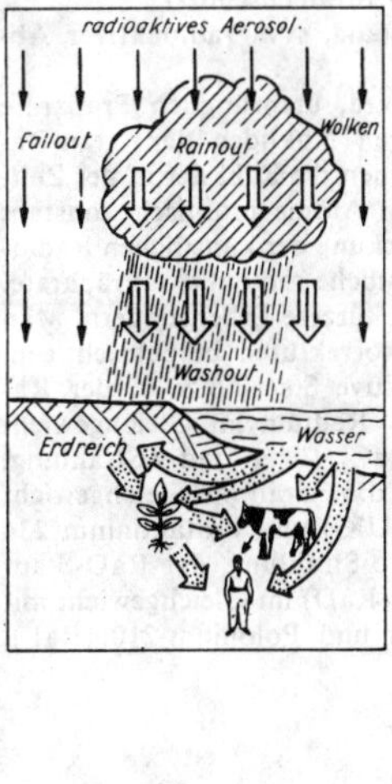

Radioaktiver Niederschlag

von Kernwaffenexplosionen, wobei große Mengen von Spaltprodukten erzeugt und z. T. mit riesigen Staubmengen bis in die Stratosphäre hochgeschleudert werden. Die Halbwertszeiten der häufigsten Spaltprodukte liegen zwischen 10 und 60 Tagen. Die Aktivität klingt in der Zeit t nach der Explosion mit etwa $t^{-1/2}$ ab. Die Spaltprodukte können sich an die in der Atmosphäre stets vorhandenen Staubteilchen anlagern und damit als feste Sedimente, wie z. B. staub- und radioaktive Asche, direkt ausfallen, d. h. als *Fallout* auf die Erdoberfläche gelangen. Sie können aber auch als Kondensationskerne für eine Tröpfchenbildung dienen und dann, bei genügender Größe, als Regenschauer, *Rainout*, niedergehen. Das Ausscheiden der Aerosole über die atmosphärischen Niederschläge durch Anlagerung an fertige Niederschlagsteilchen heißt *Washout*, dessen etwa fünffache Wirkung der Rainout hat. Außer den künstlichen Spaltprodukten sind auch natürliche radioaktive Substanzen im Regen vorhanden. Die Zusammensetzung des radioaktiven N.s hängt von der Zeit zwischen der Explosion von Kernwaffen und der Messung des radioaktiven N.s ab. Größere Partikeln und nur in die Troposphäre gelangte Spaltprodukte fallen innerhalb von 24 Stunden nach der Explosion in unmittelbarer Nähe des Explosionsortes bis zu einem Umkreis von rund 1000 km als *lokaler r. N.* auf den Boden. Die kleinen Partikeln in den Aerosolen halten sich bis zu einigen Jahren in der Stratosphäre und bleiben infolge der stärkeren West-Ost-Strömungen bevorzugt im Bereich des Breitenkreises der Injektion, bis sie irgendwo als *globaler r. N.* auf den Boden gelangen. Besonders gering ist eine Ausbreitung über den Äquator hinweg. Die nördliche Hemisphäre ist deshalb durch den globalen radioaktiven N. stärker kontaminiert als die südliche. Die Aktivität des r. N.s ist meteorologischen Schwankungen unterworfen. Einzelne hochradioaktive Teilchen im radioaktiven N. mit einer Aktivität bis zu einigen 10^{-8} Ci nennt man *heiße Teilchen*. Der radioaktive N. kann durch den Stoffkreislauf in der Natur zu einer beträchtlichen Konzentrierung langlebiger radioaktiver Nuklide im (menschlichen) Organismus und damit zu → Strahlenschäden führen. Die Strahlengefährdung besonders durch Sr-90 erfordert eine Kontrolle aller Biomedien auf Kontamination durch den radioaktiven N. (→ Strahlenschutz).

radioaktiver Rückstand, svw. radioaktiver Abfall 1).

radioaktiver Standard, ursprünglich Präparate aus sehr langlebigen Nukliden der Uran-Radium-Reihe, bei denen die Zahl der in der Zeiteinheit zerfallenden Atome praktisch konstant war, seit der Entdeckung der künstlichen Radioaktivität auch künstliche radioaktive Präparate. Letztere haben viel kürzere Lebensdauern. Man muß deshalb Zeitkorrekturen berücksichtigen. Natürliche radioaktive S.s sind z. B. der Radiumstandard, d. i. Radium im Gleichgewicht mit Wismut-214 (RaC), für α- und γ-Strahlung, der Uranstandard, d. i. Uran im Gleichgewicht mit Thorium-234 (UX_1) und Protaktinium-234 (UX_2), für α- und β-Strahlung, der RaD-Standard, d. i. Blei-210 (RaD) im Gleichgewicht mit Wismut-210 (RaE) und Polonium-210 (RaF), für α- und β-Strahlung; künstliche radioaktive S.s sind z. B. der Plutonium-239-Standard für α-Strahlung, der Thallium-204-Standard für β-Strahlung, der Kobalt-60-, der Zäsium-137- und der Mangan-54-Standard für γ-Strahlung.

radioaktiver Zerfall, *Atomzerfall*, Umwandlung von Radionukliden unter Emission von α-, β- oder γ-Strahlung, wozu bei künstlichen Radionukliden noch die Umwandlung durch Positronenemission und K-Einfang kommt. Neuerdings wurde beim r.n Z. auch die β^+-verzögerte Protonenemission (s. u.) beobachtet. Der radioaktive Z. ist ein statistischer Prozeß. Es kann nicht vorausgesagt werden, welcher Kern zu welchem Zeitpunkt zerfällt. Nach dem Zerfallsgesetz (→ Aktivität 2) kann man jedoch die Anzahl der Kerne dN angeben, die in einem Zeitintervall zerfallen. Die *Zerfalls-* oder *Umwandlungswahrscheinlichkeit* für einen Kern in der Zeiteinheit dt ist $\sim dt$ und hat im allgemeinen für die möglichen Arten des radioaktiven Z.s unterschiedliche Werte. Für eine Anzahl von N_0 Kernen ergibt sich die Differentialgleichung $dN = -N_0\lambda\, dt$ (λ Zerfallskonstante), d. h., die Anzahl der ursprünglich vorhandenen Kerne N_0 nimmt infolge des radioaktiven Z.s im Zeitintervall dt um dN ab.

Man unterscheidet → Alphazerfall, → Betazerfall und → Gammazerfall. Bei den beiden erstgenannten Zerfallsarten ändern sich Kernladungs- und Massezahl nach den → Fajans-Soddyschen Verschiebungsregeln, während durch γ-Zerfall nur der Energiegehalt des Kerns geändert wird. Während der α-Zerfall theoretisch durch den → Tunneleffekt beschrieben wird, behandelt die → Fermi-Theorie unter Einführung von ft-Wert, log-ft-Wert und komparativer Lebensdauer den β-Zerfall. Der γ-Zerfall wird besonders in der Kernspektroskopie und Mößbauer-Spektroskopie untersucht.

Protonenradioaktivität: Neben dem Zerfall von Atomkernen unter Aussendung von α-Teilchen, β-Teilchen oder γ-Quanten ist 1962 erstmalig von Karnaukow und Mitarbeitern die (verzögerte) *Emission von Protonen* beim radioaktiven Zerfall nachgewiesen worden. Untersucht wurde 1963 von Barton u. a. der Zerfall von ^{25}Si, das sich zunächst sehr schnell über β^+-Zerfall zu hochangeregtem ^{25}Al umwandelt und von hier aus weiter in ^{24}Mg + p zerfällt. Da die Protonenemission erst nach einem β-Zerfall von einem Zwischenkern, dem *Verzögert-Protonen-Vorläufer*, aus erfolgt, wird diese Art der Protonenradioaktivität *β-verzögerte Protonenemission* genannt. Sie tritt auf, wenn ein Mutterkern beim β^+-Zerfall zu einem Tochterkernzustand zerfällt, dessen Anregungsenergie seine Protonenablöseenergie übersteigt, so daß ein Proton freigesetzt werden kann. Diese verzögerten Protonen stellen das schon lange vermutete Gegenstück zu den bei der Kernspaltung längst bekannten → verzögerten Neutronen dar. Inzwischen sind außer ^{25}Si noch die Verzögert-Protonen-Vorläufer ^{9}C, ^{13}O, ^{17}Ne, ^{21}Mg, ^{29}S, ^{33}A, ^{37}Ca und ^{41}Ti mit Halbwertszeiten von Zehntelsekunden bekannt. Weitere theoretisch erwogene Abarten der Protonenemission, beispielsweise die *Zwei-Protonenradioaktivität*, sind experimentell bisher noch nicht nachgewiesen worden.

Als *verzweigten Zerfall, Verzweigung* oder *dualen Zerfall* bezeichnet man den speziellen Vorgang, daß sich ein Radionuklid sowohl durch α- als auch durch β-Zerfall in zwei verschiedene Folgeprodukte umwandelt. Das Mengenverhältnis der nach beiden Zerfallsarten zerfallenden Stoffe ist das *Verzweigungsverhältnis*. Verzweigungen sind besonders häufig in den → radioaktiven Familien anzutreffen.

Die Energieentwicklung beim radioaktiven Z. ist im Verhältnis zu der bei klassischen Energiequellen sehr hoch. 1 g Radium erzeugt zusammen mit seinen Folgeprodukten etwa 3 Mill. kcal, 1 g Kohle dagegen beim Verbrennen nur 8 kcal. Wegen der großen Halbwertszeit des Radiums (1580 Jahre) wird diese Energie in einer sehr langen Zeit abgegeben.

radioaktives Abprodukt, svw. radioaktiver Abfall 1).

radioaktive Schwankung, → Zählstatistik.

radioaktive Strahlung, früher *Becquerel-Strahlung*, nach ihrem Entdecker benannte Strahlungsart, bei der man je nach Ablenkbarkeit im Magnetfeld → Alphastrahlung, → Betastrahlung und → Gammastrahlung unterscheidet.

radioaktive Verschiebungssätze, svw. Fajans-Soddysche Verschiebungsregeln.

radioaktive Verseuchung, → radioaktive Kontamination.

radioaktive Zeitmessung, unexakte Bezeichnung für → physikalische Altersbestimmung.

radioaktive Zerfallsreihen, svw radioaktive Familien.

Radioaktivfilter, → Aerosolfilter.

Radioaktivität, Eigenschaft von Nukliden, sich ohne jede äußere Einwirkung unter Aussendung einer charakteristischen Strahlung umzuwandeln, wobei der statistische Zerfall (→ radioaktiver Zerfall) des radioaktiven Kerns durch das Zerfallsgesetz beschrieben wird (→ Aktivität 2). Die R. der in der Natur vorkommenden Nuklide bezeichnet man als *natürliche R.* im Gegensatz zur *künstlichen R.*, die bei Nukliden auftritt, die durch Kernreaktionen entstehen. Natürliche R. tritt bis zur Ordnungszahl $Z = 80$ bei einigen Elementen, ab $Z = 81$ bei sämtlichen Elementen auf. Technetium und Promethium sowie alle Elemente ab $Z = 84$ sind instabil, sie weisen entweder natürliche oder künstliche R. auf und werden daher als *Radioelemente* bezeichnet. Die meisten Nuklide mit natürlicher R. sind Glieder → radioaktiver Familien. Die natürliche R. ist eine Wärmequelle des Erdkörpers. Sie wird bei der radioaktiven Altersbestimmung ausgenutzt. Über die weitere Anwendung der R. → Radionuklide.

Die R. der Atmosphäre äußert sich in einer aus der von der Erdoberfläche abgegebenen gasförmigen Zerfallsprodukten der radioaktiven Zerfallsreihen und deren weiteren Umwandlungen stammenden Ionisierung der Luft. Von α-Strahlung herrührend werden etwa 2 Ionenpaare, von γ-Strahlung dagegen nur 0,1 Ionenpaar pro cm^2 und s gemessen. In Bodennähe liegt der Gehalt an Emanation bei etwa 10^{-10} Ci/m^3 über der Erde, etwa 10^{-12} Ci/m^3 über den Ozeanen; der Gehalt an C-14 liegt in der Größenordnung 10^{-13} Ci/m^3. In der Biosphäre wird die gesamte C-14-Aktivität auf $7 \cdot 10^7$ Ci geschätzt, die R. eines Menschen infolge seines Radiumgehaltes auf etwa 10^{-10} Ci.

Bei der R. der Gewässer und Quellen handelt es sich um die im allgemeinen sehr geringe R. auf Grund von Radiumgehalt im Wasser. Gegenüber etwa 10^{-14} g Radium je cm^3 im Meerwasser weisen einige Tiefseesedimente, z. B. Tiefseeton, Radiolarienschlamm, einen 1000mal höheren Radiumgehalt auf. Der Gehalt an Emanation beträgt z. B. für die Heilquelle in Bad Brambach etwa $7 \cdot 10^{-4}$ Ci je m^3.

Die R. von Gesteinen ist die infolge des sich in der Erdrinde befindenden Uran-, Thorium-, Aktiniumgehalts und deren weiteren Zerfallsprodukte auftretende R. Die R. von Gesteinen, die wegen der α-, β- und γ-Strahlung zu einer Erwärmung führt und die umgebende Luft ionisiert, ist von der geologischen Natur der Gesteine abhängig. Eruptivgestein, besonders die Lavamassen aus Vulkanen, zeigen meist eine höhere R. als Sedimentgesteine, wie Kalk, Sandstein, Ton. Man fand etwa $2 \cdot 10^{-6}$ g Radium je Tonne untersuchten Gesteins, etwa 6 g Uran und 10 g Thorium je Tonne Erdrinde.

Geschichtliches. Die natürliche R. wurde 1896 von Becquerel am Uran entdeckt. 1898 gelang es dem Ehepaar Curie, die radioaktiven Elemente Polonium und Radium aus der Pechblende zu isolieren. Die künstliche R. wurde 1934 von dem Ehepaar Joliot-Curie entdeckt. Sie bestrahlten Aluminium mit α-Teilchen und erhielten radioaktiven Phosphor.

Lit. Herforth u. Koch: Praktikum der angewandten R. (2. Aufl. Berlin 1972); Kleine Enzyklopädie Atom (Hrsg. Chr. Weißmantel, Weinheim 1970); Mittelstaedt: Elementarbuch der Kerntechnik (München 1968); → Kernphysik, → Radionuklide.

Radioastronomie, Teilgebiet der Astronomie, das die kosmische Radiofrequenzstrahlung mit Wellenlängen von etwa 1 mm bis 20 m untersucht. Für diese Wellen ist die Erdatmosphäre durchlässig. Sie durchdringen im Unterschied zum sichtbaren Licht auch Wolken interstellaren Staubs und liefern unter anderem Informationen über die interstellare Materie und über den Aufbau des Milchstraßensystems. Zum Empfang werden besondere Instrumente, die Radioteleskope (→ astronomische Instrumente) benutzt, von denen die mit parabolisch geformten Reflektoren den optischen Instrumenten am ähnlichsten sind. Wegen der geringen interstellaren Absorption reichen Beobachtungen im Radiofrequenzbereich in viel größere Entfernungen als im optischen.

Die Radiohelligkeit m_R eines kosmischen Radiostrahlers definiert man durch $m_R = -53{,}4 - 2{,}5 \lg S$, wobei S der Strahlungsstrom in Watt je m^2 bei der Frequenz 158 MHz ist. Auf Grund seines Wärmeinhaltes kann ein Himmelskörper thermische Radiofrequenzstrahlung aussenden. Sein Spektrum stimmt dann mit dem eines schwarzen Strahlers der gleichen Temperatur überein. Nichtthermisch ist dagegen die Radiostrahlung, die in einem ionisierten Gas als Bremsstrahlung oder bei Plasmaschwingungen entsteht. Auch die *Synchrotronstrahlung*, die von schnellen Elektronen in einem Magnetfeld emittiert wird und stark polarisiert ist, gehört dazu. Neben der kontinuierlichen thermischen und nichtthermischen Radiostrahlung tritt aber auch Linienstrahlung in Emission und Absorption auf. Die bekannteste ist die *21-cm-Linie* des neutralen interstellaren Wasserstoffs. Andere

Radiolinien stammen von hochangeregten Wasserstoffatomen oder von Radikalen und Molekülen des interstellaren Gases, z. B. entsteht die Linie bei $\lambda = 5{,}99$ cm beim Elektronenübergang vom 110. auf das 109. Niveau im Wasserstoffatom, Linien bei $\lambda = 18$ cm stammen vom OH-Radikal.

Aus dem → Rauschen, das allgemein vom Milchstraßensystem ausgeht, heben sich Stellen verstärkter Radiofrequenzstrahlung heraus, die *Radioquellen* genannt werden. Auch die Sonne ist eine Radioquelle und sendet sowohl thermische als auch nichtthermische Radiostrahlung aus. Thermische Strahlung konnte auch von allen Planeten außer Pluto empfangen werden. Aus begrenzten Gebieten der Atmosphäre von Jupiter wird auch nichtthermische Strahlung empfangen. Thermische Radioquellen im Milchstraßensystem sind die hellen Emissionsnebel oder HII-Gebiete, die hauptsächlich aus ionisiertem Wasserstoff (→ interstellare Materie) bestehen. Radioquellen besonderer Art stellen die Supernova-Überreste, z. B. der Krebsnebel, und die → Pulsare dar. Die *Scheibenkomponente* des kontinuierlichen galaktischen Hintergrundrauschens besteht aus Synchrotronstrahlung und stammt wahrscheinlich aus den Spiralarmen. Eine isotrope *Koronakomponente* stammt dagegen wahrscheinlich von einer Korona, die das ganze Milchstraßensystem einhüllt.

Auch *extragalaktische Sternsysteme* wurden als Radioquellen identifiziert. Die Differenz zwischen Radiohelligkeit m_R und photographischer Helligkeit m_{ph} beträgt bei normalen spiralförmigen Galaxien, z. B. dem Andromedanebel, im Mittel = $0^m\!.8$, bei irregulären Systemen, z. B. den Magellanschen Wolken, etwa 3^m; von elliptischen Systemen empfängt man im allgemeinen noch weniger Radiostrahlung als von Spiralsystemen. Die Spiralsysteme enthalten, nach der Intensität der 21-cm-Linie zu urteilen, etwa gleich viel interstellares Gas wie das Milchstraßensystem. In irregulären Systemen dagegen ist die Intensität dieser Linie relativ stärker. Bei den *Radiogalaxien* liegt $m_R - m_{ph}$ zwischen -4 und -13^m; die im Radiobereich abgestrahlte Energie übertrifft damit wesentlich die Strahlungsleistung eines normalen Systems von 10^{44} erg/s im sichtbaren Bereich. Meist entsteht die Strahlung einer Radiogalaxis in zwei ausgedehnten Gebieten, die bis zu 300 kpc außerhalb der optisch sichtbaren Galaxie liegen und zwischen denen sich das zugehörige Sternsystem befindet. In einzelnen Fällen, z. B. Cygnus A, entsteht die Radiostrahlung wahrscheinlich in instabilen Kernen von Sternsystemen, aus denen Gasmassen mit hohen Geschwindigkeiten ausgestoßen werden. Vom Kerngebiet z. B. der Galaxie NGC 4486, die mit der Radioquelle Virgo A identisch ist, geht ein heller Materiestrahl aus, dessen polarisiertes Licht auf Synchrotronstrahlung deutet. Besondere extragalaktische Objekte sind die → Quasare. Eine Radiofrequenzstrahlung, deren spektrale Energieverteilung angenähert der eines schwarzen Strahlers von 3 K entspricht, wird gleichmäßig aus jeder Richtung des Raumes aufgenommen. Diese *3-K-Strahlung* wird kosmologisch als thermische Reststrahlung eines frühen Zustandes des Weltalls gedeutet, als alle Masse und Strahlung auf engem Raum konzentriert waren.

Ein besonderes Gebiet der R. ist die Anwendung der *Radartechnik*. Mit der Radio-Echo-Methode können die Entfernungen der Körper des Sonnensystems bestimmt werden, ferner kann man ihre Oberflächenbeschaffenheit untersuchen. Auch die Rotation des Merkur und der Venus konnte mit Hilfe der Radartechnik bestimmt werden.

radiocarbon dating, → physikalische Altersbestimmung.

Radiochemie, Teilgebiet der Chemie, in dem mit Radionukliden gearbeitet wird. Die Untersuchung der radioaktiven Familien und die Entdeckung der chemischen Elemente Polonium, Radium, Radon, Frankium, Aktinium und Astat sind auf radiochemischer Grundlage gemacht worden. Radiochemische Forschungen führten zur Entdeckung des radioaktiven Verschiebungssatzes und der Kernspaltung. Die Methoden der R. wurden so verfeinert, daß mit ihrer Hilfe die Identifizierung von Transuranen gelingt, von denen nur wenige Atome zur Analyse zur Verfügung stehen. Die R. hat große technische Bedeutung bei der Aufarbeitung des Brennstoffes von Reaktoren gewonnen.

Radioelemente, → Radioaktivität.

Radiofrequenz-Size-Effekt, → Size-Effekt.

Radiofrequenzstrahlung, → Radioastronomie.

Radiogalaxie, → Radioastronomie.

radiogen, → radioaktive Familien.

Radiogramm, → Radiographie.

Radiographie, ein Verfahren, das die Schwärzung von Filmmaterial durch die ionisierende Wirkung radioaktiver Strahlung benutzt. Die dabei gewonnenen Aufnahmen heißen *Radiogramme*. Wichtig ist die → Autoradiographie.

Radioindikatoren, → Tracer.

Radiokarbonmethode, → physikalische Altersbestimmung.

Radiokohlenstoff, jede Art von radioaktivem Kohlenstoff, speziell C-14, das in der Natur vorkommt. C-14 ist ein weicher Betastrahler, der mit einer Halbwertszeit von 5760 Jahren unter Emission eines β^--Teilchens zum stabilen Stickstoff-14 zerfällt: $^{14}C \xrightarrow{5760a} {}^{14}N + e^-$. Die maximale Energie der frei werdenden β^--Strahlung beträgt 0,156 MeV. Diese günstigen physikalischen Eigenschaften vereinfachen den Umgang mit C-14 in Biologie, Medizin, Landwirtschaft und Technik sowie auf weiteren Gebieten erheblich: Auf Grund der großen Halbwertszeit kann die Radioaktivität während eines Versuches als konstant angenommen werden; es erübrigen sich Aktivitätskorrekturen. Die weiche β^--Strahlung des C-14 vermag nur geringe Materialdicken zu durchdringen; sie wird schon von den Wandungen üblicher Laborglasgeräte nahezu vollkommen absorbiert. Bei Arbeiten mit C-14-Präparaten sind daher keine aufwendigen Strahlenschutzvorrichtungen erforderlich. Zudem hat C-14 nur eine geringe Radiotoxizität. Der menschliche Organismus scheidet das inkorporierte Nuklid, das vornehmlich im Körperfett angereichert wird, mit einer biologischen Halbwertszeit von etwa 35 Tagen aus. C-14 bildet die Grundlage der Kohlenstoff-14-Methode der → physikalischen Altersbestimmung.

Radiokohlenstoffdatierung, → physikalische Altersbestimmung.

Radiokolloide, größere Verbände radioaktiver Atome, die sich bei sehr niedrigen Konzentrationen bilden.

Radiologie, Fachrichtung der Medizin, die ionisierende Strahlung für diagnostische und therapeutische Zwecke anwendet. Man unterscheidet die Disziplinen Röntgendiagnostik, Nuklearmedizin und Strahlentherapie. Ursprünglich verwendete man Röntgenstrahlung und die Strahlung natürlicher radioaktiver Elemente, z. B. des Radiums. Die künstlichen radioaktiven Elemente führten zu einer starken Ausdehnung radiologischer Untersuchungen.

Radiolumineszenz, die Emission sichtbaren Lichtes, durch die als Szintillatoren bezeichnete Stoffe infolge Absorption energiereicher radioaktiver Strahlung angeregt werden. Die R. ist die Grundlage für den Nachweis radioaktiver Strahlung mit Szintillatoren und hat große Bedeutung für die Meßtechnik ionisierender Strahlung.

Radiometer, hochempfindliches Strahlungsmeßgerät, das aus einem leichten Balken besteht, der eine einseitig berußte Glimmerplatte und ein Gegengewicht trägt und der an einem Quarzfaden (*Quarzfadenradiometer*) in einem auf 0,1 bis 0,01 Torr evakuierten Glasgefäß aufgehängt ist. Durch die auftreffende Strahlung wird die Glimmerplatte auf beiden Seiten verschieden aufgeheizt. Die auf beiden Seiten statistisch aufprallenden Gasmoleküle werden deshalb mit verschiedenen Geschwindigkeiten reflektiert. Dadurch werden auf die Glimmerplatte die *Radiometerkräfte* ausgeübt, die eine leichte Ablenkung der Platte bewirken. Die so entstehende Auslenkung des Balkens kann über einen Drehspiegel mit Lichtzeiger sichtbar gemacht werden.

Eine Vorform des R.s ist die *Crookesche Lichtmühle*. Sie besteht aus einem Drehgestell mit vier einseitig berußten Glimmerplatten in einem evakuierten Glasgefäß. Bei Lichteinstrahlung beginnt eine mehr oder weniger starke Rotation der Mühle. Die Radiometerkräfte sind nicht mit dem Lichtdruck gleichzusetzen, denn bei stärkerer Evakuierung des Glasgefäßes verschwindet der Effekt.

Radiometerkräfte, → Radiometer.

Radiometervakuummeter, → Vakuummeter.

Radiometrie, Messung ionisierender Strahlung als Hilfsmittel für die geologische Lagerstättenerkundung, Meteorologie u. a. bzw. allgemein als Verfahren der Geophysik, die dazu dienen, den unterschiedlichen Gehalt der Gesteine an radioaktiven Mineralien (z. B. Uranitit, Pechblende, Zirkon) oder Emanationen (z. B. Radon) im Erdboden zur Erkundung von Lagerstätten radioaktiver Erze sowie von Erdölvorkommen auszunutzen. Verwendet werden dabei Ionisationskammer, Geiger-Müller-Zähler und Szintillometer. Mit hochempfindlichen Szintillometern können auch Messungen vom Flugzeug aus durchgeführt werden (*Aeroradiometrie*).

Der Begriff der R. wird nicht einheitlich gebraucht, teilweise wird im Unterschied zur Dosimetrie als R. die Messung der Aktivitätskonzentration in Luft und Wasser sowie der radioaktiven Kontamination zur Kontrolle des Strahlenschutzes bezeichnet.

Radiomikrometer, ein Strahlungsmesser, der aus einem kurzgeschlossenen → Thermoelement in einem starken Magnetfeld besteht. Die zu messende Strahlung fällt auf die Lötstelle des Thermoelementes. Der dabei entstehende Strom bewirkt eine Ablenkung im Magnetfeld, die über eine Drehspule mit Lichtzeiger sichtbar gemacht werden kann.

Radionuklide, instabile Nuklide, die sich beim → radioaktiven Zerfall unter Aussendung von α-, β^--, β^+-, Protonen- oder γ-Strahlung direkt oder über radioaktive Zerfallsreihen (→ radioaktive Familien) in stabile Nuklide umwandeln. R. gleicher Kernladungszahl werden als *radioaktive Isotope* oder *Radioisotope* bezeichnet. Die noch sehr verbreitete Verwendung dieser beiden Begriffe zur Bezeichnung aller R. ist unkorrekt. Von den gegenwärtig bekannten über 1500 R.n kommen etwa 50 in der Natur vor; so sind alle natürlich vorkommenden Nuklide, deren Ordnungszahl größer als 82 ist, radioaktiv, weiterhin z. B. noch Kalium-40 ($^{40}_{19}K$), Rubidium-87 ($^{87}_{37}Rb$) und Samarium-147 ($^{147}_{62}Sm$).

Der Nachweis von R.n ist auf Grund der von ihnen ausgesandten ionisierenden Strahlung relativ einfach. Als Strahlungsdetektoren werden im wesentlichen die Ionisationskammer, das Proportionalzählrohr, das Geiger-Müller-Zählrohr und der Szintillationszähler verwendet, ferner bedient man sich der Autoradiographie.

Die wichtigsten Methoden zur Erzeugung von R.n sind die Bestrahlung von geeigneten stabilen Nukliden mit energiereichen geladenen Teilchen, die aus einem Teilchenbeschleuniger stammen, die Bestrahlung von stabilen Nukliden mit langsamen oder schnellen Neutronen im Kernreaktor und die Kernspaltung. Um R. mit der erforderlichen Reinheit und spezifischen Aktivität zu erhalten, müssen spezielle Verfahren angewandt werden, z. B. das Ausfällen radioaktiver Salze in Form kristalliner Niederschläge, die fraktionierte Kristallisation und die Ausnutzung des → Szilard-Chalmers-Effekts.

Die Anwendung der R. erfolgt auf vielen Gebieten der Naturwissenschaften, in der Medizin (→ Nuklearmedizin), der Land- und Forstwirtschaft sowie in vielen Zweigen der Technik, und zwar entweder als Radioindikatoren (→ Tracer) oder als Strahlungsquellen.

Bei der Anwendung der R. als *Strahlungsquellen* interessiert die Wechselwirkung der ausgesandten ionisierenden Strahlung mit der be- oder durchstrahlten Substanz. Dabei nutzt man aus, daß sich die Eigenschaften der bestrahlten Substanz ändern, daß elektrische Aufladungen beseitigt werden oder daß die auftreffende Strahlung durch die Substanz geschwächt, gestreut oder anderweitig beeinflußt wird, was durch geeignete Strahlungsdetektoren messend verfolgt werden kann. Die R. sind besonders deshalb vorteilhaft als Strahlungsquelle einzusetzen, weil sie keine aufwendigen Anlagen für Hochspannung, Vakuum u. dgl. erfordern wie andere Quellen energiereicher Strahlung, z. B. Röntgenröhren oder Teilchenbeschleuniger. Radioaktive Strahlungsquellen können, da sie klein und kompakt sind und sich relativ leicht transportieren lassen, unmittelbar an die Stelle gebracht werden, wo sich die Untersuchungen am günstigsten durchführen lassen. Allerdings sind die erreichbaren Strahlungsintensitäten bedeutend niedriger als bei Röntgenröhren oder Teilchenbeschleunigern.

Die technische Anwendung der R. als Strahlungsquellen ist sehr vielseitig. Folgende Beispiele seien genannt: Gamma- oder Betastrahlen aussendende R. werden für Längenmessungen (→ Länge) ausgenutzt. Mit Hilfe der Gammadefektoskopie, einem Verfahren der zerstörungsfreien → Werkstoffprüfung, werden Werkstücke auf Materialfehler untersucht. Ebenso wie die Gammadefektoskopie auf der Untersuchung der Schwächung der radioaktiven Strahlung beruht, wird der Schwächungseffekt (→ ionisierende Strahlung 1) weiterhin ausgenutzt zur Füllstandsmessung und -regelung in geschlossenen Behältern, zur Kontrolle der feuerfesten Auskleidungen von Ofenwänden, zur Bestimmung des Aschegehaltes der Kohle und des Schwefelgehaltes von flüssigen Mineralölprodukten, zur Bestimmung des Wassergehaltes des Erdbodens u. dgl. Durch Einwirkung der Strahlung von R.n z. B. auf Polyäthylen kann dessen mechanische Festigkeit und Wärmebeständigkeit verbessert werden, bei Kautschuk erfolgt die Vulkanisation zu Weichgummi durch Bestrahlung rascher; Lebensmittel werden steril und damit haltbarer. — In der Medizin werden Geschwülste mit Hilfe der → Strahlentherapie behandelt.

Lit. Duncan u. Cook: Isotope in der Chemie (München 1971); Fassbender: Einführung in die Meßtechnik der Kernstrahlung und die Anwendung der Radioisotope (2. Aufl. Stuttgart 1962); Haissinsky u. Adloff: Radiochemisches Lexikon der Elemente (Bonn 1968); Hanle: Isotopentechnik (München 1964); Linser u. Kaindl: Isotope in der Landwirtschaft (Hamburg 1960); Pohl: Kerntechnik im Bauwesen (2. Aufl. Berlin 1970); Roginskij: Theoretische Grundlagen der Isotopenchemie (Berlin 1962); Schmeiser: R. (2. Aufl. Berlin, Göttingen, Heidelberg 1963); Schütte: Radioaktive Isotope in der organischen Chemie und Biochemie (Weinheim 1966).

Radioquelle, → Radioastronomie.

Radiosonde, Gerät zur automatischen Messung der meteorologischen Elemente in der freien Atmosphäre und zu ihrer Übertragung auf drahtlosem Wege. Beim Aufstieg mittels Ballons werden die Meßwerte der Geber (Druck, Temperatur, Feuchte) in kodierte Signale umgewandelt und der Bodenstation übermittelt. Spezialausführungen messen den Ozongehalt, den Wassergehalt von Wolken, den elektrischen Potentialgradienten und die UV-Strahlung. Die Aufstiegshöhen liegen zwischen 20 und 40 km bei einer mittleren Steiggeschwindigkeit von 350 m/min. Durch Anpeilen der vom Sender der R. ausgestrahlten elektromagnetischen Wellen oder durch Verfolgen der mit einem Reflektor versehenen R. mit einem Funkmeßgerät kann man die Flugbahn der R. und daraus den Höhenwind bestimmen. → Meteorograph.

Radiostern, → Quasar.

Radioteleskop, → astronomische Instrumente.

Radiothorium, → Thorium.

Radiotoxizität, Kennzeichnung der Gefährlichkeit eines Radionuklids bezüglich der Wirkung seiner Strahlung bei → Inkorporation. Die R. hängt von der Strahlungsart und -energie, von der Konzentration in bestimmten Organen, vom Inkorporationsweg und von der effektiven → Halbwertszeit ab. Maßgebend ist die Dosisbelastung des *kritischen Organs*, das die größte Strahlendosis erhält oder besonders strahlenempfindlich ist und dessen Dosisbelastung für den Organismus nachteiligere Folgen als die der anderen Organe hat oder in dem sich die genannten Einflüsse addieren wie bei den Knochensuchern, z. B. Sr-90 oder Ra-226, die sich bevorzugt im Knochen ablagern und das besonders strahlenempfindliche Knochenmark schädigen. Bekannte Radionuklide der nach abnehmender R. geordneten 4 Gruppen sind für die 1. Gruppe Sr-90, für die 2. Gruppe J-131, für die 3. Gruppe P-32 und für die 4. Gruppe C-14. Die R. beeinflußt die → Strahlenschutzgrenzwerte wie MZIA, MZZ, MZK und das Aktivitätsniveau, das in den verschiedenen Klassen von Isotopenlaboratorien zugelassen ist.

Radium, Ra, natürliches radioaktives chemisches Element der Ordnungszahl 88. Bekannt sind 13 Isotope der Massezahlen 213 und 219 bis 230. Das längstlebige Isotop ist ^{226}Ra mit einer Halbwertszeit von 1600 Jahren. Am schnellsten zerfällt ^{219}Ra mit einer Halbwertszeit von 10^{-3} Sekunden. Das bedeutendste Isotop ist ^{226}Ra. Weitere Isotope kommen in der Uran-Aktinium-Reihe (^{223}Ra oder AcX) und in der Thorium-Reihe (^{228}Ra oder MsTh I und ^{224}Ra oder ThX) vor. ^{226}Ra zerfällt unter Aussendung von α-Teilchen einer Energie von 4,777 MeV zu ^{222}Rn, einem Radonisotop. R. wurde als Strahlenquelle in der Radiologie benutzt, ist jedoch von dem billigeren und besser zu handhabenden Kobalt-60 verdrängt worden. Zusammen mit Beryllium dient R. als Neutronenquelle. Es wurde 1898 von dem Ehepaar Curie erstmals durch Aufbereitung von Pechblende gewonnen.

Radium-Beryllium-Neutronenquelle, → Neutronenquelle.

Radium-Emanation, → Radon.

Radiumstandard, → radioaktiver Standard.

Radiumtherapie, medizinische Behandlungsmethode, die die Wirkung der γ-Strahlung des Radiums auf Gewebe ausnutzt.

Radon, Rn, frühere Bezeichnung *Emanation*, Em, oder *Niton*, Nt, radioaktives chemisches Element der Ordnungszahl 86, ein Edelgas. Bekannt sind 18 Isotope mit den Massezahlen 204, 206 bis 212 und 215 bis 224. Das längstlebige ist ^{222}Rn mit einer Halbwertszeit von 3,82 Tagen. Am schnellsten zerfällt ^{215}Rn mit einer Halbwertszeit von 10^{-6} Sekunden. ^{222}Rn entsteht in der Uran-Radium-Reihe durch den α-Zerfall von ^{226}Ra. Es wird als *Radium-Emanation* bezeichnet. Analog bildet sich durch den α-Zerfall des Nuklids ^{223}Ra in der Uran-Aktinium-Reihe ^{219}Rn (*Aktinon, An*) und durch den α-Zerfall des Nuklids ^{224}Ra in der Thoriumreihe ^{220}Rn (*Thoron, Tn*). Radioaktive Präparate, bei denen R. entweichen kann, verseuchen die Umgebung.

RaD-Standard, → radioaktiver Standard.

Rainout, → radioaktiver Niederschlag.

Rakete, ein Fluggerät, das seinen Bewegungszustand durch den → Rückstoß eines Strahls schneller Teilchen verändern kann, wobei es die zur Erzeugung des Strahls notwendige Masse und Energie selbst mitführt, also unabhängig von seiner Umgebung funktionsfähig ist (autogener Reaktivantrieb oder Strahlantrieb). Die R. arbeitet deshalb auch im Vakuum des Weltraums. Der Teilchenstrahl wird in einem Triebwerk (→ Raketentriebwerk) erzeugt, ferner enthält eine R. Treibstoffe (→ Raketentreibstoffe), eine Nutzlast sowie gegebenenfalls elektronische Einrichtungen und Ortungsgeräte für die Lenkung. Je nach Funktionsweise des Triebwerks unterscheidet man bei R.n mit thermochemischen Triebwerken zwischen *Feststoff-*, *Flüssigkeits-* und *Hybridraketen* (→ Raketentriebwerk).

Die **Bewegungsgleichung** der R. ist ein typisches Beispiel für die Dynamik veränderlicher Massen und ergibt sich sofort aus der Konstanz des Gesamtimpulses: Ist M die Masse der R. und $\vec{v}$ ihre Geschwindigkeit zum Zeitpunkt t, entsprechend $M + \mathrm{d}M$ bzw. $\vec{v} + \mathrm{d}\vec{v}$ zum Zeitpunkt $t + \mathrm{d}t$ (mit $\mathrm{d}M < 0$), und ist $\vec{c}_0$ die Strahlgeschwindigkeit relativ zur R., so gilt in einem Inertialsystem

$$M\vec{v} = (M + \mathrm{d}M)(v + \mathrm{d}v) - \mathrm{d}M(\vec{v} + \vec{c}_0),$$

oder bei Vernachlässigung von $\mathrm{d}M \cdot \mathrm{d}\vec{v}$

$$M\dot{\vec{v}} = \dot{M}\vec{c}_0. \tag{1}$$

$\dot{m} = -\dot{M}$ ist der Massedurchsatz je Sekunde und $\dot{m}\vec{c}_0$ der → Schub der R. Wenn $\vec{c}_0$ antiparallel zu $\vec{v}$ und konstant ist, erhält man durch Integration von (1) die *Ziolkowskische Gleichung*

$$v(t) = v_0 + c_0 \ln (M_0/M(t)), \tag{2}$$

d. h., der Geschwindigkeitszuwachs der R. ist nur eine Funktion des Massenverhältnisses $\mu = M_0/M$; dabei beziehen sich M_0 und v_0 auf den Zeitpunkt $t = t_0$, z. B. den Startzeitpunkt, $v - v_0$ bezeichnet man in diesem Fall als „ideale" Geschwindigkeit der R. Unter *Massenverhältnis* versteht man das Verhältnis der Masse einer vollbetankten R. (Startmasse) M_0 zur Masse $M(t)$ der R. in einem späteren Zeitpunkt $\mu = M_0/M(t) > 1$, insbesondere das Verhältnis von M_0 zur Brennschlußmasse (bzw. Leermasse) M_L der R. Das Massenverhältnis μ bestimmt wesentlich die (ideale) Geschwindigkeit, die von der R. erreicht werden kann.

Wenn auch Gravitationskräfte und aerodynamische Kräfte auf die R. einwirken, wie in der Nähe der Erdoberfläche, so lautet die Bewegungsgleichung der R. allgemeiner:

$$M\dot{\vec{v}} = -\dot{m}\vec{c}_0 + M\vec{g} + \varrho(v^2/2)\,F\vec{k}, \tag{3a}$$

$$\dot{M} = -\dot{m}. \tag{3b}$$

Dabei sind $\dot{m}$ und $\vec{c}_0$ durch die Arbeitsweise des Triebwerks vorgegebene Funktionen der Zeit (die auch noch etwas vom Außendruck abhängen), $\vec{g}$ ist der Vektor der Gravitationsbeschleunigung und ϱ die Luftdichte (beide sind Funktionen des Ortes), F ist die Querschnittsfläche der R. und $\vec{k}$ der Vektor des aerodynamischen Koeffizienten, der sich aus den Koeffizienten des Widerstandes und des Auftriebs zusammensetzt und noch von der Machzahl (also v) und vom Anstellwinkel δ zwischen $\vec{v}$ und der Symmetrieachse der R. abhängt (→ Ballistik). Hinzu kommt eine dritte Gleichung, die die Änderung von δ und des Azimutwinkels φ durch Steuerdüsen und durch aerodynamische Momente beschreibt (Drehung der R. um ihren Massenmittelpunkt). Die geschlossene Integration des Systems (3) ist nur unter erheblichen Vereinfachungen möglich, im übrigen werden Näherungsverfahren und Computerrechnungen eingesetzt. Die Flugbahn $\vec{r}(t)$ einer R. enthält aktive Bahnabschnitte (Antriebsbahn) mit $\dot{m}c_0 \neq 0$ und passive Bahnabschnitte (Freiflugbahn) mit $\dot{m}c_0 = 0$. Soll die R. von der Erdoberfläche starten, muß $\dot{m}c_0 > M_0 g$ sein. Der *Wirkungsgrad* η einer R. ist das Verhältnis ihrer kinetischen Energie E_k bei Brennschluß (und zwar in dem Inertialsystem, in dem sie beim Start $t = t_0$ ruht) zum Energieinhalt des Treibstoffs εM_T (M_T ist die Treibstoffmasse, ε der spezifische Energieinhalt des Treibstoffs). Unter „idealen" Bedingungen (s. o.) wird

$$\eta = \frac{E_k}{\varepsilon M_T} = \frac{c_0^2}{2\varepsilon} \cdot \frac{(\ln \mu)^2}{\mu - 1}. \tag{4}$$

η wird maximal für $\mu = 4{,}92$, $\eta_{max} = (c_0^2/\varepsilon) \cdot 0{,}3238$.

Man kann zwischen ungelenkten und gelenkten R.n unterscheiden. Eine *Lenkung* der R. ist möglich 1) durch Änderung des Schubvektors $\dot{m}\vec{c}_0$ (Schubvektorsteuerung) mittels schwenkbarer Triebwerke bzw. Brennkammern, mit Strahlrudern oder mit zusätzlichen kleinen Steuertriebwerken; 2) innerhalb der Atmosphäre durch Luftruder bzw. Lenkflossen (Änderung von $\vec{k}$). Ferner können Magnetfelder und der Strahlungsdruck ausgenutzt werden. Die erforderlichen Lenkkommandos können in der R. selbst gebildet werden (autonome Lenkung oder Selbstlenkung), und zwar durch ein fest vorgegebenes Programm oder durch ständigen Vergleich (Adaption) der Istwerte mit den vorgegebenen Sollwerten, z. B. bei der Zielsuchlenkung militärischer R.n oder bei der Inertiallenkung von Trägerraketen und großen ballistischen R.n. Andererseits ist es auch möglich, daß die Sollwerte von einer Bodenstation vorgegeben werden (Leitstrahllenkung). Schließlich können die Lenkkommandos selbst durch die Bodenstation an die R. übermittelt werden (Kommandolenkung); diese beiden Verfahren bezeichnet man auch als Fernlenkung.

Wenn sehr hohe Geschwindigkeiten $v \gg c_0$ angestrebt werden, z. B. in der Raumfahrt, so setzt man *mehrstufige* R.n ein, die aus mehreren (2 bis 5) Einzelraketen aufgebaut sind (Raketenstufen). Diese R.n arbeiten sukzessive und werden abgeworfen, sobald sie leergebrannt sind. Dadurch kann das Massenverhältnis μ und damit auch nach (2) die erreichbare Endgeschwindigkeit v erhöht werden.

Kleine R.n werden als Feuerwerks- und Signalraketen, als Seenot-Rettungsraketen u. a. verwendet. Ein sehr breites Spektrum von Raketentypen aller Größen wurde für militärische Zwecke entwickelt (Kampfraketen). Für wissenschaftliche Messungen werden Forschungsraketen eingesetzt, zum Start von Raumflugkörpern große mehrstufige Trägerraketen.

R.n wurden seit dem Mittelalter zunächst in China, später auch in Indien, Arabien, Westeuropa und Rußland vor allem für militärische Aufgaben bis ins 19. Jh. verwendet. Dabei handelte es sich ausschließlich um Pulverraketen. Eine neue Entwicklung setzte ein, nachdem die Bedeutung der R. für die Raumfahrt erkannt worden war (Ziolkowski 1903) und der Aufschwung der Chemie und der Elektronik den Einsatz besserer Treibstoffe bzw. die Lenkung von

R.n ermöglichte. 1926 wurde die erste Flüssigkeitsrakete gebaut (Goddard), und vor allem in der Sowjetunion und in Deutschland wurden weitere Versuche unternommen, die im 2. Weltkrieg zum Einsatz militärischer R.n führten (erste Großrakete A 4, 1942). 1949 entstand die erste Mehrstufenrakete, 1957 wurde mit einer Trägerrakete der erste künstliche Erdsatellit gestartet. Seitdem konnte hauptsächlich in der Sowjetunion und in den USA die Leistung, die Zuverlässigkeit und der Einsatzbereich von R.n beträchtlich verbessert bzw. erweitert werden.

Raketentreibstoffe, chemische Substanzen (Elemente, Verbindungen, Gemische), die für den Einsatz in thermischen → Raketentriebwerken geeignet sind. Sie bringen durch eine exotherme Reaktion in der Brennkammer (z. B. Verbrennung eines Brennstoffs mit einem Oxydator) ihre Atome bzw. Moleküle auf eine möglichst hohe thermische Geschwindigkeit und erfüllen ferner Forderungen hinsichtlich ihrer chemischen Aggressivität und Stabilität, ihrer Lagerfähigkeit, ihrer Dichte u. a. Man unterscheidet nach dem Aggregatzustand *feste* und *flüssige R.*, nach der Zahl der unabhängigen Komponenten Einstoff-, Zweistoff- und Dreistoffsysteme (Monergole, Diergole, Triergole), ferner hypergole (selbstzündende) und nichthypergole R. Die häufig verwendeten Zweistoffsysteme setzen sich aus einem Brennstoff und einem Oxydator zusammen; als Brennstoffe werden z. B. Kerosin, Hydrazin, Äthylalkohol, Wasserstoff (flüssige Brennstoffe), Polyurethane, Polyesterharze, Polybutadien, auch mit Metallzusätzen von Aluminium, Magnesium u. a. (feste Brennstoffe), verwendet, als flüssige Oxydatoren z. B. Sauerstoff, Salpetersäure, Distickstofftetroxid, Wasserstoffperoxid, Fluor, als feste Oxydatoren Ammonium-, Natrium- und Kaliumnitrate oder -perchlorate.

Raketentriebwerk, Antriebsvorrichtung von → Raketen, die auf der Reaktionskraft eines ausströmenden Strahls beruht (→ Rückstoß) und die auch in anderen Flugkörpern und Fahrzeugen als Hilfstriebwerk eingesetzt werden kann. Im Gegensatz zu den anderen Strahlantriebsverfahren (vor allem den Luftstrahltriebwerken, → Strahltriebwerk) ist das R. unabhängig von der Zufuhr von Energie oder Masse aus der Umgebung, es arbeitet z. B. unabhängig vom Sauerstoff der Luft und bildet damit den weitaus wichtigsten → Raumfahrtantrieb.

R.e erzeugen einen gerichteten Strahl schneller Teilchen, der durch den Rückstoß einen → Schub auf das Triebwerk bzw. die Rakete ausübt und sie dadurch beschleunigt. Man kann die R.e untergliedern a) nach der Art dieses Teilchenstroms (der „Stützmasse": neutrale Gase oder Dämpfe, Plasmen bzw. Ionen, Photonen); b) nach der Energiequelle (hauptsächlich chemische Energie, Kernenergie); c) nach dem Verfahren, mit dem die Umwandlung dieser gespeicherten Energie in kinetische Energie der Strahlteilchen erreicht wird (entweder nur über die Aufheizung der Stützmasse: thermische R.e, oder unter Zuhilfenahme elektrischer und magnetischer Felder: elektrische R.e).

Charakteristische Parameter zur Kennzeichnung und Beurteilung von R.en sind
die Ausströmgeschwindigkeit c (m/s),
der Massedurchsatz $\dot{m}$ (kg/s),
der Schub $S = c_0\dot{m}$ (mkg/s^2 bzw. kp),
das Schubverhältnis $S_0/(g_0 M_0)$, wobei S_0 der Startschub, M_0 die Startmasse der Rakete und g_0 die Schwerebeschleunigung an der Erdoberfläche ist,
die Beschleunigung $a = S/M$ (m/s^2), wobei M die Masse der Rakete ist,
die Brenndauer t_B (s),
der Gesamtimpuls $I = St_B$ (kp s),
der spezifische Impuls I_s, der meist noch als Schub je Gewichtsdurchsatz definiert wird ($I_s = S/(g_0\dot{m}) = c/g_0$ (s), konsequenterweise jedoch als Schub je Massedurchsatz zu definieren ist, womit sich $I_s = S/\dot{m} = c_0$ ergibt (m/s bzw. kps/kg),
die Impulsdichte (Impuls je Volumeneinheit des Treibstoffs) $I_d = I_s\varrho$ (kps/m^3), wobei ϱ die Dichte der Treibstoffe ist,
die Leistung $L = Sc_0/2$ (kW),
die Leistungsmasse $m_L = M_{Tr}/S$ (kg/kp), wobei M_{Tr} die Masse des Triebwerks ist,
die spezifische Masse $m_s = M_{Tr}/L$ (kg/kW),
der Schubfaktor $\zeta = S/(F_0 p_0)$, wobei p_0 der Druck in der Brennkammer und F_0 der engste Düsenquerschnitt ist,
der spezifische Verbrauch $C_s = \dot{m}g_0/S$ (1/s).

Die Größe dieser Parameter ist bei den verschiedenen Typen von R.en sehr unterschiedlich.

1) Die *thermischen R.e* besitzen eine kurze Brenndauer t_B (Größenordnung s bis min) und relativ niedrige Ausströmgeschwindigkeiten c (1,5 bis 5 km/s), doch ist der Massedurchsatz $\dot{m}$ sehr hoch, ebenso der erzeugte Schub S, der gewöhnlich größer ist als das Gewicht der vollbetankten Rakete an der Erdoberfläche (Schubverhältnis > 1). Diese Triebwerke, die man auch als R.e im engeren Sinne bezeichnet, werden bei allen Raketen verwendet, die von der Erdoberfläche starten oder die in der Atmosphäre arbeiten, sowie überall dort, wo es auf große Leistung ankommt. Bisher fast ausschließlich als Antriebssysteme verwendet werden die *thermochemischen R.e.* Ihnen ist gemeinsam, daß durch eine exotherme Reaktion des Treibstoffs (meist Oxydationsreaktion zwischen zwei Komponenten des Treibstoffs, → Raketentreibstoffe) in einer Brennkammer ein heißes Gas entsteht, das infolge seines hohen Druckes aus einer Düse (Laval-Düse u. ä.) entweicht und dabei einen Überschallgasstrahl bildet. Die effektive Ausströmgeschwindigkeit c_0 ergibt sich aus $c_0^2 = \frac{2\varkappa}{\varkappa - 1}\frac{R}{M^*}T_0$, und die tatsächliche Ausströmgeschwindigkeit im Endquerschnitt der Düse c wird $c^2 = c_0^2\,[1 - (p/p_0)^{(\varkappa-1)/\varkappa}]$. Hierbei sind $\varkappa$ der Adiabatenexponent, R die Gaskonstante, M^* das Molekulargewicht, T_0 und p_0 die Temperatur bzw. der Druck in der Brennkammer und p der Druck im Endquerschnitt der Düse. p_0/p ist das Druckverhältnis des R.s. T_0 liegt bei 2500 bis 3500 K, p_0 bei 30 bis 150 at.

Ferner wird als „charakteristische" Geschwindigkeit die Größe

$$c^* = F_0 p_0/\dot{m} = \frac{c_0}{\Gamma[2\varkappa/(\varkappa - 1)]^{1/2}}$$

definiert mit $\Gamma = \sqrt{\varkappa}\,[2/(\varkappa + 1)]^{(\varkappa+1)/2(\varkappa-1)} \approx 2/3$. Der Massedurchsatz $\dot{m}$ ergibt sich aus

$$\dot{m} = \frac{F_0 p_0}{[RT_0/M^*]^{1/2}}.$$

Diese R.e sind konstruktiv sehr verschieden, je nachdem, ob sie mit flüssigen oder festen Treibstoffen arbeiten (→ Raketentreibstoffe). Bei den *Flüssigkeitsraketentriebwerken* befinden sich gewöhnlich die flüssigen Brennstoffe und Oxydatoren in getrennten Treibstoffbehältern der Rakete und werden mit Turbopumpen oder Druckgas in die Brennkammer eingespritzt. Vorteile dieses Triebwerktyps sind bessere Regelbarkeit des Brennvorgangs und des Schubs, Möglichkeit der größeren Brenndauer und etwas höherer Ausströmgeschwindigkeiten, ferner Einsparung von Leermasse, da nur die Brennkammerwand hohem Druck und hoher Temperatur ausgesetzt ist. *Feststoffraketentriebwerke* enthalten den Treibstoff (meist ein Gemisch von Brennstoff und Oxydator) in Form fester Treibstoffsätze, der Abbrand erfolgt unmittelbar an der inneren Oberfläche des Treibstoffs. Vorteile sind der wesentlich einfachere Aufbau (keine Pumpen und Einspritzvorrichtung erforderlich), die gute Lagerfähigkeit des Treibstoffs und die schnelle Einsatzbereitschaft. Für große R.e werden nach wie vor Flüssigkeitsraketentriebwerke bevorzugt, obwohl die Feststoffraketentriebwerke so weit verbessert wurden, daß sie jetzt auch in großen Triebwerkseinheiten zuverlässig arbeiten (vor allem in militärischen Raketen). Eine Zwischenform stellt das *Hybridraketentriebwerk* dar, bei dem die eine Treibstoffkomponente flüssig, die andere fest ist. Der Schub von thermochemischen R.en liegt in der Größenordnung einiger kp bis 100 Mp, die Leistungsmasse und die spezifische Masse sind sehr niedrig, erstere z. B. 10^{-1} bis 10^{-2} kg/kp.

Die *thermischen Kernenergieraketentriebwerke* arbeiten mit einer Stützmasse (z. B. H_2), die nicht durch Verbrennung, sondern durch einen Kernreaktor auf hohe Temperaturen gebracht wird. Sie ermöglichen höhere Ausströmgeschwindigkeiten c, höhere Brenndauer t_B und höhere Impulse I als chemische R.e. Kernenergieraketentriebwerke befinden sich noch in der Entwicklungsphase. Wesentlich größere spezifische Impulse würde ein R. auf Kernfusionsbasis ermöglichen, möglicherweise auch die Ausnutzung der Reaktionskraft der Strahlung (*Photonenraketentriebwerk*). Wegen der hohen Masse des Reaktors sind die Werte für die Leistungsmasse und die spezifische Masse bisher ungünstiger als bei chemischen R.en.

2) Die *elektrischen R.e* zeichnen sich gegenüber den thermischen R.en durch sehr große Ausströmgeschwindigkeiten c_0 (Größenordnung 10 bis 10^3 km/s) und eine lange Brenndauer t_B (Größenordnung Stunden bis Jahre) aus, doch ist der Massedurchsatz $\dot{m}$ nur sehr gering, wodurch auch der erzielbare Schub, die Leistung und die Beschleunigung sehr klein sind. Elektrische Triebwerke sind deshalb ungeeignet für Raketen, die in der Atmosphäre arbeiten (die sich z. B. von der Erdoberfläche abheben sollen), auch deshalb, weil die elektrischen R.e z. T. nur im Vakuum voll funktionsfähig werden.

Die elektrischen Antriebe erzeugen aus der Stützmasse ein Plasma (bzw. ein Ionengas) und beschleunigen es thermisch oder durch elektromagnetische Kräfte. Man unterscheidet die *elektrostatischen Triebwerke* (*Ionentriebwerke*), bei denen die Atome der Stützmasse (Cs, Hg u. a.) in einer Kontakt- oder Gasentladungsionenquelle ionisiert und durch elektrostatische Felder beschleunigt werden (unter Neutralisierung durch Elektronen), sowie *Plasmatriebwerke*, die mit einem Lichtbogenplasmastrahl (*elektrothermische Triebwerke*) oder mit der Beschleunigung von Entladungsplasmen durch die Lorentz-Kraft (*MHD-Triebwerke*) arbeiten. Dabei können sowohl chemische als auch nukleare Energiequellen (Reaktoren, Radionuklidbatterien) verwendet werden, ferner Sonnenenergieanlagen. Die Ausströmgeschwindigkeit c der Ionentriebwerke z. B. ergibt sich aus $c^2 = 2ZeU_0/m_i$, wobei Ze die Ladung und m_i die Masse der Ionen sind; U_0 ist die Beschleunigungsspannung. Elektrische Antriebe befinden sich in der Erprobung unter Labor- und Weltraumbedingungen; bis jetzt wurden Schübe in der Größenordnung einiger p und Ausströmgeschwindigkeiten bis mehr als 10^2 km/s erreicht.

Raman-Effekt, *Smekal-Raman-Effekt*, die unelastische → Streuung von Photonen an Materie. Der Effekt wurde 1923 auf Grund theoretischer Überlegungen von Smekal vorausgesagt und 1928 von Raman gefunden.

Bei der klassischen Lichtstreuung (Rayleigh-Streuung) hat das gestreute Licht die gleiche Frequenz wie das einfallende Licht. Im Gegensatz dazu beobachtet man bei der Streuung von monochromatischem Licht der Frequenz ν_0 an Materie im Spektrum des seitlich austretenden Lichtes außer dem gestreuten Licht mit der Wellenlänge der anregenden Frequenz (Rayleigh-Linie) zu beiden Seiten noch schwache symmetrisch liegende Spektrallinien der Frequenzen $\nu_0 \pm \nu_s$, die *Raman-Linien*. ν_s ist dabei gleich einer der Schwingungs- oder Rotationsfrequenzen des betreffenden Moleküls, an dem die Streuung stattfindet. Aus den Raman-Linien können die Schwingungs- oder Rotationsfrequenzen bestimmt werden. Da für die Energie $E = h\nu$ gilt, bedeutet die Frequenzänderung des gestreuten Lichtes um $\pm\nu_s$ quantentheoretisch offenbar, daß ein Teil der Energie unter Anregung von höheren Schwingungs- oder Rotationszuständen an das streuende Molekül abgegeben wird und der verbleibende Teil als Raman-Linie mit niedrigerer Frequenz gestreut wird bzw. daß vom streuenden Molekül Rotations- oder Schwingungsenergie an das Lichtquant übertragen und als Raman-Linie mit höherer Frequenz gestreut wird. Man spricht deshalb auch von *Quantenstreuung*. Die Linien mit niedrigerer Frequenz werden als *Stokessche Linien* und die mit höherer Frequenz als *Antistokessche Linien* bezeichnet.

In neuerer Zeit hat besonders der R.-E. in Festkörpern, worunter man die unelastische Streuung von Photonen an Phononen versteht, für die Physik Bedeutung erlangt. Die Abb. zeigt Ausschnitte aus Raman-Spektren von einigen III-V-Halbleitern.

Der Streuprozeß läßt sich wie folgt beschreiben. Das elektrische Feld einer einfallenden elektromagnetischen Welle induziert im Festkörper ein Dipolmoment proportional zu dessen elektronischer Polarisierbarkeit α. Letztere ist eine Funktion der Verrückungen der Atome im Festkörper. α läßt sich formal in eine Potenzreihe nach den Verrückungen u entwickeln:

$$\alpha = \alpha^{(0)} + \alpha^{(1)} u + \alpha^{(2)} u^2 + \dots \quad (1)$$

Bei einer Verrückung der Atome im Rahmen einer Gitterschwingung wird die Polarisierbarkeit mit der Frequenz der Gitterschwingung bzw. mit Vielfachen von ihr moduliert.

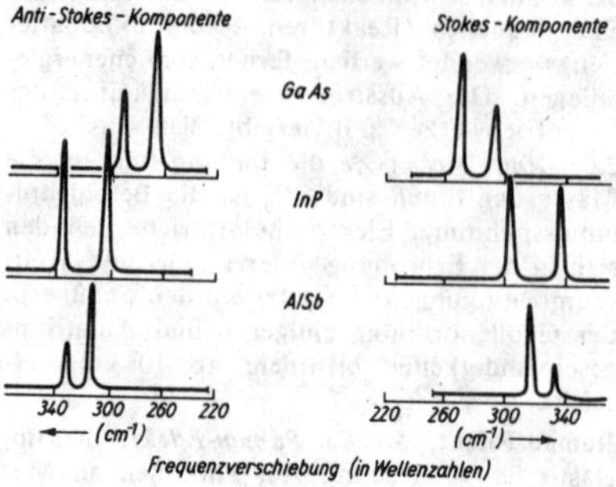

Raman-Spektren einiger A^{III}-B^{V}-Halbleiter. Abszisse ist die Verschiebung der Frequenz der gestreuten Strahlung gegenüber der Frequenz der anregenden Laserstrahlung

Als *Raman-Streuung 1. Ordnung* wird der durch das Glied $\alpha^{(1)}$ hervorgebrachte Prozeß bezeichnet, bei dem durch die Absorption eines Photons mit der Frequenz ω_0 und dem Impuls $\hbar\vec{k}_0$ ein Photon mit der Frequenz ω_s und dem Impuls $\hbar\vec{k}_s$ emittiert sowie ein Phonon mit der Frequenz ω_j und dem Impuls $\hbar\vec{q}_j$ erzeugt bzw. vernichtet wird. Energie- und Impulserhaltungssatz für den Streuprozeß verlangen, daß $\omega_s = \omega_0 \mp \omega_j$; $\vec{k}_s = \vec{k}_0 \mp \vec{q}_j$. Gemessen an dem Bereich der Impulse $\hbar\vec{q}_j$, mit denen Phononen im Festkörper auftreten können, sind die Impulse der Photonen $\hbar\vec{k}_s$ und $\hbar\vec{k}_0$ sehr klein ($|\vec{k}_0|$, $|\vec{k}_s| \approx 10^{-4}$ bis $10^{-3}\, q_{max}$). Das hat zur Folge, daß an Raman-Streuprozessen 1. Ordnung nur Phononen mit $|\vec{q}| \approx 0$ teilnehmen können.

Von den verschiedenen Schwingungszweigen im Spektrum der Gitterschwingungen geben zur Raman-Streuung nur solche Anlaß, deren Schwingungen lineare Änderungen in der elektronischen Polarisierbarkeit hervorbringen. Man nennt solche Schwingungen *raman-aktiv*. Als infrarot-aktiv werden Schwingungsmoden genannt, die zur Gitterabsorption durch Momente 1. Ordnung führen. In Kristallen mit Inversionssymmetrie schließen sich die Eigenschaften raman-aktiv und infrarot-aktiv gegenseitig aus. Aus diesem Grunde zeigen Kristalle mit NaCl- und CsCl-Struktur keinen R.-E. 1. Ordnung.

Als *Raman-Streuung 2. Ordnung* werden Prozesse bezeichnet, an denen zwei Phononen teilnehmen. Dabei können beide Phononen emittiert oder vernichtet werden, oder es wird ein Phonon erzeugt und das andere vernichtet. An Raman-Prozessen 2. Ordnung können Phononen mit allen $\vec{q}$-Vektoren aus der Brillouin-Zone teilnehmen, wenn auch nur in geeigneter Kombination.

Messungen des R.-E.es (*Raman-Spektroskopie*) sind neben Untersuchungen der Ultrarotabsorption (→ Gitterabsorption) die wichtigste optische Methode, um Informationen über die Schwingungsspektren von Festkörpern zu erhalten.

Raman-Linie, → Raman-Effekt.

Ramsauer-Effekt, Quanteneffekt der Energieabhängigkeit des Streuquerschnittes von Elektronen an Atomen und Molekülen bei Durchgang durch ein Gas. Nach der klassischen Theorie der Streuung von Elektronenstrahlen beim Durchgang durch Atome sollen die Atome um so undurchlässiger werden, je geringer die Elektronengeschwindigkeit wird. Jedoch werden entgegen dieser Erwartung bei einigen Gasen in der Nähe der 1 eV entsprechenden Elektronengeschwindigkeit diese Atome fast völlig durchlässig (Abb.). Der R.-E. läßt sich mit Methoden

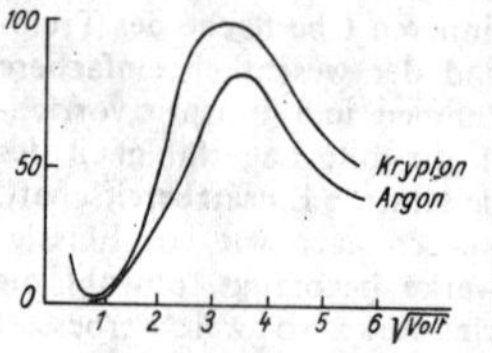

Wirkungsquerschnitt von Argon und Krypton. Die Abszisse gibt die Wurzel aus der Beschleunigungsspannung der Elektronen an, die Ordinate den Wirkungsquerschnitt in cm^2/cm^3 bei 0°C und 1 Torr

der klassischen Mechanik nicht erklären, sondern man muß die der Quantenmechanik heranziehen. Danach handelt es sich um eine Beugung der Elektronenwellen an den Atomen. Bei Elektronenenergien von 1 eV, die einer Geschwindigkeit von $5{,}93 \cdot 10^7$ cm/s entsprechen, haben die Elektronenstrahlen nach der de-Broglie-Beziehung eine Wellenlänge von 10^{-7} cm. Diese Wellenlänge liegt in der Größenordnung der Atomabmessungen, und bei gleicher Größenordnung von Wellenlänge und Hindernis treten bei allen Arten von Wellen besonders augenfällige Beugungserscheinungen auf; z. B. bei der Beugung des Lichtes an kleinen Schirmen, bei der hinter dem Schirm auf der Verbindungslinie von Lichtquelle und Schirmmitte stets Helligkeit herrscht.

Ramsay-Youngsches Gesetz, Beziehung zwischen den Dampfdruckkurven zweier Stoffe. Sind bei gleichem Dampfdruck die Siedetemperaturen T_s und T_s', dann gilt für die Temperaturen, bei denen zwei verschiedene Dampfdrücke angenommen werden (Index 1 und 2) $T_2/T_2' = T_1/T_1' + c(T_2' - T_1')$. Hierbei ist c eine empirische Zahl, die in der Regel klein ist. In der Näherung $c = 0$ heißt das R.-Y. G. *Düringsches Gesetz.*

Ramsden-Okular, → Okular.

Ramsey-Hypothese, → Erde.

Randbedingung, → Differentialgleichung.

Random-phase-Approximation, eine Näherungsmethode zur Berücksichtigung der Coulomb-Wechselwirkungen in einem Elektronengas, insbesondere zur Berechnung der Korrelationsenergie und der dielektrischen Funktion, die speziell zur Bestimmung des Abschirmpotentials bei der → Abschirmung durch Leitungselektronen dient.

Randpunkt, → Menge.

Randspannung, → Spannung 1) (*elektrische R.*), → Spannung 2) (*magnetische R.*), → Plastizitätstheorie.

Randstrahl, → Optikrechnen.

Randwertproblem, → Differentialgleichung.

Randwertprobleme nach Prager und Hodge, → Gleitlinientheorie.
Randwiderstand, → Strömungswiderstand.
Randwinkel, → Benetzung.
°Rank, → Temperaturskala.
Rankine-Clausius-Prozeß, → Clausius-Rankine-Prozeß.
Rankine-Skala, → Temperaturskala.
Ranquesches Wirbelrohr, → Wirbelrohr.
Raoultsches Gesetz, besagt, daß die Erniedrigung des Dampfdruckes eines reinen Lösungsmittels durch einen gelösten nicht flüchtigen Stoff unabhängig vom Lösungsmittel, vom gelösten Stoff und von der Temperatur und nur abhängig von der Konzentration des gelösten Stoffes ist. Die Dampfdruckerniedrigung ist gleich dem Molenbruch des gelösten Stoffes: $(p_0 - p)/p_0 = n_1/(n_1 + n_0)$. Hierbei sind p_0 bzw. p der Dampfdruck des reinen Lösungsmittels bzw. der Lösung, n_0 bzw. n_1 die Molzahlen des Lösungsmittels bzw. des gelösten Stoffes. Das Raoultsche G. ist als Grenzgesetz für stark verdünnte Lösungen (ideale Lösungen) streng gültig.

Die Dampfdruckerniedrigung hat → Siedepunktserhöhung und → Gefrierpunktserniedrigung der Lösung gegenüber dem reinen Lösungsmittel zur Folge.
Raps-Kompensator, → Kompensator.
Rarita-Schwinger-Gleichung, relativistische Wellengleichung für Teilchen mit Spin $s = 3/2$ und Masse $m \neq 0$. Die R.-S.-G. stellt eine Umformulierung der Spinordarstellung der Wellengleichung dar: $(\gamma^\mu \partial_\mu + \varkappa)\,\psi_\nu = 0$ mit der Nebenbedingung $\gamma^\mu \psi_\mu = 0$; ψ_ν ist ein Viererspinorvektor, d. h., jede Komponente des Viererspinors ist als Vierervektor aufzufassen; γ^μ sind die Diracschen Matrizen, $\partial_\mu \equiv \partial/\partial x^\mu$ (→ Dirac-Gleichung). Die Gleichung kann für beliebige Spins $s = n + 1/2$ (n ganz) übertragen werden, wenn man ψ_ν durch die Spinortensoren $\psi_{\nu_1 \nu_2 \ldots \nu_n}$ ersetzt.
Rasterelektronenmikroskop (Tafel 50), ein elektronenoptisches Gerät zur vergrößerten Abbildung von Objekten, das meist im Auflichtverfahren, d. h. zur direkten elektronenoptischen Abbildung von Oberflächen, angewandt wird. Es wird mit Hilfe mehrerer magnetischer Elektronenlinsen eine → Elektronensonde von einem Durchmesser von etwa 10 nm erzeugt und mittels einer geeigneten Ablenkvorrichtung zeilenweise über die Objektoberfläche geführt (Abb.). Zur Bilderzeugung werden in den meisten Fällen die an der Objektoberfläche ausgelösten Sekundärelektronen benutzt, die nach Erfassung durch einen hinreichend empfindlichen Detektor, z. B. bestehend aus Saugelektrode, Szintillationskristall, Lichtleiter, Sekundäremissionsvervielfacher (SEV), zur Hell-Dunkel-Steuerung des bilderzeugenden Elektronenbündels einer Oszillographenröhre benutzt werden, das synchron mit der über das Objekt geführten Elektronensonde den Wiedergabebildschirm abrastert.

Hauptcharakteristikum einer rastermikroskopischen Aufnahme ist ihre große Schärfentiefe; das Auflösungsvermögen des R.s liegt bei 10 bis 20 nm. Neben den Sekundärelektronen werden zur Informationsgewinnung über das Objekt wahlweise auch reflektierte Elektronen,

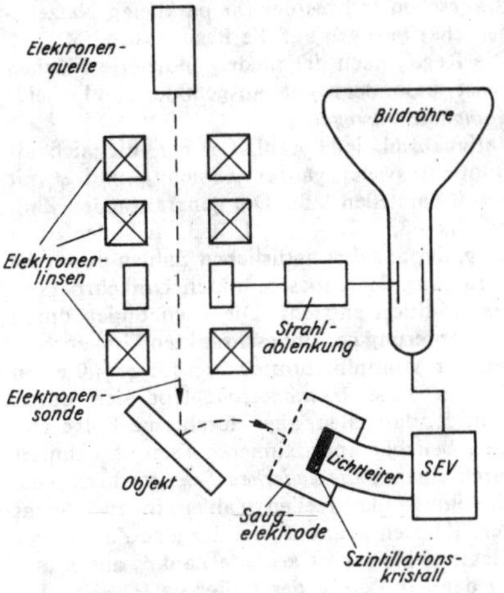

Prinzip des Rasterelektronenmikroskops

im Objekt absorbierte Elektronen und – bei Halbleitern – die strahlinduzierte Leitfähigkeitsänderung des Objekts benutzt. Die sich ergebenden Informationen betreffen nicht nur die Oberflächentopographie, sondern auch elektrische und magnetische Oberflächeninhomogenitäten.
Rastertrennung, → stereoskopisches Sehen.
Rastpolkegel, → Kreisel.
Ratiodetektor, → Demodulation.
rationale Funktion, → meromorphe Funktion, → ganze Funktion.
Rationalitätsgesetz der Kristallographie, *Haüysches Grundgesetz*, besagt: Charakterisiert man die Wachstumsflächen F_j eines Kristalls durch die Achsenabschnitte A_j, B_j, C_j, die sie auf drei zu Kristallkanten parallelen Koordinatenachsen bilden, so gilt für jedes Paar F_j, F_k derartiger Flächen $(A_j/A_k) : (B_j/B_k) : (C_j/C_k) = m : n : p$, wobei für m, n, p kleine ganze Zahlen gewählt werden können. Man kann eine dieser Flächen als *Einheitsfläche* F_0 wählen. Jede andere Wachstumsfläche F_j läßt sich dann durch ganze teilerfremde Zahlen hkl, die *Millerschen Indizes*, charakterisieren, für die $h : k : l = A_0/A_j : B_0/B_j : C_0/C_j$ gilt. Die Einheitsfläche wählt man zweckmäßigerweise so, daß alle als Begrenzung auftretenden Kristallflächen möglichst einfache Indizes erhalten. Zur Charakterisierung des morphologischen Bezugssystems eines Kristalls werden als kristallographische Konstanten die Winkel α, β, γ zwischen den Koordinatenachsen und das Achsenverhältnis $\frac{A_0}{B_0} : 1 : \frac{C_0}{B_0}$ angegeben.

Das R. ergibt sich aus der Tatsache, daß Wachstumsflächen meist zu Netzebenenscharen mit hoher Netzebenenbelastung (→ Netzebene) parallel liegen. Wird die Elementarzelle so gewählt, daß die Basisvektoren $\vec{a}$, $\vec{b}$, $\vec{c}$ zu den drei als Achsen gewählten Kanten parallel liegen, so ist $\frac{A_0}{B_0} = N \cdot \frac{a}{b}$ bzw. $\frac{C_0}{B_0} = M \cdot \frac{c}{b}$, wobei N bzw. M einfache Brüche oder kleine ganze Zahlen sind. Wurde die Einheitsfläche so gewählt, daß $M = N = 1$ ist, so werden die Millerschen Indizes einer Wachstumsfläche gleich den

Braggschen Indizes der ihr parallelen Netzebenenschar bezogen auf die Basisvektoren $\vec{a}$, $\vec{b}$, $\vec{c}$. Die Regel, nach der niedrig indizierte Flächen meist besonders gut ausgebildet sind, heißt *Komplikationsregel.*

Rationalzahl, jede Zahl $a = p/q$, die sich als Quotient zweier ganzer Zahlen p und q mit $q \neq 0$ darstellen läßt. Die ganzrationalen Zahlen ..., −3, −2, −1, 0, 1, 2, 3, ... bilden einen Ring, der aus den natürlichen Zahlen durch die Forderung der unbeschränkten Umkehrbarkeit der Addition entsteht. Die R.en bilden durch die Forderung der unbeschränkten Umkehrbarkeit der Multiplikation $aq = p$ für $q \neq 0$ einen Körper. Eine *Irrationalzahl* läßt sich durch keine R. darstellen, aber durch eine Folge von R.en beliebig approximieren. Sie ist definiert durch einen *Dedekindschen Schnitt,* durch eine Einteilung aller reellen Zahlen in zwei nicht leere Klassen A und B, bei der jede Zahl r_n der Klasse A kleiner ist als jede Zahl $\bar{r}_n$ aus B und bei der der Betrag der Differenz $|\bar{r}_n - r_n|$ für $n \to \infty$ eine Nullfolge bildet; z. B. gehören bei der Irrationalzahl $\sqrt{2}$ zur Klasse A alle Zahlen, deren Quadrat kleiner als 2 ist. Am bekanntesten ist die Approximation $\left(r - \frac{1}{10^n} \middle| r + \frac{1}{10^n}\right)$ durch Dezimalbrüche, z. B. $3{,}1415 < \pi < 3{,}1416$. Daraus ergibt sich, daß eine Irrationalzahl einem unendlichen unperiodischen Dezimalbruch entspricht. Der für die Zahl π ist z. B. auf 100265 Stellen berechnet worden.

rauchschwache Pulver, → Explosivstoffe.

Rauheis, → Rauhfrost.

Rauhfrost, Anlagerung unterkühlter Nebel- und Wassertröpfchen unter Mitwirkung der Sublimation bei Temperaturen unter −10 °C in Form faseriger, schneeweißer Zapfen, deren Spitze an der Ansatzstelle liegt. Im Inneren sind die Zapfen oft von körniger Struktur. R. setzt sich bei nebeligem Wetter an allen Unebenheiten des Bodens, an Kanten, Ecken, Baumzweigen u. dgl. an der Luvseite der Gegenstände ab. Sind die Wassertröpfchen hinreichend groß, um beim Gefrieren so viel Verdampfungswärme abgeben zu können, daß sie sich ausbreiten und die Sublimation verhindern können, so bildet sich *Rauheis.*

Rauhreif, *Duft,* Sublimation in übersättigtem Eisdampf bei Temperaturen unter −10 °C in Form feiner Fäden oder hexagonal kristallisierter Plättchen. Diese setzen sich bei schwachem Wind an der Luvseite aufrechter Gegenstände, also auch an den kleinen Reifsäulen, an und wachsen dem Winde entgegen.

Raum, Grundbegriff zur Erfassung der gegenseitigen Anordnung von Körpern und Feldern. In der vorrelativistischen Physik wurde der R. nach Newton als absoluter R. angenommen, der unabhängig von der Materie und deren Veränderungen existiere und homogen sowie isotrop sei. Mit der Aufstellung der → speziellen Relativitätstheorie konnte Einstein diese irrtümliche Ansicht korrigieren: Raum und Zeit werden zu einer vierdimensionalen pseudo-euklidischen Raum-Zeit zusammengefaßt.

In der allgemeinen Relativitätstheorie wird die Bewegung der Materie direkt mit der Geometrie des Raum-Zeit-Kontinuums verknüpft, dessen nichteuklidischer Charakter durch die Lichtablenkung in starken Gravitationsfeldern experimentell bestätigt wurde (→ Zeit).

Der Begriff spielt in der Physik ferner im Sinne von mathematischen Räumen eine wesentliche Rolle als Zustandsraum physikalischer Systeme (→ Zustand); in der klassischen Physik als Lage- oder Konfigurationsraum, ferner als Impulsranm und in der statistischen Physik als multidimensionaler Phasenraum, in der Quantentheorie vor allem als unendlichdimensionaler → Hilbert-Raum der Zustandsfunktionen und ferner in Gestalt spezieller Darstellungsräume wichtiger Symmetriegruppen (Isospinraum). Als Orts- oder Koordinatenraum bezeichnet man den von den → verallgemeinerten Koordinaten und als Impulsraum den von den verallgemeinerten Impulsen eines physikalischen Systems aufgespannten jeweils f-dimensionalen euklidischen R., wobei f die Anzahl der Freiheitsgrade ist.

Raumakustik, der Teil der Akustik, der die Schallausbreitung in geschlossenen Räumen behandelt, die besonders durch das Auftreten von Nachhallerscheinungen bestimmt wird. Ziel der Untersuchungen der R. ist die Feststellung der Bedingungen für Hörbarkeit und Verständlichkeit von Sprache und Musik, d. h. für die Hörsamkeit eines Raumes, für die Eignung in bestimmter Weise gebauter Räume für verschiedene Verwendungszwecke, z. B. als Konzertsaal, als Sprechtheater, als Lesesaal einer Bibliothek u. a., sowie die Ausarbeitung geeigneter Methoden zur Untersuchung dieser Fragen. Die Ausstattung eines Raumes oder Saales kann vom Architekten nicht allein von künstlerischen oder bautechnischen Gesichtspunkten abgeleitet werden. Die R. stellt wesentliche und nicht zu umgehende Bedingungen für die Konzipierung eines für einen bestimmten Zweck vorgesehenen Raumes.

Alle Raumbegrenzungen reflektieren auftreffende Schallwellen mehr oder weniger stark. Jeder Ort im Raum ist durch die Überlagerung aus verschiedenen Richtungen mit unterschiedlicher Stärke kommender Schallanteile gekennzeichnet. Das resultierende Schallfeld ist deshalb sehr verwickelt, so daß alle raumakustischen Regeln zur akustischen Gestaltung der Räume nur Näherungen sein können. Der funktionale Zusammenhang zwischen objektiven Schallfeldgrößen und subjektiven Schallempfindungen läßt einen gewissen Spielraum zu. Alle praktisch auftretenden Probleme lassen sich daher mit diesen Näherungen behandeln. Der von den Raumbegrenzungen reflektierte Schall trifft einen Hörer immer später als der Direktschall. Die Summe dieser Empfindungen ergibt den Eindruck des Nachhalls bezüglich eines Primärschallsignals. Einzelne Schallrückwürfe werden dann als störend empfunden, wenn sie mehr als 40 bis 50 ms später als der Direktschall eintreffen. In der Gesamtheit des erwünschten Nachhalls treten aber Laufzeitdifferenzen dieser Größenordnung durchaus auf. Gekrümmte Begrenzungen können zu Schallkonzentrationen führen, außerdem können Interferenzerscheinungen auftreten, so daß ein Raum Orte sehr unterschiedlicher Schallpegel enthalten kann.

Fehlt wegen starker Schallabsorption, z. B. durch Stoffverkleidungen, Vorhänge u. a., der Nachhall ganz oder fast ganz, wird die Hörsamkeit des Raumes herabgesetzt. Die Nachhallstärke und -dauer ist entscheidend für die Hörsamkeit.

Mit *Nachhalldauer* wird die Zeit bezeichnet, in der das Nachklingen eines Schallereignisses in einem Raum zu hören ist. Diese Zeit hängt außer von den Nachhalleigenschaften des Raumes von Frequenz und Stärke des Primärschallsignals ab. Unter der *Nachhallzeit* T versteht man dagegen eine nur den Raum charakterisierende Größe, die als Dauer des Abklingens eines Schallereignisses um 60 dB, d. h. auf den 10^6ten Teil der Anfangsstärke festgelegt ist.

Die Bestimmung und Verwirklichung der optimalen Nachhallzeit für einen Raum muß physiologische und klangästhetische Gesichtspunkte berücksichtigen, die einen gewissen Bereich optimaler Nachhallzeiten für die einzelnen Anwendungsgebiete zulassen, der für musikalische Darbietungen größer als für das gesprochene Wort ist (Abb.). Die Beeinflussung der

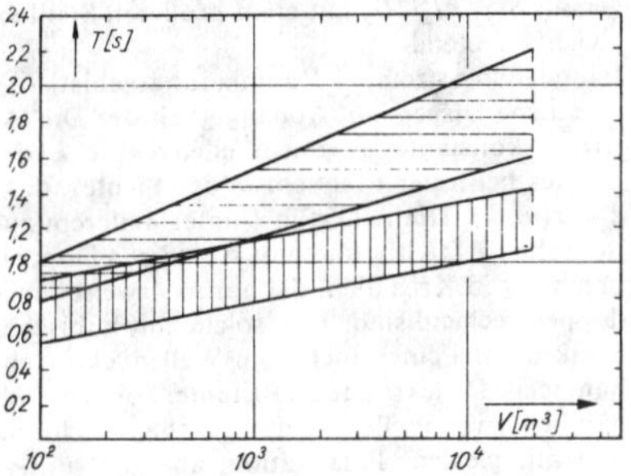

Bereiche optimaler Nachhallzeiten $T[s]$ als Funktion des Raumvolumens $V[m^3]$ (Sprache ||||, Musik ☰)

Nachhallzeit T in einem gegebenen Raum ist durch Variation der Reflexionsverhältnisse von Boden, Wänden und Decke möglich, da T sowohl vom Raumvolumen V als auch von der insgesamt absorbierenden Fläche A_0 nach der Beziehung $T = k \cdot V/A_0$ abhängt. Wird $k = 0{,}163$ gesetzt, erhält man T in s. Schallschluckende textile Auskleidungen setzen die Nachhallzeit ebenso herab wie diffus reflektierende tiefgegliederte Oberflächen. Durch diese Diffusität der Schallrückwürfe wird gleichzeitig eine gleichmäßigere Schallversorgung an allen Orten des Raumes erreicht.

Zur experimentellen Erkundung raumakustischer Spezialfälle werden die Abmessungen des Raumes durch die darin sich ausbreitenden Wellen in gleichem Maße verkleinert, so daß ihr Verhältnis bei den Modellen erhalten bleibt. Die Experimentierfrequenzen liegen dann im Ultraschallbereich, und die Ausbreitung wird im flüssigkeitsgefüllten Modellraum studiert.

Lit. G. Hartmann: Praktische Akustik, Bd 2: Raum- und Bauakustik (München u. Wien 1968).

raumartig, Begriff aus der Relativitätstheorie. Ein Vierervektor ist r., wenn der Betrag $g_{\mu\nu}b^\mu b^\nu > 0$ ist. Eine Kurve ist r., wenn die Tangentialvektoren alle r. sind. Zwei Weltpunkte liegen r. zueinander, wenn es eine stetig differenzierbare Kurve gibt, die beide verbindet und überall r. ist. Beispiel für einen r.en Vektor ist die Viererbeschleunigung eines Teilchens mit Ruhmasse. In der speziellen Relativitätstheorie existiert zu jedem r.en Vektor ein Inertialsystem, in dem die Zeitkomponente des Vektors verschwindet (→ Minkowski-Raum).

Raumauflösung, svw. räumliches → Auflösungsvermögen.

Raumbewegung, → Symmetrie.

Raumbildentfernungsmesser, → Entfernungsmesser.

Raumdiversity, → Mehrfachempfang.

Raumfahrtantrieb, Antriebsverfahren, das zur Änderung des Bewegungszustandes (Start, Landung, Bahnänderung, Steuerung) von Raumflugkörpern eingesetzt werden kann. R.e müssen deshalb unabhängig von der umgebenden Luft arbeiten (→ Strahltriebwerk). Abgesehen von der Möglichkeit, den Strahlungsdruck der Sonne auszunutzen (*Sonnensegel*), erfüllen nur die autogenen Reaktivsysteme (→ Rakete, → Raketentriebwerk) diese Bedingung. Eine Untergruppe von ihnen, die chemischen oder nuklearen thermischen Antriebe (Raketentriebwerke im engeren Sinne) arbeiten auch in der Atmosphäre und können wegen der Größe des erzeugten Schubs für Start, Landung und rasche Bahnänderungen verwendet werden (z. B. in Trägerraketen), während die elektrischen Antriebe einen sehr kleinen Schub liefern und nur außerhalb der Atmosphäre für die Steuerung und allmähliche Beschleunigung von Raumflugkörpern eingesetzt werden können.

Raumgitter, → Gitter.

Raumgitterinterferenz, → kinematische Theorie.

Raumgruppe, → Symmetrie, → magnetische Raumgruppe.

Rauminhalt, svw. Volumen.

Raumkurve, als Schnitt zweier Flächen $f(x, y, z) = 0$ und $g(x, y, z) = 0$ definierte Punktmenge des Raumes, die durch eine Parameterdarstellung $(x(t), y(t), z(t)) = \vec{r}(t)$ angegeben werden kann. Für den beliebigen Parameter t kann insbesondere eine der drei Koordinaten x, y, z verwendet werden. Besondere Vereinfachungen ergeben sich, wenn für t die *Bogenlänge*

$$s = \int_{t_0}^{t} \sqrt{\left(\frac{dx}{dt}\right)^2 + \left(\frac{dy}{dt}\right)^2 + \left(\frac{dz}{dt}\right)^2} \cdot dt$$

gewählt wird. Im folgenden sei s der Kurvenparameter. Drei Punkte der R. bestimmen eine Ebene, die für drei benachbarte und in der Grenzlage zusammenfallende Punkte zur *Schmiegungsebene* S im Punkte P der R. wird. In dieser Ebene S liegt die Tangente an die R. mit dem Tangenteneinheitsvektor $\vec{t} = d\vec{r}/ds$. Von allen Normalen zur Tangente liegt der *Hauptnormalenvektor* $\vec{n} = [d^2\vec{r}/ds^2]/|d^2\vec{r}/ds^2|$ ebenfalls in S; der *Binormalenvektor* $\vec{b} = \vec{t} \times \vec{n}$ dagegen steht in P senkrecht auf S und zwar so, daß $\vec{t}$, $\vec{n}$, $\vec{b}$ in dieser Reihenfolge ein Rechtssystem bilden, das das *begleitende Dreibein der Raumkurve* genannt wird. Für die Ableitung der Vektoren $\vec{t}$, $\vec{n}$ und $\vec{b}$ gelten die *Frenetschen Formeln*:

$$\frac{d\vec{t}}{ds} = \frac{1}{\varrho}\vec{n}, \qquad \frac{d\vec{n}}{ds} = -\frac{1}{\varrho}\vec{t} + \frac{1}{\tau}\vec{b},$$

$$\frac{d\vec{b}}{ds} = -\frac{1}{\tau}\vec{n}.$$

Dabei ist $\varrho = 1 \Big/ \left|\frac{d^2\vec{r}}{ds^2}\right|$ der Radius des *Schmiegungskreises*; $1/\varrho$ wird als *erste Krümmung* bezeichnet; $\frac{1}{\tau} = \varrho^2 \left(\frac{d\vec{r}}{ds} \times \frac{d^2\vec{r}}{ds^2}\right) \frac{d^3\vec{r}}{ds^3}$ heißt *zweite Krümmung*, *Torsion* oder *Windung* und ist ein Maß dafür, wie stark sich die R. aus der Schmiegungsebene herauswindet. Die *Gesamtkrümmung* der R. ist $\sqrt{1/\tau^2 + 1/\varrho^2}$.

Raumladung, Anhäufung nichtkompensierter freier elektrischer Ladungen einer Polarität. R.en treten in Vakuumelektronen- oder -ionenröhren in der Nähe der Elektroden auf Grund der dort noch geringen Geschwindigkeit der betreffenden Ladungsträger auf. In ähnlicher Weise entstehen R.en in gasgefüllten Entladungsröhren an verschiedenen Stellen auf Grund großräumiger Ladungstrennung infolge der Einwirkung elektrischer Felder, z. B. in der Nähe von Elektroden oder Wänden.

Die *elektrische R.* ist eine räumlich verteilte elektrische Ladung eines Vorzeichens. Ihre Dichte, die *Raumladungsdichte* ϱ, ist definiert als die Ladung je Volumeneinheit. Für eine beliebige Ladungsverteilung ist sie in jedem Punkt gegeben zu $\varrho = \lim\limits_{\Delta V \to 0} \frac{\Delta Q}{\Delta V} = \frac{dQ}{dV}$, wenn das Volumen ΔV die Ladung ΔQ enthält. Da die Ladung nur gequantelt auftritt, soll ΔV noch so groß sein, daß die Ladungsverteilung als kontinuierlich angesehen werden kann. Die Gesamtladung eines Volumens V ergibt sich dann zu $Q = \int\limits_V \varrho \, dV$. Die Einheit der Raumladungsdichte ist das Coulomb je Kubikmeter, C/m^3. → Flächenladung, → Punktladung.

Raumladungsdichte, → Raumladung.

Raumladungsgebiet, der Teil der Strom-Spannungskennlinie der Diode bzw. Triode, in dem der Anodenstrom wesentlich durch die Raumladung bestimmt wird. Das R. liegt zwischen dem Anlaufstrom- und dem Sättigungsgebiet. Die Zahl der aus der Katode austretenden Elektronen wird durch das Richardsonsche Gesetz bestimmt und ist insbesondere unabhängig von der Anodenspannung. Es gelangen aber nicht alle Elektronen zur Anode. Die gerade emittierten, noch langsamen Elektronen umgeben die Katode als negative Raumladungswolke. Sie schirmt das positive Anodenfeld ab und treibt später emittierte Elektronen zum Teil wieder zur Katode zurück. Daher fließt bei kleinen positiven Anodenspannungen nicht sofort der volle Sättigungsstrom, sondern der kleinere *Raumladungsstrom*, der durch das *Raumladungsgesetz* bestimmt wird: $I_a = k U_a^{3/2}$. Der Faktor k hängt von der Röhrengeometrie ab. Je höher die Anodenspannung ist, um so schneller werden die Elektronen abgesaugt, um so geringer ist die Wirkung der Raumladung. Von der Sättigungsspannung ab wird der Anodenstrom nicht mehr durch die Raumladung begrenzt. Der gesamte Sättigungsstrom fließt in diesem Falle zur Anode.

Raumladungsgesetz, → Raumladungsgebiet.

Raumladungsgitter, → Raumladungsröhre.

Raumladungsgitterröhre, svw. Raumladungsröhre.

Raumladungspolarisation, die dielektrische Wirkung von Ladungsträgern, die in einem Nichtleiter nur sehr gering beweglich sind und in Haftstellen im Gitter und an Oberflächen eingefangen werden, so daß sie sich nicht gegenseitig neutralisieren können. Es entsteht eine räumliche Ladungsverteilung eingefangener Elektronen und Defektelektronen, deren Feld eine Störung des äußeren Feldes bewirkt. Bei Messungen der Dielektrizitätskonstante ε wirkt die R. so, als wäre ε erhöht.

Raumladungsröhre, *Raumladungsgitterröhre*, Elektronenröhre mit vier Elektroden, die sich von der gewöhnlichen Tetrode dadurch unterscheidet, daß die Verstärkung bei ihr nicht durch Verringerung des Durchgriffs, sondern durch Erhöhung der Steilheit angehoben wird. Das zweite Gitter ist bei den R.n in der Nähe der Katode angebracht und liegt auf geringer positiver Spannung. Dieses sogenannte *Raumladungsgitter* saugt die Raumladungswolke ab. Dadurch fließt bei gleicher Gitterwechselspannung ein stärkerer Anodenwechselstrom, was gemäß $S = \partial I_a / \partial U_g$ mit einer größeren Steilheit gleichbedeutend ist.

Raumladungsstrom, → Raumladungsgebiet.

räumliche Dispersion, Abhängigkeit der Dielektrizitätskonstante ε vom Wellenvektor $\vec{k}$ des Lichtes bei fester Frequenz ω des Lichtes, d. h. $\varepsilon = \varepsilon(\omega, \vec{k})$. Die r. D. führt unter anderem zur optischen Aktivität und gibt Anlaß zur Doppelbrechung in Kristallen, die normalerweise nicht doppelbrechend sind, z. B. solche mit kubischer Struktur. Bei einer auch vom Wellenvektor abhängigen Dielektrizitätskonstante können sich nämlich zwei Wellen in der gleichen Richtung und mit gleicher Polarisation, aber mit unterschiedlicher Phasengeschwindigkeit ausbreiten. Eine solche anomale Wellenausbreitung wurde an mehreren Halbleitern im Bereich der Exzitonenabsorption beobachtet.

Die r. D. ist Folge eines nichtlokalen Zusammenhanges zwischen dem elektrischen Feld der Lichtwelle und der von ihr hervorgerufenen Polarisation, ähnlich wie beim anomalen Skineffekt die Stromdichte $\vec{j}$ am Orte $\vec{r}$ nicht nur durch das elektrische Feld $\vec{E}$ am Orte $\vec{r}$ bestimmt wird.

räumliche Symmetrien, → Symmetrie, → Erhaltungssätze.

Raumresonanz, die in rechtwinkligen Räumen bei den Eigenfrequenzen des vorliegenden Raumes auftretende akustische Resonanz. Unter der Voraussetzung kleiner Schwingungsamplituden und vollständiger Schallreflexion der Wände gilt für die Resonanzfrequenz

$$\nu = \frac{c_s}{2} \sqrt{\frac{p^2}{a^2} + \frac{q^2}{b^2} + \frac{r^2}{c^2}},$$

mit c_s Schallgeschwindigkeit, a, b, c Kantenlängen des Raumes und p, q, r positive ganze Zahlen.

Raumwelle, 1) → elektromagnetische Wellen. **2)** → seismische Welle.

Raumwinkel, der Teil des Raumes, der von jenen Strahlen begrenzt wird, die von einem Punkt nach einer geschlossenen Kurve verlaufen. Als Maß für den R. dient der Teil der Oberfläche der Einheitskugel (der Mittelpunkt fällt mit dem Schnittpunkt der Strahlen zusammen), der aus dem Schnitt mit dem R. hervorgeht. Beispiel: Der gesamte Raum wird demnach unter dem R. 4π gesehen, für einen Kegel mit dem Öffnungswinkel von 120° ist der R. gleich π. Die *Raumwinkeleinheit* im SI ist der → Steradiant. Früher waren die Quadrate der ebenen Winkel als Raumwinkeleinheiten üblich. → Quadrat-Altgrad, → Quadrat-Neugrad.

Raum-Zeit-Welt, gemeinsame Betrachtung von Raum und Zeit. In der Newtonschen Mechanik ist die Zeit eine absolute, vom Bewegungszustand des Beobachters unabhängige Größe. Erst in der Relativitätstheorie wird die Zeit eine Koordinate wie die Raumkoordinaten in dem Sinne, daß sie an den homogenen Transformationen teilnimmt (→ Lorentz-Gruppe). Wie bei Raumkoordinaten können auch perspektivische Änderungen der Zeitkoordinaten auftreten (→ Zeitdilatation, → Relativität der Gleichzeitigkeit). Die Betrachtung der Koordinaten als Numerierung der Ereignisse führt zu ganz allgemeinen Koordinatentransformationen und zur Definition der Raum-Zeit-Welt als Riemannsche Mannigfaltigkeit mit indefiniter Metrik (→ Riemannscher Raum).

Rauschabstand, svw. Störabstand.

Rauschanpassung, Anpassung zwischen einem Generator und dem Eingang eines Empfängers oder Verstärkers derart, daß das durch den Empfänger oder Verstärker hinzukommende → Rauschen möglichst gering im Verhältnis zum Rauschen des Generators ist. Das erreicht man, indem man die → Rauschzahl möglichst niedrig hält. Die R. weicht im allgemeinen von der Leistungsanpassung ab.

Rauschbandbreite, Bandbreite des Rauschspektrums einer → Rauschquelle.

Rauschdiode, Meßgerät zur Bestimmung der Stärke des Rauschens einer unbekannten → Rauschquelle. Man verwendet meist Dioden mit einer Wolframkatode im Sättigungsgebiet des Anodenstromes, weil sie einen definierten und steuerbaren Rauschstrom infolge des ungeschwächten Schroteffektes haben (→ Rauschen II, 2a). Der effektive Rauschstrom des Schroteffektes ist proportional zum Anodenstrom, den man seinerseits durch Veränderung der Katodentemperatur über die Heizleistung definiert einstellen kann. Durch Vergleich des Rauschstromes der R. mit dem der unbekannten Rauschquelle kann deren Rauschstrom bestimmt werden. Es gibt R.n für Frequenzen bis $3 \cdot 10^8$ Hz. Für Frequenzen zwischen $3 \cdot 10^8$ Hz und 10^{10} Hz verwendet man Dioden mit Edelgasfüllung, bei denen zum Rauschen durch den Schroteffekt noch das Ionisierungsrauschen kommt.

Rausch-EMK, → Rauschen II, 1.

Rauschen, eine Folge von akustischen oder elektromagnetischen Wellen mit unterschiedlicher Amplitude und Frequenz. Ist die Verteilung der Amplituden bei den einzelnen Frequenzen eine Gauß-Verteilung, dann spricht man von einem *Gaußschen R.* Zu einem idealen weißen R. tragen alle möglichen Frequenzen mit gleicher Amplitude bei. Da sich dies praktisch jedoch nicht realisieren läßt, bezeichnet man bereits ein breitbandiges Gaußsches R., bei dem die Amplituden innerhalb der Bandbreite annähernd gleich groß sind, als weißes R. Man unterscheidet noch folgende Arten des R.s:

I) Das *akustische R.* ist ein mit dem Gehör wahrnehmbares Geräusch, das aus sehr vielen Schwingungen zusammengesetzt ist, deren Frequenzen über einen großen Teil des Hörbereiches verteilt sind. Außerdem weicht keine Amplitude extrem vom Durchschnitt aller Amplituden ab. Ein solcher Schalleindruck entsteht z. B. durch die statistischen Schwankungen des Luftdrucks, die ein Wasserfall hervorruft.

II) Unter *elektrischem R.* versteht man alle Störungen beim Empfang oder bei der Übertragung von Signalen, die – gegebenenfalls mit Hilfe eines Verstärkers – über einen Lautsprecher oder einen Kopfhörer als akustisches R. hörbar gemacht werden können. Nach der Entstehung des elektrischen R.s unterscheidet man

1) *Widerstandsrauschen* (*Nyquist-Rauschen, Stromrauschen, thermisches R.*). In Widerständen, Leitern und Stromkreisen entstehen durch die Wärmebewegungen der Ladungsträger statistische Schwankungen der Spannung bzw. des Stromes. Diese Schwankungen wirken wie ein zusätzliches Wechselspannungs- bzw. Wechselstromgemisch, dessen Effektivwert das R. charakterisiert. Die *Rausch-EWK-* oder *effektive Rauschspannung* u_R ist die mittlere quadratische Schwankung des Momentanwertes $u(t)$ der Spannung. Ist $\bar{u}$ das zeitliche Mittel von $u(t)$, dann folgt für die Rauschspannung $u_R = \sqrt{\overline{[u(t) - \bar{u}]^2}}$ und für den Rauschstrom entsprechend $i_R = \sqrt{\overline{[i(t) - \bar{i}]^2}}$. Die *Nyquist-Formeln* liefern einen Zusammenhang dieser beiden Größen mit dem Wirkwiderstand R, der gleich dem Realteil der frequenzabhängigen Impedanz $\underline{R}(\nu)$ des Stromkreises ist: $u_R^2 = 4kT \int_{\nu_1}^{\nu_2} \mathrm{Re}\, \underline{R}(\nu)\, d\nu$ und $i_R^2 = 4kT \int_{\nu_1}^{\nu_2} \frac{d\nu}{\mathrm{Re}\, \underline{R}(\nu)}$. Dabei ist $\Delta\nu = \nu_2 - \nu_1$ der untersuchte Frequenzbereich, k ist die Boltzmannsche Konstante und T die absolute Temperatur des Widerstands. Ist insbesondere $R = \mathrm{Re}\, \underline{R}(\nu)$ im untersuchten Frequenzbereich konstant, dann vereinfacht sich der Zusammenhang zu $u_R^2 = 4kTR\Delta\nu$ und $i_R^2 = 4kT\Delta\nu/R$. Die zugehörige *Rauschleistung* N_R erhält man in diesem Falle nach $N_R = u_R^2/R = i_R^2 R = 4kT\Delta\nu$. Sie ist unabhängig von der Größe des Widerstandes. Die Nyquist-Formeln gelten nicht mehr bei Frequenzen, bei denen die Laufzeit der Elektronen eine Rolle spielt. Meist wird der Frequenzbereich, in dem Rauschspannungen verstärkt werden, durch nachgeschaltete Selektionsmittel bestimmt. Die Formeln werden auch zum Vergleich der Intensitäten anderer Rauschquellen verwendet, indem man für diese den äquivalenten Rauschwiderstand $R_{äq}$ bestimmt, der dieselbe Rausch-EMK erzeugen würde. Das Widerstandsrauschen dient häufig als Vergleichsgröße für die Bestimmung der Intensität anderer Rauschquellen.

2) *R. in Elektronenröhren, Röhrenrauschen.* Hierbei rührt das Störsignal von statistischen Schwankungen des Anodenstromes her. Die im folgenden angegebenen Formeln für die durch die einzelnen Effekte entstehenden *Rauschströme* gelten alle für den Fall eines Kurzschlusses der Elektronenröhren. Für die Praxis müssen sie

deshalb noch unter Berücksichtigung des Außenwiderstandes im Anodenstromkreis umgerechnet werden. Außerdem müssen bei einer Schaltung gegebenenfalls noch andere Rauschquellen, z. B. in Widerständen, in der Antenne, berücksichtigt werden. Wesentliche Rauschursachen sind Schroteffekt, Stromverteilungsrauschen, Funkeleffekt, Influenzrauschen, Ionenrauschen, Sekundäremissionsrauschen und Isolationsrauschen.

a) Beim *Schroteffekt* oder *Emissionsrauschen* handelt es sich um Schwankungen des Anodenstromes infolge Schwankungen von Intensität und Austrittsgeschwindigkeit des Emissionsstromes aus der Glühkatode. Entsprechend den Kennlinienbereichen der Elektronenröhre unterscheidet man: α) Schroteffekt im Sättigungsgebiet: Im Sättigungsgebiet des Anodenstromes werden die aus der Glühkatode austretenden Elektronen durch das äußere Feld zur Anode geführt. Wegen der zufällig auftretenden Ablösung der Elektronen treten die Elektronen mit unregelmäßiger Häufigkeit und verschiedener Austrittsgeschwindigkeit aus. Es entstehen im angeschlossenen Stromkreis Stromschwankungen, die wie bei anderen Arten des R.s zu einem Rauschstrom führen, der hier Schrotstrom genannt wird. Für den Effektivwert des Schrotstromes gilt die Formel von Schottky: $i^2_{\mathrm{schr}} = 2eI_a\Delta\nu$. Dabei ist e die Elementarladung, I_a ist der Anodenstrom und $\Delta\nu$ die Bandbreite. Wenn man den Sättigungswert des Anodenstromes durch Erhöhung der Heizleistung vergrößert, nimmt auch der Schrotstrom zu. Diese Formel gilt nur für nicht zu hohe Frequenzen ν, deren Periodendauer $T = 1/\nu$ groß gegenüber der Laufzeit τ der Elektronen bleibt. Bei technischen Elektronenröhren liegt τ in der Größenordnung von 10^{-7} bis 10^{-9} s. Für beliebig hohe Frequenzen gilt $i^2_{\mathrm{schr}} = F^2\,2eI_a\Delta\nu$, d. h., der Effektivwert wird um einen frequenzabhängigen Faktor $F < 1$ geschwächt. β) Schroteffekt im Anlaufstromgebiet: Hier gilt dieselbe Formel wie im Sättigungsgebiet, weil sich noch keine Raumladungswolke ausbilden kann. γ) Schroteffekt im Raumladungsgebiet: Infolge der sich hierbei ausbildenden negativen Raumladungswolke gelangen nicht mehr alle aus der Katode austretenden Elektronen zur Anode. Daher ist hier der Schroteffekt wesentlich kleiner als im Sättigungsgebiet. Der Schrotstrom $i^2_{\mathrm{schr}} = F^2_k\,2eI_a\Delta\nu$ hat einen um den Faktor $F_k < 1$ kleineren Effektivwert. Der Schwächungsfaktor F_k ergibt sich aus $i^2_R = 4kT_r\Delta\nu/R_i$. Dabei ist R_i der differentielle Innenwiderstand der Elektronenstrecke und T_r die Rauschtemperatur, die dieser Widerstand R_i haben müßte, um diese Gleichung zu erfüllen. Die Rauschtemperatur ist $T_r = 0{,}644\ T_k$, wobei T_k die Katodentemperatur ist. Für den Schrotstrom im Raumladungsgebiet gilt $i^2_{\mathrm{schr}} = 2{,}58 \cdot kT_k\Delta\nu/R_i$. Bei einer Triode mit einem Innenwiderstand $R_i = \sigma/S_a$, wobei σ die Steuerschärfe und S_a die Steilheit des Anodenstromes sind, wird der Schroteffekt durch eine äquivalente Gitterrauschspannung u_g charakterisiert, die dem Schrotstrom i^2_{schr} entspricht. Es gilt $u^2_g = i^2/S^2_a$. Damit wird ein äquivalenter Gitterwiderstand $R_{\ddot{a}q}$ definiert, der bei Zimmertemperatur T_0 am Gitter eine gleich hohe Rauschspannung erzeugt wie das Eigenrauschen der Röhre. Über die Nyquist-Formel erhält man den Ausdruck $R_{\ddot{a}q} = (1/\sigma S_a)(T_r/T_0) = 0{,}64 \cdot (1/\sigma S_a) \cdot (T_k/T_0)$ als Maß für den Schroteffekt.

b) *Stromverteilungsrauschen.* Mehrgitterröhren rauschen stärker als Eingitterröhren, weil die Verteilung der Elektronen auf die positiven Elektroden statistisch schwankt. Bei einer Schirmgitterröhre teilt sich der von der Katode ausgehende Strom I_k in einen Schirmgitterstrom I_{sg} und einen Anodenstrom I_a auf. Dementsprechend verteilt sich auch der von der Katode ausgehende Schwankungsstrom i_k auf den Schirmgitterrauschstrom i_{sg} und den Anodenrauschstrom i_a. Dazu kommt die Stromverteilungsschwankung i_v. Dieser Term muß so eingehen, daß $i_k = i_{sg} + i_a$ erfüllt bleibt. Man erhält $i_a = i_k(I_a/I_k) + i_v$ und $i_{sg} = i_k(I_{sg}/I_k) - i_v$. Für Stromverteilungsschwankung gilt $i^2_v = 2e\,\frac{I_a I_{sg}}{I_k}\,\Delta\nu$.

c) Der *Funkeleffekt* (*Funkelrauschen*) ist durch spontane Änderungen der Oberflächeneigenschaften der Glühkatode bedingt. Bei Frequenzen unterhalb 20 bis 100 kHz, besonders stark aber bei Frequenzen unterhalb 1 kHz tritt der Funkeleffekt bei Katoden auf, die nicht aus reinen Metallen bestehen, sondern komplexe Oberflächen haben, speziell bei Oxidkatoden. Das R. durch den Funkeleffekt kann das Schrotrauschen um mehrere Größenordnungen übertreffen. Der Funkeleffekt entsteht dadurch, daß sich die Eigenschaften der Oberflächenschicht der Katode z. B. durch Umlagerung von Fremdatomen an einzelnen Stellen der Oberfläche spontan ändern. Damit verbunden sind Schwankungen der Austrittsarbeit. Der Funkeleffekt ist frequenzabhängig und führt mit zunehmender Katodentemperatur zu stärkerem R. Man beschreibt den Effektivwert des Rauschstromes i_F beim Funkeleffekt pauschal nach $i^2_F = F^2_F\,2eI_a\Delta\nu$ mit Hilfe eines Vergleichsfaktors F_F. Da Schroteffekt und Funkeleffekt immer gleichzeitig auftreten, ergibt sich ein Rauschstrom $i^2_R = i^2_{\mathrm{schr}} + i^2 = (F^2_k + F^2_F)\,2eI_a\Delta\nu$. Man bestimmt den Vergleichsfaktor F_F, indem man den Schwankungsstrom mit einer gesättigten Diode vergleicht, die, wie z. B. eine Diode mit Wolframkatode, keinen Funkeleffekt hat.

Bei allen Katodenarten, also auch bei reinen Metallen, tritt außerdem noch ein *anomaler Funkeleffekt* auf. Er führt insbesondere im niederfrequenten Gebiet zu einer Erhöhung des R.s. Diese zusätzlichen Schwankungen haben ihre Ursache im Austreten positiver Ionen aus der Glühkatode, die im Raumladungsgebiet die Wirkung der Raumladungswolke auf den Emissionsstrom vermindern. Im Sättigungsgebiet tritt der anomale Funkeleffekt nicht auf.

d) Das *Influenzrauschen* entsteht dadurch, daß die aus der Katode austretenden Elektronen auf dem Steuergitter Schwankungsladungen influenzieren, so daß stets ein Wechselstrom zum Steuergitter fließt. Bei hohen Frequenzen $\nu > 10^7$ Hz erzeugt dieser Wechselstrom infolge der Elektronenlaufzeiten einen Wirkwiderstand zwischen den Eingangsklemmen der Elektronenröhre.

e) Das *Ionenrauschen* oder *Ionisationsrauschen* entsteht durch das Eintreten positiver Ionen in die Entladungsstrecke. Die Moleküle des Restgases werden durch Wechselwirkung mit den Elektronen ionisiert. Die dadurch entstehenden Ionen vermindern die Raumladungsdichte der Elektronen; der Anodenstrom wird verändert. Der statistische Charakter der Ionenerzeugung bewirkt einen zusätzlichen Schwankungsstrom und damit ein zusätzliches R. Dieses Ionisationsrauschen spielt bei modernen Elektronenröhren keine Rolle, weil bei ihnen die Gitterionenströme sehr gering sind. Zum Ionenrauschen kann man auch das R. infolge des anomalen Funkeleffektes (s. o.) zählen.

f) Das R. bei *Sekundäremission* (*Sekundäremissionsrauschen*) tritt vor allem bei Sekundäremissionsvervielfachern auf. Es entsteht infolge einer Verstärkung des Schrotstromes durch die Sekundäremission.

g) Das *Isolationsrauschen* entsteht durch statistische Schwankungen der Isolationswiderstände zwischen den Elektroden.

Die Rauschströme der verschiedenen Effekte, vor allem des Schroteffektes, der Stromverteilungsschwankung und des Funkeleffektes, lassen sich meßtechnisch schwer voneinander trennen. Den Schrotstrom im Sättigungsgebiet mißt man, indem man in den Anodenkreis einen meist frequenzunabhängigen Widerstand $R(\nu)$ einschaltet und die an diesem entstehende Wechselspannung mißt. Ist der äußere Widerstand genügend klein gegenüber dem Innenwiderstand der Röhre, so wird er vom vollen Schrotstrom durchflossen. Der mittlere Effektivwert der Wechselspannung ist mit $\overline{u^2_{\mathrm{Schr}}} = 2eI_a \int_{\nu_1}^{\nu_2} |\underline{R}(\nu)|^2\, d\nu$ ein Maß für den Schrotstrom. Den Schwächungsfaktor F_k für den Schrotstrom im Raumladungsgebiet bestimmt man, indem man die Spannung an einem Schwingkreis im Anodenkreis und die Bandbreite mißt, in den Rauschstrom umrechnet und ihn mit der Formel für den ungeschwächten Schrotstrom vergleicht. Aus dem Schwächungsfaktor läßt sich auch der äquivalente Rauschwiderstand berechnen. Man kann den Schwächungsfaktor auch durch Vergleich mit einer gesättigten Wolframdiode bestimmen. Durch entsprechendes Heizen erreicht man, daß der Rauschstrom der Diode dem der untersuchten Elektronenröhre gleicht.

3) *R. in Photozellen.* Auch dieses R. ist auf mehrere Effekte zurückzuführen:

a) Der *Schroteffekt* des thermischen Emissionsstromes der Photokatode tritt auch bei abgedunkelter Photozelle auf. Die Schwankungen sind eine Folge der quantenhaften Natur der durch thermische Emission aus der Photokatode austretenden Ladungen. Dazu kommt der Schroteffekt des lichtelektrischen Emissionsstromes bei Beleuchtung. Der auf den Schroteffekt zurückzuführende Rauschstrom ist in Vakuumzellen im Sättigungsgebiet und, da hier keine Raumladung auftritt, auch außerhalb des Sättigungsgebietes dem Photostrom proportional.

b) Das *Ionenrauschen* (*Ionisationsrauschen*) vergrößert in gasgefüllten Photozellen wegen Schwankungen des Photostromes durch Stoßionisation den Rauschstrom noch beträchtlich.

c) Infolge des *Flackereffektes* entsteht R. durch Schwankungen der Emissionsrate der Photokatode, weil sich deren Oberflächenelemente laufend spontan umlagern. Dieser Effekt ist dem Funkeleffekt beim R. in Elektronenröhren verwandt.

4) Das *Kontaktrauschen* entsteht infolge Schwankungen des Stromes an einer Kontaktstelle in elektrischen Leitern oder Halbleitern, die durch sprunghafte Änderungen der Übergangsbedingungen an der Kontaktstelle auftreten. Das Kontaktrauschen tritt vor allem bei Schaltern und z. B. auch zwischen den Körnern eines Kohlewiderstands auf.

5) *Barkhausen-Rauschen.* Infolge des → Barkhausen-Effekts klappen die Weißschen Bezirke in einem Ferromagneten bei starken Änderungen des Magnetfeldes sprunghaft in ihre neue Gleichgewichtslage um. Dabei induzieren sie einen Strom, den man mit einem Verstärker in einem Lautsprecher als Knacken hören kann. Bei schnell aufeinanderfolgenden Änderungen des Feldes entsteht ein prasselndes R.

6) *R. in Halbleitern.* Folgende Ursachen für das R. in Halbleitern wurden nachgewiesen:

a) *Widerstandsrauschen.* Wie bei Leitern treten auch in Halbleitern durch Wärmebewegungen der freien Ladungsträger Schwankungen des Stromes auf, die zum R. führen.

b) *Generations-Rekombinations-Rauschen.* Die Stärke des Stromes ist von der Dichte der Ladungsträger, der Elektronen und Löcher, abhängig. Diese Dichten stellen sich als Ergebnis statistischer Einzelprozesse, insbesondere der Generation und Rekombination, ein. Der Rauschstrom durch Generations-Rekombinations-Rauschen $i_R^2 = A(\nu, T)\, E^2 \Delta\nu$ hängt von der elektrischen Feldstärke E im Kristall und der Frequenzbandbreite $\Delta\nu$ ab. Der Faktor A ist von Frequenz und Temperatur abhängig.

c) *Flickerrauschen, Modulationsrauschen* oder *$1/f$-Rauschen.* Diese Rauschquelle ist noch nicht vollständig erforscht. Ihr Rauschstrom ist annähernd temperaturunabhängig und steigt bei kleiner werdenden Frequenzen stark an. Diese Abhängigkeit folgt nicht genau – wie zunächst angenommen – dem Gesetz $i_R^2 \sim 1/f$, wobei f die Frequenz ν ist. Ursache dieses R.s sind vermutlich allmähliche Änderungen im Halbleiter durch Diffusion und Umladung von Fremdatomen.

7) *Transistorrauschen.* Ursachen hierfür sind a) Wärmebewegungen der freien Ladungsträger, also Widerstandsrauschen. b) Statistische Schwankungen der Zahl der Ladungsträger, die durch die Sperrschicht hindurchtreten. c) Schwankungen der Dichte der Ladungsträger bei hohen Feldstärken, da durch Stoßionisation Elektronen und Löcher entstehen. d) Schwankungen der Dichte der Ladungsträger durch Rekombination von Elektronen und Löchern im Volumen und an der Oberfläche.

8) *Maserrauschen.* Da in Masern die Emission elektromagnetischer Strahlen nicht nur spontan, sondern vor allem induziert erfolgt, sind Maser als extrem rauscharme Generatoren bzw. Verstärker geeignet. Weiteres → Maser.

9) *Antennenrauschen*. Beim R. von Empfangsantennen unterscheidet man zwei Fälle: a) Im Idealfall ist der Innenwiderstand der Antenne gleich dem Resonanzwiderstand. Dann berechnet sich der Rauschstrom nach der Nyquist-Formel $i_R^2 = 4kT\Delta\nu/R$. Hierbei ist T die Temperatur des Resonanzwiderstandes R und $\Delta\nu$ die Bandbreite der Antenne. Dieser Fall liegt z. B. bei UKW- und Dezimeterwellenantennen vor. b) Die zusätzlichen Impedanzen der Antenne sind so groß, daß der Resonanzwiderstand demgegenüber vernachlässigt werden kann. Auch hier kann der Rauschstrom nach der Nyquist-Formel $i_R^2 = 4kT_A\Delta\nu/R$ bestimmt werden. Dabei ist R der Wirkwiderstand der Antennenimpedanzen. Die Temperatur T_A ist dabei eine von der Wellenlänge λ abhängige Größe, die als *Rauschtemperatur* der Antenne bezeichnet wird. Diese Rauschtemperatur ist sehr hoch im Verhältnis zur Zimmertemperatur T_0 und nimmt mit der Wellenlänge ab. So hat sie z. B. für $\lambda = 10$ bis 16 m den Wert $T_A =$ 20 bis $40 \cdot T_0$, und für $\lambda = 2$ m ist sie kleiner als das Zehnfache der Zimmertemperatur. Die Ursache dieser hohen Rauschtemperatur ist die Temperaturstrahlung aus dem Kosmos.

III) *Plasmarauschen* (*Mikrowellenrauschen des Plasmas*) ist die Bremsstrahlung des Plasmas im Mikrowellengebiet. Die Rauschtemperatur (s. o.) kann, wenn als Quelle des Plasmarauschens ausschließlich Bremsstrahlung in Frage kommt, als Maß für die Elektronentemperatur angesehen werden.

IV) *Kosmisches R.* Beim Empfang von Kurzwellen treten hauptsächlich zwei Störquellen auf (Radioastronomie):

1) *galaktisches R.*, das infolge kosmischer Meterwellenstrahlung aus der Milchstraße entsteht, und 2) *solares R.*, dessen Ursache die Sonne ist. Das solare R. hängt unter anderem mit den Sonnenflecken und Sonneneruptionen zusammen.

V) → Reaktorrauschen.

Rauschfaktor, svw. Rauschzahl.

Rauschgenerator, 1) svw. Rauschquelle.

2) in der Kybernetik Einrichtungen zum Erzeugen zufälliger Prozesse. *Pseudozufallszahlen*, für die man Geräte oder Algorithmen kennt, sind Zahlenfolgen, die zwar deterministisch erzeugt werden, aber durch die üblichen statistischen Testverfahren von Folgen echt zufälliger Zahlen nicht unterschieden werden können.

Die R.en dienen zur Herstellung von Rauschsignalen (→ Signale) zur Systemanalyse bzw. zur Lösung anderer deterministischer Aufgabenstellungen nach der Monte-Carlo-Methode, z. B. zur Integration partieller Differentialgleichungen der mathematischen Physik, wie etwa der Wärmeleitungsgleichung. Stationäre zufällige Prozesse, die häufig ein normalverteiltes weißes Rauschen darstellen, erzeugt man aus physikalischen Grunderscheinungen, z. B. aus zeitlich diskontinuierlichen Elementarereignissen, die im System selbst zu Impulsen verschliffen werden. Die Überlagerung dieser Impulse ist der erzeugte Prozeß. Dazu eignen sich das durch Elektronen- oder Ionenbewegung verursachte Rauschen in Röhren oder Transistoren, die Spannungsschwankungen am Ableitwiderstand eines Zählrohrs oder das Turbulenzrauschen in Hydraulikleitungen. Bei der Gewinnung von Pseudozufallszahlen strebt man in der Regel Zahlen an, die möglichst unabhängig voneinander und gleichverteilt im Intervall [0,1] sind. Bewährte Algorithmen dieser Art sind z. B. 1) $z_{n+2} = \frac{1}{M} F_{n+2}$ mit $F_{n+2} = F_{n+1} + F_n \bmod M$ und $F_0 = F_1 = 1$ oder 2) $z_{n+1} = kz_n \bmod M$, z. B. mit $k = 23$ und $M = 10^8 + 1$. Durch Transformation der erhaltenen Zahlenfolge kann man Zahlenfolgen mit gewünschter anderer Wahrscheinlichkeitsverteilung erzeugen, z. B. nach dem zentralen Grenzwertsatz näherungsweise normalverteilte Zahlen entsprechend der Vorschrift $w = z_1 + z_2 + z_3 + z_4 + z_5$, wenn die z_i gleichverteilt im Intervall $[-h, h]$ für $h = 3/5$ sind und wenn $x = w + 0{,}01(w^3 - 3w)$. Man erhält eine näherungsweise Normalverteilung mit dem Mittelwert 0 und der Streuung 1.

In Systemuntersuchungen kann man Sägezahnimpulsfunktionen vielfach als Ersatz gleichverteilten Rauschens verwenden und entsprechende periodische Kurvenformen zur Erzeugung anderer Verteilungen.

Rauschgüte, Maß zur Charakterisierung des Rauschens in einem Empfänger oder Verstärker. Im Unterschied zur → Rauschzahl F geht in die R. auch die Leistungsverstärkung V des Empfängers oder Verstärkers mit ein. Die R. $F_{z\infty}$ berechnet sich nach $F_{z\infty} = F_z V/(V - 1)$ aus der zusätzlichen Rauschzahl $F_z = F - 1$.

Rauschleistung, Leistung einer Rauschquelle (→ Rauschen II, 1).

Rauschpegel, svw. Störpegel.

Rauschquelle, *Rauschgenerator*, Entstehungsort für das Rauschen. Als R. bezeichnet man entweder die physikalischen Effekte, die zum Rauschen führen, z. B. den Schroteffekt, oder die Geräte, in denen diese Effekte wirksam werden, z. B. eine Elektronenröhre. Die Stärke des Rauschens einer unbekannten R. wird mittels der → Rauschdiode bestimmt.

Rauschspannung, → Rauschen II, 1.

Rauschspektrum, → Rauschen.

Rauschstrom, → Rauschen.

Rauschtemperatur, eine Größe zur Angabe der störenden thermischen Rauschleistung von Verstärkern in der Hochfrequenztechnik, insbesondere von Empfängern in Nachrichtenübertragungsanlagen. Bei der Verstärkung von Signalen treten Störungen auf, die teils in den Geräten entstehen, teils in den Übertragungskanal eindringen. Da das → Rauschen stets vorhanden ist und durch besondere Übertragungsverfahren zwar relativ zu dem Nutzsignal geschwächt, aber nicht beseitigt werden kann, bestimmt es beispielsweise im wesentlichen die Reichweite einer Nachrichtenübertragungsnanlage. Beim thermischen Rauschen eines ohmschen Widerstandes R entsteht an seinen Klemmen eine Rauschspannung, die von der Temperatur T des Widerstandes und der Breite des Frequenzbandes Δf abhängig ist. Das Rauschspannungsquadrat ist gleich $u_R^2 = 4kT\Delta fR$, wenn die Momentanwerte der Rauschspannung eine Gaußsche Verteilung haben. In der Gleichung ist $k = 1{,}38 \cdot 10^{-23}$ Ws/K die Boltzmannsche Konstante und T die absolute Temperatur in Kelvin. Die zugehörige Rauschleistung $N_R = u_R^2/R = 4kT\Delta f$ ist unabhängig von der Größe des rauschenden Widerstandes; sie wird allein durch die absolute Temperatur T, d. i. die R., und durch die Bandbreite Δf bestimmt (→ Rauschen II, 1).

Da die am Ausgang eines Verstärkers auftretende Rauschleistung von dessen Verstärkungsfaktor abhängt, ist es üblich, die Rauschleistung auf den Eingang des Verstärkers zu beziehen und sie durch die Rauschtemperatur T bei vorgegebener Bandbreite Δf anzugeben. Damit ist es z. B. möglich, verschiedene Verstärker bezüglich ihres Rauschens miteinander zu vergleichen.

Vielfach wird anstelle der Rauschtemperatur T die → *Rauschzahl* oder der *Rauschfaktor* F angegeben, wobei $F \cdot T_0 = T$ und $T_0 = 290$ K die Zimmertemperatur ist. Der Ausdruck für die Rauschleistung lautet dann $P = FkT_0\Delta f$.

Die R.en konventioneller Funkempfangsgeräte, die im GHz-Bereich arbeiten, liegen in der Größenordnung von 2500 K. Rauscharme Vorverstärker, wie Maser und gekühlte parametrische Verstärker, haben Rauschtemperaturen von nur etwa 4 K bzw. 15 K.

Rauschwiderstand, → äquivalenter Rauschwiderstand.

Rauschzahl, *Rauschfaktor*, Maß zur Charakterisierung der Güte der → Rauschanpassung zwischen einem Generator und einem Empfänger oder Verstärker. Die R. F wird gebildet durch das Verhältnis des Störabstandes am Ausgang des Empfängers oder Verstärkers zum Störabstand am Eingang. Ist die R. groß, dann kommt im Empfänger oder Verstärker sehr viel Rauschen hinzu. Daher achtet man bei der Rauschanpassung darauf, daß die R. möglichst klein ist. Um die im Empfänger oder Verstärker hinzugekommene Rauschleistung allein zu charakterisieren, hat man die zusätzliche R. $F_z = F - 1$ eingeführt. Das der R. entsprechende Maß für die Leistungsanpassung ist die → Grenzempfindlichkeit.

Raydist, → Entfernungsmessung.

Rayleigh-Anordnung, → Brechzahlmessung.

Rayleigh-Gans-Theorie, → Tyndall-Effekt.

Rayleigh-Gesetz, mathematische Darstellung des Verhaltens magnetischer Werkstoffe in schwachen Feldern H. Solange das angelegte Feld H kleiner als eine kritische Feldstärke H_m und diese wiederum wesentlich kleiner als die Koerzitivfeldstärke H_c ist, läßt sich die Hystereseschleife $B(H)$ bzw. der Zusammenhang zwischen Induktion B und angelegtem Feld H durch zwei Parabelbögen darstellen: $B(H) = (\mu_a + \nu H_m) H \pm \frac{\nu}{2} (H^2 - H_m^2)$. Hierbei bedeuten μ_a die Anfangspermeabilität und ν die *Rayleigh-Konstante*, die mit den irreversiblen Magnetisierungsänderungen verknüpft ist und somit ein Maß für die Ummagnetisierungsverluste bei Aussteuerung bis H_m darstellt.

Rayleigh-Gleichung, 1) → Farbensehen. **2)** → Kavitation.

Rayleigh-Jeanssches Strahlungsgesetz, → Plancksche Strahlungsformel.

Rayleigh-Konstante, → Rayleigh-Gesetz.

Rayleigh-Kriterium, → Spektrograph, → spektrales Auflösungsvermögen.

Rayleighsche Beziehung, → Dispersion.

Rayleighsche Differentialgleichung → Turbulenz.

Rayleighsche Dissipationsfunktion, → Dissipation.

Rayleigh-Scheibe, Meßgerät zur Bestimmung der → Schallschnelle und damit der Schallintensität im Tonfrequenzbereich und für tiefe Ultraschallfrequenzen. An einem sehr dünnen tordierbaren Quarzfaden ist ein leichtes Scheibchen befestigt, das sich, einem Schallstrahl ausgesetzt, senkrecht zur Ausbreitungsrichtung des Schalls einstellt; ähnlich wie an einer drehbaren Platte (→ Plattenströmung) in einer Parallelströmung infolge des aus den unsymmetrisch auftretenden Staugebieten resultierenden Kräftepaares ein Drehmoment entsteht, das die Platte senkrecht zur Strömungsrichtung stellt, so daß die Symmetrie des Stromlinienbildes hergestellt wird und das Drehmoment verschwindet. Die R.-S. reagiert daher nur auf die der Strömungsgeschwindigkeit analoge Größe des Schallfeldes, also auf die Schallschnelle v, und nicht etwa auf den Schalldruck, der der Strömungspotentialdifferenz entspricht.

Treffen die Schallwellen unter dem Winkel ψ auf die Scheibe, so dreht sie sich um den Winkel α, bis das von den Wellen (Wellenlänge $\lambda > 4\pi r$) auf die Scheibe ausgeübte Drehmoment $M_W = (4/3)\,\varrho v^2 r^3 \sin 2\psi$ (nach König) mit dem aus der Torsion des Quarzfadens entstehenden Drehmoment $M_T = D\alpha$ im Gleichgewicht ist. Steht die R.-S. im schallfreien Raum zunächst unter $\psi = 45°$ zur späteren Schallrichtung, so gilt bei kleinen Ausschlägen α für die Schallschnelle $v = \sqrt{3D\alpha/4\varrho r^3}$. Dabei ist ϱ die Dichte des Ausbreitungsmediums, r der Radius der R.-S. Das Direktionsmoment D der R.-S. wird aus der Torsionsschwingungsdauer T und dem Trägheitsmoment θ der Scheibe gemäß $D = 4\pi^2\theta/T^2$ bestimmt. Die R.-S. wird z. B. zur Absoluteichung von Mikrophonen verwendet.

Rayleighsche Koordinaten, → lineare mechanische Schwingungen.

Rayleighsches Auflösungsvermögen, → spektrales Auflösungsvermögen.

Rayleigh-Schleife, → Hystereseschleife.

Rayleigh-Streuung, → Streuung B 6).

Rayleigh-Welle, → seismische Welle.

Rb, → Rubidium.

R-Bande, → Farbzentrum.

RBE, *relative biologische Effektivität*, → Äquivalentdosis.

RBW, *relative biologische Wirksamkeit*, → Äquivalentdosis.

***Rc*,** → Rydberg-Konstante.

rd, → Rad, → Rutherford.

Re, 1) → Rhenium. **2)** → Reynoldszahl. **3)** Realteil, → komplexe Zahl.

Readsches Modell, → Korngrenze.

Reaktanz, → Wechselstromwiderstände.

Reaktanzröhre, svw. Blindröhre.

Reaktanzverstärker, svw. parametrischer Verstärker.

Reaktionsenergie, → Reaktionswärme.

Reaktionsenthalpie, → Reaktionswärme.

Reaktionsgeschwindigkeit, die Geschwindigkeit, mit der die einzelnen Komponenten eines Systems dem → chemischen Gleichgewicht zustreben. Sie hängt ab vom Charakter der reagierenden Stoffe, deren Konzentrationen und den Versuchsbedingungen. Die momentane R. v ist definiert durch die Konzentrationsabnahme $-dc$ eines bestimmten Reaktionsteilnehmers in der Zeit dt: $v = -dc/dt$. Die R.en der anderen Reaktionsteilnehmer stehen im stöchiometrischen Verhältnis zu dieser entsprechend der Reaktionsgleichung; z. B. gilt bei der Reaktion $n_1A_1 + n_2A_2 \rightarrow n_3A_3$ für $v_2 = (n_2/n_1)\,v_1$ und für $v_3 = (n_3/n_1)\,v_1$. Dabei sind $n_{1,2,3}$ die Molzahlen. Nach der Anzahl der Teilchen, die gleichzeitig miteinander wechselwirken müssen, damit die chemische Reaktion abläuft, unterscheidet man:

1) *Mono-* bzw. *unimolekulare Reaktionen*, die aus dem selbständigen Zerfall der Moleküle bestehen. Die R. ist der Konzentration dieser Moleküle proportional (*Reaktion 1. Ordnung*). Es gilt $-dc/dt = kc$, wobei k die von der Konzentration unabhängige Reaktionsgeschwindigkeitskonstante oder spezifische R. ist. Beispiele: $N_2O_5 \rightarrow N_2O_4 + 1/2\,O_2$; radioaktiver Zerfall.

2) *Bimolekulare Reaktionen*, bei denen zwei gleiche oder verschiedene Teilchen miteinander reagieren. Die R. ist bei verschiedenen Teilchen dem Produkt der Konzentrationen beider Teilchen, bei gleichen Teilchen dem Quadrat der Konzentration proportional (*Reaktionen 2. Ordnung*). Es gilt also für die Reaktion $A + B \rightarrow$ Endstoffe: $-dc_A/dt = -dc_B/dt = kc_Ac_B$. Beispiel: $CH_3COOC_2H_5 + OH^- \rightarrow CH_3COO^- + C_2H_5OH$.

3) *Trimolekulare Reaktionen*, die ablaufen, wenn drei gleiche oder verschiedene Teilchen gleichzeitig miteinander wechselwirken. Die R. ist proportional dem Produkt der Konzentrationen aller drei Teilchen (*Reaktion 3. Ordnung*). Es gilt für die Reaktion $A + B + C \rightarrow$ Endstoffe: $-dc_A/dt = -dc_B/dt = -dc_C/dt = kc_Ac_Bc_C$. Beispiel: $2\,NO_2 + O_2 \rightarrow 2\,NO_3$. Reaktionen höherer Ordnung sind sehr unwahrscheinlich. In der Regel stimmen Molekularität und Ordnung einer Reaktion überein. Unterschiede treten auf, wenn die Reaktion aus mehreren aufeinanderfolgenden Vorgängen besteht, die unterschiedliche Molekularität haben.

Jede chemische Reaktion verläuft in zwei Richtungen, d. h., die Reaktionsprodukte ihrerseits wandeln sich mit einer Geschwindigkeit, die ihrer Konzentration entspricht, in die Ausgangsstoffe um. Beim Erreichen des chemischen Gleichgewichtes sind die R.en in beiden Richtungen gleich groß, es wandeln sich in der Zeiteinheit gleich viele Moleküle ineinander um. Beispiel: Für die Reaktion $H_2 + J_2 \rightleftharpoons HJ$ gilt $-dc_{J_2}/dt = -dc_{H_2}/dt = k_1 \cdot c_{H_2} \cdot c_{J_2}$ für die Hinreaktion und $-dc_{HJ}/dt = k_2 \cdot c_{HJ}^2 = dc_{H_2}/dt$ für die Rückreaktion, so daß für die gesamte Reaktion folgt $-dc_{H_2}/dt = k_1 \cdot c_{H_2} \cdot c_{J_2} - k_2 \cdot c_{HJ}^2$. Im Gleichgewicht ist $-dc_{H_2}/dt = 0$, woraus folgt $c_{HJ}^2/(c_{H_2} \cdot c_{J_2}) = k_1/k_2 = K$. Dies ist das → Massenwirkungsgesetz, und man erkennt, daß die Massenwirkungskonstante gleich dem Quotienten der Reaktionsgeschwindigkeitskonstanten ist.

Die Reaktionsgeschwindigkeitskonstante ist temperaturabhängig. Aus der Vorstellung, daß eine Reaktion nur zustande kommt, wenn die Moleküle zusammenstoßen und zusätzlich aktiviert sind, folgt aus der Stoßtheorie die *Arrheniussche Formel* $k = A \cdot \exp(-E/RT)$. Hierbei ist E die Aktivierungsenergie, R die Gaskonstante, A der Frequenzfaktor, der mit der Zahl der stattfindenden Stöße zusammenhängt und T die absolute Temperatur.

Lit. Brdička: Grundlagen der physikalischen Chemie (dtsch 10. Aufl. Berlin 1971).

Reaktionsisobare, → Massenwirkungsgesetz.

Reaktionsisochore, → Massenwirkungsgesetz.

Reaktionsisotherme, → Massenwirkungsgesetz.

Reaktionskanal, → Streuexperiment.

Reaktionskette, → Kettenreaktion.

Reaktionskinetik, die Lehre von der → Reaktionsgeschwindigkeit chemischer Reaktionen. Chemische Reaktionen sind irreversible Prozesse und müssen deshalb prinzipiell mit Methoden der Nichtgleichgewichts-Quantenstatistik behandelt werden. Dem stellen sich aber große Schwierigkeiten in den Weg, so daß bis heute eine geschlossene Theorie der Reaktionsgeschwindigkeit noch nicht vorliegt. Eine vereinfachte Behandlung wird möglich, wenn angenommen werden kann, daß beim reaktiven Stoß zweier Moleküle, d. h., nach dem Stoß liegen Moleküle anderer Zusammensetzung als vor dem Stoß vor, der Einfluß aller anderen Moleküle entweder gänzlich vernachlässigt oder durch ein äußeres Potential berücksichtigt werden kann. Wird der Einfachheit halber die Reaktion

$$A + B \rightleftharpoons C + D \qquad (1)$$

betrachtet, dann ergibt sich für die spezifische Geschwindigkeitskonstante k_H der Hinreaktion (oberer Pfeil in (1)) der Ausdruck

$$k_H = \int \cdots \int \left(\frac{P}{m}\right) \sigma_H(E_{AB})\, f_A(E_A)\, f_B(E_B) \times \times\, d^3\vec{P}_A\, d^3\vec{P}_B, \qquad (2)$$

wobei m die reduzierte Masse, P den Betrag des Impulses und E_{AB} die Energie der Relativbewegung der beiden Moleküle A und B bezeichnen. $\sigma_H(E_{AB})$ ist der integrale Wirkungsquerschnitt dafür, daß beim Stoß der Moleküle A und B mit der Energie E_{AB} die Moleküle C und D entstehen. Weiterhin bedeuten $\vec{P}_A$ und $\vec{P}_B$ die Impulse der Moleküle A und B und $f_A(E_A)$ und $f_B(E_B)$ die Einteilchengeschwindigkeitsverteilungsfunktionen der einzelnen Teilchen. Für die Rückreaktion gilt der analoge Ausdruck

$$k_R = \int \cdots \int \left(\frac{P}{m}\right) \sigma_R(E_{CD})\, f_C(E_C)\, f_D(E_D) \times \times\, d^3\vec{P}_C\, d^3\vec{P}_D. \qquad (3)$$

Nach (2) bzw. (3) zerfällt die Bestimmung der Reaktionsgeschwindigkeit in zwei Teilaufgaben, nämlich einerseits die Bestimmung der Einteilchengeschwindigkeitsverteilungsfunktionen $f_i(E_i)$ (mit $i = A, B, C, D$), in denen das statistisch-mechanische Verhalten des Gesamtsystems steckt und die im allgemeinen aus den niedrigsten Näherungen der Boltzmann-Gleichung gewonnen werden, und andererseits die Bestimmung des Wirkungsquerschnittes eines isoliert betrachteten reaktiven Stoßes. Letzteres ist bei bekannter Wechselwirkung zwischen den Molekülen eine Aufgabe der quantenmechanischen Streutheorie, jedoch sind vornehmlich bei großen Molekülen die Quanteneffekte vernachlässigbar, so daß halbklassische oder überhaupt klassische Näherungen Anwendung finden.

Eine wesentliche Vereinfachung ergibt sich aus der Annahme, daß die Reaktion über einen Übergangskomplex, oder auch aktivierten Komplex genannt, verläuft. Der Übergangskomplex entsteht beim Zusammenstoß der Moleküle A und B und befindet sich in einem quasistationären Zustand. Ähnlich wie bei der Compoundkernhypothese in der Theorie der Kernreaktionen wird dabei angenommen, daß in diesem Zustand die Moleküle A und B ihre Identität vollkommen verloren haben. Deshalb ist der Zerfall des Komplexes in die Moleküle C und D unabhängig von seiner Bildung. Mit der zusätzlichen Annahme, daß die Geschwindigkeitsverteilungsfunktionen durch Maxwell-Verteilungen gegeben sind, was zumindest im chemischen Gleichgewicht exakt gilt, folgt z. B. für k_H der Ausdruck

$$k_H = \frac{k_B T}{h} \frac{Q^{\neq}}{Q_A Q_B} \exp(-E_0/RT). \quad (4)$$

Dabei bezeichnen k_B die Boltzmann-Konstante, h das Plancksche Wirkungsquantum, T die absolute Temperatur, R die universelle Gaskonstante und Q_A, Q_B bzw. $Q^{\neq}$ die Zustandssummen der Moleküle A und B bzw. des aktivierten Komplexes. E_0 wird als Aktivierungsenergie bezeichnet und ist gleich der Differenz zwischen der Nullpunktsenergie je Mol des Übergangskomplexes und der der Reaktanten. $Q^{\neq}$ wird im allgemeinen durch *Normalkoordinatenanalyse* in der Umgebung des Sattelpunktes der durch das Wechselwirkungspotential der Moleküle gegebenen Potentialfläche gewonnen, d. h., die Potentialfläche wird in der Umgebung des Sattelpunktes durch eine quadratische Form approximiert. Diese Form wird anschließend auf Hauptachsengestalt transformiert, so daß man in den neuen Koordinaten entkoppelte Oszillatoren erhält, deren Zustandssumme $Q^{\neq}$ unmittelbar gebildet werden kann.

Lit. Barrow: Physikal. Chemie Tl 3 (2. Aufl. Braunschweig 1972); Laidler: R. (Mannheim 1970).

Reaktionskraft, svw. Zwangskraft.

Reaktionsmatrix, → S-Matrix.

Reaktionsprinzip, → Newtonsche Axiome.

Reaktionswärme, die bei einer chemischen Reaktion entstehende oder benötigte Wärme. Sie wird meist auf den Umsatz von 1 Mol bezogen (*molare R.*). Die R. ist negativ bei exothermen Reaktionen (das System gibt Wärme an die Umgebung ab), positiv bei endothermen (das System nimmt Wärme auf, die Umgebung kühlt sich ab). Negative R.n sind z. B. die Erstarrungs- und Kondensationswärme, positive z. B. die Schmelz- und Verdampfungswärme. Verläuft die Reaktion bei konstantem Volumen, so ist die R. gleich der *Reaktionsenergie* ΔU, verläuft sie bei konstantem Druck, gleich der Reaktionsenthalpie ΔH. Verläuft die Reaktion bei konstantem Druck, so unterscheidet sie sich von der bei konstantem Volumen ablaufenden durch die Volumenarbeit $A = -p\Delta V$, und zwar ist $\Delta H = \Delta U + p\Delta V$, wobei ΔU die Differenz der Molzahlen ist. Bei Reaktionen zwischen reinen kondensierten Stoffen und in idealen kondensierten Mischphasen ist ΔV sehr klein und $\Delta H \approx \Delta U$. Bei Reaktion in Gasen ist der Unterschied aber wesentlich. Für den Grenzfall der idealen Gase folgt aus dem Gay-Lussacschen Gesetz $p\Delta V = \Delta nRT$ und $\Delta H = \Delta U + \Delta nRT$. Hierbei ist V das Volumen, R die Gaskonstante und T die absolute Temperatur.

Für die Temperaturabhängigkeit der R. gilt das → Kirchhoffsche Gesetz.

In der älteren Literatur wird anstelle der R. die *Wärmetönung* W_V bei konstantem Volumen und W_P bei konstantem Druck mit entgegengesetztem Vorzeichen angegeben.

Das Analogon zur R. chemischer Reaktionen ist für Kernreaktionen der → Q-Wert.

Reaktivität, eine Größe ϱ, die die Abweichungen eines Reaktors vom kritischen Zustand, der durch die R. Null charakterisiert ist, beschreibt. Damit ein Reaktor während einer bestimmten Betriebszeit funktionsfähig bleibt, müssen seine Abmessungen von vornherein größer als die kritischen Abmessungen (→ kritische Masse) gewählt werden. Bei der Untersuchung der Frage, welche Bedeutung die Vergrößerung der geometrischen Parameter auf den zeitlichen Anstieg des Neutronenflusses im Reaktor hat, ist es zweckmäßig, den Begriff des effektiven Multiplikationsfaktors k_{eff} einzuführen (→ Vierfaktorenformel). Man kann k_{eff} als räumlichen Mittelwert für die Neutronenmultiplikation im endlich begrenzten System auffassen. Der Überschuß von k_{eff} über 1 charakterisiert die Geschwindigkeit der Zunahme des Neutronenflusses. Das Verhältnis $\varrho = (k_{eff} - 1)/k_{eff}$ wird als R. bezeichnet; den Ausdruck $(k_{eff} - 1)$ nennt man gelegentlich *Reaktivitätsreserve* oder *Überschußreaktivität*. Der Fall $k_{eff} = 1$ bedeutet, daß die R. gleich Null ist, d. h., der Reaktor ist gerade kritisch. Bei $k_{eff} > 1$ steigt der Neutronenfluß exponentiell an. Diejenige Zeit, während der sich der Fluß um den Faktor $e \approx 2{,}72$ ändert, nennt man die *Reaktorperiode* oder auch *Reaktorzeitkonstante*; analog ist die → Verdopplungszeit definiert. Die wichtigsten Anteile des normalen Reaktivitätsbedarfs, die man in einer Reaktivitätsbilanz zusammenstellt, sind bedingt durch Temperatureffekte, Vergiftungen, Abbrand sowie Reserven für die Reaktivitätsminderung durch Regelorgane und sonstige besondere Einbauten. Bei guter Dimensionierung eines Reaktors werden diese Anteile gerade von der Reaktivitätsreserve gedeckt. Reaktoren sind gut regelbar, solange ihre R. einen Wert von $\varrho = 0{,}006$ nicht übersteigt, der Neutronenvermehrungsfaktor ist dann kleiner als 1,006.

Eine besonders wichtige Größe für die Reaktorregelung ist der *Temperaturkoeffizient der R.* Er beschreibt die durch die verschiedenen Temperaturabhängigkeiten des Reaktorvolumens, der Dichten der im Reaktor eingebauten Materialien sowie der Wirkungsquerschnitte für die einzelnen Wechselwirkungen im Reaktor hervorgerufenen Effekte. Der Temperatureinfluß auf die R. erfolgt über die Faktoren der Vierfaktorenformel sowie weitere Konstanten, wie Diffusionslänge, Fermi-Alter u. a. Eine Erwärmung des Kühlmittels hat z. B. eine Verringerung seiner Dichte und damit eine Abnahme der in der Spaltzone vorhandenen Kühlmittelmasse zur Folge. Wenn das Kühlmittel überwiegend als Moderator wirkt, tritt dadurch ein Reaktivitätsverlust ein, wirkt es dagegen überwiegend als Absorber, so wächst die R. infolge der geringeren Anzahl von schädlichen Neutroneneinfängen. Bei negativem Temperaturkoeffizient der R. führt eine entstandene Erhöhung der Temperatur im Reaktor zur Verringerung der R. und damit zur Senkung der Leistung und wirkt so der eingetretenen Temperaturerhöhung entgegen; dieser Reaktor wird selbstregulierend bzw. selbststabilisierend genannt. Speziell beim Siedewasserreaktor gibt der *Blasenkoeffizient der R.* die Änderung der R. bei Dampfblasenbildung im Moderator bzw. im Kühlmittel an.

Reaktivitätsreserve, → Reaktivität.

Reaktor, *Kernreaktor*, *Atomreaktor*, *Pile*, Anlage zur Erzeugung von Wärme aus Kernenergie mittels → Kernspaltung. Die Kernenergie erscheint zunächst als kinetische Energie der Spaltprodukte in der → Spaltzone. Diese werden im umgebenden Material abgebremst; die dabei entstehende Wärme wird über einen Kühlmittelkreislauf abgeführt und zur Elektroenergieerzeugung ausgenutzt (→ Kernkraftwerk). Neben der Energieerzeugung wird der Reaktor auch als intensive Quelle für Neutronen und γ-Strahlung genutzt.

Prinzipiell ist jeder R. die Anordnung einer kritischen Masse spaltbarer Substanz, in der mit Neutronen eine gesteuerte Kernkettenreaktion kontinuierlich oder im Impulsbetrieb abläuft. Die entstehende Wärme wird durch das Reaktorkühlmittel abgeführt. Der Kernbrennstoff ist in Brennstoffelementen eingeschlossen.

Der *Reaktorkern* baut sich aus *Kühlmittel, Strukturmaterial* und *Brennstoff* auf, verschiedentlich ist auch ein *Moderator* vorhanden. Gesteuert wird der R. durch *Regel- und Steuerstäbe*, die aus stark neutronenabsorbierenden Substanzen (Absorberstäbe, Abschaltstäbe) bestehen und in den Reaktorkern eintauchen. Wegen der kurzen Lebensdauer der prompten Neutronen wird der R. mit Ausnahme des Impulsreaktors vorwiegend im unterpromptkritischen Bereich betrieben. Der Anteil der verzögerten Neutronen ist hauptsächlich vom verwendeten Brennstoff abhängig. Quellen der verzögerten Neutronen sind die radioaktiven Spaltprodukte und mögliche (γ, n)-Reaktionen im Moderator. In einen R. wird stets mehr Spaltmaterial eingebaut, als der → kritischen Masse entspricht. Dieser Reaktivitätsüberschuß, der durch Neutronenabsorber kompensiert wird, ist für das Regelverhalten, besonders beim An- und Abfahren des Reaktors, und wegen des Abbrandes notwendig. Der Reaktivitätsüberschuß bestimmt in thermischen Reaktoren den erreichbaren → Abbrand. In Brutreaktoren (s. u. 6)) tritt bei inneren Brutraten von etwa 1 eine geringe Langzeitvariation der eingebauten Reaktivität auf, und der mögliche Abbrand ist durch das Erreichen technologischer Materialgrenzen wegen der hohen Neutronenflüsse und der Zunahme des Spaltgasdruckes festlegt. Durch Einführung unterschiedlicher Anreicherungszonen zur Neutronenflußabflachung und durch zyklische Umladung der Brennelementkassetten gelingt es, den mittleren Abbrand zu erhöhen. Neben der Energiegewinnung geschieht im R. die Erzeugung von Spaltmaterialien über den Th-232-U-233-Zyklus oder den U-238-Pu-239-Zyklus, welche für die verschiedenen Reaktortypen mit unterschiedlicher Effektivität ablaufen. Zur Verbesserung der Neutronenökonomie ist der Reaktorkern von einem *Reflektor* oder *Blanket* umschlossen. Der Schutz des Bedienungspersonals vor der intensiven Neutronen- und γ-Strahlung aus dem Reaktor wird durch die → Reaktorabschirmung gewährleistet. Aufgabe der → Reaktorsicherheit ist es, den Schutz der Umgebungsbevölkerung vor der Freisetzung von Spaltstoff, radioaktiven Spaltprodukten und durch Neutronenbeschuß aktivierter Materialien wirksam zu realisieren.

Spalt-produkt	Xe-135	Sm-149	Nd-143	Pm-147	Sm-151
$T_{1/2}$	9,16 h	stabil	stabil	2,65 a	90 a
σ_a	$3 \cdot 10^6$ b	$6{,}9 \cdot 10^4$ b	335 b	220 b	$1{,}4 \cdot 10^4$ b

Die *Reaktorhaupttypen* können nach unterschiedlichen Gesichtspunkten unterteilt werden:

1) Nach dem Neutronenspektrum des R.s (→ Reaktorspektrum) unterscheidet man folgende wichtigen Typen: 1.1) In einem *epithermischen R.* geschieht der größere Anteil der Spaltungen, d. h. mehr als 50%, durch epithermische Neutronen. 1.2) Im *thermischen R.* bewirken hauptsächlich die thermischen Neutronen die Kernspaltung. Das Energiespektrum der Neutronen $N(E)$ zeigt eine Maxwell-Verteilung: $N(E)\,\mathrm{d}E = (2/\sqrt{\pi}) \cdot E_0^{-3/2} \cdot \sqrt{E} \cdot \mathrm{e}^{E/E_0} \cdot \mathrm{d}E$. Die wahrscheinlichste Neutronenenergie E liegt bei $E_0 = kT$, wobei k die Boltzmann-Konstante und T die absolute Temperatur darstellen. Für 20 °C wird $E_0 = 0{,}0253$ eV. Das bedeutet, daß die Geschwindigkeit v der Neutronen 2200 m/s beträgt. Durch eine Substanz, die ein gutes Bremsvermögen und Bremsverhältnis aufweist, d. h. durch einen *Moderator*, werden die Spaltneutronen von einer Energie um 2 MeV auf thermische Energien abgebremst. Wegen der großen Spaltquerschnitte von U-235, U-233, Pu-239, Pu-241 gegenüber thermischen Neutronen ist die Verwendung von Natururan (0,71% U-235) oder wenig angereicherten Brennstoffs in thermischen R.n. möglich. Spaltquerschnitte σ_f bei thermischen Energien ($E = 0{,}0253$ eV) für gebräuchliche Spaltstoffe sind in der folgenden Tabelle zusammengestellt.

	U-235	U-235	Pu-239	Pu-241
σ_f	527 b	582 b	746 b	1025 b

Große Einfangquerschnitte im Resonanzgebiet und die mit abnehmender Neutronen-Energie (→ Eins-durch-v-Gesetz) ebenfalls stark anwachsenden Einfangquerschnitte vom Kühlmittel und Strukturmaterial, wie Halterungen, Aufhängungen u. ä., verschlechtern neben einer Abnahme der Spaltneutronenzahl die Neutronenökonomie und beschränken die Zahl der möglichen Reaktorkernbaustoffe. Starke Auswirkungen hat die Spaltproduktvergiftung durch Xe, Sm u. a. im thermischen R., die das Anfahrverhalten des Reaktors beeinflußt und einen hohen Reaktivitätsüberschuß für den Reaktorbetrieb notwendig macht. Thermische Einfangquerschnitte σ_a und Halbwertszeiten $T_{1/2}$ für einige wichtige Spaltprodukte sind in nebenstehender Tabelle aufgeführt.

Thermische R.n unterteilt man in heterogene R.en und homogene R.en, je nachdem ob Moderator und Brennstoff voneinander getrennt sind oder ob ein homogenes Brennstoff-Moderator-Gemisch vorliegt.

1.2.1) Beim *heterogenen R.* wird durch die räumliche Trennung eine Zunahme des Vermehrungsfaktors k_∞ durch Vergrößerung des Schnellspaltfaktors ε wegen der mikroskopischen Anhebung des schnellen Neutronenflusses im Brennstoff und durch Zunahme der Resonanzentweichwahrscheinlichkeit wegen der mikroskopischen Anhebung der epithermischen und thermischen Neutronenflüsse im Moderatorbereich erreicht (→ Vierfaktorenformel). Der Brennstoff ist in Brennelemente eingeschlossen, die vom Kühlmittel umströmt werden. Das Bestrahlungsverhalten der Brennstoff-Umhüllungsmaterialien, das Anwachsen des Spaltgasdruckes, der realisierbare Reaktivitätsüberschuß im Zusammenhang mit der zunehmenden Spaltproduktvergiftung bestimmen den möglichen Abbrand. Mit dem heterogenen Reaktor ist die technische Realisierung eines wirtschaftlichen thermischen Leistungsreaktors gelungen. Ein heterogener R. ist der *Swimmingpool-Reaktor*, *Schwimmbadreaktor*, *Wasserbeckenreaktor*, ein nach seiner charakteristischen Bauart benannter (thermischer) Forschungsreaktor (s. u.). Der Swimmingpool-Reaktor ist *leichtwassermoderiert* und *-gekühlt*. In der Regel erfolgt die Kühlung durch natürliche Konvektion, es gibt aber auch Varianten mit Zwangsumlaufkühlung. In einem zumeist oben offenen Betonbecken ist dieser R. etwa in einer Tiefe von 5 bis 8 m unter der Wasseroberfläche durch eine Laufbrücke horizontal verschiebbar angeordnet. Die Vorteile des Swimmungpool-Reaktors liegen in seiner hohen inhärenten Sicherheit, in den niedrigen Baukosten und der guten Zugänglichkeit zum Reaktorkern nach Ablassen des Wassers.

1.2.2) Beim *homogenen R.* ist die Neutronenökonomie gegenüber dem heterogenen R. durch den kleineren Schnellspaltfaktor ε und die verringerte Resonanzentweichwahrscheinlichkeit p (→ Vierfaktorenformel) verschlechtert. Neben diesen genannten Mängeln hat der homogene R. noch folgende wesentliche Nachteile: 1) großes Kernbrennstoffinventar, 2) hoher Aufwand für eine kontinuierliche Aufbereitung des hochradioaktiven und aggressiven Spaltstoff-Moderator-Gemisches, die in heißen Zellen durchgeführt werden muß; 3) starke Korrosion bzw. Erosion der Reaktorgefäße und Rohrleitungen, 4) radiolytische Zersetzung des Moderators, 5) Realisierung schlechter Dampfparameter und deshalb kleiner Kraftwerkswirkungsgrad, 6) durch die Notwendigkeit, einen Außenkreislauf zu verwenden, werden beim homogenen R. die sicherheitstechnisch günstigen Schutzbarrieren zur Verhinderung der Freisetzung von radioaktiven Spaltprodukten und Spaltmaterialien gegenüber denen des heterogenen R.s verringert, wo das die Brennelementhülle und der abgeschlossene Primärkreislauf unterbinden. Als Vorteil ist prinzipiell die kontinuierliche Entgiftung zu nennen, die ein gutes An- und Abfahrverhalten nebst einem kontinuierlichen Reaktorbetrieb garantiert. Als Leistungsreaktor für die Elektroenergieerzeugung hat der homogene R. keine Bedeutung erlangt. Es existieren eine Reihe homogener Forschungsreaktoren.

Das Brennstoff-Moderator-Gemisch kann vorliegen: 1) als Lösung von UO_2SO_4, $UO_2(NO_3)_2$, $UO_3 + H_3PO_4$ in H_2O oder D_2O, 2) als Suspension von U, UO_2 feinverteilt in H_2O, D_2O, 3) als Salzschmelze von UF_4, LiF, BeF_2, NaF u. a. Wird in einem Moderator der Spaltstoff als Suspension aufgeschwemmt, so bezeichnet man einen solchen homogenen Reaktor als *Suspensionsreaktor*. Problematisch sind die Aufrechterhaltung der Suspension und die Verhinderung der Erosion in den Rohrleitungen neben den Schwierigkeiten einer kontinuierlichen Brennstoffaufbereitung, hohen Kernbrennstoffeinsatzes und ähnlicher allgemein für den homogenen R. spezifischer Aspekte. Der *Water-Boiler*, auch *Wasserkesselreaktor*, ist ein homogener Forschungsreaktor kleiner Leistung ($< 0{,}5$ MW). Moderator H_2O und D_2O und Spaltstoff, z. B. UO_2SO_4, sind homogen gemischt. In einem Rohrsystem wird Wasser als Kühlmittel durch das Innere des R.s geleitet. Die Kühlmitteltemperatur ist kleiner als 100 °C, um ein Sieden der Brennstofflösung zu vermeiden. Vorteilhaft sind seine hohe inhärente Sicherheit, geringe Reaktorbaukosten, weil keine Brennelemente notwendig sind, sein gutes An- und Abfahrverhalten. Von Nachteil sind die Schwierigkeiten einer uneffektiven kontinuierlichen Brennstoffaufbereitung und die starke chemische Aggressivität der Brennstofflösung besonders gegenüber dem Rohrsystem.

Weitere Unterscheidungen der thermischen R.en nach Moderator, Kühlmittel u. a. siehe unter 2) und 4)!

1.3) In einem *mittelschnellen R.* werden die Spaltungen zum größten Teil durch Neutronen hervorgerufen, die Energien zwischen einigen Elektronenvolt und 0,1 MeV aufweisen.

Die ebenfalls in diesem Energiebereich liegenden Resonanzen von Strukturmaterial, Kühlmittel und U-238 verschlechtern die Neutronenökonomie des Reaktors empfindlich. Als mögliche Alternative zum schnellen Brutreaktor (s. u.) wegen seiner negativen Kühlmittelverlustreaktivität verliert der mittelschnelle R. seine Bedeutung mit der sicherheitstechnischen Beherrschbarkeit des schnellen Reaktors.

1.4) Bei *schnellen R.en* geschieht der größte Teil der Spaltungen bei Neutronenenergien $> 0{,}1$ MeV. Die mit dem harten Reaktorspektrum verbundenen guten Bruteigenschaften ermöglichen eine wirtschaftliche und langfristige Elektroenergieerzeugung durch schnelle Brutreaktoren (s. u.). Schnelle R.en unterteilt man nach dem *Kühlmittel* in *Flüssig-Metall* (Na, NaK)-, *dampf-* (H_2O-Dampf) und *gasgekühlte* (He, CO_2) *R.en* oder nach ihrem *Kernbrennstoff* in R.en mit metallischem, oxidischem, karbidischem Brennstoff.

2) Je nach verwendetem Moderator unterteilt man in *schwerwasser-*, *leichtwasser-*, *graphit- und organischmoderierte R.en.*

2.1) Der *Schwerwasserreaktor* ist ein *thermischer R.*, in dem als Moderatorsubstanz schweres Wasser (D_2O) verwendet wird. Obwohl ein Leistungsreaktor dieses Typs nicht mit den wirtschaftlicheren Leichtwasserreaktoren konkurrieren kann, wird er für einige Länder durch die Möglichkeit, mit Natururan betrieben zu werden, attraktiv. Wegen der sehr geringen parasitären Neutronenabsorption im Moderator lassen sich hier bei heterogenen Reaktorzellen für Natururan (0,71% U-235) effektive Multiplikationsfaktoren $k_{eff} > 1$ realisieren. Die Tabelle gibt eine Gegenüberstellung von Absorptionsquerschnitt σ_a, Bremsverhältnis und Bremsvermögen für Leicht- und Schwerwasser.

Moderator	σ_a v = 2200 m/s	Bremsvermögen $\xi\Sigma_s$	Bremsverhältnis $\xi\Sigma_s/\Sigma_a$
D_2O	1 mb	0,17 cm^{-1}	$1{,}2 \cdot 10^4$
H_2O	0,66 b	1,53 cm^{-1}	72

Mit der Verwendung von Natururan ist eine geringe verfügbare Überschußreaktivität verbunden, das wirkt sich in einem ungünstigen Teillastverhalten und einem geringen erzielbaren Abbrand aus. Der Abbrand beträgt maximal 10000 MWd/t gegenüber 30000 MWd/t beim Leichtwasserreaktor. Eine kontinuierliche Nachladung während des Reaktorbetriebes wird notwendig. Die Wirtschaftlichkeit ist gegenüber dem Leichtwasserreaktor vor allem verschlechtert durch: höhere Anlagekosten, höhere Moderatorkosten, kleineren Kraftwerkswirkungsgrad infolge der Wärmeverluste über den Moderatorkreislauf, kleineren Betriebsdrucks wegen der größeren Druckgefäßdurchmesser. An Vorteilen sind eine höhere Plutoniumerzeugung mit Brutraten von 0,44 und eine hohe inhärente Sicherheit zu nennen. Eine Abnahme der Moderatordichte ist stets mit einer Reaktivitätsabnahme verbunden. Mögliche Reaktortypen dieser Art sind Druckkessel- und Druckröhrenreaktor (vgl. 5).

2.2) Im *Leichtwasserreaktor* dient leichtes Wasser (H_2O) als Moderator und Kühlmittel. Wegen des im Vergleich zu schwerem Wasser (D_2O) um den Faktor $6 \cdot 10^{-3}$ verkleinerten Bremsverhältnisses kann der Leichtwasserreaktor nicht mit Natururan betrieben werden. Man verwendet Kernbrennstoff mit einer Anreicherung zwischen 1,5 und 4% U-235. Der durch die Anreicherung vergrößerte Reaktivitätsüberschuß verbessert das Teillastverhalten des Kernkraftwerkes, ermöglicht ein Überfahren der Xe-Spitze (Xenonvergiftung, → Brennstoffvergiftung) und vermehrt den erreichbaren Abbrand. Nach der Bauart unterscheidet man zwei Haupttypen von leichtwassermoderierten Leistungsreaktoren: den Siedewasserreaktor und den Druckwasserreaktor (vgl. 4). Dem Kernkraftwerk mit Leichtwasserreaktor ist als erstem Kernkraftwerk der Durchbruch zur Wirtschaftlichkeit und Konkurrenzfähigkeit mit konventionellen Kraftwerken gelungen. Entsprechend hoch ist auch sein Anteil an der Elektroenergieerzeugung der nahen Zukunft. Die folgende Tabelle gibt eine Übersicht über die Elektroenergieerzeugung durch thermische Leistungsreaktoren in der Welt, die sich bis 1969 in Betrieb oder im Bau befinden und geplant sind. Hier ist deutlich der dominierende Anteil der Leichtwasserreaktoren zu erkennen.

	in Betrieb	in Bau oder geplant
Leichtwasserreaktoren	4456 MW_{el}	86626 MW_{el}
graphitmoderierte Reaktoren	8713 MW_{el}	6838 MW_{el}
schwerwassermoderierte Reaktoren	455 MW_{el}	3751 MW_{el}

2.3) Als *Natururan-Graphit-Reaktor* bezeichnet man einen gasgekühlten, zumeist mittels CO_2, graphitmoderierten *thermischen R.*, der mit Natururan betrieben wird. Das relativ gute Bremsverhältnis von Graphit gestattet prinzipiell die Verwendung von Natururan, wobei jedoch wegen des geringen Bremsvermögens große Reaktorabmessungen notwendig werden. Der umfangreiche Spaltstoff- und Graphiteinsatz verursacht hohe Anlagekosten. Erhebliche Betriebskosten entstehen vor allem durch den großen Eigenbedarf an Elektroenergie für das Umwälzen der großen Gasmengen, so daß keine wirtschaftliche Elektroenergieerzeugung möglich ist. Die Natururan-Graphit-Reaktoren wurden um 1953 zur Plutoniumezeugung für militärische Zwecke gebaut.

2.4) Der *Natrium-Graphit-Reaktor* ist ebenfalls ein graphitmoderierter *thermischer* R., der mit leichtangereichertem Brennstoff (3%) betrieben und mit *Natrium gekühlt* wird. Zumeist handelt es sich um einen Versuchsreaktor zum Kennenlernen der speziellen Natriumproblematik, da Natrium als Reaktorkühlmittel in schnellen Brutreaktoren (s. u.) verwendet wird. Wegen der chemischen Aggressivität von Natrium muß vor allem die Verträglichkeit mit Brennelementhüllmaterialien, die Trennung von Luft und Wasser, die Problematik der Wärmetauscher getestet werden. Außerdem werden Erfahrungen beim Umgang mit hochaktiviertem Primärkühlmittel gesammelt und Auswirkungen eines positiven Kühlmitteltemperaturkoeffizienten auf die Reaktorsicherheit kennengelernt.

2.5) Ein *thermischer Reaktor*, in dem organische Substanzen, vor allem Polyphenyle, als Moderator oder Kühlmittel dienen, wird als *organisch moderierter R.* bezeichnet. Es ergeben sich einige Vorteile gegenüber leichtwassermoderierten R.en: Realisierung höherer Kühlmitteltemperaturen bei gleichem Kühlmitteldruck, geringe Aktivierung, geringere Korrosion der Reaktorbaustoffe. Wegen der schlechten Wärmeübergangszahlen und der Strahlungszersetzung der organischen Substanzen hat der organisch moderierte R. keine Bedeutung als Leistungsreaktor erlangt.

3) Nach dem Kühlmittel unterscheidet man den *leichtwasser-* (siehe 4.1), den *gas-* (siehe 2.3) und den *natriumgekühlten* (siehe 2.4) R.

4) Nach den thermodynamischen Kühlmittelparametern erfolgt eine Gliederung der R.en in druckwasser-, siedewasser- und gasgekühlte Hochtemperaturreaktoren.

4.1) Der *Druckwasserreaktor* ist ein *leichtwassergekühlter* und *-moderierter thermischer R.* Ein Sieden wird verhindert. Die Siedetemperatur des Druckwassers liegt um ungefähr 50 °C über der maximalen Kühlmitteltemperatur, die überhaupt im Reaktor auftritt. Durch einen negativen Temperaturkoeffizienten folgt dieser R. automatisch den Lastschwankungen der Turbine. Druckwasserreaktoren sind inhärent sicher, regeltechnisch zuverlässig und benötigen für den Betrieb nur ein Minimum an regeltechnischen Größen. Der Druck des Kühlmittels (aufbereitetes H_2O) im Druckwasserreaktor liegt bei etwa 150 at, was die Verwendung dickwandiger Rohrleitungen und starkwandiger Reaktordruckbehälter notwendig macht. Zunehmende technische Schwierigkeiten bei der Herstellung größerer Druckbehälter begrenzen die mögliche Reaktorgröße auf Werte von etwa 1 000 MW_{el}. Die Druckgefäßdurchmesser betragen etwa 5 m und die Wandstärken ungefähr 20 cm. Die auftretenden hohen Drücke ermöglichen nur eine relativ geringe Kühlmittelaustrittstemperatur von 280 °C, was die Anwendung von Sattdampfturbinen erfordert. Wegen des schlechten Wirkungsgrades dieser Turbinenart wird der Dampf oftmals noch zusätzlich nuklear überhitzt. Druckwasserreaktoren werden durch folgende Kenngrößen charakterisiert:

mittlere Leistungsdichte	100 kW/l
maximaler Abbrand	30000 MWd/t
Brennstoff	UO_2 mit einer Anreicherung von 2 bis 4% U-235 in Cr-Ni-Stahl oder Zirkaloy-Hüllen
Regelung	Hf-, Cd-Ag-In-, B-Stahlstäbe; Borsäureregelung

4.2) Der *Siedewasserreaktor* ist ein Leichtwasserreaktortyp, in dem an der Oberfläche der Brennelemente Sieden zugelassen wird. Moderator- und Kühlmittelkreislauf sind nicht getrennt. Die maximale Leistungsdichte wird durch die zunehmende Dampfblasenbildung begrenzt und ist kleiner als beim Druckwasserreaktor. Die erreichbaren Dampfparameter betragen: Temperatur $T = 300$ °C, (Sattdampf-)Druck $p = 70$ bis 100 at. Wegen dieser schlechten Frischdampfparameter wird der erzeugte Dampf oftmals noch einer nuklearen Überhitzung zugeführt, um die Sattdampfturbine mit ihrem geringen Wirkungsgrad zu umgehen. Das geschieht dadurch, daß der Sattdampf entweder noch durch das Innere des Brennelements, in diesem Falle eines kombinierten Siede-Überhitzerelements, geleitet wird oder in einem Zweizonenkern durch eine mit reinen Überhitzerelementen ausgestattete Zone strömt. In *Einkreissystemen* wird das Regelverhalten des Siedewasserreaktors durch die starken Auswirkungen von Lastwechseländerungen der Turbine auf die Reaktivität komplizierter. Wegen des negativen Blasenkoeffizienten der Reaktivität bewirkt eine Lastzunahme an der Turbine über die Abnahme des Dampfdruckes im Reaktor und die folgende verstärkte Dampfblasenbildung eine Abnahme der Reaktivität. Durch die Einführung von *Zweikreissystemen* mit Reduziergefäß wird die Lastzunahme der Turbine vorerst mit einem verstärkten Dampfangebot aus dem Reduziergefäß zum Mitteldruckteil der Turbine beantwortet. Die durch das Reduziergefäß aus dem Reaktorkessel entnommene Heißwassermenge wird durch Kaltwasserzufuhr über die Hauptspeisepumpe ausgeglichen. Das bedingt eine Abnahme der Kühlmitteltemperatur und somit eine Reaktivitätszunahme (Lastanpassung). Die auf diese Weise erhöhte Stabilität des Siedewasserreaktors ermöglicht auch eine Steigerung der Leistungsdichte von 10 kW/l auf 50 kW/l. Weitere charakteristische Kenndaten von Siedewasserreaktoren sind:

elektrische Leistung	> 1 000 MW_{el} möglich
maximaler Abbrand	30000 MWd/t
Brennstoff	UO_2 mit einer Anreicherung von 2,1 bis 3% U-235 in Zr-Hüllen
Regelung	bis zu 200 Kontrollstäbe B_4C in SS-Hüllen (stainless steel — rostfreier Stahl als Hüllenmaterial)

5) Nach ihren verschiedenen Bauformen benennt man den Druckröhren-, Druckkessel-, Swimmingpool-R. (vgl. 1.2.1). Beim *Druckröhrenreaktor* erfolgt eine Trennung in Moderator- und Kühlmittelkreis. Das bringt den Vorteil einer größeren Freiheit in der Kühlmittelwahl und verbessert die Neutronenökonomie durch die Realisierung einer niedrigen Moderatortemperatur gegenüber dem *Druckkesselreaktor*.

	Moderator	Kühlmittel
Druckkesselreaktor	D_2O	D_2O
Druckröhrenreaktor	D_2O	H_2O, H_2O-Dampf, CO_2 u. a.

6) Je nach Bruteigenschaft spricht man vom *Brutreaktor*, wenn die Brutrate größer als 1 ist, und vom Konverter, wenn die Brutrate kleiner als 1 ist (→ Konversionsfaktor). Der Brutreaktor, auch *Brüter* genannt, nutzt den Neutroneneinfang in der nichtspaltbaren Brennstoffkomponente aus. Es kommt darin zum Brutprozeß, d. h., es wird mehr Spaltmaterial erzeugt als verbraucht. Der Brutgewinn wird abgeführt und für die Erstbeschickung weiterer Reaktoren verwendet. Eine langfristige wirtschaftliche Elektroenergieerzeugung durch Kernspaltung ist erst mit der Entwicklung von Brutreaktoren möglich geworden, weil eine relative Unabhängigkeit von den begrenzten U-235-Vorkommen durch die Brüter erreicht wurde. In einer vereinfachten Betrachtungsweise stehen als spaltbare Kerne U-235, U-233 und Pu-239 zur Diskussion, wovon nur U-235 in der Natur vorkommt (0,714% im Natururan). U-233 und Pu-239 können aus den häufig vorkommenden Isotopen U-238 (99,28% im natürlichen Uran) und Th-232 (100% natürliches Thorium) durch Neutroneneinfang gebildet werden, wenn man diese *Brutmaterialien* in den Reaktorkern einbringt. Es entstehen in beiden Fällen bessere Spaltstoffe als U-235 wegen des größeren mikroskopischen Spaltquerschnittes und der größeren Anzahl freigesetzter Neutronen je Spaltung. U-235 wird deshalb für Brutreaktoren nur in einer gewissen Übergangsperiode als Spaltstoff für die Erstbeschickung Bedeutung erlangen und wie bisher in thermischen R.en eingesetzt werden. Die jeweilige Verwendung von U-233 oder Pu-239 als Spaltstoff im Brutreaktor hängt sehr stark von dem betreffenden Reaktorspektrum ab, nach dem die Brutreaktoren dann auch benannt werden. Man fordert für einen Brutreak-

tor geringen Spaltstoffeinsatz und hohen Brutgewinn. Der relativ große Wert des mikroskopischen Spaltquerschnittes σ_f bestimmt die kritische Masse. Die mögliche Brutrate hängt von der Anzahl η der freigesetzten Neutronen je im Spaltstoff absorbiertes Neutron ab. Darum läßt sich über eine optimale Spaltstoffwahl leicht entscheiden. Als Spaltstoff für einen *thermischen Brutreaktor* kommt nur U-233 in Frage. Nur für U-233 sind bei thermischen Energien η-Werte wesentlich größer als 2 erreichbar; η_{th}(U-233) $\triangleq$ 2,28, aber η_{th} (U-235) = η_{th} (Pu-239) $\triangleq$ 2,07, was wegen der größeren parasitären Absorption zu fordern ist. In einem *mittelschnellen Brutreaktor* mit Neutronenenergien $\leq$ 50 keV ist ebenfalls die Verwendung von U-233 als Spaltstoff günstiger. Im gesamten Energiegebiet von 1 keV bis 1 MeV ist σ_f für U-233 größer als für Pu-239, und bis 50 keV ist es auch der η-Wert. Erst im *schnellen Brutreaktor* mit einer mittleren Neutronenenergie > 200 keV ist der Einsatz von Pu-239 überzeugend vorteilhaft. Der mit zunehmender Neutronenenergie anwachsende η-Wert liegt etwa von hier ab um einen konstanten Betrag von ungefähr 0,2 über dem von U-233. In einem schnellen Brutreaktor mit Plutoniumbrennstoff lassen sich deshalb auch maximale Brutraten erreichen. Eine spezifische Besonderheit des *mittelschnellen Thoriumbrüters* besteht darin, daß es wegen der relativ langen Halbwertszeit von Pa-233 ($T_{1/2}$ = 27,4 d), einem Zwischenglied im Thorium-Uran-Zyklus, und durch den größeren Schnellspaltfaktor von U-238 günstiger ist, als Brutmaterial im Reaktorkern U-238 zu verwenden und Th-232 in der Brutzone anzuordnen. Die Realisierung des Reaktorspektrums wird durch eine entsprechende Auslegung erreicht. Ein thermischer Brüter enthält Moderatormaterial, ein schneller soll dagegen möglichst wenig moderierende Substanz enthalten. Bei einem schnellen Brüter wird deshalb Natrium oder Gas (aber wegen seiner moderierenden Wirkung kein Wasserdampf) als Kühlmittel gewählt. Während bei einem thermischen Brüter die üblichen Anreicherungen bis zu einigen Prozent betragen, nimmt die Anreicherung in schnellen Leistungsbrutreaktoren bedingt durch den kleineren mikroskopischen Spaltquerschnitt Werte bis etwa 25% an. Vor allem in schnellen Brutreaktoren treten wegen des harten Reaktorspektrums eine Reihe spezifischer Besonderheiten auf, auch sind gerade diese Reaktoren wegen ihrer großen Brutraten und ihrer Bedeutung für die zukünftige Elektroenergieerzeugung von besonderer Wichtigkeit. Der *schnelle Brutreaktor*, abg. *SBR*, baut sich aus Spaltzone und Brutzone auf. Das *Core* (Reaktorkern) ist zumeist zylindrisch. Die Spaltzone besteht aus vielen Brennstoffkassetten, die vom Kühlmittel durchströmt werden und in denen eine Vielzahl ($\approx$ 300) von Brennelementen angeordnet ist. Notwendige Steuer- und Regelstäbe befinden sich dort ebenfalls. Die Brutzone ist aus Brutkassetten und Elementen aufgebaut, der Struktur- und Kühlmittelanteil ist jedoch geringer. Der relativ hohe Spaltstoffeinsatz, bedingt durch die hohe Anreicherung, erfordert aus ökonomischen Gründen eine hohe mittlere Leistungsdichte im Reaktor notwendig ($\approx$ 0,5 MW/*l*), was durch große maximale Leistungsdichten (1 MW/*l*) und Neutronenflußabflachung mittels Zonen unterschiedlicher Anreicherung realisiert wird. Damit verbunden ist die Problematik der Wärmeabfuhr aus dem Reaktorkern und der optimalen Kühlmittelwahl. Eine geringe Langzeitvariation der eingebauten Reaktivität bei inneren Brutraten von etwa 1 und das Fehlen der Xe- und Sm-Vergiftung (→ Brennstoffvergiftung) bedingen ein ausgezeichnetes Regelverhalten im unterpromptkritischen Bereich (→ Reaktorregelung, → Kernkettenreaktion). Der erreichbare Abbrand (100000 MWd/t möglich) wird ausschließlich durch die Beherrschung des Spaltgasdruckes im Brennelement von ungefähr 100 at bestimmt. Man verwendet deshalb auch keramischen Brennstoff (Oxid, Karbid, Nitrid) mit 80 bis 90% der theoretischen Dichte, wie sie bei der Produktion des Karbids ohne Pressen auftritt. Die Reaktorauslegung wird noch durch technische Materialgrenzen und die Problematik der Reaktorsicherheit beeinflußt. Das nukleare Gefährdungspotential eines schnellen Brüters ist vor allem vergrößert durch den geringeren Anteil an verzögerten Neutronen, die kurze Lebensdauer der prompten Neutronen, ein hohes Spaltstoffinventar und die hohe Konzentration radioaktiver Spaltprodukte.

Heute ist die technische Realisierbarkeit und sicherheitstechnische Beherrschung des schnellen Brütens erwiesen. Fortgeschrittene Industrieländer haben schon ein Stadium erreicht, in dem die Inbetriebnahme von schnellen Prototypreaktoren unmittelbar bevorsteht. Ab 1980 ist mit dem Einsatz von kommerziellen Brüterkraftwerken mit Leistungen von je 1000 MW_{el} zu rechnen. Völlig parallel wird als erster Leistungsreaktor der *natriumgekühlte schnelle Brutreaktor mit oxidischem Brennstoff* verfügbar sein, anschließend der oxidische Brennstoff durch karbidischen ersetzt werden. Mit der Entwicklung großer Spannbetondruckbehälter und Heliumturbinen großer Leistung wird dann der gasgekühlte schnelle Brüter konkurrenzfähig. Nach Bekanntwerden neuerer kernphysikalischer Meßergebnisse, z. B. der α-Strahlungswerte von Plutonium, ist die Dampfbrüterentwicklung als wenig aussichtsreich eingestellt worden.

7) Nach der Beschaffenheit des Reaktorkerns bezeichnet man den *keramischen R.*, bei dem der gesamte Reaktorkern nur aus keramischen Substanzen aufzubauen ist. Damit wäre die Möglichkeit gegeben, Gasaustrittstemperaturen von $\geqq$ 1000 °C zu realisieren, was eine Erhöhung des Nettowirkungsgrades bis zu 50% und eine Verringerung der Anlagekosten um 10 bis 15% bedeuten würde. Bei der Entwicklung nurkeramischer Brennelemente treten beträchtliche Schwierigkeiten mit einer keramischen Brennstoffumhüllung auf. Es muß z. B. ein hoher Abbrand (100000 MWd/t) bei aufrechterhaltener Integrität der Brennstoffumhüllung erreichbar sein. Das Material soll möglichst wenig moderierend und absorbierend wirken. Versuche laufen mit C und SiC als Brennelementhüllenmaterial. Von der Seite des keramischen Brennstoffs liegen dagegen jahrelange beste Betriebsergebnisse mit oxidischem Brennstoff vor. Weitere keramische

Brennstoffvarianten sind karbidischer und nitridischer Brennstoff.

8) Nach dem Verwendungszweck werden die R.en in Forschungs- und Leistungsreaktoren untergliedert. R.en zur ausschließlichen Erzeugung von Plutonium sind heute nur noch von historischem Interesse.

Zweizweckreaktoren dienten neben der Erzeugung von Wärme und Elektroenergie z. B. als Plutoniumproduzenten.

8.1) Die *Forschungsreaktoren* habe kleine und mittlere Leistungen und werden meist als intensive Neutronenquelle für die physikalische Grundlagenforschung, zur Erzeugung radioaktiver Isotope und zur Materialprüfung als *Materialprüfreaktoren* genutzt. Der *Prüfreaktor*, auch *Material-Test-Reaktor* genannt, gestattet durch geeignete Bestrahlungseinrichtungen im Reaktorkern das Studium der Wirkung intensiver Neutronenstrahlung auf die untersuchten Stoffe, wie z. B. Reaktorbaustoffe, komplette Brennelemente von Brutreaktoren zur Untersuchung des Abbrandverhaltens. Dadurch hat der Prüfreaktor vor allem Bedeutung für die Reaktorentwicklung. Als Forschungsreaktoren sind die verschiedensten Reaktortypen im Einsatz, sowohl heterogene als auch homogene R.en, H_2O-, D_2O- und graphitmoderierte thermische mittelschnelle und schnelle R.en. Für das physikalische Experiment ist der Forschungsreaktor mit einer Reihe horizontaler und vertikaler Experimentierkanäle für schnelle Neutronen und einer thermischen Säule ausgestattet. Neben einem einfachen konstruktiven Aufbau werden stabile Experimentierbedingungen und eine hohe Betriebssicherheit gefordert. Die hohen Neutronenverluste über die Experimentierkanäle erfordern einen relativ hohen Reaktivitätsüberschuß für den Betrieb des Forschungsreaktors. Deshalb wird zumeist hochangereicherter Brennstoff verwendet. Als *Nullreaktor* oder *Nulleistungsreaktor* wird ein Forschungsreaktor kleiner Leistung, d. h. mit einem Neutronenfluß von $10^7/cm^2\,s$, bezeichnet, der im Rahmen reaktorphysikalischer Grundlagenforschung z. B. für Reaktivitätsmessungen, kritische und exponentielle Experimente bezüglich des Neutronenflusses Verwendung findet. Der Nullreaktor ist als erste Vorstufe bei der Entwicklung neuer Leistungsreaktorvarianten zu betrachten. Der *Oak Ridge Reaktor X 10* ist ein Forschungsreaktor aus der Anfangszeit des Reaktorbaus, thermisch, graphitmoderiert und mit natürlichem Uran betrieben. Die thermische Leistung von 1 MW wird durch Luftkühlung im Zwangsumlauf an die Atmosphäre abgeführt.

8.2) Der *Leistungsreaktor* ermöglicht die wirtschaftliche Erzeugung von Elektroenergie aus Kernenergie. Der Leistungsreaktor hat als Herzstück des Kernkraftwerkes und wegen der geforderten größeren Verbrauchernähe eine Reihe von Anforderungen zu erfüllen, die über die an einen Forschungsreaktor gestellten weit hinausgehen. Wesentliche Anforderungen sind: 1) geringe spezifische Baukosten, 2) geringer Spaltstoffeinsatz, wirtschaftlicher Brennstoffverbrauch, hoher Abbrand, 3) hohe Verfügbarkeit, d. h. kontinuierliche Elektroenergieerzeugung bzw. wenig Ausfallzeiten, 4) Realisierung optimaler wärmetechnischer Kühlmittelparameter, 5) hohe Sicherheit. Primär aus der Forderung, im Kernreaktor große Wärmemengen bei möglichst hohen Temperaturen zu erzeugen und abzuführen, entstand eine Reihe möglicher Leistungsreaktorvarianten, die im Sinne der obengenannten Anforderungen bis zum Erreichen physikalischer, technischer oder technologischer Grenzwerte weiterentwickelt werden. Diese Varianten sind: a) *thermische R.en mit Natururan*, wie Natururan-Graphit-Reaktor, Schwerwasserreaktor; *thermische R.en mit angereichertem Brennstoff*, wie Leichtwasserreaktor, gasgekühlter R. b) Brutreaktoren. Die erste Forderung läßt sich wegen der Kostendegression durch Erhöhung der mittleren Leistungsdichte und Vergrößerung der Reaktorleistung erfüllen, wobei z. B. die maximale Größe eines Druckwasserreaktors durch die Herstellungstechnologie des Reaktordruckbehälters auf Werte um 1000 MW_{el} begrenzt ist. Der erreichbare Abbrand ist für die unter a) genannten Reaktorvarianten durch die Höhe des möglichen Reaktivitätsüberschusses ($\approx$ 30000 MWd/t) und für Brutreaktoren durch die Art des Brennstoffs und die Qualität der Brennelementhülle wegen eines starken Ansteigens des Spaltgasdruckes und auftretender Bestrahlungseffekte ($\approx$ 100000 MWd/t) gegeben. Die Anforderung 3) hängt von der Anzahl der notwendigen Neubeschickungen und Umladungen und der Zuverlässigkeit der Gesamtanlage ab. Es ist offensichtlich, daß mit zunehmender Reaktorgröße die Forderung nach hoher Verfügbarkeit zunehmend dringlicher gestellt wird.

Anforderung 4) wird im wesentlichen durch hohe Kühlmittelaustrittstemperaturen erfüllt. Bei wassergekühlten Reaktoren sind die maximalen Temperaturen wegen der auftretenden hohen Drücke und damit verbundener aufwendiger Druckbehälterkonstruktionen auf relativ niedrige Werte begrenzt, so daß nur Sattdampfparameter zu realisieren sind. Verwendet man Gas (CO_2, He) als Reaktorkühlmittel, so wirkt die temperaturabhängige Festigkeit der metallischen Brennelementhülle als obere Grenze. Temperaturen wesentlich über 700 °C sind lediglich mit *nur*keramischen Brennelementen erreichbar.

Anforderung 5) beruht auf dem höheren nuklearen Gefährdungspotential des Leistungsreaktors. Auf der einen Seite befinden sich große Mengen Spaltprodukte im Brennelement und Spaltstoff im Reaktor und auch große Mengen an aktivierten Reaktorkühlmitteln, andererseits ist die Gefahr einer Freisetzung dieser radioaktiven Stoffe vergrößert. Es können beispielsweise positive Kühlmitteldichtekoeffizienten auftreten, ein unbemerktes örtliches Zusammenschmelzen von Brennelementen vorkommen (z. B. durch blockierte Kühlkanäle) mit nachfolgender Leistungsexkursion und möglicher Zerstörung des Reaktors. Des weiteren kann eine spezielle Kühlmittelproblematik (z. B. Natrium) existieren oder hoher Druck im Reaktor herrschen. Ein wichtiger Punkt ist auch noch die große Nachzerfallswärme im Leistungsreaktor. Das alles bedingt hohe Anforderungen an die Reaktorsicherheit. Unbedingt verhindert werden muß eine prompte Kritikalität durch eine hohe inhärente Sicherheit und effektive Reaktorincoreinstrumentierung, d. h. durch Messung und Überwachung von Neutronenflüssen und örtlichen Temperaturen in Reaktor und Kühlmittel. Die Nachzerfallswärme muß entweder durch zeitweise natürliche Konvektion oder unbedingte Aufrechterhaltung des Zwangsumlaufes abgeführt werden. Auch eine Reihe baulicher Maßnahmen, z. B. Containment (Behälterbauweise) tragen zur Erhöhung der Sicherheit bei.

Reaktorabschirmung, Vorrichtung zum Schutz des Bedienungspersonals vor der intensiven Neutronenstrahlung (→ Neutronenabschirmung) aus dem Reaktorkern und der γ-Strahlung aus Reaktorkern und primärem Kühlmittelkreis. Daneben hat die R. auch noch die Aufgabe, Neutronen- und γ-Flüsse auf tragende Konstruktionselemente im → Reaktor auf zulässige Werte zu verringern, um Strahlenschäden und Wärmespannungen zu vermeiden.

Die Freisetzung von Spaltstoff und Spaltprodukten aus dem Reaktor und die darauf folgende Kontamination von Bedienungspersonal und Umgebungsbevölkerung zu verhindern, ist dagegen Hauptaufgabe der → Reaktorsicherheit.

Entsprechend ihrer Doppelfunktion gliedert sich die R. in zwei Hauptbauteile, den thermischen Schirm (→ thermischer Schild) und den biologischen Schirm (→ biologischer Schild).

Der *thermische Schirm* befindet sich in unmittelbarer Nähe des Reaktorkerns, er ist einer starken Neutronen- und γ-Strahlung ausgesetzt. Die bei der Absorption der Strahlung freiwerdende Wärme wird durch das Reaktorkühlmittel abgeführt.

Der *biologische Schirm* umgibt den Reaktor und oftmals auch noch den Primärkreis in Form einer bis zu mehreren Meter dicken Betonwand. Er reduziert die Strahlenbelastung des Personals auf die vorgegebene Toleranzdosis.

Neben diesen spezifischen Einbauten trägt auch die allgemein konstruktive Auslegung des Reaktors zur R. bei. Ein hoher Abschirmungseffekt wird durch Reflektor oder Brutzone (axial, radial) und bei Poolbauweise durch die großen Kühlmittelschichten erreicht (→ Kühlmittelkreislauf).

Der äußere Abschluß der Abschirmung wird in radialer Richtung durch den Betonring und in axialer Richtung durch Reaktorgrundplatte und Reaktordeckel gebildet.

Notwendige Durchführungen für Rohrleitungen und die Regel- und Steuerorgane des Reaktors sind schwächste Stellen der Abschirmung. Die Problematik der R. wird deutlich, wenn man bedenkt, daß im Reaktorkern Neutronenflüsse von 10^{12} bis 10^{15} Neutronen/cm^2 s herrschen, zulässige Flüsse auf tragende Bauteile in der Größenordnung von 10^{10} Neutronen/cm^2 s liegen und die Maximalwerte hinter dem biologischen Schirm nur noch um 10^2 Neutronen/cm^2 s betragen dürfen.

Als *zulässige Strahlendosis* wird ein Wert von 2 mrem/h entsprechend 5 rem/a festgelegt.

Quellen und Schwächung der Neutronenstrahlung. Eigentliche Quelle der Neutronenstrahlung sind die Spaltprozesse, die im Reaktorkern ablaufen. Hier ist die Energie der Neutronen entsprechend dem Reaktorspektrum verteilt. Abfließende Neutronen werden auf ihrem Weg aus dem Reaktor durch elastische und unelastische Streuung abgebremst (→ Neutronenbremsung) und schließlich absorbiert. Außerhalb des Reaktorkerns findet die elastische Streuung hauptsächlich im Reflektor wie z. B. beim Swimmingpool-Reaktor oder bei Poolbauweise im Kühlmittel und im Beton des biologischen Schildes statt.

Quellen und Schwächung der γ-Strahlung. Den wichtigsten Anteil an der γ-Dosisleistung hinter der Abschirmung hat die Einfang-γ-Strahlung. Die Quellen werden durch $\Sigma_c \Phi_{th}$ beschrieben, wo Σ_c den Einfangquerschnitt für thermische Neutronen und Φ_{th} den thermischen Neutronenfluß bezeichnet. Schnellste Neutronen werden erst in größter Nähe des biologischen Schirmes auf thermische Energien abgebremst und absorbiert, d. h. eingefangen, und bringen so den größten Beitrag. Für einige Materialien ist die Energieverteilung der Einfang-γ-Quanten in folgender Tabelle dargestellt.

Stoff	Anzahl der γ-Quanten je Einfang im Neutronen-Energieintervall		
	3 bis 5 MeV	5 bis 7 MeV	> 7 MeV
Fe	0,24	0,22	0,50
Cr	0,12	0,18	0,69
Pb	0	0,07	0,93
Si	2,29	0,41	0,16

Der restliche Beitrag zur Dosisleistung kommt von der γ-Strahlung radioaktiver Nuklide, insbesondere der Aktivierung des primären Kühlmittels (Na-24, Na-22, O-19 und Verunreinigungen).

Die γ-Strahlung aus dem Reaktorkern, d. h. die prompte γ-Strahlung bzw. die γ-Strahlung der Spaltprodukte (→ Gammaspektrum), wird hinreichend abgeschwächt, so daß ihr Anteil an der Dosisleistung zumeist vernachlässigbar klein ist.

Die Berechnung des ungestreuten γ-Flusses läßt sich für einige einfache Geometrien leicht durchführen. Durch Einführen des *Dosisaufbaufaktors* $B(E)$ kann der Anteil der *gestreuten* γ-Quanten an der Dosisleistung $D_\gamma(E)$ gemäß $D_\gamma(E) = B(E) \cdot D_{\gamma \text{ungestreut}}(E)$ miterfaßt werden.

Die gesamte RBW-Dosis setzt sich aus der Summe von Neutronendosisleistung und γ-Dosisleistung zusammen. Sowohl für γ-Strahlung als auch für Neutronen wird eine Abnahme der Dosisleistung durch *Verringerung* der *Flüsse* und *mittleren Energie* wegen der Energieabhängigkeit der Umrechnungsfaktoren erreicht.

Reaktordynamik, → Reaktortheorie.

Reaktorgifte, alle in einem Reaktor vorkommenden Substanzen mit großem Absorptionsquerschnitt σ_a, die die Neutronen in unerwünschter Weise absorbieren und damit den Reaktionsablauf im Reaktor ungünstig beeinflussen. Dazu gehören vor allem die stets in Graphit, das mit seinem geringen thermischen Absorptionsquerschnitt $\sigma_a = 0{,}0032$ barn als guter → Moderator dient, vorhandene Beimischung von *Bor* mit seinem relativ großen thermischen Absorptionsquerschnitt $\sigma_a = 755$ barn und das von Zirkonium, das zur Einhülsung metallischer Uranstäbe besonders geeignet ist, nur sehr schwer abtrennbare *Hafnium*. Bor und Hafnium werden daher als R. bezeichnet. Eine hohe Neutronenabsorption zeigen auch einige der bei der Kernspaltung entstehenden Elemente und ihre Zerfallsprodukte; → Brennstoffvergiftung.

Reaktorgleichung, eine allgemeine und umfassende Bilanzierung der Gesamtzahl der Neutronen in einem Reaktor, wobei die Erzeugung von prompten Neutronen und verzögerten Neutronen durch Kernspaltungen berücksichtigt wird. Zur Lösung der R. muß man Rand- und Anfangsbedingungen vorgeben, i. a. sind nur Näherungslösungen bekannt, die z. B. auf der → Gruppendiffusionsmethode oder dem → Eingruppenmodell beruhen. Mathematisch gesehen ist die R. eine erweiterte Boltzmann-Gleichung. Da die Methoden zur Beschreibung des Reaktorverhaltens wechseln, erscheint die R. in den verschiedensten Formen, z. B. als R. in Diffusionsnäherung.

Reaktorkinetik, → Reaktortheorie.

Reaktorkühlmittel, Medium zum Abtransport der Wärme aus dem Reaktorkern. Außer der Erfüllung wärmetechnischer und hydraulischer Anforderungen muß ein R. günstige neutronenphysikalische Eigenschaften aufweisen, d. h. geringen Einfangquerschnitt gegenüber Neutronen, entweder gute oder möglichst geringe Moderatorwirkung, und hohen Reinheitsgrad besitzen, der durch eine laufende Kühlmittelaufbereitung erhalten bleibt, in der Tendenz gleichzeitig gutes R. und effektives Arbeitsmedium zur Erzeugung von Elektroenergie sein, gute Verträglichkeit mit Strukturmaterialien im Reaktor zeigen, Anforderungen von Seiten der Reaktorsicherheit genügen und geringe Kosten verursachen. In thermischen Leistungsreaktoren werden als R. H_2O, D_2O und CO_2 verwendet, in schnellen Brutreaktoren soll ein hartes Reaktorspektrum realisiert werden, deshalb werden als Kühlmittel Na, CO_2, He oder H_2O-Dampf benutzt.

Das R. wird durch die hohen Neutronenflüsse im Reaktorkern aktiviert. Läßt man mögliche Verunreinigungen außer acht, so kommt es zu Gammaaktivitäten von O-16, O-19, Na-22, Na-24. Die Sättigungswerte können relativ hoch sein. Für einen schnellen Brutreaktor erreicht die Na-24-Aktivität z. B. Werte bis zu 10^{-1} Ci cm^{-3}, d. s. $\approx 3 \cdot 10^9$ Zerfälle/s in 1 cm^3 Na.

Das nukleare Gefährdungspotential des Reaktors wird durch das radioaktive Kühlmittel vergrößert, und es macht sich eine Abschirmung des primären Kühlmittelkreislaufs notwendig.

Reaktorperiode, diejenige Zeitdauer, während der sich die Leistung oder der Neutronenfluß im Reaktor um den Faktor e ≈ 2,72 ändert. Die R. hängt insbesondere von der Größe der → Reaktivität ab. Ein stationär arbeitender kritischer Reaktor hat die R. unendlich. Ein promptüberkritischer Reaktor hat eine sehr kleine Periode von etwa $^1/_{10}$ bis $^1/_{100}$ s. In diesem Fall steigt der Neutronenfluß in 1 s auf das 20000fache und höher an. Ohne die Existenz der → verzögerten Neutronen könnte eine plötzlich auftretende Reaktivitätsänderung dieses Ausmaßes durch Einführung von Absorbern nicht mehr rechtzeitig in ihrer Wirkung kompensiert werden. Dank dem Auftreten der verzögerten Neutronen ist dies jedoch noch ohne weiteres möglich, obgleich bei dem praktischen Betrieb von promptüberkritischen Reaktoren die zulässigen Reaktivitätsänderungen erheblich unter der im Beispiel angenommenen Größe, die R. also über den genannten Periodendauern liegen sollte. Für jedes Spaltelement existiert ein bestimmter Zusammenhang zwischen der R., der Reaktivität und der Generationsdauer der Neutronen; z. B. ist im prompt-kritischen Bereich die R. durch das Verhältnis Generationsdauer/Reaktivität gegeben.

Reaktorrauschen, Bezeichnung für die statistischen Schwankungen der → Reaktivität. Die wichtigsten Ursachen für das R. sind Druck-, Dichte- und Temperaturschwankungen des Kühlmittels bzw. des Moderators, mechanische Schwingungen innerhalb des Reaktors, wie z. B. Schwingungen der Steuer- und Regelorgane, der Oberfläche bei flüssigem Moderator u. ä.

Reaktorregelung, die zur Realisierung von $k_{eff} = 1$ im Zeitmittel erforderliche Regelung, um eine Kernkettenreaktion in einem Kernreaktor aufrechtzuerhalten. k_{eff} bezeichnet den effektiven Vermehrungsfaktor von zwei aufeinanderfolgenden Neutronengenerationen im Reaktor (→ Vierfaktorenformel). Neben der Aufrechterhaltung eines stationären Zustandes hat die R. auch die Aufgabe, eine Anpassung der Reaktorleistung an den jeweiligen Energiebedarf und ein Abschalten des Reaktors zu ermöglichen. Das Unterbrechen der Kettenreaktion unter Havariebedingungen wird dagegen durch Sicherheitseinrichtungen realisiert (→ Reaktorsicherheit).

In einem Reaktor ist stets über die → kritische Masse hinaus noch eine weitere Menge Spaltstoff eingebaut, die für den Abbrand, die Regelung, das Erreichen der Betriebstemperatur und die Kompensation der Reaktivitätsabnahme infolge Spaltproduktvergiftung notwendig ist. Diese überschüssige → Reaktivität muß durch Veränderung der Reflexionsbedingungen oder gebräuchlicher durch Einführung von Neutronenabsorbern wie Cadmium und Bor kompensiert werden. Gewöhnlich sind die Neutronenabsorber in sogenannten *Regel-* und *Steuerstäben* angereichert, die mehr oder weniger tief in den Reaktorkern eintauchen. In Druckwasserreaktoren ist auch die Borsäureregelung üblich, die eine Veränderung der Borsäurekonzentration im Kühlmittel ausnutzt. Der stationäre Zustand ist durch einen Reaktivitätswert $\varrho = 0$ charakterisiert, eine Leistungszunahme wird durch ein Herausziehen der Steuerstäbe eingeleitet, so daß sich ein gewisser Reaktivitätsüberschuß einstellt. Die Leistung steigt exponentiell an bis zu dem gewollten Wert. Hier wird der Reaktivitätsüberschuß durch die entgegengesetzte Bewegung der Steuerstäbe wieder kompensiert.

Die Größe der Reaktivität ϱ ist von großer Wichtigkeit für die zeitliche Änderung der Reaktorleistung. Ist $\varrho < \beta$ (s. u.!), so bezeichnet man den Zustand als *unterpromptkritisch*, bei $\varrho = \beta$ als *promptkritisch* und bei $\varrho > \beta$ als *überpromptkritisch*.

Die vereinfachten *neutronenkinetischen Gleichungen* lauten: $\frac{dn}{dt} = \frac{\varrho - \beta}{l} n + \sum_i \lambda_i C_i$, $\frac{dC_i}{dt} = \frac{\beta_i}{l} n - \lambda_i C_i$. Es bedeuten n die Anzahl der Neutronen, die der Reaktorleistung proportional ist, β_i den Anteil der verzögerten Neutronen von der Gesamtzahl der Neutronen im Reaktor, $\beta = \sum_i \beta_i$, $1/\lambda_i$ die Lebensdauer der i-ten verzögerten Neutronengruppe, C_i die Konzentration der Quellen der i-ten verzögerten Neutronengruppe, l die Lebensdauer der prompten Neutronen und t die Zeit.

Mit $\varrho = 0$, $\frac{dn}{dt} = 0$ (stationärer Fall) erhält man für den Zusammenhang zwischen n und C_i: $n = \Sigma \cdot C_i\lambda_i/\beta_i$. Unter gewissen Vereinfachungen erhält man leicht ein qualitatives Bild der ablaufenden Vorgänge. Mit $\varrho =$ konst. $\neq 0$ (Reaktivitätssprung) und $n \sim e^{t/T}$ ergibt sich die *Inhour-Gleichung*

$$\varrho = (l/T) + \sum_i \beta_i/(1 + \lambda_i T).$$

Für den Fall kleiner T (d. h. $\lambda_i \cdot T \ll 1$) erhält man $1/T = (\varrho - \beta)/l$. Die Reaktorperiode T ist die Lebensdauer l der prompten Neutronen direkt und $\varrho - \beta$ indirekt proportional. Im überpromptkritischen Fall steigt also die Reaktorleistung $\sim 1/l$ an. Im thermischen Reaktor ist $l \approx 10^{-3}$ s, im schnellen Reaktor $\approx 10^{-7}$ s. Diesem Fall würde eine Havariesituation entsprechen. Befindet man sich im unterpromptkritischen Bereich, so klingt der prompte Anteil exponentiell ab, der Leistungsanstieg wird durch die verzögerten Neutronen bestimmt: $T = \sum_i (\beta_i/\lambda_i\varrho)$. Abhängig von ϱ läßt sich für die Reaktorperiode jeder Wert zwischen ∞ und $\sum_i (\beta_i/\lambda_i\beta)$ einstellen. Darum ist auch der unterpromptkritische Bereich für die Reaktorregelung der gebräuchlichste. Bei Abschalten des Reaktors ($\varrho < 0$) sinkt die Reaktorleistung zunächst schnell mit $e^{-|\varrho|t/l}$, später mit den Zerfallskonstanten der verzögerten Neutronenquellen (Spaltprodukte). Das bedingt auch das Auftreten der Nachzerfallswärme.

Reaktorsicherheit, Komplex von Maßnahmen wegen des großen Gefährdungspotentials, das ein Reaktor bzw. ein Kernkraftwerk für seine nähere Umgebung darstellt, zum Schutz von Bedienungspersonal und Umgebungsbevölkerung vor der Freisetzung von Spaltstoff und Spaltprodukten.

Die Errichtung und das Betreiben von Kernkraftwerken wird von Genehmigungsverfahren abhängig gemacht. Durch Sicherheitsanalysen wird das Gesamtrisiko der Reaktoranlage eingeschätzt. Zwei Hauptaufgaben lassen sich für die R. formulieren:

1) Verhinderung von Reaktorunfällen, 2) die Auswirkungen eines Unfalls gering zu halten. Zur Erfüllung von Punkt 2) sind eine Reihe von Schutzbarrieren gegen die Ausbreitung von Spaltprodukten vorgesehen: Brennelementhülle, Primärkreis, Reaktorbehälter, Containment, Sicherheitsabstand von dichtbesiedelten Gebieten.

Das Konzept der Ausschließungszonen wird mit zunehmender Betriebserfahrung und erwiesener Zuverlässigkeit wegen der dringenden Forderung nach größerer Verbrauchernähe von Kernkraftwerken nicht mehr benutzt werden können. Auch eine weitere Reihe von Sicherheitsschranken entfällt mit der zunehmenden sicherheitstechnischen Beherrschbarkeit des Reaktors und der Zunahme von Betriebserfahrungen.

Unter Punkt 1) ist eine Reihe von technischen Sicherheitseinrichtungen und Indikatorsystemen zu betrachten und die Forderung nach inhärenter Sicherheit (s. u.) zu erfüllen. Durch diese Maßnahmen soll erreicht werden, daß keine überpromptkritischen Leistungsexkursionen auftreten bzw. daß diese Energiefreisetzung durch eine prompte negative Reaktivitätsrückkopplung begrenzt wird.

An technischen Sicherheitsvorkehrungen sind zu nennen: Zuverlässige Steuer- und Regeleinrichtung, Schnellabschaltsysteme, Maßnahmen zur Verhinderung von Bedienungsfehlern und Beladungsunfällen, d. h. Unfällen beim Beschicken des Reaktors mit frischem Brennstoff, Indikatoreinrichtungen zur Messung des Neutronenflusses und zur Messung örtlicher Kühlmitteltemperaturen und Kühlmittelflüsse.

Inhärente Sicherheit bedeutet, daß eine prompte negative Reaktivitätsrückkopplung und eine negative Gesamtreaktivität zu realisieren sind (→ Reaktivität). Jahrelange Erfahrungen mit thermischen Reaktoren haben diese als sehr zuverlässig und sicher erwiesen. Ein schöner Beweis für die Zuverlässigkeit des thermischen Reaktors und die dadurch gewonnene Standortunabhängigkeit ist der Bau von nuklear angetriebenen Handelsschiffen.

Für schnelle Brutreaktoren liegen natürlicherweise noch keine ausreichenden Betriebserfahrungen vor, außerdem ist das Sicherheitsverhalten bedeutend ungünstiger als das von thermischen Reaktoren, so daß aus folgenden Gründen bei ersten schnellen Leistungsreaktoren auf keine der genannten Sicherheitsschranken verzichtet werden kann. Erstens ist das nukleare Gefährdungspotential dieser Reaktoren vergrößert durch hohen Spaltstoffeinsatz, Verwendung von Plutonium, große Spaltproduktkonzentration im Brennelement infolge des hohen Abbrandes, große Mengen aktivierten Kühlmittels. Zweitens ist die Schwelle bis zur prompten Kritikalität wegen des geringeren Anteils verzögerter Neutronen verkleinert. Drittens bedingt die kurze Lebensdauer der prompten Neutronen extrem steile Leistungsexkursionen. Viertens gibt es mehr Möglichkeiten, die prompte Kritikalität zu erreichen. Nur einige dieser Möglichkeiten sind für den ersten schnellen Leistungsreaktortyp der nahen Zukunft, den natriumgekühlten schnellen Brutreaktor, hier genannt worden. Die Abführung der Nachzerfallswärme bei Ausfall der Zwangsumlaufkühlung ist wegen der hohen Leistungsdichte problematisch, und es kann zum Zusammenschmelzen der Brennelemente kommen.

Eine Abnahme der Natriumdichte im Reaktorkern kann wegen der Kühlmittel-Moderatorwirkung zu einer Härtung des Reaktorspektrums führen, was mit einem Anwachsen der für die Spaltung verfügbaren Neutronenzahl und einer Zunahme des Schnellspaltfaktors von U-238 verbunden ist und eine Zunahme der Reaktivität verursacht. Des weiteren ist noch die ganze Natriumproblematik zu nennen, das für seine chemische Aggressivität bekannt ist. Obwohl es hier noch eine Reihe offener Probleme gibt, ist die technische Realisierbarkeit und sicherheitstechnische Beherrschbarkeit des natriumgekühlten schnellen Brutreaktors erwiesen.

Reaktorspektrum, die energieabhängige relative Intensitätsverteilung des stationären Neutronenflusses im Reaktor.

Bei der Kernspaltung entstehen im Energieintervall E bis $E + dE$ Neutronen folgender Energieverteilung:

$N(E)\,dE = 0{,}484 \cdot e^{-E} \sin\sqrt{2E}\,dE$. Während ihrer Lebensdauer im Reaktorkern werden die Neutronen abgebremst. Sie verlieren Energie durch unelastische Stöße in Brennstoff und Strukturmaterial und unterhalb ungefähr 1 MeV vorrangig durch elastische Streuung an Kernen kleiner Ordnungszahl, z. B. des Moderators und des Kühlmittels. Außerdem gehen laufend Neutronen durch Einfangprozesse und Diffusion aus dem Reaktorkern verloren. In einem Reaktor stellt sich eine stationäre Energieverteilung ein, so daß von einem R. gesprochen werden kann. Wesentliche Eigenschaften eines Reaktors sind u. a. mit dem R. verknüpft, deshalb benutzt man das R. auch zur Klassifizierung von Reaktortypen (→ Reaktor 1).

Thermische Reaktoren haben eine Neutronenenergieverteilung entsprechend einem Maxwellspektrum

$N(E)\,dE = (2/\sqrt{\pi})\,E_0^{-3/2}\sqrt{E}\,e^{-E/E_0}\,dE.$

Dadurch ist es möglich, den thermischen Reaktor mit Natururan oder gering angereichertem Brennstoff zu betreiben, denn die mikroskopischen Spaltquerschnitte sind in diesem Energiegebiet groß.

Schnelle Reaktoren haben eine breite Energieverteilung mit einem Maximum bei Werten $\geqq 0{,}2$ MeV. Die Lage dieses Maximums wird durch das verwendete Reaktorkühlmittel (H_2O-Dampf ergibt ein weiches R., Na und Gas ein hartes R.) und den benutzten Brennstoff wesentlich beeinflußt:

Die Härte des Neutronenspektrums (→ Neutronengas) des Reaktors nimmt in der Reihenfolge Oxid, Carbid, Metall zu. Durch die Realisierung eines harten Spektrums erhält man große Brutraten, allerdings nimmt die notwendige Brennstoffanreicherung ebenfalls zu. Die Lebensdauer der prompten Neutronen wird verkürzt, was sich wieder auf die Reaktorsicherheit auswirkt.

Reaktorstatik, → Reaktortheorie.

Reaktortheorie, zusammenfassende Bezeichnung für die Berechnung der kritischen Abmessungen des gewählten Reaktortyps, der Betriebstemperatur, der Kühlung u. ä. für stationären Betrieb einerseits sowie für die mathematische Beschreibung des zeitlichen Reaktorverhaltens infolge Störungen durch Reaktivitätsänderungen, Regelung, Änderung der Umlaufgeschwindigkeit, des Druckes und der Temperatur des Kühlmittels u. dgl. andererseits. Die erstgenannten Probleme gehören zur *Reaktorstatik*, die anderen zur *Reaktordynamik*. Für numerische Berechnungen muß man Näherungsverfahren ansetzen, wie z. B. die Gruppendiffusionsmethode. *Makroskopische R.* nennt man die entsprechenden Untersuchungen für die Spaltzone als Ganzes; die Untersuchungen für das Innere der einzelnen Brennstoffelemente eines Reaktors sind Gegenstand der *mikroskopischen R.* Werden außer den zur Reaktordynamik zu zählenden Einflüssen auch noch Änderungen des zeitlichen Reaktorverhaltens infolge Abbrand, Reaktorgifte und dgl. berücksichtigt, so erhält man den *Reaktorkinetik* genannten Teil der R. Die Hauptaufgabe der Reaktorkinetik besteht in der Lösung der *kinetischen Gleichungen des Reaktors.* Hierbei handelt es sich um ein mathematisches Gleichungssystem, das die Zeitabhängigkeit der Neutronendichte, des Multiplikationsfaktors (→ Vierfaktorenformel), der Generationsdauer der Neutronen u. a. miteinander verknüpft und damit das Reaktorverhalten beschreibt. Die physikalische Bedeutung der kinetischen Gleichungen des Reaktors liegt in der Bilanzierung der Gesamtzahl der Neutronen, die ihrerseits mit dem Leistungsniveau des Reaktors zusammenhängt, begründet; Lösungen der kinetischen Gleichungen lassen sich nur näherungsweise angeben.

Reaktorzeitkonstante, → Reaktivität.

Realdefinition, → Definition.

reales Gas, → Gas.

Realfaktor, *Kompressibilitätsfaktor*, z, eine dimensionslose Größe, die die Abweichung zwischem realem und idealem Verhalten eines Gases charakterisiert: $z = (pV_m)_{real}/(pV_m)_{ideal}$ oder $z = (pV_m)_{real}/RT$. Dabei ist V_m das molare Volumen des Gases. Unter Heranziehung der Virialform der Zustandsgleichung wird $z = (RT)^{-1} \cdot (B'p + C'p^2 + \cdots)$ erhalten.

Realkristall, ein theoretisches Modellbild wirklicher → Kristalle, das aus dem völlig regelmäßig aufgebauten Idealkristall durch Berücksichtigung der Abweichungen vom idealen Aufbau hervorgeht. Der R. erstreckt sich nicht, wie beim Idealkristall angenommen wird, ins Unendliche, sondern wird allseitig durch Oberflächen begrenzt; er hat elastische Spannungen, die lokale Änderungen der Gitterkonstanten hervorrufen; er besteht aus mehreren, gegeneinander verschwenkten Körnern bzw. Zwillingen; er hat → Gitterfehlstellen. Alle diese Abweichungen vom idealen Kristallaufbau verursachen Störungen der Gittersymmetrie. Solange jedoch das gestörte Volumen klein ist im Vergleich zum Gesamtvolumen des Kristalls, wird die Gittersymmetrie des zugehörigen Idealkristalls auch an wirklichen Kristallen experimentell gefunden. Man spricht dann von „fast fehlerfreien" Kristallen und kann an ihnen viele durch einen idealen Kristallaufbau erklärbare Eigenschaften nachweisen, z. B. die spezifische Wärme, die Elastizität, die Elektronenleitung in Metallen und einen Teil der optischen Eigenschaften.

Eine Reihe von Kristalleigenschaften wird jedoch gerade durch die Abweichungen wirklicher Kristalle vom idealen Aufbau wesentlich bestimmt. Zu diesen nach Smekal als *strukturempfindliche Kristalleigenschaften* bezeichneten Größen gehören z. B. die Diffusion, die Ionen- und Elektronenleitfähigkeit in Ionenkristallen und Halbleitern sowie alle Festigkeitseigenschaften. Sie hängen nicht nur von den individuellen Bedingungen der Messung (Druck, Temperatur u. ä.), sondern auch von der Vorbehandlung der Kristalle ab.

Realteil, → komplexe Zahl.

Réaumur-Skala, → Temperaturskala.

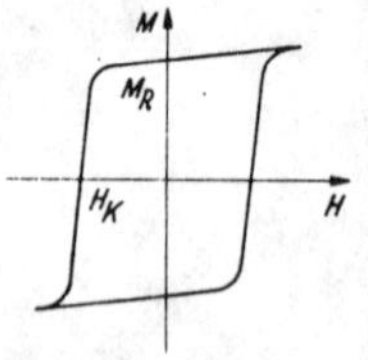

Rechteckschleife. M Magnetisierung, M_R remanente Magnetisierung, H magnetische Feldstärke, H_K Koerzitivkraft

Rechenmaschine, → Digitalrechner, → Analogrechner.

Rechenverstärker, svw. Operationsverstärker.

Rechteckschleife, spezielle Form der → Hystereseschleife, die sich durch ein hohes Remanenz-Maximalinduktions-Verhältnis auszeichnet. R.n können an Werkstoffen durch Textur, Spannungsanisotropie, magnetfeldinduzierte Richtungsordnung, Walzanisotropie oder durch spontane Rechteckigkeit infolge eines Systems energetisch gleichwertiger Vorzugslagen erzeugt werden. Magnetwerkstoffe mit R. sind bei der technischen Anwendung von großer Bedeutung (Speichertechnik, Magnetverstärker, Schalt- und Steuerungstechnik).

Rechte-Hand-Regel, → Schraubenregel.

Rechtsdrehung, → Drehvermögen 1).

Rechtsichtigkeit, → Augenoptik.

Rechtsquarz, → Drehvermögen 1).

Reconnectionmodell, Modell für die Umwandlung magnetischer Feldenergie von Plasmen in kinetische Energie der Teilchen. Treffen zwei Plasmawolken mit eingefrorenen Magnetfeldern aufeinander und sind die Magnetfeldrichtungen entgegengesetzt, so bildet sich im Grenzgebiet der Wolken ein magnetischer Neutralpunkt aus. Die in ihn hineinfließende magnetische Feldenergie wird in kinetische Energie der Teilchen umgewandelt. In der Umgebung des Neutralpunktes findet eine Umordnung der magnetischen Feldlinien statt, nämlich ein „Aufreißen" und eine anschließende „reconnection". Das R. wird zur Erklärung der Entstehung von Sonnenfackeln und geomagnetischen Stürmen verwendet.

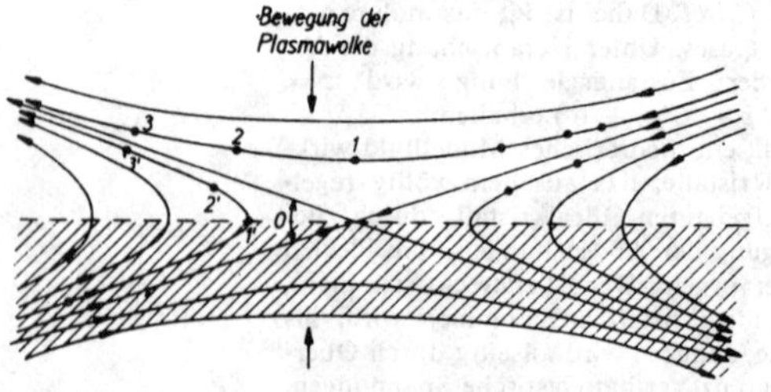

Umordnung von Feldlinien in der Nähe eines x-artigen Neutralpunktes Die Punkte 1, 2, 3 gehen über auf 1′, 2′, 3′

Recoveryfaktor, → Eigentemperatur.

Recoveryphase, → Sturm.

Redhead-Vakuummeter, → Vakuummeter.

Redlich-Kwongsche Zustandsgleichung, eine → Zustandsgleichung für reale Gase. Sie lautet $pV = RT/(V - b') - a'[T^{0,5}V(V - b')]^{-1}$. Dabei ist p der Druck, V das Volumen, T die absolute Temperatur in K, R die universelle Gaskonstante und a' und b' empirische Konstanten.

Redoxpotential, das elektrochemische Potential eines Redoxsystems (→ Redoxreaktionen) gegen die Normalwasserstoffelektrode. Befinden sich in wäßriger Lösung Ionen eines Stoffes in verschiedenem Ladungszustand, so stellt sich zwischen ihnen nach dem Massenwirkungsgesetz ein Gleichgewicht ein, wenn ein Elektronengeber bzw. -nehmer vorhanden ist; d. h., eine Ionensorte wird reduziert, die andere oxydiert, z. B. $Cr^{3+} + e^- \rightleftharpoons Cr^{2+}$. Als Elektronengeber besteht die Elektrode aus einem chemisch beständigen Metallblech, meist eine Platinelektrode. Zwischen der sich aufladenden Platinelektrode und der Lösung stellt sich ein konstantes Potential ein, das gegen eine Vergleichselektrode meßbar ist. Das R. hängt von der Ausgangskonzentration der Ionen ab. Dafür gilt die Nernstsche Formel $E = E_0 + (RT/nF) \cdot \ln(c_{Cr^{3+}}/c_{Cr^{2+}})$. Hierbei ist E das Einzelpotential, E_0 das Normalredoxpotential bei 25 °C (Ausgangskonzentration beider Ionen ist 1-normal), F die Faradaysche Konstante, n die Differenz der Wertigkeiten, c die Konzentrationen. Diese Gleichung kann für jeden beliebigen Redoxvorgang verallgemeinert werden: $E = E_0 + (RT/nF) \cdot \ln [Ox]/[Red]$. Mißt man die R.e der einzelnen metallischen Elemente gegen die Normalwasserstoffelektrode und ordnet sie nach steigendem Einzelpotential an, so erhält man die elektrochemische → Spannungsreihe.

Lit. Brdička: Grundlagen der physikalischen Chemie (10. Aufl. Berlin 1971).

Redoxreaktionen, *Reduktions-Oxydations-Reaktionen,* die durch Elektronenübergänge miteinander gekoppelten Vorgänge von *Reduktion* und *Oxydation.* Während man früher unter Oxydation die Aufnahme von Sauerstoff und unter Reduktion die Abgabe von Sauerstoff oder die Aufnahme von Wasserstoff verstand, bedeutet nach der heutigen, umfassenderen Definition Oxydation die Abgabe von Elektronen und damit den Übergang zu einer höheren positiven Wertigkeitsstufe und Reduktion die Aufnahme von Elektronen (z. B. durch Verbindung mit Wasserstoff). Oxydation und Reduktion sind stets miteinander gekoppelt. Wenn bei einer Reaktion ein Stoff oxydiert, also Elektronen abgibt, so wird dabei ein anderer reduziert, nämlich der, der die Elektronen aufnimmt. Ein Stoff, der Elektronen aufnehmen kann, heißt *Oxydationsmittel* oder *Oxydans,* einer, der sie abgeben kann, *Reduktionsmittel* oder *Reduktor.* Ein oxydierter Stoff kann die abgegebenen Elektronen wieder aufnehmen, es stellt sich ein Gleichgewicht zwischen oxydierter und reduzierter Form ein, z. B. $Fe^{3+} + e^- \rightleftharpoons Fe^{2+}$. In einem solchen *Redoxsystem* unterscheiden sich die miteinander korrespondierenden Oxydations- und Reduktionsmittel nur durch die Zahl an Elektronen. Da bei chemischen Reaktionen freie Elektronen nicht in merklichen Mengen auftreten, muß die Oxydation eines Redoxsystems ($Red_1 \rightarrow Ox_1 + n_1 e$) immer mit der Reduktion eines zweiten Redoxsystems ($Ox_2 + n_2 e \rightarrow Red_2$) verbunden sein. Die Reaktionsgleichung von solch einem *Redoxgleichgewicht* lautet dann allgemein $n_2 Red_1 + n_1 Ox_2 \rightleftharpoons n_1 Red_2 + n_2 Ox_1$.

Beispiele: $Sn^{2+} + 2Fe^{3+} \rightleftharpoons 2Fe^{2+} + Sn^{4+}$,
$1/2 H_2 + Fe^{3+} \rightleftharpoons Fe^{2+} + H^+$.

Ein quantitatives Maß für das Oxydationsvermögen eines Redoxsystems ist das → Redoxpotential.

Reduktion, der mit einer Oxydation gekoppelte Teilprozeß einer → Redoxreaktion.

Reduktion der Wellenfunktion, *Reduktion des Wellenpakets,* die sprunghafte „Änderung" der Wellenfunktion eines quantenmechanischen Systems infolge Messung irgendeiner oder mehrerer kommensurabler Observablen. Sei $\psi(\vec{r}, t) =$

$\sum_\alpha C_\alpha(t)\,\psi_\alpha(\vec{r})$ die Wellenfunktion des Systems vor der Messung, die sich zeitlich nach der Schrödinger-Gleichung entwickelt, dann gibt $|C_\alpha(t)|^2$ die Wahrscheinlichkeit dafür an, das System zur Zeit t mit der Eigenschaft α anzutreffen (→ statistische Interpretation, → Transformationstheorie). Bei einer Messung wird nun einer der möglichen Werte α' realisiert, d. h., nach der Messung lautet die Wellenfunktion des Systems plötzlich $\psi_{\alpha'}(\vec{r}, t) \equiv \psi_{\alpha'}(\vec{r})$; diese Änderung erfolgt nicht nach der Schrödinger-Gleichung. Das bedeutet jedoch nicht, daß sich Wirkungen in der Quantentheorie mit unendlicher Geschwindigkeit ausbreiten. Da bei der Messung eine der potentiellen Möglichkeiten des Systems realisiert wird, handelt es sich einfach um die im Ergebnis der beim Meßprozeß getroffenen Entscheidung notwendige Neuformulierung des wahrscheinlichkeitstheoretischen Problems. Da im allgemeinen bei einem Meßprozeß eine bis zur Beendigung seiner Existenz als selbständiges Teilobjekt führende Störung des Mikroobjekts im registrierenden Teil der Meßanordnung erfolgt, sind die vorstehenden Ausführungen wie folgt zu präzisieren: Es wird ein einziger Wert α dadurch „ausgeblendet", daß nach Passieren des analysierenden Filters der Anordnung alle anderen Teilstrahlen absorbiert werden (→ Meßprozeß in der Quantenmechanik). Für den allein weiterlaufenden Teilstrahl hat dann die R. d. W. zu erfolgen.

Reduktionsfaktor, Kehrwert der → Empfindlichkeit. Er wurde früher besonders zur Kennzeichnung der Eigenschaften der Waage benutzt.

Reduktionsmaß, → Schalldämmung.

Reduktions-Oxydations-Reaktionen, svw. Redoxreaktionen.

reduzibel, → Gruppentheorie 4).

reduzible Darstellung, → Gruppentheorie 4).

reduzierte Farben, → Farbensehen.

reduzierte Masse, → Zweikörperproblem.

reduzierte Pendellänge, → Pendel.

reduziertes Magnetfeld, der Quotient $\vec{B}/\varrho$ aus dem Magnetfeld in einer Probe und deren spezifischem elektrischem Widerstand.

reduzierte Weglänge, → optische Weglänge.

reduzierte Zelle, → Elementarzelle.

Ree-Eyringsche Zustandsgleichung, svw. Relaxationsströmungsgleichung.

reelles Bild, → Abbildung.

reelle Zahlen, Menge von Zahlen, deren Abbildung auf den Zahlenstrahl diesen lückenlos füllen. Sie lassen sich darstellen als Dezimalbrüche. Diese sind endlich oder nichtabbrechend und periodisch für *rationale Zahlen*, aber nichtabbrechend und nichtperiodisch für *irrationale Zahlen*, z. B. für $\sqrt{2}$. → Rationalzahl.

Referenzelement, eine zur Erzeugung von Bezugsspannungen verwendete Kombination einer Z-Diode mit einer Siliziumdiode mit negativem Temperaturkoeffizienten (→ Halbleiterdiode).

Referenzwelle, → Holographie.

Reflektor, 1) Optik: → Spiegel, → Spiegelteleskop.

2) Neutronenphysik: *Blanket*, Material mit gutem Streuvermögen und geringer Absorption für (thermische) Neutronen, z. B. Be, C, D_2O (→ Albedo). Der R. wird unter anderem als Umhüllung der Spaltzone eines Reaktors verwendet; er sorgt dafür, daß die nach außen zur Oberfläche der Spaltzone wandernden Neutronen zurückgestreut werden. Damit bleiben diese Neutronen der Kernspaltungsreaktion erhalten, so daß die erforderliche Menge an Spaltelementen kleiner wird als ohne R.; außerdem ergibt sich eine gleichmäßigere Flußverteilung im Reaktor.

3) Hochfrequenztechnik: sekundäres Element eines Richtstrahlers (→ Antenne), das in einem bestimmten Abstand hinter einem Primärstrahler (z. B. Dipol), also entgegengesetzt zur Strahl- oder Empfangsrichtung, angeordnet ist. Der R. ist strahlungsgekoppelt, er erhöht die Richtwirkung und den Gewinn. Man unterscheidet nichtabgestimmte und abgestimmte R.en. *Nichtabgestimmte R.en* sind z. B. Reflektorwände, die über ein breites Frequenzband wirksam sind und aus einem gelochten Blech, einem Drahtnetz oder aus zum Dipol parallellaufenden Stäben bestehen. *Abgestimmte R.en* sind z. B. Reflektorstäbe, die in der Regel eine größere elektrische Länge haben als der Dipol.

Reflex, *Röntgenreflex*, Ergebnis der selektiven Reflexion eines Röntgenstrahls an einer Netzebenenschar (→ Braggsche Reflexionsbedingung).

Reflexion, *Spiegelung*, die Zurückwerfung eines Teils einer Strahlung an einer Grenzfläche zwischen zwei unterschiedlichen Medien. Die Stärke und die Richtung bzw. die Richtungen der reflektierten Strahlung hängen von den Eigenschaften der die Grenzfläche bildenden Medien und von der Oberflächenbeschaffenheit der Grenzfläche ab und werden durch den *Reflexionskoeffizienten* beschrieben, der das Verhältnis von reflektiertem zu einfallendem Lichtstrom bei senkrechtem Einfall angibt. *Weiße R.* tritt ein, wenn der Reflexionskoeffizient für alle Lichtwellenlängen gleich groß ist. Eine starke Abhängigkeit des Reflexionskoeffizienten von der Wellenlänge (des Lichtes) bezeichnet man als *selektive R.* Prinzipiell muß zwischen diffuser und spiegelnder (regulärer, gerichteter) R. unterschieden werden, wobei die Rauhigkeit der Oberfläche klein gegen die Wellenlänge der einfallenden Strahlung, z. B. des Lichtes, sein muß. Die *diffuse R.* wird durch sehr rauhe Grenzflächen hervorgerufen; sie bevorzugt keine Raumrichtung (→ Remission). Voraussetzung für eine *spiegelnde R.* ist eine sehr ebene Grenzfläche. Die bevorzugte Reflexionsrichtung wird mit dem *Reflexionsgesetz* erfaßt; die Größe des Einfallswinkels ist gleich der Größe des Ausfallswinkels (Abb. 1), d. h., einfallender und reflektierter Strahl bilden mit dem Einfallslot, d. i. die Normale auf der Grenzfläche im Auftreffpunkt, gleiche Winkel und liegen in einer gemeinsamen Ebene.

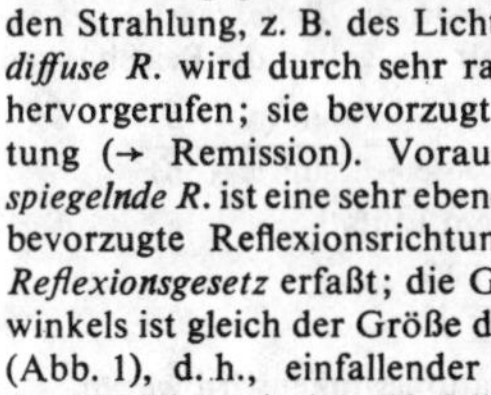

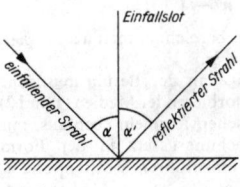

1 Darstellung des Reflexionsgesetzes

Eine Zusammenfassung aller Erfahrungen über die R. des Lichtes an der Grenzfläche eines schwach absorbierenden Körpers geben die *Fresnelschen Formeln*. Zerlegt man die einfallende, die reflektierte und die hindurchtretende Lichtstrahlung in Komponenten, die parallel und senkrecht zur Einfallsebene schwingen, und bezeichnet die Amplituden dieser Komponenten mit $A_{\parallel}$ (einfallend), $A_{r\parallel}$ (reflektierend), $A_{d\parallel}$ (hindurchgehend) bzw. $A_{\perp}$, $A_{r\perp}$, $A_{d\perp}$, so gilt nach den Fresnelschen Formeln, wenn α der Einfallswinkel und β der Brechungswinkel ist ($\sin\alpha/\sin\beta = n =$ Brechungsindex des reflektierenden Mediums):

$$\frac{A_{r\parallel}}{A_{\parallel}} = \frac{\operatorname{tg}(\alpha-\beta)}{\operatorname{tg}(\alpha+\beta)};$$

$$\frac{A_{d\parallel}}{A_{\parallel}} = \frac{2\sin\beta\cos\alpha}{\sin(\alpha+\beta)\cos(\alpha-\beta)}$$

$$\frac{A_{r\perp}}{A_{\perp}} = -\frac{\sin(\alpha-\beta)}{\sin(\alpha+\beta)};$$

$$\frac{A_{d\perp}}{A_{\perp}} = \frac{2\sin\beta\cos\alpha}{\sin(\alpha+\beta)}.$$

Bei senkrechter Inzidenz ($\alpha = \beta \to 0$; $\sin\alpha = \operatorname{tg}\alpha \to \alpha$; $\sin\beta = \operatorname{tg}\beta \to \beta$, $\alpha = \beta\cdot n$) gilt

$$\frac{A_{r\parallel}}{A_{\parallel}} = \frac{A_{r\perp}}{A_{\perp}} = -\frac{n-1}{n+1};$$

$$\frac{A_{d\parallel}}{A_{\parallel}} = \frac{A_{d\perp}}{A_{\perp}} = \frac{2}{n+1}.$$

Das Minuszeichen in den Gleichungen für A_r bedeutet, daß die reflektierte und die einfallende Amplitude einander entgegengesetzt sind; eine aus der Luft kommende Lichtwelle erleidet also bei der R. an einem Medium ($n > 1$) einen Phasensprung von 180°.

Für die reflektierten und hindurchtretenden Intensitäten erhält man die entsprechenden Ausdrücke einfach durch Quadrieren der Amplitudenformeln, da die Intensität der Lichtstrahlung dem Quadrat der Amplitude proportional ist. Die reflektierten Bruchteile der einfallenden Intensität parallel und senkrecht zur Einfallsebene bezeichnet man als *Reflexionskoeffizienten* $r_{\parallel}$ und $r_{\perp}$. Für sie gelten die Beziehungen

$$r_{\parallel} = \frac{\operatorname{tg}^2(\alpha-\beta)}{\operatorname{tg}^2(\alpha+\beta)}; \quad r_{\perp} = \frac{\sin^2(\alpha-\beta)}{\sin^2(\alpha+\beta)}$$

und bei senkrechtem Einfall

$$r_{\parallel} = r_{\perp} = \left(\frac{n-1}{n+1}\right)^2.$$

Für den Polarisationswinkel wird wegen

$$\alpha + \beta = 90°, \quad \operatorname{tg}\alpha = \frac{1}{n}:$$

$$r_{\parallel} = 0; \quad r_{\perp} = -\frac{n^2-1}{n^2+1}.$$

Die Beziehungen bezeichnet man als *Fresnelsche Reflexionsformeln.*

Für die Vorgänge an der Berührungsfläche zweier schwach absorbierender Medien (1 und 2) gelten die Fresnelschen Formeln ebenfalls, nur ist dann das Brechungsgesetz in der Form $n_1 \sin\alpha = n_2 \sin\beta$ einzuführen, worin n_1 und n_2 die Brechungsindizes der beiden Medien sind. In den Beziehungen für die senkrechte Inzidenz ist dann n überall durch n_2 und die 1 durch n_1 zu ersetzen. Ist $n_1 > n_2$, so verschwindet das Minuszeichen bei der reflektierten Amplitude; das bedeutet, daß die Lichtwelle bei der R. an einem optisch dünneren Medium keinen Phasensprung erleidet. Es besteht über den Brechungsindex ein Zusammenhang mit dem Absorptionsspektrum des Mediums.

Beim Brechungsindex $n = \sin\alpha_T/\sin 90°$ wird die gesamte Welle für alle Einfallswinkel $\alpha > \alpha_T$ am Übergang vom optisch dichteren zum optisch dünneren Medium reflektiert (*Totalreflexion*).

Bei starker Absorption hat neben dem Brechungsindex auch der Absorptionskoeffizient einen Einfluß auf die Größe der R. Bei schiefem Einfall tritt eine elliptische Polarisation der reflektierten Welle auf. Die Polarisation ist beim „Haupteinfallswinkel" maximal.

Wird die Leistungsdichte der auf eine Grenzschicht auffallenden Strahlung sehr groß, so treten *nichtlineare Reflexionserscheinungen* auf. Wird z. B. an der Oberfläche eines Mediums die 2. Harmonische erzeugt, indem die Strahlung eines Lasers unter zwei verschiedenen Winkeln auf die Oberfläche gesendet wird, so erhält man drei reflektierte Strahlen. Zwei Strahlen verlaufen entsprechend dem normalen Reflexionsgesetz, sie enthalten die Laserfrequenz und die doppelte Frequenz. Der dritte Strahl hat eine davon unterschiedliche Richtung und enthält nur Strahlung der doppelten Frequenz. Die Verhältnisse sind in Abb. 2 dargestellt.

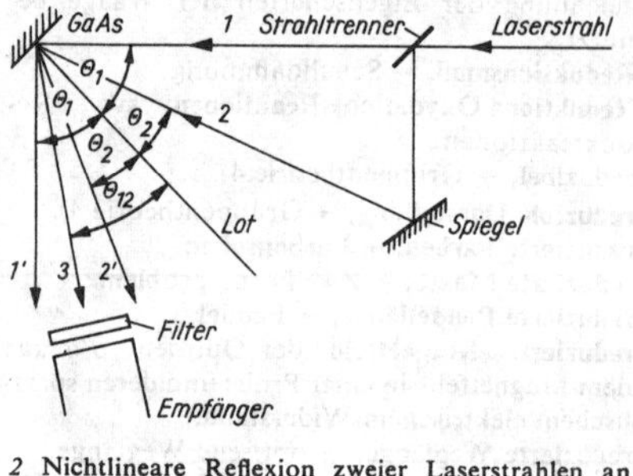

2 Nichtlineare Reflexion zweier Laserstrahlen an einem GaAs-Spiegel

Wird der Versuch innerhalb eines dispersiven Mediums durchgeführt, tritt in jedem Fall eine Winkeländerung zwischen der reflektierten Fundamentalwelle und der 2. Harmonischen auf. Ein einfaches Beispiel ist in Abb. 3 wiedergegeben.

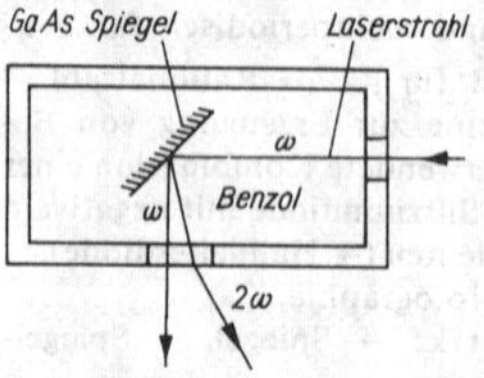

3 Reflexion eines nichtlinearen Spiegels innerhalb eines linearen dispersiven Mediums (Benzol)

Über die *R. elektromagnetischer Wellen* → Hertzsche Versuche. → Reststrahlbande.

Reflexionselektronenmikroskop, *Rückstrahlelektronenmikroskop*, ein elektronenoptisches Gerät zur direkten elektronenoptischen Abbildung von Oberflächen mit an der Objektoberfläche reflektierten Elektronen. Hinsichtlich der Strahlführung am Objekt gibt es zwei Möglichkeiten: Bei großen Reflexionswinkeln (Abb. a) ist die Intensität der reflektierten Elektronenstrahlung sehr gering, und die Halbwertsbreite der Energieverteilung der reflektierten Elektronen ist relativ groß, d. h. das Auflösungsvermögen ist gering. Bei dem in der Praxis allgemein angewandten Fall der kleinen Reflexionswinkel (Abb. b) ist die Energiebreite der Elektronen wesentlich geringer, so daß mit einem Auflösungsvermögen von einigen 10 nm gerechnet werden kann. Ein weiterer Vorteil dieser Strahlführung ist die relativ große Intensität der reflektierten Elektronenstrahlung. Nachteilig macht sich die durch die Schrägstellung des Objektes verursachte, in einer Richtung wirkende Bildverzerrung bemerkbar, die allerdings durch Benutzen geeigneter Zylinderlinsen kompensiert werden kann. Das Auflösungsvermögen kann durch Einsatz einer Filterlinse verbessert werden, die eine weitgehende Monochromatisierung des reflektierten Strahlenbündels bewirkt.

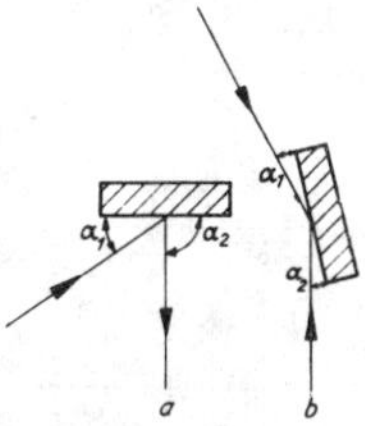

Strahlführung beim Reflexionselektronenmikroskop

Reflexionsgesetz, → Reflexion.

Reflexionsgitter, → Beugungsgitter.

Reflexionsnebel, → interstellare Materie.

Reflexionsprisma, *Spiegelprisma, totalreflektierendes Prisma,* ein Prisma, das in seiner Wirkungsweise einem oder der Kombination mehrerer ebener Spiegel entspricht, wobei diese von den Flächen eines entsprechend geformten Glasblockes gebildet werden. Ist der Winkel, den die auf eine solche Spiegelfläche treffenden Strahlen mit dem jeweiligen Einfallslot bilden, größer als der Grenzwinkel der Totalreflexion, so ist ein spiegelnder Belag der Fläche unnötig. Das R. dient zur Umlenkung der Abbildungsrichtung (*Umlenkprisma*) sowie zur teilweisen oder vollständigen Bildumkehr (Bilddrehung) des seitenverkehrten oder kopfstehenden Bildes in optischen Geräten (*Umkehrprisma*). Jedes R. kann durch Faltung aus einer Planparallelplatte gleicher optischer Weglänge erzeugt werden (Beispiel beim rechtwinkligen Prisma), die von den Strahlen entweder senkrecht oder schräg durchsetzt wird. Infolgedessen entsteht keine Veränderung der Maßstabtreue und Größe der Abbildung. Eine Beeinflussung der Schärfe erfolgt nur so weit, wie Aberration an der Planparallelplatte erzeugt wird. Durch mehrmalige Reflexion kann erreicht werden, daß ein R. geradsichtig ist (*Geradsichtprisma*), daß also der ein- und der austretende Strahl gleiche Richtung haben, oder daß ein R. rücksichtig ist (*Rücksichtprisma*), daß also ein- und austretender Strahl entgegengesetzte Richtung haben. Bilddrehung um 180° (vollständige Aufrichtung) kann durch mehrfache Reflexion in zueinander senkrechten Ebenen oder in gedrängter Form durch dachförmige Ausbildung einer Spiegelfläche (*Dachkantprisma* oder *Dachprisma*) erreicht werden.

Ausführungsformen von Reflexionsprismen:

1) Einfache Umlenkprismen. Die einfachste Form des R.s ist das *rechtwinklige Prisma.* Das *Newton-Prisma* ist eine Kombination zweier rechtwinkliger Prismen, die sich in ihren Hypotenusenflächen berühren. Die Hypotenusenfläche des einen Prismas ist hierbei schwach konvex gewölbt. Die Anordnung dient zur Untersuchung der Vorgänge bei der Totalreflexion. Das *Rhomboidprisma* ist ein geradsichtiges Prisma mit Parallelversetzung zwischen ein- und austretendem Strahl.

2) Umlenkprismen mit konstanter Ablenkung (Ablenkwinkel ist unabhängig von der Prismendrehung). Das *Bauernfeindsche Winkelprisma* nutzt den Strahlenverlauf beim rechtwinkligen Prisma aus und entspricht einer schräg durchstrahlten Planparallelplatte. Im Verhältnis zur Prismengröße ist der Durchmesser des nutzbaren Strahlenbündels klein. Beim *Pentagonprisma* (*Pentaprisma, Prandtl-Prisma, Goulier-Prisma*) ist der Ablenkwinkel gleich dem doppelten Winkel zwischen den Spiegelflächen. Wegen des großen nutzbaren Durchmessers des Strahlenbündels ist dieses R. die beliebteste Form im Instrumentenbau. Man kann ein System mit gleicher Wirkung auch als reines Spiegelsystem ausführen, was besonders bei sehr großem Bündelquerschnitt vorteilhaft ist. Das *Wollaston-Prisma* oder *Viereckprisma nach Wollaston* ist im Prinzip dem Pentagonprisma ähnlich bei kleinerem nutzbarem Bündelquerschnitt.

3) Umkehrprismen. Das *Abbe-Prisma* ist ein streng geradsichtiges Umkehrprisma mit Dachkantfläche. Das *Amici-Prisma* ist ein einfaches rechtwinkliges Prisma mit Dachkantflächen in verschiedener Ausführung. Als Amici-Prisma wird außerdem auch das Reversionsprisma bezeichnet (s. u.). Das *Daubresse-Prisma* kann als geradsichtiges Umkehrprisma mit Parallelversetzung zwischen ein- und austretendem Strahl ausgeführt sein. Eine reflektierende Fläche ist dabei als Dachkantfläche ausgeführt. Eine Anordnung ohne Dachkantfläche wurde von Huet angegeben. Eine andere Ausführung ist das *rücksichtige Umkehrprisma* oder *Tetraeder-Umkehrprisma.* Ein Teil des Prismas entspricht dem Nachet-Prisma (s. u.). Das *Delaborne-Prisma* stellt eine Kombination zweier in der Längsachse um 90° gegeneinander verdrehter Reversionsprismen (s. u.) zur vollständigen Bildumkehr dar. Die Ausführung ist streng geradsichtig. Das *Huetsche Prisma* ist ein geradsichtiges Umkehrprisma mit Parallelversetzung zwischen ein- und austretendem Strahl. Das *König-Prisma* besteht aus zwei Prismen zur Bildumkehr bei konstanter Ablenkung um 90°. Eine reflektierende Fläche ist als Dachkantfläche ausgebildet. Das *Leman-* oder *Sprenger-Prisma* ist ein geradsichtiges Dachkantprisma mit Parallelversetzung zwischen ein- und austretendem Strahl. Das *Möller-Prisma* ist ein geradsichtiges Dachkantprisma mit sechs Reflexionen und Parallelversetzung zwischen ein- und austretendem Strahl. Dieses R. gestattet besonders geringe Abmessungen ohne verspiegelte Flächen. Das *Nachet-Prisma* ist ein Tetraeder-Prisma, das eine Bilddrehung um 90° erzeugt; waagerechte Linien erscheinen im Bild also senkrecht. Es ist auch als reine Spiegelanordnung ausgeführt. Das *Porro-Prismensystem* stellt im Prinzip eine Kobination aus vier einfachen rechtwinkligen Prismen dar, die so angeordnet sind, daß das Bild zweimal um je 90° gedreht wird. Das System ist geradsichtig mit Parallelversetzung zwischen ein- und aus-

tretendem Strahl. Das *Reversionsprisma* (*Dove-Prisma, Amici-Prisma, Wendeprisma*) ist im Prinzip Teil eines rechtwinkligen Prismas, wobei die Hauptstrahlrichtung parallel zur Hypotenusenfläche liegt. Je nach waagerechter (senkrechter) Stellung der Hypotenusenfläche wird das Bild höhenverkehrt (seitenverkehrt). Dreht man das Prisma um eine Parallele zur Hypotenusenfläche, so dreht sich das Bild mit der doppelten Winkelgeschwindigkeit mit. Das *Schmidt-Prisma* ist ein aus zwei unverkitteten Prismen zusammengesetztes, streng geradsichtiges Umkehrprisma. Das erste Prisma (Dachkantprisma) bewirkt die Bildumkehr, das zweite stellt die Geradsichtigkeit her. Das erste Prisma für sich wird häufig als Umkehrsystem bei optischen Geräten mit Schrägeinblick benutzt. Das *Uppendahlsche Prismenumkehrsystem* ist eine streng geradsichtige Kombination mit geringer Baulänge in Richtung des Hauptstrahls.

Reflexionsverluste, → Lichtverlust.

Reflexklystron, eine Triftröhre zur Erzeugung von Schwingungen im Bereich von 1 ··· 50 GHz. Es geht aus dem → Zweikammerklystron durch Vereinigung der beiden Hohlraumresonatoren desselben zu einem einzigen Schwingkreis hervor. Die aus der Katode K austretenden Elektronen werden durch die am Resonator H liegende Gleichspannung beschleunigt (Abb. *a*). Zwischen den Gittern g_1 und g_2 bewirkt ein hochfrequentes Wechselfeld eine Geschwindigkeitsmodulaion des gleichförmigen Elektronenstroms. Von dem auf hoher negativer Spannung liegenden Reflektor R werden die Elektronen abgebremst, so daß sie schließlich umkehren und den Resonator als dichtemodulierter Elektronenstrom ein zweites Mal durchlaufen und durch Influenz eine Schwingung anfachen. Bei geeigneter Wahl der Elektronenlaufzeiten, d. h. der Klystrongeometrie, wird durch den dichtemodulierten Elektronenstrom die Eigenschwingung des Hohlraumresonators angefacht. Das Anlaufen der Elektronen gegen die negative Reflektorspannung ist vergleichbar dem senkrechten Wurf eines Körpers im Schwerefeld der Erde nach oben. Der Vorgang der Bildung von Elektronenpaketen läßt sich mit dem gleichzeitigen Auftreffen von nacheinander mit abnehmenden Anfangsgeschwindigkeiten nach oben

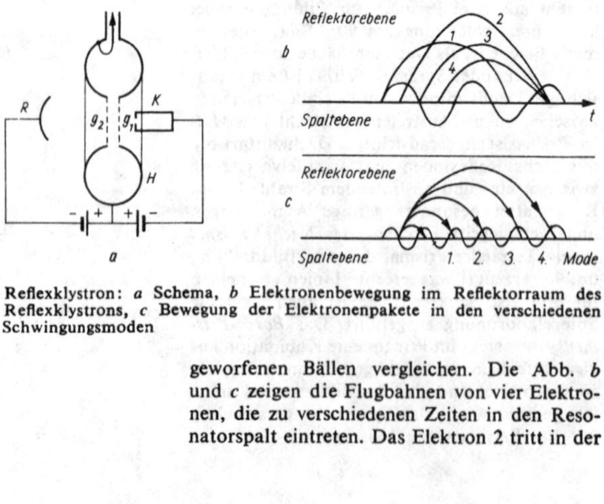

Reflexklystron: *a* Schema, *b* Elektronenbewegung im Reflektorraum des Reflexklystrons, *c* Bewegung der Elektronenpakete in den verschiedenen Schwingungsmoden

geworfenen Bällen vergleichen. Die Abb. *b* und *c* zeigen die Flugbahnen von vier Elektronen, die zu verschiedenen Zeiten in den Resonatorspalt eintreten. Das Elektron 2 tritt in der Mitte einer beschleunigenden Halbwelle ein, während das Elektron 4 in der Mitte einer bremsenden Halbperiode eintritt. Um das Elektron 3 herum, dessen Bewegung von der angelegten Wechselspannung unabhängig ist, setzt Paketbildung ein. Damit die Elektronenpakete auf dem Rückweg ihre Energie an das steuernde Wechselfeld abgeben, muß die Laufzeit vom Spalt zum Reflektor und wieder zurück zum Spalt das 0,75-, 1,75-, 2,75-, ...fache der Periodendauer der Wechselspannung betragen. Die Tatsache, daß die Bedingungen für ein Funktionieren des Elektronenmechanismus für verschiedene Laufwege erfüllt sind, hat zur Folge, daß das R. mehrere brauchbare Schwingungszustände (Moden) aufweist. Bei dem hier zugrunde gelegten Beispiel beträgt die Laufzeit für das Elektron 3 in der Mode 0 das 0,75fache der Periode der Hochfrequenz und entsprechend in der 1. Mode das 1,75fache. Durch Änderung der Reflektorspannung ist es möglich, das R. in den verschiedensten Moden zu betreiben. Daher eignen sich diese Röhren sehr gut zu Frequenzmodulation bzw. für Generatoren mit elektronischer Frequenznachstimmung. R.s leisten bis zu 10 W bei einem Wirkungsgrad von 0,5 ··· 5 %. Sie werden in Dezimeterwellensendern, als Empfängeroszillatoren und in Modulationsstufen verwendet.

reflexvermindernde Schichten, zur Entspiegelung (Herabsetzung der Reflexion) auf Linsen oder Prismen aufgebrachte dünne Schichten, die die Dicke von einem Viertel der Wellenlänge des Lichtes haben. Ist n_g der Brechungsindex des Glases und n_s der der Schicht, dann wird bei einer $\lambda/4$-Schicht die Reflexion ausgelöscht, wenn $n_s = \sqrt{n_g}$ ist. Für zwei $\lambda/4$-Schichten mit den Brechungsindizes n_1 und n_2 (Schicht mit Index 1 ist der Luftseite zugewandt) ergibt sich als Reflexionsauslöschbedingung $n_2/n_1 = \sqrt{n_g}$ für drei $\lambda/4$-Schichten gilt $n_1 \cdot n_3/n_2 = \sqrt{n_g}$, für vier Schichten $n_2 \cdot n_4/n_1 \cdot n_3 = \sqrt{n_g}$ usw. Besitzt ein optisches System, z. B. ein Objektiv, auf allen Grenzflächen r. S., dann liefert eine solche Optik brillante Bilder, da die mehrfachen Reflexionen ausgeschaltet sind. Als Schichtsubstanzen werden Salze, z. B. Magnesiumfluorid, verwendet, die im Vakuum aufgedampft werden.

Refraktion, 1) allgemein svw. Brechung.

2) *R. des Auges,* → Augenoptik.

3) *atmosphärische R.*, die Ablenkung der von einem Gestirn kommenden Lichtstrahlen durch Brechung in den Schichten der Erdatmosphäre. Da die optische Dichte der Erdatmosphäre nach innen zunimmt, scheint das Gestirn in einer größeren Höhe über dem Horizont zu stehen. Die R. wächst mit kleiner werdender Gestirnshöhe und ist etwas von klimatischen Verhältnissen abhängig. In Horizontnähe beträgt die R. etwa 35′ (→ atmosphärische Strahlenbrechung).

Refraktometer, ein optisches Instrument zur Brechzahlmessung. Der mit einer Planfläche versehene Prüfling wird mit einem Meßprisma in Kontakt gebracht. Durch ein Fernrohr, das relativ zur Prüflingsfläche verkippt werden kann, wird eine Trennlinie beobachtet. Wenn das Fernrohr auf die Trennlinie ausgerichtet ist, bildet die Fernrohrachse mit dem Lot auf die Prüflingsfläche den Grenzwinkel der Totalreflexion, der ein Maß für die Brechzahl n des Prüflings ist. Zur Beleuchtung wird monochromatisches Licht verwendet, z. B. das Licht einer Natriumdampflampe, wenn die Brechzahl n_D für die Wellenlänge $\lambda = 589{,}3$ nm, die Mitte der gelben D-Doppellinie, bestimmt werden soll.

Beim *Abbe-Refraktometer* (Abb. → Brechzahlmessung) ist die Verwendung von weißem Licht möglich. Durch zwei gegeneinander drehbar angeordnete geradsichtige Amici-Prismen im Beobachtungsfernrohr wird mittels Kompensation der Dispersion eine scharfe Trennungslinie erzielt. Durch Bestimmung dieser hierzu erforderlichen Verdrehung ist es gleichzeitig möglich, die mittlere Dispersion zu ermitteln.

Anwendungen des Abbe-Refraktometers sind das *Zuckerrefraktometer* und das *Butterrefraktometer*. Das *Eintauchrefraktometer nach Pulfrich* dient zur Brechzahlbestimmung von Flüssigkeiten, wenn nur ein kleiner Meßbereich erforderlich ist. Das *Kristallrefraktometer* dient zur Brechzahlmessung von Kristallen und Edelsteinen. Das Meßprisma ist dabei als Halbkugel ausgebildet, so daß die Brechzahl des Kristalls in verschiedenen Azimuten gemessen werden kann.

Das *Interferenzrefraktometer* (*Interferentialrefraktometer*, *Vierplattenrefraktometer*, *Interferenzrefraktor*, *Interferentialrefraktor*) ist ein Interferometer, das zur interferometrischen Brechzahlbestimmung dient. Die Bezeichnung wird hauptsächlich auf das Jamin-Interferometer und das Mach-Zehender-Interferometer sowie für das Interferometer nach Rayleigh-Haber-Löwe angewendet.

Über das *Augenrefraktometer* → Augenoptik.

Refraktor, → Fernrohr.

Regelation, Erscheinung bei einigen Stoffen, wie Eis und Wismut, daß die Schmelze dichter ist als die feste Phase. Solche Stoffe können z. B. durch Drucksteigerung geschmolzen werden, da ihr Schmelzpunkt bei Druckerhöhung sinkt (Le-Chatelier-Braunsches Prinzip). Die nötige Schmelzwärme wird meist der festen Phase selbst entzogen, daher ist der Schmelzvorgang örtlich auf das Gebiet erhöhten Druckes begrenzt. Beim Nachlassen des Druckes tritt wieder Erstarrung ein. Die Glätte des Eises beruht auf der R. Beim Schlittschuhlaufen z. B. wird unter den Kufen das Eis geschmolzen, das Schmelzwasser wirkt als Schmiermittel. Ein Schneeball läßt sich formen, weil unter dem Druck der Hände der Schnee schmilzt, zusammenklebt und wieder gefriert. Bei Gletschern schmilzt durch die eigene Masse das unterste Eis, wodurch ihre Beweglichkeit vergrößert wird.

Regelröhre, Verstärkerröhre mit exponentieller $I_a - U_g$-Kennlinie. Diese Form der Kennlinie wird durch ein mit unregelmäßiger Steigung gewickeltes Steuergitter erreicht. Die Verstärkung der R. ist vom Arbeitspunkt abhängig. Bei der automatischen Schwungregelung wächst die negative Regelspannung mit zunehmender Empfangsspannung und verschiebt den Arbeitspunkt an eine Stelle kleinerer Steilheit, so daß starke Empfangsspannungen eine entsprechend geringere Verstärkung erfahren (Abb.).

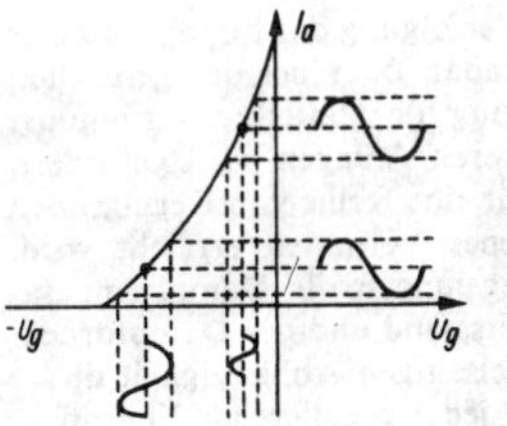

Arbeitsweise der Regelröhre. I_a Anodenstrom, U_g Gitterspannung

Regel- und Steuerstäbe, → Reaktor, → Reaktorregelung.

Regelung, Eingriff in ein System, um durch Rückinformation einer Aufgabengröße ein gewünschtes Verhalten zu geben; im einfachsten Falle realisiert mit einem *einschleifigen Regelkreis.* Dazu wird am Ausgang des Systems, der *Regelstrecke R. S.*, der aktuelle Wert der Aufgabengröße, die *Regelgröße y*, von einem Meßfühler M erfaßt und durch Vergleich mit dem vorgeschriebenen Sollwert x die *Regelabweichung f* gebildet, die als Rückinformation benutzt wird. Sie wirkt über einen Verstärker oder Meßgrößenumformer R auf ein Stellglied S ein, das Eingriffsorgan in einen Versorgungsstrom des Systems ist. Dieser Eingriff erfolgt üblicherweise nicht dosiert, sondern nur mit der Tendenz, die Regelgröße so zu beeinflussen, daß die Regelabweichung vermindert wird.

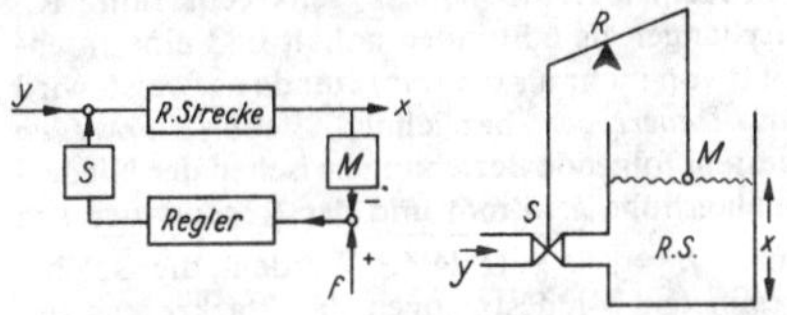

Blockschaltbild eines einschleifigen Regelkreises und Veranschaulichung am Schema einer Behälterstandsregelung

Als *Regler* i. e. S. bezeichnet man den Verstärker bzw. Meßgrößenumformer in der Rückführung. Sein dynamisches Verhalten beeinflußt wesentlich die dynamischen Eigenschaften des Regelkreises, z. B. seine Stabilität, sein Einschwingverhalten oder die Regelgüte. Besonders wichtig sind Regler mit proportionalem, integralem und differentiellem Verhalten und die Kombinationen dieser Verhaltensweisen.

Je nach dem Typ der im Regelkreis verwendeten Glieder unterscheidet man stetige, unstetige, lineare, nichtlineare und Abtast-Regelungen. Bei *Festwertregelungen* wird verlangt, daß der Wert der Regelgröße möglichst konstant bleibt, z. B. in drehzahlgeregelten Antrieben, bei Netzspannungsregelung, bei R.en von Temperatur und Feuchte in klimatisierten Räumen und bei Flüssigkeitsstandregelungen. Bei *Zeitplanregelung* erfolgt die Aufgabenlösung nach einem festen zeitlichen Plan, z. B. nach einem Ablaufplan bei der Bearbeitung eines Werkstücks auf mehreren Werkzeugmaschinen. Die laufende Kontrolle der Bearbeitungsgüte liefert dabei die Rückinformation zur Beeinflussung der Schnitttiefe, der Werkzeugwahl, der Vorschubveränderung u. a.

Bei *Folgeregelung* muß die Regelgröße dem Verlauf einer Führungsgröße folgen, der dem Ablauf einer Zielgröße eindeutig zugeordnet ist, z. B. bei der Verfolgung der Bewegung eines Flugzeugs mit Radar oder bei der geregelten Funkmeßeinrichtung der Satellitenverfolgung.

Bei komplizierteren Anlagen wird gefordert, daß gleichzeitig für eine Reihe von Regelgrößen ein vorgeschriebenes Verhalten erreicht wird, z. B. bei Kesselregelungen die Dampftemperatur, der Flüssigkeitsstand und der Dampfdruck. Wegen der wechselseitigen Abhängigkeit dieser Größen und weil jeder regulierende Eingriff in der Regel alle Regelgrößen mehr oder weniger beeinflußt, führt die getrennte Beeinflussung dieser Größen durch jeweils einen Regler häufig nicht zum gewünschten Resultat. Man spricht dann von einer *vermaschten* oder *mehrschleifigen R.* Für lineare Mehrfachregelungen lassen sich mit Hilfe der Matrizenrechnung die von einschleifigen Regelkreisen geläufigen Methoden übertragen. Es tritt jedoch für die Mehrfachregelungen eine spezifische neue Problematik der Autonomie, der Invarianz, der Steuerbarkeit und der Beobachtbarkeit auf.

Lit. Gille, Pelegrin, Decaulne: Lehrgang der Regelungstechnik, 3 Bde (3. Aufl. München 1967, 1963); Junior: R. elektrischer Größen (3. Aufl. Berlin 1970); Kindler: Der Regelkreis (Braunschweig 1972); Reihe Automatisierungstechnik, Bd 1, 4, 10, 11, 15, 18, 21, 30, 33, 35, 40, 50, 56, 59, 100 (Hrsg. Wagner u. Schwarze. Berlin).

Regen, Niederschlag in flüssiger Form mit einem Tropfendurchmesser über 0,5 bis 5 mm, der bei schwachem Wind nahezu senkrecht fällt. R., der länger als 6 Stunden anhält und eine Intensität von mehr als 0,5 mm/Stunde aufweist, wird als *Dauerregen* bezeichnet. Beim *Starkregen* besteht folgende Beziehung zwischen der Niederschlagshöhe h in mm und der Regendauer t in min: $h = \sqrt{5t - (t/24)^2}$. Werden die so berechneten Mindestmengen des Starkregens um das Doppelte überschritten, spricht man von einem *Wolkenbruch. Regenschauer* sind charakteristisch für Luftmassen mit instabiler Schichtung. Der Schauer-Charakter wird durch die raschen Intensitätsänderungen und durch die Himmelsansicht bestimmt.

Regenbogen, die häufigste und schönste atmosphärisch-optische Erscheinung. Ein R. besteht aus dem Hauptregenbogen und dem Nebenregenbogen. Der *Hauptregenbogen* hat einen Radius von etwa 42° um einen der Sonne gegenüberliegenden Punkt auf einer Geraden, die durch Sonne und Beobachterauge geht. Die Farbfolge ist von innen nach außen Rot, Orange, Gelb, Grün, Blau, Indigo, Violett (*Regenbogenfarben*), die Breite beträgt 1,5°. Der *Nebenregenbogen* hat einen Radius von etwa 52°, seine Breite beträgt 3°. Die Farben sind lichtschwächer und matter; die Farbfolge ist umgekehrt. Beim gut ausgebildeten Hauptregenbogen sind nach innen weitere farbige Bögen erkennbar, die *sekundären R.* oder *Interferenzregenbogen.* Die Farbfolge ist von Fall zu Fall recht unterschiedlich; sie kann sich bis zu 6mal wiederholen, wodurch der R. nach innen um einige Grad verbreitert sein kann. Die einfache *Regenbogentheorie von Descartes* beruht auf dem Durchgang des mindestgedrehten Strahles durch Regentropfen. Bei einmaliger innerer Reflektion entsteht der Hauptregenbogen (Abb. 1), bei zweimaliger innerer Reflektion der Nebenregenbogen (Abb. 2). Der Ablenkungswinkel bei m-facher innerer Reflektion beträgt nach den Abbildungen $\delta = 2(\alpha - \beta) + m(\pi - 2\beta)$. Das Minimum der Ablenkung ergibt sich, wenn $d\delta/d\alpha = 0$ gesetzt wird. Man erhält dann $\cos \alpha_{\min} = \sqrt{\frac{n^2 - 1}{n^2 + 2m}}$. Mit dem genäherten Brechungsexponent $n = 4/3$ für Wasser und gelbrotes Licht und $m = 1$ folgt für den Hauptregenbogen $\alpha_1 = 59°20'$, $\delta_1 = 38°$ und weiter für den Radius des gelbroten Bogens

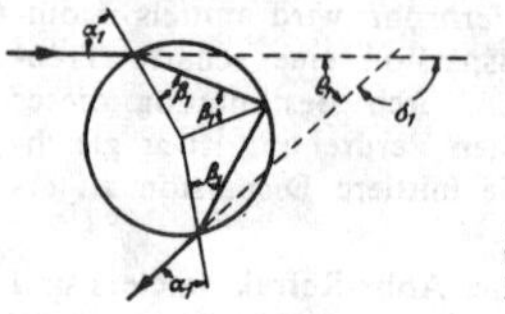

1 Mindestgedrehter Strahl beim Hauptregenbogen

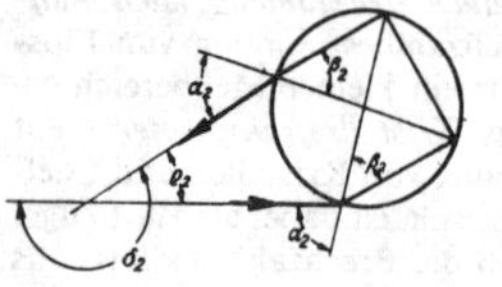

2 Mindestgedrehter Strahl beim Nebenregenbogen

$\varrho_1 = 180° - \delta_1 = 42°$. Analog ist für $m = 2$, also für den Nebenregenbogen, $\varrho_2 = \delta_2 - 180° = 52°$. Zur Erklärung der Interferenzbögen und der beobachteten Abhängigkeit der Einzelheiten des R.s von der Größe der Regentropfen muß die *Regenbogentheorie von Airy* herangezogen werden. Ausgang dieser Theorie ist die Deformation der ursprünglich ebenen Wellenfläche beim Durchgang durch den Regentropfen. Bei ebener Betrachtung, was hierbei zulässig ist, entsteht eine kubische Kurve $y = hx^3/3r^2$ in einem rechtwinkligen Koordinatensystem, dessen x-Achse durch den mindestgedrehten Strahl verläuft. r ist der Tropfenradius, h eine von m und n abhängige Größe. Die Elementarwellen, die von der durch $y = f(x)$ beschriebenen Wellenfläche nach der Huygens-Fresnelschen wellenoptischen Auffassung ausgehen, können in ihrer Wirkung durch eine Funktion $f(z) = \int_0^\infty \cos \frac{\pi}{2} (u^2 - uz)\, du$ beschrieben werden (*Airysches Regenbogenintegral*), wobei u und z mathematische Variationen von x und dem Winkel zwischen der Achse und der Richtung, in der die Regenbogenintensität betrachtet wird, darstellen. Die numerische Auswertung des Regenbogenintegrals liefert einen beugungsähnlichen Intensitätsverlauf, durch den die Interferenzbögen und der genaue Intensitätsverlauf des R.s z. B. auch bei extrem kleinen Regentropfen (*weißer R.* oder *Nebelbogen*) befriedigend beschrieben werden können.

Regenmesser, svw. Niederschlagsmesser.

Regge-Pol, → analytische S-Matrix-Theorie.

Regge-Trajektorie, → analytische S-Matrix-Theorie.

register-ton, Volumenmaß der Schiffsvermessung, vgl. Tabelle 2, Volumen.

Registrationsmessung, Messung der Änderung der Zustandsgrößen eines physikalischen Systems infolge seiner Wechselwirkung mit anderen physikalischen Objekten, d. h. anderen Systemen, z. B. beim Stoß, oder Feldern.

Registriergerät, Einrichtung zum selbsttätigen Aufzeichnen von Meßwerten, meist in Abhängigkeit von der Zeit in Diagrammform. R.e sind besonders wichtig bei der elektrischen Messung nichtelektrischer Größen. Entscheidend für die Auswahl eines R.s ist die vorhandene Meßleistung, die Anzahl der jeweils zu erfassenden Meßwerte sowie die Maximalfrequenz der Meßgröße. Eingesetzt werden Linienschreiber mit und ohne Verstärker, Punktschreiber, R.e mit Nullmotor-Registrierwerk, Schnellschreiber, Lichtpunkt-Linien-Schreiber, Elektronenstrahloszillographen mit Kamera.

Registrierinstrumente, svw. Meßschreiber.

Regressionsgesetz, → Relaxation.

reg ton, Tabelle 2, Volumen.

regulär, → Funktionentheorie.

reguläre Darstellung, → Gruppentheorie.

reguläre Dubletts, → Röntgenspektrum.

reguläre Funktion, → Funktionentheorie.

Regularisierung, mathematisches Verfahren, uneigentliche Funktionen durch Einführung geeigneter Hilfsgrößen regulär (→ Funktionentheorie) zu machen, so daß die in der entsprechenden Theorie erforderlichen Operationen wohldefiniert sind und zu auswertbaren Resultaten führen, die die Regularisierungsparameter noch enthalten; nach erfolgter Rechnung sind diese Regularisierungsparameter durch einen Grenzübergang wieder zu beseitigen. Die R. wurde von Hadamard eingeführt. Sie wird z. B. in der Quantenelektrodynamik bei der Behandlung der Photonselbstenergie (*Pauli-Villars-Regularisierung*) angewandt. Hierzu werden Hilfsmassen eingeführt, die als Abschneidegrößen fungieren und am Ende der Rechnung gegen unendlich gehen. Es ist jedoch wenig sinnvoll, diese Hilfsmassen mit realen Teilchen in Verbindung zu bringen, da sie sonst imaginäre Ladung haben müßten. Die R. dient dabei hauptsächlich der invarianten Eliminierung divergenter Ausdrücke. Sie ist nicht in allen Quantenfeldtheorien anwendbar, z. B. nicht im Fall der vektoriellen Mesontheorie geladener Teilchen mit vektorieller Kopplung.

Regularitätsbereich, Bereich, innerhalb dessen eine Funktion regulär ist. → Funktionentheorie.

Reibung, *Reibungskraft*, der Bewegung von Körpern entgegenwirkende Kraft, die bei der Bindung von Körpern an bestimmte Flächen oder Kurven oder bei der Verschiebung in viskosen Medien auftritt.

Die *äußere R.* oder *Oberflächenreibung* tritt nur bei rauhen Oberflächen auf. Man unterscheidet bei einem starren Körper je nach seinem Bewegungszustand zwischen R. der Ruhe und R. der Bewegung, bei der in Gleit-, Roll- und Bohrreibung unterteilt werden kann.

Die *Haftreibung*, $\vec{F}_R^{(H)}$, auch *Ruhreibung*, *R. der Ruhe* oder *Haftung* genannt, ist der Widerstand des Körpers gegen das Gleiten und tritt nur dann auf, wenn beide Oberflächen relativ zueinander ruhen. Für die Haftreibung gilt der Coulombsche Ansatz (1785) $\vec{F}_R^{(H)} \leqq \mu_H \vec{N}$, wobei $\vec{N}$ die in Richtung der Normalen auf die Fläche A weisende Komponente der dem Körper eingeprägten Kraft ist und deshalb Normalkraft genannt wird. Der Reibungskoeffizient der Ruhe μ_H, auch *Haftreibungszahl* oder *-koeffizient* genannt, hängt von der Beschaffenheit beider Oberflächen ab und wird durch die maximale Haftreibung $\vec{F}_R^{(H)} = \mu_H \vec{N}$ gemessen, bei deren Überschreiten gerade das Gleiten eintritt. Er kann durch den Neigungswinkel α, den *Gleit-* oder *Reibungswinkel*, einer schiefen Ebene ausgedrückt werden, bei dem das Gleiten gerade eintritt (Abb. 1): Ist $\vec{G}$ das Gewicht des Körpers und G dessen Betrag, dann ist der Betrag von $\vec{N}$ durch $N = G \cos \alpha$ gegeben, und die Bewegung setzt dann ein, wenn die Hangabtriebskraft, d. h. die Tangentialkomponente $\vec{G}_t$ von $\vec{G}$, die Reibung $\vec{F}_R^{(H)}$ gerade kompensiert; wegen $\operatorname{tg} \alpha = |\vec{G}_t|/N = F_R^{(H)}/N$ gilt $\mu_H = \operatorname{tg} \alpha$. Es muß daher die Resultierende aus $\vec{F}_R^{(H)}$ und $\vec{N}$ innerhalb des Reibungskegels liegen, der im Berührungspunkt der sich reibenden Körper um die Normale mit α als dem halben Öffnungswinkel bildet, wenn der Körper ruhen soll (Abb. 2). Die Unabhängigkeit der R. von der Auflagefläche bei sonst gleichem Normaldruck N ist einfach nachprüfbar; die beiden in Abb. 3a und 3b gezeigten Anordnungen führen auf denselben Reibungskoeffizienten μ_H und die gleiche maximale Haftreibung. Oberflächen, für die $\alpha = 0$ bzw. $\alpha = 90°$ ist, nennt man *absolut glatt* bzw. *absolut rauh*; dies stellt eine Idealisierung wirklicher Oberflächen dar. Eine spezielle Form der Haftreibung ist die *Seil-* oder *Umschlingungsreibung*, die bei Hüllgetrieben auftritt und z. B. die Übertragung der Bewegung einer Treibscheibe auf ein Seil ermöglicht. Sie hängt von μ_H und dem (im Bogenmaß gemessenen) Zentriwinkel φ des vom Seil bedeckten Bogens der Treibscheibe, dem Umschlingungswinkel, ab (Abb. 4). Soll das Seil nicht rutschen, darf das Verhältnis S_1/S_2 des Seilzuges S_1 des aufsteigenden Seils zu S_2 des absteigenden Seils $e^{\mu_H \varphi}$ nicht übersteigen: $S_1/S_2 \leqq e^{\mu_H \varphi}$.

Die *Rollenreibung* wird dabei durch die Biegesteifigkeit des Seiles verursacht. Beim Umlenken des Seiles an einer Rolle weicht infolge der Biegesteifigkeit des Seiles das auflaufende Trum um einen gewissen Betrag nach außen und das ablaufende Trum um etwa den gleichen Betrag nach innen von der theoretischen Tangente an die Rolle ab. Die dadurch veränderten Kraftverhältnisse kennzeichnen die Rollenreibung.

Bei der *Gleitreibung* ist der Betrag $F_R^{(G)}$ der Reibungskraft $F_R^{(G)} = \mu_G N$, wobei der Reibungskoeffizient der Bewegung μ_G im allgemeinen kleiner als μ_H ist. Die Richtung der Gleitreibung stimmt im allgemeinen mit der der Relativgeschwindigkeit $\vec{v}_r = \vec{v}_1 - \vec{v}_2$ der beiden reibenden Körper überein.

Rollreibung oder *rollende Reibung* und *Bohrreibung* treten auf, wenn wenigstens eine der sich berührenden Flächen gekrümmt ist; meist handelt es sich um kugel-, zylinder- oder kegelförmige Flächen. Wegen der bei realen Körpern stets auftretenden Deformation findet hierbei eine Berührung nicht nur in einem Punkte Q oder längs einer Linie L statt, sondern in einer Fläche. Die auf diese Fläche wirkenden Kräfte kann man zu einer resultierenden Gesamtkraft $\vec{F}$ und einem resultierenden Gesamtmoment $\vec{M}$, d. h. einem resultierenden Kräftepaar (→ Kraft), zusammenfügen. Während die Tangentialkomponente von $\vec{F}$ mit der Gleitreibung $F_R^{(G)}$ iden-

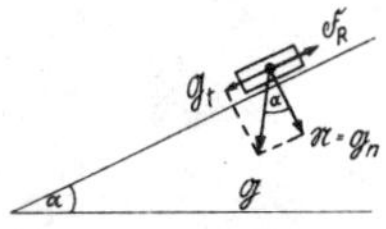

1

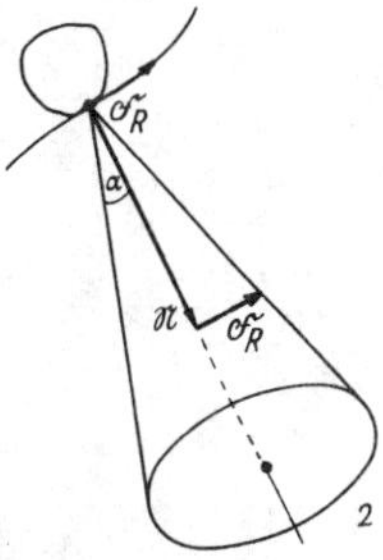

2

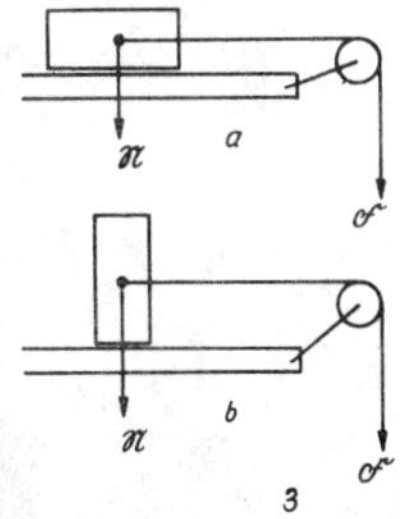

3

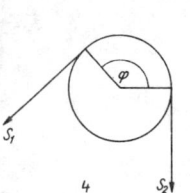

4

Reibung

tisch ist, wird die Normalkomponente M_n von $\vec{M}$ als Moment der Bohrreibung M_b, die Tangentialkomponente M_t von $\vec{M}$ als Moment der Rollreibung M_r bezeichnet Analog zur Gleitreibung gilt der Ansatz $M_n \leqq \nu_H N$ bzw. $M_t \leqq \lambda_H N$ für die R. der Ruhe gegen Bohren bzw. Rollen und $M_n = \nu_G N$ bzw. $M_t = \lambda_G N$ für die R. der Bewegung bei Bohren bzw. Rollen, wobei im allgemeinen $\nu_G < \nu_H$, $\lambda_G < \lambda_H$ gilt. λ_G heißt Rollreibungszahl oder Radius der Rollreibung. Auch hierbei zieht man zur Charakterisierung den Neigungswinkel derjenigen schiefen Ebene heran, bei der das Rollen gerade eintritt; es ist $\text{tg}\,\alpha = \lambda_G/r$, wobei r der Radius des Rades oder der Krümmungsradius des Körpers im Berührungspunkte ist. Daraus folgt, daß große Räder leichter rollen als kleine. Bei Eisenbahnrädern auf Schienen ist $\lambda_G \approx 0{,}05$ cm.

In der Technik unterscheidet man noch verschiedene Arten der *Zapfen-* oder *Lagerreibung*, die in speziellen Maschinenelementen, z. B. Quer- und Spurlagern, auftritt. Für den Betrag M_z des zugehörigen Moments macht man auch hier den Ansatz $M_z = f_z \cdot r \cdot Q$, wobei r der Radius, Q die Querbelastung des Zapfens und f_z die *Zapfenreibungszahl* ist. Beim *Pronyschen Zaum* dient die Zapfenreibung der Leistungsmessung: Die zylindrische Welle mit dem Radius r eines Motors wird zwischen zwei Holzbacken gespannt (Abb. 5), die durch Schrauben

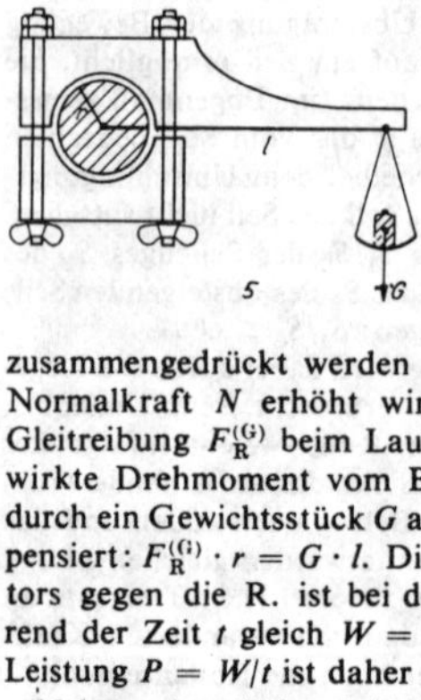

5

zusammengedrückt werden können, wobei die Normalkraft N erhöht wird. Das durch die Gleitreibung $F_R^{(G)}$ beim Laufen des Motors bewirkte Drehmoment vom Betrag $F_R^{(G)} \cdot r$ wird durch ein Gewichtsstück G am Hebelarm l kompensiert: $F_R^{(G)} \cdot r = G \cdot l$. Die Arbeit W des Motors gegen die R. ist bei der Frequenz f während der Zeit t gleich $W = 2\pi r(f \cdot t) \cdot F_R^{(G)}$; die Leistung $P = W/t$ ist daher $P = 2\pi f G l$.

Neben der bisher allein berücksichtigten *trockenen R.* oder *Trockenreibung* ist die *Schmiermittelreibung* zu nennen, und zwar liegt *Flüssigkeitsreibung* vor, wenn die Kontaktflächen durch das Schmiermittel, z. B. einen Ölfilm, vollkommen getrennt sind; eine *Mischreibung* liegt vor, wenn nur eine teilweise Trennung der Kontaktflächen vorhanden ist. Die Schmiermittelreibung ist gewöhnlich wesentlich geringer als die Trockenreibung.

Die *innere R.* oder reine *Flüssigkeitsreibung* tritt in allen viskosen Flüssigkeiten (→ Viskosität), aber auch in Gasen auf. Sie beruht auf den Molekularkräften und hat zur Folge, daß sich bei strömenden Flüssigkeiten oder Gasen relativ zu umströmten festen Oberflächen, z. B. Wänden, ganz bestimmte Geschwindigkeitsverteilungen (Strömungsprofile) ergeben, die Gegenstand der Hydrodynamik und Aerodynamik sind. Hierzu gehört auch die *Luftreibung*, d. i. der Luftwiderstand bei der Bewegung fester Körper in Luft. Die Reibungsgesetze für die Luftreibung sind kompliziert und hängen von der Geschwindigkeit $\vec{v}$ der Körper wesentlich ab. Die Luftreibung ist im Gegensatz zur oben behandelten R. der Bewegung für feste Körper geschwindigkeitsabhängig. Bei nicht zu kleiner Geschwindigkeit v ist sie proportional zur Geschwindigkeit v, für höhere Geschwindigkeiten hängt sie von v^2 ab, solange $v < c_s$ ist, wobei c_s die Schallgeschwindigkeit in Luft ist, und für $v > 2c_s$ wird der Zusammenhang wieder linear, d. h., die R. ist wieder proportional zu v. Eine typische Abhängigkeit der Luftreibung von der Geschwindigkeit ist in Abb. 6 gegeben ($c_s \approx 330$ m/s).

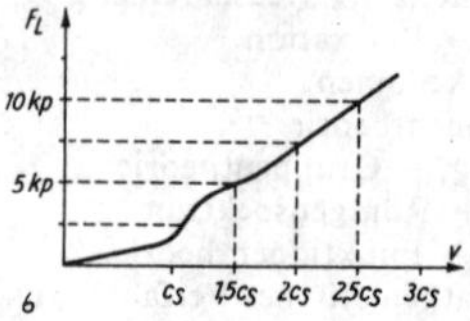

6

Die R. ist eine der wichtigsten Ursachen für den Übergang mechanischer Energie in Wärmeenergie (→ Dissipation). Man versucht deshalb, durch Schmieren die R. zwischen sich bewegenden Maschinenteilen möglichst gering zu halten. Dagegen ist die R. für die Fortbewegung auf der Erdoberfläche eine wesentliche Voraussetzung; denn ohne Haftreibung wäre eine Kraftübertragung und damit Laufen oder Fahren unmöglich.

Reibungselektrizität, die nach gegenseitigem Reiben der Oberflächen zweier elektrisch nichtleitender Stoffe, z. B. Wollappen und Hartgummistab, auftretende Elektrizität, die durch die influenzierende Wirkung der geriebenen und somit elektrisch geladenen Stoffe auf ursprünglich neutrale leichte Probekörper nachweisbar wird, indem diese Körper bei Annäherung entgegengesetzt aufgeladen werden, so daß zwischen den Stoffen und dem Probekörper spürbare Anziehungskräfte wirken. Nach Abreiben mit einem Wolltuch zieht ein Gummistab z. B. kleine Papierschnitzel an. Die R. ist schon im Altertum von Thales um 600 v. u. Z. an Bernstein beobachtet worden und wohl die Form der Elektrizität, die am längsten bekannt ist, denn bis gegen Ende des 18. Jahrhunderts war die R. die einzige bekannte elektrische Erscheinung. Der Begriff R. ist eine historische Bezeichnung, physikalisch ist die Reibung nur insofern wichtig, als zwei Körper aus verschiedenen Materialien bis auf molekularen Abstand (10^{-8} cm) beim Reiben einander angenähert werden, wobei dann je nach Kontaktelektrizität (→ Berührungsspannung 1) ein Körper dem anderen Elektronen geben kann, die sich an dessen Oberfläche sammeln. Man ordnet die Stoffe je nach ihrer kontakt- bzw. reibungselektrischen Eigenschaft in einer *Spannungsreihe* an, in der jeder Stoff nach Reibung bzw. Berührung und anschließender Trennung mit einem nachfolgenden sich positiv, mit einem vorangehenden sich negativ auflädt: Haare (Katzenfell, Fuchsschwanz), Elfenbein, Bergkristall, Flintglas, Baumwolle, Papier, Seide, Kautschuk, Harze, Lack, Siegellack, Hartgummi, **Bernstein, Schwe-**

fel. So wird z. B. Glas positiv beim Reiben mit Amalgam auf Leder, negativ beim Reiben mit Katzenfell aufgeladen. Allgemein erfaßt das *Coehnsche Aufladungsgesetz* diese Erscheinung, indem es besagt, daß derjenige Stoff positiv geladen wird, der die größere Dielektrizitätskonstante hat.

Bei der Reibung von Wassertröpfchen an Luft entsteht die → Wasserfallelektrizität.

reibungsfreie Flüssigkeit, svw. Pascalsche Flüssigkeit.

Reibungshöhe, diejenige Höhe, bis zu der in der Grundschicht der Atmosphäre der Reibungseinfluß der Erdoberfläche auf die Luftströmung reicht. Unterhalb der R. weicht der Wind infolge der Reibung vom geostrophischen Wind ab. → Ekmanspirale, → Buys-Ballotsches Gesetz.

Reibungskegel, → Reibung.

Reibungskoeffizient, → Reibung.

Reibungskraft, svw. Reibung.

Reibungsschicht, svw. Grenzschicht.

Reibungstöne, die bei der Reibung zwischen zwei festen Körpern, die gegeneinander gedrückt werden, auftretenden, meist schrillen Töne.

Reibungsvakuummeter, → Vakuummeter.

Reibungswärme, kinetische Energie, die sich bei Reibung zwischen verschiedenen Stoffen oder zwischen den Teilchen innerhalb eines Stoffes in innere Energie der beteiligten Stoffe umwandelt. Die R. bedeutet einen Verlust für die Bewegungsenergie und muß entsprechend ihrer Größe bei Energiebetrachtungen berücksichtigt werden. Die Umwandlung ist irreversibel. R. tritt bei fast allen technischen Prozessen – oft als störender Faktor – auf.

Reibungswiderstand, → Strömungswiderstand.

Reibungswinkel, → Reibung.

Reichweite, 1) Akustik: die Strecke, nach der die Energie W_0 einer ebenen Schallwelle infolge der Absorption im Schallausbreitungsmedium auf den Wert $(1/e) \cdot W_0$ abgesunken ist (→ Schallabsorption). Die R. wird durch Inhomogenitäten im Ausbreitungsmedium, z. B. durch Nebeltröpfchen in Luft, erheblich vermindert. Außerdem sinkt mit steigender Frequenz wegen der zunehmenden Absorption die R. von Schallsignalen. Sie beträgt in Luft für 10 kHz etwa 250 m, für 1 MHz (Ultraschall) nur noch 2,5 cm, in Wasser für 10 kHz etwa 500 km, für 1 MHz nur noch 50 m.

Die infolge starker Temperaturgradienten auftretenden Dichteänderungen in der Atmosphäre und im Ozean führen zu einer von der Höhe bzw. Tiefe abhängigen Schallgeschwindigkeit. Entsprechend dem Brechungsgesetz werden die Schallstrahlen zu den tiefere Temperaturen aufweisenden Gebieten hin abgelenkt. Diese Krümmung der Schallstrahlen kann eine geometrisch bedingte Vergrößerung oder Verkleinerung der R. nach sich ziehen, und zwar je nach Lage des Beobachtungsortes. Nimmt z. B. am Tage die Temperatur der Atmosphäre mit der Höhe ab, so werden Schallstrahlen vom Erdboden weg gebrochen, die R. nimmt ab. Die höheren Temperaturen in der Stratosphäre bewirken aber wieder eine Krümmung nach unten, so daß in einiger Entfernung von der Schallquelle das Schallsignal den Erdboden wieder erreicht. Dazwischen liegt eine Zone des Schweigens, in die der Schall bei den gegebenen Temperaturgradienten nicht eindringen kann.

Die Änderung der Windgeschwindigkeit mit der Höhe über dem Erdboden wie auch der von der Meerestiefe abhängige Salzgehalt des Wassers sind weitere die Dichte der Ausbreitungsmedien beeinflussende Faktoren. Sie sind auch mögliche Ursachen der Krümmung der Schallstrahlen und damit der Reichweiteänderungen.

2) *R. elektromagnetischer Wellen* → elektromagnetische Wellen.

3) → ionisierende Strahlung 2.4).

4) *effektive R. des Streupotentials,* → Streulänge.

Reichweitengleichung, → Radar, → Bremsvermögen, → ionisierende Strahlung 2.5).

Reif, unmittelbare Ablagerung atmosphärischen Wasserdampfes in Form leichter schuppen-, nadel-, feder- oder fächerähnlicher, rein kristallinischer oder scheinbar kristallinischer Gebilde an Gegenständen am Erdboden bei Temperaturen unter dem Gefrierpunkt. Die Voraussetzungen sind die gleichen wie bei Tau.

Reihe, Summe $a_1 + a_2 + \cdots + a_n + \cdots$ der Glieder einer Folge $a_1, a_2, \ldots$; im einfachsten Falle sind die a_i reelle Zahlen (vgl. Potenzreihe, Funktionenreihe, Entwicklung von Funktionen). Von einer Summe einer R. mit unendlich vielen Gliedern kann nur gesprochen werden, wenn die Reihe $\sum_{i=1}^{\infty} a_i$ konvergiert, wenn die Folge der *Partialsummen* $s_n = \sum_{i=1}^{n} a_i$ für $n \to \infty$ einen Grenzwert hat, der die Summe der R. genannt wird.

1) Die R. $\sum_{i=1}^{\infty} a_i$ konvergiert nur dann, wenn $\lim_{n\to\infty} a_n = 0$ ist. Diese Bedingung ist notwendig, aber *nicht hinreichend.*

2) Konvergiert die R. $\sum_{i=1}^{\infty} |a_i|$, dann konvergiert auch die R. $\sum_{i=1}^{\infty} a_i$.

3) *Majorantenkriterium.* Wenn $|a_n| \leqq b_n$ ist und die R. $\sum_{i=1}^{\infty} b_i$ konvergiert, dann ist auch die R. $\sum_{i=1}^{\infty} |a_i|$ konvergent.

4) *Quotientenkriterium.* Ist $\lim_{n\to\infty} |a_n/a_{n-1}| = q < 1$, so ist die R. $\sum_{i=1}^{\infty} |a_i|$ konvergent und ist divergent für $q > 1$.

5) *Wurzelkriterium.* Falls $\lim_{n\to\infty} \sqrt[n]{|a_n|} = q < 1$, so konvergiert die R. $\sum_{n=1}^{\infty} |a_i|$ und divergiert für $q > 1$.

6) *Integralkriterium.* Die R. $\sum_{i=1}^{\infty} a_i$ mit $a_i = f(i)$ konvergiert oder divergiert, wenn das uneigentliche Integral $\int_c^{\infty} f(x)\,dx$ konvergiert oder divergiert; c ist hierbei beliebig, jedoch muß die Funktion $f(x)$ im Intervall $c < x < \infty$ stetig sein.

Von einer *absolut konvergenten R.* $\sum_{i=1}^{\infty} a_i$ konvergiert auch die Reihe $\sum_{i=1}^{\infty} |a_i|$ der absoluten Beträge ihrer Glieder; von einer *bedingt konvergenten R.* $\Sigma\, a_i$ divergiert die R. $\Sigma\, |a_i|$ ihrer

Beträge; z. B. ist die R. $1 - \frac{1}{2} + \frac{1}{3} - \frac{1}{4} + \cdots$ bedingt konvergent, die R. $\Sigma \frac{1}{n}$ divergiert. Absolut konvergente R.n kann man beliebig umordnen, ohne daß sich der Summenwert ändert. Man kann absolut konvergente R.n addieren, voneinander subtrahieren und miteinander multiplizieren. Bedingt konvergente R.n kann man so umordnen, daß der Summenwert gleich einer beliebigen vorgegebenen Zahl wird. → Taylorsche Formel.

Reihenresonanz, → Schwingkreis.

Reihenschaltung, → Grundschaltung.

Reihenschlußmaschine, eine → elektrische Maschine mit Reihenschlußverhalten (→ Drehzahlverhalten).

Reihenschlußverhalten, → Drehzahlverhalten.

Reihenschwingkreis, → Schwingkreis.

Reinelemente, → Elemente 1).

Reiner-Rivlin-Flüssigkeit, nicht-Newtonsche Flüssigkeit, für die angenommen wird, daß der Spannungstensor nur eine Funktion des Geschwindigkeitsgradienten ist. Die Deformationsgeschwindigkeitsgrößen werden nach einer Reihe entwickelt. Mit Hilfe des Prinzips der materiellen Indifferenz und eines Theorems der Tensoralgebra (Hamilton-Caylaysches Theorem) läßt sich für den Spannungstensor der Ausdruck

$$\sigma_{ij} = -p\delta_{ij} + \alpha_1 D_{ij} + \alpha_2 D_{ik} D_{kj}$$

gewinnen, wobei durch ij kartesische Koordinaten aufgezeigt werden sollen. Die Koeffizienten sind Funktionen der 3 Invarianten des Deformationsgeschwindigkeitstensors. Ist $\alpha_2 = 0$ und $\alpha_1 =$ konst. $= 2\eta$, erhält man daraus die Newtonsche Flüssigkeit. Für $\alpha_2 = 0$ und $\alpha_1 \neq$ konst. ergibt sich eine nicht-Newtonsche Flüssigkeit mit der scheinbaren Viskosität α_1. α_2 wird Normalspannungskoeffizient oder Koeffizient der Querviskosität, kurz Querviskosität, genannt. Mit $\alpha_2 =$ konst. lassen sich auch Normalspannungseffekte (Merrington-Weissenberg-Effekt) theoretisch erfassen.

Reinigungsfeld, ein elektrisches Feld, das eine Kraftwirkung auf elektrische Ladungsträger im Entladungsraum von Gasspurkammern ausübt und bewirkt, daß diese beschleunigt diffundieren. Es wird daher zur Verkürzung der Speicherzeit der Bahnspuren benutzt.

Rekombination, das Verschwinden von Ladungsträgern infolge der Zusammenstöße von Ladungsträgern entgegengesetzter Ladung. R. findet in ionisierten Gasen als R. von Ionen und Elektronen, in Halbleitern als R. von Leitungselektronen mit Löchern und in Elektrolyten als R. von Ionen entgegengesetzter Ladung statt. Quantitativ wird die R. durch den Rekombinationskoeffizienten beschrieben.

1) Die *R. von Ionen mit Elektronen* ist der Einfang freier Elektronen durch positive Atom- oder Molekülionen. Es gibt mehrere Elementarprozesse dieser R.: a) Bei der *Strahlungsrekombination* wird die Energie der R., d. i. die Summe aus der Ionisationsenergie und der kinetischen Energie des Ions und des eingefangenen Elektrons, als Photon des Seriengrenzkontinuums ausgestrahlt. Den Zusammenstoß eines freien Elektrons und eines positiven Ions bezeichnet man als *Zweierstoßrekombination.* Die Strahlungsrekombination ist der Umkehrprozeß der Photoionisierung. Da die rekombinierenden Elektronen keine einheitliche kinetische Energie haben, erscheint die Rekombinationsstrahlung im Spektrum nicht als diskrete Linie, sondern als *Rekombinationskontinuum,* dessen langwellige Grenze der Ionisierungsenergie entspricht. Nach Abschalten der Energiezufuhr zu einer elektrischen Gasentladung zeigt sich ein kurzzeitiges Rekombinationsleuchten (Afterglow) durch Zweierstoßrekombination. Befinden sich im Plasma positive Ionen einer Art mit der Teilchendichte n_+ sowie Elektronen mit der Teilchendichte n_e, so gilt für den obigen Rekombinationsmechanismus bei Fehlen einer äußeren Ionisationsquelle $dn_+/dt = dn_e/dt = -\beta n_+ n_e$. Dabei ist β der vom Gasdruck und der Gasart abhängige *Rekombinationskoeffizient* und t die Zeit. Da wegen der Elektroneutralität des Plasmas $n_+ = n_- = n$ gilt, nimmt die Trägerdichte n nach Aufhören der Energiezufuhr für die meisten Plasmen nach der Differentialgleichung $\dot{n} = -\beta n^2$ ab. Beginnt die Abnahme zur Zeit $t = 0$ mit der Dichte n_0, so ergibt sich durch Integration der Verlauf $n(t) = n_0/(1 + \beta n_0 t)$. Der Plasmazustand geht durch Entionisierung in den Gaszustand zurück. Eine andere Möglichkeit für Zweierstoßrekombination in Entladungen besteht darin, daß zunächst Molekülionen entstehen. Durch Elektroneneinfang entstehen angeregte Moleküle, die dann entweder unter Emission des ihnen charakteristischen Bandenspektrums in den Grundzustand übergehen oder in ein normales und ein angeregtes Atom zerfallen.

b) *R. mit positiven Atomionen ohne Strahlung.* Das freie Elektron kann durch das positive Ion ohne Strahlung aufgenommen werden, wenn das Atom diskrete Energiezustände hat, deren Energie die normale Ionisationsenergie des Atoms überschreitet. Dieser Prozeß ist die Umkehr der Autoionisation.

c) *R. von Ionen mit Elektronen und nachfolgende Dissoziation.* Positive Molekülionen AB^+ können ein Elektron aufnehmen, bilden nichtstabile neutrale Moleküle und zerfallen danach. Dabei geht die Rekombinationsenergie in kinetische Energie der Teilchen über.

d) *Dreierstoßrekombination* ist der Einfang eines Elektrons durch ein positives Ion unter der Teilnahme eines dritten Teilchens. Dieser Vorgang kann auch unter Beteiligung zweier Elektronen stattfinden, wobei das eine Elektron bzw. Atom lediglich die Aufgabe hat, die bei der R. frei werdende Bindungsenergie abzuführen. Daher kann es auch durch einen anderen Körper, z. B. durch die Gefäßwand oder eine Elektrode, ersetzt werden. Dann spricht man an Stelle von Dreierstoßrekombination von einer *Oberflächen-* oder *Wandrekombination,* die stets strahlungsfrei verläuft. An metallischen Oberflächen rekombiniert praktisch jedes auffallende schwere Ion, da die zur R. erforderlichen Elektronen dem Metall an jeder Stelle entnommen werden können. Die *Volumenrekombination* im Innern des Plasmas erfolgt gewöhnlich durch Zweierstoß.

2) Die *R. von Ladungsträgern im Halbleiter* ist die Wiedervereinigung von Elektronen mit Löchern, d. h., Elektronen gehen aus dem Leitungs-

band oder aus Störstellenniveaus in unbesetzte Zustände im Valenzband oder in Störstellenniveaus über, wobei beim Rekombinationsakt ein dem Energieunterschied von Anfangs- und Endzustand entsprechender Energiebetrag freigesetzt wird.

Unter der *Rekombinationsrate* versteht man dabei die Anzahl der je Zeit- und Volumeneinheit infolge R. aus einem Energieband ausscheidenden Ladungsträger.

Für die R. von Elektronen und Löchern in Halbleitern wurde eine Reihe von Möglichkeiten vorgeschlagen, die sich durch die Art der Energieabgabe der rekombinierenden Partner charakterisieren lassen. Man unterscheidet *strahlende* und *strahlungslose R.*, je nachdem, ob der größte Teil der frei werdenden Energie in Form von Lichtquanten ausgestrahlt wird oder innerhalb des Halbleiters dissipiert. Für die strahlungslose R. kommen im wesentlichen drei Modelle in Frage: a) Bei der *Multiphonon-Rekombination* wird die beim Rekombinationsprozeß frei werdende Energie in thermische Energie der Gitterschwingungen umgewandelt. b) Bei der *Auger-Rekombination* (*Stoßrekombination*) wird die Energie beim Rekombinationsakt auf ein freies Elektron oder Loch übertragen. c) Bei der *Anregung von Plasmaschwingungen* durch die Rekombinationsenergie erfolgt die Energieabgabe an das ganze Ensemble von Ladungsträgern.

Bei der theoretischen Beschreibung der R. geht man gemäß dem betrachteten speziellen Rekombinationsmodell von der Berechnung von Übergangswahrscheinlichkeiten P_{if} zwischen den in Betracht kommenden Anfangs- und Endzuständen im Halbleiter aus. Theoretische Schwierigkeiten bereiten hier besonders Aspekte der strahlungslosen R.

R. unter Anregung von Plasmaschwingungen kann im Rahmen der Einelektronnäherung nicht behandelt werden.

Die Rekombinationsrate $\left(\frac{\partial n}{\partial t}\right)_{\text{Rek}}$ ergibt sich als Summe über die mit Elektronen besetzten Anfangszustände und von Elektronen unbesetzten, d. h. mit Löchern besetzten, Endzustände zu

$$\left(\frac{\partial n}{\partial t}\right)_{\text{Rek}} = -\sum_{if} P_{if}. \quad (1)$$

Interessiert man sich wie im Fall der strahlenden R. für die Spektralabhängigkeit der Rekombinationsstrahlung, so ist die Summation sortiert nach Paaren gleicher Energiedifferenz von Anfangs- und Endzuständen auszuführen. Das Vorgehen bei der Summation hängt neben den Besonderheiten der Bandstruktur wesentlich von der Eigenart der P_{if} ab. Wichtiges Merkmal einer Fallunterscheidung ist, ob wesentliche Beiträge zur Übergangswahrscheinlichkeit nur von Übergängen zwischen Zuständen kommen, deren Vektoren $\vec{k}$ einem Erhaltungssatz genügen, oder ob eine Impulsauswahlregel nicht zur Wirkung kommt. Der erstere Fall tritt nur auf, wenn die Elektronenwellenfunktionen der Anfangs-, End- und gegebenenfalls auch Zwischenzustände die Translationssymmetrie des Kristallgitters aufweisen. Im Erhaltungssatz für den Impuls können beim Übergang emittierte oder absorbierte Phononen einen wichtigen Anteil darstellen. Die bei der strahlenden R. auftretenden Lichtquanten haben einen gegenüber den möglichen Elektronenimpulsen vernachlässigbaren Impuls, so daß direkte Übergänge, d. h. solche ohne Phononbeteiligung, nur zwischen Zuständen mit nahezu gleichem Ausbreitungsvektor stattfinden können; solche Übergänge sind etwa 10^3mal wahrscheinlicher als Bandübergänge mit Phononbeteiligung, die als *indirekte Übergänge* bezeichnet werden. Mitunter wird der Begriff „*direkter Übergang*" auch im Sinne von *Band-Band-Übergang* schlechthin, also als Gegensatz zur R. über Störstellenniveaus benutzt.

Zur praktischen Ausführung der Summation in Gleichung (1) sind außer Kenntnissen oder Annahmen bezüglich der P_{if} auch solche bezüglich der Verteilungsfunktion der Elektronen $f_e(\vec{k})$ und Löcher $f_l(\vec{k})$ erforderlich. Das Emissionsspektrum für direkte Elektron-Loch-R. kann in der Form

$$I(h\nu) \approx \approx \int\limits_S \varrho(h\nu)\,|M(\vec{k})|^2 f_e(\vec{k})\, f_l(\vec{k})\, \frac{\mathrm{d}s}{\mathrm{grad}_k(E_e + E_l)} \quad (2)$$

ausgedrückt werden. Dabei bedeuten $M(\vec{k})$ Matrixelemente des Impulsoperators, $\varrho(h\nu)$ die Dichte der schwarzen Strahlung, $E_e(\vec{k})$ und $E_l(\vec{k})$ das Elektronen- und das Löcherenergiespektrum, S ist eine Fläche im $\vec{k}$-Raum, definiert durch $E_e(\vec{k}) + E_l(\vec{k}) = h\nu - E_g$, wobei E_g der minimale Bandabstand ist. $h\nu$ ist die Energie des emittierten Photons, wobei h das Plancksche Wirkungsquantum und ν die Frequenz ist, und die $\vec{k}$ sind die Wellenvektoren im $\vec{k}$-Raum. Die Verteilungsfunktionen f_e und f_l, die auch alle nicht-thermischen Anregungsprozesse, wie Generation und Injektion, zu beschreiben haben, werden häufig durch Quasigleichgewichtsverteilungen mit einem für jeden Ladungsträgertyp gesonderten Quasiferminiveau approximiert.

Neben der rein quantentheoretischen Berechnung der strahlenden R. hat auch eine halbempirische Berechnungsmethode weite Verbreitung gefunden, die davon ausgeht, daß im Fall nur thermischer Anregungsprozesse im Halbleiter die Rekombinationsrate gleich der Anregungsrate infolge der eigenen Temperaturstrahlung sein muß und die Anregungsrate sich aus empirisch bekannten Absorptionsdaten und der Dichte der schwarzen Strahlung berechnen läßt. Diese Berechnungsmethode liefert nur dann zutreffende Ergebnisse, wenn die Verteilungsfunktionen der thermischen Verteilung genügend nahe sind.

Die Bandstruktur eines Halbleiters ist für die prinzipielle Möglichkeit einer intensiven Rekombinationsstrahlung durch direkte Übergänge sehr wichtig.

Die in Gleichung (2) enthaltenen Verteilungsfunktionen f_e und f_l weisen nur in der Umgebung des tiefsten Minimums im Leitungsband und des Valenzbandmaximums wesentlich von Null verschiedene Werte auf. Halbleiter, deren Bandextrema für gleiche $\vec{k}$-Werte auftreten, erfüllen daher eine Grundvoraussetzung zur Erzielung intensiver Band-Band-Rekombinationsstrahlung in Form von direkten Übergängen. Eine Bandstruktur vom Typ A hat z. B. GaAs

(Abb. 1a). In dieser Halbleitersubstanz wurde 1962 die von der Quantenmechanik vorhergesagte *induzierte oder stimulierte Emission* (→ Laser) entdeckt. Während die in Gleichung (2) ausgedrückte spontane R. proportional zur Photonendichte im thermodynamischen Gleichgewicht ist, werden die induzierten Übergänge durch ein beliebiges Strahlungsfeld hervorgerufen, zu dem auch die bei der strahlenden R. emittierten Photonen beitragen. Eine notwendige Bedingung für das Auftreten des Laser-Effekts ist, daß die Zahl der durch stimulierte Emission entstehenden Quanten ($\sim f_l f_e$) größer ist als die Zahl der je Zeiteinheit absorbierten Quanten mit gleicher Proportionalitätskonstante $\sim (1 - f_e) \cdot (1 - f_l)$. Hieraus folgt für den Abstand der Quasiferminiveaus F_e und F_l die Bedingung $F_e - F_l > h\nu$. Ein solcher Besetzungszustand in den Bändern wird mit *Besetzungsinversion* bezeichnet; er kann durch Injektion von Ladungsträgern in pn-Strukturen oder durch Beschuß mit Elektronenstrahlen erzielt werden. Laserdioden (→ Halbleiterdiode) werden in zunehmendem Maße als Lichtquellen verwendet; hervorzuhebende Eigenschaften sind die Kohärenz der abgegebenen Strahlung, das unter Umständen sehr scharfe Emissionsspektrum (Abb. 2) infolge der Ausbildung stehender

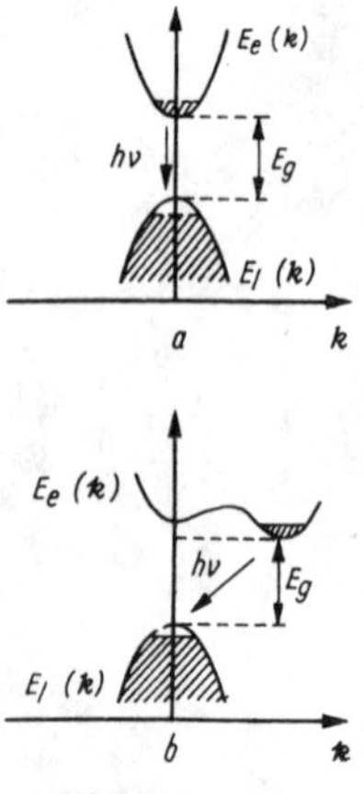

1 Energiebandstruktur vom Typ A: Die Bandextrema befinden sich an der gleichen Stelle im $\vec{k}$-Raum (*a*). Energiebandstruktur vom Typ B: Die Bandextrema befinden sich an verschiedenen Stellen des $\vec{k}$-Raumes (*b*). $E_e(\vec{k})$ Elektronenenergiespektrum, $E_l(\vec{k})$ Löcherenergiespektrum, E_g minimaler Bandabstand, $h\nu$ Energie des emittierten Photons

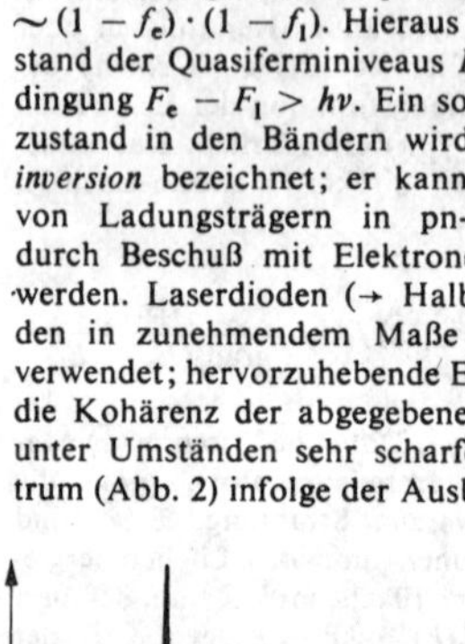

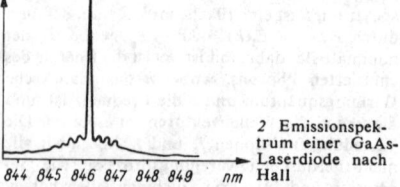

2 Emissionsspektrum einer GaAs-Laserdiode nach Hall

elektromagnetischer Wellen in der Halbleiterprobe und die hohe Effektivität (etwa 85 %), mit der elektrische Energie in Strahlungsenergie umgewandelt wird.

Breiteste technische Anwendung findet zur Zeit noch die spontane Rekombinationsstrahlung in Form von licht- bzw. elektronenstrahlangeregten Lumineszenzstoffen, z. B. in der Leuchtstoffröhre bzw. der Fernsehbildwiedergaberöhre oder in Form von Injektionslumineszenz als nicht kohärent strahlende Lumineszenzdioden, wobei Störstellenübergänge wesentlich sind.

In → Halbleiterbauelementen, wie Transistoren, sind Verluste infolge strahlender R. nicht erwünscht; daher wird für diese die Bandstruktur vom Typ B (Abb. 1b) bevorzugt, wie sie in Germanium und Silizium anzutreffen ist. Messungen der Rekombinationsrate bzw. Lebensdauer angeregter Ladungsträger in Germanium und Silizium zeigen im Vergleich zu den theoretisch berechenbaren Werten der strahlenden R., daß letztere nur einen Anteil von 0,1 % der gesamten Rekombinationsrate ausmachen.

Lit. Madelung: Grundlagen der Halbleiterphysik (Berlin, Heidelberg, New York 1970); Rywkin: Photoelektrische Erscheinungen in Halbleitern (Berlin 1965); Spenke: Elektronische Halbleiter (2. Aufl. Berlin, Heidelberg, New York 1965).

Rekombinationskoeffizient, → Rekombination 1).

Rekombinationskontinuum, → Rekombination 1).

Rekombinationsleuchten, → Rekombination 1).

Rekombinationsrate, → Rekombination 2).

Rekombinationsstrahlung, die Lumineszenz in Halbleiter- und Isolatorkristallen, die bei → Rekombination (Wiedervereinigung) von Elektronen und Löchern entsteht. In Konkurrenz zur R. steht die strahlungslose Rekombination (→ strahlungsloser Übergang). Die zur R. führende Rekombination entgegengesetzter Ladungsträger kann sowohl ohne als auch mit Beteiligung von Phononen vor sich gehen (→ direkter Übergang, → indirekter Übergang). R. kann bei der Rekombination freier Elektronen im Leitungsband mit Löchern im Valenzband entstehen; mit im allgemeinen größerer Wahrscheinlichkeit erfolgt die Rekombination der freien Ladungsträger jedoch über Zwischenzustände (z. B. Exzitonen oder gebundene Zustände an Störstellen).

Rekombinationszeit, *Lebensdauer*, ein in der Halbleiterphysik und -technik im allgemeinen mit unterschiedlicher Bedeutung verwendeter Begriff zur Beschreibung 1) der zeitlichen Abnahme der Konzentration freier Ladungsträger nach dem Abschalten einer äußeren Störung als Abklingzeit, und 2) der Beziehung zwischen der Rekombinationsrate und der Konzentration n der freien Ladungsträger unter Einwirkung einer zeitlich stationären äußeren Störung, z. B. Belichtung oder Injektion. Sind $\left(\frac{\partial n}{\partial t}\right)_{\mathrm{Rek}}$ die Rekombinationsrate (→ Rekombination 2) und n die Überschußkonzentration, bezogen auf die Werte im thermodynamischen Gleichgewicht, so ist die Lebensdauer τ durch $\left(\frac{\partial n}{\partial t}\right)_{\mathrm{Rek}} = \tau^{-1}\, n$ definiert. Eine weniger gebräuchliche Form, die statistische Lebensdauer T, ergibt sich aus der gleichen Festlegung wie für τ mit dem Unterschied, daß zu n und $\left(\frac{\partial n}{\partial t}\right)_{\mathrm{Rek}}$ die Gleichgewichtswerte hinzugefügt werden. Die Unterscheidung von 1) und 2) entfällt, wenn $\left(\frac{\partial n}{\partial t}\right)_{\mathrm{Rek}}$ eine lineare Funktion von n ist, also τ nicht von der Überschußkonzentration abhängt. Die zeitliche Abnahme der Überschußkonzentration $n(t)$ nach Abschalten der äußeren Störung zur Zeit $t = 0$ erfolgt in diesem Fall nach dem Gesetz $n(t) = n(0) \exp(-t/\tau)$. Im allgemeinen Fall einer nicht linearen Beziehung zwischen der Rekombinationsrate und der Konzentration der angeregten Zustände ist τ konzentrationsabhängig.

Treten die an der Rekombination beteiligten Elektronen und Löcher in einem Halbleiter in unterschiedlichen Konzentrationen n und p auf, so unterscheiden sich im allgemeinen auch deren R.en τ_n und τ_p, definiert durch die Gleichungen

$$\left(\frac{\partial n}{\partial t}\right)_{\mathrm{Rek}} = \tau_n^{-1}\, n \text{ und } \left(\frac{\partial p}{\partial t}\right)_{\mathrm{Rek}} = \tau_p^{-1}\, p.$$

Aus der Voraussetzung der Stationarität, d. h. der zeitlichen Unveränderlichkeit von n und p infolge unverändert wirksamer Generation (→ Ladungsträger), folgt die Gleichheit der Rekombinationsraten $\left(\frac{\partial n}{\partial t}\right)_{\mathrm{Rek}} = \left(\frac{\partial p}{\partial t}\right)_{\mathrm{Rek}}$ und somit $\tau_n/\tau_p = n/p$.

Durch den Einfluß von Haftstellen können sich die Überschußkonzentrationen n und p

bzw. die R.en der Rekombinationspartner im Halbleiter um viele Größenordnungen voneinander unterscheiden.

Rekombinationszentrum, eine Störstelle im Halbleiter, die ein oder mehrere Energieniveaus in der verbotenen Zone verursacht und Zwischenzustände bei quantenmechanischen Übergängen von Elektronen aus dem Leitungsband in unbesetzte Zustände im Valenzband ermöglicht.

Rekonstruktion, → Holographie.

Rekonstruktionstheorem, → axiomatische Quantentheorie.

Rekristallisation (Tafel 56), Kristallwachstum innerhalb eines polykristallinen Materials, das in Form einer Neubildung und Wanderung von Großwinkelkorngrenzen (→ Korngrenze) in Erscheinung tritt. Die R. kommt beim Tempern nach vorangehender plastischer Deformation zustande. Ähnlich wie die ohne Gefügeänderung erfolgende Erholung ist sie mit einer Abnahme der Verfestigung verbunden. Die R. hat daher eine große Bedeutung für die mechanischen Eigenschaften metallischer Werkstoffe. Auch ist sie eine Methode zur Herstellung von nahezu versetzungsfreien Kristallen.

Die Vorgänge bei der R., die im wesentlichen unter der Bezeichnung *Kornwachstum* zusammengefaßt werden können, laufen in zwei Etappen ab: 1) Während der *primären R.* geschieht in dem Bestreben, die latente Verformungsenergie zu erniedrigen, zunächst eine Keimbildung und anschließend bis zur völligen Aufzehrung des verformten Gefüges das Keimwachstum (Kernwachstum). Die Keimbildung, d. h. die Bildung eines Bereiches mit niedrigerer Verformungsenergie setzt an Stellen starker inhomogener Verformung ein, z. B. an schon vorhandenen Korngrenzen oder Ausscheidungen. Der Mechanismus der Keimbildung wird überwiegend auf Änderungen der Versetzungsanordnung im verformten Gefüge zurückgeführt, bei denen die mit den Versetzungen verbundene Energie, insbesondere die Wechselwirkungsenergie zwischen den Versetzungen, herabgesetzt wird. Diese Änderungen wirken sich aus in einer Verringerung der Zahl der Versetzungen durch gegenseitige Annihilation, in einer Anordnung von Versetzungen in Sub- oder Kleinwinkelkorngrenzen (→ Polygonisation) und in der Vereinigung der Subkörner zu Körnern mit Großwinkelkorngrenzen. Diese Körner wachsen in das umgebende verformte Gebiet hinein, wobei ein Teil der dort vorhandenen Versetzungen durch die Wechselwirkung mit der sich verschiebenden Großwinkelkorngrenze verschwindet. Die Geschwindigkeiten von Keimbildung und Keimwachstum bestimmen den zu einem gegebenen Zeitpunkt erreichten Rekristallisationsgrad und die Endkorngröße des primär rekristallisierten Gefüges. 2) Nach der primären R. bewirkt das Streben nach Verringerung der Korngrenzenenergie ein weiteres Kornwachstum in Form der Kornvergrößerung durch → Sammelkristallisation. Dabei ist zu unterscheiden zwischen der *stetigen Kornvergrößerung*, die zu einer relativ gleichmäßigen Vergrößerung des mittleren Korndurchmessers führt, und der *unstetigen Kornvergrößerung* (*sekundäre R.*), bei dem einzelne primäre Körner sehr stark, andere fast gar nicht wachsen. Unstetige Kornvergrößerung tritt auf, wenn die stetige Kornvergrößerung behindert ist, diese Hinderung aber an einzelnen Stellen aufgehoben ist. Die stetige Kornvergrößerung in Blechen hört z. B. auf, wenn die Korngröße den Wert der Blechdicke erreicht hat. Auch Ausscheidungen einer zweiten Phase behindern die Korngrenzenbewegung. Bei höheren Temperaturen gehen diese Ausscheidungen in Lösung, und zwar wegen der inhomogenen Verteilung unterschiedlich schnell, was zu einer sekundären R. führt.

Die experimentelle Untersuchung der R. geschieht durch Messungen mechanischer Eigenschaften, z. B. der Festigkeit oder der Mikrohärte, durch lichtmikroskopische Beobachtung des geätzten Schliffbildes und durch röntgenographische Feststellung der Textur. Der Zusammenhang zwischen der Korngröße und den beiden Parametern der Rekristallisationsbehandlung Verformungsgrad und Temperatur wird im Rekristallisationsdiagramm dargestellt.

Lit. Masing u. Lücke: Lehrbuch der allgemeinen Metallkunde (2. Aufl. Berlin, Göttingen, Heidelberg 1973); R. metallischer Werkstoffe (Leipzig 1966).

Rektaszension, → astronomisches Koordinatensystem.

Rektifikation, *Gegenstromdestillation*, Trennung von Flüssigkeitsgemischen mit wenig verschiedenen Siedepunkten. In einer *Rektifizierkolonne* wird ablaufende Flüssigkeit und aufsteigender Dampf im Gegenstrom aneinander vorbeigeführt. Dabei tritt ein Wärmeaustausch ein, wodurch die im Dampf vorhandene schwerer siedende Komponente an der ablaufenden Flüssigkeit kondensiert und ihre Kondensationswärme zur Verdampfung der leichter siedenden Komponente in der Flüssigkeit dient. So reichern sich im Dampf die leichter, in der Flüssigkeit die schwerer siedenden Komponenten an.

Relais-Kennlinie, → Mehrpunktglieder.

Relativbewegung, Bewegung eines beliebigen Bezugssystems Σ relativ zu einem Inertialsystem $\bar{\Sigma}$. Ist die R. beschleunigt, so treten Trägheits- oder Scheinkräfte auf. Ist der Ursprung O von Σ vom Ursprung $\bar{O}$ von $\bar{\Sigma}$ durch den im allgemeinen zeitlich veränderlichen Vektor $\vec{s}(t)$ getrennt und sind die beiden Bezugssysteme wie in der Abb. 1 gegeben, dann wird der Ort eines

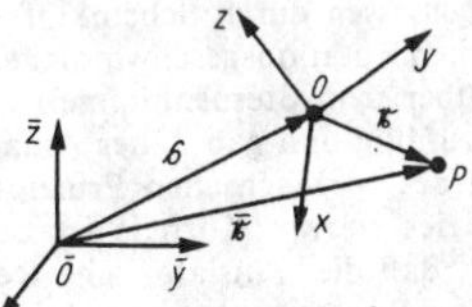

1

Massepunktes P der Masse m in $\bar{\Sigma}$ durch den Vektor $\vec{\bar{r}}$ und in Σ durch den Vektor $\vec{r}$ beschrieben, wobei $\vec{\bar{r}} = \vec{s} + \vec{r}$ gilt. Die Bewegung des Massepunktes P erscheint in $\bar{\Sigma}$ und Σ verschieden: zu der Geschwindigkeit und Beschleunigung bezüglich $\bar{\Sigma}$ kommen bei der Betrachtung in Σ noch Anteile, die von der Bewegung von Σ relativ zu $\bar{\Sigma}$ herrühren und erfaßt werden, wenn man sich P mit dem System Σ fest verbunden denkt, sie werden als *Führungsgeschwindigkeit* $\vec{v}_f$ bzw. *Führungsbeschleunigung* $\vec{b}_f$ bezeichnet.

Die absolute Geschwindigkeit $\vec{v}_a$ bezüglich Σ setzt sich aus der relativen Geschwindigkeit $\vec{v}_r = \mathrm{d}\vec{r}/\mathrm{d}t$ und $\vec{v}_f$ vektoriell zusammen. $\vec{v}_a = \vec{v}_f + \vec{v}_r$. Dabei besteht $\vec{v}_f$ selbst aus der Translationsgeschwindigkeit $\dot{\vec{s}}$ (zeitliche Änderungen bezüglich Σ werden mit Hilfe eines übergesetzten Punktes, bezüglich Σ durch $\mathrm{d}/\mathrm{d}t$ ausgedrückt) und der momentanen Drehung $\vec{\omega} \times \vec{r}$ von Σ um eine durch den Ursprung O gehende momentane Drehachse mit der Winkelgeschwindigkeit ω, beide zusammen sind durch den momentanen Drehvektor $\vec{\omega}$ charakterisiert (Abb. 2): $\vec{v}_f = \dot{\vec{s}} + \vec{\omega} \times \vec{r}$. Sieht man von der Translationsgeschwindigkeit $\dot{\vec{s}}$ ab, so gilt $\dot{\vec{r}} = \frac{\mathrm{d}\vec{r}}{\mathrm{d}t} + \vec{\omega} \times \vec{r}$, d. h., der zeitlichen Differentiation von $\vec{r}$ entspricht die Operation $((\mathrm{d}/\mathrm{d}t) + \vec{\omega} \times)$ auf $\vec{r}$; danach erhält man für $\ddot{\vec{r}} = \left(\frac{\mathrm{d}}{\mathrm{d}t} + \vec{\omega} \times\right) \cdot \left(\frac{\mathrm{d}}{\mathrm{d}t} + \vec{\omega} \times\right) \vec{r} = \frac{\mathrm{d}^2\vec{r}}{\mathrm{d}t^2} + \frac{\mathrm{d}}{\mathrm{d}t}(\vec{\omega} \times \vec{r}) + \vec{\omega} \times \frac{\mathrm{d}\vec{r}}{\mathrm{d}t} + \vec{\omega} \times (\vec{\omega} \times \vec{r})$, wozu dann noch die Translationsbeschleunigung $\ddot{\vec{s}}$ kommt. Die absolute Beschleunigung ergibt sich dann insgesamt zu $\vec{b}_a = \ddot{\vec{r}} = \vec{b}_f + \vec{b}_r + \vec{b}_c$, wobei $\vec{b}_f = \ddot{\vec{s}} + \dot{\vec{\omega}} \times \vec{r} + \vec{\omega} \times (\vec{\omega} \times \vec{r})$ die *Führungs-*, $\vec{b}_r = \mathrm{d}^2\vec{r}/\mathrm{d}t^2$ die *Relativ-* und $\vec{b}_c = 2(\vec{\omega} \times \vec{v}_r) = 2\left(\vec{\omega} \times \frac{\mathrm{d}\vec{r}}{\mathrm{d}t}\right)$ die *Coriolis-Beschleunigung* ist. $\vec{b}_Z = -\vec{\omega} \times (\vec{\omega} \times \vec{r})$ heißt auch Zentrifugalbeschleunigung.

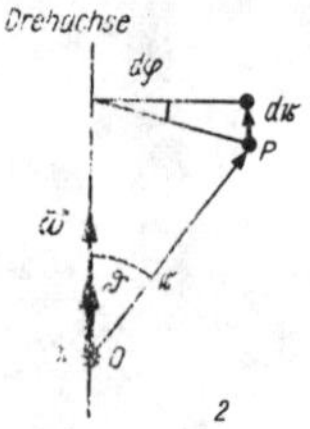

Relativbewegung

Während ein Beobachter in dem Inertialsystem Σ die Kraft $\vec{F} = m\vec{b}_a$ auf den Massepunkt P mißt, stellt ein Beobachter in Σ die Kraft $\vec{F}_\Sigma = m\vec{b}_r = m(\vec{b}_a - \vec{b}_f - \vec{b}_c) = \vec{F}_\Sigma + \vec{F}_F + \vec{F}_c$ fest. Die *Führungskraft* $\vec{F}_f$, insbesondere die → *Zentrifugalkraft* $\vec{F}_Z = -m\vec{\omega} \times (\vec{\omega} \times \vec{r})$, und die → *Corioliskraft* $\vec{F}_c = -m\vec{b}_c$ sind Scheinkräfte; sie spielen in nichtinertialen Bezugssystemen, z. B. auf der Erde, eine wesentliche Rolle.

Durch Beobachtung dieser Scheinkräfte kann über die Rotation eines Bezugssystems entschieden werden. Speziell die Rotation der Erde kann dynamisch mit dem Foucaultschen Pendel nachgewiesen werden. Die Erde dreht sich gegen die Schwingungsebene des Pendels, die durch den Drehimpulssatz fixiert ist. Die tatsächliche Übereinstimmung der dynamischen Rotationsgeschwindigkeit (gemessen durch Scheinkräfte) mit der kinematischen Rotationsgeschwindigkeit (Bewegung gegenüber dem Sternenhimmel) ist in der Mechanik zufällig und gab daher Anlaß zur Formulierung des → Machschen Prinzips. In der Mechanik des starren Körpers ist der Spezialfall wichtig, daß die translatorische Relativbewegung beider Bezugssysteme verschwindet, wobei das sich drehende Bezugssystem fest mit dem starren Körper verbunden ist.

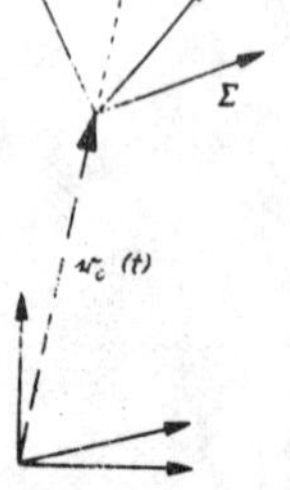

3 Relativbewegung von Bezugssystemen
$\vec{r} = A(t)\,[\vec{\bar{r}} - \vec{r}_0(t)]$

In der Relativitätstheorie ist die R. von Bezugssystemen nur durch allgemeine Koordinatentransformationen zu beschreiben. Nach dem ersten Newtonschen Axiom bewegt sich ein kräftefreier Körper in einem Inertialsystem auf einer Geraden. Die Geodäteneigenschaft dieser Kurve ist unabhängig vom Koordinatensystem, deshalb ist in einem allgemeinen Koordinatensystem die Bewegungsgleichung eines kräftefreien Massepunktes die Geodätengleichung $\frac{\mathrm{d}^2x^\mu}{\mathrm{d}\tau^2} + \begin{Bmatrix}\mu\\ \nu\varrho\end{Bmatrix} \frac{\mathrm{d}x^\nu}{\mathrm{d}\tau}\frac{\mathrm{d}x^\varrho}{\mathrm{d}\tau} = 0$, $\begin{Bmatrix}\mu\\ \nu\varrho\end{Bmatrix}$ sind die → Christoffel-Symbole. Durch den zweiten Term wird die Gesamtheit der Scheinkräfte beschrieben.

Da nach dem → Äquivalenzprinzip von träger und schwerer Masse die Trägheitskräfte von der Schwerkraft lokal ununterscheidbar sind, muß auch das Gravitationsfeld durch eine allgemeine Metrik beschrieben werden, und darin ist die Bewegung eines kräftefreien Teilchens durch die Geodätengleichung gegeben (→ allgemeine Relativitätstheorie).

relative biologische Wirksamkeit, → Äquivalentdosis.

relative Dispersion, → Abbesche Zahl.

relative Fließgrenze, das Verhältnis von Normalspannungs- zu Schubspannungsfließgrenze bei anisotropen Materialien.

relative Häufigkeit, → Wahrscheinlichkeitsrechnung.

relative Öffnung, svw. Öffnungsverhältnis.

relativer Fehler, → Fehlerrechnung.

relative Viskosität, das Verhältnis der Viskosität der Lösung zur Viskosität des Lösungsmittels.

Relativierung der Zeit, svw. Relativität der Gleichzeitigkeit.

relativistische Korrekturen, Korrekturen zur näherungsweisen Berücksichtigung relativistischer Effekte. Systeme, bei denen die charakteristische Teilchengeschwindigkeit klein gegen die Lichtgeschwindigkeit ist, z. B. die Atomhülle, können in erster Näherung mit Hilfe einer nichtrelativistischen Theorie behandelt werden. Das Verhältnis der Geschwindigkeiten ist bei der Atomhülle gleich der → Feinstrukturkonstante α. R. K. erster Ordnung sind alle Beiträge der Größenordnung α^4mc^2 zur Bindungsenergie der Atomhülle. Dabei ist mc^2 die Ruhenergie des Elektrons. Die r.n K. bestehen hauptsächlich in der Spin-Bahn-Kopplung und den Abweichungen von der Newtonschen Bewegungsgleichung. Die Feinstruktur des Energieniveauschemas der Atomhülle kann nur durch Berücksichtigung r.r K. erklärt werden. Für Kernladungszahlen $Z < 20$ übertreffen die zwischen Zuständen verschiedener Werte von Gesamtbahn- und Spindrehimpuls L und S gebildeten Differenzen der elektrostatischen Energie der Elektronen die relativistischen Effekte. Für die Lanthaniden werden die r.n K. mit diesen Differenzen der elektrostatischen Energie vergleichbar, während für die 1*s*-Zustände schwerer Atome die r.n K. bestimmend sind. In der Atomhülle werden r. K. im allgemeinen nur bis zur Ordnung α^4mc^2 berücksichtigt. In Sonderfällen (→ Einelektronenproblem) berechnet man auch r. K. höherer Ordnung, die z. B. den Einfluß der Wechselwirkung mit dem Strahlungsfeld beschreiben (→ Lamb-Shift).

Die Mottsche → Streuformel liefert die r. Korrektur zur Rutherfordschen Streuformel.

relativistische Quantentheorie, Verallgemeinerung der (nichtrelativistischen) Quantenmechanik für den Fall hoher Energien und damit für Teilchengeschwindigkeiten, die der Lichtgeschwindigkeit c nahekommen. Obwohl Teilchen- und Wellenbild auf der Ebene der nichtrelativistischen Quantentheorie völlig gleichberechtigt

nebeneinander stehen, ist bisher die r. Q. eigentlich nur auf der Grundlage des Wellenbildes in Form der → Quantenfeldtheorie gelungen. Der Grund hierfür liegt vor allem darin, daß keine eindeutige, allen physikalischen Forderungen genügende relativistisch kovariante Definition des quantenmechanischen Ortsoperators existiert; die Versuche der Konstruktion einer konsistenten relativistischen Theorie wechselwirkender Teilchen auf dieser Grundlage sind fehlgeschlagen. Die Ursache hierfür ist im Fehlen einer klassischen relativistischen Mehrteilchentheorie zu suchen, was sich auch in den Fehlschlägen zur Formulierung einer klassischen relativistischen Statistik widerspiegelt. Eine teilweise Umgehung dieser Umstände gelingt, wenn man die Formulierung im Impulsraum vollzieht, wie dies im Fall der relativistischen Streutheorie erfolgt ist (→ analytische S-Matrix-Theorie).

relativistische Schreibweise, → spezielle Relativitätstheorie, → Weltkoordinaten.

relativistisches Dublett, svw. Spindublett, → Röntgenspektrum.

Relativität der Gleichzeitigkeit, *Relativierung der Zeit,* durch die Konstanz der Lichtgeschwindigkeit hervorgerufene Abhängigkeit der Gleichzeitigkeit zweier Ereignisse vom Bewegungszustand des Beobachters. Die R. d. G. ist die Grundlage aller kinematischen Besonderheiten der speziellen Relativitätstheorie.

Auf einem Stab seien eine Lichtquelle Q und zwei Empfänger A und B fest angeordnet, Q in der Mitte zwischen A und B (Abb. 1). Der Stab

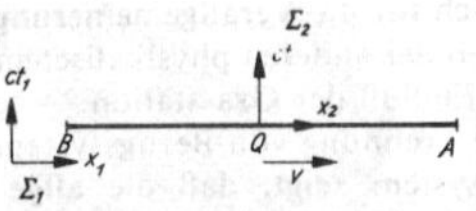

1 Gedankenexperiment zur Relativität der Gleichzeitigkeit

bewege sich mit der Geschwindigkeit v in der angegebenen Richtung. Wird die Lichtquelle eingeschaltet, so beobachtet ein mit dem Stab fest verbundener Beobachter Σ_2, daß die Einschaltung gleichzeitig in A und B ankommt, weil die Geschwindigkeit des Lichtes in beiden Richtungen gleich ist. Da aber auch für einen in der Zeichenebene festen Beobachter Σ_1 die Lichtgeschwindigkeit in beiden Richtungen gleich ist und denselben Wert wie in Σ_2 hat, stellt dieser fest, daß das Signal den Punkt B eher erreicht als den Punkt A, da sich für ihn der Punkt B entgegen dem Signal bewegt. Der Punkt A dagegen entfernt sich vom Ort des Einschaltens der Lichtquelle Q. Der Beobachter Σ_1 stellt also keine Gleichzeitigkeit fest (Abb. 2). Die Unabhängigkeit der Lichtgeschwindigkeit vom Bewegungszustand des Beobachters bewirkt also eine R. d. G. An Abbildung 2 ist die Auswirkung der Lorentz-Transformation (→ Lorentz-Gruppe) bereits abzusehen, die den mathematischen Ausdruck für die R. d. G. liefert:

$$ct_2 = \left(ct_1 - \frac{v}{c}\,x_1\right) \cdot \left(1 - \frac{v^2}{c^2}\right)^{-1/2}.$$

Geometrisch bedeutet die Anwendung der Konstanz der Lichtgeschwindigkeit, daß die Winkelhalbierende im x, ct-Achsenkreuz in allen Bezugssystemen dieselbe Gerade ist. Deshalb

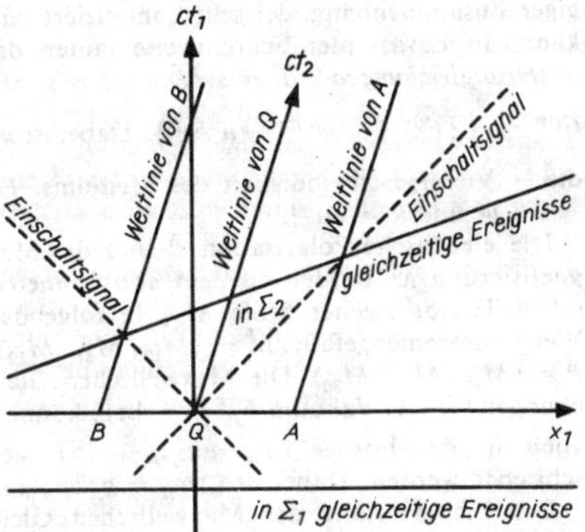

2 Diagramm der Bewegung des Stabes

müssen in der Abbildung 2 die Geraden gleichzeitiger Ereignisse, d. h. die Parallelen zur x-Achse, in gleichem Maße kippen wie die Weltlinien des räumlichen Ursprungs (ct-Achse). Für jedes Bezugssystem wird eine gesonderte Synchronisierung der Uhren an den verschiedenen Punkten des Raumes nötig. Zum Inertialsystem gehört nicht nur ein System passender Maßstäbe, sondern auch ein System synchronisierter Uhren. Die Uhren eines Inertialsystems werden synchronisiert, indem ein Lichtsignal vom räumlichen Ursprung die Uhren auf die Zeit $t = \frac{1}{c}\,\Delta s + t_0$ einstellt, hierbei ist c die Vakuumlichtgeschwindigkeit, Δs die räumliche euklidische Entfernung zum räumlichen Ursprung und t_0 der Zeitpunkt der Absendung der Signale.

Relativitätselektrodynamik, vierdimensionale, allgemein-kovariante Formulierung der Maxwellschen Elektrodynamik. (Im folgenden wird die Vakuumlichtgeschwindigkeit c gleich 1 gesetzt.) Die elektromagnetischen Feldgrößen $\vec{E}$ und $\vec{B}$ werden in folgender Weise zu einem kovarianten antisymmetrischen Tensor $F_{\mu\nu}$, dem *Maxwellschen Feldstärketensor,* zusammengefaßt: $\vec{B} = (F_{23}, F_{31}, F_{12})$, $\vec{E} = (F_{10}, F_{20}, F_{30})$. Die elektromagnetischen Feldgrößen $\vec{D}$ und $\vec{H}$ werden zu einem antisymmetrischen kontravarianten Tensor $G^{\mu\nu}$, dem *Induktionstensor,* zusammengefaßt: $\vec{H} = (G^{23}, G^{31}, G^{12})$, $\vec{D} = (G^{10}, G^{20}, G^{30})$. Ladungsdichte ϱ und Stromdichte $\vec{\jmath}$ bilden den kontravarianten Viererstromvektor $j^\mu = (\varrho, j^1, j^2, j^3)$. Handelt es sich um konvektive Bewegungen von Ladungen, dann ist $j^\mu = \varrho \cdot u^\mu$, wobei u^μ der Vierervektor der Geschwindigkeit der fließenden Ladungsverteilung ist. Die elektromagnetischen Grundgleichungen lauten: $G^{\mu\nu}{}_{;\nu} = 4\pi j^\mu$, $F_{\mu\nu;\varrho} + F_{\nu\varrho;\mu} + F_{\varrho\mu;\nu} = 0$ (; ist das Symbol für die → kovariante Ableitung. Über doppelt auftretende Indizes wird, wie auch im folgenden, summiert).

Das skalare Potential φ und das Vektorpotential $\mathfrak{A}$ bilden das *Viererpotential* φ_μ.

Mit dem Ansatz $F_{\mu\nu} = \varphi_{\nu;\mu} - \varphi_{\mu;\nu}$ wird die zweite Gruppe der Maxwellschen Gleichungen identisch erfüllt.

Zwischen dem Induktionstensor $G^{\mu\nu}$ und dem Feldstärketensor $F_{\mu\nu}$ besteht ein materialabhängiger Zusammenhang, der sehr kompliziert sein kann. In kovarianter Schreibweise lauten die *Materialgleichungen* $\vec{E} = \varepsilon^{-1}\vec{D}$, $\vec{H} = \mu^{-1}\vec{B}$, $G^{\mu\nu} = \frac{1}{\mu}\{F^{\mu\nu} + k(u^{\mu}F^{\nu} - u^{\nu}F^{\mu})\}$. Dabei ist u^{μ} die → Vierergeschwindigkeit des Mediums, $F^{\mu} = F^{\mu}{}_{\varrho}u^{\varrho}$ und $k = \varepsilon\mu^{-1}$.

Die elektrische Polarisation $\vec{P}$ und die Magnetisierung $\vec{M}$ werden zu dem antisymmetrischen Tensor zweiter Stufe $M_{\mu\nu}$ in folgender Weise zusammengefaßt: $\vec{M} = (M_{23}, M_{31}, M_{12})$, $\vec{P} = (M_{10}, M_{20}, M_{30})$. Die Maxwellschen Gleichungen für das Vakuum $F_{\mu}{}^{\nu}{}_{;\nu} = 4\pi j_{\mu}$ können auch in der Form $\Box\varphi_{\mu} = \varphi^{\nu}{}_{;\nu\mu} + 4\pi j_{\mu}$ geschrieber werden. Dabei ist $\Box\varphi_{\mu} = g^{\alpha\beta}\varphi_{\mu;\alpha\beta}$.

Die Eichinvarianz der Maxwellschen Gleichungen wird in vierdimensionaler, allgemeinkovarianter Form durch den Satz ausgedrückt, daß mit φ_{μ} auch $\bar{\varphi}_{\mu} = \varphi_{\mu} + \omega_{;\mu}$ eine Lösung der Maxwellschen Gleichungen ist und das elektromagnetische Feld $F_{\mu\nu}$ unverändert bleibt. ω ist dabei ein beliebiger Skalar.

Die Transformationen $\varphi_{\mu} \to \bar{\varphi}_{\mu}$ bilden die Eichgruppe.

In vierdimensionaler, allgemein-kovarianter Form lautet die *Lorentz-Eichung*, auch *Lorentz-Konvention* genannt, $\varphi^{\nu}{}_{;\nu} = 0$. Die Energiedichte $T_0{}^0$, der Poyntingsche Vektor $T_0{}^k$ und der *Maxwellsche Spannungstensor* $T_i{}^k$ $(i, k = 1, 2, 3)$ des elektromagnetischen Vakuumfeldes werden zu dem vierdimensionalen → Energie-Impuls-Tensor $T_{\mu}{}^{\nu} = \frac{1}{4\pi}\left(F_{\mu\lambda}F^{\nu\lambda} - \frac{1}{4}\delta_{\mu}{}^{\nu}F_{\lambda\beta}F^{\lambda\beta}\right)$ zusammengefaßt ($\delta_{\mu}{}^{\nu}$ ist das → Kronecker-Symbol). $T_{\mu\nu}$ ist symmetrisch. Es gilt: $T_{\mu}{}^{\nu}{}_{;\nu} = F_{\mu}{}^{\varrho}j_{\varrho} = f_{\mu}$. Dabei ist f_{μ} die Vereinigung der Lorentz-Kraft $\vec{f}$ je Volumeneinheit $\vec{f} = \varrho\vec{E} + \vec{j} \times \vec{H} = (f_1, f_2, f_3)$ mit der Arbeitsleistung des elektromagnetischen Feldes je Volumeneinheit des Trägers der elektrischen Ströme $\vec{E} \cdot \vec{j} = f_0$ zu einem vierdimensionalen Vektor.

Relativitätsprinzip, Prinzip von der Gleichwertigkeit der Bezugssysteme hinsichtlich der Darstellung der Gesetze der Physik.

1) *Spezielles R.*: Die Newtonsche Mechanik erfüllt das spezielle R., das die Gleichwertigkeit aller Inertialsysteme hinsichtlich der Darstellung der physikalischen Gesetze fordert, da die Newtonschen Axiome die einzelnen Inertialsysteme nicht voneinander unterscheiden. In der Newtonschen Mechanik wird der Übergang zwischen den einzelnen Inertialsystemen durch die Galilei-Transformation (→ Galilei-Gruppe) vermittelt. Unter Voraussetzung der Galilei-Transformation gibt es aber höchstens ein Inertialsystem, in dem sich das Licht isotrop ausbreitet. Wegen der Universalität der Lichtausbreitung wäre damit ein Inertialsystem ausgezeichnet und das spezielle R. für die Optik und Elektrodynamik ungültig.

Die Beobachtung der Isotropie der Lichtausbreitung in jedem Inertialsystem erforderte, die Transformation zwischen den Inertialsystemen als Lorentz-Transformation (→ Lorentz-Gruppe) zu präzisieren. Das spezielle R. erforderte also eine Formulierung der physikalischen Gesetze in einer Form, die Lorentz-Transformationen gegenüber invariant ist. Die Erfüllung dieser Forderung erlaubte zunächst die Erweiterung des R.s auf alle das Gravitationsfeld vernachlässigenden Prozesse.

2) *Allgemeines R.*: Im Gravitationsfeld existieren keine über die ganze Raum-Zeit-Welt ausgedehnten starren Bezugssysteme. An die Stelle dieser Bezugssysteme treten solche, die durch nichtstarre Bezugskörper und beliebig gehende Uhren realisiert werden. Die Uhren unterliegen nur der Bedingung, daß die gleichzeitig wahrnehmbaren Angaben örtlich benachbarter Uhren unendlich wenig voneinander abweichen. Die Bezugskörper sind nicht nur als Ganzes beliebig bewegt, sondern erleiden auch im allgemeinen während ihrer Bewegung beliebige Gestaltsänderungen. Dieses nichtstarre Bezugssystem (*Bezugsmolluske*) ist im wesentlichen mit einem vierdimensionalen Koordinatensystem gleichwertig. Das Einsteinsche allgemeine R. fordert nun, daß die Formulierung der physikalischen Gesetze von der Molluskenwahl gänzlich unabhängig sein soll. Anders ausgedrückt: Die Gleichungssysteme, welche die physikalischen Gesetze formulieren, müssen gegenüber beliebigen Koordinatentransformationen in der Raum-Zeit-Welt forminvariant sein.

Diese Forderung wird auch als *Prinzip der allgemeinen Kovarianz* bezeichnet. Zusammen mit der auf Grund des → Äquivalenzprinzips vorgenommenen Identifizierung von Gravitationspotential und Metrik der Raum-Zeit-Welt war dieses Prinzip von großer heuristischer Bedeutung für die Aufstellung der allgemeinen Relativitätstheorie. Es lieferte eine Vorschrift sowohl für die Form der Einsteinschen Gravitationsgleichungen als auch für die Verallgemeinerung der Feldgleichungen der anderen physikalischen Felder unter dem Einfluß der Gravitation.

Eine begriffliche Trennung von Bezugssystem und Koordinatensystem zeigt, daß die allgemeine Relativitätstheorie auch Lorentz-invariant ist.

Relativitätstheorie, → allgemeine Relativitätstheorie, → spezielle Relativitätstheorie.

Relativmessung, im Gegensatz zur → Absolutmessung eine Messung, bei der nicht der Wert einer physikalischen Größe in ihrem gesamten Betrag, sondern nur die Veränderung dieses Wertes gegenüber einem bestimmten anderen Wert gemessen wird (der dann oft absolut bestimmt ist). Der durch R. erhaltene Wert wird also immer auf einen anderen Wert bezogen. Die Meßfühler brauchen nicht für jede Messung neu ausgemessen zu werden (z. B. Länge, Magnetmoment), sondern die Umrechnung des abgelesenen Meßwertes in die Einheiten des entsprechenden Maßsystems erfolgt durch den Skalenfaktor. Dieser wird durch Eichung des Meßgerätes (z. B. Gravimeter, magnetische Feldwaage) mit anderen physikalischen Verfahren (z. B. Erzeugung eines Magnetfeldes bekannter Stärke in stromdurchflossenen Spulen zur Eichung von magnetischen Feldwaagen) oder durch Messung zwischen Punkten unterschiedlichen, aber bereits bekannten Betrages (z. B. Gravimetereichstrecken) ermittelt.

Relaxation, *Relaxationsprozeß*, *Nachwirkungserscheinung*, Prozeß der Reaktion eines Systems auf äußere Einwirkungen, bei denen die Reaktion gegenüber der Wirkung verzögert eintritt. Handelt es sich bei der äußeren Einwirkung um eine einmalige Störung des Systems, so kehrt das System nach einer bestimmten Zeit wieder in seinen alten Gleichgewichtszustand zurück. Werden die äußeren Bedingungen des Systems geändert, dann reagiert das System nicht sofort, sondern der entsprechende neue Gleichgewichtszustand stellt sich erst allmählich ein. Ändern sich die äußeren Bedingungen ständig, d. h. als Funktionen der Zeit, so hinkt das System mit der Einstellung der entsprechenden Gleichgewichtszustände hinter dem Zeitablauf der äußeren Störungen her. Die entsprechenden charakteristischen Zeiten nennt man *Relaxationszeiten*. Sehr häufig sind die Geschwindigkeiten, mit denen sich die Abweichungen x des Systems aus dem jeweiligen Gleichgewichtszustand ausgleichen, der Größe dieser Abweichungen proportional. Dann ergibt sich für den Zeitablauf ein exponentielles Gesetz, das *Regressionsgesetz*: $x = x_0 \exp(-t/\tau)$. Dabei sind x_0 die Abweichungen zum Anfangszeitpunkt, t die Zeit und τ die Relaxationszeit, in der die Abweichung aus dem Gleichgewicht auf den e-ten Teil abgeklungen ist. Die Relaxationszeit ist für verschiedene Prozesse unterschiedlich. Sie liegt zwischen 10^{-16} s für die Einstellung des Gleichgewichtsdruckes in einem Gas und mehreren Jahren für den Konzentrationsausgleich in festen Legierungen. Die Relaxationszeit entscheidet auch über die Art der Prozesse in einem System: Sind die Zeiten, in denen sich Zustandsänderungen abspielen, kleiner als die Relaxationszeiten, dann handelt es sich um quasistatische Prozesse, sind sie größer, liegen nichtstatische Prozesse vor. Relaxationsprozesse werden im Rahmen der Thermodynamik irreversibler Prozesse behandelt; insofern ist die Unterscheidung zwischen den Relaxationsprozessen von den Transportprozessen fließend. Eine große Rolle spielen die Relaxationsprozesse bei chemischen Reaktionen, beim Verhalten elastischer Medien.

In der Rheologie versteht man unter R. den zeitabhängigen Spannungsverlauf $\sigma(t)$ bei konstanter Dehnung ε_0, so daß sich die Spannung von dem durch das Hookesche Gesetz gegebenen Wert $E\varepsilon_0$ aus allmählich verkleinert:

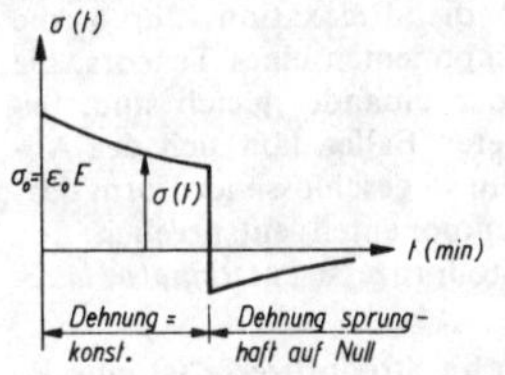

Relaxationskurve eines viskoelastischen Stoffs.

$\sigma(t) = \varepsilon_0[E + \vartheta(t)]$. $E + \vartheta(t)$ wird *Relaxationsfunktion* genannt. Ein Material mit R. stellt im einfachsten Fall eine → Maxwellsche Flüssigkeit dar. Im Gegensatz zum Hookeschen oder reinelastischen Körper, bei dem die Verformungsarbeit, die zur Gestaltänderung gebraucht wurde, bei Entlastung vollständig wiedergewonnen wird, wird bei einem Material mit Spannungsrelaxation diese Verformungsarbeit nur nach sofortiger Entlastung wiedergewonnen. Tritt ein Zeitverzug ein, dann ist die Wiedergewinnung der Energie unvollständig. Die zurückgewonnene Energie ist um so kleiner, je länger mit der Entlastung gewartet wird. Im Extremfall können die inneren Spannungen vollständig abgebaut werden. Ein Maß für das Vermögen, die inneren Spannungen zu halten, stellt die Relaxationszeit dar.

Wird einer Maxwellschen Flüssigkeit augenblicklich eine Verformung auferlegt, dann lassen sich für den einfachen Scherspannungsfall die Schubspannungen nach der Gleichung $\tau = \tau_0 \cdot \exp\left(-\frac{G_{fl}}{\eta} \cdot t\right)$ berechnen, wobei G_{fl}, η konstante Materialwerte sind. Der Kurvenzug gemäß dieser Gleichung wird *Relaxationskurve* genannt.

Von Bedeutung sind auch die dielektrische R. (→ Polarisation 3) und die magnetische R. (→ paramagnetische Relaxation, → Nachwirkung 1).

Relaxationsfunktion, → lineare Viskoelastizität, → Relaxation.

Relaxationskurve, → Relaxation.

Relaxationslänge, in der Neutronenphysik diejenige Entfernung von der bestrahlten Oberfläche einer Substanz, wo die Intensität z. B. der einfallenden Neutronenstrahlung auf den Wert 1/e (e ≈ 2,72) abgesunken ist. Da besonders in Reaktorabschirmungen mehrere Strahlenarten, z. B. Neutronen und γ-Quanten, gleichzeitig, dazu noch in einem großen Energiebereich auftreten und sich außerdem die spektralen Energieverteilungen mit der Eindringtiefe der Strahlungen in die Abschirmung ändern, wird analog für die Gesamtstrahlung eine mittlere freie Weglänge, die R. für das betreffende Abschirmmaterial, eingeführt. Dabei ist es gleichgültig, ob die Strahlungsschwächung exponentiell erfolgt oder nicht. Die allgemeine Definition der R., mit λ bezeichnet, ist $1/\lambda = -\frac{1}{I(R)} \cdot \frac{\mathrm{d}I(R)}{\mathrm{d}R}$ mit $I(R)$ als funktionellem Zusammenhang zwischen der Strahlenintensität I und der Eindringtiefe R. Nur für $I(R) \sim$ Exponentialfunktion wird die R. λ als konstante Größe erhalten; andernfalls variiert die R. von Punkt zu Punkt im Medium.

Relaxationsmodul, das Verhältnis augenblickliche Spannung zu Anfangsdeformation eines Materials, ein Maß für das Spannungsrelaxationsverhalten. Sind die Spannungen in einem viskoelastischen Material bei einer aufgebrachten Verformung nicht allzu groß, dann sind die im Material herrschenden Spannungen eine Funktion der Zeit und in jedem Zeitpunkt t nach Aufbringung der Verformung der Größe der Verformung proportional. Das Relaxationsverhalten und damit auch der R. unterliegen im wesentlichen Temperatureinflüssen.

Relaxationsprozeß, svw. Relaxation.

Relaxationsschwingung, svw. Kippschwingung.

Relaxationsspektrum, das gleichzeitige Auftreten mehrerer Relaxationsmoduli und Relaxationszeiten. Der einfachste Fall liegt vor, wenn zwei Maxwellsche Körper mit unterschiedlichen Parametern in Parallelschaltung verbunden sind. Dieses Modell besitzt dann ein diskretes Relaxationsspektrum mit zwei bestimmten Relaxationsmoduli und zwei bestimmten Relaxationszeiten. Modelle dieser Art lassen sich beliebig erweitern. Zu einem kontinuierlichen Spektrum gelangt man, wenn angenommen wird, daß nach dem Boltzmannschen Superpositionsprinzip unendlich viel Modelle parallel geschaltet werden. Dieser Fall liegt vor, wenn die gesamte Verformungsvorgeschichte mit betrachtet werden soll. Dann kann jedem Zeitpunkt zwischen $t = -\infty$ und der augenblicklichen Betrachtung ein Modell zugeordnet werden. In diesem Fall kann man keine Relaxationskurve mehr angeben. Das Prinzip der Überlagerung ist Grundlage in der Theorie der linearen Viskoelastizität.

Relaxationsströmungsgleichung, *Ree-Eyringsche Zustandsgleichung*, analytische Relation zwischen Schubspannung und Deformationsgeschwindigkeit, die im Fall nur eines Typs von Fließeinheiten die Form $\gamma = (1/b)\,\mathrm{Ar\,sinh}(a\tau)$ für einen eindimensionalen Verformungszustand hat. γ ist die Deformationsgeschwindigkeit, τ Schubspannung, $1/a$ innere Schubspannung, $1/b$ innere Schergeschwindigkeit. Für b wird auch die Bezeichnung Relaxationszeit benutzt. Bei Anwendung dieser Gleichung zur Auswertung von Experimentaldaten zeigt sich jedoch nur Übereinstimmung für kleine Werte von γ. Die Theorie wird deshalb durch die Voraussetzung erweitert, daß in den sich gegeneinander verschiebenden Schichten verschiedene Fließeinheiten mit unterschiedlichen Relaxationszeiten existieren, wobei diese Zeiten nicht in ein kontinuierliches Spektrum verteilt sind, sondern in normalen verhältnismäßig engen Distributionen Werte $b_1, b_2, b_3 \dots$ um mittlere konzentriert sind, mit $b_1 < b_2 < b_3$ usw. Die Gesamtschubspannung wird durch die Summe

$$\tau = \sum_{i=1}^{n} x_i \tau_i = \sum_{i=1}^{n} \frac{x_i}{a_i} \sinh (b_i \gamma)$$

wiedergegeben.

Relaxationstheorie der Strömung nach Eyring, Theorie, die auf der Voraussetzung basiert, daß in einer im Ruhezustand befindlichen Flüssigkeit die rotierenden oder vibrierenden Fließeinheiten (Atome, Ionen, Moleküle, Molekülanhäufungen oder feste, suspendierte Partikeln) die durch ihre Nachbareinheiten bestimmte Gleichgewichtslage so einnehmen, daß sie ein minimales Niveau an potentieller Energie haben. Sobald auf die Flüssigkeit eine Schubspannung einwirkt, streben die Molekülschichten eine Verschiebung in Richtung dieser einwirkenden Spannung an. Hierzu ist es jedoch notwendig, die Fließeinheiten aus ihren Gleichgewichtslagen zu entfernen, d. h. ihnen eine ausreichende Aktivierungsenergie zuzuführen, damit sie die energetische Barriere überwinden und in die am wenigsten entfernten Gleichgewichtsstellungen in Richtung der einwirkenden Spannung überspringen können. Die Aktivierungsenergie wird sodann als Wärme freigegeben. Diese Vorstellung ermöglicht die Aufstellung einer analytischen Beziehung zwischen der Schubspannung und der Deformationsgeschwindigkeit. Im Hinblick auf den Charakter dieser Relation kann eine ganze Reihe von Fließeinheiten in die theoretischen Ableitungen einbezogen werden. Die Fließeinheiten, für die die Beziehung zwischen Spannung und Deformationsgeschwindigkeit linear ist, werden als Newtonsche bezeichnet, die übrigen als nicht-Newtonsche. Durch Kombinationen Newtonscher und nicht-Newtonscher Fließeinheiten ist es möglich, eine Flüssigkeit beliebigen Verhaltens zu gewinnen.

Relaxationszeit, allgemein: bei der Relaxation auftretende Zeitgröße, bei der der Wert der Systemgröße auf den e-ten (e ist die Basis der natürlichen Logarithmen) Teil ihrer Ausgangsgröße zurückgegangen ist.

Im engeren Sinne versteht man unter R. die charakteristische Zeit für die Dauer des Übergangs eines Nichtgleichgewichtszustandes in einen Gleichgewichtszustand in Abwesenheit äußerer Felder. Gilt dabei für die zeitliche Änderung der Verteilungsfunktion $\frac{\partial f}{\partial t} = -\frac{f - f_0}{\tau}$, so heißt τ die Relaxationszeit. Dabei ist f die Verteilungsfunktion, und f_0 ist die Gleichgewichtsverteilung. Für Quasiteilchen gibt es allgemein keine einheitliche R. für das betrachtete System, sondern τ hängt vom Wellenvektor der Quasiteilchen im betreffenden Zustand ab, d. h. bei Benutzung von Kugelkoordinaten vom Betrag des Wellenvektors, seinem Polar- und Azimutwinkel. Falls τ nur vom Betrag des Wellenvektors abhängt, spricht man von *isotroper R.*, in anderen Fällen gibt es streng genommen den Begriff einer R. nicht, da die Relaxation dann nicht mehr durch nur eine Zeitangabe charakterisiert werden kann, sondern in Abhängigkeit von der Richtung verschiedene Werte auftreten. Diese Anisotropie kann in Spezialfällen durch einen Tensor zweiter Stufe, den *Relaxationszeittensor*, beschrieben werden.

Die Bedeutung der Einführung einer R. für quasifreie Elektronen in Festkörpern liegt darin, daß dadurch die → Boltzmann-Gleichung aus einer Integrodifferentialgleichung in eine Differentialgleichung übergeht, was wesentliche Vereinfachungen bei der Berechnung von Transporterscheinungen ermöglicht. Die Einführung einer R. τ in Anwesenheit äußerer Felder ist nur unter bestimmten Bedingungen möglich. Bei elastischer Streuung an akustischen Phononen, langen Wellen und an ionisierten Störstellen läßt sich für den Fall, daß die Übergangswahrscheinlichkeit $W(\vec{k}, \vec{k}')$ nur der Differenz der Winkel zwischen den Wellenvektoren $\vec{k}$ und $\vec{k}'$ proportional ist, die Relaxation durch die Hauptdiagonalkomponenten eines Tensors, die möglicherweise noch einander gleich sind, beschreiben. In anderen Fällen läßt sich der Abklingprozeß nicht in so geschlossener Form darstellen. Die τ-Komponenten entsprechen den Beiträgen dieser Stoßprozesse zur *Impulsrelaxationszeit.*

Für unelastische Streuprozesse ist eine R. für den anisotropen Bestandteil der Verteilung einführbar, wenn für diese Wechselwirkungen die Bedingungen $W(\vec{k}, \vec{k}') = W(\vec{k}, -\vec{k}')$ erfüllt ist, d. h., wenn die Übergänge in Zustände mit $\vec{k}'$ und $-\vec{k}'$ gleiche Wahrscheinlichkeit besitzen [engl. randomizing]. Dieser Sachverhalt ist bei Deformationspotentialstreuung der Elektronen an optischen Phononen, wo überhaupt Unabhängigkeit vom Wellenvektor für die Übergangswahrscheinlichkeit angenommen wird, erfüllt, und τ entspricht dabei dem Anteil dieses Streuprozesses zur Impulsrelaxation. Polare optische Streuung kann dagegen allgemein nicht durch eine R. beschrieben werden. Nur wenn die Energie der Elektronen groß gegen die Energie der Phononen ist, läßt sich näherungsweise eine R. angeben (elastische Approximation).

Elektron-Elektron-Stöße können wegen der Abhängigkeit vom Produkt der Verteilungsfunktionen nicht in der gesuchten Form dargestellt werden.

Weicht der isotrope Anteil der Verteilung vom Gleichgewichtszustand ab, wie es bei starken elektrischen Feldern der Fall ist, so ist für die Relaxation ebenfalls keine R. angebbar.

Häufig wird eine *Energierelaxationszeit* zur phänomenologischen Beschreibung von Problemen heißer Ladungsträger benutzt, die dem Abklingen der mittleren Energie auf den thermodynamischen Gleichgewichtswert Rechnung trägt.

R.en treten auch auf bei → paramagnetischer Resonanz, wobei sie durch die → Blochschen Gleichungen beschrieben werden.

Reluktanz, svw. magnetischer Widerstand.

Reluktanzmaschine, eine → elektrische Maschine mit Einphasen- und Drehstromständer und unbewickeltem Läufer. Durch Änderung des magnetischen Widerstands (Reluktanz) bei Drehbewegung wird der Fluß in der Ständerwicklung geändert und damit eine Spannung induziert. Die R. wird als Generator für Frequenzen über 1000 Hz (→ Mittelfrequenzmaschine) und als Einphasen- oder Drehstromkleinstmotor mit Synchronverhalten (*Reluktanzmotor*) angewendet. Bei letzterem ist der Läufer so ausgefräst, daß ein Polrad entsteht. Ein Kurzschlußkäfig im Läufer verbessert das asynchrone Anlaufverhalten. Durch das Reaktionsmoment wird der Läufer in den Synchronismus gezogen. Beim → Schrittmotor sieht der Läufer einem Zahnrad ähnlich.

Reluktanzmotor, → Reluktanzmaschine.

rem, → Äquivalentdosis, → roentgen-equivalent-man.

Remanenz, B_r, *remanente Induktion, Restmagnetisierung*, im engeren Sinne die nach dem Abschalten eines zur Sättigung ausreichenden Magnetfeldes bei der Feldstärke $H = 0$ verbleibende magnetische Induktion. Sie ergibt sich aus dem Schnittpunkt von → Hystereseschleife und Induktionsachse. Im weiteren Sinne bedeutet R. den bei $H = 0$ vorhandenen Wert der Induktion, wenn die Hystereseschleife nicht bis zur Sättigung ausgesteuert worden ist. Diese Werte hängen dann von der maximalen Aussteuerung ab. Unter *relativer R.* versteht man die auf die Maximalinduktion der zugehörigen Hystereseschleife bezogene R. An Texturwerkstoffen mit Rechteckschleifen kann dieses Verhältnis bis nahezu 1,0 ansteigen. Die geringere *scheinbare R.* tritt auf, wenn der Entmagnetisierungsfaktor der Probe ungleich Null ist (Scherung).

Remanenzverschiebung durch Zug, die Änderung der → Remanenz durch eine mechanische Spannung, → magnetischer Zugeffekt.

Remission, die Reflexion des Lichtes an *nicht spiegelnden* Objekten. Die meisten Gegenstände unserer Umwelt sind nicht selbst Quellen von Lichtenergie, sondern werden nur dadurch sichtbar, daß sie die von einem selbstleuchtenden Körper auf sie fallenden Lichtstrahlen reflektieren, was in den meisten Fällen *diffus*, d. h. nach allen Richtungen gleichmäßig erfolgt. Nur ein Teil des auffallenden Lichtes wird an der Oberfläche des Körpers reflektiert, ein weiterer dringt, wenn auch nur ein wenig, in den Körper ein, wird dann erst zurückgeworfen und verläßt die Grenzschicht wieder. Ein dritter Teil, oftmals der größte des auffallenden Lichtes, wird vom Körper absorbiert oder gegebenenfalls hindurchgelassen. Das Verhältnis von reflektiertem zu absorbiertem Anteil kann für die einzelnen Wellenlängen des einfallenden Lichtes infolge selektiver Reflexion und Absorption sehr unterschiedlich sein. Da man bei dem Wort Reflexion gewöhnlich an die Spiegelung des Lichtes an polierten Flächen denkt, ist für den hier betrachteten Vorgang die Bezeichnung R. eingeführt worden.

Durch die Selektivität der R. erscheinen uns die Gegenstände unserer Umwelt in bestimmten Farben, den *Körperfarben*, die von der spektralen Verteilung der von den Körpern remittierten Strahlung, dem *Remissionsspektrum*, abhängen. Das Verhältnis der in einem bestimmten Wellenlängenbereich λ bis $\lambda + d\lambda$ remittierten Strahlungsenergie $d\Phi_r$ zur auffallenden Strahlungsenergie $d\Phi$ desselben Wellenlängenbereiches bezeichnet man als *Remissionsgrad* oder *Remissionskoeffizienten* μ_λ des Körpers für die Wellenlänge $\lambda: \mu_\lambda = \left(\frac{d\Phi_r}{d\Phi}\right)_\lambda$. Die Darstellung des Remissionskoeffizienten in Abhängigkeit von der Wellenlänge ergibt die *Remissionskurve* des betreffenden Körpers. Als Beispiel sind in der Abb. die Remissionskurven von Wacholderlaub und Ultramarin dargestellt.

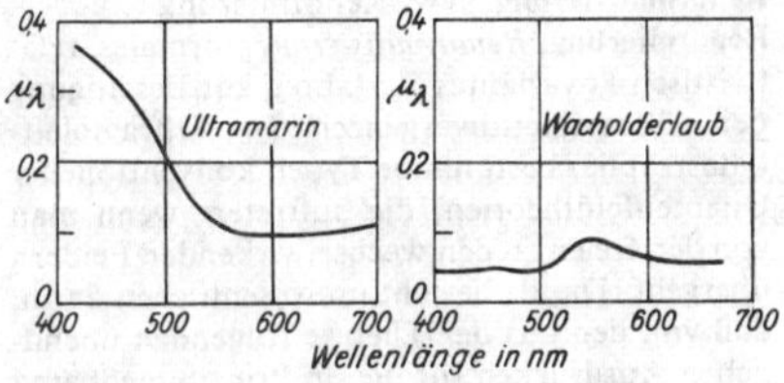

Remissionsgrad, → Remission, → Farbe.

Remissionskurve, → Remission.

removal-Querschnitt, wichtige Größe zur Charakterisierung der Neutronenabschirmung in *dicken wasserstoffhaltigen* Schichten wie Wasser, Paraffin, Beton. Bezeichnet man die Primäre, auf diese Schicht treffende Neutronenstrahlung mit $I(0)$, so gilt für Neutronenenergien $E_n >$ 5 MeV, daß die Durchdringungsfähigkeit der schnellen Komponente, d. h. der Neutronen, die auch nach Durchgang durch die wasserstoffhaltige Schicht der Dicke z noch eine Energie $E_n \gtrapprox 5$ MeV haben, einem exponentiellen Schwächungsgesetz der Form $I(z)_{E_n \gtrapprox 5\,\mathrm{MeV}} = I(0)_{E_n \approx 5\,\mathrm{MeV}} \cdot \exp(-z/\lambda)$ folgt. Dabei ist λ die → Relaxationslänge und $1/\lambda = \Sigma_{rem}$ der r.-Q. (wirksamer Absorptionsquerschnitt). Eine einigermaßen gut erfüllte Regel besagt, daß der r.-Q. $\Sigma_{rem} = 0{,}7 \cdot \Sigma_{tot}$ ist, wenn Σ_{tot} den totalen makroskopischen Wirkungsquerschnitt bei der Neutronenenergie $E_n = 8$ MeV bedeutet. Eir gröberer, dafür allgemeinerer Zusammenhang ist $\Sigma_{rem} = 0{,}7 \cdot \Sigma_{tot}(E)$, wobei $\Sigma_{tot}(E)$ den totalen makroskopischen Wirkungsquerschnitt bei der mittleren Energie E der einfallenden Neutronenstrahlung darstellt. Die Bezeichnung r.-Q. rührt daher, daß bei diesen Betrachtungen nur die Entfernung bzw. Beseitigung der Neutronen von der schnellen Gruppe eine Rolle spielt (engl. to remove, 'beseitigen, entfernen'), daß es sich also gar nicht um eine wirkliche Absorption handelt. Bekanntlich gelangen die schnellen Neutronen beim Prozeß der Neutronenbremsung allmählich in das Gebiet der thermischen Neutronen. → build-up Faktor.

REMSA, → Röntgenspektralanalyse.

Renaturierung, → Polymere.

Renninger-Effekt, die von Renninger beobachtete Erscheinung, daß bei Röntgenbeugungsaufnahmen auftretende Reflexe (hkl) geschwächt oder auch verstärkt werden (*Umweganregung*), wenn gleichzeitig für die Netzebenenschar (hkl) und für eine zweite ($h'k'l'$) die → Braggsche Reflexionsbedingung erfüllt ist. Dann ist nämlich für den durch ($h'k'l'$) reflektierten Strahl als Primärstrahl und die Netzebenenschar ($h - h'$, $k - k'$, $l - l'$) die Reflexionsbedingung ebenfalls erfüllt, und der zweimal reflektierte Strahl hat dieselbe Richtung wie der an (hkl) reflektierte. Durch Interferenz resultiert die Schwächung oder Verstärkung. An Stellen des Films oder — bei Röntgendiffraktometern — bei Orientierungen des Kristalls und Detektors, die Reflexen mit verschwindendem Strukturfaktor entsprechen, können unter solchen Umständen endliche Intensitäten beobachtet werden.

Der R.-E. kann durch die → kinematische Theorie nicht mehr quantitativ erfaßt werden; erst die → dynamische Theorie berücksichtigt die Mehrfachstreuung im Kristall.

Renormalisierung, svw. Renormierung.

Renormierung, *Renormalisierung*, formales, relativistisch kovariantes Verfahren zur Beseitigung der Ultraviolettdivergenzen (→ Ultraviolettkatastrophe) bestimmter Typen konventioneller Quantenfeldtheorien, die auftreten, wenn man von den freien zu den wechselwirkenden Feldern übergeht. Die R. besteht im wesentlichen darin, daß von den aus der Theorie folgenden unendlichen Ausdrücken für die im Prinzip meßbaren Größen, wie Ladung und Masse der nackten Teilchen, unendliche Beiträge so abgezogen werden, daß endliche Größen zurückbleiben. Die abzuziehenden, unendlichen Größen deutet man als Selbstmasse (Selbstenergie) oder Selbstladung der Teilchen auf Grund der Wechselwirkung mit ihrem eigenen Strahlungsfeld. Die Bedeutung der R. besteht darin, daß dieses Verfahren auf Grund allgemeiner Forderungen der Theorie, wie Eichinvarianz und Lorentz-Invarianz, eindeutig ist, d. h., die bei der *Massenrenormierung* auftretende Größe δm in der Gleichung $m_{phys} = m + \delta m$ ist eindeutig durch ein bestimmtes kovariantes, aber divergentes Integral gegeben; Entsprechendes gilt für die *Ladungsrenormierung* δe gemäß $e_{phys} = e + \delta e$. Neben Masse und Kopplungskonstanten (d. h. Ladung) werden auch die Feldoperatoren renormiert. Diese *Renormierungskonstanten*, die im allgemeinen durch Z_1, Z_2, Z_3 bezeichnet werden, müssen nicht in jedem Fall unendlich sein; das Lee-Modell hat endliche Renormierungskonstanten.

Nicht jede Quantenfeldtheorie ist renormierbar. Die Renormierbarkeit hängt davon ab, ob die Anzahl der primitiv divergenten Feynman-Diagramme endlich ist und daher nur eine endliche Zahl von Renormierungskonstanten erforderlich ist. Primitiv divergente Feynman-Diagramme sind solche, die, wenn man eine beliebige ihrer inneren Linien auftrennt und durch zwei äußere Linien ersetzt, zu übereinstimmenden Matrixelementen führen; sie bilden die Basisgraphen, die in die nichtdivergenten Graphen zur Berücksichtigung der Strahlungskorrekturen einzusetzen sind. Die Anzahl der primitiv divergenten Diagramme hängt von der Struktur der Wechselwirkung ab; für die minimale elektromagnetische Wechselwirkung mit der Struktur $e\bar{\psi}\gamma_\mu\psi A^\mu$ (→ Quantenelektrodynamik) ergeben sich drei primitiv divergente Graphen, während Wechselwirkungen vom Typ $\bar{\psi}_A O'_\mu \psi_B \cdot \bar{\psi}_C O^\mu \psi_D$ (→ schwache Wechselwirkung) nicht renormierbar sind, da es überabzählbar viele primitiv divergente Diagramme gibt.

Renormierungskonstante, → Renormierung.

rep, → roentgen-equivalent-physical.

Repräsentant, *Darsteller*, die einem bestimmten Element einer abstrakten mathematischen Struktur, z. B. einer Gruppe oder Algebra, bei deren Darstellung in einem (linearen) Raum, z. B. einem Funktionenraum, zugeordnete Transformation dieses Raumes in sich oder auch einem anderen Raum. Bei einer Matrixdarstellung sind alle R.en der Elemente der zugehörigen Struktur Matrizen. Beispiele für R.en sind die Pauli-Matrizen für die Erzeugenden der Drehungen.

Repromaterialien, photographische Platten und Filme mit spezieller Eignung für die Herstellung von Reproduktionen, die den Aufgaben der Polygraphie nach Sensibilisierung und Gradation angepaßt sind; Feinkörnigkeit und hohes Auflösungsvermögen werden angestrebt; der Forderung nach maßbeständiger Unterlage wird durch Verguß auf Polyesterfilm nachgekommen.

Repulsionsmotor, ein elektrischer Wechselstrommotor (→ elektrische Maschine) mit Reihenschlußverhalten. Die Feldwicklung des Ständers baut ein Wechselfeld auf, das in der Stromwenderwicklung des Läufers Spannungen induziert und einen Strom durch die Wicklung und die kurzgeschlossenen Bürsten treibt. Die Bürsten sind drehbar angeordnet. Stimmt die Bürstenachse mit der Feldachse überein, so entsteht die größte Spannung, bei Weiterdrehung um 90° wird die Gesamtspannung Null. Auf diese Weise kann der Motor durch Verdrehen der Bürsten in Drehzahl und Drehmoment beeinflußt werden. Durch die Verdrehung der Bürstenachse verschlechtert sich aber die Stromwendung, so daß der R. nur für kleine Leistungen gebaut und nur noch selten angewendet wird.

Repulsionspotential, die Differenz zwischen → Pseudopotential und Kristallpotential.

Residuensatz, → Funktionen-Theorie.

Residuum, 1) → Funktionen-Theorie. **2)** → dielektrischer Rückstand.

Resistanz, → Wechselstromwiderstände.

Resolvente, der Ausdruck $R_\lambda = (\hat{T} - \lambda\hat{E})^{-1}$ eines Operators $\hat{T}$, in dem λ eine komplexe Zahl ist und $\hat{E}$ der Einheitsoperator, der jedes Element des Hilbert-Raumes in sich überführt. → Integralgleichung.

resonance escape probability, → Bremsnutzung.

Resonanz, Mitschwingen eines schwingungsfähigen physikalischen Systems, d. h. eines *Resonators*, bei Erregung durch eine äußere periodische Kraft, deren Frequenz ω mit einer der Eigenfrequenzen (*Resonanzfrequenzen*) ω_0 des Systems übereinstimmt oder in deren Nähe liegt, oder durch → parametrische Erregung. Man spricht in diesen Fällen von *harmonischer R.* Bei harmonischer Erregung schwingt das System nach einem Einschwingvorgang, wobei die Amplitude stark anwächst, mit der Erregerfrequenz ω; das Anwachsen der Amplitude, die *Resonanzüberhöhung*, ist nur durch die → Dämpfung des Systems begrenzt. Bei zu geringer Dämpfung kann dies zu einem Zerstören des Systems, der *Resonanzkatastrophe*, kommen, wie es z. B. bei Überbeanspruchung von Brücken durch im Gleichschritt marschierende Kolonnen und beim Durchschlag von Kondensatoren in Schwingkreisen mit zu geringer Dämpfung der Fall ist. Durchläuft die Erregerfrequenz ω den Wertebereich um ω_0, so durchläuft die Amplitude A die *Resonanzkurve* (Abb.), wobei das Maximum von A bei dem von der experimentellen Durchführung abhängenden ω', und zwar etwas unterhalb von ω_0 liegt (Amplitudenresonanz). Im Gegensatz dazu liegt das Maximum der Energieübertragung vom Erreger auf den Resonator bei ω_0 (*Energie-* oder *Geschwindigkeitsresonanz*); bei ungedämpften Systemen wächst die Amplitude ständig an, ω' und ω_0 fallen außerdem zusammen (→Oszillator). Wird das System mit einem Frequenzgemisch angeregt, tragen nur diejenigen Frequenzen in der Nähe der Resonanzfrequenz ω_0 zur Resonanzüberhöhung bei; dies sind nahezu nur die in die *Resonanzbreite* der Resonanzkurve, d. i. deren Halbwertsbreite, fallenden Frequenzen. Bei hinreichend geringer Halbwertsbreite ihrer Resonanzkurven, d. h. bei genügender *Resonanzschärfe*, kann daher ein Satz von Resonatoren zum Filtern von Frequenzgemischen, d. h. zur harmonischen Schwingungsanalyse benutzt werden.

Bei Erregung nichtlinearer Schwingungen tritt *subharmonische R.* auf, wenn der Erreger mit der Frequenz $\omega = \frac{n}{m}\omega_0$ (n und m ganze Zahlen) schwingt.

Die R. ist nicht nur Grundlage der gesamten Nachrichtentechnik (→ Schwingkreis), sondern spielt in der gesamten Physik, z. B. in der Mechanik (→ parametrische Erregung) und besonders in der Kernphysik und der Elementarteilchenphysik eine große Rolle. Hierbei versteht man unter R. das Auftreten einer kritischen Veränderung eines bestimmten Reaktions- oder Streuquerschnittes bei Variation der Energie. Die Energie, bei der einer der Wirkungsquerschnitte ein Maximum annimmt, wird zuweilen als *Resonanzenergie* bezeichnet (→ Elementarteilchen, → quantenmechanische Streutheorie, → Neutronenresonanzen, → Spinresonanz, → ferromagnetische Resonanz, → antiferromagnetische Resonanz, → akustische paramagnetische Resonanz, → Atomstrahlresonanz, → Molekülstrahlresonanz, → Mesomerie).

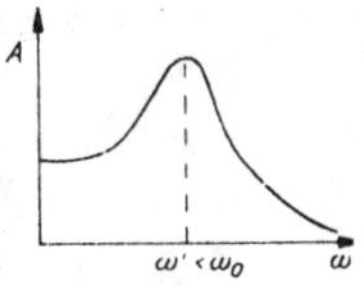

Resonanz

Resonanzabsorption. durch die → Breit-Wigner-Formel beschreibbare Absorption von Neutronen (→ Neutronenresonanzen).

Resonanzboden, Einrichtung bei Musikinstrumenten, durch die die Abstrahlung der in den schwingenden Tonerzeugungssystemen, z. B. Saiten, enthaltenen Energie als Luftschallwelle möglich wird. Eine R. besteht meist aus einer ein wenig gewölbten und verrippten Platte, die möglichst viele gleichstark erregbare und gedämpfte Eigenfrequenzen aufweist. Diese Eigenfrequenzen des R.s bestimmen wesentlich das Klangverhalten der damit ausgerüsteten Musikinstrumente.

Resonanzbreite, → Resonanz.

Resonanzdurchlaßwahrscheinlichkeit, → Bremsnutzung.

Resonanzeinfang, Spezialfall des Neutroneneinfangs. R. liegt nur vor, wenn der bei → Neutronenresonanzen gebildete Zwischenkern durch Emission von γ-Quanten zerfällt. Es entsteht dabei ein neues Isotop einer um 1 größeren Massezahl (→ Resonanzstreuung).

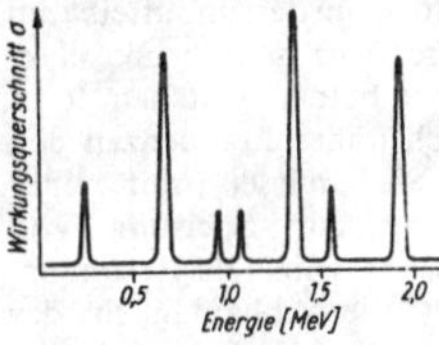

Anregungsfunktion der Kernreaktion A (n, γ) B mit Resonanzen des Wirkungsquerschnitts (schematisch)

Resonanzenergie, → Mesomerie.

Resonanzentkommwahrscheinlichkeit, → Bremsnutzung.

Resonanzfluoreszenz, Emission elektromagnetischer Strahlung durch Atome oder Moleküle, aber auch durch Atomkerne (→ Mößbauer-Effekt) nach einer Anregung durch Strahlung der gleichen Frequenz. → Stokessche Regel.

Resonanzfrequenz, → Resonanz.

Resonanzkatastrophe, → Resonanz.

Resonanzkurve, → Resonanz.

Resonanznenner, → Oszillator.

Resonanzneutronen, → Neutronenresonanzen.

Resonanzniveau, svw. Compoundzustand.

Resonanzrektifikationssonde, → Plasmasonde.

Resonanzschärfe, → Resonanz.

Resonanzschwingungen, svw. quasilokalisierte Gitterschwingungen.

Resonanzsonde, → Plasmasonde.

Resonanzspaltung, die Kernspaltung des bei → Neutronenresonanzen gebildeten Zwischenkerns. R. tritt bei einigen schweren Atomkernen auf und spielt bei den physikalischen Prozessen in den schnellen Reaktoren eine wichtige Rolle. Jede Neutronenresonanz in diesen Kernen wird durch einen zusätzlichen Parameter, die Spaltbreite Γ_f charakterisiert, der eine ähnliche Rolle wie die Γ_γ-Breite in der → Breit-Wigner-Formel spielt.

Resonanzstreuung, durch starkes (resonanzartiges) Anwachsen des Streuquerschnitts bei der Energie eines quasistationären Zustandes eines Compoundkerns charakterisierte → Streuung. Die Energie des Inzidenzteilchens reicht bei R. aus, um den Compoundkern bei einem seiner Energieniveaus zur Resonanz zu veranlassen. Dabei gibt das Inzidenzteilchen Energie (Resonanzenergie) an das Compoundsystem ab, so daß es den Kern mit geringerer Geschwindigkeit verläßt. Die R. ist den bei der klassischen Streuung und Absorption elektromagnetischer Wellen an Antennen auftretenden Resonanzen völlig analog.

Ein Spezialfall der R., bei dem das Inzidenzteilchen gewissermaßen fehlt, ist der Zerfall des bei den → Neutronenresonanzen gebildeten Zwischenkerns durch Emission eines Neutrons und nicht wie beim Resonanzeinfang durch Emission von γ-Quanten. Die R. wird durch die → Breit-Wigner-Formel beschrieben (→ quantenmechanische Streutheorie).

Als *Bounce-Resonanzstreuung* wird eine Art der → Diffusion geladener Teilchen in der Ionosphäre bezeichnet.

Resonanzteilchen, → Elementarteilchen.

Resonanzüberhöhung, → Resonanz.

Resonanzverbreiterung, → Spektrallinien.

Resonanzwiderstand, → Schwingkreis.

Resonator, *elektrischer R.*, ein durch leitende Wände abgeschlossenes schwingungsfähiges Gebilde, in dem bei Zufuhr einer sehr kleinen elektrischen Wirkleistung in der unmittelbaren Nähe der Resonanzfrequenz sehr große elektrische und magnetische Felder entstehen. R.en entsprechen im Bereich hoher Frequenzen den → Schwingkreisen. Sie müssen mit einer Ankopplungsvorrichtung zur Speisung von einem Generator versehen sein. Die Resonanzkurve eines R.s gibt die Abhängigkeit der elektrischen oder magnetischen Feldstärke an irgendeinem Punkt von der Frequenz an. Die Resonanzkurve hängt von den Verlusten des R.s, von der Ankopplung und von der äußeren Zusatzschaltung (Generator und Verbraucher) ab. Bei sehr loser Ankopplung hängt die Resonanzkurve nur von den Eigenschaften des R.s ab. Die Resonanzfrequenz f_R ist durch das Feldstärkemaximum definiert, die Bandbreite Δf durch den Abstand derjenigen Punkte, bei denen die Feldstärke auf den $1/\sqrt{2}$fachen Wert abgefallen ist. Die Güte Q läßt sich durch das Verhältnis von $Q = f_R/\Delta f$ definieren.

Man unterscheidet Leitungs- und Hohlraumresonatoren. *Leitungsresonatoren* entstehen aus einer Leitung mit stehenden Wellen, indem man ein Stück dieser Leitung an beiden Enden mit einem geeigneten, keine Wirkleistung verbrauchenden Gebilde abschließt. Schwingungsfähige Systeme erhält man aus beiderseits kurzgeschlossenen Leitungsabschnitten, aus beiderseits offenen Leitungsabschnitten und aus Leitungsabschnitten, die auf der einen Seite offen und der anderen Seite kurzgeschlossen sind. Sie können auf folgenden Wellenlängen λ_n einschwingen: 1) beiderseits kurzgeschlossener und offener Leitungsabschnitt der Länge l: $\lambda_n = \frac{2}{n} \cdot l$, $n = 1, 2, 3 \ldots$ 2) einseitig kurzgeschlossener Leitungsabschnitt der Länge L: $\lambda_n = \frac{4}{2n+1} l$, $n = 0, 1, 2, 3 \ldots$

Kennzeichnend für R.en ist, daß sie unendlich viele Resonanzfrequenzen, die Eigenfrequenzen, besitzen. Außerdem können sich in koaxialen Leitungen noch Resonanzen durch Hohlleiterwellen ausbilden. R.en, die aus Leitungsabschnitten bestehen, die einseitig kurzgeschlossen, auf der anderen Seite aber mit einer Kapazität belastet sind, nennt man *Topfkreise*. Bei ihnen ist die Leitungslänge durch die kapazitive Last verkürzt. Die Ankopplung von Leitungsresonatoren an den Generator und den Verbraucher kann induktiv, kapazitiv oder galvanisch erfolgen. Ist die Länge der in den Topfkreis hineinragenden Koppelschleife nicht mehr klein gegen die Wellenlänge, so spricht man von *Leitungskopplung*. Man kann damit Kopplungen herstellen, die wenig frequenzabhängig sind. Die Abstimmung von Leitungsresonatoren kann durch Kurzschlußschieber erfolgen. Die Anwendung der Topfkreise erfolgt vorwiegend im Frequenzbereich von 0,3 bis 3 GHz.

Die beschriebenen Leitungsresonanzen können auch mit → Hohlleitern erzeugt werden. Bei diesen *Hohlraumresonatoren* spielen jedoch nur die beiderseits kurzgeschlossenen Hohlleiter eine Rolle. Aus einem Rechteckhohlleiter entsteht damit ein Quader mit den Kantenlängen a, b und c. Wenn die Resonatorlänge c ein Vielfaches der halben Hohlleiterwellenlänge $\lambda_H/2$ ist, so liegt ein schwingungsfähiges Gebilde vor. Analog zur Bezeichnung der Wellentypen im Hohlleiter wird noch ein dritter Index p zur Charakterisierung der magnetischen H_{mnp}-Resonanz und der elektrischen E_{mnp}-Resonanz verwendet. Für die Resonatorwellenlänge λ_R im Rechteckhohlraumresonator gilt

$$\lambda_R = \frac{2}{\sqrt{\left(\frac{m}{a}\right)^2 + \left(\frac{n}{b}\right)^2 + \left(\frac{p}{c}\right)^2}}.$$

Außer den rechteckigen Hohlraumresonatoren werden sehr häufig auch zylindrische Hohlraumresonatoren eingesetzt. Die Länge ist auch hier ein Vielfaches der halben Hohlraumresonator-Wellenlänge. Die Bezeichnungsweise ist analog zu derjenigen der rechteckigen Hohlraumresonatoren.

Die Abstimmung von Hohlraumresonatoren geschieht mittels Kurzschlußschiebern oder dielektrischen Stiften. Die Ankopplung erfolgt kapazitiv oder induktiv sowie durch Schlitze und Löcher und durch Leitungskopplung. Verwendet werden Hohlraumresonatoren meist im Frequenzbereich oberhalb 3 GHz.

Sowohl mit Leitungs- als auch mit Hohlraumresonatoren erreicht man sehr hohe Güten (>10000). Hergestellt werden beide meist aus versilbertem Kupfer oder Messing mit möglichst geringer Oberflächenrauhigkeit.

Lit. Meinke u. Gundlach: Taschenb. der Hochfrequenztechnik (3. Aufl. Berlin, Göttingen, Heidelberg 1968).

Restdampfdruck, der Druck aller kondensierbaren Bestandteile innerhalb eines auf den Enddruck (→ Vakuumpumpen) evakuierten Behälters.

Restgasdruck, der Druck aller nicht kondensierbaren Bestandteile innerhalb eines auf den

Enddruck (→ Vakuumpumpen) evakuierten Behälters.

Restglied, → Taylorsche Formel.

Restitutionskoeffizient, → Stoß.

Restlinien, → Spektralanalyse 1).

Restmagnetisierung, svw. Remanenz.

Restspannungen, svw. Eigenspannungen.

Reststrahlbande, an vielen Festkörpern zu beobachtende starke selektive Reflexion im infraroten Spektralbereich, bei der das Reflexionsvermögen über einen engen Wellenlängenbereich von 5% und weniger auf über 90% anwächst (Abb.). Das Auftreten der R. läßt sich einfach am → Oszillatormodell für die Dielektrizitätskonstante mit einer Resonanzstelle bei ω_{to}, der Frequenz der transversal-optischen Gitterschwingung beim Wellenvektor $\vec{q} \to 0$, verstehen. Bei dieser Fundamentalschwingung, bei der in einem Ionenkristall die Ionen der einen Sorte als Ganzes gegen die Ionen der anderen Sorte schwingen, entsteht ein besonders großes elektrisches Dipolmoment, dessen Dielektrizitätskonstante ε als Funktion der Lichtfrequenz ω geschrieben werden kann als: $\varepsilon(\omega) = \varepsilon_\infty + (\varepsilon_s - \varepsilon_\infty)\dfrac{\omega_{to}^2}{\omega_{to}^2 - \omega^2 - i\gamma\omega}$. Dabei ist ε_s die statische, ε_∞ die optische Dielektrizitätskonstante, γ ist die Dämpfungskonstante. Im Frequenzbereich zwischen $\omega = \omega_{to}$ und $\omega = \sqrt{\varepsilon_s/\varepsilon_\infty}\,\omega_{to}$ ist bei Vernachlässigung der Dämpfung $\varepsilon(\omega)$ negativ. Elektromagnetische Wellen dieses Frequenzbereiches können sich in dem Material nicht ausbreiten und werden total reflektiert.

Die obere Frequenz des Bereiches der R. $\omega_{to}\sqrt{\varepsilon_s/\varepsilon_\infty}$ ist nach der Lyddane-Sachs-Teller-Relation gleich ω_{lo}, der Frequenz der longitudinal-optischen Gitterschwingung beim Wellenvektor $\vec{q} \to 0$.

Die R.n der verschiedenen Materialien werden ausgenutzt, um aus einem Strahlengemisch bestimmte Wellenlängenbereiche infraroter Strahlung auszusondern. Nach mehrmaliger Reflexion verbleibt praktisch nur Strahlung aus dem Bereich der R. Von dieser Beobachtung leitet sich die Bezeichnung R. her.

Lit. → Gitterabsorption.

Restwiderstand, der bei Extrapolation auf $T = 0$ K noch vorhandene elektrische Widerstand einer Probe. Der R. entsteht durch die Streuung der Leitungselektronen an allen Abweichungen vom idealen Gitter (elektrischer → Widerstand). Er ist deshalb das geeignetste Kriterium zur summarischen Charakterisierung von Reinheit und kristallinem Zustand eines Materials.

Gewöhnlich wird als R. der elektrische Widerstand einer Probe bei $T = 4{,}2$ K angegeben. Für reinste Einkristalle muß jedoch neben der Extrapolation auf $T = 0$ K auch auf unendlichen Probendurchmesser extrapoliert werden (→ Size-Effekte), wenn der R. ein Maß für die Materialqualität sein soll (→ Restwiderstandsverhältnis).

Restwiderstandsbestimmungen an definiert gestörtem Material gestatten die Bestimmung des Widerstandsbeitrages, z. B. von chemischen Beimengungen, Versetzungen, Punktdefekten. Umgekehrt ist die Restwiderstandsbestimmung bei Kenntnis dieser Widerstandsbeiträge eine geeignete und sehr empfindliche Analysenmethode, falls jeweils nur eine Art von Gitterstörungen vorliegt.

Restwiderstandsverhältnis, Quotient r_0 aus Restwiderstand $R(T \to 0,\ d \to \infty)$ bzw. dem spezifischen Restwiderstand $\varrho(T \to 0,\ d \to \infty)$ einer Probe und ihrem elektrischen Widerstand R (bzw. ϱ) bei einer Bezugstemperatur T_0 (→ Widerstandsverhältnis):

$$r_0 = \frac{R(T \to 0, d \to \infty)}{R(T_0)} = \frac{\varrho(T \to 0, d \to \infty)}{\varrho(T_0)}.$$

Hierbei ist d der Probendurchmesser. Die Angabe des R.ses hat sich zur Charakterisierung des Reinheitsgrades von Metallproben eingebürgert. Für reine Einkristalle können extrem kleine R.se erreicht werden; für Molybdänkristalle erhielt man z. B. schon Werte von $r_0 = 1 \cdot 10^{-6}$ bzw. $1/r_0 = 1\,000\,000$ bei $T_0 = 293$ K.

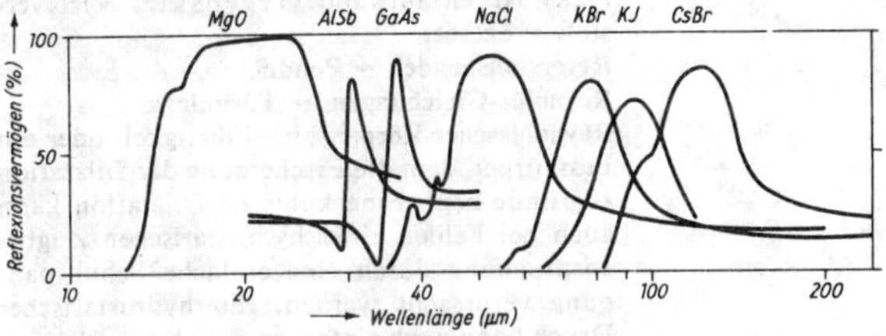

Reststrahlbanden einiger Alkalihalogenide und Verbindungshalbleiter

Retardation, Vorgang der allmählichen Deformationszu- bzw. -abnahme, → Kelvin-Körper, → Elastizitätsverzögerung.

Retardationszeit, das Verhältnis der in einem Kelvin-Körper auftretenden Stoffparameter, und zwar der Zähigkeitsgröße zur Elastizitätsgröße. Die R. kann als ein Maß für die in einem Körper auftretende Elastizitätsverzögerung angesehen werden.

retardierte Lösung einer Wellengleichung, → retardierte Potentiale, → Greensche Funktion.

retardierte Potentiale, Lösungen der inhomogenen Wellengleichung

$$\Box\varphi = -4\pi\varrho, \tag{1}$$

die zur Zeit t im Punkt $\vec{r}$ nur vom Zustand der Quelle ϱ in den Punkten $\vec{r}\,'$ zu retardierten Zeiten

$$\tau = t - \frac{|\vec{r} - \vec{r}\,'|}{c} \tag{2}$$

abhängen. Diese Zeiten liegen relativ zur Zeit t in der Vergangenheit. Eine von $\vec{r}\,'$ auslaufende Welle braucht gerade die Zeit $t - \tau$, um von $\vec{r}\,'$ nach $\vec{r}$ zu gelangen. Die retardierten Potentiale entsprechen deshalb auslaufenden Wellenlösungen der Gleichung (1). Sie haben die Form:

$$\varphi_{ret}(\vec{r}, t) = \int \frac{\varrho(\vec{r}\,', \tau)}{|\vec{r} - \vec{r}\,'|}\, d^3 r' \quad (\to \text{Potential}). \tag{3}$$

retardiertes Produkt, → axiomatische Quantentheorie.

Retardierung, → Potential.

Retigraph-Verfahren, → Bewegt-Film-Methoden.

Retina, → Auge.

Reuschsche Glimmerkombination, → Drehvermögen.

reversible Prozesse, Zustandsänderungen in thermodynamischen Systemen, die zeitlich umkehrbar sind, d. h. die ohne gleichzeitige Zustandsänderungen in der Umgebung des Systems rückgängig gemacht werden können. R. P. verlaufen über eine kontinuierliche Reihe von Gleichgewichtszuständen, der Vorgang stellt einen Grenzfall durchführbarer Prozeßführung dar, denn er verläuft unendlich langsam, d. h. fast statisch. Man nennt die r.n P. daher auch *quasistatische Prozesse*. Reversible Prozeßführung ermöglicht maximale Arbeitsleistung oder – in der Gegenrichtung – minimalen Arbeitsaufwand. Gegensatz: → irreversible Prozesse.

Reversionspendel, → Pendel.

Reynolds-Gleichungen, → Turbulenz.

Reynoldsscher Körper, eine Flüssigkeit oder ein Festkörper, dem die Erscheinung der Dilatation zugrunde liegt. Eine kubische Dilatation kann auch bei Fehlen einer hydrostatischen Zugbeanspruchung durch eine einfache Schubspannung verursacht werden. Ein hydrostatischer Druck kann auch einfachen Schub bewirken.

Reynolds-Spannungen, → Turbulenz.

Reynoldszahl, Re, eine → Kennzahl, das Verhältnis von Trägheitskraft zu Zähigkeitskraft in Strömungen: $\mathrm{Re} = c \cdot l/\nu$; dabei ist c die Strömungsgeschwindigkeit, l die charakteristische Länge, ν die kinematische Zähigkeit des Strömungsmediums. Die R. ist die wichtigste Ähnlichkeitskennzahl für reibungsbehaftete Strömungsvorgänge. Als kritische Re_{kr} bezeichnet man diejenige R., bei der der Umschlag laminar – turbulent erfolgt.

reziproker Raum, ein dem physikalischen dreidimensionalen Raum dual zugeordneter Beschreibungsraum, in welchem Ortsvektoren die Dimension reziproker Längen haben. Von besonderer Bedeutung ist der reziproke R. für die Beschreibung von Beugungsvorgängen (Fraunhofer-Beugung, → Beugung 1). Die einfallende und die gebeugte ebene Welle werden dabei durch Vektoren dargestellt, deren Richtung die Ausbreitungsrichtung der Welle ist und deren Betrag der Wellenlänge reziprok ist ($1/2\pi$-facher Wellenvektor). Bei Vernachlässigung von Mehrfachstreuung und Schwächung der einfallenden Welle durch die Streuung selbst und durch Absorption läßt sich nämlich die Amplitude der Streuwelle als proportional der Fourier-Transformierten $F(\vec{R}^*)$ der räumlichen Verteilung $\varrho(\vec{r})$ des Streuvermögens ausdrücken: $F(\vec{R}^*) = \iiint \varrho(\vec{r})\, e^{2\pi i \vec{r}\vec{R}^*}\, d\tau$, wobei sich $\vec{R}^*$ als Ortsvektor im reziproken R. auffassen läßt.

Handelt es sich um Beugung an einer periodischen Verteilung $\varrho(\vec{r}) = \varrho(\vec{r} + m\vec{a} + n\vec{b} + p\vec{c})$, wobei m, n, p ganze Zahlen bedeuten, so wählt man das Tripel der Basisvektoren $\vec{a}^*$, $\vec{b}^*$, $\vec{c}^*$ des reziproken R.es zweckmäßig reziprok dem Tripel von Basisvektoren $\vec{a}$, $\vec{b}$, $\vec{c}$, d. h. so, daß $(\vec{a}\vec{a}^*) = (\vec{b}\vec{b}^*) = (\vec{c}\vec{c}^*) = 1$ und $(\vec{a}\vec{b}^*) = (\vec{b}\vec{c}^*) = (\vec{c}\vec{a}^*) = (\vec{b}\vec{a}^*) = (\vec{a}\vec{c}^*) = 0$ ist (→ reziprokes Gitter). Die Fourier-Transformierte an Stellen $\vec{R}^*$ des reziproken R.es, die auf einer den Ursprung enthaltenden Ebene liegen, hängt nur von der Projektion der Verteilung $\varrho(\vec{r})$ in Richtung der Normalen auf diese Ebene ab. Die Verteilung von $F(\vec{R}^*)$ auf einer Geraden des reziproken R.es durch den Ursprung hängt von der Normalprojektion von $\varrho(\vec{r})$ auf diese Gerade ab.

reziproke Sekunde, gesetzliche abgeleitete SI-Einheit der Aktivität, → Eins durch Sekunde.

reziprokes Gitter, ein einer dreidimensional periodischen Anordnung entsprechendes Punktgitter im reziproken Raum. Die Punkte dieses Gitters, die *reziproken Gitterpunkte*, haben, bezogen auf die Basisvektoren $\vec{a}^*$, $\vec{b}^*$, $\vec{c}^*$, ganzzahlige Komponenten h, k, l (Laue- oder Braggsche Indizes). Dabei ist $\vec{a}^*$, $\vec{b}^*$, $\vec{c}^*$ ein Tripel von Vektoren, das dem Tripel von Basisvektoren $\vec{a}$, $\vec{b}$, $\vec{c}$ der periodischen Anordnung reziprok ist (→ reziproker Raum). Den reziproken Gitterpunkten lassen sich als Gewichte die Strukturfaktoren, d. h. die Fourier-Koeffizienten der periodischen Anordnung oder deren Betragsquadrate zuordnen (→ Kristallstrukturanalyse). Spannt das Tripel $\vec{a}$, $\vec{b}$, $\vec{c}$ eine mehrfach primitive Elementarzelle auf, so erhält nur ein Teil der reziproken Gitterpunkte von Null verschiedene Gewichte. Bezieht man die periodische Verteilung auf Basisvektoren $\vec{a}'$, $\vec{b}'$, $\vec{c}'$, die eine primitive Zelle aufspannen, so enthält das entsprechende reziproke G. mit dem zu $\vec{a}'$, $\vec{b}'$, $\vec{c}'$ reziproken Tripel $\vec{a}'^*$, $\vec{b}'^*$, $\vec{c}'^*$ nur einen Teil der ursprünglichen reziproken Gitterpunkte. Alle anderen haben das Gewicht Null (→ Auslöschungsregeln).

Reziprozität optischer Bilder, → Abbildung.

Reziprozitätsbeziehungen, → Thermodynamik 5).

Reziprozitätsgesetz, **1)** für optische Bilder: besagt, daß Gegenstand und Bild vertauschbar sind (Umkehrbarkeit der Lichtwege).

2) für elektromagnetische Wellen: Verallgemeinerung des von Helmholtz ausgesprochenen R.es für Lichtstrahlen. Es besagt: Wenn eine Antenne A im Orte x sendet und ihre Strahlung von einer beliebigen Antenne B am Orte y empfangen wird, und wenn andererseits B mit der gleichen Energie und Frequenz am Orte y sendet und ihre Strahlung von A empfangen wird, so sind die empfangenen, auf die Antenne wirkenden elektrischen und magnetischen Feldstärken die gleichen wie vorher die in B erzeugten. Das Zwischenmedium kann Wasser oder Land oder auch eine irgendwie inhomogene Atmosphäre sein. Außerdem ist die Form der Antennen beliebig. Gefordert wird jedoch, daß Dielektrizitätskonstante, Permeabilität und Leitfähigkeit des Zwischenmediums zeitlich konstant sind, d. h., sie dürfen keinesfalls von den Feldstärken abhängen. Das R. gilt also z. B. nicht in ferromagnetischen Stoffen, bei Elektronenströmungen im Hochvakuum und bei bestimmten Gasentladungen. Es gilt aber z. B. im E-Gebiet der Ionosphäre (Heaviside-Schicht), wo ein bestimmter Leitwert in ionisierten Raumteilen definiert werden kann. Das R. sagt beispielsweise aus, daß Sende- und Empfangsdiagramm einer Antenne gleich sind und daß für den Sende- und Empfangsfall einer Antenne die Antennenwiderstände und wirksamen Längen gleich sind.

3) der Beugung: besagt, daß eine Vergrößerung der Abmessungen eines beugenden Objekts in einer Richtung auf das m-fache eine Verkleinerung der Abmessungen des Beugungsbildes in der gleichen Richtung auf den m-ten Teil zur Folge hat, und umgekehrt.

4) von Bunsen und Roscoe: besagt, daß die Umsetzung bei einer unter Lichteinwirkung ablaufenden chemischen Reaktion (photographischer Primärprozeß) nur von dem Produkt aus Lichtintensität I und Belichtungszeit t, aber nicht von diesen Größen einzeln, abhängig ist. Hiernach ist die für gleiche primäre photochemische Wirkung (Absorption eines Lichtquants) erforderliche Belichtungszeit dem *reziproken* Wert der Intensität proportional. Infolge rückläufiger Prozesse muß für sehr kleine und sehr große Intensitäten zwecks gleicher photographischer Schwärzung länger belichtet werden als dem R. entspricht. In diesem Falle ist die photographische Schwärzung nicht mehr eine Funktion von $I \cdot t$, sondern nach Schwarzschild eine Funktion von $I \cdot t^p$ (*Schwarzschild-Effekt*) mit dem Schwarzschild-Exponent p, der für geringe Belichtungsintensitäten bzw. große Belichtungszeiten < 1 (z. B. $p = 0{,}8$), für große Belichtungsintensitäten und damit zugleich für sehr kleine Belichtungszeiten > 1 ist.

5) der Elektrostatik: besagt, daß für n durch die Ladungen Q_i mit $i = 1, 2, \ldots, n$ auf die Potentiale Φ_i bzw. durch die Ladungen Q'_i auf die Potentiale Φ'_i gebrachte Leiter

$$\sum_{i=1}^{n} Q_i \Phi'_i = \sum_{i=1}^{n} Q'_i \Phi_i$$

gilt. Daraus folgt z. B., daß die Teilkapazitätskoeffizienten (→ Kapazität 3) eine symmetrische Matrix ergeben.

6) → Onsagersche Reziprozitätsbeziehungen.

Reziprozitätssatz der Elastizitätstheorie, besagt, daß die von einem Kräftegleichgewichtssystem 1 bei Übergang zu einem neuen Gleichgewicht unter dem Einfluß eines zweiten Gleichgewichtssystems 2 verrichtete Arbeit genau so groß ist, wie die von dem System 2 bei Vertauschung der Reihenfolge des Einwirkens von 1 und 2 verrichtete Arbeit.

***R*-Faktor, 1)** wichtige Kenngröße für Tiefziehbleche, die die Anisotropie der Werkstoffeigenschaften senkrecht zur Blechebene kennzeichnet. Der R-F. ist nach Lankford, Snyder, Bauscher das Verhältnis der an einem Zugstab gemessenen logarithmischen Breitenformänderung φ_b zur logarithmischen Dickenformänderung φ_d: $R = \varphi_b/\varphi_d$.

Wenn bei Blechen eine Textur vorliegt, sind die Formänderungen in den Richtungen der Querschnittsebene nicht mehr gleich. Bei Flachproben, wie sie zur Bestimmung des R-F.s dienen, führt dies zu Unterschieden zwischen der Breitenrichtung y und der Dickenrichtung z. Hosford und Backofen führten ebenfalls einen Parameter

$$r = \frac{d\varepsilon_{yy}}{d\varepsilon_{yy} + d\varepsilon_{zz}} = \frac{R}{R+1}$$

ein, der diesen Unterschied berücksichtigt.

Werden an Proben, die unter den Winkeln 0°, 45° und 90° zur Walzrichtung einem Blech entnommen wurden, gleiche R-F.en, die nicht 1 sind, festgestellt, so liegt eine *Normalanisotropie* des Bleches vor: $R_0 = R_{45} = R_{90}$. Bei $R = 1$ handelt es sich um ein isotropes Blech.

2) *Zuverlässigkeitsfaktor, Diskrepanzfaktor,* Maß für die Richtigkeit und Genauigkeit der durch Kristallstrukturanalyse ermittelten oder angenommenen Kristallstruktur. Er ist definiert als $R = \frac{\sum \| F(hkl)_{beob}| - |F(hkl)_{ber}\|}{\sum |F(hkl)_{beob}|}$. Es bedeuten $|F(hkl)_{beob}|$ die aus den gemessenen Intensitäten ermittelten und $|F(hkl)_{ber}|$ die aus den Atomlagen und den Temperaturfaktoren der Atome berechneten Beträge der Strukturfaktoren $F(hkl)$. Die Summen sind über alle beobachteten Reflexe zu erstrecken. Allerdings wird R mit wachsender Anzahl der berücksichtigten $F(hkl)$-Werte größer, d. h. schlechter, obwohl die Struktur verläßlicher wird. Bei hinreichender Überbestimmung, d. h., wenn sich die Anzahl der berücksichtigten Reflexe zu der Anzahl der Atome in der asymmetrischen Einheit mindestens wie 300 zu 1 verhält, ist ein R.-F. von 0,15 als gut, von 0,08 als sehr gut zu bezeichnen.

RHEED, Abk. von *R*eflected *H*igh *E*nergy *E*lectron *D*iffraction, *HEED*, wie LEED eine moderne Methode zur Untersuchung von Festkörperoberflächen. Es wird mit hochenergetischen Elektronen von etwa 40 keV gearbeitet, die wegen der kleinen Beugungswinkel streifend auf die Oberfläche fallen, wodurch gleichzeitig gewährleistet ist, daß die auftreffenden Elektronen vorwiegend mit den obersten Atomlagen der Festkörperoberfläche in Wechselwirkung treten. In der Regel wird R. dann angewendet, wenn relativ starke Adsorptionsschichten oder z. B. Oxidschichten an Metalloberflächen untersucht werden sollen. R.-Systeme werden als separate Instrumente gebaut, oder sie sind mit LEED-Systemen und Auger-Systemen kombiniert.

Rhenium, Re, chemisches Element der Ordnungszahl 75. Von den natürlichen Isotopen der Massezahlen 185 und 187 ist das letztere ein β-Strahler mit einer Halbwertszeit von 10^{11} Jahren und einer Energie der β-Teilchen kleiner als 8 keV. Bekannt sind künstliche Isotope mit den Massezahlen zwischen 177 und 191.

Rheodynamik, → Rheologie.

rheolineares System, → physikalische Systeme.

Rheologie, Lehre von den Fließerscheinungen, von den Gesetzmäßigkeiten des Fließens von Flüssigkeiten, kolloidalen Systemen und Festkörpern unter der Wirkung äußerer Kräfte sowie von der Abhängigkeit dieser Gesetzmäßigkeiten von der physikalischen und chemischen Struktur der fließenden Stoffe. Das Gebiet der R. wird heute im wesentlichen in drei Bereiche eingeteilt: 1) den physikalisch-chemischen Forschungsbereich, 2) den mathematischen Forschungsbereich auf dem Gebiete der Kontinuumsmechanik mit dem Hauptaugenmerk auf nichtlineare Kontinuumsmechanik, 3) den technischen Forschungsbereich. Die ersten beiden Bereiche haben das Ziel, Gesetzmäßigkeiten aufzustellen zwischen dem Fließen der Materie (fest, flüssig, kolloidal) und den einwirkenden Kräften. Derartige Gesetzmäßigkeiten werden als Zustandsgleichungen, Stoffgleichungen, Materialgleichungen (engl. constitutive equations) bezeichnet. Im Rahmen der chemisch-physikalischen Untersuchungen geht man von der Struktur des Stoffes aus und versucht die Zustandsgleichung aus seiner

Mikrostruktur aufzubauen (*Mikrorheologie*). Wegen der dabei verwendeten statistischen Methoden wird diese Theorie auch *statistische R.* genannt. Im zweiten Bereich der R. wird der Stoff als ein Kontinuum aufgefaßt. Die Aufstellung der Stoffgleichung erfolgt aus phänomenologischer Sicht unter Zugrundelegung mathematischer Modelle und allgemeiner Prinzipien (z. B. Invarianzprinzipien). Da die Deformationsvorgänge am gesamten Kontinuum betrachtet werden, spricht man auch von der *Makrorheologie.* Im technischen Bereich der R. können die Randwertprobleme zusammengefaßt werden. Hierbei geht es um die Kopplung der Zustandsgleichungen mit den Erhaltungssätzen der Mechanik. Dabei lassen sich zwei Richtungen, die Rheometrie und die Rheodynamik, unterscheiden. In der *Rheometrie* werden die Randbedingungen so gewählt, daß die unbekannten Stoffeigenschaften weitgehend ermittelt werden können. Es soll aber auch hier die Bestätigung der Randwertprobleme durch das Experiment mit allen zur Verfügung stehenden Meßmethoden verstanden werden. In der *Rheodynamik* (*angewandte Rheologie*) gibt man die Stoffeigenschaften vor und befaßt sich mit den Fließfeldern, die nunmehr als Folge der gewählten Randbedingungen auftreten. Der Teil der Rheodynamik ohne die von den Masseträgheitseffekten handelnde Kinetik heißt *Rheostatik.* Vom Standpunkt der theoretischen R. her gesehen bilden der flüssige und feste Zustand nur Grenzfälle. Gase werden als rheologische Flüssigkeiten angesehen.

Unter *experimenteller R.* versteht man die quantitative Erfassung der Stoffeigenschaften mit Hilfe geeigneter Meßverfahren, um den verfahrenstechnischen Anwendungen die erforderlichen Grundlagen geben zu können.

Axiome der R. *Erstes Axiom*: Unter isotropem Druck verhalten sich alle nichtporösen Materialien in der gleichen Weise, sie sind rein und einfach elastisch. *Zweites Axiom*: Jedes Material besitzt, wenn auch in unterschiedlichem Maße, alle rheologischen Eigenschaften. *Drittes Axiom*: Die rheologische Zustandsgleichung eines Materials kann aus der Zustandsgleichung eines komplizierteren Materials dadurch hergeleitet werden, daß man den einen oder den anderen rheologischen Parameter in der Gleichung Null setzt.

rheologische Zustandsgleichung, stellt konstitutive Beziehungen zwischen den dynamischen und kinematischen Größen her. Im einzelnen wird der Zusammenhang zwischen dem symmetrischen Spannungstensor und den räumlichen und zeitlichen Ableitungen des Bewegungsfeldes gesucht.

Rheometer, Meßgeräte, in denen die rheologischen Eigenschaften quantitativ bestimmt werden. Je nach der dabei auftretenden Verformungsart werden Geräte mit homogener (auf dem Dehnungsprinzip aufbauende Meßgeräte), laminarer (Rohr- und Rotationsviskosimeter) und zusammengesetzter (z. B. Kugelfallviskosimeter) Verformung unterschieden.

Rheometrie, → Rheologie.

rheonome Bindung, → Bindung.

rheonomes System, → physikalische Systeme, → mechanisches System.

Rheopexie, Fließverfestigung, die Erscheinung der Zunahme der Scherviskosität bei zunehmender Beanspruchung. R. wird im Bereich mittlerer Schergeschwindigkeiten an Stoffen beobachtet, die Makromoleküle in großer Konzentration enthalten. So erstarren Sole oder Suspensionen durch mechanische Bewegung, z. B. durch Klopfen, schneller zu festen Gelen oder Massen.

Rheostat, svw. Meßwiderstand.

Rheostatik, → Rheologie.

rhombisch, svw. orthorhombisch.

rhomboedrisch, → trigonal.

Rhomboidprisma, → Reflexionsprisma.

Rho-Mesonen, ϱ-Mesonen, → Elementarteilchen.

Ri, → Richardsonzahl.

Ricci-Tensor, → Krümmungstensor.

Richardson-Dushmannsches Gesetz, → Richardsonsches Gesetz.

Richardson-Gleichung, svw. Richardsonsches Gesetz.

Richardsonsches Gesetz, *Richardson-Gleichung,* 1) zur Beschreibung der Temperaturabhängigkeit der in den Außenraum tretenden Stromdichte j, die bei der thermischen → Elektronenemission aus Metalloberflächen auftritt. Das Richardsonsche G. wurde auf der Grundlage der klassischen Elektronentheorie der Metalle, die eine Maxwellsche Geschwindigkeitsverteilung der Leitungselektronen im Metall voraussetzt, hergeleitet. Unter dieser Voraussetzung sieht das Richardsonsche G. folgendermaßen aus: $j = C \cdot T^{1/2} \cdot \exp(-A/kT)$. Dabei bedeuten T die Metalltemperatur, k die Boltzmannsche Konstante, A die Austrittsarbeit der Elektronen aus dem Metall und $C = n \cdot e \cdot (k/2\pi m)^{1/2}$. e ist die Ladung und m die Masse des Elektrons, n die Elektronenkonzentration im Metall. Dieses Gesetz gibt die Temperaturabhängigkeit von j nicht genau wieder. Ausgehend von der Quantentheorie für Leitungselektronen in Metallen erhält das Richardsonsche G. als *Richardson-Dushmannsches Gesetz* eine etwas andere Form: $j = B \cdot T^2 \cdot \exp(-A/kT)$. Hierbei ist $B = 2\pi m \cdot e \cdot k^2/h^3 = 60{,}2\ \mathrm{A/cm^2 \cdot K^2}$ eine Konstante, ihre realen Werte weichen aber für die verschiedenen Emissionsmaterialien teilweise stark davon ab. Dabei ist h die Plancksche Konstante. Die Temperaturabhängigkeit dieser Beziehung wird durch das Experiment bestätigt.

Die Emissionsstromdichte j für Eigenhalbleiter und Überschußhalbleiter ist auch wie die eines Metalls durch das Richardson-Dushmannsche Gesetz darstellbar, die effektive Austrittsarbeit ist jedoch $A + U$, wobei U für Eigenhalbleiter $\Delta E/2$ beträgt. ΔE ist der Bandabstand. Für Überschußhalbleiter ist ΔE der energetische Abstand von der unteren Leitungsbandkante bis zur Fermi-Oberfläche.

2) zur Beschreibung der Teilchenemission aus einem hochangeregten Compoundkern (Kernverdampfung) in Analogie zur Glühemission von Elektronen aus einer Katode benutzte Gleichung, wobei angenommen wird, daß die Verdampfung aus einem Potentialtopf ohne Coulomb-Wall erfolgt. Man erhält die

Zerfallskonstante λ der verdampfenden Neutronen für $E_A \gg E_B$ zu
$\lambda = (8\pi^2 r^2 m_n / h^3)\,(kT)^2 \exp(-E_B/kT)$,
wobei E_A die Anregungsenergie des Compoundkerns, E_B die Bindungsenergie des Neutrons der Masse m_n und r der Kernradius ist. Die Kerntemperatur T erhält man dabei aus der Anregungsenergie
$E_A \approx 0{,}64 A^{2/3}(Z^{1/3} + N^{1/3})\,(kT)^2$.
Darin bedeutet A die Massezahl des Kerns, Z die Protonenanzahl und N die Neutronenanzahl.

Richardsonzahl, Ri, eine → Kennzahl, das Verhältnis von Schwerkraft zu Trägheitskraft bzw. von Hubarbeit zu aufzunehmender kinetischer Energie: $\mathrm{Ri} = -g\,\dfrac{\mathrm{d}\varrho}{\mathrm{d}y}\bigg/\varrho\left(\dfrac{\mathrm{d}c}{\mathrm{d}y}\right)^2$; dabei bedeuten g die Erdbeschleunigung, ϱ die Dichte, c die Strömungsgeschwindigkeit und y die vertikal nach oben gerichtete Koordinate. Die R. ist von Bedeutung für die Stabilität von Schichtenströmungen mit Dichteunterschieden in vertikaler Richtung (→ Umschlag).

Richtcharakteristik, **1)** Akustik: Bei akustischen Strahlern, wie Lautsprechern oder Schwingquarzen, unterscheidet man in gleicher Weise wie im Fall elektrischer Strahler zwischen Nah- und Fernfeld. Letzteres ergibt nach Abspaltung entfernungsabhängiger Anteile die R. akustischer Strahler, die bei → Kugelstrahlern nullter Ordnung beispielsweise kugelförmig ist; in alle Raumrichtungen werden gleiche Schallanteile abgestrahlt. Strahler höherer Ordnung weisen anisotrope Abstrahlungseigenschaften auf und haben eine keulenförmige R.; die Bündelung ist umso exakter, je ausgedehnter die Strahlerfläche gegenüber der Wellenlänge ist. Besondere Bedeutung hat eine derart exponierte R. bei Mikrophonen, die nur aus bestimmten Raumrichtungen Schallsignale aufnehmen sollen, aber auch bei Ultraschallsendern, die bei der → Ultraschallortung verwendet werden.

2) Hochfrequenztechnik: → Antenne.

Richtdiode, → Halbleiterdiode.

Richter-Magnitude, → Magnitude.

Richtfaktor, → Antenne.

Richtgröße, *Federkonstante*, *Direktionskraft*, *Richtkraft*, *Rückstellkraft*, die im Hookeschen Gesetz $F = -Dx$ auftretende Konstante D, wobei $|x|$ die Auslenkung aus der Ruhelage und F die dieser Auslenkung entgegenwirkende rücktreibende Kraft ist. Dies gilt z. B. für kleine Auslenkungen eines Körpers an einer elastischen Feder infolge der Schwere, wobei F das Gewicht G des Körpers kompensiert (Abb.). Die R. D hängt vom Elastizitätsmodul E des Federmaterials ab.

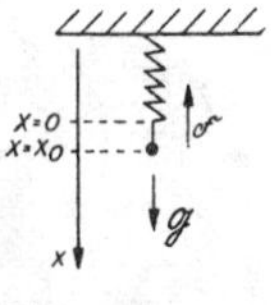

Richtgröße

Richtkoppler, *Richtungskoppler*, ein Leitungs- oder Hohlleiterbauelement, das aus einer Leitung richtungsabhängig einen Teil der dort fließenden Energie in eine Nebenleitung koppelt. Ein R. kann als verlustfreier Achtpol aufgefaßt werden, dessen vier Klemmenpaare im Uhrzeigersinn von 1 bis 4 durchnumeriert seien, so daß die Klemmenpaare 1 und 2 ebenso wie die Klemmenpaare 4 und 3 einander geradlinig gegenüberliegen. Eine am Klemmenpaar 1 eintretende Wirkleistung P_1 wird in die Teilleistungen P_2' und P_4' aufgespalten und den entsprechenden Verbrauchern an den Klemmen 2 und 3 zugeführt. Am übrigbleibenden, freien, vierten Klemmenpaar 4 tritt infolge der Richtkoppelwirkung keine Leistung auf. Analog dazu verhält sich ein R., wenn man in das Klemmenpaar 2 eine Wirkleistung einspeist. Diese wird ebenfalls aufgespalten und den Verbrauchern an den Klemmen 1 und 3 zugeführt, während am übrigbleibenden, freien Klemmenpaar 4 keine Leistung erscheint usw. Bei dieser Art von R.n sind die Klemmen 1 und 2 bzw. 4 und 3 durch eine durchgehende Leitung bzw. einen durchgehenden Hohlleiter verbunden. Diese beiden Leiter sind zur Erreichung der Richtkopplereigenschaften auf eine bestimmte Weise gekoppelt. Bei Leitungsrichtkopplern kommt als wichtigste Form die parallellaufende elektromagnetisch gekoppelte Leitung in Frage, die sich durch Frequenzunabhängigkeit der Richteigenschaft auszeichnet. Außerdem können mit ihr sehr kleine Koppeldämpfungen realisiert werden. Ein weiterer wichtiger R. zur Kopplung zweier koaxialer Leitungen oder zweier Hohlleiter ist der Bethe-Loch-Koppler. Bei ihm sind die Leiter unter einem bestimmten Winkel (z. B. 60°) gekreuzt und an der Kreuzungsstelle durch ein Loch miteinander verbunden.

Sehr schmalbandige R. erhält man durch Anbringen von zwei Koppellöchern im Abstand $\lambda/4$. Größere Bandbreiten lassen sich durch Anbringen mehrerer Koppelelemente im Abstand von $\lambda/4$ erzielen. Bei Hohlleitern werden häufig auch Schlitz- bzw. Langschlitzkoppler verwendet.

Als *Koppeldämpfung* ist die Größe $a_K = 10 \log \dfrac{P_1}{P_4'} = 10 \log \dfrac{P_2}{P_3'}$ [dB] definiert.

Bei technischen R.n für Leitungen variiert die Koppeldämpfung zwischen 0,5 und 40 dB. Für Hohlleiter ist die kleinste erreichbare Koppeldämpfung 3 dB.

Da nur beim idealen R. ein Klemmenpaar leistungslos bleibt, beim realen R. dagegen stets, wenn man z. B. am Klemmenpaar 1 einspeist, am diagonal gegenüberliegendem Klemmenpaar 3 eine allerdings kleine Leistung P_3'' (Eckleistung) erscheint, hat man die *Richtdämpfung* als zweite Größe zur Charakterisierung eines R.s eingeführt. Als Richtdämpfung wird die Größe $a_R = 10 \log \dfrac{P_4'}{P_3''}$ [dB] bezeichnet. Sie ist ein Maß für das Verhältnis der in der Nebenleitung in entgegengesetzter Richtung fließenden Leistung.

Lit. Meinke u. Gundlach: Taschenb. der Hochfrequenztechnik (Berlin, Göttingen, Heidelberg 1968).

Richtkraft, svw. Richtgröße.

Richtmoment, *Winkelrichtgröße*, *Direktionsmoment*, die in dem für tordierte, d. s. verdrillte, Stäbe oder Drähte gültigen Gesetz $T = -D'\varphi$ auftretende Konstante D', wobei φ der Torsionswinkel in Bogenmaß und T der Betrag des rücktreibenden Drehmomentes ist. Für einen Draht vom Radius r und der Länge l ergibt sich bei kleinen relativen Verdrillungen φ/l das R. zu $D' = \pi r^4 G/2l$, wobei G der Torsionsmodul des Materials ist.

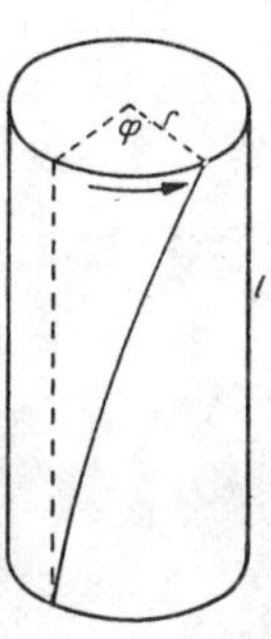

Richtmoment

Richtstrahler, → Antenne.

Richtungsableitung, → Skalarfeld.

Richtungsäquivalent, → spektraler Hellempfindlichkeitsgrad.

Richtungsgabel, → nichtreziproke Bauelemente.

Richtungskoppler, svw. Richtkoppler.

Richtungskorrelation, svw. Winkelkorrelation.

Richtungsleitung, → nichtreziproke Bauelemente.

Richtungsordnung, *Orientierungsüberstruktur*, in magnetisch geordneten Legierungen auftretende Form der atomaren Ordnung. Die Bindungsenergien zwischen gleichen und ungleichen Atomen hängen unterschiedlich vom Winkel zwischen der spontanen Magnetisierung und der Bindungsrichtung ab. Bei ausreichender Diffusionsmöglichkeit ordnen sich deshalb vorwiegend Paare bestimmter Nachbaratome mit ihren Bindungsachsen in Richtung der spontanen Magnetisierung an. Diese magnetisch induzierte Nahordnung wird bei der Abkühlung eingefroren; es entsteht eine einachsige magnetische Anisotropie mit der Energie $W_M = -K_n \cdot \sin^2 \gamma$. Hierbei bedeuten K_n eine Konstante, die die Stärke der einachsigen Anisotropie charakterisiert, und γ den Winkel zwischen der spontanen Magnetisierung während des Glühens und der Meßfeldrichtung. Wird die spontane Magnetisierung während der Glühung durch ein äußeres Feld ausgerichtet, so entsteht eine einheitliche Vorzugsrichtung (magnetfeldinduzierte Anisotropie); die Hystereseschleife wird rechteckig (→ Rechteckschleife). Ohne äußeres Feld bildet sich die R. nur innerhalb der einzelnen Weißschen Bezirke. Die Bloch-Wände werden in ihren Lagen stabilisiert und die Hystereseschleife wird eingeschnürt (*Perminvar-Effekt*).

Richtungsphasenschieber, → nichtreziproke Bauelemente.

Richtungsquantelung, die Tatsache, daß nach den Gesetzen der Quantenmechanik die Komponente eines beliebigen Drehimpulses in bezug auf eine gegebene, häufig durch ein elektrisches oder magnetisches Feld ausgezeichnete Raumrichtung nicht beliebige, sondern nur die Werte $m\hbar$ annehmen kann. Dabei ist $\hbar$ die Plancksche Konstante und m eine ganze, bei den Spins von Fermionen auch halbganze Zahl. Das Quadrat des betrachteten Drehimpulses hat die Eigenwerte $l(l+1)\,\hbar^2$ (→ Drehimpulsoperator), und m kann mit der Differenz $\Delta m = 1$ zwischen benachbarten Werten von $-l$ bis $+l$ laufen. Die R. erklärt insbesondere den → Zeeman-Effekt und den Stern-Gerlach-Effekt (→ Stern-Gerlach-Versuch) und wird durch diese experimentell bestätigt. Die mit der R. häufig verknüpfte anschauliche Vorstellung, daß der gesamte Drehimpulsvektor nach Betrag und Richtung wohl definiert ist, ist mit der strengen Quantenmechanik unvereinbar, da die verschiedenen räumlichen Komponenten dieses Vektors durch unvertauschbare Operatoren dargestellt werden und deshalb nicht gleichzeitig scharfe Werte haben können.

Richtungsquotient, → Tyndall-Effekt.

Richtwaage, früher *Wasserwaage* genannt, Gerät zum Messen von Neigungen bzw. von Abweichungen gegen die Senkrechte oder die Waagerechte nach dem Flüssigkeitsstand in → Libellen. Die einfache R. besteht aus einem quaderförmigen Holzkörper mit zwei senkrecht zueinander angeordneten Röhrenlibellen mit Teilung. Ihr Skalenwert hängt von der Form und der Ausführung der R. ab. Die Empfindlichkeit erreicht bis 10 μm/m $\hat{\approx}$ 2″. Die *Schlauchrichtwaage* wird zum Nivellieren und Horizontieren langer oder weit entfernt liegender Flächen benutzt. Sie arbeitet nach dem Prinzip der kommunizierenden Röhren und besteht aus zwei Meßzylindern, die mit einem Schlauch verbunden sind. Da nur Millimeter Füllhöhenunterschiede gemessen werden können, ist das Verfahren für exakte Messungen nicht günstig.

Richtwirkung, *akustische R.*, infolge der → Richtcharakteristik akustischer Strahler oder Empfänger vor diesen auftretende Winkelabhängigkeit der Abstrahlung bzw. des Empfangs der Schallenergie. Bei Strahlern flächenhafter Ausdehnung erhöht sich die bevorzugte Abstrahlung hoher Schallenergieanteile in schmale Winkelbereiche mit steigenden Frequenzen. Die äquidistante Zusammenstellung mehrerer gleicher Strahler in einer Ebene als Strahlergruppe führt zu scharf gebündelter Schallabstrahlung. Unter einem Winkel zum Lot auf diese Strahlerebene abgestrahlte Schallwellen der einzelnen Strahler werden untereinander durch Interferenz ausgelöscht. Die mögliche Umkehr derartiger Anordnungen zum Empfang akustischer Signale erlaubt es, den aus einem kleinen Raumwinkel ankommenden Schall vom übrigen Schallpegel zu trennen.

Die beim beidohrigen Hören auftretende akustische R. beruht auf der durch Laufzeitdifferenzen hervorgerufenen phasenverschobenen Überlagerung der die einzelnen Ohren treffenden Schallsignale.

Riedelsche Dampfdruckgleichung, auf dem → Theorem der übereinstimmenden Zustände beruhende universelle Dampfdruckgleichung für nichtassoziierende Flüssigkeiten. Die R. D. ergibt sich durch Einführung eines Parameters $\alpha_{kr} = (d \ln \pi / d \ln \vartheta)_{\vartheta=1}$ ($\pi = p/p_{kr}$ = reduzierter Druck; $\vartheta = T/T_{kr}$ = reduzierte Temperatur), ebenso wie sich viele Darstellungen in reduzierten Größen als einparametrige Kurvenschar ergeben. α_{kr} liegt für viele organische Dämpfe bei etwa 7. Daraus folgt als praktische Form $\log(1/\pi) = \Phi(\vartheta) + (\alpha_{kr} - 7)\,\Psi(\vartheta)$ mit $\Phi(\vartheta) = 3{,}25 \cdot 0{,}0364(36\vartheta^{-1} + 42 \ln \vartheta - 35 - \vartheta^6) - 7 \log \vartheta$ und $\Psi(\vartheta) = 0{,}0364(36\vartheta^{-1} + 42 \ln \vartheta - 35 - \vartheta^6) - \log \vartheta$. Die Funktionen Φ und Ψ sind tabelliert.

Riegelsfaktor, → Singularitätenverfahren.

Rieggerkreis, → Demodulation.

Riemannsche Fläche, → Funktionentheorie.

Riemannscher Abbildungssatz, → Existenzsätze der Strömungslehre.

Riemannscher Raum, n-dimensionaler Raum $\mathfrak{R}_n$, in dem in jedem Punkt ein symmetrischer, kovarianter Tensor zweiter Stufe definiert ist. Für diesen Tensor $g_{\mu\nu}$ wird $g \equiv \det(g_{\mu\nu}) \neq 0$ vorausgesetzt $\mu, \nu = 0, 1, 2, 3$).

Der *metrische Tensor* $g_{\mu\nu}$, auch *metrischer Fundamentaltensor* genannt, liefert eine Maßbestimmung des Raumes, die es erlaubt, folgende Begriffe zu definieren:

1) skalares Produkt zweiter Vektoren a^μ und b^μ: $g_{\mu\nu}a^\mu b^\nu$

2) Länge eines Vektors a^μ: $\sqrt{g_{\mu\nu}a^\mu a^\nu}$

3) Bogenlänge s einer Kurve $x^\mu(t)$:

$$s = \int \sqrt{g_{\mu\nu} \frac{\mathrm{d}x^\mu}{\mathrm{d}t} \frac{\mathrm{d}x^\nu}{\mathrm{d}t}}\, \mathrm{d}t,$$

4) Volumen V_n eines Gebietes im $\mathfrak{R}_n$:
$V_n = \int \sqrt{g}\, \mathrm{d}x^1\, \mathrm{d}x^2 \cdots \mathrm{d}x^n$.

Die Differentialform $ds^2 = g_{\mu\nu}\, \mathrm{d}x^\mu\, \mathrm{d}x^\nu$ wird als Linienelement bezeichnet.

Besondere Bedeutung für die Physik haben die *vierdimensionalen indefiniten* Riemannschen Räume. Das sind vierdimensionale Räume, in denen das Linienelement das Vorzeichen wechseln kann. In der speziellen Relativitätstheorie hat man es mit dem einfachsten vierdimensionalen indefiniten Riemannschen R., dem → Minkowski-Raum, zu tun. Das ist ein Raum, dessen Krümmungstensor gleich Null ist. In der allgemeinen Relativitätstheorie treten dagegen Riemannsche Räume auf, deren Krümmungstensor von Null verschieden ist, und deren metrischer Tensor daher auch durch Koordinatentransformationen nicht auf die Form $g_{\mu\nu} = \eta_{\mu\nu}$ mit

$$\eta_{\mu\nu} = \begin{pmatrix} 1 & 0 & 0 & 0 \\ 0 & -1 & 0 & 0 \\ 0 & 0 & -1 & 0 \\ 0 & 0 & 0 & -1 \end{pmatrix}$$

gebracht werden kann.

Im Zusammenhang mit den kosmologischen Modellen sind in der allgemeinen Relativitätstheorie die Räume konstanter Krümmung besonders wichtig. Das sind Riemannsche Räume, deren Krümmunsgtensor $R_{\mu\nu\lambda\varrho}$ (für $n > 2$) mit dem Krümmungsskalar $R = g^{\mu\nu}R_{\mu\nu}$ durch die Beziehung

$$R_{\mu\nu\lambda\varrho} = n^{-1}(n-1)^{-1}\, R(g_{\mu\lambda}g_{\nu\varrho} - g_{\nu\lambda}g_{\mu\varrho})$$

verbunden ist.

Riemannscher Tensor, → Krümmungstensor.

Riemannsches Blatt, → Funktionentheorie, → quantenmechanische Streutheorie.

Riemannsche Zahlenkugel, Darstellung der komplexen Zahlen auf der Oberfläche S einer Kugel durch Punkte Z, die durch *stereographische Projektion* den Punkten z der komplexen

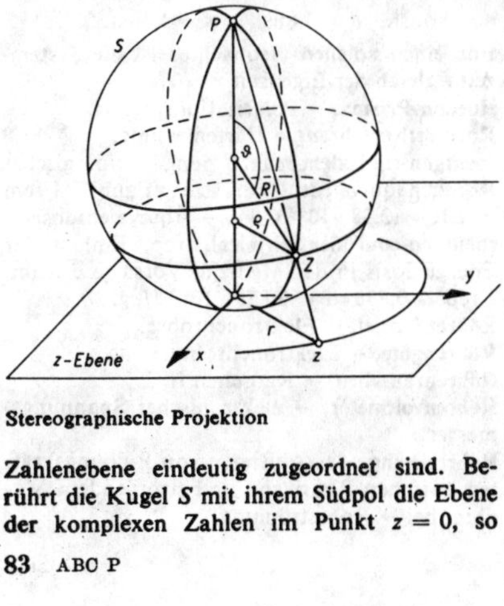

Stereographische Projektion

Zahlenebene eindeutig zugeordnet sind. Berührt die Kugel S mit ihrem Südpol die Ebene der komplexen Zahlen im Punkt $z = 0$, so schneidet die Gerade durch den Nordpol P der Kugel und den Punkt $z = r(\cos\varphi + \mathrm{i}\sin\varphi)$ die Kugel S im Bilde Z von z. Kreise mit dem Radius r um $z = 0$ gehen dabei in Breitenkreise auf der Kugel über, und für $r \to \infty$ wird das Äußere dieser Kreise auf Punkte in beliebiger Nähe des Nordpols der Kugel S abgebildet. Man ordnet deshalb dem Nordpol künstlich eine Zahl $z = \infty$ als *unendlich fernen Punkt* der komplexen Zahlenebene zu, die dann mit diesem „Punkt" abgeschlossen ist.

Riesenoszillationen, ein Sammelbegriff für starke Oszillationen einer positiven Größe, deren Mittelwert kleiner ist als die Amplitude der Oszillationen. *R. in Metallen* entstehen durch eine Kombination von Quantenoszillationen und dopplerverschobener Zyklotronresonanz und sind in der Ultraschallabsorption zahlreicher Metalle im Magnetfeld beobachtet worden. Die Welle wird besonders stark durch die Leitungselektronen absorbiert, wenn die Bedingung für dopplerverschobene → Zyklotronresonanz und die → Onsagersche Quantisierungsregel gleichzeitig erfüllt sind. Die R. erfolgen periodisch als Funktion der reziproken Magnetfeldstärke. Ähnlich wie bei den Quantenoszillationen lassen sich aus den Perioden der R. Querschnitte der Fermi-Flächen von Metallen bestimmen.

Riesenpulsationen, → Pulsationen.

Riesenresonanz, resonanzartiges Anwachsen des Wirkungsquerschnittes einer Kernreaktion mit einer Breite von mehreren MeV. Die Abstände der R.en liegen in der Größenordnung von 10 MeV. Sie treten in einem Energiegebiet auf, in dem der Zwischenkern so hoch angeregt ist, daß keine Trennung der einzelnen Energieniveaus mehr beobachtet wird. Bei niedrigeren Energien können sie aus der Energieabhängigkeit des mittleren Resonanzwirkungsquerschnittes festgestellt werden. R.en werden durch das optische Modell des Kerns beschrieben.

Riesenstern, → Hertzsprung-Russell-Diagramm.

Righeit, *Starrheit*, Widerstand gegen elastische Formänderung fester Substanz.

Righi-Leduc-Effekt, *Leduc-Righi-Effekt*, die Erscheinung, daß eine Temperaturdifferenz entsteht, wenn auf einen Wärmestrom in einem Elektronenleiter senkrecht zur Stromrichtung ein Magnetfeld einwirkt. Der R.-L.-E. gehört zu den → thermomagnetischen Effekten; er wurde von A. Righi und A. Leduc fast gleichzeitig gefunden.

Ring, → Halo.

Ringbeschleuniger, ein → Teilchenbeschleuniger.

Ringmodulator, → Modulator.

Ringschwinger, in der Ultraschalltechnik verwendete elektromechanische Wandler zur Abstrahlung von Ultraschallwellen. Die Schallabstrahlung findet bevorzugt radial nach innen bzw. außen wegen des in dieser Richtung schwingenden R.s statt (→ Ultraschall).

Ringstrom, → Magnetosphäre, → Sturm, → eingefangene Teilchen.

Ringtron, ein → Teilchenbeschleuniger.

Ringwaage, *Kreismanometer*, ein Gerät zum Messen von kleinen Gasdrücken sowie in Verbindung mit Drosselgeräten (z. B. Venturi-Düse) zum Messen der Durchflußmengen von Gasen und Flüssigkeiten. Die R. besteht aus einem in seiner Mittelachse auf einer Schneide gelagerten, kreisförmig gebogenen U-Rohr. Dieses ist durch eine Trennwand in zwei Kammern geteilt und bis zur Hälfte mit einer Sperrflüssigkeit (z. B. Quecksilber) gefüllt. Die Kammern sind mit der Meßleitung verbunden. Die Druckdifferenz erzeugt an der Trennwand ein Drehmoment und dreht den Ring bis zur Gleichgewichtslage. Der Weg wird an einer entsprechend eingemessenen Skale angezeigt. Der Meßbereich hängt von der Belastungsmasse ab. Die Meßunsicherheit beträgt $\pm 1\,\%$ des Meßbereichsendwerts.

Rinnenfehler, → Abbildungsfehler.

Rittersches Schnittverfahren, svw. Schnittverfahren nach Ritter.

Ritz-Korrektur, → Alkalimetalle.

Ritz-Paschen-Serie, → Wasserstoffspektrum.

Ritzsches Kombinationsprinzip, → Atomspektren.

Ritzsches Verfahren, Näherungsverfahren zur Behandlung zahlreicher Probleme der numerischen Mathematik, für die sich ein Variationsprinzip der Art $\int \Phi(\psi, \partial\psi/\partial x_i, x_i)\, dx_1 \cdot dx_2 \dots dx_n = \text{Min.}$ formulieren läßt, wobei Φ nach allen auftretenden Variablen, worunter auch höhere Ableitungen nach den Variablen x_i auftreten können, stetig differenzierbar sein muß. Dabei wird die Variation nicht allgemein ausgeführt und auf diese Weise das Problem auf eine Differentialgleichung reduziert, sondern es wird unmittelbar der Extremwert des zu variierenden Funktionals als Funktion von in der gesuchten Funktion offen gelassenen Parametern aufgesucht. Das Ritzsche V. wird außer zur Lösung von Eigenwertproblemen auch zur Lösung von Randwertaufgaben gewöhnlicher oder partieller Differentialgleichungen herangezogen, da sich diese als Eulersche Differentialgleichungen derartiger Variationsprobleme auffassen lassen. Eine Weiterentwicklung stellt das von Galerkin entwickelte Verfahren dar, bei dem man das Variationsfunktional nicht zu kennen braucht.

Besonders wichtig ist die Anwendung des Ritzschen V.s in der Quantenmechanik als Variationsverfahren zur näherungsweisen Berechnung der Eigenwerte und -funktionen des Hamilton-Operators eines quantenmechanischen Systems. Das Ritzsche V. ist besonders geeignet zur Bestimmung des Grundzustandes mit der Energie E_0, für den

$$E_0 \leqq \langle\psi \mid \hat{H} \mid \psi\rangle / \langle\psi \mid \psi\rangle$$

gilt ($\langle\,|\,\rangle$ ist das Skalarprodukt, d. h., es ist $\langle\psi \mid \hat{H} \mid \psi\rangle = \int \psi^* \hat{H}\psi\, d\tau$). Ziel des Ritzschen V.s ist nun, $\langle\psi \mid \hat{H} \mid \psi\rangle$ unter der Nebenbedingung $\langle\psi \mid \psi\rangle = 1$, ausgehend von einer passend gewählten Ausgangsfunktion ψ (Probefunktion) mit geeigneten Parametern, zu einem Minimum zu machen. Die Erweiterung auf die Eigenfunktionen zu höheren Eigenwerten muß zusätzlich die Orthogonalität der gesuchten Wellenfunktionen ψ zu den Wellenfunktionen ψ_n zu den niedrigeren Eigenwerten berücksichtigen: $\langle\psi_n \mid \psi\rangle = 0$; das Verfahren für höhere Eigenfunktionen kann also nur sukzessive durchgeführt werden.

Das Ritzsche V. wird vielfältig in der Atom- und Molekülphysik angewendet; mit ihm wurden die Grundzustände des Heliumatoms bzw. des Wasserstoffmoleküls in erstaunlich guter Übereinstimmung mit den experimentellen Werten berechnet.

Rivlin-Ericksen-Flüssigkeit, Flüssigkeitstyp, der auf der Annahme basiert, daß der Spannungstensor nicht allein vom Geschwindigkeitsgradienten, sondern auch von höheren Ableitungen des Verschiebungsgradienten abhängt.

$$\sigma_{ij} = -p\delta_{ij} + f_{ij}\left(\frac{\partial \dot{x}_k}{\partial x_l}; \frac{\partial \ddot{x}_m}{\partial x_n}, \dots \frac{\partial x_p^{(n)}}{\partial x_q}\right)$$

Die Funktion f_{ij} ist nicht auf eine lineare Abhängigkeit ihrer Argumente beschränkt. Der Punkt bedeutet die Ableitung nach der Zeit. Mit Hilfe des Prinzips der materiellen Indifferenz lassen sich Vereinfachungen im funktionellen Aufbau erzielen. Dieser Flüssigkeitstyp zeigt Normalspannungseffekte, aber keine Spannungsrelaxation, d. h., die Spannung ist konstant, wenn die Flüssigkeit in Ruhe ist.

R-Matrix, → S-Matrix.

Rn, → Radon.

Road Guidance, → Auswertung von Aufnahmen.

Robertson-WalkerschesLinienelement. Die Forderung, daß der Kosmos die Bedingungen des → kosmologischen Postulats erfüllt, legt die metrische Struktur der Raum-Zeit weitgehend fest. Sie ist durch das Robertson-Walkersche L. $ds^2 = c^2dt^2 - S^2(t)(1 - \varepsilon r^2/4)^{-2}[dr + r^2(d\vartheta^2 + \sin^2\vartheta\, d\varphi^2)]$ gegeben. Dabei sind r die Radialkoordinate, ϑ und φ die Winkelkoordinaten eines räumlichen Polarkoordinatensystems.

Für ε gibt es die drei Möglichkeiten -1, 0, $+1$. Die dreidimensionalen Räume t = konst. sind Räume konstanter Krümmung (→ Weltradius), die auf ε durch eine Koordinatentransformation normiert ist.

Für den hyperbolischen Raum ist $\varepsilon = -1$, für den ebenen Raum ist $\varepsilon = 0$, und für den sphärischen Raum ist $\varepsilon = +1$.

$S(t)$ wird durch die Bedingungen des kosmologischen Postulats nicht festgelegt. Dazu sind die Feldgleichungen einer metrischen Gravitationstheorie oder weitere Forderungen nötig, wie sie etwa im perfekten kosmologischen Postulat formuliert sind. Die Koordinaten des Robertson-Walkerschen L.s sind mitbewegte Koordinaten, d. h., für einen Beobachter, der sich mit der Materie bewegt, gilt:

$r = \text{konst.}, \quad \vartheta = \text{konst.}', \quad \varphi = \text{konst.}''$

Für einen solchen Beobachter ist die Systemzeit t gleich der Eigenzeit $\tau = s/c$.

Rochon-Prisma, → Polarisationsprisma.

Rockwellverfahren, → Härtemessung.

roentgen-equivalent-man, rem, biologisches Röntgenäquivalent. Vorsätze erlaubt. 1 rem $\triangleq$ 1 R = 2,58 · 10^{-4} C/kg. → Äquivalentdosis.

roentgen-equivalent-physical, rep, Einheit der Energiedosis in der Medizin. Vorsätze erlaubt. 1 rep $\triangleq$ 0,838 rd = 0,838 · 10^{-2} J/kg.

Röhrenformel, → Elektronenröhre.

Röhrengüte, → Elektronenröhre.

Röhrenrauschen, → Rauschen II, 2.

Röhrenvoltmeter, → elektronischer Spannungsmesser.

Rohrreibung, das Auftreten von Reibungskräften zwischen Rohrwand und strömendem Medium bei → Rohrströmung.

Rohrschlitzstrahler, → Antenne.

Rohrströmung, Strömung durch gerade zylindrische Rohre. Man unterscheidet zwischen inkompressibler und kompressibler R.

1) *Inkompressible R.* Am gut abgerundeten Einlauf eines kreiszylindrischen Rohres liegt ein rechteckiges Geschwindigkeitsprofil vor, zu dessen Erzeugung ein Druckabfall $(\varrho/2)c^2$ erforderlich ist. Dabei bedeuten ϱ die Dichte des Strömungsmediums und c die Strömungsgeschwindigkeit. Infolge der Wandreibung bildet sich eine → Grenzschicht aus, die mit wachsender Lauflänge dicker wird. Die Kernströmung in Rohrmitte wird beschleunigt, da nach der → Kontinuitätsgleichung durch alle Querschnitte die gleiche Menge fließen muß. Die Beschleunigung führt zu einem Druckabfall längs des Rohres, der nach der Bernoullischen Gleichung berechnet werden kann. Wenn die Grenzschicht in der Rohrmitte zusammengewachsen ist, ändert sich das Geschwindigkeitsprofil mit der Lauflänge nicht mehr; man spricht dann von *ausgebildeter R.* Die Lauflänge bis zum Zusammenwachsen der Grenzschichten, die *Anlaufstrecke*, beträgt bei laminarer Strömung $L_A = 0{,}03 \cdot d \cdot \mathrm{Re}$; bei turbulenter Strömung ist sie wesentlich kürzer: $L_A = 5 \cdot 10^5 \cdot d/\mathrm{Re}$. Es bedeuten d den Rohrdurchmesser und $\mathrm{Re} = \bar{c} \cdot d/\nu$ die Reynoldszahl (ν ist die kinematische Zähigkeit des Strömungsmediums); $\bar{c} = Q/A$ ist die mittlere Strömungsgeschwindigkeit im Rohr, wobei Q die Durchflußmenge bedeutet und A den Rohrquerschnitt. Der Umschlag von der laminaren in die turbulente Strömungsform erfolgt im Rohr bei der kritischen Reynoldszahl $\mathrm{Re}_{kr} \approx 2300$. Re_{kr} hängt stark von den Einlaufbedingungen ab und ist um so größer, je kleiner die Störungen in der Zuströmung sind. Es wurden Werte von $\mathrm{Re}_{kr} = 4 \cdot 10^4$ beobachtet. Der untere Grenzwert liegt bei $\mathrm{Re}_{kr} = 2000$, darunter bleibt die Strömung selbst bei starken Störungen laminar. Das turbulente Geschwindigkeitsprofil ist völliger als das laminare (Abb. 1). Der infolge der Reibung

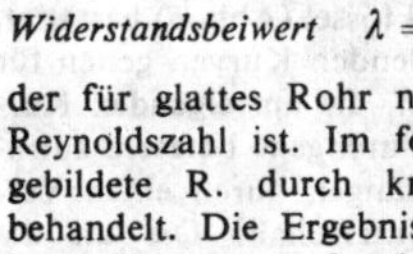

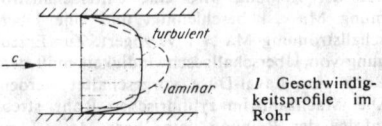

1 Geschwindigkeitsprofile im Rohr

auftretende statische Druckabfall Δp ist bei ausgebildeter Strömung proportional der Rohrlänge l. Er wird durch den dimensionslosen *Widerstandsbeiwert* $\lambda = \frac{\Delta p}{(\varrho/2)\,\bar{c}^2} \cdot \frac{d}{l}$ erfaßt, der für glattes Rohr nur eine Funktion der Reynoldszahl ist. Im folgenden wird die ausgebildete R. durch kreiszylindrische Rohre behandelt. Die Ergebnisse können bei turbulenter Strömung auf andere Querschnittsformen übertragen werden, wenn an Stelle des Rohrdurchmessers der → hydraulische Durchmesser $d_h = 4A/U$ verwendet wird; U ist der benetzte Umfang. Bei laminarer Strömung hängt der λ-Wert von der Querschnittsform ab. Die Unterschiede zum Kreisrohr lassen sich durch einen Zahlenfaktor ausdrücken. Im folgenden werden die laminare und die turbulente R. behandelt.

a) *Laminare R. oder Hagen-Poiseuille-Strömung.* Die laminare R. ist eine exakte Lösung der → Navier-Stokes-Gleichungen. Da bei ausgebildeter Strömung keine Beschleunigungen und keine Trägheitskräfte auftreten, steht die Druckkraft $\Delta p \cdot \pi \cdot r^2$ mit der Reibungskraft $2\pi \cdot r \cdot l \cdot \tau$ im Gleichgewicht (Abb. 2). Es

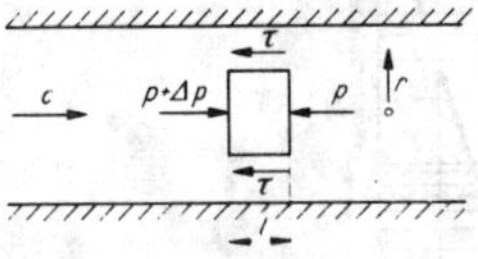

2 Ableitung des Hagen-Poiseuille-Gesetzes

bedeuten r die Koordinate in radialer Richtung und τ die Schubspannung. Aus dem Kräftegleichgewicht folgt $\tau = \Delta p \cdot r/2l$. Die Schubspannung kann mit Hilfe des → Newtonschen Schubspannungsansatzes $\tau = -\eta \cdot \mathrm{d}c/\mathrm{d}r$ ausgedrückt werden. η ist die dynamische Zähigkeit des Strömungsmediums. Durch das Minuszeichen wird berücksichtigt, daß die Koordinate y senkrecht zur Wand und r entgegengerichtet ist. Die Integration der Differentialgleichung liefert bei Erfüllung der Haftbedingung an der Wand eine parabolische Geschwindigkeitsverteilung über dem Rohrquerschnitt: $c = \Delta p (R^2 - r^2)/4\eta l$; R ist der Rohrradius. Daraus folgt das Durchflußvolumen je Zeiteinheit $Q = \int_0^R 2\pi r \cdot c \cdot \mathrm{d}r = \frac{\pi R^4}{8\eta} \cdot \frac{\Delta p}{l}$. Dies ist das *Hagen-Poiseuille-Gesetz.* Für den Widerstandsbeiwert erhält man damit $\lambda = 64/\mathrm{Re}$. Diese Beziehung ist durch Experimente gut bestätigt worden. Die mittlere Geschwindigkeit im Rohr $\bar{c} = \frac{\int_0^R 2\pi \cdot r \cdot c \cdot \mathrm{d}r}{\pi R^2} = \frac{R^2}{8\eta} \cdot \frac{\Delta p}{l}$ ist halb so groß wie die maximale Geschwindigkeit in Rohrmitte: $c_{max} = \frac{R^2}{4\eta} \cdot \frac{\Delta p}{l}$. Die dimensionslose Geschwindigkeitsverteilung für laminare R. ergibt sich damit zu $c/\bar{c} = 2[1 - (r/R)^2]$ (Abb. 1).

b) *Turbulente R.* Der Zusammenhang zwischen Druckabfall und Durchflußvolumen kann für turbulente R. nur durch Experimente ermittelt werden. Das turbulente Geschwindigkeitsprofil im Rohr wird durch den Potenzansatz $c/c_{max} = (y/r)^{1/n}$ angenähert. y ist die Koordinate normal (senkrecht) zur Rohrwand. Abweichungen gegenüber Messungen treten in Rohrmitte auf. n ist von der Reynoldszahl abhängig und liegt im Bereich $\mathrm{Re} = 4 \cdot 10^3$ bis $3{,}2 \cdot 10^6$ zwischen 6 und 10. Mit steigender Reynoldszahl wird das Geschwindigkeitsprofil völliger, das Verhältnis von mittlerer zur Maximalgeschwindigkeit $\bar{c}/c_{max} = 2n^2/\{(n+1) \cdot (2n+1)\}$ nimmt zu. Für sehr große Reynoldszahlen erhält man unter Benutzung des Prandtlschen → Mischungsweges ein universelles logarithmisches Geschwindigkeitsverteilungsgesetz: $c/\sqrt{\tau/\varrho} = 2{,}5 \ln\left(y\nu^{-1}\sqrt{\tau/\varrho}\right) + 5{,}5$, wobei die Zahlenwerte Messungen entnommen wurden (Abb. 3). Dieses Gesetz gilt nicht in unmittelbarer Wandnähe, wo eine → laminare Unterschicht vorhanden ist. In der laminaren Unterschicht $y\nu^{-1}\sqrt{\tau/\varrho} < 5$ tritt die turbulente Reibung gegenüber der laminaren völlig zurück,

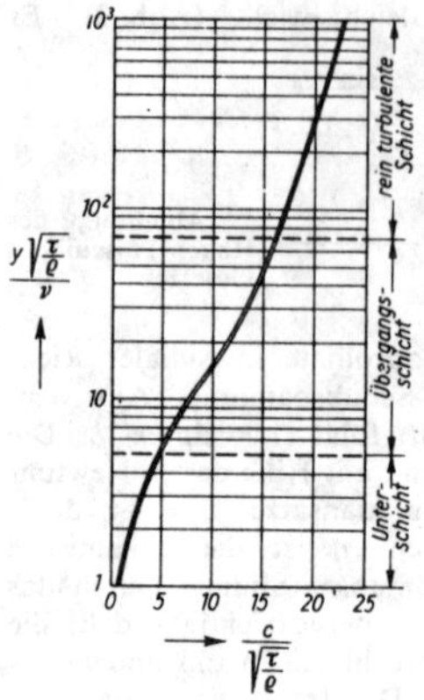

3 Universelles logarithmisches Geschwindigkeitsverteilungsgesetz im glatten Rohr

in der Übergangsschicht $5 < y\nu^{-1}\sqrt{\tau/\varrho} < 70$ sind laminare und turbulente Reibung von gleicher Größenordnung. In der turbulenten Schicht $y\nu^{-1}\sqrt{\tau/\varrho} > 70$ liegt rein turbulente Reibung vor. Für glatte Rohre stellte Blasius aus Meßergebnissen die Formel $\lambda = 0{,}3164 \cdot \mathrm{Re}^{-1/4}$ auf, die für $2\,300 < \mathrm{Re} < 10^5$ gültig ist. Bis zu sehr großen Reynoldszahlen gilt das universelle Prandtlsche Widerstandsgesetz $1/\sqrt{\lambda} = 2{,}0\,\lg(\mathrm{Re}\sqrt{\lambda}) - 0{,}8$. Diese Formeln sind gültig, wenn die Rauhigkeitserhebungen der Wände nicht aus der laminaren Unterschicht herausragen. Die Wände bezeichnet man dann als ***hydraulisch glatt***. Während die Rauhigkeitserhebungen k_s im laminaren Bereich keinen Einfluß auf den Widerstandsbeiwert besitzen, nimmt dieser im turbulenten Bereich mit steigendem k_s zu, sobald k_s größer ist als die Dicke der laminaren Unterschicht (Abb. 4). Die Widerstandserhöhung resultiert im wesentlichen aus dem Druckwiderstand (→

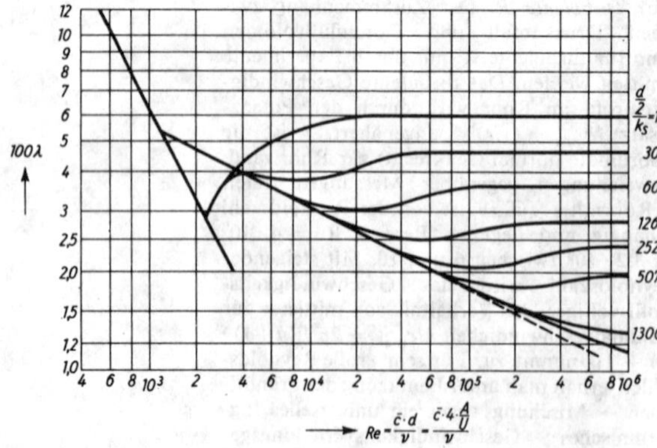

***4* Widerstandsbeiwert für Rohre**

Strömungswiderstand) der in die turbulente Grenzschicht hineinragenden Rauhigkeitselemente. Die umfangreichen Messungen dazu führte Nikuradse an Kreisrohren aus, die mit Sandkörnern bestimmter Korngröße in dichtester Packung beklebt waren. Voll ausgebildete Rauhigkeitsströmung liegt vor, wenn λ unabhängig von Re ist und nur eine Funktion von R/k_s darstellt. Im Übergangsbereich zur Kurve für hydraulisch glatte Rohre ist λ abhängig von Re und R/k_s. Im Gebiet voll ausgebildeter Rauhigkeitsströmung gilt $1/\sqrt{\lambda} = 1{,}74 + 2\lg(R/k_s)$ und im Übergangsbereich $1/\sqrt{\lambda} = 1{,}74 - 2\lg(k_s/R + 18{,}7/\mathrm{Re}\sqrt{\lambda})$. Je größer die Reynoldszahl ist, desto kleiner muß k_s sein, damit das Rohr hydraulisch glatt ist. Bei vielen technischen Rauhigkeiten ist die Rauhigkeitsdichte wesentlich geringer als die der untersuchten Sandrauhigkeit. Im Bereich der voll ausgebildeten Rauhigkeitsströmung kann durch Experimente einer beliebigen technischen Rauhigkeit eine äquivalente Sandrauhigkeit zugeordnet werden.

2) *Kompressible R.* Selbst bei kleiner Anfangsgeschwindigkeit kann man bei langen Rohrleitungen in den kompressiblen Strömungsbereich gelangen. Im zylindrischen Rohr ist die → Stromdichte $\varrho \cdot c = \text{konst.}$ Der längs des Rohres auftretende starke Druckabfall ist mit einer beträchtlichen Verminderung der Dichte des strömenden Gases verbunden, so daß die Geschwindigkeit längs des Rohres ansteigt. In ausgebildeter kompressibler R. tritt gegenüber der inkompressiblen R. zusätzlich ein Trägheitsglied auf: $\varrho \cdot c \cdot \mathrm{d}c = -\mathrm{d}p - \frac{\lambda}{8} \cdot \varrho \cdot c^2 \frac{U}{A} \cdot \mathrm{d}x$. Dabei ist x die Koordinate in Strömungsrichtung. Unter Benutzung der Energiegleichung der Gasdynamik, der Kontinuitätsgleichung und der Gasgleichung folgt daraus $(1 - \mathrm{Ma}^2)\frac{\mathrm{d}c}{c} = \frac{\lambda}{8}\varkappa\,\mathrm{Ma}^2\frac{U}{A} \cdot \mathrm{d}x$, Ma ist die Machzahl, $\varkappa$ ist der Isentropenexponent. Unter dem Einfluß der Reibung wird eine Unterschallströmung $\mathrm{Ma} < 1$ beschleunigt und eine Überschallströmung $\mathrm{Ma} > 1$ verzögert. Zur Erzeugung von Überschallgeschwindigkeit muß dem Rohr eine Laval-Düse vorgeschaltet werden. Die Machzahl im zylindrischen Rohr strebt infolge der Reibung dem Wert $\mathrm{Ma} = 1$ zu. Ein kontinuierliches Überschreiten der Schallgeschwindigkeit nur durch Einwirkung der Reibung ist nicht möglich. Diese Aussagen wurden durch Messungen des Druckverlaufes längs des Rohres von Flössel (Abb. 5) bestätigt. Die nach rechts abfallenden Kurven gelten für Unterschallströmungen, die ansteigenden Kurven für Überschallströmungen. Letztere springen bei großen Rohrlängen durch einen Verdichtungsstoß auf Unterschall. Die an die Kurven angeschriebenen Zahlenwerte geben die Durchflußmenge in Bruchteilen der maximalen Durchflußmenge durch eine Düse gleichen Durchmessers bei gleichem Kesseldruck p_1 an. Bei ausreichender Druckdifferenz zwischen Rohranfang und Rohrende stellt sich bei Unterschallströmung am Rohrende stets $\mathrm{Ma} = 1$ ein. Der starke Druckabfall kurz vor dem Rohr-

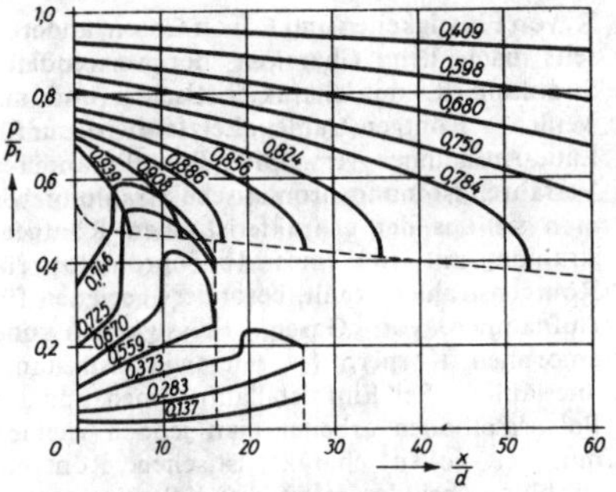

5 Druckverteilung längs des Rohres

ende ist im wesentlichen durch die Beschleunigung des Mediums und nur zu einem geringen Teil durch Reibungsverluste bedingt. Der Widerstandsbeiwert λ ist praktisch unabhängig von Ma, so daß die Werte für inkompressible Strömung verwendet werden können. Die Integration obiger Differentialgleichung liefert

$$\left|\frac{1}{\varkappa}\left(1-\frac{1}{\mathrm{Ma}^2}\right)+\frac{\varkappa+1}{2\varkappa}\ln\left[1-\frac{2}{\varkappa+1}\left(1-\frac{1}{\mathrm{Ma}^2}\right)\right]\right| = \frac{\lambda}{4}\,\frac{U}{A}\,x.$$

Dabei wird x vom Rohrende aus gemessen, wo als Randbedingung $\mathrm{Ma} = 1$ ist. Mit Hilfe der Grundgleichungen läßt sich die Abhängigkeit der Geschwindigkeit, der Dichte, des Druckes und der Temperatur von der Machzahl ermitteln.

Die Strömungsvorgänge können auch an Hand der → Fannokurve diskutiert werden.

Rohrviskosimeter, svw. Kapillarviskosimeter.

Rolle, einfache Maschine zum Heben oder Senken von Lasten. Die R. besteht aus einer Kreisscheibe mit Nut, über die ein Seil läuft, an dessen Enden Kraft $\vec{F}_1$ und Last $\vec{F}_2$ angreifen (Abb. 1). Nach dem Hebelsatz für einen Durchmesser der R. als → Hebel folgt, daß an der *festen R.* Gleichgewicht bei Gleichheit der Beträge von Kraft und Last herrscht; dies gilt auch, wenn die Kraft umgelenkt ist und in eine andere Richtung als die Last weist. Aus dem Prinzip der virtuellen Arbeit folgt sehr einfach, daß an der *losen R.* (Abb. 2) Kraft F_1 und Last F_2 im Gleichgewicht sind, wenn $F_1 = F_2/2$ gilt. Bei der virtuellen Verrückung der Kraft um δs wird die Last nur um $\delta s' = -\delta s/2$ verschoben; da die Summe der virtuellen Arbeiten $F_1\delta s + F_2\delta s' = \left(F_1 - \frac{F_2}{2}\right)\delta s$ im Gleichgewicht verschwinden muß, folgt $F_1 = F_2/2$, da δs beliebig gewählt werden kann und daher nicht verschwinden muß.

Eine Abwandlung der R. ist das *Wellrad* (Abb. 3), wobei die Kurbel auch als zwangsläufig verbundene Kreisscheibe ausgebildet sein kann. Das Wellrad ist einfaches Element vieler Kraftübersetzungen.

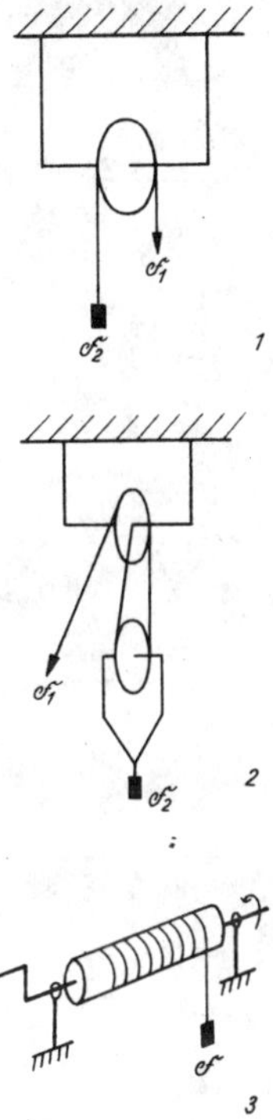

Rolle

rollende Reibung, → Reibung.

Rollenreibung, → Reibung.

Rollkurven, Kurven, die ein Punkt P beschreibt, der starr mit einem rollenden Rad verbunden ist. *Zykloiden* entstehen, wenn das Rad auf einer Geraden abrollt, *Epizykloiden*, wenn es auf dem Äußeren, *Hypozykloiden*, wenn es auf dem Inneren eines festen Kreises mit dem Radius R' abrollt. Dabei wird angenommen, daß der Abstand r des die R. erzeugenden Punktes P von der Achse des Rads dessen Radius R gleich ist. Für $r \neq R$ nennt man die R. *Trochoiden* bzw. für $r < R$ *verkürzte* und für $r > R$ *verlängerte R.*

1) Die *Zykloiden* haben die Parameterdarstellung $x = Rt - r \cdot \sin t$, $y = R - r \cdot \cos t$. Für $r = R$ entsteht die *gemeine* oder *gespitzte Zykloide* (Abb. 1), für $R > r$ die *gestreckte Zykloide* (Abb. 2) und für $R < r$ die *geschlungene Zykloide* (Abb. 3). 2) Die *Epizykloiden* haben die Parameterdarstellung $x = (R + R')\cos t - R\cos\frac{R+R'}{R}\,t$, $y = (R'+R)\sin t - R\sin\frac{R+R'}{R}\,t$, wenn R' der Radius des festen Kreises ist. Entscheidend für die Form der Epizykloide ist das Verhältnis R'/R. Für $2R = R'$ und $3r = 2R$ ergibt sich als Trochoide das Gehäuse des Wankelmotors, dessen Läufer die Einhüllende dieser Trochoiden ist (Abb. 4). 3) Die *Hypozykloiden* haben die Parameterdarstellung $x = (R' - R)\cos t + R\cos\frac{R'-R}{R}\,t$, $y = (R' - R)\sin t + R\sin\frac{R-R'}{R}\,t$. Für $4R = R'$ und $r = R$ erhält man die *Astroide* (Abb. 5).

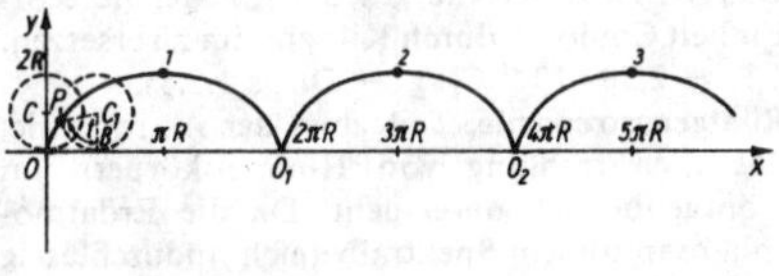

1 Gemeine gespitzte Zykloide

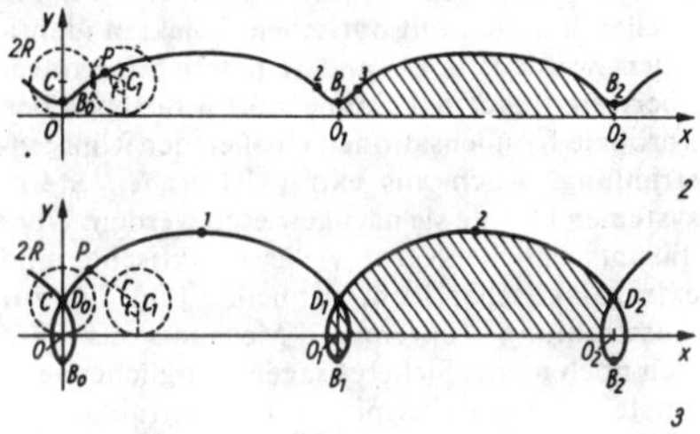

2 Gestreckte Zykloide, *3* geschlungene Zykloide

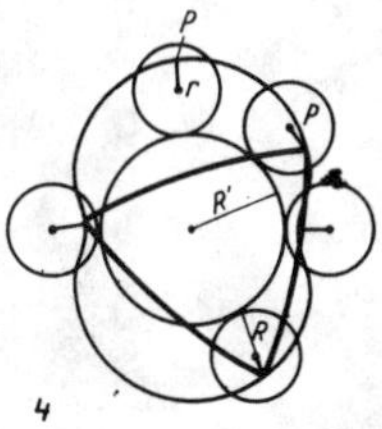

Rollkurven

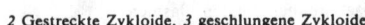

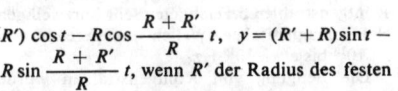

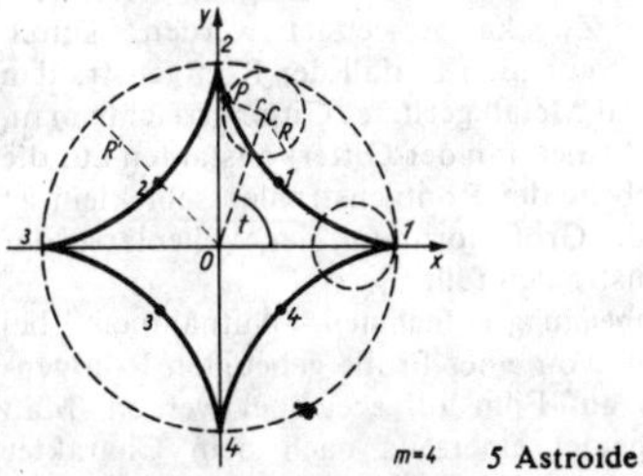

5 Astroide

Rollreibung, → Reibung.

Ronay-Effekt, ein bei Festkörpern beobachtetes scheinbares Ausdehnungskriechen, beruht aber auf einem nichtlinearen Häufungseffekt, bei dem sich sehr kleine bleibende Verformungen in Festkörpern mit Verformungsverfestigung zu beobachtbaren Effekten, z. B. Längung, aufsummieren. Die eingeleitete Beanspruchung ist eine Überlagerung von Torsionsamplituden über eine Zugbelastung. Die Erscheinung ist ein rheologischer Effekt zweiter Ordnung.

Röntgen, R, inkohärente bisherige Einheit der Exposition oder Ionendosis. Das R. ist die Exposition oder Ionendosis einer ionisierenden Strahlung, die in der Masse von 1 kg Luft Ionenpaare mit einer Gesamtladung von $2{,}58 \cdot 10^{-4}$ C unmittelbar oder mittelbar erzeugt; das entspricht $2{,}083 \cdot 10^9$ Ionenpaaren/cm³ in Luft bei 0 °C und 760 Torr. Vorsätze erlaubt. Das R. ist durch die gesetzlich abgeleitete SI-Einheit Coulomb durch Kilogramm zu ersetzen. $1\ \mathrm{R} = 2{,}58 \cdot 10^{-4}$ C/kg. → Dosis 1.2.1).

Röntgenastronomie, Teilgebiet der Astronomie, das die Strahlung von Himmelskörpern im Röntgenbereich untersucht. Da die Erdatmosphäre in diesem Spektralbereich undurchlässig ist, wird von Höhenballons, Raketen oder Erdsatelliten aus beobachtet. Einzelne Röntgenquellen konnten mit optischen Objekten identifiziert werden, unter anderem mit Supernovaüberresten. Auf der Sonne sind wahrscheinlich koronale Kondensationen Quellen der Röntgenstrahlung. Auch aus extragalaktischen Sternsystemen konnte sie nachgewiesen werden. Über die tatsächliche Natur vieler galaktischer und extragalaktischer Röntgenquellen und den zur Ausstrahlung führenden Mechanismus läßt sich noch nichts Sicheres sagen. Möglicherweise entsteht sie als thermische Bremsstrahlung in optisch dünnen, heißen Plasmen.

Röntgenbeugung, die Beugung von den als Röntgenstrahlen bezeichneten sehr kurzwelligen elektromagnetischen Wellen im Bereich von $5 \cdot 10^{15}$ bis etwa 10^{19} Hz.

Die Beugung von Röntgenstrahlen wurde durch von Laue, Friedrich und Knipping im Jahre 1912 nachgewiesen, indem es gelang, von Röntgenstrahlen beim Durchstrahlen eines Kristalls Interferenzbilder zu erhalten. Anstelle der sonst in der Optik üblichen Strichgitter erfolgt die R. am Raumgitter der Kristalle. Die Erscheinung kann sowohl durch Streuung der Röntgenstrahlen an den Elektronen der Atomhüllen des Kristalls als auch durch Reflexion der Wellen an den Netzebenen erklärt werden (→ Braggsche Reflexionsbedingung). Später gelang es auch, Beugungsbilder von Röntgenstrahlen an einem Spalt und an Gittern zu erzeugen, wie sie für optische Zwecke verwendet werden. Durch nahezu streifenden Einfall der Röntgenstrahlen auf ein auf Metall geritztes Gitter erreichte man, daß die Projektion der Gitterkonstanten auf die Wellenebene der Röntgenstrahlen sehr klein ist und in die Größenordnung der Wellenlänge der Röntgenstrahlen fällt.

Röntgenbeugungsaufnahmen, Aufnahmen, bei denen die von einer Probe gebeugten Röntgenstrahlen auf Film aufgezeichnet werden. Man unterscheidet einerseits nach dem Charakter der untersuchten Probe R. von Einkristallen (→ Laue-Aufnahme, → Drehkristallaufnahme, → Bewegt-Film-Methoden), R. von polykristallinem Material (→ Pulvermethoden), R. von Flüssigkeiten und R. von Gasen, andererseits nach dem Charakter der verwendeten Strahlung R. mit charakteristischen und mit weißen → Röntgenstrahlen. Letztere wird nur für Laue-Aufnahmen verwendet. Für alle anderen Verfahren ist monochromatische Strahlung, wie man sie aus der charakteristischen Röntgenstrahlung mit Hilfe eines Monochromators für Röntgenstrahlen erhält, besonders geeignet, für Aufnahmen von Gasen, Flüssigkeiten und amorphen Körpern (→ Kleinwinkelstreuung) unerläßlich. Bei Einkristallaufnahmen und bei Pulvermethoden arbeitet man jedoch vielfach mit der vollen charakteristischen Röntgenstrahlung, bei der meist die K-Serie angeregt wird, so daß neben der K_α-Strahlung auch die K_β-Strahlung auftritt, oder mit charakteristischer Röntgenstrahlung, bei der vor allem die K_β-Strahlung durch ein Filter wesentlich stärker geschwächt wurde als die K_α-Strahlung. Bei diesen Methoden hängt die Lage der an einer Netzebene nach der → Braggschen Reflexionsbedingung reflektierten Strahlen auf dem Film von der Wellenlänge ab, so daß die K_{α_1}- und K_{α_2}-Linien, die sich nur wenig in ihrer Wellenlänge unterscheiden, zu dicht nebeneinanderliegenden Reflexen oder Interferenzlinien führen (*α_1-α_2-Aufspaltung*).

Röntgenblitztechnik, Untersuchungstechnik für sehr schnell verlaufende Vorgänge, bei denen geringere Belichtungszeiten als 10^{-3} s benötigt werden. Bei der Röntgenblitztechnik werden die Röntgenröhren nur impulsmäßig betrieben. Als Röntgenstrahlimpulse bezeichnet man solche Stöße, deren elektrische Spannungen 10^{-6} bis 10^{-2} s dauern und deren Röntgenstrahlungsdauer zwischen 10^{-2} und 10^{-8} s liegt. Insbesondere von Röntgenblitzen (engl. *X-ray-flash*) spricht man bei Röntgenstrahlimpulsen mit einer Zeitdauer $t \leqq 10^{-6}$ s und mit einer sehr hohen Elektronenstromdichte von 10^3 bis 10^4 A. Ein impulsmäßiger Betrieb von Röntgenröhren ist vorteilhaft, da 1) sehr schnell verlaufende Vorgänge damit erfaßt werden können und es 2) möglich ist – wie von der Radartechnik her bekannt –, trotz raum- und materialsparender Transformatoren höhere Strahlungsleistungen zu erhalten. Röntgenstrahlimpulse können mit normalen → Röntgenröhren durch Überhitzung der Katode und kurzzeitig angelegte Spannungsimpulse erzeugt werden. Die eigentlichen Röntgenblitze jedoch werden mit Spezialröhren, den *Röntgenblitzröhren*, erzeugt. Die ersten Versuche dazu gehen auf Steenbeck sowie Kingdon Tanis zurück (1938). Während anfänglich zur Erzeugung von Röntgenblitzen Gasentladungen verwendet wurden, hat sich heute allgemein die Feldelektronenemission als Elektronenquelle zur Erzeugung der sehr stromstarken Elektronenimpulse durchgesetzt. Im Bereich niedriger und mittlerer Spannungen von 20 kV bis über 400 kV wird dabei meist mit Dreielektrodenröhren (Abb.) gearbeitet. Als Elektroden werden eine hochglanzpolierte Anodenstange mit einer Wolframspitze, eine gewölbte Zündelektrode und eine in eine sehr scharfe Kante zulaufende Hohlkatode verwendet. Das Hochvakuum beträgt etwa 10^{-5} Torr. Mit Hilfe der Zündelektrode kann der stromstarke

Elektronenimpuls vom Objekt gesteuert werden. Der Röntgenblitz wird von der Spitze der Wolframanode abgestrahlt. Mit einer derartigen Röhre für 400 kV und mit einer Kapazität C von 0,04 μF kann mit nur einem Röntgenblitz eine 10 cm dicke Eisenplatte in der Nähe dieser Röhre durchstrahlt werden. Neben der Erzeugung von Einzelblitzen sind Versuche zur Röntgenblitzkinematographie unternommen worden, d. h. zur Herstellung von Röntgenbildserien hoher Frequenz. Hierbei kann man entweder mehrere getrennte Blitzquellen verwenden, die nacheinander ausgelöst werden, oder es erfolgen wiederholte Entladungen in einem einzigen Rohr. Mit dem ersten Verfahren erreicht man Frequenzen von $10^6\,s^{-1}$, ist aber auf sehr kleine Bildzahlen beschränkt. Dagegen eignet sich das zweite Verfahren für größere Bildzahlen, man hat aber bisher nur Frequenzen von etwa $12000\,s^{-1}$ erreicht.

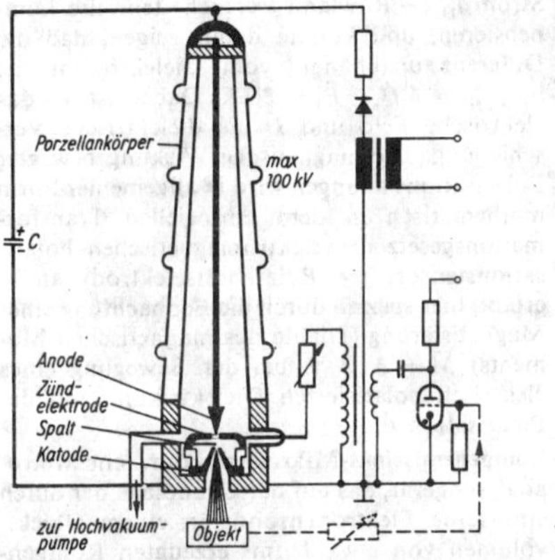

Schematischer Aufbau und Schaltung einer Dreielektrodenröntgenblitzröhre nach Schaaffs

Die bisherigen Anwendungen der R. beschränken sich auf die Untersuchung sehr schnell verlaufender Vorgänge in undurchsichtigen Medien, Detonations- und Verbrennungsvorgänge sowie Verdichtungsstöße in Gasen, Flüssigkeiten und festen Körpern. Die Aufnahmen wurden in allen Fällen als Schattenaufnahmen erhalten, aus denen Bewegungsänderungen und dynamische Dichteänderungen aus der Absorption der Röntgenstrahlung verfolgt werden können. Neben der Bedeutung, die die R. für die Hochdruckphysik gewonnen hat, scheint ihre Bedeutung bei der Untersuchung der Röntgenblitzinterferenzen in ultrakurzen Zeiten zu wachsen. Damit wird es möglich, Strukturuntersuchungen bei schnellen Veränderungen der Materie durchzuführen.

Röntgendiagnostik, Disziplin der Radiologie zur Untersuchung von Patienten mittels Röntgenstrahlung. Die durch die Person hindurchtretende Strahlung wird bei Durchleuchtung auf einem Leuchtschirm beobachtet, oder sie exponiert bei Röntgenaufnahme einen Film. Für alle heute verwendeten Röntgeneinrichtungen gilt folgendes Prinzip. Das im Röntgenstrahler, bestehend aus Röntgenröhre und Röhrenschutzgehäuse, erzeugte Röntgenstrahlbündel durchdringt, nachdem es auf die notwendigen Abmessungen abgeblendet wurde, den Patienten. Entsprechend der geometrischen Schattenbildung entsteht auf dem dahinter angeordneten Strahlungsempfänger – Röntgenfilm oder Leuchtschirm – eine vergrößerte Abbildung des durchstrahlten Objektes. Durch einen kleinen Brennfleck der Diagnostik-Röntgenröhren soll eine gute Abbildungsschärfe erzielt werden, außerdem zeichnen sich die Röhren aus durch große Kurzzeitbelastbarkeit mittels Drehanode, Strichfokus u. a. Die Röhrenspannungen liegen etwa zwischen 50 und 130 kV; zur Verringerung der Strahlungsbelastung geht man nach Möglichkeit zunehmend zur *Hartstrahltechnik* mit höheren Spannungen über. Verstärkerfolien, die fluoreszierende Substanzen enthalten, erhöhen den photographischen Effekt auf dem Röntgenfilm. Zur Sichtbarmachung wenig absorbierender Körperregionen sind Kontrastmittel erforderlich. Mit der *Tomographie*, einer besonderen Aufnahmetechnik, ist es möglich, Röntgenaufnahmen für verschiedene Ebenen zu erhalten und so eine räumliche Vorstellung von der Organlage zu gewinnen. Die Güte des Röntgenbildes wird wesentlich durch Bewegungs- und geometrische Unschärfen sowie durch Streustrahlung des Objektes begrenzt. Um Bewegungsunschärfen infolge von Organbewegungen zu vermeiden, sind kurze Belichtungszeiten bis zu 10^{-3} s erforderlich. Dazu sind hohe Röhrenleistungen bis zu 50 kW bei Brennfleckdurchmessern kleiner als 1 mm notwendig. Moderne Diagnostikröhren erfüllen diese Anforderungen (→ Röntgenröhre). Man arbeitet mit Röhrenspannungen zwischen 30 kV und 150 kV. Zur Verringerung der vom Objekt ausgehenden Streustrahlung wird bei möglichst geringer Röhrenspannung gearbeitet, das durchstrahlte Objektvolumen möglichst klein gehalten und vor den Strahlungsempfänger ein Streustrahlungsraster gesetzt.

Wesentlich für die Aufnahmetechnik war die Entwicklung spezieller Röntgenfilme und der Einsatz von modernen Kalziumwolframat-Verstärkerfolien, die beiderseitig an den doppelt beschichteten Röntgenfilm gepreßt werden und auf Grund ihrer intensiven Fluoreszenz Verstärkungsfaktoren von 20 bis 40 erreichen. Das gestattet, die Belichtungszeiten um die gleichen Faktoren zu reduzieren. Die Entwicklung der Schichtaufnahmetechnik ermöglicht es, eine bestimmte Ebene des Untersuchungsobjektes ohne störenden Vorder- bzw. Hintergrund darzustellen. Dies wird durch eine gegenläufige Bewegung von Röhre und Filmkassette bei ruhendem Objekt erreicht. Die Direktaufnahme hat auch heute noch gegenüber dem Durchleuchtungsbild und allen anderen Aufnahmeverfahren ein höheres Auflösungsvermögen und bessere Kontrastwiedergabe.

Dagegen gestattet es die Durchleuchtungstechnik, dynamische Untersuchungsabläufe (Organbewegungen, Kontrastmittelpassagen, chirurgische Eingriffe u. ä.) sowohl visuell zu verfolgen als auch mittels Bildverstärker-Kinematographie bzw. Bildverstärker-Photographie zu speichern. Durch die Entwicklung des Röntgenbildverstärkers und den Einsatz von speziellen Röntgenfernsehkameras kann das Leuchtschirmbild heute bei normalem Raumlicht betrachtet werden. Außerdem wurde damit eine elektronische Informationsübertragung und -verarbeitung möglich, die es gestattet, den Informationsgehalt des Röntgenbildes besser zugänglich zu machen (Kontrastharmonisierung, Videodensitometrie u. ä.). Das Verfahren der Leuchtschirm-Photographie wird schon seit Jahren in Form der Röntgenschirmbildtechnik für prophylaktische Reihenuntersuchungen eingesetzt.

Um das Produkt aus Feldgröße und Einfallsbzw. Ausfallsdosis, d. i. die Dosis auf der Strahleneintritts- bzw. -austrittsseite an der Körperoberfläche, zu charakterisieren, wird die Flächendosis benutzt (→ Dosis 4.3).

Röntgendiffraktometer, *Zählrohrdiffraktometer*, Gerät zur Registrierung von Röntgenreflexen mit Hilfe von Quantenzählern. *R. für Einkristalluntersuchungen* gestatten genaue Messungen der Richtungen des einfallenden und des gebeugten Strahls relativ zum Kristall und der diesen Richtungen entsprechenden Intensitäten. Da die Orientierung eines Kristalls zum Primärstrahl für eine bestimmte Netzebenenschar (*hkl*) durch die → Braggsche Reflexionsbedingung nicht vollständig festgelegt ist, kann man unter anderem mittels folgender Prinzipien bewirken, daß die Reflexionsbedingungen erfüllt sind und der Detektor bereit ist, die reflektierte Strahlung aufzunehmen.

1) *Äquatorialgeometrie*. Der Detektor läßt sich nur in einer Ebene (Äquatorialebene) um eine Achse, die θ-Achse, drehen, wobei der Primärstrahl in der Äquatorebene liegt, während zur Orientierung des Kristalls drei Achsen (ω, χ, φ) vorgesehen sind (*Vierkreisdiffraktometer*).

2) *Weißenberg-Geometrie*. Detektor und Kristall lassen eine Orientierung um je zwei Achsen zu (Detektor: ν, γ; Kristall: μ, Φ).

Die Orientierung von Kristall und Detektor kann manuell oder computergesteuert (*automatisches R.*) eingestellt werden. Bei den automatischen R.n unterscheidet man 'off-line'-R. und 'on-line'-R. Bei *'off-line'-R.n* werden mit Hilfe einer EDV-Anlage aus den genau bekannten Werten der Gitterkonstanten und der Kristalljustierung die den einzelnen Reflexen entsprechenden Einstellwinkel errechnet und auf einem Datenträger (Lochstreifen oder Lochkarten) festgehalten. Durch den Datenträger werden dann die Einstellungen und die Intensitätsmessungen gesteuert. *'On-line'-R.* sind mit einem schnellen Elektronenrechner gekoppelt. Die Berechnung der Einstellungen wird also in unmittelbarer Verbindung mit dieser Einstellung vorgenommen. Dabei kann man Gitterkonstanten und Kristalljustierung, die zunächst nur näherungsweise bekannt sind, mit Hilfe von Messungen verbessern oder während der Messungen der Intensitäten verschiedene Kontrollen vornehmen, deren Ergebnis den weiteren Verlauf des Meßprogramms bestimmt. Um integrale Intensitäten zu gewinnen, muß der Kristall, der Detektor oder beide gleichzeitig schrittweise durch die Reflexionsstellung bewegt werden. Automatische R. bieten im Vergleich zu den sonst üblichen Filmmethoden zur Datengewinnung für die Kristallstrukturanalyse den Vorteil des geringeren Arbeitsaufwandes und der größeren Genauigkeit der Meßwerte; dadurch können strukturanalytische Probleme schneller und mit größerer Genauigkeit gelöst werden.

Röntgen-Eichenwald-Versuch, *Eichenwald-Versuch*, Anordnung zum Nachweis, daß bewegte Polarisationsladungen eines Dielektrikums die gleiche magnetische Wirkung besitzen wie ein entsprechender Leitungsstrom. Das Dielektrikum in einem geladenen Zylinderkondensator soll sich mit der Bahngeschwindigkeit $\vec{v}$ an der Oberfläche drehen. Dann ist das gleichbedeutend mit einem Strom (Röntgenstrom $\hat{\imath}_P$) je Längeneinheit der Achsenrichtung an der Oberfläche des Dielektrikums von $\hat{\imath}_P = \vec{v} \cdot |\vec{P}|$; dabei bezeichnet $\vec{P}$ die Polarisation des Dielektrikums, d. h. die Oberflächenladungsdichte. Eichenwald ließ die ganze Versuchsanordnung rotieren, so daß sich der Röntgenstrom $\hat{\imath}_P$ und der Rowland-Strom $\hat{\imath}_D$ (→ Rowland-Versuch) teilweise kompensieren, und konnte damit zeigen, daß die Differenz unabhängig vom Dielektrikum ist: $\hat{\imath}_D - \hat{\imath}_P = \vec{v}|\vec{D} - \vec{P}| = \vec{v}|\vec{E}|$. Dabei ist $\vec{E}$ das elektrische Feld und $\vec{D}$ die dielektrische Verschiebung. Die magnetische Wirkung bewegter Polarisationsladungen wird in allgemeiner Form mathematisch in dem tensoriellen Transformationsgesetz des elektromagnetischen Polarisationstensors (→ Relativitätselektrodynamik) erfaßt, hier speziell durch die Beobachtung einer Magnetisierung (Dichte des magnetischen Moments) $\vec{M} = \vec{v} \times \vec{P}$ bei der Bewegung eines elektrisch polarisierten Dielektrikums mit der Polarisation $\vec{P}$.

Röntgenemissions-Mikroanalysator, ein Mikroanalysengerät, das auf der Grundlage der durch eine feine Elektronensonde in einem Objektvolumen von etwa 1 μm^3 erzeugten Röntgenemissionsstrahlung arbeitet. Die im Mikrobereich emittierte Röntgenstrahlung wird in einem *Röntgenspektrometer* (Abb.). erfaßt. Die

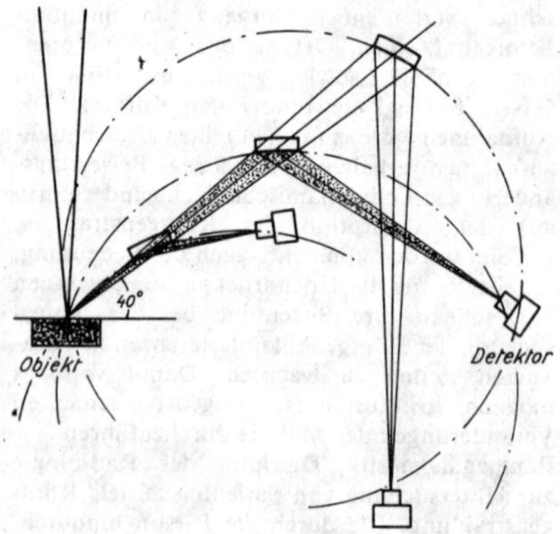

Röntgenspektrometer (schematisch)

spektrale Zerlegung der emittierten Strahlung erfolgt mit gebogenen Kristallen. Bei einer bestimmten Winkeleinstellung des gebogenen Kristalls kann jeweils nur Röntgenstrahlung einheitlicher (definierter) Wellenlänge in den Detektor (Proportionalzähler) gelangen. Es kann so die chemische Zusammensetzung des von der Elektronensonde erfaßten Untersuchungsvolumens bestimmt werden. Moderne R.-M.en sind mit Möglichkeiten für Rasterbetrieb (→ Rasterelektronenmikroskop) ausgestattet. In diesem Falle wird synchron mit der Abrasterung der Objektoberfläche durch die Elektronensonde der Elektronenstrahl einer Oszillographenröhre über den Bildschirm geführt. Zur Intensitätssteuerung dieses Elektronenstrahls werden die vom Proportionalzähler aufgenommenen Signale – nach entsprechender Verstärkung – benutzt. Man erhält so auf dem Leuchtschirm ein für die chemische Zusammensetzung der Objektoberfläche charakteristisches Bild.

Röntgenemissionsmikrospektralanalyse, → Röntgenspektralanalyse.

Röntgenfilme, photographische Spezialmaterialien für Aufnahmen mit Röntgenstrahlen. Die verwendeten Emulsionen haben einen höheren Gehalt an Silberhalogenid und steile Gradation; die Empfindlichkeit wird durch doppelseitigen Beguß erhöht. Durch Verwendung von Verstärkerfolien mit einer fluoreszierenden Substanz, die zu beiden Seiten des Films aufgelegt wird, verkürzt sich die zur Erreichung einer bestimmten Schwärzung nötige Belichtungszeit; bei dieser Anordnung bewirkt vor allem das Fluoreszenzleuchten der Folie die Entstehung des photographischen Bildes, allerdings mit einem gewissen Verlust an Zeichenschärfe. Bei Anwendung sehr kurzwelliger Röntgenstrahlung, z. B. für die Durchstrahlung von Werkstücken, werden Bleifolien zur Verstärkung eingesetzt. Mit Röntgen-Schirmbildfilmen wird das auf dem Fluoreszenzschirm sichtbare Bild des durchleuchteten Objekts auf übliche Weise photographiert. Das Aufnahmematerial muß für das vom Durchleuchtungsschirm ausgehende Licht sensibilisiert sein, eine besondere Empfindlichkeit für Röntgenstrahlung ist bei diesen Filmen nicht nötig.

Röntgenfluoreszenzanalyse, → Röntgenspektralanalyse.

Röntgenfluoreszenzstrahlung, → Röntgenstrahlen.

Röntgenfokussierungsmikroskop, → Röntgenstrahlmikroskopie.

Röntgengrenze, bestimmt in Ionisationsvakuummeterröhren den niedrigsten meßbaren Druck. Nottingham hat als erster eine Arbeitshypothese für die R. aufgestellt, die dann von Bayard und Alpert bestätigt werden konnte. Elektronen, die auf die Anode *A* des Elektrodensystems einer Ionisationsvakuummeterröhre treffen (Abb.), lösen eine weiche Röntgenstrahlung aus, die sich kugelsymmetrisch im Raum ausbreitet. Die erzeugten Röntgenquanten gelangen unter anderem auf den negativen Ionenkollektor *I* und machen dort Photoelektronen frei. Dieser Photoelektronenemissionsstrom ist nun zwar dem Elektronenstrom proportional, aber unabhängig von dem im System herrschenden Vakuumdruck. Das an den Kollektor angeschlossene Meßinstrument kann nicht zwischen dem durch die auftreffenden Ionen hervorgerufenen Rekombinationselektronenstrom und dem durch die Röntgenquanten erzeugten Photoelektronenstrom unterscheiden; es wird daher bei niedrigen Drücken ein zu hoher scheinbarer Ionenstrom angezeigt und damit ein zu hoher Vakuumdruck vorgetäuscht. Dieser Fehler wird im Ionisationsvakuummeter nach Bayard-Alpert weitgehend vermieden. Die Oberfläche des Ionenkollektors im Bayard-Alpert-System ist um zwei bis drei Zehnerpotenzen kleiner als in einem Elektrodensystem konventioneller Bauart. Um den gleichen Faktor wird die R. herabgesetzt.

Röntgenkristallstrukturanalyse, Ermittlung der Idealstruktur von Kristallen aus Intensitäten der gebeugten Röntgenstrahlen (→ Röntgenbeugung). Die R. hat von allen kristallstrukturanalytischen Methoden die größte Bedeutung erlangt (→ Kristallstrukturanalyse).

Röntgenlampe, svw. Röntgenröhre.

Röntgenlicht, mitunter gebrauchte Bezeichnung für → Röntgenstrahlen, da diese ebenso wie Licht elektromagnetische Wellen sind und einige analoge Eigenschaften aufweisen.

Röntgenlinie, → Röntgenspektrum.

Röntgenlinse, ein Abbildungssystem mit linsenähnlichen Eigenschaften für Röntgenstrahlen. Die Herstellung von Linsen im gewöhnlichen Sinne ist im Gebiet der Röntgenstrahlen nicht möglich, da die Brechungszahl der meisten Stoffe erst in der 5. Dezimale von eins abweicht, so daß die Brennweiten von Linsen etwa 10^5 mal größer sein müßten als ihr Krümmungsradius $(1/f = (1 - n)/r)$. Bei der Röntgenoptik spielen nur die Braggsche Kristallreflexion sowie die Totalreflexion eine Rolle. Durch Deformierung von Kristallen oder entsprechende Züchtung erhält man zur Abbildung geeignete Reflektoren oder Monochromatoren. Es können hohle Rotationskörper verwendet werden, die auf der Innenseite mit dünnen Kristallschichten bedeckt sind, und entsprechend gebogene Kristalle oder dünne Kristallschichten, die man auf rotationssymmetrische Flächen unter Wärme aufgedrückt hat. Derartige R.n sind nur für monochromatische Röntgenstrahlen geeignet. Kirkpatrick und Mitarbeiter nutzten die Totalreflexion zur Herstellung von R.n aus. Sie erhielten durch Verwendung von mit Metall belegten Zylinderspiegeln aus Glas eine Abbildung mit 50- bis 100facher Vergrößerung. → Röntgenstrahlmikroskopie.

Röntgenlumineszenz, → Lumineszenz.

Röntgenmikroanalyse, → Röntgenspektralanalyse.

Röntgenmikroskop, ein Mikroskop zur vergrößerten Abbildung von Objekten mittels Röntgenstrahlen. Zur Strahlenablenkung benutzt man in diesem Spektralbereich ($\lambda = 10$ bis 10^{-3} nm) gebogene Kristalle oder mit dünnen Kristallschichten beschichtete Hohlkörper als → Röntgenlinsen. Ein anderer Weg ist die Abbildung mittels Hohlspiegel unter streifendem Einfall der Strahlung. Man hat Vergrößerungen zwischen 100- und 1000fach sowie eine Auflösung von etwa 70 Å erzielt. Als Empfänger werden photographische Spezialemulsionen (Röntgenfilme) verwendet.

röntgenographische Spannungsmessung, die Messung von Gitterdehnungen mit Hilfe der Beugung von Röntgenstrahlen. Man interpretiert

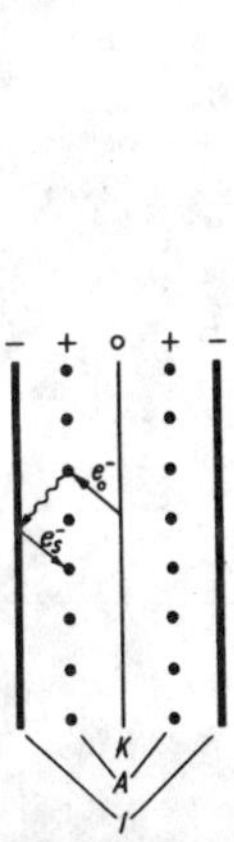

Röntgengrenze. Schema des Röntgeneffektes in einer Ionisationsvakuummeterröhre

die Dehnungen als Ergebnis einheitlicher elastischer Spannungen im durchstrahlten Bereich (Makrospannungen). Jede Gitterdehnung ist mit einer Änderung von Netzebenenabständen verbunden und bedingt *Linienverschiebungen* auf den Röntgendiagrammen. Im spannungsfreien Zustand kreisförmige Debye-Scherrer-Ringe sind dadurch elliptisch verzerrt (→ Pulvermethoden).

Die r. S. erfolgt meist nach dem Rückstrahlverfahren mit Filmmethoden oder Röntgendiffraktometern. Wegen der geringen Eindringtiefe der Röntgenstrahlen kann nur der Spannungszustand der Oberfläche erfaßt werden. Zu seiner eindeutigen Kennzeichnung (Größe und Richtung der beiden Hauptspannungen) muß ein Debye-Scherrer-Ring, d. h. die Interferenz für ein Indextripel (*hkl*), an mindestens vier Stellen vermessen und die zugehörigen Netzebenenabstände *d* müssen bestimmt werden. Um eine hinreichende Genauigkeit zu erreichen, werden meist mehrere Aufnahmen mit unterschiedlichem Winkel zwischen Primärstrahl und Probenoberfläche angefertigt. Je nach Versuchsanordnung ergeben sich spezielle Beziehungen für die Berechnung der Spannungen aus den *d*-Werten.

Die z. B. nach raschem Abschrecken oder nach Verformungen auftretenden Mikrospannungen haben ebenfalls Dehnungen zur Folge, die jedoch nicht einheitlich sind und daher zu → Linienverbreiterungen führen.

Lit. Glocker: Materialprüfung mit Röntgenstrahlen (5. Aufl. Berlin, Göttingen, Heidelberg 1971).

Röntgenprojektionsmikroskop, → Röntgenstrahlmikroskopie.

Röntgenreflex, svw. Reflex.

Röntgenröhre, *Röntgenlampe*, Gerät zur Erzeugung von → Röntgenstrahlen. In R.n werden Elektronenstrahlen hoher Energie erzeugt, die im Brennfleck auf die Anode bzw. die Antikatode auftreffen und von dort Röntgenstrahlen auslösen.

Die älteste Form der R. ist die auf C. W. Röntgen zurückgehende gasgefüllte *Ionenröhre* mit kalter Katode. Der Gasdruck in diesen Röhren beträgt 10^{-2} bis 10^{-3} Torr. Diese R.n bestehen im allgemeinen aus drei Elektroden: Katode (z. B. Aluminium), Anode und Antikatode. Da von der Antikatode die Röntgenstrahlen ausgehen, muß sie gekühlt werden. Ionenröhren arbeiten bei Spannungen von 20 kV und mehr. Die zur Erzeugung der Röntgenstrahlen erforderlichen Elektronen werden beim Aufprallen der durch Stoßionisation entstandenen positiven Ladungsträger auf die Aluminiumkatode aus dieser herausgelöst (→ Gasentladung). Die als Hohlspiegel ausgebildete Katode bündelt die ausgesandten Elektronen und erzeugt so einen kleinen Brennfleck auf der Antikatode. Härte und Intensität der erzeugten Röntgenstrahlung lassen sich in einer Ionenröhre nicht unabhängig voneinander regeln. Außerdem hängt die erzeugte Strahlung auch vom Gasdruck in der Röhre ab. Da letzterer durch die Adsorption von Gasionen immer geringer wird, nimmt die Härte der Strahlung mit der Zeit zu. Zur Verhinderung dieses Effekts sind Röhren mit Gasregenerierung gebaut worden. Infolge der genannten Nachteile werden Ionenröhren heute nur noch in Sonderfällen verwendet, vorwiegend für physikalische Untersuchungen, bei denen das bei anderen Röhren vorhandene, dem eigentlichen Spektrum überlagerte Wolframspektrum stört. Dieses entsteht bei Röhren mit Glühkatode durch Verdampfen von Katodenmaterial, das sich zum Teil auf der Anode niederschlägt. Spezielle Ausführungsformen von Ionenröhren stammen von Hadding, Seemann sowie Gerlach und Heß.

Bei den *Hochvakuumröntgenröhren* mit Glühkatode dient als Elektronenquelle ein Glühfaden aus Wolframdraht. Als Anodenmaterial verwendet man im allgemeinen Kupfer, für den Teil am Ort des Fokus jedoch Wolfram. Intensität und Härte der Röntgenstrahlung lassen sich bei dieser Röhre unabhängig durch die Heizstromstärke bzw. durch die an die Röhre angelegte Anodenspannung regeln. Die erste R. mit Glühkatode wurde von Lilienfeld angegeben. Bei dieser Röhre treten Elektronen aus einem Glühfaden aus, werden auf einige hundert Volt beschleunigt und gelangen in die Bohrung der eigentlichen Katode. Dort lösen sie Sekundärelektronen aus, die zur Anode beschleunigt werden und Röntgenstrahlen an ihr auslösen. Diese Form der R. wurde jedoch sehr bald von der einfacheren Coolidge-Röhre (Abb.) verdrängt, deren Prinzip auch heute noch

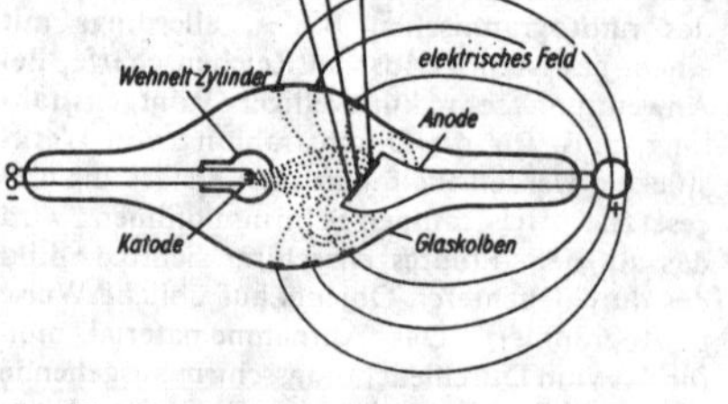

Coolidge-Röntgenröhre älterer Bauart. Die Elektronenbahnen sind schematisch angedeutet

allgemein verwendet wird. In dieser Röhre treten die Elektronen aus einem Glühfaden, der Katode, aus, der zur Bündelung mit einem Wehnelt-Zylinder umgeben ist. Sie werden direkt zur Anode beschleunigt, wo sie die Röntgenstrahlen auslösen. Die weitere technische Entwicklung dieser Röhre wurde durch folgende Gesichtspunkte bestimmt: Der durch den Wehnelt-Zylinder gebündelte Elektronenstrom erzeugt einen relativ großen Brennfleck, der nach dem Strichfokusprinzip verkleinert werden kann. Ein Teil der Elektronen trifft die Anode nicht nur im Brennfleck, sondern nach Reflexionen am Stiel der Anode; die dort entstehende Stielstrahlung verschlechtert die Bildschärfe der R. Außerdem wird durch reflektierte Elektronen und durch auf der Anode ausgelöste Sekundärelektronen die Wand negativ aufgeladen. Dadurch wird ein Feld zwischen der Wand und dem positiven Anschlußpol aufgebaut, das Sprühen und Ionisation verursacht. Die Belastbarkeit der Anode hängt von der Größe des Brennflecks und der Wärmeabgabe ab. Die Kühlung kann z. B. mit Öl durch Umlaufkühlung oder mit

Wasser durch Siedekühlung erfolgen. Bei den *Drehanodenröhren* wurde die Belastbarkeit durch Einführen einer rasch rotierenden Anode stark erhöht.

Bei *R.n nach dem Feinfokusprinzip* werden die vom Glühdraht ausgehenden Elektronen mit Hilfe magnetischer Linsen so fokussiert, daß ein sehr kleiner Brennfleck entsteht. Derartige R.n werden z. B. in der → Röntgenstrahlmikroskopie verwendet.

Die zur Spannungsversorgung von R.n benötigte Hochspannung wird heute allgemein durch Gleichrichtung von Wechselspannungen erzeugt. Dabei geht das Bestreben dahin, relativ niedrige Spannungen, d. h. kleine Transformatoren, zu verwenden und höhere Spannungen durch Vervielfacherschaltungen zu erzeugen. Als Gleichrichter können Halbleiterdioden, Stabgleichrichter aus Selen und Glühventile verwendet werden. In manchen Fällen kann auf den Gleichrichter verzichtet und die R. in Halbwellenschaltung verwendet werden. Mangelnde Spannungsglättung wirkt sich in Richtung auf Vermehrung der weicheren Anteile eines Strahlengemisches aus. Die ideale Stromquelle für eine R. ist deshalb die Gleichstrom-Hochspannungs-Akkumulatorenbatterie.

Sehr harte Röntgenstrahlen wurden nach dem Kaskadenprinzip mit Anodenspannungen von etwa 1 MeV erzeugt. Noch härtere Strahlen erhält man mit van-de-Graaff-Generatoren, die mit Spannungen bis zu etwa 5 MeV betrieben werden und mit denen man Brennflecke von unter 0,1 cm Durchmesser erhält.

Je nachdem, ob eine R. zerlegbar ist oder nicht, ist es auch möglich, zwischen *offenen* und *abgeschmolzenen*, d. h. *technischen R.n* zu unterscheiden. Letztere sind leichter zu handhaben, jedoch beim Durchbrennen des Glühfadens wertlos. Ihre Lebensdauer beträgt etwa 800 Stunden. Die offenen R. haben dagegen wegen der Austauschbarkeit der Glühkatode eine nahezu unbegrenzte Lebensdauer, müssen aber während des Betriebes laufend auf ein Hochvakuum von weniger als 10^{-6} Torr abgepumpt werden. Für wissenschaftliche Zwecke sind die offenen R.n wegen ihrer universellen Verwendbarkeit unersetzlich. Sie bieten die Möglichkeit des Austauschs der Anoden und sind deshalb zur Erzeugung sehr weicher Röntgenstrahlen, d. h. insbesondere zur Erzeugung und Untersuchung der charakteristischen Röntgenstrahlung geeignet.

Lit. Handb. der Physik, Bd XXX Röntgenstrahlen, Herausgeber Flügge (Berlin, Göttingen, Heidelberg 1957).

Röntgenschattenmikroskop, ein Gerät zur Erzeugung vergrößerter Schattenbilder durchstrahlbarer Objekte mit Hilfe von Röntgenstrahlung (Abb.). Die notwendige, fast punktförmige Röntgenlichtquelle mit einem Durchmesser von 0,1 bis 1 μm wird dadurch erzeugt, daß eine Elektronensonde, die durch zweistufige Verkleinerung einer Elektronenquelle erzeugt wird, auf ein Target auffällt. Das Objekt wird in kleinerem Abstand vom Brennfleck aufgestellt und in größerem Abstand dahinter entweder ein Fluoreszenzschirm oder eine photographische Platte. Die Abbildung erfolgt auf diese Weise vergrößert als Schattenbild nach dem Prinzip der Zentralprojektion; es werden Vergrößerungen bis 10^3fach und eine Auflösung von 0,1 μm erreicht. Der Vorteil gegenüber dem Lichtmikroskop ist hierbei die größere Schärfentiefe sowie die Durchdringung dicker Objekte; dabei brauchen weder Objekte noch Photoplatte im Vakuum untergebracht zu werden wie beim Elektronenmikroskop. Die Röntgenstrahlung kann relativ dicke Objektschichten durchdringen, so daß sich nicht nur Konturenbilder, sondern auch Halbtonbilder ergeben.

Röntgenserie, → Röntgenspektrum.

Röntgenspektralanalyse, die Bestimmung der chemischen Zusammensetzung eines Stoffes durch spektrale Zerlegung der von ihm emittierten oder absorbierten Röntgenstrahlen. 1) Die *Emissionsröntgenspektralanalyse* beruht darauf, daß Atome unter geeigneten Bedingungen zur Aussendung einer für jede Atomsorte charakteristischen Röntgenstrahlung, der Eigenstrahlung, angeregt werden (→ Moseleysches Gesetz). Die Anregung der Eigenstrahlung kann durch Elektronenbeschuß (10 bis 50 keV) erfolgen. Diese Methode hat besonders für die *Röntgenmikroanalyse* (*Röntgenemissionsmikrospektralanalyse, REMSA*) große Bedeutung erlangt, für die quantitative R. ist sie weniger vorteilhaft.

2) *Die Röntgenfluoreszenzanalyse* (*Fluoreszenzanalyse mit Röntgenstrahlen*) ist die am meisten angewandte Form der R. Hierbei erfolgt die Anregung der Fluoreszenzstrahlung durch Absorption eingestrahlter Röntgenquanten (Kalterregung). Diese Methode ist auch für die quantitative R. gut geeignet, da bei der Kalterregung eine Veränderung der Mengenanteile der einzelnen Atomarten in der Probe ausgeschlossen ist. Ein Nachteil gegenüber der Emissionsröntgenspektralanalyse ist die geringe Intensität der Fluoreszenzstrahlung.

Der Zusammenhang zwischen der Intensität einer Fluoreszenzlinie und der Anzahl der in der Probe vorhandenen Atome ist im allgemeinen nicht theoretisch angebbar, da die Intensität der Linie einer in geringer Konzentration vorliegenden Komponente durch die in hoher Konzentration vorhandene Substanz – die Matrix – in verschiedener Weise beeinflußt wird (Matrixeffekte). Ist z. B. die Fluoreszenzstrahlung eines in der Probe vorhandenen Elementes kurzwellig genug, um die eines anderen Elementes anzuregen (Umweganregung), so wird die Eigenstrahlung der ersten Atomsorte geschwächt und die der anderen verstärkt. Sind in der Probe mehrere Elemente vorhanden, so kann die Anzahl der Umweganregungen recht groß werden und die Intensität – insbesondere bei kleinen Konzentrationen – ein Mehrfaches der direkt angeregten betragen. Die Absorption der einfallenden Röntgenstrahlung und die Absorption der Fluoreszenzstrahlung durch die Matrix wirken sich ebenfalls wesentlich auf die Intensität einer Fluoreszenzlinie aus.

Liegen nur wenige Elemente im Untersuchungsobjekt vor oder interessieren nur wenige Atomsorten neben einer gleichbleibenden Matrix, so arbeitet man meist mit Eich-

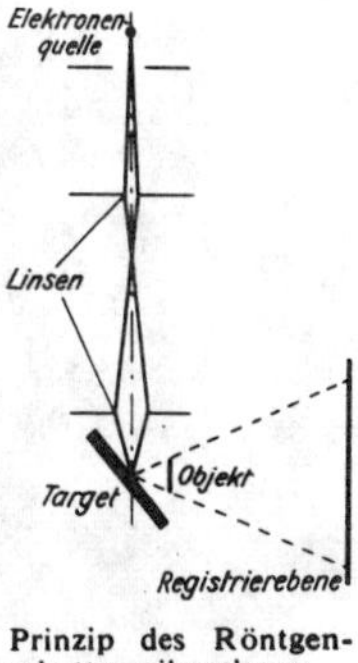

Prinzip des Röntgenschattenmikroskops

kurven. Andernfalls kann der Zusammenhang zwischen Intensitäten und Konzentrationen durch ein System linearer Gleichungen angenähert werden, deren Koeffizienten dann mit Hilfe von Eichproben bestimmt werden. Die erreichbare Genauigkeit der Röntgenfluoreszenzanalyse liegt — außer bei sehr leichten Elementen in einer stark absorbierenden Matrix — bei 0,1 %.

3) Bei der *Absorptionsröntgenspektralanalyse* werden die für jede Atomsorte charakteristischen Absorptionskanten ausgenutzt. Mißt man den Absorptionskoeffizienten einer Probe als Funktion der Wellenlänge, so kann aus der Lage von Unstetigkeitsstellen auf die in der Probe vorhandenen Elemente geschlossen werden. Die Höhe eines Sprunges ist ein Maß für die Menge des betreffenden Elementes. Da bei dieser R. die Proben in Form dünner, durchstrahlbarer Plättchen vorliegen müssen, wird sie in geringerem Maße als die Emissions- und die Fluoreszenzverfahren angewendet.

Über Verfahren zur R. → Röntgenspektroskopie.

Lit. Blochin: Methoden der R. (Leipzig 1963); Glocker: Materialprüfung mit Röntgenstrahlen (5. Aufl. Berlin, Göttingen, Heidelberg 1971).

Röntgenspektrograph, *Röntgenspektrometer*, Gerät zur Aufnahme eines → Röntgenspektrums. In R.en wird stets die Drehkristallmethode angewendet. Der zu untersuchende, primäre Röntgenstrahl fällt dabei auf einen sich langsam drehenden Kristall, dessen Drehachse senkrecht zur Strahlrichtung liegt. Ein abgebeugter Strahl entsteht in jeder Winkellage des Kristalls, in der eine Schar von Netzebenen im Kristall mit einer im primären Strahl vertretenen Wellenlänge die Braggsche Reflexionsbedingung erfüllt. Die Aufnahme der abgebeugten Strahlen geschieht meist auf einer photographischen Platte oder auf einem Film. Infolge der speziellen Ausblendung des primären Strahls bilden die abgebeugten Strahlen auf der Platte oder dem Film gerade Linien, die wie die Spektrallinien eines optischen Spektrums sich nach steigender Wellenlänge anordnen. Komplizierter ist die Aufnahme sehr langwelliger Röntgenspektren, da für Wellenlängen von mehr als 0,2 nm die Absorption in der Luft zu stark wird, so daß im Vakuum gearbeitet werden muß. Derartige *Vakuumspektrographen* werden unmittelbar an die Röntgenröhre angesetzt, so daß die Strahlen weder Luft- noch Glaswände durchlaufen müssen. Somit wird jede Absorption vermieden, und man kann Röntgenspektroskopie bis zu den weichsten Strahlungen betreiben. In diesem Bereich gibt es dann allerdings keine Kristalle mehr, die eine genügend große Gitterkonstante haben, und man muß zu künstlichen Strichgittern übergehen. Damit erreicht man einen Wellenlängenbereich, der sich sehr weit mit dem durch optische Methoden erschlossenen Ultraviolett überlappt.

Röntgenspektrometer, svw. Röntgenspektrograph.

Röntgenspektroskopie, *Röntgenspektrometrie*, Teilgebiet der Spektroskopie, das sich mit der spektralen Zerlegung und Registrierung von elektromagnetischer Strahlung im Wellenlängenbereich von 0,1 bis 300 Å befaßt, und zwar direkt zum Zwecke der Wellenlängenbestimmung von Spektrallinien oder zur → Röntgenspektralanalyse.

Bei Wellenlängen größer als 20 Å (ultraweiche Röntgenstrahlung) werden zur räumlichen Trennung der verschiedenen Spektrallinien mechanisch hergestellte (optische) *Strichgitter* verwendet. Sie ermöglichen eine absolute Bestimmung von Wellenlängen und werden auch bei der Spektralanalyse zum Nachweis sehr leichter Elemente verwendet.

Zur spektralen Zerlegung von Röntgenstrahlen im Bereich unter 20 Å benutzt man *Kristallgitter*. Die Reflexion der einfallenden Strahlung erfolgt nach der → Braggschen Reflexionsbedingung. Für die Röntgenspektralanalyse größerer Proben werden im allgemeinen ebene Kristalle im Parallelstrahlverfahren (Abb.) benutzt. Zur Untersuchung kleiner und

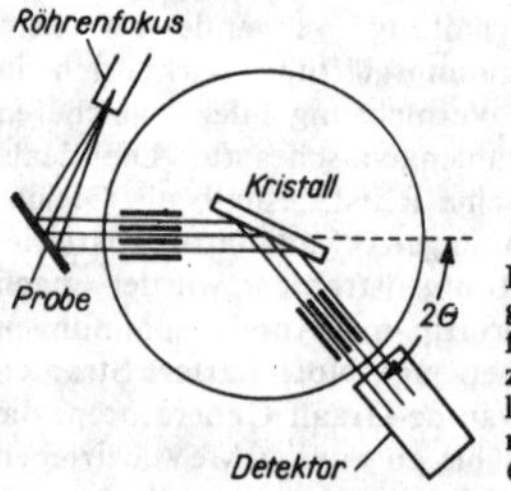

Prinzip eines Röntgenspektrometers für die Fluoreszenzanalyse (Parallelstrahlverfahren mit Sollerblenden). Θ Glanzwinkel

kleinster Bereiche wird der abtastende Strahl durch gebogene Kristalle auf die Probe fokussiert (Mikrosonde, → Monochromator für Röntgenstrahlen).

Zum Studium der Feinstruktur von Emissionslinien und Absorptionskanten ist wegen der hohen Auflösung das Doppelkristallverfahren mit zwei hintereinander angeordneten, ebenen Kristallen am besten geeignet.

Bei manchen Geräten wird das Spektrum räumlich nebeneinander auf Filmmaterial registriert, bei anderen wird das Spektrum ähnlich, wie bei einem → Röntgendiffraktometer, zeitlich nacheinander mit einem Zählrohr abgetastet. Bei Wellenlängen über 3 Å muß der Strahlengang ins Vakuum verlegt werden. Über den Zusammenhang zwischen Wellenlänge der emittierten Röntgenstrahlung und Ordnungszahl des emittierenden Elements → Moseleysches Gesetz.

Lit. → Röntgenspektralanalyse.

Röntgenspektrum, im weiteren Sinne die Wellenlängen- bzw. Frequenzfolge der → Röntgenstrahlen einschließlich des Bremskontinuums, im engeren Sinne die Linienspektren der für die emittierende Substanz charakteristischen Röntgenstrahlung, die beim Übergang von Elektronen aus äußeren Schalen in eine durch Herausschlagen eines inneren Elektrons gebildete Lücke entstehen. Die durch Entfernen eines Elektrons aus einer abgeschlossenen Schale resultierenden Atomzustände haben die gleichen Quantenzahlen, also die gleichen Termsymbole, wie sie dem fehlenden Elektron allein zukommen würden (→ Atomspektren). Die Schale mit $n = 1$ enthält zwei **1*s*-Elek-**

tronen. Fehlt eines davon, so entsteht ein $^2S_{1/2}$-Zustand, der in der Röntgenterminologie mit K bezeichnet wird. In der Schale mit $n = 2$ gibt es zwei $2s$- und sechs $2p$-Elektronen. Ein Loch kann daher die Zustände $^2S_{1/2}$, $^2P_{1/2}$, $^2P_{3/2}$ einnehmen. Die Röntgenbezeichnung dafür lautet: L_I, L_II, L_III. In der Schale $n = 3$ sind es die Zustände $^2S_{1/2}$, $^2P_{1/2,3/2}$, $^2D_{3/2,5/2}$. Sie werden mit $M_\mathrm{I,II,III,IV,V}$ bezeichnet. K-, L-, M-, ... Serien sind die Folgen von Linien, die auf den entsprechenden Niveaus enden. Die nach den Auswahlregeln möglichen Kombinationen werden als Röntgenlinien beobachtet.

Die Zustände, in denen sich die äußersten Elektronen der Atome befinden, also gegebenenfalls auch chemische Bindungen, haben auf die Röntgenniveaus nur geringen Einfluß. Die Energie der Röntgenzustände ist im wesentlichen durch die am Ort des „Loches" wirksame Ordnungszahl bestimmt. Diese ist etwa gleich der Ordnungszahl des betreffenden Atoms vermindert um die Zahl der weiter innen laufenden Elektronen. Die „Abschirmung" der Kernladung wird ausgedrückt durch eine *Abschirmkonstante* σ, die aber noch von der Quantenzahl L des gesamten Bahndrehimpulses abhängt (→ Atomspektren).

Dadurch entsteht eine Termdifferenz zwischen zwei Zuständen mit gleichem Gesamtdrehimpuls J, jedoch unterschiedlichem L, z. B. $^2S_{1/2} - {}^2P_{1/2}$, $^2P_{3/2} - {}^2D_{3/2}$, die bei echten Einelektronenspektren nahezu verschwindet. So entstehen die *irregulären* oder *Abschirmungs-Dubletts*. Auf der verschiedenen Einstellung des Elektronenspins gegen den Bahnimpuls beruhen z. B. die Termdifferenzen $^2P_{1/2} - {}^2P_{3/2}$, $^2D_{3/2} - {}^2D_{5/2}$, die als *reguläre* oder *relativistische Dubletts* bezeichnet werden. Diese Aufspaltung durch Spin-Bahn-Kopplung tritt auch bei echten Einelektronenspektren, z. B. im Wasserstoffspektrum, auf, sie wird aber bei den Röntgenspektren durch die Proportionalität zum Quadrat der Ordnungszahl Z stark vergrößert.

Röntgenlinien, die nicht in das besprochene Termschema passen (*Nichtdiagrammlinien*), beruhen z. T. auf Doppelanregung von Elektronen, wobei gleichzeitig 2 Leerstellen entstehen und 2 Elektronen springen.

Röntgenabsorptionsspektren erhält man, wenn eine Substanz einer Röntgenstrahlung mit kontinuierlicher Frequenzverteilung ausgesetzt wird. Dabei können nur die Frequenzen absorbiert werden, bei denen die Energie $h\nu$ ausreicht, um Elektronen aus dem Atominnern gänzlich in Freiheit zu setzen oder auf eine äußere, unbesetzte Bahn zu heben. Der energetische Unterschied von 1 bis 10 eV zwischen beiden Prozessen ist so klein gegen die Energie der Röntgenstrahlung, daß er im Absorptionsspektrum fast nicht zu bemerken ist. Dieses besteht in einer mit wachsender Frequenz abnehmenden Absorption, die aber an den Stellen, wo die Ionisierungsenergie einer inneren Schale erreicht wird, einen scharfen Anstieg, die *Absorptionskante*, zeigt. Die Lage der Kanten gehorcht dem → Moseleyschen Gesetz. Die Absorptionskante der K-Schale ist einfach, die der L-Schale 3fach, die der M-Schale 5fach, usw., entsprechend der Feinstruktur der Röntgenterme.

Zu beachten ist, daß auf Aufnahmen von Röntgenabsorptionsspektren auf dem Röntgenfilm stets die Absorptionskanten von Brom und Silber zu sehen sind. – Die einfache Beziehung zwischen Röntgenlinienfrequenz und Ordnungszahl macht die Röntgenspektroskopie besonders geeignet zur qualitativen und quantitativen Spektralanalyse.

Lit. → Atomspektren.

Röntgenstrahlbildwandler, eine nach dem Prinzip der optoelektronischen Kopplung (→ Optoelektronik) arbeitende Vorrichtung zum Umwandeln eines Röntgenstrahlbildes in ein sichtbares Bild. Der R. besteht aus einer Folge von: 1. Elektrode, photoleitende Schicht, Abdunkelungsschicht, elektrolumineszierende Schicht, 2. Elektrode, Glas (Abb.). An die

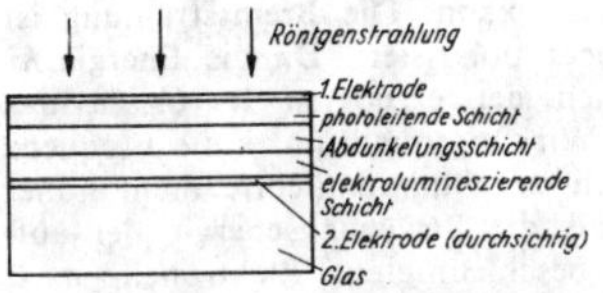

Prinzip des Röntgenstrahlbildwandlers

beiden Elektroden wird eine Wechselspannung angelegt. Sobald die photoleitende Schicht durch die 1. Elektrode hindurch von Röntgenstrahlen getroffen wird, wird sie leitend. Damit liegt die Wechselspannung zwischen 1. und 2. Elektrode an der elektrolumineszierenden Schicht (→ Lumineszenzplatte), die damit Licht abgibt. Die Abdunkelungsschicht dient dazu, Fremdlicht von der photoleitenden Schicht abzuhalten. R. können auch aus mehreren Einzelelementen der beschriebenen Art bestehen.

Röntgenstrahlen, *X-Strahlen*, elektromagnetische Wellenstrahlen analog dem Licht. R. schließen sich mit ihren langen Wellenlängen an das Ultraviolett an und überlappen sich stark mit diesem Bereich, auch nach kurzen Wellenlängen hin ist keine scharfe Grenze zu setzen. Sie liegen in einem Wellenlängenbereich von etwa 80 nm bis 10^{-5} nm, das entspricht einer Quantenenergie zwischen etwa 15 eV und 150 MeV. In diesem Bereich liegen auch die im weiteren Sinn zu den R. zählenden γ-Strahlen radioaktiver Substanzen, die sich nur bezüglich ihrer Entstehungsart von den R. unterscheiden, in ihrer Natur und ihren Eigenschaften aber den R. völlig gleichen.

Erzeugung. R. werden in der → Röntgenröhre gebildet, indem man beschleunigte Elektronen (Katodenstrahlen) auf eine metallene Antikatode auftreffen läßt, von der die R. ausgehen. Zur Erzeugung extrem energiereicher R. dienen auch Betatron, Synchrotron oder Linearbeschleuniger. Man unterscheidet zwei Arten von R.: die einen weiten Spektralbereich kontinuierlich überdeckende Bremsstrahlung und die aus einzelnen Linien bestehende, von der Beschaffenheit der Antikatode abhängige und für sie spezifische charakteristische Röntgenstrahlung.

Die *Bremsstrahlung* (*weiße Röntgenstrahlung*) entsteht durch das plötzliche Abbremsen der in Stoffe eindringenden bewegten Elektronen. Dabei erfolgen vorwiegend Zusammenstöße mit den Hüllenelektronen der Atome des Hindernisses, weniger mit den Atomkernen. Da bei einem solchen Beschleunigungs- oder Bremsvorgang jede elektrische Ladung nach der Maxwellschen Feldtheorie der klassischen Elektrodynamik elektromagnetische Wellen aussendet, entsteht bei der Bremsung eines einzelnen Elektrons ein Strahlungsimpuls nach Art eines akustischen Knalls. Diese statistisch regellos erfolgenden Elementarprozesse, die sich auch hinsichtlich der Bremswege, Bremszeiten und der Geschwindigkeit der Elektronen unterscheiden, liefern ein kontinuierliches Frequenzspektrum, dessen Verteilungsfunktion durch Anwendung der Fourier-Transformation auf die statistischen Elementarprozesse bestimmt werden kann. Die Bremsstrahlung ist teilweise linear polarisiert. Da die Energie $h\nu$ der Photonen der erzeugten R. (h ist das Plancksche Wirkungsquantum, ν die Frequenz der R.) nach der Quantentheorie nicht höher sein kann als die Bewegungsenergie der auftreffenden beschleunigten Elektronen $e \cdot U$ (e ist die elektrische Elementarladung, U die Beschleunigungsspannung, bzw. Anodenspannung der Röhre in V), hat die kontinuierliche Röntgenstrahlung eine scharfe kurzwellige Grenze. Für diese obere Grenzfrequenz ν_g bzw. untere Grenzwellenlänge λ_g gilt die *Wiensche Beziehung* $h\nu_g = hc/\lambda_g = eU$. Die Grenzwellenlänge λ_g ist also lediglich von der Größe der Beschleunigungsspannung, nicht aber vom Material des Hindernisses abhängig. Zahlenmäßig gilt λ_g [nm] = 1234,6/U [V]. Es ist jedoch auch der umgekehrte Prozeß möglich, d. h., R. können aus Atomen (Photo-) Elektronen ausschlagen, deren Geschwindigkeit wiederum durch die Wiensche Beziehung gegeben ist.

Diese Gleichung wurde auch für die genaue Bestimmung der Planckschen Konstante ausgenutzt. Der Nutzeffekt η der Bremsstrahlerzeugung, d. h. das Verhältnis der als Röntgenstrahlen abgegebenen Leistung zur Leistung der Elektronenstrahlen, ist sehr schlecht. Nach der Beziehung $\eta = 10^{-9} \cdot Z \cdot U$ [V] liegt er noch unter 1%. Dabei ist Z die Ordnungszahl des Materials der Antikatode.

Die Intensität der Bremsstrahlung hängt bei konstanter Elektronengeschwindigkeit linear vom primären Elektronenstrom ab. Bei konstantem Elektronenstrom steigt die Gesamtintensität stärker als quadratisch mit der Elektronengeschwindigkeit an. Außerdem wächst sie proportional mit der Ordnungszahl des Antikatodenmaterials. Die spektrale Verteilung der Bremsstrahlung hingegen ist unabhängig vom Antikatodenmaterial.

Die *charakteristische Röntgenstrahlung* (*Eigen-*, *Fluoreszenzröntgenstrahlung*, *Röntgenfluoreszenzstrahlung*) besteht, ähnlich wie ein Linienspektrum im Sichtbaren, aus einzelnen scharfen Linien. Diese Röntgenlinien werden durch Elektronenübergänge zu den viel fester gebundenen Elektronen der inneren Schalen der Atome verursacht, während die optischen Spektren mit den Übergängen der Außen- oder Leuchtelektronen verbunden sind. Zur Erklärung genügen die Vorstellungen des Bohrschen Atommodells (→ Atommodell). Durch ein schnelles Elektron des Katodenstrahles kann ein Elektron aus einer der inneren Schalen des Atoms vollständig herausgeschleudert werden. Das an dieser Stelle entstandene „Loch“ wird durch ein weiter außen liegendes und damit weniger fest gebundenes Hüllenelektron aufgefüllt, wobei die freiwerdende Differenz zwischen den Energiebeträgen der Elektronen als Röntgenquant abgestrahlt wird. Infolge der diskreten Energien der Elektronenzustände im Atom entsteht bei diesem Übergang eine elektromagnetische Strahlung ganz bestimmter Frequenz, die infolge der hohen freiwerdenden Energie im Röntgengebiet liegt. In Analogie zu den optischen Spektren faßt man alle diejenigen Linien, deren erzeugende Elektronensprünge auf derselben Schale enden, zu einer Serie zusammen. Entsprechend unterscheidet man nach steigender Wellenlänge *K*-, *L*-, *M*-, *N*-Serien usw., die aus einer zunehmenden Zahl von Komponenten bestehen. Bei allen Elementen treten analoge Serien auf; die Frequenz analoger Serienglieder ist direkt proportional zum Quadrat der Ordnungszahl Z (→ Moseleysches Gesetz). Weiteres → Röntgenspektrum.

Da die kurzwelligsten Linien der charakteristischen R. nur wenig unter einer Wellenlänge von 0,01 nm liegen, kommt für die Erzeugung härterer, kurzwelligerer R. ausschließlich die Bremsstrahlung in Frage, deren kurzwellige Grenze lediglich durch die verfügbare Elektronenenergie beschränkt wird. Zur Erzeugung harter, also kurzwelliger elektromagnetischer Strahlung werden auch radioaktive Präparate benutzt. Die von ihnen ausgesandten γ-Strahlen haben die gleiche Natur wie die R.

Nachweis. R. werden hauptsächlich durch die Schwärzung photographischer Platten und die Ionisation von Gasen in der Ionisationskammer nachgewiesen. Hiermit sind auch quantitative Messungen ihrer Intensität möglich. Besonders in der medizinischen → Röntgendiagnostik dient der Fluoreszenzschirm zum Nachweis der R.

Eigenschaften. Da die R. ebenso wie das Licht elektromagnetische Strahlen sind, haben sie auch ähnliche Eigenschaften wie dieses, wenngleich diese Ähnlichkeit infolge der viel kürzeren Wellenlänge oft schwierig erkennbar und nachweisbar ist. R. breiten sich wie das Licht geradlinig aus und werfen geometrische Schatten (Anwendung bei den Schattenbildern der medizinischen Röntgendiagnostik). Die Brechzahlen aller bekannten Substanzen liegen für R. praktisch nur sehr wenig unter dem Wert 1. Eine reguläre Reflexion oder Brechung an Grenzflächen ist für R. im allgemeinen nicht möglich, da die Wellenlänge der R. in der Größenordnung der Atomabmessungen liegt und die „Rauhigkeit“ der Grenzfläche infolge ihrer atomaren Struktur schon zu groß ist. Nur bei nahezu streifendem Einfall sind Brechung, Reflexion und Totalreflexion von R. beobachtbar.

Ähnlich wie beim Licht treten auch bei R. Abweichungen von der geradlinigen Ausbreitung infolge von Beugungserscheinungen auf. Sie sind jedoch wegen der kürzeren Wellenlänge viel schwieriger nachzuweisen. Da die Abmessungen der beugenden Objekte in der Größenordnung der Wellenlänge der R. liegen müssen, ist eine Beugung der R. an „gewöhnlichen" Spalten und Strichgittern nur sehr schwer möglich, inzwischen aber auch gelungen. Gerade infolge ihrer kurzen Wellenlänge erfolgt jedoch eine Beugung der R. am Raumgitter der regelmäßig angeordneten Gitterbausteine von Kristallen. Diese Erscheinung bildet die Grundlage für zwei wichtige Anwendungen, die → Röntgenspektralanalyse und die Röntgenstrukturanalyse.

Auch Polarisationserscheinungen treten bei R. auf. Barkla zeigte, daß R. bei Streuung an Materie teilweise polarisiert werden.

Die hohe Durchdringungsfähigkeit der R. ist eine Eigenschaft, die sie deutlich vom Licht unterscheidet und die die Grundlage für fast alle ihre praktischen Anwendungen bildet. Durchdringen monochromatische R. eine Materialschicht der Dicke d in cm, so wird die auffallende Intensität I_0 auf den Wert $I = I_0 \exp(-\mu d)$ geschwächt. Die Intensitätsverringerung der R. beim Durchdringen von Stoffen ist durch Streuprozesse und wahre Absorption bedingt. Demzufolge setzt sich der Schwächungskoeffizient μ in cm^{-1} additiv aus dem Absorptionskoeffizienten μ_a und dem Streuungskoeffizienten μ_s zusammen: $\mu = \mu_a + \mu_s$ (→ ionisierende Strahlung 1). Der Einfluß der Streuung ist nur bei kurzen Wellenlängen und bei Substanzen mit niedriger Ordnungszahl wesentlich. Anstelle der Schwächungskoeffizienten wird in der experimentellen Praxis häufig die Halbwertsdicke D in cm angegeben, in der die Strahlungsintensität auf die Hälfte zurückgeht. Es ist $D = \ln 2/\mu$ (Tab.).

Tab. Halbwertsdicken in cm für Quantenenergien der R. von 0,1 bis 10 MeV

E in MeV	Wasser	Al	Fe	Pb
0,1	4,2	1,6	0,26	0,012
0,2	5,1	2,1	0,64	0,07
0,3	5,9	2,5	0,8	0,18
0,5	7,2	3,1	1,1	0,4
1	9,8	4,2	1,5	0,9
2	14	6	2,1	1,4
5	23	9	2,8	1,4
10	31	11	3	1,2

Das Absorptionsverhalten der R. ist einfacher als das des Lichtes, da es ausschließlich eine Eigenschaft der Atome der Substanz ist und sich molekulare Absorptionskoeffizienten additiv aus den atomaren zusammensetzen. Damit treten die individuellen Unterschiede der Stoffe, die durch die chemischen Bindungen bedingt werden, stark in den Hintergrund. Für den Absorptionskoeffizienten gilt die empirische Beziehung $\mu_a = C \cdot Z^4 \cdot \lambda^3$. Die Absorption von R. einer bestimmten Wellenlänge λ steigt also stark mit der Ordnungszahl Z der Atome des absorbierenden Stoffes an. Das ist z. B. die Ursache für die unterschiedlichen Absorptionskoeffizienten von Knochen und weichem Körpergewebe, die die Aufnahme von Schattenbildern in der medizinischen Röntgendiagnostik erlauben. Andererseits nimmt nach der Beziehung der Absorptionskoeffizient sehr rasch mit der Wellenlänge λ der R. zu. Kurzwellige R. sind also durchdringender, „*härter*" als langwelligere. Sehr langwellige, „*weiche*" R. können nur im Vakuum untersucht werden, da sie bereits von der Luft absorbiert werden.

Die Abnahme der Absorption zu kürzeren Wellenlängen hin wird an den Absorptionskanten des absorbierenden Stoffes sprunghaft unterbrochen. Wird die Absorptionskante erreicht, springt die Absorption wieder auf einen höheren Wert.

Bei der Wechselwirkung von R. mit Atomen der Materie spielen hauptsächlich die folgenden Prozesse eine Rolle. Die aufgenommene Strahlungsenergie der R. kann 1) wieder abgegeben werden als kohärente Röntgenstrahlung gleicher Frequenz (*klassische Streuung nach Rayleigh-Thomson*), 2) als inkohärente Röntgenstrahlung größerer Wellenlänge unter Abgabe eines Compton-Elektrons (*Compton-Effekt*), 3) übertragen werden an ein Photoelektron, das den Atomverband verläßt (*Photoeffekt*), 4) umgewandelt werden in ein Elektron-Positron-Paar (*Paarbildung*). Da die Wirkungsquerschnitte für Photo- und Compton-Effekt mit abnehmender Wellenlänge der R. abnehmen, der Wirkungsquerschnitt für Paarbildung hingegen zunimmt, sinkt die Absorption von R. zu extrem kurzen Wellenlängen hin nicht beliebig, sondern nur auf ein bestimmtes Minimum ab, um dann wieder anzusteigen. Für jede Substanz gibt es somit R. größter Durchdringungsfähigkeit. Besonders klar erscheint dieses Minimum bei schweratomigen Substanzen. Für Blei z. B. sind im Wellenlängengebiet $\lambda < 0{,}00025$ nm energiereichere R. „weicher" als energieärmere.

Anwendung. R. haben ein sehr breites Anwendungsgebiet: medizinische Röntgendiagnostik und Strahlentherapie, Strahlenkonservierung von Nahrungsgütern, Züchtung von Kulturpflanzen mit verbesserten Eigenschaften mittels röntgenstrahlinduzierter Mutation, Röntgenstrukturanalyse, Röntgenspektroskopie, Röntgenspektralanalyse, Röntgenfluoreszenzanalyse, Röntgenmikroskopie, Röntgenastronomie u. a.

Geschichtliches. Die R. wurden 1895 von W. C. Röntgen beim Experimentieren mit Katodenstrahlen entdeckt und zunächst als *X-Strahlen* bezeichnet. (Diese Bezeichnung ist auch heute noch in der englischsprachigen Fachliteratur üblich.) Röntgen beobachtete neue unbekannte Strahlen, die beim Aufprallen der Elektronen auf die Glaswand der Röhre entstanden und die die Fähigkeit besaßen, fluoreszenzfähige Stoffe zum Leuchten zu erregen, die photographische Platte zu schwärzen und im Gegensatz zu den Katodenstrahlen auch dickere Materieschichten zu durchdringen. Im Jahre 1912 gelang es von Laue und seinen Mitarbeitern Friedrich und Knipping, die Beugung von R. nachzuweisen. Auch die Polarisation von R. konnte gezeigt werden. Damit war bewiesen, daß R. transversale elektromagnetische Wellen sehr kleiner Wellenlänge sind.

Lit. Grimsehl: Lehrb. der Physik, Bd III und IV (Leipzig 1969); Hertz: Lehrb. der Kernphysik (Hanau 1966); Mierdel: Elektrophysik (Berlin 1972).

Röntgenstrahlmikroskop, → Röntgenstrahlmikroskopie.

Röntgenstrahlmikroskopie, spezielle Form der Mikroskopie, bei der statt mit sichtbarem Licht mit Röntgenstrahlen Beobachtungen vorgenommen werden. Vorteilhaft wirkt sich bei der R. die Tatsache aus, daß der Bildkontrast vorwiegend auf der Absorption von Strahlung beruht. Bei vergleichbarem Auflösungsvermögen – bisher konnten mit Röntgenstrahlmikroskopen Objekte von minimal etwa 0,1 μm Durchmesser noch aufgelöst werden – zeichnen sich Röntgenstrahlmikroskope gegenüber Lichtmikroskopen durch größeren Kontrastreichtum der Bilder aus. So konnten z. B. Viren äußerst gut dargestellt werden, die im Lichtmikroskop kaum erkennbar waren. Obwohl das Auflösungsvermögen des Elektronenmikroskops (→ Elektronenmikroskopie) um zwei bis drei Größenordnungen besser ist, eignet sich das Röntgenstrahlmikroskop insbesondere für biologische Untersuchungen, da sich dabei das Objekt an der Luft und nicht wie beim Elektronenmikroskop im Vakuum befindet. Auch sind die Strahlenschäden lebender Objekte im natürlichen Zustand durch Röntgenstrahlen im Vergleich zu den Strahlenschäden durch Elektronenstrahlen gering. Für biologische Untersuchungen werden Röntgenstrahlen im Wellenlängenbereich von 0,1 bis 10 nm verwendet. Die Konstruktion von Röntgenstrahlmikroskopen ist dadurch schwierig, daß die Brechzahl der Stoffe für Röntgenstrahlen sehr nahe bei Eins liegt, so daß es nur wenig geeignete Linsen für diese Mikroskope gibt (→ Röntgenlinse). Es fehlen geeignete Materialien mit starker Brechzahl und schwacher Absorption. Außerdem ist der Öffnungswinkel von Röntgenstrahlmikroskopen kleiner als bei Lichtmikroskopen.

Man unterscheidet zwischen der Mikroskopie durch Schattenbilder und den Fokussierungsmikroskopen. Die einfachste und älteste Form der Erzeugung von Schattenbildern ist die *Mikroröntgenbilderzeugung* oder *Mikroradiographie*. Bei dieser Methode befindet sich das Objekt in direktem Kontakt mit dem Film. Ein vergrößertes Schattenbild erhält man durch nachfolgende optische Vergrößerung des entwickelten Mikroröntgenbildes. Die Methode wird vor allem in der Biologie, Medizin, Chemie, Mineralogie und Metallurgie angewandt. Das erreichte Auflösungsvermögen liegt in der Größenordnung von 1 μm. Das *Schattenprojektionsmikroskop für Röntgenstrahlen* oder *Röntgenprojektionsmikroskop* (Abb.) wurde zuerst von Cosslett und Mitarbeitern gebaut und arbeitet nach folgendem Prinzip: In einem evakuierten Metallzylinder befindet sich eine aus Glühkatode, Wehnelt-Zylinder und Beschleunigungsanode bestehende Elektronenkanone. Diese emittiert ein beschleunigtes Elektronenstrahlbündel, das mit Hilfe von magnetischen Linsen auf das Target, z. B. eine dünne Metallfolie aus Kupfer oder Wolfram, konzentriert wird. Der Brennfleck hat einen Durchmesser von 1 μm und weniger. Von ihm werden Röntgenstrahlen ausgesendet, deren kürzeste Wellenlänge durch die angelegte Spannung bestimmt wird. Dicht vor dem Target befindet sich das Objekt unter normalem Luftdruck. Von ihm erzeugen die Röntgenstrahlen auf der photographischen Platte im Schattenwurf ein vergrößertes Bild. Das Auflösungsvermögen wird im wesentlichen durch die Brennfleckgröße bestimmt. Nixon erreichte 1956 eine Auflösung von 0,1 μm, was nur wenig besser ist als das bestenfalls erreichbare Auflösungsvermögen von Lichtmikroskopen. Mit Schattenprojektionsmikroskopen konnten kleine Objekte etwa 100fach linear vergrößert werden.

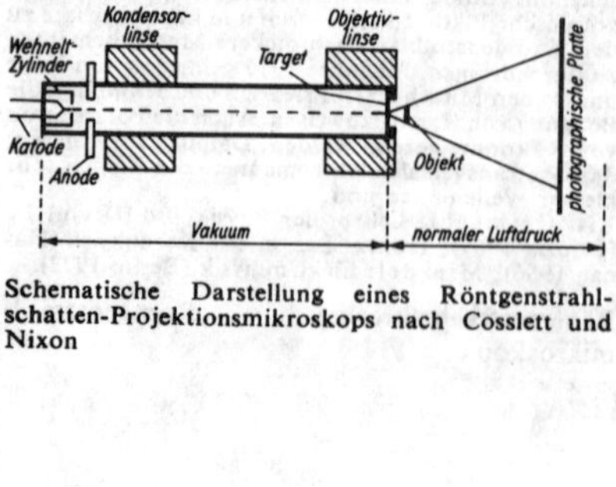

Schematische Darstellung eines Röntgenstrahlschatten-Projektionsmikroskops nach Cosslett und Nixon

Infolge des Fehlens geeigneter Linsen für Röntgenstrahlen besteht noch wenig Aussicht, ein *Röntgenfokussierungsmikroskop* nach dem in der Optik üblichen Prinzip zu bauen. Dagegen hat man Fokussierungsmikroskope verwirklicht, die mit Spiegeln bei fast streifendem Einfall im Gebiet der Totalreflexion, d. h. Einfallswinkel kleiner als 0,5°, arbeiten. Ebenso ist die Abbildung durch Kristallgitterbeugung an gebogenen Kristallen schon ausgenutzt worden. Wegen des streifenden Einfalls und der extrem kleinen Wellenlänge erfordern diese Methoden außerordentlich hohe Anforderungen an die Bearbeitungsgenauigkeit der Spiegeloberflächen. Trotz allem wurden schon Bilder mit einer 50-bis 100fachen Vergrößerung und mit einer Auflösung von 1 μm hergestellt. Die dabei verwendete Röntgenstrahlung hatte eine Wellenlänge von 1 nm.

Lit. Handb. der Physik, Bd XXX Röntgenstrahlen, Herausgeber Flügge (Berlin, Göttingen, Heidelberg 1957).

Röntgenstrahlung, → Röntgenstrahlen.

Röntgentopographie, Röntgenbeugungsverfahren, das es erlaubt, Störungen des periodischen Gitteraufbaus von Einkristallen (Versetzungen, Stapelfehler, Zwillingsgrenzen, Korngrenzen, Ausscheidungen) als Kontrastunterschiede in der Feinstruktur der Röntgeninterferenzflecken in natürlicher Größe auf feinkörnigem Filmmaterial individuell abzubilden und durch anschließende lichtmikroskopische Nachvergrößerung dem Auge sichtbar zu machen. Zur Anfertigung von Röntgentopogrammen wird eine Röntgenstrahlenquelle benötigt, von der ein durch Spaltblenden begrenzter, meist monochromatischer Strahl auf den zu untersuchenden Kristall gerichtet wird. Der Kristall muß oft bis auf Bruchteile von Winkelminuten genau bezüglich der Richtung der einfallenden Röntgenstrahlen ausgerichtet sein, um für eine ausgewählte Netzebenenschar die Braggsche Reflexionsbedingung zu erfüllen. Die Kristallorientierung erfolgt mit Hilfe eines Goniometers. Um ein hohes Auflösungsvermögen zu erreichen, verwendet man hinreichend parallele Strahlen und bringt die Photoplatte in unmittelbarer Nähe des Kristalls an. Befindet sich die Photoplatte auf der gleichen Seite der Probe wie das einfallende Strahlenbündel, spricht man von einer *Rückstrahlanordnung*, die die Untersuchung oberflächennaher Bereiche der Kristalle gestattet. Im anderen Fall liegt eine *Durchstrahlanordnung* vor. Besondere Verbreitung hat ein Verfahren von A. R. Lang gefunden, bei dem Kristall und Photoplatte periodisch in einem strichförmigen Strahlenbündel hin und her gezogen werden. Dadurch lassen sich größere Kristallbereiche erfassen. Die durchstrahlbaren Kristalldicken liegen je nach untersuchtem Material etwa zwischen 50 μm und 1 mm. Speziell bei anomaler (sehr geringer) Absorption (*Borrmann-Effekt*) können Einkristalle (z. B. Silizium) mit Dicken von einigen mm durchstrahlt werden. Die Kristallbaufehler werden durch eine von den ungestörten Bereichen abweichende Schwärzungsverteilung abgebildet. Auf dem Photomaterial können noch Details von wenigen μm aufgelöst werden. Der Nachweis von einzelnen Versetzungen, z. B. die Randlinien von im Kristallinneren endenden Netzebenen, erfolgt durch ihre weitreichenden Verzerrungsfelder, wodurch die Netzebenenorientierung dort etwas anders als in störungsfreien Bereichen ist. Die Auflösung einzelner Versetzungen gelingt bis zu Versetzungskonzentrationen von etwa 10^6 cm^{-2}. Ähnliche und auch weitergehende Aussagen können durch elektronenmikroskopische Untersuchungen gewonnen werden, allerdings hat man dann ein wesentlich kleineres Gesichtsfeld, höhere Anforderungen an die Kristallpräparation, geringere durchstrahlbare Dicken und einen beträchtlich größeren apparativen Aufwand.

Die ersten röntgentopographischen Aufnahmen wurden von W. Berg um 1930 hergestellt. Einen großen Aufschwung nahm die Entwicklung röntgentopographischer Aufnahmeverfahren nach 1950 mit der Untersuchung einkristalliner Halbleitermaterialien (Germanium, Silizium, Verbindungshalbleiter) und auch ganzer integrierter Schaltkreise, deren elektrische Eigenschaften empfindlich von Strukturstörungen abhängen. Damit ging die Weiterentwicklung der Theorie der Röntgenstrahlbeugung einher.

Lit. Kleber, Meyer, Schoenborn: Einführung in die Kristallphysik (Berlin 1968).

Rootspumpe, *Wälzkolbenpumpe*, *Rootsgebläse*, Vakuumpumpe, die im Grob-, Fein- und Hochvakuumbereich eingesetzt wird. Im Druckbereich von 10 bis 10^{-3} Torr ist sie hinsichtlich ihrer Saugleistung und ihres spezifischen Energiebedarfs der Sperrschieberpumpe und der Öldiffusionspumpe überlegen.

Der Saugvorgang der R. entsteht durch zwei Drehkolben mit etwa achtförmigem Querschnitt, die mit hoher Drehzahl gegenläufig in einem vakuumdichten Gehäuse rotieren. Die Spalte zwischen den Kolben sowie zwischen Kolben und Gehäusewand sind eng gehalten (0,1 mm), so daß die Gasrückströmung sehr gering ist. Im Gegensatz zu den ölüberlagerten Vakuumpumpen befindet sich im Pumpenraum der R. keine Schmierflüssigkeit. Dadurch ist der Öldampfdruck im Rezipienten im allgemeinen geringer als bei zweistufigen Drehschieberpumpen. Die R.n arbeiten gegen ein Vorvakuum, das von einer Vakuumpumpe erzeugt und aufrechterhalten wird.

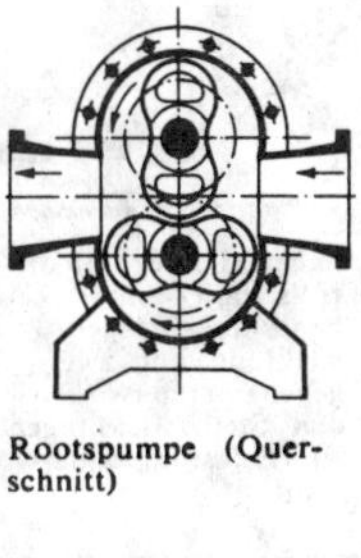
Rootspumpe (Querschnitt)

Rose-Gorter-Methode, → polarisierte Kerne.

Rosenbluth-Formel, → elektromagnetische Formfaktoren.

Rosenbluth-Invariante, → *BI*-Koordinaten.

Rossi-Kurve, Kurve, die Elektronenauslösung aus festen Stoffen durch kosmische Teilchen in Abhängigkeit von der Dicke des Materials, in das sie eindringen, beschreibt. Sie wird mit Zählrohrkoinzidenzen in Dreieckschaltung aufgenommen, d. h., die Anordnung spricht nur auf mindestens zwei gleichzeitig hindurchgehende Elektronen an. Man beobachtet mit zunehmender Materialdicke zunächst ein schnelles Ansteigen der Zahl der ausgelösten Elektronenschauer bis zu einem Maximum und danach ein allmähliches Abfallen, was infolge Absorption der ausgelösten Elektronen durch das Material erklärt wird.

Rotation, 1) Mathematik: ein Vektorfeld, das zum Vektorfeld $\vec{a}(\vec{r})$ nach der Vorschrift

$$\operatorname{rot}\vec{a}(\vec{r}) = \nabla\times\vec{a}(\vec{r}) = \vec{e}_x\left(\frac{\partial a_z}{\partial y}-\frac{\partial a_y}{\partial z}\right)+ \vec{e}_y\left(\frac{\partial a_x}{\partial z}-\frac{\partial a_z}{\partial x}\right)+\vec{e}_z\left(\frac{\partial a_y}{\partial x}-\frac{\partial a_x}{\partial y}\right)$$

gebildet wird und sich als Vektorprodukt $[\nabla\,\vec{a}(\vec{r})] = \nabla\times\vec{a}(\vec{r})$ des Nablaoperators ∇ auffassen läßt. Es wird häufig auch als *Rotor* bezeichnet. Eine äquivalente Definition der R. ergibt sich aus dem Gaußschen Integralsatz und dem Mittelwertsatz der Integralrechnung:

$$\operatorname{rot}\vec{a}(\vec{r})\Big|_{P_0} = \lim_{i\to\infty}\frac{\oiint_{F_i}\vec{n}\times\vec{a}(\vec{r})\,\mathrm{d}\sigma}{V_i},$$

dabei ist $\vec{n}$ der nach außen gerichtete Normalenvektor der Fläche F_i, die die Berandung des Volumens V_i darstellt, und $\mathrm{d}\sigma$ ist ihr Flächenelement. Die Folge der V_i zieht sich auf den Punkt P_0 zusammen.

Faßt man $\vec{a}(x, y, z)$ als das Geschwindigkeitsfeld eines mit der Winkelgeschwindigkeit $\vec{\omega}$ rotierenden Körpers auf, dann ist $\operatorname{rot}\vec{a}(\vec{r}) = 2\vec{\omega}$.

Entsprechend dieser Deutung werden Vektorfelder $\vec{a}(\vec{r})$ mit $\operatorname{rot}\vec{a}(\vec{r}) \neq 0$ als *Wirbelfelder* und solche mit verschwindender R. als *wirbelfreie Felder* bezeichnet. Für die letzteren gilt der wichtige Satz: Ein Feld ist dann und nur dann wirbelfrei, wenn es ein Gradientenfeld ist (→ Potentialtheorie). Wirbelfelder sind nicht so einfach zu beschreiben (Helmholtzsche Wirbelsätze).

2) *dielektrische R.*, die Drehung eines Rotationskörpers, der aus zwei verschiedenen, konzentrisch um die Drehachse angeordneten Dielektrika besteht, in einem elektrischen Drehfeld. Durch die unterschiedliche Leitfähigkeit beider Dielektrika bildet sich an der Trennfläche eine Flächenladung, auf die das Drehfeld ein Drehmoment ausübt. Je nach dem Verhältnis der Leitfähigkeiten erfolgt die Drehung im gleichen oder entgegengesetzten Sinne wie die des Drehfeldes.

3) → Drehbewegung, → Relativbewegung, → Kreisel.

Rotationsachse der Erde, → Erdrotation.

Rotationsbewegung, → mechanisches System.

Rotationsdichroismus, → Drehvermögen 1).

Rotationsdiffusion, die infolge der Brownschen Bewegung eintretende Änderung der Orientierung von Molekülachsen in einem flüssigen System, insbesondere in kolloiden oder makromolekularen Lösungen, die unter anderem dazu führt, daß stets ein Übergang von einem System, in dem alle Achsen in einer Richtung orientiert sind, in Richtung auf regellose Orientierung erfolgt. Infolge der R. ist es z. B. nicht möglich, eine völlig parallele Orientierung länglicher Partikeln, etwa in einer laminaren Strömung oder einem elektrischen Feld, zu erreichen. Die R. kann durch eine *Rotationsdiffusionskonstante* D_r beschrieben werden, die z. B. aus dem mittleren Orientierungswinkel der Teilchen in den genannten Feldern bestimmt werden kann. Für D_r gilt: $D_r = kT/f_r$. Dabei ist f_r der Reibungskoeffizient für die Rotation. Für die Kugel ist $D_r = kT/(8\pi\eta r^3)$. Es gilt die Beziehung $D_r = 2\tau$ für die Relaxationszeit τ, die für den Übergang von völlig regelmäßiger zu völlig regelloser Orientierung charakteristisch ist.

Rotationsdispersion, → Drehvermögen.

Rotationsenergie, → Energie.

Rotationsfreiheitsgrad, → Freiheitsgrad.

Rotationsgeschwindigkeitstensor, → Kosmos.

Rotationshysterese, Erscheinung, daß in einer ferromagnetischen Probe der infolge der magnetischen Anisotropie zwischen Feld- und Magnetisierungsrichtung auftretende Winkel bei Drehung des Magnetfeldes innerhalb eines bestimmten Feldintervalls irreversiblen Änderungen unterliegt. Dadurch kommt es bei einer vollen Drehung des Feldes zu einem Energieverlust (*Rotationshystereseverlust*). Seine Feldabhängigkeit erlaubt Rückschlüsse auf Stoffeigenschaften, z. B. auf die Größe der Anisotropie, die Ummagnetisierungsprozesse und Texturen.

Rotationsinvarianz, die Eigenschaft bestimmter physikalischer Größen, sich bei Transformationen der Drehgruppen, d. h. beliebigen Rotationen oder Drehungen, nicht zu ändern. Diese Größen heißen (Rotations-) Invariante. Häufig spricht man auch von R., wenn die Grundgleichungen eines physikalischen Systems bei Drehungen ihre Form nicht ändern und forminvariant sind (→ Lorentz-Kovarianz); die in diese Gleichungen eingebundenen physikalischen Größen müssen dann Darstellungen der Drehgruppe sein. Der Drehimpuls ist dann eine Erhaltungsgröße, und speziell in der Quantentheorie sind die Zustandsfunktionen des Systems Eigenfunktionen des Drehimpulsoperators (→ Gruppentheorie). Ein Beispiel sind alle (kugelsymmetrischen) Atome, speziell das Wasserstoffatom, deren Eigenfunktionen unter anderem nach Eigenwerten des Drehimpulsoperators klassifiziert werden.

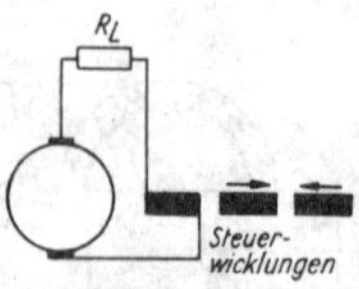

Schaltbild des Rototrols mit einer Reihenschluß-Erregerwicklung und zwei gegeneinanderwirkenden Steuerwicklungen. R_L Belastungswiderstand

Rotationskolbenmotor, → Verbrennungsmotor.

Rotationskörper, Körper, dessen Oberfläche z. B. durch Drehung einer Kurve $y = f(x)$ um die x-Achse als Rotationsachse erzeugt wird.

Rotationsmagnetismus, 1) durch Rotation hervorgerufene Magnetisierungseffekte, → gyromagnetischer Effekt.

2) durch elektromagnetische → Induktion hervorgerufene Wirbelstromeffekte. Die Wirkung der elektromagnetischen Induktion in räumlich ausgedehnten Leitern wurde zuerst von Arago beobachtet (*Aragoscher Versuch*). Eine Magnetnadel, die über einer Kupferscheibe drehbar aufgehängt ist, dreht sich mit, wenn die Scheibe in Drehung versetzt wird. Umgekehrt beginnt die Scheibe zu rotieren, wenn die Nadel in Drehung versetzt wird. Dabei befindet sich zwischen Kupferscheibe und Magnetnadel eine Glasplatte, um eine Mitnahme durch Luftreibung auszuschließen. Arago konnte diese Erscheinung nicht deuten und bezeichnete sie als R., da er glaubte, eine besondere Art von Magnetismus entdeckt zu haben. Faraday klärte die Erscheinung als Induktionswirkung. Beide Pole der Magnetnadel induzieren in der darunterliegenden leitenden Scheibe bei der Bewegung Wirbelströme, die ihrerseits ein Magnetfeld aufbauen. Nach dem → Lenzschen Gesetz sind diese Ströme so gerichtet, daß sie ihrer Ursache, nämlich der Relativbewegung zwischen Platte und Magnetnadel, entgegenwirken, so daß der jeweils ruhende Teil mit in Drehung versetzt wird.

Rotationsniveau, Energieniveau eines Atomkerns, das durch kollektive Rotation von Nukleonen entsteht. R.s treten bei bleibend deformierten Kernen auf. Sie liegen energetisch um so tiefer, je größer die Deformation des Kerns ist. Man erhält eine Folge von R.s, deren Energien durch $E = (\hbar^2/2\theta)\,[I(I+1) - I_0(I_0+1)]$ bestimmt sind, wobei θ das Trägheitsmoment des Kerns, I_0 der Spin des Grundzustandes, I der Spin des R.s ist. Die Rotation der Nukleonen des Kerns wird durch das Kollektivmodell beschrieben.

Rotationspolarisation, → Drehvermögen.

Rotationsquantenzahl, → Spektren zweiatomiger Moleküle.

Rotationsschwingungsspektren, → Spektren zweiatomiger Moleküle, → Spektren mehratomiger Moleküle.

Rotationsspektren, → Spektren zweiatomiger Moleküle, → Spektren mehratomiger Moleküle.

Rotationsviskosimeter, nach dem Prinzip der Couette-Strömung wirkendes Meßgerät zur Bestimmung der Viskosität. Die Viskositätsermittlung wird auf eine Torsionsmoment- und Drehzahlmessung zurückgeführt, in Ausnahmefällen auch auf Temperatur- und Drehzahlmessungen.

Rot erster Ordnung, *Rot 1. Ordnung*, → Interferenzfarben.

Rotonen, → Supraflüssigkeit.

Rotor, → elektrische Maschine, → Kondensator, → Rotation 1).

Rototrol, eine einstufige Gleichstromverstärkermaschine (→ Verstärkermaschine), ausgeführt als Gleichstrommaschine normaler Bauart mit einer fremderregten Steuerwicklung und einer Reihenschlußerregerwicklung. Die letztere erregt bei Anschluß eines Belastungswiderstands die Maschine so, daß die induzierte Spannung noch im linearen Teil der Leerlaufkennlinie liegt. Bereits eine geringe Steuerdurchflutung ruft dann eine große Spannungsänderung hervor.

Rotverschiebung im Schwerefeld, die infolge der gravitativen Beeinflussung der Uhren auftretende Verschiebung der Spektrallinien in Richtung größerer Wellenlängen. Sie wird von einem Beobachter festgestellt, der sich in größerer Entfernung vom Zentrum der das Gravitationsfeld erzeugenden Masse befindet als die emittierende Lichtquelle.

Aus dem Linienelement der → Schwarzschild-Lösung, die das kugelsymmetrische statische Gravitationsfeld beschreibt, folgt, daß die

Eigenzeit τ einer am Ort r im Gravitationsfeld befindlichen Uhr

$$d\tau = \frac{1}{c}\sqrt{g_{00}}\,dx^0 = \frac{1}{c}\sqrt{1 - \frac{2m\varkappa}{c^2 r}}\,dx^0 \quad (1)$$

beträgt. Dabei ist $\varkappa$ die Einsteinsche Gravitationskonstante (→ allgemeine Relativitätstheorie). In einem schwachen Gravitationsfeld läßt sich dafür näherungsweise

$$d\tau = (1/c)\,(1 + \varphi/c^2)\,dx^0 \quad (2)$$

schreiben, wobei φ das Newtonsche → Gravitationspotential ist. Die Eigenzeit verläuft also um so langsamer, je größer der absolute Betrag des Gravitationspotentials ist (φ ist negativ).

Es mögen nun zwei Uhren im Abstand r_1 und r_2 vom Zentrum der Masse m ruhen, und es sei $r_2 > r_1$. Auf die Uhren wirkt dann das Gravitationspotential φ_1 und φ_2. Man kann sich die beiden Uhren durch Atome realisiert denken, die bezüglich ihrer Eigenzeit τ eine Spektrallinie der Frequenz ν_0 (n_0 Schwingungen in $\Delta\tau$) ausstrahlen. Diese Frequenz hängt dann wegen (2) mit den von den Uhren bei r_1 und r_2 gemessenen Frequenzen $\nu_1 = \frac{n_0}{\Delta t_1}$ und $\nu_2 = \frac{n_0}{\Delta t_2}$ folgendermaßen zusammen:

$$\nu_0 = \nu_1 \frac{1}{1 + \varphi_1/c^2} \quad \text{und} \quad \nu_0 = \nu_2 \frac{1}{1 + \varphi_2/c^2} \quad (3)$$

Der relative Frequenzunterschied ist dann

$$\Delta\nu = \frac{\nu_1 - \nu_2}{\nu_2} \approx \frac{\varphi_1 - \varphi_2}{c^2}. \quad (4)$$

Dieses Ergebnis kann man auch erhalten, ohne auf das Schwarzschildsche Linienelement Bezug zu nehmen. Eine elektromagnetische Energie E besitzt wegen der Einsteinschen Beziehung $E = mc^2$ (→ spezielle Relativitätstheorie) eine träge Masse. Ein Photon mit der Energie $E = h\nu$ hat also die träge Masse $m = \frac{h\nu}{c^2}$. Gemäß dem in der allgemeinen Relativitätstheorie erfüllten starken Äquivalenzprinzip besitzt es dann die schwere Masse $m = h\nu/c^2$. Die Differenz der potentiellen Energien des Photons im Gravitationsfeld in den Punkten r_1 und r_2 ist dann $E_1 - E_2 = (\varphi_1 - \varphi_2)\,m$.

Die Energie (und damit wegen $E = h\nu$ die Frequenz) ändert sich also auf dem Wege des Photons von r_1 nach r_2 um den Wert $h(\nu_1 - \nu_2) = h\nu_2 \frac{\varphi_1 - \varphi_2}{c^2}$; das ist (bis auf den Faktor h) die Formel (4). Das Photon verbraucht diese Energie, um von r_1 nach r_2 zu gelangen.

$\Delta\nu$ ist relativ klein; für ein auf der Sonne und ein auf der Erde befindliches Atom beträgt $\Delta\nu$ z. B. nur $-2{,}12 \cdot 10^{-6}$. Eine Beobachtung dieses Effektes auf der Sonne ist aber unmöglich, da er von anderen Einflüssen überlagert wird. Eine Aussicht auf astronomische Beobachtung besteht praktisch nur bei den Weißen Zwergen. Diese haben einen kleinen Durchmesser und eine große Masse, so daß das Gravitationsfeld in der Nähe des Randes relativ stark ist. Die Genauigkeit der Bestimmung von $\Delta\nu$ wird aber dadurch wesentlich beeinträchtigt, daß die Linien sehr breit sind und der Radius desjenigen Weißen Zwerges, an dem die Beobachtung versucht wurde (Sirius B) nicht sehr genau zu bestimmen ist.

Die R. im Erdfeld konnte aber 1960 mit Hilfe des → Mößbauer-Effektes nachgewiesen werden. P. V. Pound und G. A. Rebka ließen einen Strahl der 14,4-keV-Linie des Eisenisotops Fe-57 im Erdfeld 22 m nach oben und danach 22 m nach unten laufen. Die relative Frequenz wurde zu $5{,}1 \cdot 10^{-15} \pm 10\%$ gemessen. Drückt man die Potentialdifferenz durch die Fallbeschleunigung $g = 9{,}81\ \text{m/s}^2$ und die Höhendifferenz $\Delta h = 44$ m aus, so liefert (4) in guter Übereinstimmung mit den experimentellen Ergebnissen angenähert: $\Delta\nu \approx \frac{g\Delta h}{c^2} \approx 4{,}9 \cdot 10^{-15}$ (→ kosmologische Rotverschiebung).

Rousseau-Diagramm, → Lichtstrommessung.

Routhsche Bewegungsgleichungen, holonome mechanische Systeme beschreibende Bewegungsgleichungen, die zwischen den Lagrangeschen Bewegungsgleichungen und den Hamiltonschen Bewegungsgleichungen (→ Hamiltonsche kanonische Theorie) stehen, sofern der Übergang von ersteren zu den letzteren nur für einen Teil der verallgemeinerten Koordinaten ausgeführt wird. Ist $L = L(q_i, \dot{q}_i, t)$ die Lagrange-Funktion des Systems mit den verallgemeinerten Koordinaten $q_i (i = 1, \ldots, f)$, dann ist die *Routhsche Funktion* gegeben durch $R(q_i, \dot{q}_j, p_k, t) = \sum_{k=r+1}^{f} p_k \dot{q}_k - L$ mit $\dot{q}_k = \partial R/\partial p_k$ und $p_k = -\partial R/\partial \dot{q}_k$, wobei $k = r + 1, \ldots, f$. Die R.n B. sind zweckmäßig bei Systemen mit zyklischen Koordinaten, da diese nicht explizit in L und damit auch nicht in R auftreten. Führt man den Übergang von L zu R nur für die Koordinaten aus, die gerade durch $k = r + 1, \ldots, f$ numeriert werden mögen, so sind die zugehörigen $p_k = \beta_k =$ konst., und es ist $R = R(q_j, \dot{q}_j, \alpha_k, t)$ im wesentlichen nur von den q_j, $\dot{q}_j$ abhängig, während für α_k die den Anfangswerten des Systems entsprechenden Konstanten einzusetzen sind.

Routhsche Funktion, → Routhsche Bewegungsgleichungen.

Rowland-Kreis, → Spektrograph.

Rowlandsches Wellenlängensystem, eine Zusammenstellung der Wellenlängen von etwa 1000 Linien des Sonnenspektrums und der Bogenspektren. Sie galten früher als Normale. Grundlage bildete die Natrium-D_1-Linie und einige andere Fraunhofer-Linien des Sonnenspektrums. Nachdem erwiesen war, daß das Rowlandsche W. periodischen Schwankungen in der Amplitude unterworfen war, die die mit guten Beugungsgittern erzielten Werte der Amplitude um eine Zehnerpotenz überstieg, wurde zunächst auf der Grundlage der roten Kadmiumlinie ein neues Wellenlängensystem aufgebaut. Das derzeitige System geht auf die Wellenlänge der orangefarbenen Linie des Krypton 86 zurück, das der Definition des Meter zugrunde liegt.

Rowland-Versuch, Experiment zum Nachweis, daß der Konvektionsstrom, der z. B. von konvektiv mitgeführten Ladungen in bewegten Medien herrührt, die bekannten elektromagnetischen Wirkungen wie ein Leitungsstrom aufweist, also beispielsweise ein magnetisches Wirbelfeld induziert. Läßt man einen Zylinder eines Zylinderkondensators rotieren, so entsprechen die bewegten Ladungen einem Konvektionsstrom, dessen Wirkung z. B. mit einem Magnetometer untersucht werden kann. Der Strom je Längeneinheit des Zylinders, der *Rowland-Strom*, ergibt sich zu $\hat{\imath}_D = \hat{v}\,|\vec{D}|$, wobei $\hat{v}$ die Bahngeschwindigkeit der Zylinderoberfläche und $\vec{D}$ die dielektrische Verschiebungsdichte bezeichnen.

RPL-Dosimeter, *Radiophotolumineszenz-Dosimeter,* → Dosimeter 3.4).

RR Lyrae-Stern, → veränderlicher Stern.

Rubenssches Flammenrohr, ein horizontales Rohr, in dessen Oberseite über die ganze Länge mehrere kleine äquidistante Öffnungen gebohrt wurden, aus denen über eine Stirnseite zufließendes Leuchtgas strömt und kleine Flammen speist. Wird in diesem Rohr eine stehende Schallwelle erzeugt, so brennen die Flammen in den Druckbäuchen (Geschwindigkeitsknoten) höher, in den Druckknoten (Geschwindigkeitsbäuchen) dagegen niedriger. Die so mit unterschiedlicher Höhe brennenden Flammen ergeben ein Gesamtbild der stehenden Welle, aus dem sich z. B. die Wellenlänge leicht ermitteln läßt.

Rubidium, Rb, chemisches Element der Ordnungszahl 37. Von den natürlichen Isotopen der Massezahlen 85 und 87 ist ^{87}Rb β-aktiv. Es hat eine Halbwertszeit von $5 \cdot 10^{10}$ Jahren. Bekannt sind künstlich erzeugte Isotope mit Massezahlen zwischen 79 und 97.

Rubidium-Strontium-Methode, → physikalische Altersbestimmung.

Rubinlaser, → Laser.

Ruck, → Kinematik.

Rückfederung, Verschwinden des bei der Umformung eines Werkstoffes überlagerten elastischen Formänderungsanteils nach Austritt aus dem Werkzeug oder durch Aufheben des Zwanges. Beim Walzen z. B. ist unter anderem auch die R. dafür verantwortlich, daß das Walzgut nach dem Passieren der Walzen stärker als die Größe des Walzspaltes ist. Als *Rückfederungszone* bezeichnet man das Gebiet, in dem die R. vor sich geht.

Rückführschaltung, → Grundschaltung.

Rückkehrkanten, Grenzlinien ebener Überschallströmungen, in denen die Beschleunigung unendlich groß wird und die Strömung nicht weiter fortgesetzt werden kann, sondern in ein anderes Riemannsches Blatt übergeht. Die R. sind Lösungen der gasdynamischen Potentialgleichung. Sie besitzen jedoch keinen physikalischen Sinn, denn sie sind nicht realisierbar, da vor den R. → Verdichtungsstöße auftreten. Das Auftreten von R. in Strömungsfeldern ist gleichbedeutend mit der Aussage, daß isentrope Strömung nicht im gesamten Feld möglich ist. Die Lösung der gasdynamischen Gleichungen ist deshalb nicht in einer stetigen, wirbelfreien Strömung, sondern in einer Bewegung mit Verdichtungsstoß, dessen Lage im voraus unbekannt und hinter dem die Strömung wirbelbehaftet ist, zu suchen. Für die Grenzlinie gilt die Beziehung $(\varrho_R/\varrho)^2 \cdot (\mathrm{Ma}^2 - 1) \cdot (\partial\psi/\partial\vartheta)^2 - (\partial\Phi/\partial\vartheta)^2 = 0$; dabei bedeutet ϱ_R die Ruhedichte, ϱ die örtliche Dichte, $\mathrm{Ma} = c/a$ die Machzahl (a ist die Schallgeschwindigkeit), ψ die Stromfunktion, Φ die Potentialfunktion, abhängig von den Koordinaten c und ϑ des Hodographen. Die Rückkehrkante wird jeweils nur von einer der beiden Scharen der Machschen Linien (→Machsche Welle) berührt, während die andere Schar und die Stromlinien dort Rückkehrpunkte haben und beim Übergang zum anderen Riemannschen Blatt Spitzen bilden. R. bilden sich z. B. bei der gasdynamischen Wirbelquelle und bei der Tollmienschen Spiralströmung aus.

Rückkopplung, in der Nachrichtentechnik die Rückführung eines Teils der Ausgangsleistung eines Systems auf den Eingang. Je nach der Phasenlage (gleichphasig oder gegenphasig) wird dadurch die Eingangsleistung verringert oder erhöht. Den Fall der Verringerung der Eingangsleistung nennt man *Gegenkopplung* oder *negative R.* Bei dieser wird der Verstärkungsverlust des Systems zur Verbesserung der Übertragungseigenschaften (Linearisierung des Frequenzgangs und Verringerung der Verstärkungsschwankungen, Verringerung der nichtlinearen Verzerrungen und Störspannungen) und zur Verbesserung der Stabilität (Verhinderung einer Selbsterregung, Verringerung des Einflusses der Alterung der aktiven Bauelemente) sowie zur Erzielung einer bestimmten Abhängigkeit der Verstärkung von der Größe des Eingangssignals (→ Operationsverstärker, → logarithmischer Verstärker) in Kauf genommen.

Wird die Eingangsleistung durch die R. erhöht, spricht man von *Mitkopplung* oder *positiver R.* Diese wird zur Entdämpfung von Verstärkern und damit zur Erhöhung ihres Verstärkungsgrades ausgenutzt, bei Oszillatoren zur Aufschaukelung von Eigenschwingungen, was bei genügend starker R. zur Selbsterregung führt. Dieser Fall tritt dann ein, wenn die Selbsterregungsbedingung $\mathrm{Re}(\underline{k} \cdot \underline{V}) \leqq -1$ erfüllt ist. Dabei ist $\underline{V}$ der komplexe Verstärkungsfaktor des Systems und $\underline{k}$ der komplexe Rückkopplungsfaktor, der durch das Verhältnis der an den Eingang rückgekoppelten Spannung zur Spannung am Ausgang gegeben ist. Im allgemeinen sind $\underline{k}$ und $\underline{V}$ komplexe Größen. Eine Gegenkopplung kann wegen ihrer Frequenzabhängigkeit zur Mitkopplung werden, wenn die Phase der Eingangsspannung nicht mehr entgegengerichtet ist.

Ob eine Rückkopplungsschaltung stabil oder labil ist, d. h., ob Selbsterregung auftritt oder nicht, ist aus dem Verlauf der Ortskurve von $\underline{k} \cdot \underline{V}$ ersichtlich.

Mißt man die Übertragungsfunktion $\underline{k} \cdot \underline{V}$ nach Betrag und Phase in Abhängigkeit von der Frequenz und zeichnet man das Resultat in der komplexen $\underline{k},\underline{V}$-Ebene, so ist der rückgekoppelte Verstärker instabil, wenn diese Kurve den Punkt -1 umschließt oder wenigstens berührt, d. h., es ist dann für eine oder mehrere Frequenzen $\mathrm{Re}(\underline{k} \cdot \underline{V}) \leqq -1$, andernfalls ist er stabil. Dieses Kriterium wird als *Nyquist-Kriterium* bezeichnet.

Eine für die praktische Anwendung besonders geeignete Form dieses Kriteriums ist das *Bode-Kriterium.* Es gilt für Systeme, bei denen ein eindeutiger Zusammenhang zwischen Dämpfung und Phase besteht (Phasenminimumsysteme), und besagt: Ein System ist instabil, wenn der

Betrag von $\underline{k} \cdot \underline{V}$ in Abhängigkeit von der Frequenz schneller als 12 dB je Oktave abfällt.

Schaltungstechnisch können unter der Vielzahl von Rückkopplungsschaltungen folgende Grundtypen unterschieden werden: 1) Spannungsrückkopplung oder -gegenkopplung, 2) Stromrückkopplung oder -gegenkopplung.

Über die Erregung von elektromagnetischen Schwingungen → Dreipunktschaltung.

Rücksichtprisma, → Reflexionsprisma.

Rückstand, *radioaktiver R.*, svw. radioaktiver Abfall 1).

Rückstellkraft, svw. Richtgröße.

Rückstoß, im weiteren Sinne Impuls, den ein Körper K_1 beim Stoß auf einen anderen Körper K_2 erhält; im engeren Sinne Impuls, der beim Zerfall von physikalischen Systemen dem emittierenden Körper erteilt wird, z. B. einem Geschütz beim Ausstoß eines Geschosses oder einer Rakete durch kontinuierlichen Ausstoß von Teilchen geringer Masse, aber hoher Geschwindigkeit. Nach dem Erhaltungssatz des Impulses sind die Impulsänderungen des emittierenden und des emittierten Körpers einander entgegengesetzt gleich: $\Delta\vec{p}_1 = -\Delta\vec{p}_2$. Im Schwerpunktsystem gilt $m_1\vec{v}_1 = -m_2\vec{v}_2$, so daß sich die Geschwindigkeiten beider Körper nach dem Zerfall umgekehrt wie ihre Geschwindigkeiten verhalten.

Rückstoßantrieb, → Strahltriebwerk.

Rückstoßproton, Wasserstoffatomkern, dem durch Kernwechselwirkung, insbesondere durch elastische Neutronenstreuung, Energie übertragen wurde.

Bei der elastischen Streuung von Neutronen an Protonen beträgt wegen der Energie- und der Impulserhaltung die kinetische Energie des R.s $E_p = E_n \cos^2 \varphi$, wobei E_n die kinetische Energie des auftreffenden Neutrons ist und φ den Winkel zwischen der Richtung des auftreffenden Neutrons und des auslaufenden R.s p bedeuten (Abb. 1). Im Laborsystem treten R.en mit Energien zwischen 0 und einer maximalen Energie, die gleich der Einschußenergie des Neutrons ist, mit gleicher Häufigkeit auf, so daß das *Rückstoßprotonenspektrum* kastenförmig ist, wenn monoenergetische Neutronen der Energie E_{n0} einfallen. Die scharfe Kante des theoretischen Spektrums wird durch die endliche Auflösung der Spektrometerapparatur verändert, wobei die Fläche unter der theoretischen und unter der experimentellen Kurve gleich groß sein muß (Abb. 2).

Rückstoßprotonenspektrum, → Rückstoßproton.

Rückstrahlaufnahmen, Röntgenbeugungsaufnahmen (→ Laue-Aufnahmen oder Aufnahmen nach → Pulvermethoden, → Röntgentopographie), bei denen der zum Durchtritt des Primärstrahls mit einem Loch versehene ebene Film zwischen Probe und Röntgenröhre angeordnet ist, so daß die Linien bzw. Reflexe mit großem Glanzwinkel registriert werden. R. werden besonders bei großen Proben mit starker Röntgenabsorption angewandt.

Rückstrahlelektronenmikroskop, svw. Reflexionselektronenmikroskop.

Rückstrahlquerschnitt, → Radar 2.3).

Rückstreuung, → ionisierende Strahlung 2.3).

Rückwägen, das → Wägen einer Probe nach der mit einer Masseänderung verbundenen chemischen oder anderweitigen Behandlung derselben, im Gegensatz zum → Einwägen.

Rückwärtsdiode, → Halbleiterdiode.

Rückwärtswellenröhre, svw. Carcinotron.

Ruhdichte, *Eigendichte*, in einem bewegten Medium die Dichte der betrachteten Größe, gemessen im momentan mitbewegten Inertialsystem (→ Ruhsystem) des betrachteten infinitesimalen Volumenteils.

Ruhe, → absolute Ruhe.

Ruhenergie, → Trägheit der Energie.

Ruhezustand, svw. Kesselzustand.

Ruhlänge, Länge eines Körpers im Ruhsystem (→ Längenkontraktion).

Ruhmasse, *eingeprägte Masse*, Masse eines Körpers im mitbewegten Bezugssystem (→ Ruhsystem, → spezielle Relativitätstheorie, → Masseveränderlichkeit). Die R. ist definiert durch den Betrag des → Viererimpulses und ist im allgemeinen der Proportionalitätsfaktor zwischen Viererimpuls und Vierergeschwindigkeit. Die R. ist eine relativistische Invariante. Die R.en der Elementarteilchen besitzen charakteristische Werte. Es existieren Teilchen mit Ruhmasse Null, die sich mit Lichtgeschwindigkeit bewegen.

Die Ruhmassen der einzelnen Teile eines Systems sind in ihrer Summe nicht konstant; nur die Ruhmassen der Elementarteilchen sind konstant, solange keine Elementarprozesse ablaufen (→ Trägheit der Energie).

Ruhreibung, → Reibung.

Ruhsystem, ein Bezugssystem, in dem der betrachtete Körper ruht. Ist das R. eines nichtrotierenden Körpers kein Inertialsystem, so versteht man unter dem *lokalen* oder *momentanen R.* das Inertialsystem, in dem die Geschwindigkeit des Körpers zum betrachteten Zeitpunkt verschwindet. Teilchen haben nur dann ein R., wenn sie sich mit einer Geschwindigkeit $v < c$ bewegen. Sie können dann im Zustand der Ruhe beobachtet werden und haben → Ruhmasse.

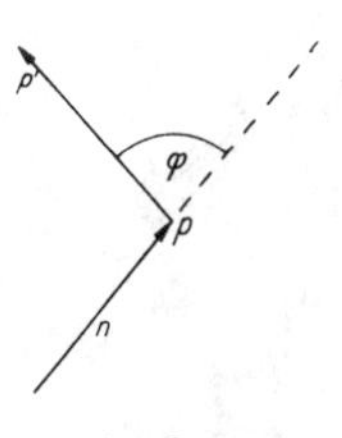

1 Rückstoßproton

Ruijgrok-van-Hove-Modell, → Lee-Modell.

Rundfeuer, → Bürstenfeuer.

Rundfunk, → Nachrichtenübertragung.

Rundsichtradar, → Radar.

Rundspulinstrument, → Dreheiseninstrument.

Rundstrahler, → Antenne.

Rungesche Regel, → Zeeman-Effekt.

Runzelleiter, → Verzögerungsleitung.

Russell-Saunders-Kopplung, → Vektormodell der Atomhülle.

Rutherford, rd, für 10^6 Zerfallsakte je Sekunde (transmutations per second) vorgeschlagene Einheit der Radioaktivität. 1 rd = 10^6 tps = $2{,}7 \cdot 10^{-5}$ Ci.

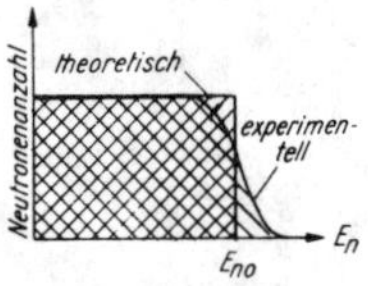

2 Rückstoßprotonenspektrum

Rutherford-Prisma, → Dispersionsprisma.

Rutherfordsches Atommodell, → Atommodell.

Ruths-Speicher, → Dampfspeicher.

R-Welle, → Whistler.

Ry, → Rydberg.

Rydberg, Ry, nach J. R. Rydberg benannte und in der Theorie der Atomhülle benutzte Einheit der Energie. Die Bindungsenergie des Wasserstoffatoms im Grundzustand beträgt etwa −1 Ry.

Rydberg-Frequenz, → Rydberg-Konstante.

Rydberg-Konstante, *Rydberg-Zahl*, *R*, nach J. R. Rydberg benannte atomare Konstante, die in den Gleichungen für die → Atomspektren auftritt. Das Bohr-Sommerfeldsche Atommodell und die moderne Quantenmechanik, speziell das → Einelektronenproblem, liefern für die R.-K. $R = \frac{2\pi^2 m_e}{h^3}\left(\frac{e^2}{4\pi\varepsilon_0}\right)^2 \approx 1{,}097373 \cdot 10^7\,\mathrm{m}^{-1}$, falls man die Mitbewegung des Atomkerns vernachlässigt. Es bedeuten m_e die Elektronenmasse, h das Plancksche Wirkungsquantum, e die Elementarladung, c die Lichtgeschwindigkeit und ε_0 die Dielektrizitätskonstante. Berücksichtigt man die Mitbewegung des Protons im Atomkern, so muß die Elektronenmasse durch die reduzierte Masse von Elektron und Proton ersetzt werden.

Mitunter verwendet man statt der R.-K. R die *Rydberg-Frequenz* Rc, das Produkt aus R.-K. und Vakuumlichtgeschwindigkeit.

Rydberg-Korrektur, → Alkalimetalle.

Rydberg-Zahl, svw. Rydberg-Konstante.

R-Zentrum, → Störstelle.

R-Zweig, → Spektren zweiatomiger Moleküle, → Spektren mehratomiger Moleküle.

s, 1) → Sekunde. **2)** scruple, Tabelle 2, Volumen. **3)** s, Weg. **4)** s, spezifische Entropie. **5)** s, Bogenlänge.

S, 1) → Siemens. **2)** S, → Entropie. **3)** S, → Strangeness. **4)** S, Fläche. **5)** $\vec{S}$, → Poyntingscher Satz.

°S, → Grad Sugar.

Sabattier-Effekt, → Äquidensitometrie.

Sacharimeter, ein → Polarimeter zur Bestimmung des Zuckergehaltes wäßriger Lösungen. Es besteht im wesentlichen aus einer Lichtquelle (Natriumlicht), einem → Polarisationsfilter oder Nicolschem Prisma (→ Polarisationsprisma) und einem Analysator. Dieser wird meist nicht gedreht, sondern die Drehung wird durch einen Quarzkeilkompensator aufgehoben, dessen Skala unmittelbar den Zuckergehalt in Prozenten bzw. in Grad Sugar (°S) angibt. Zwischen Polarisator und Analysator wird ein mit Zuckerlösung gefülltes, an beiden Enden durch planparallele Glasplatten verschlossenes Glasrohr geschaltet. Als optisch aktiver Stoff vermag Zucker in Lösung die Polarisationsebene linear polarisierten Lichtes, das durch sie hindurchtritt, zu drehen (→ Drehvermögen). Diese Drehung ist der Schichtdicke (Länge des lösungsgefüllten Glasrohres) und der Zuckerkonzentration der Lösung proportional. Aus dem Drehungsbetrag α kann die Zuckerkonzentration nach $q = \frac{100 \cdot \alpha}{[\alpha]\,l}$ ermittelt werden. Dabei ist q die Substanz (in g) in 100 ml Lösung, l die Schichtdicke in dm, α die gemessene Drehung und $[\alpha]$ die spezifische Drehung der Substanz, bezogen auf $q = 100$ und $l = 1$ (für Sacharose $[\alpha] = 66{,}523$).

Sacharimetrie, die Bestimmung des Zuckergehaltes in wäßrigen Lösungen. Der Zuckergehalt einer Lösung kann gemessen werden an Hand ihres optischen → Drehvermögens mit einem → Sacharimeter, ihrer Lichtbrechung mit einem → Refraktometer oder ihrer Gärungsfähigkeit mit einem Gärungssacharimeter. Der Zuckergehalt wird aus den gemessenen Werten mittels empirischer, international festgelegter Tabellen ermittelt.

Sackur-Tetrode-Formel, von Sackur und Tetrode 1911 bzw. 1912 angegebene Formel für die Entropie S eines aus einatomigen Molekülen bestehenden idealen Gases:

$$S = Nk \ln\left[\frac{V}{N}\,\frac{(2\pi mkT)^{3/2}}{h^3}\right] + \frac{5}{2}Nk,$$

wobei N die Zahl der Gasmoleküle, k die Boltzmannsche Konstante, T die absolute Temperatur, V das Gasvolumen, m die Masse eines Moleküls und h das Plancksche Wirkungsquantum ist. Bei der Herleitung der S.-T.-F. geht man von der Zustandssumme eines Gasmoleküls aus. Da die Moleküle eines idealen Gases nicht miteinander in Wechselwirkung stehen, ergibt sich die Zustandssumme des Gases als Produkt der Zustandssummen der einzelnen Moleküle. Die quantenmechanisch korrekte Zustandssumme Z_{qu} ergibt sich hieraus nach Division durch den Faktor $N!$, wodurch die quantentheoretisch bedingte prinzipielle Nichtunterscheidbarkeit der Moleküle berücksichtigt wird: $Z_{qu} = [(2\pi mkT)^{3/2}\,V]^N/(N!h^{3N})$. In der S.-T.-F. ist dann die Entropie S der Teilchenzahl N proportional. Diese richtige Proportionalität wird durch die Quantenkorrektur, d. h. den Übergang von der halbklassischen zur quantenmechanischen Zustandssumme erreicht. Ohne Quantenkorrektur hätte man für die Abhängigkeit der Entropie von der Teilchenzahl, die nichts mit Quantentheorie zu tun zu haben scheint, falsche Ergebnisse erhalten.

Aus der S.-T.-F. läßt sich unmittelbar die *Sackur-Tetrodesche Entropiekonstante* berechnen.

Sägezahnschwingung, → Kippschwingung.

Sagittal-, *Äquatorial-*, in Wortverbindungen wie Sagittalebene, Sagittalschnitt, Sagittalstrahl Bezeichnung für den Hauptschnitt durch ein optisches System, in dem lediglich die Krümmungsmittelpunkte der Linsenflächen (optische Achse), nicht aber außeraxiale Objekt- bzw. Bildpunkte liegen und der senkrecht zur Meridionalebene steht. In der üblichen Darstellung wird z. B. ein Sagittalschnitt durch die zur Zeichenebene senkrecht stehende Ebene verwirklicht. → Abbildungsfehler.

Sagnac-Versuch, Interferenzversuch ähnlich dem Michelson-Versuch, bei dem durch ein auf einer rotierenden Scheibe befestigtes Spiegelsystem zwei gegenläufige Lichtstrahlen nach Umlauf um die Scheibe zur Interferenz gebracht werden.

Bei dem Versuch ergibt sich eine Streifenverschiebung, die der Winkelgeschwindigkeit der rotierenden Scheibe und der von den Lichtstrahlen umlaufenen Fläche proportional ist.

Der S.-V. erbringt den Beweis, daß es nicht möglich ist, das negative Ergebnis des Michelson-Versuchs durch eine Mitführung des Äthers zu erklären, denn es ist unsinnig, für Translationsbewegung der Versuchsanordnung eine Mitführung, für Rotationsbewegung jedoch keine anzunehmen.

Saha-Gleichung, *Eggert-Saha-Gleichung*, von Eggert und Saha angegebene Gleichung

$$x^2 p/(1 - x^2) = (2\pi m/h^2)^{3/2} \cdot (kT)^{5/2} \exp[-E_i/(kT)]$$

für den Ionisationsgrad x eines Plasmas im Gleichgewichtszustand rein thermischer Ionisation in Abhängigkeit vom Druck p, von der Temperatur T und der Ionisierungsenergie E_I des Grundgases, wenn m die Elektronenmasse, k die Boltzmannsche Konstante und h das Plancksche Wirkungsquantum bedeutet. Diese

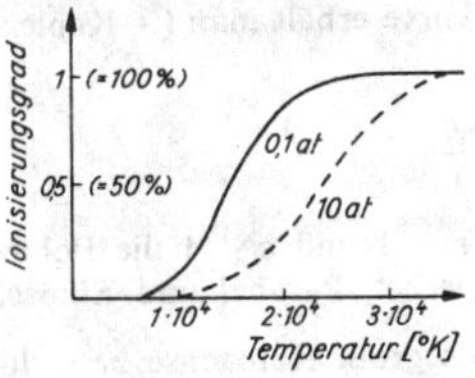

Temperaturabhängigkeit des Ionisierungsgrades (qualitativ; Druck als Parameter)

Beziehung entspricht dem Massenwirkungsgesetz der physikalischen Chemie. Für die bei thermischer Ionisation zu erwartenden Werte $x \ll 1$ vereinfacht sich die Gleichung zu

$$x \approx p^{-1/2}(2\pi m/h^2)^{3/4}(kT)^{5/4}\exp[-E_I/(2kT)],$$

nach der x leicht zu bestimmen ist.

Saint-Venantsche Theorie, eine Theorie, die elastische Formänderungen gegenüber den plastischen als vernachlässigbar klein betrachtet.

Die S.-V. T. wird allgemein als geeignet für die Behandlung des uneingeschränkten plastischen Fließens anerkannt.

Saiteninstrumente, Musikinstrumente mit gespannten Saiten. Die zur Tonerzeugung angestrichenen (Streichinstrumente), gezupften (Zupfinstrumente) oder geschlagenen Saiten (z. B. Klavier) geben wegen ihrer geringen Flächenausdehnung nur wenig Energie in Form von Schallwellen an die Luft ab. Die transversalen Saitenschwingungen werden durch Kopplung mit einem flächenhaften Resonanzboden an das Schallausbreitungsmedium Luft angepaßt.

Die Schwingungsform einer Saitenschwingung und damit die Klangfarbe, d. h. der Obertongehalt des erregten Tones, ist von der Art der Anregung der Saite abhängig, insbesondere davon, ob es sich um eine Momentanerregung mit anschließendem freiem Ausschwingen oder um eine Dauererregung wie beim Anstreichen oder auch Anblasen handelt.

Beim Zupfen einer Saite fällt die im Maximum der Erregung dachförmig gespannte Saite in sich zusammen, sie durchläuft während ihrer Schwingung eine Reihe von Polygonzügen. Die abgegebenen Schallsignale sind daher sehr obertonreich, besonders jedoch dann, wenn die Zupfstelle etwa $^1/_8$ der Saitenlänge von einem Einspannpunkt entfernt liegt.

Auch beim Anschlagen der Saite ist die Anschlagstelle von Bedeutung, sie liegt üblicherweise $^1/_7$ bis $^1/_9$ der Saitenlänge vom Saitenende entfernt. Für den Obertongehalt und die Verteilung der Energie auf die Teiltöne sind die elastischen Wechselwirkungen zwischen Hammer und Saite zudem von großer Bedeutung. Die Dauererregung der gestrichenen Saite kommt dadurch zustande, daß der mit Kolophonium bestrichene Bogen die Saite infolge auftretender Haftreibung um einen gewissen Betrag aus der Ruhelage soweit auslenkt, bis die rücktreibende Kraft die Haftreibung überwindet. Die zurückschnellende Saite wird vom Bogen im Haftreibungsbereich dann erneut mitgenommen, wenn die Relativgeschwindigkeit zwischen Saite und Bogen unter einen bestimmten Grenzwert sinkt. Man erhält eine sägezahnförmige Schwingungskurve. Bogendruck, Anstreichstelle und Bogengeschwindigkeit bestimmen zudem die Klangfarbe, insbesondere kann bei geringem Bogendruck die Schwingungsordnung periodisch wechseln (→ Wolfston).

Sakata-Modell, → unitäre Symmetrie.

Sakaton, → unitäre Symmetrie.

Säkulargleichung, → Hauptachsentransformation.

Säkularvariation, *geomagnetische S.*, eine sehr langsam vor sich gehende, über Jahrzehnte gleichförmig gerichtete Veränderung der Richtung und Größe des geomagnetischen Vektors (→ Erdmagnetismus). Zur Ermittlung werden die Differenzen zweier aufeinander folgender Jahresmittel eines erdmagnetischen Observatoriums gebildet. So beträgt z. B. das Mittel der S. für die Jahre 1953 bis 1963 für Niemegk 4,8' in D, $11{,}8\gamma$ in H, $28{,}2\gamma$ in Z je Jahr. Die S. äußert sich darin, daß die Isolinien der den erdmagnetischen Vektor bestimmenden Größen z. Z. langsam nach Westen wandern (*Westdrift*). Als Ursache der S. nimmt man Stromsysteme an der Grenze Erdmantel–Erdkern an, möglicherweise verbunden mit einem Schlupf zwischen beiden infolge von Rotationsänderungen, chemischen Prozessen und mechanischen Beanspruchungen.

Salpeter-Prozeß, → Kernfusion, → Stern.

Samarium, Sm, chemisches Element der Ordnungszahl 62. Bekannt sind sechs natürliche Isotope mit den Massezahlen 144, 147, 148, 149, 150 und 152 sowie 15 künstliche Isotope mit Massezahlen zwischen 142 und 156. ^{147}Sm ist ein α-Strahler mit einer Halbwertszeit von $128 \cdot 10^{11}$ Jahren.

Sammelkristallisation, in vielkristallinen Aggregaten Wachsen der größeren Kristalle auf Kosten der kleineren in dem Bestreben, die Oberflächenenergie zu verringern. Ein Beispiel ist die Kornvergrößerung bei der Rekristallisation.

Sammellinse, → Linse.

Sammelschiene, eine Leiteranordnung als Querverbindung in Kraftwerken und Umspannwerken, an der die ankommenden und abgehenden Stromkreise angeschlossen sind. Die S. sammelt die eingespeiste Energie und verteilt sie auf die verschiedenen Abgänge (z. B. Verbraucherstromkreise). Als S.n werden Kupfer- oder Aluminiumprofilschienen auf Isolatoren (Stützenisolatoren) oder bei höheren Spannungen Rohre montiert. In der Freiluftanlage werden S.n auch als Freileitungen ausgeführt, die an Traversen aufgehängt sind.

Sampling-Oszillograph, → Oszillograph.

Sandhose, → Trombe.

Sandhügelanalogie, eine Methode, die es gestattet, das plastische Torsionsproblem eines beliebigen Vollquerschnitts experimentell zu lösen. Das plastische Torsionsproblem eines Vollquerschnitts mit der Berandungskurve C ist gelöst, wenn die plastische Torsionsfunktion ψ, die den Bedingungen

$$|\mathrm{grad}\,\psi| = k_0 = \sigma_0/\sqrt{3} = \text{konst.},$$
$$\psi(y, z) = 0 \quad \text{auf} \quad C \tag{1}$$

genügen muß, ermittelt wurde. Hierbei bedeutet k_0 die Schub- und σ_0 die Normalfließspannung. Auf A. Nadai geht eine Methode zurück, die es gestattet, dieses Problem experimentell zu lösen. Die Funktion ψ kann als Spannungsfläche gedeutet werden, die entsprechend (1) eine Fläche konstanter Neigung ist. Solche Flächen heißen Böschungsflächen. Körnige Medien besitzen derartige Böschungsflächen. Mit Hilfe von Sand kann daher die Funktion ψ auf experimentellem Wege bestimmt werden.

Wird eine dem Querschnitt des tordierten Stabes kongruente Scheibe hergestellt und Sand darüber gestreut, so stellt die entstehende Fläche w die Funktion ψ dar (Abb.). Für das körnige Medium gilt:

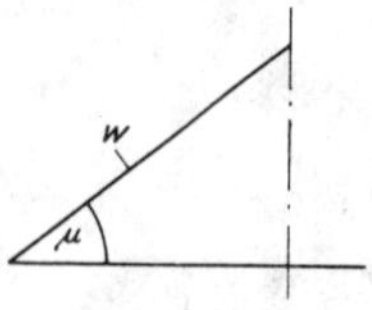

Sandhügelanalogie

$$|\text{grad}\, w| = \tan\mu, \quad w(y, z) = 0 \text{ auf } C \tag{2}$$

μ kennzeichnet den Böschungswinkel.

Mit

$$w = \tan\mu\,(\psi/k_0)$$

geht (1) aus (2) hervor, wodurch die Analogie deutlich wird. Ist die Sandhügelfläche ermittelt, ergeben sich die bei der Torsion auftretenden Schubspannungen zu

$$\tau_{xy} = \frac{\partial\psi}{\partial z} = \frac{k_0}{\tan\mu}\,\frac{\partial w}{\partial z} \quad \text{und}$$

$$\tau_{xz} = -\frac{\partial\psi}{\partial y} = -\frac{k_0}{\tan\mu}\,\frac{\partial w}{\partial y}. \tag{3}$$

Das vollplastische Torsionsmoment ist dann

$$M_t^p = 2\iint \psi\,\mathrm{d}A = \frac{2k_0}{\tan\mu}\iint w\,\mathrm{d}A.$$

Mit $V = \iint w\,\mathrm{d}A$, dem Volumen des Sandhügels, ist

$$M_t^p = \frac{2k_0}{\tan\mu}\,V. \tag{4}$$

Sandsackmodell, → Kernmodelle.

Sandwichtransistor, → Transistor.

s ap, Tabelle 2, Masse.

Sargent-Diagramm, aus dem Jahre 1933 stammende graphische Darstellung, die den Zusammenhang zwischen der Halbwertszeit $T_{1/2}$ und der Zerfallsenergie E eines β-aktiven Nuklids beschreibt. Wird der Logarithmus der Maximalenergie $\log E$ gegen $\log T_{1/2}$ aufgetragen, dann erhält man in Analogie zur Geiger-Nuttall-Beziehung gerade Linien, die Sargent-Kurven. Bei der heutigen Vielzahl der künstlich erzeugten β-Strahlen ist das S.-D. jedoch sehr wenig übersichtlich und daher kaum brauchbar.

Satellit, 1) *natürlicher S.*, *Trabant*, *Mond*, ein Himmelskörper, der sich auf einer geschlossenen Bahn im Gravitationsfeld einer sehr viel größeren Masse bewegt. Die Bewegung einer Masse m im Gravitationspotential $V = -\frac{G}{4\pi}\,\frac{Mm}{r}$ einer (sehr viel größeren) Zentralmasse M (z. B. eines Planeten) genügt der Bewegungsgleichung $m\ddot{\vec{r}} = \vec{F}(r)\,\frac{\vec{r}}{r}$, mit $\vec{F}(r) = -\frac{\partial V}{\partial \vec{r}}$. Hierbei bedeutet G die Gravitationskonstante. Diese Bewegungsgleichung hat die Existenz der Erhaltungsgrößen $L = m\dot{\vec{r}} \times \vec{r}$ (Drehimpuls) und $E = (m/2)\,\dot{\vec{r}}^2 + V(r)$ (Energie) zur Folge. Die Gleichungen $|\vec{L}| = \text{konst.}$ und $E = \text{konst.}$ genügen zur Bestimmung der Bahn. Aus der Drehimpulserhaltung folgt, daß die Bewegung stets in einer Ebene, der Bahnebene, erfolgt. Die Satellitenbahn kann dann in Polarkoordinaten $r(t)$ und $\varphi(t)$ beschrieben werden. Für die Bahnkurve erhält man (→ Kepler-Bewegung)

$$\frac{1}{r(\varphi)} = \frac{1 + \varepsilon\cos\varphi}{a(1 - \varepsilon^2)},$$

das ist für $\varepsilon > 1$, $\varepsilon = 1$ und $\varepsilon < 1$ die Polargleichung von Hyperbel, Parabel und Ellipse. $a = \frac{GMm}{8\pi\,|E|}$ wird als große Halbachse bezeichnet. Dabei hängt a nur von der Energie, nicht vom Drehimpuls ab. ε ist die numerische Exzentrizität, und es gilt $\varepsilon \lesseqgtr 1$, wenn $E \lesseqgtr 0$. Geschlossene Bahnen (Ellipsen), also Satellitenbahnen, entstehen nur im Bereich negativer Energien ($E < 0$), Parabeln entstehen bei $E = 0$ und Hyperbeln bei $E > 0$.

Als natürliche Himmelskörper, die einen Planeten umkreisen, sind bisher 32 S.en bekannt. Während Merkur, Venus und Pluto keinen Satelliten haben, sind von der Erde 1 S. (→ Mond), von → Mars 2, von → Jupiter 12, von → Saturn 10, von → Uranus 5 und von → Neptun 2 bekannt. Die Einzelkörper des Saturnringsystems können ebenfalls als eine Vielzahl von S.en angesehen werden. Die Satellitendurchmesser reichen von 8 km bis 5600 km, also mehr als den Merkurdurchmesser, doch sind die Werte z. T. recht unsicher. Die Bahnen der S.en sind meist kreisähnliche Ellipsen, ihr Umlaufsinn ist vorwiegend gleich dem der Planeten um die Sonne. Einen entgegengesetzten Umlaufsinn haben nur 4 S.en des Jupiter und jeweils ein S. von Saturn und Neptun. Die Abstände von den Planeten reichen von 9400 km bis zu $23{,}7 \cdot 10^6$ km. Ebenso variieren die Umlaufzeiten in weiten Grenzen zwischen 0,32 und 758 Tagen. Die Gesamtmasse aller S.en im Sonnensystem beläuft sich auf etwa 0,12 Erdmassen.

2) ein künstlich geschaffener Raumflugkörper, der einen Himmelskörper, z. B. die Erde (→ Erdsatellit), umkreist und für den dieselben Bewegungsgesetze wie unter 1) gelten.

Sattelpunktsmethode, Methode zur angenäherten Berechnung von komplexen oder reellen Integralen unter der Voraussetzung, daß die zu integrierende Funktion $f(z)$ auf dem Integrationsweg klein ist und ein oder mehrere scharfe Maxima durchläuft. An diesen Stellen z_0 kann $f(z)$ wegen $f'(z_0) = 0$ durch eine Taylor-Entwicklung (→ Taylorsche Formel) bis zur zweiten Ordnung dargestellt werden:

$$J = \int f(z)\,\mathrm{d}z \approx f(z_0)\int\left[1 + \frac{(z - z_0)^2}{2}\,\frac{f''(z_0)}{f(z_0)}\right]\mathrm{d}z.$$

Den Integranden ersetzt man näherungsweise durch $\exp\{(z - z_0)^2 f''(z_0)/[2f(z_0)]\}$. Mit der Substitution $-x^2 = \frac{(z - z_0)^2}{2}\,\frac{f''(z_0)}{f(z_0)}$ erhält man dann $J \approx \int \exp\{(z - z_0)^2 f''(z_0)/[2f(z_0)]\}\,\mathrm{d}x = \pm\int \mathrm{d}x\,(\exp - x^2)\sqrt{2f(z_0)/f''(z_0)} \cdot f(z_0)$ und schließlich $J \approx \sqrt{2\pi f(z_0)/(-f''(z_0))} \cdot f(z_0)$.

Sättigung, **1)** in der theoretischen organischen Chemie die charakteristische Eigenschaft der kovalenten Bindungskräfte, daß jedes beliebige Atom nur so viele kovalente Bindungen (→ chemische Bindung) zu bilden vermag, wie einfach besetzte Atombahnen vorhanden sind oder ohne größeren Energieaufwand hergestellt werden können. Die S. ist eine der klassischen Physik fremde Erscheinung und läßt sich nur quantenmechanisch mit Hilfe der Austauschkräfte erklären. Beispielsweise ist das Wasserstoffatom durch eine kovalente Bindung mit einem zweiten Wasserstoffatom völlig abgesättigt. Die Zufügung eines dritten Wasserstoffatoms zum Wasserstoffmolekül führt nicht zur Entstehung weiterer Bindungen. Heteropolare Bindungen zeigen keine S. Bei ihnen kommt es in der Regel zur Ausbildung von Kristallgittern, bei denen jedes einzelne Ion von mehreren Gegenionen umgeben ist.

2) → Farbe.

3) → magnetische Sättigung.

4) → Nukleon-Nukleon-Wechselwirkung.

Sättigungsgrad, ψ, in der technischen Thermodynamik ein relatives Maß für den Dampfgehalt eines Dampf-Luft-Gemisches. Ist x der Feuchtegrad, d. h. der Wassergehalt des Gemisches in kg Wasser und Dampf je kg trockener Luft, x' der Dampfgehalt des Gemisches bei Sättigung, so ist der S. $\psi = x/x'$.

Sättigungsmagnetisierung, die durch endliche magnetische Felder erreichbare maximale Magnetisierung in einem ferromagnetischen Material, → magnetische Sättigung, → Hystereseschleife.

Sättigungsstromgebiet, **1)** bei *unselbständiger Gasentladung* das Gebiet maximaler Stromstärke I_s, die bei vorgegebener Ionisationsintensität gerade möglich ist, indem alle im Gas gebildeten Ionen die Elektroden erreichen. Es ergibt sich $I_s = eN_0$, wobei e die Elementarladung und N_0 die für das Gas maximal mögliche Anzahl der einwertigen Ionenpaare ist die sekundlich im Gasvolumen durch die (äußere) Ionisationsquelle erzeugt werden.

2) bei *Elektronenemission* aus Metallen das Gebiet maximalen Thermoelektronenstromes, der bei gegebener Katodentemperatur möglich ist, indem alle sekundlich von der Katode, z. B. einer Elektronenröhre, emittierten Elektronen die Anode erreichen. Die Sättigungsstromdichte gehorcht dem → Richardsonschen Gesetz.

Saturn, der zweitgrößte Planet. Er bewegt sich mit einer mittleren Geschwindigkeit von 9,65 km s^{-1} in einem mittleren Abstand von 9,54 AE in 29,46 Jahren einmal um die Sonne. S. ist nach Jupiter der massereichste Planet; mit 95,11 Erdmassen hat er eine größere Masse als alle kleineren Planeten zusammen. Sein Äquatordurchmesser beträgt 120670 km, sein Poldurchmesser etwa 109000 km. Der S. ist damit von den Planeten am stärksten abgeplattet. Dies ist die Folge sehr schneller Rotation. Die Rotationsdauer beträgt 10 h 14 min. Die mittlere Dichte von S. beläuft sich auf 0,68 g cm^{-3}. Eine dichte Atmosphäre, an deren Oberseite eine Temperatur von −150 °C herrscht, verhüllt die Oberfläche, was die hohe Albedo von 0,69 erklärt. S. besitzt ein dem Äquator paralleles Streifensystem; es können auch häufig einzelne weißliche Flecke beobachtet werden, die sich rasch verändern und verschwinden. Aus ihnen läßt sich auf eine z. T. starke Strömung in der Saturnatmosphäre schließen.

S. ist von einem Ringsystem umgeben, dessen größter Durchmesser 278000 km beträgt. Die einzelnen Ringe sind verschieden hell und voneinander durch leere, dunkle Gebiete getrennt. Die Dicke der Ringe wird auf etwa 2 km geschätzt. Das Ringsystem besteht aus einer Vielzahl kleiner, das Sonnenlicht reflektierender Teilchen, die S. als winzige Satelliten umkreisen, deren Gesamtmasse wahrscheinlich nur etwa $4 \cdot 10^{-5}$ der Saturnmasse beträgt. S. hat weitere 10 Satelliten, von denen der größte, Titan, etwas größer als der Planet Merkur ist.

Sätze von Helmholtz, → Wirbelsätze.

Satz von Bolzano-Weierstraß, → Menge.

Satz von Casorati-Weierstraß, → Funktionentheorie.

Satz von der Erhaltung der Energie, → Energiesatz, → Erhaltungssätze.

Satz von der Erhaltung der Schwerpunktsbewegung, → Schwerpunkt, → Erhaltungssätze.

Satz von der Erhaltung des Drehimpulses, → Drehimpuls, → Erhaltungssätze.

Satz von der Erhaltung des Impulses, → Impuls, → Erhaltungssätze.

Satz von Prandtl, → Gleitlinien.

Satz von Steiner, *Steinerscher Satz*, Zusammenhang zwischen den im → Trägheitstensor zusammenfaßbaren Trägheits- bzw. Zentrifugalmomenten für einen beliebigen Bezugspunkt mit den entsprechenden Momenten für den Schwerpunkt. Ist $\vec{a}$ der Vektor vom Schwerpunkt zum beliebigen Bezugspunkt, so gilt für die Komponenten des Trägheitstensors

$$\theta_{ik} = \theta^s_{ik} + M(a^2 - a_i a_k \delta_{ik}),$$

$$\delta_{ik} = \begin{cases} 1 \\ 0 \end{cases} \text{für} \quad \begin{matrix} i = k \\ i \neq k \end{matrix} \quad i, k = 1, 2, 3 \text{ bzw. } x, y, z.$$

Dabei bezeichnen i und k die drei kartesischen Koordinatenachsen, der obere Index s kennzeichnet die auf den Schwerpunkt bezogenen Momente, und M ist die Gesamtmasse des Körpers. Nach dem S. v. S. genügt es, die auf den Schwerpunkt bezogenen Momente zu berechnen. Für $i = k$ entstehen als Diagonalelemente die eigentlichen Trägheitsmomente, z. B. gilt für das Trägheitsmoment bezüglich zur x-Achse paralleler Achsen $\theta_{xx} = \theta^s_{xx} + M(a_y^2 + a_z^2)$, $a_y^2 + a_z^2$ ist der Achsenabstand. Danach sind die Momente für Schwereachsen stets kleiner als die für parallele Achsen. Für $i \neq k$ ergeben sich die Zentrifugalmomente, z. B. $\theta_{xy} = \theta^s_{xy} - Ma_x a_y$. Bei Flächenmomenten zweiter Ordnung ist nur $i, k = 1, 2$ bzw. x, y, die Masse M ist durch die Fläche A zu ersetzen.

Satz von Thomson, → Wirbelsätze.

Sauerstoffnormdichte, die Dichte des molekularen Sauerstoffgases unter Normalbedingungen, d. h. bei $t = 0$ °C und $p = 1$ atm. Sie beträgt $(1{,}42905 \pm 0{,}00007) \cdot 10^{-3}$ g/cm^3. Bei Extrapolation auf den idealen Gaszustand folgt $(1{,}42765 \pm 0{,}00008) \cdot 10^{-3}$ g/cm^3. Die S. kann als Ausgangspunkt zur Bestimmung des Normalvolumens dienen. Dabei muß jedoch berücksichtigt werden, daß O_2 ein reales und kein ideales Gas ist.

Sauerstoffpunkt, die Temperatur t_{O_2}, bei der flüssiger Sauerstoff und sein Dampf bei einem Druck von 1 atm im Gleichgewicht sind. Er liegt bei $t_{O_2} = -182{,}970\,°C$. Für nicht zu große Druckschwankungen gibt es für t_{O_2} einfache Interpolationsformeln. Der S. dient als Fixpunkt bei der Festlegung der → Temperaturskala.

Saugdrosselschaltung, eine Gleichrichterschaltung für fast alle großen Gleichrichteranlagen mit Gasentladungsventilen. Die Sekundärwicklung des Gleichrichtertransformators besteht aus mehreren in Stern geschalteten Wicklungssystemen. Bei z. B. zwei Wicklungssystemen, die

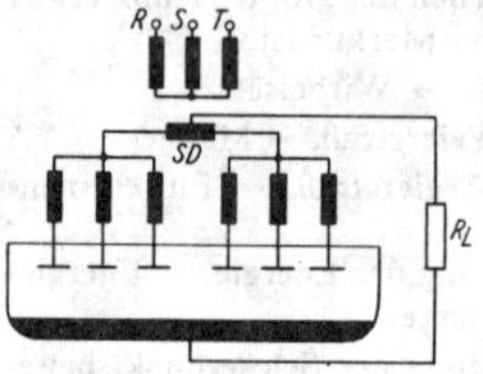

Gleichrichterschaltung mit Quecksilberdampfgleichrichter (6 Anoden) und Saugdrossel *SD*. R_L Belastung, *R*, *S* und *T* Leiter des Drehstromnetzes

an die 6 Anoden des Gasentladungsventils angeschlossen sind, liegt die Saugdrossel, eine Ausgleichsdrossel mit Mittelanzapfung, zwischen den Sternpunkten. Durch die S. wird die Ausnutzung des Gleichrichtertransformators und des Ventils erhöht und der Oberwellengehalt herabgesetzt.

Sauggeschwindigkeit, → Vakuumpumpen.

Saugkreis, ein Reihenschwingkreis (→ Schwingkreis) zum Kurzschließen (Absaugen) der Frequenz eines störenden Senders. Der S. wird am Antenneneingang eines Empfängers gegen Erde geschaltet; er schließt die Frequenz, auf die er abgestimmt ist, infolge seines geringen Resonanzwiderstandes kurz.

Saugleistung, → Vakuumpumpen.

Saugvermögen, → Vakuumpumpen.

Savartsche Doppelplatte, ein Gerät zum Nachweis von linear polarisiertem Licht (Polariskop). Sie besteht aus zwei aufeinandergelegten, gleich starken Kalkspat- oder Quarzplatten, die so geschliffen sind, daß die Plattennormale einen Winkel von 45° mit der optischen Achse bildet, und die so orientiert sind, daß die Hauptschnitte (Ebene durch Plattennormale und optische Achse) senkrecht aufeinander stehen. Durchgang von linear polarisiertem Licht durch die Savartsche Doppelplatte führt zu Interferenzstreifen, deren Schärfe ein Maß für den Polarisationsgrad des Lichtes ist.

Saxénsche Beziehung, → elektrokinetische Erscheinungen.

sb, → Stilb.

S-Band, → Frequenz.

sc, Tabelle 2, Volumen.

Sc, → Schmidtzahl.

Scanning [engl., 'Durchmustern'], das Absuchen bei der → Auswertung von Aufnahmen, ferner das systematische Abtasten eines Informationsträgers mit einem Licht- oder Elektronenstrahl.

Scanning-Prinzip, → Spektralanalyse.

Scatter-Sondierung, → elektromagnetische Sondierung.

Sceptre, → Kernfusion.

scf, Abk. für → self-consistent-field.

Schale, 1) allgemein dünnwandiges gekrümmtes Bauteil mit Membranspannungszustand bei nahezu biegeschlaffen Wänden, sonst Biegespannungszustand.

2) → Atomhülle.

Schalenmodell, *Einteilchenmodell, Modell unabhängiger Elektronen, Modell unabhängiger Teilchen,* zusammenfassende Bezeichnung für eine Gruppe von Näherungsverfahren zur Berechnung der Wellenfunktionen und Energieeigenwerte der Grundzustände der Atomhülle und des Atomkerns (→ Kernmodelle). Diese Verfahren wurden vor allem im Zusammenhang mit der Quantentheorie der Atomhülle entwickelt. Für jedes Teilchen stellt man dabei die Wechselwirkung mit allen anderen Teilchen näherungsweise durch ein kugelsymmetrisches Potential (→ self-consistent-field) dar, das nur von den Koordinaten dieses Teilchens abhängt. Mit diesem Potential wird eine Schrödinger-Gleichung zur Berechnung der Wellenfunktionen und Energieeigenwerte von Einteilchenzuständen formuliert. Der Zustand der Atomhülle z. B. wird dann durch Angabe der von Elektronen besetzten Einteilchenzustände beschrieben, d. h., die → Elektronenkonfiguration wird angegeben. Bei der Besetzung der Einteilchenzustände berücksichtigt man das → Pauli-Prinzip. Es zeigt sich, daß die besetzten Einteilchenzustände energetisch deutlich unterscheidbare Gruppen, die Schalen, bilden. Hinzu kommt bei der Atomhülle eine entsprechende Schalenstruktur der räumlichen Dichteverteilung der Elektronen. Aus diesem Sachverhalt ist die Bezeichnung „Schalenmodell" abgeleitet worden.

In die exakte Wellenfunktion gehen die Elektronenabstände ein, da die Elektronen der Atomhülle wegen der Coulomb-Wechselwirkung einander ausweichen und deshalb eine Korrelation zwischen ihnen besteht. Die zum Aufbau der Wellenfunktion der Atomhülle verwendeten Einteilchenwellenfunktionen hängen jeweils von nur den Koordinaten e i n e s Elektrons ab. Es wird so bei der Konstruktion der Wellenfunktion der Atomhülle nicht ausgeschlossen, daß zwei Elektronen fast den gleichen Ort einnehmen, was durch die Coulomb-Abstoßung eigentlich unwahrscheinlich wird. Die Korrelationen infolge Coulomb-Wechselwirkung werden daher im Rahmen des S.s vernachlässigt. Da sich bei Vernachlässigung dieser Korrelation die Elektronen im Mittel einander zu nahe kommen, liefert das S. generell zu hohe Werte für die Grundzustandsenergie. Das self-consistent-field wird mit Hilfe des → Hartree-Fock-Verfahrens berechnet. Im Rahmen des Hartree-Verfahrens vernachlässigt man weiter die Korrelation der Elektronen infolge Antisymmetrie der Wellenfunktion gegenüber Vertauschung von Elektronen. Diese wird beim Hartree-Fock-Verfahren berücksichtigt, indem man für die Wellenfunktion eine Slater-Determinante ansetzt. Die auf Grund des S.s berechneten Wellenfunktionen dienen als Ausgangspunkt für die Berücksichtigung von Korrelationen (→ Konfigurationsmischung). Auch bei der theoretischen Untersuchung anderer Vielteilchensysteme liefert das S. gute Ergebnisse.

Schall, Schwingungen und Wellen im Frequenzbereich zwischen 16 Hz und 20 kHz, die über das menschliche Ohr Ton-, Klang- oder Geräuschempfindungen hervorrufen. Liegen die Frequenzen der Schwingungen unter 16 Hz, spricht man von → Infraschall, über 20 kHz von → Ultraschall. Der S. pflanzt sich in gasförmigen, flüssigen und festen schalleitenden Medien als Schallwelle fort, wobei in den ersten beiden Medien nur Longitudinalwellen und im letzteren außerdem infolge der möglichen Scherverformung Transversalwellen entstehen. Die dabei auftretende → Schallgeschwindigkeit ist von den Deformationseigenschaften des Mediums abhängig. In den meisten Fällen sind Luft und feste Körper die Ausbreitungsmedien des S.s, der dann als Luftschall bzw. Körperschall bezeichnet wird.

Wie alle Arten von Wellen können auch Schallwellen bei Übereinstimmung der Größenordnungen von Schallwellenlänge und Hindernisabmessung gebeugt werden. Tonfrequente Schallvorgänge mit Wellenlänge zwischen 0,02 und 20 m können daher im geometrischen Schallschatten immer wahrgenommen werden.

Über *zweiten Schall* → Suprafüssigkeit.

Schallabsorption, die Abnahme der Schallenergie einer fortschreitenden Schallwelle in ihrem Ausbreitungsmedium, wobei die Schallenergie in andere Energieformen, vorzugsweise in Wärme, umgewandelt wird. Die Schallenergie W nimmt nach einem Exponentialgesetz $W_x = W_0 \cdot e^{-2\alpha x}$ ab; α Absorptionskoeffizient, x zurückgelegte Strecke.

Die S. ist für alle Ausbreitungsmedien des Schalls eine charakteristische temperatur- und frequenzabhängige Größe, allgemein nimmt die S. mit steigender Frequenz zu.

Die innerhalb eines Ausbreitungsmediums auftretende S. ist auf die Wechselwirkung der Schallwelle mit den Molekülen des Ausbreitungsmediums zurückzuführen. Die Dämpfung der Schwingungen der an der Wellenbewegung beteiligten Moleküle infolge innerer Reibung bzw. molekularer Platzwechsel ist Ausdruck der Abführung von Schwingungsenergie in Form von Wärmeenergie, die der Energie der Welle verlorengeht.

Auch bei der Reflexion einer Schallwelle an der Phasengrenze zweier Medien kann S. auftreten, wenn die Energie des reflektierten Anteils kleiner als die der ankommenden Welle ist. Die Differenz der Schallenergien dringt in das angrenzende Medium ein und wird dort absorbiert. Dieser Vorgang spielt eine große Rolle bei Problemen der → Raumakustik. Schallabsorbierende Wände sind mit Filz, Geweben oder Schaumstoffen, die hohe Schallabsorptionskoeffizienten aufweisen, verkleidet. Auch reliefartige Holzverkleidungen erhöhen den Absorptions- bzw. Schallschluckgrad durch mehrfache diffuse Reflexionen.

Schallanalyse, ein Verfahren zur Bestimmung von Art, Zahl und Intensität der Teiltöne eines Schallsignals. Bei bekannter Schwingungskurve liefert die Anwendung der Fourier-Analyse das → Schall- oder Klangspektrum mit den Teilschwingungen des Schallsignals. Dieses kann mechanisch, zeichnerisch, rechnerisch oder optisch ausgewertet werden.

Zur Darstellung des Klangspektrums werden verschiedene elektrisch-mechanische Verfahren angewandt. Eines davon ist die Anwendung eines Systems von Helmholtz-Resonatoren. Der zu untersuchende Klang wird diesem System zugeleitet. Ist in ihm ein Teilton enthalten, dessen Frequenz mit der Eigenfrequenz des Resonators übereinstimmt, wird er verstärkt wahrgenommen. Eine andere Möglichkeit bietet die Verwendung geeigneter frequenzabhängiger Bauteile, z. B. elektrischer Schwingkreise, die zur Auslöschung einzelner Teiltöne infolge auftretender Interferenzen dienen.

Diese Verfahren gestatten nur eine punktweise Abtastung des Schalles, während moderne elektrische Analysierverfahren eine schnelle und häufig automatische Darstellung des Schallspektrums ermöglichen. Die *Tonfrequenzspektrometer* (Abb.) teilen das gesamte Tonfre-

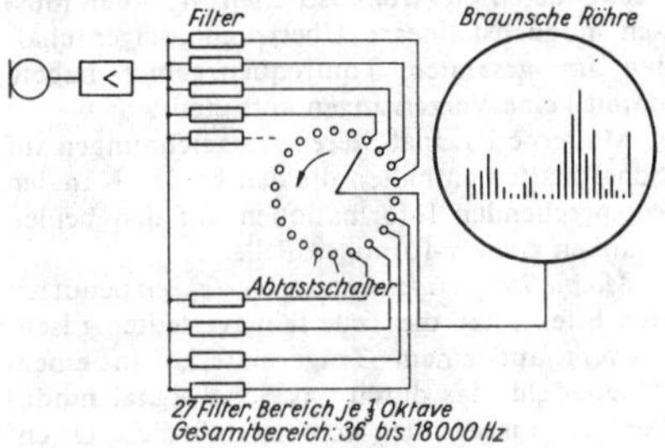

Tonfrequenzspektrometer nach Freystedt

quenzgebiet in einzelne kleine Frequenzintervalle auf. Das geschieht mit Hilfe parallel geschalteter elektrischer Filter. Die Filter werden nacheinander über einen Schalter an eine Braunsche Röhre angeschlossen und erzeugen an einem ihnen zugeordneten Ort auf dem Schirm der Röhre ein intensitätsproportionales Strichsignal, wenn ein Teilton ein Filter passiert.

Häufig benutzte Filteranordnungen sind Terz- oder Oktavsiebe. Bei Benutzung letzterer spricht man von *Oktavsiebanalyse*, bei der das Schallspektrum in einzelne Oktaven eingeteilt ist. Die Analysiergeschwindigkeit dieser Verfahren ist sehr groß, so daß auch zeitlich veränderliche Schallsignale untersucht werden können.

Mit dem *Suchtonverfahren*, das automatisch das Schallspektrum aufzeichnet, werden meist zeitlich konstante Klänge oder Schallsignale analysiert. Dem zu untersuchenden Klang wird ein das gesamte Tonfrequenzgebiet langsam mit konstanter Geschwindigkeit überstreichender Suchton überlagert. Stimmt die Frequenz des Suchtons mit der eines Teiltones überein, überlagern sich beide Schwingungen, und der resultierende Ton wird verstärkt wiedergegeben. Die Aufzeichnung dieser Intensitätsmaxima ergibt das gesuchte Schall- bzw. Klangspektrum.

Schallaufzeichnung, Vorgang der Sichtbarmachung und Konservierung des zeitabhängigen Verlaufs der Schallfeldgrößen → Schalldruck oder → Schallschnelle mit Hilfe geeigneter mechanisch-akustischer Wandler in Form von Amplituden-Zeit- oder Amplituden-Frequenz-Kurven. Die *Sichtbarmachung* von Schallwellen erfolgt durch eine Umwandlung in diesen proportionale elektrische Schwingungen.

die nach Verstärkung einem Oszillographen zugeführt werden. Die Zwischenschaltung von → akustischen Filtern ermöglicht die Zerlegung in die Teiltöne und führt zur Schallspektroskopie. Für die *Konservierung* von Schallvorgängen finden die Schallplattenaufzeichnung und die magnetische und optische Aufzeichnung Anwendung. Zur *Schallplattenaufzeichnung* verwendet man eine sich drehende aus einer Wachsmischung oder Kunststoffolie bestehende Scheibe. Die vom Mikrophon aufgenommenen und verstärkten Schallinformationen werden durch senkrecht zur Bewegungsrichtung der Platte elektromagnetisch ausgelenkte Stahlstifte in die Platte eingeritzt. Der Aufzeichnung folgt auf galvanoplastischem Weg die Herstellung einer Matrize aus Stahl, von der Abzüge aus Spezial-PVC hergestellt werden. Die als Aufzeichnungs- und Abtastsysteme verwendeten elektroakustischen Wandler müssen möglichst lineare Übertragungseigenschaften im gesamten Tonfrequenzgebiet haben, damit keine Verzerrungen auftreten.

Moderne 2-Kanal-Stereo-Aufzeichnungen auf Schallplatten enthalten die den beiden Kanälen entsprechenden Informationen auf den beiden Flanken einer V-förmigen Rille.

Magnetische Aufzeichnungsverfahren benutzen den Effekt, daß die Teile feinstverteilten Eisenpulvers auf einem Trägermaterial in einem Magnetfeld, das durch das Schallsignal moduliert ist, ausgerichtet werden, daß diese Orientierung erhalten bleibt und später rückwirkend magnetische Abtastfelder modulieren kann. Auch die Einzelbereiche polykristalliner ferromagnetischer Drähte weisen diese Orientierungsfähigkeit auf. Vorzugsweise werden jedoch mit Eisenpulver belegte PVC-Bänder, z. B. Tonbänder, und gleichermaßen belegte Filmränder, z. B. beim Magnettonfilm, angewandt.

Beim Tonfilm wird häufig die *optische S.* angewendet, indem durch den zum Bild gehörenden Schallvorgang ein Lichtstrahl beeinflußt wird, der auf einem Filmrand neben dem Bild schallproportionale Schwärzungen hervorruft. Wird der Lichtstrahl durch eine Kerr-Zelle intensitätsmoduliert (Karolus), erscheint ein verschieden stark geschwärzter Tonstreifen neben dem Bild. Andererseits kann der schallproportionale, verstärkte Mikrophonstrom den Spiegel eines Schleifenoszillographen so ablenken, daß ein Tonstreifen wechselnder Breite entsteht. Die Wiedergabe erfolgt durch Abtastung des Tonstreifens mit einem schmalen Lichtbündel, das die durch die Schwärzungen hervorgerufenen Schwankungen auf eine Photozelle überträgt, die einen Lautsprecher aussteuert.

Schallausbreitung, Von einer punktförmigen Schallquelle, z. B. einem → Kugelstrahler nullter Ordnung, gehen im homogenen isotropen Medium Kugelwellen aus. Die Normalen der Kugelflächen geben die Ausbreitungsrichtung an, die im genannten Medium geradlinig ist. Richtungsänderungen der Schallwelle treten durch Reflexionen, Brechungen und Beugungen an den Phasengrenzen zweier Medien und an Inhomogenitäten bzw. Anisotropien dieser Medien auf (→ Schallbrechung). Die Ausbreitungsgeschwindigkeit von Schallsignalen ist temperatur- und in einigen Fällen frequenzabhängig und bewegt sich zwischen 50 und 5000 m/s.

Schallausschlag, Auslenkung eines in einer Schallwelle schwingenden Teilchens aus seiner Ruhelage.

Schallbrechung, die Richtungsänderung eines Schallstrahles beim Übergang von einem Medium in ein anderes, sofern in diesen Medien unterschiedliche Schallgeschwindigkeiten auftreten. Das für jede Wellenausbreitung gültige Snelliussche Brechungsgesetz lautet hier $\sin\alpha : \sin\beta = c_1 : c_2 = n$, wobei c_1 und c_2 die Schallgeschwindigkeiten; α und β die Winkel zum Lot auf die Phasengrenzfläche und n der Brechungsindex sind.

Passiert ein Schallstrahl die Phasengrenzfläche der Medien von 1 nach 2 und ist $c_1 > c_2$, so wird er zum Einfallslot hin gebrochen; in umgekehrter Richtung dagegen wird er vom Einfallslot weggebrochen. Beim Übergang aus einem Medium mit kleiner Schallgeschwindigkeit in ein Medium mit großer Schallgeschwindigkeit tritt oberhalb eines bestimmten Grenzwinkels β_g → Totalreflexion in Analogie zur Lichtbrechung ein. Bei jedem Übergang wird ein Teil der Energie reflektiert. Das Verhältnis des reflektierten zum passierenden Teil der Schallenergie hängt vom Einfallswinkel und vom Schallwellenwiderstand der einzelnen Medien ab. Durch optische Schlierenaufnahmen eines Ultraschallfeldes mit brechender Phasengrenze läßt sich dieses Verhalten nachweisen.

Schalldämmung, die Abschirmung von Räumen oder Gebäudeteilen gegen störende Schallsignale, die sowohl als Luftschall als auch als Körperschall eindringen können.

Das Verhältnis der Schalleistung an der das Störsignal enthaltenden Außenseite N_A zu der Schalleistung im gestörten Raum N_g definiert die Größe der S. Die Schalldämmzahl D, auch Reduktionsmaß genannt, wird durch die Gleichung $D = 10 \log(N_A/N_g)$ festgelegt.

Zur Erhöhung der S. werden Schallschluckstoffe eingesetzt, deren Schluckgrad durch das Verhältnis der auffallenden Schalleistung zur nichtreflektierten Schalleistung gegeben ist (→ Bauakustik). Der nicht reflektierte Anteil besteht aus einem durchgelassenen und einem im Schluckstoff absorbierten Teil der Schallenergie. S. und Schluckgrad sind demzufolge nicht identisch.

Schalldämpfung, die teilweise oder vollständige Unterbindung der Schallausbreitung in allen Medien. Die S. erfolgt mit Hilfe von Dämmstoffen. Das sind Materialien mit geringem Schallreflexions- bzw. großem Schallabsorptionsvermögen, die z. B. bei der Auskleidung eines Raumes zur Herabsetzung des Nachhalls (→ Raumakustik) oder zur Verminderung der Schalldurchlässigkeit von Wänden (→ Bauakustik) eingesetzt werden.

Schalldichte, zeitlicher Mittelwert der Schallenergie je Volumeneinheit.

Schalldispersion, in bestimmten Substanzen Abhängigkeit der Schallgeschwindigkeit und damit auch anderer Schallfeldgrößen von der Frequenz der Schallwelle.

Die S. ist Ausdruck auftretender Wechselwirkungen zwischen der Schallwelle und den Molekülen und Atomen des Ausbreitungsmediums (→ Molekularakustik). Ist die Schallwellenlänge groß gegenüber den molekularen Dimensionen, kann das Medium als Kontinuum aufgefaßt werden; S. ist nicht zu erwarten. Erst in den Frequenzbereichen, in denen Wellenlänge und Molekülabstände gleiche Größenordnung erlangen, werden merkbare Wechselwirkungen auftreten und zu frequenzabhängigen Erscheinungen führen (→ Hyperschall). Sich überlagernde Relaxations- und Resonanzphänomene, letztere z. B. bei Übereinstimmung der Schallfrequenz und der Eigenfrequenz einer Molekülschwingung, ergeben molekülspezifische Dispersionskurven, d. h. Schallgeschwindigkeits-Frequenz-Diagramme. Diese Überlegungen gelten grundsätzlich für alle Medien, wobei die Dispersionsgebiete von Flüssigkeiten und Festkörpern jedoch im Bereich technisch kaum realisierbarer Hyperschallfrequenzen liegen. Einige Teilschwingungen der Moleküle werden sogar erst im Frequenzbereich elektromagnetischer Wellen angeregt.

In mehratomigen Gasen dagegen treten bereits bei tieferen Frequenzen ausgeprägte Dispersionen auf, die darauf zurückzuführen sind, daß oberhalb bestimmter Frequenzen nicht mehr die allen Freiheitsgraden entsprechenden Eigenschwingungen der Gasmoleküle angeregt werden. Das Gas verhält sich so, als wären weniger Freiheitsgrade vorhanden, was sowohl eine Zunahme des Verhältnisses der spezifischen Wärmen $\varkappa = c_p/c_V$ als auch der Schallgeschwindigkeit bedeutet. Für CO_2 liegt dieses Dispersionsgebiet bei etwa 10^5 Hz.

Schalldruck, *Schallwechseldruck*, p, der infolge der Schwingungen der Teilchen eines Schallausbreitungsmediums entstehende Wechseldruck. Er ist von dem → Schallstrahlungsdruck zu unterscheiden. Der S. wird durch die Gleichung $p = P \cos 2\pi\nu(t - x/c_s)$ beschrieben, wobei ν die Frequenz einer ebenen, sich in der x-Richtung mit der Geschwindigkeit c_s ausbreitenden Schallwelle ist. Für die Schallwechseldruckamplitude P gilt $P = 2\pi\varrho c_s A = \varrho c_s U$ mit A Schwingungsamplitude, U Geschwindigkeitsamplitude und ϱ Dichte des Mediums. Gleichzeitig gilt $P = \sqrt{2\varrho c_s J}$, wenn J die → Schallintensität ist. Diese Beziehungen gelten für kleine Werte von A, U und P. In starken Schallfeldern tritt in der Beziehung für p zum linearen Term ein quadratischer, der den Schallstrahlungsdruck als Funktion der mittleren Energiedichte $\bar{E}$ darstellt. Der S. lautet somit $p = P \cdot \cos 2\pi\nu(t - x/c_s) + 2\bar{E} \cdot \cos^2 2\pi\nu(t - x/c_s)$. Der S. wird nach der Aufnahme und Umwandlung in elektrische Signale in Mikrophonen elektrisch gemessen.

Ein S. von 0,2 bis $0{,}3 \cdot 10^{-4}$ N/m² ruft gerade noch eine Hörempfindung hervor, während bei etwa 10^3 N/m² die Fühlschwelle (→ Hören) erreicht ist.

Schalldurchlässigkeit, in der Raum- und Bauakustik die Durchlässigkeit von Wänden für verschiedene Schallsignale. Die Größe der S. wird durch die Dämmzahl D (→ Schalldämmung) angegeben. Mit wachsender Frequenz nimmt die S. ab, da allgemein die → Schallabsorption im Medium mit steigender Frequenz zunimmt.

Schalleistung, P_S, die in der Zeiteinheit durch eine die Schallquelle umschließende Fläche F strömende Schallenergie, die durch Integration der Schallintensität J über diese Fläche erhalten wird:

$$P_S = \oint\!\!\oint_F J \, \mathrm{d}f.$$

Die S. einer Schallquelle kann dann leicht gemessen werden, wenn die Schallquelle von gut schallreflektierenden Wänden eingeschlossen wird. Die gesamte Schallenergie wird in den Raum zurückgeworfen und kann durch eine Messung des Schalldruckes, der über den Schallwellenwiderstand mit der Schallenergie zusammenhängt, bestimmt werden. Beispiele verschiedener S.en sind: Sprache $\approx 10^{-5}$ W, Großlautsprecher ≈ 100 W, Sirene bis 3 kW.

Schallempfänger, Einrichtungen zum Nachweis und zur Messung der einzelnen zeitabhängigen Schallfeldgrößen (→ Schallfeld).

Zur Charakterisierung des Schallfeldes werden 1) die Bewegungen der Teilchen eines gasförmigen Schallausbreitungsmediums in *Bewegungsempfängern* durch die sichtbaren Bewegungen gestoßener Rauch- oder Staubpartikeln angezeigt, 2) die Geschwindigkeiten der Teilchen durch die *Geschwindigkeitempfänger*, z. B. die → schallempfindliche Flamme oder die → Rayleigh-Scheibe, gemessen, 3) der → Schallstrahlungsdruck durch das → Schallradiometer, einem *Schallstrahlungsdruckempfänger*, nachgewiesen und 4) auf den → Schalldruck reagierende *Schallwechseldruckempfänger* verwendet. Zu letzteren gehören die Mikrophone, bei denen durch den Schallwechseldruck bewegte mechanische, schwingungsfähige Gebilde, meist Membranen, Veränderungen elektrischer Größen herbeiführen, so daß mechanische Schwingungsenergie in elektrische Energie umgewandelt wird.

schallempfindliche Flamme, eine auf die Schallschnelle ansprechende Flamme, die durch einen aus einer konischen Düse austretenden laminaren Leuchtgasstrom betrieben wird. Trifft eine Schallwelle diese Flamme wenig oberhalb der Düse, wird der Gasstrom turbulent und die Flamme verkürzt sich.

Schallenergie, die von der Schallwelle transportierte Energie. Wenn bei einer ebenen Schallwelle Schalldruck und Schallschnelle in Phase sind, leistet der Schalldruck Arbeit; das bedeutet, daß die Schallwelle Energie mit sich führt. Auftretende Verluste durch Absorptionsvorgänge im Ausbreitungsmedium weisen auf Umwandlung eines Teils der S. in Wärmeenergie hin.

Schallerzeuger, *Schallgeber*, alle schwingungsfähigen festen, flüssigen oder gasförmigen Gebilde oder Medien. Schwingungen, die zur Abstrahlung der Schallwellen führen, können durch Energien aller Formen angeregt werden, wenn auch in den meisten Fällen erst eine Umwandlung in mechanische Schwingungsenergie durch Zwischenschaltung spezieller Wandler erfolgen muß.

Beispiele direkt mechanisch erregter S. sind die durch Schwingungen von Gasen gekennzeichneten → Pfeifen, gestrichene Saiten, geschlagene Platten oder Glocken.

Elektrische Anregung erfordert stets elektromechanische Wandler, die beim Lautsprecher auf elektromagnetischen oder elektrodynamischen Wechselwirkungen beruhen, bei Ultraschallgebern (→ Ultraschall) die Effekte der Piezoelektrizität und Magnetostriktion benutzen.

Beim → Thermophon wird dagegen elektrische Energie über Wärmeenergie direkt in Schwingungsenergie einer Schallwelle umgewandelt.

Der → Explosionsschallsender benutzt chemische Energie zur Erzeugung von Schall.

Je nach Art der zugrundeliegenden mechanischen Schwingung können S. auch in lineare, z. B. Saiten, Stäbe und Luftsäulen, in zweidimensionale oder flächenhafte, z. B. Membranen, Platten und Glocken, und dreidimensionale oder räumliche S., z. B. dicke Pfeifen und feste Körper kubischer Ausdehnung, eingeteilt werden.

Schallfeld, ein von Schallwellen erfüllter Bereich des Raumes.

Das S. wird durch die Angabe der Schallfeldgrößen → Schallschnelle und → Schalldruck vollständig beschrieben. Der zeitliche Mittelwert des Produktes dieser Schallfeldgrößen heißt Schallstärke (→ Schallintensität). Die für die Beschreibung des S.es charakteristischen Größen, wie der Schallausschlag, die Schalldichte, die → Schallenergie, der → Schallfluß, der → Schallstrahlungsdruck sowie die Bewegungs-, Druck- und Geschwindigkeitsamplituden, werden als Schallfeldgrößen bezeichnet.

Schallfluß, das Produkt aus → Schallschnelle v und dem Querschnitt F der Schallströmung, zugleich die Geschwindigkeit der Volumenverschiebung dV/dt.

Schallgeschwindigkeit, die Geschwindigkeit, mit der sich die Schallwellen in einem Medium ausbreitet. Die S. ist sowohl von den elastischen Deformationseigenschaften der Substanz, als auch von deren Dichte, Druck und Temperatur abhängig. Von der im weiteren betrachteten Phasengeschwindigkeit, der Ausbreitungsgeschwindigkeit der Phase einer Welle, ist bei auftretender Dispersion die Gruppengeschwindigkeit, d. h. die Geschwindigkeit einer Wellengruppe, mit der der Energietransport der Welle gekoppelt ist, zu unterscheiden.

In Gasen breiten sich schwache Störungen des Gaszustandes, wie kleine Druck- oder Dichteänderungen, die stets miteinander gekoppelt sind, mit S. als Longitudinalwellen aus. Transversalwellen sind wegen der außerordentlich kleinen Viskosität der Gase nicht nachweisbar; sie treten auch in Flüssigkeiten mit bereits höherer Viskosität nur mit Reichweiten der Größenordnung $\lambda/2\pi$ auf.

Die raschen Vorgänge der Druck- und Dichteänderungen in einer Schallwelle führen dazu, daß mit benachbarten Bereichen innerhalb einer Periode keine nennenswerten Wärmemengen ausgetauscht werden können. Die Schallausbreitung ist deshalb ein adiabatischer Vorgang. Erst oberhalb von 10^9 Hz wird die Ausbreitung isotherm. Es gelten die Beziehungen für die S. c_s:

$c_{s(\text{adiab.})} = \sqrt{\varkappa p/\varrho}$ und

$c_{s(\text{isoth.})} = \sqrt{p/\varrho}$, mit $\varkappa = c_p/c_V$, Verhältnis der spezifischen Wärmen bei konstantem Druck (c_p) und konstantem Volumen c_V, p Druck und ϱ Dichte. Durch Umformung unter Verwendung der Gasgesetze erhält man $c_{s(\text{adiab.})} = \sqrt{\varkappa RT/M}$, wobei R universelle Gaskonstante, T absolute Temperatur und M Molekulargewicht bedeuten.

Mehratomige Gase weisen bei mittleren Ultraschallfrequenzen → Schalldispersion auf, d. h., die S. wird frequenzabhängig.

In Flüssigkeiten ist die S. größer als in Gasen; sie beträgt $c_s = \sqrt{K/\varrho} = \sqrt{1/\varkappa\varrho}$, wobei hier ϱ Dichte der Flüssigkeit, K Kompressionsmodul und $\varkappa = 1/K$ die Kompressibilität der Flüssigkeit bedeuten. Die S.en der Flüssigkeiten sind im Gegensatz zu denen in Gasen weitaus weniger temperaturabhängig.

Für feste Körper, die isotrop und allseitig unendlich ausgedehnt sind, gilt für die S. von Longitudinalwellen die Beziehung

$$c_s = \sqrt{\frac{E}{\varrho} \cdot \frac{1-\mu}{(1+\mu)(1-2\mu)}},$$

wobei E Elastizitätsmodul, ϱ Dichte und μ Poissonscher Querkontraktionskoeffizient bedeuten. In anisotropen Körpern, z. B. Kristallen, breiten sich Schallwellen in den verschiedenen Raumrichtungen mit unterschiedlicher S. aus. Für Körper, bei denen die Querdimensionen gegen die Länge klein sind, z. B. lange Stäbe, vereinfacht sich die angegebene Formel zu $c_s = \sqrt{E/\varrho}$, da sich die Querkontraktion ohne Gegenwirkung durch weitere Materialbereiche ungehindert ausbilden kann. Elastische Transversalwellen pflanzen sich in festen Körpern unabhängig von deren Gestalt mit der Geschwindigkeit $c_{tr} = \sqrt{G/\varrho}$ fort, wobei G der Schubmodul ist.

Die Messung der S.en in den verschiedenen Medien erfolgt mit dem Kundtschen Rohr (Kundtsche Staubfiguren), dem → Quincke-Rohr, dem → Schallinterferometer, den verschiedenen optischen Verfahren, wie der Schlierenmethode und der Beugung an Ultraschallwellen (→ Ultraschall), sowie mit den modernen Verfahren der Ultraschallimpulstechnik.

Tabelle einiger S.en:

Medium	Schallgeschwindigkeit in m/s (abgerundet) bei Zimmertemperatur
Gase	
CO_2	260
O_2	315
Luft	332
Helium	970
H_2	1 260
Flüssigkeiten	
CCl_4	940
Azeton	1 190
Wasser	1 490
Glyzerin	1 925
Feste Körper	
Blei	1 300
Polyäthylen	2 500
Silber	2 700
Glas	5 000
Stahl	5 100

Lit. L. Bergmann: Der Ultraschall (6. Aufl. Stuttgart 1954); Trendelenburg: Akustik (3. Aufl. Berlin, Göttingen, Heidelberg 1961).

Schallhärte, H, das komplexe Verhältnis von → Schalldruck zu → Schallausschlag, zugleich Produkt aus der Dichte ϱ, der Schallgeschwindigkeit c_s und der Kreisfrequenz ω der Schallwelle, $H = \varrho c_s \omega$, wobei ϱc_s den → Schallwellenwiderstand darstellt. Medien mit großem Schallwellenwiderstand, z. B. feste Körper, bezeichnet man als schallhart; ist ϱc_s dagegen klein, z. B. für Luft, gebraucht man die Bezeichnung schallweich.

Schallinse, Einrichtung zur akustischen Abbildung durch → Schallbrechung.

Schallintensität, *Schallstärke*, *J*, die in der Zeiteinheit 1 s durch die senkrecht zur Schallausbreitungsrichtung stehende Einheitsfläche 1 m² strömende Schallenergie *W*. Die S. ist gleich der Schalleistung *P* je m² und wird in W/m² gemessen. Aus den Schallfeldgrößen → Schalldruck *p* und → Schallschnelle *v* berechnet sich $J = p_{eff} v_{eff} \cos \varphi$, wobei der Index eff die Benutzung der Effektivwerte von *p* und *v* vorschreibt; φ ist die Phasenverschiebung zwischen *p* und *v*.

Bei bekanntem → Schallwellenwiderstand *R* genügt zur Messung der S., z. B. mit dem → Schallradiometer, die Bestimmung einer der beiden Größen *p* und *v*.

Das menschliche Ohr nimmt S.en zwischen 10^{-12} W/m² und etwa 1 W/m² auf, wobei 1 W/m² bereits Schmerzempfindungen hervorruft, Ultraschallstärken können bis zu 10^5 W/m² betragen.

Schallinterferometer, eine Einrichtung zur Messung der Schallgeschwindigkeit hochfrequenten Schalls, insbesondere des Ultraschalls, durch Bestimmung der Wellenlänge (Abb.).

In einem mit gasförmigem oder flüssigem Medium gefüllten Rohr wird der an einer Stirnfläche durch einen Schallgeber, z. B. einem → Schwingquarz, eingestrahlte Schall an einer parallel gegenüberstehenden Platte reflektiert. Bei Veränderung der Schallaufstrecke ändert sich am Schallgeber die Phasenbeziehung zwischen abgestrahlter und nach der Reflexion zurückkehrender Schallwelle, was die Leistungsabgabe des Schallsenders beeinflußt und elektrisch meßbar ist. Die kontinuierliche Verlängerung des Weges ergibt eine Folge äquidistanter Maxima und Minima, deren Abstand gleich der Wellenlänge λ ist. Über die Beziehung $c_s = \lambda \nu$ erhält man bei bekannter Schallfrequenz ν die Schallgeschwindigkeit c_s.

Lit. L. Bergmann: Der Ultraschall (6. Aufl. Stuttgart 1954).

Schallkräfte, Kräfte auf Körper, die sich im → Schallfeld befinden. S. treten auf, wenn die Schallfeldgrößen des Körpers von denen des umgebenden Mediums abweichen, d. h. allgemein dann, wenn Phasengrenzen und Inhomogenitäten innerhalb des Schallfeldes auftreten. Ihre meßtechnische Anwendung finden diese Wirkungen im → Schallradiometer und bei der → Rayleigh-Scheibe.

Dichteinhomogenitäten führen zum Auftreten hydrodynamischer Kräfte, sogenannter Bjerknes-Kräfte, was sowohl zur Anziehung wie auch zur Abstoßung gleichartiger Teilchen führen kann. Gleiche Wirkungen treten im Nahfeld starker Schallsender auf.

Die Viskosität des homogenen Schallausbreitungsmediums ist zudem Ursache des Auftretens von S.n.

Schallplatte, → Schallaufzeichnung.

Schallquant, svw. Phonon.

Schallquelle, → Schallerzeuger.

Schallradiometer, Gerät zur Messung des → Schallstrahlungsdruckes. Auf eine leichte Scheibe, für die das Verhältnis Durchmesser zu Wellenlänge größer als 1 ist, wirken im Schallfeld infolge des Schallstrahlungsdruckes Kräfte in Richtung der Wellennormalen. Die auftretenden Kräfte sind der Schallstärke proportional.

Wird die Scheibe *Sch* durch einen dünnen Stab *S* mit einem räumlich kleinen Gegengewicht *G* verbunden und dieses System im Schwerpunkt an einem dünnen tordierbaren Stahldraht *D* aufgehängt, entsteht eine Torsionswaage, das S., deren Auslenkung im Schallfeld optisch bestimmt werden kann (Abb.).

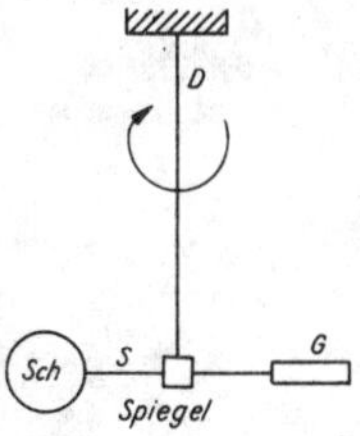

Schallradiometer (schematisch)

Schallreflexion, Reflexion von Schallwellen beim Auftreffen auf ein Hindernis nach dem für alle Wellenarten gültigen Reflexionsgesetz. Dieses Hindernis ist im allgemeinen die Phasengrenze zwischen zwei Medien unterschiedlichen → Schallwellenwiderstandes; gleichzeitig ist Voraussetzung zur S., daß das Hindernis groß gegen die Wellenlänge der Schallwelle ist, da andernfalls Schallbeugung auftritt. Beim Auftreffen einer Schallwelle auf eine diese Bedingungen erfüllende Phasengrenze wird im allgemeinen nur ein Teil der Schallenergie reflektiert, während der verbleibende Teil in das angrenzende Medium unter Beachtung der Brechungsgesetze eindringt. Unter geeigneten Bedingungen tritt Totalreflexion auf (→ Schallbrechung).

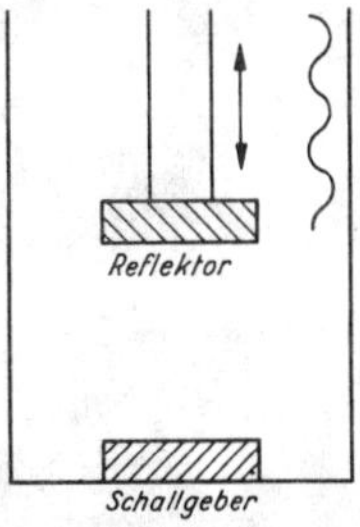

Schallinterferometer (schematisch)

Schallschluckung, die Umwandlung von Schallenergie in Wärme in geeigneten Schallschluckstoffen zur Verminderung des Schallpegels in Räumen (→ Raumakustik, → Schalldämmung). Auf mit Schallschluckstoffen, z. B. Filz, groben Geweben, Glaswolle, ausgekleidete Wände treffender Schall wird nur teilweise reflektiert, während die eindringenden Anteile absorbiert werden. Die S. ist stark frequenzabhängig. Als Schallschluckgrad definiert man das Verhältnis aus nichtreflektiertem zu auftreffendem Schallanteil.

Schallschnelle, *v*, die Geschwindigkeit der hin- und herschwingenden Teilchen des Schallausbreitungsmediums in einer Schallwelle. Für harmonische Schallwellen gilt die Beziehung $v = \omega A$ zwischen der S. *v*, der Kreisfrequenz $\omega = 2\pi\nu$ (ν Frequenz) und der Schwingungsamplitude *A* der Teilchen. Durch die Angaben von Schalldruck *p* und S. *v* wird ein vorgegebenes Schallfeld charakterisiert. Zwischen beiden Schallfeldgrößen tritt dann eine von Null verschiedene Phasenverschiebung φ auf, wenn das Schallausbreitungsmedium die Schallwelle absorbiert. Der durch das Verhältnis aus Schalldruck *p* zur S. *v* definierte Schallwellenwiderstand $R = p/v$ (*Ohmsches Gesetz der S.*) ist daher zumeist komplex. In stehenden Schallwellen ist $\varphi = 90°$.

Ein Meßgerät zur Bestimmung der Schallintensität *J* über die Schallschnelle ist die Rayleigh-Scheibe; die Auswertung erfolgt nach der Beziehung $J = R/v_{eff}^2$.

Schallsender, Gerät zur Erzeugung von Schallwellen bei elektrischer Anregung des → Schallerzeugers.

Schallspektroskopie, zusammenfassendes Gebiet der Untersuchungen über die Frequenz-

und Intensitätszusammensetzung von Schallvorgängen (→ Schallanalyse).

Schallspektrum, die Darstellung eines Schallvorganges in einem Frequenz-Amplituden-Diagramm. Die frequenzabhängigen Amplituden der Schallintensität eines Schallvorganges werden häufig durch diesen proportionale Schalldruck-Amplituden, die bei Messungen mit Mikrophonen erhalten werden, vertreten.

Das Klangspektrum, die Darstellung des nach Fourier in Teiltöne zerlegten Klangs in einem Frequenz-Amplituden-Diagramm mittels der Klanganalyse (→ Schallanalyse), stellt einen Sonderfall des allgemeinen S.s dar. Ein S. kann eine Vielzahl in allen nur möglichen Verhältnissen zueinander stehender Frequenzen enthalten, während ein Klangspektrum immer nur Frequenzen, die ein ganzzahliges Vielfaches der Frequenz eines Grundtones darstellen, enthält. Jeder Teilton des Schallsignals wird im Klangspektrum durch eine senkrechte Linie über der Frequenzkoordinate dargestellt, deren Länge der Intensität des Teiltones entspricht. Ein Geräusch, das durch eine dichte Folge von Teiltönen charakterisiert ist, ergibt ein kontinuierliches Spektrum. Töne und Klänge ergeben Linienspektren, die in einzelnen Fällen von kontinuierlichen Anteilen überlagert sein können. Das Klangspektrum gibt Art, Zahl und Amplitude A der Teiltöne eines Klanges an und erlaubt damit die Bestimmung der → Klangfarbe. Die Phasenbeziehungen zwischen den einzelnen Teiltönen sind nicht enthalten.

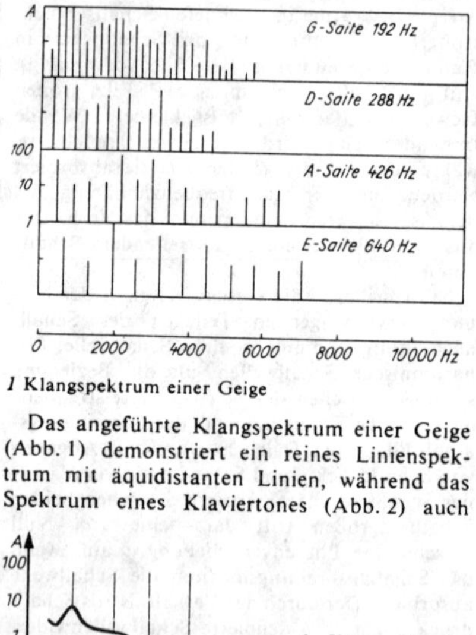

1 Klangspektrum einer Geige

Das angeführte Klangspektrum einer Geige (Abb. 1) demonstriert ein reines Linienspektrum mit äquidistanten Linien, während das Spektrum eines Klaviertones (Abb. 2) auch

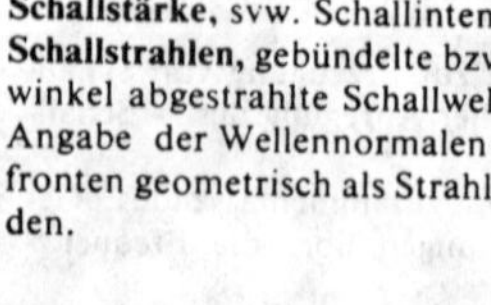

2 Klangspektrum eines Klaviertones (256 Hz)

kontinuierliche Anteile enthält. Das S. des Geräusches einer Bunsenflamme weist dagegen keine diskrete Linie auf (Abb. 3).

Schallstärke, svw. Schallintensität.

Schallstrahlen, gebündelte bzw. in kleine Raumwinkel abgestrahlte Schallwellen, die durch die Angabe der Wellennormalen der Schallwellenfronten geometrisch als Strahlen dargestellt werden.

Schallstrahlungsdruck, S, Gleichdruck in Richtung der Wellennormalen eines starken Schallfeldes, der auf einen darin befindlichen Körper

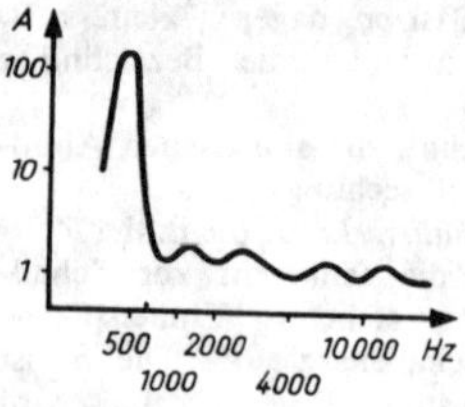

3 Schallspektrum einer Bunsenflamme

mit einer von der Dichte des Schallausbreitungsmediums verschiedenen Dichte ausgeübt wird. Der S. tritt in stehenden und fortschreitenden Schallfeldern auf und ist der mittleren Energiedichte proportional (→ Schalldruck). Die Messung des S.s erfolgt mit dem → Schallradiometer.

Körper, die eine größere Dichte als das Schallausbreitungsmedium haben, werden im stehenden Schallfeld zu den Wellenbäuchen hin bewegt, weniger dichte zu den Wellenknoten, z. B. im Kundtschen Rohr (Kundtsche Staubfiguren).

Schallstrahlungswiderstand, der durch die Gleichung $P = R^* v_{\mathrm{eff}}^2$ definierte Proportionalitätsfaktor R^*, der die gesamte abgegebene akustische Leistung P einer Schallquelle und den Effektivwert der Schallschnelle v_{eff} an der Strahleroberfläche miteinander verknüpft. R^* ist eine Funktion des → Schallwellenwiderstandes R und der Wellenlänge λ: $R^* = f(R, \lambda)$.

Schallübergang, Übergang einer Schallwelle durch eine Phasengrenzfläche zwischen zwei Medien unterschiedlicher → Schallwellenwiderstände. Das Verhältnis der Schallstärken der ankommenden zur hindurchgegangenen Welle ist nur abhängig vom Verhältnis der Schallwellenwiderstände (→ Schallbrechung, → Schallreflexion).

Schallwechseldruck, svw. Schalldruck.

Schallwellen, → Schall, → Schallausbreitung.

Schallwellenimpedanz, svw. Schallwellenwiderstand.

Schallwellenwiderstand, *Schallkennimpedanz, Schallwellenimpedanz, akustische Impedanz, Schallwiderstand,* R, das Verhältnis von → Schalldruck p zu → Schallschnelle v: $R = p/v$. Der S. wird in Ns/m^3 oder μbar s/cm gemessen, daneben ist auch die Einheit akustisches Ohm gebräuchlich. 1 akustisches Ohm = 1 μbar s/cm^3 = 10^5 Ns/m^5.

Beispiele sind:

Luft 4,3 $\cdot 10^2$ kg m^{-2} s^{-1}
Wasser 1,46 $\cdot 10^6$ kg m^{-2} s^{-1}

In schallabsorptionsfreien Schallausbreitungsmedien ist der S. das Produkt aus der Dichte ϱ des Mediums und der Schallgeschwindigkeit c_s. In Medien mit merklicher Schallabsorption, z. B. Gummi, wird R komplex, was sich in einer Phasenverschiebung φ zwischen p und v ausdrückt. Da der Schallübergang an Phasengrenzflächen zweier Medien durch den S. R beschrieben wird, dient R häufig zur Charakterisierung der akustischen Eigenschaften eines Mediums. Sind die Schallwellenwiderstände zweier Medien gleich, tritt beim Schallübergang an der Grenzfläche keine Reflexion auf. In Analogie zum Ohmschen Gesetz der elektrischen Stromleitung entspricht der S. $R = \varrho c_s$ dem elektrischen Widerstand, während Schallschnelle und Schalldruck den Größen Strom und Spannung entsprechen. Das auch als *akustischer Widerstand* bezeichnete Produkt ϱc_s ist jedoch nur formal mit dem elektrischen Widerstand zu vergleichen, denn durch ihn wird keine akustische Energie in Wärme umgewandelt.

Schaltanlage, Anlage zum Ein-, Aus- und Umschalten von an- und abgehenden Leitungen, Geräten u. a. in Kraftwerken, Umspannwerken und bei Großverbrauchern. Außer Leistungs- und Trennschaltern sind Meßgeräte, Meldegeräte und Schutzeinrichtungen, wie Sicherungen und Überspannungsableiter, eingebaut. Die einzelnen Teile werden durch Leitungen oder Stromschienen (Sammelschienen) verbunden. Die Steuerung der S. erfolgt von einer Schaltwarte aus.

S.n werden als Freiluft- oder als Innenraumschaltanlagen gebaut. Wegen des hohen Flächenbedarfs der Freiluftschaltanlage geht die Entwicklungsrichtung zur Innenraumschaltanlage.

Schaltart, svw. Schaltgruppe.

Schaltbild, → Schaltplan.

Schalter, 1) *Schaltgerät*, Einrichtung zum Öffnen und Schließen von Stromkreisen. Der S. besteht aus den *Schaltkontakten* und einem *Betätigungsglied.* Beim Betätigen des S.s werden je Strompfad zwei Kontaktstücke in Berührung gebracht bzw. getrennt. Beim Abschalten entsteht zwischen den Kontakten ein Lichtbogen. Die Lichtbogenlöschung wird bei kleiner Leistung durch hörnerartig verlängerte Schaltkontakte und durch Magnetspulen (Blasspulen) unterstützt, wobei die im Magnetfeld entstehende Kraftwirkung den Lichtbogen verdrängt. Bei Leistungsschaltern (s. u.) wird der Lichtbogen meist in Löschkammern durch Öldämpfe, Druckentlastung, Gasentwicklung des Löschkammermaterials oder Druckluft gelöscht (Ölströmungsschalter, Expansionsschalter, Hartgasschalter, Druckgasschalter). S. werden teilweise mit Einrichtungen (Auslösern) für selbsttätiges Ausschalten (Selbstschalter) ausgerüstet. Als Betätigungsglieder werden für Überströme thermische Auslöser, für Kurzschlußströme elektromagnetische Auslöser verwendet.

Nach dem Antrieb unterscheidet man S. ohne Kraftantrieb (Hand-, Fußschalter) und Fernschalter mit Kraftantrieb (z. B. Druckluft-, Motor-, Magnetantrieb). Die Energie zum Ausschalten wird zur Erhöhung der Sicherheit von einer Feder geliefert, die beim Einschalten gespannt wird.

Nach der Abschaltspannung unterscheidet man Hochspannungs- und Niederspannungsschalter. Für Hochspannungsschalter ist die *Ausschaltleistung* (Produkt aus Ausschaltwechselstrom, Netzspannung und Verkettungszahl $\sqrt{3}$) die wichtigste Bestimmungsgröße. Bei Niederspannungsschaltern wird die Ausschaltleistung auch als *Ausschaltvermögen* bezeichnet. *Hochspannungsschalter* werden eingeteilt in Trennschalter oder Trenner mit offener Trennstrecke für das annähernd stromlose Schalten und Leistungsschalter, die bei Kurzschluß in einer elektrischen Anlage den Kurzschlußstrom unterbrechen müssen. *Niederspannungsschalter* können nach der Wirkungsweise eingeteilt werden in Stellschalter (S. ohne Rückzugkraft), Tastschalter (S. mit Rückzugkraft), Druckknopfschalter (S. mit Druckknopf, der in der Schaltstellung verbleibt) und Schloßschalter (S. mit mechanischer Sperre). Nach dem Schaltvermögen unterscheidet man bei Niederspannungsschaltern Leerschalter (S. für annähernd stromloses Schalten), Lastschalter (S. zum Schalten des Nennstroms) und Motorschalter (S. für den 6- bis 8fachen Nennstrom), nach dem Einsatz Schutzschalter (S. mit Schutz gegen unzulässige Ströme und Spannungen), Steuerschalter (S. zum häufigen Schalten von Haupt- und Hilfsstromkreisen), Wahlschalter (S. zum Auswählen eines Strompfades), Grenzschalter (S. bei Überschreiten elektrischer oder mechanischer Grenzwerte), Relais (fernbetätigte S. für geringe Ströme) und Schütze (fernbetätigte S. ohne mechanische Sperre, → Schaltung), nach dem Einsatzgebiet Installationsschalter und Industrieschalter.

2) Ein *supraleitender S.* besteht aus einem Leiter, der durch ein magnetisches Feld aus dem supraleitenden Zustand in den normalleitenden Zustand und umgekehrt überführt werden kann. Das Verhältnis der Widerstände in den beiden Schaltzuständen ist dabei das gleiche wie bei einem mechanischen Schalter. Ein supraleitender S. ist z. B. der *supraleitende Unterbrecher*, der regelmäßig mit einer bestimmten Frequenz umgeschaltet wird und so z. B. zur Umformung eines Gleichstroms in einen Wechselstrom dient, der dann über einen supraleitenden Übertrager in einen Verstärker eingespeist werden kann.

Schaltfunkenstrecke, → Gasentladungsschalter.

Schaltgruppe, *Schaltart*, die Zusammenfassung der Schaltungen von Drehstromtransformatoren mit gleicher Phasenlage der Sekundärspannungen. Transformatoren gleicher S. können parallel geschaltet werden. Die S. wird mit den Symbolen für Dreieckschaltung D, d und mit den Symbolen für Sternschaltung Y, y und einer Zahl bezeichnet, die, mit 30° multipliziert, den Phasenwinkel der Sekundärspannung zur Primärspannung angibt, z. B. Yd5.

Schaltmatrix, *Lernmatrix*, eine elektrische Schaltungsstruktur zur Erfassung und Nachbildung einfacher Lernvorgänge. *Lernen* wird dabei aufgefaßt als komplexer Prozeß, der die Fähigkeit eines Systems voraussetzt, vorangegangene Ereignisse zu bewahren, und in dem jede umgebungsbezogene Verhaltensänderung die Folge einer dem System eigenen Informationsverarbeitung ist.

In der Regel besteht die S. aus zwei sich kreuzenden Scharen von Drähten; die oberen Enden der vertikal verlaufenden Leitungen bilden die Eingänge des Modells, an die binär verschlüsselte Erregungsmuster angelegt werden. An den horizontal verlaufenden Leitungen entsteht zu jedem Erregungsmuster nach Maßgabe der zwischen den sich kreuzenden Leitungen bestehenden Übergangswiderständen eine Bedeutung. Ein „Lernen“ der S. wird dadurch erreicht, daß die Übergangswiderstände verändert werden.

Man kann die S. als eine Anordnung parallel geschalteter, simultan arbeitender → Neuromime auffassen, deren Eingangsleitungen die Signale des Erregungsmusters tragen (Abb.).

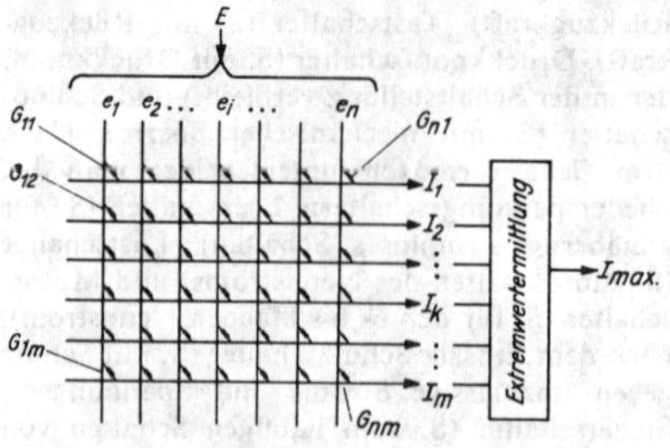

Lernmatrix nach Steinbuch

Anwendungsmöglichkeiten ergeben sich in der Zeichen- und Mustererkennung, bei Sprachübersetzungen, Wetterprognosen und in der Krankheitsdiagnostik. Der allgemeinen Einführung von Diagnoseautomaten steht allerdings die meist noch nicht mögliche quantitative Darstellung der Krankheitssymptome entgegen.

Schaltplan, in der Elektrotechnik die Darstellung der Schaltung elektrotechnischer Anlagen mit Wiedergabe der elektrischen Maschinen, Geräte, Zusatzeinrichtungen und Leitungen durch genormte Schaltzeichen oder Schaltungskurzzeichen. Der S. kann durch Listen mit Erklärungen, Anweisungen für Schalthandlungen u. a. ergänzt werden.

Die Darstellung einfacher Stromkreise, z. B. die innere Schaltung eines Gerätes oder sein Anschluß an eine Spannungsquelle, bezeichnet man als *Schaltbild*. Ein Schaltbild, das zur Verbesserung der Übersichtlichkeit und der Bedienung von elektrischen Anlagen auf Schalttafeln und Schaltpulten aufgezeichnet ist und das Steuer- und Rückmeldeelemente funktionsentsprechend enthält, nennt man *Blindschaltbild*.

Schaltung, 1) die Anordnung und Herstellung elektrisch leitender Verbindungen zwischen Schaltelementen in elektrischen Stromkreisen. Nach der Art der Schaltelemente unterscheidet man *S.en mit passiven Schaltelementen* (Verbraucher elektrischer Energie), z. B. ohmsche Widerstände, Induktivitäten und Kapazitäten bzw. Geräte, Glühlampen, Elektromotoren, und *S.en mit aktiven Schaltelementen* (galvanische Elemente, Akkumulatoren, Generatoren u. a.). Nach der Stromart unterscheidet man *Gleichstrom-*, *Wechselstrom-* und *Drehstromschaltungen*, bei letzteren außerdem → *Sternschaltung* und → *Dreieckschaltungen*. Nach der Anordnung der Schaltelemente unterteilt man in *Reihenschaltung* (Serien-, Hintereinanderschaltung), *Parallelschaltung*, *Gruppenschaltung* und *Brückenschaltung*. Umfangreiche S.en werden vor allem in der Elektrizitätsversorgung als → Netze bezeichnet.

S.en, die vorwiegend Relais enthalten, werden als *Steuerschaltungen* bezeichnet und vorteilhaft unter Verwendung der Schaltalgebra (Boolesche Algebra) entworfen. Zu ihnen gehören auch die *Schützschaltungen* (Schützensteuerungen), die zur Steuerung starkstromtechnischer Prozesse dienen. Eine S., die Stromkreise vereinfacht wiedergibt, bezeichnet man als → *Ersatzschaltung*.

Bei der Herstellung der Schaltverbindungen spricht man von Verdrahtung (Einzelleiterverlegung) oder Verkablung (Verlegen von ein- oder mehradrigen Kabeln oder kabelähnlichen Leitungen), in der Starkstromtechnik auch von Installation, bei höheren Leistungen auch von Montage (z. B. von Sammelschienen und Freileitungen).

In der Geräteindustrie, besonders in der Raumfahrt und der maschinellen Rechentechnik werden zur Verringerung des Volumens (Miniaturisierung) elektronischer Geräte → gedruckte S.en, Modulschaltungen und integrierte S.en angewendet. Bei den *Modulschaltungen* (Modultechnik) werden einzelne Keramikplättchen mit Bauelementen zusammengeschichtet und mit Kunstharz zu einem Baustein vergossen. Bei den ***integrierten S.en*** der Mikroelektronik werden die Bauelemente direkt aus einem Halbleiterblock (Halbleiterblocktechnik) herausgearbeitet oder auf eine Keramikplatte aufgedampft oder aufgestäubt (Katodenzerstäubung).

2) eine Einrichtung zur stufenweisen Änderung einer Drehzahlübersetzung, z. B. Schaltgetriebe in Werkzeugmaschinen und Fahrzeugen.

Schaltzeit, die zur Ummagnetisierung eines bistabilen Elementes (→ magnetischer Speicher) aus einem vorher eingestellten Remanenzzustand erforderliche Zeit. Sie ist definiert als Zeitdifferenz zwischen den Werten $0{,}1 U_{max}$ am Anfang und Ende der Spannungs-Zeit-Kurve, die beim Ummagnetisieren in einer die Probe umfassenden Induktionsspule gemessen wird. U_{max} ist die dabei beobachtete maximale Spannung. Vielfach trägt man den Kehrwert der Schaltzeit $1/t_s$ in Abhängigkeit von der Schaltfeldstärke H auf. Aus diesen Kurven kann der *Schaltkoeffizient* $s_w = t_s(H - H_0)$ entnommen werden, wobei H_0 die Start- oder Schwellfeldstärke darstellt.

scharfe Nebenserie, → Atomspektren.

Schärfentiefe, diejenige Ausdehnung des Objektraums in Richtung der optischen Achse, die im Bild ohne merkliche Unschärfe erscheint. Gemäß dieser Definition hängt die S. S mit der theoretischen Auflösungsgrenze δ_{theor} und der Objektivapertur α_0 in folgender Weise zusammen: $S = \delta_{theor}/\sin \alpha_0$. Beim Lichtmikroskop, für das eine theoretische Auflösungsgrenze von 0,2 μm und eine Objektivapertur von etwa 1 angenommen wird, ergibt sich eine in der Größenordnung der theoretischen Auflösungsgrenze liegende S. von etwa 0,2 μm. Für die Elektronenmikroskopie erhält man mit den Werten $\alpha_0 = 7 \cdot 10^{-3}$ und $\delta_{theor} = 0{,}4$ nm eine S. von etwa 50 nm, die mehr als den Faktor 10^2 größer als die theoretische Auflösungsgrenze ist.

Scharmittel, → Statistik.

Schattenbildverfahren, ein Verfahren zum Prüfen von Profilen oder Umrissen von Werkstücken an projizierten vergrößerten Bildern oder deren Schattenbild. Das S. ist besonders für komplizierte Teile geeignet, z. B. für Uhrenanker, Kegel und Gewinde. Die Abbildungsgüte hängt weitgehend von der Dicke des Prüflings ab.

Schattenprobe, → Augenoptik.

Schattenprojektionsmikroskop für Röntgenstrahlen, → Röntgenstrahlmikroskopie.

Schattenstreuung, → quantenmechanische Streutheorie.

Schattenverfahren, → Schlierenmethoden.

Schaufelgitter, *Flügelgitter*, periodische Anordnung mehrerer → Tragflügel mit konstantem Abstand voneinander zur Umlenkung von Strömungen. Das S. ist das grundlegende Bauelement der → Turbomaschinen. Entsprechend der Hauptströmungsrichtung des Mediums durch das S. unterscheidet man *axiale*, *radiale* und *diagonale S.* Rotierende S. werden Laufräder, ruhende S. Leiträder genannt. Die Strömung durch die S. ist abhängig von drei Ortskoordinaten. Um rationelle Berechnungsmethoden der Strömung durch S. zu erhalten, sind infolge der Kompliziertheit der Vorgänge Vereinfachungen nötig. Deshalb behandelt man die Strömung näherungsweise zweidimensional und überprüft die Gültigkeit der damit erhaltenen Ergebnisse durch das Experiment. So erhält man durch Abwicklung eines koaxialen Zylindermantelschnittes durch das axiale S. ein gerades S. (Abb. 1), in dem unendlich viele

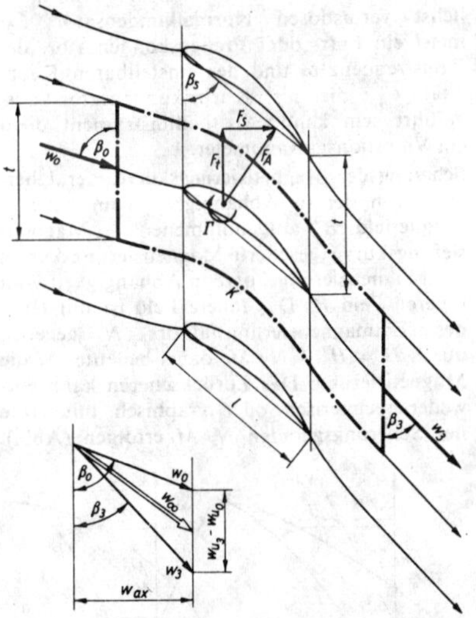

1 Ebene Strömung durch das gerade Schaufelgitter

Tragflügel bzw. Schaufelprofile periodisch im Abstand der Teilung t angeordnet sind. Als geometrische Parameter treten das Teilungsverhältnis t/l mit l als Sehnenlänge und der Staffelungswinkel β_s auf. Erstrecken sich die Schaufeln senkrecht zur Zeichenebene bis ins Unendliche, so spricht man von *geraden ebenen S.n.* Ändert sich der Staffelungswinkel β_s über der Schaufelhöhe, so spricht man von *verwundenen S.n*, andernfalls von *zylindrischen Schaufeln.* Bei radialen S.n wird die Schnittebene senkrecht zur Achse gelegt, bei diagonalen S.n benutzt man als Schnittfläche einen die Stromfläche (→ Strömungsfeld) berührenden koaxialen Kegelmantel. Nach der Abwicklung der Schnittflächen in die Ebene ergibt sich für radiale und diagonale S. ein Kreisgitter (Abb. 2). Seine charakteristischen geometrischen Parameter sind das Radienverhältnis r_1/r_2 und die Schaufelzahl.

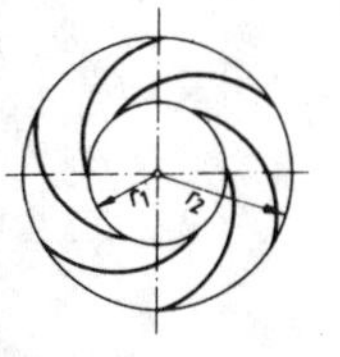

2 Kreisgitter

Die inkompressible Strömung durch das gerade ebene S. ist am einfachsten zu behandeln und soll deshalb näher betrachtet werden (Abb. 1). Das dem S. mit der Geschwindigkeit w_0 unter dem Winkel β_0 und dem Druck p_0 zuströmende Medium wird im S. umgelenkt. Hinter dem S. besitzt das Medium die Geschwindigkeit w_3, den Druck p_3 und den Abströmwinkel β_3. Die Umlenkung beträgt $\Delta\beta = \beta_3 - \beta_0$. Ist $w_3 > w_0$, so spricht man von einem *Beschleunigungsgitter*, bei $w_3 = w_0$ von einem *Gleichdruckgitter* und bei $w_3 < w_0$ von einem *Verzögerungsgitter*. Nach der → Kontinuitätsgleichung sind die Axialkomponenten der Geschwindigkeit gleich groß: $w_{ax_0} = w_{ax_3} = w_{ax}$. Die Differenz der Umfangskomponenten $w_{u_3} - w_{u_0}$ ist maßgebend für die → Zirkulation Γ um das Schaufelprofil. Wendet man den → Impulssatz der Strömungslehre auf die strichpunktiert gezeichnete Kontrollfläche K an, so kann der Zusammenhang zwischen den Schaufelkräften und den Strömungsgrößen ermittelt werden. In reibungsfreier Strömung ergibt sich für den Schub $F_s = b \cdot t(p_0 - p_3)$ und unter Verwendung der → Bernoullischen Gleichung $F_s = (\varrho/2)\, b \cdot t \cdot (w_{u_3}^2 - w_{u_0}^2)$. Dabei bedeuten b die Schaufelhöhe senkrecht zur Zeichenebene, ϱ die Dichte des Strömungsmediums. Die Tangentialkraft F_t beträgt $F_t = \varrho \cdot w_{ax} \cdot b \cdot t \cdot (w_{u_3} - w_{u_0})$. Die Größe der resultierenden Kraft F_A, die bei reibungsfreier Strömung gleich dem Auftrieb ist, folgt daraus zu

$$F_A = \sqrt{F_s^2 + F_t^2}$$
$$= \varrho \cdot b \cdot t(w_{u_3} - w_{u_0}) \cdot \sqrt{w_{ax}^2 + (1/4)(w_{u_3} + w_{u_0})^2}.$$

Führt man noch die Zirkulation $\Gamma = b \cdot t(w_{u_3} - w_{u_0})$ und das vektorielle Mittel zwischen Zu- und Abströmgeschwindigkeit $w_\infty = \sqrt{w_{ax}^2 + (1/4)(w_{u_3} + w_{u_0})^2}$ ein, so ergibt sich schließlich $F_A = \varrho \cdot \Gamma \cdot w_\infty$. Diese Beziehung stimmt völlig mit der → Kutta-Joukowsky-Gleichung überein. Der Auftrieb steht senkrecht auf der Richtung von w_∞. Da beim Tragflügel der Abstand zu den Nachbarschaufeln $t \to \infty$ geht, muß gleichzeitig $w_{u_3} - w_{u_0}$ nach Null gehen, damit die resultierende Kraft endlich bleibt. Damit gilt für den Tragflügel $w_0 = w_3 = w_\infty$, d. h., die Strömung erfährt keine bleibende Umlenkung.

Die reibungsfreie Strömung durch S. wird vorwiegend mit dem → Singularitätenverfahren und der konformen Abbildung (→ komplexe Methoden der Strömungslehre) berechnet. Durch die nachfolgende Berechnung der → Grenzschicht kann der Einfluß der Reibung auf die Gittereigenschaften ermittelt werden.

Lit. Scholz: Aerodynamik der Schaufelgitter (Karlsruhe 1965).

Scheibe, ebenes Bauteil mit konstanter oder örtlich veränderlicher Dicke, das nur in seiner ebenen Ausbreitungsrichtung beansprucht wird.

Scheibenläufermotor, ein Gleichstrommotor (→ elektrische Maschine) mit meist Dauermagneterregung, dessen Anker nicht wie bei der Gleichstrommaschine zylindrisch, sondern als Scheibe und eisenlos ausgeführt ist. Ankerleiter und ihre Verbindungen (Wickelkopfleiter) sowie die Stromwenderlamellen werden aus beiderseits kupferkaschiertem Isoliermaterial als gedruckte Schaltung herausgeätzt und verlaufen deshalb radial. Hin- und Rückleiter liegen auf verschiedenen Seiten der Scheibe, die Wickelkopfleiter werden durch Löten verbunden. Die Bürsten schleifen auf den Kupferlamellen.

Die Leistung des S.s hängt von der Dauermagneterregung und besonders von der Dicke der Kupferschicht des kupferkaschierten Materials ab. Wegen der eisenlosen Ankerausführung hat der S. nur geringe Trägheit und gute Stromwendeeigenschaften, er eignet sich deshalb besonders als Stellmotor.

Scheibenröhre, *Scheibentriode*, eine besondere Konstruktionsform von UKW- bzw. Dezimeterwellenröhren, bei denen zur Verringerung der schädlichen Laufzeiteffekte extrem kleine Gitter-Katoden-Abstände gewählt werden (z. B. 7,5 µm bei der EC 56). Die Elektrodenzuleitungsinduktivitäten, die bei hohen Frequenzen ebenfalls Anlaß zu Verlusten geben, werden durch zylinder- bzw. scheibenförmige Anordnungen ersetzt. Die obere Frequenzgrenze liegt bei etwa 10 GHz.

Scheibentriode, svw. Scheibenröhre.

scheinbare Helligkeit, → Helligkeit.

Scheinerscher Versuch, → Augenoptik.

Scheinkraft, svw. Trägheitswiderstand.

Scheinleistung, → Wechselstromleistung.

Scheinleitwert, → Wechselstromwiderstände.

scheinsymmetrisch, → Kristallform.

Scheinwiderstand, → Wechselstromwiderstände.

Scheitelbrechwert, → Augenoptik.

Scheitelfaktor, → Mittelwert.

Scheitelspannungsmesser, svw. Spitzenspannungsmesser.

Scheitelwert, die Amplitude einer Wechselgröße, → Schwingung.

Schenkelpolmaschine, → elektrische Maschine.

Scherarbeit, Formänderungsarbeit bei Umformprozessen, die nur eine Scherbeanspruchung aufweisen, z. B. bei Torsion.

Scherbiusmaschine, eine ständererregte Drehstromkommutatormaschine (→ elektrische Maschine), die als Hintermaschine in Kaskadenschaltung mit großen Drehstromasynchronmotoren betrieben wird. Die S. liefert eine schlupffrequente Zusatzspannung zur Blindleistungskompensation der Asynchronmaschine. Als Phasenkompensator mit Zusatzschlupf arbeitet die S. in der Leonard-Schaltung mit Schwungrad (Illgner-Umformer). Damit kurzzeitige Belastungsstöße aus der kinetischen Energie des Schwungrades gedeckt werden, ist außer der Blindleistungskompensation noch ein zusätzlicher Drehzahlabfall (Schlupf) notwendig.

Scherfläche, Fläche, längs der ein Werkstoff zerreißt. Speziell in der Umformtechnik wird als S. die Grenzfläche zwischen „totem" und umgeformtem Material bezeichnet. Längs dieser Fläche wird der Werkstoff zerrissen, wenn der Wert der Schubfließspannung überschritten wird.

Schergeschwindigkeit, *Schubgeschwindigkeit*. In einer eindimensionalen Scherströmung, z. B. Couette-Strömung, Hagen-Poiseuille-Strömung, läßt sich der Deformationsgeschwindigkeitstensor durch nur einen einzigen Geschwindigkeitsgradienten, die S., ausdrücken. Die S. ist die Ableitung der einzigen Geschwindigkeit nach der zur Geschwindigkeitsrichtung senkrechten Raumkoordinate.

Schering-Brücke, eine Hochspannungskapazitäts- und Verlustwinkelbrücke (→ Meßbrücke). Die S.-B. wird vorwiegend zur Bestimmung der dielektrischen Verluste von Isolierstoffen verwendet. Besitzt der zu prüfende Kondensator

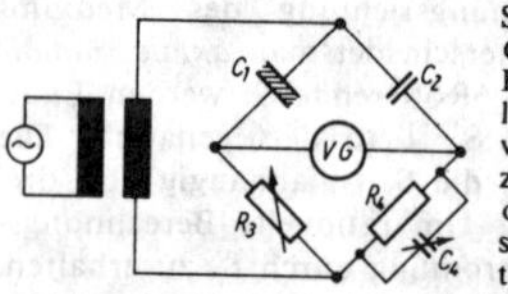

Schering-Brücke. C_1 verlustbehaftete Kapazität (Prüfling), C_2 und C_4 verlustfreie Kapazitäten, R_3 und R_4 ohmsche Widerstände, *VG* Vibrationsgalvanometer

mit einem verlustbehafteten Dielektrikum C_1 (→ Dielektrizitätskonstante) die Kapazität C_{1s} und den Verlustfaktor $\tan \delta$, so gilt als Abgleichbedingung $C_{1s} = C_2 \cdot \frac{R_4}{R_3}$ und $\tan \delta = R_4 \cdot \omega \cdot C_4$ mit den winkelfehlerfreien (rein ohmschen) Widerständen R_3, R_4, dem möglichst verlustlosen Normalkondensator C_2, meist ein Luft- oder Preßgaskondensator, der Kreisfrequenz ω und der einstellbaren Kapazität C_4, die als Kurbelkondensator ausgeführt sein kann. Als Nullinstrument dient ein Vibrationsgalvanometer.

Scherung der Magnetisierungskurve, der Übergang von der in Abhängigkeit vom äußeren Magnetfeld H' aufgenommenen → Magnetisierungskurve (gescherte Magnetisierungskurve) zur Magnetisierungskurve in Abhängigkeit vom inneren Feld H. Das innere Feld ist mit Hilfe des Entmagnetisierungsfaktors N gegeben durch $H = H' - N \cdot M$; dabei bedeutet M die Magnetisierung. Das Zurückscheren kann entweder rechnerisch oder graphisch mit Hilfe der Scherungsgeraden $N \cdot M$ erfolgen (Abb.).

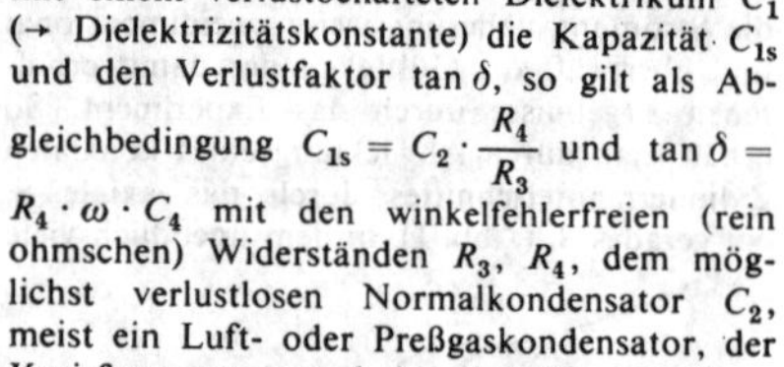

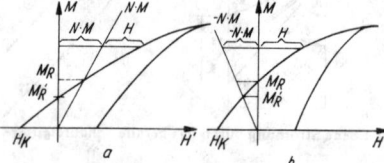

a Gescherte Magnetisierungskurve, *b* ungescherte Magnetisierungskurve

Für die die Magnetisierungskurve bestimmenden Größen ergibt sich: Die Koerzitivkraft H_K bleibt beim Scheren unveränderlich. Die wahre Remanenz M_R ergibt sich als Schnittpunkt der Scherungsgeraden $N \cdot M$ mit der gescherten Magnetisierungskurve und die scheinbare Remanenz M_{sch} als Schnittpunkt der Geraden $-N \cdot M$ mit der ungescherten Kurve. Die scheinbare Anfangssuszeptibilität ergibt sich zu $\chi_a' = M/H' = 1/(1/\chi_a + N)$, d. h., für große χ_a ist $\chi_a' \approx 1/N$ und damit unabhängig von χ_a. Große χ_a lassen sich also nur in geschlossenen magnetischen Kreisen $(N = 0)$

oder an Proben mit sehr kleinen Entmagnetisierungsfaktoren N bestimmen.

Scherungsgeschwindigkeitstensor, → Kosmos.

Scherviskosität, Viskosität, die sich aus einer Scherströmung ergibt. Bei Flüssigkeiten, die vom Newtonschen Verhalten abweichen, ist die Viskosität von Beanspruchungsart und -größe abhängig.

Schichtaufbau, → dünne Schicht.

Schichtstruktur, Struktur eines aus Schichten aufgebauten Kristalls, bei dem die Bindungskräfte innerhalb der Schichten stärker sind als die van-der-Waalsschen Kräfte oder Wasserstoffbrücken zwischen den Schichten. Kristalle mit S. sind parallel den Schichten ausgezeichnet spaltbar.

Schiebespulenvariometer, → Variometer.

Schieblehre, svw. Meßschieber.

Schiebold-Aufnahme, → Bewegt-Film-Methoden.

Schiebold-Sauter-Aufnahme, → Bewegt-Film-Methoden.

schiefe Ebene, eine gegen die Waagerechte um den Winkel α geneigte Ebene (Abb.). Das Gewicht $\vec{G}$ eines unter dem Einfluß der Schwerkraft stehenden Körpers der Masse m kann nach dem Parallelogrammsatz zerlegt werden in die Normal- oder Druckkraft $\vec{F}_n$ und die Tangentialkraft $\vec{F}_t$, die auch als *Hangabtrieb* bezeichnet wird: $|\vec{F}_n| = |\vec{G}| \cos\alpha$, $|\vec{F}_t| = |\vec{G}| \sin\alpha$. Ist $\vec{F}_t$ größer als die Haftreibung, beginnt der Körper zu gleiten. Der Winkel α der s.n E., bei dem das Gleiten gerade eintritt, kann direkt zur Definition des Koeffizienten der Haftreibung herangezogen werden. Kann man von der Reibung absehen, z. B. bei hinreichend großem α oder guter Schmierung, darf der Körper als Massepunkt betrachtet werden. Die Bewegung erfolgt allein unter dem Einfluß des Hangabtriebs mit der Beschleunigung $a = g \sin\alpha$, wobei g die Fallbeschleunigung ist, und erfolgt langsamer als beim freien Fall; die Druckkraft wird von der Zwangs- oder Reaktionskraft $\vec{F}_Z$ der Ebene kompensiert. Die Reibung kann auch beim Abrollen einer Kugel vernachlässigt werden. Hierbei ist jedoch die Rotation der Kugel um ihre eigene Achse zu berücksichtigen; dies führt auf eine nochmals verminderte Beschleunigung $a = (5/7)\, g \sin\alpha$ (→ d'Alembertsches Prinzip). Die s. E. wurde von Galilei in Form der → Fallrinne zum Studium der Fallgesetze verwendet. In der Praxis wird die s. E. vielfach zum Anheben von Lasten benutzt; ansteigende Straßen, aber auch Schrauben, kann man als s. E.n ansehen.

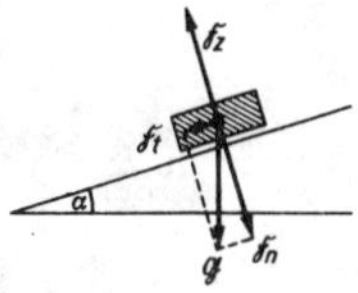

schiefe Ebene

schiefer Stoß, → Stoß.

Schieflast, die ungleichmäßige (unsymmetrische) Belastung eines Drehstromsystems. S. kann durch einphasige Verbraucher, z. B. Glühlampen, Wechselstrommotoren, hervorgerufen werden und hat zusätzliche Verluste und Oberwellen in den Energieversorgungseinrichtungen zur Folge.

Schielen, → Augenoptik.

Schießen und Strömen, Bewegungsarten bei der stationären Strömung des Wassers in offenen Gerinnen. Nach der → Bernoullischen Gleichung gilt unter Benutzung der → Kontinuitätsgleichung $(c^2/2g) + h = Q^2/(2gb^2h^2) + h = H$ = konst.; dabei bedeuten c die Strömungsgeschwindigkeit, g die Erdbeschleunigung, h die örtliche Wasserhöhe, Q die Durchflußmenge, b die Breite des Gerinnes, H die Ruhewasserhöhe (gleichbedeutend mit der Bernoullischen Konstanten). Die maximale Durchflußmenge Q_{max} tritt auf, wenn $h = 2/3H$. Die Wassergeschwindigkeit wird dabei gleich der Grundwellengeschwindigkeit $\sqrt{g \cdot h}$, der bei Gasströmungen die Schallgeschwindigkeit entspricht. Für Q_{max} wird die → Froudezahl $Fr = 1$. Die Bewegung des Wassers bei $Fr < 1$ bezeichnet man als *Strömen*, die bei $Fr > 1$ als *Schießen*. Für $Fr > 1$ breiten sich Störungen nicht stromaufwärts aus. In reibungsbehafteter Strömung gilt die *Chézysche Gleichung* $c = C\sqrt{r_h \cdot i}$; der Wert C ist eine Funktion des hydraulischen Radius r_h (→ hydraulischer Durchmesser) und der Wandrauhigkeit, i ist das Spiegelgefälle. Der kritische Wert des Spiegelgefälles, bei dem das Wasser gerade mit der Grundwellengeschwindigkeit strömt, ergibt sich zu $i_{kr} = g/C^2$. Bei $i < i_{kr}$ findet Strömen, für $i > i_{kr}$ Schießen statt. Für $i < i_{kr}$ verwendet man die Bezeichnung *Fluß* und für $i > i_{kr}$ *Wildbach*. Der Übergang vom Schießen zum Strömen erfolgt durch einen *Wassersprung*, der sich in einer plötzlichen Spiegelerhöhung äußert. Er kann durch Gefälleknicke oder Änderung der Wandbeschaffenheit hervorgerufen werden. Der Wassersprung ist mit einem beträchtlichen Verlust an mechanischer Energie verbunden, der mit dem → Impulssatz der Strömungslehre berechnet werden kann. Zum Verdichtungsstoß der Gasdynamik besteht keine vollständige Analogie.

Unterhalb eines Wehres liegt schießende Bewegung vor, die meist wieder durch einen Wassersprung in die strömende Bewegung übergeht.

Schiffsschraube, → Propeller.

Schirm, → biologischer Schild, → thermischer Schild.

Schirmgitter, → Schirmgitterröhre.

Schirmgitterröhre, *Tetrode*, Verstärkerröhre mit vier Elektroden. Sie geht aus der Triode hervor durch Hinzufügen des Schirmgitters g_2 zwischen Steuergitter g_1 und Anode. Das an positiver Spannung liegende Schirmgitter schirmt die Anode vom Steuergitter ab, dadurch werden die Gitteranodenkapazität und die Anodenrückwirkung verringert. Auf die Weise vermeidet man die Selbsterregung der Röhre. Kennzeichnend für die S. ist die Ausbildung von Sekundärelektronen am Schirmgitter. Dadurch erhält die Kennlinie einen teilweise fallenden Verlauf.

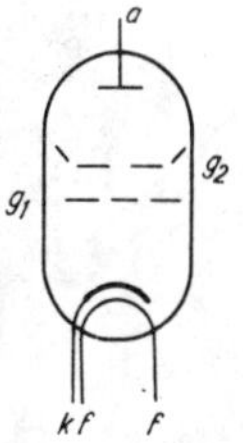

Schaltsymbol der Schirmgitterröhre. *a* Anode, *k* Katode, *f* Heizfaden, g_1 Steuergitter, g_2 Schirmgitter

Schirmwirkung, → magnetische Schirmwirkung.

Schlaginstrumente, *Schlagzeug*, → Musikinstrumente mit Stäben, Platten oder Membranen, die angeschlagen werden. Ein physikalisches Einteilungsprinzip legt die Form der schwingenden Teile zugrunde. Man unterscheidet 1) Stäbe, z. B. Stimmgabel, Triangel, Xylophon; 2) Platten, z. B. Becken, Glocke, Gong, Kastagnetten; 3) Membranen, z. B. Pauke und Trommel.

Schlagspaltung, Verformungsart zur Untersuchung der Spaltbarkeit von Mineralien und Kristallen. Bei der S. wird eine starke momentane Belastung durch einen einzigen Schlag auf eine Schneide aufgebracht oder auch eine Spaltung mit vielen Schlägen kleinerer Energie erreicht, wobei es sich um eine Summationswirkung handelt. Aus der Messung der Fallenergie erhält man zwar eine Spaltbarkeit, die jedoch nichts mit einer reinen Oberflächenspaltung zu tun hat. Bei einer Versuchsanordnung, die die Spaltung durch Aufbringen vieler Schläge erzielt, werden im Inneren mit jedem Schlag Risse oder Fehlstellen erzeugt, und außerdem wird Energie in Wärme umgesetzt. Deshalb ist ein solcher Versuch nur ein sehr grobes qualitatives Maß zur Bestimmung der Spaltbarkeit. Die S. liefert eine starke Streuung der Meßwerte und eine nichtlineare Abhängigkeit mit der Spaltungsoberfläche.

Schlagton, der beim Anschlagen einer Glocke besonders aus größeren Entfernungen gut wahrnehmbare, aber rasch abklingende, die Tonhöhe der Glocke bestimmende Ton. Er ist physikalisch, z. B. bei einer Klanganalyse, nicht nachweisbar.

Schlämmanalyse, → Dispersoidanalyse.

Schleifring, bei elektrischen Maschinen ein Ring aus Kupfer, Bronze oder Stahl, der zusammen mit der auf ihm schleifenden Bürste eine Verbindung zwischen einem rotierenden Teil und feststehenden Zuleitungen herstellt. S.e werden auf der Welle und gegeneinander isoliert befestigt und bei elektrischen Maschinen als Verbindungselement zwischen den rotierenden Spulen und ihren ruhenden Zuleitungen angewendet.

Schleifringläufer, → elektrische Maschine.

Schlieren, unregelmäßig verteilte inhomogene Stellen in einem sonst homogenen Mittel. Sie sind die Ursache für jede auf ein kleines Gebiet beschränkte irreguläre Ablenkung des durchfallenden Lichtes, da in den S. der Brechungsindex etwas vom Normalwert abweicht. Man unterscheidet zwischen *Knotenschlieren*, *Fadenschlieren*, *Schlierenbändern*, *Schlierenknäueln* usw. S. entstehen z. B. beim Aufsteigen warmer Luft von Heizkörpern, bei der Vereinigung von Gasen und Luft, im Wirbelkanal eines Geschosses, infolge von Glasfehlern bei Linsen usw. In erstarrten Flüssigkeiten frieren S. ein.

S. lassen sich durch besondere Methoden sichtbar machen, und aus der Größe der Lichtablenkung oder der Brechzahländerung kann man auf den physikalischen Zustand in den S. schließen, → Schlierenmethoden.

Schlierenmethoden, optische oder elektronenoptische Methoden zur Untersuchung von → Schlieren.

1) Die *optischen S.* dienen zur Sichtbarmachung, Beobachtung, photographischen und photoelektrischen Registrierung und Vermessung geringer Lichtablenkungen, aus deren Größe in einfachen Fällen auf den physikalischen Zustand in der Schliere geschlossen werden kann. Das direkte Schattenverfahren (Abb. 1) arbeitet ohne eine optische Abbildung. Ohne Meßkörper wird der Wandschirm *W* von der möglichst punktförmigen Lichtquelle *L* gleichförmig bestrahlt. Dagegen werden Lichtbündel, die die Schliere *S* durchsetzen, abgelenkt, und auf dem Wandschirm *W* erscheinen dunklere oder hellere Stellen.

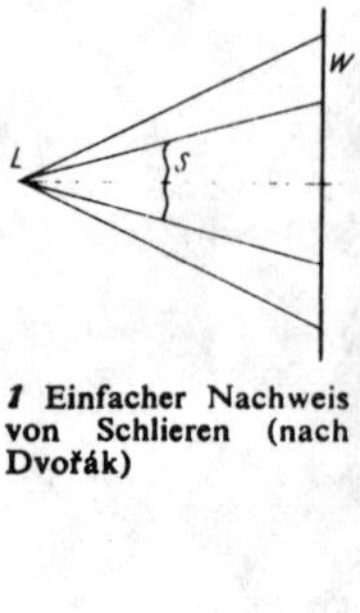

1 Einfacher Nachweis von Schlieren (nach Dvořák)

Die von A. Toepler angegebene *Toeplersche Schlierenmethode* benutzt eine optische Abbildung von Lichtquelle und Schlierenobjekt. Sie wurde von H. Schardin weiter ausgebaut. Bei diesem Verfahren werden entweder nur die abgelenkten oder nur die unabgelenkten Lichtbündel verwendet. Im ersten Falle blendet man mit einer Scheibenblende das auf der abbildenden Linse liegende Bild der Lichtquelle ab. Das Gesichtsfeld ist dann bei Abwesenheit einer Schliere dunkel. Bei Vorhandensein von Schlieren gehen abgelenkte Lichtstrahlen an der Blende vorbei, und auf dem Schirm erscheinen die Strukturen hell auf dunklem Grunde. Im zweiten Fall blendet man die ganze Linse mit Ausnahme der Eintrittspupille ab. Die in der Schliere *S* abgelenkte Strahlung erreicht die Linse nicht. Die Strukturen sind dunkel auf hellem Untergrund sichtbar (Hellfeldbeleuchtung). Eine solche Anordnung ist in Abb. 2 dargestellt.

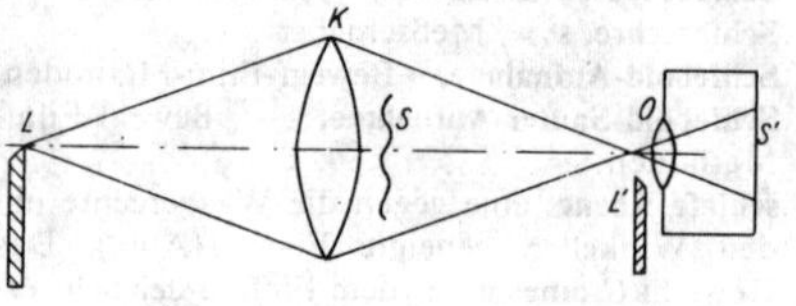

2 Toeplersche Schlierenmethode

Das Objektiv *K* als Schlierenkopf bildet die einseitig scharf begrenzte Lichtquelle *L* in *L'* ab. Es soll einen möglichst großen Durchmesser haben, da hiervon das ausnutzbare Gesichtsfeld abhängt. Mit Hilfe des Objektivs *O* wird das Objekt *S* in *S'* abgebildet.

Will man in einem einzigen Bilde einen ausreichenden Überblick über alle von einem Schlierenobjekt erzeugten Ablenkungen des Lichtes geben, so muß man außer der Helligkeit auch noch die Farbe als Kennzeichnungsmittel heranziehen. Ein übersichtliches Verfahren entsteht, wenn die Schlierenblende durch eine Filterplatte ersetzt wird, die nach Art eines Farbenkreises in farbige Sektoren aufgeteilt ist. Nicht ablenkende Objektteile werden dann farblos abgebildet; ablenkende Objektteile erscheinen in einer um so gesättigteren Farbe, je stärker sie das Licht ablenken. Der Farbton gibt die Ablenkungsrichtung an. Dieses Verfahren, die zweidimensionale *Farbschlierenmethode*, wird zur Untersuchung von durchsichtigen Objekten jeder Art benutzt, aber auch bei der mikroskopischen Beobachtung des Kristallwachstums.

2) Die *elektronenoptischen S.* arbeiten ähnlich den optischen S. und dienen z. B. dazu, Magnetfelder magnetisierter feinkristalliner Drähte sichtbar zu machen. Durch vorhandene elektrische oder magnetische Felder in der Nähe des Meßobjektes werden die von einer annähernd punktförmigen Elektronenquelle kommenden Elektronenstrahlen abgelenkt und zeichnen auf einem Leuchtschirm ein Schlierenobjekt. Die Größe der Ablenkung ist eine Funktion der Feldstärke.

Schließungsspannung, → Induktionserscheinungen bei Schaltvorgängen.

Schliffkette, ein Bauelement in Vakuumsystemen. Die S. besteht aus mehreren Winkelstücken aus Glasrohr, von denen jedes mit einem Kernschliff und einer senkrecht dazu stehenden Hülse versehen ist. Mit Hilfe mehrerer solcher zusammengesteckter Winkelstücke läßt sich die Starrheit von Glasrohrleitungen herabsetzen, da die Eingangshülse und der Ausgangskern der Kette in einem begrenzten Bereich räumlich zueinander bewegt werden können. S.n werden z. B. mit Vorteil in Hochvakuumsystemen zum Anschluß eines McLeod-Vakuummeters oder ähnlicher feststehender Geräte verwendet.

Schlitzkopplung, → Lochkopplung.

Schluckgrad, → Schalldämmung, → Schallschluckung.

Schlupf, 1) beim Kraftfahrzeug die Differenz zwischen Umfangsgeschwindigkeit der Triebräder und Fahrgeschwindigkeit durch das Gleiten der Reifen auf der Straße.

2) beim Riementrieb die Differenz der Umfangsgeschwindigkeiten von treibendem und getriebenem Rad durch das Gleiten des Riemens auf Riemenscheiben.

3) bei Drehstrommaschinen die Abweichung der Läuferdrehzahl n von der Drehzahl des Drehfeldes n_d, → elektrische Maschine. Der S. wird nach $s = \frac{n_d - n}{n_d}$ berechnet.

Schlüsselfrequenz, *charakteristische S.*, → Spektren mehratomiger Moleküle.

Schluß von *n* auf *n* + 1, → Induktion 1).

Schmalbandverstärker, → Verstärker.

Schmelzdiagramm, *Erstarrungsdiagramm*, Zustandsdiagramm, in dem das Gleichgewicht fest – flüssig bzw. fest – flüssig – gasförmig zwei- oder mehrkomponentiger Systeme beschrieben wird. Bei zweikomponentigen Systemen zeichnet man meist die Schmelz- bzw. Erstarrungstemperaturen in isobarer Darstellung, seltener die entsprechenden Drücke in isothermer Darstellung in Abhängigkeit von der Zusammensetzung, bei drei- und höherkomponentigen Systemen ergeben sich räumliche p, T, x-Diagramme. Die große Vielfalt der S.e läßt sich auf wenige Grundtypen und deren Kombinationen zurückführen. Im folgenden werden S.e binärer Systeme des Gleichgewichtes fest – flüssig bei konstantem Druck behandelt. Außer im Beispiel 6) sind die Komponenten im flüssigen Zustand unbegrenzt mischbar.

1) Die Komponenten bilden im festen Zustand bei allen Zusammensetzungen Mischkristalle (Abb. 1a und b). Eine Schmelze der Zusammensetzung x_1 beginnt bei T_1 zu erstarren. Die Kristalle haben die Konzentration x_1' und sind somit B-reicher; die Schmelze wird A-reicher und erstarrt bei niedrigerer Temperatur. Entsprechend der Liquidus- (Löslichkeits-) und Solidus- (Erstarrungs-) Kurven ändern sich die Zusammensetzungen von Schmelze und Kristall ständig, die Erstarrung endet bei T_2. Ist die Abkühlungsgeschwindigkeit größer als die Diffusion in den sich bildenden Kristallen unterschiedlicher Zusammensetzung, bilden sich → Zonenkristalle.

2) Die Komponenten sind im festen Zustand nicht mischbar und bilden ein *Eutektikum* (Abb. 2). Eine Schmelze der Zusammensetzung x_1 beginnt bei T_1 reines A auszuscheiden. Die Schmelze wird B-reicher. Hat sie die Zusammensetzung der niedrigsten Erstarrungstemperatur T_E erreicht, erstarrt sie bei T_E wie ein reiner Stoff als Ganzes zu dem zweiphasigen feinkörnigen Gefügebestandteil Eutektikum. Der eutektische Punkt E ist ein nonvarianter Punkt, an dem die drei Phasen festes A, festes B und Schmelze im Gleichgewicht stehen.

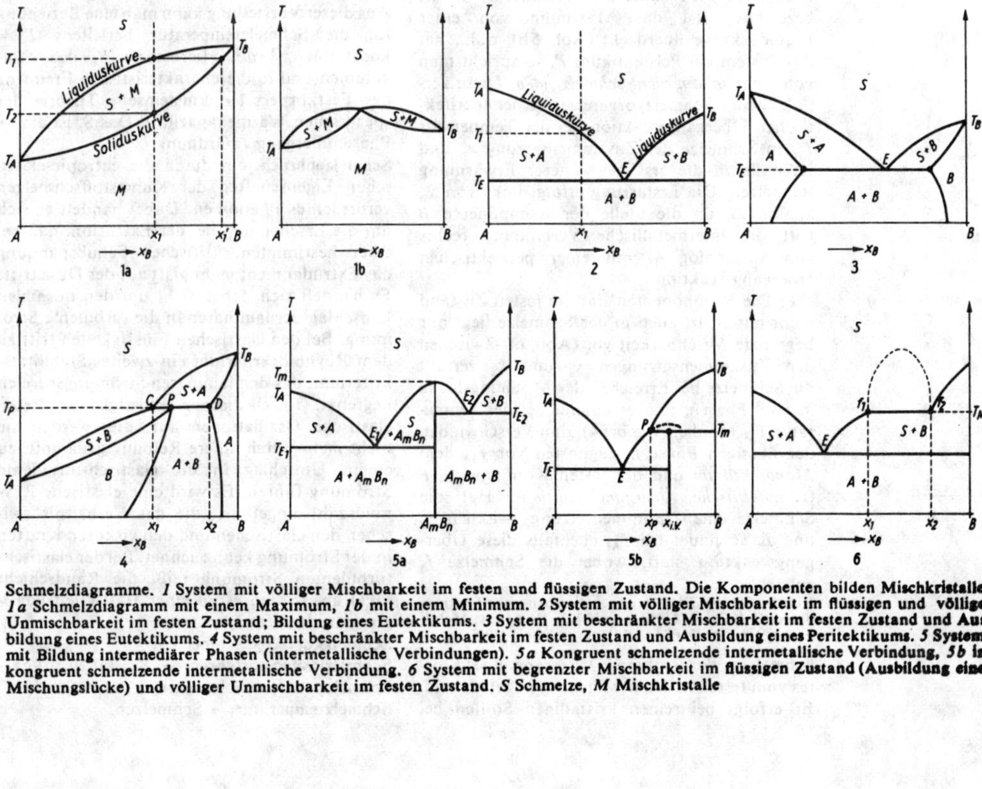

Schmelzdiagramme. *1* **System mit völliger Mischbarkeit im festen und flüssigen Zustand. Die Komponenten bilden Mischkristalle.** *1a* **Schmelzdiagramm mit einem Maximum,** *1b* **mit einem Minimum.** *2* **System mit völliger Mischbarkeit im flüssigen und völliger Unmischbarkeit im festen Zustand; Bildung eines Eutektikums.** *3* **System mit beschränkter Mischbarkeit im festen Zustand und Ausbildung eines Eutektikums.** *4* **System mit beschränkter Mischbarkeit im festen Zustand und Ausbildung eines Peritektikums.** *5* **Systeme mit Bildung intermediärer Phasen (intermetallische Verbindungen).** *5a* **Kongruent schmelzende intermetallische Verbindung,** *5b* **inkongruent schmelzende intermetallische Verbindung.** *6* **System mit begrenzter Mischbarkeit im flüssigen Zustand (Ausbildung einer Mischungslücke) und völliger Unmischbarkeit im festen Zustand.** *S* **Schmelze,** *M* **Mischkristalle**

3) Die Komponenten sind im festen Zustand begrenzt mischbar und bilden ein Eutektikum (Abb. 3). Die Erstarrung verläuft im Prinzip wie bei 2), es scheiden sich aber bei Beginn der Erstarrung statt der reinen Komponenten die entsprechenden Mischkristalle aus.

4) Die Komponenten sind im festen Zustand begrenzt mischbar und bilden ein *Peritektikum* (Abb. 4). Schmelzen der Zusammensetzungen zwischen A und x_1 bzw. x_2 und B erstarren nach Beispiel 1). Zwischen x_1 und x_2 bildet sich beim Erreichen der Temperatur T_p aus der Schmelze C und dem Mischkristall D das Peritektikum P (*peritektische Übergangsreaktion*). Liegt die Zusammensetzung der Ausgangsschmelze zwischen x_1 und P, so wird dabei der gesamte Mischkristall D verbraucht, liegt sie zwischen P und x_2, die gesamte Schmelze C.

5) Die Komponenten bilden eine intermediäre Phase (intermetallische Verbindung). Die Liquiduskurve weist bei der Zusammensetzung $x_{i.\,V.}$ dieser Verbindung (Abb. 5) stets ein Maximum auf. Die Verbindung selber erstarrt bei konstanter Temperatur T_m wie ein reiner Stoff. Der Erstarrungsvorgang erfolgt wie in 2). Hat die Schmelze eine Zusammensetzung links von $x_{i.\,V.}$, tritt die intermetallische Verbindung an die Stelle der Komponente B, liegt die Zusammensetzung rechts von $x_{i.\,V.}$, so tritt sie an die Stelle der Komponente A. Ist das Maximum wie in Abb. 5a offen, so spricht man von einer *kongruent schmelzenden* intermetallischen Verbindung. Sie geht beim Erwärmen unzersetzt direkt in die Schmelze über. Das Maximum wird dabei als *dystektischer Punkt* bezeichnet. Ist das Maximum von einer Liquiduskurve überdeckt (Abb. 5b), d. h., hat das System ein Peritektikum P, so spricht man von einer *inkongruent schmelzenden*. Diese zerfällt beim Schmelzvorgang in einer peritektischen Übergangsreaktion bei der Temperatur T_m in Schmelze der Zusammensetzung x_p und Kristalle B, die erst bei weiterer Erwärmung schmelzen. Die Erstarrung erfolgt links von x_p analog 2), an die Stelle der Komponente B tritt die intermetallische Verbindung rechts von x_p analog 4) mit einer peritektischen Übergangsreaktion.

6) Die Komponenten sind im festen Zustand nicht mischbar, auch in der Schmelze liegt nur begrenzte Mischbarkeit vor (Abb. 6). Zwischen den Zusammensetzungen x_1 und x_2 zerfällt die Schmelze bei Erreichen der Mischungslücke in zwei Phasen, und es kommt bei der Temperatur T_M (ähnlich wie bei 4) zum Verschwinden der flüssigen Phase f_2 zugunsten von f_1, dem *Monotektikum* und der festen Komponente B (*monotektische Übergangsreaktion*). Hat die Schmelze eine Zusammensetzung zwischen x_2 und B, so findet bei T_M ebenfalls diese Übergangsreaktion statt, wobei die Schmelze f_1 entsteht.

Lit. Kortüm: Einführung in die chemische Thermodynamik (6. Aufl. Göttingen 1972); Lüpfert: Metallische Werkstoffe (9. Aufl. Braunschweig 1966).

Schmelzen, der isotherme Übergang eines Stoffes vom festen in den flüssigen Aggregatzustand. Er erfolgt bei reinen kristallinen Stoffen bei einer bestimmten Temperatur, der *Schmelztemperatur* (*Schmelzpunkt, Fließpunkt* F). Dieser ist identisch mit der Erstarrungstemperatur. Am Schmelzpunkt stehen die feste und die flüssige Phase im Gleichgewicht, d. h., sie haben beide den gleichen Dampfdruck. Mehrkomponentige Stoffe schmelzen im allgemeinen in einem von der Zusammensetzung abhängigen Temperaturintervall (→ Schmelzdiagramm). Während des S.s wird vom System die *Schmelzwärme L* aufgenommen, die eine Umwandlungswärme ist. Näherungsweise gilt für die Schmelzwärme reiner Stoffe das *Richardssche Gesetz* $LM/T_s \approx 1 \cdots 5$ kcal/mol · grd. Hierbei ist M das Molekulargewicht und T_s die Schmelztemperatur. Für Metalle liegt der Wert bei 2. Die Schmelzwärme ist gleich dem negativen Wert der Erstarrungswärme.

Für die *Schmelzkurve* $p(T)$, den Zusammenhang zwischen Schmelztemperatur und Druck reiner Stoffe, gilt die → Clausius-Clapeyronsche Gleichung.

Eine Überhitzung ist beim S. nicht möglich, jedoch eine Unterkühlung. Eine thermodynamisch metastabile Schmelze kann bei einer Temperatur, bei der sie schon im festen Zustand sein müßte, vorliegen (*unterkühlte Schmelze*), wenn die zur Erstarrung notwendigen Kristallisationskeime fehlen.

Nach einer Theorie von M. Born kann man sich den Schmelzvorgang so vorstellen, daß die Atome des Festkörpers mit steigender Temperatur in immer größere Schwingungen um ihre Ruhelagen (Gitterplätze) geraten und bei der Schmelztemperatur diese Schwingungen so groß werden, daß der feste Körper zerreißt und die Atome ihre feste Bindung verlassen. Aus dieser Vorstellung kann man eine Beziehung für die Schmelztemperatur herleiten: $T_s =$ konst. $\cdot M V_0^{2/3} \cdot \omega^2$. Hierbei ist V_0 das Molvolumen und ω die charakteristische Frequenz des Festkörpers (→ Einsteinsche Theorie der spezifischen Wärmekapazität). Das S. ist ein → Phasenübergang 1. Ordnung.

Schmelzenbruch, ein durch die entropie-elastischen Eigenschaften der Kunststoffschmelzen verursachtes Phänomen. Dabei handelt es sich um die Erscheinung bei der Extrusion, daß bei einer bestimmten, kritischen Schubspannung das Extrudat nicht mehr glatt aus der Düse tritt. Es handelt sich dabei nicht um den normalen Umschlag der laminaren in die turbulente Strömung. Bei den elastischen Flüssigkeiten tritt zu dem Reynoldskriterium ein zweites Stabilitätskriterium, das den laminaren Strömungsbereich begrenzt. In elastischen Flüssigkeiten treten elastische Oszillationen auf, die, werden sie nicht mehr durch innere Reibung gedämpft, zu einem Umschlag in die elastisch-turbulente Strömung führen. Es wird eine elastische Reynoldszahl eingeführt, die das Verhältnis zwischen den elastischen und den viskosen Kräften in der Strömung kennzeichnet. Bei der elastisch-turbulenten Strömung reißt die Randschicht lokal ab, so daß es zu einer Haft-Gleit-Bewegung an der Wand kommt.

Schmelzkurve, → Schmelzen.

Schmelzlösungsverfahren, → Kristallzüchtung.

Schmelzpunkt, → Schmelzen.

Schmelztemperatur, → Schmelzen.

Schmelzwärme, → Schmelzen.

Schmidt-Linien, Kurven für das magnetische Moment von Kernen in Abhängigkeit vom Spin, die unter der Annahme erhalten wurden, daß sich die Spins der Protonen und Neutronen jeweils paarweise absättigen und für das magnetische Moment des Kerns nur das ungepaarte Nukleon, das Leuchtnukleon, verantwortlich ist. Die experimentellen Werte stimmen meist nicht mit den Schmidt-Werten überein. Das bedeutet, daß die Wechselwirkung des ungepaarten Nukleons mit dem übrigen Kern nicht vernachlässigt werden kann. Die S.-L. liefern jedoch die prinzipiell richtigen Grenzen für die Kernmomente.

Schmidt-Prisma, → Reflexionsprisma.

Schmidtsches Orthogonalisierungsverfahren, → Hilbert-Raum.

Schmidtzahl, Sc, → Kennzahl des Stoffübergangs, das Verhältnis der kinematischen Zähigkeit ν des Strömungsmediums zum Diffusionskoeffizienten D: $Sc = \nu/D = Le \cdot Pr$, wobei Le die → Lewiszahl und Pr die → Prandtlzahl ist. Die S. kennzeichnet die Beziehungen zwischen dem Geschwindigkeitsfeld und dem Feld der Teildrücke oder Konzentrationen (→ Austausch). Sie hat für den Stoffübergang die analoge Bedeutung wie die Prandtlzahl für den Wärmeübergang.

Schmiegungsebene, → Raumkurve.

Schmiermittelreibung, → Reibung.

Schmitt-Trigger, → Triggern.

Schneidenlager, wichtiges Bauelement an Feinmeßgeräten, z. B. Feinzeigern und Uhren, an Waagen aller Art und anderen Geräten, z. B. Relais. Das S. besteht aus Schneide und Pfanne. Je nach Verwendungszweck werden S. für große Belastungen aus Stahl mit einem Schneidenwinkel von 45° bis 90° hergestellt, für geringe Belastungen aus Edelstein, z. B. Achat, Saphir, Chalzedon, mit einem Schneidenwinkel von 90° bis 120°. Die Pfanne muß stets härter sein als die Schneide, damit diese sich nicht in die Pfanne eingräbt. Bei den Schneidenprofilen unterscheidet man Dreieck-, Birnen-, Flach- und Vierkantform, bei den Pfannen ebene Form, V-Form und Hohlzylinderform.

Schneidentöne entstehen, wenn sich von scharfen Kanten im Luftstrom beidseitig in schneller Folge Wirbel ablösen. Die Tonhöhe ist durch die Wirbelfolgefrequenz festgelegt. Diese Frequenz ist der Strömungsgeschwindigkeit direkt und dem Abstand der Schneide von einem Luftaustrittsspalt umgekehrt proportional. Unterhalb eines kritischen Abstandes treten keine S. auf. Die Töne der Flöten bzw. Lippenpfeifen (→ Pfeifen) sind S., die durch mitschwingende Luftsäulen verstärkt werden. S. sind mit den → Hiebtönen verwandt.

Schnellerregung, → Erregung.

Schnellspaltfaktor, → Vierfaktorenformel.

Schnittbildentfernungsmesser, → Entfernungsmesser.

Schnittreaktionen, ein Maß für die Verteilung der Belastung im Tragwerk. S. sind Größen, die über Art und Größe der Belastung an jeder beliebigen Stelle des Tragwerkes Auskunft geben. Ihre Kenntnis ist für die Beanspruchung des Tragwerkes maßgebend. Zur quantitativen und qualitativen Erfassung der S. denkt man sich nach dem Schnittprinzip an der interessierenden Stelle des Tragwerkes, z. B. des Balkens, senkrecht zur Balkenachse einen Schnitt geführt, der die innere Beanspruchung des Balkens, d. h. die Spannungen im Balkenquerschnitt freilegt. Nach dem Reaktionsprinzip erscheinen für beide Balkenteile an jeder Stelle des Querschnitts bzw. Schnittufers die Spannungen gleich groß, aber entgegengesetzt. Die Spannungen am betrachteten Schnittufer lassen sich bei ebenen Problemen

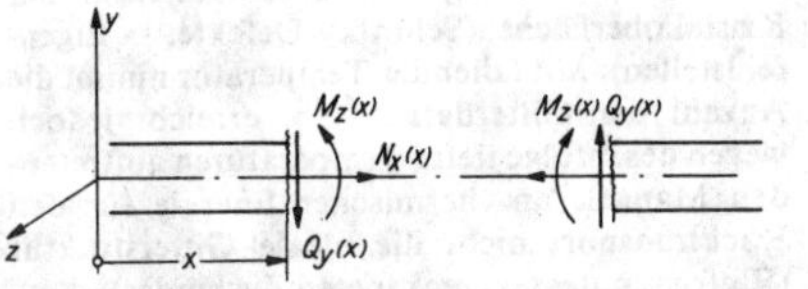

1 Darstellung der Schnittreaktionen an der Balkenschnittstelle x bei ebener Belastung

auf drei Schnittreaktionen, eine Längskraft (Normalkraft) $N_x(x)$, eine → Querkraft $Q_y(x)$ und ein → Biegemoment $M_z(x)$, bei räumlichen Problemen auf sechs Schnittreaktionen, eine Längskraft $N_x(x)$, zwei Querkräfte $Q_z(x)$ und $Q_y(x)$, zwei Biegemomente $M_y(x)$ und $M_z(x)$ und ein Torsionsmoment $M_x(x)$ reduzieren. Die Schnittstelle ist damit äquivalent einer festen Einspannung.

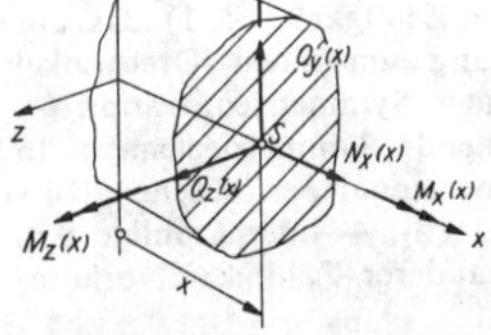

2 Darstellung der Schnittreaktionen a der Balkenschnittstelle x bei räumlicher Belastung

Da die S. mit den eingeprägten Kräften, hierzu sind auch die Lagerreaktionen zu zählen, am betrachteten Balkenabschnitt im statischen Gleichgewicht stehen müssen, erfolgt ihre Berechnung mit Hilfe der statischen Gleichgewichtsgleichungen.

Schnittverfahren nach Ritter, ein Verfahren, mit dem man bestimmte Stabkräfte eines Fachwerkes analytisch ermitteln kann, ohne wie beim Knotenpunktverfahren das ganze Gleichungssystem lösen zu müssen. Dies geschieht durch eine gedachte Schnittführung, so daß drei Stäbe geschnitten werden, die sich nicht in einem Punkte schneiden. Das Momentengleichgewicht um den Schnittpunkt zweier geschnittener Stäbe, die an den Schnittstellen durch unbekannte Stabkräfte ersetzt werden, gestatten die direkte Berechnung der dritten Stabkraft. Dieses Verfahren wird bei Fachwerken mit Grundfigur bzw. bei einfachen Fachwerken dann vorteilhaft angewandt, wenn nur einzelne Stabkräfte interessieren.

Schnittweite, → Kardinalelemente.

Schockwelle, → Druckwelle, → Welle.

Schoenfließsche Symbole, → Symmetrie, Tab. 2.

Schöpfraum, bei mechanischen Vakuumpumpen periodisch sich vergrößernder und verkleinernder Raum, in dem das geförderte Gas vom Ansaugdruck auf Atmosphärendruck komprimiert wird. Die Größe des S.s ist neben der Drehzahl mit bestimmend für die Pumpleistung einer Vakuumpumpe.

Schottky-Defekte, → Eigenfehlstellen.

Schottky-Diode, → Halbleiterdiode.

Schottky-Effekt, 1) in der Kristallographie: das Abwandern von positiven und negativen Ionen aus ihren Gitterpunkten unter Hinterlassung entsprechender paarweiser Gitterlücken und anschließende Anlagerung dieser Ionen an der Kristalloberfläche (Schottky-Defekte, → Eigenfehlstellen). Mit fallender Temperatur nimmt die Anzahl der Gitterdefekte ab, erreicht jedoch wegen des infolge tiefer Temperaturen auftretenden Mangels an thermischer Energie für den Rücktransport nicht die ideale Gitterstruktur (Einfrieren des fehlgeordneten Zustandes), d. h., der S.-E. tritt bei tiefen Temperaturen weniger stark in Erscheinung.

2) bei Halbleitern eine innere Feldemission von Ladungsträgern bei sehr hohen Feldstärken an Grenzflächen, besonders an steilen pn-Übergängen. Diese Emission wird durch die Erniedrigung der Austrittsarbeit um $\Delta A = \sqrt{Ee/4\pi\varepsilon_0}$ infolge Deformation des Potentialverlaufs an der Festkörperoberfläche bei hohen Feldstärken E bewirkt. e ist die Elementarladung und ε_0 die Influenzkonstante.

Schottky-Fehlordnung, → Eigenfehlstellen.

Schrägbedampfungsverfahren, → elektronenmikroskopische Präparationstechnik.

Schraube, svw. Propeller.

Schraubenachse der Zähligkeit, Z, 1) das aus einer → Schraubung um einen Drehwinkel $2\pi/Z$ als erzeugender Symmetrieoperation (→ Symmetrie) entstehende Symmetrieelement. In zwei- oder dreidimensional periodischen Körpern können nur 2-, 3-, 4- oder 6zählige S.n, nicht aber solche anderer Zähligkeit vorkommen.

2) Gerade mit folgender Eigenschaft: Es gibt eine Schraubung um einen Winkel $2\pi/Z$, die eine Symmetrieoperation des betrachteten Körpers ist und die jeden Punkt der Geraden abbildet.

Schraubenregel, *Maxwellsche S., Korkenzieherregel,* eine allgemeine Regel zur Ermittlung der Richtung eines Vektors, der einer Drehung zugeordnet ist. Die S. lautet allgemein: Die Richtung des Vektors stimmt überein mit der Fortbewegungsrichtung einer rechtsgängigen Schraube, wenn man sie im Sinne der vorgegebenen Bewegung dreht.

Beispiele. *Vektorprodukt.* Der Vektor $\vec{c} = [\vec{a}\vec{b}] = \vec{a} \times \vec{b}$ hat die Richtung, in der eine rechtsgängige Schraube fortschreitet, wenn man sie in dem Sinne dreht, daß man den Vektor $\vec{a}$ auf kürzestem Wege zum Vektor $\vec{b}$ bewegt. Daraus ergibt sich unmittelbar die Richtung der Kraft auf einen bewegten Ladungsträger im Magnetfeld, der Lorentz-Kraft $\vec{F} = q \cdot \vec{v} \times \vec{B}$. Dabei sind q die Ladung des Ladungsträgers, $\vec{v}$ seine Geschwindigkeit und $\vec{B}$ die magnetische Induktion des Magnetfeldes, in dem sich der Ladungsträger bewegt.

Magnetfeld eines geradlinigen Stromes. Die magnetischen Feldlinien umlaufen den Strom in dem Sinne, in dem man eine rechtsgängige Schraube drehen muß, damit sie in positiver Stromrichtung fortschreitet.

Magnetfeld einer Spule. Das Magnetfeld einer Spule hat die Richtung, in der eine rechtsgängige Schraube vorwärtsschreitet, wenn man sie in dem Sinne dreht, der dem positiven Umlaufsinn des Stromes entspricht.

Die S. enthält als Sonderfälle eine ganze Reihe von Merkregeln aus der Elektrodynamik im weiteren Sinne, die die Richtung von Magnetfeldern, Induktionsströmen (→ Induktion) und Kraftwirkungen in elektrischen und magnetischen Feldern beinhalten.

1) *Handregeln* oder *Daumenregeln.* a) *Rechte-Hand-Regel.* Legt man die rechte Hand so an einen stromdurchflossenen Leiter, daß die positive Stromrichtung von der Handwurzel zu den Fingerspitzen weist, so bewegt sich eine unter der Hand befindliche Magnetnadel so, daß ihr Nordpol in Richtung des abgespreizten Daumens ausweicht.

b) *Linke-Hand-Regel.* Legt man die linke Hand in der gleichen Weise wie bei a) an den stromdurchflossenen Leiter und kehrt dabei die innere Handfläche den vom Nordpol eines Magneten ausgehenden Kraftlinien zu, so bewegt sich der Leiter in Richtung des abgespreizten Daumens. Die Umkehrung dieser Regel lautet: Legt man die linke Hand in der gleichen Weise an einen Leiter, kehrt dabei die Handfläche den vom Nordpol ausgehenden Feldlinien zu und bewegt den Leiter in Richtung des abgespreizten Daumens, so fließt der im Leiter induzierte Strom von den Fingerspitzen zur Handwurzel.

c) *Andere Formulierung der Handregeln.* Spreizt man den Daumen der rechten Hand ab und schließt die übrigen Finger um einen stromdurchflossenen Leiter so, daß der Daumen in Richtung des Stromes zeigt, so geben die Finger die Richtung der magnetischen Feldlinien an. Geben dagegen die Finger die Stromrichtung in einer Spule an, so zeigt der Daumen in Richtung des Magnetfeldes. Das gilt beides für die technische Stromrichtung. Nimmt man als Stromrichtung die Bewegung der negativen Ladungsträger, so muß man die linke Hand nehmen.

2) *Fingerregeln.* Hierbei bilden die drei ersten Finger jeweils ein rechtwinkliges Koordinatensystem. a) *Dreifingerregel der linken Hand.* Zeigen der Zeigefinger in Richtung des Magnetfeldes und der Mittelfinger in positiver Stromrichtung eines stromdurchflossenen Leiters im Magnetfeld, so zeigt der Daumen in Richtung der Kraft, die auf den Leiter wirkt.

b) *Dreifingerregel der rechten Hand.* Zeigen der Zeigefinger in Richtung des Magnetfeldes und der Daumen in Richtung der Bewegung eines Leiters im Magnetfeld, so fließt der im Leiter induzierte Strom in Richtung des Mittelfingers.

3) *Ampèresche Schwimmerregel.* Denkt man sich, in der positiven Richtung des Stromes schwimmend, das Gesicht auf eine Magnetnadel gerichtet, so bewegt sich der Nordpol der Magnetnadel in Richtung des ausgestreckten linken Armes.

4) → Lenzsches Gesetz.

Schraubensinn, → Helizität.

Schraubenversetzung, → Versetzung.

Schraubung, 1) Raumbewegung (→ Symmetrie), die sich in die Raumbewegungen Drehung und Translation zerlegen läßt. Diese Zerlegung läßt sich stets so vornehmen, daß die Translation parallel zur → Drehachse 2) der Drehung erfolgt; die dabei auftretende Translation heißt *Translationskomponente der S.* Die bei dieser Zerlegung auf der Drehachse der Drehung liegenden Punkte werden durch die S. wieder auf Punkte der Drehachse abgebildet.

2) Deckoperation oder Symmetrieoperation, die durch eine Raumbewegung gemäß 1) charakterisiert ist.

Schrittmotor, ein Wechselstrommotor (→ elektrische Maschine) für schrittweise Drehbewegung. Durch Einwirken von Wechselfeldern auf den Läufer eines Reluktanzmotors (→ Reluktanzmaschine) entsteht eine Schrittbewegung um einen Pol bzw. einen Zahn des Läufers. Der S. wird als Stellmotor eingesetzt.

Schrittweite, svw. Takt.

Schrödinger-Bild, → Quantenmechanik.

Schrödinger-Darstellung, → Quantenmechanik.

Schrödinger-Funktion, → Wellenfunktion.

Schrödinger-Gleichung, Bewegungsgleichung für die den Zustand eines quantenmechanischen Systems beschreibende Wellenfunktion, allgemeiner für den entsprechenden Zustandsvektor ψ. Die S.-G. wurde erstmals von E. Schrödinger (1926) angegeben und lautet $i\hbar\partial\psi/\partial t = \hat{H}\psi$, wobei $\hbar = h/2\pi$, h das Plancksche Wirkungsquantum und $\hat{H} = \hat{H}(\hat{p}_i, \hat{q}_i)$ der von den Orts- und Impulsoperatoren $\hat{q}_i$ und $\hat{p}_i$ abhängende → Hamilton-Operator ist. In der Ortsdarstellung lautet die S.-G. für ein Teilchen der Masse m im Potential $V(\vec{r})$ in kartesischen Koordinaten folgendermaßen:

$$i\hbar \frac{\partial\psi(\vec{r}, t)}{\partial t} = \left(-\frac{\hbar^2}{2m} \Delta + V(\vec{r}) \right) \psi(\vec{r}, t),$$

wobei $\Delta = \partial^2/\partial x^2 + \partial^2/\partial y^2 + \partial^2/\partial z^2$ der Laplace-Operator ist, der bei Verwendung anderer Koordinaten auf diese transformiert werden muß. Neben dieser *zeitabhängigen S.-G.* ergibt sich durch den Ansatz $\psi(\vec{r}, t) = \varphi(\vec{r})\, e^{-iEt/\hbar}$ die *zeitunabhängige S.-G.* $\hat{H}\varphi = E\varphi$, die im eben betrachteten Spezialfall in

$$\Delta\varphi + (2m/\hbar^2)\,[E - V(\vec{r})]\,\varphi(\vec{r}) = 0$$

übergeht; sie ist die Eigenwertgleichung für den Hamilton-Operator $\hat{H}$ und hat nur für ganz bestimmte Werte $E = E_n$, die *Energieeigenwerte*, (normierbare) Lösungen $\varphi_n(\vec{r})$, die *Eigenlösungen*, auch *Eigenfunktionen* genannt, die stationäre Zustände des Systems beschreiben.

Bei mehreren Teilchen ist die Wellenfunktion eine Funktion aller Ortskoordinaten; der Hamilton-Operator entsteht aus der klassischen Hamilton-Gleichung, indem man alle verallgemeinerten Impulse p_i durch die Operatoren $-i\hbar\,\mathrm{grad}_i$ ersetzt. Relativistische Verallgemeinerungen sind die → Klein-Gordon-Gleichung und die → Dirac-Gleichung. Die S.-G. und ihre Verallgemeinerungen sind grundlegend für die Theorie des Atom- und Molekülbaus und für viele Probleme der Kern- und Elementarteilchenphysik.

Schrödingersche Störungstheorie, → Störungstheorie.

Schrödingersches Verfahren, → Quantisierung.

Schrödingersche Wellenfunktion, → Wellenfunktion.

Schrödingersche Zitterbewegung, → Vakuumschwankung.

Schroteffekt, → Rauschen II, 2a und 3a.

Schrotstrom, → Rauschen II, 2a.

Schrumpfungsfaktor, → Kernspuremulsion.

Schub, die von einem → Strahltriebwerk (Luftstrahltriebwerk oder → Raketentriebwerk) erzeugte Antriebskraft $\vec{S}$. Sie ergibt sich aus dem Produkt des Massedurchsatzes je Sekunde $\dot{m}$ mit der Ausströmgeschwindigkeit $\vec{c}_0$, also $\vec{S} = -\dot{m}\vec{c}_0$, → Rakete. Vor allem bei thermischen Triebwerken, die auch in der Atmosphäre arbeiten, ist eine Aufspaltung des S.s gemäß $\vec{S} = -\dot{m}\vec{c} - F(\vec{p} - \vec{p}_a)$ zweckmäßig. Hier sind $\vec{c}$ und $\vec{p}$ die Ausströmgeschwindigkeit bzw. der Druck im Endquerschnitt F der Düse, p_a ist der Außendruck. Der erste Term wird als Impulsschub $\vec{S}_i$, der zweite als Druckschub $\vec{S}_p$ bezeichnet. Dabei ist $S_p \ll S_i$ (Beträge der Schubvektoren!), doch zeigt die Gleichung, daß der Startschub einer Rakete ($p_a = 1$ at in Meereshöhe) stets kleiner ist als der Vakuumschub ($p_a = 0$) außerhalb der Atmosphäre. → Propeller.

Schubelastizitätsmodul, G, Verhältnis von Schubspannung zu Schubwinkel, Dimension: Kraft pro Fläche. Es besteht der Zusammenhang $G = E/(2[1 + \nu])$ mit dem Elastizitätsmodul E und der Poissonschen Querdehnzahl ν.

Schubfaktor, → Raketentriebwerk.

Schubfließgrenze, der Schubspannungswert, der den Übergang vom elastischen zum plastischen Zustand kennzeichnet. Plastisches Fließen findet dann statt, wenn in mindestens einer Richtung (Gleitrichtung) der Schubspannungsbetrag den kritischen Wert k_0 der S. annimmt (→ Fließen).

Schubgeschwindigkeit, svw. Schergeschwindigkeit.

Schublehre, svw. Meßschieber.

Schubmittelpunkt, → Torsionsmittelpunkt.

Schubmodul, → Hookesches Gesetz.

Schubnikow-de-Haas-Effekt, Oszillationen des elektrischen Widerstandes eines reinen Einkristalls in Abhängigkeit von einem starken äußeren Magnetfeld bei tiefen Temperaturen. Der Effekt wird als Methode zur Bestimmung der Fermi-Fläche benutzt.

Schubnikow-Gruppe, → Symmetrie, → magnetische Raumgruppe.

Schubspannung, → Spannung.

Schubspannungsgesetz nach Schmidt, Beziehung zwischen einer äußeren Zugspannung σ_x und der zwischen kristallographischen Gleitelementen in Gleitrichtung wirkenden Schubspannung τ. $\tau = \sigma_x \cos\varphi \cos\lambda$. φ ist der Winkel zwischen der Richtung der Spannung σ_x und der Gleitebenennormale, und λ ist der Winkel zwischen der Richtung der Spannung σ_x und der Gleitrichtung.

Schubspannungshypothese, svw. Trescasche Fließbedingung, → Fließbedingung 2).

Schubverformungsgeschwindigkeit, ein spezieller Fall der Deformationsgeschwindigkeit, bei der keine Drehungen der einzelnen Teilchen auftreten.

Schubverhältnis, → Raketentriebwerk.

Schubverzerrung, svw. Winkeländerung, → Verzerrung.

Schubwiderstand, → Strömungswiderstand.

Schuler-Pendel, → Trägheitsnavigation 3).

Schulz-Blaschke-Konstante, k_η, eine für die Konzentrationsabhängigkeit der Viskosität einer verdünnten makromolekularen Lösung charakteristische Größe. Sie wird dabei in der Form $\eta_{sp}/c = [\eta](1 + k_\eta \eta_{sp})$ ausgedrückt. Dabei ist c die Konzentration, $[\eta]$ ist der → Staudinger-Index der betreffenden Substanzprobe und $\eta_{sp} = \eta - \eta_0$ (η ist der Viskositätskoeffizient der Lösung und η_0 der des Lösungsmittels). k_η hat für die meisten Polymeren und Lösungsmittel einen Zahlenwert von etwa 0,28.

Schursches Lemma, → Gruppentheorie.

Schüttergebiet, → Erdbeben.

Schutzanzug, → Skafander.

Schutzfaktor, dimensionslose Größe zur Charakterisierung der Abschwächung ionisierender Strahlung durch Gebäude und durch Abschirmungen. Der S. stellt das Verhältnis der außerhalb und innerhalb eines Gebäudes bzw. vor und hinter einer Abschirmung herrschenden Energiedosisleistung (→ Dosis) bzw. Äquivalentdosisleistung dar.

Schutzgebiet, *Schutzzone*, Gebiet in der Umgebung einer Kernanlage, z. B. eines Kernkraftwerks, einer Reaktoranlage, eines Kernbrennstoffbetriebs oder einer Anlage für die Bearbeitung von radioaktiven Abfällen, das wegen der Gefahr einer Kontamination nicht besiedelt oder landwirtschaftlich genutzt werden darf.

Schutzmaßnahmen in elektrotechnischen Anlagen, Maßnahmen zum Schutz von Mensch und Tier gegen elektrische Einwirkungen. *Berührungsschutz* ist die zusammenfassende Bezeichnung für S. gegen zufälliges oder beabsichtigtes Berühren spannungsführender Teile, z. B. durch Schutzgitter oder Abdeckung. Bei *Schutzisolierung* wird die Gefahr einer zu hohen Berührungsspannung durch eine zusätzliche Isolierung (verstärkte Isolierung) durch zusätzliche Isolierteile (Schutzzwischenisolierung) oder durch eine dauerhafte Isolierabdeckung der bei Fehlern Spannung führenden Teile (Schutzisolierumhüllung) beseitigt. Eine zu hohe Berührungsspannung wird ferner bei Anwendung der *Schutzkleinspannung* unter 42 V Wechselspannung und 60 V Gleichspannung vermieden. Als *Schutztrennung* wird die galvanische Trennung des Betriebsstromkreises vom Netz durch Trenntransformatoren bezeichnet. Beim *Schutzleitungssystem* wird der Betriebsstromkreis isoliert gegen Erde betrieben, und alle nicht zum Stromkreis gehörenden leitfähigen Teile und Erder werden über einen Schutzleiter verbunden. Weitere S. sind *Schutzerdung* und *Nullung*, → Erdung.

Schutzringkondensator, Einrichtung, mit der die Randeffekte beim ebenen Plattenkondensator (Abb. 1) aus Meßvorgängen eliminiert werden können. Der S. wird z. B. bei der Spannungswaage und bei der Isolierstoffprüfung angewendet. Bei der Isolierstoffprüfung (Abb. 2) bilden der Schutzring S und die Platte P_1 den einen Belag des Kondensators, die Platte P_2 den anderen. Der z. B. bezüglich seines inneren ohmschen Verluststromes zu prüfende Isolierstoff I liegt zwischen den Belägen und wird mit der Spannung E belastet. Das Galvanometer G

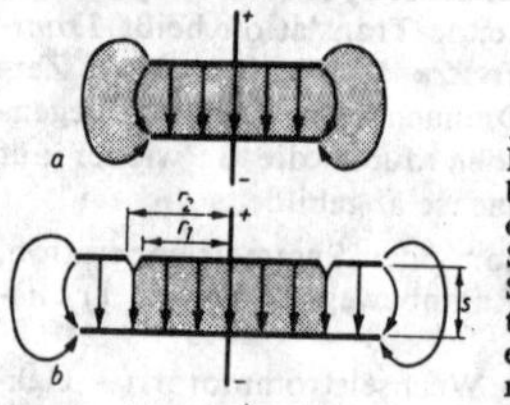

1) **Randeffekte der Feldverteilung beim Plattenkondensator:** ***a*** **ohne Schutzring,** ***b*** **mit Schutzring (punktierte Fläche = effektiver Feldraum)**

zeigt nur den Strom durch den schraffierten Teil T des Isolierstoffes an, der unter den definierten Bedingungen eines homogenen elektrischen Feldes entsteht. Der durch das inhomogene Randfeld verursachte innere Teilstrom sowie die Oberflächenkriechströme über die Kanten des Isolierstoffes fließen über den Schutzring und werden somit am Instrument vorbeigeführt.

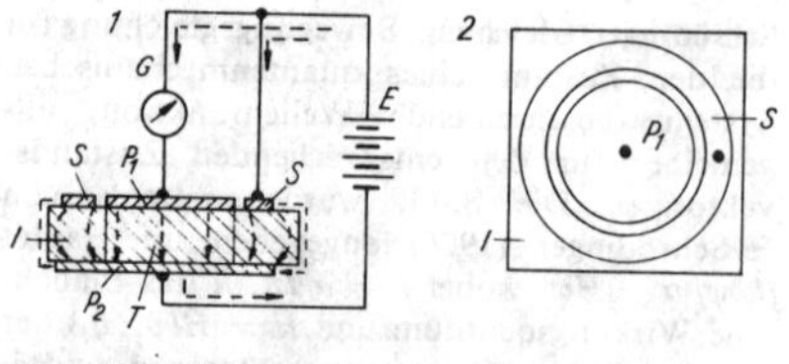

2) **Isolierstoffprüfung mittels Schutzringkondensators:** ***1*** **Schaltung (Schutzringkondensator im Schnitt),** ***2*** **Schutzringkondensator in Draufsicht**

schwache Wechselwirkung, fundamentale Wechselwirkung, an der alle Elementarteilchen (außer dem Photon) beteiligt sind und die insbesondere die Hadronen mit den Leptonen koppelt. Das bekannteste und älteste Beispiel eines Prozesses, der über die s. W. abläuft, ist der β-Zerfall der Atomkerne bzw. spezieller der Zerfall eines Neutrons in Proton, Elektron und Anti-Elektronneutrino $n \to p + e^- + \bar{\nu}_e$; ferner sind die Zerfälle der „fremden" Teilchen (engl. strange particles, → Strangeness) zu nennen, die über die starke Wechselwirkung in 10^{-23} s erzeugt werden, aber erst nach einer mittleren Lebensdauer von 10^{-8} bis 10^{-10} s über die s. W. unter Verletzung der bei der starken Wechselwirkung gültigen Erhaltungssätze zerfallen. Die Ursache dafür ist die extrem niedrige Kopplungskonstante der s.n W., die in der Größenordnung von 10^{-14} (im Vergleich zur starken Wechselwirkung mit Kopplungskonstante = 1) liegt. Dementsprechend kommen auch Erzeugungsreaktionen über die s. W. nur mit extrem geringen Wirkungsquerschnitten von etwa 10^{-44} barn vor.

Charakteristisch für die s.W. ist die Verletzung nahezu aller Erhaltungssätze für die Quantenzahlen der Elementarteilchen (Tab. → Wechselwirkung). Wegen der besonderen Eigenschaften der Neutrinos (→ Helizität) bleiben bei allen Reaktionen, an denen diese Teilchen nicht paarweise beteiligt sind, die

Parität P und die Symmetrie gegenüber der Ladungskonjugation C nicht erhalten, wie am β-Zerfall des Co-60-Kerns erstmals 1956 nachgewiesen wurde (Verletzung der → Parität). Aber auch die CP-Invarianz wird bei der s.n W. verletzt, wie 1964 am Zerfall der neutralen K-Mesonen nachgewiesen wurde; wegen des fundamentalen Charakters des CPT-Theorems hat das eine Verletzung der Zeitumkehr T zur Folge. Eine weitere nichterhaltene Größe ist die Strangeness S bzw. die Hyperladung $Y = S - A$, wobei A die stets erhaltene Baryonenzahl ist; dies ermöglicht unter anderem den leptonischen Zerfall der K-Mesonen, z. B. $K^+ \to \pi^\circ + \mu^+ + \nu_\mu$. Allgemein gilt für die s. W. die Auswahlregel $|\Delta S| = 0$ oder 1, wobei ΔS die Änderung von S bei einer bestimmten Reaktion ist; bezeichnet ΔQ_s die Änderung der Gesamtladung der am Prozeß beteiligten Hadronen, so wurde für die leptonischen Zerfälle speziell $\Delta S = \Delta Q_s$ gefunden. Wegen des engen Zusammenhangs zwischen Strangeness und Isospin I, für dessen dritte Komponente $I_3 = Q - Y/2$ gilt, bleibt auch der Isospin bei der s.n W. nicht erhalten; vor allem für leptonische Zerfälle gilt dabei $|\Delta I| = 1/2$, falls $\Delta S \neq 0$.

Die Theorie der s.n W. geht auf Fermi (1934) zurück, der als erster in Analogie zur Quantenelektrodynamik eine feldtheoretische Behandlung des β-Zerfalls vorschlug. Sie wurde als direkte lokale *Vier-Fermionen-Wechselwirkung* konzipiert, d. h., im Falle des β-Zerfalls sollten die vier beteiligten Fermionenfelder ψ_n, ψ_p, ψ_e und ψ_{ν_e} des Neutrons, Protons, Elektrons und Anti-Elektronneutrinos in einem Raum-Zeit-Punkt miteinander verkoppelt sein (*Fermi-Kopplung*, Abb. 1); man kann dagegen in direkter Analogie zur elektromagnetischen und starken Wechselwirkung auch die Übertragung der s.n W. durch ein Feldquant, das intermediäre Boson W, annehmen (Abb. 2), dieses Teilchen konnte aber bisher noch nicht nachgewiesen werden und müßte daher eine Masse $m_W > 2$ GeV haben, da es sonst mit Hilfe der gegenwärtig vorhandenen Teilchenbeschleuniger hätte gefunden werden müssen. Im Gegensatz zur Quantenelektrodynamik mit der minimalen elektromagnetischen Kopplung $j_\mu A_\mu$, wobei j_μ die elektrische Viererstromdichte und A_μ das dem intermediären Boson W (W-Teilchen) entsprechende elektromagnetische Viererpotential ist, ist die Fermi-Kopplung nicht renormierbar, d. h., die quantenfeldtheoretischen Divergenzen der störungstheoretischen Entwicklung der Elemente der S-Matrix können nicht beseitigt werden, was insbesondere auf die unendlich vielen verschiedenen Typen von primitiven Divergenzen (→ Renormierung) zurückzuführen ist; jedoch liefert wegen der Kleinheit der Kopplungskonstanten der s.n W. die erste (divergenzfreie) Näherung der Matrixelemente insbesondere für niedrige Energien und kleine Impulsüberträge recht brauchbare, mit dem Experiment übereinstimmende Resultate. Bei sehr hohen, heute noch nicht erreichbaren Energien versagt diese Beschreibung sicher; man hat Ursache anzunehmen, daß in diesen Energiebereichen die s. W. „stark" wird, d. h. aber nicht, daß sie mit der starken Wechselwirkung identisch ist.

Die Wechselwirkungsdichte $\mathscr{H}_W$ der s.n W. wird heute in Erweiterung des Fermischen Ansatzes zur Einbeziehung der Symmetrieverletzungen als Strom × Strom-Wechselwirkung angesetzt:

$$\mathscr{H}_W = (g/\sqrt{2})\,[\mathscr{J}_\lambda^*(x)\,\mathscr{J}_\lambda(x) + \text{h. k.}],$$

wobei $\mathscr{J}_\lambda = j_\lambda + J_\lambda$ die Summe des leptonischen Viererstroms $j_\lambda(x)$ und des hadronischen Viererstromes $J_\lambda(x)$, g die Kopplungskonstante der s.n W., $\mathscr{J}_\lambda^* = \mathscr{J}_\lambda^\dagger$ für $\lambda = 1, 2, 3$ und $\mathscr{J}_0^* = -\mathscr{J}_0^\dagger$ und $\mathscr{J}_\lambda^\dagger$ der zu $\mathscr{J}_\lambda$ hermitesch konjugierte (h. k.) Stromoperator ist. Der Leptonenstrom

$$j_\lambda = \mathrm{i}\bar{\psi}_e \gamma_\lambda (1 + \gamma_5)\,\psi_{\nu_e} + \mathrm{i}\bar{\psi}_\mu \gamma_\lambda (1 + \gamma_5)\psi_{\nu_\mu}$$

enthält das Elektron- bzw. Müonfeld ψ_e bzw. ψ_μ und die zugehörigen Neutrinofelder ψ_{ν_e} bzw. ψ_μ in symmetrischer Weise und kann wegen des Auftretens der Diracschen Gammamatrizen γ_λ bzw. γ_5 (→ Dirac-Gleichung) als Summe eines Vektor- und eines Axialvektoranteils $j_\lambda = j_\lambda^V + j_\lambda^A$ mit $j_\lambda^V = \mathrm{i}\bar{\psi}\gamma_\mu\psi$ und $j_\lambda^A = \mathrm{i}\bar{\psi}\gamma_\mu\gamma_5\psi$ geschrieben werden, die sich gegenüber Raumspiegelung unterschiedlich verhalten und wegen ihres gemeinsamen Auftretens zur Verletzung der Parität führen. Der Hadronenstrom J_λ enthält ebenfalls Vektor- und Axialvektoranteile, kann aber nicht einfach in die Summe beider zerlegt werden; ferner ist in einen strangenesserhaltenden bzw. -verletzenden Anteil $J^{(0)}$ bzw. $J^{(1)}$ für $\Delta S = 0$ bzw. $|\Delta S| = 1$ aufzuspalten. Dabei erwies sich die Gestalt $J_\lambda = J_\lambda^{(0)} \cos\theta + J_\lambda^{(1)} \sin\theta$ mit dem Cabibbo-Winkel $\theta \approx 15°$ mit dem Experiment in Übereinstimmung; das hat eine unterschiedliche Kopplung von $J_\lambda^{(0)}$ und $J_\lambda^{(1)}$ im Verhältnis $\cot\theta \approx 1/0{,}27$ zur Folge. $J_\lambda^{(0)}$ und $J_\lambda^{(1)}$ spalten nun nochmals auf in ihre Vektor- und Axialvektoranteile, die ebenfalls unterschiedlich koppeln; für den strangenesserhaltenden hadronischen Vektorstrom $J_\lambda^{(0)V} = (\mathrm{i}\bar{\psi}_p\gamma_\lambda\psi_n +$ andere Hadronterme) mit dem Proton- bzw. Neutronfeld ψ_p bzw. ψ_n gilt ein Erhaltungssatz, demzufolge dieser Anteil des Stromes nicht durch die starke Wechselwirkung modifiziert wird, die *CVC-Hypothese* [engl. conserved vector current erhalten bleibender Vektorstrom'], während $J_\lambda^{(0)A} = (\mathrm{i}\bar{\psi}_p\gamma_\lambda\psi_5\psi_n +$ andere Hadronterme) durch die starke Wechselwirkung beeinflußt und daher nicht bzw. nur im Limes verschwindender Pionmasse $m_\pi \approx 0$ erhalten wird, d. i. die *PCAC-Hypothese* [engl. partial conserved axial current 'partiell erhalten bleibender Axialvektorstrom']. $J_\lambda^{(0)} = J_\lambda^{(0)V} + (g_A/g_V)\,J_\lambda^{(0)A}$ folgt dann mit einem von 1 verschiedenen Verhältnis der axialen und vektoriellen Kopplungskonstanten ($g_A/g_V \approx 1{,}23$ für den β-Zerfall).

Der Anteil $j_\lambda^\dagger j_\lambda$ von $\mathscr{H}_W$ beschreibt rein leptonische Wechselwirkungen, z. B. den schwachen Zerfall des Müons: $\mu^+ \to e^+ + \nu_e + \bar{\nu}_\mu$; man hat hierbei keinen Anteil der starken Wechselwirkung zu berücksichtigen, so daß $g_A = -g_V$ wird (*V-A-* oder *Vektor-Axialvektor-Kopplung* im Rahmen der *V-A-Theorie*). Der Anteil $(j_\lambda + J_\lambda)^* J_\lambda$ von $\mathscr{H}_W$ dagegen beschreibt s. W.en der Hadronen mit den Leptonen, z. B. beim β-Zerfall, oder unter-

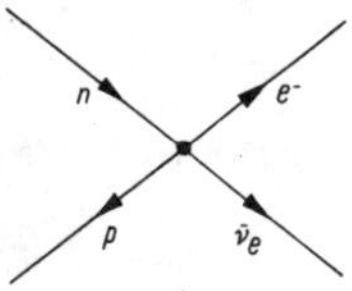

1

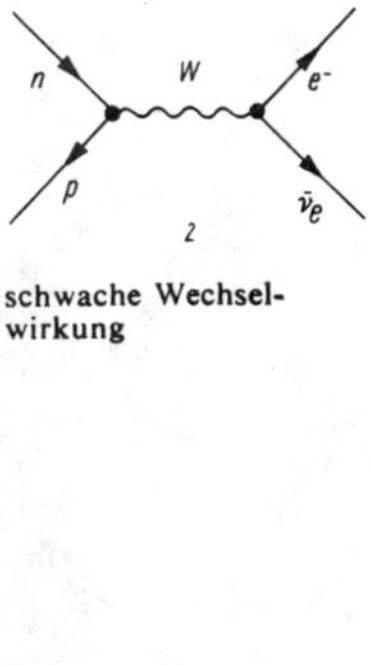

2

schwache Wechselwirkung

einander, z. B. beim K-Zerfall: K → 3π; interessanterweise ist g_V (β-Zerfall) = g_V (μ-Zerfall), d. h., g_V wird (als Folge der *CVC*) von der starken Wechselwirkung nicht beeinflußt und kann als universelle Kopplungskonstante angesehen werden.

Außer der störungstheoretischen Behandlung der s.n W. auf quantenfeldtheoretischer Basis konnten ansprechende Resultate mit Hilfe der → Stromalgebra erzielt werden, die von den Vertauschungsregeln der Vektor- und Axialvektorströme der Hadronen bzw. den entsprechenden Ladungen ausgeht und bis hin zu Summenregeln für beobachtbare Größen, wie Wirkungsquerschnitte und Kopplungskonstanten, geführt werden kann; bekanntestes Beispiel ist die *Adler-Weisberger-Summenregel* für g_A/g_V, die für dieses Verhältnis den numerischen Wert $g_A/g_V = 1{,}18$ ergab.

Schwächung, → ionisierende Strahlung 1.1).

Schwächungsfaktor, → ionisierende Strahlung 1.1).

Schwächungskoeffizient, → ionisierende Strahlung 1.2).

Schwall und Sunk, instationäre Strömungszustände in Gerinnen mit freiem Wasserspiegel, die durch plötzliche Veränderung der Durchflußmenge hervorgerufen werden. Beim Schwall handelt es sich um eine Hebung und beim Sunk um eine Senkung des Wasserspiegels. Es entstehen bei erhöhtem Zufluß ein Füllschwall, bei vermindertem Zufluß ein Absperrsunk, bei erhöhtem Abfluß ein Entnahmesunk und bei vermindertem Abfluß ein Stauschwall. Die Ausbreitungsgeschwindigkeit der von Schwall und Sunk ausgehenden Hebungs- bzw. Senkungswellen erfolgt bei geringer Wasserspiegeländerung in flachem Wasser mit der Grundwellengeschwindigkeit $c = \sqrt{g \cdot h}$; wobei h die Wasserhöhe und g die Erdbeschleunigung ist. Bei größeren Spiegeländerungen bewegen sich die Wellen mit höherer Geschwindigkeit. Die Spiegelhebung bzw. -senkung kann mit dem Impulssatz der Strömungslehre und der → Kontinuitätsgleichung einfach berechnet werden, wenn das gesamte System durch Überlagerung der negativen Wellenausbreitungsgeschwindigkeit stationär gemacht wird.

Die Kenntnis von Schwall und Sunk ist von großer Wichtigkeit für den Entwurf von Wasserkraftwerken.

Schwamm-Modell, *Schwammstruktur-Modell,* ein Modell, das das Verhalten von nichtidealen Supraleitern 2. Art zu erklären versuchte, ehe deren Eigenschaften durch die GLAG-Theorie der Supraleitfähigkeit und die Wirkung der Pinning-Zentren gedeutet werden konnten. Das S.-M. beschreibt das Verhalten eines nichtidealen Supraleiters 2. Art bis zu einem gewissen Grad. Im S.-M. besteht ein derartiger Supraleiter aus sehr dünnen, miteinander verbundenen supraleitenden Bereichen, die durch nichtsupraleitende Bereiche bzw. Hohlräume getrennt sind, so daß eine schwammartige Struktur zustandekommt. Da ein von einem Supraleiter umgebener Hohlraum einen eingefrorenen magnetischen Fluß enthalten kann, so tritt bei Schwammstruktur der → Meißner-Ochsenfeld-Effekt nicht auf, und das Verhalten wird irreversibel. Das S.-M. wird heute nicht mehr benötigt, kann aber noch eine anschauliche Erklärung des Verhaltens liefern, das z. B. in eine poröse Glasmatrix eingepreßte Supraleiter zeigen.

Schwankung, *Fluktuation,* Abweichung einer Größe von einem mittleren Wert zu höheren und niedrigeren Werten. Handelt es sich um einen zeitlichen Ablauf, so können die S.en periodisch oder nichtperiodisch sein. Ursache der unregelmäßigen S.en physikalischer Größen sind gewöhnlich Prozesse mit Zufallscharakter, die diese Größen beeinflussen. Ein Beispiel dafür sind die weltweiten S.en, d. h. Veränderungen der Intensität der kosmischen Strahlung, die sich über die gesamte Erdoberfläche erstrecken und vermutlich mit den Magnetfeldern im Raum zusammenhängen. Man unterscheidet *nichtperiodische S.en,* die durch die Zufallsprozesse magnetischer Störungen und magnetischer Stürme hervorgerufen werden, und *periodische S.en,* die mit der Periode des Sonnentages, des Sternentages und des Jahres gehen und deren Ursache noch nicht völlig geklärt ist. *Radioaktive S.en* oder *Schweidlersche S.en* sind S.en der Raten des radioaktiven Zerfalls infolge des Zufallscharakters des Zerfallsprozesses. Dabei schwanken die Zerfallsraten nach einer Poisson-Verteilung (→ Zählstatistik).

Eine große Rolle spielen die S.en bei der Bestimmung von statistischen Größen, z. B. der Bevölkerungsdichte. Die Gesetze der physikalischen → Schwankungserscheinungen treffen teilweise auch auf andere (nichtphysikalische) statistische Größen zu.

Schwankungserscheinungen, Prozesse, die mit dem Auftreten von Schwankungen verbunden sind. Im folgenden werden nur physikalische S. besprochen, die durch die Statistik atomarer Teilchen bzw. atomarer Prozesse in Stoffen erklärt werden können. Viele S. sind anschaulich verständlich als Folge der Wärmebewegung dieser atomaren Bausteine, d. i. die Bewegung der mikroskopischen Teilchen von Gasen, Flüssigkeiten, Festkörpern u. ä. Die kinetische Energie dieser Bewegung nimmt mit wachsender Temperatur zu. Gebundene Teilchen, z. B. die Atome in Molekülen oder Kristallen, schwingen dabei um eine Ruhelage. Freie Teilchen, wie Atome und Moleküle in Gasen oder Flüssigkeiten oder Leitungselektronen in Metallen, bewegen sich mit der entsprechenden kinetischen Energie im Raum. Da die Teilchen aber miteinander wechselwirken, also z. B. aufeinanderstoßen, werden sie immer wieder aus ihrer Bahn abgelenkt. Das Zusammentreffen von Teilchen ist aber zufällig. Daher führen die Teilchen eine ungeordnete zufällige Bewegung aus, deren Richtung und Geschwindigkeit sich ständig ändert. Es ist aber möglich, Wahrscheinlichkeitsaussagen über diese Bewegung zu machen, die innerhalb der Schwankungstheorie behandelt werden.

Viele physikalische Größen, z. B. die Energie eines Systems, die Kraft auf die Gefäßwände, setzen sich aus einzelnen mikroskopischen Beiträgen der atomaren Teilchen zusammen und unterliegen daher auf Grund der Wärmebewegung ebenfalls unregelmäßigen Schwankungen. Die Thermodynamik der Gleichgewichtszustände macht lediglich Aussagen über die Mittelwerte dieser Größen, die Thermodynamik irreversibler Prozesse über die zeitliche Änderung dieser Mittelwerte. Dabei sind diese Mittelwerte allgemein durch Mittelung über viele makroskopisch gleichwertige Systeme definiert, im Gleichgewicht kann die Mittelung auch als eine zeitliche Mittelung aufgefaßt werden. Die Thermodynamik identifiziert generell die Mittelwerte physikalischer Größen mit den Größen selbst, d. h., sie vernachlässigt alle Abweichungen von den Mittelwerten aller S. Die große praktische Bedeutung der thermodynamischen Aussagen beruht nicht zuletzt darauf, daß die Abweichungen von den Mittelwerten bei makroskopischen Systemen außerordentlich klein sind. Erst die → Statistik erlaubt, nicht nur die Mittelwerte, sondern die gesamten Wahrscheinlichkeitsverteilungen für die verschiedenen Werte physikalischer Größen zu berechnen und so die S. quantitativ zu fassen.

1) *Spezielle S.* Im Unterschied zu den Schwankungen der zu messenden Größen selbst treten auch Schwankungen innerhalb der Meßgeräte auf, also z. B. Schwankungen des Spiegels beim Galvanometer oder des Zeigers. Man kann sich vorstellen, daß diese Schwankungen durch die unregelmäßigen Stöße der Moleküle der umgebenden Luft hervorgerufen werden. Das Anzeigeteil nimmt an der Gleichverteilung der Energie des Systems teil. Die Energie der Schwankungen des Anzeigeteiles sind von der Größenordnung kT, wobei k die Boltzmannsche Konstante und T die absolute Temperatur ist. Diese Schwankungen lassen sich auch nicht dadurch vermeiden, daß man den umgebenden Raum luftleer hält. Denn die den Anzeigeteil aufbauenden Moleküle führen ebenfalls eine Wärmebewegung aus, die dieselben temperaturabhängigen Schwankungen bewirkt. Die Schwankungen im Meßgerät begrenzen die Genauigkeit der Messungen prinzipiell, und zwar auch dann, wenn die Meßgrößen selbst nicht schwanken würden. Es läßt sich zeigen, daß die resultierende Ungenauigkeit in der Anzeige nur den Schwankungen im Gerät selbst entspricht, daß also die Schwankungen der zu messenden Größe keinen Beitrag zur Ungenauigkeit ihrer Messung liefern.

Unter *Brownscher Bewegung* versteht man die Schwankungen der Lage und Bewegung makroskopischer Teilchen in einem Gas oder einer Flüssigkeit. Sie werden durch die Wärmebewegung der Teilchen des umgebenden Mediums verursacht. Diese Schwankungen sind um so deutlicher, je kleiner die Abmessungen und Massen der makroskopischen Teilchen sind. Daher ist die Brownsche Bewegung besonders gut z. B. an Pflanzensporen oder Staubteilchen zu beobachten, die in Flüssigkeiten suspendiert sind. Man kann die suspendierten Teilchen infolge des Streulichtes sehen, das sie bei Einstrahlung von Licht senkrecht zur Beobachtungsrichtung aussenden. Wegen der Begrenzung der Meßgenauigkeit kann man allerdings die exakte Bahn dieser Teilchen nicht verfolgen, sondern nur mit Hilfe aufeinanderfolgender Momentaufnahmen die in der Zwischenzeit erfolgten Verschiebungen feststellen. Man sieht also, daß die makroskopischen Teilchen im Gegensatz zu den Anzeigeteilen der Meßgeräte keine Gleichgewichtslage haben. Durch die Brownsche Bewegung läßt sich unter anderem die → Diffusion von Teilchen in einem Medium erklären. Entsprechend liefert die Schwankungstheorie einen Zusammenhang zwischen charakteristischen Größen der Brownschen Bewegung und dem Diffusionskoeffizienten.

Befinden sich in einem Gas oder einer Flüssigkeit schwerere Teilchen mit einer Masse m_0, dann würden sich durch die Wirkung der Schwerkraft die schwereren Teilchen am Boden des Gefäßes ablagern. Die Brownsche Bewegung dieser Teilchen wirkt jedoch dieser Sedimentation entgegen. Es stellt sich ein stationäres Sedimentationsgleichgewicht $n = n_0 \exp(-m_0 gh/kT)$ für die Zahl n dieser Teilchen in der Höhe h ein. Dabei ist n_0 die Zahl der Teilchen am Boden und g die Erdbeschleunigung. Nach obiger Formel gelang es, die Boltzmannsche Konstante k und über $L = R/k$ aus k und der Gaskonstanten R die Loschmidtsche Zahl L zu bestimmen. – Infolge der Wärmebewegung der Teilchen schwankt die Teilchenzahl in einem herausgegriffenen, hinreichend kleinen Teilvolumen eines Systems. Damit ändern sich die Teilchendichte bzw. die Konzentration der Teilchen sowie die Dichten anderer physikalischer Größen, die durch Summation von Beiträgen der Teilchen gebildet werden.

Die lokalen zeitlichen Dichteschwankungen in Gasen und Flüssigkeiten haben Schwankungen des optischen Brechungskoeffizienten zur Folge. Befinden sich im Medium kleine Gebiete mit unterschiedlichem Brechungskoeffizienten, so wird einfallendes Licht an ihnen gestreut. Wenn die Durchmesser dieser Gebiete klein gegen die Wellenlänge des Lichtes sind, kann die Rayleighsche Theorie der Lichtstreuung angewendet werden. Nach dieser ist die Intensität des gestreuten Lichtes umgekehrt proportional zu λ^4, wobei λ die Wellenlänge ist. Demnach ist die Streuung für langwelliges, rotes Licht kleiner als für kurzwelliges, blaues Licht. Deswegen wird aus dem weißen Sonnenlicht an den Dichteschwankungen der Atmosphäre bevorzugt das blaue Licht gestreut, weshalb der Himmel blau erscheint. Das durchgehende, nicht gestreute Licht sieht dann beim Sonnenuntergang rot aus. Die Lichtstreuung in einem Gas wird in der Nähe des kritischen Punktes besonders groß. Diese Erscheinung nennt man *kritische Opaleszenz*. Sie beruht darauf, daß die Dichteschwankungen in der Umgebung des kritischen Punktes stark anwachsen, weil dort die Kompressibilität groß und damit der Widerstand gegenüber Dichteänderungen sehr klein ist. – Die gegebenenfalls akustisch wiedergebbaren Stromschwankungen nennt man → Rauschen. Das Rauschen ist einmal durch die Wärmebewegung der Ladungsträger bedingt, z. B. das Widerstandsrauschen, oder zum anderen durch den Zufallscharakter atomarer Prozesse, z. B. der Glühemission beim Schroteffekt. – Weitere S. sind z. B. die radioaktiven Schwankungen (→ Zählstatistik).

2) *Schwankungstheorie.* Aufgabe der Schwankungstheorie ist die Berechnung der Wahrscheinlichkeit der Schwankungen nach den Gesetzen der Statistik oder aus phänomenologischen Überlegungen. Elementar ist die Behandlung der Schwankungen der Teilchenzahl n in einem kleinen Teil v eines Gesamtvolumens V eines idealen Gases, in dem sich die Teilchen gegenseitig nicht beeinflussen. Im Volumen V seien N Teilchen enthalten. Dann ist $p = v/V$ die Wahrscheinlichkeit, ein bestimmtes Teilchen in v zu finden, und die Wahrscheinlichkeit W_n, daß sich gerade n (beliebige) von den N Teilchen im Teilvolumen v aufhalten, ist

$$W_n = \frac{N!}{n!(N-n)!} p^n (1-p)^{N-n}.$$

Der Ausdruck $p^n(1-p)^{N-n}$ gibt die Wahrscheinlichkeit, daß n genau bestimmte Teilchen in v und die übrigen $N - n$ in $V - v$ sind. Der zusätzliche Faktor berücksichtigt, daß alle Anordnungen, die durch Austausch eines in v befindlichen Teilchens mit einem in $V - v$ befindlichen Teilchen entstehen, der Fragestellung, n beliebige Teilchen in v zu finden, gleichermaßen entsprechen; er gibt die Gesamtzahl der Möglichkeiten an, n Teilchen aus N auszuwählen. Aus dieser Wahrscheinlichkeitsverteilung W_n ergibt sich die mittlere Teilchenzahl zu $\bar{n} = Np$ und die mittlere quadratische Schwankung der Teilchenzahl zu $\overline{(\Delta n)^2} = \overline{(n-\bar{n})^2} = \bar{n}(1-\bar{n}/N)$. Falls $\bar{n} \ll N$, d. h., falls v nur einen sehr kleinen Teil von V ausmacht, wird $\overline{(\Delta n)^2} = \bar{n}$, und die relative mittlere quadratische Schwankung $\sqrt{\overline{(\Delta n)^2}}/\bar{n} = 1/\sqrt{\bar{n}}$ nimmt mit wachsender mittlerer Teilchenzahl ab. Dieses Ergebnis wird auch bei anderen Schwankungsphänomenen beobachtet und rechtfertigt die häufige Beschränkung auf die alleinige Betrachtung der Mittelwerte. Wenn die Zahl der Teilchen im Volumen klein gegenüber der Gesamtzahl N ist, bilden die W_n näherungsweise eine Poisson-Verteilung $W_n \approx (1/n!)\, \bar{n}^n\, \mathrm{e}^{-\bar{n}}$.

Für die Brownsche Bewegung ohne äußere Kräfte und ohne Gleichgewichtslage kann die Bewegung durch das mittlere Verschiebungsquadrat $\overline{x^2}$ der Teilchen in einer bestimmten Richtung und innerhalb einer bestimmten Zeit t charakterisiert werden. $\overline{x^2}$ ist proportional zur Beobachtungszeit t. Aus der Diffusionstheorie ergibt sich andererseits $\overline{x^2} = 2Dt$ als Schwankungsbreite einer zur Zeit $t = 0$ an einem Punkt $x = 0$ konzentrierten Teilchengesamtheit, so daß der Diffusionskoeffizient D (→ Diffusion) aus der Brownschen Bewegung bestimmt werden kann. Ist eine äußere Kraft vorhanden, dann ist die mittlere Geschwindigkeit des Teilchens dieser Kraft proportional. Der Proportionalitätsfaktor wird Beweglichkeit B des Teilchens genannt und ist dem Koeffizienten der Reibung umgekehrt proportional, der das Teilchen im Medium ausgesetzt ist. Einstein leitete die Beziehung $D = BkT$ zwischen Diffusionskoeffizienten und Beweglichkeit ab, die als Vorläufer des *Fluktuations-Dissipations-Theorems* aufgefaßt werden kann. Für kugelförmige Teilchen mit dem Radius r hängt die Beweglichkeit nach der Stokesschen Formel $B = 1/6\pi\eta r$ mit dem Viskositätskoeffizienten η des Mediums zusammen. Daher läßt sich durch Messung von D und η nach dieser Formel die Boltzmannsche Konstante k ebenfalls bestimmen. Die Theorie der Brownschen Bewegung ist auf zahlreiche ähnliche Prozesse, z. B. auf die Diffusion von Verunreinigungen in Festkörpern, anwendbar.

Für eine große Klasse von Gleichgewichtsschwankungen kann eine allgemeine statistisch-thermodynamische Theorie aufgestellt werden. Sie beruht auf einem wichtigen Zusammenhang zwischen Entropie und Wahrscheinlichkeit. Kann für das vorliegende System ein Parameter a ohne notwendigen Bezug auf die für die Statistik bzw. Thermodynamik typischen Begriffsbildungen definiert werden (Beispiele: Energie, Teilchenzahl, Magnetisierung, Kraft auf die Wand; Gegenbeispiele: Temperatur, Entropie), so ist die Wahrscheinlichkeit $w(a)\,\mathrm{d}a$, im thermodynamischen Gleichgewicht einen Wert zwischen a und $a + \mathrm{d}a$ zu finden, bei einem abgeschlossenen System (mit fest vorgegebenen Werten für Volumen, Energie und Teilchenzahl) proportional zu $\mathrm{d}a \exp(S(a)/k)$. Dabei ist k die Boltzmannsche Konstante und $S(a)$ die Entropie desjenigen Zustandes, in dem der Parameter gerade den Wert a hat, im übrigen aber sich der Gleichgewichtszustand eingestellt hat. Einstellung des Gleichgewichts auch bezüglich a führt zu einem Wert a_0, für den auf Grund des allgemeinen Satzes vom Entropiemaximum im Gleichgewicht eines abgeschlossenen Systems S maximal wird. Eine Taylor-Entwicklung von S um den Gleichgewichtswert a_0 liefert daher

$$S(a) = S(a_0) - \frac{1}{2}\left|\left(\frac{\partial^2 S}{\partial a^2}\right)_{a_0}\right|(a-a_0)^2 + \cdots,$$

also $w(a) \sim \exp(-|S''(a_0)|(a-a_0)^2/2k)$, d. h., die Wahrscheinlichkeitsverteilung für die Gleichgewichtsschwankungen ist eine Gauß-Verteilung. Höhere Entwicklungsglieder können bei makroskopischen Systemen stets vernachlässigt werden. Die Verallgemeinerung für nichtabgeschlossene Systeme ist ohne prinzipielle Schwierigkeiten möglich. Von Schwankungen der Temperatur oder der Entropie zu sprechen ist nur dann sinnvoll, wenn man dafür eine geeignete Definition gibt, etwa über die Zusammenhänge dieser Größen mit den statistischen Mittelwerten anderer Größen im Gleichgewicht. Denn im Gegensatz z. B. zur inneren Energie des Systems werden Temperatur und Entropie in der Statistik nicht als Mittelwerte von vorher bereits erklärten physikalischen Größen, sondern als Kenngrößen der Wahrscheinlichkeitsverteilung selbst eingeführt, so daß es zunächst ebenso wenig sinnvoll ist, von ihren Schwankungen zu sprechen wie bei der grundlegenden Wahrscheinlichkeitsverteilung selbst.

Als Beispiel der angegebenen allgemeinen Schwankungsformel sollen Energieschwankungen betrachtet werden. Die Energie E des abgeschlossenen Systems kann sich entsprechend $E = E_1 + E_2$ auf die Energie der beiden Teilsysteme 1 und 2 verteilen. E_1 entspricht dem Parameter a. Es ist $S = S_1(E_1) + S_2(E - E_1)$, also

$$\frac{dS}{dE_1} = \frac{1}{T_1} - \frac{1}{T_2} \text{ und } \left(\frac{d^2S}{dE_1^2}\right)_0 = -\frac{1}{T^2}\left[\left(\frac{dT}{dE}\right)_1 - \left(\frac{dT}{dE}\right)_2\right].$$

Dabei wurde die allgemeine thermodynamische Relation $(\partial S/\partial E)_v = 1/T$ benutzt, die konstanten Volumina sind in den obigen Formeln nicht extra angegeben. In der zweiten Gleichung wurde der Temperaturausgleich $T_1 = T_2$ im Gleichgewicht benutzt. dT/dE ist die reziproke Wärmekapazität C_v des jeweiligen Teilsystems. Ist das System 1 klein gegen 2, also ein kleiner Ausschnitt aus dem Gesamtsystem, so ist $C_v^{(1)} \ll C_v^{(2)}$, und man erhält

$$w(E) \sim \exp\left[-\frac{1}{2kT^2C_v}(E - E_0)^2\right]$$

für die Energieschwankungen eines kleinen Teilsystems um den Mittelwert E_0. Das zugehörige Schwankungsquadrat ist $(\Delta E)^2 = kT^2C_v \approx kTE_0$, da C_vT von der Größenordnung der gesamten inneren Energie ist. Die relativen Schwankungen $\frac{\Delta E}{E_0} \sim \frac{kT^{1/2}}{E_0} \sim \frac{1}{\sqrt{N}}$ gehen genau wie bei den Schwankungen der Teilchenzahl mit $N^{-1/2}$ nach Null, da die Energie als extensive Größe proportional zur Teilchenzahl N ist.

Schwankungen und Dissipation. Abweichungen von den thermodynamischen Mittelwerten für den Gleichgewichtszustand treten sowohl bei den Gleichgewichtsschwankungen als auch bei der Störung des Systems durch äußere Einwirkungen auf. Zwischen dem Verhalten des Systems in beiden Fällen bestehen enge Zusammenhänge, so zwischen den Autokorrelationsfunktionen für Gleichgewichtsschwankungen und dem Relaxationsverhalten des Systems nach dem Abschalten einer äußeren Störung. Diese Zusammenhänge werden allgemein in der Form des Fluktuations-Dissipations-Theorems gefaßt und gestatten insbesondere, Transportkoeffizienten durch Schwankungsmomente auszudrücken, wodurch neue Möglichkeiten für ihre theoretische Berechnung erschlossen werden. Unter *Dissipation* versteht man die Verteilung von Energie auf viele Freiheitsgrade eines makroskopischen Systems. Dieser Prozeß spielt sich aber stets ab, wenn ein System unter dem Einfluß einer äußeren Störung steht, über die am System Arbeit geleistet wird. In der mathematischen Formulierung des Fluktuations-Dissipations-Theorems treten gerade die Anteile der (komplexen und frequenzabhängigen) verallgemeinerten Suszeptibilitäten auf, die die Dissipation der Energie erfassen, z. B. die Zähigkeit oder die elektrische Leitfähigkeit.

Spezialfälle dieses Theorems sind die Einstein-Beziehung zwischen Diffusions- und Reibungskoeffizient eines Mediums und die Nyquist-Formel zwischen der Rauschspannung an einem Widerstand und seiner Größe.

Geschichtliches. Die Brownsche Bewegung suspendierter Teilchen wurde erstmalig 1827 von R. Brown beobachtet. Es dauerte aber noch bis zum Beginn des 20. Jh., bis Einstein und Smoluchowski sie aus der Wärmebewegung der Teilchen erklären und entsprechende Formeln angeben konnten. In den Jahren von 1908 bis 1911 wurden diese Aussagen hauptsächlich von Perrin experimentell überprüft und bestätigt. Ihm gelangen in diesem Zusammenhang auch ziemlich genaue direkte Bestimmungen der Boltzmannschen Konstante und der Loschmidtschen Zahl. Die Theorie der Gleichgewichts- und Nichtgleichgewichtsschwankungen ist erst in den letzten Jahrzehnten weiter entwickelt worden. Diese Entwicklung ist noch nicht abgeschlossen.

Lit. Becker: Theorie der Wärme (Berlin, Heidelberg, New York 1966); Macke: Thermodynamik und Statistik (3. Aufl. Leipzig 1967).

Schwankungsgröße, → Schwankung, → Schwankungserscheinungen.

Schwankungsmoment, Größe zur Charakterisierung der Abweichung einer statistisch verteilten Größe von ihrem Mittelwert. Unter einem S. n-ter Ordnung versteht man den Mittelwert der n-ten Potenz der Abweichung vom Mittelwert. Definitionsgemäß ist das S. erster Ordnung gleich Null. Am wichtigsten ist das S. zweiter Ordnung, das auch *mittlere quadratische Schwankung* genannt wird. Die S.e spielen eine Rolle in der Schwankungstheorie (→ Schwankungserscheinungen).

Schwanzwelle, → Kopfwelle.

schwarzer Körper, *schwarzer Strahler,* ein Körper, der die gesamte auf ihn auftreffende elektromagnetische Strahlung absorbiert. Nach dem Kirchhoffschen Gesetz hat er dann auch das bei fester Temperatur größte Emissionsvermögen. Für die *schwarze Strahlung* oder *Hohlraumstrahlung,* d. i. die Strahlung eines s. K.s, gelten streng die Strahlungsgesetze. Ein s. K. erscheint dem Auge schwarz. Jedoch gibt es in der Natur keinen idealen s. K.; so sind z. B. Ruß, Platinschwarz u. ä. im physikalischen Sinn nicht völlig schwarz. Mit beliebiger Genauigkeit kann ein s. K. durch einen Hohlraum mit strahlungsundurchlässigen Wänden konstanter Temperatur und kleiner Öffnung, die so klein sein muß, daß das Strahlungsgleichgewicht im Inneren nicht merklich gestört wird, approximiert werden. Die durch dieses Loch einfallende Strahlung wird von den Innenwänden des Hohlraums reflektiert und nach wenigen Reflexionen fast vollständig absorbiert. Die austretende Strahlung ist dann mit guter Genauigkeit schwarze Strahlung. Als Oberfläche des s. K.s ist der Querschnitt der Öffnung zu verstehen.

Von einem *grauen Körper* spricht man, wenn die von ihm ausgesandte Strahlung, die *graue Strahlung,* zwar dieselbe spektrale Energieverteilung wie die eines s. K.s derselben Temperatur hat, jedoch eine niedrigere Intensität aufweist. Glühende Kohle ist in guter Näherung ein grauer Körper.

Hat die von einem Körper ausgesandte Strahlung eine andere spektrale Energieverteilung als die eines s. K.s, so liegt ein *nichtschwarzer Körper* oder *selektiver Strahler* vor. Metalle strahlen in großen Wellenlängenbereichen grau, im allgemeinen aber selektiv. Metalloxide sind meist stark selektive Strahler.

schwarzer Strahler, svw. schwarzer Körper.

schwarze Temperatur, → Strahlungstemperatur.

Schwarzgehalt, → Farbenlehre.

Schwarzsche Ungleichung, → Minkowski-Raum, → Hilbert-Raum.

Schwarzschild-Effekt, → Reziprozitätsgesetz 4).

Schwarzschild-Feld, → Schwarzschild-Lösung.

Schwarzschild-Lösung, *Schwarzschild-Feld*; kugelsymmetrische statische Lösung der Einsteinschen Gravitationsgleichungen für das Vakuum. Die S.-L. beschreibt das Gravitationsfeld, das von einem Massenpunkt der Masse m erzeugt wird. Diese Lösung der Einsteinschen Gravitationsgleichungen wurde von K. Schwarzschild 1916 angegeben, und bei allen beobachtbaren Effekten der allgemeinen Relativitätstheorie wurde sie der Rechnung zugrunde gelegt. In sphärischen Polarkoordinaten lautet die S.-L.

$$-ds^2 = \left(1 - \frac{2Gm}{c^2r}\right) dt^2 - \frac{1}{1 - \frac{2Gm}{c^2r}} dr^2 - r^2(d\theta^2 + \sin^2\theta\, d\varphi^2), \qquad (1)$$

wobei c die Vakuumlichtgeschwindigkeit und G die Newtonsche Gravitationskonstante ist.

Das Birkhoffsche Theorem besagt, daß die S.-L. die einzige kugelsymmetrische Lösung der Einsteinschen Gravitationsgleichungen (→ allgemeine Relativitätstheorie) ist. Das bedeutet, daß jede kugelsymmetrische Lösung durch eine geeignete Koordinatentransformation auf die Form (1) gebracht werden kann. Eine Zeitabhängigkeit der Metrik ist bei kugelsymmetrischen Gravitationsfeldern also durch eine ungeeignete Wahl des Koordinatensystems bedingt.

Die S.-L. besitzt eine Merkwürdigkeit, den → Schwarzschild-Radius $R = 2Gm/c^2$. Eine Analyse des durch (1) bestimmten Gravitationsfeldes führt zu dem Resultat, daß ein Beobachter, der an der Stelle $r_B \gg R$ ruht und die in (1) auftretende Zeit t mißt, folgendes beobachtet: Ein im Schwarzschildschen Gravitationsfeld der Masse m frei fallendes Teilchen verringert seine Geschwindigkeit in der Nähe von R ständig, derart, daß es R nicht erreichen wird (Abb. 1). Ebenso würde ein im Gebiet

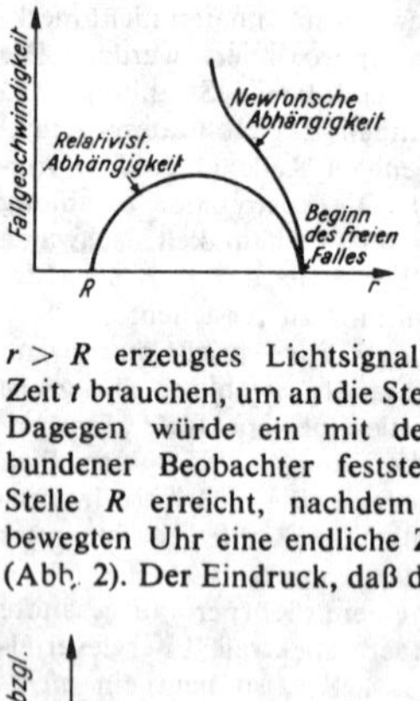

1 Fallgeschwindigkeit in Abhängigkeit von der Radialkoordinate r

$r > R$ erzeugtes Lichtsignal eine unendliche Zeit t brauchen, um an die Stelle R zu gelangen. Dagegen würde ein mit dem Teilchen verbundener Beobachter feststellen, daß er die Stelle R erreicht, nachdem auf seiner mitbewegten Uhr eine endliche Zeit vergangen ist (Abb. 2). Der Eindruck, daß der Schwarzschild-

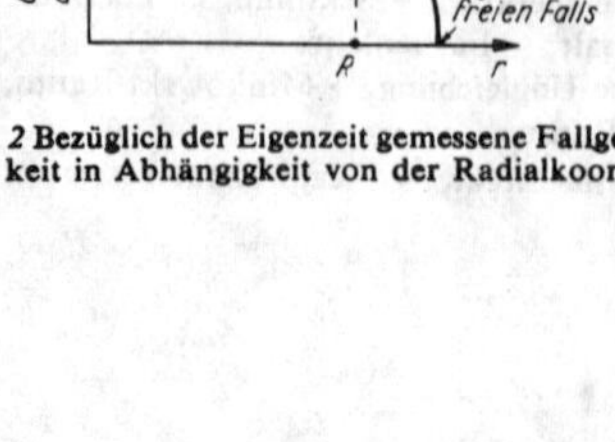

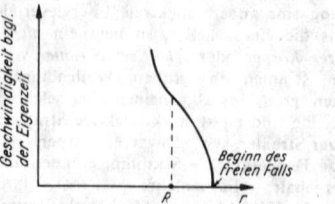

2 Bezüglich der Eigenzeit gemessene Fallgeschwindigkeit in Abhängigkeit von der Radialkoordinate r

Radius eine für Teilchen und Lichtsignale undurchlässige Wand ist, wird also nur bei dem die Zeit t messenden Beobachter hervorgerufen. Mathematisch kommt das darin zum Ausdruck, daß man durch eine Transformation der Zeitkoordinate t das Linienelement (1) z. B. auf die Form

$$-ds^2 = \left(1 - \frac{2mG}{c^2r}\right) c^2 dT^2 + \frac{4mG}{c^2r} c\, dT\, dr - \left(1 + \frac{2mG}{c^2r}\right) dr^2 - r^2(d\Theta^2 + \sin^2 d\Theta^2 \cdot d\varphi^2) \qquad (2)$$

bringen kann. Die in den Koordinaten T, r, Θ und φ berechneten Weltlinien durchstoßen die Fläche $r = R$ für endliches T.

Im allgemeinen wird das Schwarzschildsche Gravitationsfeld durch eine kugelsymmetrische Materieverteilung erzeugt, deren Radius größer als der Schwarzschild-Radius R ist; der für die Sonne z. B. 3 km beträgt. Das Verhalten der S.-L. in der Nähe von R und im Gebiet $r < R$ ist neuerdings dadurch interessant geworden, daß astronomische Beobachtungen auf die Existenz von Massen, den Quasaren, hinweisen, bei denen der Schwarzschild-Radius R außerhalb dieser Massen liegen könnte. Das würde bedeuten, daß Teilchen und Beobachter im Prinzip in das Gebiet $r < R$ gelangen könnten. Die Fläche $r = R$ würde dann für die im Gebiet $r < R$ befindlichen Beobachter ein → Horizont sein.

Schwarzschild-Radius, *Gravitationsradius*, charakterisiert die in der → Schwarzschild-Lösung auftretende Fläche $R = 2mG/c^2$, die eine für Signale jeder Art semipermeable Wand ist. Darin ist G die Newtonsche Gravitationskonstante, m die Masse des das Gravitationsfeld erzeugenden Körpers und c die Vakuumlichtgeschwindigkeit.

Die Bedeutung des S.-R. läßt sich auch durch eine nicht-relativistische Betrachtung nach P. G. Bergmann plausibel machen. Ein Körper der Masse M befinde sich im Gravitationsfeld eines Himmelskörpers der Masse m. Seine Energie E ist dann nach der Newtonschen Mechanik gleich der Summe aus kinetischer und potentieller Energie: $E = \frac{1}{2} Mv^2 - \frac{GmM}{r}$. Wenn die kinetische Energie des Körpers der Masse M (etwa einer Rakete) ausreichen soll, um vom Orte r aus ins Unendliche ($r \to \infty$) zu gelangen, so muß er die Entweichgeschwindigkeit $v_E = \sqrt{\frac{2Gm}{r}}$ besitzen, die sich aus der Gleichung $E = 0$ ergibt. Da r die Entfernung vom Massenmittelpunkt der Masse m ist, in der die Rakete abgeschossen wird, muß also die Abschußgeschwindigkeit v_E um so größer sein, je kleiner r ist. Für $r = 2Gm/c^2$ ist $v_E = c$. In der klassischen Betrachtung, die natürlich nur eine heuristische Bedeutung hat, ist der S.-R. also die Entfernung vom Massenmittelpunkt eines Körpers, in der die Entweichgeschwindigkeit gleich der Lichtgeschwindigkeit ist. Daß sich aus dieser Betrachtung der S.-R. nicht nur größenordnungsmäßig, sondern genau ergibt, ist natürlich ein Zufall.

Schwarzschildsches Prinzip, → **Korpuskularoptik.**

Schwärzungskurve, → photographische Schwärzung.
Schwärzungsmittel, → Strahlungsempfänger.
Schwärzungsreliefverfahren, ein photometrisches Verfahren zur ein- und zweidimensionalen Auswertung photographischer Bilder, das die Niveauunterschiede der photographischen Schicht (Schwärzungsrelief) zur Schwärzungsmessung ausnutzt. Diese Höhenunterschiede entstehen durch die verschiedenen Mengen metallischen Silbers an den mehr oder weniger stark belichteten Stellen; sie betragen maximal etwa 1 μm. Zur Messung benutzt man ein schwach vergrößerndes Interferenzmikroskop. Die beobachteten Interferenzstreifen verbinden die Orte gleichen Niveaus, wodurch das Relief deutlich hervortritt und ausmeßbar wird. Durch die Justiereinrichtung des Interferenzmikroskops können die Streifen zwischen dem waagerechten Schnitt und dem schrägen Schnitt beliebig verändert werden (Tafel 28). Im ersteren Fall erhält man Äquidensiten, im zweiten Fall mehr oder weniger überhöhte photometrische Kurven in Richtung des Profilschnittes. Mit den Äquidensiten wird eine zweidimensionale Photometrie im Mikrobereich realisiert, während die Photometerkurvenscharen bei eindimensionalen photometrischen Problemen (z. B. Spektralphotometrie) mit Vorteil verwendet werden können und die zeitraubende Messung mit einem Schnellphotometer ersetzen.

Der Vorteil des S.s liegt auch darin, daß man in Schwärzungen vordringen kann, die dioptrisch überhaupt nicht mehr zu erfassen sind ($D > 2$).
schwarzverhüllt, → Farbenlehre.
Schwarzweißsymmetrie, → Symmetrie.
Schweben kleiner Teilchen, → Schwebeteilchen.
Schwebeteilchen, kleine Teilchen in Flüssigkeiten und Gasen, deren Gewicht im Idealfall gleich dem statischen → Auftrieb ist. Praktisch treten jedoch infolge geringer Dichteunterschiede immer kleine Steig- bzw. Sinkgeschwindigkeiten auf. S. werden zur Sichtbarmachung von Strömungen (→ Strömungsphotographie) verwendet. In Wasserströmungen wird feines Geschiebe zum Schwebstoff und kann bis zur Wasseroberfläche aufsteigen. Dabei stellt sich ein Gleichgewicht zwischen dem gleichförmigen Fallen aller Teilchen relativ zum umgebenden Wasser und dem Aufwärtstransport durch turbulenten → Austausch ein. Das Schweben der Teilchen wird trotz der vorhandenen Sinkgeschwindigkeit dadurch ermöglicht, daß die Teilchenkonzentration mit der Wassertiefe zunimmt und durch die → Turbulenz des Wassers im Mittel mehr Teilchen nach oben transportiert werden, als wieder mit nach unten geführt werden.
Schwebeverfahren, → Dichte, Abschnitt Dichtemessung.
Schwebung, → Schwingung, → Luftspiegelung.
Schwebungsdauer, → Schwingung.
Schwebungsfrequenz, → Schwingung.
Schwebungsperiode, → Schwingung.
Schwebungsverfahren, → Kapazität, Abschnitt Kapazitätsmessung.
Schwedlersche Kuppel, → Fachwerk.
Schweidlersche Schwankungen, → Schwankung.
Schweif, → Magnetosphäre.

Schweißlichtbogen, Lichtbogen, der zum Schweißen von Metallen in freier Luft entweder zwischen zwei Graphitelektroden in unmittelbarer Nähe der Schweißstelle oder aber zwischen einer Elektrode und dem Schweißgut selbst brennt. Mit Graphitelektroden lassen sich Temperaturen über 6000 K erreichen, bei denen alle bekannten Metalle schmelzen. Beim *Arc-Atom-Schweißverfahren* brennt der Lichtbogen zwischen Wolframelektroden, und zusätzlich wird molekulares Wasserstoffgas eingeblasen. Dieses dissoziiert im Lichtbogen und erhöht bei der Rekombination die an das zu schmelzende Metall abgegebene thermische Energie um die Dissoziationsenergie.
Schwellenenergie, → Schwellenreaktionen, → analytische S-Matrix-Theorie.
Schwellengerade, → Blendung.
Schwellenreaktionen, *endotherme Kernreaktionen,* Kernreaktionen, die erst auftreten können, wenn die kinetische Energie des einfallenden Teilchens eine Energieschwelle überschreitet. Die dazu erforderliche Energie wird als *Schwellen-* oder *Mindestenergie* bezeichnet. Der Q-Wert der S. ist < 0. Bekannte S. sind (n, p)-, (n, α)-, (γ, n)-Prozesse, Kernspaltung durch Neutronen und γ-Quanten und (p, n)-Reaktionen. Bei letzteren steigt der Wirkungsquerschnitt nach Überschreiten der Schwellenenergie um wenige keV stark an. Sie werden deshalb zur Energieeichung von Beschleunigern benutzt.
Schwellwertdetektor, ein → Tscherenkow-Zähler.
Schwenkaufnahmen, → Drehkristallaufnahme.
Schwenkkeil, → Ablenkprisma.
Schweratomtechnik, → Kristallstrukturanalyse.
Schwere, svw. Schwerkraft.
Schwereachse, *Schwereebene,* jede Achse bzw. jede Ebene, auf der bzw. in der der Schwerpunkt liegt.
Schwereanomalie, → Schwerkraft.
Schwerebeschleunigung, → Schwerkraft.
Schwerefeld, das Feld der → Schwerkraft.
schwere Ionen, ein- oder mehrfach ionisierte Atome mit Massezahlen > 4. Wenn s. I. beschleunigt und auf Atomkerne geschossen werden, beobachtet man eine Vielzahl möglicher Kernreaktionen. Dabei dringt oft nicht das gesamte s. Ion in den Kern ein, sondern ein oder mehrere Nukleonen werden von ihm abgestreift. Durch Beschuß von Uran oder Transuranen mit s.n I. können noch schwerere Elemente künstlich erzeugt werden.
Schweremesser, → Gravimeter.
Schwerependel, → Pendel.
schwere Richtungen, → leichte Richtungen.
schwerer Wasserstoff, svw. Deuterium.
schweres Elektron, svw. Müon.
schweres Wasser, → Deuterium.
Schwerkraft, *Schwere,* die im Erdinnern, auf der Erde oder in endlicher Entfernung von der Erdoberfläche wirkende, masseabhängige Kraft auf einen materiellen Probekörper. Diese Definition gilt auch für einen beliebigen Himmelskörper. Die S. ist die Resultierende aus der gravitativen Anziehung (Massenanziehung, → Gravitationsgesetz) und der Zentrifugalkraft infolge der Rotation der Himmelskörper. Für kugelsymmetrische homogene Masseverteilung ist die Massenanziehung

zum Mittelpunkt des Himmelskörpers gerichtet, und ihr Betrag wächst im Innern linear vom Wert Null bis zu ihrem maximalen Wert $GmMR^2$ auf der Oberfläche gemäß $GmMr/R^3$ an, um dann gemäß GmM/r^2 wieder abzufallen; dabei ist m die Masse des Probekörpers, r seine Entfernung vom Mittelpunkt des Himmelskörpers mit der Gesamtmasse M und dem Radius R und G die Newtonsche → Gravitationskonstante. Die Zentrifugalkraft, die von der Winkelgeschwindigkeit $\vec{\omega}$ des rotierenden Himmelskörpers und dem senkrechten Abstand ϱ des Probekörpers der Masse m von der Drehachse abhängt, ist senkrecht von der Drehachse fort gerichtet und hat den Betrag $F_Z = m\varrho\omega^2$ und damit auf der Oberfläche den Betrag $mR\omega^2 \cos\varphi$, wobei φ die geographische Breite auf der Oberfläche des Himmelskörpers ist. Diese Kraft läßt sich in eine radiale (d. h. vertikale), der Massenanziehung entgegenwirkende Komponente $F_{Z,R} = mR\omega^2 \cos^2\varphi$ und eine tangentiale (d. h. horizontale), zum Äquator hin gerichtete Komponente $F_{Z,T} = mR\omega^2 \cos\varphi \sin\varphi$ zerlegen. Die S. – und damit auch die Schwerebeschleunigung – weicht daher geringfügig von der Richtung zum Mittelpunkt der Masseverteilung hin ab, und der Betrag nimmt vom Pol zum Äquator ab. Unter der Annahme kugelförmiger homogener Masseverteilung der Erde ergibt sich auf ihrer Oberfläche für die vertikale bzw. horizontale Komponente der Schwerebeschleunigung g in Abhängigkeit von der geographischen Breite φ: $g_{\varphi,v} = g_0 - a\cos^2\varphi$ bzw. $g_{\varphi,h} = a \sin\varphi \cos\varphi$, wobei $g_0 = GM/R^2$ die Schwerebeschleunigung bei ruhender Erde und $a = \omega^2 R \approx 3{,}4\ \mathrm{cm/s^2}$ ist.

Die wahre Gestalt der Erde ist jedoch nicht kugelförmig, sondern ähnelt einem Ellipsoid (→ Geoid). Die Abplattung der Erde ist eine Folge der Erdrotation und kommt durch die Horizontalkomponente der Zentrifugalkraft zustande; der Unterschied zwischen polarem und äquatorialem Erddurchmesser beträgt rund $^1/_{300}$, so daß ein Probekörper am Pol dem Erdmittelpunkt etwas näher und damit schwerer als am Äquator ist, zumal am Pol außerdem noch die Zentrifugalkraft verschwindet. Ferner ist die Masseverteilung der Erde nicht homogen, da die Dichte von der Erdkruste bis zum Erdkern anwächst und dabei auch erheblich schwankt.

Die Einheit der Schwere ist das gal, $1\ \mathrm{gal} = 1\ \mathrm{cm \cdot s^{-2}}$.

Geräte zur Absolutmessung der S. beruhen meist auf den Prinzipien des freien Falls oder des Pendels, besonders des Reversionspendels. Es müssen dabei Länge (Fallstrecke, Pendellänge) und Zeit (Fallzeit, Schwingzeit) auf das genaueste gemessen werden. Relativmessungen werden ebenfalls mit Pendeln (hier ist nur die Schwingzeit zu ermitteln) und Gravimetern ausgeführt. Durch über die gesamte Erdoberfläche verteilte Absolut- und Relativmessungen hat man nach Elimination der Schwerewirkungen des Reliefs, nach Reduktion auf Meereshöhe und zusätzlichen Korrekturen Daten zur Verfügung, die die Normalschwere in Meereshöhe für die gesamte Erdoberfläche zu bestimmen gestatten. Die Normalschwere beträgt in 45° Breite 980,629 gal, am Pol 983,221 gal und am Äquator 978,049 gal (nach der Internationalen Schwereformel 1930). Die neuesten Werte nach dem 1971 in Moskau angenommenen „Internationalen Schweresystem 1971“ lauten: Schwere am Äquator 978,031 845 58 gal, am Pol 983,217 727 92 gal, in 45° Breite 980,619 050 gal. Die wirkliche Schwere weicht infolge örtlicher Besonderheiten der Erdkruste und des Erdmantels von der Normalschwere ab (*Schwereanomalie*), z. B. in den Alpen bis zu 0,2 gal.

Schweremessungen werden benötigt 1) zur Bestimmung der wirklichen Erdfigur als Ergebnis der Masseverteilungen im Erdinnern und der an diesen Massen angreifenden Kräfte; 2) zur Suche nach Lagerstätten, z. B. Erzen, Salz und Erdöl. Diese Lagerstätten werden meist durch sehr lokale, einige Milligal betragende Schwereanomalien bei der Vermessung eines Gebietes mit Gravimetern angezeigt. Die S. an einem Ort unterliegt zeitlichen Variationen, die die Wirkung der Gezeitenkräfte darstellen.

Die ersten quantitativen Messungen der S. wurden Mitte des 17. Jh. durchgeführt. Lange Zeit war der von Kühnen und Furtwängler 1898 bis 1904 in Potsdam ermittelte Schwerewert der am genauesten ermittelte Wert. Auf diesen Wert gründete man das „Potsdamer Schweresystem“. 1961 bis 1969 wurde eine erneute absolute Schweremessung in Potsdam durchgeführt.

Schwerpunkt, *Massenmittelpunkt*, gedachter Punkt in einem System von Massepunkten, dessen Ortsvektor durch $\vec{R} = \sum_i m_i \vec{r}_i / \sum_i m_i$ gegeben ist, wenn die Massepunkte mit den Massen m_i die Ortsvektoren $\vec{r}_i$ haben und $\sum_i m_i = M$ die Gesamtmasse des Systems ist. Bei einer Masseverteilung $\varrho(\vec{r})$ ergibt sich der S. zu $\vec{R} = \int \vec{r}\varrho(\vec{r})\,\mathrm{d}V / \int \varrho(\vec{r})\,\mathrm{d}V$, wobei $\int \varrho(\vec{r})\,\mathrm{d}V = \int \mathrm{d}m = M$ wieder die Gesamtmasse und $\mathrm{d}m = \varrho(\vec{r})\,\mathrm{d}V$ die Masse eines Volumenelements $\mathrm{d}V$ ist; ist die Masseverteilung homogen, so kann $\varrho(\vec{r})$ als Konstante weggelassen und der S. rein geometrisch bestimmt werden. Der S. eines starren Körpers hat eine feste Lage und kann sowohl innerhalb als auch außerhalb des vom Körper eingenommenen Volumens liegen; der S. eines homogen mit Masse belegten Kreises liegt in dessen Mittelpunkt. Nach der Form der Masseverteilung unterscheidet man zwischen *Linien-*, *Flächen-* und *Körperschwerpunkt*.

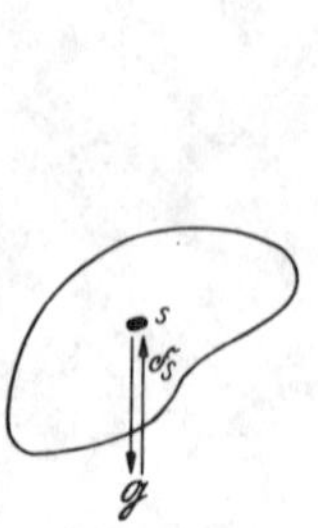

Schwerpunkt

Unterstützt man einen starren Körper im S., wird die Schwerkraft kompensiert: Das im S. angreifende Gesamtgewicht $\vec{G}$ erzeugt ein Drehmoment, das der Summe der Drehmomente der Gewichte aller Masseelemente gleich ist und vom Drehmoment der dem Gewicht entgegengesetzten, betragsmäßig gleich großen Stützkraft $\vec{F}_s$ kompensiert wird (Abb.). Ein im S. unterstützter Körper ist daher in jeder Lage im Gleichgewicht, d. h. in Ruhe.

Aus der Definition des S.s folgt, daß der Gesamtimpuls des Massepunktsystems gleich der mit der Gesamtmasse M multiplizierten Schwerpunktsgeschwindigkeit $\dot{\vec{R}} = \frac{1}{M} \sum m_i \dot{\vec{r}}_i$ ist: $\vec{P} = \sum m_i \dot{\vec{r}}_i = M\dot{\vec{R}}$; da wegen der Newtonschen Bewegungsgleichungen für Massepunktsysteme die zeitliche Änderung $\dot{\vec{P}}$ des Gesamtimpulses gleich der Summe $\vec{F} = \sum \vec{F}_a$ aller äußeren Kräfte $\vec{F}_a$ ist, bewegt sich der S. des Systems wie die unter dem Einfluß der äußeren Gesamtkraft $\vec{F}$ stehende Gesamtmasse M. Man kann daher in vielen Fällen die Bewegung starrer Körper als Bewegung eines Massepunktes betrachten. Besonders bewegt sich der S. eines freien, keinen äußeren Kräften unterworfenen Systems geradlinig gleichförmig (*Satz von der Erhaltung der Schwerpunktsbewegung*, auch *Erhaltungssatz der Schwerpunktsbewegung* oder kurz *Schwerpunktsatz* genannt). Der Schwerpunktsatz gilt auch dann, wenn die Summe der äußeren Kräfte verschwindet. Der S. eines im Flug explodierenden Geschosses bewegt sich, wenn man vom Luftwiderstand absieht, auf der gleichen Bahn, wie sie der S. des nicht detonierenden Geschosses durchlaufen würde.

Schwerpunktsatz, → Schwerpunkt, → Erhaltungssätze.

Schwerpunktsbewegung, → Schwerpunkt, → Erhaltungssätze.

Schwerpunktsgeschwindigkeit, → Schwerpunktsystem.

Schwerpunktskoordinaten, → Schwerpunktsystem.

Schwerpunktsystem, *Massenmittelpunktsystem*, *baryzentrisches Bezugssystem*, Bezugssystem, in dem der Schwerpunkt S eines Systems von Massepunkten P_i, z. B. eines starren Körpers oder Vielteilchensystems, ruht. Das S. bewegt sich mit dem Schwerpunkt mit. Die Relativkoordinaten $\vec{r}_i' = \vec{r}_i - \vec{R}$ der Massepunkte P_i bezüglich S, wobei $\vec{r}_i$ bzw. $\vec{R}$ die Ortsvektoren von P_i bzw. S in einem beliebigen anderen Bezugssystem sind, heißen *Schwerpunktskoordinaten*. Die mittlere Geschwindigkeit des Viel-

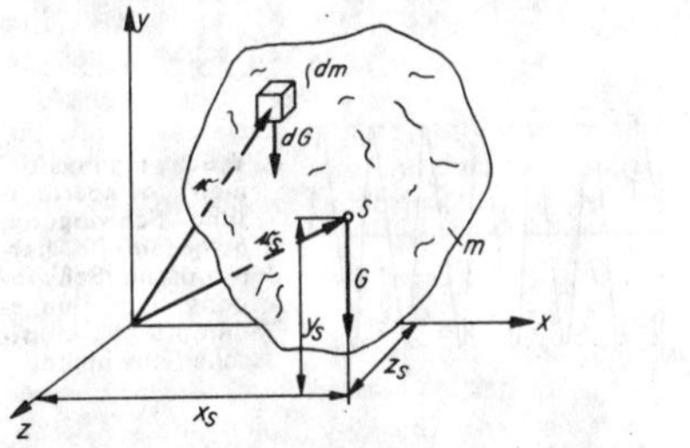

Schematische Darstellung zur Ermittlung der Schwerpunktskoordinaten

teilchensystems, die durch Mittelung der Teilchengeschwindigkeiten mit den Teilchenmassen entsteht, heißt *Schwerpunktsgeschwindigkeit* oder *baryzentrische Geschwindigkeit*. Das S. ist auf Grund des Schwerpunktsatzes (→ Schwerpunkt) für die rechnerische Behandlung physikalischer Fragen, insbesondere von Stößen und Zerfällen von Teilchen, oder z. B. für die Abtrennung der Wärmekonvektion von der Wärmeleitung besonders geeignet, während das → Laborsystem der praktischen Untersuchung besser angepaßt ist.

Schwerstrahl, → Bezugsstrahl.

Schwimmen, Gleichgewichtszustand von in Flüssigkeit eingetauchten Körpern, bei denen der hydrostatische → Auftrieb F_A gleich dem Körpergewicht F_G ist und der Körperschwerpunkt S_K sowie der Schwerpunkt der verdrängten Flüssigkeitsmenge S_F auf einer Senkrechten liegen. Ein Körper schwimmt nur stabil, d. h., er kehrt bei einer kleinen Auslenkung um den Winkel δ in die Gleichgewichtslage zurück, wenn das Metazentrum M oberhalb des Körperschwerpunktes liegt. Wird der Körper geneigt, so wandert der Schwerpunkt der verdrängten Wassermenge nach S_F' (Abb.).

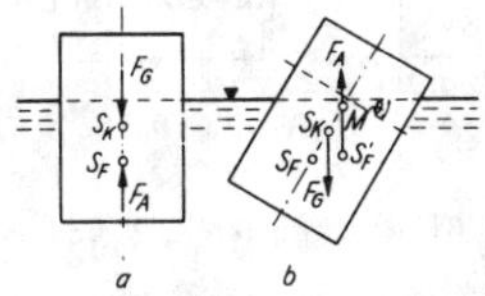

Stabilität schwimmender Körper: *a* Körper in der Gleichgewichtslage, *b* ausgelenkter Körper

Den Schnittpunkt der durch S_F' gehenden Wirkungslinie der Auftriebskraft mit der durch S_K und S_F gehenden Linie nennt man *Metazentrum M*. Liegt M bei einem Schiff unterhalb von S_K, so kommt es zum Kentern. Fallen M und S_K zusammen, so liegt labiles Gleichgewicht vor. Das Verhältnis des eingetauchten Volumens zum Gesamtvolumen des schwimmenden Körpers bezeichnet man als *Tauchfaktor*.

Schwimmerregel, → Schraubenregel.

Schwimmstabilität, → Schwimmen.

Schwinger, svw. Oszillator.

Schwingkeilpaar, → Ablenkprisma.

Schwingkondensator, ein Modulator, der die Umwandlung einer Gleichspannung in eine Wechselspannung bewirkt. Die Gleichspannung lädt über einen Widerstand einen Kondensator auf, dessen Plattenabstand periodisch geändert wird, z. B. durch einen wechselerregten Elektromagneten. Durch die damit verbundene Kapazitätsänderung entsteht am Kondensator eine Wechselspannung, deren Betrag der Gleichspannung proportional ist und die sich mit einem Wechselspannungsverstärker leicht verstärken läßt.

Man benutzt S.en insbesondere als Eingangsstufe von Gleichspannungsmessern mit elektronischen Meßverstärkern. Durch den S. erreicht man sehr hohe Eingangswiderstände ($10^{11} \cdots 10^{16}\,\Omega$), so daß man solche Meßgeräte auch als *Schwingkondensator-Elektrometer* bezeichnet.

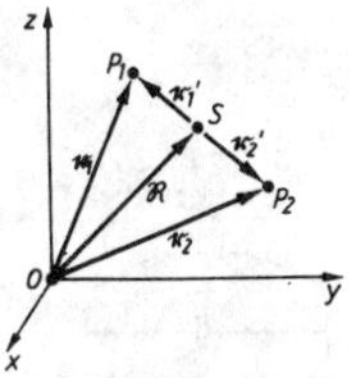

Schwerpunktsystem. *O* Bezugspunkt eines beliebigen Koordinatensystems, *S* Schwerpunkt, d. h. Bezugspunkt im Schwerpunktsystem

Schwingkreis, *Schwingungskreis*, eine elektrische Anordnung, die aus einer Reihen- oder Parallelschaltung einer Spule und eines Kondensators besteht. Bei Reihenschaltung dieser Elemente spricht man von einem Reihenschwingkreis, bei Parallelschaltung von einem Parallelschwingkreis. Die im S. auftretenden Verluste, die ihre Ursache in den Spulen- und Kondensatorverlusten sowie in der endlichen Leitfähigkeit der Verbindungsdrähte haben, werden im allgemeinen zu einem Verlustwiderstand zusammengefaßt (Abb. 1a, b, c).

Im Nieder- und Hochfrequenzbereich werden die S.e aus konzentrierten Schaltelementen (Spulen, Kondensatoren) aufgebaut, im Dezimeter- und Mikrowellengebiet finden Topfkreise und Hohlraumresonatoren Verwendung.

In der Nachrichtentechnik, z. B. beim → Bandfilter, benutzt man häufig *gekoppelte S.e*, die galvanisch, induktiv oder kapazitiv gekoppelt sind.

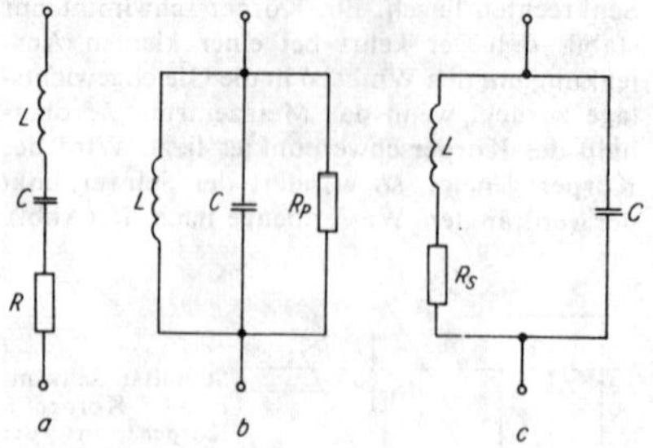

1 Schwingkreise: *a* Reihenschwingkreis, *b* und *c* Parallelschwingkreise

Ein S. kann durch eine angelegte Wechselspannung zu erzwungenen Schwingungen mit der Frequenz dieser Spannung angeregt werden. Wird der S. einmalig von außen angeregt und dann sich selbst überlassen, so führt er freie Schwingungen mit seiner Eigenfrequenz aus, die stets gedämpft sein werden, da in den Wirkwiderständen des S.es die elektromagnetische Energie in Wärme umgewandelt wird. Durch geeignete elektronische Schaltungen können diese Verluste ersetzt werden, so daß ungedämpfte elektromagnetische Schwingungen entstehen.

1) Freie Schwingungen von S.en. a) *Entstehung freier Schwingungen in einem ungedämpften S.* Der Kondensator C eines S.es (Abb. 2) werde durch kurzzeitiges Anlegen einer äußeren Spannung aufgeladen. Nun entlädt sich der Kondensator über die Spule L; der dabei fließende Strom baut ein Magnetfeld um die Spule auf. Beginnt der Entladungsstrom nachzulassen, so bricht das magnetische Feld um L zusammen, und es entsteht ein Induktionsstrom, der nach dem Lenzschen Gesetz in der gleichen Richtung fließt wie der anfängliche Entladungsstrom. Dadurch wird der Kondensator C entgegengesetzt zu seinem vorhergehenden Ladungszustand aufgeladen, und der gleiche Vorgang beginnt von neuem. Es findet dabei eine ständige Umwandlung von elektrischer in magnetische Energie statt, und umgekehrt.

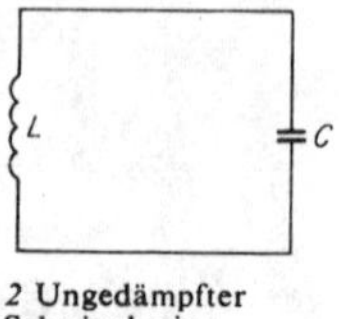

2 Ungedämpfter Schwingkreis

b) *Differentialgleichung des freien S.es und ihre Lösungen.* Für einen gedämpften S. nach Abb. 3 folgt aus dem 2. Kirchhoffschen Gesetz für die an der Spule L, dem Widerstand R und dem Kondensator C anliegenden Spannungen $u_L + u_R + u_C = 0$. Mit $u_L = L\frac{di}{dt}$, $u_R = Ri$ und $u_C = \frac{q}{C}$, wobei q die Ladung des Kondensators und i die Stromstärke sind, folgt unter Berücksichtigung von $\frac{dq}{dt} = i$: $L\frac{d^2q}{dt^2} + R\frac{dq}{dt} + \frac{q}{C} = 0$. Durch Differentiation nach der Zeit ergibt sich $L\frac{d^2i}{dt^2} + R\frac{di}{dt} + \frac{i}{C} = 0$. Diese lineare homogene Differentialgleichung zweiter Ordnung für i wird durch einen Lösungsansatz $i \sim e^{\lambda t}$ gelöst, wenn die Konstante $\lambda = -\frac{R}{2L} \pm \sqrt{\left(\frac{R}{2L}\right)^2 - \frac{1}{LC}}$ ist. Man hat 3 Fälle zu unterscheiden:

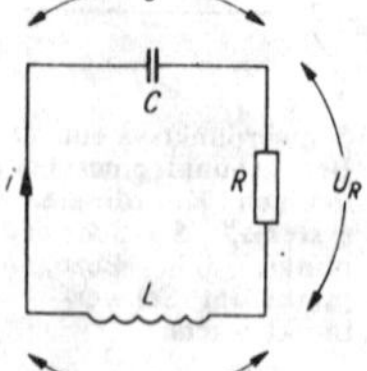

3 Spannungsabfälle am Kondensator, am ohmschen Widerstand und an der Spule

1. Fall: $\left(\frac{R}{2L}\right)^2 > \frac{1}{LC}$. Als Lösung ergibt sich $i = c_1e^{\lambda_1 t} + c_2e^{\lambda_2 t}$ mit $\lambda_{1,2} = -\frac{R}{2L} \pm \sqrt{\left(\frac{R}{2L}\right)^2 - \frac{1}{LC}}$. Die Konstanten c_1 und c_2 ergeben sich hier wie im folgenden aus den Anfangsbedingungen. Die Lösung liefert einen zeitlich aperiodischen Verlauf (Abb. 4a).

2. Fall: $\left(\frac{R}{2L}\right)^2 = \frac{1}{LC}$. Als Lösung erhält man $i = (c_1 + c_2t)\,e^{-\frac{R}{2L}t}$, also ebenfalls einen aperiodischen Verlauf. Diesen Fall bezeichnet man als *aperiodischen Grenzfall.*

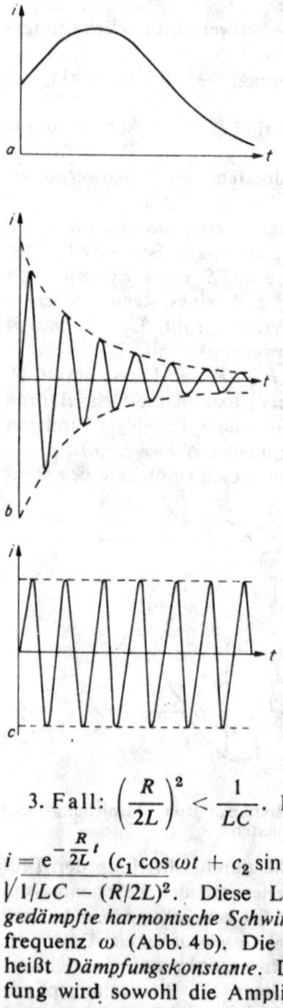

4 Schwingungsformen: *a* aperiodische Schwingung, *b* gedämpfte harmonische Schwingung, *c* ungedämpfte harmonische Schwingung

3. Fall: $\left(\frac{R}{2L}\right)^2 < \frac{1}{LC}$. Die Lösung lautet $i = e^{-\frac{R}{2L}t}(c_1\cos\omega t + c_2\sin\omega t)$ mit $\omega = \sqrt{1/LC - (R/2L)^2}$. Diese Lösung beschreibt *gedämpfte harmonische Schwingungen* der Kreisfrequenz ω (Abb. 4b). Die Größe $\delta = R/2L$ heißt *Dämpfungskonstante*. Durch die Dämpfung wird sowohl die Amplitude der Schwingung exponentiell verkleinert als auch die Frequenz gegenüber dem ungedämpften Fall verringert. Die Größe $d = \frac{2\pi}{\omega}\delta$ wird *logarithmisches Dekrement* genannt.

Ist der Verlustwiderstand R und damit die Dämpfungskonstante δ gleich Null, so führt der S. *ungedämpfte harmonische Schwingungen* aus (Abb. 4c). Für ihre Frequenz $f_0 = \omega_0/2\pi$

ergibt sich $f_0 = \frac{1}{2\pi\sqrt{LC}}$, und für die Schwingungsdauer $T_0 = 1/f_0$ erhält man $T_0 = 2\pi\sqrt{LC}$. Diese Beziehung heißt *Thomsonsche Schwingungsformel.*

c) *Energiebilanz beim gedämpften S.* Aus der Differentialgleichung $L\frac{d^2q}{dt^2} + R\frac{dq}{dt} + \frac{q}{C} = 0$ folgt nach Multiplikation mit $\frac{dq}{dt}$ und unter Berücksichtigung von $\frac{dq}{dt} = i$ die Beziehung $-\frac{d}{dt}\left(\frac{1}{2}\frac{q^2}{C} + \frac{1}{2}Li^2\right) = Ri^2$. Da $W_{el} = \frac{1}{2}\frac{q^2}{C}$ die Energie des Kondensators und $W_{mag} = \frac{1}{2}Li^2$ die Energie der Spule darstellt, bleibt die gesamte elektromagnetische Energie des S.es $W_{ges} = W_{el} + W_{mag}$ nur konstant, wenn $R = 0$ ist. Dann gilt gerade $\frac{d}{dt}W_{ges} = 0$ oder W_{ges} = konst. Ist $R \neq 0$, so verringert sich diese Energie, sie wird in Joulesche Wärme Ri^2 umgewandelt und geht somit für die Schwingung verloren.

d) *Geschlossene und offene S.e.* Einen S. nach Abb. 2 bezeichnet man als geschlossen. Werden die Platten des Kondensators auseinandergezogen, so entsteht ein offener S., der elektromagnetische Wellen abzustrahlen vermag (Abb. 5a). Dipolantennen (Abb. 5b) stellen solche offenen S.e dar. Bei offenen S.en entstehen zusätzlich zu den Jouleschen Wärmeverlusten Energieverluste durch die Wellenabstrahlung, die als *Strahlungsdämpfung* bezeichnet werden.

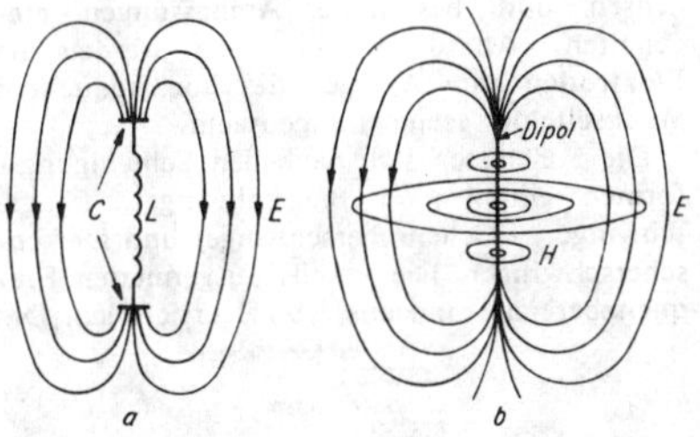

5 Offener Schwingkreis: *a* Entstehung eines offenen Schwingkreises, *b* Dipolantenne. *E* elektrische Feldstärke, *H* magnetische Feldstärke

2) Erzwungene Schwingungen von S.en. Wird der S. durch eine von außen angelegte Wechselspannung angeregt, so führt er erzwungene Schwingungen mit der Frequenz $f = \omega/2\pi$ dieser Störspannung aus. Lediglich in einem kurzen Zeitintervall nach dem Ausschalten der äußeren Spannung überlagern sich den erzwungenen Schwingungen die Eigenschwingungen mit der Resonanzfrequenz $f_0 = \omega_0/2\pi$ des Kreises, die jedoch infolge der stets vorhandenen Dämpfung exponentiell abklingen und daher im folgenden vernachlässigt werden können.

a) *Reihenschwingkreis* (Abb. 6). Es werde vorausgesetzt, daß am Reihenschwingkreis unabhängig von dem in ihm fließenden Strom eine Wechselspannung mit der *konstanten* Amplitude U anliegt, der Generatorinnenwiderstand also zu vernachlässigen ist. Dann ergibt sich für die Amplitude des Stromes unter Zuhilfenahme der → komplexen Wechselstromrechnung $I = \frac{U}{\sqrt{R^2 + \left(\omega L - \frac{1}{\omega C}\right)^2}}$ und für den Phasenwinkel φ zwischen Spannung und Strom $\varphi = \arctan\left(\frac{\omega L - \frac{1}{\omega C}}{R}\right)$. Bei niedrigen Frequenzen ist also $\varphi < 0$ und bei hohen $\varphi > 0$. Bei $\varphi > 0$ eilt die Spannung dem Strom voraus, bei $\varphi < 0$ eilt die Spannung dem Strom nach.

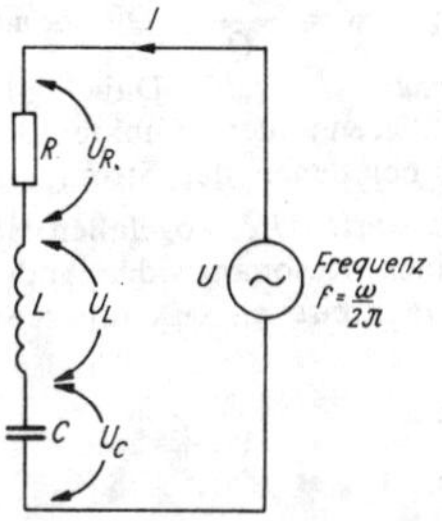

6 Zur Reihenresonanz

Als *Resonanz* (beim Reihenschwingkreis speziell als Reihen- oder Spannungsresonanz) bezeichnet man den Fall, daß die Phasenverschiebung zwischen Strom und Spannung verschwindet, daß also der Blindwiderstand $\omega L - 1/\omega C$ gleich Null ist. Damit ergibt sich als Resonanzbedingung $\omega = \omega_0 = 1/\sqrt{LC}$. Die Generatorfrequenz muß gleich der Eigenfrequenz des ungedämpften S.es sein.

Im Resonanzfall ist der → Wechselstromwiderstand $\sqrt{R^2 + (\omega L - 1/\omega C)^2}$ des Kreises gleich R, und der Strom nimmt seinen Maximalwert $I_{res} = U/R$ an. I_{res} ist um so größer, je kleiner der Wirkwiderstand R ist, der meist durch die Verluste des S.es gegeben wird. Führt man die *Güte* des Reihenschwingkreises $Q = \frac{\omega_0 L}{R}$ und die *Verstimmung* $v = \frac{\omega}{\omega_0} - \frac{\omega_0}{\omega}$ ein, so können die angegebenen Beziehungen für I und φ folgendermaßen geschrieben werden:

$$I = \frac{I_{res}}{\sqrt{1 + Q^2 \cdot v^2}}, \quad \varphi = \arctan(Q \cdot v).$$

In Abb. 7a und b ist der Verlauf des Stromes und des Phasenwinkels φ in Abhängigkeit von

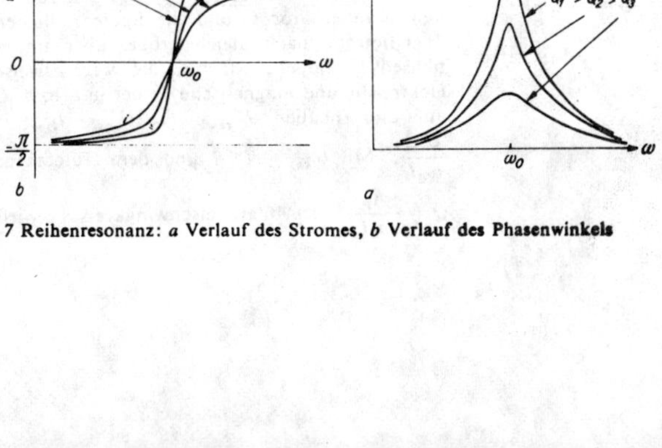

7 Reihenresonanz: *a* Verlauf des Stromes, *b* Verlauf des Phasenwinkels

der Generatorkreisfrequenz ω für verschiedene Werte der Kreisgüte Q dargestellt.

Bei Resonanz liegen wegen $\omega_0 L = \frac{1}{\omega_0 C}$ am Kondensator und der Spule dem Betrage nach gleiche Spannungen, deren Phasen um π verschoben sind: $U_{L\,res} = \omega_0 L I_{res} = U_{C\,res} = \frac{I_{res}}{\omega_0 C}$. Mit $I_{res} = \frac{U}{R}$ und $Q = \frac{\omega_0 L}{R}$ ergibt sich $U_{L\,res} = U_{C\,res} = Q \cdot U$. Bei Resonanz sind damit die Spannungen am Kondensator und an der Spule um den Gütefaktor Q, der Werte von einigen Hundert annehmen kann, größer als die Generatorspannung. Man spricht dann von *Spannungsüberhöhung*.

Der *Resonanzwiderstand* $R_{res} = (U/I)_{\omega = \omega_0}$ ergibt sich zu $R_{res} = R = \frac{\omega_0 L}{Q}$. Die *Bandbreite* des S.es beträgt $\Delta f = f_0/Q$. Dabei gibt Δf die Frequenzdifferenz der Punkte der Resonanzkurve an, bei denen der Strom auf $1/\sqrt{2}$ seines Maximalwertes I_{res} abgefallen ist.

Wegen ihres kleinen Resonanzwiderstandes werden Reihenschwingkreise als → Saugkreise verwendet.

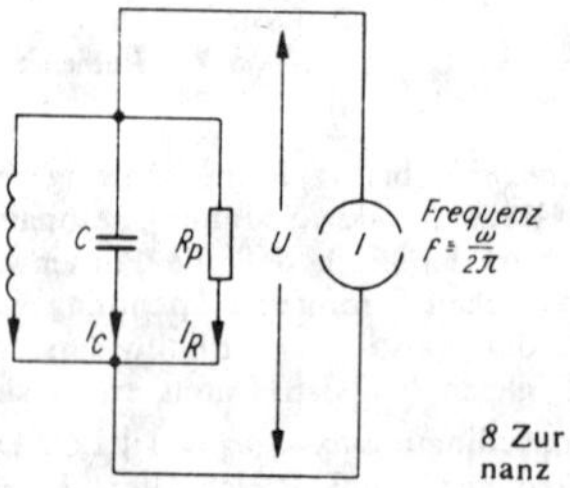

8 Zur Parallelresonanz

b) *Parallelschwingkreis* (Abb. 8). Es wird vorausgesetzt, daß durch den S. unabhängig von dessen Wechselstromwiderstand ein konstanter Wechselstrom der Frequenz ω fließt. Dazu muß der Generator einen sehr hohen Innenwiderstand haben. Der Widerstand R_p im S. repräsentiert die Verluste des S.es. Die Amplitude der Spannung ist an L, C und R gleich und beträgt $U = \frac{I}{\sqrt{1/R_p^2 + \left(\omega C - \frac{1}{\omega L}\right)^2}}$, und für den Phasenwinkel φ zwischen Spannung und Strom ergibt sich $\varphi = \arctan\{(1/\omega L - \omega C)\,R_p\}$. Die graphische Darstellung von U und φ als Funktionen von ω gibt ähnliche Kurvenverläufe wie in Abb. 7. Im Resonanzfall ist $\varphi = 0$. Die Resonanzbedingung lautet damit wie beim Reihenresonanzkreis $\omega = 1/\sqrt{LC}$.

Bei Resonanz erreicht die Spannung U am S. ihren Maximalwert $U_{res} = I \cdot R_p$, und durch den Kondensator C und die Spule L fließen dem Betrage nach gleich große, aber um π phasenverschobene Ströme, die wechselweise elektrische und magnetische Felder in L bzw. C auf- und abbauen: $I_{C\,res} = \omega_0 C U_{res} = I_{L\,res} = \frac{U_{res}}{\omega_0 L}$. Mit $U_{res} = I \cdot R$ und dem Gütefaktor $Q = \frac{R_p}{\omega_0 L}$ des Parallelschwingkreises wird $I_{C\,res} = I_{L\,res} = Q \cdot I$. Die Ströme in den Blindwiderständen sind bei Resonanz also um den Faktor Q größer als der Generatorstrom I. Daher wird der Fall der *Parallelresonanz* auch als *Stromresonanz* bezeichnet.

Führt man wie beim Reihenschwingkreis die Verstimmung v ein, so wird $U = U_{res}/\sqrt{1 + Q^2 \cdot v^2}$ und $\varphi = -\arctan(Q \cdot v)$.

Für den Resonanzwiderstand $R_{res} = (U/I)_{\omega = \omega_0}$ ergibt sich $R_{res} = R_p = Q \cdot \omega_0 \cdot L$ und für die Bandbreite $\Delta f = f_0/Q$. Dabei gibt Δf den Frequenzabstand der Punkte der Resonanzkurve an, bei denen die Spannung auf $1/\sqrt{2}$ ihres Maximalwertes U_{res} gesunken ist.

Wegen ihres hohen Resonanzwiderstandes werden Parallelschwingkreise als → Sperrkreise verwendet.

Lit. Schröder: Elektrische Nachrichtentechnik, Bd 1 (Berlin-Borsigwalde 1959).

Schwingmode, svw. Schwingungsmode.

Schwingquarz, Quarzkristalle geeigneter geometrischer Form, die unter dem Einfluß eines hochfrequenten elektrischen Wechselfeldes zu intensiven Deformationsschwingungen angeregt werden können, wenn die erregende Frequenz mit der Eigenfrequenz des Quarzkristalls übereinstimmt. Die Wirkungsweise des Quarzes als elektromagnetischer Wandler und als schwingungsfähiges Gebilde (Resonator) beruht auf dem piezoelektrischen Effekt. S.e werden aus einem natürlichen oder künstlichen Quarzkristall (Rechts- oder Linksquarz) in Form von quadratischen oder runden Scheiben, Linsen, Stäben oder Ringen herausgeschnitten. Zur Erzielung bestimmter Temperatureigenschaften und Schwingunsformen werden dabei bestimmte Orientierungen zu den Kristallachsen und bestimmte Abmessungen eingehalten. An diesen Plättchen werden die Elektroden zum Anlegen des hochfrequenten Wechselfeldes geeignet angebracht.

Die S.e lassen sich nach den Schwingungsformen einteilen in Biegeschwinger, Längsschwinger, Flächenscherschwinger und Dickenscherschwinger. Die jeweils ausgenutzten Frequenzbereiche sind aus Abb. 1 ersichtlich. Die

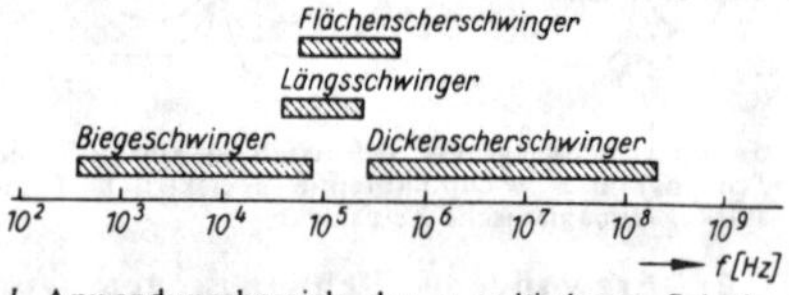

1 Anwendungsbereich der verschiedenen Schwingungsformen von Schwingquarzen

Resonanzfrequenz eines Längsschwingers ist umgekehrt proportional zu seiner Länge, die eines quadratischen Flächenscherschwingers umgekehrt proportional zur Kantenlänge und die eines Dickenscherschwingers umgekehrt proportional zur Dicke. Bei den Biegeschwingern ist die Resonanzfrequenz proportional zur Höhe und umgekehrt proportional zum Quadrat der Länge. Zur Erreichung von höheren Frequenzen bis etwa 300 MHz wird der S. in mechanischen Oberschwingungen angeregt.

Die Güte von S.en ist im Vergleich zu elektrischen Schwingkreisen sehr hoch (zwischen 10^4 und $5 \cdot 10^6$). Außerdem haben S.e über einen großen Frequenzbereich nur einen sehr kleinen Temperaturkoeffizienten der Frequenz, wobei sich die einzelnen Schnitte allerdings sehr unterschiedlich verhalten. Auf diesen beiden Eigenschaften beruht die Anwendung von S.en als frequenzbestimmendes Element in Quarzoszillatoren oder Quarzssendern und in Quarzfiltern.

Das elektrische Ersatzschaltbild eines S.es in der Nähe der Resonanzfrequenz ist in Abb. 2 wiedergegeben.

Aus diesem Ersatzschaltbild ergibt sich, daß der S. eine Reihenresonanzfrequenz f_r und eine Parallelresonanzfrequenz f_p hat, wobei $f_p > f_r$ ist.

Eine einfache Schaltung zur Frequenzstabilisierung eines Senders (Quarzsender) ist die in Abb. 3a wiedergegebene *Pierce-Schaltung*. Bei dieser schwingt der S. nicht in der durch die Eigenresonanz gegebenen Frequenz f_r, sondern mit einer etwas höheren Frequenz zwischen f_r und f_p, da in dieser Schaltung ein Reihenresonanzkreis nicht erregt werden kann. Durch Schaltelemente kann in der Pierce-Schaltung die Resonanzfrequenz des Quarzes beeinflußt werden (Mitziehen des Quarzes). Insbesondere kann das auch durch zufällige Änderungen geschehen, so daß diese Schaltung Ansprüchen an hohe Frequenzgenauigkeit nicht genügt. Wesentlich höheren Ansprüchen genügt die *Heegner-Schaltung* (Abb. 3b). Bei dieser Schaltung wird der Quarz exakt in seiner Reihenresonanzfrequenz f_r erregt. Zur Erreichung der vollen Resonanzschärfe müssen die Widerstände *R* sehr klein, d. h. kleiner als der Kristallwiderstand gewählt werden (wenige Ohm).

Transistorschaltungen eignen sich ebenfalls zur Quarzsteuerung. Mit quarzgesteuerten Sendern erreicht man eine sehr hohe Frequenzkonstanz ($\Delta f/f \approx 10^{-8}$).

Eine weitere Anwendung von S. erfolgt in den Quarzfiltern, die zur Frequenzselektion verwendet werden. Mit Quarzfiltern lassen sich Bandfilter geringer Welligkeit, sehr hoher Güte und großer Flankensteilheit aufbauen. Bei den Filterquarzen stellt man neben der Forderung nach hoher Temperaturkonstanz noch die Forderungen nach großem Abstand der Nebenresonanzfrequenzen, genügender Durchlaßbreite und enger Toleranz der dynamischen Ersatzgrößen. S.e können auch zur Erzeugung von Ultraschallwellen verwendet werden.

Schwingquarzwaage, Vorrichtung zur Messung der Aufdampfrate bei der Herstellung von Aufdampfschichten im Vakuum. Es wird die Abhängigkeit der Eigenfrequenz eines schwingenden Quarzplättchens von dessen Dicke ausgenutzt. Verwendet werden etwa 1 mm dicke Quarzplättchen, die Dickenscherschwingungen mit einer Frequenz von einigen MHz ausführen. Auf die durch die Bedampfung hervorgerufene Dickenänderung reagiert der Schwingquarz mit einer Frequenzänderung. Diese ist gegeben durch $\frac{\Delta f}{f} = -\frac{\Delta m}{\varrho F d}$. Hierbei ist f die Eigenfrequenz, Δf die Frequenzänderung, Δm die aufgedampfte Masse, F die bedampfte Fläche, ϱ die Dichte und d die Dicke des Schwingquarzes. Die Genauigkeit wird bedingt durch die Meßgenauigkeit von Δf und liegt bei 0,1 bis 0,01 nm. Meßfehler werden in erster Linie durch die Erwärmung des Schwingquarzes infolge der Strahlungs- und Kondensationswärme verursacht, da die Eigenfrequenz f temperaturabhängig ist. Die S. ist besonders im Ultrahochvakuum geeignet, da sie klein, mechanisch unempfindlich und ausheizbar ist.

Schwingung, *Oszillation*, zeitlich periodische Änderung einer oder mehrerer physikalischer Größen um einen Mittelwert bzw. eine oft damit zugleich verknüpfte periodische Zustandsänderung physikalischer Systeme. Beispiele sind S.en von Pendeln, Saiten, Stäben und Platten, Luft und Flüssigkeiten (→ Schall), S.en im Plasma (→ Plasmaschwingungen), ferner S.en von elektrischen Kreisen (→ Schwingkreis) sowie der elektrischen und magnetischen Feldstärke. Am einfachsten überschaubar sind die Verhältnisse bei kleinen S.en mechanischer Systeme; für sie liegt eine allgemeine Theorie vor, der auch die wesentlichen Begriffsbildungen entstammen. Während die Behandlung der S.en mechanischer Systeme auf Systeme gekoppelter gewöhnlicher Differentialgleichungen führt, treten bei den elastischen S.en kontinuierlicher Medien, die auch *Vibrationen* genannt werden, die schwieriger zu behandelnden partiellen Differentialgleichungen auf. S.en können sich als → Wellen ausbreiten (→ Wellengleichung). Die Untersuchung von S.en und Wellen ist eine äußerst wichtige Aufgabe der Physik, da diese Grundlage für viele technische Nutzanwendungen und praktische Probleme sind.

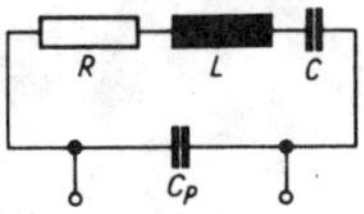

2 Elektrisches Ersatzschaltbild eines zu Schwingungen angeregten Schwingquarzes in der Nähe der Resonanzfrequenz. C_p durch die Elektroden bedingte Parallelkapazität, *R*, *L* und *C* elektrische Ersatzgrößen des Schwingquarzes

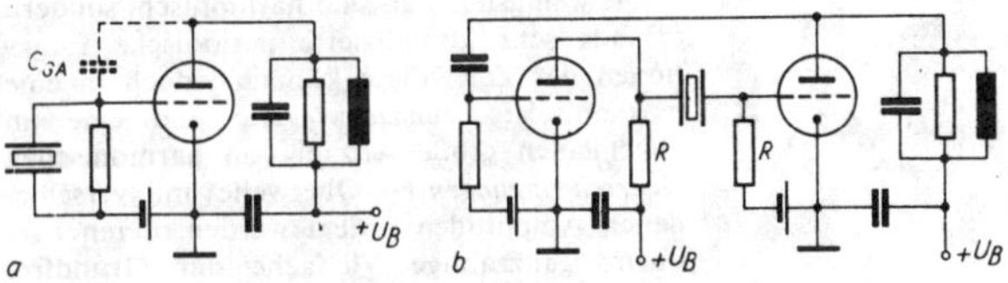

3 Quarzsender: *a* Pierce-Schaltung, *b* Heegner-Schaltung. U_B Speisespannung, C_{GA} Gitteranodenkapazität

Der momentane Wert der schwingenden Größe, z. B. der x-Koordinate des Massepunktes in Abb. 1, relativ zum Gleichgewichtswert ($x_0 = 0$) heißt *momentane Auslenkung* oder *Elongation*; die maximale Auslenkung ($x = a$), genauer deren Betrag, heißt *Amplitude*, *Schwingungsweite* oder *Scheitelwert*. Die Anzahl der S.en je Sekunde ist die *Schwingungszahl* oder → Frequenz ν; $T = 1/\nu$ ist die *Schwingungsdauer* oder *Periode* der S. Man spricht von *harmonischer S.*, wenn die Auslenkung x eine harmonische Funktion der Zeit t, d. h. $x = a\cos(\omega t + \varphi_0)$ ist; dabei ist $\omega = 2\pi\nu$ die Kreisfrequenz, d. i. die Anzahl der S.en in 2π Sekunden, φ_0 die Phasenkonstante und $\varphi = \omega t + \varphi_0$ die Phase (Phasenwinkel). Die harmonische S. ist Grundtyp aller S.en; bei ihr werden in gleichen Zeiten gleiche Phasenänderungen vollzogen, d. h., die Phasendifferenz $\Delta\varphi = \varphi(t_1) - \varphi(t_2) = \omega(t_1 - t_2) = \omega\Delta t$ ist der Zeitdifferenz Δt direkt proportional. Wegen der genannten Eigenschaften kann die harmonische S. durch eine gleichförmige →

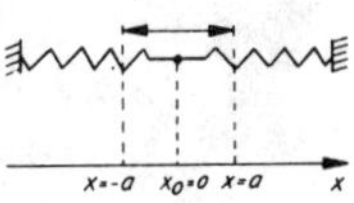

1

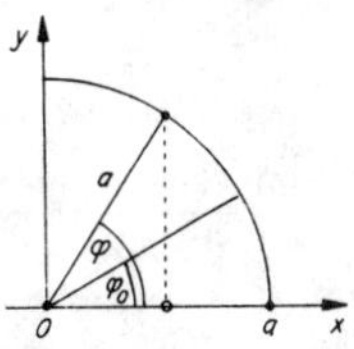

2

Schwingung

Kreisbewegung mit der konstanten Winkelgeschwindigkeit ω und dem Radius a vermittelt werden (Abb. 2): Die Projektion der Bewegung auf die x-Achse ergibt gerade $x = a\cos(\omega t + \varphi_0)$, wenn φ_0 der Winkel zwischen x-Achse und Radiusvektor zur Zeit $t = 0$ ist. Die harmonische S. ist eine *isochrone S.*, d. h., die Schwingungsdauer T hängt nicht von der Amplitude ab.

Oft erweist es sich als zweckmäßig, die Abhängigkeit der Auslenkung als Realteil (Re) des komplexen Ausdrucks $\underline{a} \cdot e^{i\omega t}$, d. h. $x = \mathrm{Re}(\underline{a}e^{i\omega t})$ darzustellen, wobei $ae^{i\varphi_0}$ die *komplexe Amplitude* ist, deren Betrag mit der gewöhnlichen Amplitude a und deren Argument mit der Phasenkonstante φ_0 übereinstimmt. Bei den zumeist benutzten linearen mathematischen Operationen braucht man dann erst am Ende aller Operationen zum Realteil zurückzukehren; bei nichtlinearen Operationen, z. B. beim Quadrieren, ist das nicht möglich, solche Operationen treten aber häufig erst am Ende der Rechnung auf.

Die wenigsten S.en sind harmonisch, sondern oftmals sehr komplizierte periodische Funktionen der Zeit; diese können jedoch in eine harmonische *Grundschwingung* und eine im allgemeinen große Anzahl von harmonischen *Oberschwingungen* (→ Oberwelle) mit verschiedenen Amplituden zerlegt werden, deren Frequenz ganzzahlige Vielfache der Grundfrequenz sind (→ harmonische Schwingungsanalyse). Bei Nichtlinearitäten schwingender Systeme können auch → Unterschwingungen, d.s. Schwingungen mit Bruchteilen der Grundfrequenz, auftreten. Solche *anharmonischen S.en* liegen bei nahezu allen praktisch auftretenden S.en mit großer Amplitude vor (→ Pendel), besonders typische Beispiele sind → Kippschwingungen und Klänge (→ Klang); diese sind zumeist außerdem → nichtlineare Schwingungen.

Werden mehrere schwingungsfähige Systeme oder Größen miteinander verkoppelt, d. h. eine Energieübertragung vom einen auf das andere System ermöglicht, so treten *gekoppelte S.en*, auch *Koppelschwingungen* genannt, auf (→ Kopplung 1). Beispiele gekoppelter S.en sind S.en eines dreidimensionalen (räumlichen) anisotropen Oszillators und die S.en sympathischer Pendel, ferner lassen sich die S.en kontinuierlicher Masseverteilungen als Grenzfall unendlich vieler gekoppelter Oszillatoren ansehen. Die Zusammensetzung zweier harmonischer S.en gleicher Richtung und gleicher Amplitude a mit nur wenig unterschiedenen Frequenzen ν_1 und ν_2, wobei $\Delta\nu = \nu_1 - \nu_2 \ll \nu_1$ ist, ergibt eine S. der Frequenz $\nu = (\nu_1 + \nu_2)/2$, deren Amplitude zwischen $2a$ und 0 schwankt, d. i. eine *Schwebung* (Abb. 3). Die *Schwebungsfrequenz* ist $\nu_s = \nu_1 - \nu_2 = \Delta\nu$,

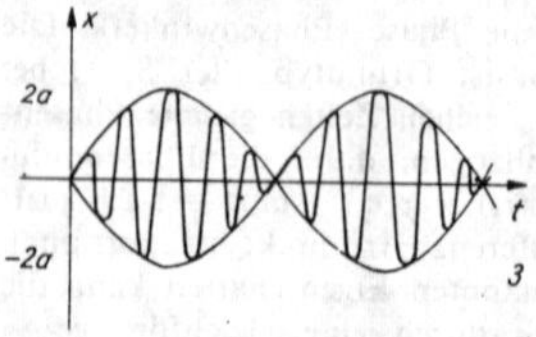

3

die *Schwebungsdauer* oder *Schwebungsperiode* folglich $T_s = 1/\Delta\nu$. Schwebungen treten oft als unerwünschte Begleiterscheinungen in elektronischen Bauteilen auf, sind z. B. als Pfeifton beim „Überstimmen" des Radios hörbar, sie werden aber auch technisch angewandt, z. B. beim Schwebungssummer. Höhere akustische, d. h. tonfrequente Schwebungsfrequenzen werden infolge nichtlinearer Übertragungsverhältnisse im Ohr als Differenztöne hörbar, während tiefe Schwebungsfrequenzen, die kleiner als 16 Hz sind, als Lautstärkeschwankungen wahrnehmbar sind. Bei der Stimmung eines Saiteninstrumentes z. B. kann eine exakte Übereinstimmung mit dem Stimmton dann erreicht werden, wenn auf verschwindende Schwebungen eingestimmt wird. Absichtlich werden Schwebungen häufig bei elektrischen Musikinstrumenten zur Erzielung besonderer Klangeffekte dadurch erzeugt, daß zwei wenig gegeneinander verstimmte Schallgeber zur Ausstrahlung eines musikalischen Tones gleichzeitig angeregt werden (Vibrato).

Gekoppelte harmonische S.en treten nur dann auf, wenn das zugehörige Differentialgleichungssystem für die schwingungsfähigen Variablen q_j linear ist. Man nennt daher auch die dabei auftretenden S.en linear. Die Behandlung derartiger Systeme ist allgemein möglich (→ lineare mechanische Schwingungen). Wegen des Fehlens einer allgemeinen mathematischen Theorie zur Behandlung nichtlinearer Differentialgleichungen steht dagegen die Untersuchung der nichtlinearen S.en, abgesehen von einigen Spezialfällen, noch in den Anfängen, obwohl sie von großer praktischer Bedeutung ist.

S.en, die sich nach einer einmaligen äußeren Anregung ausbilden, werden *freie S.en* genannt; wird die Anregung periodisch wiederholt, spricht man von *unfreien* oder *erzwungenen S.en*. Bei den erzwungenen S.en wird dem System ständig Energie zugeführt. Stimmt die *Erregerfrequenz*, d. i. die Frequenz der erregenden Kraft, mit einer der Eigenfrequenzen, d. s. die Frequenzen der harmonischen S.en oder Eigenschwingungen des freien Systems, überein, so wächst wegen der ständigen Energiezufuhr die Amplitude dieser S. mit der Zeit an, d. h., es tritt → Resonanz ein. Diese kann zu einer Zerstörung des Systems führen (Resonanzkatastrophe), falls nicht andere Mechanismen, z. B. die stets in mehr oder weniger starkem Maße wirksame innere und äußere Reibung, für eine Abführung der Energie sorgen.

S.en, bei denen energiezehrende Mechanismen nicht wirksam sind, Reibung also praktisch vernachlässigt werden kann, heißen *ungedämpfte S.en*, andernfalls handelt es sich um *gedämpfte S.en* (→ Dämpfung).

Lit. Macke: Wellen (Leipzig 1962); → Mechanik.

Schwingungen der Atmosphäre, großräumige, die ganze Luftmasse umfassende Schwingungen. Dabei kann es sich um freie S. (Eigenschwingungen) handeln, deren Periode nur vom physikalischen Aufbau der → Atmosphäre und ihren Dimensionen abhängt, oder um erzwungene S., deren Periode von den sie erregenden Kräften abhängt. Als erregende Kräfte kommen periodische Temperaturschwankungen und die Gravitationswirkung von Sonne und Mond in Frage. Diese Schwingungen planetarischen Charakters nennt man *Gezeitenschwingungen der Atmosphäre*. Sie werden am Grunde der Atmosphäre vorwiegend als Luftdruckschwankungen beobachtet. Diese Druckschwankungen besitzen Perioden von $^1/_1$, $^1/_2$, $^1/_3$, $^1/_4$ Tag.

Im Verhältnis zu den täglichen, wetterbedingten unperiodischen Luftdruckänderungen sind die durch die Gravitation von Sonne und Mond erzeugten Luftdruckänderungen sehr klein und durch erstere besonders in den gemäßigten und polaren Breiten völlig verdeckt, so daß eine zahlenmäßige Erfassung dieser S. äußerst schwierig ist. Aus 50 Jahre langen Reihen stündlicher Barometerablesungen konnte der Einfluß des Mondes auf den Luftdruck nachgewiesen werden. Die Periode dieser gefundenen lunaren Druckwelle beträgt einen halben Mondtag, ihre Amplitude in Potsdam etwa 0,02 Millibar. Das bedeutet, daß bei Mondhöchststand über uns etwa 15 cm Luft mehr liegen als bei Mondaufgang oder Monduntergang. Während die halbtägige lunare Druckwelle eine gravitationsbedingte Welle darstellt, ist die ganztägige solare Druckwelle als eine Wirkung der ganztägigen Temperaturschwankung anzusehen. Auch die beobachtete dritteltägige Druckwelle ist ein reiner Temperatureffekt. Bei der Ausbildung dieser Wellen spielen die Resonanzeigenschaften der Atmosphäre eine wichtige Rolle.

Lit. A. Defant u. F. Defant: Physikalische Dynamik der Atmosphäre (Frankfurt a. M. 1958).

Schwingungsdauer, → Schwingung.

Schwingungsebene, → Oszillator.

Schwingungsenergie, → Energie.

Schwingungsfreiheitsgrad, → Freiheitsgrad.

Schwingungsgleichung, → Oszillator, → lineare mechanische Schwingungen.

Schwingungsklasse, → Spektren mehratomiger Moleküle.

Schwingungskreis, svw. Schwingkreis.

Schwingungsmittelpunkt, → Pendel.

Schwingungsmode, *Schwingmode, Mode*, bei → Reflexklystrons die durch kontinuierliche Veränderung der Reflektorspannung diskret angeregten Schwingungen im Mikrowellenbereich, die sich in der jeweils abgebbaren Leistung und der erzeugten Frequenz unterscheiden. Mit einem Reflexklystron sind demnach nicht für beliebig vorgebbare Frequenzen Ausgangsleistungen gleicher Größe erzeugbar. Die S. bezeichnet also einen einzelnen resonanzartigen *Schwingbereich*. Das bedeutet, daß das Reflexklystron zwischen seinen erreichbaren Frequenzen über kein kontinuierliches Frequenzspektrum verfügt, wogegen z. B. Elektronenröhren im Radiofrequenzbereich innerhalb der mit ihnen erzeugbaren ungedämpften Schwingungen je nach Rückkopplungsnetzwerk ein kontinuierliches Frequenzband abgeben. Die S.n werden durch die Geometrie des Klystrons, hauptsächlich durch den Abstand zwischen Resonator und Reflektor, festgelegt.

Lit. Frieser: Mikrowellenmeßtechnik (Berlin 1965).

Schwingungsphase, svw. Phase 1).

Schwingungsrasse, → Spektren mehratomiger Moleküle.

Schwingungssynthese, → harmonische Schwingungsanalyse.

Schwingungsüberlagerung, → harmonische Schwingungsanalyse.

Schwingungsviskosimeter, aus dem Rotationsviskosimeter entwickeltes Meßgerät zur Bestimmung der Viskosität sehr zäher Schmelzen und vor allem zur Bestimmung der elastischen Anteile der Stoffeigenschaften.

Schwingungsweite, → Schwingung.

Schwingungszahl, svw. Frequenz.

Schwunderscheinungen, *Fading*, in der Hochfrequenztechnik Schwankungen der Empfangsfeldstärke beim drahtlosen Empfang elektromagnetischer Wellen. Sie äußern sich in kurzzeitiger Verstärkung oder Schwächung der empfangenen Signale. S. können bis zur völligen Auslöschung führen und sind häufig mit starken Verzerrungen verbunden. Hauptursache der S. ist die Interferenz von Wellen, die auf verschiedenen Wegen und damit unterschiedlichen Laufzeiten am Empfangsort zusammentreffen (*Interferenzschwund*). Man unterscheidet *Nahschwund*, der in der Überlappungszone von Boden- und Raumwelle entsteht, und *Fernschwund*, der entsteht, wenn sich zwei Raumwellen mit ungünstiger Phasenlage überlagern. Der Interferenzschwund ist stark selektiv und auf schmale Frequenzgebiete beschränkt. Er wird durch die schnellen Veränderungen in der Dichte und Höhe der Ionosphäre hervorgerufen. Der Interferenzschwund wird hauptsächlich nachts wirksam. Rundfunkempfänger haben im allgemeinen eine Einrichtung, um die durch Feldstärkeschwankungen bedingten Lautstärkeschwankungen durch Regelung der Verstärkung auszugleichen. Diese Einrichtung nennt man *Schwundregelung* oder *automatische Verstärkerregelung* (AVR).

Schwungbahn, → Kreisbewegung.

Schwungkraft, svw. Zentrifugalkraft.

Scotchlite, → Blasenkammer.

scruple, 1) Tabelle 2, Masse. **2)** Tabelle 2, Volumen.

***S/C*-Verhältnis,** ein Maß für die Einsatzfähigkeit einer Röhre in Breitbandverstärkern. Für die obere Grenzfrequenz ω_0 eines *RC*-gekoppelten Verstärkers gilt $\frac{1}{\omega_0 C_q} = R_a$, wobei R_a den Außenwiderstand und C_q die Querkapazität, die sich aus den unvermeidlichen Röhren- und Schaltkapazitäten zusammensetzt, darstellen. Setzt man diese Beziehung in die Gleichung für die Verstärkung v einer Pentode $v \approx SR_a$ ein, wobei S die Steilheit der Pentode darstellt, so ergibt sich $v = \frac{1}{\omega_0} \frac{S}{C_q}$, d. h., die erreichbare Verstärkung ist proportional dem S/C_q-Verhältnis und umgekehrt proportional der oberen Grenzfrequenz.

SEA, → Sonneneruptionseffekt.

sec, früher altes Symbol für → Sekunde, 1954 durch s ersetzt; bei astronomischen Angaben ist sec mit 1 sec als 86400ster Teil des mittleren Sonnentages heute noch üblich.

Sechservektor, eine geometrische Größe F, die in bezug auf ein Koordinatensystem die sechs unabhängigen Komponenten F_{12}, F_{31}, F_{23}; F_{30}, F_{20}, F_{10} hat.

Zusammen mit den Komponenten

$F_{01} = -F_{10}$, $F_{32} = -F_{23}$;
$F_{00} = F_{11} = F_{22} = F_{33} = 0$;
$F_{02} = -F_{20}$, $F_{13} = -F_{31}$;
$F_{03} = -F_{30}$, $F_{21} = -F_{12}$;

bilden sie einen antisymmetrischen Tensor zweiter Stufe eines vierdimensionalen Raumes.

Der S. ist also der Inbegriff der algebraisch unabhängigen Komponenten eines antisymmetrischen Tensors zweiter Stufe eines vierdimensionalen Raumes.

Er ist das Analogon zum axialen Vektor des dreidimensionalen Raumes.

Sechs-jot-Symbole, *6j-Symbole,* → Vektoraddition von Drehimpulsen.

Sechspol, ein elektrisches Netzwerk mit drei Anschlußklemmenpaaren. S.e sind z. B. die Verzweigungen von drei elektrischen Doppelleitungen und der Y-Zirkulator. Bei den Verzweigungen von Doppelleitungen unterscheidet man zwischen Serienverzweigungen und Parallelverzweigungen. Bei den *Serienverzweigungen* fließt in allen drei Leitungen der gleiche Strom, während sich die Spannung der Speiseleitung in zwei Spannungen aufteilt. Dagegen herrscht bei den *Parallelverzweigungen* auf allen drei Leitungen die gleiche Spannung, während sich der Strom der Speiseleitung in zwei Ströme aufteilt.

Lit. Meinke u. Gundlach: Taschenb. der Hochfrequenztechnik (Berlin, Göttingen, Heidelberg 1968).

second sound, → zweiter Schall, → Supraflüssigkeit.

SECOR, → Entfernungsmessung.

Sedimentation, Ablagerung grobdisperser fester Teilchen in Gasen und Flüssigkeiten unter dem Einfluß von Schwerkraft oder Zentrifugalkraft auf Grund ihrer höheren Dichte. Echte Lösungen und Kolloide sedimentieren unter normalen Bedingungen nicht. Bei der Ultrazentrifuge bezeichnet man das Verhältnis von Sedimentationsgeschwindigkeit zur Zentrifugalbeschleunigung als *Sedimentationskonstante.* Ihre Einheit ist das Svedberg: 1 Svedberg $= 10^{-13}$ s.

Der der S. entgegengerichtete Vorgang, das Aufsteigen von Teilchen geringerer Dichte als der des Dispersionsmittels, wird Flotation genannt.

Sedimentationsgleichgewicht, Verteilung von schwereren Teilchen in Gasen oder Flüssigkeiten, die durch das Gleichgewicht zwischen der Wirkung der Schwerkraft und der Brownschen Bewegung der Teilchen zustande kommt (→ Schwankungserscheinungen).

Sedimentationspotential, *elektrophoretisches Potential,* eine bei der Sedimentation von Elektrolytlösungen, z. B. in der Ultrazentrifuge, auftretende Erscheinung, die darauf beruht, daß entgegengesetzt geladene Ionen, insbesondere bei Kolloid- und Polyelektrolyten, verschieden schnell sedimentieren. Dies führt – analog wie beim Diffusionspotential – zur Entstehung eines inneren elektrischen Feldes. Am Anfang einer Sedimentation, wenn nur das sehr schnell ausgebildete Druckgefälle, jedoch noch kein Konzentrationsgefälle vorliegt, handelt es sich um ein S. im engeren Sinne; die sich im späteren Verlauf ausbildenden Konzentrationsgradienten verursachen eine Diffusion und ein Diffusionspotential, das das S. zu einem S. im weiteren Sinne verändert (→ elektrokinetische Erscheinungen).

Seebeck-Effekt, → Thermoelektrizität.

Seegang, → Meereswellen.

Seemann-Bohlin-Methode, eine → Pulvermethode.

Seemeile, sm, inkohärente Einheit der Länge, international, nur in der See- und Luftfahrt zur Angabe von Entfernungen oder von Wegstrecken zulässig. Keine Vorsätze erlaubt. 1 sm = 1852 m.

Seewind, → Windsysteme.

Segelflug, motorloser Flug unter Ausnutzung aufwärtssteigender Luftströmungen. Diese treten an angeblasenen Berghängen, durch verschieden starke Erwärmung der Erdoberfläche, durch thermische Konvektionsströme (→ Thermik) und als Wellenaufwind an der Leeseite eines von Luft quer überströmten Gebirgszuges auf (→ Konvektion). *Segelflugzeuge* müssen möglichst leicht gebaut sein und gute aerodynamische Form besitzen, um große Strecken zurücklegen zu können. Deshalb werden kleine → Sinkgeschwindigkeiten und kleine → Gleitzahlen angestrebt. Gute Segelflugzeuge besitzen eine Sinkgeschwindigkeit von 0,5 m/s und eine Gleitzahl von 1 : 40. Ihre Reynoldszahl liegt im Bereich $Re = 6 \cdot 10^5$ bis $3 \cdot 10^6$. Zur Verminderung des Reibungswiderstandes (→ Strömungswiderstand) werden für die → Tragflügel Laminarprofile eingesetzt. Segelflugzeuge werden vorwiegend als Sportflugzeuge verwendet; sie sind ausgeführt als Schul-, Übungs- und Leistungsflugzeuge. Ihr Start erfolgt vorwiegend durch Motorwinde oder im Flugzeugschlepp.

Segregation, svw. Seigerung.

Sehen, Bezeichnung für die Funktion des Gesichtssinnes höherer Tiere und des Menschen. Man kann von S. nur sprechen, wenn das Sehorgan eine entsprechend hohe Entwicklung besitzt, so daß nicht nur, wie dies beim Hautlichtsinn oder auch bei primitiven → Augen der Fall ist, Helligkeit und Dunkelheit oder die Richtung, aus der sie auf das Lebewesen einwirken, wahrgenommen werden, sondern auch eine Zuordnung der wahrgenommenen Objekte zueinander und zum wahrnehmenden Subjekt selbst erfolgt. Es wird eine Raumordnung nach Seite, Höhe und Tiefe wahrgenommen (→ optische Wahrnehmung).

S. heißt nicht, daß das *Sehbild,* also der wahrgenommene Eindruck, mit dem *Sehding,* dem wahrgenommenen Objekt, vollkommen geometrisch übereinstimmen muß. Im allgemeinen herrscht weitreichende Übereinstimmung, doch gibt es auch Abweichungen, die im Interesse der Orientierung und Informationsgewinnung notwendig sind. So verhalten sich die wahrgenommenen Größen von Gegenständen in verschiedenen Entfernungen nicht in dem rein geometrisch-perspektivischen Verhältnis zueinander, sondern entferntere Gegenstände erscheinen größer, als es ihrer Entfernung entspricht; man bezeichnet dies als Größenkonstanz. Derartige Konstanzphänomene gibt es auch für Helligkeiten, Farben, Bewegungen usw.

S. kommt im allgemeinen nur zustande, wenn drei Voraussetzungen erfüllt sind: 1) Ein physikalischer Reiz muß auf die Sinneszellen einwirken; 2) der physikalische Reiz wird zu einer physiologischen Erregung umgewandelt und in der entsprechenden Nervenbahn weitergeleitet; 3) im Sehzentrum, einer Region der Großhirnrinde, wird diese Erregung zu einem Wahrnehmungsbild geformt. Dieses Wahrnehmungsbild ist nicht nur ein Produkt der durch den jeweiligen Reiz erhaltenen Information, sondern baut sich aus der eintreffenden und aus gespeicherter Information zusammen.

Der physikalische Reiz ist für gewöhnlich die elektromagnetische Strahlung der Wellenlängen von etwa 380 nm bis etwa 780 nm, des als „sichtbar" bezeichneten Teiles des elektromagnetischen Spektrums. Die Begrenzung des Bereichs hängt ab von der Intensität der Strahlung und der Beschaffenheit der optischen Elemente des Auges, z. B. Trübung und Gelbfärbung der Augenlinse im Alter.

An der Sichtbarkeitsgrenze, besonders am Rotende des Spektrums, ändert sich mit der Wellenlänge zunächst nicht die Farbe, sondern nur die Helligkeit. Man spricht von einer farbengleichen Endstrecke des Spektrums. Eine Änderung des Farbtones beobachtet man erst bei einer Wellenlänge, die kleiner als 650 nm ist.

Die kürzeste *Empfindungszeit*, die zwischen der Einwirkung eines Lichtreizes und dem Auftreten der mit diesem Reiz verknüpften Empfindung besteht, beträgt 0,035 s. Sie kann unter sonst gleichen Bedingungen auf 0,15 s anwachsen, wenn die Intensität des Reizes abnimmt. Die Empfindungszeit sowohl des hell- als auch des dunkeladaptierten Auges ist umgekehrt proportional dem Logarithmus der Reizstärke.

Über das abbildende System (→ Auge) gelangt die Strahlung von den Gegenständen der Umwelt auf die Netzhaut und führt hier zu einer Abbildung dieser Objekte. In den dabei gereizten Sinneszellen erfolgt auf photochemischem Wege eine Umwandlung der Reize in Erregungen. In solchen Fällen spricht man von adäquater Reizung.

S. als subjektive Wahrnehmung von Lichterscheinungen, kommt auch bei inadäquater Reizung durch Schlag, Stoß oder Druck auf das Auge oder durch Zerrungen an der Netzhaut im Innern des Auges (z. B. bei Glaskörperabhebungen) zustande, ferner bei der Durchtrennung des Sehnerven.

Nicht jeder Reiz, der zu einer Erregung geführt hat, führt auch zum S. Der *Sehnerv* besteht aus etwa 800000 Einzelfasern, von denen jede in der Lage ist, in der Sekunde 30 bis 50 Reize, die wahrgenommen werden könnten, weiterzuleiten. Aus dieser Vielzahl von Information wird nur ein geringer Teil aufgenommen und weiter verarbeitet. Die Menge richtet sich unter anderem nach der Bedeutung, dem Informationsinhalt, der Informationskapazität des Sehorgans, der Aufmerksamkeit und der Konstitution des Sehenden. Das meiste wird „übersehen". So wird z. B. nach kurzzeitiger Betrachtung der Rubinschen Vase (Abb.), als Bildinhalt nur der Schattenriß einer Vase angegeben, obwohl auch die Information über zwei sich anblickende weiße Köpfe auf schwarzem Untergrund enthalten ist.

Scharf gesehen wird nur mit einer kleinen Stelle der Netzhaut; das Objekt muß dazu angeblickt werden. Dieses S. ist ein *direktes* oder *foveales S.* Die Peripherie der Netzhaut ist dagegen relativ zur Abnahme der Sehschärfe empfindlich für das S. von Bewegungen. Durch das *indirekte* oder *periphere S.* wird die Aufmerksamkeit des Beobachters auf wesentliche – in diesem Falle sich bewegende – Dinge gelenkt und dadurch der Blick reflektorisch dorthin gewendet.

Während es einerseits ein Nichtsehen oder ein Übersehen trotz physikalischer Reize und physiologischer Erregung gibt, weil die Informationsmenge nicht nur verwirren, sondern sogar zum Zusammenbruch der Wahrnehmung führen würde, gibt es anderseits ein S. ohne reelle Dinge und ohne physikalische Reize. So führt z. B. der farbige Sukzessivkontrast beim Beobachten einer weißen Fläche nach vorhergehender Beobachtung farbiger Flächen zur Wahrnehmung von Farben. Hierher gehört auch das *eidetische S.*, ein Wahrnehmen von subjektiven Anschauungsbildern ohne reelle Objekte, das mitunter bei Kindern beobachtet wird.

Im allgemeinen ist das S. mit nur einem Auge für eine Informationsgewinnung und Orientierung im Raum ausreichend. Auch das Entfernungssehen ist monokular möglich. Die paarige Anordnung der Augen ist dennoch mehr als nur eine Verdoppelung, z. B. als Sicherung bei Ausfällen. Zunächst wird durch die paarige Anordnung das Gesichtsfeld erheblich vergrößert, da jedes einzelne Auge nasenseitig durch den Nasenrücken eine starke Einschränkung seines Gesichtsfeldes erfährt. Ferner ist die Sehschärfe bei beidäugiger Beobachtung etwas höher als bei monokularer Beobachtung mit jedem der beiden Augen. Von größter Bedeutung beim beidäugigen S. ist jedoch die Gewinnung einer neuen Qualität des räumlichen S.s, die Stereopsis (→ stereoskopisches S.), im allgemeinen als *plastisches S.* bezeichnet.

Die ständige Benutzung seiner Sinnesorgane von Kindheit an macht es dem Menschen unmöglich, sich kritisch mit der Leistungsfähigkeit seiner Sinnesorgane auseinanderzusetzen und eventuell gegebene Steigerungsmöglichkeiten zu erkennen; dies gilt in besonderem Maße für das Sehorgan und das optimale S. Eine Reihe von Fehlern biologisch-optischer Natur kann die Sehleistung stark beeinträchtigen und setzt damit die Produktivität und Qualität der Arbeit des Betreffenden herab, ohne daß er sich dieser Tatsache seiner minderen Leistungsfähigkeit bewußt ist; er sieht im Gegenteil seine Leistung sogar als Norm oder Optimum an. Oft führt die mindere Sehleistung noch zu Allgemeinstörungen der Gesundheit. Die Statistik zeigt, daß nicht ausreichendes Sehvermögen bei 50 bis 70% der arbeitenden Bevölkerung die Regel ist und daß bei 45 bis 50% eine Verbesserungsmöglichkeit besteht, die nur aus Unkenntnis nicht genutzt wird.

Die *Duplizitätstheorie* ist ein Versuch, die Fähigkeit des Tag- und Nachtsehens als Doppel-

Rubinsche Vase

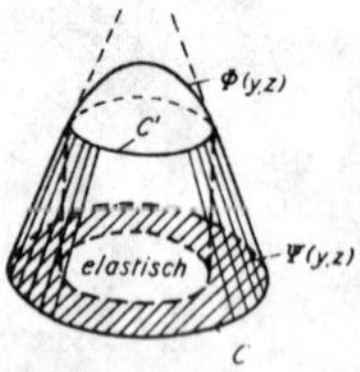

Seifenhaut-Sandhügel-Analogie

funktion der Netzhaut zu erklären. In der Fovea centralis der Netzhaut befinden sich ausschließlich Zapfen, mit einem hohen Auflösungsvermögen und der größten Farbunterscheidungsfähigkeit, aber geringer Anpassungsfähigkeit an schwache Lichtreize. In der Netzhautperipherie finden sich dagegen vorwiegend stäbchenförmige Elemente, die in der Dunkelheit den Sehpurpur aufbauen, der dem Auge in der Nacht eine große Empfindlichkeit verleiht.

Während die Beobachtung, daß man bei Nachttieren vorwiegend Stäbchen, bei den Tagtieren vorwiegend Zapfen in der Netzhaut findet, für die Duplizitätstheorie spricht, scheinen die neueren elektro-physiologischen Untersuchungen gegen eine Doppelfunktion der Netzhaut zu sprechen. Zapfen und Stäbchen arbeiten in der Regel zusammen.

Eine Stufe sehr hoher Entwicklung des Sehorgans stellt das *S. von Farben* dar (→ Farbensehen). Das Forschungsgebiet, das sich mit dem Sehvorgang befaßt, ist die biologische Optik.

Lit. Schober: Das S. (4. Aufl. Leipzig 1970).

Sehhilfe, → Augenoptik.

Sehschärfe des Auges, → Augenoptik.

Seiches, *Plur.* [aus dem Franz.], freie Schwingungen der Wassermassen in ganz oder teilweise abgeschlossenen Becken in Form stehender Wellen. S. können sowohl im Meer als auch in Binnengewässern auftreten. Die Schwingungen können dabei sowohl in Längs- als auch in Querrichtung erfolgen. Ihre Periode hängt von den Abmessungen der Seegebiete ab, deren Wassermassen ins Schwingen geraten. Die S. werden durch plötzliche Wind- oder Luftdruckschwankungen erregt. Die Schwingungen sind meist stark gedämpft und nur über wenige Perioden nachweisbar. Eines der größten Seegebiete, in dem S. auftreten, ist die Ostsee. Die Amplituden der S. können hier 1 m betragen, die Periode der Grundschwingung für das System westliche Ostsee – Finnischer Meerbusen beträgt 27,6 h.

Seidelsche Koeffizienten, → Fehlertheorie dritter Ordnung.

Seidelscher Raum, → Fehlertheorie dritter Ordnung.

Seidelsches Gebiet, → Fehlertheorie dritter Ordnung.

Seidelsche Summen, → Fehlertheorie dritter Ordnung.

Seidelsche Theorie, svw. Fehlertheorie dritter Ordnung.

Seifenhautanalogie, 1) experimentelle Methode nach L. Prandtl zur Lösung des Problems der elastischen Torsion des prismatischen Stabes. Die S. beruht auf der mathematischen Analogie zwischen der Verwölbung w einer über den Prismenquerschnitt gespannten Membran und der → Spannungsfunktion Φ des Torsionsproblems, wobei Sw/p und $\Phi/2G\vartheta$ die zueinander analogen, d. h. derselben Differentialgleichung und derselben Randbedingung Φ bzw. $w = 0$ auf dem Rand genügenden, Funktionen sind. Dabei ist S die Membranspannung, p der Druck unter der Membran, G der Gleitmodul und ϑ der Drillwinkel je Stablänge. Aus der Spannungsfunktion Φ ergeben sich die Schubspannungen durch Bildung der Ableitungen nach den Koordinaten der Querschnittsebene.

2) → Analogie, Abschn. 4).

Seifenhaut-Sandhügel-Analogie, eine Methode, die es gestattet, das elastisch-plastische Torsionsproblem experimentell zu lösen. Die S.-S.-A. stellt eine Verbindung der Seifenhaut- und der Sandhügelanalogie dar. Über eine dem Querschnitt des tordierten Stabes entsprechende Fläche mit der Berandungskurve C wird ein Dach entsprechend der Sandhügelanalogie errichtet, das die Torsionsfunktion ψ für den vollplastischen Zustand darstellt. Außerdem sei über C die unter Überdruck stehende Membran entsprechend der Seifenhautanalogie gespannt. Sobald sie in irgendeinem Punkt von C den konstanten Anstieg $|\text{grad}\,\psi| = k_0$ der plastischen Spannungsfläche erreicht, beginnt der Werkstoff dort zu fließen. Bei weiterer Steigerung des Drucks wird sich die Membran so weit von innen an das Dach der plastischen Torsionsfunktion anlegen, bis auf der Grenzkurve C' wieder $|\text{grad}\,\Phi| = k_0$ erfüllt ist.

Das von C' umschlossene Gebiet entspricht dem elastischen Kern des Stabes. → Seifenhautanalogie, → Sandhügelanalogie.

Seigerung, *Segregation,* Entmischungsvorgang bei der Erstarrung mehrkomponentiger Schmelzen. Ursache ist, daß der bereits erstarrte Teil der Schmelze eine andere Zusammensetzung als die Restschmelze hat (→ Schmelzdiagramm). Die verschiedenen sich ergebenden Strukturen des fertigen Gefüges werden durch die speziellen Erstarrungsbedingungen sowie durch Diffusionsvorgänge oder anderweitigen Materialtransport bestimmt.

Man unterscheidet zwei Arten von S. 1) *Korn-* oder *Kristallseigerung* tritt in einzelnen Mischkristallen dann auf, wenn die Diffusion innerhalb eines solchen Kristalls nicht ausreicht, um die Konzentrationsunterschiede zwischen den zeitlich nacheinander erstarrten Bereichen auszugleichen. Es bilden sich Zonenkristalle. Kornseigerung ist z. B. zu beobachten in den Zellen der Zellularstruktur oder in den Maschen von Zellulardendriten (→ Zellularwachstum) und kann durch Tempern bei höheren Temperaturen beseitigt werden. 2) *Blockseigerung* wird in technischen Gußstücken durch verschiedene Mechanismen ausgelöst. So treten zwischen Schmelze und erstarrten Kristallen wegen der unterschiedlichen Zusammensetzung Dichteunterschiede auf, wodurch die Kristalle, solange sie frei beweglich sind, in der Schmelze absinken oder aufsteigen können (*Schwereseigerung*). Bei einem starken Temperaturgefälle setzt die Erstarrung an der Wand der Gußform ein. Bestimmen die zuerst entstandenen Kristalle die Zusammensetzung der Randzone, während die Restschmelze im Inneren erstarrt, spricht man von *direkter* oder *normaler Blockseigerung*. Dringen jedoch die zuerst entstandenen Kristalle infolge der Kristallisationskraft vom Rande ins Innere vor oder bilden sich bei der Erstarrung in der Randzone Hohlräume, so fließt die Restschmelze in die Randzone ein, und es findet die *umgekehrte Blockseigerung* statt.

Seignette-Elektrizität, svw. Ferroelektrizität (→ Ferroelektrikum).

Seil, im allgemeinen Fall ein teilweise biegesteifer und dehnweicher Faden mit beliebigem Durchhang. Sonderfälle sind Kettenlinie (biegeschlaff und dehnhart) und Saite (geringer Durchhang bzw. straff gespannt und dehnweich).

Seileckverfahren, ein graphisches Verfahren zur Reduktion einer ebenen Kräftegruppe. Es beruht auf der Zerlegung der gegebenen Kräfte in Hilfskräfte, deren Wirkungslinien sich in einem festzulegenden Punkt, dem Pol, schneiden. In der Praxis geht man so vor, daß man zunächst für den Lageplan einen Längenmaßstab (1 cm = λ cm) und für den Kräfteplan einen Kräftemaßstab (1 cm = $\varkappa$ kp) festlegt. Für die Konstruktion des Kräfteplanes wählt man einen Pol 0 und verbindet die Eckpunkte des Kräftepolygons mit 0. Verschiebt man diese Pol- oder Seilstrahlen, z. B. 0 ··· 4 parallel so in den Lageplan, daß sich die Polstrahlen, die im Kräfteplan eine Kraft „eingabeln" (die Kraft $\vec{F}_3$ wird in die Richtungen der Seilstrahlen 2 und 3 zerlegt), auf der Wirkungslinie dieser Kraft schneiden, dann erhält man das Seilpolygon. Entsprechend dieser Entwicklungs-

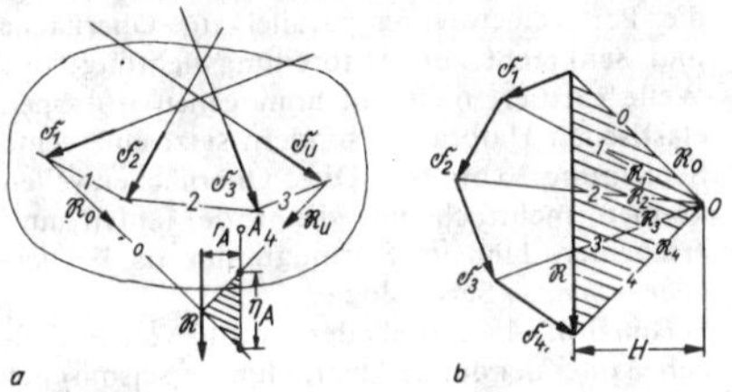

Reduktion einer ebenen Kräftegruppe mittels Seileckverfahrens: *a* Lageplan, *b* Kräfteplan

vorschrift ist der Schnittpunkt der Seilstrahlen 0 und 4 ein Punkt der Wirkungslinie von $\vec{R}$. Das resultierende Moment einer ebenen Kräftegruppe bezüglich eines Punktes A findet man mit Hilfe des Seilecks, wenn man im Lageplan durch A eine Parallele zu R zieht und diese mit den Seilstrahlen 0 und 4 zum Schnitt bringt. Aus der Ähnlichkeit der schraffierten Dreiecke folgt $\eta_A : r_A = R : H$, und man bekommt $M_A = r_A \cdot R = \eta_A \cdot H$. Bei R und der Polweite H ist der Kräftemaßstab, bei η_A und r_A der Längenmaßstab zu berücksichtigen.

Seilreibung, → Reibung.

Seismik, svw. Seismologie.

seismische Bodenunruhe, → mikroseismische Bodenunruhe.

seismische Intensität, ein Maß für die Wirkung eines → Erdbebens an der Erdoberfläche und auf Menschen, Bauwerke, das von 1 bis 12 läuft und den Bodenbeschleunigungen und Bodengeschwindigkeiten in den seismischen Erschütterungen zugeordnet ist. International gebräuchlich sind die *M.-M.-Skala* (*m*odifizierte *M*ercalli-Skala) und die modernisierte Form MSK 64 (*M*edvedev-*S*ponheuer-*K*arnik 1964) der Mercalli-Sieberg-Skala. Nur instrumentell nachweisbare Erschütterungen erhalten den Intensitätsgrad 1, beim Grad 2 werden sie gerade noch gespürt, beim 4. Grad sind schon stärkere Gebäudeerschütterungen zu verzeichnen, beim 8. Grad treten schwere Gebäudeschäden auf, beim 10. Grad werden zahlreiche Häuser zerstört, Schienenstränge verformt, Berghänge rutschen und verschütten Täler; der 12. Grad bringt totale Zerstörungen selbst bei soliden Normalbauten sowie vielfältige Verwüstungen der Landschaft.

Die Verteilung der s.n I. über einem Erdbebenherd hängt von der → Magnitude und der Herdtiefe ab; sie gestattet daher Rückschlüsse auf Magnitude und Herdtiefe, was besonders für Erdbeben vor der Jahrhundertwende wichtig ist. Die seismische Gefährdung eines Ortes läßt sich durch die größtmögliche örtliche s. I. charakterisieren. Dazu kommt jedoch eine Angabe über den Zeitraum, nach der sich dieses Maximalereignis wiederholen dürfte, ferner die Wiederholungsdauer von Erschütterungen unterhalb der maximalen s.n I.

seismische Welle, eine → Welle, die sich durch die Erde oder Modellkörper derselben ausbreitet und vor allem durch Erdbeben, Meereswogen, Sturm, Explosionen und technische Erschütterungen hervorgerufen wird. Die s.n W.n durchlaufen teils den ganzen Erdball, wobei man von *Raumwellen* spricht, teils breiten sie sich bevorzugt an der Erdoberfläche aus und werden dann als *Oberflächenwellen* oder wegen ihrer längeren Schwingungsdauer als lange Wellen oder *L-Wellen* bezeichnet.

Eine örtliche Störung des dynamischen Gleichgewichts eines festen Körpers bleibt nicht auf ihren Ursprung beschränkt, sondern breitet sich unter ständiger Umwandlung von kinetischer und potentieller Energie mit Energieverlust durch innere Reibung in Wellenform aus. Die Wellen hängen von der Art ihrer Erzeugung, den Eigenschaften des Materials und den physikalischen Bedingungen an der Begrenzung des Körpers ab. Die beim Durchgang s.r W.n auftretenden Bodenbewegungen oder Verzerrungen werden von → *Seismographen* als Seismogramm *aufgezeichnet*. Eine Hauptaufgabe der → Seismologie ist es, aus den Seismogrammen auf die Eigenschaften der Erdmaterie und den → Herdmechanismus zu schließen. Zur Lösung dieses Umkehrproblems benötigt man Modelle über die Verteilung der Materie, die von parameterabhängigen Stoffgesetzen mathematisch beschrieben wird.

In der Seismologie interessieren gemäß der Natur der Wellen zunächst die mechanischen Stoffeigenschaften, also die Dichte ϱ und die Formänderung unter dem Einfluß von Spannungen. Im einfachsten Falle eines linearen Zusammenhangs von Formänderung und Spannung unabhängig von deren Richtung benötigt man zwei Stoffparameter, etwa Elastizitäts- und Scherungsmodul, oder statt dessen die Laméschen Parameter λ und μ.

In einem isotrop elastischen Medium sind nur *Verdichtungswellen* und *Scherungswellen* möglich, wenn man von der Körperbegrenzung absehen kann. Für die Ausbreitungsgeschwindigkeit der Verdichtungswellen v_P und der Scherungswellen v_S gilt $v_P = \sqrt{\frac{\lambda + 2\mu}{\varrho}}$, $v_S = \sqrt{\frac{\mu}{\varrho}}$, $\frac{v_P}{v_S} = \sqrt{2 + \frac{\lambda}{\mu}} \approx \sqrt{3}$. Die demnach schnellere Verdichtungswelle kommt als erste Welle oder *P-Welle* (nach dem lateinischen prima unda) an, die Scherungswelle als zweite Welle oder *S-Welle* (nach dem lateinischen secunda unda). Trifft eine solche Welle auf eine Grenze des Körpers oder auf eine Kontaktfläche unterschiedlicher Teilkörper, so entstehen nach dem Huygensschen Prinzip gebrochene, reflektierte sowie an der Fläche

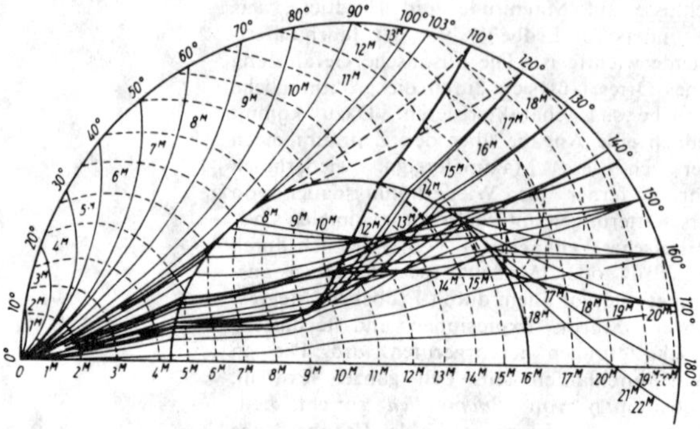

1 Wellenstrahlen der P-Wellen (Verdichtungswellen, Longitudinalwellen) im Innern der Erde nach Gutenberg und Richter. An den gestrichelt gezeichneten Wellenfronten ist die benötigte Laufzeit in Minuten angegeben. Scherungs-, reflektierte und andere Wellen sind nicht eingezeichnet

geführte, spezielle Oberflächenwellen. Die Reflexion einer P-Welle an der Erdoberfläche ergibt die P-Welle PP und die *Wechselwelle* PS. Eine S-Welle, die dort reflektiert wird, ergibt SS, SSS, die am Erdkern reflektierte S-Welle ergibt ScS usw. Die Oberflächenwellen und die an anderen Flächen geführten Wellen transportieren die Energie hauptsächlich nahe ihrer Führungsfläche. Die Partikelbewegung nimmt exponentiell mit dem Abstand von dieser Fläche ab. Außer den Grundmoden dieser Wellen gibt es höhere Moden, deren Partikelbewegung auf zur Führungsfläche parallelen Flächen verschwindet und dazwischen relative Maxima abnehmender Höhe aufweist. Die Ausbreitungsgeschwindigkeit ist abhängig von der Zusammensetzung (Schichtung) des Mediums und von der Schwingungsdauer. Aus der beobachteten Dispersion sind daher Rückschlüsse auf das Medium möglich.

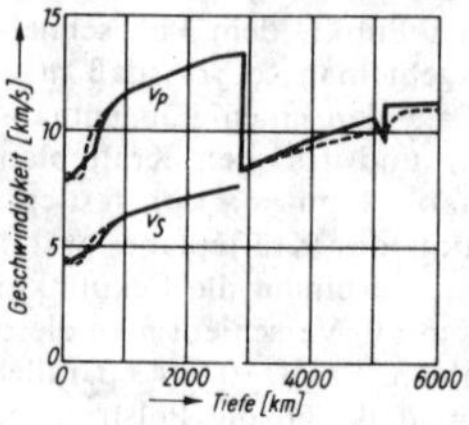

2 Ausbreitungsgeschwindigkeiten v_P und v_S von P- und S-Wellen im Erdmantel und in der Erdkruste nach Jeffreys (———) und Gutenberg (– – – –)

Grundtypen von Oberflächenwellen der s.n W.n: Bei der *Rayleigh-Welle* bewegen sich die erfaßten Partikel in Ausbreitungsrichtung und gleichzeitig senkrecht zur Oberfläche auf elliptischer Bahn. Bei der *Love-Welle* erfolgt die Partikelbewegung parallel zur Oberfläche und senkrecht zur Ausbreitungsrichtung; die Welle existiert nicht im homogenen isotropen elastischen Halbraum, sondern setzt eine echte Schichtung voraus. Die Oberflächenwellen können mehrfach um die Erde laufen und erscheinen dann im Seismogramm als *Wiederkehrwellen.* → Seismologie.

Seismizität, die mittels der Anzahl von → Erdbeben oder der durch Abstrahlung → seismischer Wellen freigesetzten Energie in einer Raum- und Zeiteinheit meßbare Erdbebentätigkeit. Die höchste S. weist der zirkumpazifische Erdbebengürtel auf, es folgen die Zone von Burma über

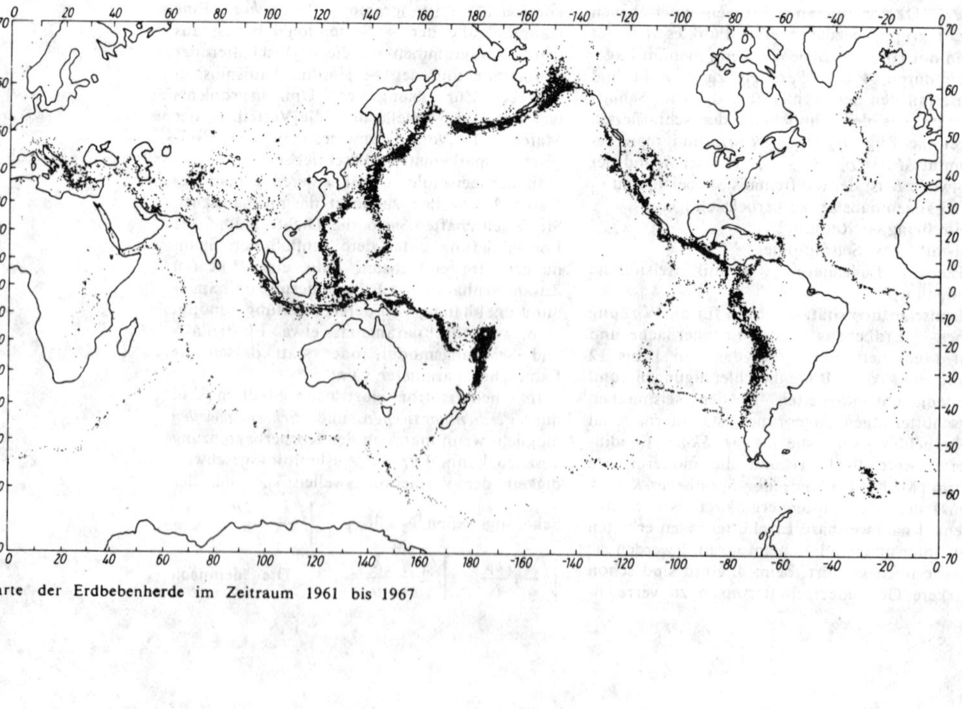

Karte der Erdbebenherde im Zeitraum 1961 bis 1967

den Himalaja, Zentralasien bis zum Mittelmeer und die insgesamt 64000 km langen mittelozeanischen Rücken sowie andere Bruchsysteme. In der BRD kommen Erdbeben mit Schäden selten vor.

Lit. Gurwitsch: Seismische Erkundung (Stuttgart 1970).

Seismogramm, → Seismograph, → Seismologie.

Seismograph, Gerät zur Aufzeichnung von Bodenschwingungen infolge seismischer Wellen. Es besteht aus dem *Seismometer* als Meßgerät und der *Aufzeichnungsvorrichtung* für die Meßgröße. Das Seismometergestell ist mit dem Boden gekoppelt und enthält ein Gehänge, dessen Relativbewegung zum Gestell infolge der Trägheitskräfte gemessen und durch Hebelsysteme vergrößert oder in elektrische Größen umgewandelt wird. Angeschlossene Galvanometer oder elektronische Verstärker erlauben günstige Abstimmung des Gesamtsystems auf die Bodenschwingungen, → seismische Welle. Zur vollständigen Aufzeichnung der Bodenbewegung sind 3 Translationsseismometer und 3 Rotationsseismometer mit vollkommener Aufzeichnungstreue nötig. *Rotationsseismometer* mit vertikaler Achse und *Strong-motion-Translationsseismometer* arbeiten in Gebieten hoher Seismizität. *Arrays* sind Bündelungen vieler Seismometer zur Ortung der Erdbebenherde, zur Ausschaltung der seismischen Bodenunruhe, zur Untersuchung von Mikroerdbeben und zur Vorhersage von → Erdbeben. *Strainseismometer* messen die feinen Längenänderungen oder Verformungen infolge seismischer Wellen.

Die Meßgröße wird sofort oder im Bedarfsfalle nach kurzer Speicherung auf ein Magnetband oder ein „unendliches" Band mit Seitenverschiebung, das für einen Lichtzeiger, für einen Hitzdraht, Tintenschreiber oder Ritzung empfindlich ist, geschrieben. Die Aufzeichnung, das *Seismogramm* (Abb. rechts), muß eine Zeitgenauigkeit von 0,1 s besitzen.

Seismologie, *Seismik,* Lehre von den → Erdbeben, ihren Wirkungen (seismische Intensität, → Tsunami) und ihrer Natur und Verteilung (→ Seismizität), von den → seismischen Wellen sowie deren Beobachtung (→ Seismograph), woraus grundlegende Erkenntnisse über das Erdinnere gewonnen werden.

Lit. Savarenskij, v. Kirnos: S. und Seismometrie (dtsch Berlin 1960).

Seismometer, → Seismograph.

Seismometrie, die Lehre von der Messung und Aufzeichnung von Bodenbewegungen infolge → seismischer Wellen. Weiteres → Seismograph, → Seismologie.

Seismoskop, Einrichtung, die dazu dient, Erdbeben sichtbar zu machen und nach Betrag und Richtung abzuschätzen, ein Vorläufer der heutigen Seismographen. Im 19. Jahrhundert dienten Pendelapparate dazu, eine Uhr im Augenblick des Erdstoßes zu schalten. Die Pendelbewegung wurde auch durch Linsensysteme vergrößert beobachtet. Heute dienen *Pendelseismoskope* als billige, aber wirksame Ergänzung von Strongmotion-Seismographen zur Angabe der größten Verrückungen bei einem Erdbeben in den seismisch aktiven Gebieten der Erde. Dem gleichen Zweck dient ein Satz von Stäben unterschiedlicher Länge und damit unterschiedlicher Standfestigkeit. Lange, weniger standfeste Stäbe fallen schon bei schwachen Erdstößen um, ihre Fallrichtung ist entgegengesetzt gleich der Stoßrichtung.

Seitenmaßstab, svw. Abbildungsmaßstab.

Seitenverhältnis, 1) *Streckung,* ein Maß für die Schlankheit des Tragflügels in Spannweitenrichtung. Das S. ist definiert als $\Lambda = b^2/A$; dabei bedeuten b die Spannweite und A die Tragflügelfläche. Für rechteckige Tragflügel mit der Flügeltiefe l wird $\Lambda = b/l$. Das S. spielt auch bei der Umströmung zylindrischer Körper eine große Rolle, bei denen für b die Abmessung des Körpers senkrecht zur Strömungsrichtung und für l in Strömungsrichtung einzusetzen sind. Weiteres → Strömungswiderstand (Abschn. induzierter Widerstand).

2) svw. Abbildungsmaßstab.

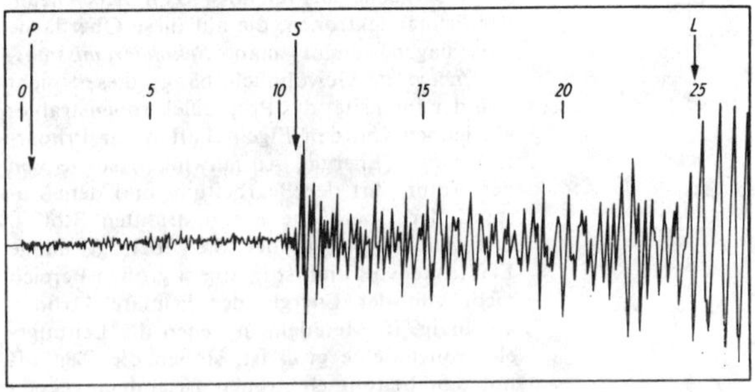

Typisches Seismogramm. Die Zahlen geben die Zeit nach dem Einsatz der P-Wellen an. S und L bezeichnen den Einsatz der S- und L-Wellen

Sektorfeldspektrometer, Grundelement des Massenspektrometers, bei dem die Ablenkung bewegter geladener Teilchen im Magnetfeld ausgenutzt wird. Ein geladenes Teilchen der Masse m, der Ladung Ze (Z ist die Ordnungszahl) und der Anfangsgeschwindigkeit v ($v \ll c$, wobei c die Lichtgeschwindigkeit ist) durchläuft in einem zur Bewegungsrichtung senkrechten homogenen Magnetfeld $\vec{H}$ eine Kreisbahn mit dem Radius $r = mv/e\mu_0 H$. Erhalten die Teilchen ihre Anfangsgeschwindigkeit v, indem sie die Potentialdifferenz U durchlaufen, so kann der Radius durch die Zahlengleichung $r = \frac{144}{H}\sqrt{\frac{mU}{Z}}$ ausgedrückt werden (r in cm, H in $G \triangleq 10^{-4}\,\mathrm{Vsm}^{-2}$, U in V). Bei gleicher Teilchengeschwindigkeit ist der Bahnradius also von der Masse abhängig. Enthält der von der Ionenquelle Q ausgehende Strahl Ionen ver-

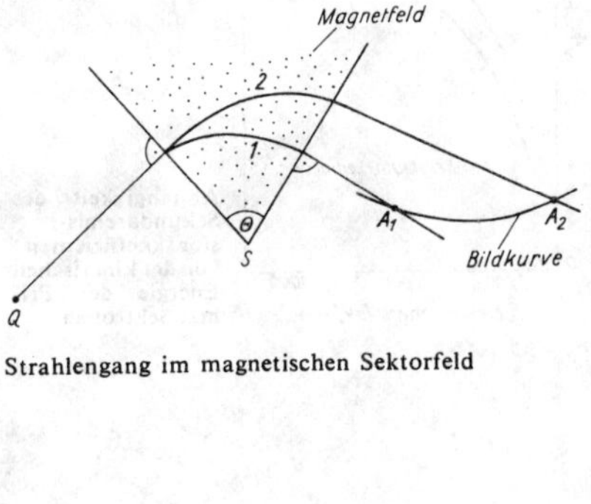

Strahlengang im magnetischen Sektorfeld

schiedener Masse, so werden deren Bahnen durch das magnetische Sektorfeld nach Massen aufgespalten (Abb.). Ein vom Quellpunkt *Q* ausgehendes divergentes Bündel von Ionen gleicher Masse und Energie wird nach Durchlaufen des Sektorfeldes in einem Punkt *A* fokussiert (*Richtungsfokussierung*). Die Fokussierungspunkte der einzelnen Massen liegen auf der Bildkurve, für den Abstand zweier Massen auf dieser ist die Massendispersion des betreffenden S.s maßgebend. Mit kommerziellen S.n ($r = 20$ bis 30 cm) kann ein Auflösungsvermögen bis 15000 erreicht werden.

sekundäre Betastrahlen, → Sekundärelektron.

Sekundärelektron, Elektron, das infolge der Bestrahlung einer Oberfläche eines Metalls, Halbleiters oder Dielektrikums durch einen Elektronenstrahl (Primärstrahl) entsteht. Die S.en werden auch als *sekundäre Betastrahlen* bezeichnet. Das Verhältnis von Anzahl der aus der Oberfläche austretenden S.en zur Anzahl der Primärelektronen, die auf diese Oberfläche aufschlagen, nennt man *Sekundäremissionskoeffizient* σ. Gewöhnlich hängt dieser nicht von der Intensität des Primärelektronenstrahles ab, jedoch von den Eigenschaften der Primärelektronen (Energie, Auffallwinkel) sowie von der Natur, Art der Bearbeitung und dem Zustand der Oberfläche des bestrahlten Stoffes. Die Anfangsenergie der S.en beträgt einige Elektronenvolt und ist in einem großen Bereich nicht von der Energie der Primärelektronen abhängig. In Metallen, in denen die Leitungselektronendichte groß ist, stoßen die S.en oft mit den Leitungselektronen zusammen, geben ihre Energie an diese ab und haben somit nur eine kleine Wahrscheinlichkeit, die Metalloberfläche zu verlassen. Umgekehrt ist in Halbleitern oder Dielektrika die Dichte der Leitungselektronen gering und folglich die Austrittswahrscheinlichkeit der S.en größer. Deshalb gibt es keine Metalle mit großem σ, und die effektivsten Emitter sind die Halbleiter. Mit Vergrößerung der Energie der Primärelektronen wächst σ zunächst an, da der Hauptteil der S.en nahe der Oberfläche erzeugt wird. Mit einer weiteren Vergrößerung der Energie der Primärelektronen E_p wächst auch die Zahl der S.en im Stoff; da sie jedoch tiefer unter der Oberfläche entstehen, erreichen weniger davon infolge von Stoßprozessen die Oberfläche, und σ beginnt allmählich zu sinken (Abb.). Ähnlich erklärt sich das Anwachsen von σ mit der Vergrößerung des Einfallswinkels der Primärelektronen. Auf der Bildung der S.en beruht die Wirkung der → Sekundärelektronenvervielfacher.

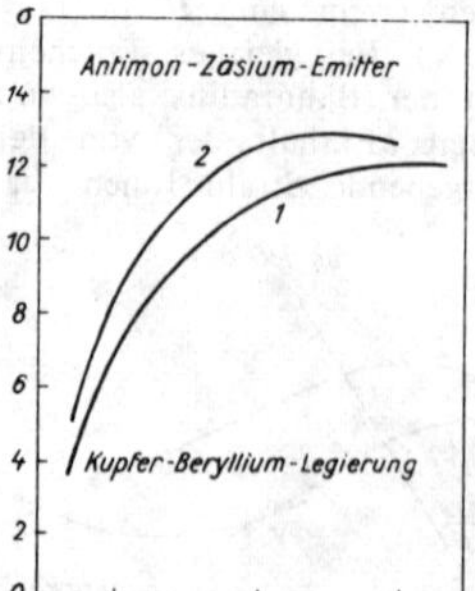

Abhängigkeit des Sekundäremissionskoeffizienten von der kinetischen Energie der Primärelektronen

Sekundärelektronenvervielfacher, abg. *SEV*, *Photovervielfacher*, *Photomultiplier*, *Multiplier*, eine Elektronenröhre mit Verstärkereigenschaften (Abb.), bei der die aus einer Photokatode durch Lichtquanten ausgelösten Elek-

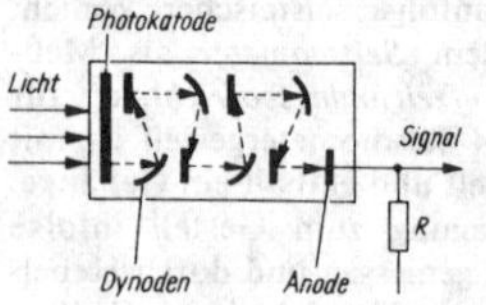

Aufbau eines Sekundärelektronenvervielfachers

tronen auf eine Prallanode, die Dynode, auftreffen, wo sie Sekundärelektronen auslösen. Die Sekundärelektronen fliegen dann gegebenenfalls zu weiteren Dynoden, bis sie schließlich zur letzten Elektrode, der Anode, gelangen. S. erreichen damit etwa 10^8fache Verstärkung des ursprünglichen Photostromes und gehören zu den empfindlichsten optisch-elektrischen Wandlern. Wegen der kalten Photokatode zeichnen sich S. im Gegensatz zu Verstärkerröhren mit Glühkatode durch geringes Rauschen aus, so daß mit ihnen auch geringe Lichtintensitäten bis zu einzelnen Photonen nachweisbar sind. S. werden z. B. in der objektiven Photometrie, in Szintillationszählern, zur Messung radioaktiver Strahlung und in Fernsehaufnahmekameras verwendet.

Sekundäremission, das Austreten von → Sekundärelektronen oder → Deltaelektronen.

Sekundäremissionskoeffizient, → Sekundärelektron.

Sekundäremissionsrauschen, → Rauschen II, 2 f.

sekundäre Normalspannung, die Normalkomponenten des Überspannungstensors, also die Summen aus den betreffenden Normalkomponenten des Spannungstensors und dem isotropen hydrostatischen Druck. Diese Normalspannungen sind von den auch manchmal benutzten deviatorischen Normalkomponenten zu unterscheiden, die sich als Differenzen aus den betreffenden Normalkomponenten des Spannungstensors und deren arithmetischem Mittelwert ergeben. Bei inkompressiblen Stoffen steckt der Unterschied in dem unbestimmten Parameter des hydrostatischen Druckes und kann in bestimmten Fällen Null gesetzt werden.

Sekundärkreis, Stromkreis elektrischer Maschinen und Geräte, z. B. des Transformators, der Energie an die Verbraucher abgibt. Gegensatz: → Primärkreis.

Sekundärradar, → Radar.

Sekundärstrahlung, → kosmische Strahlung.

Sekundärwicklung, *Sekundärspule*, beim Transformator die Wicklung bzw. Spule, in der die Sekundärspannung induziert und die Energie an den Verbraucher weitergegeben wird. Die S. wirkt als Erzeuger elektrischer Leistung. Gegensatz: → Primärwicklung.

Sekunde, 1) s, SI-Grundeinheit der Zeit. Vorsätze erlaubt. 1 s ist die Dauer von 9192631770 Perioden der Strahlung, die dem Übergang zwischen den beiden Hyperfeinstrukturniveaus des Grundzustandes des Zäsiumatoms 133 entspricht.

2) sec, der 86400ste Teil des mittleren Sonnentages.

3) ″, inkohärente Einheit des ebenen Winkels, Altsekunde, → Neusekunde. Vgl. Tabelle 1, Winkel.

4) ein Intervall, → Tonskalen.

selbstadjungierter Operator, → Operator.

selbständige Gasentladung, → Gasentladung.

Selbstdiffusion, → Diffusion.

Selbstenergie, die auf Grund der Selbstwechselwirkung, d. h. der Wechselwirkung der Teilchen mit dem von ihnen selbst erzeugten Feld, z. B. im Fall der Elektronen mit dem eigenen Strahlungsfeld, bedingte Energie dieser Teilchen. Die der S. vermöge der Einsteinschen Beziehung $E = mc^2$ entsprechende Masse heißt *Selbstmasse* oder auch *Feldmasse* des (Quell-) Teilchens.

In der klassischen Elektrodynamik ergibt sich die S. eines ruhenden, ausgedehnten Elektrons mit der Ladungsverteilung $\varrho(\vec{r})$ nach dem Coulombschen Gesetz zu

$$E_0 = \frac{1}{2} \iint \frac{\varrho(\vec{r})\,\varrho(\vec{r}\,')}{4\pi\varepsilon_0\,|\vec{r} - \vec{r}\,'|}\, d^3\vec{r}\, d^3\vec{r}\,'.$$

Für ein punktförmiges Elektron würde dieser Ausdruck divergieren. Man nimmt daher einen von Null verschiedenen Elektronenradius r_0 und eine konstante Ladungsverteilung an und erhält $E_0 \sim e^2/4\pi\varepsilon_0 r_0$; dabei ist der fehlende Zahlenfaktor von der Größenordnung 1, z. B. $^1/_2$ für eine Kugel mit der Ladung auf der Oberfläche und $^3/_5$ für eine homogen geladene Kugel.

Aus der bekannten Elektronenmasse $m_0 = E_0/c^2$, die rein elektrodynamischen Ursprungs angenommen wird (*elektromagnetische Masse des Elektrons*), ergibt sich mit der ebenfalls bekannten Lichtgeschwindigkeit c der klassische Elektronenradius $r_0 = e^2/4\pi\varepsilon_0 m_0 c^2 = 2{,}8 \cdot 10^{-13}$ cm, der die Größenordnung der Compton-Wellenlänge des Protons hat.

Teilchen endlicher Ausdehnung bilden jedoch einen Fremdkörper in einer Feldtheorie, da z. B. deren Ausdehnung vom Bewegungszustand relativ zum Beobachter abhängen würde. Tatsächlich folgt aus der Lorentz-Invarianz der Theorie und der (strengen) Gültigkeit des Kausalitätsprinzips, daß das Elektron punktförmig sein muß.

Man hat daher versucht, durch geeignete lorentzinvariante Abänderung der Maxwellschen Elektrodynamik diese Schwierigkeit zu meistern, da eine kovariante Darstellung von Feldenergie und -impuls, die im Fall der Maxwellschen Theorie nicht vorliegt, von selbst zu endlicher S. führt. Versuche dieser Art sind die nichtlineare Elektrodynamik von Born und Infeld und die von Feldgleichungen höherer Ordnung ausgehende Theorie von Bopp und Podolski, die erwartungsgemäß zu endlichen S.n führen; es gibt aber keine physikalischen Prinzipien, die die Aufstellung der zugehörigen Lagrange-Dichten begründen.

Die Beseitigung der mit der S. des Elektrons zusammenhängenden Schwierigkeiten erfolgt in der → Quantenelektrodynamik durch die kovariante Renormierung von Ladung und Masse, die in eindeutiger Weise zu endlichen Ausdrücken für Ladung und Masse führt, die mit den beobachteten Werten identifiziert werden; analog verfährt man mit der S. der Photonen (→ Feynman-Diagramm). Die S. anderer Teilchen, z. B. der Nukleonen und Mesonen, konnte bisher nicht konsistent berechnet werden. Dies beruht zum einen Teil auf der Nichtanwendbarkeit der der Quantenelektrodynamik zugrunde liegenden Störungstheorie, zum anderen Teil auf der Nichtrenormierbarkeit der speziellen Wechselwirkung.

Selbsterregung, → Erregung, → nichtlineare Schwingungen.

Selbstfokussierung, → Brechung.

Selbsthemmung, durch Reibung bedingte Bewegungsverhinderung. S. liegt vor, wenn die bewegungsverursachende Kraft kleiner als die zu überwindende Reibkraft ist, d. h., wenn die Reibungsverhältnisse unter Beachtung der Geometrie der Körper im Falle Gleitreibung eine Bewegung verhindern. Merkmal: Die am Körper angreifende resultierende Kraft liegt bei S. innerhalb des Reibkegels.

Selbstinduktion, → Induktion 2).

Selbstinduktionskoeffizient, → Induktion 2), → Induktionskoeffizient.

Selbstinduktivität, → Induktion 2), → Induktionskoeffizient.

Selbstkanalisierung, → Brechung 2).

selbstkonjugierte Teilchen, Elementarteilchen, die mit ihren Antiteilchen identisch sind. S.T. sind z. B. das Photon, das π^0- und das η-Meson.

Selbstladung, die auf Grund der Selbstwechselwirkung geladener Teilchen mit dem eigenen Strahlungsfeld in Analogie zur Selbstmasse bedingte elektrische Ladung (→ Selbstenergie, → Renormierung).

Selbstmasse, → Selbstenergie.

Selbstmordschaltung, eine Schaltung des selbsterregten Gleichstromnebenschlußgenerators. Durch Vertauschen der Klemmen der Erregerwicklung fließt der durch die Remanenz hervorgerufene Erregerstrom so, daß sein Feld das remanente Feld schwächt und keine Selbsterregung eintritt. Die S. wird zum Abbau der Remanenz bei der Leonard-Schaltung angewendet.

Selbststeuerung, → nichtlineare Schwingungen.

Selbstumkehr von Spektrallinien, in Gasentladungsplasmen häufige Erscheinung, daß Spektrallinien in der Linienmitte eine starke Einsattelung aufweisen. Die im heißen Plasmainneren emittierten Spektrallinien sind infolge des Doppler-Effekts stark verbreitert; in den Randgebieten, die diese Strahlung absorbieren, ist wegen der geringeren Temperatur die Doppler-Verbreiterung aber geringer und auf die Linienmitte beschränkt. Bei starker Absorption können die Spektrallinien sogar aufgespalten erscheinen.

Selbstwechselwirkung, → Selbstenergie.

Selectavision, auf dem Prinzip der → Holographie beruhendes Bildwiedergabeverfahren, bei dem ein Ausgangssignal einen intensitätsmodulierten Elektronenstrahl steuert, der einen entsprechend sensibilisierten 16-mm-Film zeilenweise belichtet; dabei werden neben den Helligkeitswerten auch die Farbsignale zu Beginn jedes neuen Bildes mit aufgezeichnet. Nach dem photographischen Prozeß wird das sogenannte Film-Master zum Hologramm-Master, indem man ihn mit Hilfe eines Laserstrahls auf einen photoempfindlich beschichteten Kunststoffilm projiziert. Träger des Hologrammfilms ist eine Cronarfolie (maßhaltiger Schichtträger aus Polyäthylenglykolterephthalat) von $^1/_2$ Zoll Breite, die mit einer photopolymeren Schicht belegt ist und nach Belichtung durch den Laserstrahl, alkalisch entwickelt, in ein Reliefbild mittlerer Tiefe von 0,05 nm überführt wird, der mittlere Abstand der Reliefberge liegt bei nm. Das Hologramm-Master wird danach mit einer 150 nm starken elastischen, aber formstabilen Nickelschicht belegt als Folie aufgespult. Das Nickel-Master wird im engen Kontakt mit einem Vinylfilm zwischen einer geheizten Rolle und einer Druckrolle durchgeführt, so daß sich die Konturen der Nickeloberfläche in den erwärmten Vinylfilm einprägen. Ein Preßluftstrom kühlt den Film ab und trennt gleichzeitig beide Streifen. Beide Filme werden getrennt aufgespult; das Nickelband ist für weitere Kopien zu verwenden; die Wiedergabe vom Vinylfilm erfolgt durch Abtastung mittels Laserstrahls, Aufnahme durch ein Vidikon und Eingabe der Signale in ein Heimfernsehgerät.

Selektion, in der Nachrichtentechnik die Fähigkeit eines Empfängers, einen erwünschten Sender (Nutzsender) unter Ausschluß von unerwünschten Sendern (Störsendern) zu empfangen. Das Maß dafür ist die *Selektivität* oder *Trennschärfe*, die gleich dem Amplitudenverhältnis von Störsenderspannung zu Nutzsenderspannung am Empfängereingang für einen bestimmten Störabstand am Ausgang ist. Der Störabstand wird entsprechend der geforderten Übertragungsgüte festgesetzt und gibt das Verhältnis der Spannung des Nutzsignals zur Summe aller Störspannungen am Ausgang des Empfängers an.

selektiver Empfänger, → Strahlungsempfänger.

selektiver Strahler, → schwarzer Körper.

Selektivschutz, in der Elektrotechnik das Ansprechen einer Schutzeinrichtung (z. B. einer Sicherung oder eines Leistungsschalters), die einer Fehlerstelle am nächsten liegt. Durch den S. wird nur der fehlerbehaftete Anlagenteil abgeschaltet, während die Energieversorgung der übrigen Verbraucher nicht gestört wird. Man erreicht den S. durch Staffelung der Nennstromstärken der Sicherungen oder der Abschaltzeiten der Leistungsschalter.

Durch Auslösung der Leistungsschalter mit Differential-, Impedanz- oder Distanzrelais läßt sich der S. noch verbessern (*selektiver Netzschutz*). Die Wirkungsweise des *Differentialrelais* beruht auf Stromvergleich. Tritt in einem Anlagenteil eine Stromabweichung auf, so spricht das Relais an. Diese Schutzeinrichtung (*Differentialschutz*) wird z. B. bei großen Synchronmaschinen als Schutz gegen Wicklungsschlüsse angewendet. Das *Impedanzrelais* spricht an, wenn der Wechselstromwiderstand (Impedanz) einen gewissen Wert unterschreitet (*Impedanzschutz*). Wächst zusätzlich die Auslösezeit des Relais mit der Impedanz des Kurzschluß- oder Erdschlußkreises, so bezeichnet man das Impedanzrelais auch als *Distanzrelais*, da der Wechselstromwiderstand bei Fehlern etwa proportional mit der Distanz steigt.

Selengleichrichter, → Halbleitergleichrichter.

self-consistent-field, abg. scf, englische Bezeichnung für ein effektives Potential, dessen Verlauf nach dem Vorbild des Hartree-Verfahrens einerseits die Bewegung der Teilchen bestimmt und andererseits von dieser abhängt. S.-c.-f. und Teilchenbewegung bedingen einander und müssen daher gleichzeitig bestimmt werden. Das s.-c.-f. ergibt sich im Verlauf eines Iterationsverfahrens: Man geht von einem Satz geschickt gewählter Einteilchenwellenfunktionen aus und berechnet damit nach der durch das Hartree- oder durch das Hartree-Fock-Verfahren gegebenen Vorschrift ein effektives Potential. Dieses wird benutzt, um aus einer Schrödinger-Gleichung einen neuen Satz von Einteilchenfunktionen zu bestimmen, der sich im allgemeinen vom Ausgangssatz unterscheidet und eine bessere Näherung für den gesuchten Satz darstellt. In der Praxis gewinnt man eine Näherung für das s.-c.-f. und den gesuchten Satz von Einteilchenwellenfunktionen, indem man mittels eines Iterationsverfahrens (self-consistent-field-Verfahren) mit dem Satz von Einteilchenwellenfunktionen aus dem $(n-1)$-ten Schritt das effektive Potential für den n-ten Schritt jeweils berechnet. Das Verfahren wird abgebrochen, wenn sich das effektive Potential (oder der Satz von Einteilchenwellenfunktionen) im Verlauf des letzten Schrittes um weniger als einen vorgegebenen Fehler ändert. Das zuletzt berechnete effektive Potential ist dann eine Näherung für das s.-c.-f., d. h., die Elektronen erzeugen gerade ein solches mittleres Potential, das seinerseits wieder auf die zur Potentialberechnung benutzten Wellenfunktionen führt.

Sellwandler, elektrostatische, in Flüssigkeiten und Gasen arbeitende Ultraschallquelle. Der S. ist eine robuste Form eines Kondensatorlautsprechers mit metallbedampfter Kunststoffolie und aufgerauhter Gegenelektrode, der Frequenzen von etwa 5 bis 500 kHz erzeugt und z. B. in Flüssigkeiten im Nahfeld Intensitäten um 10^{-4} Wcm^{-2} hervorbringt.

Seltsamkeit, svw. Strangeness.

semantische Definition, → Definition.

semidefinite Form, → quadratische Form.

semipolare Bindung, → chemische Bindung.

Sénarmont-Prisma, → Polarisationsprisma.

Sender, im weitesten Sinne jedes physikalische System, das Energie abstrahlt (→ Strahlungsquelle). Nach der jeweiligen Energieform unterscheidet man *Radiosender* (→ Nachrichtenübertragung), *Mikrowellensender*, *Schallsender* (→ Schwingquarz) usw. Ein → Meßsender ermöglicht, elektromagnetische Wellen mit Frequenzen innerhalb eines Bereiches abzugeben, während ein Rundfunksender auf einer bestimmten Frequenz arbeitet. → Funkensender.

Im engeren Sinne wird unter S. ein System verstanden, das zusammen mit der Energieabstrahlung zugleich auch Information übermittelt (*Rundfunksender*, *Fernsehsender*).

Senderöhre, aktives Bauelement im Röhrensender. Die S. unterscheidet sich von den üblichen Verstärkerröhren äußerlich durch größere

Abmessungen und besondere Kühleinrichtungen. Damit das Verhältnis der nutzbaren hochfrequenten Energie zu der von der Stromversorgung aufgewandten Energie, also der Wirkungsgrad der S., brauchbar wird, muß sie bis an die Grenzen ihres Kennlinienfeldes ausgesteuert werden. Der stark verzerrte Anodenstrom wird im Anodenschwingkreis in eine annähernd sinusförmige Anodenwechselspannung umgeformt.

Seniorität, Quantenzahl, die zur Klassifizierung von Zuständen im Schalenmodell des Kerns, die aus mehreren Teilchen gebildet werden, benutzt wird. Wenn der Gesamtdrehimpuls der betrachteten Nukleonen $J \geqq 3/2$ ist und mehr als 3 Nukleonen zusammengekoppelt werden, dann reichen die Quantenzahlen J, M_J, T und M_T (Gesamtdrehimpuls und seine Projektion, Isospin und seine Projektion) zur eindeutigen Klassifizierung der möglichen Zustände nicht aus. Deshalb wird als zusätzliche Quantenzahl die S. eingeführt.

Senke, 1) svw. Drain. **2)** → Feld. **3)** → Quellen- und Senkenströmung. **4)** → Divergenz 1).

Senkungswellen, → Schwall und Sunk.

Senkwaage, *Aräometer*, Gerät, das den hydrostatischen Auftrieb eines schwimmenden Körpers zur Bestimmung der Dichte von Flüssigkeiten ausnutzt. Die S. ist ein spindelförmiger Glashohlkörper, der an seinem unteren Ende durch Blei oder Quecksilber beschwert wird, damit sein Massenmittelpunkt möglichst tief liegt. An seinem oberen zylindrischen Teil ist eine empirisch ermittelte Skale angebracht; an ihr wird die Dichte der Flüssigkeit abgelesen, in der die S. schwimmt. Die S. sinkt um so tiefer in die Flüssigkeit ein, je geringer deren Dichte ist.

Separabilität, → Hilbert-Raum.

Separation der Variablen, Trennung der Variablen bei gewöhnlichen und partiellen Differentialgleichungen. Die S. d. V. ist eine nützliche, in vielen Fällen ausführbare Methode zur Integration der gewöhnlichen Differentialgleichung. Liegt eine gewöhnliche Differentialgleichung in der Form $\mathrm{d}y/\mathrm{d}x = f(x, y)$ mit $f(x, y) = g(x) \cdot h(y)$ vor, so kann die S. d. V. in der Form $\mathrm{d}y/h(y) = g(x) \cdot \mathrm{d}x$ ausgeführt werden; die separate Integration $\int\limits_{y_0}^{y} \frac{\mathrm{d}y}{h(y)} = \int\limits_{x_0}^{x} g(x)\,\mathrm{d}x$ liefert dann implizit die Funktion $y = y(x)$.

Bei partiellen Differentialgleichungen spricht man von der Methode der S. d. V., wenn man die Lösung nicht in allgemeinster Form, sondern in der Gestalt einer Summe oder eines Produktes von Funktionen sucht, die jeweils nur von einem Teil der Variablen abhängen; die allgemeine Lösung läßt sich dann gewöhnlich als Summe aller möglichen derartigen Lösungen mit bestimmten Koeffizienten schreiben. Bekanntes Beispiel ist die Lösung der Wellengleichung $\Delta\varphi - \frac{1}{c^2} \cdot \frac{\partial^2\varphi}{\partial t^2} = 0$ durch den Ansatz $\varphi(x, y, z, t) = v(x, y, z) \cdot w(t)$, der auf $w \cdot \Delta v = v \cdot \frac{\mathrm{d}^2 w}{c^2 \mathrm{d}t^2}$ oder $\frac{\Delta v}{v} = \frac{1}{wc^2} \frac{\mathrm{d}^2 w}{\mathrm{d}t^2}$ führt – da die linke Seite nicht von t, die rechte aber nicht von x, y, z abhängt, können sie nur einer Konstanten $k = \lambda^2$ gleich sein – und damit folgt $\frac{\mathrm{d}^2 w(t)}{\mathrm{d}t^2} + c^2\lambda^2 w(t) = 0$ und $\Delta v + \lambda^2 v = 0$; man erhält $w(t) = A \cdot \mathrm{e}^{\lambda ct}$, wobei A beliebig komplex ist, und die zweite Gleichung kann mit der gleichen Methode weiterbehandelt werden, wozu man zweckmäßig Kugelkoordinaten benutzt.

Separator, *Teilchenseparator*, Gerät oder Anlage in Strahlführungssystemen, das zur Aussonderung von Teilchen verschiedener Masse aus einem monochromatischen Teilchenstrahl (d. h. Teilchen gleichen Impulses) dient. Nach der Art der Separierung unterscheidet man elektrostatische S.en und Hochfrequenzseparatoren (HF-Teilchenseparatoren).

1) Der *elektrostatische S.* besteht aus einem meist im Vakuum angeordneten Paar von Kondensatorplatten, zwischen die der Teilchenstrahl gelenkt wird. Die mittlere Ablenkung der Teilchen im elektrischen Feld wird meist durch ein schwaches Magnetfeld kompensiert. Die erreichbare räumliche Separation δ ist gegeben durch $\delta = f \cdot \frac{E \cdot l}{p^2} \Delta\varepsilon$, wobei f der Abstand vom Separator, E die elektrische Feldstärke, l die Länge der Kondensatorplatten, p der Teilchenimpuls und $\Delta\varepsilon$ die Differenz der Gesamtenergien der zu trennenden Teilchen ist.

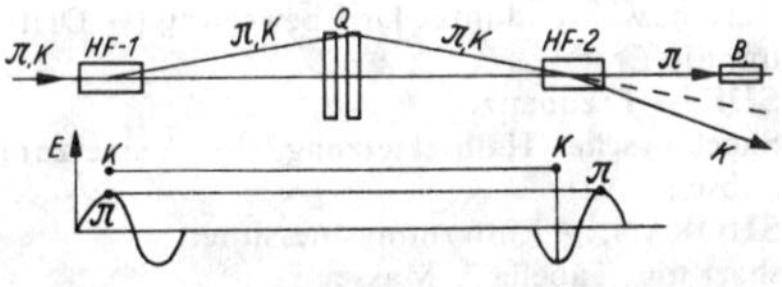

Wirkungsweise des HF-Teilchenseparators. HF-1 und HF-2 Wanderfeldröhren mit transversaler Feldkomponente E, Q Quadrupollinse, B Beamstopper, K separierte Teilchen, π unerwünschte Teilchen

2) Beim *HF-Teilchenseparator* (Abb.) erfolgt die Separation von Teilchen mit gleichem Impuls, aber verschiedener Masse und daher verschiedener Geschwindigkeit durch eine elektrische Transversalkomponente einer Wanderwelle, deren Phasengeschwindigkeit gleich der mittleren Teilchengeschwindigkeit ist. Die Anlage besteht aus mindestens zwei Wanderfeldröhren, die hintereinander in größerem Abstand so angeordnet sind, daß für die erwünschten Teilchen die Phase um 180° unterschiedlich ist, während die unerwünschten Teilchen die gleiche Phasenlage haben. Durch Quadrupollinsen wird der Strahlquerschnitt in der ersten Röhre in den Mittelpunkt der zweiten Röhre abgebildet. Die transversale Auslenkung der Teilchen in der ersten Röhre wird daher in der zweiten Röhre für die erwünschten Teilchen verstärkt, für die unerwünschten dagegen kompensiert. Die unerwünschten Teilchen können dann durch einen Metall- oder Betonblock hinter dem letzten Separator, dem *Beamstopper* (engl., 'Strahlabsorber') absorbiert werden, während die daran vorbeifliegenden erwünschten Teil-

chen anschließend nochmals fokussiert und auf das Target gelenkt werden können. Bei optimaler Phasenlage kann das Auflösungsvermögen eines HF-Teilchenseparators bis weit ins relativistische Energiegebiet gesteigert werden.

Septime, ein Intervall, → Tonskalen.

Serber-Kraft, zwischen zwei Nukleonen wirkende Kraft, deren Potential durch
$V_S(r_{12}) = U(r_{12}) \cdot (1 + \hat{P}_{12}(r))$
gegeben ist, wobei $\hat{P}_{12}(r)$ der Austauschoperator des Ortes der beiden Nukleonen, r_{12} ihr gegenseitiger Abstand und $U(r_{12})$ ein Zentralpotential sind. Die S.-K. beschreibt sehr gut die Winkelverteilung der Streuung von Neutronen an Protonen, sie kann jedoch nicht die Sättigungseigenschaft der Kernkräfte erklären (→ Nukleon-Nukleon-Wechselwirkung).

Seriengrenze, → Atomspektren.

Serien-Grenzkontinuum, → Atomspektren.

Sersche Scheibe, eine → Strömungssonde.

SEV, svw. Sekundärelektronenvervielfacher.

Sexagesimalteilung, ein auf der Basiszahl 60 aufbauendes Teilungssystem. Es wurde bereits um das Jahr 2000 v. u. Z. in Babylon angewendet und berücksichtigte bereits Stellenwerte. Reste davon erkennen wir z. B. noch in der Minuten- und Sekundenteilung und in der Teilung des Vollwinkels in 360°.

Sexte, ein Intervall, → Tonskalen.

SFD, → Sonneneruptionseffekt.

sgn, → Permutation.

Shellsplitting [engl.], das Aufspalten der Driftschalen geladener Teilchen mit unterschiedlicher Anfangsenergie, welche an einem gemeinsamen Punkt in der asymmetrischen Magnetosphäre starten, während ihrer Driftbewegung (→ Drift) um die Erde.

SHF, → Frequenz.

Shockleysche Halbversetzung, → Versetzung (Abschn. VII).

SHORAN, → Entfernungsmessung.

short ton, Tabelle 2, Masse.

short ton-force, Tabelle 2, Kraft.

sh tn, Tabelle 2, Masse.

sh tonf, Tabelle 2, Kraft.

Shunt, → Nebenschlußwiderstand.

SI, Symbol für Système International d'Unités, → Einheit.

Sicherheitsbeiwert, ein Wert $S > 1$, der die Unsicherheit, die dem praktischen mechanischen Belastungsfall anhaftet, rechnungsmäßig kompensiert: $\sigma_{V,zul.} = K/S$, mit K als Spannungsgrenzwert, wie Bruchspannung, Streckgrenze, Knicklast usw., und $\sigma_{V,zul}$ als zulässiger Vergleichsspannung.

Sicherheitsparabel, → Wurf.

Sicherheitsstab, → Reaktor.

Sicherung, ein Bauelement der Elektrotechnik zum Überlast- und Kurzschlußschutz nachfolgender Leitungen und Geräte (Überstromsicherung). Die S. muß relativ hohe Auslösezeiten bei geringen Überströmen und sehr geringe Auslösezeiten bei großen Kurzschlußströmen erreichen. Überstromsicherungen sind häufig als *Schmelzsicherungen* ausgeführt. Bei diesen ist ein metallischer, vom Betriebsstrom durchflossener Schmelzdraht in Sand eingebettet und von einer Metall-, Keramik- oder Glashülse umgeben. Bei der bekanntesten Schmelzsicherung, der *Patronensicherung*, wird ein Keramikkörper verwendet. Der Schmelzdraht ist mit einem farbigen, der Nennstromstärke zugeordneten Plättchen verbunden, das beim Durchschmelzen des Drahtes abfällt. *Sicherungsautomaten* werden bei länger andauernden Überströmen durch Bimetallauslöser und bei großen Kurzschlußströmen kurzzeitig durch elektromagnetische Auslöser abgeschaltet; sie können wieder eingeschaltet werden. Um nur den unmittelbar von einer Störung betroffenen Anlagenteil abzuschalten, verwendet man gestaffelte Sicherungen, → Selektivschutz.

Die *Überspannungssicherung*, exakter als *Überspannungsableiter* bezeichnet (→ Ableiter), ist ein Gerät zum Abbau einer schädlichen Überspannung.

Sicht, → Sichtweite.

Sichtfeld, die objekt- und bildseitig durch die Feldblenden begrenzte Größe des → Strahlenraums der optischen Abbildung. Das S. wird meist im Winkelmaß angegeben. Als weitere Meßgröße dient bei Instrumenten die *Feldzahl*, d. h. der in Millimeter oder Meter gemessene Durchmesser des S.s bezogen auf eine konventionelle Objektweite (bei Fernrohren z. B. m auf 1 km).

Sichtspeicherröhre, → Katodenstrahlröhre.

Sichtweite, *meteorologische Sichtweite*, die durch atmosphärische Trübung bedingte Grenzentfernung, bis zu der man gerade noch sehen kann. Man unterscheidet zwischen der *Tagessichtweite* oder *Tagessicht* von natürlichen Sichtzielen und der *Nachtsichtweite* oder *Feuersicht* von Lichtern. Die Größenordnung der S. reicht von der *Nebelsicht* mit weniger als 100 m bis zur *Fernsicht*, z. B. der Alpenfernsicht von einigen 100 km. Von der Tagessicht ist die *Normsichtweite* V_N abgeleitet, die anstelle des Schwächungsexponenten σ den Trübungszustand der atmosphärischen Luft sehr anschaulich beschreibt. Der Zusammenhang lautet
$V_N = \sigma^{-1} \ln (1/\varepsilon) = 3{,}91/\sigma$,
wobei $\varepsilon = 0{,}02$ der Kontrastschwellenwert des Auges für natürliche, dunkle Sichtziele ist. Die Sichttheorie zur Ableitung dieser Beziehung geht davon aus, daß die Leuchtdichte eines schwarzen Sichtzieles in der Entfernung l vor dem Horizonthimmel $B = B_h(1 - e^{-\sigma l})$ beträgt, wobei B_h die Leuchtdichte des Horizonthimmels in Richtung des Sichtzieles ist. Für $l \to V_N$ wird der Helligkeitskontrast K zwischen Sichtziel und Umgebung $K = (B_h - B)/B_h$ gleich dem Kontrastschwellenwert ε.

Die Nachtsichtweite eines Lichtes der Lichtstärke I wird *Tragweite* t genannt. Für sie gilt die Beziehung $\sigma t + 2 \ln t = \ln I/\beta$, worin β der Schwellenwert des Auges ist und für praktische Fragen, etwa für Leuchtfeuer, zu $2 \cdot 10^{-7}$ lx angesetzt wird. Für die Tragweite von Lichtern in der Dämmerung oder bei Tage ist ein wesentlich größerer Wert für β zu wählen.

Zur Messung der Normsichtweite dienen *Sichtmesser*. Sie sind vielfach als spezielle visuelle oder photoelektrische Photometer ausgebildet. In neuerer Zeit finden *Sichtregistriergeräte* Verwendung. Nach dem Verfahren der Durchlässigkeitsmessung eines modulierten Lichtstrahls längs einer horizontalen Strecke von einigen 100 m arbeiten die *Transmisso-*

meter, die auf Flugplätzen zur automatischen Registrierung der Landesicht eingesetzt werden. Beim *Landebahnsichtmesser* wird die Schrägsicht von einem erhöhten Punkt aus durch automatisches Abtasten der Landebahnbefeuerung mit einer Multiplier-Empfangseinrichtung registriert. Bei den *backscatter-Geräten* wird das von einem modulierten Scheinwerfer nach hinten gestreute Licht benutzt, um die Normsichtweite angenähert zu erfassen. Durch die modernen *Streulichtschreiber* wird das in den Gesamtraum gestreute Licht annähernd vollständig erfaßt und somit der Streukoeffizient (Mie-Streuung) gemessen, der bei vernachlässigbarer Absorption die Normsichtweite eindeutig wiedergibt.

SID, → Sonneneruptionseffekt.

Siebkette, → Gleichrichter.

Siebschaltung, → Kettenleiter.

Siedeanalyse, Bestimmung der Zusammensetzung oder Reinheit eines Flüssigkeitsgemisches, wobei die Abhängigkeit des Siedepunktes von der Zusammensetzung ausgenutzt wird. Die verdampfte Flüssigkeit wird in ein anderes Gefäß destilliert. Man trägt die Menge der übergehenden Flüssigkeit über der Siedetemperatur auf und schließt aus dieser Destillationskurve auf die Zusammensetzung. Die S. versagt, wenn beim Sieden chemische Reaktionen stattfinden.

Siedebarometer, ein mit einem Siedethermometer ausgestatteter Wassersiedeapparat. Aus dem Siedepunkt des Wassers schließt man auf den Luftdruck.

Siedediagramm, *Zustandsdiagramm*, in dem das Gleichgewicht Flüssigkeit – Dampf für zwei- und mehrkomponentige Systeme beschrieben wird. Bei zweikomponentigen Systemen zeichnet man entweder in isobarer Darstellung die Siede- und Kondensationstemperaturen oder in isothermer Darstellung die entsprechenden Drücke in Abhängigkeit von der Zusammensetzung, bei drei- oder mehrkomponentigen Systemen gibt man ein räumliches p, T, x-Diagramm an. Da die Zusammensetzung der flüssigen Phase anders ist als die des Dampfes, ergeben sich je zwei Kurven. Die untere Kurve, die *Siedekurve*, gibt den Beginn des Siedens in Abhängigkeit von der Zusammensetzung der Mischung an; die obere Kurve, die *Kondensationskurve*, zeigt die Zusammensetzung des Dampfes bei der entsprechenden Temperatur. Die vorkommenden S.e lassen sich auf wenige Grundtypen zurückführen. Wesentlich unterscheiden sich nur die S.e beliebig mischbarer und schon bei den Siedetemperaturen begrenzt mischbarer Flüssigkeiten. Folgende Beispiele behandeln S.e binärer Mischungen bei konstantem Druck.

1) Die Flüssigkeiten sind unbegrenzt mischbar (Abb. 1a–c). Die Form und Dicke der „Zigarren" in den Abb. sind vom Druck abhängig. So kann ein System mit dem S. von Abb. 1c bei niedrigeren Drücken ein S. vom Typ der Abb. 1a oder b haben. Der Siedevorgang sei an Abb. 1a erläutert: Eine Mischung der Zusammensetzung x_1 beginnt bei T_1 zu sieden, der entstehende Dampf hat die Zusammensetzung x_1', enthält also die Komponente *B* im stärkeren Maße. Die Flüssigkeit wird *A*-reicher und siedet bei höheren Temperaturen. Die Zusammensetzung von Flüssigkeit und Dampf ändert sich nun ständig entsprechend der Siede- und Kondensationskurve (z. B. bei $T_2 x_2$ und x_2'). Findet das Sieden in einem geschlossenen Gefäß statt, d. h., ist stets der gesamte entstandene Dampf im Gleichgewicht mit der flüssigen Phase, endet das Sieden bei T_3. Die zuletzt verdampfte Flüssigkeit hatte dann die Zusammensetzung x_3. Kann dagegen der Dampf entweichen (offenes Gefäß), so endet das Sieden erst bei T_A. Die Kondensation eines binären Dampfes erfolgt ganz analog. Die Abb. 1b enthält ein S. mit einem Minimum in der Siedekurve. Solche S.e ergeben sich, wenn der Siedepunkt der Mischung niedriger ist als die Siedepunkte der reinen Komponenten. Ist dagegen der Siedepunkt der Mischung höher als die Siedepunkte der reinen Komponenten, so tritt ein Maximum auf. Eine Flüssigkeit der Zusammensetzung der Extremwerte siedet wie ein reiner Stoff. Sie wird als azeotropes Gemisch bezeichnet. In Abb. 1c hat das S. einen kritischen Punkt *K*. Rechts der Kurve ist das Flüssigkeitsgebiet, links das des Dampfes. Für Zusammensetzungen zwischen x_K und x_1 findet bei Erwärmung retrograde Verdampfung statt (→ Kondensation).

2) Die Flüssigkeiten sind begrenzt mischbar. In Abb. 2 sieden die Flüssigkeiten zwischen *A* und x_1 bzw. x_2 und *B* wie unbegrenzt mischbare, für das Gebiet zwischen x_1 und x_2 existieren zwei flüssige Phasen F_1 und F_2, die jede für sich ebenfalls wie mischbare Flüssigkeiten sieden.

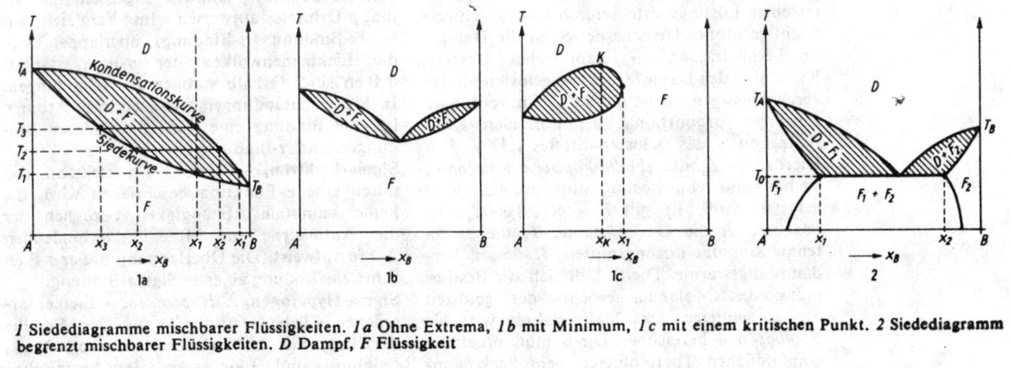

1 Siedediagramme mischbarer Flüssigkeiten. *1a* Ohne Extrema, *1b* mit Minimum, *1c* mit einem kritischen Punkt. *2* Siedediagramm begrenzt mischbarer Flüssigkeiten. *D* Dampf, *F* Flüssigkeit

Die S.e sind bei vielen technischen Verfahren, z. B. bei der Destillation, von großem Interesse. Lit. D'Ans u. Lax: Taschenb. für Chemiker u. Physiker Bd 1 (Berlin 1967); Kortüm: Einführung in die chem. Thermodynamik (6. Aufl. Göttingen 1972).

Siedekurve, → Siedediagramm.

Sieden, *Verdampfen*, der Übergang vom flüssigen in den gasförmigen Aggregatzustand. Er erfolgt bei der druckabhängigen *Siedetemperatur* (*Siedepunkt*, *Kochpunkt*, K_p), die gleich der Kondensationstemperatur ist. Für reine Stoffe ist die Siedetemperatur während des S.s konstant. Das normale S. bezieht sich auf einen Druck von 760 Torr. Die Abhängigkeit der Siedetemperatur vom Druck wird bei reinen Stoffen durch die → Clausius-Clapeyronsche Gleichung beschrieben. Mehrkomponentige Systeme sieden im allgemeinen in einem von der Zusammensetzung abhängigen Temperaturintervall (→ Siedediagramm). Bei verdünnten Lösungen liegt die Siedetemperatur höher als die des reinen Lösungsmittels (→ Siedepunktserhöhung). Während des S.s wird vom System die *Verdampfungswärme* aufgenommen, die eine Umwandlungswärme ist und davon abhängt, ob das S. bei konstantem Volumen oder Druck stattfindet.

Der Siedevorgang beginnt, wenn der Dampfdruck, der sich immer einstellt, da von der Oberfläche einer Flüssigkeit bei jeder Temperatur eine gewisse Anzahl Moleküle in den Gasraum übergehen, gleich dem Gesamtdruck ist. In der Flüssigkeit kommt es dabei an den Gefäßwänden und an gegebenenfalls vorhandenen Verunreinigungen zur Dampfblasenbildung. Die Blasen steigen nach oben und treten in den Gasraum über. Vermeidet man die Dampfblasenbildung, so kann man das S. verhindern (*Siedeverzug*). Es ist gelungen, Wasser bis auf 270 °C zu erhitzen, ohne daß S. einsetzte (→ Überhitzung). Umgekehrt kann man das S. begünstigen, indem man die Dampfblasenbildung durch Zugabe polarer Moleküle, z. B. Chlorwasserstoff, oder durch kantige Gegenstände (Siedestäbchen) fördert. Aus der Struktur eines Stoffes auf dessen Siedetemperatur zu schließen, ist bisher nicht gelungen. Aus dem Theorem der korrespondierenden Zustände erhält man die Siedetemperatur eines Stoffes, wenn diese für einen chemisch ähnlichen Stoff bekannt ist.

Siedepunkt, → Sieden.

Siedepunktserhöhung, Erhöhung des Siedepunktes eines Lösungsmittels durch gelöste schwerflüchtige Stoffe. Ursache der S. ist die Dampfdruckerniedrigung (→ Raoultsches Gesetz). Kann man den Dampfdruck des gelösten Stoffes vernachlässigen, so ist die S. ΔT für verdünnte Lösungen proportional der normalen Konzentration n des gelösten Stoffes: $\Delta T = E_s n$. Hierbei ist E_s die *ebullioskopische Konstante*; sie hängt nur vom Lösungsmittel ab, nicht vom gelösten Stoff. Es gilt $E_s = RT_s^2/1000L_s$. Es bedeuten R die Gaskonstante, T_s die Siedetemperatur des Lösungsmittels, L_s dessen Verdampfungswärme. Die S. läßt sich zur Bestimmung des Molekulargewichts des gelösten Stoffes benutzen. Das Meßverfahren wird als *Ebullioskopie* bezeichnet. Die S. muß mit einem empfindlichen Thermometer, dem Beckmann-Thermometer, gemessen werden. Gegensatz: → Gefrierpunktserniedrigung.

Siedetemperatur, → Sieden.

Siedethermometer, → Thermometer.

Siedeverzug, eine Erscheinung bei sehr reinen überhitzten Flüssigkeiten. Der S. ermöglicht die Erhöhung der Temperatur der Flüssigkeit über den Siedepunkt hinaus (→ Sieden). In Gegenwart ionisierender Strahlung wird der S. sofort aufgehoben. Der S. ist die Grundlage für das Funktionsprinzip der Blasenkammer.

Siegbahnsche X-Einheit, kurz *X-Einheit* genannt, XE, inkohärente frühere Einheit der Länge in der Röntgenspektroskopie. Vorsätze nicht erlaubt. Sie wurde von Siegbahn definiert als 3029,45ter Teil der Gitterkonstanten des Kalkspats bei 18 °C. 1 XE (Siegbahn) = $1{,}00202 \cdot 10^{-13}$ m. Ursprünglich war die X-Einheit definiert als 2814ter Teil der physikalischen Gitterkonstanten des Steinsalzkristalls bei 18 °C, die gleich $2{,}814 \cdot 10^{-10}$ m ist. Heute gilt in der Spektroskopie 1 XE = 10^{-3} Å = 10^{-13} m.

Siemens, S, gesetzliche abgeleitete SI-Einheit des elektrischen Leitwertes. Vorsätze erlaubt. Das Siemens ist der elektrische Leitwert eines Leiters vom Widerstand 1 Ω. Die Bezeichnung 1/Ω oder Ω^{-1} ist zulässig. $1\,S = 1/\Omega = 1\,m^{-2} \cdot kg^{-1} \cdot s^3 \cdot A^2$.

Siemens durch Meter, S/m, SI-Einheit der elektrischen Leitfähigkeit. Das S.d.M. ist die elektrische Leitfähigkeit eines homogenen Leiters mit dem Querschnitt 1 m^2 und der Länge 1 m, dessen Leitwert 1 S beträgt. $1\,S/m = 1/\Omega\,m = 1\,m^{-3} \cdot kg^{-1} \cdot s^3 \cdot A^2$. Diese Einheit darf auch Eins durch Ohmmeter, 1/Ωm, benannt werden.

Sigma-Bindung, *σ-Bindung*, Bindung, bei der die Ladungsverteilung der Valenzelektronen rotationssymmetrisch um die Verbindungsachse beider Atome ist. σ-B.en können durch Kombination zweier *s*-Orbitale, durch Verknüpfung eines *s*- und eines *p*-Orbitals oder zweier *p*-Orbitale (Abb.) zustandekommen; dabei

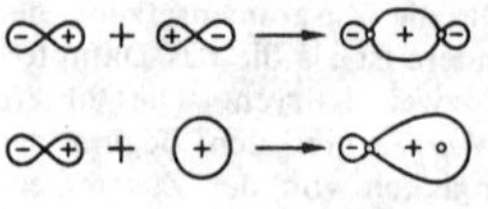

Schematische Darstellung der Ladungsverteilung einer *p-p-σ*-Bindung und einer *p-s-σ*-Bindung

müssen die Achsen der *p*-Orbitale in Richtung der Bindungsachse zeigen. σ-B.en werden auch durch Hybridorbitale (→ Hybridisation) gebildet, die qualitativ ähnliche Eigenschaften wie die *p*-Orbitale aufweisen. Im Vergleich zur → Pi-Bindung (π-Bindung) überlappen sich die Elektronenwolken der σ-B.en stärker. σ-B.en sind deshalb stabiler als π-Bindungen. In Mehrfachbindungen zwischen zwei Atomen ist eine Bindung eine σ-B., die anderen Bindungen sind π-Bindungen.

Sigma-Elektron, *σ-Elektron*, ein Elektron, das durch eine ψ-Funktion beschrieben wird, die keine azimutale Abhängigkeit bezüglich der die Atomkerne im Molekül verbindenden Achse aufweist. Die Überlappung zweier σ-E.en führt zur Bildung einer → Sigma-Bindung.

Sigma-Hyperonen, *Σ-Hyperonen*, → Elementarteilchen (Tab. A und C) aus der Familie der Baryonen. Σ^+ wurde 1953 von York, Leighton und Bjorner in der kosmischen

Strahlung, Σ^- 1954 in Brookhaven (USA) auf der Aufnahme einer Reaktion in einer Diffusionsnebelkammer gefunden, und Σ^0 sowie die zugehörigen Antiteilchen fand man später.

Sigma-Meson, → Elementarteilchen.

Sigma-Resonanzen, → Elementarteilchen.

Signal, 1) Physik: eine von einem physikalischen System sich ausbreitende Wirkung, die geeignet ist, einem zweiten physikalischen System Information über die Veränderungen des ersten Systems zu übermitteln.

Ein S. muß zwei wesentliche Forderungen erfüllen. Erstens muß seine Ausbreitung im Einklang mit dem → Relativitätsprinzip erfolgen, und zweitens muß es dem Kausalitätsprinzip genügen, d. h., die Ausbreitungsgeschwindigkeit des S.s muß kleiner oder gleich der Lichtgeschwindigkeit sein. (→ Überlichtgeschwindigkeit).

2) Kybernetik: physikalische Größe, in die als Signalträger durch die Werte eines Parameters Information eingelagert ist. Der Parameter kann eine räumliche oder die Zeitkoordinate sein. *Statistische S.e* benutzen die Zeitkoordinate nicht, wohl aber spielt bei *dynamischen S.en* die Zeit eine Rolle, z. B. beim Ticken eines Morsetasters.

Die Information ist kodiert, d. h., sie kann bei gleichen Parameterwerten für verschiedene Empfänger verschieden sein.

Deterministische S.e sind in ihrem Verlauf eindeutig bestimmt, *stochastische S.e* sind zufallsabhängig. In zeitabhängigen *analogen S.en* kann der Parameterwert $p(t)$ jeden Wert aus einem Intervall annehmen, in *diskreten S.en* kann er nur wenige Werte annehmen, zwischen denen er sich sprunghaft ändert. In *kontinuierlichen S.en* ist der Wert $p(x, y, z, t)$ des Parameters für jeden Argumentwert bis auf Sprungstellen definiert und stetig, in *diskontinuierlichen S.en* ist diese Funktion nur für bestimmte Argumente definiert, bei Taktbetrieb z. B. nur für jeden Takt $t = nT$, $n = 0, 1, 2, \ldots$ (Abb.).

Analog-kontinuierlich z. B. ist der zeitliche Verlauf der Körpertemperatur oder des Blutdrucks; analog-diskontinuierlich ist jedes aus einem analog-kontinuierlichen S. durch Abtasten gewonnene S. bzw. jedes S., dessen Wert erst durch den Ablauf einer anderen Größe über ein gewisses Intervall festgelegt wird, z. B. der minütliche Sauerstoffverbrauch. Diskret-kontinuierliche Verläufe haben alle Größen, die ihre Werte nur sprunghaft ändern können mit Sprunghöhen, die aus einem endlichen Vorrat von Amplituden gewählt sind. Diskret-diskontinuierlich sind alle in Digitalrechnern verarbeiteten S.e. Die möglichen Amplitudenwerte sind hier durch den darstellbaren Zahlbereich des Rechners und die diskontinuierlichen Zeitpunkte, zu denen Signalwerte gehören, durch den Takt des Rechners gegeben. *Digitale S.e* sind diskret-diskontinuierliche S.e, bei denen die Amplituden in Zahlform verschlüsselt sind. Häufig verwendet man zur Amplitudendarstellung nur endlich viele ganze Zahlen in ihrer Zifferndarstellung in einer der gebräuchlichen Zahlenbasen 10, 8 bzw. 2. Bei der Verwendung der Zahlenbasis 2 spricht man von *binären* oder *dualen S.en*. Zur Untersuchung des Übertragungsverhaltens von Systemen werden *Testsignale* eingesetzt, die mit einfachen Hilfsmitteln genügend genau herstellbar und gut reproduzierbar sein müssen. Die Einheitssprungfunktion, die Einheitsimpulsfunktion und die Sinussignale sind die wichtigsten deterministischen Testsignale. Die *Einheitssprungfunktion* $\mathbf{1}(t) = \{1$ für $t > 0$, aber 0 für $t < 0\}$ wird besonders für lineare Glieder mit konstanten Parametern eingesetzt. Ihre Übergangsfunktion $h(t)$ ist das K-fache bei einem Sprung der Sprunghöhe K. Aber auch beliebige S.e lassen sich näherungsweise als Überlagerung von Sprungsignalen darstellen. Die *Einheitsimpulsfunktion* (*Dirac-Impuls*) $\delta(t) = \frac{d}{dt}\mathbf{1}(t)$ ist eine verallgemeinerte Ableitung von $1(t)$ oder eine Distribution. Die Reaktion eines linearen Systems auf den δ-Impuls heißt *Gewichtsfunktion* $g(t, t')$ (→ Übergangsvorgang). Ein *Sinus-S.* $A \sin(\omega t - \varphi)$ ist durch die Amplitude A, die Phase φ und die Frequenz ω gekennzeichnet. Beim Durchgang eines solchen S.s durch ein lineares Glied mit konstanten Parametern entsteht wieder ein Sinus-S. mit gleicher Frequenz ω, dessen Amplitude und Phase aber von ω abhängen. Beide Funktionen faßt man zum *Frequenzgang* zusammen.

Um eine bessere Annäherung an reale Bedingungen zu erhalten, unter denen die Systeme arbeiten, verwendet man vielfach *stochastische Testsignale*. Um stationäre Störbedingungen zu simulieren, soll es sich dabei um stationäre zufällige Prozesse handeln, die einen konstanten Mittelwert haben und deren Korrelationsfunktionen nur von der Zeitdifferenz abhängen. Die gebräuchlichsten stochastischen Testsignale sind die Gaußschen Prozesse, deren sämtliche Verteilungsfunktionen normalverteilt sind, und das *weiße Rauschen* bzw. *Breitbandrauschen*, das sind zufällige Prozesse, die im interessierenden Frequenzbereich eine konstante spektrale Leistungsdichte haben. Die Anzahl der unterschiedenen Zustände der Amplitude eines S.s wird *Signalalphabet* genannt. Man vereinbart als seine Symbole üblicherweise disjunkt liegende Amplitudenintervalle. Das entsprechende Alphabetsymbol liegt dann vor, wenn der Amplitudenwert in das vereinbarte Intervall fällt. Benachbarte Intervalle müssen aber genügend großen Sicherheitsabstand haben, damit zufällige Störungen der S.e nicht zu einer Symbolverfälschung führen.

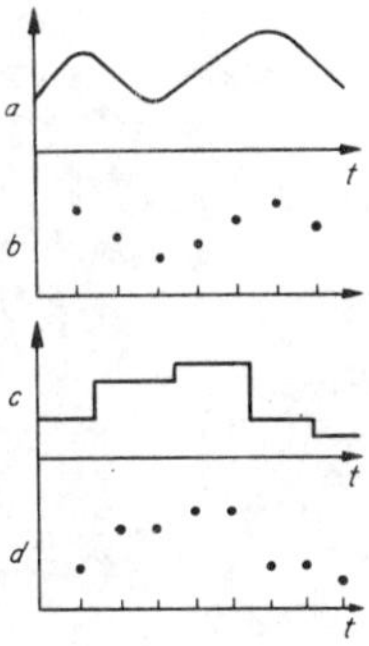

Signaltypen: *a* analog-kontinuierlich, *b* analog-diskontinuierlich, *c* diskret-kontinuierlich, *d* diskret-diskontinuierlich

Signalgeschwindigkeit, Geschwindigkeit des eine Wirkung auslösenden → Signals. Weil in der → speziellen Relativitätstheorie das Prinzip der eindeutigen zeitlichen Reihenfolge von Ursache und Wirkung gilt, kann sich ein Signal höchstens mit der Vakuumlichtgeschwindigkeit c ausbreiten.

Zu beachten ist, daß die Phasengeschwindigkeit einer Wellenbewegung durchaus größer als c sein kann, da ein Signal sich als Wellengruppe ausbreitet und also die Gruppengeschwindigkeit entscheidend ist.

Signal-Rausch-Verhältnis, svw. Störabstand.

Signatur der Streuamplitude, → analytische S-Matrix-Theorie.

Silberfarbbleichverfahren, ein photographisches Mehrschichtenfarbverfahren, das auf Grund hoher Lichtbeständigkeit der Bildfarbstoffe bes. für Kopiermaterialien geeignet ist und im *Cibachrom-Print-Material* (Schweiz) technische Anwendung findet; dieses Material besteht aus einer masseeingefärbten weißen Kunststoffunterlage mit hohem Reflexionsvermögen, auf die für Rot, Grün und Blau empfindliche Silberbromidemulsionen gegossen sind; zwischen der grün- und blauempfindlichen Schicht kann sich eine Gelbfilterschicht befinden. Jede Emulsionsschicht ist mit einem Azofarbstoff hoher Sättigung und Brillanz komplementär zur spektralen Schichtempfindlichkeit eingefärbt, d. h., der Bildfarbstoff ist bereits vor Belichtung in der Schicht (bei der chromogenen Entwicklung entsteht er erst im Zuge der Entwicklung). Nach der Belichtung des Materials durch ein Positiv wird schwarzweiß entwickelt; dabei entsteht ein negatives Silberbild.

In stark saurem Farbbleichbad, das Kaliumbromid, Thioharnstoff als Silberhalogenidlösungsmittel, und einen Bleichkatalysator enthält, werden die diffusionsfesten Azofarbstoffe an den Stellen, an denen sich metallisches Silber befindet, reduktiv unter gleichzeitiger Oxydation des Silbers zerstört; nach dem Herauslösen der Silbersalze entsteht ein positives, brillantes Farbbild hoher Lichtechtheit.

Umkehrentwicklung ermöglicht das S. auch als Negativ-Positiv-Prozeß einzusetzen; die Umkehrung des beim Kopieren entstandenen latenten Positivbildes erfolgt durch Schwarz-Weiß-Entwicklung, Ausbleichen des entstandenen positiven Silberbildes und diffuse Durchbelichtung und Schwarz-Weiß-Entwicklung des übriggebliebenen Silberhalogenids.

Silberpunkt, → Temperaturskala.

Silbersalzdiffusionsverfahren, photographisches Bildwiedergabeverfahren für die Vervielfältigung von Schriftstücken und gedruckten Vorlagen, das von E. Land (USA) als *Ein-Minuten-Photographie* zur Erzeugung von Papierpositiven direkt aus der Kamera entwickelt wurde.

Das Grundprinzip des S.s besteht darin, daß bei Entwicklung einer normal aufgebauten Emulsionsschicht bildmäßig Silberionen in eine aufgepreßte Bildempfangsschicht diffundieren und dort nach Reduktion ein positives Silberbild erzeugen. Nach der Belichtung wird die Emulsionsschicht mit einer konzentrierten alkalischen Entwicklerlösung befeuchtet und mit der Bildempfangsschicht zusammengepreßt. Die Bildempfangsschicht enthält eine sehr große Anzahl von Keimen aus feinstverteiltem kolloidalem Silber oder einem anderen Schwermetallsulfid sowie Thiosulfat als Komplexbildner für Silberhalogenid. An den unbelichteten Stellen werden die Silberhalogenidkristalle nicht reduziert, sondern lösen sich als Thiosulfatkomplexe; die Silberkomplexionen diffundieren in die Empfangsschicht, werden von den Silberkeimen adsorbiert und von dem vorhandenen Entwickler zu Silber reduziert. Es entsteht ein Silberionenkonzentrationsgefälle von der Emulsions- zur Empfangsschicht, das eine ständige Nachlieferung von Silberionen in die Empfangsschicht gewährleistet; durch Abziehen der Bildempfangsschicht wird der Entwicklungsvorgang unterbrochen; das Bild liegt als fast trockenes Positiv vor und hält sich bei trockener Lagerung ohne weitere Behandlung mehrere Jahre.

In der *Ein-Minuten-Kamera* wird ein Negativfilm belichtet, der auf Grund des Bildaufbaues durch das nichtbelichtete Silberhalogenid eine sehr hohe Empfindlichkeitsausnutzung von etwa 40 DIN hat. Beim Filmtransport, nach der Belichtung, wird durch ein Walzenpaar in der Kamera ein Plastbeutel, der den Entwickler enthält, zerdrückt und gleichzeitig das Negativ mit der Bildempfangsschicht zusammengepreßt. Nach 10 bis 20 Sekunden, je nach Außentemperatur, kann das fertige Bild der Kamera entnommen werden. In der Weiterentwicklung des Verfahrens kann das Negativ nach Stabilisierung durch Wässern als Vorlage für weitere Kopien benutzt werden; nachteilig ist, daß keine Formatveränderung zwischen Negativ und Positiv bei der Erstkopie möglich ist.

Die verwendeten Kameras dürfen nicht als Kleinbildkamera ausgestattet sein, weil der Informationsgehalt eines Positivbildes im Format $3{,}6 \cdot 2{,}4$ cm zu gering ist.

Silistor, ein Siliziumhalbleiterwiderstand mit hohem positivem Temperaturkoeffizienten von etwa $7{,}7 \cdot 10^{-3}$ grd^{-1}.

Siliziumtetrode, svw. Binistor.

Silsbeesche Regel, → kritischer Strom eines Supraleiters.

Simplexe, → Ähnlichkeitstheorie.

Simultanbedampfung, → elektronenmikroskopische Präparationstechnik.

Simultankontrast, → Farbensehen.

singende Flamme, Tonerzeugung infolge Schwingungen einer Gassäule in einem beidseitig offenen Rohr, das über eine kleine Gasflamme gestülpt wird. Die Frequenz des Tones entspricht dem Grundton des als offene → Pfeife anzusehenden Rohres, in dem die Gassäule durch zufällig vorhandene Störungen der Gasströmung zu Schwingungen angeregt wird, die ihrerseits durch die periodischen Druckschwankungen im Rohr die Ausströmung des Brenngases und damit die Temperatur der Flamme und des Gases im Rohr steuern. Durch diesen Mechanismus kann ein periodischer Schwingungsvorgang durch einen konstanten Gasstrom unterhalten werden.

singuläre Lösung, → Differentialgleichung.

singulärer Punkt, → Funktionen-Theorie, → Differentialgleichung.

Singularitäten, 1) einer Funktion: → Funktionen-Theorie.

2) eines (Vektor-) Feldes: die Punkte, in denen der analytische Ausdruck für die Feldgröße beliebig große Werte annehmen kann. Das bedeutet im → Strömungsfeld einer inkompressiblen Potentialströmung (→ Strömung), daß die Geschwindigkeit unendlich groß wird, was physikalisch nicht möglich ist. Weiteres → Quellen- und Senkenströmung, → Potentialwirbel, → Dipolströmung.

Singularitätenverfahren, eine Methode zur Berechnung der aerodynamischen Eigenschaften umströmter Körper in reibungsfreien → Strömungen. Im Innern des Körpers werden in geeigneter Weise Quellen, Senken und Wirbel angeordnet, und durch Überlagerung mit einer Parallelströmung wird eine günstige Profilkontur erzeugt. Da Quelle, Senke und Wirbel im Ursprung einen singulären Punkt (→ Singularitäten) haben, in dem die Geschwindigkeit unendlich groß wird, bezeichnet man diese Methode als S. Als einfaches Beispiel sei die → Halbkörperströmung genannt, die durch Überlagerung von Quelle und Parallelströmung entsteht. Die Anordnung und Stärke der Singularitäten ist so zu wählen, daß sich durch Überlagerung mit der Grundströmung eine geschlossene Stromlinie ergibt, die durch eine reibungsfreie Wand ersetzt werden darf. Die Strömung im Innern des Körpers besitzt keine physikalische Bedeutung.

Zur Erzeugung eines symmetrischen Tragflügelprofils, auch als Tropfenprofil bezeichnet, werden bei anstellungsfreier Zuströmung nur Quellen und Senken benötigt, deren Intensität in der Summe gleich Null sein muß, damit eine geschlossene Körperkontur entsteht. Gewölbte Profile ergeben sich, indem zusätzlich noch im Profilinnern Wirbel angeordnet werden. Bei geringen Profilwölbungen und geringer Profildicke erhält man das gewölbte Profil endlicher Dicke, wenn ein Profiltropfen einer Skelettlinie (→ Tragflügel) überlagert wird. Das sehr dünne Profil von der Form der Skelettlinie ergibt sich durch Überlagerung einer veränderlichen Wirbelbelegung längs der Profiltiefe mit einer Parallelströmung. Die Wirbel induzieren in der Grundströmung ein Geschwindigkeitsfeld und bewirken so eine Krümmung der Stromlinien. Die mit Wirbeln belegte Stromlinie kann aufgefaßt werden als unendlich dünne Wand, auch Profilskelett genannt.

Das Grundsätzliche des S.s soll an der *Skelett-Theorie* oder *Theorie der tragenden Wirbel* erläutert werden. Ist die Skelettlinie nur schwach gekrümmt, so kann die kontinuierliche Wirbelbelegung statt auf der Skelettlinie auf der Sehne angeordnet werden. Dadurch wird die mathematische Lösung des Problems wesentlich einfacher, da die Form der Skelettlinie von vornherein nicht bekannt ist, sondern von der angenommenen Zirkulationsverteilung abhängt. Man spricht deshalb vom *vereinfachten S.* Befindet sich in einem Punkt $x = \xi$ ein Wirbelelement der Stärke $\mathrm{d}\Gamma = \gamma(\xi)\,\mathrm{d}\xi$, so induziert es nach dem Biot-Savartschen Wirbelgesetz (→ Biot-Savartsches Gesetz 2) Geschwindigkeitskomponenten in x- und y-Richtung

$$c_{\gamma x} = \frac{1}{2\pi b}\int_0^l \gamma(\xi)\,\frac{y}{(x-\xi)^2 + y^2}\,\mathrm{d}\xi \qquad (1)$$

$$c_{\gamma y} = \frac{1}{2\pi b}\int_0^l \gamma(\xi)\,\frac{x-\xi}{(x-\xi)^2 + y^2}\,\mathrm{d}\xi \qquad (2)$$

Dabei bedeuten γ die Wirbelstärke je Längeneinheit, x, y die kartesischen Koordinaten, l die Profiltiefe, b die Länge des Wirbelfadens senkrecht zur x-, y-Ebene. Für die schwach gewölbten Profile ist die Geschwindigkeit auf der Skelettlinie näherungsweise gleich den Werten auf der Profilsehne. Durch Grenzübergang für $y \to 0$ erhält man aus Gleichung (1) und (2) die induzierten Geschwindigkeiten auf der Skelettlinie:

$$c_{\gamma x} = \pm\gamma(x)/2 \qquad (3)$$

$$c_{\gamma y} = -\frac{1}{2\pi b}\int_0^l \gamma(\xi)\,\frac{\mathrm{d}\xi}{x-\xi} \qquad (4)$$

In Gleichung (3) gilt das obere Vorzeichen für die Profilsaugseite, das untere für die Druckseite. Die Zirkulationsverteilung ruft in x-Richtung einen Geschwindigkeitssprung von der Größe γ hervor. Die Verteilung von γ entlang der Profilsehne muß so vorgenommen werden, daß nach Überlagerung mit der Parallelströmung die Skelettlinie zur Stromlinie wird; dann verläuft die resultierende Geschwindigkeit in jedem Punkt des Profils tangential zur Skelettlinie. Die Normalkomponente der Geschwindigkeit ist gleich Null. Diese Forderung bezeichnet man als *kinematische Strömungsbedingung*. Beim vereinfachten S. wird sie auf der Profilsehne erfüllt. Für kleine Anstellwinkel α ergibt sich die Geschwindigkeitsverteilung auf dem Profil zu $c = c_\infty + c_{\gamma x} = c_\infty \pm \gamma(x)/2$; dabei bedeutet c_∞ die Geschwindigkeit der Parallelströmung. Die Gesamtzirkulation Γ um das Profil folgt aus $\Gamma = \int_0^l \gamma(x)\,\mathrm{d}x$.

Soll zu einer vorgegebenen Zirkulationsverteilung $\gamma(x)$ die Form der Skelettlinie ermittelt werden, so handelt es sich um die *erste Hauptaufgabe*. Aus Gleichung (4) und der kinematischen Strömungsbedingung folgt durch Integration die Kontur der Skelettlinie: $y_s/l = \alpha\cdot x/l + \int_0^{x/l}\frac{c_{\gamma y}}{l c_\infty}\,\mathrm{d}x + \text{konst.}$ Wenn die Form der Skelettlinie vorgegeben ist und die Zirkulations- bzw. Geschwindigkeitsverteilung ermittelt werden soll, so handelt es sich um die *zweite Hauptaufgabe*. Unter Berücksichtigung der Joukowsky-Bedingung (→ Kutta-Joukowsky-Gleichung) ergeben sich die Zirkulationsverteilung

$$\gamma(x) = 2c_\infty\sqrt{\frac{1-x/l}{x/l}}\times$$
$$\times\left(\alpha + \frac{1}{\pi}\int_0^1\frac{\mathrm{d}y_s/l}{\mathrm{d}\xi/l}\sqrt{\frac{\xi/l}{1-\xi/l}}\cdot\frac{\mathrm{d}\xi/l}{x/l-\xi/l}\right)$$

und die Geschwindigkeitsverteilung

$$c/c_\infty = 1 \pm \sqrt{\frac{1-x/l}{x/l}}\times$$
$$\times\left(\alpha + \frac{1}{\pi}\int_0^1\frac{\mathrm{d}y_s/l}{\mathrm{d}\xi/l}\sqrt{\frac{\xi/l}{1-\xi/l}}\cdot\frac{\mathrm{d}\xi/l}{x/l-\xi/l}\right).$$

Das Integral kann dabei nach der Quadraturmethode gelöst werden.

Nach der Tropfentheorie erhält man ein symmetrisches Profil bei anstellungsfreier Umströmung durch Überlagerung der auf der Sehne angeordneten kontinuierlichen Quellen-Senken-Verteilung $q(x)$ mit einer Parallelströmung. Damit sich die Profilkontur schließt, muß die Gesamtintensität der Quellen-Senken-

Verteilung Null sein: $\int\limits_{x=0} q(x)\,dx = 0$. Von einem Quellelement $dQ = q(\xi)\,d\xi$ werden in einem Punkt x, y_d der Kontur die Geschwindigkeitskomponenten

$$c_{q_x} = \frac{1}{2\pi b}\int\limits_0^1 q(\xi/l)\frac{d\xi/l}{x/l - \xi/l}$$

$$c_{q_y} = \pm\, q(\xi/l)/2$$

induziert. Damit die Profilkontur Stromlinie wird, muß die Bedingung $dy_d/dx = (1/2)\,q(x)/c_\infty = c_{q_y}/c_\infty$ erfüllt sein. Die Geschwindigkeitsverteilung auf der Profiloberfläche ergibt sich zu

$$c/c_\infty = (1/\varkappa)\left(1 + (1/\pi)\int\limits_0^1 \frac{dy_d/l}{d\xi/l}\cdot\frac{d\xi/l}{x/l - \xi/l}\right),$$

wobei $1/\varkappa$ eine von x/l abhängige Einflußgröße ist, die *Riegels-Faktor* genannt wird.

Das gewölbte Profil endlicher Dicke erhält man durch Überlagerung des Profilskeletts und des Tropfenprofils. Die Koordinaten der Profilkontur sind x/l und $y/l = y_s/l \pm y_d/l$; dabei gilt das positive Vorzeichen für die Oberseite und das negative Vorzeichen für die Unterseite des Profils. Die Geschwindigkeitsverteilung des gewölbten Profils endlicher Dicke ist für den Fall, daß der Anstellwinkel $\alpha = 0$ ist, gleich der Summe der Geschwindigkeitsverteilungen von Profilskelett und Tropfenprofil. Bei $\alpha \neq 0$ kommt noch ein von der Anstellung des Tropfens herrührender Anteil hinzu. Aus der Geschwindigkeitsverteilung kann mit Hilfe der Bernoullischen Gleichung die Druckverteilung berechnet werden. Daraus ergeben sich die → Profilbeiwerte der reibungsfreien Strömung.

Bei sehr dicken und stark gewölbten Profilen ist die lineare Überlagerung von Skelettlinie und Tropfenprofil nicht mehr zulässig, die gesamte Profilkontur muß mit Wirbeln belegt werden. Bezeichnet man die Zirkulationsverteilung der Saugseite mit $\gamma_s(x)$ und die der Druckseite mit $\gamma_D(x)$, so bestimmt der Wert $\gamma_s + \gamma_D$ die Wölbungsverteilung und $\gamma_s - \gamma_D$ die Dickenverteilung des Profils.

Zur Berechnung optimaler Profile geht man von einer günstigen Geschwindigkeitsverteilung aus, bei der noch keine → Grenzschichtablösung auftritt, und ermittelt die zugehörige Profilform. Diesen Lösungsweg bezeichnet man als *dritte Hauptaufgabe.*

Ähnlich wie → Tragflügel können auch → Schaufelgitter mit dem S. behandelt werden. Dabei ist allerdings bei kleinen Teilungsverhältnissen der Einfluß der Nachbarschaufeln, des Restgitters, zu berücksichtigen. Die Grundströmung am Ort des betrachteten Profils setzt sich aus der Parallelströmung und der Restgitterströmung zusammen. Bei bekannter Restgitterströmung kann dann der gleiche Lösungsweg wie beim Tragflügel beschritten werden. Ein Schaufelgitter kann auch mit Hilfe der konformen Abbildung (→ komplexe Methoden 1) auf eine Einzelschaufel abgebildet und diese mit dem S. behandelt werden.

Das S. besitzt gegenüber der konformen Abbildung den Vorteil, daß es auch zur Berechnung räumlicher Strömungen eingesetzt werden kann. Bei dem S. handelt es sich jedoch um Näherungslösungen, da die kinematische Strömungsbedingung nicht auf der gesamten Profiloberfläche, sondern nur in diskreten Punkten erfüllt wird und die Singularitäten zum Teil auf der Profilsehne angeordnet sind. Nach der konformen Abbildung erhält man gewöhnlich exakte Lösungen, die zur Beurteilung von Näherungslösungen verwandt werden können. Durch Anwendung der maschinellen Rechentechnik ist jedoch die Genauigkeit des S.s erheblich gesteigert worden.

Lit. Albring: Angewandte Strömungslehre (4. Aufl. Dresden 1970).

Singularitätsproblem, Rolle und Bedeutung von Singularitäten, d. s. Stellen, an denen die Feldwerte unendlich groß werden, in der allgemeinen Relativitätstheorie bzw. nichtlinearen Feldtheorie.

Das S. geht auf die ursprüngliche Fragestellung von A. Einstein zurück, ob es möglich ist, Modelle von beständigen Teilchen als singularitätsfreie, stationäre oder zeitlich periodische Lösungen der Gravitationsgleichungen im Vakuum zu erhalten. Diese Lösungen müßten einen Bereich starken Feldes enthalten, der übergeht in das schwache Feld, welches für die Metrik $g_{\mu\nu}$ die Grenzbedingung

$$g_{\mu\nu} \to \eta_{\mu\nu} \quad \text{für} \quad r \to \infty \qquad (1)$$

in einem im Unendlichen inertialen Bezugssystem erfüllt (→ Inertialsystem). Hier ist $\eta_{\mu\nu}$ der Minkowski-Tensor.

Im Bereich des schwachen Feldes weicht die Metrik $g_{\mu\nu}$ nur wenig von der Minkowski-Metrik $\eta_{\mu\nu}$ ab, so daß dort eine Entwicklung nach Potenzen eines kleinen Parameters $\varkappa$ möglich ist:

$$g_{\mu\nu} = \eta_{\mu\nu} + \varkappa\gamma_{\mu\nu} + \varkappa^2\gamma_{\mu}^2 + \cdots. \qquad (2)$$

Im Bereich starken Feldes divergiert diese Entwicklung, es erscheint deshalb im Rahmen der Näherungsmethode für die Lösung der Gleichungen als Singularität.

Die Singularitäten des Feldes bewegen sich entsprechend den aus den Feldgleichungen folgenden Bewegungsgesetzen (→ allgemeine Relativitätstheorie), sie erscheinen als Quellen des Feldes. Deshalb könnten Bereiche starken Gravitationsfeldes prinzipiell als Teilchen interpretiert werden; die Teilchen brauchten nicht von außen in die Theorie über einen Materietensor eingeführt zu werden.

Für den einfachsten Fall zeitunabhängiger Metrik haben zuerst Einstein und Pauli gezeigt, daß derartige singularitätsfreie Lösungen Teilchen mit verschwindender Gesamtmasse entsprechen würden. In der Folgezeit konnte bewiesen werden, daß in der Einsteinschen Gravitationstheorie derartige singularitätsfreie, stationäre oder zeitlich periodische Lösungen, die die Grenzbedingung (1) erfüllen, nicht existieren, so lange man an bestimmten Forderungen bezüglich der Global- bzw. Kausalstruktur des Raumes festhält.

Ebenso existieren keine stationären oder zeitlich periodischen singularitätsfreien Lösungen der → Einstein-Maxwellschen Gleichungen für das kombinierte Gravitations- und elektromagnetische Feld.

J. A. Wheeler hat jedoch gezeigt, daß quasibeständige Lösungen der Einstein-Maxwellschen Gleichungen, d. s. Geonen (→ Geometrodynamik) möglich sind. Im Zusammenhang mit der Quantengeometrodynamik ist die Frage nach der Existenz singularitätsfreier Lösungen, die Teilchenmodelle darstellen könnten, jetzt erneut gestellt worden. Da es im Zusammenhang mit der Quantentheorie des Gravitationsfeldes nicht möglich erscheint, an den alten Forderungen bezüglich der Global- bzw. Kausalstruktur des Raumes festzuhalten, erscheinen die früheren Ergebnisse in einem neuen Licht. Insbesondere wurde von H. Treder gezeigt, daß es stationäre, singularitätsfreie Lösungen der Einsteinschen Gleichungen gibt, die als Teilchenmodelle geeignet sind, wenn nur die Kausalstruktur der Raum-Zeit längs einer zeitartigen Weltlinie durch auftretende Nullstellen der Determinante der Metrik $g_{\mu\nu}$ von der üblichen Kausalstruktur abweicht.

Diese neueren topologischen Untersuchungen des S.s stehen im engen Zusammenhang mit der invarianten Charakterisierung des Begriffes „starkes Feld". Die durch das Versagen der Entwicklung (2) gegebene Charakterisierung des starken Feldes hat keinen invarianten Charakter. Das resultiert daraus, daß es für jeden Punkt des Raumes eine Koordinatentranformation gibt, die die Metrik $g_{\mu\nu}$ in diesem Punkt auf die Minkowskischen Werte $\eta_{\mu\nu}$ transformiert. Eine Nullstelle der Determinante g von $g_{\mu\nu}$ oder auch der globale Verlauf von Geodäten dagegen sind zur invarianten Charakterisierung eines starken Feldes geeignet.

Lit. Einstein: Grundzüge der Relativitätstheorie (6. Aufl. Braunschweig 1972); Treder: Relativität und Kosmos (Braunschweig 1968).

Singulett, → Multiplett.

Singulettsystem, Termsystem mit der permanenten Multiplizität 1, → Atomspektren.

Singulettzustand im Kern, quantenmechanischer Zustand eines Nukleonensystems aus zwei oder mehreren Teilchen, das zum Spin $S = 0$ oder zum Isospin $T = 0$ koppelt und somit nur eine Komponente dieser Quantenzahl bezüglich einer vorgegebenen Richtung hat. Da keine Aufspaltung in mehrere Komponenten möglich ist, spricht man von einem S. i. K.

Sinkgeschwindigkeit, die stationäre Geschwindigkeit, mit der Teilchen in Flüssigkeiten und Gasen unter dem Einfluß der Schwerkraft absinken. Die S. wird berechnet aus dem Gleichgewicht von Strömungswiderstand und Gewicht des Teilchens, vermindert um den statischen Auftrieb. Unter der Voraussetzung, daß die Teilchen kugelförmig sind, ergibt sich die S. zu $w_s = \sqrt{\frac{4}{3}\left(\frac{\varrho_k}{\varrho} - 1\right)\frac{d}{c_W}\cdot g}$; dabei bedeuten ϱ_k die Dichte des Teilchens, ϱ die Dichte der Flüssigkeit oder des Gases, d den Durchmesser des Teilchens, c_W den Widerstandsbeiwert (→ Strömungswiderstand), g die Erdbeschleunigung. Unter Verwendung der Stokesschen Formel (→ Kugelumströmung) $c_W = \frac{24\nu}{w_s \cdot d}$ beträgt für Reynoldszahlen $Re \leqq 1$ die S. $w_s = \frac{1}{18}\frac{(\varrho_k - \varrho)\, d^2 \cdot g}{\varrho \cdot \nu}$; dabei ist ν die kinematische Zähigkeit. Für Festkörperteilchen in Gasen kann oft ϱ gegenüber ϱ_k im Zähler vernachlässigt werden.

Sintermagnet, Dauermagnet, der durch Pressen und Sintern von feinkörnigem Pulver magnetischer Substanzen hergestellt wurde. Dadurch lassen sich insbesondere die harten und spröden Alnico-Magnete (→ magnetische Werkstoffe) nahezu in den endgültigen Abmessungen erzeugen.

Sintern, das Stückigmachen eines pulvrigen oder körnigen Stoffes durch Wärmebehandlung unter hohem Druck, bei der der Stoff insgesamt nicht schmilzt. S. wird angewandt, wenn durch Erschmelzen die gewünschte Legierung in ihrer Reinheit oder Zusammensetzung nicht oder nur schwer zu erhalten ist. Das gut gemischte Ausgangsgut wird mit einem Druck von 1000 bis 8000 kp/cm² zusammengepreßt. Der Preßkörper wird auf etwa 4/5 der Schmelztemperatur seines Hauptbestandteiles erhitzt. Dabei können einzelne Bestandteile oder Korngrenzen, wo verschiedene Komponenten zusammenliegen, schmelzen, wodurch das Zusammenbacken gefördert wird. Die Sinterzeit beträgt 1/2 bis 1 Stunde. Gesinterte Stoffe sind im allgemeinen poröser als erschmolzene.

Lit. Eisenkolb u. Thümmler: Fortschritte der Pulvermetallurgie, 2 Bde (Berlin 1963).

Sinusbedingung, → Abbesche Sinusbedingung

Sinuslineal, Gerät zur Winkelmessung. Es besteht aus einem Stahlkörper mit rechteckigem Querschnitt und planparallelen Begrenzungsflächen, die in zwei Winkelnuten mit je einem Stahlzylinder gleichen Durchmessers im Abstand a voneinander entfernt parallel eingesetzt sind. Wird das S. einerseits auf eine plane Unterlage, andererseits auf eine Endmaßkombination der Höhe h aufgelegt, so ist der Sinus des so entstehenden Winkels α gleich dem Verhältnis h/a. Bei $a = 100$ mm sind Winkel bis 45° mit einer Meßunsicherheit von 10″ meßbar.

Sirene, ein Schallgeber, der einen Luftstrom durch eine umlaufende Lochscheibe mit Tonfrequenzen, teilweise auch mit Ultraschallfrequenzen moduliert. Ist die Umlauffrequenz der Scheibe n und kann der Luftstrom während einer Umdrehung m Löcher passieren, erhält man einen Grundton der Frequenz mn. Durch Variation der Drehzahl der Lochscheibe kann die Frequenz bzw. Tonhöhe stufenlos eingestellt werden. Die Geometrie der Löcher beeinflußt den Gehalt an Obertönen, den Klang der S. Bei der Motorsirene sind Antrieb der Lochscheibe und Erzeugung des Luftstromes nach dem Prinzip des Radiallüfters gekoppelt.

Size-Effekte, *Größeneffekte*, ein Sammelbegriff für Effekte, die nur in relativ kleinen Festkörpern vorkommen und wesentlich von der Größe und Gestalt der Probe abhängen. Zu den S.-E.n gehört z. B. die Abhängigkeit des elektrischen Widerstandes von Metallen von der Probendicke. S.-E. treten nur dann deutlich in Erscheinung, wenn die mittlere freie Weglänge der Elektronen größer als die Probendicke ist. Nach Nordheim kann für zylindrische

Proben der Widerstandsanteil $\Delta\varrho$ des S.-E.s nach folgender Beziehung berechnet werden: $\Delta\varrho = \alpha\varrho_\infty\lambda/d$. Hierbei ist α der Prozentsatz der an der Oberfläche diffus gestreuten Elektronen, ϱ_∞ der Widerstand des kompakten Materials, λ die mittlere freie Weglänge der Elektronen und d der Probendurchmesser. Für Elektron-Phonon-Kleinwinkelstreuung soll $\Delta\varrho$ temperaturabhängig werden. Voraussetzung für eine genaue Bestimmung des S.-E.s ist ein äußerst homogenes Probenmaterial, da Inhomogenitäten der Konzentration der Kristallstörungen den Meßeffekt vollständig überdecken können. Der Widerstandsbeitrag infolge S.-E.s kann bei Temperaturen $T < 4{,}2$ K selbst für einige Millimeter dicke Proben bei großer Materialreinheit den Hauptteil des Gesamtwiderstandes der Probe ausmachen.

Messungen des S.-E.s gestatten die Bestimmung des Produktes $\varrho_\infty\lambda$, aus dem unter Umständen der Flächeninhalt der Fermi-Fläche bestimmt werden kann, und der mittleren freien Weglänge der Elektronen.

Radiofrequenz-Size-Effekte (nach ihrem Entdecker auch als *Gantmacher-Effekte* bezeichnet) sind Oszillationen der Absorption und Reflexion von elektromagnetischen Wellen bzw. der Oberflächenimpedanz von dünnen Metallschichten im MHz-Bereich in Abhängigkeit von einem homogenen Magnetfeld. Die Radiofrequenz-S.-E. sind nur in sauberen Kristallen bei tiefen Temperaturen zu beobachten, wenn die Probendicke kleiner als die mittlere freie Weglänge der Leitungselektronen und größer als die Eindringtiefe der Radiowellen ist. In einem parallel zur Metalloberfläche gerichteten Magnetfeld $\vec{B}$ von einigen 10^2 bis 10^3 G oszilliert die Oberflächenimpedanz immer dann, wenn, wie in der Abb., gerade eine oder mehrere Elektronenbahnen in die Schichtdicke hineinpassen, wenn also die Schichtdicke d ein ganzzahliges Vielfaches des Durchmessers D der Elektronenbahn ist. Andererseits beträgt der Bahndurchmesser das $(\hbar/|e|\,B)$-fache des entsprechenden Durchmessers K der Zyklotronbahn auf der Fermi-Fläche parallel zur Metalloberfläche, wobei $\hbar$ die Plancksche Konstante und e die Elektronenladung ist. Infolgedessen erscheinen die Oszillationen dann, wenn das Magnetfeld $(\hbar K/|e|\,d)$ oder ein ganzzahliges Vielfaches davon beträgt. Hieraus lassen sich die am häufigsten vorkommenden, extremalen Durchmesser K der Fermi-Fläche ermitteln. Analoge S.-E. treten auf, wenn das Magnetfeld zur Metalloberfläche geneigt wird, und ergeben weitere Parameter der Fermi-Fläche. Die Radiofrequenz-S.-E. sind in zahlreichen Metallen experimentell untersucht worden und bilden ein wichtiges Hilfsmittel zur Untersuchung von Fermi-Flächen in Metallen.

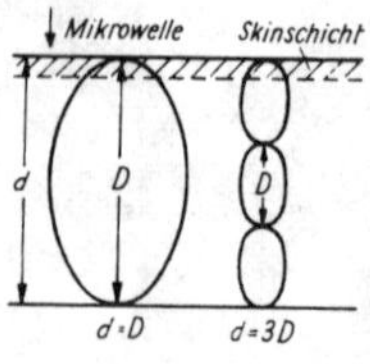

Elektronenbahnen in einer Metallschicht beim Radiofrequenz-Size-Effekt

sk, → Skot.

Skafander, *Schutzanzug,* luftundurchlässiger, allseitig dicht schließender Anzug, z. B. aus Kunstoff-Folie, der beim Arbeiten mit radioaktiven Stoffen oder in kontaminierten Bereichen eine Kontamination des Körpers und eine Inkorporation radioaktiver Stoffe verhindern soll. Im S. steht die Luft unter erhöhtem Druck und muß aus nicht kontaminierten Bereichen stammen. S. sind meist mit Sprechfunkgeräten ausgerüstet. Sie werden bei Reparaturarbeiten in Reaktoranlagen sowie bei Aufräumungsarbeiten nach Havarien mit großen radioaktiven Quellen verwendet.

Skalar, durch eine Zahlenangabe vollständig charakterisierte Größe; z. B. Masse, Temperatur, Energie, Ladung. Ein *Pseudoskalar* verhält sich bei Drehungen des Koordinatensystems wie ein S., wechselt aber bei Spiegelungen das Vorzeichen.

skalares Feldmodell, einfachstes exakt lösbares Modell der Kernkraft, bei dem die Nukleonen als ungeladen und spinlos angenommen werden. Ein neutrales skalares Bosonfeld, dessen Feldquanten als Mesonen betrachtet werden, wechselwirkt mit neutralen Fermionen (Nukleonen), deren Energie entgegen der Realität impulsunabhängig ist. Eine Abschneidefunktion setzt die Wechselwirkung für sehr große Impulse außer Kraft; der Hamilton-Operator ist translationsinvariant, und daher gilt der Impulserhaltungssatz. Das physikalische Nukleon wird im skalaren F. als „nacktes" Nukleon beschrieben, das von einer Mesonenwolke umgeben ist, d. h., die Wechselwirkung „bekleidet" sie. Man kann eine Transformation durchführen, die das Vakuum invariant läßt und die „nackten" in die „angezogenen" Nukleonen überführt; der transformierte Hamilton-Operator enthält dann nur noch die Wechselwirkung zwischen den Nukleonen und geht für punktförmige Nukleonen in das Yukawa-Potential über.

Skalarfeld, eindeutige Zuordnung skalarer Größen $\varphi(\vec{r})$ zu Punkten eines drei- oder höherdimensionalen Bereichs (→ Feld). Linien bzw. Flächen, für deren Punkte φ = konst. gilt, heißen *Niveaulinien* bzw. *Niveauflächen.* Mit Hilfe des Nabla-Operators ∇ kann dem S. $\varphi(\vec{r})$ der *Gradient* grad $\varphi(\vec{r})$ zugeordnet werden, d. i. das Vektorfeld $g(\vec{r}) = \operatorname{grad}\varphi(\vec{r}) = \nabla\varphi = \vec{e}_x\frac{\partial\varphi}{\partial x} + \vec{e}_y\frac{\partial\varphi}{\partial y} + \vec{e}_z\frac{\partial\varphi}{\partial z}$. Der Gradient grad φ steht senkrecht auf den Niveauflächen, gibt die Richtung der maximalen Änderung von $\varphi(\vec{r})$ an und ist in Richtung auf die Flächen höheren Niveaus orientiert. Eine äquivalente Definition des Gradienten ergibt sich aus dem Gaußschen Integralsatz und dem Mittelwertsatz der Integralrechnung:

$$\operatorname{grad}\varphi|_{P_0} = \lim_{i\to\infty}\frac{1}{V_i}\oint\!\!\oint_{F_i}\varphi(\vec{r})\cdot\vec{n}\,\mathrm{d}A;$$

dabei ist $\vec{n}$ der nach außen orientierte Normalenvektor der Fläche F_i, die die Berandung des Volumens V_i darstellt, dA ist das Flächenelement; die Folge der V_i zieht sich auf den Punkt P_0 zusammen (→ Vektorgradient). Das skalare Produkt von grad φ mit einem beliebigen Einheitsvektor $\vec{n}$ wird als *Richtungsableitung* $\frac{\partial\varphi}{\partial n} = \vec{n}\cdot\operatorname{grad}\varphi(\vec{r})$ von φ in Richtung des Einheitsvektors $\vec{n}$ bezeichnet. Ein S. dient z. B. zur Darstellung der Ladungsdichte, der Massedichte und der Temperaturverteilung in einem Raum.

Skalarprodukt, → Vektor, → Hilbert-Raum.

Skale, → Ablese- und Anzeigeeinrichtungen.

Skalenhöhe, in der Physik der Atmosphäre gebräuchliche charakteristische Länge für die Abnahme des Gasdruckes oder der Gasdichte entlang der vertikalen Koordinate z. Die S. H ist definiert als $H = \left[-\frac{1}{p}\frac{dp}{dz}\right]^{-1}$, wobei p den Gasdruck bezeichnet, und ist bestimmt durch die absolute Temperatur T und die Schwerebeschleunigung g in der Form $H = kT/mg$. Dabei ist k die Boltzmannsche Konstante und m die Masse eines Gasmoleküls.

Die S. ist eine Funktion der Höhe h über der Erdoberfläche. Für $h = 0$ (d. i. an der Erdoberfläche) wird die S. auch als *Höhe der homogenen Atmosphäre* bezeichnet (→ Atmosphäre).

s-Kanal, → analytische S-Matrix-Theorie.

Skelett, *Kristallskelett,* Wachstumsform eines Einkristalls mit unvollständig ausgebildeten Flächen. Möglichkeiten der Skelettbildung sind die Hohlformen, z. B. NaCl-Würfel, deren Seitenflächen pyramidenförmige Vertiefungen sind, und die → Dendriten.

Skiaskopie, → Augenoptik.

Skineffekt, *Hautwirkung, Stromverdrängung,* die Erscheinung, daß hochfrequente Wechselströme nur in einer dünnen Oberflächenschicht des Leiters fließen. Bei höheren Frequenzen erfüllt der durch einen Leiter fließende Wechselstrom nicht mehr den gesamten Leiterquerschnitt gleichmäßig. Die Stromdichte nimmt vielmehr im Leiterinneren stark ab, so daß der Strom praktisch nur in einer dünnen Schicht an der Oberfläche fließt und das Innere des Leiters stromlos bleibt (Abb. 1). Diese Stromverdrängung wird um so größer, je höher die Frequenz des Wechselstroms ist. Da der Strom infolge des S.es nur noch einen kleinen Teil des Leiterquerschnitts durchfließt, wird der ohmsche Widerstand des Leiters vergrößert.

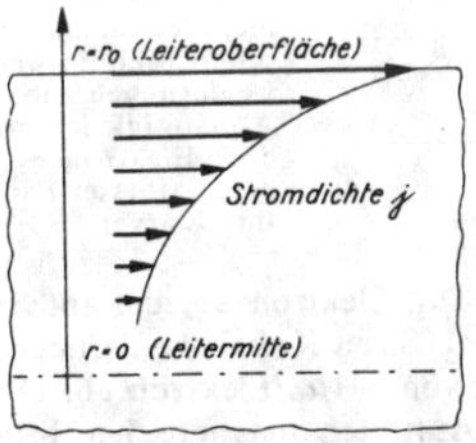

1 Skineffekt in einem zylindrischen Leiter

Entstehung des S.es. Durch die an die Leiterenden gelegte Wechselspannung entstehen im Leiterinneren eine Wechselfeldstärke $\vec{E}$ und ein Wechselstrom der Stromdichte $\vec{j}$. Von diesem wird ein ebenfalls periodisches Magnetfeld $\vec{B}$ im Leiterinneren aufgebaut. Nach dem Induktionsgesetz gilt $\text{rot}\,\vec{E} = -\dot{\vec{B}}$. Somit sind diese magnetischen Feldlinien ihrerseits wieder von elektrischen Feldlinien umgeben (Abb. 2). Die elektrischen Feldlinien verlaufen im Inneren des Leiters dem dort herrschenden elektrischen Feld entgegengesetzt und verstärken es an der Oberfläche. Deshalb ist wegen des Ohmschen Gesetzes $\vec{j} = \sigma\vec{E}$, wobei σ die elektrische Leitfähigkeit des Materials darstellt, der Betrag der Stromdichte j an der Leiteroberfläche größer als im Inneren. Es entstehen – anders ausgedrückt – durch das zeitlich periodische Magnetfeld des Leiterstroms im Leiterinneren Wirbelströme, die zu einer ungleichmäßigen Stromverteilung über den Leiterquerschnitt führen.

Bei hohen Frequenzen wird die geschilderte Induktionswirkung so stark, daß der Strom fast völlig aus dem Leiterinneren verdrängt wird und nur noch in einer dünnen Haut an der Leiteroberfläche fließt.

S. in einem zylindrischen Leiter. Für einen zylindrischen Leiter vom Radius r_0 ergibt eine von den Maxwellschen Gleichungen ausgehende Rechnung folgende Beziehung für die Stromdichte $j(r)$ in Abhängigkeit vom Abstand r von der Leitermitte: $j(r) = \frac{I}{2\pi r_0}\sqrt{\omega\sigma\mu r_0/r} \times \exp\left\{-\sqrt{\omega\sigma\mu/2}\,(r - r_0)\right\}$. Dabei sind I die Stromstärke, $\omega = 2\pi f$ die Kreisfrequenz des Wechselstroms, σ die Leitfähigkeit und $\mu = \mu_r\mu_0$ die Permeabilität des Leiters. Die Beziehung gilt unter der Voraussetzung $r\sqrt{\omega\sigma\mu} \gg 1$, d. h. für hinreichend hohe Frequenzen bzw. große Leiterradien. Die Stromdichte nimmt also angenähert exponentiell zur Leitermitte hin ab.

Für die *Eindringtiefe* δ, d. h. die Entfernung von der Leiteroberfläche, bei der der Strom auf den e-ten Teil (37%) seines Wertes an der Oberfläche abgesunken ist, ergibt sich $\delta = \sqrt{2/\omega\sigma\mu}$. In Abb. 3 ist die Eindringtiefe δ in Abhängigkeit von der Frequenz f für verschiedene Materialien dargestellt.

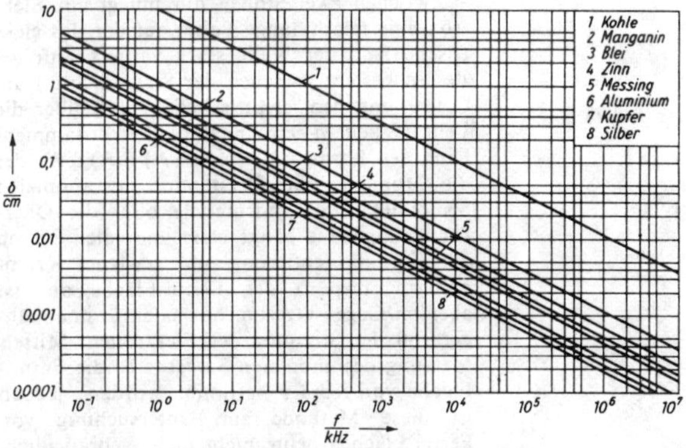

3 Abhängigkeit der Eindringtiefe δ von der Frequenz

Durch den Stromverdrängungseffekt wird nicht nur der Wirkwiderstand des Leiters erhöht, sondern es tritt infolge der inneren Selbstinduktivität L_i ein zusätzlicher induktiver Widerstand ωL_i auf, der eine Phasenverschiebung zwischen Strom und Spannung bewirkt. Abb. 4 zeigt den Wirkwiderstand R und den induktiven Widerstand ωL_i in Abhängigkeit von $\eta = \frac{r_0}{2\sqrt{2}}\sqrt{\omega\sigma\mu}$ für einen zylindrischen Leiter der Länge l. Beide Widerstände wurden dabei auf den Gleichstromwiderstand $R_0 = l/\sigma\pi r_0^2$ bezogen. Das Verhältnis von Wirkwiderstand zu Gleichstromwiderstand R/R_0 läßt sich mit der Näherung $R/R_0 = 1 + \frac{1}{3}w^4 - \frac{4}{45}w^8 + \frac{11}{420}w^{12} \ldots$ für $w < 0{,}8$ und $R/R_0 = w + \frac{1}{4} +$

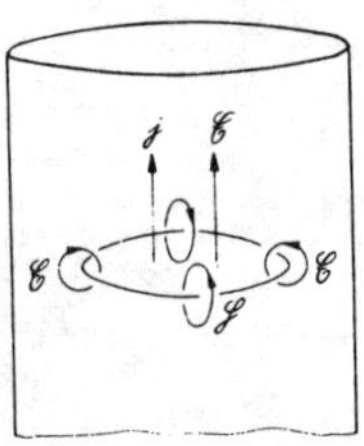

2 Zur Entstehung des Skineffektes

$\frac{3}{64w} + \cdots$ für $w > 1{,}2$ berechnen, wobei $w = r_0/2\delta = r_0\sqrt{\omega\sigma\mu}/2\sqrt{2}$ ist.

Zur Abschwächung der nachteiligen Folgen des S.es verwendet man an Stelle massiver Leiter Hohlrohre mit großer Oberfläche oder verdrillt mehrere voneinander isolierte dünne Drähte miteinander (Hochfrequenzlitze).

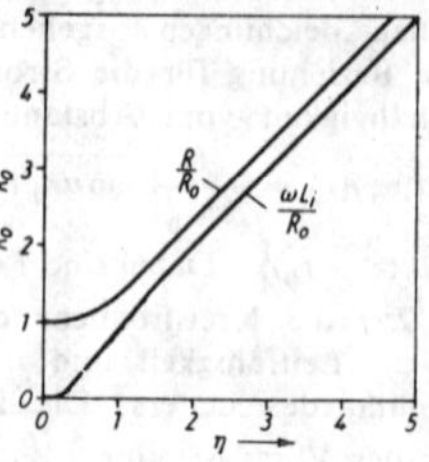

4 Verlauf des relativen Wirkwiderstandes und des relativen induktiven Widerstandes als Funktion von $\eta = \frac{r_0}{2\sqrt{2}}\sqrt{\omega\sigma\mu}$

Der *anomale S.* tritt in sauberen Metallen bei tiefen Temperaturen im Frequenzbereich der Radio- und Mikrowellen auf, wenn die Eindringtiefe der Welle etwa 10^{-4} bis 10^{-5} cm beträgt und kleiner ist als die mittlere freie Weglänge oder der Bahndurchmesser der Elektronen in einem homogenen Magnetfeld. In diesem Fall nimmt die Eindringtiefe proportional zu $\omega^{-1/3}$ mit zunehmender Wellenfrequenz ω ab, im Gegensatz zur $\omega^{-1/2}$-Abhängigkeit beim normalen S.

Zwischen zwei Stößen durchfliegt ein Elektron eine relativ lange Bahn, auf der das elektrische Feld der Welle stark variiert. Infolgedessen besteht zwischen der Stromdichte $\vec{j}$ am Orte $\vec{r}$ und dem elektrischen Feld $\vec{E}$ über die Leitfähigkeit σ ein nichtlokaler Zusammenhang der Form $\vec{j}(\vec{r}) = \int \sigma(\vec{r}, \vec{r}')\,\vec{E}(\vec{r}')\,d^3\vec{r}'$, der die Grundlage zum Verständnis des anomalen S.s bildet. Die Eindringtiefe oder die Oberflächenimpedanz hängt beim anomalen S. von der Kristallorientierung und gewissen Krümmungsparametern der Fermi-Fläche ab, ist aber im Gegensatz zum normalen S. unabhängig von der Streuung der Elektronen. Mittels Messung des anomalen S.s ist z. B. die Fermi-Fläche von Kupfer bestimmt worden; jedoch ist diese Methode zur Untersuchung von Fermi-Flächen heute nicht mehr gebräuchlich.

Lit. Küpfmüller: Einführung in die theoretische Elektrotechnik (9. Aufl. Berlin, Heidelberg, New York 1968); Philippow: Taschenb. Elektrotechnik, Bd 1 (3. Aufl. Berlin 1972).

skleronome Bindung, → Bindung.

skleronomes System, → mechanisches System.

Skot, sk, die auf das dunkel adaptierte Auge bezogene Leuchtdichte, die durch visuellen Vergleich mit einer Vergleichsleuchtdichte bei der Verteilungstemperatur von 2042 K (veraltet bei 2360 K) bestimmt wird. 1 sk ist einem Milliapostilb äquivalent. Die höchste Leuchtdichte, die in diesem System angegeben werden darf, beträgt 10 sk. Da in diesem (geringen) Helligkeitsgebiet das Farbensehen völlig erloschen ist, können spektral beliebig zusammengesetzte Leuchtdichten gegen die Verteilungstemperatur 20042 K gemessen werden. Demgegenüber ist das → *Nox* die Einheit der Beleuchtungsstärke für das dunkel adaptierte Auge.

Skt, → Ablese- und Anzeigeeinrichtungen.

Skw, → Ablese- und Anzeigeeinrichtungen.

Slater-Determinante, die aus Einteilchenwellenfunktionen φ_i gebildete Determinante $\|\varphi_i(\vec{r}_k)\|$, die identisch ist mit dem total antisymmetrisierten Produkt der φ_i, also $\|\varphi_i(\vec{r}_k)\| \equiv \sum_P \operatorname{sgn} P \cdot \varphi_{P1}(\vec{r}_1)\,\varphi_{P2}(\vec{r}_2) \ldots \varphi_{Pn}(\vec{r}_n)$, wobei über alle Permutationen P der Zahlen $1, \ldots, n$ zu summieren ist und $\operatorname{sgn} P = +1$ bzw. -1 ist, falls P gerade bzw. ungerade ist. Die S.-D.n werden als Basis für die Wellenfunktionen eines Systems n identischer Fermionen (→ Pauli-Prinzip) oder als nullte Näherungen in der Störungstheorie von Mehrteilchensystemen benutzt (→ Hartree-Fock-Verfahren).

Slater-Methode, die lokale Approximation des Austauschpotentials beim → Hartree-Fock-Verfahren.

Slater-Pauling-Kurve, graphische Darstellung der experimentell bestimmten mittleren magnetischen Atommomente in Bohrschen Magnetonen μ_B bei ferromagnetischen Übergangsmetallen und Legierungen als Funktion der Elektronenzahl je Atom. Alle Meßwerte liegen auf bzw. innerhalb einer einheitlichen Grenzkurve, die sich näherungsweise aus zwei Geraden zusammensetzt (Abb.). Die eine Gerade steigt von $0\mu_B$

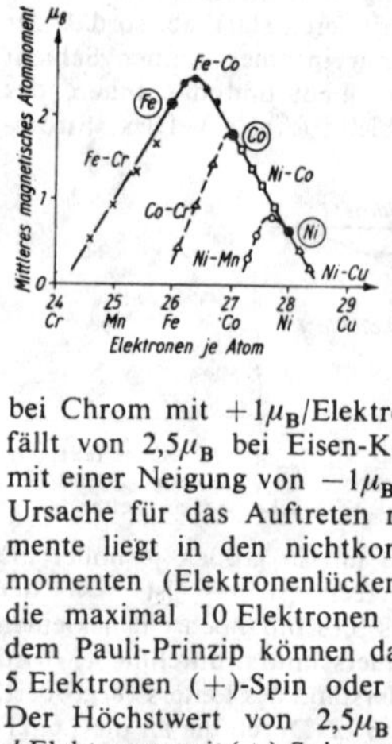

Mittleres magnetisches Atommoment ferromagnetischer Metalle und Legierungen in Abhängigkeit von der Elektronenzahl (Slater-Pauling-Kurve)

bei Chrom mit $+1\mu_B$/Elektron an, die andere fällt von $2{,}5\mu_B$ bei Eisen-Kobalt-Legierungen mit einer Neigung von $-1\mu_B$/Elektron ab. Die Ursache für das Auftreten magnetischer Momente liegt in den nichtkompensierten Spinmomenten (Elektronenlücken) der $3d$-Schale, die maximal 10 Elektronen aufnimmt. Nach dem Pauli-Prinzip können davon höchstens je 5 Elektronen (+)-Spin oder (−)-Spin haben. Der Höchstwert von $2{,}5\mu_B$ tritt nun bei 5 d-Elektronen mit (+)-Spin und 2,5 d-Elektronen mit (−)-Spin auf. An Eisen-Kobalt-Legierungen mit 30% Kobalt wird dieser Zustand erreicht. Eine Erhöhung der $3d$-Elektronenzahl über diesen Wert hinaus führt zur Auffüllung des (−)-Spin-Teilbandes, eine Verringerung zur Bildung von Löchern im (+)-Spin-Halbband. Beides ergibt eine Abnahme des magnetischen Momentes um $1\mu_B$ je Elektron.

Slatersches Atommodell, halbempirisch-wellenmechanisches Atommodell zur Berechnung der stationären Zustände der Atomhülle mit Einteilchenwellenfunktionen vom Typ $\varphi_{nl}(r) = cr^{n'-1} \cdot \exp\left(-\frac{Z-\sigma}{n'} \cdot \frac{r}{a_0}\right)$ und Energieeigenwerten $E_{nl} = -\frac{(Z-\sigma)^2}{n'^2}\,\frac{e^2}{2a_0 4\pi\varepsilon_0}$.

Hierbei bedeuten σ die Abschirmungskonstante und n' die effektive Quantenzahl, die nach empirisch zusammengestellten Regeln ermittelt werden, c einen Normierungsfaktor, Z die Kernladungszahl, a_0 den Bohrschen Wasserstoffradius und $-\frac{e^2}{2a_0 4\pi\varepsilon_0}$ die nichtrelativistische Grundzustandsenergie des Wasserstoffatoms, r den Abstand vom Atomkern, n die Hauptquantenzahl und l die Nebenquantenzahl. Das S. A. war vor allem bei den Alkaliatomen und der Erklärung der → Röntgenspektren erfolgreich (→ Abschirmung).

slowing down length, engl. für Bremslänge, → Neutronenbremsung.

slowing down power, engl. für Bremsvermögen, → Neutronenbremsung.

sm, → Seemeile.

Sm, → Samarium.

S/m, → Siemens durch Meter.

Smakula-Gleichung, eine allgemeine Beziehung zwischen der Konzentration von Störstellen in einem Kristall und der Stärke der durch sie verursachten optischen Absorptionsbande. Nach der S.-G. ist das Produkt aus Störstellenkonzentration und Oszillatorstärke des entsprechenden optischen Übergangs direkt proportional zu der Fläche unter der Absorptionskurve.

S-Matrix, *Streumatrix, S-Operator, Streuoperator,* unitärer Operator $\hat{S}$, der die Gesamtheit aller möglichen Anfangszustände $|i\rangle$ in die Gesamtheit der durch eine vorgegebene Wechselwirkung erzeugten möglichen Endzustände $|f\rangle$ abbildet. Die Matrixelemente $S_{fi} = \langle f|\hat{S}|i\rangle$ beschreiben daher die Streuung einer bestimmten Anfangskonfiguration $|i\rangle$ von wechselwirkungsfreien Teilchen in eine bestimmte Endkonfiguration $|f\rangle$ ebenfalls wechselwirkungsfreier Teilchen ($\langle f|\hat{S}|i\rangle$ ist das Skalarprodukt des Zustands $\hat{S}|i\rangle$ mit dem Zustand $|f\rangle$ im Hilbert-Raum der freien Teilchen, → Transformationstheorie), ihr Absolutquadrat ist die dem Wirkungsquerschnitt proportionale Übergangswahrscheinlichkeit $w_{fi} = |S_{fi}|^2$ des Prozesses $(i) \to (f)$; S_{fi} ist im wesentlichen mit der Streuamplitude des betrachteten Prozesses identisch.

Da die Übergangswahrscheinlichkeit auch den bei der Streuung unbeeinflußten Teil des Anfangszustandes mit enthält, betrachtet man häufig $\hat{R} = \hat{S} - 1$, die *Reaktionsmatrix* oder *R-Matrix*, bzw. die durch $\hat{S} = 1 + i\hat{T}$, genauer $\langle f|\hat{S}|i\rangle = \langle f|i\rangle + (2\pi)^4 i\delta^4(\sum p_i - \sum p_f)\langle f|\hat{T}|i\rangle$, definierte *T-Matrix*, wobei die vierdimensionale δ-Funktion die Erhaltung des Viererimpulses, d. h. von Energie und Impuls, bei der Reaktion sichert; statt T benutzt man häufig auch das Symbol M. Ebenfalls nützlich ist der durch $\hat{S} = (1 + i\hat{K})(1 - i\hat{K})^{-1}$ definierte K-Operator (*K-Matrix*). Die Unitarität der S-M., d. h. die Relation $\hat{S}\hat{S}^\dagger = \hat{S}^\dagger\hat{S} = 1$, wobei $\hat{S}^\dagger$ der zu $\hat{S}$ (hermitesch) adjungierte Operator ist, schreibt sich in den eben eingeführten Größen $\hat{T} - \hat{T}^\dagger = i\hat{T}^\dagger\hat{T}$ bzw. $\hat{K} = \hat{K}^\dagger$, d. h., die K-Matrix ist hermitesch. Die Unitarität von $\hat{S}$ hängt eng damit zusammen, daß die Wahrscheinlichkeit des Übergangs von einem bestimmten Anfangs- in einen beliebigen Endzustand gleich 1 sein muß: $1 = \sum w_{fi} = \sum_f |\langle f|\hat{S}|i\rangle|^2 = \sum_f \langle i|\hat{S}^\dagger|f\rangle\langle f|\hat{S}|i\rangle = \langle i|\hat{S}^\dagger\hat{S}|i\rangle$, wobei die Vollständigkeit der Endzustände, d. h. $\sum_f |f\rangle\langle f| = 1$ (→ Diracsche Schreibweise), vorausgesetzt wurde; dies ist aber nur möglich, wenn $\hat{S}^\dagger\hat{S} = 1$ gilt, da für normierte Zustände $\langle i|i\rangle = 1$ ist. Die Unitarität von $\hat{S}$ hat weitreichende Konsequenzen, insbesondere verknüpft sie die Streuamplituden verschiedener Prozesse nichtlinear miteinander (→ analytische S-Matrix-Theorie, → optisches Theorem).

Die S-Matrix wird oft auch als $\hat{S} = \exp(2i\hat{\eta})$ mit der hermiteschen *Phasenmatrix* oder *η-Matrix* (*Eta-Matrix*) geschrieben, da die Eigenwerte von $\hat{\eta}$ mit den Phasenverschiebungen δ_l der Partialwellen mit bestimmtem Drehimpuls l der einlaufenden Teilchen identisch sind (→ quantenmechanische Streutheorie).

Die außerordentliche Bedeutung der S-M. für die Beschreibung der Elementarteilchen ist erstmals von Heisenberg (1942) erkannt worden. Obwohl die Beschreibung von Streuprozessen durch die S-M. auf eine raum-zeitliche Verfolgung der Vorgänge, speziell in der Nähe des Streuzentrums, d. h. während der unmittelbaren Wechselwirkung, verzichtet und nur die asymptotischen Zustände der ein- bzw. auslaufenden, wechselwirkungsfreien Teilchen in die Betrachtung einbezieht, enthält die S-M. alle experimentell verifizierbaren Aussagen, nämlich die Wirkungsquerschnitte aller möglichen Streuprozesse in Abhängigkeit von den Streuwinkeln. Tatsächlich ist es bei Elementarteilchenprozessen unmöglich, den Streuprozeß messend zu verfolgen, ohne den Prozeß wesentlich zu beeinflussen (→ Heisenbergsches Unbestimmtheitsprinzip), d. h., die gesamte Information über die Struktur der Wechselwirkung der Elementarteilchen muß aus der S-M. entnommen werden.

Man muß jedoch nicht notwendig auf eine raum-zeitliche Beschreibung der Streuprozesse verzichten. Eine entsprechende formale, nichtrelativistische Streutheorie beschreibt die kräftefreien ein- bzw. auslaufenden Teilchen durch Wellenpakete $\varphi_{\substack{\text{in}\\\text{out}}}(\vec{r}, t)$, denen Wellenpakete $\varphi^{(\pm)}(\vec{r}, t)$ derart zugeordnet werden können, daß $\lim\limits_{t\to\mp\infty} ||\varphi^{(\pm)}(\vec{r}, t) - \varphi_{\substack{\text{in}\\\text{out}}}(\vec{r}, t)|| = 0$ gilt ($||\ldots||$ bezeichnet die Norm im Hilbert-Raum). Auf Grund dieser asymptotischen Identität gilt $\varphi^{(\pm)}(\vec{r}, t) = \hat{\Omega}^{(\pm)}\varphi_{\substack{\text{in}\\\text{out}}}(\vec{r}, 0)$, wobei $\hat{\Omega}^{(\pm)} = \lim\limits_{t\to\mp\infty} e^{i\hat{H}t/\hbar}\, e^{-i\hat{H}_0 t/\hbar}$ die *Møllerschen Wellenoperatoren* oder *Wellenmatrizen* und $\hat{H}$ bzw. $\hat{H}_0$ die Hamilton-Operatoren der wechselwirkenden bzw. freien Teilchen sind, die demgemäß den Übergang von den freien zu den wechselwirkenden Wellenpaketen im Wechselwirkungsbild vermitteln: Die S-M. ist daher durch $\hat{S} = \hat{\Omega}^{(-)-1}\hat{\Omega}^{(+)} = \lim\limits_{\substack{t'\to-\infty\\t\to+\infty}} \hat{U}(t, t')$ gegeben, wobei die *Dysonsche U-Matrix* durch $U(t, t') = \exp\{i\hat{H}_0 t/\hbar\}\exp\{-i\hat{H}(t - t')/\hbar\}\exp\{-i\hat{H}_0 t'/\hbar\}$ definiert ist.

Formal analog verfährt man in der Quantenfeldtheorie, wo die Hamilton-Operatoren mit

Hilfe der die Teilchen beschreibenden Quantenfelder beschrieben werden. Die S-Matrix wird wieder als Grenzwert der U-Matrix aufgefaßt, für die man eine störungstheoretische Reihenentwicklung (→ Störungstheorie) ansetzt und damit $\hat{S} = \sum_{n=0}^{\infty} (-\mathrm{i}/\hbar)^n (n!)^{-1} \int \mathrm{d}t_1 \cdots \int \mathrm{d}t_n \mathrm{T}[\hat{H}'(t_1) \cdots \hat{H}'(t_n)]$ mit $\hat{H}'(t) = \exp(\mathrm{i}\hat{H}_0 t/h) \hat{H}_1 \exp(-\mathrm{i}\hat{H}_0 t/h)$, $\hat{H}_1 = \hat{H} - \hat{H}_0$ erhält (T charakterisiert das zeitgeordnete Produkt); dieser Operator $\hat{S}$ ist jedoch im allgemeinen gar nicht im Hilbert-Raum der freien Teilchen definiert (→ Haagsches Theorem). Diese Inkonsistenz in der konventionellen quantenfeldtheoretischen Definition der S-M. macht die Prozedur der Renormierung erforderlich, die jedoch nicht bei jeder Wechselwirkung anwendbar ist; andererseits versagt z. B. bei der starken Wechselwirkung die Störungstheorie. Diese definitorischen Schwierigkeiten umging man in der → axiomatischen Quantentheorie durch die Einführung mathematisch wohldefinierter Asymptotenbedingungen und die Konstruktion einer exakten Streutheorie. Wegen der Unmöglichkeit einer messenden Verfolgung des Streuprozesses hat man versucht, zu dessen Beschreibung auf die Feldgrößen zu verzichten bzw. diese als nützliche, jedoch im Prinzip vermeidbare Hilfsgrößen anzusehen und die konkrete Struktur der S-M. aus allgemeinen Prinzipien, wie der Unitarität, der Invarianz bezüglich Lorentz-Transformationen und anderen Symmetriegruppen, sowie der Forderung nach maximaler Analytizität der Elemente der S-M. bezüglich der Energievariablen zu bestimmen. Diese → analytische S-Matrix-Theorie hat insbesondere für die starke Wechselwirkung große Bedeutung erlangt; → Dispersionsrelation, → Stromalgebra.

S-Matrix-Theorie, → analytische S-Matrix-Theorie.

Smekal-Raman-Effekt, svw. Raman-Effekt.

smektische Phase, → mesomorphe Phase.

Smokatron, ein → Teilchenbeschleuniger.

SM-Vergiftung, → Brennstoffvergiftung.

sn, → sthène.

Snelliussches Gesetz, → Brechungsgesetz 1).

Soddy-Fajanssche Verschiebungsregeln, → Fajans-Soddysche Verschiebungsregeln.

soft-pion-Theoreme, → Stromalgebra.

solares Rauschen, → Rauschen III.

Solarigraph, → Pyranometer.

Solarimeter, → Pyranometer.

Solarkonstante, *extraterrestrische Sonnenstrahlungsintensität*, diejenige Energiemenge, die eine über der Erdatmosphäre liegende, senkrecht zu den einfallenden Sonnenstrahlen gerichtete Flächeneinheit in der Zeiteinheit von der Sonne empfängt. Sie wird auf mittleren Abstand Sonne–Erde bezogen und beträgt 2,0 cal cm^{-2} min^{-1} ≙ 1,395 · 10^3 W m^{-2}. Die jährlichen, durch den unterschiedlichen Sonnenabstand bedingten Schwankungen betragen etwa 7%. Einheit der S. ist das → Langley.

solar-terrestrische Physik, interdisziplinäres Wissenschaftsgebiet, dessen Aufgabe die Erforschung derjenigen physikalischen Prozesse ist, mit denen die Aktivitätserscheinungen der Sonne Auswirkungen auf der Erde und im erdnahen Weltraum (*solar-terrestrische Beziehungen*) hervorrufen. Forschungsgegenstände der s.-t.n P. sind daher die physikalischen Vorgänge in den Aktivitätszentren der Sonne, z. B. Magnetfelder und die veränderliche Wellen- und Teilchenstrahlung, die Energieübertragung im interplanetaren Raum, das veränderliche Magnetfeld und die Magnetosphäre der Erde sowie der Energieumsatz der Sonnenstrahlung in der oberen Erdatmosphäre, insbesondere in der → Ionosphäre.

Solarzelle, ein Halbleiterphotoelement, bei dem am → pn-Übergang Strahlungsenergie unmittelbar in elektrische Energie umgewandelt wird (→ Ladungsträger). Die bisher erreichten Wirkungsgrade liegen bei 10 bis 20%. Die S. dient zur Energieversorgung z. B. in Weltraumkörpern, für meteorologische Beobachtungsstationen und in anderen Fällen, in denen eine andere Energiezuführung unmöglich oder unwirtschaftlich ist. Dabei werden häufig zahlreiche S.n zu *Sonnenbatterien* (*Solarbatterien*) kombiniert. S.n haben gegenüber chemischen und nuklearen Energiequellen den Vorteil, bei geringer Masse eine zeitlich fast unbegrenzte Energieversorgung von Raumflugkörpern zu sichern; lediglich durch die Einwirkung von Strahlung und kosmischem Staub sinkt ihre Leistung allmählich ab.

Solenoid, → Spule.

solid state effect, svw. Festkörpereffekt.

Soliduskurve, → Schmelzdiagramm.

Sollbahn, bei zyklischen Beschleunigern die Teilchenbahn, auf der die Zentrifugalkraft absolut gleich der durch das Führungsfeld verursachten Lorentz-Kraft ist. Von der S. abweichende Teilchen vollführen → Betatronschwingungen.

Sollwert, → Fehler.

Solvatation, die Anlagerung von Lösungsmittelmolekülen an gelöste Teilchen (Ionen, Moleküle, Kolloide). Die bei der S. entstehenden Produkte heißen *Solvate*. Bei Wasser als Lösungsmittel spricht man speziell von *Hydratation*. Ein Solvat wird durch die mittlere Zahl der um ein Teilchen angelagerten Solvensmoleküle, durch deren mittlere Verweilzeit in der „Solvathülle" und durch die in dieser und im angrenzenden Bereich des Lösungsmittels verursachten Strukturänderungen gekennzeichnet. In organischen Flüssigkeiten, insbesondere in makromolekularen Lösungen, z. T. auch in nichtwäßrigen Lösungsmitteln, erfolgt die Solvatbindung vorwiegend über spezifische Wechselwirkungen, z. B. Dipol-Dipol-Wechselwirkungen oder Elektronenpaar-Donator-Akzeptorwirkungen. Die S. von Ionen ist, vor allem bei wäßrigen Systemen, in der Hauptsache auf die Dipol-Ion-Wechselwirkung zurückzuführen. Im allgemeinen ist die Hydratation um so stärker, je kleiner der Radius des Ions und je größer seine Ladung ist. In manchen Fällen kann eine zweite von einer ersten Koordinationssphäre unterschieden werden, und die Bindung in der ersten Sphäre kann bis zu beständigen Aquokomplexverbindungen gehen. Während bei stark hydratisierten Ionen die Wasserdipole vorwiegend mit dem Sauerstoffatom zum positiven Ion hin und bei negativen Ionen vorwiegend mit einem Proton auf das Ion hin orientiert sind, was zu einer festeren Strukturierung des Wassers führt, tritt bei großen anorganischen Ionen in wäßriger Lösung eine Erscheinung auf, die als *Strukturbrecheffekt* oder *negative Hydratation* bezeichnet wird. Wasser in diesen Lösungen zeigt eine höhere Fluidität, einen höheren Selbstdiffusionskoeffizienten und eine höhere Umorientierungsgeschwindigkeit als reines Wasser von gleicher Temperatur, ohne daß sich der Charakter der Wechselwirkung als Ion-Dipol-Wechselwirkung grundlegend geändert hätte.

Elektrolytlösungen in nichtwäßrigen Lösungsmitteln haben im allgemeinen stärkere Solvathüllen, als sie in wäßrigen Lösungen auftreten.

Als *Hydratation 2. Art* wird die Erscheinung bezeichnet, daß bei der Überführung neutraler Teilchen in Wasser die Entropieänderung negativer ist als zu erwarten, was als Beitrag einer Strukturbildung, der *Eisbergbildung*, gedeutet werden kann.

Somigliana-Versetzung, Eigenspannungszustand im elastischen Kontinuum. Eine S.-V. kann erzeugt werden durch Aufschneiden des Kontinuums längs einer beliebigen Fläche, beliebige Verschiebung der beiden Schnittufer gegeneinander durch Anwendung äußerer Kräfte, Ausfüllung entstandener Hohlräume mit spannungsfreiem Material bzw. Beseitigung von Material an Stellen doppelter Raumerfüllung, feste Verbindung der Nahtflächen und Beseitigung der äußeren Kräfte. Das Kontinuum ist dann wieder perfekt, hat jedoch Eigenspannungen, deren Quelle sich an der Randlinie der Schnittfläche, der Versetzung, befindet. Spezialfälle der S.-V. sind die *Weingarten-Versetzung*, bei der die sonst beliebige Relativverschiebung der beiden Schnittufer eine Schraubung, und die *Volterra-Versetzungen* 1. und 2. Art, bei denen sie eine starre Verschiebung bzw. eine Drehung ist. Die als Gitterfehler in Kristallen vorkommenden Versetzungen sind Volterra-Versetzungen 1. Art. Eine S.-V. läßt sich durch eine flächenhafte Verteilung von Volterra-Versetzungen 1. Art darstellen.

Sommerfeldsche Ausstrahlungsbedingung, → Wellengleichung.

Sommerfeldsche Differentialgleichung, → Turbulenz.

Sommerfeldsche Feinstrukturkonstante, svw. Feinstrukturkonstante.

Sonar [aus dem Engl. *so*und *n*avigation *a*nd *r*anging], Sammelbegriff für Schallortungsverfahren. Das Prinzip des S.s besteht darin, daß man Schallimpulse aussendet und aus der Zeit, die bis zum Eintreffen der von einem Hindernis zurückgeworfenen Reflexionsimpulse vergeht, die Entfernung bis zum Hindernis bestimmt. Das Meßergebnis kann entweder vom Bildschirm einer Oszillographenröhre oder direkt von einem Instrument abgelesen werden. Das S. arbeitet sowohl in Luft (z. B. Bestimmung der Fahrzeuggeschwindigkeit im Straßenverkehr, Orientierungshilfe für Blinde mit akustischer Anzeige) und in Wasser (Bestimmung des Vorhandenseins, der Lage und der Art von Zielobjekten im Meer) als auch in festen Körpern (z. B. zerstörungsfreie Materialprüfung).

Sonde, → Plasmasonde, → Strömungssonden.

Sondencharakteristik, → Plasmasonde.

Sondendiagnostik, → Plasmadiagnostik.

Sondierung, → elektromagnetische Sondierung der Ionosphäre.

Sone, sone, Kennwort zur Angabe der Lautheit. Ein Schall hat die Lautheit 1 sone, wenn seine Lautstärke 40 phon beträgt. Der Zusammenhang von Sone und Phon ist individuell für jede Versuchsperson verschieden und muß experimentell ermittelt werden.

Sonne, der Zentralkörper des Sonnensystems. Die S. ist eine strahlende Gaskugel, die uns als scharf begrenzte, kreisrunde, hell leuchtende Scheibe erscheint.

Zustandsgrößen. Der Abstand der Erde von der S. schwankt zwischen $147{,}1 \cdot 10^6$ km und $152{,}1 \cdot 10^6$ km, im Mittel beträgt er $149{,}6 \cdot 10^6$ km $=$ 1 AE. Der mittlere scheinbare Durchmesser der Sonnenscheibe beträgt 31′ 59″, der wahre Durchmesser der S. ist damit $1{,}392 \cdot 10^6$ km. Die Masse der S. läßt sich mit Hilfe des 3. Keplerschen Gesetzes aus den Bewegungen der Planeten bestimmen, sie beläuft sich auf $1{,}99 \cdot 10^{33}$ g $= 3{,}3 \cdot 10^5$ Erdmassen. Für die mittlere Dichte der S. ergibt sich damit 1,41 g/cm³. Die scheinbare visuelle Helligkeit der S. beträgt $-26^{\mathrm{m}}86$, die absolute aber nur $+4^{\mathrm{m}}71$. Je Sekunde strahlt die Sonne eine Energie von $3{,}90 \cdot 10^{33}$ erg in den Raum. In der Erdentfernung fällt damit auf einen Quadratzentimeter die Energie von $1{,}395 \cdot 10^6$ erg je Sekunde. Diese Größe wird als *Solarkonstante* bezeichnet. Die mittlere Energiefreisetzung je Gramm Sonnenmasse beträgt 1,9 erg/gs, die effektive Temperatur 5785 K, die Schwerebeschleunigung an der Oberfläche $2{,}74 \cdot 10^4$ cm/s².

Bewegung. Die S. rotiert um eine Achse, die gegen das Lot auf die Erdbahnebene um 7° 15′ geneigt ist. Der Rotationssinn ist gleich dem der Erde und entspricht dem Umlaufsinn der Planeten. Die S. rotiert nicht wie ein starrer Körper, vielmehr ist die Winkelgeschwindigkeit abhängig von dem Äquatorabstand eines Punktes auf ihrer Oberfläche. Die siderische Rotationsdauer beträgt am Äquator 25,03 Tage, in einem Abstand von 20° von den Polen dagegen rund 29 Tage. Ferner ist die Winkelgeschwindigkeit für die höheren Schichten der S. größer als für die etwas tiefer liegenden Schichten. Die scheinbare tägliche Bewegung der S. wird durch die Erdrotation verursacht, die scheinbare jährliche Bewegung längs der Ekliptik durch den jährlichen Umlauf der Erde um die S. Außerdem führt die S. noch eine räumliche Bewegung aus, wobei diese eine Überlagerung zweier Bewegungen ist: einer Bewegung relativ zu dem umgebenden Fixsternen und einer Umlaufbewegung um das Zentrum des Milchstraßensystems. Ein solcher Umlauf dauert rund 250 Millionen Jahre.

Die S. als Fixstern. Die S. ist einer der rund 10^{11} Sterne des Milchstraßensystems. Sie steht nur etwa 15 pc nördlich deren Symmetrieebene, aber rund 10000 pc vom Zentrum entfernt. Die S. ist ein normaler Hauptreihenstern des Spektraltyps G 2.

Aufbau. Die S. ist eine Gaskugel, in der Temperatur, Druck und Dichte nach dem

Zentrum zu anwachsen. Der Verlauf dieser Zustandsgrößen läßt sich theoretisch bestimmen. Die Zentraltemperatur beträgt rund $16 \cdot 10^6$ K, die Zentraldichte rund 100 g/cm³ und der Zentraldruck einige 10^{11} at. Die an der Oberfläche der S. ausgestrahlte Energie wird in den innersten Gebieten durch Kernprozesse freigesetzt. Der Masseverlust durch Ausstrahlung beträgt $4{,}3 \cdot 10^9$ kg je Sekunde; in 10^{10} Jahren sind dies bei gleichbleibender Leuchtkraft nur rund 0,07% der Sonnenmasse. Die inneren Schichten der S. sind unsichtbar. Die von ihnen emittierte Strahlung wird von den darüber lagernden Schichten absorbiert und remittiert. Nur aus der weit außen liegenden Sonnenatmosphäre gelangt die Strahlung direkt in den Weltraum. Unter der Sonnenatmosphäre befindet sich eine Schicht mit einer Dicke von rund $^1/_{10}$ Sonnenradius, die *Wasserstoffkonvektionszone*, in der Konvektion herrscht. In ihr ist die Temperatur so weit abgesunken, daß der Wasserstoff nur teilweise ionisiert ist.

Im Gegensatz zum Sonneninnern ist die weniger dichte Sonnenatmosphäre direkt beobachtbar. Sie wird in drei Schichten eingeteilt: die Photosphäre, die Chromosphäre und die am weitesten außen befindliche Korona. Aus der *Photosphäre* stammt der weitaus größte Teil des von der S. ausgestrahlten Lichtes. Die Photosphäre stellt somit denjenigen Teil der S. dar, den man sieht. Ihre Dicke beträgt nur etwa 400 bis 500 km. Von der Erde aus erscheint sie unter einem Winkel von rund 0,5″. In diesem Bereich fällt die Intensität der von der Sonnenscheibe kommenden Strahlung praktisch auf Null ab, so daß die Sonnenscheibe scharf begrenzt erscheint. Man meint daher meist auch die Photosphäre, wenn man von der Oberfläche der S. spricht. An der unteren Grenze der Photosphäre beträgt die Temperatur rund 7000 K. Da man in der Mitte der Sonnenscheibe tiefer in die Photosphäre hineinschauen kann, macht sich die Temperaturschichtung durch eine Abnahme der Flächenhelligkeit der Sonnenscheibe zum Rande bemerkbar. Diese *Randverdunkelung* ist durch die *Granulation* überlagert; d. s. kleine helle Gebiete, die sich vom dunkleren Hintergrund abheben. Die mittlere Größe der hellen Gebiete, der Granulen, beträgt etwa 700 km. Die Granulation zeigt, daß in der Photosphäre wie in der Wasserstoffkonvektionszone Konvektion herrscht.

Die *Chromosphäre* hat eine Dicke von rund 10000 km. Die Dichte in ihr ist so gering, daß sie nur sichtbar wird, wenn bei totalen Sonnenfinsternissen oder mit Hilfe spezieller Sonnenbeobachtungsinstrumente die Photosphäre abgeblendet ist. Ihr Spektrum, das *Flash-Spektrum*, zeigt unmittelbar vor oder nach der Totalität von Sonnenfinsternissen die Fraunhofer-Linien (s. u.) in Emission. Auch die Chromosphäre besitzt eine durch Konvektion verursachte innere Struktur. Die Konvektionselemente, die *Spiculen*, haben einen mittleren Durchmesser von einigen 100 km und Höhen bis zu 10000 km. Ihre Aufwärtsgeschwindigkeit beträgt 20 bis 50 km/s. Bei der Beobachtung der Chromosphäre im Lichte einer starken Fraunhofer-Linie zeigen sich helle Gebiete, die *Flocculi*. Sie entsprechen den Granulen der Photosphäre. Der physikalische Zustand der Chromosphäre ist weit vom thermischen Gleichgewicht entfernt. Die unteren Chromosphärenschichten haben wie die höchsten Photosphärenschichten eine Temperatur von etwa 4000 K. In der oberen Chromosphäre nimmt die Temperatur jedoch stark zu und erreicht schließlich einige 100000 K. Die Aufheizung erfolgt wahrscheinlich durch Stoßwellen, deren Energie aus der Wasserstoffkonvektionszone stammt.

Charakteristisch für die *Korona* ist die hohe Temperatur von etwa 10^6 K und die geringe Dichte. Wegen ihrer geringen Helligkeit kann die Korona nur während totaler Sonnenfinsternis und mit Spezialgeräten beobachtet werden. Sie bildet einen stetigen Übergang zum interplanetaren Gas. Das Koronaspektrum zeigt einige charakteristische Emissionslinien, die Koronalinien, die von hoch ionisierten Metallatomen stammen, z. B. von 9- bis 13mal ionisierten Eisenatomen.

Sonnenaktivität. In der Sonnenatmosphäre treten kurzzeitige, veränderliche Erscheinungen auf, deren Gesamtheit als *Sonnenaktivität* bezeichnet wird. Die bekanntesten Erscheinungen sind die *Sonnenflecken*. Es handelt sich dabei um Störgebiete in der Photosphäre, die sich dunkel auf der Sonnenscheibe abheben. Große Flecken haben einen dunklen Kern, die *Umbra*, und eine weniger dunkle Umgebung, die *Penumbra*. In den Flecken ist die Temperatur um etwa 1200 K niedriger als in der umgebenden Photosphäre. Weit über die Chromosphäre aufsteigende Gaswolken sind am Sonnenrand als *Protuberanzen* sichtbar. Wenn sie sich auf die Sonnenscheibe projizieren, werden sie als *Filamente* bezeichnet; sie erscheinen dann dunkel. Überhitzte Gebiete in Photosphäre und Chromosphäre erscheinen heller als ihre Umgebung und werden *Fackeln* genannt.

Es werden auch kurzzeitige, auf eng begrenzte Gebiete beschränkte starke Strahlungsausbrüche, die *Eruptionen*, beobachtet. Die einzelnen Erscheinungen der Sonnenaktivität hängen weitgehend miteinander zusammen, eine befriedigende Theorie existiert aber noch nicht.

Über das Spektrum → Sonnenspektrum.

Teilchenstrahlung. Neben der elektromagnetischen Wellenstrahlung sendet die S. eine Teilchenstrahlung aus, die vorwiegend aus Elektronen und Protonen besteht und mit Geschwindigkeiten von einigen 100 bis 1000 km/s fliegt. Dieser *Sonnenwind* verläßt die Sonnenkorona meist in Form von Wolken oder gebündelten Strömen.

Magnetfeld. Die S. besitzt ein sehr schwaches allgemeines Magnetfeld von nur etwa 1 G Feldstärke. Dieses Feld ist nicht konstant, wahrscheinlich tritt sogar eine Umkehrung der Feldrichtung ein. Diesem allgemeinen Magnetfeld sind wesentlich stärkere, zeitlich veränderliche, lokale Felder überlagert. In großen Sonnenflecken kann die Feldstärke mehrere 1000 G erreichen. Zwischen der Sonnenaktivität und den lokalen Magnetfeldern besteht eine enge Verbindung. Wahrscheinlich spielen die Magnetfelder eine maßgebende

Rolle bei den Erscheinungen der Sonnenaktivität.

Sonnenaktivität, → Sonne.

Sonnenatlas, → Sonnenspektrum.

Sonnenbatterie, eine Kombination mehrerer → Solarzellen.

Sonneneruptionseffekt, der Effekt einer plötzlichen abnormen Verstärkung der Ionisation (engl. *Sudden Ionospheric Disturbance*, abg. *SID*) in der → Ionosphäre der Erde als Folge einer chromosphärischen Eruption auf der Sonne. Seine Ursache ist vor allem die Röntgenstrahlung der Sonne, deren Intensität sich bei Eruptionen im Wellenlängenbereich 1 bis 8 Å auf das Hundertfache, unterhalb 3 Å auf das etwa Tausendfache des normalen Wertes erhöhen kann. Die verstärkte Ionisation in der Erdatmosphäre tritt im wesentlichen unterhalb von 100 km Höhe auf und hält einige Minuten bis Stunden, im Durchschnitt etwa 30 Minuten, an. Ihre wichtigsten Auswirkungen bestehen in der exzessiven Dämpfung der Funkwellen im Kurzwellenbereich (*Mögel-Dellinger-Effekt*), die den Nachrichtenverkehr beeinträchtigt, sowie in einer Erhöhung der Feldstärke der → Atmospherics (engl. *Sudden Enhancement of Atmospherics*, abg. *SEA*) und in kurzzeitigen Frequenzabweichungen (engl. *Sudden Frequency Deviation*, abg. *SFD*) von Normalfrequenzübertragungen auf dem Funkwege.

Sonnenferne, → Apsiden.

Sonnenfleck, → Sonne.

Sonnenkorona, → Sonne.

Sonnennähe, → Apsiden.

Sonnenparallaxe, der Winkel π, unter dem der Äquatorradius R der Erde vom Sonnenmittelpunkt aus erscheint. Er kann nur indirekt mit Hilfe der Keplerschen Gesetze bestimmt werden. Nach dem 3. Keplerschen Gesetz ergeben sich aus den genau beobachteten Umlaufzeiten der Körper des Sonnensystems deren relative Abstände von der Sonne. Werden diese im linearen Maß bestimmt, so kann die S. berechnet werden. Früher wurden die Abstände zu Mars oder Venus bei Vorübergängen vor der Sonne oder die zu Eros oder anderen Planetoiden gemessen; heute werden sie aus der Laufzeit von Funksignalen bestimmt, z. B. nach der Venus und zurück (→ Radioastronomie). Als derzeit bester Wert gilt $\pi = 8{,}794181''$. Er ist die Grundlage für die wichtigsten Entfernungsbestimmungen der Astronomie, → Parallaxe.

Sonnensegel, → Raumfahrtantrieb.

Sonnenspektrum, das durch Zerlegung des Sonnenlichtes erhaltene Spektrum. Die Sonne emittiert ein kontinuierliches Spektrum, das von den Röntgenstrahlen über das sichtbare und infrarote Gebiet bis zu den längsten elektrischen Wellen reicht. Das ist ein Wellenlängenbereich von fast 18 Zehnerpotenzen. Während die mittlere Sonnenenergie nahezu eine Konstante ist (→ Solarkonstante), werden große Variationen im UV-, Röntgen- und Radiowellengebiet beobachtet, die ihren Ursprung in Sonnenflecken, Fackeln u. ä. haben. Die am Oberrand der Erdatmosphäre ankommende Strahlung (*extraterrestrische Sonnenstrahlung*) kann am Erdboden nur abgeschwächt — in vielen Bereichen gar nicht — beobachtet werden, da die Erdatmosphäre im Röntgen- und UV-Bereich stark absorbiert (Abb. 1). Die Erforschung des *extraterrestrischen S.s* hat daher in diesen Gebieten erst mit der Entwicklung der Raketen- und Satellitentechnik einen großen Aufschwung genommen. Das am Erdboden empfangene S. wird als *terrestrisches S.* bezeichnet.

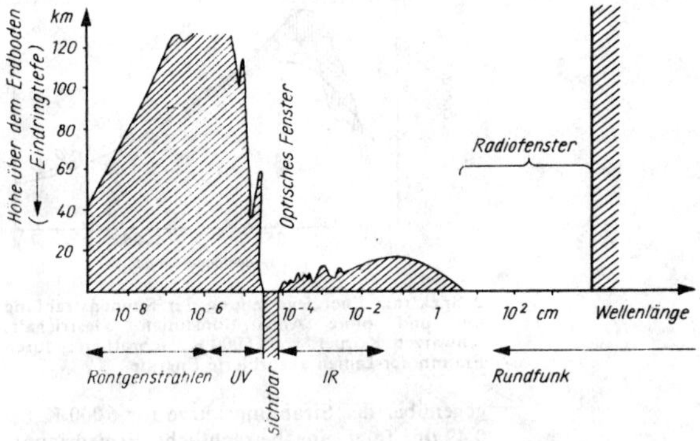

1 Tiefe, bis zu der die senkrecht auf die Erde fallende Strahlung verschiedener Wellenlänge in die Erdatmosphäre eindringt. Die Kurve gibt die Höhe an, bei der die Intensität der Sonnenstrahlung auf 37% gesunken ist

Dem kontinuierlichen S. sind eine Vielzahl von Absorptionslinien überlagert, die einerseits durch Absorption in der Photosphäre, anderseits durch Absorption in der Erdatmosphäre (terrestrische Linien) entstehen; nur die ersteren zeigen den durch die Sonnenrotation bedingten Doppler-Effekt. Diese 1802 von Wollaston entdeckten und 1814 von Fraunhofer näher untersuchten Linien tragen die Bezeichnung *Fraunhofer-Linien*. Fraunhofer stellte ein Verzeichnis von 567 derartigen Linien zusammen, deren stärkste er mit großen lateinischen Buchstaben benannte, die heute z. T. noch in Gebrauch sind. Tab. 1 gibt einen Überblick über die stärksten Fraunhofer-Linien im sichtbaren Gebiet ab 5890 Å mit Angabe der sie hervorrufenden Elemente. Heute liegen umfangreiche Tafelwerke (Sonnenatlanten) über die solaren Absorptionslinien vor.

1 Stärkste Fraunhofer-Linien im sichtbaren Spektralbereich ab $\lambda > 5890$ Å

Bezeichnung	Wellenlänge (Å)	Element
A	7593	O_2*)
a	7183	H_2O*)
B	6867	O_2*)
C (Hα)	6563	H
D_1	5896	Na
D_2	5890	Na

*) terrestrischen Ursprungs

Aus dem kontinuierlichen Spektrum läßt sich auf bolometrischem Wege die Lage des Strahlungsmaximums der extraterrestrischen Sonnenstrahlung bestimmen, das bei 4780 Å liegt. Unter der Voraussetzung, daß man die Sonne als schwarzen Strahler betrachten kann, ist nach dem Wienschen Verschiebungsgesetz (→ Plancksche Strahlungsformel) die Bestimmung der Temperatur der Sonne möglich, die bei ≈ 6000 K liegt. Jedoch stimmt die beobachtete extraterrestrische Sonnenstrahlung nur im infraroten und im langwelligen sichtbaren Bereich mit der Strahlung eines schwarzen Körpers von 6000 K überein, während sich für den kurzwelligen Bereich beträchtliche Abweichungen ergeben (Abb. 2). Einer Überhöhung

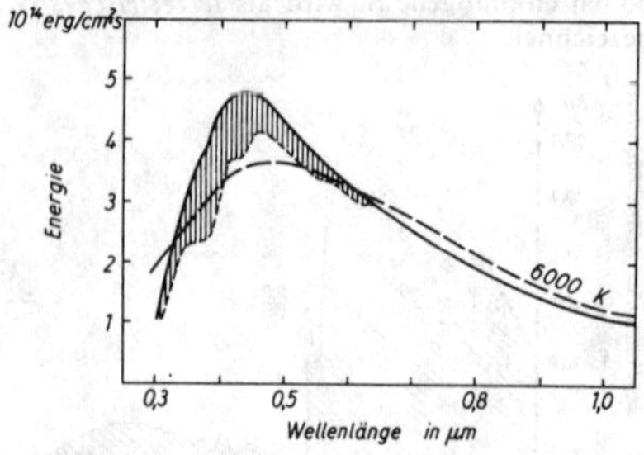

2 Spektrale Energieverteilung der Sonnenstrahlung mit und ohne Absorptionslinien. Gestrichelt: schwarzer Körper von 6000 K, schraffiert: durch Fraunhofer-Linien absorbierte Energie

gegenüber der Strahlungskurve für 6000 K bei 0,49 µm folgt eine beträchtliche Erniedrigung, die durch viele eng beieinander liegende Absorptionslinien sowie durch das Grenzkontinuum unterhalb der Grenze der Balmer-Linien <0,37 µm bedingt ist (punktierte Kurve).

Bei Berücksichtigung der in den Fraunhofer-Linien absorbierten Energie (ausgezogene Kurve) ergibt sich jedoch im UV ein starker Strahlungsüberschuß gegenüber einem schwarzen Körper von 6000 K.

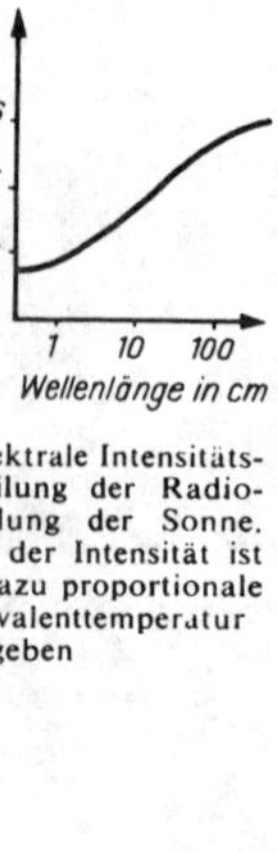

3 Spektrale Intensitätsverteilung der Radiostrahlung der Sonne. Statt der Intensität ist die dazu proportionale Äquivalenttemperatur angegeben

Der Radiostrahlung der Sonne kann nicht eine bestimmte Strahlungstemperatur eines schwarzen Körpers zugeordnet werden. Mit Änderung der Wellenlänge ändert sich auch die zugehörige Strahlungstemperatur (Abb. 3), wobei größeren Wellenlängen eine höhere Äquivalenztemperatur entspricht. (Die Äquivalenztemperatur ist nur dann gleich der wahren Strahlungstemperatur, wenn die strahlende Substanz optisch dick, d. h. undurchlässig ist.) Die Strahlung mit größeren Wellenlängen stammt somit aus heißeren Schichten der Sonne.

Im terrestrischen S. treten zu den Fraunhofer-Linien Absorptionsbanden von in der Erdatmosphäre vorhandenen Absorbern (einige Fraunhofer-Linien sind auch terrestrischen Ursprungs, s. Tab. 1). Das sind vor allem molekularer Sauerstoff, Ozon, Wasserdampf und Kohlendioxid.

Setzt man die extraterrestrische Sonnenstrahlung für den Bereich von 0,20 ··· 24 µm mit 100% an, so gibt Tab. 2 die Energie für die angegebenen Spektralbereiche.

Für die *Sonnenstrahlungsintensität* wird als Einheit das → Langley verwendet.

Die Identifizierung der Fraunhofer-Linien im S. erbringt den Nachweis über das Vorkommen der dazugehörigen Elemente in der Sonne. Unter bestimmten Annahmen kann die Häufigkeit der chemischen Elemente in der Sonnenatmosphäre aus der Intensität der Fraunhofer-Linien bestimmt werden. Bisher konnten bis auf die Edelgase, die Seltenerdmetalle, die Halogene und die Elemente mit Ordnungszahlen größer als 79 alle chemischen Elemente des periodischen Systems nachgewiesen werden. Der Nachweis für die noch fehlenden Elemente ist dadurch sehr erschwert, daß die Linien in schlecht erfaßbaren Teilen des Spektrums liegen. Noch nicht identifizierte Linien sind auf Energiezustände bekannter Elemente, die unter irdischen Bedingungen nicht möglich sind, zurückzuführen.

Kurz vor Eintritt einer totalen Sonnenfinsternis ist es möglich, das relativ lichtschwache *Flash-Spektrum* zu beobachten, das ein Emissionsspektrum ist und der Chromosphäre zugeschrieben wird. Mittels eines Spektroheliographen oder eines Fernrohrs mit vorgeschaltetem schmalbandigem Interferenzfilter können monochromatische Bilder der Sonnenscheibe erhalten werden (*Spektroheliogramm*), Tafel 32. Meist wird in der Nähe sehr starker Absorptionslinien, z. B. H_α, photographiert. Dann stammt das Licht aus den hohen Schichten der Sonnenatmosphäre, zumeist aus der Chromosphäre. Die Spektroheliogramme stellen somit Chromosphärenbilder dar. Aufnahmen längs einer Absorptionslinie führen zu Spektroheliogrammen, die verschiedenen Chromosphärenhöhen entsprechen, wobei die Aufnahme in der Nähe des Absorptionszentrums der Linie einem Bild der hohen Chromosphäre entspricht, da das Licht der darunterliegenden Schichten absorbiert wird.

2) Energieinhalt der extraterrestrischen Sonnenstrahlung in einzelnen Spektralgebieten

Spektralbereich	Wellenlängenintervall (µm)	Energie 10^{-3} ly min^{-1}	Prozentsatz
UV-Bereich	0,20 ··· 0,40	140	7%
UV – A	0,20 ··· 0,28	8	0,4%
UV – B	0,28 ··· 0,32	25	1,2%
UV – C	0,32 ··· 0,40	107	5,4%
sichtbarer Bereich	0,40 ··· 0,75	910	46%
S-A-Gebiet	0,40 ··· 0,52	350	18%
S-B-Gebiet	0,52 ··· 0,62	300	15%
S-C-Gebiet	0,62 ··· 0,75	260	13%
IR-Bereich	0,75 ··· 24	930	47%
IR-A-Gebiet	0,75 ··· 1,4	640	32%
IR-B-Gebiet	1,4 ··· 3,0	250	13%
IR-C-Gebiet	3,0 ··· 24	40	2%

Sonnenstrahlung, → Sonne, → Sonnenspektrum.

Sonnenstrahlungsintensität, → Sonnenspektrum.

Sonnensystem, die Sonne und die Gesamtheit der kleineren Körper, die sie umlaufen, sowie der Raum, in dem sie sich bewegen. Die *Sonne* ist mit 333000 Erdmassen der größte und massereichste Körper. Die neun *Planeten* haben zusammen nur 447 Erdmassen. Um die Planeten kreisen 32 *Satelliten* mit insgesamt 0,12 Erdmassen. Der Umlaufsinn der Planeten und der meisten Satelliten und mit Ausnahme von Uranus und Venus auch der Rotationssinn der Planeten ist gleich dem Rotationssinn der Sonne. Zum S. gehören weiterhin die *Planetoiden*, deren Gesamtzahl auf 50000 bis 100000 und deren Gesamtmasse auf 1/1000 Erdmassen geschätzt wird, sowie die *Kometen*. Deren Zahl wird mit 10^7 bis 10^{10} angenommen, ihre Gesamtmasse aber nur zu etwa 0,1 Erdmassen. Die im Raum des S.s vorkommenden Kleinkörper, Meteorite und Staubteilchen, aber auch Gasatome und Elektronen bilden die *interplanetare Materie*. Ihre Gesamtmasse beläuft sich wahrscheinlich auf weniger als 10^{-9} Erdmassen.

Über das Problem der Entstehung des S.s → Kosmogonie.

Sonnentag, → Tag.

Sonnenwind, gerichteter interplanetarer Plasmastrom. In der Sonnenkorona (→ Sonne) kann sich kein hydrostatisches Gleichgewicht einstellen, sondern es erfolgt eine ständige hydrodynamisch beschreibbare Expansion der Koronagase. Die elektrische Leitfähigkeit des Koronaplasmas ist sehr hoch, die magnetischen Feldlinien sind in ihm eingefroren (→ eingefrorenes Magnetfeld). Durch die Rotation der Sonne ergibt sich bei der Expansion mit konstanter Geschwindigkeit als Bahnkurve des Plasmas eine Archimedische Spirale. In Erdnähe hat die magnetische Induktion des S.es einen Wert von ungefähr (2 bis 5) $\cdot 10^{-9}$ Vs/m^2. Die Geschwindigkeit liegt zwischen 300 km/s und 900 km/s, was bei Annahme einer Maxwell-Verteilung einer Temperatur von $\approx 2 \cdot 10^5$ K entspricht.

Sonnenzeit, → Zeitmaße.

Sonogramm, Sichtbarmachung von Inhomogenitäten oder Hohlräumen in einem Werkstück durch Ultraschalldurchstrahlung. Der auf der vom Ultraschallsender abgewandten Seite aus dem Werkstück austretende Schall wird von einem Ultraschallempfänger aufgenommen; nach Abtastung des Prüflings ergibt sich ein der Abtastfläche entsprechendes Abbild der empfangenen Schallsignale, das bei Vorhandensein von Störungen an den zugehörigen Stellen des Bildes kleinere Empfangsschallstärken aufweist. Weitere Methoden sind die auf der Reliefbildung an Flüssigkeitsoberflächen infolge der Wirkung des Schallstrahlungsdruckes beruhenden und die die Wirkung des Ultraschalls auf photographische Emulsionen benutzenden (→ Ultraschall).

Sonolumineszenz, → Lumineszenz.

S-Operator, svw. S-Matrix.

Soret-Effekt, → Thermodiffusion.

Sorption, → Absorption, → Adsorption.

Sorptionsfalle, mit Molekularsieben oder anderen Sorptionsmitteln gefüllter besonderer Teil einer Vakuumanlage, der zur Erniedrigung des Enddruckes von ölgedichteten rotierenden Pumpen oder von Öldiffusionspumpen eingesetzt wird. S.n werden in der Regel nicht gekühlt. Durch das hohe Sorptionsvermögen z. B. der Molekularsiebe werden die den Enddruck nachteilig beeinflussenden Kohlenwasserstoff- und Wasserdampfmoleküle bereits bei Zimmertemperatur adsorbiert.

Sorptionspumpe, eine → Getterpumpe, bei der elektrisch neutrale Gasteilchen, die im Verlaufe ihrer Wärmebewegung auf geeignete sorptionsfähige Körper treffen, an oder in diesen festgehalten werden. Eine S. dient zur laufenden Beseitigung von Gasen aus einem Vakuumbehälter, in dem geeignete Sorptionsmittel, z. B. Zeolithe oder Gettermaterialien, unter wiederholter Erneuerung der wirksamen Oberfläche und geeigneter Temperatursteuerung verwendet werden.

S.n enthalten entweder Adsorptionsmittel, an deren Oberflächen Gasteilchen durch physikalische, temperaturabhängige Adsorptionskräfte, van-der-Waals-Kräfte genannt, gebunden werden, ein Vorgang der als Physisorption, oder physikalische → Adsorption bekannt ist, oder Stoffe, → Getter, die wiederholt verdampft oder zerstäubt werden und auf diese Weise ständig neue adsorbierende Oberflächen (Getterschichten) bilden, an denen Gasmoleküle vorwiegend durch chemische Bindungskräfte gebunden werden, ein Vorgang, der als → Chemosorption bekannt ist.

S.n, in denen ein Stoff zur Bildung gassorbierender Oberflächen verdampft oder zerstäubt wird, werden als → Getterpumpen bezeichnet.

S.n, die ein Adsorptionsmittel enthalten, werden Adsorptionspumpen genannt.

Source, Eintrittselektrode des Feldeffekttransistors (→ Transistor).

Sp, → Spur.

Spallation, svw. Kernzertrümmerung.

Spaltbarkeit, 1) Eigenschaft von Materialien, in denen eine Kettenreaktion ablaufen kann, die durch die Kernspaltung hervorgerufen wird. Spaltbare Materialien sind $^{233}_{92}$U, $^{235}_{92}$U, $^{238}_{92}$U, $^{239}_{94}$Pu und $^{241}_{94}$Pu. $^{233}_{92}$U und $^{239}_{94}$Pu bzw. $^{241}_{94}$Pu werden im Reaktor durch Neutroneneinfang und anschließendem β-Zerfall erzeugt.

2) Eigenschaft der Kerne, spontan oder beim Eindringen eines Teilchens oder γ-Quants in Bruchstücke vergleichbarer Masse und leichtere Teilchen zu zerfallen (→ Kernspaltung).

Spaltelemente, *Spaltmaterial, Spaltstoffe,* chemische Elemente, mit deren Atomkernen die Kernspaltung möglich ist, d. h. die bei Beschuß mit Teilchen – in der Hauptsache mit Neutronen – oder γ-Quanten wie im Falle der Photospaltung unter Freisetzung von Kernenergie in zwei annähernd gleich große Teile zerspaltet werden. Die Kerne am Ende des periodischen Systems sind für einen solchen Zerfall prädestiniert, weil die Abstoßungskräfte ihrer starken elektrischen Ladungen einem derartigen Prozeß Vorschub leisten. Die technisch wichtigsten S. sind natürliches Uran, mit U-235 angereichertes Uran, reines U-235, in Brutreaktoren künstlich erzeugtes U-233 und Pu-239. Die Kerne U-233, U-235, Pu-239, Pu-241 und einige weitere noch schwerere Kerne, wie Am-242, Cm-242, spalten sich schon durch Anlagerung eines langsamen Neutrons; häufig wird nur für sie allein die Bezeichnung spaltbar angewendet. Die Kerne Th-232, Pa-231, U-234, U-238, Np-237 und Pu-240 sind nur durch schnelle Neutronen mit Energien i. a. über 1 MeV spaltbar; sie können speziell in schnellen Reaktoren oder in Kernwaffen Energie liefern. Auch durch Spaltung anderer als der o. a. Atomkerne kann Energie gewonnen werden, allerdings ist die technische Durchführung noch sehr schwierig. Mit genügend energiereichen Teilchen spalten auch leichtere Kerne, wie Pt, Pb, Bi, Th. Im allgemeinen sind Kerne bzgl. Spaltung um so stabiler bzw. liegt die Schwellenenergie zur Spaltung um so höher, je näher die betrachteten Atomkerne zum doppelt magischen Kern Pb-208 liegen. In dem erwähnten Massebereich der S. gilt die Regel, daß Kerne mit *ungerader* Neutronenzahl bereits mit *langsamen* Neutronen spalten, aber die Kerne mit *gerader* Neutronenzahl nur mit *schnellen* Neutronen. Langsame Neutronen und andere Teilchen geringer Energie erzeugen, wenn überhaupt, vorwiegend eine unsymmetrische Aufspaltung der Kerne der S. in 2 ungleiche Spaltprodukte; das mittlere Massenverhältnis dieser Spaltprodukte liegt etwa bei 3 : 2. Sehr energiereiche Partikeln von mehr als 100 MeV Energie dagegen erzeugen bevorzugt eine symmetrische Spaltung in zwei gleiche Bruchstücke. Beispielsweise tritt bei der Spaltung von U-235 durch thermische Neutronen oder auch durch Neutronen mit mehreren MeV Energie die symmetrische Spaltung etwa 600mal seltener auf als die, die zum Massenverhältnis 3 : 2 der Spaltprodukte führt.

Bei sehr schweren Atomkernen, d. h. Kernladungszahl etwa oberhalb 90, kann eine Kernspaltung auch ohne äußere Einwirkung nach Art des radioaktiven Zerfalls eintreten (→ Spontanspaltung).

Im Reaktor sind die S. in geeigneter Form bzw. Verbindung in der Spaltzone untergebracht, wo die Kernkettenreaktion abläuft; sie sind der Energie liefernde Teil des → Kernbrennstoffs.

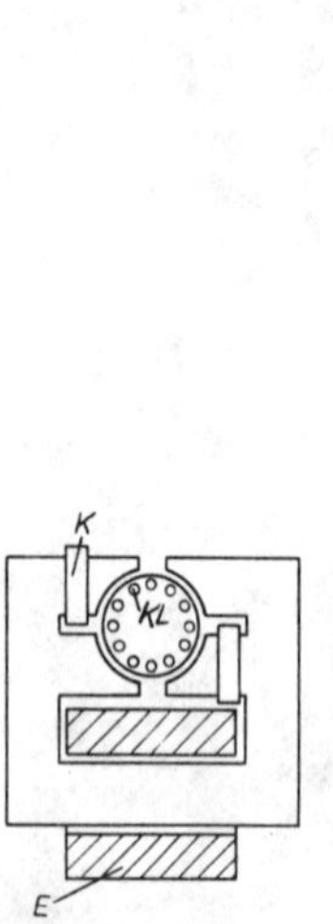

Spaltmotor mit Kurzschlußläufer. *E* Staucher- (Erreger-) Wicklung, *K* Kurzschlußwicklung, *KL* Kurzschlußläuferwicklung

Spalterwartung, Wahrscheinlichkeit für das Eintreten einer → Kernspaltung.

Spaltflügel, → Grenzschichtbeeinflussung.

Spaltmaterial, svw. Spaltelemente.

Spaltmotor, *Spaltpolmotor*, ein Wechselstrommotor (→ elektrische Maschine) mit unterteiltem Polsystem, eine Sonderform der einphasigen Asynchronmaschine. Der Ständer des S.s trägt eine Wechselstromwicklung. Ein Teil jedes Pols ist von einer Kurzschlußwicklung umschlossen, durch den Kurzschlußstrom in dieser Wicklung ist die Erregung für diesen Polteil phasenverschoben und ruft ein zeitlich phasenverschobenes Feld hervor. Infolge dieser zeitlich und räumlich phasenverschobenen Teilfelder entsteht ein Drehfeld. Mit entsprechenden Läufern, z. B. Kurzschluß- oder Hystereseläufern, erhält man asynchrone oder synchrone S.e.

Spaltneutronen, die bei einer Kernspaltung frei werdenden Neutronen. Die überwiegende Mehrzahl der S. ($\gtrapprox 99\%$) wird beim Spaltprozeß in weniger als 10^{-12} s emittiert; sie werden als *prompte* Neutronen bezeichnet und haben ein kontinuierliches Energiespektrum mit einem Maximum bei $\approx 0{,}7$ MeV, das zu niedrigen Energien steil, zu höheren dagegen flach abfällt (→ Spaltspektrum). Daneben gibt es *verzögerte* Neutronen, die beim eigentlichen Spaltprozeß nicht sofort frei werden, sondern von sekundären Spaltprodukten erst nach einer bestimmten Zeit abgegeben werden; ihr Anteil an der Gesamtzahl der S. liegt unter 1%.

Spaltpolmotor, svw. Spaltmotor.

Spaltprodukte, Atomkerne, die als Bruchstücke bei der Kernspaltung auftreten, sowie auch ihre weiteren Folgeprodukte. Die kinetische Energie der S. ist elektrostatischen Ursprungs, sie beträgt z. B. je Uranspaltung ungefähr 170 MeV, das sind etwa 85% der Gesamtenergie der Spaltung. Daß trotz dieser enormen Energieentwicklung bei der Spaltung der schwersten Kerne nicht augenblicklich eine Art Kernexplosion eintritt, liegt an einer gewissen Stabilität der Kerne gegenüber kleinen Deformationen.

Die Spaltung eines schweren Kerns erfolgt durchaus nicht immer in derselben Weise, sondern auf sehr viele verschiedene Arten, so daß viele unterschiedliche S. auftreten. Die S. entstehen oft in angeregten Zuständen, die sich durch Emission von γ-Quanten abregen. Da die S. meist einen beträchtlichen Neutronenüberschuß haben, wandeln sie sich durch β-Zerfall um bzw. emittieren verzögerte Neutronen. Nur ausnahmsweise entstehen bei der Spaltung von vornherein stabile Kerne, wie z. B. Xe-136; im allgemeinen führen Kaskaden von im Mittel drei bis zu maximal sechs β-Zerfällen in Umwandlungsketten erst allmählich zu stabilen Endprodukten, d. h. zu stabilen S.n. Insgesamt sind etwa 260 verschiedene Isotope zwischen Zn und Gd in diesen Umwandlungsketten enthalten; ein bestimmtes Isotop kann entweder direkt bei der Spaltung oder durch β^--Zerfall aus einem primär gebildeten Isobar niedrigerer Kernladung entstehen.

Die S. des U-235 sind sehr genau untersucht. Die Urantrümmer liegen im Bereich der Massezahlen zwischen 70 und 160 und sind um die wahrscheinlichsten Massen 97 und 138 verstreut, entsprechend 25 und 19 mm Reichweite der leichten bzw. schweren Komponente in Luft bei Normalbedingungen. Zwischen den Massezahlen 110 und 125 liegt ein tiefes Minimum der S.-Verteilung. Bei der leichten Gruppe sind die häufiger vorkommenden Elemente Br, Kr, Rb, Sr, Y, Zr, Nb, Mo, Tc, Ru und Rh; bei der schweren Gruppe sind es Sb, Te, J, Xe, Cs, Ba, La, Ce, Pr, Nd, Pm und Sm. Die mittleren Elemente jeder Gruppe sind jeweils am stärksten vertreten. Die Elemente zwischen Rh und Sb liegen im Minimum der Häufigkeitsverteilung.

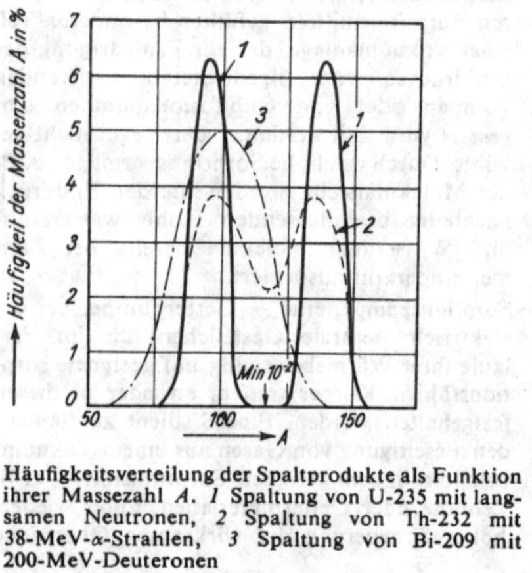

Häufigkeitsverteilung der Spaltprodukte als Funktion ihrer Massezahl *A*. *1* Spaltung von U-235 mit langsamen Neutronen, *2* Spaltung von Th-232 mit 38-MeV-α-Strahlen, *3* Spaltung von Bi-209 mit 200-MeV-Deuteronen

Einige bemerkenswerte Zerfallsreihen der S. und deren Häufigkeit in Prozent sind in nebenstehendem Schema aufgeführt.

Die Halbwertszeiten stehen links neben dem Pfeil, der die Richtung der Umwandlung bezeichnet. (Es bedeuten: s Sekunden, min Minuten, h Stunden, d Tage, a Jahre.) Die Tatsache der Emission verzögerter Neutronen ist mit (n) bei den Neutronenstrahlern vermerkt. Die %-Zahlen geben die Häufigkeit des Auftretens der betreffenden Massezahl auf 100 Spaltungen an; ihre Summe über alle entstehenden Zerfallsketten beträgt 200%, da je Spaltung 2 neue Kerne entstehen.

Im nebenstehenden Schema sind nur einige wichtige β^--Zerfallsreihen der S. genannt. Unter den S.n finden sich auch die in der Natur nicht vorkommenden radioaktiven Elemente Technetium mit der Ordnungszahl $Z = 43$ und Promethium mit $Z = 61$.

Spaltraum, svw. Spaltzone.

Spaltspektrum, 1) die Energieverteilung der bei der Kernspaltung entstehenden → prompten Neutronen. Das S. reicht im wesentlichen von 0,1 MeV bis 10 MeV und ist darstellbar durch die Formeln für E in MeV: $f(E) = 0,484 \cdot e^{-E} \cdot$ sinh $\sqrt{2E}$ gültig für $E \lesssim 16$ MeV oder (noch einfacher) $f(E) \approx \sqrt{E} \cdot \exp(-E/1,26)$ gültig für $E \lesssim 9$ MeV. Die mittlere Energie im S. liegt bei etwa 1,8 bis 2,0 MeV, die wahrscheinlichste bei $\approx 0,7$ MeV.
2) die Häufigkeitsverteilung der → Spaltprodukte bei der Kernspaltung.

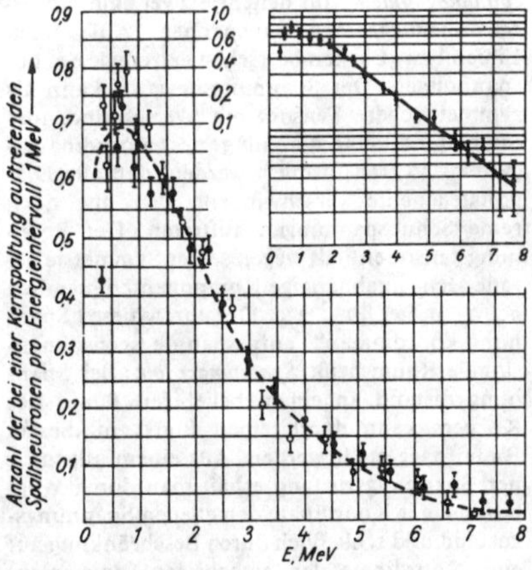

Spektrum der Spaltneutronen als Funktion ihrer Energie E. ○ Spaltspektrum für die U-235-Spaltung mit thermischen Neutronen. ● Spaltspektrum für die Pu-239-Spaltung mit thermischen Neutronen. Rechts oben ist dasselbe Pu-239-Spaltspektrum im halblogarithmischen Maßstab dargestellt

Spaltstoffe, svw. Spaltelemente.

Spaltstoffelement, → Kernbrennstoff.

Spalttöne, die beim Ausströmen einer dünnen Luftschicht aus einem schmalen Spalt infolge periodischer Wirbelablösung entstehenden Töne der Frequenz $f = $ konst. $\cdot u/d$, wenn u die Luftgeschwindigkeit und d die Spaltweite bedeuten. Die Konstante hat etwa den Wert 0,2. Die S. sind mit den → Hiebtönen sowie den → Schneidentönen verwandt.

Spaltung, → Kernspaltung.

Spaltungsbreite, Γ_f, ein Maß für die Wahrscheinlichkeit, daß der Compoundkern durch Spaltung zerfällt. Entsprechend der → Breit-Wigner-Formel erhält man für eine Spaltung, die z. B. durch Neutroneneinfang ausgelöst wird, die Wahrscheinlichkeit Γ_f/Γ, daß der Compoundkern spaltet.

^{139}J	^{140}Xe	^{90}Kr	^{95}Y	^{131}Te	^{99}Mo	^{147}Nd	^{135}Te	^{89}Br	^{87}Br	^{137}J
2,6 s	16 s	33 s	10,5 h	25 min	67 h	11 d	2 min	4,5 s	56 s	23 s
^{139}Xe	^{140}Cs	^{90}Rb	^{95}Zr	^{131}J	^{99}Tc	^{147}Pm	^{135}J	^{89}Kr	^{87}Kr	^{137}Xe
41 s	66 s	unbe- mbar kurz	65 d	8 d	$2,12·10^5 a$	2,64 d	6,7 h	3,18 min	(n)78 min	(n)38 min (n)
^{139}Cs	^{140}Ba	^{90}Sr	^{95}Nb	^{131}Xe	^{99}Ru	^{147}Sm	^{135}Xe	^{89}Rb	^{87}Rb	^{137}Cs
7 min	12,8 d	27,7 a	35 d				9,2 h	14,9 min	$5·10^{10} a$	26,6 a
^{139}Ba	^{140}La	^{90}Y	^{95}Mo				^{135}Cs	^{89}Sr	^{87}Sr	^{137}Ba
85 min	40,2 h	65 h					$3·10^6 a$	50,5 d		
^{139}La	^{140}Ce	^{90}Zr					^{135}Ba	^{89}Y		

6,3% 6,1% 4,5% 6,4% 2,8% 6,2% 2,6% 5,9% 4,6% 0,025% 0,17%

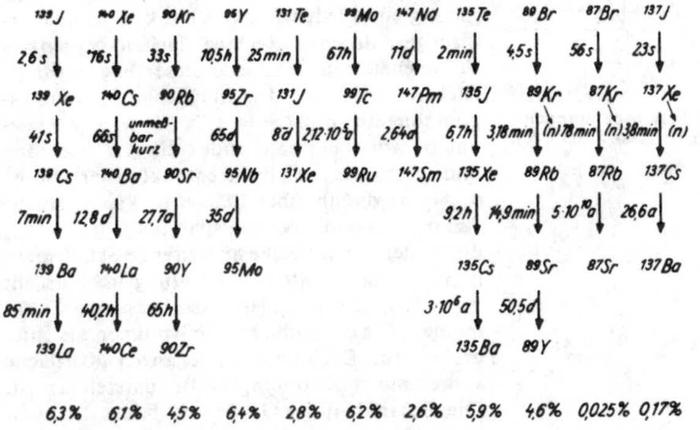

Spaltprodukte

Spaltzone, auch *Spaltraum* oder *aktive Zone* genannt; derjenige Teil eines Reaktors, in welchem die spaltbare Substanz, die *Spaltelemente*, des weiteren der *Moderator*, Regeleinrichtungen, *Kühlmittel* und sonstige Konstruktionsmaterialien untergebracht sind, so daß eine gesteuerte Kernkettenreaktion ablaufen kann. Die S. ist meistens von einem Reflektor und einer Abschirmung umgeben. Die in der S. entstehende Wärmeenergie wird durch einen *Kühlmittelkreislauf* abgeführt. Bei einem heterogenen Reaktor umfaßt die S. die Gesamtheit aller Reaktorzellen. Speziell bezeichnet man mit *effektiver S.* den aus den physikalischen, realen S. abgeleiteten Ersatzbereich mit besonderen Randbedingungen. Der Vorteil der effektiven S. tritt nur bei mathematischen Berechnungen der inneren Flußverteilung und damit zusammenhängender Effekte in Erscheinung.

Spannarbeit, → Arbeit.

Spanngitterröhre, eine Elektronenröhre, deren Steuergitter aus einem 7 μm dicken, über zwei Holme gewickelten Draht besteht. Die Holme bilden gemeinsam mit Querstegen den Spannrahmen, der auf 2 μm Genauigkeit gefertigt ist. Durch das Spanngitter wird das Verhältnis aus der Steilheit der Röhre zur Summe von Eingangs- und Ausgangskapazität verbessert. Dieses Verhältnis wird bei Verringerung des Gitterkatodenabstandes größer, wobei auch der Abstand zwischen benachbarten Gitterdrähten entsprechend klein bemessen werden muß. Das gelingt mit dem Spanngitter.

Spannung, 1) Mechanik: Begriff zur makroskopischen Beschreibung der in Substanzen wirkenden kurzreichweitigen Kräfte und der auf die Oberfläche der Körper wirkenden Kräfte. Wird die auf ein Flächenelement dA an der Oberfläche oder eine gedachte kleine Schnittfläche im Inneren wirkende Kraft in eine Normal- und zwei Tangentialkomponenten dF_n, dF_{t1} und dF_{t2} zerlegt und auf die Größe des Flächenelements bezogen, so erhält man die *Normalspan-*

l Normalspannungen
$\sigma_k = t_{kk}$ an der Fläche
l, m

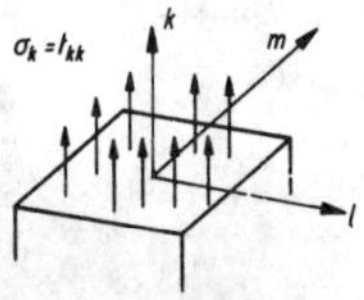

nung $\sigma = \frac{dF_n}{dA}$ und die beiden *Schubspannungen* (*Tangentialspannungen*) $\tau_1 = \frac{dF_{t1}}{dA}$ und $\tau_2 = \frac{dF_{t2}}{dA}$. Eine positive Normalspannung bedeutet einen Zug, eine negative einen Druck. Zur vollständigen Kennzeichnung eines räumlichen Spannungszustands denkt man sich in der Umgebung eines jeden Punktes ein kleines quaderförmiges, durch 6 Rechteckflächen begrenztes Volumenelement. Für jede dieser Begrenzungsflächen werden die drei möglichen Spannungskomponenten σ_{ik} ($i, k = 1, 2, 3$ bzw. x, y, z) definiert, wobei der erste Index die Kraftrichtung und der zweite die Fläche charakterisiert. So ist $\sigma_{xx} = \sigma_x$ die an einer Fläche senkrecht zur x-Achse wirksame Normalspannung, $\sigma_{yx} = \tau_{yx}$ die an derselben Fläche angreifende Schubspannung mit der Kraft in y-Richtung usw. Es gilt $\sigma_{lk} = \sigma_{kl}$, da nur dann das gesamte Drehmoment für ein endliches Teilvolumen als Integral über die Drehmomente der an der Oberfläche angreifenden Spannungskräfte darstellbar ist. Die Gesamtheit der Größen σ_{ik} bildet den symmetrischen *Spannungstensor*. Der einfachste Spannungszustand ist der einer hydrostatischen Kompression, bei dem keine Tangentialspannungen auftreten und die Normalspannungen für jede Fläche mit dem negativen Druck p zusammenfallen: $\sigma_{ik} = -p\delta_{ik}$, wobei δ_{ik} das → Kronecker-Symbol ist. Oft ist es zweckmäßig, von einem allgemeinen Spannungstensor den eines solchen → hydrostatischen Spannungszustands so abzuspalten, daß der Resttensor eine verschwindende Spur hat. Unter der Spur eines Tensors versteht man die Summe seiner Diagonalelemente, einen Tensor mit verschwindender Spur nennt man Deviator. Formelmäßig lautet diese Zerlegung des Spannungstensors

$$\sigma_{ik} = \tfrac{1}{3}\,\delta_{ik} \sum_l \sigma_{ll} + (\sigma_{ik} - \tfrac{1}{3}\,\delta_{ik} \sum_l \sigma_{ll}),$$

$\sum_l \sigma_{ll} = \sigma_{xx} + \sigma_{yy} + \sigma_{zz}$ ist die Spur des Tensors.

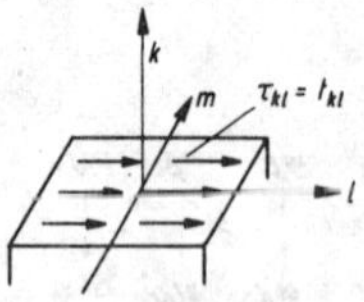

2 Schubspannungen τ_{kl} an der Fläche l, m

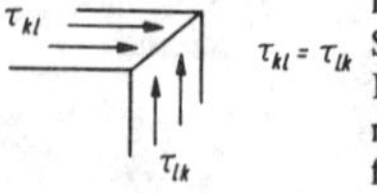

3 Gleichheit der zugeordneten Schubspannungen

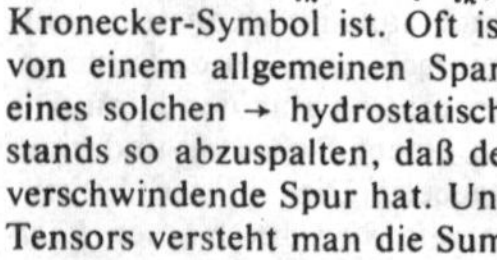

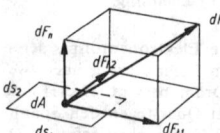

4 Zerlegung der Oberflächenkraft dF in 3 kartesische Komponenten, aus denen die 3 Spannungskomponenten σ, τ_1 und τ_2 gebildet werden

Wie jeder symmetrische Tensor kann auch der Spannungstensor durch eine Drehung des Bezugssystems x, y, z auf Diagonalform gebracht werden. Die zueinander orthogonalen Koordinatenebenen dieses ausgezeichneten Bezugssystems heißen *Hauptebenen*, die an diesen schubspannungsfreien Flächen angreifenden Normalspannungen heißen *Hauptspannungen*; sie werden üblicherweise nach der Größe ihrer Beträge als $|\sigma_1| \geqq |\sigma_2| \geqq |\sigma_3|$ geordnet. Da der Spannungstensor im allgemeinen für verschiedene Punkte des Körpers verschieden ist, kann er bei einer für den gesamten Körper einheitlichen Wahl des Koordinatensystems im allgemeinen nur in einem Punkt diagonalisiert werden. Die Hauptebenen und zugehörigen Hauptspannungen sind aber für jeden Punkt definiert. Die *Hauptspannungstrajektorien* sind die 3 orthogonalen Kurvenscharen, die überall die Hauptebenen senkrecht durchstoßen. An jedem Punkt schneiden sich drei solcher Trajektorien, die Tangenten an sie geben die Richtungen der drei Koordinatenachsen an, bezüglich derer der Spannungstensor seine Diagonalform annimmt.

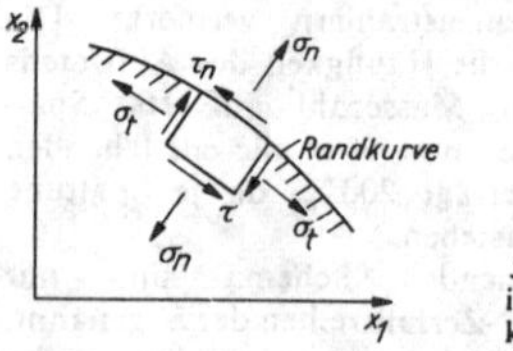

5 Äußere und innere Spannungskomponenten

Wie jeder symmetrische Tensor im dreidimensionalen Raum besitzt auch der Spannungstensor drei Invarianten, die in einem beliebig orientierten Bezugssystem stets den gleichen Wert haben und daher insbesondere durch die Hauptspannungen ausgedrückt werden können. Diese *Spannungsinvarianten* sind

$J_{1\sigma} = \text{Spur}\,\{\sigma_{ik}\} =$
$= \sigma_{xx} + \sigma_{yy} + \sigma_{zz} = \sigma_1 + \sigma_2 + \sigma_3,$
$J_{2\sigma} = \sigma_x\sigma_y + \sigma_y\sigma_z + \sigma_z\sigma_x - \tau_{xy}^2 - \tau_{yz}^2 - \tau_{zx}^2$
$= \sigma_1\sigma_2 + \sigma_2\sigma_3 + \sigma_3\sigma_1$

und $J_{3\sigma} = \det ||\sigma_{ik}|| = \sigma_1\sigma_2\sigma_3$, wobei $\det ||\sigma_{ik}||$ die aus den Komponenten des Spannungstensors gebildete Determinante ist.

Die Winkelhalbierenden in jeder Hauptspannungsebene bezeichnet man als *Hauptschubspannungslinien*, von denen je zwei eine *Hauptschubspannungsebene* aufspannen. Auf diesen Linien bzw. Ebenen herrschen extremale Schubspannungen. Der Spannungsdeviator kann als symmetrischer Tensor mit verschwindender Spur durch eine Drehung des Koordinatensystems so transformiert werden, daß alle Diagonalelemente verschwinden, also nur noch reine Schubspannungen auftreten. Der Spannungstensor enthält wegen seiner Symmetrie gerade sechs unabhängige Komponenten, nämlich $\sigma_x, \sigma_y, \sigma_z; \tau_{xy}, \tau_{yz}, \tau_{zx}$. Der durch diese „Spannungskoordinaten" aufgespannte sechsdimensionale Raum heißt *Spannungsraum*; der Spannungszustand an einem beliebigen Punkt des Körpers kann durch einen Punkt in diesem Raum dargestellt werden. Aus einem allgemeinen Spannungszustand erhält man durch Weglassen einer Koordinate den ebenen Spannungszustand und schließlich durch Beschränkung auf eine Koordinate den einachsigen (uniaxialen) Zug bzw. Druck.

Die *mechanische Spannungsmessung* wird fast ausnahmslos mit Dehnungsmeßstreifen und Kraftmeßdosen vorgenommen. Auch Dilatometer und ähnliche Geräte sind verwendbar.

2) Elektrizitätslehre: *elektrische S.*, Zeichen u (Momentanwert), U (Effektivwert und Gleichwert), die Arbeit je Ladung bei Verschiebung von Ladungen im elektrischen Feld. Bei der Verschiebung einer positiven Ladung Q in einem elektrischen Feld der Feldstärke $\vec{E}$ vom Punkt P_1 nach Punkt P_2 ist die Arbeit W zu leisten: $W = -Q \int_{P_1}^{P_2} \vec{E} \cdot d\vec{s}$. Dabei ist $d\vec{s}$ das Wegelement. Die Arbeit je Ladung wird elektrische

S. genannt und aus $U = -\int_{P_1}^{P_2} \vec{E} \cdot d\vec{s}$ bestimmt. Sie wird positiv, wenn die Verschiebung gegen die Feldrichtung erfolgt. Die SI-Einheit der elektrischen S. ist das Volt, V. Das Volt wird aus der Einheit der Energie 1 J (Joule) = 1 W · s = 1 V · A · s = 1 m² · kg · s⁻² zu 1 V = 1 WA⁻¹ = 1 m² · kg · s⁻³ · A⁻¹ definiert.

In elektrostatischen oder langsam veränderlichen elektrischen Feldern, die von ruhenden oder mit konstanter Geschwindigkeit bewegten Ladungen herrühren, ist die Spannung als *Potentialdifferenz* zwischen den Punkten P_1 und P_2 eindeutig bestimmt, und die Summe aller Teilspannungen (*Umlaufspannung*) für einen geschlossenen Weg ist Null. Um ein sich änderndes Magnetfeld treten dagegen für einen geschlossenen Umlauf von Null verschiedene Umlaufspannungen auf (→ Induktion, Abschn. Spannungsinduktion). Die S. zwischen den Klemmen (*Klemmenspannung*) eines Verbrauchers heißt Spannungsabfall. Nach der Spannungsart unterscheidet man *Gleichspannungen* mit zeitlich konstantem Wert und *Wechselspannungen* mit Wert und Richtung, die sich periodisch ändern (→ Wechselstromgrößen). In der Energieversorgung werden die S.en überwiegend in Drehstrom-Synchrongeneratoren erzeugt. Gleichspannungen entstehen bei galvanischen Elementen, Thermoelementen u. a. Die S., die im Betrieb tatsächlich auftritt, bezeichnet man im Unterschied zur → Nennspannung als *Betriebsspannung*. Überschreitet die Abweichung einen bestimmten Wert (3 bis 5% des Nennwerts), so bezeichnet man die elektrische S. als *Unterspannung* bzw. → *Überspannung*. Nach der Spannungshöhe unterscheidet man *Kleinspannung* (Gleich- und Wechselspannung bis 42 V), → *Niederspannung* und → *Hochspannung*.

Eine S., mit der Menschen oder Tiere in Berührung kommen können, bezeichnet man als → Berührungsspannung.

Über *induzierte S.* → Induktion 2).

Die *elektrische Spannungsmessung* beruht auf der Tatsache, daß zwischen zwei beliebigen Punkten zweier (nichtstromdurchflossener) Leiter die gleiche Spannung herrscht. Entsprechende Meßgeräte bestehen aus zwei Metallkörpern, bei denen das dazwischenliegende Feld meßbare Kräfte auf leicht bewegliche Teile ausübt. Derartige Meßanordnungen werden → Elektrometer genannt. Im einfachsten Fall genügt zum rohen Nachweis einer vorhandenen Spannung ein Blättchenelektrometer. Der Eigenverbrauch der Meßgeräte soll klein, der Innenwiderstand groß sein. Spannungsmesser werden als Dreheisenmeßgeräte für Gleich- und Wechselspannung, als Drehspulmeßgeräte für Gleichspannung und als Vielfachmeßgeräte für Gleich- und Wechselspannung gebaut (→ Voltmeter). Für leistungslose Spannungsmessung werden Röhrenvoltmeter, für direkte Hochspannung statische Voltmeter, für Höchstspannung auch Kugelfunkenstrecken benutzt, wobei der Abstand der Kugeln größer sein muß als ihr Durchmesser. Fundamental läßt sich die Spannung zwischen zwei Kondensatorplatten mit der Spannungswaage bestimmen.

3) *magnetische S.*, → magnetischer Kreis.

Spannungsabfall, *Widerstandsspannung*, die Spannung U, die zwischen den Enden eines vom Strom I durchflossenen Widerstandes R auftritt. Sie berechnet sich nach dem Ohmschen Gesetz zu $U = I \cdot R$. Im geschlossenen Stromkreis ist die Summe aller Spannungsabfälle gleich der Summe aller Urspannungen, → Stromkreis, → Kirchhoffsche Regeln.

Spannungsanisotropie, → Anisotropie 3).

Spannungs-Dehnungs-Beziehungen, *Spannungs-Formänderungs-Beziehungen*, oft auch als *Stoffgesetze* bezeichnet, berücksichtigen im elastischen und elastisch-plastischen Bereich elastisch-plastisches bzw. starrplastisches Werkstoffverhalten.

1) Die *S.-D.-B. nach Prandtl-Reuß* stellen eine Beziehung zwischen den Zuwüchsen der Spannungs- und Formänderungstensoren bzw. -deviatoren dar, die elastische und plastische Formänderungen berücksichtigt.

Die Gesamtformänderung setzt sich aus elastischer und plastischer Formänderung zusammen. Das Stoffgesetz lautet bei Anlehnung an die Misessche Theorie für den Fall der Belastung

$$d\varepsilon_{ij} = \frac{1}{2G}\, ds_{ij} + d\lambda s_{ij}.$$

Hierbei bedeutet $d\varepsilon_{ij}$ den Zuwachs des Formänderungstensors, ds_{ij} den Zuwachs des Spannungsdeviators, s_{ij} den Spannungsdeviator, G den Gleitmodul und $d\lambda$ einen skalaren Proportionalitätsfaktor, der vom Fließ- bzw. Verfestigungszustand abhängt. Bei Entlastung folgt der Werkstoff dem Hookeschen Gesetz.

2) Die *S.-D.-B. nach Levy-Mises* gehen aus denen nach Prandtl-Reuß durch Vernachlässigung der elastischen Anteile hervor (→ Misessche Theorie).

3) Die *S.-D.-B. nach Hencky-Nadai-Iljuschin* stellen eine Beziehung zwischen den Tensoren bzw. Deviatoren des Spannungs- und Formänderungszustandes dar. Das Hookesche Gesetz wird in der Form erweitert, daß eine Berücksichtigung des plastischen Bereiches durch die Einführung eines variablen Plastizitätsmoduls G^{pl} möglich wird:

$$e_{ij} = \left(\frac{1}{2G} + \frac{1}{2G^{\mathrm{pl}}}\right) s_{ij}.$$

Dieses Gesetz ist nur für spezielle Fälle anwendbar, denn es liefert im Falle einer neutralen Spannungsvariation eine plastische Restdehnung, die aber in Wirklichkeit nicht auftritt.

Spannungs-Dehnungs-Linie, die graphische Darstellung des Stoffgesetzes bei konstanter Tem-

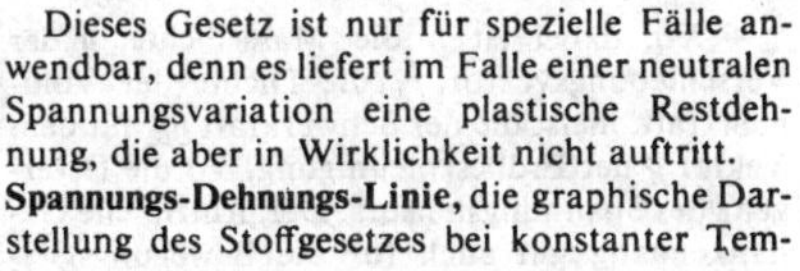

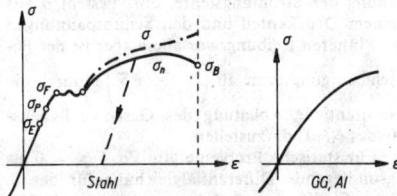

Spannungs-Dehnungs-Linie mit ausgeprägter Fließgrenze (z. B. Stahl) und großem elastisch-plastischem Übergangsgebiet (z. B. GG, Al)

peratur und nach konstant gehaltener Meßzeit. Die Abb. zeigt die S.-D.-L. von Stahl: σ_p ist die Proportionalitätsgrenze, σ_F Fließgrenze, σ_E Elastizitätsgrenze, σ_B Bruchspannung. Die ausgezogene Linie stellt die auf den Ursprungsquerschnitt bezogene Nennspannung σ_n, die strichpunktierte Linie die auf den wirklichen Querschnitt bezogene Realspannung dar. Oberhalb σ_E erfolgt Rückfederung auf einer gestrichelten Linie mit Pfeil. Andere Stoffe, wie Grauguß (GG) und Aluminium, haben keine ausgeprägte Fließgrenze und deswegen eine stetig gekrümmte S.-D.-L.

Spannungsdeviator, → Spannung.

Spannungsfeld, Beschreibung der Beanspruchungsverteilung für ein bestimmtes Gebiet des untersuchten Werkstoffes. Wenn lokale Spannungen für jedes „Volumenelement" des ein-, zwei- oder dreidimensionalen Kontinuums definiert sind, wird von einem S. gesprochen.

Spannungsfunktion, als Lösung ψ einer partiellen Differentialgleichung zu bestimmende Funktion, aus der sich die bei einem Elastizitätsproblem gesuchten Spannungen durch Bildung partieller Ableitungen berechnen lassen. Ebene: Airysche Spannungsfunktion; Profilebene: Ansatz nach Vocke; Rotationssymmetrie: Verschiebungsfunktion nach Love; allgemein räumlich: Dreifunktionen-Ansatz nach Neuber-Papkowitsch, Maxwell, Morera, Fincy u. a. Für den einfachsten Fall eines ebenen Problems genügt die *Airysche S.* der Bipotentialgleichung $\Delta\Delta\psi = 0$. Die Komponenten des Spannungstensors berechnen sich nach $\sigma_x = \partial^2\psi/\partial y^2$, $\sigma_y = \partial^2\psi/\partial x^2$ und $\sigma_{xy} = -\partial^2\psi/\partial x\partial y$. Für die Profilebene [Scheibendicke $h = f(x, y)$] erhält man für ψ eine bedeutend umfangreichere Differentialgleichung und die Spannungskomponenten

$$\sigma_x = \frac{1}{f}\frac{\partial^2\psi}{\partial y^2}, \sigma_y = \frac{1}{f}\frac{\partial^2\psi}{\partial x^2}, \tau_{xy} = -\frac{1}{f}\frac{\partial^2\psi}{\partial x\partial y}.$$

σ_x, σ_y sind die Normalspannungen, τ_{xy} ist die Schubspannung.

Lit. Vocke: Räumliche Probleme der linearen Elastizität (Leipzig 1969).

Spannungsgleichgewicht, im statischen Fall Kräftegleichgewicht für ein infinitesimales Volumenelement eines deformierten Körpers, bei Bewegungen die Bewegungsgleichung $\varrho \frac{\partial^2\vec{u}}{\partial t^2} = \vec{f}_v + \nabla\sigma$, dabei ist ϱ die Massedichte, $\vec{u}$ der Verschiebungsvektor, $\vec{f}_v$ die Dichte der Volumenkraft, meist die der Schwerkraft $\varrho\vec{g}$ mit dem Vektor $\vec{g}$ der Erdbeschleunigung, $\nabla\sigma$ die Divergenz des Spannungstensors. Der prinzipielle Gedankengang gilt auch für die Bewegungsgleichung der Strömungslehre, dort besteht σ aus einem Druckanteil und den Schubspannungen der inneren Reibung, vor allem aber ist der Beschleunigungsterm als $\left(\frac{\partial}{\partial t} + \vec{v}\,\nabla\right)\vec{v}$ durch die substantielle Ableitung des Geschwindigkeitsfeldes $\vec{v}(\vec{r}, t)$ darzustellen.

Für statische Probleme gilt $\nabla\sigma + \vec{f}_v = 0$ als grundlegende Differentialgleichung für das S. Ist außerdem $\vec{f}_v = 0$, d. h., verschwinden die Volumenkräfte, vereinfacht sich diese Beziehung zu $\nabla\sigma = 0$. Stellt man diese Gleichung durch die Hauptspannungen $\sigma_{1,2,3}$ dar, so entstehen die *Laméschen Gleichungen*, die für den ebenen Fall

$$\frac{\partial\sigma_1}{\partial s_1} - \frac{(\sigma_1 - \sigma_2)}{\varrho_2} = 0$$

$$\frac{\partial\sigma_2}{\partial s_2} + \frac{(\sigma_1 - \sigma_2)}{\varrho_1} = 0$$

lauten. Dabei sind s_1 und s_2 die krummlinigen Koordinaten längs der Hauptspannungslinien; ϱ_1 und ϱ_2 sind die Krümmungsradien dieser Linien.

Spannungsinvarianten, → Spannung 1).

Spannungskoeffizient, *Druckkoeffizient*, Koeffizient, der die Druckänderung je Grad bei konstantem Volumen z. B. in Gasen und Flüssigkeiten angibt. Der *absolute S.* ist definiert durch $\beta = \left(\frac{\partial p}{\partial T}\right)_V$. Dabei ist p der Druck, T die Temperatur und V das Volumen. Häufiger verwendet man den *relativen S.en* $\beta' = \frac{1}{p}\left(\frac{\partial p}{\partial T}\right)_V$. Man erhält den S.en in einfacher Weise aus der thermischen Zustandsgleichung. Speziell für ein Mol eines idealen Gases gilt $pV = RT$, und es folgt für den relativen S.en (bezogen auf 0 °C = 273,16 K)

$$\beta' = \frac{R}{pV} = \frac{1}{273{,}16}\,\mathrm{K}^{-1} = 0{,}003\,661\,\mathrm{K}^{-1}.$$

Spannungskompensator, → Kompensator 2).

Spannungskomponenten, 1) die *äußeren S.* sind diejenige Schubspannung und Normalspannung, die die Richtung der Normalen der Randkurve des Spannungsfeldes haben. Sind auf einem Randpunkt die auf die Oberfläche von außen einwirkenden Spannungen bekannt, dann sind die äußeren S. eindeutig bestimmt.

2) Die *innere Spannungskomponente* σ_t ist diejenige Normalspannung σ_n, die die Richtung der Tangente der Randkurve des Spannungsfeldes hat. Im Gegensatz zu den äußeren S. ist die innere Spannungskomponente, wenn die auf die Oberfläche von außen einwirkenden Spannungen bekannt sind, nicht eindeutig bestimmt.

Im Falle der Misesschen Fließbedingung folgt für die innere Spannungskomponente

$$\sigma_t = \sigma_n \pm 2\sqrt{k^2 - \tau_n^2}.$$

Dabei ist k die Schubfließspannung und τ_n die Nennschubspannung.

Spannungsmesser, 1) *elektrischer S.*, svw. Voltmeter.

2) *magnetischer S.*, eine Meßeinrichtung zur Messung der magnetischen Spannung $U_m = \int \vec{H} \cdot d\vec{s}$ zwischen den Punkten P_1 und P_2. Dabei sind $\vec{H}$ die magnetische Feldstärke und $d\vec{s}$ das Linienelement. Der magnetische S. besteht aus einer Spule, die auf einen langgestreckten, biegsamen Isolierstoffkern mit geringer Querschnittsfläche S gewickelt wird. Infolge der geringen Querschnittsfläche wird der magnetische Fluß durch eine Spulenwindung gleich dem Produkt aus Normalkomponente der Feldstärke $\vec{H}_n$ und Fläche S. Beim Entstehen bzw. Verschwinden des Feldes (z. B. Stromeinschaltung und Stromausschaltung) oder durch Einbringen der Spule in das Magnetfeld bzw. Entfernen der Spule aus dem Feld entsteht nach dem Induktionsgesetz ein Spannungsstoß, der als Stromstoß $\int i\,dt =$

$\frac{N}{K}\int_{P_1}^{P_2} \vec{H}_{\mathrm{n}} S \, \mathrm{d}\vec{s}$ in einem angeschlossenen ballistischen Galvanometer gemessen werden kann. N ist dabei die Spulenwindungszahl, K eine geometrisch bedingte Konstante (enthält die Gesamtlänge der Spule, den Widerstand des Stromkreises u. a.), i der Strom und t die Zeit.

Spannungsoptik, Verfahren zur modellmäßigen Untersuchung von Spannungszuständen in verzerrten Körpern durch Ausnutzung der spannungsinduzierten → Doppelbrechung in einer geeignet gewählten durchsichtigen Modellsubstanz, die im spannungsfreien Zustand optisch isotrop ist, aber unter Spannung doppelbrechend wird. Der zu untersuchende Körper wird aus der Modellsubstanz nachgebildet. Wenn z. B. ein Glasstab durch Zug gedehnt wird, so nimmt der Abstand der Moleküle in Richtung der Dehnung zu, entsprechend nimmt die Brechzahl ab. In der Richtung senkrecht zur Dehnung wird dagegen der Abstand der Moleküle durch Querkontraktion verkleinert, wodurch die Brechzahl in dieser Richtung anwächst. Der Glasstab wird infolgedessen optisch doppelbrechend (anisotrop) in der Art eines positiv einachsigen Kristalls, dessen Achse mit der Richtung der Dehnung zusammenfällt. Bei einem ebenen Spannungsproblem existieren nur zwei Hauptspannungsrichtungen 1 und 2 mit den zugehörigen Hauptspannungen σ_1 und σ_2. Die Substanz zeigt einen unterschiedlichen Brechungsindex $n_{1,2}$, je nachdem, ob das Licht in Richtung 1 oder 2 polarisiert ist. Die Differenz $\Delta n = n_1 - n_2 = C(\sigma_1 - \sigma_2)/2\pi$ ist proportional zur Differenz der Hauptspannungen, C ist die spannungsoptische Konstante. Durchsetzt das Licht eine Scheibe der Dicke s, so entsteht eine Phasendifferenz der Größe $\delta = C(\sigma_1 - \sigma_2)\, s/\lambda$ zwischen den unterschiedlich polarisierten Teilstrahlen, λ ist die Wellenlänge des Lichts.

Zur Beobachtung spannungsoptischer Erscheinungen wird das zu untersuchende Objekt zwischen gekreuzte Polarisatoren gebracht. Bei Vorhandensein von Spannungen erfolgt infolge der Doppelbrechung im allgemeinen eine Aufhellung des Gesichtsfeldes. Nur in Gebieten, in denen die Hauptspannungsrichtungen mit den Schwingungsrichtungen von Polarisator und Analysator übereinstimmen, bleibt die Auslöschung erhalten. Die auf diese Weise entstehenden dunklen Linien, die Punkte gleicher Hauptspannungsrichtung kennzeichnen, werden als *Isoklinen* bezeichnet. Sie sind zu vergleichen mit den Isogyren der Achsenbilder anisotroper Kristalle (→ Interferenz 3). Außer den Isoklinen beobachtet man bei Anwendung von monochromatischem Licht überall dort Dunkelheit, wo der durch Doppelbrechung hervorgerufene Gangunterschied $k \cdot \lambda$ ist (k = ganzzahlige Ordnungszahl, λ = Wellenlänge des verwendeten Lichts in Luft), da hier Auslöschung durch Interferenz erfolgt. Bei Verwendung von weißem Licht entstehen farbige Interferenzstreifen. Die Interferenzlinien bei monochromatischem oder weißem Licht, die *Isochromaten* (→ Interferenz 3), geben bei spannungsoptischen Untersuchungen Orte gleicher maximaler Schubspannung an. Sollen nur die Isochromaten beobachtet werden, so benutzt man zirkular polarisiertes Licht, indem man $\lambda/4$-Plättchen in Diagonalstellung zwischen die gekreuzten Polarisatoren bringt. Zur Messung der Gangunterschiede können Kompensatoren benutzt werden. Für ein ebenes (scheibenförmiges) Objekt gibt die Hauptgleichung der S. die Beziehung zwischen dem Gangunterschied Γ und den Hauptspannungen σ_1, σ_2 an: $\Gamma = (\sigma_1 - \sigma_2) \frac{d}{\lambda} \cdot C$; dabei ist C eine Materialkonstante, d ist die Dicke der Scheibe und λ die Wellenlänge des Lichts.

Spannungsoptische Untersuchungen spielen in der Technik eine wichtige Rolle, da sicher und genau an Modellen aus Kunststoffen (Epoxidharz, Polyesterharz) Größe und Richtung der Spannungen in belasteten Konstruktionsteilen (z. B. Träger, Scheiben, Platten, Zahnräder, Brückenbogen) bestimmt werden können. Für räumliche Objekte stellt man Modelle her, die im Erweichungsgebiet des Kunststoffes belastet und dann unter Belastung abgekühlt werden, wobei der Spannungszustand gewisser-

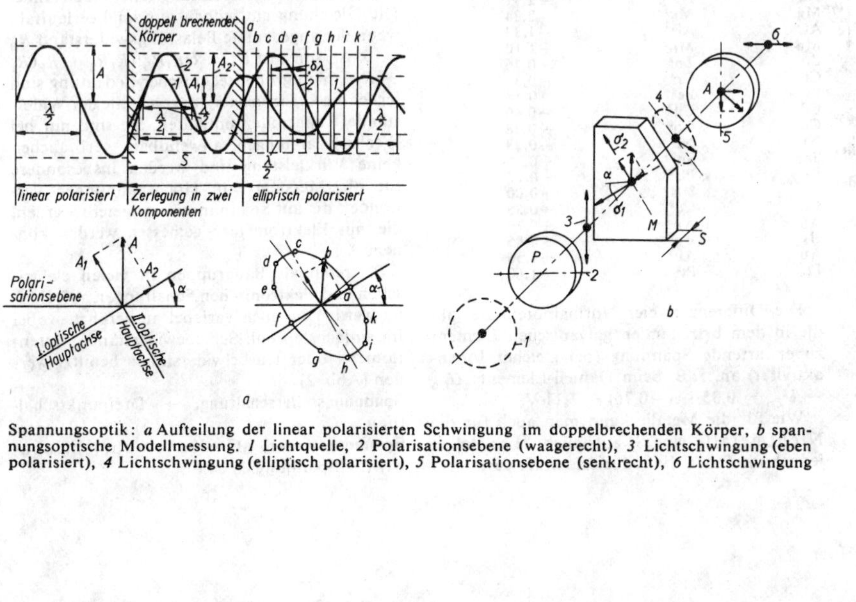

Spannungsoptik: *a* Aufteilung der linear polarisierten Schwingung im doppelbrechenden Körper, *b* spannungsoptische Modellmessung. *1* Lichtquelle, *2* Polarisationsebene (waagerecht), *3* Lichtschwingung (eben polarisiert), *4* Lichtschwingung (elliptisch polarisiert), *5* Polarisationsebene (senkrecht), *6* Lichtschwingung maßen „einfriert". Die Modelle können dann in Scheiben zerschnitten und auf ihre räumliche Spannungsverteilung hin untersucht werden.

Spannungsprüfer, *elektrischer S.*, ein einfaches Instrument, mit dem überprüft werden kann, ob an einer Leitung, Steckdose u. a. eine für den Menschen gefährliche Spannung anliegt. Der elektrische S. ist meist in einen Isolierschraubenzieher eingebaut und enthält eine Glimmlampe, die aufleuchtet, wenn die Schraubenzieherspitze ein gegen Erde spannungsführendes Teil berührt. Da die Glimmlampe bei Spannungen unter etwa 70 V nicht aufleuchtet, ist kein absoluter Unfallschutz gegeben.

Spannungsquelle, svw. elektrische → Stromquelle.

Spannungsraum, → Spannung 1).

Spannungsreihe, 1) *elektrochemische S.*, *Voltasche Spannungsreihe* die Anordnung der chemischen Elemente, insbesondere der Metalle, nach der Größe der Potentialdifferenzen, die sich an der Phasengrenze zwischen diesen Elementen und den aktiven Lösungen ihrer Ionen einstellen. Da diese Potentialdifferenzen einer direkten Messung unzugänglich sind, mißt man die Spannungsdifferenz des Systems gegenüber einer Bezugselektrode. Wählt man als Bezugselektrode die Normalwasserstoffelektrode, für die willkürlich das Potential 0 festgesetzt wurde, so erhält man das Normalpotential U_0 des betreffenden Elementes.

Ordnet man die Normalpotentiale der Metalle in eine Reihe ein, in der oben die Metalle mit dem größten negativen und unten die mit dem größten positiven Potential stehen, so erhält man die elektrochemische S. Das höher stehende (negativere) Metall gibt stets Elektronen an das niedriger stehende (positivere) ab. Je negativer das Normalpotential eines Metalls ist, desto unedler ist das Metall (Tab.).

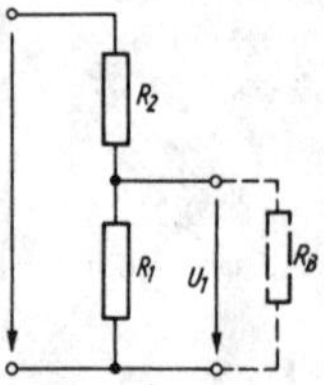

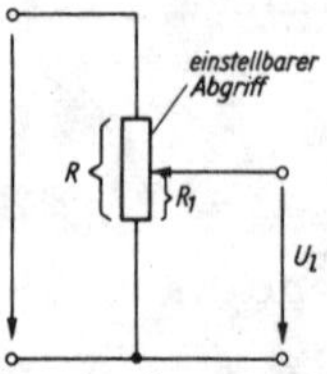

Spannungsteiler: *1* ohmscher Spannungsteiler mit Festwiderständen, *2* ohmscher Spannungsteiler mit Schiebewiderstand oder Potentiometer

Spannungsreihe der Metalle

Metall	*n*-fach positives Metallion	Normalpotential in V bei 25 °C
Li	Li^{+}	−2,96
K	K^{+}	−2,92
Ca	Ca^{2+}	−2,76
Na	Na^{+}	−2,71
Mg	Mg^{2+}	−2,34
Al	Al^{3+}	−1,33
Mn	Mn^{2+}	−1,10
Zn	Zn^{2+}	−0,76
Cr	Cr^{3+}	−0,51
Fe	Fe^{2+}	−0,44
Cd	Cd^{2+}	−0,40
Co	Co^{2+}	−0,28
Ni	Ni^{2+}	−0,23
Sn	Sn^{2+}	−0,16
Pb	Pb^{2+}	−0,12
H_2	$2\,H^{+}$	+0,00
Cu	Cu^{2+}	+0,35
Ag	Ag^{+}	+0,79
Hg	Hg^{2+}	+0,85
Au	Au^{3+}	+1,36
Pt	Pt^{2+}	+1,60

Die Differenz zweier Normalpotentiale gibt die in dem betreffenden galvanischen Element zu erwartende Spannung (bei gleicher Ionenaktivität) an, z. B. beim Daniell-Element: $U_{Cu} - U_{Zn} = 0{,}35 - (-0{,}76) = 1{,}11$ V.

Wie für die Metalle kann man auch für die Nichtmetalle eine S. aufstellen. Hier stellen jedoch die Ionen die reduzierte Stufe dar,

Spannungsreihe der Nichtmetalle

n-fach negatives Nichtmetallion	Nichtmetall	Normalpotential in V bei 25 °C
S^{2-}	S (fest)	−0,51
$4\,OH^{-}$	$2\,H_2O + O_2$ (1 atm)	+0,40
$2\,J^{-}$	J_2 (fest)	+0,54
$2\,Br^{-}$	Br_2 (flüssig)	+1,07
$2\,Cl^{-}$	Cl_2 (gasförmig, 1 atm)	+1,36
$2\,F^{-}$	F_2 (gasförmig, 1 atm)	+2,85

2) *thermoelektrische S.*, die Reihenfolge der Metalle hinsichtlich der Größe ihrer → Thermokraft in μV K^{-1}, bezogen auf Kupfer Cu: Se (+997), Te (+397), Ge (+297), Sb (+32), Fe (+13,4), Li (+8,7), Ce (+4,4), Mo (+3,1), Zn (+0,3), Cd (+0,2), Au (+0,1), Cu (±0), Re (−0,1), Ag (−0,2), W (−1,1), Cs (−2,4), Sn (−2,6), Pb (−2,8), Mg (−3,0), Al (−3,2), Pt (−5,9), Hg (−6,0), Na (−7,0), Pd (−8,3), Ca (−10,8), K (−14,3), Co (−20,1), Ni (−20,4), Bi (−72,8).

Höhere thermoelektrische Spannungen als mit reinen Metallen lassen sich durch Paarungen von Metallverbindungen bzw. -legierungen erzeugen. Dabei sind die thermoelektrischen Spannungen stark von den Konzentrationen der Bestandteile abhängig und gegenüber Verunreinigungen empfindlich. Ausgehend von der thermoelektrischen S. der Metalle werden einige Kombinationen von Metallen als → Thermoelemente ausgewählt.

3) → Reibungselektrizität.

Spannungsresonanz, → Schwingkreis.

Spannungssumme, in der Kontinuumsmechanik die Summe dreier senkrecht aufeinander stehender Normalspannungen an einem Punkt, ist identisch mit der ersten Spannungsinvarianten, d. i. die Spur des Spannungstensors.

Spannungsteiler, eine elektrische Schaltung aus passiven Schaltelementen, d. h. ohmschen Widerständen, Kapazitäten und Induktivitäten, zur Herstellung einer kleineren Teilspannung (U_1 in Abb. 1) aus einer angelegten Spannung (U). Am häufigsten werden *ohmsche S.* eingesetzt, wofür $U_1 = UR_1/(R_1 + R_2)$ ist. Dabei sind R_1 und R_2 die Spannungsteilerwiderstände. Die Gleichung gilt jedoch nur im Leerlauffall, wenn der angedeutete Belastungswiderstand $R_B = \infty$ ist, sonst ist $U_1 = UR_1R_B/[R_1R_2 + R_B(R_1 + R_2)]$. Von großer technischer Bedeutung sind ferner die *kapazitiven S.*, die an Stelle der Widerstände Kapazitäten enthalten. Sie sind nur bei Wechselspannungen anwendbar, verbrauchen keine Wirkleistung und werden insbesondere für die Messung von Hochspannungen verwendet, die auf Spannungswerte geteilt werden, die mit Elektrometern gemessen werden können.

S. treten als Baugruppen in vielen elektrischen und elektronischen Schaltungen auf. Häufig werden sie auch variabel ausgeführt, wobei im einfachsten Fall Schiebewiderstände, Potentiometer oder Kurbelwiderstände benutzt werden (Abb. 2).

Spannungsteilerschaltung, → Dreipunktschaltung.

Spannungstensor, 1) Kontinuumsmechanik: → Spannung 1).

2) elektromagnetisches Feld: → Maxwellscher Spannungstensor.

Spannungstheorie, → Wandverschiebung.

Spannungstrajektorien, svw. Hauptspannungslinien, → Spannung 1).

Spannungsüberhöhung, → Güte, → Schwingkreis 2a).

Spannungsunstetigkeiten. Unstetigkeitslinien der Spannungen treten bei der Behandlung der Balken- und Plattenbiegung, bei Kerbproblemen und bei Keilen unter verschiedenen Belastungen auf.

Aus der Stetigkeit der Normalspannung σ_n und der Schubspannung τ folgen Gleichungen, deren brauchbare Wurzeln

$$p_2 = p_1 + 2k \sin 2(\vartheta_1 - \varphi)$$
$$\vartheta_2 = 2\varphi - \vartheta_1 \pm n\pi$$

als *Sprungbedingungen nach Prager* bezeichnet werden. Dabei bedeuten p_1, p_2 die mittlere Normalspannung und ϑ_1, ϑ_2 Neigungswinkel der Gleitlinien. Die letzte Gleichung bringt zum Ausdruck, daß die Unstetigkeitslinie in jedem ihrer Punkte den Winkel halbiert, den die α-Gleitlinien in diesem Punkt einschließen.

Ersetzt man die Unstetigkeitslinie der Spannungen durch einen schmalen Bereich mit starker, aber stetiger Spannungsänderung, so wird eine Deutung möglich.

Bei elastisch-idealplastischen Werkstoffen ist die Unstetigkeitslinie ein elastischer Faden, während sie bei starr-idealplastischen Werkstoffen ein unausdehnbarer, jedoch biegeschlaffer Faden ist.

Spannungswaage, eine Meßeinrichtung zur fundamentalen Bestimmung der elektrischen Spannung. Diese wird indirekt über die Anziehungskraft zwischen den Platten eines Kondensators gemessen, der an die Spannung gelegt wird. Eine der Platten mit der Fläche A, die zur Eliminierung des inhomogenen Randfeldes mit einem Schutzring (→ Schutzringkondensator) umgeben ist, wird an Stelle der Schale an dem einen Arm einer Präzisionswaage aufgehängt. Durch Auflegen von Wägestücken auf die andere Schale wird für einen vorgegebenen Plattenabstand d Gleichgewicht hergestellt. Besitzen die Wägestücke das Gewicht G, so beträgt die Spannung $U = d\sqrt{2G/A\varepsilon_0}$, wobei ε_0 die Influenzkonstante ist.

Spannungswandler, → Meßwandler.

Spannungszustand, die Gesamtheit der mechanischen Spannungen in einem Punkt für alle möglichen Lagen des Flächenelements. Jeder S. ist durch eine beschränkte Anzahl von Bestimmungsstücken (Komponenten, Winkel) festgelegt, so daß er für jede beliebige Lage des Flächenelements angegeben werden kann. Speziell werden der einachsige (lineare), der zweiachsige (ebene und profilebene) und der dreiachsige (räumliche) S. unterschieden.

Sparrow-Kriterium, → spektrales Auflösungsvermögen.

Spatprodukt, → Vektor.

Speicher, in der Kybernetik das Medium, das kodierte Informationen aufbewahrt. Statische S. verschlüsseln die Information in Zuständen lokalisierter physikalischer Größen, dynamische S. in Zuständen von Transportgrößen. Bei analogen S.n dient als Träger der Information eine analoge kontinuierliche Größe, bei diskreten S.n eine diskrete, diskontinuierliche Größe. Bei diskreten S.n ist das Speichermedium entsprechend dem diskontinuierlichen Charakter der gespeicherten Information in Zellen aufgeteilt. Jede Zelle nimmt jeweils ein Symbol des der Kodierung zugrundegelegten Signalalphabets entsprechend den diskreten Signalzuständen zu einem bestimmten Zeitpunkt auf.

Bei Rechenautomaten dienen z. B. Lochkarten, Lochstreifen, → magnetischer Speicher als S. Das Grundbauelement der diskreten S. für Kodierung im Dualalphabet ist der Speichertrigger. Zur Speicherung der Information im Gehirn dienen die Netze aus Neuronen. Langzeitspeicher in den Organismen zur Speicherung der Erbinformationen sind die Gene. Schablonen und Diagramme, die bei Nachformeinrichtungen an Werkzeugmaschinen abgefühlt werden, sind als Analogspeicher aufzufassen.

Jede gespeicherte Information ist Störeinflüssen unterworfen, die im Laufe der Zeit zu ihrer Verfälschung führen können. Bei dynamischen S.n, z. B. bei Umlaufspeichern oder Schieberregistern, kann man den Störeinflüssen entgegenwirken, indem man bei jedem Umlauf die Information neuformiert. Bei diskreten Speichern gibt die Speicherkapazität die Anzahl binärer Größen an, die im S. untergebracht werden können. In der Regel sind einzelne Speicherzellen oder Komplexe von Speicherzellen adressierbar. Unter der *Zugriffszeit* versteht man dann die mittlere Zeit, die gebraucht wird, um den Inhalt eines adressierten Komplexes aufzufinden und dem S. zu entnehmen.

Ein *supraleitender S.* ist eine Anordnung aus supraleitenden Elementen, die in der Datenverarbeitungstechnik zur Speicherung von Information dienen kann. Ein Element eines supraleitenden S.s ist die *supraleitende Speicherzelle*, die 1 bit speichern kann. Eine solche supraleitende Speicherzelle kann z. B. aus Kryotrons, supraleitenden Tunneldioden oder Josephson-Tunnelelementen aufgebaut werden. Supraleitende S. sind konventionellen Informationsspeichern unter bestimmten Bedingungen überlegen (→ Kryoelektronik).

Speicheroszillograph, → Oszillograph.

Speicherring, ringförmiges Vakuumgefäß, das in einem Ringmagneten angeordnet ist und zur Speicherung von hochenergetischen elektrisch geladenen Teilchen dient. Im Prinzip gleicht ein S. dem Aufbau eines stark fokussierenden Ringbeschleunigers (ohne Beschleunigungselemente). S.e ermöglichen in Experimenten der Hochenergiephysik Stöße zweier hochenergetischer Teilchenstrahlen. Während bei gewöhnlichen hochenergetischen Experimenten (bei ruhenden Targetteilchen) nur ein Bruchteil der Stoßenergie für Kernreaktionen oder Erzeugung neuer Teilchen zur Verfügung steht, kann beim Aufeinanderstoßen zweier bewegter Teilchenstrahlen die gesamte kinetische Energie in Masse umgewandelt werden. Experimente mit Strahlen aus S.en sind also energetisch günstiger, beschränken sich jedoch auf Stöße stabiler Teilchen. Die größten S.e sind die für Protonen mit einer Energie von 28 GeV im CERN in Genf sowie die für Protonen und Antiprotonen (je 25 GeV) in Nowosibirsk (im Bau befindlich).

Auch S.e für Elektronen wurden bereits erfolgreich in Hochenergieexperimenten eingesetzt.

Speicherzeit, *Erinnerungszeit*, die Zeit, in der eine Gasspurkammer nach einem Teilchendurchgang die Ionisationsspur registrieren kann. Die S. wird durch die Lebensdauer der Primärelektronen im Gasvolumen bestimmt. Sie ist beeinflußbar durch ein elektrisches Feld (→ Reinigungsfeld) oder durch Gaszusätze, die freie Elektronen durch Anlagerungsprozesse neutralisieren.

Spektralanalyse, die Auswertung eines Spektrums mit dem Ziel, die qualitative und quantitative Zusammensetzung fester, flüssiger und gasförmiger Stoffe zu ermitteln. Dementsprechend unterscheidet man zwischen qualitativer und quantitativer S. Die Spektren werden in Emission oder Absorption beobachtet.

1) Bei der *Emissionsspektralanalyse* regt man die zu untersuchende Substanz als atomares Gas durch Energiezufuhr zur Lichtaussendung an und zerlegt das emittierte Licht mit Hilfe von geeigneten → Spektralapparaten in ein Emissionsspektrum, das visuell, photographisch oder photoelektrisch in bezug auf Wellenlängen und Intensitäten der Spektrallinien ausgewertet wird. Die entsprechenden Geräte heißen Spektroskope, Spektrographen und Spektrometer. Da jede Atomart ein für sie charakteristisches Spektrum aussendet, bildet das Emissionsspektrum eines Gemisches, z. B. einer Legierung, eine Überlagerung der charakteristischen Spektren der einzelnen Komponenten. Die relativen Intensitäten ausgewählter Linien der Spektren können als Maß für die relative Häufigkeit der Komponenten benutzt werden. Zum Nachweis eines Elementes in einem Gemisch sucht man in dem komplexen Spektrum nach den *Nachweislinien* (*letzte Linien* oder *Restlinien*) dieses Elementes, die im ultravioletten oder sichtbaren Spektralbereich liegen können. Nachweislinien sind solche Linien, die bei immer kleiner werdender Konzentration zuletzt verschwinden (qualitative Emissionsspektralanalyse). In der quantitativen Emissionsspektralanalyse bestimmt man das Häufigkeitsverhältnis eines Zusatzelements zur Grundsubstanz durch den Intensitätsvergleich zweier, diesen Substanzen angehörender Spektrallinien. Man unterscheidet zwischen leitprobengebundenen und leitprobenfreien Verfahren. Als Leitproben bezeichnet man Proben, deren Zusammensetzung bekannt ist und in denen alle Komponenten homogen verteilt sind.

a) Bei den *leitprobengebundenen Verfahren* nimmt man — im spektrographischen Verfahren — die Spektren der zu analysierenden Substanz und die mehrerer Leitproben auf. Die Leitproben enthalten die zu bestimmenden Elemente in abgestuften Konzentrationen, mit deren Hilfe man für die einzelnen Elemente Eichkurven aufstellt. Man mißt photometrisch die Schwärzungsdifferenz eines Analysenlinienpaares, d. h. einer Linie der Grundsubstanz und einer im Spektrum benachbart gelegenen Linie des Zusatzelements. Die Schwärzungsdifferenzen werden graphisch gegen die zugehörigen Konzentrationswerte als Eichkurven aufgetragen, aus denen die Konzentration des Zusatzelements durch lineare Interpolation der hierfür gemessenen Schwärzungsdifferenz ermittelt wird. Die leitprobengebundenen Verfahren sind umständlich und zeitraubend, da bei jeder zu analysierenden Probe eine Reihe von Leitproben aufgenommen werden muß.

b) beim *leitprobenfreien Verfahren* stellt man mittels in der Konzentration abgestufter Leitproben e i n e Eichkurve auf, die allen folgenden Analysen zugrunde gelegt wird. Dabei muß auf Konstanz und Reproduzierbarkeit der Intensitäten bei der Anregung streng geachtet werden.

Die A n r e g u n g der verdampften Substanzen zur Emission der Spektren erfolgt für die Elemente der Alkali- und der Erdalkaligruppe und einige weitere leichte Elemente in *Flammen* (*Flammenphotometrie*). Die Anregung ist vorwiegend thermisch, man erreicht Temperaturen bis etwa 3000 °C, z. B. in Distickstoff-Kohlendioxid-Flammen. Die Zahl der emittierten Spektrallinien ist dabei häufig so gering, daß man ohne kostspielige Spektralapparate, z. B. mit Interferenzfiltern, zur Aussonderung der Analysenlinien auskommt. Die Substanzen werden in gelöster Form durch Zerstäuber den Flammengasen zugemischt. Die Flammenphotometrie wird vor allem in der Analyse von Böden, Pflanzenaschen und biologischen Objekten angewandt.

Höhere Temperaturen der Anregung erhält man in elektrischen Entladungen und kann damit Schwermetalle und Metalloide zur Emission bringen. Beim elektrischen Lichtbogen sind die Elektroden heiß, die Temperatur liegt zwischen 6000 und 10000 °C. Er zeichnet sich durch hohe Nachweisempfindlichkeit und intensive Linien aus, leidet aber unter hohem Rauschen und, infolge der Unstetigkeit des katodischen Brennflecks, an großer Instabilität. Genauigkeit und Reproduzierbarkeit der Analysenwerte sind daher wenig befriedigend. Durch geeignete Wahl der Elektrodenform, Gasstabilisierung, Scheibenstabilisierung nach Maecker, Abreißbögen u. ä. konnte diese Methode verbessert werden. Die Substanzen werden entweder als mit Kohlepulver gemischte Pulver in die Elektroden eingedrückt oder als Lösung dem Bogenplasma in verschiedener Weise zugeführt. Höchste Anregung und gute Genauigkeiten erreicht man mit *elektrischen Funkenentladungen*. Die Funkenstrecke hat kalte Elektroden, nur am Ansatzpunkt des Funkens wird durch hohe lokale Temperatur und durch den Einschlag von Ladungsträgern Substanz in das Plasma hineinverdampft. Die Anregung zum Leuchten ist, wie beim Bogen, rein thermisch. Infolge der hohen Temperaturen (mehrere 10^4 °C) kommen Atome mit hohen Anregungsspannungen und ein- oder mehrfach ionisierte Atome zur Anregung. Die Höhe der Anregung wird durch Wahl der Kapazität und der Selbstinduktion im Entladungskreis reguliert. In der Metallurgie, speziell in der Stahlwerkerei, hat sich die Verwendung des Funkens als spektralanalytische Anregungsquelle weitgehend eingebürgert, seitdem man die Funkenentladung elektrisch bzw. elektronisch steuert. Durch wählbare Entladungsfrequenz und -phase, getriggerte Funkenzündung, Wahl von Funkzeiten und Dunkelpausen (um die Erwärmung der Elektroden zu vermeiden), Einlegen von Vorfunkzeiten und ähnliche Maßnahmen ist es gelungen, im Routinebetrieb in hohem Maße genaue und reproduzierbare Analysenwerte zu erreichen. Die Funkenanregung ist zur automatischen Produktionskontrolle und Prozeßsteuerung, z. B. im Hochofenbetrieb, anwendbar.

Zur Analyse von Gasgemischen und verdampfbaren Festkörpern werden auch Glimmentladung, Hohlkatodenentladung und Hochfrequenzentladungen herangezogen.

Für die Mikroanalyse kleiner Oberflächenelemente fester Körper trennt man den Vorgang von Anregung und Verdampfung: Mittels einer lichtstarken Spiegeloptik wird ein Laserblitz auf eine ausgewählte Stelle der Oberfläche konzentriert. Die entstehende Dampfwolke wird durch eine elektrische Entladung zwischen zwei über der fraglichen Stelle befindlichen Elektroden zur Emission angeregt und spektral analysiert (Laser-Mikroanalysator von VEB Carl Zeiss Jena).

2) *S. mittels Atomabsorption.* Hohe Nachweisempfindlichkeit und Analysengenauigkeit erzielt man seit einigen Jahren mit der Methode der Atomabsorption. Nachweis und Konzentrationsbestimmung von Elementen erfolgen durch die Schwächung, die das Licht einer absorbierbaren Linie (meist Resonanzlinie) beim Durchgang durch ein Gasgemisch erfährt, das die betreffende Atomsorte enthält. Als Hintergrundstrahlung eignet sich eine schmale Emissionslinie der gleichen Wellenlänge, und zwar ist die Nachweisempfindlichkeit um so höher, je schmaler die Emissionslinie ist. Als Lichtquelle dient dazu besonders die mit Hohlkatode versehene Glimmentladungsröhre, bei der die Analysensubstanz durch Katodenzerstäubung in die Entladungsstrecke gelangt. Als Absorptionsvolumen verwendet man die in der Flammenspektrometrie gebräuchlichen Gasbrenner oder elektrisch beheizte Tiegel aus Graphit.

3) *S. mittels Atomfluoreszenz.* Im Prinzip läßt sich das Signal-Untergrundverhältnis über das der Atomabsorption hinaus steigern bei Verwendung der in Resonanzfluoreszenz von einem Atomgas emittierten Linie als analytisches Signal. Die emittierte Lichtintensität ist dann proportional der Intensität der eingestrahlten Linie und der Zahl der fluoreszierenden Atome. Auch bei diesem Verfahren arbeitet man mit Hohlkatodenlampen oder Hochintensitätsglimmlampen, mit Entladungslampen mit elektrodenloser Hochfrequenzanregung als erregender Strahlung sowie mit Flammen oder Tiegeln als Fluoreszenzvolumen.

Im Vergleich zur Atomabsorptionsmethode unter ähnlichen Bedingungen liegen die Nachweisgrenzen bei der Atomfluoreszenz in vielen Fällen niedriger, während die erzielbare Genauigkeit in beiden Fällen etwa gleich ist.

4) *Lumineszenzspektralanalyse.* Viele organische und anorganische Substanzen zeigen im unverdampften Zustand die Fähigkeit einer nicht-thermischen Lumineszenzemission mit charakteristischer Spektralverteilung. Wird die Lumineszenz durch Lichteinstrahlung erregt, so heißt sie Fluoreszenz und das entsprechende Verfahren *Fluoreszenzanalyse.* Besonders wirksam zur Fluoreszenzerregung ist das ultraviolette Licht, wie es z. B. von Quarz-Quecksilber-Bogenlampen (Analysenlampen) ausgestrahlt wird. Durch Intensitätsmessung des Fluoreszenzlichtes ist auch eine quantitative Analyse möglich.

Genauigkeit und Nachweisempfindlichkeit: Die mit der S. durchschnittlich erreichbaren Genauigkeiten liegen bei höheren Gehalten und photoelektrischen Verfahren bei 1 bis 2%, bei kleinen Gehalten bei 2 bis 5%, im Spurenbereich nahe der Nachweisgrenze bei 5 bis 10%. Die Nachweisgrenzen erreichen in Lösungen Größenordnungen unter 10^{-3} ppm (μg/ml); absolute Mengen lassen sich bis herunter zu 10^{-14} g nachweisen. Gehalte über 5% werden sicherer und z. T. genauer bestimmt mittels der → Röntgenspektralanalyse. Ihr gegenüber ist die optische Methode nachweisempfindlicher und weniger matrixempfindlich. (Unter Matrix versteht man hierbei ein drittes Element, das in hoher Konzentration vorliegt und das Intensitätsverhältnis Analysenlinie/Bezugslinie beeinflussen kann.)

Datenverarbeitung. Die photographische S. erfordert eine Reihe von Arbeits- und Rechenschritten (Entwicklung der Platten, photometrische Schwärzungsmessung, Aufstellung der Eichkurven und Linearisierung, Auswertung der Konzentration aus der Schwärzungsdifferenz, Berücksichtigung des Untergrundes und des Plattenschleiers u. ä.), die sich z. T. mittels Computern automatisch durchführen lassen. Die photoelektrische Spektralphotometrie ist wesentlich besser zur automatischen Datengewinnung geeignet und erlaubt außerdem automatische Prozeßkontrolle und -steuerung, z. B. im Hochofenbetrieb. Schon seit längerer Zeit sind in der Praxis automatische Analysengeräte eingeführt. Beim *Quantometer-Prinzip* setzt man in der Fokalfläche des Spektralgerätes eine Reihe von engen Austrittsspalten an die Stellen, wo die Analysenlinien, die Bezugslinie der Grundsubstanz und eine Wellenlänge des Untergrundes liegen. Hinter jedem dieser Spalte sitzt ein Photomultiplier, dessen Strom während einer bestimmten Meßzeit einen Kondensator auflädt. Danach wird der Vorgang gestoppt, und die Spannung eines jeden Kondensators ist ein Maß für die relative Intensität der betreffenden Spektralemission. Diese Werte werden automatisch abgefragt und weiter digital oder analog verarbeitet. Beim *Scanning-Prinzip* mißt ein einziger Photomultiplier nacheinander die interessierenden Spektralwellenlängen aus und führt über eine Registrierung zur Datenverarbeitung. Dabei muß allerdings die zeitliche Konstanz der Lichtemission hinreichend gewährleistet sein. Man kann so eine sehr viel größere Zahl von Informationen in kürzerer Zeit gewinnen. Aus den gewonnenen Daten lassen sich Plasma-Parameter der Lichtquelle und Elementkonzentrationen automatisch mittels Computer bestimmen; gegebenenfalls kann man so ohne Eichung durch Standards auskommen.

Lit. Schrön u. Rost: Atom-Spektralanalyse (Leipzig 1969).

Spektralapparate, zur spektralen Zerlegung einer Strahlung geeignete Geräte.

Je nach Art der Registrierung des Spektrums werden die S. unterteilt in *Spektroskope,* wo das Spektrum visuell beobachtet wird, und in *Spektrographen* oder *Spektrometer*, wo das Spektrum objektiv z. B. auf einer Photoplatte festgehalten oder mit einem anderen, für die zu analysierende Strahlung geeigneten Detektor (z. B. Halbleiterdetektor) ausgemessen, aufgezeichnet und eventuell elektronisch ausgewertet (bzw. photometriert) wird. Eine Kombination aus Spektralapparat und Photometer zur Spektralanalyse stellt das → Spektralphotometer dar.

Je nach Bauart spricht man von *Einstrahl-*, *Zweistrahl-* oder *Mehrstrahlspektralapparaten.*

Nach dem Analyseprinzip bezeichnet man *Emissions-* und *Absorptionsspektralapparate*.

Je nach der zu untersuchenden Strahlung spricht man von *optischen S.n*, wenn Licht analysiert wird, von *Massenspektrometern*, wenn es sich um eine (vorwiegend aus schweren Ionen bestehende) Teilchenstrahlung handelt, und von *Kernspektrometern*, wenn Kernstrahlung bzw. ionisierende Strahlung spektral untersucht wird.

Bei den optischen S.n werden im *Prismenspektralapparat* die Brechungsdispersion, im *Gitterspektralapparat* die Beugungsdispersion (→ Dispersion 4) und im *Interferenzspektralapparat* die Interferenz einer relativ kleinen Anzahl monochromatischer, paralleler Strahlenbündel mit sehr hohen Gangunterschieden (→ Interferenzspektroskopie) als grundlegende Effekte für die spektrale Zerlegung des Lichtes nach Wellenlängen bzw. Frequenzen ausgenutzt. → Modulationspektroskopie, → Prismenspektrometer.

Die *Massenspektrometer* unterscheiden sich in der Art der Fokussierung des Strahls des zu analysierenden Ionengemisches, dessen Komponenten mit unterschiedlicher Masse verschieden weit abgelenkt und somit auf verschiedenen Orten (Linien) einer Photoplatte aufgefangen und registriert werden (→ Massenspektrograph). Während die Massenspektrometer also eine spektrale Zerlegung nach den in einem Teilchenstrahl enthaltenen unterschiedlichen Massen ermöglichen, erlauben *Laufzeitspektrometer* eine Analyse nach den verschiedenen Geschwindigkeiten und somit auch eine Energieanalyse massegleicher Teilchen eines Strahls (→ Monochromator) oder bei bekannter Energie eine Analyse nach den Teilchenmassen (→ Flugzeitmethode). → Kristallspektrometer, → Sektorfeldspektrometer.

Mit Kernspektrometern wird das Energiespektrum einer Kernstrahlung aufgenommen. Diese S. beruhen auf der Energieabhängigkeit des von den Kernstrahlungsdetektoren infolge Absorption von ionisierender Strahlung abgegebenen Ladungs- oder Spannungsimpulses. Die Teilchen oder Quanten der Kernstrahlung werden hierbei nach dem von ihnen verursachten elektrischen Impuls und somit nach ihrer Energie analysiert. Bei bekannter Energie der Kernstrahlung können andererseits aus dem Impuls die Teilchen oder Quanten identifiziert werden. Besonders weit entwickelt wurden die Betaspektrometer für die Untersuchung des β-Zerfalls (→ Betaspektrometrie) und die → Röntgenspektrographen.

Über Elektronenresonanzspektrometer → paramagnetische Elektronenresonanz.

Spektraldarstellung, → Eigenwertproblem.

Spektraldichtefunktion, → spektrale Amplitudenverteilung.

spektrale Amplitudendichte, → spektrale Amplitudenverteilung.

spektrale Amplitudenverteilung, *Spektralverteilung*, Verteilung der Amplituden von verschiedenen Frequenzen bei einem Schwingungsvorgang. Im allgemeinen kann jeder beliebige Schwingungsvorgang als eine Überlagerung von verschiedenen Sinusschwingungen mit unterschiedlichen Amplituden aufgefaßt werden. Sind nur wenige Frequenzen beteiligt, z. B. bei einer Saitenschwingung mit Oberwellen, dann erhält man die Beiträge von den einzelnen Frequenzen durch eine Fourier-Reihenentwicklung, ansonsten durch eine Fourier-Transformation. Charakterisiert $f(t)$ den Zeitverlauf des Schwingungsvorganges, dann lautet die Fourier-Transformation $f(t) = \int_{-\infty}^{+\infty} d\omega f(\omega)\, e^{i\omega t}$. Dabei ist ω die Kreisfrequenz $2\pi\nu$, und $f(\omega)$ ist die s. A., die hier durch eine *spektrale Amplitudendichte* oder *Spektraldichtefunktion* beschrieben wird. Ist insbesondere $f(\omega)$ eine Gauß-Verteilung $f(\omega) = (1/\sqrt{2\pi\sigma^2}) \exp(-\omega^2/2\sigma^2)$ mit der Streuung σ, dann spricht man von einem *Gauß-Spektrum*. Eine Verteilung $f(\omega)$ mit konstanter Amplitude nennt man ein *weißes Spektrum*.

spektrale Augenempfindlichkeit, → spektraler Hellempfindlichkeitsgrad.

spektrale Emission, → Spektrallinien.

spektrale Energieverteilung, → Strahlungsgrößen, → Strahlungsgesetze, → Plancksche Strahlungsformel.

spektraler Farbanteil, → Farbenlehre.

spektraler Hellempfindlichkeitsgrad, *spektrale Augenempfindlichkeit*, relatives Maß für den Helligkeitseindruck des menschlichen Auges, hervorgerufen durch einen bei allen Wellenlängen gleich großen spektralen Strahlungsfluß. Die folgenden Zahlenwerte des spektralen H.s V_λ für das helladaptierte Auge wurden international vereinbart, wobei für die maximale Empfindlichkeit bei der Wellenlänge $\lambda =$ 555 nm der Wert 1 gesetzt wurde:

spektraler Hellempfindlichkeitsgrad

λ in nm	V_λ	λ in nm	V_λ
400	0,0004	580	0,870
410	0,0012	590	0,757
420	0,0040	600	0,631
430	0,0116	610	0,503
440	0,023	620	0,381
450	0,038	630	0,265
460	0,060	640	0,175
470	0,091	650	0,107
480	0,139	660	0,061
490	0,208	670	0,032
500	0,323	680	0,017
510	0,503	690	0,0082
520	0,710	700	0,0041
530	0,862	710	0,0021
540	0,954	720	0,00105
550	0,995	730	0,00052
555	1,000	740	1,00025
560	0,995	750	0,00012
570	0,952	760	0,00006

Diese V_λ-Werte bilden eine wesentliche Grundlage für die Festlegung der → photometrischen Größen und Einheiten. Zur absoluten Umrechnung von Strahlungsflüssen in Lichteindrücke dient ferner das *energetische Lichtäquivalent* M_0. Es gibt denjenigen Strahlungsfluß an, der bei der Wellenlänge $\lambda = 555$ nm vom Auge als Lichtstrom 1 Lumen bewertet wird. Es ist $M_0 = 0{,}00147$ Watt/Lumen. Der Kehrwert von M_0 heißt *photometrisches Strahlungsäquivalent* K_{max} und stellt eine weitere wesentliche Grundlage für die Festlegung der photometrischen Größen und Einheiten dar. Für Strahlung beliebiger Wellenlänge λ gilt der Umrechnungsfaktor $K_\lambda = K_{max} V_\lambda$ Lumen/Watt. Außer den V_λ-Werten für das helladaptierte Auge gibt es V'_λ-Werte des spektralen H.s für das dunkeladaptierte Auge (Dämmerungswerte). In der Abb. sind die V_λ- und die V'_λ-

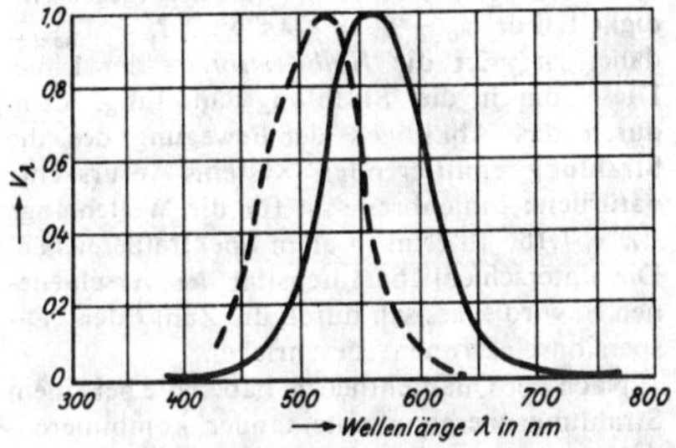

Internationale spektrale Hellempfindlichkeitskurven. V_λ-Kurve —— (Tageswerte) und V'_λ-Kurve - - - - (Dämmerwerte)

Werte wiedergegeben. Das Bemerkenswerte der V'_λ-Kurve gegenüber der V_λ-Kurve ist ihre Verschiebung zum blauen Spektralbereich hin (*Purkinje-Effekt*).

spektrales Auflösungsvermögen, ein Maß für die kleinste Wellenlängendifferenz $\Delta\lambda$ zweier eng benachbarter Spektrallinien mit den Wellenlängen λ und $\lambda + \Delta\lambda$, die von einem Spektralapparat gerade noch getrennt registriert werden können. Das spektrale A. $\lambda/\Delta\lambda$ beträgt in Abhängigkeit von der Bauart bei Prismenapparaten bis $5 \cdot 10^4$, bei Gitterspektralapparaten bis $4 \cdot 10^5$ und bei Interferenzspektralapparaten bis $4 \cdot 10^6$.

Nach Sparrow (1916) sind zwei Spektrallinien als aufgelöst zu betrachten, wenn die aus der Addition der Einzelintensitäten resultierende Intensitätskurve ein relatives Minimum besitzt (*Sparrow-Kriterium*). Demzufolge ist die Grenze des spektralen A.s durch die Bedingung festgelegt, daß es auf dieser Kurve einen Punkt gibt, für den die Beziehung $\frac{dJ}{d\lambda} = \frac{d^2J}{d\lambda^2} = 0$ gilt (J = Intensität), d. h., an dem die Intensitätskurve einen horizontal liegenden Wendepunkt besitzt. Das Sparrow-Kriterium ist auf alle Spektralapparate anwendbar und bisher das einzige, das auch für Linien ungleicher Intensität benutzt werden kann. Die in der Praxis gebräuchlichen Formeln für das spektrale A. sind jedoch aus dem *Rayleigh-Kriterium* (nach Rayleigh, 1879) hergeleitet. Dieses besagt: Zwei Spektrallinien gleicher Intensität werden so lange gerade noch getrennt, bis das Beugungsmaximum der einen Komponente mit dem ersten Minimum der anderen zusammenfällt. Das Rayleigh-Kriterium ist in dieser Form aber nicht auf solche Spektralapparate anwendbar, bei denen die miteinander interferierenden Strahlen verschiedene Intensitäten haben, wie im Fabry-Perot-Interferometer und bei der Lummer-Gehrcke-Platte, da bei diesen zwischen zwei Maxima nur ein Minimum existiert, dessen Lage bei Verschärfung der Interferenzen unveränderlich bleibt. Um das Rayleigh-Kriterium auch auf solche Fälle anwenden zu können, wird allgemein definiert: Zwei Spektrallinien gleicher Intensität sind als aufgelöst zu betrachten, solange die Relativintensität im Minimum ihrer resultierenden Intensitätskurve kleiner oder gleich $8/\pi^2$ ist, d. h. $\frac{J_{min}}{J_{max}} \leqq \frac{8}{\pi^2}$. Dies ist nämlich jener Wert, den man erhält, wenn man das ursprüngliche Rayleigh-Kriterium auf das Beugungsgitter anwendet. Allgemein gilt für das Auflösungsvermögen A_p von Beugungs- und Interferenzspektroskopen die Beziehung $A_p = \frac{\lambda}{\Delta\lambda} = mq$; dabei ist m die Ordnung des Spektrums, q die Anzahl der miteinander interferierenden Strahlen gleicher Intensität oder bei ungleicher Intensität die Anzahl der effektiven Strahlen. Beim Beugungsgitter ist z. B. q gleich der gesamten Strichzahl. Diese Beziehung ist gleichbedeutend mit dem Satz: Das Auflösungsvermögen von Beugungs- und Interferenzspektroskopen ist gleich dem Gangunterschied der äußersten interferierenden Strahlen, gemessen in Einheiten der Wellenlänge. Für das Auflösungsvermögen A_p eines Dispersionsprismas findet man $A_p = \frac{\lambda}{\Delta\lambda} = dD_w$. Dabei ist d die Bündelbreite und D_w die Winkeldispersion (→ Dispersion 4). Daraus folgt bei voller Ausleuchtung des Prismas für symmetrischen Durchgang des Lichtbündels (Minimum der Ablenkung) $A_p = \frac{\lambda}{\Delta\lambda} = bD_M$; b ist die Basislänge des Prismas, D_M die Materialdispersion.

Die hier angeführten Beziehungen gelten unter der Voraussetzung, daß die Spalte unendlich schmal sind. Da das jedoch für die Praxis nicht zutrifft, ist das *praktische Auflösungsvermögen eines Spektralapparates* kleiner als das theoretische, und zwar gilt:

$$A_{pr} = A_{th} \frac{\lambda}{s\frac{d}{f} + \lambda \frac{\lambda}{2s\frac{d}{f} + \lambda}};$$

dabei ist s die Spaltbreite und f die Brennweite des Kollimatorobjektivs bzw. des Kollimatorhohlspiegels. Damit ergibt sich für die optimale Spaltbreite $S_{opt} = \lambda \frac{f}{d}$ die Beziehung: $A_{pr} = \frac{3}{4} A_{th}$. Im Infraroten, wo man mit Spaltbreiten arbeitet, die aus Energiegründen meist weit über der optimalen liegen, spricht man nicht vom praktischen Auflösungsvermögen, sondern von der Reinheit des Spektrums und definiert diese durch die Beziehung $R = A_{th} \frac{\lambda}{s\frac{d}{f} + \lambda}$.

Lit. K. Michel: Die Grundlagen der Theorie des Mikroskops (2. Aufl. Stuttgart 1964); Candler: Modern Interferometers (London 1951).

Spektralfunktion, → analytische S-Matrix-Theorie.

Spektralität, → axiomatische Quantentheorie.

Spektralklasse, *Spektraltyp,* Klassifikationsmerkmal, durch das die Art eines Sternspektrums charakterisiert wird. Ein Sternspektrum besteht aus einem kontinuierlichen Spektrum, dem mehr oder weniger viele Absorptions- oder auch Emissionslinien überlagert sind. Unter der Annahme gleicher chemischer Zusammensetzung der Sternatmosphären ist die relative Stärke der Linien ein Maß für den Anregungs- und Ionisationsgrad, sie hängt also im wesentlichen von der Temperatur und dem Druck, d. h. von der Schwerebeschleunigung in der Sternatmosphäre ab. Die Einteilung der Sternspektren in die Folge der Spektralklassen O, B, A, F, G, K, M erfolgt dabei im wesentlichen nach sinkender effektiver Temperatur; die Einteilung nach Leuchtkraftklassen bei fester S. benutzt dagegen im wesentlichen die Schwerebeschleunigung als Ordnungsprinzip. Zur genaueren Unterteilung werden den Buchstaben noch die Ziffern 0 bis 9 im Sinne abnehmender effektiver Temperatur angefügt. Die Sonne hat die Spektralklasse G 2. Zu den S.n der Hauptfolge tritt weiterhin die Spektralklasse W, die die *Wolf-Rayet-Sterne* umfaßt; diese Sterne haben besonders hohe effektive Temperaturen. Im Bereich der niedrigen Temperaturen befinden sich die Sterne der Spektralklassen R und N, die auch als *Kohlenstoffsterne* bezeichnet werden, weil in ihren Spektren Linien von Kohlenstoffverbindungen besonders hervortreten. Ebenfalls niedrige Temperaturen haben die Sterne der Spektralklasse S, in deren Spektrum Zirkoniumoxidbanden auftreten. Einige Sterne, die *Peculiar-Sterne*, haben spektrale Besonderheiten, die nicht im Rahmen der normalen Spektralklassifikation erfaßt werden können; sie werden durch ein nachgestelltes p gekennzeichnet, z. B. A 0 p.

Spektrallampe, → Gasentladungslichtquelle.

Spektrallinien, voneinander scharf getrennte Linien eines Spektrums emittierter oder absorbierter elektromagnetischer Wellen, im engeren Sinne innerhalb des Wellenlängenbereiches des sichtbaren Lichtes. Emissionsspektrallinien sind nahezu monochromatisches Licht. Sie werden mit Hilfe von Spektralapparaten voneinander getrennt.

Intensität und Linienform von S. Die Emission der S. erfolgt nicht streng monochromatisch mit einer einzigen Frequenz, sondern in einem gewissen Frequenzbereich. Unter der *spektralen*

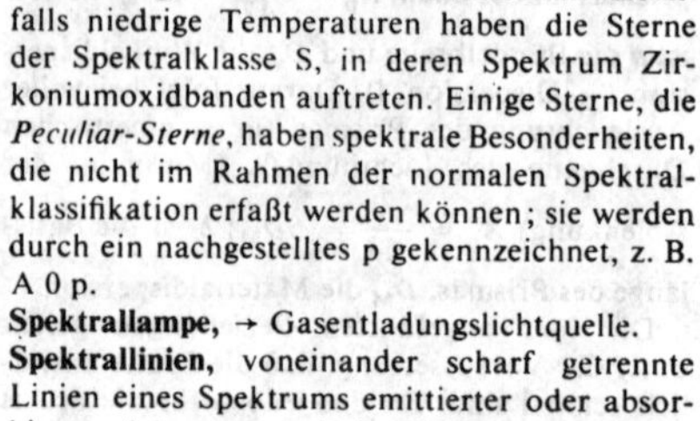

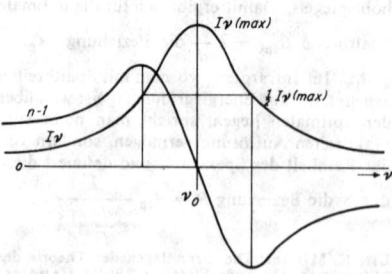

Spektrale Emission und Dispersion in der Umgebung einer Spektrallinie. *n* Brechungsexponent, I_ν spektrale Emission, ν Frequenz

Emission I_ν versteht man die Strahlungsleistung, die in einem infinitesimalen Frequenzintervall $d\nu$ von einem strahlenden Volumen ausgestrahlt wird, dividiert durch das Frequenzintervall. Die Gesamtintensität I der Spektrallinie ist $I = \int_0^{+\infty} I_\nu \cdot d\nu$. Trägt man I_ν als Funktion von ν auf, so ist die Intensität der Linie gleich dem Flächeninhalt unter der I_ν-Kurve. Bei ungestörter Emission der Atome ist $I_\nu = I_{max}(\gamma/2)^2 \cdot [4\pi^2(\nu - \nu_0^2) + (\gamma/2)^2]^{-1}$ (*Dispersionsverteilung* oder *Lorentz-Funktion*). Hierbei ist $\gamma = 2\pi\nu_0^2 e^2/3\varepsilon_0 mc^3$, e die Elektronenladung, m die Elektronenmasse; ε_0 die Influenzkonstante und c die Lichtgeschwindigkeit. Für $|\nu_0 - \nu| = \gamma/4\pi$ wird $I_\nu = I_{max}/2$, daher ist $\gamma/2\pi$ die *Halbwertsbreite* der Linie. Diese durch die Strahlungsdämpfung, d. h. durch das Abklingen der Bewegung des die Strahlung emittierenden Systems verursachte natürliche Linienbreite ist für die Wellenlänge $\Delta\lambda = 1{,}18 \cdot 10^{-14}$ m in allen Spektralbereichen. Die unterschiedliche Intensität der verschiedenen S. wird klassisch durch die Zahl f der „Dispersionselektronen“ beschrieben.

Nach der Quantentheorie haben die bei einem Strahlungsübergang miteinander kombinierenden angeregten Energieniveaus E_n selbst eine Unschärfe Γ_n, die durch die endliche Lebensdauer dieser Zustände bedingt ist. Dabei gilt $\Gamma_n\tau_n = \hbar$, wobei τ_n die Lebensdauer des Zustandes ist. $\tau_n^{-1} = \gamma_n = \Gamma_n/\hbar$ entspricht der Dämpfungskonstante γ der klassischen Theorie. Die Energieunschärfe ΔE der Spektrallinie ist gleich der Summe der entsprechenden Breiten beider Niveaus: $\Delta E = \Gamma_n + \Gamma_m$. Daraus folgt für die Frequenzunschärfe sofort $\Delta\nu = \Delta E/h = (2\pi)^{-1}(\gamma_n + \gamma_m)$. Die Linienbreite wird also durch die Dämpfungskonstanten beider Niveaus bestimmt. γ_m wird entsprechend $\gamma_m = \sum_n A_{nm}$ durch die Summe aller auf die Zeit bezogenen Einsteinschen Übergangswahrscheinlichkeiten A_{nm} (s. u.) bestimmt, mit denen der betrachtete Zustand m in andere Zustände n übergehen kann. Diese Übergänge können durch Lichtemission, aber auch durch andere Prozesse, z. B. Stoßanregung oder Stoßionisation, erfolgen. Für die Intensität einer Spektrallinie gilt $I_{nm} = N_m \cdot h \cdot \nu \cdot A_{nm}$. Dabei ist h das Plancksche Wirkungsquantum, ν die Frequenz der Linie, N_m die Zahl der Atome im Ausgangszustand m, für die im thermischen Gleichgewicht nach dem Boltzmannschen Theorem folgende Formel gilt: $N_m = N_0 \cdot \exp[-(E_m + E_0)/(kT)] \times G_m/G_0$. Es bedeuten N_0 die Zahl der Teilchen im unangeregten Zustand, E_m die Anregungsenergie des Zustandes m und E_0 die Energie des Grundzustandes, k die Boltzmannsche Konstante, T die absolute Temperatur, G_m und G_0 sind die statistischen Gewichte der Zustände m und 0, die gleich der Zahl der Einstellungen sind, die der Gesamtdrehimpuls J des Atoms in diesem Zustand in einem äußeren Feld einnehmen kann: $G_m = 2J_m + 1$.

Die *Übergangswahrscheinlichkeiten* A_{nm} bestimmen die Zahl der je Sekunde stattfindenden spontanen Emissionsprozesse. Die entsprechende Zahl von Absorptionsprozessen, bei denen also der umgekehrte Übergang von n nach m erfolgt, ist proportional zur Zahl N_n der

Atome im Ausgangszustand, zur Strahlungsdichte $u(\nu)$ des äußeren Strahlungsfeldes bei der Übergangsfrequenz ν und zu A_{nm}. Genau gilt $N_n \cdot B_{mn} \cdot u(\nu)$ für die Zahl der Absorptionen je Sekunde mit $B_{mn} = \frac{c^3}{8\pi h f^3} A_{nm} \cdot \frac{G_m}{G_n}$. Die A_{mn} können berechnet werden aus den Eigenfunktionen der beteiligten Atomzustände n und m: $A_{nm} = \frac{16\pi^3 f_{mn} e^2}{3\varepsilon_0 h c^3} \left| \int_\tau \psi_n^* \vec{r} \psi_m \, d\tau \right|^2$. Hierbei sind ψ_m und ψ_n die stationären Eigenfunktionen der Zustände m und n, ψ_n^* ist die zu ψ_n konjugiert komplexe Größe und $\vec{r}$ der Radiusvektor vom Atomschwerpunkt zum Volumenelement $d\tau$. Man zerlegt die A_{nm} in die Faktoren $A_{nm} = -f_{nm} 3\gamma$. Hierbei ist γ die Dämpfungskonstante der klassischen Theorie, und f_{nm} bezeichnet man als *f-Wert* oder *Oszillatorenstärke* des Übergangs.

Bei Multipletts, die so eng liegen, daß die Frequenzabhängigkeit der Intensität zu vernachlässigen ist, gilt die ***Intensitätsregel von Ornstein, Burger und Dorgelo***: Die Summe der Intensitäten der Komponenten eines Multipletts, die auf dem gleichen Niveau J enden oder von ihm aus beginnen, ist proportional $2J + 1$.

Verbreiterung von S. Da die Atome ständig in Bewegung sind und außerdem den Wirkungen der Teilchen, die sich in ihrer Nähe befinden, unterliegen, treten über die natürliche Linienbreite hinaus folgende Verbreiterungen auf: 1) *Doppler-Verbreiterung*. Infolge der Bewegung der leuchtenden oder absorbierenden Atome registriert der Spektralapparat einen → Doppler-Effekt, der bei Mittelung über die Maxwellsche Geschwindigkeitsverteilung einen Intensitätsverband der Form $I(\nu) = I(\nu_0) \times \exp\left[-\frac{Mc^2}{2RT} \frac{(\nu_0 - \nu)^2}{\nu_0^2}\right]$ (*Gauß-Verteilung*) zur Folge hat. Es bedeuten $I(\nu)$ die Intensität der Frequenz ν, ν_0 die zentrale Linienfrequenz, M das Molekulargewicht des Atoms, R die universelle Gaskonstante, T die absolute Temperatur und c die Lichtgeschwindigkeit. 2) *Stoßverbreiterung*. Durch die im Gas endlicher Temperatur stattfindenden Zusammenstöße der leuchtenden Teilchen mit anderen Teilchen werden die Emissionsprozesse gestört. Die Leuchtdauer bzw. die Lebensdauer des Atoms im angeregten Zustand wird verkürzt, der Emissionsvorgang wird abgebrochen. Die Stöße führen im Spektrum zu einer Lorentz-Funktion, deren Halbwertsbreite proportional zur Teilchendichte der stoßenden Atome ist. 3) *Statistische Verbreiterung* (*van-der-Waals-Verbreiterung*). Bei höheren Drücken spiegelt sich in der Linienform die Verschiebung der Energieniveaus des leuchtenden Atoms bei (langsamer) Annäherung stoßender Teilchen wider. Es entstehen infolge der van-der-Waalsschen Anziehungskräfte unstabile *Quasimoleküle*, deren Energieniveaus von der jeweiligen räumlichen Konstellation zwischen dem Teilchen und seinem Stoßpartner abhängen. Die Linienform ergibt sich aus der Wahrscheinlichkeit, mit der jede dieser Konstellationen verwirklicht ist. Die jeweilige Emissionsintensität in Abhängigkeit von der Frequenz ergibt sich aus dem → Franck-Condon-Prinzip. 4) *Stark-Verbreiterung*. Sie beruht auf dem Stark-Effekt der Linien im Felde geladener Teilchen des Plasmas (Elektronen, Ionen). Bei linearem Stark-Effekt erfolgt nur eine Linienverbreiterung, bei quadratischem Stark-Effekt außerdem noch eine Verschiebung des Schwerpunkts der Linien. Außer positiven und negativen elektrischen Laoungen bewirken auch die elektrischen Dipol- und Quadrupolmomente von stoßenden Molekülen eine Stark-Verbreiterung. Das mittlere Feld ist für die elektrischen Ladungen $\sim N^{2/3}$, für Dipole $\sim N$ und für Quadrupole $\sim N^{4/3}$, wobei N die Teilchendichte ist. Auch bei der Stark-Verbreiterung entsteht ein Lorentz-Profil. 5) *Resonanzverbreiterung* (*Eigendruckverbreiterung*). Sie tritt bei der Beeinflussung der leuchtenden Teilchen durch andere des gleichen Elements auf und besteht in einem Austausch der Anregungsenergie zwischen angeregten und unangeregten Atomen (analog gekoppelten Pendeln!) und der dadurch bewirkten Verkürzung der Lebensdauer beider Zustände. Auch hierbei ist die Linienform eine symmetrische Lorentz-Funktion. Die Halbwertsbreite ist proportional zur Wahrscheinlichkeit des Strahlungsübergangs und zur Teilchendichte. 6) *Verbreiterung hoher Serienglieder*. Bei Atomspektren, die bis zu sehr hohen Seriengliedern beobachtet werden können, z. B. Alkalispektren, stellt man eine druckabhängige Linienverbreiterung und -verschiebung fest, die darauf beruht, daß bei den hohen Hauptquantenzahlen ($n = 30$ und mehr) zwischen dem locker gebundenen Elektron und seinem Atomkern viele Gasatome hindurchtreten können. 7) *Voigt-Profil*. Obwohl die meisten der betrachteten Verbreiterungen auf eine Lorentz-Form der Linien führen, ergibt sich das Voigt-Profil der wirklichen Linie durch mathematische Faltung von Gauß- und Lorentz-Funktion, da alle Linien durch den Doppler-Effekt zunächst eine Gauß-Verteilung haben.

Lit. Rompe u. Steenbeck: Ergebnisse der Plasma-Physik, 2 Bde (Berlin 1967, 1971); Unsöld: Physik der Sternatmosphären (Berlin, Heidelberg, New York 1968).

Spektralphotometer, eine Kombination von Spektralapparat und Photometer zum Abtasten von Spektralverteilungen. S. werden vom ultravioletten bis zum infraroten Spektralbereich angewendet. Ein Spektralphotometer besteht aus drei Baugruppen: der Lichtquelle, dem Monochromator und der Empfängereinheit (Abb. 1).

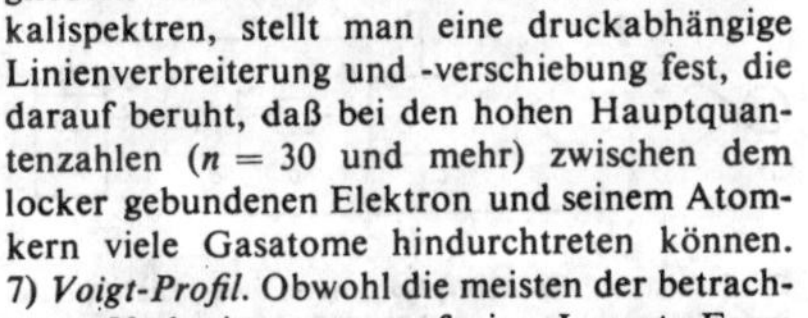

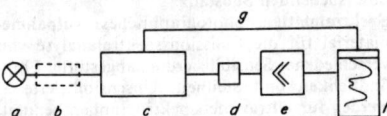

1 Einstrahl-Spektralphotometer. *a* Lichtquelle, *b* Küvettenraum, *c* Monochromator, *d* Empfänger, *e* Verstärker, *f* Registriergerät, *g* Kopplung, Wellenlängenänderung und Papiervorschub

In der Emissionsanalyse sendet die Lichtquelle das zu untersuchende Spektrum aus. Bei Absorptionsuntersuchungen wird die absorbierende Substanz von dem Licht einer kontinuierlichen Quelle durchstrahlt. Der Monochromator sondert aus dem Spektrum einen schmalen Bereich heraus, dessen Intensität von der Empfangseinrichtung gemessen wird. Die im Monochromator verwendeten Prismen müssen nach Durchlässigkeit und Materialdispersion dem vorgesehenen Wellenlängenbereich angepaßt werden; desgleichen muß bei der Verwendung von Beugungsgittern die Gitterkonstante dem vorgesehenen Wellenlängenbereich angepaßt werden. Entsprechend dem vorgesehenen Wellenlängenbereich werden als Empfänger Sekundärelektronenvervielfacher, Halbleiterzellen, Thermoelemente Bolometer u. ä. eingesetzt. Das Spektrum wird meist automatisch durch Änderung der Prismen- bzw. Gitterstellung von einem Schreibgerät aufgezeichnet.

Die Lichtquelle des S.s für Absorptionsmessungen besitzt ein Spektrum, das sich dem zu vermessenden Absorptionsspektrum überlagert. Aus diesem Grunde müssen bei einem Einstrahlspektrometer (S. ohne Vergleichsstrahlengang) das Spektrum der Lichtquelle und das Spektrum mit eingefügter Absorptionssubstanz nacheinander getrennt registriert werden. Das gesuchte Spektrum der Substanz erhält man dann nach Division des beobachteten Spektrums durch das Quellenspektrum. Um das gesuchte Absorptionsspektrum direkt zu messen, werden *Zweistrahl-Spektralphotometer* verwendet (Abb. 2).

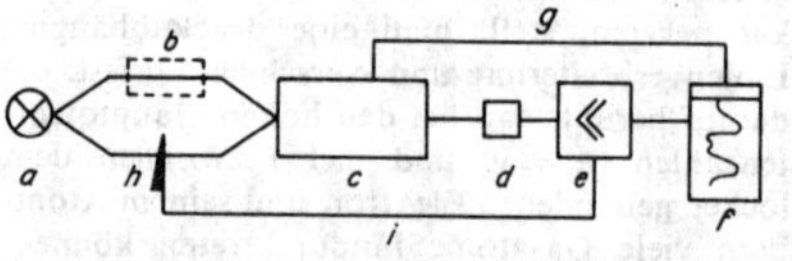

2 Zweistrahl-Spektralphotometer. *a* Lichtquelle, *b* Küvettenraum, *c* Monochromator, *d* Empfänger, *e* Verstärker, *f* Registriergerät, *g* Kopplung, Wellenlängenänderung und Papiervorschub, *h* Kammblende, *i* Kopplung des Strahlenabgleichs mit der Kammblendenstellung

Die von der Lichtquelle des Spektrums herkommende Strahlung wird in den Vergleichs- und Meßstrahlengang zerlegt. Im Meßstrahlengang befindet sich die zu untersuchende Substanz. Beide Strahlengänge werden abwechselnd in schneller Folge durch den Monochromator und auf den Empfänger gegeben. Ein Regelkreis schwächt nun den Vergleichsstrahlengang, z. B. durch eine Kammblende, und zwar so weit, bis beide Strahlengänge die gleiche Energie liefern. Die Stellung der Kammblende ist direkt ein Maß für die Absorption der zu untersuchenden Substanz.

Spektralplatten, photographisches Aufnahmematerial für die Emissionsspektralanalyse von verschiedener Sensibilisierung, abgestufter Empfindlichkeit und Steilheit. Unsensibilisierte S. werden für Ultraviolettspektrographen benutzt. Bei den verwendeten Emulsionen wird besonderer Wert auf gute Trennung benachbarter Spektrallinien und auf Nachweisempfindlichkeit für Linien geringer Intensität gelegt.

Wegen des durch Gelatineabsorption im kurzwelligen Ultraviolett verursachten Empfindlichkeitsrückgangs werden für dieses Spektralgebiet Emulsionen mit Einlagerung von fluoreszierenden Substanzen oder gelatinearme Spezialschichten verwendet (Schumann-Platten), die auch in der Massenspektroskopie eingesetzt werden.

Spektralröhre, → Gasentladungslichtquelle.

Spektralschar, → Eigenwertproblem.

Spektralterm, svw. Term.

Spektraltyp, svw. Spektralklasse.

Spektralverteilung, svw. spektrale Amplitudenverteilung.

Spektren mehratomiger Moleküle, Molekülspektren, die sich vom nahen Ultraviolett bis zum Mikrowellenbereich erstrecken und ähnlich wie die → Spektren zweiatomiger Moleküle durch Kombination von Rotations-, Schwingungs- und Elektronenübergängen entstehen. Wegen der z. T. beträchtlichen Wechselwirkungsanteile ist die sich daraus ergebende Einteilung in Rotations-, Schwingungs-, Rotationsschwingungs- und Elektronenspektren aber ungenauer als bei den zweiatomigen Molekülen.

1) *Rotationsspektren.* Diese Spektren sind abhängig von der Gestalt der untersuchten Moleküle. Das Rotationsspektrum *linearer Moleküle*, bei denen das Trägheitsmoment um die Molekülachse vernachlässigt werden kann und die beiden anderen Trägheitsmomente gleich groß sind, ist das gleiche wie bei zweiatomigen Molekülen. Bei den spiegelsymmetrisch gebauten linearen Molekülen (z. B. CO_2, C_2H_2) tritt wie bei den zweiatomigen Molekülen mit identischen Kernen Intensitätswechsel durch den Kernspin auf. Alle linearen Moleküle sind ramanaktiv (→ Raman-Effekt). Infrarotaktiv sind dagegen nur die nicht-spiegelsymmetrischen Moleküle (z. B. HCN, COS) auf Grund ihres permanenten elektrischen Dipolmoments.

Symmetrische Kreiselmoleküle, bei denen die beiden Hauptträgheitsmomente senkrecht zur Molekülachse gleich groß, aber verschieden vom Hauptträgheitsmoment um die Molekülachse sind, z. B. NH_3 und CH_3Cl, haben im allgemeinen eine mehr als zweizählige Drehachse (Figurenachse). Für die Rotationszustände sind Drehimpulsquadrat und Drehimpulskomponente in Richtung der Figurenachse fest vorgegeben durch $\hbar^2 J(J+1)$ und $\hbar K$, wobei $|K| \leq J$. Hierbei bedeuten $J = 0, 1, 2, \ldots$ die Gesamtdrehimpulsquantenzahl, K die Quantenzahl der Rotation um die Figurenachse und $\hbar$ die Plancksche Konstante. Ist θ_A das Trägheitsmoment um die Figurenachse und θ_B das um eine Achse senkrecht dazu, so folgt für die Rotationsenergie $E_r = \frac{\hbar^2}{2\theta_A} K^2 + \frac{\hbar^2}{2\theta_B} [J(J+1) - K^2]$. Wegen der Unabhängigkeit der Energie vom Drehsinn um die Figurenachse sind alle Niveaus mit $K \neq 0$ zweifach entartet. Ein Infrarot-Rotationsspektrum kann nur dann auftreten, wenn ein permanentes elektrisches Dipolmoment senkrecht zur Drehachse vorliegt. Die Auswahlregeln lauten: $\Delta K = 0$, $\Delta J = 0, \pm 1$, d. h., es sind nur Übergänge zwischen benachbarten J-Niveaus mit demselben K möglich. Daher ergibt sich wie bei einem linearen Molekül eine Reihe äquidistanter Linien.

Die Auswahlregeln für das Raman-Spektrum eines echten symmetrischen Kreiselmoleküls sind $\Delta J = 0, \pm 1, \pm 2$; $\Delta K = 0$. Für jeden Wert von K ergeben sich zwei Serien äquidistanter Linien – ein *R-Zweig* ($\Delta J = \pm 1$) und ein *S*-

Zweig ($\Delta J = \pm 2$) – auf beiden Seiten der Erregerlinie.

Sphärische Kreiselmoleküle (z. B. CH_4, SF_6) haben mindestens zwei drei- oder mehrzählige Drehachsen oder zufällig drei gleich große Hauptträgheitsmomente; ihre Rotationsenergie ist einfach $\hbar^2 J(J+1)/2\Theta$. Bei ihren Rotationsspektren ist im Gegensatz zu denen zweiatomiger Moleküle jeder Rotationsterm wegen der Richtungsquantelung des Drehimpulses $(2J+1)$-fach entartet. Das für infrarote Strahlungsübergänge notwendige permanente Dipolmoment ist bei einem echten sphärischen Kreiselmolekül Null. Ein Rotationsspektrum kann also nur ein Molekül mit zufällig gleichen Trägheitsmomenten aufweisen. Die Auswahlregel lautet $\Delta J = 0, \pm 1$. Ein Raman-Spektrum eines echten sphärischen Kreiselmoleküls ist ebenfalls nicht möglich.

Asymmetrische Kreiselmoleküle mit drei verschieden großen Hauptträgheitsmomenten sind die meisten mehratomigen Moleküle, z. B. H_2O, C_2H_4. Sie haben höchstens zweizählige Drehachsen. Rotationsenergie und Spektrum dieser Moleküle sind nicht mehr in geschlossener Form darstellbar.

Rotations-Raman-Spektren sind von allen asymmetrischen Kreiselmolekülen möglich. Infrarotspektren nur von solchen mit permanentem Dipolmoment. Die Spektren haben keine einfache, nahezu äquidistante Anordnung der Linien, sondern eine sehr komplizierte Struktur.

2) *Schwingungsspektren.* Ein aus N Atomen bestehendes Molekül hat allgemein $3N-6$, ein lineares Molekül wegen der fehlenden Rotation um die Molekülachse nur $3N-5$ Schwingungsfreiheitsgrade (→ Freiheitsgrad). Das entspricht genau der Zahl der möglichen Normal- oder Eigenschwingungen eines Moleküls (Abb. 1).

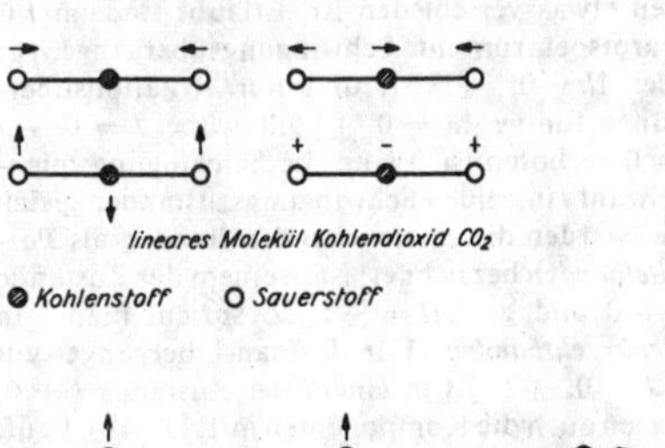

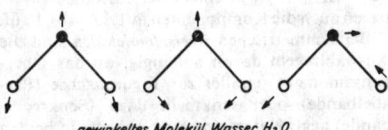

1 Normalschwingungen eines linearen und eines gewinkelten XY_2-Moleküls

Bei einer solchen Normalschwingung führen alle Atome im Molekül eine einfache harmonische Bewegung mit derselben Frequenz aus. Alle im Molekül auftretenden Schwingungen können als eine Superposition von Normalschwingungen angesehen werden. Bezüglich der Schwingungsformen ist eine einfache Unterteilung in *Valenzschwingungen* (engl. stretching vibrations) und *Deformations-* oder *Knickschwingungen* (engl. bending vibrations) möglich (Abb. 2). Bei den Valenzschwingungen bewegen sich die Atome in Valenzrichtung, was zu einer Atomabstandsänderung führt. Bei den Deformationsschwingungen wird der Valenzwinkel geändert, während die Atomabstände der unmittelbaren Bindungspartner konstant bleiben. In Ringverbindungen tritt eine völlig symmetrische Valenzschwingung auf, die in einem periodischen Dehnen und Schrumpfen aller Ringvalenzen („Atmen") besteht und deshalb engl. als breathing vibration bezeichnet wird.

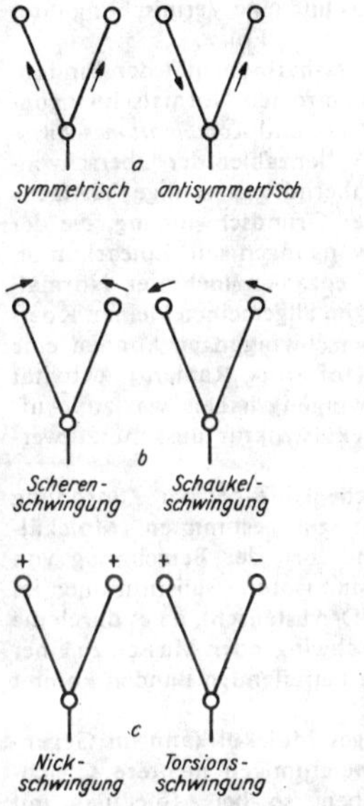

2 Mögliche Schwingungsformen: *a* Valenzschwingungen, *b* Deformationsschwingungen in der Ebene, *c* Deformationsschwingungen aus der Ebene heraus

Die Schwingungsfrequenzen sind durch die Bindungskräfte zwischen den einzelnen Atomen festgelegt. Charakterisiert werden diese Bindungskräfte durch die Kraftkonstanten (→ Spektren zweiatomiger Moleküle). Ihre experimentelle Bestimmung ist eines der Hauptanliegen der Infrarot- und Raman-Spektroskopie. Die Kraftkonstanten und damit auch die Valenzschwingungsfrequenzen charakteristischer Bindungen, z. B. ≡C–H, =C=O und =C=S, unterscheiden sich in verschiedenen Molekülen nur wenig voneinander. Deshalb werden sie als charakteristische Gruppen- oder Schlüsselfrequenzen bezeichnet. Sie sind tabelliert und stellen eine wesentliche Hilfe bei der Zuordnung von Schwingungsbanden zu bestimmten Atomgruppierungen im Molekül dar.

Bei den Normalschwingungen wird zwischen symmetrischen und antisymmetrischen unterschieden, je nachdem, ob sie bezüglich einer gegebenen, durch die Molekülsymmetrie erlaubten Deckoperation ihr Vorzeichen beibehalten oder ändern. In Abhängigkeit von der jeweiligen Punktgruppe, zu der ein Molekül gehört, können stets nur ganz bestimmte Typen von Normalschwingungen auftreten. Sie werden als *Schwingungsklassen* oder *Schwingungsrassen* bezeichnet und sind tabelliert. Ihr spektrales Verhalten, d. h. insbesondere ihre Infrarotaktivität oder Raman-Aktivität, und auch die Anzahl der zu den einzelnen Rassen gehörenden Schwingungen werden ebenfalls durch die Molekülsymmetrie bestimmt.

Normalschwingungen heißen *entartet* oder *degeneriert*, wenn sie mit der gleichen Frequenz erfolgen. Die Anzahl der gleichfrequenten Schwingungen entspricht dem *Entartungsgrad*. Zusätzlich kann eine Entartung auftreten, wenn zwei Schwingungszustände, die zu verschiedenen Schwingungen oder Schwingungskombinationen gehören, zufällig dieselbe Energie haben. Eine solche als *Fermi-Resonanz* bezeichnete Entartung hat ein gegenseitiges Auseinanderrücken der Niveaus und eine Vermischung ihres Symmetrieverhaltens zur Folge.

Auf Grund der Anharmonizität der Bindungen treten außer den reinen Normalschwingungen zusätzliche *Ober-* und *Kombinationsschwingungen* auf. Die Wellenzahlen der Oberschwingungen sind annähernd ganzzahlige Vielfache der Wellenzahl der Grundschwingung, die der Kombinationsschwingungen sind Linearkombinationen der Wellenzahlen mehrerer Normalschwingungen mit im allgemeinen kleinen Koeffizienten. Die Oberschwingungen können eine andere spektrale (Infrarot-, Raman-) Aktivität als die Grundschwingung haben, was zur Aufklärung der Molekülstruktur ausgenutzt werden kann.

Eine beträchtliche Hilfe bei der Zuordnung einzelner Banden zu bestimmten Molekülschwingungen und bei der Berechnung von Kraftkonstanten sind isotope Substitutionen im Molekül (z. B. H/D-Austausch), da es durch die Veränderung der schwingenden Massen zu einer Lageänderung der betreffenden Banden kommt (→ Isotopieeffekte).

Ein mehratomiges Molekül kann im Gegensatz zu einem zweiatomigen mehrere Gleichgewichtslagen haben, so bei Molekülen mit mehreren isomeren Formen. Im allgemeinen haben die verschiedenen Gleichgewichtslagen unterschiedliche Energien. Gleiche Energien treten z. B. bei allen nichtebenen Molekülen mit zwei durch eine Inversion aller Atome am Molekülschwerpunkt ineinander überführbaren Formen auf. Das bekannteste Beispiel ist das Ammoniakmolekül NH_3, bei dem unter Annahme einer pyramidalen Struktur das Stickstoffatom an der Pyramidenspitze auf jeder Seite der durch die Wasserstoffatome gebildeten Grundfläche liegen kann. Keine dieser beiden Strukturen entspricht einem stationären Quantenzustand des Moleküls, vielmehr sind beide zu überlagern, was zu einer Aufspaltung jedes Niveaus, der *Inversionsaufspaltung* oder *Inversionsverdopplung* führt (Abb. 3). Die Frequenz des beim Übergang zwischen beiden Niveaus emittierten oder absorbierten Lichts kann als Frequenz einer Inversionsschwingung gedeutet werden. Auch Moleküle mit zwei oder mehreren gleichartigen, gegeneinander drehbaren Gruppen, z. B. Äthen $H_2C{=}CH_2$, haben energetisch gleichwertige Formen, die durch eine innere Rotation eines Molekülteils gegen den anderen ineinander überführt werden. Die drehbaren Gruppen können Torsionsschwingungen um jede der Gleichgewichtslagen ausführen; die zugehörigen Energieniveaus spalten ähnlich wie bei der Inversionsverdoppelung infolge Resonanz auf.

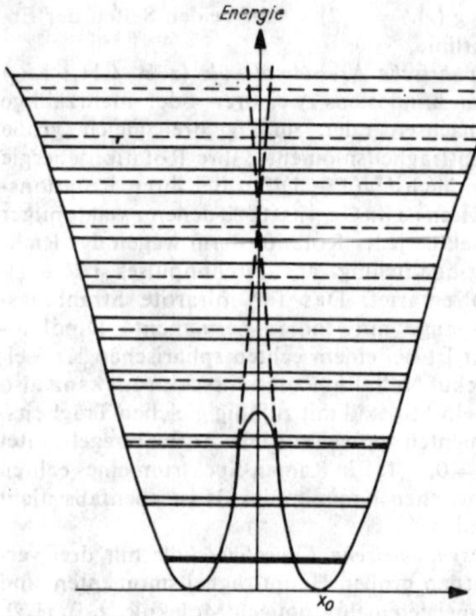

3 Potentialkurve eines pyramidalen XY_3-Moleküls mit Charakterisierung der Inversionsaufspaltung

3) *Rotationsschwingungsspektren.* Sie weisen bei den mehratomigen Molekülen eine relativ komplizierte Struktur auf, insbesondere kommt es durch die mit der Rotation verbundenen Corioliskräfte zu einer Kopplung einzelner Normalschwingungen (*Corioliseffekt*), was dazu führen kann, daß die Atome in mehr oder weniger exzentrischen elliptischen Bahnen schwingen. Das hierbei auftretende *Schwingungsdrehimpulsmoment* wird durch die Quantenzahl l charakterisiert.

In den Rotationsschwingungsniveaus *linearer Moleküle* tritt für jedes Schwingungsniveau eine ganze Folge von Rotationsniveaus auf, deren Abstand in den einzelnen Schwingungszuständen etwas verschieden ist. Erlaubt sind im Infrarotspektrum nur Schwingungsübergänge, für die $\Delta l = 0, \pm 1$ ist, und nur Rotationsübergänge, für die $\Delta J = 0, \pm 1$ gilt, wobei $J = 0 \to J = 0$ verboten ist. Wenn die Schwingungsquantenzahl l in beiden Schwingungszuständen gleich ist, werden die entsprechenden Banden als *Parallelbanden* bezeichnet; ist in einem der Zustände $l \neq 0$ und gilt $\Delta l = \pm 1$, so spricht man von *Senkrechtbanden.* Für Raman-Übergänge gilt $\Delta J = 0, \pm 2$; ist in einem der Zustände $l \neq 0$, treten auch die Komponenten mit $\Delta J = \pm 1$ auf.

Bei symmetrischen *Kreiselmolekülen* sind die Auswahlregeln davon abhängig, ob das Übergangsmoment parallel zur Figurenachse (Parallelbande) oder senkrecht dazu (Senkrechtbande) liegt. Hat es eine Komponente in beiden Richtungen, so gelten beide Auswahlregeln, und die Banden heißen *Misch-*, *Bastard-* oder *Hybridbanden.* Für Raman-Übergänge lauten die Auswahlregeln $\Delta K = 0, \pm 1, \pm 2$ und $\Delta J = 0, \pm 1, \pm 2$.

Für *Kugelkreiselmoleküle* lautet die Auswahlregel $\Delta J = 0, \pm 1$, wobei $J = 0 \to J = 0$ verboten ist. Bei *asymmetrischen Kreiselmolekülen* gibt es für jeden J-Wert $2J + 1$ verschiedene Energieniveaus, die in ihrer Lage für jeden Schwingungszustand etwas verschieden sind. Die Infrarot-Auswahlregel lautet $\Delta J = 0, \pm 1$. Je nachdem, ob die Richtung der Dipolmomentsänderung parallel zur Achse des kleinsten, mittleren oder größten Trägheitsmoments liegt, ergibt sich ein anderer Bandentyp. Für Raman-Übergänge gelten die Auswahlregeln $\Delta J = 0, \pm 1, \pm 2$.

Beeinflussen sich die Moleküle gegenseitig durch zwischenmolekulare Wechselwirkungen, so kommt es zunächst zu einer Verbreiterung der einzelnen Rotationslinien, z. B. bei realen Gasen, später zu einer zunehmenden Verwischung der Rotationsstruktur, die im flüssigen Zustand völlig fehlt. Im Gegensatz dazu ändert sich die Schwingungsstruktur beim Übergang vom Gas zur Flüssigkeit oder zum Festkörper nicht entscheidend. Meistens kommt es nur zu geringen Lageverschiebungen der Banden. Zusätzlich können jedoch durch die Bildung von Molekülaggregationen, z. B. Wasserstoffbrücken, neue Banden auftreten. Für Substanzen, in denen eine innere, behinderte Rotation möglich ist, vereinfacht sich das Spektrum beim Übergang von der Flüssigkeit zum festen Zustand oft entscheidend. Das ist darauf zurückzuführen, daß von den möglichen Rotationsisomeren im Kristall nur ein einziges vorliegt.

4) *Elektronenspektren.* In Absorption können diese Spektren sowohl im Vakuum-UV als auch im sichtbaren und nahen IR-Bereich auftreten. Sie bestehen im allgemeinen aus einer Reihe von Banden, die eine ausgeprägte Feinstruktur, Andeutung einer Feinstruktur oder völlige Strukturlosigkeit zeigen können (Abb. 4). Elektronenspektren in Emission sind – wenn überhaupt, dann bevorzugt durch Lichteinstrahlung

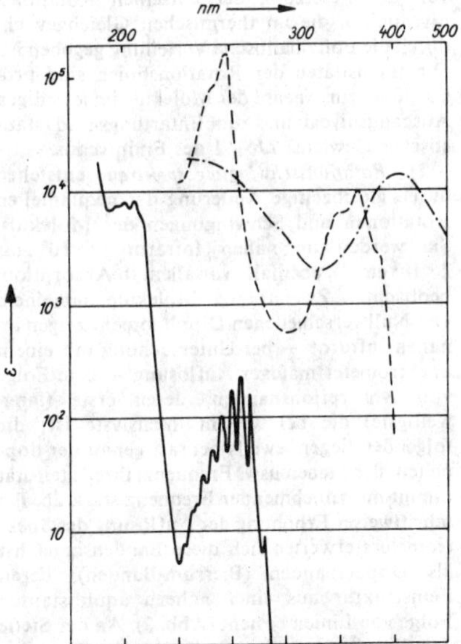

4 Elektronenabsorptionsspektren im UV/S-Spektralbereich

geeigneter Frequenzen – in Form einer Fluoreszenz- und/oder Phosphoreszenzbande zu beobachten.

Die Elektronenbanden mehratomiger Moleküle in Absorption entstehen analog den Elektronenspektren zweiatomiger Moleküle durch kombinierte Elektronenschwingungs- und Rotationsübergänge, ausgehend vom Elektronengrundzustand des Moleküls.

Für die strahlenden, d. h. mit Absorption oder Emission von elektromagnetischer Strahlung verbundenen Übergänge zwischen den Elektronenzuständen mehratomiger Moleküle gilt das ***Interkombinationsverbot***, das solche Übergänge zwischen Zuständen verschiedener Multiplizität, also z. B. zwischen Singulett- und Triplettzuständen, ausschließt. Ausgehend von einem Singulett-Grundzustand kann daher das Triplett-Termsystem nur indirekt durch strahlungslose Übergänge von primär angeregten Singulett-Anregungszuständen aus angeregt werden.

Das Interkombinationsverbot gilt streng nur, solange die Spin-Bahn-Wechselwirkung vernachlässigbar ist. Schwere Atome im Molekül (oder auch in der Umgebung, z. B. halogenierte Lösungsmittel) führen zu einer geringen Mischung von Zuständen mit verschiedener Spinquantenzahl S und damit zur Lockerung des Interkombinationsverbots. Darauf beruht das Auftreten von verzögerten Emissionen aus metastabilen Zuständen; diese Erscheinung wird als Phosphoreszenz beobachtet.

Auswahlregeln für die reinen Elektronenübergänge können bei Elektronen-Schwingungsübergängen ihre strenge Gültigkeit verlieren. Dabei können verbotene reine Elektronenübergänge erlaubt oder erlaubte verboten werden. Die möglichen Änderungen des Schwingungszustandes eines mehratomigen Moleküls bei Elektronenübergängen werden durch Symmetrieüberlegungen eingeschränkt.

Ist z. B. die Kernsymmetrie eines mehratomigen Moleküls im Grund- und angeregten Elektronenzustand identisch, dann können bei einem solchen Elektronenübergang nur Schwingungen angeregt werden, die im Grund- und Anregungszustand die gleiche Symmetrie haben. Bei unterschiedlicher Kernsymmetrie in den Elektronenzuständen können solche Schwingungen angeregt werden, die gemeinsame Symmetrieelemente mit beiden Elektronenzuständen haben.

Eine weitgehende Auflösung der Schwingungsstruktur ist im allgemeinen nur in den Spektren gasförmiger Stoffe oder in den Tieftemperaturspektren der Molekülkristalle möglich. Die Schwingungsstruktur kann verwischt werden, wenn eine intramolekulare Abführung der Anregungsenergie, z. B. durch Prädissoziation oder Anregung von Torsionsschwingungen, möglich ist. Intermolekulare Beeinflussungen der Schwingungsstruktur basieren z. B. auf dem Auftreten neuer Schwingungen, die z. B. mit einer Solvatation verknüpft sind.

Lichtemission (→ Lumineszenz) mehratomiger Moleküle tritt, wenn überhaupt, dann im allgemeinen nur aus dem energetisch niedrigsten Singulett- bzw. Triplettanregungszustand auf. Die Desaktivierung höherer Elektronenanregungszustände erfolgt – wenn keine Dissoziation auftritt – im wesentlichen durch intramolekulare Umsetzung in Schwingungsenergie bzw. intermolekulare Energieüberführung. Die Zeiten für die Desaktivierung höherer Anregungszustände liegen bei etwa 10^{-13} s.

Lit. Brügel: Einführung in die Ultrarotspektroskopie (4. Aufl. Darmstadt 1969); Grimsehl: Lehrbuch der Physik Bd 4 (15. Aufl. Leipzig 1968).

Spektren zweiatomiger Moleküle, Molekülspektren, die sich vom fernen Ultrarot bis zum ultravioletten Spektralbereich erstrecken und durch Rotations-, Schwingungs- und Elektronenübergänge sowie deren Kombination entstehen. Man unterscheidet danach Rotations-, Rotationsschwingungs- und Elektronenspektren.

1) *Rotationsspektren* entstehen durch alleinige Änderung der gequantelten Rotationen des Moleküls. Die Untersuchung dieser Spektren erfolgt im fernen (noch mit optischen Methoden zugänglichen) Ultrarot (10 bis 200 cm^{-1}) fast ausschließlich in Absorption (→ Ultrarotspektroskopie, → Mikrowellen-Gasspektroskopie). Diese Absorptionsspektren polarer zweiatomiger Moleküle zeigen eine einfache Struktur: eine nahezu äquidistante Folge von Linien, deren Frequenzdifferenz mit abnehmender Frequenz minimal zunimmt. Solche Spektren sind besonders von den Halogenwasserstoffmolekülen bekannt. Häufig beginnen die *Linienserien* bereits im Mikrowellengebiet; je schwerer die Moleküle, desto weiter verschieben sich die Linien nach größeren Wellenlängen.

Unpolare zweiatomige Moleküle, z. B. Wasserstoff, Stickstoff oder Sauerstoff, zeigen keine Absorption im fernen Infrarot bzw. dem angrenzenden längerwelligen Spektralbereich.

Die Rotationsspektren entstehen durch Strahlungsübergänge zwischen verschiedenen Rotationszuständen des Moleküls, die Rotationen erfolgen um Achsen senkrecht zur Molekülachse. Die Quantisierung der Rotationsenergie

$$E_{rot} = \frac{J_{rot}^2}{2\theta} = \frac{\hbar^2}{2\theta} J(J+1)$$

folgt direkt aus der üblichen Quantisierung des Drehimpulsquadrats. Dabei ist θ das Trägheitsmoment des Moleküls, das sich demnach aus den Rotationsspektren bestimmen läßt, $J = 0, 1, 2, \ldots$ die Rotationsquantenzahl.

Abb. 1 zeigt schematisch eine Folge von Energieniveaus eines *starren Rotators*, d. i. ein Molekül, dessen Atome keine Schwingungen ausführen.

Übergänge von tieferliegenden zu höheren Energieniveaus treten nur dann auf, wenn das Molekül ein elektrisches Dipolmoment hat, es gilt dann die Auswahlregel $\Delta J = \pm 1$. Im Unterschied hierzu gilt für das Rotations-Raman-Spektrum (→ *Raman-Effekt*) $\Delta J = 0, \pm 2$.

Im Energieniveauschema der Abb. 1 sind die möglichen Absorptionsübergänge eingezeichnet. Das resultierende Spektrum besteht aus einer äquidistanten Folge von Linien mit der Wellenzahldifferenz $\hbar/2\pi c\theta$. Die Frequenz des Übergangs von J nach $J + 1$ folgt aus $hf = \Delta E_{rot} = \frac{\hbar^2}{2\theta} \cdot 2(J+1)$, benachbarte Linien haben also eine konstante Frequenz- oder Wellenzahldifferenz.

Das Molekülmodell des starren Rotators mit festem Trägheitsmoment vernachlässigt die bei zunehmender Rotationsenergie infolge der Zen-

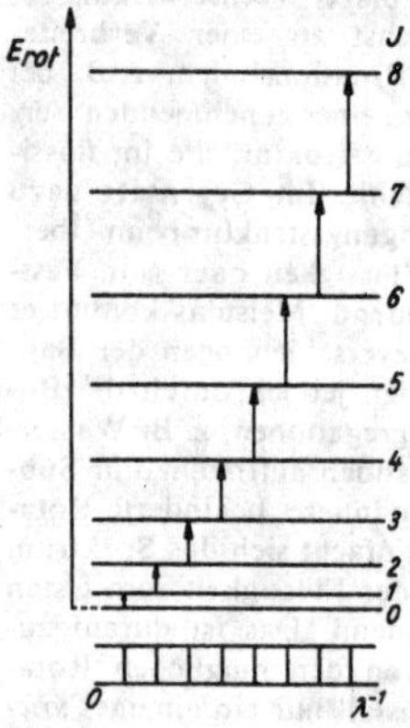

1 Energieniveauschema, Übergänge und schematisches Spektrum des starren Rotators. *J* Rotationsquantenzahl ($J = 0, 1, 2 \ldots$)

trifugalkraft auftretende Vergrößerung des Kernabstandes. Im verfeinerten Modell eines nichtstarren Rotators erhält die Rotationsenergie ein zu $[J(J+1)]^2$ proportionales kleines Korrekturglied, mit dem auch die Feinheiten des beobachteten Spektrums theoretisch erklärt werden. Die Spektrallinien rücken mit wachsendem J etwas zusammen.

Wie viele Linien einer Rotationsserie beobachtbar sind und mit welcher Intensität, hängt von der Besetzung der einzelnen Rotationsniveaus ab, die im thermischen Gleichgewicht durch die Boltzmannsche Verteilung gegeben ist. Die Intensitäten der Rotationslinien sind proportional zur Anzahl der Moleküle im jeweiligen Ausgangsniveau und zum Entartungsgrad (statistisches Gewicht) $2J + 1$ des Endniveaus.

2) *Rotationsschwingungsspektren* entstehen durch gleichzeitige Änderung der gequantelten Rotationen und Schwingungen des Moleküls. Sie werden im nahen Infrarot ($2 \cdot 10^2$ bis $2 \cdot 10^4$ cm^{-1}), ebenfalls vor allem in Absorption, beobachtet. Zweiatomige Moleküle mit einem von Null verschiedenen Dipolmoment zeigen im nahen Infrarot – bei Untersuchung mit einem Spektrometer mäßiger Auflösung – eine Folge von Absorptionsbanden, deren erste (langwelligste) die bei weitem intensivste ist; die folgenden liegen jeweils bei fast genau der doppelten, dreifachen usw. Frequenz, ihre Intensität nimmt mit zunehmender Frequenz stark ab. Bei schrittweiser Erhöhung der Auflösung des Spektrometers erweisen sich diese Banden zunächst als Doppelbanden (Bjerrum-Banden), deren Feinstruktur aus einer nahezu äquidistanten Folge von Linien besteht (Abb. 2). An der Stelle der Einsattelung der Doppelbande fällt eine Linie aus (Nullücke). Eine einfache Erfassung der Wellenzahlen der Linienfolge gestattet die *Deslandres-Formel* $\lambda^{-1} = c + dm + em^2$. Hierbei stellen c, d und e Konstanten dar und m ist eine Laufzahl. Ordnet man der Nullücke $m = 0$ zu, so haben alle langwelligen Linien ein $m < 0$, dieser Teil wird als *P*-Zweig bezeichnet. Der kurzwelligere Teil der Doppelbanden entspricht

$m > 0$ und heißt R-Zweig. Die graphische Darstellung der Deslandres-Formel ergibt eine Parabel, die als *Fortrat-Parabel* bezeichnet wird.

Unpolare zweiatomige Moleküle zeigen – ebenso wie im fernen Infrarot – auch im nahen Infrarot keine Absorption.

Die Grobstruktur des Spektrums mit einer intensiven Bande und schwächeren Banden bei Vielfachen der Frequenz der ersten entsteht durch Schwingungsübergänge. In einfachster Näherung bilden die gegeneinander schwingenden Atome des Moleküls einen harmonischen Oszillator, dessen äquidistante, diskrete Energieniveaus durch $E_{Osz} = hf_0(v + {}^1/_2)$ gegeben sind. Hierbei ist $v = 0, 1, 2, \ldots$ die Schwingungsquantenzahl, $f_0 = \frac{1}{2\pi}\sqrt{\frac{k}{\mu}}$ die klassische Schwingungsfrequenz oder Eigenfrequenz des harmonischen Oszillators, μ die reduzierte Masse beider Atome und k die Kraftkonstante, die gemäß $E_{pot} = (k/2)(R - R_0)^2$ den Verlauf der gegenseitigen potentiellen Energie als Funktion der Abweichung $R - R_0$ zwischen Kernabstand und Gleichgewichtsabstand bestimmt.

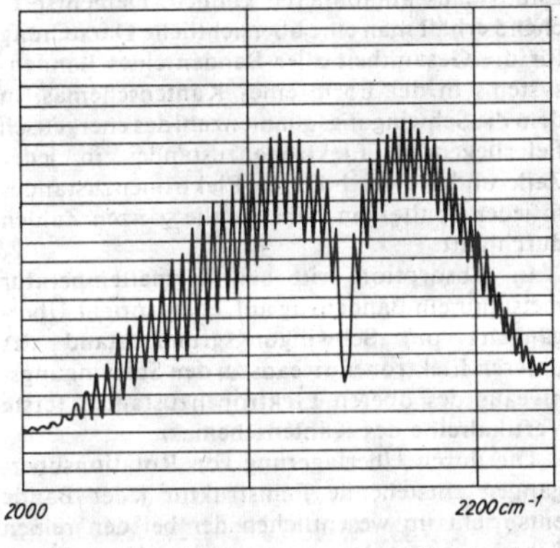

2 Rotationsschwingungsbande (Doppelbande, Bjerrum-Bande) des Kohlenmonoxidmoleküls

Für Strahlungsübergänge zwischen Oszillatorniveaus gilt die Auswahlregel $|\Delta v| = 1$, also $\Delta v = +1$ für Absorption und $\Delta v = -1$ für Emission. In beiden Fällen stimmt die Spektralfrequenz mit der Schwingungsfrequenz f_0 des Oszillators überein. Diese Einschränkung auf eine einzige Frequenz entspricht dem völligen Fehlen von Oberschwingungen bei der klassischen Bewegung. Bereits mit dem groben Modell des harmonischen Oszillators kann aus der nahen IR-Hauptbande die Schwingungsfrequenz f_0 und damit die Kraftkonstante k der Molekülbindung bestimmt werden. Die Schwingungsfrequenzen liegen in der Größenordnung von $10^{13}\,s^{-1}$.

Das Modell des harmonischen Oszillators mit einem parabelförmigen Potentialverlauf berücksichtigt nicht die Dissoziation, d. h. die Spaltung des Moleküls bei hoher Schwingungsanregung. Abb. 3 zeigt die wirkliche Potentialkurve mit horizontaler Asymptote für große Kernabstände. Die Energieniveaus des anharmonischen Oszillators sind nicht mehr äquidistant, sondern rücken mit zunehmender Schwingungsquantenzahl zusammen und konvergieren gegen die Dissoziationsenergie des Moleküls, die auf diese Weise aus den Spektren bestimmt werden kann.

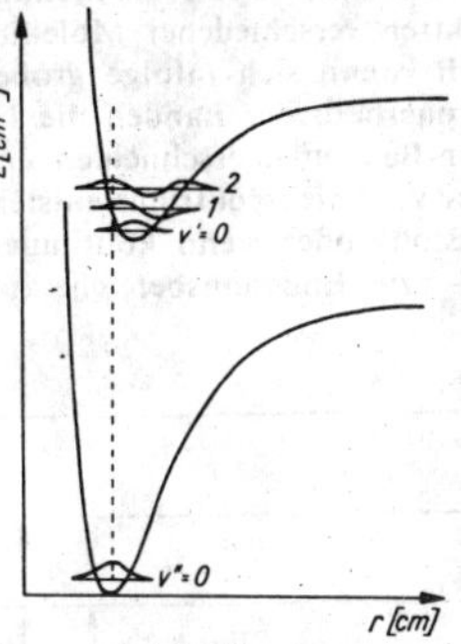

3 Potentialkurven zweier Elektronenzustände mit einigen Schwingungsniveaus und -eigenfunktionen (zur Demonstration des Franck-Condon-Prinzips). v'', v' Schwingungsquantenzahlen im unteren bzw. oberen Elektronenzustand

Die Auswahlregeln des anharmonischen Oszillators erlauben neben $\Delta v = +1$ auch Absorptionsübergänge mit $\Delta v = +2, +3, \ldots$, jedoch mit rasch abnehmender Intensität. Ausgehend vom Schwingungszustand $v = 0$ entsteht so eine Folge von Absorptionslinien mit rasch abnehmender Intensität und leichter Abweichung von der Äquidistanz in Übereinstimmung mit dem Experiment.

Durch die gleichzeitige Anregung von Schwingungen und Rotationen des Moleküls entsteht eine Feinstruktur der Energieniveaus und der entsprechenden Spektrallinien. Die Rotationsenergien sind etwa um zwei Größenordnungen kleiner als die Schwingungsenergien, die Frequenzen der Schwingungen sind also etwa 100mal so groß wie die der Rotationen. Das erklärt die Bandenstruktur der Rotationsschwingungsspektren bei mäßiger Auflösung, jede Bande entspricht einem bestimmten Schwingungsübergang. Für die genauere quantitative Deutung der Spektren ist die Wechselwirkung von Rotations- und Schwingungsfreiheitsgraden zu berücksichtigen. Diese beruht auf der Abhängigkeit des über die Schwingungsbewegung gemittelten Kernabstands und damit des Trägheitsmoments von der Amplitude der anharmonischen Schwingungen, also von der Schwingungsquantenzahl v. Für die kombinierten Rotationsschwingungsübergänge gelten unverändert die Auswahlregeln $\Delta v = +1, +2, +3, \ldots$ (positives Vorzeichen für Absorption) und $\Delta J = \pm 1$, wobei durch die Kombination mit Schwingungsübergängen beide Fälle ± 1 sowohl in Emission wie in Absorption realisiert werden können (Abb. 4).

Der R-Zweig einer Bande enthält die Übergänge mit $\Delta J = +1$, der P-Zweig die mit $\Delta J = -1$. Die Nullücke entspricht dem Verbot von Übergängen mit $\Delta J = 0$.

3) *Elektronenspektren* entstehen durch Änderung der elektronischen Struktur. Sie werden im sichtbaren und ultravioletten Spektralbereich (UV/S-Bereich 10^4 bis $10^5\,cm^{-1}$) beobachtet, und zwar sowohl in Absorption als auch in Emission (elektrische Entladungen, Flammen, Fluoreszenz).

Charakteristisch für die Spektren zweiatomiger Moleküle im UV/S-Bereich ist eine dreifache

Mannigfaltigkeit: Eine Anzahl von Bandenzügen, jeder der Bandenzüge besteht aus einer Folge von Banden (Grobstruktur) und jede dieser Banden ist wieder auflösbar in eine Vielzahl von Linien (Feinstruktur). Diese Dreiteilung kann in den Spektren verschiedener Moleküle verdeckt sein, z. B. wenn sich infolge großen Linienabstandes innerhalb der Banden die Linien verschiedener Banden überschneiden und der Eindruck eines Viellinienspektrums entsteht (z. B. bei Wasserstoff) oder wenn kontinuierliche Absorptions- bzw. Emissionsbereiche auftreten.

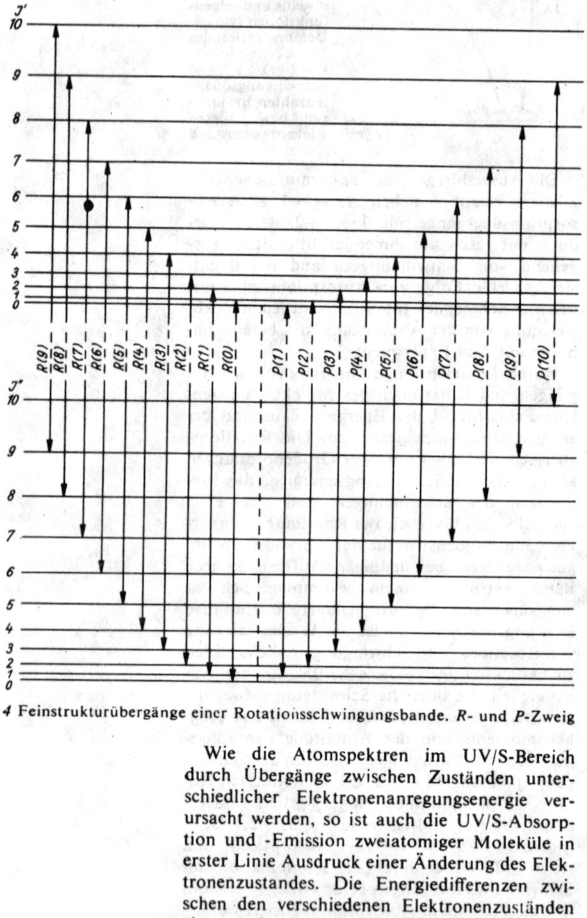

4 Feinstrukturübergänge einer Rotationsschwingungsbande. *R*- und *P*-Zweig

Wie die Atomspektren im UV/S-Bereich durch Übergänge zwischen Zuständen unterschiedlicher Elektronenanregungsenergie verursacht werden, so ist auch die UV/S-Absorption und -Emission zweiatomiger Moleküle in erster Linie Ausdruck einer Änderung des Elektronenzustandes. Die Energiedifferenzen zwischen den verschiedenen Elektronenzuständen eines zweiatomigen Moleküls liegen in der gleichen Größenordnung wie bei den Atomen. In jedem dieser Zustände ist die Elektronenenergie noch in charakteristischer Weise vom Kernabstand abhängig; dies wird durch die zugehörigen Potentialkurven beschrieben. Die Energie eines Moleküls setzt sich zusammen aus der „inneren" Elektronenenergie E_e (Energiewert des Potentialminimums), der Schwingungsenergie E_v und der Rotationsenergie E_r gemäß $E = E_e + E_v + E_r$. Das Termschema zweiatomiger Moleküle zeigt somit eine Dreiteilung derart, daß die Grobstruktur durch die verschiedenen Elektronenzustände bestimmt wird, jeder Elektronenzustand fächert auf in eine Reihe von Schwingungszuständen, und jeder Schwingungszustand zeigt seinerseits wieder eine Unterteilung in verschiedene mögliche Rotationszustände. Diese Struktur des Energieniveauschemas erklärt sofort die dreifache Mannigfaltigkeit der Spektren: Beim Übergang zwischen zwei Elektronenzuständen gäbe eine alleinige Änderung von E_e Anlaß zur Absorption oder Emission einer Linie. Die gleichzeitig mit dem Elektronenübergang möglichen Änderungen der Schwingungsenergie E_v bewirken, daß anstelle einer Linie ein Liniensystem auftreten würde. Der dritte Energieanteil von den zusätzlich möglichen Änderungen des Rotationszustandes wandelt jede Linie des (Elektronen-Schwingungs-) Liniensystems in eine Bande mit der experimentell beobachteten Feinstruktur um, d. h. durch den Rotationsanteil werden aus den Liniensystemen die Bandensysteme.

Die Schwingungsbanden eines Bandenzuges sind zahlreicher als bei den reinen Schwingungsspektren, da sowohl in Emission als auch in Absorption alle Schwingungsquantenzahlen v' des Ausgangselektronenzustands mit allen v'' des Endniveaus kombinieren können. Dementsprechend erhält man eine übersichtliche Darstellung für die Gesamtheit aller Banden eines Bandensystems in der Form eines Kantenschemas, in dem die Schwingungsquantenzahl des energetisch tieferliegenden Elektronenzustandes in jeder Zeile und die des höheren Elektronenzustandes in jeder Spalte von Null an alle ganzen Zahlen durchläuft.

In Absorption tritt bei Normaltemperatur meist nur ein Bandenzug auf, er entspricht Übergängen vom Schwingungsgrundzustand des unteren Elektronenniveaus zu den Schwingungsniveaus des oberen Elektronenzustandes (erste Vertikalreihe des Kantenschemas).

Die durch Überlagerung von Rotationsübergängen entstehende Feinstruktur jeder Bande entspricht im wesentlichen der bei den reinen Schwingungsspektren, sofern es sich um Übergänge im Σ-Termsystem handelt (Symbolerklärung → Elektronenzustände zweiatomiger Moleküle). Jedoch können die Abweichungen von der Äquidistanz der Linien beträchtlicher werden, da die kombinierenden Rotationsniveaus zu verschiedenen Elektronenzuständen gehören. Dementsprechend sind im UV/S-Bereich häufig Bandenkanten zu beobachten, d. h. auf einer Seite der Banden ein plötzlicher Intensitätsabfall auf Null, während auf der anderen Seite die Intensität mehr oder weniger langsam abnimmt (Abschattierung). Die Bandenkanten entsprechen den Scheiteln der zugehörigen Fortrat-Parabeln, in der Nähe des Parabelscheitels rücken die Rotationslinien zusammen. Im Unterschied zur Feinstruktur der IR-Schwingungsbanden kann bei den UV/S-Schwingungsbanden ein dritter Zweig, der *Q-Zweig*, auftreten und eine zweite Bandenkante verursachen, sofern für wenigstens einen der beiden kombinierenden Elektronenzustände $\Lambda \neq 0$ ist. Die Feinstruktur wird in diesen Fällen bestimmt durch die Art der Kopplung der molekularen Drehimpulse (Bahn, Spin und Rotation) zu einem Gesamtdrehimpuls (verschiedene Hundsche Kopplungsfälle).

Für die reinen Elektronenübergänge, also für Übergänge zwischen den Schwingungs- und Rotationsgrundzuständen $v = 0$ und $J = 0$ verschiedener Elektronenzustände, gelten folgende Auswahlregeln: $\Delta S = 0$; $\Delta \Lambda = 0, \pm 1$; $\Delta M_s = 0$; $\Sigma^+ \leftrightarrow \Sigma^+$, $\Sigma^- \leftrightarrow \Sigma^-$, $\Sigma^+ \nleftrightarrow \Sigma^-$ (Erklärung der Symbole → Elektronenzustände zweiatomiger Moleküle). Die Auswahlregeln behalten auch bei den folgenden Erweiterungen ihre Gültigkeit, solange die entsprechende Quantenzahl bzw. Symmetrieeigenschaft noch ihren Sinn behält.

$\Delta S = 0$ formuliert das *Interkombinationsverbot*, das Übergänge zwischen verschiedenen Termsystemen, also z. B. zwischen Singulett- und Triplett- bzw. Dublett- und Oktettsystemen ausschließt. Es verliert mit wachsender Kernladungszahl der Molekülbestandteile infolge zunehmender *Spin-Bahn-Wechselwirkung* seine strenge Gültigkeit (Schweratomeffekt bei mehratomigen Molekülen). $\Delta \Lambda = 0, \pm 1$ erlaubt z. B. Übergänge $\Sigma \leftrightarrow \Sigma$, $\Pi \leftrightarrow \Pi$, $\Sigma \leftrightarrow \Pi$, verbietet hingegen Übergänge zwischen Σ und Δ bzw. Π und Φ usw. $\Delta M_s = 0$ liefert die weitere Spezialisierung, z. B. ${}^3\Pi_2 \leftrightarrow {}^3\Delta_3$ oder ${}^3\Pi_2 \leftrightarrow {}^3\Pi_2$, aber ${}^3\Pi_2 \nleftrightarrow {}^3\Pi_1$. Die Gültigkeit dieser Auswahlregeln wird ebenso wie die von $\Delta S = 0$ bei schwereren Molekülen eingeschränkt. In diesem Falle tritt die Auswahlregel $\Delta \Omega = 0, \pm 1$ an die Stelle von $\Delta M_s = 0$. Die formulierten Auswahlregeln liefern bei bekanntem Termschema eines zweiatomigen Moleküls die erlaubten „reinen" Elektronenübergänge.

Bei den durch Kopplung von Elektronen und Schwingungsübergängen entstehenden *Elektronenschwingungsspektren* gibt es keine strengen Auswahlregeln für die Änderung der Schwingungsquantenzahl. Im Prinzip kann jeder Schwingungszustand des einen Elektronenzustandes mit jedem Schwingungszustand des anderen Elektronenzustandes kombinieren.

Die Intensitätsverteilung in den Elektronenschwingungsspektren wird qualitativ durch das *Franck-Condon-Prinzip* erklärt. Danach erfolgt die Änderung der Elektronenverteilung beim Übergang zwischen zwei Elektronenzuständen so rasch, daß der Kernabstand für die Zeitdauer des Elektronensprungs als konstant angesehen werden kann. Im Potentialkurvendiagramm (Abb. 3) der beiden miteinander kombinierenden Elektronenzustände wird daher der Elektronensprung durch einen senkrechten Übergang vom Ausgangs-Elektronen-Schwingungsniveau nach oben (Absorption) bzw. unten (Emission) charakterisiert, zu dem so erreichten Schwingungsniveau des Endzustands erfolgt der Übergang mit der größten Intensität. Diese Regel wird durch die präzisere quantenmechanische Formulierung bestätigt, bei der die Übergangswahrscheinlichkeit durch das Absolutquadrat des Überlappungsintegrals der beiden miteinander kombinierenden Schwingungseigenfunktionen des anharmonischen Oszillators bestimmt wird. Das Franck-Condon-Prinzip gestattet, aus den gemessenen Intensitätsverteilungen im Kantenschema wichtige Aufschlüsse über die relative Lage und Form der Potentialkurven der beiden kombinierenden Elektronenterme und damit z. B. über den Einfluß der Elektronenanregung auf die Bindungsverhältnisse zu gewinnen. Bei Emissionsprozessen aus einem angeregten Schwingungsniveau können zwei etwa gleich intensive Übergänge auftreten (Abb. 5). Sind einige Ausgangsniveaus etwa gleich stark besetzt, dann liegen im Kantenschema der Emission die intensivsten Banden auf einer parabelartigen Verbindungslinie mit der Hauptdiagonalen als Achse, der *Condon-Parabel*. Condon-Parabeln können auch in Absorption erscheinen, sofern durch entsprechende Temperaturen eine ausreichende Besetzung höherer Schwingungsniveaus gewährleistet ist. Für die Auswahlregeln der mit Elektronen- und Schwingungsübergängen gekoppelten Rotationsübergänge sind die Symmetrieeigenschaften in den beteiligten Niveaus wesentlich. Bleibt bei Spiegelung am Koordinatenursprung die Gesamteigenfunktion $\psi_e \psi_v \psi_r$ unverändert, so ist der zugehörige Rotationsterm definitionsgemäß positiv; bei Vorzeichenwechsel der Gesamtfunktion ist der Rotationsterm negativ. Die Auswahlregel lautet $+ \leftrightarrow -$, $+ \nleftrightarrow +$, $- \nleftrightarrow -$. Die Rotationseigenfunktionen sind für gerades J bei Spiegelung unverändert, bei ungeradem J ändert die Spiegelung das Vorzeichen. Die Schwingungseigenfunktion bleibt bei der Spiegelung immer unverändert. Somit sind für Elektronenzustände, in denen ψ_e bei Spiegelung unverändert bleibt, die Rotationsterme für gerades J positiv (z. B. für Σ^+). Ändert ψ_e bei Spiegelung sein Vorzeichen, dann sind die ungeraden J-Terme positiv. Diese Symmetrieauswahlregel führt für Moleküle mit gleichen Kernen zu einer weiteren wichtigen Aussage: Bei diesen Molekülen wird ein bestimmter Zustand als symmetrisch bzw. antisymmetrisch in den Kernen bezeichnet, wenn die Gesamteigenfunktion bei Vertauschung der Kerne ungeändert bleibt bzw. ihr Vorzeichen wechselt. In einem bestimmten Elektronenzustand sind jeweils nur die positiven Rotationsterme symmetrisch und die negativen antisymmetrisch oder umgekehrt. Da nun einerseits ein strenges Interkombinationsverbot symm. $\nleftrightarrow$ antisymm. besteht, andererseits es die Auswahlregel für die positiven und negativen Terme gibt, so folgt, daß Moleküle mit gleichen Kernen kein Rotations- bzw. kein Rotationsschwingungsspektrum zeigen.

Für Raman-Übergänge gilt die Auswahlregel $+ \leftrightarrow +$, $- \nleftrightarrow -$, $+ \nleftrightarrow -$; diese Übergänge fallen somit nicht unter das Interkombinationsverbot.

Eine Lockerung des Interkombinationsverbotes ist unter dem Einfluß des Kernspins I möglich, nur dadurch können überhaupt beide Termsysteme (symmetrisches und antisymmetrisches) auftreten, allerdings mit unterschiedlichem statistischem Gewicht. Das statistische Gewicht wird bestimmt durch den resultierenden Kernspin T des Moleküls im symmetrischen bzw. antisymmetrischen Zustand, es ist gleich $2T + 1$. T selbst kann die Werte $2I, 2I - 1, \ldots, 0$ annehmen. Generell treten entweder die symmetrischen Rotationsterme nur mit geraden T-Werten und die antisymmetrischen mit ungeraden T-Werten oder umgekehrt auf. Getrennte Summation der statistischen Gewichte für die geradzahligen und die ungeradzahligen T-Werte führt auf ein Verhältnis von $R = (I + 1)/I$. Durch R wird somit auch das Intensitätsver-

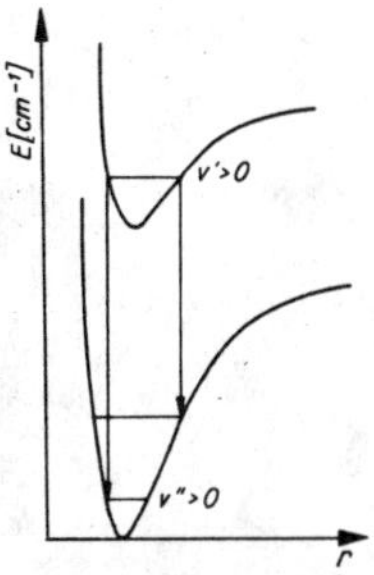

5 Zur Intensitätsverteilung in Emission nach dem Franck-Condon-Prinzip. v'', v' Schwingungsquantenzahlen im unteren bzw. oberen Elektronenzustand

hältnis von symm. ↔ symm. Übergängen zu antisymm. ↔ antisymm. Übergängen (bzw. umgekehrt) im Raman- bzw. Elektronenbandenspektrum geschrieben. *Beispiel*: H_2-Molekül, $I = 1/2$, $T = 1$ bzw. 0, die statistischen Gewichte 3 bzw. 1 gehören zu den antisymmetrischen bzw. symmetrischen Rotationszuständen, im Raman-Spektrum tritt z. B. ein Intensitätswechsel im Verhältnis $R = 3/1$ auf. H_2 im antisymmetrischen Rotationszustand wird als *Ortho-Modifikation* bezeichnet (ortho ist generell die Modifikation mit dem größeren statistischen Gewicht), die *Para-Modifikation* von H_2 ist durch symmetrische Rotationszustände charakterisiert.

Bei homonuklearen Molekülen mit $I = 0$ fällt jede zweite Linie aus (z. B. bei O_2).

Spektrograph, ein Spektralapparat, bei dem das beobachtete Spektrum photographiert wird. Nach dem verwendeten Dispersionsmittel unterscheidet man Prismenspektrographen und Gitterspektrographen.

1) *Prismenspektrograph.* Das zu untersuchende Licht beleuchtet einen schmalen Eintrittsspalt. Das von diesem Spalt ausgehende Licht wird von einem Kollimator parallelgerichtet und durchsetzt ein → Dispersionsprisma (Abb. 1). Dieses

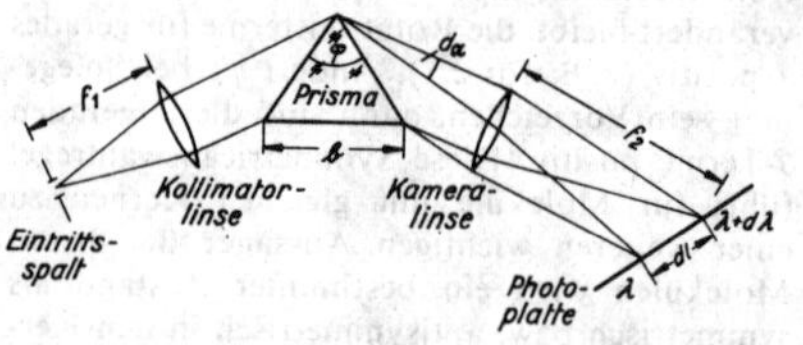

1 Prismenspektrograph

bewirkt eine wellenlängenunabhängige Ablenkung der parallelen Lichtbündel. Die Kameralinse des S.en fokussiert die abgelenkten Parallelstrahlenbündel auf eine Photoplatte. Somit entsteht auf dieser für jede im Licht enthaltene Wellenlänge ein gesondertes Bild des Eintrittsspaltes. Bei bekannter Eichung des Gerätes kann aus der Lage der Linien (Spaltbilder) auf die im Licht enthaltenen Wellenlängen geschlossen werden. Die Änderung des Ablenkungswinkels $d\alpha$ mit der Wellenlängenänderung $d\lambda$ wird durch die *Winkeldispersion* $\frac{d\alpha}{d\lambda}$ beschrieben: $\frac{d\alpha}{d\lambda} = \frac{2 \sin \varphi/2}{(1 - n^2 \sin^2 \varphi/2)^{1/2}} \cdot \frac{dn}{d\lambda}$; $\frac{dn}{d\lambda}$ = Materialdispersion, φ = Prismenwinkel. Die Lineardispersion $\frac{dl}{d\lambda}$ bestimmt den Abstand dl zweier Linien auf der Photoplatte für eine vorgegebene Wellenlängenänderung: $\frac{dl}{d\lambda} = f_2 \frac{d\alpha}{d\lambda}$. Das Öffnungsverhältnis $\frac{D}{f}$ des S.en gibt ein Maß für die Lichtstärke des Gerätes.

Wesentlich für die Leistungsfähigkeit eines S.en ist sein *Auflösungsvermögen A*. Darunter wird das Verhältnis der Wellenlänge λ zur kleinsten noch trennbaren Wellenlängendifferenz $\Delta\lambda$ verstanden: $A = \lambda/\Delta\lambda$. Die theoretische Auflösungsgrenze ergibt sich aus der Beugung des Lichtes an der Prismenbegrenzung. Nach Rayleigh werden zwei eng benachbarte Spektrallinien noch als getrennt angesehen, wenn sich die Beugungsbilder des beliebig schmalen Eintrittsspaltes für die beiden Wellenlängen so überdecken, daß das Maximum der einen Linie in das erste Beugungsminimum der zweiten Linie fällt. Dieses *Rayleigh-Kriterium* führt zum Auflösungsvermögen $A = b \cdot \frac{dn}{d\lambda}$ (Abb. 2). b = Prismenbasis, $\frac{dn}{d\lambda}$ = Materialdispersion. Prak-

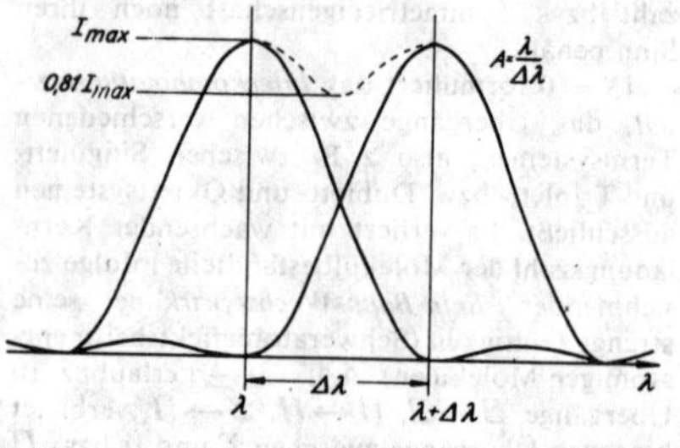

2 Auflösungskriterium nach Rayleigh

tisch wird diese Auflösungsgrenze nur selten erreicht. Der Intensitätsverlauf im Bild des Eintrittsspaltes des S.en wird als *Apparatefunktion* bezeichnet. Dieser Intensitätsverlauf hängt vom räumlichen *Kohärenzgrad* der Spaltbeleuchtung, von der Beugung an der Prismenbegrenzung, von der Spaltbreite, von den Abbildungseigenschaften des S.en und von den Eigenschaften des Prismas ab. Der Intensitätsverlauf variiert je nach Spaltbreite und den anderen Bedingungen zwischen einer Beugungsverteilung der Form $\frac{\sin^2 x}{x^2}$ und einem rechteckähnlichen Profil.

2) Der *Gitterspektrograph* enthält als Dispersionselement ein → Beugungsgitter. Es werden dabei fast nur „geblazte" Reflexionsgitter verwendet. Häufige Anwendung findet beim Gitterspektrographen die *Autokollimationsaufstellung*. Das Licht des Spaltes wird durch eine Linsen- oder Spiegeloptik parallelgerichtet und auf das Beugungsgitter gelenkt. Das Gitter ist so angeordnet, daß das gebeugte Licht durch die gleiche Linsen- oder Spiegeloptik auf der Photoplatte fokussiert wird (Abb. 3). Der Eintrittsspalt und

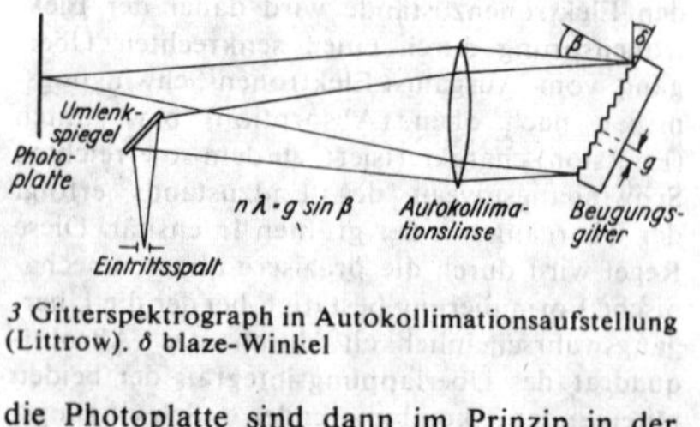

3 Gitterspektrograph in Autokollimationsaufstellung (Littrow). δ blaze-Winkel

die Photoplatte sind dann im Prinzip in der gleichen Ebene übereinander angebracht. *Konkavgitter* ergeben gleichzeitig eine optische Abbildung des Eintrittsspaltes und eine spektrale Zerlegung. Bei der Aufstellung eines Konkavgitters müssen die Photoplatte und der Spalt auf einem das Gitter tangierenden Kreis angeordnet werden. Der Durchmesser dieses *Rowland-Kreises* ist gleich dem Krümmungsradius des

Gitters. Eine spezielle, dieser Bedingung entsprechende Gitteraufstellung ist die *Anordnung nach Runge und Paschen* (Abb. 4). Konkavgitter finden vorwiegend im vakuumultravioletten Spektralbereich Anwendung, um zusätzliche abbildende Elemente zu vermeiden.

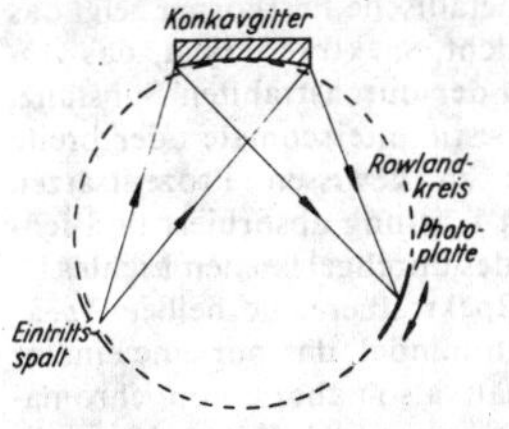

4 Runge-Paschen-Gitteraufstellung

Das Auflösungsvermögen A eines Beugungsgitters hängt nur von der Spektralordnung m und der Gesamtanzahl N der Gitterfurchen ab. $A = \lambda/\Delta\lambda = m \cdot N$.

Für die Apparatefunktion eines Gitterspektrographen gelten die gleichen Ausführungen wie beim Prismenspektrographen. Allerdings ergeben Unregelmäßigkeiten in der Gitterherstellung einen zusätzlichen Einfluß.

Periodische Abweichungen der einzelnen Gitterfurchen von ihrer idealen Lage führen zu sekundären Spaltbildern, die als *Gittergeister* bezeichnet werden. Sie sind bei guten Beugungsgittern wesentlich intensitätsschwächer als die ordentlichen Spaltbilder. *Rowland-Geister* liegen dicht neben den Spektrallinien und können schwächere Komponenten der Linie vortäuschen. *Lyman-Geister* finden sich in größerer Entfernung der ordentlichen Spektrallinien. Unperiodische Abweichungen von der idealen Furchenlage führen zu einer Aufhellung des Untergrundes und zur Verbreiterung der Apparatefunktion.

Spektroheliogramm, → Sonnenspektrum.

Spektroheliograph, Gerät zur Aufnahme von monochromatischen Sonnenbildern (Spektroheliogramme, → Sonnenspektrum). Das durch ein Fernrohr erzeugte Sonnenbild wird durch einen Monochromator bei einer festen Wellenlänge abgetastet und aufgezeichnet, Tafel 32.

Spektrometer, ein → Spektralapparat.

Spektroskop, ein → Spektralapparat.

Spektroskopie, *Spektrometrie*, Wissenschaftszweig, der sich mit der Charakterisierung der von Teilchen verschiedener Art (Ionen, Atome, Moleküle und Atom- oder Molekülverbände) aufgenommenen oder abgegebenen elektromagnetischen Strahlung beschäftigt. Die Intensität (Strahlungsleistung) dieser elektromagnetischen Strahlung als Funktion der Wellenlänge λ (oder der Frequenz ν oder auch der Wellenzahl $1/\lambda$) nennt man → Spektrum. Von der S. werden Frequenz- bzw. Wellenlängenbereiche verschiedener Größenordnungen erfaßt (*Spektralgebiete*), die ausgehend vom optischen Bereich durch Entwicklung neuer Meßprinzipien erschlossen wurden. Im Bereich der → Kernspektroskopie treten entsprechend der Planckschen Beziehung $\Delta E = h\nu$ (ΔE ist die Energiedifferenz zwischen zwei Zuständen und h das Plancksche Wirkungsquantum) Energiemessungen an die Stelle von Wellenlängenbestimmungen. Die S. sucht gesetzmäßige Zusammenhänge in den für jede Substanz charakteristischen Spektren (Emissions-, Absorptions-, Streulichtspektren) und verwendet sie 1) zur Bestätigung theoretischer Atom- und Molekülmodelle, 2) zur Feststellung der qualitativen Zusammensetzung der spektroskopisch untersuchten Substanz aus ihren molekularen Bestandteilen (*qualitative Spektralanalyse*), 3) zur Messung des prozentualen Anteils der einzelnen Bestandteile eines Gemischs aus der spektralen Intensität (*quantitative Spektralanalyse*) und 4) zur Diagnostik des Mediums, das spektralanalytisch untersucht wird hinsichtlich Zusammensetzung und Zustandsparametern, z. B. Druck, Temperatur, Ionisationsgrad, Bewegungszustand. Weitere Informationen erhält man durch spezielle Bedingungen, denen die untersuchten Teilchen unterworfen werden, z. B. magnetische Felder (→ Zeeman-Effekt), elektrische Felder (→ Stark-Effekt), hohe Drücke, Atomstrahlen, Kanalstrahlen. → Neutronenspektrometrie, → Röntgenspektroskopie.

Für spektroskopische Untersuchungen benötigt man eine *spektroskopische Lichtquelle*, gegebenenfalls dazu eine Absorptionszelle oder ein Streugefäß (Küvette), einen → *Spektralapparat*, der das Lichtgemisch nach seinen monochromatischen Bestandteilen zerlegt, und einen *Strahlungsempfänger*, der die in den einzelnen Frequenzen enthaltenen Strahlungsleistungen mißt. → Momentenmethode.

spektroskopische Diagnostik, → Plasmadiagnostik.

spektroskopischer Verschiebungssatz, → Atomspektren.

spektroskopischer Wechselsatz, → Atomspektren.

spektroskopische Terme, → Atomspektren.

Spektrum, 1) im engeren Sinne die Intensität (Strahlungsleistung) eines Gemischs elektromagnetischer Wellen als Funktion der Frequenz. Ursprünglich bezeichnete man das Farbband als S., das man durch Zerlegung des weißen Lichtes erhält. Diese Zerlegung in Anteile verschiedener Farbe kann durch Dispersion oder durch Beugung erfolgen. Man spricht dann von einem *Dispersionsspektrum* oder einem *Beugungsspektrum*. Allgemeiner versteht man unter S. die Zerlegung eines periodischen oder nichtperiodischen Vorganges in eine Summe harmonischer Teilschwingungen. Man erhält dabei eine Grundschwingung und eine Folge Oberschwingungen, deren Frequenzen ganzzahlige Vielfache der Grundschwingung sind (Fourier-Analyse).

Das *elektromagnetische S.* umfaßt den gesamten Bereich der elektromagnetischen Wellen von den längsten Radiowellen bis zu den kurzwelligsten Photonen der kosmischen Strahlung. Das elektromagnetische S. bildet ein Kontinuum, läßt sich jedoch nach den verschiedenen Methoden der Erzeugung und Anwendung der elektromagnetischen Wellen in verschiedene Teilgebiete gliedern (Übersicht S. 1428). Die Überschneidung einiger Teilbereiche bedeutet lediglich, daß die gleiche Art von Wellen auf verschiedene Weise erzeugt werden kann. Man unterscheidet:

a) den *technischen Wechselstrom* und die *Telefonie*, die ausschließlich an Leitungen gebunden sind;

b) die *Radiowellen*, eingeteilt in *Langwellen* mit $\lambda = 30$ km bis 600 m, *Mittelwellen* mit $\lambda = 600$ bis 200 m, *Kurzwellen* mit $\lambda = 200$ bis 10 m und *Ultrakurzwellen* mit $\lambda = 10$ bis 1 m, die im wesentlichen zur Nachrichtenübertragung dienen;

c) die *Mikrowellen* mit $\lambda = 1$ m bis 0,1 mm, die außer zur Nachrichtenübertragung in der Richtfunk- und Radartechnik auch zur Untersuchung der Struktur der Materie (z. B. paramagnetische Elektronenresonanz) dienen;

d) das *Infrarot* (*Ultrarot*) einschließlich der *Wärmestrahlung* mit $\lambda = 1{,}4$ mm bis 0,75 μm;

e) das *sichtbare S.* mit $\lambda = 0{,}78$ bis 0,4 μm;

f) das *Ultraviolett* mit $\lambda = 400$ nm bis 3 nm, das wie das Infrarot in der Physik zu Strukturuntersuchungen verwendet wird;

g) die *Röntgenstrahlung* mit $\lambda = 60$ nm bis 1 fm, die in der Physik vor allem zur Untersuchung des Gitteraufbaues von Kristallen (→ Röntgenspektroskopie) verwendet wird;

h) die *γ-Strahlung* mit $\lambda = 10^5$ bis 60 fm, die völlig in das Gebiet der härtesten Röntgenstrahlung fällt;

i) die in den „Kaskaden" auftretenden *Wellenanteile der kosmischen Strahlung*, deren Wellenlänge von der Größenordnung der härtesten künstlich erzeugbaren Röntgenstrahlung ist.

Entsteht das Wellengemisch durch Emission aus einem durch Energiezufuhr angeregten Stoff, so heißt das von ihm emittierte Licht, spektral zerlegt, sein *Emissionsspektrum*. Es gibt kontinuierliche und diskontinuierliche Emissionsspektren. Bei den kontinuierlichen sind im Spektrum in breitem Bereich alle Frequenzen mit vergleichbarer Intensität vertreten. Solche Spektren werden z. B. emittiert von glühenden Metallen sowie vom schwarzen Körper. Diskontinuierliche Spektren emittieren geeignet angeregte Atom- und Molekülgase sowie Kristalle mit eingebauten Fremdatomen und -ionen. Beim Durchtritt eines Lichtbündels mit kontinuierlichem Spektrum durch Gase, Flüssigkeiten und nichtmetallische Festkörper zeigt das durchgelassene Licht, spektral zerlegt, das *Absorptionsspektrum* der durchstrahlten Substanz. Von ihr werden bestimmte schmale oder breite Frequenzbereiche zu gewissen Prozentsätzen der eingestrahlten Leistung absorbiert und fehlen im Spektrum des durchgelassenen Lichtes.

Sehr schmale Spektralbereiche heißen *Spektrallinien*. Ein Lichtbündel, das nur eine einzige Spektrallinie enthält, also nahezu monochromatisch ist, kann in einem Atom-, einem Molekülgas, einer Flüssigkeit oder einem Nichtmetall gestreut werden; im Spektrum des gestreuten Lichtes erscheinen neben der eingestrahlten Frequenz (Rayleigh-Linie) weitere, um bestimmte Frequenzbeträge nach höheren oder niederen Frequenzen verschobene Streulinien. So entstehen die *Raman-Spektren*. Emissions- und Absorptionsfrequenzen sowie Raman-Frequenzdifferenzen sind für den Bau und die Zusammensetzung der Trägersubstanzen charakteristisch.

Die Spektren freier Atome und Ionen (→ Atomspektren) im Gaszustand bestehen hauptsächlich aus Spektrallinien mit gesetzmäßig geordneten Frequenzen sowie gewissen kontinuierlichen Bereichen. Moleküle und Molekülionen im Gaszustand (→ Molekülspektren) zeigen ebenfalls diskrete Linien, die aber häufig so eng beieinander liegen, daß sie zu Bändern oder „Banden" verschmiert erscheinen (*Banden-*

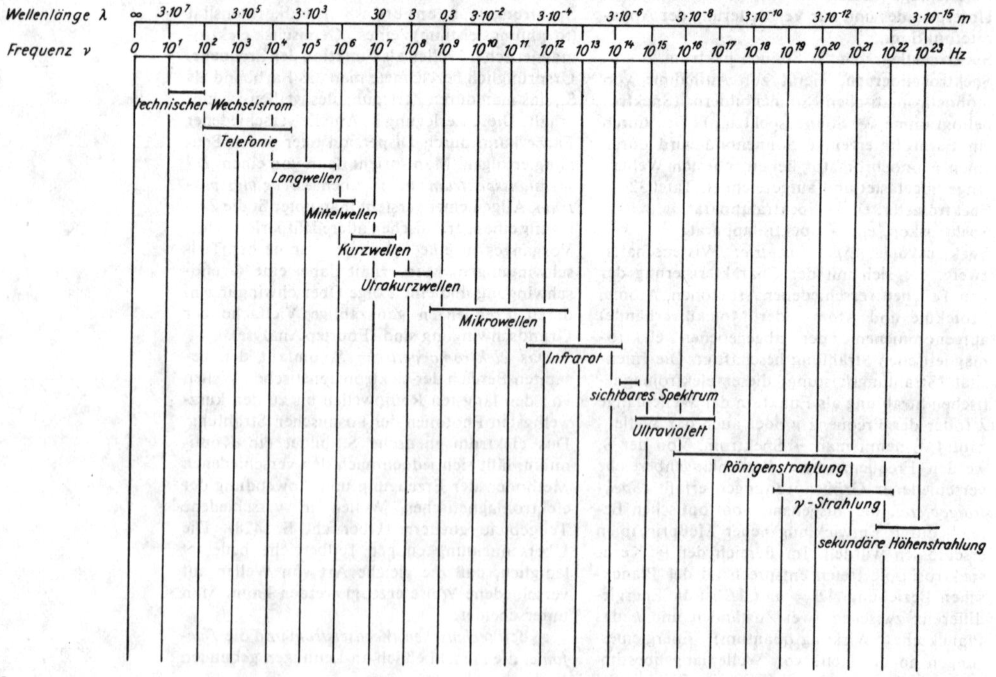

Gesamtes elektromagnetisches Spektrum

spektren). Diese Verschmierung hat ihren Grund einmal im geringen Auflösungsvermögen des Spektralapparates, zweitens im Einfluß der mit den Molekülen wechselwirkenden Teilchen (Eigendruck, Fremddruck, Elektronendruck, Lösungsmittel u. ä.). Daneben zeigen auch Molekülspektren Bereiche mit echten Kontinua.

2) Im weiteren Sinne bezeichnet man eine Intensitätsverteilung in Abhängigkeit von der Frequenz, der Energie, der Masse, dem Impuls, einer magnetischen Größe u. dgl. als *Frequenz-*, *Energie-*, *Massen-*, *Impulsspektrum*, → *magnetisches Spektrum* u. dgl. Beispiele hierfür sind das kontinuierliche Energiespektrum der von radioaktiven Atomkernen beim β-Zerfall emittierten Elektronen oder die meßtechnisch ebenfalls nur als Energie-, nicht als Frequenzspektrum erfaßbaren diskreten Spektren der von angeregten Atomkernen ausgesandten γ-Quanten.

Der Ausdruck *Massenspektrum* wird sowohl in der Massenspektroskopie als auch in der Elementarteilchenphysik benutzt, in letzterer für die Gesamtheit der Ruhmassewerte der beobachteten stabilen oder instabilen Elementarteilchen. Diese Massen werden dabei entsprechend der Einsteinschen Beziehung $E = mc^2$ meist in Energien umgerechnet.

3) In der Mathematik versteht man unter S. die der Resolventenmenge $\varrho(\hat{A})$ eines (linearen) Operators $\hat{A}$ komplementäre Menge $\sigma(\hat{A})$ aller komplexen Zahlen λ, für die $\hat{A} - \lambda = I$ (I ist Identität) kein Inverses hat: das S. eines Operators setzt sich zusammen aus dem *diskreten* oder *Punktspektrum*, dem *kontinuierlichen* oder *Streckenspektrum* und dem *Rest-* oder *Residualspektrum*, die disjunkt sind. Das Punktspektrum ist mit den Eigenwerten von $\hat{A}$ identisch. In der Quantentheorie, in der physikalische Größen durch selbstadjungierte Operatoren repräsentiert werden, betrachtet man hauptsächlich das S. des Hamilton-Operators, das Energiespektrum der physikalischen Systeme. Da das elektromagnetische S. durch Übergänge zwischen den Energieniveaus atomarer Systeme entsteht, besteht hier ein sehr enger Zusammenhang zur ursprünglichen Bedeutung des Begriffs S. Die Bestimmung des S.s eines Operators bildet einen wichtigen Teil des → Eigenwertproblems.

Spektrumsbedingung, → axiomatische Quantentheorie.

Spektrumveränderlicher, → veränderlicher Stern.

Spencer-Attix-Theorie, → Hohlraumionisation.

Sperrkreis, ein Parallelschwingkreis (→ Schwingkreis), der zwischen Antenne und Empfänger geschaltet wird und bei Abstimmung auf Resonanz infolge seines hohen Resonanzwiderstands den Einfluß eines störenden Senders der entsprechenden Frequenz schwächt.

Sperrschichtphotoelement, ein Halbleiterphotoelement, das aus einem Halbleiter besteht, der auf beiden Seiten mit einem Metall kontaktiert ist. Die an beiden Sperrschichten auftretenden Spannungen heben sich gegenseitig auf, solange nicht eine der beiden Sperrschichten beleuchtet wird. Dann bilden sich an der beleuchteten Stelle Ladungsträgerpaare (→ Ladungsträger), die die Potentialverhältnisse verändern. Bei p-Halbleitern wird die belichtete Seite negativ, bei n-Halbleitern positiv. Technisch verwendet werden Selenzellen und Kupfer(I)-oxidzellen.

Sperrschieberpumpe, svw. Drehkolbenpumpe.

Sperrtopf, → Symmetrierglieder.

spezielle Relativitätstheorie, Formulierung der Gesetze der Physik in Übereinstimmung mit der Beobachtung der → Konstanz der Lichtgeschwindigkeit und dem Prinzip der Unabhängigkeit der Physik vom speziell gewählten Inertialsystem. Durch ihr entscheidendes Mitwirken an der Theorie der → Elementarteilchen wird sie eine der Grundlagen der Physik überhaupt.

Im Mittelpunkt der s.n R. steht die Transformation der Koordinaten und → Bezugssysteme mit der → Lorentz-Gruppe. Die generelle Aussage der s.n R. ist, daß Raum und Zeit ein vierdimensionales Kontinuum, den → Minkowski-Raum, bilden, und daß die Gesetze der Physik mit Skalaren, Spinoren, Vektoren und Tensoren des Minkowski-Raumes zu schreiben sind.

Die Lorentz-Transformationen brechen den der Newtonschen Mechanik zugrunde liegenden absoluten Charakter der Zeit. Während die Zeit in der Newtonschen Mechanik nur formal neben den Raumkoordinaten steht, wird sie in der s.n R. in die Transformationen einbezogen. Die s. R. ist damit eine Theorie der Raum-Zeit-Welt und ihres Einflusses auf die Bewegung der Körper und Felder, die aber ihrerseits nach der s.n R. die Raum-Zeit nicht beeinflußt; die Struktur der Raum-Zeit ist unabhängig davon. Erst die → allgemeine Relativitätstheorie zeigt, wie auf Grund des → Äquivalenzprinzips von schwerer und träger Masse auch die Struktur der Raum-Zeit von der Bewegung der Körper und Felder bestimmt wird. Weitergehende Vorstellungen versuchen, die Materie überhaupt als Ausdruck geometrischer Strukturen darzustellen (→ Geometrodynamik).

Die aus der Unabhängigkeit der Lichtgeschwindigkeit vom Bewegungszustand des Beobachters, genauer aus der Invarianz des Wellenoperators, folgende Transformation der Bewegungssysteme nach Lorentz hat kinematische und dynamische Konsequenzen. Der entscheidende Unterschied zwischen der speziell-relativistischen und der Newtonschen Kinematik liegt in der Transformation aus einem Inertialsystem Σ_1 in ein anderes Σ_2, das sich gegen das erste mit konstanter Geschwindigkeit $v < c$ und Orientierung bewegt. Bei Bewegung längs der x-Achse lautet die Transformation:

in Newtonscher Mechanik spezielle Galilei-Transformation	in der s.n R. spezielle Lorentz-Transformation
$x_2 = x_1 - vt_1,$	$x_2 = \dfrac{x_1 - vt_1}{\sqrt{1 - \dfrac{v^2}{c^2}}},$
$t_2 = t_1,$	$ct_2 = \dfrac{ct_1 - \dfrac{v}{c}x_1}{\sqrt{1 - \dfrac{v^2}{c^2}}}.$

(1)

Während in der Newtonschen Mechanik die Feststellung der Gleichzeitigkeit zweier Ereignisse vom Beobachter unabhängig ist (für zwei

Ereignisse A und B folgt aus $t_{1A} = t_{1B}$ immer $t_{2A} = t_{2B}$), ist diese Feststellung in der s.n R. vom Bewegungszustand des Beobachters abhängig (→ Relativität der Gleichzeitigkeit). Die Relativgeschwindigkeit zweier Inertialsysteme, gemessen in einem der beiden, ist immer kleiner als die Vakuumlichtgeschwindigkeit c. Ein als Bewegungssystem einsetzbarer Körper kann sich nur mit Unterlichtgeschwindigkeit bewegen. Wenn ein Kausalitätsprinzip in der Form gilt, daß die zeitliche Reihenfolge von Ursache und Wirkung vom Beobachter unabhängig ist, kann geschlossen werden, daß die Geschwindigkeit jedes beliebigen Teilchens oder Signals kleiner oder gleich c sein muß.

Die Lorentz-Transformationen sind durch die Invarianz des Wellenoperators (d'Alembertscher Operator)

$$\Box = \frac{\partial^2}{\partial x^2} + \frac{\partial^2}{\partial y^2} + \frac{\partial^2}{\partial z^2} - \frac{1}{c^2}\frac{\partial^2}{\partial t^2}$$

festgelegt. Sie lassen auch den Ausdruck $ds^2 = dx^2 + dy^2 + dz^2 - c^2\,dt^2$ in der Form unverändert (forminvariant). Die quadratische Form ds^2 ist das Linienelement eines pseudoeuklidischen vierdimensionalen Raumes (→ Minkowski-Raum). Die Trigonometrie in diesem Raum ist die Kinematik der s.n R.

Bei Verwendung der Einsteinschen → Summationskonvention lautet das Linienelement $ds^2 = \eta_{\mu\nu}\,dx^\mu\,dx^\nu$ mit $x^4 = ct$ und dem Minkowski-Symbol $\eta_{\mu\nu}$. Die Bewegung eines Massepunktes wird durch eine Kurve im Minkowski-Raum (→ Weltlinie) dargestellt:

$x = x(t)$, $y = y(t)$, $z = z(t)$ schreibt man in Parameterform $x^\mu = x^\mu(\lambda)$, $\mu = 1, 2, 3, 4$ oder – vor allem in der allgemeinen R. – $\mu = 0, 1, 2, 3$, wobei die Indizes 1, 2, 3 stets den räumlichen Koordinaten entsprechen. Diese Weltlinie ist → zeitartig. Durch Betrachtung des momentanen → Ruhsystems an einem beliebigen Punkt dieser Weltlinie ergibt sich das Differential der → Eigenzeit τ des Massepunktes $d\tau = \frac{1}{c}\sqrt{-ds^2}$. Die Eigenzeit einer zeitartigen Weltlinie entspricht der Bogenlänge einer Kurve im euklidischen Raum. Das Eigenzeitelement

$$d\tau^2 = dt^2 - \frac{1}{c^2}(dx^2 + dy^2 + dz^2) = dt^2\left(1 - \frac{v^2}{c^2}\right) \quad (2)$$

ist ein invarianter Ausdruck. An dieser Formel ist zu sehen, daß die Änderung der Eigenzeit immer kleiner als die Änderung der Zeitkoordinate eines inertialen Beobachters ist. Die Zeit auf einem bewegten Körper scheint langsamer zu vergehen als im inertialen Bezugssystem (→ Zeitdilatation).

Ein analoger Effekt ist die → Längenkontraktion. Die Länge L eines Stabes im Ruhsystem ist größer als die Länge l desselben Stabes, die in einem System gemessen wird, gegen das sich der Stab in Längsrichtung mit der Geschwindigkeit v bewegt: $l = L\sqrt{1 - \frac{v^2}{c^2}}$. Die Zusammensetzung zweier spezieller Lorentz-Transformationen der Form (1) ergibt wieder eine Transformation dieser Form mit der Geschwindigkeit $v_{12} = (v_1 + v_2)\left(1 + \frac{v_1 v_2}{c^2}\right)^{-1}$ (Einsteinsches → Additionstheorem der Geschwindigkeiten). Dieses Additionstheorem unterstreicht die Widerspruchsfreiheit der aus den Lorentz-Transformationen folgenden Feststellung, daß die Relativgeschwindigkeit zweier Bezugssysteme bzw. die Geschwindigkeit eines makroskopischen Körpers immer kleiner ist als die Vakuumgeschwindigkeit c: Aus $v_1 \leqq c$ und $v_2 \leqq c$ folgt $v_{12} \leqq c$.

Die Zusammenlegung zweier Relativbewegungen mit Unterlichtgeschwindigkeit liefert wieder eine Relativbewegung mit $v \leqq c$.

Der relativistische Geschwindigkeitsvektor (→ Vierergeschwindigkeit) ist der Vierervektor

$$u^\mu = \frac{dx^\mu}{d\tau} = \left(1 - \frac{v^2}{c^2}\right)^{-1/2}\left\{\frac{dx}{dt}, \frac{dy}{dt}, \frac{dz}{dt}, c\right\}$$

Der Ausdruck $\frac{dx^\mu}{dt}$ dagegen ist kein Vektor, da dt kein Skalar ist.

Die dynamischen Konsequenzen der s.n R. entspringen der Anpassung der Newtonschen Axiome an die Invarianz gegen die Lorentz-Gruppe. Diese Anpassung ist im Artikel Viererimpuls behandelt. Sie führt zur Abhängigkeit der trägen Masse eines Teilchens von seiner Geschwindigkeit entsprechend

$$m = m_0/\sqrt{1 - v^2/c^2}$$

mit m_0 als der Ruhmasse (→ Masseveränderlichkeit) sowie zu dem allgemeinen Zusammenhang $E = mc^2$ zwischen Energie und träger Masse (→ Trägheit der Energie). Speziell bestimmt $E_0 = m_0c^2$ die Ruhmasse eines Körpers seinen (inneren) Energieinhalt, während das Anwachsen der Masse m mit der Geschwindigkeit als Folge der wachsenden kinetischen Energie des bewegten Körpers erscheint.

Während Impuls und Energie zu dem Vierervektor $p^\mu = \{p_x, p_y, p_z, E/c\}$ des Viererimpulses zusammengefaßt werden, wird der Drehimpuls in der s.n R. zu einem antisymmetrischen Tensor, der sich nicht mehr wie in der Newtonschen Mechanik durch einen Vektor darstellen läßt. Für ein System von N Massepunkten hat er die Form

$$L^{\mu\nu} = \sum_{A=1}^{N} (x^\mu p^\nu - x^\nu p^\mu)_A.$$

So wie im relativistischen Erhaltungssatz des Viererimpulses Impuls- und Energiesatz zusammengefaßt werden, faßt der relativistische Drehimpulserhaltungssatz den üblichen Drehimpulserhaltungssatz und den Schwerpunktsatz zusammen.

Die Elektrodynamik ist schon in den Maxwellschen Gleichungen implizit relativistisch invariant. Die Feldgleichungen enthalten über die Darstellung der Feldstärken durch das Viererpotential die Wellengleichung, als deren Invarianzgruppe gerade die Lorentz-Gruppe gefunden wurde. Allgemein stützen sich alle anderen Feldtheorien zur Sicherung der Lorentz-Invarianz in irgendeiner Form auf die Wellengleichung. Die explizit relativistisch invariante Formulierung der Elektrodynamik (→ Relativitätselektrodynamik) führt zu neuen Einsichten in das Transformationsverhalten der elektromagnetischen Feldgrößen selbst. Obgleich das Prinzip der Konstanz der Lichtgeschwindigkeit, auf das sich die s. R. stützt, historisch mit dem → Michelson-Versuch nahegelegt wurde, ist es inzwischen völlig unabhängig von der detaillierten Deutung dieses Versuchs geworden. Die relativistische Massenveränderlichkeit ist bei Anwendung des Impulssatzes auf hochenergetische Streu- und Stoßprozesse bei außerordentlich hohen Geschwindigkeiten getestet worden, und ohne die Gültigkeit von $m = m_0 \left(1 - \frac{v^2}{c^2}\right)^{-1/2}$ würde keiner der existierenden Teilchenbeschleuniger arbeiten. Ebenso ist die Trägheit der Energie nach der Einsteinschen Formel außer Zweifel. Die Zeitdilatation kann an der Reichweite der μ-Mesonen der kosmischen Strahlung schon qualitativ gesehen werden. Für diese Mesonen ist der Dilatationsfaktor $\sqrt{1 - \frac{v^2}{c^2}} = 0{,}02$. Im Labor konnte der Dilatationsfaktor an K- und π-Mesonen quantitativ mit 5% Genauigkeit nachgeprüft werden. Die speziell-relativistische Mechanik ist als Ganzes bestätigt. Die Folgen der Lorentz-Invarianz sind in der Theorie der Elementarteilchen von wesentlicher Bedeutung (→ *CPT*-Theorem, → Antiteilchen, → Dirac-Gleichung).

Geschichtliches. 1873 stellte Maxwell die nach ihm benannten Maxwellschen Gleichungen auf. 1881 wurde erstmals der Michelson-Versuch ausgeführt. 1895 entstand die Hypothese der Längenkontraktion. Lorentz fand 1904 die nach ihm benannten Transformationen. Poincaré formulierte das Relativitätsprinzip. 1905 verband Einstein beides und leitete daraus $E = mc^2$ ab. Minkowski formulierte 1909 die Raum-Zeit als vierdimensionalen pseudoeuklidischen Raum. 1932 fand Anderson das erste Antiteilchen (Positron) nach Vorhersage von Dirac.

Lit. Einstein: Grundzüge der Relativitätstheorie (6. Aufl. Braunschweig 1972), Über spezielle und allgemeine Relativitätstheorie (22. Aufl. Berlin, Braunschweig, Oxford 1972); Landau u. Rumer: Was ist Relativität? (5. Aufl. Mosbach 1968); von Laue: Die Relativitätstheorie, 2 Bde (7./5. Aufl. Braunschweig 1965); Papapetrou: Spezielle Relativitätstheorie (4. Aufl. Berlin 1972); Schmutzer: Relativistische Physik (Leipzig 1968).

speziell relativistische Feldtheorie, → Relativitätselektrodynamik, → Geometrodynamik.

spezifische Ausstrahlung, → Strahlungsgrößen.

spezifische Heizleistung, bei Elektronenröhren mit Glühemission die je Flächeneinheit der Katode notwendige Leistung zur Aufrechterhaltung der Arbeitstemperatur. Die notwendige s. H. hängt sehr von der Art der Heizung, den Strahlungseigenschaften der Katode und von der Wärmeableitung durch das Röhrensystem ab. Sie beträgt bei direkter Heizung 1,0···3,5 W/cm² und bei indirekter Heizung 2,0···4,0 W/cm².

spezifische Ionisation, → Ionisation, → ionisierende Strahlung 2.2).

spezifische Ladung, → Ladung.

spezifische Lichtausstrahlung, → photometrische Größen und Einheiten.

spezifische Masse, svw. Dichte.

spezifischer Impuls, → Raketentriebwerk.

spezifisches Gewicht, svw. Wichte.

spezifische Wärmekapazität, *c*, die auf die Masse eines Körpers oder auf das Volumen bezogene → Wärmekapazität *C*. Die auf die Masse bezogene s. W. hat die Dimension kcal/kg K bzw. Joule/kg K. Die volumenbezogene s. W. unterscheidet sich von der massebezogenen um einen Faktor, die Massedichte.

Bei theoretischen Überlegungen werden häufig die *Molwärmen* C_{mol} benutzt, das sind auf die Teilchenzahl bezogene Wärmekapazitäten. Ein Mol eines Gases enthält unabhängig von der Substanz stets dieselbe Anzahl von Molekülen, die durch die Loschmidtsche Zahl N_L gegeben ist. Die Molwärme gibt deshalb die s. W. von N_L Molekülen an.

Die s. W. eines Plasmas (d. i. die Energie, die einem Gramm eines Plasmas zugeführt werden muß, um seine Temperatur um 1 K zu erhöhen) hängt in anderer Weise von der Temperatur ab als die fester, flüssiger oder gasförmiger Stoffe. Sie steigt bei den Temperaturen sehr stark an, bei denen ein großer Teil der zugeführten Energie in Ionisationsprozessen verbraucht wird. Verstärkt wird dieser Effekt noch dadurch, daß sich durch das Aufspalten der Atome oder Moleküle in Elektronen und Ionen die Anzahl der Teilchen stark vergrößert. Der Verlauf der s.n W. eines Plasmas zeigt deshalb eine Folge von Maxima, die in richtiger Reihenfolge das Auftreten einfacher, doppelter, dreifacher usw. Ionisation ausweisen (Abb.).

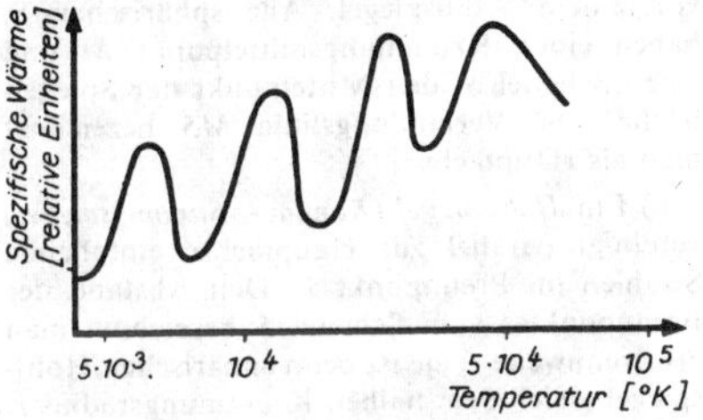

Temperaturabhängigkeit der spezifischen Wärmekapazität eines isothermischen Plasmas (qualitativ)

Über die s. W. eines Supraleiters → Thermodynamik 6).

sphärische Aberration, → Abbildungsfehler 1).

sphärische Fläche, eine kugelförmige Fläche. S. F.n sind der wichtigste Flächentyp für brechende oder reflektierende Flächen an Linsen oder Spiegeln wegen der genauen und rationellen Herstellbarkeit.

sphärische Korrektion, das Beheben des Öffnungsfehlers optischer Systeme durch Kombinieren und/oder geeignete Form von Linsen, → Abbildungsfehler 1).

sphärisches Pendel, → Pendel.

sphärische Welle, → Welle.

sphärische Welt, → Weltradius.

Spiculen, → Sonne.

Spiegel, ein Körper, dessen glatte, regelmäßige, polierte Oberfläche das Licht möglichst vollkommen und regulär reflektiert (→ Reflexion). Nach der Form unterscheidet man zwischen ebenen und gewölbten S.n und nach der Lage der spiegelnden Fläche zwischen Oberflächen- und Rückflächenspiegeln. Als Spiegelflächen benutzt man Metallflächen, die meist aus Aluminium oder Silber bestehen und auf der Vorder- oder Rückseite eines Glaskörpers als dünne Schicht durch chemische Versilberung oder Aufdampfung aufgebracht werden. Seltener verwendet man polierte Metallflächen direkt als S. Die reguläre Reflexion ist um so vollkommener, je glatter die spiegelnde Oberfläche ist.

1) Der *ebene S.* oder *Planspiegel* erzeugt von einem leuchtenden Gegenstand ein virtuelles

Bild (Spiegelbild), welches genauso weit hinter der Spiegelebene liegt wie der Gegenstand vor dem S. und das ebenso groß ist wie der Gegenstand selbst. Das Bild ist aufrecht, jedoch seitenverkehrt. Bild und Gegenstand sind bezüglich der Spiegelebene symmetrisch (Spiegelsymmetrie). Bei einem glatten ebenen S. ist das Bild völlig frei von Abbildungsfehlern.

Ein seitenrichtiges Bild kann man mit einem *Winkelspiegel* erhalten, der aus zwei ebenen S.n besteht, die einen Winkel von 90° miteinander bilden. Bei einem solchen entstehen von einem Gegenstand zunächst zwei Spiegelbilder B_1 und B_2, die aber nochmals gespiegelt werden und dabei die in ein Bild zusammenfallenden Bilder $B_1' = B_2'$ ergeben. Dieses Bild ist infolge der doppelten Spiegelung seitenrichtig.

2) Der *gewölbte S.* wird meist durch ein Stück einer Kugelfläche gebildet (*sphärischer S.*). Ist die hohle Fläche dem Licht zugekehrt, spricht man von einem Hohlspiegel; ist die erhaben gewölbte Fläche dem Licht zugekehrt, spricht man von einem Wölbspiegel. Alle sphärischen S. haben einen Krümmungsmittelpunkt M und einen Scheitel S, den Mittelpunkt der Spiegelfläche. Die Verbindungslinie MS bezeichnet man als Hauptachse.

a) Ein *Hohlspiegel* (*Konkav-*, *Sammelspiegel*) vereinigt parallel zur Hauptachse einfallende Strahlen im Brennpunkt F. Den Abstand des Brennpunktes vom Scheitel S bezeichnet man als Brennweite f; sie ist beim sphärischen Hohlspiegel gleich dem halben Krümmungsradius r. Mit einem Hohlspiegel kann man reelle und virtuelle Bilder erzeugen. Zwischen der Gegenstandsweite g (Entfernung des Gegenstandes vom Scheitel), der Bildweite b (Entfernung des Bildes vom Scheitel) und der Brennweite f besteht die Beziehung $1/g + 1/b = 1/f = 2/r$ (*Abbildungsgleichung des Hohlspiegels*). Danach entstehen reelle Bilder, wenn $g > f$ ist; virtuelle Bilder entstehen, wenn $g < f$ ist. Im letzteren Falle wird b negativ. Die reellen Bilder sind verkleinert oder vergrößert, je nachdem, ob $g > r$ oder $f < g < r$ ist, aber in jedem Falle umgekehrt. Die virtuellen Bilder dagegen sind vergrößert und aufrecht.

Die Abbildungsgleichung für Hohlspiegel ist nur für achsennahe Strahlen richtig, d. h., die Abbildung mit einem größeren sphärischen Hohlspiegel ist nur bei Ausblendung der Randstrahlen annähernd fehlerfrei. Um bei größeren Konkavspiegeln Abweichungsfreiheit für alle Strahlen zu erhalten, muß man *parabolische S.* (*Parabolspiegel*) verwenden. Diese entstehen durch Rotation einer Parabel $y^2 = 2px$, ihre Brennweite beträgt $f = p/2$. Beim Parabolspiegel wird ein von einem Punkt der Achse ausgehendes Strahlenbündel beliebigen Öffnungswinkels genau wieder in einem Punkt der Achse gesammelt. Die Fehlerfreiheit der Abbildung gilt jedoch streng nur für die Punkte der Achse. Anwendung z. B. als Scheinwerferspiegel.

b) Bei einem *Wölbspiegel* (*Konvex-*, *Zerstreuungsspiegel*) ist die Brennweite negativ zu rechnen, d. h., parallel zur Hauptachse einfallende Strahlen werden in der Weise reflektiert, daß sie von einem Punkt F hinter dem S. herzukommen scheinen: $SF = MS/2 = r/2$. Der Wölbspiegel dient zur Erzeugung verkleinerter virtueller Bilder (z. B. als Autorückspiegel).

Spiegelapparat, → Lichtstrommessung.

Spiegelbewegung, svw. Bounce-Bewegung.

Spiegelebene, 1) das aus einer → Spiegelung an einer Ebene als erzeugende Symmetrieoperation entstehende Symmetrieelement (→ Symmetrie). 2) Ebene mit folgender Eigenschaft: Spiegelung an dieser Ebene ist Symmetrieoperation des betrachteten Körpers.

Spiegelfrequenz, → Mischung 2).

Spiegelgalvanometer, → Galvanometer.

Spiegelkerne, isobare Kerne, die durch Vertauschung von Protonen- und Neutronenzahl ineinander übergehen. *S. erster Ordnung* haben eine gleiche Anzahl n-p-Paare und ein unpaariges Neutron oder Proton, z. B. ^3_1H und ^3_2He, ^7_3Li und ^7_4Be, $^{13}_7N$ und $^{13}_8O$. *S. zweiter Ordnung* haben eine gleiche Anzahl p-n-Paare und zwei überschüssige Protonen bzw. Neutronen, z. B. $^{14}_6C$ und $^{14}_8O$. S. stimmen bis zu mittleren Anregungsenergien in ihren Energieniveaus und Quantenzahlen gut überein. Diese Symmetrie ist ein Beweis für die Ladungsunabhängigkeit der Kernkräfte. Die Bindungsenergien von S.n unterscheiden sich nur um den Anteil der Coulomb-Energie.

Spiegelkondensor, → Kondensor.

Spiegelladung, → Spiegelung 3).

Spiegelobjektiv, → Objektiv.

Spiegelteleskop, *Reflektor*, ein → Fernrohr, dessen Objektiv ein Hohlspiegel oder ein Spiegelsystem ist. Sie haben gegenüber anderen Fernrohren den Vorteil, daß der optische Korrektionszustand frei von chromatischer Aberration ist. Außerdem lassen sich Fernrohre mit Objektivdurchmessern größer als 1 m nicht mehr mit Linsenobjekten herstellen, so daß man auf S.e angewiesen ist. Die wesentlichen Typen sind die S.e nach Newton, nach Gregory und nach Cassegrain (Abb.). Das *S. nach Newton* hat einen

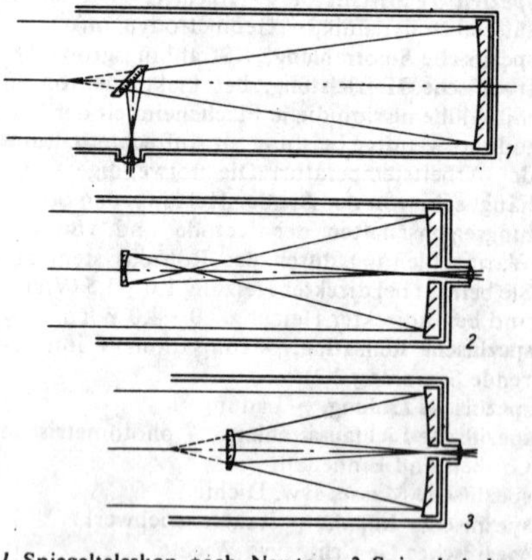

1 Spiegelteleskop nach Newton, *2* Spiegelteleskop nach Gregory, *3* Spiegelteleskop nach Cassegrain

45°-Spiegel kurz vor der Brennebene des Hauptspiegels oder ein 45°-Prisma. Damit wird der Strahlengang zum Okular umgelenkt. Das *S. nach Gregory* hat einen konkaven elliptischen Fangspiegel. In dessen einem Brennpunkt befindet sich die erste reelle Zwischenabbildung durch den Hauptspiegel. Im zweiten Brennpunkt des Fangspiegels entsteht in der Nähe der Hauptspiegeldurchbohrung das zweite Zwischenbild, das mit einem normalen Linsenokular betrachtet werden kann. Somit liefert das Gregory-S. ein seitenrichtiges aufrechtes Bild. Beim *S. nach Cassegrain* ist der Fangspiegel konvexhyperbolisch. Einer seiner Brennpunkte fällt mit dem Brennpunkt des Hauptspiegels zusammen. In seinem anderen Brennpunkt, der sich in der Nähe der Zentralbohrung des Hauptspiegels befindet, ist das Zwischenbild. Es wird mit einem Linsenokular betrachtet.

Die großen S.e für astronomische Zwecke sind so konstruiert, daß sie durch Auswechseln der Fangsysteme in mehreren der obengenannten Strahlengänge verwendet werden können. Die größten S.e sind das azimutal justierte S. von Selentschukskaja im Kaukasus (UdSSR) mit einem Spiegeldurchmesser von 6 m und das Hale-Teleskop auf dem Mt. Palomar (USA) mit einem Spiegeldurchmesser von 5 m. Der 2-m-Spiegel des Karl-Schwarzschild-Observatoriums bei Jena kann mit einer Korrektionsplatte von 1,34 m als größter Schmidt-Spiegel verwendet werden.

Spiegelung, 1) Kristallographie: 1) *S. an einer Ebene*, der Spiegelebene, a) die Raumbewegung (→ Symmetrie), die jedem auf einer Seite der Ebene liegenden Punkt des Raumes einen auf der anderen Seite der Ebene gelegenen Punkt mit derselben Normalprojektion auf diese Ebene und mit demselben Abstand von dieser Ebene zuordnet; b) eine Deckoperation oder Symmetrieoperation, die dieser Raumbewegung entspricht. Die S. führt zur Invarianz der das System beschreibenden Gleichung gegenüber der Paritätsoperation (→ Parität).

2) *S. an einem Punkt*, svw. Inversion.

2) Optik: die gerichtete → Reflexion des Lichtes an glatten, regelmäßigen, polierten Oberflächen.

3) *elektrische S.*, Lösungsmethode für das Feld einer (Punkt-)Ladung in einem bestimmten Abstand von einer leitenden Ebene mit konstantem Potential, die darauf beruht, daß im Kraftfeld zweier gleich großer Ladungen mit entgegengesetzten Vorzeichen die auf der Verbindungsgeraden senkrecht stehende Halbierungsebene eine Äquipotentialfläche mit dem Potentialwert Null ist. Die Ladung Q wird geometrisch an der leitenden Ebene gespiegelt. An die Stelle des Spiegelbildes muß die Ladung $-Q$, die *Spiegelladung*, gesetzt werden, und das Feld zwischen den Ladungen Q und $-Q$ wird durch die leitende Ebene nicht beeinflußt, wie wenn der Raum zwischen den Ladungen leer wäre. Da das Feld zweier entgegengesetzter Punktladungen bekannt ist, kann auf das Feld vor der leitenden Ebene geschlossen werden, denn es stimmt außerhalb der leitenden Ebene mit dem gesuchten Feld überein. Durch dieses *Spiegelungsprinzip* wird das Feld erhalten, in dem eine Elektrodenfläche mit einer Äquipotentialfläche identisch ist. Allgemein kann die elektrische S. durchgeführt werden, wenn eine Ladung Q und eine leitende beliebige Fläche gegeben sind. Ort und Größe der Spiegelladung müssen dann so ermittelt werden, daß das Potential auf der Fläche einen konstanten Wert, z. B. Null, annimmt. So sucht man z. B. bei S. an einem Zylinder den Ort jener (Linien-)Ladung, die im Zusammenwirken mit der gegebenen äußeren Ladung die leitende Zylinderoberfläche auf ein konstantes Potential bringt. Gegebenenfalls gelangt man mit Hilfe mehrmaliger S.en zum Ziel.

Lit. Simonyi: Grundgesetze des elektromagnetischen Feldes (Berlin 1963).

Spiegelungsprinzip, → Spiegelung 3).

Spieltheorie, die Theorie, die optimale Steuerung eines Systems dann zu finden, wenn zwei oder mehrere Steuereinrichtungen wie konkurrierende Spieler mit entgegengesetzten Interessen Konfliktsituationen hervorrufen. Man erhält ein Modell, wenn ein durch die Modellgleichungen $\mathrm{d}z/\mathrm{d}t = f(z, u, v)$ beschriebenes stetiges System z. B. außer vom Zustandsvektor $z = (z_1, z_2, \ldots, z_n)$ von den Steuervektoren $u = (u_1, u_2, \ldots, u_m)$ und $v = (v_1, v_2, \ldots, v_m)$ zweier Partner abhängt. Bei seinem Übergang von einem Anfangszustand $z(t_1)$ in einen Endzustand $z(t_2)$ werden die Kosten des Übergangs durch eine Kostenfunktion $x(t) = \int_{t_1}^{t} f_0(z(t'), u(t'), v(t'))\,\mathrm{d}t'$ bewertet. Dabei wird angenommen, daß der Spieler u maximale Kosten und der Spieler v minimale Kosten anstrebt. Als klügste Strategie wird diejenige angesehen, bei der beide Spieler auf sicher gehen, indem Spieler u versucht, möglichst große minimale Kosten zu erreichen, der Spieler v aber möglichst kleine maximale Kosten. Man spricht von einer *Minimax-Strategie*, für die sich einander widersprechende Güteforderungen ergeben:

$$\min_v \int_{t_1}^{t_2} f_0(z(t'), u(t'), v(t'))\,\mathrm{d}t' \Rightarrow \text{max.!}$$

$$\text{und } \max_u \int_{t_1}^{t_2} f_0(z(t'), u(t'), v(t'))\,\mathrm{d}t' \Rightarrow \text{min.!}$$

Im Kampf der Widersprüche stellt sich ein *Kompromißkriterium* heraus als Maß für das Gleichgewicht der Kräfte durch die Bedingung

$$\min_v \max_u \int_{t_1}^{t_2} f_0(z(t'), u(t'), v(t'))\,\mathrm{d}t' = \max_u \min_v \int_{t_1}^{t_2} f_0(z(t'), u(t'), v(t'))\,\mathrm{d}t'.$$

Diese Größe nennt man *Wert des Spiels*. Ist die Problematik in der formulierten Weise lösbar, so nennt man die optimalen Steuerungen $u(t)$ und $v(t)$ *reine Strategien*.

Bei Nichtlösbarkeit müssen die Spieler *stochastische* oder *gemischte Strategien* wählen und das Erreichen der genannten Beziehung im statistischen Mittel anstreben. Von großer Bedeutung für die S. und insbesondere für die Linearprogrammierung ist die von J. v. Neumann entwickelte *Theorie der Rechteckspiele*, die der Ausgangspunkt der Entwicklung der S. war. Für das Fingerknobeln z. B. lautet die Problematik der Rechteckspiele: Beide Spieler u und v zeigen unabhängig voneinander 1 oder 2 Finger hoch und geben zugleich ihre Prognose über die Summe der hochgehaltenen Finger bekannt. Bei richtiger Prognose eines der beiden Spieler erhält er vom anderen die betreffende Summe ausgezahlt; haben beide Spieler eine richtige oder beide eine falsche Prognose gestellt, so wird nichts ausgezahlt. Für die Gewinnmöglichkeiten von u erhält man die Zahlungstabelle, wenn (z, s) für jeden Spieler die von ihm gezeigte Anzahl z

und die vermutete Summe s angibt und Gewinne für u positiv sind:

u \ v		v_1 (1,2)	v_2 (1,3)	v_3 (2,3)	v_4 (2,4)
u_1	(1,2)	0	2	−3	0
u_2	(1,3)	−2	0	0	3
u_3	(2,3)	3	0	0	−4
u_4	(2,4)	0	−3	4	0

Reine Strategien gibt es hier nicht, weil die durch die Kostentabelle beschriebene diskontinuierliche Funktion in den Veränderlichen z_i und s_j keinen Sattelpunkt hat. Die Spieler müssen deshalb nach einer gemischten Strategie spielen, indem sie ihre reinen Strategien nach bestimmten Wahrscheinlichkeiten wechseln. Optimale gemischte Strategien beider Spieler sind

u_1	u_2	u_3	u_4	und	v_1 ·	v_2	v_3	v_4.
0	3/5	2/5	0		0	3/5	2/5	0

Sie sichern in diesem Fall eine mittlere Spielsumme 0.

Der Übergang zu gemischten Strategien ist dadurch gerechtfertigt, daß in den Wahrscheinlichkeitsvariablen p_i und q_j für die gemischte Strategie beider Spieler die Mittelwertsfläche $M(p, q) = \sum_{ij} a_{ij} p_i q_j$ mit Sicherheit Sattelpunkte hat.

Spin, *Eigendrehimpuls*, *Spinmoment*, $\vec{s}$, Drehimpuls von Elementarteilchen, Atomen und deren Kernen (*Kernspin*), der nicht auf eine Bahnbewegung zurückgeführt werden kann. Der S. ist eine innere Eigenschaft der Materie (→ Quantenzahl). Er kann wie der gewöhnliche Drehimpuls in der Quantenphysik nicht beliebige Werte annehmen, sondern ist gequantelt; der Maximalwert $s\hbar = sh/2\pi$ hängt vom Planckschen Wirkungsquantum h und der Spinquantenzahl s ab, die ganze oder halbzahlige Werte annehmen kann: $s = 0, {}^1/_2, 1, {}^3/_2, \ldots$

Der quantenmechanische *Spinoperator* $\hat{s}$ genügt den gleichen Vertauschungsregeln wie der Operator des Bahndrehimpulses. Sein Quadrat $\hat{s}^2$ und seine z-Komponente $\hat{s}_z$ können gleichzeitig gemessen werden; sie haben (in Einheiten von $\hbar^2$ bzw. $\hbar$) die Eigenwerte $s(s+1)$ bzw. s_z, wobei s_z insgesamt $2s+1$ Werte, nämlich $-s, -s+1, \ldots, s-1, s$, annimmt.

Die Darstellungen des Spinoperators zu halbzahligen Werten von s entsprechen den Spindarstellungen, den zweideutigen Darstellungen der Drehgruppe; die zugehörigen Eigenfunktionen heißen Spinoren. Die Darstellungen zu ganzzahligem s entsprechen den Tensordarstellungen, den eindeutigen Darstellungen der Drehgruppe; die zugehörigen Eigenfunktionen heißen Tensoren. Die Dimension der Darstellungen D_s ist $2s+1$; für $s = {}^1/_2$ (z. B. Elektronen) bilden die *Paulischen Spinmatrizen* (*Pauli-Matrizen*, *Spinmatrizen*) σ_i eine Darstellung:

$$\sigma_1 = \begin{pmatrix} 0 & 1 \\ 1 & 0 \end{pmatrix}, \quad \sigma_2 = \begin{pmatrix} 0 & -i \\ i & 0 \end{pmatrix}, \quad \sigma_3 = \begin{pmatrix} 1 & 0 \\ 0 & -1 \end{pmatrix}$$

genügen den Relationen $[\sigma_i, \sigma_j] = i\sigma_k$, wobei $(ijk) = (123), (231)$ bzw. (312) sein kann.

Die Wellenfunktion des Elektrons muß gegenüber der eines spinlosen Teilchens, d. h. eines skalaren Teilchens, durch eine zusätzliche *Spinkoordinate* s mit den zwei möglichen Werten $s_z = +{}^1/_2$ und $s_z = -{}^1/_2$ ergänzt werden. Dies kann durch Multiplikation des rein ortsabhängigen Anteils $\varphi(\vec{r})$ mit der *Spinwellenfunktion* (auch *Spinfunktion* genannt) $\chi(s)$ erfolgen: $\psi(\vec{r}, s) = \varphi(\vec{r}) \cdot \chi(s)$, wobei $\chi(s)$ als zweikomponentiger Spaltenvektor geschrieben werden kann. Die zugehörigen *Spineigenfunktionen* sind die Eigenfunktionen $\alpha(s)$ und $\beta(s)$ mit $\sigma^2\alpha(s) = \frac{3}{4}\alpha(s)$, $\sigma_3\alpha(s) = +\frac{1}{2}\alpha(s)$ bzw. $\sigma^2\beta(s) = \frac{3}{4}\beta(s)$, $\sigma_3\beta(s) = -\frac{1}{2}\beta(s)$, wobei $\sigma^2 = \sigma_1^2 + \sigma_2^2 + \sigma_3^2$ ist; sie können durch die Spaltenvektoren $\alpha = \begin{pmatrix} 1 \\ 0 \end{pmatrix}$ bzw. $\beta = \begin{pmatrix} 0 \\ 1 \end{pmatrix}$ repräsentiert werden, d. h., allgemein ist $\chi(s) = a\alpha + b\beta$ mit beliebigen Koeffizienten a, b.

Entsprechendes gilt auch für Teilchen mit $s > {}^1/_2$. Da aus den Darstellungen mit $s = {}^1/_2$ alle anderen Darstellungen mit $s > {}^1/_2$ aufgebaut werden können, spielen Teilchen vom S. ${}^1/_2$ eine grundlegende Rolle in der Theorie der Elementarteilchen (→ Heisenbergsche Theorie der Urmaterie, → Quarkmodell). Die Darstellungen für höhere S.s können ebenfalls als Matrizen geschrieben werden, und zwar mit $2s+1$ Spalten und Reihen.

Zwischen dem S. und der Statistik der Elementarteilchen besteht ein merkwürdiger Zusammenhang: Teilchen mit halbzahligem S., z. B. Elektronen, Protonen und Neutronen, unterliegen der Fermi-Dirac-Statistik und dem Pauli-Prinzip, sie heißen Fermionen; Teilchen mit ganzzahligem S., z. B. Photonen, Mesonen und α-Teilchen, genügen der Bose-Einstein-Statistik und unterliegen nicht dem Pauli-Prinzip, sie heißen Bosonen.

Der S. wurde 1925 von Goudsmit und Uhlenbeck hypothetisch für das Elektron zur Erklärung der Feinstruktur der Spektrallinien eingeführt und 1927 von Stern und Gerlach nachgewiesen (→ Stern-Gerlach-Versuch); später wurde er von Dirac als notwendige Folge der relativistischen Quantentheorie erkannt (→ Dirac-Gleichung). Allgemeiner werden Teilchen mit S. durch relativistisch invariante Wellengleichungen beschrieben, deren Lösungen Darstellungen der Poincaré-Gruppe sind; die dem S. zugeordnete Invariante bezüglich der Poincaré-Gruppe ist das Quadrat $W^2 = -ms(s+1)$ des Pauli-Lubanski-Vektors W_μ.

Auf dem S. beruhen das magnetische Moment der Teilchen, die Feinstruktur der Spektrallinien, der Ferromagnetismus u. a. Ein direkter makroskopischer Nachweis des S.s über den Ferromagnetismus ist der Einstein-de-Haas-Effekt (→ Barnett-Effekt).

Spinabsättigung, → Valenzstruktur-Methode.

Spinaustauschstöße, Bezeichnung für Stöße zwischen paramagnetischen Teilchen, die zu einer Änderung der Spinrichtung dieser Teilchen führen. Bei einem Spinaustauschstoß zweier paramagnetischer Atome ändert sich die Richtung des Gesamtdrehimpulses jedes Atoms in der Weise, daß der Drehimpuls des Systems, das aus den beiden zusammenstoßenden Atomen besteht, vor und nach dem Stoß erhalten bleibt.

Bisher konnten durch → optisches Pumpen alle Alkalimetallatome, Quecksilberkerne und Helium-3 polarisiert werden. Für andere Atome, deren Resonanzstrahlung im fernen UV liegt, ist direktes optisches Pumpen nicht möglich, da die Strahlung in diesem Bereich des Spektrums nicht polarisiert werden kann. Diese Atome können jedoch indirekt durch S. polarisiert werden. Besteht der Dampf in einer Küvette aus einem Gemisch zweier paramagnetischer Atomsorten *A* und *B*, z. B. Rubidium und Zäsium, so wird, wenn das System der Atome *A* polarisiert ist, diese Polarisation auf das System der Atome *B* durch S. übertragen. Während dieser Stöße werden die Valenzelektronen der zwei zusammenstoßenden Atome ausgetauscht. Jedes Elektron behält seine Spinorientierung bei. Symbolisch kann der Spinaustauschprozeß folgendermaßen geschrieben werden: $A\downarrow + B\uparrow \to A\uparrow + B\downarrow$. Die Pfeile zeigen hierbei die Orientierung der Spinvektoren der Valenzelektronen an.

Durch S. mit optisch gepumpten Alkalimetallatomen konnten z. B. polarisiert werden: freie Elektronen, ^{1}H, D, T, ^{14}N, ^{15}N, ^{31}P, K, ^{6}Li, ^{7}Li, Cu, Ag, ^{3}He. Die Polarisation des durch Spinaustausch polarisierten Atomsystems *B* kann über die Polarisation des optisch gepumpten Alkalimetallatomsystems *A* nachgewiesen werden. Wird z. B. durch Anlegen eines hochfrequenten Magnetfeldes die Polarisation des Systems *B* zerstört, so wird infolge der S. auch die Polarisation des Systems *A* einen kleineren Wert annehmen.

Spin-Bahn-Kopplung, svw. Spin-Bahn-Wechselwirkung.

Spin-Bahn-Wechselwirkung, *Spin-Bahn-Kopplung*, 1) in der Atomhülle: die Erscheinung, daß das magnetische Spinmoment eines Elektrons mit dem im Bezugssystem des Elektrons auf Grund seiner Bewegung entstehenden Magnetfeld in Wechselwirkung tritt. Jedes Elektron der Atomhülle stellt einen magnetischen Dipol dar (Spinmagnetismus) und bewegt sich zunächst in dem vom Atomkern erzeugten Coulomb-Feld. Im Bezugssystem des Elektrons, seine Geschwindigkeit sei $\vec{v}$, herrscht ein Magnetfeld der Feldstärke $\vec{H} = \frac{-1}{\mu_0 c^2} \vec{v} \times \vec{E}$. Hierbei sind $\vec{E}$ die Feldstärke des Coulomb-Feldes, c die Lichtgeschwindigkeit und μ_0 die Induktionskonstante. Die Wechselwirkungsenergie zwischen dem magnetischen Eigenmoment $\vec{m} = e\mu_0\, 2\vec{s}/2m$ des Elektrons und dem Magnetfeld beträgt

$$E_{\mathrm{SBW}} = -\vec{m}\vec{H} = \frac{e}{2m}\, 2\vec{s}\left(\frac{\vec{v}}{c^2} \times \vec{E}\right) = = \frac{1}{2}\left(\frac{e}{mc}\right)^2 \frac{1}{4\pi\varepsilon_0} \frac{Z}{r^3}\, 2\vec{s}\vec{l}.$$

Hierbei bedeuten e die Elementarladung, ε_0 die Dielektrizitätskonstante, Z die Kernladungszahl, r den Abstand des Elektrons vom Atomkern, $\vec{s}$ den Spindrehimpuls und $\vec{l}$ den Bahndrehimpuls des Elektrons. Beim Übergang zur Quantenmechanik werden $\vec{l}$ und $\vec{s}$ durch die entsprechenden Operatoren ersetzt. Der Beitrag H_{SBW} der S.-B.-W. zum Hamilton-Operator der Atomhülle hat mit der relativistischen Thomas-Korrektur (Faktor 1/2) die Form:

$$H_{\mathrm{SBW}} = \frac{1}{2}\left(\frac{e}{mc}\right)^2 \frac{1}{4\pi\varepsilon_0} \sum_i \frac{Z_{\mathrm{eff}}(r_i)}{r_i^3} \hat{\vec{s}}_i \hat{\vec{l}}_i .$$

Die Summation erstreckt sich nur über die Außenelektronen, da sich die Beiträge der abgeschlossenen Elektronenuntergruppen kompensieren. $Z_{\mathrm{eff}}(r_i)$ ist eine effektive Kernladungszahl, die die Abschirmung des Coulomb-Feldes durch die Elektronen der abgeschlossenen Schalen berücksichtigt. Auf Grund der S.-B.-W. hat das Energieniveauschema der Atomhülle eine Feinstruktur.

2) im Atomkern: → Kernmodelle, Abschn. Schalenmodell.

Spindelpresse, → Druckschraube.

Spindichtewelle, spezielle Form des Antiferromagnetismus in Metallen, charakteristisch für Chrom und seine Legierungen (→ magnetische Struktur, zykloidale Struktur). Die Periode der S. ist durch die Geometrie der Fermi-Flächen bestimmt und daher im allgemeinen inkommensurabel mit der Gitterperiode.

Spindublett, *relativistisches Dublett*, Multiplett im Energieniveauschema der Atomhülle mit der Multiplizität 2. Im Gegensatz zum → Abschirmungsdublett entsteht das S. durch die Spin-Bahn-Wechselwirkung der Elektronen. Die beiden Komponenten des S.s haben gleiche Werte der Hauptquantenzahl n und der Drehimpulsquantenzahl l. Die Quantenzahlen des Gesamtdrehimpulses unterscheiden sich: $j = l \pm 1/2$.

Spin-Echo-Verfahren, → magnetische Kernresonanz.

Spineigenfunktion, → Spin.

Spinelle, 1) S. im engeren Sinne (*Edelspinelle*), schön gefärbte und durchsichtige Minerale der chemischen Zusammensetzung $MgO \cdot Al_2O_3$. Der Strukturtyp dieser S. gehört zum kubischen Kristallsystem. 2) S. im weiteren Sinne, eine Gruppe von Mineralen, die ebenfalls kubisch kristallisieren. Dabei können gegenüber den S.n 1) das Magnesium durch andere zwei-, das Aluminium durch andere dreiwertige Metalle und der Sauerstoff durch andere Anionen der VI. Gruppe des Periodensystems ersetzt sein. In der Elementarzelle der Spinellstruktur stehen den Kationen die Zwischengitterplätze des dichtgepackten Sauerstoffgitters zur Verfügung. Da es zwei kristallographisch ungleichwertige Arten von Zwischengitterplätzen gibt, unterscheiden sich die entsprechenden Untergitter auch in ihren magnetischen Eigenschaften. Dieser Unterschied bedingt unter anderem den Ferrimagnetismus der technisch wichtigen Ferrite.

Spinfunktion, → Spin, → Wellenfunktion.

Spin-Gitter-Relaxation, → paramagnetische Relaxation.

Spin-Hamilton-Operator, → paramagnetische Elektronenresonanz.

Spinkoordinaten, → Spin.

Spinkühlung, eine Methode zur Erzeugung → polarisierter Kerne.

Spinmatrizen, → Spin.

Spinmoment, *magnetisches S.*, Bezeichnung für das magnetische Dipolmoment von Elementarteilchen, z. B. Elektron, Proton, Neutron, das mit deren Spindrehimpuls gekoppelt ist. Der Operator dieses Dipolmoments lautet für das Elektron $\hat{m} = (e\hbar/2m_e)\, g\hat{s}/\hbar$. Hierbei sind $\hat{s}$ der Operator des → Spins, e die Ladung des Elektrons, m_e die Masse des Elektrons, $\hbar = h/2\pi$ die Plancksche Konstante, μ_0 die Induktionskonstante und g der g-Faktor. Für das Elektron ist $g = 2$, für das Proton ist $g_p = 5{,}58$ und für das Neutron ist $g_n = -3{,}83$. Dabei ist die Masse des Elektrons in der Formel durch die Masse des Protons bzw. des Neutrons sowie e durch $|e|$ zu ersetzen. Der Faktor $|e|\,\hbar/2m_e$ wird als → Bohrsches Magneton bezeichnet. Ersetzt man m_e durch die Masse des Protons, so erhält man das etwa 2000mal kleinere → Kernmagneton.

Das S. wurde erstmals durch den → Stern-Gerlach-Versuch nachgewiesen.

Spinnbarkeit, die Fähigkeit einiger Stoffe, sich zu langen, elastischen Strähnen oder Fasern verfestigen zu lassen.

Spinodalkurven, die Trennungslinien zwischen den Bereichen labiler Zustände und stabiler sowie metastabiler Zustände auf den (Hyper-) Flächen, die die freie Energie F oder die freie Enthalpie G als Funktion der Zusammensetzung, z. B. der Molenbrüche $x_1, x_2, \ldots, x_N$, bei konstanter Temperatur und konstantem Volumen oder Druck darstellen (Abb.). Die S.

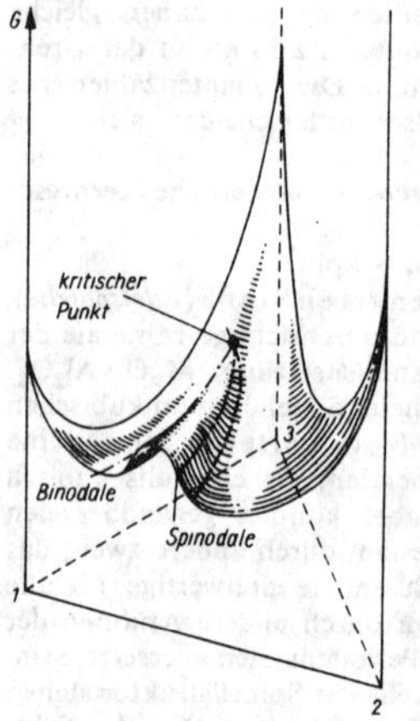

Lage der Spinodal- und Binodal-Kurven in der Fläche, welche die freie Enthalpie eines Dreistoffsystems als Funktion der Zusammensetzung darstellt, wenn die Existenz eines Bereichs instabiler Zustände, in dem es zur Bildung zweier koexistierender Phasen kommt, angenommen wird (schematisch)

liegen innerhalb der → Binodalkurven. Im Stabilitätsgebiet ist $\delta^2 F(V, x_1, \ldots, x_N) > 0$, im Instabilitätsbereich ist $\delta^2 F(V, x_1, \ldots, x_N) < 0$. Auf der Stabilitätsgrenze, d. h. auf der Spinodalkurve ist $\delta^2 F = 0$. Analoges gilt für die Funktion G. Die Gleichungen für die S. werden durch die → Gibbsschen Determinanten (1. Art) beschrieben.

Spinoperator, → Spin.

Spinor, zweikomponentige Größe $a = \begin{pmatrix} a_1 \\ a_2 \end{pmatrix}$ mit den Komponenten a_r ($r = 1, 2$), die Element eines zweidimensionalen komplexen Raumes ist und durch ihr Verhalten gegenüber Transformationen mit den Matrizen $U = \begin{pmatrix} \alpha\beta \\ \gamma\delta \end{pmatrix}$ der zweidimensionalen unimodularen Gruppe C_2 bestimmt ist (zweikomponentiger *S. erster Ordnung* oder auch *Elementarspinor* genannt). Die komplexen Zahlen α, β, γ und δ sind die Elemente U_r^s ($r, s = 1, 2$) der Matrix U, für die det $\|U\| = \alpha\delta - \beta\gamma = 1$ gilt. Der transformierte S. a' hat die Komponenten $a_1' = \alpha a_1 + \beta a_2$ und $a_2' = \gamma a_1 + \delta a_2$, also $a_r' = \sum_{s=1}^{2} U_r^s a_s$. Der zu a konjugiert komplexe S. $\dot{a}$ hat die Komponenten $a_{\dot{r}} = a_r^*$; seine Komponenten transformieren sich gemäß $a_{\dot{r}}' = U^*{}_r{}^s a_{\dot{s}}$, also $a_{\dot{1}}' = \alpha^* a_{\dot{1}} + \beta^* a_{\dot{2}}$ und $a_{\dot{2}}' = \gamma^* a_{\dot{1}} + \delta^* a_{\dot{2}}$, wobei der Stern das Konjugiertkomplexe der Zahlen α, β, γ und δ bezeichnet. Definiert man das Skalarprodukt (a, b) zweier Elementarspinoren durch $(a, b) = a_1 b_2 - a_2 b_1$ bzw. $(\dot{a}, \dot{b}) = a_{\dot{1}} b_{\dot{2}} - a_{\dot{2}} b_{\dot{1}}$ für die konjugiert komplexen Elementarspinoren, dann ist dieses Skalarprodukt gegenüber den Transformationen aus C_2 invariant, d. h. $(a', b') = (a, b)$ bzw. $(\dot{a}', \dot{b}') = (\dot{a}, \dot{b})$. Führt man außer diesen so definierten, *kovarianten* S.en die *kontravarianten* S.en mit den Komponenten a^r bzw. $a^{\dot{r}}$ vermöge der Definition $a^1 \equiv a_2$, $a^2 \equiv -a_1$ bzw. $a^{\dot{1}} \equiv a_{\dot{2}}$, $a^{\dot{2}} \equiv -a_{\dot{1}}$ ein, dann kann das oben eingeführte Skalarprodukt (in Analogie zur Definition des Skalarprodukts für Vektoren) als $(a, b) = a_1 b^1 + a_2 b^2 = a_r b^r$ und $(\dot{a}, \dot{b}) = a_{\dot{1}} b^{\dot{1}} + a_{\dot{2}} b^{\dot{2}}$ geschrieben werden, wobei über doppelt auftretende ko- und kontravariante Indizes zu summieren ist (Einsteinsche Summenkonvention). Es gilt $(a, b) = -(b, a)$ und daher $(a, a) = 0$. Das Herauf- und Hinunterziehen der Indizes erfolgt mit dem antisymmetrischen Tensor $g_{rs} = g_{\dot{r}\dot{s}} = -g^{rs} = -g^{\dot{r}\dot{s}} = \begin{pmatrix} 0 & 1 \\ -1 & 0 \end{pmatrix}$ gemäß $a^r = g^{rs} a_s$, $a_r = g_{rs} a^s$, $b^{\dot{r}} = g^{\dot{r}\dot{s}} b_{\dot{s}}$ bzw. $b_{\dot{r}} = g_{\dot{r}\dot{s}} b^{\dot{s}}$.

S.en *höherer Ordnung* (*Stufe*) sind 2^{k+l}-komponentige Größen $S_{r_1 \ldots \dot{r}_k}{}^{s_1 \ldots s_l}$, die Elemente eines ebenfalls 2^{k+l}-dimensionalen komplexen Raumes sind und sich wie das (direkte) Produkt $a_{r_1} b_{r_2} \cdots c_{\dot{r}_k} d^{\dot{s}_1} e^{s_2} \cdots f^{s_l}$ von Elementarspinoren $a, b, \ldots, c, d, e, \ldots, f$ transformieren, also gilt $S_{k \ldots \dot{m} \ldots}{}^{h \ldots \dot{n} \ldots} = U_k{}^f \cdots U^*{}_{\dot{m}}{}^{g} \cdots \hat{U}_l{}^h \cdots \hat{U}^*{}_{\dot{p}}{}^{n} \cdots S_{f \ldots \dot{g} \ldots}{}^{l \ldots \dot{p} \ldots}$, wobei $\hat{U}_g{}^k$ die Elemente der durch $U_k{}^f \hat{U}_g{}^k = \delta_g{}^f$ definierten, zu U inversen Matrix $\hat{U}$ sind.

Die Anzahl $(k + l)$ der Indizes heißt *Ordnung* oder *Stufe* des S.s; ein S. mit nur punktierten oder nur unpunktierten Indizes heißt *reiner S.* – andernfalls *gemischter S.* Der Übergang von einem S. zu dem konjugiert komplexen S. erfolgt durch Ersetzen aller unpunktierten bzw. punktierten Indizes durch punktierte bzw. unpunktierte, z. B. $(S_{r\dot{s}}{}^{t})^* = S_{\dot{r}s}{}^{\dot{t}}$. Die Position eines punktierten und eines unpunktierten Index kann vertauscht werden, d. h., es gilt $S_{r\dot{s}} = S_{\dot{s}r}$, da sich die Komponenten mit unterschiedlichem Charakter der Indizes unterschiedlich transformieren.

Die *Rechenregeln* für S.en stimmen daher im wesentlichen mit denen der Tensorrechnung überein; durch die möglichen Punktierungen der Indizes treten aber zusätzliche Regeln auf. Es können nur solche S.en addiert werden, deren Indexbilder genau übereinstimmen. Die *Verjüngung* von S.en geht nur über zwei punktierte oder zwei unpunktierte Indizes, z. B. $S'^{km} = S_n{}^{nkm}$ oder $S'^{mn\dot{o}} = S_p{}^{pmn\dot{o}}$. Die *Multiplikation* von S.en entspricht der tensoriellen Multiplikation.

Ein sehr wichtiger Zusammenhang zwischen den unimodularen Transformationen und der allgemeinen Lorentz-Transformation ergibt sich, wenn man dem → Vierervektor x mit den Komponenten ($x^1, x^2, x^3, x^4 = ct$) mit Hilfe der Paulischen Spinmatrizen $\vec{\sigma} = (\sigma_1, \sigma_2, \sigma_3)$ und der Einheitsmatrix $E = \sigma_4$ die unimodulare

(2, 2)-Matrix $X = \sum_{l=1}^{4} x^l \sigma_l$ mit den Elementen $X_{m\dot{n}} = \begin{pmatrix} x^4 + x^3 & x^1 + \mathrm{i}x^2 \\ x^1 - \mathrm{i}x^2 & x^4 - x^3 \end{pmatrix}$ zuordnet, die ein gemischter kovarianter S. zu den Koordinaten des Minkowski-Raumes ist; dabei sind x^1, x^2 und x^3 Koordinaten des gewöhnlichen dreidimensionalen Raums und t die Zeitkoordinate. Die aus den Komponenten des obigen S.s gebildete Determinante ist bei unimodularen Transformationen eine Invariante, die gleichzeitig mit dem Abstand im Minkowski-Raum übereinstimmt, der bei Lorentz-Transformationen ebenfalls invariant ist, d. h., es gilt
$\det \|UXU^\dagger\| = \det \|X\| = x^2 \equiv$
$= (x^1)^2 + (x^2)^2 + (x^3)^2 - c^2t^2$.

Ausgehend davon kann gesagt werden, daß die Gruppe der unimodularen Transformationen homomorph zur eigentlichen Lorentz-Gruppe ist, da jeder Lorentz-Transformation Λ (bis auf das Vorzeichen) eindeutig eine Matrix U zugeordnet werden kann ($\Lambda \longleftrightarrow \pm U$). Weiterhin ergibt die obige Zuordnung die Möglichkeit, jedem Tensor im Minkowski-Raum einen S. zuzuordnen; die Umkehrung ist aber nur für S.en mit geradzahliger Stufe möglich. Da man aus der Umrechnung der Koordinaten des Minkowski-Raumes in Spinorkoordinaten auch die partiellen Ableitungen im Minkowski-Raum durch partielle Ableitungen im Spinorraum ausdrücken kann, besteht die Möglichkeit, jede Tensorgleichung in eine lorentzinvariante Spinorgleichung umzuwandeln:

Dem Differentialoperator $\partial_\mu = \partial/\partial x^\mu$ im Minkowski-Raum wird der gemischte Spinoroperator $\partial_{r\dot{s}}$ mit
$\partial_{1\dot{1}} = \partial_3 - \mathrm{i}\partial_4, \quad \partial_{1\dot{2}} = \partial_1 - \mathrm{i}\partial_2,$
$\partial_{2\dot{1}} = \partial_1 + \mathrm{i}\partial_2, \quad \partial_{2\dot{2}} = -\partial_3 - \mathrm{i}\partial_4$
zugeordnet, für den $\partial_{r\dot{s}}\, \partial^{r\dot{t}} = \delta^{\dot{t}}_{\dot{s}}\, \partial_\mu \partial^\mu$ gilt. Die Weyl-Gleichung lautet dann $\partial_{r\dot{s}}\, \varphi^r = \varkappa \varphi_{\dot{s}}$ und die Dirac-Gleichung lautet $\partial_{rs}\, \varphi^r = \mathrm{i}\varkappa \chi_{\dot{s}}$, $\partial^{r\dot{s}}\, \chi_{\dot{s}} = \mathrm{i}\varkappa \varphi^r$ mit $\varkappa = m_0 c/\hbar$; faßt man die beiden Spinoren $\varphi_r = g_{rs}\, \varphi^s$ und $\chi^{\dot{s}} = g^{\dot{s}\dot{r}}\, \chi_{\dot{r}}$ zu einem 4-komponentigen Bispinor (Dirac-Spinor) $\psi = \begin{pmatrix} \varphi_r \\ \chi^{\dot{s}} \end{pmatrix}$ zusammen, so erhält man die Dirac-Gleichung $(\gamma_\mu\, \partial_\mu + \varkappa)\, \psi(x) = 0$ in der bekannten Form, wobei γ_μ die Diracschen Gammamatrizen sind. Die S.en $\varphi_r(x)$ und $\chi^{\dot{s}}(x)$ transformieren sich bei eigentlichen Lorentz-Transformationen getrennt voneinander und vertauschen ihre Rolle bei Spiegelungen:

$$P\psi(x) = P \begin{pmatrix} \varphi_r(k) \\ \chi^{\dot{s}}(x) \end{pmatrix} = -\mathrm{i} \begin{pmatrix} \chi^{\dot{s}}(-x) \\ \varphi_r(-x) \end{pmatrix}.$$

Spinordarstellung relativistischer Wellengleichungen, Umschreibung beliebiger relativistischer Wellengleichungen für Teilchen der Masse m mit beliebigem Spin s als Spinorgleichung; dies ist möglich, weil sich beliebige Vierervektoren, Vierertensoren usw. durch Spinoren ausdrücken lassen.

Nach Dirac, Pauli und Fierz genügt ein Teilchen der Masse m mit dem Spin s den Gleichungen

$$\partial_{a\dot{b}}\varphi^{aa_1a_2\ldots a_l}_{\dot{b}_1\dot{b}_2\ldots\dot{b}_k} = \mathrm{i}\varkappa\chi^{a_1a_2\ldots a_l}_{\dot{b}\dot{b}_1\dot{b}_2\ldots\dot{b}_k}$$
$$\partial^{a\dot{b}}\chi^{a_1a_2\ldots a_l}_{\dot{b}\dot{b}_1\ldots\dot{b}_k} = \mathrm{i}\varkappa\varphi^{aa_1a_2\ldots a_l}_{\dot{b}_1\dot{b}_2\ldots\dot{b}_k},$$

wobei φ bzw. χ symmetrische Spinoren mit $l + 1$ bzw. l (unpunktierten) oberen und k bzw. $k + 1$ (punktierten) unteren Indizes sind, die jeweils unabhängig voneinander die Werte 1 oder 2 annehmen können, ferner
$\partial_{1\dot{1}} = \partial_3 - \mathrm{i}\partial_4$, $\partial_{1\dot{2}} = \partial_1 - \mathrm{i}\partial_2$, $\partial_{2\dot{1}} = \partial_1 + \mathrm{i}\partial_2$, $\partial_{2\dot{2}} = -\partial_3 - \mathrm{i}\partial_4$ mit $\partial_\mu \equiv \partial/\partial x^\mu$ für $\mu = 1, 2, 3, 4$, und $n^a = \varepsilon^{ab} n_b$, $n^{\dot{b}} = \varepsilon^{\dot{b}\dot{a}} n_{\dot{a}}$, $\varepsilon^{ab} = \varepsilon^{\dot{a}\dot{b}} = \begin{pmatrix} 0 & 1 \\ -1 & 0 \end{pmatrix}$ ist; $\varkappa = mc/\hbar$ (c Lichtgeschwindigkeit, $\hbar = h/2\pi$, h Plancksches Wirkungsquantum). Wegen $\partial_{a\dot{b}}\partial^{a\dot{c}} = \Box\, \delta^{\dot{c}}_{\dot{b}}$ folgt für χ und φ die Klein-Gordon-Gleichung

$$(\Box - \varkappa^2)\, \chi^{a_1\ldots a_l}_{\dot{b}\dot{b}_1\ldots\dot{b}_k} = 0.$$

Da $s = (l + k + 1)/2$ gilt, gibt es wegen der verschiedenen Möglichkeiten zur Wahl von l und k insgesamt $2s$ mögliche, physikalisch äquivalente Theorien zum Spin s. Eine dieser möglichen Darstellungen ist, für $s = n + 1/2$ die Rarita-Schwinger-Theorie (→ Rarita-Schwinger-Gleichung) $(\beta^\mu \partial_\mu + \varkappa)\, \psi_\nu = 0$ mit den Bedingungen $[\beta^\mu, S^{\lambda\nu}] = \delta^{\lambda\nu}\beta^\nu - \delta^{\nu\mu}\beta^\lambda$ zu postulieren, wobei $S^{\lambda\nu}$ die infinitesimalen Erzeugenden der Lorentz-Transformationen sind. Wählt man $S^{\lambda\nu} = [\beta^\lambda, \beta^\nu]$ und fordert $(\beta^\mu)^2 = 1$ bzw. $(\beta^\mu)^3 = \beta^\mu$, so erhält man für β^μ 4- bzw. 16dimensionale Darstellungen, d. h., ψ muß ebenfalls 4 bzw. 16 Komponenten aufweisen, und es handelt sich gerade um die Dirac- bzw. die Duffin-Kemmer-Gleichung.

Spinorfeld, → Feld.

Spinortensor, → Rarita-Schwinger-Gleichung.

Spinpaarung, Übergang eines Atoms – z. B. bei der Verbindungsbildung – in einen angeregten Zustand derart, daß aus zwei einzelnen Elektronen ein Paar mit entgegengesetzten Spinrichtungen entsteht, z. B. beim Schwefel

3s	3p		3s	3p
↑ ↓	↑↓ | ↑ | ↑	in	↑ ↓	↑↓ | ↑↓ |

Spinquantenzahl, → Quantenzahl des Spins eines Teilchens.

spin refrigeration, eine Methode zur Erzeugung → polarisierter Kerne.

Spin-Relaxation, der Prozeß, den ein magnetisch geordnetes System durchläuft, wenn es aus dem Nichtgleichgewicht in den Gleichgewichtszustand zurückkehrt (→ paramagnetische Relaxation). Die wichtigsten Wechselwirkungsprozesse, die zum Gleichgewicht führen, sind die Wechselwirkung der Spinwellen untereinander und die Wechselwirkung zwischen Spinwellen und Phononen. Die Wechselwirkung der Spinwellen untereinander ist jedoch viel stärker, so daß sich zuerst ein Quasigleichgewicht des Spinwellengases einstellt – die dafür benötigte Zeit heißt *Spin-Spin-Relaxationszeit* – und erst später, nach Ablauf der *Spin-Gitter-Relaxationszeit*, das Gesamtgleichgewicht. Das besagt auch, daß im Quasigleichgewicht die Temperatur des Spinwellengases verschieden von der des Gittersystems ist, oder auch, daß im Quasigleichgewicht die Magnetisierung sich von der im Gleichgewicht unterscheidet.

Spinresonanz, gemeinsamer Oberbegriff für → magnetische Kernresonanz (Kernspinresonanz) und → paramagnetische Elektronenresonanz (Elektronenspinresonanz).

Spin-Spin-Relaxation, → paramagnetische Relaxation.

Spin-Spin-Wechselwirkung, der lediglich von den Spins der Elektronen eines Atoms herrührende Anteil an der gesamten Wechselwirkung der Elektronen. Der relativistische Hamilton-Operator des Atoms enthält unter anderem sowohl linear als auch quadratisch von den Spinoperatoren der Elektronen abhängende Terme, die beide von der Ordnung $(v/c)^2$ sind, wobei v bzw. c die Geschwindigkeit der Elektronen bzw. des Lichts ist; die linearen Terme entsprechen der Wechselwirkung der Bahnbewegung mit dem Spin (→ Spin-Bahn-Wechselwirkung), die quadratischen Terme entsprechen der S.-S.-W.: Sind $\vec{S}$ der Gesamtspin und $\vec{J}$ der Gesamtdrehimpuls des Atoms, dann hängt die S.-S.-W. von $\vec{S}^2$ und $(\vec{S}\vec{J})^2$ ab, wobei jedoch nur das letzte Glied einen Beitrag zur Feinstrukturaufspaltung liefert. Die S.-S.-W. kann als Wechselwirkung der von den Elektronenspins herrührenden magnetischen Dipolmomente (Spinmagnetismus) verstanden werden. Da sie im Gegensatz zur Spin-Bahn-Wechselwirkung im wesentlichen von der Ordnungszahl Z unabhängig ist, spielt sie insbesondere für große Z eine untergeordnete Rolle für die Struktur der Atome und wird daher gewöhnlich nicht berücksichtigt.

In der Kernphysik ist die S.-S.-W. der Nukleonen des Atomkerns wichtig; sie ist die Ursache für die Spinabhängigkeit der Kernkraft. Auch bei der Streuung von Elementarteilchen geht die S.-S.-W. wesentlich ein.

Spintemperatur, → paramagnetischer Resonanzeffekt, → paramagnetische Relaxation.

Spinthariskop, in der Anfangszeit der Kernphysik verwendetes Nachweisgerät für geladene Teilchen. Mit dem S. wurden Lichtblitze, die energiereiche Teilchen auf einem Leuchtschirm auslösen, gezählt.

Spintrennung, Anregung eines Atoms, z. B. bei der Verbindungsbildung, derart, daß ein im Grundzustand bestehendes Elektronenpaar mit entgegengesetzten Spins in einfach besetzte Zustände übergeht, z. B. beim Schwefel

3s	3p		3s	3p	3d
↑↓	↑↓ ↑ ↑	in	↑↓	↑ ↑ ↑	↑

Spinvalenz, → Valenzstruktur-Methode.

Spinwellen, die niedrigsten angeregten Zustände über dem Grundzustand eines Ferro-, Antiferro- oder Ferrimagneten. Die physikalische Ursache für die Existenz der S. sind die Austauschwechselwirkung und die Translationssymmetrie des Kristalls, die ein wellenförmiges Ausbreiten einer Störung des Grundzustandes bewirken. Der quantenmechanischen Beschreibung nach ist die Spinwelle ein Quasiteilchen und wird in diesem Zusammenhang oft als *Magnon*, in Ferromagnetika als *Ferromagnon* bezeichnet. Gekennzeichnet werden S. durch Quasiimpuls und Dispersionsrelation. Letztere kann aus dem Heisenberg-Modell, der Bändertheorie des Ferromagnetismus oder auch aus phänomenologischen Gleichungen, z. B. der Landau-Lifschitz-Gleichung, abgeleitet werden.

In der thermodynamischen Beschreibung eines magnetisch geordneten Festkörpers spielen die S. eine große Rolle. Im Gleichgewicht können sie (bei niedrigen Temperaturen) in guter Näherung als ein ideales Bose-Gas angesehen werden. Das wichtigste experimentelle Mittel zur Untersuchung der S. ist z. Z. die inelastische magnetische Neutronenstreuung.

Spinwellenfunktion, → Spin.

Spinwellenresonanz, → ferromagnetische Resonanz.

Spiralität, svw. Chiralität.

Spiralnebel, → Sternsystem.

Spiral Reader, → Auswertung von Aufnahmen.

Spiralsystem, → Sternsystem.

Spiralversetzung, *Helix*, eine Schraubenversetzung (→ Versetzung), die sich durch Kletterbewegungen in einem mit Eigenfehlstellen übersättigten Kristall zu einer Spirale aufgewunden hat.

Spiralwachstum, → Kristallwachstum.

Spitzendiode, → Halbleiterdiode.

Spitzenentladung, svw. Büschelentladung.

Spitzenspannungsmesser, *Scheitelspannungsmesser*, eine elektrische Schaltung zum Messen des momentanen Maximalwertes, d. h. des Spitzen- oder Scheitelwertes U_S, den eine von der Zeit t abhängige, periodische Wechselspannung $u(t)$ aufweist. Ein entsprechender Spannungsverlauf ist in Abb. 1 dargestellt. Eine Ausführungsform des S.s, die zum Beispiel in elektronischen Spannungsmessern eingesetzt wird, zeigt Abb. 2. Ein

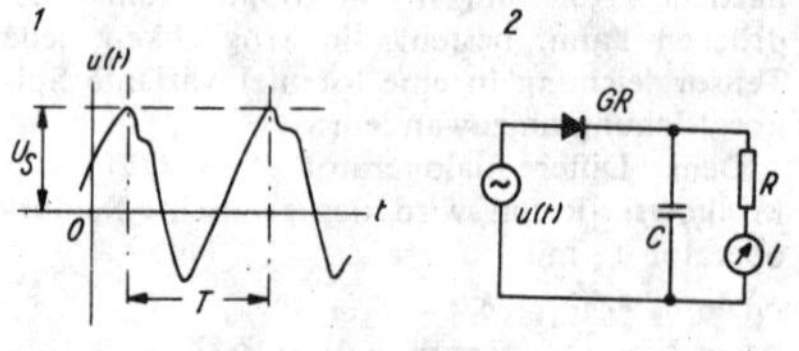

Spitzenspannungsmessung: *1* Beispiel für den zeitlichen Verlauf einer zu messenden Spannung, *2* Spitzenspannungsmesserschaltung

Kondensator mit der Kapazität C wird über einen Gleichrichter GR nahezu auf den Spitzenwert U_S aufgeladen. Die Kondensatorspannung wird mit dem parallelgeschalteten empfindlichen Drehspulinstrument I gemessen, wobei ein großer Vorwiderstand R eine merkliche Entladung des Kondensators zwischen den aufeinanderfolgenden Spitzenwerten von $u(t)$ verhindert. Bei $RC \gg T$ ist der Ausschlag des Instrumentes dem Spitzenwert U_S proportional. T ist der zeitliche Abstand der aufeinanderfolgenden Spitzenwerte. Eine Möglichkeit zur Spitzenspannungsmessung bietet auch ein geeichter Oszillograph, mit dem der Gesamtverlauf der Spannung aufgezeichnet werden kann.

Spitzentransistor, → Transistor.

Spitzenübermikroskop, svw. Feldelektronenmikroskop.

spontane Emission, im Gegensatz zur → induzierten Emission der Übergang angeregter (gebundener) quantenmechanischer Systeme in tiefer liegende Zustände unter Emission von elektromagnetischer Strahlung oder massiven Teilchen (falls die Anregungsenergie dazu ausreicht), wenn sich das System n i c h t in einem äußeren Strahlungs- oder Teilchenfeld befindet (→ Einsteinsche Übergangswahrscheinlichkeiten).

spontane Formänderung, Formänderung, die sich unmittelbar nach Aufbringen einer sehr kurzzeitig wirkenden Last einstellt. Wirkt eine Kraft nicht länger als wenige Sekunden, so erweist sich die plastische Formänderung für viele Metalle bei Raumtemperatur als unabhängig von der Belastungszeit.

spontane Magnetisierung, die in Ferro- und Ferrimagnetika ohne Einwirkung eines Magnetfeldes innerhalb der Weißschen Bezirke existierende Magnetisierung. Ursache der s.n M. ist die → Austauschwechselwirkung, die die atomaren magnetischen Momente ausrichtet. Ihr entgegen wirken die thermischen Schwankungen, die zu einer Temperaturabhängigkeit der s.n M. ($T^{3/2}$-Gesetz) und schließlich bei der Curie-Temperatur zu dem Verschwinden der s.n M. führen. Da magnetische Felder im wesentlichen nur die s. M. der einzelnen Bereiche ausrichten, stimmt die s. M. praktisch mit der Sättigungsmagnetisierung (→ magnetische Sättigung) überein.

Spontanspaltung, ohne jeden äußeren Anlaß erfolgende spontane Aufspaltung der schwersten Atomkerne, d. h. der Kerne mit einer Kernladungszahl etwa oberhalb $Z = 90$. Die S. ist eine Art radioaktiver Zerfall, sie befolgt das exponentielle Zerfallsgesetz. Energetisch könnte die S. bereits bei Kernen mit Massezahlen $A > 85$ auftreten. Es existiert jedoch eine elektrostatische Spaltungsbarriere, die das Auftreten der S. stark behindert. Im allgemeinen wird die S. durch andere Zerfallsarten weit übertroffen; nur bei einigen der äußersten Transurane tritt sie zum α-Zerfall in Konkurrenz. Durch S. zerfällt in 1 g U-238 nur etwa alle 2 bis 3 Minuten ein Kern. Die Halbwertszeit der S. nimmt also stark ab, je schwerer der Kern wird. Die stärksten S.en wurden beobachtet beim Fm-254, dessen Halbwertszeit 200 d gegenüber 3,2 h Halbwertszeit für den α-Zerfall beträgt, beim Cf-254 mit einer Halbwertszeit von 85 d und beim Fm-256 mit einer Halbwertszeit von 3,2 h. Bei den beiden letzteren konnte überhaupt kein α-Zerfall festgestellt werden, d. h., bei den höchsten Transuranen dürfte die S. den α-Zerfall übertreffen.

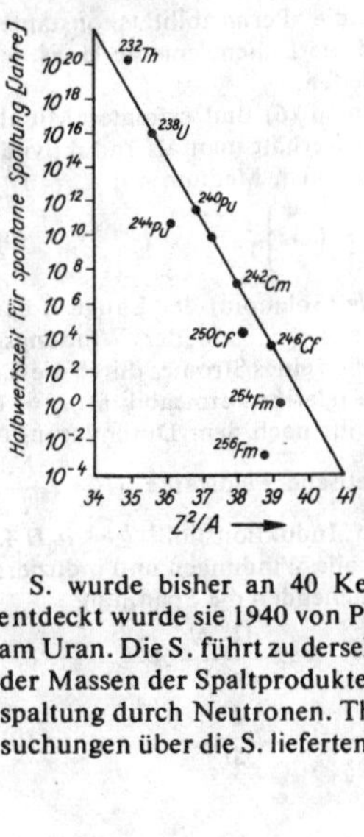

Halbwertszeit fü spontane Spaltung in Abhängigkeit von Z^2/A

S. wurde bisher an 40 Kernen beobachtet; entdeckt wurde sie 1940 von Petrjak und Flerow am Uran. Die S. führt zu derselben Unsymmetrie der Massen der Spaltprodukte wie bei der Kernspaltung durch Neutronen. Theoretische Untersuchungen über die S. lieferten als untere Grenze für die absolute Instabilität von Atomkernen gegenüber S. bei Berücksichtigung der Unsymmetrie der Spaltung die Bedingung $Z^2/A = 44$, wobei Z die Kernladungszahl und A die Massezahl ist. Wahrscheinlich setzt die Existenz der S. dem Periodensystem der Elemente eine obere Grenze. In der Abb. ist der Verlauf der Halbwertszeit in Abhängigkeit von Z^2/A dargestellt.

Spreitung, → Benetzung.

Sprenger-Prisma, → Reflexionsprisma.

Sprengstoffe, → Explosivstoffe.

Spritzfeuer, → Bürstenfeuer.

Sprühentladung, svw. Büschelentladung.

Sprungbedingungen nach Prager, → Spannungsunstetigkeiten.

Sprungflächen, svw. Diskontinuitäten.

Sprung in einer Versetzung, *jog* [aus dem Engl.], *J*, Versetzungssegment, das beim Überwechseln einer Versetzung von einer Gleitebene in eine andere zwischen den beiden Gleitebenen verläuft (Abb. 1). Da der Sprung aus der Gleitebene der Versetzung herauszeigt, der Burgersvektor $\vec{b}$ jedoch in der Gleitebene liegt, hat ein Sprung stets eine Stufenversetzungskomponente und eine vom Burgersvektor der Versetzung und der Sprunglinie aufgespannte Gleitebene. Der Sprung kann sich nur in dieser Gleitebene – also in Richtung von $\vec{b}$ – konservativ mit der Versetzung bewegen, jede andere Bewegung (nichtkonservative oder Kletter-Bewegung) ist mit der Produktion oder Annihilierung von Eigenfehlstellen verbunden. Die nichtkonservative Bewegung von Sprüngen ist energetisch günstiger als die nichtkonservative Bewegung einer Versetzung als Ganzes.

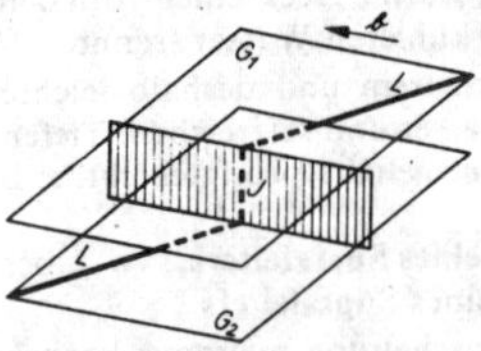

1 Sprung *J* in einer gemischten Versetzung, *L* Versetzungslinie, $\vec{b}$ Burgersvektor, G_1 und G_2 die beiden Gleitebenen der Versetzung. Die Gleitebene des Sprungs ist die schraffierte Ebene

Die Bildung von Sprüngen erfolgt beim Durchschneiden zweier Versetzungen (*Durchschneidungssprünge* Abb. 2). Sprungpaare aus zwei gleichgroßen, entgegengerichteten Sprüngen können beim Klettern durch Anlagerung von Eigenfehlstellen an eine glatte Versetzungslinie gebildet werden.

Zur Erzeugung eines Sprunges muß eine Bildungsenergie aufgewendet werden. Sie kann für große Sprünge (Sprunghöhe gleich Gleitebenenabstand größer als einige *b*) elastizitätstheoretisch berechnet werden. Für elementare Sprünge setzt man die Bildungsenergie gleich der Energie des Versetzungskernes (→ Versetzung, Abschn. III). Im thermischen Gleichgewicht hat eine Versetzung stets eine gewisse Konzentration an Sprüngen, die mit Hilfe der Bildungsenergie nach einer Arrhenius-Beziehung berechnet werden kann. Bei der plastischen Deformation oder bei sehr schnellen Kletterbewegungen durch hohe Übersättigungen an Eigenfehlstellen, z. B. nach Abschrecken, ist die Sprungkonzentration höher als im thermischen Gleichgewicht.

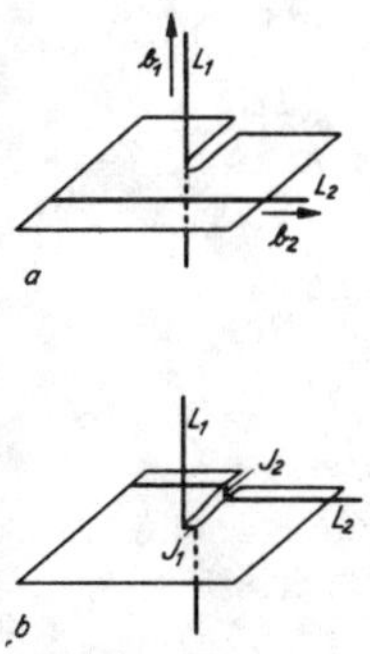

2 Erzeugung zweier Durchschneidungssprünge J_1 und J_2 bei der Durchschneidung der beiden Schraubenversetzungslinien L_1 und L_2. *a* Ausgangszustand, *b* Endzustand. Der Sprung J_1 in L_1 hat die Größe und Richtung des Burgersvektors b von L_2

In Ionenkristallen können die Sprünge elektrisch geladen sein. Bei ungleicher Konzentration von positiv und negativ geladenen Sprüngen trägt die Versetzungslinie eine Ladung, die die gleiche Ursache hat wie die → Debye-Frenkel-Schicht.

Sprungschicht, in der Ozeanologie Bezeichnung für eine Wasserschicht mit einer sprunghaften Änderung der Wassertemperatur oder des Salzgehaltes und daraus resultierend der Dichte. S.en wirken als Sperrschichten für alle vertikalen Austauschvorgänge.

Eine *Temperatursprungschicht* entsteht durch die Erwärmung einer dünnen Oberflächenschicht. Diese wird leichter, wodurch sich der Dichteunterschied zu dem darunterliegenden kühleren und daher schwereren Wasser erhöht. In Abhängigkeit von der vertikalen Verteilung der Dichte und der Strömungsgeschwindigkeit reicht der vertikale Wärmetransport nur bis zu einer bestimmten Tiefe. Es kommt zu einer thermischen Schichtung, wobei die Temperatursprungschicht eine warme Deckschicht von dem darunterliegenden kühleren Wasser trennt.

Zwischen salzärmerem und deshalb leichterem Oberflächenwasser und salzreichem Tiefenwasser liegt eine Salzgehaltssprungschicht, z. B. in der Ostsee.

Sprungtemperatur eines Supraleiters, svw. Übergangstemperatur eines Supraleiters.

Spule, eine Reihenschaltung mehrerer benachbarter koaxialer Leiterschleifen, die meist kreisförmigen oder rechteckigen Querschnitt besitzen.

1) Allgemeines. In einer Leiterschleife wird bei einer Änderung des magnetischen Induktionsflusses Φ nach dem Induktionsgesetz (→ Induktion) eine Spannung

$$U = -\mathrm{d}\Phi/\mathrm{d}t \tag{1}$$

erzeugt. Bei einer S., deren Anzahl von Leiterschleifen man Windungszahl N nennt, wird in jeder dieser Windungen eine solche Spannung induziert, so daß sich als gesamte induzierte Spannung

$$U = -N\,\mathrm{d}\Phi/\mathrm{d}t \tag{2}$$

ergibt. Da man anderseits die Spannung, die durch die Rückwirkung der Änderung des Induktionsflusses auf den Leiter selbst bei Stromänderung induziert wurde, mit Hilfe der Selbstinduktivität oder kurz Induktivität L des Leiters durch

$$U = -L\,\mathrm{d}I/\mathrm{d}t \tag{3}$$

ausdrücken kann, ist deutlich, daß die Induktivität einer S. ebenfalls von der Windungszahl abhängt. I ist dabei der durch den Leiter fließende Strom.

Eine S. dient zur Aufspeicherung magnetischer Feldenergie, die sich aus

$$W_m = \tfrac{1}{2} L I^2 \tag{4}$$

berechnet. Die Induktivität ist als Maß für die Speicherungsfähigkeit an magnetischer Feldenergie die charakteristische Größe für eine S. Außerdem besitzt jede S. einen ohmschen Widerstand und eine Eigenkapazität. Sie stellt im Wechselstromkreis einen frequenzabhängigen Blindwiderstand dar.

Liegen die Wicklungen einer S. nebeneinander, so spricht man von einer *Zylinderspule* oder von einem *Solenoid*, sind sie übereinander gewickelt, von einer *Flachspule*, sind beide Wicklungsarten kombiniert, von einer *mehrlagigen S.* Ist die Spulenachse kreisförmig gekrümmt, so daß Anfang und Ende der S. eng benachbart einander gegenüberstehen, spricht man von einer *Ringspule* oder von einem *Toroid*.

2) Berechnung der Induktivität von S.n. a) *Kreisförmige Drahtschleife* vom Kreisradius R und vom Drahtradius r mit $R \gg r$. Zur Berechnung zerlegt man den Draht vom Querschnitt $q = \pi r^2$ in Längsrichtung in viele dünne stromführende Fasern mit den Querschnitten $\mathrm{d}f_1$, $\mathrm{d}f_2$ ... und berechnet aus der Summation der Gegeninduktivitäten L_{ik} zwischen den einzelnen Fäden die Induktivität L. Ist der Strom I über den ganzen Querschnitt des Drahtes gleichmäßig verteilt, so fließt in einer Faser der Strom $(I/q)\,\mathrm{d}f$. Der Induktionsfluß durch die i-te Faser beträgt dann

$$\Phi_i = (I/q) \sum_k L_{ik}\,\mathrm{d}f_k. \tag{5}$$

Dabei ist k der Summationsindex über alle anderen Stromfäden.

Diese Summe ersetzt man durch ein Integral über die Querschnittsfläche und erhält mit dem Mittelwert über die Flüsse durch alle Fasern $\Phi = (1/q) \int \Phi_i\,\mathrm{d}f_i$ sowie mit der Beziehung $\Phi = LI$ den Ausdruck

$$L = (1/q^2) \iiiint L_{ik}\,\mathrm{d}f_i\,\mathrm{d}f_k. \tag{6}$$

Die Gegeninduktivität zweier fast gleich großer koaxialer Drahtringe ($R_1 \approx R_2 \approx R$) mit dem Abstand b berechnet sich aus der Definitionsgleichung (→ Induktionskoeffizient)

$$L_{12} = \frac{\mu_r \mu_0}{4\pi} \oint\oint \frac{\mathrm{d}\mathfrak{s}_1\,\mathrm{d}\mathfrak{s}_2}{r_{12}}, \tag{7}$$

wenn die relative Permeabilität des Mediums zwischen ihnen $\mu_r = 1$ ist, zu

$$L_{12} = \mu_0 \left\{ R \ln \frac{8R}{b} - 2R \right\}. \tag{8}$$

Dabei ist μ_0 die Permeabilitätskonstante; $\mathrm{d}\mathfrak{s}_1$ und $\mathrm{d}\mathfrak{s}_2$ sind die Linienelemente längs der beiden Leiterschleifen.

Nach Einsetzen in (6) und erfolgter Mittelwertbildung über q erhält man als Induktivität des Drahtrings in einem Medium mit $\mu_r = 1$

$$L = \mu_0 R \left\{ \ln \frac{R}{r} + 0{,}33 \right\}. \tag{9}$$

b) *Zylinderspule* (Solenoid) der Länge l, der Querschnittsfläche $A \ll l^2$ und der Windungszahl N. Beim Fließen eines Stromes durch die S., deren Inneres die relative Permeabilität $\mu_r = 1$ habe, entsteht in ihr nach dem Durchflutungsgesetz die magnetische Feldstärke $H = I\frac{N}{l}$.

Das ergibt einen Induktionsfluß $\Phi = \mu_0 H A$. Dieser durchsetzt alle Windungen und induziert daher an den Spulenenden die Spannung

$$U = -N\frac{\mathrm{d}\Phi}{\mathrm{d}t} = -N\mu_0 \frac{\mathrm{d}I}{\mathrm{d}t}\frac{N}{l} A = -\mu_0 \frac{N^2}{l} A \frac{\mathrm{d}I}{\mathrm{d}t} = -L\frac{\mathrm{d}I}{\mathrm{d}t}. \tag{10}$$

Daraus folgt für die Induktivität

$$L = \mu_0 \frac{N^2}{l} A. \quad (11)$$

Ist im Spuleninneren $\mu_r \neq 1$, so wird der Induktionsfluß $\Phi = \mu_r \mu_0 HA$ und damit

$$L = \mu_r \mu_0 \frac{N^2}{l} A. \quad (12)$$

Eine wichtige Größe für alle S.n mit gerader Achse ist die Windungsfläche A_W. Es ist dies die Summe aller von den Einzelwindungen begrenzten Flächen, projiziert auf eine zur Spulenachse senkrechte Fläche. Bei einer Zylinderspule ist $A_W = NA$, so daß man mit (12) erhält

$$L = \mu_r \mu_0 \frac{N}{l} A_W. \quad (13)$$

c) *Ringspule* (Toroid). Ihre Induktivität ergibt sich unmittelbar aus der einer Zylinderspule, wenn man l durch $2\pi R$ ersetzt, wobei R der Radius der Ringspule ist. Man erhält nämlich aus dem Durchflutungsgesetz für das Magnetfeld im Inneren der Ringspule $H = N \frac{I}{2\pi R}$, damit wird

$$L = \mu_r \mu_0 \frac{N^2 A}{2\pi R}. \quad (14)$$

3) Eigenkapazität einer S. (Spulenkapazität). In jeder S. entsteht außer dem magnetischen Feld auch ein elektrisches Feld zwischen den Windungen und den Lagen sowie zwischen der Wicklung und dem Kern und zwischen der Wicklung und dem Abschirmbecher. Als Kern einer S. bezeichnet man ein Medium im Spuleninneren, das meist ein Ferromagnetikum ist und wegen der großen relativen Permeabilität μ_r die Induktivität der S. erheblich vergrößert. Der Abschirmbecher ist ein zur Achse der S. koaxialer Metallzylindermantel, der die Streuung des Magnetfeldes der S. in die Umgebung verringert. Die Wirkungen der einzelnen Teilkapazitäten kann man bei nicht zu hohen Frequenzen näherungsweise mit einer einzigen zur S. parallel liegenden Spulenkapazität darstellen. Dieser Tatsache muß man im Wechselstromkreis bei genauen Messungen Rechnung tragen, vor allem, wenn man Induktivitäten durch Vergleich mit Normalinduktivitäten bzw. Variometern mißt.

4) Güte einer S. (*Gütefaktor*). Es ist dies das Verhältnis des Reihenblindwiderstandes ωL der S. zum gesamten Reihenwirkwiderstand R_L

$$Q = \frac{\omega L}{R_L} = (\tan \delta_L)^{-1}. \quad (15)$$

Dabei sind δ_L der Verlustwinkel der S., Q der Gütefaktor der S., ω die Kreisfrequenz der angelegten Wechselspannung.

5) Anwendung. S.n werden in der gesamten Elektrotechnik, Meßtechnik und Elektronik in großem Umfang angewendet. Dabei unterscheiden sie sich in ihrer technischen Ausführung je nach Verwendungszweck hinsichtlich der Anordnung ihrer Wicklung. Bei der *Lagenwicklung* werden nacheinander mehrere einlagige Zylinderspulen übereinander gewickelt. Es ergeben sich aber beträchtliche Kapazitäten, die zu Störungen führen. Bei der Stufen- und Kreuzwicklung erhält man dagegen wesentlich kleinere Kapazitäten. Bei der *Stufenwicklung* werden mehrere schräge Flachspulen nebeneinander gewickelt. Bei der *Kreuzwicklung* wird in regelmäßiger Folge zwischen den Enden der S. die Wicklung hin und her geführt, wodurch sich die Windungen fortgesetzt kreuzen und einander nur punktweise berühren. Eine besondere Wicklungsform ist die → bifilare Wicklung.

Breite Anwendungen finden S.n in Form von Elektromagneten und in Transformatoren. Darüber hinaus werden S.n in der Meßtechnik in elektrischen Meßinstrumenten, zur Induktivitätsmessung als Variometer und als Induktivitätsnormale verwendet, und zwar meist in Form einlagiger Zylinderspulen. In der Schwachstromtechnik benutzt man S.n als induktive Widerstände, deren Blindwiderstand von der Frequenz abhängt, in Schwingkreisen und Filtern. In der Schwachstromtechnik werden S.n oft als *Drosselspulen* oder *Drosseln* bezeichnet. Bei hohen Frequenzen stellt man wegen des Skineffekts die Drähte der Wicklungen nicht aus massivem Material her, sondern aus Litze, die aus einer Anzahl dünner Drähte besteht.

Lit. Becker u. Sauter: Theorie der Elektrizität, Bd 1 (20. Aufl. Stuttgart 1972); Küpfmüller: Einführung in die theoretische Elektrotechnik (9. Aufl. Berlin, Heidelberg, New York 1968); Meinke u. Gundlach: Taschenb. der Hochfrequenztechnik (3. Aufl. Berlin, Heidelberg, New York 1968); Rint: Handb. für Hochfrequenz- und Elektrotechniker, Bd 1 (3. Aufl. Berlin 1964).

Spulenfluß, der mit allen N Windungen der Spule verkettete Fluß $N\Theta$, der bei zeitlicher Änderung in der Spule eine Spannung $U = -N \frac{d\Theta}{dt}$ induziert. Wegen der unvollständigen Verkettung der Windungen mit dem Magnetfeld sind die magnetischen Flüsse der einzelnen Windungen (Leiterschleifen) nicht gleich groß, so daß Θ ein fiktiver Fluß (Rechengröße) ist. Aus diesem Grund wird häufig anstelle des Spulenflusses der Verkettungsfluß ψ eingeführt, so daß $U = -\frac{d\psi}{dt}$ gilt.

Spulengüte, → Spule 4).

Spur, die Summe der Diagonalelemente einer Matrix oder eines Tensors. Die S. ist eine Invariante gegenüber Drehungen des Koordinatensystems, in allgemeinen Räumen gegenüber unitären Transformationen. Die S. eines in einem Hilbert-Raum wirkenden Operators $\hat{A}$ ist dementsprechend als $\sum_n (\varphi_n, \hat{A}\varphi_n)$ definiert, wobei die φ_n ein beliebiges vollständiges Orthonormalsystem bilden. Die Summe $\sum_n (\varphi_n, \hat{A}\varphi_n)$ muß jedoch, selbst für beschränkte Operatoren, nicht unbedingt konvergieren. Für zwei Operatoren $\hat{A}$ und $\hat{B}$ gilt $\mathrm{Sp}(\hat{A}\hat{B}) = \mathrm{Sp}(\hat{B}\hat{A})$.

Ein Tensor, dessen Spur verschwindet, heißt Deviator.

Spurendicke, → Ionisationsmessung.

Spurion, → Geisterzustände.

spurious scattering, → Kernspuremulsion.

Spurkammer, ein → Detektor.

Spurkegel, → Kreisel.

Spurparameter, die Größen, die die Eigenschaften einer Teilchenspur in Spurkammern charakterisieren. Wichtigste S. sind die Richtung der Spur (Emissionswinkel), die Spurkrümmung (Teilchenbahn im Magnetfeld) und die Struktur der Spur (z. B. Lückendichte, Blasendichte, Korndichte, → Ionisationsmessung).

sputtering, → Zerstäubung von Festkörpern durch Ionenbeschuß.

sq, → square.

square, Symbol sq, englischer Vorsatz zur Bildung der zweiten Potenz von Einheiten, vgl. Tabelle 2, Fläche.

Squid, svw. Quanteninterferometer.

Sq-Variationen, sich sonnentäglich wiederholende Variationen des geomagnetischen Feldes, die im Rahmen der Dynamotheorie (→ atmosphärischer Dynamo) erklärt werden.

sr, → Steradiant.

SSC, → Magnetosphäre (Abschn. 3).

St, 1) → Stantonzahl. **2)** → Stokes.

Stäbchen der Netzhaut, → Auge.

Stäbchensehen, → Adaptation.

stabile Kerne, im engeren Sinne Kerne, die sich nicht spontan umwandeln. Für ungerade Massezahlen gibt es nur ein stabiles Isobar. Ausnahmen sind $A = 113$ und $A = 123$. Für gerade Massezahlen existieren nur stabile gg-Kerne. Die stabilen uu-Kerne sind Ausnahmefälle. Es sind 160 stabile gg-Kerne, 53 stabile ug-Kerne, 49 stabile gu-Kerne und 4 stabile uu-Kerne bekannt. In der Nähe magischer Zahlen beobachtet man besonders viele stabile Isotope und Isotone.

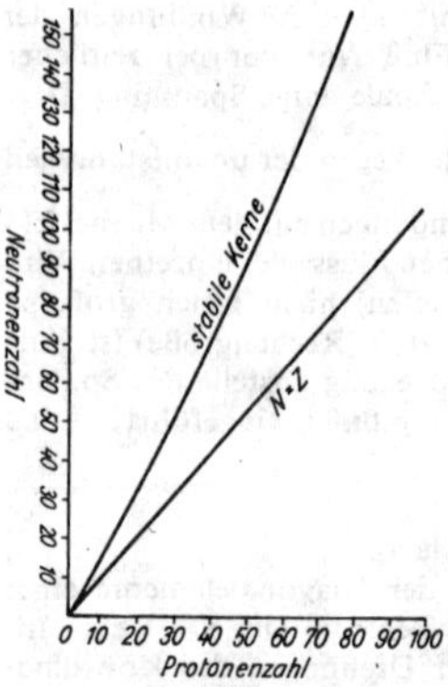

Protonenzahl Z und Neutronenzahl N stabiler Kerne

Das Verhältnis von Protonen und Neutronen s.r K. liegt für leichte Kerne bei 1 : 1 und steigt wegen der Coulomb-Abstoßung der Protonen bis auf 1 : 1,6 bei den schwersten Kernen. In der Abb. ist die Lage der s.n K. eingezeichnet. Die theoretische Kurve erhält man, wenn man die → Massenformel von Bethe und Weizsäcker benutzt. Dabei wird die Massezahl konstant gehalten und die Ordnungszahl gesucht, bei der die Energie ein Minimum wird. Enthält ein Kern mehr Protonen, als seinem stabilen Verhältnis entspricht, dann wandeln sich die überschüssigen Protonen durch Positronenemission in Neutronen um. Sind mehr Neutronen vorhanden, dann werden diese durch β^--Emission oder K-Einfang in Protonen umgewandelt, bis ein stabiler Kern entsteht.

Im weiteren Sinne bezeichnet man einen Kern als stabil gegen eine spezielle Zerfallsart, wenn diese Zerfallsart nicht auftritt, aber andere Umwandlungsmöglichkeiten bestehen.

stabiles Gleichgewicht, → Gleichgewicht.

Stabilisatorröhre, Glimmröhre, die zur Konstanthaltung von Spannungen dient. Ihre Wirkungsweise beruht auf der charakteristischen Strom-Spannungskennlinie einer Glimmentladung. Bei Anlegen einer bestimmten Spannung U_0, der Zündspannung, treten aus der Katode Elektronen so hoher Geschwindigkeit aus, daß sie die in ihrem Weg befindlichen Gasatome ionisieren. Die entstehenden Ionen wandern zur Katode und schlagen aus ihr weitere Elektronen heraus. Werden ebenso viele Elektronen erzeugt, wie Ionen vorhanden sind, so entsteht ein stationärer Zustand, die Röhre hat gezündet. Bei zunehmendem Strom erhöht sich die Ionisation so stark, daß zur Aufrechterhaltung der Glimmentladung kleinere Geschwindigkeiten der Primärelektronen genügen; infolgedessen nimmt die an der Röhre benötigte Spannung auf den Wert der Brennspannung ab. Innerhalb eines gewissen Bereiches ist die Brennspannung nahezu unabhängig von der Größe des Entladungsstromes, d. h., die S. stabilisiert auf die Spannung U_{max}. Oberhalb des Stromes I_{max} steigt die Spannung wieder an, die Glimmentladung geht in eine Bogenentladung über. Durch den dabei fließenden starken Strom würde die Röhre zerstört. S.n dürfen daher nur über einen geeigneten Vorwiderstand betrieben werden.

Stabilisierung, 1) → Fokussierung. **2)** S. von Geschossen, → Ballistik.

Stabilität, 1) Kybernetik: Eigenschaft eines Systems, auf kleine Störeinwirkungen eine geringfügige Reaktion zu zeigen. Die Kleinheit der Signale ist dabei nach einer passenden Metrik zu bewerten. Häufig nimmt man dafür die euklidische Metrik. Bei der Definition der S. nach Ljapunow verlangt man die stetige Abhängigkeit der Gesamtbewegung von ihrem Wert zu einem beliebigen Zeitpunkt. Bei *asymptotischer S.* geht bei einer genügend kleinen Störung der Bewegung zu einem Zeitpunkt die Abweichung von der ungestörten Bewegung im Laufe der Zeit gegen Null. Bei *S. im Großen* ist S. vorhanden ohne eine Beschränkung für die aktuelle Störung zu einem beliebigen festen Zeitpunkt. Die S. ist eine praktisch ungeheuer wichtige Forderung an das Übertragungsverhalten eines Systems, da es ohne S. strenggenommen nicht realisierbar und jedenfalls nicht funktionsfähig ist, weil beliebig kleine Störungen zum unbegrenzten Anwachsen gewisser Systemgrößen führen. Da man Algorithmen als Automaten, d. h. als Systeme auffassen kann, ist die S. von numerischen Verfahren in der Rechentechnik wichtig. Ein numerisches Verfahren kann erst als brauchbar angesehen werden, wenn der Nachweis seiner S. geführt wurde.

In der Kybernetik bildet man Klassen von Systemen mit vergleichbarer Verhaltensweise und sucht für diese Klassen Stabilitätskriterien aufzustellen, aus denen sich ihre S. ohne tiefergehendes Studium der dynamischen Systemeigenschaften ergibt. Es gelingt z. B. mit zwei von Ljapunow gefundenen Methoden, die S. nichtlinearer dynamischer Systeme im wesentlichen auf die S. der ihnen zugeordneten linearen Systeme zurückzuführen. Übertragungsglieder mit konstanten Parametern, die durch lineare Differentialgleichungen der Form

$$\sum_{=0}^{n} a_i p^{n-i}\, x(t) = \sum_{j=0}^{n} b_j p^{m-j}\, y(t)$$

mit $p = \mathrm{d}/\mathrm{d}t$ und den Konstanten a_i, b_j dargestellt werden, sind genau dann stabil, wenn alle Nullstellen der charakteristischen Gleichung

$\sum_{i=0}^{n} a_i w^{n-i} = 0$ einen negativen Realteil haben. Hier lassen sich eine Reihe von Stabilitätskriterien formulieren, die die Stabilitätsentscheidung herbeiführen, ohne daß die Nullstellen dieser Gleichung effektiv berechnet werden müssen.

Diese Glieder sind im Großen und asymptotisch stabil.

2) Thermodynamik: Thermodynamische S. liegt vor, wenn der Zustand eines thermodynamischen Systems gegenüber Fluktuationen seiner thermodynamischen Parameter stabil ist, d. h., wenn der Zustand erhalten bleibt. Hinreichend für die thermodynamische S. ist, daß (bei vorgegebener Energie und Volumen) die Entropie S maximal ist oder $\delta S = 0$ und $\delta^2 S < 0$ gilt. Das System befindet sich dann im thermodynamischen Gleichgewicht. Speziell für ein homogenes System folgt aus der thermodynamischen S. $C_p > C_V > 0$ und $(\partial p/\partial V)_T < 0$, wobei C_p und C_V die Wärmekapazität, p den Druck und V das Volumen bedeuten. Liegt nur ein relatives Maximum der Entropie vor, so spricht man von einem *gehemmten Gleichgewicht*. Der Zustand des Systems ist dann gegenüber genügend großen Fluktuationen instabil.

3) Kernphysik: Eigenschaft von Atomkernen (→ stabile Kerne), deren Abhängigkeit von der Nukleonenanzahl die Stabilitätslinie (→ Massenformel von Bethe und Weizsäcker) wiedergibt. Infolge der S. der Atomkerne gegenüber kleinen Deformationen tritt trotz der großen Energieentwicklung bei der → Kernspaltung (Abschnitt Aktivierungsenergie) nicht augenblicklich Kernexplosion oder Kernzertrümmerung ein.

4) Rheologie: → Druckersches Postulat.

5) Mathematik: Nach Ljapunow die Eigenschaft der durch die Anfangswerte $t = t_0$, $x_i = x_i^0$ bestimmten Lösung $x_i = x_i(t; t_0, x_1^0, x_2^0, \ldots, x_n^0)$ eines Systems von Differentialgleichungen $\mathrm{d}x_i/\mathrm{d}t = X_i(t, x_1, x_2, \ldots, x_n)$ bei Existenz der stetigen Ableitungen $\partial X_i/\partial x_j$ $(i, j = 1, 2, \ldots, n)$, daß für jedes $\varepsilon > 0$ ein $\delta > 0$ gefunden werden kann, so daß für $|x_i^0 - \bar{x}_i^0| < \delta$ in einem Intervall $t_0 \leqq t < +\infty$ die Beziehung $|x_i(t; t_0, x_1^0, x_2^0, \ldots, x_n^0) - x_i(t; t_0, \bar{x}_1^0, \bar{x}_2^0, \ldots, \bar{x}_n^0)| < \varepsilon$ gilt.

Lit. Stepanow: Lehrbuch der Differentialgleichungen (3. Aufl. Berlin 1967).

Stabilitätsbereich, → Fokussierung.

Stabilitätslinie, → Massenformel von Bethe und Weizsäcker.

Stabilitätspostulat, svw. Druckersches Postulat.

Stabilitätsprobleme, Ausweichprobleme, Probleme der Elastizitätstheorie, bei denen nach Überschreiten kritischer Lastwerte bei der Verformung von Bauteilen, wie Stäben, Scheiben, Platten, Schalen, Instabilitätsvorgänge, wie Knicken, Beulen, Kippen, Stülpen, Biegedrillknicken, einsetzen. Die Berechnung der kritischen Lastwerte führt auf Eigenwertaufgaben.

Stabkraftbestimmung, 1) *Verfahren des unbestimmten Maßstabes.* Hiernach werden von einer beliebig angenommenen Stabkraft ausgehend alle übrigen Stabkräfte, die Lagerkräfte sowie die allein vorhandene äußere Kraft F bestimmt. Aus dem Vergleich der so erhaltenen Kraft F mit dem tatsächlich vorhandenen Wert für F ergibt sich der für die Stabkräfte verbindliche Kräftemaßstab. Sind mehrere Belastungskräfte vorhanden, so muß das Verfahren für jede Kraft einzeln angewandt, und die Einzelergebnisse müssen anschließend superponiert werden.

2) *Verfahren nach Culmann*, eine Methode zur graphischen S. Nach diesem Verfahren schneidet man drei sich nicht in einem Punkt schneidende Stäbe eines Fachwerkes mit nicht einfachem Aufbau und bringt die Resultierende der äußeren Kräfte des abgeschnittenen Teiles mit den Stabkräften der drei geschnittenen Stäbe ins Gleichgewicht.

stable trapping limit, → Magnetosphäre (Abschn. 3).

Stabmagnet, langgestreckter permanenter Magnet mit kleinem Querschnitt, → Dipol 2).

Stabwerk, ein zusammengesetztes Tragwerk, dessen Einzelelemente (Scheiben) sowohl Kräfte als auch Momente aufnehmen können. Die Belastungsgrößen greifen an den Einzelkörpern und in den Gelenken an.

Standardabweichung, → Fehler.

Standardatmosphäre, svw. Normalatmosphäre.

Standardluftwiderstandsgesetz, aerodynamischer Widerstandsbeiwert $c_W(\mathrm{Ma})$ eines standardisierten Normalgeschosses. Ma ist die Machzahl. In der → Ballistik sind eine größere Anzahl von S.en eingeführt. Jedoch sind auch modern Standardluftwiderstandsgesetze nur in einem kleinen Machzahl-Bereich analytisch gegeben, für die anderen Machzahlen steht eine ausführliche Tabelle zur Verfügung.

S.e finden umfangreiche Anwendung bei der Aufstellung ballistischer Tafelwerke und bei der Berechnung von Schußtafeln. Die Anpassung eines Standardluftwiderstandsgesetzes an das reale Luftwiderstandsgesetz erfolgt durch Multiplikation mit einem Faktor, dem Formkoeffizienten i (→ Ballistik).

Standardmasse, Bezugsatommasse von Masseskalen. Bis 1961 verwendete man das Sauerstoffisotop ^{16}O als S. der physikalischen Atomgewichtsskala und die Sauerstoffisotope ^{16}O, ^{17}O und ^{18}O in ihrer natürlichen Zusammensetzung als Grundlage für die chemische Atomgewichtsskala. Seit 1961 wird die relative Atommasseskala mit ^{12}C als Bezugsatom benutzt. In ihr ist die relative Atommasse $A_r(\mathrm{X})$ eines Atoms X definiert als $A_r(\mathrm{X}) = 12\, M(\mathrm{X})/M(^{12}\mathrm{C})$, wobei M die Atommassen sind.

Ständer, → elektrische Maschine.

Standsicherheit, eine Maßzahl zur Kennzeichnung einer Gleichgewichtsgrenze, das Verhältnis der eine vorliegende Gleichgewichtslage stützenden Momente bezogen auf die Kippmomente, die das Bestreben haben, den Körper aus dieser Lage heraus um einen Stützpunkt bzw. die Kippachse zu kippen.

Stantonzahl, 1) St, → Kennzahl des Wärmeübergangs, das Verhältnis der Temperaturänderung des Strömungsmediums zum treibenden Temperaturgefälle senkrecht zur Wand: $\mathrm{St} = \alpha/(\varrho \cdot$

$c_\infty \cdot c_p) = \mathrm{Nu}/(\mathrm{Re} \cdot \mathrm{Pr})$. Dabei ist α die örtliche Wärmeübergangszahl, ϱ die Dichte, c_∞ die Geschwindigkeit außerhalb der Grenzschicht, c_p die spezifische Wärme bei konstantem Druck, Nu die → Nusseltzahl, Re die → Reynoldszahl und Pr die → Prandtlzahl. Die S. ist von Bedeutung für den Wärmeübergang an einer Wand (→ Impulstheorie des Wärmeüberganges).

2) St', Kennzahl des Stoffübergangs; auch *S. zweiter Art* genannt, analog zur S. des Wärmeübergangs definiert: $\mathrm{St}' = \beta'/c_\infty = \mathrm{Nu}'/(\mathrm{Re} \cdot \mathrm{Sc})$, dabei ist β' die Stoffübergangszahl, Nu' die → Nusseltzahl des Stoffübergangs und Sc die → Schmidtzahl (→ Austausch).

Stapelfehler, Kristallbaufehler, der durch eine unregelmäßige Stapelfolge der Netzebenen entsteht. Die Kristallgitter mit dichtesten Kugelpackungen können durch Übereinanderstapeln von dichtest gepackten Netzebenen aufgebaut werden (Abb. 1). Die stabilen Kristallstrukturen zeichnen sich durch eine regelmäßige Aufeinanderfolge (*Stapelfolge*) von Netzebenen mit den relativen Lagen *A*, *B*, *C* aus. Durch die Stapelfolge *ABCABC* entsteht das kubisch flächenzentrierte Gitter, durch *ABAB* die hexagonal dichteste Kugelpackung. Abweichungen von der regelmäßigen Stapelfolge – im kubisch flächenzentrierten Gitter z. B. die Folge *ABCBCA* – sind S. Ein S. stellt einen Fehlordnungszustand des Kristalls dar. Zu seiner Bildung muß die Stapelfehlerenergie γ (Energie je Fläche) der Größenordnung zwischen 10 und einigen 100 erg cm^{-2} aufgewendet werden. Endet ein S. im Inneren eines Kristalls, so befindet sich an seinem Rand stets eine unvollständige Versetzung (Abb. 2). Aus der Weite der Aufspaltung einer Versetzung kann die Stapelfehlerenergie experimentell bestimmt werden.

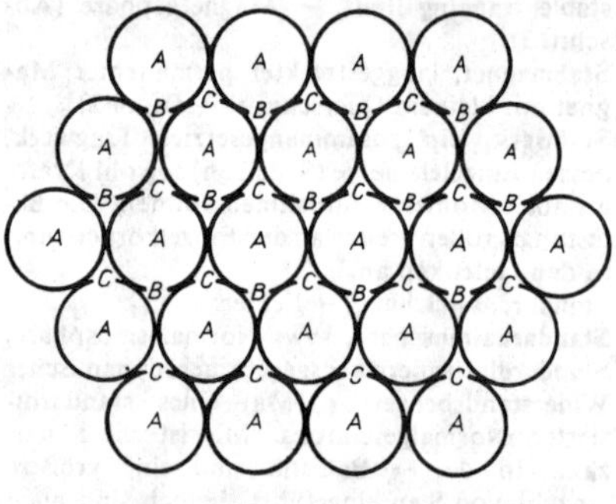

1 Dichteste Kugelpackung in der Ebene. Die Buchstaben *A*, *B* und *C* bezeichnen die Projektionen der drei möglichen Lagen der Atome in der darauffolgenden dichtest gepackten Ebene

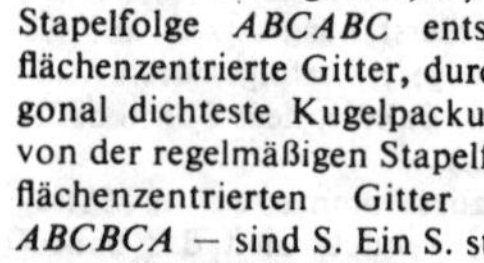

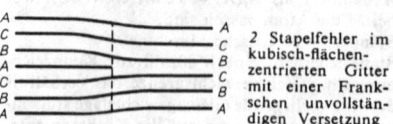

2 Stapelfehler im kubisch-flächenzentrierten Gitter mit einer Frankschen unvollständigen Versetzung

Starglas, → Augenoptik.

Stark-Effekt, die 1913 von J. Stark entdeckte Erscheinung, die darin besteht, daß die Linien des Wasserstoffspektrums, das von leuchtenden Kanalstrahlen ausgesandt wird, unter der Einwirkung eines äußeren elektrostatischen Feldes in mehrere Komponenten aufgespalten werden. Die benötigte große elektrische Feldstärke von 10^3 bis 10^6 V/cm wird nach Stark und Lo Surdo durch Einengung einer Glimmentladung auf etwa 1 mm Durchmesser im Katodenfallraum der Entladung erzeugt (*Lo-Surdo-Lichtquelle*) oder durch einen elektrischen Kondensator, zwischen dessen Platten die Emission von hineintretenden Kanalstrahlen beobachtet wird (J. Stark). Außer bei Wasserstoff kann der S.-E. auch bei anderen Atomen und Ionen beobachtet werden, die entweder als permanente Gase oder durch Katodenzerstäubung fester Substanzen in die Kanalstrahl- oder Lo-Surdo-Entladung eingebracht werden.

Die aufgespaltenen Komponenten zeigen Polarisation. Der elektrische Vektor des Lichts schwingt bei transversaler Beobachtung entweder parallel oder senkrecht zur Richtung des elektrischen Feldes. Bei longitudinaler Beobachtung sind die Komponenten unpolarisiert.

Im allgemeinen sind die Aufspaltungen proportional zum Quadrat der elektrischen Feldstärke, es liegt der *quadratische S.-E.* vor. Bei Wasserstoff, wasserstoffähnlichen Ionen und dann, wenn die Starkaufspaltung groß gegen die feldfreie Multiplettaufspaltung wird, tritt der *lineare S.-E.* auf.

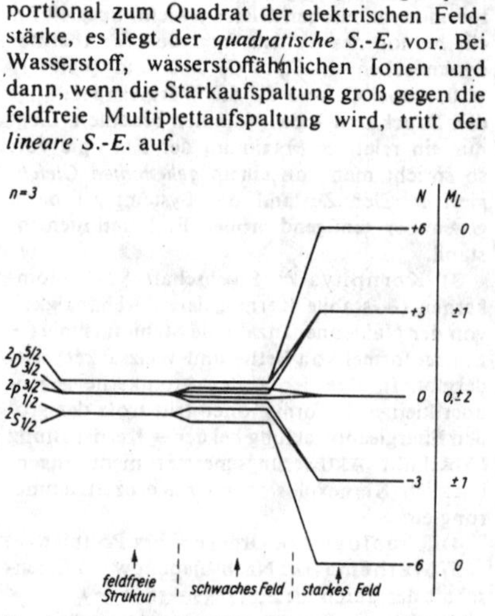

Quadratischer Stark-Effekt des Niveaus $n = 3$ von Wasserstoff bei schwachem und starkem Feld

Die Ursache des S.-E.s ist die Wechselwirkung der Hüllenelektronen der Atome mit dem elektrischen Außenfeld. Die Entartung, d. h. das energetische Zusammenfallen von Zuständen mit verschiedenen Beträgen des Drehimpulses, wird teilweise aufgehoben. Zustände mit genau entgegengesetzter Orientierung des Drehimpulses, also mit magnetischen Quantenzahlen $\pm M$, behalten allerdings auch im äußeren elektrischen Feld die gleiche Energie, da eine Umkehr des Drehsinns die Wechselwirkungsenergie mit dem elektrischen Feld nicht ändert.

Im allgemeinen haben die ungestörten Atome kein resultierendes elektrisches Dipolmoment $\vec{p}$, da die Elektronenverteilungen spiegelsymmetrisch zum Ort des Atomkerns sind. Damit verschwindet auch die Wechselwirkungsenergie $-\vec{p}\vec{E}$ mit dem äußeren Feld. Ein quadratischer Effekt entsteht nun dadurch, daß die Atome im Feld polarisiert werden und so ein zu $\vec{E}$ proportionales Dipolmoment erhalten. Der beim Wasserstoff und ähnlichen Systemen auftretende lineare Effekt ist eine Folge der zufälligen Entartung der Energieniveaus von Zuständen mit verschiedenem Bahndrehimpuls. Daher verhalten sich die angeregten Zustände stets wie ein Gemisch solcher Zustände mit verschiedenem Bahndrehimpuls. Diese Mischzustände haben nicht-spiegelsymmetrische Elektronenverteilungen und daher ein resultierendes von dem angelegten elektrischen Feld unabhängiges elektrisches Dipolmoment. Daher gibt $-\vec{p}\vec{E}$ die in $\vec{E}$ linearen Zusatzenergien für die einzelnen Niveaus.

In hinreichend starken elektrischen Feldern beobachtet man Übergangslinien, die der im feldfreien Fall streng gültigen Auswahlregel $\Delta L = \pm 1$ für Strahlungsübergänge widersprechen. L ist die Quantenzahl des Bahndrehimpulses. Diese Linien heißen *Stark-Kochsche Linien.*

Der S.-E. ist bisher nicht nur an Atomen, sondern auch an Störstellen und Exzitonen in Festkörpern beobachtet worden.

Eine zum S.-E. analoge Erscheinung ist der im magnetischen Feld auftretende → Zeeman-Effekt. Untersuchung und theoretische Erklärung beider Effekte haben einen wesentlichen Beitrag zu den heutigen Kenntnissen über den Atombau geliefert.

Lit. → Atomspektren.

Stärkefunktion, Verhältnis aus der gemittelten reduzierten Breite eines Niveaus $\langle\gamma^2\rangle$ und dem mittleren Abstand der Energieniveaus D mit gleichem Spin s und gleicher Parität im Kern: $s = \langle\gamma^2\rangle/D$. Die S. kann mit dem optischen Kernmodell berechnet werden. Sie ermöglicht Aussagen über die Kernstruktur.

starke Wechselwirkung, fundamentale Wechselwirkung zwischen den Baryonen, d. h. Elementarteilchen mit nichtverschwindender baryonischer Ladung, oder Systemen von solchen, die durch die Mesonen als Quanten des Kernfeldes, d. h. des der s.n W. zugeordneten Materiefeldes, vermittelt wird.

Die s. W. hat kein klassisches Analogon wie die elektromagnetische Wechselwirkung; das ist der Grund für ihre relativ späte Entdeckung als Kernkraft, die für den Aufbau und die Stabilität des Atomkerns verantwortlich ist. Die Bindung der Nukleonen des Atomkerns kann wegen der hohen Bindungsenergie von einigen MeV (im Gegensatz zur Ionisierungsenergie der Elektronen der Atomhülle von wenigen eV) nicht elektromagnetischer Natur sein, vielmehr muß sie wesentlich stärker als die elektromagnetische Wechselwirkung sein; dafür sprechen auch die Bindung der gleichnamig elektrisch geladenen Protonen untereinander und die Bindungseigenschaften der elektrisch ungeladenen Neutronen. Tatsächlich ist die s. W. von der elektrischen Ladung unabhängig (→ Isospin); als Quelle der s.n W. wurde daher die mit der Atommassezahl identische baryonische Ladung eingeführt, die für die Nukleonen, d. h. Proton und Neutron, gleich 1 ist, aber auch anderen Elementarteilchen, den Baryonen, zukommt. In Übereinstimmung mit der geringen Ausdehnung des Atomkerns hat die s. W. eine extrem kurze effektive Reichweite von etwa 10^{-13} cm.

Die s. W. kann daher nur auf der Grundlage der Relativitäts- und der Quantentheorie verstanden werden. Der erste Versuch einer Theorie der s.n W. durch Yukawa (1932) basiert daher auf der Quantenfeldtheorie: Als Träger der s.n W. wurde ein Feld angenommen, dessen statischer Anteil statt des Coulomb-Potentials im Fall der elektromagnetischen Wechselwirkung durch das Yukawa-Potential $G \cdot e^{-\mu r}/r$ wiedergegeben wird, wobei G der elektrischen Ladung entspricht und gelegentlich als nukleare Ladung bezeichnet wird, und μ eine reziproke Länge der Größenordnung 10^{-13} cm ist, die der Compton-Wellenlänge eines Teilchens der Ruhmasse von etwa 200 MeV entspricht. Die Existenz eines solchen aus theoretischen Überlegungen her postulierten Teilchens, das wegen der zwischen Elektronen- und Protonenmasse gelegenen Masse als Meson bezeichnet wurde, konnte 1947 durch Powell und Mitarbeiter als π-Meson nachgewiesen werden. In Analogie zum Photon als Quant des elektromagnetischen Feldes ist das Pion als Quant des Kernfeldes aufzufassen; im Gegensatz dazu ist die Ruhmasse des Pions jedoch von Null verschieden, was gleichzeitig auch Ursache für die außerordentliche Stärke und Kurzreichweitigkeit der s.n W. ist, und schließlich wurde außer dem Pion noch eine Vielzahl weiterer Mesonen mit anderen Eigenschaften und durchweg höheren Massen als Quanten dieses Feldes entdeckt. Man hat aber auch für die s. W. mit Erfolg die Vorstellung ausgeprägt, daß sich die Baryonen mit einer virtuellen Mesonenwolke umgeben und die Bindung bzw. Wechselwirkung durch den Austausch dieser Teilchenzustände kommt. Im Gegensatz zur elektromagnetischen Wechselwirkung kann die s. W. wegen der großen Kopplungskonstante $G^2/\hbar c$, die in der Größenordnung von 1 liegt und für verschiedene Prozesse auch noch verschieden ist (*Nichtuniversalität der s.n W.*) nicht durch störungstheoretische Behandlung der Wechselwirkung zwischen Baryonen und Mesonenfeld beschrieben werden, da in diesem Fall die entsprechende Reihenentwicklung für die Matrixelemente der Streumatrix (→ S-Matrix) nicht konvergiert.

Wegen dieser Schwierigkeiten haben in den letzten Jahren die Bemühungen zur Behandlung der s.n W. im Rahmen einer analytischen S-Matrix-Theorie, die keinen Gebrauch von den an sich physikalisch nicht beobachtbaren Quantenfeldern macht und diesen höchstens den Rang dynamischer Hilfsgrößen einräumt, einen großen Raum eingenommen und zusammen mit einer Vielzahl spezieller Modelle auch zu recht beachtlichen Erfolgen geführt (→ analytische S-Matrix-Theorie, → Dispersionsrelation); eine befriedigende Theorie der s.n W. gibt es jedoch noch nicht. Wesentliche Einsichten in die Struktur der s.n W. hat man durch das Studium der Symmetrien der Hadronen (→ unitäre Symmetrie), wie man die durch die s. W. verkoppelten Elementarteilchen nennt, gewonnen und vor allem zur Klassifizierung der Vielzahl von Resonanzteilchen mit Erfolg herangezogen; insbesondere hat das Studium der unitären Symmetrie eine einheitliche Behandlung des Isospins und der Hyperladung und die Vereinigung mehrerer Baryonen bzw. Mesonen zu SU(3)-Supermultipletts mit sich gebracht, die mehrere Isospinmultipletts enthalten und theoretisch alle dieselbe Masse aufweisen sollten. Die s. W. ist diejenige fundamentale Wechselwirkung, die die meisten Symmetrien hat und damit auch die meisten Erhaltungsgrößen aufzuweisen hat (Tab. → Wechselwirkung); Erhaltungsgrößen der s.n W. sind außer Energie, Impuls, Drehimpuls und Ladung die Parität und die Zeitumkehr, ferner Isospin, Baryonenzahl, Leptonenzahl und Hyperladung. Die tatsächlich beobachtete Massendifferenz der Multipletts erklärt man als Folge einer Brechung der Symmetrie der s.n W. durch die elektromagnetische und die schwache Wechselwirkung, ferner durch eine zusätzliche Brechung der SU(3)-Symmetrie als Folge einer mittelstarken, nicht unitär invarianten Wechselwirkung. Die Einführung einer derartigen mittelstarken Wechselwirkung erscheint in Zusammenhang mit der Nichtuniversalität der s.n W. zweckmäßig, da sich dann die beobachtete s. W. als Resultat einer mittelstarken und einer superstarken Wechselwirkung auffassen läßt, die beide als universal angenommen werden könnten.

Neben der großen Bedeutung der s.n W. für die Erklärung der Kernkraft und damit für die Kerntechnik scheint sie zunächst nur noch für Fragen der Astrophysik, speziell der Sternentwicklung und -entstehung und der Kosmogonie, wesentlich zu sein. Die wirkliche Bedeutung der s.n W. kann aber erst mit einer vollständigen Theorie übersehen werden.

Stark-Kochsche Linien, → Stark-Effekt.

Stark-Verbreiterung, → Spektrallinien.

starre Bindung, → Bindung 1).

starrer Körper, makroskopisches physikalisches System aus miteinander starr verbundenen Massepunkten, das benutzt wird zur Beschreibung der Bewegung von nicht mehr als punktförmig zu betrachtenden Körpern. Während der Bewegung bleibt der Abstand zweier beliebiger Punkte des starren K.s konstant, d. h., Größe und Form eines starren K.s werden von der Bewegung nicht beeinflußt. Der starre K. ist auf Grund dieser geforderten Eigenschaften ein idealisierter Körper, der also unter dem Einfluß von Kräften keine Formänderungen erfährt. In der Praxis gibt es solche Idealkörper nicht, doch es ist mit dieser Annahme möglich, viele physikalische und technische Probleme auf einfache Weise genügend genau zu lösen.

Zur Beschreibung der Bewegung des starren K.s werden ein raumfestes Koordinatensystem Q mit Ursprung R und ein starr mit dem Körper verbundenes System K mit Ursprung O eingeführt. Da mit der Lage von K relativ zu Q auch die Lage des starren K.s vollständig bestimmt ist, folgt, daß der starre K. insgesamt 6 Freiheitsgrade besitzt. Die formale Behandlung des starren K.s wird vereinfacht, wenn dieser nicht als ein Kontinuum, sondern als ein System aus N Massepunkten, die ihren gegenseitigen Abstand nicht ändern können, betrachtet wird. Der Übergang zum Kontinuum kann leicht vollzogen werden, indem in allen Formeln

$$\sum_n m_n \text{ durch } \int_{\text{Körper}} \varrho(\vec{r})\,\mathrm{d}V \qquad (1)$$

ersetzt wird. In (1) bedeuten m_n die Masse des n-ten Massepunktes und $\varrho(\vec{r})$ die lokale Dichte des starren K.s am Ort $\vec{r}$. Das Integral braucht nur über den vom starren K. eingenommenen Raum erstreckt zu werden. So ergibt sich z. B. der Ortsvektor des Schwerpunktes $\vec{r}_s'$ im System K als

$$\vec{r}_s' = \frac{1}{M} \sum_n m_n \vec{r}_n' \text{ bzw. } \vec{r}_s' = \frac{1}{M} \int_{\text{Körper}} \varrho(\vec{r}')\,\vec{r}'\,\mathrm{d}V', \qquad (2)$$

wobei $M = \sum_n m_n$ die Masse des starren K.s und $\vec{r}_n'$ den Ortsvektor des n-ten Massepunktes im System K bezeichnet.

Die Geschwindigkeit des n-ten Massepunktes (n beliebig) des starren K.s kann aus der Betrachtung einer infinitesimalen Verrückung desselben erhalten werden. Bezeichnet $\vec{r}_n$ den Ortsvektor des betrachteten Massepunktes im raumfesten System Q, so kann die Änderung $\mathrm{d}\vec{r}_n$ ausgedrückt werden als vektorielle Summe einer Verschiebung des Ursprungs O von K um $\mathrm{d}\vec{r}_0$ und einer infinitesimalen Drehung um eine geeignet gewählte Achse A durch O. Ist nun $\mathrm{d}\vec{\alpha}$ der Vektor der infinitesimalen Drehung um diese Achse, dessen Betrag gleich dem Drehwinkel $\mathrm{d}\alpha$ ist und dessen Richtung mit der Drehachse so zusammenfällt, daß die Drehrichtung mit der Richtung von $\mathrm{d}\vec{\alpha}$ eine Rechtsschraube bildet, so wird

$$\mathrm{d}\vec{r}_n = \mathrm{d}\vec{r}_0 + \mathrm{d}\vec{\alpha} \times \vec{r}_n', \qquad (3)$$

wobei $\vec{r}_n'$ wieder den Ortsvektor des Massepunktes im System K bezeichnet. Aus (3) folgt unmittelbar

$$\frac{\mathrm{d}\vec{r}_n}{\mathrm{d}t} = \vec{v}_n = \vec{v}_0 + \vec{\Omega} \times \vec{r}_n', \qquad (4)$$

wobei $\vec{v}_0 = \frac{\mathrm{d}\vec{r}_0}{\mathrm{d}t}$ die Geschwindigkeit des Ursprungs O im System R und $\vec{\Omega} = \mathrm{d}\vec{\alpha}/\mathrm{d}t$ den Vektor der Winkelgeschwindigkeit bedeutet. (4) gilt für eine beliebige Wahl des Bezugspunktes O des körperfesten Systems, wobei O auch außerhalb des starren K.s liegen kann. Da $\mathrm{d}\vec{\alpha}$ für beliebiges O immer den gleichen Wert hat, ist auch $\vec{\Omega}$ im Gegensatz zu $\vec{v}_0$ unabhängig von der Lage von O. Stehen $\vec{v}_n$ und $\vec{\Omega}$ zu irgendeinem Zeitpunkt senkrecht aufeinander, so läßt sich immer O so wählen, daß $\vec{v}_0 = 0$ gilt. Dann besteht die Bewegung des starren K.s aus einer reinen Rotation um eine Achse durch O, die momentane Drehachse genannt wird. Sind $\vec{v}_n$ und $\vec{\Omega}$ zu einem gegebenen Zeitpunkt nicht orthogonal, so läßt sich O so wählen, daß $\vec{v}_n$ und $\vec{\Omega}$ parallel werden, d. h., die Bewegung des starren K.s besteht in einer infinitesimalen Schraubenbewegung, die sich aus einer Rotation um die Achse A und einer Translation längs dieser Achse zusammensetzt.

Für die kinetische Energie ergibt sich mit (4):

$$T = \sum \frac{m_n}{2} \vec{v}_n^2 = \sum \frac{m_n}{2} \vec{v}_0^2 + \sum m_n \vec{v}_0 (\vec{\Omega} \times \vec{r}_n') + \sum \frac{m_n}{2} (\vec{\Omega} \times \vec{r}_n')^2. \qquad (5)$$

Wird nun der Ursprung O von K in den Schwerpunkt des starren K.s gelegt, so wird mit (2)

$$\sum_n m_n \vec{v}_s (\vec{\Omega} \times \vec{r}_n') = -(\vec{\Omega} \times \vec{v}_s) \sum_n m_n \vec{r}_n' = = -(\vec{\Omega} \times \vec{v}_s) M\vec{r}_s' = 0, \quad (6)$$

wobei $\vec{v}_s \equiv \vec{v}_0$ gesetzt wurde.

Bezeichnet ξ_n den Abstand des n-ten Massepunktes von der Drehachse, so folgt wegen $|(\vec{\Omega} \times \vec{r}_n')| = |\vec{\Omega}| \cdot \xi_n$ für das letzte Glied in (5)

$$\sum_n \frac{m_n}{2} (\vec{\Omega} \times \vec{r}_n')^2 = \frac{1}{2} |\vec{\Omega}|^2 \cdot J(\vec{\Omega}) = \frac{1}{2} \vec{\Omega}\Theta\vec{\Omega},$$

wobei $J(\vec{\Omega}) = \sum_n m_n \xi_n^2$ das Trägheitsmoment des starren K.s um die Drehachse und Θ der Trägheitstensor bezüglich des Schwerpunktes sind. Somit ergibt sich aus (5) und (6)

$$T = \frac{M}{2} \vec{v}_s^2 + \frac{1}{2} \vec{\Omega}\Theta\vec{\Omega} = T_{\mathrm{Transl.}} + T_{\mathrm{Rot.}}, \quad (7)$$

($M = \sum m_n$ ist die Masse des starren K.s) d. h., die kinetische Energie ist die Summe aus der Translationsenergie $T_{\mathrm{Transl.}}$ der im Schwerpunkt konzentriert gedachten Masse des starren K.s und der Rotationsenergie $T_{\mathrm{Rot.}}$ infolge der Rotation mit der Winkelgeschwindigkeit $\vec{\Omega}$ um eine Achse durch den Schwerpunkt.

Für den Drehimpuls des starren K.s bezüglich des Ursprungs R des raumfesten Systems Q ergibt sich

$$\vec{L} = \sum m_n \vec{r}_n \times \vec{v}_n.$$

Daraus wird mit (3)

$$\vec{L} = \sum m_n \vec{r}_n' \times (\vec{\Omega} \times \vec{r}_n') + \vec{L}_s. \quad (8)$$

Wird der Ursprung O wieder in den Schwerpunkt gelegt ($\vec{r}_s \equiv \vec{r}_0$), so ist

$$\vec{L}_s = M\vec{r}_s \times \vec{v}_s$$

gerade der Drehimpuls der im Schwerpunkt konzentriert gedachten Masse M bezüglich R. Unter Verwendung der Identität

$$\vec{a} \times (\vec{b} \times \vec{c}) = (\vec{b} \circ \vec{a})\, \vec{c} - (\vec{c} \circ \vec{a})\, \vec{b}$$

($\circ$ bedeutet das Tensorprodukt) und der Definition des → Trägheitstensors folgt daraus

$$\vec{L} = \vec{\Omega}\Theta + \vec{L}_s = \Theta\vec{\Omega} + \vec{L}_s. \quad (9)$$

Nach (7) und (9) zerfallen kinetische Energie und Drehimpuls des starren K.s in einen Anteil, der von der Translationsbewegung der im Schwerpunkt konzentriert gedachten Masse des starren K.s herrührt und einem von der Rotation um den Schwerpunkt hervorgerufenen Anteil.

Wenn die auf den starren K. einwirkenden äußeren Kräfte keine Koppelung zwischen Translations- und Rotationsbewegung hervorrufen, wie das z. B. bei der Bewegung in einem homogenen Feld der Fall ist, gilt das auch für die potentielle Energie. Dann kann die Bewegung des starren K.s in Translations- und Rotationsbewegung separiert werden. Letztere ist gerade die Bewegung desjenigen → Kreisels, der durch den im Schwerpunkt unterstützten starren K. gegeben ist.

Unter einem *System s. K.* versteht man in der Statik eine Kopplung einzelner Körper zu einem Verband bzw. Tragwerk, es besteht aus beliebig vielen Einzelkörpern, die durch Gelenke miteinander verbunden und an bestimmten Lagerstellen gegenüber dem Bezugssystem gestützt sind. Da für jeden Einzelkörper z. B. in der Ebene drei Gleichgewichtsbedingungen gelten, erhält man nach dem Prinzip des „Freimachens" für ein Körpersystem $3 \cdot n$ Gleichungen für die $3 \cdot n$ unbekannten Zwischen- und Lagerreaktionen. Ist die Anzahl der unbekannten Stütz- und Zwischenreaktionen größer als $3 \cdot n$, dann liegt ein statisch unbestimmtes System vor, im umgekehrten Fall spricht man von einem Mechanismus bzw. von einer kinematischen Kette.

Starrheit, svw. Righeit.

Startreaktion, chemische → Kettenreaktion.

Statik, in der Mechanik die Lehre vom Gleichgewicht, bei dem ein Körper im Zustand der Ruhe oder einer gleichförmigen Translationsbewegung verbleibt. Daraus folgen die Gleichgewichtsbedingungen für verschiedene Situationen: 1) am Massenpunkt: Die Vektorsumme der angreifenden Kräfte muß verschwinden: $\sum_i \vec{F}_i = 0$. Graphische Konstruktion: Das Krafteck muß ein geschlossenes Polygon ergeben.

2) am starren Körper: Die Vektorsumme der angreifenden Kräfte muß verschwinden: $\sum_i \vec{F}_i = 0$. Die Vektorsumme der Drehmomente $\sum_i \vec{M}_i = \sum_i \vec{r}_i \times \vec{F}_i$ muß verschwinden, dabei ist $\vec{r}_i$ der Ortsvektor vom Bezugspunkt zu einem beliebig wählbaren Punkt auf der Wirkungslinie der Kraft $\vec{F}_i$. Relativ einfach sind die Verhältnisse bei einer ebenen Kräftegruppe, da dort die Momente alle senkrecht auf der Kraftebene stehen und algebraisch addiert werden können. Graphische Konstruktion des Momentengleichgewichts: Das Seileck muß geschlossen sein. Für die ebene Kräftegruppe lassen sich verschiedene äquivalente Fassungen der Gleichgewichtsbedingungen angeben: Es herrscht Gleichgewicht, wenn sich die Komponenten der Kräfte in einer beliebigen Richtung aufheben und das resultierende Moment bezüglich zweier verschiedener Punkte verschwindet, die nicht auf einer Senkrechten zu der gewählten Richtung liegen dürfen. Außerdem herrscht Gleichgewicht, wenn die resultierenden Momente bezüglich dreier Punkte verschwinden, die nicht auf einer Geraden liegen.

3) im deformierbaren Kontinuum: → Spannungsgleichgewicht.

stationär, zeitlich unveränderlich als Folge eines dynamischen, statischen oder statistischen Gleichgewichts. In der klassischen Mechanik bezeichnet man als s. z. B. die Bewegung der Planeten um die Sonne. In der Elektrodynamik versteht man unter s.en Strömen zeitunabhängige Ströme. In der Quantenmechanik versteht man unter *s.en Zuständen* die Lösungen der zeitunabhängigen Schrödinger-Gleichung, die z. B. die Bewegung von gebundenen Elektronen im Coulumb-Feld des Atomkerns beschreiben. In der statistischen Mechanik wird der Zustand eines Gases s. genannt, wenn das System trotz statistischer Schwankungen immer wieder in ihn zurückkehrt. In der Hydromechanik heißt eine Flüssigkeitsströmung s., wenn das Geschwindigkeitsfeld der Strömung zeitunabhängig ist.

stationäre Formänderung, Formänderung, bei der sich für jeden festen Raumpunkt innerhalb des sich verformenden Körpers das Geschwindigkeitsfeld mit der Zeit nicht ändert.

stationärer Zustand, → stationär.

statische Festigkeit, Bruchspannung, die das Material bei langsam anwachsender Belastung erreicht.

statische Gleichgewichtsbedingung, → Gleichgewicht.

statische Grundgleichung, Gleichung für die Änderung des Druckes in ruhenden Flüssigkeiten oder Gasen mit der Höhe. Sie gilt auch in der bewegten Atmosphäre mit hinreichender Näherung. Die s. G. lautet $\frac{\partial p_b}{\partial h} = -g_n \varrho$; dabei ist p_b der Luftdruck, h die Höhe in → geopotentiellen Metern, $g_n = 9{,}8\ \mathrm{m\,s^{-2}}$ ein standardisierter Wert der Schwerebeschleunigung und ϱ die Dichte. Aus der s.n G. folgt die → barometrische Höhenformel.

statischer Druck, → Flüssigkeitsdruck.

statischer Eichfaktor, → Stoßpendel.

Statistik, *statistische Physik*, *statistische Mechanik*, Teilgebiet der theoretischen Physik, das makroskopische Eigenschaften der Materie auf atomare und molekulare Gesetzmäßigkeiten zurückführt. Grundlegende Voraussetzung ist dabei, daß die betrachteten Systeme aus sehr vielen Teilchen bestehen. Ein solches System, z. B. ein aus ungeheuer vielen Molekülen bestehendes Gas, läßt sich mit den Methoden der klassischen Mechanik wegen der großen Anzahl der zu lösenden Gleichungen und der Unkenntnis der Anfangsbedingungen nicht behandeln. Es genügt jedoch in den meisten Fällen die Kenntnis makroskopisch meßbarer Größen, wie Druck, Temperatur, elektrische Leitfähigkeit, Wärmeleitfähigkeit, die als Mittelwerte über sehr viele Teilchen definiert sind. Die Berechnung dieser Größen ist durch die Ausnutzung spezieller Gesetzmäßigkeiten, die für aus sehr vielen Teilchen aufgebaute Systeme gelten, in relativ einfacher Weise möglich.

Die S. kann nach folgenden drei Möglichkeiten eingeteilt werden: 1) in die *kinetische Theorie* (*S. irreversibler Prozesse*, *Nichtgleichgewichtsstatistik*) und *statistische Thermodynamik* (*Gleichgewichtsstatistik*). Dabei kann die Gleichgewichtsstatistik als Grenzfall der kinetischen Theorie betrachtet werden, zumal in den meisten praktisch betrachteten Fällen die Abweichung vom Gleichgewicht relativ klein ist. Wesentlich unterscheidet sich die kinetische Theorie jedoch von der Gleichgewichtsstatistik durch die Anwendung andersartiger physikalischer und mathematischer Methoden, die durch den höheren Schwierigkeitsgrad der betrachteten Probleme bedingt ist; 2) in *Γ-Raum-* und *μ-Raum-Statistik* nach dem Gesichtspunkt, ob die Wechselwirkung der Teilchen des betrachteten Systems untereinander wesentlich ist oder ob von ihr abstrahiert werden kann, und 3) in *klassische S.* und *Quantenstatistik*, je nachdem, ob die Gesetze der klassischen Mechanik der Beschreibung zugrunde gelegt werden können oder ob man die Quantentheorie als Ausgangspunkt nimmt.

Ausgangspunkt der statistischen Theorie ist die *statistische Gesamtheit* (*statistisches Ensemble*). Sie setzt sich aus einer Vielzahl von physikalisch gleichartigen, d. h. durch die gleiche Hamilton-Funktion beschriebenen und somit den gleichen mechanischen Bewegungsgleichungen genügenden Systemen zusammen. In der → Gibbs-Statistik (*Γ*-Raum-Statistik) betrachtet man eine *virtuelle statistische Gesamtheit* (*virtuelles Ensemble*), die aus dem konkreten System und einer Vielzahl gedachter, dem konkreten System physikalisch gleichartiger Systeme besteht. Diese virtuellen Systeme bilden neben dem konkreten physikalischen System die Elemente der Gibbs-Statistik. Das konkrete physikalische System wird durch einen Bildpunkt im *Γ*-Raum repräsentiert, seine zeitliche Entwicklung entspricht einer Bewegung dieses Bildpunktes auf der Phasenbahn (→ Phasenraum). Über die Eigenschaften des konkreten Systems brauchen durch die Gibbs-Statistik keine einschränkenden Voraussetzungen gemacht zu werden. Im Gegensatz dazu läßt sich die elementare S. oder *μ*-Raum-Statistik (→ Maxwell-Boltzmann-Statistik, → Fermi-Dirac-Statistik, → Bose-Einstein-Statistik), bei der das interessierende System selbst – im obigen Beispiel also das Gas – die virtuelle Gesamtheit darstellt und die konkret vorhandenen Moleküle Elemente der S. sind, nur auf solche Systeme anwenden, deren Bestandteile – also im betrachteten Beispiel die Moleküle – nicht miteinander in Wechselwirkung stehen, d. h. streng nur auf ideale Gase. Die Phasenbahn im *μ*-Raum stellt den zeitlichen Verlauf der Bewegung eines Moleküls dar.

Die S. berechnet die Verteilung der Systeme im → Phasenraum. Die Verteilung wird durch die → *Verteilungsfunktion* $\varrho(t, q_1, \ldots, q_f, p_1, \ldots, p_f)$ quantitativ dargestellt. Hierbei sind $q_1, \ldots, q_f$ die verallgemeinerten Ortskoordinaten, durch die, wenn f die Anzahl der Freiheitsgrade ist, das betrachtete System beschrieben wird, und $p_1, \ldots, p_f$ die dazu kanonisch konjugierten Impulse. $\varrho(t, q_1, \ldots, q_f, p_1, \ldots, p_f)\,\mathrm{d}q_1 \cdots \mathrm{d}q_f \mathrm{d}p_1 \cdots \mathrm{d}p_f$ ist die Wahrscheinlichkeit, zum Zeitpunkt t ein System im Volumenelement $\mathrm{d}q_1 \cdots \mathrm{d}q_f\, \mathrm{d}p_1 \cdots \mathrm{d}p_f$ des Phasenraums um den Phasenpunkt mit den Koordinaten $q_1, \ldots, q_f$ und den Impulsen $p_1, \ldots, p_f$ zu finden.

Ist die Verteilungsfunktion bekannt, so kann man durch Mittelwertbildung makroskopisch interessante Größen berechnen. Das Wesen der S. besteht darin, das *Zeitmittel* (*zeitlicher Mittelwert*) einer beliebigen Größe $A(q_1, \ldots, q_f, p_1, \ldots, p_f)$ über ein konkretes physikalisches System

$$\bar{A} = \lim_{T \to \infty} \frac{1}{T} \int_0^T A[q_1(t), \ldots, q_f(t), p_1(t), \ldots, p_f(t)]\, \mathrm{d}t,$$

zu dessen Berechnung im Grunde die Lösung der Bewegungsgleichungen nötig ist, durch den Mittelwert über die statistische Gesamtheit, das *Scharmittel*, $\bar{A} = \int A(q_1, \ldots, q_f, p_1, \ldots, p_f) \times \varrho(q_1, \ldots, q_f, p_1, \ldots, p_f)\, \mathrm{d}q_1 \cdots \mathrm{d}q_f\, \mathrm{d}p_1 \cdots \mathrm{d}p_f$ zu ersetzen. Boltzmann untersuchte dieses Vorgehen und stellte 1887 die *Ergodenhypothese* auf, die besagt, daß im Laufe der zeitlichen Entwicklung die Phasenbahn des Systems durch jeden Punkt der Energiehyperfläche des → Phasenraumes läuft. Auf der Grundlage der Ergodenhypothese konnte Boltzmann die Äquivalenz von Zeitmittel und Scharmittel zeigen. P. und T. Ehrenfest erkannten jedoch die Ergodenhypothese aus mathematischen Gründen als unhaltbar. Sie führten 1911 die *Quasiergodenhypothese* ein, die fordert, daß die Phasenbahn in einer endlichen Zeit jedem Punkt der Energiehyperfläche beliebig nahekommt. Der allgemeine Beweis der Äquivalenz von Zeitmittel und Scharmittel aus der Quasiergodenhypothese ist aber mathematisch äußerst kompliziert und nicht unproblematisch, so daß man heute dazu neigt, die Äquivalenz von Zeitmittel und Scharmittel unmittelbar als axiomatische Grundlage der S. anzuerkennen. Bei der konkreten Berechnung der Verteilungsfunktion geht man vom Liouvilleschen Satz (→ Liouville-Gleichung) im Γ-Raum aus. Ist die Verteilungsfunktion zeitabhängig, dann ist ihre Berechnung Aufgabe der → kinetischen Theorie. Für die Einteilchen-Verteilungsfunktion lassen sich aus der Liouville-Gleichung über die → BBGKY-Hierarchie oder durch äquivalente Methoden kinetische Gleichungen, z. B. Boltzmann-Gleichung, Fokker-Planck-Gleichung und Wlassow-Gleichung, gewinnen, die Ausgangspunkt konkreter praktischer Berechnungen, z. B. von Transportkoeffizienten, wie der elektrischen oder Wärmeleitfähigkeit, in der S. irreversibler Prozesse sind. In der statistischen Thermodynamik (Gleichgewichtsstatistik), d. h. also im Zustand des statistischen Gleichgewichts, ist die Verteilungsfunktion zeitlich konstant. Man kann sie unter Berücksichtigung der für das System vorgegebenen Bedingungen berechnen, z. B. ergibt sich für ein System, dessen Energie vorgegeben ist, die *Gibbssche mikrokanonische Verteilung* und für ein System, dessen Temperatur vorgegeben ist, die *Gibbssche kanonische Verteilung*. Die Berechnung der makroskopisch interessierenden Größen geschieht in der Gleichgewichtsstatistik über die Berechnung von Zustandssummen oder Zustandsintegralen, die die beherrschenden Größen der statistischen Thermodynamik sind. Man kann aus ihnen thermodynamische Potentiale, vor allem die freie Energie, gewinnen, die die Berechnung weiterer thermodynamischer Größen und thermodynamischer Zusammenhänge, wie Zustandsgleichungen, in relativ einfacher Weise durch Differentiation gestatten. Ausgangspunkt vieler Betrachtungen in der statistischen Thermodynamik ist der → Gleichverteilungssatz.

In der Gleichgewichtsstatistik im μ-Raum läßt sich die Verteilungsfunktion und hieraus die Zustandssumme ausgehend von einer Einteilung des Phasenraumes in Zellen durch elementare Abzählmethoden bestimmen. Die klassische Gleichgewichtsstatistik im μ-Raum ist die Maxwell-Boltzmann-Statistik. Die Methoden dieser S. lassen sich näherungsweise mit teilweise recht guten Ergebnissen auch auf Systeme anwenden, deren Teilchen miteinander in Wechselwirkung stehen.

In der → Quantenstatistik tritt an die Stelle der Verteilungsfunktion die *Dichtematrix*. Auch hier kann man die makroskopischen Größen im Gleichgewicht durch Berechnen von Zustandssummen bestimmen. Die Quantenstatistik im μ-Raum, die auf Abzählmethoden aufgebaut werden kann, liefert in Abhängigkeit vom Spin der betrachteten Teilchen entweder eine Bose-Einstein-Verteilung (→ Bose-Einstein-Statistik) oder eine Fermi-Dirac-Verteilung (→ Fermi-Dirac-Statistik).

Die S. auf der Grundlage von Einteilchen-Verteilungsfunktionen beschreibt makroskopische Erscheinungen nicht vollständig. Ausdruck ihres Wahrscheinlichkeitscharakters ist z. B., daß makroskopisch beobachtbare Schwankungen thermodynamischer Größen, die auch im statistischen Gleichgewicht vorkommen, durch die S. nicht erfaßt werden. Der durch die statistische Theorie gelieferte Erwartungswert für das Ergebnis einer Messung wird nur im Mittel über sehr viele Messungen erhalten. Trotzdem sind aber infolge der ungeheuer großen Teilchenzahl der betrachteten Systeme die Schwankungen praktisch meist bedeutungslos. Die Schwankungstheorie oder Fluktuationstheorie (→ Schwankungserscheinungen), die diese Schwankungen näher untersucht und quantitativ beschreibt, gestattet es, ausgehend von den Schwankungen im Gleichgewicht Aussagen über irreversible Prozesse zu machen und bildet somit eine Art Bindeglied zwischen Gleichgewichtsstatistik und S. irreversibler Prozesse.

Die Anwendungsgebiete der S. erstrecken sich über weite Gebiete der Physik. Am weitesten entwickelt ist die Anwendung statistischer Methoden zur tieferen Begründung der Hauptsätze der Thermodynamik und zur Berechnung der thermodynamischen Funktionen, besonders der freien Energie. Vor allem in der kinetischen Theorie verdünnter Gase, jedoch auch in der Theorie von Plasmen, der Theorie der Strahlungs- und Lichtausbreitung, der Theorie des Atomkernes und besonders bei den aus Quasiteilchen bestehenden Systemen in der Festkörperphysik (→ Einsteinsche Theorie der spezifischen Wärmekapazität, → Debyesche Theorie der spezifischen Wärmekapazität) spielen die statistischen Methoden eine große Rolle.

Geschichtliches. In der zweiten Hälfte des 19. Jh.s entwickelte sich zunächst die kinetische Gastheorie, ein Teilgebiet der kinetischen Theorie. Die dabei von Clausius, Maxwell und Boltzmann eingeführten Methoden waren auch für die anderen Gebiete der S. wegweisend. Der Zusammenhang zwischen Wahrscheinlichkeit und Entropie, der insbesondere für praktische statistische Berechnungen mittels Abzählmethoden grundlegend ist, wurde zuerst von Boltzmann erkannt. Um 1900 führte Gibbs den Begriff der statistischen Gesamtheit ein und baute die allgemeine statistische Theorie im Γ-Raum aus. Bedeutende Erfolge bei der Ausnutzung statistischer Methoden wurden in der Strahlungstheorie durch Planck und in der Theorie der spezifischen Wärmen von Festkörpern durch Einstein und Debye erzielt. Anfang des 20. Jh.s wurde vor allem die Gleichgewichtsstatistik vorangetrieben, z. B. durch Einführung und Anwendung des Begriffes Zustandssumme durch Planck. Gleichzeitig untersuchten P. und T. Ehrenfest die Grundlagen der S. Diese Arbeiten wurden später von v. Neumann und Birkhoff fortgesetzt. Parallel zur Entwicklung der Quantentheorie entwickelte sich Mitte der zwanziger Jahre die Quantenstatistik und zwar zunächst die Bose-Einstein- und Fermi-Dirac-Statistik. In den letzten Jahren hat sich der Schwerpunkt der Forschung auf die S. irreversibler Prozesse verlagert.

Lit. Becker: Theorie der Wärme (Berlin, Heidelberg 1966); Landau u. Lifschitz: Statistische Physik (Berlin 1970).

statistische Auswertung von Experimenten, Verfahren zur quantitativen Auswertung und Beurteilung experimentell gewonnener Meßwerte auf der Grundlage von Häufigkeitsverteilungen. Die Meßwerte x_i der *Urliste*, der ersten Zusammenstellung der Versuchsdaten im Versuchsprotokoll, werden der Größe nach geordnet. Dabei wird z. B. mittels einer Strichliste die *Häufigkeit* h_l jedes einzelnen Meßwertes erhalten. Zur Übersichtlichkeit werden die Meßwerte intervallweise in *Klassen* eingeteilt, wobei für die Darstellung der aus dem Experiment folgenden Verteilung die Meßwerte durch die jeweiligen Klassenmitten, d. s. die Intervallmitten, ersetzt werden (reduzierte Verteilung). Die *Häufigkeitsverteilung* ist die graphische Darstellung der Häufigkeit als Ordinate über dem Meßwert als Abszisse bzw. der Klassenmitte als Abszisse. Sie wird durch folgende Maßzahlen charakterisiert:

Mittelwerte kennzeichnen Meßreihen durch eine einzige Maßzahl $\bar{x}$. Das *arithmetische Mittel* berechnet sich aus der Summe der einzelnen Meßwerte dividiert durch die Anzahl n der Meßwerte $\bar{x} = (1/n) \sum_{i=1}^{n} x_i$ oder mit Hilfe eines geschätzten Mittelwertes $\bar{x}_0$ zu

$$\bar{x} = \bar{x}_0 + (K/n) \sum_{i=1}^{n} h_i(x_i - \bar{x}_0)/K,$$

wobei K die Klassenbreite (Intervallbreite) bedeutet. Soll aus mehreren (k) Meßreihen verschieden vieler Meßwerte n_k für einen Versuch das arithmetische Mittel angegeben werden, so findet das *gewogene arithmetische Mittel* $\bar{x} = (\sum_k n_k \bar{x}_k)/\sum_k n_k$ Anwendung. Die n_k werden mitunter auch *statistische Gewichte* genannt. Als *Gipfelwert* oder *Dichtewert* wird der Meßwert mit der größten Häufigkeit bezeichnet, während der *Zentralwert* der Meßwert des mittleren Gliedes bzw. bei geradem n zwischen den beiden mittleren Gliedern ist, wenn man die Meßwerte einer Verteilung nach ihrer Größe ordnet.

Streuungs- oder Variabilitätsmaße geben an, wie die einzelnen Meßwerte um den Mittelwert herum streuen. Die *Streuung* oder *Standardabweichung* der Einzelwerte ist gegeben durch $s = \sqrt{\sum_{i=1}^{n} (x_i - \bar{x})^2/(n-1)}$ bzw. bei Verwendung des geschätzten Mittelwertes als

$$s = \sqrt{\left\{\sum_{i=1}^{n} (x_i - \bar{x}_0)^2 - (1/n)\left(\sum_{i=1}^{n} (x_i - \bar{x}_0)\right)^2\right\} \Big/ (n-1)}$$

oder mit den Quadraten x_i^2 der Einzelmeßwerte x_i als

$$s = \sqrt{\left\{\sum_{i=1}^{n} x_i^2 - \left(\sum_{i=1}^{n} x_i\right)^2/n\right\} \Big/ (n-1)}\,.$$

Die Streuung des Mittelwertes, auch *Unsicherheitsmaß* oder *Standardfehler* genannt, wird nach

$$s_{\bar{x}} = s/\sqrt{n} = \sqrt{\sum (x_i - \bar{x})^2/n(n-1)}$$

berechnet. Für die Streuung aus k Meßreihen mit gleich vielen Messungen (gleicher Stichprobenumfang) gilt

$$s = \sqrt{\sum_k s_k^2/k} \quad \text{bzw.}$$

$$s = \sqrt{\sum_k \sum_l (x_{kl} - x_k)^2/k(n-1)}\,,$$

bei ungleich vielen Messungen n_k innerhalb der k Meßreihen

$$s = \sqrt{\{\sum s_k^2(n_k - 1)\}/\{(\sum_k n_k) - k\}}\,.$$

Dabei bedeuten s_k die zu den einzelnen Meßreihenmitteln gehörenden Streuungen der Einzelmeßwerte. Anstatt der Streuung wird oft deren Quadrat, die *Varianz*, benötigt. Die Gesamtvarianz V für alle Meßreihen ergibt sich als Summe der Einzelvarianzen $s_{\bar{x}k}^2$ aller Meßreihenmittel $\bar{x}_k$ dividiert durch die Anzahl der Meßreihen k gleich vieler Messungen $V = \sum s_{\bar{x}k}^2/k$, bei ungleich vielen Messungen innerhalb von k Meßreihen folgt $V = \{\sum_k s_{\bar{x}k}^2(n_k - 1)\}/\{(\sum_k n_k) - k\}$.

Der Variabilitätskoeffizient $v = s \cdot 100/\bar{x}$ in % ist durch das Verhältnis der Streuung zum arithmetischen Mittel gegeben. Die Streuung der Differenz s_d zwischen zwei Meßreihenmitteln errechnet sich durch Addition der Streuungen der beiden einzelnen Mittelwerte. Für ungleiche Streuung und ungleichen Stichprobenumfang (Meßwertanzahl) ergibt sich $s_d = \sqrt{s_1^2/n_1 + s_2^2/n_2}$, bei gleichem Stichprobenumfang $s_d = \sqrt{(s_1^2 + s_2^2)/n}$ und bei gleicher Streuung $s_d = \sqrt{2s^2/n}$. Es bedeuten s_1 und s_2 die Streuungen der Einzelwerte der beiden zu vergleichenden Meßreihen und n_1 und n_2 deren Umfänge (Meßwertanzahl).

Normalverteilungen. Viele empirisch gewonnene Verteilungen ähneln in ihrer Form einer Gauß-Verteilung (→ Fehler, → Fehlerrechnung). Je nach der Art des Problems treten mitunter auch andere theoretische Häufigkeitsverteilungen wie die → Binomialverteilung und ihre Sonderfälle z. B. die Poisson-Verteilung auf. Zu jeder empirischen Verteilung läßt sich eine Normalverteilung $f(x)$ angeben, die mit ihr in $\bar{x}$ und s übereinstimmt

$$f(x_l) = (n/s\sqrt{2\pi}) \exp\{-(x_l - \bar{x})^2/2s^2\}\,.$$

Diese Gauß-Verteilung ist für verschiedene $\bar{x}$ und s tabelliert.

Weiteres über Korrelation und statistische Prüfverfahren wie Studentscher t-Test, Pearsonscher χ^2-Test, Varianzanalyse und Signifikanzberechnungen ist in der angegebenen Literatur eingehend behandelt. → Studentsche Verteilung.

Lit. Mittenecker: Planung und s. A. v. E. (8. Aufl. Wien 1970); Weise: Statistische Auswertung von Kernstrahlungsmessungen (München und Wien 1971).

statistische Gesamtheit, → Statistik.

statistische Interpretation, von M. Born eingeführte Deutung des Absolutquadrats $|\psi(\vec{r}, t)|^2$ der Wellenfunktion als Wahrscheinlichkeitsdichte für das Auffinden eines Teilchens zur Zeit t am Orte $\vec{r}$. Die Wahrscheinlichkeit dafür, das Teilchen in einem bestimmten Volumen V anzutreffen, ist dann durch $\int_V |\psi(\vec{r}, t)|^2 \, d\tau$ gegeben. Da das Teilchen mit Gewißheit, d. h. mit der Wahrscheinlichkeit 1, irgendwo im Raume aufzufinden ist, normiert man die Wellenfunktion gewöhnlich so, daß bei Integration über den gesamten Raum $\int |\psi(\vec{r}, t)|^2 \, d\tau = 1$ gilt (*Normierungsbedingung*).

Die s. I. ist für die Quantentheorie von überragender Bedeutung; sie ermöglicht es erst, den Teilchenbegriff konsistent in die Wellenmechanik einzubauen: In einer klassischen Wellentheorie der Materie können Teilchen nur als stark lokalisierte Wellenpakete eingeführt werden, die aber um so eher „zerfließen", je stärker sie lokalisiert sind, und daher gerade für die Darstellung mikrophysikalischer Objekte ungeeignet sind; bei der s.n I. dagegen zerfließt nicht die Materiedichte, sondern die Wahrscheinlichkeitsdichte für das Auffinden des Teilchens. Die s. I. widerspricht den Vorstellungen der klassischen Physik, sie ist aber in Übereinstimmung mit dem Heisenbergschen Unbestimmtheitsprinzip, speziell mit der Tatsache, daß Mikroobjekten keine Bahnkurven im klassischen Sinne zugeschrieben werden können.

Die s. I. wird von einigen Physikern, z. B. von einem Kreis um L. de Broglie, abgelehnt. Die Widersprüche, die sich aus der Deutung von $|\psi|^2$ als Teilchendichte ergaben, sollen nach ihnen durch Einführung von → verborgenen Parametern, aus noch nicht erkannten zusätzlichen physikalischen Größen, aufgelöst werden können. Ein exakter Beweis, der die Existenz verborgener Parameter widerlegt, liegt nicht vor; alle bisherigen theoretischen Untersuchungen schränken die Möglichkeiten des Auftretens verborgener Parameter mathematisch so stark ein, daß ihre Existenz als physikalisch höchst unwahrscheinlich angesehen werden muß. Die Mehrzahl der Physiker hält daher an der s.n I. fest.

statistische Matrix, seltene Bezeichnung für die → Dichtematrix.

statistische Mechanik, svw. Statistik.

statistische Physik, svw. Statistik.

statistischer Operator, svw. Dichtematrix.

statistisches Ensemble, → Statistik.

statistisches Gewicht, → statistische Auswertung von Experimenten.

statistisches Modell, → Phänomenologie der Hochenergiephysik, → Kernmodelle.

statistische Theorie der Atomhülle, von Thomas und Fermi entwickeltes Verfahren zur näherungsweisen Berechnung der Energie und der mittleren Elektronendichte der Atomhülle im Grundzustand. Die s. T. d. A. ist nur auf Atome mit vielen Elektronen anwendbar. Dabei wird die Energie auf die mittlere Elektronendichte zurückgeführt und das → Pauli-Prinzip berücksichtigt. Die gesamte kinetische Energie der Elektronen wird auf Grund der folgenden Vorstellung berechnet: Die Atomhülle unterteilt man in Teilvolumina ΔV_i, in denen sich im Mittel noch genügend viele Elektronen aufhalten sollen, die aber andererseits klein genug sind, um das auf die Elektronen wirkende effektive Potential in jedem Teilvolumen als konstant betrachten zu können. Die in einem Volumen ΔV_i enthaltenen Elektronen behandelt man als *Fermi-Gas.* Die Summation über die kinetischen Energien dieser Elektronen ersetzt man daher durch eine Integration über die entsprechende Fermi-Kugel. Der Radius r der Fermi-Kugel ist proportional zur dritten Wurzel aus der mittleren Elektronendichte in ΔV_i. Schließlich wird auch die Summation über die Teilvolumina durch eine Integration ersetzt. Die Bindungsenergie E der Atomhülle ergibt sich als Funktional der Elektronendichte $\varrho(r)$ zu

$$E\{\varrho\} = \int \mathrm{d}V \frac{\hbar^2}{2m} \frac{3}{5} \varkappa_F (\varrho(r))^{5/3} - Z \frac{e^2}{4\pi\varepsilon_0} \times \int \mathrm{d}V \frac{\varrho(r)}{r} + \frac{e^2}{8\pi\varepsilon_0} \iint \frac{\mathrm{d}V\,\mathrm{d}V'\,\varrho(r)\,\varrho(r')}{|\vec{r} - \vec{r}'|}.$$

Dabei bedeuten $\hbar = h/2\pi$ die Plancksche Konstante, m die Masse des Elektrons, $\varkappa_F = (3\pi^2)^{2/3}$, Z die Kernladungszahl, e die Elementarladung und ε_0 die Dielektrizitätskonstante. Das erste Integral stellt die kinetische Energie der Elektronen dar, das zweite ihre potentielle Energie im Feld des Atomkerns und das dritte die Energie der Coulomb-Wechselwirkung der Atomelektronen. Die Elektronendichte $\varrho(r)$ wird nun durch ein Variationsverfahren so ermittelt, daß $E\{\varrho\}$ bei festgehaltener Gesamtzahl $N = \int \mathrm{d}V \varrho(r)$ der Elektronen möglichst klein wird. Das Variationsverfahren liefert die als *Thomas-Fermi-Gleichung* bezeichnete Differentialgleichung zur Bestimmung der Elektronendichte $\varrho(r)$. In ihrer ursprünglichen Form liefert die s. T. d. A. einen über die räumliche Schalenstruktur hinweg gemittelten Verlauf der Elektronendichte. Durch gesonderte Anwendung der Methode auf Elektronenzustände mit jeweils festem Bahndrehimpuls kann auch die räumliche Schalenstruktur der radialen Dichte wiedergegeben werden. Der Vorteil der Einfachheit geht dabei allerdings verloren.

Lit. Gombas: Statistische Theorie des Atoms und ihre Anwendungen (Wien 1949); Macke: Quanten, ein Lehrbuch der Theoretischen Physik (2. Aufl. Leipzig 1965).

statistische Theorie der Flüssigkeiten, → kinetische Theorie.

statistische Thermodynamik, → Statistik.

Stator, → elektrische Maschine, → Kondensator.

statute mile, Tabelle 2, Länge.

Stau, die Verzögerung des Strömungsmediums vor → Staupunkten. Bei Flüssigkeitsströmungen in offenen Gerinnen kommt es durch den S. zu einer örtlichen Erhöhung des Wasserspiegels.

Staubnebel, → interstellare Materie.

Stauchung, die Verkürzung eines Prüfkörpers durch Druck, bezogen auf die ursprüngliche Meßlänge L_0: $\varepsilon_d = \frac{L_0 - L}{L_0}$ (L ist Länge des Prüfkörpers bei Druckbeanspruchung). Oft gibt man die S. in Prozent an. Wie bei der Dehnung ε unterscheidet man elastische S. $\varepsilon_{d\,el}$, bleibende S. $\varepsilon_{d\,bl}$ und Gesamtstauchung $\varepsilon_{d\,ges}$.

Staudinger-Index, $[\eta]$, früher *Grenzviskositätszahl* oder *intrinsic-viscosity*, eine nach H. Staudinger benannte Größe der Dimension Volumen/Masse (meist cm^3/g), die ein Maß für das von den Knäuelmolekülen eines Polymeren in der Lösung eingenommene Volumen und damit für das Molekulargewicht M darstellt: $[\eta] = K \cdot M^\alpha$. Hierbei sind K und α Konstanten; die Werte von α liegen je nach Polymeren und Lösungsmittel zwischen etwa 0,5 und 0,8, in einigen Fällen bei 1 und darüber. Der S.-I. kann experimentell relativ einfach und ziemlich genau bestimmt werden. Dabei werden die Viskositäten η einer Reihe von Lösungen mit verschiedenen Konzentrationen c gemessen. Unter Heranziehung der Viskosität η_0 des reinen Lösungsmittels werden die Viskositätszahlen $(\eta - \eta_0)/\eta_0 c$ über der Konzentration aufgetragen und auf $c = 0$ extrapoliert. Dieser Grenzwert ist der S.-I.

Staudruck, → Staupunkt.

Staupunkt, ein Punkt an der Oberfläche eines umströmten Körpers, in dem die Geschwindigkeit auf Null verzögert wird. Befindet sich ein Körper in einer gleichförmigen Strömung mit der Geschwindigkeit c_∞, so staut sich die Strömung vor dem Körper auf, verzögert sich und umströmt das Hindernis (Abb.). Im Zentrum des Staugebietes liegt der S., in dem die Strömung vollkommen zur Ruhe kommt. Im Staupunkt S verzweigt sich die zu ihm führende *Staustromlinie*, sie steht senkrecht auf der stetig gekrümmten Wand.

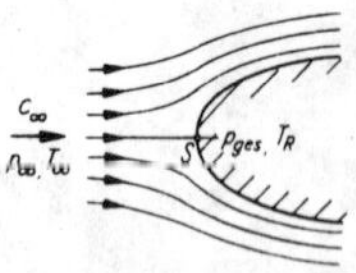

Strömung um einen Körper

Im S. herrscht der Gesamtdruck oder Ruhedruck, der für inkompressible Strömung $p_{ges} = p_\infty + (\varrho/2)\, c_\infty^2$ ist; dabei bedeutet p_∞ den Druck und ϱ die Dichte des Strömungsmediums (→ Kesselzustand) der ungestörten Anströmung. Die Druckdifferenz $p_{ges} - p_\infty = (\varrho/2)\, c_\infty^2$ wird als *Staudruck* bezeichnet und mit q_∞ abgekürzt. Der Staudruck kann auch für jeden Punkt des Strömungsfeldes gebildet werden. Es ist der Druckanstieg, der sich bei verlustfreier Verzögerung der Strömungsgeschwindigkeit auf den Wert Null einstellen würde.

In kompressibler Strömung muß der Staudruck $q_\infty = p_{ges} - p_\infty$ nach den Beziehungen der Gasdynamik berechnet werden.

Bei isentroper Strömung eines kompressiblen Mediums um einen nichtwärmeleitenden Körper ist die *Staupunktstemperatur* gleich der Ruhetemperatur $T_R = T_\infty + c_\infty^2 \cdot A/(2g \cdot c_p)$; dabei bedeutet T_∞ die Temperatur der Anströmung, A das mechanische Wärmeäquivalent, c_p die spezifische Wärme bei konstantem Druck, g die Erdbeschleunigung (→ Kesselzustand). Analog zur Definition des Staudruckes wird die Temperaturdifferenz $\Delta T = T_R - T_\infty = c_\infty^2 \cdot A/(2g \cdot c_p)$ als *Stautemperatur* bezeichnet. Bei nichtisentroper Strömung muß das i,s-Diagramm zur Bestimmung der Temperaturerhöhung verwendet werden.

Staurand, svw. Drosselscheibe.

Staurohr, → Strömungssonden.

Stauscheibe, svw. Drosselscheibe.

Staustrahltriebwerk, → Strahltriebwerk.

Staustromlinie, → Staupunkt.

Stautemperatur, → Staupunkt.

Stavermann-Effekt, der nach A. J. Stavermann benannte Befund, daß der osmotische Druck einer Lösung dann niedriger ist als der aus der gesamten molaren Konzentration zu errechnende, wenn die Lösung solche gelösten Komponenten enthält, die die Membran zu permeieren vermögen, und zwar auch dann, wenn eine solche Permeation noch gar nicht erfolgt ist.

stay-down-time, → Kupferfalle.

steady-state-Kosmologie, die aus dem perfekten kosmologischen Postulat entwickelte Kosmologie. Dabei versteht man unter dem perfekten kosmologischen Postulat die Annahme, daß der Kosmos nicht nur in jedem Punkt und in jeder Richtung des dreidimensionalen Raumes den mit der Materie bewegten Beobachtern denselben Anblick bietet, sondern daß ihnen der Kosmos auch zu allen Zeiten ähnlich erscheint. In Kosmen mit → Robertson-Walkerschem Linienelement ist die Zunahme der Zahl der Galaxien mit der Entfernung von $\varepsilon/S^2(t)$ abhängig. Sie ist also eine Funktion der Zeit, wenn der dreidimensionale Raum gekrümmt ist. Um dem perfekten kosmologischen Postulat Rechnung zu tragen, ist daher $\varepsilon = 0$ zu setzen, d. h., der dreidimensionale Raum ist in der s.-s.-K. eben.

Entsprechend dem perfekten kosmologischen Postulat hat man ferner zu fordern, daß die → kosmologische Rotverschiebung zu allen Zeiten dieselbe ist. Das bedeutet, daß $h = S^{-1} \cdot \mathrm{d}S/\mathrm{d}t$ konstant sein und mit der Hubble-Konstanten (→ Hubble-Effekt) übereinstimmen muß. Damit ergibt sich für die Funktion $S(t)$ der Ausdruck $S(t) = e^{ht}$ (e ist die Basis der natürlichen Logarithmen). Aus dem perfekten kosmologischen Postulat folgt als kosmologisches Modell der → De-Sitter-Kosmos mit ebenem dreidimensionalem Raum.

Im Gegensatz zur Einsteinschen Theorie ist dieser Kosmos aber mit Materie gefüllt, deren Dichte zeitlich konstant sein und den Wert 10^{-28} g/cm³ haben soll. Das ist möglich, weil in der s.-s.-K. nicht mehr die Einsteinschen Gleichungen zugrunde gelegt wurden.

Wegen der Expansion des Weltalls muß ständig herkömmliche Materie erzeugt werden, damit die Materiedichte konstant bleibt. Es muß je Liter und alle 10^{11} Jahre die Masse eines Wasserstoffatoms neu entstehen.

Die schon existierenden Galaxien entfernen sich, und die neuentstandene Materie sammelt sich in neuen Galaxien. Damit ergibt sich für die Galaxien ein mittleres Alter von $\approx 10^9$ Jahren. Es soll also nicht so sein wie nach der Einsteinschen Theorie, daß die ältesten Galaxien am weitesten voneinander entfernt sind.

Im De-Sitter-Kosmos gibt es einen Ereignishorizont (→ Horizont). Ein Beobachter erhält von Galaxien, die in seiner Umgebung entstanden sind, keine Strahlung mehr, wenn sie das Alter von ungefähr 10^{10} Jahren haben.

Nach der s.-s.-K. hat der Kosmos keinen zeitlichen Anfang und kein zeitliches Ende. Je ferner die Vergangenheit ist, um so kleiner sind die Abstände zwischen zwei mit der Materie bewegten Beobachtern. Dieser Abstand wird in der unendlich fernen Vergangenheit in der Weise Null, daß die Masse in einem endlichen Eigenvolumen Null wird und die Dichte konstant bleibt.

Es gibt also nach dieser Theorie keinen singulären Zustand des Kosmos, wie er nach der Einsteinschen Theorie existiert haben kann (→ Ursprung des Weltalls).

Der s.-s.-Kosmos ist auch eine Lösung von abgeänderten Einsteinschen Gleichungen. Um diese Lösung zu erhalten, muß man den → Energie-Impuls-Tensor einer druckfreien Flüssigkeit durch einen Term ergänzen, der aus einem Skalarfeld, dem C-Feld, aufgebaut ist, das die Erzeugung von herkömmlicher Materie beschreibt. Diese Feldgleichungen gestatten weitere kosmologische Lösungen, die gegen den s.-s.-Kosmos in der unendlich fernen Vergangenheit und Zukunft konvergieren. Nach diesen Lösungen ist der Abstand zwischen zwei mit der Materie bewegten Beobachtern in der unendlich fernen Vergangenheit unendlich groß, erreicht zu einem bestimmten Zeitpunkt ein von Null verschiedenes Minimum, um dann wieder gegen einen unendlichen Wert zu wachsen. Die Materiedichte ist dabei für alle Zeiten annähernd konstant.

Gegen den strengen s.-s.-Kosmos sprechen in letzter Zeit radioastronomische Beobachtungen. Man findet nämlich „zu viele“ schwache Radioquellen. Dafür scheint es nur zwei Erklärungsmöglichkeiten zu geben: 1) Es gab in der Vergangenheit im Vergleich zu den Galaxien mehr Radioquellen als „heute". 2) Die Radioquellen hatten in der Vergangenheit eine größere mittlere Helligkeit.

Der Geist des perfekten kosmologischen Postulats ist mit beidem nicht vereinbar.

Der ständig schwarze Charakter der → kosmischen Urstrahlung schließt eine Erzeugung von Photonen aus.

Steenbeck-Bedingung, → Fokussierung.

Stefan-Boltzmannsche Konstante, die im Stefan-Boltzmannschen Strahlungsgesetz (→ Plancksche Strahlungsformel) auftretende Konstante $\sigma = 1{,}355 \cdot 10^{-12}\,\mathrm{cal\,cm^{-2}\,s^{-1}\,K^{-4}} = 5{,}669 \cdot 10^{-5}\,\mathrm{erg\,cm^{-2}\,s^{-1}\,K^{-4}}$.

Stefan-Boltzmannsches Strahlungsgesetz, → Plancksche Strahlungsformel.

Stefanscher Satz, besagt, daß das Verhältnis zwischen molarer innerer Verdampfungswärme L_i und gesamter molarer Grenzflächenenergie U_g einer Flüssigkeit gleich 2 ist. Die Ableitung des Stefanschen S.es beruht auf der Annahme, daß auf ein Molekül der Grenzfläche halb so viele Molekülnachbarn wirken wie im Phaseninneren. Die experimentellen Werte sind meist größer als 2, im allgemeinen 3 bis 4, bei Metallschmelzen 6. Eine Rechnung unter Berücksichtigung der Größe und Anordnung der Moleküle sowie der Reichweite der van-der-Waalsschen Kräfte ergibt $L_i/U_g = (L - p_s V)/V^{2/3}N^{1/3}(\sigma - T \cdot \mathrm{d}\sigma/\mathrm{d}T) > 2$. Dabei ist L die molare Verdampfungswärme, V das Molvolumen, σ die Oberflächenspannung, p_s der Sättigungsdruck und N die Loschmidtsche Zahl.

Stehschwund, → Schwunderscheinungen.

Steilheit, → Elektronenröhre.

Steilschuß, → Wurf.

Steinerscher Satz, svw. Satz von Steiner.

Stellarastronomie, → Astronomie.

Stellarator, an der Princeton University/USA entwickeltes Gerät zum Studium der → Kernfusion. Der S. ist ein Komplex mehrerer Torusanlagen, welche durch die Verwendung von hohen äußeren Magnetfeldern zur Plasmastabilisierung geeignet sind.

stellare Energie, → Kernfusion, → Stern.

Stellarstatistik, → Astronomie.

Stengelkristall, unerwünschte Wachstumsform von Kristallen innerhalb eines metallischen Gußgefüges. Bei der Erstarrung in einer Gußform bildet sich bei starkem Temperaturgefälle von einer dünnen Randzone mit feinkristallinem Gefüge ausgehend eine Zone aus, in der keine Keimbildung stattfindet, dafür aber einzelne günstig orientierte Kristallite der Randzone in Richtung des Wärmeflusses zu langgestreckten Kristallen, den S.en, auswachsen. Die Bildung von S.en nennt man *Transkristallisation*.

Stenosches Gesetz, die von N. Steno 1669 entdeckte Tatsache, daß bei verschiedenen Individuen einer Kristallart Paare analoger Flächen stets die gleichen Winkel einschließen. Das Stenosche G. ist eine Folge der Tatsache, daß bei verschiedenen Kristallindividuen derselben Substanz und Modifikation meist gleichindizierte Flächen auftreten. Als Materialkonstanten können die Winkel zwischen Kristallflächen zur Identifizierung von kristallinen Substanzen dienen.

Steradiant, sr, SI-Ergänzungseinheit für den Raumwinkel. Der S. ist der Raumwinkel, dessen Scheitelpunkt im Mittelpunkt einer Kugel liegt und aus der Kugeloberfläche eine Fläche gleich dem Quadrat mit der Seitenlänge des Kugelradius ausschneidet. Vorsätze erlaubt.

Stereochemie, befaßt sich mit der Untersuchung der räumlichen Anordnung der Atome in den Molekülen. Hauptgebiet der Untersuchungen ist die *Stereoisomerie* (→ Isomerie).

Stereoentfernungsmesser, → Entfernungsmesser.

stereographische Projektion, 1) in der Kristallographie die Abbildung einer Kugelfläche auf eine Ebene durch den Kugelmittelpunkt (Projektionsebene). Der Bildpunkt P' eines Punktes P der Kugelfläche ist der Schnittpunkt der Geraden durch P und einen Pol mit der Projektionsebene (Abb. 1). Häufig wird die eine Halbkugel vom Südpol, die andere vom Nordpol aus projiziert und die Schnittpunkte verschieden gekennzeichnet. Die s. P. ist winkeltreu und bildet jeden Kreis als Kreis oder Gerade ab. Als Hilfsmittel beim Arbeiten mit s.n P.en wird häufig das Wulffsche Netz (Abb. 2) verwendet. Es ist die s. P. eines Netzes von Längen- und Breitengraden, dessen Äquatorebene senkrecht zur Projektionsebene liegt.

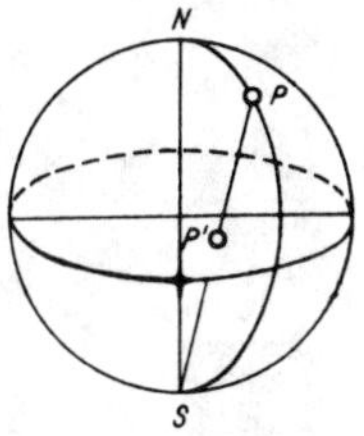

1 Prinzip der stereographischen Projektion

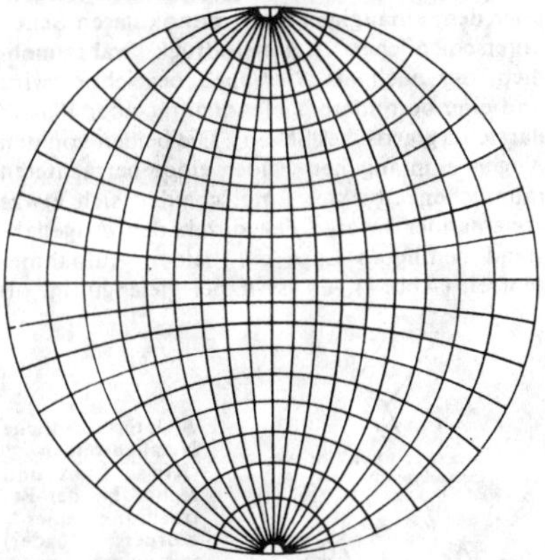

2 Wulffsches Netz

2) in Mathematik und Geographie die Projektion der Kugeloberfläche auf eine Tangentialebene vom Gegenpol des Berührungspunktes aus (→ Riemannsche Zahlenkugel).

Stereomechanik, → Mechanik.

Stereophonie, ein elektroakustisches Übertragungsverfahren unter Wahrung der räumlichen Schallfeldverhältnisse am Aufnahme- und Wiedergabeort, wodurch ein weitgehend natürlicher Richtungs- und Klangeindruck erzielt wird. Dies ist bei einer stereophonischen Kopfhörerübertragung möglich, wenn im Originalschallfeld zwei die Ohren des Hörers nachbildende Mikrophone aufgestellt werden und jeweils ein Mikrophon über einen Verstärker an eine Kopfhörerseite angeschlossen wird.

Nach dem Aufnahmeverfahren unterscheidet man Laufzeit- und Intensitätsstereophonie. Ersteres Verfahren benutzt möglichst viele im Raum verteilte Mikrophone zur Aufnahme und in gleicher räumlicher Anordnung aufgestellte

Lautsprecher im Wiedergaberaum. Die exakte Übertragung des Schallfeldes ist dann möglich, wenn im Originalschallfeld unendliche viele unendlich kleine Mikrophone aufgestellt werden, die jeweils einen kleinen Lautsprecher in einer gleichen Fläche im Wiedergaberaum speisen. Ausreichende Annäherung erzielt man bereits mit 2 oder 3 Kanälen.

Bei der Intensitätsstereophonie werden 2 Mikrophone gemeinsam aufgestellt, die infolge unterschiedlicher Richtcharakteristiken oder bei gleicher Richtcharakteristik und verschiedenen Aufnahmerichtungen die von verschiedenen Schallquellen im Raum kommenden Signale mit unterschiedlicher Intensität aufnehmen.

Stereopsis, → stereoskopisches Sehen.

stereoskopisches Sehen, beidäugiges → Sehen unter künstlichen Bedingungen des Experimentes, indem durch Fusion aus ebenen Halbbildern ein räumliches Gesamtbild erzeugt wird. Der wahrgenommene Eindruck entspricht bei Einhaltung geeigneter Versuchsbedingungen dem des üblichen beidäugigen Sehens ohne Hilfsmittel, läßt sich aber durch Änderung der Versuchsbedingungen variieren.

Unter dem *beidäugigen* oder *binokularen Sehen* wird ein Sehen mit beiden Augen verstanden, wenn es dabei möglich ist, einen gegenüber dem einäugigen oder monokularen Sehen unterschiedlichen Raumeindruck wahrzunehmen, der auch als *Stereopsis* bezeichnet wird und eine besondere Tiefenqualität oder Plastik darstellt (plastisches Sehen). Die beiden von den Augen empfangenen Bilder eines betrachteten räumlichen Objektes unterscheiden sich etwas voneinander infolge der durch den Augenabstand bedingten Lage der beiden Aufnahmezentren (Abb. 1). Es ist dabei gleichgültig, ob

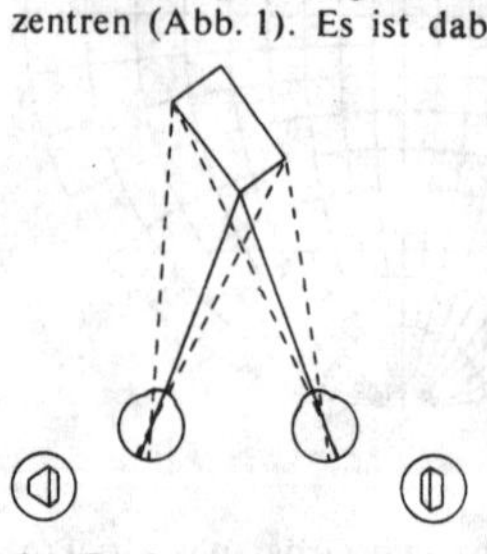

1 Unterschiedliche Netzhautbilder (Kreise links und rechts) bei der Betrachtung eines Körpers (Quader) mit beiden Augen. Aufsicht des Betrachtungsstrahlenganges

der Beobachter selbst in der Lage ist, diese Stereopsis wahrzunehmen, wenn nur die äußeren Bedingungen dazu gegeben sind. Die Ophthalmologie unterscheidet nämlich in der Fähigkeit der Vereinigung der beiden vom rechten und linken Auge wahrgenommenen Bilder drei Grade des binokularen Sehens. Beobachter mit binokularem Sehen ersten Grades können nur gleiche Bilder, die dem rechten und linken Auge getrennt dargeboten werden, zu einem Bild vereinigen. Beobachtern mit binokularem Sehen zweiten Grades gelingt die Vereinigung zweier verschiedener Bilder, die aber zusammengehören, z. B. rechts Hund und links Hütte. Beobachter mit binokularem Sehen dritten Grades nehmen einen plastischen Tiefeneindruck wahr.

Wenn beiden Augen das gleiche Bild dargeboten wird, so daß ein sterischer Tiefeneindruck nicht möglich ist, z. B. bei der Betrachtung einer Photographie, spricht man von *zweiäugigem Sehen.*

Beim binokularen Sehen wenden sich die Blicklinien beider Augen zum angeblickten Objekt, so daß dieses Objekt in der Fovea (→ Auge) beider Augen abgebildet wird und die Bilder des rechten und linken Auges zu einem wahrgenommenen Bild vereinigt werden. Diese Bildvereinigung durch Blickwendung wird als *motorische Fusion* bezeichnet, da sie durch eine Bewegung der Augen zustandekommt.

Gleichzeitig mit dem angeblickten Objekt werden weitere Objekte im Raum durch diese motorische Fusion einfach gesehen. Es sind dies alle jene Objekte, deren Bilder auf den Netzhäuten beider Augen auf korrespondierende, d. h. einander entsprechende Netzhautstellen fallen. Dies sind nun aber nicht die Netzhautstellen, die man bei einem gedachten mechanischen Aufeinanderlegen beider Netzhäute als geometrisch sich deckende Punkte (Deckpunkte) erhalten würde, wie auch nicht die Raumpunkte einfach gesehen werden, die rein geometrisch-optisch gleiche Abbildungsverhältnisse haben wie der angeblickte Raumpunkt. Die Gründe hierfür liegen darin, daß die Netzhaut nicht einen über ihre Gesamtfläche gleichen Maßstab besitzt, so daß gleiche seitliche Abstände im Raum nicht gleichen Netzhautabständen entsprechen. Man kann dies selbst feststellen, wenn man versucht, monokular eine vor dem Auge befindliche angeblickte waagerechte Strecke ohne Maßstab freihändig in zwei gleiche Teile zu teilen. Die scheinbar gleichen Teile werden sich beim Nachmessen als ungleich herausstellen. Im allgemeinen wird der auf der Nasenseite gelegene Teil der Strecke zu klein, der auf der Schläfenseite gelegene Teil zu groß sein.

Alle zugleich mit einem angeblickten Punkt auf Grund der motorischen Fusion einfach gesehenen Punkte liegen im Raum auf einer Raumfläche, die man als *empirischen* oder *wahren Horopter* bezeichnet. Die auf Grund einer rein geometrisch-optischen Abbildung einfach abgebildeten Punkte würden auf einer Raumfläche liegen, die man als *geometrischen* oder *mathematischen Horopter* bezeichnet. Geometrischer und empirischer Horopter weichen voneinander ab. Der empirische Horopter ändert seine Form mit Änderung der Entfernung des angeblickten Objektes.

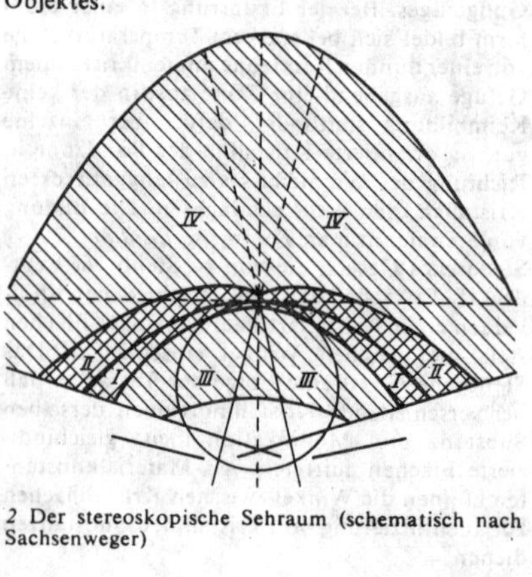

2 Der stereoskopische Sehraum (schematisch nach Sachsenweger)

Es werden nun aber nicht alle außerhalb des empirischen Horopters liegenden Raumpunkte doppelt gesehen, wie es auf Grund rein geometrisch-optischer Abbildung bei Fixation eines Raumpunktes der Fall sein müßte. Für einen bestimmten Raum vor und hinter dem empirischen Horopter (Abb. 2, Gebiet I und II) erfolgt ebenfalls Einfachsehen, diesmal aber nicht durch Augenbewegungen (die Blicklinien behalten ihre Fixation dabei bei), sondern durch eine Fusion in der Wahrnehmung, die als *sensorische Fusion* bezeichnet wird. Diese verursacht den plastischen Eindruck, daß Objekte vor oder hinter dem angeblickten Objekt liegen, je nachdem, ob sich die Netzhautbilder kreuzen (Abb. 3a) oder nicht (Abb. 3b). Erst außerhalb dieses Raumes

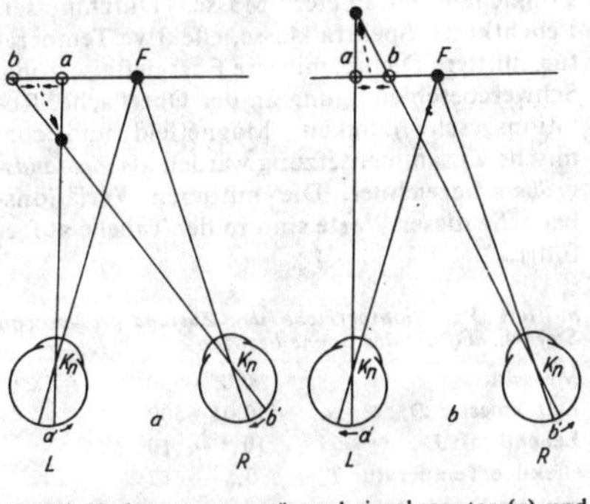

3 Die Verlagerungsvorgänge bei gekreuzter (*a*) und ungekreuzter (*b*) Disparation. K_n Knotenpunkte der Augen, *a* und *b* Projektion des in der Entfernung gegenüber dem Fixationspunkt *F* verlagerten Punktes in die Ebene des Fixationspunktes *F*, *a'* und *b'* Abbildung im Auge

entstehen Doppelbilder, die aber allgemein beim üblichen Sehen nicht als Doppelbilder zu Bewußtsein kommen. Von diesen Doppelbildern tragen noch die in einem Gebiet (Abb. 2, III und IV) vor und hinter dem Gebiet der sensorischen Fusion liegenden Objekte zum räumlichen Sehen bei. Erst Objekte davor und dahinter werden so abgebildet, daß mit den Doppelbildern nichts anzufangen ist und sie beim Sehen dagegen nur stören würden; daher wird eines von ihnen unterdrückt.

In der Literatur wird oft das stereoskopische S. unmittelbar dem binokularen Sehen gleichgesetzt, sofern hierbei die sterische Tiefenqualität wahrgenommen wird.

Abgesehen von der Anwendung für wissenschaftliche Untersuchungen und für medizinische Zwecke, z. B. bei der Schielbehandlung, wird das stereoskopische S. bei der Betrachtung von Bildern oder Filmen zur Erreichung eines wahrheitsgetreuen Eindruckes benutzt. Hierzu ist erforderlich, daß jedem Auge ein nur ihm zukommendes Bild vermittelt wird, das zwar die gleiche Raumsituation wie das dem anderen Auge vermittelte Bild darstellt, sich von diesem jedoch dadurch unterscheidet, daß es von einem anderen Standpunkt aus aufgenommen wurde. Entspricht der Abstand der Aufnahmezentren beider Bilder und der Abstand der Bilder bei der Darbietung dem Augenabstand, so hat man bei der Betrachtung den gleichen Eindruck wie beim binokularen Betrachten des räumlichen Objektes.

Das Verfahren der Zuordnung der Bilder zu den Augen nennt man *Bildtrennung*. Haben die Bilder eine seitliche Ausdehnung unter 60 mm (etwa Augenabstand), so kann man sie nebeneinander anordnen und unter einem Stereoskop betrachten. Hierbei gibt es durch die Kopplung der Entfernungseinstellung der Augen, der Akkommodation, mit der Konvergenzeinstellung der Blicklinien zwei Möglichkeiten. Die eine Möglichkeit ist die, daß die Akkommodation auf die Betrachtungsnähe beibehalten bleibt, die sich auf die Betrachtungsentfernung von etwa 25 bis 35 cm einstellt, und daß die Konvergenz der Blicklinien mit Hilfe von Prismen aufgehoben wird, so daß die Blicklinien hinter den Prismen wieder parallel verlaufen (Abb. 4).

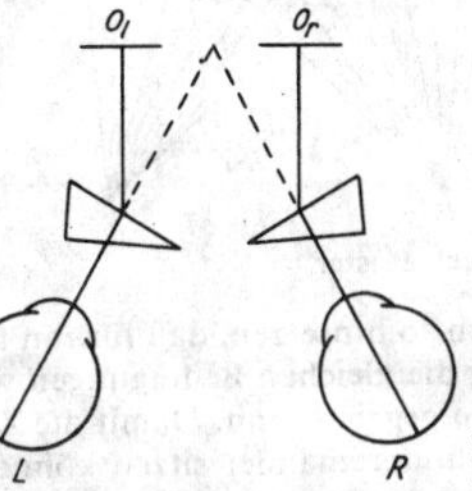

4 Prismenstereoskop. O_l und O_r Bilder

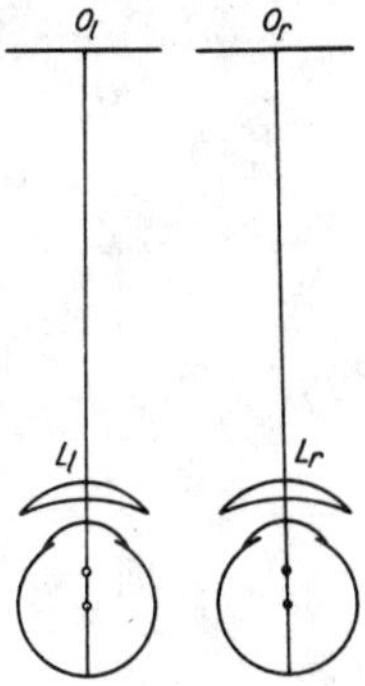

5 Linsenstereoskop, Strahlengang. L_l und L_r Sammellinsen, O_l und O_r Bilder

Die zweite Möglichkeit ist die, daß mit Hilfe von zwei Sammellinsen die Bilder betrachtet werden, wobei dann die Akkommodation auf Unendlich geht und die Blicklinien sich parallel einstellen (Abb. 5). Geübten Betrachtern gelingt es, Akkommodation und Konvergenzen der Blicklinien so voneinander zu lösen, daß die Halbbilder auch ohne Stereoskop betrachtet werden können. Für die Betrachtung größerer Bilder muß ein Spiegelstereoskop benutzt werden (Abb. 6).

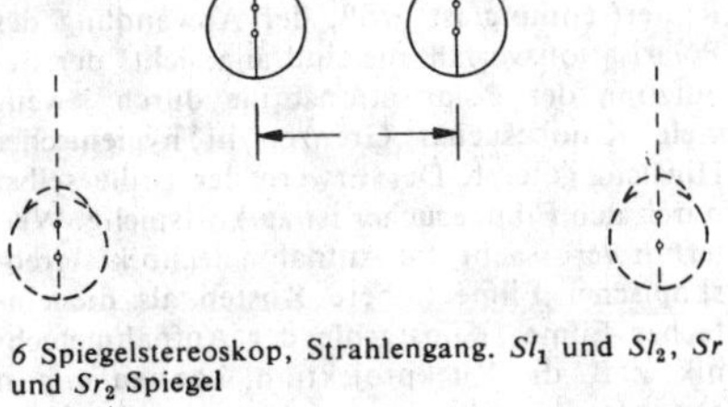

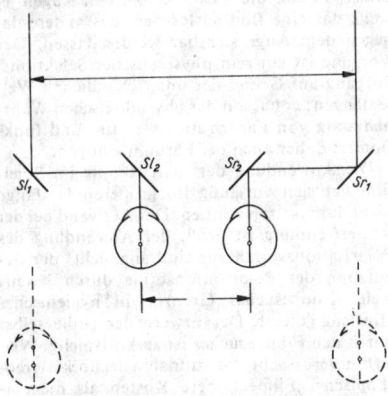

6 Spiegelstereoskop, Strahlengang. Sl_1 und Sl_2, *Sr* und Sr_2 Spiegel

Bei der Darbietung eines Diapositivs oder eines plastischen Films werden die Halbbilder übereinander projiziert. Die Bildtrennung erfolgt hier im allgemeinen durch Polarisation (*Polarisationsverfahren*), wobei der Beobachter eine Polarisationsbrille tragen muß.

Ein anderes Verfahren sieht vor, die Trennvorrichtung in Form einer Rasterwand unmittelbar vor die Projektionsfläche zu legen (*Rastertrennung*). Durch die Rasterwand hindurch werden beide Halbbilder auf die Projektionswand projiziert. Projektoren, Rasterwand und Projektionsfläche sind in solchen Abständen angeordnet, daß sich die Bildstreifen des Bildes für das rechte Auge und die des Bildes für das linke Auge auf der Projektionsfläche aneinanderschließend abwechseln (Abb. 7). Der Beobachter muß sich so hinsetzen, daß für ihn bei der Beobachtung die gleichen Bedingungen wie bei der Projektion gegeben sind. Damit die Zuschauer im Saal hintereinander sitzen können, wird die Rasterwand etwas geneigt.

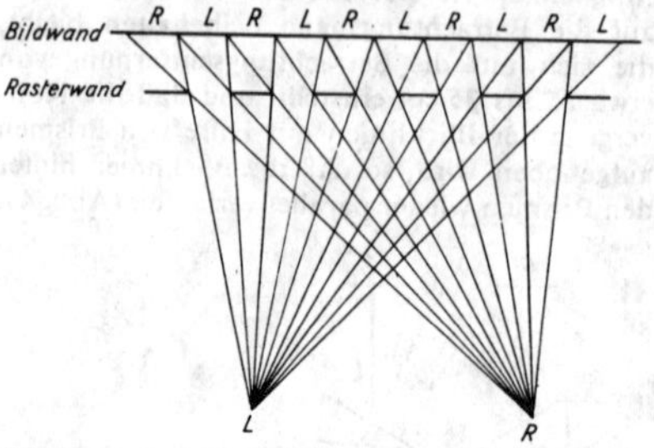

7 Bildtrennung durch Raster

Die Trennung durch Polarisation oder mittels Rasterwand gestattet auch die Darbietung farbiger Bilder.

Das *Anaglyphenverfahren*, das noch mitunter für Druckzwecke und technische Bildtrennungen verwendet wird, ist im Gegensatz dazu nicht für farbige Darbietungen geeignet. Das Verfahren beruht auf der Verwendung von Farbfiltern kompensativer Farben vor beiden Augen und auf der gleichfalls mit entsprechenden Farben hergestellten Darbietung der beiden Halbbilder, so daß die Farbfilter vor den Augen jeweils das eine Bild auslöschen, das andere dagegen dem Auge sichtbar werden lassen. Der Vorgang ist ein rein physikalischer Selektionsvorgang auf Grund der unterschiedlichen Wellenlängen; er hat mit der physiologischen Wahrnehmung von Farben nichts zu tun und funktioniert daher auch bei Farbuntüchtigen.

Die Anwendung der Stereoskopie im Spielfilm hat sich vorläufig im größeren Umfange nicht durchsetzen können. Der Aufwand bei der Rastertrennung ist groß, der Anwendung des Polarisationsverfahrens sind angesichts der Benutzung der Polarisationsbrille durch jeweils viele Kinobesucher Grenzen in hygienischer Hinsicht gesetzt. Der Erwerb der Brille selbst durch den Filmbesucher ist zu kostspielig. Weiterhin verursacht die Aufnahmetechnik stereoskopischer Filme höhere Kosten als die einfacher Filme; Kunstgriffe der Aufnahmetechnik, z. B. die Rückprojektion, können nur in geringem Ausmaß eingesetzt werden, da sie im Stereobild keine räumliche Wirkung liefern und daher bald erkannt werden. Bei der Vorführung ist die Synchronisation zweier Filme bei Anwendung dieses Verfahrens schwierig, insbesondere dann, wenn ein Film reißt. Bei der Vorführung wirken sich darüber hinaus Höhenbewegungen des Filmbildes, die beim einfachen Film überhaupt nicht auffallen, sehr störend aus, weil sie bei zwei Filmen nicht gleichlaufen. Die Aufnahme beider Filme auf einen Filmstreifen setzt die Bildbreite herab.

Stern, *Fixstern*, ein selbstleuchtender Himmelskörper; im allgemeinen, nicht wissenschaftlichen Sprachgebrauch Bezeichnung für jedes am nächtlichen Himmel sichtbare Gestirn außer dem Mond, also auch für die Planeten, die auch als Wandelsterne bezeichnet werden. Wegen ihrer großen Entfernungen von der Erde erscheinen außer der Sonne selbst die nächsten und größten S.e auch in den größten Fernrohren mit höchster Auflösung punktförmig.

Zustandsgrößen. Die der Beobachtung zugänglichen Parameter Masse, Durchmesser, Leuchtkraft, Spektralklasse, effektive Temperatur, mittlere Dichte, mittlere Energiefreisetzung, Schwerebeschleunigung an der Oberfläche, Rotationsgeschwindigkeit, Magnetfeld und chemische Zusammensetzung werden als *Zustandsgrößen* bezeichnet. Die mittleren Variationsbereiche dieser Werte sind in der Tabelle aufgeführt.

mittlere Variationsbereiche der Zustandsgrößen von Sternen, auf die der Sonne bezogen

Masse m	0,05 ⋯ 50
Durchmesser D	0,01 ⋯ 500
Leuchtkraft L	10^{-3} ⋯ 10^{5}
effektive Temperatur T_{eff}	0,5 ⋯ 12
mittlere Dichte $\bar{\varrho}$	10^{-7} ⋯ 10^{5}
mittlere Energiefreisetzung $\bar{E}$	10^{-2} ⋯ 10^{4}
Schwerebeschleunigung an der Oberfläche g	10^{-3} ⋯ 10^{3}

S.e mit Durchmessern in der Größe der Planetendurchmesser werden als Weiße Zwerge bezeichnet, die Durchmesser der Überriesen entsprechen denen der Planetenbahnen um die Sonne. Die Dichten der Weißen Zwerge werden von denen der → *Neutronensterne* noch weit übertroffen. Es existieren auch S.e, deren Leuchtkraft die obere Grenze des Wertes in der Tabelle zeitweilig weit übertreffen kann, die Novae und Supernovae. Bei den Infrarotsternen wurden auch geringere Temperaturen, bei den Wolf-Rayet-Sternen auch größere gemessen, als die Tabelle angibt. Für die meisten S.e liegt die Rotationsgeschwindigkeit unter der Nachweisgrenze. Dies gilt auch für das Magnetfeld, doch wurden auch S.e mit einer Magnetfeldstärke bis zu $3{,}5 \cdot 10^{4}$ G gefunden, wobei sich die Feldstärke aber vielfach als variabel herausstellte. Die chemische Zusammensetzung kann für hellere S.e mit Hilfe der Spektralanalyse bestimmt werden, sie bezieht sich jedoch nur auf die Sternatmosphäre. Es zeigt sich, daß die → Elementenhäufigkeit bei den S.en in großen Zügen ähnlich ist. Bei den physischen veränderlichen S.en variieren einige Zustandsgrößen, vor allem die Leuchtkraft.

Sternatmosphäre. Die äußersten, dünnen Schichten eines S.s werden als Sternatmosphäre bezeichnet. In ihr werden dem Licht die charakteristischen Eigenheiten aufgeprägt, so daß aus der Analyse des Sternspektrums der physikalische Zustand der Sternatmosphäre erschlossen werden kann. Innerhalb der Sternatmosphäre herrscht eine Druck-, Dichte- und Temperaturschichtung. Ihre Bestimmung ist kompliziert, da einerseits zur Bestimmung der chemischen Zusammensetzung die Schichtung und zur Bestimmung der Schichtung die chemische Zusammensetzung bekannt sein muß. Darüber hinaus befindet sich auch die Sternatmosphäre nicht im thermodynamischen Gleichgewicht. Das geht z. B. daraus hervor, daß man ganz unterschiedliche Werte für die Temperatur erhält, je nachdem, ob man sie aus der Intensitätsverteilung in einem bestimmten Spektralbereich (→ *Farbtemperatur*), aus der Steigung der Energiekurve bei einer bestimmten Wellenlänge (*Gradationstemperatur*) oder aus dem Ionisationsgrad bestimmter Elemente (*Ionisationstemperatur*) bestimmt. Die *effektive Temperatur* stellt die physikalisch aussagekräftigste Größe in diesem Zusammenhang dar. Sie ist diejenige Temperatur, die ein schwarzer Körper haben müßte, der je Flächen- und Zeiteinheit die gleiche Energiemenge wie der S. ausstrahlt. Der Aufbau der Sonnenatmosphäre ist am besten untersucht, → Sonne.

Innerer Aufbau. Im Gegensatz zur Sternatmosphäre ist das Sterninnere nicht direkt beobachtbar. Der Aufbau des Sterninnern, also die Bestimmung des Druck-, Dichte- und Temperaturverlaufes sowie der chemischen Zusammensetzung in Abhängigkeit von der Entfernung vom Sternzentrum, kann daher nur theoretisch erschlossen werden. Die S.e befinden sich normalerweise in einem hydrodynamischen und thermischen Gleichgewicht. Dies bedeutet: 1) In jedem Volumenelement trägt der nach außen wirkende Druck (Gas- und Strahlungsdruck zusammen) die gesamte über dem Volumenelement lagernde Masse. 2) Es herrscht Gleichgewicht zwischen der in den zentralen Gebieten freigesetzten und von der Sternatmosphäre ausgestrahlten Energie. Die Energiefreisetzung erfolgt im wesentlichen über Kernprozesse, bei denen schwerere Atomkerne aus leichteren aufgebaut werden. Der wesentlichste Prozeß ist dabei die Bildung von Helium aus Wasserstoff, wobei diese Bildung in der *Proton-Proton-Reaktion* oder *H-H-Reaktion* direkt oder im Kohlenstoff-Stickstoff-Sauerstoff-Zyklus auch als *C—N—O-Zyklus* oder *Bethe-Weizsäcker-Zyklus* bezeichnet, über die Mitwirkung von Kohlenstoff-, Stickstoff- und Sauerstoffkernen erfolgt (→ Kernfusion). Da die Temperaturabhängigkeit dieser Prozesse außerordentlich hoch ist, sind die Energiequellen im allgemeinen ziemlich stark um das Sternzentrum konzentriert. Wenn es gelingt, die bei den Kernprozessen freiwerdenden Neutrinos für die Erforschung des Sterninnern auszunutzen, besteht die Möglichkeit, diese Prozesse direkt sichtbar zu machen (Neutrinoastronomie, → Astrophysik). Falls im Laufe der Sternentwicklung der gesamte Wasserstoff in den Zentralgebieten verbraucht ist, erfolgt die Energiefreisetzung in einer Schale um den „leergebrannten" Kern. Durch Kontraktion der Kerngebiete wird potentielle Energie frei. Dabei steigt die Temperatur in Zentrumsnähe so weit an, daß Helium in Kohlenstoff umgewandelt wird (*Salpeter-Prozeß*, nach seinem Entdecker E. E. Salpeter). Nach Verbrauch des gesamten Heliums muß wieder eine Kontraktion der Zentralgebiete erfolgen, bevor die Umwandlung von Kohlenstoff in noch schwerere Elemente erfolgen kann. Das Sterngas gehorcht im allgemeinen der idealen Gasgleichung. Wegen der hohen Temperaturen herrscht fast vollständige Ionisation der Elemente. Nur bei extremen Dichten und nicht entsprechend hohen Temperaturen, wie sie im Innern von Weißen Zwergen herrschen, muß als Zustandsgleichung für das Elektronengas diejenige für entartete Materie benutzt werden. Der Energietransport erfolgt in der Hauptsache durch Strahlung, doch kann in Teilgebieten eines S.s auch Konvektion herrschen. Innerhalb der entarteten Materie ist die Wärmeleitung ausschlaggebend. Es zeigt sich, daß der innere Aufbau und damit auch die beobachtbaren Zustandsgrößen eines S.s eindeutig durch seine Masse und seine chemische Zusammensetzung bestimmt sind (*Vogt-Russell-Theorem*). Es läßt sich ein vollständiger Satz von Differentialgleichungen angeben, die unter Zuhilfenahme von drei Materialgleichungen und entsprechenden Randbedingungen die Berechnung von Sternmodellen gestattet.

Sternentwicklung. Die Energiefreisetzung durch Kernprozesse bedingt eine Änderung der chemischen Zusammensetzung eines S.s. Nach dem Vogt-Russell-Theorem ist damit eine Änderung des inneren Aufbaus, also eine Sternentwicklung verbunden. Sie läßt sich auch weitgehend rechnerisch verfolgen. Wenn die Energiefreisetzung durch Umwandlung von Wasserstoff erfolgt, befinden sich die S.e auf der Hauptreihe im Hertzsprung-Russell-Diagramm. Massereiche Sterne haben in diesem Zustand eine höhere Zentraltemperatur (etwa $2 \cdot 10^7$ bis $3 \cdot 10^7$ K) und eine geringere Zentraldichte (wenige $g \cdot cm^{-3}$) als die massearmen Sterne. Bei ihnen betragen die entsprechenden Werte etwa $1{,}5 \cdot 10^7$ K und etwa 10^2 g/cm³. In späteren Entwicklungsphasen, beginnend mit der Umwandlung von Helium, befinden sich die S.e im Bereich der Riesen. Massereiche S.e entwickeln sich schneller als massearme, in ihnen erfolgen also die chemischen Änderungen rascher. S.e entstehen aus interstellarer Materie, doch ist über diesen Prozeß noch wenig bekannt, → Kosmogonie. Die S.e ordnen sich in → Sternsysteme an, die Sonne gehört zum → Milchstraßensystem.

Sternassoziation, → Sternhaufen.

Sternatmosphäre, → Stern.

Stern-Dreieck-Anlauf, ein Anlaufverfahren für Drehstromasynchronmotoren (→ elektrische Maschine). Durch einen Stern-Dreieck-Schalter wird die Ständerwicklung zuerst in → Sternschaltung an das Drehstromsystem geschaltet; nach Hochlauf wird auf → Dreieckschaltung umgeschaltet. Mit Hilfe einer Schützenschaltung kann der S.-D.-A. automatisiert werden. Durch den S.-D.-A. werden der Anlaufstrom, aber auch das Anlaufmoment auf $^1/_3$ des Wertes bei Direktanlauf in Dreieckschaltung herabgesetzt. Deshalb wird der S.-D.-A. nur angewendet, wenn die Netzverhältnisse größere Einschaltströme nicht zulassen.

Sternentartung, → Bandentartung.

Sternferne, → Apsiden.

Stern-Gerlach-Versuch, von Stern und Gerlach 1921 durchgeführter Versuch, durch den die Existenz des Spinmagnetismus nachgewiesen und gleichzeitig die quantenmechanische Theorie der Richtungsquantelung von Drehimpulsen bestätigt wurde. Ein Strahl von Silberatomen, die sich praktisch alle im Grundzustand befinden, wird durch ein stark inhomogenes Magnetfeld geleitet (Abb.). Es wird eine Aufspal-

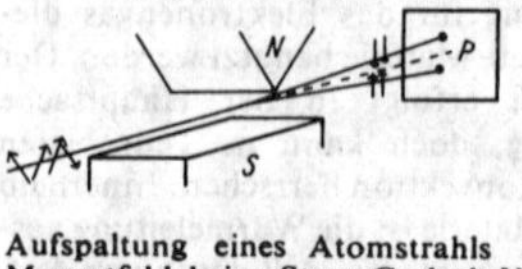

Aufspaltung eines Atomstrahls im inhomogenen Magnetfeld beim Stern-Gerlach-Versuch. Die Pfeile quer zum Strahl charakterisieren die Richtungen der magnetischen Momente der einzelnen Atome

tung des Strahls in zwei Teile beobachtet, obwohl nach anderen Erfahrungen der Grundzustand von Silber ein S-Zustand ist und daher kein Bahnmagnetismus auftritt. Die Einbeziehung des Elektronenspins führt auf einen Zustand mit dem Gesamtdrehimpuls $J = 1/2$ der Silberatome entsprechend dem Spin eines unpaarigen Elektrons. Dieser Gesamtdrehimpuls hat im Magnetfeld nur die beiden Einstellungen $M = +1/2$ und $M = -1/2$. Demzufolge wird der Atomstrahl beim Durchlaufen des Magnetfeldes durch die auf die Atome wirkende Kraft $\mu_z\, \mathrm{d}H/\mathrm{d}z$, die von der Einstellung des Drehimpulses $\vec{J}$ und damit des magnetischen Atommoments zur Feldrichtung abhängt, in zwei scharfe Teilstrahlen aufgespalten. Diese können auf der Photoplatte P sichtbar gemacht werden.

Aus der Größe der Aufspaltung läßt sich das magnetische Moment der Elektronen berechnen. Für die Silberatome ergibt sich ein Bohrsches Magneton.

Ähnliche Experimente erfolgen mit anderen Atomarten. Die Anzahl der Aufspaltungen $2J + 1$ liefert die Quantenzahl J des Gesamtdrehimpulses im Grundzustand. Aus der Stärke der Aufspaltung entnimmt man das magnetische Dipolmoment des Atoms.

Durch Stern, Frisch, Breit, Rabi u. a. wurde die Stern-Gerlachsche Versuchsanordnung zur Bestimmung der Dipolmomente von Atomkernen angewendet. Dabei wurde z. T. an Stelle des Atomstrahles ein Strahl von Molekülen, die kein resultierendes Elektronenmoment haben, verwendet, oder man benutzte Atomstrahlen und bestimmte die Kernmomente aus komplizierteren Aufspaltungsbildern, die infolge der magnetischen Wechselwirkung zwischen den Kern- und Elektronenmomenten auftreten. Mit diesen Methoden gelang es, die magnetischen Momente von Protonen, Deuteronen sowie anderer Kerne zu messen.

Eine bedeutsame Erweiterung des S.-G.-V.s führte zu den Atomstrahl- und Molekülstrahlresonanzen.

Sternhaufen, die lokale Ansammlung einer mehr oder minder großen Zahl wahrscheinlich gleichalter Sterne. Die *offenen S.* haben zwischen 10 und einigen 10^3 Mitgliedsterne und Durchmesser zwischen 1 und 20 pc. Offene S., die bei der Beobachtung nicht als Sternansammlung in Erscheinung treten, deren Mitglieder aber nach Größe und Richtung gleiche Raumgeschwindigkeit haben, werden als *Bewegungssternhaufen* bezeichnet. *Sternassoziationen* sind S. mit physikalisch einander ähnlichen Sternen. So bestehen die O-Assoziationen im wesentlichen aus Sternen der Spektralklasse O bis B 2. Offene S. und Sternassoziationen befinden sich vorwiegend in der Nähe der Milchstraßenebene und gehören zur Population I. Die *Kugelsternhaufen* besitzen eine sehr regelmäßige Struktur mit einer starken zentralen Konzentration. Die Zahl der Mitgliedsterne läßt sich nur abschätzen, sie dürfte zwischen $5 \cdot 10^4$ und $5 \cdot 10^7$ liegen. Die Durchmesser der Kugelsternhaufen betragen im Mittel 30 pc. Alle Kugelsternhaufen bilden ein sphärisches System mit einem Durchmesser von etwa $5 \cdot 10^4$ pc, das das gesamte Milchstraßensystem umgibt. Die Kugelsternhaufen gehören zur Population II.

Sterninterferometer, in der Astronomie verwendetes Interferometer zur Messung des Winkelabstandes eines Doppelsternes sowie zur Bestimmung des Durchmessers eines Sternes. Durch zwei in veränderlichem Abstand von dem Fernrohr L befindliche Spalte läßt man über ein System von Spiegeln (Abb.) das Sternenlicht in

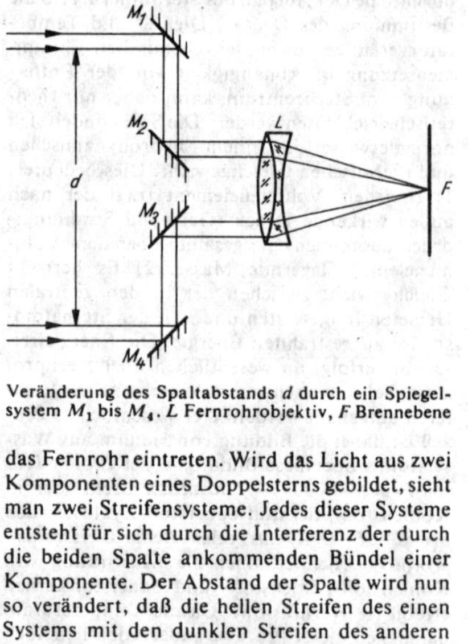

Veränderung des Spaltabstands d durch ein Spiegelsystem M_1 bis M_4. L Fernrohrobjektiv, F Brennebene

das Fernrohr eintreten. Wird das Licht aus zwei Komponenten eines Doppelsterns gebildet, sieht man zwei Streifensysteme. Jedes dieser Systeme entsteht für sich durch die Interferenz der durch die beiden Spalte ankommenden Bündel einer Komponente. Der Abstand der Spalte wird nun so verändert, daß die hellen Streifen des einen Systems mit den dunklen Streifen des anderen zusammenfallen, die Interferenzen also verschwinden. Aus dem Spaltabstand läßt sich der Winkelabstand der Sternkomponenten berechnen. Bei sehr großem Spaltabstand können noch Winkelabstände von 0,01″ gemessen werden.

Die Messung des Sterndurchmessers erfolgt auf dieselbe Weise, indem man aus beiden Hälften des Sternscheibchens je ein Streifensystem erzeugt. Dies gelang bis jetzt bei einigen Riesensternen.

Sternkunde, svw. Astronomie.

Sternnähe, → Apsiden.

Sternschaltung, eine bei Drehstrom angewandte Schaltung. Die drei Wicklungen des Drehstromerzeugers oder Drehstromverbrauchers werden einseitig an die Leiter R, S und T

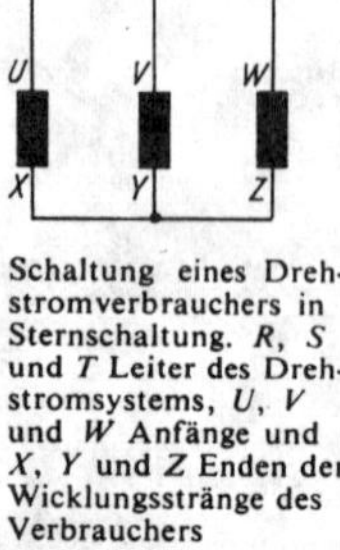

Schaltung eines Drehstromverbrauchers in Sternschaltung. R, S und T Leiter des Drehstromsystems, U, V und W Anfänge und X, Y und Z Enden der Wicklungsstränge des Verbrauchers des Drehstromsystems angeschlossen und die anderen Enden zu einem Punkt, *dem Sternpunkt*, verbunden. An diesem kann der Sternpunkt- oder Mittelleiter angeschlossen werden. Zwischen den Leitern des Drehstromsystems steht dann eine um den Faktor $\sqrt{3}$ höhere Spannung als zwischen einem Leiter und dem Sternpunktleiter zur Verfügung.

Sternschnuppe, → Meteor.

Sternsystem, *Galaxie*, eine Ansammlung von einigen 10^9 bis 10^{11} Sternen sowie großer Mengen interstellarer Materie zu einer entwicklungs- und bewegungsmäßig zusammengehörigen Einheit. Auch das Milchstraßensystem, dem die Sonne angehört, stellt ein S. dar. Die meisten S.e erscheinen wegen ihrer großen Entfernungen als Nebelflecken an der Himmelskugel, man bezeichnet die S.e (mit Ausnahme des Milchstraßensystems) daher auch als *extragalaktische* oder *außergalaktische Nebel*.

Man unterteilt die S.e in *regelmäßige S.e* mit Rotationssymmetrie und *unregelmäßige S.e*, bei denen auch kein zentraler Kern feststellbar ist. Die regelmäßigen S.e gliedern sich in die *elliptischen Nebel*, bei denen die Flächenhelligkeit vom Zentrum nach außen hin gleichförmig abnimmt und die kreisförmig oder elliptisch erscheinen, sowie in die *Spiralsysteme* oder *Spiralnebel*, bei denen zwei oder mehrere Spiralarme um einen zentralen Kern gewunden sind. Eine besondere Form der Spiralsysteme sind die *Balkenspiralen*, bei denen zwei Spiralarme zunächst radial nach außen laufen und so einen zentralen Balken bilden, der in Spiralarme übergeht. Die elliptischen Nebel werden vermutlich nur von Sternen der Population II gebildet. Bei den Spiralsystemen bestehen die Kerne aus Sternen der Population II, während die Spiralarme durch interstellare Materie und Sterne der Population I markiert werden. Die Spiralsysteme werden im allgemeinen von einem sphärischen System von Kugelsternhaufen umgeben, also den ältesten Mitgliedern der Population II.

Die elliptischen Nebel haben im Mittel einen Durchmesser von etwa 10^4 pc, die Spiralsysteme von $3 \cdot 10^4$ bis $5 \cdot 10^4$ pc, die unregelmäßigen S.e aber nur von etwa $5 \cdot 10^3$ pc; diese Werte sind jedoch alle recht unsicher.

Aus den Spektren einiger S.e konnte auf deren Rotation geschlossen werden. Es lassen sich damit auch Massenabschätzungen durchführen. Für die normalen elliptischen S.e ergeben sich etwa 10^9, für die Spiralsysteme etwa 10^{10} bis einige 10^{11} Sonnenmassen. Die Entfernung der S.e bestimmt man aus der gemessenen scheinbaren Helligkeit einzelner Mitgliedsterne und deren absoluter Helligkeit, die man z. B. bei den Delta Cephei-Sternen aus der Periode des Lichtwechsels ableitet. Können keine Einzelsterne beobachtet werden, benutzt man die Gesamthelligkeit oder den scheinbaren Durchmesser der S.e zur Entfernungsbestimmung. Bis auf örtliche Haufenbildungen scheinen die S.e gleichförmig im Raum verteilt zu sein.

Wegen der großen Entfernungen der S.e lassen sich nur Radialbewegungen auf Grund von Linienverschiebungen im Spektrum nachweisen. Dabei zeigt es sich, daß eine der Entfernung proportionale Rotverschiebung, der → Hubble-Effekt, existiert. Für die dieser Rotverschiebung entsprechende Radialgeschwindigkeit v und die Entfernung r gilt $v = H \cdot r$. Dabei ist H die Hubble-Konstante, die den Wert von ungefähr 75 km/s · Mpc besitzt. Dieser Beobachtungsbefund läßt sich als Expansion des Universums interpretieren.

Sterntag, → Zeitmaße.

Stern von $\vec{k}$, die Menge aller Vektoren $\alpha\vec{k}$, wobei α eine beliebige Operation der Punktgruppe des Kristalls und $\vec{k}$ ein reduzierter Ausbreitungsvektor ist.

Sternzeit, → Zeitmaße.

stetig, → Funktion.

Steuerelektrode, eine auf bestimmtem Potential liegende Elektrode, die die Steuerung des Anodenstroms einer Elektronenröhre bzw. des Zündeinsatzpunktes einer Gasentladungsröhre gestattet. Die wichtigste S. ist das → Steuergitter.

Steuergitter, Elektrode in Verstärkerröhren, die auf Grund der zwischen ihr und der Katode liegenden Spannung die Höhe des Anodenstromes beeinflußt. Durch die negative Vorspannung des S.s erfolgt die Anodenstromsteuerung leistungslos. Neben dem S. üben auch die anderen Elektroden der Röhre einen Einfluß auf den Anodenstrom aus. → Elektronenröhre.

Steuerkennlinie, → Thyratron.

Steuerspannung, → Elektronenröhre.

Steuerstäbe, → Reaktorregelung.

Steuerung, Kybernetik: im engeren Sinne Eingriff in ein System über eine Steuerkette mit dem Ziel, das Sollverhalten einer Aufgabengröße zu gewährleisten. Die *Steuerkette* erfaßt über einen Meßfühler den Verlauf einer Hauptstörgröße oder einer Führungsgröße und vermittelt diesen an ein Programmgerät; dieses erzeugt einen dosierten Eingriff, der über ein Stellglied in den Versorgungsstrom, z. B. den Massenstrom oder den Energiefluß, des Systems eingreift. Da über den Erfolg des Eingriffs keine Information ermittelt wird, ist die Steuerung störgrößenabhängig, jede zusätzliche Störung beim dosierten Eingriff wird nicht berücksichtigt und wirkt sich voll aus. Ist z. B. die Temperatur 18 °C in einem Raum die Sollgröße und die Außentemperatur die Hauptstörgröße, so wird das Ergebnis ihrer Messung einem Stellmechanismus zugeleitet, der die Energiezuführung dosiert.

Im weiteren Sinne ist S. die Beeinflussung des Zustandes eines Systems durch steuernde Eingriffe mit dem Ziel, eine vorgeschriebene Zustandstrajektorie zu durchlaufen, z. B. um einen vorgegebenen Kraftverlauf zu erreichen, der ein mechanisches System in einen vorgeschriebenen Zustand bringt. In der Regel wird bei Optimalsteuerungen verlangt, daß diese Zustandstrajektorie ein Gütekriterium erfüllt. Die durchlaufene Zustandsfolge beeinflußt die Ursache-Wirkung-Beziehung des Systems in determinierter Weise. Dieser Sachverhalt wird durch die Theorie der endlichen Automaten erfaßt.

S.en haben besondere Bedeutung bei elektronisch gesteuerten Antrieben und bei der numerischen S. von Werkzeugmaschinen. Digitale S.en muß man so sicher auslegen, daß mögliche Fehler durch den Störgrößeneinfluß auf ein Minimum reduziert werden. Wegen der hohen Anforderungen an die Signalverarbeitungsgeschwindigkeit werden in wachsendem Maße elektronische Halbleiterbausteine zur Realisierung der logischen Operationen eingesetzt. Bei nicht zu hohen Anforderungen kommt pneumatischen Bausteinsystemen große Bedeutung zu.

Die höchste Form der numerischen S. ist der Einsatz von Prozeßrechnern zur Führung und Kontrolle der Produktionsabläufe. In numerisch gesteuerten Werkzeugmaschinen führt man die Informationen über das Einrichten der Maschine, die Werkzeugauswahl und die Daten des Bearbeitungsprozesses über Lochkarten, Lochbänder oder Stelleinrichtungen in die Maschine ein. Die Steuereinrichtung der Maschine entschlüsselt diese Informationen und bewirkt über eine entsprechende Folgeschaltung sofort die befohlene Operation. Die Informationen über die Ausführungen der Arbeitsgänge erhält man über Kodelineale bzw. Endtaster oder aus einem digitalen Regelkreis, der ständig den Fortgang der Bearbeitung überwacht. Digitale Regelkreise werden wegen des großen meßtechnischen Aufwandes selten angewandt. Die Haupteinrichtungen sind Vergleicher, Addierer und Zähler sowie entsprechende Steuergeräte für Operationen und Antriebe. Eine wichtige Rolle bei *Bahnsteuerungen* spielen die Interpolatoren. Soll die Bearbeitung des Werkstücks längs einer bestimmten Bahnkurve erfolgen, so kann man nur endlich viele Informationen über Stützstellen dieser Kurve an die Maschine übergeben. Die Bearbeitung soll aber möglichst frei von Sprüngen erfolgen, es muß somit zwischen je zwei Stützstellen interpoliert werden. Hierzu verwendet man üblicherweise die lineare Interpolation und die Interpolation durch Kreisbögen und Parabeln.

Die Entwicklung schreitet in Richtung der numerischen Steuerung ganzer Maschinensysteme fort, durch die auch die Werkzeug- und Materialzuführung, die Übergabe der Werkstücke u. a. automatisiert werden sollen. Der erste Schritt hierzu sind numerische Großmaschinen, in denen viele Bearbeitungsvorgänge wie Bohren, Fräsen, Schleifen, Drehen von einer Maschine durchgeführt werden. Dies ebnet den Weg für den Einsatz von Prozeßrechnern im Werkzeugmaschinenbau zur S. ganzer Produktionsabläufe; das Endziel ist die vollautomatisch arbeitende Fabrik, deren Produktionsprogramm über die Änderung von Rechnerprogrammen flexibel umgestellt werden kann.

Sthen, Krafteinheit im Mieschen → Maßsystem. Nicht mehr gesetzlich zulässig, 1 Sthen = 1 VAs/cm = 10^2 N.

sthène, Symbol sn, französische Krafteinheit des MTS-Systems. 1 sn = 1 t · m/s^2 = 10^3 N.

Stia-Zähler, → Voltameter.

Stickstoffnormdichte, die Dichte des molekularen Stickstoffgases unter Normalbedingungen, d. h. 0 °C und 1 atm. Die S. kann als Ausgangspunkt für die Bestimmung des Molnormvolumens (→ Molvolumen) dienen. Dabei muß jedoch berücksichtigt werden, daß N_2 ein reales und kein ideales Gas ist. Man erhält für die S. (1,25049 ± 0,00006) · 10^3 g/cm^3. Bei Extrapolation auf den idealen Gaszustand folgt dagegen (1,24992 ± 0,00006) · 10^3 g/cm^3.

Stieltjessches Integral, Verallgemeinerung des aus der → Integralrechnung bekannten Riemannschen Integrals: Sind $f(x)$ und $g(x)$ zwei zunächst beliebige Funktionen in einem abgeschlossenen Intervall $[a, b]$, so ist das Stieltjessche I.

$$\int_a^b f(x)\, \mathrm{d}g(x) \tag{1}$$

der Funktion $f(x)$ nach der auch *Belegungsfunktion* genannten Funktion $g(x)$ durch den Grenzwert

$$\lim_{\varepsilon \to 0} \sum_{i=0}^{N-1} f(\xi_i)\, [g(x_{i+1}) - g(x_i)] \tag{2}$$

mit $a = x_0 < x_1 < \cdots < x_{N-1} < x_n = b$, ε = Maximum von $(x_{i+1} - x_i)$ für $i = 0, 1, \ldots, n-1$ und $x_i \leqq \xi_i \leqq x_{i+1}$ gegeben, falls dieser existiert und unabhängig von der Wahl der x_i und ξ_i ist. Das ist erfüllt, d. h., das Integral (1) existiert, wenn $f(x)$ eine im Intervall $[a, b]$ stetige Funktion und $g(x)$ eine Funktion beschränkter Variation ist. Eine Funktion $v(x)$ heißt von beschränkter oder endlicher Variation, wenn es eine Konstante K gibt, so daß für jede beliebige Zerlegung $a = y_0 < y_1 < \cdots < y_{N-1} < y_N = b$ des Intervalls $[a, b]$ die Ungleichung

$$\sum_{i=0}^{N-1} |v(y_{i+1}) - v(y_i)| \leqq K$$

erfüllt ist.

Falls $g(x)$ eine stetige Ableitung $g'(x)$ besitzt, folgt mit der Definition des Riemannschen Integrals

$$\int f(x)\, \mathrm{d}g(x) = \int f(x)\, g'(x)\, \mathrm{d}x,$$

so daß in diesem Fall das Stieltjessche I. durch ein Riemannsches Integral gegeben ist.

Mit dem Stieltjesschen I. lassen sich Verteilungen (Masse, Ladung o. ä.), die sowohl kontinuierlich als auch punktförmig sein können, in einheitlicher Weise behandeln. So gilt z. B. für das mit $f(x)$ gewichtete Mittel über eine Masseverteilung, die durch einen kontinuierlichen Anteil $m(x)$ und durch Punktmassen m_i in Orten x_i gegeben ist

$$\int f(x)\, m(x)\, \mathrm{d}x + \sum_i f(x_i)\, m_i = \int f(x)\, \mathrm{d}g(x)$$

wenn $g(x)$ die Gesamtmasse im Bereich $x' < x$ ist. Als S. I. wird auch das Integral

$$\hat{A} = \int f(x)\, \mathrm{d}\hat{P}(x) \tag{3}$$

bezeichnet, wobei $\hat{P}(x)$ ein von x abhängiger Operator ist. Dieses Stieltjessche I. ist durch die gleiche Definition wie (1) gegeben, wenn in dieser anstelle von $g(x)$ der Operator $\hat{P}(x)$ verwendet wird. (3) spielt eine wichtige Rolle bei der Spektraldarstellung von Operatoren (→ Eigenwertproblem).

stigmatische Abbildung, svw. punktförmige → Abbildung. Als Wirkung von optischen → Abbildungsfehlern wird die s. A. gestört.

Stigmator, → Abbildungsfehler 2).

Stilb, sb, inkohärente bisherige Einheit der Leuchtdichte. Vorsätze erlaubt. 1 sb = 1 cd/cm^2 = 10^4 cd · m^{-2}. S. ist durch → Candela durch Quadratmeter zu ersetzen.

Stimme, die physikalische Voraussetzung des Sprechvorganges, welcher über die Lautbildung (Vokal- und Konsonantenbildung) zur Wort- und Satzbildung führt und wesentlich auf den drei Elementen — zentrale Auslösung des Sprechreizes im Gehirn, periphere Reizbeantwortung mit Hilfe des Stimmorgans sowie dem Hör-Sprech-Rückkopplungsmechanismus — beruht. Stimmorgan für die Bildung einer großen Anzahl von Lauten ist der *Kehlkopf* (Larynx), er liegt am Eingang der Luftröhre und ist aus gegeneinander freibeweglichen Knorpeln, Bändern und Muskeln aufgebaut. Im Mittelteil des Kehlkopfes befinden sich je zwei Faltenpaare, die Taschenfalten und die Stimmfalten. Der freie Rand der Stimmfalten begrenzt die Stimmritze, durch die die Atemluft strömt und die Stimmbänder (oder Stimmlippen) in Schwingungen versetzt. Wird der Druck unterhalb der Stimmfalten durch Anspannung des Brustkorbs erhöht, so werden die Stimmbänder auseinandergepreßt, die Luft strömt mit hoher Geschwindigkeit durch die entstandene Öffnung. Infolge des sich einstellenden niedrigen statischen Druckes vermag die Elastizität der Stimmfalten die Stimmbänder wieder gegen die Mitte zusammenzuführen; dadurch sinkt die Strömungsgeschwindigkeit, der statische Druck steigt an, und der einer Kippschwingung entsprechende Vorgang wiederholt sich von neuem. Der von den Stimmbandschwingungen erzeugte Schall wird in dem über den Stimmbändern liegenden, aus dem oberen Teil des Kehlkopfes, dem Rachen, der Mundhöhle und den Nasenhöhlen gebildeten Hohlraumsystem (wegen seiner Resonanzwirkung als *Ansatzrohr* bezeichnet) zum Klang entwickelt. Die Grundtöne, zwischen denen sich die menschliche S. bewegt, liegen für die Gesangsstimme zwischen Kontra-F (F_1 43 Hz) als tiefstem und dem viergestrichenen e (e^4 2607 Hz) als höchstem Ton. Die Grundtöne der Sprechstimme liegen bei Männern etwa im Frequenzbereich zwischen 80 und 170 Hz (ungefähr E bis f), bei Frauen etwa zwischen 160 und 340 Hz (ungefähr e bis f^1).

Je nach Mundstellung und anatomischen Gegebenheiten im Ansatzrohr treten bestimmte Teilschwingungen mit besonderer Stärke auf, es entsteht ein Spektrum mit Stellen maximaler Intensität, den *Formanten*, und Stellen minimaler Intensität, den *Antiformanten*. Beide „formen" den Klang der Sprachlaute (Vokale).

Gebiete der Hauptformanten für die Vokale der deutschen Hochlautung (nach W. Tscheschmer)

[u]	240···360 Hz
[o]	340···460 Hz
[a]	520···1050 Hz
[e]	340···460 Hz und 2,4···2,5 kHz
[i]	250···360 Hz und 2,4···2,5 kHz
[y]	220···340 Hz und 1,8···2 kHz
[ø]	300···450 Hz und 1,6 kHz
[ɛ]	460···580 Hz

Stimmgabel, Schallquelle geringen Obertongehaltes, die aus einem U-förmig gebogenen Metallstab besteht. Die beiden Schenkel der S. können durch Anschlagen oder Anstreichen zu Biegeschwingungen angeregt werden. Die entstehenden Schwingungsknoten (Abb.) befinden sich nahe des Scheitels der S., in dem ein Haltestiel angebracht ist. Wird der Stiel auf einen Resonanzboden aufgesetzt, kann der Ton auf Kosten der Schwingungsenergie der S. verstärkt werden. S.n einer Eigenfrequenz von 440 Hz (→ Normstimmton) werden zum Stimmen von Musikinstrumenten verwendet. Fehlende Schwebungen zeigen eine exakte Stimmung an.

Bei elektrischer Anregung der S. und Gegenkopplung können ungedämpfte Schwingungen erzeugt werden, z. B. im Stimmgabelsender.

Stimmung des Auges, → Farbensehen.

Stirlingsche Formel, → Fakultät, → Gammafunktion.

Stirlingsche Luftmaschine, periodisch arbeitende Wärmekraftmaschine. Der Kreisprozeß der S.n L. setzt sich aus je zwei Isothermen und Isochoren zusammen.

Stockbarger-Verfahren, → Kristallzüchtung.

Stockpunkt, die Temperatur, bei der zähe Flüssigkeiten infolge ihrer eigenen Schwere nicht mehr fließen.

Stoffgesetz, im mechanischen Sinn die Spannungs-Temperatur-Verzerrungs-Zeit-Beziehung eines Materials. Hauptuntergliederung in elastische, plastische und viskoelastische S.e. Allgemein kann sich daher ein Stoff viskoelastisch-plastisch verhalten. → Spannungs-Dehnungs-Beziehungen.

Stoffkonstanten, *Materialkonstanten*, feststehende, für einen Stoff charakteristische Zahlenwerte, die die physikalischen Eigenschaften des betreffenden Stoffes widerspiegeln, die allein vom Stoff abhängen, durch seine Struktur bedingt sind. Demgegenüber hängen die universellen Naturkonstanten nicht von Stoffen ab.

Die S. geben Aufschluß über die physikalischen Eigenschaften der betrachteten Stoffe.

Beispiele: Innerhalb gewisser Grenzen ist an Dichtewerten (oder auch Wichtewerten) zu erkennen, ob es sich um einen festen Körper oder um ein Gas handelt. Ebenso ist aus der Größe des spezifischen elektrischen Widerstandes bzw. aus der elektrischen Leitfähigkeit abzulesen, ob der Stoff ein Isolator oder ein Leiter ist. Die Dielektrizität, die Permeabilität und der Feldwellenwiderstand geben Auskunft über die Wechselwirkungen eines Mediums mit dem elektromagnetischen Feld.

Kinematische Eigenschaften von Medien beinhalten die S. Viskosität, Schubmodul, Elastizitätsmodul, Torsionsmodul (→ Hookesches Gesetz) u. a. m.

Magnetische Eigenschaften eines Stoffes werden unter anderem durch die relative Permeabilität, magnetische Suszeptibilität, die Sättigungsmagnetisierung, das gyromagnetische Verhältnis angegeben.

Die optischen Eigenschaften spiegeln die S. Brechzahl, Materialdispersion, Absorptionsindex, Abbesche Zahl, Remissionsgrad u. ä. wider. Spezielle S. bezüglich der Doppelbrechung sind die Cotton-Moutonsche Konstante, die Kerr-Konstante, die Verdetsche Konstante und die spannungsoptische Konstante (→ Spannungsoptik).

S. werden häufig zur phänomenologischen Beschreibung der verschiedensten Vorgänge in Medien benutzt, z. B. die Durchschlagsfeldstärke beim elektrischen → Durchschlag, die Temperaturkoeffizienten bezüglich des elektrischen Widerstandes oder auch bezüglich der linearen Ausdehnung. Manche Kennzahlen, z. B. die Lewiszahl, die Prandtlzahl und die Schmidtzahl, sind S.; ebenso ist die → Lethargie, die die Bremswirkung eines Mediums auf thermische Neutronen charakterisiert, eine Stoffkonstante.

stoffliche Schwächung, → ionisierende Strahlung 1.1).

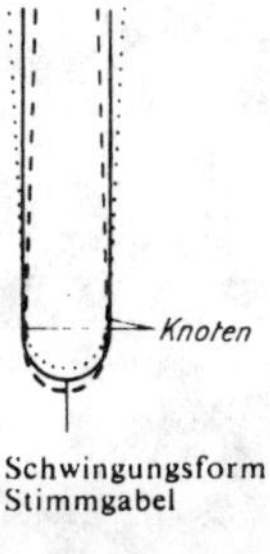

Schwingungsform der Stimmgabel

Stoffmenge, *Teilchenmenge,* Grundgrößenart der Atomistik und des Diskontinuums. Die S. bezeichnet die Anzahl der in einem Stoff als System gleicher Individuen im Verhältnis zu der in einer bestimmten Masse reinen Kohlenstoffs ^{12}C vorhandenen Teilchen. Als Individuen in diesem Sinne gelten z. B. Atome, Moleküle, Ionen, Elementarteilchen, Photonen. SI-Einheit ist das → Mol.

Stokes, St, inkohärente bisherige Einheit der kinematischen → Viskosität. Vorsätze erlaubt. $1\ \mathrm{St} = 1\ \mathrm{cm}^2/\mathrm{s} = 10^{-4}\ \mathrm{m}^2 \cdot \mathrm{s}^{-1}$. Bevorzugt Zentistokes ($1\ \mathrm{cSt} = 10^{-2}\ \mathrm{St}$).

Stokessche Flüssigkeit, eine isotrope Substanz, bei der der Spannungsdeviator nur eine Funktion des Deformationsgeschwindigkeitstensors ist und bei der der Deviator verschwindet, wenn die Flüssigkeit in Ruhe ist.

Stokessche Formel, → Kugelumströmung.

Stokessche Linien, → Raman-Effekt.

Stokessche Parameter, → Polarisationszustand.

Stokesscher Ansatz, → Newtonscher Schubspannungsansatz.

Stokessche Regel, besagt, daß die Wellenlänge der Photolumineszenzstrahlung in der Regel größer ist als die des anregenden Lichtes. Das bedeutet, daß das Maximum des Lumineszenzspektrums (d. i. das Spektrum der ausgesandten Strahlung) bezüglich des Maximums des Spektrums der einfallenden Strahlung nach größeren Wellenlängen hin verschoben ist. Die Energie $h\nu$ des einfallenden Lichtquants gliedert sich auf in $h\nu = h\nu_{\mathrm{lum}} + A$, so daß $\nu_{\mathrm{lum}} < \nu$ bzw. $\lambda_{\mathrm{lum}} > \lambda$ gilt. $A > 0$ stellt den Energieanteil dar, der für Nicht-Photolumineszenzprozesse aufgebraucht wird.

Bei Natriumdampf oder Dämpfen von anderen Metallen (Li, Ag, Hg) tritt der Grenzfall ein, daß die Wellenlänge bzw. Frequenz des Lumineszenzlichtes gleich der des aufgenommenen Lichtes ist. Man bezeichnet diesen Vorgang deshalb als *Resonanzfluoreszenz.*

Als *antistokessche Linien* oder *antistokessche Strahlung* bezeichnet man die Anteile im Lumineszenzspektrum mit kürzeren Wellenlängen, als sie das anregende Licht hat. Hierbei tritt zur Photonenenergie $h\nu$ noch ein Beitrag akT aus der Energie der Wärmebewegung der Atome oder Moleküle des lumineszierenden Stoffes (Luminophors) hinzu, der größer als A ist. k ist die Boltzmannsche Konstante, T die absolute Temperatur und a ein den Luminophor charakterisierender Koeffizient.

Stokesscher Integralsatz, → Integralrechnung.

Stokesscher Satz, der Zusammenhang zwischen → Zirkulation und → Drehung in Strömungen. Die Zirkulation Γ längs der geschlossenen Begrenzungslinie K einer beliebigen Fläche A ist gleich dem doppelten Flächenintegral über die Drehung $\vec{\omega} = (1/2)\ \mathrm{rot}\ \vec{c}$ in dieser Fläche: $\Gamma = \oint_{(K)} \vec{c}\, \mathrm{d}\vec{s} = \iint_{(A)} \vec{\omega}\, \mathrm{d}\vec{A} = \iint_{(A)} \mathrm{rot}\ \vec{c}\, \mathrm{d}\vec{A}$; dabei bedeuten $\vec{c}$ den Geschwindigkeitsvektor, $\mathrm{d}\vec{s}$ den Vektor des Wegelementes und $\mathrm{d}\vec{A}$ den Vektor des Flächenelementes.

Stokes-Verschiebung, der energetische Abstand zwischen den Maxima von Absorptionsbande und Emissionsbande, die zum gleichen elektronischen Übergang gehören. Die Absorptionsbande einer Störstelle in einem Kristall liegt im allgemeinen bei größeren Photonenenergien als die entsprechende Emissionsbande. Die S.-V. ist um so größer, je stärker die Kopplung zwischen Störstellenelektron und Gitterschwingungen im Kristall ist.

Stolperdraht, svw. Turbulenzdraht.

Stöpselwiderstand, → Meßwiderstand.

Störabstand, *Rauschabstand, Signal-Rausch-Verhältnis,* Maß zur Charakterisierung des durch Rauschen erzeugten Störpegels. Es wird durch das Verhältnis von Signalleistung zu Rauschleistung gebildet. Ein bestimmter S. ist erforderlich, damit Signalleistungen sinnvoll verstärkt werden können, d. h. ohne im Störpegel zu verschwinden. Der benötigte S. ist von den verschiedenen Empfangsarten abhängig, z. B. sind folgende Erfahrungswerte bekannt: S. für Musik guter Qualität 10^3, für reine Sprachübertragung 10^2 und für Telegrafie 2.

Störfunktion, → Störungstheorie.

Störgröße, → Meßgröße.

Störkörper, Bezeichnung für Körper, die durch ihre Wirkung örtliche Unterschiede der Meßwerte eines geophysikalischen Feldes auch nach Abzug des → Normalfeldes hervorrufen und somit eine → Anomalie erzeugen.

Störleitung, → Halbleiter.

Störparameter, → Störungstheorie.

Störpegel, *Rauschpegel,* Stärke des meist auf Rauschen beruhenden Störeffektes bei Empfang oder Übertragung von Signalen. Der S. kommt durch das Rauschen in den Bauelementen des Empfängers oder Verstärkers und durch das Rauschen des Generators zustande.

Störstelle, eine Abweichung von der streng periodischen Struktur kristalliner Festkörper in einem Bereich von atomarer Größenordnung. Bei *atomaren S.n* ist jeweils nur ein isoliertes Atom im Kristallgitter fehlgeordnet, in der näheren Umgebung befinden sich keine weiteren S.n. Man kann dabei zwischen Eigen- und Fremdstörstellen unterscheiden. *Eigenstörstellen* entstehen durch Fehlordnung von gittereigenen Atomen. Es sind entweder Leerstellen, bei denen ein Gitterplatz nicht mit einem entsprechenden Atom besetzt ist, oder Zwischengitteratome, bei denen ein gittereigenes Atom sich auf Zwischengitterplatz befindet. *Fremdstörstellen* sind Atome, die nicht zum Kristall gehören und sich entweder auf Gitterplatz (*Substitutionsstörstellen*) oder ebenfalls auf Zwischengitterplatz befinden. Eine besondere Art von Substitutionsstörstellen sind → isoelektronische Störstellen.

S.n erweisen sich unter Umständen schon in geringen Konzentrationen im Bereich von 10^{12} bis $10^{20}\ \mathrm{cm}^{-3}$ wirksam, und zwar 1) als *Donatoren* oder *Akzeptoren*, die die Konzentration der Ladungsträger und so den Leitungstyp des Halbleiters bestimmen (→ n-Leitung); 2) als *Streuzentren*, die den Ladungsträgertransport im Halbleiter beeinflussen (→ Streuung B5); 3) als *Rekombinationszentren* oder als *Haftstellen.* Hierbei bilden die S.n Energieniveaus in der verbotenen Zone, die bei vom thermischen Gleichgewicht abweichenden Konzentrationen der freien Ladungsträger für zusätzliche quantenmechanische Übergänge verantwortlich sind in Form von Rekombination über S.n und Einfang freier Ladungsträger mit der Konsequenz einer Umladung der S.n.

Bei hinreichend geringen Konzentrationen können die S.n als voneinander unabhängig betrachtet werden; die durch sie verursachten Effekte setzen sich additiv zusammen. Bei höheren Konzentrationen treten infolge der Wechselwirkung zwischen den S.n auch *molekulare S.n* (oft auch *Aggregatzentren* genannt) auf, bestehend aus zwei oder mehreren (gleichen oder verschiedenen) atomaren S.n mit minimalem Abstand, die ein „Störstellen-Molekül" im Kristall bilden.

Eine jede S. bewirkt eine Störung des periodischen Potentials des Kristalls und damit das Entstehen neuer erlaubter Zustände für die Kristallelektronen zusätzlich zu den im idealen Kristall, d. h. im Kristall ohne S.n bereits vorhandenen. Die Verteilung der Elektronen über diese Zustände wird durch die Fermi-Statistik gegeben. Die Besetzung der Elektronenzustände von S.n ist also stark von der Temperatur des Kristalls abhängig. Der Einfluß von S.n auf die optischen Eigenschaften eines Festkörpers kommt dadurch zustande, daß die Elektronenzustände der S. zusätzliche (reelle und virtuelle) Elektronenübergänge ermöglichen. Dabei sind meist nur diejenigen gebundenen Elektronenzustände von S.n von Bedeutung, deren zugehörige Energieniveaus innerhalb der verbotenen Zone, d. h. außerhalb der Energiebänder des idealen Kristalls liegen. Daraus ergibt sich, daß der Einfluß von S.n auf die optischen Eigenschaften bei Ionenkristallen, Halbleitern, Molekülkristallen und festen Edelgasen relativ groß, bei Metallen dagegen gering ist.

Elektronenzustände von S.n. Eine allgemeine Theorie für die Elektronenzustände von S.n in kristallinen Festkörpern existiert noch nicht, in wichtigen Spezialfällen ist jedoch eine theoretische Behandlung gelungen. Man unterscheidet dabei zweckmäßigerweise zwischen flachen und tiefen S.n.

a) Die *flachen S.n* sind dadurch charakterisiert, daß ihre Energieniveaus vom Leitungs- bzw. Valenzband des Kristalls einen Abstand haben, der klein gegen die Breite der verbotenen Zone ist. Zu diesem Störstellentyp gehören die meisten Donatoren und Akzeptoren in Halbleitern. Ihre elektronischen Energieniveaus liegen in der Nähe der Bandkanten (etwa 10^{-2} eV von diesen entfernt), und zwar entweder unterhalb der Leitungsbandkante (Donator) oder oberhalb der Valenzbandkante (Akzeptor). Bei flachen S.n führt die Methode der → effektiven Masse im allgemeinen zu Aussagen über die Lage der Energieniveaus, die mit experimentellen Ergebnissen gut übereinstimmen. Bei einem einfachen Donator (z. B. Substitutionsstörstelle P in einem Ge-Kristall) besteht das Modell in der Annahme einer punktförmigen positiven Ladung e am Ort der S., deren Coulomb-Potential auf ein Kristallelektron mit der Ladung $-e$ und der effektiven Masse m^* wirkt. Die Abschirmung dieses Potentials durch die anderen Kristallelektronen wird durch Einführung der Dielektrizitätskonstanten ε berücksichtigt. Die zugehörige Schrödinger-Gleichung hat dann große Ähnlichkeit mit der des H-Atoms, die möglichen Energieniveaus dieses wasserstoffähnlichen Donators ergeben sich zu $E_n = E_L - \frac{m^*}{m} \cdot \frac{I_H}{\varepsilon^2} \cdot \frac{1}{n^2}$, wobei $I_H = 13{,}55$ eV die Ionisierungsenergie des H-Atoms, m die Masse eines freien Elektrons und E_L die Energie des unteren Randes des Leitungsbandes sind. $n = 1, 2, 3, \ldots$ numeriert die verschiedenen Energieniveaus. Der Grundzustand ($n = 1$) eines Donators in Ge liegt danach etwa 10 meV unter dem Leitungsband. Der Bohrsche Radius für die zugehörige lokalisierte Eigenfunktion beträgt ein Vielfaches der Gitterkonstanten des Kristalls.

b) Bei *tiefen S.n* sind die Eigenfunktionen auf einen Bereich der Größenordnung der Gitterkonstanten konzentriert, was die theoretische Behandlung sehr kompliziert. Der Abstand der Energieniveaus der S. von den Bandrändern ist hier von der gleichen Größenordnung wie die Breite der verbotenen Zone. Tiefe S.n sind die meisten Eigenstörstellen in Ionenkristallen, insbesondere die Farbzentren in Alkalihalogeniden. Das F-Zentrum als einfachste derartige S. besteht aus einer Anionenleerstelle, an die ein Elektron gebunden ist. Weitere Beispiele sind das M-Zentrum, das aus zwei assoziierten Anionenlücken, und das R-Zentrum, das aus drei assoziierten Anionenlücken in bestimmter räumlicher Anordnung besteht (Abb. 1). Zur theoretischen Bestimmung der Energieniveaus und zugehörigen Elektroneneigenfunktionen dieser S.n wurde eine Reihe von Näherungsverfahren entwickelt, darunter das → Punktionengittermodell.

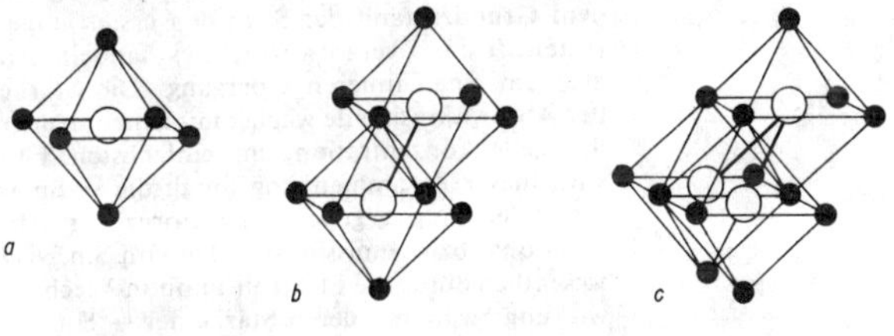

1 Modelle für das F-Zentrum (*a*), das M-Zentrum (*b*) und das R-Zentrum (*c*) in Alkalihalogeniden. ○ Anionenlücke, ● Kationen

Ein weiteres Beispiel tiefer S.n sind Substitutionsstörstellen in Halbleiter- und Ionenkristallen, bei denen ein Gitteratom durch ein Übergangsmetall- oder Lanthanidatom ersetzt ist. Diese Atome haben keine abgeschlossenen inneren Schalen, was ebenfalls zur Entstehung von stark lokalisierten Elektronenzuständen führt.

Optische Eigenschaften von S.n. Bei den optischen Elektronenübergängen an S.n ist zu unterscheiden zwischen *inneren Übergängen*, bei denen der Elektronenübergang zwischen zwei diskreten Energieniveaus einer S. erfolgt, und *Band-Term-Übergängen*, bei denen der Elektronenübergang aus einem diskreten Energieniveau in das Leitungs- bzw. Valenzband des Kristalls (→ Energieband) oder umgekehrt erfolgt. Optische Elektronenübergänge werden ferner zwischen räumlich getrennten S.n beobachtet, insbesondere von einem Donator zu einem um ein Vielfaches der Gitterkonstanten entfernten Akzeptor. Eine besondere Form optischer Übergänge kommt bei Wechselwirkung von S.n mit Exzitonen zustande (→ Exziton-Störstellen-Komplex).

Optische Elektronenübergänge an S.n sind von besonderer Bedeutung für die Erscheinung der optischen Absorption und Lumineszenz von Festkörpern. Als Beispiel für Absorptionsbanden von S.n sind in Abb. 2 die F-, M- und $R_{1,2}$-

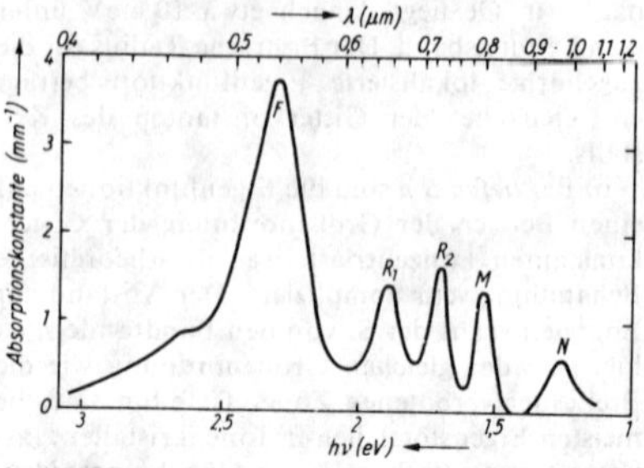

2 Optisches Absorptionsspektrum des F-Zentrums und verschiedener Aggregatzentren (R_1-, R_2-, M-, N-Zentrum) in KCl bei 77 K

Bande des F-, M- und R-Zentrums in KCl angegeben. Die Lage des Maximums der F-Bande für verschiedene Alkalihalogenidkristalle gibt die → Mollwo-Ivey-Relation an. Für die F-Bande ist ein optischer Elektronenübergang aus dem Grundzustand der S. in den ersten angeregten Zustand verantwortlich, es handelt sich also um einen inneren Übergang. Die Stärke der Absorptionsbande wächst mit zunehmender Störstellenkonzentration, im einfachsten Fall wird dieser Zusammenhang durch die → Smakula-Gleichung gegeben. Die Form der Absorptions- bzw. Emissionsbanden von S.n wird wesentlich durch die Elektron-Phonon-Wechselwirkung bestimmt, deren Stärke der → Huang-Rhys-Faktor angibt. Bei schwacher Wechselwirkung sind die Banden sehr schmal (→ Null-Phonon-Übergang); ein solcher Fall liegt z. B. bie Substitutionsstörstellen vor, die aus Übergangsmetall- bzw. Lanthanidionen bestehen. Entsprechende optische Übergänge können daher im Festkörperlaser zur induzierten Emission ausgenutzt werden. Bei starker Elektron-Phonon-Wechselwirkung ergeben sich dagegen breite Banden, deren Form meist gut durch eine Gauß-Kurve approximiert werden kann und deren Halbwertsbreite mit wachsender Temperatur zunimmt (Abb. 3). Zwischen dem Maximum der Absorptionsbande und dem Maximum der Emissionsbande, die beide zum gleichen elektronischen Übergang gehören, tritt infolge

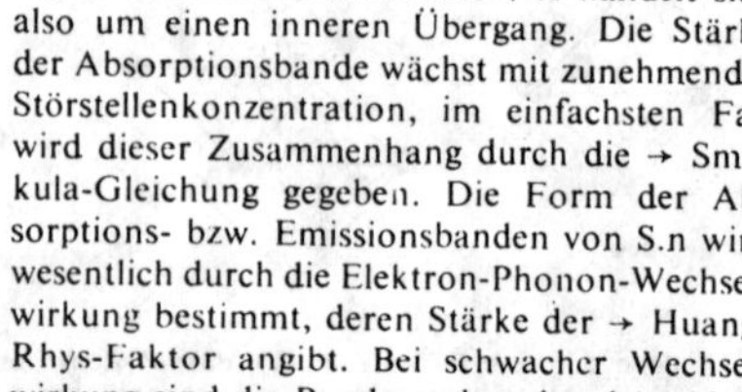

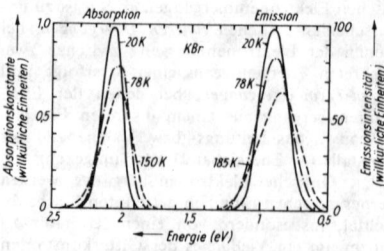

3 Absorptionsbande, und Emissionsbande des F-Zentrums in KBr für verschiedene Temperaturen

der Elektron-Phonon-Wechselwirkung eine → Stokes-Verschiebung auf. Das → Konfigurationskoordinatenmodell liefert zusammen mit dem → Franck-Condon-Prinzip eine vereinfachte Erklärung dieser Effekte.

Absorptions- bzw. Emissionsbanden von S.n zeigen oft charakteristische Polarisationseigenschaften, aus denen auf die Symmetrie der S. geschlossen werden kann. Auch für die → Photoleitung und die → Photoemission von Festkörpern sind optische Elektronenübergänge an S.n von Bedeutung. S.n bewirken auch Änderungen im Spektrum der Gitterschwingungen des Kristalls und wirken sich daher auch auf die inelastische Streuung von Licht durch den Kristall aus (→ Raman-Effekt).

Störstrahlung, im weiteren Sinne Strahlung, die die Beobachtung des gewünschten Effektes stört, z. B. der γ-Untergrund bei Neutronennachweis; im engeren Sinne gestreute Röntgenstrahlung, die in der gesamten Umgebung nachweisbar ist, bzw. eine → Streustrahlung allgemein.

Störung, kurzzeitige oder ständige, unter Umständen auch zeitabhängige Änderung oder Beeinflussung eines bestimmten physikalischen Systems durch Wechselwirkung mit anderen Systemen oder die Einwirkung äußerer Kräfte. Je nach Art des Systems kann bereits eine kleine S. zu erheblichen Änderungen führen, z. B. bei nichtlinearen Systemen. Ist der Einfluß der S. klein, so kann er in vielen Fällen mit Hilfe der → Störungstheorie behandelt werden; bei einer großen S. oder im Falle einer nichtrenormierbaren Wechselwirkung (→ Renormierung) muß man andere Verfahren zur Behandlung heranziehen (→ Dispersionsrelation, → Quasiteilchen), im allgemeinen spricht man dann jedoch selten von einer S.

Störungsausbreitungseffekt, svw. Substituenteneffekt.

Störungstheorie, 1) Himmelsmechanik: Theorie zur Bestimmung von Abweichungen der Planetenbahnen von der „ungestörten" Kepler-Bewegung als Folge der störenden Gravitationswirkung anderer Planeten oder Himmelskörper. Neben periodischen können auch säkulare Störungen auftreten, die proportional mit der Zeit anwachsen. Der Einfluß der Störung auf die ungestörte Kepler-Bewegung bezüglich des Zentralkörpers kann durch Reihenentwicklung nach Potenzen der störenden Massen bestimmt werden, wobei sich in erster Näherung die Berechnung der Störungen auf das → Dreikörperproblem reduziert; eine andere Möglichkeit ist die Variation der (sechs) die ungestörte Bahn bestimmenden Konstanten, wobei sich die wahre Bahn als Einhüllende einer Schar oskulierender Ellipsen ergibt.

Das Dreikörperproblem selbst ist nicht allgemein lösbar und wird ebenfalls mit Hilfe der S. behandelt. Seien m_i bzw. $\vec{r}_i$ ($i = 1, 2$) die Massen bzw. die Ortsvektoren zweier Himmelskörper bezüglich des Zentralkörpers der Masse $m = 1$, dann lautet die Bewegungsgleichung (für den Körper 1) $\ddot{\vec{r}}_1 + \gamma(1 + m_1)\,\vec{r}_1/r_1^3 = \gamma m_2 \left(\frac{\vec{r}_2 - \vec{r}_1}{|\vec{r}_2 - \vec{r}_1|^3} - \frac{\vec{r}_2}{r_2^3} \right)$; die Größe $R = \gamma m_2 \left(1/|\vec{r}_2 - \vec{r}_1| - \vec{r}_1\vec{r}_2/r_2^3\right)$ heißt *Störfunktion,* man wählt für sie und ihre partiellen Ableitungen zweckmäßig trigonometrische Reihen, die nach Vielfachen der mittleren Anomalien fortschreiten. Dieses durch Entwicklung der Störfunktion und analytische Bestimmung der Störung nach steigender Ordnung des Störparameters fortschreitende Verfahren bezeichnet man als *absolute* oder *allgemeine S.*; als *spezielle S.* werden die verschiedenen Verfahren der numerischen Integration des Drei- bzw. n-Körperproblems bezeichnet. Obwohl die spezielle S. beliebig genaue Bahnbestimmungen ermöglicht, gelten diese nur für die konkreten Konstellationen; trotzdem lassen sich daraus auch Aussagen über die allgemeine S. gewinnen.

Die S. der Himmelsmechanik bestätigte durch ihre guten Erfolge bei der Bahnbestimmung der Planeten und anderer Himmelskörper die Gültigkeit des Newtonschen Gravitationsgesetzes und der aus der allgemeinen Relativitätstheorie sich ergebenden Korrekturen. Sie diente in ihren wesentlichen Zügen als Vorbild der quantenmechanischen S.

2) → Ballistik.

3) Quantentheorie: häufig benutzte Methode zur näherungsweisen Berechnung von Eigenfunktionen und Eigenwerten des Hamilton-Operators und damit zur genäherten Bestimmung der Bewegung quantenphysikalischer Systeme (→ Schrödinger-Gleichung). Die S. ist anwendbar, wenn die Lösung eines Problems mit dem Hamilton-Operator $\hat{H}_0$, d. h. die Bewegung des ungestörten „freien" Systems, bereits bekannt ist und wenn der Hamilton-Operator $\hat{H}$ des wechselwirkenden, gestörten Systems die Gestalt $\hat{H} = \hat{H}_0 + \lambda\hat{H}'$ hat, wobei $\lambda \ll 1$ ein kleiner Parameter, der *Störparameter*, und $\hat{H}'$ der Hamilton-Operator der „Störung" ist. Je nachdem, ob man Lösungen der zeitabhängigen oder der zeitunabhängigen (stationären) Schrödinger-Gleichung konstruiert, spricht man von der zeitabhängigen oder Diracschen bzw. der zeitunabhängigen oder Schrödingerschen S.; die → Bornsche Näherung ist ebenfalls eine S. speziell für Streuprobleme (→ quantenmechanische Streutheorie).

1) Die *Schrödingersche* (*zeitunabhängige*) *S.* gestattet nur die Behandlung stationärer Probleme. Man macht für die Eigenfunktionen ψ_n bzw. die Eigenwerte E_n von $\hat{H}$ einen Potenzreihenansatz in λ, d. h.,

$$\psi_n = \sum_{\nu=0}^{\infty} \lambda^\nu \psi_n^{(\nu)} = \psi_n^{(0)} + \lambda\psi_n^{(1)} + \lambda^2\psi_n^{(2)} + \cdots$$

bzw.

$$E_n = \sum_{\nu=0}^{\infty} \lambda^\nu E_n^{(\nu)} = E_n^{(0)} + \lambda E_n^{(1)} + \lambda^2 E_n^{(2)} + \cdots,$$

wobei $\psi_n^{(0)}$ bzw. $E_n^{(0)}$ Eigenfunktion bzw. Eigenwert von $\hat{H}_0$ ist, d. h., es gilt $(\hat{H}_0 - E_n^{(0)})\,\psi_n^{(0)} = 0$. Das Eigenwertproblem $(\hat{H} - E_n)\,\psi_n = 0$ für den Hamilton-Operator $\hat{H}$ wird dann sukzessive gelöst, indem man nur Potenzen erster, zweiter usw. Ordnung von λ betrachtet und die Annahme macht, daß sich die zugehörigen Funktionen $\psi_n^{(\nu)}$ mit $\nu = 1, 2, \ldots$ der ersten, zweiten usw. Näherung als Linearkombinationen der Eigenfunktionen nullter Näherung $\psi_n^{(0)}$ schreiben lassen, d. h., $\psi_n^{(\nu)} = \sum_m' c_{nm}^{(\nu)} \psi_m^{(0)}$, wobei der Strich an der Summe bedeutet, daß bei der Summation $n = m$ auszulassen ist, da $\psi_n^{(0)}$ bereits durch die spezielle Gestalt des Ansatzes berücksichtigt ist. Die S. ist nur anwendbar, wenn der Hilbert-Raum des gestörten mit dem des ungestörten Systems zusammenfällt; diese Annahme ist in der → Quantenmechanik gewöhnlich erfüllt, dagegen nicht in der → Quantenfeldtheorie (→ axiomatische Quantentheorie).

Liegt keine Entartung vor, so erhält man in 1. Näherung

$$E_n^{(1)} = \int \psi_n^{(0)*}\, \hat{H}'\psi_n^{(0)}\, \mathrm{d}\tau = \langle n\,|\hat{H}'|\,n\rangle$$

und

$$\psi_n^{(1)} = \sum_m{}' \langle m\,|\hat{H}'|\,n\rangle\, \psi_m^{(0)}/(E_n^{(0)} - E_m^{(0)});$$

in 2. Näherung folgt

$$E_n^{(2)} = \sum_m{}' \langle n\,|\hat{H}'|\,m\rangle\, \langle m\,|\hat{H}'|\,n\rangle\, (E_n^{(0)} - E_m^{(0)})^{-1}.$$

Liegt dagegen Entartung vor, dann haben einige (etwa N) der Zustände $\psi_n^{(0)}$ dieselbe Energie $E_n^{(0)}$, und man hat eine geeignete Linearkombination

$$\psi_n^{(0)} = \sum_{\varrho=1}^{N} c_\varrho \psi_{n,\varrho}^{(0)}$$

zu wählen und in 1. Näherung das Eigenwertproblem

$$\sum_{\varrho=1}^{N} \langle n, \sigma\,|\hat{H}'|\,n, \varrho\rangle\, c_\varrho = E_n^{(1)}\, c_\sigma$$

mit

$$\langle n, \sigma\,|\hat{H}'|\,n, \varrho\rangle = \int \psi_{n,\sigma}^{(0)*}\, H'\psi_{n,\varrho}^{(0)}\, \mathrm{d}\tau$$

zu lösen; Lösungen dieses linearen Gleichungssystems für die unbekannten Koeffizienten c_ϱ existieren nur für die aus der Säkulardeterminante

$$\|\langle n, \sigma\,|\hat{H}'|\,n, \varrho\rangle - E_n^{(1)}\,\delta_{\sigma\varrho}\,\| = 0$$

folgenden Eigenwerte $E_{n,\varrho}^{(1)}$ ($\varrho = 1, \ldots, N$), die zugleich die Beiträge der 1. Näherung zur Energie E_n sind; die Beiträge der 1. Näherung zur Wellenfunktion ψ_n ergeben sich durch Einsetzen der mit den zugehörigen c_ϱ folgenden Linearkombinationen in die obige Formel für $\psi_n^{(1)}$. Im allgemeinen spaltet also ein N-fach entarteter Eigenwert $E_n^{(1)}$ bei Störung in N verschiedene Eigenwerte $E_n^{(0)} + \lambda E_{n,\varrho}^{(1)}$ auf.

Im Prinzip kann auch die exakte Wellenfunktion des gestörten Problems mit Hilfe eines Operators $\hat{\Omega}$ angegeben werden: $\psi = \hat{\Omega}\psi^{(0)}$, wobei $\hat{\Omega}$ der Gleichung

$$\hat{\Omega} = \mathbf{1} + (E^{(0)} - \hat{H}_0)^{-1}\,(\hat{H}' - E')\,\hat{\Omega}$$

mit $E' = E - E^{(0)}$ genügt; diese Gleichung liegt der Bornschen Näherung zugrunde, sie kann iterativ gelöst werden. In dieser Form ist die S. Ausgangspunkt vielfältiger, den speziellen Problemen angepaßter Näherungsverfahren.

2) Die *Diracsche* (*zeitabhängige*) *Störungstheorie* gestattet die näherungsweise Bestimmung der Übergänge von quantenphysikalischen Systemen unter dem Einfluß einer möglicherweise zeitabhängigen Störung $\hat{H}'(t)$. Man macht hierbei den Ansatz

$$\psi(t) = \sum_n a_n(t)\, \psi_n^{(0)} \exp\,(-\mathrm{i}E_n^{(0)}\, t/\hbar), \text{ mit}$$

$$a_n = \sum_{\nu=0}^{\infty} \lambda^\nu a_n^{(\nu)} = a_n^{(0)} + \lambda a_n^{(1)} + \cdots;$$

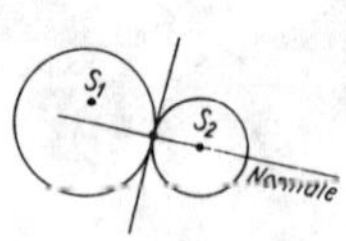

1

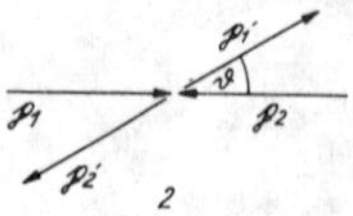

2

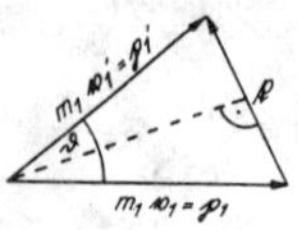

3

Stoß

aus der zeitabhängigen Schrödinger-Gleichung ergibt sich die Bewegungsgleichung der zeitabhängigen Koeffizienten $a_n(t)$ zu

$$i\hbar\, \mathrm{d}a_n(t)/\mathrm{d}t = \sum_m \lambda \, \langle n\,|\hat{H}'|\, m\rangle\, a_m(t),$$

und in 1. Näherung folgt

$$a_n^{(1)}(t) = -(\mathrm{i}/\hbar) \sum_m a_m^{(0)}(t) \cdot$$

$$\cdot \int_0^t \langle n\,|\hat{H}'(t')|\, m\rangle \exp\{\mathrm{i}(E_n^{(0)} - E_m^{(0)}\, t'/\hbar\}\, \mathrm{d}t';$$

in dieser Form wurde die zeitabhängige S. von Dirac 1926 entwickelt und auf die halbklassische Strahlungstheorie angewandt.

Eine formale Vervollkommnung fand diese S. durch Tomonaga und Schwinger in der Quantenfeldtheorie, speziell in der Quantenelektrodynamik, durch die Formulierung des Verfahrens im Wechselwirkungsbild, in dem die zeitliche Entwicklung der Zustände ψ durch einen Operator $\hat{U}(t, t_0)$ charakterisiert wird: $\psi(t) = \hat{U}(t, t_0)\, \psi(t_0)$; dieser Operator genügt der Bewegungsgleichung $i\hbar\, \partial\hat{U}/\partial t = \lambda\hat{H}'\hat{U}$. Man macht den Ansatz $\hat{U}(t, t_0) = \mathbf{1} + \lambda\hat{U}^{(1)} + \lambda^2\hat{U}^{(2)} + \dots$ und erhält

$$\hat{U}^{(1)} = (-\mathrm{i}/\hbar) \int_{t_0}^{t} \hat{H}'(t')\, \mathrm{d}t',$$

$$\hat{U}^{(2)} = (-\mathrm{i}/\hbar)^2 \cdot \int_{t_0}^{t} \hat{H}'(t') \int_{t_0}^{t'} \hat{H}'(t'')\, \mathrm{d}t''\, \mathrm{d}t',$$

usw.; formal kann man die Reihe aufsummieren zu

$$\hat{U}(t, t_0) = T\,[\exp\{-(\mathrm{i}\lambda/\hbar) \int_{t_0}^{t} \hat{H}'(t')\, \mathrm{d}t'\}],$$

wobei T die Operation der Zeitordnung (→ zeitgeordnetes Produkt) ist. In dieser Form wird die S. vor allem in der quantenmechanischen Streutheorie benutzt, wo der ungestörte Zustand zur Zeit $t = -\infty$ (einlaufender Zustand) durch den Operator $\hat{S} = \hat{U}(\infty, -\infty)$ in den ungestörten Zustand zur Zeit $t = \infty$ (auslaufender Zustand) übergeführt wird (→ axiomatische Quantentheorie); $\hat{S}$ heißt dort Streuoperator oder → S-Matrix.

Stoß, 1) im weiteren Sinne Vorgang, bei dem sich die Bewegungsrichtungen zweier (oder auch mehrerer) aufeinander zu bewegender Objekte, der Stoßpartner, unter dem Einfluß ihrer gegenseitigen Wechselwirkung plötzlich oder stetig ändern. Dabei kann auch einer der Stoßpartner allein durch das von ihm ausgehende Kraftfeld, z. B. das elektromagnetische Feld, ersetzt werden, wobei er dann gewöhnlich als ruhend angenommen bzw. festgehalten wird. Derartige Stöße sind Einzelakte der → Streuung von Teilchen aneinander oder in einem Kraftfeld.

S. im engeren Sinne ist ein Vorgang, bei dem zwischen zwei oder mehreren starren Körpern (z. B. Billardkugeln) oder kleinen Teilchen (Atome, Moleküle, Ionen, Elektronen, → Stoß zweiter Art) während der sehr kurzen Stoßzeit sehr große Stoßkräfte wirken, die zu einer fast momentanen Änderung der Impulse der beteiligten Stoßpartner führen. Gewöhnlich stoßen nur jeweils zwei Körper zusammen (*Zweierstoß*), seltener ist die Zahl der Stoßpartner gleich drei (*Dreierstoß*) oder größer (*Mehrfachstoß*). Dreier- und Mehrfachstöße spielen in der kinetischen Gastheorie und in der Plasmaphysik eine Rolle (→ Rekombination). Der S. zweier starrer Körper heißt *zentraler S.*, wenn die *Stoßnormale*, d. i. die gemeinsame Normale beider Körperflächen im Berührungspunkt (Abb. 1), in Richtung der Verbindungsgeraden der Schwerpunkte beider Körper weist; bei homogenen Kugeln ist dies immer der Fall. Beim *geraden S.* haben die Impulse der beiden Körper kurz vor dem S. dieselbe, beim *schiefen S.* unterschiedliche Richtung.

Beim S. gilt in jedem Fall der Impulssatz. Sind $\vec{v}_1$ und $\vec{v}_2$ die Geschwindigkeiten der Stoßpartner vor, $\vec{v}_1'$ und $\vec{v}_2'$ die Geschwindigkeiten nach dem S. und sind die Massen m_1 und m_2 unveränderlich, so lautet der Impulssatz $m_1\vec{v}_1 + m_2\vec{v}_2 = m_1\vec{v}_1' + m_2\vec{v}_2'$, d. h., der Schwerpunkt der Teilchen ändert seine Geschwindigkeit nicht. Den Impuls $m\vec{v}'$, den ein Körper nach dem Stoß (auf einen im allgemeinen als ruhend angenommenen anderen Körper) erhält, bezeichnet man häufig als → Rückstoß. Gilt außerdem der Energiesatz $\frac{1}{2}\,(m_1v_1^2 + m_2v_2^2) = \frac{1}{2}\,(m_1v_1'^2 + m_2v_2'^2)$, so handelt es sich um einen *vollkommen elastischen S.*, was dann der Fall ist, wenn die infolge des S.es eintretende Deformation der Körper vollkommen zurückgeht, andernfalls spricht man von einem *unelastischen S.* Beim *vollkommen unelastischen* oder *plastischen S.* bleibt die Deformation völlig bestehen, und die in Richtung der Stoßnormale fallenden Geschwindigkeiten stimmen überein: $v_{1n}' = v_{2n}'$. Bei den Stößen realer Körper führt man daher den empirischen *Restitutionskoeffizienten* (*Stoßzahl*)

$$\varepsilon = \frac{v_{1n}' - v_{2n}'}{v_{1n} - v_{2n}}$$

ein. Für den elastischen S. ist $\varepsilon = 1$, für den vollkommen unelastischen ist $\varepsilon = 0$. Beim geraden S. fällt die Richtung der Geschwindigkeiten mit der der Stoßnormale zusammen, es ist daher $v_i' = v_i = |\vec{v}_i|$. Man erhält damit aus dem Impulssatz

$$v_1' = \{(m_1 - \varepsilon m_2)\, v_1 + (1 + \varepsilon)\, m_2v_2\}/(m_1 + m_2)$$

und

$$v_2' = \{(m_2 - \varepsilon m_1)\, v_2 + (1 + \varepsilon)\, m_1v_1\}/(m_1 + m_2)$$

für die Geschwindigkeiten nach dem S.; der *Stoßverlust* oder *Carnotsche Energieverlust*, d. i. der Verlust an kinetischer Energie ΔT, die zum großen Teil in Wärme umgewandelt wird, ist $\Delta T = \mu(1 - \varepsilon^2)\,(v_1 - v_2)^2/2$, wobei $\mu = m_1m_2/(m_1 + m_2)$ die reduzierte Masse der beiden Stoßpartner ist. Die Geschwindigkeiten nach einem schiefen S. lassen sich, wenn die Stoßnormale bekannt ist, aus den obigen Gleichungen für den geraden S. bestimmen. Diese Gleichungen geben dann die Änderung der Normalkomponenten der Geschwindigkeiten an, während die Tangentialkomponenten keiner Änderung unterworfen sind, d. h., $v_{it}' = v_{it}$ $(i = 1, 2)$. Ist jedoch die Stoßnormale unbekannt, so bleibt die Richtung der Geschwindigkeiten nach dem S. unbekannt; aus den Erhaltungssätzen sind lediglich ihre Beträge eindeutig zu bestimmen.

Am einfachsten sind die Verhältnisse im Schwerpunktsystem zu überschauen, da hier die Summe der Impulse vor und – wegen der Erhaltung des Gesamtimpulses – auch nach dem S. Null ist, d. h. $\vec{p}_1 + \vec{p}_2 = \vec{p}_1' + \vec{p}_2' = 0$ (Abb. 2). Der Impulsübertrag (Kraftstoß) $\vec{k} = \vec{p}_1' - \vec{p}_1$

hängt von den Stoßkräften ab und kann nur bei genauer Kenntnis derselben bestimmt werden. Von $\vec{k}$ hängt der Streuwinkel ϑ ab (Abb. 3): $|\vec{k}| = 2\,|\vec{p}_1|\sin(\vartheta/2)$. Beim elastischen S. gilt $|\vec{p}_1| = |\vec{p}_1'|$, und daher sind dann mit ϑ (bzw. $|\vec{k}|$) alle Größen bestimmt.

2) svw. Stoßfront.

Stoßdruck, der Druckimpuls, der durch das Wirken momentaner Druckkräfte in Strömungen entsteht. Die Druckkräfte wirken während einer sehr kurzen Zeitdauer τ, sind aber von erheblicher Größe. Um die Wirkung dieser momentanen Druckkräfte bei Fehlen von Massenkräften auf Strömungen zu untersuchen, wird die reibungsfreie instationäre → Bernoullische Gleichung

$$\partial\Phi/\partial t + c^2/2 + p/\varrho = \text{konst.} \qquad (1)$$

verwendet, bei der das Geschwindigkeitspotential Φ eingeführt wurde. Es bedeuten t die Zeit, c die Strömungsgeschwindigkeit, p den Druck, ϱ die Dichte des Mediums. Der Einfluß der Trägheitskraft kann wegen seiner Kleinheit gegenüber der Druckkraft vernachlässigt werden. Damit ergibt sich die Beziehung

$$\partial\Phi/\partial t + p/\varrho = 0. \qquad (2)$$

Für die Initialströmung, die in sehr kurzer Zeit aus der Ruhe heraus entsteht, kann Gleichung (2) für inkompressible Medien integriert werden:

$$\int_0^\tau p\,\mathrm{d}t = -\varrho\Phi = \pi. \qquad (3)$$

Eine durch das Potential Φ gekennzeichnete wirbelfreie Strömung kann aus dem Ruhezustand nach der Einwirkung momentaner Druckkräfte mit dem Impuls $\pi = -\varrho\Phi$ entstehen. Da die Strömung im Anfangspunkt wirbelfrei ist, muß sie nach den → Wirbelsätzen auch weiterhin wirbelfrei bleiben. Damit ist auch die physikalische Bedeutung des Geschwindigkeitspotentials gegeben.

Der S. ist z. B. wesentlich für das Entstehen der Wellenbewegungen einer idealen Flüssigkeit.

stößefreies Plasma, *Wlassow-Plasma*, Plasma, in dem die Stoßweglänge kleiner ist als die räumlichen Ausmaße des Plasmas, in dem also Stoßwechselwirkungen keine Rolle spielen.

Stoßerregung, → Erregung.

Stoßfrequenz, *Stoßzahl*, → kinetische Theorie.

Stoßfront, oft kurz *Stoß* genannt, die Fläche, entlang der der Verdichtungsstoß erfolgt. Die S. ist eine Diskontinuitätsfläche, die unterschiedliche Strömungszustände trennt.

Stoßintegral, → Boltzmann-Gleichung.

Stoßinvariante, → Boltzmann-Gleichung.

Stoßionisation, **1)** Halbleiterphysik: die Entstehung eines Elektron-Loch-Paares (bzw. Ladungsträger und ionisierte Störstelle) durch einen Ladungsträger mit genügend hoher Energie in bezug auf die Kante des Bandes, in dem er sich bewegt. Die notwendige Energie für diese auch als *Auger-Prozeß* bezeichnete Interbandanregung kann der primäre Ladungsträger durch optische Einstrahlung oder Aufheizung im elektrischen Feld (heiße Ladungsträger) erhalten. Die Zahl der Stoßprozesse je Zeiteinheit hängt vom Wellenvektor des primären Ladungsträgers, der Bandstruktur des betrachteten Halbleiters und den übrigen Streuprozessen, die zur Relaxation des hochangeregten Primärteilchens beitragen, sowie von der Gesamtzahl der nach dem zuerst aufgetretenen Auger-Prozeß in Gestalt von Ionisationskaskaden noch erzeugten Teilchen ab.

Die Stoßionisation führt zur Erzeugung von Nichtgleichgewichtsplasma (→ Plasma) und wurde besonders detailliert für InSb untersucht, sie kann bei auftretender Lawinenbildung einen Durchbruch bewirken.

2) Gasentladungsphysik: → Ionisation, → Plasma.

Stoßmodell, svw. Modellstoßterm.

Stoßnormale, → Stoß.

Stoßparameter, Abstand, mit dem ein geladenes Teilchen an einem Kern vorüberliefe, wenn dieser es nicht ablenkte (→ Streuung, → Streuquerschnitt).

Stoßpendel, *ballistisches Pendel*, Schwerependel, das durch einen Kraftstoß aus der Ruhelage ausgelenkt wird. Bei plastischem Pendelkörper der Masse m kann es bequem zur Geschwindigkeitsbestimmung benutzt werden. Bewegt sich ein Körper K der Masse M und unbekannter Geschwindigkeit v auf das S. zu, so bewegt sich der zuvor ruhende Pendelkörper zusammen mit K nach dem Stoß auf Grund des Impulssatzes mit der Geschwindigkeit $v' = \frac{M}{M + m}$ und erreicht eine maximale Elongation a aus der Ruhelage, den *ballistischen Anschlag*. Aus der einfach zu bestimmenden Schwingungsdauer T des S.s, die bei kleinen Anschlägen von der Masse und der Stoßkraft unabhängig ist, ergibt sich dessen Kreisfrequenz $\omega = 2\pi/T$ und damit $v' = \omega a$, also für die gesuchte Geschwindigkeit $v = \frac{M + m}{M} \cdot \omega a$. Das S. ist Urbild aller ballistischen Meßinstrumente, z. B. des ballistischen Galvanometers. Ist die Schwingungsdauer T des S.s groß gegen die Dauer des Kraftstoßes, dann ist $v = \int K\,\mathrm{d}t/m$ praktisch gleich der Geschwindigkeit v_0, mit der es die Ruhelage verläßt, d. h., $v_0 = \omega a$, und daher gilt $\int K\,\mathrm{d}t = m\omega a$, wobei a der durch den Kraftstoß erfolgte Ausschlag ist; die Konstante $\int K\,\mathrm{d}t/a = m\omega = B$ bezeichnet man als *ballistischen Eichfaktor*. Damit kann das S. zur Messung von Kraftstößen herangezogen werden. B kann noch durch die Kraftkonstante k des Pendels, die man auch als *statischen Eichfaktor* bezeichnet, bestimmt werden. Da $\omega = \sqrt{k/m}$ gilt, ist $B = k/\omega$.

Stoßpolare, Kurve in der Hodographenebene, → Hodographenmethode. Auf der S.n liegen die Endpunkte aller von einem festen Anfangspunkt aus aufgetragenen Geschwindigkeitsvektoren $\vec{c}'$, die hinter einem Verdichtungsstoß bei vorgegebenem Geschwindigkeitsvektor $\vec{c}$ einer Überschallströmung vor dem Stoß abhängig vom Ablenkwinkel ϑ bzw. dem Stoßwinkel σ auftreten können, → Verdichtungsstoß.

Stoßpolarendiagramm, → Verdichtungsstoß.

Stoßquerschnitt, Wirkungsquerschnitt für Stöße z. B. zwischen Gasmolekülen, Atomen, Ionen oder Elektronen. Der S. liegt für einfache Moleküle in der Größenordnung des geometrischen Querschnittes von $10^{-15}\,\mathrm{cm}^2$. → Streuquerschnitt.

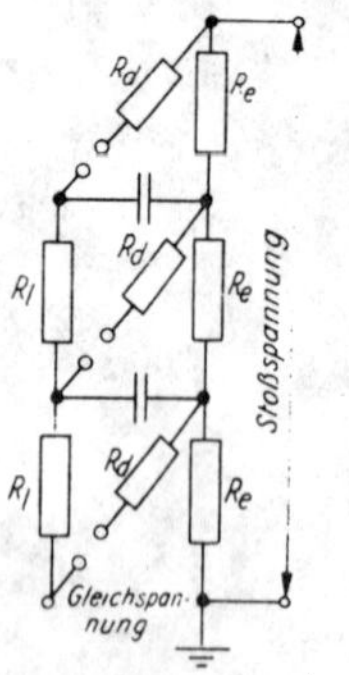

Schaltbild einer Stoßspannungsanlage. R_l Ladewiderstände, R_d Dämpfungswiderstände, R_e Entladewiderstände

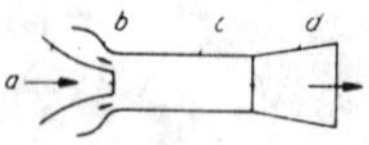

Schema eines Strahlapparates

Stoßspannung, eine Spannungswelle mit sehr steiler Stirn. Sie wird in der Hochspannungsprüftechnik von einer → Stoßspannungsanlage erzeugt und zum Prüfen von Isolationen auf Stoßspannungsfestigkeit angewendet. Der Spannungsanstieg erfolgt in 1 μs, die Rückhalbwertszeit beträgt 50 μs. Mit der S. wird eine Wanderwelle angenähert, wie sie bei Blitzeinschlag u. dgl. auf Leitungen auftritt.

Stoßspannungsanlage, *Stoßspannungsgenerator*, elektrische Einrichtung zum Erzeugen von → Stoßspannungen. Eine Anzahl von Kondensatoren wird in Parallelschaltung über hohe ohmsche Widerstände aufgeladen und nach Erreichung eines bestimmten Spannungswertes durch Zünden von Kugelfunkenstrecken in Reihe geschaltet. Am Prüfling liegt dann die Summe der Kondensatorenspannungen an, wobei man bis zu 10 Millionen Volt Spannung erreicht. Größere Anlagen weisen eine Ladeenergie bis 100 kJ auf. S.n dienen zur Prüfung von Isolatoren, Durchführungen, elektrischen Maschinen, Transformatoren u. a. Bauteilen mit Spannungsstößen kurzer Dauer, wie sie vor allem bei atmosphärischen Entladungen auftreten.

Stoßverbreiterung, → Spektrallinien.

Stoßverlust, → Stoß.

Stoßwelle, → Druckwelle, → Welle.

Stoßzahl, → Stoß, → kinetische Theorie, → Neutronenbremsung.

Stoßzahlansatz von Boltzmann, → Boltzmann-Gleichung.

Stoß zweiter Art, im engeren Sinne ein inelastischer Wechselwirkungsprozeß atomarer Teilchen (Atome, Moleküle, Ionen, Elektronen), wobei sich die gesamte kinetische Energie der in Wechselwirkung tretenden Partner auf Kosten ihrer inneren Energie vergrößert. So sind z. B. Stöße zweiter Art Prozesse, bei denen auf ein Elektron e die Anregungsenergie eines angeregten Atoms A^* oder Moleküls übertragen wird, wobei sich die kinetische Energie des Elektrons erhöht und sich das Atom bzw. Molekül danach im Grundzustand bzw. in einem niedrigen Anregungszustand befindet. In Form einer Reaktionsgleichung kann man diesen Vorgang folgendermaßen schreiben: $A^* + e_{\text{langsam}} \to A + e_{\text{schnell}}$.

Stöße zweiter Art im weiteren Sinne sind solche, bei denen ein angeregtes Atom A^* oder Molekül ein nicht angeregtes B stößt und seine Energie auf dieses überträgt: $A^* + B \to A + B^*$. Voraussetzung dafür ist allerdings Energieresonanz zwischen A^* und B^*. Stöße zweiter Art haben Bedeutung bei Atomen oder Molekülen mit metastabilen Zuständen. Sie spielen bei Prozessen, die in ionisierten Gasen verlaufen, eine wichtige Rolle, z. B. bei der Energieübertragung von Helium- auf Neongas im Helium-Neon-Gaslaser.

Straggling, → ionisierende Strahlung 2.2).

Strahl, 1) Mathematik: einseitig begrenzte, gerichtete Gerade, z. B. die positive x-Achse eines kartesischen Koordinatensystems, die auf der einen Seite durch den Nullpunkt begrenzt wird.

2) Physik: kontinuierlicher, gerichteter, räumlich begrenzter Teilchen- oder Energiestrom, z. B. Flüssigkeits-, Elektronen- oder Lichtstrahl; in der Quantentheorie Gesamtheit der ein und denselben Zustand eines physikalischen Systems repräsentierenden Vektoren des dem System entsprechenden Hilbert-Raumes; mit ψ beschreibt jeder Vektor $\lambda\psi$ ($\lambda \neq 0$ beliebig komplex) denselben Zustand. Als *Einheitsstrahl* bezeichnet man die Gesamtheit aller $\lambda\psi$ mit der Norm $\|\lambda\psi\| = 1$ bei festgehaltenem ψ. → Strahlenbündel.

Strahlabsorber, → Separator.

Strahlantrieb, svw. Strahltriebwerk.

Strahlapparat, Vorrichtung, in der der Gesamtdruck einer auch als Saugstrahl bezeichneten Strömung durch Einwirkung eines Treibstrahles höherer Energie vergrößert wird. Die Energieübertragung erfolgt durch turbulentes Vermischen der Strömungen. Die Hauptbauteile des S.es (Abb.) sind die Düse des Treibstrahles (a), die Düse des Saugstrahles (b), die Mischkammer (c) und der Diffusor (d). In die Mischkammer treten Treib- und Saugstrahl als getrennte Strömungen ein, deren Geschwindigkeit, Temperatur, Gesamtdruck und chemische Zusammensetzung im allgemeinen unterschiedlich ist. Infolge fortwährenden Mitreißens von Teilchen der angesaugten Strömung durch den Treibstrahl wird am Eintritt in die Mischkammer der zum Ansaugen erforderliche Unterdruck erzeugt. Das Verhältnis des Massendurchsatzes je Zeiteinheit des Saugstrahles $\dot{m}_2$ zu dem des Treibstrahles $\dot{m}_1$ ergibt sich mit Hilfe des → Impulssatzes der Strömungslehre bei Vernachlässigung der Reibungskräfte zu $\dot{m}_2/\dot{m}_1 = \sqrt{\varrho_2 \cdot A_2/(\varrho_1 \cdot A_1)}$; ϱ ist die Dichte, A ist die Querschnittsfläche der Düse. Index 1 bedeutet Treibstrahl, Index 2 Saugstrahl.

Der S. findet breite Anwendung in der Technik, z. B. als Wasserstrahlluftpumpe, als Gebläse zur Förderung von Gasen, als Exhaustor zur Erzeugung von Unterdrücken, als Injektor zur Förderung von Speisewasser in Kessel mittels Dampfes.

Strahlausbreitung, → Freistrahl.

Strahldichte, → Strahlungsgrößen.

Strahldichtefunktion, → Farbe.

Strahlenbegrenzung, → Strahlenraum der optischen Abbildung.

Strahlenbrechung, svw. Brechung.

Strahlenbündel, *Lichtbündel, Strahlsystem,* die Gesamtheit der von einem selbst- oder nichtselbstleuchtenden Objektelement kommenden und zur optischen Abbildung beitragenden Lichtstrahlen. Ein S. kann divergent (von einem Punkt ausgehend) oder konvergent (zu einem Punkt zusammenlaufend) sein. Solche S. werden als *homozentrisch* bezeichnet. Ein Parallelstrahlenbündel ist ein Sonderfall, bei dem der Ursprung im Unendlichen liegt. Ein S. wird durch Blenden oder deren Bilder begrenzt, wobei auch Fassungsteile u. ä. als Blende wirken.

Ein sich in einer Ebene ausbreitendes (z. B. durch einen Spalt begrenztes) S. wird auch als *Strahlenbüschel* bezeichnet.

Die von allen abgebildeten Objektelementen ausgehenden S. bilden gemeinsam durch ihre äußere Begrenzung den → Strahlenraum.

Strahlenbüschel, → Strahlenbündel.

Strahlenfläche, nach Fresnel auch als *Wellenfläche* bezeichnet, der geometrische Ort aller Punkte, in denen die von einem leuchtenden

Punkt ausgehende Lichtwirkung nach einer bestimmten Zeit eingetroffen ist. In einem isotropen Medium ist die S. im Idealfall eine Kugel, in einem anisotropen Medium (z. B. Kristalle der nichtregulären Systeme) ist die S. zweischalig.

In der geometrischen Optik bezeichnet man als S. auch eine Schnittfläche, die aus den Symmetriestrahlen (Hauptstrahlen) der zur Abbildung beitragenden Strahlenbündel und der optischen Achse gebildet wird.

Strahlenindex, → Kristalloptik.

Strahlenoptik, svw. geometrische Optik.

Strahlenraum der optischen Abbildung, der Raum, der von der Gesamtheit der zur geometrisch-optischen → Abbildung beitragenden Strahlen ausgefüllt wird. Die Begrenzung des S.s erfolgt durch → Blenden bzw. durch deren vom abbildenden optischen System erzeugte Bilder, die Pupillen und Luken. Unmittelbar begrenzend wirken die Öffnungsblende und die Feldblende.

a) Die *Öffnungsblende* (*Aperturblende*) ist diejenige Blende, deren Bild — vom axialen Objektpunkt gesehen — unter dem kleinsten Winkel erscheint. Sie begrenzt den Öffnungswinkel der zur Abbildung beitragenden Strahlenbündel, d. h. die wirksame Lichtenergie (Bildhelligkeit), nicht aber das Gesichtsfeld. Ihre Meßgröße ist das → Öffnungsverhältnis bzw. die Apertur. Diejenigen Bilder der Öffnungsblende, die durch die vor- oder nachgeordneten Elemente des abbildenden Systems erzeugt werden, sind die *Pupillen*, und zwar die Eintrittspupille (objektseitig) bzw. die Austrittspupille (bildseitig). Diese sind die eigentlich strahlenraumbegrenzenden Elemente.

b) die *Feldblende* (*Gesichtsfeldblende*) ist eine körperliche Blende am Objekt- oder Bildort des abbildenden Systems. Sie begrenzt die Winkelgröße des Objekt- und Bildfeldes, d. h. die Größe des abgebildeten Objekts oder Bildes, nicht aber die Bildhelligkeit. Die Bilder der Feldblende durch das abbildende System heißen *Luken*, und zwar die Eintrittsluke am Objektort bzw. die Austrittsluke am Bildort. Als Meßgröße dient der Feldwinkel (Gesichtsfeldwinkel), wobei je nach Zugehörigkeit zum Objekt oder Bild zwischen Objektfeld- und Bildfeldwinkel unterschieden wird. Der Begriff Luke wird auch für Blenden oder ihre Bilder angewendet, die nicht an definierten Stellen der Abbildung stehen, aber abschattend auf den Strahlenraum einwirken. Derartige Abschattblenden machen sich im Bilde durch Helligkeitsabfall bemerkbar.

Lit. Hodam: Technische Optik (Berlin 1967); Tiedeken: Lehrb. für den Optikkonstrukteur (Berlin 1963).

Strahlenschäden, summarische Bezeichnung für Veränderungen, die Personen oder Stoffe durch Strahlungseinwirkung erfahren:

1) medizinisch nachweisbare Beeinträchtigung der Gesundheit einer *Einzelperson*, die im kausalen Zusammenhang mit einer Einwirkung ionisierender Strahlung (→ biologische Strahlenwirkung) steht, bzw. die allgemeine oder lokale Schädigung von Gewebe und Zellen eines Organismus durch energiereiche Strahlung, wenn es zu einem Zellzerfall, zur Bildung bösartiger Geschwülste u. dgl. kommt.

2) statistisch nachweisbare Zunahme von Erkrankungen in einer bestrahlten *Populationsgruppe* bzw. bei deren Nachkommen, die auf die Bestrahlung zurückzuführen ist.

3) Als *genetischen Strahlenschaden* bezeichnet man eine durch Strahlungseinwirkung hervorgerufene Veränderung der Erbsubstanz des Menschen, eine Punktmutation oder eine Chromosomenaberration, die an die Nachkommen weitergegeben wird. Die Häufigkeit natürlicher Erbänderungen infolge der natürlichen Strahlung und anderer Umweltfaktoren würde verdoppelt, wenn die Population eine Dosis von 10 bis 100 rd empfangen würde. Für bestimmte Chromosomenaberrationen kann die Verdopplungsdosis sogar unter 10 rd liegen.

4) Als *somatische S.* bezeichnet man krankhafte Veränderungen einer Einzelperson infolge einer Bestrahlung. Bei einer bestimmten Dosis sind die somatischen S. am größten, wenn der ganze Körper bestrahlt und die Gesamtdosis innerhalb kurzer Zeit empfangen wurde. Bei akuter Ganzkörperbestrahlung mit γ-Strahlung gelten 25 rd als *Gefährdungsdosis*, bei der meist keine Symptome auftreten, 100 rd als *kritische Dosis*, die Strahlenkrankheit auslöst, 400 rd als *halbletale Dosis* mit 50% Todesfällen und 700 rd als *Letaldosis* mit nahezu 100% Todesfällen. Bei Teilkörperbestrahlung oder Aufteilung der Dosis über längere Zeit können die somatischen S. wesentlich geringer sein. Bei Einhaltung der → Strahlenschutzgrenzwerte werden die S. auf ein für den einzelnen und die Bevölkerung als Ganzes akzeptables Maß begrenzt.

5) Die wichtigsten durch S. hervorgerufenen Veränderungen in (unbelebten) Stoffen sind Änderung der geometrischen Abmessungen, Zersetzung, z. B. Knallgasbildung bei Wasser, Erhöhung von Festigkeit und Härte, Versprödung, Verringerung der thermischen und elektrischen Leitfähigkeit usw. Das Ausmaß der beobachtbaren Veränderungen hängt von der Art, Energie, Dauer und Intensität der auftreffenden Strahlung ab, vom Zustand und von der Temperatur des betreffenden Stoffes usw.

Bei Metallen sind die S. i. a. um so geringer, je höher die Temperatur ist, bei der die Bestrahlung vorgenommen wird. Kunststoffe können bei kleinen Bestrahlungsdosen in ihren Eigenschaften verbessert werden, weil durch Reaktionen zwischen Radikalen, die infolge der Einwirkung ionisierender Strahlung oder auch Neutronenstrahlen entstehen, eine Vernetzung von Ketten stattfinden kann; bei höheren Bestrahlungsdosen überwiegt jedoch der Kettenabbau, der schließlich zur völligen Zerstörung unter Bildung von Kohlenstoff und Gasen führt.

6) *Strahlenschäden in Festkörpern* sind dauerhafte Eigenschaftsänderungen durch die Einwirkung energiereicher Strahlung, z. B. Protonen, α-Teilchen, Deuteronen, Neutronen, Elektronen oder Photonen. Die S. beruhen hauptsächlich auf der durch die Bestrahlung erzeugten strukturellen Fehlordnung (→ Gitterfehlstellen), sie äußern sich jedoch auch in Ionisierungs- und Anregungsprozessen und in Fremdatomeinlagerungen.

a) Bildung struktureller Fehlordnung. Der Grundprozeß ist die Verlagerung eines regulär eingebauten Gitterbausteins auf einen Zwischengitterplatz, die eine Folge eines Stoßprozesses zwischen einem eingeschossenen Teilchen und dem im Kristall gebundenen Atom ist. Als Fehlordnung entstehen Paare von Leerstellen und Zwischengitteratomen, die Frenkel-Defekte (→ Eigenfehlstellen).

Die Stoßvorgänge werden durch folgende Modellvorstellungen beschrieben: Beim elastischen Stoß zwischen einem Teilchen der Masse M_1 und der Energie E_1 und einem ruhenden Atom der Masse M_2 wird auf dieses eine Energie ΔE übertragen, die im Höchstfalle beim zentralen Stoß $\Delta E = E_1 \frac{4 \cdot M_1 \cdot M_2}{(M_1 + M_2)^2}$ beträgt.

Für schwere Teilchen ist die Energieübertragung maximal, wenn die Masse der Stoßpartner gleich groß ist. Die Übertragbarkeit von Energie beim Stoß mit Elektronen ist wesentlich geringer. Das stoßende Teilchen kann den getroffenen Gitterbaustein aus seinem Gitterplatz herausschleudern. Dazu muß durch den Stoß auf den Gitterbaustein eine Mindestenergie E_d, die *Wigner-Energie*, übertragen werden. Diese ist wesentlich größer als die in einem reversiblen thermodynamischen Prozeß zur Bildung eines Frenkel-Defektes aufzuwendende Energie (etwa 3 bis 5 eV), da bei der dynamischen Erzeugung des Frenkel-Defektes durch einen elastischen Stoß die Relaxation des Gitters erst erfolgt, nachdem das verlagerte Atom schon weit von seinem ursprünglichen Gitterplatz separiert ist. Die bei der thermischen Erzeugung der Fehlstelle auftretende Verminderung der Bildungsenergie durch die Gitterrelaxation ist deshalb hier nicht wirksam. E_d liegt für die meisten Metalle bei 10 bis 40 eV.

Wenn der primär angestoßene und verlagerte Gitterbaustein (primäres Rückstoßatom) eine kinetische Energie hat, die wesentlich größer ist als die Wigner-Energie, so kann er weitere Gitterbausteine auf Zwischengitterplätze verlagern. Im Gitter entstehen Verlagerungskaskaden, d. s. inselförmige Gebiete mit einer hohen Dichte von Leerstellen und Zwischengitteratomen. Die Gesamtzahl ν der von einem einfallenden Teilchen verlagerten Atome ist durch die Energie T des primären Rückstoßteilchens bestimmt und ergibt sich für Metalle näherungsweise zu

$$\nu(T) = \begin{cases} T/2E_d & \text{für } T > 2E_d \\ 1 & \text{für } E_d < T < 2E_d \\ 0 & \text{für } T < E_d. \end{cases}$$

Neben den Frenkel-Defekten können bei der Bestrahlung mit Korpuskularstrahlen weitere, für die dynamische Erzeugung charakteristische Gitterdefekte gebildet werden. Bei ihrer Behandlung müssen die periodische Anordnung der Kristallbausteine im Gitter und die Wechselwirkung der erzeugten Fehlstellen untereinander berücksichtigt werden. Fällt die Impulsrichtung der stoßenden Teilchen etwa mit der Richtung einer dichtgepackten Gittergeraden zusammen, so kann das primär angestoßene Atom den größten Teil seiner Energie auf den nächsten Nachbarn dieser Reihe übertragen, wenn beide Atome die gleiche Masse haben. Dieser Prozeß kann sich innerhalb der Gittergeraden so fortsetzen, daß der Winkel zwischen Impulsrichtung und Gitterrichtung mit Fortschreiten der Stoßfolge abnimmt (*fokussierende Stoßfolge*). Die an der Stoßfolge beteiligten Atome laufen nach dem Stoß unter dem Einfluß der benachbarten Atomreihen wieder in die ursprünglichen Gitterplätze zurück, es findet also lediglich ein fokussierter Energietransport entlang der Gittergeraden statt.

Fokussierende Stoßfolgen können auch mit Materietransport verbunden sein, wenn das primär angestoßene Atom seinen Gitterplatz verläßt und den des benachbarten Stoßpartners einnimmt.

Während am Ausgangspunkt der Stoßfolge eine Leerstelle zurückbleibt, erhält die Gittergerade, in der sich der Stoß fortsetzt, ein zusätzliches Atom. An der Spitze des Fokussierungsstoßes haben die Atome eine crowdion-Anordnung (→ crowdion).

Bei der Erzeugung der strukturellen Fehlordnung wird ein großer Teil der eingestrahlten Energie in Gitterschwingungen, also in Wärme, umgewandelt, da einerseits die zur Erzeugung eines Frenkel-Defektes aufzubringende Wigner-Energie wesentlich größer als die Fehlordnungsenergie der Fehlstelle ist und die Differenz der Energien bei der Relaxation des Gitters als Wärme abgegeben wird und andererseits die kinetische Energie all der Teilchen, die eine kleinere Energie als die Wigner-Energie haben, in Form von Gitterschwingungen dissipiert (verbraucht) wird, da diese Teilchen keine strukturellen Fehlstellen mehr produzieren können. Bei der Bildung einer Verlagerungskaskade in einem eng begrenzten Kristallgebiet kann die dissipierte Wärme zu sehr großen Temperaturerhöhungen führen. In den erwärmten Gebieten können dann durch thermische Aktivierung weitere Fehlstellen gebildet werden oder Phasenumwandlungen stattfinden.

Diese Vorgänge werden als thermische '*spikes*' bezeichnet. Bei der Bestrahlung können 'spike'-Phänomene auch auf andere Art ausgelöst werden.

b) Ionisierungs- und Anregungsprozesse. Bei Bestrahlung mit energiereichen geladenen Teilchen wird der größte Teil der Energie zur Ionisierung und Anregung verbraucht. Zur Ionisierung muß das Teilchen eine Mindestenergie E_i haben, die von Seitz unter der Annahme, daß Teilchen mit einer im Vergleich zur langsamsten Bahngeschwindigkeit der Elektronen kleinen Geschwindigkeit keine Anregung bewirken, zu $E_i = ME_0/(8\ m_e)$ bestimmt wurde. Hierbei ist m_e die Elektronenmasse, M die Masse des eingestrahlten Teilchens und E_0 die Fermi-Energie des Metalls. Teilchen mit einer Energie $E > E_i$ verlieren ihre Energie hauptsächlich durch die Ionisierungs- und Anregungsprozesse, die weitere Energieabgabe erfolgt dann ausschließlich durch Stöße mit den Gitterbausteinen. Bei Bestrahlung mit Neutronen erfolgt die Ionisierung nicht direkt, sondern die von den Neutronen angestoßenen Atome besitzen im allgemeinen eine große kinetische Energie und haben beim Stoß Teile der Elektronenhülle verloren, so daß sich diese nach dem Stoß wie geladene Teilchen verhalten.

c) Der Einbau von Fremdatomen in eine bestrahlte Probe kann auf zwei Arten erfolgen: Die einfallenden Teilchen, z. B. Protonen, Deuteronen, α-Teilchen, können selbst in das Gitter eingebaut werden, wenn die Reichweite der Strahlung geringer als die Dicke der Probe ist.

Außerdem können die eingestrahlten Teilchen durch Atomkerne eingefangen werden, die sich dadurch in stabile oder instabile Kerne umwandeln. Die Zahl der eingebauten Fremdatome ist um Größenordnungen kleiner als die Zahl der gebildeten Frenkel-Defekte, da die primären Rückstoßatome zwar Fehlstellen erzeugen, aber praktisch keine Kernreaktionen mehr auslösen können. Maximal kann also je einfallendes Teilchen ein Fremdatom im Kristall eingebaut werden.

Die in Festkörpern durch Bestrahlung erzeugten Eigenschaftsänderungen werden meist durch die eingeführte strukturelle Fehlordnung verursacht. Beobachtet werden vor allem Änderungen der Gitterkonstanten, der elektrischen Leitfähigkeit, der plastischen Eigenschaften und des Diffusionskoeffizienten, eine Erhöhung der gespeicherten Energie und in speziellen Systemen Veränderungen der Mikrostruktur oder Phasenumwandlungen, z. B. bei Legierungen.

Die Ionisierungsprozesse bewirken in Metallen wegen der hohen elektrischen Leitfähigkeit keine Eigenschaftsänderungen. Sie haben hauptsächlich Bedeutung bei den Halbleitern, da sie die Konzentrationen der Ladungsträger beeinflussen. In Ionenkristallen führen sie zur Verfärbung (→ Farbzentrum). Äußerst wichtig sind die Untersuchungen der S. bei den im Reaktorbau verwendeten Werkstoffen, besonders im Hinblick auf ihre mechanischen Eigenschaften. Hier ist neben der strukturellen Fehlordnung der Einbau von Edelgasen durch Kernreaktionen wesentlich.

Lit. Diehl: Atomare Fehlstellen und Strahlenschädigung, in Moderne Probleme der Metallphysik, Bd 1 (Berlin, Heidelberg, New York 1965).

Strahlenschutz, ein komplexes Gebiet mit der Zielstellung, die somatische und genetische Strahlungsbelastung des Menschen auf ein unvermeidliches Minimum zu begrenzen, bei Strahlenhavarien Erste Hilfe zu leisten und Sachgüter vor der schädigenden Einwirkung ionisierender Strahlung zu schützen. Zum S. gehören medizinische, biologische, chemische, physikalische und technische Aufgabenstellungen (→ biologische Strahlenwirkung, → Strahlenschäden, → Dekorporation, → Dekontamination, → Abschirmung). Praktisch besonders wichtig sind Strahlenschutzvorschriften, Strahlenschutztechnik und Strahlenschutzkontrolle.

Strahlenschutzvorschriften. Von internationalen Gremien (→ ICRP, → IAEA) werden Empfehlungen zum S. gegeben, die insbesondere maximal zulässige Dosen und andere → Strahlenschutzgrenzwerte enthalten. Demgemäß werden nationale Gesetze erlassen, z. B. die Erste Strahlenschutzverordnung der BRD vom 15. 10. 1965 (BGB 1.I S. 1653. Außerdem existieren in Betrieben, die Quellen ionisierender Strahlung anwenden, spezielle Arbeitsvorschriften. Die wichtigsten allgemeinen Regeln sind: Jede Bestrahlung ist zu kontrollieren! Die Bestrahlungszeit ist so kurz wie möglich zu halten! Die Entfernung zur Strahlungsquelle ist möglichst groß zu wählen! Strahlungsquellen sind ausreichend abzuschirmen! Der Bestrahlung sollen möglichst wenig Personen ausgesetzt werden! Es ist möglichst mit niedriger Aktivität und Radionukliden niedriger → Radiotoxizität zu arbeiten! Bei der Arbeit ist auf größte Sauberkeit und Ordnung zu achten, Kontaminationen von Arbeitsflächen, Kleidung und Personen sind zu vermeiden! Außergewöhnliche Ereignisse sind sofort zu melden!

Strahlenschutztechnik. Beim Auftreten äußerer Strahlungsbelastung gehören zum technischen S. → umschlossene radioaktive Quellen, deren aktive Substanz dicht abgekapselt ist, so daß jeder Aktivitätsaustritt verhindert ist, → Abschirmungen, die fest installiert oder mobil sein können, Manipulatoren für die Handhabung und Umladung der Quellen, Kontainer für Lagerung und Transport, Einrichtungen zur Prüfung der Quellen auf Dichtigkeit und Kontamination. Beim Arbeiten mit offenen Strahlungsquellen verwendet man außerdem je nach Arbeitstechnologie und Aktivität am Arbeitsplatz Schleusen zur Trennung von sauberen und kontaminationsverdächtigen Zonen einer Anlage, Handschuhboxen und → heiße Zellen zur hermetischen Trennung der aktiven Substanz von den Beschäftigten, Schutzkleidung wie → Skafander, → Atemschutzfilter, spezielle Lüftungssysteme mit Druckgefälle zwischen einzelnen Räumen sowie Zuluft- und Abluftfilterung, Rückhaltebecken für radioaktive Abwässer und Behälter für die Sammlung von → radioaktivem Abfall. In Kernanlagen (z. B. Kernkraftwerken) sind außerdem technische Einrichtungen für die nukleare Sicherheit notwendig, die beim Umgang mit Kernbrennstoffen das unerwünschte Eintreten kritischer Zustände verhindern sollen.

Strahlenschutzkontrolle. Die Strahlenschutzkontrolle umfaßt die Personen-, die Arbeitsplatz- und die Umgebungskontrolle. Zur Personenkontrolle gehört außer der medizinischen Überwachung die Erfassung der beruflichen äußeren und inneren → Strahlungsbelastung. Zur Arbeitsplatzkontrolle gehört bei der ausschließlichen Anwendung umschlossener Strahlungsquellen die Kontrolle der Quellen selbst, z. B. auf Dichtigkeit, sowie die Messung von Ortsdosisleistungen, z. B. zur Festlegung von maximal zulässigen Aufenthaltsdauern. Bei der Anwendung offener Strahlungsquellen sind auch Kontaminationsmessungen erforderlich, die insbesondere an Arbeitsflächen und Händen, je nach eingesetzter Aktivität und Arbeitstechnologie, aber auch an Ausrüstungen und Maschinen, Fußböden, Kleidung sowie an der Luft in Arbeitsräumen durchzuführen sind. Zur Umgebungskontrolle gehört die Messung der mit Abluft und Abwasser aus einer Einrichtung abgegebenen Aktivität und bei Kernanlagen die Messung der Aktivität von Luft, Wasser, Boden und Biomedien in der näheren und weiteren Umgebung der Anlage. Zusätzlich wird meist das gesamte Territorium eines Landes kontrolliert, um das Ausmaß der Kontamination durch Fallout (→ radioaktiver Niederschlag) zu erfassen.

Messungen zur Personen-, Arbeitsplatz- und Umgebungskontrolle dienen neben der Dokumentation der Werte insbesondere der Beurteilung der technischen Sicherheitsmaßnahmen und des Arbeitsverhaltens. Zum Signalisieren akuter Gefährdung werden Warngeräte eingesetzt, die z. B. bei plötzlichen Anstiegen der Ortsdosisleistung oder der Aktivitätskonzentration der Luft Alarm auslösen (→ Monitor).

Strahlenschutzgrenzwerte, Zahlenangaben für die Begrenzung der → Strahlungsbelastung zwecks Vermeidung von → Strahlenschäden.

1) *Maximal zulässige Äquivalentdosis (MZD).* Die MZD-Werte geben die → Äquivalentdosen an, bei deren Einhaltung für das Auftreten somatischer oder genetischer Strahlenschäden nur eine vernachlässigbare Wahrscheinlichkeit besteht. Sie sind gesetzlich vorgegeben und fußen auf internationalen Empfehlungen (→ IAEA, → ICRP).

Für die berufliche Strahlungsbelastung gelten folgende Werte:

MZD in rem/Jahr	Bestrahlte Organe
5	Ganzkörper, Gonaden, blutbildendes System
15	Einzelne Organe außer Gonaden, Knochen, blutbildendem System, Schilddrüse und Haut
30	Knochen, Schilddrüse, Haut (außer der von Händen, Unterarmen, Füßen)
75	Hände, Unterarme, Füße

Für alle Strahlungsbelastungen außer der durch medizinische Maßnahmen und durch natürliche Strahlung gilt für Einzelpersonen aus der Bevölkerung $^1/_{10}$ dieser Werte. Für die Bevölkerung als Ganzes soll dabei jedoch das *genetische Dosislimit* von 5 rem in 30 Jahren nicht überschritten werden. Für chronische berufliche Strahlungsbelastung während 2000 h je Jahr ergeben sich 2,5 mrem/h als maximal zulässige Äquivalentdosisleistung. Für akute Strahlungsbelastung ist je Quartal die halbe Jahresdosis als Einzeldosis zulässig; dabei muß aber die Jahresdosis eingehalten werden. Nur zur Hilfeleistung nach Strahlungsunfällen sind einmalig akute Belastungen bis zu 12 rem, zur Lebensrettung auch mehr als 12 rem zulässig. Diese Angaben beziehen sich auf die friedliche Anwendung von Quellen ionisierender Strahlung, nicht auf Kernwaffenanwendung.

2) *Maximal zulässige inkorporierte Aktivität (MZIA), maximal zulässige Menge (MZM).*

Die MZIA-Werte geben die → Aktivitäten an, die bei ständiger Anwesenheit im Ganzkörper gerade die in den betreffenden Organen maximal zulässigen Äquivalentdosisleistungen hervorrufen. Die MZIA-Werte für berufliche Belastungen liegen je nach Radiotoxizität zwischen etwa 0,001 μCi und 1000 μCi.

3) *Maximal zulässige jährliche Aktivitätszufuhr (MZZ).*

Die MZZ-Werte geben die Aktivitäten an, die je Jahr insgesamt vom Organismus aufgenommen werden dürfen, ohne daß infolge innerer Strahlungsbelastung die MZD-Werte überschritten werden. Bei gegebenem MZIA-Wert ist die MZZ um so kleiner, je größer die effektive → Halbwertszeit des betreffenden Nuklids ist. Die MZZ-Werte für berufliche Belastung liegen je nach Radiotoxizität zwischen etwa 0,001 μCi und 10^5 μCi.

4) *Maximal zulässige Konzentration (MZK).*

Die MZK-Werte geben die Aktivitätskonzentration von Luft, Wasser, Nahrungsmitteln und anderen Medien an, bei deren Einhaltung zu keinem Zeitpunkt die MZIA-Werte im Organismus überschritten werden. Sie gelten für chronische innere Strahlungsbelastung bei gleichmäßiger Aufteilung der MZZ über das ganze Jahr, wenn die tägliche Aufnahme einer Standardmenge von Luft und Wasser angenommen wird. Die MZK-Werte für berufliche Belastung liegen je nach Radiotoxizität für Luft zwischen etwa 10^{-15} Ci/l und 10^{-8} Ci/l. Bei akuter innerer Strahlungsbelastung ist als Einzelzufuhr in einem Quartal die halbe MZZ eines Jahres zulässig. Die MZK-Werte dürfen dabei beliebig überschritten werden, wenn in jedem Jahr die MZZ-Werte eingehalten werden.

5) Die *maximal zulässige Oberflächenkontamination* stellt die Flächenaktivität (→ Aktivität) dar, bei deren Einhaltung die Aktivitätsaufnahme durch Abwischen kontaminierter Oberflächen die MZZ-Werte und außerdem die äußere Strahlungsbelastung durch die Gesamtaktivität auf den Arbeits-, Fußboden- und sonstigen Flächen die MZD-Werte nicht überschreitet. Schutzkleidung darf z. B. eine Oberflächenkontamination von maximal 10^{-5} μCi/cm² an α-Aktivität oder 10^{-4} μCi/cm² an β-Aktivität aufweisen.

6) *Kombinierte Strahlungsbelastung.*

Bei gleichzeitiger äußerer und innerer, chronischer und akuter Strahlungsbelastung sind die S. für die Einzelkomponenten so zu reduzieren, daß insgesamt die MZD-Werte nicht überschritten werden. Man kann z. B. für chronische Belastung 50% der MZD-Werte einkalkulieren, indem an Arbeitsplätzen ständig 25% der maximal zulässigen Äquivalentdosisleistung und 25% der MZK-Werte zugelassen werden. Die restlichen 50% der MZD bleiben dann für akute äußere oder innere Belastungen verfügbar. In jedem Fall ist jedoch die Strahlungsbelastung nicht nur unterhalb der zulässigen Werte, sondern so gering wie irgend möglich zu halten.

7) Als *Aktivitätsfreigrenze* wird die Aktivität eines Nuklids bezeichnet, die beim genehmigungsfreien Umgang mit radioaktiven Stoffen nicht überschritten werden darf. Bei sachgemäßem Umgang mit Aktivitäten unterhalb der Freigrenze ist eine Überschreitung von $^1/_{10}$ der MZD-Werte für berufliche Belastung äußerst unwahrscheinlich. Die Freigrenzen liegen zwischen 0,1 μCi für die toxischsten und 1000 μCi für die am wenigsten toxischen Radionuklide.

Strahlensystem, svw. Strahlenbündel.

Strahlentherapie, Disziplin der Radiologie zur Behandlung meist bösartiger Geschwülste mit ionisierender Strahlung. Das Tumorgewebe soll unter weitgehender Schonung des Normalgewebes geschädigt werden. Dabei wird davon ausgegangen, daß die Tumorzellen auf Grund ihrer größeren Wachstums- und Teilungsrate strahlenempfindlicher als Normalzellen sind. Diesem Ziel dient die Bestrahlungsplanung durch die Ausarbeitung der Bestrahlungstechnik für eine optimale räumliche Dosisverteilung im Patienten und des Fraktionierungsschemas. Um das Produkt aus der Masse bzw. dem Volumen des bestrahlten Gewebes in der Umgebung eines Krankheitsherdes und der von diesem Gewebe erhaltenen Dosis zu charakterisieren, werden die

Volumendosis und Integraldosis benutzt (→ Dosis 4.2). Die Auswahl der Strahlungsart erfolgt hauptsächlich entsprechend ihrer Tiefendosisverteilung, die der Lage des Tumors angepaßt sein muß: Grenzstrahlung mit ultraweicher Röntgenstrahlung wird in der Dermatoiogie zur Therapie der äußersten Hautschichten, z. B. bei Ekzemen, verwendet; mit Nahbestrahlungs- und Körperhöhlen-Röntgenröhren werden Kleinraumbestrahlungen mit hohen Dosen, z. B. bei Hautkarzinomen, vorgenommen. Halbtiefentherapie erfolgt bei Röhrenspannungen von 80 bis 120 kV. Für die Tiefentherapie von Karzinomen kommen Röntgenstrahlungen ab 150 kV in Frage, heute in zunehmendem Maße γ-Strahlung aus Teletherapieanlagen mit Cs-137 und Co-60, Elektronen- und ultraharte Röntgenstrahlung von Betatrons mit Energien im Bereich von 20 bis 50 MeV, gegebenenfalls auch Neutronen. Die Behandlung erfolgt mit einem oder bei Kreuzfeuerbestrahlung mit mehreren Feldern als Stehfeldtherapie oder durch Bewegungsbestrahlung. Diese kann mit einer Kontakttherapie, dem Einführen radioaktiver Präparate von Radium oder Co-60 in Körperhöhlen, kombiniert werden.

Strahler, → Kugelstrahler, → Lambertsches Gesetz, → schwarzer Körper.

Strahlführungssystem, in der Hochenergiephysik die Gesamtheit aller Geräte und Anlagen, die aus einem Teilchenstrahl, der aus verschiedenen Teilchen mit unterschiedlichen Impulsen besteht, monoenergetische Teilchen eines bestimmten Typs aussondert und sie bis zum Target lenkt. Das S. besteht im wesentlichen aus → Ablenkmagneten, → Quadrupollinsen, → Separatoren und → Kollimatoren. Die häufig im S. angebrachten Zähler beeinflussen die Strahlführung nicht, sind jedoch für Separationszwecke sowie für Querschnittsbestimmungen notwendig.

Strahlkontraktion, Verminderung des Strahlquerschnittes gegenüber dem Querschnitt einer Austrittsöffnung. Die S. beruht darauf, daß die Flüssigkeit im Gefäß radial auf die Öffnung zuströmt und am scharfkantigen Lochrand nicht plötzlich von der radialen Richtung in die Richtung der Strahlachse umlenken kann. Die *Kontraktionsziffer*, das Verhältnis α von Freistrahlquerschnitt zu Lochquerschnitt, beträgt bei der kreisförmigen Öffnung (Abb. 1) $\alpha = 0{,}61 \cdots 0{,}64$. Bei gut abgerundeter Öffnung (Abb. 2), erfolgt die Strömungsumlenkung innerhalb der Mündung, deshalb ist $\alpha \approx 1$.

Strahlrohr, → Strahltriebwerk.

Strahlstärke, → Strahlungsgrößen.

Strahlstrom, 1) Meteorologie: *Jet* [engl. 'jet stream'], an höheren atmosphärischen Schichtgrenzen auftretender röhrenförmiger 3000 und mehr km langer Luftstrom mit Spitzengeschwindigkeiten von mehreren 100 km/h. Der S. ist vertikal einige km mächtig, horizontal etwa 1000 km breit und gekennzeichnet durch starke Windgeschwindigkeitsunterschiede quer zur Stromrichtung. Diese Starkwindfelder sind Begleiterscheinungen der Frontalzonen, Grenze zwischen Tropik- und Polarluft bzw. zwischen gealterter Polarluft und frischer Arktikluft. Den an der Polarfront auftretenden S., dessen Achse (Linie maximaler Geschwindigkeit) ungefähr im Tropopausenniveau, d. h. an der Grenze der Troposphäre und Stratosphäre liegt, nennt man *Tropopausenjet vom Polarfronttyp*.

Lit. Reiter: Meteorologie der Strahlenströme (Jet Streams) (Wien 1961).

2) Kernphysik: der von einem Strahl beschleunigter, geladener Teilchen (Elektronen, Protonen, Ionen u. ä.) transportierte elektrische Strom. Die Größe des S.s ist vom Typ des Beschleunigers abhängig und liegt im μA- bis mA-Bereich.

Strahltriebwerk, *Strahlantrieb, Düsenantrieb, Rückstoßantrieb*, ein Flugtriebwerk für hohe Fluggeschwindigkeiten (über 800 km/h), das auf der Reaktionskraft eines austretenden Strahles beruht. Man unterteilt die S.e in Luftstrahltriebwerke und Raketentriebwerke (→ Flugtriebwerk, Übers.). Der Betrieb von Luftstrahltriebwerken (s. u.) ist an den in der Luft vorhandenen Sauerstoff gebunden, die Funktion der → Raketentriebwerke ist dagegen von der Erdatmosphäre unabhängig.

In den *Luftstrahltriebwerken* wird der eintretende Luftstrom komprimiert, durch Verbrennen des kontinuierlich eingespritzten Brennstoffes erhitzt und im Verlaufe der darauffolgenden Expansion als Gasstrom beschleunigt. Dieser verläßt das Triebwerk in zur Flugrichtung entgegengesetzter Richtung. Erfolgt die Verdichtung des Luftstromes durch einen mechanisch angetriebenen Kompressor, so dient zum Antrieb des Kompressors eine Gasturbine, und es liegt ein Gasturbinentriebwerk vor. Im Falle einer reinen gasdynamischen Verdichtung des Luftstromes werden weder Kompressor noch Turbine benötigt; derartige Triebwerke werden Strahlrohre genannt. Die Gasturbinentriebwerke können sowohl im Standbetrieb als auch im Fluge arbeiten, dagegen sind die Strahlrohre (mit Ausnahme von Pulsostrahlrohren, s. u.) nur im Fluge betriebsfähig; ihnen muß erst eine hohe Fortbewegungsgeschwindigkeit erteilt werden, damit sie ihrer Rolle als S. gerecht werden können.

a) Die *Gasturbinentriebwerke* werden eingeteilt in Strahlturbine, Zweistromturbine und Propellerturbine. Die *Strahlturbine*, oft als *Turbinen-Luftstrahltriebwerk* (abg. TL) bezeichnet, und die *Zweistromturbine*, oft als *Zweistrom-Turbinen-Luftstrahltriebwerk* (abg. *ZTL*) bezeichnet, weisen im Bereich schallnaher Fluggeschwindigkeiten gute Wirkungsgrade auf. Bei kleineren Fluggeschwindigkeiten erweist sich die *Propellerturbine*, oft *Propeller-Turbinen-Luftstrahltriebwerk* (abg. *PTL*) genannt, wirtschaftlich vorteilhafter.

b) bei den *Strahlrohren* unterscheidet man zwischen Staustrahltriebwerk und Pulsostrahlrohr. Das *Staustrahltriebwerk*, oft *Lorin-Triebwerk* genannt, tritt bei hohen Überschallfluggeschwindigkeiten wirtschaftlich in den Vordergrund. Bei diesen hohen Fluggeschwindigkeiten erfolgt die gasdynamische Verdichtung des Luftstromes durch Verdichtungsstöße. Das *Pulsostrahlrohr* oder *Verpuffungsstrahlrohr* arbeitet intermittierend; es kann im Stand betrieben werden, ist jedoch im Vergleich zu anderen Flugtriebwerken unwirtschaftlich (hoher spezifischer Brennstoffverbrauch).

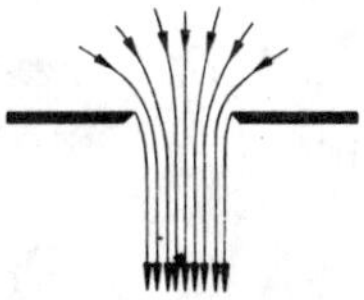

1 Freistrahl an einer scharfkantigen kreisförmigen Öffnung

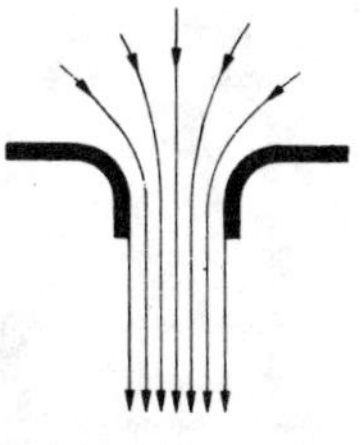

2 Freistrahl an einer abgerundeten Mündung

Die Wirkung eines S.s beruht im Prinzip auf der Reaktion eines durch ein Gefäß fließenden oder aus einem Gefäß ausfließenden Massestromes. Die Größe der Reaktionskraft wird mit Hilfe des Impulssatzes in seiner Anwendung auf stationäre Prozesse in offenen Systemen bestimmt. Der Impulssatz lautet: Die Änderung des Impulsstromes ist der Resultierenden aller an den Grenzen des Systems angreifenden äußeren Kräfte gleich. Betrachtet man ein in Abb. 1 dargestelltes Luftstrahltriebwerk als ein ruhendes offenes System, das in der angegebenen Weise durchströmt wird, so gilt für die Änderung des Impulsstromes $(\dot{m} + \dot{m}_B)\, c - \dot{m} \cdot c_\infty$. Dabei bedeutet $\dot{m}$ den Massenstrom der Luft, der in das System in der Zeiteinheit mit konstanter Geschwindigkeit, die der Fluggeschwindigkeit c_∞ entspricht, eintritt; $\dot{m}_B$ ist der absolute Betrag der in der Zeiteinheit im Triebwerk verbrannten Brennstoffmasse, und c ist die konstante Geschwindigkeit, mit der das Gas das offene System verläßt. Diese Änderung des Impulsstromes ist gleich der Resultierenden F_R aller an den Grenzen des offenen Systems angreifenden äußeren Kräfte, die wie die Änderung des Impulsstromes von links nach rechts zeigt. Unter dem Schub wird die Reaktionskraft $F_S = -F_R$ bezeichnet, die nach dem Prinzip von actio und reactio vom System auf die Triebwerkswände und damit auf die Elemente der Flugzeugkonstruktion wirkt. Daher ist $F_S = -(\dot{m} + \dot{m}_B)\, c + \dot{m} \cdot c_\infty$. Bei der Ableitung dieser Formel wurde vorausgesetzt, daß auf alle Grenzen des Systems der Umgebungsdruck p_u wirkt, wodurch sich alle von diesem Druck herrührenden Kräfte notwendigerweise aufheben müssen. Für den Fall aber, daß im Austrittsquerschnitt A des Triebwerkes, d. h. im Austrittsquerschnitt der Schubdüse, ein Druck $p > p_u$ herrscht, folgt aus Abb. 2 die Gleichung $F_S + A(p - p_u) = -(\dot{m} + \dot{m}_B)\, c + \dot{m} \cdot c_\infty$ oder für den Schub im Fluge die Gleichung $F_S = -(\dot{m} + \dot{m}_B)\, c + \dot{m} \cdot c_\infty - A(p - p_u)$.

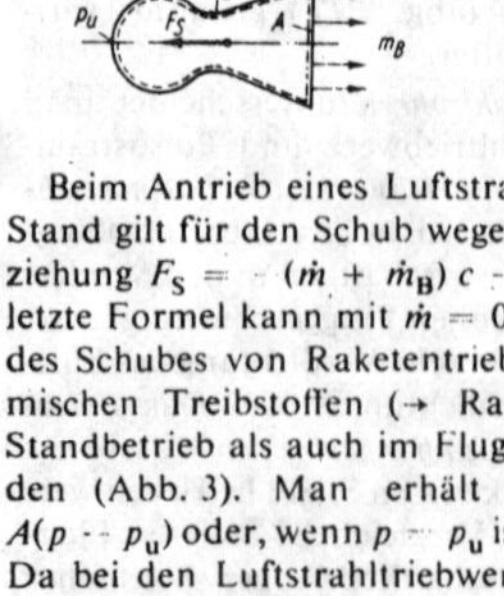

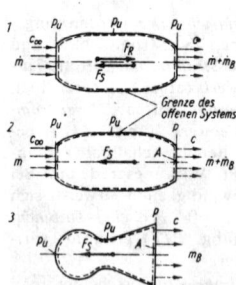

Darstellung der Strömungsverhältnisse bei Strahltriebwerken: *1* und *2* bei Luftstrahltriebwerken, *3* bei Raketentriebwerken

Beim Antrieb eines Luftstrahltriebwerkes im Stand gilt für den Schub wegen $c_\infty = 0$ die Beziehung $F_S = -(\dot{m} + \dot{m}_B)\, c - A(p - p_u)$. Die letzte Formel kann mit $\dot{m} = 0$ zur Bestimmung des Schubes von Raketentriebwerken mit chemischen Treibstoffen (→ Rakete) sowohl im Standbetrieb als auch im Fluge verwendet werden (Abb. 3). Man erhält $F_S = -\dot{m}_B \cdot c - A(p - p_u)$ oder, wenn $p = p_u$ ist, $F_S = -\dot{m}_B \cdot c$. Da bei den Luftstrahltriebwerken $\dot{m} \gg \dot{m}_B$ ist, kann näherungsweise $(\dot{m} + \dot{m}_B)\, c = \dot{m} \cdot c$ gesetzt werden, woraus dann für den Schub im Fluge $F_S \approx -\dot{m}(c - c_\infty) - A(p - p_u)$ und im Standbetrieb $F_S \approx -\dot{m} \cdot c - A(p - p_u)$ folgt.

Lit. Frötschel: Flugzeugturbinen (Hamburg 1964); Schmidt: Verbrennungskraftmaschinen (4. Aufl. Berlin 1967); Stuhr: Grundl. der S.e (Braunschweig 1970).

Strahlturbine, → Strahltriebwerk.

Strahlung, Erscheinungsform der freien, d. h. nicht geleiteten, räumlichen (und zeitlichen) Ausbreitung der Energie durch Wellen oder durch Teilchen im leeren oder mit einem Medium erfüllten Raum. Die S. kann als Überlagerung von (möglicherweise unendlich) vielen Einzelstrahlen verstanden werden, die sich, von der Strahlungsquelle ausgehend, linienhaft ausbreiten; die Gesamterscheinung der S. hängt dann außer von den Bewegungsgesetzen des Energieträgers von der geometrischen Beschaffenheit der Strahlungsquelle und den Eigenschaften des umgebenden Raumes ab. Die Unterscheidung von Wellenstrahlung und Korpuskularstrahlung (Teilchen- oder Partikelstrahlung) hat wegen des → Dualismus von Welle und Korpuskel vor allem praktische Gründe.

Zur Wellenstrahlung zählt die elektromagnetische S. mit ihren vielfältigen speziellen Formen, wie der Mikrowellenstrahlung (→ Radar, → Maser), der Wärme- oder Infrarotstrahlung, der Lichtstrahlung (Sonnenstrahlung, → Laser), der UV-Strahlung, der → Röntgenstrahlung, → Gammastrahlung, die sich hauptsächlich durch die verschiedenen Methoden ihrer Erzeugung, ihre Wirkung auf die Materie und die damit verbundene Nutzung, physikalisch jedoch nur durch ihren verschiedenen Frequenzbereich im elektromagnetischen → Spektrum unterscheiden. Primäre Quelle elektromagnetischer S. sind beschleunigt bewegte elektrische Ladungen, deren Bewegung durch die Abstrahlung der elektromagnetischen Wellen gebremst wird (Strahlungsdämpfung). Die beschleunigte Bewegung der Ladungen kann verursacht werden durch an geeignete Leiter angelegte elektrische Wechselspannungen (→ Antenne, → Sender), vor allem im langwelligen Bereich, und durch Strahlungsübergänge in Atomen und Molekülen (Übergänge der Elektronen von einem angeregten Zustand in einen energetisch niedrigeren Zustand oder in den Grundzustand), vor allem im kurzwelligen Bereich, z. B. nach erfolgter thermischer, elektrischer oder mechanischer Anregung (Stoß). → Rekombinationsstrahlung.

Die Grundlage der theoretischen Beschreibung der Abstrahlung elektromagnetischer Wellen ist die klassische Elektrodynamik bzw. die Quantenelektrodynamik (vor allem für den atomaren Bereich); eine Zwischenstellung nimmt die halbklassische oder Diracsche Strahlungstheorie ein. Je nach der räumlichen Intensitätsverteilung der elektrischen bzw. magnetischen Feldstärke unterscheidet man (je nach möglicher Zerlegung in Kugelfunktionen) elektrische und magnetische Dipol-, Quadrupol- und allgemein 2^l-Pol-Strahlung. Elektromagnetische S., die allein durch die Temperatur des Strahlers, nicht aber durch seine Materialeigenschaften bedingt ist, nennt man Temperaturstrahlung (Gegensatz: → Lumineszenz). Über die Beziehung zwischen der Temperatur eines strahlenden Körpers und der spektralen Intensitätsverteilung der Strahlung sowie der globalen Strahlungsleistung (d. h. der gesamten abgestrahlten Energie) geben die Strahlungsgesetze Auskunft. Für alle Temperaturstrahler gilt im Strahlungsgleichgewicht, d. h., wenn jedes Flächenelement des Strahlers bei konstanter Temperatur T genauso viel Energie abstrahlt, wie es aufnimmt (falls andere Formen des Energietransports außer der S. ausgeschlossen sind), das → Kirchhoffsche Strahlungsgesetz, wonach das Verhältnis der Emission zur Absorption eine für alle Körper gleiche Funktion der Wellenlänge und Temperatur ist. Eine besonders wichtige Form der elektromagnetischen Temperaturstrahlung ist die Hohlraumstrahlung (schwarze Strahlung); sie entsteht bei der Erwärmung der Wände eines Hohlraums auf eine feste Temperatur T im Innern dieses Hohlraums, wenn sich das Strahlungsgleichgewicht eingestellt hat. Unter der Voraussetzung, daß die Phasen und Amplituden der unendlich vielen, den Hohlraum erfüllenden, rein monochromatischen Wellen, in die sich die Hohlraumstrahlung nach Fourier zerlegen läßt, vollständig unabhängig voneinander, d. h., statistisch ungeordnet sind (Plancksche Hypothese der natürlichen Strahlung), konnte Planck die Strahlungsgesetze für die Hohlraumstrahlung ableiten (→ Plancksche Strahlungsformel). Ein die S. ideal absorbierender und emittierender Körper, ein *schwarzer Strahler*, kann durch eine kleine Öffnung in den oben genannten Hohlraum imitiert werden. Natürliche Strahler weichen in ihrem Verhalten von dem des schwarzen Strahlers z. T. beträchtlich ab, müssen also durch andere Strahlungsgesetze beschrieben werden; sie werden häufig als graue Strahler bezeichnet. Die Sonne ist ein fast idealer schwarzer Strahler.

Eine andere Wellenstrahlung ist die akustische Strahlung, d. h. die Ausbreitung von Schallwellen, die stets an ein Medium gebunden ist.

Zur Korpuskularstrahlung gehören alle (mehr oder weniger gerichteten) einheitlichen Ströme kleinster Teilchen, etwa von Elektronen (Elektronenstrahlung, z. B. als Katodenstrahlung, Betastrahlung), Neutronen (als Neutronenstrahlung), Atomkernen (z. B. als Alphastrahlung), Ionen (als Kanalstrahlung), Atomen und Molekülen (→ Molekülstrahlen). Jeder dieser einheitlichen Korpuskularstrahlungen kann prinzipiell ein Strahlungs- oder Wellenfeld zugeordnet werden, als dessen Quanten die entsprechenden Teilchen interpretiert werden (→ Quantenfeldtheorie). Eine sehr komplex zusammengesetzte Korpuskularstrahlung ist die kosmische S. oder Höhenstrahlung, deren primäre Komponente (Primärstrahlung) eine Nukleonenstrahlung kosmischen Ursprungs ist, die als sekundäre und tertiäre Komponente eine Mesonenstrahlung (aus K- und π-Mesonen) und Müonstrahlung (harte oder durchdringende S.) sowie eine Elektron-Positron-S. und eine hochenergetische Photonenstrahlung (weiche S.) auf Grund von Wechselwirkung mit den Atomkernen der Atmosphäre zur Folge hat.

Jede S. transportiert nicht nur Energie und Masse (auf Grund der Einsteinschen Äquivalenz von Energie und Masse), sondern auch Impuls, ferner weitere Eigenschaften der Energieträger, wie z. B. Ladung, Spin, Isospin (→ Quantenzahlen). Auch die elektromagnetische S. führt Impuls mit sich, der sich als Strahlungsdruck (z. B. Lichtdruck) äußert.

Die Wechselwirkung der S. mit Materie hängt außer von der Energiedichte des Strahlungsfeldes von den Eigenschaften der Energieträger ab. So führt energiereiche elektromagnetische S. (z. B. Röntgenstrahlung und γ-Strahlung) und S. aus geladenen Teilchen zur Ionisation.

Als → ionisierende S. bezeichnet man eine S. beliebiger Herkunft, die bei Durchgang durch Materie deren Atome oder Moleküle ionisiert (z. B. durch Stoßionisation). Hochenergetische S. führt zu den verschiedensten Kernreaktionen. Auf Grund der Wechselwirkung mit der Materie wird die S. je nach der Dicke der durchstrahlten Materie ganz oder teilweise absorbiert (Strahlungsabsorption). Wegen des schädlichen Einflusses vor allem der Ionisation der S. in biologischem Gewebe ist beim Umgang mit hochenergetischer S. ein z. T. aufwendiger Schutz vor der S. (→ Strahlenschutz) notwendig, der das Überschreiten einer bestimmten Strahlendosis weitgehend ausschließt.

Als *Stärke* einer S. wird die Strahlungsdichte bzw. Strahlungsflußdichte (Strahlungsintensität), d. i. die in 1 cm^3 des Strahlungsfeldes enthaltene bzw. die je Sekunde durch eine Fläche von 1 cm^2 hindurchtretende Energie, gemessen, die gelegentlich auch auf das Frequenzintervall ν bis $\nu + d\nu$ bezogen wird; bei Korpuskularstrahlung gibt man auch die Teilchenenergie und die Teilchenzahl je Sekunde und je cm^2 senkrecht durchstrahlter Fläche oder bei geladenen Teilchen auch die durch den Teilchentransport verursachte elektrische Stromstärke an.

Strahlungsabsorption, → ionisierende Strahlung 1.3).

Strahlungsäquivalent, → spektraler Hellempfindlichkeitsgrad.

Strahlungsarbeit, → Strahlungsgrößen.

Strahlungsausbruch, → Sonne.

Strahlungsbelastung, die von Einzelpersonen oder von der Gesamtbevölkerung in einem bestimmten Zeitraum durch natürliche Strahlung oder durch andere Quellen ionisierender Strahlung empfangene Äquivalentdosis. Die *innere S.* wird von radioaktiven Stoffen, die infolge Inkorporation in den Organismus gelangten, die *äußere S.* von außerhalb des Organismus befindlichen Strahlungsquellen verursacht. Die natürliche äußere S. umfaßt die Einwirkung der kosmischen und der terrestrischen Umgebungsstrahlung und beträgt an der Erdoberfläche in Normalgebieten 90 bis 120 mrem je Jahr. In Ausnahmefällen, z. B. in bestimmten Gebieten Indiens und Brasiliens mit hohen Radium- und Thoriumkonzentrationen im Boden, kann die terrestrische S. auf 1 bis 3 rem/Jahr ansteigen. Die natürliche innere S. umfaßt die Einwirkung von K-40, C-14 sowie von Ra-226 und Th-228 und von deren Folgeprodukten. Sie beträgt für die Gonaden etwa 25 mrem/Jahr und für die Knochen etwa 90 mrem/Jahr. Für die Lunge ist sie infolge der Inhalation von Radon und Thoron und dessen kurzlebigen Folgeprodukten von allen Organen am größten und beträgt etwa 120 mrem/Jahr. Die künstliche S. umfaßt die Bestrahlung infolge der Kontamination der Biosphäre sowie infolge der medizinischen, der beruflichen und der übrigen zivilisationsbedingten Anwendung ionisierender Strahlung. Sie beträgt für die Gonaden im Mittel 25 bis 55 mrem/Jahr, wobei mit 20 bis 50 mrem/Jahr der größte Anteil durch die medizinische Anwendung von Röntgenstrahlung verursacht wird. Mit Ausnahme der natürlichen und der medizinischen S. sind alle zusätzlichen S.en durch Strahlenschutzgrenzwerte eingeschränkt, um das Auftreten von Strahlenschäden zu verhindern.

Strahlungsdämpfung, in der Elektrodynamik durch Abstrahlung elektromagnetischer Wellen verursachte Dämpfung schwingender Systeme, da infolge der Abstrahlung dem schwingungsfähigen Gebilde Energie entzogen wird (→ Hertzscher Oszillator, → Schwingkreis 1 d).

In der Spektroskopie wird unter S. der bei Atomen und Molekülen infolge der Strahlungsaussendung hervorgerufene Energieverlust verstanden, der die endliche Breite der Spektrallinien bewirkt (→ Spektrallinien).

Strahlungsdetektor, → Detektor, → Strahlungsempfänger.

Strahlungsdichte, → Strahlungsgrößen.

Strahlungsdiffusion, diffusionsartige langsame Ausbreitung elektromagnetischer Strahlung bestimmter Frequenzen im Plasma. Weil die bei den Emissionsprozessen entstandene Strahlung vom Plasma mehrfach absorbiert und emittiert wird und zwischen jedem Absorptions- und dem nachfolgenden Emissionsakt eine gewisse Zeit vergeht, um bei größerer Ausdehnung des Plasmas aus dem Inneren an die Oberfläche und damit nach außen zu gelangen, braucht die elektromagnetische Strahlung mehr Zeit als im Vakuum.

Strahlungsdruck, der Druck, der auf von elektromagnetischen Wellen getroffene Körper infolge der durch die Wellen transportierten Energie ausgeübt wird. Man erhält für den Druck auf einen absorbierenden Körper, auf den in x-Richtung eine elektromagnetische Welle einfällt, einen S., der der Abnahme der elektromagnetischen Energiedichte von $x = 0$ bis $x = a$ entspricht, wenn $x = 0$ an der bestrahlten Oberfläche liegt und a die Ausdehnung des Körpers in x-Richtung ist. Sind w_e die Energiedichte des elektrischen Feldes, w_m die Energiedichte des magnetischen Feldes, $\vec{E}$ die elektrische Feldstärke, $\vec{H}$ die magnetische Feldstärke, $\vec{D}$ die dielektrische Verschiebung und $\vec{B}$ die magnetische Induktion, so erhält man für den S.

$$p_0 = (w_e + w_m)_{x=0} - (w_e + w_m)_{x=a} = \\ = \tfrac{1}{2}\,[\vec{E}\vec{D} + \vec{H}\vec{B}]_{x=0} - \tfrac{1}{2}\,[\vec{E}\vec{D} + \vec{H}\vec{B}]_{x=a}.$$

Der S. auf einen absorbierenden Körper ist also gleich der Abnahme der Energiedichte des elektromagnetischen Feldes. Für einen Körper, der die Strahlung ideal reflektiert, ergibt sich (→ Newtonsche Axiome) $p = 2p_0$, d. h. ein doppelt so großer S. wie für einen vollständig absorbierenden Körper. Allgemein ergibt sich für einen Körper des Reflexionsvermögens ϱ die Beziehung $p = p_0(1 + \varrho)$.

Der S. kann besonders einfach im korpuskularen Bild des Lichts erklärt werden, er entsteht durch die Impulsänderung der von der Körperoberfläche reflektierten Lichtquanten (Lichtquantenimpuls, → Photon). Der Druck des Sonnenlichts, der *Lichtdruck*, auf letztere beträgt etwa 0,5 mp · m^{-2}; er wird durch im Vakuum drehbar gelagerte leichte Körper (erstmals 1899 durch Lebedew) nachgewiesen. Das → Radiometer jedoch beruht nicht auf dem Lichtdruck. Der S. spielt eine wichtige Rolle in der Astrophysik, da er für kleine Teilchen die Größenordnung der Massenanziehung erreicht, sowie in kosmogonischen Modellen. Der S. verhindert so die Existenz von Sternen mit Massen über 10^{31} kg. Auch der Schweif der Kometen ist eine Folge des S.s der Sonne auf die Teilchen des Schweifs, der immer von der Sonne abgewandt ist. Der kugelförmige amerikanische Erdsatellit Vanguard I mit 16 cm Durchmesser ist durch den S. in 28 Monaten um 1600 m aus seiner Bahn gedrückt worden.

Strahlungseinfang, Eindringen eines Teilchens, z. B. eines Nukleons, in einen Kern mit nachfolgender Aussendung eines γ-Quants. Der S. ist eine Kernreaktion, die über einen Compoundkern verläuft. Der Wirkungsquerschnitt des S.s zeigt charakteristische Resonanzen, die Einfangresonanzen. Der am häufigsten auftretende und somit bekannteste S. ist der → Neutroneneinfang.

Strahlungselement, 1) → Dosimeter. **2)** → Antenne.

Strahlungsempfänger, sämtliche Geräte zum Nachweis und zur Messung von Strahlung.

A) Elektromagnetische Strahlung:

1) Allgemeines. Die elektromagnetische Strahlung läßt sich nachweisen und messen durch ihre Wechselwirkung mit der Materie. Die thermischen S. beruhen auf der Umwandlung der Strahlungsenergie in Wärme, deren Wirkung meist in einer Temperaturerhöhung besteht. Sie registrieren eingestrahlte Energie und sind weitgehend unabhängig von der Wellenlänge. Die andere Gruppe von S.n benutzt den äußeren oder inneren photoelektrischen Effekt, d. h. die Abtrennung von Elektronen vom Atom oder Molekül. Diese Art des Nachweises erfordert eine Mindestenergie der eingestrahlten Lichtquanten, die gleich $h \cdot \nu$ ist. Dabei ist h das Plancksche Wirkungsquantum und ν die Strahlungsfrequenz. Photoelektrische S. messen oder zählen die Zahl der absorbierten Lichtquanten (*Photonenzähler*). Die minimale Nachweisgrenze und Genauigkeit der Strahlungsmessung hängt ab vom Verhältnis Signal zu Untergrund. Der Untergrund wird bedingt durch das Rauschen in der Meßanordnung. Bei thermischen S.n kann das Rauschen im thermischen Rauschen des Detektors (Empfängers) im Rauschen der Detektorströme, im Widerstandsrauschen in Metallen und Halbleitern und im Kontaktrauschen bestehen. Bei den photoelektrischen S.n gibt es folgende Rauschquellen: Schrotrauschen der Elektronenemission, Rauschen infolge thermischer Bewegung von Ladungsträgern, Rauschen infolge Schwankungen der Austrittsarbeit, Fermi-Dirac-Schwankung der Zahl der Ladungsträger, Widerstandsrauschen in Metallen und Halbleitern und Kontaktrauschen.

Von einem *selektiven* S. spricht man, falls nicht das ganze Spektrum, sondern nur ein enger Teil ausgemessen werden soll. Der S. muß innerhalb eines hinreichend großen Spektralbereiches alle auftreffende Strahlung möglichst vollständig absorbieren, d. h. in guter Näherung ein → schwarzer Körper sein. Dazu verwendet man *Schwärzungsmittel*, z. B. Ruß, Platinschwarz oder kolloiden Graphit im kurzwelligen Ultrarotbereich, Glaspulver oder Natronwasserglas im langwelligen Ultrarotbereich, Selen, Tellur, Wismut oder Zinn oberhalb 5 μm.

2) Thermische S. Die durch die Strahlung bedingte Temperaturerhöhung oder die durch die Einstrahlung bedingte Phasenumwandlung können in Strahlungskalorimetern gemessen werden. Wärmeverluste und Zeitkonstante sind zu berücksichtigen. Kalorimeter sind vor allem bei hohen Momentanleistungen der Strahlung, wie sie z. B. bei Lasern vorkommen, geeignet. Als Kalorimetersubstanz sind Flüssigkeiten gut anwendbar. Strahlungsenergien von etwa 0,1 Joule sind mit dem Kalorimeter erfaßbar. Strahlungskalorimeter zur Messung der Sonnenstrahlung werden auch → Pyrheliometer genannt.

Beim → *Bolometer* wird die durch Temperaturerhöhung eines bestrahlten Körpers bewirkte Widerstandsänderung gemessen. Es können sowohl Metalle als auch Halbleiter als Meßfühler verwendet werden. Germaniumbolometer dienen zur Strahlungsmessung von 20 bis 1 000 μm, Kohlenstoffbolometer von 50 bis 1 000 μm, Metallbolometer für alle Wellenlängen. Ein Halbleiterbolometer ist auch der *Thermistor*, bei dem die Widerstandsabnahme z. B. von Uran(IV)-oxid oder von Mangan-Titan-Spinell mit wachsender Temperatur zur Strahlungsmessung ausgenutzt wird.

Zur Strahlungsmessung dienen auch *Thermoelemente*, deren eine Lötstelle der Strahlung ausgesetzt wird. Durch die entstehende Temperaturdifferenz zu der anderen Lötstelle entsteht im Kreis ein elektrischer Strom, dessen Stärke der Strahlungsleistung proportional ist.

Temperaturdifferenzen von 10^{-3} C können mit einer Genauigkeit von 2% gemessen werden. Thermoelemente und Thermosäulen (viele zusammengekoppelte Thermoelemente) werden zur Strahlungsmessung von 0,8 bis 50 μm verwendet. Besonders für IR-Strahlung wird als Strahlungsdetektor mit Erfolg die *Golay-Zelle* eingesetzt, d. i. eine Gasdruckkammer, in der die einfallende Strahlung von einer geschwärzten Membran absorbiert wird. Die Temperaturerhöhung teilt sich dem Kammergas mit und bewirkt in ihm eine Druckerhöhung. Dadurch wird ein Membranfenster ausgewölbt, so daß die Strahlung auf lichtoptischem Wege gemessen werden kann. Weitere thermische S. sind das → Radiometer, das → Radiomikrometer und das → Pyrometer.

3) Auf dem äußeren Photoeffekt beruhende S. Beim äußeren Photoeffekt bewirkt ein auf ein Target fallendes Photon die Ablösung von einem Elektron, das gezählt bzw. registriert wird. Das zu messende Lichtquant muß mindestens die Energie der Ablösearbeit des Elektrons haben, die eine Materialkonstante des Targetmaterials ist. Herabsetzung der Austrittsarbeit für Elektronen erhöht die Wellenlänge der langwelligen Grenze.

In der *Vakuumphotozelle* fällt der vom Lichtstrahl ausgelöste Elektronenstrom unter angelegter Spannung auf die Vakuumanode. Der Anodenstrom ist proportional der einfallenden Lichtleistung. Metalle als Photokatodenmaterial haben eine geringe Elektronenausbeute und hohe Austrittsarbeit, sie sind nur zur Messung von UV-Licht brauchbar. Manche Halbleiter haben Elektronenausbeuten bis zu 30% und sehr viel geringere Austrittsarbeiten als die Metalle. Die Elektronenausbeute läßt sich verbessern und die Austrittsarbeit verringern durch Ausbildung der Oberflächen als Metalloxid-Mehrfachschichten, z. B. Ag-O-Cs, Ag-O-Rb, Cs-Sb, Cs-Rb-O-Ag, Cs-Bi, Ag-Bi-O-Cs, Na_2-K-Sb. So kann man Photokatoden herstellen, die für UV, sichtbares Licht und nahes IR hochempfindlich sind. Vakuumphotozellen eignen sich auch für Kurzzeitmessungen; durch hohe Beschleunigungsspannungen lassen sich die Ansprechzeiten verkürzen. Man erreicht Anstiegzeiten des Stromes von 1 ns. Mit Vakuumphotozellen können Strahlungsleistungen bis maximal 1 Watt gemessen werden. Die spezifische thermische Emission von IR-empfindlichen Photokatoden ist etwa 10^{-12} A/cm². Die Quantenausbeute läßt sich bis etwa 30% steigern.

Auch die *Photoionisation in Gasen* ist als Lichtmeßprozeß angewandt worden. Hierzu eignen sich besonders Edelgase und Distickstoffoxid N_2O.

4) Maßnahmen zur Verstärkung des Elektronenstromes. Um die Empfindlichkeit der Photozellen auf die durch das Rauschen bedingte natürliche Nachweisgrenze zu steigern, sind Maßnahmen zur Verstärkung des Elektronenstromes entwickelt worden. Neben der Möglichkeit der Elektronenstromverstärkung im äußeren Stromkreis mit den üblichen Verstärkern wurde eine Verstärkung bereits im Inneren des Diodenrohres nach verschiedenen Methoden entwickelt. Am weitesten verbreitet ist der *Photomultiplier*. In ihm werden die Photoelektronen nachbeschleunigt und auf eine Reihe von Prallplatten gelenkt (Dynoden), an denen je auftreffendes Elektron eine gewisse Anzahl von Sekundärelektronen ausgelöst werden, so daß im Ganzen die Elektronenzahl vervielfacht wird (Sekundärelektronenvervielfacher) und die Elektronen der Anode zugeführt werden. Die Photomultiplier sind zum Strahlungsnachweis und zur Messung von Licht der Wellenlängen unter 100 nm bis etwa 700 nm geeignet. Photomultiplier sind auch zur Zählung einzelner Photonen einzusetzen. Doch treten als Rauschquelle bei solchen Messungen die Impulse durch von Höhenstrahlen in den Fenstern erzeugte Tscherenkow-Impulse auf.

Eine Verbesserung der Elektronenausbeute und eine Laufzeitverkürzung der Elektronen im Rohr für Kurzzeitmessungen läßt sich durch elektronenoptische Fokussierung der Elektronen auf die Dynoden erreichen. Das Dunkelrauschen von Photomultipliern läßt sich merklich verringern durch Kühlung der Photokatode.

Eine andere Art der Verstärkung benutzt Methoden der Ultrahochfrequenztechnik: Beim *Photoklystron* durchsetzt der (modulierte) Elektronenstrom den Hohlraum eines Klystrons, bei der *Wanderwellenphotoröhre* die Wendel eines Wanderwellengenerators. Beim *optischen Heterodyn-Empfänger* wird die Nachweisempfindlichkeit der Photozelle dadurch erhöht, daß neben dem Signal-Lichtstrom ein zusätzlicher phasenkohärenter Lichtstrom der Photokatode zugeführt wird. Am Detektor wird dann eine Photonenzahl registriert, die den direkten Empfang um den Faktor 2 übertrifft. Im Sichtbaren können so Strahlungsenergien bis herunter zu $3 \cdot 10^{-19}$ Joule nachgewiesen werden.

5) Anwendung der Bildwandlertechniken. Die in der Bildwandlertechnik entwickelten Methoden lassen sich mit Vorteil auch für den Nachweis und die Messung elektromagnetischer Strahlung anwenden, vor allem, wenn auch eine räumliche Verteilung der Lichtquellen registriert werden soll, z. B. in der Astronomie oder der Spektroskopie (Scanning-Verfahren). Wesentlich ist, daß hierbei zunächst auf einer (rückseitig bestrahlten) Photokatodenebene ein räumliches Bild der Lichtquelle erzeugt wird, das in jedem Punkt intensitätsproportional Elektronen aussendet. Diese werden nachbeschleunigt und in eine zweite Ebene elektronenoptisch abgebildet. Hier können die Elektronen auf Empfangselemente wirken (z. B. direkt auf eine photographische Emulsion), auf fluoreszierende Stoffe oder Szintillatorkristalle fallen und neue sekundäre Lichtimpulse erzeugen, die ihrerseits wieder in einer Photokatode Elektronen auslösen und zu einer Kaskadenverstärkung benutzt werden; die Photoelektronen können auch als Ladungsbild auf einer Trägerschicht gespeichert und von einem Elektronenstrahl zeilenweise abgetastet werden, so daß ein elektrisches, dem Fernsehsignal analoges Signal entsteht, das auf einem Tonband gespeichert oder oszillographisch registriert wird.

Bei dem *TSEM-Bildverstärker* (engl. *T*ransmission *S*econdary *E*lectron *M*ultiplication) erfolgt eine Sekundäremissionsverstärkung des Photoelektronenstroms in Transmission. Die Dynoden bestehen aus dünnen Aluminiumfolien, auf die als Sekundärelektronenemitter eine Kaliumchloridschicht von 50 nm Dicke aufgedampft ist.

Eine Verstärkung der Sekundärelektronenemission erfolgt durch hohe elektrische Felder, die durch positive Oberflächenladungen erzeugt werden. Man erhält so Ausbeuten von $10^5 : 1$. Die Potentiale werden erzeugt durch Fluten der Dynoden mit hohen Primärstromdichten (Elektrodenpolarisation).

Beim *SEC-Target* (engl. *S*econdary *E*lectron *C*onduction) handelt es sich um einen Speicherabtastvorgang. Der Ladungstransport im Target erfolgt durch freie Sekundärelektronen in den Hohlräumen des hochporösen Dielektrikums. Das Verfahren zeichnet sich durch kurze An- und Abklingzeiten aus und ist mit einer Zäsium-Tellur-Katode auf Nickel-Unterlage anwendbar im Bereich von 160 bis 320 nm. Es ist besonders geeignet für extraterrestrische Anwendungen. — Als Fluoreszenzerreger eignet sich vor allem das Natriumsalizylat, als Szintillatormaterial kommen organische Kristalle, z. B. Anthrazen und Stilben, sowie Flüssigkeiten und Kunststoffe in Betracht.

6) S., die auf dem inneren Photoeffekt beruhen. Erfolgt die Ablösung der Elektronen von ihrem Atomverband im Inneren eines Körpers — meist eines Festkörpers, Isolators oder Halbleiters —, so handelt es sich um den inneren Photoeffekt. Die Ablösearbeit ist hierbei meist geringer als beim äußeren Photoeffekt, so daß die auf dem inneren Photoeffekt beruhenden S. längerwellige Grenzen haben. Die Ausbeuten kommen vielfach nahe an 1 heran. Durch die innere Ionisierung entstehen nicht nur Elektronen, sondern auch positive Ionen oder positiv geladene Fehlstellen (Löcher) im Festkörper, die sich beide an der Leitung des elektrischen Stromes beteiligen können. Somit erzeugt der innere Photoeffekt vielfach eine Erhöhung der Leitfähigkeit, die darauf beruhenden Empfänger sind die *Photoleitungsempfänger*. Vielfach handelt es sich um geeignet dotierte Halbleiter, so z. B. mit Indium dotierte Germaniumphotoleiter. Diese haben eine Reaktionszeit von 0,1 μs, und man kann mit ihnen Strahlung der Wellenlänge 100 nm bis 100 μm nachweisen. Je absorbiertes Lichtquant kann mehr als 1 Elektron-Loch-Paar wandern. Im Vergleich zur Vakuumphotokatode ist die Empfindlichkeit geringer. Photoleitungsdetektoren sind in folgenden Wellenlängenbereichen empfindlich: PbS 0,8 bis 4 μm, PbTe 1 bis 5 μm, PbSe 1 bis 7 μm, GeCu 8 bis 30 μm, GeB 20 bis 50 μm. — Die Erzeugung von Trägerpaaren durch inneren Photoeffekt in Halbleitern nutzt man zum Strahlungsnachweis in den *Photodioden* aus. Hierbei liegt an einem Übergang zwischen Material mit überschüssigen positiven Ladungsträgern (p-Material) und Material mit überschüssigen negativen Ladungsträgern (n-Material), die man durch geeignete Dotierung erzeugt, eine von außen angelegte Vorspannung. Die in der Übergangsschicht durch Absorption von Lichtquanten erzeugten Trägerpaare verstärken den Strom in Sperrichtung proportional zur eingestrahlten Lichtleistung. Schon eine einfache Germaniumdiode (Gleichrichter) mit negativer Vorspannung wirkt als Photodiode. Der Stromanstieg beträgt bis zu 30 mA/lm gegenüber einer Empfindlichkeit von 50 μA/lm bei einer Vakuumphotozelle.

Der *Phototransistor* ist eine Kombination von Photodiode und Transistor. Ein als (npn) oder als (pnp) geschichteter Halbleiterkreis wirkt als Transistor, bei dem die durch inneren Photoeffekt erzeugten Trägerpaare den Emitter ersetzen. Im äußeren Kreis fließt ein von der Strahlungsleistung linear abhängiger Sperrstrom. Die Empfindlichkeit im IR reicht bis 2 μm.

Eine Verstärkung des Trägerstromes wird erreicht in den *Avalanche-Dioden* (*Avalanche-Lawine*). In dem hohen elektrischen Feld einer gegen Sperrichtung vorgespannten pn-Übergangszone erfolgt Stoßionisation. Auch in einer Silizium-Punkt-Kontakt-Diode gibt es Lawinenverstärkung. Im Sichtbaren erreicht man Quantenausbeuten von nahezu 1 und Zeitkonstanten von 1,5 bis $3 \cdot 10^{-12}$ s. Die *Photoelemente* bestehen aus 2 Materialien, die in einer Übergangsschicht miteinander in Kontakt stehen (Metall – Halbleiter, Halbleiter – Halbleiter). Ohne angelegte äußere Spannung entsteht an der Übergangszone eine Kontakt-Potentialdifferenz. Bei Belichtung fließen die durch inneren Photoeffekt geschaffenen Ladungsträger durch die Kontaktzone und erzeugen im äußeren Kreis einen elektrischen Strom. Bekannt sind die Silizium-Sonnenzellen der Raumfahrzeuge. Gebräuchliche Halbleiter für Photoelemente sind z. B. Ge, Si, InAs, InSb, PbS, GeZn, GeCu. Die Wellenlänge der größten Empfindlichkeit liegt zwischen 2,5 μm (PbS) und 20 μm (GeCu).

Die *Photodetektoren* beruhen auf Effekten der nichtlinearen Optik. Dies sind Effekte, die bei sehr hohen elektrischen Feldstärken auftreten, wie sie z. B. in den von Lasern ausgestrahlten Lichtwellen herrschen. Hier treten in der Polarisation der Materie in Abhängigkeit von der elektrischen Feldstärke höhere als lineare Glieder auf, was zu neuen Effekten, wie Erzeugung von halben und doppelten Frequenzen, Zwei-Quanten-Absorptionsprozessen, führt. So entsteht, wenn eine plane Laserwelle durch einen Quarzkristall mit $\vec{E} \| x$ geht, eine Spannung in y-Richtung ($x \perp y$), die ein Maß ist für die Leistung im Laserstrahl. Leistungen von 10^3 Watt können so leicht nachgewiesen werden.

7) Ein *supraleitender S.* ist ein Gerät zum empfindlichen Nachweis elektromagnetischer Strahlung, das supraleitende Elemente, z. B. Josephson-Tunnelelemente oder supraleitende Bolometer, enthält.

B) Ionisierende Strahlung (Atom- und Kernstrahlung): → Detektor.

C) Schallwellen: → Schallempfänger.

Strahlungsenergie, → Strahlungsgrößen.

Strahlungsfeld, Raumgebiet, in dem jedem Punkt zu jeder Zeit eine oder mehrere Strahlungsgrößen zugeordnet sind.

Im Spezialfall der ionisierenden Strahlung benutzt man dazu meist die → Energieflußdichte oder die Teilchenflußdichte $\Phi(T, \vec{\Omega})$ (→ Dosis 2). Die mathematische Behandlung erfolgt durch Lösung der Transportgleichung bei Kenntnis der örtlichen und zeitlichen Verteilung der Strahlungsquellen sowie der absorbierenden und streuenden Medien. Die Kenntnis der totalen und der differentiellen Wirkungsquerschnitte reicht gegenwärtig in vielen Fällen, z. B. bei Neutronen, noch nicht zu genügend genauen Näherungslösungen aus. Von besonderer Bedeutung sind die zeitunabhängigen Lösungen der Transportgleichung. Die Theorie des Strahlungsfeldes gehört zu den Grundlagen der Dosimetrie. Es gilt z. B. im zeitunabhängigen Fall:

$$D = E - Q - \frac{1}{\varrho} \nabla \cdot \int \mathrm{d}T \int \mathrm{d}\Omega\, \vec{\Omega} \Phi(T, \vec{\Omega})\, T$$

für die Energiedosis D (→ Dosis 1.1.1), für die je Masseeinheit des Mediums durch Quellen emittierte Energie E der Strahlung, für das Energieäquivalent Q irgendeiner Vergrößerung der Ruhemasse infolge von Wechselwirkungsakten zwischen Strahlung und Medium je Masseeinheit des Mediums, für die Dichte ϱ, für die Strahlungsenergie T, bei Teilchenstrahlung kinetische Energie, für die Fluenz $\Phi(T, \vec{\Omega})$ der Strahlung, wenn $\vec{\Omega}$ den Einheitsvektor in Strahlungsrichtung und ∇ den Nablaoperator bedeuten.

Strahlungsfluß, → Strahlungsgrößen.

Strahlungsflußdichte, → Strahlungsgrößen.

Strahlungsfunktion, → Farbe.

strahlungsgeheizte Katode, indirekt geheizte Katode meist einer Diode, bei der der Heizfaden seine Wärme vorrangig durch Wärmestrahlung und kaum durch Wärmekontakt an die Katode abgibt. Heizfaden und Katode sind elektrisch voneinander getrennt, so daß die Katode auf der gesamten Emissionsfläche das gleiche elektrische Potential aufweist.

Strahlungsgesetze, Beziehungen zwischen der Temperatur und der Strahlungsdichte von Wärmestrahlern oder Temperaturstrahlern. Eine allgemeine Aussage für beliebige Strahler stellt das → Kirchhoffsche Strahlungsgesetz dar. Ein umfassendes Strahlungsgesetz für den schwarzen Körper ist die → Plancksche Strahlungsformel.

Strahlungsgleichgewicht, der Zustand, den ein System von strahlenden Körpern erreicht hat, wenn alle Strahler die gleiche Temperatur angenommen haben.

Strahlungsgrößen, Größen zur quantitativen Messung der von einer Strahlungsquelle ausgesandten elektromagnetischen Strahlung.

Der *Strahlungsfluß* $\Phi = \mathrm{d}W/\mathrm{d}t$ ist die je Zeiteinheit t von der Strahlungsquelle in Form von Strahlung abgegebene Energie W. Er hat die Dimension einer Leistung, wird in Watt gemessen und deshalb auch als *Strahlungsleistung* bezeichnet. Die Stärke des Strahlungsflusses ist die *Strahlungsintensität*. Die entsprechende photometrische Größe ist der *Lichtstrom*.

Die *Strahlungsmenge* (*Strahlungsarbeit*, *Strahlungsenergie*) ist das Produkt aus Strahlungsfluß und Zeit. Sie wird in Ws gemessen. Die entsprechende photometrische Größe ist die *Lichtmenge*. Unter der *spezifischen Ausstrahlung R*, gemessen in W/cm^2, versteht man den auf die Flächeneinheit der Strahlungsquelle bezogenen Strahlungsfluß im Halbraum. Im allgemeinen ist die Ausstrahlung einer Strahlungsquelle nach verschiedenen Richtungen verschieden.

Die *Strahlstärke* $J = \mathrm{d}\Phi/\mathrm{d}\Omega$, wobei $\mathrm{d}\Omega$ das Raumwinkelelement ist, ist ein Maß für die Richtungsabhängigkeit der Ausstrahlung. Bei Gültigkeit des Lambertschen Gesetzes gilt $R = \pi J$. Die der Strahlstärke entsprechende photometrische Größe ist die *Lichtstärke*.

Unter der *Strahldichte* (*Strahlungsdichte*) versteht man den Quotienten $B = \mathrm{d}J/(\mathrm{d}F \cdot \cos\varepsilon)$. Dabei sind $\mathrm{d}F$ das Flächenelement der Strahlungsquelle und ε der Winkel zwischen der Flächennormalen und der Strahlrichtung. Die entsprechende photometrische Größe ist die *Leuchtdichte*.

Als spektrale Strahldichte S_λ bezeichnet man den Differentialquotienten $S_\lambda = \mathrm{d}B/\mathrm{d}\lambda$. Dabei ist λ die Wellenlänge der Strahlung. Die Funktion $S_\lambda = f(\lambda)$ wird als *spektrale Energieverteilung* der Strahlungsquelle bezeichnet.

Unter der *Strahlungsflußdichte D* versteht man den Differentialquotienten $D = \mathrm{d}\Phi/\mathrm{d}F_\perp$, wobei $\mathrm{d}F_\perp$ ein zur Strahlrichtung senkrechtes, in den Strahlengang gebrachtes Flächenelement ist. Eine in den Strahlengang gebrachte Empfangsfläche F, deren Normale um den Winkel ε gegen die Strahlungsrichtung geneigt ist, erhält dann die *Bestrahlungsstärke* $E = D \cdot \cos\varepsilon$. Die entsprechende photometrische Größe ist die *Beleuchtungsstärke*.

Strahlungsgürtel, svw. Van-Allen-Gürtel.

Strahlungsintensität, → Strahlungsgrößen.

Strahlungskalorimeter, → Kalorimeter 9).

Strahlungskorrektur, Korrekturglieder höherer störungstheoretischer Ordnung zu den in niedrigster, nichtverschwindender Näherung gegebenen Prozessen der Quantenelektrodynamik. Die S.en sind eine Folge der Selbstwechselwirkung (→ Selbstenergie) der Teilchen.

Strahlungskosmos, kosmologisches Modell, dem die Vorstellung zugrunde liegt, daß Strahlung die überwiegende Komponente der den Kosmos füllenden Materie ist, gegen die alle anderen zu vernachlässigen sind.

Der S. kann statisch (→ Einstein-Kosmos) oder zeitabhängig sein.

Für Strahlung gilt die Zustandsgleichung $u = p_s/3c^2$, wobei u die Energiedichte der Strahlung, c die Vakuumlichtgeschwindigkeit und p_s der Strahlungsdruck sind.

Nach der Einsteinschen Theorie gilt in einem S. die Beziehung $uS^4(t)$ = konst. (→ Robertson-Walkersches Linienelement). Die Energie in einem endlichen Eigenvolumen des S. nimmt also proportional $S^{-1}(t)$ ab. Umgekehrt steigt sie, wenn wir in die Vergangenheit gehen. Da für die Materie mit von Null verschiedener Ruhmasse ϱS^3 = konst. gilt, sollte nach der Einsteinschen Theorie der Kosmos in der Frühzeit seiner Entwicklung ein S. gewesen sein (→ kosmische Urstrahlung).

Strahlungslänge, allgemein die mittlere Weglänge, bei der ein hochenergetisches Elektron beim Durchgang durch Materie die Hälfte seiner Energie durch elektromagnetische Wechselwirkung verliert. In der Hochenergiephysik wird die S. häufig als die mittlere Weglänge definiert, nach der ein Gammaquant im Kernfeld eines Atoms des durchquerten Mediums in ein Elektronenpaar umgewandelt wird.

Strahlungsleistung, → Strahlungsgrößen.

strahlungsloser Übergang, 1) in Festkörpern ein Übergang von Elektronen aus einem energetisch tieferen in einen höheren Zustand oder umgekehrt ohne gleichzeitige Absorption oder Emission von Photonen. Die Energiebilanz wird durch Absorption oder Emission von Phononen erfüllt. Strahlungslose Übergänge treten stets in Konkurrenz zu strahlenden Übergängen auf. Bei hinreichend tiefen Temperaturen erfolgen strahlungslose Übergänge wegen der geringen Zahl vorhandener Phononen jedoch praktisch nur aus energetisch höheren in tiefere Elektronenzustände. Strahlungslose Übergänge bestimmen wesentlich die Quantenausbeute der Lumineszenz von Festkörpern, d. h. das Verhältnis der Zahl der emittierten Photonen zur Zahl der absorbierten Photonen. Strahlungslose Übergänge an Störstellen können stark vereinfacht im → Konfigurationskoordinatenmodell erklärt werden. Eine besondere Form strahlungsloser Übergänge bei Störstellen ist durch einen dem Auger-Effekt analogen Mechanismus möglich (→ Exziton-Störstellen-Komplex).

2) im Atomkern, → Übergänge, → Übergangswahrscheinlichkeit.

Strahlungsmenge, → Strahlungsgrößen.

Strahlungsmessung, → Strahlungsempfänger.

Strahlungspolymerisation, eine Polymerisationsart, bei der die Startreaktion (Initiierungsreaktion) durch Absorption energiereicher Strahlung ausgelöst wird. Die Übertragung der Strahlungsenergie verläuft über die Bildung von Sekundärelektronen, die ihrerseits weitere Ionisation und/oder Anregung von Atomen oder Molekülen bewirken. Die bei Rekombination von Ionen und Elektronen oder bei Rückkehr eines angeregten Systems in den Grundzustand frei werdende Energie kann die Trennung von Einfachbindungen oder die Aufspaltung von Doppelbindungen bewirken. Die entstehenden Produkte haben Radikal- oder Biradikalcharakter. Für den gesamten strahleninduzierten Startmechanismus stellt sich ein stoffspezifisches Gleichgewicht zwischen Radikalen, Biradikalen, Radikalionen, Ionen und Elektronen ein, das für die nachfolgenden Verknüpfungsreaktionen, die Wachstumsphase der polymeren Kette, und auch für den Abbruch mitverantwortlich ist. Diese weiteren Reaktionen verlaufen bei der S. genau so wie bei den anderen Polymerisationsarten (→ Polymerisation).

Bis auf Effekte 2. Ordnung ist die Strahlungsinitiierung nicht von der verwendeten Strahlenqualität, sondern nur von der absorbierten Energie abhängig. Damit wird ausgesagt, daß bei gleicher absorbierter Energie gleiche Mengen Polymerisat mit gleichem Polymerisationsgrad bzw. Molekulargewicht entstehen, unabhängig davon, ob beschleunigte Elektronen, radioaktive Strahlung, Röntgenstrahlung o. ä. zur Initiierung verwendet werden.

Aus der Tatsache, daß die Bruttopolymerisationsgeschwindigkeit v_p im allgemeinen proportional der Wurzel aus der Strahlenintensität ist ($v_p \sim I^{0,5}$), schließt man auf vorwiegenden Radikalkettenmechanismus bei strahleninduzierten Polymerisationen.

Bei zu hohen Strahlungsleistungen ist die Konzentration der gebildeten Startspezies so hoch, daß infolge Rekombination dieser Spezies und mangels reaktionsfähiger Monomerer in der Umgebung dieser Spezies keine oder nur niedermolekulare Produkte entstehen. Effektive Reaktionen laufen bei absorbierten Energien der Größenordnung einige krad bis einige Mrad ab.

Der Startmechanismus der S. ist temperaturunabhängig, so daß dadurch auch Polymerisationen bei tiefen Temperaturen möglich werden. Die Produkte der S. sind im allgemeinen sauberer als durch andere Polymerisationsarten erzeugte, da sie keine Reste von Katalysatoren enthalten.

Infolge der Allgemeingültigkeit der Wechselwirkung zwischen Strahlung und Medien und der damit verbundenen unspezifischen Bildung von Startspezies lassen sich durch Strahlungsinitiierung viele Stoffe leichter oder überhaupt erst polymerisieren als durch konventionelle Initiierung.

Strahlungsprozesse in der Atmosphäre. Für die wetter- und klimabildenden Prozesse in der Atmosphäre energetisch bedeutsam ist die ultraviolette, sichtbare und infrarote Sonnenstrahlung im Wellenlängenbereich von etwa 0,2 µm bis 3 µm und die langwellige thermische Eigenstrahlung der Erdoberfläche und der Atmosphäre im Wellenlängenbereich von etwa 3 bis

100 µm. Beide Strahlungsarten unterliegen in der Atmosphäre der Streuung an den Luftmolekülen und dem Aerosol einschließlich der Wolken- und Niederschlagselemente sowie der Absorption hauptsächlich in den dreiatomigen Gasen Wasserdampf, Kohlendioxid, Ozon und an einigen Bestandteilen des Aerosols, insbesondere an Wolkentropfen und Dunstpartikeln. Im Falle der langwelligen thermischen Strahlung kommt die Emission – wiederum hauptsächlich durch Wasserdampf, Kohlendioxid, Ozon, Aerosol und an der Erdoberfläche – hinzu.

Die Energie der Sonneneinstrahlung wird nur zu einem kleinen Teil – etwa 15 bis 20% – der Atmosphäre durch Absorption unmittelbar als Wärme zugeführt; allerdings ist die Absorption der kurzwelligsten Anteile infolge der mit ihr verbundenen Dissoziations- und Ionisationsprozesse für die höhere Atmosphäre (→ Atmosphäre) von großer Bedeutung. Der größere Teil der Sonnenstrahlung jedoch wird teils durch Rückwärtsstreuung in der Atmosphäre und Reflexion an der Erdoberfläche in den Weltraum zurückgeworfen, teils wird er als Globalstrahlung von der Erdoberfläche absorbiert.

Im Bereich der thermischen Eigenstrahlung durchsetzen ein aufwärts gerichteter Ausstrahlungsstrom und ein abwärts gerichteter Gegenstrahlungsstrom die Atmosphäre (→ Himmelsstrahlung, → effektive Ausstrahlung); im globalen Mittel verliert dabei die Atmosphäre mehr Wärmeenergie, als sie durch Absorption von Sonnenstrahlung gewinnt, während die Erdoberfläche durch die Absorption von Global- und Gegenstrahlung um den gleichen Betrag mehr Wärme zugeführt erhält, als sie durch Ausstrahlung verliert. Die so entstehende positive Strahlungsbilanz der Erdoberfläche bzw. die negative Strahlungsbilanz der Atmosphäre wird durch den Übergang fühlbarer und latenter Wärme (des Wasserdampfes) ausgeglichen, → Austausch.

Neben ihrer wichtigen Rolle im Wärmehaushalt der Erdoberfläche und der Atmosphäre gewinnen die Strahlungsprozesse neuerdings große Bedeutung als Informationsträger, da Strahlungsmessungen durch Wettersatelliten Rückschlüsse auf die Temperatur- und Feuchteverteilung an der Erdoberfläche und in der Atmosphäre, auf die Ozonverteilung, die Luftverunreinigung und die Lage von Wolkenschichten erlauben, was im Rahmen einer weltweiten Wetterüberwachung vor allem für unbewohnte Gebiete (Ozeane) wichtig ist, → Wettervorhersage.

Strahlungsquant, svw. Photon.

Strahlungsquelle, jedes physikalische System, das → Strahlung aussendet. So ist die Sonne eine Quelle für elektromagnetische Strahlung, aber auch für Partikelstrahlung, die einen Bestandteil der kosmischen Strahlung ausmacht. Kernreaktoren sind Quellen einer intensiven Neutronenstrahlung. Für praktische Zwecke und wissenschaftliche Experimente verwendet man meist künstliche S.n, die vor allem eine möglichst hohe und in gewissem Bereich regulierbare Intensität und eine fixierte, dem Verwendungszweck angemessene Spektralverteilung der Strahlung aufweisen. Die Konstruktion der S. hängt daher wesentlich von der Art der zu emittierenden Strahlung und dem Verwendungszweck ab.

S.n für das elektromagnetische Spektrum. Beginnend mit den S.n langwelliger (d. h. niederfrequenter) elektromagnetischer Strahlung sind hier zunächst die *Radiosender*, speziell die Sendeantennen (→ Antenne), für die lang-, mittel-, kurz- und ultrakurzwellige Radiostrahlung zu nennen. S.n für Mikrowellen sind Klystrons und Magnetrons; eine natürliche S. in diesem Frequenzbereich ist die bekannte, vom Wasserstoff des interstellaren Gases ausgehende Strahlung im 21-cm-Bereich. Weitere natürliche S.n in diesem Bereich sind die Radiosterne.

S.n für ultrarote Wellen (Wärmestrahlung) sind alle Körper (mit einer von 0K verschiedenen Temperatur), insbesondere alle *Heizquellen* (wie Öfen, Tauchsieder, UR-Strahler), aber auch Glühlampen, belebte Körper und exotherme chemische Reaktionen. → schwarzer Körper.

S.n für den sichtbaren Teil des elektromagnetischen Spektrums (*Lichtquellen*) sind außer den leuchtenden Fixsternen und offenen Flammen z. B. Glühlampen und → Gasentladungslichtquellen wie Neonlampen und Leuchtstoffröhren der verschiedensten Konstruktion, ferner die Laser und lumineszierende Stoffe (→ Lumineszenz). S.n für ultraviolette Strahlung sind z. B. Quarz- und Hg-Hochdrucklampen, aber auch die Synchrotronstrahlung des Elektrons kann in diesem Bereich liegen. Röntgenstrahlen (γ-Strahlen) werden von den Röntgenröhren, aber auch von vielen radioaktiven Präparaten (→ umschlossene radioaktive Quelle) emittiert.

Wie aus dem Vorstehenden ersichtlich wird, unterteilen sich die elektromagnetischen S.n in solche, die elektromagnetische Strahlung durch gemeinsame Bewegung (Schwingung) vieler Elektronen erzeugen (z. B. Antennen), und in solche, die elektromagnetische Strahlung infolge von Elektronen- oder Nukleonenübergängen in Molekülen, Atomen und Atomkernen emittieren (z. B. Lichtquellen, γ-Strahler).

S.n für Teilchenstrahlung. Elektromagnetische Wellen können auch als Photonenströme aufgefaßt werden und sind in diesem Sinne auch als Teilchenstrahlung zu bezeichnen. Teilchenstrahlung kann aber auch für jede Sorte von Elementarteilchen und zusammengesetzten Teilchen (wie z. B. von Atomen und Ionen) entweder natürlich vorkommen oder mittels Teilchenbeschleunigern erzeugt werden.

S.n für Elektronen sind in → Elektronenröhren die (Glüh)Katoden, wobei die als Katodenstrahlen aus der Röhre herausgeführten Elektronen noch beschleunigt werden können (Betatron, Elektronensynchrotron); als β-Strahlen werden sie von bestimmten radioaktiven Elementen emittiert.

S.n für Protonen, d. s. Wasserstoffionen, und andere Ionen entstehen durch Ionisierung der entsprechenden Atome in einer Gasentladungsröhre, wenn die sich auf die Katode hin bewegenden Ionen diese durchqueren können (→ Kanalstrahlen); eine Nachbeschleunigung kann ebenfalls erfolgen (Protonensynchrotron).

S.n für andere Elementarteilchen ergeben sich, wenn sehr intensive, hochenergetische Elektronen- oder Protonenstrahlen auf Materie auftreffen und dabei durch Kernreaktionen die gewünschten Teilchen erzeugen; man kann heute Neutronen-, Kaonen-, Pionen-, Müonen- und Neutrinoströme geeigneter Qualität auf diese Weise herstellen.

S.n für ionisierende Strahlung sind die offenen oder → umschlossenen radioaktiven Quellen, die kosmische Strahlung mit ihren Folgeprodukten, Röntgenröhren und Teilchenbeschleuniger auf Grund der ionisierenden Wirkung der beschleunigten Teilchen. Außerdem entsteht ungewollt bei Beschleunigern eine S. infolge der Wechselwirkung der beschleunigten Teilchen mit dem Target oder mit den Reaktorteilen, die infolge Aufaktivierung der Bauteile (z. B. bei Deuteronenbetrieb) γ-Strahlung oder Bremsstrahlung (bei Elektronenbetrieb) aussenden.

Sehr intensive S.n für Neutronen sind ferner die Kernreaktoren.

Während sich diese künstlichen S.n durch hohe Intensität und Selektivität auszeichnen, erweist sich die kosmische Strahlung als S. für Teilchen vor allem höchster, experimentell bisher unerreichter Energie.

Wegen der im allgemeinen hohen ionisierenden Wirkung sehr kurzwelliger elektromagnetischer und Teilchenstrahlung (→ ionisierende Strahlung) ist bei intensiven S.n ein hinreichender Schutz zur Verhütung gesundheitlicher Schäden beim Umgang mit solchen S.n erforderlich (→ Strahlenschutz). Diese S.n sind daher gewöhnlich weitgehend mit Blei oder Spezialbeton umgeben, um die Emission der schädlichen Strahlung in unerwünschte Richtungen möglichst zu unterbinden.

S.n für akustische Strahlung (*Schallquellen*) sind schwingungsfähige Körper wie Saiten, Membranen, Metallstäbe, aber auch Luftsäulen wie in → Pfeifen im hörbaren Frequenzbereich und Ultraschallsirenen, Sellwandler und Piezoquarze im Ultraschallbereich, wobei die piezoelektrischen Wandler wie Quarzplatten geeigneter Orientierung zur (elektrostriktiven) Anregung sowohl longitudinaler (x-Schnitt) als auch transversaler (y-Schnitt) Wellen im gesamten Ultraschallfrequenzbereich geeignet sind. Als piezoelektrische Materialien für Ultraschallquellen eignen sich auch Turmalin sowie polarisierte künstliche polykristalline Ferroelektrika, die bei bestimmter Schnittrichtung und apparativer Anordnung auch Torsionsschwingungen im Ultraschallbereich anzuregen erlauben. Zur Ultraschallerzeugung auf magnetostriktivem Weg bis zu etwa 100 kHz werden Nickel, allgemein ferromagnetische Metalle und deren Legierungen, aber auch ferrimagnetische Sinterkeramiken verwendet.

Strahlungsrekombination, → kontinuierliche Atomspektren, → Rekombination 1).

Strahlungsschäden, svw. Strahlenschäden.

Strahlungstemperatur, Temperatur, die einem Strahler durch Vergleich mit dem → schwarzen Körper zugeordnet wird. Die wichtigsten S.en sind: Die *schwarze Temperatur* ist diejenige Temperatur, die sich bei Messungen mit einem Pyrometer für eine bestimmte Wellenlänge bei einem realen glühenden Körper ergibt. Die tatsächliche Temperatur des glühenden Körpers ist höher als die vom Pyrometer angezeigte schwarze Temperatur, weil die Emission eines realen glühenden Körpers nach dem Kirchhoffschen Strahlungsgesetz stets kleiner als die des schwarzen Körpers bei dieser Temperatur ist, d. h., damit der reale Strahler dem Beobachter ebenso hell erscheint wie der schwarze Strahler, muß er eine höhere Temperatur als dieser besitzen.

Die *Farbtemperatur* eines (nicht schwarzen) Strahlers ist die Temperatur des schwarzen Körpers, bei der dieser unter derselben Farbe erscheint wie der zu untersuchende Strahler. Manchmal wird die Farbtemperatur auch in einem engeren Sinne verstanden, indem man Proportionalität der Strahlungsdichten des schwarzen Körpers und des realen Strahlers im sichtbaren Bereich fordert. Die Messung der Farbtemperatur erfolgt mit dem Farbpyrometer (→ Pyrometer).

Die *Gesamtstrahlungstemperatur* ist die Temperatur des schwarzen Körpers, bei der dieser die gleiche Gesamtleistung ausstrahlt wie der reale Strahler. Die Gesamtstrahlungstemperatur ist stets kleiner als die wirkliche Temperatur des Strahlers.

Strahlungstheorie, Theorie der Strahlungsübergänge quantenphysikalischer Systeme, z. B. von Atomen, d. h. der Übergänge von einem stationären Zustand in einen anderen stationären Zustand unter Emission oder Absorption elektromagnetischer Wellen.

In der halbklassischen Theorie der induzierten Absorption und Emission, d. h. der Übergänge unter dem Einfluß eines äußeren elektromagnetischen Feldes, wird das Feld als ein rein klassisches Feld durch sein skalares Potential φ und sein Vektorpotential $\vec{A}$ beschrieben, die im Hamilton-Operator $\hat{H} = (-\mathrm{i}\hbar\,\mathrm{grad} - e\vec{A})^2/2m + e\varphi + V$ des Elektrons auftreten; V ist ein Potential, das die Bindung des Elektrons im Atom beschreibt. Wenn $\vec{A}$ als kleine Störung angesehen werden kann, läßt sich die zeitabhängige → Störungstheorie anwenden: Die zeitliche Entwicklung wird durch

$$\psi(\vec{r}, t) = \sum_n a_n(t)\, \psi_n^{(0)}(\vec{r}) \exp(-\mathrm{i}\, E_n^{(0)} t/\hbar)$$

beschrieben, wobei $\psi_n^{(0)}$ die Wellenfunktionen der stationären Zustände des Atoms und $E_n^{(0)}$ deren Energien sind und die Koeffizienten $a_n(t)$ der Gleichung

$$\mathrm{d}a_n/\mathrm{d}t = (-\mathrm{i}/\hbar) \sum_m \langle n|\hat{H}_1|m\rangle\, a_m(t)$$

genügen, wobei $\hat{H}_1$ die durch $\vec{A}$ und φ in $\hat{H}$ bewirkten Zusatzterme darstellt und

$$\int \psi_n^{(0)*} \hat{H}_1 \psi_m^{(0)}\, \mathrm{d}\tau =: \langle n|\hat{H}_1|m\rangle$$

gesetzt wurde. Die Größen $|a_n(t)|^2$ geben die Wahrscheinlichkeit dafür an, das Atom zur Zeit t im Zustand $\psi_n^{(0)}$ zu finden, und stehen daher in direktem Zusammenhang mit den Übergangswahrscheinlichkeiten W_{nm} vom Zustand $\psi_n^{(0)}$ in den Zustand $\psi_m^{(0)}$. Befindet sich das System anfangs im Zustand $\psi_n^{(0)}$, d. h., wenn $a_n(t_0) = 1$ und alle anderen Koeffizienten $a_m(t_0) = 0$ für $m \neq n$ sind, so ergibt sich für die Koeffizienten $a_m(t)$ zur Zeit $t > t_0$ in erster Näherung $a_m^{(1)}(t) =$

$$(-\mathrm{i}/\hbar) \int_{t_0}^{t} \langle m|\hat{H}_1(t')|n\rangle \exp\{\mathrm{i}\,(E_m^{(0)} - E_n^{(0)})\, t'/\hbar\}\, \mathrm{d}t',$$

und $W_{nm}(t) = \mathrm{d}\,|a_m^{(1)}(t)|^2/\mathrm{d}t$ ist die Übergangswahrscheinlichkeit von n nach m je Zeiteinheit.

Zu den Matrixelementen $\langle m|\hat{H}_1|n\rangle$ trägt nur der zu $\vec{A}\hat{\vec{p}} = -i\hbar\vec{A}\,\nabla$ proportionale Anteil von H_1 bei. Entwickelt man $\vec{A}$ nach ebenen Wellen $e^{i\vec{k}\vec{r}}$ mit dem Wellenzahlvektor $\vec{k}$, dann geben bei nochmaliger Entwicklung $e^{i\vec{k}\vec{r}} = 1 + i\vec{k}\vec{r} + \cdots$ die Matrixelemente $\langle n|(\vec{k}\vec{r})^l\hat{\vec{p}}|m\rangle$ die Beiträge zur Dipol- und Quadrupol-, allgemein zur 2^l-Pol-Strahlung. Diese Entwicklung ist natürlich nur für kleine $\vec{k}$, d. h. große Wellenlängen $\lambda = 2\pi/|\vec{k}|$ der emittierten Strahlung gültig.

Die spontane Emission angeregter Atome kann ohne zusätzliche Annahmen auf diese Weise nicht behandelt werden. Dazu muß man die Einsteinschen Übergangswahrscheinlichkeiten A_{nm} bzw. B_{nm} für die spontanen bzw. induzierten Übergänge vom Zustand $\psi_n^{(0)}$ nach $\psi_m^{(0)}$ einführen, für die Einstein zeigte, daß $B_{nm} = B_{mn}$ und $A_{nm}/B_{nm} = (\hbar/\pi^2c^3)\,\omega_{nm}^3$ mit $\omega_{nm} = |E_n - E_m|/\hbar$ für $n > m$ gilt; es ergibt sich dann für den allgemeinen Fall $W_{nm} = U_{nm}B_{nm}$ für $n < m$ und $W_{nm} = U_{nm}B_{nm} + A_{nm}$ für $n > m$. $U_{nm} = U(\omega_{nm})$ ist die Energiedichte der Strahlung mit der Frequenz ω_{nm}. Wegen der Verwendung der klassischen Feldgrößen für das äußere elektromagnetische Feld bezeichnet man diese Form der S. auch als *halbklassische S.*; sie wird gelegentlich auch als *Diracsche S.* bezeichnet. Sie berücksichtigt ferner keine relativistischen Effekte. Eine korrekte S. muß aber sowohl die korpuskulare Natur der elektromagnetischen Strahlung als auch relativistische Effekte berücksichtigen. Dies kann nur im Rahmen der Quantenelektrodynamik erfolgen, die Elektron-Positron-Feld und Photonfeld gleichberechtigt behandelt. Sie gestattet die konsistente Behandlung sowohl der induzierten als auch der spontanen Übergänge. Die spontane Emission kann im Rahmen der Quantenelektrodynamik in Analogie zur induzierten Emission interpretiert werden, wenn man die Selbstwechselwirkung der Elektronen mit dem eigenen Strahlungsfeld in Rechnung zieht.

Strahlungsübergänge, → Übergänge, → Einsteinsche Übergangswahrscheinlichkeit.

Strahlungsumwandlung, die Umwandlung von Strahlen einer bestimmten Frequenz in Strahlung einer anderen Frequenz gemäß der Stokesschen Regel. Bekannt ist die S. von ultravioletter Strahlung in längerwellige, sichtbare Strahlung (Lichtumwandlung) durch Lumineszenzstoffe. Diese S. ist z. B. in der Lichttechnik bei der Umwandlung der unsichtbaren Hg-Resonanzstrahlung von 253,7 nm in sichtbares Licht für Leuchtstofflampen von großer Bedeutung. Auch die Umwandlung von Röntgenstrahlung in sichtbare Strahlung eines Leuchtschirmbildes z. B. beim Durchleuchten in der medizinischen Diagnostik gehört zur S. In den Bildwandlern hingegen wird infrarote Strahlung in sichtbare Strahlung umgewandelt. Dabei wird die Energiedifferenz zwischen der sichtbaren und infraroten Strahlung einer fremden Energiequelle entnommen. Für diese Art der Strahlung ist die Stokessche Regel nicht anwendbar.

Strahlungswarngerät, Meßgerät für den → Strahlenschutz, das die Überschreitung vorgegebener Schwellenwerte signalisieren soll. Außer den → *Monitoren* für ionisierende Strahlung, die meist stationäre Geräte darstellen, gehören zu den S.en auch *Taschengeräte* für den individuellen Strahlenschutz. Diese geben bei Überschreiten einer Dosis- oder Dosisleistungsschwelle optische bzw. akustische Signale ab und ermöglichen so eine Anpassung des Arbeitsverhaltens an die jeweiligen Strahlungsbedingungen.

Strahlungswiderstand, → Antenne, → Hertzscher Oszillator.

Strainseismometer, → Seismograph.

Strangeness [engl.], *Seltsamkeit, Fremdheitsquantenzahl, S*, ladungsartige Quantenzahl, die 1953 von Gell-Mann und Nishijima unabhängig voneinander eingeführt wurde, um einen überraschenden Effekt beim Zerfall der Hyperonen und K-Mesonen zu erklären. Diese Teilchen werden bei Stößen hochenergetischer „gewöhnlicher" Teilchen, z. B. von π-Mesonen und Protonen, über die starke Wechselwirkung in sehr kurzer Zeit ($\approx 10^{-23}$ s) erzeugt, zerfallen aber erst nach 10^{-10} s über die schwache Wechselwirkung und nicht, wie zunächst erwartet wurde, in ebenfalls 10^{-23} s über die starke Wechselwirkung. Die Erzeugung eines solchen „fremden" Teilchens erfolgt stets zusammen mit einem „fremden" Antiteilchen; daher konnte man den Effekt durch die Einführung der S. erklären: Die S. nimmt für Teilchen und Antiteilchen entgegengesetzte Werte an, bleibt bei der starken Wechselwirkung erhalten und kann sich bei der schwachen Wechselwirkung ändern, so daß der Zerfall der „fremden" Teilchen [engl. 'strange particles'] über die starke Wechselwirkung verboten ist, nicht aber über die schwache. Die Einführung der S. führte zur Aufstellung des → Gell-Mann-Nishijima-Schemas der Elementarteilchen. S. und → Hyperladung hängen eng miteinander zusammen.

strange particles, → Hyperonen, → Kaon.

Stratocumulus, → Wolken.

Stratopause, → Atmosphäre.

Stratosphäre, → Atmosphäre.

Stratus, → Wolken.

Straumanis-Methode, → Pulvermethoden.

Streamer, → Zündmechanismus.

Streamerkammer, eine → Gasspurkammer.

Streamermechanismus, → Zündmechanismus.

Streckenspektrum, → Eigenwertproblem.

Streckung, svw. Seitenverhältnis.

Streichlinie, → Strömungsfeld.

Streuabsorptionskontrast, → elektronenmikroskopischer Bildkontrast.

Streuamplitude, für die vielfältigen, komplizierten Reaktionen in der Atom-, Kern- und Elementarteilchenphysik charakteristische, von den Eigenschaften der Teilchen und den speziellen physikalischen Voraussetzungen abhängende Größe, deren Absolutquadrat ein Maß für die Wahrscheinlichkeit für das Eintreten der jeweiligen Wechselwirkung, wie Streuung, Kernreaktion u. dgl., ist. Die S. steht in engem Zusammenhang mit den Elementen der S-Matrix und ist keineswegs nur für die Beschreibung der Streuprozesse geeignet, obwohl sie im Zusammenhang mit diesen Prozessen eingeführt wurde. In der → quantenmechanischen Streutheorie ergibt sich die S. $f(k, \vartheta)$ aus der asymptotischen Lösung $\psi \approx e^{ikz} + f(k, \vartheta)\,r^{-1}\,e^{ikr}$ der Schrödinger-Gleichung als die vom Streuwinkel ϑ abhängende Amplitude der vom Streuzentrum auslaufenden Kugelwelle $r^{-1}\,e^{ikr}$, wenn dieses von einer ebenen Welle e^{ikz} mit der Wellenzahl

k angeregt wird. Im Fall der Potentialstreuung kann $f(k, \vartheta)$ genähert durch die Bornsche → Streuformel aus dem Potential $V(\vec{r})$ bestimmt werden. Der differentielle Wirkungsquerschnitt für die Streuung in den Raumwinkel $\mathrm{d}\Omega = \sin\vartheta\,\mathrm{d}\vartheta\,\mathrm{d}\varphi$ ergibt sich zu $\mathrm{d}\sigma = |f(k, \vartheta)|^2\,\mathrm{d}\Omega$, der totale Streuquerschnitt nach Integration über $\mathrm{d}\Omega$ zu

$$\sigma = 2\pi \int_0^\pi \sin\vartheta\,|f(k, \vartheta)|^2\,\mathrm{d}\vartheta.$$

Die Entwicklung der S. nach Legendreschen Polynomen $f(k, \vartheta) = \sum_{l=0}^{\infty} (2l + 1)\, f_l(k) \times P_l(\cos\vartheta)$ liefert die partiellen S.n $f_l(k)$. – Die relativistische Verallgemeinerung der quantenmechanischen Streutheorie führt auf die → analytische S-Matrix-Theorie. Hier betrachtet man die S. als analytische Funktion insbesondere bezüglich der Variablen Gesamtenergie und Impulsübertrag. Man kann dann mit einer S. mehrere Prozesse beschreiben (Crossingsymmetrie) und Dispersionsrelationen aufstellen. Die Betrachtung komplexer Drehimpulse führte bisher zu speziellen Modellen, dem Regge-Pol-Modell und dem Veneziano-Modell. Eine geschlossene, für den hochenergetischen Bereich gültige Theorie der S., die zugleich eine Theorie der Elementarteilchen wäre, konnte bisher nicht aufgestellt werden.

Streuexperiment, Versuch, mittels → Streuung homogener, scharf gebündelter Teilchenstrahlen, bestehend aus Teilchen eines bestimmten Impulses, Aufklärung über die Struktur der Materie und ihre Wechselwirkungen zu gewinnen. S.e sind für die Atom-, Kern- und Elementarteilchenphysik von großer Bedeutung, da sie eine Analogie der optischen Mikroskopie sind und in weiten Grenzen die einzige Möglichkeit zur Untersuchung der Materie darstellen. So wurde zu Beginn dieses Jahrhunderts durch S.e mit Elektronen (durch Lenard) bzw. α-Strahlen (durch Rutherford) der räumliche Bau der Atome aufgeklärt. Durch S.e mit Neutronen und Protonen wurden wesentliche Beiträge zur Aufklärung der Kernstruktur erzielt, und schließlich gelang mit Hilfe der Streuung sehr energiereicher Elektronen die Entdeckung der Nukleonstruktur (durch Hofstadter).

Speziell für die Elementarteilchenphysik spielen S.e eine zentrale Rolle, da beliebige Prozesse der Wechselwirkung von Elementarteilchen als Streuung interpretiert werden können. Vor der Entwicklung leistungsstarker Beschleuniger standen der Hochenergiephysik nur die intensitätsarmen und inhomogenen Höhenstrahlen zur Verfügung, mit deren Hilfe trotzdem eine beträchtliche Anzahl von Teilchen (Positron, Müon, Kaon und verschiedene Hyperonen) entdeckt wurden. Heute verwendet man für S.e die hochenergetischen Primär- oder Sekundärteilchenstrahlen, die in den großen Teilchenbeschleunigern erzeugt, an ausgewählten Materieproben, den Targets [engl., 'Zielscheibe'] gestreut und mit Hilfe besonderer Nachweisgeräte (Blasenkammern, Funkenkammern, Photoemulsionen, Zählergeräte) registriert werden. Aus der räumlichen Winkelverteilung werden der totale und die differentiellen Wirkungsquerschnitte der Streuprozesse bestimmt, aus denen über die S-Matrix Rückschlüsse auf die Struktur der Wechselwirkung möglich sind. Charakteristisch für S.e mit Elementarteilchen ist, daß hauptsächlich inelastische Streuung als Folge der mit wachsender Energie immer größer werdenden Anzahl von Reaktionen zwischen den Elementarteilchen vorliegt. Bei elastischer Streuung werden lediglich Impulse zwischen den Teilchen übertragen, bei inelastischer Streuung dagegen auch Ladung, Isospin und andere Quantenzahlen ausgetauscht, wobei die Erhaltungssätze dieser Quantenzahlen für das gesamte S. erfüllt sind, d. h., die Gesamtquantenzahlen im Anfangs- und Endzustand müssen gleich sein. Da die verschiedenen Reaktionsmöglichkeiten der Streupartner auch als *Kanäle* bezeichnet werden, die sich beim Anwachsen der Energie bei ganz charakteristischen Schwellenenergien, die im wesentlichen gleich der Summe der Ruhenergie der erzeugten Teilchen ist, öffnen, d. h., daß bestimmte Reaktionen ablaufen, spricht man von *Mehrkanalstreuung*, wenn bei einer festen Gesamtenergie der Streupartner mehrere Kanäle offen sind; bei der Streuung ergibt sich z. B. folgendes Bild:

$$\begin{array}{lll}
\pi^- + \mathrm{p} - \pi^- + \mathrm{p} \to \pi^- + \mathrm{p}\ \text{(elastisches S.)} & & \\
\qquad\to \pi^0 + \mathrm{n}\ \text{(Ladungsaustausch)} & & \\
\qquad\to \pi^- + \mathrm{p} + \pi^0 & & \\
\qquad\to \pi^- + \mathrm{n} + \pi^+ & & \text{inela-} \\
\qquad\to \pi^- + \mathrm{p} + \pi^- & \text{Erzeugungs-} & \text{stische} \\
\qquad\quad + \pi^+ & \text{prozesse} & \text{S.e} \\
\qquad\to \pi^- + \mathrm{p} + 2\pi & & \\
\qquad\to \mathrm{K}^0 + \Lambda^0 & &
\end{array}$$

usf.; bei der letztgenannten Reaktion werden Ladung, Isospin und Hyperladung zwischen dem Meson (π^-) und dem Baryon (p) ausgetauscht. Als Strahlteilchen kommen außer den direkt zu beschleunigenden Elektronen und Protonen die in einem ersten S. erzeugbaren Positronen, Müonen, Pionen, Kaonen und Antiprotonen in Frage, da bei hochenergetischen S.en nahezu alle erzeugten Teilchen nur einen kleinen Winkel mit der ursprünglichen Strahlrichtung einschließen, d. h., im wesentlichen liegt Vorwärtsstreuung vor, so daß das zu untersuchende Target, ungefähr in die ursprüngliche Strahlrichtung gestellt, von diesen im ersten S. erzeugten Elementarteilchen getroffen werden kann. Als Targetteilchen eignen sich besonders die als nahezu frei anzunehmenden Protonen gasförmigen oder flüssigen Wasserstoffs bzw. die Neutronen des Deuteriums (wobei allerdings der Effekt der Protonen durch Vergleich mit einem Wasserstofftarget eliminiert werden muß).

Neben der Entdeckung verschiedener Elementarteilchen wurden mit Hilfe von S.en die Resonanzen, charakterisiert durch ein starkes Ansteigen der Wirkungsquerschnitte der Reaktion in der Nähe der Masse der Resonanzen und bestimmte von den Quantenzahlen der Resonanzen abhängende Phasenverschiebungen der Streuamplitude, entdeckt und untersucht. Für sehr hohe und höchste Energien verwischen sich die Beiträge der einzelnen Resonanzen zum totalen Streuquerschnitt (Dualität im Mittel), der dann einen glatten Verlauf nimmt, und zwar streben diese Wirkungsquerschnitte im Limes unendlicher Energien vermutlich gegen einen (für jedes S. im allgemeinen verschiedenen) konstanten Wert, die *asymptotischen Streuquerschnitte*. Zwischen dem asymptotischen Streuquerschnitt von Teilchen- und Antiteilchenstreuung besteht ein gewisser Zusammenhang (Pomeranchuk-Theorem, → analytische S-Matrix-Theorie).

In dem asymptotischen Bereich verhält sich die mittlere Anzahl der je Reaktion erzeugten Teilchen wie $\bar{n} \sim \ln s$, wobei s das Quadrat der Gesamtenergie (im Laborsystem) ist (→ Phänomenologie der Hochenergiephysik). Die gegenwärtigen Protonenbeschleuniger mit einer maximalen Laborenergie $E \lesssim 70$ GeV erreichten diesen *asymptotischen Energiebereich* noch nicht.

Streufaktor, in der Wechselstromlehre eine Größe, die ein Maß für die magnetische Kopplung zweier Stromkreise darstellt. Je größer der S. ist, um so geringer ist die Kopplung, und umgekehrt. Durch jeden der beiden betrachteten Stromkreise wird ein magnetischer Fluß erzeugt, der den anderen Kreis im allgemeinen nicht vollständig, sondern nur zu einem Teil durchsetzt. Der restliche Teil des Flusses, der also nicht mit dem anderen Stromkreis verkettet ist, wird als → Streufluß bezeichnet.

Als S. σ wird definiert:

$$\sigma = 1 - \frac{L_{12}^2}{L_1 L_2} = 1 - k^2.$$

Dabei sind L_1, L_2 die Selbstinduktivitäten der beiden Kreise, L_{12} je ihre Gegeninduktivität (→ Induktionskoeffizient). Die Größe $k = \frac{L_{12}}{L_1 L_2} = \sqrt{1 - \sigma}$ heißt *Kopplungsfaktor*.

Für ideale Kopplung, d. h. für $k = 1$, ist $\sigma = 0$. Im Falle, daß nur Streuflüsse vorliegen, ist $k = 0$ und $\sigma = 1$.

Lit. Küpfmüller: Theoretische Elektrotechnik (9. Aufl. Berlin, Heidelberg, New York 1968); v. Weiss: Übersicht über die theoretische Elektrotechnik, Tl 1 (3. Aufl. Braunschweig 1965).

Streufluß, durch Integration der Flußdichte des Streufeldes (→ induktive Streuung) über der Windungsfläche gewonnener magnetischer Fluß. Um bei N Windungen der Spule einer Zweiwicklungsanordnung ebenfalls mit $U = -N \frac{d\Phi}{dt}$ rechnen zu können, wird, falls die einzelnen Leiterschleifen mit unterschiedlichen Flüssen verkettet sind, meist auf einen Streufluß umgerechnet, der mit allen $\frac{N}{m}$ Windungen verkettet ist (→ Streufaktor).

Streuformel, Formel für den differentiellen Wirkungsquerschnitt σ der Streuung bestimmter Teilchen in Abhängigkeit von der Primärenergie und weiteren Eigenschaften (z. B. Quantenzahlen) der einfallenden Teilchen (→ Streuquerschnitt).

a) Die *Rutherfordsche S.* beschreibt die Streuung *geladener* Teilchen an Atomkernen. Sie gibt den differentiellen Wirkungsquerschnitt $\sigma_R(\vartheta)$ für die Streuung von Teilchen der Ladung Ze und der Masse m mit der Geschwindigkeit v an einem Coulomb-Potential der Ladung $Z'e$ in den Raumwinkel $d\Omega$ an:

$$d\sigma_R(\vartheta) = (e^2ZZ'/2mv^2)^2 \, d\Omega/\sin^4(\vartheta/2). \quad (1)$$

Dabei ist ϑ der Streuwinkel. Bei n streuenden Atomkernen je cm³ ergibt sich daraus der (experimentell beobachtbare) makroskopische Streuquerschnitt $\Sigma = n \, d\sigma_R$ zu

$$\Sigma = n(e^2ZZ'/2mv^2)^2 \, d\Omega/\sin^4(\vartheta/2). \quad (2)$$

Wenn N Teilchen je Sekunde auf ein Target geschossen werden, so werden demnach

$$dN = N\Sigma = Nn(e^2ZZ'/2mv^2)^2 \, d\Omega/\sin^4(\vartheta/2) \quad (3)$$

Teilchen in den Raumwinkel $d\Omega = \sin\vartheta \, d\vartheta \, d\varphi$ gestreut. Wegen des winkelabhängigen Gliedes nimmt die Rutherford-Streuung gemäß S. (1) bei Rückwärtswinkeln ($\vartheta > 90°$) stark ab. Die Rutherfordsche S. folgt streng aus der → quantenmechanischen Streutheorie und berücksichtigt allein die niederenergetische Coulomb-Wechselwirkung bei der Teilchenstreuung unter Vernachlässigung der Wechselwirkungen der Teilchen mit der Atomhülle. Bei höheren Teilchenenergien (einige MeV), wenn die Teilchen in den Bereich der Kernkräfte kommen, wird zunächst abweichend von der Rutherfordschen S. die Intensität der gestreuten Teilchen geringer, um bei weiter zunehmenden Teilchenenergien anzusteigen und gegebenenfalls den Wert gemäß S. (1) sogar zu überbieten.

b) *Die Bornsche S.* beschreibt den differentiellen Wirkungsquerschnitt $\sigma(\vartheta)$ der Streuung von Teilchen der Ladung Ze und der Masse m mit der Geschwindigkeit v an Atomen der Ordnungszahl Z'. Die Bornsche S. berücksichtigt die Abschirmung der Kernladung $Z'e$ durch die Elektronenhülle und korrigiert damit die Rutherfordsche S., indem in letzterer als effektive Kernladung $Z'e - F(\vartheta)$ statt $Z'e$ zu verwenden ist, wobei

$$F(\vartheta) = 4\pi \int_0^\infty \varrho(r) \, K^{-1} r \sin(Kr) \, dr \quad (4)$$

mit $K = (2mv/\hbar)\sin(\vartheta/2)$ den Atomformfaktor, $\varrho(r)$ die Ladungsverteilung im Kern und ϑ den Streuwinkel bedeutet.

c) Die *Mottsche S.* bestimmt ursprünglich den differentiellen Wirkungsquerschnitt $\sigma_M(\vartheta) = d\sigma/d\Omega$ für die Streuung identischer Teilchen mit dem Spin s aneinander:

$$d\sigma_M/d\Omega = |f(\vartheta)|^2 + |f(\pi - \vartheta)|^2 \pm \frac{1}{2s + 1} \cdot (f(\vartheta) f^*(\pi - \vartheta) + f^*(\vartheta) f(\pi - \vartheta)), \quad (5)$$

wobei $f(\vartheta)$ die vom Streuwinkel ϑ abhängende komplexe Streuamplitude ist (→ quantenmechanische Streutheorie) und das positive bzw. negative Vorzeichen zu wählen ist, wenn der Gesamtspin beider Teilchen gerade bzw. ungerade ist. Sie berücksichtigt die Interferenz zwischen dem Rutherford-Anteil und dem Austauschterm, der wegen der Ununterscheidbarkeit identischer Teilchen quantenmechanisch z. B. bei der Streuung von Elektronen an Elektronen oder von α-Teilchen an He-Kernen möglich wird.

Die Mottsche S. wurde auf die hochenergetische Streuung von Elektronen an Protonen erweitert und liefert die relativistische Korrektur zur Rutherfordschen S.:

$$\sigma_M(\vartheta) = \sigma_R(\vartheta)\cos^2(\vartheta/2)/[1 - 2v^2\sin^2(\vartheta/2)], \quad (6)$$

wobei $\sigma_R(\vartheta)$ der Rutherfordsche differentielle Wirkungsquerschnitt ist. Die Struktur der Nukleonen, die z. B. bei der hochenergetischen Elektron-Nukleon-Streuung eine Rolle spielt, wird hierbei durch die Rosenbluthsche S. (→ elektromagnetische Formfaktoren) widergespiegelt.

d) Die *Thomsonsche S.* drückt den Wirkungsquerschnitt der kohärenten Streuung von monochromatischem Licht der Wellenlänge λ an freien Elektronen aus:

$$\sigma = (8\pi/3)\, r_0^2[1 + (4\pi r_0/3\lambda)^2]^{-1}, \qquad (7)$$

wobei $r_0 = e^2/mc^2\, 4\pi\varepsilon_0$ der klassische Elektronenradius ist und die Wellenlänge λ sehr groß gegenüber r_0 sein muß, so daß in guter Näherung $\sigma \approx 8\pi r_0^2/3 = 6{,}65 \cdot 10^{-25}$ cm folgt. Wenn λ von der gleichen Größenordnung wie r_0 oder sehr viel kleiner als r_0 wird, versagt die klassische Elektrodynamik; die Thomsonsche S. ist dann durch die → Klein-Nishina-Formel zu ersetzen, die mit Hilfe der Quantenelektrodynamik abgeleitet werden kann.

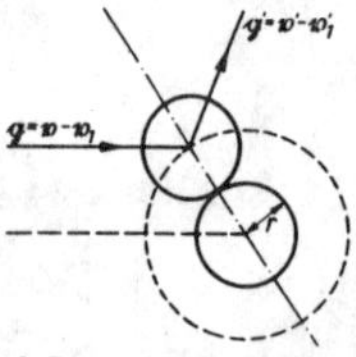

1 Streuung elastischer, starrer Kugeln im Massenmittelpunktsystem

Streukoeffizient, → ionisierende Strahlung 1.2.).

Streulänge, *Fermische Streulänge*, die für niederenergetische elastische Streuung durch den Grenzwert des totalen Streuquerschnitts $\lim_{k\to 0} \sigma_{el}(k) = 4\pi a^2$ bei verschwindendem Impulsübertrag k definierte Größe a, die im Fall der Streuung an einer undurchdringlichen Kugel mit deren Radius $R = a$ zusammenfällt. Da für niedere Energien von den partiellen Streuamplituden $f_l = \frac{1}{2ik}(\exp(2i\delta_l) - 1)$ nur f_0 wesentlich von Null verschieden ist, gilt $f \approx f_0 \approx \delta_0/k = -a$, wobei δ_l die Streuphasen sind; genauer gilt $k \operatorname{ctg} \delta_0(k) = -1/a + bk^2/2$, wobei b als *effektive Reichweite des Streupotentials* bezeichnet wird (→ quantenmechanische Streutheorie).

Lit. Brink: Kernkräfte (Berlin, Oxford, Braunschweig 1971).

Streulichtmessung, → Tyndall-Effekt.

Streumatrix, svw. S-Matrix.

Streumessung, → Coulomb-Vielfachstreuung.

Streuoperator, svw. S-Matrix.

Streuparameter, → Streuung.

Streuphasen, Phasenverschiebungen δ_l im asymptotischen Verlauf der radialen Wellenfunktionen gegenüber den Radialfunktionen eines freien Teilchens als Folge des Streupotentials bei der Potentialstreuung eines quantenmechanischen Teilchens. Die energieabhängigen S. für alle zu verschiedenen Drehimpulsquantenzahlen l gehörenden Partialwellen bestimmen vollständig den asymptotischen Verlauf der Wellenfunktion und damit die im allgemeinen energie- und winkelabhängige Streuamplitude, aus der der differentielle Streuquerschnitt $\frac{d\sigma}{d\Omega}$ je Raumwinkelelement berechnet werden kann. Es gilt $\frac{d\sigma}{d\Omega} = \left| \sum_{l=0}^{\infty} \frac{2l+1}{k} e^{i\delta_l} \sin\delta_l \right|^2$, wobei k die Wellenzahl ist (→ quantenmechanische Streutheorie).

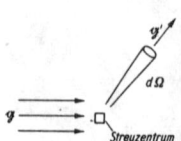

3 Zur Definition des Streuquerschnitts

Streuphasenanalyse, → quantenmechanische Streutheorie.

Streuquerschnitt, der Wirkungsquerschnitt für einen Streuprozeß. Der S. dient zur quantitativen Beschreibung der → Streuung.

Bei der Streuung von Teilchen stehen die beiden Teilchen mit den Massen m_1 und m_2 miteinander in Wechselwirkung. Dieses (klassische) Zweikörperproblem wird als Streuung eines Teilchens mit der reduzierten Masse $\mu = m_1m_2/(m_1 + m_2)$ an einem festen Streuzentrum auf ein Einkörperproblem zurückgeführt, indem man den Streu- oder Stoßprozeß im Schwerpunktsystem beschreibt: Im Falle elastischer gleich großer Kugeln mit dem Radius r tritt eine Streuung dann ein, wenn sich die Massenmittelpunkte auf eine Entfernung, die gleich dem doppelten Kugelradius ist, einander annähern, oder mit anderen Worten, wenn die ursprüngliche Bahn des Massenmittelpunktes des zweiten als elastische Kugel gedachten Moleküls innerhalb des gestrichelten Kreises mit dem Radius $2r$ liegt (Abb. 1). Der S. hat dann die Größe $4\pi r^2$, ist also unmittelbar durch die geometrischen Abmessungen der Kugeln gegeben. Im allgemeinen sind die Wechselwirkungskräfte, die zwei Teilchen, z. B. zwei Elektronen oder zwei Moleküle, aufeinander ausüben, stetige Funktionen des Abstandes der Teilchen (→ Molekülmodelle der Gastheorie) und besitzen eine Reichweite, die über die geometrischen Abmessungen der Teilchen hinausgeht. Der Streuprozeß wird durch den Stoßparameter b und den Streuwinkel θ charakterisiert. Der *Stoßparameter* ist der Abstand, in dem die beiden betrachteten Teilchen bei fehlender Wechselwirkung aneinander vorbeifliegen würden. Der *Streuwinkel* ist der Winkel zwischen den Relativgeschwindigkeiten der wechselwirkenden Teilchen vor bzw. nach dem Stoß $\vec{g} = \vec{v} - \vec{v}_1$ und $\vec{g}' = \vec{v}' - \vec{v}_1'$ oder mit anderen Worten der Winkel der Bahnasymptoten der beiden am Stoß beteiligten Teilchen (Abb. 2). Infolge der Invarianz der Gleichungen der klassischen Mechanik gegen Zeitumkehr ist auch ein inverser Stoß möglich, bei dem die Rollen von $\vec{g}$ und $\vec{g}'$ vertauscht sind. Man kann in der klassischen Mechanik durch Integration der Bewegungsgleichung den Streuwinkel θ in Abhängigkeit vom Stoßparameter b berechnen und dadurch den Streuprozeß quantitativ charakterisieren.

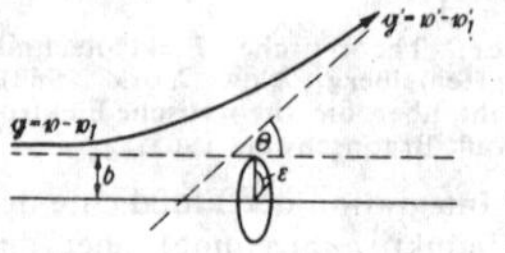

2 Stoß zweier Teilchen im Massenmittelpunktsystem

Der *differentielle S.* ist das Verhältnis der Zahl der Teilchen, die in der Zeiteinheit in den Raumwinkel $d\Omega = \sin\theta\, d\theta\, d\varepsilon$ gestreut werden, zur Zahl der Teilchen, die in der Zeiteinheit durch eine Fläche von 1 cm^2 auf das Streuzentrum auftreffen (Abb. 3). ε ist der Azimutwinkel (s. Abb. 2). Integration des differentiellen S.s über alle Winkel liefert den *totalen S.* Der so definierte S., manchmal auch *Stoßquerschnitt* genannt, hat die Dimension einer Fläche und wird mitunter, da er nicht wie beim Stoß starrer Kugeln unmittelbar mit den geometrischen Ausmaßen der betrachteten Teilchen zusammenhängt, als *effektiver S.* bezeichnet. In der klassischen Mechanik kann man den S. aus der Abhängigkeit des Streuwinkels vom Stoßparameter berechnen.

In der Quantenmechanik wird der Begriff Stoßparameter sinnlos, da sich Teilchenbahnen nicht angeben lassen. Die Angabe des S.s ist die einzige Möglichkeit, den Streuprozeß quantitativ zu charakterisieren. Die quantitative Beschreibung der Stärke der Streuung und der Winkelverteilung der gestreuten Teilchen wird im Falle einer elastischen Streuung, bei der die ursprünglichen Teilchen erhalten bleiben und der Energiesatz gilt, durch den effektiven S. geliefert. Bei unelastischer Streuung, z. B. bei Anregungs-, Ionisations- oder Rekombinationsprozessen, die vor allem in der Plasmaphysik eine große Rolle spielen, ist die Bezeichnung *Wirkungsquerschnitt* als Verallgemeinerung des Begriffes S. üblich.

Die Berechnung des S.s in der Quantentheorie erfolgt durch die quantenmechanische Streutheorie. Der explizite Ausdruck für den S. wird mitunter als *Streuformel* bezeichnet. Am bekanntesten ist die Rutherfordsche → Streuformel für die Streuung elektrisch geladener Teilchen infolge der Coulomb-Wechselwirkung.

Streuspannung, bei Transformatoren und anderen Wechselstrommaschinen und -geräten die vom Streufluß in der erregenden Spule induzierte Spannung. Entsprechend ihrer Wirkung auf das Strom-Spannungs-Verhalten einer Zweiwicklungsanordnung wird die S. auch als induktiver Spannungsabfall oder Streuspannungsabfall bezeichnet und eine entsprechende Streuinduktivität bzw. Streureaktanz definiert.

Streustrahlung, jede Art Strahlung, die infolge von materiellen Hindernissen aus ihrer ursprünglichen Richtung nach vielen verschiedenen Richtungen gestreut, d. h. abgelenkt wird. Röntgen- oder γ-Strahlen, aber auch Teilchenstrahlen bilden nach ihrem Durchgang durch Materie als Ergebnis ihrer Wechselwirkung eine S. Beim Durchstrahlen von kolloidalen Lösungen, Dunst, geringem Nebel u. a. mit Licht entsteht eine S. Als S. bezeichnet man auch das (unerwünschte) Austreten der in einem bestimmten Volumen (z. B. Hohlraumresonator, Antennenrichtstrahl) konzentrierten elektromagnetischen Wellen. → Streuung, → Störstrahlung.

Streutheorie, → quantenmechanische Streutheorie.

Streuung, 1) Physik: A) allgemein die Ablenkung eines Teils eines in einer bestimmten Richtung laufenden, scharf gebündelten Teilchenstrahls bzw. einer ebenen Welle mit fester Wellenzahl beim Durchgang durch Materie, wobei sich die Intensität in der ursprünglichen Strahlungsrichtung zugunsten der Intensität der Streustrahlung vermindert. Dabei kann die streuende Materie sowohl als korpuskulares als auch als kontinuierlich zu behandelndes Objekt angesehen werden; in diesem Sinne ist z. B. auch die Beugung elektromagnetischer Wellen (s. u.) als S. aufzufassen. Einengend spricht man daher gewöhnlich von S., wenn, die streuende Materie korpuskular aufgefaßt, der Elementarvorgang der S., die *Einzelstreuung*, als Wechselwirkung der Strahlung mit einem einzelnen „Streuzentrum", etwa einem Atom, einem Atomkern oder einem Korpuskel, erfolgt, das mathematisch oft durch ein (meist kugelsymmetrisches) Potential charakterisiert werden kann (Potentialstreuung). Die S. kann je nach den Umständen im Teilchen- oder im Wellenbild betrachtet werden.

Im Teilchenbild besteht der einzelne Streuvorgang in der Ablenkung der einzelnen Teilchen um den *Streuwinkel* ϑ (der streng genommen als Symmetrieachse eines Raumwinkelelements zu verstehen ist). Im Ergebnis vieler Einzelstreuungen resultiert eine bestimmte Winkelverteilung der gestreuten Teilchen (→ Wirkungsquerschnitt, → Streuquerschnitt, → Streuformel).

Die Einzelstreuung kann auch in Verallgemeinerung des Begriffs als Stoßvorgang des Teilchens am (ruhenden) Streuzentrum aufgefaßt werden; der Abstand ϱ der Asymptote des einfallenden Teilchens von der durch das Streuzentrum gehenden Parallelen wird daher häufig als *Stoß-* oder *Streuparameter* bezeichnet (Abb. 1).

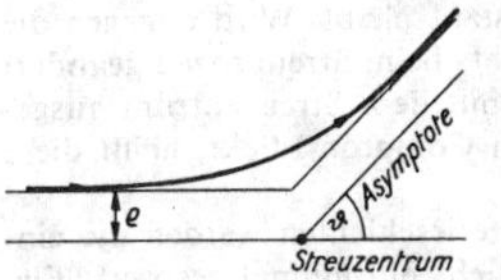

1 Teilchenstreuung (schematisch)

Im Teilchenbild kann die Ablenkung eines Teilchens, das nahe an einem anderen Teilchen vorbeifliegt, aus seiner ursprünglichen Flugbahn auch klassisch beschrieben werden (*Teilchenstreuung*). Die Stärke der Ablenkung hängt dabei vom Grad der Annäherung der Teilchen und von den Wechselwirkungskräften ab, die die Teilchen aufeinander ausüben. Man kann deshalb durch Streuuntersuchungen Aufschluß über die Wechselwirkungskräfte der Teilchen untereinander gewinnen. In der Praxis wird bei derartigen Streuexperimenten ein Teilchenstrahl auf ein als Streuzentrum wirkendes Materiestück gerichtet und die Intensität der gestreuten Teilchen in den verschiedenen Richtungen gemessen. Auf diesem Wege gelang es Rutherford 1911 durch den Vergleich von experimentellen Ergebnissen mit der Rutherfordschen Streuformel, Aussagen über die Größenordnung des Atomkerns zu erhalten.

Im Wellenbild besteht der einzelne Streuvorgang dagegen in der Emission einer Kugelwelle (*Streuwelle*) aus dem Streuzentrum mit einer richtungsabhängigen Amplitude (*Streuamplitude*) als Folge des Überstreichens des Zentrums durch die ebene Welle des einlaufenden Strahls. Die Winkelverteilung der S. ergibt sich dann aus der Richtungsabhängigkeit der Intensität der Streuwelle, die übrigens das direkte Analogon der Huygensschen Sekundärwellen im Falle des Lichts ist. Bei der quantenmechanischen Beschreibung der S. werden beide Bilder in gleicher Weise benutzt (→ quantenmechanische Streutheorie).

Arten der S. Je nach Art des Energieaustausches spricht man von *elastischer S.*, wenn bei den Einzelstreuungen weder die Teilchen noch das Streuzentrum außer der Änderung des Impulses keine inneren Änderungen, wie Anregungen, Ionisierung o. ä., erleiden und die ursprünglichen Teilchen also erhalten bleiben; andernfalls heißt die S. *unelastisch oder inelastisch*. Die elastische S. kann über einen Compoundzustand verlaufen, d. i. die *compoundela-*

stische S., oder auch nicht, d. i. die *formelastische S.* Erfolgt die elastische S. am Potentialsprung an der Kernoberfläche, so wird sie als *Potentialstreuung* bezeichnet. Bei der unelastischen S. überträgt das einfallende Teilchen einen Teil seiner Energie dem Kern des Streumediums, der sich dadurch nach der S. z. B. in einem angeregten Zustand befindet und von diesem Zustand aus möglicherweise unter γ-Emission zerfällt.

Die S. heißt *kohärent*, wenn die verschiedenen Streuwellen feste Phasenbeziehungen zur einlaufenden Welle – und damit auch untereinander – haben, so daß sie miteinander interferieren können; andernfalls heißt die S. *inkohärent*.

Man spricht bei der Lichtstreuung von kohärenter S., wenn die Frequenz des Lichtes beim Streuprozeß konstant bleibt. Wird dagegen die Frequenz des Lichts beim Streuprozeß geändert und die Energie mit dem Streuzentrum ausgetauscht, wie beim Compton-Effekt, heißt diese S. inkohärent.

Bei dicken Materieschichten werden die einzelnen Teilchen nicht nur einmal gestreut (*Einfachstreuung*), sondern die Teilchen erleiden mehr als eine einzige Wechselwirkung, d. h., sie werden mehrfach gestreut; man spricht dann von *Mehrfach-* oder *Vielfachstreuung*. Mit der Vielfachstreuung von Neutronen- oder Elektronenwellen befaßt sich die → dynamische Theorie. Die *Rückstreuung*, eine Art der Mehrfachstreuung, bewirkt, daß in einem Kernstrahlungsdetektor nicht nur Strahlung registriert wird, die unmittelbar zum Detektor gelangt, sondern auch Teilchen oder Quanten, deren ursprüngliche Richtung nicht auf den Detektor gerichtet war. Die Rückstreuung muß vor allem bei β-Präparaten berücksichtigt werden. Sie ist von der Art und Dicke des Präparates, der Energie seiner Strahlung und der Schichtdicke des Präparatträgers abhängig (→ ionisierende Strahlung 2.3). Sie wird minimal bei Verwendung sehr dünner Präparate mit dünnen, leichten Trägern. Eine Vielfachstreuung von Elementarteilchen in Spurennachweisinstrumenten kann gegebenenfalls zu fehlerhaften Interpretationen führen, da sie möglicherweise eine gleichmäßige Bahnkrümmung infolge des anliegenden Magnetfeldes vortäuschen kann und dann etwa zu falschen Masseberechnungen der Teilchen führt; die Kenntnis der Vielfachstreuung ist auch für die Theorie der Abschirmung strahlender Objekte, z. B. von Kernreaktoren, von Bedeutung.

Als *Zweifach-* oder auch *Doppelstreuung* bezeichnet man die Ablenkung eines Teilchenstrahls an zwei verschiedenen Targets. Dabei fliegt das am ersten Target abgelenkte Teilchen auf ein zweites Target, wo es nochmals gestreut wird. Mit dieser Methode der Zweifachstreuung läßt sich bei Vorhandensein einer Spin-Bahn-Kopplung die Kernpolarisation nachweisen.

In der Elementarteilchenphysik spielen Streuprozesse (Stoßprozesse) zwischen den Elementarteilchen eine zentrale Rolle, wobei man allgemeiner nicht nur die S. zweier, sondern mehrerer Teilchen verschiedener oder gleicher Sorte an zwei oder mehreren Teilchen betrachtet, die nicht notwendig mit den einlaufenden Teilchen identisch sein müssen (inelastische S.). Auch die Zerfälle der Elementarteilchen können in dieses Bild eingefügt werden, da die zerfallenden Teilchen als infolge eines inelastischen Stoßes angeregte Teilchen aufgefaßt werden können und tatsächlich auch so bei Elementarteilchenreaktionen entstehen (→ Streuexperiment, → S-Matrix).

B) speziell je nach den beteiligten Teilchen oder Quanten bezeichnete kernphysikalische Vorgänge.

1) *Rutherford-Streuung* besteht in der S. eines elektrisch geladenen Teilchens an einem anderen unter der Wirkung der elektrostatischen Coulomb-Kraft (deshalb auch als *Coulomb-Streuung* bezeichnet) zwischen beiden. Die Rutherford-Streuung von α-Teilchen an Atomen führte Rutherford zur Konzeption des Rutherfordschen Atommodells. Sowohl die klassische Mechanik als auch die Quantenmechanik führen übereinstimmend zu der Rutherfordschen → Streuformel für den partiellen Wirkungsquerschnitt. Wenn bei hinreichend hoher kinetischer Energie (einige MeV) das α-Teilchen die Coulomb-Schwelle des beschossenen Kerns überschreitet, tritt zusätzlich zur Rutherford-Streuung am elektrostatischen Feld des Atomkerns noch eine S. am Kernkraftpotential auf, so daß der Wirkungsquerschnitt von der Rutherfordschen Streuformel abweicht. Aus dem Einsatzpunkt dieser wegen der Abweichung von der Rutherford-Streuung als anomal bezeichneten S. kann der → Kernradius bestimmt werden.

2) Als *Kernstreuung* wird die Ablenkung eines Teilchens aus seiner ursprünglichen Bewegungsrichtung durch Wechselwirkung mit einem Atomkern bezeichnet. Die Winkelverteilung der Intensität $I(\vartheta)$ der gestreuten Teilchen in Abhängigkeit vom Streuwinkel ϑ liefert Informationen über den Streuprozeß und den Kern. Bei kleinen Energien überwiegt die Rutherford-Streuung stark, bis bei einigen MeV Energie der geladenen Teilchen wegen der Kernkräfte Abweichungen auftreten. Wird das Teilchen vom Kern absorbiert, so beobachtet man neben Kernreaktionen auch *compoundelastische S.*, d. h., ein Teilchen gleicher Art und gleicher Energie wie das eindringende wird vom Kern wieder emittiert. Compoundelastische S. tritt resonanzartig auf. Bei Energien von 1 bis 5 MeV beobachtet man sehr schmale Resonanzen, die sich auf einem hohen Untergrund befinden, der durch Kernpotential- und Rutherford-Streuung gebildet wird. Diese drei Anteile der S. geladener Teilchen interferieren. Dabei bilden sich charakteristische Resonanzen des Wirkungsquerschnitts. Den Teil der elastischen Streuung, der nicht über die Bildung eines Compoundkerns verläuft, bezeichnet man als *Potentialstreuung* oder *formelastische* S.

Da es keine Feldtheorie der Kernkräfte gibt, die alle experimentellen Daten quantitativ richtig beschreibt, wird in der phänomenologischen Behandlung der Kernstreuung mit Kernpotentialen willkürlicher Größe, Radialabhängigkeit u. dgl. gearbeitet, um die theoretische Beschreibung mit den experimentellen Daten in Übereinstimmung zu bringen. Die Kernstreuung ist wesentlich spinabhängig, gestattet also in Experimenten der Doppelstreuung Aussagen über die Polarisation des Kerns und des gestreuten

Teilchens. Der Kernstreuung ist stets eine Coulomb-Streuung überlagert.

3) Trifft ein Neutronen- oder Protonenstrahl auf ein Target aus Wasserstoff, dann beobachtet man eine Neutron-Proton-Streuung oder eine Proton-Proton-Streuung. Beide S.en werden mit dem Oberbegriff *Nukleon-Nukleon-Streuung* bezeichnet, weil in beiden Fällen Nukleonen an Nukleonen gestreut werden. Bei niedrigen und mittleren Energien tritt ausschließlich elastische S. auf, während bei Energien der einfallenden Teilchen von etwa 300 MeV auch inelastische Prozesse einsetzen. Bei diesen Energien werden Mesonen ausgesendet. Man bestimmt experimentell den Wirkungsquerschnitt, die Winkelverteilung und die Polarisation der gestreuten Protonen und Neutronen in Abhängigkeit von der Energie des einfallenden Strahls. Damit erhält man Aussagen über das Potential und somit über die Nukleon-Nukleon-Kräfte. Weil kein Target genügend hoher Neutronendichte zur Verfügung steht, ist eine *Neutron-Neutron-Streuung* bisher nicht praktisch verwirklicht worden.

Die Wechselwirkung zwischen zwei Protonen läßt sich nur mit Hilfe der *Proton-Proton-Streuung* untersuchen, weil kein gebundenes Diproton ($^2_2$He) existiert. Bei niedrigen Energien liefert die Proton-Proton-Streuung Aussagen über die Kernkräfte. Es tritt hier neben der S. am Coulomb-Potential eine S. am Kernpotential und Interferenz zwischen beiden Anteilen auf. Der Einfluß der Kernstreuung nimmt mit wachsender Energie zu. Ein Vergleich von Neutron-Proton-Streuung und Proton-Proton-Streuung zeigte nach Subtraktion der Coulomb-Wechselwirkung keine wesentlichen Unterschiede zwischen beiden, woraus zu schließen ist, daß die Kernkräfte unabhängig von der Nukleonenladung sind. Bei hohen und höchsten Energien wird die de-Broglie-Wellenlänge der Protonen so klein, daß man mit diesen Protonen das innere Kraftfeld eines Nukleons untersuchen kann. Für Protonenenergien von 100 MeV beträgt die Wellenlänge $\lambda \approx 10^{-13}$ cm. Deshalb ist die hochenergetische Proton-Proton-Streuung besonders für Nukleonenstrukturuntersuchungen bedeutungsvoll. Oberhalb einer Energie von 300 MeV treten neben der elastischen S. auch Anregungen der Nukleonen und Emission von Mesonen auf. Bei einer Schwerpunktsenergie von $\approx$ 290 MeV hat der Wirkungsquerschnitt der unelastischen Wechselwirkung eine Resonanz. Nach der Gleichung $p + p \to p + \pi^+$ kommt es zur Erzeugung von π-Mesonen. Bei höheren Energien sind noch eine Vielzahl anderer unelastischer Prozesse möglich, die zur Erzeugung mehrerer Mesonen führen. Es handelt sich dabei z. B. um folgende Reaktionen: $p + p \to p + p + \pi^+ + \pi^-$; $p + p \to p + p + \pi^\circ + \pi^\circ$; $p + p \to n + n + \pi^+ + \pi^+$; $p + p \to n + p + \pi^+ + \pi^\circ$.

4) Die *Neutronenstreuung* geschieht an den Atomkernen. Während bei niedrigen Neutronenenergien ($<$ 1,5 MeV) elastische Streuung mit nahezu isotroper Winkelverteilung stattfindet, tritt bei höheren Neutronenenergien auch → unelastische Neutronenstreuung, eventuell von Kernreaktionen begleitet, mit stark veränderlicher Winkelverteilung auf. Neben Untersuchungen über die Kernstruktur, z. B. mit Hilfe der bei → Resonanzstreuung entstehenden → Neutronenresonanzen, erlaubt die Neutronenstreuung mit hinreichend langsamen Neutronen die Aufklärung der Struktur bzw. der inneren Dynamik von Festkörpern, Makromolekülen u. a. (→ Neutronenstreuung in Festkörpern) und mittels der → Kleinwinkelstreuung die Untersuchung von Volumenbereichen unterschiedlicher Elektronendichte. Dabei ist eine direkte Ausmessung der Dispersionsrelation von Gitterschwingungen und Spinwellen möglich. Bei diesen Untersuchungen ist die Neutronenstreuung allerdings nicht mehr scharf von der → Neutronenbeugung zu trennen.

Die *magnetische Neutronenstreuung* beruht auf der Wechselwirkung des magnetischen Momentes des Neutrons mit den atomaren magnetischen Momenten, d. h. mit der Atomhülle. Mit ihrer Hilfe werden vor allem Festkörper untersucht. a) Bei der *elastischen magnetischen Neutronenstreuung* wird die Winkelverteilung möglichst polarisierter Neutronen, die ohne Energieverlust gestreut werden, gemessen. Die Auswertung erfolgt analog zu Röntgenstrukturuntersuchungen. Bei einem magnetisch geordneten Kristall erhält man im allgemeinen zusätzliche, vom Magnetfeld und von der Polarisation der Neutronen abhängige Reflexe. Es können die Größe der magnetischen Momente, ihre Orientierung gegeneinander und gegenüber den Kristallachsen (→ magnetische Struktur) sowie ihre räumliche Verteilung (Lokalisierung) bestimmt werden. b) Bei der *inelastischen magnetischen Neutronenstreuung* werden → Spinwellen angeregt. Wegen des Energie- und Impulssatzes kann man aus der Energie- und Impulsänderung der Neutronen die Dispersionsrelation der Spinwellen bestimmen. c) Die *kritische magnetische Neutronenstreuung* tritt in der Umgebung des Curie- oder Néel-Punktes auf. Sie zeigt, daß die magnetischen Reflexe der elastischen magnetischen Neutronenstreuung an diesem Punkt nicht verschwinden, d. h., daß kurz oberhalb der kritischen Temperatur die Ordnung noch nicht vollständig zerstört ist, sondern daß zunächst noch eine starke Nahordnung zwischen benachbarten Momenten besteht. Auch die durch die Spinwellen bedingten Reflexe bleiben erhalten. Da die Spinwellen aber stark gedämpft sind, sind die Reflexe sehr schwach und verwaschen.

5) Die *S. von Ladungsträgern in Festkörpern* besteht im Einfluß der dynamischen und statischen Gitterirregularitäten auf die Bewegung der freien Ladungsträger im Kristallgitter und ist ein wichtiger Teilaspekt des Ladungstransports im Festkörper. Jede Störung der genauen räumlichen Periodizität des Kristalipotentials führt zu dieser S.; Ladungsträger im völlig ungestörten idealen Gitter würden unter der Wirkung eines äußeren elektrischen Feldes keine stationäre mittlere Geschwindigkeit annehmen. Erst durch *Streuprozesse* können die Ladungsträger die aus dem elektrischen Feld aufgenommene Energie an das Gitter abgeben, wodurch eine stationäre Geschwindigkeitsverteilung möglich wird.

Der Streu- oder Stoßprozeß wird durch die Übergangswahrscheinlichkeit beschrieben, mit der die Ladungsträger unter der Wirkung einer bestimmten Störung aus einem Quantenzustand $|\vec{k}\nu\rangle$ in einen Zustand $\langle\vec{k}'\nu'|$ übergehen. Dabei sind ν und ν' die Bandindizes vor und nach dem Stoß, $\vec{k}$ und $\vec{k}'$ die Ausbreitungsvektoren vor und nach dem Stoß.

Interbandstreuung ist durch Übergänge mit $\nu \neq \nu'$, *Intrabandstreuung* durch solche mit $\nu = \nu'$ gekennzeichnet. Die *elastische S. von Ladungsträgern* enthält nur solche Übergänge, bei denen die Ausbreitungsvektoren $\vec{k}$ und $\vec{k}'$ auf einer Fläche konstanter Energie liegen; alle übrigen Übergänge werden als *unelastische S.* bezeichnet. Die Annahme elastischer S. vereinfacht zwar die Berechnung des Stoßterms, ist aber nur dann eine gute Näherung, wenn die Energieänderungen bei den Übergängen klein im Vergleich zur thermischen Energie der Ladungsträger sind.

S. an Gitterschwingungen. Die Wechselwirkung der Kristallelektronen mit den Gitterschwingungen, die Elektron-Phonon-Wechselwirkung, wird durch den Operator $\hat{H}_{EP}$ beschrieben. Dies ist die Potentialdifferenz für das Elektron im durch Gitterschwingungen verzerrten und unverzerrten Kristall. In den zu berechnenden Übergangsmatrixelementen

$$\langle f|\hat{H}_{EP}|i\rangle \qquad (1)$$

enthalten die Wellenfunktionen $|i\rangle = |\ldots n_{w\alpha}\ldots;\vec{k}\nu\rangle$ und $\langle f| = \langle\vec{k}'\nu';\ldots n'_{w\alpha}\ldots|$ neben den Elektronenanteilen noch Phononanteile $n_{w\alpha}$ und $n'_{w\alpha}$, die die Anzahl der Phononen der Sorte $(\vec{w},\alpha)$ vor und nach dem Stoß angeben. Dabei ist $\vec{w}$ der Phonon-Ausbreitungsvektor, und α kennzeichnet den Schwingungszweig des beteiligten Phonons. In linearer Näherung, d. h. näherungsweise als lineare Funktion der Verrückungen der Atome aus ihren Gleichgewichtslagen betrachtet, eignet sich der Operator $\hat{H}_{EP}$ zur Berechnung von Übergangswahrscheinlichkeiten für Übergänge $\vec{k} \to \vec{k}'$, wobei sich die Zahl der Phononen um 1 ändert: $n'_{w\alpha} = n_{w\alpha} \pm 1$, d. h., ein Phonon der Sorte $(\vec{w},\alpha)$ wird emittiert oder absorbiert. Bei diesen Übergängen müssen Energie- und Quasiimpulssatz erfüllt sein: $E_k - E_{k'} \pm \hbar\omega_{w\alpha} = 0$, $\vec{k} - \vec{k}' \pm \vec{w} = 0$ bzw. $\vec{K}$. Dabei ist $\vec{K}$ ein Vektor im reziproken Gitter, $\hbar\omega_{w\alpha}$ ist die Energie des emittierten bzw. absorbierten Phonons, wobei $\hbar = h/2\pi$ die Plancksche Konstante ist. Wenn $\hbar\omega_{w\alpha}$ im Vergleich zu den Bandabständen klein ist, sind alle Streuprozesse Intrabandübergänge.

Die Formel für die Übergangswahrscheinlichkeit $W(\vec{k}',\vec{k})$ stellt eine Summe über alle mit dem Quasiimpulssatz verträglichen Möglichkeiten dar. Streuprozesse ohne Beteiligung eines Vektors im reziproken Gitter werden *Normalprozesse* genannt; alle übrigen Streuprozesse, also Übergänge unter Mitbeteiligung eines Vektors im reziproken Gitter in der Impulsbilanz, heißen *Umklappprozesse*. Typische Halbleiter, wie Silizium und Germanium, haben mehrere äquivalente Minima im gleichen Leitungsband (→ Bändermodell), die mit Elektronen besetzt sind, also Täler (Valleys). Durch Elektron-Phonon-Wechselwirkung können Elektronen von einem Tal in ein anderes gestreut werden. Dieser Streuvorgang heißt *Intervalleystreuung*. In Silizium kann Intervalleystreuung nur in Form von Umklappprozessen stattfinden. Bei *Intravalleystreuung* liegen $\vec{k}$ und $\vec{k}'$ im gleichen Tal. Die Valenzbänder in Halbleitern weisen bei $\vec{k} = 0$ Bandentartung auf, so daß in p-Leitern neben *Intrabandstreuung* auch → *Interbandstreuung* zu berücksichtigen ist.

Die detaillierte Berechnung von Übergangswahrscheinlichkeiten wurde mit verschiedenen Modellen für $\hat{H}_{EP}$ ausgeführt. Für Halbleiter mit kovalenter Bindung hat sich die *Deformationspotentialtheorie* von Bardeen und Shockley zur Beschreibung der Streuung an langwelligen Phononen bewährt. Der Kristall wird als elastisches Kontinuum mit annähernd gleicher Deformation in benachbarten Raumbereichen aufgefaßt. Man geht davon aus, daß die potentielle Energie der Ladungsträger eines Bandes durch die mit den Gitterschwingungen einhergehende Kristalldeformation beeinflußt wird. Experimentelle Anhaltspunkte hierfür geben z. B. durch statische Druckanwendung hervorgerufene Bandkantenverschiebungen. Die Energiekorrektur wird im allgemeinen in erster Näherung bezüglich der Entwicklung in der Umgebung einer Bandkante berücksichtigt. Einfache Symmetrieüberlegungen zeigen, daß für sphärische Energieflächen des ungestörten Kristalls die Energieänderung in dieser Näherung nur von der Form $\hat{H}_{EP} = C_1 \operatorname{div} \vec{s}$ sein kann. Der Vektor $\vec{s}(\vec{r})$ gibt die Verschiebung des Punktes $\vec{r}$ unter der Wirkung der homogenen Deformation an. Die Bildung $\operatorname{div} \vec{s}$ entspricht der relativen Volumenänderung, der Gitterdilatation. Die Konstante C_1, die Deformationspotentialkonstante, ist die Verschiebung der Bandkantenenergie, bezogen auf die Gitterdilatation. Für nichtsphärische Energieflächen, z. B. in der Umgebung der Leitungsbandtäler von Silizium oder Germanium, sind zwei Deformationspotentialkonstanten zur Beschreibung von $\hat{H}_{EP}$ erforderlich. In Silizium und Germanium sind die Deformationspotentialkonstanten von der Größenordnung 10 eV.

Um die Berechnung von $\hat{H}_{EP}$ auszuführen, muß bei akustischen Phononen für $\vec{s}$ einer der 3 Zweige der akustischen Wellen eingesetzt werden: $\vec{s}_\alpha(\vec{r}) = s_\alpha \vec{e}_\alpha\, e^{i(\vec{w}\vec{r}-\omega t)}$; $(\alpha = 1, 2, 3)$. Dabei sind $\vec{e}_\alpha$ orthogonale Polarisationsvektoren. Aus der Bildung $\operatorname{div} \vec{s}_\alpha = i\vec{w}\vec{s}_\alpha$ erkennt man, daß nur der longitudinale Schwingungszweig $\vec{e}_\alpha || \vec{w}$ zu $\hat{H}_{EP}$ beiträgt. Innerhalb der hier eingeführten Näherungen treten die Elektronen also nur mit longitudinalen Phononen in Wechselwirkung. Für die quantenmechanische Übergangswahrscheinlichkeit in erster Näherung der *Diracschen Störungstheorie*

$$W(\vec{k}',\vec{k}) = \frac{2\pi}{\hbar}\,|\langle f|\hat{H}_{EP}|i\rangle|^2\,\delta(E_i - E_f) \qquad (2)$$

ergibt sich bei alleiniger Berücksichtigung der Normalprozesse $W(\vec{k}',\vec{k}) = \frac{2\pi}{\hbar} C_1^2\,|\vec{w}|^2\,s_1^2$.

Hierbei ist s_1 die longitudinale Schallamplitude. Nach der strengen Theorie der Schallquanten entspricht das Quadrat der Schallamplitude der Größe $\frac{\hbar}{2\varrho\omega_w}\cdot\begin{cases}\bar{n}_w & \text{für Phononenabsorption,}\\ \bar{n}_w + 1 & \text{für Phononenemission.}\end{cases}$ Dabei ist ϱ die makroskopische Dichte des Kristalls und $\bar{n}_w = \left[\exp\left(\frac{\hbar\omega_w}{k_B T}\right) - 1\right]^{-1}$ die Phononendichte im thermodynamischen Gleichgewicht, wobei k_B die Boltzmannsche Konstante und T die Temperatur ist. In der Näherung $\hbar\omega_w \ll k_B T$ ist $\bar{n}_w \approx \bar{n}_w + 1 \approx \frac{k_B T}{\hbar\omega_w}$; der Streuprozeß kann in dieser Näherung als elastisch betrachtet werden. Emissions- und Absorptionsprozeß zusammengefaßt ergeben somit $W(\vec{k}', \vec{k}) = \frac{2\pi}{\hbar} C_1^2 \frac{k_B T}{\varrho v_1^2}$. Dabei wurde $\frac{\omega_w}{|\vec{w}|}$ durch die Schallgeschwindigkeit v_1 der longitudinalen Wellen ersetzt.

In Kristallen mit mehr als einem Atom je Elementarzelle müssen die dort möglichen optischen Phononen in der Elektron-Phonon-Wechselwirkung mit berücksichtigt werden. Bei ihrer Behandlung im Deformationspotentialmodell sind zwei Besonderheiten zu berücksichtigen, und zwar sind die beteiligten Phononenergien im allgemeinen zu groß, um eine elastische S. annehmen zu können; ferner ist die Darstellung des Operators $\hat{H}_{EP}$ als reine Gitterdilatation eine unbrauchbare Näherung, da gerade die divergenzfreien Anteile von $\mathfrak{z}(\vec{r})$ wichtig sind. In Verbindungshalbleitern, z. B. in GaAs, ist den Bestandteilen eine unterschiedliche elektrische Ladung zuzuordnen. Dadurch erzeugen die bei optischen Schwingungen im wesentlichen gegeneinander schwingenden Bestandteile einer Elementarzelle eine Polarisation. Die Wechselwirkung der Elektronen mit dieser Polarisation wird durch ein Coulomb-Potential beschrieben, das um so größer ist, je stärker der Ionenbindungscharakter der Verbindung ausgeprägt ist. Nimmt man eine Ionenladung $\pm eZ$ an, so daß Ze^2/a von der Größenordnung der Deformationspotentialkonstanten ist (a sei die Gitterkonstante des Kristalls), so ist die Übergangswahrscheinlichkeit für polare optische S. um $(a\,|\vec{w}|)^{-2}$ größer als für Deformationspotentialstreuung. Der Betrag $|\vec{w}|$ des Phonon-Ausbreitungsvektors liegt in einem mit den Erhaltungsbedingungen für Energie und Quasiimpuls verträglichen Intervall. Für hohe Temperaturen T mit $k_B T \gg \hbar\omega_{opt}$ gilt $|\vec{w}| \leq 2\,|\vec{k}|$. Bei einem Größenvergleich für polaroptische S. und Deformationspotentialstreuung an akustischen Phononen ist außerdem noch der stark von der Temperatur abhängige Einfluß der Phononbesetzungsdichte $\bar{n}_{opt}$ und $\bar{n}_{ak}$ zu berücksichtigen. Im allgemeinen kann sich die Deformationspotentialstreuung gegenüber der polaren optischen S. nur unter der Bedingung $\bar{n}_{opt} \ll 1$, $\bar{n}_{ak} \gg 1$ durchsetzen. Die Wechselwirkung mit optischen Phononen findet dann nur in Form von Emissionsprozessen statt. *Mehrphononübergänge* sind theoretisch zu erwarten a) bei Berücksichtigung auch von nichtlinearen Anteilen des in Gleichung (1) eingehenden Potentials, b) bei Berücksichtigung der höheren Näherungen in Gleichung (2). Nach Herring kompensieren sich die durch a) und b) in $W(\vec{k}', \vec{k})$ eingehenden Mehrphononanteile teilweise.

Störstellenstreuung. Der wichtige Einfluß, den statische Gitterirregularitäten, an erster Stelle ionisierte Störstellen, auf den Ladungsträgertransport ausüben, erklärt die extrem hohen Anforderungen bezüglich Reinheit und Perfektion des Kristallgitters in Halbleitern. Er ist im Gegensatz zur „kristalleigenen" Wirkung der Gitterschwingungen durch Herstellungsbedingungen der Halbleiterkristalle beeinflußbar. Ionisierte Störstellen sind elektrisch geladene Zentren, vorwiegend bedingt durch Fremdatome, die im Kristall statistisch verteilt in Konzentrationen von 10^{11} bis 10^{20} cm^{-3} eingelagert sind. Die Konzentration der ionisierten Streuzentren entspricht bei völliger Ionisierung im allgemeinen der Konzentration der Donatoren bzw. Akzeptoren im Halbleiter. Die Wechselwirkung $\hat{H}_{EI}$ der Elektronen mit dem Streuzentrum ist durch ein abgeschirmtes Coulomb-Potential $V = -\frac{e^2}{4\pi\varepsilon\varepsilon_0} e^{-\lambda r}$ zu beschreiben. Dabei ist ε die statische Dielektrizitätskonstante, e die Elementarladung, ε_0 die Influenzkonstante und r der Abstand zwischen Elektronen und Streuzentrum. Der Abschirmradius λ beschreibt den Einfluß der restlichen Elektronen auf das Streupotential und hängt von ihrer Konzentration n ab; er ist im Fall der Nichtentartung des Ensembles der Ladungsträger durch die Debye-Länge $\lambda = \sqrt{\varepsilon\varepsilon_0 k_B T/e^2 n}$ gegeben.

Die Berechnung der Übergangswahrscheinlichkeit in erster Näherung nach der Störungstheorie erfolgt unter Verwendung von → Bloch-Funktionen. Die Übergangsmatrixelemente für die S. eines Elektrons am abgeschirmten Coulomb-Potential ergeben sich daraus zu

$$\langle \vec{k}'\nu' \,|\hat{H}_{EI}|\, \vec{k}\nu\rangle = \int_\Omega d^3\vec{r}\; U^*_{\vec{k}'\nu'}(\vec{r})\; U_{\vec{k}\nu}(\vec{r}) \times \exp[i(\vec{k} - \vec{k}')\,\vec{r}]\, \frac{e^2}{\Omega\varepsilon\varepsilon_0} \sum_K \frac{\exp i\vec{K}\vec{r}}{|\vec{K}|^2 + \lambda^2}\,.$$

Der letzte Faktor im Integral ist die Fourier-Entwicklung des Streupotentials. Wegen der im Vergleich zur Elektronenmasse großen Ionenmasse erfolgt die S. an Störstellen näherungsweise elastisch. Nach Integration wird

$$\langle \vec{k}'\nu' \,|\hat{H}_{EI}|\, \vec{k}\nu\rangle = \frac{e^2}{\varepsilon\varepsilon_0} \cdot \frac{J(k'\nu; \vec{k}\nu)}{|\vec{K}|^2 + \lambda^2}\, \delta_{K,k'-k}$$

erhalten.

$$J(k'\nu; k\nu) = \Omega^{-1} \int_\Omega d^3\vec{r}\; U^*_{k\nu}(\vec{r})\; U_{k\nu}(\vec{r})$$

wird im weiteren näherungsweise gleich 1 gesetzt, was der Ersetzung der Bloch-Funktionen durch ebene Wellen entspricht. Die $\vec{k}$-Auswahlregel ist nicht maßgeblich für den Endzustand $\vec{k}'$, sondern für die im Streuprozeß wirksame Fourier-Komponente des Potentials. Wenn λ klein ist, hat das Übergangsmatrixelement des Operators für Intrabandstreuung ein scharfes Maximum bei $\vec{k} \approx \vec{k}'$. Im Fall der Interbandstreuung gibt es kein derartiges Maximum, da das Maximum von $|\vec{k} - \vec{k}'|$ wegen der Energieerhaltung im allgemeinen von Null verschieden ist. Nach Gleichung (2) erhält man die Übergangswahrscheinlichkeit $W(\vec{k}', \vec{k})$. In der Theorie der Störstellenstreuung ist es üblich, $W(\vec{k}', \vec{k})$ in Form des differentiellen Streuquerschnitts anzugeben; hierzu werden Polarkoordinaten mit $\vec{k}$ als Polarachse eingeführt. Für sphärische Energieflächen mit parabolischer $\vec{k}$-Abhängigkeit ist der differentielle Streuquerschnitt nur von der Energie E der Elektronen und dem Winkel θ zwischen $\vec{k}$ und $\vec{k}'$ abhängig:

$$\sigma(E, \theta) = \left(\frac{me^2}{2\pi\varepsilon\varepsilon_0\hbar^2}\right)^2 \left(\frac{1}{|\vec{k} - \vec{k}'|^2 + \lambda^2}\right)^2,$$

wobei

$$|\vec{k} - \vec{k}'| = 2\,|\vec{k}| \sin(\theta/2) = 2\sqrt{2mE}\,\sin(\theta/2)$$

gilt (Abb. 2); für $\lambda = 0$ erhält man die Rutherfordsche Streuformel. Daraus wurde eine Formel für die Beweglichkeit der Elektronen bei Störstellenstreuung abgeleitet. Zur Vermeidung der bei $\theta \to 0$ auftretenden Divergenz in $\sigma(E, \theta)$ für $\lambda = 0$ wurde ein maximaler Stoßparameter $b_{max} = \frac{1}{2} N_I^{-1/3}$ eingeführt. Dabei ist N_I die Konzentration der Streuzentren. Aus der Festlegung von b_{max} folgt für die Integration über θ eine Beschränkung auf Winkel $> \theta_{min}$. Ohne diese Beschränkung gelangt man zu fast dem gleichen Resultat für die Beweglichkeit, indem man die Abschirmung des Coulomb-Potentials in Rechnung stellt. Die Berechnung des differentiellen Streuquerschnitts in erster Näherung der *Diracschen Störungstheorie* oder in der hierzu völlig äquivalenten *Bornschen Näherung* wird für tiefe Temperaturen ungenau, da die mittlere Energie der Elektronen nicht mehr als groß gegen die Wechselwirkungsenergie angenommen werden kann. Die genaue Behandlung des Streuquerschnitts nach der *Partialwellenmethode*, numerisch für isotrope effektive Masse der Elektronen berechnet, führt auf kleinere Werte als das Näherungsverfahren. Ferner ergeben sich nach der genauen Theorie deutliche Unterschiede für repulsive und attraktive Wechselwirkung.

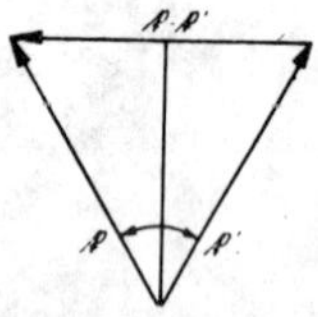

2 Vektordiagramm zur Erläuterung der Beziehung zwischen $|k - k'|$ und dem Streuwinkel Θ

Träger-Träger-Wechselwirkung. Die S. der Ladungsträger untereinander kann in ähnlicher Weise wie die S. an geladenen Zentren theoretisch behandelt werden. Durch Träger-Träger-Wechselwirkung wird der Gesamtimpuls eines Ladungsträgerensembles nicht beeinflußt; die Impulsverteilung der Ladungsträger, genauer die Reaktion der Impulsverteilung auf andere Wechselwirkungen, erfährt durch Träger-Träger-Wechselwirkung eine wesentliche Modifikation. Im Temperaturgebiet der Eigenleitung ist außerdem die Träger-Träger-Streuung zwischen Elektronen und Löchern zu berücksichtigen.

Die *S. an neutralen Störstellen* kann sich gegenüber der S. an geladenen Störstellen nur in stark kompensierten Halbleitern oder bei so tiefen Temperaturen durchsetzen, daß die Akzeptoren oder Donatoren im deionisierten Zustand vorliegen.

S. an Versetzungen. Für Gitterversetzungen wurde ein Streupotential nach dem Modell des Deformationspotentials abgeschätzt. Sein Einfluß auf die S. der Elektronen konnte in n-leitendem Germanium mit einer Versetzungsdichte von $3 \cdot 10^6\ cm^{-2}$ nachgewiesen werden.

Der unterschiedliche Temperatureinfluß auf die einzelnen Streumechanismen bedingt, daß ı der gleichen Halbleiterprobe in verschiedenen emperaturbereichen verschiedene Streumechaıismen dominieren können. Mit wachsender 'emperatur nimmt der Einfluß der S. an ionisier-ten Störstellen ab, während die Gitterstreuung stärker wird. Die S. an neutralen Störstellen ist temperaturunabhängig.

Lit. Brauer: Einführung in die Elektronentheorie der Metalle (2. Aufl. Leipzig 1971), u. Streitwolf: Theoret. Grundlagen der Halbleiterphysik (Berlin 1973); Madelung: Grundlagen der Halbleiterphysik (Berlin, Heidelberg, New York 1970).

6) Die *S. elektromagnetischer Wellen* erfolgt an Atomen oder Molekülen der durchstrahlten Medien.

a) Die *S. von Röntgenstrahlen* tritt an Elektronen der Atomhüllen der streuenden Medien auf und wird speziell als *Compton-Streuung* bezeichnet (→ ionisierende Strahlung 1.2), wenn Energie- und Impulssatz gelten, die streuenden Atome also weder angeregt werden noch fluoreszieren. Die durch S. von Röntgenstrahlen im allgemeinen angeregten Fluoreszenzfrequenzen sind für das bestrahlte Medium charakteristisch, so daß andererseits aus dem Beobachten der Fluoreszenzstrahlung auf die Struktur geschlossen werden kann. Eine spezielle Art der S. von Röntgenstrahlen ist die → Kleinwinkelstreuung.

b) Die *S. von Licht* an Teilchen, die klein gegen die Wellenlänge des Lichtes sind, heißt *Rayleigh-Streuung*, während die Lichtstreuung an kugelförmigen Teilchen, deren Radien in der Größenordnung der Lichtwellenlänge liegen, als *Mie-Streuung* bezeichnet wird. Lichtstreuung umfaßt außer der Ablenkung des Lichtstrahls auch die Erzeugung sekundärer Lichtwellen beim Auftreffen des Lichtes auf Materie.

Angeregt durch Tyndall leitete Lord Rayleigh ausgehend von den Maxwellschen Feldgleichungen für die Intensität $\sigma(\varphi)$ des gestreuten natürlichen Lichtes der Wellenlänge λ an einander sich nicht beeinflussenden Teilchen in Richtung des Streuwinkels φ an 1 cm^3 Luft die Beziehung

$$\sigma(\varphi) = \frac{2\pi^2}{N\lambda^4} (n^2(\lambda) - 1)^2 (1 + \cos^2 \varphi)$$

ab, die als *Rayleighsche Streufunktion* bezeichnet wird. N ist die Zahl der Luftmoleküle in einem cm^3, $n(\lambda)$ der Brechungsexponent der Luft bei der Wellenlänge λ. Die Rayleigh-Streuung erfolgt an kolloidalen Teilchen bis etwa 50 nm Durchmesser und vor allem an Gasen, besonders an den Molekülen reiner Luft, und wird darum auch als *Luftstreuung* bezeichnet. Die streuenden Teilchen als isotrop und kugelförmig vorausgesetzt, ist diese Streuung symmetrisch zu einer Ebene senkrecht zur Einstrahlungsrichtung. Das einfallende Licht wird also gleich stark nach vorn und nach hinten gestreut. Das unter 90° bezüglich der Einfallsrichtung, also in die ebengenannte Symmetrieebene gestreute Licht ist vollständig linear polarisiert. Im allgemeinen ist das Streulicht in beliebigen Richtungen teilweise polarisiert; entsprechend dem letzten Klammerausdruck hat die eine Komponente den Wert 1, die senkrecht dazu polarisierte Komponente den Wert $\cos^2 \varphi$. Die beiden Komponenten werden mit i_1 bzw. i_2 bezeichnet. Das Streudiagramm ist in der Abb. 3 dargestellt.

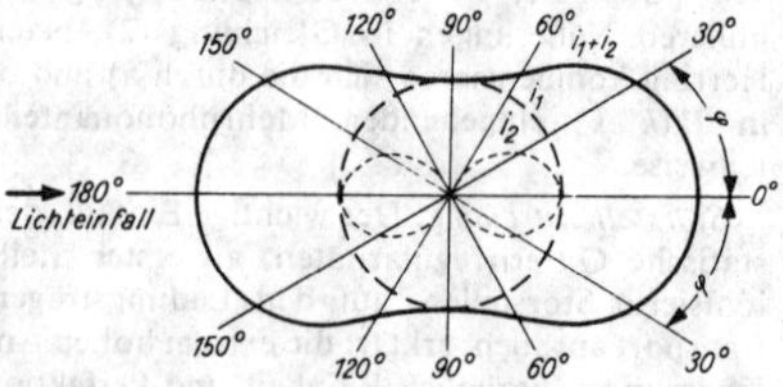

3 Polardiagramm der Streuanteile i_1 und i_2 sowie deren Summe $i_1 + i_2$ in Abhängigkeit vom Streuwinkel φ

Für $\varphi = 0$ und $\varphi = 180°$ ist $\cos^2\varphi = 1$, also $i_2 = i_1$; d. h., lediglich das Streulicht in diesen beiden Richtungen ist unpolarisiert. Für $\varphi = 90°$ dagegen ist $\cos^2\varphi = 0$, das Licht ist also vollständig polarisiert. Der Vektor der elektrischen Feldstärke $\vec{E}$ steht senkrecht auf der durch einfallenden und gestreuten Strahl gebildeten Ebene, liegt also in der genannten Symmetrieebene. Die Verhältnisse am Himmel geben diese Tendenz angenähert wieder, besonders im dunstarmen Hochgebirge. Abweichungen werden durch Streuvorgänge am immer vorhandenen Aerosol auf Grund der Mie-Streuung (s. u.) und durch die Mehrfachstreuung verursacht. Integriert man $\sigma(\varphi)$ über alle Streuwinkel φ, so erhält man den *Rayleighschen Streukoeffizienten* oder *Luftstreukoeffizienten* $b(\lambda) = \frac{8\pi^3}{3N\lambda^4}(n^2(\lambda) - 1)^2$. Es wird $b(\lambda)$ auch *Rayleighscher Extinktionskoeffizient* genannt. Das Bemerkenswerte bei $b(\lambda)$ ist die vierte Potenz der Wellenlänge im Nenner. Diese Abhängigkeit von λ^{-4} wird häufig nach ihrem Entdecker *Tyndall-Phänomen* genannt, und zuweilen wird auch diese S. als *Tyndall-Streuung* bezeichnet. So ist $b(\lambda)$ für blaues Licht mit $\lambda = 0{,}42\ \mu m$ etwa 10mal so groß wie für rotes Licht mit $\lambda = 0{,}72\ \mu m$ und dieses wiederum 10mal so groß wie das für das nahe Infrarot mit $\lambda = 1{,}2\ \mu m$. Aus der Rayleigh-Streuung läßt sich somit die Blaufärbung des Himmels erklären.

Ausgang der Mieschen Theorie sind die Maxwellschen Feldgleichungen, umgeformt auf Polarkoordinaten mit dem Mittelpunkt des Kügelchens (z. B. des Nebeltröpfchens, Dunstteilchens) als Ursprung. Mie berechnete die beiden senkrecht zueinander polarisierten Streuanteile

$$i_1(\varphi) = \left|\sum_1^\infty a_\nu f_1 + p_\nu f_2\right|^2 \quad \text{und}$$

$$i_2(\varphi) = \left|\sum_1^\infty a_\nu f_2 + p_\nu f_1\right|^2.$$

Dabei sind f_1 und f_2 vom Streuwinkel φ abhängige Funktionen, während die Mie-Koeffizienten a_ν und p_ν vom Streuparameter oder Größenparameter $\alpha = 2\pi r/\lambda$ (r ist der Radius des Kügelchens, λ = die Wellenlänge) abhängige Funktionen sind. Die Berechnung der Streuanteile i_1 und i_2 für verschiedene Brechungsexponenten n der Teilchensubstanz muß mit Rechenautomaten durchgeführt werden. Aus der Summe der beiden Streuanteile erhält man die *Miesche Streufunktion* $\sigma_M(\varphi)$. Das Bemerkenswerte an der Mie-Streuung ist eine sehr starke Bevorzugung der Vorwärtsstreuung und auch der Rückwärtsstreuung, wodurch sie sich von der Rayleigh-Streuung an sehr kleinen Teilchen unterscheidet. Durch Integration der Streufunktion über den ganzen Streuraum erhält man den *Streukoeffizienten der Mie-Streuung* $d_M = 2\pi \int_0^\pi \sigma_M \sin\varphi\, d\varphi$, der mit dem Streuquerschnitt $K(\alpha)$ durch die Beziehung $d_M = \pi r^2 K(\alpha)$ zusammenhängt. $K(\alpha)$ läßt sich auch unter Umgehung der σ_M-Werte unmittelbar berechnen und liegt für zahlreiche n-Werte tabelliert vor. Es stellt eine oszillierende Funktion dar und bildet die Grundlage zur Beschreibung der spektralen Extinktionsvorgänge der verschiedensten Art in Natur und Technik, unter anderem auch des atmosphärischen Aerosols. Oft liegen derartige Teilchenansammlungen gemäß Größenverteilungen nach logarithmischen Normalverteilungen vor; es können dann gleichfalls tabellierte kollektive $K(\alpha)$-Werte für die jeweilige Größenverteilung herangezogen werden. So kann nach diesem Verfahren die auffallende, wenn auch seltene Erscheinung der *blauen Sonne* (die Sonne erscheint kräftig blau auf gelbem Grund) durch Mie-Streuung an besonderen logarithmisch-normalverteilten atmosphärischen Aerosolteilchen erklärt werden.

Die Lichtstreuung in Kristallen oder auch in Flüssigkeiten erfolgt wegen der im Vergleich zu Gasen hohen Teilchendichte nicht mehr an einander sich gegenseitig nicht beeinflussenden Teilchen wie bei der Rayleigh-Streuung.

Neben der S. von Licht an massebehafteten Teilchen, wie Atomen u. a., ist auch die *S. von Licht an Licht* möglich, die in einer wechselseitigen Streuung von Photonen, den Bestandteilen des Lichtes im Teilchenbild, an Photonen besteht und als *Photon-Photon-Streuung* bezeichnet werden kann. Diese S. ist theoretisch unter der Annahme virtueller Elektron-Positron-Paarbildung in der Quantenfeldtheorie erklärbar. Dabei wird das eine Elektron-Positron-Paar des primären Lichtquants im Felde des anderen gestreut, woraus ein sehr kleiner Wirkungsquerschnitt errechnet wird (günstigstenfalls $\approx 3 \cdot 10^{-6}$ b bei 1 MeV Photonenenergie), so daß diese S. bisher experimentell noch nicht beobachtet worden ist.

c) Die *Raman-* und *Brillouin-Streuung* treten auf, wenn elektromagnetische Wellen Medien durchlaufen. Es finden neben Streuverlusten durch die normale Rayleigh- bzw. Tyndall-Streuung noch weitere Streuprozesse statt, die durch ihre um einige Größenordnungen geringere Intensität, durch das völlige Fehlen bzw. starke Vermindern ihrer Kohärenz und durch ihre gegenüber der ursprünglichen Welle verschobenen Frequenz gekennzeichnet sind. Das bei der Wechselwirkung von Strahlung und Materie auftretende Anwachsen bzw. Abklingen von Molekülschwingungen, das mit einer Veränderung der Polarisierbarkeit der Moleküle verknüpft ist, führt zur *Raman-Streuung* (→ Raman-Effekt). Die Wechselwirkung mit akustischen Wellen in Medien führt zur *Brillouin-Streuung*. Aus der Raman-Streuung können ähnliche Aussagen wie aus der Infrarotspektroskopie gewonnen werden, nämlich das Schwingungs- und Rotationsspektrum eines Moleküls oder Kristalls. Da das Raman-Spektrum durch Frequenzverschiebungen (ungefähr 10 bis 5000 cm^{-1}) gegenüber der Frequenz einer „erregenden" Welle entsteht, kann es im Prinzip durch Wahl geeigneter Erregerfrequenzen in einen meßtechnisch gut zugänglichen Spektralbereich gelegt werden. Dies ist bei farbigen Substanzen allerdings durch ihre Absorptionsstellen begrenzt. Ihre gegenüber der Erregerstrahlung äußerst geringe Intensität ($1:10^{-5}$ bis $1:10^{-7}$) ruft andererseits große technische Schwierigkeiten hervor. Eine ideale Erregerstrahlung für die Raman-Spektroskopie wird durch die intensive monochromatische Strahlung der Laser erzeugt.

Mit ihrem Einsatz gewinnt die Raman-Spektroskopie zunehmende Bedeutung für Probleme der chemischen Industrie.

Durch die geringe Linienbreite eignet sich die Laserstrahlung besonders gut für die Untersuchung der äußerst gering frequenzverschobenen Brillouin-Streuung. Die hier auftretende Streustrahlung ist meist weniger als 1 cm^{-1} gegenüber der Erregerstrahlung verschoben.

Der Einsatz von sehr intensiven Lasern hat neuartige Erscheinungen dieser Effekte verursacht. Oberhalb einer bestimmten Mindestleistung wächst die Intensität der Streustrahlung auf über $^1/_{10}$ der Erregerstrahlung an. Man spricht dann von *stimulierter Brillouin-Streuung*, *stimulierter Rayleigh-Streuung* und *stimulierter Raman-Streuung*.

Im Gegensatz zur normalen Rayleigh-Streuung ist die stimulierte S. gegenüber der Erregerstrahlung ebenfalls frequenzverschoben. Dies hängt mit Resonanzeigenschaften zusammen, die durch Relaxationsmechanismen erzeugt werden. Durch die stimulierte Rayleigh-Streuung können Dichteschwankungen und in Mischungen Konzentrationsschwankungen im Bereich der intensiven Strahlung verursacht werden.

Die stimulierte Brillouin-Streuung ist vorwiegend eine Rückstreuung. Unter günstigen Bedingungen können dabei über 90% der ursprünglichen Welle in Brillouin-Strahlung umgewandelt werden, damit wird dann praktisch die Strahlung fast völlig reflektiert. Durch nochmalige Verstärkung dieser reflektierten Strahlung beim Eintritt in den Laserkristall während dessen stimulierter Emission treten häufig in diesem sehr hohe Intensitäten auf, die zu Zerstörungen des Kristalls führen können. Die stimulierte Raman-Streuung unterscheidet sich außer durch ihre hohe Intensität von der normalen Raman-Streuung insbesondere durch die geringe Zahl von frequenzverschobenen Komponenten. In der Regel ist im Spektrum der stimulierten Raman-Streuung das Auftreten von nur einer, höchstens von zwei Komponenten der meist relativ hohen Zahl ramanaktiver Molekülschwingungen zu verzeichnen. Dafür werden von der stimuliert auftretenden Schwingungsfrequenz mehrere Harmonische auf der langwelligen und kurzwelligen Seite (Stokessche und Antistokessche Strahlung) der Laserlinie erzeugt. Insbesondere die Antistokessche Strahlung wird nur innerhalb definierter schmaler Kegel ausgesendet.

Meist treten gleichzeitig mit der stimulierten Raman-Streuung andere nichtlineare optische Effekte auf (Zwei-Photonenabsorption, Selbstfokussierung, stimulierte Rayleigh- und Brillouin-Streuung), die das Studium der reinen stimulierten Raman-Streuung komplizieren.

Abgesehen von der Möglichkeit, mit diesen stimulierten Effekten neue Strahlungen mit Lasereigenschaften und veränderten Frequenzen herzustellen, werden diese Effekte voraussichtlich ihre speziellen und vorteilhaften Anwendungen in der Spektroskopie finden.

2) Mathematik: die mittlere quadratische Abweichung vom Mittelwert (→ Wahrscheinlichkeitsrechnung, → statistische Auswertung von Experimenten).

Streuweglänge, diejenige Strecke, die ein Teilchen in einem Streumedium durchschnittlich zwischen zwei Streuakten durchläuft. Es gilt die wichtige Beziehung, daß die mittlere freie S., meist mit λ_s bezeichnet, das Reziproke des makroskopischen Streuquerschnitts Σ_s ist: $\lambda_s = \frac{1}{\Sigma_s} = \frac{1}{N \cdot \sigma_s}$; dabei bedeuten N die Anzahl der streuenden Kerne je cm^3 und σ_s den Wirkungsquerschnitt für die Streuung. Z. B. ist in Graphit mit der Dichte $\varrho = 1{,}6$ g/cm³ der Streuquerschnitt für thermische Neutronen $\sigma_s =$ 4,8 barn, d. h. mit $N = L\varrho/A = 6{,}024 \cdot 10^{23} \cdot 1{,}6\ \mathrm{g/mol \cdot cm^3 \cdot 12 \cdot g \cdot mol^{-1}} = 0{,}802 \cdot 10^{23}\ \mathrm{cm^{-3}}$ folgt $\Sigma_s = 0{,}802 \cdot 10^{23}\ \mathrm{cm^{-3}} \cdot 4{,}8 \cdot 10^{-24}\ \mathrm{cm^2} = 0{,}38\ \mathrm{cm^{-1}}$ und damit ist die S. $\lambda_s = 2{,}6$ cm, wobei L die Loschmidtsche Zahl und A das Grammatom bzw. Mol des Streumediums bedeuten (→ Absorptionsweglänge).

Über die S. von Neutronen → Neutron (Abschn. Diffusion und Einfang thermischer Neutronen).

Streuwelle, → Streuung, → quantenmechanische Streutheorie.

Streuwinkel, → Streuung, → Streuquerschnitt.

Streuzentrum, → Streuung, → quantenmechanische Streutheorie.

stripped neutrons, → Strippingreaktion.

Strippingreaktion [engl. to strip 'abstreifen'], *Abstreifreaktion*, Kernreaktion, die durch Wechselwirkung von Deuteronen mit Atomkernen ausgelöst wird. Die S. ist dadurch gekennzeichnet, daß beim Vorbeifliegen des Deuterons an einem Atomkern dem Deuteron ein Nukleon abgestreift wird, ohne daß das andere Nukleon in den Bereich der Kernkräfte dieses Atomkerns gelangt. Ohne daß zunächst ein Compoundkern gebildet wird, werden bei (d, p)- bzw. (d, n)-Prozessen der S. Protonen bzw. bei hohen Energien Neutronen (abgestreifte Neutronen, engl. stripped neutrons) emittiert.

Der *Oppenheimer-Phillips-Prozeß* besteht im Überwiegen der (d, p)-Reaktion gegenüber der (d, n)-Reaktion bei niedrigen Energien. Er kann folgendermaßen verstanden werden: Da das Deuteron eine geringe Bindungsenergie (2,22 MeV) und deswegen einen relativ großen Abstand zwischen seinen Bestandteilen Proton und Neutron hat, wird beim Vorbeifliegen des Deuterons am Atomkern das Proton an der Kernoberfläche auf Grund der Coulomb-Abstoßung leicht abgestreift; das Neutron dagegen kann sich dem Kern so weit nähern, daß es von den Kernkräften eingefangen wird. Die (d, p)-Reaktion, bei der das Neutron eingefangen wird, ist also trotz der Coulomb-Abstoßung auch bei niederen Deuteronenenergien möglich.

Die S. ist eine → direkte Kernreaktion. Sie zeichnet sich durch Vorwärtsmaxima in der Winkelverteilung der Protonen aus. Man wendet sie bei der spektroskopischen Untersuchung von Atomkernen an. Die zur S. inverse Kernreaktion ist der → pick-up-Prozeß.

Stroboskop, optische Vorrichtung zum Messen von Frequenzen und zum Sichtbarmachen periodischer Bewegungsabläufe hoher Frequenz. Beleuchtet man periodische Vorgänge mittels intermittierenden Lichts, das z. B. durch Einschalten einer Drehscheibe mit bekannter Zahl von Schlitzen in den Strahlengang eines Lichtstrahls erzeugt werden kann, so läßt sich durch geeignete Regulierung der Drehgeschwindigkeit erreichen, daß z. B. eine Stimmgabel jeweils im gleichen Schwingungszustand beleuchtet wird und daher unbeweglich erscheint. In diesem Fall stimmen die Frequenz der Stimmgabel und die leicht zu bestimmende Frequenz der Lichtblitze überein. Geringes Abändern der Frequenz der Lichtblitze führt zur Beleuchtung der Stimmgabel in jeweils benachbarten Schwingungszuständen und zu einer scheinbaren Verzögerung der Bewegung (*stroboskopische Zeitdehnung*), die ein Sichtbarmachen derselben ermöglicht. Technisch angewendet wird das S. zur Untersuchung rotierender Maschinenteile und von Stimmband- und Saitenschwingungen. Beim → Ultraschallstroboskop zur Messung von Lumineszenz- und Fluoreszenzerscheinungen wird Licht beim Durchgang durch eine stehende Ultraschallwelle im Rhythmus der regulierbaren Schallfrequenz moduliert.

Strom, *elektrischer S.*, die Bewegung elektrischer Ladungen in einer Vorzugsrichtung. Je nach den die Bewegung verursachenden Kräften unterscheidet man zwischen Konvektions- und Leitungsströmen.

Konvektionsströme sind solche gleichsinnigen Ladungsbewegungen, bei denen die Bewegung des Körpers, auf oder in dem sich die Ladungsträger befinden, durch nichtelektrische Kräfte (z. B. Luftströmungen) hervorgerufen wird. *Leitungsströme* sind elektrische Ströme, die durch Ladungsbewegungen unter dem Einfluß elektrischer Felder entstehen. Im Gegensatz zum Konvektionsstrom und zum Leitungsstrom beruht der Verschiebungsstrom nicht auf dem Transport elektrischer Ladungsträger, sondern wird durch die zeitliche Änderung elektrischer Felder verursacht.

Beim → Gleichstrom führen die Ladungsträger unter dem Einfluß eines elektrischen Gleichfeldes eine im Mittel gleichsinnige Bewegung in einer Richtung aus. Demgegenüber führen sie beim → Wechselstrom unter dem Einfluß eines sich periodisch ändernden elektrischen Feldes schwingende Bewegungen aus. Beim elektrischen S. können die am Transport beteiligten Ladungsträger entweder nur positiv oder nur negativ sein, es können aber auch beide Arten gleichzeitig vorliegen. Die Bewegung der Träger kann sowohl in Festkörpern, Flüssigkeiten und Gasen als auch im Vakuum erfolgen.

Durch Elektronen erfolgt der Ladungstransport in festen und flüssigen Metallen (Leitungselektronen).

In Halbleitern tritt sowohl Elektronenleitung als auch Ionenleitung auf. Dabei können beide Leitungsarten zusammen oder auch einzeln vorliegen. In Elektrolyten sind sowohl negative als auch positive Atom- bzw. Molekülionen am Stromtransport beteiligt. In den Gasen treten neben positiven bzw. negativen Ionen noch freie Elektronen auf. Reine Elektronenleitung findet im Hochvakuum statt.

Unter der *elektrischen Stromstärke i* versteht man die in der Zeiteinheit durch einen Leiterquerschnitt hindurchfließende Ladungsmenge. Gemessen wird die Stromstärke in Ampere A.

Zur Bestimmung der elektrischen Stromstärke betrachtet man ein Leiterstück von der Länge L und vom Querschnitt F (Abb.). In dem Leiter sollen sich nur Ladungsträger eines Vorzeichens mit der Ladung q befinden, die unter dem Einfluß eines von außen angelegten elektrischen Feldes $\vec{E}$ in V/m im Mittel eine Geschwindigkeitskomponente u in m/s in Richtung des Feldes erhalten. Wenn N die Anzahl der Träger in der Volumeneinheit ist, dann gilt für die in der Zeiteinheit durch den beliebigen Querschnitt hindurchfließende Ladungsmenge $i = NFuq$ in A, wobei i die *Stromstärke* des Leitungsstromes ist. Für die durch die Flächeneinheit in der Zeiteinheit hindurchtretende Ladungsmenge folgt daraus $j = \frac{i}{F} = Nuq$. j wird als *Stromdichte* bezeichnet und in A/m² gemessen.

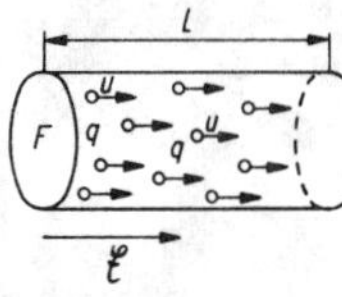

Zur Definition der Stromstärke eines Leitungsstromes

Wird der Leitungsstrom durch positive und negative Ladungsträger der Ladungen q_+ und q_- verursacht, so bewegen sich die einen in Richtung des Feldes mit der Geschwindigkeit u_+ und die anderen in entgegengesetzter Richtung mit u_-. Die zugehörigen Trägerkonzentrationen sind N_+ und N_-. Dann gilt $i = i_+ + i_- = F(N_+u_+q_+ + N_-u_-q_-)$. Aus dieser Beziehung gewinnt man auf einfache Weise das Ohmsche Gesetz. Dazu werden die Feldstärke $|\vec{E}| = U/L$ (U ist die am Leiter liegende Spannung) und die Trägerbeweglichkeiten μ_+ und μ_- eingeführt, die durch folgende Gleichungen definiert sind: $\mu_+ = u_+/|\vec{E}|$ und $\mu_- = u_-/|\vec{E}|$ (in m²/Vs). Durch Einsetzen in die obige Gleichung folgt $i/U = F(N_+q_+\mu_+ + N_-q_-\mu_-)/L$ (in A/V). Die rechte Seite dieser Gleichung ist unter den nachstehenden Bedingungen konstant: 1) Die Trägerkonzentrationen N_+ und N_- sind konstant. 2) Die Trägerbeweglichkeiten μ_+ und μ_- sind konstant. Damit folgt U/i = konst. = R (in V/A = Ω), das Ohmsche Gesetz.

Die Größe $\sigma = (N_+q_+\mu_+ + N_-q_-\mu_-) = 1/\varrho$ wird als *spezifische Leitfähigkeit* bezeichnet und ist der Kehrwert des spezifischen Widerstands ϱ. Führt man die Stromdichte j ein und die elektrische Feldstärke, so erhält man das Ohmsche Gesetz in der Form $\vec{j} = \sigma\vec{E}$.

Kennzeichnend für einen elektrischen Strom ist, daß er ein Magnetfeld erzeugt, dessen geschlossene Feldlinien die Strombahn konzentrisch umgeben. In Stromrichtung gesehen ist dabei die Richtung des Magnetfeldes die des Uhrzeigersinnes. Als *Stromrichtung* wird die der positiven Ladungsträger angesehen. Infolge dieser Kopplung von elektrischem S. und Magnetfeld können die Kraftwirkungen des Magnetfeldes zum Messen elektrischer Ströme verwendet werden.

Über *induzierten S.* → Induktion 2).

Strommessung. Bei Gleichstrom ist lediglich erforderlich, den Betrag der Stromstärke zu messen, und zwar für Präzisionsstrommessung mit der Stromwaage nach Lord Rayleigh. Auch kann aus der Messung des Spannungsabfalls an einem bekannten Widerstand die Stromstärke nach dem Ohmschen Gesetz berechnet werden. Bei der früher meist benutzten Tangentenbussole mit horizontal gelagerter Magnetnadel über einer Spule wurde die Stromstärke aus der Ablenkung der Magnetnadel berechnet. Für allgemein übliche Strommessungen ist das Amperemeter (→ Strommesser) geeignet.

Die Messung von Wechselstrom erfordert die Erfassung verschiedener charakteristischer Werte, wie Momentanwert, Spitzenwert und Effektivwert. Wechselstrommeßwerke messen den Effektivwert nur, wenn die durch den Meßstrom erzeugte Kraft bzw. das Drehmoment quadratisch mit der Stromstärke verknüpft ist. Mit Drehspulmeßwerken wird meist nur der gleichgerichtete Mittelwert gemessen. Als Meßgeräte eignen sich Dreheisenstrommesser, elektrodynamische Strommesser mit Dauermagnet, Thermoumformer mit Drehspulmeßwerk oder mit Hitzdrahtmeßwerk, mit Gleichrichter und Drehspulmeßwerk. Die Messung hoher Ströme erfolgt über Stromwandler, an deren Sekundärseite durch Übersetzung auch niedere Ströme fließen, die mit anderen Meßgeräten gemessen werden können.

Stromalgebra, theoretischer Zugang zur Hochenergiephysik, der die starke, elektromagnetische und schwache Wechselwirkung auf gleicher Basis behandelt, wobei speziell die Symmetrien dieser Wechselwirkungen, repräsentiert durch die Vertauschungsregeln der Viererstromdichten bzw. der daraus ableitbaren Ladungen, ausgenutzt werden. Um mit dem Experiment vergleichbare Resultate zu erhalten, werden zusätzliche Fakten aus speziellen Symmetriemodellen der Elementarteilchen, vor allem dem SU(3)-Modell, und aus der analytischen S-Matrix-Theorie, vor allem der Regge-Pol-Theorie und der relativistischen Theorie der Dispersionsrelationen, benutzt.

Sei $j_\mu(x)$ mit $\mu = 0, 1, 2, 3$ ein Viererstrom, wobei die nullte Komponente j_0 die zugehörige Ladungsdichte und die übrigen Komponenten entsprechend die räumliche Stromdichte $\vec{j}$ definieren, dann ergibt sich die zugehörige Ladung durch Integration von j_0 über den ganzen dreidimensionalen Raum:

$$Q(t) = -\int j_0(t, \vec{r})\, d^3\vec{r}.$$

Derartige Ströme sind z. B. der elektromagnetische (oder elektrische) bzw. schwache Leptonenstrom $j_\mu^{\text{el.}} = \frac{1}{2}\, i\bar{\psi}\gamma_\mu (1 + \tau_3)$ bzw. $j_\mu^{\text{schw.}} = i\bar{\psi}\gamma_\mu(1 + \gamma_5)\,\tau_+\psi$ mit $\psi = \begin{pmatrix}\psi_l \\ \psi_{\nu_l}\end{pmatrix}$, wobei γ_μ und γ_5 die auf die Lepton-Spinoren ψ_l und die entsprechenden Neutrino-Spinoren ψ_{ν_l} (l steht für Elektron e oder Müon μ) wirkenden Diracschen Gammamatrizen, $\vec{\tau} = (\tau_1, \tau_2, \tau_3)$ die auf die beiden Komponenten von ψ wirkenden Paulischen Spinmatrizen sind und $\tau_+ = \tau_1 + i\tau_2$ ist.

Die Ströme lassen sich in einen Vektor- und einen Axialvektoranteil $j_\mu^{\text{V}} = \frac{i}{2}\,\bar{\psi}\gamma_\mu\vec{\tau}\psi$ und $j_\mu^{\text{A}} = \frac{i}{2}\,\bar{\psi}\gamma_\mu\gamma_5\vec{\tau}\psi$ zerlegen (→ schwache Wechselwirkung). Die verschiedenen Ladungen $Q_i(t)$ erweisen sich als infinitesimale Erzeugende von Symmetrietransformationen und sind im allgemeinen nicht unabhängig voneinander. Im Fall der o. a. Ströme genügen die Ladungen q_i^{V} und q_i^{A} den Vertauschungsrelationen $[q_i^{\text{V}}, q_j^{\text{V}}] = i\sum_k \varepsilon_{ijk}\, q_k^{\text{V}}$, $[q_i^{\text{V}}\, q_j^{\text{A}}] = i\sum_k \varepsilon_{ijk}\, q_k^{\text{A}}$ und $[q_i^{\text{A}}, q_j^{\text{A}}] = i\sum_k \varepsilon_{ijk}\, q_k^{\text{V}}$, wobei $i, j, k = 1, 2, 3$ und über k zu summieren ist. Diese Ströme spannen die chirale SU(2) × SU(2)-Algebra auf (→ Chiralität), was daraus ersichtlich ist, daß die $q_j{}^{\pm} = q_j^{\text{V}} \pm iq_j^{\text{A}}$ für sich jeweils die Algebra SU(2) aufspannen. Eine ähnliche algebraische Struktur haben auch die Baryonenströme J_μ bzw. die zugehörigen Ladungen Q_i^{V} und Q_i^{A}, die die chirale SU(3) × SU(3)-Algebra erzeugen, wobei hier auf Grund der SU(3)-Symmetrie der Baryonen $i = 1, 2, \ldots, 8$ läuft und der total antisymmetrische Einheitstensor ε_{ijk} durch die Strukturkonstanten f_{ijk} der Lie-Algebra SU(3) zu ersetzen ist (→ unitäre Symmetrie). Eine Verallgemeinerung dieser Vertauschungsregeln auf gleichzeitige Kommutatoren für die Ströme j_μ^{V} bzw. j_μ^{A} ist möglich.

Die wichtigste Anwendung dieser Kommutatoralgebren ist die Ableitung von *Summenregeln*, deren Grundidee darin besteht, die Kommutatoren zwischen bestimmte Zustände $|a\rangle$ und $|b\rangle$ zu nehmen und zwischen die Produkte einen vollständigen Satz von Zwischenzuständen $\sum_n |n\rangle\,\langle n| = 1$ einzuschieben:

$$\langle a|\,[Q_i, Q_j]\,|b\rangle = \sum_n(\langle a|\,Q_i\,|n\rangle\,\langle n|\,Q_j\,|b\rangle - \langle a|\,Q_j\,|n\rangle\,\langle n|\,Q_i\,|b\rangle) = i\sum_{k=1}^{8} f_{ijk}\,\langle a|\,Q_k\,|b\rangle,$$

dann ist die Summe über die Zwischenzustände $|n\rangle$ durch die ersten, am stärksten beitragenden Glieder zu approximieren. Als Beispiel sei die Adler-Weisberger-Summenregel genannt, die sich aus dem Kommutator $[Q_+^{\text{A}}, Q_-^{\text{A}}] = 2Q_3$ der beiden Axialladungen $Q_\pm^{\text{A}} = Q_1^{\text{A}} \pm iQ_2^{\text{A}}$ zwischen Protonzuständen mit festem Impuls, Näherung der Summe über die Zwischenzustände durch Neutronenzustände und Benutzung der PCAC-Hypothese ergibt (→ schwache Wechselwirkung). Weitere Anwendungen bestehen in der Herleitung von Aussagen (*soft-pion-Theoreme* oder *niederenergetische Theoreme*) über die Schwellenenergie für „weiche Pionen“, d. s. Pionen mit verschwindendem Viererimpuls, denen daher die Ruhmasse Null zugeordnet werden muß und die demzufolge die realen Pionen nur genähert ersetzen können; es wurden gute Resultate z. B. für die leptonischen und nichtleptonischen Zerfälle der K-Mesonen und für die Streulängen der Pion-Proton-Streuung erzielt.

Eine weitere Klasse von Anwendungen der S. bezieht die Effekte symmetriebrechender Wechselwirkungen ein; so wurde unter anderem die von Gell-Mann und Okubo auf anderem Wege gefundene Massenformel $m_\Sigma + 3m_\Lambda = 2m_\Xi - 2m_{\text{N}}$ für die Masse der Hyperonen Σ, Λ und Ξ und der Nukleonen N mit Hilfe der S. neu abgeleitet.

Als Erweiterung der S. versucht man ihren Ausbau zu einer dynamischen Theorie der starken Wechselwirkung; speziell wurde die Ableitung der Ströme aus nichtlinearen Lagrange-Dichten, den *effektiven Lagrange-Dichten*, angegeben und eine allgemeine Ableitung ihrer Eigenschaften versucht.

Stromarbeit, *elektrische S.*, Symbol W, die in einem stromdurchflossenen Leiter vom elektrischen Feld an den bewegten Ladungsträgern verrichtete Arbeit. Dabei wird die beim Abbau des elektrischen Feldes infolge des Stromflusses frei werdende Energie (Feldenergie) durch die S. in andere Energieformen überführt, in mechanische (z. B. im Elektromotor), chemische Energie (Elektrolyse), Wärme (Stromwärme) u. a. Für die Gesamtheit aller Energieformen gilt in einem abgeschlossenen System der Energieerhaltungssatz.

Die S. an einem Träger der Ladung Q, der sich unter der Wirkung eines elektrischen Feldes $\vec{E}$ während der Zeit dt mit der Geschwindigkeit $\vec{v}$ um den Weg $d\vec{s}$ bewegt, beträgt $dW = Q(\vec{E}\,d\vec{s}) = Q(\vec{E}\vec{v})\,dt$. Daraus ergibt sich die in einem endlichen Leiter mit dem Volumen V und der Ladungsträgerkonzentration N bei stationären Verhältnissen umgesetzte *elektrische Leistung* $P = \frac{1}{t}\int_0^t dW$ zu $P = QN\int_V (\vec{E}\vec{v})\,dV = \int_V (\vec{E}\vec{J})\,dV = UI$. Dabei ist $\vec{J} = QN\vec{v}$ die Stromdichte, I der Strom durch den Leiter, U die am Leiter abfallende Spannung. Die elektrische S. folgt weiter als $W = \int_0^t P\,dt$ und im Fall eines stationären Stromes speziell zu $W = UIt$.

Diese Arbeit an den Ladungsträgern wird u. a. in Wärme, *Stromwärme*, überführt, da die Ladungsträger bei ihrer Bewegung zwischen den ortsfesten Atomen mit diesen zusammenstoßen und dabei Energie an diese abgeben. Bei Gültigkeit des Ohmschen Gesetzes ist eine Reibungskraft $\vec{F} = \vec{v}/\mu$ anzusetzen, worin $\mu = \sigma/Q^2N$ die Beweglichkeit der Ladungsträger, σ die spezifische elektrische Leitfähigkeit ist. Während der Zeit dt wird die Strom- oder Joulesche Wärme $dW_J = (\vec{v}^2/\mu)\,dt = (1/\sigma)\,Q^2N\vec{v}^2\,dt$ gebildet, d. h. in einem Volumen V die Leistung $P_J = Q^2N^2 \int_V (\vec{v}^2/\sigma)\,dV = \int (\vec{J}/\sigma)\,dV = I^2R$ umgesetzt, mit dem vom Strom I durchflossenen Widerstand R. Die in Wärme überführte S. ist dann allgemein $W_J = \int_0^t P_J\,dt$ und speziell im Fall eines stationären Stromes $W_J = I^2Rt$. Das ist das Joulesche Gesetz.

Es sind zwei Fälle zu unterscheiden: a) Der Leiter enthält keine elektromotorischen Kräfte, dann ist $P = P_J$, und es gilt $P_J = UI = I^2R = U^2/R$, d. h., die gesamte elektrische S. wird in Stromwärme überführt. b) Der Leiter enthält elektromotorische Kräfte, dann ist $P \neq P_J$. Z. B. gilt bei einem Elektromotor wegen des Wirkens der zur angelegten Spannung entgegengesetzten induzierten EMK stets $P > P_J$, wobei der Motor die Differenz $P - P_J$ als mechanische Leistung angibt.

Die Einheit der elektrischen S. ist die Wattsekunde Ws, 1 Ws = 1 VAs = 1 Nm = 1 J. Einheit der elektrischen Leistung ist das Watt W, 1 W = 1 VA.

Im Wechselstromkreis berechnet sich die elektrische S. aus den Effektivwerten von Strom und Spannung. Besteht eine Phasenverschiebung zwischen beiden, so tritt noch der Kosinus des Phasenwinkels als Faktor hinzu, → Wechselstromkreis.

Strombegrenzerdiode, → Halbleiterdiode.

Strombelag, die Durchflutung je Längeneinheit des Umfangs von Ständer oder Läufer einer elektrischen Maschine. Bei der Berechnung des S.s wird die Durchflutung einer am Umfang in Nuten verteilten Wicklung auf den Umfang bezogen, die Wicklung also als stetig verteilt am bewickelten Umfang angenommen. Die räumliche Verteilung des S.s am Umfang und seine zeitliche Änderung sind für die Erklärung des Betriebsverhaltens und für die Berechnung elektrischer Maschinen wichtig.

Stromdichte, 1) Quantenfeldtheorie: *S. von Feldern*, der für ein komplexes Feld $\psi(x)$ mit der Lagrange-Dichte $\mathscr{L}[\psi(x), \psi^*(x), \partial\psi/\partial x, \partial\psi^*/\partial x^\mu, \ldots]$ (→ Feldtheorie) durch

$$j_\mu(x) = -\mathrm{i}Q\left\{\frac{\partial\mathscr{L}}{\partial\left(\frac{\partial\psi}{\partial x^\mu}\right)}\psi - \frac{\partial\mathscr{L}}{\partial\left(\frac{\partial\psi^*}{\partial x^\mu}\right)}\psi^*\right\}$$

definierte Vierervektor, wenn $\mathscr{L}$ gegenüber der Eichtransformation $\psi \to \exp(\mathrm{i}Q\alpha)\psi$, $\psi^* \to \exp(-\mathrm{i}Q\alpha)\psi^*$ mit einer beliebigen reellen Funktion $\alpha(x)$ invariant ist (dabei ist $x = (ct, \vec{r})$ eine Abkürzung für die Koordinaten $x^\mu = 0, 1, 2, 3$, der Raum-Zeit); Q ist die durch die Eichtransformation eingeführte Ladung. Die Größe $j_\mu(x)$ heißt Viererstromdichte des Feldes ψ, seine räumlichen Komponenten $\vec{j}(x)$ sind die gewöhnliche Stromdichte der Eigenschaft Q, und $\varrho(x) = j_0(x)/c$ ist die *Ladungsdichte* mit der Vakuumlichtgeschwindigkeit c. Bei der Quantisierung sind ψ und ψ^* als Operatoren zu betrachten; j_μ wird dann der Operator der Viererstromdichte, j_0 der Ladungsdichteoperator, und es ist $Q(t) = \frac{1}{c}\int j_0(\vec{r}, t)\,d^3\vec{r}$ der Operator der Gesamtladung zur Zeit t. Sie sind hier nicht durch Dächer gekennzeichnet. Im Fall des Elektron-Positron-Feldes ist $j_0(x) = e\psi^*(x)\,\psi(x)$ und $Q = Ne$ mit $N = \int\psi^*\psi\,d\vec{r}$, dem Anzahloperator mit den Eigenwerten 0, ±1; ±2, ... (→ Stromalgebra), und der Elementarladung e.

2) Strömungslehre: das Verhältnis der je Zeiteinheit durch den Querschnitt eines Stromfadens (→ Strömungsfeld) strömenden Masse m zur Querschnittsfläche A. Somit gilt Stromdichte $j_s = m/A = \varrho \cdot c$; dabei bedeuten ϱ die Dichte des Strömungsmediums und c die Geschwindigkeit. Da nach der → Kontinuitätsgleichung $\dot{m}$ entlang des Stromfadens konstant ist, verhält sich die S. umgekehrt proportional zur Querschnittsfläche A, d. h., $\varrho \cdot c = \text{konst.}/A$. Für kompressible Strömung kann damit der Querschnittsverlauf des Stromfadens ermittelt werden. Wenn die Geschwindigkeit des Gases gleich der Schallgeschwindigkeit ist, erreicht die S. ein Maximum und die Querschnittsfläche ein Minimum.

3) Elektrodynamik: *elektrische S.*, bei ausgedehnten Leitern im homogenen Feld der Vektor $\vec{j}$ in Richtung des Ladungsflusses und mit dem Betrag $j = I/A_\perp$ als Quotient aus Stromstärke I und senkrecht zum Stromfluß durchsetzter Querschnittsfläche $A_\perp$. Im allgemeinen Strömungsfeld ist der Betrag $|\vec{j}| = dI/dA$ ein Differentialquotient.

Mit $\vec{j} = \sigma\vec{E}$, wobei σ die Leitfähigkeit bedeutet, ist die S. der elektrischen Feldstärke $\vec{E}$ proportional. Die S. ist eine wichtige Bemessungsgröße für Leiterquerschnitte. Für Spulen haben sich S.n von 2,5 bis 3 A/mm², für Leitungen in Bauelementen von 1,5 bis 10 A/mm², für Freileitungen und Kabel von 1,5 bis 3 A/mm² als wirtschaftlich erwiesen.

4) Kernphysik: *Teilchenstromdichte*, der Vektor $\vec{J}$ in Richtung eines Teilchen- oder Quantenstrahls, dessen Betrag die Anzahl der Teilchen (oder Quanten) angibt, die in der Zeiteinheit eine physikalisch ausgezeichnete Fläche (z. B. den Strahlquerschnitt oder eine Moderatoroberfläche) durchsetzen.

In der Quantenmechanik wird diese Größe z. B. zur Berechnung von Streuexperimenten durch die *Wahrscheinlichkeitsstromdichte* ersetzt, d. i. der Vektor $\vec{J}$ des mittleren zeitlichen Teilchenstroms durch die Flächeneinheit

$$\vec{J} = \frac{i\hbar}{2\mu}(\psi \nabla \psi^* - \psi^* \nabla \psi),$$

der mit der Teilchenmasse μ multipliziert die mittlere *Massestromdichte* $\vec{J}_\mu = (i\hbar/2)(\psi \nabla \psi^* - \psi^* \nabla \psi)$ ergibt.

5) Thermodynamik: *Diffusionsstromdichte*, → Diffusion.

Strömen, → Schießen und Strömen.

Stromfaden, → Strömungsfeld.

Stromfadentheorie, → Strömungsfeld.

Stromfläche, → Strömungsfeld.

Stromfunktion, in ebener und rotationssymmetrischer Strömung die Funktion ψ, die für alle Punkte einer Stromlinie (→ Strömungsfeld) einen konstanten Wert besitzt. Für die S. kann eine einfache physikalische Deutung gegeben werden, wenn der Durchsatz zwischen zwei Stromlinien bzw. Stromflächen betrachtet wird. In ebener Strömung ist die Differenz der S. zweier benachbarter Stromlinien für inkompressible Medien gleich dem sich zwischen ihnen bewegenden Flüssigkeitsvolumen und für kompressible Medien gleich dem Massedurchsatz je Zeiteinheit bezogen auf eine Schicht von der Dicke eins. In rotationssyn metrischer Strömung ist die Differenz der S. zwischen zwei konzentrischen Stromflächen multipliziert mit 2π gleich dem Durchsatz. Demnach ist die S. nur bis auf eine willkürliche Konstante bestimmt. Sie erfüllt die → Kontinuitätsgleichung identisch, da folgende Beziehungen zum Geschwindigkeitsfeld bestehen:

1) ebene Strömung: $u = \frac{\partial\psi}{\partial y}$; $v = -\frac{\partial\psi}{\partial x}$.

2) rotationssymmetrische Strömung: $u = \frac{1}{r} \cdot \frac{\partial\psi}{\partial r}$; $v = -\frac{1}{r}\frac{\partial\psi}{\partial x}$. Dabei sind u, v die Komponenten des Geschwindigkeitsvektors $\vec{c}$ in den rechtwinkligen Koordinatenrichtungen x, y bzw. x, r; r ist der Achsabstand. Für kompressible Medien sind in den angeführten und allen folgenden Gleichungen u und v durch $\varrho \cdot u$ und $\varrho \cdot v$ zu ersetzen, wobei ϱ die Dichte des Mediums bedeutet.

Das Differential der S. lautet:

1) $d\psi = \frac{\partial\psi}{\partial x} \cdot dx + \frac{\partial\psi}{\partial y} \cdot dy$;

2) $d\psi = \frac{\partial\psi}{\partial x} \cdot dx + \frac{\partial\psi}{\partial r} \cdot dr$.

In Verbindung mit dem Geschwindigkeitsfeld folgt 1) $d\psi = u \cdot dy - v \cdot dx$; 2) $d\psi = r \cdot u \cdot dr - r \cdot v \cdot dx$.

Mit $d\psi = 0$ ergeben sich die Bestimmungsgleichungen für die Stromlinien. Bei Drehungsfreiheit des Geschwindigkeitsfeldes (→ Drehung 4) ergibt sich für die S. die Bedingung

1) $\Delta\psi = \frac{\partial^2\psi}{\partial x^2} + \frac{\partial^2\psi}{\partial y^2} = 0$;

2) $\Delta\psi = \frac{\partial^2\psi}{\partial x^2} - \frac{1}{r} \cdot \frac{\partial\psi}{\partial r} + \frac{\partial^2\psi}{\partial r^2} = 0$.

Für ebene inkompressible Potentialströmungen gelten außerdem die Cauchy-Riemannschen Differentialgleichungen $\frac{\partial\psi}{\partial x} = -\frac{\partial\Phi}{\partial y}$; $\frac{\partial\psi}{\partial y} = \frac{\partial\Phi}{\partial x}$ mit Φ als Potentialfunktion (→ Potentialströmung, → Geschwindigkeitspotential). In rotationssymmetrischen Strömungen gilt entsprechend $\frac{1}{r} \cdot \frac{\partial\psi}{\partial x} = -\frac{\partial\Phi}{\partial r}$; $\frac{1}{r} \cdot \frac{\partial\psi}{\partial r} = \frac{\partial\Phi}{\partial x}$.

Für kompressible Medien ergibt sich

1) $\frac{1}{\varrho} \cdot \frac{\partial\psi}{\partial x} = -\frac{\partial\Phi}{\partial y}$; $\frac{1}{\varrho} \cdot \frac{\partial\psi}{\partial y} = \frac{\partial\Phi}{\partial x}$.

2) $\frac{1}{\varrho \cdot r} \cdot \frac{\partial\psi}{\partial x} = -\frac{\partial\Phi}{\partial r}$; $\frac{1}{\varrho \cdot r} \cdot \frac{\partial\psi}{\partial r} = \frac{\partial\Phi}{\partial x}$.

Daraus geht hervor, daß Stromlinien und Potentiallinien ein orthogonales Liniennetz bilden. Die Differenz der S. zwischen zwei Stromlinien $\psi_2 - \psi_1 = \int_1^2 (u \cdot dy - v \cdot dx)$ bzw. $\psi_2 - \psi_1 = \int_1^2 (r \cdot u \cdot dr - r \cdot v \cdot dx)$ und damit auch der Durchsatz sind unabhängig vom Integrationsweg. Im Gegensatz zur Potentialfunktion gilt die S. auch für zähe Flüssigkeiten, da für diese die Kontinuitätsgleichung ebenfalls gültig ist.

In räumlicher Strömung existiert keine S., sondern nur ein Vektorpotential $\mathfrak{A}(x, y, z, t)$, aus dem das Geschwindigkeitsfeld $\vec{c} = \operatorname{rot} \mathfrak{A}$ bestimmt werden kann. Besteht nur Abhängigkeit von zwei Ortskoordinaten, wie in ebener und rotationssymmetrischer Strömung, so geht das Vektorpotential in die skalare S. über.

Stromkompensator, → Kompensator.

Stromkreis, *elektrischer S.*, die beliebige Zusammenschaltung von elektrischen Stromquellen und Widerständen einschließlich Transformatoren, Gleich- und Wechselrichtern, Elektronenröhren, Transistoren u. a., so daß ein elektrischer Strom fließt (*geschlossener S.*). Die Berechnung elektrischer S.e erfolgt mit Hilfe der Kirchhoffschen Regeln.

Ein *offener S.* liegt vor, wenn kein Stromfluß möglich ist, z. B. durch einen geöffneten Schalter oder einen Kondensator im Gleichstromkreis.

Stromlinie, → Strömungsfeld.

Stromlinienform, eine speziell gestaltete Form umströmter Körper, die → Grenzschichtablösung vermeiden und geringe → Strömungswiderstände erzielen soll. Stromlinienkörper besitzen eine gut abgerundete Nase, die Rückseite der Körper ist schlank ausgeführt. Die Kontur kann mit Hilfe des Singularitätenverfahrens, der Hodographenmethode und der konformen Abbildung (→ komplexe Methoden 1) ermittelt werden. S. besitzen die Profile von Tragflügeln, Schaufelgittern und Stützstreben, Flugzeugrümpfe, Spindelkörper, Rennwagen usw.

Strommesser, *Amperemeter*, ein elektrisches Meßinstrument zur Messung des Stromes. Ein

S. wird stets mit den Elementen in Reihe geschaltet, deren Strom man messen will (im Gegensatz zum Spannungsmesser). Damit das Einfügen des S.s in die Schaltung den zu messenden Strom nicht verringert, muß sein innerer Widerstand sehr klein gegen den Gesamtwiderstand des Stromkreises sein. Der Meßbereich eines S.s kann durch Parallelschalten eines Widerstandes oder Shunts vergrößert werden, jedoch wird bei n-facher Erweiterung auch die n-fache Leistung für das Meßinstrument mit Parallelwiderstand benötigt. Bei Wechselstrom ist es möglich, mit Stromwandlern (→ Meßwandler) den Meßbereich zu vergrößern, ohne daß zusätzliche Leistungen benötigt werden. Die wichtigsten S. sind → Drehspulinstrument, → Drehmagnetinstrument und Drehspulgalvanometer (→ Galvanometer) für Gleichstrommessungen sowie → Dreheiseninstrument, → Elektrodynamometer, Drehspulinstrument mit → Thermoumformer sowie → Hitzdrahtinstrument für Gleich- und Wechselstrommessungen. Nur für Wechselstrommessungen eignen sich → Gleichrichtermeßinstrumente.

Stromprofil, die graphische Darstellung der Geschwindigkeitsverteilung senkrecht zur Strömungsrichtung, → Rohrströmung. Gebräuchlicher ist die Bezeichnung Geschwindigkeitsprofil, → Grenzschicht.

Stromquelle, *elektrische S.*, allgemeine Bezeichnung für eine Anordnung, die einen elektrischen → Strom liefern und aufrechterhalten kann. In jeder S. erfolgt eine Trennung der in ihr enthaltenen elektrischen Ladungen durch das Wirken einer für die S. charakteristischen eingeprägten Kraft, der *elektromotorischen Kraft EMK*. Dieser ihrem Wesen nach nichtelektrischen Kraft wird eine ihr äquivalente eingeprägte elektrische Feldstärke $\vec{E}^e$ zugeordnet, unter deren Wirkung die in gleicher Zahl vorhandenen Ladungen entgegengesetzten Vorzeichens an den Polen (Klemmen) der S. angehäuft werden. $\vec{E}^e$ ist vom negativen zum positiven Pol der S. gerichtet. Infolge der Ladungstrennung baut sich in der S. ein der eingeprägten Feldstärke $\vec{E}^e$ entgegengerichtetes Feld $\vec{E}$ auf, das bis zur gegenseitigen Kompensation beider Felder ansteigt (Gleichgewichtszustand). Als *Urspannung* oder *Leerlaufspannung*, teilweise auch als die EMK selbst, bezeichnet man dann die Größe $U_0 = \int_{-}^{+} \vec{E}^e \, d\vec{r}$, die Potentialdifferenz zwischen den zwei leitenden Klemmen $-$ und $+$, d. s. die Anschlußkontakte, der unbelasteten, d. h. leerlaufenden S. Während $\vec{E}^e$ nur innerhalb der S. existiert, setzt sich $\vec{E}$ auch im Außenraum fort. Bei leitender Verbindung der Klemmen durch einen äußeren Widerstand erfolgt ein Ladungsausgleich, es fließt ein Strom. Die sich ausgleichenden Ladungen werden durch die EMK laufend erneut getrennt (→ Trennung von Ladungen).

Bei Belastung der S. gilt nach dem Ohmschen Gesetz innerhalb der S. $\vec{J} = \sigma(\vec{E}^e + \vec{E})$ und außerhalb $\vec{J} = \sigma\vec{E}$ und somit unter der Annahme stationärer Verhältnisse bei Umlauf längs einer Stromlinie

$$\oint \vec{E}\, d\vec{r} = \oint (\vec{J}/\sigma - \vec{E}^e)\, d\vec{r} = 0 \quad \text{bzw.}$$

$$\oint (\vec{J}/\sigma)\, d\vec{r} = \oint \vec{E}^e\, d\vec{r},$$

wobei $\vec{J}$ die Stromdichte und σ der spezifische elektrische Leitwert ist. Die rechte Seite der letzten Gleichung ergibt gerade U_0, die linke das Produkt aus dem Strom I und dem Gesamtwiderstand im Kreis, der sich aus dem äußeren Schließungswiderstand R_a und dem im Inneren der S. liegenden, die unvermeidlichen Ohmschen Widerstände der S. zusammenfassenden inneren Widerstand R_i zusammensetzt, so daß die obige Beziehung lautet

$$I(R_a + R_i) = U_0.$$

Das ist die Aussage der zweiten → Kirchhoffschen Regel. Mit anderen Worten ist die zwischen den Klemmen gemessene Spannung $U = IR_a$, die *Klemmenspannung*, bei Stromentnahme um den Spannungsabfall $I \cdot R_i$ kleiner als die Urspannung, die bei unbelasteter S. ($R_a = \infty$) an den Klemmen auftritt:

$$U = IR_a = U_0 - IR_i.$$

Die an R_a umgesetzte Leistung ist $P_a = UI = I^2R_a$, sie nimmt für $R_a = R_i$ einen Maximalwert an (→ Anpassung). Bei Kurzschluß der S., d. h. $R_a = 0$, fließt der maximal entnehmbare Strom, der Kurzschlußstrom $I_k = U_0/R_i$.

Die S. ist durch eine Ersatzschaltung darstellbar, für die es zwei Möglichkeiten gibt: Die *Ersatzspannungsquelle* besteht aus der Reihenschaltung einer widerstandsfreien S. der Urspannung U_0 mit dem inneren Widerstand R_i. Die *Ersatzstromquelle* enthält die Parallelschaltung aus einer S. mit dem Urstrom I_0 und einem inneren Leitwert G_i. Es ergeben sich an den Klemmen die gleichen Eigenschaften wie bei der Ersatzspannungsquelle, wenn $I_0 = I_k = U_0/R_i$ und $G_i = 1/R_i$ gesetzt wird. Als elektrische S. werden vorwiegend Generatoren (→ elektrische Maschine) für Gleich- und Wechselstrom und galvanische Elemente (→ Elemente 2) für Gleichstrom verwendet.

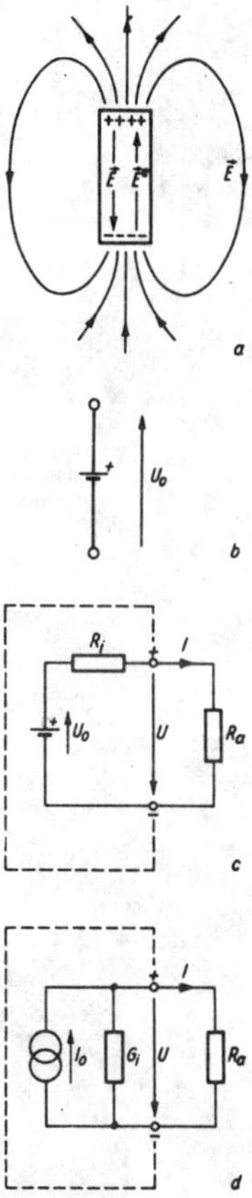

Elektrische Stromquelle: *a* schematisch, *b* Symbol mit Spannungspfeil, *c* Ersatzspannungsquelle mit äußerem Widerstand, *d* Ersatzstromquelle mit äußerem Widerstand

Stromrauschen, → Rauschen II, 1.

Stromresonanz, → Schwingkreis.

Stromrichter, ein elektrisches Gerät zum direkten Umformen elektrischer Energie von einer Stromart in die andere. Bei den S.n werden für das Umformen elektrische Schaltelemente mit Ventilwirkung verwendet, die bei den beiden möglichen Stromrichtungen durch die Elemente stark unterschiedliche Widerstände aufweisen (→ elektrisches Ventil). Dadurch unterscheiden sie sich von den → Umformern, die zwar dieselben Umformungsfunktionen wie die S. ausführen, jedoch durch mechanische Kopplung eines Elektromotors für die erste Stromart mit einem Generator für die zweite Stromart den Umweg über die mechanische Rotationsenergie benutzen.

Die S. werden unterteilt in → *Gleichrichter* zum Umformen von Wechselstrom in Gleichstrom, → *Wechselrichter* zum Umformen von Gleichstrom in Wechselstrom und → *Umrichter*, die zum Umformen von Wechselstrom in Wechselstrom anderer Frequenz dienen.

Lit. Kübler: Stromrichter (2. Aufl. Stuttgart 1967).

Stromröhre, → Strömungsfeld.

Strom-Spannungs-Charakteristik einer Gasentladung, → Gasentladung.

Strom-Spannungs-Kennlinie, → Widerstand.

Stromstärke, *elektrische S.*, Zeichen i (Momentanwert), I (Effektivwert und Gleichwert), die in der Zeiteinheit durch einen Leiterquerschnitt hindurchfließende Ladungsmenge. Die S. wird in → Ampere gemessen.

Strom × Strom-Wechselwirkung, → schwache Wechselwirkung.

Stromtor, → Thyratron.

Stromüberhöhung, → Güte, → Schwingkreis 2b).

Strömung, die Bewegung von Flüssigkeiten und Gasen. Die S.en können nach verschiedenen Gesichtspunkten klassifiziert werden. Die *eindimensionale S.* oder *Fadenströmung* ist nur von einer Ortskoordinate abhängig (→ Bernoullische Gleichung). In *ebener* oder *zweidimensionaler S.* liegt Abhängigkeit von zwei Ortskoordinaten vor. Senkrecht zu den Koordinaten in der Ebene ändert sich das Strömungsfeld nicht. In *räumlicher* oder *dreidimensionaler S.* besteht Abhängigkeit von den drei Raumkoordinaten x, y, z (→ Eulersche Gleichungen, → Navier-Stokes-Gleichungen). Bei *axial-* oder *rotationssymmetrischer S.* verläuft die Flüssigkeitsbewegung in Ebenen, die sich sämtlich in einer festen Achse schneiden, völlig gleich. Es braucht deshalb nur in einer Meridianebene der Strömungsverlauf abhängig von zwei Koordinaten bestimmt zu werden. Ist die Strömungsgeschwindigkeit in jedem Punkt des von Flüssigkeit eingenommenen Raumes zeitlich konstant, ist sie also eine reine Ortsfunktion, so liegt *stationäre S.* vor, anderenfalls handelt es sich um *instationäre S.* Eine *quasistationäre S.* ist eine instationäre S., die durch Vernachlässigung der lokalen Beschleunigung $\partial c/\partial t$ in kleinsten Zeitintervallen näherungsweise stationär behandelt werden kann; c bedeutet die Geschwindigkeit, t die Zeit.

Die S. nicht zusammendrückbarer Medien heißt *inkompressible S.* (→ Kompressibilität). Alle tropfbaren Flüssigkeiten sind praktisch inkompressibel. Gase können als inkompressibel betrachtet werden, solange die Strömungsgeschwindigkeit klein ist gegenüber der Schallgeschwindigkeit. Die inkompressible S. wird in der Hydrodynamik behandelt. Ändert sich in der S. die Dichte des Mediums merklich mit dem Druck, so handelt es sich um eine *kompressible S.* Diese unterteilt man in *Unterschallströmung* und *Überschallströmung*, je nachdem, ob die Strömungsgeschwindigkeit kleiner oder größer als die Schallgeschwindigkeit ist. *Transsonische S.en* sind schallnahe S.en, bei denen die Machzahl Ma in den Grenzen Ma = 0,8 bis 1,3 liegt. In *Hyperschallströmungen*, im Englischen auch *Hypersonicströmungen* genannt, ist Ma > 5. Die Behandlung kompressibler S.en ist Gegenstand der Gasdynamik.

Die *Potentialströmung* ist eine S., die ein → Geschwindigkeitspotential besitzt. Sie ist drehungs- und quellenfrei und damit auch reibungsfrei (→ Drehung 4, → Kontinuitätsgleichung). Jede aus der Ruhe heraus entstandene Bewegung einer idealen Flüssigkeit ist eine Potentialströmung. Potentiallinien und Stromlinien (→ Strömungsfeld) bilden ein orthogonales Maschennetz. Durch Überlagerung einfacher Potentialströmungen oder *Elementarströmungen* können komplizierte S.en aufgebaut werden. Elementarströmungen sind → Parallelströmung, → Quellen- und Senkenströmung, → Potentialwirbel und → Dipolströmung. Dabei werden bei Körperumströmungen im allgemeinen stetige Verteilungen der Singularitäten verwendet, um die geforderten Randbedingungen zu erfüllen (→ Singularitätenverfahren). Weitere Methoden zur Ermittlung der Potentialströmung mit bestimmten Randbedingungen sind die konforme Abbildung und die Hodographenmethode (→ komplexe Methoden 1). S.en mit konstanter Drehung, wie sie in rotierenden Systemen auftreten, sind reibungsfrei, besitzen jedoch kein Potential. In reibungsfreier S. gleitet das Medium an festen Wänden. Die reibungsbehafteten S.en werden durch die Navier-Stokes-Gleichungen beschrieben. Infolge der Zähigkeit haftet die Flüssigkeit an einer festen Wand, d. h., die Tangentialgeschwindigkeit ist gleich Null (→ Haftbedingung). Es tritt ein → Strömungswiderstand auf.

Bei kleinen Reynoldszahlen liegt *laminare S.* oder *Schichtenströmung* vor. Die Flüssigkeitsteilchen bewegen sich in geordneten, übereinander gleitenden Schichten, die sich nicht durchsetzen und kaum miteinander vermischen. Die bei der Laminarbewegung auftretenden Schubspannungen sind durch den → Newtonschen Schubspannungsansatz gegeben (→ Rohrströmung). Bei hohen Reynoldszahlen ist die laminare Strömung instabil, es erfolgt der Umschlag in den turbulenten Zustand. In *turbulenter S.* sind der mittleren Hauptbewegung unregelmäßige Nebenbewegungen überlagert. Selbst bei stationären Randbedingungen sind Geschwindigkeit und Druck in einem festgehaltenen Raumpunkt nicht zeitlich konstant, sondern schwanken mit hoher Frequenz unregelmäßig um einen zeitlichen Mittelwert. Die Schwankungsbewegungen kann man sich vorstellen als ein unregelmäßiges Gemisch von großen und kleinen → Wirbeln, die ständig entstehen und wieder verlöschen (→ Turbulenz).

Die großen Wirbel sind verantwortlich dafür, daß in turbulenter S. der Impuls-, Wärme- und Stoffaustausch einige Größenordnungen stärker ist als in laminarer S., bei der der Austausch durch die thermische Eigenbewegung der Moleküle bewirkt wird. Die großen Wirbel erhalten ihre kinetische Energie aus der mittleren Hauptbewegung und zerfallen in immer kleinere Wirbel, bis schließlich in den kleinsten Wirbeln infolge der Zähigkeit des Mediums die kinetische Energie in Wärme umgewandelt wird. Daraus resultiert der höhere Reibungswiderstand (→ Strömungswiderstand) in turbulenter S. gegenüber laminarer S. Bei der Berechnung der turbulenten S.en benutzt man im allgemeinen die zeitlichen Mittelwerte, wobei die Schubspannungen mit Hilfe des Prandtlschen → Mischungsweges bestimmt werden. Die turbulente S. wird manchmal auch als *Flechtströmung* bezeichnet, was aber wenig zutreffend ist, da das Flechten einen regelmäßigen Vorgang darstellt, die Turbulenz aber durch unregelmäßige Schwankungen gekennzeichnet ist.

Die allgemeine mathematische Behandlung reibungsbehafteter Strömungsvorgänge gelingt nur für die Grenzfälle sehr kleiner und sehr großer Reynoldszahlen Re sowie für laminare Rohrströmung (→ Navier-Stokes-Gleichungen). In *schleichenden S.en* ist Re < 1, die Reibungskräfte sind wesentlich größer als die Trägheitskräfte. Damit können die Bewegungsgleichungen linearisiert werden. Schleichende S.en treten auf, wenn sich kleine Körper langsam in zäher Flüssigkeit bewegen. Für die Bewegung kleiner Kugeln existiert die Lösung von Stokes (→ Kugelumströmung). Wichtiger sind die S.en von Flüssigkeiten sehr kleiner Zähigkeit, bei denen Re → ∞ geht. Der Zähigkeitseinfluß braucht nur in der dünnen Grenzschicht berücksichtigt zu werden. Bei starkem Druckanstieg in Strömungsrichtung kommt es zur → Grenzschichtablösung.

Wenn eine zähe Flüssigkeit an einer Wand entlang strömt und unter einem Druckgefälle quer zur Hauptströmungsrichtung steht, erfahren die wandnahen Schichten infolge ihrer geringeren Geschwindigkeit eine stärkere Ablenkung als die Außenströmung. Dieser Vorgang kann aufgefaßt werden, als ob der Hauptströmung eine senkrecht dazu verlaufende *Sekundärströmung* überlagert ist, die sich aus Kontinuitätsgründen bis in die Außenströmung erstreckt und diese wesentlich beeinflußt (Sekundärströmung erster Art). In unmittelbarer Wandnähe überwiegt der Einfluß von Reibungs- und Druckkraft gegenüber der Trägheitskraft, so daß die Strömungsteilchen dem bestehenden Druckgefälle folgen. Die Strömungsrichtung in den darüberliegenden Schichten geht kontinuierlich in die der Außenströmung über. Damit liegt ein dreidimensionales Strömungsproblem vor.

Die Erscheinung, daß sich Blätter am Boden eines Teeglases beim Umrühren in dessen Mitte sammeln, ist eine Folge von zentripetal gerichteten Sekundärströmungen. In stark umlenkenden Krümmern (→ Krümmerströmung) tritt eine intensive Sekundärströmung auf, da ein radiales Druckgefälle von der konkaven zur konvexen Seite besteht. Die Sekundärströmung verläuft auf den beiden ebenen Deckwänden von außen nach innen, im Kern in umgekehrter Richtung, und nimmt die Form eines Doppelwirbels an (Abb.).

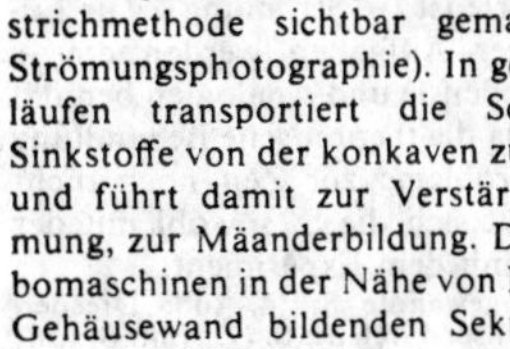

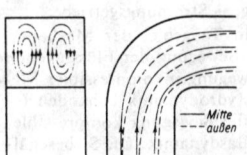

Sekundärströmung im 90°-Krümmer

Die Stromlinien unmittelbar an der Wand verlaufen spiralenförmig und können mit der Anstrichmethode sichtbar gemacht werden (→ Strömungsphotographie). In gekrümmten Flußläufen transportiert die Sekundärströmung Sinkstoffe von der konkaven zur konvexen Seite und führt damit zur Verstärkung der Krümmung, zur Mäanderbildung. Die sich in → Turbomaschinen in der Nähe von Nabe und äußerer Gehäusewand bildenden Sekundärströmungen bewirken eine Verdickung der Grenzschicht auf der Profilsaugseite der Schaufeln. Damit wächst dort die Gefahr der Ablösung, und die Strömungswiderstände sind größer als im ebenen Fall. Die Sekundärströmung besitzt besonders bei kleinem Seitenverhältnis einen großen Einfluß auf den Wirkungsgrad der Maschine. Sekundärströmungen zweiter Art bilden sich beim turbulenten Durchströmen gerader Kanäle mit nichtkreisförmigem Querschnitt aus. Sie laufen in Form länglicher Wirbel in die Ecken des Kanalprofiles hinein und danach wieder in das Kanalinnere zurück. Sekundärströmungen dritter Art ergeben sich in der Umgebung fester Körper, die in Flüssigkeiten Schwingungen kleiner Amplitude ausführen.

Die beschriebenen S.en sind ***homogene S.en***, bei ihnen ist jeweils eine Phase am Strömungsvorgang beteiligt. Im Gegensatz dazu spricht man von ***Mehrphasenströmungen***, wenn mehrere Phasen an einem Strömungsvorgang beteiligt sind. Die theoretische und experimentelle Behandlung der Mehrphasenströmungen ist wesentlich komplizierter als die der homogenen Strömungen. Steigen z. B. Gasblasen in einer Flüssigkeit auf, so sind im voraus weder Form und Größe noch Geschwindigkeit der Blasen bekannt. An der Grenzfläche gilt auch die Haftbedingung nicht, sondern es kann nur gefordert werden, daß an der Grenzfläche kein Geschwindigkeitssprung auftritt. Im einfachsten Fall, bei den ***Zweiphasenströmungen***, sind bereits sieben Stoffgrößen zu berücksichtigen. Durch die Bildung von Kennzahlen (→ Ähnlichkeitstheorie) kann die Anzahl der Variablen vermindert werden. Vereinfachungen ergeben sich, wenn eine Phase fest ist, weil deren Zähigkeit dann keine Rolle spielt und die Form der Teilchen bekannt ist. Sind die beiden beteiligten Phasen ein Gas und eine tropfbare Flüssigkeit, so kann häufig die Gasdichte gegenüber der Flüssigkeitsdichte vernachlässigt werden. Die Mehrphasenströmungen sind von großer Bedeutung für die chemische Verfahrenstechnik.

Lit. → Strömungslehre.

Strömungsanalogie, formale Übereinstimmung zwischen Spannungs- und Strömungsproblem. Beispiel: Reiner elastischer Schub am prismatischen Körper entspricht ebener Potentialströmung, elastische Torsion des prismatischen Stabes entspricht rotierender idealer Flüssigkeit, Torsion des Rotationskörpers entspricht 5dimensionaler Axialströmung. Die S. erlaubt, in der Hydromechanik entwickelte mathematische und experimentelle Methoden zur Behandlung von Problemen der Elastizitätslehre nutzbar zu machen.

Strömungsarten im Vakuum, → Gasströmung unter Vakuum.

Strömungsdoppelbrechung, die durch die in einem Schergefälle eintretende Orientierung anisometrischer Teilchen hervorgerufene optische Doppelbrechung. Ist das orientierte Teilchen selbst optisch isotrop, so handelt es sich um ***Formströmungsdoppelbrechung***, die in reiner Ausprägung kaum auftritt, sondern fast immer mit einer ***Eigendoppelbrechung*** der orientierten Teilchen verknüpft ist.

Diese kommt z. B. auch bei Fadenmolekülen dadurch zustande, daß die Polarisierbarkeiten entlang der Fadenachse und in Querrichtung verschieden sind. Aus der S. kann man über den Auslöschungswinkel χ den mittleren Orientierungswinkel beim Geschwindigkeitsgefälle q bestimmen und die *Orientierungszahl* $\omega = (\pi/4 - \chi)/q\,\eta_0$ errechnen. Dabei ist η_0 der Viskositätskoeffizient des Lösungsmittels. Aus ω kann die

Rotationsdiffusionskonstante D_r nach $D_r = 12\,\eta_0\omega$ ermittelt werden.

Strömungsfeld, das gesamte mit Flüssigkeit angefüllte Gebiet, das durch die Angabe des Geschwindigkeitsfeldes, also des Feldes des Geschwindigkeitsvektors $\vec{c}$, abhängig vom Raumpunkt $\vec{r}$ und von der Zeit t gekennzeichnet ist: $\vec{c} = f(\vec{r}, t)$. Nach Einführen rechtwinkliger Ortskoordinaten $\vec{r} = \vec{i}x + \vec{j}y + \vec{k}z$ und der rechtwinkligen Geschwindigkeitskomponenten $\vec{c} = \vec{i}u + \vec{j}v + \vec{k}w$ ist das Geschwindigkeitsfeld in der Eulerschen Betrachtungsweise darstellbar durch die Gleichungen

$$u = f_1(x, y, z, t)$$
$$v = f_2(x, y, z, t)$$
$$w = f_3(x, y, z, t).$$

u, v, w sind Komponenten des Geschwindigkeitsvektors in der x-, y- bzw. z-Richtung.

Analog zur Aufteilung der Bewegung eines festen Körpers in einen Translationsanteil und einen Rotationsanteil kann jedes S. in ein drehungsfreies Feld $\vec{c}_0$ und ein Wirbelfeld $\vec{c}_1$ aufgespalten werden: $\vec{c} = \vec{c}_0 + \vec{c}_1$. Das erste Feld erfüllt die Bedingung der Drehungsfreiheit $\operatorname{rot} \vec{c}_0 = 0$, das zweite die Bedingung der Kontinuität $\operatorname{div} \vec{c}_1 = 0$. Daraus folgt mit

$$\operatorname{div} \vec{c} = \operatorname{div} \vec{c}_0 \text{ und } \operatorname{rot} \vec{c} = \operatorname{rot} \vec{c}_1,$$

daß sich im zweiten Feld alle Wirbel und im ersten Feld bei inkompressibler Strömung alle Quellen und Senken befinden. Nach Einführen des skalaren Potentials Φ und des vektoriellen Potentials $\vec{A}$ wird das Geschwindigkeitsfeld beschrieben durch $\vec{c} = \operatorname{grad} \Phi + \operatorname{rot} \vec{A}$.

Zur anschaulichen Beschreibung einer Strömung verwendet man die *Stromlinien.* Es sind Linien, deren Richtung in jedem Raumpunkt mit der Richtung des Geschwindigkeitsvektors übereinstimmt. Die Differentialgleichungen der Stromlinien lauten $dx : dy : dz = u : v : w$. Bei der substantiellen Betrachtungsweise nach Lagrange interessiert man sich für die Kurven, die von den Flüssigkeitsteilchen durchlaufen werden. Man bezeichnet diese Kurven als *Bahnlinien.* Eine *Streichlinie* ist der geometrische Ort aller Teilchen, die irgendwann einmal ein und dieselbe Stelle im Raum passiert haben. Nur bei stationärer Strömung fallen Stromlinien, Bahnlinien und Streichlinien zusammen. Diese Linien ändern beim Wechsel des Bezugssystems ihr Aussehen. Sie können durch Farbzugabe sichtbar gemacht werden (→ Strömungsphotographie). Die Gesamtheit der durch eine kleine geschlossene Kurve gehenden Stromlinien bildet eine *Stromröhre.* In ihr strömt die Flüssigkeit wie in einem festen Rohr parallel zu den Stromlinien. Durch die Wandung tritt also keine Flüssigkeit hindurch. Der flüssige Inhalt der Stromröhre wird als *Stromfaden* bezeichnet. In stationärer Strömung bleibt die Stromröhre dauernd bestehen, in instationärer Strömung dagegen sind zu einem späteren Zeitpunkt andere Teilchen durch Stromröhren miteinander verbunden als vorher. Bei vielen einfachen Aufgaben, besonders bei Strömungen durch Rohre und Kanäle, kann der gesamte von Strömung erfüllte Raum in guter Näherung als ein einziger Strömfaden betrachtet werden. Die Stromfadentheorie behandelt die eindimensionalen Strömungen und arbeitet mit Mittelwerten der Geschwindigkeit und des Druckes über dem Querschnitt des Stromfadens.

Eine von Stromlinien gebildete zusammenhängende Fläche bezeichnet man als *Stromfläche.* Die Stromröhre wird von einer röhrenförmigen Stromfläche gebildet.

Strömungsfunktion, → komplexe Methoden 1).

Strömungsgetriebe, *hydrodynamisches Getriebe, Turbogetriebe, Drehmomentwandler, Föttinger-Getriebe, Föttinger-Wandler,* hydraulische Maschine zur Drehmomentenwandlung. Die wichtigsten Bauteile sind Pumpenlaufrad, Turbinenlaufrad und Leitrad, die sich in einem geschlossenen Strömungskreislauf innerhalb eines Gehäuses befinden. Als Betriebsflüssigkeit dient Öl. Die Leistung des angetriebenen Pumpenanlaufrades wird durch die Strömung auf das Turbinenlaufrad übertragen, das mit einer niedrigeren Drehzahl als das Pumpenanlaufrad umläuft. Für die Drehmomente gilt die Beziehung $M_T = M_P \cdot \omega_P/\omega_T$; dabei bedeuten M_T, M_P das Drehmoment von Turbinen- bzw. Pumpenlaufrad und ω_T, ω_P die Winkelgeschwindigkeit von Turbinen- bzw. Pumpenrad. Die Differenz der beiden Drehmomente wird vom gehäusefesten Leitrad aufgenommen. Die S. ermöglichen eine stufenlose Änderung des Drehmomentes, das im Anfahrzustand sehr groß ist.

Das S. wird angewendet bei von Verbrennungsmotoren angetriebenen Fahrzeugen (z. B. Diesellokomotiven), bei denen es sich automatisch den wechselnden Fahrwiderständen anpaßt, so daß das Schalten wegfällt, ferner bei Fördereinrichtungen, Erdbewegungsmaschinen und stationären Anlagen, um die Übertragung der Schwingungen der Antriebs- auf die Arbeitsmaschine zu vermeiden. Da der Wirkungsgrad eines S.s schlechter ist als bei entsprechenden Zahnradgetrieben, verwendet man es häufig in Verbindung mit einem wenigstufigen Zahnradgetriebe und einer mechanischen Kupplung oder mit einer *Strömungskupplung,* die wie ein S. aufgebaut ist, nur ohne Leitrad.

Strömungskupplung, → Strömungsgetriebe.

Strömungslehre, ein Teilgebiet der Mechanik, die Lehre von der Bewegung der Flüssigkeiten und Gase. Die Bewegung inkompressibler Medien wird in der Hydrodynamik behandelt (→ Hydromechanik), die Bewegung kompressibler Medien in der → Gasdynamik. Die S. beschäftigt sich sowohl mit der Potentialströmung als auch mit der reibungsbehafteten Strömung, die bei großen Reynoldszahlen Gegenstand der Grenzschichttheorie ist (→ Strömung). Zur Lösung verschiedener Aufgaben werden die → komplexen Methoden 1) und Analogien benutzt (→ Analogie 2). Da die theoretische Behandlung aller Strömungsprobleme zur Zeit noch nicht möglich ist, befaßt sich die S. sowohl mit der Theorie als auch mit dem Experiment.

Lit. Albring: Angewandte S. (4. Aufl. Dresden 1970); Prandtl: Führer durch die S. (7. Aufl. Braunschweig 1969); Tietjens: S. 2 Bde (Berlin, Göttingen, Heidelberg 1960, 1970); → Hydromechanik.

Strömungsmaschinen, svw. Turbomaschinen.

Strömungsmechanik, → Hydromechanik.

Strömungsmesser, 1) ozeanologisches Meßgerät zur Bestimmung der Richtung und Geschwindigkeit von → Meeresströmungen. Zur Richtungsbestimmung dient meist ein Kompaß, zur Messung der Geschwindigkeit werden überwiegend die Umdrehungen eines Rotors registriert. Akustische und magnetische S. befinden sich in der Entwicklung.

2) → Durchflußmessung.

Strömungsphotographie, die zum besseren Studium der durch verschiedene Methoden sichtbar gemachten → Strömungen eingesetzte Photographie. Mit Hilfe der S. können Stromlinien, Streichlinien und Bahnlinien (→ Strömungsfeld) ermittelt werden. Die Strömung an freien Flüssigkeitsoberflächen wird nach Aufstreuen von leichten, gut reflektierenden Teilchen, z. B. Aluminiumpulver, Lykopodium oder Grieß, photographiert. Während der kurzen Belichtungszeit legen die Teilchen einen Weg zurück, der in der Aufnahme als in Strömungsrichtung verlaufender Strich abgebildet wird. Die Strichlänge ist der Strömungsgeschwindigkeit proportional. Das Auge ergänzt die Vielzahl der Striche zu einem Stromlinienbild. Im Inneren der Flüssigkeit benutzt man → Schwebeteilchen und Farbzusätze. An der Oberfläche von Strömungskörpern kann durch Aufkleben von Kaliumpermanganatkristallen die Strömung bei niedrigen Geschwindigkeiten sichtbar gemacht werden. Für größere Geschwindigkeiten wendet man die Anstrichmethode an, wobei die Oberfläche des Strömungskörpers mit einem geeigneten Farbstoff angestrichen wird. Bei Wasser dient Ölfarbe als Anstrich. Nach einer entsprechenden Einwirkzeit hinterläßt die Strömung auf der Wand eine deutlich ausgeprägte Zeichnung, die die Richtung der mittleren Geschwindigkeit angibt. Damit können der Strömungsverlauf beurteilt und Ablösegebiete festgestellt werden. In Gasströmungen verwendet man farbige Nebel zur Sichtbarmachung, auf Körperoberflächen einen Anstrich mit einem Gemisch aus Ruß, Petroleum und Öl. Bei zeitlich sehr schnell ablaufenden Vorgängen bietet die Zeitlupenphotographie beste Möglichkeiten zum Studium des Strömungsablaufes.

Strömungspotential, svw. Geschwindigkeitspotential.

Strömungssonden, Instrumente zur möglichst punktförmigen Messung von Geschwindigkeit nach Größe und Richtung, Druck und Temperatur in Strömungen. Die Druckanzeige erfolgt überwiegend durch Manometer. Kleine Schwankungen des Druckes führen in der Schlauch- oder Rohrverbindung zwischen Meßstelle und Meßgerät zu einer oszillierenden Strömung. Trägheitswirkungen des die Sondenmündung alternierend durchströmenden Mediums bewirken, daß das Meßgerät einen zu großen zeitlichen Mittelwert des Druckes anzeigt. Der Meßfehler kann vermindert werden, wenn man Resonanzstellen im Meßbereich vermeidet und den Leitungsquerschnitt so klein wählt, wie es die Manometereinstellung zuläßt. Bei Messungen von Mittelwerten in Strömungen mit hohem → Turbulenzgrad kommt zusätzlich der Fehler hinzu, der durch die Schräganströmung der Sonde entsprechend den Schwankungen der Anströmrichtung infolge turbulenter Zusatzgeschwindigkeiten hervorgerufen wird. Im allgemeinen sind die Sonden auf Reynolds- und Machzahleinfluß zu eichen. Bis zu einer Anströmmachzahl Ma = 0,2 kann das Gas als inkompressibel betrachtet werden. Die Dichteänderung beträgt dabei $\Delta\varrho/\varrho = 2\%$ und der Fehler bei der Bestimmung der Geschwindigkeit $\Delta c/c = 0{,}5\%$ (Abb. 1). Bei größeren Machzahlen sind die

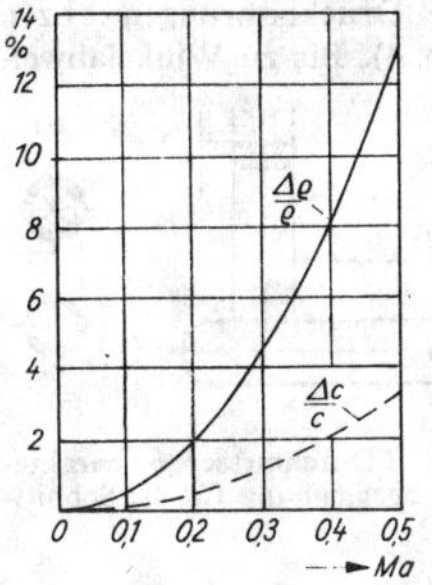

1 Abweichungen bei inkompressibler Betrachtungsweise

gasdynamischen Beziehungen von St. Venant und Wantzel der Auswertung zugrunde zu legen. Mit Annäherung an die Schallgeschwindigkeit treten bei Ma ≧ 0,8 am Sondenkopf → Verdichtungsstöße auf, die das Meßergebnis verfälschen. In Überschallströmungen bildet sich vor stumpfen Sondenköpfen näherungsweise ein senkrechter Verdichtungsstoß aus, an spitzen Köpfen ein schräger Verdichtungsstoß. Das ist bei der Auswertung der Meßergebnisse zu berücksichtigen. Zum Messen zeitlich veränderlicher Drücke muß die Eigenschwingungsdauer des Gerätes einige Zehnerpotenzen kleiner sein als die des zu messenden Vorganges. Als Meßgeräte werden hierfür kapazitive oder induktive Geber verwendet, die die Druckschwankungen in eine Änderung des elektrischen Stromes umsetzen.

Die S. lassen sich in verschiedene Gruppen einteilen. 1) S. zur Messung des Gesamtdruckes. Das *Pitotrohr* (Abb. 2) ist ein hakenförmig gebogenes Rohr, das mit der Öffnung gegen die Strömung gestellt wird. In dem Rohr ist die Strömungsgeschwindigkeit gleich Null, so daß vom angeschlossenen Manometer der Gesamtdruck angezeigt wird. Bis herab zur Reynoldszahl $Re = c \cdot d/\nu \approx 500$ werden genaue Werte gemessen, darunter infolge des Barker-Effektes zu große Werte angezeigt. Dabei bedeuten c die Anströmgeschwindigkeit, $d \approx 1$ mm den Röhrchenaußendurchmesser und ν die kinematische Zähigkeit. Wird die Öffnung des Pitotrohres unter einem Winkel von 30° bis 40° angesenkt, so beträgt die Richtungsunempfindlichkeit ±15°. Zur Messung in schwer zugängigen Bauteilen benutzt man ummantelte Pitotrohre (Abb. 3), die bis zu Richtungsabweichungen von ±45° den Gesamtdruck genau messen. *Kammsonden* enthalten mehrere nebeneinander angeordnete Pitotröhrchen und dienen zur schnellen Ausmessung von Querschnitten. Für Grenzschichtmessungen wird die kreisförmige Öffnung des Pitotrohres so abgeplattet, daß die geradlinigen Seiten des erhaltenen Querschnittes parallel zur Begrenzungswand der Strömung liegen. Mit den in den Abschn. 3 und 4 beschriebenen kombinierten Sonden kann neben dem statischen Druck bzw. der Strömungsrichtung auch der Gesamtdruck gemessen werden.

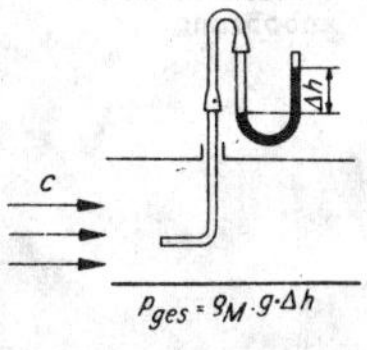

2 Pitotrohr mit angeschlossenem U-Rohr-Manometer. p_{ges} Gesamtdruck, ϱ_M Dichte der Meßflüssigkeit, g Erdbeschleunigung, c Ausströmgeschwindigkeit, Δh Höhendifferenz der Flüssigkeitsspiegel

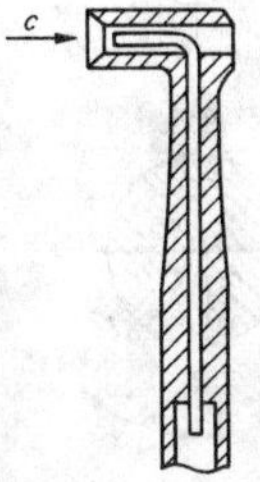

3 Ummanteltes Pitotrohr

2) S. zur Messung des statischen Druckes. Die Messung des statischen Druckes in Strömungen ist bei starken Stromlinienkrümmungen und hohem Turbulenzgrad besonders schwierig. Sie erfolgt mit einer Sonde, die im Abstand von drei Durchmessern d von der Vorderkante statische Druckbohrungen bzw. Schlitze enthält (Abb. 4). Bis zu Winkelabwei-

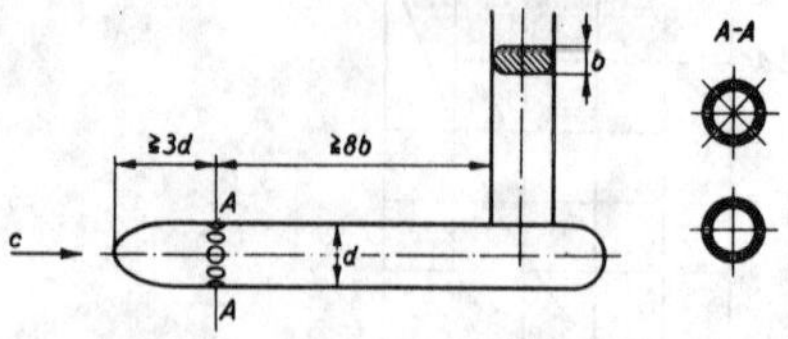

4 Statische Drucksonde. d Durchmesser, b charakteristische Abmessung, A Bezeichnung für die Schnittstelle in der Zeichnung

chungen von $\pm 5°$ zwischen Sondenkopfachse und Strömungsrichtung liefert diese Sonde einigermaßen genaue Werte. Die *Sersche Scheibe* (Abb. 5) wird auf Grund ihres großen Meßfehlers bei Richtungsabweichungen kaum noch verwendet. Der Druck an der Oberfläche umströmter Körper wird mit statischen Druckanbohrungen (Abb. 6) ermittelt, die nach dem Prinzip der statischen Drucksonde arbeiten. Die Anbohrungen müssen senkrecht zur Oberfläche und gratfrei ausgeführt werden.

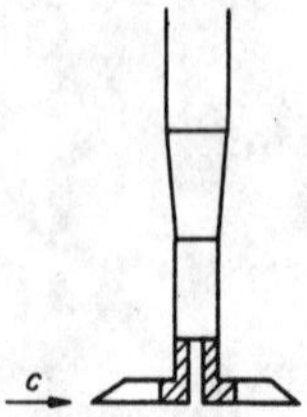

5 Sersche Scheibe

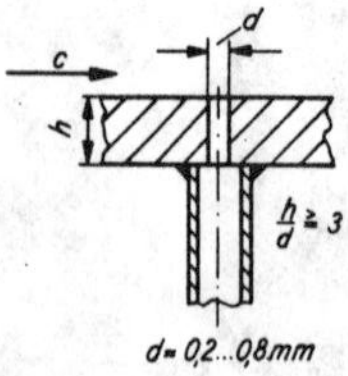

6 Statische Druckanbohrung

3) S. zur Messung der Strömungsgeschwindigkeit. Das *Prandtlsche Staurohr* (*Prandtlrohr, Staurohr*, Abb. 7), eine Kombina-

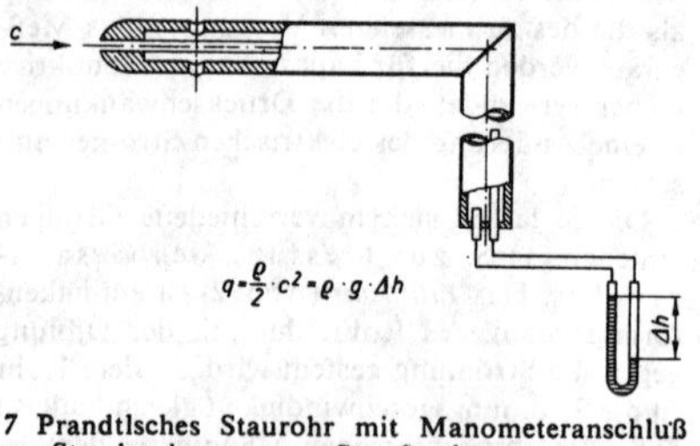

7 Prandtlsches Staurohr mit Manometeranschluß zur Staudruckmessung. q Staudruck

tion von Pitotrohr und statischer Drucksonde, ermöglicht sowohl die Messung des Gesamtdruckes und des statischen Druckes als auch die Anzeige der Differenz beider Größen, des Staudruckes. Aus dem Staudruck kann die Strömungsgeschwindigkeit berechnet werden. Zur Messung kleiner Geschwindigkeiten und der turbulenten Schwankungsgeschwindigkeiten ist das *Hitzdrahtanemometer* besonders geeignet (→ Anemometer).

4) S. zur Bestimmung der Strömungsrichtung. Bei geringeren Genauigkeitsansprüchen kann die Strömungsrichtung in einfacher Weise mit → Fadensonde und → Windfahne ermittelt werden. Auch Pitotrohr und statische Drucksonde eignen sich zur Richtungsmessung, da sie bei maximaler Anzeige in Strömungsrichtung weisen. Zur genauen Richtungsmessung dienen Spezialsonden, mit denen meistens gleichzeitig der Druck bestimmt werden kann. Man unterscheidet dabei zwischen S. für ebene und für räumliche Strömungen.

a) S. für ebene Strömungen. Am gebräuchlichsten ist die *Zylinderdreilochsonde* (Abb. 8). Die Bohrungen 1 und 3 werden durch Drehung der Sonde in der Strömung so orientiert, daß sie gleichen Druck anzeigen. Die zur Gesamtdruckmessung dienende Bohrung weist dann in Strömungsrichtung. Die Lage der symmetrisch zur Bohrung 2 anzuordnenden Bohrungen wurde für Potentialströmung so berechnet, daß die Zylinderdreilochsonde bei hoher Empfindlichkeit gleichzeitig zur statischen Druckmessung verwendet werden kann. Nach dem gleichen Prinzip arbeiten die *Keilsonde* und die *Dreifingersonde* (Abb. 9 und 10, S. 1505).

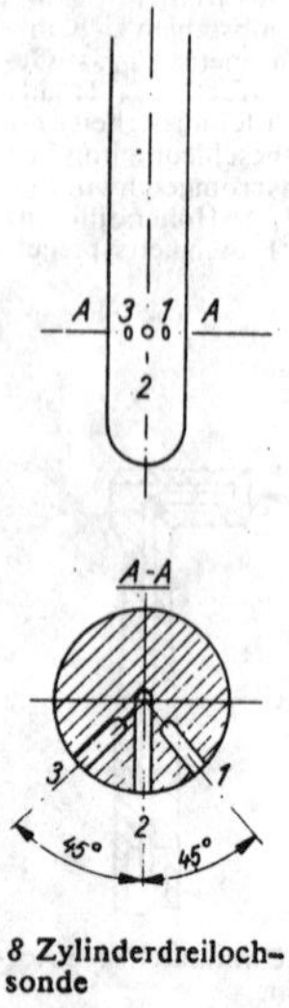

8 Zylinderdreilochsonde

b) S. für räumliche Strömungen haben 5 Bohrungen zur Druckmessung. Der Sondenkopf wird als Kugel, Kegel oder Fünffingerfühler ausgeführt (Abb. 11 und 12, S. 1505). Die Bohrungen 1 und 3 sowie 4 und 5 liegen symmetrisch zur Zentralbohrung 2 in zueinander senkrecht stehenden Ebenen. Durch Drehen der Sonde wird bei Gleichheit der Druckanzeige der Bohrungen 1 und 3 der Strömungswinkel in der Horizontalebene ermittelt. Aus den Druckanzeigen an den Bohrungen 4, 5 und 2 können mit Hilfe von Eichkurven die Strömungsrichtung in der Vertikalebene, der statische Druck und der Staudruck bestimmt werden. Damit sich die räumliche Lage des Sondenkopfes in der Strömung beim Drehen um die Sondenachse nicht ändert, wird der Sondenschaft oft gekröpft ausgeführt.

5) S. für Temperaturmessungen. In Gasströmungen verwendet man zur Temperaturmessung vorwiegend → *Thermoelemente*. Diese sind im Staupunkt einer kleinen, nicht wärmeleitenden Kugel, eines Kreiszylinders oder eines rotationssymmetrischen Stromlinienkörpers angeordnet. Da die Thermoelemente die Ruhetemperatur messen, kann die örtliche Temperatur aus den Grundgleichungen der Gasdynamik berechnet werden, wenn die Machzahl bekannt ist.

Lit. Wuest: Strömungsmeßtechnik (Braunschweig 1969).

Strömungsstrom, → elektrokinetische Erscheinungen.

Strömungswiderstand, die Kraft, die auf einen Körper in Strömungsrichtung wirkt. Es besteht dabei kein Unterschied, ob sich der Körper mit konstanter Geschwindigkeit in ruhendem Medium bewegt oder ob das Medium gleichförmig den ruhenden Körper umströmt. Speziell bei Landfahrzeugen wird im Umgangssprachgebrauch an Stelle von S. die Bezeichnung *Luftwiderstand* verwendet. In einer allseitig bis ins Unendliche reichenden reibungsfreien Unterschallströmung tritt kein S. auf. In zähen Flüssigkeiten setzt sich der S. aus Reibungswiderstand und Druckwiderstand zusammen. Die Summe beider Anteile wird auch als *Profilwiderstand* bezeichnet, er ist bei überwiegendem Druckwiderstand und großer Reynoldszahl proportional dem Produkt aus Fläche A und Staudruck. Der Proportionalitätsfaktor ist der *Widerstandsbeiwert* $c_W = F_W/(\varrho c_\infty^2 A/2)$; dabei bedeuten F_W den Strömungswiderstand, ϱ die Dichte des Strömungsmediums, c_∞ die Anströmgeschwindigkeit, A die Bezugsfläche, bei stumpfen Körpern die Stirnfläche senkrecht zur Anströmrichtung, bei Tragflügeln die Projektion der Flügelfläche auf die Anströmebene. Der c_W-

Wert ist neben der Körperform im allgemeinen von der → Reynoldszahl, der → Machzahl, dem → Turbulenzgrad der Strömung und der Oberflächenrauhigkeit des Körpers abhängig. Bei Kenntnis der Geschwindigkeitsverteilung im Nachstrom kann der S. mit Hilfe des → Impulssatzes 2) bestimmt werden. Weiteres über die Größe des Widerstandsbeiwertes → Zylinderumströmung, → Kugelumströmung, → Profilbeiwerte.

Die Bezeichnung und Definition des Widerstandsbeiwertes erfolgt nicht einheitlich. Bei Schaufelgittern, Krümmern und anderen komplizierten Durchströmteilen benutzt man den Verlustbeiwert $\zeta = \Delta p_{ges}/q$; Δp_{ges} ist der Gesamtdruckverlust, q der Bezugsstaudruck.

Man unterscheidet im einzelnen folgende Arten von Strömungswiderständen: 1) *Reibungswiderstand* (*Oberflächenwiderstand*, *Schubwiderstand*). Die Zähigkeit der Flüssigkeit verbunden mit der → Haftbedingung an der Wand bedingt Reibungskräfte, die bei großen Reynoldszahlen nur in der → Grenzschicht auftreten. Der Reibungswiderstand F_{wR} ist gleich dem Integral der in Strömungsrichtung weisenden Komponente der Wandschubspannung τ_w über die gesamte Oberfläche O des Körpers (Abb. 1): $F_{wR} = \oint\!\!\oint \tau_w \cdot \sin\delta \cdot dO$. Dabei ist δ der Winkel zwischen der Flächennormalen und der Anströmrichtung. Der Reibungsbeiwert ergibt sich daraus zu $c_F = F_{wR}/(\varrho c_\infty^2 A/2)$. Bei rauhen Oberflächen wird eine dem mittleren Verlauf der Fläche angepaßte Idealfläche zugrunde gelegt. Für rein laminare Strömungen läßt sich der Reibungsbeiwert nach der Grenzschichttheorie unter Verwendung des → Newtonschen Schubspannungsansatzes exakt berechnen, bei turbulenter Strömung mit Hilfe von empirisch ermittelten Ansätzen für die Schubspannung nur näherungsweise. Noch komplizierter wird das Problem, wenn die Grenzschicht auf dem Körper vom laminaren in den turbulenten Zustand umschlägt. Deshalb wird der Reibungswiderstand vorwiegend durch Subtraktion des aus Druckverteilungsmessungen bestimmten Druckwiderstandes vom gemessenen Profilwiderstand ermittelt. Der Reibungswiderstand hängt sehr stark von der Reynoldszahl ab und ist bei turbulenter Grenzschicht infolge des starken Impulsaustausches quer zur Hauptströmungsrichtung größer als bei laminarer Grenzschicht. Oberflächenrauhigkeiten und hoher Turbulenzgrad der Zuströmung erhöhen den c_F-Wert. Bei der längsangeströmten ebenen Platte wird der S. nur durch Wandreibung erzeugt, → Plattenströmung.

In durchströmten zylindrischen Rohren führt die Wandreibung zu einem Druckabfall in Strömungsrichtung. Der dimensionslose Widerstandsbeiwert ist hier definiert als $\lambda = \frac{\Delta p}{\varrho \bar{c}^2/2} \cdot \frac{d}{l}$; Δp ist der statische Druckabfall, $\bar{c}$ die mittlere Geschwindigkeit im Rohr, d der Rohrdurchmesser, l die Rohrlänge. Über die Abhängigkeit des λ-Wertes von den Ähnlichkeitskennzahlen → Rohrströmung.

2) *Druckwiderstand* (*Formwiderstand*). Die Integration der in Strömungsrichtung weisenden Komponente des Druckes p über die Körperoberfläche O liefert den Druckwiderstand $F_{wD} = \oint\!\!\oint p \cdot \cos\delta \cdot dO$. Der Druckwiderstand entsteht durch das Vorhandensein eines → Nachstromes hinter dem Körper und die damit verbundene Änderung der Druckverteilung gegenüber der in Potentialströmung vorhandenen. Wenn ein breites Totwasser vorhanden ist, bildet der Druckwiderstand den Hauptanteil des Profilwiderstandes (→ Kugelumströmung, → Zylinderumströmung). Bei der Umströmung scharfkantiger Körper, z. B. der quergestellten Platte, ist der Druckwiderstandsbeiwert $c_D = F_{wD}/(\varrho c_\infty^2 A/2)$ praktisch unabhängig von der Reynoldszahl Re, da der Ablösungspunkt der Grenzschicht örtlich festliegt. Für völlige Körper mit stetiger Konturkrümmung vermindert sich c_D mit Erreichen der kritischen Reynoldszahl, d. h. mit dem Grenzschichtumschlag laminar – turbulent, sprunghaft. Weil die turbulente Grenzschicht länger anliegt als die laminare, werden Totwasser und Druckwiderstand kleiner. Im laminaren und turbulenten Strömungsbereich selbst ist die Abhängigkeit $c_D = f(\mathrm{Re})$ unbedeutend. Hoher Turbulenzgrad der Strömung, Oberflächenrauhigkeiten und Stolperdrähte beschleunigen den Grenzschichtumschlag und führen daher im kritischen Reynoldszahlbereich zu einer Herabsetzung des Druckwiderstandes. Zu seiner Bestimmung muß die Druckverteilung auf der Körperoberfläche gemessen werden.

3) *Induzierter Widerstand*. An einem Auftrieb erzeugenden Tragflügel endlicher Spannweite tritt in reibungsfreier Strömung ein Widerstand auf. An seinen seitlichen Begrenzungen bilden sich durch Einrollen der entstehenden → Trennungsfläche zwei Wirbelfäden, die etwa parallel zur Anströmrichtung nach hinten abgehen. Zur dauernden Erzeugung des je Zeiteinheit entstehenden Teiles des Wirbels muß Arbeit verrichtet werden, die sich am Tragflügel als induzierter Widerstand äußert. Das Strömungsmedium weicht auf der Profildruckseite nach außen aus und strömt über die Flügelspitzen zur Saugseite. Die Auftriebserzeugung eines Tragflügels ist mit dem Vorhandensein eines gebundenen Wirbels verbunden, der sich innerhalb des Tragflügels befindet. Nach dem 3. Helmholtzschen Wirbelgesetz (→ Wirbelsätze) kann der gebundene Wirbel an den Tragflügelenden nicht aufhören, sondern setzt sich in den nach hinten gehenden freien Wirbeln, den Randwirbeln, fort (Abb. 2). Gebundener Wirbel, freie

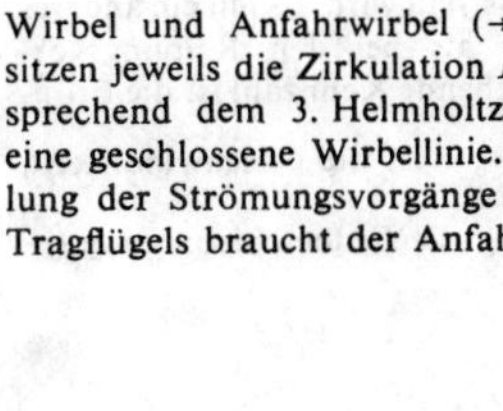

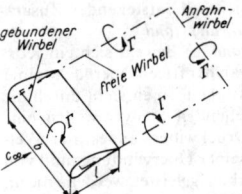

2 Wirbelsystem eines Tragflügels endlicher Spannweite

Wirbel und Anfahrwirbel (→ Tragflügel) besitzen jeweils die Zirkulation Γ und bilden entsprechend dem 3. Helmholtzschen Wirbelsatz eine geschlossene Wirbellinie. Bei der Behandlung der Strömungsvorgänge in der Nähe des Tragflügels braucht der Anfahrwirbel nicht be-

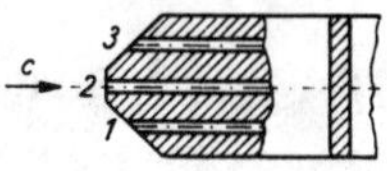

9 Keilsonde

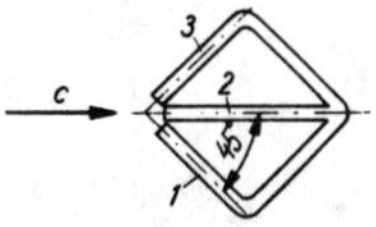

10 Dreifingersonde

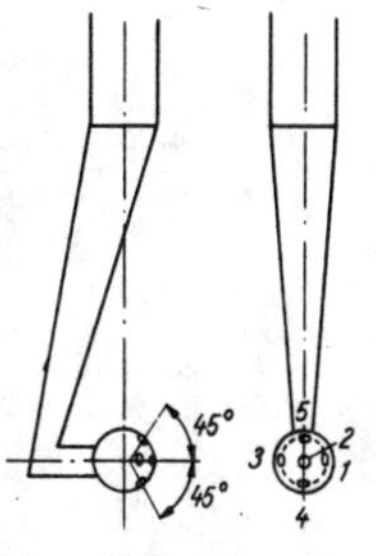

11 Kugelfünflochsonde: Links Seitenansicht, rechts Draufsicht

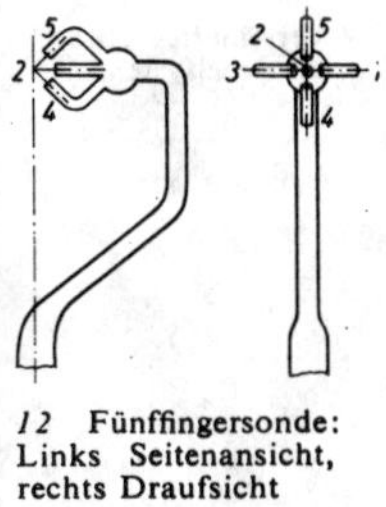

12 Fünffingersonde: Links Seitenansicht, rechts Draufsicht

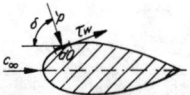

1 Ermittlung von Reibungs- und Druckwiderstand

rücksichtigt zu werden. Es bleibt ein nach hinten offener *Hufeisenwirbel* übrig, der sich in Strömungsrichtung bis ins Unendliche erstreckt. Die freien Wirbel induzieren an dem mit der Geschwindigkeit c_∞ angeströmten Tragflügel eine Abwärtsgeschwindigkeit c_i (→ Biot-Savartsches Wirbelgesetz). Diese bildet mit c_∞ eine Resultierende c_R, die gegenüber der ursprünglichen Zuströmrichtung um den Winkel α_i nach unten geneigt ist (Abb. 3). Die resultierende Strömungskraft F_R steht senkrecht auf c_R und besitzt damit eine Komponente in Richtung von c_∞, den induzierten Widerstand F_{wi}. Die Komponente senkrecht zu c_∞ ist der Auftrieb F_A. Es gilt die Beziehung $F_{wi} = F_A \cdot \mathrm{tg}\,\alpha_i = \varrho \cdot \Gamma \cdot c_\infty \cdot \mathrm{tg}\,\alpha_i$. Die Rechnung mit dem Huf-

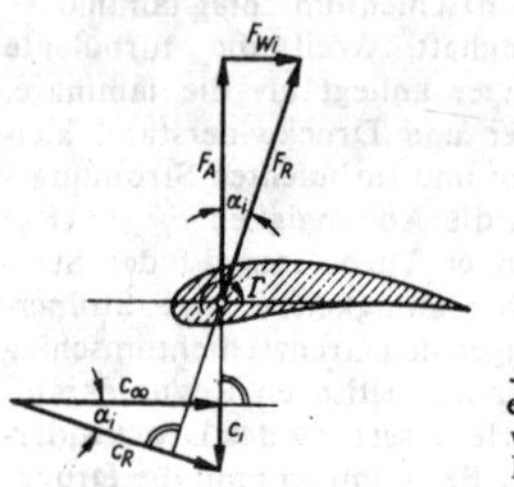

3 Am Tragflügel endlicher Spannweite angreifende Kräfte

eisenwirbel, der konstanten Auftrieb über der Spannweite liefert, ist nur eine grobe Näherung, da in Wirklichkeit F_A nach den Flügelenden hin bis auf Null abnimmt. Um das nachzubilden, ist ein verfeinertes Wirbelmodell nötig, das durch Überlagerung vieler Hufeisenwirbel infinitesimaler Stärke mit jeweils verschiedener Spannweite entsteht (Abb. 4). Durch dieses Modell wird die Trennungsfläche näherungsweise dargestellt. Bei vorgegebenem → Seitenverhältnis $\Lambda = b^2/A$ (b ist die Spannweite, A die Flügelfläche) ergibt sich das Minimum des induzierten Widerstandes $F_{wi} = F_A/(\pi \varrho c_\infty^2 b^2/2)$, wenn die Auftriebs- bzw. Zirkulationsverteilung über der Spannweite die Form einer Halbellipse besitzt. Der dimensionslose Beiwert des induzierten Widerstandes $c_{wi} = F_{wi}/(\varrho c_\infty^2 A/2) = c_a^2/(\pi \cdot \Lambda)$; dabei ist c_a der Auftriebsbeiwert. Weiteres → Polare, → Tragflügel.

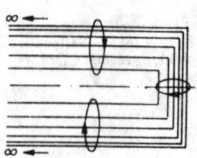

4 Verfeinertes Hufeisenwirbelsystem

Bei zirkulationsfreier Umströmung von Körpern mit endlichem Seitenverhältnis tritt in zähen Flüssigkeiten gegenüber zweidimensionaler Strömung ein Zusatzwiderstand auf, der *Kantenwiderstand*. Die allgemeine Bezeichnung für den durch endliches Λ entstehenden Zusatzwiderstand ist *Randwiderstand*.

4) *Wellenwiderstand*. a) Bewegt sich ein Körper (z. B. ein Schiff) an der freien Oberfläche einer reibungsfreien Flüssigkeit, so entsteht durch die vom Körper ausgehenden Schwerewellen eine spezielle Art des Druckwiderstandes, der Wellenwiderstand. Zu seiner Überwindung muß von dem Schiff eine Arbeit geleistet werden, die in der Wellenenergie steckt und mit der Ausbreitung der Wellen zerstreut wird. Es gilt ein anderes Ähnlichkeitsgesetz als bei den Reibungsvorgängen. Die maßgebende Kennzahl ist die Froudezahl $\mathrm{Fr} = \frac{c}{\sqrt{g \cdot l}}$; c ist die Geschwindigkeit, l die Schiffslänge, g die Erdbeschleunigung (→ Ähnlichkeitstheorie). Der Wellenwiderstand hängt in sehr komplizierter Weise von Schiffsform und -geschwindigkeit ab. In seichtem Wasser nimmt er stark zu, wenn die Schiffsgeschwindigkeit gleich der Grundwellengeschwindigkeit ist (→ Oberflächenwellen). Der Wellenwiderstand kann bis zu 60% des gesamten Strömungswiderstandes des Schiffes betragen.

b) In stationärer reibungsfreier Überschallströmung tritt ein Widerstand auf, der in Analogie zu dem an der freien Flüssigkeitsoberfläche auftretenden Wellenwiderstand ebenfalls als Wellenwiderstand bezeichnet wird. Er entsteht durch den Energieverbrauch zur Erzeugung der vom Körper ausgehenden stetigen Wellen, der → Machschen Wellen, und der → Verdichtungsstöße. Der Wellenwiderstand setzt sich beim Profil der endlichen Dicke d und der Länge l aus zwei Anteilen zusammen: 1) aus dem Widerstand bei fehlendem Auftrieb, der nur abhängig von der Profilform und proportional $(d/l)^2$ ist, 2) aus dem Zusatzwiderstand bei Antriebserzeugung, der unabhängig von der Profilform genau so groß wie bei der ebenen Platte und proportional c_a^2 ist.

5) Der S. in Vakuumleitungen ist der Reziprokwert des Leitwertes (→ Leitwert 2).

Lit. Albring: Angewandte Strömungslehre (4. Aufl. Dresden und Leipzig 1970); Prandtl: Führer durch die Strömungslehre (7. Aufl. Braunschweig 1969); Schlichting: Grenzschichttheorie (5. Aufl. Karlsruhe 1965).

Stromverdrängung, svw. Skineffekt.

Stromverdrängungsläufer, → elektrische Maschine.

Stromverteilung, Art und Verhältnis, wie sich der Katodenstrom in einer Elektronenröhre auf die positiven Elektroden verteilt. Das Verhältnis von Anodenstrom zu Katodenstrom als Funktion des Verhältnisses von Anodenspannung zu Schirmgitterspannung weist zwei typische Bereiche auf: Der ansteigende Teil der Funktion wird als Belowsches Stromübernahmegebiet, der konstante Teil als Tanksches Stromübernahmegebiet bezeichnet.

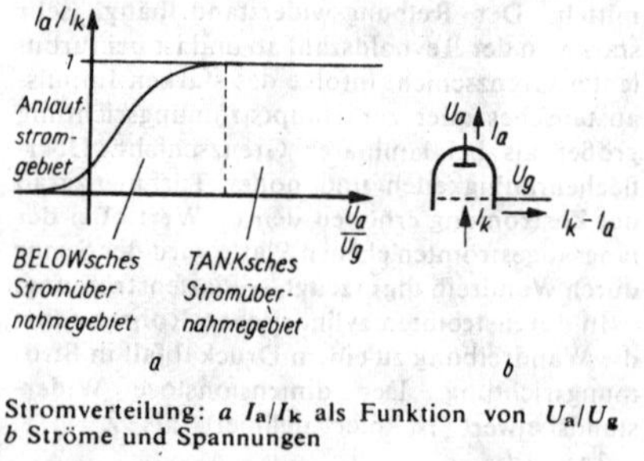

Stromverteilung: *a* I_a/I_K als Funktion von U_a/U_g *b* Ströme und Spannungen

Stromverteilungsrauschen, → Rauschen II, 2b.

Stromwaage, eine Meßeinrichtung zur fundamentalen Bestimmung der elektrischen Stromstärke. Dabei wird die Kraftwirkung zwischen zwei Spulen, die von dem zu messenden Strom durchflossen werden, mittels einer Waage gemessen und so die Strommessung auf eine Kraftmessung zurückgeführt.

Stromwandler, → Meßwandler

Stromwärme, → Joulesches Gesetz, → Joulesche Wärme.

Stromwärmeverluste, die Wärmeenergie, die bei Stromdurchgang durch die Leiter und Wicklungen elektrischer Anlagen, Geräte und Maschinen durch den ohmschen Widerstand entsteht und außer bei Geräten für unmittelbare Wärmeerzeugung nicht zur vorgesehenen Energieumwandlung beiträgt. Nach dem bisher am häufigsten verwendeten Leitungsmaterial werden die S. auch als *Kupferverluste* bezeichnet.

Stromwender, 1) *Kommutator*, ein zylindrisches Konstruktionsteil auf der Welle von Stromwender- oder Kommutatormaschinen (→ elektrische Maschine), das mit den auf seiner Oberfläche schleifenden, feststehenden Bürsten die Verbindung zwischen der rotierenden Läuferwicklung und den ruhenden Zuleitungen herstellt. Der S. dient zur Stromaufnahme und -abgabe und wird deshalb auch als *Kollektor* bezeichnet. Er arbeitet gleichzeitig als Frequenzwandler. Der S. besteht aus Kupferlamellen, die durch Zwischenlagen aus Mikanit (Isolierstoff aus Glimmer und Lack als Bindemittel) voneinander isoliert sind. Die Spulen der Stromwenderwicklung (→ Wicklung) sind zu einer geschlossenen Wicklung hintereinandergeschaltet, die Verbindungsstellen werden an Lötfahnen oder an die Lamellen direkt angelötet.

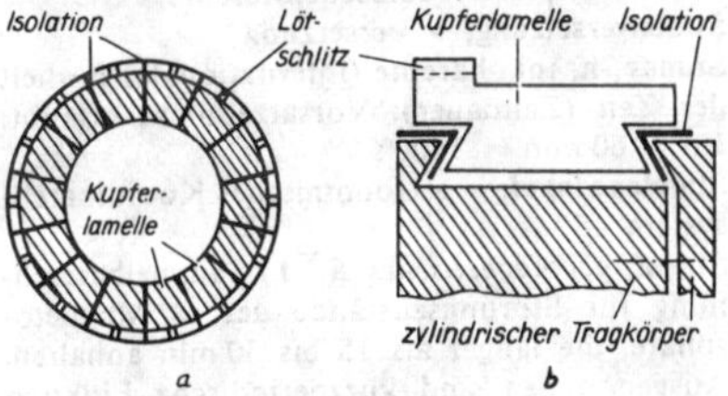

1 Aufbau des Stromwenders: *a* vereinfachter Querschnitt durch einen Stromwender, *b* Ausschnitt aus einem Längsschnitt: Lamelle und Befestigungseinrichtung

Rotiert die Stromwenderwicklung in einem Gleichfeld, z. B. bei der Gleichstrommaschine, so entsteht in den Wicklungsleitern eine Wechselspannung. Durch S. und Bürsten wird erreicht, daß an einer Bürste immer nur positives Potential bzw. negatives Potential anliegt und damit eine Gleichspannung entsteht. Bei Rotation im Drehfeld erhält man an den Bürsten eine schlupffrequente Spannung, die zur zusätzlichen Einspeisung des Läuferkreises einer Asynchronmaschine (→ Kaskadenschaltung) oder der Läuferwicklung von Drehstromkommutatormaschinen erforderlich ist.

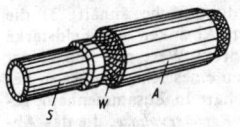

2 Stromwender mit Anker. *S* Stromwender, *W* Ankerwicklung, *A* Anker

Die Umschaltung einer Spule der Stromwenderwicklung erfolgt beim Durchgang durch die neutrale Zone, d. i. die Zone zwischen den Polen. Die Spule ist dabei über die Bürste kurzgeschlossen, und der Strom wechselt von seinem positiven auf den negativen Maximalwert oder umgekehrt (→ Stromwendung).

2) *Polwender*, mechanischer Schalter zur Umkehr der Stromrichtung. Er wird als Stromwippe oder als Drehumschalter ausgeführt.

Stromwendung, *Kommutierung*, bei elektrischen Maschinen Umschaltung des Stromes in der Spule einer Stromwenderwicklung beim Durchgang durch die neutrale Zone durch → Stromwender (Kommutatoren) und → Bürsten. Da die kommutierende Spule durch die Bürste kurzgeschlossen ist, erfolgt die Stromumkehr nur dann einwandfrei, d. h. sie ist nur dann beim Aufheben des Kurzschlusses beendet, wenn in dieser Spule keine Spannung induziert wird. Ist dies nicht der Fall, so entstehen Funken (→ Bürstenfeuer). Auf die Spule einwirkende Felder können durch → Wendepole aufgehoben werden.

Strudel, ein Flüssigkeitswirbel, dessen äußerer Bereich einem → Potentialwirbel entspricht, während der Kern von einem trichterförmigen ruhenden Luftvolumen (→ Hohlwirbel) oder von einer wie ein Festkörper rotierenden Flüssigkeitsmasse gebildet wird.

Struktur, das relative Gefüge von → Systemen. Die S. der Materie als Folge ihrer Wechselwirkungen äußert sich in dem Aufbau der realen Systeme aus Untersystemen. Aufgabe der Wissenschaften ist die Aufdeckung dieser S. der Materie sowie ihrer mathematischen S.en, d. s. Relationen zwischen mathematischen Begriffen, und das Studium dieser Relationen als eines wesentlichen Bestandteils wissenschaftlicher Theorien.

Strukturamplitude, 1) Betrag des → Strukturfaktors 1).

2) svw. Strukturfaktor 1).

strukturempfindliche Kristalleigenschaften, → Realkristall.

Strukturfaktor, 1) Fourier-Koeffizient $F(hkl)$ der dreidimensional periodischen Dichteverteilung eines Kristalls (→ Kristallstrukturanalyse, → Kristallpotential).

2) (weniger gebräuchlich) svw. $|F(hkl)|^2$, d. h. das Betragsquadrat des Fourier-Koeffizienten $F(hkl)$.

Strukturmodell, 1) Vorschlag für die Anordnung der Atome in einem Kristall. Ein solches S. kann sich aus kristallchemischen oder Symmetrie-Überlegungen ergeben, wobei gegebenenfalls experimentelle oder davon abgeleitete Daten, z. B. die → Patterson-Funktion, berücksichtigt werden.

2) räumliche Darstellung der relativen Anordnung der Atome in einem Kristall oder Molekül. a) Atomschwerpunkte werden durch Kugeln, Bindungen durch Stäbchen angegeben. b) An ein Kation gebundene Anionen werden durch Polyeder angezeigt, an deren Eckpunkten die Anionen zu denken sind (*Polyedermodell*). c) Jedes Atom mit seiner Wirkungssphäre wird durch eine Kugelkalotte dargestellt (*Kalottenmodell*).

Strukturstabilitätskoeffizient, Koeffizient, der den *Strukturzusammenbruch* einer strukturviskosen Flüssigkeit charakterisiert. Die Viskosität einer strukturviskosen Flüssigkeit ist um so größer, je komplizierter deren struktureller Aufbau ist. Mit zunehmender Spannung wird die

Struktur reduziert. Dabei nimmt die Fluidität φ zu, bis ein Maximalwert φ_∞ erreicht ist, wenn die Struktur auf den einfachsten Zustand gebracht worden ist. Der strukturelle Zustand bei einer bestimmten Spannung wird durch die Differenz der Fluiditäten $\varphi_\infty - \varphi$ charakterisiert. Der strukturelle Zustand ist proportional der Änderung der Fluidität nach der Änderung der Spannungsgröße $\frac{d\varphi}{d(\tau^2)}$. Der hierbei einzuführende Proportionalitätsfaktor $\varkappa$ ist der Koeffizient der Strukturstabilität oder kurz S. $\varkappa = \frac{\varphi_\infty - \varphi}{d\varphi/d(\tau^2)}$. Ist $\varkappa = 0$, dann wird $\varphi = \varphi_\infty$, oder die Struktur der Flüssigkeit ist so instabil, daß sie sofort und vollständig, sobald Fließen einsetzt, zerstört wird. Ist $\varkappa = \infty$, wird $d\varphi/d(\tau^2) = 0$, d. h., die Fluidität wird während des Fließens überhaupt nicht verändert. Die Struktur ist so stabil, daß sie auch unter großer Beanspruchung nicht zerstört werden kann.

Strukturturbulenz, bei strukturviskosen Flüssigkeiten Turbulenzerscheinungen, die schon vor dem Erreichen der kritischen Reynolds-Zahl auftreten. Durch den Zusammenbruch der inneren Struktur werden Wirbel ausgelöst, die denen der Reynoldsschen Turbulenz ähnlich sind.

strukturviskose Flüssigkeit, → Strukturviskosität, → Ostwaldsche Kurve.

Strukturviskosität, *Strukturzähigkeit*, ein vom Newtonschen Verhalten abweichendes Verhalten, wobei die Viskosität des Fluids mit zunehmender Beanspruchung geringer wird bzw. die Flüssigkeit leichtflüssiger wird. W. Ostwald schrieb das anomale Verhalten einer solchen Substanz der „Struktur" innerhalb der Flüssigkeit zu und prägte den Ausdruck S.

Strukturzähigkeit, svw. Strukturviskosität.

Strukturzusammenbruch, → Strukturstabilitätskoeffizient.

Studentsche Verteilung, *t-Verteilung*, $\varphi(t)$, statistische Methode zur Beurteilung und Auswertung von Meßergebnissen unter Berücksichtigung der vorliegenden Anzahl von Einzelergebnissen und der Freiheitsgrade des Systems. Demzufolge weicht die Kurve am Anfang und am Ende von der Gaußschen Normalverteilung

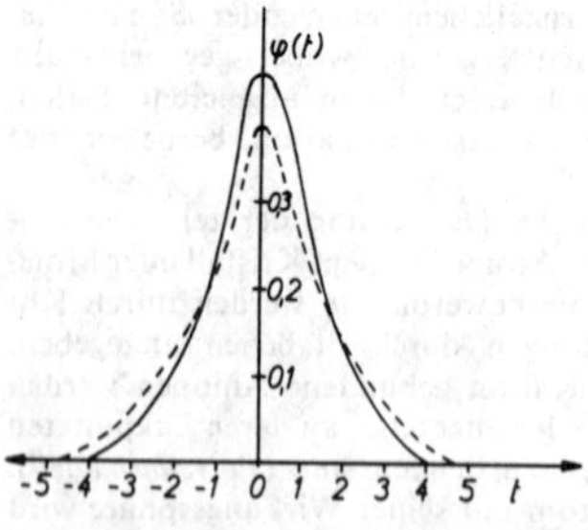

Studentsche Prüfverteilung: Normalverteilung (——) und Studentsche Verteilung (– – – –) für $f = 5$ und $P = 5\%$

etwas ab. Die S. V. ist für wachsende Freiheitsgrade f tabelliert, wobei unter f die Anzahl der frei und unabhängig voneinander variablen Meßwerte einer Meßreihe verstanden wird. Von allen k Meßreihen eines Versuches ist $f = (\sum_k n_k) - k$, also gilt bei einer Meßreihe mit $n_k = n_1 = n$ Meßwerten $f = n - 1$, bei zwei Meßreihen gleichen Umfangs $n_1 = n_2 = n$ somit $f = 2n - 2$ und bei zwei Meßreihen unterschiedlichen Umfangs ($n_1 \neq n_2$) mithin $f = n_1 + n_2 - 2$. Für den Mittelwert $\bar{x}$ der Meßwerte x_i und die Streuung des Mittelwertes s_x dieser Meßreihe ist das *Vertrauensintervall* durch $J = \bar{x} \pm ts_x$ und die *Irrtums-* oder *Fehlerwahrscheinlichkeit* als $P = 1 - J$ definiert. Durch den t-Wert wird also berücksichtigt, daß der aus einer relativ kleinen Meßreihe errechnete Streuungswert s (→ statistische Auswertung von Experimenten) selbst noch mit einer bedeutsamen Streuung s_x behaftet sein kann. Die Fehlerwahrscheinlichkeit $P\%$ besagt, daß der Wert von $t = (P\% + \bar{x} - 100\%)/s_x$ größer sein wird als in der Tabelle angegeben.

Auszug aus einer Tabelle für $\varphi(t)$

Anzahl der Freiheitsgrade f	$P\%$ 50	25	10	5	1
1	1,00	2,41	6,31	12,7	63,7
5	0,727	1,30	2,01	2,57	4,03
10	0,700	1,22	1,81	2,23	3,17
20	0,687	1,18	1,72	2,09	2,85
30	0,683	1,17	1,70	2,04	2,75

Stufenregel, → Ostwaldsche Stufenregel.

Stufenversetzung, → Versetzung.

Stunde, h, inkohärente (internationale) Einheit der Zeit (Zeitdauer). Vorsätze nicht erlaubt. 1 h = 60 min = 3600 s.

Stundenwinkel, → astronomisches Koordinatensystem.

Sturm, *geomagnetischer S.*, **1)** Sammelbezeichnung für Störungszustände der → Magnetosphäre, die länger als 15 bis 30 min anhalten. Ausgenommen sind kurzperiodische Fluktuationen (→ Mikropulsationen). Die Stürme zeichnen sich durch starke Änderungen der Komponenten des geomagnetischen Feldes, insbesondere der Horizontalkomponente, aus und können sich entweder auf die gesamte Magnetosphäre oder nur auf die polaren Gebiete der Erde erstrecken. Im ersten Fall wird die magnetische Störung in der Horizontalkomponente auf der gesamten Erdoberfläche verzeichnet, im zweiten Fall nur in hohen Breiten mit einem Maximum in der Nordlichtzone. Ein starker S. kann mit einem SSC beginnen, er wird dann *SC-Sturm* genannt. Fehlt der SSC, so spricht man von einem *gradual storm*. Starke Stürme werden in vier zeitlich aufeinanderfolgende Abschnitte eingeteilt: 1) den SSC; 2) die *Anfangsphase*, während der die Kompression der Magnetosphäre und damit die Erhöhung der Feldstärke auf der Erdoberfläche anhält; 3) die *Hauptphase*, die ein Absinken der Feldstärke unter ihren ungestörten Wert mit sich bringt und mit dem Fließen eines Ringstromes in der äußeren Magnetosphäre in Zusammenhang gebracht wird; 4) die *Recoveryphase*, die das Abklingen des Ringstromes und das Wiederherstellen des Feldes auf sein ungestörtes Niveau umfaßt. Morphologisch wird das magnetische Störungsfeld in zwei Anteile — Dst und DS — aufgetrennt. Dabei entspricht → DS ungefähr dem in der Ionosphäre hervorgerufenen Elektrojetfeld, Dst dem Feld des Ringstromes. Diese Zuordnung ist aber nicht eindeutig, da die Auftrennung in DS und Dst nicht nach physikalischen, sondern nach morphologischen Gesichtspunkten erfolgte. Der Ringstrom soll durch radiale Diffusion (→ Diffusion geladener Teilchen) bzw. Injektion von Teilchen ins Innere der Magnetosphäre infolge Verletzung der dritten adiabatischen Invarianten entstehen. Er besteht in der Hauptsache aus in der Magnetosphäre bei 3 bis 4 R_e driftenden Protonen (R_e ist der Erdradius). Sein Abklingen infolge von Teilchenverlusten erzeugt die Recoveryphase. Jeder S. wird von starken Nordlichterscheinungen (→ Polarlicht) begleitet, welche auf erhöhte Teilchenprezipitation hinweisen. Diese führt zu einer Erhöhung der ionosphärischen Leitfähigkeit in der Polarlichtzone im Bereich des Nordlichtovals, was wiederum eine Kanalisierung des ionosphärischen Stromes im polaren Elektrojet bewirkt und Störungen der Ionosphäre hervorruft. Starke Stürme haben eine Zeitskala von einigen Tagen, ehe nach Einsatz des S.s der ungestörte Zustand wieder erreicht wird.

Die nur 1 bis 3 Stunden anhaltenden buchtähnlichen Störungen der Magnetosphäre (→ Bay-Störung) werden als *Substürme* oder *substorms* (engl.) bezeichnet. Man unterscheidet magnetosphärische, polare und aurorale Substürme. *Magnetosphärische* Substürme sind kurzzeitige, vorübergehende instabile Magnetosphärenzustände, in deren Gefolge explosiv ein großer Energiebetrag aus dem Magnetosphäreninneren in die polare Ionosphäre entladen wird. *Polare* und *aurorale* Substürme bezeichnen ungefähr das gleiche Phänomen, d. h. die aus der Magnetosphärenentladung entstehende Störung der polaren und auroralen Ionosphäre und die darauf folgende erhöhte polare magnetische Aktivität sowie das verstärkte explosive Auftreten von Nordlichtern und ihre verschiedenen Bewegungen in der polaren Ionosphäre. Polare Substürme als elementare magnetosphärische Störungen scheinen der Schlüssel zum Verständnis der Prozesse in der Magnetosphäre zu sein. Ihre Theorie steckt erst in den Anfängen.

2) → Erdmagnetismus.

Sturmflut, außergewöhnlich hoher Wasserstand an der Küste, hervorgerufen durch Wasseranstau infolge starker auflandiger Winde. Unter S.en im eigentlichen Sinne versteht man die Überlagerung des gezeitenbedingten Hochwassers durch Windstau. Zu besonders hohen S.en kommt es in sich trichterförmig verengenden Flußmündungen.

Sturmzeitvariation, → *DS.*

Stützreaktionen, *Auflagerreaktionen, Stützkräfte, Auflagerkräfte,* in den Lagern durch die eingeprägten Kräfte verursachte Reaktionen. Körper bzw. Körpersysteme werden durch die Stützung, insbesondere unter dem Einfluß äußerer Belastungskräfte in einer bestimmten Lage so fixiert, daß sie ihre vorgesehene Ruhelage beibehalten. Über geeignete und dem jeweiligen Zweck angepaßte Stützen oder Lager werden dabei auf die Körper bzw. Systeme von Körpern S. ausgeübt, die mit den Belastungskräften im Gleichgewicht stehen müssen. Diese S. haben den Charakter von Reaktionskräften und -momenten und sind als solche zunächst unbekannt. Ihre Größe hängt von der jeweiligen Belastung ab.

Die Berechnung der Stützwiderstände erfolgt mit Hilfe der statischen Gleichgewichtsbedingungen am starren Körper. Demgemäß setzt man an den Lagerstellen entsprechend der Lagerwertigkeit die unbekannten Stützkräfte mit beliebiger Richtung an. Unter *Lagerwertigkeit* versteht man die Anzahl der Stützkomponenten, die das Lager aufnehmen kann. Sie entspricht der Anzahl der Freiheitsgrade, um die der Körper durch das entsprechende Lager in seiner Bewegungsfreiheit eingeengt wird. Die statischen Gleichgewichtsgleichungen liefern sodann bei statisch bestimmter Lagerung die S. nach Betrag und Richtung. Bei ebenen Systemen werden mitunter auch graphische Lösungsverfahren herangezogen. Die resultierende Kraft wird hierbei je nach der Art der Lagerung nach dem Culmann-Verfahren bzw. nach dem Seileckverfahren mit Hilfe der Schlußlinie in Richtung der Wirkungslinie der unbekannten Lagerkräfte zerlegt. Die Reaktionskräfte dieser Größen sind die Stützkräfte. Die Ermittlung der S. ist dann eindeutig möglich, wenn am räumlich gestützten Körper $s_r = 6$ und am in der Ebene gestützten Körper $s_r = 3$ unbekannte Stützgrößen auftreten, man spricht von *statisch bestimmter Lagerung. Statisch unbestimmte Lagerung* eines Körpers liegt dann vor, wenn die Anzahl der unbekannten S. $s_r > 6$ bzw. $s_r > 3$, d. h. die Anzahl der unbekannten Stützkomponenten größer als die Zahl der zur Verfügung stehenden Gleichungen ist. Zur Berechnung der S. werden dann außer den Gleichgewichtsgleichungen weitere Beziehungen herangezogen, die z. B. aus den elastischen Verformungen der Körper hergeleitet werden. *Statisch unterbestimmte Lagerung* liegt vor, wenn die Anzahl der unbekannten Stützwiderstände $s_r < 6$ bzw. $s_r < 3$ ist. In diesem Falle sind die Körper nicht gegen jede beliebige Belastungsrichtung abgestützt. Systeme von starren Körpern, die durch räumliche bzw. ebene Gelenke miteinander verbunden sind, sind statisch bestimmt gelagert, wenn $s_r = 6n$ bzw. $s_r = 3n$, da bei Körpersystemen für jeden Einzelkörper die Gleichgewichtsbedingungen zur Bestimmung der $6 \cdot n$ bzw. $3 \cdot n$ unbekannten Lagerreaktionen und Zwischenreaktionen, d. s. die Gelenkkräfte, gelten.

Bei statisch unterbestimmter Lagerung spricht man von einem Mechanismus mit $f = 6n - s_r$ bzw. $f = 3n - s_r$ Freiheitsgraden.

St.-Venantsches Prinzip. Wenn ein in einem Teilbereich eines Körpers angreifendes Kräftesystem eine Gleichgewichtsgruppe bildet, dann klingt seine Wirkung mit der Entfernung von der Angriffsstelle ab.

subharmonische Resonanz, → nichtlineare Schwingungen.

Sublimation, der Übergang vom festen in den gasförmigen Aggregatzustand bei einer bestimmten druckabhängigen Temperatur, der *Sublimationstemperatur* (*Sublimationspunkt*). Die S. ist nicht auf bestimmte Substanzen beschränkt. Alle Stoffe und auch mehrkomponentige Systeme können bei entsprechenden Werten von Druck und Temperatur sublimieren, ohne daß eine flüssige Phase entsteht. Der der S. entgegengesetzte Vorgang heißt → Kondensation. Die bei der S. aufgenommene Wärme ist die *Sublimationswärme*. Sie ist gleich der Summe von Schmelz- und Verdampfungswärme, da die innere Energie bzw. die Enthalpie eine Zustandsgröße ist und damit unabhängig vom Wege, auf dem das System in den Endzustand, hier den gasförmigen, gelangt (→ Heßsches Gesetz). Für die *Sublimationsdruckkurve* $p(T)$, die Kurve, auf der die feste und die gasförmige Phase im Gleichgewicht sind, gilt die → Clausius-Clapeyronsche Gleichung. Die S. ist ein → Phasenübergang 1. Ordnung.

Sublimationsdruckkurve, → Sublimation.

Sublimationspumpe, svw. Verdampferpumpe.

Sublimationswärme, → Sublimation.

submikroskopisch, für das Lichtmikroskop nicht mehr wahrnehmbar oder auflösbar.

Substituenteneffekt, *Störausbreitungseffekt*, Bezeichnung für die Übertragung der an einer Stelle des Moleküls erzeugten Störung der Elektronenverteilung auf andere Teile des Moleküls. Nach der Art der Störungsausbreitung unterscheidet man den induktiven und den mesomeren S.

Induktionseffekt, induktiver S., abg. *I-Effekt*, im weitesten Sinne ist jede elektrostatische Einwirkung eines kovalent gebundenen Substituenten auf andere Teile des Moleküls. Die Ursache des Induktionseffekts liegt in dem auf verschiedenen Elektronegativitäten der Bindungspartner beruhenden Dipolcharakter der Substituentenbindung mit dem Nachbaratom, der sich auf das Restmolekül in zweierlei Weise übertragen kann: Erfolgt die Übertragung durch eine Induktion gleichgerichteter elektrischer Dipole in aufeinanderfolgenden Atombindungen (z. B. entlang einer aliphatischen Kette), so spricht man von einem *Induktionseffekt* im engeren Sinne, im Falle einer direkten Feldwirkung des Dipols über den leeren Raum oder ein Lösungsmittel hinweg dagegen von einem *Feldeffekt*, abg. *F-Effekt*. In der Regel scheint dem Feldeffekt die größere Bedeutung zuzukommen, doch ist eine quantitative Differenzierung beider Mechanismen schwierig.

Bei ungesättigten Verbindungen tritt außer dem induktiven S. noch der *mesomere S.* auf, der dadurch zustande kommt, daß ein Substituent mit seinen Elektronen in eine Konjugationsbeziehung zu den π-Elektronen der ungesättigten Verbindung tritt und damit die Elektronenverteilung im Molekülrest verändert.

Lit. Staab: Einführung in die theoretische organische Chemie (dtsch 4. Aufl. Weinheim/Bergstraße 1970).

Substitutionsmethode, ein allgemeines Meßprinzip, bei dem das zu messende, in einer Wirkanordnung befindliche Bauelement durch ein bekanntes, einstellbares Normalbauelement ersetzt (substituiert) wird und in der Anordnung wieder gleiche Verhältnisse wie vor der Substitution hergestellt werden. Dann ist das zu messende Element dem Normalbauelement gleich. Man ersetzt z. B. in der Schaltung nach der Abbildung den zu messenden Widerstand R_X durch einen einstellbaren Meßwiderstand (Normalwiderstand) R_N, der so eingestellt wird, daß der Strommesser wieder den gleichen Wert anzeigt. Die Spannungsquelle E bleibt dabei konstant. Dann gilt $R_X = R_N$. Durch die S. wird der Einfluß äußerer Störungen stark reduziert, da sie infolge der praktisch gleichen Anordnung in den beiden Fällen auch gleiche Wirkungen erzielen und somit beim Vergleich herausfallen.

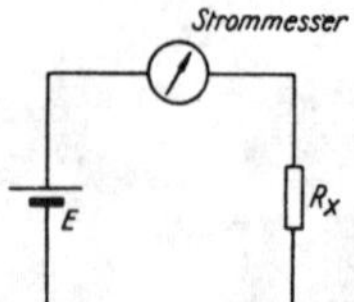

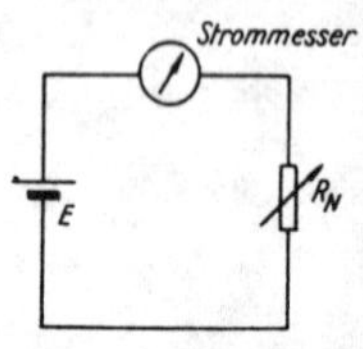

Messung eines Widerstandes R_x nach der Substitutionsmethode

Substitutionsmischkristall, → Mischkristall.

Substrat, in der Dünnschichtphysik und in der Halbleitertechnik das Grundmaterial, auf oder in das andere Werkstoffe mit speziellen gewünschten leitenden, nichtleitenden oder halbleitenden Eigenschaften auf- bzw. eingebracht werden, um Bauelemente oder Schaltkreise mit bestimmten gewünschten Eigenschaften herzustellen. Bei Halbleiterbauelementen besteht das S. meist aus einem Halbleitereinkristall (→ Halbleiter), der mit Akzeptoren oder Donatoren dotiert wird (→ Dotierung). Für gedruckte Schaltungen, in der Dünnschichttechnik und für mikroelektronische Schaltkreise (→ Mikroelektronik, → Festkörperschaltkreis) werden auch isolierende S.e verwendet, die vor der weiteren Bearbeitung z. B. mit einer leitenden Folie kaschiert sind.

Substurm, → Sturm.

Subtraktionskonstante, → analytische S-Matrix-Theorie.

Subtraktionsspektrometer, ein spezielles Szintillationsspektrometer für γ-Strahlung. Das γ-Spektrum wird gleichzeitig mit einem NaJ- und einem Anthrazenkristall aufgenommen. Wegen der niedrigen Ordnungszahl erfolgt die γ-Absorption im Anthrazen fast nur über Compton-Streuung. Wird von dem NaJ-Spektrum das Anthrazenspektrum subtrahiert, so erhält man ein Spektrum der Photolinien praktisch ohne Untergrund. Die Subtraktion wird elektronisch vorgenommen.

Suchtonanalyse, → Schallanalyse.

Südabweichung, → Fall.

Sudden Enhancement of Atmospherics, → Sonneneruptionseffekt.

Sudden Frequency Deviation, → Sonneneruptionseffekt.

Sudden Ionospheric Disturbance, → Sonneneruptionseffekt.

Suhl-Effekt, ein 1949 von Suhl und Shockley angegebener Effekt, der auf dem Zusammenwirken eines äußeren magnetischen und elektrischen Feldes auf die Bewegung von injizierten Ladungsträgern in einem Halbleiter beruht. Durch Feldeinwirkung können die Ladungsträger in die Nähe der Kristalloberfläche oder in andere Kristallgebiete erhöhter → Rekombination geleitet werden; die am Kollektor nachweisbare Ladungsträgerkonzentration ist eine Funktion beider Feldstärken. Der S.-E. ist zur Untersuchung der Rekombinationseigenschaften von Halbleitern geeignet. Technisch wird der S.-E. in einer speziellen Form der Magnetdiode ausgenutzt, die als Verstärkungs- oder Multiplikationsbauelement anwendbar ist.

Sukzessivkontrast, → Farbensehen.

Summationskonvention, *Einsteinsche Summationskonvention*, Übereinkunft, daß über zwei Indizes, die in einem Ausdruck doppelt auftreten, summiert wird, ohne daß ein Summenzeichen ausführlich hingeschrieben wird. Dazu muß natürlich der Wertebereich der Indizes bekannt sein. Deshalb wird die S. vielfach in der

Geometrie angewendet, wo die Summation im allgemeinen über die gegebenen Dimensionen des Raumes läuft.

Beispiele: Im dreidimensionalen euklidischen Raum ist das Skalarprodukt zwischen zwei Vektoren $(\vec{a}, \vec{b}) = a_1b_1 + a_2b_2 + a_3b_3 = a_ib_i$.

Das Matrixprodukt $\{AB\}_{ik} = \sum_l A_{il}B_{lk}$ kann ebenfalls ohne Summenzeichen geschrieben werden. Wesentliche Vereinfachungen ergeben sich bei mehrfachen Summationen und Tensoren höherer Stufe. Allgemeine Verwendung findet die S. in der Relativitätstheorie.

Summationstöne, → Kombinationstöne, → nichtlineare Schwingungen.

Summenregel, → Differentialrechnung.

Sunk, → Schwall und Sunk.

SU(*n*)-Symmetrie, → unitäre Symmetrie.

Superaerodynamik, → Aeromechanik.

Superaktinide, → Transaktinide.

Superaustausch, Form des → indirekten Austauschs.

Superauswahlregel, Auswahlregel, die für alle Arten von Wechselwirkungen streng gilt und auf eine → Supersymmetrie der Naturgesetze zurückgeführt werden kann.

Superflüssigkeit, unexakt für → Supraflüssigkeit.

Superhet, → Überlagerungsempfang.

Superikonoskop, → Ikonoskop.

Superkonvergenzrelation, → analytische S-Matrix-Theorie.

Supermultiplett, unter der Annahme ladungs- und spinunabhängiger Kernkräfte entstehende → Multiplettstruktur im Kern. In der Abb. sind

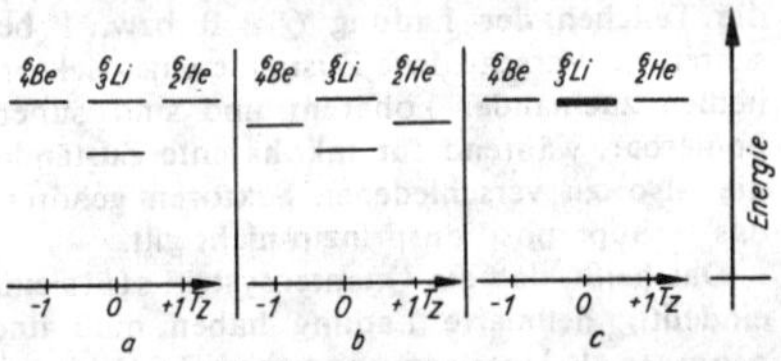

Niveauschema von Isobaren: *a* Kernkräfte spinabhängig, ladungsunabhängig, *b* Kernkräfte spinabhängig, ladungsabhängig, *c* Kernkräfte spinunabhängig, ladungsunabhängig. Die Kernzustände bilden ein Supermultiplett

die untersten Zustände der Isobare ^{6}Be, ^{6}Li und ^{6}He dargestellt. Das unterste ^{6}Li-Niveau hat den Spin 1, das obere den Spin 0. Da die Kernkräfte zunächst als spinabhängig angenommen werden, sind beide Niveaus energetisch getrennt. Die oberen Niveaus der drei Isobare bilden ein Isospintriplett mit den Isospinkomponenten $T_Z = \frac{Z-N}{2} = -1, 0, +1$. Das untere Niveau ist ein Isospinsingulett mit $T = T_Z = 0$. Vernachlässigt man die Spinabhängigkeit der Kernkräfte, dann fallen die beiden ^{6}Li-Niveaus energetisch zusammen. Das Isospintriplett und das Isospinsingulett überlagern sich zu einem S.

Supernova, → Nova.

Superorthikon, eine nach dem Prinzip des äußeren Photoeffekts arbeitende Bildaufnahmeröhre. Beim S. wird im Gegensatz zum → Ikonoskop die Sekundäremission beim Abtasten der Speicherplatte durch Verwendung von „langsamen" Elektronenstrahlen vermieden. Die von der Photokatode emittierten Photoelektronen treffen auf die Speicherplatte, die aus einer dünnen Glasfolie besteht. Ein feinmaschiges Netz saugt die durch Sekundäremission entstehenden Elektronen ab. Auf beiden Seiten der Glasfolie entsteht ein Ladungsbild. Der „langsame" Elektronenstrahl, der durch eine besondere Bremselektrode eine Energie von < 10 eV hat, tastet das dem Strahlerzeugungssystem zugewandte Ladungsbild ab. Die Elektronen des Abtaststrahls bewirken den Ladungsausgleich. Die nicht zum Ausgleich benötigten Elektronen, deren Zahl dem Ladungszustand und damit der Helligkeit jedes Bildpunktes entspricht, werden reflektiert und fliegen zurück. Nach Beschleunigung treffen sie mit hoher Geschwindigkeit auf den Sekundärelektronenvervielfacher. Hier wird der schwache Elektronenstrom um das 1000- bis 5000fache verstärkt und ergibt als Spannungsabfall über dem Arbeitswiderstand R_a die Signalspannung.

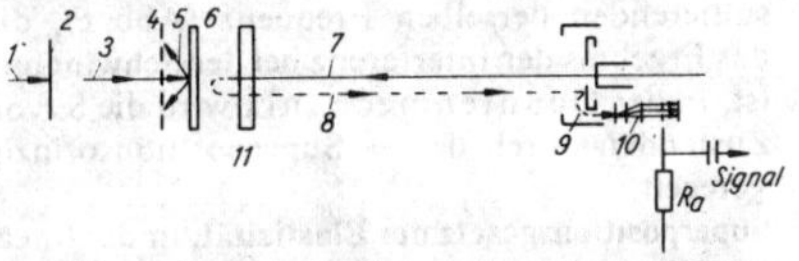

Signalerzeugung beim Superorthikon. *1* Lichteinfall, *2* Photokatode, *3* Photoelektronen, *4* Kollektornetz, *5* Sekundärelektronen, *6* Speicherplatte (Glasfolie), *7* abtastender Elektronenstrahl, *8* rücklaufender Elektronenstrahl, *9* Sekundärelektronen, *10* Sekundärelektronenvervielfacher, *11* Bremselektrode, R_a Arbeitswiderstand

Das S. ist aus dem *Orthikon* hervorgegangen. Beim Orthikon wird das optische Bild unmittelbar auf den Speicher geworfen, der wie beim Ikonoskop aus einer Vielzahl sehr kleiner Photoelemente auf einem Isolator besteht, wobei auf der Gegenseite ein durchsichtiger leitender Belag angebracht ist. Die Speicherplatte stellt damit eine große Zahl sehr kleiner Kondensatoren dar, wodurch bei Belichtung ein Ladungsbild entsteht. Im Gegensatz zum S. ist der leitende Belag unmittelbar mit dem Lastwiderstand am Verstärkereingang verbunden. Wie beim S. haben die Strahlkatode und der leitende Belag der Speicherplatte etwa das gleiche Potential. Durch die Photoemission werden die einzelnen Mikrophotozellen der Speicherplatte positiv aufgeladen. Bei der Abtastung durch den Elektronenstrahl wird die betreffende Stelle der Speicherplatte wieder entladen, es entsteht ein Bildsignal, d. h., es fließt ein Ausgleichsstrom durch den Lastwiderstand. Beim Orthikon entfällt damit auch der Sekundärelektronenvervielfacher.

Superparamagnetismus, magnetisches Verhalten sehr kleiner ferromagnetischer Teilchen, das charakterisiert ist durch einen eindeutigen Zusammenhang zwischen dem gemessenen Wert der Magnetisierung M und dem Feld H. Da die für eine Ummagnetisierung erforderliche Energie $M \cdot V \cdot H_c$ wesentlich kleiner ist als die mittlere thermische Energie $k \cdot T$, werden die Teilchen während des Meßprozesses fortwährend ummagnetisiert, so daß die für Ferromagnetika typische Irreversibilität des Ummagnetisierungsprozesses (Hysterese) verlorengeht. Im Energieausdruck ist V das Teilchenvolumen und H_c die

Koerzitivfeldstärke des Teilchens bei $T = 0$, k ist die Boltzmannsche Konstante. Kollektive von superparamagnetischen Teilchen verhalten sich also phänomenologisch wie Paramagnetika.

Superposition, Überlagerung physikalischer Größen, so daß die Gesamtwirkung in jedem Augenblick gleich der Summe der Einzelwirkungen dieser Größe ist. Eine S. physikalischer Größen ist immer dann möglich, wenn diese linearen Differentialgleichungen genügen. In der Mechanik ergibt sich die Resultierende eines Kräftesystems als (vektorielle) Summe der Einzelkräfte (→ Parallelogrammsatz). Die S. von Schwingungen erfolgt durch Überlagerung ihrer Amplituden und führt bei verschiedenen Frequenzen zu komplizierten Schwingungserscheinungen (Umkehrung: harmonische Schwingungsanalyse), bei eng benachbarten Frequenzen zu Schwebungen (→ Schwingung) und bei gleichen Frequenzen, aber verschiedenen Phasen der Schwingungen (Abb. a, b) zu einer Resultierenden derselben Frequenz (Abb. c), die das Ergebnis der Interferenz bei der Schwingung ist. In der Quantenmechanik wird die S. von Zuständen durch das → Superpositionsprinzip geregelt.

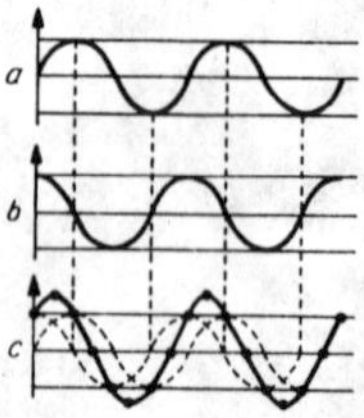

Superposition

Superpositionsgesetz der Elastizität, in der linearen Elastizitätslehre gültige Überlagerbarkeit von Spannungen und Verzerrungen, wonach sich die gesamte Verzerrung durch einfache Addition der Teilverzerrungen ergibt, die zu bestimmten Teilspannungen gehören.

Superpositionsprinzip, *Überlagerungsprinzip, Unabhängigkeitsprinzip,* 1) Newtonsche Mechanik: Prinzip der vektoriellen Addition der in einem Punkt angreifenden Kräfte (→ Parallelogrammsatz, → Newtonsche Axiome, → Potential).

2) Klassische Feldtheorie: Prinzip der ungestörten, d. h. additiven Überlagerung der Lösungen der (linearen) Feldgleichungen zur Konstruktion neuer Lösungen. Das S. ist eine Folge der Addivität der Lösungsmannigfaltigkeiten linearer gewöhnlicher oder partieller Differential- bzw. Integralgleichungssysteme. Sind die Feldgleichungen nicht linear, so führt die Superposition zweier Lösungen im allgemeinen aus der Lösungsmannigfaltigkeit heraus. Das S. sichert insbesondere die ungestörte Superponierbarkeit von linearen Schwingungen und Wellen.

3) Quantenmechanik: Prinzip, wonach ein der Zustände ψ_1 und ψ_2 fähiges quantenmechanisches System auch den Zustand $c_1\psi_1 + c_2\psi_2$ mit beliebigen komplexen Koeffizienten c_1 und c_2 einnehmen kann. Das S. der Quantenmechanik ist ebenfalls eine Folge der Linearität der Grundgleichungen (→ Schrödinger-Gleichung). Im Gegensatz zur klassischen Physik, wo bei einer Messung das gleichzeitige Vorhandensein der Zustände ψ_1 und ψ_2 festgestellt werden kann (Abb. → Superposition), wird in der Quantenphysik das System im Ergebnis der Messung jeweils nur in einem der Zustände ψ_1 oder ψ_2 (Eigenzustände der Messung) festgestellt. Sind ψ_1 und ψ_2 normierte und orthogonale Zustände, dann werden sie bei wiederholter Messung mit den Wahrscheinlichkeiten $p_1 = |c_1|^2$ bzw. $p_2 = |c_2|^2$ mit $p_1 + p_2 = 1$ gefunden (→ statistische Interpretation). Das S. erfährt jedoch eine Einschränkung, wenn der Zustandsraum des Quantensystems infolge vorhandener Supersymmetrien in verschiedene, zueinander inkohärente Sektoren zerfällt; dann gilt das S. nur innerhalb der einzelnen Sektoren.

Superpositionsstruktur, fiktive Atomanordnung, die aus der Idealstruktur eines Kristalls entsteht, wenn man sich den Inhalt von n gleichen Teilen der Elementarzelle parallel verschoben in einem Teil überlagert denkt. S.en sind dann von Interesse, wenn ein Teil der Struktur (z. B. Schweratome) für sich betrachtet eine höhere Symmetrie oder kleinere Identitätsperioden hat als die Struktur als Ganzes. In manchen Fällen ist die Bestimmung einer S. ein wichtiger Teilschritt einer → Kristallstrukturanalyse.

superschwere Elemente, → Transaktinide.

superstarke Wechselwirkung, → Quarkmodell.

Supersymmetrie, Symmetrie, die allen Naturgesetzen zugrunde liegt. S.n folgen aus der strengen Erhaltung der die zugehörige Symmetriegruppe erzeugenden physikalischen Größen. Die bisher bekannten S.n sind innere → Symmetrien und werden durch diejenigen Eichtransformationen bestimmt, die durch die elektrische Ladung Q, die Baryonenzahl A und die Statistik-Quantenzahl $(-1)^F$ mit der Fermionenzahl F erzeugt werden; möglicherweise führt auch die Leptonenzahl L auf eine S.

Die S.n haben zur Folge, daß der Zustandsraum von Quantensystemen in zueinander inkohärente Sektoren zerfällt, die durch verschiedene Werte der Quantenzahlen (Q, A, F; L) charakterisiert sind, z. B. (0, 1, 1; 0) und (1, 1, 1; 0), die Teilchen der Ladung $Q = 0$ bzw. 1 beschreiben. Verschiedene Zustände eines Sektors heißen zueinander kohärent und sind superponierbar, während für inkohärente Zustände, die also zu verschiedenen Sektoren gehören, das → Superpositionsprinzip nicht gilt.

Das heißt, daß ein Quantensystem stets eine eindeutig definierte Ladung haben muß und niemals als Überlagerung zweier Zustände mit den Ladungen $Q = 0$ bzw. 1 auftritt, während im Gegensatz dazu Zustände mit verschiedenen Drehimpulsen überlagert werden können. Die S.n führen daher auf Superauswahlregeln, z. B. muß die Änderung ΔQ der elektrischen Ladung stets bei allen physikalischen Prozessen Null sein: $\Delta Q = 0$.

Suprafluidität, → Supraflüssigkeit.

Supraflüssigkeit, Zustand mit verschwindender Zähigkeit und verschwindendem Energieinhalt von Helium II (He II), das sich aus dem flüssigen, bei 4,211 K siedenden Helium I (He I, normales ^{4}He) bei Abkühlung unter 2,186 K, den sogenannten *λ-Punkt*, bildet. Dieses, 1931 von Keesom u. a. entdeckte He II weist eine Reihe ungewöhnlicher, von denen normaler Flüssigkeiten abweichender Eigenschaften auf, die sich im Rahmen eines von Tisza vorgeschlagenen *Zweiflüssigkeitsmodells* zwanglos deuten lassen. Danach besteht He II aus einem völlig wechselwirkungsfreien Gemisch des flüssigen He I (normale Komponente) mit einer idealen S., dem suprafluiden Helium (suprafluide Komponente), die sich durch verschwindenden Energieinhalt und verschwindende Zähigkeit auszeichnet. Am λ-Punkt beginnend wandelt sich He I bei sinkender Temperatur in einem Phasenübergang

2. Art allmählich in suprafluides He um, wobei die Zähigkeit mit T^6 abnimmt und am absoluten Nullpunkt, wo sich das Helium nur in der suprafluiden Phase (Suprafluidität) befindet, den Wert Null erreicht. Die suprafluide Komponente des He II vermag wegen der verschwindenden Zähigkeit als Film von 10^{-3} cm Dicke über den Rand von Gefäßen oder durch engste Kapillaren zu entweichen, wobei der gesamte Wärmeinhalt des He II im Gefäß zurückbleibt. Wirbel in der suprafluiden Komponente bleiben unbegrenzt erhalten. Temperaturunterschiede in He II gleichen sich dadurch aus, daß normalflüssiges Helium zu den Orten niederer Temperatur fließt, wobei es Energie transportiert, sich dort in suprafluides Helium umwandelt und ohne Energietransport zurückfließt; dieser Prozeß und damit auch der Wärmestrom durch das He II ist nicht dem Temperaturgradienten, sondern dem Konzentrationsunterschied beider Komponenten proportional. Die so bedingte Wärmeleitfähigkeit übertrifft die des He I um das 10^8fache. Sind zwei mit He II gefüllte Gefäße durch eine feine Kapillare verbunden, durch die die Normalkomponente nicht fließen kann, führt eine Temperaturdifferenz von nur 10^{-3} K bereits zu beträchtlichen Druckunterschieden und erzeugt z. B. im wärmeren Gefäß eine Fontäne (→ mechanokalorischer Effekt). Periodische Temperaturschwankungen führen dann in He II zu periodischen Konzentrationsschwankungen beider Komponenten; da sich beide reibungsfrei durchdringen, können sich Temperaturwellen (mit Frequenzen bis 10^4 Hz) ungedämpft in He II ausbreiten (*zweiter Schall*, „second sound"), wobei die Ausbreitungsgeschwindigkeit vom Konzentrationsverhältnis abhängt und daher zur Messung des suprafluiden Anteils herangezogen werden kann.

Die Erscheinung der Suprafluidität ist ein reiner Quanteneffekt, der klassisch nicht erklärt werden kann. Nach der klassischen Physik sollten alle Körper am absoluten Nullpunkt kristallin sein. Wegen der äußerst schwachen Wechselwirkung zwischen den Heliumatomen bleibt das Helium bis zu Temperaturen flüssig, bei denen Quanteneffekte wirksam werden und eine Verfestigung nicht mehr einzutreten braucht. Da ^{4}He als System aus je zwei Protonen, Neutronen und Elektronen einen ganzzahligen Gesamtspin hat und daher der Bose-Statistik genügt, können alle ^{4}He-Atome bei Annäherung an den absoluten Nullpunkt sukzessive in den Zustand mit dem Impuls Null übergehen (→ Bose-Einstein-Kondensation). Diese Atome führen keine thermische Bewegung mehr aus, bilden aber auch kein Kristallgitter.

Die Tatsache, daß andere Bose-Teilchen die Erscheinung der Suprafluidität nicht zeigen, beruht darauf, daß die interatomare Wechselwirkung so groß ist, daß eine Verfestigung vor Einsetzen der geschilderten Quanteneffekte eintritt. ^{3}He, das nur ein Neutron, aber zwei Protonen und zwei Elektronen hat, kann ebenfalls keine Suprafluidität aufweisen, da es einen halbzahligen Gesamtspin hat und somit der Fermi-Statistik genügt; für solche Systeme ist das Pauli-Prinzip wirksam, wonach jeder Zustand, also auch der zum Impuls $\vec{p} = 0$ gehörende, von höchstens einem Teilchen besetzt werden kann. ^{4}He ist daher die einzige Flüssigkeit, die suprafluid werden kann.

Das Zweiflüssigkeitsmodell ist, wie Landau 1941 zeigte, mehr eine Methode zur Beschreibung des He II als ein adäquates Abbild – es handelt sich nicht um die reale Einteilung des He II in zwei Teile, sondern darum, daß in He II zwei unabhängige Bewegungen mit voneinander abweichenden Eigenschaften existieren. Tatsächlich kann man wegen der bei Temperaturen in der Nähe des absoluten Nullpunkts auch für Helium vorliegenden starken Wechselwirkung nur von den stationären Zuständen des Systems als Ganzes und nicht von den Zuständen der einzelnen Atome sprechen. Jeder schwach angeregte Zustand kann als Überlagerung einzelner Elementaranregungen des Gesamtsystems aufgefaßt werden, die sich wie Quasiteilchen mit einer bestimmten Energie und einem bestimmten Impuls innerhalb des vom System eingenommenen Volumens verhalten. Diese Elementaranregungen entstehen und verschwinden einzeln und genügen der Bose-Statistik. Das Dispersionsgesetz dieser Elementaranregungen, d. h. die Abhängigkeit ihrer Energie ε vom Impuls p, hängt von der Wechselwirkung der Heliumatome ab. Bei kleinen Impulsen gilt zunächst $\varepsilon \sim p$. Das entspricht longitudinalen Elementarschwingungen (Schallquanten oder Phononen), die in der Nähe des absoluten Nullpunkts allein angeregt sind. Die Elementaranregungen um ein Minimum der Dispersionskurve werden ***Rotonen*** genannt. Bei den Rotonen handelt es sich jedoch nicht, wie man ursprünglich angenommen hatte, um grundsätzlich von den Phononen etwa durch den Spin unterschiedene Elementaranregungen, da sie sonst zu einer anderen Dispersionskurve gehören müßten. Im thermodynamischen Gleichgewicht hat die Mehrzahl der Elementaranregungen eine Energie um die Minima von $\varepsilon(p)$, d. h., es liegt dann ein „Gas" von Phononen und Rotonen vor, wobei für tiefe Temperaturen ($T < 0{,}8$ K) der Phononenanteil und für höhere der Rotonenanteil überwiegt. Wegen des endlichen Anstiegs der Dispersionskurve im Ursprung können bei nicht allzu großer Geschwindigkeit v der Flüssigkeit keine Phononen erzeugt, d. h. Elementaranregungen hervorgerufen werden, da hierzu $v > \varepsilon/p$ gelten muß; die Flüssigkeit kann daher nicht über Erzeugung von Phononen abgebremst werden und ist somit am absoluten Nullpunkt suprafluid. Für kleine, von Null verschiedene Temperaturen können bei geringen Geschwindigkeiten auch keine neuen Elementaranregungen erzeugt werden, die bereits vorhandenen aber z. B. an den Gefäßwänden Impuls abgeben und so eine von Null verschiedene Zähigkeit der Flüssigkeit bewirken; ein „Teil" der Flüssigkeit verhält sich also wie eine suprafluide, ein anderer „Teil" wie eine normale Flüssigkeit. Genauere Theorien der Superfluidität, die auch die Dispersionskurve zu erklären gestatten, wurden u. a. von N. N. Bogoljubow und R. P. Feynman entwickelt.

supraleitende Kabel, → Kryoelektrotechnik.

supraleitende Lagerung, eine Lagerung, die entweder die abstoßenden Kräfte ausnützt, die zwischen Supraleitern durch die Verdrängung des magnetischen Feldes beim → Meißner-Ochsenfeld-Effekt entstehen können, oder die die Kraftwirkungen benutzt, die zwischen supraleitenden Magneten entstehen. Eine s. L. ist praktisch reibungsfrei, wenn im Hochvakuum gearbeitet wird. Sie ist damit ein wesentlicher Bestandteil eines supraleitenden Beschleunigungsmessers, eines supraleitenden Gravimeters oder eines supraleitenden Kreiselkompasses. Ferner kann die Aufhängung supraleitender Magnetspulen in Versuchsanlagen der Plasmaphysik ohne störende mechanische Verbindung sowie die magnetische Lagerung von Hochgeschwindigkeitszügen der Zukunft mit Vorteil durch eine s. L. erfolgen.

supraleitender Magnet, ein Elektromagnet ohne oder mit Eisenkern, dessen Wicklung aus supraleitendem Material besteht. Da die magnetische Feldstärke in einer langen Spule der Dicke der Wicklung und der auf den Wicklungsquerschnitt bezogenen Stromdichte proportional ist, lassen sich mit Kupferdrahtwicklungen üblicher Art nur geringe magnetische Feldstärken erzeugen. Erst mit Hilfe forcierter Wasserkühlung und unter Einsatz elektrischer Leistungen von mehreren Megawatt gelingt es, dort zu Feldstärken vorzudringen, die die durch die Sättigungsinduktion des Eisens gegebene Grenze wesentlich überschreiten. Derartige Anlagen sind jedoch so aufwendig, daß sie äußerst selten sind.

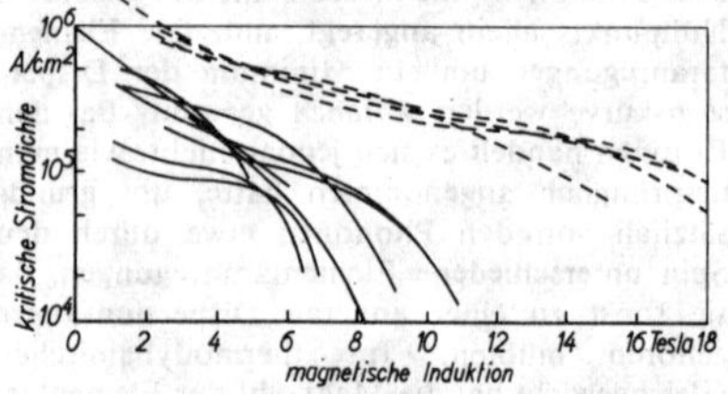

1 Kritische Stromdichte als Funktion der transversalen magnetischen Induktion B für verschiedene supraleitende Werkstoffe auf der Basis verformbarer Niob-Titan- und Niob-Zirkon-Legierungen (———) sowie der intermetallischen Verbindung Nb_3Sn (– – –)

In einigen hochgezüchteten supraleitenden Werkstoffen (Abb. 1), die auf der Basis nichtidealer Supraleiter 2. Art entwickelt wurden, kann man jedoch im supraleitenden Zustand auch noch in sehr hohen Magnetfeldern Stromdichten erhalten, die die in Kupfer normalerweise zulässigen Stromdichten etwa um den Faktor 1000 überschreiten. Deshalb gelingt es, aus derartigem Material Magnetspulen zu wickeln, in denen bei kleinen Abmessungen und ohne dauernde Einspeisung elektrischer Leistungen höchste Feldstärken erzeugt werden können. So kann man z. B. in einer supraleitenden Magnetspule von etwa 10 cm Durchmesser und 10 cm Länge und einer Masse von etwa 2 kg eine magnetische Induktion von etwa 10 Tesla erhalten, während ein konventioneller Elektromagnet mit Eisenjoch, der in einem vergleichbaren Raum nur etwa 1 bis 2 Tesla erzeugt, eine Masse von etwa 200 kg hat. Die mit supraleitenden M.en zugänglichen Bereiche der magnetischen Induktion sowie die Größen der bisher realisierten supraleitenden M.en gehen aus Abb. 2 hervor.

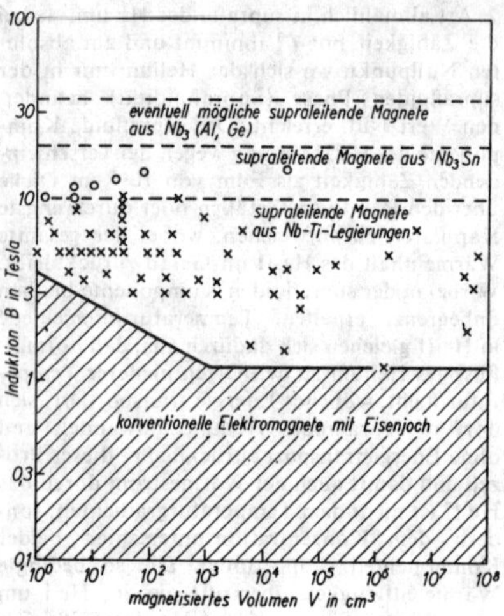

2 Mit verschiedenen Magnetarten zugängliche Bereiche von magnetischer Induktion und magnetisiertem Volumen

Infolge der hohen erzielbaren Feldstärken, der geringen Masse, des verschwindenden Leistungsbedarfs sowie der durch supraleitenden Kurzschluß der Wicklung erzielbaren praktisch absoluten zeitlichen Konstanz und der durch spezielle Gestalt der Wicklungen erreichbaren hohen räumlichen Homogenität der Felder stellen supraleitende M.e ein Hilfsmittel für physikalische Untersuchungen dar, das in vielen Fällen eine neue Qualität ermöglicht. Neben diesen Anwendungen, die sich im wesentlichen im wissenschaftlichen Gerätebau niederschlagen, sind eine Reihe technisch bedeutsamer Anwendungen vorauszusehen, z. B. im magnetohydrodynamischen Generator bzw. ganz allgemein in der → Kryoelektrotechnik. So kann z. B. ein s. M. als Erregerwicklung einer elektrischen Versuchsmaschine dienen.

Als störender Effekt trat bei supraleitenden M.en anfangs die Degradation auf, die durch magnetische Instabilitäten bzw. Flußsprünge in den verwendeten supraleitenden Werkstoffen entsteht. Dabei wird der supraleitende M. unterhalb der projektierten Feldstärke plötzlich normalleitend. In neueren supraleitenden M.en wird die Degradation entweder durch kryogenische Stabilisierung unwirksam gemacht, indem man durch Parallelschalten von Kupfer und gute Kühlung den Stromtransport auch beim kurzzeitigen Auftreten normalleitender Bezirke ermöglicht, oder man vermeidet durch adiabatische Stabilisierung von vornherein Flußsprünge, indem man durch Parallelschalten sehr vieler dünner supraleitender Drähte, die in einer gemeinsamen Kupfermatrix eingebettet sind, die in dem supraleitenden Material selbst gespeicherte magnetische Energie sehr klein macht. Nur bei Werkstoffen, die noch nicht in dieser Form hergestellt werden können, wendet man noch dynamische Stabilisierung an, die darin besteht, einen Teil der im supraleitenden Material gespeicherten magnetischen Energie auf in die Wicklung eingelegte Kupferfolien zu übertragen.

supraleitender Zustand, der Zustand eines Leiters, in dem → Supraleitfähigkeit auftritt, die durch Überschreiten der Übergangstemperatur oder des kritischen Feldes aufgehoben wird, so daß der normalleitende Zustand entsteht.

Sind in einem Zustand zwar supraleitende Ladungsträger vorhanden, aber entstehen trotzdem durch bestimmte Einflüsse elektrische Verluste, die zwar nichts mit einem ohmschen Widerstand zu tun haben, aber durch einen Ersatzwiderstand beschrieben werden können, so liegt ein *widerstandsbehafteter s. Z.* vor. Dieser tritt auf bei Flußbewegung, sowie unter bestimmten Bedingungen beim → Josephson-Effekt.

supraleitendes Tunnelelement, ein Bauelement, bei dem der → Einelektronen-Tunneleffekt an Supraleitern auftritt.

supraleitende Tunneldiode, ein Bauelement für elektrische Schaltungen in der Kryoelektronik.

Supraleiter, ein elektrischer Leiter, der die Eigenschaft der → Supraleitfähigkeit aufweist oder unter bestimmten Bedingungen aufweisen kann. Im Sprachgebrauch wird oft nicht genau unterschieden, ob der betreffende Leiter die Eigenschaft der Supraleitfähigkeit tatsächlich dann aufweist, wenn von ihm als S. gesprochen wird, oder ob er nur bei genügend tiefen Temperaturen die Eigenschaft der Supraleitfähigkeit annimmt. Man sagt z. B.: Blei ist ein S.

Man unterscheidet grundsätzlich zwei verschiedene Arten von S.n: Ein *S. 1. Art* (veraltete Bezeichnungen *idealer S.*, *weicher S.*) ist ein S. mit positiver Oberflächenenergie zwischen supraleitender und normalleitender Phase, dessen → Ginzburg-Landau-Parameter $\varkappa$ kleiner als $1/\sqrt{2}$ ist. S. 1. Art zeigen den → Meißner-Ochsenfeld-Effekt. Bei örtlicher Überschreitung des kritischen Feldes H gehen sie in den → Zwischenzustand eines Supraleiters über. Die Kohärenzlänge ξ eines S.s 1. Art muß größer als die Eindringtiefe λ eines magnetischen Feldes sein. Das ist nur bei einer großen mittleren freien Weglänge der Leitfähigkeitselektronen im normalleitenden Zustand der Fall. Deshalb sind im allgemeinen nur reine metallische Elemente S. 1. Art.

Ein *S. 2. Art* (veraltete Bezeichnung *nichtidealer S.*) ist ein S. mit negativer Oberflächenenergie zwischen supraleitender und normalleitender Phase, dessen Ginzburg-Landau-Parameter $\varkappa$ größer als $1/\sqrt{2}$ ist. S. 2. Art zeigen nur unterhalb des unteren kritischen Feldes H_{c1} den → Meißner-Ochsenfeld-Effekt. Zwischen unterem kritischem Feld H_{c1} und oberem kritischem Feld H_{c2} befinden sie sich im gemischten Zustand, in dem sie vom magnetischen Fluß in Form eines Flußschlauchgitters durchsetzt werden; zwischen oberem kritischem Feld H_{c2} und dem kritischen Feld der Oberflächensupraleitfähigkeit H_{c3} sind sie im Zustand der Oberflächensupraleitfähigkeit. Die Kohärenzlänge ξ eines S.s 2. Art ist kleiner als die Eindringtiefe λ eines magnetischen Feldes. Das kann nur bei einer kleinen mittleren freien Weglänge der Leitfähigkeitselektronen im normalleitenden Zustand der Fall sein. Deshalb sind Legierungen im allgemeinen S. 2. Art. Je kleiner die Kohärenzlänge ξ ist, um so größer ist der Ginzberg-Landau-Parameter $\varkappa$ und um so größer damit das obere kritische Feld H_{c2}. Für die entsprechende magnetische Induktion wurden Werte bis zu 42 Tesla gemessen, während man für das kritische Feld von Supraleitern 1. Art nur entsprechende Werte der Induktion von etwa 0,7 Tesla findet.

Ein *idealer S. 2. Art* (*idealer Typ-II-Supraleiter, reversibler S. 2. Art, reversibler Typ-II-Supraleiter*) ist ein S. 2. Art mit reversiblem Verhalten der Magnetisierung, d. h., die Magnetisierung ist eine eindeutige Funktion der magnetischen Feldstärke (→ GLAG-Theorie der Supraleitfähigkeit).

Der *nichtideale S. 2. Art* (*S. 3. Art, nichtidealer Typ-II-Supraleiter, irreversibler S. 2. Art, irreversibler Typ-II-Supraleiter, Typ-III-Supraleiter, harter S.*) ist ein S. 2. Art, der ein irreversibles Verhalten der Magnetisierung zeigt. Dieses irreversible Verhalten ist dadurch bedingt, daß die magnetischen Flußschläuche, die den S. 2. Art im gemischten Zustand in Form eines regelmäßigen Flußschlauchgitters durchsetzen, durch Pinning-Zentren festgehalten werden. Deshalb befindet sich ein nichtidealer S. 2. Art im allgemeinen nicht im Zustand thermodynamischen Gleichgewichts. Durch das Festhalten der Flußschläuche wird die Flußbewegung erschwert bzw. verhindert. Ein nichtidealer S. 2. Art kann deshalb mit hohen kritischen Stromdichten belastet werden, ehe der widerstandsbehaftete supraleitende Zustand auftritt. Solche nichtideale S. 2. Art mit sehr hohem oberem kritischem Feld H_{c2} und sehr hoher kritischer Stromdichte werden als *Hochfeld-Hochstrom-Supraleiter* bezeichnet. Sie werden als Werkstoffe für supraleitende Magnete eingesetzt.

Bei nichtidealen S.n 2. Art fließt der Strom nicht nur in der Oberfläche, sondern im gesamten Volumen. Deshalb kann man eine kritische Stromdichte angeben. Der → kritische Zustand eines S.s 2. Art ist dadurch gekennzeichnet, daß ein äußeres Magnetfeld nicht nur durch Oberflächenströme teilweise abgeschirmt wird, sondern auch von Strömen im Innern des S.s, wobei sich an jedem Ort die maximal mögliche kritische Stromdichte einstellt.

Einige Halbleiter mit elektronischer Leitfähigkeit, z. B. Strontiumtitanat $SrTiO_3$ mit reduziertem Sauerstoffgehalt, die supraleitend werden, jedoch nicht wie Metalle große Ladungsträgerzahlen aufweisen, bezeichnet man als *S. mit kleiner Trägerzahl.*

Bei *S.n ohne Energielücke* liegt im Einelektronenanregungsspektrum keine echte Energielücke vor, in der die Zustandsdichte exakt Null ist, sondern im Bereich der Energielücke ist nur eine kleinere Zustandsdichte als normal vorhanden. In diesem Fall können noch Cooper-Paare (→ BCS-Theorie der Supraleitfähigkeit) existieren, so daß die Erscheinungen der → Supraleitfähigkeit auftreten. Supraleitfähigkeit ohne Energielücke tritt beim Wirken paarbrechender Mechanismen in einem gewissen Übergangsbereich auf, ehe die Supraleitfähigkeit bei verstärkter Wirkung der paarbrechenden Mechanismen ganz verschwindet.

Bei *Zweiband-Supraleitern* überlappen sich an der Fermi-Grenze zwei Bänder. Unter bestimmten Bedingungen kann es vorkommen, daß

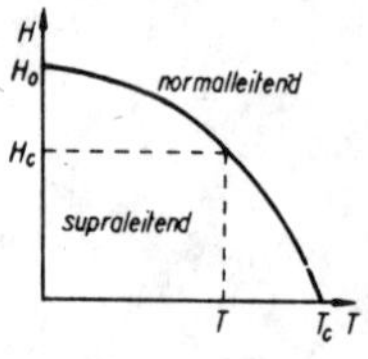

2 Phasendiagramm eines Supraleiters. H_c kritisches Magnetfeld, T_c Sprungtemperatur

Al	1,19
Cd	0,55
Ga	1,09 ; 6,5^{x}; 7,5
Hg	4,15 , 3,95
In	3,40
Ir	0,14
La	4,80 ; 5,90
Mo	0,92
Nb	9,2
Os	0,65
Pb	7,20
Re	1,69
Ru	0,49
Su	3,72 ; 5,3
Ta	4,39
Tc	8,22
Th	1,37
Ti	0,39
Tl	2,36 ; 1,7^{x}
U	0,7
V	5,2
W	0,012
As	0,25^{x}; 0,5^{x}
Bi	3,91 ; 7^{x}
Ge	5,3^{x}
P	2^{x} ; 3^{x} , 3,2^{x}
Sb	3^{x}
Se	6,9^{x}
Si	6,7^{x}
Te	4,3

1 Kritische Temperaturen der supraleitenden Elemente (x kritische Temperaturen von Hochdruckmodifikationen) in K

sich auch im zweiten Band Cooper-Paare bilden bzw. daß dort eine zweite Energielücke auftritt. Das macht sich in der Temperaturabhängigkeit der spezifischen Wärmekapazität bzw. der Wärmeleitfähigkeit bemerkbar. Bei Niob z. B. bildet sich eine derartige zweite Energielücke bei 0,143 K, während die erste Energielücke bereits bei 9 K auftritt. Alle diese speziellen S. können entweder S. 1. Art oder 2. Art sein.

In S.n auftretende *Instabilitäten* machen sich durch das plötzliche Zusammenbrechen der induzierten Magnetisierung in Form von Flußsprüngen (→ Flußbewegung) bemerkbar. Magnetische Instabilitäten können in nichtidealen S.n 2. Art auftreten. Wird ein derartiger S. in ein Magnetfeld gebracht, so entsteht infolge der dabei induzierten elektrischen Dauerströme ein magnetisches Moment, das infolge der Verteilung der Ströme über das gesamte Volumen wesentlich größer sein kann als bei S.n. 1. Art. Die in diesem kritischen Zustand gespeicherte magnetische Energie kann deshalb die innere Energie *U* übersteigen, zumal diese bei tiefen Temperaturen nicht allzu groß ist. Bei einer kleinen Temperaturerhöhung nimmt die gespeicherte magnetische Energie ab, da die kritische Stromdichte mit steigender Temperatur sinkt. Die freigesetzte magnetische Energie wird dabei in Wärmeenergie umgewandelt. Ist diese Wärmeenergie größer als die Wärmeenergie, die der Erhöhung der inneren Energie bei der gleichen Temperaturerhöhung entspricht, so führt die nicht als innere Energie aufnehmbare Wärmeenergie zu einer weiteren Temperaturerhöhung und damit in einem lawinenartigen Vorgang zur → Übergangstemperatur eines Supraleiters und dabei zum völligen Zusammenbrechen des induzierten magnetischen Moments. Nach diesem Erreichen des normalleitenden Zustandes kann wieder durch die folgende Abkühlung des Präparates der supraleitende Zustand auftreten, falls nicht ein von außen aufgezwungener Strom für die ständige Heizung des Präparats sorgt.

Magnetische Instabilitäten in S.n sind die Ursache für die Degradation supraleitender Magnete und müssen dort vermieden oder unwirksam gemacht werden.

Supraleitfähigkeit, *Supraleitung*, Erscheinung, die bei sehr tiefen Temperaturen bei einer Reihe von elektrischen Leitern auftritt und im wesentlichen durch das Verschwinden des elektrischen Widerstandes und durch die vollständige oder teilweise Verdrängung eines äußeren Magnetfeldes aus dem Leiter gekennzeichnet ist. Der Übergang zur S. geht in einem sehr engen Temperaturintervall vor sich (→ Übergangskurve eines Supraleiters).

In Abb. 1 sind die kritischen Temperaturen T_c, die den Übergang zur S. angeben, für die supraleitenden chemischen Elemente zusammengestellt. Einige Elemente haben bei sehr hohen Drücken andere Modifikationen mit anderen kritischen Temperaturen. Einige Halbleiter oder Nichtleiter gehen bei sehr hohen Drücken in metallische Modifikationen über, die supraleitend werden können. Nach der → Mathiasschen Regel sind im Periodensystem die Elemente mit ungeraden Valenzelektronenzahlen 3, 5 und 7 bevorzugt supraleitend.

Neben den supraleitenden chemischen Elementen sind noch mehr als 1 000 supraleitende Legierungen und supraleitende intermetallische Verbindungen bekannt, die zum Teil kritische Temperaturen T_c bis zu 20,9 K besitzen. Nach der → BCS-Theorie der Supraleitfähigkeit, die den Elektronen-Phononen-Mechanismus der S. beschreibt, sind kritische Temperaturen T_c über 30 bis 40 K kaum möglich. Höchstens der hypothetische → Exzitonen-Mechanismus der Supraleitfähigkeit könnte höhere kritische Temperaturen T_c ergeben.

Die S. wird durch ein genügend hohes Magnetfeld aufgehoben. Das kritische Magnetfeld H_c ist das Feld, das die S. gerade aufhebt. Dabei gilt die Beziehung $H_c = H_0 \left[1 - \left(\frac{T}{T_c}\right)^2\right]$, Abb. 2.

Die von der gestrichelten Linie umschlossene Fläche gibt den Bereich an, in dem S. existiert. Ein derartiges Diagramm wird in der Thermodynamik als Phasendiagramm bezeichnet. Man kann im thermodynamischen Sinne von einer supraleitenden und einer normalleitenden Phase sprechen, da der Zustand der betreffenden Substanz durch die beiden Zustandsvariablen H_c und T eindeutig bestimmt wird. Die für die einzelnen Supraleiter verschiedenen Phasendiagramme (Abb. 3) kann man durch Normierung

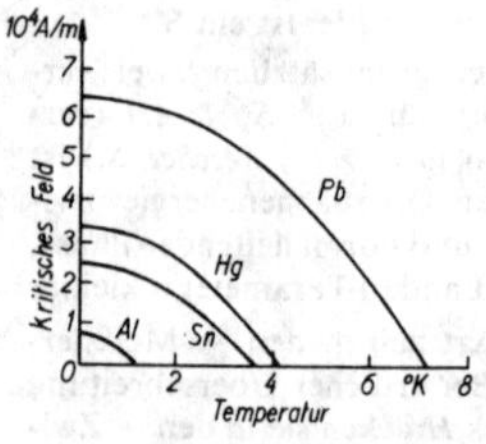

3 Kritische Felder von Supraleitern erster Art

mittels der beiden Parameter H_0 und T_c alle auf eine Kurve zurückführen. Das entspricht einem Gesetz der korrespondierenden Zustände und zeigt, daß die S. durch eine sehr allgemeine Theorie beschreibbar sein muß, in die wenig spezielle Eigenschaften der betreffenden Metalle eingehen.

Die auf dem Phasendiagramm aufbauende Thermodynamik der Supraleiter liefert bereits eine Reihe allgemeiner Erkenntnisse, unter anderem die, daß sich die Leitfähigkeitselektronen in einem Supraleiter in einem hochgeordneten Zustand befinden müssen, dessen Entropie kleiner ist als der entsprechende Wert im normalleitenden Zustand.

Voraussetzung für die Anwendbarkeit der Thermodynamik ist, daß der Zustand der betreffenden Substanz tatsächlich eindeutig durch Temperatur und Magnetfeld bestimmt ist. Das folgt nicht aus dem Verschwinden des elektrischen Widerstands, denn aus den Maxwellschen Gleichungen ergibt sich dann nur, daß sich die magnetische Induktion **B** in einem derartigen Leiter nicht ändern kann. Wie aus den Abb. 4 und 5 folgt, ist der Zustand in diesem Falle nicht eindeutig bestimmt, sondern hängt von der Vorgeschichte ab. Der → Meißner-Ochsenfeld-Effekt zeigt jedoch, daß ein magnetisches Feld aus der supraleitenden Phase verdrängt wird, so daß sich ein Supraleiter so verhält, wie die Abb. 4b und 5b zeigen. Damit ist dann auch die Anwendbarkeit der Thermodynamik gegeben.

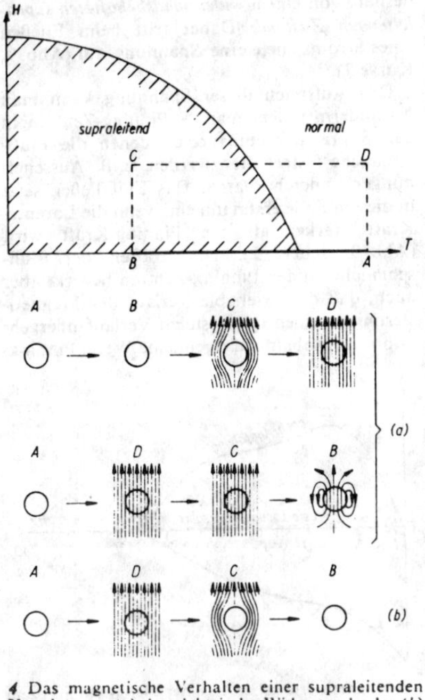

4 Das magnetische Verhalten einer supraleitenden Kugel, wenn (a) der elektrische Widerstand oder (b) die magnetische Induktion Null wird

Zur Beschreibung des elektrodynamischen Verhaltens eines Supraleiters genügt dann aber nicht nur die Bedingung, daß die elektrische Feldstärke E im Supraleiter verschwindet, die mit der Bedingung des verschwindenden Widerstands identisch ist, sondern es muß zusätzlich das Verschwinden der magnetischen Induktion B gefordert werden, so daß man die folgende formelmäßige Beschreibung eines Supraleiters erhält: $E = 0$, $B = 0$.

Physikalisch kommt die Verdrängung der magnetischen Induktion B durch Dauerströme zustande, die in der Oberfläche des Supraleiters fließen. Die Konstanz solcher Dauerströme, die bequem in einer supraleitenden Spule (Abb. 6) durch Schließen eines supraleitenden Schalters S_1 oder in einem supraleitenden Ring (Abb. 7)

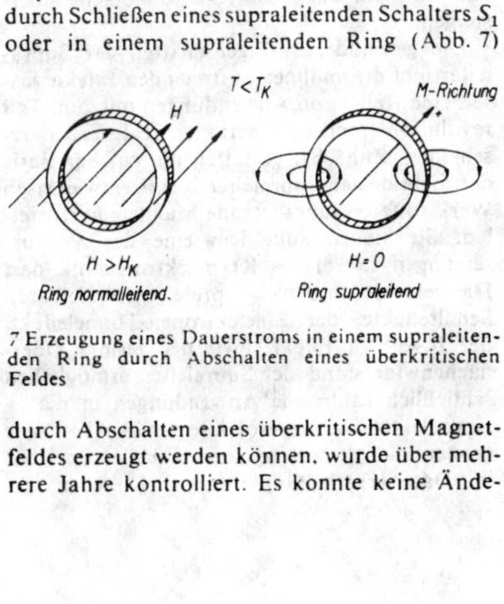

7 Erzeugung eines Dauerstroms in einem supraleitenden Ring durch Abschalten eines überkritischen Feldes

durch Abschalten eines überkritischen Magnetfeldes erzeugt werden können, wurde über mehrere Jahre kontrolliert. Es konnte keine Änderung festgestellt werden. Aus der Meßgenauigkeit ergab sich, daß der elektrische Widerstand im supraleitenden Zustand mindestens 10^{20}mal kleiner sein muß als im normalleitenden Zustand. Da ein solcher abschirmender Dauerstrom aber nicht in einer unendlich dünnen Schicht fließen kann, kommt es zu einer endlichen Eindringtiefe λ eines magnetischen Feldes in einen Supraleiter. Diese Eindringtiefe stellt diejenige Länge dar, nach der die außerhalb des Supraleiters herrschende magnetische Feldstärke auf den e-ten Teil abgeklungen ist. Sie beträgt etwa 10^{-7} m und ist temperaturabhängig. Die Abschirmung des magnetischen Feldes durch Supraleiter kommt durch → elektrische Dauerströme zustande, die in einer Oberflächenschicht des Supraleiters fließen. Infolgedessen sind die Gleichungen $E = 0$ und $B = 0$ nicht ganz exakt und müssen für genauere Betrachtungen durch die Londonschen Gleichungen ersetzt werden. Diese → Londonsche Theorie der Supraleitfähigkeit berücksichtigt aber noch nicht, daß sich auch die Dichte der supraleitenden Ladungsträger nicht plötzlich ändern kann. Dies geschieht erst in der → Ginzburg-Landau-Theorie der Supraleitfähigkeit, die zunächst ohne Kenntnis der quantenmechanischen Ursachen der S. aufgestellt wurde und wie die Londonsche Theorie eine beschreibende *phänomenologische Theorie* darstellt.

Von den quantenmechanischen Ursachen geht dagegen die *mikroskopische Theorie der S.*, z. B. die BCS-Theorie, aus und leitet daraus die Erscheinungen ab. Es ergibt sich, daß in einem Supraleiter Cooper-Paare aus je zwei Elektronen als supraleitende Ladungsträger auftreten. Man kann einen Supraleiter im Wellenbild als kohärentes Wellenfeld von Cooper-Paar-Materiewellen gleicher Frequenz, Wellenlänge und Phase auffassen. Überzeugende Beweise für diese Auffassung liefern die → Flußquantisierung und die Erscheinungen des → Josephson-Effekts. Die auftretende Energielücke im Einelektronenanregungsspektrum des Supraleiters kann man mit Hilfe des → Einelektronen-Tunneleffekts bei Supraleitern direkt ausmessen.

Die Vorstellungen der quantenmechanischen BCS-Theorie wurden mit der phänomenologischen Ginzburg-Landau-Theorie schließlich zur → GLAG-Theorie der Supraleitfähigkeit vereinigt. Diese Theorie ist ein ausgezeichnetes Hilfsmittel besonders zur Beschreibung aller mit der S. verknüpften Oberflächeneffekte. Insbesondere dient sie zum Verständnis der Unterschiede, die Supraleiter 1. Art mit positiver Oberflächenenergie und Supraleiter 2. Art mit negativer Oberflächenenergie der supraleitenden Phase trennen. Supraleiter 2. Art zeigen den Meißner-Ochsenfeld-Effekt nur unterhalb eines unteren kritischen Feldes H_{c1}. Oberhalb dieses Feldes existiert der gemischte Zustand. Es dringen dann magnetische Flußschläuche (→ Flußschlauch) in Form eines regelmäßigen Flußschlauchgitters in den Supraleiter 2. Art ein. Der Kern dieser Flußschläuche ist normalleitend und enthält jeweils ein Flußquant.

Diese Erscheinungen machen sich im Verhalten der magnetischen Induktion B und der Magnetisierung M der betreffenden Substanz bemerkbar. Es gilt dann für die magnetische

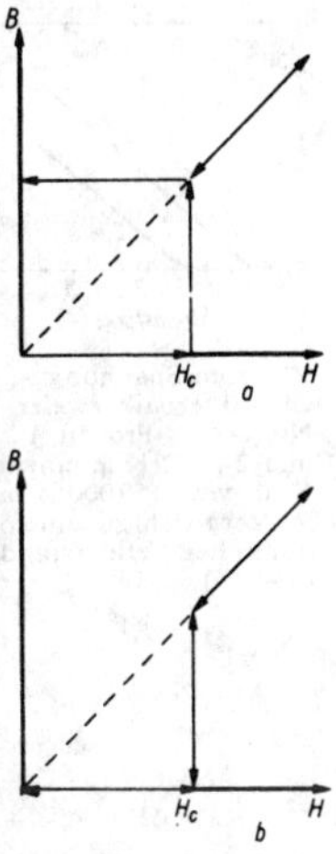

5 Magnetische Flußdichte in einem unendlich guten Leiter (a) und in einem Supraleiter (b)

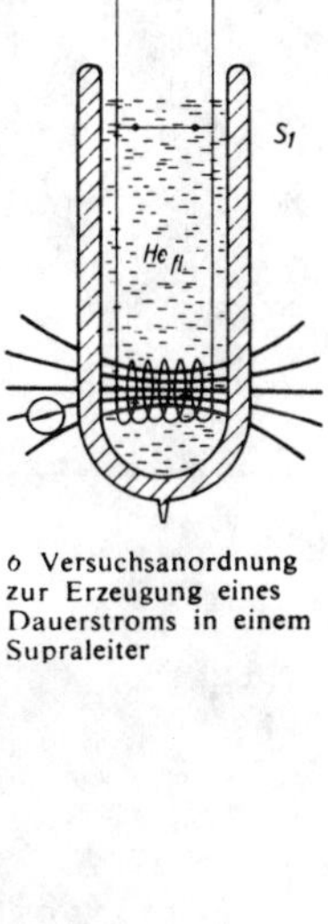

6 Versuchsanordnung zur Erzeugung eines Dauerstroms in einem Supraleiter

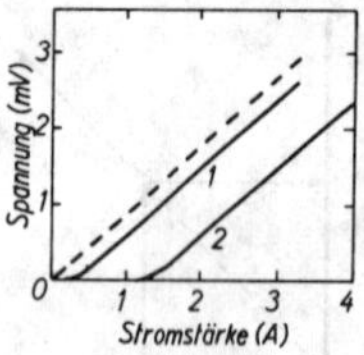

9 Strom-Spannungs-Charakteristik zweier $Nb_{0,5}$-$Ta_{0,5}$-Proben 1 und 2 bei 3 K in einem Feld von 159000 *A/m* im Vergleich zu einem ohmschen Widerstand (– – – –)

Induktion der gesamten Substanz nicht mehr $B = 0$ wie bei einem Supraleiter 1. Art, sondern zunächst nur noch für die supraleitenden Bereiche. In dem Maße, wie das äußere Magnetfeld verstärkt wird, rücken aber die Flußschläuche immer weiter zusammen, so daß infolge der endlichen Eindringtiefe λ eines magnetischen Feldes schließlich die magnetische Induktion an keiner Stelle mehr gleich Null ist, sondern daß nur noch örtliche Unterschiede der magnetischen Induktion bestehen. Schließlich wird beim Erreichen des oberen kritischen Feldes H_{c2} die S. im Innern der Substanz zerstört. Bis zu einem Feld $H_{c3} = 1{,}69\ H_{c2}$ existiert dann noch → Oberflächensupraleitfähigkeit in einer zum äußeren Feld parallelen Oberflächenschicht von der Dicke der Kohärenzlänge ξ, die etwa die Ausdehnung eines Cooper-Paares angibt.

Diese beiden charakteristischen Längen, die Kohärenzlänge ξ und die Eindringtiefe λ, bestimmen den → Ginzburg-Landau-Parameter $\varkappa$ und damit, ob ein Supraleiter 1. oder 2. Art vorliegt. In reinen Metallen beträgt die Kohärenzlänge ξ etwa 10^{-4} cm, die Eindringtiefe λ etwa 10^{-5} cm. Da für $\xi > \lambda$ Supraleiter 1. Art entstehen, sind die meisten reinen Metalle Supraleiter 1. Art. Störstellen im Kristallgitter verringern die Kohärenzlänge ξ, so daß Legierungen meist Supraleiter 2. Art darstellen. Je mehr Störstellen vorhanden sind, um so größer ist der spezifische elektrische Widerstand ϱ im normalleitenden Zustand, um so kleiner die Kohärenzlänge ξ, um so größer der Ginzburg-Landau-Parameter $\varkappa$ und damit auch das Verhältnis der kritischen Felder $H_{c2} : H_{c1}$. Da die Kohärenzlänge ξ aber nicht kleiner als etwa der Gitterabstand im Kristallgitter werden kann, ergeben sich als theoretische Grenze für die magnetische Induktion, die dem oberen kritischen Feld H_{c2} entspricht, etwa 100 Tesla.

Trotz des Eindringens der magnetischen Induktion B in einen Supraleiter 2. Art ist infolge seines reversiblen Verhaltens der Zustand der Substanz weiter eindeutig durch die Zustandsvariablen äußere magnetische Feldstärke und Temperatur bestimmt, so daß die Methoden der reversiblen Thermodynamik anwendbar bleiben.

Schickt man im gemischten Zustand einen Strom quer zur Richtung der Flußschläuche durch den Supraleiter 2. Art, so wirkt auf die Flußschläuche die Lorentz-Kraft (Abb. 8), die

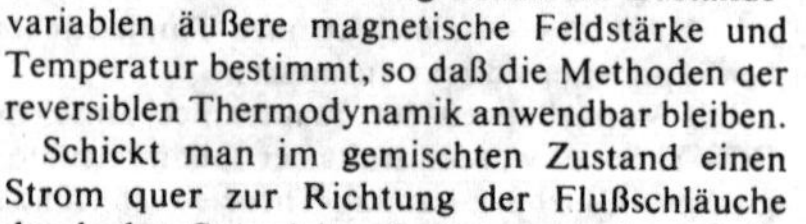

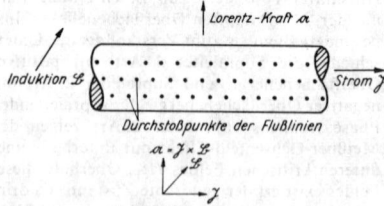

8 Richtungszusammenhang zwischen Strom $\vec{I}$, magnetischer Induktion $\vec{B}$ (Längsrichtung der Flußschläuche) und der auf die Flußschläuche wirkenden Lorentz-Kraft

z. B. auch für das Funktionieren der elektrischen Maschinen verantwortlich ist. Es kommt dadurch zu einer Bewegung der Flußschläuche, dem Flußfließen. Infolge von Wirbelstromverlusten im normalleitenden Kern der Flußlinien ergeben sich dabei Verluste, die durch einen Ersatzwiderstand beschreibbar sind. Man spricht deshalb von einem *widerstandsbehafteten supraleitenden Zustand.* Daher tritt beim Fließen eines Stroms auch eine Spannung auf (Abb. 9, Kurve 1).

Das Auftreten dieser Spannung kann man verhindern, indem man → Pinning-Zentren in den Supraleiter einbaut, an denen die Flußschläuche festgehalten werden, z. B. Ausscheidungen anderer Phasen. Das Flußfließen setzt in diesem Falle erst dann ein, wenn die Lorentz-Kraft stärker als die Pinning-Kraft wird (Abb. 9, Kurve 2). Das Haften der Flußschläuche an den Pinning-Zentren bewirkt aber auch, daß der reversible Verlauf der Magnetisierung in einen irreversiblen Verlauf übergeht (Abb. 10), sobald auf irgendeine Weise Pinning-

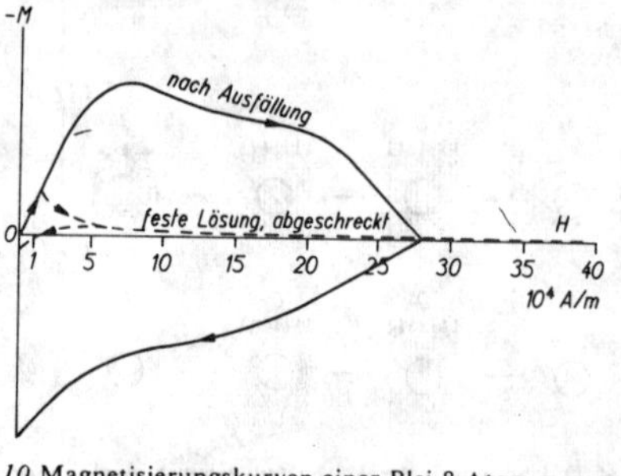

10 Magnetisierungskurven einer Blei-8-Atomprozent Natrium-Legierung bei 4,2 K. – – – – Na in fester Lösung, ——— nach Ausfällen von Na-Partikeln

Zentren erzeugt werden. Man spricht dann von einem nichtidealen Supraleiter 2. Art, der nur noch mit den Methoden der irreversiblen Thermodynamik beschreibbar ist. Das Verhalten eines solchen Supraleiters läßt sich auch noch nicht vollständig durch die GLAG-Theorie beschreiben, so daß Modelltheorien zu Hilfe genommen werden müssen. Die Bedeutung derartiger nichtidealer Supraleiter 2. Art besteht darin, daß durch geeignete metallurgische Verfahren eine so hohe Dichte und Wirksamkeit der Pinning-Zentren erreicht werden kann, daß man kritische Stromdichten bis zu 10^7 A/cm² erhält, die die in Kupfer zulässigen Stromdichten etwa um das 1000- bis 10000fache übersteigen.

Die geschilderten Eigenschaften der Supraleiter und die an ihnen auftretenden Effekte lassen eine Reihe von Anwendungen mit zum Teil revolutionierendem Charakter realisierbar erscheinen. Zunächst gestatten die auf der Basis der nichtidealen Supraleiter 2. Art entwickelten Werkstoffe, → supraleitende Magnete herzustellen. Sie stellen außerdem eine der Voraussetzungen für die → Kryoelektrotechnik dar. Die verschiedenen mit Supraleitern erzielbaren Schalteffekte, der Einelektronen-Tunneleffekt, der Josephson-Effekt sowie der geringe Oberflächenwiderstand der Supraleiter ermöglichen schließlich zahlreiche Anwendungen in der → Kryoelektronik, insbesondere den Aufbau sehr großer und gleichzeitig sehr schneller Speicher in Datenverarbeitungsanlagen. Daneben gestatten die verschiedenen Effekte noch zahlreiche Anwendungen im wissenschaftlichen Gerätebau, z. B. bei supraleitenden Gravimetern, Kreiselkompassen, Strahlungsempfängern, Wärmeschaltern, Bolometern, Galvanometern, Interferometern, Magnetometern und Thermometern.

Geschichtliches. Die S. wurde im Jahre 1911 von Kamerlingh-Onnes in Leyden entdeckt. 1933 wurde der Meißner-Ochsenfeld-Effekt gefunden und darauf 1935 die phänomenologische Londonsche Theorie entwickelt. Etwa 1950 wurde die phänomenologische Ginzburg-Landau-Theorie, die die Londonsche Theorie als Spezialfall enthält, im wesentlichen auf Grund thermodynamischer Betrachtungen abgeleitet. Erst die 1957 veröffentlichte mikroskopische BCS-Theorie gab aber den Schlüssel zum Verständnis der Ursachen der S. und führte 1962 zur theoretischen Vorhersage des Josephson-Effektes, der daraufhin etwa 1964 nachgewiesen werden konnte. Etwa 1960 leitete die GLAG-Theorie die phänomenologischen Gleichungen der Ginzburg-Landau-Theorie aus den mikroskopischen Vorstellungen der BCS-Theorie ab und schuf gleichzeitig die Grundlagen zum Verständnis der Supraleiter 2. Art. Etwa 1962 traten dann die ersten supraleitenden Magnete auf, wobei sich die magnetisierten Volumina von zunächst wenigen cm³ bis auf über 100 m³ im Jahre 1971 vergrößerten. Etwa gleichzeitig zur Entwicklung der supraleitenden Magnete setzten entsprechende Entwicklungen auf den verschiedenen Gebieten der anderen Anwendungen der S. ein, wobei sich die Anwendungen größeren Umfangs zur Zeit im Stadium von Pilotanlagen befinden.

Lit. Fastowski, Petrowski, Rowinski: Kryotechnik (dtsch Berlin 1970); Vorträge über Supraleitung (Basel u. Stuttgart 1968); Lynton: Supraleitung (dtsch Mannheim 1966).

Supraleitung, svw. Supraleitfähigkeit.

Suprastrom, der Strom der supraleitenden Ladungsträger, der in Supraleitern widerstandslos fließen kann. In der → Ginzburg-Landau-Theorie der Supraleitfähigkeit wurde zunächst über die elektrische Ladung der supraleitenden Ladungsträger nichts vorausgesetzt. Später stellte es sich heraus, daß es sich um Cooper-Paare mit der Ladung 2*e* handelt (→ Supraleitfähigkeit, → BCS-Theorie der Supraleitfähigkeit).

Suszeptanz, → Wechselstromwiderstände.

Suszeptibilität, 1) *magnetische S.*, χ_m, der Quotient aus dem Betrag der magnetischen Polarisation $|\vec{J}|$ und dem Produkt magnetische Feldkonstante μ_0 mal Betrag der Magnetfeldstärke $|\vec{H}|$: $\chi_m = J/\mu_0 H$, bzw. der Quotient aus dem Betrag der Magnetisierung $|\vec{M}|$ und dem Betrag der Magnetfeldstärke $|\vec{H}|$, also $\chi_m = M/H$, wobei χ_m in jedem Maßsystem eine dimensionslose Zahl ist, doch ist ihr Betrag in Maßsystemen mit rationaler Schreibweise um den Faktor 4π größer als im praktischen Maßsystem. Gemäß $\vec{B} = \mu_0\vec{H} + \vec{J} = \mu_0(\vec{H} + \vec{M})$ und $\vec{J} = \mu_0\chi_m\vec{H}$ lautet mit der Materialgleichung $\vec{B} = \mu_0\mu_r\vec{H}$ der Zusammenhang mit der relativen Permeabilität für isotrope Medien $\chi_m = \mu_r - 1$. Für paramagnetische Stoffe ist $\chi_m > 0$, und für diamagnetische Stoffe ist $\chi_m < 0$, wobei in beiden Fällen $|\chi| \ll 1$ gilt. Ferromagnetika haben eine wesentlich höhere magnetische S. $\chi_m \gg 1$ (→ magnetische Werkstoffe), die zudem noch von der Vorgeschichte und der Magnetisierung (→ Hystereseschleife) abhängt. Im Gebiet sehr kleiner magnetischer Felder auf der Neukurve mißt man die *Anfangssuszeptibilität*, d.i. die bei der Messung der Hysterese mit verschwindend kleiner Wechselspannung gefundene S. Längs der Hystereseschleife nimmt dann die magnetische S. stetig zu, bis sie in Feldern der Größenordnung der Koerzitivkraft einen Maximalwert, die *Maximalsuszeptibilität*, erreicht. Die *reversible S.* χ_{rev} wird in kleinen, dem Gleichfeld überlagerten Wechselfeldern gemessen und ist gleich dem Quotienten der Wechselmagnetisierung durch die Amplitude des Wechselfeldes. Die *differentielle S.* ist der Differentialquotient $\chi_{diff} = dM/dH$ auf der Neukurve oder der Hystereseschleife. Die *irreversible S.* ergibt sich aus der Differenz $\chi_{irr} = \chi_{diff} - \chi_{rev}$. Unter *idealer S.* versteht man den Quotienten $\chi_{id} = M/H$ auf der idealen Magnetisierungskurve.

Die durch die Dichte dividierte S. bezeichnet man als *spezifische S.* oder *Massensuszeptibilität*, während manchmal die erste Definition von χ_m als *Volumensuszeptibilität* bezeichnet wird.

In der Chemie wird oft die *Massensuszeptibilität* oder *spezifische S.* χ als Quotient von Volumensuszeptibilität und Dichte des Stoffes benutzt. Unter *Atomsuszeptibilität* oder *molarer S.* χ_A ist das Produkt aus Massensuszeptibilität und Atom- bzw. Molgewicht zu verstehen.

2) *elektrische S.*, das Verhältnis der elektrischen Polarisation P zu dem Produkt ε_0 mal elektrisches Feld E: $\chi_{el} = P/\varepsilon_0 E$. Für isotrope Medien gilt gemäß $\vec{D} = \varepsilon_0\vec{E} + \vec{P}$ und $\vec{P} = \varepsilon_0\chi_{el}\vec{E}$ mit der Materialgleichung $\vec{D} = \varepsilon_0\varepsilon_r\vec{E}$ (→ Verschiebung) und der relativen Dielektrizitätskonstanten: $\chi_{el} = \varepsilon_r - 1$.

Sutherland-Formel, → kinetische Theorie.

Sutherland-Modell, → Molekülmodelle der Gastheorie.

Svedberg, → Sedimentation.

Svedberg-Einheit, ein nach Svedberg benanntes, besonders zur Kennzeichnung von Proteinen (Enzymen und deren Untereinheiten) übliches Maß für die Molekular- bzw. Partikelmasse mit der Einheit 1 S. Die S.-E. ist zahlenmäßig gleich dem Sedimentationskoeffizienten, der die auf ein Gravitationsfeld vom Betrag 1 bezogene und unter Standardbedingungen in der Ultrazentrifuge bestimmte Sedimentationsgeschwindigkeit darstellt.

S-Welle, → seismische Welle.

Symbole, in der Kristallographie: S. der Kristallflächen und -kanten → Indizes, S. der Punkt- und Raumgruppen → Symmetrie.

symbolische Wechselstromrechnung, → komplexe Wechselstromrechnung.

Symistor, ein dem → Thyristor ähnliches Halbleiterbauelement mit 5 Schichten wechselnden Leitfähigkeitstyps. Der S. verhält sich elektrisch wie zwei antiparallel geschaltete Thyristoren. Wenn keine Steuerspannung anliegt, so ist der S. in beiden Richtungen gesperrt (Abb.). Bei

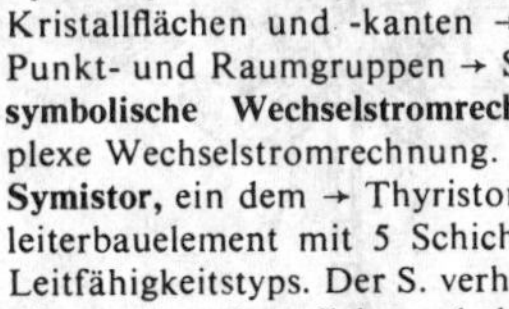

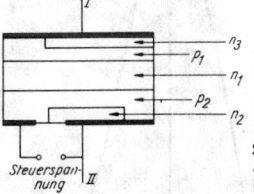

Schematischer Aufbau eines Symistors.

Anliegen einer Steuerspannung beliebiger Polarität fließt ein Strom durch den S. entsprechend der zwischen I und II angelegten Span-

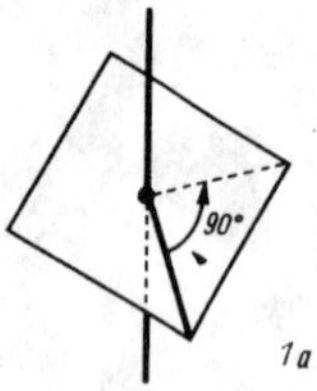

1a

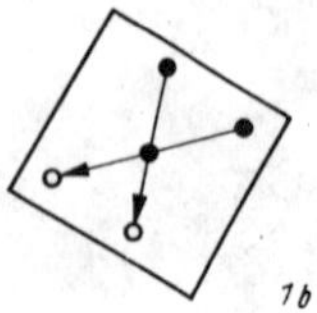

1b

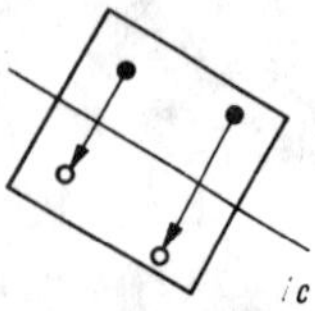

1c

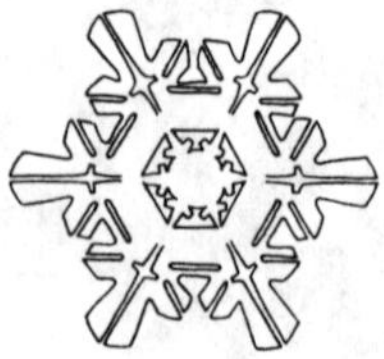

Symmetrie

nung, und zwar entweder von I über die pn-Übergänge p_1, n_1 und p_2, n_2 nach II oder von II über n_2, p_2, n_1, p_1, n_3 nach I.

Symmetrie, im allgemeinsten Sinne das Vorhandensein von Regelmäßigkeiten bestimmter räumlicher oder mathematischer Strukturen, z. B. geometrischer Figuren und Kristalle oder der Materie zugrunde liegender Gesetze, derart, daß diese nach Ausführen bestimmter Operationen, der Symmetrieoperationen, wieder in sich übergehen. Die Gesamtheit der Symmetrieoperationen einer bestimmten Art bildet dabei eine Symmetriegruppe.

1) Geometrische und kristallographische S.n sind besonders anschaulich. Die geometrische S. äußert sich in der Invarianz ebener geometrischer Objekte gegenüber Drehungen um einen Punkt oder eine Achse und gegenüber Spiegelungen an einem Punkt, einer Achse oder einer Ebene. So ist z. B. ein Quadrat invariant gegenüber Drehungen um jeweils 90° um die senkrecht zur Zeichenebene durch den Mittelpunkt gehenden Achse (Abb. 1a) und gegenüber Spiegelung am Mittelpunkt (Abb. 1b) sowie an den Diagonalen und den Seitenhalbierenden (Abb. 1c). Schöne Regelmäßigkeiten weist die Struktur von Schneekristallen (Abb. 2) und anderen Kristallen auf. Weniger deutlich ausgeprägt ist die S. biologischer Objekte (Abb. 3), auch ein aufrecht stehender Mensch z. B. hat äußerlich etwa Spiegelsymmetrie, d. h., Spiegelung an einer geeignet gewählten, gedachten Ebene ergibt ein „Bild", das sich mit dem „Original" näherungsweise deckt (was jedoch für die inneren Organe nicht zutrifft).

Im folgenden werden die wichtigsten Begriffe zur Klassifikation der räumlichen S.n und ihrer physikalischen Anwendung, z. B. Symmetrieoperation, Symmetrieelement, Raumbewegung,

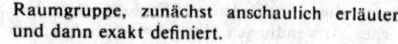

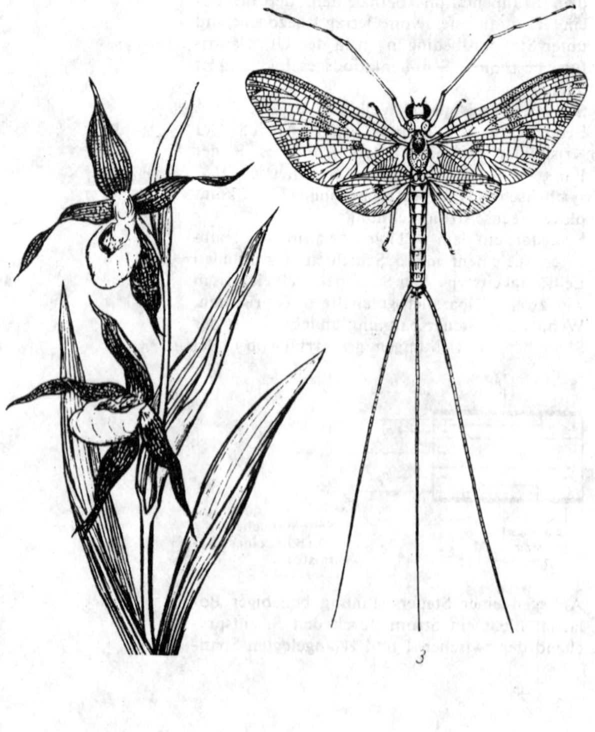

3

Raumgruppe, zunächst anschaulich erläutert und dann exakt definiert.

Durch die Bewegung eines starren Körpers kann man jedem der Punkte des Raumes, mit denen Punkte des Körpers vor Beginn der Bewegung zusammenfielen, wieder einen Punkt des Raumes zuordnen, nämlich den, den der betreffende Punkt des Körpers nach Beendigung der Bewegung einnimmt. Eine solche Zuordnung oder Abbildung läßt sich auf beliebige Teile des Raumes ausdehnen, indem man sich den starren Körper entsprechend ergänzt denkt. Die so erhaltene Zuordnung der Punkte des Raums zu Punkten des Raums nennt man eine *eigentliche Raumbewegung*. Eigentliche Raumbewegungen sind Translationen, Drehungen sowie Bewegungen, die sich aus Translationen und Drehungen zusammensetzen. Spricht man von Raumbewegungen schlechthin, so läßt man auch *uneigentliche Raumbewegungen* zu, bei denen die Zuordnung durch eine Spiegelung oder eine Spiegelung mit nachfolgender eigentlicher Raumbewegung bewirkt wird.

Raumbewegung bedeutet also *abstandstreue Abbildung* eines Teils des Raums auf einen Teil des Raums.

Als *Deckoperation* einer räumlichen Verteilung $\varrho(\vec{r})$ bezeichnet man eine Raumbewegung, die jedem Punkt (Ortsvektor $\vec{r}$) einen solchen Punkt ($\vec{r}'$) so zuordnet, daß die Funktionswerte der Verteilung an diesen Punkten gleich sind, also $\varrho(\vec{r}) = \varrho(\vec{r}')$ gilt. Zeigt z. B. jemand eine „lange Nase", so ist seine rechte Hand mit seiner linken durch die Deckoperation „Gleitspiegelung" (Spiegelung mit nachfolgender Translation) verknüpft. Es kommt durch diese Deckoperation z. B. das Bild des rechten kleinen Fingers mit dem linken kleinen Finger zur Deckung.

Mathematisch ausgedrückt: Sind die Punkte mit Ortsvektor $\vec{r}$ eines Teils I des Raums durch eine Eigenschaft $\varrho(\vec{r})$ charakterisiert, die des Teils II (Ortsvektor $\vec{r}'$) durch $\varrho(\vec{r}')$, und ordnet eine Raumbewegung jedem Punkt $\vec{r}$ einen Punkt $\vec{r}' = f(\vec{r})$ zu, so nennt man diese Raumbewegung immer dann und nur dann eine Deckoperation, wenn für alle $\vec{r}$ aus dem Bereich I $\varrho(f(\vec{r})) = \varrho(\vec{r}') = \varrho(\vec{r})$ gilt. Sind die Bereiche I und II des Raums, für die $\vec{r}$ bzw. $\vec{r}'$ definiert sind, identisch, also z. B. die Punkte ein und desselben Körpers, so heißt die Deckoperation *Symmetrieoperation* des Körpers.

Die Gesamtheit der Symmetrieoperationen eines Körpers bildet eine Gruppe im mathematischen Sinne. Das bedeutet unter anderem: Läßt sich eine Raumbewegung aus Raumbewegungen zusammensetzen, die Symmetrieoperationen eines Körpers sind, so ist die zusammengesetzte Raumbewegung ebenfalls Symmetrieoperation dieses Körpers. Die Gruppe der Symmetrieoperationen eines Körpers bezeichnet man als *Symmetriegruppe* dieses Körpers.

Als *Symmetrieelement* bezeichnet man die von einer Symmetrieoperation erzeugte zyklische Gruppe, d. h. die Gruppe, die die Identität und alle diejenigen Raumbewegungen enthält, die sich durch ein- oder mehrmalige Anwendung dieser Symmetrieoperation ergeben. So z. B. enthält das Symmetrieelement „4zählige Drehachse" die folgenden Symmetrieoperationen:

Identität (das Eins-Element), Drehung um 90°, Drehung um 180°, Drehung um 270°. Charakterisiert man z. B. jeden Punkt, der auf einem Blütenblatt liegt (Abb. 4), durch $\varrho(\vec{r}) = 1$, jeden Punkt auf einem Staubgefäß durch $\varrho(\vec{r}) = 2$ und alle Punkte außerhalb der Blüte durch $\varrho = 0$, so ordnen die vier Drehungen (um 0°, 90°, 180°, 270°) sowie die Spiegelungen an vier Spiegelebenen Punkte mit gleichem ϱ-Wert einander zu. Die Symmetriegruppe dieser Blüte enthält 5 Symmetrieelemente: die 4zählige Drehachse und die 4 Spiegelebenen.

Wenn man von der Symmetrie eines geometrischen Gebildes, z. B. eines Polyeders, spricht, so geht man von der Vorstellung aus, daß allen durch dieses Gebilde charakterisierten Punkten $\vec{r}_i$ (z. B. den Punkten der Berandung oder des Inneren des Polyeders) derselbe Wert von ϱ zugeordnet ist, z. B. $\varrho(\vec{r}_i) = 1$, allen anderen Punkten $\vec{r}_a$ der Wert $\varrho(\vec{r}_a) = 0$. Symmetrieoperationen eines Polyeders ordnen also Punkten innerhalb des Polyeders Punkte innerhalb, solchen außerhalb wieder solche außerhalb und Punkten der Berandung Punkte der Berandung zu.

Zur Charakterisierung eines Symmetrieelements verwendet man eine erzeugende Symmetrieoperation, z. B. für die 4zählige Drehachse eine Drehung um 90° oder −90°.

Jede Symmetriegruppe läßt sich durch die Gesamtheit der Symmetrieelemente charakterisieren, die Untergruppen der Symmetriegruppe sind. Auf diesem Prinzip beruhen z. B. die Hermann-Mauguinschen Symbole für Symmetriegruppen. In diesen werden die Hermann-Mauguinschen Symbole für die Symmetrieelemente angegeben (Abb. 5, S. 1522).

Beachte: Symmetrieelemente sind *nicht* Elemente (im mathematischen Sinn) einer Symmetriegruppe, sondern ihre Untergruppen, andererseits sind die Elemente (im mathematischen Sinn) einer Symmetriegruppe die Symmetrieoperationen.

Von besonderer Bedeutung sind *Punktsymmetriegruppen* oder *Punktgruppen*, die die S. endlicher starrer Körper beschreiben. Die Symmetrieoperationen einer Punktgruppe heißen *Punktsymmetrieoperationen*, weil sie mindestens einen Punkt des Körpers – den geometrischen Schwerpunkt – auf sich abbilden; die entsprechenden Symmetrieelemente heißen *Punktsymmetrieelemente*. Folgende Raumbewegungen können als *Punktsymmetrieoperationen* auftreten: *Drehungen, Spiegelungen* und ihre Zusammensetzungen.

Die Punktgruppe eines nicht rotationssymmetrischen Körpers hat endlich viele Elemente. In ihr können nur Drehungen um Winkel $2\pi \cdot m/Z$ (mit m und Z ganzen Zahlen) vorkommen. Sind m und Z teilerfremd, so enthält das dieser Symmetrieoperation entsprechende Symmetrieelement auch eine Drehung um $2\pi/Z$ und heißt *Z-zählige Drehachse*. Die Gerade, deren Punkte bei den Symmetrieoperationen einer Z-zähligen Drehachse in sich übergehen, wird ebenfalls Z-zählige Drehachse genannt.

Setzt man die Raumbewegungen Drehung um 180° und Spiegelung an einer Ebene, die auf der Drehachse senkrecht steht, zusammen, so erhält man die Raumbewegung *Inversion*, die auch *Spiegelung an einem Punkt*, dem Schnittpunkt der Drehachse mit der Spiegelebene, genannt wird. Das entsprechende Symmetrieelement heißt *Symmetriezentrum*, ebenso wie der Punkt, an dem gespiegelt wird. Wählt man diesen Punkt als Ursprung, so geht bei der Inversion ein Punkt mit Ortsvektor $\vec{r}$ in einen solchen mit Ortsvektor $-\vec{r}$ über.

Eine Raumbewegung, die durch Zusammensetzung einer Drehung um $2\pi/Z$ mit einer Inversion entsteht, heißt Z-zählige *Drehinversion*, eine solche, die durch Zusammensetzen einer Drehung um $2\pi/Z$ mit einer Spiegelung an einer zur Drehachse senkrechten Ebene entsteht, Z-zählige *Drehspiegelung*. Jede Drehspiegelung läßt sich als Drehinversion auffassen und umgekehrt (Tab. 1, S. 1523).

Deck- bzw. Symmetrieoperationen, die eigentlichen Raumbewegungen entsprechen, werden als *1. Art*, solche, die uneigentlichen Raumbewegungen entsprechen, als *2. Art* bezeichnet. Andererseits unterscheidet man einfache von zusammengesetzten Deck- bzw. Symmetrieoperationen. Die einfachen Operationen 1. Art sind *Translationen* und *Drehungen*, zusammengesetzte Operationen 1. Art sind die Schraubungen. Als einfache Operation 2. Art wählt man die Inversion an einem Punkt oder – weniger gebräuchlich – die Spiegelung an einer Ebene. Im ersten Fall erscheint die Spiegelung an einer Ebene als zusammengesetzt aus Inversion und 2zähliger Drehung, im zweiten Fall die Inversion als zusammengesetzt aus Spiegelung an einer Ebene und 2zähliger Drehung. In beiden Fällen ergeben sich die höherzähligen Drehinversionen als zusammengesetzte Operationen 2. Art.

Die Symmetriegruppen dreidimensional periodischer Gebilde, die nicht beliebig kleine Translationen als Symmetrieoperationen enthalten, heißen *Raumgruppen*. Die S. der Idealstruktur eines → Kristalls wird demnach durch eine Raumgruppe beschrieben.

Die Gesamtheit der Translationen einer Raumgruppe läßt sich aus einem Tripel von nicht komplanaren Vektoren, den Basisvektoren (→ Elementarzelle), erzeugen und bildet eine Untergruppe der Raumgruppe, ihre *Translationsgruppe*. Raumgruppen, die sich nur durch das Tripel ihrer Basisvektoren unterscheiden, nennt man gleich. Es gibt 230 Raumgruppen (Tab. 2, S. 1524). Im Gegensatz zu den Punktgruppen können in Raumgruppen außer Punktsymmetrieoperationen auch solche Symmetrieoperationen auftreten, deren Raumbewegung sich aus einer Translation und einer Raumbewegung zusammensetzen läßt, die – wie eine Punktsymmetrieoperation – einen bestimmten Punkt des Raumes in sich selbst überführt, wobei weder die Translation noch die zweite Raumbewegung allein Symmetrieoperation der Raumgruppe ist. Derartige Symmetrieoperationen sind *Schraubungen*, d. h. die Zusammensetzungen einer Drehung mit einer Translation, und die *Gleitspiegelung*, d. h. die Zusammensetzung einer Spiegelung mit einer Translation. Die entsprechenden Symmetrieelemente heißen *Schraubenachsen* und *Spiegelebene*. Drehachsen, Schraubenachsen und Drehinversionsachsen (Drehspiegelachsen) werden unter dem Begriff *Symmetrieachsen*, Spiegelebenen und Gleitspie-

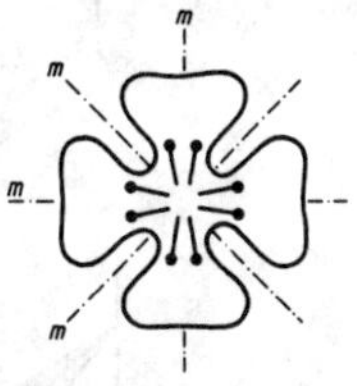

4 Blüte mit folgender Symmetrie: Vierzählige Drehachse und vier zu dieser parallele Spiegelebenen. Punktgruppe 4 mm

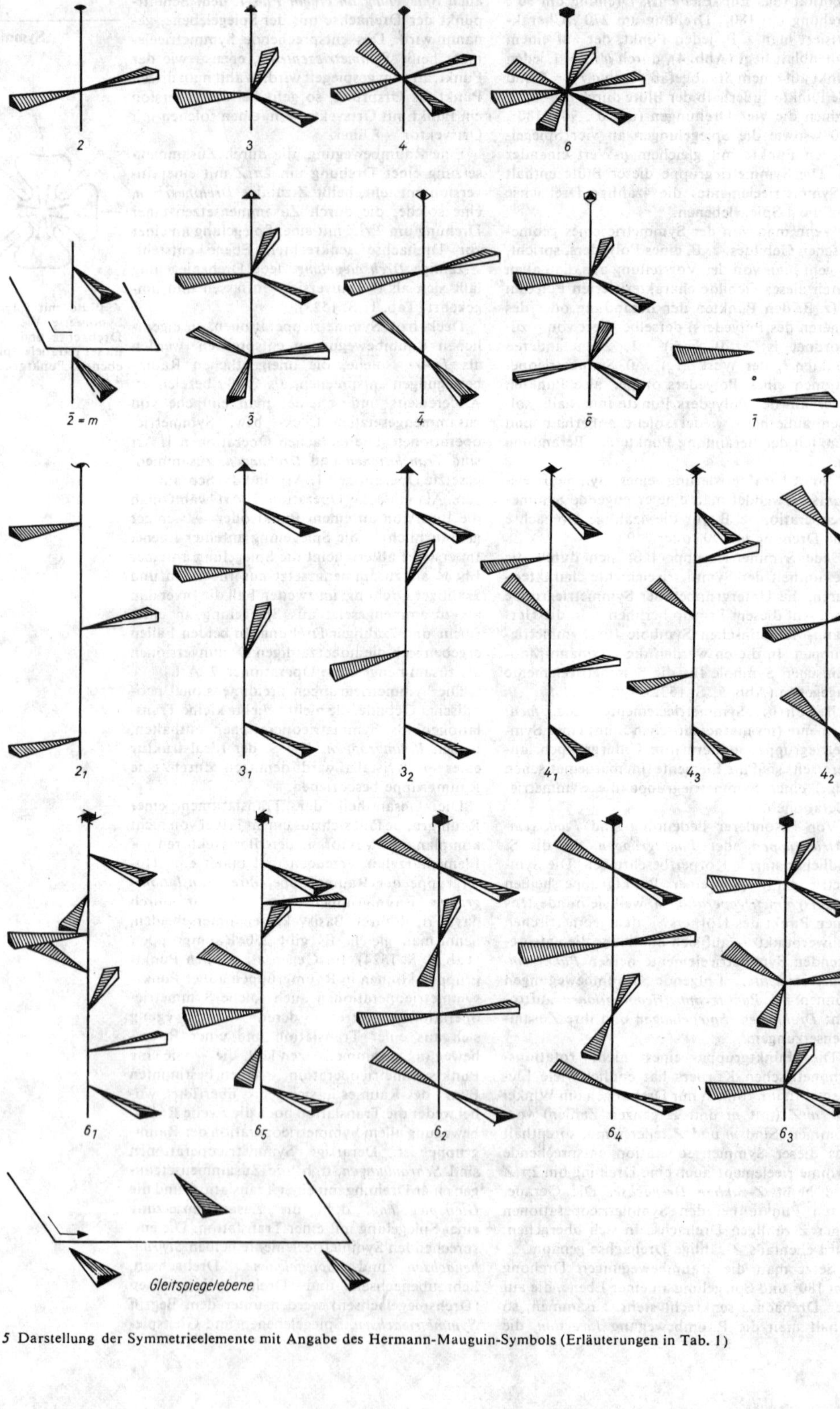

5 **Darstellung der Symmetrieelemente mit Angabe des Hermann-Mauguin-Symbols (Erläuterungen in Tab. 1)**

gelebenen unter dem Begriff *Symmetrieebenen* zusammengefaßt.

Nicht alle Symmetrieoperationen sind mit einer Translationsgruppe verträglich. Insbesondere können von den Symmetrieachsen nur 2-, 3-, 4- und 6zählige zusammen mit einer Translationsgruppe vorkommen, wenn die Translationsgruppe nicht beliebig kleine Translationen enthält. Symmetrieoperationen, die als Elemente einer Raumgruppe auftreten können, Symmetrieelemente und Punktgruppen, die Untergruppen von Raumgruppen sind, nennt man *kristallographische* Symmetrieoperationen bzw. Symmetrieelemente oder Punktgruppen.

Die international gebräuchlichen *Hermann-Mauguinschen Symbole* für kristallographische Symmetrieelemente lassen sich Tab. 1 und Tab. 2 entnehmen. Die 230 Raum- und die 32 kristallographischen Punktgruppen sind in Tab. 2 zusammengestellt, wobei an erster Stelle des Raumgruppensymbols angegeben wird, ob das Basisvektorentripel, das den für das Kristallsystem vorgeschriebenen Bedingungen (Tab. 3, Spalte 3 und 4) entsprechend gewählt wurde, primitiv (P) ist oder in welcher Weise es zentriert ist, d. h., welches Bravais-Gitter der Raumgruppe zuzuordnen ist (→ Elementarzelle, Abb.). Auf welche Richtungen sich die 2., 3., 4. Stelle im Raumgruppensymbol bzw. die 1., 2., 3. Stelle des Punktgruppensymbols bezieht, ist in der letzten Spalte von Tab. 3 angegeben. Durch das Raum- bzw. Punktgruppensymbol sind diese Gruppen eindeutig bestimmt. Eine Erläuterung ist lediglich bei den Raumgruppen I 2 2 2, I 2_1 2_1 2_1, I 2 3 und I 2_1 3 erforderlich: Alle diese Raumgruppen enthalten sowohl 2zählige Dreh- als auch 2zählige Schraubenachsen parallel zu den drei Basisvektoren. Nach Übereinkunft schneiden sich in I 2 2 2 und I 2 3 die 2zähligen Drehachsen in einem Punkt, die Schraubenachsen sind windschief zueinander, in den Raumgruppen I 2_1 2_1 2_1 und I 2_1 3 ist es umgekehrt.

Die 17 Symmetriegruppen, die zweidimensionale, zweifach-periodische Gebilde (z. B. Oberflächen) haben können, heißen *ebene Gruppen*, die 80 Symmetriegruppen, die bei dreidimensionalen, zweifach-periodischen Objekten (z. B. Schichten) auftreten können, werden *ebene Raumgruppen* genannt.

Im Gegensatz zu den kristallographischen Symmetrieoperationen bzw. Symmetrieelementen und Punktgruppen nennt man z. B. eine Drehung um 30°, die entsprechende 12zählige Drehachse sowie die S. des regelmäßigen Ikosaeders (des durch 20 gleichseitige Dreiecke begrenzten Polyeders, das 5zählige Achsen hat) *nichtkristallographisch*.

Nichtkristallographische, z. B. 5- oder 8zählige Achsen sind in Näherung bei manchen biologischen Objekten (z. B. Blüten, Seesterne) und auch Molekülen zu finden.

Obwohl die Idealstruktur der Kristalle anisotrop ist, d. h. physikalische Vorgänge (z. B. die Ausbreitung des Lichts), die von der Idealstruktur abhängen, in verschiedenen Richtungen verschieden verlaufen, verhalten sich Richtungen, die durch Symmetrieoperationen verknüpft sind, gleichartig. Da jede Richtung durch Translationen sich selbst zugeordnet wird, ordnet eine Symmetrieoperation, deren Raumbewegung sich aus einer Punktsymmetrieoperation und einer Translation zusammensetzt, dieselben Richtungen einander zu wie die betref-

Tab. 1. Kristallographische Symmetrieoperationen

	Bezeichnung der Symmetrieoperation	Bezeichnung des entsprechenden Symmetrieelements (Abb. 5)	Hermann-Mauguin-Symbol	Art 1.	Art 2.	einfache	zusammengesetzte
Punktsymmetrieoperationen	2zählige Drehung	2zählige Drehachse	2	+		+	
	3zählige Drehung	3zählige Drehachse	3	+		+	
	4zählige Drehung	4zählige Drehachse	4	+		+	
	6zählige Drehung	6zählige Drehachse	6	+		+	
	Inversion (Spiegelung an einem Punkt	Inversionszentrum (Symmetriezentrum)	$\overline{1}$		+	+	
	Spiegelung an einer Ebene	Spiegelebene	$\overline{2} = m$		+	+	
	3zählige Drehinversion (6zählige Drehspiegelung)	3zählige Drehinversionsachse (6zählige Drehspiegelachse)	$\overline{3}$		+		+
	4zählige Drehinversion (4zählige Drehspiegelung)	4zählige Drehinversionsachse (4zählige Drehspiegelachse)	$\overline{4}$		+		+
	6zählige Drehinversion (3zählige Drehspiegelung)	6zählige Drehinversionsachse (3zählige Drehspiegelachse)	$\overline{6} = 3/m$		+		+
	Translation			+		+	
	2zählige Schraubung	2zählige Schraubenachse	2_1	+			+
	3zählige Schraubung	3zählige Schraubenachse	3_1, 3_2	+			+
	4zählige Schraubung	4zählige Schraubenachse	4_1, 4_2, 4_3	+			+
	6zählige Schraubung	6zählige Schraubenachse	6_1, 6_3, 6_5, 6_2, 6_4	+			+
	Gleitspiegelung	Gleitspiegelebene mit Gleitkomponente $\vec{a}/2$	a		+		+
		$\vec{b}/2$	b		+		+
		$\vec{c}/2$	c		+		+
		$(\vec{a}+\vec{b})/2$ oder $(\vec{b}+\vec{c})/2$ oder $(\vec{c}+\vec{a})/2$ oder $(\vec{a}+\vec{b}+\vec{c})/2$	n		+		+
		$(\vec{a}+\vec{b})/4$ oder $(\vec{b}+\vec{c})/4$ oder $(\vec{c}+\vec{a})/4$ oder $(\vec{a}+\vec{b}+\vec{c})/4$	d		+		+

Tab. 2. Die 230 Raumgruppen und die ihnen zugeordneten Punktgruppen

Kristall-system	Raumgruppen								Punktgruppen	
	Hermann-Mauguinsche Symbole							Schoen-fließsche Symbole*)	Hermann-Mauguin-sche Symbole	Schoen-fließsche Sym-bole
triklin	$P1$							C_1	1	C_1
triklin	$P\bar{1}$							C_i	$\bar{1}$	C_i
monoklin	$P2$	$P2_1$	$C2$					$C_2^{(1-3)}$	2	C_2
monoklin	Pm	Pc	Cm	Cc				$C_s^{(1-4)}$	m	C_s
monoklin	$P2/m$	$P2_1/m$	$C2/m$	$P2/c$	$P2_1/c$	$C2/c$		$C_{2h}^{(1-6)}$	$2/m$	C_{2h}
orthorhombisch	$P222$ $I222$	$P222_1$ $I2_12_12_1$	$P2_12_12$	$P2_12_12_1$	$C222_1$	$C222$	$F222$	$D_2^{(1-9)}$	222	D_2
orthorhombisch	$Pmm2$ $Pba2$ $Abm2$ $Ima2$	$Pmc2_1$ $Pna2_1$ $Ama2$	$Pcc2$ $Pnn2$ $Aba2$	$Pma2$ $Cmm2$ $Fmm2$	$Pca2_1$ $Cmc2_1$ $Fdd2$	$Pnc2$ $Ccc2$ $Imm2$	$Pmn2_1$ $Amm2$ $Iba2$	$C_{2v}^{(1-22)}$	$mm2$	C_{2v}
orthorhombisch	$Pmmm$ $Pcca$ $Pbca$ $Ccca$	$Pnnn$ $Pbam$ $Pnma$ $Fmmm$	$Pccm$ $Pccn$ $Cmcm$ $Fddd$	$Pban$ $Pbcm$ $Cmca$ $Immm$	$Pmma$ $Pnnm$ $Cmmm$ $Ibam$	$Pnna$ $Pmmn$ $Cccm$ $Ibca$	$Pmna$ $Pbcn$ $Cmma$ $Imma$	$D_{2h}^{(1-28)}$	mmm	D_{2h}
tetragonal	$P4$	$P4_1$	$P4_2$	$P4_3$	$I4$	$I4_1$		$C_4^{(1-6)}$	4	C_4
tetragonal	$P\bar{4}$	$I\bar{4}$						$S_4^{(1-2)}$	$\bar{4}$	S_4
tetragonal	$P4/m$	$P4_2/m$	$P4/n$	$P4_2/n$	$I4/m$	$I4_1/a$		$C_{4h}^{(1-6)}$	$4/m$	C_{4h}
tetragonal	$P422$ $P4_32_12$	$P42_12$ $I422$	$P4_122$ $I4_122$	$P4_12_12$	$P4_222$	$P4_22_12$	$P4_322$	$D_4^{(1-10)}$	422	D_4
tetragonal	$P4mm$ $P4_2bc$	$P4bm$ $I4mm$	$P4_2cm$ $I4cm$	$P4_2nm$ $I4_1md$	$P4cc$ $I4_1cd$	$P4nc$	$P4_2mc$	$C_{4v}^{(1-12)}$	$4mm$	C_{4v}
tetragonal	$P\bar{4}2m$ $P\bar{4}n2$	$P\bar{4}2c$ $I\bar{4}m2$	$P\bar{4}2_1m$ $I\bar{4}c2$	$P\bar{4}2_1c$ $I\bar{4}2m$	$P\bar{4}m2$ $I\bar{4}2d$	$P\bar{4}c2$	$P\bar{4}b2$	$D_{2d}^{(1-12)}$	$\bar{4}2m$	D_{2d}
tetragonal	$P4/mmm$ $P4/ncc$ $P4_2/nmc$	$P4/mcc$ $P4_2/mmc$ $P4_2/ncm$	$P4/nbm$ $P4_2/mcm$ $I4/mmm$	$P4/nnc$ $P4_2/nbc$ $I4/mcm$	$P4/mbm$ $P4_2/nnm$ $I4_1/amd$	$P4/mnc$ $P4_2/mbc$ $I4_1/acd$	$P4/nmm$ $P4_2/mnm$	$D_{4h}^{(1-20)}$	$4/mmm$	D_{4h}
trigonal	$P3$	$P3_1$	$P3_2$	$R3$				$C_3^{(1-4)}$	3	C_3
trigonal	$P\bar{3}$	$R\bar{3}$						$C_{3i}^{(1-2)}$	$\bar{3}$	C_{3i}
trigonal	$P312$	$P321$	$P3_112$	$P3_121$	$P3_212$	$P3_221$	$R32$	$D_3^{(1-7)}$	32	D_3
trigonal	$P3m1$	$P31m$	$P3c1$	$P31c$	$R3m$	$R3c$		$C_{3v}^{(1-6)}$	$3m$	C_{3v}
trigonal	$P\bar{3}1m$	$P\bar{3}1c$	$P\bar{3}m1$	$P\bar{3}c1$	$R\bar{3}m$	$R\bar{3}c$		$D_{3d}^{(1-6)}$	$\bar{3}m$	D_{3d}
hexagonal	$P6$	$P6_1$	$P6_5$	$P6_2$	$P6_4$	$P6_3$		$C_6^{(1-6)}$	6	C_6
hexagonal	$P\bar{6}$							$C_{3h}^{(1)}$	$\bar{6}$	C_{3h}
hexagonal	$P6/m$	$P6_3/m$						$C_{6h}^{(1-2)}$	$6/m$	C_{6h}
hexagonal	$P622$	$P6_122$	$P6_522$	$P6_222$	$P6_422$	$P6_322$		$D_6^{(1-6)}$	622	D_6
hexagonal	$P6mm$	$P6cc$	$P6_3cm$	$P6_3mc$				$C_{6v}^{(1-4)}$	$6mm$	C_{6v}
hexagonal	$P\bar{6}m2$	$P\bar{6}c2$	$P\bar{6}2m$	$P62c$				$D_{3h}^{(1-4)}$	$\bar{6}m2$	D_{3h}
hexagonal	$P6/mmm$	$P6/mcc$	$P6_3/mcm$	$P6_3/mmc$				$D_{6h}^{(1-4)}$	$6/mmm$	D_{6h}
kubisch	$P23$	$F23$	$I23$	$P2_13$	$I2_13$			$T^{(1-5)}$	23	T
kubisch	$Pm3$	$Pn3$	$Fm3$	$Fd3$	$Im3$	$Pa3$	$Ia3$	$T_h^{(1-7)}$	$m3$	T_h
kubisch	$P432$ $I4_132$	$P4_232$	$F432$	$F4_132$	$I432$	$P4_332$	$P4_132$	$O^{(1-8)}$	432	O
kubisch	$P\bar{4}3m$	$F\bar{4}3m$	$I\bar{4}3m$	$P\bar{4}3n$	$F\bar{4}3c$	$I\bar{4}3d$		$T_d^{(1-6)}$	$\bar{4}3m$	T_d
kubisch	$Pm3m$ $Fd3c$	$Pn3n$ $Im3m$	$Pm3n$ $Ia3d$	$Pn3m$	$Fm3m$	$Fm3c$	$Fd3m$	$O_h^{(1-10)}$	$m3m$	O_h

*) Die Schoenfließschen Symbole werden in der Reihenfolge, in der die Hermann-Mauguinschen Symbole angegeben sind, durchnumeriert. So hat z. B. die Raumgruppe mit dem Schoenfließschen Symbol C_2^2 das Hermann-Mauguinsche Symbol $P2_1$.

fende Punktsymmetrieoperation; eine Schraubenachse führt demnach zu derselben S. der Anisotropie wie eine gleichzählige, ihr parallele Drehachse, eine Gleitspiegelebene zu derselben wie eine ihr parallele Spiegelebene. Die S. richtungsabhängiger Eigenschaften eines Kristalls läßt sich demnach durch eine kristallographische Punktgruppe beschreiben, die man aus der Raumgruppe erhält, indem man Translationen und Translationskomponenten von Symmetrieoperationen ignoriert. Die Raumgruppen lassen sich entsprechend dieser Zuordnung zu Punktgruppen in Klassen einteilen, die *Kristallklassen* genannt werden.

Jede Kristallklasse erhält dasselbe Symbol wie die sie charakterisierende Punktgruppe. Diese Zuordnung ist Tab. 3 zu entnehmen.

Die kristallographischen Punkt- und Raumgruppen werden entsprechend den in Spalte 2 der Tab. 3 angegebenen Merkmalen zu *Kristallsystemen* zusammengefaßt. Jeder Kristall, der einem bestimmten Kristallsystem angehört, läßt sich auf ein Tripel von Basisvektoren mit ganz bestimmten Eigenschaften beziehen (Tab. 3, Spalte 3); andererseits ist das so erhaltene Tripel von Basisvektoren für das Kristallsystem meist charakteristisch. Eine Ausnahme bilden lediglich das trigonale und hexagonale Kristallsystem; Kristalle, die diesen Kristallsystemen angehören, lassen sich auf ein hexagonales oder auch auf ein orthohexagonales Achsensystem beziehen. Von manchen Autoren werden daher hexagonale und trigonale Kristalle als zu e i n e m Kristallsystem gehörig angesehen. Kristallen, die bezogen auf ein hexagonales Achsensystem ein primitives, bezogen auf ein orthohexagonales Achsensystem dementsprechend ein C-zentriertes Punktgitter haben, werden daher auch allgemein demselben Bravais-Gitter zugeordnet, unabhängig davon, ob sie 6- oder nur 3zählige Achsen haben. Rhomboedrische Kristalle, d. h. Kristalle mit rhomboedrischem Bravais-Gitter, werden (hauptsächlich in älterer Literatur) auch auf ein rhomboedrisches Vektorentripel bezogen, das eine primitive Elementarzelle aufspannt und dessen Basisvektoren durch die 3zählige Achse verknüpft sind.

2) Verallgemeinerte geometrische und kristallographische S.n, die als *Antisymmetrie* oder *Schwarzweißsymmetrie* bezeichnet werden, haben in letzter Zeit größere Bedeutung erlangt.

Ordnet eine Raumbewegung jedem Punkt $\vec{r}$ eines Bereichs einen Punkt $\vec{r}' = f(\vec{r})$ desselben Bereichs zu, so daß für eine Verteilung $\varrho(\vec{r})$ die Beziehung $\varrho(\vec{r}) = -\varrho(\vec{r}') = -\varrho(f(\vec{r}))$ gilt, so nennt man die Raumbewegung eine *Antisymmetrieoperation* oder *Schwarzweißsymmetrieoperation*. Gibt es für einen bestimmten Körper und die räumliche Verteilung einer Eigenschaft

Tab. 3. Die 7 Kristallsysteme

Kristall-system	Charakterisierung des Kristallsystems	Wahl der Basisvektoren $\vec{a}$, $\vec{b}$, $\vec{c}$	Bedingungen für $\lvert\vec{a}\rvert$, $\lvert\vec{b}\rvert$, $\lvert\vec{c}\rvert$	Bravais-Gitter (1. Stelle im Raumgruppensymbol*))	Richtungen, auf die sich die 2. bis 4. Stelle im Raumgruppensymbol beziehen: 2. Stelle	3. Stelle	4. Stelle
triklin	außer Translationen und Symmetriezentren keine Symmetrieelemente	reduzierte Elementarzelle	keine Bedingungen	P	nur 1 oder $\bar{1}$ möglich	·	·
monoklin	2zählige Achsen parallel oder Symmetrieebenen senkrecht zu einer ausgezeichneten Richtung, sonst (außer Translationen und Symmetriezentren) keine Symmetrieelemente	$\vec{b}$ in der ausgezeichneten Richtung (seltener $\vec{c}$, 1. Orientierung)	$\alpha = \gamma = 90°$ (bzw. $\alpha = \beta = 90°$)	P, C (P, B)	$\vec{b}$ ($\vec{c}$)	·	·
ortho-rhombisch	2zählige Achsen parallel oder Symmetrieebenen senkrecht zu 3 aufeinander senkrecht stehenden Richtungen, sonst (außer Translationen und Symmetriezentren) keine Symmetrieelemente	$\vec{a}$, $\vec{b}$, $\vec{c}$ parallel zu Symmetrieachsen oder senkrecht zu Symmetrieebenen	$\alpha = \beta = \gamma = 90°$	P, C, F, I	$\vec{a}$	$\vec{b}$	$\vec{c}$
tetragonal	4zählige Achsen parallel zu nur einer Richtung	$\vec{c}$ parallel zu 4zähligen Achsen, $\vec{a}$ kleinster Translationsvektor $\perp \vec{c}$	$\alpha = \beta = \gamma = 90°$, $\lvert\vec{a}\rvert = \lvert\vec{b}\rvert$	P, I	$\vec{c}$	$\vec{a}$	$\vec{a} + \vec{b}$
trigonal**)	3zählige Achsen parallel zu nur einer Richtung	$\vec{c}$ parallel zu 3- bzw. 6zähligen Achsen, $\vec{a}$ kleinster Translationsvektor $\perp \vec{c}$	$\alpha = \beta = 90°$, $\gamma = 120°$, $\lvert\vec{a}\rvert = \lvert\vec{b}\rvert$	P, R	$\vec{c}$	$\vec{a}$	$\vec{a} - \vec{b}$
hexagonal**)	6zählige Achsen parallel zu nur einer Richtung			P	$\vec{c}$	$\vec{a}$	$\vec{a} - \vec{b}$
kubisch	4- oder 2zählige Achsen parallel zu 3 aufeinander senkrecht stehenden Richtungen, außerdem 3zählige Achsen unter Winkeln von 54,7° zu den ersteren	$\vec{a}$, $\vec{b}$, $\vec{c}$ parallel zu den aufeinander senkrecht stehenden 2- oder 4zähligen Achsen	$\alpha = \beta = \gamma = 90°$, $\lvert\vec{a}\rvert = \lvert\vec{b}\rvert = \lvert\vec{c}\rvert$	P, F, I	$\vec{a}$	$\vec{a} + \vec{b} + \vec{c}$	$\vec{a} + \vec{b}$

*) nach Hermann-Mauguin

**) für trigonale Kristalle mit rhomboedrischer Zentrierung wird auch (hauptsächlich in der älteren Literatur) ein „*rhomboedrisches*" Tripel von Basisvektoren $\vec{a}_1$, $\vec{a}_2$, $\vec{a}_3$ verwendet, das eine primitive Elementarzelle aufspannt, wobei diese 3 Vektoren durch 3zählige Achsen verknüpft sind, somit $\lvert\vec{a}_1\rvert = \lvert\vec{a}_2\rvert = \lvert\vec{a}_3\rvert$ und $\alpha = \beta = \gamma$ gilt. Für trigonale und hexagonale Kristalle findet auch ein *orthohexagonales* Achsentripel $\vec{a}_0$, $\vec{b}_0$, $\vec{c}_0$ Verwendung; dieses führt zu einer C-flächenzentrierten Zelle mit $\alpha = \beta = \gamma = 90°$ und $\lvert\vec{b}\rvert = \sqrt{3} \cdot \lvert\vec{a}\rvert$. Diese Tripel von Basisvektoren hängen mit dem hexagonalen *a*, *b*, *c* wie folgt zusammen:

$\vec{a}_1 = (2\vec{a} + \vec{b} + \vec{c})/3$; $\vec{a}_2 = (-\vec{a} - 2\vec{b} + \vec{c})/3$; $\vec{a}_3 = (-\vec{a} + \vec{b} + \vec{c})/3$

$\vec{a}_0 = \vec{a}$; $\vec{b}_0 = \vec{a} - \vec{b}$; $\vec{c}_0 = \vec{c}$.

$\varrho(\vec{r})$ eine Antisymmetrieoperation, die den Punkt $\vec{r}$ dem Punkt $\vec{r}'$ zuordnet, so daß $\varrho(\vec{r}) = -\varrho(\vec{r}') = -\varrho(f(\vec{r}))$ gilt, und eine weitere, die jedem Punkt $\vec{r}$ einen Punkt $g(\vec{r}) = \vec{r}''$ zuordnet, so daß auch $\varrho(\vec{r}) = -\varrho(g(\vec{r})) = -\varrho(\vec{r}'')$ gilt, so sind die Zuordnungen von $\vec{r}$ zu $g(f(\vec{r})) = g(\vec{r}')$ und von $\vec{r}$ zu $f(g(\vec{r})) = f(\vec{r}'')$ gewöhnliche Symmetrieoperationen, d. h., es gilt $\varrho(\vec{r}) = \varrho(f(g(\vec{r}))) = \varrho(f(\vec{r}'')) = \varrho(g(f(\vec{r}))) = \varrho(g(\vec{r}'))$. Gibt es andererseits eine Antisymmetrieoperation, die $\vec{r}$ dem Punkt $\vec{r}'$ zuordnet, und eine gewöhnliche Symmetrieoperation, die $\vec{r}$ dem Punkt $\vec{r}''' = h(\vec{r})$ zuordnet, so ist die aus diesen zusammengesetzte Zuordnung eine Antisymmetrieoperation: $\varrho(\vec{r}) = -\varrho[h(f(\vec{r}))] = -\varrho[h(\vec{r}')] = -\varrho[f(h(\vec{r}))] = -\varrho[f(\vec{r}''')]$. Derartige Eigenschaften werden vielfach durch die Farben schwarz und weiß symbolisiert. Die aus einer Antisymmetrieoperation als Erzeugende entstehende zyklische Gruppe heißt *Antisymmetrieelement*. Es enthält ebensoviele gewöhnliche Symmetrieoperationen wie Antisymmetrieoperationen. Analog sind Antipunktgruppen, Antikristallklassen und Antiraumgruppen definiert. Es gibt 1651 Antiraumgruppen, die nach dem sowjetischen Kristallographen *Schubnikow-Gruppen* genannt werden.

Von Bedeutung sind die Antisymmetrien und insbesondere die Schubnikow-Gruppen zur Beschreibung von Kristallstrukturen, in denen Atome mit magnetischem Moment vorhanden sind. Dabei ist zu berücksichtigen, daß das magnetische Moment ein axialer Vektor ist, der durch gewöhnliche Spiegelung oder Gleitspiegelung an einer auf ihm senkrecht stehenden Ebene oder gewöhnliche Drehung oder Schraubung um eine ihm parallele Gerade einem ihm parallelen Vektor zugeordnet wird, während eine Spiegelung oder Gleitspiegelung an einer zu ihm parallelen Ebene oder Drehung um eine zu ihm senkrechte Gerade seinen Richtungssinn umkehrt. Die Antisymmetrieoperationen ergeben den umgekehrten Richtungssinn wie die entsprechenden gewöhnlichen.

Eine weitere Verallgemeinerung des Symmetriebegriffs stellt die *Farbsymmetrie* dar, die man z. B. zur Charakterisierung geordneter Mischkristalle verwenden kann. Hierbei ordnet man verschiedenen Atomsorten verschiedene Farben zu und betrachtet neben den geometrischen Symmetrieoperationen, die jedem Atom ein Atom gleicher Art zuordnen, auch Farbsymmetrieoperationen, bei deren Anwendung manche Arten von Atomen zyklisch vertauscht werden.

3) Die S. der Naturgesetze spiegelt dagegen nicht nur optisch sichtbare Regelmäßigkeiten wider. Diese S. der Materie äußert sich darin, daß die Naturgesetze gegenüber bestimmten Transformationsgruppen, den Symmetriegruppen, kovariant sind. So sind die Maxwellschen Gleichungen der Elektrodynamik kovariant (forminvariant) gegenüber den Koordinatentransformationen der inhomogenen Lorentz-Gruppe; sie haben im ursprünglichen Koordinatensystem und in dem durch diese Transformationen daraus hervorgehenden die gleiche Form. Da die Lorentz-Transformationen auch die Translationen in Raum und Zeit sowie die räumlichen Drehungen enthalten, bedeutet das auch, daß sich die Gesetze der Elektrodynamik nicht ändern, wenn Beobachtungen in einem anderen Raum-Zeit-Punkt gemacht werden oder wenn sich der Beobachter in eine andere Richtung dreht. Das gilt für alle Naturgesetze und ist eine Folge der Homogenität und Isotropie von Raum und Zeit. Diese *äußeren* und *räumlichen S.n* werden in der speziellen Relativitätstheorie untersucht.

Für Elementarteilchen spielen *innere S.n* eine wesentliche Rolle, die auf der → Invarianz der Naturgesetze gegenüber weiteren, nicht räumlichen Transformationen beruhen (→ Erhaltungssätze). Die wichtigste ist die SU(3)-Symmetrie der starken Wechselwirkung (→ unitäre Symmetrie). Sie führte zur Voraussage des Omega-minus-Hyperons und zu einer erfolgreichen Klassifizierung der Elementarteilchen. Darüber hinaus gestatten dynamische S.n auch die Bestimmung der möglichen Zustände von Quantensystemen, d. h., sie enthalten implizit deren Bewegungsgleichungen, die daher nicht extra aufgestellt und gelöst werden müssen.

Die S. der Naturgesetze hat zur Folge, daß die Erzeugenden der zugehörigen Transformationsgruppen in allen abgeschlossenen physikalischen Systemen feste, in verschiedenen Systemen im allgemeinen verschiedene Werte haben, die bei der Bewegung des Systems konstant bleiben. Sie sind die Invarianten, d. h. die unveränderlichen Größen der Bewegung, so ist z. B. die Energie als Erzeugende der zeitlichen Translationen für abgeschlossene Systeme konstant. Allgemein gilt auch die Umkehrung dieses Sachverhalts: Jedem physikalischen Erhaltungssatz entspricht eine S. der Natur. Die Invarianten machen im Grunde die Individualität der einfachsten physikalischen Systeme aus; sie sind ihre eigentlichen natürlichen „Namen". Daher werden die Elementarteilchen erst durch die Angabe ihrer Werte, der Quantenzahlen, eindeutig bestimmt und so einer Klassifizierung zugänglich. Eine besondere Rolle spielen hierbei die → Supersymmetrien.

Die S.n der Materie spiegeln nicht wie die Naturgesetze Korrelationen von Ereignissen wider, sondern umfassen die Naturgesetze; sie spiegeln Korrelationen der Naturgesetze, d. h. Korrelationen von Ereignissen, wider und können als übergeordnetes Prinzip (→ Symmetrieprinzip) das Auffinden von Naturgesetzen erleichtern.

Symmetrieachse, Sammelbegriff für folgende Symmetrieelemente: Dreh-, Schrauben-, Inversions- bzw. Drehspiegelachsen (→ Symmetrie) mit Ausnahme der einzähligen Achsen und der zweizähligen Drehinversions- und Drehspiegelachsen.

symmetrieäquivalent heißen solche Punkte, Geraden, Ebenen, Flächen oder Teile eines Körpers, die durch Symmetrieoperationen (→ Symmetrie) dieses Körpers aufeinander abgebildet werden.

Symmetriebrechung, → unitäre Symmetrie.

Symmetrieebene, *Spiegelungsebene*, ein mögliches Symmetrieelement eines geometrischen Gebildes, auch eines Moleküls oder Kristalls. Bei einer Spiegelung an der S. geht der betreffende Gegenstand in sich über. Weiteres → Symmetrie.

Symmetrieelemente, → Symmetrie.

Symmetriegruppe, Gruppe der Transformationen, die ein aus Punkten, Linien und Flächen bestehendes Gebilde unter Erhaltung aller Abstände und Winkel in sich überführen. Weiteres → Symmetrie.

Symmetriemodelle, in der Elementarteilchenphysik Modelle der Elementarteilchen und deren Wechselwirkungen, die wesentlichen Gebrauch von den Symmetrien der Elementarteilchen machen und mehrere Teilchen als Mitglieder eines gemeinsamen Multipletts aufzufassen gestatten, die eine Darstellung der entsprechenden Symmetriegruppe aufspannen. Die S. haben wesentlich zur Klassifizierung der Elementarteilchen beigetragen. Die Mitglieder eines Multipletts, die im Fall einer exakten Symmetrie alle die gleiche Masse haben, werden oft auch als verschiedene Zustände ein und desselben Teilchens angesehen, wie es sich z. B. bei Proton p und Neutron n, die als die beiden Isospinzustände des Nukleons N aufgefaßt werden, eingebürgert hat. Die wichtigsten S. hängen mit der → unitären Symmetrie der Hadronen (d. s. die stark wechselwirkenden Teilchen) zusammen: a) das auf Fermi zurückgehende Symmetriemodell, wonach die Pionen als gebundene Zustände des Nukleon-Antinukleon-Systems aufgefaßt werden (z. B. $\pi^+ \triangleq p\bar{n}$), und b) seine Erweiterung auf „fremde" Teilchen (→ Strangeness), das Sakata-Modell, in dem sämtliche Baryonen und Mesonen als gebundene Zustände der Nukleonen und des Λ-Hyperons verstanden werden sollen (z. B. $K^+ \triangleq p\bar{\Lambda}$); dieses Modell führte auf Ergebnisse, die dem Experiment nicht entsprachen, und wurde c) vom "eightfold-way"-Modell bzw. d) vom (unitären) → Quarkmodell abgelöst; die beiden letzten S., die auf der SU(3)-Symmetrie der starken Wechselwirkung und einer Symmetriebrechung durch eine „mittelstarke" Wechselwirkung aufbauen, wurden zu entsprechenden SU(6)-symmetrischen Modellen weiterentwickelt, die den Spin der Teilchen berücksichtigen.

Eine Berücksichtigung der Dynamik erfordert die Verknüpfung mit der Lorentz- bzw. der Poincaré-Gruppe; in diesem Zusammenhang wurden viele verschiedene S. vorgeschlagen, die (im Gegensatz zu den unitären Symmetrien) sämtlich auf nichtkompakte Liesche Gruppen führen. Am weitesten ausgearbeitet sind das SL(6,C)- bzw. das O(4,2)-Modell, die von der speziellen (S) linearen (L) komplexen (C) Gruppe in 6 Dimensionen bzw. der orthogonalen (O) Gruppe in 6 Dimensionen mit der Metrik (++++−−) arbeiten. Diese *höheren* oder *dynamischen Symmetrien* bzw. *S.e* haben jedoch noch nicht zu dem erwarteten Erfolg geführt, so daß man annehmen muß, daß die richtige Verknüpfung zwischen innerer Symmetrie, z. B. SU(3)-Gruppe, und äußerer Symmetrie, d. h. der Poincaré-Gruppe, noch nicht gefunden wurde; die ansprechendsten Resultate liefert das O(4,2)-Modell, das auf der dynamischen O(3,1)-Symmetrie des Wasserstoffatoms aufbaut (→ zufällige Entartung). Letztere rührt daher, daß das Wasserstoffatom außer der Rotationsinvarianz, d. h. Symmetrie bezüglich der dreidimensionalen orthogonalen Gruppe O(3), noch einem „zufälligen" Erhaltungssatz für den Runge-Lenz-Vektor $\vec{p} \times \vec{L} - e^2 m\vec{r}/r =$ konst. genügt, wobei $\vec{p}$ der Impuls, $\vec{L}$ der Drehimpuls, e die elektrische Ladung, m die Masse, $r = |\vec{r}|$ und $\vec{r}$ der Ortsvektor des Elektrons ist. Die relativistische Verallgemeinerung von $\vec{p} \times \vec{L}$ wird als *Pauli-Lubanski-Vektor* bezeichnet: $W_\mu = \frac{1}{2}\,\varepsilon_{\mu\nu\varrho\sigma} P_\nu M_{\varrho\sigma}$; dabei ist $\varepsilon_{\mu\nu\varrho\sigma}$ der total antisymmetrische Einheitstensor, P_ν bzw. $M_{\varrho\sigma}$ sind die Erzeugenden der raumzeitlichen Translationen bzw. der räumlichen Drehungen und der Lorentz-Drehungen (→ Lorentz-Gruppe), und über die doppelt auftretenden Indizes $\mu, \nu, \varrho, \sigma = 0, 1, 2, 3$ ist zu summieren; $W^2 = W_\mu W^\mu$ ist eine Invariante der Poincaré-Gruppe und hat einen (relativistischen) Erhaltungssatz zur Folge, der in das O(4,2)-Modell wesentlich eingeht.

Weitere S. der Elementarteilchen sind die chiralen SU(2) × SU(2)- bzw. SU(3) × SU(3)-Symmetrien, die von der Zerlegung der Hadronenströme in einen Vektor- und Axialvektor-Anteil herrühren (→ schwache Wechselwirkung) und besonders im Zusammenhang mit der Stromalgebra eine wesentliche Rolle spielen.

Symmetrien der Elementarteilchen, die sich im Verhalten der Elementarteilchen, insbesondere bei Streu- und Zerfallsprozessen, durch gewisse allgemeine Regelmäßigkeiten und Zusammenhänge der Wirkungsquerschnitte und durch Auswahlregeln für bestimmte Reaktionen äußernden Symmetrieeigenschaften der zugrunde liegenden Wechselwirkungen. Die S. d. E. spiegeln sich mathematisch als Kovarianz der Feldgleichungen oder der S-Matrix gegenüber entsprechenden Transformationsgruppen wider, die zur Definition entsprechender Quantenzahlen und zugehöriger Erhaltungssätze führen (→ Noethersches Theorem), und gestatten eine natürliche Charakterisierung und Klassifikation der Elementarteilchen (→ Symmetrie). Die S. d. E. werden getrennt in *äußere*, d. h. raumzeitliche, und *innere*, d. h. vom Raum-Zeit-Kontinuum unabhängige *Symmetrien*; erstere hängen mit der inhomogenen Lorentz-Gruppe, letztere mit bestimmten Eichgruppen und bestimmten unitären Gruppen (→ unitäre Symmetrie) zusammen. Die kontinuierlichen, d. h. durch stetige Transformationen repräsentierten äußeren S. d. E. sind notwendige Symmetrien, sie führen zur Erhaltung von Energie, Impuls, Drehimpuls und Schwerpunktbewegung (als Folge der Invarianz gegenüber zeitlichen bzw. räumlichen Translationen, räumlichen Drehungen bzw. speziellen Lorentz-Transformationen); die diskreten äußeren Symmetrien, die mit der Parität bzw. Zeitumkehr (als Folge der Invarianz gegenüber der räumlichen Spiegelung am Koordinatenursprung bzw. der Umkehr der Zeitkoordinate) zusammenhängen, müssen nicht bei allen Wechselwirkungen auftreten. Die inneren S. d. E. werden ebenfalls durch Symmetrietransformationen, jedoch in abstrakten, mathematischen Koordinatenräumen repräsentiert; die Invarianz gegenüber Eichtransformationen führt zur Erhaltung der verschiedenen Ladungen, und zwar der elektrischen, baryonischen und leptonischen Ladung, während die Invarianz gegenüber der SU(3)-Gruppe zur Erhaltung von Hyperladung, Isospin und weiteren Quantenzahlen führt und die Isospininvarianz speziell die Ladungsunabhängigkeit der Kernkräfte zur Folge hat; die Invarianz gegenüber der Ladungskonjugation hat die Erhaltung der Ladungsparität zur Folge (→ Parität).

Die beobachteten S. d. E. haben, solange noch keine einheitliche, konsistente Theorie der Elementarteilchen existiert, große Bedeutung bei der Konstruktion einer solchen Theorie, da sie, zum allgemeinen Symmetrieprinzip erhoben, zu wesentlichen Einschränkungen der Struktur der Feldgleichungen bzw. der entsprechenden Wechselwirkungsdichten (→ Wechselwirkung), der S-Matrix (→ analytische S-Matrix-Theorie) und anderer Ansätze, z. B. der Stromalgebra, führen.

Symmetrieoperation, Koordinatentransformation, die ein geometrisches Gebilde, insbesondere ein Kristallgitter, in sich überführt. S.en können in diesem Falle Translationen, Drehungen, Spiegelungen, Inversionen ($x \rightarrow -x$, $y \rightarrow -y$, $z \rightarrow -z$), Schraubungen, Drehspiegelungen und Gleitspiegelungen sein. Der Sprachgebrauch ist nicht ganz einheitlich, manchmal werden die S.en auch als Symmetrieelemente bezeichnet (→ Symmetrie).

Symmetrieprinzip, auf den Symmetrien der Materie begründetes allgemeines Prinzip, das die möglichen Formen von Naturgesetzen einschränkt und dann zum Tragen kommt, wenn deren explizite Gestalt in einem bestimmten Bereich noch unbekannt ist. So wird z. B. die Grundgleichung der → Heisenbergschen Theorie der Urmaterie auf Grund des S.s festgelegt. Das S. fordert insbesondere die Kovarianz gegenüber den Poincaré-Gruppen.

Symmetrierglieder, Anordnungen, mit deren Hilfe eine einseitig geerdete Schaltung an eine symmetrische Schaltung und umgekehrt angeschlossen werden kann. Die Symmetrierungsschaltungen, besser Umsymmetrierungsschaltungen genannt, spielen in der Koaxialleitertechnik eine besondere Rolle, da mit ihrer Hilfe symmetrische Verbraucher (z. B. Antennen in Sendeanlagen) an unsymmetrische Generatoren (z. B. Sender) oder umgekehrt in Empfangsanlagen symmetrische Antennen (z. B. $\lambda/2$-Faltdipole) an unsymmetrische Koaxialkabel zur Energiefortleitung angeschlossen werden können. S. werden zwischen Generator und Verbraucher angebracht. Außer einer Umsymmetrierung wird bei manchen S.n noch eine Widerstandstransformation durchgeführt.

Neben der vor allem im Bereich nicht zu hoher Frequenzen und Leistungen bestehenden Möglichkeit, eine Umsymmetrierung mit Hilfe von Transformatoren durchzuführen, kann im Bereich der Kurz-, Ultrakurz- und Dezimeterwellen eine Umsymmetrierung mit koaxialen Kabeln bzw. koaxialen Bauelementen vorgenommen werden.

Wichtige S. sind die $\lambda/2$-Umwegleitungen, die Symmetrierungsschleife und der $\lambda/4$-Sperrtopf.

1) Die $\lambda/2$-*Umwegleitung* vermittelt die Umsymmetrierung bei gleichzeitiger Widerstandstransformation von 1 : 4. Die auf der linken Seite befindliche Koaxialleitung mit dem Wellenwiderstand Z gabelt sich am Punkt P in zwei Koaxialleitungen mit dem Wellenwiderstand Z. Dabei ist die eine um $\lambda/2$ länger als die andere, so daß die diese Leitung durchlaufende Welle eine zusätzliche Phasendrehung von 180° erfährt. Anpassung auf der symmetrischen Seite bedeutet auch reflexionsfreien Abschluß der unsymmetrischen Seite. Fehlanpassungen ergeben sich jedoch bei Frequenzabweichungen durch die Änderung der relativen Umweglänge. Die Spannung am symmetrischen Ausgang ist doppelt so groß wie am unsymmetrischen Eingang. An den Leistungsverhältnissen wird dabei nichts geändert, da $P_{uns} = \frac{U^2}{Z} = \frac{(2U)^2}{4Z} = P_s$ ist. Dabei bedeutet P_{uns} die Leistung am unsymmetrischen Eingang, U die Eingangsspannung und P_s die Leistung am symmetrischen Ausgang. Für verschiedene Frequenzen läßt sich die $\lambda/2$-Umwegleitung anwenden, wenn man die um $\lambda/2$ längere Leitung posaunenartig ausziehbar macht.

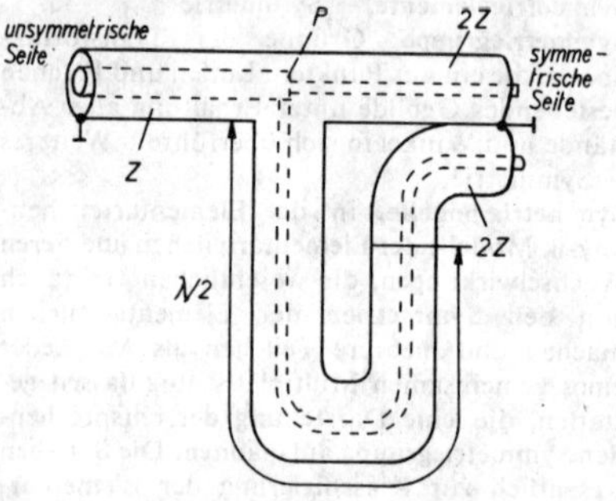

Schematische Darstellung einer $\lambda/2$-Umwegleitung

2) Bei der *Symmetrierungsschleife*, auch *EMI-Schleife* oder auch *Bazooka* genannt, wird die Umsymmetrierung ohne Widerstandstransformation vorgenommen. Sie besteht aus einer koaxialen Leitung mit dem Wellenwiderstand Z, deren Außenleiter zusammen mit seiner Nachbildung eine Schleife bildet. Ein Mantelstrom über die Schleife, der einen unnötigen Verluststrom darstellt, fließt nur dann nicht, wenn diese genau auf $\lambda/4$ abgestimmt ist. In diesem Fall ist die Schleife sehr hochohmig und verbraucht keine wesentliche Energie. Symmetrierungsschleifen werden in verschiedenen Ausführungsformen angewandt.

3) Der $\lambda/4$-*Sperrtopf* oder *Lindenblad-Topf* stellt eine Anwendung des $\lambda/4$-Resonators dar; er arbeitet ebenfalls ohne Widerstandstransformation. Wichtig ist der den Außenleiter umgebende $\lambda/4$-Sperrtopf, da nur dadurch am Punkt P ein hoher Widerstand gegen Erde vorhanden ist. Eine Verbesserung der Symmetrie des Übergangs kann erreicht werden, wenn man den $\lambda/4$-Sperrtopf doppelt ausführt (*Symmetriertopf*).

Symmetriertopf, → Symmetrierglieder.

Symmetrierungsschleife, → Symmetrierglieder.

Symmetrietransformation, → Gruppentheorie in der Physik, → Symmetrie.

Symmetriezentrum, *Inversionszentrum,* 1) das aus einer Inversion als erzeugender Symmetrieoperation (→ Symmetrie) entstehende Symmetrieelement,

2) ein Punkt mit der Eigenschaft, daß ein Körper, z. B. Kristall, bei Inversion an diesem Punkt auf sich abgebildet wird.

symmetrische Gruppe, Gruppe aller Permutationen von n Buchstaben; ihre Ordnung ist $n!$. Die Menge der geraden Permutationen bildet eine Untergruppe der s.n G. und hat die Ordnung $n!/2$; diese Gruppe wird auch als *alternierende Gruppe* bezeichnet (→ Permutationsgruppe).

symmetrischer Zustand, → Symmetrisierungsprinzip.

symmetrische Schwingung, → nichtlineare Schwingungen.

symmetrische Theorie der Kernkräfte, → Mesonentheorie der Kernkräfte.

symmetrische Wellenfunktion, → Symmetrisierungsprinzip.

symmetrische Zelle, svw. Wigner-Seitz-Zelle.

Symmetrisierung der Wellenfunktion, → Symmetrisierungsprinzip.

Symmetrisierungsprinzip, Forderung, wonach in der Quantentheorie die Wellenfunktion identischer Teilchen entweder symmetrisch oder antisymmetrisch bezüglich der Vertauschung aller Koordinaten zweier beliebiger Teilchen sein muß. Man spricht auch von einer *Symmetrisierung* oder *Antisymmetrisierung der Wellenfunktion.* Für Teilchen mit Spin bedeutet das, daß die von den Orts- und Spinkoordinaten abhängige Wellenfunktion die geforderte Symmetrie haben muß $\psi(\vec{r}_1, s_1; \vec{r}_2, s_2) = \pm\psi(\vec{r}_2, s_2; \vec{r}_1, s_1)$. Für ein 2-Teilchen-System ohne Spin-Bahn-Kopplung, also mit einer einfachen Produktdarstellung der Wellenfunktion aus Orts- und Spinanteil, bedeutet das $\varphi(\vec{r}_1, \vec{r}_2) \cdot \chi(s_1, s_2) = \pm\varphi(\vec{r}_2, \vec{r}_1) \cdot \chi(s_2, s_1)$, wenn φ die räumliche Wellenfunktion und χ die Spinwellenfunktion ist. Da der Hamilton-Operator eines Systems identischer Teilchen bezüglich der Teilchenkoordinaten symmetrisch ist, kann er entweder nur symmetrische oder antisymmetrische Wellenfunktionen bzw. Zustände miteinander verknüpfen, d. h., es gilt eine Superauswahlregel des Symmetrietyps, die eng mit der Statistik der Teilchen zusammenhängt. Streng genommen sind S. und Identitätsprinzip, wonach identische Teilchen ununterscheidbar sind, nicht gleichwertig; das S. schränkt die Möglichkeiten weiter ein, als auf Grund des Identitätsprinzips notwendig wäre. Tatsächlich sind neben den beiden eindimensionalen Darstellungen der symmetrischen Gruppe durch symmetrische bzw. antisymmetrische Wellenfunktionen auch mehrdimensionale Darstellungen dieser Gruppe quantenmechanisch erlaubt. Diese Darstellungen entsprechen den *Parastatistiken*, die in der Vielteilchen- und Hochenergiephysik eine gewisse Bedeutung haben.

sympathische Pendel, → Pendel.

Synärese, Bezeichnung für den häufig unter Beibehaltung der Form erfolgenden Rückgang der Quellung (*Entquellung*) eines Flüssigkeit enthaltenden Gels (Lyogels) und die dabei erfolgende Abscheidung der Quellflüssigkeit.

Synchronisierinstrumente,. elektrische Meßinstrumente zur Kontrolle der Frequenz und Phasenlage zweier Wechselstrom- bzw. Drehstromgeneratoren, die parallelgeschaltet werden sollen. Zu den S.n gehören das → Synchronoskop, das Synchronisiervoltmeter (Nullspannungsmesser) und die Synchronisierlampen in Dunkel- und Hellschaltung zur Anzeige der Phasengleichheit sowie der Drehfeldanzeiger zur Bestimmung der Phasenfolge in Drehstromnetzen.

Synchronisierlampe, → Synchronisierinstrumente.

Synchronisierung, die Angleichung der Spannung eines Wechsel- oder Drehstromsynchrongenerators in Frequenz, Amplitude und Phasenlage (→ elektrische Maschine) an die Spannung des Netzes oder eines anderen Generators, um Stromstöße bei Parallelschalten zu vermeiden. Die S. erfolgt durch Änderung der Drehzahl und Erregung des Synchrongenerators unter Beobachtung entsprechender Meßinstrumente (→ Voltmeter, → Frequenzmesser, → Synchronoskop) oder mittels einer selbsttätigen Synchronisierungseinrichtung.

Synchronisiervoltmeter, → Synchronisierinstrumente.

Synchronmaschine, → elektrische Maschine.

Synchronoskop, ein elektrisches Meßinstrument zur Kontrolle der Frequenz und Phasenlage zweier Wechselstrom- bzw. Drehstromgeneratoren, die parallelgeschaltet werden sollen. In einem von dem ersten Generator erregten magnetischen Drehfeld befindet sich ein von dem zweiten Generator erregter Anker, der ebenfalls ein Drehfeld erzeugt. Stimmen die Frequenzen nicht überein, so dreht sich infolge der Kraftwirkungen zwischen den Feldern der Anker, der einen Zeiger trägt. Bei Frequenzgleichheit bleibt der Zeiger in einer Stellung stehen, die dem verbliebenen Phasenwinkelunterschied der beiden Spannungssysteme entspricht. Stillstand des Zeigers in der Nullage bedeutet Frequenz- und Phasengleichheit.

Synchronverhalten, → Drehzahlverhalten.

Synchrophasotron, ein → Teilchenbeschleuniger.

Synchrotron, ein → Teilchenbeschleuniger.

Synchrotronschwingungen, → Fokussierung 3).

Synchrozyklotron, ein → Teilchenbeschleuniger.

syndiotaktisch, → Isomerie.

synthetische Definition, → Definition.

System, Teil der objektiven Realität, der von seiner Umwelt abgegrenzt wird, indem nur wesentliche Wechselwirkungen mit ihr betrachtet werden, von unwesentlichen aber abgesehen wird (Abb. 1). Alle *konkreten S.e* mit gleicher

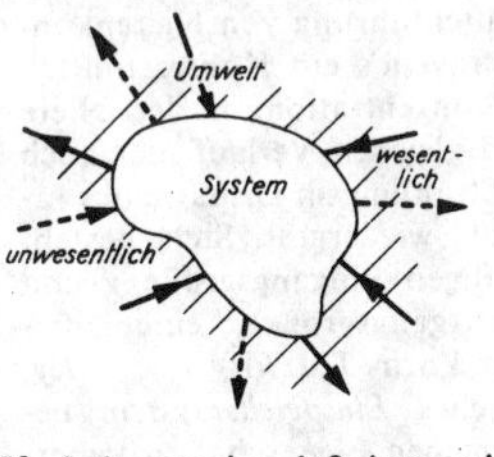

1 Schematische Darstellung eines konkreten Systems

Verhaltensweise definieren ein *abstraktes* oder *kybernetisches S.* Die Abgrenzung des S.s ist allerdings stets ein Eingriff in die dialektische Einheit des Universums und führt zwangsläufig zu einem Verlust an Information. Die nicht als wesentlich ausgewählten Beziehungen zur Umwelt treten als Zufallserscheinungen auf.

In der Physik sind z. B. die meisten → thermodynamischen S.e solche, die als in sich abgeschlossen betrachtet werden. S., bei denen → Dissipation auftritt, werden als *dissipative Systeme* bezeichnet, sie können nur unter Berücksichtigung dieser Dissipation als abgeschlossene S.e betrachtet werden. Andere nicht abgeschlossene S.e sind z. B. *offene thermodynamische S.e*, das sind S.e, die Energie und Materie mit ihrer Umgebung austauschen. Dazu gehören vor allem alle Organismen, die bekanntlich Wärme und Nahrung aus der Umwelt aufnehmen. Die Berechnung ihres Energiehaushaltes in der Biophysik kann sich auf die Thermodynamik irreversibler Prozesse stützen, indem entweder die Gleichungen für abgeschlossene Systeme durch Austauschterme erweitert werden oder Organismus und Umgebung insgesamt als abgeschlossenes System betrachtet wird.

Der Physiker schafft für die Durchführung seiner Versuche stets idealisierte Versuchsverhältnisse, indem er sich bemüht, die Hauptwirkungen, an denen er interessiert ist, zu verstärken und Nebeneinflüsse auf ein Minimum herabzusetzen, z. B. die der Atmosphäre bei der Bestimmung der Erdbeschleunigung. Jedes konkrete S. hat eine *Struktur*, besteht aus einem Netz (→ Netzplan) von Teilsystemen, die nach der Betrachtungsweise und nach der Aufgabe, die zum S. führten, festgelegt und miteinander verkoppelt sind. Nach der Zielstellung der Strukturen ordnen sich die S.e zu Hierarchien. Physikalisch z. B. sind die Strukturen der Elementarteilchen, die der Atome, der Moleküle und der Stoffe eine solche Hierarchie oder biologisch die Strukturen der Zelle, des Gewebes, der Organe und der lebenden Organismen.

Die wesentlichen Beziehungen eines konkreten S.s zur Umgebung werden im allgemeinen durch zeitlich veränderliche physikalische Größen beschrieben. Abgesehen von den Dimensionen dieser Größen lassen sich die Abhängigkeitsbeziehungen durch mathematische Relationen zwischen Funktionen ausdrücken. Das Auftreten gleicher Relationen gibt Hinweise auf ein gleiches abstraktes oder kybernetisches S. Ändert man z. B. die Umgebungstemperatur eines Thermometers sprunghaft, so ändert sich die Standhöhe der Thermometerflüssigkeit (Abb. 2) nach der gleichen Funktion, wie sich die Spannung an dem elektrischen oder der Druck an einem pneumatischen RC-Glied (Abb. 3) bei sprungartigem Anstieg ändern. Spritzt man zur Durchführung von Nierenkontrastaufnahmen intravenös ein Kontrastmittel, so steigt dessen Konzentration in der Niere ebenfalls nach dem gleichen Verlauf, der auch die Abnahme der Strahlungsintensität eines radioaktiven Präparats wiedergibt. Stets besteht zwischen der jeweiligen Eingangsgröße y und der zugehörigen Ausgangsgröße x eine Differentialgleichung der Form $T(\mathrm{d}x/\mathrm{d}t) + x = Ky$, die ein kybernetisches *Einspeichersystem* beschreibt. Die allgemeinen Eigenschaften kybernetischer S.e untersucht die *Systemtheorie* aus Systemen mit bekannten Übertragungseigenschaften und entwirft neue Schaltungen aus gegebenen Teilsystemen, die vorgeschriebene Eigenschaften haben. Wichtige Teilgebiete der Systemtheorie sind die Zuverlässigkeitstheorie und die sich selbst organisierenden S.e.

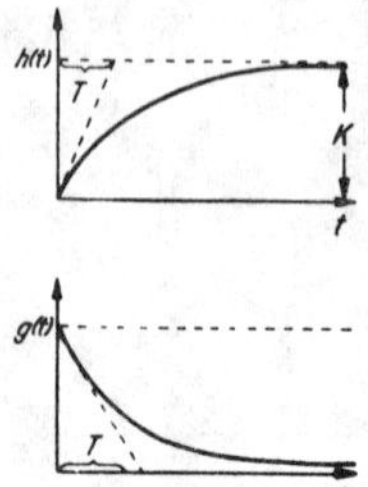

2 Sprungübergangsfunktion eines Einspeichersystems und entsprechender Entladevorgang

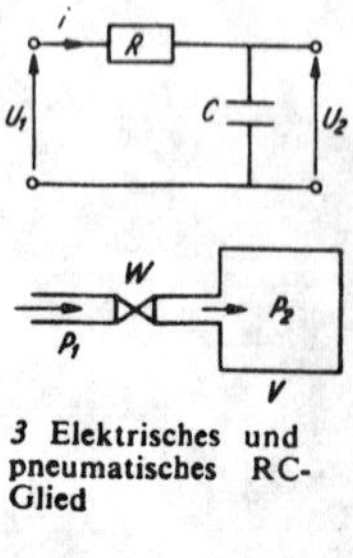

3 Elektrisches und pneumatisches RC-Glied

Ein S. unterscheidet sich von anderen durch sein *Verhalten*, durch die Gesamtheit der physikalischen Beziehungen zwischen ihm und der Umwelt. Diese vielseitigen Wechselwirkungen reduzieren sich durch das Aussondern unwesentlicher Größen auf Eingabegrößen $y(t)$ und Ausgabegrößen $x(t)$, die beide von der Zeit t abhängen, da der maßgebende innere Zustand $z(t)$ des S.s sich durch verarbeitete frühere Informationen in der Zeit ändert. Im Normalfall echter Wechselwirkung beeinflussen sich die Größen $y(t)$ und $x(t)$ wechselweitig, ohne daß wie beim Regelkreis für Hinwirkung und Rückwirkung getrennte Wirkungswege angegeben werden können; in einem ohmschen Widerstand z. B. können für die vom Strom i und für die von der Spannung u ausgehenden Wirkungen keine Teilsysteme angegeben werden.

Wenn dagegen, wie im Gravitationsfeld zwischen der Sonne und einem Planeten, eine Wirkung vernachlässigbar klein ist, kann die andere als gerichtete, kausale Wirkung aufgefaßt werden. Zu kausaler Einwirkung von $y(t)$ auf $x(t)$ gelangt man auch, wenn zeitliche Veränderungen von $y(t)$ den entsprechenden Veränderungen von $x(t)$ zeitlich vorangehen.

Bei Meßeinrichtungen setzt man in der Regel eine gerichtete Beeinflussung des Anzeigewertes durch den Meßwert voraus. Die Messung muß so angelegt werden, daß die Beeinflussung des Meßobjekts durch die Meßeinrichtung vernachlässigbar gering ist. Die von einem Rundfunksender abgestrahlten elektromagnetischen Wellen erregen den Empfangskreis im Empfänger. Die dort erzeugte Erregungsspannung bleibt aber ohne Rückwirkung auf den Sender.

Schließlich kann die Wechselwirkung dazu entarten, daß die betrachteten Größen $y(t)$ und $x(t)$ einander nicht beeinflussen. Unabhängig voneinander sind normalerweise Größen, die in räumlich sehr weit auseinanderliegenden S.en wirken oder deren Änderungen in zeitlich weit auseinanderliegenden Intervallen verlaufen, wie die Windgeschwindigkeit in Berlin und der Luftdruck in New York oder die Lufttemperatur heute und die vor einem Jahre.

Lernende S.e können nach Aufnahme von Information ihr Verhalten zur Umwelt verbessern. Dies setzt voraus, daß der innere Zustand $z(t)$ zu einem inneren Modell der Umwelt ausgebaut ist und daß nach einem Gütekriterium vor dem Ausgabesignal $x(t)$ entschieden werden kann, welche von mehreren am inneren Modell erhaltenen möglichen Folgen verschiedener Verhaltensweisen einzuhalten ist. *Adaptive* Sie wählen dabei zwischen verschiedenen in ihnen gespeicherten Verhaltensweisen, z. B. um den Weg nach einem durch das Gütekriterium bestimmten Ziel zu optimieren. Die Adaption ist abgeschlossen, wenn sich ein starres Programm als optimale Ursache-Wirkung-Beziehung ausgebildet hat. *Lernende S.e* im engeren Sinne können selbst neue Verhaltensweisen speichern oder in höheren Formen finden, indem sie ihr inneres Modell durch Erfahrung der Umwelt besser anpassen, besonders, wenn diese sich wandelt. Sowohl das Lernen als auch seine Anwendung sind nur möglich durch die Abstraktion der Klassifizierung, die mehrere Erscheinungsformen, z. B. eines Zeichens, die gleiche Bedeutung zuordnet. Die einfachste Form des Lernens ist das *Speichern*, beim Menschen Auswendiglernen genannt. Das ist ein Zuordnungsprozeß, bei dem gewissen Mustern gewisse Bedeutungen zugeordnet werden und in dem sich das Verhalten des Menschen durch Aufnahme einer *Lernkurve* (Abb. 4) untersuchen läßt. Einer Versuchsperson werden z. B. 10 verschiedene Muster in stochastischer Reihenfolge dargeboten. Jedes dieser Muster muß 40 bis 60mal gezeigt werden, ehe ein Mensch in der Lage ist, jedem Muster die ihm zukommende Bedeutung zuzuordnen. Da der

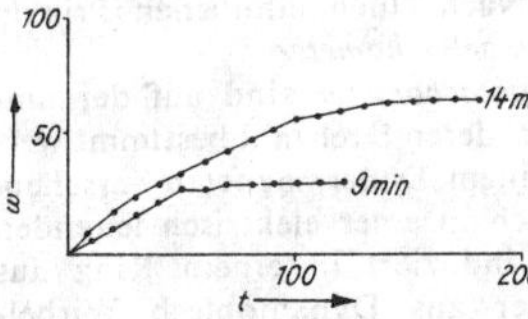

4 Lernkurven für das sinnfreie Lernen von Zuordnungen. *ω* Zahl der falschen Antworten, *t* Anzahl der Musterdarbietungen. Die obere Kurve zeigt das Lernverhalten der Versuchsperson unter Alkoholeinfluß, die untere im nüchternen Zustand

Versuchsperson zwar die Menge aller möglichen Bedeutungen vor dem Experiment bekannt ist, aber keine der Zuordnungen, müssen zunächst auf gebotene Muster irgendwelche Zuordnungen aus der bekannten Menge erraten werden. Die Wahrscheinlichkeit, die richtige Zuordnung zu erraten, ist $1/N$, wenn N die Zahl der Bedeutungen darstellt. Im Verlauf des Experimentes wird die Versuchsperson einige Zuordnungen gelernt haben und die Wahrscheinlichkeit, eine richtige Antwort zu geben, steigt an. Am Schluß des Lernprozesses ist nur noch eine Bedeutung unbekannt. Die Wahrscheinlichkeit, sie zu finden, beträgt dann 1. Bezeichnen wir mit M die Zahl der vorkommenden Muster und mit w_G die Gesamtzahl der falschen Antworten, so gilt nach A. Rapoport $k = M \cdot \ln N/w_G$. Mit Hilfe der Konstanten k und einer weiteren Angabe über die Art der Zuordnung läßt sich ein einfacher Lernprozeß mathematisch erfassen. Das Lernen durch bedingte Zuordnung mittels bedingter Reflexe setzt beim Automaten eine Begriffshierarchie nach Art eines Thesaurus voraus. Das *Lernen durch Erfahrung* bevorzugt Programmabläufe, für die bei früheren Abläufen im inneren Modell Erfolg gespeichert wurde. Verbunden mit einer Optimierung am inneren Modell kann die Ja-nein-Entscheidung auf Grund der Erfahrung schon nach dem Ablauf eines Teilprogramms dazu führen, daß zu einem anderen Programm übergegangen wird, d. h., daß ein neues Programm aufgestellt wird. Wenn das innere Modell genügend umfangreich und das Abstraktionsvermögen genügend groß ist, sind auch *Lernen durch Nachahmung*, durch *Belehrung* und in der höchsten Form *durch adäquates Erfassen* der Umwelt möglich. Man spricht von *selbstlernenden S.en*, wenn diese Verhaltensexperimente durchführen und Erfolgsprogramme speichern. Zumindest die niederen Formen des Lernens können auch → Automaten erreichen.

Systemanalyse, → Theorie offener Systeme.

Systemfunktion, → physikalische Systeme.

Systemkonstante, → Brennweitenmessung.

Systemtheorie, Teilgebiet der theoretischen Kybernetik. Die *allgemeine S.* befaßt sich mit den Relationen innerhalb von und zwischen Systemen und deren Untersystemen unabhängig von der konkreten Realisierung dieser Systeme. Sie macht daher Aussagen, die auf alle Wissenschaften anwendbar sind, die sich mit der Untersuchung von Systemen befassen, z. B. auf Physik (→ physikalische Systeme), Biologie (→ Theorie offener Systeme), Soziologie und Ökonomie. Eine spezielle S. ist die → Thermodynamik.

SZ → Zeitmaße.

Szilard-Chalmers-Effekt, die Erscheinung, daß sich infolge des nach Neutronenbeschuß und nachfolgender Emission von γ-Quanten oder anderen Elementarteilchen auftretenden Rückstoßes der chemische Bindungszustand radioaktiver Atomkerne ändert, d. h. Aufbrechen der chemischen Bindung u. ä. Die Ursache besteht darin, daß die Rückstoßenergie im allgemeinen größer als die chemische Bindungsfestigkeit des betreffenden Atoms im Molekülverband ist. Szilard und Chalmers entdeckten diesen Effekt bei der Darstellung von (radioaktivem) Jod-128 aus neutronenbestrahltem Äthyljodid C_2H_5J durch chemische Abtrennung. Heute wird der S.-C.-E. zur Erzeugung von weiteren Radionukliden, z. B. S-35, auf kernchemischem Weg angewendet.

Szintillation, 1) Physik: die Leuchterscheinung (Lichtblitz), die in gewissen Materialien bei Anregung durch energiereiche Strahlung, z. B. ionisierende Strahlung, entsteht. Jedes auftreffende Teilchen erzeugt einen Lichtblitz (→ Lumineszenz). Zum Auszählen der Lichtblitze verwendet man den → Szintillationszähler, bei dem die S.en aus Photokatoden Elektronen herausschlagen, die im Sekundärelektronenvervielfacher zum Nachweis vervielfacht werden.

2) Astronomie: Bezeichnung für die Helligkeitsschwankungen und den Farbwechsel der Fixsterne. Die Erscheinung ist um so ausgeprägter, je größer die Zenitdistanz des Sternes ist, und vorwiegend im Zenitbereich von 60° bis 85° wahrzunehmen. Die Farbe besonders von hellen Fixsternen wechselt unregelmäßig von Weiß in Rot, Grün, Blau, wobei die Helligkeit ständigen Schwankungen unterliegt. Die Ursache hierfür sind Luftschlieren mit wechselnder Temperatur und somit auch mit wechselndem Brechungsexponenten in größeren Höhen von einigen Dezimetern bis Metern Durchmesser. Nach dem *Prinzip von Montigny* durchlaufen die vom gleichen Stern ins Auge gelangenden Lichtstrahlen verschiedener Wellenlänge verschiedene Wege in der Atmosphäre sowie außerhalb der Atmosphäre, wo sie einander streng parallel sind. Sie werden dann durch die sich bewegenden Luftschlieren, die wie schwache Linsen wirken, verschieden stark beeinflußt. Infolge der S. sind die durch Fernrohre erzeugten Sternbilder kleine Scheibchen. Die S. ist auch an den Rändern der Planeten und der Sonnenscheibe festzustellen.

Bei einer Sonnenfinsternis treten unmittelbar vor und nach der totalen Verfinsterung als Folge der S. die *fliegenden Schatten* auf. Über die Landschaft huschen dann längliche schwache Schatten in einer Richtung dahin.

Szintillationsspektrometer, → Betaspektrometrie.

Szintillationszähler, ein → Detektor zum Nachweis von Korpuskeln und Quanten der Kernstrahlung und zur Bestimmung ihrer Energie. Ein S. besteht im Prinzip aus einem Szintillator und einem Photovervielfacher (Abb.). Im → Szin-

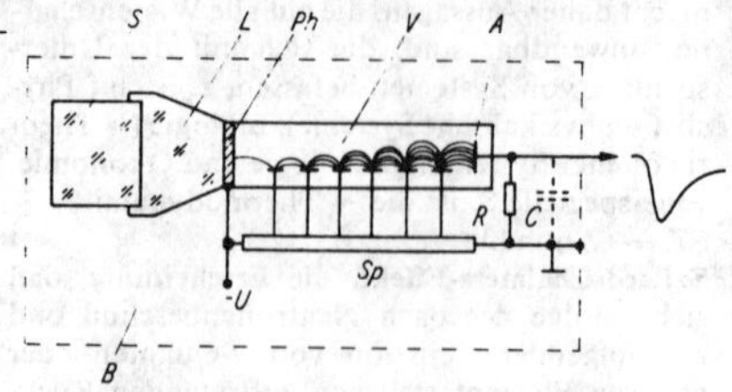

Prinzipieller Aufbau eines Szintillationszählers. *S* Szintillator, *L* Lichtleiter, *Ph* Photokatode, *V* Vervielfachersystem, *A* Anode, *R* Arbeitswiderstand, *C* Ausgangskapazität, *U* Spannung, *B* lichtdichte Box, *Sp* Spannungsteiler

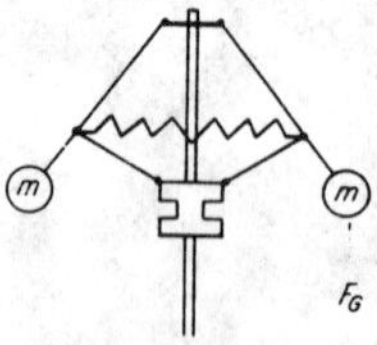

Drehzahlmessung mit Fliehkrafttachometer. *m* Schwungmassen, F_G Gewichtskraft

tillator entstehen beim Einfall ionisierender Strahlung durch Anregung der Szintillatoratome Lichtblitze (Szintillationen), deren Intensität der absorbierten Strahlungsenergie proportional ist. Die infolge der Anregungsakte im Szintillator emittierten Lichtquanten werden mit Hilfe eines Lichtleiters auf die Photokatode des Vervielfachers geleitet und lösen dort über den lichtelektrischen Effekt Photoelektronen aus. Diese werden im Vervielfachersystem lawinenartig verstärkt und führen schließlich an der Anode des Systems zur elektrischen Impulsbildung.

Die Größe des Spannungsausgangsimpulses U ergibt sich aus der Beziehung $Q = CU$ bzw. $U = ne/C = (Ef/\varepsilon) \cdot \eta_1 \cdot \delta \cdot \eta_2 \cdot k \cdot (e/C)$. Dabei ist Ef die im Szintillator absorbierte Teilchenenergie, ε die Energie, die zur Bildung eines Photons benötigt wird, η_1 der Lichtüberführungsfaktor auf der Strecke Szintillator–Photovervielfacher, δ die Quantenausbeute der Photokatode, η_2 der Elektronenüberführungsfaktor auf der Strecke Photokatode–Vervielfachersystem, k der Stromverstärkungsfaktor des Photovervielfachers, e die Elementarladung, C die Ausgangskapazität des S.s. Die maximale Ausgangsamplitude erhält man unter der Bedingung, daß die Zeitkonstante $t = RC$ (R Arbeitswiderstand) sehr viel größer ist als die Dauer des Stromimpulses im Photovervielfacher. Dieser Fall wird für eine Energiemessung angestrebt. Die Impulsamplitude ist hier der Energie der Kernstrahlung proportional. Zur Teilchenzählung und für Koinzidenzmessungen werden dagegen kleine Zeitkonstanten gewählt, um hohe Teilchendichten bzw. kleine Zeitintervalle messen zu können.

Szintillator, Stoff, der beim Eindringen ionisierender Strahlung eine Lumineszenzstrahlung im sichtbaren Gebiet aussendet. S.en werden durch ihre Abklingzeiten und die spektrale Verteilung der von ihnen emittierten Strahlung charakterisiert. Nach ihrer chemischen Struktur unterscheidet man anorganische und organische S.en, nach ihrem Aggregatzustand feste, flüssige und gasförmige S.en. S.en sind in der kernphysikalischen Meßtechnik von großer Bedeutung.

t, 1) → Tonne. **2)** Triton (→ Tritium). **3)** t, → Zeit.

T, 1) → Tera. **2)** → Tesla. **3)** → Tritium. **4)** T, → Temperatur. T_D, → Dampfpunkt.

TACAN, → Funkortung.

Tachometer, *Drehzahlmesser, Winkelgeschwindigkeitsmesser*, ein Gerät zum Messen der Drehzahl bzw. der Winkelgeschwindigkeit, wobei die drehzahlproportionale Kraftwirkung zur Anzeige genutzt wird.

1) Bei *Fliehkrafttachometern* stellen sich auf einer Welle angeordnete Schwungmassen infolge der Drehung gegen die Federkraft auf eine bestimmte Stellung ein. Diese wird auf ein Anzeigewerk übertragen, z. B. über Gestänge und Zahnsegment. Nach einem ähnlichen Prinzip arbeiten *Fliehpendeltachometer*.

2) *Wirbelstromtachometer* sind auf der umlaufenden Welle, deren Drehzahl bestimmt werden soll, mit einem Dauermagneten versehen. Dieser dreht sich in einer elektrisch leitenden Trommel und induziert in einem Ring aus Weicheisen oder aus Dynamoblech Wirbelströme. Ihr Magnetfeld erzeugt ein Drehmoment, das durch eine Rückstellfeder ausgeglichen wird. Die Rückstellkraft ist von der Wirbelstromstärke und damit von der Drehzahl abhängig, sie kann an einer Skale abgelesen werden.

3) *Flüssigkeitstachometer* messen die Drehzahl an Geräten mit senkrechter Achse. Sie bestehen aus einem mit einer Flüssigkeit, z. B. Glyzerin, gefüllten zylindrischen Gefäß, das in Umdrehung versetzt wird. Dabei nimmt die Oberfläche der Flüssigkeit die Gestalt eines Rotationsparaboloids an, wenn die Winkelgeschwindigkeit konstant ist. Mit steigender Drehzahl sinkt der Scheitelpunkt des Rotationsparaboloids. Seine Höhe über der Grundfläche des Gefäßes ist ein Maß für die Drehzahl.

Als Geber zur Fernanzeige der Drehzahl bzw. der Winkelgeschwindigkeit sind Gleich- und Wechselstromgeneratoren geeignet; die Drehzahl derartiger Tachodynamos ist der Ausgangsspannung streng proportional.

Tachyonen, hypothetische Teilchen, die sich von Natur aus stets mit Überlichtgeschwindigkeit bewegen sollen. Die Existenz von T. scheint nicht im Widerspruch zu stehen mit den Prinzipien der speziellen Relativitätstheorie und der Quantentheorie, obwohl sie bisher nicht nachgewiesen werden konnten; auch mit T. sollten sich keine Signale mit Überlichtgeschwindigkeit übertragen lassen, so daß das Kausalitätsprinzip nicht verletzt wird. Der Übergang von „normalen" Teilchen, die zeitartige Viererimpulse haben, zu T., die raumartige Viererimpulse und daher imaginäre Masse und Energie haben, ist unmöglich. Die theoretischen Untersuchungen des Verhaltens von T. sind zunächst reine Spekulation, die durch das Auftreten raumartiger Impulsüberträge bei der Streuung normaler Elementarteilchen angeregt wurde.

Tafelkalorie, *internationale T.*, Symbol cal_{IT}, älteres Wärmemengenmaß, das 1929 von der Internationalen Dampftafelkonferenz als „Wasserkalorie" definiert wurde, d. h. als die Wärmemenge, die zum Erwärmen von 1 g Wasser von 14,5 auf 15,5 C erforderlich ist. Die Dampftafelkonferenz von 1956 beschloß in Übereinstimmung mit der Festlegung der → Meterkonvention die Definition $1\ cal_{IT} = 1\ cal = 4{,}1868\ J$ (→ Kalorie).

Tafelsche Gleichung, nach W. Tafel genannte Beziehung zwischen der Überspannung ΔP und der Stromdichte i an einer Elektrode (→ Elektrodenvorgänge) der Form $\Delta P = a + b \cdot \log i$.

Dabei sind a und b Konstanten; b hat meist einen Wert von 0,11 bis 0,12 und steigt mit der Temperatur an, während a abnimmt.

Tag, 1) d, inkohärente Einheit der Zeit (international). 1 d = 24 h = 1440 min = 86400 s.

2) in der Astronomie die Dauer einer Erdumdrehung. Je nach der Wahl des Bezugspunktes, gegenüber dem eine volle Umdrehung gezählt wird, ergeben sich unterschiedliche Tageslängen. Für den *Sterntag* ist der Frühlingspunkt Bezugspunkt, für den *siderischen T.* ein Fixstern, für den *wahren Sonnentag* die Sonne, für den *mittleren Sonnentag* eine längs des Himmelsäquators mit gleichbleibender Geschwindigkeit umlaufend gedachte „mittlere Sonne". Tagesbeginn für den Sterntag und den siderischen T. ist der Augenblick der oberen Kulmination, für den Sonnentag der Augenblick der unteren Kulmination des jeweiligen Bezugspunktes. Ein Sterntag ist um 3 min 56,56 s kürzer als der mittlere Sonnentag und um 0,008 s kürzer als der siderische T.

Tageslichtlampe, → Gasentladungslichtquelle mit sonnenlichtähnlichem Spektrum, das erreicht wird durch besondere Füllgase, z. B. Xenon oder Mischungen geeigneter Gase, durch erhöhten Druck, z. B. Hoch- und Höchstdrucklampen mit Xenon, Neon oder Krypton, oder durch Lichttransformatoren, Leuchtstoffbeläge der Wände, die ultraviolettes Licht in langwelligeres umwandeln, z. B. das von Quecksilberdampflampen. T.n werden zur Arbeitsplatzbeleuchtung verwendet.

Tagging [engl. to tag 'auszeichnen, markieren'], in der Hochenergiephysik die Markierung (Energiebestimmung) von γ-Quanten, die bei Stoßexperimenten benutzt werden. Das T. erfolgt meist dadurch, daß man monoenergetische Elektronen auf ein Target schießt, die dabei durch Bremsstrahlung entstehenden γ-Quanten in Vorwärtsrichtung als Primärstrahl benutzt und zur Berechnung ihres Impulses die Rückstoßelektronen einzeln nach Richtung und Impuls nachweist.

Taifun, → tropischer Wirbelsturm.

Takt, *Tastperiode, Schrittweite,* in der Kybernetik der zeitliche Abstand aufeinanderfolgender Zeitpunkte, deren diskreten diskontinuierlichen Signalen ein Signalwert unter der Voraussetzung zugeordnet wird, daß dieser Abstand für den gesamten Signalverlauf konstant ist. Der T. ist eine wichtige Kenngröße für Impulsfolgeschaltungen oder endliche Automaten, die getaktet betrieben werden, weil sein Wert Rückschlüsse auf die Arbeitsgeschwindigkeit des Systems zuläßt. Dies gilt auch für die Digitalrechner. Einen besonderen Aspekt hat die Schrittweite in der numerischen Mathematik bei der Modellierung stetiger Probleme, z. B. der Lösung von Differentialgleichungen durch diskrete Modelle in Form von Differenzengleichungen. Hier ersetzt man die stetigen Signale durch diskontinuierliche. Die Wahl der Schrittweite ist dabei von Einfluß auf die Stabilität und auf die Genauigkeit des entsprechenden Modells.

Taktizität, → Isomerie.

Talwind, → Windsysteme.

Tammsche Oberflächenzustände, → Oberflächenzustand.

Tandembeschleuniger, → van-de-Graaff-Generator.

Tangensverhältnis, svw. Winkelverhältnis.

Tangentenbussole, ein Meßinstrument zur Messung der Horizontalintensität der magnetischen Erdfeldstärke. Eine Magnetnadel mit horizontaler Schwingungsebene ist im Mittelpunkt einer schwachen Spule gelagert, deren Ebene senkrecht zur Nadelebene steht und zum Messen in die magnetische Nord-Süd-Richtung gestellt wird. Bei Stromdurchfluß entsteht senkrecht zum Erdfeld ein Hilfsfeld, das die Magnetnadel in Richtung der Resultierenden ablenkt. Bei einer Auslenkung um 45° sind Erdfeldstärke und Hilfsfeldstärke gleich. Bei bekannter Stromstärke läßt sich somit die Horizontalintensität des Erdfeldes berechnen.

Tangentennäherungsmethode, → Gleitlinientheorie.

Tangentialbeschleunigung, → Beschleunigung.

Tangentialkraft, → Kraft.

Tangentialkraftbeiwert, → Profilbeiwerte.

Tangentialspannung, svw. Schubspannung, → Spannung. 1).

Tanksches Stromübernahmegebiet, → Stromverteilung.

Target [engl., 'Zielscheibe'], in der Hochenergiephysik bei Streuexperimenten ein Medium, dessen Atomkerne als Streuzentren für den Primärstrahl dienen. Als T. werden Metalle, Flüssigkeiten und Gase benutzt, häufig auch Kunststoff-Folien. Manche T.s bestehen nur aus bestimmten Kernen, z. B. das *Protonentarget.* Als Protonentarget dient meist gasförmiger oder flüssiger Wasserstoff, der außer den Protonen nur Elektronen enthält, die jedoch keiner starken Wechselwirkung unterliegen. Aus technischen Gründen werden jedoch auch Polyäthylenfolien oder andere Stoffe mit hohem Gehalt an Wasserstoff benutzt. Für Spin- und Paritätsbestimmungen verwendet man auch *polarisierte T.s,* bei denen die Kernspins durch Anwendung starker Magnetfelder und extrem tiefer Temperaturen eine Vorzugsrichtung haben (→ Polarisation 2).

Tastperiode, svw. → Takt.

Tatsachenwahrheit, → Positivismus.

Tau, unmittelbare Kondensation von Wasserdampf aus der Atmosphäre in Form kleiner Wassertröpfchen an Gegenständen am Erdboden infolge Abkühlung durch intensive nächtliche effektive Ausstrahlung. Günstige Voraussetzungen sind hohe Luftfeuchtigkeit, Wolkenlosigkeit, Windstille und geringes Wärmeleitvermögen des Tauträgers. Der mittlere jährliche Taufall wird auf 20 bis 40 mm geschätzt.

Tauchfaktor, → Schwimmen.

Tau-Meson, → Kaon.

Taupunkt, die Temperatur, bei der durch Abkühlung aus einem Gasgemisch die erste Komponente kondensiert, besonders bei feuchter Luft der Wasserdampf zu Wasser oder Eis. Aus dem T. läßt sich die Luftfeuchtigkeit bestimmen. Man kühlt dazu die zu untersuchende Luft der Temperatur T_1 bis zum T. ab, der bei T_2 liegen soll. Mit der Berücksichtigung der Volumenänderung durch die Abkühlung gilt dann für die absolute Feuchtigkeit f_{T1} die Gleichung $f_{T1} = f_{T2}(T_2/T_1)$. Die Temperaturen sind in K zu messen. Die absolute Feuchtigkeit beim T. T_2 entnimmt man einer Tabelle.

Tautologie, Doppelbezeichnung, z. B. durch Wortverbindungen wie „runder Kreis". Eine Definition wird als T. bezeichnet, wenn ein Begriff explizit oder implizit durch sich selbst erklärt wird, z. B. „Ein Teilchen ist eine Partikel". Da streng formalisierte Beweise Folgen (Ketten) von T.n sind, enthalten die in einer Theorie abgeleiteten Sätze eigentlich nichts über die Axiome dieser Theorien hinausgehendes Neues. Der Wert wissenschaftlicher Forschung liegt daher im Auffinden der allgemeinen grundlegenden Axiome und der Ableitung der daraus folgenden möglichen Aussagen.

Tautomerie, Bezeichnung für das im Gegensatz zur → Mesomerie echte Reaktionsgleichgewicht zwischen zwei oder mehreren Verbindungen, die sich nur in der Lage eines oder mehrerer beweglicher Atome und in der Elektronenverteilung unterscheiden.

tautozonal, → Zone.

Taylor-Diffusion, die bei der Bewegung einer in einen Flüssigkeitsstrom eingebrachten Substanzprobe in einer Kapillare eintretende Ausbreitung dieser Probe in axialer Richtung. Diese Ausbreitung beruht auf dem Zusammenwirken der parabolischen Geschwindigkeitsverteilung und der radialen Diffusion und führt dazu, daß eine Ausdehnung des von der Substanzprobe eingenommenen Volumens in axialer Richtung umso schneller erfolgt, je kleiner ihr Diffusionskoeffizient ist. Dies kann z. B. bei der Chromatographie zu Verzerrungen des Konzentrationsprofils führen.

Taylor-Langmuir-Effekt, die Ionisation von Atomen beim Aufprall auf glühende Metalloberflächen. Da der Vorgang so abläuft, daß möglichst wenig Energie verbraucht wird, erfolgt die Ionisation nur, wenn die Ionisierungsenergie der aufprallenden Atome kleiner als die Austrittsarbeit für ein Elektron aus dem glühenden Metall ist. Wenn die schweren Alkaliatome, wie Kalium, Rubidium und Cäsium, auf ein glühendes Wolframblech treffen, werden sie ionisiert, die leichten Alkalien, Lithium und Natrium, dagegen nicht, denn ihre Ionisierungsenergie ist größer als die 4,5 eV betragende Austrittsarbeit des Wolframs (→ Elektronenemission 2, Tab. S. 369). An einem glühenden Platinblech ist jedoch die Ionisation aller Alkalien möglich, weil die Ionisierungsenergien sämtlicher Alkalien (→ Elektronenkonfiguration, Tab. S. 370 f. letzte Spalte) kleiner sind als die Austrittsarbeit des Platins.

Taylor-Reihe, → Taylorsche Formel.

Taylorsche Formel, angenäherte Darstellung einer beliebigen Funktion $f(x)$ durch eine rationale Funktion

$$f(x) = f(\xi) + f'(\xi)(x-\xi) + \frac{1}{2!}f''(\xi)\cdot(x-\xi)^2 + \cdots + \frac{1}{n!}f^{(n)}(\xi)\cdot(x-\xi)^n + R_n;$$

sie ist dann möglich, wenn $f(x)$ stetige Ableitungen bis zur $(n+1)$-ten Ordnung hat. In den meisten Fällen wird die Existenz und Stetigkeit aller Ableitungen der Funktion feststehen, so daß für n jede natürliche Zahl gewählt werden kann. Das durch die T. F. zunächst definierte *Restglied* R_n strebt für viele Funktionen mit wachsendem n gegen Null. Dann kann die Funktion $f(x)$ durch eine rationale Funktion angenähert werden, und die Näherung ist umso besser, je schneller R_n mit wachsendem n verschwindet. In diesem Falle nennt man $f(x) = f(\xi) + \cdots + \frac{1}{n!}f^{(n)}(\xi)(x-\xi)^n + \cdots$ die Entwicklung der Funktion $f(x)$ in eine unendliche *Taylor-Reihe.*

Für das Restglied gilt nach *Lagrange* $R_n = \frac{(x-\xi)^{n+1}}{(n+1)!} f^{(n+1)}[\xi + \vartheta(x-\xi)]$, wobei ϑ eine nicht näher bestimmte Zahl im Intervall $0 \leqq \vartheta \leqq 1$ ist. Die Funktion $f(x) = \exp(-x^{-2})$ z. B. läßt sich nicht in eine unendliche Taylor-Reihe um den Punkt $x = 0$ entwickeln, da bei $x = 0$ alle Ableitungen verschwinden. Falls für alle n für das Restglied $\lim_{x\to\infty}[x^n R_n(x)] = 0$ gilt, spricht man von einer *asymptotischen Reihe,* die vorteilhaft ist zur Berechnung von Funktionswerten bei großem x.

Taylor-Reihen von gebräuchlichen Funktionen sind:

$$\frac{1}{1-x} = 1 + x + x^2 + \cdots, \ |x| < 1;$$

$$e^x = 1 + \frac{x}{1!} + \frac{x^2}{2!} + \cdots, \ |x| < \infty;$$

$$\sin x = x - \frac{x^3}{3!} + \frac{x^5}{5!} - + \cdots, \ |x| < \infty;$$

$$\cos x = 1 - \frac{x^2}{2!} + \frac{x^4}{4!} - + \cdots, \ |x| < \infty;$$

$$\sinh x = x + \frac{x^3}{3!} + \frac{x^5}{5!} + \cdots, \ |x| < \infty;$$

$$\cosh x = 1 + \frac{x^2}{2!} + \frac{x^4}{4!} + \cdots, \ |x| < \infty;$$

$$\tan x = x + \frac{1}{3}x^3 + \frac{2}{15}x^5 + \cdots, \ x < \frac{\pi}{2};$$

$$\tanh x = x - \frac{1}{3}x^3 + \frac{2}{15}x^5 - \frac{17}{315}x^7 + - \cdots, \ |x| < \frac{\pi}{2};$$

$$\ln(1+x) = \frac{x}{1} - \frac{x^2}{2} + \frac{x^3}{3} - \frac{x^4}{4} + - \cdots, \ -1 < x \leqq 1.$$

Reguläre Funktionen lassen sich stets in eine Taylorsche Reihe nach der komplexen Veränderlichen entwickeln: $f(z) = f(z_0) + f'(z_0)(z - z_0) + \cdots$. Diese Reihen konvergieren dann in einem Kreis $|z - z_0| < R$, dessen Radius R gleich dem Abstand vom Kreismittelpunkt z_0 zur nächstgelegenen Singularität der Funktion ist (→ Funktionentheorie, → Potenzreihen).

Taylorsches Theorem, → Theorem von Taylor.

Tc, → Technetium.

t-d-Prozeß, *t-d-Reaktion,* eine Art der Kernfusion, bei der beschleunigte Atomkerne des überschweren Wasserstoffs, die Tritonen, mit Deuteriumatomen, den Atomen des schweren Wasserstoffs, wechselwirken. Es entstehen Neutronen und Kerne des Heliumisotops He-4: $^2D(t, n)^4He + 17{,}6$ MeV. Dieser Prozeß liefert je nach Deuteronenenergie Neutronen mit Energien ab 14,1 MeV im Schwerpunktssystem und ist mit einem 220- bis 260fachen Wirkungsquerschnitt im Bereich < 100 keV gegenüber dem d-d-Prozeß eine wesentlich ergiebigere Neutronenquelle. Als ^{2}D-Target wird entweder eine Deuteriumgaskammer oder ein ^{2}D-beladenes Metall verwendet.

Tearing-Instabilität (engl.), eine für das Verständnis der Neutralschichtstruktur im Schweif der Magnetosphäre besonders wichtige Instabilität aus der Reihe der Plasmainstabilitäten. Die T.-I. gehört zu den *resistiven Instabilitäten*. Sie tritt in einer Stromschicht auf, in der antiparallele Magnetfelder vorliegen. Die makroskopische Theorie zeigt, daß eine solche Stromschicht infolge des → Pincheffekts in einzelne Filamente zerfällt. Außerdem setzt wegen der endlichen Leitfähigkeit eine Entkopplung der magnetischen Feldlinien und des Plasmas jedes einzelnen Filaments ein. Die auf der → Wlassow-Gleichung basierende lineare mikroskopische Theorie der T.-I. liefert für sie eine Wachstumszeit $t = 2(2\lambda/R_e)^{2/3}(\lambda/v_e)\,T_e/(T_e+T_i)$. Dabei ist λ die Schichtdicke, R_e der Gyrationsradius und v_e die thermische Geschwindigkeit der Elektronen, T_e die Elektronentemperatur und T_i die Ionentemperatur. Die Wachstumszeiten liegen in der Plasmaschicht im Schweif für $\lambda = 300$ km, $B = 1{,}6 \cdot 10^{-8}$ Vs m^{-2}, $kT_i = 1$ keV zwischen $5\text{ s} \leqq t \leqq 15$ s für $1\text{ keV} \leqq kT_e \leqq 10$ keV. k ist die Boltzmannsche Konstante. Demnach sollte die Plasmaschicht eine multiple Struktur haben. Quasilineare kinetische Rechnungen haben gezeigt, daß die T.-I. im Schweif durch nichtlineare Wechselwirkung von Teilchen und Feld stabilisiert werden kann und die makroskopisch beobachtbaren mittleren antiparallelen Magnetfelder liefert.

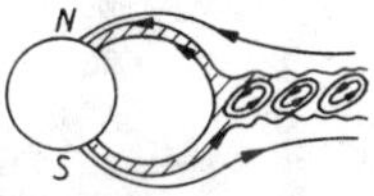

Multiple Struktur der Plasmaschicht im Schweif als Folge der Tearing-Instabilität

Technetium, Tc, radioaktives, nur künstlich darstellbares chemisches Element der Ordnungszahl 43. Bekannt sind 15 Isotope der Massezahlen 92 bis 105 und 107. Das längstlebige Isotop ist ^{97}Tc mit einer Halbwertszeit von $2 \cdot 10^6$ Jahren. T. kann z. B. im Reaktor und durch Beschuß von Molybdänisotopen mit Deuteronen, Protonen oder α-Teilchen hergestellt werden. Es wurde 1937 von Perrier und Segrè erstmals dargestellt.

technische Masseeinheit, → Masseeinheit 3).

technischer elektrischer Widerstand, Leiter, insbesondere seine technische Ausführung als Bauelement, mit der Eigenschaft, einen elektrischen → Widerstand (Größe) zu haben. Technische elektrische Widerstände dienen hauptsächlich zur Einstellung und Regulierung von Spannungen und Strömen, als Widerstandsnormale und zur Erzeugung von Stromwärme. Als Material werden vorwiegend Metalle und Kohle verwendet, für besondere Anforderungen auch Halbleiter (→ Heißleiter, → Varistor) und schlecht leitende Flüssigkeiten, wie Xylol und Wasser (Flüssigkeitswiderstände). Die wichtigsten Eigenschaften eines technischen elektrischen W es sind sein elektrischer Widerstand (Größe) und dessen Toleranz, dessen zeitliche Änderung infolge Alterung, der Temperaturkoeffizient $\alpha = \dfrac{1}{R}\dfrac{\partial R}{\partial T}$ in K^{-1}, die maximale Belastbarkeit (Verlustleistung), die maximal an den Widerstand anzulegende Spannung (Grenzspannung), die Eigeninduktivität und -kapazität.

1) *Festwiderstände*. 1) *Schichtwiderstände* bestehen aus einer auf einem zylindrischen Träger aus Sinterwerkstoff aufgedampften Metall- oder pyrolytisch abgeschiedenen Glanzkohleschicht. Der Abgleich des Widerstandes erfolgt durch Abschleifen eines Teils der Widerstandsschicht in Längsrichtung oder, insbesondere bei hochohmigen Widerständen, durch einen wendelförmigen Schliff zur Verlängerung des Stromweges. Der Temperaturkoeffizient, der außer vom Material auch vom Widerstandswert und der Belastbarkeit abhängt, liegt für Glanzkohle bei $(-4000$ bis $-200) \cdot 10^{-6}$ K^{-1}, für Glanzkohle mit einer zugesetzten Borverbindung (Borkohle) bei $(-200$ bis $-20) \cdot 10^{-6}$ K^{-1} und für Metalle bei $(-1500$ bis $+200) \cdot 10^{-6}$ K^{-1}. Borkohle- und Metallwiderstände haben eine höhere zeitliche Konstanz. Die Abstufung der Widerstandswerte erfolgt meist in einer geometrischen Folge mit dem Faktor

$\sqrt[6]{10}$ für Widerstände mit $\pm 20\%$ Toleranz (Reihe E 6)

$\sqrt[12]{10}$ für Widerstände mit $\pm 10\%$ Toleranz (Reihe E 12)

$\sqrt[24]{10}$ für Widerstände mit $\pm 5\%$ Toleranz (Reihe E 24)

$\sqrt[48]{10}$ für Widerstände mit $\leqq \pm 2\%$ Toleranz (Reihe E 48).

Schichtwiderstände werden mit Werten zwischen wenigen Ω und 10 GΩ und für Verlustleistungen von 0,05, 0,125, 0,25, 0,5, 1, 2, 3, 5, 10, 25, 50, 100, 250 W gefertigt. Die Grenzspannung steigt mit der Verlustleistung und liegt im allgemeinen zwischen 150 V (0,05 W) und 10000 V (250 W). Infolge ihres Aufbaus sind Schichtwiderstände, insbesondere ungewendelte, induktivitäts- und kapazitätsarm. Niederohmige Sonderausführungen (25 bis 240 Ω) sind bis zu Frequenzen von 3000 MHz einsetzbar, luft- oder wassergekühlte Hochlast-Schichtwiderstände als Abschluß von HF-Sendern (künstliche Antenne) mit Leistungen bis 60 kW für 0,1 bis 230 MHz verwendbar. Weitere Sonderausführungen sind Höchstohmwiderstände mit Werten zwischen 10 MΩ und 100 TΩ bei Grenzspannungen z. T. bis 50 kV.

2) *Massewiderstände* bestehen aus einem Pulvergemisch aus leitenden und nichtleitenden, in zylindrische Formen gepreßten Materialien. Sie sind induktivitäts- und kapazitätsarm.

Schicht- und Massewiderstände erzeugen zusätzlich zum thermischen → Rauschen eine Rauschspannung U_R, die bei Stromfluß infolge der sich dauernd ändernden Übergangswege zwischen den kleinsten leitenden Teilchen entsteht. Sie ist proportional dem Strom durch den Widerstand und dem Widerstand selbst, d. h. dem Spannungsabfall am Widerstand. Es gilt $U_R = \varepsilon IR = \varepsilon U$. Der spezifische Proportionalitätsfaktor ε wird in μV/V angegeben; er liegt für gute Widerstände bei 1 μV/V. Massewiderstände zeigen ein stärkeres Rauschen, sie werden deshalb nur selten verwendet.

3) *Drahtwiderstände* werden meist unifilar auf Keramikrohre oder -stäbe gewickelt. Zur Iso-

a

b

c

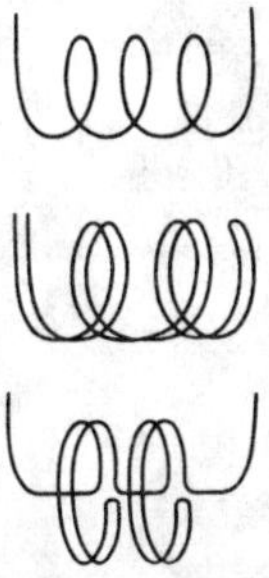

Drahtwiderstand mit unifilarer Wicklung (*a*), bifilarer Wicklung (*b*) und Chaperon-Wicklung (*c*)

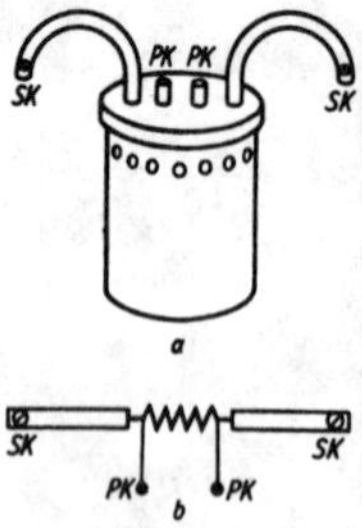

Normalwiderstand: *a* Ansicht, *b* schematische Darstellung. *SK* Stromklemme, *PK* Potentialklemme

tierung benachbarter Windungen wird die Drahtoberfläche oxydiert, der Widerstand selbst zum Schutz gegen äußere Einflüsse lackiert, zementiert oder glasiert. Drahtwiderstände aus geeignet gewähltem Widerstandsmaterial haben einen sehr kleinen Temperaturkoeffizienten und eine hohe zeitliche Konstanz. Nachteilig ist die große Eigeninduktivität, die sich durch eine bifilare Wicklung auf Kosten der geringen Eigenkapazität herabsetzt. Induktivitäts- und kapazitätsarme Widerstände erhält man durch Aufteilung der bifilaren Wicklung, z. B. mit der Chaperon-Wicklung, die bis etwa 100 kHz verwendet werden kann. Drahtwiderstände werden zwischen 0,5 Ω und 100 kΩ und für Leistungen von 0,5 bis 500 W hergestellt.

4) *Normalwiderstände* sind Festwiderstände höchster Genauigkeit und Konstanz zur Realisierung der Einheit des elektrischen Widerstandes. Sie bestehen aus einem Leiter mit praktisch zeitlich unveränderlichem Widerstand, kleinem Temperaturkoeffizienten ($< 25 \cdot 10^{-6}\,K^{-1}$) und einer gegen Kupfer vernachlässigbaren Thermospannung. Gebräuchlich sind durch Tempern gealtertes Manganin und Goldchromlegierungen, aus denen Normalwiderstände zwischen 10^{-5} und $10^{5}\,\Omega$ gefertigt werden, bis 0,1 Ω aus Blech, darüber aus Draht. Die Genauigkeit hängt vom Widerstandswert ab. Die jährliche Änderung des Widerstands liegt bei $< 10^{-6}$. Normalwiderstände werden in Metallgehäuse eingebaut, die Stromzuführung erfolgt, insbesondere bei niedrigen Widerstandswerten, über zwei dicke Kupferbügel (Stromklemmen *SK*), der Spannungsabfall am Widerstand wird direkt am Widerstand über die Potentialklemmen *PK* gemessen. Bei genauen Messungen sind die Eigenerwärmung des Widerstandes und die Umgebungstemperatur zu berücksichtigen. Der Normalwiderstand wird dann zweckmäßig thermostatiert.

Für Normalwiderstände über 1 MΩ verwendet man gealterte Kohle- und Metallschichtwiderstände. Der Temperaturkoeffizient liegt bei $(+200$ bis $-1000) \cdot 10^{-6}\,K^{-1}$, die jährliche Änderung bei $< 10^{-2}$, die Spannungsabhängigkeit des Widerstandes bei etwa $0{,}05\,\%\,V^{-1}$.

Widerstände mit einem erwünschten Temperaturkoeffizienten sind Heißleiter und Kaltleiter.

II) *Veränderbare Widerstände* (*Rheostat*). 1) *Stufenweise veränderbare Widerstände* werden aus geeignet abgestuften Festwiderständen aufgebaut, die sich durch mehrstufige Schalter zuschalten lassen (*Kurbelwiderstände*). Meßwiderstände in dekadischer Abstufung (Dekadenwiderstände) bestehen aus Widerstandssätzen, die jeweils eine Dekade umfassen, z. B. 0,01 bis 0,1Ω; 0,1 bis 1Ω usw. Jeder Satz enthält derart abgestufte Widerstände, meist 1, 2, 2, 5, daß sich durch geeignete Zusammenschaltung die Werte 0, 1, 2, ... 10 einstellen lassen. Bei Reihenschaltung aufeinanderfolgender Dekaden können im überstreichbaren Bereich alle Widerstände in Stufen der kleinsten Dekade eingestellt werden. Üblich sind Dekaden in Stufen von 0,01 bis 10000 Ω. Die Genauigkeit beträgt für $R > 10\,\Omega$ etwa $\pm 0{,}01\,\%$ und für $R < 10\,\Omega$ etwa $\pm 0{,}1\,\%$. Der *Stöpselwiderstand* enthält ebenfalls geeignet abgestufte Widerstände in Reihenschaltung. Die Enden der Teilwiderstände liegen an dicken, d. h. praktisch widerstandslosen Messingkontaktplatten, die durch konische Stöpsel kurzgeschlossen werden. Zum Einschalten eines Widerstandes ist der betreffende Stöpsel zu ziehen. Der Übergangswiderstand gepflegter Stöpsel beträgt etwa $0{,}5 \cdot 10^{-4}\,\Omega$, der von guten Schalterkontakten etwa $5 \cdot 10^{-4}\,\Omega$.

2) *Stetig veränderbare Widerstände* (→ Potentiometer) werden als Dreh- oder Schiebewiderstände ausgeführt. Schichtdrehwiderstände bestehen aus einem Widerstandsmaterial hoher mechanischer Festigkeit auf einem kreisförmigen Hartpapierträger, über das ein Kohleschleifkontakt gleitet. Diese, insbesondere in der Elektronik eingesetzten Widerstände werden mit Werten zwischen 100 Ω und 10 MΩ in den Abstufungen 1, 2,5, 5 und 10 und für Leistungen zwischen 0,1 und 0,8 W gefertigt. Der Widerstand ändert sich linear, steigend exponentiell (positiv logarithmisch) oder fallend exponentiell (negativ logarithmisch) mit dem Drehwinkel. Für betriebsmäßige Einstellungen benutzt man Einstellregler. Spezielle Ausführungen von Schichtdrehwiderständen erlauben im Bereich 0 bis 1000 MHz eine weitgehend frequenzunabhängige Spannungsteilung, man bezeichnet sie als *ohmsche HF-Spannungsteiler*. Veränderbare Drahtwiderstände sind einlagige unifilare Drahtwicklungen auf rohr- (Schiebewiderstände) oder kreisförmigen (Drehwiderstände) Keramikträgern mit einem entsprechend veränderbaren Abgriff. Sie werden mit Werten zwischen 100 Ω und 100 kΩ und für Leistungen zwischen 0,5 und 500 W hergestellt. Als Meßwiderstände fertigt man sie mit besonders hoher Linearität und kleinem Temperaturkoeffizienten. Zur Erhöhung der Einstellgenauigkeit, bis etwa 0,1 % möglich, verteilt man die Drahtwicklung schraubenförmig über einen längeren Weg, man erhält *Wendelpotentiometer*.

Lit. Bergmann u. Schaefer: Lehrbuch der Experimentalphysik, 2. Bd (6. Aufl. Berlin 1971); Grimsehl: Lehrbuch der Physik, 2. Bd (17. Aufl. Leipzig 1967); Kohlrausch: Praktische Physik, 2. u. 3. Bd (22. Aufl. Stuttgart 1968); Philippow: Taschenb. Elektrotechnik, 1. Bd (3. Aufl. Berlin 1972); Rumpf: Bauelemente der Elektronik (7. Aufl. Berlin 1972).

Teilchen, im weiteren Sinne kleiner Körper, z. B. Staubteilchen; im engeren Sinne svw. Korpuskel.

Teilchen-Antiteilchen-Konjugation, in der Quantenfeldtheorie Operation, die die Eigenschaften eines Elementarteilchens in die seines Antiteilchens überführt. Dies erfolgt in begrenztem Maße durch die → Ladungskonjugation. Wegen der Nichterhaltung von Parität und Ladungskonjugation sowie neuerlich auch wegen der Verletzung der Zeitumkehr-Invarianz bei der schwachen Wechselwirkung definiert man die T.-A.-K. durch die *CPT*-Operation (→ *CPT*-Theorem).

Teilchenbeschleuniger, *Beschleuniger*, Anlage zur Beschleunigung elektrisch geladener Teilchen (meist Elektronen, Protonen oder leichte Kerne) auf sehr hohe Geschwindigkeiten. Die Beschleunigung erfolgt im Vakuum entweder mit Hilfe elektrostatischer Felder (in diesem Sinne sind auch Hochspannungsgeneratoren einfache T.) oder dadurch, daß man die Teilchen unter Einhaltung bestimmter Phasenbeziehungen (→ Fokussierung) wiederholt der Wirkung hochfrequenter elektrischer Wechselfelder aussetzt. Der Energiezuwachs ist durch das Produkt aus Teilchenladung und Potentialdifferenz gegeben und wird im allgemeinen in Elektronenvolt ausgedrückt. Nach der Form der Teilchenbahn unterscheidet man zwischen Linearbeschleunigern und zyklischen Beschleunigern.

Im *Linearbeschleuniger* für niedere Energien erfolgt die Beschleunigung durch elektrostatische Felder. Bei höheren Energien werden die Teilchen durch hochfrequente elektrische Wechselfelder beschleunigt (*HF-Linearbeschleuniger nach Wideroe*), die sich bei Ionenbeschleunigung zwischen aufeinanderfolgenden röhrenförmigen Elektroden (Triftröhren) A, B, C, D ... ausbilden, an die hochfrequente Wechselspannung angelegt wird. Das Prinzip eines solchen T.s ist in Abb. 1 dargestellt. Zur Erreichung höherer

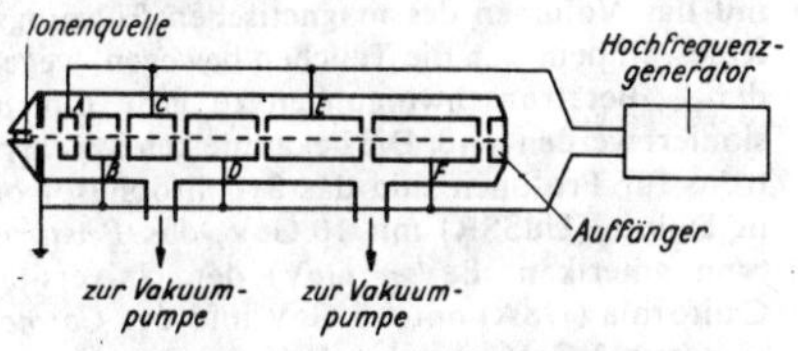

1 Schnitt durch einen Linearbeschleuniger nach Wideroe. Die aus der Ionenquelle austretenden Ionen durchlaufen nacheinander die Elektroden A, B, C usw., deren Länge so verändert wird, daß die Teilchen nach Durchlaufen des feldfreien Raumes im Innern der Elektrode im beschleunigenden Spalt die richtige Feldrichtung vorfinden, d. h., daß die Flugzeit einer Halbperiode der Wechselspannung entspricht

Frequenzen und niedriger Leistungsverluste wird dieser T. meist als Hohlraumresonator (*HF-Linearbeschleuniger nach Alvarez*) konstruiert; die Beschleunigung der Ionen wird durch die zwischen den Spalten ausgebildeten stehenden Wellen verursacht. Während der negativen Phase der Wechselspannung durchfliegen die Ionen den feldfreien Raum im Innern der Triftröhren. Mit HF-Linearbeschleunigern für Protonen wurden bereits Energien von 100 MeV erreicht, z. B. für den Injektor des Protonensynchrotrons in Serpuchow bei Moskau. Solche Energien sind aber nur im Impulsbetrieb zu erreichen, d. h., die Beschleunigung erfolgt nur während eines Bruchteils der gesamten Betriebszeit.

Ein supraleitender Linearbeschleuniger enthält supraleitende Hohlraumresonatoren, benötigt deshalb eine relativ geringe Hochfrequenzleistung und kann dadurch im Dauerbetrieb arbeiten. Außerdem ist die Streuung der Energie der beschleunigten Teilchen um die mittlere Energie viel geringer als bei gewöhnlichen Linearbeschleunigern. Damit wird eine größere Anwendungsbreite erreicht.

Für die bereits bei geringen Energien nahezu mit Lichtgeschwindigkeit fliegenden Elektronen wird der *Wanderwellenbeschleuniger* eingesetzt, der nach dem Wellenreiterprinzip arbeitet: In einer zylindrischen Röhrenanordnung (Runzelröhren) werden Wanderwellen erzeugt. Wenn die Phasengeschwindigkeit der Wanderwellen der Geschwindigkeit der eingeschossenen Elektronen gleich ist, werden diese von der Welle fortgetragen und erfahren einen ständigen Energiezuwachs, der sich auf die Geschwindigkeit nur wenig auswirkt. Der größte derartige T. in Stanford (USA) beschleunigt Elektronen bis zu 20 GeV. Eine weitere Ausbaustufe sieht 45 GeV vor.

Im *zyklischen T.* durchlaufen die Teilchen spiralförmige oder kreisförmige (*Ringbeschleuniger*) Bahnen. Das für die Beschleunigung benutzte elektrische Feld wird einige hundert bis einige Millionen Mal durchlaufen. Der Energiegewinn ist gleich dem Energiegewinn je Umlauf mal Zahl der Umläufe. Während der Umläufe muß das beschleunigte Teilchen durch Bahnmagneten auf einer stabilen Bahn gehalten werpen. Da die beschleunigende Spannung der zyklischen T. meist eine hochfrequente Wechselspannung ist, muß die Phase dieser Spannung mit dem Zeitpunkt des Teilchendurchgangs durch die Beschleunigungselektroden synchronisiert werden.

Nach der Stärke der Bahnstabilität unterscheidet man bei zyklischen T.n zwischen solchen mit starker und schwacher Fokussierung. Bei den letzteren ist das magnetische Führungsfeld B azimutalsymmetrisch; es ist nur vom Bahnradius r und gegebenenfalls von der Zeit t abhängig: $B = B(r, t)$. Der erste T. dieser Art war das *Zyklotron* (Abb. 2), wegen der kon-

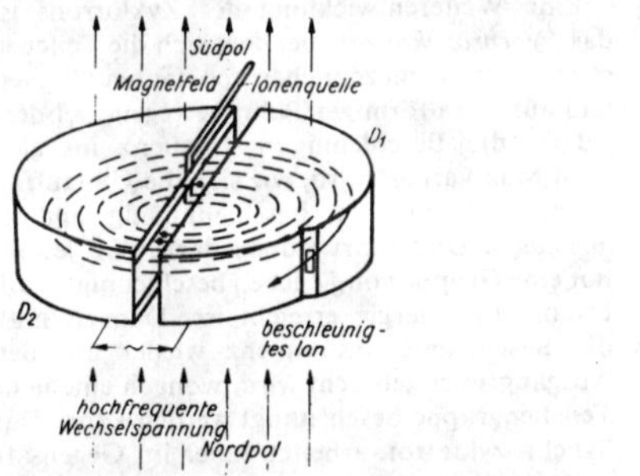

2 Zyklotron. Die aus der Ionenquelle austretenden Ionen werden durch das Wechselfeld beschleunigt, beschreiben im Innern der D-förmigen Elektroden D_1 und D_2 eine halbkreisförmige Bahn (unter Wirkung des Magnetfeldes) und erreichen den Beschleunigungsspalt nach einer Zeit, die der Halbperiode der Wechselspannung entspricht, so daß sie wieder beschleunigt werden. Mit der Energie wächst der Radius der Bahn, während die Umlaufzeit wegen der höheren Teilchengeschwindigkeit konstant bleibt

stanten Beschleunigungsfrequenz (ω = konst.) auch *Festfrequenzzyklotron* genannt. Die Bewegung eines geladenen Teilchens in einem senkrecht zu einer Bewegungsebene verlaufenden konstanten Magnetfeld B ist durch die Gleichung $RB = Mv/e$ gegeben. Dabei ist v die Geschwindigkeit des Teilchens, M seine Masse, R der Radius der Teilchenbahn und e die Elementarladung. Bei nicht zu großen Energien, bei denen die relativistische Massezunahme des Teilchens noch zu vernachlässigen ist, gilt für den Radius der Teilchenbahn $R = \text{konst.} \cdot v$. Mit zunehmender Geschwindigkeit vergrößert sich der Bahnradius. Die Umlaufzeit ist konstant: $\tau = 2\pi R/v = \text{konst.}$ Wegen der Konstanz der Umlaufzeit können die Ionen durch ein HF-Feld konstanter Frequenz beschleunigt werden.

Das senkrecht zu den Teilchenbahnen verlaufende Magnetfeld wird durch einen großen Elektromagneten erzeugt. Zwischen den Polschuhen des Magneten befindet sich die Vakuumkammer, in der die Beschleunigung erfolgt. Die Vakuumkammer enthält zwei isoliert angebrachte, halbkreisförmige Elektroden, die Duanten (Tafel 33), wegen ihrer Form auch D's oder Dees genannt, zwischen denen die Beschleunigung der Ionen erfolgt. Innerhalb dieser D's ist der Raum frei von elektrischen Feldlinien, und es wirkt nur das magnetische Führungsfeld. Die HF-Spannung für die Beschleunigung der Ionen wird mit Hilfe von Sendern erzeugt, die eine Leistung bis zu einigen hundert kW haben. Damit erhält man an den D's Beschleunigungsspannungen von einigen zehn bis zu mehreren hundert kV. Die zu beschleunigenden Ionen werden im Zentrum der Vakuumkammer in einer Ionenquelle erzeugt. Nach der Beschleunigung werden sie durch das elektrische Feld eines Ablenkkondensators in den Außenraum gelenkt. Der beschleunigte Teilchenstrahl wird dann zur Erzeugung von Kernreaktionen benutzt. Die Maximalenergie eines Zyklotrons ist im wesentlichen durch die relativistische Massezunahme der Teilchen beschränkt. Man erreicht mit einem Zyklotron Energien von etwa 30 bis 40 MeV.

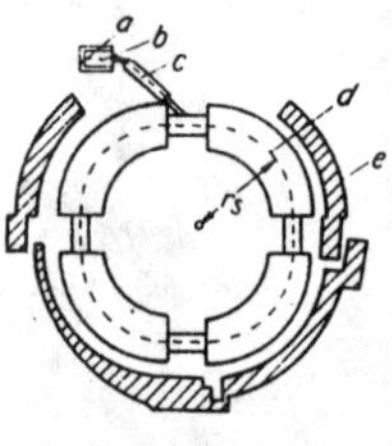

3 Grundriß eines typischen Protonensynchrotrons. *a* Ionenquelle, *b* Kaskadengenerator oder Bandgenerator zum Einschuß in den Linearbeschleuniger, *c* Linearbeschleuniger zum Einschuß in das Protonensynchrotron, *d* Teilchenbahn, *e* Betonschutzwand r_S Sollkreisradius

Eine Weiterentwicklung des Zyklotrons ist das *Synchrozyklotron*, bei dem sich die Teilchen ebenfalls in einem zeitlichen konstanten Magnetfeld auf spiralförmiger Bahn bewegen, bei dem jedoch die Beschleunigungsfrequenz im gleichen Maß variiert wird, wie sich die Umlauffrequenz während der Beschleunigung ändert: $\omega = \omega(t)$. Dies führt jedoch dazu, daß jeweils nur eine Gruppe von Teilchen beschleunigt wird, bis die Endenergie erreicht ist. Danach muß die Beschleunigungsfrequenz wieder auf den Ausgangswert gebracht wird, wonach eine neue Teilchengruppe beschleunigt werden kann. Das Synchrozyklotron arbeitet daher im Gegensatz zum kontinuierlich arbeitenden Zyklotron im Impulsbetrieb, was mit erheblichen Intensitätsverlusten verknüpft ist. Es werden etwa 100 Teilchenbündel je Sekunde beschleunigt. Die Möglichkeit, Beschleunigungs- und Umlaufsfrequenz mit der notwendigen Genauigkeit zu synchronisieren, ist durch die automatische Phasenstabilität gegeben. Die Variation der Beschleunigungsfrequenz erfolgt durch rotierende Abstimmkondensatoren, die in den Schwingkreis (Resonator) des HF-Generators der Beschleunigungsspannung geschaltet werden. Synchrozyklotrons wurden für Protonen im Energiebereich von 400 bis 1000 MeV gebaut. Bei noch höheren Energien wird auch dieses Prinzip unökonomisch, hauptsächlich wegen der riesigen Dimensionen der kompakten Bahnmagneten. So wiegt der Magnet des Synchrozyklotrons des Vereinigten Instituts für Kernforschung in Dubna (UdSSR) für 680 MeV Endenergie insgesamt 7000 t. Der Polschuhdurchmesser beträgt 6 m.

Um noch höhere Energien zu erreichen, muß man die zeitliche Konstanz des Magnetfeldes aufgeben. Dies wird im *Synchrotron* realisiert. Die Teilchenbahn beschränkt sich nunmehr auf einen Kreisring. Diese Beschränkung ermöglicht eine Erhöhung der Endenergie um Größenordnungen gegenüber den T.n mit spiralförmiger Bahn, allerdings wiederum auf Kosten der Intensität; denn das nun notwendige zeitlich variable magnetische Führungsfeld erfordert zu seinem Aufbau bzw. Abbau erhebliche Zeit. Das Synchrotron arbeitet also ebenfalls im Impulsbetrieb, jedoch nur mit etwa einem Teilchenbündel je Sekunde. Neben der Phasenstabilität muß nun auch ein bestimmter Zusammenhang zwischen dem Anwachsen des magnetischen Führungsfeldes und der Umlaufsfrequenz, die von der Teilchenenergie abhängt, gewahrt werden. Synchrotrons mit schwacher Fokussierung, die im Russischen als *Phasotrons* oder *Synchrophasotrons* bezeichnet werden, wurden bis zu Endenergien von 12 GeV gebaut. Bei Endenergien über 10 GeV wird der Betrieb unökonomisch, weil die Vakuumkammer und damit das Volumen des magnetischen Führungsfeldes, in dem sich die Teilchen bewegen, wegen der → Betatronschwingungen zu groß dimensioniert werden muß. Die bekanntesten Synchrotrons für Protonen sind das Synchrophasotron in Dubna (UdSSR) mit 10 GeV, das *Bevatron* (von amerikan. BeV = GeV) der Universität California (USA) mit 6,3 GeV und das *Cosmotron* mit 3 GeV, das bis 1968 in Brookhaven (USA) in Betrieb war. Den Grundriß eines Protonensynchrotrons zeigt die Abb. 3. Um noch höhere Energien zu erreichen, wird heute ausschließlich das Prinzip der starken Fokussierung (AG-Prinzip) zur Gewährleistung der Bahnstabilität angewandt. Wegen der viel geringeren Amplitude der Betatronschwingungen können beim *AG-Synchrotron* wesentlich kleinere Querschnitte der Vakuumkammern erreicht werden. Mit AG-Synchrotrons kann man theoretisch unbegrenzte Endenergien erreichen. Das *AG-Elektronensynchrotron DESY* (Abk. für Deutsches Elektronen-Synchrotron) in Hamburg erreicht 7 GeV. Beim *Protonensynchrotron* des CERN in Genf beträgt die Endenergie fast 30 GeV. Einer der größten T., der nach dem AG-Prinzip arbeitet, ist seit 1967 das Protonensynchrotron des Instituts für Hochenergiephysik in Serpuchow bei Moskau, mit dem 76 GeV Endenergie erreicht wurden. Bei den zuletzt genannten T.n sind die Ringmagneten so konstruiert, daß sie gleichzeitig für die Ablenkung der Teilchen auf die Kreisbahn und für die Bahnfokussierung sorgen. Bei dem in Batavia (USA) kürzlich fertiggestellten T. für 200 GeV wurden aus konstruktiven Gründen die Fokussierung der Teilchen und die Ablenkung auf Kreisbahnen räumlich getrennt. Zwischen den Ablenkmagneten, die die Teilchen auf die Kreisbahn zwingen, sind daher als Fokussierungseinheiten Quadrupollinsen aufgestellt.

Das AG-Prinzip wird auch mit Erfolg bei niederen Energien zur Erreichung einer höheren Intensität ausgenutzt (*AG-Zyklotron*). Beim *AVF-Zyklotron* (Abk. für *a*zimutal *v*ariierendes *F*eld) und beim *Isochronzyklotron* wird durch die starke Fokussierung erreicht, daß auch bei insgesamt radialer Zunahme des Magnetfelds stabile Teilchenbahnen möglich sind. Daher kann bei konstanter Beschleunigungsfrequenz und mit zeitlich konstantem Magnetfeld gearbeitet werden, was einen kontinuierlichen Betrieb gestattet. Mit solchen AG-Zyklotrons lassen sich prinzipiell relativistische Energien erreichen (bis zu etwa 1000 MeV). Wegen der damit verknüpften bedeutenden Steigerung der Intensität können mit diesen Geräten durch sekundäre Wechselwirkungen π-Mesonen in weit größerer Zahl als mit Synchrozyklotrons erzeugt werden, weshalb man die relativistischen Zyklotrons auch *Mesonenfabriken* nennt. Ein derartiger T. ist z. B. in der Schweiz im Bau.

Die konsequente Weiterführung dieses Gedankens führte zu dem Vorschlag, auch Ringbeschleuniger mit starker Fokussierung und zeitlich konstantem Magnetfeld zu konstruieren, verwirklicht im *FFAG-Beschleuniger* [Abk. für engl. *F*ixed *F*ield *A*lternating *G*radient 'konstantes Feld mit alternierendem Gradienten']. Das zeitlich konstante Magnetfeld ermöglicht Impulsfolgefrequenzen, die gegenüber dem Ringbeschleuniger mit zeitlich variablem Feld um etwa zwei Größenordnungen höher liegen, was sich wiederum auf die Gesamtintensität dieser T. auswirkt. Protonen aus Ringbeschleunigern haben im allgemeinen so hohe Energien, daß sie beim Stoß mit Atomkernen K-Mesonen in einer Anzahl erzeugen, die nur um eine Größenordnung unter der Anzahl der π-Mesonen liegt. Wegen der viel höheren Intensität der FFAG-Beschleuniger hat man diese deshalb auch *K-Mesonenfabriken* genannt. Es liegt ein Projekt vor, das Synchrophasotron in Dubna zu einem solchen T. umzukonstruieren, wobei die Protonen auf eine Mindestenergie von 300 MeV bei einer Mindeststrahlintensität von 50 μA vorbeschleunigt werden müssen.

Obwohl für T., die nach dem AG-Prinzip arbeiten, keine obere Energiegrenze existiert, gibt es bei ihrer Konstruktion außerordentliche technische Schwierigkeiten, insbesondere bei der genauen Justierung der magnetischen Führungsfelder. Beim *kybernetischen T.* werden diese Schwierigkeiten umgangen, indem man entlang der Peripherie Elektromagneten aufstellt, die während der Beschleunigung auf Grund der momentanen Teilchenbahnen berechnete Korrekturfelder erzeugen. Die Berechnung muß im Verlauf weniger Umläufe erfolgen, kann also nur mit sehr leistungsfähigen Rechenmaschinen verwirklicht werden. Die direkt angeschlossene Rechenmaschine wird damit integrierter Bestandteil des kybernetischen T.s.

Eine Sonderstellung unter den zyklischen T.n nehmen einige Elektronenbeschleuniger ein. Im *Betatron* (Abb. 4), auch *Elektronenschleuder* genannt, erfolgt die Beschleunigung

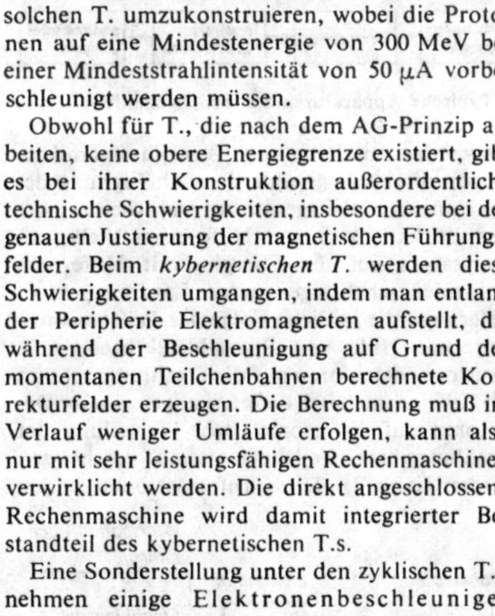

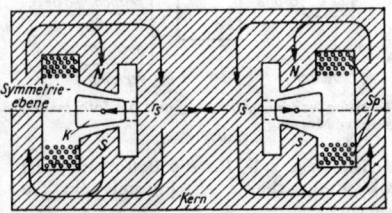

4 Schnitt durch ein Betatron. r_S Sollkreisradius, *Sp* Spulen für die Felderregung (primär), *K* ringförmiges Beschleunigungsrohr (sekundär), *N* und *S* Polschuhe für das Führungsfeld. Die Pfeile deuten die Richtung des magnetischen Flusses an

durch ein elektrisches Wirbelfeld, das durch ein zeitlich anwachsendes Magnetfeld erzeugt wird. Das Magnetfeld dient gleichzeitig als Führungsfeld. Zum stabilen Betrieb ist die Einhaltung der Steenbeck-Bedingung und der Wideroe-Bedingung notwendig. Die erste bestimmt den radialen Verlauf des Magnetfeldes, während die zweite den Zusammenhang zwischen der mittleren Magnetfeldstärke im Innern des Sollkreises und auf der Sollbahn festlegt. Der Magnet wird meist mit einer Wechselspannung von 50 bis 500 Hz gespeist; die Beschleunigung erfolgt in der positiven Anstiegsphase. Das Betatron liefert daher diskrete Elektronenbündel im Rhythmus der Wechselspannung. Nach dem Beschleunigungsvorgang werden die Elektronen herausgeführt oder zur Erzeugung von harter Röntgenstrahlung auf eine metallische Antikatode gelenkt. Betatrons wurden mit Endenergien bis zu 300 MeV gebaut, jedoch ist ein ökonomischer Betrieb wegen der Strahlungsdämpfung der beschleunigten Elektronen nur bis zu etwa 30 MeV sinnvoll.

Im *Mikrotron* werden die zu beschleunigenden Elektronen durch ein räumlich und zeitlich konstantes Magnetfeld auf Kreisbahnen gehalten (Abb. 5). Die Beschleunigung erfolgt in

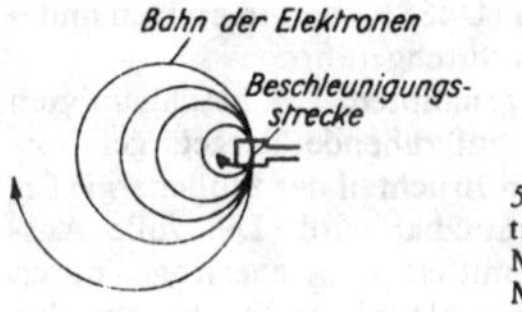

5 Verlauf der Elektronenbahnen im Magnetfeld des Mikrotrons

einem Hohlraumresonator, durch dessen Öffnungen die Elektronen fliegen. Die Dauer eines Umlaufes im Magnetfeld ist für ein Elektron $\tau = \frac{2\pi m_0}{eB} (1 + E_{kin}/E_0)$. E_0 und m_0 sind Ruhenergie bzw. -masse eines Elektrons, E_{kin} ist seine kinetische Energie, e die Elektronenladung und B die magnetische Induktion. Um an der Beschleunigungsstrecke (Abb. 6) stets die richtige Phase zu erhalten, muß der Energiegewinn bei einmaligem Durchlaufen der Beschleunigungsstrecke gleich der Ruhenergie eines Elektrons (511 keV) sein. Mit gewöhnlichen Mikrotrons werden Endenergien der Elektronen von maximal 25 MeV erreicht. Es ist nur Impulsbetrieb möglich, da die hohe Beschleunigungsspannung von 511 kV eine außerordentliche Hochfrequenzleistung beansprucht. Durch Anwendung der Supraleitung ist es jedoch gelungen, ein Mikrotron für 600 MeV Endenergie mit hoher Intensität in Betrieb zu nehmen.

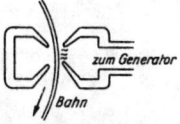

6 Beschleunigungsstrecke des Mikrotrons. Im Moment des Teilchendurchgangs muß an den Beschleunigungselektroden die Maximalspannung anliegen

Gegenüber Protonensynchrotrons zeichnen sich Elektronensynchrotrons mit schwacher oder starker Fokussierung dadurch aus, daß Umlaufszeit und Beschleunigungsfrequenz konstant gehalten werden können, da die Elektronen auf Grund ihrer geringen Masse bereits beim Einschuß nahezu Lichtgeschwindigkeit haben.

Der Einschuß der zu beschleunigenden Teilchen in einen T. für hohe Endenergien erfolgt im allgemeinen mit Hilfe eines *Vorbeschleunigers*, auch *Injektor* genannt, für den prinzipiell jeder T. für niedrigere Energien in Frage kommt. Meist wird ein im Impulsbetrieb arbeitender Linearbeschleuniger benutzt, bei größeren T. auch ein Synchrozyklotron, das dann als *Booster* [engl., 'Starthilfe, Hilfsmotor'] bezeichnet wird.

Ein völlig neues Beschleunigungsprinzip, das der *kollektiven Beschleunigung*, wurde vor einigen Jahren von dem sowjetischen Physiker Weksler vorgeschlagen. Ein nach diesem Prinzip arbeitender T. wird als *Ringtron*, in der engl. Literatur als *Smokatron* [engl. smoke 'Rauch', 'Rauchring'] bezeichnet, da bei diesem T. schwere Teilchen, nämlich positive Ionen oder Protonen, in ringförmige Elektronenbündel eingeführt und dort durch die Coulomb-Kräfte der Elektronenwolke festgehalten werden. Stabilisiert man die Elektronenringe durch Magnetfelder geeigneter Form und beschleunigt die Ringe in Richtung der Ringachse, werden die positiven Teilchen mitgerissen und erhalten die gleiche Geschwindigkeit wie die Elektronen, wegen ihrer viel größeren Masse jedoch weit höhere Energien als die Elektronen. Theoretisch lassen sich mit einem kollektiven T. Energiegewinne von mehr als 1 GeV je Meter Beschleunigungsstrecke erzielen. Das Prinzip ist praktisch noch nicht endgültig erprobt, Versuche werden in Dubna (UdSSR) und in einigen anderen Laboratorien durchgeführt.

Die von den genannten T.n beschleunigten Teilchen werden auf ruhende Targets geschossen, wobei nur ein Bruchteil der Stoßenergie für Kernreaktionen nutzbar wird. Die volle Ausnutzung wird erst mittels → Speicherringen durch den Stoß zweier beschleunigter Teilchenstrahlen aufeinander ermöglicht.

Lit. Gourian: Elementarteilchen und Beschleuniger (München 1967); Hertz: Lehrb. der Kernphysik Bd I (2. Aufl. Hanau 1966); Kollath: T. (2. Aufl. Braunschweig 1962).

Teilchenbild, modellhaft-anschauliche, aber einseitige Beschreibung von Mikroteilchen, wie Atomen, Atomkernen und Elementarteilchen, als räumlich punktförmig lokalisiertes Objekt, die den Wellencharakter der Materie vernachlässigt. Die Welleneigenschaften der Mikroteilchen müssen nachträglich durch Einführung von Vertauschungsregeln für die als Operatoren aufzufassenden physikalischen Größen des T.es erfaßt werden (→ Quantisierung, → Dualismus von Welle und Korpuskel, → Heisenbergsches Unbestimmtheitsprinzip). Gegensatz: → Wellenbild.

Teilchendiffusion, → Diffusion geladener Teilchen, → Diffusion.

Teilchendrift, → Drift.

Teilcheneinfang, → eingefangene Teilchen.

Teilchenfluenz, → Dosis 1.3.1).

Teilchenflußdichte, → Dosis 2).

Teilchengrößenbestimmung, Bestimmung der Teilchengröße, wobei unter Teilchen Verschiedenes verstanden werden kann. Licht- oder elektronenoptisch bestimmt man die Größe der getrennt liegenden Teilchen eines Pulvers, mittels Sieb- oder Sedimentationsverfahren die Teilchengröße sich getrennt bewegender Teilchen, mit Kleinwinkelstreuung von Röntgen- oder Neutronenstrahlen oder mittels → Tyndall-Effekts die Größe der Bereiche mit einheitlichem Streuvermögen für die verwendete Strahlung. Aus der → Linienverbreiterung auf Röntgen-, Elektronen- oder Neutronenbeugungsaufnahmen erhält man die Größe der kohärent streuenden Kristallite; durch Auszählen der Reflexpunkte auf röntgenographischen oder elektronographischen Vielkristalldiagrammen bestimmt man die Anzahl der einzelnen Kristallite im durchstrahlten Volumen und damit indirekt ihre Größe, unter dem Polarisationsmikroskop (von kristallinen, nicht kubischen Stoffen) – gegebenenfalls im Schliffbild – die Größe der Einkristallbereiche.

Teilcheninjektion, → Injektion schneller Teilchen.

Teilchenmenge, svw. Stoffmenge.

Teilchenseparator, svw. Separator.

Teilchenspektrum, svw. Massenspektrum 1).

Teilchenzahldarstellung, → Erzeugungs- und Vernichtungsoperatoren.

Teilchenzahloperator, → Erzeugungs- und Vernichtungsoperatoren.

Teilchenzählung, in der Kernphysik, vorwiegend bei Stoßexperimenten, die Registrierung von Teilchen durch geeignete Detektoren, nachfolgende Verstärkung der Detektorimpulse und Zählung der Impulse mit elektronischen Zählgeräten (Abb. 1). Teilchenspuren in Photoplatten werden mit Hilfe von Kernspurmeßmikroskopen direkt ausgezählt. Je nach Eignung der elektronischen Hilfsgeräte zur Verarbeitung der Impulse kann z. B. mit Hilfe eines Vielkanalanalysators auf die Energie, mit Hilfe von Koinzidenzschaltungen oder Laufzeitspektrometern auf die zeitliche Folge der Teilchenemission, mit Hilfe von Spezialdetektoren, z. B. Neutronendetektoren auf die Strahlungsart und mit Hilfe geometrisch definiert angeordneter Detektoren auf die geometrische Verteilung der Strahlung bzw. Teilchenemission geschlossen werden (Abb. 2). Diese Informationen bilden die Grundlage z. B. für die Bestimmung der Reaktionsquerschnitte als Ergebnis des Experiments.

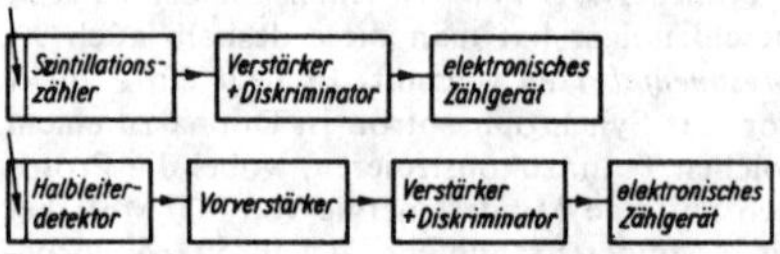

1 Typische Apparaturen zur Teilchenzählung

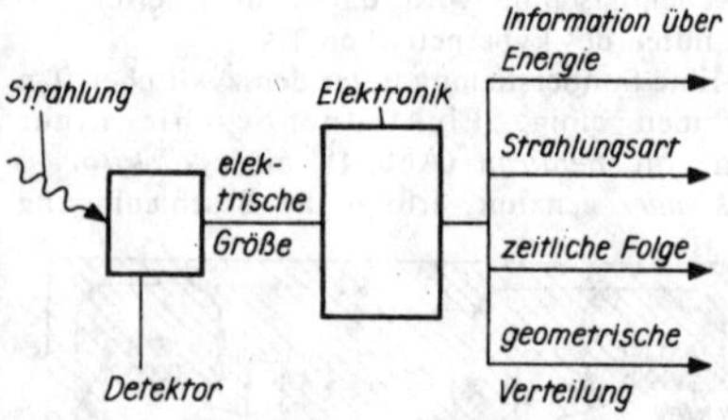

2 Messung von Kernstrahlung und die Information aus dieser Messung

Bei T. mit Hilfe von Blasenkammern wird die T. im Primärstrahl vorgenommen, um nach einer bestimmten Teilchenzahl den Primärstrahl plötzlich mit Hilfe eines Kickermagnets auszulenken und somit eine gleichmäßige Bestrahlungsdichte zu erreichen. Im Gegensatz zum Obengenannten dient die T. hierbei also zur Schaffung reproduzierbarer experimenteller Voraussetzungen.

Teilkörperzähler, Meßgerät zur Bestimmung der in einzelnen Körperteilen abgelagerten radioaktiven Substanzen. → Ganzkörperzähler.

Teiltöne, → Klang.

Telegrafengleichung, *verallgemeinerte Wellengleichung*, eine partielle Differentialgleichung zweiter Ordnung der Gestalt

$$\frac{\partial^2 U}{\partial t^2} = c^2 \frac{\partial^2 U}{\partial x^2} + c_1 \frac{\partial U}{\partial x} + c_2 \frac{\partial U}{\partial t} + c_3 U, \quad (1)$$

worin die c Konstanten sind. Der Name T. beruht auf einer wichtigen Anwendung von Gleichungen dieses Typs; z. B. sind die Spannung U und der Strom I auf einer homogenen elektrischen Doppel- oder Paralleldrahtleitung Funktionen des Abstandes x vom Anfang der Leitung und der Zeit t. Der Strom auf der Rückleitung ist in jedem beliebigen Abstand x gerade dem Strom auf der Hinleitung entgegengesetzt gleich. Betrachtet man ein beliebiges Teilstück der Doppelleitung mit der Länge dx, dann lassen sich, wenn R der Längswiderstand je Längeneinheit (Widerstandsbelag), C die Kapazität je Längeneinheit (Kapazitätsbelag), L die Induktivität je Längeneinheit (Induktivitätsbelag) und G der Isolationsverlust, d. h. der Querleitwert je Längeneinheit (Leitwertsbelag), der Doppelleitung ist, folgende zwei Differentialgleichungen aufstellen:

$$-\frac{\partial U}{\partial x} = RI + L\frac{\partial I}{\partial t}, \quad -\frac{\partial I}{\partial x} = GU + C\frac{\partial U}{\partial t}.$$

Durch Eliminieren von I erhält man daraus die partielle Differentialgleichung 2. Ordnung

$$\frac{\partial^2 U}{\partial x^2} - LC\frac{\partial^2 U}{\partial t^2} - (CR + GL)\frac{\partial U}{\partial t} - GRU = 0, \quad (2)$$

durch Eliminieren von U

$$\frac{\partial^2 I}{\partial x^2} - LC\frac{\partial^2 I}{\partial t^2} - (CR + GL)\frac{\partial I}{\partial t} - GRI = 0. \quad (3)$$

Sowohl die Gleichung (2) als auch die Gleichung (3) heißt T., da sie erstmals bei der Untersuchung der Ausbreitung von Stromimpulsen auf langen Leitungen eingehend behandelt wurde. Zur Lösung der T. macht man zweckmäßigerweise den Ansatz $U = e^{\alpha t + \beta x} u(x, t)$. Durch Wahl von $\alpha = \frac{c^2}{2}$ und $\beta = -\frac{c_1}{2c^2}$ fallen die ersten Ableitungen heraus und man erhält für u eine Gleichung der Gestalt

$$\frac{\partial^2 u}{\partial t^2} = c^2 \frac{\partial^2 u}{\partial x^2} + k^2 u \text{ mit } k = \text{konst.}$$

Um die Lösung der T. auf die Lösung der Wellengleichung zurückzuführen, führt man $U = \frac{\partial w}{\partial x}$ und $I = -C\frac{\partial w}{\partial t} - Gw$ ein, so ergibt sich dann für $w(x, y, t) = e^{cy/\alpha} u(x, t)$ die Wellengleichung

$$\frac{\partial^2 w}{\partial x^2} + \frac{\partial^2 w}{\partial y^2} - \frac{1}{c^2}\frac{\partial^2 w}{\partial t^2} = \varDelta w - \frac{1}{c^2}\cdot\frac{\partial w}{\partial t^2} = \Box w = 0.$$

Lit. Simonyi: Theoretische Elektrotechnik (4. Aufl. Berlin 1971); Smirnow: Lehrgang der höheren Mathematik Tl II (10. Aufl. Berlin 1971).

Telemeter, svw. Entfernungsmesser.

teleskopisches System, ein optisches → afokales System, das in der Regel aus zwei Linsen besteht, wobei der Bildbrennpunkt der ersten Linse mit dem Objektbrennpunkt der zweiten zusammenfällt. Mindestens eine der beiden Linsen muß eine Sammellinse sein, da ein Brennpunkt reell abgebildet sein muß. An die Stelle der Linsen können auch gekrümmte Spiegel oder Kombinationen aus Spiegeln und Linsen treten. Ein t. S. hat somit die Gesamtbrennweite Unendlich, es verändert lediglich den Neigungswinkel eines Parallelstrahlenbündels zur optischen Achse oder den Abstand eines achsparallelen Strahls von der Achse. Sind σ und σ' die Neigungswinkel, h und h' die Strahlabstände vor und nach dem teleskopischen S. sowie f_1 und f_2 die Brennweiten der beiden Linsen, so gilt

$$\frac{\tan\sigma}{\tan\sigma'} = \frac{h}{h'} = \frac{f_1}{f_2}.$$

Hauptanwendungsgebiet des teleskopischen Systems ist das Fernrohr. Daneben wird ein t. S. beispielsweise zur Vergrößerung des Durchmessers eines von einem Laser erzeugten Bündels sowie für meßtechnische Zwecke benutzt.

telezentrisches System, ein vorwiegend in der optischen Meßtechnik benutztes abbildendes optisches System, bei dem durch eine Blende, die in einem der beiden Brennpunkte eines Objektivs angebracht ist, die Eintritts- oder Austrittspupille (→ Strahlenraum der optischen Abbildung) und damit das zugehörende Perspektivitätszentrum virtuell nach Unendlich verlagert wird. Hierdurch entsteht beispielsweise auf der Objektseite ein achsenparalleler Verlauf der Symmetriestrahlen der abbildenden Strahlenbündel. Eine beim Scharfstellen des Objekts unvermeidliche Unsicherheit seiner Lage in Achsrichtung führt deshalb nur zu mehr oder weniger großer Unschärfe, nicht aber zu Änderungen der Bildgröße.

Lit. Hodam: Technische Optik (2. Aufl. Berlin 1967).

Tellurmethode, eine Methode zur Sichtbarmachung und Messung von Wasserströmungen für Geschwindigkeiten $c \leqq 0{,}15$ m/s. Bestimmte Volumenelemente der Wasserströmung werden mittels Tellurdrähten durch einen elektrischen Impuls- oder Dauerstrom kurzzeitig oder laufend angefärbt. Tellur wird als Katode, Elektrolytkohle als Anode und Wasser als Elektrolyt verwendet. Mit der T. können Stromlinien, Streichlinien und Bahnlinien (→ Strömungsfeld) dargestellt sowie Grenzschichtprofile und instabile Grenzschichtschwingungen (→ Grenzschicht) untersucht werden.

Tellurometer, → Entfernungsmessung.

Temperatur, *T*, Zustandsgröße, die Systeme im thermodynamischen Gleichgewicht charakterisiert. Im engeren Sinne gilt die T. für Systeme im vollständigen thermodynamischen Gleichgewicht, im weiteren Sinne wird der Begriff

T. auch auf Systeme im Nichtgleichgewicht angewendet, z. B. bei der Wärmeleitung, wenn in kleinen, aber noch makroskopischen Raumbereichen ein lokales Gleichgewicht vorhanden ist. Die T. ist in einem gewissen Bereich der unmittelbaren Empfindung des Menschen zugänglich. Der Begriff der T. muß klar von der → Wärme unterschieden werden. Die T. ist eine intensive Größe und nimmt in einem Gleichgewichtssystem überall denselben Wert an.

1) Die dem Temperaturbegriff zugrunde liegenden Erfahrungen formuliert der 0. Hauptsatz der Thermodynamik: Bringt man zwei Körper (thermodynamische Systeme, die sich beide im thermodynamischen Gleichgewicht befinden) in Kontakt, so ändern im allgemeinen beide ihren Zustand. Im sich einstellenden Gleichgewicht des aus beiden Systemen bestehenden Gesamtsystems besteht ein Zusammenhang zwischen den Zustandsparametern beider Systeme. Das Gesamtsystem hat einen thermodynamischen Freiheitsgrad weniger, als es der Summe der Freiheitsgrade der Teilsysteme entspricht, es besteht also eine Bedingungsgleichung zwischen den Zustandsparametern beider Teilsysteme. Sind zwei Körper im Gleichgewicht mit einem dritten, so sind sie auch miteinander im Gleichgewicht, ohne daß ein direkter Kontakt zwischen ihnen zu bestehen braucht. Daraus folgt, daß die oben erwähnte Bedingungsgleichung die Form $\vartheta_1(x_1, x_2 \ldots) = \vartheta_2(y_1, y_2 \ldots)$ haben muß, wobei $\vartheta_{1,2}$ systemspezifische Funktionen der gewählten Zustandsvariablen x_i bzw. y_i (unter denen die Temperatur noch nicht ist!) sind. Die Werte dieser Funktionen sind gleich im thermischen Gleichgewicht. Je nach der Wahl der Funktionen ϑ_i (mit ϑ_1 und ϑ_2 erfüllen auch $f(\vartheta_1)$ und $f(\vartheta_2)$ die obige Beziehung) definiert ϑ eine mögliche Temperaturskala. Im Kontakt zweier idealer Gase gilt z. B. $p_1 V_1 M_1/m_1 = p_2 V_2 M_2/m_2$, dabei ist p der Druck, V das Volumen, m die Masse, M das (dimensionslose) Molekulargewicht.

Die *absolute* oder *thermodynamische T.* wird über den Wirkungsgrad des → Carnotschen Kreisprozesses definiert. Danach verhalten sich die mit den beiden Wärmespeichern ausgetauschten Wärmemengen $Q_{1,2}$ wie die absoluten Temperaturen der Speicher: $Q_1/Q_2 = T_1/T_2$. Durch diese Definition wird die Bestimmung von Temperaturverhältnissen auf die Messung von Wärmemengen, also auf Energiemessungen zurückgeführt. Die Definition ist nicht an eine bestimmte Arbeitssubstanz gebunden, da auf Grund des 2. Hauptsatzes der Carnotsche Kreisprozeß einen substanzunabhängigen Wirkungsgrad hat. Eine an sich willkürliche Festlegung ist erforderlich, um nicht nur Temperaturverhältnisse, sondern Temperaturen selbst zu fixieren. In der Kelvin-Skala hat die T. am Tripelpunkt des Wassers den Wert $T = 273{,}16$ K. Auf Grund dieser Festlegung ist die Differenz zwischen Tripelpunkt und Kochpunkt (bei 1 Atmosphäre) des Wassers 100 K, wodurch die Temperaturdifferenzen in der Kelvin- und Celsius-Skala die gleichen Zahlenwerte annehmen (→ Temperaturskala). In den Temperaturbereichen, in denen noch Gase mit in guter Näherung idealem Verhalten existieren, stimmt die thermodynamische Temperatur mit der über die thermische Ausdehnung dieser Gase fixierten absoluten Gasskala überein. Mit der thermodynamischen Temperatur T gilt die Gibbssche Fundamentalgleichung $T\,\mathrm{d}S = \mathrm{d}U + p\,\mathrm{d}V$ der Thermodynamik. U ist die innere Energie und S die Entropie.

Der 2. Hauptsatz verbietet einen Carnotschen Kreisprozeß, bei dem ein Speicher positive und der andere negative T. hätte, da sich auf diese Weise ein Perpetuum mobile 2. Art realisieren ließe. Die in der klassischen Thermodynamik untersuchten Systeme besitzen stets positive T.en, wobei der absolute Nullpunkt $T = 0$ auf Grund des 3. Hauptsatzes nur asymptotisch angenähert werden, aber nie erreicht werden kann. Systeme mit einem (nach oben) begrenzten Energiespektrum können jedoch → negative absolute T.en besitzen.

2) In der Statistik tritt die T. als Verteilungsparameter in der Wahrscheinlichkeitsverteilung des Systems auf. Aus dem Gleichverteilungssatz der klassischen Statistik ergibt sich eine einfache Beziehung zwischen der T. und der kinetischen Energie. Bei einem einatomigen Gas ohne Wechselwirkung zwischen den Atomen ist die innere Energie gleich der mittleren kinetischen Energie der Atome, und es gilt $U = (Nm/2)\,\overline{v^2} = N(3/2)\,kT$. Hierbei bedeuten N die Zahl der Atome, m die Masse, $\overline{v^2}$ das mittlere Geschwindigkeitsquadrat der Atome und k die Boltzmannsche Konstante (→ kinetische Theorie).

Weiteres → Debye-Temperatur, → pseudopotentielle Temperatur, → Kernmodell (Kerntemperatur).

Tiefste T.en erhält man 1) mit flüssigem Helium bis 1 K, 2) durch adiabatische → Entmagnetisierung von paramagnetischen Elektronen- bzw. Kernspinsystemen bis 10^{-3} bzw. 10^{-6} K. Solche tiefsten T.en sind wichtig zur Untersuchung der verschiedenartigsten Eigenschaften der Festkörper.

Höchste T.en werden im Plasma erreicht. Für kurze Zeiten können *Kernfusionsplasmen* mit Temperaturen von etwa 10^7 bis 10^8 K erzeugt werden.

Temperaturmessung. Zum Messen der T. eignet sich jede physikalische Größenart, die sich gesetzmäßig mit der T. ändert, z. B. Länge, Druck, Kraft, Strahlung. Zunehmend bevorzugt werden Meßverfahren, mit denen nichtelektrische Größen in elektrische umgewandelt werden können. Bei der Temperaturmessung mit *Thermometern* und mit *Thermoelementen* erfolgt die Übertragung der Wärme auf das Meßgerät durch unmittelbare Berührung; bei Strahlungsmessungen für T.en über 700 °C wird die T. berührungsfrei mit *Pyrometern* gemessen. Temperaturen bis +3000 °C werden mit *Thermopaaren* gemessen, deren Schenkel aus Kohle bestehen. Die *Induktionsmethode* zum Messen tiefer Temperaturen benutzt die Eigenschaft paramagnetischer Salze, daß ihre Suszeptibilität $\varkappa = M/H = C/T$ sowohl dem Verhältnis aus Magnetisierung M und magnetischer Feldstärke H als auch dem Verhältnis ihrer Curie-Konstante C und der Temperatur T gleich ist. Während man durch Entmagnetisierung aus der Änderung von M Temperaturen von $T < 0{,}01$ K erreicht, wird bei der Induktionsmethode aus dem durch eine

Stromstärkemessung bestimmten Betrag von M auf T geschlossen, wenn C bekannt ist; für Zäsium-Titan-Alaun z. B. gilt $C = 0{,}13 \cdot 10^{-2}$, für Gadoliniumsulfat $C = 5{,}85 \cdot 10^{-2}$. Die Meßspule umgibt ein Dewar-Gefäß für das paramagnetische Salz. Sie ist von der Entmagnetisierungsspule umgeben, die mit einer zweiten Spule, in der sich eine Nachbildung der Meßspule befindet, so in Reihe geschaltet ist, daß ein ballistisches Galvanometer beim Kommutieren des Magnetisierungsstromes keinen Ausschlag gibt. Nach dem Einbringen des paramagnetischen Salzes entsteht ein Ausschlag, der der Temperatur T umgekehrt proportional ist. Bei der *Wechselstrom-Induktionsmethode* wird die gegenseitige Induktion von zwei um das Präparat gelegten Spulen mittels einer Wechselstrombrücke bestimmt und daraus die Suszeptibilität berechnet.

Zur *interferometrischen Temperaturmessung* wird eine Anordnung benutzt, die aus zwei halbdurchlässigen justierbaren Planplatten und einer Quecksilberlampe als Lichtquelle besteht. Eine Aufnahmekamera (Brennweite ≈ 1 m) bildet die entstehenden Interferenzstreifen vergrößert ab. Ein Arm des Interferometers enthält den beheizten Körper, während die mittlere T. des Vergleichsarms mit einem Thermoelement festgestellt wird.

Im Bereich oberhalb von 1800 °C kann zur Temperaturmessung eine *elektropneumatische Stromwaage* benutzt werden, die aus einem Waagenhebel mit Tauchspulen besteht. Sie zeigt eine besonders hohe Ansprechempfindlichkeit.

Die T. *elektrischer Lichtbögen* bestimmt man aus der Geschwindigkeit des von kondensierten Funken ausgehenden intensiven Schalls, der an den Druckknoten eine erhöhte Lichtemission erzeugt; diese wird mittels eines rotierenden Spiegels während des Durchlaufens registriert.

Die *magnetische Temperaturmessung* ist eine Methode zur Messung tiefster T.en durch Bestimmung der Suszeptibilität, → Entmagnetisierung 3).

Besonders zur Temperaturmessung auf Flächen eignen sich Aufstriche von → mesomorphen Phasen, die unterschiedliche Doppelbrechung und Färbung verschieden erwärmter Mikro- bzw. Makrobereiche der zu vermessenden Fläche zeigen. Je nach Temperaturbereich müssen chemisch verschieden zusammengesetzte mesomorphe Phasen (Flüssigkristalle) eingesetzt werden. Im Bereich der Körpertemperatur (also um 37 °C) sind bei Unterschieden von $\geqq 1/10$ K die Farbtöne ausreichend unterscheidbar und somit Temperaturen bis auf Zehntelgrad genau bestimmbar.

Temperaturbewegung, svw. thermische Bewegung.

Temperaturdehnkoeffizient, Verhältnis zwischen thermischer Dehnung ε_{th} und Temperaturdifferenz ΔT: $\alpha_{\text{th}} = \frac{\varepsilon_{\text{th}}}{\Delta T}$. Der für kleine Temperaturbereiche konstante Wert nimmt mit steigender Temperatur zu, → Wärmeausdehnung.

Temperaturfaktor, β, Faktor, mit dem der für das ruhende Atom ermittelte → Atomformfaktor zu multiplizieren ist, um den sich im Kristall unter Einfluß der Wärmeschwingungen ergebenden Atomformfaktor zu erhalten. Je stärker die Wärmeschwingungen sind, desto mehr sind die einem Atom entsprechenden Gipfel der Dichteverteilung des Streuvermögens ϱ_j verbreitert (→ Kristallstrukturanalyse). Setzt man harmonische, isotrope Schwingungen voraus, so ergibt sich als T. $\beta = \exp\{-B(\sin\theta)^2/\lambda^2\}$. Dabei ist $B = 8\pi^2 U$ der Debye-Faktor und $U = \overline{u^2}$ das mittlere Amplitudenquadrat der Schwingung eines Atoms, θ der Glanzwinkel der Reflexion und λ die Wellenlänge des Röntgenstrahls. Je größer der Debye-Faktor, desto schneller fallen die Beträge $|F(hkl)|$ der Strukturfaktoren im Mittel mit wachsendem $(\sin\theta)/\lambda$ ab.

Soll eine Struktur durch die Lage und den Schwingungszustand der in ihr enthaltenen Atome charakterisiert werden, so sind demnach je Atom 3 Ortskoordinaten und 6 Schwingungsparameter erforderlich.

Für den Spezialfall eines kubischen Kristalls aus einer Art von Atomen bezeichnet man den T. als *Debye-Waller-Korrektur*.

Temperaturgrad, in den verschiedenen → Temperaturskalen unterschiedlich definierte Differenz von Temperaturwerten. 1) *Kelvin.* Ein Kelvin (Grad der Kelvin-Skala) ist als 273,16ter Teil der Kelvin-Temperatur des Tripelpunkts von Wasser definiert. Es wird durch das Symbol K dargestellt. 2) *Grad Celsius.* In der Celsius-Skala ist ein Grad als der 100ste Teil der Temperaturdifferenz zwischen Eispunkt und Dampfpunkt festgelegt. Betragsmäßig stimmen Kelvin- und Celsius-Grad als Temperaturdifferenzen überein. Für den Celsius-Grad als Temperaturintervall oder -differenz gilt das Symbol K, daneben sind auch noch grd und °C zur Angabe von Temperaturdifferenzen zulässig. Das Kelvin sowie das Symbol K dürfen mit → Vorsätzen verbunden werden. 3) *Grad Fahrenheit.* In der Fahrenheit-Skala beträgt der Fundamentalabstand zwischen Eispunkt und Dampfpunkt 180 Grad, wobei dem Eispunkt die Temperatur +32 °F (degree Fahrenheit) und dem Dampfpunkt die Temperatur +212 °F zugeordnet ist. Temperaturdifferenzen werden in Fahrenheit degree, Symbol degF, angegeben. 4) *Grad Rankine.* In der Rankine-Skala entspricht dem Eispunkt 491,67 °R (degree Rankine) und dem Dampfpunkt 671,67 °R, so daß die Beträge von Temperaturdifferenzen in der Rankine- und in der Fahrenheit-Skala einander gleich sind. Symbole für Temperaturdifferenzen sind degR und degF, für Temperaturpunkte °R und °F.

Temperaturkoeffizient, 1) allgemein: die relative Änderung einer physikalischen Größe bei einer Temperaturänderung um 1 K. Ist A eine physikalische (Meß-) Größe und ist ihre Temperaturabhängigkeit in einem Temperaturintervall Δt näherungsweise durch die Beziehung $A(t) = A(t_0)(1 + \alpha(t - t_0))$ gegeben, so ist α der T. für die Größe A. Ein einfacher linearer Zusammenhang wird im allgemeinen nur in einem begrenzten Temperaturintervall vorliegen.

2) Reaktorphysik: → Reaktivität.

Temperaturleitfähigkeit, *Temperaturleitzahl*, *a*, in der Wärmeleitungsgleichung der Quotient $a = \lambda/\varrho c$ aus Wärmeleitfähigkeit λ und Massedichte ϱ mal spezifischer Wärme c. Die Größe der T. kann bei 20 °C von $1{,}4 \cdot 10^{-7}$ m²/s für Wasser bis zu $0{,}9 \cdot 10^{-4}$ m²/s bei Aluminium reichen.

Temperaturleitzahl, exakter svw. Temperaturleitfähigkeit.

Temperaturmeßfarben, spezielle chemische Verbindungen, deren Farbe temperaturabhängig ist. Die T. werden mittels Farbstiften (*Temperaturmeßfarbstifte*) oder – mit einem Bindemittel gemischt – mit dem Pinsel oder der Spritzpistole auf die betreffenden Oberflächen gebracht und zeigen durch ihre Farbänderung die Über- oder Unterschreitung einer bestimmten Temperatur an. Der Meßbereich erstreckt sich bis etwa 1300 °C, bei den Temperaturmeßfarbstiften bis etwa 600 °C. T. werden z. B. zur Kontrolle von Motoren, an Öfen, Kesseln, Rohrleitungen u. a. benutzt.

Temperaturmessung, → Temperatur.

Temperaturnullpunkt, → Nullpunkt.

Temperaturreduktion, Bezeichnung für die Umrechnung physikalischer Größen auf eine Normaltemperatur. Meist muß man neben der T. auch die Umrechnung auf Normaldruck, allgemein auf → Normalbedingungen, vornehmen.

Temperaturskala, auch *Temperaturskale*, zwischen bestimmten Festpunkten (Fix-, Fundamentalpunkten), d. s. gut reproduzierbare Temperaturpunkte, z. B. absoluter Nullpunkt, Eispunkt, Dampfpunkt des Wassers, durch gleichmäßige Unterteilung in Grad definierte Skala zur Angabe von Temperaturen und Temperaturdifferenzen. Dabei gilt der Abstand zwischen Eispunkt und Dampfpunkt als Fundamentalabstand. Eine T. wird immer empirisch bestimmt.

1) *Thermodynamische* oder *absolute Temperaturskalen* beruhen auf dem Carnotschen Kreisprozeß und auf dem 1. Hauptsatz der Thermodynamik. Sie werden *fundamentale Temperaturskalen* genannt, weil sie vom absoluten Nullpunkt aus zählen. Dies gilt insbesondere für die 1848 von W. Thomson (später Lord Kelvin) aufgestellte *Kelvin-Skala*, die heute die Grundlage der Definition der SI-Einheit der Temperatur, dem Kelvin (K, früher °K), bildet. In dieser T. ist der Fundamentalabstand in 100 gleiche Teile geteilt. Dem Tripelpunkt des Wassers ist die Temperatur 273,16 K, dem Eispunkt die Temperatur 273,15 K und dem Dampfpunkt die Temperatur 373,15 K zugeordnet. In England und USA wird die *Rankine-Skala* benutzt, die ebenfalls vom absoluten Nullpunkt aus zählt. Der Fundamentalabstand ist jedoch in 180 Teile unterteilt, demzufolge hat der Eispunkt die Temperatur 491,688 °R, der Dampfpunkt 671,67 °R und der Tripelpunkt des Wassers 491,682 °R. Dem Temperaturunterschied von 1 degR entsprechen 5/9 K.

2) *Empirische Temperaturskalen* basieren auf der linearen Ausdehnung von Gasen (z. B. Luft) und von Flüssigkeiten in Kapillaren (zuerst Weingeist, später vorwiegend Quecksilber in Glaskapillare). Die erste reproduzierbare T. wurde um 1700 von Fahrenheit aufgestellt, der ein Weingeistgemisch als thermometrische Flüssigkeit benutzte. Der Nullpunkt dieser *Fahrenheit-Skala* 0 °F entspricht 491,688 °R, der Eispunkt 32 °F; der Dampfpunkt +212 °F entspricht 671,67 °R. Temperaturen unterhalb des Nullpunktes versah Fahrenheit mit negativem Vorzeichen, so daß dem absoluten Nullpunkt die Temperatur −459,67 °F entspricht. Die Temperaturdifferenz 1 degF = 1 degR entspricht 5/9 K. Bei Umrechnungen ist die Differenz zum Eispunkt zu beachten. Die Fahrenheit-Skala gilt in England und USA im täglichen Gebrauch.

Der Franzose Réaumur legte als erster den Eispunkt als Nullpunkt einer T. fest und teilte den Fundamentalabstand in 80 Grade. Diese *Réaumur-Skala* hat nur noch historische Bedeutung und wird nicht mehr benutzt, so daß dem Rankine-Grad das Kurzzeichen °R (früher °Rank) zuerkannt wurde.

Der Schwede Celsius schlug 1742 eine 100teilige T. mit 0 °C für den Dampfpunkt und 100 °C für den Eispunkt vor. Erst sein Nachfolger Strömer kehrte die Skala um, womit sie die noch heute gültige Form erhielt. Die *Celsius-Skala* ist in den meisten Staaten der Meterkonvention gesetzliche T., so auch in der DDR. Celsius-Temperaturen sind als Differenz einer Temperatur T und der Temperatur $T_0 = 273{,}15$ K definiert. Sie werden in Grad Celsius (°C) bezeichnet. Die Temperaturdifferenz 1 °C = 1 K (= 1 grd). Nach den Beschlüssen der XIII. Generalkonferenz für Maß und Gewicht sollte die Temperaturdifferenz bevorzugt in Kelvin K angegeben werden. In der Celsius-Skala werden Temperaturen unterhalb des Eispunktes durch ein negatives Vorzeichen gekennzeichnet.

3) Für die Belange der praktischen Temperaturmessung benutzt man die Internationale Praktische T., die den Zusammenhang zwischen der internationalen und der thermodynamischen T. herstellen soll. Bereits 1887 wurde vom BIPM eine T. festgelegt, die auf dem Dampfdruck von reinem Wasserstoff beruhte, die *Wasserstoff-Skala*. 1927 wurde die erste Internationale T. mit 6 Festpunkten beschlossen und 1928 veröffentlicht. Diese T. wurde 1948 durch eine neue T. abgelöst, die auf den 6 Festpunkten 1. Ordnung und einer Anzahl von sekundären Festpunkten beruht. 1958 wurde deren Ergänzung für tiefere Temperaturen vorgeschlagen, die auf dem Zusammenhang zwischen Temperatur und Dampfdruck des Heliums ^{4}He basiert und als *Helium-Skala* bekannt wurde. In der *Internationalen Praktischen T.* von 1968 (IPTS-68) ist dieser Vorschlag realisiert. Daraus ergeben sich jetzt 11 Festpunkte bei einem Luftdruck von einer Normalatmosphäre von 101325 N/m².

Festpunkt	T_{68} K	t_{68} °C
Tripelpunkt des Wasserstoffs	13,81	−259,34
Siedepunkt des Wasserstoffs bei 33330,6 N/m²	17,042	−256,103
Siedepunkt von Wasserstoff	20,28	−252,87
Siedepunkt von Neon	27,102	−246,048
Tripelpunkt von Sauerstoff	54,361	−218,789
Siedepunkt von Sauerstoff (Sauerstoffpunkt)	90,188	−182,970
Tripelpunkt von Wasser	273,16	0,01
Siedepunkt von Wasser	373,15	100
Erstarrungspunkt von Zink (Zinkpunkt)	692,73	419,58
Erstarrungspunkt von Silber (Silberpunkt)	1235,08	961,93
Erstarrungspunkt von Gold (Goldpunkt)	1337,58	1064,43

Die Abweichung Δt gegenüber der Internationalen Praktischen Temperaturskala-48 werden für einige Temperaturen in der folgenden Tabelle angegeben:

t °C	Δt °C	t °C	Δt °C
−180	+0,012	400	+0,076
−150	−0,013	500	+0,079
−100	+0,022	600	+0,150
− 50	+0,029	700	+0,38
0	0,000	800	+0,65
+ 50	−0,010	1000	+1,24
100	0,000	1500	+2,2
200	+0,043	2000	+3,2
300	+0,073	3000	+5,9

Die IPTS-68 beruht auf einer Anzahl reproduzierbarer Gleichgewichtstemperaturen (definierte Festpunkte) und der Anzeige bestimmter Temperaturmeßgeräte, die an die Festpunkte angeschlossen werden. Für die Berechnung der IPTS-68 aus der Anzeige der Meßgeräte sind bestimmte Interpolationsformeln oder -verfahren zu verwenden.

Für die Umrechnung zwischen Kelvin-, Celsius-, Fahrenheit- und Rankine-Temperatur gelten folgende Beziehungen:

(T_K) K $= (T_K - 273{,}15)$ C $=$
$= [1{,}80\,(T_K - 273{,}15) + 32)]$ °F $=$
$= (1{,}80\, T_K)$ °R.

Bei der *logarithmischen T.* wird anstelle der absoluten Temperatur T der natürliche Logarithmus $\ln T$ zur Temperaturangabe benutzt. In der logarithmischen T. rückt der absolute Nullpunkt nach $-\infty$.

Die *Avogadrosche T.* ist die T., die ein Gasthermometer liefert, das mit einem „unendlich verdünnten" Gas oder mit einem Gas im Avogadroschen Zustand (→ Avogadrosches Gesetz) arbeitet. Die Avogadrosche T. fällt mit der thermodynamischen T. zusammen.

Temperaturspannung, U_T, diejenige Spannung, die ein eine Elementarladung e tragendes Teilchen durchlaufen müßte, um eine seiner thermischen Energie entsprechende Energie zu erhalten. Die thermische Energie ist von der Größenordnung kT mit der Boltzmannschen Konstante k und der absoluten Temperatur T. Daher definiert man $U_T = kT/e$.

Die T. wird besonders bei den Emissionsprozessen in der Elektronenröhre als Maß für die Geschwindigkeit der thermisch emittierten Elektronen benutzt. Dabei gilt unter Voraussetzung einer Maxwell-Verteilung der Elektronen für deren wahrscheinlichste Geschwindigkeit v die Beziehung $(m/2)\, v^2 = kT$, wobei die kinetische Energie $(m/2)\, v^2 = eU_T$ nach Durchlaufen der T. erreicht wird.

Temperatursprung, sprunghafte Änderung der Temperatur. Bei der Wärmeübertragung zwischen festen Körpern tritt an den Berührungsflächen im allgemeinen ein T. auf. Seine Größe ist abhängig von der Wärmestromdichte und von der Beschaffenheit der Berührungsflächen. In einem sehr stark verdünnten Gas existiert kein Temperaturgradient, da praktisch keine Molekülzusammenstöße erfolgen. Bei dem durch Wärmewellen erfolgenden Wärmetransport durch das Gas liegt an den Begrenzungswänden ein T. vor.

Temperaturstrahlung, → Wärmestrahlung.

Temperaturwelle, svw. Wärmewelle.

TEM-Welle, → Wellenleiter.

Tensor, Größe eines n-dimensionalen Raumes, die auf ein vorgegebenes Koordinatensystem bezogen und als *freies Produkt* bezeichnet wird, weil sie in jedem der m vektoriellen Argumente linear, d. h. homogen und additiv ist. Ihr allgemeines Element hat die Gestalt $a^{ikl}\ldots\vec{e}_i\vec{e}_k\vec{e}_l\ldots = a_{ikl}\vec{e}^i\vec{e}^k\vec{e}^l\ldots$, die angibt, daß ihre Komponenten sich *kontragredient* transformieren wie die Grundvektoren (→ Vektortransformation), d. h., sie transformieren sich wie die Produkte der Koordinaten $x^i x^k x^l \ldots$ bzw. $x_i x_k x_l \ldots$ Neben diesen *reinen T.en* sind auch *gemischte T.en* möglich, z. B. T_l^{ik} oder T_i^{kl} mit Elementen der Gestalt $a_l^{ik}\, \vec{e}_i\vec{e}_k\vec{e}^l$ oder $a_i^{kl}\vec{e}^i\vec{e}_k\vec{e}_l$. Die Zahl m wird als *Stufe* des T.s bezeichnet. Ein Skalar kann als T. 0-ter, ein Vektor als T. erster Stufe aufgefaßt werden. Für einen T. T_{ij} der zweiten Stufe im dreidimensionalen Raum ist das vektorielle Produkt $\vec{a} \times \vec{b} = a_i b_j - a_j b_i$ ein Beispiel, dabei sind die a_i die Komponenten von $\vec{a}$ und b_i die von $\vec{b}$. Von den 9 Komponenten für $i, j = 1, 2, 3$ sind von diesem T. nur 3 unabhängig, T_{12}, T_{13} und T_{23}, da $T_{ij} = -T_{ji}$ ist; ein solcher T. wird *schiefsymmetrisch* genannt. Er kann für bestimmte Zwecke durch einen Vektor ersetzt werden, der im Unterschied zu den echten oder *polaren Vektoren* auch *axialer Vektor* heißt. Zwischen dem schiefsymmetrischen T. zweiter Stufe und dem axialen Vektor treten bei Spiegelungen, d. h. bei der Transformation $x_i \rightarrow -x_i$, Unterschiede auf. Von einem *symmetrischen* T. zweiter Stufe spricht man, wenn gilt $T_{ij} = +T_{ji}$. Er hat für $n = 3$ nur die 6 unabhängigen Komponenten T_{11}, T_{12}, T_{13}, T_{22}, T_{23}, T_{33}. Unter einem *Deviator* versteht man einen T. mit verschwindender Spur, also $\mathrm{Sp}\, T_{ij}\ldots = \sum_i T_{ii}\ldots = 0$.

In der Physik sind z. B. der Drehimpuls eines Massepunkts und das Drehmoment einer Kraft axiale Vektoren; symmetrische T.en sind z. B. der Trägheitstensor eines starren Körpers und der Energie-Impuls-T. der relativistischen Mechanik.

Nur zwei T.en vom gleichen Typ können einander gleich sein. Ist aber die *Gleichheit* bezüglich *eines* Systems gewährleistet, so liegt sie auch in allen anderen Systemen vor.

Die *Addition*, z. B. $t_{ij} = a_{ij} + b_{ij}$, ist nur für T.en gleichen Typs erklärt. Diese T.en bilden eine additive abelsche Gruppe. Durch *Verjüngung* $t_{i_1\ldots i_r}{}^{i_1\ldots j_s} \rightarrow t_{ki_2\ldots i_r}{}^{kj_2\ldots j_s} \rightarrow t_{i_2\ldots i_r}{}^{j_2\ldots j_s}$ wird dem gemischten T. $(r + s)$-ter Stufe ein gemischter T. $(r + s - 2)$-ter Stufe zugeordnet; z. B. ist das Skalarprodukt eines kovarianten und eines kontravarianten Vektors ein Skalar; sind b_i und d^i ihre Komponenten, so gilt nach der Einsteinschen Summenkonvention $\vec{b} \cdot \vec{d} = b_i d^i = c$.

Ist $\pi(1), \ldots, \pi(s)$ eine Permutation der Zahlen $1, \ldots, s$ und $\varrho(1), \ldots, \varrho(r)$ eine der Zahlen $1, \ldots, r$, so heißt der T. $t_{i_{\pi(1)}\ldots i_{\pi(s)}}{}^{j_{\varrho(1)}\ldots j_{\varrho(r)}}$ *isomer* zum T. $t_{i_1\ldots i_s}{}^{j_1\ldots j_r}$. Ein *symmetrischer T.* stimmt mit allen seinen Isomeren überein, ein *schiefsymmetrischer, alternierender* oder *antisymmetrischer* T. nur bis auf das Vorzeichen der Permutation.

Das *tensorielle Produkt T* der T.en

$t_{i_1 \cdots i_r}{}^{j_1 \cdots j_s}$ und $h_{l_1 \cdots l_m}{}^{k_1 \cdots k_n}$

ist definiert durch

$$T_{i_1 \cdots i_{r+m}}{}^{j_1 \cdots j_{s+n}} \approx \approx t_{i_1 \cdots i_r}{}^{j_1 \cdots j_s} \cdot h_{l_1 \cdots l_m}{}^{k_1 \cdots k_n}.$$

Diese Multiplikation ist assoziativ, aber nicht kommutativ. Ein tensorielles Produkt zweier Vektoren wird oft als *dyadisches Produkt* bezeichnet. Werden zwei T.en miteinander multipliziert und dann verjüngt, so spricht man von einer *Überschiebung.*

Das Skalarprodukt $t_i^k \cdot a^i = b^k$ eines zweistufigen gemischten T.s t_i^k mit dem Vektor a^i ist ein Vektor b^k. Sind die Komponenten t_i^k Komponenten δ_i^k des *gemischten Kronecker-Tensors* δ_i^k, für die gilt $\delta_i^k = 1$, falls $i = k$, und $\delta_i^k = 0$, falls $i \neq k$, so erhält man für das Skalarprodukt ' $\delta_i^k a^i = a^i$, den Ausgangsvektor. Man spricht dann von dem *Einheitstensor* δ_i^k.

Beim Wechsel des Koordinatensystems $(x^1, \ldots, x^n) \to (\bar{x}^1, \ldots, \bar{x}^n)$ liegt folgendes Transformationsverhalten vor:

$$t_{i_1 \cdots i_r}{}^{j_1 \cdots j_s} = = \frac{\partial \bar{x}^{j_1}}{\partial x^{n_1}} \cdots \frac{\partial \bar{x}^{j_s}}{\partial x^{n_s}} \cdot \frac{\partial \bar{x}^{l_1}}{\partial x^{i_1}} \cdots \frac{\partial \bar{x}^{l_r}}{\partial x^{i_r}} \cdot t_{l_1 \cdots l_r}{}^{n_1 \cdots n_s},$$

dabei ist in *erweiterter Form der Summenkonvektion* ein oberer Index einer Koordinate, die im Nenner auftritt, wie ein unterer Index einer im Zähler stehenden Koordinate anzusehen. Wie bei der Vektortransformation angedeutet, läßt sich der Zusammenhang zwischen ko- und kontravarianten Tensorkomponenten mittels des kovarianten Metriktensors g_{ik} angeben. Durch ihn wird im n-dimensionalen Raum nach $(ds)^2 = g_{ik} dx^i dx^k$ eine Metrik bestimmt sowie durch $g^{ik} g_{kj} = \delta_j^i$ der kontravariante Metriktensor definiert. Dann lautet der Zusammenhang der ko- und kontravarianten Komponenten

$$T^{i_1}{}_{i_2 \cdots}{}^{j_1 \cdots} = g^{i_1 k} T_{k i_2 \cdots}{}^{j_1 \cdots}.$$

Hängen die Komponenten eines T.s explizit von den Koordinaten ab, so spricht man von einem *Tensorfeld*. Auf den Einsatz der Differential- und Integralrechnung bei der Behandlung der Tensorfelder kann hier nicht eingegangen werden (→ kovariante Ableitung); metrischer T. → Riemannscher Raum. Riemannscher Krümmungstensor → Krümmungstensor, → Pseudotensor.

Lit. Eisenreich: Vorlesungen über Vektor- und Tensorrechnung (Leipzig 1971); Reichardt: Vorlesungen über Vektor- und Tensorrechnung (2. Aufl. Berlin 1968).

Tensorellipsoid, jedem symmetrischen Tensor $T^{ik} = T^{ki}$ zweiter Stufe in einem dreidimensionalen Raum zugeordnete Fläche F zweiter Ordnung $F = \sum_{i,k=1}^{3} T^{ik} x^i x^k =$ konst., die allerdings im allgemeinen kein Ellipsoid ist, sondern irgendeine Fläche zweiter Ordnung.

Tensorfeld, → Feld.

tensorielle Nichtlinearität, die Abhängigkeit des Spannungstensors vom Deformations- und vom Deformationsgeschwindigkeitstensor sowie von dessen Quadraten und den gemischten Tensoren. Im allgemeinen Fall gehen auch noch die räumlichen Ableitungen des Spannungstensors ein. Das kann dazu führen, daß man je nach dem theoretischen Gesichtspunkt ein nicht-Newtonsches Verhalten als solches großer Deformationen oder als ein echt nichtlineares Verhalten des Stoffes betrachtet.

Tensorkraft, nichtzentraler Teil der Kernkraft (→ Nukleon-Nukleon-Wechselwirkung). Das Potential der zwischen zwei Nukleonen wirkenden T. ist das Produkt $V(r_{12}) \cdot \hat{S}_{12}$ eines Zentralpotentials $V(r)$ mit dem Tensor

$$\hat{S}_{12} = \frac{3\,(\vec{\sigma}_1 \vec{r}_{12})\,(\vec{\sigma}_2 \vec{r}_{12})}{\vec{r}_{12}^{\,2}} - \vec{\sigma}_1 \vec{\sigma}_2.$$

Dabei ist $\vec{r}_{12}$ die Differenz der Ortsvektoren der beiden Nukleonen (1) und (2) und $\vec{\sigma}_1 = (\hat{\sigma}_{1x}, \hat{\sigma}_{1y}, \hat{\sigma}_{1z})$ und $\vec{\sigma}_2 = (\hat{\sigma}_{2x}, \hat{\sigma}_{2y}, \hat{\sigma}_{2z})$ deren Spinoperatoren mit den Paulischen Spinmatrizen als Komponenten.

Die über alle Raumrichtungen gemittelte T. ist gleich Null. Parität und Gesamtdrehimpuls des Zwei-Nukleonen-Systems sind auch bei Anwesenheit von Tensorkräften Bewegungsintegrale, gleiches gilt für die Quadrate von Bahndrehimpuls und Spin.

Größe und Reichweite der T. sind mit dem Zentralkraftanteil der Kernkraft vergleichbar, jedoch ist der Beitrag der T. im Singulettzustand ($S = 0$) des Zwei-Nukleonen-Systems gleich Null. Unmittelbare Folge der T. ist die Tatsache, daß das Deuteron ein elektrisches Quadrupolmoment besitzt.

Die Mesonentheorie der Kernkräfte vermag das Zustandekommen der T. theoretisch zu erklären.

Tera, T, Vorsatz vor Einheiten mit selbständigem Namen = 10^{12}, → Vorsätze.

Terme, *Spektralterme*, im weiteren Sinne den Energieniveaus eines quantenmechanischen Systems, z. B. eines Atoms oder Moleküls, zugeordnete Größen, aus denen durch Differenzbildung sofort die Wellenzahlen des jeweiligen Spektrums berechnet werden können, im engeren Sinne die durch das Plancksche Wirkungsquantum h mal Lichtgeschwindigkeit c dividierten Energiewerte E_n und E_m: $E_n/(hc)$ und $E_m/(hc)$. Aus der Beziehung $h\nu = E_n - E_m$ und aus $\nu\lambda = c$ folgt für die Wellenzahlen $\lambda^{-1} = \frac{E_n - E_m}{hc} = T_m - T_n$, wenn die Termwerte T_n durch $T_n = -E_n/hc$ definiert werden. Es bedeuten ν die Frequenz, E_n und E_m die Energiewerte des Zustandes n bzw. m, λ die Wellenlänge und T_n und T_m die Termwerte des Zustandes n bzw. m. Das Minuszeichen liefert im allgemeinen positive Termwerte, da die Energien gebundener Zustände negativ sind; bei komplizierteren Systemen treten allerdings auch negative T. (s. u.) auf. Die Termwerte haben die Maßeinheit m^{-1}. Die Darstellung der Wellenzahlen als Termdifferenzen enthält das *Ritzsche Kombinationsprinzip* (→ Atomspektren). Bei der Kombination der T. unter Berücksichtigung der Auswahlregeln erhält man die Wellenzahlen aller Linien des Spektrums.

Man unterscheidet zwischen *geraden T.n* [engl. even] und *ungeraden T.n* [engl. odd] je nachdem, ob die entsprechenden stationären Zustände gerade oder ungerade → Parität haben. Im Rahmen des Schalenmodells ist die Parität eines Zustandes gerade (ungerade), wenn die

Summe $\sum_i l_i$ gerade (ungerade) ist. Hierbei sind l_i die Quantenzahlen der Bahndrehimpulse der einzelnen Elektronen. Die T., bei denen der Atomrumpf die im → Grundzustand des Atoms vorliegende Konfiguration beibehält, werden, von Fall zu Fall unterschiedlich, als *unverschobene, ungestrichene oder Ritzsche T.* bezeichnet. Bei abweichender Konfiguration des Atomrumpfes spricht man von *verschobenen, gestrichenen* oder *Nicht-Ritzschen T.n.* Da man meist der Seriengrenze der unverschobenen T. den Wert 0 zuordnet, kann ein Teil der verschobenen T. ein negatives Vorzeichen in bezug auf diesen Nullpunkt aufweisen (*negative T.*). Bei den T.n innerhalb eines Multipletts unterscheidet man *regelrechte* (*reguläre*) *T.* und *umgekehrte* (*invertierte*) *T.* Als regelrecht gilt, wenn der Term mit der größeren Quantenzahl des Gesamtdrehimpulses unter dem mit der kleineren liegt (→ Landésche Intervallregel). Die Gesamtheit aller T. der Atomhülle wird als *Termschema* bezeichnet. In einem solchen Termschema liegen die Röntgenterme besonders hoch. Zwischen den Röntgentermen einschließlich des Grundterms entstehen die → Röntgenspektren der Atome. Die T. sind häufig zu *Termmultipletts* zusammenzufassen, denen eine bestimmte Multiplizität zukommt (Dubletts, Tripletts usw.). So enthält das Termschema des Heliumatoms ein Triplettsystem und ein Singulettsystem. Beim Wasserstoffatom tritt dagegen nur ein Dublettsystem auf.

Termsymbole, zur Kennzeichnung der → Terme eingeführte Symbole. Diese enthalten die bei normaler Kopplung geltenden Quantenzahlen n (Hauptquantenzahl), J (Quantenzahl des Gesamtdrehimpulses), L (Quantenzahl des Bahndrehimpulses) und S (Quantenzahl des Elektronenspins). Zusammen mit der Elektronenkonfiguration ergibt das Termsymbol zumeist eine hinreichende Beschreibung eines Zustandes der Atomhülle. Im Termsymbol $^{2S+1}L_J$ steht links oben die permanente Multiplizität und rechts unten der *Termindex*, d. i. die Quantenzahl des Gesamtdrehimpulses. Für die Quantenzahl des Gesamtbahndrehimpulses $L = 0, 1, 2, 3, 4, 5, \ldots$ schreibt man die entsprechenden Großbuchstaben $S, P, D, F, G, H, \ldots$ Die entsprechenden kleinen Buchstaben $s, p, d, \ldots$ bezeichnen die Werte für die Einzelelektronen. Der Grundterm des Heliumatoms lautet daher $(1s)^2\,{}^1S_0$, wobei $(1s)^2$ die Elektronenkonfiguration, hier also zwei Elektronen im $1s$-Zustand, kennzeichnet, wobei die Hauptquantenzahl, hier gleich 1, im Symbol an erster Stelle steht, oftmals jedoch auch weggelassen wird.

Termsystem des Kerns, Zusammenfassung aller möglichen Energieniveaus eines Kerns in einem übersichtlichen Schema (→ Kernmodelle, Abb. 2). Die Energien der Zustände und ihre Quantenzahlen sowie Übergänge zwischen den Zuständen sind angegeben. Es ist das Ziel kernspektroskopischer Untersuchungen, das T. d. K. möglichst genau zu erforschen. Dabei werden sowohl Kernzerfälle als auch induzierte Kernreaktionen untersucht. Meist liefert erst eine Vielzahl unterschiedlicher Meßmethoden umfassende Angaben über das T. d. K. Das experimentell gefundene T. d. K. wird mit der Theorie verglichen. Dazu benutzt man Modellvorstellungen, z. B. das Schalenmodell und das Kollektivmodell. Bis zu Anregungsenergien von einigen MeV kann man die Niveaus befriedigend genau berechnen. Eine gute Übereinstimmung zwischen berechneten und gemessenen Energien, wie sie in der Atomhülle erreicht wird, konnte für den Atomkern noch nicht erzielt werden. Vor allem die hoch angeregten Energieniveaus, die durch Anregung vieler Nukleonen gebildet werden, können nur schlecht oder gar nicht berechnet werden.

ternäre Spaltung, → Kernspaltung.

terrestrisches Fernrohr, *Erdfernrohr*, ein → Fernrohr, bei dem zwischen dem Objektiv und dem sammelnden Okular ein Linsensystem zwischengeschaltet ist, das eine Bildumkehr bewirkt. Dadurch entsteht beim terrestrischen F. ein aufrechtes seitenrichtiges Bild, dieses Fernrohr ist deshalb für Erdbeobachtungen geeignet. Das terrestrische F. hat zwei Zwischenbildebenen, die zum Anbringen von Testmarken oder Fadenkreuzen geeignet sind. Nachteilig beim terrestrischen F. ist die große Baulänge gegenüber dem → Keplerschen Fernrohr und dem → Holländischen Fernrohr. Das Umkehrsystem besteht vielfach aus zwei Linsen und einer Mittelblende. Die erste Linse ist eine Feldlinse, die die Hauptstrahlen in der Blende vereinigt; die zweite Linse bringt die Strahlen hinter der Feldlinse eines Huygensschen Okulars zum Schnitt.

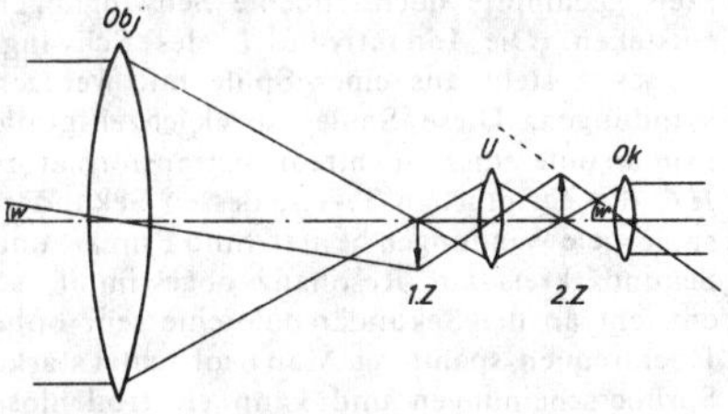

Anordnung und Strahlengang beim terrestrischen Fernrohr mit einlinsigem Umkehrsystem und einlinsigem Okular. ***Obj*** **Objektiv,** ***Ok*** **Okular,** ***U*** **Umkehrsystem,** ***Z*** **Zwischenbild**

Das Umkehrsystem eines terrestrischen F.s dient oft als Ausgang für pankratische Fernrohre zur kontinuierlichen Änderung der Vergrößerung. Terrestrische F.e werden als Aussichtsfernrohre verwendet.

Terz, der dritte Ton der diatonischen Tonleiter, zugleich das Intervall (→ Tonskalen) zwischen diesem und dem Grundton. Man unterscheidet die *kleine T.*, ein Intervall mit einem Halb- und einem Ganz-Tonschritt, deren Frequenzen im Verhältnis 6 : 5 zueinander stehen, und die aus zwei Ganz-Tonschritten bestehende *große T.*, deren Frequenzen sich wie 5 : 4 verhalten.

Terzsieb, → akustisches Filter.

Tesla, T, **1)** gesetzliche abgeleitete SI-Einheit der magnetischen Flußdichte oder der magnetischen Induktion. Der Name Tesla darf durch Weber je Quadratmeter (Wb/m²) ersetzt werden. Vorsätze erlaubt. Das Tesla ist die Flußdichte oder Induktion eines homogenen magnetischen Flusses von 1 Wb, der eine Fläche von 1 m² senkrecht durchsetzt. **2)** SI-Einheit der magnetischen Polarisation. Das Tesla ist die magnetische Polarisation eines

Körpers mit dem Volumen 1 m³, der ein Coulombsches magnetisches Moment von 1 Wb · m hat. 1 T = 1 Wb · m/m³ = 1 Wb/m² = 1 kg · s^{-2} · A^{-1}.

Tesla-Transformator, eine Anordnung zur Erzeugung hochfrequenter Wechselspannungen von sehr großer Amplitude. Das Prinzip des T.-T.s wird in der Abb. gezeigt. Durch einen Trans-

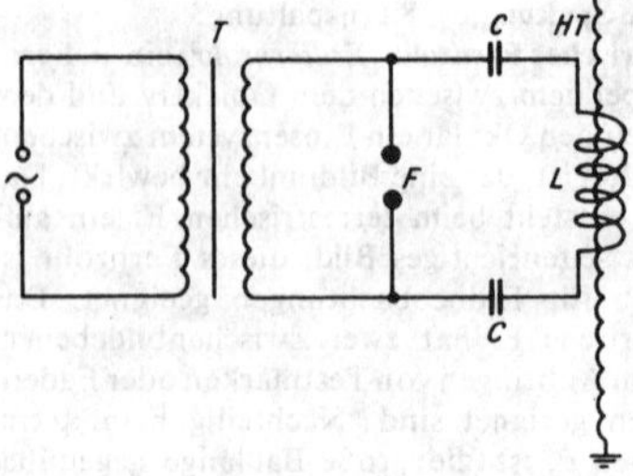

Prinzip des Tesla-Transformators

formator oder Induktor *T* werden die Kondensatoren *C* des Schwingkreises periodisch aufgeladen, bis die an ihnen liegende Spannung so hoch geworden ist, daß ein Durchschlag der Funkenstrecke *F* erfolgt und damit im Schwingkreis gedämpfte hochfrequente Schwingungen entstehen. Die Induktivität *L* des Schwingkreises besteht aus einer Spule mit wenigen Windungen. Diese Spule ist gleichzeitig die Primärspule eines Hochfrequenztransformators *HT*, des eigentlichen T.-T.s, dessen Sekundärspule viele Windungen besitzt. Sind Primär- und Sekundärkreis auf Resonanz abgestimmt, so entsteht an der Sekundärspule eine sehr hohe Hochfrequenzspannung. Man beobachtet starke Sprüherscheinungen und kann elektrodenlose Gasentladungsröhren noch in einiger Entfernung zum Aufleuchten bringen.

Macht man die Windungszahl der Sekundärspule klein, so entstehen im Sekundärkreis hohe Stromstärken, und es tritt eine hohe Wärmeentwicklung auf. Dieses Prinzip findet Anwendung in der Metallurgie (z. B. beim Schmelzen von Metallen) und in der Medizin (Diathermie).

Lit. Westphal: Physik (25./26. Aufl., Berlin, Göttingen, Heidelberg 1970).

Testfunktion, 1) → axiomatische Quantentheorie. **2)** → Distribution.

Tetmayer-Parabel, Darstellung der kritischen Druckkraft beim Knicken dicker Stäbe, die teils wirklich geknickt, teils gequetscht werden.

Tetradentheorie, Erweiterung der Einsteinschen Gravitationstheorie (→ allgemeine Relativitätstheorie) unter besonderer Berücksichtigung der Existenz von Spinorfeldern. Um Spinorfelder an das Gravitationsfeld anzukoppeln, muß man die Diracschen Spinmatrizen γ^0_a, die die Vertauschungsrelation

$$\gamma^0_a \gamma^0_b - \gamma^0_a \gamma^0_b = \eta_{ab} \quad (1)$$

erfüllen, wobei η_{ab} der metrische Tensor der Minkowski-Welt (→ Minkowski-Raum) ist, für den Fall des Riemannschen Raumes verallgemeinern. Mit vier Vektorfeldern h^a_μ, den Tetradenfeldern, kann man den metrischen Tensor des Riemannschen Raumes $g_{\mu\nu}$ in der Form

$$g_{\mu\nu} = h^a_\mu h^b_\nu \eta_{ab} \quad (2)$$

(Summation über doppelt auftretende Indizes) darstellen, und die verallgemeinerten Spinmatrizen (→ Dirac-Gleichung)

$$\gamma_\mu = \gamma^0_a h^a_\mu \quad (3)$$

einführen. Wegen (1) und (2) erfüllen sie die Vertauschungsrelationen

$$\gamma_\mu \gamma_\nu - \gamma_\nu \gamma_\mu = g_{\mu\nu}. \quad (4)$$

Mit diesen Matrizen läßt sich die Dirac-Gleichung bei Vorhandensein eines Gravitationsfeldes in der Form

$$(\gamma^\mu \nabla_\mu - m^2)\psi = 0 \quad (5)$$

schreiben, wobei ∇_μ eine Verallgemeinerung der gewöhnlichen Ableitung für Spinoren im gekrümmten Raum ist.

In (2) gehen nur 10 Kombinationen der 16 Größen h^a_μ ein; sie sind durch die Einsteinschen Gravitationsgleichungen bestimmt. Nach Gleichung (5) erscheinen jedoch alle 16 Größen h^a_μ als wesentlich. Es erhebt sich die Frage nach der physikalischen Bedeutung der restlichen 6 Größen, die durch (2) nicht bestimmt werden, und nach den 6 Gleichungen, durch die sie zu bestimmen wären.

In diesem Zusammenhang sind nun mehrere T.n des Gravitationsfeldes vorgeschlagen und untersucht worden. Sie sehen nicht die 10 $g_{\mu\nu}$, sondern die 16 Komponenten der Bezugstetraden h^a_μ als die physikalisch wesentlichen Größen des Gravitationsfeldes an. Die ersten Untersuchungen in dieser Richtung stellte Einstein 1928 in seiner Feldtheorie mit Fernparallelismus an. Während die allgemeine Relativitätstheorie kein Bezugssystem auszeichnet und demgemäß keinen Fernvergleich von Richtungen (Vektoren) gestattet, ist in T.n durch die h^a_μ im ganzen Raum ein ausgezeichnetes Feld von Bezugssystemen definiert. Zwei Vektoren $A^\mu(x)$ und $A^\mu(x')$ in verschiedenen Punkten des Raumes sind gleich, wenn ihre bezüglich h^a_μ gemessenen Komponenten

$$A^a(x) = h^a_\mu A^\mu(x), \quad A^a(x') = h^a_\mu(x') A^\mu(x') \quad (6)$$

gleich sind. Dadurch ist es möglich, eine von der Christoffel-Übertragung verschiedene Übertragung anzugeben, bei der ein bezüglich dieser Übertragung kovariant konstanter Vektor so transportiert wird, daß sich seine Komponenten (6) nicht ändern. Insbesondere sind die h^a_μ selbst bezüglich dieser kovarianten Ableitung konstant, so daß für die zugehörige Übertragung $D^\sigma_{\mu\varrho}$ gilt:

$$h^a_{\mu||\varrho} = \partial_\varrho h^a_\mu - D^\sigma_{\mu\varrho} h^a_\sigma = 0. \quad (7)$$

Mit den zu h^a_μ inversen Größen h^ν_b erhält man daraus für die Übertragung:

$$D^\sigma_{\mu\varrho} = h^\sigma \partial_\varrho h^a_\mu. \quad (8)$$

Physikalisch bedeutet diese in den Indizes μ und ϱ unsymmetrische Übertragung das Auftreten einer Torsion, welche den Schließfehler, der bei einem im torsionsfreien Raum geschlossenen infinitesimalen Parallelogramm auftritt, beschreibt.

Die T.n bieten aussichtsreiche neue Strukturmöglichkeiten, die die Einsteinsche Gravitationstheorie nicht besitzt. Bis jetzt fehlen jedoch durch Messungen fundierte physikalische Prinzipien, um die Tetradenfeldgleichungen eindeutig festzulegen.

Tetraedervalenz, nach Hund auch *q-Valenz*, die tetraedrische Anordnung der kovalenten Bindungen (→ chemische Bindung) bei sp^3-Hybridisation (→ Hybridisation). Ursache der T. ist die bei der sp^3-Hybridisation auftretende Verdichtung der Ladungswolken nach den Ecken eines regulären Tetraeders, die in diesen Richtungen zu einer besonders großen Überlappung mit den Elektronen der Bindungspartner führt.

tetragonal, Bezeichnung für diejenigen Raum- und Punktgruppen, bei denen es vierzählige Symmetrieachsen parallel zu einer Richtung, aber keine dreizähligen Symmetrieachsen gibt (→ Symmetrie, Tab. 3). Der Basisvektor $\vec{c}$ wird parallel zu den vierzähligen Achsen, $\vec{a}$ als der kürzeste Vektor senkrecht zu $\vec{c}$ sowie $\vec{b}$ senkrecht zu $\vec{a}$ und $\vec{c}$ gewählt. Es ist dann $|\vec{a}| = |\vec{b}|$. T.e Raum- und Punktgruppen faßt man zum *t.en Kristallsystem* zusammen.

Einen Kristall mit t.er Raumgruppe, sein Punkt- und Translationsgitter und seine Elementarzelle nennt man ebenfalls t.

Tetragyre, svw. vierzählige → Drehachse.

Tetrode, → Schirmgitterröhre.

TE-Welle, → Wellenleiter.

Textur, *Orientierungsverteilung von Kristalliten*, Häufigkeitsverteilung der Kristallite eines Vielkristalles bezüglich ihrer kristallographischen Orientierung. Die T. ist darstellbar als Funktion $f(\varphi_1, \Phi, \varphi_2)$ der Eulerschen Winkel zwischen den kristallographischen Achsen und einem festen Bezugssystem (Abb. 1, S. 1550).

Die Messung der T. erfolgt meist durch Beugung von Röntgenstrahlen mit Hilfe von → Texturgoniometern, genauer jedoch durch Neutronenbeugung. Mit beiden Methoden erhält man zunächst nur die Orientierungsverteilungen spezieller *Kristallrichtungen*, die in stereographischer Projektion als *Polfiguren* angegeben werden (Abb. 2). Aus mehreren Polfiguren kann die Funktion $f(\varphi_1, \Phi, \varphi_2)$ berechnet werden. Häufig werden auch *inverse* (*reziproke*) *Polfiguren* berechnet, d. s. die Orientierungsverteilungen spezieller *Probenrichtungen* (Walz-, Normal- oder Drahtachsenrichtung) relativ zu den Kristallachsen, dargestellt in stereographischer Projektion (Orientierungsdreieck, Abb. 3).

In manchen Fällen ist es möglich, die Orientierungsverteilung durch *Ideallagen* näherungsweise zu beschreiben; so z. B. ist die *Würfellage* dadurch charakterisiert, daß die kristallographische Ebene (001) || zur Walzebene (WE), die kristallographische Richtung [100] || zur Walzrichtung (WR) liegt. Hingegen ist bei der *Goss-Lage* (001) || WE, [100] || WR.

Spezielle T.en sind ferner die rotationssymmetrischen T.en oder Fasertexturen, die in Fasern, Drähten und manchen Aufdampfschichten vorkommen.

T.en entstehen z. B. durch plastische Verformung (*Walztexturen*, *Ziehtexturen*), als *Rekristallisationstexturen* und als *Wachstumstexturen* bei der Erstarrung aus der Schmelze oder der Abscheidung aus Lösungen bzw. der Gasphase.

T.en sind die Ursache für die Anisotropie physikalisch-technischer Eigenschaften vielkristalliner Materialien. Diese kann erwünscht sein, z. B. bei Transformatorenblechen mit Vorzugsorientierung, oder unerwünscht, z. B. bei Tiefziehblechen, wo sie zur Zipfelbildung führen kann. Die Regellosigkeit der Kristallorientierungen führt zu quasiisotropem Verhalten und wird deshalb vielfach angestrebt oder theoretisch vorausgesetzt. Sie ist jedoch praktisch nur schwer zu realisieren.

Lit. Bunge: Mathematische Methoden der Texturanalyse (Berlin 1969); Wassermann u. Grewen: T.en metallischer Werkstoffe (2. Aufl. Berlin, Göttingen, Heidelberg 1962).

Texturgoniometer, Gerät zur Messung von Polfiguren (→ Textur) mit Hilfe der Beugung von Röntgenstrahlen oder von Neutronen. Man unterscheidet T. auf Film- und Zählrohrbasis. Bei *Filmtexturgoniometern* wird jeweils ein Debye-Scherrer-Kreis ausgeblendet, die Probe wird um eine Achse gedreht, und synchron dazu wird der Film bewegt. Es gibt verschiedene T., die sich durch die Lage der Drehachse und die Art der Filmbewegung unterscheiden. Bei *Zählrohrtexturgoniometern* wird nur jeweils ein Punkt eines Debye-Scherrer-Kreises ausgeblendet. Zur vollständigen Abtastung der Polfigur muß die Probe daher um zwei Achsen gedreht werden. Die Abtastung erfolgt entweder auf konzentrischen Kreisen oder spiralförmig.

Lit. → Textur.

$T^{3/2}$-Gesetz, svw. T-hoch-drei-Halbe-Gesetz.

T^3-Gesetz, → Debyesche Theorie der spezifischen Wärmekapazität.

T^4-Gesetz, → Debyesche Theorie der spezifischen Wärmekapazität, → Plancksche Strahlungsformel.

T^5-Gesetz, → Bloch-Grüneisen-Gesetz, → Plancksche Strahlungsformel.

th, → thermie.

Th, → Thorium.

Thallium-204-Standard, → radioaktiver Standard.

ThC″, → radioaktive Familien.

Theodolit, Meßgerät zum Bestimmen von Horizontal- und Vertikalwinkeln in der Geodäsie. Der T. setzt sich zusammen aus dem Unterbau, der durch Verschraubung mit dem Stativ fest verbunden wird oder bei genauesten Winkelmessungen unbeweglich auf einem besonders vorgerichteten Pfeiler ruht, und dem Oberbau, der im Unterbau beweglich gelagert ist. Zum Unterbau des T.en gehört der *Dreifuß* mit Fußschrauben und der horizontal liegende *Teilkreis* (*Horizontalkreis*, *Limbus*) mit einer im Uhrzeigersinn bezifferten Teilung zur Winkelmessung in der Horizontalen. Außerdem ist meist noch ein *Vertikalkreis* für die Bestimmung von Winkeln vorhanden. Zum Oberbau gehört ein *Beobachtungs-* oder *Zielfernrohr* (→ Fernrohr) mit Fadenkreuz, das sowohl in der Horizontalen als auch in der Vertikalen geschwenkt werden kann. Die genaue horizontale Einstellung der Fernrohrachse beim Teilstrich Null der Höhenteilung wird mittels einer *Libelle* vorgenommen; die senkrechte Einstellung erfolgt, indem das Fernrohr bei aufgesetzter Libelle um die vertikale Achse gedreht wird, bis die Libelle ihre Einstellung nicht mehr ändert. Andere Bauarten sind mit je einer Libelle für die Horizontale und die Vertikale ausgerüstet. Zum

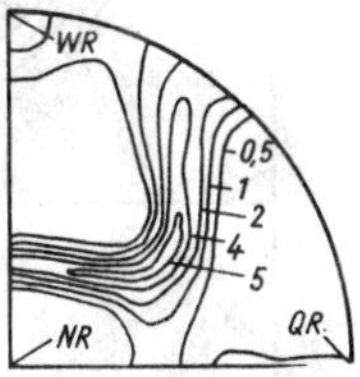

2 (200)-Polfigur eines Kupferblechs. *WR* Walzrichtung, *NR* Normalrichtung, *QR* Querrichtung. Die Werte, auf die sich die Höhenschichtlinien beziehen, sind im relativen Maßstab angegeben

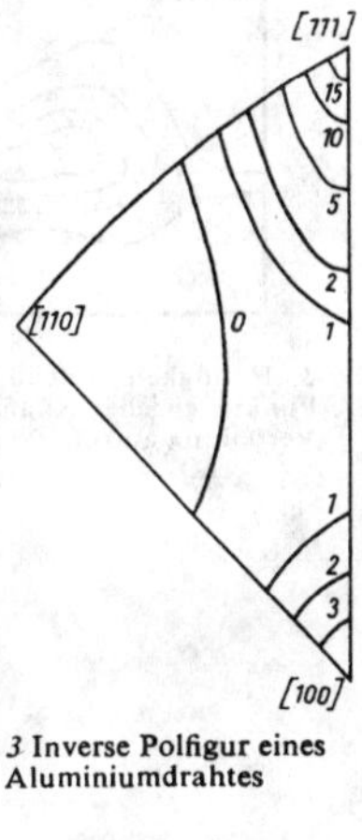

3 Inverse Polfigur eines Aluminiumdrahtes

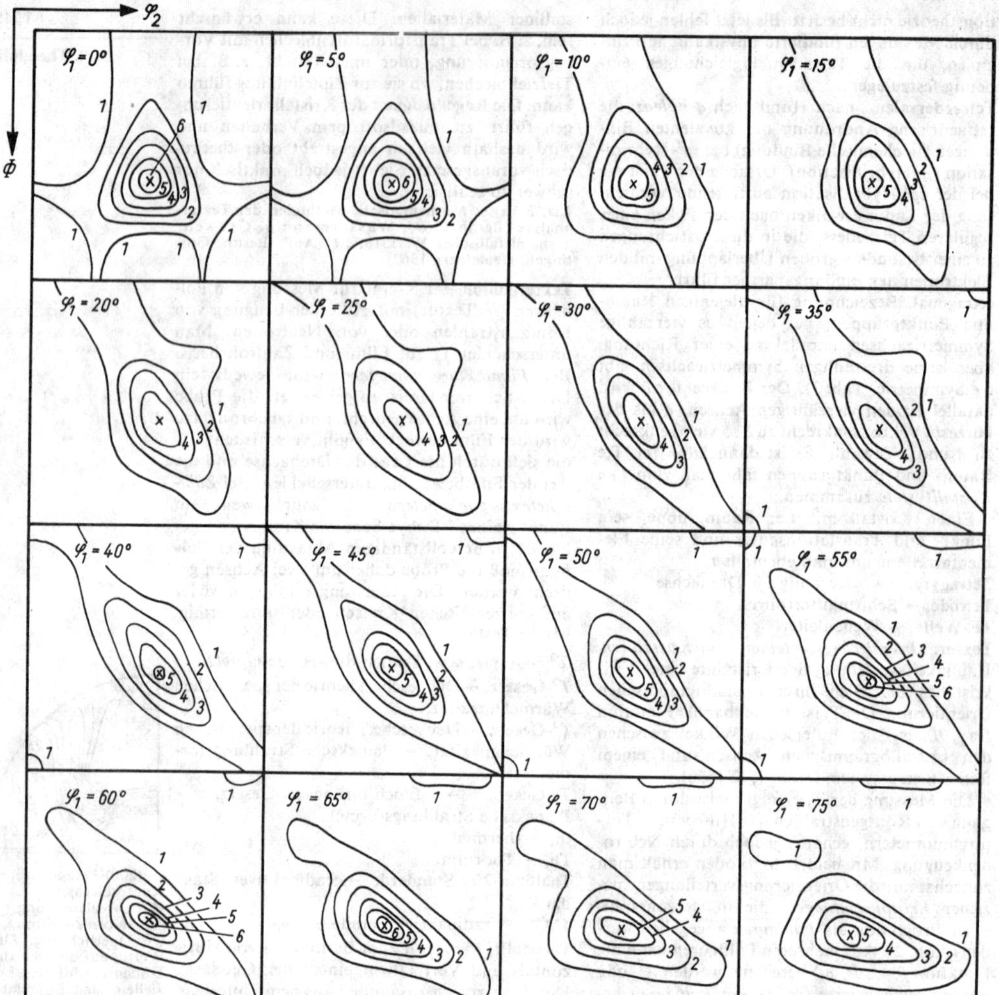

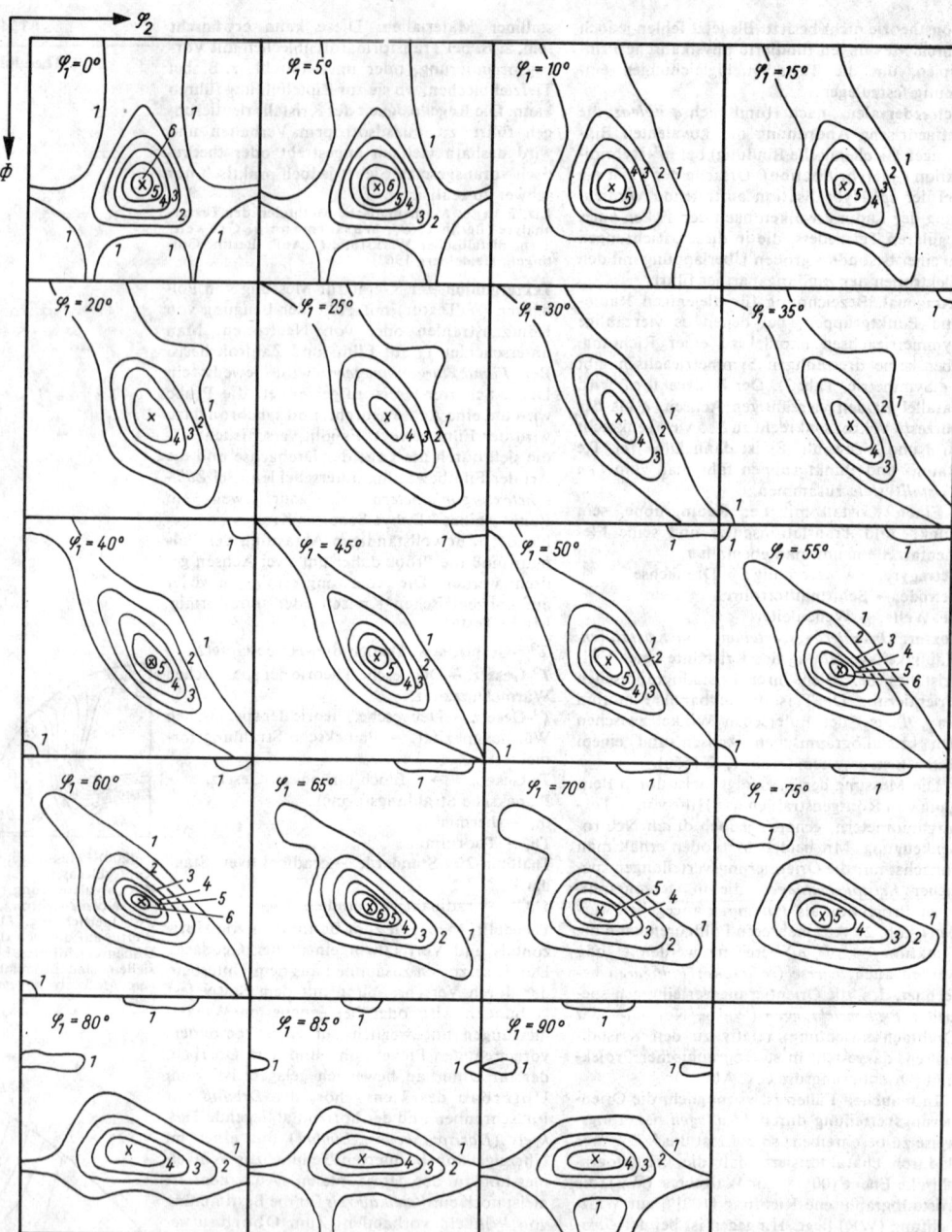

1 **Häufigkeitsverteilung der verschiedenen orientierten Kristallite in einem Stahlblech als Funktion der Eulerschen Winkel. Punkte gleicher Häufigkeit sind durch Höhenschichtlinien verbunden, die Zahlen geben die Häufigkeit in Vielfachen der regellosen Verteilung an**

Oberbau gehört ferner die *Alhidade*, eine zentrisch und drehbar über dem Horizontalkreis angebrachte Kreisscheibe mit zwei diametralen Zeigern. Sie hat zwei Stutzen für die Fernrohrachse. Mit dieser Kippachse sind das Zielfernrohr und die Zeigereinrichtung für den zur Fernrohrachse senkrechten Höhenkreis fest verbunden. Mittels der Fußschrauben wird die Alhidade nach der Anzeige der Libelle horizontal gestellt. Danach muß die Standachse des T.en senkrecht stehen, während die Kippachse waagerecht liegt und das Fernrohr senkrecht zu dieser steht.

Die Ablesegenauigkeit beträgt im allgemeinen 0,5°; sie läßt sich mittels Nonien an den Ablesezeigern auf 30″ erhöhen.

Der *magnetische T.* dient zur Messung von Deklination und Horizontalintensität (→ Erdmagnetismus) des Erdmagnetfeldes. Es werden Horizontalwinkel zwischen der Magnetnadel, die frei beweglich um eine Vertikalachse aufgehängt ist, und geographischen Punkten gemessen. Durch die Anbringung eines Magneten mit bekanntem Moment wird die Auslenkung der Magnetnadel verändert und so die Richtwirkung der Horizontalintensität und die des Magneten verglichen.

Theorem der korrespondierenden Zustände, *Theorem der übereinstimmenden Zustände*, Behauptung, daß die thermischen Eigenschaften sämtlicher Stoffe durch eine universelle Zustandsgleichung $f(p_r, V_r, T_r) = 0$ dargestellt werden können, wenn an Stelle der in den individuellen Zustandsgleichungen auftretenden Zustandsgrößen p, V, T die dimensionslosen reduzierten Zustandsgrößen p_r, V_r, T_r eingeführt werden. Diese sind definiert durch: $p_r = p/p_{kr}$, $T_r = T/T_{kr}$, $V_r = V/V_{kr}$, wobei p_{kr}, T_{kr}, V_{kr} die → kritischen Zustandsgrößen sind. Nach dem T. d. k. Z. brauchte man die Funktion $f(p_r, V_r, T_r) = 0$ also nur für einen Stoff experimentell zu bestimmen und könnte dann die Zustandsflächen jedes Stoffes berechnen, wenn seine kritischen Daten bekannt sind. Das T. d. k. Z. ist außer bei chemisch ähnlichen Stoffen jedoch nicht streng erfüllt, was wegen der Verschiedenheit der Gestalt der Moleküle und ihrer Wechselwirkung auch nicht zu erwarten ist. Die aus den bekannten Zustandsgleichungen abgeleiteten reduzierten Zustandsgleichungen $f(p_r, V_r, T_r)$ können eben nur in dem Bereich Gültigkeit haben, in dem die Ausgangsgleichungen gültig sind. So erhält man z. B. aus der van-der-Waalsschen Zustandsgleichung $(p + a/V^2) \times (V - b) = RT$, in der a und b Stoffkonstanten sind, die reduzierte Zustandsgleichung $(p_r + 3/V_r)(3V_r - 1) = 8T_r$.

Theorem der übereinstimmenden Zustände, svw. Theorem der korrespondierenden Zustände.

Theorem von Mittag-Leffler, → meromorphe Funktion.

Theorem von Taylor, Satz über die Verteilungsfunktion f der Leitungselektronen in der → Brillouin-Zone beim Einwirken eines konstanten elektrischen Feldes $\vec{E}$: $f_k = f^0(\vec{k} - e\tau\vec{E}/\hbar)$. Hierbei ist $\vec{k}$ der Wellenvektor der Bloch-Zustände, e die Elementarladung, τ die Relaxationszeit und $\hbar$ die Plancksche Konstante. Die Beziehung gilt für das thermodynamische Gleichgewicht und kann so interpretiert werden, als sei die Fermi-Fläche um $\delta\vec{k} = e\tau\vec{E}/\hbar$ verschoben worden.

Theorie der adiabatischen Invarianten, svw. Adiabatentheorie.

Theorie offener Systeme, durch v. Bertalanffy gegebene Erklärung für das Verhalten lebender Systeme, die in einem ständigen energetischen und stofflichen Austausch mit ihrer Umgebung stehen. Die Abbildung zeigt das Schema eines einfachen *offenen Systems*. Der Transport wird durch die Diffusionskoeffizienten D_1 und D_2 beschrieben. In einer monomolekularen reversiblen Reaktion bildet sich aus dem Stoff A der Stoff B. Die Geschwindigkeitskonstante der Hinreaktion sei k_1, die der Rückreaktion k_2. Außerdem wird A irreversibel in C mit der Geschwindigkeitskonstante k_3 durch eine katabolische Reaktion umgewandelt. Der dabei entstehende Stoff wird nach Maßgabe des Diffusionskoeffizienten D_2 aus dem System entfernt.

Offene Systeme können in ein *Fließgleichgewicht*, einen stationären Zustand, übergehen, bei dem die makroskopischen Größen konstant bleiben, aber die mikroskopischen Prozesse der Aufnahme und Abgabe von Materie und Energie weiterlaufen. Dabei bleibt die stoffliche Zusammensetzung eines Systems konstant, obwohl das Verhältnis der Konzentrationen nicht auf dem chemischen Gleichgewicht reversibler Reaktionen beruht, sondern Reaktionen weiterlaufen und zum Teil irreversibel sind. Das Verhältnis der Stoffkonzentrationen im Fließgleichgewicht hängt nur von den Systemkonstanten der Reaktionen und des Transportes ab, aber nicht von den äußeren Bedingungen.

Ein offenes System wird durch einen Satz von Transportgleichungen beschrieben. Für das i-te Element des Systems gilt: $\frac{\partial x_i}{\partial t} = T_i + P_i$. Dabei sind die T_i Funktionen, die den Transport der betreffenden Komponente beschreiben, während die P_i die Erzeugung oder den Abbau von Komponenten an einer bestimmten Stelle im System erfassen. Die notwendigen Bedingungen für ein Fließgleichgewicht lauten: $\frac{\partial x_i}{\partial t} = 0$ für alle i. Durch die Lösung der algebraischen Gleichungen $T_i + P_i = 0$ erhält man die Konzentrationen x_i der einzelnen Komponenten im Fließgleichgewicht.

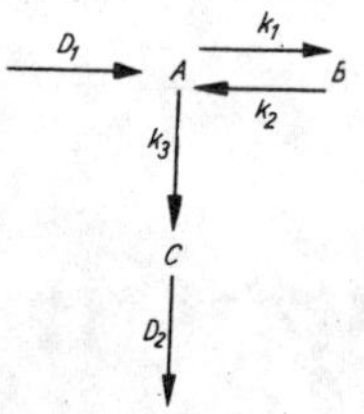

Beispiel eines einfachen offenen Systems

Theorie von Levy, Theorie des idealplastischen Körpers, die elastische Formänderungen vernachlässigt. Im Gegensatz zur Misesschen Theorie wird hier die Trescasche Fließbedingung zur Aufstellung der Spannungs-Dehnungs-Beziehungen verwendet. Untersuchungen zeigen, daß die Form der Spannungs-Dehnungs-Beziehungen, wie sie in der Misesschen Theorie verwendet wurden, geändert werden muß. Es besteht eine gegenseitige Abhängigkeit zwischen Fließbedingung und Spannungs-Dehnungs-Beziehung.

therm, englische Einheit der Wärmemenge. 1 therm = $1{,}056 \cdot 10^8$ J.

thermaktin, → Wärmestrahlung.

thermie, th, französische Einheit der Wärmemenge des MTS-Systems. 1 th = 1 Mcal = $4{,}1868 \cdot 10^6$ J.

Thermik, Bezeichnung für kleinräumige Vertikalbewegungen in der → Atmosphäre. Als Folge der unterschiedlichen Aufheizung der Erdoberfläche (abhängig vom Einfallswinkel der Sonnenstrahlung, von der Vegetation, von der spezifischen Wärme des Erdbodens, von künstlichen Wärmequellen) erwärmt sich die darüberliegende Luftschicht verschieden stark. Die im Vergleich zur Umgebung wärmere Luft erfährt einen archimedischen Auftrieb und steigt in einzelnen Blasen auf. Die Aufstiegshöhe und Vertikalgeschwindigkeit werden durch die vertikale Temperaturverteilung in der Atmosphäre bestimmt (→ Trockenadiabate, → Feuchtlabilität). Die T. ist eine wichtige Energiequelle für den → Segelflug.

thermische Analyse, Verfahren, bei dem thermische Effekte ausgenutzt werden, die bei Erwärmung oder Abkühlung von chemischen oder physikalischen Veränderungen hervorgerufen werden. Als Grundlage der t.n Analyse dient das Newtonsche Abkühlungsgesetz. Läßt man eine Schmelze erstarren und trägt ihre Temperatur über der Zeit auf, so bleibt bei einkomponentigen Schmelzen während der Erstarrung die Temperatur konstant. In den Abkühlungskurven ergeben sich dann waagerechte Abschnitte, die *Haltepunkte*. Bei mehrkomponentigen Systemen erhält man einen *Knickpunkt*, wenn die erste Komponente zu erstarren beginnt, und bei vielen Legierungen anschließend einen Haltepunkt, wenn die Schmelze eine für die Legierung charakteristische Zusammensetzung angenommen hat, die wie ein reiner Stoff erstarrt, z. B. bei eutektischer Zusammensetzung. Aus der Lage der Knick- und Haltepunkte läßt sich das Schmelzdiagramm konstruieren (Abb.).

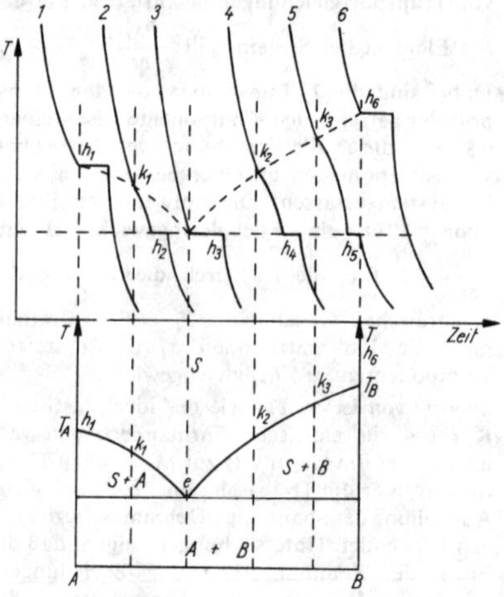

Ermittlung des Schmelzdiagramms einer binären Legierung mit einem Eutektikum aus Abkühlungskurven. *A* und *B* Komponenten, *S* Schmelze, h_1 bis h_6 Haltepunkte, k_1 bis k_3 Knickpunkte, *e* eutektischer Punkt

Sichere Angaben über die Zusammensetzung der vorliegenden Phasen erhält man durch zusätzliche Auswertung der Zeitdauer der Haltepunkte, die der Menge der umgewandelten Masse proportional ist.

Lit. Vogel: Die heterogenen Gleichgewichte (2. Aufl. Leipzig 1959).

thermische Bewegung, *Temperaturbewegung*, *Wärmebewegung*, ungeordnete Bewegung der Atome und Moleküle, die der makroskopischen Bewegung eines Festkörpers als Ganzes oder einer eventuell vorhandenen geordneten Strömungsbewegung in Flüssigkeiten und Gasen überlagert ist. Ihre Intensität wächst mit steigender Temperatur. Bei Gasen und Flüssigkeiten ist die t. B. in erster Linie eine Translation bzw. Rotation der Moleküle, in Festkörpern dagegen fast ausschließlich eine Schwingungsbewegung.

thermische Dehnung, svw. Wärmeausdehnung.

thermische Energie, → Energie.

thermische Fehlordnung, → Eigenfehlstellen.

thermische Geschwindigkeit, mittlere Geschwindigkeit von Teilchen bei Zimmertemperatur, insbesondere von thermischen Neutronen, bei denen die t. G. häufig mit 2200 m/s angegeben wird.

thermische Gitterbewegung, svw. Gitterschwingungen.

thermische Ionisierung, → Ionisation.

thermische Nutzung, → Vierfaktorenformel.

thermischer Schild, *thermischer Schirm*, der dem Reaktor zunächst gelegene Teil der gesamten Abschirmung gegenüber Neutronen- und γ-Strahlen. Der thermische S. wird so dimensioniert, daß er einen hohen Anteil der vom Reaktor nach außen tretenden Neutronen- und Gammastrahlungsenergie absorbiert, so daß er meistens sogar gekühlt werden muß. Aus diesem Grund ist neben der hohen Dichte des verwendeten Materials sowie dessen großen Neutroneneinfangquerschnitten auch die Wärmeleitfähigkeit des thermischen S.es besonders wichtig. Als Materialien kommen Stahl, borierter Stahl, Boral u. a. Abschirmstoffe in Betracht (→ Abschirmung 2). Da bei Reaktoren Neutronen- und γ-Strahlen-Spektren gleichzeitig auftreten, d. h. in der Abschirmung, dem „Schild", Sekundärstrahlungen, wie Bremsstrahlungen, und außerdem eine beträchtliche Wärmeenergie durch die Umwandlung der Strahlungsenergie entstehen, ist die Berechnung und Konstruktion des thermischen S.s, allgemein der gesamten Abschirmvorrichtung, eine komplizierte Aufgabe. Bei besonders guter Übereinstimmung von strahlenschutztechnischen Erfordernissen einerseits und ökonomischem Aufwand, d. h. Kosten, Gewicht, Abmessungen u. ä. andrerseits spricht man vom *optimalen* Schild.

thermischer Schirm, → thermischer Schild.

thermisches Plasma, Plasma, das sich im thermischen Gleichgewichtszustand befindet und auf das die Gleichungen der Thermodynamik angewendet werden können. Für ein thermisches Plasma, gleichgültig, auf welche Weise die Thermalisierung entsteht, kann stets eine Temperatur definiert werden. Auch stößefreie Plasmen können den thermischen Zustand erreichen, falls sie nur genügend turbulent sind oder falls starke kollektive Wechselwirkungen die Rolle der Stöße übernehmen oder ein sehr starkes Magnetfeld in ihnen existiert.

thermische Strahlung, → Wärmestrahlung.

thermische Untergrundstreuung, der Teil der an einem Kristall gestreuten Strahlung, der in Richtungen austritt, die nicht den Punkten (*hkl*) des reziproken Gitters entsprechen. Die t. U. tritt infolge von durch Wärmeschwingungen hervorgerufenen Abweichungen von der Periodizität auf.

thermische Zustandsgleichung, → Zustandsgleichung.

Thermistor [engl. *therm*ally sensitive res*istor*], *NTC-Widerstand* [engl. *n*egative *t*emperature *c*oefficient resistor], ein als → Heißleiter verwendetes Halbleiterbauelement mit großem negativem Temperaturkoeffizienten. T.en bestehen aus oxidkeramischen Sinterwerkstoffen mit einem temperaturabhängigen Temperaturkoeffizienten von etwa $-0{,}03\ K^{-1}$. Die Temperaturabhängigkeit läßt sich durch $R = a \exp(b/T)$ annähern. Dabei ist *a* eine von der

Geometrie und der Ladungsträgerkonzentration des Werkstoffes, b eine vom inneren Leitungsmechanismus abhängige Konstante und T die Temperatur.

Thermochemie, Lehre von der Wärmewirkung der chemischen Vorgänge und der chemischen Wirkung der Wärme.

1) Die Wärmewirkung der chemischen Vorgänge umfaßt alle Aussagen über → Reaktionswärmen und deren Abhängigkeit von den Zustandsvariablen (→ Heßsches Gesetz). Die thermodynamische Grundlage ist der 1. Hauptsatz (→ Hauptsätze der Thermodynamik). Das häufigste Meßverfahren ist die → Kalorimetrie.

2) Die Wirkungen der Wärme auf chemische Vorgänge können thermodynamisch und kinetisch untersucht werden. Die thermodynamische Richtung berechnet die Lage der chemischen Gleichgewichte und deren Temperaturabhängigkeit. Grundlage dafür ist der 2. Hauptsatz. Außerdem kann man rein theoretisch ermitteln, ob eine Reaktion überhaupt möglich ist oder nicht. Die kinetische Richtung hat die Aufgabe, die → Reaktionsgeschwindigkeit auf Grund der statistischen Wärmetheorie zu berechnen. Dies ist bisher wenig erfolgreich gewesen.

Lit. Kortüm: Einführung in die chemische Thermodynamik (6. Aufl. Göttingen 1972); Münster: Chemische Thermodynamik (Weinheim 1969).

Thermodetektor, Gerät, das die Wärmemenge mißt, die die radioaktive Strahlung beim Durchdringen von Materie erzeugt. Zu den T.en rechnet man Strahlungskalorimeter (→ Kalorimeter) für α- und β-Strahlung und Thermoelemente, die z. B. zur Messung starker Neutronenflüsse in Reaktoren und Blasenkammern verwendet werden.

Im weitesten Sinne wird unter T. jedes Nachweisgerät für Wärme (→ Strahlungsempfänger 2) verstanden.

Thermodiffusion, *Ludwig-Soret-Effekt*, in kondensierten Phasen (Flüssigkeiten, Elektrolyte) *Soret-Effekt*, Art der Diffusion, d. h. Transport atomarer Teilchen durch einen Temperaturunterschied in einer Mischung zweier Gase oder Flüssigkeiten. Der totale Diffusionsstrom J_1, d. h. der Massestrom der Teilchensorte 1, setzt sich in einem solchen Falle aus dem gewöhnlichen Diffusionsstrom und dem Thermodiffusionsstrom zusammen: $J_1 = -\varrho D_{12} \operatorname{grad} c_1 - \varrho c_1 c_2 D'_{12} \operatorname{grad} T$.

Dabei sind $\varrho = \varrho_1 + \varrho_2$ die Gesamtmassedichte, $c_1 = \varrho_1/\varrho$ und $c_2 = \varrho_2/\varrho$ die Massenverhältnisse, T die Temperatur, D_{12} der Diffusionskoeffizient und D'_{12} der *Thermodiffusionskoeffizient*, der das Entstehen des Diffusionsstromes, also eines Massetransports, durch einen Temperaturgradienten in der betreffenden Mischung charakterisiert. Die Indizes 12 zeigen an, daß für jede Kombination von zwei Stoffen ein anderer Koeffizient existiert. Den Ausdruck D'_{12}/D_{12} nennt man auch das *Thermodiffusionsverhältnis*. Durch den Diffusionsstrom wird in der Mischung ein Dichtegefälle erzeugt. Deshalb tritt die T. immer mit ihrem inversen Phänomen auf, dem → Diffusionsthermoeffekt (inverser Thermodiffusionseffekt). Durch den Temperaturunterschied entstehen Thermodiffusionsströme, die entgegengesetzte Richtung haben können, so daß eine Entmischung der beiden beteiligten Stoffe auftreten kann, d. h., die schweren (leichten) Moleküle wandern zu Orten tieferer (höherer) Temperatur. Dieser Effekt wird in Verbindung mit der Thermokonvektion zur Isotopentrennung bzw. zur Anreicherung von Isotopen ausgenutzt. Die T. wurde 1911 von Enskoog theoretisch vorausgesagt und erlangte durch die Arbeiten von Clusius und Dickel (1938), die die Vervielfachung des Elementareffekts der T. im Trennrohr erfanden (*Clusius-Dickel-Verfahren, Trennrohrverfahren*), als Methode zur Isotopentrennung Bedeutung. Die Wirkungsweise des Trennrohres, das bis 20 m lang ist, einige Zentimeter Durchmesser hat und mit einem axial angebrachten Heizdraht oder einem dünnen Heizrohr (300 bis 500 °C) versehen ist, beruht auf der T., deren Effekt noch dadurch verstärkt wird, daß sich in dem senkrecht stehenden Trennrohr infolge Konvektion eine Zirkulation ausbildet, die die Trennung der Isotope verbessert: Am Heizdraht befindet sich heißes und deshalb aufsteigendes Gas, an der gekühlten Außenwand kaltes und deshalb absinkendes Gas. Die leichteren Isotope können oben, die schwereren unten abgezogen werden. Leitet man das an einem Ende entnommene Gas einem weiteren Trennrohr zu, so kann die Trennung verbessert werden.

Thermodiffusionsverhältnis, → Thermodiffusion.

Thermodynamik, ältere Bezeichnung *Wärmelehre*, Teilgebiet der Physik, das sich mit Wärmeerscheinungen, z. B. der Umwandlung von Wärme in andere Energieformen in makroskopischen Systemen, beschäftigt. Innerhalb der T. wird der → Zustand eines thermodynamischen Systems im Gleichgewicht durch einen Satz von thermodynamischen Parametern beschrieben, die im allgemeinen nicht unabhängig voneinander, sondern durch → Zustandsgleichungen miteinander verknüpft sind. Zustandsänderungen aus einem Gleichgewichtszustand in einen anderen Zustand und die dabei frei werdende Arbeit und Wärme können innerhalb der T. unter Verwendung der → Hauptsätze der Thermodynamik berechnet werden. Quantitative Aussagen liefert die T. nur über das thermodynamische Gleichgewicht. Über das Nichtgleichgewicht sind zunächst nur qualitative Aussagen, z. B. über die Richtung einer Zustandsänderung, möglich. Eine quantitative Behandlung von Nichtgleichgewichtsprozessen erlaubt die T. irreversibler Prozesse (s. u.).

Die T. kann einerseits nach ihren Anwendungsgebieten unterteilt werden:

1) Die *technische T.* beschäftigt sich vorwiegend mit der theoretischen und experimentellen Untersuchung von → Wärmekraftmaschinen;

2) die *chemische T.* oder *Thermochemie* behandelt die Wechselbeziehung zwischen der Wärme und chemischen Reaktionen.

Andererseits unterscheidet man je nach der Behandlungsweise der physikalischen Vorgänge folgende Arten der T.:

1) Die *phänomenologische* oder *allgemeine T.* entstand historisch zuerst. Sie untersucht unmittelbar die sichtbaren makroskopischen Eigenschaften und Prozesse, ohne die molekularen Eigenschaften und Prozesse zu betrachten. Die phänomenologische T. liefert daher nur bestimmte allgemeine Verknüpfungen zwischen

den thermodynamischen Parametern und Funktionen (z. B. in den Hauptsätzen der T.), ohne daß die Werte dieser Parameter und Funktionen bestimmbar sind. Insbesondere können keine Materialgrößen und -gleichungen, wie die spezifische Wärmekapazität oder die Zustandsgleichungen, berechnet werden, sondern diese müssen durch Messung oder mit Hilfe der statistischen Mechanik gewonnen werden. Am häufigsten wird die phänomenologische T. mit Hilfe der Hauptsätze der T. formuliert, die Erfahrungssätze sind und zusammen mit den Materialgrößen und -gleichungen eine vollständige Beschreibung thermodynamischer Systeme gestatten. Für thermodynamische Überlegungen und Rechnungen werden dabei oft → Kreisprozesse verwendet. Thermodynamische Systeme können vollständig und bequem mit Hilfe der → thermodynamischen Potentiale beschrieben werden. Caratheodory reduzierte den Inhalt der phänomenologischen T. auf einige wenige Axiome (Caratheodory-Prinzip) und formulierte somit als erster die *axiomatische T.*

2) Der *statistischen T.* (→ Statistik) liegt die Bewegung und Wechselwirkung der Individuen (Atome, Moleküle) zugrunde. Ausgehend von der Hamilton-Funktion oder dem Hamilton-Operator berechnet man zunächst die → Zustandssumme, aus der die thermodynamischen Potentiale und alle weiteren thermodynamischen Funktionen und Parameter folgen. Die statistische T. liefert auch alle Materialgrößen und -gleichungen, z. B. die spezifische Wärmekapazität und die Zustandsgleichungen. Die praktische Berechnung ist im allgemeinen jedoch ein sehr komplexes Problem und kann in vielen Fällen nur numerisch erfolgen. Die statistische T. ermöglicht, den Gültigkeitsbereich der phänomenologischen T. abzustecken.

Oft wird die statistische T. als Verallgemeinerung der → kinetischen Theorie der Wärme betrachtet. Diese behandelt elementare Prozesse der Moleküle und Atome (z. B. ihre Impulsänderung bei Reflexion an der Gefäßwand) und berechnet daraus durch statistische Mittelung interessierende makroskopische Größen, z. B. Druck und innere Energie.

3) M. Planck formulierte als erster die *relativistische (phänomenologische) T.* Aus der relativistischen Transformation der Energie U und des Impulses $\vec{p}$, die für ein Ensemble von Teilchen ohne äußeres Feld die Formen

$$\vec{p} = \frac{\vec{v}}{c^2} \cdot \frac{U_0 + p_0 V_0}{\sqrt{1-\beta^2}} \quad \text{und}$$

$$U = (U_0 + \beta^2 p_0 V_0)/\sqrt{1-\beta^2}$$

hat, folgt bei Beachtung, daß der skalare Druck p invariant ist, und bei Verwendung des 1. Hauptsatzes der T. für die Wärme $\delta W = \delta W_0 \sqrt{1-\beta^2}$. Es bedeuten $\vec{v}$ die Relativgeschwindigkeit der Bezugssysteme, c die Lichtgeschwindigkeit, U die innere Energie im „bewegten" und U_0 im „ruhenden" Bezugssystem, W_0 die Wärme im „ruhenden", W im „bewegten" Bezugssystem und $\beta = v/c$. Für das Volumen V ergibt sich aus der Längenkontraktion unmittelbar $V = V_0 \sqrt{1-\beta^2}$. Die Entropie S hängt direkt mit der (thermodynamischen) Realisierungswahrscheinlichkeit zusammen, die offenbar relativistisch invariant ist. Daher gilt $dS = dS_0 = \delta W_{rev}/T = \delta W_{0,rev}/T_0$. Zusammen mit der Transformation der Wärme ergibt sich daraus für die absolute Temperatur T die Transformation $T = T_0 \sqrt{1-\beta^2}$. Aus den Transformationen dieser Größen können die Transformationen aller weiteren thermodynamischen Größen gewonnen werden.

4) Die *T. außergewöhnlicher Systeme* ist die T. von Systemen mit negativer absoluter Temperatur. Solche Systeme haben im Vergleich zu Systemen positiver absoluter Temperaturen einige Besonderheiten. Allerdings behalten die Größen äußere Arbeit A und Wärme W ihre Bedeutung, so daß der 1. Hauptsatz der Thermodynamik in seiner ursprünglichen Form $dU = \delta W + \delta A$ gültig bleibt und die innere Energie U als Zustandsfunktion definiert wird. Ebenso bleibt der 2. Hauptsatz, der die Zustandsfunktion Entropie definiert, erhalten, da diese wie auch bei gewöhnlichen abgeschlossenen Systemen ihrem Maximalwert zustrebt und nicht abnehmen kann. Jedoch kann äußere Arbeit nicht mehr vollständig in Wärme umgewandelt werden. Der 3. Hauptsatz muß folgendermaßen ergänzt werden: Ein thermodynamisches System kann den Nullpunkt weder von der Seite positiver absoluter Temperaturen noch von der Seite negativer absoluter Temperaturen erreichen. Eine Folge davon ist, daß die spezifische Wärmekapazität am positiven und negativen absoluten Nullpunkt gegen Null strebt.

5) Die *T. irreversibler Prozesse* befaßt sich mit der makroskopischen Theorie der Zustände und Zustandsänderungen in kontinuierlich ausgebreiteter Materie. Während die klassische T. nur über die Richtung nichtstatistischer Prozesse Aussagen macht, enthält die T. irreversibler Prozesse eine quantitative Beschreibung von deren Zeitablauf. Die T. irreversibler Prozesse ist eine Erweiterung der klassischen T. der Gleichgewichtszustände und eine Vereinheitlichung und Verallgemeinerung von empirischen Gesetzen über Transport- und Ausgleichsprozesse in makroskopischen Körpern. Erklärt und erweitert wird sie durch die vom mikroskopischen Standpunkt ausgehende → Statistik. Ihre Anwendung erstreckt sich auf hydrodynamische und aerodynamische Probleme, auf Erscheinungen der elastischen Medien und der kontinuierlichen Medien in elektromagnetischen Feldern sowie auf Vorgänge in Gasplasmen, Supraleitern und Superfluiden. Besondere Bedeutung besitzt die theoretische Erfassung gekoppelter Erscheinungen vom Typ der Thermodiffusion oder der thermoelektrischen Effekte.

Theorie. Die T. irreversibler Prozesse beruht auf drei wesentlichen Postulaten: a) *Lineare Abhängigkeit der Ströme.* Die bekannten linearen phänomenologischen Gesetze, wie Wärmeleitungsgesetz und Diffusionsgesetz, die z. B. die Proportionalität von Wärmestrom und Temperaturgradient beinhalten, wurden dahingehend verallgemeinert, daß alle Ströme J_i bei irreversiblen Prozessen linear von den sie verursachenden thermodynamischen Kräften X_k abhängen: $J_i = \sum_k L_{ik} X_k$, dabei sind L_{ik} die kinetischen Koeffizienten; X_k charakterisieren die Abweichungen aus dem thermodynamischen

Gleichgewicht und werden als Ursachen der entsprechenden irreversiblen Prozesse angesehen.

b) *Verallgemeinerung der T.* Man nimmt an, daß die Gesetze der T. im nichtstatischen Falle nicht mehr für das ganze System, aber immer noch für kleine räumliche Teilgebiete gelten, die groß genug für eine makroskopische Beschreibung, aber klein genug für die Einstellung eines Gleichgewichtes, das als *lokales Gleichgewicht* bezeichnet wird, sein müssen. Die Gleichung für die zeitliche Änderung der Entropie S lautet $\dot{S} = \sum_i X_i J_i$. Aus ihr können die durch die obige Beziehung für die Ströme J_i noch nicht eindeutig bestimmten X_k abgelesen werden. Es gilt $\dot{S} = \sum_{i,k} L_{ik} X_i X_k$. $\dot{S}$ wird als *Entropieerzeugung* bezeichnet. $\sum_i X_i J_i$ nennt man auch *Dissipationsfunktion*.

c) *Symmetrierelation.* Während die L_{ii} (L_{ik} mit $i = k$) Größen wie Wärmeleitfähigkeit und Diffusionskoeffizienten bestimmen, sind die L_{ik} mit $i \neq k$ für überlagerte Erscheinungen wie die Thermodiffusion wichtig. Unter Voraussetzung der mikroskopischen Reversibilität leitet Onsager für die L_{ik} die Beziehung $L_{ik} = L_{ki}$ ab. Sie wurde von Casimir für die Anwesenheit eines Magnetfeldes $\vec{B}$ und in rotierenden Systemen mit der Winkelgeschwindigkeit $\vec{\omega}$ zu den *Onsager-Casimirschen Reziprozitätsbeziehungen* erweitert: $L_{ik}(\vec{B}, \vec{\omega}) = \pm L_{ki}(-\vec{B}, -\vec{\omega})$. Das negative Vorzeichen tritt auf, wenn entweder X_i oder X_k bezüglich der Zeitumkehr ungerade ist; in diesem Fall heißen dann die L_{ik} Casimirsche Koeffizienten, im anderen häufigeren Falle Onsagersche Koeffizienten. Die Symmetrierelationen vermitteln wesentliche Zusammenhänge zwischen verschiedenen irreversiblen Prozessen.

Im Falle der Wärmeleitung ist J der Wärmestrom und X der Gradient der reziproken Temperatur. Die lineare Beziehung zwischen beiden liefert das Fouriersche Gesetz. Setzt man die lineare Beziehung für den Wärmestrom in die Bilanzgleichung für die Energie ein, erhält man die Wärmeleitungsgleichung. In ähnlicher Weise behandelt man die Diffusion, wo J der Massestrom und X der Konzentrationsgradient ist. Beispiele für überlagerte Erscheinungen sind Thermodiffusion und Diffusionsthermoeffekt. Hier treten gleichzeitig Wärme- und Diffusionsstrom und ihre entsprechenden Kräfte auf. Die Aussage der Onsager-Casimirschen Beziehungen lautet, daß der Thermodiffusionskoeffizient und der Koeffizient für den Diffusionsthermoeffekt gleich sind. Weitere überlagerte Effekte sind die galvanomagnetischen, thermomagnetischen und thermoelektrischen Effekte. Die Onsager-Casimirschen Beziehungen für diese Effekte heißen auch Thomsonsche Beziehungen. Weiterhin können alle Relaxationsprozesse und Transportprozesse im Rahmen der T. irreversibler Prozesse behandelt werden.

Geschichtliches. Phänomenologische Ansätze für einzelne irreversible Prozesse finden sich vor Ausarbeitung einer einheitlichen Theorie im Newtonschen Reibungsgesetz für viskose Flüssigkeiten, im Fourierschen Wärmeleitungsgesetz, im Fickschen Diffusionsgesetz und im Ohmschen Gesetz. Die heutige Form der T. irreversibler Prozesse geht auf Onsager 1931 zurück. Ihre Symmetriebeziehungen wurden von Casimir 1945 verallgemeinert. Die T. irreversibler Prozesse wurde später von Meixner und von Prigogine weiterentwickelt und auf weitere Ausgleichsvorgänge angewandt.

Lit. Basarow: T. (dtsch Berlin 1964); Becker: Theorie der Wärme (Berlin, Heidelberg, New York 1966); Bosnjakovic: Technische T. 2 Bde (6./5. Aufl. Dresden 1972/1971); Landau u. Lifschitz: Lehrb. der theoretischen Physik, Bd 5 (2. Aufl. Berlin 1970); Meixner u. Reik in Flügge: Handb. der Physik, Bd III, Tl 2 (Berlin, Göttingen, Heidelberg 1959).

6) Die *T. der Supraleiter* ist die Anwendung thermodynamischer Beziehungen auf die Erscheinung der → Supraleitfähigkeit. Diese Anwendung ist dadurch möglich, daß infolge des → Meißner-Ochsenfeld-Effektes der Zustand eines Supraleiters 1. Art eindeutig durch die Variablen Magnetfeld H und Temperatur T gekennzeichnet ist, so daß ein supraleitender Bereich im thermodynamischen Sinne eine Phase darstellt. Diese supraleitende Phase unterscheidet sich in ihrer Energie von der normalleitenden Phase, und zwar um die Energie $\frac{1}{2}\mu_0 H_c^2 V$ des aus dem Volumen V des Supraleiters beim Übergang zur Supraleitfähigkeit verdrängten Magnetfeldes H_c (μ_0 ist die magnetische Feldkonstante). Diese Energie ist hier mit der freien Enthalpie G gleichzusetzen, so daß gilt: $G_n - G_s = \frac{1}{2}\mu_0 H_c^2 V$. Durch Differenzieren erhält man die Differenz der Entropien S der beiden Zustände $S_n - S_s = -\mu_0 H_c V \frac{dH_c}{dT}$ und durch weiteres Differenzieren und Multiplizieren mit T die Differenz der Wärmekapazitäten C:

$$C_s - C_n = \mu_0 V T \left[H_c \frac{d^2 H_c}{dT^2} + \left(\frac{dH_c}{dT} \right)^2 \right].$$

Aus der Entropiedifferenz $S_n - S_s = W/T$ erhält man eine Übergangswärme W zwischen supraleitendem und normalleitendem Zustand, die nur im Fall $H_c = 0$ verschwindet und somit einen *magnetokalorischen Effekt* darstellt. Beim Übergang von der Supraleitfähigkeit zur Normalleitfähigkeit und umgekehrt handelt es sich also im allgemeinen um einen *Phasenübergang 1. Art*, bei dem eine Umwandlungswärme auftritt, und nur im Falle eines verschwindenden äußeren Magnetfeldes um einen *Phasenübergang 2. Art*, bei dem nur eine Diskontinuität in der Wärmekapazität auftritt, die aus der Formel für $C_s - C_n$ mit $H_c = 0$ folgt. Diese Diskontinuität ist dem λ-Punkt beim supraflüssigen Helium (→ Supraflüssigkeit) analog. Das so berechnete Verhalten von Entropie und spezifischer Wärmekapazität stimmt mit den gemessenen Größen gut überein (Abb.).

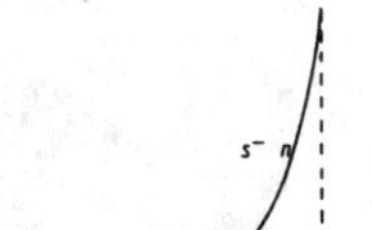

Die Differenz zwischen Supraleitungs- und Normalzustand für die Wärmekapazität ($C_s - C_n$) und für die Entropie ($S_s - S_n$)

Da die Wärmekapazität eines Metalls sich aus dem Beitrag der Leitfähigkeitselektronen und dem Beitrag des Gitters zusammensetzt und letzterer sich beim Übergang zur Supraleitfähigkeit kaum ändert, ist die Differenz der Wärmekapazitäten und damit auch die Differenz der Entropien im wesentlichen durch den Einfluß der Leitfähigkeitselektronen bestimmt. Aus der Tatsache, daß eine kleinere Entropie immer einem Zustand höherer Ordnung entspricht, kann man schließen, daß sich in einem Supraleiter die Leitfähigkeitselektronen in einem Zustand höherer Ordnung befinden müssen als in einem Normalleiter, wie es sich aus der → BCS-Theorie der Supraleitfähigkeit auch ergibt.

thermodynamische Fluktuation, → Schwankungserscheinungen.

thermodynamische Funktion, svw. thermodynamisches Potential.

thermodynamische Kräfte, *Affinitäten*, charakterisieren in der Thermodynamik irreversibler Prozesse die Abweichungen aus dem thermodynamischen Gleichgewicht. Die t.n K., zu denen z. B. Temperaturgradient, Konzentrationsgradient und chemische Affinität gehören, werden als Ursachen der irreversiblen Prozesse, z. B. der Wärmeleitung, Diffusion und Konzentrationsänderung chemisch reagierender Stoffe, angesehen.

thermodynamische Parameter, Sammelbezeichnung für äußere und innere → Parameter zur Charakterisierung thermodynamischer Systeme (→ thermodynamisches Potential).

thermodynamische Relationen, *Maxwell-Relationen*, Beziehungen zwischen partiellen Ableitungen der Zustandsgrößen. Die t.n R. ergeben sich in einfacher Weise aus der Tatsache, daß die thermodynamischen Potentiale Zustandsfunktionen und ihre differentiellen Änderungen daher totale Differentiale sind. *Beispiel*: Die differentielle Änderung der inneren Energie U, die als Funktion der Entropie S und des Volumens V ein thermodynamisches Potential darstellt, kann nach dem 1. und 2. Hauptsatz in der Form $\mathrm{d}U = T\,\mathrm{d}S - p\,\mathrm{d}V$ geschrieben werden, wobei T die Temperatur und p der Druck ist. Aus dieser Differentialform erhält man

$$\frac{\partial^2 U}{\partial V\,\partial S} = \left(\frac{\partial T}{\partial V}\right)_S = \frac{\partial^2 U}{\partial S\,\partial V} = -\left(\frac{\partial p}{\partial S}\right)_V .$$

Hierbei stellt $\left(\frac{\partial T}{\partial V}\right)_S = -\left(\frac{\partial p}{\partial S}\right)_V$ eine t. Relation dar.

Weitere t. R. → thermodynamisches Potential.

thermodynamischer Prozeß, → Zustandsänderung.

thermodynamischer Zustand, → Zustand.

thermodynamisches Gleichgewicht, → Gleichgewicht.

thermodynamisches Potential, *thermodynamische Funktion*, eine Funktion thermodynamischer Variabler, aus der durch Differentiation alle interessierenden thermodynamischen Größen und Zustandsänderungen beschrieben werden können. Das ist der Grund für die Bezeichnung „Potential". Damit eine Größe ein t. P. ist, muß sie als Funktion ihrer natürlichen Variablen gegeben sein (s. u.). Jedes thermodynamische P. beschreibt ein thermodynamisches System vollständig, d. h., es kann jede andere thermodynamische Größe berechnet werden. Die Existenz der thermodynamischen P.e ist eine Folge der Hauptsätze. Thermodynamische P.e einfacher thermodynamischer Systeme (mit 2 Freiheitsgraden) sind die innere Energie $U(S, V)$, die freie Energie $F(T, V)$, die Enthalpie $H(S, p)$ und die freie Enthalpie $G(T, p)$. Die Argumente sind jeweils die zugehörigen natürlichen Variablen. Dabei bedeutet S die Entropie, V das Volumen, T die absolute Temperatur und p den Druck. Die wichtigsten thermodynamischen P.e sind F und G, da ihre Variablen direkt im Experiment kontrollierbar sind. Mitunter wird die auch als *Gibbssches Potential* bezeichnete freie Enthalpie $G = H - TS$ als t. P. im engeren Sinne bezeichnet.

Beispiel: An der freien Energie $F(T, V)$ soll demonstriert werden, wie weitere Größen und Gleichungen gewonnen werden können. Aus dem 1. und 2. Hauptsatz der Thermodynamik folgt die Beziehung

$$\mathrm{d}U = T\,\mathrm{d}S - p\,\mathrm{d}V. \qquad (1)$$

Die freie Energie F ist mit der inneren Energie U durch die Beziehung $F = U - TS$ verknüpft. Daraus folgt $\mathrm{d}F = \mathrm{d}U - T\,\mathrm{d}S - S\,\mathrm{d}T$ und mit (1)

$$\mathrm{d}F = -S\,\mathrm{d}T - p\,\mathrm{d}V. \qquad (2)$$

Die totalen Differentiale (1) und (2) sind in ihren natürlichen Variablen aufgeschrieben. Aus dem Differential der freien Energie (2) folgt unmittelbar allein durch Differentiation $p = -(\partial F(T, V)/\partial V)_T = p(T, V)$ (*thermische Zustandsgleichung*). Als weitere Beziehungen erhält man $S = -(\partial F/\partial T)_V = S(T, V)$.

Aus $U = F + T \cdot S = F(T, V) + T \cdot S(T, V) = F(T, V) - T(\partial F/\partial T)_V = U(T, V)$ (3)

gewinnt man (wiederum nur durch Differentiation) aus der freien Energie $F(T, V)$ die innere Energie $U(T, V)$. Ganz analog kann man alle weiteren thermodynamischen P.e, Parameter und Beziehungen erhalten. Gleichung (3) ist eine der Gibbs-Helmholtz-Gleichungen.

Übersicht über die thermodynamischen P.e:

a) Definitionen und Beziehungen zwischen den thermodynamischen P.en.

$$\left.\begin{aligned}
U &= F + TS\\
F &= U - TS\\
H &= U + pV = F + TS + pV\\
G &= U - TS + pV = F + pV\\
U &= G + TS - pV = H - pV\\
F &= G - pV = H - TS - pV\\
H &= G + TS\\
G &= H - TS.
\end{aligned}\right\} \qquad (4)$$

Oft wird auch das Potential $\Omega = U - TS - \mu N$ benutzt, wobei μ das chemische Potential und N die Teilchenzahl je Mol ist.

Als *Gibbssche Fundamentalgleichungen* bezeichnet man die totalen Differentiale der thermodynamischen P. mit den natürlichen Variablen als unabhängige Variable:

$$\left.\begin{aligned}
\mathrm{d}U &= T\,\mathrm{d}S - p\,\mathrm{d}V - \sum_\alpha X_\alpha\,\mathrm{d}x_\alpha + \sum_i \mu_i\,\mathrm{d}N_i\\
\mathrm{d}F &= -S\,\mathrm{d}T - p\,\mathrm{d}V - \sum_\alpha X_\alpha\,\mathrm{d}x_\alpha + \sum_i \mu_i\,\mathrm{d}N_i\\
\mathrm{d}H &= T\,\mathrm{d}S + V\,\mathrm{d}p - \sum_\alpha X_\alpha\,\mathrm{d}x_\alpha + \sum_i \mu_i\,\mathrm{d}N_i\\
\mathrm{d}G &= -S\,\mathrm{d}T + V\,\mathrm{d}p - \sum_\alpha X_\alpha\,\mathrm{d}x_\alpha + \sum_i \mu_i\,\mathrm{d}N_i\\
\mathrm{d}\Omega &= -S\,\mathrm{d}T - p\,\mathrm{d}V - \sum_\alpha X_\alpha\,\mathrm{d}x_\alpha - \sum_i N_i\,\mathrm{d}\mu_i.
\end{aligned}\right\} \qquad (5)$$

Sie wurden in allgemeiner Form für ein thermodynamisches System aus i Komponenten (mehrere Phasen, Gemisch) mit jeweils N_i Teilchen aufgeschrieben. Außerdem wurden zusätzliche verallgemeinerte Kräfte X_α und verallgemeinerte Koordinaten x_α eingeschlossen.

Bei magnetischen und dielektrischen Stoffen in einem elektrischen Feld E und magnetischen Feld H ist z. B. $X_1 = E$, $x_1 = D$, $X_2 = H$, $x_2 = B$, wobei D die dielektrische Verschiebung und B die magnetische Induktion bedeuten.

b) Methode der thermodynamischen P.e. Am Beispiel der freien Energie wurde bereits gezeigt, wie aus ihr weitere Größen und Beziehungen gewonnen werden können. Aus der ersten Gleichung von (5) folgen unmittelbar die Beziehungen

$$\left.\begin{aligned} T &= (\partial U/\partial S)_{V,x_\alpha,N_i} = T(S, V, x_\alpha, N_i) \\ p &= -(\partial U/\partial V)_{S,x_\alpha,N_i} = p(S, V, x_\alpha, N_i) \\ \mu_i &= (\partial U/\partial N_i)_{S,V,x_\alpha} = \mu_i(S, V, x_\alpha, N_i) \\ X_\alpha &= -(\partial U/\partial x_\alpha)_{S,V,N_i} = X_\alpha(S, V, x_\alpha, N_i). \end{aligned}\right\} \quad (6)$$

Aus den weiteren Gleichungen von (5) erhält man entsprechend

$$\left.\begin{aligned} &S = -(\partial F/\partial T)_{V,x_\alpha,N_i} = S(T, V, x_\alpha, N_i) \\ &p = -(\partial F/\partial V)_{T,x_\alpha,N_i} \\ &X_\alpha = -(\partial F/\partial x_\alpha)_{T,V,N_i} \\ &\mu_i = (\partial F/\partial N_i)_{T,V,x_\alpha} \\ &T = \partial H/\partial S, V = \partial H/\partial p, X_\alpha = -\partial H/\partial x_\alpha, \\ &\mu_i = \partial H/\partial N_i \\ &S = -\partial G/\partial T, V = \partial G/\partial p, X_\alpha = -\partial G/\partial x_\alpha, \\ &\mu_i = \partial G/\partial N_i, S = -\partial \Omega/\partial T, p = -\partial \Omega/\partial V \end{aligned}\right\} \quad (6')$$

usw.

Aus den Definitionen und Beziehungen (4) und den Gleichungen (6) folgen die *Gibbs-Helmholtz-Gleichungen*:

$$\left.\begin{aligned} U &= F - T(\partial F/\partial T)_{V,x_\alpha,N_i} = \\ &= H - p(\partial H/\partial p)_{S,x_\alpha,N_i} \\ F &= U - S(\partial U/\partial S) = G - p(\partial G/\partial p) \\ H &= U - V(\partial U/\partial V) = G - T(\partial G/\partial T) \\ G &= F - V(\partial F/\partial V) = H - S(\partial H/\partial S). \end{aligned}\right\} \quad (7)$$

Alle erzeugenden Funktionen, deren Ableitungen auch auftreten, müssen in ihren natürlichen Variablen aufgeschrieben werden.

Die zweiten Ableitungen der thermodynamischen P.e nach den natürlichen Variablen liefern die Materialgrößen: Für die Wärmekapazität bei konstantem Volumen C_V folgt nach der ersten Gibbs-Helmholtz-Gleichung in (7) $C_V \equiv (\partial U/\partial T)_{V,x_\alpha,N_i} = -T(\partial^2 F/\partial T^2)_{V,x_\alpha,N_i}$; für die Wärmekapazität bei konstantem Druck $C_p \equiv (\partial H/\partial T)_{p,x_\alpha,N_i} = -T(\partial^2 G/\partial T^2)_{p,x_\alpha,N_i}$ und für die verschiedenen Spannungskoeffizienten $(\partial V/\partial p)_T = \partial^2 G/\partial p^2$, $(\partial V/\partial p)_S = \partial^2 H/\partial p^2$ und $(\partial p/\partial V)_T = -\partial^2 F/\partial V^2$, $(\partial p/\partial V)_S = -\partial^2 U/\partial V^2$. Ebenso kann man die Dielektrizitätskonstante $\varepsilon(T, V) = -(\partial^2 F/\partial D^2)^{-1}$ oder $\varepsilon(S, V) = -(\partial^2 U/\partial D^2)^{-1}$ und andere Materialgrößen erhalten. Aus den gemischten zweiten Ableitungen der thermodynamischen P.e folgen die thermodynamischen Relationen oder Maxwell-Relationen. Da diese Ableitungen von der Reihenfolge der Differentiation unabhängig sind, liefern die Gleichungen (5)

$$\begin{aligned} &(\partial T/\partial V)_{S,x_\alpha,N_i} = \partial^2 U/\partial V\,\partial S = \partial^2 U/\partial S\,\partial V = \\ &= -(\partial p/\partial S)_{V,x_\alpha,N_i} \\ &(\partial S/\partial V)_{T,x_\alpha,N_i} = -\partial^2 F/\partial V \partial T = \\ &= -\partial^2 F/\partial T \partial V = (\partial p/\partial T)_{V,x_\alpha,N_i} \\ &(\partial T/\partial p)_{S,x_\alpha,N_i} = \partial^2 H/\partial p \partial S = \\ &= \partial^2 H/\partial S\,\partial p = (\partial V/\partial S)_{p,x_\alpha,N_i} \\ &-(\partial S/\partial p)_T \ldots = \partial^2 G/\partial p \partial T = \\ &= \partial^2 G/\partial T\,\partial p = (\partial V/\partial T)_p \ldots \\ &(\partial X_\alpha/\partial T)_V \ldots = -\partial^2 F/\partial T\,\partial x_\alpha = \\ &= -\partial^2 F/\partial x_\alpha\,\partial T = (\partial S/\partial x_\alpha)_{T,V} \ldots \end{aligned}$$

usw.

Ist ein t. P. als Funktion seiner natürlichen Variablen bekannt, so ermöglichen also die Gleichungen (6) und (7) die Berechnung aller anderen thermodynamischen P.e, Materialgleichungen, z. B. Zustandsgleichungen, und Materialgrößen, z. B. Wärmekapazitäten, Spannungskoeffizienten u. a., allein durch Differentiation und algebraische Umformungen. Die Methode der thermodynamischen P.e erlaubt somit eine vollständige Beschreibung von thermodynamischen Systemen im Gleichgewicht. Darum werden die thermodynamischen P.e sehr häufig benutzt. Die Statistik gestattet, über die Zustandssumme Z prinzipiell die thermodynamischen P.e zu berechnen. Es gilt z. B. der Zusammenhang $F = -kT \ln Z$, wobei k die Boltzmannsche Konstante darstellt.

Experimentell bestimmt man die thermodynamischen P.e meist aus der thermischen Zustandsgleichung $p = p(T, V) = -(\partial F/\partial V)_T$ und der kalorischen Zustandsgleichung $C_V(T, V) = (\partial U/\partial T)_V$ durch Integration. Neben der Methode der thermodynamischen P.e gibt es noch die Methode der Kreisprozesse (→ Kreisprozeß) zur Beschreibung thermodynamischer Zustandsänderungen.

c) Gleichgewichtsbedingungen. Die thermodynamischen P.e erlauben nicht nur die unmittelbare Beschreibung des Gleichgewichtszustandes, sondern sie liefern außerdem Gleichgewichtsbedingungen. Die Form der Gleichgewichtsbedingungen hängt von den vorliegenden Nebenbedingungen ab, denen das thermodynamische System unterworfen ist. Bei einem abgeschlossenen System lauten die Nebenbedingungen $U =$ konst., $V =$ konst., $x_\alpha =$ konst. und $N_i =$ konst. In diesem Fall nimmt nach dem 2. Hauptsatz der Thermodynamik die Entropie im Gleichgewicht ihren Maximalwert an, d. h. $S = S_{max}$ bzw.

$$\delta S = 0, \ \delta^2 S < 0. \quad (8)$$

Die Variation δS der Entropie tritt beim Vergleich des Gleichgewichtszustandes mit Nichtgleichgewichtszuständen auf. Bei einem isotherm-isochoren System lauten die Nebenbedingungen $T =$ konst., $V =$ konst., $x_\alpha =$ konst., $N_i =$ konst. Hierbei folgt aus (8) die Gleichgewichtsbedingung $F = F_{min}$ bzw. $\delta F = 0, \delta^2 F > 0$, d. h., die freie Energie wird minimal. Bei einem isotherm-isobaren System lauten die Nebenbedingungen $T =$ konst., $p =$ konst., $x_\alpha =$ konst., $N_i =$ konst. In diesem Fall folgt die Gleichgewichtsbedingung $G = G_{min}$ bzw. $\delta G = 0$, $\delta^2 G > 0$, d. h., die freie Enthalpie wird minimal. Es nimmt stets dasjenige thermodynamische P. ein Extremum an, dessen natürliche Variablen alle infolge der Nebenbedingungen konstant sind. Für ein einkomponentiges System und $x_\alpha = 0$ erhält man aus der Forderung, daß ein stabiles Gleichgewicht, also wirklich ein Maximum der Entropie, vorliegt, die Bedingungen $C_V > 0$ und $(\partial p/\partial V)_T < 0$.

thermodynamisches System, makroskopisches System, dessen Zustand im thermodynamischen Gleichgewicht durch thermodynamische Parameter, z. B. Temperatur, Druck, Volumen, erfaßt wird. Zustandsänderungen und die mit ihnen verbundenen thermodynamischen Prozesse können mit Hilfe der Hauptsätze der Thermodynamik oder der thermodynamischen Potentiale beschrieben werden. Ein t. S. ist *homogen*, wenn es durchweg gleichartig beschaffen ist. Ein t. S. aus mehreren Phasen, z. B. aus flüssiger und gasförmiger Phase, ist *heterogen*. Prinzipiell muß jeder makroskopische Körper als t. S. behandelt werden.

Ein *abgeschlossenes t. S.* tauscht mit der Umgebung (besser mit anderen Systemen) weder Wärme noch Arbeit aus. Über *offene t. S.e* → System.

Von einem *außergewöhnlichen thermodynamischen S.* spricht man, wenn → negative absolute Temperaturen auftreten. Bei solchen Systemen wächst die innere Energie mit zunehmender Temperatur nicht unbegrenzt wie bei gewöhnlichen thermodynamischen S.en, sondern strebt einem endlichen Grenzwert zu. Das ist durch die Endlichkeit des Energiespektrums bedingt. Außergewöhnliche thermodynamische S.e sind z. B. Kernspinsysteme, da jeder Kernspin nur eine endliche Zahl von Energieniveaus einnehmen kann.

thermodynamische Wahrscheinlichkeit, → Maxwell-Boltzmann-Statistik.

thermoelastische Erscheinungen, thermische Erscheinungen, die mit elastischen Deformationen eines Stoffes verbunden sind. Besonders charakteristische t. E. sind 1) die Temperaturänderung bei adiabatischer Beanspruchung. Unter Einfluß einer Änderung der Zugspannung $\delta\sigma$ entsteht eine Temperaturänderung nach der Beziehung $\delta T = -\alpha T \delta\sigma / c_\sigma$, wobei α der thermische Ausdehnungskoeffizient und c_σ die Wärmekapazität je Volumen bei konstanter Spannung sind. Die Größe α ist meist positiv — außer bei Elasten — und bei Metallen gegenüber Gasen sehr klein.

2) Isotherme und isobare Längenänderungen: Wärmezufuhr bei konstanter Temperatur oder bei konstanter Spannung bewirkt im allgemeinen eine Verlängerung bzw. Volumenvergrößerung des Körpers, bei Elasten dagegen eine Verkürzung bzw. Volumenverminderung (*Joule-Effekt*).

Thermoelastizität, Gesamtheit der → thermoelastischen Erscheinungen.

thermoelektrische Effekte, → Thermoelektrizität.

thermoelektrischer Homogeneffekt, → Thermoelektrizität.

Thermoelektrizität, Gesamtheit der Erscheinungen, die in metallischen Stromkreisen mit der Wechselwirkung zwischen elektrischem Strom und Wärmestrom bzw. Wärmeerzeugung verbunden sind. Dazu gehören folgende *thermoelektrische Effekte*:

1) Beim *Seebeck-Effekt* wird in einem Leiterkreis aus zwei verschiedenen homogenen, isotropen Metallen eine elektrische Spannung, die *Thermokraft* oder *Thermospannung*, erzeugt, wenn die beiden Lötstellen verschiedene Temperaturen haben. Wird der Stromkreis geschlossen, dann fließt infolge des Temperaturunterschiedes ein elektrischer Strom, der *Thermostrom*. Die integrale Thermokraft E_{21} ist die Spannung des Leiters 2 gegen Leiter 1; sie wird positiv gezählt, wenn der entsprechende Strom im Leiter 1 von der kalten zur warmen Lötstelle fließt. Aus E_{21} wird über $e_{21} = \mathrm{d}E_{21}/\mathrm{d}T$ die differentielle Thermokraft durch Ableitung nach der Temperatur T definiert; ihre Größe liegt bei den meisten Metallen bei 10^{-5} bis 10^{-4} V/K. Der Ursprung der Thermokraft ist darin zu sehen, daß die Ladungsträger unter dem Einfluß des Temperaturunterschiedes neu verteilt werden. Der Seebeck-Effekt wird bei der Temperaturmessung mit → Thermoelementen ausgenutzt. Mit Hilfe des Vergleichs der Thermokräfte zwischen je zwei Metallen läßt sich eine thermoelektrische Spannungsreihe der Metalle aufbauen.

2) Der *Peltier-Effekt* ist die Umkehrung des Seebeck-Effektes. In einem Leiterkreis aus zwei verschiedenen Metallen wird beim Fließen eines elektrischen Stromes an den Lötstellen Wärme, die *Peltier-Wärme*, erzeugt oder vernichtet. Die je Zeiteinheit erzeugte Wärme W_p ist der Stromstärke I proportional und wechselt mit ihr das Vorzeichen: $W_p = \pi_{12} I$. Dabei ist π_{12} der *Peltier-Koeffizient*, der von der Art der beiden Metalle und stark von der Temperatur abhängt. Die Änderung des Peltier-Effektes eines Leiters durch ein Magnetfeld gegenüber dem feldfreien Zustand wird als *Nernst-Effekt* bezeichnet. Da der Peltier-Koeffizient von dem anliegenden Magnetfeld abhängig ist, wird auch in einem homogenen Leiter, der sich in einem inhomogenen Magnetfeld befindet, außer der Jouleschen Wärme zusätzlich lokal Wärme aufgenommen bzw. abgegeben. Der Nernst-Effekt läßt sich somit als Peltier-Effekt zwischen den verschieden magnetisierten Teilen des Leiters auffassen. Er wurde bisher an Eisen, Nickel und Wismut beobachtet.

Bei dem *inneren Peltier-Effekt* oder *Bridgman-Effekt* wird in stromdurchflossenen, anisotropen Metallen eine Wärme, die *Bridgman-Wärme* erzeugt, wenn der elektrische Strom seine Richtung gegenüber den Kristallachsen ändert.

3) Beim *Thomson-Effekt* wird ebenfalls in einem homogenen Leiter Wärme, die *Thomson-Wärme*, erzeugt oder vernichtet, wenn ein elektrischer Strom I fließt und im Leiter ein Temperaturgefälle ΔT herrscht. In der Zeit t wird die Thomson-Wärme $W_T = -\sigma I \Delta T t$ frei, die wie die Peltier-Wärme und im Gegensatz zur Jouleschen Wärme dem Strom proportional ist. Der stark temperaturabhängige Proportionalitätsfaktor σ ist der *Thomson-Koeffizient*. Seine Größenordnung liegt für Metalle mit Zimmertemperatur bei 10^{-6} V/K. Er wird positiv gezählt, wenn ein in Richtung fallender Temperatur fließender Strom Wärme erzeugt, z. B. bei Kupfer, und negativ, wenn der Strom Wärme verbraucht, z. B. bei Eisen. Bei einer Umkehr der Stromrichtung oder bei Vertauschen der beiden Temperaturen, die das Temperaturgefälle erzeugen, ändert sich auch das Vorzeichen von W_T. Daher sagt man mitunter, der Thomson-Effekt sei umkehrbar. Im thermodynamischen Sinn ist er jedoch irreversibel.

Insgesamt wird beim Fließen eines Stromes im Leiter die Wärme $W = a_1 + a_2 I + a_3 I^2$ erzeugt, wobei der erste Summand durch Wärmeleitung, der zweite durch Peltier- und Thomson-Effekt zustandekommen und der dritte die Joulesche Wärme ist. Den Zusammenhang zwischen den ersten drei Effekten, genauer zwischen der differentiellen Thermokraft e_{12}, dem Peltier-Koeffizienten π_{12} und den Thomson-Koeffizienten σ_1 und σ_2 der Metalle 1 und 2 sowie der Temperatur T, beschreiben die *Thomsonschen Beziehungen*:

erste Thomsonsche Beziehung: $d\pi_{12}/dT = e_{12} + (\sigma_1 - \sigma_2)$.

zweite Thomsonsche Beziehung: $\pi_{12} = T \cdot e_{12}$.

Die erste Thomsonsche Beziehung kann mit der zweiten zu $de_{12}/dT = (\sigma_1 - \sigma_2)/T$ umgeformt werden. Die Thomsonschen Beziehungen wurden von Thomson thermodynamisch abgeleitet und ergaben sich später als Spezialfälle der Onsager-Casimirschen Reziprozitätsbeziehungen.

Zu diesen unter 1) bis 3)beschriebenen Effekten kommen noch die Effekte höherer Ordnung in homogenen Metallen, die jedoch sehr klein sind:

4) Dem *ersten Benedicks-Effekt* (*thermoelektrischer Homogeneffekt*) zufolge entsteht auch in einem Leiterkreis aus einem einzigen Einkristall eine Thermokraft, wenn im Leiter ein extrem hohes Temperaturgefälle herrscht. Ihre Größe ist sehr klein.

5) Der *zweite Benedicks-Effekt* (*elektrothermischer Homogeneffekt*) ist eine Erweiterung des Thomson-Effektes und besagt, daß in einem homogenen, stromdurchflossenen Leiter in der Nähe einer Drosselstelle eine Erwärmung proportional zur Stromstärke auftritt, die aber sehr klein ist.

Thermoelektrische Effekte treten auch im gemischten Zustand der Supraleiter 2. Art auf. Sie sind den normalen thermoelektrischen Effekten analog und mit der → Flußbewegung in Supraleitern 2. Art verknüpft.

Thermoelement, ein → Meßwandler, der vorwiegend zur Temperaturmessung (auch Fernmessung) im Bereich von etwa −200 °C bis +3000 °C benutzt wird und auf der direkten Umwandlung von Wärmeenergie in elektrische Energie beruht. Nach dem Seebeck-Effekt (→ Thermoelektrizität) ist die Berührungsstelle zweier Metalle oder Metallegierungen mit verschiedenen Elektronenaustrittspotentialen Sitz einer Gleich-EMK, deren Größe annähernd proportional der absoluten Temperatur T der Kontaktstelle ist. Verwendet werden Drahtkombinationen (*Thermopaare*) z. B. aus Kupfer/Konstantan für Temperaturen von −250 °C bis 500 °C, Platin/Platin-Rhodium für Temperaturen bis 1600 °C, Wolfram/Wolfram-Molybdän für Temperaturen bis 3300 °C und Nickel/Nickelchrom, wobei sich die Auswahl nach den gewünschten Meßbereichen richtet. Die Drahtenden werden zusammengelötet und der Meßtemperatur T_M (Abb. 1) ausgesetzt. An der Meßstelle sowie an den der Umgebungstemperatur T_U ausgesetzten Anschlußstellen, an denen wiederum Kupfer und Konstantan verbunden sind, entstehen Thermo-EMK. Sie sind im Stromkreis entgegengesetzt gerichtet, und die resultierende EMK E ist durch $E \approx c(T_M - T_U)$ gegeben. c ist eine Konstante. Die EMK E wird mit empfindlichen Drehspulgalvanometern oder Meßschreibern gemessen, die auch direkt in Temperaturgraden geeicht werden können.

T.e werden in den verschiedensten technischen Ausführungen zur Temperaturmessung in Metallschmelzen, Bädern, auf Oberflächen, in Bohrungen von festen Körpern u. dgl. eingesetzt. Zum Schutz werden sie in der Regel gekapselt (Abb. 2). Eine wichtige Anwendung finden T.e bei den → Thermoumformern.

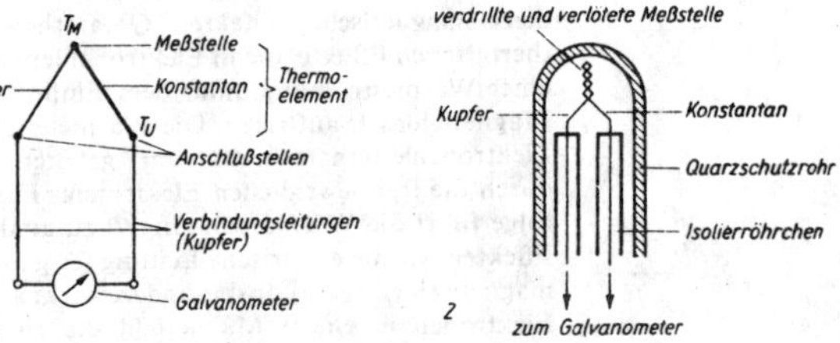

Thermoelement: *1* Meßprinzip für eine Temperaturmessung mittels Thermoelements. *2* Meßkopf eines geschützten Thermoelements

Das *Vakuumthermoelement* ist ein leistungsfähiges Strahlungsmeßgerät, das insbesondere in der Ultrarotspektroskopie eingesetzt wird. Das T. ist in einem evakuierten Glaskolben untergebracht. Damit der Austrittsspalt des Monochromators möglichst klein auf der Empfängerfläche abgebildet werden kann, ist als Eintrittsfenster eine Linse aus Kaliumbromid angebracht, die Messungen vom sichtbaren Spektralbereich bis zu 25 nm Wellenlänge zuläßt.

Vakuumthermoelemente werden für UV- und UR-Wellenbereiche auch mit Eintrittsfenster als Linse oder Planfenster aus Kaliumbromid, Glas oder Quarz versehen.

Das *Strahlungsthermoelement* ist ein besonders konstruiertes T., bei dem die Temperaturerhöhung infolge Strahlungsabsorption zur Messung elektromagnetischer Strahlung benutzt wird.

Lit. Stöckle: Elektronische Thermometer (Stuttgart 1971).

Thermographie, nicht licht-, sondern wärmeempfindliches Kopierverfahren. Auf einer transparenten Unterlage sind zwei farblos oder nur schwach gefärbte Komponenten, ein fettsaures Schwermetallsalz (z. B. Eisensalz und Gallussäure), oder andere mit Schwermetallionen farbige Komplexe bildende organische Verbindungen (z. B. aromatische Hydroxyverbindungen) mit einem wachsartigen Bindemittel aufgetragen. Beim lokalen Erwärmen durch eine Vorlage hindurch tritt an den Stellen, an denen das Original eine Stelle höherer Schwärzung oder Dichte aufweist, erhöhte Wärmeabsorption ein, die zu einem lokalen Schmelzprozeß des Bindemittels führt, so daß die zwei Komponenten miteinander unter Bildung eines tiefgefärbten Komplexes reagieren können und aus einem Positiv wieder ein Positiv entsteht. Dieses Verfahren hat seiner Einfachheit wegen in der Bürovervielfältigung weite Verbreitung gefunden, obwohl es nur bei nicht infrarotdurchlässigen Originalen anwendbar ist, blaue und rote Originale nicht kopierfähig sind, das Auflösungsvermögen gering ist und die Kopien wärmeempfindlich sind.

Thermokompression, in der Technik übliche Bezeichnung für parallel laufende Kompression und Erwärmung.

Thermokompressionskontaktierung

Thermokompressionskontaktierung, ein Verfahren, bei dem zwei Werkstoffe, z. B. ein als Elektrode dienendes Metall und ein Halbleiter, ohne Zwischenphase und ohne Schweißen heiß unter Druckanwendung miteinander verbunden werden. Die T. wird zur Herstellung von Anschlüssen an Halbleiterbauelementen und in der Mikroelektronik angewandt.

Thermokreuz, → Thermoumformer.

Thermolumineszenz, → Lumineszenz.

thermomagnetische Effekte, Gesamtheit der thermischen Effekte, die in Elektronenleitern bei einer Wärmeströmung unter dem Einfluß eines Magnetfeldes H auftreten. Die Wärmeleitung in Elektronenleitern erfolgt zum größten Teil durch die frei beweglichen Elektronen. Demzufolge führt die Wärmeströmung Φ zu analogen Effekten wie die elektrische Leitung (→ galvanomagnetische Effekte). Insbesondere wirkt auf die Elektronen in einem Magnetfeld die zu ihrer Geschwindigkeit proportionale Lorentzkraft. Dadurch erfolgt ein häufigeres Zusammenstoßen mit dem Gitter, d. h., es vergrößert sich in Analogie zum Magnetwiderstand der Wärmewiderstand, wodurch eine longitudinale elektrische Potentialdifferenz entsteht. Da die mittlere Geschwindigkeit der Elektronen in Richtung des Wärmestromes etwas größer als in der Gegenrichtung ist, werden die Elektronen nicht gleichmäßig in beide Richtungen der Achse senkrecht zu H und Φ durch die Lorentzkraft abgelenkt, so daß sich eine transversale Spannungsdifferenz und eine transversale Temperaturdifferenz einstellen. Fließt durch einen Leiter mit rechteckigem Querschnitt der Fläche $A = bh$ (b Breite, h Höhe) und der Länge l ein Wärmestrom Φ, wobei senkrecht dazu und senkrecht zur Breitenausdehnung des Leiters ein magnetisches Feld H anliegt (→ galvanomagnetische Effekte, Abb.), so treten die folgenden t.n E. auf:

1) der *erste Righi-Leduc-Effekt*, d. h. eine Temperaturdifferenz ΔT quer zur Richtung des Wärmestromes und senkrecht zum magnetischen Feld: $\Delta T = A_{RL1} H\Phi/A$ mit der ersten Righi-Leduc-Konstante A_{RL1};

2) der *zweite Righi-Leduc-Effekt* oder *Maggi-Righi-Leduc-Effekt*, d. h. eine Temperaturdifferenz längs der Richtung des Wärmestromes $\Delta T = A_{RL2} H\Phi l/A$ mit der zweiten Righi-Leduc-Konstante A_{RL2} bzw. eine Änderung des Wärmeleitwiderstandes;

3) der *erste Ettinghausen-Nernst-Effekt*, d. h. eine Potentialdifferenz ΔU quer zum Wärmestrom und senkrecht zum magnetischen Feld: $\Delta U = A_{EN1} H\Phi b/A$ mit der ersten Ettinghausen-Nernst-Konstante A_{EN1}. Dieser Effekt ist das thermische Analogon zum Hall-Effekt.

4) der *zweite Ettinghausen-Nernst-Effekt*, d. h. das Auftreten einer Potentialdifferenz längs der Richtung des Wärmestromes zwischen magnetisiertem und unmagnetisiertem Material des gleichen Leiters.

T. E. treten auch im gemischten Zustand der Supraleiter 2. Art auf. Sie sind den normalen t.n E.n analog und mit der → Flußbewegung in Supraleitern 2. Art verknüpft.

Lit. Handb. der Physik, Bd XX (Berlin, Göttingen, Heidelberg 1956).

thermomechanischer Effekt, Bezeichnung für das Auftreten eines Niveauunterschiedes von Flüssigkeiten in zwei Behältern, die durch eine Kapillare verbunden sind und unterschiedliche Temperaturen aufweisen. In normalen Flüssigkeiten ist der thermomechanische E. irreversibel, in supraflüssigem Helium II gibt es außerdem einen wesentlich stärkeren reversiblen thermomechanischen E., was folgende Ursache hat: Das supraflüssige Helium II kann formal als ein Gemisch aus einer normalen und einer supraflüssigen Komponente angesehen werden. In dem Behälter mit höherer Temperatur ist der Anteil der supraflüssigen Komponente geringer als im anderen Behälter. Die supraflüssige Komponente strömt im Unterschied zur Normalkomponente ungehindert durch die Kapillare. Der „Konzentrationsunterschied" dieser Komponente wird sich daher ausgleichen. Das Resultat ist ein höherer Flüssigkeitsstand im wärmeren Behälter. Quantitativ gilt $\Delta p/\Delta T = s$. Dabei ist Δp der sich einstellende Druckunterschied, ΔT die Temperaturdifferenz und s die Entropiedichte.

Die Umkehrung des thermomechanischen E.es ist der → mechanokalorische Effekt.

Thermometer, Gerät zur Temperaturmessung. Es beruht auf der thermischen Ausdehnung

Übersicht über die entstehenden thermomagnetischen Effekte

Transversaleffekte				Longitudinaleffekte	
es entsteht	Name	es entsteht	Name	es entsteht	Name
Temperaturdifferenz 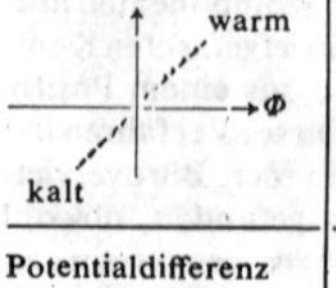	1. Righi-Leduc-Effekt	Änderung der thermischen Leitfähigkeit 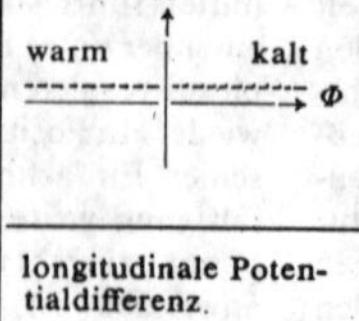	2. Righi-Leduc-Effket (Maggi-Righi-Leduc-Effekt)	Änderung der thermischen Leitfähigkeit 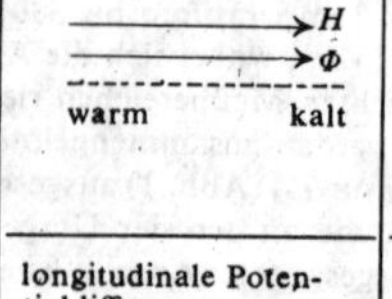	–
Potentialdifferenz 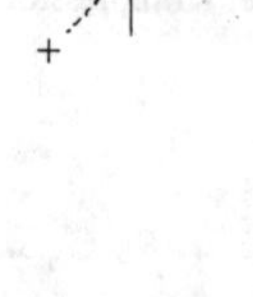	1. Ettinghausen-Nernst-Effekt	longitudinale Potentialdifferenz 	2. Ettinghausen-Nernst-Effekt	longitudinale Potentialdifferenz	–

fester, flüssiger und gasförmiger Stoffe oder auf der Widerstandsänderung metallischer Werkstoffe, Halbleiter und Elektrolyte. Die wichtigste Fehlerquelle ist seine *thermische Trägheit*, die unterschiedliche Fehler bei plötzlichen, einmaligen, zeitproportionalen und periodischen Temperaturänderungen bewirkt. *Metallausdehnungsthermometer* haben meist Stabform; ihr Meßbereich reicht von 0···1000 °C bei einer Meßunsicherheit von ±2,5% des Meßbereichsendwerts. Sie werden für Temperaturen bis +300 °C aus Messing, bis +600 °C aus Nickel und bis +1000 °C aus Chromnickel hergestellt. *Bimetallthermometer* bestehen aus zwei miteinander durch Plattieren zusammengewalzten Metallen mit verschiedenem Ausdehnungskoeffizienten. Bei Temperaturänderungen krümmt sich der Bimetallstreifen nach der Seite hin, die den kleineren Temperaturkoeffizienten hat; die dabei entstehende Bewegung wird auf einen Zeiger übertragen, der vor einer nach Temperaturgraden geeichten Skale schwingt. Die Ausbiegung ist um so größer, je dünner und länger der Bimetallstreifen und je größer der Ausdehnungskoeffizient ist. Üblicherweise werden die Bimetalle für T. als Spirale oder als Schraubenfeder gewickelt. Der Ausschlagwinkel $\alpha = kl/d$ ist der Länge l direkt, der Dicke d umgekehrt proportional. Bimetallthermometer werden als Temperaturschalter für selbsttätige Temperaturregelungen eingesetzt. *Flüssigkeitsdruckthermometer* bestehen aus einer vollständig mit Flüssigkeit gefüllten Bourdonfeder, deren Formänderung durch die kubische Ausdehnung der Flüssigkeit zur Anzeige genutzt wird. Eine Abart sind die *Federthermometer* für Messungen im Bereich −35···+550 °C, bei denen sich der Hauptteil der Flüssigkeit, im allgemeinen Quecksilber, in einem Temperaturfühler befindet, der mit der Bourdonfeder des Anzeigewerks verbunden ist.

Flüssigkeitsausdehnungsthermometer, auch oft ungenau kurz *Flüssigkeitsthermometer* genannt, sind Temperaturmeßgeräte für Temperaturen zwischen −200 °C bis 750 °C, die auf der Wärmeausdehnung von Flüssigkeiten beruhen. Als Füllung können sowohl benetzende als auch nichtbenetzende Flüssigkeiten dienen. Je nach dem zu messenden Temperaturbereich werden oft benutzt: Quecksilber (−39 °C bis +750 °C), Quecksilberthallium (−59 °C bis +50 °C), Amylalkohol (−110 °C bis +135 °C), Toluol (−90 °C bis +110 °C), Pentan (−200 °C bis +35 °C).

Die wichtigsten Flüssigkeitsausdehnungsthermometer sind die *Glasthermometer*. Sie besitzen ein zylindrisches Glasgefäß, an das eine Meßkapillare angesetzt ist. Die Flüssigkeit erfüllt das Glasgefäß und einen Teil der Kapillare. Die Lage der Begrenzungskuppe in der Kapillare zeigt die Temperatur des T.s an. Bei den Glasthermometern unterscheidet man Einschluß- und Stabthermometer.

Bei *Einschlußthermometern* ist die Kapillare mit einer dahinterliegenden Skale aus Milchglas, Metall oder Papier in ein Umhüllungsrohr eingeschmolzen, an das sich am unteren Ende das Gefäß mit der Flüssigkeit anschließt. Diese T. sind bis +400 °C einsetzbar, für höhere Temperaturen bis +1200 °C werden sie aus Quarz hergestellt. *Stabthermometer* haben eine dickwandige stabförmige Kapillare, auf der die Skale eingeätzt ist. Die Kapillarrohre der Glasthermometer sind für Bereiche bis +150 °C oberhalb der Flüssigkeit evakuiert, für höhere Temperaturen mit einem Schutzgas, wie Argon, Stickstoff, Kohlendioxid oder Wasserstoff, gefüllt.

Glas zeigt thermische Nachwirkungen, die sich besonders als → Nullpunktsdepression unangenehm bemerkbar machen. Dies gilt insbesondere für T. aus gewöhnlichem Glas, bei dem dieser Fehler 0,2···0,6 K beträgt; bei hochwertigen Gläsern liegt er zwischen 0,01···0,04 K. Glasthermometer, besonders Präzisionsthermometer, werden deshalb meist künstlich gealtert. Durch entsprechende Wahl der verwendeten Glassorten (z. B. Quarzglas) läßt sich der Fehler klein halten.

Bei Glasthermometern wird aus technischen Gründen meist mit herausragendem Faden gemessen, obgleich die Anzeige nur richtig ist, wenn die gesamte thermometrische Flüssigkeit der zu messenden Temperatur ausgesetzt ist. Eine Korrektur ist mittels eines Hilfsthermometers in Gestalt eines *Fadenthermometers* möglich, dessen enge Kapillare mit einem langgestreckten Gefäß etwa mit den Abmessungen der Kapillare des Hauptthermometers übereinstimmt. Befinden sich bei der Messung das obere Ende seines Gefäßes dicht unter der Ablesestelle, der übrige Teil seiner Kapillare aber wenigstens noch einige Zentimeter in der Badflüssigkeit, so zeigt das Fadenthermometer die mittlere Temperatur des Fadens des Hauptthermometers an, dessen Anzeige danach berichtigt werden kann. Um möglichst große Temperaturbereiche mit Glasthermometern erfassen zu können, hat man diese zu Sätzen zusammengestellt, insbesondere als *Normalthermometer*. Dabei wurde der Bereich von −10···+360 °C in je 50 K unterteilt. Die Teilungen der Normalthermometer sind nach 0,5; 0,1; 0,05 K vorgenommen. Bei den T.n für höhere Temperaturen wird der nicht interessierende Anfangsbereich durch eine in das Kapillarrohr eingeblasene Erweiterung unterdrückt.

Zur Bestimmung von kleinen Temperaturdifferenzen dienen die *Beckmannthermometer*, deren Meßbereich dadurch verschoben werden kann, daß ein Teil der Quecksilberfüllung in eine schleifenförmige Erweiterung der Kapillare abgetrennt wird. Die Skale umfaßt nur einen Abschnitt von 5 Grad, der in 0,01 K unterteilt ist. Für direkte Temperaturmessung ist zuweilen in ihre Hülle ein Normalthermometer mit eingeschmolzen. In *Maximumthermometern* reißt der Quecksilberfaden bei Rückgang vom Höchstwert ab, und die Anzeige bleibt bestehen, z. B. in *Fieberthermometern* mit dem Anzeigebereich +35···+42 °C oder in *Frühgeburtsthermometern* von +25···42 °C oder von +33···42 °C. Diese T. sind in jedem Fall eichpflichtig. *Minimumthermometer* haben gewöhnlich Alkoholfüllung. Bei ihnen verschiebt die Flüssigkeit in der Kapillare ein Glasstäbchen, das bei Temperaturanstieg liegen bleibt. Die Kombination *Maximum-* und *Minimumthermometer* ist als Fensterthermometer weit verbreitet. Dabei wird an Stelle des Glasstäbchens ein

Stäbchen in der Kapillare verwendet, das mit Magneten rückgestellt werden kann.

Für Temperaturmessungen in beliebigen Wassertiefen werden → *Umkippthermometer* verwendet.

Das *Unterkühlungsthermometer* ist ein T., dessen Kugel in ein mit Wasser unter Luftabschluß gefülltes Gefäß eingeschmolzen ist. Man kann das Wasser stark unterkühlen und Temperaturen unter dem Gefrierpunkt messen.

Gasthermometer sind T. mit Gas (Helium, Stickstoff, Wasserstoff, Neon) als Meßsubstanz. Man verwendet vorwiegend Gasthermometer konstanten Volumens und mißt mit einem Quecksilbermanometer den Druck in Abhängigkeit von der Temperatur. Wesentlich seltener benutzt man Gasthermometer konstanten Druckes, bei denen die Volumenänderung zur Temperaturmessung dient. Aus der thermischen Zustandsgleichung folgt zwischen dem Druck p und der Temperatur t (in °C) der Zusammenhang $p_t = p_0(1 + \beta t)$. Dabei ist p_0 der Gasdruck bei 0 °C und β der Spannungskoeffizient, der für ideale Gase temperaturunabhängig, für die obengenannten Gase in einem großen Temperatur- und Druckbereich nur schwach temperaturabhängig ist. Bei genauen Temperaturmessungen muß die thermische Ausdehnung des Thermometergefäßes und der schädliche Raum in der Verbindung zum Manometer, in dem das Gas sich nicht auf der Meßtemperatur befindet, berücksichtigt werden. Als Gefäßmaterial erweisen sich bei hohen Temperaturen Iridium (bis 2000 °C), Platin und Platiniridium (bis 1600 °C), Quarzglas (bis 1100 °C) und Jenaer Glas (unter 500 °C) als brauchbar. In der Praxis haben sich die Gasthermometer wegen ihrer schwierigen Handhabung nicht durchgesetzt. Sie spielten und spielen jedoch eine große Rolle bei der Realisierung der thermodynamischen Temperaturskala.

Technische *Tensionsthermometer* beruhen auf dem gleichen Prinzip wie Flüssigkeits-Federthermometer mit einer Bourdonfeder als Anzeigegerät; sie verwenden als Füllflüssigkeiten Äther, Äthylalkohol, Benzol, Chloräthyl u. a. Physikalische Tensionsthermometer können auch verflüssigte Gase als Füllung enthalten. Sie sind äußerst empfindlich und eignen sich besonders für tiefe Temperaturen.

Widerstandsthermometer benutzen die Widerstandsänderung elektrischer Leiter bei sich ändernder Temperatur. Reinstmetalle eignen sich wegen ihres großen Widerstands-Temperaturkoeffizienten von 0,004 bis 0,005 zwischen 0 und 100 °C als Werkstoff besonders gut; bei magnetischen Metallen liegt der Widerstands-Temperaturkoeffizient bei 0,007. Der Widerstand der reinen Metalle steigt bei mittleren und hohen Temperaturen beschleunigt mit der Temperatur, außer bei Platin und Palladium, bei denen er verzögert steigt. Die auf Glimmer oder Keramik gewickelten Widerstände werden geschützt durch Rohre aus Glas, Nickel, bei höheren Temperaturen auch aus Quarzglas oder glasiertem Porzellan. Für die Interpolation der Internationalen Temperaturskala zwischen den Festpunkten werden meist *Normal-Platin-Widerstands-T.* aus spektroskopisch reinem Platin verwendet. Sie können bis +600 °C, in Quarzglas eingebaute T. auch bis zum Goldpunkt benutzt werden. Die Meßunsicherheit beträgt 0,001 K. Für technische Zwecke genügen fabrikmäßig hergestellte Widerstandsthermometer mit einem Sollwiderstand von 100 Ω bei 0 °C, die für 50 und 25 Ω auch mit kleinerer Baulänge hergestellt und auf Glasstäbe aufgewickelt oder in Glas- oder Bleihülsen eingeschmolzen sein dürfen. *Halbleiterthermometer* sind Heißleiter. Wegen der hohen Konstanz verwendet man Halbleiter mit rein elektronischer Leitung, d. h. Gemische von Metalloxiden, oxidischen Mischkristallen und reinem Germanium. Sie können auch mit Halbleiterdioden oder Transistoren gebaut werden. Wegen ihrer verhältnismäßig hohen Fehler müssen sie nachträglich durch konstante Vor- oder Nebenwiderstände abgeglichen werden. Ihr Anwendungsgebiet reicht von −70 bis +150 °C bei weichgelöteten Anschlußdrähten und bis +300 °C bei Ausführungen, die in Glas eingeschmolzen sind. Germaniumhalbleiter sind in der Nähe des absoluten Nullpunkts besonders stabil.

Für *supraleitende T.* lassen sich verschiedene Effekte ausnutzen, z. B. die Abhängigkeit der Übergangstemperatur eines Supraleiters vom Magnetfeld, der Einelektronen-Tunneleffekt an Supraleitern oder der Josephson-Effekt, mit dessen Hilfe sich ein Primärthermometer realisieren läßt.

Einige T. sind speziellen Zwecken angepaßt. Das → *Katathermometer* ist ein Flüssigkeitsthermometer mit verkürzter Skale zur Messung der klimatischen Abkühlungsgröße. *Körperthermometer* sind in einen geschliffenen Metallklotz, meist aus Messing, eingelassene T. für Raumtemperaturen zwischen +16 und 26 °C; sie werden zur Kontrolle im Innern von Meßgeräten und Komparatoren aufgestellt.

Das *Aspirations-Psychrometer-T.* zum Messen der Luftfeuchte besteht aus zwei Quecksilberthermometern. Das eine zeigt die Temperatur t an und bestimmt damit den Partialdruck p_S des Dampfs im Sättigungszustand in der umgebenden Luft. Das andere T. wird feucht gehalten und zeigt wegen der Verdunstungswärme die Temperatur $t_1 < t$ an, der der Partialdruck p_1 bei Sättigung entspräche. Der wirkliche Dampfdruck $p = p_1 - 0{,}000\,66\, h(t - t_1)$ ergibt sich aus p_1 und dem Barometerstand h in Torr. Die Luftfeuchte ist dann p_S/p. Elektrische Psychrometerthermometer sind nicht nur exakter, sondern auch für Übertragung der Meßwerte zur Fernanzeige oder zur Weiterverarbeitung geeignet. Sie sind entweder mit Thermoelementen oder mit Widerstandsthermometern ausgestattet. Auch Heißleiter kleiner Masse sind für die psychrometrische Messung verwendbar. Ihre Meßunsicherheit beträgt 0,05 K. Sie messen und registrieren die relative Feuchte auf einige Promille.

Differentialthermometer oder *Differentialgasthermometer* sind Gasthermometer mit Differentialmanometern. Sie eignen sich zum Messen tiefer Temperaturen; ihre Meßunsicherheit liegt bei etwa 5%, d. h., bei einer Temperatur von 20 K haben sie eine Meßunsicherheit von 0,02 K. Sie wurden benutzt, um festzustellen, wie gut reale Gase der thermodynamischen Temperaturskala folgen.

Ist der Zusammenhang zwischen Dampfdruck und Temperatur für einen Stoff bekannt, so kann man mit dem *Dampfdruckthermometer*, auch *Dampfspannungsthermometer* oder *Spannungsthermometer* genannt, durch Messung des Sättigungsdruckes die Temperatur bestimmen. Einfache Anordnungen für genaue Messungen sind nur für Temperaturen unterhalb 0 °C möglich. Je nach der Gasfüllung, z. B. Ar, CO_2, NH_3, O_2, N_2, H_2, He, läßt sich das Dampfdruckthermometer bis zu Temperaturen in der Nähe des absoluten Nullpunkts benutzen. Die Flüssigkeitsmenge, die mit dem Dampf im Gleichgewicht steht, beträgt nur einige Zehntel Kubikzentimeter. Ein spezielles Dampfdruckthermometer ist das *Siedethermometer* oder *Hypsometer*, ein sehr fein unterteiltes T. für Temperaturen zwischen 90 °C und 102 °C zur genauen Bestimmung der Siedetemperatur des Wassers (Genauigkeit $\approx 10^{-3}$ grd). Aus der Siedetemperatur kann man auf den vorhandenen Druck schließen und mit Hilfe der barometrischen Höhenformel die Höhe des Versuchsortes bestimmen. 1 Torr Luftdruckänderung bedingt eine Temperaturänderung von etwa 0,04 K.

Toluolthermometer werden in Thermostaten als *Kontaktthermometer* benutzt. Derartige T. bestehen aus einem wendelartig gebogenen, mit Toluol gefüllten Glasrohr, an das sich eine U-rohrförmige Glaskapillare anschließt. Einer der Schenkel ist mit Quecksilber gefüllt, der zweite hat einen verstellbaren Kontakt. Durch Änderung der Höhe des Quecksilberstands an der Kontaktspitze wird die Temperatur eingestellt. Dieses T. eignet sich zur Temperaturregelung.

Andere Kontaktthermometer werden gewöhnlich als Flüssigkeitsthermometer mit Quecksilberfüllung ausgeführt, in die zwei Kontaktdrähte eingeschmolzen sind. Der verstellbare Kontaktdraht gleitet durch eine als Wendel ausgeführte Stromzuführung, der feste Kontakt ist in der Quecksilberkapillare eingeschmolzen. Diese T. lassen sich für beliebige Bereiche zwischen -30 °C und $+600$ °C ausführen. Kontaktthermometer werden auch mit Quecksilbertauchrelais verbunden, das eine Leistung von 1000 W hat. Ähnliche Kontaktthermometer werden in verschiedenen Formen für Regelungszwecke eingesetzt.

Thermometerkorrektion, Korrektur der Meßfehler, die aus den Meßbedingungen folgen oder aus den Materialeigenschaften des Thermometerglases bei Flüssigkeitsthermometern (Nullpunktsdepression, herausragender Faden u. ä.).

thermonukleare Reaktion, svw. Kernfusion.

Thermoosmose, Stofftransport durch eine Membran als Folge einer beiderseits verschiedenen Temperatur. Die T. führt bei reinen Phasen zu einer *thermoosmotischen* oder *thermomechanischen Druckdifferenz*, bei Mehrstoffsystemen auch zu *Konzentrationsdifferenzen*.

Thermophon, eine zur Eichung von Mikrophonen geeignete Normalschallquelle. Das T. besteht aus einem Goldfolienstreifen, der von einem Gleichstrom und einem tonfrequenten Wechselstrom durchflossen wird. Die mit der Wechselfrequenz auftretenden Jouleschen Wärmeschwankungen in der Folie führen zu Dichteschwankungen der umgebenden Luft. Die abgegebene Schalleistung läßt sich aus den mechanischen, elektrischen und thermischen Daten des Goldfolienstreifens errechnen.

Thermophor, Gerät, das den Vergleich der Wärmekapazitäten zweier Flüssigkeiten gestattet. Es besteht aus einer mit Quecksilber gefüllten Glaskugel und einer Kapillare mit zwei Meßmarken. Wird das Quecksilber erwärmt, so steigt es in der Kapillare hoch. Taucht man den T. nacheinander in die zu messenden Flüssigkeiten und stellt sicher, daß stets das Quecksilber von der oberen bis zur unteren Meßmarke sinkt, so hat man in jedem Fall die gleiche Wärmemenge übertragen. Die Wärmekapazitäten der Meßflüssigkeiten verhalten sich dann wie die reziproken Temperaturänderungen.

thermoplastische Bildaufzeichnung, elektrostatisches Bildwiedergabeverfahren zur Aufzeichnung von Fernsehaufnahmen.

Das Aufzeichnungsmaterial besteht aus einer thermostabilen Unterlage mit einer leitfähigen Schicht aus Gold oder Chrom und einer darüberbefindlichen thermoplastischen Schicht aus einem geeigneten Hochpolymer. Die optischen Signale werden nach dem Prinzip des Fernsehbildes in elektrische Signale umgewandelt, die einen intensitätsmodulierten Elektronenstrahl steuern, der den im Hochvakuum bewegten Film bildmäßig negativ auflädt; diese Ladung induziert eine entsprechende positive Ladung in der leitfähigen Schicht. Beim anschließenden Erwärmen im Hochfrequenzstrom deformiert sich der Thermoplast durch die Wirkung der Potentialdifferenz bis zum Gleichgewichtszustand zwischen Oberflächenspannung und Coulombscher Kraft und die Deformation durch schnelles Abkühlen fixiert wird. Der Bildinhalt besteht aus „Runzeln", die durch unmittelbare Projektion mit einer Schlierenoptik oder im Dunkelfeld wiedergegeben werden.

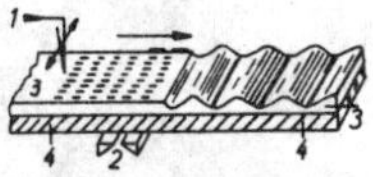

thermoplastische Bildaufzeichnung. *1* Elektronenstrahl, *2* Induktionsheizung zur Entwicklung der Aufzeichnung, *3* thermoplastische Schicht – Runzelkorn – und Riffelbild nach Aufladung, Erwärmung und Abkühlung, *4* Filmunterlage

Die t.n B. wird auch zur Speicherung in Rechenautomaten genutzt; infolge schnellerer Aufzeichnung und großer Informationsdichte bietet sie Vorteile gegenüber der magnetischen Speicherung.

Bei der t.n B. von Farbaufnahmen erfährt der Elektronenstrahl durch den Farbinhalt eine weitere Modulation, die sich den Runzeln überlagert, wodurch ein zusätzliches Beugungsgitter erhalten wird. Die Riffelung in Abständen von etwa $^1/_{2500}$ mm entspricht den einzelnen Grundfarben. Durch ein geeignetes Projektionssystem nach dem Prinzip der additiven Farbmischung wird originalgetreue Wiedergabe erreicht.

Der erste Einsatz der t.n B. erfolgte bei Fernsehübertragung von Luftbildaufnahmen aus unbemannten Raketen und Satelliten.

Thermoreflexion, eine einfache und empfindliche Methode der → Modulationsspektroskopie, mit der Änderungen in den optischen Eigenschaften eines Festkörpers mit der Temperatur nachgewiesen und gemessen werden können. Der Grundgedanke der Methode der T. besteht darin, daß mittels einer modulierten Jouleschen Erwärmung eine geringfügige Modulation der Probentemperatur erzeugt wird. Diese bringt infolge der Verschiebung von Resonanzfrequenzen optischer Übergänge mit der Temperatur und infolge der Änderung von Linienbreiten mit der Temperatur eine Modulation des Reflexionsvermögens der Probe mit sich. In Fällen, in denen die Temperaturverschiebung der Resonanzfrequenzen der dominierende Effekt ist, sind die Spektren der T. sehr ähnlich denen bei Wellenlängenmodulation (→ Modulationsspektroskopie). Die T. wird wegen ihrer einfachen experimentellen Anordnung vielfach zur Aufnahme von wellenlängenmodulierten Spektren angewandt.

Thermorelais, eine Einrichtung zur Verstärkung von Galvanometerausschlägen bei der Messung kleinster elektrischer Ströme. Im Vakuum befindet sich zwischen zwei Konstantanblechen ein Manganinblech. Der Lichtzeiger eines Galvanometers, der auf die Mitte der Anordnung justiert wird, bewirkt bei kleinsten Abweichungen von dieser Lage eine unsymmetrische Erwärmung, die wie beim Thermoelement eine Thermospannung erzeugt. Diese kann mit einem zweiten Galvanometer gemessen werden, wobei der Ausschlag viel größer als beim ersten ist.

Thermospannung, → Thermoelektrizität.

Thermosphäre, oberste Schicht der → Atmosphäre gemäß der auf der Einteilung der Atmosphäre nach Neutralteilchen beruhenden geophysikalischen Nomenklatur. Die T. beginnt oberhalb der Mesopause in 80 bis 100 km Höhe und geht in 2000 bis 3000 km Höhe in die Exosphäre über. Die Temperatur nimmt von etwa −90 °C im Bereich der Mesopause auf über 1000 °C in 500 km Höhe zu. Diese extrem hohen Temperaturen in der T. resultieren aus der sehr geringen Luftdichte, die bereits in der Höhe von 90 bis 100 km nur noch $^1/_{1000000}$ der Luftdichte in Erdbodennähe ausmacht. Entsprechend der kinetischen Gastheorie wächst dadurch die freie Weglänge und infolge der verringerten Zahl der Zusammenstöße auch die Geschwindigkeit der Gasteilchen. Angeregt durch die Wellen- und Korpuskularstrahlung der Sonne (Photoionisation) gehen die atmosphärischen Gase in der T. in den Plasmazustand über. In den hohen Schichten der T. erreichen einzelne Teilchen die 2. kosmische Geschwindigkeit (11,2 km/s) und treten in den interplanetaren Raum über (Exosphäre).

Die T. umfaßt große Teile der Ionosphäre, ist mit dieser aber nicht identisch.

Thermostat, Gerät zur Konstanthaltung von Temperaturen über längere Zeit. Mittels Kontaktthermometern, Relais und elektrischen Heizungen können T.en für jeden gewünschten Temperaturbereich gebaut werden. T.en für tiefe Temperaturen werden → Kryostaten genannt.

Flüssigkeitsthermostaten bestehen aus einem Flüssigkeitsbad mit Rührwerk zum Mischen der Flüssigkeit, einem Kontaktthermometer in einem wärmeisolierenden Gefäß und einer Temperaturregeleinrichtung. Als Badflüssigkeiten eignen sich nur Flüssigkeiten, die in dem jeweils interessierenden Temperaturbereich große thermische Leitfähigkeit, geringe Viskosität und gute Wärmeübergangseigenschaften haben und sich gut durchmischen lassen. Oberhalb von 0 °C eignen sich außer Wasser bis +56 °C Azeton, bis +148 °C Anilin, bis +218 °C Naphthalin, bis +306 °C Benzophenon, bis +445 °C Schwefel, als nichtsiedende Flüssigkeiten auch verschiedene Öle.

Zwischen +220 und +630 °C ist das Eutektikum von Natron- und Chilesalpeter vorteilhaft zu verwenden (gute Isolierung erforderlich). Für noch höhere Temperaturen (+600···1400 °C) wird eine Mischung von Bariumchlorid und Natriumchlorid in einem Schamottegefäß mit Turbinenrührer benutzt. Die Temperatur kann auf ±0,01 K geregelt werden. Für besonders hohe Temperaturen werden Doppelthermostaten mit Hohlraumstrahler und Meßbrücken oder Thyratronreglern benutzt. *Präzisionsmikrothermostaten* können in Verbindung mit einem Röntgenspektrometer gebraucht werden. Für die Konstanthaltung von Temperaturen unterhalb 0 °C muß entweder ein den Hauptthermostaten umgebendes Bad mit einer niedriger siedenden Flüssigkeit benutzt werden, oder man verwendet eine Flüssigkeit mit niedrigem Siedepunkt, z. B. Schwefeldioxid, Ammoniak oder Äther. *Metallthermostaten* haben gute Temperaturkonstanz. Man verwendet Zylinder, auf deren Endflächen abwechselnd Scheiben aus wärmedämmendem Material (z. B. Filz) und wärmeleitendem Material (z. B. Metall) aufgesetzt sind. Der Innenraum wirkt wie ein Luftthermostat. Die Temperaturkonstanz hängt von der Metallmasse und von der Heizleistung ab; sie wird von einem Kontaktthermometer geschaltet. Häufig werden T.en mit zwei Kontaktthermometern ausgerüstet, von denen eines die Feinregulierung übernimmt. Bei *Luftthermostaten* dient die erwärmte Luft zur Thermostatierung. Luftthermostaten werden z. B. zur Konstanthaltung der Temperatur von Meßbrücken verwendet, die mit Normal-Widerstandsthermometern zur Darstellung der Internationalen Temperaturskala benutzt werden. Bei Hochfrequenzöfen werden als Temperaturmeßorgan und als Steuerelement auch Toroidspulen benutzt.

thermotrope Phase, → mesomorphe Phase.

Thermoumformer, ein mit einem Heizdraht verbundenes → Thermoelement zum Messen von Gleich- und Wechselströmen. Der Heizdraht wird von dem zu messenden Strom durchflossen und erwärmt das Thermoelement, dessen EMK mit einem Drehspulinstrument oder Drehstromgalvanometer gemessen wird. Bei dem *Vakuumthermoumformer* (Abb. 1) legt eine kleine Glasperle den Abstand zwischen dem Heizdraht und dem Thermoelement fest und isoliert den Meßstromkreis von dem Thermoelement und dem daran angeschlossenen Instrument. Heizdraht und Thermoelement sind in einem Glasgefäß eingeschmolzen, das zur Verringerung der Wärmeverluste evakuiert ist. Der Ausschlag des Instrumentes ist eine Funktion des Effektivwertes des Meßstromes. Der T. kann bis zu sehr hohen Frequenzen (10^8 Hz) verwendet werden. Der Leistungsbedarf des Heizdrahtes beträgt 1 mW bis 50 mW bei evakuierten T.n bzw. 0,1 W bis 1 W bei luftgekühlten T.n.

Eine früher häufiger verwendete, konstruktiv sehr einfache Ausführung des T.s ist das *Thermokreuz* (Abb. 2). Es besteht aus zwei Drähten aus verschiedenen Metallen, die ineinandergehängt und verschweißt sind. Die linken Drahthälften dienen als Hitzdraht und erwärmen sich bei Stromdurchfluß, die rechten Drahthälften stel-

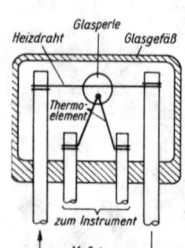

1

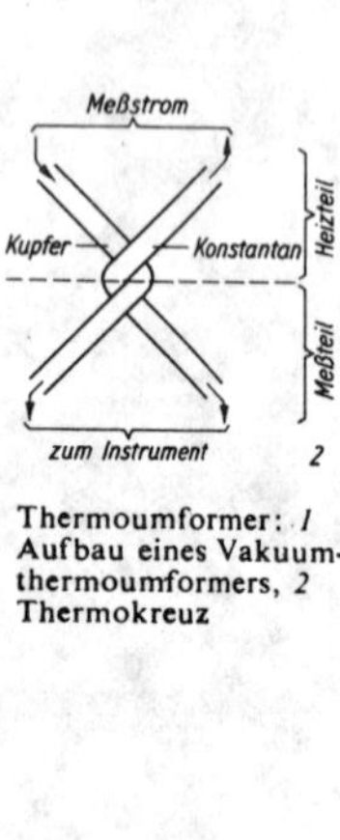

2

Thermoumformer: *1* Aufbau eines Vakuumthermoumformers, *2* Thermokreuz len ein Thermoelement dar, in dem entsprechend der Erwärmung eine Thermokraft erzeugt wird, die der Stärke des durchfließenden Stromes entspricht. Nachteilig ist die fehlende galvanische Trennung zwischen Heiz- und Meßteil.

Lit. Merz: Grundkurs der Meßtechnik 2 Tle (3./2. Aufl. München 1971/1970).

thermoviskose Flüssigkeit, Flüssigkeit, bei der der Spannungstensor vom Deformationsgeschwindigkeitstensor und vom Temperaturgradienten abhängig ist.

Theta-Meson, → Kaon.

Thetamodell, dreidimensionale Modellvorstellung vom geomagnetischen Schweif (→ Magnetosphäre), bei der angenommen wird, daß der Schweif gegenüber dem Sonnenwind abgeschlossen ist und in seiner Äquatorebene eine Plasmaschicht enthält.

Theta-Tau-Rätsel, → Kaon.

Thetatemperatur, → Polymere.

Thixotropie, die bei mechanischen Einwirkungen (Schütteln) eintretende „Verflüssigung" von Gelen oder Pasten, die vorher steif und zäh waren. Sie beruht in der Hauptsache auf der Zerstörung von Strukturen, die sich im Ruhezustand über Nebenvalenzverknüpfungen ausgebildet haben bzw. nach Aufhören der mechanischen Einwirkungen wiederherstellen. Dabei wird das Verhältnis Schubspannung zu Verformungsgeschwindigkeit infolge der vorangegangenen Verformung zeitweilig reduziert.

Der Begriff der T. wurde zuerst von Freundlich eingeführt, um einen isothermen, umkehrbaren Gel-Sol-Übergang zu bezeichnen, der durch mechanische Arbeit hervorgebracht wird. Der Zeitfaktor ist dabei wesentlich, um die T. von der Strukturviskosität abzugrenzen. Die Viskosität thixotroper Stoffe wird mit zunehmender Beanspruchung kleiner. Dieser Effekt ist reversibel. Während jedoch im Fall der Strukturviskosität die Rückgewinnung sofort eintritt, so bedarf es im Falle der T. zur Ausbildung der Viskosität im Ruhezustand einer gewissen Zeit, die mitunter beträchtlich sein kann.

Antithixotropie, auch als negative T. bezeichnet, liegt vor, wenn das Verhältnis Schubspannung zu Verformungsgeschwindigkeit infolge der vorausgegangenen Verformung zeitweilig erhöht wird. Die Struktur einer Substanz wird somit z. B. unter Scherung aufgebaut und zerfällt während des Ruhens.

***T*-hoch-drei-Gesetz,** → Debyesche Theorie der spezifischen Wärmekapazität.

***T*-hoch-drei-Halbe-Gesetz,** *$T^{3/2}$-Gesetz*, von F. Bloch 1930 angegebenes Gesetz, das die Temperaturabhängigkeit der spontanen Magnetisierung M eines isotropen Ferromagneten in der Nähe des absoluten Nullpunktes angibt: $M(T) = M(T = 0) - \alpha T^{3/2}$, wobei α vom speziellen Stoff abhängt. Dieses Gesetz gilt, wenn der Magnetisierungsabfall durch die Zahl der angeregten freien Spinwellen bestimmt wird.

***T*-hoch-fünf-Gesetz,** → Plancksche Strahlungsformel, → Bloch-Grüneisen-Gesetz.

***T*-hoch-vier-Gesetz,** → Plancksche Strahlungsformel, → Debyesche Theorie der spezifischen Wärmekapazität.

Thomas-Fermi-Abschirmung, → Abschirmung 4).

Thomas-Fermi-Gleichung, → statistische Theorie der Atomhülle.

Thomas-Fermi-Modell, statistisches Modell des Atoms, das insbesondere gut geeignet ist zur näherungsweisen Beschreibung von Atomen mit hohen Ordnungszahlen Z, bei denen die Hartree-Fock-Methode wegen der großen Zahl von Elektronen praktisch unbrauchbar wird. Die Elektronen der Atomhülle werden dabei als Fermi-Gas behandelt, sie besetzen im Grundzustand des Atoms alle Zellen im Phasenraum bis zu einem Maximalimpuls p_0; zwischen p_0 und der Teilchendichte ϱ der Elektronen ergibt sich $p_0^3 = 3\pi^2\hbar^3\varrho$. Andererseits ergibt sich aus der Energiebilanz der Elektronen $p_0^2/2m = V_0(r) - V(r)$, wobei V_0 die maximale Energie der Elektronen und V das im Unendlichen verschwindende Potential ist. Aus der Poisson-Gleichung der Elektrostatik folgt dann für $V(r)$ die Thomas-Fermi-Gleichung $\Delta V = (8\sqrt{2}/3\pi) \times \times \frac{m^{3/2} e^{5/2}}{\hbar^3} \cdot V^{3/2}$, die mit $x = rZ^{1/3}/b$, $\chi(x)/x = V(r)\, b/Z^{4/3}$ und $b = \frac{8\sqrt{2}}{(3\pi)^{2/3}} \frac{me^2}{h^2}$ ($b = 0{,}885$ für den kugelsymmetrischen Grundzustand) in die parameterfreie Differentialgleichung $x^{1/2}\chi'' - \chi^{3/2} = 0$ für die universelle, für alle Atome gültige Funktion $\chi(x)$ übergeht; $\chi(x)$ verschwindet erst für $x \to \infty$, d. h., im T.-F.-M. hat das Atom keinen Rand.

Das T.-F.-M. ist für kleine und große Abstände vom Kern unbrauchbar, gibt aber die Schaleneigenschaft des Atoms nach entsprechender Verfeinerung für mittlere Abstände gut wieder und gestattet die Berechnung von Ionisierungsenergien und Röntgen-Niveaus. Das Modell kann in verschiedener Weise verbessert werden; es wird in der Kernphysik (→ Kernmodelle) auch auf die Nukleonen angewandt.

Thompson-Prisma, → Polarisationsprisma.

Thomson-Brücke, → Meßbrücke.

Thomson-Effekt, → Thermoelektrizität, → galvanomagnetische Effekte.

Thomson-Gibbssche Gleichung, *Thomsonsche Beziehung*, Beziehung zwischen der Größe eines Flüssigkeitströpfchens oder Kriställchens und seinem Dampfdruck. Thermodynamisch abgeleitet lautet die T.-G. G.:

$$\mu_\infty - \mu_r = kT \ln(p_r/p_\infty) = v_0\sigma_i/r_i .$$

Hierbei bedeuten μ das chemische Potential, p den Dampfdruck, die Indizes r und ∞ endliche und unendliche Größe des Tropfens oder Kristalls, σ_i die spezifische freie Oberflächenenergie und r_i die Zentraldistanz des Tropfens bzw. der i-ten Kristalloberfläche, k die Boltzmannsche Konstante, T die absolute Temperatur und v_0 das Molekularvolumen.

Der Dampfdruck kleiner Tröpfchen ist größer als bei einer ebenen Flüssigkeitsoberfläche, z. B. bei einem Tropfenradius von 10^{-6} cm um etwa 10%. Daher wachsen in Nebeln die großen Tropfen auf Kosten der kleinen weiter an.

Der Dampfdruck von Flüssigkeiten in benetzenden Kapillaren (konkave Oberfläche) ist geringer als der einer ebenen Oberfläche, so daß in einem porösen Stoff Kondensation stattfinden kann (Kapillarkondensation).

Nach der Kossel-Stranskischen Wachstumstheorie (→ Kristallwachstum) nimmt die T.-G. G. mit Hilfe der mittleren Abtrennarbeit die Form

$$kT \ln (p_r/p_\infty) = \bar{\varphi}_\infty - \bar{\varphi}_r$$

an; hierbei sind $\bar{\varphi}_r$, $\bar{\varphi}_\infty$ die mittleren Abtrennarbeiten für eine oberste Netzebene eines endlichen bzw. unendlich großen Kristalls, $\bar{\varphi}_\infty$ ist gleich der Abtrennarbeit der Halbkristall-Lage. Die T.-G. G. gilt auch für einen zweidimensionalen Kristall. An die Stelle der spezifischen freien Oberflächenenergie und der mittleren Abtrennarbeit für eine oberste Netzebene treten die spezifische freie Randenergie und die mittlere Abtrennarbeit für eine Randreihe. Mit Hilfe der T.-G.n G. kann man die Größe des einer bestimmten Übersättigung entsprechenden Kristallkeimes berechnen.

Thomson-Joule-Effekt, → Joule-Thomson-Effekt.

Thomson-Koeffizient, → Thermoelektrizität.

Thomsonsche Beziehung, 1) svw. Thomson-Gibbsche Gleichung. **2)** für thermoelektrische Effekte → Thermoelektrizität.

Thomsonsches Atommodell, → Atommodell.

Thomsonsche Schwingungsformel, → Schwingkreis 1 b).

Thomson-Wärme, → Thermoelektrizität.

Thorex, → Kernbrennstoffzyklus.

Thorium, Th, radioaktives chemisches Element mit der Ordnungszahl 90. In den → radioaktiven Familien treten folgende Isotope auf: ^{234}Th (früher *Uran X_1*), ^{230}Th (früher *Ionium*), ^{231}Th (früher *Uran Y*), ^{227}Th (früher *Radioaktinium*), ^{228}Th (früher *Radiothorium*) und ^{229}Th. Die Muttersubstanz der Thoriumreihe ist das Isotop ^{232}Th. Künstliche Isotope sind mit Massezahlen zwischen 223 und 234 bekannt. Das langlebigste Isotop ist ^{232}Th mit einer Halbwertszeit von $1{,}39 \cdot 10^{10}$ Jahren. Es zerfällt unter α-Emission zu ^{228}Ra (historischer Name *Mesothorium I*, abg. $MsTh_1$), das unter β-Emission in ^{228}Ac (historischer Name *Mesothorium II*, abg. $MsTh_2$) übergeht. Das Endglied der Thoriumreihe ist das Bleiisotop ^{208}Pb (*Thoriumblei* oder *Thorium D*). Das kurzlebigste Thoriumisotop ist ^{223}Th mit einer Halbwertszeit von 0,1 Sekunden. ^{232}Th kann durch schnelle Neutronen gespalten werden. Durch Neutroneneinfang bildet sich ^{233}Th, das durch β-Zerfall in das durch langsame Neutronen spaltbare ^{233}U übergeht. Deshalb dient ^{232}Th als Brutsubstanz in Reaktoren.

Thoriumblei, → Thorium.

Thoriumreihe, → radioaktive Familien.

Thoron, → Radon.

Thyratron, *Stromtor*, Gasentladungsröhre, die im einfachsten Falle Anode, Startelektrode und geheizte Katode enthält. Die Startelektrode wirkt ähnlich wie ein Steuergitter. Mit ihr kann die Anodenzündspannung in weiten Grenzen geregelt werden (→ Gasentladungsschalter). Die Betriebsspannung U_b wird geringer als die Anodenzündspannung gewählt, d. h., das T. ist zunächst nicht gezündet. Die Startelektrode bildet mit der Katode eine zweite Entladungsstrecke mit im Vergleich zur Anodenzündspannung wesentlich geringerer Zündspannung. Bei der Zündung der Strecke Startelektrode – Katode wird eine große Zahl von Ladungsträgern freigesetzt (Ionen und Elektronen), die die Zündung der Hauptentladungsstrecke bewirken. Der Anodenstrom wächst über alle Grenzen, falls er nicht durch Außenwiderstände begrenzt wird. Nach der Zündung verliert die Startelektrode ihre steuernde Wirkung, so daß ein Löschen des T.s nur durch Erniedrigen der Anodenspannung unter die Löschspannung möglich ist. Die zur Zündung des T.s erforderliche U_a-U_g-Kombination läßt sich der *Steuerkennlinie* entnehmen. Beim Überschreiten der Steuerkennlinie in umgekehrter Richtung bleibt der Stromfluß erhalten, vorausgesetzt, die Anodenspannung bleibt größer als die Löschspannung. Das T. verwendet man z. B. bei der Impuls- und Kippspannungserzeugung, weiterhin zur Steuerung von Gleichrichterschaltungen und Messung von Impulsamplituden.

Thyristor, ein steuerbares Halbleiterbauelement ähnlich der Vierschichtdiode (→ Halbleiterdiode), jedoch mit einem zusätzlichen Kontakt an der p_2-Schicht (Abb. 1). Bei positiver Span-

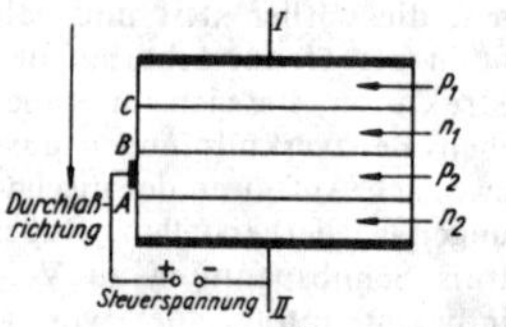

1 Schematischer Aufbau eines Thyristors.

nung der Schicht p_1 sind die pn-Übergänge *A* und *C* in Durchlaßrichtung und *B* wegen negativer Spannung gegenüber n_2 in Sperrichtung gepolt, bei umgekehrter Spannung an p_1 gegen n_2 läßt der pn-Übergang *B* durch, während *A* und *C* sperren. Damit sperrt das gesamte Bauelement in beiden Fällen. Erhält jedoch im ersten Fall die Schicht p_2 eine positive Vorspannung, so erhöht ein durch *A* fließender Strom die Ladungsträgerdichte in p_2. Damit fließt ein Elektronenstrom von p_2 über n_1 und p_1 zum Anschluß I und ein Löcherstrom in umgekehrter Richtung. Der pn-Übergang *B* kann schließlich dabei von so vielen Ladungsträgern durchflossen werden, daß er seine Sperrfähigkeit einbüßt. Damit beginnt ein Strom in Durchlaßrichtung zu fließen, unabhängig davon, ob die Steuerspannung an p_2 erhalten bleibt oder nicht. Erst nach Absinken des Durchlaßstromes auf einen Wert nahe Null, z. B. infolge Vergrößerung eines äußeren Lastwiderstandes und damit verbundenen Absinkens der Spannung zwischen I und II, sperrt der T. wieder. Der T. hat damit zwei stabile Betriebszustände, wie auch die Kennlinie (Abb. 2) zeigt, nämlich einen *Blockierzustand* vor und einen *Durchlaßzustand* nach der Zündung.

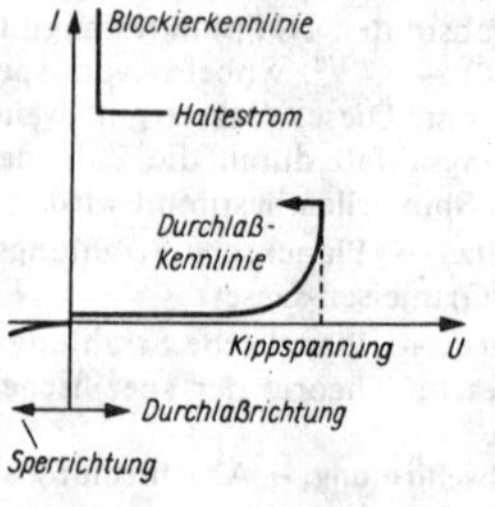

2 Durchlaß- und Blockierkennlinie eines Thyristors

Bei den *Photothyristoren* wird die Zündung mittels Belichtung des unter der Katode des T.s liegenden pn-Überganges ausgelöst. Die Auslösung wird dabei infolge Bildung von Elektronenlochpaaren in dieser Schicht bewirkt, wobei die Vorgänge denen in einer Photodiode (→ Halbleiterdiode, → Halbleiterdetektor) ähneln (→ Ladungsträger). Dem T. ähnlich sind der Binistor und der Symistor.

Lit. Lappe: Thyristor-Stromrichter für Antriebsregelungen (Berlin 1970).

Tiefdruckgebiet, svw. Zyklone.

Tiefenmaßstab, → Maßstab 2).

Tiefenschärfe, svw. Schärfentiefe.

Tiefenverhältnis, α, das Verhältnis des Abstandes benachbarter Bildpunkte zu dem Abstand der ihnen konjugierten Objektpunkte auf der optischen Achse, → Abbildung.

Tiefpaß, → Filter.

Tilgung, die Verringerung der Intensität der Lumineszenz bzw. der Stärke des Photostroms bei der Photoleitung in Halbleitern durch Temperaturerhöhung (*thermische T.*) oder durch zusätzliche Einstrahlung von Licht geeigneter Wellenlänge (*optische T.*). Im Falle eines n-Halbleiters besteht die T. vielfach darin, daß an Störstellen gebundene Löcher thermisch oder durch Absorption eines Photons in das Valenzband angeregt werden, wo sie mit Elektronen des Leitungsbandes über Zwischenzustände strahlungslos rekombinieren. Dadurch wird die Elektronenkonzentration im Leitungsband und damit der Photostrom verringert, gleichzeitig wird der Anteil der strahlungslosen Elektronenübergänge auf Kosten der strahlenden Elektronenübergänge vergrößert. Entsprechend umgekehrt wirkt die T. bei einem p-Halbleiter. Oft sind die der T. zugrunde liegenden physikalischen Prozesse jedoch wesentlich komplizierter.

tilt boundary, → Korngrenze.

***T*-Invarianz,** → Zeitumkehr.

Titius-Bodesche Reihe, *Bode-Titiussche Reihe*, eine von A. K. Titius aufgestellte und später von J. E. Bode allgemein bekanntgemachte Formel, die näherungsweise die mittleren Abstände a der Planeten von der Sonne, gemessen in AE, angibt. Danach gilt $a = 0{,}4 + 0{,}3 \cdot 2^n$, wenn man für Merkur $n = -\infty$, für Venus $n = 0$, für die Erde $n = 1$, für Mars $n = 2$ usw. einsetzt. Eine ursprünglich vorhandene Lücke bei $n = 3$ wurde durch die Entdeckung der Planetoiden geschlossen. Die Übereinstimmung ist bis auf Neptun und besonders auf Pluto recht gut. Die Deutung der T.-B.n R. ist Aufgabe der Kosmogonie des Planetensystems.

***t*-Kanal,** → analytische S-Matrix-Theorie.

TLD, *Thermolumineszenzdosimeter*, → Dosimeter.

T-Matrix, → S-Matrix.

TME, → Masseeinheit 3), 4).

t/min, Tabelle 2, Drehzahl.

TM-Welle, → Wellenleiter.

Tn, Symbol für Thoron, → Radon.

Tochtersubstanz, → radioaktive Familien.

Toeplersche Schlierenmethode, → Schlierenmethoden.

Tokamak, → Kernfusion.

Toleranz, *T*, Unterschied zwischen einem zugelassenen Größt- und einem Kleinstwert einer meßbaren Eigenschaft eines Meßgegenstands, z. B. zwischen einem Größt- und einem Kleinstmaß. T.en spielen eine wichtige Rolle beim Austauschbau. Sie sind meist in einem *Toleranzensystem* zusammengestellt, das die Grundtoleranzen enthält und in jedem Nennbereich 16 Toleranzstufen umfaßt, die auch Qualitäten genannt werden. Das Toleranzfeld ist entscheidend für die Meßunsicherheit, mit der ein Meßgerät benutzt werden kann.

Toleranzdosis, veralteter Begriff für zulässige Strahlungsbelastungen, heute durch die maximal zulässige Dosis ersetzt, → Strahlenschutzgrenzwerte.

Tolman-Versuch, Versuch zum Nachweis der Beweglichkeit von Elektronen in Metallen. Beim T.-V. wird ein metallischer Leiter auf eine hohe Geschwindigkeit gebracht und dann schnell abgebremst. Dabei kann mit einem ballistischen Galvanometer ein Stromstoß gemessen werden, der von der Weiterbewegung der Elektronen infolge ihrer Trägheit verursacht wird. Der Versuch liefert einen Wert für das Verhältnis von Ladung und Masse des Elektrons e/m_0, das befriedigend mit demjenigen aus exakteren Experimenten übereinstimmt.

Tomonaga-Bild, svw. Wechselwirkungsbild.

Tomonaga-Darstellung, svw. Wechselwirkungsbild.

Tomsscher Effekt, die Herabsetzung des (turbulenten) Strömungswiderstands hochpolymerer Lösungen durch Stabilisieren der laminaren Grenzschicht gegenüber dem des reinen Lösungsmittels. Der Effekt der Widerstandsverminderung [engl. drag reduction] läßt sich auch schon in verdünnten Lösungen beobachten, wobei als Lösungsmittel Wasser verwendet wird. Durch Zusetzen von 1 mg „Polyox" (Polyäthenoxid) zu 1 l Wasser kann man den Strömungswiderstand so weit herabsetzen, daß z. B. eine Feuerlöschspritze 54 m statt 36 m weit spritzt und zugleich ihr Durchsatz 1000 l/min statt 900 l/min beträgt. Durch die Zugabe tritt Stabilität der Rohrströmung ein, der Übergang zur turbulenten Strömung wird zu größeren Re-Zahlen verschoben. Die Stabilität der Strömung wird mit steigender Polymerkonzentration erhöht. Außer dem Polyäthenoxid gibt es eine Reihe anderer wasserlöslicher makromolekularer Stoffe, die den Effekt der Widerstandsminderung hervorbringen, z. B. Polymerisate auf der Basis von Akrylamid, teilweise hydrolysierte Kopolymerderivate von Akrylnitril u. a.

ton, Tabelle 2, Masse.

Ton, Gehörsempfindung, die durch eine harmonische Schallwelle hervorgerufen wird. Das Klangspektrum (→ Schallspektrum) eines T.es weist demzufolge nur eine Frequenz auf. Der T. ist das Grundelement aller anderen Gehörsempfindungen, wie → Klang oder → Geräusch, die aus mehreren Teiltönen zusammengesetzt sind. Jeder von Musikinstrumenten erzeugte wie der gesprochene oder gesungene T. ist im physikalischen Sinne kein reiner T., sondern ein Klang.

Physikalisch wird ein T. durch die Angabe von Tonhöhe, d. h. der Frequenz der zugehörigen ungedämpften Schallwelle, sowie der Tonstärke, das ist der als → Lautstärke empfundene Schallpegel, auch Schallstärke, charakterisiert. Nur eine ungedämpfte Schwingung ist die

Grundlage eines reinen Tones; jede Dämpfung bedingt nach der Fourier-Analyse das Auftreten mehrerer harmonischer Wellen.

Tonart, eine charakteristische Auswahl musikalischer Töne, die durch die Lage eines Grundtones innerhalb der chromatischen Tonleiter und die Folge der Halb- und Ganztonschritte innerhalb der auf den Grundton folgenden Oktave bestimmt ist.

Man unterscheidet zwischen den das Tongeschlecht festlegenden Dur- und moll-T.en, je nachdem, ob die große Terz, Sexte und Septime oder die kleine Terz, Sexte und Septime die Tonfolge festlegen.

Nach dieser Einteilung gibt es je 15 Dur- und moll-T.en (→ Tonskalen).

tonf, Tabelle 2, Kraft.

tonf/ft², Tabelle 2, Druck.

ton-force, Tabelle 2, Kraft.

ton-force per square foot, Tabelle 2, Druck.

Tonfrequenz, der Frequenzbereich mechanischer und elektromagnetischer Schwingungen, der dem Frequenzbereich der vom menschlichen Ohr aufnehmbaren, d. h. empfindbaren Schallschwingungen von etwa 16 Hz bis 25 kHz entspricht (→ Frequenz).

Tonintervall, → Tonskalen.

Tonkonservierung, → Schallaufzeichnung.

Tonleiter, → Tonskalen.

Tonmodulation, Modulation einer hochfrequenten Trägerwelle mit Tonfrequenz (→ Modulation).

Tonne, t, inkohärente Einheit der Masse, Eigenname für 10^3 kg. Vorsätze erlaubt. $1\ t = 10^3$ kg $= 10^6$ g. $1\ dt = 10^2$ kg.

Tonnenflechtwerk, → Fachwerk.

Tonpilz, ein die Grundform eines mechanisch-akustischen Wandlers darstellender Schallsender, bestehend aus zwei meist ungleichen und durch ein elastisches Medium verbundenen Massen. Das elastische Verbindungsstück kann ein magnetostriktiver Nickelstab sein, der durch einen eine umliegende Spule durchfließenden Wechselstrom zu mechanischen Schwingungen angeregt wird. Verwendung finden derartige Anordnungen als Wasserschallsender, wobei die kleine Masse in Luft, die große im Wasser schwingt.

Tonskalen, Tonfolgen, die durch bestimmte Frequenzverhältnisse der einzelnen Töne zu einem Grundton definiert sind.

Unterschiede zwischen T. treten dadurch auf, daß, vom Grundton ausgehend, unterschiedliche Intervallschritte zum Aufbau der T. verwendet wurden. Besondere Bedeutung in allen T. haben die Intervalle, die durch einfache Zahlenverhältnisse bezeichnet sind. Sie stellen grundlegende Akkorde dar, die in Konsonanzen und Dissonanzen eingeteilt werden, wobei diese Trennung jedoch physikalisch nicht definierbar ist; sie wird durch das musikalische Empfinden weitgehend bestimmt.

Tonintervall	Frequenzverhältnisse	
Prime	1 : 1	Konsonanz
kleine Terz	6 : 5	
große Terz	5 : 4	
Quarte	4 : 3	
Quinte	3 : 2	
große Sexte	5 : 3	
Oktave	2 : 1	
Duodezime	3 : 1	
kleiner Halbton	25 : 24	Dissonanz
großer Halbton	16 : 15	
kleiner Ganzton	10 : 9	
großer Ganzton	9 : 8	
kleine Sexte	8 : 5	
kleine Septime	9 : 5	
große Septime	15 : 8	

Grundsätzlich zu unterscheiden sind die diatonischen T. von der chromatischen Tonskala. *Diatonische T.* enthalten in einer Oktave sieben Töne mit ungleichen Intervalldifferenzen. Die *pythagoräische Tonskala*, die älteste der diatonischen T., wird aus aufeinanderfolgenden Quintenschritten aufgebaut. Diese werden zu T., wenn von den markierten Tönen aus in entsprechenden Oktavschritten das dem Grundton folgende Oktavintervall gefüllt wird. Für mehrstimmige Musik ist die pythagoräische Tonskala ungeeignet, da nur Quarte und Quinte Konsonanzen darstellen.

Die *diatonische Dur-Tonskala* wird aus dem Dur-Dreiklang (1 : 1, 5 : 4, 3 : 2) abgeleitet, in-

Tabelle 1. Diatonische Tonskalen in reiner Stimmung

Pythagoräische Tonskala				Dur-Skala			moll-Skala		
Intervallbezeichnung	Tonsymbol	Frequenzverhältnis zum Grundton A	Frequenzverhältnis aufeinanderfolgender Töne B	Tonsymbol	A	B	Tonsymbol	A	B
Prime	c	1 : 1		c	1 : 1		c	1 : 1	
			9 : 8			9 : 8			9 : 8
Sekunde	d	9 : 8		d	9 : 8		d	9 : 8	
			9 : 8			10 : 9			16 : 15
Terz	e	81 : 64		+e	5 : 4		−es	6 : 5	
			256 : 243			16 : 15			10 : 9
Quarte	f	4 : 3		f	4 : 3		f	4 : 3	
			9 : 8			9 : 8			9 : 8
Quinte	g	3 : 2		g	3 : 2		g	3 : 2	
			9 : 8			10 : 9			16 : 15
Sexte	a	27 : 16		+a	5 : 3		−as	8 : 5	
			9 : 8			9 : 8			9 : 8
Septime	h	243 : 128		+h	15 : 8		−b	9 : 5	
			256 : 243			16 : 15			10 : 9
Oktave	c′	2 : 1		c′	2 : 1		c′	2 : 1	

+ große Terz, Sexte und Septime, − kleine Terz, Sexte und Septime dem unterhalb und oberhalb dieses Akkords je zwei weitere Töne gefunden werden, die mit ihren Nachbartönen des ursprünglichen Akkords wieder einen Dreiklang bilden.

Ein Vergleich der beiden genannten T. zeigt, daß sich Terz (81 : 64), Sexte (27 : 16) und Septime (243 : 128) der pythagoräischen Tonskala von den gleichbezeichneten Intervallen der diatonischen Dur-Skala durch das Intervall 80 : 81, das sogenannte syntonische Komma, unterscheiden.

Die *diatonische moll-Skala* wird in gleicher Weise wie die Dur-Skala aufgebaut, jedoch geht man vom moll-Dreiklang (1 : 1, 6 : 5, 3 : 2) aus.

In diesen T. treten wiederkehrende Intervalle zwischen aufeinanderfolgenden Tönen auf, die als großer Halbton (16 : 15), kleiner Halbton (25 : 24), großer Ganzton (9 : 8) und kleiner Ganzton (10 : 9) bezeichnet werden. Die in der Tabelle 1 aufgeführte Intervallfolge der 3 T. in der ursprünglichen, nach den oben aufgeführten Aufbauprinzipien entwickelten Form bezeichnet man als T. mit reiner Stimmung. Die diatonische Dur- und moll-Skala wurden später erheblich erweitert, damit jeder der ursprünglichen sieben Töne als Grundton einer eigenen Tonskala verwendet werden konnte. Diese erweiterte diatonische Tonskala entstand durch Erhöhung der tieferen Töne der Ganztonintervalle um einen kleinen Halbton bzw. durch Erniedrigung der höheren Töne der Ganztonintervalle um einen kleinen Halbton. Dabei decken sich jedoch die erhaltenen, enharmonisch erhöhten und vertieften Zwischentöne nicht vollständig. Derart erweiterte T. werden auch als *chromatische T.* bezeichnet.

Die möglichen enharmonischen Verwechselungen bei derartigen Nachbarschaften wurden durch eine entsprechende, korrigierte Mittelwertbildung ausgeglichen. Die so entstandene erweiterte diatonische Tonskala, die heute noch gebräuchlich ist, wird als 12stufig gleichteilig temperiert bezeichnet (Tab. 2). In ihr besteht die Oktave aus 12 gleichgroßen Halbtonschritten der Größe $\sqrt[12]{2} = 1{,}05946$ (→ Cent). Der Unterschied zwischen großen und kleinen Ganz- und Halbtönen verschwindet. Jeder der 12 Töne ist nun gleichberechtigter Grundton einer Tonleiter. Insbesondere für den Bau von Musikinstrumenten mit festen Tönen, z. B. Klavier, Orgel oder Gitarre, ist diese von Werckmeister 1691 eingeführte Tonskala von grundlegender Bedeutung. Erst durch sie wurde eine universelle Verwendung dieser Instrumente möglich. J. S. Bach unterstützte ihre Anwendung und Verbreitung

Tabelle 2. Erweiterte diatonische Tonskalen

reine Stimmung			gleichteilig temperierte Stimmung		
Tonsymbol	Frequenzverhältnis zum Grundton	Frequenzverhältnis aufeinanderfolgender Töne	Tonsymbol (zusammengefaßt)	Frequenzverhältnis zum Grundton nach korrigierter Mittelwertbildung	Intervallmaß i in cent
c	1 : 1		c	1,00000 = 1	0
		25 : 24			
cis	25 : 24				
		128 : 125	cis = des	1,05946 = $2^{1/12}$	100
des	16 : 15				
		25 : 24			
d	9 : 8		d	1,12246 = $2^{2/12}$	200
		25 : 24			
dis	75 : 64				
		128 : 125	dis = es	1,18921 = $2^{3/12}$	300
es	6 : 5				
		25 : 24			
e	5 : 4				
		128 : 125	e = fes	1,25992 = $2^{4/12}$	400
fes	32 : 25				
		3125 : 3072			
eis	125 : 96				
		128 : 125	f = eis	1,33484 = $2^{5/12}$	500
f	4 : 3				
		25 : 24			
fis	25 : 18				
		648 : 625	fis = ges	1,41421 = $2^{6/12}$	600
ges	36 : 25				
		25 : 24			
g	3 : 2		g	1,49831 = $2^{7/12}$	700
		25 : 24			
gis	25 : 16				
		128 : 125	gis = as	1,58740 = $2^{8/12}$	800
as	8 : 5				
		25 : 24			
a	5 : 3		a	1,68179 = $2^{9/12}$	900
		25 : 24			
ais	125 : 72				
		648 : 625	ais = b	1,78189 = $2^{10/12}$	1000
b	9 : 5				
		25 : 24			
h	15 : 8				
		128 : 125	h = ces'	1,88775 = $2^{11/12}$	1100
ces'	48 : 25				
		3125 : 3072			
his	125 : 64				
		128 : 125	his = c'	2,00000 = $2^{12/12}$	1200
c'	2 : 1				

Tabelle 3. Frequenzen der C-Töne

Bezeichnung je nach Oktavlage	Tonsymbol	physikalische Stimmung $f_{c'} \equiv 256$ Hz Hz	internationale gleichteilig temperierte Stimmung $f_{a'} \equiv 440$ Hz Hz
Subcontra-C	c^{-3} oder C	$2^4 = 16$	16,35
Contra-C	c^{-2} oder C''	$2^5 = 32$	32,70
Großes C	c^{-1} oder C'	$2^6 = 64$	65,41
Kleines C	c^0 oder c	$2^7 = 128$	130,81
1 gestrichenes C	c^1 oder c'	$2^8 = 256$	261,63
2 gestrichenes C	c^2 oder c''	$2^9 = 512$	523,25
3 gestrichenes C	c^3 oder c'''	$2^{10} = 1024$	1046,5
4 gestrichenes C	c^4 oder c^{IV}	$2^{11} = 2048$	2093,0
5 gestrichenes C	c^5 oder c^{V}	$2^{12} = 4096$	4186,0

durch seine Komposition „Wohltemperiertes Klavier".

Alle bisher behandelten Prinzipien der T. gelten für jeden beliebig zu wählenden Grundton. Sobald mehrere Instrumente gemeinsam erklingen sollen, ist eine Vereinbarung über die Absoluthöhe der T. erforderlich. Man unterscheidet die physikalische und die internationale, gleichteilig temperierte Stimmung. Erstere wird durch die Frequenz des einfach gestrichenen c (c') von $f_{c'} \equiv 2^4 \cdot 16$ Hz $= 256$ Hz festgelegt. Das einfach gestrichene a (a') hat dann den Wert $f_{a'} = 5/3 \cdot 256 = 426{,}6$ Hz. Die internationale, gleichteilig temperierte Stimmung wird durch die Frequenz von a' mit $f_{a'} \equiv 440$ Hz definiert (→ Normstimmton). Die Tabelle 3 enthält die von diesen Grundtönen abgeleiteten Frequenzwerte aller C-Töne.

Lit. Bergmann u. Schäfer: Lehrbuch der Experimentalphysik, Bd 1 (8. Aufl. Berlin 1970).

Tonverwandtschaft, die durch eine mögliche gemeinsame Zugehörigkeit zu einem Akkord ausgedrückten Beziehungen zwischen musikalischen Tönen. Insbesondere gibt es Terzverwandtschaften, wobei der Grunddreiklang zweier Tonarten zwei gemeinsame Töne enthält, und Quintenverwandtschaften, bei denen nur ein Ton übereinstimmt.

Topatron, ein von Varadi angegebenes HF-Resonanzspektrometer, das nach dem Prinzip des Linearbeschleunigers aufgebaut ist. Das Analysatorsystem besteht aus 12 äquidistanten Trenngittern, denen eine Hochfrequenzspannung im Gegentakt zugeführt wird. Nur die Ionen, die auf Grund ihres e/m-Verhältnisses in dem Hochfrequenzfeld beschleunigt worden sind, gelangen auf den Auffänger. Die gemessenen Ionenströme sind ein Maß für den Partialdruck einer Gasart.

Mit dem T. können gleichzeitig Totaldrücke und Partialdrücke gemessen werden. Der kleinste nachweisbare Partialdruck beträgt etwa 10^{-9} Torr; Totaldrücke werden vom T. im Bereich zwischen 10^{-6} und 10^{-3} Torr (Stickstoff-Äquivalent) gemessen. Es erfaßt den Massenbereich zwischen $M = 2$ und $M = 100$. Das T. wird als Partialdruck-Meßgerät bevorzugt für die Restgasanalyse, insbesondere in technischen Anlagen, Lecksuche sowie in der Desorptionsspektrometrie eingesetzt.

Topfkreis, → Resonator.

Topotaxie, chemische Reaktion innerhalb eines Festkörpers, bei der die kristallographischen Orientierungen des Endproduktes in Beziehung zu denen des Ausgangsmaterials stehen.

Topside-Sondierung, → Sondierung der Ionosphäre.

torische Fläche, ein für brechende oder reflektierende Flächen angewandter Flächentyp, der in zwei aufeinander senkrecht stehenden Schnitten verschiedene Krümmungen aufweist. Eine t. F. entsteht, wenn ein Kreisbogen oder eine andere Kurve als Meridianschnitt um eine in seiner Ebene liegende, jedoch nicht durch den Krümmungsmittelpunkt verlaufende Achse rotiert. Liegt der Krümmungsmittelpunkt des Meridianschnittes zwischen Meridianschnitt und Rotationsachse, so entsteht eine *wurstförmige t. F.* (wegen der Ähnlichkeit der Fläche mit der Außenfläche einer zu einem Ring zusammengebundenen Wurst). Liegt die Rotationsachse zwischen dem Krümmungsmittelpunkt des Meridianschnittes und dem Meridianschnitt, so entsteht eine *tonnenförmige t. F.*

Die Herstellung t.r F.n erfolgt in den meisten Fällen auf Tori-Ringmaschinen. T. F.n werden z. B. für Brillengläser zur Korrektion astigmatischer Augenfehler benötigt.

Tornado, → Trombe.

Toroid, → Spule.

Toroidfalle, → Magnetfalle.

Toroidspektrometer, → Betaspektrometrie.

Torr, Kurzz. Torr, inkohärente Einheit des Druckes. Vorsätze erlaubt. Das Torr ist der 760ste Teil der physikalischen Atmosphäre (atm). 1 Torr $= 1{,}316 \cdot 10^{-3}$ atm $= (101\,325/760)$ N/m² $= 1{,}333 \cdot 10^2$ N/m² $= 133{,}3$ Pa.

Torricelli-Theorem, → Ausströmen.

Torsion, 1) Verdrillung von Stäben, Platten und Schalen. Bei der T. von Stäben wird jeder Querschnitt um einen Winkel φ gedreht, für dessen Änderung $d\varphi/dz$ in Stablängsrichtung bei einem Kreisquerschnitt gilt $d\varphi/dz = M/GJ_p$, dabei ist z die Koordinate der Stabachse, M das Torsionsmoment, G der Schubmodul und J_p das polare Flächenträgheitsmoment des Kreisquerschnitts. Die Verdrillung ruft im Material Schubspannungen hervor, die auf der Stabachse verschwinden und mit wachsendem Abstand von ihr anwachsen, und zwar beim Kreiszylinderstab einfach proportional zum Abstand. Bei nichtkreisförmigen Querschnitten (prismatischer Stab) muß anstelle von J_p ein allgemeinerer *Torsionswiderstand* J_T gleicher Dimension berechnet werden, der vom Verlauf der Spannungsfunktion über dem Querschnitt abhängt. Das Produkt $G \cdot J_T$ heißt *Torsionssteifigkeit* und stellt ein Maß für den Widerstand des Stabes gegen Verdrillung dar.

2) → Raumkurve.

Torsionsinstrumente, solche → elektrische Meßinstrumente, bei denen das bewegliche Organ an einem Torsionsfaden aufgehängt oder zwischen solchen aufgespannt ist. Im letzteren Fall spricht man auch von Spannbändern. Die bei Drehung des beweglichen Organs entstehende Verdrillung oder Torsion des Drahtes bewirkt infolge dessen elastischer Eigenschaft ein winkelabhängiges Rückstellmoment.

Torsionsmagnetometer, → Magnetometer.

Torsionsmittelpunkt, Durchstoßpunkt der Drehachse durch den Querschnitt des Torsionsstabes, beim allgemein prismatischen Querschnitt nicht identisch mit dem Flächenschwerpunkt. Soll an einem Stab mit beliebigem prismatischem Querschnitt eine Querkraft nur reinen Schub (und Biegung), jedoch keine zusätzliche Torsion verursachen, dann muß die Wirkungslinie der Kraft durch den *Schubmittelpunkt* gehen, dessen Lage mit der des T.s identisch ist.

Torsionsmoment, eine → Schnittreaktion. Das T. $M_t = M_x = M_x(x)$ hält an der Stelle x der resultierenden Torsionswirkung der äußeren Kräfte und Momente beiderseitig der Schnittstelle x das Gleichgewicht.

Torsionsschwingung, → Pendel.

Totaldruck, → Partialdruck.

totale Ableitung, → Differentialrechnung.

totales Differential, → Differentialrechnung.

Totalintensität, → Erdmagnetismus.

Totalisator, Gerät zur Bestimmung der Niederschlagsmenge an solchen Orten, an denen nicht täglich gemessen werden kann (höhere Gebirgslagen, die im Winter unzugänglich sind). Salzzugaben setzen den Gefrierpunkt herab, eine Ölschicht verhindert die Verdunstung des gesammelten Wassers. Die Messung erfolgt mittels Meßstabes. → Niederschlagsmesser.

Totalreflexion, vollständige Reflexion einer Welle an der Grenzfläche eines Mediums mit kleinerer Brechzahl n' als die Brechzahl n im Medium der einfallenden Welle. T. entsteht, wenn der Einfallswinkel ε einen Grenzwinkel ε_g überschreitet, bei dem der gebrochene Strahl streifend austritt, d. h. $\varepsilon' = 90°$ bzw. $\sin \varepsilon' = 1{,}0$ wird. Wird $\varepsilon > \varepsilon_g$, tritt die Welle nicht in das zweite Medium ein, sondern wird gemäß dem Reflexionsgesetz (→ Reflexion) reflektiert. Im Fall $\varepsilon \leq \varepsilon_g$ folgt die Welle dem Brechungsgesetz (→ Brechung 1).

Der Grenzwinkel der T. ergibt sich wegen $\sin \varepsilon' = 1$ zu $\varepsilon_g = \arcsin (n'/n)$. In der Lichtoptik wird die T. z. B. zum Umlenken von Strahlrichtungen beim Reflexionsprisma, in der Meßtechnik zur Brechzahlbestimmung, bei der Lichtleitung durch Faserbündel usw. angewendet. T. kann jedoch auch bei Elektronen- oder Neutronenwellen oder Röntgenstrahlung auftreten.

Die genauere wellenoptische Theorie der T. zeigt, daß sich im zweiten Medium ein Wellenfeld ausbildet, das beim Weiterschreiten senkrecht zur Grenzfläche exponentiell gedämpft wird und keine Energie in dieser Richtung transportiert. Ersetzt man das zweite Medium durch eine hinreichend dünne Schicht des gleichen Materials, so tritt auf der anderen Seite wieder eine durch die Dämpfung in der Schicht geschwächte Welle auf; die T. ist also nicht mehr vollständig. Diese Erscheinung ist das optische Analogon des quantenmechanischen „Tunneleffekts".

toter Gang, → Fehler.

Totwasser, ein Gebiet abgelöster Strömung (→ Grenzschichtablösung), in dem die Flüssigkeit stark abgebremst ist. Ein großes T. tritt hinter Körpern mit stumpfer Rückseite, z. B. Kugel, Zylinder und Keil, auf. Im T. befinden sich → Wirbel, die infolge Reibung Strömungsenergie in Wärme umwandeln. Der im T. herrschende Unterdruck bedingt große Druckwiderstände (→ Strömungswiderstand). Der zeitlich mittlere Druck in dem von T. benetzten Teil der Oberfläche des Strömungskörpers ist nahezu konstant. Das T. ist durch eine → Trennungsfläche von der „gesunden" Strömung getrennt und beeinflußt die → Druckverteilung im Gebiet anliegender Grenzschicht (Abb. 1).

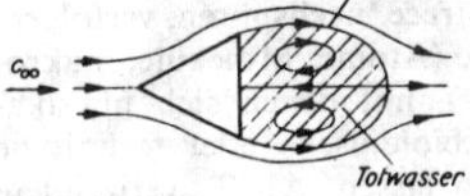

1 Stromlinien der zeitlich gemittelten Strömung um einen Keil

In größerem Abstand hinter stumpfen Körpern bildet sich eine regelmäßige Anordnung rechts- und linksdrehender Wirbel, die *Karmansche Wirbelstraße* (Abb. 2). Sie ist stabil, wenn das Verhältnis $h/l = 0{,}281$ beträgt. Die Wirbelstraße bewegt sich mit einer kleineren Geschwindigkeit als die Anströmgeschwindigkeit c_∞ und ist nur bei Reynoldszahlen $Re = 60$ bis $5 \cdot 10^3$ vorhanden. Bei kleineren Reynoldszahlen ist der → Nachlauf laminar, bei größeren liegt völlige turbulente Vermischung vor.

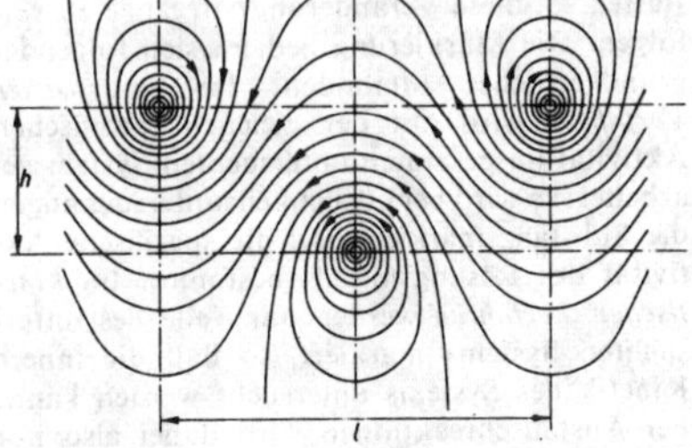

2 Karmansche Wirbelstraße

In einigen Fällen ist die theoretische Berechnung des durch das T. hervorgerufenen Strömungswiderstandes gelungen, → Kirchhoffsche Strömung.

Totzeit, allgemein die Zeit zwischen dem Auftreten eines Ereignisses und eines dadurch bewirkten Effekts. In der Meßtechnik ist die T. die Zeit zwischen der Veränderung einer Meßgröße und ihrer Nachweisbarkeit durch einen Meßfühler. Beim Detektor ist die T. die Zeit, die nach einem Registrierakt vergehen muß, bis er für weitere Messungen bereit ist. In dieser Zeit werden Ereignisse, die im Detektor auftreten, nicht registriert (*Zählverluste*). Die T. ist bei gleichbleibender Impulsrate um so geringer, je kürzer die Impulse sind, die der Detektor abgibt und je schneller die nachfolgende Elektronik ist. Moderne Vielkanalanalysatoren haben zusätzliche Einrichtungen, um Zählverluste während der Messung ständig zu korrigieren. Die T. wird vorzugsweise zur Charakterisierung der Eigenschaften solcher Detektoren angegeben, bei denen der Verstärkungsmechanismus Zeiten in der Größenordnung von Millisekunden und mehr beansprucht (z. B. Zählrohr und Blasenkammer) und die dadurch für Messungen bei großen Strahlungsintensitäten nicht geeignet sind.

Townsend-Koeffizient, svw. Ionisierungskoeffizient.

Townsend-Mechanismus, → Zündmechanismus.

tpm, 1) → transmutations per minute. **2)** turn per minute, vgl. Tabelle 2, Drehzahl.

***T*-Produkt,** svw. zeitgeordnetes Produkt.

tps, → transmutations per second.

Trabant, svw. Satellit.

Tracer [englisch to trace 'nachspüren, verfolgen, nachweisen'], Stoffe (Atome, Moleküle, makroskopische Teilchen), mit denen sich physikalische, chemische, biologische oder technische Vorgänge verfolgen lassen. Als T. verwendete Stoffe müssen markiert werden. Die Markierung erfolgt durch Zugabe (bei Elementen) oder Einbau (bei Molekülen) von Radionukliden (*Radioindikatoren*, auch *Leitisotope* genannt) oder von stabilen Isotopen, die sich in ihren relativen Häufigkeiten von der natürlichen isotopen Zusammensetzung deutlich unterscheiden, wobei das seltenere Isotop meist angereichert ist (als *Indikatormethode* oder *Leitisotopenmethode* bezeichnet). Die markierten Substanzen verhalten sich hinsichtlich des zu untersuchenden Vorgangs genau so wie unmarkierte Substanzen, d. h., sie sind an allen Veränderungen, die die markierte Substanz erfährt, mit beteiligt und gestatten so, diese Veränderungsvorgänge zu verfolgen. Die Markierung bedient sich folgender grundsätzlicher Methoden: Im *analytischen Verfahren* wird mit der gleichen spezifischen Aktivität im gesamten untersuchten System gearbeitet; so wird bei Löslichkeitsuntersuchungen die Substanz markiert und die spezifische Aktivität des Lösungsmittels bestimmt. Im *kinetischen Verfahren* werden nur Teile des untersuchten Systems markiert, so daß die innere Kinetik des Systems untersucht werden kann; bei Austauschreaktionen wird dabei also nur ein Partner markiert. Der Nachweis der Radionuklide ist mit Strahlungsdetektoren oder mit Hilfe der Autoradiographie direkt an der Probensubstanz oder am lebenden Organismus möglich. Stabile Isotope können nicht direkt am zu untersuchenden Objekt nachgewiesen werden. Sie werden z. B. mit einem Massenspektrometer gemessen.

Anwendung. Radionuklide werden mit Vorteil dort angewendet, wo Untersuchungen direkt am Objekt erforderlich sind. Nachteilig ist der mehr oder weniger große Aufwand für den Strahlenschutz. Stabile Isotope eines Elements werden dann eingesetzt, wenn von diesem Element keine oder nur sehr kurzlebige Radioisotope zur Verfügung stehen oder wenn Strahlenschädigungen, z. B. bei Untersuchungen am lebenden Objekt, unbedingt ausgeschlossen werden sollen. In der Biologie und in der Medizin (→ Nuklearmedizin) können z. B. zur Verfolgung von Stoffwechsel- und Transportvorgängen mit Deuterium (D), Tritium (T), Kohlenstoff-13 (C-13), Kohlenstoff-14 (C-14), Stickstoff-15 (N-15), Sauerstoff-18 (O-18), Phosphor-32 (P-32) und Jod-131 (J-131) markierte T. verwendet werden.

So kann man z. B. Stoffwechselvorgänge im menschlichen Körper mit Hilfe eines Zuckers studieren, in dessen Moleküle das radioaktive Kohlenstoffisotop C-14 substituiert wurde. Es läßt sich der Übertritt des Zuckers in die Blutbahn verfolgen und anschließend C-14 im ausgeatmeten Kohlendioxid nachweisen. Die Strahlenbelastung des lebenden Organismus muß dabei so niedrig wie möglich gehalten werden. Bei Pflanzen läßt sich der Stoffwechsel z. B. mit dem radioaktiven Phosphorisotop P-32 verfolgen (Tafel 47). In der Chemie dienen T. zur Klärung von Reaktionsmechanismen und Austauschvorgängen, wie Löslichkeitsuntersuchungen, Komplexbildung, Phasenumwandlung, Adsorption, Diffusion, Reaktionskinetik u. ä. In der Landwirtschaft sind Untersuchungen zur Pflanzen- und Tierernährung, zur Bodenkunde und zur Schädlingsbekämpfung erprobt. In der Technik setzt man vor allem Radionuklide ein, z. B. für Verschleißuntersuchungen. Durch Messung der von ihnen ausgesandten Strahlung lassen sich bereits geringe Mengen des abgeriebenen Materials (z. B. im Schmieröl) nachweisen. Außerdem lassen sich mit T.n Strömungs-, Verlust- und andere Verteilungsmessungen durchführen.

Lit. Broda: Radioaktive Isotope in der Biochemie (Wien 1958); Hanle: Isotopentechnik (München 1964); Hartmann: Meßverfahren unter Anwendung ionisierender Strahlung (Leipzig 1969); Hertz: Lehrb. der Kernphysik, Bd 3 (Hanau 1962); Koch u. Löffler: Markierte Atome in der Technik (Leipzig 1962).

Tracer-Laboratorien, → heiße Zelle.

Tracht, → Kristallgestalt.

träge Masse, → Trägheit, → Masse 1), → Masseveränderlichkeit.

Träger, svw. Ladungsträger.

Trägerbeweglichkeit, → Driftgeschwindigkeit.

Trägerpaar, → Ladungsträger.

Tragfähigkeitsreserve, → Traglastverfahren.

Tragflügel, aerodynamische Körperform, bei der ein großes Verhältnis von → Auftrieb zu → Strömungswiderstand erreicht wird. Die Dicke des T.s ist wesentlich kleiner als seine Tiefe in Strömungsrichtung; die seitliche Erstreckung, die Spannweite, ist wiederum beträchtlich größer als die Tiefe. Die geometrische Form des T.s ist bestimmt durch seinen Grundriß, seine als *Tragflügelprofil* bezeichnete Querschnittsform in Strömungsrichtung und die Verwindung der Tragflügelprofile gegeneinander. T. finden breite Anwendung in der Flugtechnik, bei Tragflügelbooten und zur Energieübertragung in Turbomaschinen (→ Schaufelgitter). Die Untersuchung der Flügel von Vögeln und Insekten in bezug auf Geometrie und Strömungseigenschaften hat die Entwicklung günstiger Tragflügelformen außerordentlich befruchtet.

Nach der → Kutta-Joukowsky-Gleichung ist zur Auftriebserzeugung an einem T. eine → Zirkulation des Geschwindigkeitsfeldes in dessen Umgebung erforderlich. Diese entsteht beim Anfahren des T.s aus der Ruhe heraus. Eine flüssige Linie, die den T. im Ruhezustand umschließt, besitzt die Zirkulation $\Gamma = 0$ und behält diesen Wert nach dem → Wirbelsatz von Thomson für alle späteren Zeiten bei (Abb. 1a). Unmittelbar nach dem Anfahren bildet sich die zirkulationsfreie Potentialströmung aus, bei der die Hinterkante so umströmt wird, daß der Staupunkt S auf der Profilsaugseite liegt (Abb. 1b). Infolge der Reibung auf der Profiloberfläche (→ Grenzschicht) bildet sich eine → Trennungsfläche aus, die zur Bildung eines linksdrehenden Wirbels mit der Zirkulation $-\Gamma$ führt. Dieser als *Anfahrwirbel* bezeichnete Wirbel bleibt am Ausgangsort des T.s zurück. Da nach dem Thomsonschen Wirbelsatz die Zirkulation der geschlossenen flüssigen Linie (Abb. 1c) Null ist, muß sich um den T. eine Zirkulation $-\Gamma$ bilden, die entgegengesetzt gleich groß wie die Zirkulation des Anfahrwirbels ist und diese kompensiert. Die Zirkulation um den T. entspricht der Zirkulation der in seinem Inneren befindlichen gebundenen Wirbel. Der Anfahrwirbel ist nach einiger Zeit so weit hinter dem T. zurückgeblieben, daß er keinen Einfluß mehr auf den Strömungsverlauf in Flügelnähe besitzt. Zur Ausbildung der Zirkulation um den T. ist die Reibung erforderlich. Nachdem dieser Vorgang beendet ist, kann der Auftrieb nach der für reibungsfreie Flüssigkeiten gültigen Kutta-Joukowsky-Gleichung berechnet werden.

Bei der Umströmung des T.s entsteht eine Zirkulation von der Größe, daß sich der hintere Staupunkt an der scharfen Profilhinterkante einstellt und die Flüssigkeitsteilchen an dieser glatt abströmen. Die am T. angreifenden Kräfte und Momente werden durch die dimensionslosen → Profilbeiwerte erfaßt. Der → Auftriebsbeiwert c_A und der Widerstandsbeiwert c_W (→ Strömungswiderstand) sind bei festliegender Geometrie des Tragflügelprofils, bei bestimmtem Seitenverhältnis, bei konstanter Reynoldszahl und konstanter Machzahl sowie bei bestimmtem Turbulenzgrad der Außenströmung eine Funktion des → Anstellwinkels (→ Polare). Bei großen Anstellwinkeln reißt die Grenzschicht auf der Profilsaugseite ab, es bildet sich ein breites → Totwasser. Damit verbunden ist eine starke Verminderung von c_A und eine steile Zunahme von c_W. Es wird eine möglichst kleine → Gleitzahl $\varepsilon = c_W/c_A$ angestrebt. Aufgabe der *Tragflügeltheorie* ist es, die am T. endlicher Spannweite induzierte Geschwindigkeit zu ermitteln (→ Strömungswiderstand).

Zur Charakterisierung der Form des Tragflügelprofiles (Abb. 2) werden folgende dimensionslose geometrische Profilparameter verwendet: 1) *relative Dicke* d/l, 2) *relative Wölbung* f/l, 3) *relative Dickenrücklage* x_d/l, 4) *relative Wölbungsrücklage* x_f/l, 5) *relativer Nasenradius* r_N/l, 6) *Hinterkantenwinkel* $2\varphi_H$. Dabei bedeuten d die Profildicke (größter Durchmesser der einbeschriebenen Kreise), l die Sehnenlänge bzw. Flügeltiefe, f die Wölbungshöhe (größte Erhebung der Skelettlinien über der Sehne), x_d und x_f den Abstand der maximalen Dicke bzw. Wölbungshöhe von der Profilvorderkante, r_N den Nasenradius. Die Skelettlinie ist die Verbindungslinie aller Mittelpunkte der einbeschriebenen Kreise und die Sehne die Verbindungslinie vom vordersten und hintersten Punkt der Skelettlinie.

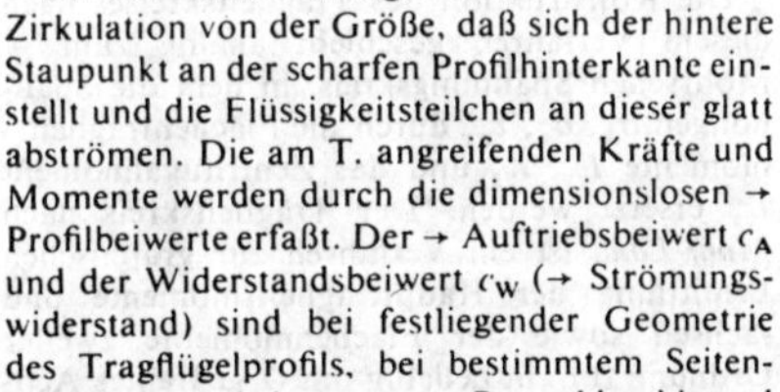

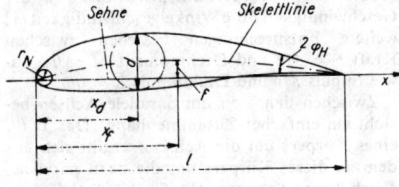

2 Erläuterung der Tragflügelprofilparameter

Mit symmetrischen ungewölbten Profilen können nur kleine c_A-Werte erreicht werden, da sich an der Vorderkante große Saugspitzen ausbilden mit nachfolgendem steilem Druckanstieg, der zur Grenzschichtablösung führt. Diese Nachteile vermeidet man bei gewölbten Profilen. Hier ergeben sich bei stoßfreier Zuströmung völligere → Druckverteilungen mit nur schwachen Verzögerungsgebieten. Allerdings wandert der → Druckpunkt mit Änderung des Anstellwinkels ziemlich stark. Mit großem Nasenradius können größere Anstellwinkel ohne Grenzschichtablösung verwirklicht werden. Ein kleiner Nasenradius ist im kritischen Reynoldszahlbereich $Re = 10^4$ bis 10^5 vorteilhaft anzuwenden, da der Umschlag gefördert wird.

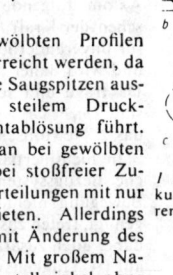

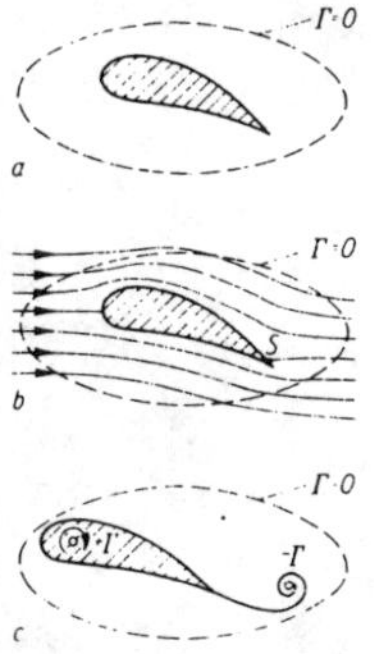

1 Entstehung der Zirkulation beim Anfahren des Tragflügels

Tragflügelprofile für inkompressible Strömung werden gewöhnlich mit einer Dicken- und Wölbungsrücklage von 30 bis 40% der Flügeltiefe ausgeführt. Für hohe Unterschallgeschwindigkeiten ist eine etwas größere Rücklage vorteilhaft. Laminarprofile besitzen eine Dickenrücklage von 50 bis 65%, dadurch wird der Umschlag laminar/turbulent weit zur Profilhinterkante verschoben. Da der Reibungswiderstand (→ Strömungswiderstand) bei laminarer Grenzschicht wesentlich geringer ist als bei turbulenter Grenzschicht, kann man den Strömungswiderstand des T.s wesentlich herabsetzen. Im Reynoldszahlbereich $Re = 3 \cdot 10^6$ bis 10^7 beträgt die Widerstandsverminderung bis 50%.

Tragflügelprofile und deren Druckverteilungen können mit Hilfe der konformen Abbildung (→ Joukowsky-Profil, → Karman-Trefftz-Profile) und des → Singularitätenverfahrens ermittelt werden. Es existieren ganze experimentell untersuchte Profilfamilien. Am bekanntesten sind die Göttinger Profile und die NACA-Profile. Die Eignung günstiger hydrodynamischer Profile auch für kompressible Unterschallströmungen wird mit der → Prandtlschen Regel abgeschätzt. Tragflügelprofile für Überschallgeschwindigkeiten werden sehr dünn und mit spitzer Vorder- und Hinterkante ausgeführt.

Der für die Landung von Flugzeugen wichtige Maximalauftrieb der T. kann durch → Grenzschichtbeeinflussung mittels Absaugens und Ausblasens, durch Verwendung eines Vorbzw. Spaltflügels sowie einer an der Profilhinterkante nach unten auslenkbaren Klappe erhöht werden. Man erreicht dabei Auftriebsbeiwerte $c_{A\max} = 3$ bis 4.

Lit. Albring: Angewandte Strömungslehre (4. Aufl. Dresden 1970); Prandtl: Führer durch die Strömungslehre (7. Aufl. Braunschweig 1969); Riegels: Aerodynamische Profile (München 1958).

Tragflügeltheorie, → Tragflügel.

Trägheit, *Beharrungsvermögen*, die Eigenschaft aller Körper, die eine → Masse haben, ihren Bewegungszustand in Inertialsystemen nur unter dem Einfluß äußerer Kräfte zu verändern. Die T. ist für einen Massepunkt durch das 1. Newtonsche Axiom, das *Trägheitsgesetz* (→ Newtonsche Axiome), charakterisiert, wonach der Massepunkt bei Kräftefreiheit im Zustand der Ruhe oder der gleichförmig geradlinigen Bewegung verharrt. Der aus dem 2. Newtonschen Axiom folgende Proportionalitätsfaktor zwischen der Kraft $\vec{F}$ und der Beschleunigung $\vec{a}$ ist für unveränderliche Körper ein Maß für die T. und wird daher als *träge Masse* m_t bezeichnet. Da träge und schwere Masse einander gleich sind ($m_t = m_s = m$), erhält man $\vec{F} = m\vec{a}$ für das 2. Newtonsche Axiom.

In nichtinertialen Bezugssystemen, d. s. solche Bezugssysteme, in denen eine kräftefreie Bewegung nicht dem 1. Newtonschen Axiom genügt, treten zusätzliche Beschleunigungen und daher auch zusätzliche Kräfte, die Scheinkräfte, auf (→ Trägheitswiderstand).

Trägheit der Energie. Jede Energieform hat träge Masse $m = \frac{E}{c^2}$ in gleichem Maße (*Masse-Energie-Äquivalenz*). Mit der Änderung der Energie E ändert sich auch die träge Masse m (→ Masseveränderlichkeit, → Viererimpuls).

Die Energie eines ruhenden Systems heißt *Ruhenergie*, d. i. die gemäß dem Energieäquivalent (→ Energie) mit dem Quadrat der Lichtgeschwindigkeit c multiplizierte Ruhmasse m_0 eines physikalischen Systems: $E_0 = m_0c^2$. Die Ruhenergie wird in demjenigen Bezugssystem gemessen, in dem das System ruht. Sie kann in andere Energieformen umgewandelt werden. Dann ist die Summe der Ruhmassen der Teilsysteme eines Systems keine Konstante. Die gesamte träge Masse eines abgeschlossenen Systems bleibt dagegen wie die Gesamtenergie erhalten. Die Gesamtenergie eines Systems von Teilchen bleibt auch bei unelastischen Stößen erhalten. Die Ruhenergie nimmt dann am Prozeß teil, sie verwandelt sich in kinetische Energie bzw. entsteht aus kinetischer Energie.

Die Ruhenergie enthält also die gesamte innere Energie eines Körpers, d. h. thermische Energie, Anregungsenergie, Bindungsenergie usw. Erhöht sich die innere Energie eines Systems, so erhöht sich auch seine Ruhmasse. Ein angeregtes Atom ist daher schwerer als ein Atom im Grundzustand.

Meßbar wird die Abhängigkeit der Ruhmasse von der inneren Energie bei der Bindung der Kernteilchen (Protonen, Neutronen) zum Atomkern. Ein System freier Neutronen und Protonen verliert durch die Bindung zum Atomkern innere Energie, was sich durch eine Verringerung der Ruhmasse des Systems ausdrückt. Die Bindungsenergie im Atomkern ist so groß, daß sie direkt durch den → Massedefekt gemessen werden kann. Prinzipiell ist auch bei der chemischen Bindung die Wärmeentwicklung mit einem Massendefekt der Moleküle gegen die einzelnen Atome verbunden. Aber hier liegt der Massendefekt an der Grenze der Nachweisbarkeit.

Trägheit der Masse, → Trägheit.

Trägheitsellipse, zweidimensionale Methode zur Darstellung der Trägheitsradien für ein gedrehtes Koordinatensystem, wenn die Hauptträgheitsradien i_1 und i_2 bekannt sind. Die gesuchten Trägheitsradien entsprechen den Längen der Lote (Strecken $\overline{OD} = \sqrt{I_{\xi\xi}/A} = i_\xi$ und $\overline{OE} = \sqrt{I_{\eta\eta}/A} = i_\eta$) des Ellipsenmittelpunktes auf die Tangenten an die Ellipse mit den Halbmessern i_1 und i_2, die um φ bzw. $\varphi + \pi/2$ gegen die x-Achse geneigt sind.

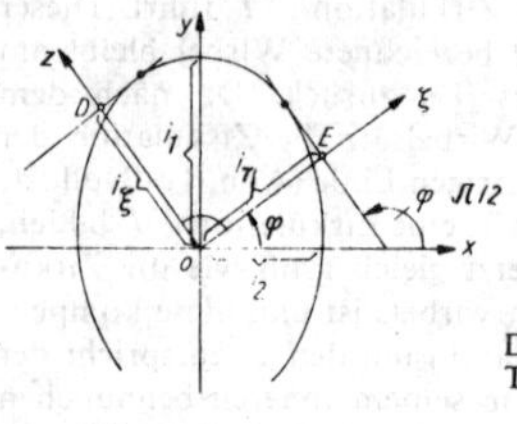

Darstellung der Trägheitsellipse

Trägheitsellipsoid, → Trägheitsmoment, → Trägheitstensor.

Trägheitsgesetz, 1) → Newtonsche Axiome, **2)** → hermitesche Form.

Trägheitsindex, → hermitesche Form.

Trägheitskraft, svw. Trägheitswiderstand.

Trägheitskreis nach Mohr, ein Verfahren zur graphischen Ermittlung der Hauptträgheitsmomente und Hauptträgheitsachsen.

Die Konstruktion des Trägheitskreises nach diesem Verfahren geschieht analog zum → Mohrschen Spannungskreis, in dem die Spannungen σ_x, σ_y, τ_{xy} durch die Flächenträgheitsmomente I_{yy}, I_{zz} und das Zentrifugalmoment I_{yz} ersetzt werden. Der Trägheitskreis nach *Mohr-Land* ist ein Verfahren zur graphischen Ermittlung der Hauptträgheitsmomente und -achsen sowie der Flächenmomente zweiter Ordnung für ein beliebig um O gedrehtes Achsenkreuz.

Trägheitsmoment, θ, bezüglich einer vorgegebenen Drehachse A die Summe der mit dem Quadrat r_i^2 ihres jeweiligen senkrechten Abstandes zur Drehachse multiplizierten Masseelemente Δm_i eines starren Körpers, $\theta = \sum_i r_i^2 \Delta m_i = \int \varrho(\vec{r}) r^2 \,dV$, wobei $\varrho(\vec{r})$ die Massendichte des Körpers und das Integral über das vom Körper eingenommene Volumen zu bilden ist. Mit der Einführung des T.s kann bei gleichförmiger Rotation des Körpers um eine feste Achse A seine kinetische Energie $W_{\text{kin}}^{\text{Rot}} = \frac{1}{2}\theta\omega^2$ in Analogie zur gleichförmigen Translation ($W_{\text{kin}}^{\text{Trans}} = \frac{1}{2}Mv^2$) geschrieben werden: der Masse M des starren Körpers entspricht das T. θ, der Geschwindigkeit $\vec{v}$ die Winkelgeschwindigkeit $\vec{\omega}$; weitere Entsprechungen bestehen zwischen Kraft $\vec{F} = M\dot{\vec{v}}$ und Drehmoment $\vec{M} = \theta\dot{\vec{\omega}}$ sowie Impuls $M\vec{v}$ und Drehimpuls $\vec{L} = \theta\vec{\omega}$.

Zwischen den T.en um parallele Achsen besteht ein einfacher Zusammenhang: Das T. θ_A eines Körpers um die Achse A ergibt sich aus dem T. dieses Körpers um die dazu parallele, durch seinen Schwerpunkt S gehende Achse zu

$\theta_A = \theta_S + Ma^2$, wobei a der senkrechte Abstand von S zu A ist (*Steinerscher Satz*). Bei einfacher geometrischer Gestalt des Körpers und homogener Massedichte kann θ_S gewöhnlich einfach berechnet werden; für eine homogene Kugel vom Radius R folgt $\theta_S = \frac{2}{5} MR^2$ für jede beliebige Achse durch den Schwerpunkt. Im allgemeinen muß das T. experimentell bestimmt werden, wozu man gewöhnlich Drehschwingungen um eine durch den Schwerpunkt gehende Achse benutzt, da $\theta = DT^2/4\pi^2$ aus dem Richtmoment D der die Schwingung bewirkenden Schneckenfeder und der Schwingungsdauer T einfach bestimmt werden kann. Eine andere Bestimmung von θ ist über die Messung der Schwingungsdauer des physikalischen → Pendels möglich, da für dieses $D = Mga$ ist, wobei g die Erdbeschleunigung ist.

Ganz analog zum (Körper-) T. ist das *Flächenträgheitsmoment* definiert, wobei statt über das Körpervolumen jeweils nur über eine Querschnittsfläche integriert (bzw. summiert) wird; es ist für alle Biegungsrechnungen wesentlich und geht in die Hauptformeln der Knickfestigkeit ein. Entsprechend lassen sich auch Linienträgheitsmomente definieren.

Bei einer allgemeinen → Drehbewegung reicht die Charakterisierung eines Körpers durch ein T. nicht aus, es müssen die T.e für alle durch den Schwerpunkt gehenden Achsen bekannt sein. Trägt man, vom Schwerpunkt ausgehend, in Richtung der jeweiligen Achse A die Größe $1/\sqrt{\theta_A}$ auf, so entsteht ein Ellipsoid, das *Trägheitsellipsoid* (*Poinsot-Konstruktion*). Dieser Fläche 2. Ordnung entspricht eine Bilinearform $\sum_{i,k=1}^{3} \theta_{ik} x_i x_k = 1$, wobei $(x_1, x_2, x_3) = (x, y, z)$ die Koordinaten in einem beliebigen kartesischen Koordinatensystem mit dem Ursprung S und $\theta_{ii} = \theta_i$ ($i = 1, 2, 3$) die T.e um die drei senkrecht zueinander stehenden Koordinatenachsen sind, während die θ_{ik} ($i \neq k$) als Deviations- oder auch Zentrifugalmomente bezeichnet werden; allgemein gilt

$$\theta_{ik} = \int \varrho(\vec{r}) (r^2\delta_{ik} - x_i x_k) \,\mathrm{d}V,$$

i, k beliebig, d. h., θ_{ik} sind die Komponenten eines symmetrischen Tensors, des → Trägheitstensors. Da das Trägheitsellipsoid aus θ_{ik} rekonstruiert werden kann, charakterisiert der Trägheitstensor das Verhalten des starren Körpers bei beliebigen Drehbewegungen vollständig. – Die T.e eines Körpers in Richtung der Hauptachsen mit den Halbmessern $a \geqq b \geqq c$ heißen *Hauptträgheitsmomente* des Körpers, für die $\theta_a \leqq \theta_b \leqq \theta_c$ gilt; fallen zwei der Halbmesser zusammen, z. B. $a = b$ (rotationssymmetrisches Trägheitsellipsoid), stimmen alle diejenigen T.e überein, die zu Achsen in der durch a und b aufgespannten Ebene gehören (Beispiele: Kinderkreisel, Quader); für $a = b = c$ (kugelsymmetrisches Trägheitsellipsoid) fallen alle T.e zusammen (Beispiele: Kugel, Würfel). Die Achsen mit dem größten bzw. kleinsten (Haupt-)T. sind *freie Achsen*, da eine Rotation um diese Achsen auch ohne äußere Fixierung der Achsen stabil bleibt, während die Rotation um die mittlere Hauptachse (falls $a > b > c$ ist!) nicht stabil ist, wie die Theorie des → Kreisels mit unsymmetrischem Trägheitsellipsoid – oder ein Versuch mit einem Ziegelstein oder einer (vollen) Streichholzschachtel – lehrt.

Trägheitsnavigation, *Inertialnavigation*, Verfahren zur bordautonomen Navigation in der Luft-, Raum- und Seefahrt auf Grund des automatisch ermittelten zurückgelegten Weges und des momentanen Standortes. Das Verfahren beruht auf den klassischen Newtonschen Gesetzen der Bewegung im absoluten oder inertialen Raum.

1) Wirkungsprinzip. An Bord des Fahrzeuges werden die Beschleunigungskomponenten in NS-Richtung b_N und in OW-Richtung b_O gemessen. Durch zweimalige Integration über die Zeit t ergeben sich daraus die Komponenten des in der Zeit t zurückgelegten Weges in NS-Richtung s_N und in OW-Richtung s_O; $s_N = \int_0^t\int_0^t b_N \,\mathrm{d}t^2$; $s_O = \int_0^t\int_0^t b_O \,\mathrm{d}t^2$. Aus diesen beiden Komponenten läßt sich die Resultierende bilden, die den tatsächlich zurückgelegten Weg darstellt. Bei bekannten Koordinaten des Startortes, das ist der Standort zur Zeit $t = 0$, können damit die Koordinaten des momentanen Standortes zur Zeit t berechnet werden. Die beiden Beschleunigungsmesser müssen stets genau in NS- bzw. OW-Richtung liegen, und zwar unabhängig von der Fortbewegungsrichtung und den Drehbewegungen des Fahrzeuges. Jede Abweichung in der Lage der Beschleunigungsmesser führt zu einem entsprechenden Komponentenfehler bei der Wegbestimmung und damit zu einem Positionsfehler bei dem jeweils berechneten Standort. Die Beschleunigungsmesser werden deshalb auf einer kreiselstabilisierten Plattform befestigt. Die Plattform ist ein um die drei Raumachsen beweglicher Rahmen (Abb. 1).

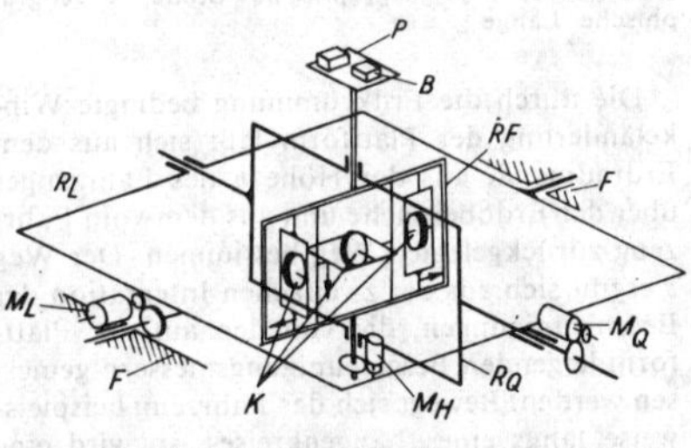

1 Raumfeste Plattform mit Beschleunigungsmessern. F Luftfahrzeug, RF raumfester Rahmen, K Kreisel, P Plattform, B Beschleunigungsmesser, R_L Kardanring für Längsachse, R_Q Kardanring für Querachse, M_L Servomotor für Drehung um Längsachse, M_Q Servomotor für Drehung um Querachse, M_H Servomotor für Drehung um Hochachse

Jeder Achse ist ein stabilisierender Kreisel zugeordnet, so daß die Plattform raumfest gemacht werden kann. Diese Stabilisierungsart ist für die Luftfahrt und Seefahrt nicht ausreichend. Da die Erde eine Kugel ist, die Plattform aber raumfest stabilisiert wird, würde sich die Plattform bei einer Bewegung des Fahrzeuges längs der Erdoberfläche in bezug zur Erdoberfläche neigen. Auch bei ruhendem Fahrzeug würde sich die Plattform infolge der Erddrehung relativ zur Erde neigen. Infolge der Neigung würde dann auf die Beschleunigungsmesser zusätzlich die Erdbeschleunigungskomponente wirken, so daß die gemessenen Beschleunigungen einen entsprechenden Fehler aufweisen würden. Es muß deshalb eine Horizontierung der Plattform erfolgen, d. h., die Plattform muß stets so nachgedreht werden, daß sie parallel zur Erdoberfläche oder senkrecht zur örtlichen Vertikalen steht.

2) Ausrichtung und Horizontierung der Plattform. Um die Plattform sowohl in der NS-OW-Richtung als auch in der Horizontalen zu halten, werden die Ausgangswerte der Integratoren benutzt (Abb. 2). Mit Hilfe der von ihnen gelieferten Wegkomponenten erfolgt eine Drehung der Plattform, die der Drehbewegung des Fahrzeuges entgegengesetzt ist.

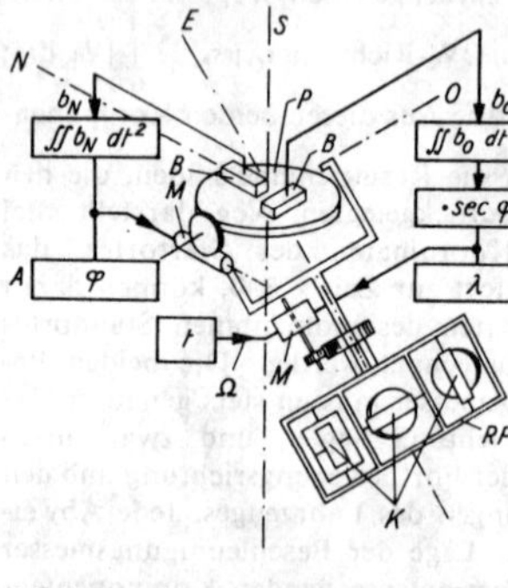

2 Schema einer Trägheitsnavigationsanlage für die Luftfahrt. *N* Nord-Süd-Richtung, *O* Ost-West-Richtung, *E* Achse parallel zur Erdachse, *S* Schwerkraftrichtung, *RF* raumfester Rahmen, *K* Kreisel, *P* horizontierte Plattform, *B* Beschleunigungsmesser, *M* Motorantrieb, *A* Anzeige, b_N Beschleunigung in Nord-Süd-Richtung, b_O Beschleunigung in Ost-West-Richtung, *t* Zeit (Uhrwerk), Ω Erdwinkelgeschwindigkeit, φ geographische Breite, λ geographische Länge

Die durch die Erdkrümmung bedingte Winkeländerung der Plattform läßt sich aus dem Erdradius *R*, aus der Höhe *h* des Fahrzeuges über der Erdoberfläche und aus dem vom Fahrzeug zurückgelegten Weg bestimmen. Der Weg *s* ergibt sich aus der zweifachen Integration der Beschleunigungen, die von den auf der Plattform liegenden Beschleunigungsmessern gemessen werden. Bewegt sich das Fahrzeug beispielsweise längs eines Längenkreises, so wird eine Beschleunigung b_N in Richtung der geographischen Breite, d. h. in NS-Richtung, gemessen. Zum Ausgleich der Erdkrümmung muß die Plattform über die für die geographische Breite zuständige Stellvorrichtung gedreht werden. Der Winkel ξ (in Bogenmaß), um den die Plattform zurückgedreht werden muß, ist gleich $\xi = \int_0^t \int_0^t b_N\, dt^2 / R + h$. Bewegt sich das Fahrzeug auf einem Breitenkreis, so tritt eine Beschleunigung b_O in Richtung der geographischen Länge, d. h. in OW-Richtung, auf. Zum Ausgleich der Erdkrümmung muß in diesem Fall die Plattform über die für die geographische Länge zuständige Stellvorrichtung gedreht werden. Der zu einer bestimmten Weglänge in OW-Richtung gehörende Winkel ζ, um den die Plattform gedreht werden muß, hängt von der geographischen Breite φ ab; er ist gleich $\zeta = \int_0^t \int_0^t b_O\, dt^2 / (R + h) \cdot \cos \varphi$.

Bewegt sich das Fahrzeug in beliebiger Richtung, so sind Drehungen um ξ und ζ erforderlich.

Zur Berücksichtigung der Erddrehung muß die Plattform um eine parallel zur Erdachse liegende Achse mit der Winkelgeschwindigkeit der Erddrehung, d. h. mit 15 je Stunde, in Richtung der geographischen Länge gedreht werden.

3) Horizontierung nach dem Prinzip des Schuler-Pendels. Das Steuerungssystem für die Horizontierung arbeitet nicht immer genügend exakt, deshalb ist eine ständige Korrektur mit Hilfe eines Indikators notwendig. Dazu ist eine Einrichtung erforderlich, um an jedem beliebigen Punkt des vom Fahrzeug zurückgelegten Weges die wahre Vertikale bestimmen zu können. Mit einem an Bord des Fahrzeuges befindlichen einfachen Pendel läßt sich während einer beschleunigten Bewegung die Vertikale, d. h. die Richtung zum Erdmittelpunkt, nicht feststellen, da sich das Pendel stets auf die Richtung der Resultierenden aus den beiden Beschleunigungsvektoren, nämlich Erdanziehung und Beschleunigung des Fahrzeuges, einstellt. Wie indessen Schuler nachgewiesen hat, bleibt ein Pendel, dessen Länge gleich dem Erdradius ist, gegen alle seitlichen Beschleunigungen seines Aufhängepunktes unempfindlich. Es wird mit einer Periodendauer von 84 min um eine Mittellinie schwingen, die genau in Richtung des Erdmittelpunktes weist. Die gleiche Wirkung läßt sich mit einem schwingenden System erreichen, das eine Periodendauer von 84 min besitzt. Ein solches System liegt vor, wenn die Plattform mit den Beschleunigungsmessern und den Hilfseinrichtungen so dimensioniert wird, daß sie wie ein physikalisches Pendel mit einer Schwingungszeit von 84 min arbeitet. Man bezeichnet ein derartiges System als *Schuler-Pendel* und eine entsprechend dimensionierte Plattform als *Schuler-abgestimmte Plattform* (Abb. 3). Der besondere Vorteil einer solchen Plattform liegt darin, daß bestimmte Meßfehler der Geräte sich nicht einseitig auswirken, da sie mit der halben Periode der 84-min-Schwingung ihr Vorzeichen ändern (Abb. 4).

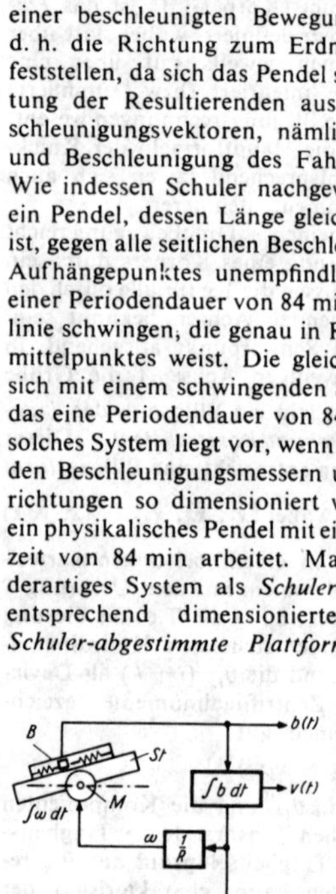

3 Regelkreis nach dem Prinzip des Schuler-Pendels. *St* stabile Plattform, *B* Beschleunigungsmesser, *M* Motorantrieb, *R* Erdradius, ω Winkelgeschwindigkeit, *b* Beschleunigung, *v* Geschwindigkeit, *s* Weg, *t* Zeit

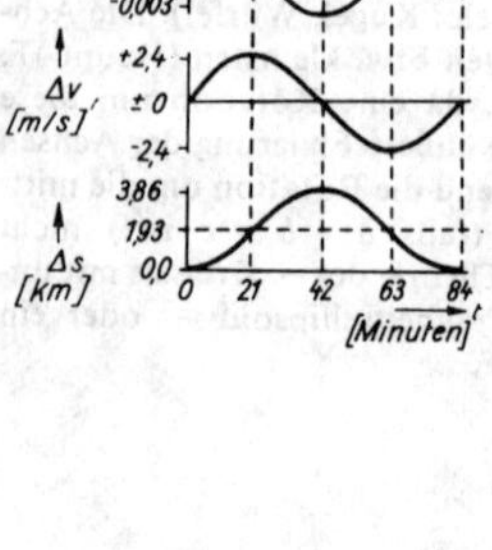

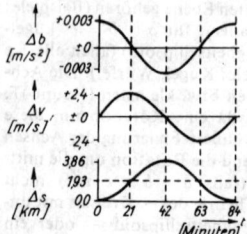

4 Geschwindigkeits- und Entfernungsfehler für Regelkreis nach Abb. *3* bei einem Fehler der Beschleunigungsmessung von $\Delta b = 0{,}003\ \mathrm{m/s^2}$

4) Sonstige Einflußgrößen. Die *effektive Beschleunigung durch die Erdanziehung* setzt sich aus zwei Vektoren zusammen: der Beschleunigung durch die Erdmassenanziehung und der Beschleunigung infolge der Zentrifugalkraft durch die Erdrotation. Es entsteht eine Abweichung von der wahren Vertikalen; die Abweichung hat am 45. Breitenkreis ihr Maximum von etwa 11 Bogenminuten. Durch eine Vorspannung am NS-Beschleunigungsmesser läßt sich die Abweichung kompensieren.

Die *Anomalien der Erde*, insbesondere die *Erdabplattung*, aber auch Gebirgsmassive u. a. bewirken ebenfalls eine Abweichung von der wahren Vertikalen. Die Einflüsse der Erdabplattung auf das Navigationsergebnis lassen sich durch eine Korrektur bei der rechnerischen Auswertung der Daten berücksichtigen. Dazu werden entsprechende ortsabhängige Zahlenwerte in den Rechner der Anlage eingegeben.

Die → *Corioliskraft* bewirkt, daß ein Fahrzeug, das sich in gleichbleibender Höhe auf einem Großkreisbogen mit konstanter Geschwindigkeit längs der Erdoberfläche bewegt, von der vorgegebenen Bahn abgelenkt wird. Die Beschleunigungsmesser zeigen in diesem Fall eine zusätzliche Komponente an, die zu Fehlern führt. Zur Kompensation des Fehlers wird den Beschleunigungsmessern eine Vorspannung erteilt.

5) Technische Ausführung. Das vereinfachte Schema einer Trägheitsnavigationsanlage für die Luftfahrt geht aus Abb. 2 hervor. Es enthält den mit drei Kreiseln stabilisierten Rahmen, der die Drehbewegungen des Luftfahrzeuges um seine Achsen von den auf der Plattform befindlichen Beschleunigungsmessern fernhält. Die Plattform ist um zwei Achsen drehbar, und zwar um eine zur Erdachse parallele Achse, die von dem raumfesten Rahmen getragen wird, und um eine dazu senkrechte Achse. Die vom NS-Beschleunigungsmesser gemessene Beschleunigung b_N wird zweimal integriert, woraus sich der zurückgelegte Weg auf dem Längenkreis ergibt. Dieser Weg wird zur geographischen Breite des Startortes addiert oder von ihr subtrahiert, um die geographische Breite φ des momentanen Standortes des Luftfahrzeuges zu erhalten. Der Stellmotor der Breitenachse erhält eine dem zurückgelegten Flugweg proportionale Steuerspannung; damit wird die Plattform um einen entsprechenden Winkel gedreht.

Die vom OW-Beschleunigungsmesser gemessene Beschleunigung wird ebenfalls zweimal integriert. Da die Beziehung zwischen Weg und geographischer Länge λ von der geographischen Breite φ abhängt, muß der Ausgangswert des zweiten Integrators mit $1/\cos\varphi$ multipliziert werden. Das Ergebnis wird dann zur geographischen Länge des Startortes addiert oder von ihr subtrahiert. Mit einer Steuerspannung, die der sich ergebenden Differenz der geographischen Längen proportional ist, wird ein Stellmotor angetrieben und die äquatoriale Aufhängevorrichtung mit der Plattform um die parallel zur Erdachse ausgerichtete Achse gedreht. Zur Berücksichtigung der Erddrehung erfolgt eine zusätzliche Steuerung mit Hilfe eines Uhrwerkes; der Drehwinkel beträgt 15° je Stunde.

Die Maßnahmen, die zum Ausgleich der in Abschn. 4) genannten Einflußgrößen erforderlich sind, wurden in Abb. 2 nicht berücksichtigt.

Die von den Integratoren gelieferten Daten werden in einem systemeigenen Rechner verarbeitet. Der Rechner bestimmt alle zur Navigation erforderlichen Größen, wie momentaner Kurs, Kursabweichung, Abdriftwinkel, Standortkoordinaten, Länge des zurückgelegten Weges, Länge des noch zurückzulegenden Weges bis zu einem vorgegebenen Zielort, noch zurücklegbarer Weg auf Grund des vorhandenen Kraftstoffs u. a.

Der Vorteil der T. liegt darin, daß sie völlig unabhängig von technischen Einrichtungen außerhalb des Fahrzeuges ist. Nachteilig ist, daß der Fehler der Ausgangsdaten mit zunehmender Zeit ansteigt. Es ist daher notwendig, in gewissen Zeitabständen einen Vergleich des Meßergebnisses mit dem Ergebnis eines anderen Ortungssystems vorzunehmen, um den angewachsenen Fehler auf Null zu reduzieren.

Mit handelsüblichen Trägheitsnavigationsanlagen mittleren Umfanges ergeben sich in der Praxis etwa folgende Standardabweichungen bei der Angabe des momentanen Standortes: nach einer Betriebszeit von 1 Stunde weniger als 4 km, nach einer Betriebszeit von 10 Stunden weniger als 20 km.

Lit. Kröchel: T. (Darmstadt 1965).

Trägheitstensor, auch *Tensor der Trägheitsmomente*, ein symmetrischer Tensor zweiter Stufe, mit dessen Hilfe die → Trägheitsmomente eines starren Körpers bezüglich beliebiger Achsen berechnet werden können. Der T. Θ ist in Tensorschreibweise durch

$$\Theta = \int_{\text{Körper}} \varrho(\vec{r})\,(\vec{r}^{\,2}E - \vec{r}\circ\vec{r})\,\mathrm{d}V \qquad (1\,\mathrm{a})$$

bzw. in Komponentendarstellung durch

$$\Theta_{ik} = \int_{\text{Körper}} \varrho(\vec{r})\,(x_j^2\delta_{ik} - x_i x_k)\,\mathrm{d}V \qquad (1\,\mathrm{b})$$

definiert. Über alle doppelt auftretenden Indizes ist hier und im folgenden zu summieren. In (1) bezeichnet $\vec{r} = \{x_1, x_2, x_3\}$ den Ortsvektor in einem Koordinatensystem K, dessen Ursprung O mit dem Schwerpunkt des starren Körpers zusammenfällt, $\varrho(\vec{r})$ die Dichte des starren Körpers, E den Einheitstensor und $\circ$ das Tensorprodukt (oder dyadisches Produkt). Das Integral wird über den vom starren Körper erfüllten Raumbereich erstreckt. Mit der Definition (1) ergibt sich für das Trägheitsmoment $\Theta(\vec{a})$ bezüglich einer Achse A, die parallel zu dem Einheitsvektor $\vec{a}$ durch den Koordinatenursprung O verläuft,

$$\Theta(\vec{a}) = \vec{a}\Theta\vec{a} = a_i\Theta_{ik}a_k, \qquad (2)$$

wobei a_i die Komponenten von $\vec{a}$ im System K sind. (2) folgt direkt aus der Definition des Trägheitsmomentes $\Theta(\vec{a}) = \int \xi^2\varrho(\vec{r})\,\mathrm{d}V$, wenn berücksichtigt wird, daß der Abstand ξ des Ortes $\vec{r}$ von der Achse durch $\xi^2 = (\vec{a}\times\vec{r})^2$ gegeben ist und daß allgemein

$$(\vec{a}\times\vec{b})\,(\vec{c}\times\vec{d}) = \vec{a}(\vec{c}\circ\vec{b})\,\vec{d} - \vec{a}(\vec{d}\circ\vec{b})\vec{c} \qquad (3)$$

und somit $(\vec{a}\times\vec{r})^2 = \vec{a}(\vec{a}\circ\vec{r})\,\vec{r} - \vec{a}(\vec{r}\circ\vec{r})\,\vec{a}$ gilt.

Wie jedem symmetrischen Tensor, so kann auch dem T. eine charakteristische Fläche zugeordnet werden. Diese ist durch

$$1 = x_i\Theta_{ik}x_k = \vec{r}\Theta\vec{r} \qquad (4)$$

gegeben und stellt ein Ellipsoid, das *Trägheitsellipsoid*, dar. Mit $\vec{r} = \zeta(\vec{a})\,\vec{a}$, wobei $\zeta(\vec{a})$ der Abstand zwischen O und dem Durchstoßpunkt der Achse A durch das Ellipsoid ist, folgt aus (2) und (4)

$$1 = \vec{r}\Theta\vec{r} = \zeta^2(\vec{a}) \cdot \vec{a}\Theta\vec{a} = \zeta^2(\vec{a}) \cdot \Theta(\vec{a}) \text{ also}$$

$$\Theta(\vec{a}) = [\zeta(\vec{a})]^{-2} \text{ bzw. } \zeta(\vec{a}) = 1/\sqrt{\Theta(\vec{a})}. \qquad (5)$$

Aus der Gestalt des Trägheitsellipsoids kann nach (5) somit das Trägheitsmoment bezüglich einer beliebigen Achse durch den Schwerpunkt erhalten werden.

Durch eine Hauptachsentransformation kann die quadratische Form (4) auf Hauptachsengestalt gebracht werden, d. h., das Koordinatensystem K wird so gedreht, daß der T. Diagonalgestalt annimmt. Die Achsen von K fallen nach der Drehung mit den Hauptachsen des Trägheitsellipsoids zusammen und heißen deshalb *Hauptträgheitsachsen.* Die Diagonalelemente von Θ werden dann *Hauptträgheitsmomente* genannt, weil sie, wie aus (1) und (2) folgt, gerade die Trägheitsmomente um die entsprechenden Hauptachsen darstellen. Weil alle Hauptträgheitsmomente endliche positive Zahlen sind, folgt aus (5) unmittelbar, daß die charakteristische Fläche (4) ein Ellipsoid ist.

Fällt der Ursprung O des Koordinatensystems K nicht mit dem Schwerpunkt zusammen, so muß Θ neu definiert werden, damit (2) auch weiterhin gültig bleibt. Mit dem Ortsvektor $\vec{q} = \sum_n m_n\vec{r}_n/M$ des Schwerpunkts in K folgt für die Komponenten Θ'_{ik} des T.s bei beliebiger Lage von O

$$\Theta'_{ik} = \Theta_{ik} + M(q_l^2\delta_{ik} - q_iq_k). \qquad (6)$$

Dabei sind Θ_{ik} die nach (1b) bestimmten Komponenten des T.s bezüglich des Schwerpunkts. (6) ist der *Steinersche Satz* für die Komponenten des T.s.

In der Rheologie werden zur Beschreibung von Drehungen folgende Invarianten des Flächenträgheitstensors I für die Fläche A mit den Komponenten

$$I_{kl} = -\int_A (x_kx_l - \delta_{kl}r^2)\,\mathrm{d}A \text{ und } r^2 = x^2 + y^2$$

häufig gebraucht:

1) $I_{xx} + I_{yy} = I_p = I_{\xi\xi} + I_{\eta\eta}$

2) $I_{xx} \cdot I_{yy} - I_{xy}^2 = I_{\xi\xi} \cdot I_{\eta\eta} - I_{\xi\eta}^2$,

wobei die ξ, η die Koordinaten des gedrehten Systems bedeuten.

Trägheitswiderstand, *Trägheitskraft*, *Scheinkraft*, Widerstand eines Körpers gegenüber Änderungen seines Bewegungszustandes, der sich bei kräftefreier Bewegung in der → Trägheit äußert. Vor allem äußert er sich in rotierenden und translatorisch beschleunigten Bezugssystemen in den dabei auftretenden Führungskräften (→ Relativbewegung), deren bekannteste die → Zentrifugalkraft und die → Corioliskraft sind. Diese Trägheitskräfte sind insbesondere bei irdischen Problemen zu berücksichtigen, wenn die Erdrotation nicht vernachlässigt werden kann; ihr Auftreten kann als Nachweis dafür gelten, daß kein Inertialsystem vorliegt (→ Foucaultsches Pendel). Beim Übergang zu einem Inertialsystem verschwinden die Trägheitskräfte, d. h., sie können wegtransformiert werden, während dies für die eingeprägten Kräfte nicht gelingt, da ja die physikalischen Konstanten nicht von der Wahl des Bezugssystems abhängen. Durch die Einführung des T.s können dynamische Probleme formal auf statische zurückgeführt werden (→ d'Alembertsches Prinzip).

Die Einheiten des T.s sind Kilogramm mal Meter durch Quadratsekunde und Gramm mal Zentimeter durch Quadratsekunde

Traglast, → Traglastverfahren.

Traglastverfahren, Verfahren zur Bestimmung der Traglast starr-plastischer Kontinua.

Innerhalb der Erarbeitung dieser Verfahren lassen sich nach Prager Fundamentaltheoreme angeben, die es ermöglichen, zu entscheiden, ob die vorgegebenen Lasten die Tragfähigkeit eines starr-plastischen Kontinuums erschöpfen oder nicht:

1) In einem starr-plastischen Kontinuum können keine plastischen Formänderungen unter Lasten auftreten, für die ein stabiles, statisch zulässiges Spannungsfeld angegeben werden kann.

2) In einem starr-plastischen Kontinuum müssen plastische Formänderungen unter jedem Lastsystem auftreten, für das ein instabiles, kinematisch zulässiges Feld von Verschiebungsgeschwindigkeiten angegeben werden kann.

Die *Traglast* ist hierbei die Last, bei der mindestens ein Bauteil eines Tragwerkes aus starr-idealplastischem Material vollplastisch wird und zu fließen beginnt. Ein Bauteil kann also über die elastische Grenzlast (bei der die Randfaser plastisch wird) hinaus bis zur Traglast belastet werden, ohne daß ein uneingeschränktes plastisches Fließen eintritt. Die hierin liegende Belastungsreserve wird *Tragfähigkeitsreserve* genannt.

Trajektorie, der von einem Teilchen oder Projektil verfolgte Weg. Als T.n werden weiterhin die Kurven bezeichnet, deren Schnittwinkel mit den ebenen Kurven einer vorgegebenen Schar S immer einen festen Wert α haben. Ist $\alpha = \pi/2$, so werden die T.n als orthogonale, allgemein als isogonale T.n bezeichnet. Die Aufgabe, die T.n $y = y_1(x)$ zu einer Schar S zu finden, führt auf die Lösung einer Differentialgleichung, die sich aus der Forderung ergibt, daß nach Definition der T. für jeden beliebigen Wert x_1 des betrachteten Intervalls

$$\operatorname{tg}(\varphi_1 - \varphi) = \operatorname{tg}\alpha$$

gelten muß, wobei

$$\operatorname{tg}\varphi_1 = \left.\frac{\mathrm{d}y_1}{\mathrm{d}x}\right|_{x=x_1}$$

der Anstieg der gesuchten T. und $\operatorname{tg}\varphi$ der Anstieg einer Kurve der Schar S im Punkt (x_1, y_1) ist.

Transaktinide, die im → Periodensystem der Elemente auf das letzte Aktinid Lawrentium folgenden Elemente, von denen z. Z. das Element 104, „Eka-Hafnium" (Kurtschatovium, Ku) und 105 „Eka-Tantal" (Bohrium, Bo) bekannt sind. Vorausgesagt werden kann eine Reihe, die sich analog wie in der darüberstehenden Reihe von Hafnium bis Radon fortsetzt, so daß mit Nr. 118 wieder ein Edelgas (Eka-Radon) erreicht ist. Mit Nr. 122 beginnt wahrscheinlich eine bis Nr. 153 reichende Reihe der *Superaktinide.* Die Transsuperaktinide ab Nr. 154 setzen dann den „normalen" Verlauf des Periodensystems fort, bis mit Nr. 168 erneut ein Edelgas erreicht würde. Es gibt Anzeichen dafür, daß um Nr. 114 (Eka-Blei), Nr. 126 (ein Superaktinid) und Nr. 164 (Eka-eka-Blei) Gebiete mit relativ stabilen Kernen liegen. Diese Elemente werden als *superschwere* Elemente bezeichnet. Die Existenz der Elemente Nr. 110 und Nr. 114 in der Natur wird für wahrscheinlich gehalten.

Transduktor, svw. magnetischer Verstärker.

trans-Form, → Isomerie.

Transformation, eine Operation, durch die einer gewissen Menge, der Urbildmenge, eine andere Menge, die Bildmenge, eindeutig zugeordnet wird. Führt man mehrere T.en nacheinander aus, so erhält man ihr *Produkt.* Ist das Produkt zweier T.en die *Identität*, die jedes Element der Urbildmenge in sich überführt, so ist die eine T. die *inverse* der anderen. Eine Menge von T.en bildet eine Transformationsgruppe, wenn sie mit jeder T. deren Inverse und zu je zwei T.en deren Produkt enthält. Faßt man die Operation $\sim$ als eine Abbildung der Ebene oder des Raumes auf sich selbst auf, so definiert jede T. eine Gruppe und macht eine Einteilung aller geometrischen Gebilde $a, b, c, \ldots$ in Äquivalenzklassen möglich; in der Gruppe der Bewegung z. B. sind *kongruente* Gebilde einander äquivalent, bei *äquiformen* Abbildungen einander *ähnliche* Gebilde. Die Äquivalenzrelation ist 1) *transitiv*, d. h., aus $a \sim b$ und $b \sim c$ folgt $a \sim c$, da das Produkt zweier Abbildungen existiert, sie ist 2) *reflexiv*, d. h., es gilt $a \sim a$, da die identische Abbildung existiert, und 3) sie ist *symmetrisch*, d. h., aus $a \sim b$ folgt $b \sim a$, da die inverse bzw. reziproke Abbildung existiert. Zu jeder Operation als Abbildung gehört dann eine Geometrie, die alle für die zugehörige Gruppe gemeinsamen Begriffe und Eigenschaften äquivalenter Gebilde untersucht. Man spricht von Eigenschaften, die *invariant* gegenüber der Gruppe sind, und versteht unter der Geometrie die *Invariantentheorie* der betreffenden Gruppe. → Transformationsgruppe, → Geometrie des physikalischen Erfahrungsraums.

Transformationsformeln, in der Kristallographie solche Formeln, die den Zusammenhang kristallographischer Größen zum Ausdruck bringen, wenn man sie einerseits auf Basisvektoren $\vec{a}_1, \vec{b}_1, \vec{c}_1$, andererseits auf Basisvektoren $\vec{a}_2, \vec{b}_2, \vec{c}_2$ bezieht (→ Elementarzelle). Besonders wichtig sind die T.en von hexagonalen zu rhomboedrischen bzw. orthohexagonalen Achsen und umgekehrt (→ Symmetrie, insbes. Tab. 3).

Transformationsgruppe, von einem oder mehreren Parametern abhängige Abbildungen, die eine Gruppe bilden und jedem Punkt eines *n*-dimensionalen Raumes einen Bildpunkt desselben Raumes zuordnen.

Werden die Punkte des *n*-dimensionalen Raumes durch Koordinaten x^i beschrieben, so ist eine T. durch Gleichungen

$$\bar{x}^i = f^i(x^1, x^2, \ldots, x^n, a) \qquad (1)$$

gegeben, wobei a der die Elemente der Gruppe bezeichnende Parameter ist und Kombinationen der Funktionen f^i wieder Transformationen (1) sein müssen und die identische sowie die inverse Transformation jeder Transformation umfassen müssen. → Gruppentheorie in der Physik.

Transformationstheorie, wesentlicher Bestandteil der Quantenmechanik, der vor allem Aussagen über die Wahrscheinlichkeiten des Auftretens bestimmter Meßwerte a einer physikalischen Größe A macht, wenn sich das System in einem festen Zustand ψ befindet. Da die Zustände eines physikalischen Systems durch die Vektoren ψ eines Hilbert-Raumes $\mathfrak{H}$ und die physikalischen Größen durch hermitesche Operatoren in $\mathfrak{H}$ repräsentiert werden (→ Quantenmechanik) und ferner sich beliebige Vektoren aus $\mathfrak{H}$ nach einer vollständigen orthogonalen und normierten Basis $\{\varphi_n : n = 1, 2, \ldots\}$ mit dem Skalarprodukt $\langle\varphi_n|\varphi_m\rangle = \delta_{nm}$ gemäß $\psi = \sum_{n=1}^{\infty} c_n\varphi_n$ und $c_n = \langle\varphi_n|\psi\rangle$ entwickeln lassen, kann man für die φ_n gerade die Eigenfunktionen des Operators $\hat{A}$ wählen, die der Eigenwertgleichung $\hat{A}\varphi_n = a_n\varphi_n$ mit den Eigenwerten a_n von $\hat{A}$ genügen; man spricht dann von der A-Darstellung von ψ. Die Wahrscheinlichkeit, bei einer Messung der Eigenschaft A am System im Zustand ψ den Wert a_n vorzufinden, ist dann gegeben durch $P_n = |c_n|^2 = |\langle\varphi_n|\psi\rangle|^2$. Irgendwelche Operatoren $\hat{B}$ haben in dieser Darstellung die Matrixelemente $\hat{B}_{nm} = \langle\varphi_n|\hat{B}|\varphi_m\rangle$.

Von besonderer Bedeutung für die Quantentheorie sind die Ortsdarstellungen, die Impulsdarstellung und die Energiedarstellung, wenn man für $\hat{A}$ den Ortsoperator, den Impulsoperator bzw. den Hamilton-Operator wählt; die Wellenfunktionen des Systems hängen dann von den Orts- oder Impulskoordinaten bzw. der Energie ab. Da das Spektrum dieser Operatoren kontinuierlich ist bzw. im Fall des Hamilton-Operators im allgemeinen auch einen kontinuierlichen Anteil hat, hat man für φ_n auch die nicht normierbaren Eigenfunktionen des kontinuierlichen Spektrums einzusetzen und die Summation durch eine Integration zu ersetzen; der Eigenwert a kann kontinuierliche und diskrete Werte annehmen. Man spricht in diesem Zusammenhang von der T. der Quantentheorie, weil der Übergang von einer Basis $\{\varphi_a\}$ zu einer anderen Basis $\{\varphi'_a\}$, d. h. von einer A-Darstellung zu einer A'-Darstellung, durch eine unitäre Transformation im Hilbert-Raum $\mathfrak{H}$ erfolgt.

Mit der T. zeigte sich bald nach der Aufstellung der verschiedenen Formulierungen der Quantenmechanik durch Heisenberg bzw. Schrödinger, daß beide nur verschiedene Darstellungen derselben abstrakten Quantentheorie, und zwar in der Energie- bzw. Ortsdarstellung, waren und somit inhaltlich identisch sind. Während in der Energiedarstellung die Operatoren durch Matrizen repräsentiert werden, sind sie in der Ortsdarstellung durch Differentialoperatoren wiederzugeben. Gelegentlich spricht man von einem Matrix- bzw. einem Differentialoperator als Heisenberg- bzw. Schrödinger-Darsteller der zugehörigen abstrakten Observablen $\hat{A}$. Diese Bezeichnung wird manchmal auch bei Darstellungen von Gruppen benutzt, wo man die spezielle konkrete Realisierung eines Gruppenelements als Darsteller bezeichnet.

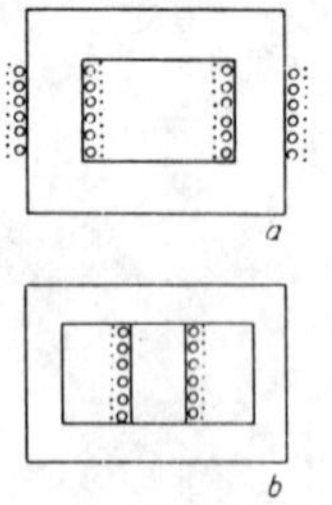

1 Querschnitt durch einen Einphasentransformator: *a* Kernausführung, *b* Mantelausführung. ○ Unterspannungswicklung, · Oberspannungswicklung

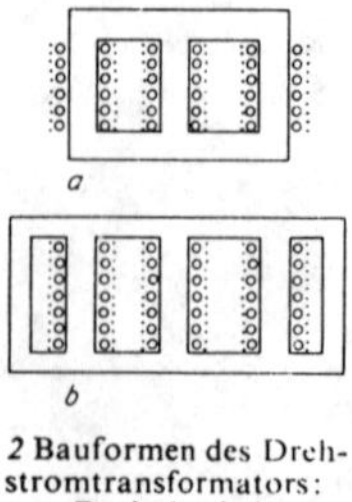

2 Bauformen des Drehstromtransformators: *a* Dreischenkeltransformator, *b* Fünfschenkeltransformator. ○ Unterspannungswicklung, · Oberspannungswicklung

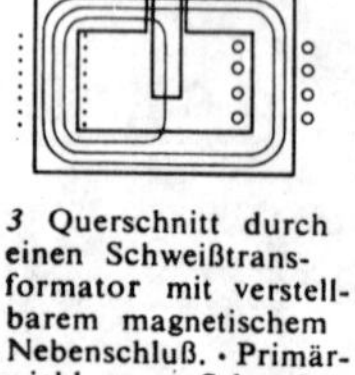

3 Querschnitt durch einen Schweißtransformator mit verstellbarem magnetischem Nebenschluß. · Primärwicklung, ○ Sekundärwicklung

Transformator, 1) Elektrotechnik: eine den elektrischen Maschinen zugeordnete elektromagnetische Anordnung zur Umformung elektrischer Energie in elektrische Energie mit anderen Amplituden der Ströme und Spannungen bei gleichbleibender Frequenz.

1) Aufbau und Arten. Der *Einphasentransformator* als einfachste Ausführungsform besteht aus zwei Wicklungen, die auf dem Kern eines magnetischen Kreises untergebracht sind. Die Wicklungen werden nach der Höhe ihrer Spannungen als Oberspannungs- und Unterspannungswicklung bezeichnet bzw. nach der Energierichtung als Primär- und Sekundärwicklung, wobei die Primärwicklung die Energie aufnimmt und an die Sekundärwicklung weitergibt. Zur Verminderung der Streuung müssen beide Wicklungen sehr nahe zusammen liegen. Bei der Zylinderwicklung werden sie dazu konzentrisch angeordnet, bei der Scheibenwicklung werden scheibenförmige Teile der Primärwicklung und der Sekundärwicklung abwechselnd übereinandergeschichtet. Der → magnetische Kreis ist zur Verringerung des Magnetisierungsstromes ein geschlossener Eisenkreis und besteht zur Herabsetzung der Wirbelströme aus lackisolierten Blechen. Nach der Ausführungsform dieses Blechpaketes unterscheidet man *Kerntransformatoren* und *Manteltransformatoren* (Abb. 1).

In der Starkstromtechnik wird wegen der Vorrangstellung des Drehstroms vorwiegend der *Drehstrom-* oder *Dreiphasentransformator* verwendet (Abb. 2). Beim *Dreischenkeltransformator* tragen die drei Kerne (Schenkel) eines gemeinsamen magnetischen Kreises je Phase eine Unter- und Oberspannungswicklung. Der *Fünfschenkeltransformator* besitzt zusätzlich zwei unbewickelte Rückschlußschenkel. Damit vermindert sich die Joch- und Bauhöhe, und die Leistungsgrenze für den Bahntransport wird heraufgesetzt. Betriebsfertige, bahntransportfähige T.en bezeichnet man als *Wandertransformatoren*. Die Zusammenschaltung von drei Einphasentransformatoren zu einer Drehstromeinheit (*Transformatorenbank*) hat den Vorteil einer einfachen Reservehaltung; sie wird bei hohen Spannungen (ab 380 kV) und sehr hohen Leistungen ausschließlich angewendet. Die Schaltung der Primär- und Sekundärwicklungen (→ Sternschaltung, → Dreieckschaltung und → Zickzackschaltung) ergibt die Schaltgruppe, von der die Phasenverschiebung der Sekundärspannung zur Primärspannung abhängt; sie ist deshalb beim Parallelschalten von T.en zu beachten.

Die in der Schwachstromtechnik verwendeten T.en sowie T.en kleiner Leistung in der Starkstromtechnik werden als *Trockentransformatoren* (seltener als *Lufttransformatoren* bezeichnet) ausgeführt. Die entstehenden Eisen- und Wicklungsverluste werden unmittelbar an die umgebende Luft abgegeben. T.en größerer Leistungen führt man als *Öltransformatoren* aus, bei denen Wicklungen und Eisenkern zur besseren Isolierung und Wärmeabgabe in einem Kessel mit Isolieröl untergebracht sind. Bei erhöhten Sicherheitsanforderungen kann das Öl durch nichtbrennbares Clophen ersetzt werden. Die Abführung der Verlustwärme über Öl und Kessel an die umgebende Luft kann durch künstlichen Ölumlauf und Vergrößerung der Kesseloberfläche verbessert werden.

In der Schwachstromtechnik werden auch T.en für hohe Frequenzen benötigt. Zur Verminderung der Wirbelströme muß im Tonfrequenzgebiet der magnetische Kreis aus sehr dünnen Blechbändern aufgebaut werden. Bei höheren Frequenzen werden Masse- und Ferritkerne eingesetzt, die aus sehr kleinen, voneinander isolierten ferromagnetischen Teilchen bestehen. Bei höchsten Frequenzen muß auf den Kern ganz verzichtet werden (Lufttransformatoren).

2) Wirkungsweise. Da durch den Eisenkern und die Wicklungsanordnung die Streuung zwischen den Wicklungen sehr klein gehalten wird, durchsetzt der bei Anlegen einer Wechselspannung in der Primärwicklung entstehende magnetische Fluß auch die Sekundärwicklung praktisch in gleicher Höhe. Somit verhalten sich die in den Wicklungen induzierten Spannungen nach dem Induktionsgesetz etwa wie ihre Windungszahlen (*Spannungsübersetzungsverhältnis*). Da der Magnetisierungsstrom sehr klein ist, folgt aus dem Durchflutungsgesetz, daß sich die Ströme der beiden Wicklungen etwa umgekehrt wie ihre Windungszahlen verhalten (*Stromübersetzungsverhältnis*). Die Produkte aus Strom und Spannung der beiden Wicklungen liefern etwa den gleichen Wert, d. h., die Leistung, die auf der Primärseite aufgenommen wird, wird bis auf die Verluste von der Sekundärwicklung wieder abgegeben. Die Verhältnisse von Spannung zu Strom der beiden Wicklungen verhalten sich zueinander etwa wie das Quadrat der Windungszahlen (*Widerstandsübersetzungsverhältnis*). Das Verhältnis der Windungszahlen wird als *Übersetzungsverhältnis* des T.s bezeichnet.

3) Verwendung. In der Starkstromtechnik dient der T. vor allem dazu, die verschiedenen Spannungsebenen der Elektrizitätsversorgung zu verbinden. In diesem Fall wird der T. auch *Umspanner* oder *Leistungstransformator* genannt. Der in Kraftwerken unmittelbar mit dem Generator verbundene T. wird als *Blocktransformator* bezeichnet. Eine besondere Form des Umspanners ist der *Dreiwicklungstransformator*, der außer der Primärwicklung und der Sekundärwicklung noch die Tertiärwicklung besitzt und drei Netze verschiedener Spannungen miteinander verbindet. T.en mit besonderen Eigenschaften werden für die Speisung spezieller Geräte eingesetzt, z. B. *Gleichrichtertransformatoren* zur Speisung von Gleichrichteranlagen und *Ofentransformatoren* zur Speisung von Elektroöfen. *Schweißtransformatoren* zur Lichtbogenschweißung (Abb. 3) dienen zum Umspannen von Netzspannung auf Lichtbogenspannung. Sie müssen eine stark fallende Strom-Spannungs-Kennlinie besitzen, um von der Zündspannung im Leerlauf die relativ niedrige Lichtbogenspannung zu erreichen und den Kurzschlußstrom gering zu halten. Dieses Betriebsverhalten kann durch hohe Streuspannungsabfälle, z. B. durch teilweise eisengeschlossene Streuwege zwischen den Wicklungen, erreicht werden. *Prüftransformatoren* sind T.en oder Transformatorenkombinationen (→ Kaskadenschaltung) zur Gewinnung hoher Wechselspannungen.

Spartransformatoren sind mit einem für Primärwicklung und Sekundärwicklung gemeinsamen Wicklungsteil versehen. Da in diesem Wicklungsteil praktisch nur die Differenz zwischen Primärstrom und Sekundärstrom fließt, können die Abmessungen des Spartransformators geringer gehalten werden. Nachteilig ist die fehlende galvanische Trennung der Sekundärwicklung von der Primärwicklung. *Stelltransformatoren*, früher auch als *Regeltransformatoren* bezeichnet, sind T.en, deren Übersetzungsverhältnis unter Last in einem bestimmten Bereich veränderlich ist. Man unterscheidet Schubtransformatoren mit veränderlicher Lage der Primärwicklung zur Sekundärwicklung und Spartransformatoren mit blanker Wicklung und Kohlerollen als Abgriff. Unter *Drehtransformatoren* versteht man Stelltransformatoren für Wechsel- und Drehstrom, die wie Asynchronmotoren mit Schleifringläufer aufgebaut sind. Der Läufer ist festgebremst, aber in seiner Winkelstellung veränderlich. Ständer- und Läuferwicklungen liegen in Reihe. Bei Drehung des Läufers ändert sich die Spannungshöhe, gleichzeitig aber auch die Phasenlage gegenüber der Primärspannung. *Quertransformatoren* sind Stelltransformatoren in der Elektrizitätsversorgung. Sie liefern eine Zusatzspannung, die gegenüber der Netzspannung um 90° phasenverschoben ist und vor allem ihre Phasenlage beeinflußt. Die von *Reihentransformatoren* gelieferte Zusatzspannung liegt in Phase mit der Netzspannung und verändert nur ihren Betrag. *Impulstransformatoren* werden zum Erzeugen hoher Spannungsimpulse für Steuer- und Regelschaltungen gebaut. *Trenntransformatoren* werden in der Schutztechnik zur galvanischen Trennung (Schutztrennung) von Netzteilen eingesetzt. In der Schwachstromtechnik dient der T. als *Netztransformator* für die Energieversorgung der schwachstromtechnischen Geräte. Beim *Anpassungstransformator*, auch als *Übertrager* bezeichnet, wird die Transformation des Widerstands zur Anpassung an Spannungsquellen ausgenutzt. In der Meßtechnik dient eine Sonderbauform des T.s als → Meßwandler.

Bei einem *supraleitenden T.* sind Primärwicklung und/oder Sekundärwicklung aus supraleitendem Material gefertigt. Ein supraleitender T. für Meßzwecke ist der *supraleitende Übertrager*, der z. B. zur Anpassung eines niederohmigen bzw. supraleitenden Meßkreises an einen Verstärker dienen kann. → Kryoelektrotechnik.

Lit. Handb. der Elektrotechnik, Bd 2 (Berlin 1971), Bd 3 (Berlin 1967); Küchler: Die T.en (2. Aufl. Berlin 1966); G. Müller: Elektrische Maschinen Grundlagen (Berlin 1970).

Transistor, ein Halbleiterbauelement mit drei Elektroden, das als Verstärker, Gleichrichter, Schalter, zur Messung oder zum Nachweis von Strahlung, in Oszillatorschaltungen u. a. verwendet wird.

Die drei Elektroden des T.s heißen *Emitter, Basis* und *Kollektor*. Zwischen Emitter und Basis sowie zwischen Basis und Kollektor bestehen → pn-Übergänge. Je nach deren Anordnungsfolge gibt es pnp- und npn-Transistoren. Der T. läßt sich auch mit einer Serienschaltung zweier gegeneinandergeschalteter → Halbleiterdioden vergleichen.

Da T.en ähnlich wie Elektronenröhren in elektronischen Schaltungen eingesetzt werden, lassen sich ihre Grundschaltungen mit den Grundschaltungen der Elektronenröhre vergleichen (Abb. 1 und 2).

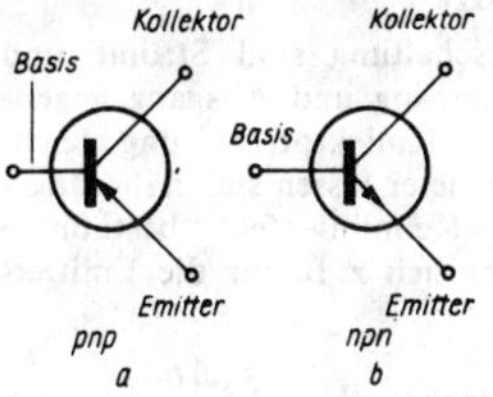

1 Schaltsymbole für Transistoren: *a* pnp-Transistor, *b* npn-Transistor

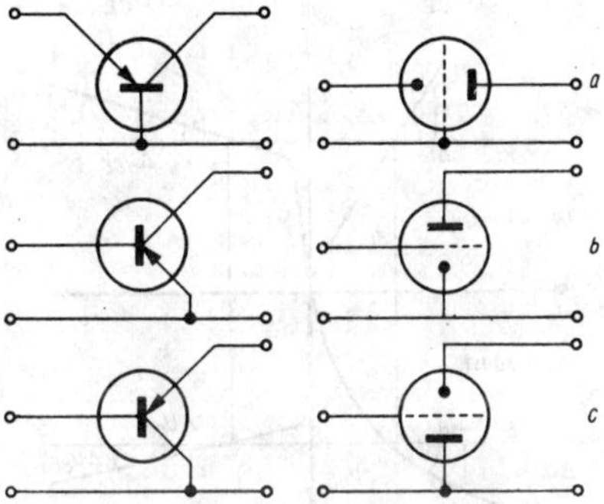

2 Grundschaltungen des Transistors im Vergleich zu äquivalenten Röhrenschaltungen. Links: *a* Basisschaltung, *b* Emitterschaltung, *c* Kollektorschaltung. Rechts: *a* Gitterbasisschaltung, *b* Katodenbasisschaltung, *c* Anodenbasisschaltung

Das Vierpolverhalten des T.s läßt sich mittels *Ersatzschemata* beschreiben (Abb. 3). Bei Signalen mit kleiner Amplitude gelten dafür folgende, wegen ihrer unterschiedlichen Dimensionen *Hybridparameter* oder *h-Parameter* genannte Größen h_{11}, h_{12}, h_{21} und h_{22}:

$h_{11} = \underbrace{(U_1/I_1)_{U_2=0}} =$
= Eingangswiderstand in Ω bei kurzgeschlossenem Ausgang

$h_{12} = \underbrace{(U_1/U_2)_{I_1=0}} =$
= Spannungsrückwirkung (dimensionslos) bei offenem Eingang

$h_{21} = \underbrace{(I_2/I_1)_{U_2=0}} =$
= Stromverstärkung (dimensionslos) bei kurzgeschlossenem Ausgang

$h_{22} = \underbrace{(I_2/U_2)_{I_1=0}} =$
= Ausgangsleitwert in S = Ω^{-1} bei offenem Eingang

Die Umrechnung der *h*-Parameter für die drei Grundschaltungen des T.s liefert für die h_{ikb} (*h*-Parameter in Basisschaltung) näherungsweise folgende h_{ike} (*h*-Parameter in Emitterschaltung) und h_{ikc} (*h*-Parameter in Kollektorschaltung):

$$h_{11e} \approx \frac{h_{11b}}{1 + h_{21b}}\,; \quad h_{11c} \approx \frac{h_{11b}}{1 + h_{21b}}$$

$$h_{12e} \approx \frac{\Delta h_b - h_{12b}}{1 + h_{21b}}\,; \quad h_{12c} \approx 1$$

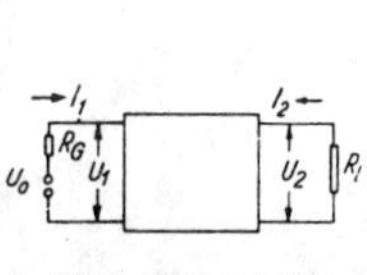

3 Vierpolersatzbild eines Transistors. $U_1 = h_{11} \cdot I_1 + h_{12} \cdot U_2$, $I_2 = h_{21} \cdot I_1 + h_{22} \cdot U_2$

$$h_{21e} \approx \frac{-h_{21b}}{1 + h_{21b}}; \quad h_{21c} \approx \frac{-1}{1 + h_{21b}}$$

$$h_{22e} \approx \frac{h_{22b}}{1 + h_{21b}}; \quad h_{22c} \approx \frac{h_{22b}}{1 + h_{21b}}$$

mit $\Delta h_b = h_{11b} \cdot h_{22b} - h_{12b} \cdot h_{21b}$

In der Emitterschaltung sind Ströme und Spannungen an Eingang und Ausgang gegenphasig, in Basis- und Kollektorschaltung gleichphasig. Die h-Parameter lassen sich näherungsweise aus dem Kennlinienfeld bestimmen (Abb. 4). So ergibt sich z. B. für die Emitterschaltung

$$h_{11e} = \frac{\Delta U_{BE}}{\Delta I_B} \triangleq \tan \psi; \quad h_{21e} = \frac{\Delta I_C}{\Delta I_B} \triangleq \tan \varphi$$

$$h_{12e} = \frac{\Delta U_{BE}}{\Delta U_{CE}} \triangleq \tan \delta; \quad h_{22e} = \frac{\Delta I_C}{\Delta U_{CE}} \triangleq \tan \tau$$

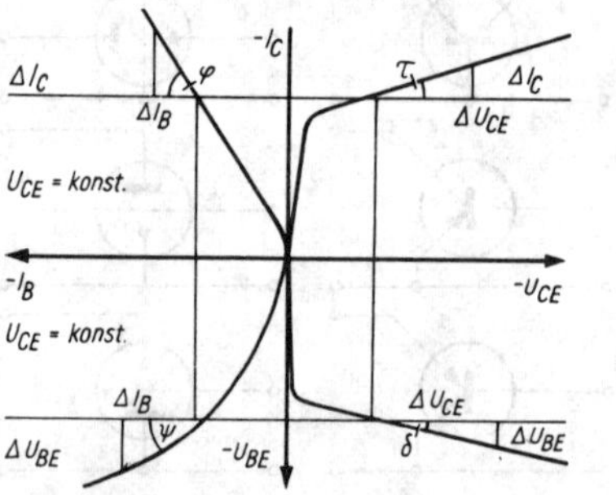

4 Kennlinienfeld eines Transistors in Emitterschaltung zur Bestimmung der h-Parameter

Dabei ist U_{BE} die Basis-Emitter-Spannung, I_B der Basisstrom, U_{CE} die Kollektor-Emitter-Spannung und I_C der Kollektorstrom.

Bei eingangsseitiger Spannungsquelle U_0 mit Widerstand R_0 und ausgangsseitigem Lastwiderstand R_L ergibt sich für die Stromverstärkung G_i, die Spannungsverstärkung G_u, den Eingangswiderstand R_1, den Ausgangswiderstand R_2 und die Leistungsverstärkung G_p für alle Grundschaltungen:

$$G_i = \frac{I_2}{I_1} = \frac{h_{21}}{1 + h_{22}R_L}$$

$$G_u = \frac{U_2}{U_1} = \frac{-h_{21}R_L}{h_{11} + R_L \Delta h}$$

$$R_1 = \frac{U_1}{I_1} = \frac{h_{11} + R_L \Delta h}{1 + R_L h_{22}}$$

$$R_2 = \frac{U_2}{I_2} = \frac{h_{11} + R_0}{\Delta h + R_0 h_{22}}$$

$$G_p = G_u G_i = -\frac{h_{21}{}^2 R_L}{(1 + h_{22}R_L)\,(h_{11} + R_L \Delta h)}$$

mit $\Delta h = h_{11}h_{22} - h_{12}h_{21}$.

Nach ihrem Aufbau unterscheidet man zunächst Spitzentransistoren und Flächentransistoren. Beim *Spitzentransistor* drücken z. B. auf die aus einem Germaniumeinkristall bestehende Basis der Emitter und der Kollektor in einem Abstand von größenordnungsmäßig 0,1 mm als feine Drahtspitzen auf. Beim *Flächentransistor* hat ein Halbleitereinkristallplättchen drei Zonen unterschiedlichen Leitfähigkeitstyps, wobei sich die Basis in der Mitte zwischen Kollektor und Emitter befindet.

Nach dem Herstellungsverfahren unterscheidet man zwischen Legierungstransistoren, Diffusionstransistoren, diffusionslegierten T.en, Mesatransistoren, Planartransistoren, Epitaxialtransistoren und T.en, bei denen mehrere Herstellungstechniken kombiniert angewendet sind. Bei dem mittels → Legierungstechnik hergestellten *Legierungstransistor* (Abb. 5) werden

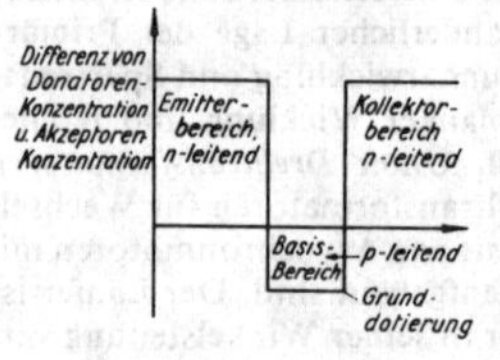

5 Verteilung der Konzentration von Donatoren und Akzeptoren beim Legierungstransistor (npn)

die Dotierungselemente (Indium oder Aluminium) in Form von Perlen einlegiert. Dieser T. wird hauptsächlich im NF-Bereich verwendet, denn für eine hohe obere Grenzfrequenz sind eine möglichst kurze Laufzeit der Ladungsträger und deshalb eine möglichst dünne Basisschicht erforderlich. Bei einer Dicke des Halbleiterplättchens um 100 μm – aus fertigungstechnischen Gründen sind diese Werte kaum zu unterscheiden – kann man den Legierungsprozeß bis zu Basisschichtdicken von etwa 25 μm noch beherrschen. Störend sind Variationen der Legierungstiefe, und damit treten örtliche Schwankungen der stehenbleibenden Basisschichtdicke auf. Diese werden beim *Philco-Transistor* verringert, indem das Halbleitermaterial an den Stellen, an denen Emitter bzw. Kollektor einlegiert werden sollen, elektrolytisch möglichst dünn abgeätzt wird, um die Grenzfrequenz zu erhöhen. Man hat damit Basisschichtdicken von unter 5 μm erreicht und so Grenzfrequenzen von um 50 MHz ermöglicht.

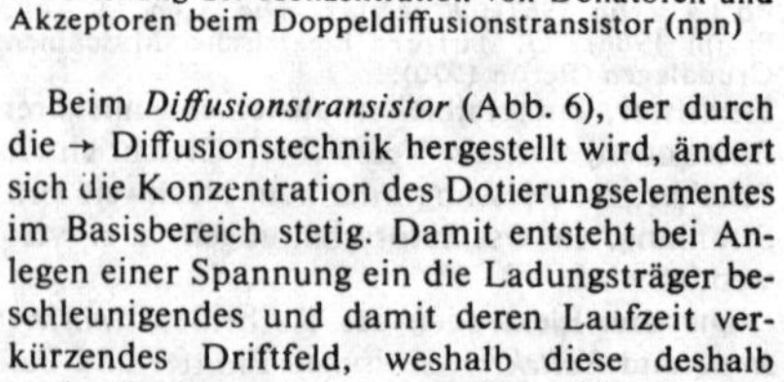

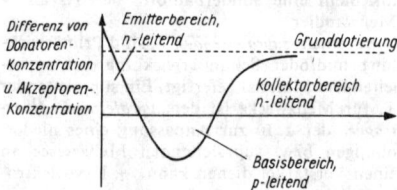

6 Verteilung der Konzentration von Donatoren und Akzeptoren beim Doppeldiffusionstransistor (npn)

Beim *Diffusionstransistor* (Abb. 6), der durch die → Diffusionstechnik hergestellt wird, ändert sich die Konzentration des Dotierungselementes im Basisbereich stetig. Damit entsteht bei Anlegen einer Spannung ein die Ladungsträger beschleunigendes und damit deren Laufzeit verkürzendes Driftfeld, weshalb diese deshalb auch *Drifttransistoren* genannten T.en auch noch bei höheren Frequenzen verwendet werden können. Auch läßt sich bei Diffusionstransistoren eine sehr dünne Basisschicht erreichen, wenn verschiedene Dotierungselemente mit unterschiedlicher Diffusionsgeschwindigkeit gleichzeitig dotiert werden, weil das schneller eindiffundierende Dotierungselement innerhalb einer vorgegebenen Dotierungszeit tiefer eindringals das langsamer diffundierende. Speziell als Drifttransistoren ausgebildet werden auch *diffusionslegierte T.en*, d. s. mittels Kombination von Diffusions- und Legierungstechnik hergestellte T.en. Bei ihnen wird durch Diffusion eine n-leitende Schicht in einem p-leitenden Material erzeugt, in das dicht nebeneinander ein Anschlußkontakt für die diffundierte Basisschicht und ein p-leitender Rekristallisationsbereich als Emitter einlegiert werden.

Diffusionslegierte T.en, die mittels → Mesatechnik geätzt sind, heißen *Mesatransistoren*. ihre obere Grenzfrequenz liegt z. Z. bei etwa 1 GHz mit Basisschichtdicken von weniger als 0,3 μm.

Die durch → Planartechnik gefertigten *Planartransistoren* zeichnen sich durch extrem geringe Restströme und hohe Stromverstärkungsfaktoren aus. *Epitaxialtransistoren*, die mittels Planar- oder Mesatechnik hergestellt werden, erreichen wegen ihrer kurzen Kollektorspeicherzeit obere Grenzfrequenzen von mehreren GHz.

Mehrschichttransistoren oder *Sandwichtransistoren* bestehen aus zwei getrennten Siliziumscheiben (Emitter-Basis-Scheibchen und Basis-Kollektor-Scheibchen), die, Basis an Basis liegend, unter Erwärmung und Druck geschmolzen werden. Daher entsteht in einer mittleren Ebene eine Basis, die des späteren T.s, an die sich Kollektor bzw. Emitter nach außen anschließen, während sie sich beim Planar- oder Mesatransistor an der Oberfläche befinden.

Ähnlich wie bei den → Halbleiterdioden gibt es auch eine Reihe von Sonderformen von T.en. So hat z. B. der *Avalanchetransistor* oder *Lawinentransistor*, der der Avalanchediode entspricht, einen Lawinendurchbruch (→ Stoßionisation). Er wird zur Impulserzeugung mit extrem steilen Impulsflanken verwendet. Für den Avalanchebetrieb eignen sich nur spezielle T.en, insbesondere Silizium-Epitaxial-Planartransistoren.

Der *Phototransistor* ist ein Flächentransistor mit einem Lichteintrittsfenster über der Basis. Der zwischen Basis und Kollektor bestehende pn-Übergang verhält sich ähnlich wie der einer Photodiode; das Licht beeinflußt den Kollektorstrom. Phototransistoren lassen sich gleichzeitig mittels einfallenden Lichtes und mittels Ansteuerung der Basis steuern.

Der *Lichtstrahltransistor* oder *Leuchttransistor* besteht aus einer Kombination einer GaAs-Leuchtdiode als Lichtemitter und einer n-GaAsp-Ge-Heterodiode (Photodiode) als Lichtkollektor (→ Optoelektronik).

Während bei den bisher beschriebenen *Bipolartransistoren* die Funktionsweise hauptsächlich durch beide Ladungsträgerarten bestimmt wird, erfolgt bei den zu den *Unipolartransistoren* gehörenden *Feldeffekttransistoren*, kurz *FET* genannt [engl. *f*ield *e*ffect *t*ransistor], der Ladungstransport nur mittels einer Ladungsträgerart durch einen *Kanal*, dessen Widerstand und damit der hindurchfließende Strom mittels eines elektrischen Feldes verändert werden können (→ Feldeffekt). Dieses Feld wird von einer Steuerelektrode, dem *Gate* oder *Gitter*, erzeugt. Die Eintrittselektrode des Kanals heißt *Source* oder *Quelle*, die Austrittselektrode *Drain* oder *Senke*. Der Kanal kann p- oder n-leitend sein. Das Gate ist beim Sperrschicht-Feldeffekttransistor aufgedampft oder einlegiert, so daß sich zwischen ihm und dem Kanal ein pn-Übergang ergibt. Dieser wird in Sperrichtung vorgespannt und trennt den Kanal vom Gate. Der Widerstand des Kanals wird infolge des sich in der Umgebung der Sperrschicht in Abhängigkeit von der Gatespannung bildenden Raumladungsgebietes verändert (Abb. 7).

Der *MESFET* [engl. *me*tal-*s*emiconductor-*FET*] hat anstelle des pn-Überganges einen Metall-Halbleiter-Übergang. Als Substratmaterial wird p-leitendes Silizium verwendet. Der auch bei sehr hohen Frequenzen anwendbare MESFET dient als Kleinsignal-Breitbandverstärker, für Eingangsstufen in Mikrowellensystemen, für Tiefpaßschaltungen, für logische Schaltkreise und auch zur Verwendung anstelle von Wanderwellenröhren.

Hetero-Feldeffekttransistoren sind Feldeffekttransistoren mit Heteroübergängen (→ Epitaxialtechnik). Bei geeigneter Dotierung tritt bei diesen T.en an der Heterogrenzfläche eine Ladungsträgerinversion auf. Im Inversionskanal fließt zwischen Source und Drain ein Löcherstrom. Das Gate ist gegenüber dem Silizium negativ vorgespannt und besteht aus p-leitendem Material.

Der *MOSFET* [engl. *m*etal-*o*xide-*s*emiconductor-*FET*] hat als Sperrschicht zwischen Gate und Kanal keinen pn-Übergang, sondern eine isolierende Metalloxidschicht, z. B. Siliziumdioxid.

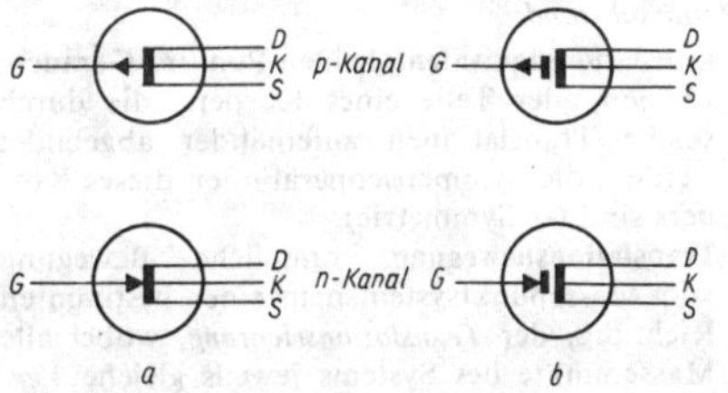

7 Schaltsymbole für Feldeffekttransistoren: *a* Sperrschicht-FET, *b* MOSFET. *G* Gate, *D* Drain, *S* Source, *K* Kanal

Je nachdem, ob der Kanal bereits vor Anlegen einer Gatespannung leitend ist und die Leitfähigkeit infolge des angelegten Feldes verringert wird, oder ob ein nur schwach leitender Kanal infolge der Gatespannung stärker leitet, spricht man von einem *Verarmungs-* bzw. *Anreicherungstyp*. MOSFET lassen sich bis zu Frequenzen von 100 MHz betreiben und haben Eingangswiderstände bis zu $10^{30}\,\Omega$, sie eignen sich deshalb besonders für hochohmige Eingangsstufen (Abb. 8).

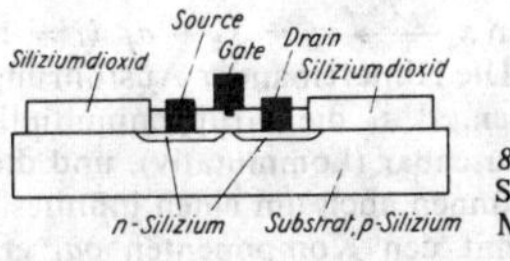

8 Schematischer Schnitt durch einen MOSFET

Beim *DSA-MOSFET* [engl. *d*iffusion-*s*elf-*a*ligned-*MOSFET*] lassen sich mittels einer Doppeldiffusionsmethode Kanallängen von weniger als 25 μm erreichen. Infolge der geringen Kapazität zwischen Gate und Kanal ergeben sich obere Grenzfrequenzen von 10 GHz.

Eine durch Auftrennung von Gate und Kanal gewonneneKombination zweier Feldeffekttransistoren ist die *Feldeffekttetrode* oder *FET-Tetrode*.

Unter der Trennstelle des Gate ist der Kanal durch einen eindiffundierten n-leitenden Bereich unterbrochen, der gleichzeitig als Drain eines ersten und als Source eines zweiten Feldeffekttransistors wirkt. Die FET-Tetrode läßt sich z. B. für Kaskode-Schaltungen verwenden.

Lit. Fontaine: Dioden u. T.en 4 Bde (Hamburg 1969–1973); Paul: T.en (2. Aufl. Braunschweig 1969); Pfeifer: Elektronik für den Physiker, Bd 6 (Braunschweig 1971).

Transistorrauschen, → Rauschen II, 7.

Transitionsenergie, → Fokussierung 3).

Transkristallisation, Bildung von → Stengelkristallen.

Translation, 1) Parallelverschiebung eines Körpers, → Translationsbewegung.

2) Raumbewegung (→ Symmetrie), die der Bewegung gemäß 1) entspricht. Dabei wird jedem Punkt mit Ortsvektor $\vec{r}$ ein um einen konstanten Vektor $\vec{a}$ verschobener Punkt $\vec{r}' = \vec{r} + \vec{a}$ zugeordnet.

3) Deckoperation oder Symmetrieoperation, die durch die Raumbewegung 2) charakterisiert ist. Ist eine T. Symmetrieoperation eines Körpers, so ist der Körper periodisch. Ist $\vec{a}$ der kürzeste Vektor dieser Richtung, der eine derartige Symmetrieoperation charakterisiert, so nennt man den Betrag $|\vec{a}|$ *Identitätsperiode* oder *Identitätsabstand*.

translationsäquivalent heißen Punkte, Geraden, Ebenen oder Teile eines Körpers, die durch solche Translationen aufeinander abgebildet werden, die Symmetrieoperationen dieses Körpers sind (→ Symmetrie).

Translationsbewegung, räumliche Bewegung von Massepunktsystemen in einer bestimmten Richtung, der *Translationsrichtung*, wobei alle Massepunkte des Systems jeweils gleiche *Verschiebungen* erfahren, d. h. das System dabei als starr angesehen werden kann. Andernfalls liegen T.en der einzelnen Massepunkte in verschiedenen Richtungen bzw. mit verschiedenen gleichzeitigen Geschwindigkeiten vor. Die allgemeine Bewegung starrer Körper setzt sich aus T.en und → Drehbewegungen zusammen. Die T. eines Systems um eine bestimmte Strecke heißt auch *Parallelverschiebung*.

Translationsenergie, → Energie.

Translationsfreiheitsgrad, → Freiheitsgrad.

Translationsgitter, → Gitter, → Elementarzelle.

Translationsgruppe, die von den Translationen gebildete kommutative kontinuierliche Gruppe. In einem *n*-dimensionalen euklidischen Raum sind die Translationen $\hat{T}$ durch die Koordinatentransformationen $x_i \xrightarrow{T} x_i' = x_i + a_i$ $(i = 1, \ldots, n)$ definiert. Die Hintereinander-Ausführung der Translationen, d. i. die Gruppenmultiplikation, ist vertauschbar (kommutativ), und die Translationen können auch um einen infinitesimalen Vektor mit den Komponenten δa_i erfolgen. Von physikalischer Bedeutung sind die räumlichen und zeitlichen Translationen, die auch als Translation des Vierervektors des Raum-Zeit-Kontinuums, d. h. im Minkowski-Raum, angesehen werden können. Viele physikalische Systeme haben die Eigenschaft der *Translationsinvarianz*, d. h., bei einer raum-zeitlichen Translation ändern sie ihre physikalischen Eigenschaften nicht. So ergibt z. B. ein heute in der DDR und morgen in einem anderen Land an ihnen ausgeführtes Experiment unter sonst gleichen Voraussetzungen dieselben Meßwerte. Diese Invarianz spiegelt sich in der → Symmetrie der dem System zugrunde liegenden Naturgesetze wider. Man kann die Translationsoperationen auch $T_a(x) = x + a$ schreiben, wobei T_a die Translation um die Strecke a bedeutet; für die T_a gilt dann $T_a \cdot T_b = T_b T_a$ (Kommutativität). Neben der Darstellung der T. in den sie definierenden euklidischen Räumen spielen für die Physik die folgenden eine besondere Rolle: $\hat{T}_a = \mathrm{e}^{\mathrm{i}a\hat{p}}$, wobei $\hat{p} = -\mathrm{i}\,\mathrm{d}/\mathrm{d}x$ der Operator der infinitesimalen Verschiebung (*Translationsoperator*) ist. Es gilt

$$\mathrm{e}^{\mathrm{i}a\hat{p}}\mathrm{e}^{\mathrm{i}b\hat{p}} = \mathrm{e}^{\mathrm{i}(a+b)\hat{p}} = \mathrm{e}^{\mathrm{i}b\hat{p}}\mathrm{e}^{\mathrm{i}a\hat{p}}$$

(Kommutativität) und

$$\hat{T}_a f(x) = \mathrm{e}^{a\frac{\mathrm{d}}{\mathrm{d}x}} f(x) = \left(f + a\,\frac{\mathrm{d}f}{\mathrm{d}x} + \frac{a^2}{2!}\,\frac{d^2 f}{\mathrm{d}x^2} + \frac{a^3}{3!}\,\frac{d^3 f}{\mathrm{d}x^3} + \cdots\right) = f(x+a),$$

wobei f eine beliebig differenzierbare Funktion von x ist, d. h., $\hat{T}_a$ bewirkt eine Verschiebung des Arguments von f um a (→ Taylorsche Formel).

Ist $f(x_\mu)$ eine Funktion des Vierervektors x_μ, dann bewirkt $\hat{T}(a_\mu) = \mathrm{e}^{\mathrm{i}a\cdot p}$ mit $a \cdot \hat{p} = \sum_{\mu=1}^{4} a_\mu \hat{p}_\mu$, wobei $\hat{p}_\mu = -\mathrm{i}\partial/\partial x_\mu$, eine analoge Verschiebung des Arguments: $\hat{T}(a_\mu) f(x_\mu) = f(x_\mu + a_\mu)$. Der Operator der infinitesimalen Translation $\hat{p}_\mu$ wird in der Quantentheorie (nach Multiplikation mit $\hbar$) mit dem → Impulsoperator identifiziert.

Translationsinvarianz liegt vor, wenn $\hat{T}(a_\mu) f = f$ gilt, z. B. dann, wenn f nicht von x_μ abhängt. Die physikalischen Zustände translationsvarianter Systeme sind demnach in Übereinstimmung mit der obigen Bemerkung von den Koordinaten x_μ, d. h. von den Raum-Zeit-Punkten, unabhängig.

Translationsinvarianz, → Translationsgruppe.

Translationsoperator, → Translationsgruppe.

Translationsrichtung, → Translationsbewegung.

Transmissionsfaktor, → Absorptionsfaktor.

Transmissionsgitter, → Beugungsgitter.

Transmissionsgrad, → Farbe.

Transmissionskoeffizient, → Extinktion.

Transmissometer, → Sichtweite.

Transmitter, svw. Meßwandler.

transmutations per minute, tpm, nicht mehr zulässige Einheit der Aktivität für Zerfallsakte je Minute. 1 tpm = (1/60) s^{-1}.

transmutations per second, tps, bisherige Einheit der Aktivität radioaktiver Strahlung, wurde durch die SI-Einheit Eins durch Sekunde bzw. reziproke Sekunde oder 1 Zerfallsakt je Sekunde (s^{-1}) abgelöst. 1 tps = 1 s^{-1}.

Transparenz, → photographische Schwärzung.

Transponder, → Radar.

Transponierung, svw. Mischung 2).

Transportgleichung, im weitesten Sinne die mathematische Formulierung eines Transportprozesses, die meist die → Boltzmann-Gleichung spezialisiert (→ Transporttheorie).

Transportgleichung im Plasma, aus der Boltzmann-Gleichung (→ Plasmastatistik) folgende Integrodifferentialgleichung zur Berechnung der zeitlichen und örtlichen Änderung von Plasmaeigenschaften. Spezialfälle der allgemeinen T. i. P. sind die Kontinuitätsgleichung (Massen- bzw. Ladungstransport), die Bewegungsgleichung (Impulstransport) und die Energietransportgleichung (Energietransport). → Magnetohydrodynamik.

Transportkoeffizienten, → Transportprozesse, → Boltzmann-Gleichung.

Transportprozesse, Vorgänge in Vielteilchensystemen, wie Gasen, Flüssigkeiten oder Festkörpern, bei denen durch Bewegung der Teilchen die Transportgrößen Energie, Impuls, Masse oder Ladung von einer Stelle des Raumes zu einer anderen transportiert werden. Die Vielteilchensysteme kann man makroskopisch als kontinuierliche Medien ansehen. Eigenschaft und Verhalten beschreibt man dann phänomenologisch mit Hilfe der Thermodynamik irreversibler Prozesse und der Hydrodynamik. Diese Theorien enthalten noch experimentell zu bestimmende Größen, z. B. *Transportkoeffizienten*, d. s. stoffabhängige Koeffizienten, zu denen die Wärmeleitfähigkeit, die Diffusionskoeffizienten, die Scher- und Volumenviskositäten gehören und die ein Maß dafür sind, wie schnell ein Vielteilchensystem in den Gleichgewichtszustand übergeht. Mikroskopisch gesehen bestehen die Vielteilchensysteme aus vielen diskreten Teilchen, deren Anzahl $N \approx 10^{26}$ eine statische Beschreibung erfordert. Die Statistik liefert die mikroskopische Begründung der phänomenologischen Gesetze und ermöglicht die Berechnung der experimentellen Größen aus den mikroskopischen Eigenschaften der Teilchen. Die wichtigsten phänomenologischen Gesetze zur Beschreibung der T. sind die *Transportgleichungen*. Sie lassen sich von den Bilanzgleichungen der Transportgrößen ableiten, die im allgemeinen ihre Zeitableitung, ihren Strom und einen Erzeugungsterm enthalten. Die speziellen Transportgleichungen entstehen unter Hinzunahme der linearen phänomenologischen Zusammenhänge zwischen den Strömen und den sie hervorrufenden Kräften und unter Beachtung des vorliegenden Spezialfalles. Die Transportgrößen führen zu folgenden Gleichungen: Energie zur Wärmeleitungsgleichung, Impuls zu den Navier-Stokesschen Gleichungen und Masse zu Diffusionsgleichungen. Die erwähnten Gleichungen sind Näherungen für den Fall nicht zu großer Abweichungen aus dem Gleichgewicht, die in den meisten Fällen genügen. Höhere Näherungen, wie die Burnetschen Gleichungen, haben keine praktische Bedeutung.

Transportpumpen, Vakuumpumpen, die Gasteilchen aus einem zu evakuierenden abgeschlossenen Behälter über eine oder mehrere Kompressionsstufen entfernen und in die atmosphärische Luft befördern. Zu den T. gehören sowohl die mechanischen Vakuumpumpen als auch die Treibmittelpumpen. *Mechanische Vakuumpumpen* sind die Hubkolbenpumpe mit zylindrischem, in seiner Achsrichtung hin- und herbewegtem Kolben, → Turbopumpe, → Rootspumpe, → Drehschieberpumpe, → Drehkolbenpumpe, → Flüssigkeitsringpumpe. *Treibmittelpumpen* benutzen ein schnell bewegtes, flüssiges, gas- oder dampfförmiges Treibmittel. Zu ihnen gehören die → Treibdampfpumpen, → Gasstrahlpumpen, → Wasserstrahlpumpen, die → Ejektorpumpe.

Transporttheorie, im engeren Sinne die Beschreibung des räumlichen und zeitlichen Verhaltens eines Neutronenfeldes bei Berücksichtigung der Änderungen der Neutronendichte infolge von

1) Abfluß von Neutronen aus dem betrachteten Volumen bzw. Streumedium,

2) Verlust von Neutronen durch Streuung in andere als die ursprünglichen Richtungen und durch Absorptionen,

3) Gewinn von Neutronen durch Streuung aus anderen Richtungen und Geschwindigkeitsintervallen in die betrachteten,

4) Entstehung von Neutronen aus Quellen im betrachteten Volumen.

Die T. berücksichtigt also *Ort, Zeit, Energie und Flugrichtung der Neutronen*. Das Resultat all dieser Beiträge ergibt die zeitliche Änderung der Neutronendichte im Volumen; mathematisch ist diese Neutronenbilanz eine Boltzmann-Gleichung, eine Integrodifferentialgleichung, die man auch Transportgleichung nennt. Ihre Lösung, d. h. die Angabe der Neutronendichte bzw. des Neutronenflusses als Funktion von Ort, Zeit usw., muß die gegebene Quellverteilung und die evtl. auftretenden Randbedingungen befriedigen. Typische Randbedingungen gibt es an der Grenzfläche zwischen zwei Streumedien und an der Oberfläche eines Streumediums zum Vakuum. Die Lösung der Transportgleichung ist im allgemeinen Fall schwierig; auch der wichtige stationäre Fall läßt sich nicht elementar behandeln. Der spezielle Fall einer stationären und energieunabhängigen Transportgleichung, d. h. die Behandlung eines zeitlich unveränderlichen Neutronenfeldes mit konstanter Geschwindigkeit der Neutronen, läßt sich näherungsweise lösen und führt auf die elementare Diffusionstheorie. Insofern ist die Bezeichnung der T. als strenge Theorie der *Neutronendiffusion* in streuenden, absorbierenden und wie im Falle der Kernkettenreaktion multiplizierenden Medien berechtigt; die → Neutronendiffusion ist somit zugleich auch als Spezialfall der T. anzusehen.

Transportweglänge, ein angenähertes Maß für diejenige Strecke, auf der ein Teilchen, z. B. ein Neutron, seine Bewegungsrichtung einmal ändert. Für die Neutronenstreuung an sehr schweren Atomkernen ist die T. λ_{tr} etwa gleich der mittleren freien Streuweglänge λ_s. Der größte Unterschied zwischen λ_{tr} und λ_s ergibt sich bei der Streuung von Neutronen an Wasserstoffkernen. Es gilt der Zusammenhang $\lambda_{tr} = \lambda_s/(1 - \overline{\cos\vartheta})$, der bei allen Diffusionsvorgängen in nicht isotrop streuenden Medien berücksichtigt werden muß. Der Streuwinkel ϑ ist im Laborsystem gemessen: Es gilt $\overline{\cos\vartheta} = 2/(3\,A)$, wobei A die Massezahl des Atomkerns bedeutet. Nur wenn die Streuung auch im Laborsystem isotrop ist, wie es für große A i. a. zutrifft, gilt $\lambda_{tr} = \lambda_s$. Im Falle starker Anisotropie trägt die Streuung wegen der dann wirksamen großen T. kaum zur Abschirmung bei (→ Neutronenbremsung). In der Praxis wird die T. λ_{tr} experimentell z. B. über die aus dem Neutronendichteverlauf ermittelte → Extrapolationslänge bestimmt. In der Tabelle sind für einige Substanzen bei Zimmertemperatur die gemessenen T.n angegeben.

	H_2O	D_2O	Beryllium	Graphit
λ_{tr} in cm	≈ 0,43	≈ 2,5	≈ 1,48	≈ 2,6

Transurane, radioaktive chemische Elemente mit Ordnungszahlen größer als 92. Bisher wurden folgende T. künstlich hergestellt: Neptunium (Np), Plutonium (Pu), Amerizium (Am), Curium (Cm), Berkelium (Bk), Kalifornium (Cf), Einsteinium (Es), Mendelevium (Md), Nobelium (No), Lawrencium (Lw), Kurtschatovium (Ku) und Bohrium (Bo). Durch Kernreaktionen schwerer Ionen mit T.n hofft man noch T. nachweisbarer Lebensdauer im Gebiet der Ordnungszahlen 112 bis 114 zu finden.

Mit Ausnahme des Ameriziums spalten die Transurane spontan. Die Halbwertszeiten für spontane Spaltung werden um so kleiner, je schwerer der Kern wird. Sie sinken von 10^{11} Jahren bei Plutonium auf 10^{-4} Jahre bei Fermium. Von den T.n haben bisher einige Isotope des Plutoniums und des Ameriziums technische Bedeutung erlangt.

transversale Masse, → Masseveränderlichkeit.

Transversalität der elektromagnetischen Wellen, → Hertzsche Versuche 4).

Transversalwelle, → Welle.

trapped particles, svw. eingefangene Teilchen.

trapping limit, → Magnetosphäre (Abschn. 3).

Travelling-wave-Röhre, → Wanderfeldröhre.

Trefferfunktion, durch die Treffertheorie (→ biologische Strahlenwirkung) beschriebener mathematischer Zusammenhang zwischen Strahlenwirkung und Strahlendosis. Das geometrische Bild der T. hängt von der Zahl der Treffereignisse ab, die im Treffbereich erfolgen müssen, um eine beobachtbare Strahlenwirkung auszulösen. Eintreffereignisse führen zu einem logarithmischen Zusammenhang zwischen Strahlenwirkung und Dosis; bei Mehrtreffereignissen entstehen s-förmig gekrümmte Kurven (Abb.).

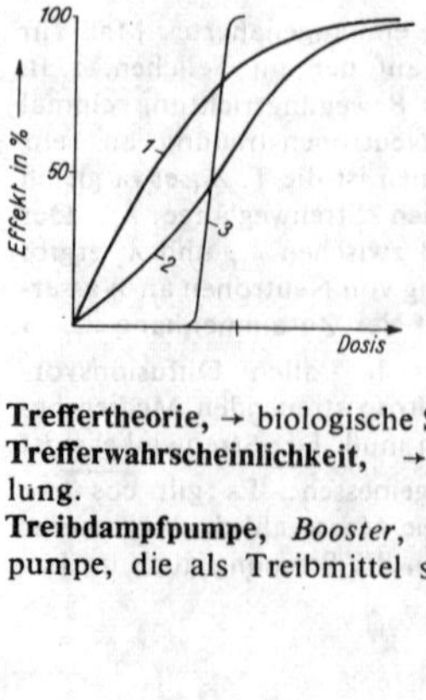

Trefferkurve für ein Eintreffer-ereignis (1) und ein Mehrtreffer-ereignis (2). Die Kurve (3) zeigt die Dosis-Effekt-Kurve für eine Giftwirkung

Treffertheorie, → biologische Strahlenwirkung.

Trefferwahrscheinlichkeit, → Binomialverteilung.

Treibdampfpumpe, *Booster*, eine Treibmittelpumpe, die als Treibmittel schnellströmenden Dampf benutzt. Die T. wird zur Vakuumerzeugung im Bereich von 10^{-2} bis 10^{-5} Torr eingesetzt und hat hohes Saugvermögen und hohe Saugleistung bei 10^{-3} Torr. Sie wird daher besonders in solchen Apparaturen eingesetzt, aus denen im Druckbereich um 10^{-3} Torr größere Gas- und Dampfmengen möglichst schnell abgesaugt werden sollen. Dies ist vor allem erforderlich, wenn ein häufiges Belüften der Anlage infolge Chargenwechsels notwendig ist.

Die obere Grenze des für den Betrieb der T. zulässigen Verdichtungsdruckes heißt *Vorvakuumbeständigkeit.*

Treibmittel, die in Treibmittelpumpen (→ Transportpumpen) verwendeten Arbeitsmittel in flüssiger, gas- oder dampfförmiger Form. Die im Ultrahochvakuum-Bereich verwendbaren T. müssen einen besonders niedrigen Dampfdruck und große chemische Stabilität bei hohen Temperaturen aufweisen. In diesem Druckgebiet werden daher bevorzugt hochausraffinierte, sehr eng geschnittene Mineralölfraktionen, Silikonöle und Polyphenyläther eingesetzt.

Treibmitteldampfrückströmung, der direkte Flug von Dampfmolekülen aus dem heißen Dampfstrahl oder ausgehend von erhitzten Düsenteilen in Richtung auf den Ansaugstutzen einer Treibmittelpumpe.

Treibmittelpumpen, → Transportpumpen.

Tremolo, rasche Amplitudenschwankungen des Schalldrucks bei einem musikalischen Ton, hervorgerufen durch eine niederfrequente Modulation der Frequenz des Tonerzeugers oder durch Erzeugung einer Schwebung bei Verwendung zweier ein wenig gegeneinander verstimmter Tonerzeuger. Als *wogendes T.* wird der schnelle Wechsel zweier Töne eines konstanten Intervalls (Terz, Quinte, Oktave) bezeichnet.

Trennanlage, → Anreicherung von Isotopen.

Trennfaktor bei der Isotopentrennung, → Anreicherung von Isotopen.

Trennrohrverfahren, → Thermodiffusion.

Trennstufe, → Anreicherung von Isotopen.

Trennungsenergie, Energiebetrag, der zur Spaltung eines Moleküls in zwei in ihren energetischen Grundzuständen befindliche Bruchstücke erforderlich ist. Die T. errechnet sich als Differenz aus der wahren Bindungsenergie und der Umordnungsenergie (→ Bindungsenergie 1). Für die CH-Bindung im Methan und die OH-Bindung im Wasser nehmen die Trennungsenergien folgende Werte an:

Bruchstücke	Trennungsenergie in kcal/mol
$CH_3 \cdots H$	105 ± 2
$CH_2 \cdots H$	100 ± 5
$CH \cdots H$	62 ± 5
$C \cdots H$	80
$OH \cdots H$	118,5 ± 1
$O \cdots H$	100,4 ± 1

Trennungsfläche, *Diskontinuitätsfläche, Unstetigkeitsfläche*, eine Fläche in Strömungen, deren beiderseitige Geschwindigkeiten sich um endliche Beträge und in der Richtung voneinander unterscheiden. Helmholtz hat als erster Strömungsaufgaben mit T.n behandelt. Man spricht deshalb bisweilen auch von der *Helmholtzschen T.* In der T. ändert sich die Tangentialgeschwindigkeit sprunghaft, während Druck und Normalkomponente der Geschwindigkeit in inkompressibler Strömung auf beiden Seiten gleich groß sind. Nur in kompressiblen Gasen ist eine sprunghafte Erhöhung des Druckes durch einen → Verdichtungsstoß möglich. T.n entstehen, wenn reibungsfreie Flüssigkeitsströme verschiedener Herkunft zusammentreffen, wie es in Abb. 1 hinter einer scharfen Kante dargestellt

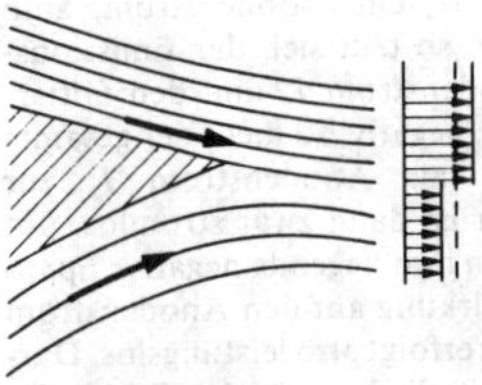

1 Bildung einer Trennungsfläche hinter einer scharfen Kante

ist. Gewöhnlich ist die Bernoullische Konstante (→ Bernoullische Gleichung) beider Ströme verschieden groß. In realen Flüssigkeiten wird der Geschwindigkeitssprung durch die Zähigkeit zu einem stetigen Übergang in einer endlich dicken Trennungsschicht abgebaut. Für Flüssigkeiten und Gase geringer Zähigkeit ist die sprunghafte Geschwindigkeitsänderung eine gute Näherung.

Die T. ist instabil. Zufällige Ausbuchtungen der T., wie sie für ein Bezugssystem, das sich mit der mittleren Geschwindigkeit der beiden Teilströme mitbewegt, in Abb. 2a dargestellt sind, verstärken sich. In den Wellenbergen beider Teilströme herrscht unter der Voraussetzung stationärer Strömung Überdruck, in den Tälern dagegen Unterdruck. Die Wellung wird dadurch immer stärker, bis die T. in einzelne → Wirbel zerfällt, in denen die ursprünglich linienförmig verteilte Drehung konzentriert ist (Abb. 2b).

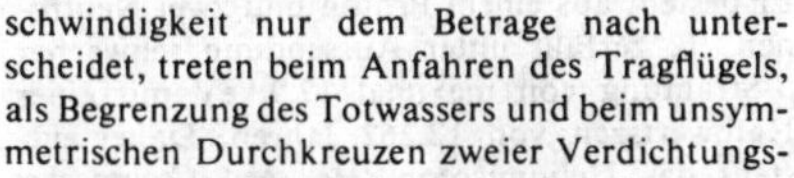

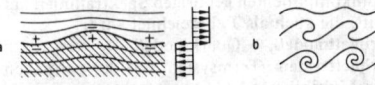

2 Entwicklung einer gewellten Trennungsfläche (*a*) und Entstehung von Wirbeln (*b*)

Die T. kann durch eine Wirbelschicht dargestellt werden, bei der Wirbelfäden flächenhaft angeordnet sind. T.n, bei denen sich die Geschwindigkeit nur dem Betrage nach unterscheidet, treten beim Anfahren des Tragflügels, als Begrenzung des Totwassers und beim unsymmetrischen Durchkreuzen zweier Verdichtungsstöße sowie beim gegabelten Stoß auf.

Bei der sich hinter dem Tragflügel endlicher Spannweite ausbildenden T. (Abb. 3) stimmen die Geschwindigkeiten überein, da auf beiden Seiten Atmosphärendruck herrscht. Eine Diskontinuität besteht hinsichtlich der Richtung der Geschwindigkeit. Die T. rollt sich von den Seiten her ein und bildet die freien Wirbel (→ Strömungswiderstand).

Trennung von Ladungen, die räumliche Trennung von entgegengesetzten Ladungen unter Aufwendung bestimmter Arbeit, deren Äquivalent als elektrische Energie in dem zwischen den getrennten Ladungen aufgebauten Feld enthalten ist. Diese Energie wird bei Ausgleich der Ladungen wieder frei. Eine Anordnung, die trotz des dauernden Ausgleichs von Ladungen durch fortwährend erneute Trennung das elektrische Feld aufrechterhält, heißt elektrische → Stromquelle. Die Ladungstrennung erfolgt durch die Wirkung einer → elektromotorischen Kraft (EMK). Die folgende Tabelle gibt einen Überblick über die wichtigsten Möglichkeiten der Ladungstrennung, die dabei aufzuwendenden Energieformen und die entsprechenden technischen Anwendungen.

Trennung von elektrischen Ladungen

zur Ladungstrennung aufzuwendende Energieform	Erscheinung	technische Anwendung
mechanische Energie	Reibungselektrizität, Influenz	Elektrisiermaschine
	Piezoelektrizität	piezoelektrischer Druckmesser, Kristallmikrophon -tonabnehmer
	Induktion	Dynamomaschine
thermische Energie	Thermoelektrizität	Thermoelement
	Pyroelektrizität	
	MHD-Effekt	MHD-Generator
elektromagnetische Energie	Photoeffekt	Photozelle
elektrische Energie	Speicherprozeß durch chemische Umwandlung	Akkumulator
chemische Energie	chemische Umwandlung mit Ladungstrennung	galvanisches Element, Brennstoffzelle
Energie bei radioaktivem Zerfall	β-Zerfall	Isotopenbatterie

Trescasche Fließbedingung, → Fließbedingung.

treue Darstellung, → Gruppentheorie.

Tribolumineszenz, → Lumineszenz.

Trichroismus, → Pleochroismus.

Trichterstrahler, → Antenne.

Trifokalglas, → Augenoptik.

Triftröhre, *Klystron,* eine Laufzeitröhre, in der ein Elektronenstrahl einen Hohlraumresonator 1 durchfliegt, wobei durch das angelegte HF-Feld die Geschwindigkeit der Elektronen moduliert wird. Im anschließenden feldfreien Triftraum

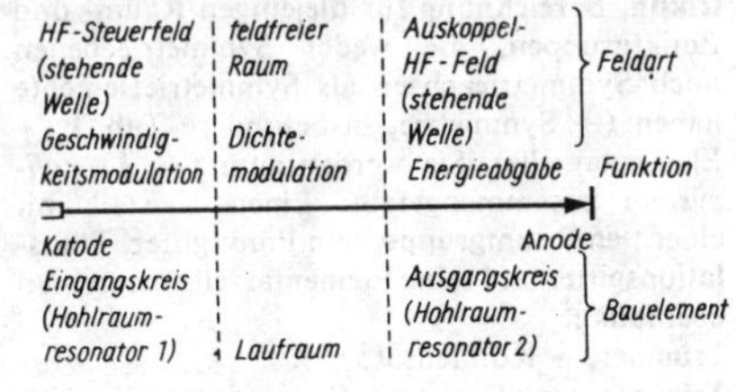

Schema der Triftröhre

wird die Geschwindigkeitsmodulation in eine Dichtemodulation umgewandelt, es bilden sich Elektronenpakete, die durch einen zweiten Hohlraumresonator fliegen und in ihm eine hochfrequente Wechselspannung induzieren. Bei richtiger Dimensionierung werden die Elektronen durch das HF-Feld des zweiten Hohlraumresonators abgebremst und geben ihre kinetische Energie an dieses ab (Prinzip der Verstärkung). T.n sind z. B. das → Zweikammerklystron und das → Reflexklystron.

3 Entwicklung der Trennungsfläche hinter einem Tragflügel

Triggern, *Triggerung*, das Auslösen eines elektrischen Vorgangs (z. B. der Zündung eines Thyratrons, der Änderung der Schaltstellung beim Flipflop) durch stoßartige Veränderung des Potentials (Triggerimpuls). Die *Impulsauslösung* (*Triggerauslösung*) bestimmt nur den Zeitpunkt und hat im übrigen keinen Einfluß auf den ausgelösten Vorgang. Die Schaltung bzw. die Einrichtung, die zum T. angewendet wird und Impulse zu einem bestimmten Zeitpunkt liefert, heißt *Schmitt-Schaltuug* oder auch *Schmitt-Trigger*. Der Schmitt-Trigger arbeitet wie ein bistabiler Multivibrator; ohne Steuerspannung ist aber nur ein Spannungszustand stabil. Beim Katodenstrahloszillographen erreicht man durch die Triggereinrichtung die Darstellung einmaliger oder sich unregelmäßig wiederholender Vorgänge. Durch den Beginn der darzustellenden Vorgänge selbst erfolgt das T. Dabei wird eine einzelne Sägezahnkurve vom Ablenkgenerator abgegeben.

trigonal, Bezeichnung für diejenigen Raum- und Punktgruppen, bei denen es parallel zu einer ausgezeichneten Richtung dreizählige Symmetrieachsen gibt (→ Symmetrie, insbes. Tab. 3). T.e Raumgruppen werden auf eine hexagonale Elementarzelle bezogen ($\vec{c}$ parallel zu den dreizähligen Achsen) oder aber auf eine rhomboedrische Elementarzelle, deren Basisvektoren $\vec{a}_1$, $\vec{a}_2$, $\vec{a}_3$ durch die 3zähligen Symmetrieachsen verknüpft sind und mit den hexagonalen wie folgt zusammenhängen: $\vec{a}_1 = (2\vec{a} + \vec{b} + \vec{c})/3$, $\vec{a}_2 = (-\vec{a} + \vec{b} + \vec{c})/3$, $\vec{a}_3 = (-\vec{a} - 2\vec{b} + \vec{c})/3$ (obverse Aufstellung) oder $\vec{a}_1 = (\vec{a} - \vec{b} + \vec{c})/3$, $\vec{a}_2 = (\vec{a} + 2\vec{b} + \vec{c})/3$, $\vec{a}_3 = (-2\vec{a} - \vec{b} + \vec{c})/3$ (reverse Aufstellung). Die t.en Raum- und Punktgruppen faßt man zum *t.en Kristallsystem* zusammen oder ordnet sie dem hexagonalen Kristallsystem zu. Einen Kristall mit t.er Raumgruppe sowie eine 3zählige Achse nennt man ebenfalls t.; ein Punkt- und Translationsgitter heißt, wenn es bezogen auf eine hexagonale Elementarzelle primitiv ist, hexagonal, und wenn es rhomboederzentriert ist, *rhomboedrisch*.

Trigyre, svw. dreizählige → Drehachse.

triklin, Bezeichnung für diejenigen Raum- und Punktgruppen, die weder Symmetrieebenen noch Symmetrieachsen als Symmetrieelemente haben (→ Symmetrie, insbesondere Tab. 3, → Elementarzelle). Sie werden zum *t.en Kristallsystem* zusammengefaßt. Einen Kristall mit einer t.en Raumgruppe, sein Punktgitter, Translationsgitter und seine Elementarzelle nennt man ebenfalls t.

Trimmer, → Kondensator 1).

Trinitron, eine Dreistrahl-Streifengitterröhre mit einer Elektronenkanone, → Fernsehen, Abschn. 6b.

Triode, Elektronenröhre mit einem Gitter zwischen Anode und Katode. Mit Hilfe des Gitters läßt sich der Anodenstrom in seiner Stärke steuern. Wie bei den Dioden hängt der Emissionsstrom I_k der Katode von dem elektrischen Feld in Katodennähe ab. Dieses Feld wird im wesentlichen durch die Raumladung bestimmt, die ihrerseits von Anoden- und Gitterspannung abhängt. Die Steuerwirkung des Gitters ist wegen des geringeren Abstandes zur Katode größer als die der Anode. Die Stärke des Emissionsstroms wird durch die aus Anoden- und Gitterspannung resultierende Steuerspannung $U_{st} = U_g + DU_a$ bestimmt. D bezeichnet den Durchgriff, DU_a den für die Emission wirksamen Anteil der Anodenspannung und U_g die Gitterspannung. Im Raumladungsgebiet gilt in Analogie zur Diode
$I_k = K' U_{st}^{3/2} = K'(U_g + DU_a)^{3/2}$.

U_g kann negativ sein, trotzdem entsteht bei genügend großem U_a ein Katodenstrom. Sind U_g und U_a positiv, so teilt sich der Emissionsstrom in den Anodenstrom I_a und den Gitterstrom I_g auf. Ist U_g negativ, so fließt der gesamte Katodenstrom I_k als Anodenstrom I_a zur Anode. Das Gitter ist dann zwar stromlos, übt jedoch durch die an ihm liegende negative Spannung eine Steuerwirkung auf den Anodenstrom aus. Die Steuerung erfolgt also leistungslos. Darauf beruht die große Bedeutung der Triode für die Verstärkertechnik.

Lit. Barkhausen: Lehrbuch der Elektonenröhren und ihrer techn. Anwendungen 4 Bde (Leipzig 1969).

Tripelpunkt, ausgezeichneter Punkt eines Einkomponentensystems, bei dem drei Phasen im Gleichgewicht (→ Gibbssche Phasenregel) miteinander stehen. Der T. ergibt sich durch den Schnitt dreier Phasengleichgewichtskurven im Zustandsdiagramm.

Am T. des Wassers existieren alle drei Phasen — Eis, Wasser und Wasserdampf — gleichzeitig im Gleichgewicht. Dies ist der Fall bei einem Druck von 4,58 Torr und einer Temperatur von 0,0100 °C. Dieser T. ist ein Fixpunkt der internationalen Temperaturskala.

Triplett, ein → Multiplett mit Spin oder Isospin 1, der die drei Komponenten -1, 0 und $+1$ annehmen kann, so daß z. B. in dem betreffenden Atomspektrum eine Gruppe aus drei zu diesen Spinkomponenten gehörigen Spektrallinien auftritt, die auch als T. bezeichnet wird.

Triplettmodell, → Quarkmodell.

Triplettsystem, Termsystem mit der permanenten Multiplizität 3 (→ Atomspektren).

Tritium, T, ${}^3_1H$, das radioaktive, schwerste Wasserstoffisotop mit der Massezahl 3. Die Atommasse beträgt 3,01686 (bezogen auf ${}^{12}C$). T. ist im gewöhnlichen Wasserstoff nicht enthalten. Der Atomkern des T.s heißt *Triton*, Symbol t. Er besteht aus einem Proton und zwei Neutronen. T. zerfällt unter Aussendung schwacher β-Strahlung von maximal 17,9 keV mit einer Halbwertszeit von 12,262 Jahren. Dabei entsteht das Heliumisotop ${}^3_2He$. Auf Grund der großen Masseunterschiede reagiert T. chemisch anders als Wasserstoff. In der Natur bildet es sich in den oberen Schichten der Atmosphäre durch Einwirkung von Neutronen der Höhenstrahlung auf Stickstoffkerne: ${}^{14}_7N + n \rightarrow {}^{12}_6C + {}^3_1H$. In der Atmosphäre sind insgesamt nur etwa 3 g T. enthalten, da sich zwischen Neubildung und radioaktivem Zerfall ein Gleichgewicht einstellt. Mit Niederschlägen gelangt das T. als *Tritiumwasserstoff* in das Wasser, in dem es 1955 von Libby und Große nachgewiesen wurde. Im Kernreaktor wird es hauptsächlich durch Beschuß von Lithium mit thermischen Neutronen gewonnen, wobei außerdem noch Helium entsteht: ${}^6_3Li + n \rightarrow {}^4_2He + {}^3_1H$. Durch Elektrolyse des Wassers wird außer Deuterium auch T. angereichert. Man verwendet T. zur

Darstellung von Verbindungen wie TC≡CH, NTH_2, THS, C_6TH_5 u. a. zu Forschungszwecken, in geringem Maße zu Markierungen in organischen Verbindungen. T., mit Deuteronen beschossen, hat Bedeutung als Neutronenquelle gemäß ${}^3_1H + d \rightarrow {}^4_2He + n$. Diese Reaktion wird in Kernwaffen ausgenutzt. Die Tritonen dienen als Geschosse bei künstlichen Kernumwandlungen und werden zum Studium der starken Wechselwirkung herangezogen.

Triton, Atomkern des → Tritiums.

Trochoide, → Rollkurven.

Trochoidenpumpe, eine nach dem Wankel-Prinzip gebaute Vakuumpumpe. Das Prinzip beruht auf der Tatsache, daß man mit einem Motor auch pumpen kann. Der Ottomotor z. B. führte zur Hubkolbenpumpe. Das Prinzip des Wankelmotors ergab die T. (Leybold). Gegenüber anderen rotierenden Pumpen hat sie den Vorteil, keine umlaufenden exzentrischen Massen

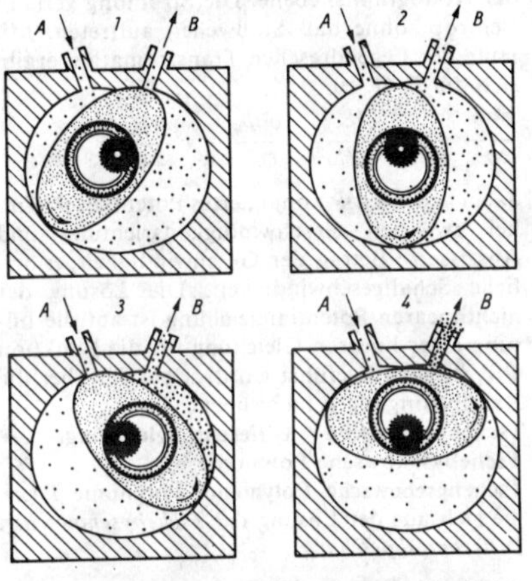

Wirkungsweise einer Trochoidenpumpe (Leybold). *A* Ansaugstutzen, *B* zum Überdruckventil. Die Abbildungen *1* bis *4* stellen die einzelnen Phasen des Pumpvorgangs bei der Trochoidenpumpe dar. In Abbildung 4 wird die in Abbildung *1* angesaugte Luft stark komprimiert ausgestoßen. Die Abbildungen *2* und *3* zeigen Zwischenstufen dieses Pumpvorganges

zu besitzen. Der in der Pumpe verwendete Kolben ist eine Hypotrochoide mit zwei Spitzen in Form einer Ellipse. Das Pumpengehäuse hat die Form der Hüllkurve (Enveloppe) aller Kolbenstellungen. Da die T. vollkommen ausgewuchtet ist, zeichnet sie sich durch große Laufruhe aus; sie läuft sehr geräuscharm gegenüber vergleichbaren anderen Pumpen und eignet sich daher auch besonders für die Verwendung in Kliniken, Schulen usw.

Das maximale Saugvermögen liegt zwischen 1 und 760 Torr; der erreichbare Enddruck beträgt einige 10^{-2} bis 10^{-3} Torr.

Trochotron, eine spezielle Form einer Schaltröhre, deren Wirkungsweise darauf beruht, daß sich die Elektronen in einem Magnetfeld bewegen, dem ein dazu senkrecht gerichtetes elektrisches Feld überlagert ist.

Trockenadiabate, in der Meteorologie eine Kurve zur Beschreibung der adiabatischen Zustandsänderung atmosphärischer Luft ohne Kondensation des Wasserdampfes. Trocken-adiabatisch aufsteigende Luft kühlt sich infolge ihrer Ausdehnung gegen den mit der Höhe abnehmenden Luftdruck um etwa 9,8 °C je 1 km Höhe ab, absteigende Luft erwärmt sich um den gleichen Betrag. → Feuchtadiabaten, → Föhn.

Trockenreibung, → Reibung.

Trojaner, eine Gruppe von 14 → Planetoiden mit himmelsmechanisch interessanten Bahnen, → Himmelsmechanik.

Trombe, eine stark um eine vertikale Achse rotierende Luftsäule. Für T.n ist ein aus gewittrigem Gewölk zur Erdoberfläche herabreichendes, rasch rotierendes, schlauch- oder trichterförmiges Gebilde charakteristisch, in dessen Innerem große Vertikalgeschwindigkeiten und dadurch große Saugwirkungen herrschen. Infolge der hohen Rotationsgeschwindigkeit und der starken horizontalen Druckunterschiede richten T.n große Verwüstungen an, die wegen der geringen horizontalen Ausdehnung des Wolkenschlauches am Erdboden auf einen schmalen Weg von wenigen 100 m begrenzt bleiben. Die kleinsten und harmlosesten T.n sind die Staub- oder Sandwirbel über stark erhitztem Boden. Größere T.n nennt man beim Auftreten über dem Lande *Windhosen* oder *Sandhosen*, über dem Wasser *Wasserhosen*. T.n mit großem Durchmesser sind die nordamerikanischen *Tornados*.

Tröpfchenmodell, → Kernmodelle, → Phänomenologie der Hochenergiephysik.

Tropfpumpe, Vakuumpumpe, mit der man einen Enddruck von der Größe des Quecksilberdampfdruckes erzeugen kann. Aus einem Vorratsbehälter *V* läuft Quecksilber in ein etwa 1 m langes Rohr mit einem Durchmesser kleiner als 3 mm und nimmt dabei kleine Mengen Luft mit, die laufend aus dem zu evakuierenden Behälter *B*, der bei *A* angeschlossen ist, nachströmt. Das ausfließende Quecksilber gibt die eingeschlossenen und mitgeführten kleinen Luftmengen an die freie Atmosphäre ab.

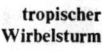

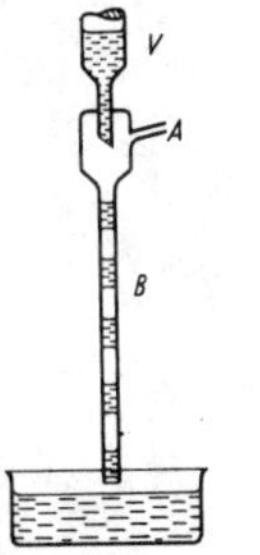

Tropfpumpe (nach Sprengel)

tropischer Wirbelsturm, *Orkan*, eine → Zyklone tropischen Ursprungs mit kleinem Durchmesser (einige 100 km). Der Luftdruckfall ist im Zentrum des tropischen W.s so stark, daß die Luft in den unteren Luftschichten nicht nur spiralenförmig dem Wirbelkörper zuströmt (Windgeschwindigkeit über 100 km/h), sondern auch Luft aus größerer Höhe herabgesaugt wird. Diese herabgesaugten Luftmassen erwärmen sich, dabei lösen sich die Wolken auf. Im Innern des tropischen W.s entsteht dadurch ein wolkenarmes, windschwaches Gebiet, das „Auge des Orkans" (einige 10 km Durchmesser), das von nahezu senkrecht hochsteigenden dunklen Wolkenmassen umgeben ist, aus denen der Regen gießbachartig herabfällt. Die tropischen Wirbelströme entstehen beim Zusammentreffen verschieden temperierter Luftmassen auf den Ozeanen in Gebieten um 10 Grad Breite nördlich und südlich des Äquators. Über dem Festlande löst sich ein t. W. infolge der Reibungswirkung meistens bald auf, nachdem er in den Küstengebieten und auf den Inseln, die er heimsuchte, oft schwere Verwüstungen durch verheerenden Sturm, wolkenbruchartige Regenfälle und große Überschwemmungen innerhalb kurzer Zeit hinterlassen hat. Besonders betroffen von Wirbelstürmen werden die ostasiatischen Gewässer in der Umgebung der Philippinen (hier bezeichnet man die Wirbelstürme als *Taifune*), der Südindische Ozean um Mauritius, die Gegend der Samoainseln und die mittelamerikanischen Gewässer (hier bezeichnet man die Wirbel- me als *Hurrikane*).

Lit. → Wind.

Tropopause, → Atmosphäre.

Troposphäre. → Atmosphäre.

Trouton-Noble-Versuch, Nachweis der Gültigkeit des Relativitätsprinzips für die Kombination von Mechanik und Elektrodynamik. Wären die Galilei-Transformationen (→ Galilei-Gruppe) der Newtonschen Mechanik exakt richtig, so müßte ein elektrischer Dipol auf sich selbst ein Drehmoment ausüben, wenn er sich mit konstanter Geschwindigkeit und Orientierung gegen das Inertialsystem bewegt, in dem die Maxwellschen Gleichungen für die Elektrodynamik gelten (Abb.).

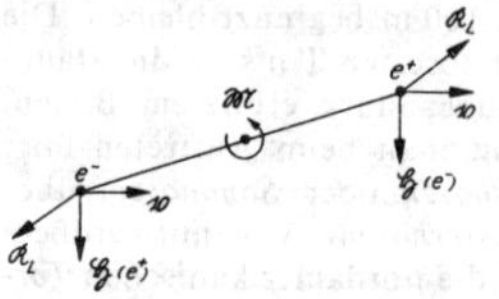

Prinzip des Trouton-Noble-Versuchs

Das Drehmoment $\vec{M}$ entsteht durch die Lorentz-Kraft $\vec{K}_L$, die die eine Ladung e^+ über das von ihr erzeugte Magnetfeld $\vec{H}$ auf die andere Ladung e^- ausübt und umgekehrt.

Der negative Ausgang des Versuchs, dieses Drehmoment zu beobachten, ist eine wichtige Stütze der → speziellen Relativitätstheorie.

Troutonsche Regel, besagt, daß der Quotient aus der molaren Verdampfungswärme L_0 und der Siedetemperatur T_0 (in K) eine Konstante ist: $L_0/T_0 =$ konst. ≈ 21 cal/K mol. Die T. R. ist eine Folge des Theorems der übereinstimmenden Zustände. Bei Flüssigkeiten, die zur Assoziation neigen, ist die Konstante größer, wenn beim Verdampfen die Assoziation aufgehoben wird und kleiner, falls dies nicht geschieht. Mit Hilfe der T.n R. kann man aus der → Clausius-Clapeyronschen Gleichung die Dampfdruckkurve allein aus der normalen Siedetemperatur berechnen.

Genauer als die T. R. ist für die Verdampfungsentropie am normalen Siedepunkt die *Cedenbergsche Gleichung*

$$\Delta S_0 = \Delta H_0/T_0 = \frac{4{,}57 \log p_{\mathrm{kr}}}{1 - (T_0/T_{\mathrm{kr}})}(1 - p_{\mathrm{kr}}^{-1}).$$

ΔS_0 und ΔH_0 sind die Änderungen der molaren Entropie bzw. Enthalpie beim Übergang in den Dampfzustand, T_{kr} ist die kritische Temperatur und p_{kr} der kritische Druck.

Trouton-Strömung, *Dehnströmung*, die drehungsfreie Bewegung mit ausschließlich longitudinalem Geschwindigkeitsgradienten. Sie gehört zu den „nichtviskosimetrischen" Strömungen.

Troy-System, Tabelle 2, Masse.

trübe Medien, → Tyndall-Effekt, → Interferenzerscheinungen 5).

Trübungsfaktor, Maßzahl für die Trübung der Atmosphäre durch den Wasserdampf und das Aerosol, besonders den Dunst. Der T. gibt an, wie viele wasserdampf- und aerosolfreie Atmosphären, in denen die Extinktion der Sonnenstrahlung allein durch die Streuung des Lichtes an den Luftmolekülen erfolgt, die gleiche Extinktion bewirken würden wie die reale getrübte Atmosphäre.

Trübungskoeffizient, → Lufttrübung.

Trübungsmessung, → Tyndall-Effekt, → Extinktion 1).

Trudeln, stationäre Flugzeugbewegung im stark überzogenen Zustand bei vollständig abgerissener Strömung. Der Flugzeugschwerpunkt beschreibt eine steil abwärts verlaufende, schraubenförmige Bahn mit kleinem Zylinderradius, während sich das Flugzeug um die vertikale Zylinderachse dreht. Je nach der Lage des Rumpfes zu dieser Achse unterscheidet man steiles und flaches T. → Autorotation.

Tschaplygin-Gleichung, exakt linearisierte Potentialgleichung einer stationären ebenen Gasströmung, angegeben in Polarkoordinaten der Hodographenebene. Die Strömung verläuft isentrop, ohne daß Stoßwellen auftreten. Mit Hilfe der Legendreschen Transformation ergibt sich die T.-G. zu

$$\frac{\partial^2 \Phi}{\partial \vartheta^2} + \frac{c^2}{1 - c^2/a^2} \cdot \frac{\partial^2 \Phi}{\partial c^2} + c\,\frac{\partial \Phi}{\partial c} = 0;$$

dabei bedeuten Φ konjugiertes Potential, ϑ Winkel zwischen Geschwindigkeitsrichtung und Abszisse, c Betrag der Geschwindigkeit, a örtliche Schallgeschwindigkeit. Die Lösung der nichtlinearen Potentialgleichung ist auf die Lösung einer linearen Gleichung für die Funktion $\Phi(c, \vartheta)$ zurückgeführt worden, bei der aber die Randbedingungen nicht linear sind.

Tschebyschowsche Differentialgleichung, → Tschebyschowsche Polynome.

Tschebyschowsche Polynome, Polynome $T_n(x)$, die sich aus der Lösung der *Tschebyschowschen Differentialgleichung*

$$(1 - x^2)\frac{\mathrm{d}^2 y}{\mathrm{d}x^2} - x\frac{\mathrm{d}y}{\mathrm{d}x} + n^2 y = 0$$

ergeben. Mit beliebigen A und B ist die Lösung die Funktion

$$y = A\left(1 - \frac{n^2}{2!}x^2 + \frac{n^2(n^2-4)}{4!}x^4 - \frac{n^2(n^2-4)(n^2-16)}{6!}x^6 + \cdots\right) + B\left(x - \frac{(n^2-1)}{3!}x^3 + \frac{(n^2-1)(n^2-9)}{5!}x^5 - \cdots\right).$$

Die für ganzzahliges n abbrechenden Reihen werden so normiert, daß $T_n(1) = 1$ gilt, und ergeben die T.n P. $T_n(x)$. Die ersten fünf sind: $T_0(x) = 1$, $T_1(x) = x$, $T_2(x) = 2x^2 - 1$, $T_3(x) = 4x^3 - 3x$, $T_4(x) = 8x^4 - 8x^2 + 1$. Allgemein können sie aus $T_{n+1}(x) = 2xT_n(x) - T_{n-1}(x)$ bzw. aus

$$T_n(x) = \frac{(-2)^n n!}{(2n)!}\sqrt{1-x^2}\,\frac{\mathrm{d}^n}{\mathrm{d}x^n}\left(\sqrt{1-x^2}\right)^{2n-1}$$

berechnet werden. Mit Hilfe der trigonometrischen Funktionen sind sie darstellbar gemäß $T_n(x) = \cos[n \arccos x]$ oder $T_n(\cos\vartheta) = \cos(n\vartheta)$.

Die T.n P. lassen sich summieren gemäß

$$\sum_{n=0}^{\infty} T_n(x) \cdot t^n = \frac{1 - tx}{1 - 2tx + t^2} \text{ für } |t| < 1.$$

Tscherenkow-Effekt, Erscheinung elektromagnetischer Strahlung eines geladenen Teilchens, das sich in einem durchsichtigen Medium des Brechungsindex $n(\nu)$ mit einer Geschwindigkeit v bewegt, die größer ist als die Phasengeschwindigkeit $c_p = c/n(\nu)$ von elektromagnetischen Wellen in diesem Medium, wobei c die Vakuumlichtgeschwindigkeit und ν die Frequenz bedeutet. Der Effekt wurde 1934 von P. Tscherenkow und S. I. Wawilow beobachtet und 1937 von I. J. Tamm und I. N. Frank theoretisch erklärt. Er hat nichts mit der bei Bewegung schneller Teilchen in Medien immer auftretenden Bremsstrahlung zu tun, sondern ist das elektromagnetische Analogon zu der Kopfwelle (→ Machsche Welle) eines mit Überschallgeschwindigkeit bewegten Flugkörpers in der Akustik.

Die Maxwellschen Gleichungen ergeben für eine in z-Richtung mit der Geschwindigkeit v durch das Medium bewegte Punktladung e ein skalares Potential

$$\varphi = \begin{cases} \dfrac{e/4\pi\varepsilon_0}{n^2 \sqrt{(vt - z)^2 - \left(\dfrac{n^2v^2}{c^2} - 1\right) r^2}} & \text{für } (vt - z) \geqq \left(\dfrac{n^2v^2}{c^2} - 1\right)^{1/2} r \\ 0 & \text{für } (vt - z) < \left(\dfrac{n^2v^2}{c^2} - 1\right)^{1/2} r \end{cases} \quad (1)$$

und ein Vektorpotential mit den Komponenten:

$$A_x = 0, \quad A_y = 0, \quad A_z = \left(\frac{n^2v^2}{c^2}\right)\varphi. \quad (2)$$

Dabei ist $r = \sqrt{x^2 + y^2}$ der Abstand des Aufpunktes von der z-Achse.

Die Äquipotentialflächen von φ ergeben sich aus (1) als Rotationshyperboloide. Zum Zeitpunkt t sind sie gegeben durch die Gleichung:

$$(vt - z)^2 - \frac{n^2v^2}{c^2} r^2 = \text{konst.} \quad (3)$$

Aus dem skalaren Potential φ und Vektorpotential (2) bestimmen sich das elektrische Feld $\vec{E}$ und das magnetische Feld $\vec{B}$:

$$\vec{B} = n^2 \vec{v} \times \vec{E},$$

$$\vec{E} = -\frac{e\vec{R}/4\pi\varepsilon_0}{n^2\left(\vec{R}^2 - \dfrac{n^2v^2r^2}{c^2}\right)^{3/2}} \quad (4)$$

wobei $\vec{R}$ der Radiusvektor vom Aufpunkt zur Ladung und $\vec{v}$ der Geschwindigkeitsvektor der Ladung sind. Sie sind zum Zeitpunkt t genau wie das Potential φ nur in dem hinter der bewegten Ladung liegenden Kegel (Abb.)

$$vt - z = \left(\frac{n^2v^2}{c^2} - 1\right)^{1/2} r; \quad z \leqq vt \quad (5)$$

von Null verschieden. Das gleiche gilt für den Poyntingschen Vektor $\vec{S}$, der die Energiestromdichte der Strahlung charakterisiert. Er hat die Komponenten:

$$S_r = -\varepsilon_0 n^2 \frac{v^2}{c^2} E_r E_z$$
$$S_z = -\varepsilon_0 n^2 \frac{v^2}{c^2} E^2 \quad (6)$$

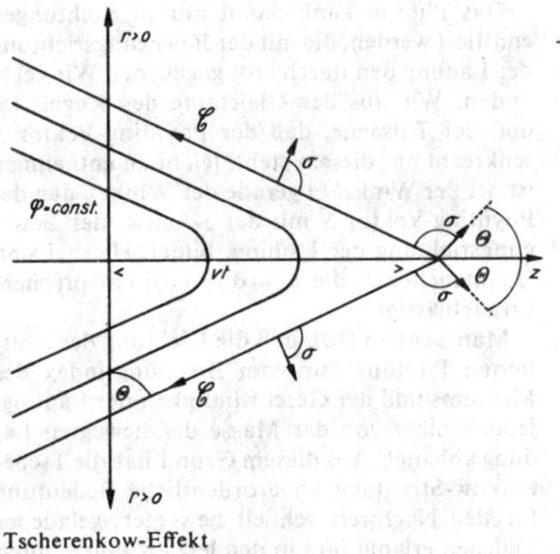

Tscherenkow-Effekt

und wird auf dem Kegel (5), wie aus (1) und (4) ersichtlich ist, unendlich groß. Die gesamte Energie wird senkrecht zum Kegelmantel abgestrahlt, denn der Poynting-Vektor $\vec{S}$ durchdringt den Kegelmantel senkrecht, weil $\vec{E}$ die Richtung von $\vec{R}$ hat gemäß (4) und $\vec{S}$ immer senkrecht zu $\vec{E}$ ist. In der durch (5) gegebenen Richtung verstärken sich die interferierenden elektromagnetischen Wellen, in allen anderen Richtungen löschen sie sich aus.

Der physikalische Grund hierfür ist der relativistische Energie-Impuls-Erhaltungssatz für die bewegte Ladung und die ausgestrahlten Photonen. Für ein Photon der Frequenz ν und mit dem Impuls $\hbar\vec{k}$, wobei $\hbar = h/2\pi$ mit h als Plancksches Wirkungsquantum und $\vec{k}$ der Wellenzahlvektor des Photons ist, das von einer Ladung e mit der Masse m und dem Impuls $\vec{p}$ ausgestrahlt wird, gelten Energie- und Impulssatz in der Form:

$$c\sqrt{m^2c^2 + \vec{p}^2} - h\nu = c\sqrt{m^2c^2 + \vec{p}'^2}$$
$$\vec{p} - \hbar\vec{k} = \vec{p}' \quad (7)$$

wobei $\vec{p}'$ der Impuls der Ladung nach der Emission des Photons ist. Daraus folgt für den Kosinus des Winkels zwischen der ursprünglichen Richtung des Impulses der Ladung und der Richtung $\vec{k}$, in die das Photon ausgestrahlt wird:

$$\cos\Theta = \frac{(\vec{p} \cdot \vec{k})}{|\vec{p}|\,|\vec{k}|} = \frac{\nu}{|\vec{k}|\,v} + \frac{\hbar|\vec{k}|}{2|\vec{p}|}\left(1 - \frac{\nu^2}{c^2k^2}\right) \text{ mit } v = \frac{|\vec{p}|}{m}. \quad (8)$$

Im Vakuum sind die Gleichungen (7) nicht simultan erfüllbar, da die Frequenz ν mit der Wellenzahl $|\vec{k}|$ durch die Beziehung $\nu = c|\vec{k}|$ zusammenhängt. In einem Medium mit dem Brechungsindex n ist die Phasengeschwindigkeit des Lichtes jedoch durch $c_P = c/n$ gegeben, so daß die Frequenz ν jetzt durch

$$\nu = c|\vec{k}|/n \quad (9)$$

bestimmt ist. Die Gleichung (8) führt jetzt nicht mehr zu dem Widerspruch $\cos\Theta > \dfrac{c}{v} > 1$, sondern man erhält:

$$\cos\Theta = \frac{c^2}{nv^2} + \frac{\hbar|\vec{k}|}{2|\vec{p}|}\left(1 - \frac{1}{n^2}\right). \quad (10)$$

Das Photon kann damit nur in Richtungen emittiert werden, die mit der Bewegungsrichtung der Ladung den durch (10) gegebenen Winkel Θ bilden. Wie aus der Gleichung des Kegels (5) und der Tatsache, daß der Poynting-Vektor $\vec{S}$ senkrecht auf diesem steht, leicht zu entnehmen ist, ist der Winkel Θ gerade der Winkel, den der Poynting-Vektor $\vec{S}$ mit der z-Achse, der Bewegungsrichtung der Ladung, bildet. Hierbei sind Quanteneffekte, die $h \neq 0$ in (10) entsprechen, vernachlässigt.

Man sieht an (10), daß die Richtung des emittierten Photons nur vom Brechungsindex des Mediums und der Geschwindigkeit der Ladung, jedoch nicht von der Masse der bewegten Ladung abhängt. Aus diesem Grund hat die Tscherenkow-Strahlung außerordentliche Bedeutung für den Nachweis schnell bewegter, geladener Teilchen erlangt und in den letzten Jahrzehnten weitreichende Anwendung gefunden.

Lit. Landau u. Lifschitz: Lehrbuch der theoretischen Physik Bd 2 (5. Aufl. Berlin 1971).

Tscherenkow-Zähler, ein → Detektor zur Zählung und Klassifizierung von Teilchen hoher Energien. Die Wirkungsweise beruht auf einer Registrierung der Tscherenkow-Strahlung. Ein T.-Z. besteht im Prinzip aus einem Radiator, in dem die Tscherenkow-Strahlung entsteht, und einem optischen System zur Sammlung dieser Strahlung auf die Katode eines Photovervielfachers. Gegenüber anderen Zählern weisen

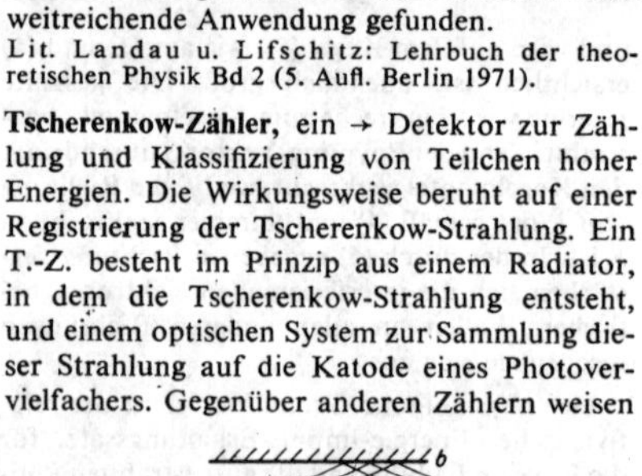

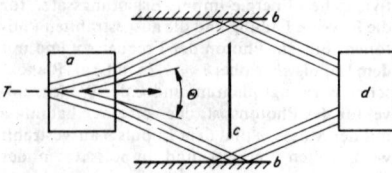

Tscherenkow-Zähler (schematisch) mit zylindrischer Fokussierung. *a* Radiator, *b* zylindrischer Reflektor, *c* Blende, *d* Photovervielfacher, Θ Konuswinkel, *T* Teilchenbahn

T.-Z. zwei Besonderheiten auf, die dadurch gegeben sind, daß die Tscherenkow-Strahlung nur unter der Voraussetzung entsteht, daß die Geschwindigkeit v eines Teilchens im Radiator einen bestimmten Wert $v \geqq c/n$ (c Vakuumlichtgeschwindigkeit, n Brechungsindex) des Radiatormaterials übersteigt und daß die Strahlung in einem scharf begrenzten Konusbereich kohärent abgestrahlt wird. Die erste Besonderheit hat zur Folge, daß es eine Energieschwelle für die Teilchenregistrierung gibt. Diese Eigenschaft nutzt man beim *Schwellwertdetektor* aus; in ihm werden nur solche Teilchen registriert, die der Beziehung $v \geqq c/n$ genügen. Aus der Tab. sind Beispiele für die Schwellwertenergien E einiger Elementarteilchen bei verschiedenen Relativgeschwindigkeiten $\beta = v/c$ und verschiedenen Brechungsindizes n des Radiatormaterials ersichtlich. Die Tab. enthält weiter Angaben über die Lichtintensität I (Photonen/cm) im sichtbaren Spektralbereich und Werte für den Konuswinkel Θ. Die zweite Besonderheit eines T.-Z.s, die konusförmige Emission der Tscherenkow-Strahlung, ermöglicht eine richtungsabhängige Teilchenregistrierung (Zählung) und eine genaue Bestimmung der Teilchenenergie durch Ausmessung der konischen Apertur.

Teilchenart	$\beta = 0{,}769$ $n = 1{,}3$	$\beta = 0{,}67$ $n = 1{,}5$	$E = 1000$ MeV		$E = 500$ MeV	
			I	Θ	I	Θ
Elektron	0,29	0,2	250	48	250	48
π-Meson	79	47	120	31	232	46
Proton	520	320			106	29

Die Auswahl bestimmter Geschwindigkeitsbereiche (Teilchenenergie) geschieht im T.-Z. im allgemeinen durch Radiatoren mit entsprechenden Werten der Brechungsindizes n. Der Bereich $1{,}3 < n < 1{,}7$ ist durch Flüssigkeiten und Gläser erfaßbar, während geringere Werte durch Gase und Flüssigkeiten bei veränderten Drücken und Temperaturen erreichbar sind. Im *Differential-Tscherenkow-Zähler* ist eine Unterscheidung von Teilchen unterschiedlicher Geschwindigkeitsbereiche mit Hilfe eines geeigneten optischen Fokussierungssystems möglich. Hier wird der optische Strahlengang entsprechend dem geschwindigkeitsabhängigen Aperturwinkel der Tscherenkow-Strahlung aufgeteilt.

Die Intensität der Tscherenkow-Strahlung, ausgedrückt durch die je Weglängeneinheit dx emittierte Photonenanzahl dN in dem relativ engen Empfindlichkeitsbereich gewöhnlicher Photovervielfacher, von denen nur Lichtquanten im Wellenlängenbereich von 400 nm $< \lambda <$ 700 nm registriert werden, ist gering: $dN/dx \approx 490\, z^2(1 - 1/\beta^2 n^2)$ je Zentimeter. Die quadratische Abhängigkeit von der Teilchenladung z gestattet dennoch eine gute Teilchenidentifizierung. Die Dauer der Lichtemission hängt in einem T.-Z. nur von der Laufzeit Δt eines Teilchens durch den Radiator ab: $\Delta t = (l/v) \times \times (1/\beta \cos^2 \Theta - 1)$, wobei l die Radiatorlänge, Θ der halbe Konuswinkel ist. Diese Zeit ist für Teilchen hoher Energien sehr kurz; sie liegt in der Größenordnung von 10^{-10} bis 10^{-11} Sekunden. Damit hängt das zeitliche Auflösungsvermögen eines T.-Z.s hauptsächlich nur von den Laufzeitschwankungen der Lichtquanten auf ihrem Wege zum Photovervielfacher und von den Schwankungen im Vervielfacher selbst ab.

Tsunami, *Plur.* (aus dem Japanischen), *seismische Wogen*, *lange Hafenwellen*, Flutwellen, die bei → Erdbeben unter dem Meer durch Seebodenverlagerungen entstehen und sich über große Entfernungen hinweg fortsetzen. Die T. sind auf See höchstens etwa 1 m hoch und türmen sich in Buchten bis zu 40 m auf. Die Wellenlänge beträgt 100 bis 1 000 km, die Schwingungsdauer etwa 1 Stunde und die Ausbreitungsgeschwindigkeit einige 100 km/Stunde. Zur Warnung vor T. dienen Pegelbeobachtungen und Schnellauswertungen der Seismogramme hinsichtlich verursachender Erdbeben.

Tunneldiode, → Halbleiterdiode, → Einelektronen-Tunneleffekt bei Supraleitern.

Tunneleffekt, mit den Gesetzen der klassischen Physik nicht zu erklärende quantenmechanische Erscheinung, daß Teilchen mit einer Energie $E < V_0$ einen Potentialwall der Höhe V_0 (Abb.) durchdringen, sozusagen „durchtunneln“ können. Die quantenmechanische Behandlung des

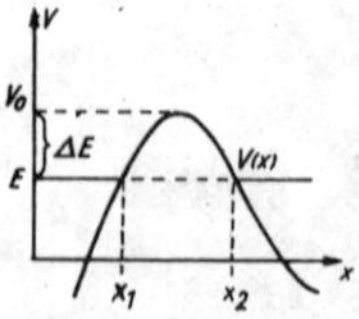

Tunneleffekt

T.s geht von der eindimensionalen stationären Schrödinger-Gleichung

$$\frac{d^2\psi}{dx^2} + \frac{2m}{\hbar^2}(E - V(x))\,\psi = 0$$

für die Wellenfunktion $\psi(x)$ aus; man betrachtet den Fall, daß z. B. von links eine ebene Welle ψ_0 einfällt, und bestimmt den Durchlaßkoeffizienten $D = |\psi_d|^2/|\psi_0|^2$, dieser ist das Verhältnis der durchgelassenen Intensität $|\psi_d|^2$ zur Intensität $|\psi_0|^2$ der einlaufenden Welle. Bei beliebigem Potentialverlauf ergibt sich genähert

$$D \approx \exp\left\{-\frac{2}{\hbar}\left|\int_{x_1}^{x_2}\sqrt{2m(V(x)-E)}\,dx\right|\right\};$$

speziell im Fall eines symmetrischen rechteckigen Potentialwalls der Breite $a = |x_2 - x_1|$ ist

$$D = \left\{1 + \frac{1}{4}\left[\frac{1}{\varkappa^2} + \frac{1}{k^2}\sinh^2(\varkappa a)\right]\right\}^{-1}$$

mit $k = \sqrt{2mE}/\hbar$ und $\varkappa = \sqrt{2m(V_0 - E)}/\hbar$; der Durchlaßkoeffizient nimmt also mit wachsender Breite a und Verringerung der Energie E rasch ab. Der T. wurde erstmals im Zusammenhang mit dem α-Zerfall der Atomkerne von G. Gamow (1928) diskutiert; er ermöglicht weiterhin die Erklärung der spontanen Kernspaltung, der Feldemission von Elektronen aus Metalloberflächen und der Elektronenleitung an Kontaktstellen, bei denen infolge der oberflächlichen Oxydation ebenfalls Potentialschwellen auftreten.

Tunneleffekte an Supraleitern, Bezeichnung für den → Einelektronen-Tunneleffekt bei Supraleitern und den → Josephson-Effekt.

Turbidimetrie, → Tyndall-Effekt.

Turbine, eine als Kraftmaschine arbeitende Strömungsmaschine, bei der ein Arbeitsmedium, wie Wasserdampf, Gas, Wasser, bestimmter potentieller Energie ein Strömungssystem unter Abgabe von mechanischer Energie an die Turbinenwelle durchfließt. Das Strömungssystem der Turbine besteht grundsätzlich aus der Anordnung einer feststehenden Düse oder Leitschaufel, in der die potentielle Energie in kinetische Energie umgewandelt wird, und der bewegten, mit der Turbinenwelle verbundenen Laufschaufel, die die Umwandlung der kinetischen in die mechanische Energie vollzieht. Auf die Laufschaufel wird beim Durchströmen nach dem Impulssatz der Strömungslehre eine Kraft ausgeübt, die das Drehmoment des Laufrades und damit die Arbeitsleistung bewirkt. Je nach Leistung der Turbine kann das Grundelement Düse/Laufschaufel mehrfach hintereinander angeordnet werden (*mehrstufige T.*).

Je nach Arbeitsmedium unterscheidet man → Dampfturbine, → Gasturbine, → Wasserturbine und → Windturbine (Windrad), nach der Durchflußrichtung unterscheidet man Radial- und Axialturbinen.

Turbinen-Luftstrahltriebwerk, → Strahltriebwerk.

Turbogenerator, → elektrische Maschine.

Turbogetriebe, svw. Strömungsgetriebe.

Turbomaschinen, 1) *Strömungsmaschinen*, Maschinen, die mit Hilfe eines rotierenden Laufrades die Energie eines strömenden Mediums ändern. Das Hauptbauelement der T. ist das → Schaufelgitter. Entsprechend der Hauptströmungsrichtung des Mediums unterscheidet man Axial-, Radial- und Diagonalmaschinen. In der *Axialmaschine* strömt das Medium parallel zur Welle durch Leit- und Laufräder. Das Anwendungsgebiet der Axialmaschine liegt bei kleinen Druckverhältnissen und großen Durchsätzen. In der *Radialmaschine* strömt das Medium radial von innen nach außen oder umgekehrt durch Leit- und Laufräder. Die Radialmaschine ist besonders für große Druckverhältnisse und kleine Durchsätze geeignet. In der *Diagonalmaschine* strömt das Medium schräg zur Drehachse. Das Anwendungsgebiet der Diagonalmaschine liegt zwischen dem von Axial- und Radialmaschinen.

T. sind z. B. Dampf-, Gas- und Wasserturbinen, Pumpen und Verdicher. Die Turbinen entziehen dem gas- oder dampfförmigen oder flüssigen Medium Energie, die an der Turbinenwelle nutzbar wird. Die Pumpen übertragen von außen zugeführte Arbeit auf inkompressible flüssige Medien und die Verdichter auf kompressible gasförmige Medien und erhöhen deren Energie. Turbinen sind Kraftmaschinen, Pumpen und Verdichter sind Arbeitsmaschinen.

Die Arbeitsübertragung erfolgt bei den T. durch Dralländerung im Laufrad, das das mit der Geschwindigkeit w_0 unter dem Winkel β_0 zuströmende Medium umlenkt, so daß es am Austritt mit der Geschwindigkeit w_3 unter dem Winkel β_3 abströmt (Abb.). Nach dem → Impulsmomentensatz der Strömungslehre ist die zeitliche Dralländerung des strömenden Mediums gleich dem am Laufrad angreifenden Moment $M = \dot{m}(c_{u_0} \cdot r_0 - c_{u_3} \cdot r_3)$; dabei ist $\dot{m}$ der Massedurchsatz je Zeiteinheit, r der Radius und c_u die Umfangskomponente der Absolutgeschwindigkeit c; der Index 0 bedeutet den Laufradeintritt, der Index 3 den Laufradaustritt. Die durch das Laufrad übertragene Leistung beträgt $\tilde{P} = M \cdot \omega = \dot{m}(c_{u_0} \cdot u_0 - c_{u_3} \cdot u_3)$, wobei $r \cdot \omega = u$ die Umfangsgeschwindigkeit und ω die Winkelgeschwindigkeit sind. Dividiert man die Gleichung durch $\dot{m}$ und bezeichnet die Energie je Masseeinheit $\tilde{P}/\dot{m}$ mit $\tilde{e}$, so ergibt sich die Eulersche Gleichung für T.: $\tilde{e} = c_{u_0} \cdot u_0 - c_{u_3} \cdot u_3$. Sie besagt, daß die Energiedifferenz zwischen Laufradeintritt und -austritt gleich der äußeren Arbeit $\tilde{e}$ ist, und gilt sowohl für reibungsfreie als auch für reibungsbehaftete Strömungen. Soll in reibungsbehafteter Strömung derselbe Wert $\tilde{e}$ erreicht werden wie in reibungsfreier Strömung, so muß zur Überwindung von Strömungswiderständen eine um die Verlustenergie e_v größere Energie $e = \tilde{e} + |e_v|$ zugeführt werden. Bei Turbinen ist $e_0 > e_3$ und damit $\tilde{e} > 0$, bei Pumpen und Verdichtern ist $e_0 < e_3$ und $\tilde{e} < 0$.

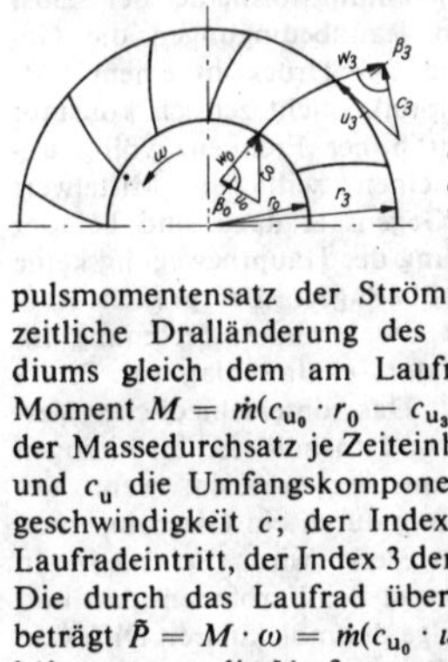

Geschwindigkeitsdreiecke am Ein- und Austritt eines radialen Laufrades

Das Gefälle der Wasserturbinen ist $H = e/g$ und die Förderhöhe der Pumpen $H = |e/g|$ wobei g die Erdbeschleunigung ist. Benutzt man die Beziehung $\vec{c} = \vec{w} + \vec{u}$, dann kann die Eulersche Gleichung der T. auch in der Form

$$\tilde{e} = \tfrac{1}{2}\,[(c_0^2 - c_3^2) - (w_0^2 - w_3^2) + (u_0^2 - u_3^2)]$$

geschrieben werden.

2) allgemein Bezeichnung für Maschinen mit rotierender Bewegung des angetriebenen Teiles, z. B. Turbogenerator.

Turbopause, die Obergrenze desjenigen Teils der → Atmosphäre der Erde, in dem Turbulenz herrscht. Die T. liegt in etwa 105 bis 110 km Höhe über der Erdoberfläche. Oberhalb der T., in der Thermosphäre, wächst infolge der geringen Luftdichte und hohen Temperatur die innere Reibung der Luft so stark an, daß nur noch laminare Strömung möglich ist. Weiterhin verändert sich oberhalb der T. die chemische Zusammensetzung der Luft durch Diffusion, da die turbulente Durchmischung fehlt. Die T. bildet daher die Grenzschicht zwischen der Homosphäre und der Heterosphäre (→ Atmosphäre).

Turbopumpe, eine Vakuumpumpe, in der kinetische Energie durch sehr schnell rotierende mechanische Teile auf ein zu förderndes Gas direkt übertragen wird. Das Arbeitsprinzip der T. wird in den verschiedensten Konstruktionsformen der → Molekularpumpe angewendet.

turbulent, → Turbulenz, → Strömung.

Turbulenz, eine Strömungsform, bei der selbst unter stationären Randbedingungen die Geschwindigkeit und der Druck in einem festgehaltenen Raumpunkt nicht zeitlich konstant sind, sondern mit hoher Frequenz völlig unregelmäßig um einen zeitlichen Mittelwert schwanken. Im Gegensatz dazu sind bei der laminaren Strömung der Hauptbewegung keine Störbewegungen überlagert. Bei großen Reynoldszahlen wird die laminare Strömung instabil, es erfolgt der → Umschlag zur T. (→ Trennungsfläche). Das unterschiedliche Verhalten laminarer und turbulenter Strömungen kann leicht demonstriert werden, wenn der Flüssigkeitsströmung durch ein Glasrohr etwas Farbflüssigkeit zugesetzt wird. Bei niedrigen Geschwindigkeiten ist der Farbfaden glatt und erweitert sich infolge der molekularen Diffusion nur langsam, die Bewegung erfolgt laminar. Bei hohen Geschwindigkeiten verläuft die Strömung turbulent, der Farbfaden zerflattert nach kurzer Lauflänge, und die Flüssigkeit ist danach fast gleichmäßig gefärbt. In turbulenter Strömung sind der mittleren Bewegung große und kleine → Wirbel überlagert, die unregelmäßig entstehen und verlöschen. Die großen Wirbel enthalten den größten Anteil der kinetischen Energie der Schwankungsbewegung, die laufend der mittleren Hauptbewegung entzogen wird. Die großen Wirbel zerfallen in immer kleinere. Der Geschwindigkeitsgradient im Kern der kleinen Wirbel ist sehr steil, so daß die Zähigkeitskräfte die Trägheitskräfte überwiegen und die Bewegung infolge der molekularen Zähigkeit laminar abgebremst wird. Die kinetische Energie der Wirbel wird dabei in Wärme umgewandelt. Sieht man von den Einzelheiten der Wirbelbewegung ab, so ist die Zähigkeit in turbulenter Strömung gegenüber der in laminarer Strömung scheinbar erhöht (→ Wirbel). Während die kleinen Wirbel maßgebend für die Energiedissipation und damit für die Strömungsverluste sind, bewirken die großen Wirbel den starken → Austausch von Impuls, Wärme und Stoff senkrecht zur Hauptströmung. Der Austausch ist in turbulenter Strömung wesentlich stärker als in laminarer, bei der er auf der thermischen Eigenbewegung der Moleküle beruht.

Starke T. fördert den Wärme- und Stoffübergang sowie den → Umschlag laminar/turbulent in der Grenzschicht. Wenn der Reibungswiderstand klein gehalten werden soll, ist dagegen laminare Strömung anzustreben, z. B. bei den Laminarprofilen (→ Tragflügel). In → Windkanälen spielt die T. eine große Rolle und muß bei der Übertragung der Meßergebnisse vom Modell auf die Großausführung berücksichtigt werden. Bei der Messung in Strömungen mit hohem Turbulenzgrad treten besondere Schwierigkeiten auf (→ Strömungssonden).

Die T. ist auch in der Meteorologie von großer Bedeutung. Sie vermindert die Lebensdauer der großen meteorologischen Wirbel und nimmt damit Einfluß auf den Wetterablauf, → Turbulenz in der Atmosphäre.

Arten der T. Die T. entsteht in der Grenzschicht umströmter Körper vorwiegend in Wandnähe, in der der Gradient der mittleren Geschwindigkeit quer zur Hauptströmungsrichtung groß ist. Da der Umschlag laminar — turbulent nicht plötzlich, sondern in einem endlichen Zeitintervall erfolgt, unterscheidet man zwischen einem Übergangsbereich und der voll ausgebildeten T. Im → Nachlauf hinter Körpern entstehen an der Grenze zwischen → Totwasser und Außenströmung ebenfalls große Quergradienten der Geschwindigkeit. Dasselbe trifft für die Grenze zwischen → Freistrahl und umgebender ruhender Flüssigkeit kurz hinter Düsenaustritt zu. Die in der Düsengrenzschicht erzeugte → Drehung ist in der Trennungsschicht am Strahlrand konzentriert. Diese ist instabil und zerfällt in Wirbel. In diesen Fällen, in denen die T. nicht mit festen Wänden in Berührung kommt, spricht man von *freier T.* Um eine *homogene T.* handelt es sich, wenn die statistischen Verteilungen in allen Punkten des Raumes gleich sind. Die homogene T. bildet sich aus, wenn keine Energiezufuhr mehr erfolgt und die großen Wirbel in immer kleinere zerfallen. *Isotrope T.* liegt vor, wenn die mittleren Geschwindigkeitsschwankungen in allen drei Koordinatenrichtungen gleich groß sind, $\overline{u'^2} = \overline{v'^2} = \overline{w'^2}$, und wenn die statistischen Verteilungen somit bei beliebigen Drehungen und Spiegelungen der Bezugsachsen unverändert bleiben. Dabei ist die mittlere Schubspannung und folglich auch der Quergradient der mittleren Geschwindigkeit gleich Null. Die mittlere Geschwindigkeit ist im gesamten Strömungsfeld konstant. Isotrope T. entsteht hinter einem gleichförmig angeblasenen Maschengitter. In allen den Fällen, in denen ein Quergradient der mittleren Geschwindigkeit auftritt, handelt es sich um *anisotrope T.* Das trifft insbesondere für die Grenzschichtströmungen zu. Von *homologer T.* spricht man, wenn die mittlere Schubspannung konstant ist, z. B. bei der Strömung zwischen zwei ebenen Platten, von denen sich die eine mit konstanter Geschwindigkeit bewegt und die Flüssigkeit antreibt (→ Couette-Strömung). *Pseudoturbulenz* ist eine hypothetische Strömung mit konstanter Periodizität in Zeit und Raum.

Auf Grund der Kompliziertheit der Wirbelbewegung ist die Berechnung der T. in allen Einzelheiten außerordentlich schwierig; die *Turbulenztheorie* beschränkt sich deshalb vorwiegend darauf, die zeitlichen Mittelwerte zu bestimmen. Dazu wird die turbulente Bewegung in eine mittlere Bewegung und eine Schwankungsbewegung aufgeteilt. Die momentane Geschwindigkeit $\vec{c}(\vec{r}, t)$ setzt sich aus der stationären mittleren Geschwindigkeit $\bar{\vec{c}}(\vec{r})$ und der Schwankungsgeschwindigkeit $\vec{c}'(\vec{r}, t)$ zusammen:

$$\vec{c}(\vec{r}, t) = \bar{\vec{c}}(\vec{r}) + \vec{c}'(\vec{r}, t). \qquad (1)$$

Dabei bedeuten $\vec{r} = \vec{i}x + \vec{j}y + \vec{k}z$ den Ortsvektor des Raumpunktes und t die Zeit. In Komponentenschreibweise lautet die Beziehung

$$u = \bar{u} + u', v = \bar{v} + v', w = \bar{w} + w'. \qquad (1\,a)$$

Entsprechendes gilt für den Druck:

$$p = \bar{p} + p' \qquad (2)$$

und in kompressiblen Strömungen auch für die Dichte ϱ und die Temperatur T:

$$\varrho = \bar{\varrho} + \varrho'; T = \bar{T} + T'.$$

Der zeitliche Mittelwert der Geschwindigkeit für einen festen Raumpunkt beträgt

$$\bar{\vec{c}}(\vec{r}) = \int\limits_{t_0}^{t_0+t_1} \vec{c}(\vec{r}, t)\, \mathrm{d}t.$$

Analog dazu bestimmt man die Mittelwerte der übrigen Größen. Das Zeitintervall t_1 ist dabei groß gegen die Schwankungsperiode zu wählen, so daß die Mittelwerte unabhängig von der Zeit sind. Definitionsgemäß sind die zeitlichen Mittelwerte der Schwankungsgrößen gleich Null. Die Schwankungsgeschwindigkeiten betragen in Grenzschichten etwa 10% der mittleren Geschwindigkeit, beim natürlichen Wind jedoch bis zu 50%. Die mittlere Geschwindigkeit und die Schwankungsgeschwindigkeit erfüllen zu jedem Zeitpunkt die → Kontinuitätsgleichung, also gilt div $\bar{\vec{c}} = 0$; div $\vec{c}' = 0$ bzw. in Komponentendarstellung

$$\partial\bar{u}/\partial x + \partial\bar{v}/\partial y + \partial\bar{w}/\partial z = 0;$$
$$\partial u'/\partial x + \partial v'/\partial y + \partial w'/\partial z = 0. \qquad (3)$$

B e w e g u n g s g l e i c h u n g e n. In die → Navier-Stokes-Gleichungen für inkompressible Medien werden für die Geschwindigkeiten und den Druck die zeitlichen Mittelwerte und die Schwankungsgrößen entsprechend den Gleichungen (1 a) und (2) eingeführt. Bildet man anschließend die zeitlichen Mittelwerte und berücksichtigt die Kontinuitätsgleichungen (3), so lauten die Bewegungsgleichungen in Komponentenschreibweise

$$\varrho\left(\bar{u}\frac{\partial\bar{u}}{\partial x} + \bar{v}\frac{\partial\bar{u}}{\partial y} + \bar{w}\frac{\partial\bar{u}}{\partial z}\right) = -\frac{\partial\bar{p}}{\partial x} + \eta\Delta\bar{u} - \varrho\left[\frac{\partial\overline{u'^2}}{\partial x} + \frac{\partial\overline{u'v'}}{\partial y} + \frac{\partial\overline{u'w'}}{\partial z}\right],$$

$$\varrho\left(\bar{u}\frac{\partial\bar{v}}{\partial x} + \bar{v}\frac{\partial\bar{v}}{\partial y} + \bar{w}\frac{\partial\bar{v}}{\partial z}\right) = -\frac{\partial\bar{p}}{\partial y} + \eta\Delta\bar{v} - \varrho\left[\frac{\partial\overline{u'v'}}{\partial x} + \frac{\partial\overline{v'^2}}{\partial y} + \frac{\partial\overline{v'w'}}{\partial z}\right],$$

$$\varrho\left(\bar{u}\frac{\partial\bar{w}}{\partial x} + \bar{v}\frac{\partial\bar{w}}{\partial y} + \bar{w}\frac{\partial\bar{w}}{\partial z}\right) = -\frac{\partial\bar{p}}{\partial z} + \eta\Delta\bar{w} - \varrho\left[\frac{\partial\overline{u'w'}}{\partial x} + \frac{\partial\overline{v'w'}}{\partial y} + \frac{\partial\overline{w'^2}}{\partial z}\right]. \qquad (4)$$

Dabei bedeutet Δ den Laplace-Operator: $\Delta = \partial^2/\partial x^2 + \partial^2/\partial y^2 + \partial^2/\partial z^2$.

Bei der Mittelwertbildung der Schwankungsgrößen sind nur die quadratischen Glieder der Form $\overline{u'^2}$ und $\overline{u'v'}$ verschieden von Null. Die Gleichungen (4) stimmen bis auf die von der turbulenten Schwankungsbewegung herrührenden Zusatzglieder, die auf den rechten Seiten in eckige Klammern gefaßt sind, mit den Navier-Stokes-Gleichungen überein und werden *Reynolds-Gleichungen* genannt. Die Zusatzglieder können als Oberflächenkräfte $\vec{P}$ je Volumeneinheit gedeutet werden:

$$\vec{P} = \vec{i}\left(\frac{\partial\sigma_x'}{\partial x} + \frac{\partial\tau_{xy}'}{\partial y} + \frac{\partial\tau_{xz}'}{\partial z}\right) + \vec{j}\left(\frac{\partial\tau_{xy}'}{\partial x} + \frac{\partial\sigma_y'}{\partial y} + \frac{\partial\tau_{yz}'}{\partial z}\right) + \vec{k}\left(\frac{\partial\tau_{xz}'}{\partial x} + \frac{\partial\tau_{yz}'}{\partial y} + \frac{\partial\sigma_z'}{\partial z}\right),$$

die zu dem Reynoldsschen Spannungstensor

$$\begin{pmatrix} \sigma_x' & \tau_{xy}' & \tau_{xz}' \\ \tau_{xy}' & \sigma_y' & \tau_{yz}' \\ \tau_{xz}' & \tau_{yz}' & \sigma_z' \end{pmatrix} = -\begin{pmatrix} \varrho\overline{u'^2} & \varrho\overline{u'v'} & \varrho\overline{u'w'} \\ \varrho\overline{u'v'} & \varrho\overline{v'^2} & \varrho\overline{v'w'} \\ \varrho\overline{u'w'} & \varrho\overline{v'w'} & \varrho\overline{w'^2} \end{pmatrix}$$

gehören.

Damit können die Gleichungen (4) auch geschrieben werden

$$\varrho\left(\bar{u}\frac{\partial\bar{u}}{\partial x} + \bar{v}\frac{\partial\bar{u}}{\partial y} + \bar{w}\frac{\partial\bar{u}}{\partial z}\right) = -\frac{\partial\bar{p}}{\partial x} + \eta\Delta\bar{u} + \left[\frac{\partial\sigma_x'}{\partial x} + \frac{\partial\tau_{xy}'}{\partial y} + \frac{\partial\tau_{xz}'}{\partial z}\right],$$

$$\varrho\left(\bar{u}\frac{\partial\bar{v}}{\partial x} + \bar{v}\frac{\partial\bar{v}}{\partial y} + \bar{w}\frac{\partial\bar{v}}{\partial z}\right) = -\frac{\partial\bar{p}}{\partial y} + \eta\Delta\bar{v} + \left[\frac{\partial\tau_{xy}'}{\partial x} + \frac{\partial\sigma_y'}{\partial y} + \frac{\partial\tau_{yz}'}{\partial z}\right],$$

$$\varrho\left(\bar{u}\frac{\partial\bar{w}}{\partial x} + \bar{v}\frac{\partial\bar{w}}{\partial y} + \bar{w}\frac{\partial\bar{w}}{\partial z}\right) = -\frac{\partial\bar{p}}{\partial z} + \eta\Delta\bar{w} + \left[\frac{\partial\tau_{xz}'}{\partial x} + \frac{\partial\tau_{yz}'}{\partial y} + \frac{\partial\sigma_z'}{\partial z}\right].$$

In turbulenten Strömungen treten gegenüber den laminaren Strömungen noch zusätzliche Spannungen auf, die aus den Schwankungsbewegungen resultieren und *scheinbare Spannungen* oder *Reynolds-Spannungen* genannt werden. Da sie zu den durch die molekulare Zähigkeit bedingten Spannungen hinzukommen, bezeichnet man sie auch als *Zähigkeitskräfte der turbulenten Scheinreibung*. Die resultierenden Spannungen in turbulenter Strömung ergeben sich z. B. zu

$$\sigma_x = -p + 2\eta\frac{\partial\bar{u}}{\partial x} - \varrho\overline{u'^2},$$

$$\tau_{xy} = \eta\left(\frac{\partial\bar{u}}{\partial y} + \frac{\partial\bar{v}}{\partial x}\right) - \varrho\overline{u'v'}.$$

Die turbulenten Spannungen sind im allgemeinen wesentlich größer als die laminaren Spannungen, so daß letztere oft vernachlässigt werden dürfen. Die turbulenten Schwankungsbewegungen müssen ebenfalls die → Haftbedingung an der Wand erfüllen. In der → laminaren Unterschicht sind sie so klein, daß die turbulente Schubspannung gegenüber der laminaren vernachlässigt werden kann. In der Übergangsschicht sind beide Spannungen von gleicher Größenordnung, und im äußeren Gebiet der Grenzschicht überwiegt die turbulente Spannung. Um mit den Reynolds-Gleichungen turbulente Strömungen berechnen zu können, muß der Zusammenhang zwischen den Schwankungsgrößen und der mittleren Bewegung bekannt sein.

Theoretische Ansätze für die turbulente Schubspannung. Die Reynolds-Spannungen sind als Folge des Impulsaustausches durch die Schwankungsbewegung gedeutet worden. Ihr Zusammenhang mit der mittleren Strömung kann jedoch vorerst nur durch halbempirische Theorien hergestellt werden, von denen der Prandtlsche Ansatz für den → Mischungsweg am bekanntesten ist. Damit sind für die Praxis brauchbare Ergebnisse erzielt worden.

Statistische Theorie der T. Die statistische Turbulenztheorie verfolgt das Ziel, durch Untersuchung der turbulenten Schwankungsbewegung in allen statistisch erfaßbaren Einzelheiten eine rationelle Theorie für die mittlere Bewegung aufzustellen. Da die Navier-Stokes-Gleichungen nicht linear sind, ergeben sich erhebliche Schwierigkeiten, so daß für die Praxis anwendbare Ergebnisse bisher kaum erzielt worden sind. Auf die Theorie kann hier nicht umfassend eingegangen werden; es sollen jedoch die wichtigsten Grundbegriffe behandelt werden. Beobachtungen zeigten, daß außer der Angabe des → Turbulenzgrades bzw. der Verteilung der Geschwindigkeitsschwankungen noch weitere Angaben zur Charakterisierung der Turbulenzbewegung erforderlich sind. Quantitative Aussagen über die räumliche Struktur der T. erhält man, indem die *Korrelationsfunktion* für die momentanen Schwankungen der Geschwindigkeitskomponenten in zwei benachbarten Punkten A und B gebildet wird, z. B.

$$R_{1,1} = \frac{\overline{u'_A \cdot u'_B}}{\sqrt{\overline{u'^2_A}} \cdot \sqrt{\overline{u'^2_B}}}$$

oder

$$R_{1,2} = \frac{\overline{u_A \cdot v_B}}{\sqrt{\overline{u'^2_A}} \cdot \sqrt{\overline{v'^2_B}}}$$

die auch als *Doppelkorrelation* oder *Zweipunktkorrelation* bezeichnet werden. Wenn u'_A, u'_B, v'_A und v'_B keine statistisch unregelmäßigen Schwankungen, sondern Geschwindigkeitskomponenten einer stationären laminaren Strömung wären, ergäbe sich die Korrelationsfunktion R unabhängig vom Abstand r zwischen A und B zu $R = \pm 1$. In turbulenter Strömung ist der Zusammenhang zwischen u'_A und u'_B um so geringer, je weiter A und B entfernt sind, d.h., $R_{1,1}$ geht gegen Null, wenn r unendlich groß wird. Der Maximalwert $R_{1,1} = 1$ wird für $r = 0$ erreicht, weil dann $u'_A = u'_B$ ist. Bei isotroper T. existieren nur einige Korrelationsfunktionen, weil aus Symmetriegründen $\overline{u'_A \cdot v'_B} = \overline{u'_A \cdot w'_B} = \overline{v'_A \cdot u'_B} = 0$ ist. Korrelationen existieren nur für $\overline{u'_A \cdot u'_B}$ und $\overline{v'_A \cdot v'_B} = \overline{w'_A \cdot w'_B}$. Als charakteristischer Maßstab der T. gilt $L = \int_0^\infty R \cdot \mathrm{d}r$. Er vermittelt eine Vorstellung von der Größe der einheitlich bewegten Masse, die man als *Turbulenzballen* bezeichnet. Eine andere charakteristische Länge λ ergibt sich bei $r = 0$ nach Taylor aus der Scheitelkrümmung der Korrelationskurve:

$$\frac{1}{\lambda^2} = \left(\frac{\mathrm{d}^2 R}{\mathrm{d}r^2}\right)_{r=0} = -\frac{1}{\overline{u'^2}}\overline{\left(\frac{\partial u'}{\partial x}\right)^2} + \frac{1}{2}\left(\frac{1}{\overline{u'^2}} \cdot \frac{\overline{\partial u'^2}}{\partial x}\right)^2.$$

Daraus folgt als gute Näherung die Beziehung $\frac{\overline{u'^2}}{\lambda^2} \approx \overline{\left(\frac{\partial u'}{\partial x}\right)^2}$. Die Größe L ist ein Maß für die großen Turbulenzelemente, die den größten Teil der kinetischen Energie der Schwankungsbewegung enthalten; λ ist ein Maß für die kleinen Turbulenzelemente, in denen vorwiegend die Dissipation erfolgt. Setzt man die Geschwindigkeitsschwankungen an einem festen Raumpunkt zu verschiedenen Zeiten in Beziehung, so ergibt sich die *Autokorrelation*. Tieferen Einblick in die Struktur der T. vermitteln räumlich-zeitliche Korrelationen, die man durch Beobachtung von zwei Geschwindigkeitskomponenten an verschiedenen Orten zu verschiedenen Zeiten erhält, und die *Tripelkorrelationen*, die bei isotroper T. lauten:

$$k(r) = \overline{u'^2_A u'_B}/\tilde{u}^3$$

$$h(r) = \overline{v'^2_A u'_B}/\tilde{u}^3 = \overline{w'^2_A u'_B}/\tilde{u}^3$$

$$q(r) = \overline{u_A v'_A v'_B}/\tilde{u}^3 = \overline{u'_A w'_A v'_B}/\tilde{u}^3.$$

Dabei bedeutet $\tilde{u} = \sqrt{\overline{u'^2}} = \sqrt{\overline{v'^2}} = \sqrt{\overline{w'^2}}$.

Zur Kennzeichnung der T. wird weiterhin das aus der Frequenzanalyse gewonnene Spektrum verwendet. Dazu zerlegt man die Geschwindigkeitsschwankungen in einem Punkt harmonisch in sinusförmige Schwankungen verschiedenster Frequenzen n. Die Schwankungen im Frequenzbereich zwischen n und $n + \mathrm{d}n$ liefern bei isotroper T. zur gesamten kinetischen Schwankungsenergie den Beitrag $\overline{u'^2} \cdot F(n) \cdot \mathrm{d}n$. Die Frequenzfunktion $F(n)$ liefert die spektrale Verteilung von $\overline{u'^2}$. Definitionsgemäß gilt $\int_0^\infty F(n)\,\mathrm{d}n = 1$. Die Frequenzfunktion $F(n)$ ist die Fourier-Transformierte der Korrelationsfunktion:

$$F(n) = \frac{4}{\tilde{u}} \int_0^\infty R(r_x) \cos 2\pi n \frac{r_x}{\tilde{u}} \cdot \mathrm{d}r_x;$$

dabei ist r_x der in x-Richtung weisende Abstand der Punkte A und B. Aus der spektralen Verteilung der Schwankungsenergie ist zu entnehmen, daß die Wirbelgröße in turbulenten Strömungen bei hohen Reynoldszahlen außerordentlich verschieden ist. Die Unterschiede können dabei einige Größenordnungen betragen. Die großen

Wirbel entziehen der mittleren Bewegung laufend Energie. Sie zerfallen infolge der Trägheitskräfte kaskadenartig in immer kleinere Wirbel, in denen die kinetische Energie in Wärme umgewandelt wird. Die durch die turbulente Schwankungsbewegung dissipierte Energie, bezogen auf die Flüssigkeitsmasse und die Zeiteinheit, beträgt

$$\varepsilon = \nu[2\overline{(\partial u'/\partial x)^2} + 2\overline{(\partial v'/\partial y)^2} + 2\overline{(\partial w'/\partial z)^2} + \overline{(\partial u'/\partial y + \partial v'/\partial x)^2} + \overline{(\partial u'/\partial z + \partial w'/\partial x)^2} + \overline{(\partial v'/\partial z + \partial w'/\partial y)^2}]. \quad (5)$$

ν ist die kinematische Zähigkeit des Strömungsmediums, ε wird als *turbulente Dissipation* bezeichnet. Die Energiedissipation durch die mittlere Bewegung wird *direkte Dissipation* genannt, sie ist nur in Wandnähe wesentlich. Für homogene und isotrope T. vereinfacht sich die Gleichung (5) wesentlich, es ergibt sich

$$\varepsilon = 15\nu\overline{(\partial u'/\partial x)^2} = \frac{4\pi^2}{\bar{u}^2}\,\nu\int_0^\infty F(n)\,n^2\,\mathrm{d}n. \quad (6)$$

Daraus ist auch zu erkennen, daß zur Dissipation praktisch nur die hochfrequenten kleinsten Wirbel beitragen. Die Maßstäbe für die Abmessungen λ^* und die Geschwindigkeit v^* der kleinsten Wirbel ergeben sich aus der kinematischen Zähigkeit ν und der turbulenten Dissipation ε wie folgt:

$$\lambda^* = \left(\frac{\nu^3}{\varepsilon}\right)^{1/4}; \quad v^* = (\nu\cdot\varepsilon)^{1/4}.$$

Die T. in Grenzschichten ist anisotrop. Die Gleichung (6) kann jedoch auch für diese Strömungen verwendet werden, wenn lokalisotrope T. vorliegt. Man versteht darunter eine Bewegungsform, bei der in einem Gebiet beschränkter Größe die Korrelationsfunktionen der allgemeinen Form $H = \overline{(u'_B - u'_A)^2}$ bei Drehung und Spiegelung des Achsensystems unverändert bleiben. Lokale Isotropie ist in genügend kleinen Gebieten der Größe $r \ll L$ jeder turbulenten Strömung vorhanden, wenn die Reynoldszahl $\mathrm{Re} = \sqrt{\overline{u'^2}}\,L/\nu$ ausreichend groß ist.

Am freien Rand der turbulenten Grenzschicht und des Freistrahles liegen intermittierende Strömungsverhältnisse vor. Die turbulente und die laminare Strömungsform wechseln einander ab. Der Intermittenzfaktor γ, der den Bruchteil der Zeit angibt, während der die Strömung im Beobachtungspunkt turbulent ist, beträgt z. B. für $y/\delta < 0{,}4$ an der ebenen Platte $\gamma = 1$, sinkt nach außen ab und erreicht bei $y/\delta = 1{,}2$ den Wert Null. Dabei bedeutet δ die Grenzschichtdicke.

Nachrechnung von Einzelheiten der turbulenten Bewegung. Mit Hilfe von empirischen Ansätzen können Mittelwerte des Reibungswiderstandes, des Wärme- und Stoffüberganges in turbulenten Strömungen berechnet werden. Aussagen über zeitliche und räumliche Einzelheiten der T. sind jedoch nicht möglich. Die turbulente Strömung ist die Überlagerung zahlreicher Wirbelfelder (→ Wirbel).

Tieferen Einblick in die Gesetzmäßigkeiten der T. erhält man, indem zur Beschreibung des Naturvorganges dynamisch mögliche Wirbelsysteme verwendet werden. Nicht vorausbestimmbar ist, welche von den unendlich vielen grundsätzlich möglichen Kombinationen der Wirbelfelder sich im natürlichen Prozeß einstellen. Aussagen darüber sind nur durch die Methoden der Statistik zu erhalten. Auf diese Weise kann der Geschwindigkeitsvektor in realer turbulenter Strömung abhängig von der Zeit nicht im voraus ermittelt werden. Man erhält jedoch ein gutes Bild von manchen Eigenschaften der turbulenten Strömungen und tieferen Einblicke in den Ablauf der Austauschvorgänge. Damit wird es auch möglich, das angehäufte Meßmaterial besser zu ordnen.

Um dem Naturvorgang möglichst nahe zu kommen, müssen dreidimensionale Wirbelfelder verwendet werden. Man erhält jedoch schon mit zweidimensionalen Wirbelfeldern gute Aussagen. Da diese außerdem mathematisch einfacher zu behandeln sind, soll hier nur die Rechnung für ebene Wirbelfelder skizziert werden. Wirbelfelder, deren Stromfunktionen von der Form

$$\psi' = A\cdot\exp(a_1\cdot x + a_2\cdot y + a_3\cdot t) \quad (7)$$

sind, erfüllen die Navier-Stokes-Gleichung

$$\mathrm{d}\vec{c}/\mathrm{d}t = -(1/\varrho)\,\mathrm{grad}\,p - \nu\,\mathrm{rot}\,\mathrm{rot}\,\vec{c} \quad (8)$$

exakt. Dabei bedeutet A die Intensität, ν die kinematische Zähigkeit, t die Zeit; die Koeffizienten a_1, a_2, a_3 sind im allgemeinen komplexe Größen. Das Vorzeichen des Realteiles der Koeffizienten a_1, a_2, a_3 entscheidet über Anfachung und Dämpfung. Die Imaginärteile von a_1 und a_2 sind umgekehrt proportional zu den Wellenlängen λ_1 und λ_2 in x- bzw. y-Richtung. a_{3i} gibt die Frequenz der periodischen Bewegung an. Ob eine Strömung, die durch Überlagerung von Wirbelfeldern mit einer mittleren Grundströmung entsteht und durch die Stromfunktion $\psi = \bar{\psi}(x, y) + \psi'(x, y, t)$ gegeben ist, laminar oder turbulent verläuft, erkennt man aus den Differentialgleichungen des Vorganges. (Es bedeuten $\bar{\psi}(x, y)$ die Stromfunktion der Grundströmung und $\psi'(x, y, t)$ die Stromfunktion der Wirbelfelder.) Dazu bildet man die Rotation von Gleichung (8) und erhält

$$\mathrm{d}\Omega/\mathrm{d}t = \partial\Omega/\partial t + \vec{c}\,\mathrm{grad}\,\Omega = \nu\Delta\Omega. \quad (9)$$

Diese Gleichung heißt *Rayleighsche Differentialgleichung*. Sie sagt aus, daß die Winkelbeschleunigung gleich der Reibungsarbeit dividiert durch das Trägheitsmoment eines kleinen Flüssigkeitsgebietes ist. Die → Drehung Ω besteht aus der mittleren Drehung $\bar{\omega}(x, y)$ der Grundströmung und aus der Drehung der Schwankungsbewegung der Wirbelfelder $\omega'(x, y, t)$; mithin gilt also $\Omega = \bar{\omega}(x, y) + \omega'(x, y, t)$. Der Geschwindigkeitsvektor $\vec{c}$ setzt sich ebenfalls aus der mittleren Geschwindigkeit $\bar{\vec{c}}(x, y)$ und der Schwankungsgeschwindigkeit $\vec{c}'(x, y, t)$ zusammen: $\vec{c} = \bar{\vec{c}}(x, y) + \vec{c}'(x, y, t)$. Definitionsgemäß sind die zeitlichen Mittelwerte der Schwankungsgrößen gleich Null. Ausführlich geschrieben lautet die Gleichung (9):

$$\frac{\partial\omega'}{\partial t} + \bar{\vec{c}}\,\mathrm{grad}\,\omega' + \vec{c}'\,\mathrm{grad}\,\bar{\omega} + \bar{\vec{c}}\,\mathrm{grad}\,\bar{\omega} + \vec{c}'\,\mathrm{grad}\,\omega' = \nu\Delta\omega' + \nu\Delta\bar{\omega}. \quad (10)$$

Bildet man die zeitlichen Mittelwerte, so ergibt sich die Reynolds-Gleichung in Vektorschreibweise:

$$\bar{c}\ \mathrm{grad}\ \bar{\omega} + \overline{c'\ \mathrm{grad}\ \omega'} = \nu \Delta \bar{\omega}. \qquad (11)$$

Das zeitgemittelte Glied $\overline{c'\ \mathrm{grad}\ \omega'}$ beschreibt den Energietransport zwischen Wirbeln verschiedener Wellenlänge.

Die durch Subtraktion der Gleichung (11) von Gleichung (10) entstehende Beziehung

$$\partial\omega'/\partial t + \bar{c}\ \mathrm{grad}\ \omega' + c'\ \mathrm{grad}\ \bar{\omega} +$$
$$+ c'\ \mathrm{grad}\ \omega' - \overline{c'\ \mathrm{grad}\ \omega'} = \nu \Delta \omega' \qquad (12)$$

ist die *Sommerfeldsche Differentialgleichung*, die das momentane Gleichgewicht beschreibt. Zur Berechnung turbulenter Bewegungen sind die Gleichungen (11) und (12) zu verwenden. Bisher benutzte man entweder nur die Reynolds-Gleichung oder nur die Sommerfeld-Gleichung. Eine Strömung verläuft turbulent, wenn das zeitgemittelte Glied $\overline{c'\ \mathrm{grad}\ \omega'}$ verschieden von Null ist. Dann schneiden sich die Linien konstanter Drehung ω' und die Stromlinien ψ'. Damit eine turbulente Strömung auftritt, sind mindestens zwei Wirbelfelder zu überlagern, bei denen der Wert $\varkappa^2 = a_1^2 + a_2^2$ verschieden ist. Zwischen der Drehung ω' und der Stromfunktion ψ' besteht dann der Zusammenhang $\omega' = -\frac{1}{2}(a_1^2 + a_2^2) \cdot \psi'$.

Zur Beschreibung der turbulenten Bewegung in der Grenzschicht einer ebenen Platte müssen Wirbelfelder mit verschiedener Wellenlänge in y-Richtung überlagert werden, um die Haftbedingung an der Wand und die Randbedingung in unendlich großem Wandabstand zu erfüllen. Ist im ersten Rechenschritt das Geschwindigkeitsprofil der Grundströmung vorgegeben, so können durch Integration der Gleichungen (11) und (12) die Schwankungsgeschwindigkeit v' in der Grenzschicht und das Energiespektrum ermittelt werden. Durch Verwendung räumlicher Wirbelfelder gelang die Nachrechnung der isotropen T. hinter Maschensieben.

Ziel dieser theoretischen Methoden ist es, die zur Berechnung der T. notwendigen Hypothesen weiter einzuschränken.

Geschichtliches. Helmholtz äußerte 1858 in einem Artikel über Wirbelbewegungen Grundgedanken der T. Reynolds stellte 1883 die bekannten Farbversuche über den Umschlag laminar/turbulent im Rohr an. Er führte auch die ersten Rechnungen aus und leitete die nach ihm benannte Gleichung ab. Prandtl schuf 1925 durch Einführung des Mischungsweges die Grundlage für die ersten praktisch nutzbaren Berechnungen von turbulenten Strömungsvorgängen. G. I. Taylor ist der Begründer der statistischen Turbulenztheorie; er führte 1935 die Begriffe homogene und isentrope T. ein.

Lit. Albring: Angewandte Strömungslehre (4. Aufl. Dresden 1970); Prandtl: Führer durch die Strömungslehre (7. Aufl. Braunschweig 1969); Rotta: Turbulente Strömungen (Stuttgart 1972); Schlichting: Grenzschichttheorie (5. Aufl. Karlsruhe 1965).

Turbulenzdraht, ein Draht, der in Strömungen angeordnet wird, damit durch die in seinem Nachstrom entstehenden turbulenten Geschwindigkeitsschwankungen der Umschlag im kritischen Reynoldszahlbereich beschleunigt wird. Im Gegensatz zu dem vor einem umströmten Körper gespannten Draht spricht man bei Befestigung auf der Profiloberfläche auch von *Stolperdraht*. Durch Anbringen von Turbulenzdrähten kurz vor dem Geschwindigkeitsmaximum kann der → Strömungswiderstand von stumpfen Körpern im Übergangsbereich laminar/turbulent wesentlich vermindert werden, → Kugelumströmung, → Zylinderumströmung. Damit der Grenzschichtumschlag unmittelbar hinter dem T. erfolgt, muß bei Plattenströmung $ck/\nu \geqq 10^3$ sein. Dabei bedeuten c die Geschwindigkeit an der Befestigungsstelle des T.es, k den Durchmesser des T.es und ν die kinematische Zähigkeit des Strömungsmediums.

Turbulenzflecken, → Umschlag.

Turbulenzgrad, Maß für die Intensität der Störungen in einer Strömung. Der T. Tu ist das Verhältnis des arithmetischen Mittels aus den quadratischen Mittelwerten der Komponenten der Schwankungsgeschwindigkeit u', v', w' zur mittleren Geschwindigkeit $\bar{c}$:

$$Tu = \sqrt{(1/3)(\overline{u'^2} + \overline{v'^2} + \overline{w'^2})}/\bar{c}.$$

Bei isotroper → Turbulenz gilt $Tu = \sqrt{\overline{u'^2}}/\bar{c}$.

Turbulenz in der Atmosphäre, zusammenfassende Bezeichnung für eine Vielzahl turbulenter Bewegungen (→ Turbulenz) unterschiedlichster Größenordnungen, die – als Mikro-, Meso- und Makroturbulenz bezeichnet – von charakteristischen Ausdehnungen bzw. Lebensdauern der Wirbel im Bereich von Bruchteilen eines Zentimeters bzw. einer Sekunde bis hin zu tausenden Kilometern bzw. mehreren Tagen reichen. Wichtigster Effekt der T. i. d. A. ist die ständige Durchmischung (→ Austausch), die erst oberhalb der → Turbopause endet, an der in etwa 110 km Höhe die Turbulenz erlischt, so daß darüber eine merkliche Änderung der chemischen Zusammensatzung der Luft mit der Höhe eintritt. Von besonderer Bedeutung ist der turbulenzbedingte Austausch in der → Grundschicht der Troposphäre. Daneben spielt die T. i. d. A. auch für die Ausbreitung akustischer und elektromagnetischer Wellen innerhalb der Atmosphäre eine Rolle, in der Technik ferner besonders für den Luftverkehr, die Baustatik (Böigkeit) und die Ausbreitung von Luftverunreinigungen.

Turbulenztheorie, 1) → Turbulenz. **2)** → Kosmogonie.

Turmalinplatte, Platte aus Turmalinkristall, die parallel zur optischen Achse geschnitten ist. Beim Auftreffen eines unpolarisierten Lichtstrahls spaltet dieser in der T. in einen ordentlichen und einen außerordentlichen Strahl auf, wobei infolge des Pleochroismus des Turmalins der ordentliche Strahl stark, der außerordentliche Strahl wenig absorbiert wird. Das austretende Licht ist also nahezu vollständig linear polarisiert.

Zwei T.n, die in Form einer Zuckerzange an einem Ende durch einen federnden Metallbügel parallel aneinander angedrückt, jedoch drehbar gelagert sind, bilden eine *Turmalinzange*. Die erste T. polarisiert das Licht, sie ist der Polarisator (→ Polarisationsoptik). Die zweite T. analysiert das Licht auf seinen Polarisationszustand, sie ist der Analysator.

Turmalinzange, → Turmalinplatte.

turn per minute, Tabelle 2, Drehzahl.

turn per second, Tabelle 2, Drehzahl.

t-Verteilung, svw. Studentsche Verteilung.

Twaddle-Grad, → Dichtegrade.

twist boundary, → Korngrenze.

Tyndall-Effekt, *Tyndall-Streuung,* Sammelbegriff für Erscheinungen, die durch Lichtstreuung in kolloidalen Lösungen hervorgerufen werden. Sie wurden zuerst von J. Tyndall 1868 untersucht. Wird konvergentes Licht durch eine kolloidale Lösung geschickt, dann ist der Lichtkegel (*Tyndall-Kegel*) infolge des Streulichtes von der Seite aus sichtbar (Abb.) und die Lösung erscheint getrübt. Man bezeichnet Medien, in denen eine merkliche Lichtstreuung auftritt, als *trübe Medien* und das Sichtbarwerden des Lichtes im Medium als *Tyndall-Phänomen.*

Theoretisch kann der T.-E. durch die Theorien der Lichtstreuung gedeutet werden. Im Verhältnis zur Lichtwellenlänge λ kleine Teilchen mit der Zusatzbedingung $|m| \cdot$ Teilchengröße $\ll \frac{\lambda}{2\pi}$ (m = Verhältnis der Brechzahlen von Teilchen zu Lösungsmittel) streuen nach der Rayleigh-Theorie; für Teilchengrößen $\ll \lambda\,|m-1|$ streuen sie nach der Rayleigh-Gans-Theorie und für Teilchengrößen $\gg \frac{\lambda}{2\pi}$ nach der Mie-Theorie. Bei kleinen Teilchen ist das Streulicht oder *Tyndall-Licht* daher blau, das durchgehende Licht rötlich, bei größeren Teilchen wechseln die Farben mit der Teilchengröße. Das Spektrum der Streustrahlung bezeichnet man als *Tyndall-Spektrum.* Die Intensität des Streulichtes ist der Anzahl der streuenden Teilchen proportional, wenn die streuenden Teilchen regellos im Raum orientiert sind (*unabhängige Streuung*). Bei gesetzmäßiger räumlicher Anordnung der streuenden Partikeln interferieren die von den einzelnen Streuzentren ausgehenden Lichtwellen miteinander. Die Streulichtintensität ist dann nicht gleich der Summe der Streulichtintensitäten der einzelnen Partikeln. Man spricht in diesem Falle von *abhängiger Streuung.*

Untersuchungen des Streulichtes und des Polarisationszustandes desselben geben somit Aufschlüsse über Größe und Anzahl der streuenden Teilchen. Die Gesamtheit solcher Untersuchungsmethoden bezeichnet man als *Nephelometrie,* die dazugehörigen Meßgeräte als *Nephelometer.* Man mißt entweder das durchgehende Licht und/oder das Streulicht. Im ersten Fall spricht man von *Trübungsmessung* (*Extinktionsmessung, Turbidimetrie*), die mit Trübungsmessern (Turbidimetern) vorgenommen wird, im zweiten Fall von *Streulichtmessung* oder *Tyndallometrie,* die mit Streulichtmessern (Tyndallometern) erfolgt. Im allgemeinen arbeiten alle Nephelometer nach dem Photometerprinzip.

Als Meßgrößen und daraus abgeleitete Größen werden im allgemeinen benutzt: a) die spektrale Intensität des durchgehenden Lichtes; b) die Streufunktion $f(\lambda, \varphi)$, d. i. die Abhängigkeit der Streulichtintensität der Wellenlänge λ vom Streuwinkel φ; c) die Polarisationsfunktion $P(\lambda, \varphi)$, d. i. die Abhängigkeit des spektralen Polarisationsgrades von φ; d) die Farbwertfunktion $F(\lambda_1, \lambda_2, \varphi) = \frac{f(\lambda_1, \varphi)}{f(\lambda_2, \varphi)}$; e) die Dissymmetrie $D(\lambda, \varphi) = \frac{f(\lambda, \varphi)}{f(\lambda, \pi - \varphi)}$; f) der Richtungsquotient $R(\lambda) = \frac{\int_0^{\pi/2} f(\lambda, \varphi)\, \mathrm{d}\varphi}{\int_{\pi/2}^{\pi} f(\lambda, \varphi)\, \mathrm{d}\varphi}$

Der T.-E. kann auch durch Lichtstreuung an Molekülkomplexen einer reinen Flüssigkeit infolge ungeordneter Wärmebewegung der Moleküle und somit geringer Brechzahlunterschiede auftreten (*eigentliches Tyndall-Phänomen*). In Flüssigkeiten in der Nähe ihres kritischen Zustands ist der T.-E. besonders groß (→ kritische Opaleszenz).

Technische Anwendung findet der T.-E. in der → Nebelkammer und im → Ultramikroskop.

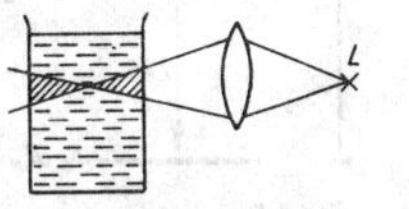

Tyndall-Kegel (schraffiertes Gebiet) in einer kolloidalen Lösung als trübes Medium. *L* Lichtquelle

Tyndall-Kegel, → Tyndall-Effekt.

Tyndall-Licht, → Tyndall-Effekt.

Tyndallometrie, → Tyndall-Effekt.

Tyndall-Phänomen, → Tyndall-Effekt.

Tyndall-Streuung, svw. Tyndall-Effekt.

u, **1)** → atomare Masseeinheit 1). **2)** u, Geschwindigkeitskomponente bei Strömungen. **3)** u, Momentanwert der elektrischen → Spannung.

U, 1) → Umdrehung. **2)** → Uran. **3)** U, → innere Energie. **4)** U, potentielle Energie (→ Potential). **5)** U, elektrische → Spannung. **6)** U_m, magnetische Spannung, → magnetischer Kreis.

Überanpassung, → Anpassung.

Überblasen, das verstärkte Anblasen von Blasinstrumenten, so daß deren Luftsäulen an Stelle des Grundtones ($\approx \lambda/2$) mit einem höheren Teilton schwingen; λ ist die Wellenlänge. Offene Pfeifen überblasen zunächst in die Oktave ($\approx \lambda/4$), gedeckte Pfeifen gleich in die Duodezime ($\approx \lambda/6$). Weitere Drucksteigerung führt zu noch höheren Teiltönen, wodurch der Umfang der wiedergebbaren Naturtöne wesentlich erweitert wird. Bei sehr langen Pfeifen kann der zur Erregung des Grundtones erforderliche Druck so groß sein, daß erst ein höherer Eigenton und dann mit der weiteren Erhöhung der Anblasenergie der Grundton entsteht. Die Ausbildung zusätzlicher Schwingungsbäuche in einer Pfeife wird durch Anordnung eines Überblasloches (besonders bei Flöten) gefördert.

Blechblasinstrumente, wie Trompete und Waldhorn, müssen oft bis zum 16. Teilton ohne Überblaslöcher überblasen werden, um die gesamte Tonskala überbrücken zu können. Bei Holzblasinstrumenten geht man im allgemeinen nur bis zum 3. Teilton.

übereinstimmende Zustände, → Theorem der korrespondierenden Zustände.

Überführungsentropie, → Diffusionswärme.

Überführungswärme, svw. Diffusionswärme.

Überführungszahl, *Hittorfsche Ü.,* der Beitrag einer Ionenart in einer festen oder flüssigen Lösung zur gesamten elektrolytischen Leitfähigkeit. Die Ü. ist das Verhältnis der Beweglichkeit des betreffenden Ions zur Summe aller Ionenbeweglichkeiten.

Übergänge, Änderungen des energetischen Zustandes eines Mikroteilchens oder eines Systems von Mikroteilchen infolge innerer oder äußerer Ursachen. Man unterscheidet im Atomkern

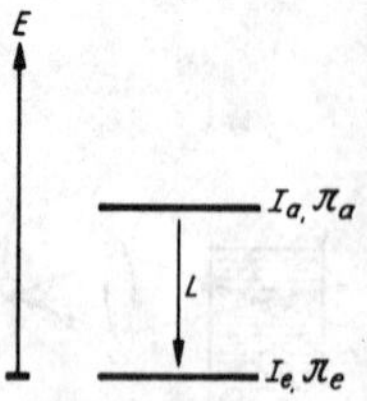

Strahlungsübergang im Kern

Strahlungsübergänge und strahlungslose Übergänge. *Strahlungsübergänge* (Abb.) erfolgen durch Emission oder Absorption von γ-Strahlung. Dabei kann der angeregte Zustand direkt oder über mehrere Stufen in den Grundzustand übergehen. Die auftretende γ-Strahlung kann nach ihrer Multipolordnung und mittels der Paritäten π klassifiziert werden. Die *Multipolordnung* wird durch eine Auswahlregel für den Spin I_a des Anfangszustandes und den Spin I_e des Endzustandes eingeschränkt: $|I_a - I_e| \leqq L \leqq |I_a + I_e|$. Dabei ist L die Quantenzahl des Drehimpulses des γ-Quants und 2^L die Ordnung des Multipolübergangs. Da die Übergangswahrscheinlichkeiten mit wachsendem L sehr stark abnehmen, wird praktisch stets nur der Übergang mit der kleinstmöglichen Multipolordnung $L_{min} = |I_a - I_e|$ realisiert. Das Produkt der Paritäten π_a und π_e beider Zustände ist gleich der Parität des γ-Quants π_γ. Ist $\pi_\gamma = (-1)^L$, dann spricht man von *elektrischer Multipolstrahlung* (E), $\pi_\gamma = -(-1)^L$ entspricht *magnetischer Multipolstrahlung* (M). Die einzelnen möglichen γ-Übergänge sind in der Tab. zusammengefaßt.

Multipolordnung	Symbol	L	π_γ
elektrische Dipolstrahlung	E 1	1	−1
magnetische Dipolstrahlung	M 1	1	+1
elektrische Quadrupolstrahlung	E 2	2	+1
magnetische Quadrupolstrahlung	M 2	2	−1
elektrische Oktupolstrahlung	E 3	3	−1
usw.			

Um die Wahrscheinlichkeit für den Übergang eines angeregten Kernzustandes in einen energetisch tiefer liegenden berechnen zu können, müssen Annahmen über die Wellenfunktionen beider Zustände gemacht werden. Das ist nur mit Hilfe eines Kernmodells möglich. Blatt und Weißkopf berechneten z. B. die Übergangswahrscheinlichkeiten auf der Grundlage eines Einteilchenmodells (→ Weißkopf-Einheit). Weitere Abschätzungen sind mit Hilfe des Kollektivmodells des Kerns vorgenommen worden.

Strahlungslose Übergänge treten auf, wenn der Kern seine Anregungsenergie auf ein Hüllenelektron überträgt. Diesen Vorgang nennt man → innere Konversion.

Übergangselemente, *Übergangsmetalle*, im weiteren Sinne die Elemente, deren Atome unvollständig mit Elektronen besetzte innere *d*- oder *f*-Schalen haben, die mit wachsender Ordnungszahl aufgefüllt werden. In der Besetzung der äußeren Schalen unterscheiden sich Ü. der gleichen Gruppe kaum; sie sind sich also chemisch ähnlich.

Die Elektronen in den nichtaufgefüllten inneren Schalen befinden sich in hoch (10- bzw. 14fach) entarteten Zuständen und koppeln entsprechend der Hundschen Regel ihre Spin- und Bahnmomente. Atome der Ü. haben daher ein magnetisches Moment. Im Festkörper wird die Entartung durch Kristallfeld- und Kovalenzeffekte teilweise aufgehoben. So kommt es in *d*-Metallen und ihren Verbindungen zur Auslöschung der Bahnmomente, teilweise auch zum Verschwinden des atomaren magnetischen Moments. Soweit diese Momente erhalten bleiben, führt die Austauschwechselwirkung zwischen ihnen bei tiefen Temperaturen zu einer magnetischen Ordnung.

Man unterscheidet *d*-Übergangselemente, → Lanthanide und → Aktinide, wobei die Lanthanide zusammen mit den Aktiniden auch als *f*-Übergangselemente bezeichnet werden können. Zu den *d-Übergangselementen* (*Ü. im engeren Sinne*) gehören folgende Reihen des Periodensystems: von Skandium bis Nickel, von Yttrium bis Palladium und von Hafnium bis Platin, in denen jeweils die 3d-, 4d- und 5d-Schale aufgefüllt wird. Da Kupfer, Silber und Gold in ihren Verbindungen bei den häufigsten Oxydationsstufen unvollständig besetzte *d*-Niveaus haben, werden sie des öfteren ebenfalls zu den Ü.n gerechnet. Auch Zink, Kadmium und Quecksilber werden ihnen vielfach zugezählt, obwohl sie voll besetzte *d*-Niveaus haben.

In einem festen Übergangsmetall bilden die Zustände der *d*-Elektronen enge *d*-Bänder, die meist mit den Leitungsbändern überlappen (→ Bandentartung). Daher verhalten sich die Leitungselektronen nicht wie freie Elektronen, sondern werden in ihrer Bewegung durch die *d*-Elektronen der Metallionen stark beeinflußt.

Gegenüber den *f*-Elektronen sind die *d*-Elektronen schwächer um die Kerne konzentriert. Die *d*-Bänder sind breiter, der mit der Hundschen Kopplung verbundene Energiegewinn übertrifft nur bei Chrom, Mangan, Eisen, Kobalt und Nickel den für die Bildung atomarer Momente notwendigen Aufwand an kinetischer Energie. In Legierungen und Verbindungen ist die Tendenz zur magnetischen Ordnung jedoch allgemein ausgeprägt. Auf Grund der großen Abweichungen der magnetischen Momente vom Wert der freien Atome können die magnetischen Eigenschaften der *d*-Übergangselemente sowie ihrer Legierungen nur mit der Bändertheorie des Ferromagnetismus erklärt werden. Bei Verbindungen ist dagegen wegen des indirekten Austausches das Heisenberg-Modell oft eine sehr gute Näherung.

Übergangsenergie, → Fokussierung 3).

Übergangsgleichgewicht, → radioaktive Familien.

Übergangskurve eines Supraleiters, die graphische Darstellung des elektrischen Widerstands oder der magnetischen Suszeptibilität eines Leiters im Bereich des Übergangs von dem normalleitenden Zustand zum supraleitenden Zustand oder umgekehrt (Abb.). Dieser Übergang ist nie

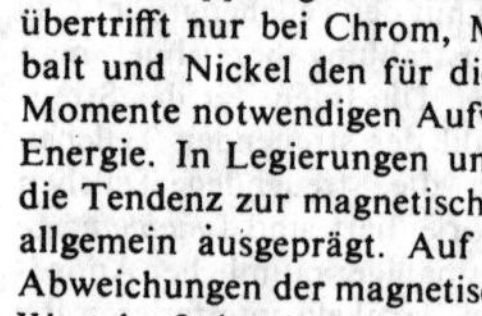

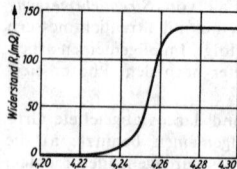

Übergangskurve von Quecksilber

völlig sprunghaft, da keine idealen isotopenreinen metallischen Einkristalle hergestellt werden können und die Ü. e. S. durch thermodynamische Fluktuationen des Ordnungsparameters (→ Ginzburg - Landau - Ordnungsparameter) oberhalb der Übergangstemperatur abgerundet wird. Die Breite der schmalsten Übergangskurven beträgt einige Tausendstel Grad.

Übergangsmetalle, svw. Übergangselemente.

Übergangsregion, svw. Magnetosheath.

Übergangsstrahlung, elektromagnetische Strahlung, die beim Durchgang schneller Elektronen ($\approx$ 10 bis 50 keV) durch die Grenzfläche zweier Materialien mit unterschiedlicher Dielektrizitätskonstante, speziell auch an der an das Vakuum grenzenden Oberfläche eines Festkörpers, entstehen kann. Die Ü. wird dadurch verursacht, daß durch schnelle Elektronen in einem Festkörper angeregte Plasmaschwingungen an der Grenzfläche auch in Photonen zerfallen können.

Übergangstemperatur eines Supraleiters, *Sprungtemperatur eines Supraleiters, Umwandlungstemperatur eines Supraleiters,* die Temperatur des Übergangs vom normalleitenden zum supraleitenden Zustand oder umgekehrt. Da der Übergang nicht völlig scharf ist, wird entweder die Temperatur angegeben, bei der elektrischer Widerstand oder magnetische Suszeptibilität 50% des Werts im normalleitenden Zustand erreicht haben, oder man definiert als Ü. e. S. den Schnittpunkt der Tangente an den steilsten Teil der → Übergangskurve eines Supraleiters mit der Verlängerung des Verlaufs der Übergangskurve im normalleitenden Bereich. Beide Verfahrensweisen führen zu etwas verschiedenen Werten, so daß Angaben der Ü. e. S. nicht immer ohne weiteres vergleichbar sind.

Gelegentlich wird auch an Stelle der Bezeichnung Ü. e. S. die Bezeichnung → kritische Temperatur eines Supraleiters gebraucht, die eigentlich eine etwas eingeschränktere Bedeutung hat.

Übergangsvorgang, der Verlauf einer Zustandsgröße eines Systems beim Übergang aus einem stationären in einen neuen stationären Zustand nach einer sprunghaften Störung. Für stetige lineare zeitinvariante Systeme spielt der Einheitssprung (→ Signal) $\mathbf{1}(t) = \{1 \text{ für } t \geqq 0, 0 \text{ für } t < 0\}$ eine besondere Rolle. Der zugehörige Ü. wird als *Übergangsfunktion* $h(t)$ bezeichnet. Dieser Ü. charakterisiert das Übertragungsverhalten eines solchen Gliedes vollkommen. Der Ü. von zeitlich variablen Systemen, z. B. von Systemen, die durch lineare Differentialgleichungen mit zeitlich veränderlichen Koeffizienten beschrieben werden, hängt von dem Zeitpunkt ab, zu dem das System mit der sprungförmigen Störung beaufschlagt wird; sie hat die Form $h(t_1, t)$. Ihre Ableitung nach t wird als *Gewichtsfunktion* $g(t_1, t) = \frac{d}{dt} h(t_1, t)$ bezeichnet. Dies ist die Reaktion des Systems auf einen Diracschen δ-Impuls, $\delta(t)$ bzw. $\delta(t - t_1)$, wenn das System sich im Nullzustand befunden hat, in dem seine Energiespeicher alle entladen sind. Die Gewichtsfunktion vermittelt in diesem Zustand zwischen Ursache $y(t)$ und Wirkung $x(t)$ nach der Beziehung $x(t) = \int_{-\infty}^{+\infty} g(t - t')\, y(t')\, dt'$.

Dieses Integral heißt *Faltungsintegral.*

Übergangswahrscheinlichkeit, die auf die Zeiteinheit bezogene Wahrscheinlichkeit dafür, daß ein physikalisches System von einem quantenmechanischen Zustand in einen anderen übergeht (→ Übergänge). Die Ü. vom Grundzustand in einen angeregten Zustand bezeichnet man auch als Anregungswahrscheinlichkeit (→ Anregung). Wirken keine äußeren Kräfte, können nur Übergänge von angeregten in energetisch tiefer gelegene Zustände stattfinden. Die Ü. ist 0, wenn der Übergang durch eine → Auswahlregel verboten ist. Die induzierte Emission wird durch → Einsteinsche Übergangswahrscheinlichkeiten beschrieben.

Übergigant, → Hertzsprung-Russell-Diagramm.

Überhitzung, thermodynamisch metastabiler Zustand, in dem ein Stoff bei einer Temperatur vorliegt, bei der er sich schon in die nächsthöhere Phase hätte umwandeln müssen. Beim Übergang flüssig/gasförmig gelingt eine Ü., wenn man die Dampfblasenbildung verhindert und das System vor Erschütterung schützt (Siedeverzug, → Sieden). Nicht realisierbar ist die Ü. beim Übergang fest/flüssig.

Dampf wird als überhitzt bezeichnet, wenn er sich über seiner Kondensationstemperatur, also im ungesättigten Zustand befindet.

Überkorrektion, → Abbildungsfehler.

überkritische Zustände der Materie, die Zustandsformen der Materie, wenn Druck und Temperatur oberhalb der kritischen Werte p_k und T_k liegen. Im kritischen Punkt werden im Gleichgewicht stehende Flüssigkeits- und Dampfphase identisch, man bezeichnet den Bereich, in dem keine Unterschiede zwischen flüssigem und gasförmigem Zustand mehr existieren, als *fluiden Zustand.* Für den Übergang fest/flüssig, d. h. für die Schmelzdruckkurve, existiert kein kritischer Punkt. Befriedigende Zustandsgleichungen $F(p, V, T) = 0$ für fluide Phasen oberhalb T_k und p_k, die eine sichere Voraussage über die Dichte als Funktion von p und T erlauben, existieren faktisch nicht; man ist fast ausschließlich auf experimentelle Bestimmungen angewiesen.

Die kritischen Drücke der meisten Substanzen liegen im Bereich von etwa 30 bis 150 atm. Die kritischen Temperaturen polarer Stoffe liegen höher als die der unpolaren, besonders hoch sind die der stark polaren Salze. Die kritischen Temperaturen der Metalle liegen oberhalb von 1500 °C. Die kritischen Dichten der meisten Stoffe betragen etwa $^1/_3$ der Dichte bei Normaldruck.

Bei unpolaren Stoffen setzt (unter geringem Druck) mit zunehmender Temperatur thermische Dissoziation ein, die weiterhin in thermische Ionisation übergeht und schließlich zur Bildung eines Plasmas mit fast ausschließlicher Elektronenleitfähigkeit führt. Dagegen bedingt eine Druckerhöhung bei mäßigen Temperaturen den Übergang in eine dichte, elektrisch nichtleitende fluide Phase.

Der feste Zustand wird erreicht, ehe die Ionisationsenergie der Atome und Moleküle infolge der gegenseitigen Annäherung soweit herabgesetzt wird, daß eine merkliche Ionisation und Leitfähigkeit entsteht. In diesem Bereich bleibt die Molekularpolarisation im wesentlichen unverändert. Über die Zustände bei extrem hohen Drücken und Temperaturen ist noch wenig bekannt. Messungen an Argon deuten darauf hin, daß bei etwa $700 \cdot 10^3$ atm und 13000 K metallische Leitung einsetzt.

Metalle liegen bei geringem Druck und geringer überkritischer Temperatur als Atome vor.

Mit der Steigerung des Drucks gehen sie unter Assoziatbildung in eine fluide Phase über, die eine größere Leitfähigkeit aufweist, als sie gemäß der Ionisation der isolierten Atome zu erwarten wäre. Die Leitfähigkeit wächst bei noch höherem Druck innerhalb eines relativ kleinen Druckbereichs bis zur Leitfähigkeit metallischer Festphasen, in die der Stoff beim Überschreiten der Schmelzdruckkurve übergeht. Bei einer weit über T_k hinausgehenden Steigerung der Temperatur entstehen durch thermische Ionisierung Plasmen mit je nach dem Druck verschiedenen Dichten.

Bei polaren Stoffen ist die unterschiedliche Elektronenaffinität der das Molekül aufbauenden Atome für ihr Verhalten in ü.n Z.n d. M. bestimmend. Bei niedrigen Drücken tritt mit zunehmender Temperatur eine thermische Dissoziation in Atome (Radikale), weiterhin in positive und negative Ionen und schließlich in ein Plasma ein.

Bei Zunahme der Dichte besteht eine damit wachsende Tendenz zur Bildung definierter Assoziate, vorwiegend bei Molekülen mit hohem Dipolmoment, z. B. bei Salzen wie Alkalihalogeniden, etwas geringer ausgeprägt bei Substanzen mit Wasserstoffbrücken. Wasserstoffbrücken werden bei überkritischen Temperaturen vielfach zerstört, z. B. beim Wasser. Die Dielektrizitätskonstanten steigen infolge der gegenseitigen Annäherung der Dipolmoleküle stark an. Die Dissoziation von Wasser nimmt mit Druck und Temperatur erheblich zu. Bei $700 \cdot 10^3$ atm und einer Dichte von $\varrho = 1{,}7\ \mathrm{g\,cm^{-3}}$ beträgt das Ionenprodukt $[H^+]\,[OH^-]$ etwa $10^{-3}\,\mathrm{mol^2\,dm^{-2}}$ im Vergleich zu $10^{-14}\,\mathrm{mol^2\,dm^{-2}}$ bei Normalbedingungen. Bei weiterer Temperaturerhöhung nähert sich sein Verhalten dem eines geschmolzenen Salzes an, während bei extrem hohen Drücken und Temperaturen wahrscheinlich — so auch generell bei allen polaren Substanzen — eine Phase mit metallischem Charakter entsteht.

Die gegenseitige Mischbarkeit bzw. Löslichkeit von Stoffen kann sich in ü.n Z.n von den Normalwerten unterscheiden. So ist z. B. oberhalb von 400 °C und einigen tausend Atmosphären Wasser mit Argon oder Kohlendioxid in allen Verhältnissen mischbar. Die Löslichkeit von schwerflüchtigen Stoffen, z. B. Salzen in überkritischem Wasser, kann um Zehnerpotenzen höher liegen als dem Dampfdruck der betreffenden Substanzen bei diesen Temperaturen entsprechen würde. Auch die Dissoziation von Salzen in überkritischem Wasser findet statt, wobei die molare Leitfähigkeit im Maximum mehr als das Zehnfache derjenigen in flüssigem Wasser bei Normaltemperatur beträgt. Hydrolysevorgänge sind in überkritischem Wasser stark begünstigt.

Als *überdichte* (*superdichte*) *Materie* bezeichnet man Materie mit Dichten von mehr als etwa $10^5\ \mathrm{g\,cm^{-3}}$, wie sie wahrscheinlich in weißen Zwergsternen und in Neutronensternen existiert. Im Bereich von 10^5 bis etwa $3 \cdot 10^{11}\ \mathrm{g\,cm^{-3}}$ entarten die Elektronen des Atomes so stark, daß die Entartungsenergie die Bindungsenergie an die Atomkerne übersteigt, sie verteilen sich mehr oder weniger gleichmäßig im Raum zwischen den Atomkernen. Diese werden durch die zwischen ihnen wirkenden Coulomb-Kräfte, ähnlich wie bei Normaltemperaturen, in einem Raumgitter fixiert, das zu seiner Zerstörung, d. h. zum „Schmelzen" etwa eine Temperatur von 10^8 K benötigen würde. Bei Dichten über etwa $10^8\ \mathrm{g\,cm^{-3}}$ nähert sich die Geschwindigkeit der Elektronen der Lichtgeschwindigkeit. Sie dringen in die Kerne ein und führen hier über inverse β-Zerfälle zur Bildung von Neutronen. Die Kerne werden überreich an Neutronen, jedoch entstehen noch keine freien Neutronen. Bei Dichten von $3 \cdot 10^{11}$ bis $3 \cdot 10^{14}\ \mathrm{g\,cm^{-3}}$ lösen sich die neutronenüberreichen Kerne langsam auf, es entsteht ein „See" von gleichmäßig verteilten Elektronen, der von einem „See" (Fermi-Gas) gleichverteilter Neutronen durchdrungen ist, in die neutronenreiche Kerne eingebettet sind. Bei weiterer Kompression erreicht die Dichte der freien Neutronen die der in den Kernen gebundenen, so daß die Kerne aufhören zu bestehen.

Es entsteht eine Mischung, die vorwiegend Neutronen, Protonen und Elektronen jedoch nur zu einem geringen Anteil, enthält. Bei einem Anteil der letzteren von je 10% kommt es zur Bildung von μ^- und π^--Mesonen. Schließlich bilden sich bei Dichten oberhalb von $10^{15}\ \mathrm{g\,cm^{-3}}$ Σ^--Teilchen und andere Hyperonen. Für noch höhere Dichten (etwa $10^{16}\ \mathrm{g\,cm^{-3}}$) sagt die Theorie keine existenzfähige Materie mehr voraus.

überlagerter Kerbeffekt, die Superposition der Kerbfaktoren kleiner Kerben, die sich in der Nähe einer großen Kerbe befinden, so daß besonders gefährliche Spannungsspitzen entstehen.

Lit. Vocke: Räumliche Probleme der linearen Elastizität (Leipzig 1969).

Überlagerungsempfang, in der Nachrichtentechnik die heute gebräuchlichste Art des Hochfrequenzempfangs. Bei dem kaum noch üblichen Geradeausempfang werden die von einem Sender ausgestrahlten elektromagnetischen Wellen durch eine auf die gewünschte Wellenlänge abgestimmte selektive Verstärkeranordnung verstärkt und dann demoduliert. Demgegenüber wird beim Ü. die empfangene Frequenz mit einer von einem lokalen Oszillator erzeugten Hilfsfrequenz überlagert (gemischt) und das dabei entstehende untere bzw. obere Seitenfrequenzband ausgesiebt, selektiv weiterverstärkt und anschließend demoduliert. Die Oszillatorfrequenz liegt normalerweise höher als die Empfangsfrequenz; die ausgesiebte Frequenz ist meist die Differenzfrequenz zwischen einfallender Frequenz und Oszillatorfrequenz und wird als Zwischenfrequenz bezeichnet. Die Zwischenfrequenz für den UKW-Bereich ist in Europa einheitlich auf 10,7 MHz festgelegt, für den Lang-, Mittel- und Kurzwellenbereich liegt sie zwischen 440 und 490 kHz.

Der Hauptvorteil beim Ü. ist, daß die Selektionsglieder, z. B. die Bandfilter, fest auf die Zwischenfrequenz abgestimmt und mit hoher Qualität und entsprechend enger Bandbreite ausgeführt werden können. Dadurch läßt sich eine große Flankensteilheit und eine geringe Bandbreite der Selektionskurve und damit eine hohe Trennschärfe erreichen. Ein weiterer Vorteil ist, daß die Verstärkung der empfangenen elektromagnetischen Wellen bei niedrigeren Frequenzen erfolgt und damit leichter verzerrungsfrei möglich ist. Besonders in Betriebsempfängern wird eine zweimalige Frequenzumsetzung vorgenommen. Dadurch braucht die erforderliche Verstärkung nicht bei einer Zwischenfrequenz zu erfolgen. Bei sehr hohen Verstärkungsgraden kann durch diese Maßnahme die Schwingneigung herabgesetzt und gleichzeitig die Selektion verbessert werden.

Überlagerungsempfänger werden auch als *Superheterodyneempfänger*, abg. *Superhet* oder *Super*, bezeichnet.

Überlagerungsprinzip, svw. Superpositionsprinzip.

Überlappung, Maß für die gegenseitige Durchdringung der Ladungswolken zweier Elektronen. Bei den an einer chemischen Bindung beteiligten Elektronen ist die Ü. Voraussetzung für das Zustandekommen einer Bindung. Das quantenmechanische Maß für die Ü. ist das *Überlappungsintegral* $S = \int_V \psi_A^* \psi_B \, d\tau$, wobei ψ_A und ψ_B die Zustandsfunktionen der beiden sich überlappenden Elektronen A und B sind und ψ_A^* die zu ψ_A konjugiert komplexe Funktion bedeutet. $d\tau$ ist das Volumenelement des Raumbereichs V, in dem die Elektronenwellenfunktionen definiert sind.

Überlappungsintegral, → Überlappung, → Austauschwechselwirkung.

Überlichtgeschwindigkeit, größere Geschwindigkeit als die Ausbreitungsgeschwindigkeit elektromagnetischer Wellen. Es ist zwischen der physikalischen Bedeutung einer Ü. in Medien mit einem Brechungsindex $n(\omega)$ und der Ü. im Vakuum zu unterscheiden.

In einem Medium sind zu unterscheiden:

1) die Ausbreitungsgeschwindigkeit elektromagnetischer Wellen; das ist die Phasengeschwindigkeit

$$c_p = c/n(\omega) = \omega/k, \tag{1}$$

wobei ω die Frequenz, k die Wellenzahl und c die Vakuumgeschwindigkeit sind.

2) die Gruppengeschwindigkeit c_G einer Wellengruppe, die sich aus Wellen mit nur gering differierender Wellenlänge aufbaut; sie ist gegeben durch

$$c_G = c_p - \lambda(dc_p/d\lambda) = d\omega/dk, \tag{2}$$

wobei λ die Wellenlänge der Wellen ist, aus denen die Wellengruppe besteht.

3) die Grenzgeschwindigkeit, mit der sich Signale ausbreiten können. Sie ist gemäß der Relativitätstheorie gleich der Vakuumlichtgeschwindigkeit c.

In einem Medium mit $n > 1$ können sich deshalb Signale mit Ü. fortpflanzen in dem Sinne, daß ihre Geschwindigkeit größer als die Ausbreitungsgeschwindigkeit elektromagnetischer Wellen c_p und bei normaler → Dispersion $(dc_p/d\lambda) > 0$ auch größer als die Gruppengeschwindigkeit c_G ist, mit der sich elektromagnetische Signale ausbreiten, aber in jedem Fall kleiner oder höchstens gleich der Vakuumlichtgeschwindigkeit ist. Das ist z. B. für schnell bewegte Ladungen im Zusammenhang mit dem → Tscherenkow-Effekt der Fall.

Bei anomaler Dispersion $(dc_p/d\lambda < 0)$ wird die Gruppengeschwindigkeit c_G größer als die Phasengeschwindigkeit c_p.

In einem Medium, in welchem der Brechungsindex n für manche Wellenlängen kleiner als 1 wird, kann die zugehörige Phasengeschwindigkeit c_p größer als die Vakuumlichtgeschwindigkeit werden. Auch hier hat die Phasengeschwindigkeit jedoch nichts mit der Signalgeschwindigkeit zu tun, so daß kein Widerspruch zur Relativitätstheorie besteht.

Im Vakuum sind Phasengeschwindigkeit und Gruppengeschwindigkeit der elektromagnetischen Wellen identisch und gleich der Grenzgeschwindigkeit für Signale überhaupt. Ü. bedeutet hier, soweit Signale und nicht Phasengeschwindigkeiten, etwa von Materiewellen, deren Phasengeschwindigkeit immer größer als c ist, gemeint sind, tatsächlich die Ausbreitung einer Wirkung außerhalb des → Lichtkegels. Nach der Kinematik der speziellen Relativitätstheorie wäre der zu solchen Wirkungen gehörige vierdimensionale Energie-Impuls-Vektor P^μ ein raumartiger Vektor. Die Quanten, die solche Wirkungen übertragen, hätten damit eine (imaginäre) Ruhmasse m_0 mit negativem Quadrat:

$$m_0^2 = \eta_{\mu\nu} P^\mu P^\nu < 0. \tag{3}$$

Sie hätten in jedem Bezugssystem Ü. und könnten nicht auf Lichtgeschwindigkeit oder Unterlichtgeschwindigkeit abgebremst werden. Solche Teilchen sind also kinematisch möglich und mit dem → Relativitätsprinzip vereinbar, aber nicht mit dem Kausalitätsprinzip verträglich. Denn das Kausalitätsprinzip verlangt von einer Wirkung, die zwei Ereignisse verbindet, daß unabhängig vom Bezugssystem das eine die zeitlich früher liegende Ursache des anderen ist. Für raumartig zueinander liegende Ereignisse trifft das aber gerade nicht zu.

überlineares System, → nichtlineare Schwingungen.

Übermikroskop, svw. Durchstrahlungselektronenmikroskop.

Überriesen, → Hertzsprung-Russell-Diagramm.

Übersättigung, svw. Unterkühlung.

Überschallströmung, → Strömung.

Überschiebung, eine für Tensoren definierte Rechenoperation, → Tensor.

Überschlag, eine Funken- oder Lichtbogenentladung zwischen spannungsführenden Teilen (Elektroden) längs der Oberfläche fester Isolierstoffe in Luft. Der Ü. entsteht durch die gleichen physikalischen Vorgänge wie der → Durchschlag.

Als *Überschlagweg* bezeichnet man die kürzeste Verbindung längs der Oberfläche zwischen den Elektroden. Da die Durchschlagsfestigkeit des umgebenden Mediums kleiner ist als die des festen Isolierstoffs, sind Isolationen mit Grenzflächen im allgemeinen nicht durchschlagbar. Eine Besonderheit bilden Isolationen mit Schräggrenzflächen. Bei diesen verlaufen elektrische Feldlinien durch Luft und durch den festen Isolierstoff zu anderen Elektroden. Auf solchen Wegen ist die Isolierung nach starken Vorentladungen (Gleitentladungen) mit *Gleitfunkenbildung* durchschlagbar. Zur Erhöhung der *Überschlagspannung*, bei der gerade noch kein Durchbruch einsetzt, wird der Überschlagweg durch Rippen (Schirme) vergrößert.

Der Ü. gefährdet durch Wärmewirkung die Isolatoren; deshalb wird durch Schutzarmaturen, die als Ringe um die Elektroden ausgeführt werden, das Feld homogenisiert. Da in diesem Fall ein Durchschlag zwischen den Armaturen durch die Luft erfolgt, wird der Lichtbogen von den Isolatoren ferngehalten.

Übersichtigkeit, → Augenoptik.

Überspannung, 1) *elektrische Ü.*, a) eine Betriebsspannung, die über der Nennspannung liegt, wobei meist bis 10% Abweichung zugelassen sind.

b) eine Spannung, deren Höhe elektrische Anlagen oder Geräte gefährdet und durch plötzliche Belastungsänderungen, Schaltvorgänge, Kurz- und Erdschlüsse sowie durch atmosphärische Entladungen entstehen kann. Ü.en können zum → Durchschlag und damit zur Zerstörung der Isolation führen. Beim *Überspannungsschutz* unterscheidet man Einrichtungen, die das Entstehen von Ü.en erschweren (z. B. Erdseile über Freileitungen in Hochspannungsnetzen, Vorkontakte mit Reihenschlußwiderständen an Schaltern) und Geräte, die Schäden durch Ü.en vermeiden oder vermindern (z. B. Überspannungsableiter, d. s. Hörnerableiter oder Ventilableiter mit spannungsabhängigem Widerstand und Funkenstrecke, wozu auch die Katodenfallableiter gehören).

Ü.en, die sich längs der Leitungen infolge atmosphärischer Entladungen wellenartig fortpflanzen, nennt man *Wanderwellen*.

2) *elektronische Ü.*, → Elektrodenvorgänge.

Überspannungstensor, ein Tensor, der in Werkstoffgesetzen zur Erfassung des Geschwindigkeitseinflusses auftritt, die in Anlehnung an Bingham die Form $\dot{e}_{ij} = 2\eta T_{ij}$ haben. Dabei ist η eine Stoffkonstante. Der Ü. T_{ij} wird in Abhängigkeit von der Fließbedingung definiert.

Überstrom, ein Strom in elektrischen Anlagen, Maschinen und Geräten, der höher als der Nennstrom ist und vor allem unzulässige Erwärmungen hervorruft.

Überstruktur, → Mischkristall.

Übertrager, → Transformator.

Übertragungsglied, System, dessen wesentliche Größen in zwei Klassen y_i, $i = 1, 2, \ldots, k$, und x_j, $j = 1, 2, \ldots, l$, so eingeteilt werden können, daß die x_j kausal von den y_i abhängen, d. h., daß die y_i die x_j beeinflussen, während die x_j keinerlei Rückwirkung auf die y_i ausüben. Die Größen y_i heißen die *Eingangsgrößen* und die x_j die *Ausgangsgrößen* des Ü.es. Zur geometrischen Darstellung dieser Ursache-Wirkung-Beziehung verwendet man das Blockschaltbild (Abb.). Zu

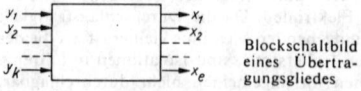

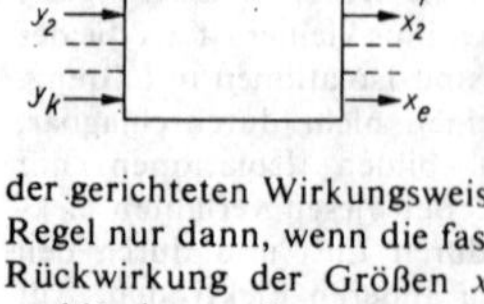

Blockschaltbild eines Übertragungsgliedes

der gerichteten Wirkungsweise kommt es in der Regel nur dann, wenn die fast stets vorhandene Rückwirkung der Größen x_j auf die y_i vernachlässigt werden kann.

Ein Meßglied z. B. zur Messung der elektrischen Spannung oder des Druckes oder ein Thermometer hat als Eingangsgröße die Meßgröße und als Ausgangsgröße die Anzeigegröße. Ein Schalter hat als Eingangsgröße die Schaltbewegung und als Ausgangsgröße eine binäre Größe, die den Schaltzustand charakterisiert.

Für ein lineares Ü. gilt für die Ursache-Wirkung-Beziehung das *Gesetz der linearen Superposition*, nach dem einer linearen Überlagerung von Ursachenverläufen als Wirkung die gleiche lineare Überlagerung der Einzelwirkungen entspricht.

Ein Ü. heißt *kausal* oder *realisierbar*, wenn der Wert der Wirkung zu einem bestimmten Zeitpunkt nicht abhängig ist von den Werten der Ursache zu späteren Zeitpunkten.

Ein Ü. heißt *zeitinvariant*, wenn bei seinem Übertragungsverhalten die Wahl eines zeitlichen Bezugspunktes keine Rolle spielt, d. h., wenn Versuche an dem Ü. reproduzierbar in aufeinanderfolgenden Zeitabschnitten durchgeführt werden können. Danach entspricht einer um eine Zeit τ verzögerten Ursache eine um die gleiche Zeit τ verzögerte Wirkung.

Ein Ü. heißt *mehrdimensional*, wenn es mehr als eine Eingangsgröße oder mehr als eine Ausgangsgröße hat.

Das Verhalten des Ü.es kann von der Zeit und von der Vorgeschichte abhängen. Ist sein Verhalten von der von ihm verarbeiteten Information unabhängig, so kann man es durch *Übertragungsoperatoren* beschreiben.

Übertragungsoperator, in der Kybernetik die Zuordnungsvorschrift, die jedem Signal einer Signalmenge D_F eindeutig ein Signal einer Signalmenge W_F zuordnet; D_F ist der *Definitionsbereich* und W_F der *Wertbereich* des Operators $\hat{F}$. Er gibt in der erforderlichen Reihenfolge die Operationen an, die auf Zeitverläufe der Eingangsgrößen $y(t)$ eines Übertragungsgliedes anzuwenden sind, um die entsprechenden Zeitverläufe der Ausgangsgrößen $x = \hat{F}y$ zu erhalten.

Die Grundschaltungen von Übertragungsgliedern führen zu Rechenoperationen zwischen den zugehörigen Operatoren.

Die Grundeigenschaften von Übertragungsgliedern übertragen sich auf die Ü.en. Die *Linearität* besagt $\hat{F}(k_1y^1 + k_2y^2) = k_1\hat{F}y^1 + k_2\hat{F}y^2$, die *Kausalität* dagegen besagt, daß in $x(t) = \hat{F}y(t)$ die Größe $x(t)$ nur von den Werten $y(t')$ mit $t' \leqq t$ abhängt. Die *Zeitinvarianz* schließlich wird durch $\hat{F}y(t - \tau) = x(t - \tau)$ für alle $\tau \geqq 0$ beschrieben. Die *dynamische Beschreibung* von Übertragungsgliedern bedeutet die Angabe ihres Ü.s.

$\hat{F}$ ist vollkommen bestimmt durch seinen Algorithmus, d. h. durch die Angabe des Ablaufs der durch F bewirkten Operationen. Diese Tatsache nützt für Systemidentifikationsprobleme nichts. Hier ist $\hat{F}$ festgelegt durch die Gesamtheit aller durch seine Wirkung einander zugeordneten Paare von Signalen $(y(t), x(t))$.

Da diese Paarmenge in der Regel nicht erschöpfend charakterisiert werden kann, spielen die Ü.en eine besondere Rolle, zu deren Bestimmung die Angabe eines einzigen Signalpaares $(y_0(t), x_0(t))$ ausreichend ist. Hier benutzt man zur Identifikation des Ü.s die Testsignale.

Überversetzung, svw. Kinke.

Überwachungsbereich, Bereich in einer Einrichtung, die Quellen ionisierender Strahlung anwendet, in dem die Beschäftigten nicht mehr als $^1/_{10}$ der für beruflich strahlungsexponierte Personen maximal zulässigen Dosen erhalten können (→ Strahlenschutzgrenzwerte). Ein Ü.

grenzt im allgemeinen an einen → Kontrollbereich an. Im Ü. sind bestimmte Kontrollen des → Strahlenschutzes durchzuführen.

Übler-Effekt, das Stehenbleiben von Blasen oder Schwebekörpern in einer beschleunigten Strömung einer viskoelastischen Flüssigkeit, z. B. durch ein sich verengendes Rohr unter der Wirkung sekundärer Normalspannungen.

UBV-System, → Helligkeit.

Uehling-Uhlenbeck-Gleichung, → kinetische Theorie.

$U^{3/2}$-Gesetz, → Raumladungsgebiet.

ug-Kern, Kern mit *u*ngerader Protonenzahl und *g*erader Neutronenzahl.

UHF, → Frequenz.

***U*-hoch-drei-Halbe-Gesetz,** → Raumladungsgebiet.

Uhr, Gerät zur Zeitanzeige (Uhrzeit) oder zur Zeitmessung (Zeitdauer). U.en als Zeitanzeiger können als mechanische, als elektrische oder als elektromechanische U.en ausgeführt sein. Ihre Hauptbestandteile sind in jedem Fall das Gehwerk und das Anzeigewerk mit Zifferblatt und Zeiger.

1) *Mechanische U.en* haben ein Gehwerk aus Antrieb, Laufwerk, Hemmung und Gangregler. Der *Antrieb* hat die Aufgabe, die zum Betrieb der U. erforderliche Energie aufzubringen. Das geschieht durch das Sinken einer Aufzugmasse („Gewicht") oder durch das Entspannen einer Zugfeder, die zuvor gespannt wird, z. B. mittels einer Flügelschraube (bei Weckeruhren) oder mittels einer Krone (bei Taschen- und Armbanduhren), oder die durch einen Rotor angetrieben wird (bei bestimmten automatischen U.en) bzw. durch einen Synchronmotor (bei Synchronuhren). Das *Lauf-* oder *Gehwerk* ist ein Zahnradgetriebe, das die Untersetzung des vom Antrieb gelieferten Drehmomentes vornimmt. Das Laufwerk, dessen letztes Rad man als Gang- oder Steigrad bezeichnet, wird von der *Hemmung* periodisch gehemmt und wieder freigegeben, um durch die dabei erzeugten Impulse den Gangregler anzutreiben. Hemmungen wurden erst bei der Entwicklung der Pendeluhren notwendig, um die Pendelschwingungen unter Kontrolle zu halten. Die ältesten bekannten Hemmungen waren Haken- oder Ankerhemmungen mit zwei Hebelarmen, die in schräg geschnittene Zähne des Steigrades eingreifen. Eine wesentliche Verbesserung stellte die 1710 erfundene Graham-Hemmung dar, die aus Steigrad und Anker besteht. Während der Anker die Schwingungen des Pendels mitmacht, greifen an den Enden der Ankerarme angebrachte Klauen abwechselnd in die Lücken der Zähne des Steigrades ein, dessen Drehung bei jeder Schwingung gehemmt wird und gleichzeitig dem Pendel einen Impuls erteilt. 1890 erfand Riefler eine freie Hemmung, bei der das an drei Blattfedern hängende Pendel völlig frei schwingt. Der Balken, an dem das Pendel hängt, ist mittels Schneiden auf Pfannen gelagert; seine Drehachse fällt mit der Biegungsachse der Blattfedern zusammen. Der Anker ist ebenfalls an dem Balken aufgehängt. Die Chronometerhemmung wurde 1748 in Frankreich für Schiffsuhren erfunden. Sie hat ein mit schrägen Spitzzähnen versehenes Steigrad, das als Doppelrad mit einer gemeinsamen Achse ausgeführt ist, wobei das eine als Hebungsrad, das andere als Ruherad wirkt. Das Ruherad hemmt die Bewegung des anderen Rades, bis es von einer Federhemmung freigegeben wird. Der *Gangregler* oder *Gangordner* ist der eigentliche zeitmessende Teil der U. Er ist entweder ein Pendel, insbesondere bei ortsfesten U.en (Pendeluhren), oder eine Unruh (Unruhuhren). Die Unruh hat die Form eines metallenen Schwungringes, dessen Achse bei guten U.en in einem Edelsteinlager (Rubin) läuft. Eine feine Spiralfeder, deren eines Ende mit der Unruhachse in Verbindung steht, während das andere fest eingespannt ist, speichert die erforderliche Energie für den Antrieb, um sie dann wieder abzugeben. Die Unruh vollführt Drehschwingungen um ihre Gleichgewichtslage. Im Gegensatz zum Pendel ist ihr Ausschlag auch bei großen Amplituden ohne Einfluß auf die Schwingungsdauer. Temperatureinflüsse können durch Verwendung entsprechender Werkstoffe weitgehend vermieden werden.

Ein Charakteristikum von U.en als Zeitanzeigern ist der *Gang*. Man versteht darunter im allgemeinen die Zeitdifferenz zwischen der Anzeige und der tatsächlichen Zeitdauer von 24 h, die mit einem Normalzeitmeßgerät oder aus astronomischen Beobachtungen gewonnen wird. Die Gangschwankung gibt an, um welchen Betrag sich der Gang innerhalb von 24 h ändert; sie ist ein Maß für die Güte einer U. *Astronomische Pendeluhren* hatten bereits eine mittlere Gangschwankung von nur wenigen tausendstel Sekunden. Unter den *Präzisions-Pendeluhren* haben einige als Normaluhren besondere Bedeutung erlangt, so daß sie noch heute die Namen ihrer Erbauer tragen. Dazu gehört die Glashütter *Stübnersche astronomische Sekunden-Pendeluhr*. Ihre Anschläge bestanden aus eisenfreiem Messing. 1939 baute Schuler in Göttingen eine Pendeluhr mit elektromagnetischer Anordnung, die von einer Hilfs- oder von einer Arbeitsuhr gesteuert wird oder durch Selbstantrieb des Pendels arbeitet (*Schuler-Uhr*). Jeweils nach einer halben Stunde wird die Antriebsuhr etwa 1 min lang von dem Ausgleichspendel mittels eines Lichtstrahls auf eine Photozelle synchronisiert. Neu war auch die Schneidenaufhängung (ähnlich der bei Waagen mit Schneide und Pfanne). Diese U. hatte einen Gangfehler von 0,01 s/d. Die *Riefler-Uhr* der Sternwarte in München zeigte einen überraschend regelmäßigen Gang; innerhalb 24 h ging sie höchstens $1 \cdot 10^{-2}$ s vor oder nach, d. h., ihre relative Meßunsicherheit betrug etwa $4 \cdot 10^{-10}$. Später wurde sie von Strasser in Glashütte für astronomische Zwecke noch vereinfacht (*Strasser-Uhr*). Als genaueste Pendeluhr galt lange Zeit hindurch die *Short-Uhr* in Greenwich. Sie wurde durch die Pendeluhr des Moskauer Wissenschaftlers Fetschenko übertroffen, die in 24 h nur $2 \cdots 3 \cdot 10^{-4}$ s vor- oder nachgeht (*Fetschenko-Uhr*). Ihre relative Meßunsicherheit beträgt $3 \cdot 10^{-10}$ und kommt damit der Meßunsicherheit einer Quarzuhr sehr nahe.

Die mit einem Synchronmotor angetriebenen Zeitmeßgeräte bezeichnet man als *Synchron-Uhren*; sie werden für die verschiedensten Zwecke gebaut, z. B. als Gebrauchs-, Stopp- und Präzisionsuhren, als Zeitzähler zur Zeitmessung und als Zeitschreiber. Entscheidend für ihre

Ganggenauigkeit ist die Frequenz der Wechselspannung, mit der ihr Motor betrieben wird.

2) *Elektrische U.en* sind häufig Bestandteil von Zeitverteilungsanlagen. Als eigentliches Zeitmeßgerät dient eine Pendeluhr hoher Präzision. Ihre Anzeige wird mittels elektrischer Impulse auf mehrere Empfänger, die Nebenuhren, übertragen. Außer einem Antrieb durch Massestücke benutzt man kontakt- oder transistorgesteuerte elektrische Antriebe sowie Hauptuhren mit Quarzsteuerung, deren Gangfehler 4 ms/d beträgt.

3) *Elektromechanische Gebrauchsuhren* erhalten als Batterieuhren ihre Antriebsenergie von einer eingebauten Batterie. Mittels eines kontaktgesteuerten Elektromagneten wird ihr Federwerk aufgezogen. Elektrisch gesteuerte Batterieuhren werden unmittelbar von der Batterie angetrieben. Der Antrieb der transistorgesteuerten Batterieuhr erfolgt durch eine 1,5-V-Batterie mit 2,5···3 A · h; der Stromverbrauch beträgt 1,6 A · h/Jahr.

4) *U.en für spezielle Zwecke*. Die *Stoppuhr* dient zur Kurzzeitmessung, sie zählt nur 0,2 oder 0,1 s, so daß Zeitintervalle nur für diese genau abgelesen werden können. Bei handbetriebenen Stoppuhren spielt außerdem der „persönliche Fehler" (→ Fehler) des Beobachters eine Rolle, der einige Zehntelsekunden ausmachen kann. *Chronometer* sind sehr präzise arbeitende Spezialuhren für die See- und Luftfahrt, sie werden oft auch als Marinechronometer bezeichnet. Infolge der kardanischen Aufhängung ihres Meßwerks sind sie gegen alle Erschütterungen unempfindlich und von der jeweiligen Lage unabhängig, so daß sie als Geräte der astronomischen Navigation geeignet sind. Nach internationaler Vereinbarung von 1951 ist das Chronometer „eine in verschiedenen Lagen und Temperaturen feingestellte und sorgfältig regulierte Präzisionsuhr". Chronometer werden amtlich geprüft (in der BRD von der PTB) und erhalten einen „Gangschein", der international anerkannt wird. Elektronische Marinechronometer zeigen bei konstanter Temperatur eine Gangabweichung $\leqq$ 0,01 s/d, bei Temperaturschwankungen zwischen +4 und +36 °C eine Gangschwankung $\leqq$ 0,05 s/d. *Chronographen* sind Geräte zur Zeitregistrierung, insbesondere für wissenschaftliche Zwecke. Die gemessenen Zeiten werden auf einem laufenden Papierstreifen markiert, wobei Zeitspannen von 10^{-4} s erreicht werden.

Im allgemeinen Sprachgebrauch werden oft fälschlicherweise Meßgeräte mit Kreisskalen als U.en bezeichnet, obwohl es sich dabei in den meisten Fällen um → Zähler handelt.

5) *U.en zur Messung von Zeitintervallen mit sehr hoher Präzision* sind die → Quarzuhr, die → Elektronenuhr sowie die → Atomuhr bzw. Moleküluhr. Atomuhren dienen im Zusammenhang mit der von der XIII. Generalkonferenz für Maß und Gewicht 1967 angenommenen physikalischen Definition der Sekunde als Zeitetalone.

Uhren im Schwerefeld, → universelle Zeit.

Uhrenparadoxon, → Zwillingsparadoxon.

UHV, Abk. für Ultrahochvakuum, → Vakuum (Tab.).

u-Kanal, → analytische S-Matrix-Theorie.

UKW, → Frequenz.

Ulbrichtsche Kugel, → Lichtstrommessung.

Ultradünnschnittverfahren, → elektronenmikroskopische Präparationstechnik.

Ultrafiltration, die Entfernung von gelösten Teilchen im Bereich von kolloiden bis zu molekularen Dimensionen aus einer Lösung, indem diese durch eine Membran geeigneter Porengröße gepreßt wird. Die U. ist verwandt mit der umgekehrten Osmose, sie erfolgt aber im Unterschied zu dieser meist bei hohen Drücken.

ultraharmonische Resonanz, → nichtlineare Schwingungen.

Ultrakurzwellen, → Frequenz.

Ultramikroskop, ein Dunkelfeldmikroskop, mit dem Teilchen beobachtet werden, deren geometrisch-optisches Bild kleiner ist als das Beugungsscheibchen (Submikronen). Im Dunkelfeld sind die kleinen lichtschwachen Beugungsscheibchen gut zu beobachten; Größe und Gestalt der Teilchen sind zwar nicht direkt erkennbar, lassen sich aber indirekt erschließen. Im *Spaltultramikroskop* wird mittels eines Spaltes nur ein schmaler, senkrecht zur optischen Achse des Mikroskops gelegener Bereich beleuchtet, so daß die außerhalb desselben liegenden defokussierten Submikronen das Bild nicht überstrahlen. Die Teilchendurchmesser lassen sich aus dem Polarisationszustand, aus der Farbe oder auch aus der Intensität der Beugungsscheibchen ableiten, indem bekannte Gesetze angewendet werden: Die Intensität des gebeugten Lichtes ist umgekehrt proportional der 4. Potenz der Wellenlänge (daher die verschiedenen Farben der Scheibchen) und außerdem umgekehrt proportional dem Quadrat des Teilchenvolumens (Mie-Streuung); die Beugung wird um so stärker, je größer die Differenz der Brechzahlen von Teilchen und Einbettungsmittel ist. Für die Formbestimmung der Submikronen wird der Azimuteffekt angewandt, indem sie von verschiedenen Richtungen her beleuchtet werden. Alle Aussagen über Größe und Form sind mit einer Unsicherheit behaftet; als untere Grenze sind Submikronen von 4 nm Durchmesser gemessen worden.

Ultramikrotom, → elektronenmikroskopische Präparationstechnik.

Ultrarot, svw. Infrarot.

Ultrarotdivergenz, svw. Ultrarotkatastrophe.

Ultrarotkatastrophe, *Ultrarotdivergenz, Infrarotdivergenz*, die sich als Folge der verschwindenden Ruhmasse der Photonen bei der störungstheoretischen Berechnung des Strahlungsverlustes im Rahmen der Quantenelektrodynamik ergebende unphysikalische Divergenz. Die U. kann durch Einführung einer kleinen, von Null verschiedenen Masse für die Photonen vermieden werden, die man nach Berechnung der sonst divergierenden Integrale gegen Null gehen läßt, wobei endliche Ausdrücke für die fraglichen Größen resultieren (*Bloch-Nordsieck-Methode*).

Ultrarotspektroskopie, abg. *UR-Spektroskopie, Infrarotspektroskopie,* abg. *IR-Spektroskopie,* ein Teilgebiet der → Spektroskopie. Die Ultrarotspektren eines Stoffes, d. h. das Rotations- und Schwingungsspektrum von Molekülen (→ Molekülspektren, → Spektren zweiatomiger Moleküle, → Spektren mehratomiger Moleküle), vermitteln die Kenntnis eines Teils der Energiezustände und damit auch die Molekülgrößen

(Bindungskräfte, Trägheitsmomente). Die Rotationsspektren liegen meist oberhalb der Wellenlänge von 50 μm (fernes Ultrarot), während das Grundschwingungsspektrum zwischen 2,5 und 50 μm liegt (mittleres UR). Das erste UR-Spektrum wurde 1881 von Abney und Festings aufgenommen, die die Absorption durch organische Substanzen zwischen 0,7 μm und 1,2 μm beobachteten.

Die Energiedifferenzen der Schwingungs- bzw. Rotationszustände können sowohl in Absorption als auch in Emission aufgenommen werden.

Der Nachweis der emittierten Strahlung ist aber viel schwieriger, so daß man generell *UR-Absorptionsspektren* beobachtet. Die Probe wird dazu von einer kontinuierlichen UR-Strahlung durchstrahlt. Haben die Rotations- bzw. Schwingungsübergänge der zu untersuchenden Moleküle und die elektromagnetischen Schwingungen die gleiche Frequenz, so gehen die Moleküle in einen angeregten Zustand über, und es tritt Energieabsorption aus der UR-Strahlung ein. Das angeregte Molekül geht nach kurzer Zeit durch Strahlungsemission oder Stoßwechselwirkung mit Nachbarmolekülen in den Grundzustand über. Die kontinuierliche UR-Strahlung wird durch den → Monochromator in ihre einzelnen Frequenzen zerlegt und damit kann die Energieabsorption durch die Moleküle durch Registrierung der Intensitäten in Abhängigkeit von der Frequenz nachgewiesen werden.

Aufbau und Wirkungsweise eines *UR-Spektrometers*: Als UR-Strahlungsquelle mit kontinuierlichem Emissionsspektrum verwendet man vorwiegend *Nernst-Stift* und *Globar*. Der Nernst-Stift besteht aus Zirkoniumoxid mit Zusätzen von Yttriumoxid und Oxiden anderer Seltenerdmetalle, wird aber erst bei 800 °C elektrisch leitend, so daß er vorgeheizt werden muß, während der Globar, der aus Siliziumkarbid besteht, schon im kalten Zustand leitend ist. Im langwelligen UR, oberhalb 50 μm, verwendet man den *Auer-Brenner* als Strahlungsquelle, im ganz langwelligen UR, oberhalb 200 μm bis weit über 1 000 μm, ist die geeignet gefilterte Strahlung der Quecksilberdampflampe brauchbar.

Als optisches Strahlenführungssystem verwendet man fast ausschließlich *Spiegel* statt Linsen. Gewöhnliche Glaslinsen sind für das UR undurchlässig und die aus künstlich gezüchteten Kristallen hergestellten Linsen (z. B. aus Alkalihalogeniden) sind unpraktisch (mechanische Unzulänglichkeiten, stark hygroskopisch).

Zur Monochromatisierung verwandte man früher häufig *Prismen* (Alkalihalogenide). Um größere Frequenzbereiche zu untersuchen (z. B. 1 bis 50 μm), führte man Prismenwechsel durch (z. B. Prismen aus LiF, NaCl, CsJ nacheinander). Heute benutzt man meist *Beugungsgitter*, die eine größere Auflösungskraft für alle Wellenlängen im UR haben. Der frühere Nachteil der geringen Lichtintensität beim Gitter ist durch die Benutzung des *Echelette-Gitters* überwunden worden. In zunehmendem Maße gebraucht man auch *Interferometer*, um höhere spektrale Auflösung zu erreichen.

Als Strahlungsempfänger kommen *thermische* Empfänger, bei denen die Strahlungsenergie in Wärmeenergie umgewandelt wird, nämlich Bolometer, Thermoelemente und pneumatische Empfänger (Golay-Zelle), in Frage. Mit der Entwicklung der Halbleiterphysik entstanden für das UR-Gebiet *photoelektrische* Strahlungsempfänger vom Bleisulfidtyp (Grenzleistung 10^{-12} Watt).

Strahlungsquelle, Monochromator und Empfänger mit den dazugehörigen Verstärkungs-, Anzeige- und Registriervorrichtungen ergeben, durch im wesentlichen optische Glieder miteinander verbunden, zusammengebaut das *UR-Spektrometer*. Bei diesen unterscheidet man noch nach Ein- und Zweistrahlgeräten.

Bei den *Einstrahlgeräten* sind zwei nacheinanderfolgende Meßvorgänge notwendig. Der eine – ohne absorbierende Substanz – liefert das Emissionsspektrum der Strahlungsquelle, der zweite – nunmehr mit Substanz – dasselbe Spektrum, das noch von der Absorption der zu untersuchenden Substanz überlagert ist. Nachteile: Emission der Quelle, Empfindlichkeit und Verstärkungsgrad des Empfängers können sich zwischen den beiden Messungen ändern. Derartige Nachteile überwindet man durch die *Zweistrahlgeräte*. Dabei wird die von der Quelle ausgehende Strahlung in zwei energetisch und geometrisch-optisch gleichartige Strahlengänge aufgeteilt, die spätestens beim Eintritt in den Monochromator wieder zu einem Strahl zusammengefaßt werden (Abb. 1). In den einen

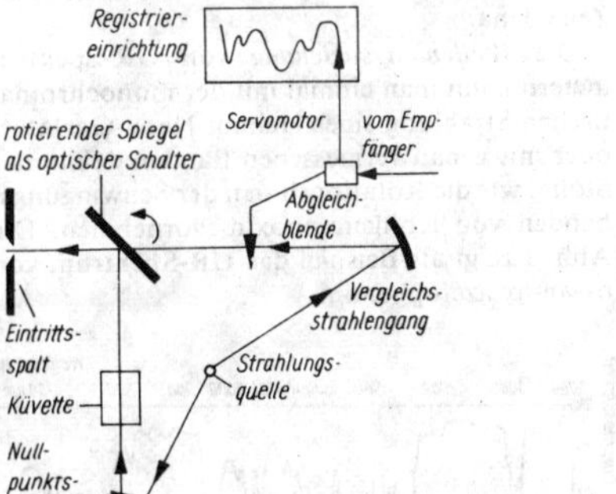

1 Schema der Photometereinheit von Zweistrahl-Ultrarotspektrometern mit Kamm- oder Aperturblende

bringt man die zu untersuchende Substanz, der andere bleibt davon frei. Durch einen optischen Schalter (in Abb. 1 der rotierende Spiegel) wird dafür gesorgt, daß periodisch in sehr kurzen zeitlichen Zwischenräumen abwechselnd Strahlung des einen und dann des anderen Strahlenganges den Monochromator durchläuft und anschließend den Empfänger erreicht, der seinerseits nur auf die energetische Differenz in den beiden Strahlengängen anspricht. Ist die fließende Energie beider Strahlen gleich, so gibt der Empfänger kein Signal, tritt Absorption auf, so spricht der Empfänger an und liefert ein Signal, das ein Maß für die Energiedifferenz in den beiden Strahlengängen und somit für die

Absorption im Meßstrahlengang ist. Dieses Signal wird nicht unmittelbar aufgezeichnet; es wird dazu benutzt, die Energie im Vergleichsstrahlgang so lange zu schwächen, bis die Energie in beiden Strahlengängen wieder gleich ist. Die Stellung des Schwächungsorganes ist nunmehr ein quantitatives Maß für die Absorption der Substanz und wird registriert. Als Schwächungs- bzw. Abgleichsorgan verwendet man optische Kammblenden oder Aperturblenden.

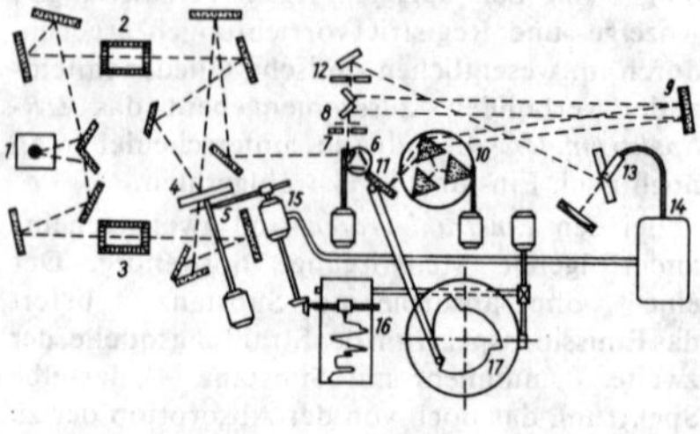

2 Strahlengang und Aufbauschema des Ultrarot-Spektralphotometers UR-20 vom VEB Carl Zeiss Jena. *1* Strahlungsquelle, *2* Meßküvette, *3* Vergleichsküvette, *4* rotierender Spiegel, *5* Abgleichsblende, *6* Vorzerleger, *7* Feldlinse, *8* Eingangsspalt, *9* Kollimatorspiegel, *10* Prismenteller, *11* Littrow-Spiegel, *12* Ausgangsspalt, *13* Strahlungsempfänger, *14* Verstärker, *15* Servomotor, *16* Schreibwerk, *17* Kurvenscheiben zur Linearisierung des Wellenzahlablaufs

Abb. 2 zeigt Strahlengang und Aufbauschema des Ultrarot-Spektralphotometers (Ultrarot-Spektrometer) UR-20 vom VEB Carl Zeiss Jena.

Die *Wellenlängeneichung* von UR-Spektrometern kann man einmal mit der monochromatischen Strahlung eines Helium-Neon-Gaslasers oder mit genau vermessenen Banden definierter Stoffe, wie die Rotationslinien der Schwingungsbanden von Kohlenmonoxid, vornehmen. Die Abb. 3 zeigt als Beispiel das UR-Spektrum von o-Methylazetophenon.

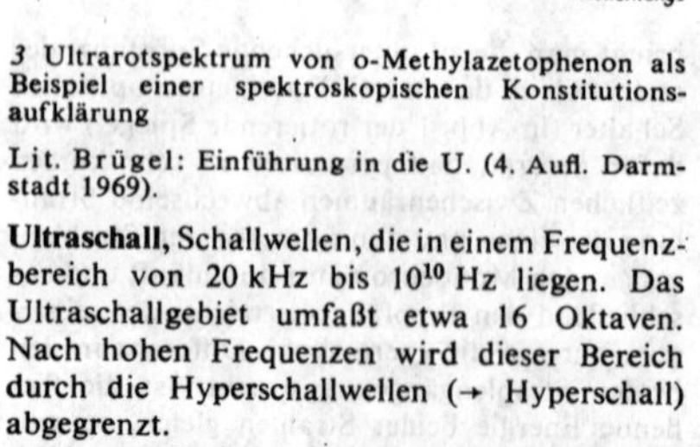

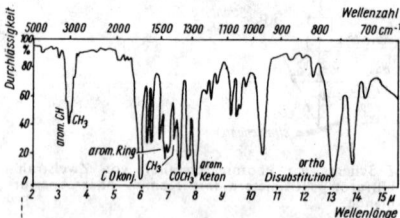

3 Ultrarotspektrum von o-Methylazetophenon als Beispiel einer spektroskopischen Konstitutionsaufklärung

Lit. Brügel: Einführung in die U. (4. Aufl. Darmstadt 1969).

Ultraschall, Schallwellen, die in einem Frequenzbereich von 20 kHz bis 10^{10} Hz liegen. Das Ultraschallgebiet umfaßt etwa 16 Oktaven. Nach hohen Frequenzen wird dieser Bereich durch die Hyperschallwellen (→ Hyperschall) abgegrenzt.

Die zugehörigen Wellenlängen des U.s reichen von 1,6 cm bis $0{,}3 \cdot 10^{-4}$ cm in Luft bei einer mittleren Schallgeschwindigkeit von $c_m \approx 330$ m/s, von 6 cm bis $1{,}2 \cdot 10^{-4}$ cm in Flüssigkeiten bei $c_m \approx 1200$ m/s und von 20 cm bis $4 \cdot 10^{-4}$ cm in Festkörpern bei $c_m \approx 4000$ m/s. Die kürzesten Ultraschallwellen liegen somit bereits in der Größenordnung der Lichtwellenlängen.

Die Gesetze der Akustik des Hörbereichs gelten unverändert auch für das Gebiet des U.s, allerdings treten infolge der kurzen Wellenlängen und der hohen Druckgradienten in der Welle noch neue, im Hörschallgebiet unbekannte Erscheinungen auf, z. B. die Beugung des Lichtes an Ultraschallwellen.

Die verhältnismäßig kurzen Wellenlängen des U.s gestatten experimentelle Untersuchungen, die besonders in der → Raumakustik Anwendung finden. Die Möglichkeit der scharfen Bündelung des U.s erlaubt das Experimentieren mit Ultraschallstrahlen, mit denen eine Art Schalloptik nach den bekannten Gesetzen der Brechung, Reflexion und Beugung betrieben werden kann.

Einige Tiere sind in der Lage, Ultraschallwellen auszustoßen, z. B. Fledermäuse und Delphine, und die von Hindernissen reflektierten Schallanteile aufzunehmen. Durch diese Schallortung finden sie Weg und Nahrung in ihrem Lebensraum. Hunde hören den Ton der Galton-Pfeife (→ Pfeifen), der vom Menschen nicht wahrgenommen wird.

Die leicht realisierbare technische E r z e u g u n g von Ultraschallwellen hoher Intensität führte zu einer verbreiteten Anwendung des U.s. Ultraschallwellen werden heute entweder auf rein mechanischem Wege, z. B. mit Ultraschallpfeifen und -sirenen, oder mit Hilfe elektroakustischer Ultraschallwandler, die vornehmlich den piezoelektrischen und den magnetostriktiven Effekt ausnutzen, durch elektrische Anregung erzeugt.

Die rein *mechanischen Ultraschallsender* spielen heute eine zumeist untergeordnete Rolle. Von der Galton-Pfeife und dem Hartmannschen Gasstromgenerator werden Luftschallwellen bis maximal 500 kHz abgegeben, während die von Janovski und Pohlmann verwendete Flüssigkeitspfeife für die Erzeugung von Ultraschallwellen in Flüssigkeiten bis etwa 30 kHz verwendbar ist. Ultraschallsirenen stellen z. Z. die stärksten Luftschallsender für Frequenzen bis 40 kHz dar und erreichen eine Leistung von mehreren kW. Für die meisten Anwendungen werden die elektrisch anregbaren Schallgeber vorgezogen. Ein elektrostatischer Ultraschallsender ist der → Sellwandler.

Die *magnetostriktiven Ultraschallgeber* beruhen auf der Erscheinung der Magnetostriktion, wonach in ein magnetisches Wechselfeld gebrachte ferromagnetische Stoffe Längenänderungen im Takte der Wechselfrequenz erfahren. Steckt man über einen zylindrischen Nickelstab eine Spule, so führt dieser Schwingungen mit maximaler Amplitude dann aus, wenn seine Resonanzfrequenz mit der Frequenz des durch die Spule fließenden Wechselstromes übereinstimmt. Die Enden des Nickelstabes geben dann Ultraschallwellen in das angrenzende Medium ab. Die Eigenfrequenzen des Stabes werden durch die Gleichung $f_k = \frac{k}{2l}\sqrt{\frac{E}{\varrho}}$ angegeben, wobei l die Länge des Stabes, E der Elastizitätsmodul und ϱ die Dichte des Stabmaterials sowie $k = 1, 2, 3, \ldots$ bedeuten. k gibt gleichzeitig die Ordnung der Schwingung an; die Grundschwingung ist als Oberschwingung erster Ordnung ($k = 1$) definiert. Magnetostriktive Ultraschallgeber werden zur Vermeidung von Wirbelstromverlusten wie Transformatoren aus einzelnen Blechen von 0,1 bis 0,3 mm Dicke zusammengesetzt. Die in spezieller Wicklungsart (Abb. 1) aufgebrachte Spule erzeugt ein im Ni-

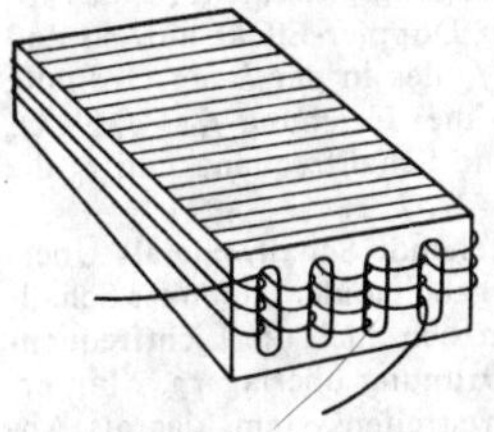

1 Magnetostriktiver Ultraschallgeber (schematisch)

Kern geschlossenes Magnetfeld. Wegen der Abhängigkeit der Eigenfrequenz der magnetostriktiven Ultraschallgeber von der Länge l werden Schallwellen mit Frequenzen über 200 kHz von den wenige Millimeter großen Schwingern nur mit vergleichsweise kleinen Leistungen abgegeben, zugleich sinkt bei tiefen Ultraschallfrequenzen der Wirkungsgrad von 50 bis 80% bei maximal 200 kHz auf etwa 20%.

Beide Enden eines magnetostriktiven Ultraschallgebers strahlen intensitätsgleiche Schallwellen ab. Eine einseitige Schallabgabe, z. B. in Wasser, erreicht man dann, wenn eine Stirnseite des Stabes mit Schaumgummi beklebt wird, der sich bei geschlossenen, luftgefüllten Poren wie ein schallundurchlässiges Luftpolster verhält; es tritt Schallreflexion unter Phasenumkehr ein, so daß beide Anteile summiert nach einer Seite abgestrahlt werden.

Magnetostriktive Ultraschallgeber sind einfach herzustellen und dem Verwendungszweck leicht anzupassen. Für tiefere Ultraschallfrequenzen lassen sich Schallintensitäten bis 10 W/cm² erzielen. Für Frequenzen über 200 kHz, aber auch darunter, werden die *piezoelektrischen Ultraschallgeber* verwendet, die unter Ausnutzung des reziproken piezoelektrischen Effekts bei Anlegen eines elektrischen Wechselfeldes mechanische Schwingungen ausführen. Den piezoelektrischen Effekt zeigende Stoffe, deren Verwendung als Ultraschallgeber damit prinzipiell möglich ist, sind ausschließlich Kristalle, die eine polare Achse besitzen (→ Kristall). Vorzugsweise verwendete Materialien sind Quarz und Bariumtitanat, letzteres in Form einer polykristallinen Keramik, der durch einmaliges Anlegen eines hohen elektrischen Gleichfeldes eine irreversible Orientierung der Kristallbereiche vermittelt wird, so daß eine resultierende Polarität auftritt. Die Abbildungen 2 und 3 zeigen die Orientierung einer als Ultraschallgeber ver-

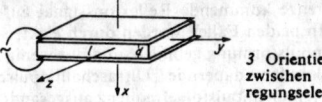

3 Orientierung zwischen den Anregungselektroden

wendbaren Quarzplatte der Dicke d und Länge l im natürlichen Quarzkristall und ihre spätere Lage im elektrischen Feld.

Zwei senkrecht zur polaren Achse stehende Flächen der Platte werden metallisch belegt. Bei Anlegen einer Wechselspannung führt die Platte dann Dickenschwingungen maximaler Amplitude aus, wenn eine der mechanischen Eigenfrequenzen der Platte mit der Wechselfrequenz übereinstimmt. Die Beziehung zwischen Frequenz in Hz und Dicke d in cm einer Quarzplatte lautet $f_k = 285600\, k/d$ in Hz, mit $k = 1, 2, 3, \ldots$

Einseitige Schallabstrahlung wird erreicht, wenn eine Plattenfläche gegen ein Medium mit vom → Schallwellenwiderstand ϱc_S der Platte stark abweichendem Wert, z. B. Luft, grenzt, während auf der anderen Seite die Schallwellenwiderstände angepaßt sind. Die dann gegen Luft auftretende Reflexion unter Phasenumkehr führt zur einseitigen Abstrahlung mit verdoppelter Leistung. Quarzplatten können in Flüssigkeiten auf diese Weise Schallintensitäten bis zu 40 W/cm² erzeugen.

Aus Bariumtitanat gefertigte keramische Ultraschallgeber haben gegenüber Quarz den Vorteil, in beliebiger Form herstellbar zu sein. Insbesondere sind hohlspiegelartige oder rohrförmige Schwinger interessant, da mit ihnen der abgegebene U. in einem Brennpunkt oder einer Brennlinie vereinigt werden kann, so daß sehr hohe Schallintensitäten an bestimmten Orten des Schallfeldes erzeugbar sind, z. B. 100 W/cm². Da die künstlich erzeugte Orientierung der Bariumutanatkristallbereiche in der Keramik oberhalb einer Temperatur von etwa 110 °C verschwindet, sind solche Ultraschallgeber nur unter dieser Temperatur verwendbar.

Der Nachweis des U.s geschieht mit Meßgeräten, die auf die einzelnen Schallfeldgrößen ansprechen. Das Schallfeld wird definiert durch die Angabe von Schallschnelle v und Schalldruck p, aus denen sich die anderen Größen, wie Schwingungs- und Beschleunigungsamplitude, Schallstrahlungsdruck S, Schallintensität oder Schallstärke J, Schalleistung P, Schallwellenwiderstand R_S und Schallstrahlungswiderstand R^*, ableiten lassen.

Als Beispiel sollen von einer mit 300 kHz in 1. Ordnung schwingenden Quarzplatte von 70 cm² abstrahlender Fläche bei einer Schallintensität von 10 W/cm² die Größen P, v, p und S für die Schallabstrahlung in Wasser angegeben werden. Es ist $P = 700$ W, $v = 0{,}37$ m/s, $p = 5{,}5 \cdot 10^5$ N/m², $S = 134{,}3$ N/m².

Der *Schallwellenwiderstand* $R_S = \varrho c_S$ charakterisiert die Schallausbreitungseigenschaften eines Mediums, vor allem ist er verantwortlich für das Verhalten einer Schallwelle an der Phasengrenze zweier Medien unterschiedlichen Schallwellenwiderstandes. Im Ultraschallgebiet interessiert besonders der Durchgang der Schallwelle durch eine Platte der Dicke d, die sich in einem anderen Medium befindet. Man findet, daß bei Erfüllung der Beziehung $d = (2n - 1)\, \lambda/4$ ein Minimum, für $d = n \cdot \lambda/2$ ein Maximum der Schalldurchlässigkeit eintritt. λ ist dabei die Ultraschallwellenlänge in der Platte, $n = 1, 2, 3 \ldots$

Die Bestimmung der *Schallstärke* J ist bei tiefen Ultraschallfrequenzen mit der → Rayleigh-

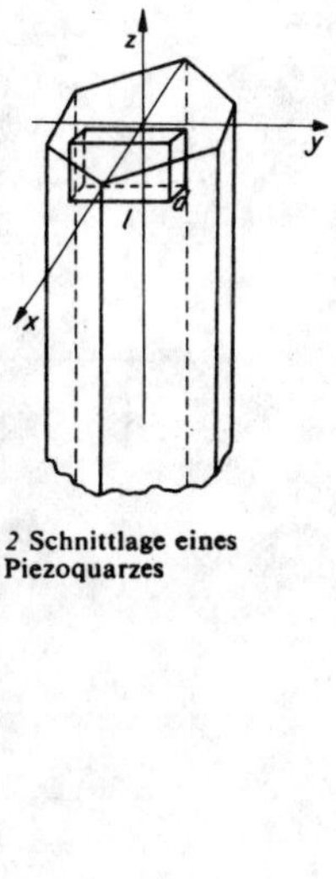

2 Schnittlage eines Piezoquarzes

Scheibe möglich, deren Drehung im gegebenen Schallfeld von der Größe der Schallschnelle v abhängt.

Der *Schalldruck p*, auch als *Schallwechseldruck* bezeichnet, ist der infolge des direkten piezoelektrischen Effektes an einem piezoelektrischen Schallempfänger induzierten Wechselspannung direkt proportional. Derartige Empfänger für das gesamte Ultraschallfrequenzgebiet bestehen aus den gleichen Kristallen und Anordnungen wie die piezoelektrischen Schallgeber, insbesondere sind maximale Nachweisempfindlichkeiten nur bei Einhaltung der bereits genannten Beziehungen zwischen Geometrie der Geber und Frequenz zu erreichen.

Der *Schallstrahlungsdruck S* erreicht in starken Schallfeldern Werte bis zu 150 N/m^2; ist der Ultraschallstrahl dabei gegen eine Flüssigkeitsoberfläche gerichtet, treten sogenannte Ultraschallsprudel auf. Teile der Flüssigkeit werden fontänenartig einige Zentimeter über die Oberfläche emporgeschleudert. Zur Messung des Schallstrahlungsdruckes verwendet man → Schallradiometer oder Schalldruckwaagen. Letztere, besonders zur Messung größerer Strahlungsdrücke geeignet, bestehen aus einem waageähnlichen Hebelsystem, wobei der auf eine diffus reflektierende Platte treffende Schall diese gegen die Wirkung einer Feder verschiebt. Die Verschiebung ist dem Schallstrahlungsdruck proportional.

Die *Schallwellenlänge* wird durch Messungen mit dem → Schallinterferometer oder auf optischem Wege bestimmt.

Messungen der *Schallgeschwindigkeit* c_s, die auch zur Bestimmung des Schallwellenwiderstandes und für Untersuchungen der Molekularakustik Bedeutung haben, werden im Ultraschallgebiet mit dem Interferometer nach der Beziehung $c_s = \lambda v$ oder mit elektronischen Impulsmethoden, die die Laufzeit von Schallimpulsen zu bestimmen gestatten, durchgeführt. Diese Impulsmethoden liefern allerdings die Gruppengeschwindigkeit c_{gr}, während aus interferometrischen Messungen die Phasengeschwindigkeit c_{ph} folgt. Der optische Nachweis von Ultraschallwellen gelingt in optisch durchsichtigen Schallausbreitungsmedien mit Hilfe der Schlierenmethode, indem die durch die Schallwelle hervorgerufenen Dichte- und damit Brechungsindexschwankungen in Helligkeitsschwankungen umgewandelt werden. In einer stehenden Ultraschallwelle werden z. B. die Druckbäuche aufgehellt, fortlaufende Schallwellen hellen den gesamten vom Schall erreichten Bereich auf. Aber auch im letzten Fall der fortschreitenden Welle gelingt mit Hilfe einer stroboskopischen Beleuchtung (→ Stroboskop) eine optische Darstellung des Schallfeldes. Eine weitere Wechselwirkung des Lichtes mit der Ultraschallwelle ist die von Debye und Sears 1932 gefundene Beugung des Lichtes an Ultraschallwellen (*Debye-Sears-Effekt*). Durchsetzt ein paralleles Lichtstrahlenbündel einen durchsichtigen sowie schalldurchlässigen Stoff, in dem senkrecht zum einfallenden Lichtstrahl eine fortschreitende oder stehende Schallwelle angeregt wird, wirken die innerhalb der Schallwelle auftretenden äquidistanten Dichteschwankungen wie ein optisches Gitter mit der Ultraschallwellenlänge als Gitterkonstante. In einer geeigneten optischen Anordnung zur Abbildung eines Spaltes treten bei Verwendung monochromatischen Lichtes neben dem primären Spaltbild Beugungsbilder verschiedener Ordnung auf, aus deren Abständen und Intensitäten mit Hilfe der bekannten Beziehungen der Beugung des Lichtes sowohl Wellenlänge als auch Geschwindigkeit des U.s zu bestimmen sind. Geschieht die Beugung an einer fortschreitenden Ultraschallwelle, d. h. an einem mit Schallgeschwindigkeit vorbeilaufenden Beugungsgitter, tritt für das abgebeugte Licht ein Doppler-Effekt auf, so daß für die Frequenz f_k des in der k-ten Ordnung gebeugten Lichtes die Beziehung $f_k = f_0 \pm kf_s$ gilt; dabei ist f_s die Schallfrequenz und f_0 die Lichtfrequenz; $k = 1, 2, 3, \ldots$

Faßt man die stehende Schallwelle als Überlagerung zweier gegeneinander laufender Schallwellen auf, müssen sich auch die Lichtfrequenzen in der k-ten Ordnung überlagern. Man erhält ein Interferenzstreifensystem, das als Abbild der Schallwelle aufzufassen ist. Infolge des periodischen Entstehens und Verschwindens des Schallwellengitters bei einer stehenden Schallwelle wird das zur Beugung gebrachte Licht mit der Frequenz $2f_s$ moduliert.

Anwendungen des U.s. Die Kleinheit der Wellenlänge λ im Ultraschallgebiet erlaubt die Messung der Schallgeschwindigkeit in kleinen Proben aller Schallausbreitungsmedien, ohne daß Randeffekte einen störenden Einfluß ausüben können. Die Übertragung der Schalluntersuchungen auf hohe Ultraschallfrequenzen ist möglich, weil die Schallgeschwindigkeit weitgehend von der Frequenz unabhängig ist. → Schalldispersion tritt im Ultraschallgebiet nur in mehratomigen Gasen auf, Festkörper und Flüssigkeiten haben erst im Grenzbereich der Hyperschallwellen (→ Hyperschall) ihre Dispersionsgebiete.

Schallgeschwindigkeitsmessungen an festen Körpern erlauben die Bestimmung deren elastischer Konstanten; durchsichtige Körper, wie Glas oder Quarz, liefern infolge der Beugung eines Lichtstrahls an den sich in diesen Körpern ausbreitenden elastischen Wellen Beugungsbilder, deren Geometrie durch die elastischen Eigenschaften festgelegt ist. Isotrope Körper wie Glas ergeben zwei konzentrische Kreise, aus denen Elastizitäts- und Torsionsmodul bestimmbar sind; anisotrope Körper, z. B. alle Kristalle, ergeben kompliziertere Beugungsbilder, aus denen je nach Kristallklasse bis zu 21 elastische Konstanten errechenbar sind. Undurchsichtige Körper können dagegen nur mit Ultraschallimpulsverfahren vermessen werden.

Prinzipiell werden zwei Varianten dieser Impulsverfahren unterschieden, das *Impulsdurchstrahlungsverfahren*, bei dem der U. die Meßstrecke von einem Ultraschallsender bis zu einem Ultraschallempfänger einmal durchläuft, und das *Impulsechoverfahren*, bei dem der Ultraschallsender gleichzeitig als Empfänger verwendet wird und das von einer Fehlstelle oder Phasengrenze kommende Reflexionssignal aufnimmt. In beiden Fällen werden durch elektronische Impulsformung gebildete und nur wenige Mikrosekunden dauernde Ultraschallimpulse mit konstanter Impulsfolgefrequenz ausgesandt.

Die im ersten Fall von einem getrennten Empfänger, im letzteren durch den im Takte der Impulsfolge auf Empfang geschalteten Ultraschallgeber aufgenommenen Impulse werden über einer Zeitmarke auf einer Braunschen Röhre sichtbar gemacht. Aus der Laufzeit ergibt sich bei bekannter Meßstrecke die Gruppengeschwindigkeit des U.s. Liegen in der Meßstrecke Materialfehler, Inhomogenitäten oder Phasengrenzen, treten zusätzliche Empfangsimpulse auf, aus deren Stärke und Lage auf Ort und Größe der Fehlstellen geschlossen werden kann.

Die auf diesem Verfahren aufbauende zerstörungsfreie → *Ultraschallmaterialprüfung* (*Ultraschallwerkstoffprüfung*) hat vor allem die Aufgabe, in Halbzeugen oder Fertigteilen nach solchen Fehlstellen zu suchen, die den Wert dieser Teile beeinträchtigen. Der Vorteil dieser Ultraschallverfahren gegenüber der ebenfalls zu verwendenden Röntgendurchstrahlung liegt in der völligen Ungefährlichkeit des U.s. Ferner ist die Reichweite des U.s in Metallen weit größer als die der Röntgenstrahlen.

Bedeutungsvoller ist das mit einem Ultraschallwandler arbeitende Impulsechoverfahren, da nur ein Wandler angekoppelt zu werden braucht und sich ein vorhandener Materialfehler direkt als neuer Impuls und nicht nur als Schwächung des Hauptempfangsimpulses, wie z. B. bei der Durchstrahlung, äußert.

Eine genauere Messung der Laufzeit dieser Impulse erreicht man durch Verwendung einer zweiten Ultraschallstrecke, deren Impulse denen der Meßstrecke überlagert werden. Decken sich die Empfangsimpulse, kann aus der bekannten Schallgeschwindigkeit in der Vergleichssubstanz und dem dort zurückgelegten Schallweg die gesuchte Geschwindigkeit berechnet werden.

Verwendung finden diese Verfahren auch in der Human- und Tiermedizin, z. B. bei der Bestimmung von Gewebestärken.

Ist ferner das Schallausbreitungsmedium nicht frei von Schallabsorption, wird die Schallenergie teilweise in Wärme ungewandelt; diese innere Erwärmung durch U. findet in der Medizin therapeutische Anwendung.

Auf See werden Ultraschallimpulse zur Bestimmung der Meerestiefe (Echolotung) und zur Suche und Lokalisierung von Objekten sowie zur Entfernungsbestimmung verwendet, → Ultraschallortung.

Kontinuierliche Ultraschallwellen werden in der Kolloidchemie dazu benutzt, nichtmischbare Flüssigkeiten zu emulgieren und feste Körper in Flüssigkeiten zu dispergieren.

Diese Vorgänge beruhen, wie auch die entgasende Wirkung, das Bohren fester Körper mit U., die Reinigung von Metallteilen u. a., auf der in Ultraschallfeldern auftretenden → Kavitation.

Ist Gas in einer Flüssigkeit gelöst, tritt bereits bei geringen Schallintensitäten Pseudokavitation auf, d. h., in den Dehnungsphasen der Ultraschallwelle bilden oder vergrößern sich Gasbläschen und bilden Hohlräume.

In völlig entgasten Flüssigkeiten tritt bei höheren Schallintensitäten in den Dehnungsphasen Hohlraumbildung durch Zerreißen von Flüssigkeitsbereichen ein. In der folgenden Druckphase schlagen diese Hohlräume wieder zusammen, wobei ein zischendes Geräusch hörbar wird. Beim Zusammenschlagen treten beträchtliche Momentandrücke auf, die als Ursache vieler zerstörender Wirkungen des U.s anzusehen sind. Außerdem können chemische Reaktionen, meist oxydativ, ausgelöst werden.

Auf kolloidale Lösungen, besonders jedoch auf Aerosole wirkende Ultraschallwellen rufen → Ultraschallkoagulation hervor.

Thixotrope Medien werden durch die Einwirkung von U. verflüssigt, insbesondere die Bereiche nahe der Phasengrenze zu einem das thixotrope Medium berührenden Körper. Für diese Erscheinung werden Kavitationseffekte verantwortlich gemacht. In starken Ultraschallfeldern tritt Abbau von Hochpolymeren auf.

Lit. L. Bergmann: Der Ultraschall (6. Aufl. Stuttgart 1954).

Ultraschallabsorption, → magnetoakustischer Effekt.

Ultraschallholographie, → Holographie.

Ultraschallinse, Einrichtung zur Konzentrierung oder Zerstreuung von Schallstrahlen in Analogie zur geometrischen Optik. U.n bestehen aus Stoffen der Dichte ϱ, deren → Schallwellenwiderstand $R = \varrho c_s$ von dem des umgebenden Mediums möglichst wenig abweicht, damit Reflexionen an den Phasengrenzen vermieden werden. Andererseits muß die Schallgeschwindigkeit c_s in der Linse verschieden von der im umgebenden Medium sein, damit ausreichende Brechungen an den Phasengrenzen auftreten. Die Bedingungen $\varrho_1 c_{s1} \approx \varrho_2 c_{s2}$ und $c_{s1} \lesseqgtr c_{s2}$, die sich auf zwei Medien beziehen, beschreiben diese Forderungen. U.n aus Polystyrol oder Piacryl genügen diesen Bedingungen.

Ultraschallkavitation, → Kavitation, → Ultraschall.

Ultraschallkoagulation, die in starken Ultraschallfeldern auftretende Koagulation von in Flüssigkeiten oder Gasen feinverteilten kolloidalen Teilchen, d. h. von Hydrosolen und Aerosolen.

Bei Dispergierungs- und Emulgierungsvorgängen in Flüssigkeiten, die im Ultraschallfeld stattfinden, wird nur eine gewisse Konzentration der Emulsion oder Dispersion erhalten, da sich diese Vorgänge mit dem Koagulationsmechanismus das Gleichgewicht halten. Bei höheren Konzentrationen der Hydrosole wandert die disperse Phase, sofern sie eine geringere Dichte als das Lösungsmittel hat, in die Schwingungsknoten einer stehenden Ultraschallwelle. Ist die Dichte der dispersen Phase größer, sammelt sie sich in den Schwingungsbäuchen.

Diese Wechselwirkung unterschiedlicher Mechanismen tritt nur in Hydrosolen auf, da in Flüssigkeiten durch Kavitation (→ Ultraschall) Kräfte auftreten, die die Verteilung der Teilchen begünstigen. Gase, die feinverteilte feste oder flüssige Stoffe enthalten, z. B. Nebel, Staub, Rauch, zeigen keine Kavitation; die an sich weniger stabilen Aerosole koagulieren deshalb im Ultraschallfeld.

Ursachen dieses Vorganges sind einmal hydrodynamische Anziehungskräfte zwischen den Teilchen, die die Schwingungsbewegung des Mediums nicht oder nur teilweise mitmachen. Betroffen sind vor allem die großen Teilchen der dispersen Phase, die sich dadurch zusammenlagern. Zum anderen werden die Geschwindigkeiten und Amplituden der Schwingungsbewegung der dispersen Teilchen unterschiedlich sein, so daß die Zahl der Zusammenstöße im Schallfeld größer wird. Man spricht von orthokinetischer Koagulation. Ferner bewegen sich in stehenden Schallwellen die Teilchen infolge der Wirkung des Schallstrahlungsdruckes in die Schwingungsbäuche. Die U. wird zur Reinigung von Abwässern und Abgasen angewandt.

Ultraschallmaterialprüfung, *Ultraschallwerkstoffprüfung*, ein Verfahren zur zerstörungsfreien Prüfung auf Inhomogenitäten und Strukturfehler im wesentlichen fester Werkstoffe oder Fertigteile mit → Ultraschall. Den dazu entwickelten technischen Anordnungen liegen folgende Wirkprinzipien zugrunde: 1) Hochfrequente *Ultraschallimpulse* werden von einem Ultraschallgeber in das zu untersuchende Material abgestrahlt; die am anderen Ende der Prüfstrecke ankommende Ultraschallenergie wird entweder dort reflektiert, nur vom inzwischen elektronisch auf Empfang umgeschalteten Ultraschallwandler aufgenommen oder an dieser Reflexionsstelle von einem zweiten Wandler empfangen. Ein Fehler im Material äußert sich dann beim *Echoverfahren* im zusätzlichen Auftreten eines an der Grenzfläche des Fehlerbezirkes reflektierten Impulses, der vor dem am Ende reflektierten Impuls eintrifft und sichtbar gemacht werden kann. Beim *Durchstrahlungsverfahren* mit zwei Wandlern wird der Empfangsimpuls bei auftretenden Fehlern geschwächt. Insbesondere das Echoimpulsverfahren hat den großen Vorteil einfacher Handhabung und präziser Fehlerortung. Eine schnittartige flächenhafte Abbildung des Fehlergebietes im Material erreicht man dann, wenn bei jeweils nur wenige Millimeter gegen das Material weitergerückter Ultraschallprüfstrecke oder bei stetig geändertem Einstrahlwinkel nacheinander das ganze Fehlergebiet abgetastet wird. Bildet man die eintreffenden Impulse als Helligkeitssignale auf einem Bildschirm ab und synchronisiert die Verschiebung der Prüfstrecke oder des Winkels mit dem Elektronenstrahl, dann erhält man eine genaue Abbildung der einzelnen Fehlerstellen im Prüfling (siehe Tafel 20, Abb. 4). 2) Das am weitesten fortgeschrittene Verfahren der U. ist das *Ultraschallsichtverfahren*. Bei ihm durchsetzen parallele *Schallstrahlen* den in einer Flüssigkeit befindlichen Prüfling senkrecht nach oben. Sowohl an der Phasengrenze Flüssigkeit/fester Prüfling als auch an den Phasengrenzen innerer Inhomogenitäten treten Reflexionen auf. Damit verbundene Schallenergieverluste zeigen sich an der Flüssigkeitsoberfläche in einer geringeren Höhe der durch den Schallstrahlungsdruck profilierten Oberfläche. Das Oberflächenrelief wird durch eine optische Schlierenanordnung abgesetzt und sichtbar gemacht. Da sich dabei nur die Grenzen der Fehlergebiete abzeichnen und eine eindeutige Unterscheidung einzelner Bezirke schwierig ist, erzeugt man durch eine zusätzliche Kunststoffolie Schallinterferenzen in den Bereichen des ungehinderten Schalldurchganges, die sich dann mit einem Streifenmuster im Schirmbild abzeichnen (Tafel 20, Abb. 5, 6).

Ultraschallortung, der Nachweis von Inhomogenitäten und Phasengrenzen im sonst homogenen Schallausbreitungsmedium durch die Erfassung der von diesen Stellen zu einem Sender reflektierten Ultraschallwellen (→ Ultraschall).

Für die *Ortsbestimmung* von Punkten oder Objekten auf oder unterhalb der Meeresoberfläche mit Hilfe von Ultraschallwellen lassen sich im Prinzip gleiche Verfahren anwenden wie bei der Ortung mit elektromagnetischen Wellen (→ Funkortung). Praktische Bedeutung haben Systeme erlangt, bei denen die Entfernung oder die Entfernungsdifferenz bestimmt wird. Diese Systeme entsprechen den Entfernungsmeßsystemen in der Funkortung bzw. den Hyperbelsystemen.

Zur Ortsbestimmung auf Grund der gemessenen Entfernung sind zwei Entfernungsmessungen zwischen dem Ortungspunkt und zwei Bezugspunkten erforderlich. Die Entfernung ergibt sich aus der Ausbreitungsgeschwindigkeit der Schallwelle und der gemessenen Laufzeit der Schallwelle. Die Ausbreitungsgeschwindigkeit der Schallwelle im Meerwasser läßt sich aus folgender empirisch gefundener Gleichung bestimmen: $v = 1445{,}4 - 4{,}62\,t - 0{,}045\,t^2 + (1{,}32 - 0{,}007\,t)(s - 35)$, wobei v in m/s gilt; t ist die Temperatur in °C und s der Salzgehalt in $^0/_{00}$. Nicht berücksichtigt in dieser Gleichung ist, daß sich zufolge zunehmenden Druckes bei zunehmender Tiefe die Ausbreitungsgeschwindigkeit des Schalles um etwa 17 m/s je 1000 m Meerestiefe erhöht.

Zur Festlegung von Fixpunkten auf See wird die Lautzeitdifferenzmessung benutzt. Dazu werden auf möglichst ebenem Meeresgrund drei Relaisstationen für Ultraschall so angeordnet, daß sie die Ecken eines gleichseitigen Dreiecks bilden. Als Fixpunkt gilt nun jener Punkt auf der Meeresoberfläche, von dem aus die Schalllaufzeit zu den drei Punkten am Meeresgrund und zurück gleich groß ist. Dabei wird vorausgesetzt, daß die Ausbreitungsgeschwindigkeit der Schallwelle für die drei Strecken gleich groß ist; ihre absolute Größe ist ohne Einfluß. Die Relaisstationen sind entweder aktive Reflektoren ähnlich den Transpondern beim DME-Verfahren (→ Funkortung) oder passive Reflektoren.

Zur Ortsbestimmung von Punkten oder Objekten auf dem Meeresboden eignet sich das aus der Funkortung bekannte Hyperbelverfahren. Dazu muß sich an dem zu ortenden Punkt oder Objekt die Schallquelle befinden. Drei z. B. an verschiedenen Stellen des Bodens eines Schiffsrumpfes angebrachte Schallempfänger nehmen die Schallwellen auf. Aus den gemessenen Laufzeitdifferenzen ergeben sich Standlinien, die zu einer Schar konfokaler Hyperbeln gehören. Der Schnittpunkt von je zwei Hyperbeln ist der Ort der Schallquelle relativ zur Position des Schiffes. Die damit erzielbare Genauigkeit liegt in der Größenordnung von einigen Zentimetern.

Auch die → Ultraschallmaterialprüfung mittels hochfrequenter Ultraschallimpulse ist eine Form der U.

Nach dem Prinzip der U. orientieren sich einige Tierarten, z. B. Delphine und Fledermäuse, in ihrem Lebensraum.

Ultraschallquelle oder **Ultraschallsender,** → Ultraschall.

Ultraschall-Sichtverfahren, *Abbildung durch Ultraschall.* In Analogie zur lichtoptischen Abbildung bestimmter Objekte können auch mit Schallstrahlen über → Schallinsen- und Schallspiegelsysteme Gegenstände abgebildet werden, wobei zur Sichtbarmachung der Schallwellen besondere akustisch-optische Bildwandler verwendet werden. So können z. B. Materialfehlstellen (Lunker) akustisch sichtbar gemacht werden, wobei das Auflösungsvermögen in der Größenordnung der verwendeten Schallwellenlänge liegt. Von Pohlmann wurde erstmals ein Verfahren angegeben, nach dem der auf eine als Bildschirm wirkende, flächenhaft ausgedehnte Suspension von Aluminiumflitter in Xylol fallende Schallstrahl sichtbar wird. Die kleinen Aluminiumscheiben stellen sich im Schallfeld wie → Rayleigh-Scheiben mit ihrer Fläche senkrecht zur Schallstrahlrichtung. Bei schräger Beleuchtung reflektieren nur die ausgerichteten Scheiben und markieren so die vom Schall getroffenen Stellen des Schirmes als helle Flächen auf dunklem Grund.

Von Schuster wurde ein anderer Effekt zur Umwandlung des akustischen in ein optisches Signal benutzt. Wird die Ebene des von Schallwellen erzeugten Bildes in eine Flüssigkeitsoberfläche verlegt, so bewirkt die Resultierende aus Schallstrahlungsdruck und Schwerkraft eine von der Schallstärke abhängige reliefartige Erhebung der Flüssigkeitsoberfläche. Eine lichtoptische Schlierenanordnung ermöglicht die optische Abbildung des Reliefs auf einem Schirm.

Ein weiteres grundsätzlich anderes Verfahren beruht auf der Auslöschung zum Leuchten angeregter Phosphore, z. B. Zinksulfid-Kupfer, durch auffallende Ultraschallwellen. Auch photographisches Material, das einem intensiven Schallfeld ausgesetzt wird und nach dem Entwickeln eine der Schallstärke proportionale Schwärzung zeigt, eignet sich in gewissen Grenzen zur Sichtbarmachung von Ultraschall.

Ultraschallstroboskop, Einrichtung zur Modulation einer Lichtwelle durch eine stehende Ultraschallwelle der Frequenz f_s. Bei der Beugung des Lichtes an einer stehenden Ultraschallwelle (→ Ultraschall) intermittiert die Lichtintensität in allen Beugungsordnungen (einschließlich der nullten) mit der doppelten Schallfrequenz, da das die Beugung verursachende Schallwellengitter $2f_s$mal je Sekunde entsteht und verschwindet. Mittels einer stehenden Ultraschallwelle läßt sich demnach eine hochfrequente Lichtmodulation und damit eine stroboskopische Beleuchtung erzielen, die der sonst für derartige Zwecke verwendeten Kerr-Zelle überlegen ist. Letztere muß mit weitaus höheren Spannungen betrieben werden und ist zudem für das kurzwellige Licht nicht mehr durchlässig; das U. ist dagegen mit einfachen optischen Anordnungen zu verwirklichen und gestattet bei geeigneter Wahl des festen oder flüssigen Schallträgers auch die Modulation kurzwelligen Lichtes.

Nach der Beugung des Lichtes kann entweder der Lichtanteil der nullten Ordnung bei Ausblendung der anderen Ordnungen oder das abgebeugte Licht ohne die nullte Ordnung weiterverwendet werden. Der letzte Fall wird vorgezogen, da im ersten die nullte Ordnung nie frei von Anteilen des Primärlichtes und in das Zentralbild durch Mehrfachbeugung zurückgebeugter Lichtwellen ist.

Ultraschallwerkstoffprüfung, svw. Ultraschallmaterialprüfung.

Ultrastrahlung, → kosmische Strahlung.

Ultraviolett, abg. *UV*, die im elektromagnetischen Spektrum jenseits vom Violett liegende kurzwellige unsichtbare Strahlung. Das UV erstreckt sich über das Wellenlängenintervall von etwa 5 bis 400 nm. Für die UV-Strahlung gelten die gleichen Gesetzmäßigkeiten, wie sie aus dem Gebiet der sichtbaren optischen Strahlung bekannt sind: Brechung, Beugung, Reflexion, Interferenz, Polarisation und Energieübertragung. Von normalem optischem Glas wird das kurzwellige UV absorbiert, so daß man etwa ab 350 nm zu Quarzglas übergehen muß, das für Strahlung bis zu 200 nm durchlässig ist. Für sehr kurzwelliges UV – etwa 130 nm – wird Fluorit verwendet. Auch Luft absorbiert kurzwelliges UV sehr stark, so daß man bei Wellenlängen unter 200 nm im Vakuum arbeiten muß.

Zur Erzeugung von UV-Strahlung benutzt man entweder die Strahlung hoch erhitzter fester Körper (Temperaturstrahler) oder elektrisch angeregter Dämpfe oder Gase. Die zur UV-Erzeugung wichtigste Gasentladung ist die Quecksilberentladung, die die meisten Linien im UV-Gebiet aufweist. Im UV-Gebiet sind auch Entladungen in einigen permanenten Gasen (Wasserstoff und Edelgase) von Bedeutung; diese Entladungen liefern im UV-Bereich im Gegensatz zu den Linienspektren der Metalldampfentladungen ein kontinuierliches Spektrum.

Ein natürlicher UV-Strahler ist die Sonne. Bei einer Oberflächentemperatur von etwa 6000 K strahlt sie ein kontinuierliches Spektrum aus, das jedoch durch Absorption in der Atmosphäre der Sonne Absorptionslinien, die Fraunhoferschen Linien, aufweist. Die UV-Sonnenstrahlung erfährt in der Erdatmosphäre eine einschneidende Änderung. Sauerstoff und Ozon absorbieren die UV-Strahlung unterhalb etwa 300 nm vollständig, zu längeren Wellenlängen hin erheblich, wobei Sonnenstand und Beschaffenheit der Atmosphäre von großem Einfluß sind. Die zwischen 315 und 280 nm liegende UV-Strahlung wird *Dornostrahlung* genannt; sie ist bei der Pigment- und Vitamin-D-Bildung der Haut wirksam.

Als Strahlungsempfänger für UV verwendet man sensibilisierte Photoelemente, Photozellen und Sekundärelektronenvervielfacher.

Anwendung der UV-Strahlung. Besonders aussichtsreich ist der Einsatz bei der Photochlorierung und der Photopolymerisation zu Plasten und allgemein auf dem Gebiete der synthetischen Erzeugung chemischer Produkte. Viele Stoffe weisen bei UV-Bestrahlung die Erscheinungen der Fluoreszenz und Phosphoreszenz auf. Man nutzt dies zum Nachweis der UV-Strahlung und zur Unterscheidung der betreffenden Stoffe aus, da diese im UV-Licht verschiedene Leuchteffekte zeigen. So lassen sich Beimengungen bei Lebensmitteln, Ausbesserungen und Rasuren an Urkunden und Korrekturen an Ölgemälden feststellen. Die gute Bündelungsfähigkeit der UV-Strahlung macht sie bei Richtfunkstrecken in der Telefonie geeignet. Besonders wichtig sind die biologischen Wirkungen. So kann das UV-Licht recht starke Hautverbrennungen hervorrufen, jedoch in kleinen Dosen angewendet heilend wirken, z. B. läßt sich Rachitis mit UV-Strahlung bekämpfen. Bei technischer Anwendung werden auch biologische Wirkungen ausgenutzt, z. B. bei der Luftentkeimung und der Sterilisation von Wasser durch UV. Die Anregung von Leuchtstoffen in der Fluoreszenzanalyse und auch in der Erzeugung von Licht wird technisch, z. B. in Leuchtstoffröhren, ausgenutzt. Auch die Ionenbildung durch UV in Luft beruht auf einer physikalischen Wirkung und ist wesentlich bei der Herstellung unipolar ionisierter Luft, wie sie in Klimakammern für therapeutische Zwecke angewendet wird. Zu einem sehr großen Teil beruht jedoch die Anwendung von UV-Strahlung in der Technik auf photochemischen Wirkungen, z. B. bei Farbechtheitsprüfungen, beim Bleichen und Altern von Lacken. Sehr umfangreich ist der Einsatz des U.s bei der Beeinflussung lichtempfindlicher Schichten, z. B. bei der Herstellung von Lichtpausen und Kontaktkopien.

Ultraviolettdivergenz, svw. Ultraviolettkatastrophe.

Ultraviolettkatastrophe, *Ultraviolettdivergenz*, von Ehrenfest geprägte Bezeichnung für das Versagen der klassischen Strahlungstheorie im Fall des schwarzen Strahlers, für den sich nach Rayleigh-Jeans ein unbegrenztes Anwachsen der Strahlungsenergie mit zunehmender Frequenz ω, d. h. abnehmender Wellenlänge λ, ergibt. In Analogie hierzu hat man in der Quantenfeldtheorie, speziell der Quantenelektrodynamik, das Auftreten von Integralen, die mit wachsenden Impulsen divergieren, obwohl sie endlichen physikalischen Größen entsprechen, als U. bezeichnet, da der Impuls $\vec{p}$ mit dem Wellenzahlvektor $\vec{k}$ ($|\vec{k}| = k = 2\pi/\lambda$) gemäß $\vec{p} = \hbar\vec{k}$ ($\hbar = h/2\pi$, h = Plancksches Wirkungsquantum) verknüpft ist. Im Gegensatz zur Ultrarotkatastrophe ist die U. wesentlich mit den Schwierigkeiten der konventionellen Quantenfeldtheorie verknüpft. Sie kann durch ein cut-off-Verfahren, d. h. ein Abschneiden der betreffenden Integrale für genügend hohe Impulse, oder aber in relativistisch invarianter Weise bei speziellen Wechselwirkungen durch ein Renormierungsverfahren (→ Renormierung) vermieden werden.

Ultraviolettmikroskopie, abg. *UV-Mikroskopie*, ein Verfahren der Mikroskopie, bei dem die zu untersuchenden Objekte mit ultravioletter Strahlung abgebildet werden. Diese Strahlung ermöglicht entsprechend ihrer kurzen Wellenlänge eine höhere Auflösung als die sichtbare Strahlung (→ Auflösungsvermögen). Außerdem ergeben bestimmte organische Objekte, z. B. Eiweißstoffe, wegen ihrer Absorptionsbanden im UV in der U. kontrastreiche Bilder, während sie im Sichtbaren kontrastlos erscheinen. Es werden Linsenobjektive und Spiegelobjektive oder Kombinationen von beiden verwendet. Da Glas für Wellenlängen unter 300 nm nicht mehr durchlässig ist, werden als Material für Objektive Quarz und Flußspat (oder Lithiumfluorid) verwendet. Die Einstelldifferenz zwischen sichtbarer und UV-Strahlung erschwert die Benutzung der Linsenobjektive in der U. Bei den aluminiumbelegten Spiegelobjektiven verschwindet diese Einstelldifferenz, die Apertur ist jedoch beschränkt. Monochromate sind nur für e i n e Wellenlänge korrigiert, z. B. für die Funkenentladung zwischen Cd-Elektroden (λ = 275 nm und 257 nm) oder die Hg-Linie λ = 253,6 nm.

Im Hinblick auf die Durchlässigkeit müssen Kondensoren und Objektträger in der U. aus Quarz hergestellt werden.

Ultraviolettspektroskopie, abg. *UV-Spektroskopie*, ein Teilgebiet der → Spektroskopie. Im UV-Gebiet, das sich über einen Wellenlängenbereich von etwa 100 Å bis 4000 Å erstreckt, liegt ein Teil der Elektronenübergänge der Atome und Moleküle. Die Linienspektren der Atome (→ Atomspektren) beobachtet man vorwiegend in Emission, während die Bandenspektren der Moleküle (→ Molekülspektren) meist in Absorption aufgenommen werden.

Strahlungsquelle, Monochromator und Empfänger mit den dazugehörigen Verstärkungs-, Anzeige- und Registriervorrichtungen ergeben, durch im wesentlichen optische Glieder miteinander verbunden, zusammengebaut das UV-Spektrometer.

Als Strahlungsquelle verwendet man heiße Temperaturstrahler (T ≈ 3000 K), einen in einem Quarzrohr mit Quecksilberelektroden in Hg-Dampf brennenden Lichtbogen, Quecksilberhöchstdruckdampflampen (neben den Hg-Linien entsteht ein starkes UV-Kontinuum) oder Xenonhöchstdrucklampen. Da die meisten Gläser bereits im langwelligen UV absorbieren, verwendet man für Linsen und Prismen Flußspat (bis 1300 Å), Quarz und Steinsalz (bis 2000 Å). Für UV-Licht, dessen Wellenlänge kleiner als 1300 Å ist, können wegen der Absorption der Luft dagegen nur noch Beugungsgitter, Konkavgitter, die im Vakuum aufgestellt sind, verwendet werden (Vakuumspektrometer). Als Empfänger dienen Photozellen, Photoelemente, Photowiderstände (vorwiegend aus Selen) und photographische Platten. In der UV-Spektroskopie verwendet man wie in der → Ultrarotspektroskopie Ein- und Zweistrahlgeräte.

U-Matrix, → S-Matrix.

Umbra, → Sonne.

Umdrehung, U, Zähleinheit zur Angabe von Umlauffrequenzen oder Drehzahlen, nur zulässig in Zusammenhang mit den Einheiten Sekunde, Minute und Stunde, z. B. U/min, U/s, U/h.

Umformer, rotierende elektrische Maschine oder Maschinensatz zum Umformen elektrischer Energie in elektrische Energie mit anderem Zeitverhalten oder anderen Amplituden der Ströme und Spannungen. Nach Aufbau und Ausführung unterscheidet man Motorgenerator, Einankerumformer, Autodyne u. a.

1) Der *Motorgenerator* besteht aus zwei mechanisch gekuppelten → elektrischen Maschinen, dem Motor und dem Generator. Der Wirkungsgrad ist wegen der zweimaligen Energieumwandlung relativ gering. Beim *Eingehäuseumformer* besitzen beide Maschinen eine ge-

meinsame Welle und ein gemeinsames Gehäuse. Zur Umformung von Drehstrom in Gleichstrom treibt ein Synchron- oder Asynchronmotor einen Gleichstromgenerator an (z. B. in der → Leonard-Schaltung). Dient ein Gleichstromgenerator mit eigenem Antrieb zur Speisung der Erregerwicklung einer anderen elektrischen Maschine, so spricht man von einem *Erregerumformer* oder *Erregersatz*. Der Generator kann hierbei auch eine Verstärkermaschine sein. Beim *Schweißumformer* besitzt der Generator eine der Lichtbogenkennlinie angepaßte, stark fallende Strom-Spannungs-Kennlinie. Zur Umformung von Drehstrom in Drehstrom oder Wechselstrom anderer Frequenz werden *Frequenzumformer* oder *Frequenzwandler* verwendet. Zur Umformung von 50-Hz-Drehstrom in $16^2/_3$-Hz-Wechselstrom werden Synchronmaschinen unterschiedlicher Polzahl gekoppelt (*Bahnumformer*). Zur Erzeugung der Mittelfrequenz von 200 Hz bis 10 kHz werden auf der Generatorseite → Mittelfrequenzmaschinen eingesetzt. Alle bisher aufgeführten Motorgeneratoren haben den Vorteil, daß die beiden Netze unabhängig voneinander und galvanisch getrennt sind. Beim *asynchronen Frequenzumformer* wird eine Asynchronmaschine mit Schleifringläufer gegenläufig zum Feld angetrieben und der Unterschied zwischen Ständer- und Läuferfrequenz ausgenutzt. Beim *Kommutatorfrequenzumformer* besitzt der Generator einen Gleichstromanker mit Kommutator und Schleifringen; der Ständer ist unbewickelt und dient als magnetischer Rückschluß. Der Unterschied zwischen der Frequenz an den Schleifringbürsten und den Kommutatorbürsten wird ausgenutzt. Bei Verdrehung der Bürstenbrücke am Kommutator ändert sich auch die Phasenlage der Spannung (→ Kaskadenschaltung).

2) Im *Einankerumformer* wird Drehstrom oder Wechselstrom in Gleichstrom, seltener Gleichstrom in Wechselstrom in nur einer Maschine umgeformt. Der Einankerumformer ist wie eine Gleichstrommaschine aufgebaut. Zusätzlich wird die Ankerwicklung so angezapft und an drei Schleifringe geführt, daß eine in Dreieck geschaltete Drehstromwicklung entsteht. Die Maschine arbeitet als Synchronmotor-Gleichstromnebenschlußgenerator oder als Gleichstromnebenschlußmotor - Synchrongenerator. Von Vorteil ist, daß in der gemeinsamen Ankerwicklung nur der Differenzstrom fließt und kleinere Wicklungsverluste auftreten. Nachteilig sind das starre Verhältnis der Spannungen, die galvanische Kopplung und die ungünstigen Stabilitätsverhältnisse, so daß der Einankerumformer heute kaum noch angewendet wird.

Rotierende Maschinen zum Umformen von Wechsel- oder Drehstrom- in Gleichstromleistung werden immer mehr durch → Stromrichter (Quecksilberdampfventile, Siliziumventile, Thyristoren u. a.) ersetzt.

3) Die → *Autodyne* ist ein aus dem Einankerumformer entstandener U.

Umformgrad, bei stationären Umformungsprozessen das Verhältnis von Querschnittsverminderung zum ursprünglichen Querschnitt bzw. zum jeweiligen Querschnitt.

$$1)\ \varepsilon_A = \int_{A_0}^{A_1} \frac{\mathrm{d}A}{A_0} = \frac{A_1 - A_0}{A_0}$$

$$2)\ \varphi_A = \int_{A_0}^{A_1} \frac{\mathrm{d}A}{A} = \ln A \Big|_{A_0}^{A_1} = \ln \frac{A_1}{A_0}.$$

ε_A ist dabei der bezogene Umformgrad, φ_A der logarithmische Umformgrad, A_0 der Ausgangsquerschnitt, A der augenblickliche Querschnitt und A_1 der Endquerschnitt.

Umformung, Formänderung von Werkstücken durch plastisches Fließen. Als *Umformzone* bezeichnet man die Zone der plastischen Formänderungen; in ihr ist die Fließbedingung erfüllt.

Eine U. ist *isotherm*, wenn die Temperatur während des Umformungsprozesses durch Kühlung konstant gehalten wird. Eine U. unterhalb der Rekristallisationstemperatur heißt *Kaltumformung*, oberhalb der Rekristallisationstemperatur *Warmumformung*. Da die Rekristallisation von der Temperatur und Formänderung abhängt, ist die Grenze zwischen Kalt- und Warmumformung nicht eindeutig zu ziehen. Auch bei erhöhter Temperatur wird der Werkstoff während der U. verfestigt. Dabei ist die Verfestigung um so geringer, je höher die Temperatur ist. Die erhöhte Temperatur hat eine entfestigende Wirkung. Bei einer bestimmten Temperatur befinden sich die Verfestigung und die Entfestigung im Gleichgewicht, so daß die Fließspannung mit zunehmender Formänderung konstant bleibt. Diese Temperatur soll die Grenze zwischen Kalt- und Warmumformung kennzeichnen. Bei den Hochgeschwindigkeitsverfahren erfolgt die plastische Verformung meist dünnwandiger Körper durch Explosion, Funkenentladung in einer Flüssigkeit oder Entladung in elektromagnetischen Spulen. Ein Umformvorgang heißt *ideal* oder *parallelepipedisch*, wenn an einem beliebigen infinitesimalen Volumenelement keine Winkeländerungen auftreten.

Die Arbeit, die bei einer plastischen Deformation aufgebracht werden muß, heißt *Umformarbeit*. Sie wird in der elementaren Theorie als $W = V \int_0^{\varphi} k_w \, \mathrm{d}\varphi$ berechnet. Darin bedeutet k_w den mittleren Formänderungswiderstand, φ die logarithmische Dehnung und V das umgeformte Volumen. Dabei ist k_w verfahrensabhängig und enthält bereits Abweichungen von der idealen U. Eine andere prinzipiell gleichwertige Form für die Umformarbeit ist die *Finksche Gleichung*, bei der die Abweichungen von der idealen U. entsprechend

$$W = \eta_F^{-1} V \int_0^{\varphi} k_f \, \mathrm{d}\varphi$$

durch den Formänderungswirkungsgrad η_F berücksichtigt werden, der bei idealer U. den Wert 1 hat. k_f ist die material-spezifische Formänderungsfestigkeit. Bei Verwendung der Fließkurvenapproximation $k_f = a\varphi^n$ (→ Fließkurve) ergibt sich W aus der Gleichung

$$W = \frac{V}{\eta_F} \frac{a}{n+1} \varphi^{n+1}.$$

Dabei ist a die Formänderungsfestigkeit für $\varphi = 1$ in kp/cm² und n der Verfestigungsexponent. Die ideale Formänderungsarbeit dient zur Definition der mittleren Formänderungsfestigkeit k_{fm} als derjenigen konstanten Fließspannung, durch die man die Fließkurve eines verfestigenden Werkstoffes zu ersetzen hat, damit in beiden Fällen bei idealer U. die gleiche Arbeit geleistet wird: $k_{fm} = \frac{1}{\varphi} \int_0^{\varphi} k_f \, d\varphi$. Bei Hochgeschwindigkeitsverfahren ist außer der Umformarbeit auch die Beschleunigungsarbeit W_b zu berücksichtigen, das ist diejenige Arbeit, die während eines Umformvorganges zur Beschleunigung der einzelnen Werkstoffteile verbraucht und als deren kinetische Energie gespeichert wird. Die Beschleunigungsarbeit kann nach der elementaren Plastizitätstheorie aus der Werkstoffgeschwindigkeit v_E beim Eintreten in die Umformzone und der Werkstoffgeschwindigkeit v_A nach Verlassen der Umformzone berechnet werden: $W_b = \frac{m}{2}(v_A^2 - v_E^2)$. m ist die umgeformte Masse.

Unter Reibarbeit versteht man die Arbeit, die zur Überwindung der äußeren Reibung zwischen Werkstoff und Werkzeug aufgewendet werden muß.

U/min, → Drehzahl.

Umkehrbarkeit des Strahlenganges, → Abbildung.

Umkehreinwand, von Loschmidt 1876 vorgebrachter Einwand gegen die Boltzmannsche kinetische Theorie, die auf der → Boltzmann-Gleichung basiert. Der U. geht von der Tatsache aus, daß in der klassischen Mechanik, die der Boltzmannschen Theorie zugrunde liegt, alle Prozesse reversibel (umkehrbar) sind, während die Boltzmann-Gleichung irreversible Prozesse beschreibt. Insbesondere ist in dem unmittelbar aus der Boltzmann-Gleichung folgenden → H-Theorem eine Zeitrichtung ausgezeichnet, also die Reversibilität aufgehoben. Die Diskussion über diesen scheinbaren Widerspruch zeigte, daß der Boltzmannschen Theorie nicht nur die Mechanik zugrunde liegt, sondern daß auch wesentliche zusätzliche Annahmen statistischen Charakters gemacht wurden, insbesondere die Annahme des molekularen Chaos (→ Boltzmann-Gleichung). Weitere Aspekte der Diskussion des U.es wurden später durch die Quantenmechanik geliefert. → Wiederkehreinwand.

Umkehrlinse, svw. Umkehrsystem.

Umkehrpendel, → Pendel.

Umkehrpunkt, *thermischer U.*, Inversionstemperatur beim → Joule-Thomson-Effekt.

Umkehrspanne, bei Längenmeßgeräten der Unterschied der Anzeigen, die sich für den gleichen Wert der Meßgröße ergeben, wenn sich der Zeiger des Meßgerätes einmal von kleineren Werten der Anzeige her und zum anderen von größeren Werten der Anzeige her auf die Meßgröße einstellt. Die U. wird bei mechanisch wirkenden Meßgeräten durch Reibung, Spiel und elastische Verformungen im Meßgetriebe hervorgerufen; sie ist am ausgeprägtesten bei der Meßuhr. Das Auftreten der U. kann durch Anheben und Aufsetzen des Meßbolzens vor jeder Messung vermieden werden.

Umkehrsystem, *Umkehrlinse*, in optischen Geräten ein zusätzliches abbildendes System zur Bildaufrichtung. Das U. bildet ein vom Objektiv eines Gerätes erzeugtes reelles kopfstehendes Bild nochmals ab und erzeugt hierbei eine vollständige Bildaufrichtung, die gleichzeitig mit einer Änderung des Abbildungsmaßstabes verbunden sein kann. Als optische Bauelemente zur Umkehrung dienen Linsen (→ terrestrisches Fernrohr), aber auch Reflexionsprismen (→ Prismenfernrohr) oder Spiegelkombinationen.

Umkippthermometer, *Kippthermometer*, ozeanologisches Meßgerät zur genauen Temperaturmessung in beliebigen Wassertiefen. Das U. ist ein Quecksilberthermometer, das durch eine mechanische Vorrichtung in der jeweiligen Meßtiefe nach der Angleichzeit gekippt wird. Dabei reißt der Quecksilberfaden an einer unterschiedlich konstruierten Abreißstelle ab und fixiert die Temperatur.

Umklappprozeß, → Streuung B5).

Umkristallisation, im engeren Sinne Änderung eines kristallinen Gefüges, z. B. durch Sammelkristallisation, im weiteren Sinne auch die Umwandlung einer kristallinen Modifikation in eine andere bei Änderung der äußeren Bedingungen, z. B. Temperatur und Druck, oder die stoffliche Umbildung eines Kristalls durch Verdrängung einzelner chemischer Bestandteile (*Platzwechselreaktion*).

Umladung, Übergang der Elektronen von einem neutralen Atom oder Ion auf ein anderes. Dringen schnelle, neutrale Atome oder positive Ionen in eine Substanz ein, werden einerseits Elektronen des eindringenden Teilchens bei Stößen gegen die Elektronenhüllen der Substanzatome dauernd abgestreift, d. h., es bilden sich nacheinander immer höher ionisierte Ionen, beispielsweise O^+, O^{2+}, O^{3+}, ... Mit wachsendem Ionisationsgrad wächst aber auch die Neigung des Ions, aus den Elektronenhüllen der Substanzatome Elektronen an sich zu reißen, d. h., es findet eine U. statt. Aus beiden gegenläufigen Prozessen ergibt sich im statistischen Gleichgewicht ein mittlerer Ionisationsgrad des Ions, der durch die Energie des Ions sowie durch die Art der Substanz eindeutig festgelegt ist. Durch die U. schwankt die Ionisation um einen Mittelwert. So besteht ein ^{8}O-Ionenstrahl von 18 MeV nach Durchgang durch eine Kunstharzfolie zu 25% aus O^{4+}, zu 50% aus O^{5+} und zu 25% aus O^{6+}. Andere Ionisationsstufen fehlen praktisch.

Umlaufspannung, → Spannung 2) (*elektrische U.*).

Umlenkprisma, → Reflexionsprisma.

Ummagnetisierung, *Magnetisierungsumkehr*, Änderung der Magnetisierung einer zunächst in einer Richtung gesättigten Probe in die entgegengesetzte Richtung. Die U. erfolgt bei weichmagnetischen Stoffen vorwiegend durch Wandverschiebungen und bei hartmagnetischen vorwiegend durch Drehprozesse.

Ummagnetisierungsverluste, Verluste an elektrischer Leistung in einem Wechselstromgerät, deren Ursache die Ummagnetisierung ist. Durch die fortwährende Ummagnetisierung wird laufend die Hystereseschleife durchlaufen, und es entsteht Wärme (→ Hystereseverluste, → Wirbelstromverluste, → Nachwirkung 1).

Umordnungsenergie, → Bindungsenergie 1).

Umrichter, ein elektrisches Gerät (→ Stromrichter) zum Umformen von Wechselstrom in Wechselstrom einer anderen Frequenz. U. werden insbesondere für die Speisung von elektrischen Eisenbahnnetzen, die mit einer Frequenz von $16^2/_3$ Hz arbeiten, aus den üblichen 50-Hz-Netzen der allgemeinen elektrischen Energieversorgung benützt. Ein U. kann z. B. aus einem → Gleichrichter bestehen, der zunächst aus dem 50-Hz-Wechselstrom einen Gleichstrom erzeugt, und einem → Wechselrichter, der den Gleichstrom in den gewünschten $16^2/_3$-Hz-Wechselstrom umformt.

Umschlag, in Rohren und Kanälen sowie in der Grenzschicht umströmter Körper (→ Strömung) der Übergang von der laminaren Strömungsform in die turbulente. Die laminare Strömung stellt theoretisch eine Lösung der Navier-Stokes-Gleichungen auch für sehr große Reynoldszahlen Re dar. Die Praxis hat jedoch gezeigt, daß die laminare Strömung bei großen Re gegen kleine, zufällige Störungen instabil ist und in die turbulente Strömung umschlägt. Der U. der laminaren Strömung in die turbulente wird auch Entstehung der Turbulenz genannt. Am längsten bekannt ist der U. bei der Rohrströmung. Der U. laminar/turbulent besitzt großen Einfluß auf den → Strömungswiderstand und den Wärme- und Stoffaustausch (→ Austausch).

Bei der theoretischen Behandlung des U.es wird untersucht, ob Energie aus der laminaren Hauptströmung auf eine Störbewegung übergeht und diese angefacht wird, oder ob eine zufällige Störbewegung durch die Zähigkeitswirkung des Strömungsmediums gedämpft wird. Das Anwachsen der infinitesimalen Störungen, das als Anfachung bezeichnet wird, führt zur Umgestaltung der ursprünglichen Grundströmung. Meist entsteht dabei unmittelbar die turbulente Strömung. Zwischen rotierenden Zylindern bilden sich jedoch zunächst dreidimensionale Sekundärströmungen (→ Strömung), die Taylor-Wirbel, die die laminare Grundströmung in einem gewissen Reynoldszahlbereich stabilisieren. Erst bei noch höheren Reynoldszahlen erfolgt der U. zur Turbulenz.

Der U. wird als ein Stabilitätsproblem aufgefaßt, das mit der Methode der kleinen Schwingungen gelöst wird: Einer stationären Grundströmung $u(y)$ werden kleine zweidimensionale Störungen u', v' überlagert, die aus Partialschwingungen verschiedener Wellenlänge bestehen. Die Störungen werden als klein gegen die Grundströmung vorausgesetzt, so daß die Strömungsgleichung linearisiert werden kann. Für jede Einzelschwingung vorgegebener Wellenlänge λ erhält man bei einer gegebenen Reynoldszahl der Grundströmung aus den Navier-Stokes-Gleichungen und der Kontinuitätsgleichung unter Einhaltung der Randbedingungen für den Dämpfungs- bzw. Anfachungsfaktor c_i sowie für die Wellenausbreitungsgeschwindigkeit je einen Wert. Anfachung ist für $c_i > 0$ und Dämpfung für $c_i < 0$ vorhanden. Von besonderer Bedeutung ist die Kurve für den Grenzfall $c_i = 0$, die die stabilen Störungen von den instabilen trennt. Sie wird *Indifferenzkurve* genannt (Abb. 1). Innerhalb des von der Indifferenzkurve eingeschlossenen Gebietes ist die Grundströmung instabil, außerhalb dieses Gebietes ist sie stabil. Als Ordinate ist das Produkt der Wellenzahl α, die mit der Wellenlänge durch $\alpha = 2\pi/\lambda$ verknüpft ist, mit der Verdrängungsdicke δ^* (→ Grenzschicht) aufgetragen. Der Abszissenwert ist die mit δ^* gebildete Reynoldszahl $\mathrm{Re} = \bar{u} \cdot \delta^*/\nu$; dabei ist $\bar{u}$ die Geschwindigkeit am Grenzschichtrand, ν die kinematische Zähigkeit des Strömungsmediums. Als Parameter ist die Hagenzahl $\mathrm{Ha} = \frac{1}{\nu} \cdot \frac{\mathrm{d}\bar{u}}{\mathrm{d}x} \delta^2$ an die Indifferenzkurven geschrieben; x ist die Koordinate längs der Wand, δ die Grenzschichtdicke. Für $\mathrm{Ha} = 0$ handelt es sich um die Grenzschicht an der längs angeströmten ebenen Platte, für $\mathrm{Ha} > 0$ um beschleunigte Strömungen und für $\mathrm{Ha} < 0$ um verzögerte Strömungen. Von besonderem Interesse ist die kleinste Reynoldszahl, die man erhält, wenn die Tangente an die Indifferenzkurve parallel zur Ordinate eingezeichnet wird, wie es für $\mathrm{Ha} = 0$ erfolgt ist. Unterhalb dieser kritischen Reynoldszahl Re_{kr} werden alle Störungen gedämpft, die Strömung ist stabil. Oberhalb Re_{kr} werden Partialschwingungen in einem bestimmten Wellenlängenbereich angefacht. In verzögerter Strömung wird der U. gefördert, da die Grenzschichtprofile einen Wendepunkt in ihrem Inneren aufweisen (→ Grenzschichtablösung). Re_{kr} ist kleiner als an der Platte. Beschleunigung wirkt dagegen stabilisierend auf die Grundströmung, deshalb ist Re_{kr} größer als an der Platte. Die theoretisch so bestimmte kritische Reynoldszahl ist kleiner als die experimentell ermittelte des U.es laminar/turbulent. Die Ursache dafür ist, daß eine bestimmte Zeit erforderlich ist, bis durch Anfachung der instabilen Störungen Turbulenz entsteht. Der Umschlagpunkt wird also stets stromabwärts vom Indifferenzpunkt liegen. Der Abstand zwischen Indifferenz- und Umschlagpunkt ist um so kleiner, je höher die Reynoldszahl und der → Turbulenzgrad der Grundströmung sowie die Oberflächenrauhigkeiten sind. Unter sonst gleichen Bedingungen ist dieser Abstand bei beschleunigter Strömung wesentlich größer als bei verzögerter Strömung. Nach erfolgter Grenzschichtrechnung kann der *Indifferenzpunkt* an umströmten Körpern ermittelt werden. Er wandert mit steigender Reynoldszahl in Richtung auf den vorderen Staupunkt, wie es Abb. 2 für einen Tragflügel zeigt. Überschlägig kann gesagt werden, daß der Indifferenzpunkt bei Reynoldszahlen $\mathrm{Re} = 10^6$ bis 10^7

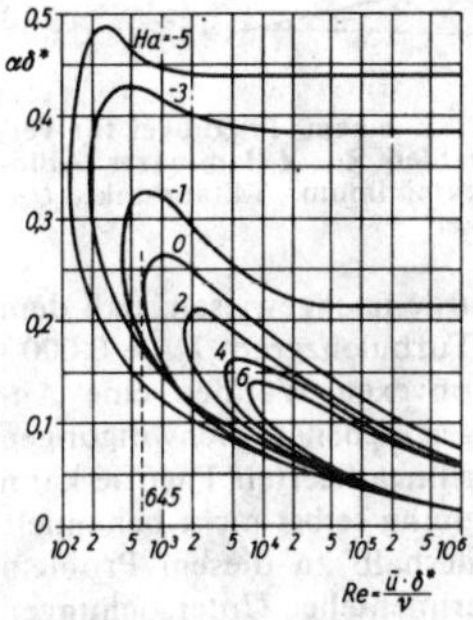

1 Indifferenzkurven

mit der Stelle des Druckminimums der Potentialströmung zusammenfällt und der U. kurz dahinter erfolgt. Bei kleinen Reynoldszahlen ist eine theoretische Voraussage über die Lage des Umschlagpunktes kaum möglich.

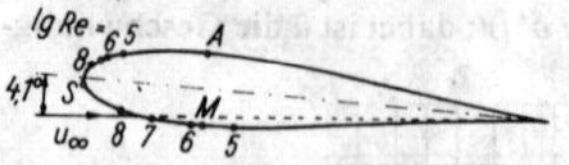

2 Indifferenzpunkte an einem Tragflügel für verschiedene Reynoldszahlen Re. *A* laminarer Ablösungspunkt, *M* Druckminimum, *S* Staupunkt, U_∞ Zuströmgeschwindigkeit

Experimentell wurde nachgewiesen, daß dem U. bei niedrigem Turbulenzgrad $Tu \approx 0{,}0003$ an ebenen oder konvexen Wänden eine Anfachung langwelliger, ebener Schwingungen vorausgeht. Mit der linearisierten Theorie kann die Turbulenzentstehung selbst nicht behandelt werden, man hat deshalb zu diesem Problem umfangreiche experimentelle Untersuchungen ausgeführt. Danach bilden sich, sobald die Amplituden der Störungswellen eine bestimmte Größe erreicht haben, Längswirbel, deren Achsen parallel zur Hauptströmung sind. Beim weiteren Anwachsen der Störbewegung kommt es an Stellen maximaler Störgeschwindigkeit zum „Aufplatzen", das durch plötzliches Auftreten von Geschwindigkeitsschwankungen hoher Intensität gekennzeichnet ist. Es führt zur Bildung begrenzter Gebiete turbulenter Strömung von unregelmäßiger Gestalt, die *Turbulenzflecken* genannt werden. Die in unregelmäßiger zeitlicher Folge sich bildenden Turbulenzflecken wandern stromabwärts, wobei sie sich keilförmig verbreitern. Dabei kommt es auch wegen der ständigen Neubildung von Turbulenzflecken zu deren Verschmelzung, so daß die von ihnen eingenommene Fläche in Strömungsrichtung ständig zunimmt, bis sich die vollturbulente Grenzschicht ausgebildet hat. Es gibt somit keinen streng definierten Umschlagpunkt, der Übergang von der laminaren Strömung zur vollturbulenten erfolgt in einem Bereich endlicher Abmessung.

Bei höherem Turbulenzgrad $Tu \approx 0{,}01$ wird der U. unmittelbar durch zufällige Störungen bewirkt, ohne daß vorher eine Anfachung langwelliger Schwingungen auftritt. An konkaven Wänden wird der U. durch Bildung dreidimensionaler Görtler-Wirbel eingeleitet. Der U. im Gebiet verzögerter Strömung erfolgt über den Mechanismus des laminaren Ablösewirbels, auch Ablöseblase genannt. Infolge der von der laminaren Ablösestelle ausgehenden → Trennungsfläche entstehen größere Wirbel, die vorzugsweise in Hauptströmungsrichtung wachsen, bis sie auch unter dem Einfluß der Wandreibung in viele kleine Wirbel zerfallen und Turbulenz entsteht. Die turbulenten Schwankungsgeschwindigkeiten ermöglichen es der Außenströmung, das energiearme Grenzschichtmaterial in Gebiete höheren Druckes stromabwärts zu transportieren. So kann sich die Grenzschicht turbulent wieder an die Wand anlegen. Abb. 3 zeigt die schematische Darstellung der momentanen Stromlinien innerhalb des laminaren Ablösewirbels und die Druckverteilung an der Wand. Das begrenzte Ablösegebiet wird mit steigender Reynoldszahl und zunehmendem Turbulenzgrad der Außenströmung kleiner.

Außer den bisher genannten haben noch folgende Größen Einfluß auf den U.: Stabilisierend wirken Absaugen, Zentrifugalkräfte an konkaven Wänden, Dichteschichtungen mit nach oben abnehmender Dichte und der Wärmeübergang von der Grenzschicht an die Wand; destabilisierend wirken Ausblasen, Zentrifugalkräfte an konvexen Wänden, Dichteschichtungen mit nach oben zunehmender Dichte, Wärmeübergang von der Wand an die Grenzschicht, hoher Turbulenzgrad der Außenströmung, Oberflächenrauhigkeiten und Turbulenzdrähte.

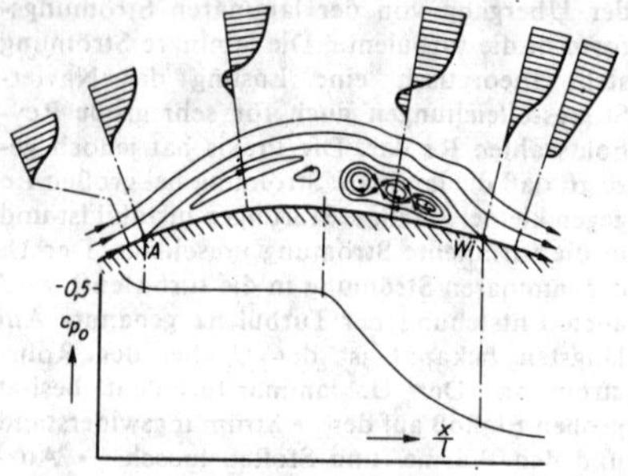

3 Momentane Stromlinien, Geschwindigkeitsprofile und Druckverteilung im Gebiet des laminaren Ablösewirbels. *Wi* Wiederanlegepunkt, *A* Ablösepunkt. c_{p0} dimensionsloser Druck, bezogen auf den Staudruck, x/l dimensionslose Koordinate längs der Wand

In neuerer Zeit wurde festgestellt, daß durch starke Beschleunigung der Grenzschicht die turbulenten Schwankungen so stark gedämpft werden, daß ein Übergang von der turbulenter Strömung zur laminaren erfolgt. Schließt sich daran wieder ein Verzögerungsgebiet an, so kann erneut der U. laminar/turbulent stattfinden. Der Übergang turbulent/laminar wurde an Schaufelgittern von Turbinen und Verdichtern sowie bei der Überschallströmung um eine konvexe Ecke beobachtet.

Lit. Schlichting: Grenzschichttheorie (5. Aufl. Karlsruhe 1965).

Umschlingungsreibung, → Reibung.

umschlossene radioaktive Quelle, radioaktiver Stoff in einer dichten, festen und inaktiven Hülle, die jeden Austritt der radioaktiven Substanz während des üblichen Gebrauchs mit Sicherheit verhindert. Bei Vorhandensein gasförmiger Radionuklide, z. B. von Emanation gilt eine Quelle nur als umschlossen, wenn die Hülle gasdicht ist. Die regelmäßige Überprüfung u.r r.r Q.n auf Dichtigkeit gehört zu den Aufgaben des Strahlenschutzes.

Umspanner, → Transformator.

Umstimmung, → Farbensehen.

Umwandlungselektron, → innere Konversion.

Umwandlungspunkte, die vom Druck abhängigen Temperaturen (*Umwandlungstemperaturen*) bei denen Phasenübergänge auftreten, z. B Schmelzpunkt, Siedepunkt, Curie-Punkt u. a.

Umwandlungsquerschnitt, Wirkungsquerschnitt für Kernumwandlungsreaktionen, vorwiegend für die nichtelastische Streuung von Elementarteilchen, z. B. für die Pion-Proton-Streuung $\pi^- + p \rightarrow \pi^0 + n$ gebraucht.

Umwandlungstemperatur eines Supraleiters, svw. Übergangstemperatur eines Supraleiters.

Umwandlungswahrscheinlichkeit, → radioaktiver Zerfall.

Umwandlungswärme, *Umwandlungsenthalpie*, ältere Bezeichnung *latente Wärme*, die Wärme, die bei jedem Phasenübergang 1. Art freigesetzt oder verbraucht wird, je nachdem, in welcher Richtung die Umwandlung in dem betrachteten System verläuft. In der physikalischen Chemie bezieht man die U. entweder auf ein Mol oder auf 1 g und bezeichnet als *molare U.* oder *spezifische U.* als die Wärme, die bei der Umwandlung eines Mols oder eines Gramms eines Stoffes umgesetzt wird. U.n sind die Verdampfungs- und Kondensationswärme (→ Sieden), die Schmelz- und Kristallisationswärme (→ Schmelzen), die Sublimationswärme (→ Sublimation) und U.n bei Umwandlungen in kristallin festem Zustand, die auf einer Änderung der Kristallstruktur beruhen. Die Phasenumwandlung von dem amorphen zu dem kristallin festen Zustand ist keine Umwandlung verschiedener Modifikationen eines Stoffes, sondern entspricht der Umwandlung der unterkühlten Schmelze in den kristallin festen Zustand, weshalb die dabei auftretende U. der Schmelzwärme bei der betreffenden Temperatur entspricht.

Im Prinzip lassen sich alle U.n kalorimetrisch messen. Meist werden aber Verdampfungs- und Sublimationswärmen aus der Temperaturabhängigkeit des Dampfdruckes mittels der → Clausius-Clapeyronschen Gleichung bestimmt. Schmelzwärmen werden meist aus der Erniedrigung des Schmelzpunktes bei Zusatz von bekannten Mengen eines Stoffes bestimmt, der in der flüssigen Phase des zu untersuchenden Stoffes löslich ist, in der festen aber nicht (→ Raoultsches Gesetz).

Die U.n sind temperaturabhängig. Die bei Phasenumwandlungen ausgetauschten Wärmebeträge machen sich durch eine sprunghafte Änderung der inneren Energie U bzw. der Enthalpie H eines Stoffes bemerkbar, wenn man diese in Abhängigkeit von der Temperatur darstellt (Abb.). Während der Umwandlung bleibt die Temperatur bei einkomponentigem System konstant, bei mehrkomponentigem im allgemeinen nicht (→ Schmelzdiagramm, → Siedediagramm).

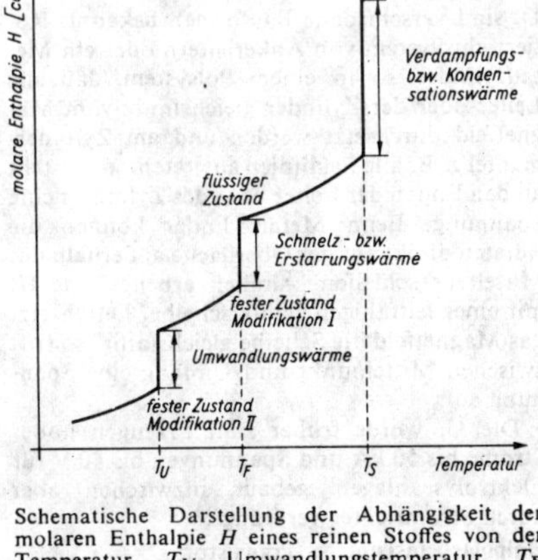

Schematische Darstellung der Abhängigkeit der molaren Enthalpie H eines reinen Stoffes von der Temperatur. T_U Umwandlungstemperatur, T_F Schmelztemperatur, T_S Siedetemperatur

Umweganregung, → Renninger-Effekt.

Umwegfaktor, → ionisierende Strahlung 2.4).

Umwegleitung, → Symmetrierglieder.

unabhängige Streuung, → Tyndall-Effekt.

Unabhängigkeit, → Axiomensystem.

Unabhängigkeitsprinzip, svw. Superpositionsprinzip.

Unbestimmtheitsmaß, in der Kybernetik ein beliebiges Maß, um die in einem endlichen Schema enthaltene Unbestimmtheit quantitativ einzuschätzen. Für das U. $F(\mathfrak{A})$ eines endlichen Schemas $\mathfrak{A}$ wird gefordert, daß es nur von dem Wahrscheinlichkeitsvektor $p = (p_1, p_2, \ldots, p_k)$ des endlichen Schemas abhängt, daß $F(\mathfrak{A}) = F(p_1, p_2, \ldots, p_k)$ eine in den p symmetrische Funktion ist und daß $F(\mathfrak{A}) = 0$ gilt, wenn der Wahrscheinlichkeitsvektor in der Weise ausgeartet ist, daß alle Wahrscheinlichkeiten p_i mit $i \neq j$ Null sind, also $p_j = 1$. Diese Forderungen lassen sich erfüllen durch einen Ansatz der Form $F(p_1, p_2, \ldots, p_k) = f(p_1) + f(p_2) + \cdots + f(p_k)$ mit einer erzeugenden Funktion $f(p)$, die nicht negativ und konvex nach oben ist und die der Bedingung $f(1) = f(0) = 0$ genügt.

Führt man für zwei endliche Schemata $\mathfrak{A}$ und $\mathfrak{B}$ ein bedingtes U. $F(\mathfrak{A}/\mathfrak{B}) = \sum_{i,j} p(B_j)\, F(A_i/B_j)$ ein, so gelten die Gesetze:

a) $F(\mathfrak{A}/\mathfrak{B}) \leq F(\mathfrak{A})$ d. h., durch ein Hilfsexperiment kann sich Unbestimmtheit für $\mathfrak{A}$ nur verkleinern;

b) $F(\mathfrak{A}/\mathfrak{B}\mathfrak{C}) \leq F(\mathfrak{A}/\mathfrak{B})$.

Die Additivitätsforderung $F(\mathfrak{A}\mathfrak{B}) = F(\mathfrak{A}) + F(\mathfrak{B}/\mathfrak{A})$ führt auf die statistische → Entropie als spezielles und für die Anwendungen wichtigstes U.

Unbestimmtheitsrelation, → Heisenbergsches Unbestimmtheitsprinzip.

Unbunt, → Farbe.

Undichtheit, *Leckrate*, die durch Löcher oder Poren vom Außenraum unter Normdruckbedingungen in ein Vakuumsystem einströmende Gasmenge, gemessen in Druck mal Volumen je Zeiteinheit (Torr · Liter/s) unter Angabe der Gasart.

UND-Schaltung, → logische Grundschaltungen.

Undulationstheorie, → Lichttheorien.

uneingeschränktes plastisches Fließen, dasjenige Fließen, bei dem die plastischen Formänderungen die elastischen so weit übertreffen, daß diese meist vernachlässigt werden können. Der Bereich des uneingeschränkten plastischen F.s ist für die Behandlung technologischer Formungsprozesse maßgebend. Bei diesen Prozessen kann das Material als starr betrachtet werden, solange die Spannungen die Fließgrenze noch nicht erreicht haben (→ Saint-Venantsche Theorie).

unelastische Neutronenstreuung, *inelastische Neutronenstreuung*, 1) am Einzelkern: Streuprozeß, bei welchem das einfallende schnelle Neutron mit der Energie E_n den Atomkern anregt, wobei dieser in einen seiner angeregten Zustände übergeht. Nach der u.n N. geht der angeregte Atomkern durch Emission eines oder mehrerer γ-Quanten in seinen Grundzustand über. Die u. N. liefert im Gebiet der schnellen Neutronen (d. h. $E_n \geqq 1{,}5$ MeV) für die meisten Atomkerne den größten Beitrag zum → nichtelastischen Querschnitt.

Die u. N. erfolgt zum überwiegenden Teil über den Mechanismus der Bildung eines Zwischenkerns. Dabei entstehen Neutronenspektren, welche bei mittelschweren und schweren Kernen der Energieverteilung aus einem erhitzten Flüssigkeitströpfchen verdampfter Moleküle sehr ähnlich sind und deshalb auch als → Verdampfungsspektren bezeichnet werden.

Ein kleiner Teil der u.n N. regt die tiefliegenden Kernzustände direkt, ohne Zwischenkernbildung an. Dabei werden kollektive Freiheitsgrade bevorzugt angeregt.

Die u. N. ist ein effektiver Prozeß zur Abbremsung schneller Neutronen, der zur Abschirmung schneller Neutronen genutzt wird und bei Kernreaktoren eine wichtige Rolle spielt.

2) an Substanzen, insbesondere Festkörpern und Flüssigkeiten: Streuprozeß, bei dem die zumeist thermischen Neutronen ihre Energie durch Wechselwirkung mit den atomaren Bausteinen verändern, und zwar sowohl vergrößern als auch verkleinern. Sofern diese Wechselwirkung mit dem Atomkern erfolgt, ist sie im allgemeinen elastisch bezüglich des Einzelkerns, d. h., sie führt *nicht* zu seiner inneren Anregung. Diese Art der unelastischen N. ist eine der wichtigsten experimentellen Methoden zur Aufklärung der inneren Dynamik kondensierter Materie. Insbesondere gestattet sie, direkt den Frequenz-Wellenzahl-Zusammenhang von Gitterschwingungen (bei der Neutron-Phonon-Wechselwirkung) und in Stoffen mit magnetischer Ordnung die entsprechende Beziehung für Spinwellen (Neutron-Magnon-Wechselwirkung) zu messen. Die Wechselwirkung der Neutronen mit den magnetischen Hüllen erfolgt dabei über das magnetische Moment des Neutrons.

unelastischer Stoß, → Stoß.

unelastische Streuung, → Streuung 1 A).

unendliche Bewegung, → mechanisches System.

unfreie Koordinaten, → verallgemeinerte Koordinaten.

unfreie Schwingung, → Schwingung.

ungedämpfte Schwingung, → Schwingung, → Schwingkreis.

Ungenauigkeitsrelation, → Heisenbergsches Unbestimmtheitsprinzip.

ungesättigt, 1) Bezeichnung für chemische Verbindungen, in denen eine oder mehrere Doppel- oder Dreifachbindungen vorkommen. Verbindungen, die nur Einfachbindungen enthalten, heißen *gesättigte* Verbindungen.

2) Bezeichnung für Lösungen, die noch weitere Mengen des gelösten Stoffes aufnehmen können.

Ungleichsichtigkeit, → Augenoptik.

uniaxialer Zug oder Druck, → Spannungszustand.

unified model, → Kernmodelle.

Unijunctiontransistor, svw. Doppelbasisdiode.

unimodulare Transformation, eine Transformation $x'_i = \sum_{k=1}^{n} a_{ik}x_k$ mit $i = 1, \ldots, n$ im n-dimensionalen Vektorraum, deren Transformationsdeterminante $\det(a_{ik}) = \|a_{ik}\| = 1$ ist.

unimodulare Zahl, komplexe Zahl, deren Absolutbetrag gleich 1 ist.

Unipolarinduktion, Induktionserscheinung, bei der in Leitern bei Relativbewegung gegen nur einen Pol eines Magneten Ströme induziert werden. Läßt man ein kreisförmiges Blech in einem senkrecht zu ihm stehenden Magnetfeld um seine Achse rotieren und bringt in der Achse und am Umfang Schleifkontakte an, so kann man einen Strom abnehmen. Das ist eine Folge der elektromagnetischen → Induktion. Da es genügt, dem Blech einen Magnetpol gegenüberzustellen, bezeichnet man diese Erscheinung als U.

Die Deutung dieser Erscheinung, die schon Faraday beschrieb, war lange Zeit umstritten. Erst zu Beginn des 20. Jh. konnte eine gültige Klärung gefunden werden. Die Ursache für das Auftreten des Induktionsstromes besteht darin, daß auf ein Elektron in der Metallscheibe die Lorentz-Kraft $\vec{F} = e\vec{v} \times \vec{B}$ wirkt, die es in radialer Richtung beschleunigt. Dabei bedeuten $\vec{v}$ die Geschwindigkeit des Elektrons, $\vec{B}$ die magnetische Flußdichte des Magnetfeldes und e die elektrische Elementarladung. Die Größe der induzierten Spannung erhält man auf folgendem Wege: Die Geschwindigkeit eines im Abstand r' von der Achse befindlichen Elektrons beträgt $v = \omega r'$, wenn ω die Winkelgeschwindigkeit der Scheibe ist. Die auf das Elektron wirkende Kraft beträgt $F = evB = e\omega r'B$, da $\vec{v}$ und $\vec{B}$ senkrecht aufeinander stehen. Die elektrische Feldstärke wird demnach an dieser Stelle $E = F/e = \omega r'B$. Durch Integration erhält man die Spannung $U = -\int_0^r E\,dr' = -\omega B \int_0^r r'\,dr = -\frac{1}{2}\omega B r^2$.

Der Vorteil der durch U. erzeugten Ströme besteht darin, daß diese Ströme oberwellenfreie Gleichströme sind; nachteilig ist, daß die erzeugten Spannungen sehr gering sind. In der Technik wird die U. bei der → Unipolarmaschine angewendet, mit der große Ströme bei kleinen Spannungen erzeugt werden.

Unipolarmaschine, *Einpolmaschine*, eine Gleichstrommaschine (→ elektrische Maschine) ohne Stromwender mit Ausnutzung der Spannungserzeugung durch Unipolarinduktion. Für die U. sind verschiedene Bauformen bekannt. Rotiert ein System von Ankerleitern oder ein Metallzylinder so in einem Polsystem, daß alle Leiter oder der Zylinder gleichsinnig vom Magnetfeld durchsetzt werden und am Zylindermantel z. B. alle Feldlinien austreten, so entsteht an den Enden der Leiter bzw. des Zylinders eine Spannung. Beim Metallzylinder können die Bürsten direkt auf der Oberfläche außerhalb des Mittelteils schleifen. Ähnlich arbeitet eine U. mit einer leitfähigen Läuferscheibe. Durchsetzt das Magnetfeld die Scheibe gleichsinnig, so tritt zwischen Mittelpunkt und Umfang eine Spannung auf.

Die U. wurde früher zum Erzeugen hoher Ströme bis 50 kA und Spannungen bis 40 V für Elektrolyseanlagen gebaut, inzwischen aber durch Stromrichter verdrängt.

Unipolartransistor, → Transistor.

unitäre Gruppe, Gruppe der unitären Matrizen

der Ordnung n; abgekürzt mit $U(n)$ bezeichnet. Eine für die Physik wichtige Untergruppe ist die *spezielle u. G.*, die Gruppe der unitären Matrizen, deren Determinante gleich 1 ist. Die spezielle u. G. wird mit $SU(n)$ bezeichnet.

unitäre Symmetrie, die aus der genäherten Invarianz der Hadronen gegenüber Transformationen bestimmter unitärer Gruppen in 2, 3 oder mehr Dimensionen folgende Symmetrie der Elementarteilchen, die zu einem wichtigen Instrument der Klassifikation der Hadronen geworden ist und zu bedeutenden Einsichten in die Struktur der schwachen und besonders der starken Wechselwirkung geführt hat.

Allgemein ist eine unitäre Gruppe $U(n)$ der Dimension n als Gesamtheit derjenigen Transformationen U eines n-dimensionalen linearen Vektorraums V^n mit den n-komponentigen Vektoren $v = (v_1, v_2, \ldots, v_n) \in V^n$ in sich gegeben, die gemäß $v_i \to v_i' = \sum_{j=1}^{n} U_{ij} v_j$ definiert sind und der Bedingung $UU^\dagger = U^\dagger U = 1$, d. h., $\sum_{j=1}^{n} U_{ij} U_{kj}^* = \sum_{j=1}^{n} U_{ji}^* U_{jk} = \delta_{ik}$ mit der Einheitsmatrix (Kronecker-Symbol) δ_{ik} genügen; daraus folgt $|\det U| = 1$. Unitäre Transformationen mit $\det U = 1$ heißen *speziell unitär*, und die Gruppe dieser Transformationen, die spezielle unitäre Gruppe, wird mit $SU(n)$ bezeichnet. Die infinitesimalen Erzeugenden dieser Transformationen spannen die zugehörigen unitären Algebren (→ Liesche Gruppe) auf. Die unitäre Gruppe $U(n)$ ist das → direkte Produkt der unitären Gruppe in einer Dimension $U(1)$, die durch Phasentransformation $e^{i\varphi A}$ mit der infinitesimalen Erzeugenden A aufgespannt wird, mit $SU(n)$, $U(n) = U(1) \times SU(n)$. In der Elementarteilchenphysik kann A mit der Baryonenzahl, der baryonischen Ladung, identifiziert werden. Dieser Bestandteil der unitären Gruppen wird gewöhnlich nicht explizit beobachtet. Die niedrigste nichttriviale spezielle unitäre Gruppe ist $SU(2)$; sie ist isomorph zur Gruppe der Drehungen in einem dreidimensionalen Raum und spielt eine überragende Rolle in der gesamten Elementarteilchenphysik. Zunächst wird sie von den Drehimpulsoperatoren als den infinitesimalen Erzeugenden der Gruppe realisiert; ihre niedrigstdimensionale nichttriviale Darstellung ist die zweidimensionale durch die Paulischen Spinmatrizen $\vec{\sigma} = (\sigma_1, \sigma_2, \sigma_3)$ (→ Drehgruppe), woraus sich alle höherdimensionalen Darstellungen durch Ausreduktion direkter Produkte der Spindarstellung ergeben (die Dimension n der Gruppe hat nichts zu tun mit der Dimension der Darstellung!). Davon unabhängig, aber völlig analog wird $SU(2)$ als Isospingruppe realisiert, da der Isospin den gleichen Vertauschungsregeln wie der Spin genügt und daher dieselbe Algebra aufspannt; die zweidimensionale Darstellung wird wieder durch die Pauli-Matrizen vermittelt (die in diesem Zusammenhang gewöhnlich zur Vermeidung von Verwechslungen mit $\vec{\tau} = \tau_1, \tau_2, \tau_3$,) bezeichnet werden, obwohl sie mit den σ-Matrizen identisch sind), die auf die von den Wellenfunktionen p des Protons bzw. n des Neutrons abhängenden Basisvektoren $v^p = \binom{p}{0}$ und $v^n = \binom{0}{n}$ wirken. Zur Unterscheidung der $SU(2)$ des Spins bzw. Isospins bezeichnet man diese Gruppe oft $SU(2)_S$ bzw. $SU(2)_I$.

Als Folge der Ladungsunabhängigkeit der starken Wechselwirkung ergibt sich deren Invarianz gegenüber $SU(2)_I$. Da die elektromagnetische und die schwache Wechselwirkung diese Invarianz nicht aufweisen, ist die $SU(2)_I$ für die Elementarteilchen keine extra Symmetriegruppe, sondern nur bei Vernachlässigung dieser „symmetriebrechenden" Wechselwirkungen. Die Geringfügigkeit der *Symmetriebrechung* ist aus dem geringen, im wesentlichen auf die elektromagnetische Wechselwirkung zurückführbaren Masseunterschied zwischen Proton und Neutron (von $m_p - m_n = -1{,}29$ MeV) ersichtlich. Aus dem Isospindublett (p, n) lassen sich alle anderen Isospinmultipletts konstruieren (→ Isospin). Die Mesonenmultipletts erfordern die Hinzunahme des Isospindubletts ($\bar{p}$, $\bar{n}$) von Antiproton $\bar{p}$ und -neutron $\bar{n}$, da die Mesonen die Baryonenzahl $A = 0$ haben; so hat der aus (pn) und ($\bar{p}\bar{n}$) gebildete Tensor 2. Stufe bezüglich U(2)

$$\begin{pmatrix} \frac{1}{2}(\bar{p}p - \bar{n}n) & \bar{n}p \\ \bar{p}n & \frac{1}{2}(\bar{n}n - \bar{p}p) \end{pmatrix}$$

dieselben Eigenschaften wie der Tensor

$$\begin{pmatrix} \frac{1}{\sqrt{2}}\pi^0 & \pi^+ \\ \pi^- & \frac{-1}{\sqrt{2}}\pi^0 \end{pmatrix}$$

d. h., man kann die Pionen auch als gebundene Zustände von Nukleon-Antinukleon-Paaren interpretieren.

Eine weitere wesentliche Quantenzahl der Hadronen ist die Hyperladung Y bzw. die Strangeness $S = Y - A$, die ebenfalls bei der starken, jedoch nicht bei der schwachen Wechselwirkung erhalten bleibt. Die Hinzunahme der Hyperladung erfordert den Übergang von der $SU(2)_I$ zur $SU(3)$, deren niedrigste nichttriviale Darstellung drei Basiszustände erfordert. Wählt man für diese Proton p und Neutron n mit $S = 0$ und das Λ-Hyperon mit $S = -1$, so ließen sich wiederum viele der anderen Baryonen und der Mesonen als aus diesen Grundteilchen aufgebaute Zustände ansehen. Dieses von Sakata vorgeschlagene Modell, das *Sakata-Modell*, in dem (p, n, Λ) als verschiedene „Ladungszustände" eines einzigen Teilchens, des *Sakatons*, angesehen werden, konnte jedoch experimentell ausgeschlossen werden. Statt dessen zeigten Gell-Mann und Ne'eman (1961) unabhängig voneinander, daß die acht Baryonen mit den niedrigsten Massen, dem Spin 1/2 und der Parität +1, d. s. die zwei Nukleonen N, d. h. das Proton p und das Neutron n, das Λ-Hyperon, die drei Σ- und die zwei Ξ-Hyperonen, zu einem Baryonenoktett (p, n; Λ^0; $\Sigma^+, \Sigma^0, \Sigma^-$; $\Xi^0\ \Xi^-$) = (N, Λ, Σ, Ξ) = ($B\ 1/2^+$) zusammengefaßt werden können und eine achtdimensionale Darstellung von $SU(3)$ aufspannen, die in Abb. 1 durch ein Y-I_3-Diagramm charakterisiert wird (I_3 ist die dritte Komponente des Isospins, $I_3 = Q - Y/2$). Die Baryonenresonanzen $\Delta(1\,236)$, $\Sigma(1\,385)$, $\Xi(1\,530)$ und das erst 1964 entdeckte, auf Grund der u.n S. postulierte Ω^--Hyperon der Masse 1 674 MeV, die alle den Spin 3/2 und positive Parität haben, fügen sich in eine zehndimensionale Darstellung, das Baryonendekuplett ($B\,3/2^+$) ein (Abb. 2). Schließlich bilden die pseudoskalaren Mesonen (mit Spin 0 und negativer Parität $M0^-$) $\eta(549)$, $\eta'(958)$, π und K, sowie die Vektormesonen (mit Spin 1 und negativer Parität $M\,1^-$) $\omega(785)$, $\Phi(1019)$, $\varrho(760)$ und $K^*(890)$ jeweils ein Mesonenoktett

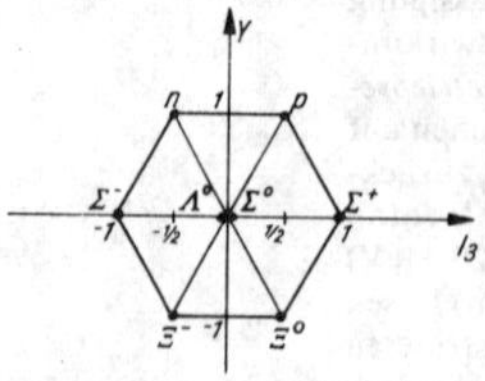

1

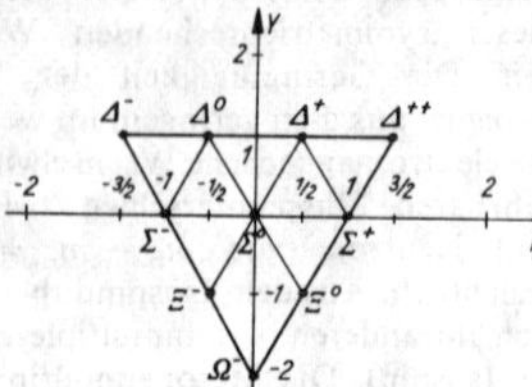

2

und ein Mesonensingulett (Abb. 3a und 3b); allerdings sind die physikalisch beobachteten Mesonen η und η' bzw. ω und Φ eine kohärente Überlagerung der entsprechenden Oktett- und Singulettzustände η_8 und η_1 bzw. ω_8 und ω_1, was in den Abbildungen nicht berücksichtigt wurde. Wegen der Schlüsselstellung der Oktettdarstellung für die Hadronen wurde dieses Modell von seinen Erfindern als „achtfacher Weg" [engl. *eightfold way*] bezeichnet.

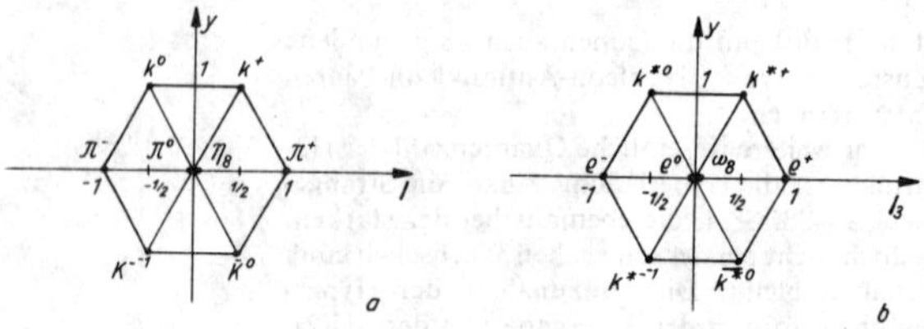

3

Die SU(3)-Symmetrie kann nicht so „gut" wie die $SU(2)_I$-Symmetrie sein, was schon aus den relativ großen Masseunterschieden der einzelnen, im Fall strenger SU(3)-Symmetrie eigentlich massegleichen Mitglieder eines Multipletts folgt. Strenge SU(3)-Symmetrie erfordert die Invarianz von insgesamt acht Quantenzahlen. Ergänzt man den "eightfold way" durch die Einführung einer mittelstarken Wechselwirkung, bei der zwar der Isospin I und die Hyperladung Y, jedoch nicht die übrigen Quantenzahlen erhalten bleiben, dann folgen im Rahmen dieses Modells mit Symmetriebrechung Resultate, die in guter Übereinstimmung mit dem Experiment stehen. Dabei wurden viele bereits bekannte Ergebnisse auf neuem Wege abgeleitet. Zu den neuen Resultaten zählen eine Reihe von Masseformeln zwischen den Mitgliedern eines Multipletts, so z. B. die Gell-Mann-Okubo-Masseformel $m(Y, I) = a + bY + c[\frac{1}{4}Y^2 - I(I+1)]$ mit den von der aufspaltenden Wechselwirkung abhängigen Konstanten a, b und c, die man eliminieren kann, wenn man die Formel für alle Mitglieder eines Multipletts aufschreibt; für das Baryonenoktett ergibt sich dann die experimentell gut erfüllte Relation $2(m_N + m_\Xi) = 3m_\Lambda + m_\Sigma$, für das Mesonenoktett (0^-) ergibt sich $3m_\eta^2 + m_\pi^2 = 4m_K^2$, und schließlich wurde auf diese Weise die Masse des Ω-Hyperons zu 1670 MeV vorausberechnet. Auch für die Massedifferenzen der Isospin-Untermultipletts lassen sich Masseformeln ableiten, z. B. $(m_{\Xi^-} - m_{\Xi^0}) = (m_{\Sigma^-} - m_{\Sigma^+}) + (m_p - m_n)$. Ferner lassen sich ähnliche Relationen für die magnetischen Momente der Baryonen ableiten und die elektromagnetischen Formfaktoren bestimmen.

Die SU(3)-Symmetrie der starken Wechselwirkung ist eine statische Symmetrie, d. h., sie gilt eigentlich nur für ruhende Teilchen, und ferner bezieht sie den Spin der Elementarteilchen nicht ein. Die Berücksichtigung des Spins führt zur SU(6)-Symmetrie; hierbei werden Baryonenoktett ($1/2^+$) und -dekuplett ($3/2^+$) bzw. die Mesonenoktetts und -singuletts (0^-) und (1^-) mit gutem Erfolg in eine 56dimensionale bzw. 35dimensionale Darstellung eingefügt. Der Versuch, die Bewegung der Teilchen, d. h. dynamische Aspekte, zu berücksichtigen, führte zur Konstruktion allgemeinerer → Symmetriemodelle der Elementarteilchen, der höheren oder dynamischen Symmetrie, die jedoch bisher als fehlgeschlagen angesehen werden müssen.

Eine Weiterführung auch hinsichtlich der Dynamik hat die SU(3)-Symmetrie durch die → Stromalgebra erfahren, bei der angenommen wird, daß nicht nur die „Ladungen" der Baryonen, sondern auch die entsprechenden Ströme eine SU(n)-Struktur aufspannen.

Aus der u.n S. sind ferner eine Reihe von → Quarkmodellen hervorgegangen, nach denen die Hadronen aus drei fundamentalen Teilchen, den Quarks q_i ($i = 1, 2, 3$) und ihren Antiteilchen, den Antiquarks $\bar{q}_i$ ($i = 1, 2, 3$) aufgebaut sein sollen. Das ursprünglich von Gell-Mann und Zweig (1964) eingeführte Modell mit drei fundamentalen Quarks war ein Versuch, das Sakata-Modell mit neuen, hypothetischen Teilchen wiederzubeleben. Führt man die Quarks und Antiquarks als Basiszustände der beiden niedrigstdimensionalen SU(3)-Darstellungen ein (Abb. 4a, 4b), so lassen sich die höheren Oktett-,

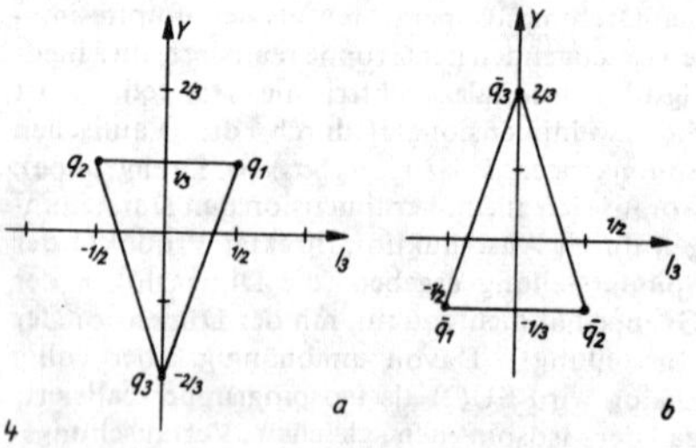

4

Dekuplett- u. a. Darstellungen wieder durch Ausreduktion direkter Produkte der Quarkdarstellungen gewinnen; die pseudoskalaren Mesonen (0^-) ergeben sich als Quark-Antiquark-Zustände ($q\bar{q}$), und die Baryonen ($1/2^+$) und ($3/2^+$) ergeben sich als gebundene Zustände (qqq) dreier Quarks. Die Bildung des direkten Produktes zweier Darstellungen von SU(3) erfolgt so, daß man das I_3-Y-Diagramm der einen über allen Punkten des Diagramms der anderen Darstellungen abträgt und das entstehende Diagramm so auseinandernimmt, daß die Multiplizität der Punkte vom einfach belegten Rand nach innen immer um 1 zunimmt, bis das erste Dreieck erreicht wird, wo dann die Belegung konstant bleibt, wie z. B. in Abb. 5 für $\bar{q}q$ und in Abb. 6 für qq angegeben.

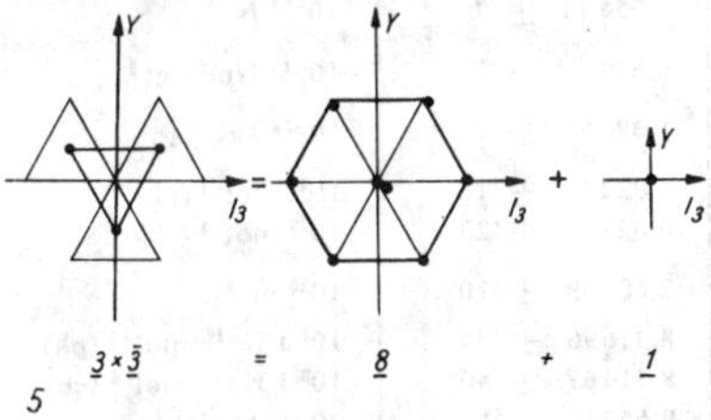

5

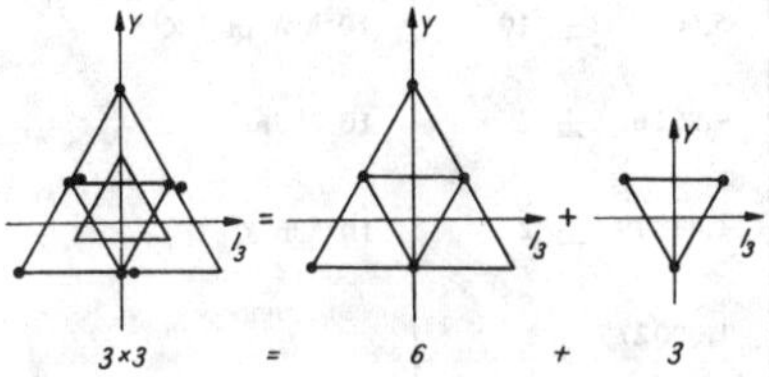

6

Obwohl Quarks trotz angestrengter Suche bis heute nicht experimentell nachgewiesen werden konnten, hat sich ihre Einführung außerordentlich gut bewährt.

unitäre Transformation, eine Abbildung der Gestalt $\varphi' = \hat{U}\varphi$ eines Elementes φ eines Hilbert-Raumes auf ein anderes Element φ' durch einen unitären Operator $\hat{U}$, für den gilt $\hat{U}\hat{U}^\dagger = 1$. U. T.en haben die Eigenschaft, daß sie das Skalarprodukt von zwei Elementen des Hilbert-Raumes invariant lassen, d. h., für die gilt $(\psi', \varphi') = (\hat{U}\psi, \hat{U}\varphi) = (\psi, \varphi)$.

Unitaritätsbedingungen, → Matrix.

Unitaritätsrelation, → analytische S-Matrix-Theorie, → Matrix.

Universalmotor, ein Einphasenkollektormotor, → elektrische Maschine.

Universal Time, → Zeitmaße.

Universalzähler, → Zähldekade.

universelle Naturkonstanten, ein System von relativ wenigen dimensionsbehafteten Konstanten, auf die die Vielzahl der → Naturkonstanten zurückgeführt werden kann. Zu den u.n N. zählt man folgende Konstanten: die Ruhmasse des Elektrons m_e, des Protons m_p und der Mesonen (→ Elementarteilchen, Tab. A und B), ferner die die Wechselwirkung dieser Elementarteilchen charakterisierenden Konstanten, die → elektrische Elementarladung e, die → Gravitationskonstante G, des weiteren das → Plancksche Wirkungsquantum h, die → Lichtgeschwindigkeit des Vakuums c, die → Boltzmannsche Konstante k und die elektrische Feldkonstante ε_0.

Wichtige *atomare* und *allgemeine*, aus diesen u.n N. abgeleitete Konstanten sind das Bohrsche Magneton μ_B, das Kernmagneton μ_K, die Loschmidtsche Konstante N_L, die Faraday-Konstante F und die Gaskonstante R_0.

Die Aufnahme z. B. des Planckschen Wirkungsquantums h und der Lichtgeschwindigkeit c_0 in die Reihe der u.n N. bedeutet die Einbeziehung quantitativer quantenmechanischer sowie relativistischer Aussagen. Es müssen grundsätzlich soviel Konstanten innerhalb der universellen N. aufgeführt werden, damit alle Bereiche der physikalischen Erscheinungen erfaßbar werden. → universelle Zahlenkonstanten.

universelle Zahlenkonstanten, dimensionslose Kombinationen → universeller Naturkonstanten, die als reine Zahlen, häufig als arithmetische Invarianten bezeichnet werden und unabhängig vom gewählten Maßsystem sind, im Gegensatz zu den Zahlenwerten der → Naturkonstanten selbst. Die wichtigsten universellen Z. sind die *reziproke* → *Feinstrukturkonstante* $4\pi\varepsilon_0\hbar c/e^2 = 137{,}04$, das Verhältnis von *Protonen-* zu *Elektronenmasse* $m_p/m_e = 1836{,}0$ und das *Verhältnis der Coulombschen Abstoßung zweier Protonen zu ihrer Massenanziehung* (Coulomb-Abstoßung)/(Gravitations-Anziehung) $\approx 10^{40}$. Von der weiteren Entwicklung der physikalischen Theorie, insbesondere der Theorie der Elementarteilchen, wird eine Erklärung dieser von irdischen Maßeinheitsfestlegungen unabhängigen Zahlen erwartet. Für die Feinstrukturkonstante und die Massenverhältnisse liegen in der Heisenbergschen nichtlinearen Feldtheorie bereits wertvolle Ansätze vor.

universelle Zeit, die Zeit, die von über den Raum verteilten, mit Lichtsignalen synchronisierten Uhren gemessen wird. Die im Linienelement auftretende Koordinatenzeit x_0 (→ Weltkoordinaten) ist dann gleich der u.n Z., wenn das Linienelement von der Form

$$ds^2 = (dx^0)^2 - g_{ik}\,dx^i\,dx^k$$

ist (über die zweimal geschriebenen Indizes i und k wird von 1 bis 3 summiert).

Schon die spezielle Relativitätstheorie zeigt, daß es ein physikalisches Problem ist, ein Uhrensystem im ganzen Raum einzurichten, derart, daß von einer u.n Z. gesprochen werden kann. Man geht dazu folgendermaßen vor: Da in der speziellen Relativitätstheorie der Relativgeschwindigkeit (und der Beschleunigung) und nicht mehr der Geschwindigkeit selbst eine absolute Bedeutung zukommt, sind relativ zueinander ruhende Uhren physikalisch gleichberechtigt. Sofern diese Uhren von derselben Konstruktion sind, haben sie dieselbe Ganggeschwindigkeit. Gemäß der Einsteinschen Definition der Synchronisierung von Uhren kann man die Uhren mit Lichtsignalen synchronisieren. Die so synchronisierten Uhren realisieren zusammen mit mitgeführten Maßstäben ein Bezugssystem, dessen zeitartiger Vektor die u. Z. ist. Geometrisch bedeutet das, daß man eine Schar paralleler raumartiger Hyperebenen im → Minkowski-Raum auszeichnet. Die dazu senkrechten zeitartigen Geraden (→ zeitartig) sind dann die → Weltlinien der Uhren.

In der allgemeinen Relativitätstheorie verliert auch der Begriff der Beschleunigung seine absolute Bedeutung, da lokal zwischen Beschleunigung des Systems und Gravitationswirkungen nicht unterschieden werden kann; nur der Begriff der Relativgeschwindigkeit hat noch einen Sinn. Das findet seinen Ausdruck in

universelle Zeit

Konstante	Bezeichnung	Zahlenwert und Fehlergrenze	Einheit
Vakuum-Lichtgeschwindigkeit	c	2,997925 ± '2	10^{8} ms^{-1}
Plancksches Wirkungsquantum	h	6,6256 ± '5	10^{-34} Js
	$\hbar = \frac{h}{2\pi}$	1,05450 ± '7	10^{-34} Js
Gravitationskonstante	G oder γ	6,670 ± '7	10^{-11} Nm^2 kg^{-2}
Boltzmann-Konstante	$k = \frac{R_0}{N_L}$	1,38054 ± '7	10^{-23} J K^{-1}
Loschmidt-Konstante	N_L	6,02252 ± '16 6,02336 ± '20	10^{23} mol^{-1} (ph) 10^{23} mol^{-1} (ch)
Avogadro-Konstante	$A = \frac{N_L}{V_0}$	2,68699 ± '10	10^{25} m^{-3}
Gaskonstante, universelle	R_0	8,31696 ± '34 8,31467 ± '40	10^{3} J K^{-1}k mol^{-1} (ph) 10^{3} J K^{-1}k mol^{-1} (ch)
Faraday-Konstante	F	9,65219 ± '11 9,64953 ± '16	10^{7} C kval^{-1} (ph) 10^{7} C kval^{-1} (ch)
Stefan-Boltzmannsche Strahlungskonstante	σ	5,6697 ± '10	10^{-8} W m^{-2} K^{-4}
1. Konstante des Planckschen Strahlungsgesetzes	$c_1 = 8\pi hc$	4,9916 ± '2	10^{-24} Jm
2. Konstante des Planckschen Strahlungsgesetzes	$c_2 = \frac{hc}{k}$	1,43879 ± '2	10^{-2} m K
Verhältnis $\frac{\text{phys. Massenwert}}{\text{chem. Atomgewicht}}$ (Smythe Faktor)	r	1,000275	
Elementarladung	e	1,60210 ± '3	10^{-19} C
Influenz-konstante (→ Vakuum-Konstanten)	$\varepsilon_0 = \frac{1}{\mu_0 c^2}$	8,854185 ± '12	10^{-12} As V^{-1} m^{-1}
Induktions-konstante (→ Vakuum-Konstanten)	μ_0	1,256637 = $4\pi \cdot 10^{-1}$	10^{-6} Vs A^{-1} m^{-1}
Bohrsches Magneton	$\mu_B = \frac{eh}{2m_e}$	9,2732 ± '4	10^{-24} A m^2
Kernmagneton	$\mu_K = \frac{eh}{2m_p}$	5,05050 ± '20	10^{-27} A m^2
Rydberg-Konstante	R_∞	109737,309 ± '12	10^{2} m^{-1}
Ruhmasse des Elektrons	m_e	9,1091 ± '3	10^{-31} kg
Ruhmasse des Protons	m_p	1,672523 ± '3	10^{-27} kg
Ruhmasse des Neutrons	m_n	1,67482 ± '2 = 1,00135 m_p	10^{-27} kg
Masse des H-Atoms	m_H	1,673434 ± '3	10^{-27} kg
Masseverhältnis Proton/Elektron	$\frac{m_p}{m_e}$	1836,10 ± '2	
Massewert des Elektrons	M_e	5,48597 ± '6	10^{-4} u
Massewert des Protons	M_p	1,0072863 ± '2	u
Massewert des Neutrons	M_n	1,0086630 ± '17	u
Massewert des H-Atoms	M_H	1,0078351 ± '2	u
Spezifische Ladung des Elektrons	$\frac{e}{m_e}$	1,758796 ± '2	10^{11} C kg^{-1}
Spezifische Ladung des Protons	$\frac{e}{m_p}$	9,57900 ± '2	10^{7} C kg^{-1}
Bohrscher Radius (des Wasserstoffatoms)	$r = \frac{4\pi\varepsilon_0\hbar^2}{m_e e^2}$	5,29167 ± '2	10^{-11} m
Klassischer Elektronenradius	$r_e = \frac{e^2}{4\pi\varepsilon_0 m_e c^2}$	2,81777 ± '4	10^{-15} m
Compton-Wellenlänge des Elektrons	$\frac{h}{m_e c}$	2,42621 ± '5	10^{-12} m
Compton-Wellenlänge des Protons	$\frac{h}{m_p c}$	1,32140 ± '2	10^{-15} m
Compton-Wellenlänge des Neutrons	$\frac{h}{m_n c}$	1,31958 ± '5	10^{-15} m
Sommerfeldsche Feinstruktur-Konstante	$\alpha = \frac{e^2}{4\pi\varepsilon_0\hbar c}$	7,29720 ± '3	10^{-3}
Molvolumen idealer Gase unter Normalbedingungen	V_0	2,24136	10^{-2} m^3 mol^{-1}

der Ersetzung des Minkowski-Raumes durch einen allgemeinen → Riemannschen Raum. Die Synchronisierung zweier unendlich benachbarter Punkte A und B mit den Koordinaten x^μ und $x^\mu + dx^\mu$ des Riemannschen Raumes kann folgendermaßen vorgenommen werden (Abb.):

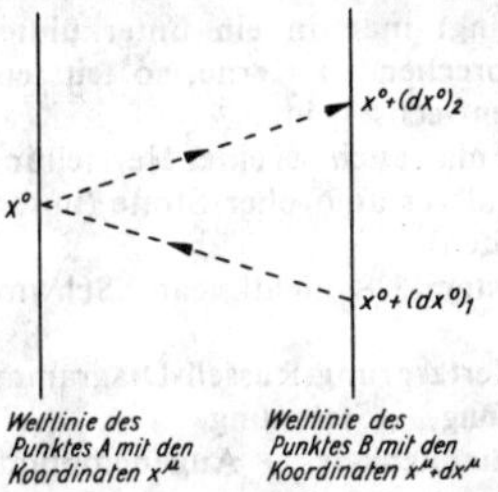

Zur Synchronisierung infinitesimal benachbarter Uhren

Ein Lichtsignal (gestrichelte Linie), das von B ausgesandt wird, erreicht A zum Zeitpunkt x^0 und läuft zu B zurück. Durch Auflösen des Ausdruckes $ds^2 = g_{\mu\nu}\, dx^\mu\, dx^\nu = 0$, der die Ausbreitung des Lichtes beschreibt, erhält man

$$(dx^0)_{1,2} = -\frac{1}{g_{00}}\left(g_{0i}\, dx^i \pm \sqrt{(g_{0i}g_{0k} - g_{ik}g_{00})\, dx^i\, dx^k}\right)$$

für die Ausbreitung in beiden Richtungen $B \to A$ und $A \to B$ (über die doppelt geschriebenen Indizes wird von 1 bis 3 summiert). Als gleichzeitig zum Zeitpunkt x^0 im Punkt A kann man diejenige Stellung der Uhrzeiger im Punkte B ansehen, die in der Mitte zwischen den Zeitpunkten des Absendens und Wiedereintreffens des Signals in B liegt;

$$x^0 + \Delta x^0 = x^0 + \frac{1}{2}(dx_1^0 + dx_2^0) =$$

$$= x^0 + \frac{g_{0i}\, dx^i}{g_{00}}.$$

Diese Beziehung ermöglicht es, Uhren in einem kleinen Bereich des Raumes zu synchronisieren. Die Synchronisierung läßt sich auch längs einer Kurve fortsetzen. Dagegen ist keine Synchronisierung längs geschlossener Weltlinien möglich, da man bei der Rückkehr zum Ausgangspunkt für Δx^0 einen von Null verschiedenen Wert erhält. Es ist unmöglich, eine eindeutige Synchronisierung von Uhren im ganzen Raum vorzunehmen, wenn $g_{0i} \neq 0$.

Die im Linienelement auftretende Koordinatenzeit ist also nur dann eine u. Z., d. h. sie kann nur dann von über den Raum verteilten synchronisierten Uhren gemessen werden, wenn die g_{0i} gleich Null sind. Die Bedingung $g_{0i} = 0$ bedeutet physikalisch, daß die die Zeit t messenden Uhren nicht rotieren dürfen. Das ist deshalb plausibel, weil rotierende Uhren eine Relativbeschleunigung gegeneinander besitzen und daher nach dem oben Gesagten im Sinne der allgemeinen Relativitätstheorie nicht physikalisch gleichberechtigt sind. Geometrisch entspricht die Errichtung einer u.n Z. im Riemannschen Raum der Auswahl paralleler dreidimensionaler raumartiger Flächen, wobei die dazu senkrechten → geodätischen Linien die Weltlinien der Uhren sind.

Ein Uhrensynchronismus (d. h. eine u. Z.) läßt sich im Riemannschen Raum genauso wie im Minkowski-Raum immer einrichten. Bezüglich dieses Punktes besteht also kein wesentlicher Unterschied zwischen spezieller und allgemeiner Relativitätstheorie. Ein wesentlicher Unterschied ergibt sich erst dadurch, daß die Einsteinschen Gravitationsgleichungen gerade solche Riemannschen Räume als Lösungen ergeben, in denen die u. Z. nach endlicher Zeit immer zusammenbricht. Die synchronisierten Uhren stoßen dann zusammen.

Universum, → Kosmos.

Unmöglichkeitsprinzipien, Bezeichnung für die Unmöglichkeit des Perpetuum mobile I. Art und des Perpetuum mobile II. Art (→ Hauptsätze der Thermodynamik).

Unordnungsannahme, → Boltzmann-Gleichung.

unpolare Bindung, → chemische Bindung.

Unschärferelation, → Heisenbergsches Unbestimmtheitsprinzip.

unselbständige Entladung, → Gasentladung.

Unstetigkeitsfläche, svw. Trennungsfläche.

Unstetigkeitslinie der Geschwindigkeit, eine Linie, an der die Tangentialkomponente der Geschwindigkeit bei einem Fließvorgang einen endlichen Sprung erleidet. Aus der Kontinuitätsgleichung folgt, daß die Normalkomponente stetig ist. Geschwindigkeitsunstetigkeiten können bei Lösungen nach der Theorie von Saint Venant/Levy/Mises auftreten, da in dieser Theorie der Werkstoff als starr-idealplastisch und zähigkeitslos betrachtet wird.

Wird bei ebenen Problemen die U. d. G. als Grenzfall eines schmalen Bereiches mit starker aber stetiger Geschwindigkeitsänderung betrachtet, so folgt, daß sie eine Hauptschiebungsgeschwindigkeitslinie ist. Entsprechend der Theorie von St. Venant/Levy/Mises muß damit die U. d. G. eine Gleitlinie oder eine Einhüllende von Gleitlinien sein. Die Anwendung der Geiringer-Gleichungen ergibt, daß der Geschwindigkeitssprung, die Differenz der beiderseitigen Tangentialgeschwindigkeiten, längs einer Unstetigkeitslinie einen konstanten Wert hat.

Geschwindigkeitsunstetigkeitslinien werden häufig auch als Sprunglinien bzw. bei rotationssymmetrischen Problemen als Sprungflächen bezeichnet.

unsymmetrische Schwingung, → nichtlineare Schwingungen.

Unteranpassung, → Anpassung.

Unterbrecher, ein Gerät, das einen elektrischen Stromkreis in schneller Folge periodisch öffnet und schließt und dadurch periodische Stromimpulse erzeugt. U. ermöglichen z. B. den Betrieb der Wähler in den Fernsprechverbindungsämtern oder, unter Zuhilfenahme von Transformatoren, die Erzeugung hoher Spannungen (Funkeninduktoren, Zündanlage in Kraftfahrzeugen). Man unterscheidet Selbstunterbrecher und fremderregte U.

1) Die Selbstunterbrecher beziehen die zum Unterbrechen (Schalten) erforderliche Energie aus dem zu unterbrechenden Stromkreis selbst. Die bekannteste und einfachste Art ist der *magnetische Selbstunterbrecher* (*Wagnerscher* oder *Neefscher Hammer*). Vom Elektromagneten wird bei Stromfluß ein Anker angezogen, der an einer Feder befestigt ist. Durch die Bewegung des Ankers wird der Stromfluß zwischen dem Anker und einer Kontaktschraube unterbrochen und das Magnetfeld aufgehoben, da durch den Elektromagneten kein Strom mehr fließt. Durch Federkraft schwingt der Anker zurück, berührt die Kontaktschraube, der Stromfluß ist wieder hergestellt, der Anker wird angezogen usw. Der magnetische Selbstunterbrecher wird z. B. bei der elektrischen Klingel, dem Summer, der Kraftfahrzeughupe und dem Funkeninduktor angewandt. Der *Stimmgabelunterbrecher* ist wie der magnetische Selbstunterbrecher gebaut, nur wird hier keine Feder, sondern eine Stimmgabel durch den Elektromagneten erregt. Die Zahl der Unterbrechungen in der Zeiteinheit hängt von der Eigenschwingungszahl der Stimmgabel ab und praktisch nicht mehr von der Stärke des zu unterbrechenden Stromes. Dadurch wird eine gute Konstanz der Unterbrecherfrequenz gewährleistet. Der *Relaisunterbrecher* arbeitet ähnlich wie der magnetische Selbstunterbrecher, er hat jedoch durch Verwendung zusätzlicher elektrischer Schaltmittel und Ersatz des einfachen Elektromagneten durch ein oder mehrere Relais sehr gute Unterbrechungseigenschaften und zeitliche Konstanz. Der Relaisunterbrecher wird in Fernsprechwählanlagen benutzt. Der *elektrolytische U.* beruht auf der Bildung einer Blase aus einem Wasserdampf-Knallgas-Gemisch an einer sehr kleinen Platinspitze als Anode auf Grund der dort auftretenden hohen Stromdichte. Wenn die Blase die ganze Anode bedeckt, wird der Strom unterbrochen. Nachdem die Blase geplatzt ist, kann der Strom wieder fließen. Es gibt verschiedene Arten des elektrolytischen U.s, am bekanntesten ist der Wehnelt-Unterbrecher, der sich für Unterbrecherfrequenzen bis zu einigen kHz eignet.

2) Die fremderregten U. beziehen die zum Ein- und Ausschalten erforderliche Energie aus einer fremden Energiequelle, z. B. einem Motor. Eine bekannte Art ist der *Motorunterbrecher* (Quecksilber- oder Turbinenunterbrecher), bei dem durch ein Turbinenrad Quecksilber vom Boden eines Gefäßes gesaugt und als rotierender Quecksilberstrahl gegen Kontakte an der Innenwand geschleudert wird. Beim *Zündunterbrecher* der Kraftfahrzeuge erfolgt das Öffnen und Schließen der Kontakte des Zündstromkreises durch einen vom Motor angetriebenen umlaufenden Nocken, der eine der Zylinderzahl entsprechende Zahl von Schalthöckern aufweist und damit die erforderliche Zündhäufigkeit bewirkt.

Untergrundstreuung, → thermische Untergrundstreuung.

Untergrundzählrate, Anzahl der Teilchen je Zeiteinheit, die zufällig von einer Nachweisapparatur für ionisierende Strahlung gezählt werden, ohne daß sie mit dem untersuchten Vorgang zu tun haben. Die U. kann durch Streustrahlung, natürliche und künstliche Radioaktivität sowie kosmische Strahlung hervorgerufen werden.

Unterkorrektion, → Abbildungsfehler.

Unterkühlung, *Übersättigung,* thermodynamisch metastabiler Zustand, in dem ein Stoff bei einer Temperatur vorliegt, bei der er sich schon in die nächstniedrigere Phase hätte umwandeln müssen. Unterkühlte Zustände lassen sich beim Übergang gasförmig/flüssig und flüssig/fest experimentell verwirklichen, wenn man Kondensations- bzw. Kristallisationskerne sorgfältig entfernt und das System vor Erschütterung schützt. So kann man Wasser bis zu −30 °C unterkühlen. Bringt man in ein unterkühltes System die entsprechenden Kerne, so tritt ein plötzlicher Phasenwechsel ein.

Von U. spricht man auch bei einer Herstellung von Glas und anderer amorpher Stoffe (unterkühlte Flüssigkeiten).

unterlineares System, → nichtlineare Schwingungen.

Unterriese, → Hertzsprung-Russell-Diagramm.

Unterschallströmung, → Strömung.

Unterschiedsempfindlichkeit, → Augenempfindlichkeit.

Unterschwingungen, *Untertöne,* die infolge nichtlinearer Schwingungseigenschaften von Schwingungserzeugungs- und -übertragungssystemen auftretenden Schwingungen oder Töne der Frequenz f bei Anregung mit einer ihrer Oberschwingungen, z. B. mit der Frequenz $2f$.

Häufig wird dieser Vorgang bewußt zur Frequenzteilung benutzt, insbesondere in modernen elektronischen Meßgeräten, wie der Quarzuhr, dem Oszillographen und dem Fernsehgerät.

Untersetzer, elektronische Baueinheit, die am Ausgang nur einen konstanten Bruchteil der Eingangszählrate abgibt. Als U. verwendet man meist Flip-Flop-Schaltungen, die für zwei Eingangsimpulse jeweils nur einen Ausgangsimpuls abgeben. Man erhält eine zweifache Untersetzung. Mit vier Flip-Flop-Schaltungen und einer geeigneten Diodenverschlüsselung kann man z. B. auch Zehnfachuntersetzer aufbauen.

Untersonne, → Halo.

Untertöne, svw. Unterschwingungen.

Unterwasserfunke, zwischen zwei unter Wasser befindlichen Elektroden brennende kurzzeitige Bogenentladung. Durch das in der Entladungsstrecke verdampfende Wasser treten außerordentlich kräftige Stoßwellen und entsprechende akustische Erscheinungen auf. Der U. wird häufig zur Erzeugung kräftiger Stoßwellen ausgenutzt.

Unterzwerg, → Hertzsprung-Russell-Diagramm.

Ununterscheidbarkeit, → identische Teilchen.

Uppendahlsches Prismenumkehrsystem, → Reflexionsprisma.

U-Prozeß, → Elektron-Phonon-Streuung, → Elektron-Elektron-Streuung.

UR, Abk. für Ultrarot, → Infrarot.

Uran, U, radioaktives chemisches Element der Ordnungszahl 92. In der Natur kommen die Isotope ^{238}U, ^{235}U und ^{234}U vor. ^{238}U (*Uran I*) ist die Muttersubstanz der Uran-Radium-Reihe, ^{235}U die der Uran-Aktinium-Reihe, und ^{234}U (*Uran II*) kommt in der Uran-Radium-Reihe vor (→ radioaktive Familien). Das längstlebige Isotop ist ^{238}U mit einer Halbwertszeit von $4{,}51 \cdot 10^9$ Jahren. Ferner sind künstliche Isotope der Massezahlen 227 bis 240 bekannt. Die meisten Isotope sind α-Strahler oder spalten spontan. β-Strahlung wird bei ^{237}U, ^{239}U und ^{240}U beobachtet. U. ist als spaltbares Material für Reaktoren besonders bedeutungsvoll. ^{238}U wird durch schnelle Neutronen, ^{235}U und ^{233}U werden durch langsame Neutronen gespalten. Die bei der Spaltung entstehenden Neutronen können in U. eine Kettenreaktion auslösen. ^{238}U dient als Ausgangsprodukt für die Plutoniumgewinnung.

Uran-Aktinium-Reihe, → radioaktive Familien.

Uranbrenner, svw. Reaktor.

Uranhexafluorid, UF_6, die wichtigste Ausgangssubstanz für Verfahren zur Anreicherung des Isotops U-235 im natürlichen Uran. Oberhalb 55 °C ist U. gasförmig, thermisch stabil und kann in Behältern und Gefäßen aus konventionellem Material wie Glas aufbewahrt und verarbeitet werden. Die Gewinnungsmethoden für metallisch reines Uran und für Uranverbindungen mit evtl. erhöhtem U-235-Gehalt zielen immer darauf ab, nach der Erzaufbereitung, dem Laugen, Filtrieren, Abscheiden usw. auf chemischem Wege Urantetrafluorid, UF_4 zu erhalten. Für die Zwecke der Anreicherung des Isotops U-235 wird UF_4 in U. übergeführt, welches dann in einer Trennanlage weiter verarbeitet wird, d. h. wo die Trennung der U.e $^{235}UF_6$ und $^{238}UF_6$ erfolgt (→ Anreicherung von Isotopen, → Diaphragmentrennstufe). Bekanntlich ist das Uranisotop U-235 praktisch die einzige natürlich vorkommende mit thermischen Neutronen spaltbare Substanz. Es wird im Reaktor, meist in angereicherter Form, als Metall, Legierung oder chemische Verbindung (Oxid, Uransalze) verwendet.

Das U. ist das Endglied der Fluorierungsreihe UF_3, UF_4, U_4F_{17}, U_2F_9, UF_6; in einer Atmosphäre von überschüssigem Fluor bildet sich aus allen Uranfluoriden schließlich U. Davon macht man Gebrauch bei der Aufbereitung von Uranbrennstoffelementen: das spaltbare chemische Element Uran wird z. B. durch Verbrennen im Fluorstrom oder durch Auflösung in Fluorsalzen bei hohen Temperaturen in die Fluoridform übergeführt und mittels Destillation von den Spaltprodukten und von Plutonium getrennt. Das gebildete U. wird anschließend zu Metall reduziert und weiterverarbeitet. Damit hat das U. neben seiner Verwendung bei der Isotopentrennung von U-235 und U-238 auch bei der Entgiftung von Uran und der Trennung von Uran und Plutonium eine große Bedeutung erlangt.

Uranmeiler, svw. Reaktor.

Uran-Radium-Reihe, → radioaktive Familien.

Uranspaltung, → Kernspaltung.

Uranstandard, → radioaktiver Standard.

Uranus, der drittgrößte Planet. Er bewegt sich mit einer mittleren Geschwindigkeit von 6,80 km/s in einem mittleren Abstand von 19,2 AE in 84,02 Jahren einmal um die Sonne. Die Masse von U. beträgt 14,52 Erdmassen, der Äquatordurchmesser 47100 km, der Poldurchmesser ist um 2900 km kleiner. Die mittlere Dichte ist mit 1,58 g/cm^3 von der gleichen Größenordnung wie die von Jupiter und Saturn. U. rotiert in 10 h 49 min einmal um seine Achse, die im Gegensatz zu allen anderen Planeten fast in der Bahnebene des Planeten liegt. U. ist mit einer undurchsichtigen Atmosphäre bedeckt, die hauptsächlich aus Wasserstoff und Methan besteht und an ihrer Oberseite eine Temperatur von −170 °C aufweist.

U. wird von 5 Satelliten umkreist.

Urbach-Regel, eine Aussage über die Abhängigkeit des Absorptionskoeffizienten von der Wellenlänge bei der Absorption von Licht in Festkörpern. Nach der U.-R. ist bei bestimmten Absorptionsbanden in Kristallen der Absorptionskoeffizient μ in hinreichendem Abstand vom Maximum eine exponentielle Funktion der Energie E der Photonen: $\mu \sim \exp \frac{A(E - E_0)}{\coth T_0/T}$. Dabei bedeuten A, E_0 und T_0 Konstanten, die für die betreffende Bande charakteristisch sind. T ist die Temperatur des Kristalls. Die U.-R. wurde sowohl bei Absorptionsbanden von Störstellen als auch bei Absorptionsbanden von Exzitonen beobachtet und gibt oft auch den Verlauf der Absorptionskante als Funktion von E wieder.

Urdox-Widerstand, → Heißleiter.

Urkilogramm, internationales Masse-Etalon aus Platin-Iridium in Form eines geraden Kreiszylinders von 39 mm Höhe und 39 mm Durchmesser für 1 kg, das im Pavillon de Breteuil beim Bureau International des Poids et Mesures (BIPM) in Sèvres bei Paris aufbewahrt wird, → Meterkonvention.

Urmaterie, → Heisenbergsche Theorie der Urmaterie.

Urmeter, bis 1960 internationales Längenetalon für 1 m, das durch den Abstand der Mittelstriche der Strichgruppen am Anfang und am Ende dieses Strichmaßstabs angegeben ist und die Länge 1 m bei der Temperatur 0 °C verkörpert. Das U. besteht aus einer Platin-Iridium-Legierung. Obwohl durch die neue Definition des → Meter überflüssig geworden, wird das U. unter gleichen Bedingungen wie bisher beim Bureau International des Poids et Mesures (BIPM) aufbewahrt, → Meterkonvention.

Ursache-Wirkung-Zusammenhang, → Kausalität.

Urspannung, → elektromotorische Kraft.

UR-Spektroskopie, → Ultrarotspektroskopie.

Ursprung des Weltalls. Das Olberssche Paradoxon und der Hubble-Effekt weisen auf die Haltlosigkeit der Vorstellung von einem statischen Kosmos hin. Die Zeitabhängigkeit des Kosmos gestattet, an die Möglichkeit zu denken, daß der Kosmos vor langer Zeit in einem ganz anderen Zustand als heute war. In der Tat führen kosmologische Lösungen einiger Gravitationstheorien auf einen Zustand mit sehr hoher Materiedichte in der Vergangenheit. Die Materiedichte kann sogar zu einem bestimmen Zeitpunkt unendlich groß werden. Nach der Einsteinschen Theorie sollte der Kosmos in dieser Phase seiner Entwicklung ein Strahlungskosmos gewesen sein (→ kosmische Urstrahlung).

Die extremste Deutung dieser Eigenschaft kosmologischer Lösungen ist, daß der Kosmos einen zeitlichen Anfang hat. Die gemäßigte Deutung lautet dagegen, daß es in der Vergangenheit einen Zustand der Materie gegeben hat, in dem sie begann, unserer heutigen ähnlich zu werden, dieser Zustand aber durch die zugrunde gelegten Feldgleichungen nicht richtig beschrieben wird. Hinter dieser Deutung steht die Auffassung, daß der Kosmos keinen zeitlichen Anfang hat.

Nach der → steady-state-Kosmologie hat der Kosmos zwar keinen zeitlichen Anfang, die herkömmliche Materie wird jedoch im Laufe der Zeit erzeugt.

Ein Typ von → Jordanscher Theorie führt auf eine kosmologische Lösung, die in der Weise interpretiert wird, daß der Kosmos einen zeitlichen Anfang hat. Nach der „Geburt" des ersten Sterns soll die weitere Materie durch spontane Angliederung von Neutronenpackungen in den Kosmos kommen.

U/s, → Drehzahl.

UT, → Zeitmaße.

uu-Kern, Kern mit *u*ngerader Protonenzahl und *u*ngerader Neutronenzahl. Es gibt nur 5 stabile uu-Kerne: $^{2}_{1}H$, $^{6}_{3}Li$, $^{10}_{5}B$, $^{14}_{7}N$ und $^{50}_{23}V$. Schwerere uu-K.e sind instabil. Weiteres → Bindungsenergie 2).

UV, → Ultraviolett.

UV-Spektroskopie, → Ultraviolettspektroskopie.

UV/S-Spektralbereich, in der Spektroskopie übliche Abkürzung für den sichtbaren und ultravioletten Bereich des elektromagnetischen Spektrums.

UV-Standard, früher als *UV-Normal* bezeichnet, für Zwecke der UV-Dosimetrie entwickelte Lichtquelle konstanter Strahlungsenergie. Der UV-S. wird durch eine Quecksilberhochdrucklampe dargestellt, die mit der konstanten Stromstärke von 2 A bei einer Brennspannung zwischen 125 und 131 V betrieben wird.

U-Zentrum, → Farbzentrum.

***v*, 1)** → Geschwindigkeit. **2)** → Schallschnelle.

V, 1) → Volt. **2)** *V*, → Volumen. **3)** *V*, potentielle Energie. **4)** *V*, Volumenstrom, → Volumen.

VA, *V · A*, → Voltampere.

Vakanzen, → Eigenfehlstellen.

V-A-Kopplung, → schwache Wechselwirkung.

Vakuskop nach Gaede, ein mit Quecksilber gefülltes Glasgerät, an dessen zylindrischem Mittelteil sich ein Kernschliff, ein abgekürztes U-Rohr-Vakuummeter und ein kleines Kompressions-Vakuummeter befinden, die um die Schliffachse gedreht werden können. In horizontaler Lage befindet sich das Quecksilber im Mittelteil des Gerätes und die beiden Vakuummeter oberhalb des Schliffes. In dieser Lage wird das V. n. G. mit dem Vakuumsystem evakuiert.

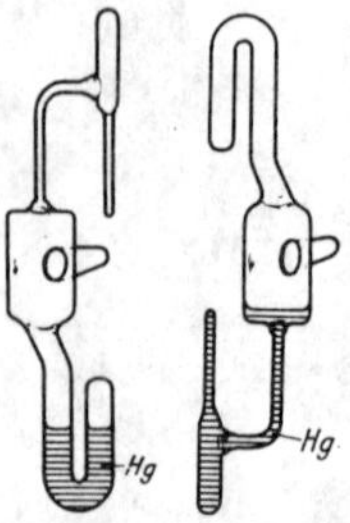

Vakuskop nach Gaede

In senkrechter Stellung arbeitet das Gerät wie ein abgekürztes Vakuummeter im Druckbereich von 1 bis 50 Torr, bzw. wie ein Kompressionsvakuummeter im Druckbereich von 1 bis 10^{-2} Torr. Die Anzeige ist unabhängig von der Gasart und vom Barometerstand.

Vakuum, 1) der Zustand in einem gaserfüllten Raum bei Drücken unterhalb des Atmosphärendrucks.

Druckbereiche. Es ist üblich, den gesamten Unterdruckbereich in vier Einzelbereiche aufzuteilen. Die einzelnen in der Tab. wiedergegebenen Druckbereiche lassen sich physikalisch sowohl durch die Betrachtung der mittleren freien Weglänge als auch nach der Art der Strömung charakterisieren. Diese Einteilung hat ihren Grund in den typischen, voneinander abweichenden physikalischen Erscheinungen, die sehr verschiedene Arbeitsmethoden erfordern.

Vakuumerzeugung. Um in einem Behälter die Gasdichte und damit den Gasdruck herabzusetzen, müssen Gasteilchen aus diesem entfernt oder darin gebunden werden. Dies geschieht mit Hilfe von → Vakuumpumpen.

Reinheit des V.s. Ein V., bei dessen Erzeugung durch geeignete Maßnahmen verhindert wird, daß sich seine Partialdruckzusammensetzung durch Einfließen irgendwelcher Fremdstoffe, z. B. aus den Treibmitteln der das V. erzeugenden Pumpen, oder ungenügend gereinigte Bauteile ändert, wird als *reines V.* bezeichnet. Im allgemeinen wird die Struktur der ursprünglichen Gaszusammensetzung geändert. Der Grund dafür liegt in dem unterschiedlichen spezifischen Saugvermögen der verwendeten Vakuumpumpen für verschiedene Gasarten (bei Diffusionspumpen z. B. verhalten sich die Grenzwerte des Saugvermögens für zwei verschiedene Gase umgekehrt wie die Wurzeln aus den Molekulargewichten), das z. B. bei Sorptionspumpen besonders ausgeprägt ist, in der materialspezifischen → Permeation und der → Treibmitteldampfrückströmung. Im Gegensatz zur selektiven Pumpwirkung und zur spezifischen Permeation führt die Rückströmung in der Regel zu einer Verunreinigung des V.s. Im

	Grobvakuum	Feinvakuum	Hochvakuum	Ultrahochvakuum (UHV-Vakuum), Höchstvakuum
Druck (Torr)	760 bis 1	1 bis 10^{-3}	10^{-3} bis 10^{-7}	$< 10^{-7}$
Teilchenzahl/cm^3	10^{19} bis 10^{16}	10^{16} bis 10^{13}	10^{13} bis 10^{9}	$< 10^{9}$
Mittlere freie Weglänge (cm)	10^{-5} bis 10^{-2} kleiner als Gefäßdimension	10^{-2} bis 10^{1} kleiner oder gleich Gefäßdimension	10^{1} bis 10^{5} größer als Gefäßdimension	$< 10^{5}$ wesentlich größer als Gefäßdimension
Art der Gasströmung	Strömungskontinuum	Knudsenströmung	Molekularströmung	Bewegung von Einzelmolekülen
Wandstöße je cm^2 und s	10^{24} bis 10^{20}	10^{20} bis 10^{17}	10^{17} bis 10^{13}	$< 10^{13}$
Molekülstöße je cm^3 und s	10^{29} bis 10^{23}	10^{23} bis 10^{17}	10^{17} bis 10^{9}	$< 10^{9}$

Druckbereiche der Vakuumtechnik und ihre Charakterisierung (Zahlenangaben sind auf volle Zehnerpotenzen abgerundet und gelten für Zimmertemperatur)

allgemeinen werden komplexe Kohlenwasserstoffe unter verschiedenen Umständen, z. B. in Anwesenheit heißer Katoden, „gekrackt“ oder polymerisiert, was eine Verschmutzung des Systems verursacht. Derartige Verunreinigungen werden von vornherein mit Sicherheit vermieden bei Verwendung von Pumpsystemen aus Sorptions- und Ionengetterpumpen.

Zum Abdichten von Vakuumbehältern dienen neben → Vakuumfetten Vitilan, Silikonkautschuk und Perbunan. Gegenüber ionisierenden Strahlen sind diese Materialien bis zu einer Gesamtdosis von 10^7 rad beständig. Vitilan ist bis 250 °C ausheizbar, Silikonkautschuk kann bei Dauerbelastung bis etwa 200 °C eingesetzt werden, Perbunan ist bis 80 °C ausheizbar und hat dem Naturkautschuk gegenüber den Vorteil, daß es von Benzin und Öl nicht aufgequollen wird.

Trockenmittel. Die hauptsächlich verwendeten Trockenmittel für Vakuumbehälter sind Silicagel und das für die Entfernung von Wasserdampf noch wirksamere Phosphorpentoxid. Ersteres hat jedoch den Vorteil, daß seine Wirksamkeit durch Erhitzen wiederhergestellt werden kann, so daß eine mehrfache Verwendung möglich ist.

Lit. H. Adam: Ultrahochvakuumtechnik, Erzeugung und Messung sehr niedriger Drücke (Köln 1961); Buch: Einführung in die allgemeine Vakuumtechnik (Stuttgart 1962); Jaeckel: Kleinste Drücke, ihre Messung und Erzeugung (2. Aufl. Berlin, Göttingen, Heidelberg 1973); Pupp: Vakuumtechnik (München 1972); Trendelenburg: Ultrahochvakuum (Karlsruhe 1963).

2) → Vakuumzustand.

Vakuumbogen, → Hochvakuumbogen.

Vakuumdestillation, ein Verfahren zur Trennung und Reinigung thermisch empfindlicher, vor allem hochmolekularer Stoffe. Durch die Anwendung des Vakuums kann die Siedetemperatur vieler Substanzen um etwa 80 °C bis 150 °C herabgesetzt werden. Dies erkannte bereits Boyle im Jahre 1659. Die Zersetzlichkeit eines Stoffes wird neben der Verweilzeit vor allem auch durch die Temperatur bestimmt. Deshalb wird bei der V. angestrebt, die Destillationstemperaturen durch Anwendung eines guten Vakuums möglichst niedrig zu halten. Mit Hilfe dieser Technik ist es möglich, Stoffe mit großer thermischer Empfindlichkeit, wie bestimmte Fettsäuren, höhere Alkohole, Hormone, Pharmazeutika, Silikonöle, Vitamine, Wachse, Epoxidharze und ähnliche Stoffe ohne Zersetzung zu destillieren. Eine spezielle Form der V. stellt die → Molekular- oder Kurzwegdestillation dar. Zur Herabsetzung der Verweilzeit wurde die → Dünnschicht-Destillation entwickelt.

Vakuumerwartungswert, in der Quantentheorie Erwartungswert der Operatoren eines quantenphysikalischen Systems bzw. allgemeiner der Produkte von Feldoperatoren im Vakuumzustand. Die Kenntnis der V.e aller Produkte von Feldoperatoren, der Wightman-Funktionen (→ axiomatische Quantentheorie), gestattet unter einigen allgemeinen Voraussetzungen die eindeutige Rekonstruktion der zugehörigen Quantentheorie. Neben den Wightman-Funktionen spielen besonders die → Ausbreitungsfunktionen eine wichtige Rolle in der Quantentheorie.

Vakuumfette, in der Vakuum- und Hochvakuumtechnik verwendete Abdichtmittel. Zum Abdichten von Schliffverbindungen und Vakuumhähnen aus Glas und Metall in Vakuumleitungen werden vor allem Ramsayfett, Apiezonfett und Silikonhochvakuumfett benutzt *Ramsayfett* besteht aus 16 Teilen reinem, nicht vulkanisierten Rohgummi, 8 Teilen weißer Vaseline und einem Teil Paraffin, die bei 100 °C in einem Wasserbad zusammengeschmolzen und danach einer Vakuumbehandlung unterzogen werden, wodurch der Dampfdruck des Fettes wesentlich herabgesetzt wird. Durch Änderung des Paraffinanteiles in der Mischung wird zäheres oder weicheres Fett erhalten. Das weichere Fett wird zum Fetten von Hähnen, das zähere zum Dichten von Schliffen verwendet. Ramsayfett hat bei Zimmertemperatur einen Dampfdruck von etwa 10^{-4} Torr. Wesentlich niedrigeren Dampfdruck als das Ramsayfett haben die Apiezonfette und Silikonfette.

Apiezonfette werden aus Naturvaseline durch Molekulardestillation gewonnen. Entgaste Apiezonfette haben bei Zimmertemperatur einen Dampfdruck $< 10^{-8}$ Torr. Das *Silikonhochvakuumfett* enthält hochmolekulare Stoffe mit Silizium und Sauerstoff als aufbauende Kettenglieder und ist wasserabweisend, wärme-, kälte- und chemisch beständiger als andere Fette. Die durch die Herstellung vorgegebene Konsistenz der Silikonfette ändert sich im Temperaturbereich zwischen −40 °C und 200 °C nur sehr wenig. Der Dampfdruck der Silikonfette ist bei Zimmertemperatur unmeßbar klein. Der Tropfpunkt liegt bei 210 °C; über 200 °C polymerisiert es weiter unter Gasabgabe. Die maximale Arbeitstemperatur liegt bei 150 °C.

Vakuumfluktuation, svw. Vakuumschwankung

Vakuumfunke, → Hochvakuumfunke.

Vakuumgefriertrocknen, *Vakuumsublimationstrocknen, Lyophilisation,* eine Trockenmethode, die neben dem eigentlichen Vakuumtrocknen sowohl in der naturwissenschaftlichen und medizinischen Laborpraxis als auch in der großtechnischen Anwendung eine ständig wachsende Bedeutung gewinnt. Durch das Einbringen eines Stoffes in das Vakuum ist es möglich, den Siedepunkt dieses Stoffes bis unterhalb seines Schmelzpunktes zu verlegen, so daß die Dampfbildung direkt aus dem festen Zustand erfolgt. So liegt z. B. der Siedepunkt des Wassers bei einem Druck von 1 Torr bei minus 17,5 °C und bei 10^{-3} Torr bei minus 67 °C. Wenn nun Wasser aus einem gefrorenen Naßgut unterhalb des Schmelzpunktes ausgetrieben wird, erfolgt der Wasseraustritt im allgemeinen ohne wesentliche Gefügeänderung der zu trocknenden Substanz; es verbleibt ein lockerer, leicht pulverisierbarer Trockenrückstand. Bei der Gefriertrocknung wird temperaturempfindlichen Substanzen wie Blutkonserven, Bakterien, Viren, Seren, antibiotischem Material, Gewebe u. a. im Vakuum bei entsprechend tieferen Temperaturen im gefrorenen Zustand das Wasser entzogen, ohne daß es zu einer wesentlichen Schädigung des Materials kommt. Auch bei der Reindarstellung von Metallen wird die Vakuumsublimation neben der Vakuumdestillation eingesetzt. Für die Trennung zweier Metalle voneinander ist

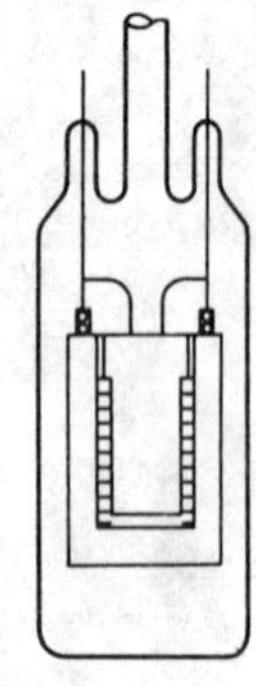

Nernstsches Vakuumkalorimeter

Voraussetzung, daß die Siedepunkte genügend weit auseinanderliegen.

Vakuumkalorimeter, *Nernstsches Vakuumkalorimeter*, ein evakuiertes Gefäß, in dem der zu untersuchende Stoff elektrisch erwärmt wird, und das in einem Bad von der für die Untersuchung gewünschten Temperatur (z. B. von flüssiger Luft) umgeben ist. Die zugeführte Wärmemenge wird an der leicht meßbaren zugeführten elektrischen Energie bestimmt, die Temperatur des Meßkörpers aus dem mit der Temperatur veränderlichen elektrischen Widerstand des Heizdrahtes. Durch die Evakuierung wird der Wärmeaustausch mit der Umgebung stark herabgesetzt.

Vakuumkonstanten, diejenigen → universellen Naturkonstanten, die das elektromagnetische Feld im Vakuum charakterisieren. Dazu zählen die Vakuumlichtgeschwindigkeit c, die Dielektrizitätskonstante ε_0 des Vakuums, auch absolute DK oder Influenz-Konstante genannt, sowie die Permeabilität des Vakuums μ_0. Der Wert der Vakuumlichtgeschwindigkeit c, der von der Wahl der elektrischen Maßsysteme unabhängig ist, beträgt nach neuesten Messungen $c = 2{,}997929 \cdot 10^8$ m/s.

Die Werte von ε_0 und μ_0 werden durch die Wahl der Maßsysteme festgelegt und betragen im *Gaußschen Maßsystem* definitionsgemäß $\varepsilon_0 = \mu_0 = 1$ und im MKSA-System ist $\varepsilon_0 = 10^7/4\pi c_0^2$ As/Vm $= 8{,}855 \cdot 10^{-12}$ AsV^{-1} m^{-1} und definitionsgemäß $\mu_0 = 4\pi \cdot 10^{-7}$ Vs/Am $= 1{,}2566 \cdot 10^{-6}$ Vs A^{-1} m^{-1}.

Häufig werden auch Produkt und Verhältnis von ε_0 und μ_0 als Vakuumkonstanten bezeichnet. Im Gaußschen System gilt $\varepsilon_0\mu_0 = 1$ und $\varepsilon_0/\mu_0 = 1$, während im MKSA-System $\varepsilon_0\mu_0 = 1/c^2$ und die als Wellenwiderstand des Vakuums bezeichnete Größe $\sqrt{\mu_0/\varepsilon_0} = \mu_0 c = 376{,}73\,\Omega$ ist. Die anschauliche Bedeutung dieses Wertes ist das Verhältnis der Amplituden der magnetischen und der elektrischen Feldstärke einer sich frei im Vakuum ausbreitenden ebenen elektromagnetischen Welle.

Vakuumlichtgeschwindigkeit, → Lichtgeschwindigkeit.

Vakuummantelgefäß, svw. Dewar-Gefäß.

Vakuummeter, Manometer, mit denen man den Druck eines Gases mißt, wenn er geringer als der gewöhnliche Atmosphärendruck ist. Nur im Gebiet von 760 bis herab zu etwa 1 Torr kann man ohne Hilfsenergie messen und mit dem vorhandenen Druck hinreichend große Kräfte ausüben, um einen Meßmechanismus in Bewegung zu setzen, der an einer Skale einen meßbaren Ausschlag verursacht. Im Druckbereich unter 1 Torr ist man dagegen gezwungen, dem Gas, dessen Druck gemessen werden soll, eine Hilfsenergie zuzuführen. Als Hilfsenergien stehen zur Verfügung: mechanische Energie (Reibungsmanometer und Kompressionsvakuummeter, z. B. nach McLeod), Wärmeenergie (Pirani-Vakuummeter und Thermotron), elektrische Energie (Penning-Vakuummeter und Ionisationsvakuummeter) und die Energie des radioaktiven Zerfalls (Alphatron).

Ein *abgekürztes U-Rohr-Vakuummeter* wird verwendet, wenn mittels Quecksilbersäule Vakuumdrücke zwischen 1 und 100 Torr gemessen werden sollen. In einem allgemeinen Quecksilberbarometer hält der Luftdruck von einer Atmosphäre bei einer Temperatur von 0 °C einer Quecksilbersäule von 760 mm das Gleichgewicht, man verwendet bei Vakuummessungen in dem genannten Bereich nicht 80 cm lange Meßschenkel, sondern ein abgekürztes U-Rohr.

Das *Membranvakuummeter* enthält als messendes Element eine kreisförmige Membran, die innerhalb des Meßkopfes vakuumdicht befestigt ist. Unter der Einwirkung einer Druckdifferenz biegt sich die Membran in Richtung des niedrigeren Druckes durch. Diese druckabhängige Größe der Durchbiegung wird durch ein Hebelsystem auf einen Zeiger übertragen, der den Vakuumdruck auf einer geeichten Skale anzeigt. Der Meßbereich des Membranvakuummeters erstreckt sich von 0,1 bis 760 Torr.

Beim *Federrohrvakuummeter* ist der Innenraum eines hohlen, gebogenen Rohres mit elliptischem Querschnitt (Bourdonrohr) mit dem Vakuumsystem verbunden. Durch das in diesem Rohr entstehende Vakuum ändert sich seine Krümmung. Die Stärke der Durchbiegung ist abhängig vom Vakuumdruck im Rezipienten und wird mechanisch auf ein Zeigersystem übertragen. Die Anzeige des Federrohrvakuummeters ist unabhängig von der Gasart, jedoch abhängig vom jeweils herrschenden äußeren Luftdruck, der durch eine von außen zu bedienende Skalenverstelleinrichtung berücksichtigt wird. Federrohrvakuummeter sind robuste, erschütterungsunempfindliche Vakuummeßgeräte im Grobvakuumbereich. Der Meßbereich erstreckt sich von 0 bis 1500 Torr.

Das *Kapazitätsvakuummeter* vergleicht den Druck in einem Vakuumsystem mit dem Druck in einem anderen Vakuumsystem. Beide Systeme sind durch eine dünne metallische Membran innerhalb eines korrosionsbeständigen Meßkopfes voneinander getrennt. Die Gleichgewichtslage stellt sich ein, wenn der Druck in beiden Vakuumsystemen gleich ist. Eine Druckänderung auf der einen Seite der Membran hat eine Abstandsänderung zwischen dieser Membran und einer feststehenden Gegenelektrode in Richtung des niedrigeren Druckes zur Folge, die als Kapazitätsänderung in einer Meßbrücke registriert wird. Der Meßbereich eines Kapazitätsvakuummeters erstreckt sich von etwa 10^{-4} Torr bis 10^3 Torr. Mit Hilfe eines solchen V.s wird die Druckmessung von einem System, in dem z. B. extrem saubere Bedingungen aufrechterhalten und Verunreinigungen durch den Dampf einer Manometerflüssigkeit vermieden werden sollen, in ein zweites System transformiert. Umgekehrt läßt sich mit diesem V. der Druck von stark korrodierend wirkenden Gasen und Dämpfen messen und kontrollieren, der mit den üblichen Vakuummetern gar nicht oder nur unter größten Schwierigkeiten bestimmt werden kann. Mit seiner Hilfe kann man ferner einen konstanten Druck relativ genau aufrechterhalten sowie geringe Gasströmungen steuern.

Das *Wärmeleitungsvakuummeter* (*Pirani-Vakuummeter*) nutzt die physikalische Erscheinung, daß die Wärmeleitung eines Gases innerhalb bestimmter Grenzen vom Gasdruck abhängig ist, zur Druckmessung aus. Die Temperatur eines mit konstanter elektrischer Energiezufuhr auf etwa 100 °C geheizten Drahtes ändert sich mit der Wärmeableitung, die durch Konvektion des den Draht umgebenden Gases vermittelt wird. Während die durch Strahlung hervorgerufene Wärmeabfuhr druckunabhängig ist, nimmt die Wärmeableitung durch Konvektion, vor allem im Bereich zwischen einigen 10^{-4} und 1 Torr, mit sinkendem Druck ab. Die Temperatur des Meßdrahtes, der häufig als Thermoelement, Heißleiterwiderstand (Thermistor) oder Widerstandsdraht mit hohem negativem Temperaturkoeffizienten ausgebildet ist, ist also im Feinvakuumgebiet ein direktes Maß für den Druck. Da die Wärmeleitfähigkeit für Gase und Dämpfe verschiedenen Molekulargewichts unterschiedlich ist, ist die Druckanzeige von Wärmeleitungsvakuummetern gasartabhängig.

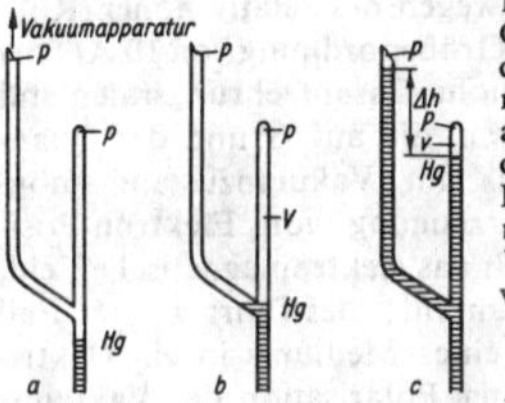

1 Meßvorgang im Kompressionsvakuummeter: *a* Kompressionsrohr vor der Messung; *b* Quecksilberstellung zu Beginn der Messung, das Quecksilber trennt die beiden Meßrohre voneinander ab; *c* Meßstellung des Quecksilbers. Im Kompressionsrohr hat sich das Volumen *V* auf *v* verkleinert, und der Druck *p* ist durch Kompression auf *P* gestiegen

Das *Kompressionsvakuummeter* (*McLeod-Vakuummeter*) nutzt zur Druckmessung den Vorgang aus, daß eine bestimmte, genau definierte Gasmenge des Vakuumsystems, in dem der Druck ermittelt werden soll, auf ein kleineres Volumen zusammengedrückt wird. Der durch diesen Kompressionsvorgang entstehende erhöhte Druck kann dann leicht gemessen und aus ihm der kleinere Druck im angeschlossenen Vakuumsystem nach dem Boyle-Mariotteschen Gesetz bestimmt werden. Mit Hilfe des Kompressionsvakuummeters lassen sich Totaldrücke von permanenten Gasen im Bereich von 10^{-1} bis 10^{-5} Torr, in Sonderausführungen bis 10^{-8} Torr messen. Dieses V. eignet sich besonders als Vergleichsinstrument zur Bestimmung der Druckanzeige bzw. zur Aufnahme der Meßcharakteristik anderer V.

Das *Reibungsvakuummeter* nutzt die Tatsache, daß die innere Reibung eines Gases in dem Bereich druckabhängig wird, in dem die mittlere freie Weglänge der Moleküle gleich oder größer als die Gefäßabmessungen wird. Die von der inneren Reibung des Gases abhängige Dämpfung eines schwingenden Quarzfadens ist im genannten Druckbereich ein Maß für den im Meßrohr herrschenden Druck. Mit dieser einfachen Anordnung können Gasdrücke im Bereich von 10^{-2} bis 10^{-6} Torr gemessen werden. Der Vorteil des Reibungsvakuummeters gegenüber anderen vergleichbaren Meßgeräten dieser Art besteht darin, daß man mit diesem Gerät, da es nur aus Glas und Quarzglas besteht, auch den Vakuumdruck aggressiver Gase und Dämpfe bestimmen kann.

Das *Molekulardruckvakuummeter* (*Knudsen-Vakuummeter*, *Radiometervakuummeter*) ist ein Gerät, dessen Wirkungsweise darauf beruht, daß zwischen einer festen beheizten Platte und einer festen kalten Platte eine bewegliche, mit einer Spiegelablesung versehene Fläche angebracht ist. Die von der beheizten Fläche kommenden Gasmoleküle übertragen auf die bewegliche Fläche einen größeren Impuls als die von der kalten Platte kommenden. Die Verschiebung der beweglichen Fläche gegen eine elastische Kraft ist ein Maß für den Impulsübertrag und damit für den Druck. Wenn die mittlere freie Weglänge der Gasmoleküle so groß wird, daß diese nicht mehr miteinander, sondern nur noch mit den Gefäßwänden und den Meßplatten zusammenstoßen, dann ist der angezeigte Meßwert, abgesehen von einer geringfügigen Beeinflussung durch den Akkommodationskoeffizienten, unabhängig von der Gasart. Der Meßbereich erstreckt sich je nach Abmessung des Meßsystems von 10^{-3} bis 10^{-8} Torr.

Das *Ionisationsvakuummeter* nutzt die Ionisierung von Gasen in Elektrodensystemen zur Vakuummessung aus. Ionisationsvakuummeter bestehen im allgemeinen aus drei Elektroden: der Glühkatode, einer wendel- oder gitterförmigen Sammelelektrode als Ionenfänger und einer Anode. Die von einem geheizten Glühfaden ausgehenden Elektronen erzeugen auf ihrem Weg zum positiv geladenen Auffangzylinder bei Zusammenstößen mit Gasmolekülen positive Ionen, die ihrerseits auf das negativ geladene Gitter gelangen. Das Verhältnis von Ionenstrom zu Elektronenstrom ist ein Maß für die Anzahl der Stöße, die die Elektronen auf ihrem Wege zur Anode mit Gasmolekülen haben, und damit auch ein Maß für den im System herrschenden Druck. Eine derartige Triodenanordnung kann prinzipiell in zwei Schaltungen betrieben werden. Wird dem Gitter eine negative Spannung von etwa −10 V und der Anode eine positive Spannung von ungefähr +200 V gegenüber der Katode gegeben, so bezeichnet man diese Anordnung als *Verstärkerröhrenschaltung*. Wird umgekehrt an das Gitter eine positive Spannung von etwa +200 V und an den äußeren Blechzylinder, der in diesem Fall Kollektor genannt wird, eine negative Spannung von ungefähr −10 V angelegt, so wird die Anordnung *Bremsfeldschaltung* genannt. In der Bremsfeldschaltung ist der Ionenstrom im allgemeinen größer als bei der Verstärkerröhrenschaltung. In dem beschriebenen Elektrodensystem vom Typ einer Triode in konventioneller Bauart, bei der die in der Mitte liegende Glühkatode koaxial von der Anode und dem Ionenfänger umgeben wird, ist der Meßbereich wegen des unterhalb 10^{-8} Torr in Erscheinung tretenden Röntgeneffektes auf Drücke über etwa $5 \cdot 10^{-8}$ Torr beschränkt. Im *Bayard-Alpert-System* wird zur Herabsetzung des Röntgeneffektes eine inverse Triodenanordnung verwendet. In dieser Anordnung befindet sich der Ionenkollektor. Er ist in der Mitte des Meßsystems als Wolframdraht mit geringem Querschnitt ausgebildet und hat gegenüber einer Triode von konventioneller Bauart eine um den Faktor 10^3 verringerte Oberfläche. Um etwa den gleichen Faktor wird die Röntgengrenze, durch die der niedrigste meßbare Druck

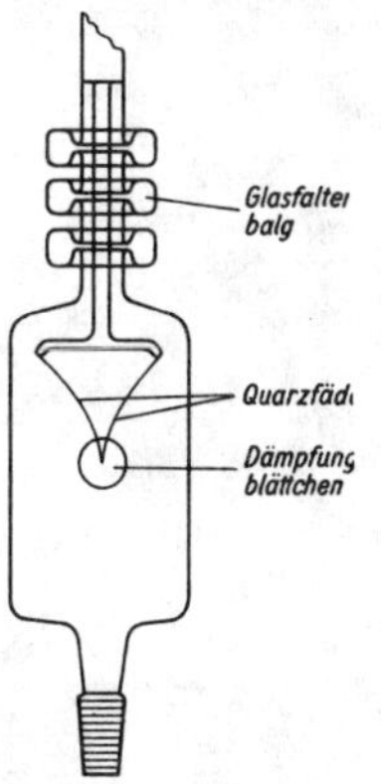

2 Reibungsvakuummeter mit Glasfaltenbalg zur Anregung der Schwingung der Quarzfäden (nach Wetterer und Nowak)

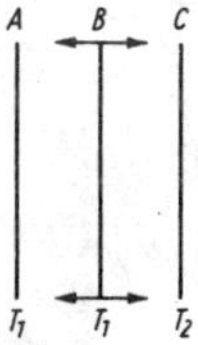

3 Prinzip eines Molekulardruckvakuummeters

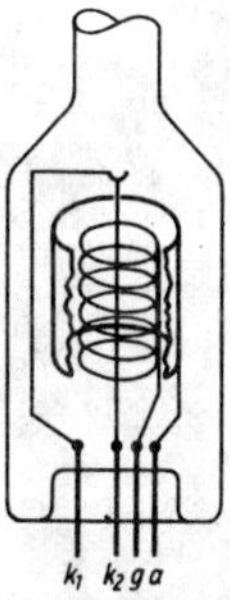

4 Aufbau einer Ionisations-Vakuummeterröhre mit Glühkatode. k_1 und k_2 Katodenzuführungen, *g* Gitterzuleitung, *a* Anode (aufgeschnitten)

bestimmt wird, herabgesetzt. Konzentrisch zum Ionenkollektor ist die wendel- oder gitterförmige Anode angebracht. Die Glühkatode aus Wolfram oder Indium befindet sich außerhalb der Anode. Der Meßbereich der Bayard-Alpert-Meßröhre reicht von einigen 10^{-2} bis etwa 10^{-11} Torr. Durch Verwendung eines extrem dünnen Ionenkollektordrahtes mit einem Durchmesser von nur $2{,}5 \cdot 10^{-3}$ cm konnte Venema mit einem Bayard-Alpert-System Röntgengrenzen von einigen 10^{-12} Torr erreichen. Eine vergleichbare Ausweitung des Meßbereiches auf 10^{-12} Torr gelingt auch mit den üblichen Kollektordrahtdurchmessern von 10^{-2} cm, die mechanisch hinreichend stabil sind, in Verbindung mit einem Modulator nach Redhead (→ Modulator 2), der den Reststrom eines Bayard-Alpert-Systems, hervorgerufen durch den Röntgeneffekt sowie die Ionendesorption von Oberflächen des Elektrodensystems, getrennt erfaßt. Bayard-Alpert-Systeme, die bis 400···500 °C ausheizbar sind und in denen die Anode durch direkten Stromdurchgang und der freistehende Ionenkollektor durch Elektronenbeschuß zum Zwecke einer vollständigen Entgasung auf Rotglut erhitzt werden können, haben in der Vakuumdruckmessung im UHV-Bereich eine breite Anwendung gefunden. Im *Alphatron* geht von einem radioaktiven Präparat eine zeitlich konstante Alphastrahlung aus, die einen vom Druck abhängigen Ionenstrom erzeugt. Die Messung dieses Stromes ergibt ein Maß für den im Vakuumsystem vorliegenden Druck. Der Meßbereich erstreckt sich von einigen 10 bis 10^{-3} Torr. Beim *Kaltkatoden-Ionisationsvakuummeter* (*Penning-Vakuummeter*, *Philips-Vakuummeter*) erfolgt die Druckanzeige durch einen Ionisationsstrom, der in einer Entladungsröhre zwischen zwei Elektroden durch Anlegen einer hohen Spannung erzeugt wird. Unter Einwirkung eines diesem elektrischen Feld überlagerten Magnetfeldes werden die Elektronen auf spiralähnliche Bahnen gelenkt. Der auf diese Weise verlängerte Flugweg der Elektronen erhöht in linearer Proportion die Ionisierungswahrscheinlichkeit der Gasmoleküle, um die zur Aufrechterhaltung der Entladung erforderliche Anzahl von Ladungsträgern bilden zu können. Der hierdurch verstärkte Ionenstrom, der wesentlich größer ist als der Ionenstrom ohne Magnetfeld, ist von der im Entladungsraum herrschenden Gasdichte abhängig und somit ein direktes Maß für den Druck. Der Meßbereich erstreckt sich von 10^{-2} bis 10^{-6} Torr.

Da die spezifische Ionisierungswahrscheinlichkeit durch Elektronenstoß für verschiedenartige Gasteilchen unterschiedlich ist, ist die Druckanzeige aller Vakuummeter mit Gasionisation gasartabhängig. Das *Magnetronvakuummeter* (*Redhead-Vakuummeter*) benutzt als Prinzip der Druckmessung die Gasentladung in einem Magnetfeld zwischen zwei kalten Elektroden, wie es bereits von Penning angegeben wurde. Durch Anwendung eines relativ starken Magnetfeldes parallel zur Zylinderachse des Elektrodensystems und einer hohen Betriebsspannung von etwa 4000 V erfolgt selbst bei Drücken im Ultrahochvakuum-Bereich noch eine Entladung. Dabei werden die Elektronen auf Grund der in der Meßröhre herrschenden Feldverhältnisse ähnlich wie beim Magnetron auf zykloiden-ähnliche Bahnen gelenkt. Die Wahrscheinlichkeit, daß die Elektronen mit neutralen Gasteilchen zusammenstoßen und diese ionisieren, wird dadurch erheblich vergrößert. Bei gleichem Druck ist der Entladungsstrom infolge der vergleichsweise hohen Ionisierungswahrscheinlichkeit wesentlich höher als bei einem normalen Kaltkatodenvakuummeter. Die Druckanzeige ist abhängig von der Gasart. Der Totaldruck wird in Torr Stickstoff-Äquivalenten angezeigt. Nach Entfernen des Magneten können die Meßröhren des Magnetron-Vakuummeters bis zu 400 °C ausgeheizt werden. Das Magnetronvakuummeter kann deshalb und wegen seines großen Meßbereiches sowohl im Hochvakuum- als auch im Ultrahochvakuum-Bereich zur Druckmessung eingesetzt werden. Wegen seiner hohen Empfindlichkeit gestattet das Magnetronvakuummeter die Messung von Drücken bis hinab in den 10^{-13}-Torr-Bereich. Von Vorteil ist, daß Crackwirkungen an heißen Heizfäden, da diese fehlen, beim Magnetronvakuummeter nicht vorkommen können; es treten allerdings wegen des relativ hohen Röhrenfaktors in der Größenordnung von 10 A/Torr verhältnismäßig hohe Gasaufzehrungsraten auf.

Vakuumpolarisation, die auf Grund der Quantenelektrodynamik im Vakuumzustand mögliche virtuelle Erzeugung von Elektron-Positron-Paaren durch das elektromagnetische Feld, d. h. das Photonenfeld; dies führt wie im Fall des Einbringens eines Mediums in ein elektrisches Feld zu einer Polarisation des Vakuums (des Elektron-Positron-Feldes). Dabei kann die Energie der Photonen im Gegensatz zur realen Paarerzeugung beliebig klein sein, da bei virtuellen Prozessen der Energiesatz nicht erfüllt zu sein braucht. Die virtuellen Elektron-Positron-Paare ergeben eine von Null verschiedene elektrische Ladungsverteilung, die bei Integration über den gesamten Raum wie auch bei realen polarisierbaren Medien verschwindet. Der zugehörige Feynman-Graph (→ Feynman-Diagramm, Abb. 2a) in zweiter störungstheoretischer Näherung ist, wie auch alle höheren Näherungen, divergent; die V. entspricht einer unendlichen Selbstenergie des Photons. Mit Hilfe eines kovarianten Renormierungsverfahrens können diese Beiträge endlich gemacht werden und führen zu der endlichen V. Die V. ist ein spezieller Fall der Nullpunkts- oder → Vakuumschwankung relativistischer Quantenfelder.

Vakuumpumpen, Vorrichtungen, mit denen Luft und andere Gase sowie Dämpfe aus abgeschlossenen Räumen entfernt werden können. Grundsätzlich unterscheidet man zwei Arten von V., → Transportpumpen und → Kapazitätspumpen.

Wichtige charakteristische Daten der V. sind Enddruck, Saugleistung bzw. Saugvermögen. Unter *Enddruck* (*Endvakuum*) versteht man den niedrigsten Druck, der in einem Vakuumsystem mit einer bestimmten Pumpenanordnung erreicht werden kann. Er setzt sich zusammen aus dem Partialdruck der Dämpfe – im allgemeinen Treibmitteldämpfe – und dem Restgasdruck. Die *Saugleistung* ist die bei einem bestimmten *Ansaugdruck* – dem Druck in der Ansaugöffnung einer arbeitenden Pumpe -- in der Zeiteinheit geförderte Gasmenge in g/s oder Torr Liter/s. Das *Saugvermögen* (oft noch *Sauggeschwindigkeit* genannt) ist das in der Zeiteinheit geförderte Gasvolumen in Liter/s oder m^3/h bei anzugebendem Ansaugdruck. Unter *spezifischem Saugvermögen* ist das Saugvermögen je Einheit der Pumpfläche zu verstehen, z. B. bei Diffusionspumpen je Einheit der Diffusionsfläche, bei Oberflächenpumpen je Einheit der „pumpenden" Oberfläche.

In den einzelnen Druckbereichen werden V. eingesetzt, deren Arbeitsprinzip den veränderten Bedingungen dieser Druckbereiche angepaßt ist. *Vorvakuumpumpen* (*Vorpumpen*) werden für Atmosphärendruck verwendet und mit Fein- oder Hochvakuumpumpen in Reihe geschaltet. Als *Hoch-* und *Ultrahochvakuumpumpen* werden hauptsächlich Molekularpumpen, Diffusionspumpen, Getterpumpen und Kryopumpen verwendet.

Vakuumschwankung, *Vakuumfluktuation*, *Nullpunktsschwankung*, in der Quantenfeldtheorie die auf Grund virtueller Prozesse auch im Vakuumzustand der betreffenden physikalischen Systeme von Null verschiedene mittlere quadratische Schwankung der Feldgrößen, die aus dem Operatorcharakter derselben, speziell aus der Nichtvertauschbarkeit der Feldoperatoren mit dem Anzahloperator der entsprechenden Teilchen resultiert. Die V. führt daher zur Existenz der *Nullpunktfelder*. So sind z. B. in der Quantenelektrodynamik die Operatoren des elektromagnetischen Feldes nicht mit dem Operator für die Anzahl der Photonen vertauschbar; im Vakuumzustand, in dem „kein Photon" vorhanden ist, verschwindet zwar der Erwartungswert der elektromagnetischen Feldstärke, nicht jedoch der ihres Quadrats. Ein freies Elektron führt daher unter dem statistisch um den Wert Null schwankenden elektromagnetischen Feld eine *Zitterbewegung* aus. Die V. des elektromagnetischen Feldes wird in der Quantenelektrodynamik als Folge der Selbstwechselwirkung des Elektrons, und zwar über das von ihm infolge seiner Bewegung emittierte und anschließend wieder absorbierte elektromagnetische Feld, erklärt. Der zugehörige Feynman-Graph in zweiter störungstheoretischer Näherung (→ Feynman-Diagramm, Abb. 2b) ist wie auch die Graphen höherer Näherungen divergent; die V.en entsprechen einer unendlichen Selbstenergie des Elektrons, die jedoch mit Hilfe einer kovarianten Renormierung endlich gemacht werden kann und zu meßbaren Effekten Anlaß gibt. Die V. des elektromagnetischen Feldes des Protons im Wasserstoffatom führt z. B. zur Feinstrukturaufspaltung der Spektrallinien (→ Lamb-Shift).

Die ältere, auf der Diracschen Theorie des Elektrons (→ Dirac-Gleichung) fußende Erklärung der Zitterbewegung geht davon aus, daß für zeitliche Ableitung der Komponenten $\hat{x}_k$ des Ortsoperators des Elektrons $d\hat{x}_k/dt = (i/\hbar)\,[\hat{H}, \hat{x}_k] = \pm c$ folgt, wobei [,] der Kommutator, $\hat{H}$ der Hamilton-Operator des Elektrons und c die Lichtgeschwindigkeit ist. Danach müßte sich das Elektron unabhängig von seinem Impuls mit Lichtgeschwindigkeit bewegen; Schrödinger erklärte diese Diskrepanz so, daß der Schwerpunkt der Ladungswolke des Elektrons mit Lichtgeschwindigkeit um die Fortschreitungsrichtung oszilliert, in der sich das Elektron mit seinem (beobachtbaren) Impuls bewegt (*Schrödingersche Zitterbewegung*). → Massemultipol.

Ein spezielles Beispiel der V. von Quantenfeldern ist die → Vakuumpolarisation.

Die V.en führen im Fall von Mehrteilchenzuständen zu den Strahlungskorrekturen physikalischer Prozesse. Die realen Teilchen werden auch als „angezogene" Teilchen bezeichnet, da sie wegen der V.en von einer Wolke virtueller Zustände umgeben sind.

Vakuumzustand, *Grundzustand*, in der Quantenfeldtheorie Zustand eines Systems, der zu dessen niedrigster Energie gehört, die gewöhnlich auf Null normiert wird. Der V. ist jedoch im allgemeinen nicht identisch mit dem völlig feld- oder korpuskelfreien Raum. In der Quantenfeldtheorie unterscheidet man daher auch zwischen mathematischem und physikalischem V.: Der mathematische V. (*mathematisches Vakuum*) ist der (auf 1 normierte) Zustandsvektor ψ_0 im Hilbert-Raum $\mathfrak{H}$ des freien, nichtwechselwirkenden physikalischen Systems mit der Teilchenzahl Null bzw. (im Fall der Entartung) der Unterraum $\mathfrak{H}_0 \subset \mathfrak{H}$ zur Teilchenzahl Null; der V. heißt zyklisch (*zyklisches Vakuum*), falls die Anwendung beliebiger Polynome von Erzeugungs- und Vernichtungsoperatoren den ganzen Hilbert-Raum $\mathfrak{H}$, d. h. sämtliche Zustände, erzeugt. Als *physikalisches Vakuum* bezeichnet man dagegen den V. des wechselwirkenden Systems, dessen Hilbert-Raum im allgemeinen nicht mit dem des freien Systems zusammenfällt (→ Erzeugungs- und Vernichtungsoperatoren, → axiomatische Quantentheorie). Das physikalische Vakuum berücksichtigt unter anderem die Vakuum- oder Nullpunktschwankungen der Felder; der Hilbert-Raum des physikalischen Systems wird dann anlog durch die Anwendung der Erzeugungs- und Vernichtungsoperatoren der physikalischen Teilchen, d. s. die „*angezogenen*" *Teilchen* (im Gegensatz zu den „*nackten*" *Teilchen*, d. s. die freien Teilchen), erzeugt und berücksichtigt die Selbstwechselwirkung (→ Selbstenergie) der Teilchen mit den von ihnen erzeugten Feldern. Aber auch das mathematische Vakuum muß nicht immer der Zustand sein, in dem keine Teilchen vorhanden sind, wie das Beispiel des Diracschen Elektronensees (→ Dirac-Gleichung) zeigt.

Der V. ist gewöhnlich der Zustand des Systems mit der höchsten Symmetrie, d. h., er ist invariant gegenüber den Transformationen allgemeiner umfassender Symmetriegruppen. In der axiomatischen Quantentheorie wird deshalb der V. nicht nur als eindeutiger (d. h. nicht entarteter) zyklischer Vektor angenommen, sondern auch als invariant gegenüber den irreduziblen unitären Darstellungen $U(a, \Lambda)$ (→ unitäre Symmetrie) der orthochronen eigentlichen Lorentz-Gruppe im Zustandsraum $\mathfrak{H}: U(a, \Lambda)\,\psi_0 = \psi_0$, d. h., der V. ändert sich weder bei den raumzeitlichen Translationen oder beliebigen Rotationen noch bei den speziellen Lorentz-Transformationen des Systems. Als Folge dieser Voraussetzung haben die infinitesimalen Erzeugenden dieser Transformationen, d. s. die Operatoren der Energie $\hat{P}_0$, des Impulses $\hat{\vec{P}}$, des Drehimpulses $\hat{\vec{J}}$ usw., im V. die Eigenwerte Null.

Bei vielen nichtrelativistischen Vielteilchenproblemen, z. B. in der Theorie des Ferromagnetismus oder der Supraleitung, ist der Grundzustand des Systems weder maximal symmetrisch noch nicht entartet; so weisen die den Ferromagnetismus erzeugenden Elektronenspins beim absoluten Nullpunkt der Temperatur sämtlich in eine Richtung, und der V. ist somit nicht rotationssymmetrisch. Analoge Situationen wurden auch in der relativistischen Quantenfeldtheorie, z. B. in der Heisenbergschen Theorie der Urmaterie, diskutiert, wobei zwar die Invarianz gegenüber der Lorentz-Gruppe, nicht aber gegenüber der Isospingruppe vorausgesetzt wurde und sich zwangsläufig eine Entartung des V.s gegenüber der Lorentz-Gruppe ergab. Die Entartung des V.s als Folge einer spontanen Symmetriebrechung ist gewöhnlich mit dem Auftreten von (masselosen) Teilchen mit ganzzahligem Spin, den Goldstone-Bosonen, verknüpft.

val, → Grammäquivalent.

Val, svw. Grammäquivalent.

Valenz, → Wertigkeit.

Valenzband, → Bändermodell.

Valenzbandkante, → Bändermodell.

Valenzelektron, ein an einer Bindung beteiligtes Elektron, das auf der äußersten Elektronenschale eines Atoms enthalten ist.

Valenzelektronenregel (bei Supraleitern), svw. Mathiassche Regel.

Valenzkräfte, diejenigen Kräfte, die den Zusammenhalt der Atome im Molekül bewirken. V. sind elektrostatische Kräfte oder Austauschkräfte.

Valenzschwingung, → Spektren mehratomiger Moleküle.

Valenzstrich, Symbol einer aus einem Elektronenpaar gebildeten kovalenten Bindung, z. B. H–H (→ chemische Bindung 2, → Valenzstruktur-Methode).

Valenzstruktur-Methode, *VB-Methode* [engl. *v*alence *b*ound method], *Valenztheorie*, vor allem durch Heitler und London im Jahre 1927 entwickeltes und auf das Wasserstoffmolekül angewendetes Näherungsverfahren zur Beschreibung molekularer Bindungsverhältnisse. Im Gegensatz zur → Methode der Molekülzustände geht man von den Elektronenzuständen der getrennten freien Atome aus.

Mit Hilfe der V.-M. können die kovalenten Bindungen (→ chemische Bindung 2) quantenmechanisch begründet werden. Die klassischen Ansichten über die kovalenten Bindungen lassen sich in folgenden Regeln zusammenfassen, die geeignet sind, die Elektronenstruktur der meisten stabilen, gesättigten Moleküle zu erklären: 1) Die Bindung zwischen zwei Atomen eines Moleküls läßt sich symbolisch durch einen *Valenzstrich* beschreiben. Doppel- bzw. Dreifachbindungen werden durch zwei bzw. drei Valenzstriche gekennzeichnet, z. B. Li–Li, O=O, N≡N. 2) Die Zahl der Valenzstriche, die von einem einzelnen Atom ausgehen, sind für das chemische Element charakteristisch, zu dem das Atom gehört. Ihre Zahl ist gleich der Valenz dieses Elementes. 3) Jedem Valenzstrich wird ein Paar von Elektronen mit entgegengesetztem Spin zugeordnet. Im allgemeinen steuert jedes der beiden verbundenen Atome ein Elektron bei.

Besonders einfache Verhältnisse liegen bei der Anwendung der V.-M. in der *Heitler-Londonschen Behandlung des Wasserstoffmoleküls* vor. Die wirkliche Elektronenanordnung im Grundzustand dieses Moleküls wird dabei als Überlagerung zweier Valenzstrukturen oder Grenzstrukturen dargestellt. Bei Vernachlässigung der Wechselwirkung zwischen den beiden Elektronen werden die Grenzstrukturen durch die Produktfunktionen $\psi_a(\vec{r}_1)\psi_b(\vec{r}_2)$ und $\psi_a(\vec{r}_2)\cdot\psi_b(\vec{r}_1)$ beschrieben. ψ_a und ψ_b sind die Wellenfunktionen der zugehörigen atomaren Elektronenzustände (Wasserstoff-1_s-Orbitale). In $\psi_a(\vec{r}_1)\,\psi_b(\vec{r}_2)$ befindet sich Elektron 1 am Kern H_a und Elektron 2 am Kern H_b, in $\psi_a(\vec{r}_2)\,\psi_b(\vec{r}_1)$ haben beide Elektronen ihren Platz vertauscht. Beide Zustände sind völlig gleichberechtigt und gehören zur gleichen Energie E_0. Es liegt also Entartung vor, die in diesem besonderen Fall *Austauschentartung* genannt wird, weil sie auf der Möglichkeit des Austausches beider Elektronen beruht, ohne daß sich dabei die Energie des Systems verändert. Wegen der Ununterscheidbarkeit der Elektronen ergeben sich die beiden Linearkombinationen

$$\psi_+ = \psi_a(\vec{r}_1)\,\psi_b(\vec{r}_2) + \psi_a(\vec{r}_2)\,\psi_b(\vec{r}_1)$$
$$\psi_- = \psi_a(\vec{r}_1)\,\psi_b(\vec{r}_2) - \psi_a(\vec{r}_2)\,\psi_b(\vec{r}_1),$$

also physikalisch sinnvolle Zustandsfunktionen, von denen nur der durch ψ_+ bezeichnete symmetrische Zustand zur Bindung führt, während der antisymmetrische Zustand ψ_- keine stabile Bindung ergibt (Abb.). Die Beachtung des Pauli-

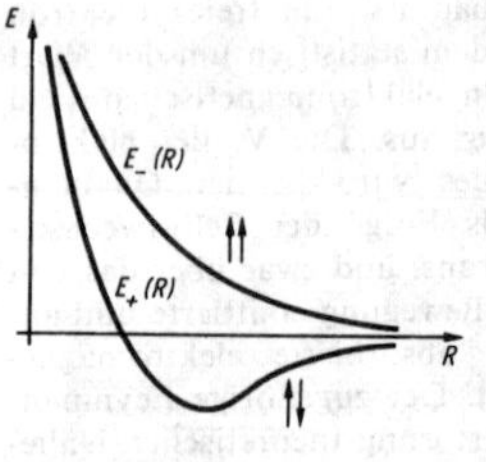

Die Wechselwirkungsenergie E_+ bzw. E_- zweier Wasserstoffatome für den symmetrischen Zustand ψ_+ bzw. den antisymmetrischen Zustand ψ_-. R ist der Atomabstand

Prinzips, nach dem die gesamte Wellenfunktion gegenüber Vertauschung zweier Elektronen stets antisymmetrisch sein muß, führt zu der Folgerung, daß sich im bindenden Zustand ψ_+ die Spins beider Elektronen (↑↓) gegenseitig kompensieren (*Spinabsättigung*, *Spinvalenz*), während im Zustand ψ_- die Spins s der Elektronen gleichgerichtet (↑↑) sind.

Berücksichtigt man die Wechselwirkung der beiden Atome des Moleküls, so wird die Entartung aufgehoben, und es ergibt sich für die Wechselwirkungsenergie des Moleküls nach der Heitler-Londonschen Näherung der Ausdruck

$$E(R) = \frac{1}{1+S^2}\iint \psi_a(\vec{r}_1)\,\psi_b(\vec{r}_2)\,\hat{H}\psi_a(\vec{r}_1)\times$$
$$\times\,\psi_b(\vec{r}_2)\,\mathrm{d}\tau_1\,\mathrm{d}\tau_2 + \frac{1}{1+S^2}\iint \psi_b(\vec{r}_1)\,\psi_a(\vec{r}_2)\times$$
$$\times\,\hat{H}\psi_a(\vec{r}_1)\,\psi_b(\vec{r}_2)\,\mathrm{d}\tau_1\,\mathrm{d}\tau_2$$

mit dem Überlappungsintegral

$$S = \int \psi_a(\vec{r})\,\psi_b(\vec{r})\,\mathrm{d}\tau$$

und dem Hamilton-Operator
$\hat{H} = -(\hbar^2/2m) \cdot (\Delta_1 + \Delta_2) + (-1/r_{a1} - 1/r_{b1} - 1/r_{a2} - 1/r_{b2} + 1/r_{12} + 1/R) \times \times (e^2/4\pi\varepsilon_0)$.

Die Laplace-Operatoren Δ sind auf die Koordinaten des Elektrons 1 bzw. 2 anzuwenden. Es bedeuten hierbei $\hbar$ die Plancksche Konstante, m die Elektronenmasse, $r_{a1}, r_{b1}, r_{a2}, r_{b2}$ die Abstände der Elektronen 1 bzw. 2 von den Kernen a bzw. b, r_{12} den Abstand der beiden Elektronen, R den Abstand der beiden Kerne voneinander, e die Elementarladung und ε_0 die Dielektrizitätskonstante des Vakuums. Wird die Energie eines Wasserstoffatoms im Grundzustand mit E_0 bezeichnet, ergeben einige Rechnungen für die Energie $E(R)$ des Wasserstoffmoleküls den Ausdruck

$$E_\pm(R) = 2E_0 + \frac{C \pm A}{1 + S^2}.$$

Dabei bedeuten
$C = \iint \psi_a^2(\vec{r}_1)\, \psi_b^2(\vec{r}_2) \cdot (1/r_{12} - 1/r_{b1} - 1/r_{a2} + 1/R) \cdot (e^2/4\pi\varepsilon_0) \cdot \mathrm{d}\tau_1\, \mathrm{d}\tau_2$
das Coulomb-Integral und
$A = \iint \psi_b(\vec{r}_1)\, \psi_a(\vec{r}_2) \cdot (1/r_{12} - 1/r_{b1} - 1/r_{a2} + 1/R) \cdot (e^2/4\pi\varepsilon_0) \cdot \psi_a(\vec{r}_1)\, \psi_b(\vec{r}_2) \cdot \mathrm{d}\tau_1 \cdot \mathrm{d}\tau_2$
das Austauschintegral.

Die Auswertung dieser Integrale liefert $E(R)$ mit dem Gleichgewichtsabstand $R_0 = 0{,}088$ nm und der Bindungsenergie $E = 3{,}17$ eV. Die experimentell ermittelten Werte sind $R_0 = 0{,}07417$ nm und $E = 4{,}74$ eV. Eine bessere Angleichung der theoretisch gefundenen Werte R_0 und E an die experimentell ermittelten Werte ergibt sich durch einige Erweiterungen der Heitler-Londonschen Theorie. So werden z. B. modifizierte Wasserstoffatomeigenfunktionen mit einer durch Abschirmeffekte verkleinerten effektiven Kernladungszahl verwendet.

Die Verallgemeinerung der für das H_2-Molekül gefundenen Ergebnisse führt dazu, jedem Valenzstrich im Molekül ein spinkompensiertes Elektronenpaar zuzuordnen, das aus zwei Elektronen besteht, deren Spins in den einzelnen Atomen nicht abgesättigt waren. Die Zahl der freien, nicht paarweise im Atom vorhandenen Elektronen bestimmt die Valenz des Atoms.

Mehrfachbindungen lassen sich ebenfalls auf diese Weise behandeln, z. B. vereinigen sich zwei Stickstoffatome, jedes mit drei ungepaarten Elektronen $2p_x$, $2p_y$, $2p_z$ unter Bildung einer Dreifachbindung.

Die Anwendung dieser Regel führt bei einigen Elementen, wie Beryllium, Bor und Kohlenstoff, zu Widersprüchen. So müßte z. B. der Kohlenstoff auf Grund seiner Elektronenkonfiguration zweibindig sein, während Vierbindigkeit beobachtet wird. Der Widerspruch liegt in der unrichtigen Annahme, daß freie Atome beim Bilden einer chemischen Bindung den Zustand ihrer Elektronenhüllen nicht verändern. In Wirklichkeit nehmen die Atome verschiedener Elemente infolge Promovierung einen Valenzzustand an, der sich von der Elektronenkonfiguration des Grundzustandes des ungebundenen Atoms wesentlich unterscheidet. Außerdem müssen zur Beschreibung der beobachteten Gleichwertigkeit der z. B. im Methanmolekül CH_4 auftretenden CH-Bindungen anstelle der Atomeigenfunktionen hybridisierte Funktionen verwendet werden (→ Hybridisation).

Für komplizierte Moleküle, bei denen es mehrere unterschiedliche Möglichkeiten zur paarweisen Zusammenfassung der Valenzelektronen gibt, läßt sich nach der V.-M. ein Näherungssatz durch Linearkombination von Wellenfunktionen ψ_A, ψ_B, ... der entsprechenden Grenzstrukturen A, B angeben: $\psi = C_A\psi_A + C_B\psi_B + \cdots$. Genügt im wesentlichen die Angabe nur einer Grenzstruktur, in der sich die Elektronen paarweise zusammenfassen lassen, so spricht man von *lokalisierten Bindungen*, im anderen Fall liegen *nichtlokalisierte Bindungen* vor. Moleküle mit nichtlokalisierten Bindungen werden als mesomer bezeichnet (→ Mesomerie). Die erforderlichen Grenzstrukturen sind als formale Hilfsmittel zur Beschreibung der Bindungsverhältnisse aufzufassen, ihnen kommt keine reale Bedeutung zu.

Die Berechnungen mit Hilfe der V.-M. sind im allgemeinen wegen der großen Zahl der zu betrachtenden Grenzstrukturen besonders kompliziert. Man berücksichtigt deshalb häufig nur diejenigen Strukturen, in denen Bindungen ausschließlich zwischen benachbarten Atomen vorkommen. Der Wert der V.-M. liegt nicht nur in der quantitativen Berechnungen der Bindungen, sondern vor allem in der qualitativen Deutung wichtiger Erscheinungen der kovalenten Bindung, z. B. der → Sättigung, der Richtung der Valenz (→ Valenzwinkel) u. a.

Lit. → chemische Bindung.

Valenztheorie, svw. Valenzstruktur-Methode.

Valenzwinkel, *Bindungswinkel* (*gerichtete Valenz*), Winkel, der durch je zwei von einem Atom ausgehenden Bindungsrichtungen gebildet wird. Die Größe des V.s hängt von der Elektronenverteilung des Valenzzustandes der Atome ab. Wenn z. B. die Valenzelektronen eines Atoms zwei zueinander senkrechte p-Orbitale besetzen, ist ein V. von 90° zu erwarten. Dieser Bindungszustand liegt im H_2O-Molekül am Sauerstoffatom vor. Der experimentell bestimmte V. beträgt 104° 27′. Die Abweichung vom theoretischen Wert ist auf die gegenseitige Abstoßung der H-Atome zurückzuführen. Beim H_2S-Molekül, in dem die H-Atome weiter auseinanderliegen und sich daher weniger beeinflussen, wird ein V. von etwa 92° gemessen. Aus der Größe des V.s lassen sich Rückschlüsse auf den Hybridisationszustand des Atoms ziehen. V. sind leicht durch intra- und intermolekulare Wechselwirkungen zu beeinflussen und hängen daher stärker von der Struktur des Molekülrestes ab als die Bindungslängen.

Valenzzustand, Zustand, den ein Elektron zur Bindungsbildung einnimmt. Je nachdem, ob an einer Bindung s-, p-, d-, f-Zustände beteiligt sind, unterscheidet man s-, p-, d-, f-Valenzen (→ Wertigkeit). Jedem s-, p-, d-... Zustand entspricht in der Quantenmechanik eine Eigenfunktion oder Valenzfunktion, die die Eigenschaften des Zustandes beschreibt. Außer den reinen Valenzzuständen treten bei vielen Elementen infolge → Hybridisation gemischte Zustände auf. Die Bindung erfolgt dann nicht durch s- oder p-Zustände, sondern durch Hybridzustände, die sich als Kombination von *s*-, *p*- und *d*-Orbitalen darstellen lassen. Im Methanmolekül CH_4 bindet das Kohlenstoffatom mit vier sp^3-Zuständen, die sich durch Linearkombinationen aus einem 2*s*- und drei 2*p*-Zuständen zusammensetzen. Die sp^3-Hybridorbitale sind nach den Ecken eines symmetrischen Tetraeders gerichtet (→ Tetraedervalenz).

In ungesättigten Kohlenstoffverbindungen treten andere Arten der Hybridisierung auf. Im Äthylenmolekül beispielsweise liegt sp^2-Hybridisierung und im Azetylenmolekül *sp*-Hybridisierung vor. sp^2-Hybridfunktionen entstehen durch Mischung von einer *s*- und zwei *p*-Funktionen und *sp*-Hybridfunktionen durch Mischung eines *s*- und eines *p*-Zustandes. Durch die Art der an einer Bindung beteiligten Valenzzustände werden die → Valenzwinkel bestimmt.

Van-Allen-Gürtel, *Strahlungsgürtel*, gürtelartige Gebiete in der → Magnetosphäre, in denen erhöhte Flüsse hochenergetischer Teilchen beobachtet werden. Diese hochenergetischen Teilchen wurden vom Magnetfeld der Erde eingefangen (→ eingefangene Teilchen) und vollführen nun nach den Gesetzen der Theorie der adiabatischen Bewegung geladener Teilchen (→ adiabatische Invariante, → Orbittheorie) eine azimutale → Drift um die Erde. Zuweilen spricht man von einer inneren Strahlungszone, die vorwiegend von hochenergetischen Protonen bevölkert wird und deren äußere Grenze bei etwa 2 bis 3 R_e (R_e ist der Erdradius) angenommen wird, und von einer äußeren Strahlungszone, in der die Flüsse von Elektronen aller Energien (→ Magnetosphäre) überwiegen. In den V.-A.-G.n laufen eine Reihe von Diffusionsvorgängen ab (→ Diffusion geladener Teilchen), welche zum Verlust von Teilchen aus den Strahlungsgürteln führen.

Die Strahlungsgürtel wurden 1958 von Van Allen mit Hilfe künstlicher Erdsatelliten entdeckt.

Van-Arkel-de-Boer-Verfahren, → Kristallzüchtung.

van-de-Graaff-Generator, *Bandgenerator*, ein Hochspannungsgenerator, der vor allem als elektrostatischer Beschleuniger für geladene Teilchen dient. Über ein umlaufendes Gummiband gelangen erdseitig aufgesprühte Ladungen über einen Abnahmekamm auf die Hochspannungskuppel des v.-d.-G.-G.s (Abb. 1). Diese lädt sich elektrostatisch auf und erreicht ein hohes Potential. Um die Hochspannungsfestig-

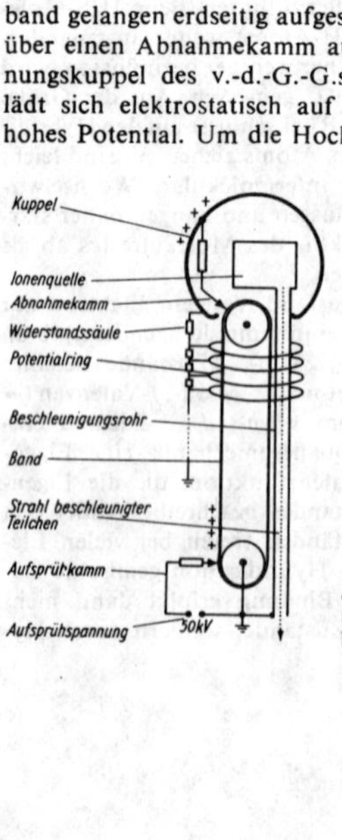

1 Prinzip des van-de-Graaff-Generators als Teilchenbeschleuniger

keit zu verbessern, bringt man den Generator in einem Drucktank unter und füllt diesen z. B. mit Stickstoff und Freon bis etwa 10 at. In der Hochspannungskuppel werden durch eine dort untergebrachte Ionenquelle Protonen, Deuteronen oder andere geladene Teilchen der Ladung $q \cdot e$ erzeugt. Diese positiven Ionen werden von der positiven Hochspannungselektrode abgestoßen und gewinnen beim Durchlaufen der Potentialdifferenz U zwischen Hochspannungspol und Erde eine Energie $E_k = qeU$ (e Elementarladung). Die Beschleunigung der Teilchen erfolgt in einem evakuierten Rohr, in dem sich viele Zwischenelektroden befinden. Diese sind mit Potentialringen verbunden, die sich zwischen Erde und Hochspannungskuppel befinden und an denen über eine Widerstandskette immer ein Teil der Beschleunigungsspannung liegt. Damit wird erreicht, daß die Beschleunigung der Teilchen gleichmäßig und ionenoptisch günstig verläuft. Der beschleunigte Teilchenstrahl wird anschließend durch ein Magnetfeld geschickt und nach Teilchenarten und Impulsen sortiert. Durch geeignete Regelkreise für den Aufsprühstrom und die Hochspannung des Generators lassen sich bei Energien bis zu 10 MeV und Strahlströmen von 10 bis 100 μA sehr energiescharfe Teilchenströme gewinnen. Die Energieschwankung des Strahls ΔE beträgt bei den besten Anlagen nur wenig mehr als 100 eV. Außerdem kann die Energie in einem weiten Bereich kontinuierlich verändert werden. Diese günstigen Eigenschaften des Generators machen Präzisionsmessungen bei Kernreaktionen möglich. Die v.-d.-G.-G.en werden außerdem für Neutronenquellen und bei Elektronenbetrieb als Quellen für γ-Strahlung verwendet.

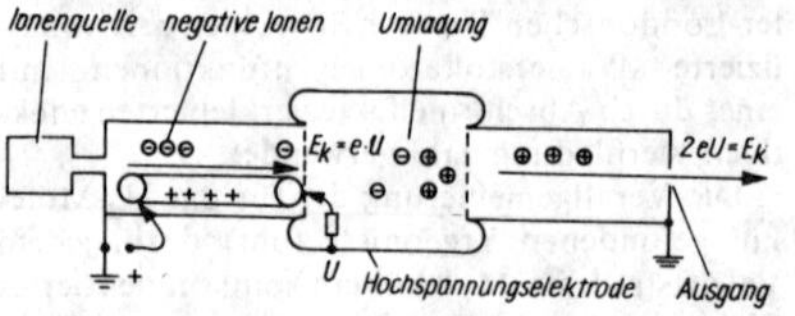

2 Aufbau eines Tandembeschleunigers (schematisch)

Ein zweistufiger v.-d.-G.-G. ist der *Tandembeschleuniger* (Abb. 2). In einer auf Erdpotential liegenden Ionenquelle wird ein starker Strom negativer Ionen erzeugt, der von der ersten Stufe zur positiven Hochspannungselektrode beschleunigt wird. Die beschleunigten negativen Ionen werden zwischen erster und zweiter Stufe in Stripperfolien umgeladen. Sie verwandeln sich in positive Ionen. Dabei wird der Ionenstrom stark geschwächt. Die positiven Ionen werden von der ebenfalls positiven Hochspannungselektrode der zweiten Stufe abgestoßen und damit zum Ausgang beschleunigt. Sie haben durch das Umladen die doppelte Energie gewonnen, die mit einer einstufigen Maschine möglich wäre. Man umgeht so technische Schwierigkeiten, die bei der Konstruktion einer einstufigen Maschine gleicher Energie auftreten würden. Außerdem befindet sich die Ionenquelle nicht mehr in der schwierig zugänglichen Hochspannungskuppel, sondern vorteilhafterweise auf Erdpotential. Der Tandembeschleuniger erreicht Maximalenergien von 30 MeV für einfach geladene Teilchen, d. h. für $q = 1$. Es wurden aber bereits mehrfach geladene U-238-Ionen bis zu Energien von 200 MeV beschleunigt. Die leichte und kontinuierliche Änderung der Beschleunigungsenergie und die ausgezeichnete Energieschärfe des Strahls von einigen 100 eV bei 20 MeV Gesamtenergie machen den Tandembeschleuniger zum wichtigsten Beschleuniger der niederenergetischen Kernphysik.

van-der-Pol-Oszillator, → nichtlineare Schwingungen.

van-der-Waals-Bindung, besondere Art der chemischen Bindung, bei der elektrisch neutrale Moleküle über ihre momentanen Dipol- und Quadrupolmomente miteinander in Wechselwirkung treten und so Molekülkristalle bilden können. Die dadurch bewirkte v.-d.-W.-B. ist als ein Effekt höherer Ordnung sehr schwach, wie auch aus der geringen Bindungsenergie folgt. Das Potential der Dipol-Dipol-Wechselwirkung ist proportional $1/r^6$, wobei r der Abstand der Bindungspartner ist.

van-der-Waals-Gleichung, svw. van-der-Waalssche Zustandsgleichung.

van-der-Waals-Hamaker-Konstante, *Hamaker-Konstante*, Proportionalitätsfaktor A für die Wechselwirkungsenergie der Dispersionskräfte zweier Teilchen, die je q Atome enthalten: $A = \beta\pi^2 q^2$. Für kugelförmige Teilchen mit dem Radius a, deren Abstand $d \ll a$, gilt $V_{\mathrm{Disp.}} = -Aa/12d$. β ist die → Londonsche Konstante. Die Zahlenwerte von A liegen in der Größenordnung von 1 bis $100 \cdot 10^{-13}$ erg für Wechselwirkungen zwischen Festkörpern im Vakuum.

van-der-Waalssche Kräfte, → zwischenmolekulare Kräfte.

van-der-Waalssche Zustandsgleichung, *van-der-Waals-Gleichung*, von J. H. van der Waals aufgestellte einfache thermische → Zustandsgleichung, die den gasförmigen und flüssigen Zustand sowie das Zweiphasengebiet umfaßt, also das Verhalten realer Gase und Flüssigkeiten qualitativ richtig beschreibt. Die v.-d.-W. Z. hat die Form

$$(p + a/V^2)(V - b) = RT. \quad (1)$$

Dabei ist p der Gasdruck, V das Volumen, T die Temperatur, R die Gaskonstante, a und b sind Konstanten. Im Unterschied zu den anderen Zustandsgleichungen für reale Gase kann die Form der v.-d.-W.n Z. begründet werden: b ist das Eigenvolumen der Gasmoleküle, das vom Gesamtvolumen abgezogen werden muß, da es einem herausgegriffenen Molekül nicht mehr zur Verfügung steht, a/V^2 ist der Kohäsionsdruck, der als Folge der van-der-Waalsschen Kräfte zwischen den Gasmolekülen (→ zwischenmolekulare Kräfte) auftritt und zum Gasdruck p hinzugezählt werden muß. Für hinreichend hohe Temperaturen und niedrige Drücke ist die v.-d.-W. Z. auch quantitativ richtig. Die Abb. zeigt die Isothermen im p,V-Diagramm. Für hohe Temperaturen (und große Volumina) verlaufen die Isothermen mehr und mehr wie bei einem idealen Gas. Bei abnehmender Temperatur treten immer stärker die Abweichungen des realen Gases vom idealen Gas in Erscheinung, die sich besonders deutlich bei der Entstehung der flüssigen Phase neben der gasförmigen äußern. Zwischen den Punkten e und a treten die flüssige und gasförmige Phase gleichzeitig auf. Anstelle der wellenförmigen Kurve mit einem Minimum und einem Maximum, die aus der v.-d.-W.n Z. folgt, wird die Gerade zwischen e und a (p = konst.) durchlaufen, falls sich das Zweiphasensystem im thermodynamischen Gleichgewicht befindet. Aus dem 2. Hauptsatz der Thermodynamik folgt die *Maxwellsche Regel*, die besagt, daß die Flächen edc und cba gleich sein müssen. Rechts von a, d. h. $V > V_a$, ist nur die gasförmige Phase vorhanden. Beim Durchlaufen der Geraden von a nach e nimmt mit abnehmendem Volumen die flüssige Phase auf Kosten der gasförmigen mehr und mehr zu. Links vom Punkt e, d. h. $V < V_e$, ist nur noch die flüssige Phase vorhanden. Die Zustände zwischen ed und ab sind metastabil und entsprechen einer überhitzten Flüssigkeit bzw. unterkühltem Dampf. Sie sind unter gewissen Voraussetzungen realisierbar (erschütterungsfreies, langsames Überhitzen einer Flüssigkeit bzw. Unterkühlung eines Gases bei Fehlen von Kondensationskernen). Die Zustände auf dem Isothermenabschnitt dcb können in der Natur nicht auftreten, da sie die thermodynamische Stabilitätsbedingung $(\partial p/\partial V)_T < 0$ (→ thermodynamisches Potential) verletzen würden.

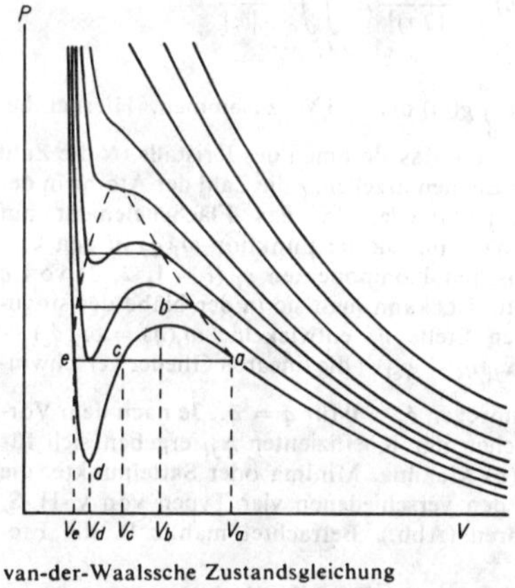

van-der-Waalssche Zustandsgleichung

Bei hohen Temperaturen werden die Isothermen von den Geraden p = konst. nur einmal geschnitten, d. h., einem vorgegebenen Druck p entspricht nur ein bestimmtes Volumen. Bei tieferen Temperaturen ergeben sich drei Schnittpunkte (in der Abb. e, c, a). Dabei befindet sich zwischen den äußeren Schnittpunkten (e und a) das Zweiphasengebiet. Mit wachsender Temperatur rücken diese Schnittpunkte immer näher aneinander. Fallen alle drei Punkte zusammen, so entartet die Gerade eca zu einem Wendepunkt, d. h., es gilt

$$(\partial^2 p/\partial V^2)_T = 0 \text{ und } (\partial p/\partial V)_T = 0. \quad (2)$$

Dieser Punkt ist der *kritische Punkt*. Er wird durch das kritische Volumen V_{krit}, den kritischen Druck p_{krit} und die kritische Temperatur T_{krit} festgelegt. Aus dem oben Gesagten folgt, daß oberhalb der kritischen Temperatur nur noch die gasförmige Phase existent ist. Für die kritischen Größen findet man aus den Bedingungen (2) und der v.-d.-W.n Z. $V_{\mathrm{krit}} = 3b$,

$p_{krit} = a/27b^2$ und $T_{krit} = 8a/27bR$ (R = Gaskonstante). Der kritische Koeffizient $RT_{krit}/p_{krit}V_{krit}$ nimmt den Wert 8/3 an. Für reale Gase liegt er jedoch höher.

Führt man die reduzierten Zustandsgrößen $p' = p/p_{krit}$, $v' = V/V_{krit}$, $t' = T/T_{krit}$ ein, so nimmt die v.-d.-W. Z. die Gestalt $(p' + 3/v'^2) \cdot (v' - 1/3) = 8/3\,t'$ an. Diese Gleichung ist von der speziellen Substanz unabhängig. Man spricht deshalb von *korrespondierenden Zuständen*, wenn für verschiedene Substanzen dieselben reduzierten Zustandsgrößen p', v' und t' vorliegen.

van-der-Waals-Verbreiterung, → Spektrallinien.

van-Hove-Singularitäten, in der Frequenzverteilungsfunktion der Normalschwingungen eines Gitters auftretende Singularitäten, die bei den kritischen Frequenzen erscheinen, die durch das Verschwinden der Gruppengeschwindigkeit, $\vec{v}_g = \mathrm{grad}_q\, \omega_j(\vec{q}) = 0$, charakterisiert sind. Hierbei ist die Beziehung $\omega = \omega_j(\vec{q})$ die Dispersionsrelation der Gitterschwingungen, wobei ω die Frequenz, $\vec{q}$ den Wellenzahlvektor und j den entsprechenden Zweig kennzeichnen. Die Frequenzverteilungsfunktion der Gitterschwingungen $g(\omega)$ hängt mit der Dispersionsrelation über die Beziehung

$$g(\omega) = \frac{V}{(2\pi)^3} \sum_j \iint\limits_{\omega_j(\vec{q})=\omega} \frac{\mathrm{d}S}{|\vec{v}_g|}$$

mit $\int\limits_0^\infty g(\omega)\,\mathrm{d}\omega = 3Nr$ zusammen. Hierbei bedeutet V das Volumen des Kristalls, N die Zahl der Elementarzellen, r die Zahl der Atome in der Elementarzelle, dS das Flächenelement auf $\omega_j(\vec{q}) = \omega$. Da die Funktion $\omega_j(\vec{q})$ in den kartesischen Komponenten q_i (i = 1, 2, 3) von $\vec{q}$ stetig ist, kann man sie in der Nähe der singulären Stelle $\vec{q}_c$ entwickeln: $\omega_j(\vec{q}) = \omega_j(\vec{q}_c) + \sum_i \alpha_{ji}(q_i - q_{ci})^2$; die linearen Glieder verschwinden wegen $\vec{v}_g = 0$ für $\vec{q} = \vec{q}_c$. Je nach dem Vorzeichen der Koeffizienten α_{ji} ergeben sich für $\omega_j(\vec{q})$ Maxima, Minima oder Sattelpunkte, die zu den verschiedenen vier Typen von v.-H.-S. führen (Abb.). Betrachtet man z. B. die Frequenzverteilung $g_j(\omega)$ für nur einen Zweig j, so erhält man bei negativen Koeffizienten α_{ji} für $\omega < \omega_c^{max}$ in der Nähe von ω_c^{max} $g_j(\omega) = (2\pi)^{-7/2}\, V(\alpha_{j1}\alpha_{j2}\alpha_{j3})^{-1/2}\; (\omega_c^{max} - \omega)^{1/2}$, während für $\omega > \omega_c^{max}$ die Umgebung von $\vec{q}_c$ nicht zu $g_j(\omega)$ beiträgt (Maximum in Abb.). Die Funktion $g_j(\omega)$ selbst bleibt in den kritischen Punkten stetig, ihre Ableitung nach ω jedoch nicht, z. B. $\partial g_j(\omega)/\partial\omega \to \infty$ für $\omega \to \omega_c^{max} - 0$.

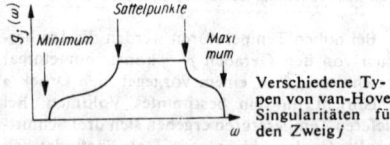

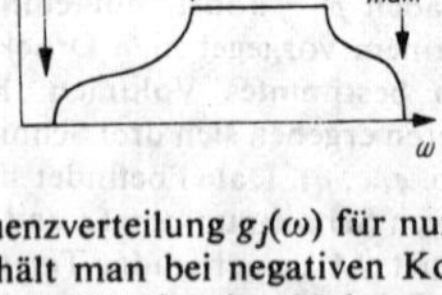

Verschiedene Typen von van-Hove-Singularitäten für den Zweig j

Das *Theorem von van Hove* behauptet, daß das Frequenzspektrum der Gitterschwingungen mindestens einen kritischen Punkt der beiden Sattelpunkttypen enthalten und die Ableitung von $g(\omega)$ für maximale Frequenzen gegen $-\infty$ streben muß. Der Beweis erfolgt mit topologischen Hilfsmitteln. Da die physikalischen Größen meist nur Integrale über das Phononenspektrum enthalten, wirken sich die v.-H.-S. selten wesentlich auf die physikalischen Eigenschaften aus; die Wirkungsquerschnitte der unelastischen nichtkohärenten Streuung von thermischen Neutronen an Kristallen geben jedoch direkten Aufschluß über die v.-H.-S. des Phononenspektrums. Für die Idealisierungen des ein- und zweidimensionalen Gitters treten Singularitäten proportional $|\omega - \omega_c|^{-1/2}$ bzw. $\ln|\omega - \omega_c|$ auf.

van-Laarscher Ansatz, Formel für die Aktivitätskoeffizienten γ in einer binären Flüssigkeitsmischung:
$\Delta G^E/RT = [x + (1-x)\,B/A]\; z(1-z)\,A$.

Hierbei ist G^E die freie Exzeßenthalpie, R die Gaskonstante, T die absolute Temperatur, A und B sind empirische Konstanten, die die Wechselwirkungsparameter enthalten, und $z = [1 + (B/A)\,(1-x)/x]^{-1}$. Es ist $\ln\gamma_1 = (1-z)^2 A$ und $\ln\gamma_2 = z^2 B$.

van-Laarsche Zustandsgleichung, eine besonders für Flüssigkeiten anwendbare thermische Zustandsgleichung $[p + a(T)/V^2] \cdot [V - b(T)/(1 + d/V)] = cT$. Hierbei ist p der Druck, V ist das molare Volumen, a und b sind empirische Temperaturfunktionen, c und d Konstanten, T ist die absolute Temperatur.

van't-Hoffsche Reaktionsisotherme, → Massenwirkungsgesetz.

var, → Var.

Var, Kurzz. var, gesetzliche abgeleitete Einheit der elektrischen Blindleistung anstelle des Watt. 1 var = 1 VA = 1 m^2·kg·s^{-3}.

Varactor, → Halbleiterdiode.

Variable, 1) Physik: veränderliche Größen eines physikalischen Systems bzw. deren Abbild im Rahmen einer entsprechenden mathematischen Theorie. Man unterscheidet *abhängige* und *unabhängige V.*; letztere liegen vor, wenn zwischen zwei oder mehreren V.n eine Relation besteht, die eine derselben durch die andere(n) ausdrückt. Die → dynamischen Variablen ermöglichen die Beschreibung der Bewegung physikalischer Systeme. Können sie mit beobachtbaren physikalischen Größen identifiziert werden, so nennt man sie häufig → Parameter (im weiteren Sinne), während die bei einem bestimmten Prozeß konstant gehaltenen V.n häufig als Parameter im engeren Sinne bezeichnet werden.

2) Mathematik: svw. Veränderliche (→ Funktion).

Varianz, → statistische Auswertung von Experimenten.

Variation der Bahn, → Hamiltonsches Prinzip, → Maupertuissches Prinzip.

Variationsfeld, → geomagnetisches Variationsfeld.

Variationsprinzipe der Mechanik, → Prinzipe der Mechanik.

Variationsrechnung, die einfachste Aufgabe der Variationsrechnung ist die Bestimmung einer Funktion $y(x)$ dergestalt, daß das Integral

$$\int\limits_{x_1}^{x_2} I\left(x, y, \frac{\partial y}{\partial x}\right) \mathrm{d}x$$

einen Extremwert annimmt; dabei ist I eine gegebene Funktion, und die Werte $y_1 = y(x_1)$

und $y_2 = y(x_2)$ der gesuchten Funktion in den beiden Punkten x_1 und x_2 sind vorgeschrieben. Die gesuchte Funktion $y(x)$ bezeichnet man als die *Extremale* des Problems. In der Physik ist häufig eine durch die Funktion $y(x)$ beschriebene Kurve gesucht, auf der die Weglänge $S = \int_{x_1}^{x_2} \mathrm{d}S = \int_{x_1}^{x_2} \{1 + (\partial y/\partial x)^2\}^{1/2} \,\mathrm{d}x$ zwischen den Punkten x_1 und x_2 ein Minimum ist.

Ist $y(x)$ eine Lösung des Problems und $Y(x)$ eine Menge infinitesimal benachbarter Kurven, so wird die Differenz $\delta y(x) = Y(x) - y(x)$ als *Variation* von $y(x)$ bezeichnet. Dabei ändert sich der Wert des Integranden um die Variation von I, um

$$\delta I = I\left(x, y + \delta y, \frac{\partial y}{\partial x} + \delta \frac{\partial y}{\partial x}\right) - I\left(x, y, \frac{\partial y}{\partial x}\right) = \frac{\partial I}{\partial y}\delta y + \frac{\partial I}{\partial(\partial y/\partial x)} \cdot \delta\left(\frac{\partial y}{\partial x}\right).$$

Eine notwendige Bedingung für einen Extremwert des Integrals ist dann $\int_{x_1}^{x_2} \delta I \,\mathrm{d}x = 0$.

Durch partielle Integration kann gezeigt werden, daß diese Bedingung auf die *Eulersche Gleichung* der V. führt:

$$\frac{\partial I}{\partial y} - \frac{\mathrm{d}}{\mathrm{d}x}\left[\frac{\partial I}{\partial\left(\frac{\partial y}{\partial x}\right)}\right] = 0.$$

Die Lösung dieser Differentialgleichung liefert die Extremale; die zwei willkürlichen Konstanten in der allgemeinen Lösung werden durch die beiden Bedingungen $y(x_1) = y_1$, $y(x_2) = y_2$ bestimmt. Dieses Verfahren kann leicht auf etwas kompliziertere Fälle verallgemeinert werden:

Enthält die Funktion I mehrere gesuchte Funktionen der Veränderlichen x, so daß das Integral

$$\int_{x_1}^{x_2} I\left(x, y_1, \ldots, y_n, \frac{\partial y_1}{\partial x}, \ldots, \frac{\partial y_n}{\partial x}\right) \mathrm{d}x$$

ein Extremum annehmen soll, so lauten die Eulerschen Gleichungen:

$$\frac{\partial I}{\partial y_i} - \frac{\mathrm{d}}{\mathrm{d}x}\left[\frac{\partial I}{\partial\left(\frac{\partial y_i}{\partial x}\right)}\right] = 0, \; i = 1, \ldots, n.$$

Gibt es mehrere unabhängige Veränderliche $x_1, \ldots, x_n$, so lautet die Eulersche Gleichung:

$$\frac{\partial I}{\partial y} - \sum_{i=1}^{n} \frac{\mathrm{d}}{\mathrm{d}x_i}\left[\frac{\partial I}{\partial\left(\frac{\partial y}{\partial x_i}\right)}\right] = 0.$$

Enthält die Funktion I auch höhere Ableitungen von $y(x)$:

$$I\left(x, y, \frac{\partial y}{\partial x}, \frac{\partial^2 y}{\partial x^2}, \ldots, \frac{\partial^n y}{\partial x^n}\right),$$

so lautet die Eulersche Gleichung

$$\frac{\partial I}{\partial y} - \frac{\mathrm{d}}{\mathrm{d}x}\left[\frac{\partial I}{\partial\left(\frac{\partial y}{\partial x}\right)}\right] + \cdots + (-1)^n \frac{\mathrm{d}^n}{\mathrm{d}x^n}\left[\frac{\partial I}{\partial\left(\frac{\partial^n y}{\partial x^n}\right)}\right] = 0.$$

Diese drei Fälle lassen sich auch kombinieren. In vielen physikalischen Aufgaben soll ein Integral der betrachteten Typen ein Extremum unter der Nebenbedingung annehmen, daß ein anderes Integral $\int_{x_1}^{x_2} N\left(x, y, \frac{\partial y}{\partial x}\right) \mathrm{d}x = \alpha$ einen festen Wert α annimmt. In diesem Fall spricht man oft von einem *isoperimetrischen Problem.* Ein Beispiel ist die Bestimmung der geschlossenen Kurve fester Länge, die eine möglichst große Fläche umschließt. Aufgaben dieses Typs können mit der Methode der *Lagrangeschen Multiplikatoren* gelöst werden. Es ist klar, daß mit $\int I \,\mathrm{d}x$ auch das Integral $\int (I + \lambda N) \,\mathrm{d}x$ ein Extremwert sein wird; dabei wird der zunächst willkürliche Parameter λ als *Lagrangescher Multiplikator* bezeichnet. Für $J = I + \lambda N$ erhält man die Eulersche Gleichung

$$\frac{\partial J}{\partial y} - \frac{\mathrm{d}}{\mathrm{d}x}\left[\frac{\partial J}{\partial\left(\frac{\partial y}{\partial x}\right)}\right] = 0,$$

deren Lösung zwei Integrationskonstanten und λ enthält. Diese drei Zahlen werden durch die beiden Randbedingungen und durch die Bedingung $\int N \,\mathrm{d}x = \alpha$ bestimmt.

Weitere Aufgaben betreffen die Fälle, daß keine Randwerte y_1 und y_2 vorgegeben sind oder daß die Integrationsgrenzen x_1 und x_2 selbst nicht vorgegeben sind. Bezüglich dieser Fragen, der Frage nach hinreichenden Bedingungen und der Frage nach der Natur des Extremums (Maximum oder Minimum) muß auf die Literatur verwiesen werden.

Lit. Grüss: V. (2. Aufl. Heidelberg 1967); W. I. Smirnow: Lehrgang der höheren Mathematik, Tl IV (6. Aufl. Berlin 1972).

Variationstöne, bei periodischer Änderung der Amplitude eines reinen Tones entstehende sekundäre Töne. Diese Erscheinung tritt insbesondere bei periodischen Bewegungen einer Schallquelle, z. B. der Rotation einer Stimmgabel, oder Unterbrechungen der Schallwelle auf. Die V. sind im Gegensatz zu manchen → Kombinationstönen im Schallfeld objektiv vorhanden. Sie entstehen infolge der Modulation der Eigenfrequenz des Primärtones mit der Frequenz der periodischen Amplitudenänderung.

Variator, svw. Variometer.

Varicap, → Halbleiterdiode.

Variograph, im engeren Sinne ein selbsttätig registrierendes → Variometer; im weiteren Sinne jedes Instrument, das (zeitliche oder räumliche) Variationen einer bestimmten Meßgröße, z. B. Luftdruck (Barograph) oder Wasserhöhe (Hydrograph), in Form einer Kurve aufzeichnet.

Variometer, *Variator,* 1) Hochfrequenztechnik: eine Anordnung zur Erzielung stetig veränderlicher Selbstinduktivitätswerte (→ Induktion 2). Das V. besteht aus zwei in Reihe geschalteten Spulen, die zweckmäßigerweise kon-

1 Prinzip des Variometers

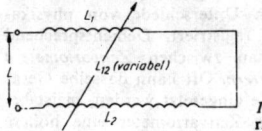

zentrisch angeordnet sind und meßbar gegeneinander verschoben oder verdreht werden können. Damit kann die Gegeninduktivität beider Spulen verändert werden (Abb. 1). Sind L_1 und L_2 die Selbstinduktivitäten der zwei Spulen und ist L_{12} ihre Gegeninduktivität, so gilt $L = L_1 + L_2 \pm 2L_{12}$. Unterstützen sich die Magnetfelder beider Spulen, so gilt das positive Vorzeichen, im entgegengesetzten Falle gilt das negative Vorzeichen. Eine stetige Änderung der Gegeninduktivität L_{12} kann etwa durch axiale Verschiebung der inneren Spule gegenüber der äußeren (*Schiebespulenvariometer*, Abb. 2) oder durch

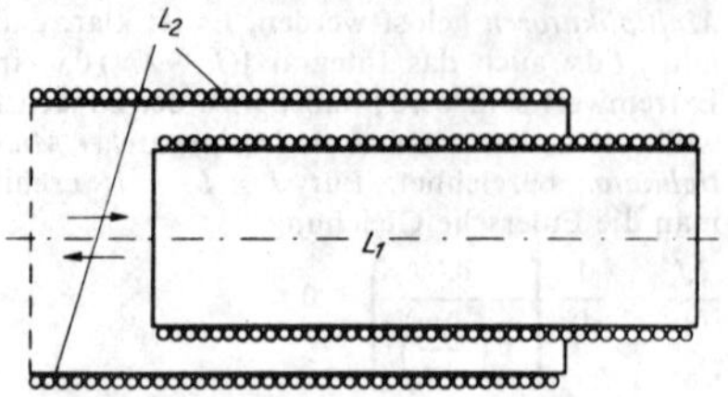

2 Schiebespulenvariometer

Drehung der inneren Spule in der äußeren Spule (*Drehspulvariometer*, Abb. 3) erreicht werden. Bei letzteren ist die Eichkurve innerhalb großer Induktivitätsbereiche praktisch linear. Die Wicklungen bestehen aus mehreren Bereichen, die man gleichschalten oder gegenschalten kann, so daß ein relativ großer Induktivitätsbereich eingestellt werden kann, z. B. zwischen $L = 4 \cdot 10^{-4}$

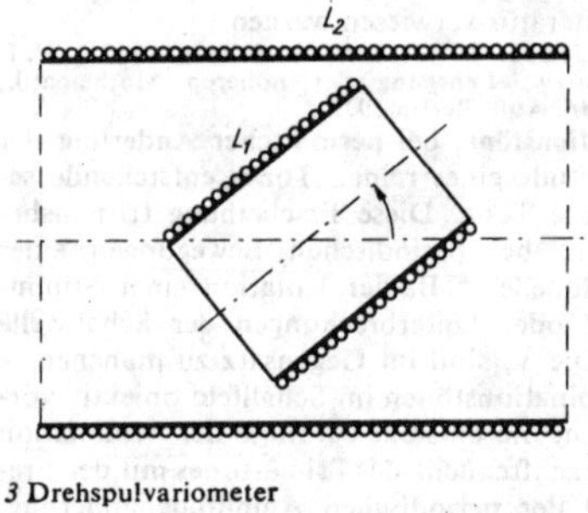

3 Drehspulvariometer

und 0,12 H. In der Funktechnik werden V. zur Abstimmung von Sendern oder Empfängern eingesetzt. Je nach Art der Induktivitätsänderung unterscheidet man *Massekernvariometer* (Verschieben eines Massekerns in der Spule), *Kurzschlußvariometer* (Änderung der Lage eines Kurzschlußrings im Magnetfeld), *Kugelvariometer* (Drehspulvariometer mit kugelförmigen Außen- und Innenspulen) und *Magnetvariometer* (Magnetisierung eines Ferritkerns).

Lit. Meinke u. Gundlach: Taschenb. der Hochfrequenztechnik (3. Aufl. Berlin, Heidelberg, New York 1968).

2) Geophysik: im weiteren Sinne Bezeichnung für ein Meßgerät, das die zeitlichen oder räumlichen Unterschiede von physikalischen Feldern registriert. Dementsprechend unterscheidet man zwischen *Zeitvariometern* und *Ortsvariometern*. Oft kann dasselbe Gerät für beide Zwecke eingesetzt werden, meist besitzt jedoch das Zeitvariometer eine höhere Empfindlichkeit. Im engeren Sinne versteht man unter V. ein Instrument, das die Veränderungen des Erdmagnetfeldes mißt, also ein → Magnetometer, das eine einfache, häufige oder kontinuierliche Messung gestattet. Erfolgt die Aufzeichnung der kontinuierlichen Messung selbsttätig, so spricht man (im Sinne des Erdmagnetismus) von *Variograph*.

Varistor [Abk. von engl. *vari*able resi*stor*], *VDR-Widerstand* [Abk. von engl. *v*oltage *d*ependent *r*esistor], ein spannungsabhängiger Widerstand, dessen Verhalten mit antiparallel oder gegeneinander in Reihe geschalteten Halbleiterdioden vergleichbar ist. Der Widerstand des V.s nimmt mit steigender Spannung ab, und es gilt näherungsweise eine Strom-Spannungs-Abhängigkeit der Form $U = C \cdot I^{\beta}$ mit einem Nichtlinearitätskoeffizienten β zwischen 0,1 und 0,5 und einem von der Gestalt des V.s abhängigen Formfaktor C mit Werten zwischen 10 und 1000 (Abb.). V.en werden aus Siliziumkarbid gesintert, wobei zwischen den einzelnen Siliziumkarbidkristallkörnern zahlreiche Sperrschichten mit wechselnder Polarität entstehen, die das Verhalten bestimmen. Die Nichtlinearität entsteht durch die mit wachsender Feldstärke stark abnehmenden Übergangswiderstände zwischen den einzelnen Siliziumkarbidkörnchen. Der V. dient zur Unterdrückung von Spitzenspannungen, z. B. zur Funkenlöschung an Kontakten. Wegen der oberhalb eines gewissen Stromes nur noch schwach ansteigenden Kennlinie wird der V. auch zur Spannungsstabilisierung verwendet, ähnlich einer Z-Diode oder einer Glimmlampe.

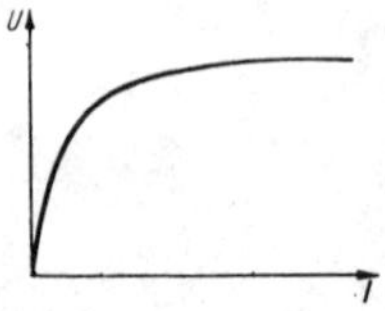

Strom-Spannungs-Kennlinie eines Varistors

Lit. Rumpf: Bauelemente der Elektronik (7. Aufl. Berlin 1972).

VAs, $V \cdot A \cdot s$, → Voltamperesekunde.

VB-Methode, svw. Valenzstruktur-Methode.

VDR-Widerstand, svw. Varistor.

vector space, → Patterson-Funktion.

Vehikelpotential, Potential, das ein künstlicher kosmischer Flugkörper, z. B. eine Rakete, ein Satellit oder eine Raumsonde, gegenüber dem ihn umgebenden Plasma der Ionosphäre oder des interplanetaren Raumes annimmt. Das V. ist von der Sache her mit dem Wandpotential (→ Plasmapotential) identisch.

Vektor, Größe, die außer einem bestimmten Betrag eine bestimmte Richtung hat. Zwei V.en vom gleichen Betrag und von gleicher Richtung sind einander gleich. Demnach ändert sich ein V. nicht, wenn er parallel zu sich selbst verschoben wird. Im dreidimensionalen Raum kann ein V. anschaulich als Pfeil dargestellt werden, dessen Länge dem Betrag des V.s proportional ist.

Ein V. kann im dreidimensionalen Raum auch als geordnetes Zahlentripel definiert werden, das bestimmten Transformationsgesetzen genügt (→ axialer Vektor). Diese Definition läßt sich verallgemeinern auf höherdimensionale Räume, z. B. auf Vierervektoren, auf V.en im n-dimensionalen Raum (→ Matrix, → Hilbert-Raum, → Fock-Raum) oder auf V.en im Hilbert-Raum (→ Funktionalanalysis). Im folgenden werden nur Vektoren im dreidimensionalen Raum betrachtet.

In der Physik oft gebrauchte V.en mit festem Anfangspunkt heißen *gebundene V.en*, solche, die nur längs der Geraden, in die sie fallen, verschoben werden dürfen, heißen *linienflüchtig*. Ein gebundener V., dessen Anfangspunkt mit dem Koordinatenursprung zusammenfällt, heißt *Ortsvektor*. Sein Betrag ist der Entfernung des betrachteten Punktes vom Koordinatenursprung gleich. Im dreidimensionalen Raum hat der Ortsvektor die Komponenten (x, y, z). Unter der *Vektorrechnung* oder *Vektoranalysis* werden alle Operationen verstanden, die man mit V.en durchführen kann. Die *Vektoralgebra* ist das Teilgebiet der Vektoranalysis, in dem die Differential- und Integralrechnung nicht benutzt wird. Die wichtigsten Gesetze der Vektorrechnung werden kurz aufgeführt.

1) Die Summe $\vec{a} + \vec{b} = \vec{c}$ wird geometrisch durch eine Parallelogrammkonstruktion dargestellt (Abb. 1). Für die Addition gelten das *Kommutativ-* und das *Assoziativgesetz*: $\vec{a} + \vec{b} = \vec{b} + \vec{a}$ und $(\vec{a} + \vec{b}) + \vec{c} = \vec{a} + (\vec{b} + \vec{c})$. Es existiert der *Nullvektor* $\vec{o}$, so daß $\vec{a} + \vec{o} = \vec{a}$ ist. Zu jedem V. $\vec{a}$ existiert ein V. $-\vec{a}$, so daß $\vec{a} + (-\vec{a}) = \vec{o}$ gilt. Damit läßt sich die *Subtraktion* zweier V.en auf eine Addition zurückführen: $\vec{b} - \vec{a} = \vec{b} + (-\vec{a})$ (Abb. 1).

2) Für die *Multiplikation mit einer reellen Zahl* λ gilt $\lambda\vec{a} = \vec{a}\lambda$ sowie $1 \cdot \vec{a} = \vec{a}$, $\lambda_1(\lambda_2\vec{a}) = (\lambda_1\lambda_2)\,\vec{a} = \lambda_2(\lambda_1\vec{a})$, $\lambda(\vec{a} + \vec{b}) = \lambda\vec{a} + \lambda\vec{b}$ und $(\lambda_1 + \lambda_2)\,\vec{a} = \lambda_1\vec{a} + \lambda_2\vec{a}$. Der Produktvektor $\lambda\vec{a}$ hat die $|\lambda|$-fache Länge von $\vec{a}$.

3) Für den Betrag $|\vec{a}|$ des V.s $\vec{a}$ gilt:

a) $|\vec{a}| \geq 0$, dabei folgt aus $|\vec{a}| = 0$, daß $\vec{a}$ der Nullvektor ist.

b) $|\lambda \cdot \vec{a}| = |\lambda| \cdot |\vec{a}|$;

c) die *Dreiecksungleichung* gilt: $|\vec{a}_1| - |\vec{a}_2| \leq |\vec{a}_1 + \vec{a}_2| \leq |\vec{a}_1| + |\vec{a}_2|$.

4) Jeder V. $\vec{a}$ läßt sich eindeutig als Linearkombination $\vec{a} = \lambda_1\vec{a}_1 + \lambda_2\vec{a}_2 + \lambda_3\vec{a}_3$ von drei beliebigen linear unabhängigen, d. h. nichtkomplanaren, V.en $\vec{a}_1, \vec{a}_2, \vec{a}_3$ darstellen.

Die V.en $\vec{a}_1, \vec{a}_2, \vec{a}_3$ heißen *Basisvektoren* und das Zahlentripel $(\lambda_1, \lambda_2, \lambda_3)$ die *Maßzahlen* oder *Komponenten* von $\vec{a}$. Aus der Eindeutigkeit der Zerlegung ergibt sich die Schreibweise $\vec{a} = (\lambda_1, \lambda_2, \lambda_3)$ und damit $\lambda\vec{a} = (\lambda\lambda_1, \lambda\lambda_2, \lambda\lambda_3)$ sowie $\vec{a} + \vec{b} = (\lambda_1, \lambda_2, \lambda_3) + (\mu_1, \mu_2, \mu_3) = (\lambda_1 + \mu_1, \lambda_2 + \mu_2, \lambda_3 + \mu_3)$.

Eine besondere Vereinfachung ergibt sich, wenn man die *Einheitsvektoren* $\vec{e}_1, \vec{e}_2, \vec{e}_3$ eines *Orthonormalsystems* als Basisvektoren wählt. Mit $\vec{a} = \sum_{i=1}^{3} g_i\vec{e}_i$ ist dann $|\vec{a}| = \sqrt{a_1^2 + a_2^2 + a_3^2}$ mit $a_i = |\vec{a}| \cos(\vec{a}, \vec{e}_i)$; die Funktionen $\cos(\vec{a}, \vec{e}_i)$ bezeichnet man als *Richtungskosinusse* (Abb. 2).

5) Für das *Skalarprodukt* oder *innere Produkt* zweier V.en $\vec{a}$ und $\vec{b}$, das durch $\vec{a} \cdot \vec{b} = |\vec{a}| \cdot |\vec{b}| \cos(\vec{a}, \vec{b})$ definiert ist, gilt das Kommutativgesetz $\vec{a} \cdot \vec{b} = \vec{b} \cdot \vec{a}$.

Wenn $\vec{a}$ senkrecht zu $\vec{b}$ ist, folgt $\vec{a} \cdot \vec{b} = 0$. Ist $\vec{a}$ parallel zu $\vec{b}$, dann ist $\vec{a} \cdot \vec{b} = |\vec{a}| \cdot |\vec{b}|$. Für beliebige Zahlen λ gilt $\lambda(\vec{a} \cdot \vec{b}) = (\lambda\vec{a})\,\vec{b} = \vec{a} \cdot (\lambda\vec{b})$. Aus $\vec{a} \cdot \vec{b} = 0$ folgt nicht, daß einer der beiden V.en der Nullvektor ist; es gilt daher für V.en keine Division als eindeutige Umkehrung der skalaren Multiplikation.

Es gilt das *Distributivgesetz* $\vec{a} \cdot (\vec{b} + \vec{c}) = \vec{a} \cdot \vec{b} + \vec{a} \cdot \vec{c}$.

Wählt man eine orthonormierte Basis, und ist $\vec{a} = (a_1, a_2, a_3)$, $\vec{b} = (b_1, b_2, b_3)$, dann gilt $\vec{a} \cdot \vec{b} = \sum_{i=1}^{3} a_ib_i$. Daraus ergibt sich $\cos(\vec{a}, \vec{b}) = \sum_{i=1}^{3} a_ib_i/|\vec{a}| \cdot |\vec{b}|$ für den Winkel $\varphi = \sphericalangle(\vec{a}, \vec{b})$ zwischen den V.en $\vec{a}$ und $\vec{b}$. Schließlich gilt die *Schwarzsche Ungleichung* $|\vec{a} \cdot \vec{b}| \leq |\vec{a}| \cdot |\vec{b}|$.

6) Das *Vektorprodukt*, *Kreuzprodukt* oder *äußere Produkt* $[\vec{a}\vec{b}]$, auch $\vec{a} \times \vec{b}$ geschrieben, der V.en $\vec{a}$ und $\vec{b}$ ist ein V., der senkrecht auf $\vec{a}$ und $\vec{b}$ steht, so daß $\vec{a}$, $\vec{b}$ und $[\vec{a}\vec{b}]$ bzw. $\vec{a} \times \vec{b}$ ein Rechtssystem bilden. Sein Betrag ist $|[\vec{a}\vec{b}]| = |\vec{a}| \cdot |\vec{b}| \sin\varphi$, wenn φ der kleinste Winkel zwischen $\vec{a}$ und $\vec{b}$ ist (Abb. 3). Es gelten folgende Rechenregeln $[\vec{a}\vec{b}] = -[\vec{b}\vec{a}]$, $[\vec{a}(\vec{b} + \vec{c})] = [\vec{a}\vec{b}] + [\vec{a}\vec{c}]$, $[\lambda\vec{a}\vec{b}] = [\vec{a}\lambda\vec{b}] = \lambda[\vec{a}\vec{b}]$. Es gilt $[\vec{a}\vec{b}] = 0$, falls $\vec{a}$ parallel zu $\vec{b}$ ist. Bilden die V.en $\vec{e}_1$, $\vec{e}_2$ und $\vec{e}_3$ eine orthogonale Basis, dann läßt sich

$$[\vec{a}\vec{b}] = \begin{vmatrix} \vec{e}_1 & \vec{e}_2 & \vec{e}_3 \\ a_1 & a_2 & a_3 \\ b_1 & b_2 & b_3 \end{vmatrix}$$

mit $\vec{a} = \sum_{i=1}^{3} a_i\vec{e}_i$ und $\vec{b} = \sum_{i=1}^{3} b_i\vec{e}_i$ als Determinante darstellen (→ Tensor).

7) Ein *Mehrfachprodukt* ist das *Spatprodukt* $[\vec{a}\vec{b}\vec{c}] = \vec{a}[\vec{b}\vec{c}] = \vec{b}[\vec{c}\vec{a}] = \vec{c}[\vec{a}\vec{b}]$. Es ist gleich dem Volumen, das von den V.en $\vec{a}$, $\vec{b}$, $\vec{c}$ aufgespannt wird, falls diese in der Reihenfolge $\vec{a}$, $\vec{b}$, $\vec{c}$ ein Rechtssystem erstellen, andernfalls ist das Spatprodukt negativ. Bilden die Basisvektoren $\vec{e}_i$ ein orthonormiertes Rechtssystem, so ist

$$[\vec{a}\vec{b}\vec{c}] = \begin{vmatrix} a_1 & a_2 & a_3 \\ b_1 & b_2 & b_3 \\ c_1 & c_2 & c_3 \end{vmatrix} \quad \text{(Abb. 4).}$$

Schließlich gilt $[\vec{a}[\vec{b}\vec{c}]] = \vec{a} \times (\vec{b} \times \vec{c}) = \vec{b}(\vec{a} \cdot \vec{c}) - \vec{c}(\vec{a} \cdot \vec{b})$ und die *Lagrangesche Identität* $[\vec{a}\vec{b}] \cdot [\vec{c}\vec{d}] = (\vec{a} \cdot \vec{c})(\vec{b} \cdot \vec{d}) - (\vec{b} \cdot \vec{c})(\vec{a} \cdot \vec{d})$ mit ihrem Sonderfall $[\vec{a}\vec{b}]^2 = \vec{a}^2\vec{b}^2 - (\vec{a}\vec{b})^2$.

8) *Differentiation von V.en*: Die → Ableitung eines V.s $\vec{a}(t)$ nach dem skalaren Parameter t an der Stelle $t = t_0$ wird durch den Grenzwert

$$\left.\frac{d\vec{a}(t)}{dt}\right|_{t=t_0} = \vec{a}'(t_0) = \lim_{t \to t_0} \frac{\vec{a}(t) - \vec{a}(t_0)}{t - t_0}$$

definiert, der dann und nur dann existiert, wenn die entsprechenden Grenzwerte

$$\lim_{t \to t_0} \frac{a_i(t) - a_i(t_0)}{t - t_0} = a_i'(t_0)$$

für die i Komponenten existieren, falls $\vec{a}(t) = (\vec{a}_1(t), \vec{a}_2(t), \vec{a}_3(t))$. Wird durch $\vec{a}(t)$ eine Raumkurve beschrieben, so hat $\vec{a}'(t) = d\vec{a}(t)/dt$ die Richtung der Tangente an diese Kurve. Weiterhin gilt $\frac{d}{dt}(\vec{a}_1(t) \pm \vec{a}_2(t)) = \vec{a}_1'(t) \pm \vec{a}_2'(t)$. Ist $f(t)$ eine skalare Funktion, so ist $\frac{d}{dt}(\vec{a}(t)f(t)) = \vec{a}'(t)f(t) + \vec{a}(t)f'(t)$. Für die Ableitung des skalaren Produkts gilt $\frac{d}{dt}(\vec{a}_1 \cdot \vec{a}_2) = \vec{a}_1' \cdot \vec{a}_2 + \vec{a}_1 \cdot \vec{a}_2'$.

Die Ableitung des vektoriellen Produkts ist $\frac{d}{dt}[\vec{a}_1\vec{a}_2] = [\vec{a}_1'\vec{a}_2] + [\vec{a}_1\vec{a}_2']$. Ist $\vec{a}$ eine Funktion von s und $s = f(t)$, dann ist

$$\frac{d}{dt}\vec{a}(f(t)) = \frac{d\vec{a}}{ds}\,\frac{ds}{dt}.$$

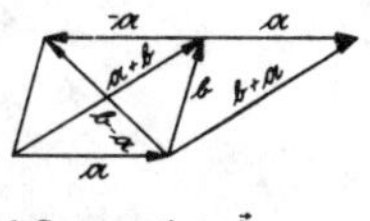

1 Summe $\vec{a} + \vec{b} = \vec{b} + \vec{a}$ zweier Vektoren und die Differenz $\vec{b} - \vec{a}$

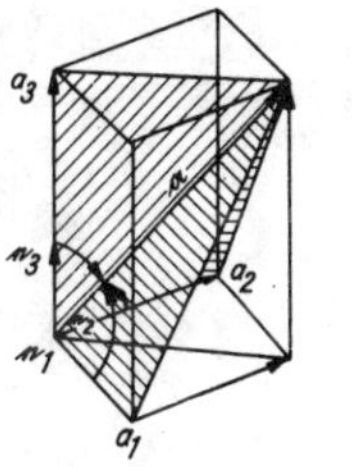

2 Winkel $(\vec{a}, \vec{e}_1)$, $(\vec{a}, \vec{e}_2)$ und $(\vec{a}, \vec{e}_3)$ des Vektors $\vec{a}$ gegen die Einheitsvektoren $\vec{e}_1, \vec{e}_2, \vec{e}_3$

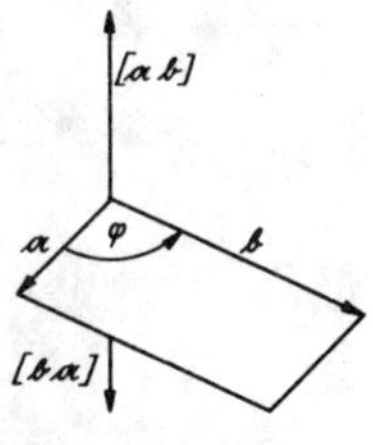

3 Vektorprodukt der Vektoren $\vec{a}$ und $\vec{b}$

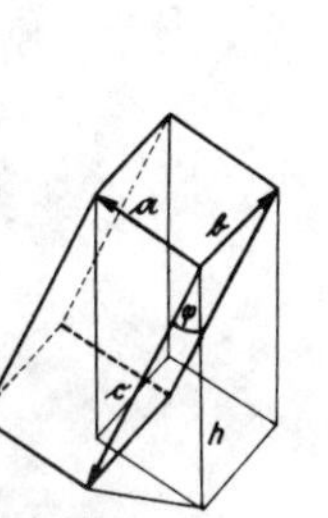

4 Spatprodukt $[\vec{a}\vec{b}] \cdot \vec{c}$; $h = |[\vec{a}\vec{b}]| \cdot |\vec{c}| \cdot \cos\varphi$

9) Unter dem *Integral* $\int_a^b \vec{a}(t)\,\mathrm{d}t$ versteht man den Grenzwert $\lim\limits_{N\to\infty} \sum\limits_{i=0}^{n} \vec{a}(\xi_i)(t_{i+1} - t_i)$ mit $t_{i+1} \leqq \xi_i \leqq t_i$, sofern dieser Grenzwert unabhängig ist von der Wahl der ξ_i und von der Teilung des Intervalls $a \leqq t_i < b$ in N Teile, wenn die Teilintervalle $\langle t_i, t_{i+1}\rangle$ nur gleichmäßig gegen Null konvergieren. Eine Vektorfunktion $\vec{a}(t)$ ist genau dann integrierbar, wenn die Komponenten von $\vec{a}$ integrierbar sind. Man integriert die Vektorfunktion $\vec{a}(t)$, indem man die Komponenten integriert: $\int \vec{a}(t)\,\mathrm{d}t = (\int a_1(t)\,\mathrm{d}t, \int a_2(t)\,\mathrm{d}t, \int a_3(t)\,\mathrm{d}t)$.

Schließlich gilt der *Fundamentalsatz der Differential- und Integralrechnung* in dem Sinne, daß

$$\text{aus} \int^t \vec{a}(\tau)\,\mathrm{d}\tau = \vec{b}(t) \text{ folgt } \frac{\mathrm{d}\vec{b}(t)}{\mathrm{d}t} = \vec{a}(t).$$

Die angeführten Operationen lassen sich sinngemäß auf V.en übertragen, die von mehreren Variablen abhängen. Besonders wichtig ist die Theorie der V.en, die von den drei Raumkoordinaten abhängen (→ Vektorfeld).

Weiteres → Hertzscher Vektor, → Poyntingscher Satz.

Vektoradditionskoeffizienten, → Vektoraddition von Drehimpulsen.

Vektoraddition von Drehimpulsen, *Koppelung von Drehimpulsen*, in der Quantenmechanik die Zusammensetzung zweier oder mehrerer Drehimpulse zu einem Gesamtdrehimpuls.

Koppelung von zwei Drehimpulsen. Ein System mit dem Drehimpulsoperator $\hat{J}_1$ sei durch seine Wellenfunktion $\psi_{j_1m_1}$ gegeben, wobei $\psi_{j_1m_1}$ den Zustand eines beliebig komplizierten Teilchens oder auch nur dessen Orts-, Spin- oder Isospinanteil beschreibt. j_1 bezeichnet den Betrag des Drehimpulses und m_1 seine Projektion auf eine physikalisch ausgezeichnete Richtung. Der Zustand eines zusammengesetzten Systems, das durch zwei Systeme mit den Wellenfunktionen $\psi_{j_1m_1}$, $\psi_{j_2m_2}$ mit Drehimpulsoperatoren $\hat{J}_1$ bzw. $\hat{J}_2$ gegeben ist, kann dann durch das Produkt der beiden Wellenfunktionen $\psi_{j_1m_1} \cdot \psi_{j_2m_2}$ bzw. durch den Satz der Quantenzahlen $j_1j_2m_1m_2$ charakterisiert werden.

Wenn $\hat{J}_1$ und $\hat{J}_2$ vertauschbar sind, läßt sich der Zustand des Gesamtsystems ebenfalls durch die Eigenzustände $\varphi_{j_1j_2jm}$ des Gesamtdrehimpulsoperators $\hat{J} = \hat{J}_1 + \hat{J}_2$, d. h. durch die vier Quantenzahlen j_1j_2jm, beschreiben. j und m sind dabei Betrag und Projektion des Gesamtdrehimpulses. Diese Darstellung ist immer dann günstig, wenn zwischen den beiden Systemen eine Wechselwirkung besteht, wie z. B. im Falle der Spin-Bahn-Wechselwirkung, wo dann $\hat{J}_1$ den Operator des Bahndrehimpulses und $\hat{J}_2$ den Spinoperator darstellt.

Die Wellenfunktionen $\psi_{j_1m_1} \cdot \psi_{j_2m_2}$ bzw. $\varphi_{j_1j_2jm}$ können durch eine unitäre Transformation ineinander übergeführt werden:

$$\varphi_{j_1j_2jm} = \sum_{m_1m_2} (j_1m_1j_2m_2 \mid jm)\, \psi_{j_1m_1} \cdot \psi_{j_2m_2}, \qquad (1)$$

d. h., die Eigenfunktionen des Gesamtdrehimpulses sind durch eine Linearkombination der Produktfunktionen gegeben. Die dazu inverse Relation lautet:

$$\psi_{j_1m_1} \cdot \psi_{j_2m_2} = \sum_{j=|j_1-j_2|}^{j_1+j_2} (j_1m_1j_2m_2 \mid jm)\, \varphi_{j_1j_2jm}. \qquad (2)$$

Die reellen Koeffizienten $(j_1m_1j_2m_2 \mid jm)$ sind die Matrixelemente der unitären Transformationsmatrix und werden als *Vektoradditions-* bzw. *Clebsch-Gordan-Koeffizienten* bezeichnet. An ihrer Stelle werden oft die 3*j-Symbole*, auch *Wignersche* 3*j-Symbole* genannt, verwendet, die durch

$$\begin{pmatrix} j_1 j_2 \ j \\ m_1 m_2 m \end{pmatrix} = (-1)^{j_2-j_1+m}(2j+1)^{-\frac{1}{2}} (j_1m_1j_2m_2 \mid j - m) \qquad (3)$$

definiert sind. Condon und Shortley verwenden die Schreibweise

$$(j_1j_2m_1m_2 \mid j_1j_2jm) \mathrel{\hat{=}} (j_1m_1j_2m_2 \mid jm).$$

Die Vektoradditionskoeffizienten sind nur dann ungleich Null, wenn $m_1 + m_2 = m$ gilt und j die Werte

$$j = |j_1 - j_2|, |j_1 - j_2| + 1, \ldots, j_1 + j_2 \qquad (4)$$

annimmt. Letzteres wird auch so ausgedrückt, daß j die Dreiecksrelation $\triangle(j_1jj_2)$ erfüllt. Mit gruppentheoretischen Methoden (s. u.) kann folgender algebraischer Ausdruck für die Vektoradditionskoeffizienten abgeleitet werden:

$$\begin{aligned}(j_1m_1j_2m_2 \mid jm) &= \\ &= \delta_{m,\, m_1+m_2} \times \\ &\times \left[\frac{(2j+1)(j_1+j_2-j)!(j_1-j_2+j)!(j+j_2-j_1)!}{(j_1+j_2+j+1)!}\right]^{1/2} \times \\ &\times \sum_n \left\{\frac{(-1)^n\,[(j_1+m_1)!\,(j_1-m_1)!\,(j_2+m_2)!}{n!(j_1+j_2-j-n)!(j_1-m_1-n)!(j_2+m_2-n)!}\right. \\ &\times \left.\frac{(j_2-m_2)!\,(j+m)!\,(j-m)!]^{1/2}}{(j-j_2+m_1+n)!\,(j-j_1-m_2+n)!}\right\}, \qquad (5)\end{aligned}$$

wobei ! das Fakultätszeichen ist und die Summe über n so weit erstreckt wird, daß die Fakultäten nicht negativ werden. (5) gilt für ganz- und halbzahlige Werte der Quantenzahlen j_i, m_i, jedoch müssen $j_1 - m_1$ bzw. $j_2 - m_2$ ganze Zahlen sein. Die Vektoradditionskoeffizienten sind für alle gebräuchlichen Werte der j_i, m_i tabelliert.

Eigenschaften der Vektoradditionskoeffizienten. Für die Anwendung stellen die folgenden Symmetrie- und Orthogonalitätsrelationen ein wichtiges Hilfsmittel dar:

a) Orthogonalitätsrelationen

$$\sum_{m_1m_2} (j_1m_1j_2m_2 \mid jm)(j_1m_1j_2m_2 \mid j'm') = \delta_{jj'}\delta_{mm'}$$

$$\sum_{j=|j_1-j_2|}^{j_1+j_2} (j_1m_1j_2m_2 \mid jm)(j_1m_1'j_2m_2' \mid jm) = \delta_{m_1m'_1}\,\delta_{m_2m_2'}$$

$$\sum_{m_1m} (j_1m_1j_2m_2 \mid jm)(j_1m_1j_2'm_2' \mid jm) = \frac{2j+1}{2j_2+1}\,\delta_{j_2j'_2},\delta_{m_2m'_2}$$

b) Die Symmetrierelationen lassen sich am einfachsten für die 3j-Symbole (3) angeben. Diese multiplizieren sich mit dem Faktor $(-1)^{j_1+j_2+j}$, wenn zwei Spalten miteinander vertauscht werden oder wenn gleichzeitig m_i durch $-m_i$ und m durch $-m$ ersetzt wird.

Der Drehimpulsoperator $\hat{J}_1$ ist der Operator der infinitesimalen Drehung des Raumes, in dem die Wellenfunktionen $\psi_{j_1 m_1}$ definiert sind. Deshalb bilden die $\psi_{j_1 m_1}$ für ein beliebiges, aber freies j_1 eine Basis für eine irreduzible Darstellung der Drehgruppe. Diese Darstellung ist durch die Rotationsmatrizen $D^{(j_1)}_{m_1 m'_1}$ gegeben:

$$\psi'_{j_1 m_1} = \sum_{m'_1} D^{(j_1)}_{m_1 m'_1} \psi_{j_1 m'_1},$$

wobei die $\psi'_{j_1 m_1}$ die Wellenfunktion im gedrehten Koordinatensystem ist. Im dreidimensionalen Raum sind die $D^{(j)}_{mm'}$ mit den Eigenfunktionen des symmetrischen Kreisels identisch und werden auch als verallgemeinerte Kugelfunktionen bzw. Wigner-Funktionen bezeichnet.

Wenn $\hat{j}_1$ und $\hat{j}_2$ vertauschbar sind, dann bilden die Produktwellenfunktionen $\psi_{j_1 m_1} \cdot \psi_{j_2 m_2}$ gerade die Basis für das → direkte Produkt $D^{(j_1)} \times D^{(j_2)}$ der entsprechenden Darstellungen. Dieses kann nach irreduziblen Darstellungen zerlegt werden:

$$D^{(j_1)} \times D^{(j_2)} = \sum_{j=|j_1-j_2|}^{j_1+j_2} D^{(j)},$$

was in Matrixschreibweise lautet:

$$D^{(j_1)}_{m'_1 m_1} \times D^{(j_2)}_{m'_2 m_2} = \\ = \sum_{j=|j_1-j_2|}^{j_1+j_2} (j_1 m'_1 j_2 m'_2 \mid jm')\, D^{(j)}_{m'm}\, (j_1 m_1 j_2 m_2 \mid jm). \tag{6}$$

Aus diesem Ausdruck können die Vektoradditionskoeffizienten (5) unter Benutzung der expliziten Formeln für die verallgemeinerten Kugelfunktionen ausgerechnet werden. Aus (6) folgt, daß die Basisfunktionen für die irreduzible Darstellung $D^{(j)}$ gerade die $\varphi_{j_1 j_2 jm}$ aus (1) sind.

Der Formalismus der V. v. D. gilt nicht nur für die Koppelung von Wellenfunktionen, sondern es können auch die N Komponenten eines beliebigen Tensors $\hat{T}$ vom Range R als Basis einer N-dimensionalen im allgemeinen reduziblen Darstellung der Drehgruppe dienen. Die irreduziblen Teilräume dieser Darstellung werden durch die $2\omega + 1$ Komponenten $\hat{T}^{(\omega)}_{\mu}$ der irreduziblen Tensoroperatoren $\hat{T}^{(\omega)}$ aufgespannt.

Der Rang ω nimmt dabei die Werte $0, 1, \ldots, R$ an und für μ gilt $\mu = -\omega, -\omega + 1, \ldots, \omega$. Die $\hat{T}^{(\omega)}$ transformieren sich genauso wie die Wellenfunktionen:

$\hat{T}'^{(\omega)}_{\mu} = \sum_{\lambda} \hat{T}^{(\omega)}_{\lambda} D^{(\omega)}_{\lambda\mu}$, wenn $\hat{T}'^{(\omega)}$ der Tensor im gedrehten System ist. Die Koppelung ihrer Ränge entspricht der V. v. D.:

$$\hat{T}^{(\Omega)}_{M} = \sum_{\lambda_1, \lambda_2} (\omega_1 \lambda_1 \omega_2 \lambda_2 \mid \Omega M)\, \hat{T}^{(\omega_1)}_{\lambda_1} \hat{T}^{(\omega_2)}_{\lambda_2}.$$

Die Matrixelemente dieser Tensoroperatoren bezüglich beliebiger Wellenfunktionen sind durch das *Wigner-Eckart-Theorem* gegeben:

$$\langle \psi_{j_1 m_1} \mid \hat{T}^{(\omega)}_{\mu} \mid \psi_{j_2 m_2} \rangle = \\ = (j_2 m_2 \omega \mu \mid j_1 m_1)\, \langle j_1 \| \hat{T}^{(\omega)} \| j_2 \rangle, \tag{7}$$

wobei $\langle j_1 \| \hat{T}^{(\omega)} \| j_2 \rangle$, das reduzierte Matrixelement, unabhängig von den Projektionsquantenzahlen m_1, μ, m_2 ist. Aus den Eigenschaften der Vektoradditionskoeffizienten folgen für das Matrixelement (7) sofort die Auswahlregeln $m_1 - m_2 = \mu \leqq \omega$ und $\triangle (j_1 \mu j_2)$.

In der *Spinordarstellung* wird die V. v. D. auf folgende Weise durchgeführt. Die Wellenfunktionen mit einem bestimmten Drehimpuls j_1 sind durch den in allen Indizes symmetrischen Spinor

$$\psi^{(1)\overbrace{\lambda\mu\ldots}^{2j_1}}$$

vom Rang $2j_1$ gegeben. Der Produktwellenfunktion $\psi_{j_1 m_1} \cdot \psi_{j_2 m_2}$ des zusammengesetzten Systems entspricht dann das Produkt der Spinoren

$$\psi^{(1)\overbrace{\lambda\mu\ldots}^{2j_1}} \cdot \psi^{(2)\overbrace{\varrho\sigma\ldots}^{2j_2}}. \tag{8}$$

Durch die Symmetrisierung dieses Produkts in allen Indizes ergibt sich ein symmetrischer Spinor vom Rang $2(j_1 + j_2)$, der somit der Wellenfunktion $\varphi_{j_1 j_2 jm}$ aus (1) mit $j = j_1 + j_2$ entspricht. Die Zustände $\varphi_{j_1 j_2 jm}$ mit $j = j_1 + j_2 - k$ und $k = 0, 1, \ldots, j_1 + j_2 - |j_1 - j_2|$ ergeben sich allgemein durch Verjüngung von (8) über k Paare von Indizes, wobei die Indizes eines Paares nicht dem gleichen Spinor angehören dürfen, und anschließende Symmetrisierung. Der Zusammenhang zwischen den Wellenfunktionen ist dann wieder durch die allgemeine Formel (1) gegeben.

Koppelung von mehr als zwei Drehimpulsen. Diese kann durch sukzessive Anwendung der Vektoradditionskoeffizienten durchgeführt werden. Dabei ergeben sich jedoch schon bei drei Drehimpulsen $\hat{j}_i$ mit Wellenfunktionen $\psi_{j_i m_i}$ mehrere verschiedene Möglichkeiten für die Reihenfolge der Vektoraddition. Eine davon ist, zuerst $\hat{j}_1$ und $\hat{j}_2$ zu $\hat{j}_{12}$ und dann $\hat{j}_{12}$ und $\hat{j}_3$ zu $\hat{j}$ zusammenzukoppeln:

$$\psi_{j_1 j_2 j_{12} m_{12}} = \\ = \sum_{m_1, m_2} (j_1 m_1 j_2 m_2 \mid j_{12} m_{12})\, \psi_{j_1 m_1} \psi_{j_2 m_2}$$

$$\Psi_{j_{12} jm} = \\ = \sum_{m_{12}, m_3} (j_{12} m_{12} j_3 m_3 \mid jm)\, \psi_{j_1 j_2 j_{12} m_{12}} \psi_{j_3 m_3}$$

Analog ergibt sich die Wellenfunktion $\Psi_{j_{23} jm}$, indem zunächst $\hat{j}_2$ und $\hat{j}_3$ zu $\hat{j}_{23}$ und letzteres dann mit $\hat{j}_1$ zu $\hat{j}$ gekoppelt wird. Diese Wellenfunktionen können durch eine unitäre Transformation ineinander überführt werden:

$$\Psi_{j_{12} jm} = \sum \sqrt{(2j_{12} + 1)(2j_{23} + 1)} \times \\ \times W(j_1 j_2 j j_3; j_{12} j_{23}) \Psi_{j_{23} jm}.$$

Die Koeffizienten W werden als *Racah-Koeffizienten* bezeichnet. Ein Racah-Koeffizient kann als ein aus 4 Vektoradditionskoeffizienten gebildeter Skalar betrachtet werden:

$$W(j_1 j_2 j_4 j_3; jj') = [(2j + 1)(2j' + 1)]^{1/2} \times \\ \times \sum_{\substack{m_1, m_2, m_3, \\ m, m'}} \{ (j_1 m_1 j_2 m_2 \mid jm)(jm j_3 m_3 \mid j_4 m_4) \times \\ \times (j_2 m_2 j_3 m_3 \mid j'm')(j_1 m_1 j'm' \mid j_4 m_4) \}. \tag{9}$$

Die Racah-Koeffizienten $W(abcd; ef)$ sind nur dann ungleich Null, wenn die Drehimpulse gleichzeitig folgende Dreiecksrelationen erfüllen:

$\triangle(abe)$, $\triangle(cde)$, $\triangle(acf)$, $\triangle(bdf)$.

Es gilt die Orthogonalitätsrelation

$$\sum_e (2e+1)(2f+1)\, W(abcd; ef)\, W(abcd; eg) = \delta_{fg}.$$

Werden durch

$$W(abcd; ef) = (-1)^{a+b+c+d} \begin{Bmatrix} abe \\ dcf \end{Bmatrix}$$

die *6j-Symbole* definiert, so besagt die Symmetrierelation, daß sich der Wert der 6j-Symbole nicht ändert, wenn die Spalten beliebig vertauscht werden oder wenn in einer Spalte die obere mit der unteren Zahl vertauscht wird.

Wie aus (9) hervorgeht, ergeben sich Racah-Koeffizienten meist dann, wenn Produkte aus mehreren Vektoradditionskoeffizienten über die Projektionsquantenzahlen summiert werden. Sie spielen deshalb eine große Rolle bei der Berechnung von Atom- und Molekülspektren, der Winkelkorrelation von Kernstrahlung, der Winkelverteilung in Kernreaktionen und beim Schalenmodell des Atomkerns.

Bei der Vektoraddition von mehr als drei Drehimpulsen können Skalare höherer Ordnung als der Racah-Koeffizient auftreten. So ergibt sich das *9j-Symbol* als Summe über Produkte aus sechs Vektoradditionskoeffizienten bzw. 3j-Symbolen:

$$\begin{Bmatrix} j_{11} & j_{12} & j_{13} \\ j_{21} & j_{22} & j_{23} \\ j_{31} & j_{32} & j_{33} \end{Bmatrix} = \sum_{\text{alle } m} \left\{ \begin{pmatrix} j_{11} & j_{12} & j_{13} \\ m_{11} & m_{12} & m_{13} \end{pmatrix} \times \right.$$
$$\times \begin{pmatrix} j_{21} & j_{22} & j_{23} \\ m_{21} & m_{22} & m_{23} \end{pmatrix} \begin{pmatrix} j_{31} & j_{32} & j_{33} \\ m_{31} & m_{32} & m_{33} \end{pmatrix} \times$$
$$\left. \times \begin{pmatrix} j_{11} & j_{21} & j_{31} \\ m_{11} & m_{21} & m_{31} \end{pmatrix} \begin{pmatrix} j_{12} & j_{22} & j_{32} \\ m_{12} & m_{22} & m_{32} \end{pmatrix} \begin{pmatrix} j_{13} & j_{23} & j_{33} \\ m_{13} & m_{23} & m_{33} \end{pmatrix} \right\}.$$

Das 9j-Symbol ändert bei Spiegelung an der Hauptdiagonalen seinen Wert nicht. Bei der Vertauschung zweier beliebiger Zeilen oder Spalten ändert es sich um den Faktor

$$(-1)^{\sum_{i,k} j_{ik}}.$$

Der nächstkomplizierte Skalar, der auf die oben angeführte Weise gebildet werden kann, ist das *12j-Symbol*, das aber nur vereinzelt Anwendung findet.

Lit. Landau u. Lifschitz: Lehrbuch der theoretischen Physik, Bd 3 Quantenmechanik (3. Aufl. Berlin 1967).

Vektor-Axialvektor-Kopplung, → schwache Wechselwirkung.

Vektorfeld, eindeutige Zuordnung von Vektoren $\vec{a}(\vec{r})$ zu Punkten $\vec{r}$ eines Bereichs in einem drei- oder höherdimensionalen Raum. Geometrisch kann ein V. durch Feldlinien dargestellt werden, d. h. durch Raumkurven, deren Tangenten in jedem Punkt $\vec{r}$ mit dem Feldvektor $\vec{a}(\vec{r})$ zusammenfallen (→ Feld).

Jedes V. kann durch ein Skalarfeld div $\vec{a}(\vec{r})$ (→ Divergenz) und durch ein V. rot $\vec{a}(\vec{r})$ (→ Rotation) charakterisiert werden. Mit diesen Feldern lautet der *Fundamentalsatz für V.er*: Jedes V. $\vec{a}(\vec{r})$, das im ganzen Raum definiert ist und im Unendlichen verschwindet und dessen erste Ableitungen im Unendlichen ebenfalls verschwinden, läßt sich in eine Summe $\vec{a}(\vec{r}) = \vec{b}(\vec{r}) + \vec{c}(\vec{r})$ zerlegen. Diese Zerlegung ist eindeutig bis auf eine vektorielle Konstante, und es gilt rot $\vec{b}(\vec{r}) = 0$ und div $\vec{c}(\vec{r}) = 0$.

Die V.er spielen eine wichtige Rolle in der gesamten klassischen Physik; V.er sind z. B. die magnetische Feldstärke, die elektrische Feldstärke und das Geschwindigkeitsfeld einer strömenden Flüssigkeit. In der modernen Physik wird der Feldbegriff wesentlich erweitert; z. B. betrachtet man in der Quantenfeldtheorie Tensorfelder über dem Minkowski-Raum, deren Komponenten operatorwertige Distributionen sein können.

Vektorgradient, der Differentialoperator $(\vec{a}\cdot \mathrm{grad}) = (\vec{a}\cdot\nabla) = a_i \frac{\partial}{\partial x_i}$, dessen Anwendung auf das Vektorfeld $\vec{v}(\vec{r})$ als *Gradient des Vektorfeldes* $\vec{v}$ *nach dem Vektor* $\vec{a}$ bezeichnet wird. Es gilt $(\vec{a}\,\mathrm{grad})\,\vec{v} =$

$$= \left(a_x \frac{\partial}{\partial x} v_x + a_y \frac{\partial}{\partial y} v_x + a_z \frac{\partial}{\partial z} v_x\right) \vec{e}_x +$$
$$+ \left(a_x \frac{\partial}{\partial x} v_y + a_y \frac{\partial}{\partial y} v_y + a_z \frac{\partial}{\partial z} v_y\right) \vec{e}_y +$$
$$+ \left(a_x \frac{\partial}{\partial x} v_z + a_y \frac{\partial}{\partial y} v_z + a_z \frac{\partial}{\partial z} v_z\right) \vec{e}_z.$$

Vektormesonen, → Elementarteilchenmultiplett.

Vektormodell der Atomhülle, zusammenfassende Bezeichnung für die verschiedenen Verfahren zur Kopplung der Bahndrehimpulse $\vec{l}_i$ und der Spindrehimpulse $\vec{s}_i$ der Elektronen der Atomhülle zum Gesamtdrehimpuls $\vec{J}$. Das Schalenmodell zur Berechnung der Wellenfunktionen beschreibt die Zustände der Atomhülle durch Angabe der von den Elektronen besetzten Einteilchenzustände, d. h. der Elektronenkonfiguration. Vernachlässigt man zunächst alle relativistischen Effekte, so sind die Operatoren $\vec{L}$ und $\vec{S}$ des Gesamtbahndrehimpulses und des Gesamtspindrehimpulses mit dem Hamilton-Operator der Atomhülle vertauschbar, d. h., Gesamtbahndrehimpuls und Gesamtspindrehimpuls sind Erhaltungsgrößen. Entsprechend können zur Charakterisierung der Eigenwerte von Betragsquadrat und je einer Komponente dieser Größen die Quantenzahlen L und S bzw. M_L und M_S eingeführt werden. Die Energieeigenwerte hängen wegen der Coulomb-Wechselwirkung der Elektronen von der gegenseitigen Orientierung der Bahndrehimpulse der Elektronen und damit von L und, wegen des Pauli-Prinzips, von S ab. Die Schalenmodellzustände sind aber $(2L + 1)\cdot(2S + 1)$-fach entartet hinsichtlich der verschiedenen möglichen Orientierungen von Gesamtbahndrehimpuls und Gesamtspindrehimpuls in bezug auf eine äußere Richtung. Alle möglichen Orientierungen zueinander sind bei Vernachlässigung relativistischer Effekte energetisch einander gleichwertig. Diese Entartung wird experimentell nicht bestätigt. Vielmehr zeigt die experimentell ermittelte Feinstruktur der Energieniveaus, daß die durch unterschiedliche Orientierungen von $\vec{L}$ gegenüber $\vec{S}$ charakterisierten Zustände energetisch nicht gleichwertig sind. Die infolge Aufhebung der Entartung entstehenden Energieniveaus können durch die Quantenzahl J des Gesamtdrehimpulses der Atomhülle gekennzeichnet werden. Damit stimmt überein, daß bei Berücksichtigung der Spin-Bahn-Wechselwirkung im Hamilton-Operator nur der Operator des Gesamtdrehimpulses mit diesem vertauschbar ist, d. h., nur der Gesamtdrehimpuls ist streng genommen eine Erhaltungsgröße. Aufgabe des V.s d. A. ist es daher, bei gegebener Elektronenkonfiguration Eigenzustände des Quadrats und einer Komponente des Gesamtdrehimpulses aufzubauen. Dabei tragen alle

Elektronen in abgeschlossenen Elektronenuntergruppen nichts zum Gesamtdrehimpuls bei, so daß sich die Kopplungsmodelle nur mit den Außenelektronen befassen. Je nach der Stärke der Spin-Bahn-Kopplung unterscheidet man zwei Grenzfälle der Drehimpulskopplung: die *Russell-Saunders-Kopplung* (*LS-Kopplung*, *normale Kopplung*) für eine im Vergleich zur Coulomb-Wechselwirkung schwache Spin-Bahn-Wechselwirkung und die *jj-Kopplung* für starke Spin-Bahn-Wechselwirkung. Die vorkommenden Situationen entsprechen streng keinem der beiden Grenzfälle. So werden z. B. bei hoher Anregung eines Elektrons beide Kopplungsmodelle benötigt. Auf den Atomrumpf wird die Russell-Saunders-Kopplung und auf das angeregte Elektron die *jj*-Kopplung angewendet. Die Russell-Saunders-Kopplung ist der in der Atomhülle im allgemeinen verwirklichte Grenzfall. Sie ist anwendbar, solange die magnetische Wechselwirkung (→ Spin-Bahn-Wechselwirkung) der Bahn- und Spindrehimpulse hinreichend klein ist, was für Ordnungszahlen $Z < 50$ noch angenommen werden kann. Die Kopplung der Bahndrehimpulse $\vec{l}_i$ ist stärker als die Kopplung der $\vec{l}_i$ mit den Spindrehimpulsen $\vec{s}_i$. Die $\vec{l}_i$ kombinieren daher zunächst auf die verschiedenen der Vektoraddition entsprechenden Arten zum Gesamtbahndrehimpuls $\vec{L}$, während sich die $\vec{s}_i$ zum Gesamtspindrehimpuls $\vec{S}$ zusammensetzen. Infolge Spin-Bahn-Wechselwirkung kombinieren $\vec{L}$ und $\vec{S}$ zum Gesamtdrehimpuls $\vec{J}$ der Atomhülle (Abb. 1).

Für zwei Außenelektronen nimmt die Betragsquantenzahl L des Gesamtbahndrehimpulses einen ganzzahligen Wert aus dem Intervall $|l_1 - l_2| \leqq L \leqq l_1 + l_2$ an, während die Spinquantenzahl S gleich 0 (Singulettzustand) oder gleich 1 (Triplettzustand) ist. Bei Verallgemeinerung auf mehrere Außenelektronen folgt S aus einer ähnlichen Ungleichung wie L, jedoch mit der Besonderheit, daß die s_i generell gleich 1/2 sind. Bei ungerader Anzahl von Außenelektronen kann S daher nur halbzahlige Werte annehmen. Aus L und S ergibt sich entsprechend $|L - S| \leqq J \leqq L + S$ die Betragsquantenzahl J des Gesamtdrehimpulses der Atomhülle. Der Russell-Saunders-Kopplung entspricht das Kopplungsschema

$$[l_1, \ldots, l_N]\,[s_1, \ldots, s_N] \rightarrow [L, S] \rightarrow J.$$

Mitunter wird die folgende anschauliche Interpretation dieser Kopplungsverhältnisse benutzt: Die Präzession der $\vec{l}_i$ um $\vec{L}$ und der $\vec{s}_i$ um $\vec{S}$ ist schneller als die Präzession von $\vec{L}$ und $\vec{S}$ um $\vec{J}$.

Neben $\vec{J}$ erscheinen $\vec{L}^2$ und $\vec{S}^2$ näherungsweise als Erhaltungsgrößen. L, S, J und M_J sind Quantenzahlen.

Das Kopplungsschema der *jj*-Kopplung wird folgendermaßen veranschaulicht:

$$[(\vec{l}_1\vec{s}_1), (\vec{l}_2\vec{s}_2), \ldots, (\vec{l}_n\vec{s}_n)] \rightarrow [\vec{j}_1, \vec{j}_2, \ldots, \vec{j}_n] \rightarrow \vec{J}.$$

Wegen der starken Spin-Bahn-Wechselwirkung koppeln hier zunächst $\vec{l}_i$ und $\vec{s}_i$ zum Gesamtdrehimpuls $\vec{j}_i$ des einzelnen Elektrons. Die j_i sind im gleichen Sinn Quantenzahlen wie L und S bei der Russell-Saunders-Kopplung. Infolge der relativ schwachen Coulomb-Wechselwirkung koppeln die $\vec{j}_i$ zum Gesamtdrehimpuls der Atomhülle (Abb. 2). Die Quantenzahlen $j_i = l_i \pm 1/2$ ergeben für zwei Außenelektronen laut $|j_1 - j_2| \leqq J \leqq j_1 + j_2$ die Betragsquantenzahl des Gesamtdrehimpulses der Atomhülle. Die Präzession der $\vec{l}_i$ und $\vec{s}_i$ jeweils um $\vec{j}_i$ ist stärker als die Präzession der $\vec{j}_i$ um $\vec{J}$. Die Voraussetzungen für die Anwendbarkeit der *jj*-Kopplung im Grundzustand sind für Atome mit Kernladungszahlen $Z > 75$ näherungsweise erfüllt. Der eigentliche Anwendungsbereich der *jj*-Kopplung ist der Atomkern, wo ähnliche vom Spin abhängige Anteile der Kernkräfte vorkommen. Außer den erwähnten Grenzfällen werden verschiedene Zwischenformen von Kopplungsmodellen benutzt, die aber sämtlich aus Elementen der erläuterten Kopplungsvarianten aufgebaut sind.

Lit. Landau u. Lifschitz: Lehrb. der theoretischen Physik, Bd III Quantenmechanik (Berlin 1967); Sommerfeld: Atombau und Spektrallinien Bd. 1 (8. Aufl. Braunschweig 1961).

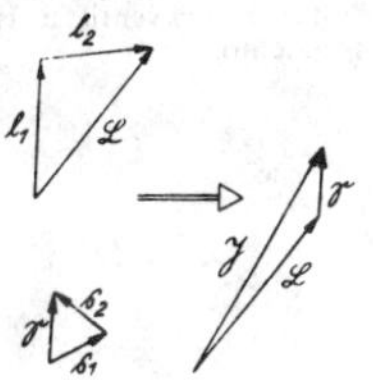

1 Reihenfolge der Kopplungen der Drehimpulse bei der Russell-Saunders-Kopplung

Vektorpotential, $\mathfrak{A}$, Hilfsgröße zur Berechnung des magnetischen Feldes. Die Quellfreiheit div $\vec{B} = 0$ des magnetischen Feldes $\vec{B}$ gestattet seine Darstellung $\vec{B} = \text{rot}\,\mathfrak{A}$ als Rotation eines V.s $\mathfrak{A}$, das allerdings selbst durch seinen Zusammenhang mit $\vec{B}$ nicht eindeutig festgelegt wird. Vielmehr liefern alle V.e, die sich nur durch den Gradienten grad f einer beliebigen Funktion f voneinander unterscheiden, das gleiche Magnetfeld. Auf Grund des Stokesschen Integralsatzes ist jedoch das Umlaufintegral $\oint_l \mathfrak{A}\, d\vec{l} = \iint \vec{B}\, d\vec{A} = \Phi$ eindeutig durch den magnetischen Fluß Φ durch die betrachtete die Fläche A umschließende Randkurve l bestimmt (→ Potential).

Vektorprodukt, → Vektor 6).

Vektortransformation, Umrechnung koordinatengebundener vektorieller Größen in ein anderes Koordinatensystem. Obgleich Vektoren ohne Bezug auf ein Koordinatensystem eingeführt werden können und danach invariant gegen Koordinatentransformation sind, gibt es physikalische Probleme, in denen bestimmte Flächen oder Richtungen ausgezeichnet sind, z. B. die Achsen eines Kristalls.

Ist $\vec{e}_1, \ldots, \vec{e}_n$ die bekannte Basis eines n-dimensionalen Vektorraums und $\vec{e}_1', \ldots, \vec{e}_n'$ eine beliebige Basis in ihm, so liefert eine reguläre quadratische Matrix $C = (c_{\nu\mu})$ die Beziehung

$$\vec{e}_\mu' = \sum_{\nu=1}^{n} c_{\nu\mu} \vec{e}_\nu, \tag{1}$$

den Übergang von der Basis $\vec{e}_\nu$ zur Basis $\vec{e}_\mu'$, und die ebenfalls reguläre Matrix $D = (d_{\varrho\nu})$ mit

$$\vec{e}_\nu = \sum_{\varrho=1}^{n} \vec{e}_\varrho'\, d_{\varrho\nu} \tag{2}$$

den Übergang von der Basis $\vec{e}_\varrho'$ zur Basis $\vec{e}_\nu$. Durch Einsetzen erhält man $\vec{e}_\mu' = \sum_\nu \sum_\varrho \vec{e}_\varrho'\, d_{\varrho\nu} c_{\nu\mu} = \sum_\varrho \vec{e}_\varrho' \sum_\nu d_{\varrho\nu} c_{\nu\mu}$ und daraus durch Koeffizientenvergleich $\sum_{\nu=1}^{n} d_{\varrho\nu} c_{\nu\mu} = \delta_{\varrho\mu}$. Dabei hat das Kroneckersymbol $\delta_{\varrho\mu}$ den Wert 1, wenn $\varrho = \mu$, und sonst den Wert Null. Man kann diese n^2 Gleichungen als n Systeme von je n linearen Bestimmungsgleichungen für die Koeffizienten $d_{\varrho 1}, \ldots, d_{\varrho n}$ auffassen. Entsprechend sind durch $\sum_{\mu=1}^{n} c_{\nu\mu} d_{\mu\varrho} = \delta_{\nu\varrho}$ die Koeffizienten $c_{\nu\mu}$ zu be-

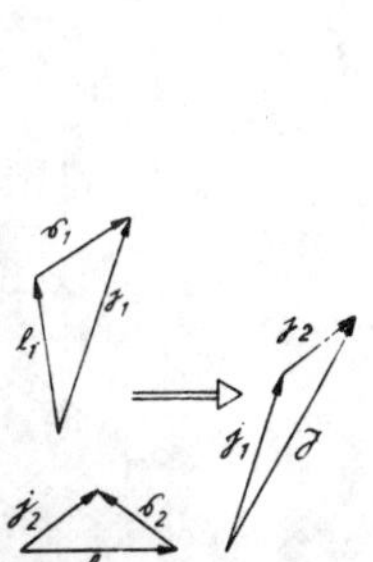

2 Reihenfolge der Kopplungen der Drehimpulse bei der *jj*-Kopplung stimmen. Die beiden Matrizen C und D sind *reziprok* zueinander. Ist $\begin{pmatrix} a_1 \\ \vdots \\ a_n \end{pmatrix}$ die Komponentenmatrix eines Vektors $\vec{a}$ bezogen auf die Basis $\vec{e}_\nu$ und ist $\begin{pmatrix} a'_1 \\ \vdots \\ a'_n \end{pmatrix}$ seine auf $\vec{e}'_\mu$ bezogene Komponentenmatrix, so gilt $\Sigma\, \vec{e}_\nu a_\nu = \Sigma\, \vec{e}'_\mu a'_\mu$. Nach den Gleichungen für den Übergang zwischen den beiden Basen folgt daraus einmal $\sum_\nu \vec{e}_\nu a_\nu = \sum_\nu \vec{e}_\nu \sum_\mu c_{\nu\mu} a'_\mu$ und andererseits $\sum_\mu \vec{e}'_\mu a'_\mu = \sum_\mu \vec{e}'_\mu \sum_\nu d_{\mu\nu} a_\nu$ bzw.

$$a_\nu = \sum_\mu c_{\nu\mu} a'_\mu \tag{3}$$

$$\text{und } a'_\mu = \sum_\nu d_{\mu\nu} a_\nu. \tag{4}$$

In Worten besagt das, daß die Komponenten mit der Matrix transformiert werden, die reziprok ist zu der Matrix der Basistransformation.

Man nennt eine solche Transformation mittels der Matrix D *kontragredient*, die mittels C aber *kogredient*. Auf die Basis $\vec{e}_\nu$ bezogen werden alle zu diesen Grundvektoren kogredienten Vektoren als *kovariant*, alle zu ihnen kontragredienten als *kontravariant* benannt. Bei kovarianten Größen verwendet man untere Indizes, bei kontravarianten obere. Benutzt man die *Einsteinsche Summenkonvention*, nach der über einen doppelt auftretenden Index zu summieren ist, so ergibt sich für die wichtigsten Beziehungen folgende Formulierung:

$$\vec{e}^\mu = c^{\nu\mu} \vec{e}_\nu \tag{1'}$$

$$\vec{e}_\nu = \vec{e}^\varrho d_{\varrho\nu}, \tag{2'}$$

$$a^\nu = c^{\nu\mu} a_\mu, \tag{3'}$$

$$a_\mu = d_{\mu\nu} a^\nu \tag{4'}$$

Durch eine kontragrediente Transformation einer kontravarianten Basis $\vec{e}^\mu$ können auf diese Weise auch kovariante Koordinaten a_μ entstehen.

Faßt man die Transformationen der Basen ineinander als eine isomorphe Abbildung mit der Matrix $g_{\mu\nu}$ bzw. $g^{\nu\mu}$ auf, so gelten folgende Beziehungen $\vec{e}^\mu = g^{\mu\nu} \vec{e}_\nu$ und $\vec{e}_\mu = g_{\mu\nu} \vec{e}^\nu$ sowie $a_\mu = a^\nu g_{\nu\mu}$ und $a^\mu = a_\nu g^{\nu\mu}$.

Sind für $n = 3$ die Basen $\vec{e}_1, \vec{e}_2, \vec{e}_3$ und $\vec{e}^1, \vec{e}^2, \vec{e}^3$ einander reziprok, so stehen die Kanten der einen senkrecht zu den Seiten der anderen, und da die Grundvektoren keiner Basis komplanar sein dürfen, gilt $[\vec{e}_1\vec{e}_2\vec{e}_3] \neq 0$, $[\vec{e}^1\vec{e}^2\vec{e}^3] \neq 0$. Die Grundvektoren berechnen sich nach

$$\vec{e}^1 = \frac{[\vec{e}_2\vec{e}_3]}{[\vec{e}_1\vec{e}_2\vec{e}_3]}, \quad \vec{e}^2 = \frac{[\vec{e}_3\vec{e}_1]}{[\vec{e}_1\vec{e}_2\vec{e}_3]}, \quad \vec{e}^3 = \frac{[\vec{e}_1\vec{e}_2]}{[\vec{e}_1\vec{e}_2\vec{e}_3]} \text{ bzw.}$$

$$\vec{e}_1 = \frac{[\vec{e}^2\vec{e}^3]}{[\vec{e}^1\vec{e}^2\vec{e}^3]}, \quad \vec{e}_2 = \frac{[\vec{e}^3\vec{e}^1]}{[\vec{e}^1\vec{e}^2\vec{e}^3]}, \quad \vec{e}_3 = \frac{[\vec{e}^1\vec{e}^2]}{[\vec{e}^1\vec{e}^2\vec{e}^3]}.$$

Die Reziprozität drückt sich darin aus, daß $\vec{e}_i \cdot \vec{e}^k$ den Wert 1 hat für $i = k$ und sonst den Wert Null und daß $[\vec{e}_1\vec{e}_2\vec{e}_3] \cdot [\vec{e}^1\vec{e}^2\vec{e}^3] = 1$ ist.

Lit. Lagally: Vorlesungen über Vektorrechnung (Leipzig 1956); Reichardt: Vorlesungen über Vektor- und Tensorrechnung (2. Aufl. Berlin 1968).

Veneziano-Modell, → analytische S-Matrix-Theorie.

Ventil-Druckpresse, *Kolben-Druckpumpe*, eine Maschine zur Erzeugung von Druck. Der Druck des Kolbens wird auf eine Flüssigkeit übertragen, die sich im Inneren eines Zylinders befindet. Nach Überschreitung des auf einem Druckventil lastenden Gegendrucks wird die Flüssigkeit in den eigentlichen Druckbehälter gepreßt. Beim Rückgang des Kolbens schließt sich das Druckventil, es öffnet sich ein auf der Saugseite vorhandenes Saugventil, und der Zylinder füllt sich von neuem mit Flüssigkeit. In der Abb. ist das Arbeitsprinzip einer solchen V. schematisch dargestellt. Große Druckpumpen werden z. B. für Förderleistungen von 10 bis 30 m³/h und Drücke von $7 \cdot 10^7$ bis 10^8 N/m² gebaut. Für wesentlich geringere Förderleistungen sind Maschinen bis etwa $5 \cdot 10^8$ N/m² konstruiert worden.

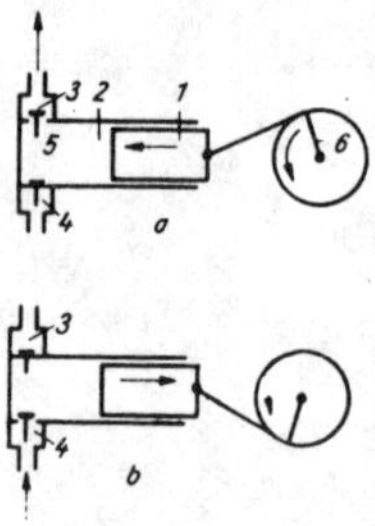

Arbeitsprinzip einer Ventil-Druckpresse. *1* Kolben, *2* Zylinder, *3* Druckventil, *4* Saugventil, *5* Ventilkasten, *6* Kurbel. *a* Druckhub: Das Druckventil *3* ist geöffnet, das Saugventil *4* ist geschlossen. *b* Saughub: Das Saugventil *4* ist geöffnet, das Druckventil *3* ist geschlossen

Venturi-Düse, → Düse.

Venturi-Rohr, → Düse.

Venus, der erdnächste der inneren Planeten. Er bewegt sich mit einer mittleren Geschwindigkeit von 35,05 km/s in einem mittleren Abstand von 0,723 AE in 224,7 Tagen einmal um die Sonne. Die Bahn ist mit einer Exzentrizität von nur 0,0068 am kreisähnlichsten von allen Planetenbahnen. Die Entfernung zur Erde schwankt zwischen 41 Millionen und 257 Millionen km. Die Masse von V. beträgt 0,815 Erdmassen, ihr Durchmesser 12110 km und ihre mittlere Dichte 5,23 g/cm³. Die Schwerkraft an der Venusoberfläche beträgt 89% des irdischen Wertes. Mit Hilfe von Radarmessungen ergab sich für die Rotationsperiode ein Wert von 242,98 Tagen, der Rotationssinn ist entgegengesetzt dem der Sonne und der meisten anderen Planeten. Die Oberflächentemperaturen betragen 400 bis 500 °C, was durch die Glashauswirkung der Venusatmosphäre bedingt ist. Die Oberfläche wird von einer dichten Wolkenschicht verhüllt, was die hohe Albedo von 0,76 erklärt. Die Venusatmosphäre besteht hauptsächlich aus Kohlendioxid und enthält nur wenig Sauerstoff und Wasserdampf. Die chemische Zusammensetzung sowie die Temperatur- und Druckschichtung ließ sich mit Hilfe von Raumsonden (Venussonden) ermitteln, die in die Nähe der V. oder auf die V. entsandt wurden.

verallgemeinerte Beschleunigung, → verallgemeinerte Koordinaten.

verallgemeinerte Geschwindigkeit, → verallgemeinerte Koordinaten.

verallgemeinerte Impulse, → Lagrangesche Gleichungen 2).

verallgemeinerte Koordinaten, *generalisierte Koordinaten*, seltener *Lagrangesche Koordinaten*, die Mitglieder eines minimalen Satzes voneinander unabhängiger Parameter q_j, die die Lage eines physikalischen Systems im Raum vollständig bestimmen. Besteht das System aus N unabhängigen Massepunkten P_i mit den Ortsvektoren $\vec{r}_i$ ($i = 1, \ldots, N$) hat es $f = 3N$ Freiheitsgrade. Die Massepunkte sind nicht unabhängig, wenn Bindungen zwischen ihnen bestehen, z. B. beim starren Körper, oder Bindungen an vorgegebenen Flächen vorliegen, z. B. bei der Bewegung einer Kugel auf einem Tisch im Schwerefeld der Erde. Ist das System l voneinander unabhängigen holonomen Bindungen unterworfen, die sich stets als Bedingungsgleichungen für die Ortsvektoren schreiben lassen, so reduziert sich die Zahl der Freiheitsgrade um l, d. h., $f = 3N - l$; nichtholonome Bindungen, die sich als nicht integrierbare Bedingungsgleichungen für die Geschwindigkeiten $\vec{v}_i = \dot{\vec{r}}_i$ ergeben, führen lediglich zu einer Verminderung der Freiheitsgrade im Unendlichkleinen, nicht aber im Großen (→ Bindung 1) und können nicht durch geeignete Wahl der Lageparameter eliminiert werden (→ mechanisches System).

Wegen des Bestehens der holonomen Bindungen sind von den $3N$ Koordinaten nur f linear unabhängig. Man führt daher zweckmäßig nur f voneinander unabhängige, dem System besonders angepaßte Parameter q_j ($j = 1, \ldots, f$) ein, von denen die Ortsvektoren – neben der Zeit t – abhängen: $\vec{r}_i = \vec{r}_i(q_j, t)$. Die Bedingungsgleichungen sind damit identisch erfüllt. Die zeitlichen Ableitungen der v.n K. $\mathrm{d}q_j/\mathrm{d}t = \dot{q}_j$ bzw. $\mathrm{d}^2q_j/\mathrm{d}t^2 = \ddot{q}_j$ ($j = 1, \ldots, f$) heißen *verallgemeinerte* oder *generalisierte Geschwindigkeiten* bzw. *Beschleunigungen*. Diese verallgemeinerten Größen haben im allgemeinen nicht die physikalische Dimension, wie sie der Bezeichnung nach zu erwarten wäre, z. B. führt man beim Kreispendel als v. K. den Winkel φ der Auslenkung des Pendels aus der Vertikalen ein (Abb.), der natürlich nicht die Dimension einer Länge hat, entsprechend hat die Winkelgeschwindigkeit $\dot{\varphi}$ die Dimension s^{-1} und nicht $cm \cdot s^{-1}$, usw. Diese unabhängigen v.n K. spannen einen f-dimensionalen euklidischen Raum auf, der als *Konfigurations-*, *Koordinaten-*, *Lage-*, *Ortsraum* oder *Lagrangescher Raum* bezeichnet wird. Jeder möglichen Lage oder Konfiguration des Systems entspricht ein Punkt dieses Raumes, der durch die Angabe aller q_j charakterisiert ist; man faßt daher die v.n K. q_j auch oft zu einem f-dimensionalen Vektor $q = \begin{pmatrix} q_1 \\ \vdots \\ q_f \end{pmatrix}$, dem *verallgemeinerten Koordinatenvektor*, zusammen, dessen Zeitableitungen $\dot{q}$ bzw. $\ddot{q}$ als *verallgemeinerte Geschwindigkeits-* bzw. *Beschleunigungsvektoren* bezeichnet werden. Die zeitliche Aufeinanderfolge der Vektoren $q(t)$ beschreibt eine Kurve im Lageraum, die → Bahnkurve. Bei einem skleronomen System ist die Metrik des Lageraumes durch die kinetische Energie T des Systems bestimmt, da in diesem Fall $T = \frac{1}{2} \sum_{i,k} a_{ik}(q)\, \dot{q}_i \dot{q}_k$ gilt und durch $\mathrm{d}s^2 = 2T\,\mathrm{d}t^2 = \sum_{i,k} a_{ik}\, \mathrm{d}q_i\, \mathrm{d}q_k$ das Quadrat des infinitesimalen Längenelements $\mathrm{d}s$ der Bahnkurve gegeben ist; a_{ik} ist der zugehörige metrische Tensor. Dies spielt eine gewisse Rolle bei der Formulierung bestimmter Prinzipe der Mechanik (→ Hertzsches Prinzip, → Maupertuissches Prinzip).

Neben den genannten führt man auch noch weitere verallgemeinerte Größen ein. Die *verallgemeinerte* oder *generalisierte Kraft* Q_j ergibt sich aus den an den einzelnen Massepunkten des Systems angreifenden eingeprägten Kräften $\vec{F}_i$ als $Q_j = \sum_{i=1}^{N} \vec{F}_i \frac{\partial \vec{r}_i}{\partial q_j}$; damit schreibt sich z. B. die infinitesimale, an einem abgeschlossenen mechanischen System von den eingeprägten Kräften verrichtete Arbeit $\mathrm{d}A = \sum_{i=1}^{N} \vec{F}_i\, \mathrm{d}\vec{r}_i = \sum_{j=1}^{f} Q_j\, \mathrm{d}q_j$, wie ohne weiteres aus $\mathrm{d}\vec{r}_i = \sum_{j=1}^{f} \frac{\partial \vec{r}_i}{\partial q_j}\, \mathrm{d}q_j$ folgt, da in diesem Fall $\vec{r}_i$ nicht explizit von der Zeit t abhängt. Die entsprechenden verallgemeinerten oder generalisierten Impulse p_j werden mittels der Lagrange-Funktion L des Systems definiert (→ Lagrangesche Gleichungen 2).

Die v.n K. sind *freie Koordinaten*. Da sie keinen Bedingungsgleichungen unterworfen sind, gehört zu jeder beliebigen Wahl der Koordinaten innerhalb ihres Variabilitätsbereichs ein möglicher Zustand; bei allen anderen, noch durch Bindungen eingeschränkten Koordinaten ist dies im allgemeinen nicht der Fall, weswegen diese auch als *unfreie* oder *gebundene Koordinaten* bezeichnet werden. Die v.n K. und die übrigen verallgemeinerten Größen können nicht nur für mechanische Systeme oder Systeme von Massepunkten eingeführt werden, sondern haben allgemeine Bedeutung (→ Feldtheorie).

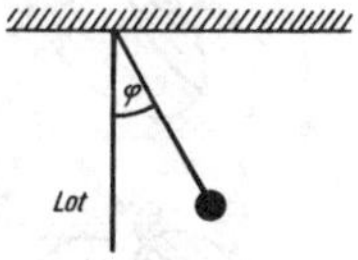

verallgemeinerte Koordinaten

verallgemeinerte Kraft, → Kraft, → verallgemeinerte Koordinaten.

verallgemeinerter Koordinatenvektor, → verallgemeinerte Koordinaten.

verallgemeinertes Interferenzmodell, → analytische S-Matrix-Theorie.

verallgemeinerte Wellengleichung, svw. Telegrafengleichung.

Veränderliche, → Funktion.

veränderlicher Stern, *Veränderlicher*, ein Stern, dessen Helligkeit zeitlich mehr oder weniger stark schwankt. Der Nachweis der Helligkeitsänderung hängt von der Empfindlichkeit der Strahlungsempfänger ab, damit ist die Grenze zwischen normalen und veränderlichen S.en nicht scharf. Bei den *Spektrumveränderlichen* ist die Gesamthelligkeit konstant, nur die Intensität einer oder mehrerer Spektrallinien ist zeitlich variabel. Bei den *Bedeckungsveränderlichen* ist der Lichtwechsel durch zufällige geometrische Verhältnisse bedingt (→ Doppelstern), dagegen bei den *physischen Veränderlichen*, den eigentlichen v. S.en, durch eine Änderung der Leuchtkraft des Sterns. Bei den *Pulsationsveränderlichen* schwanken Radius und effektive Temperatur und damit die Leuchtkraft mehr oder weniger regelmäßig, oft periodisch. Beispiele für Pulsationsveränderliche sind die *RR Lyrae-Sterne*, so genannt nach dem Prototyp RR Lyrae. Ihre Helligkeit schwankt um etwa 1^m mit einer Periode kleiner als 2 Tage. Die nach δ Cephei benannten *Delta Cephei-Sterne* haben Pulsationsperioden zwischen 1 und etwa 50 Tagen mit Helligkeitsschwankungen bis zu $2^m\!.5$, wobei die Periodenlänge proportional der absoluten Helligkeit des Sterns ist. Bei den *Mirasternen* ist der Lichtwechsel mit Perioden zwischen 90 und 1000 Tagen und Amplituden bis zu 8^m unregelmäßiger. Die Ursache des Lichtwechsels bei einigen völlig unregelmäßigen veränderlichen S.en ist noch nicht bekannt.

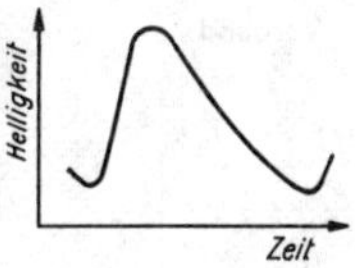

Typische Helligkeitsschwankung eines Delta Cephei-Sterns

Bei den Novae und Supernovae handelt es sich ebenfalls um veränderliche S.e, bei denen aber im allgemeinen nur ein einzelner Helligkeitsausbruch, verbunden mit einer explosionsartigen Expansion, beobachtet wird. Diese

Sterne gehören zur Gruppe der *Eruptionsveränderlichen.*

Verant, eine Lupe zur Betrachtung photographischer Aufnahmen unter Vermittlung des natürlichen Eindrucks der abgebildeten Gegenstände, Landschaften u. ä. Zu diesem Zweck müssen die photographischen Bilder der Objekte unter gleichen Blickwinkeln wie beim Sehen dem Auge dargeboten werden, was von einem V. von der gleichen Brennweite wie das Aufnahmeobjekt geleistet wird. Beim V. müssen → Abbildungsfehler beseitigt sein. Dazu besteht der V. aus zwei Linsen entgegengesetzter Wirkung, die in einem berechneten Abstand (v. Rohr, Zeiss) angeordnet sind, so daß ein ebenes, randscharfes, farb- und verzeichnungsfreies Gesichtsfeld geschaffen wird.

Zur Betrachtung nichttransparenter stereoskopischer Aufnahmen wird ein *Doppelverant*, der für jedes Auge einen V. enthält, verwendet. Heute wird der V. zur schnellen Betrachtung von Diapositiven ohne Projektor angewendet. Im allgemeinen wird der V. jedoch durch eine entsprechende Aufnahmevergrößerung, die den gleichen natürlichen Eindruck vermittelt, ersetzt.

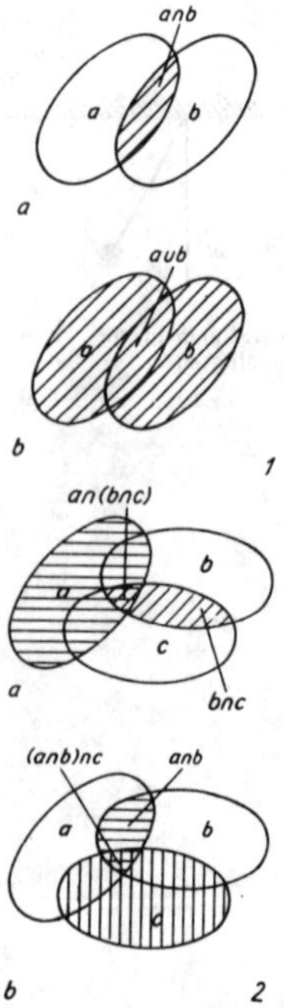

Verband

Verband, Menge L [Abk. für engl. lattice] von Elementen a, b, ... mit den zueinander dualen Verknüpfungen $\cap$ (Durchschnitt) und $\cup$ (Vereinigung), so daß zwei beliebigen Elementen a, $b \in L$ durch $a \cap b$ bzw. $a \cup b$ zwei neue Elemente von L eindeutig zugeordnet werden und die folgenden Gesetze gelten: $a \cap b = b \cap a$, $a \cup b = b \cup a$ (Kommutativität, Abb. 1a und 1b), $a \cap (b \cap c) = (a \cap b) \cap c$ (Abb. 2a und 2b), $a \cup (b \cup c) = (a \cup b) \cup c$ (Assoziativität); $a \cap (a \cup b) = a$, $a \cup (a \cap b) = a$ (Verschmelzung). Mit der Inklusion $a \subseteq b$, die durch $a \cap b = a$ oder dazu äquivalent durch $a \cup b = b$ definiert ist, wird im V. eine Halbordnung eingeführt.

Verbindung, in der Chemie eine Vereinigung chemischer Elemente bei meist einfachen stöchiometrischen Zahlenverhältnissen zu einem Stoff, dessen chemische und physikalische Eigenschaften von denen der Elemente verschieden sind. Mit der Verbindungsbildung ist eine Abgabe oder Aufnahme von Energie verbunden.

Von den V.en streng zu unterscheiden sind die *Gemenge* oder *Gemische*, bei denen es nur zu einer losen Vermischung der Komponenten kommt, die ihre Eigenschaften beibehalten.

verborgene Parameter, in der Quantenmechanik zur Vermeidung der statistischen Interpretation der quantenmechanischen Wellenfunktion von de Broglie vorgeschlagene, im Prinzip experimentell erfaßbare Größen, die aber gegenwärtig auf Grund des Standes der Meßtechnik noch nicht erfaßt werden könnten. Die Idee ist dabei, daß die tatsächliche Bewegung der Mikroteilchen etwa wie im Sinne der klassischen Statistik, wo die Bewegung der Einzelmoleküle zwar prinzipiell durch die Gesetze der klassischen Physik determiniert ist, jedoch praktisch unmöglich messend verfolgt werden kann, zwar durch v. P. determiniert wird, diese aber (zunächst) der Beobachtung unzugänglich bleiben.

Auf dieser Vorstellung der v.n P. baute de Broglie seine Theorie der Doppellösung für die Bewegung der Mikroobjekte auf, die später von Bohm und Vigier (1954) erneut aufgegriffen wurde. Da das Zerfließen von Wellenpaketen daher rührt, daß sich die das Wellenpaket aufbauenden ebenen Wellen unabhängig voneinander mit verschiedenen Geschwindigkeiten bewegen, kann diese Dispersion der Materiewellen nur durch eine nichtlineare Wellengleichung verhindert werden, die an die Stelle der Schrödinger-Gleichung zu treten hätte und die einzelnen Partialwellen miteinander verkoppelt. Zu jeder stetigen Lösung $\Psi = a \exp \{(i/\hbar)\varphi\}$ dieser nichtlinearen Gleichung, die dem Wellencharakter der Materie Rechnung trägt, korrespondiert dann eine singuläre Lösung $u = f \exp \{(i/\hbar)\varphi\}$, deren Amplitude f eine zeitlich veränderliche Singularität hat und die somit den Teilchencharakter der Materie widerspiegelt; dabei soll die Ψ-Welle (als Führungswelle) diese Singularität „führen", d. h. deren raum-zeitliche Lage fixieren. Diese *Theorie der Doppellösung oder Führungswelle* gestattet zwar eine kausale Interpretation der Bewegung von Mikroteilchen im Sinne der klassischen Physik, auf Grund der Nichtlinearität der Wellengleichung erfordert sie jedoch bereits bei einfachen Problemen einen erheblichen mathematischen und rechnerischen Aufwand, so daß ein wirklicher Leistungsvergleich mit der Quantenmechanik, die sich ihrerseits an einer immensen Zahl von praktischen Problemen bewährt und daher auch allgemein durchgesetzt hat, nicht möglich ist.

Andererseits konnte bisher kein exakter Beweis dafür erbracht werden, daß v. P. unter hinreichend schwachen, physikalisch sinnvollen Voraussetzungen ausgeschlossen sind, obwohl seit von Neumann (1932) mehrere Versuche in dieser Richtung unternommen wurden. Die Existenz v.r P. konnte dabei jedoch auf solche mathematische Umstände eingeschränkt werden, deren physikalische Realisierung zweifelhaft erscheint. Das Problem ist sowohl aus mathematischer als auch aus physikalischer Sicht äußerst kompliziert; es ist eng mit der Quantentheorie des Meßprozesses verknüpft.

verbotene Linien, im Spektrum auftretende Linien geringer Intensität, die → verbotenen Übergängen entsprechen. Die aus den Auswahlregeln folgenden Übergangsverbote gelten jedoch nicht streng, sondern können durch äußere Störungen, wie sehr starke elektrische Felder, teilweise außer Kraft gesetzt werden, so daß unter günstigen Bedingungen v. L. im Spektrum erscheinen. Auch von der → interstellaren Materie werden v. L. ausgestrahlt.

verbotene Übergänge, 1) Strahlungsübergänge, die auf Grund bestimmter Auswahlregeln nicht auftreten dürfen. Wegen der Auswahlregel für die Spins des Anfangs- bzw. Endzustandes I_a und I_b und des Drehimpulses L des γ-Quants $|I_a - I_b| \leqq L \leqq |I_a + I_b|$ mit $L > 0$ sind γ-Übergänge zwischen Niveaus mit dem Spin 0 vollständig verboten. Aus der Paritätsauswahlregel $\pi_a \pi_b = (-1)^L$ für elektrische Multipolstrahlung und $(-1)^{L+1}$ für magnetische Multipolstrahlung folgt, daß jeweils bestimmte Multipolstrahlungen nicht auftreten. → Übergänge.

2) bei Kernreaktionen Kanäle, die zwar energetisch möglich, aber durch gewisse Grundprinzipien, z. B. Isospinerhaltung, ausgeschlossen sind.

3) → Fermi-Theorie 1).

verbotene Zone, 1) Gebiet, in das ein geladenes Teilchen, das in einem inhomogenen und gekrümmten magnetischen Feld $\vec{B}$ und in einem elektrischen Feld $\vec{E}$ driftet, nicht eindringen kann (→ Drift). Das Eindringen des Teilchens in die v. Z. wird durch das Zusammenwirken von $\vec{E} \times \vec{B}$- und Gradientenkrümmungsdrift verhindert, es ist nur auf Grund von Verletzung adiabatischer Invarianten möglich (→ Diffusion geladener Teilchen).

2) svw. Bandlücke, → Bändermodell.

Verbreiterung von Interferenzlinien, die bei der Beugung von Röntgenstrahlen und bei der Elektronen- oder Neutronenbeugung auftretende Verbreiterung der Interferenzlinien. Bei theoretischen Betrachtungen werden die Interferenzlinien vielfach als unendlich scharf vorausgesetzt. In der Praxis hängt jedoch das Linienprofil von der jeweiligen Versuchsanordnung ab (z. B. Geometrie der Anordnung, Blendenöffnungen, Spektralbreite der verwendeten Strahlung). Außerdem bedingen verschiedene Abweichungen des Untersuchungsobjektes vom Zustand des Idealkristalls eine Linienverbreiterung. Insbesondere geben inhomogene Gitterverzerrungen (innere Spannungen) Anlaß zu einer *Verzerrungsverbreiterung*. Sind die kohärent streuenden Bereiche sehr klein ($< 10^{-5}$ cm bei Röntgenstrahl- und Neutronenbeugung, $< 2 \cdot 10^{-7}$ cm bei Elektronenbeugung), so bedingen sie eine *Teilchengrößenverbreiterung*. Auch Stapelfehler und andere Abweichungen vom Idealkristall beeinflussen das Linienprofil. Meist tragen mehrere Gitterstörungen gleichzeitig zur V. v. I. bei.

Zur experimentellen Bestimmung von Gitterstörungen auf Grund der Verbreiterung von Interferenzlinien wird meist eine Pulvermethode angewandt. Die instrumentelle Verbreiterung kann u. U. rechnerisch berücksichtigt werden. Im allgemeinen wird sie jedoch an einem Vergleichspräparat gemessen, das die interessierenden Störungen nicht aufweist.

Bei den einfachen Auswerteverfahren zur Bestimmung von Gitterverzerrungen und Teilchengrößen wird eine Interferenzlinie nur durch eine einzige Größe, die Halbwertsbreite oder die Integralbreite, charakterisiert. Für das Linienprofil werden spezielle Funktionen vorausgesetzt (z. B. Cauchy- oder Gauß-Verteilungen). Die verschiedenen Verfahren zur Zerlegung der Linienverbreiterung in einen Verzerrungs- und einen Teilchengrößenanteil liefern einen Mittelwert für die Gitterverzerrungen und eine mittlere Teilchengröße. Die erreichbare Genauigkeit ist nicht sehr groß.

Bei der mathematisch aufwendigeren Methode der Fourier-Analyse des Linienprofils (*Warren-Averbach-Methode*) wird jede Interferenzlinie durch eine Reihe von Fourier-Koeffizienten dargestellt. Jeder dieser Koeffizienten läßt sich in ein Produkt aus zwei Faktoren zerlegen, von denen einer nur von den Verzerrungen und einer nur von den Teilchengrößen abhängt. Diese Methode liefert eine Verteilungsfunktion für die Gitterverzerrungen und eine Teilchengrößen-Verteilungsfunktion.

Verbrennung, im engeren Sinne die Reaktion von Stoffen mit Sauerstoff unter Wärme- und Lichtentwicklung, die nach Erreichen einer bestimmten Entzündungstemperatur sehr rasch verläuft. Der Sauerstoff wird entweder als Luft herangeführt oder liegt chemisch gebunden im → Brennstoff vor. Die V. spielt sich hauptsächlich in der Gasphase ab (→ Verbrennungsgeschwindigkeit). Flüssige Brennstoffe verdampfen vor der Verbrennung durch die Hitzeeinwirkung der schon brennenden Gase, feste Brennstoffe entgasen. Im weiteren Sinne ist V. ein Oxydationsprozeß, der ohne Flammenbildung vor sich geht und als *stille V.* oder *flammenlose V.* bezeichnet wird. Die stille V. ist ein Oxydationsvorgang ohne sichtbare Flamme, der in porösen, feuerfesten Stoffen, die ein brennbares Gemisch enthalten, abläuft. Oft werden dabei katalytische Vorgänge ausgenutzt. Durch erhöhten Druck läßt sich in einer geeigneten Anordnung die Oxydation bei so tiefen Temperaturen durchführen, daß keine Flammen entstehen. Beispielsweise werden die organischen Bestandteile von getrocknetem und gemahlenem Schlamm bereits zwischen 260 und 300 °C verbrannt, wenn man mit einem Überdruck von 10^6 N/m² arbeitet.

Als kalte V. bezeichnet man hin und wieder die direkte Umwandlung der chemischen Energie der Kohle in elektrische Energie mit Hilfe von Brennstoffelementen. Zur Zeit hat dieser Vorgang jedoch keine praktische Bedeutung.

Verbrennungsgeschwindigkeit, *Brenngeschwindigkeit*, **1)** *lineare V.*, die Geschwindigkeit, mit der der Abbrand eines festen Brennstoffes, z. B. eines Pulvers, fortschreitet; **2)** *räumliche V.*, der auf die Zeit bezogene verbrannte Bruchteil des gesamten Brennstoffes.

Bei gasförmigen Brennstoffen stellt die V. die Ausbreitungsgeschwindigkeit der Grenzfläche zwischen verbranntem und unverbranntem Gas dar, bezogen auf das unverbrannte, in Ruhe befindliche Gas in unmittelbarer Nähe der Brennfläche. In der Abb. ist der schraffierte Teil das zur Zeit t verbrannte Gas, das durch die Grenzfläche S von dem rechts befindlichen unverbrannten Gas getrennt ist. In einen Punkt P der Grenzfläche wird ein dort ruhendes Koordinatensystem gelegt. Die x-Achse soll mit der Normalen zur Grenzfläche in P zusammenfallen. Zur Zeit $t + \Delta t$ sei S' die Grenzfläche zwischen dem verbrannten Gas und dem Frischgas. Die neue Front schneidet die x-Achse in P', die Grenzfläche ist demnach in der Zeit t um das Stück $\Delta x = \overline{PP'}$ fortgeschritten. Somit ist die „*normale*" *V.*, auch → Flammengeschwindigkeit genannt, in P gegeben durch: $v_n = \lim\limits_{\Delta t \to 0} \dfrac{\Delta x}{\Delta t}$.

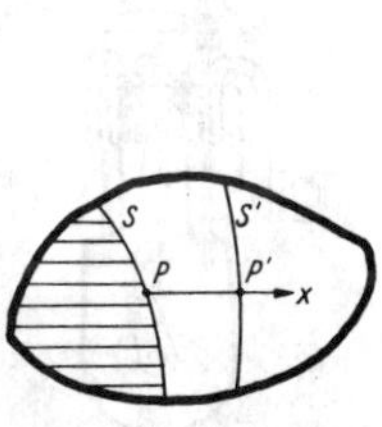

Zur Erklärung der Verbrennungsgeschwindigkeit

Die einfachste Methode zur Bestimmung von v_n liefert der Bunsenbrenner. Die experimentell ermittelten Werte dieser Geschwindigkeit liegen zwischen 1 und 10 m/s. Die „normale" V. ist eine für ein brennbares Gemisch charakteristische Größe.

Betrachtet man einen Verbrennungsvorgang, der eine ebene Brennfläche hat und nur von einer Richtung, der Normalrichtung der Brennfläche, abhängt, in einem Bezugssystem, in dem der Vorgang stationär ist, dann hat das zuströmende Frischgas gerade die Geschwindigkeit der Verbrennung, also die V. v_n in diese Richtung. Aus der Wärmeleitungsgleichung für diesen Vorgang – einer Differentialgleichung 2. Ordnung für den Temperaturverlauf –, in die die V. als Parameter eingeht, erhält man die *Nusselt-Jouguetsche Brennformel* $v_n^2 =$

$$\beta \frac{\lambda}{c_p} \exp\left(-\frac{A}{RT_r}\right) \cdot \frac{T_0^2(T_r - T_0)}{T_r^2(T_z - T_0)}$$

Hierbei bedeuten T_0 die Temperatur des Frischgases, T_r die des Rauchgases, T_z die Zündtemperatur, A die Aktivierungsenergie, R die Gaskonstante, c_p die spezifische Wärmekapazität bei konstantem Druck, λ die Wärmeleitfähigkeit, β ist eine Funktion der Ordnung der Reaktion (→ Reaktionsgeschwindigkeit). Bei hohen Endtemperaturen, bei denen der Rauch dissoziiert, versagt diese Formel.

3) die Massenumsatzgeschwindigkeit beim Abbrand eines Treibmittels (→ Ballistik).

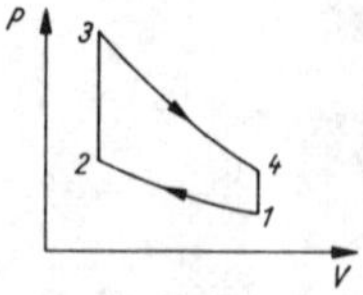

1 Theoretischer Prozeßablauf beim Ottoverfahren. *1* Füllung des Zylinderraumes mit Benzin-Luft-Gemisch, *1* bis *2* adiabatische Gemischverdichtung, *2* Zündung mittels Zündkerze und Druckerhöhung bis zum Expansionsbeginn in *3*, *3* bis *4* adiabatische Expansion, *4* Ausströmen der Abgase

Verbrennungskraftmaschinen, Wärmekraftmaschinen, in denen durch schnelle Verbrennung eines Kraftstoff-Luft-Gemisches Wärme in einem Arbeitszylinder oder in einer angeschlossenen Brennkammer erzeugt worden ist, die über die Kolbenbewegung einer Kolbenmaschine oder über die Rotation des Turbinenläufers einer Gasturbine in mechanische Energie umgewandelt wird. Mit der Anwendung des Prinzips der inneren Verbrennung verringern sich die Wärmeverluste. Höhere Temperaturen bedingen bessere Wirkungsgrade. Die gebräuchlichsten V. kann man einteilen in → Verbrennungsmotoren, bei denen die Verbrennung des Kraftstoff-Luft-Gemisches periodisch erfolgt, und in → Gasturbinen, d. s. V. mit kontinuierlichem Arbeitsablauf.

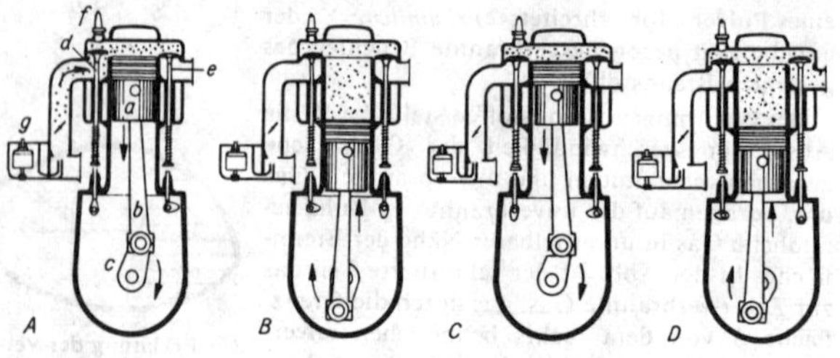

2 Arbeitsweise des Viertakt-Ottomotors. *A* 1. Takt: Ansaugen (Einlaßventil geöffnet); *B* 2. Takt: Verdichten; *C* 3. Takt (Arbeitstakt): Verbrennen und Ausdehnen (bei *B* und *C* beide Ventile geschlossen); *D* 4. Takt: Ausschieben (Auslaßventil geöffnet). *a* Kolben, *b* Pleuelstange, *c* Kurbelwelle, *d* Einlaßventil, *e* Auslaßventil, *f* Zündkerze, *g* Vergaser

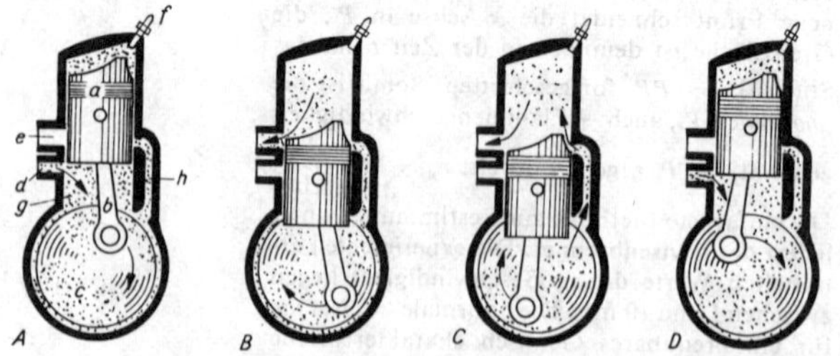

3 Arbeitsweise des Zweitakt-Ottomotors. *A* und *B*: 1. Takt, *C* und *D*: 2. Takt. *A*: Der Zündfunke springt über und bringt das beim vorhergehenden Takt verdichtete Kraftstoff-Luft-Gemisch zur Verbrennung, gleichzeitig wird das Kurbelgehäuse mit frischem Gemisch geladen. *B*: Die verbrannten Gase strömen aus, das angesaugte frische Gemisch wird im Kurbelgehäuse vorverdichtet. *C*: Das vorverdichtete Gemisch strömt durch den Überströmkanal in den Zylinder, der Rest der verbrannten Gase wird ausgeschoben. *D*: Das Gemisch wird verdichtet und im nächsten Takt gezündet, gleichzeitig strömt frisches Gemisch in das Kurbelgehäuse ein. *a* Kolben (Nasenkolben), *b* Pleuelstange, *c* Kurbelwelle, *d* Einlaßkanal, *e* Auslaßkanal, *f* Zündkerze, *g* Kurbelgehäuse, das gleichzeitig als Spül- und Ladepumpe dient, *h* Überströmkanal

Verbrennungsmotor, eine Verbrennungskraftmaschine, bei der die Verbrennung des Kraftstoff-Luft-Gemisches periodisch erfolgt. V.en sind Kolbenmaschinen; man unterscheidet Hubkolben- und Rotationskolbenmotoren. Die wichtigsten Hubkolbenmotoren sind der Otto- und der Dieselmotor.

Der *Ottomotor* (*Verpuffungs-, Gleichraumverfahren*, Abb. 1) arbeitet mit einem Kraftstoff-Luft-Gemisch, das im Vergaser erzeugt wird.

Der Arbeitsgang kann nach dem Viertakt- oder dem Zweitaktverfahren erfolgen. Beim Viertaktverfahren (Abb. 2) umfaßt ein Arbeitsspiel im Zylinder zwei Umdrehungen der Kurbelwelle entsprechend vier Kolbenhüben oder Takten.

1. Takt: Ansaugen des Kraftstoff-Luft-Gemisches.

2. Takt: Verdichten und Zünden.

3. Takt: Verbrennen des verdichteten Gemisches, wodurch die Arbeit geleistet wird (Arbeitstakt).

4. Takt: Ausschieben der Abgase.

Beim Zweitaktverfahren (Abb. 3) gehört zu einem Arbeitsspiel eine Umdrehung der Kurbelwelle entsprechend zwei Kolbenhüben oder Takten.

1. Takt: Verdichten und Zünden, parallel Ansaugen des Gemisches in das Kurbelgehäuse.

2. Takt: Verbrennen des verdichteten Gemisches (Arbeitstakt) sowie Ausschieben der Abgase.

Der Eintritt des Gemisches und der Austritt der Abgase werden dabei durch Kanäle im Zylinder geregelt, die vom Kolben zu bestimmten Zeitpunkten freigegeben und verschlossen werden. Während des ersten Taktes vollzieht sich dabei unterhalb des Kolbens der Ansaugprozeß des neuen Gemisches und während des zweiten Taktes die Vorverdichtung des angesaugten Gemisches bis zum Überströmen in den Arbeitsraum.

Beim *Dieselmotor* (*Gleichdruckverfahren*, Abb. 4) verwendet man Dieselöl als Kraftstoff. Der Arbeitsablauf kann ebenfalls im Zweitakt- oder Viertaktverfahren erfolgen. Infolge des hohen Verdichtungsverhältnisses hat der Dieselmotor einen besseren Wirkungsgrad als der Ottomotor. Voraussetzung ist eine vollkommene Verbrennung, die nur durch gute Vermischung der Luft und des Kraftstoffes erreichbar ist.

Der Rotationskolbenmotor hat im Gegensatz zum Hubkolbenmotor nur rotierende Teile. Man unterteilt in Drehkolben-, Kreiskolben- und Umlaufkolbenmotoren. Drehkolbenmotoren haben nur gleichförmig sich drehende Teile. Kreiskolbenmotoren haben nur gleichförmig bewegte Teile, es kreist jedoch mindestens ein Teil, d. h., sein Schwerpunkt läuft auf einer Kreisbahn gleichförmig um, und es dreht sich zusätzlich gleichförmig um seinen Schwerpunkt. Umlaufkolbenmotoren sind drehkolben- oder kreiskolbenartige Motoren, bei denen sich stets ein Teil ungleichförmig bewegt, weshalb sie sich nur für niedrige Drehzahlen eignen. Die bekannteste Form der Rotationskolbenmotoren ist der *Wankelmotor*. Er besteht aus dem Gehäuse, dem Läufer (Kolben) und der Exzenterwelle. Im Gehäuse bewegt sich der dreieckige Läufer so, daß seine Eckpunkte stets am Gehäuseumfang anliegen; der Läufer ist also die Einhüllende des trochoidenförmigen Gehäuses (→ Rollkurven 2). Der Läufer ist auf der Exzenterwelle gelagert, deren Achse durch den Gehäusemittelpunkt geht und die Drehmomentenweiterleitung übernimmt. Außer der durch den Exzenter hervorgerufenen Hubbewegung vollführt der Läufer eine Drehung um die Exzenterwelle. Der Läufer bildet mit dem Gehäuse drei Arbeitsräume (Kammern), die sich periodisch vergrößern und verkleinern. In Abb. 5

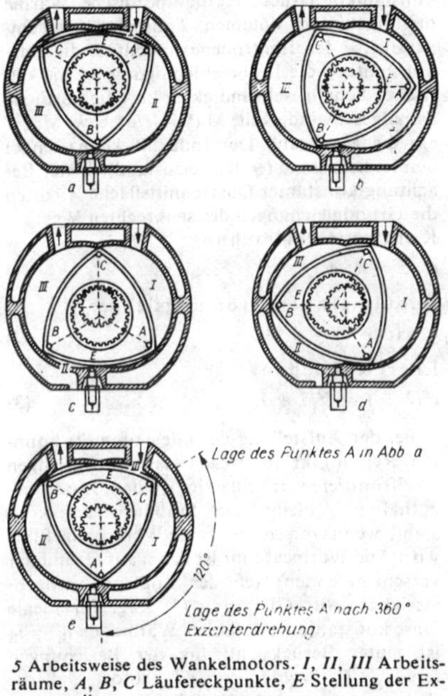

5 Arbeitsweise des Wankelmotors. *I*, *II*, *III* Arbeitsräume, *A*, *B*, *C* Läufereckpunkte, *E* Stellung der Exzenterwelle

ist erkennbar, daß das Volumen der Kammer I von 5a bis 5d zunimmt. Durch den Einlaßkanal wird dabei Kraftstoff-Luft-Gemisch angesaugt. Nachdem in Abb. 5e die Ecke C den Einlaßkanal verschlossen hat, beginnt für die Kammer I die Verdichtung des Gemisches. In dieser Stellung haben sich der Läufer um 120°, die Exzenterwelle um 360° gedreht; drei Umdrehungen der Exzenterwelle entsprechen einer Umdrehung des Läufers. Der weitere Fortgang des Arbeitsspieles ist anhand der Kammer II zu verfolgen. Aus Abb. 5b ist ersichtlich, daß in Kammer II verdichtet wird. In Abb. 5c hat die Kammer II das Volumenminimum erreicht, in Abb. 5d und e erfolgt die Verbrennung und Ausdehnung des Gemisches in der Kammer II, nachdem kurz vor der Stellung des Läufers in Abb. 5c die Zündung erfolgt ist. Das Ausschieben der verbrannten Gase ist anhand der Kammer III zu verfolgen. Nachdem in Abb. 5b die Ecke C den Auslaßkanal freigegeben hat, wird das Abgas ausgeschoben. Die Arbeitsweise des Wankelmotors ist ein Viertaktprozeß mit den in sich abgeschlossenen Takten Ansaugen, Verdichten, Ausdehnen und Ausschieben, die jeweils in einer der Kammern ablaufen.

Lit. Inosemzew: Wärmekraftmaschinen, Bd 1 (dtsch Berlin 1954); Jante: V.en (Berlin 1952); Über V.en und Kraftfahrwesen (Bd 1, Berlin 1956, Bd 2 1959); Kraemer: Bau und Berechnung der V.en (4. Aufl. Berlin, Heidelberg, New York 1963); Schmidt: Verbrennungskraftmaschinen (4. Aufl. Berlin, Heidelberg, New York 1967).

Verbrennungstemperatur, die theoretische Grenztemperatur, die bei der Verbrennung eines Brennstoffes erreicht werden kann, wenn die Verbrennung ohne Wärmeabgabe an die Umgebung erfolgt. Sie kann aus dem Heizwert und der spezifischen Wärmekapazität der Abgase berechnet werden. Die tatsächlich vorhandene Temperatur ist wegen der unvermeidlichen Verluste stets niedriger.

Verbrennungswärme, die bei einer Verbrennung entstehende Reaktionswärme. Man muß unterscheiden zwischen der V. bei konstantem Druck (*Verbrennungsenthalpie* ΔH_V) und konstantem Volumen (*Verbrennungsenergie* ΔU_V). Die V. wird meist auf 1 Mol bezogen (*molare V.*). Gemessen werden Verbrennungswärmen flüssiger und fester Stoffe mit der kalorimetrischen Bombe (→ Kalorimeter 8) und gasförmiger Stoffe mit dem Junkers-Kalorimeter.

Der Begriff V. wird in der Technik auch für die früher übliche Bezeichnung oberer → Heizwert gebraucht.

Verbundkern, → Compoundzustand.

Verbundmaschine, → elektrische Maschine.

Verbundröhre, eine Elektronenröhre mit mehreren Elektrodensystemen in einem Röhrenkolben, z. B. Triode-Hexode für Mischschaltungen, Diode-Pentode für ZF-Verstärker und Demodulator, Triode-Pentode für NF-Verstärker.

Verdampfen, svw. Sieden.

Verdampferpumpe, *Sublimationspumpe*, eine → Getterpumpe, bei der die gasadsorbierende Schicht durch Verdampfung eines Metalls, z. B. Titan oder Barium, erzeugt wird. Titan verdampft durch Stromerhitzung von einem Wolframdraht und bildet auf der Innenwand des Pumpkörpers eine Getterschicht. Die hierauf chemisorbierten Gasteilchen werden von dem Titan fest gebunden, so daß sie nicht mehr in den zu evakuierenden Vakuumbehälter gelangen können. Durch nachfolgende Verdampfung des Titans oder eines anderen Gettermaterials wird die aktive Oberfläche ständig erneuert.

Das Saugvermögen ist für verschiedene Gase unterschiedlich. V.n dienen zur Erzeugung kohlenwasserstofffreier Vakua; sie haben ein hohes Saugvermögen im Übergangsgebiet vom Fein- zum Hochvakuum und werden daher häufig als Vorpumpe für Ionenzerstäuberpumpen eingesetzt.

Verdampfung, 1) → Sieden. **2)** Kernphysik: → Kernverdampfung.

Verdampfungsgeschwindigkeit, die Zahl der Moleküle einer Substanz, die je cm² und s von der freien Oberfläche einer Flüssigkeit oder eines festen Körpers verdampfen.

Verdampfungskoeffizient, → Hertz-Knudsen-Formel.

Verdampfungsspektrum, theoretische Form des Spektrums der bei der unelastischen Neutronenstreuung emittierten Neutronen. Aus dem statistischen Kernmodell folgt die Spektrenform

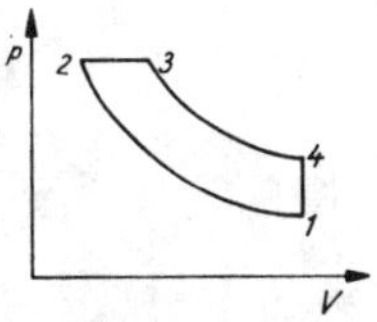

4 Theoretischer Prozeßablauf beim Dieselverfahren. *1* Füllung des Zylinderraums mit Luft, *1* bis *2* Verdichtung der Luft, *2* Einspritzung des Brennstoffs in die hochverdichtete, über die Entzündungstemperatur des Brennstoffs erhitzte Luft, nachfolgend Selbstentzündung des Brennstoffs, *2* bis *3* Verbrennung des Brennstoffs bei konstantem Druck, *3* bis *4* Expansion, *4* Ausströmen der Abgase

$N(E) \sim E \cdot e^{-E/T}$ mit der Kerntemperatur T des Endkerns. Wegen der großen Ähnlichkeit mit dieser Form wird häufig auch das gemessene Spektrum der unelastischen Neutronenstreuung als V. bezeichnet. Abweichungen des gemessenen Spektrums vom V. treten bei großen Energiewerten, bedingt durch Beimischungen direkter Kernprozesse sowie bei geringen Energien, bedingt durch (n, 2n)-Prozesse, auf.

Verdampfungswärme, → Sieden.

Verdeckungseffekt, *akustischer V.*, das Wahrnehmen des lauteren Tones von zwei mit unterschiedlicher Frequenz und Lautstärke das Ohr treffenden Tönen, während der leisere mehr oder weniger verdeckt wird. Dieser V. ist stärker, wenn der leisere gleichzeitig der höhere Ton ist. Laute Geräusche können ganze Frequenzbereiche verdecken, so daß für andere Schallsignale in diesen Bereichen die Hörschwelle heraufgesetzt erscheint.

Verdetsche Konstante, → Faraday-Effekt, → Drehvermögen 2).

Verdichter, → Kompressor.

Verdichtungsdruck, der Druck in der Austrittsöffnung einer arbeitenden Vakuumpumpe.

Verdichtungsstoß, mit Entropiezunahme verbundene unstetige Zustandsänderung in Überschallströmungen. In der → Stoßfront nehmen Dichte, Druck, Temperatur und Schallgeschwindigkeit des Gases plötzlich zu, Strömungsgeschwindigkeit, Ruhedruck und Ruhedichte nehmen ab, Ruhetemperatur, kritische Schallgeschwindigkeit, Strom- und Impulsdichte bleiben konstant. Die sprunghafte Zustandsänderung ist eine Idealisierung, weil die dabei auftretenden, unendlich großen Gradienten von Geschwindigkeit und Temperatur bei verschwindender Zähigkeit oder Wärmeleitfähigkeit eine endliche Dissipation bewirken. In Wirklichkeit erfolgt der Übergang der Gaszustände in einem endlichen Bereich, dessen Breite von der Größenordnung der freien Weglänge der Gasmoleküle ist. Die Vorgänge sind in den Einzelheiten nur durch molekular-physikalische Betrachtungen zu verfolgen. In Strömungen realer Gase, die als Kontinuum betrachtet werden dürfen, kann jedoch der V. als unstetige Zustandsänderung behandelt werden. Für einen starken V. verwendet man auch die Bezeichnung *Stoßwelle* oder *Schockwelle* (→ Druckwelle). Die → Machsche Welle ist ein V. verschwindender Stärke.

Nach dem zweiten Hauptsatz der Thermodynamik tritt ein zum V. umgekehrter Vorgang, ein Verdünnungsstoß, nicht auf, weil er mit einer Entropieverminderung verbunden wäre. Der V. besitzt ein Analogon im Wassersprung (→ Schießen und Strömen, → Analogie).

Man unterscheidet den senkrechten V., bei dem die Stoßfront senkrecht zu den Stromlinien steht (→ Strömungsfeld), und den schrägen V., bei dem die Stoßfront gegen die Zuströmrichtung geneigt und mit einer Strömungsablenkung verbunden ist. In senkrechten und schrägen Verdichtungsstößen mit gerader Stoßfront nimmt die Entropie in jedem Punkt um den gleichen Betrag zu, deshalb ist die Strömung hinter dem V. bei homogener Zuströmung wieder isentrop und drehungsfrei. Hinter einem gekrümmten V. ist die Strömung drehungsbehaftet, weil der Entropiezuwachs von Stromlinie zu Stromlinie verschieden ist.

1) *Senkrechter V.* Der senkrechte stationäre V. kann als ein eindimensionaler Strömungsvorgang angesehen werden. Er entsteht z. B. in einem kreiszylindrischen Rohr konstanten Querschnitts A, wenn stromabwärts ein höherer Druck als stromaufwärts vorliegt. Zur Ableitung der Grundgleichungen des senkrechten V.es sind die Zustandsgrößen vor dem Stoß ohne Index geschrieben, die nach dem Stoß sind mit Dach gekennzeichnet. Folgende Bezeichnungen werden verwendet: c bedeutet die Geschwindigkeit, ϱ die Dichte des Strömungsmediums, p den statischen Druck, i die Enthalpie, s die Entropie, c_p die spezifische Wärme bei konstantem Druck, c_v die spezifische Wärme bei konstantem Volumen, T die absolute Temperatur, $\varkappa$ den Isentropenexponent, R die Gaskonstante, g die Erdbeschleunigung, a^* die kritische Schallgeschwindigkeit, a die örtliche Schallgeschwindigkeit, $\mathrm{Ma}^* = c/a^*$ bzw. $\mathrm{Ma} = c/a$ die Machzahl. Der Index R kennzeichnet den Ruhezustand (→ Kesselzustand). Unter Beachtung konstanter Querschnittsfläche A lauten die Grundgleichungen des senkrechten V.es:

Kontinuitätsgleichung:

$$\varrho \cdot c = \hat{\varrho} \cdot \hat{c} \qquad (1)$$

Impulssatz der Strömungslehre:

$$\varrho \cdot c(c - \hat{c}) = \hat{p} - p \qquad (2)$$

Energiegleichung:

$$c^2/2 + i = \hat{c}^2/2 + \hat{\imath} \qquad (3)$$

Bei der Aufstellung der Gleichung (2) konnten Reibungskräfte wegen der sehr geringen Stoßfronttiefe vernachlässigt werden. Die Ruheenthalpie i_R bleibt beim Stoßdurchgang konstant, wenn von außen keine Wärme zugeführt wird. Die Wärmeabfuhr ist dabei auf Grund der verschwindenden Tiefe der Stoßfront vernachlässigbar. Aus Gleichung (3) folgt für ideale Gase konstanter spezifischer Wärme, da $i_\mathrm{R} = \hat{\imath}_\mathrm{R}$ ist, unter Berücksichtigung der Beziehungen $i_\mathrm{R} = c_p \cdot T_\mathrm{R}$ bzw. $\hat{\imath}_\mathrm{R} = c_p \cdot \hat{T}_\mathrm{R}$ sofort, daß die Ruhetemperatur beim Stoßdurchgang konstant bleibt: $T_\mathrm{R} = \hat{T}_\mathrm{R}$. Aus den Gasgleichungen $p_\mathrm{R} = \varrho_\mathrm{R} \cdot g \cdot R \cdot T_\mathrm{R}$ bzw. $\hat{p}_\mathrm{R} = \hat{\varrho}_\mathrm{R} \cdot g \cdot R \cdot \hat{T}_\mathrm{R}$ ergibt sich dann $p_\mathrm{R}/\varrho_\mathrm{R} = \hat{p}_\mathrm{R}/\hat{\varrho}_\mathrm{R}$.

Zur Ableitung der Beziehung zwischen den Machzahlen Ma^* vor dem Stoß und $\widehat{\mathrm{Ma}}^*$ nach dem Stoß eliminiert man aus Gleichung (2) mit Hilfe der Gasgleichung den Druck:

$$\varrho \cdot c(c - \hat{c}) = \\ = \varrho \cdot g \cdot R \cdot T_\mathrm{R} \left(\frac{\hat{\varrho}}{\varrho} \cdot \frac{\hat{T}}{T_\mathrm{R}} - \frac{T}{T_\mathrm{R}} \right).$$

Wird für $\hat{\varrho}/\varrho$ nach der Kontinuitätsgleichung $c/\hat{c} = \mathrm{Ma}^*/\widehat{\mathrm{Ma}}^*$ und für die Temperaturverhältnisse $T/T_\mathrm{R} = 1 - \frac{\varkappa - 1}{\varkappa + 1} \cdot \mathrm{Ma}^{*2}$ bzw. $\hat{T}/T_\mathrm{R} = 1 - \frac{\varkappa - 1}{\varkappa + 1} \cdot \widehat{\mathrm{Ma}}^{*2}$ geschrieben, so ergibt sich

$$c(c - \hat{c}) = \frac{\varrho \cdot g \cdot R \cdot T_\mathrm{R}}{\varkappa} \left[\frac{\mathrm{Ma}^*}{\widehat{\mathrm{Ma}}^*} \left(1 - \frac{\varkappa - 1}{\varkappa + 1} \widehat{\mathrm{Ma}}^{*2} \right) - \left(1 - \frac{\varkappa - 1}{\varkappa + 1} \widehat{\mathrm{Ma}}^{*2} \right) \right],$$

und unter Berücksichtigung der Beziehung $\frac{\varkappa \cdot g \cdot R \cdot T_{\mathrm{R}}}{\varkappa} = a^{*2}\,\frac{\varkappa+1}{2\cdot\varkappa}$ folgt daraus

$$\left(\frac{\varkappa-1}{\varkappa+1} - \frac{2\varkappa}{\varkappa+1}\right)\widehat{\mathrm{Ma}}^{*2} + \left[\frac{1}{\mathrm{Ma}^*} - \left(\frac{\varkappa-1}{\varkappa+1} - \frac{2\varkappa}{\varkappa+1}\right)\cdot \mathrm{Ma}^*\right]\widehat{\mathrm{Ma}}^* - 1 = 0.$$

Die Rechnung wird unabhängig von $\varkappa$, weil der in runden Klammern stehende Ausdruck genau -1 ist: $\widehat{\mathrm{Ma}}^{*2} - (1/\mathrm{Ma}^* + \mathrm{Ma}^*)\,\widehat{\mathrm{Ma}}^* + 1 = 0$. Diese quadratische Gleichung liefert außer der trivialen Lösung $\widehat{\mathrm{Ma}}^* = \mathrm{Ma}^*$ noch die Lösung

$$\widehat{\mathrm{Ma}}^* = 1/\mathrm{Ma}^*. \tag{4}$$

Daraus ist zu ersehen, daß ein senkrechter V. eine Gasströmung immer aus dem Überschallgebiet $\mathrm{Ma}^* > 1$ in das Unterschallgebiet $\widehat{\mathrm{Ma}}^* < 1$ überführt. Je größer Ma^* ist, um so stärker wird der V. sein, und um so kleiner wird $\widehat{\mathrm{Ma}}^*$ sein. Die kleinste Machzahl hinter dem Stoß wird bei $\widehat{\mathrm{Ma}}^*_{\max} = \sqrt{(\varkappa+1)/(\varkappa-1)}$ erreicht und beträgt $\mathrm{Ma}^*_{\min} = \sqrt{(\varkappa-1)/(\varkappa+1)}$. Mit sinkender Zuström-Machzahl Ma^* wird der Stoß schwächer und verschwindet für $\mathrm{Ma}^* = 1$ ganz. Das Verhältnis der Dichten hinter und vor dem V. ergibt sich aus der Kontinuitätsgleichung (1) und aus der Beziehung (4):

$$\hat{\varrho}/\varrho = c/\hat{c} = \mathrm{Ma}^*/\widehat{\mathrm{Ma}}^* = \mathrm{Ma}^{*2}.$$

Die durch den senkrechten V. maximal erreichbare Verdichtung des Gases ist ein endlicher Wert, der bei Strömen mit $\mathrm{Ma}^*_{\max} = \sqrt{(\varkappa+1)/(\varkappa-1)}$ auftritt: $(\hat{\varrho}/\varrho)_{\max} = (\varkappa+1)/(\varkappa-1)$. Die Vergrößerung des Dichteverhältnisses im senkrechten V. beträgt z. B. für zweiatomige Gase mit $\varkappa = 1{,}4$ nicht mehr als das Sechsfache. Bei isentroper Verdichtung existiert keine obere Grenze. Den Zusammenhang zwischen Druck und Dichte im Stoß erhält man, wenn die aus Gleichung (1) und (2) eliminierten Geschwindigkeiten $c = \sqrt{\frac{\hat{\varrho}}{\varrho}\cdot\frac{(\hat{p}-p)}{(\hat{\varrho}-\varrho)}}$ und $\hat{c} = \sqrt{\frac{\varrho}{\hat{\varrho}}\cdot\frac{(\hat{p}-p)}{(\hat{\varrho}-\varrho)}}$ in Gleichung (3) eingesetzt werden und wenn noch berücksichtigt wird, daß $i = \frac{\varkappa}{\varkappa-1}\cdot\frac{p}{\varrho}$ bzw. $\hat{i} = \frac{\varkappa}{\varkappa-1}\cdot(\hat{p}/\hat{\varrho})$ ist:

$$\frac{\hat{p}}{p} - \frac{\hat{\varrho}}{\varrho} = \frac{\varkappa-1}{2}\left(1+\frac{\hat{p}}{p}\right)\cdot\left(\frac{\hat{\varrho}}{\varrho}+1\right).$$

Diese Gleichung bezeichnet man als *Hugoniot-Gleichung*. Aufgelöst nach dem Dichteverhältnis ergibt sich

$$\frac{\hat{\varrho}}{\varrho} = \frac{c}{\hat{c}} = \frac{\mathrm{Ma}^*}{\widehat{\mathrm{Ma}}^*} = \frac{1+\frac{\varkappa+1}{\varkappa-1}\cdot\frac{\hat{p}}{p}}{\frac{\varkappa+1}{\varkappa-1}+\frac{\hat{p}}{p}}.$$

Die graphische Darstellung der Hugoniot-Gleichung in der Form $\hat{p}/p = f(\hat{\varrho}/\varrho)$ wird als *Hugoniot-Kurve* (Abb. 1) bezeichnet. Die Kurve weicht bei schwachen Stößen nur wenig vom Verlauf der Isentropen $\hat{p}/p = (\hat{\varrho}/\varrho)^\varkappa$ ab und besitzt eine senkrechte Asymptote, die für Luft bei $(\hat{\varrho}/\varrho)_{\max} \approx 6$ liegt. Der Entropiezuwachs durch den V. beträgt

$$\hat{s} - s = c_v \cdot \ln\frac{\hat{p}}{p}\cdot\left(\frac{\varrho}{\hat{\varrho}}\right)^\varkappa = c_v \ln\left[1+\frac{2\varkappa}{\varkappa+1}(\mathrm{Ma}^2-1)\right]\times\left[1-\frac{2}{\varkappa+1}\left(1-\frac{1}{\mathrm{Ma}^2}\right)\right]^\varkappa.$$

Für $(\mathrm{Ma}^2-1) < 1$ kann diese Gleichung in eine Reihe entwickelt werden: $\hat{s} - s = c_v\frac{2\varkappa(\varkappa-1)}{3(\varkappa+1)^2}(\mathrm{Ma}^2-1)^3 - + \cdots$ Bei schwachen Stößen ist der Entropiezuwachs somit proportional zu $(\mathrm{Ma}^2-1)^3$ bzw. zu $\left(\frac{\hat{p}-p}{p}\right)^3$.

Hugoniot-Kurve und Isentrope haben im Anfangspunkt $\hat{p}/p = \hat{\varrho}/\varrho = 1$ die gleiche Tangente. Man kann deshalb Gasströmungen mit schwachen Verdichtungsstößen noch als isentrop ansehen. Die Gleichung für die Entropiezunahme zeigt nochmals, daß Verdichtungsstöße nur in Überschallströmungen möglich sind, denn nur für $\mathrm{Ma} > 1$ ist $\hat{s} - s > 0$. Das Verhältnis der örtlichen Drücke vor und hinter dem Stoß kann nach einigen Umformungen aus vorstehenden Gleichungen als Funktion der Machzahl Ma bzw. Ma^* vor dem V. ausgedrückt werden:

$$\hat{p}/p = \frac{2\varkappa}{\varkappa+1}\cdot\mathrm{Ma}^2 - \frac{\varkappa-1}{\varkappa+1} \quad \text{bzw.}$$

$$\hat{p}/p = \frac{\mathrm{Ma}^{*2} - \frac{\varkappa-1}{\varkappa+1}}{1-\frac{\varkappa-1}{\varkappa+1}\,\mathrm{Ma}^{*2}}.$$

Zur Bestimmung der Ruhedichte- und Ruhedruckverhältnisse nach dem Stoß wird von den Gleichungen

$$\varrho/\varrho_{\mathrm{R}} = \left[1-\frac{\varkappa-1}{\varkappa+1}\cdot\mathrm{Ma}^{*2}\right]^{1/(\varkappa-1)} \quad \text{und}$$

$$\hat{\varrho}/\hat{\varrho}_{\mathrm{R}} = \left[1-\frac{\varkappa-1}{\varkappa+1}\,\widehat{\mathrm{Ma}}^{*2}\right]^{1/(\varkappa-1)} = \left[1-\frac{\varkappa-1}{\varkappa+1}\cdot\frac{1}{\mathrm{Ma}^{*2}}\right]^{1/(\varkappa-1)}$$

ausgegangen. Beachtet man die Kontinuitätsgleichung und setzt $\hat{\varrho}/\varrho = \mathrm{Ma}^{*2}$, so erhält man die Bestimmungsgleichung

$$\hat{\varrho}_{\mathrm{R}}/\varrho_{\mathrm{R}} = \hat{p}_{\mathrm{R}}/p_{\mathrm{R}} = \mathrm{Ma}^{*2}\left[\frac{1-\frac{\varkappa-1}{\varkappa+1}\,\mathrm{Ma}^{*2}}{1-\frac{\varkappa-1}{\varkappa+1}\cdot\frac{1}{\mathrm{Ma}^{*2}}}\right]^{1/(\varkappa-1)} \tag{5}$$

Da T_{R} = konst. ist, folgt aus der Gasgleichung die in Gleichung (5) benutzte Beziehung $\hat{\varrho}_{\mathrm{R}}/\varrho_{\mathrm{R}} = \hat{p}_{\mathrm{R}}/p_{\mathrm{R}}$. Durch Gleichung (5) ist der Verlust an Ruhedruck infolge eines senkrechten V.es gegeben, der den Wellenwiderstand (→ Strömungswiderstand) bestimmt. Der Ruhedruckverlust ist bei geringen Überschallgeschwindigkeiten klein, nimmt aber bei großen Zuström-Machzahlen beträchtliche Werte an. Das Verhältnis $\hat{p}_{\mathrm{R}}/p_{\mathrm{R}}$ ist im Ausströmdiagramm (→ Ausströmen) dargestellt und kann dem in Abschn. 3) behandelten Stoßpolarendiagramm

1 Hugoniot-Kurve und Isentrope

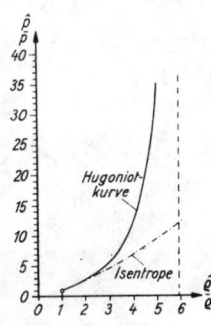

entnommen werden. Die Zustände unmittelbar vor und hinter dem V. sind durch die Berührungspunkte der Tangente an die Druckkurven $p = f(\mathrm{Ma}^*)$ und $\hat{p} = f(\mathrm{Ma}^*)$ gegeben (→ Ausströmen). Die Tangente schneidet die Ordinate im Abstand $p + \varrho \cdot c^2 = \hat{p} + \hat{\varrho} \cdot \hat{c}^2$. Das bisher betrachtete System, bei dem der V. ruht und das Gas mit $\mathrm{Ma}^* > 1$ auf die Stoßfront zuströmt und mit $\widehat{\mathrm{Ma}}^*$ abströmt, ist für die Rohrströmung geeignet. Breitet sich eine Stoßwelle in ein ruhendes Gas aus, so folgt das Medium dem Stoß mit der Machzahl $\mathrm{Ma}^* - \dfrac{1}{\mathrm{Ma}^*}$. Die Stoßwelle selbst bewegt sich mit Überschallgeschwindigkeit fort (→ Druckwelle).

2) *Schräger V.* Der schräge V. tritt in der Natur häufiger auf als der senkrechte. Er entsteht, wenn die Überschallströmung beim Durchgang durch den V. ihre Richtung ändern muß. So bildet sich bei der Strömung längs einer konkaven Ecke ein Stoß, beim Strömen entlang einer konvexen Ecke (→ Prandtl-Meyer-Strömung) jedoch ein Verdünnungsfächer. Die an Körpern in Überschallströmungen auftretenden Kopfwellen und Schwanzwellen stellen schräge Verdichtungsstöße dar. Zur Ableitung der Grundgleichungen des schrägen V.es werden zusätzlich zu den in Abschn. 1) definierten Größen noch folgende Bezeichnungen verwendet (Abb. 2a): σ = Stoßwinkel (Winkel zwischen Zuströmrichtung und Stoßfront), ϑ = Ablenkwinkel der Strömung. Der Geschwindigkeitsvektor $\vec{c}$ wird in die Komponenten senkrecht (Index n) und parallel (Index t) zur Stoßfront zerlegt: c_n und c_t. Entsprechendes gilt für den Geschwindigkeitsvektor $\hat{\vec{c}}$ hinter dem Stoß. Zur Anwendung des Impulssatzes der Strömungslehre wird entsprechend Abb. 2b eine Kontrollfläche K gewählt, die von zwei Stromlinien und je einer Parallelen zur Stoßfront vor und

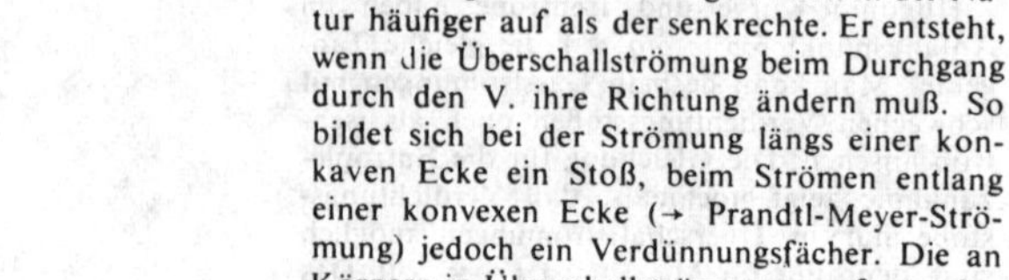

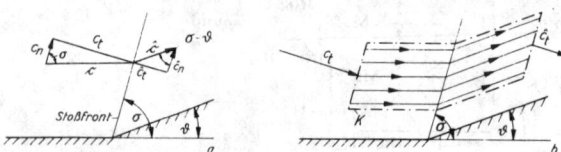

2 Schräger Verdichtungsstoß: *a* Erläuterung der Bezeichnungen, *b* Kontrollfläche zur Anwendung des Impulssatzes

hinter dem Stoß gebildet wird. Entsprechend den Gleichungen (1) bis (3) für den senkrechten V. lauten die Grundgleichungen für den schrägen V.:

Kontinuitätsgleichung:

$$\varrho \cdot c_n = \hat{\varrho} \cdot \hat{c}_n. \tag{6}$$

Impulssatz senkrecht zur Stoßfront:

$$p + \varrho \cdot c^2 = \hat{p} + \hat{\varrho} \cdot \hat{c}^2_n. \tag{7}$$

Impulssatz parallel zur Stoßfront:

$$\varrho \cdot c_n \cdot c_t = \hat{\varrho} \cdot \hat{c}_n \cdot \hat{c}_t. \tag{8}$$

Energiegleichung:

$$\tfrac{1}{2}(c_n^2 + c_t^2) + i = \tfrac{1}{2}(\hat{c}_n^2 + \hat{c}_t^2) + \hat{\imath}. \tag{9}$$

Aus Gleichung (6) und (8) folgt sofort $c_t = \hat{c}_t$.

Da beim Stoßdurchgang die tangentialen Geschwindigkeitskomponenten unverändert bleiben, kann dem gesamten System eine Geschwindigkeit $-c_t$ überlagert werden. Damit bleiben in dem Relativsystem nur die normal zur Stoßfront stehenden Geschwindigkeitskomponenten erhalten, und die Berechnung des schrägen V.es ist auf die Berechnung des senkrechten V.es zurückgeführt. Diese Tatsache kann auch folgendermaßen ausgedrückt werden: Eine zweidimensionale Strömung mit schrägem V. erhält man, indem der eindimensionalen Strömung mit senkrechtem V. eine konstante Geschwindigkeit c_t überlagert wird. Dadurch ändert sich zwar die Kinematik der Strömung, die statischen und thermodynamischen Beziehungen für Druck, Dichte und Temperatur vor und hinter dem Stoß bleiben jedoch unverändert. Im Gegensatz zum senkrechten V. ändert sich beim schrägen V. nicht die Geschwindigkeit c, sondern nur ihre Normalkomponente c_n beim Stoßdurchgang sprunghaft. Deshalb liegt hinter einem schrägen V. meist noch Überschallströmung $\widehat{\mathrm{Ma}}^* > 1$ vor. Berücksichtigt man in den Grundgleichungen (6) bis (9) die Beziehung $c_t = \hat{c}_t$, so bleiben nur die drei Gleichungen

$$\varrho c_n = \hat{\varrho} \cdot \hat{c}_n$$
$$p + \varrho \cdot c_n^2 = \hat{p} + \hat{\varrho} \cdot \hat{c}_n^2$$
$$c_n^2/2 + i = \hat{c}_n^2/2 + \hat{\imath}$$

übrig. Sie stimmen mit den Gleichungen (1) bis (3) des senkrechten V.es überein, wenn c_n und $\hat{c}_n$ durch c bzw. $\hat{c}$ ersetzt werden. Um alle für den senkrechten V. abgeleiteten Beziehungen auch für den schrägen V. anwenden zu können, muß außerdem beachtet werden, daß im Relativsystem nur die Ruhetemperatur T_{Rn} auftritt, die den Aufstau der Strömung mit der Geschwindigkeit c_n enthält: $T_{Rn} = \hat{T}_{Rn} = T + \dfrac{c_n^2}{2g}$. Damit unterscheiden sich auch die kritischen Schallgeschwindigkeiten a^* und a_n^*. Die Machzahlen vor und hinter dem Stoß sind dann in der Form $\mathrm{Ma}_n^* = c_n/a_n^*$ bzw. $\widehat{\mathrm{Ma}}_n^* = \hat{c}_n/a_n^*$ an Stelle von Ma^* bzw. $\widehat{\mathrm{Ma}}^*$ in die für den senkrechten Stoß abgeleiteten Gleichungen einzusetzen. Zwischen ihnen besteht entsprechend Gleichung (4) der Zusammenhang

$$\widehat{\mathrm{Ma}}_n^* = 1/\mathrm{Ma}_n^*, \tag{10}$$

wobei nach Abb. 2a noch $\widehat{\mathrm{Ma}}_n^* = \widehat{\mathrm{Ma}}^* \cdot \sin(\sigma - \vartheta)$ und $\mathrm{Ma}_n^* = \mathrm{Ma}^* \cdot \sin \sigma$ eingeführt werden kann. Das Verhältnis der Tangentialkomponente zur Normalkomponente der Geschwindigkeit vor und hinter dem Stoß bestimmt sich zu $c_t/c_n = \cot \sigma$ und $c_t/\hat{c}_n = \cot(\sigma - \vartheta)$. Damit erhält man für $\mathrm{Ma}_n^*/\widehat{\mathrm{Ma}}_n^*$ unter Berücksichtigung von Gleichung (10) $\mathrm{Ma}_n^*/\widehat{\mathrm{Ma}}_n^* = \cot(\sigma - \vartheta)/\cot \sigma = \mathrm{Ma}_n^{*2}$. Nach kurzer Rechnung ergibt sich aus vorstehenden Gleichungen der Zusammenhang zwischen den Machzahlen vor und hinter dem Stoß:

$$\widehat{\mathrm{Ma}}^{*2} = \mathrm{Ma}^{*2} \cos^2 \sigma + \frac{\left(1 - \dfrac{\varkappa - 1}{\varkappa + 1} \mathrm{Ma}^{*2} \cos^2 \sigma\right)^2}{\mathrm{Ma}^{*2}(1 - \cos^2 \sigma)}.$$

Bei gleicher Zuström-Machzahl Ma ist der schräge V. immer schwächer als der senkrechte V. Das ist um so ausgeprägter, je kleiner der Winkel σ ist, wie aus der Gleichung $\dfrac{\hat{p}}{p} =$

$\frac{2\varkappa}{\varkappa+1}\,\mathrm{Ma}^2 \sin^2\sigma - \frac{\varkappa-1}{\varkappa+1}$ hervorgeht. Als Grenzwerte ergeben sich für $\sigma = 90°$ die Werte für den senkrechten V., und bei verschwindender Druckerhöhung $\hat{p} \approx p$ geht der schräge V. in die unendlich schwache Machsche Welle über, wobei der Neigungswinkel σ der Stoßfront gegen die Zuströmrichtung gleich dem Machschen Winkel α ist. Die Kopfwelle und die Schwanzwelle gehen in größerer Entfernung vom umströmten Körper in eine Machsche Welle über.

In schrägen Verdichtungsstößen tritt bei gleicher Zuström-Machzahl ein geringerer Ruhedruckverlust als in senkrechten auf:

$$\frac{\hat{p}_\mathrm{R}}{p_\mathrm{R}} = \mathrm{Ma}^{*2}_{"} \cdot \left[\frac{1 - \frac{\varkappa-1}{\varkappa+1}\,\mathrm{Ma}^{*2}_{"}}{1 - \frac{\varkappa-1}{\varkappa+1}\,\frac{1}{\mathrm{Ma}^{*2}_{"}}}\right]^{1/(\varkappa-1)}$$

Diesen Umstand nutzt man beim Stoßdiffusor aus, der die Überschallgasströmung erst nach einer Reihe von schrägen Stößen durch einen senkrechten V. in das Unterschallgebiet überführt (→ Diffusor). Zwischen dem Umlenkwinkel ϑ, der Machzahl Ma und dem Winkel σ besteht der Zusammenhang

$$\tan\vartheta = \frac{2}{\tan\sigma} \cdot \frac{\mathrm{Ma}^2 \sin^2\sigma - 1}{(\varkappa + \cos^2\sigma)\,\mathrm{Ma}^2 + 2}.$$

Für jede Zuström-Machzahl existiert bei einem bestimmten σ ein Maximalwert des Umlenkwinkels, der mit ϑ_{kr} bezeichnet wird. Selbst für $\mathrm{Ma} = \infty$ ist ϑ_{kr} endlich und beträgt z. B. für zweiatomige Gase 46°. Wenn an einem Strömungskörper $\vartheta > \vartheta_{\mathrm{kr}}$ ist, löst sich der V. vom Körper ab. Es bildet sich eine abgelöste Kopfwelle, deren Front gekrümmt ist. Die quadratische Gleichung

$$\hat{\mathrm{Ma}}^2 \sin^2(\sigma - \vartheta) = \frac{(\varkappa - 1)\,\mathrm{Ma}^2 \sin^2\sigma + 2}{2\varkappa\,\mathrm{Ma}^2 \sin^2\sigma - (\varkappa - 1)}$$

zeigt, daß für jede Zuström-Machzahl $\mathrm{Ma} > 1$ und jeden Ablenkwinkel $\vartheta < \vartheta_{\mathrm{kr}}$ zwei Werte von $\hat{\mathrm{Ma}}$ existieren. Der eine liegt im Überschallgebiet, der andere jedoch im Unterschallgebiet. Versuche zeigten, daß von den zwei möglichen Lagen des schrägen V.es diejenige stabiler ist, bei der hinter dem Stoß noch Überschallgeschwindigkeit vorliegt. Der starke V., der zu Unterschallströmung führt, ist für den abgelösten V. von Bedeutung. Auf Grund der sehr geringen Tiefe der Stoßfront können die für ebene schräge Verdichtungsstöße abgeleiteten Gleichungen auch für rotationssymmetrische Verdichtungsstöße verwendet werden. Dabei ist jedoch zu berücksichtigen, daß in rotationssymmetrischer Strömung die Richtung der Gasströmung unmittelbar hinter dem Stoß nicht parallel zur Körperoberfläche verläuft. Der Ablenkwinkel ϑ der Strömung nähert sich asymptotisch dem halben Öffnungswinkel des Kegels. Bei gleichem Öffnungswinkel von Kegel und Keil ist der V. am Kegel schwächer als am Keil. Die für die Praxis wichtigste Aufgabe besteht darin, für den vorgegebenen Strömungszustand vor dem Stoß und für den bekannten geometrischen Ablenkwinkel ϑ den Strömungszustand hinter dem V. und die Lage des Stoßes selbst zu bestimmen. Das geschieht am einfachsten mit dem Stoßpolarendiagramm.

3). *Stoßpolarendiagramm* von Busemann. In der u, v-Hodographenebene (→ komplexe Methoden 1) werden von dem festen Anfangspunkt O aus der bekannte Geschwindigkeitsvektor $\vec{c}$ vor dem Stoß und die zu verschiedenen Ablenkwinkeln ϑ hinter dem V. gehörenden Geschwindigkeitsvektoren $\vec{\hat{c}}$ aufgetragen (Abb. 3). Die von den Endpunkten des Vektors

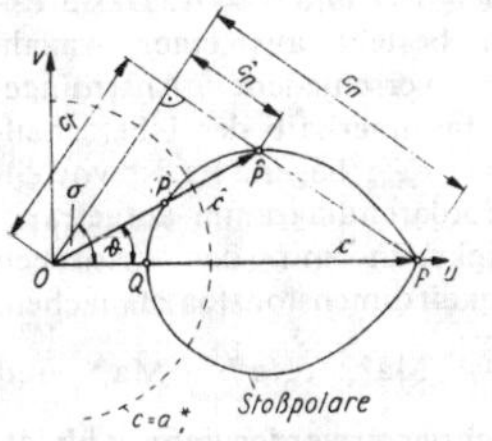

3 Stoßpolare

$\vec{\hat{c}}$ gebildete Kurve wird die zu $\vec{c}$ gehörige → Stoßpolare genannt und geht auf Busemann zurück. Sie liefert die geometrischen Beziehungen zwischen $\vec{c}$, $\vec{\hat{c}}$, ϑ und σ. In dem u, v-Koordinatensystem der Abb. 3 lautet die Gleichung der Stoßpolaren für den Punkt $\hat{P}$:

$$\hat{v}^2 \cdot \left[\frac{a^{*2}}{u} + \frac{2}{\varkappa + 1} \cdot u - \hat{u}\right] = (u - \hat{u})^2 \left(\hat{u} - \frac{a^{*2}}{u}\right),$$

wobei zwischen den Komponenten der Geschwindigkeitsvektoren und den u, v-Koordinaten folgende Beziehungen bestehen: $c_t = \hat{c}_t = u \cdot \cos\sigma$, $c_n = u \cdot \sin\sigma$, $\hat{c}_n = u \cdot \sin\sigma - \frac{\hat{v}}{\cos\sigma}$.

Die Stoßpolare ist durch die konstante Geschwindigkeit $c = u$ vor dem Stoß und durch die von der Ruhetemperatur T_R abhängige kritische Schallgeschwindigkeit a^* bestimmt. Die Stoßpolare ist eine Kurve dritter Ordnung, die als *kartesisches Blatt* bezeichnet wird. Die beiden Schnittpunkte P und Q der Stoßpolare mit der u-Achse liegen reziprok bezüglich des Kreises $c = a^*$ um den Anfangspunkt O. Dieser Kreis teilt die Stoßpolare in zwei Teile, denen Verdichtungsstöße mit Unter- bzw. Überschallgeschwindigkeiten hinter dem Stoß entsprechen. Im Punkt Q liegt der zu $\vec{c}$ gehörige senkrechte V. Der Punkt P der Stoßpolare ist der Doppelpunkt des kartesischen Blattes. Eine Fortsetzung der Kurve über P hinaus besitzt keine physikalische Bedeutung, da sie Verdünnungsstöße liefern würde. Für $\hat{P} \to P$ geht der V. in die Machsche Welle über. Der Stoßwinkel σ ist dann gleich dem Machschen Winkel α. Die Tangenten im Doppelpunkt der Stoßpolaren bilden daher mit der u-Achse den Winkel $\frac{\pi}{2} - \alpha$.

Damit wird bestätigt, daß der Stoßwinkel σ immer größer ist als der Machsche Winkel α. Der kritische Ablenkwinkel ϑ_{kr} ist der Winkel zwischen der Tangente vom Punkt O aus an die Stoßpolare und der Abszisse. Für $\vartheta < \vartheta_{\mathrm{kr}}$ ergeben sich zwei Schnittpunkte $\hat{P}$ und $(\hat{P})$. Der erste Punkt entspricht dem schwächeren schrägen V., der zweite Punkt ist von Bedeutung für den abgelösten V. Für $\vartheta > \vartheta_{\mathrm{kr}}$ existiert kein Schnittpunkt mit der Stoßpolaren. Der V. liegt in diesem Fall vor dem Körper, und seine Front ist gekrümmt; man spricht von einer abgelösten → Kopfwelle. Der Stoß ist in der Symmetrieebene des Körpers zunächst senkrecht, geht in einen schrägen V. über und nähert sich in großer Querentfernung vom Körper der Richtung der Machschen Wellen. Längs der gekrümmten Stoßfront durchläuft der Stoßwinkel σ alle Werte zwischen $\sigma = \pi/2$ und $\sigma = \alpha$. Das Stoßpolarendiagramm besteht aus einer Anzahl Stoßpolaren für verschiedene Anströmgeschwindigkeiten, die innerhalb des Überschallbereiches $a^* < c < c_{max}$ liegen. Es ist vorteilhaft, die im Stoßpolarendiagramm aufgetragenen Geschwindigkeiten mit der kritischen Schallgeschwindigkeit dimensionslos zu machen, so daß für $\frac{c}{a^*} = \mathrm{Ma}^*$, $c_n/a^*_{\text{n}} = \mathrm{Ma}^*_{\text{n}}$ und $\hat{c}_n/a^*_{\text{n}} = \widehat{\mathrm{Ma}}^*_{\text{n}}$ geschrieben werden kann (Abb. 4). Für $\mathrm{Ma}^*_{max} = \sqrt{(\varkappa + 1)/(\varkappa - 1)}$ geht die Stoßpolare in einen Kreis über, für $\mathrm{Ma}^* = 1$ entartet sie zu einem Punkt. Alle übrigen Stoßpolaren liegen im Inneren dieses Kreises und umschließen den Punkt $\mathrm{Ma}^* = 1$. Das Ruhedruckverhältnis $\hat{p}_R/p_R$ ist in das Stoßpolarendiagramm noch mit eingetragen. Man erkennt, daß bei kleinen Ablenkwinkeln ϑ der Ruhedruckverlust gering ist. Bei senkrechten Stößen nimmt er mit steigender Machzahl Ma^* beträchtliche Werte an. Für Ma^*_{max} wird $\hat{p}_R/p_R$ unabhängig vom Ablenkwinkel ϑ gleich Null.

Ist für eine vorgegebene Machzahl Ma^* und einen bestimmten Ablenkwinkel ϑ die Machzahl $\widehat{\mathrm{Ma}}^*$ hinter dem Stoß mit Hilfe des Stoßpolarendiagramms ermittelt, so können die restlichen Zustandsgrößen hinter dem V. mit Hilfe der in Abschn. 1) und 2) angegebenen Formeln berechnet werden.

Die in Hyperschallströmungen (→ Strömung) auftretenden Verdichtungsstöße können mit den in den Abschnitten 1 bis 3 abgeleiteten Beziehungen nicht behandelt werden, weil die mit ihnen verbundenen starken Temperaturerhöhungen zur Dissoziation oder sogar zur Ionisation des Gases führen.

4) *Behandlung von Verdichtungsstößen mit dem Charakteristikenverfahren.* Da schwache Verdichtungsstöße als isentrope Zustandsänderung angesehen werden können, sind sie auch mit Hilfe des → Charakteristikenverfahrens zu behandeln. Dabei entspricht die Charakteristik näherungsweise dem Bereich der Stoßpolaren, in dem der Ablenkwinkel ϑ klein ist.

5) *Reflexion und Überlagerung von Verdichtungsstößen.* Ebene geradlinige Stoßfronten ergeben sich, wenn ein in Parallelströmung vorhandener V. an einer festen Wand oder an einer freien Strahlgrenze reflektiert wird oder wenn sich zwei gegenläufige Verdichtungsstöße durchkreuzen oder ein V. von einem nachfolgenden Stoß überholt wird. Das Strömungsfeld setzt sich dabei teilweise aus Parallelströmungen und Verdünnungsfächern (→ Prandtl-Meyer-Strömung) zusammen. Trifft eine Stoßfront schräg auf eine Wand auf, so ist hinter dieser die Strömung der Wand zugekehrt. Für den reflektierten Stoß gibt es im Stoßpolarendiagramm zwei Lösungen, wobei der schwächere V. zu verwenden ist. Einfalls- und Reflexionswinkel der Stoßfront sind im allgemeinen verschieden; im Grenzfall sehr schwacher Verdichtungsstöße, der Machschen Wellen, stimmen sie überein. Bei der Reflexion eines Stoßes an einem freien Strahlrand, außerhalb dessen sich das Medium in Ruhe befindet, muß der Druck im Reflexionspunkt sprunghaft absinken. An dieser Stelle beginnt ein Verdünnungsfächer. Die Reflexion führt zu einem scharfen Knick im Strahlrand. Bei schwachen Stößen kann das Problem mit dem Stoßpolarendiagramm unter Zuhilfenahme des Charakteristikenverfahrens gelöst werden.

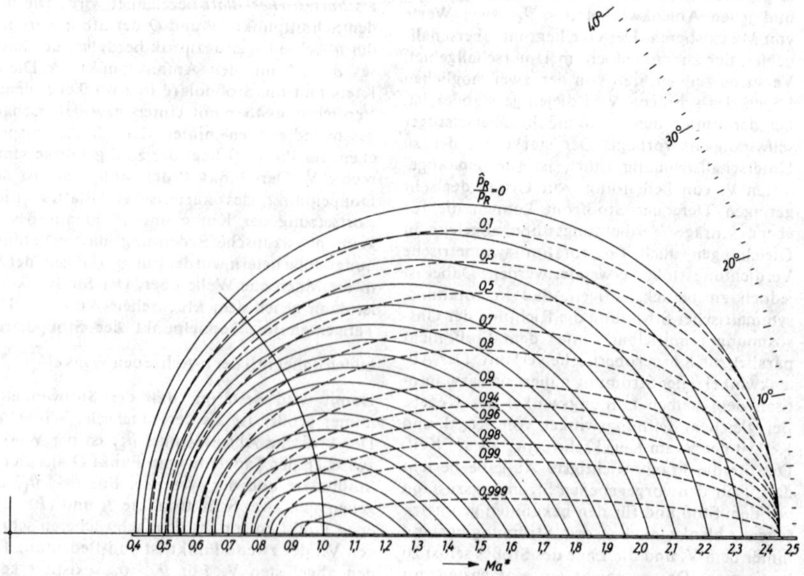

4 Stoßpolarendiagramm für $\varkappa = 1,4$

Liegen starke Stöße vor, so muß der Ruhedruckverlust berücksichtigt werden. Man verwendet dann zweckmäßig ein Diagramm, bei dem als kartesische Koordinaten $\log(\hat{p}/p)$ und der Ablenkwinkel ϑ verwendet werden. Darin stellen sich die Stoßpolaren in der Form von Herzkurven dar. Zum besseren Arbeiten mit diesem *Herzkurvendiagramm* sind in dieses noch Linien σ = konst. eingetragen. Mit Hilfe des Herzkurvendiagramms können das Durchkreuzen gegenläufiger Stöße, das Einholen zweier Verdichtungsstöße, drehungsbehaftete Strömungen hinter gekrümmten Stoßfronten, Überschallströmungen mit Trennungsflächen und der Gabelstoß behandelt werden. Der *Gabelstoß* ist eine besondere Art des V.es. Beim Zusammentreffen zweier Verdichtungsstöße kann oberhalb einer bestimmten Machzahl in der Zuströmung, die z. B. Ma = 1,2447 für $\varkappa$ = 1,405 beträgt, nur ein einziger Stoß abzweigen, ohne daß am Verzweigungspunkt ein Verdünnungsfächer auftritt. Dieser Gabelstoß tritt bei → Grenzschichtablösung in Wandnähe umströmter Körper und bei der Reflexion schräger instationärer Verdichtungsstöße an reibungsfreien Wänden auf. Die vom Verzweigungspunkt ausgehende Stromlinie stellt eine Trennungsfläche dar.

Lit. Albring: Angewandte Strömungslehre (4. Aufl. Dresden 1970); Oswatitsch: Gasdynamik (2. Aufl. Wien 1973); Sauer: Einführung in die theoretische Gasdynamik (3. Aufl. Berlin, Göttingen, Heidelberg 1960), Nichtstationäre Probleme der Gasdynamik (Berlin, Göttingen, Heidelberg 1966).

Verdichtungswelle, → Druckwelle.

Verdopplungszeit, die Zeitspanne, die zur Verdopplung des Neutronenflusses in einem Reaktor notwendig ist (→ Reaktivität, → Reaktorperiode). Bei Brutreaktoren bezeichnet man mit V. diejenige Zeit, nach deren Ablauf sich der Spaltstoffeinsatz verdoppeln würde.

Verdrängungsdicke, → Grenzschicht.

Verdrillung, svw. Torsion.

Verdünnungsanalyse, *Isotopenverdünnungsanalyse*, analytische Methode, mit der durch Zugabe eines markierten Stoffes (→ Tracer) die Menge des gleichen, aber unmarkierten Stoffes in einem Gemisch bestimmt werden kann.

Verdünnungsfächer, → Prandtl-Meyer-Strömung.

Verdünnungswärme, → Lösungswärme.

Verdünnungswelle, → Druckwelle.

Verdunstung, der langsame Übergang eines flüssigen Stoffes in den gasförmigen Zustand unterhalb der normalen Siedetemperatur des jeweiligen Stoffes. Die V. vollzieht sich im Gegensatz zum → Sieden nur an der Oberfläche der verdunstenden Flüssigkeit. Die V. nimmt mit steigender Temperatur zu und geht am Siedepunkt in den Siedeprozeß über. Bei der V. wird Wärme verbraucht, die der Flüssigkeit und der Umgebung entzogen wird. Dieser Wärmeentzug bewirkt eine *Verdunstungskühlung*. Die Wirksamkeit der Kühlung hängt vor allem ab von der Diffusion des Dampfes über der Oberfläche der Flüssigkeit. Man erhöht sie durch große Oberflächen, lange Berührungszeit und große Relativgeschwindigkeit zwischen Flüssigkeit und Gas. Die Verdunstungskühlung wird z. B. in Kühltürmen für Kühlwasser ausgenutzt.

Wichtig für den Wasserkreislauf der Erde ist die V. der Wasserflächen, der Bodenfeuchtigkeit, der Pflanzen, der Schneeflächen u. ä. Äcker und Wiesen geben wenig, Wälder viel Wasser durch V. ab. Die V. des Wassers bestimmt in der Natur die Luftfeuchtigkeit. Dasselbe Wasser fällt im Wechsel zwischen Niederschlag und V. etwa 30- bis 40mal im Jahr nieder. Der Wasserkreislauf zwischen Meer und Land ist nur ein Teil dieser Vorgänge.

Vereinigtes Institut für Kernforschung Dubna *VIK Dubna*, erstes, am 26. 3. 1956 in Dubna (130 km nördlich von Moskau am Wolgaufer zwischen Moskauer Meer und Dubnaeinmündung gelegen) mit dem Ziel gegründetes Großforschungszentrum der sozialistischen Länder, auf die friedliche Nutzung der Kernenergie gerichtete Grundlagenforschung auf dem Gebiet der Kern- und Elementarteilchenphysik zu betreiben. Neben den bei der Gründung von der UdSSR kostenlos eingebrachten Laboratorien für *hohe Energien* mit dem 10-GeV-Synchrophasotron und für *Kernprobleme* mit dem 680-MeV-Synchrozyklotron gibt es heute vier weitere Laboratorien, und zwar für *theoretische Physik*, für *Kernreaktionen* mit den Schwerionenzyklotronen U-310 und U-200, für *Neutronenphysik* mit dem schnellen 30-kW-Impulsreaktor IBR-30 und für *Rechentechnik* und *Automatisierung*, das mit modernen Rechenmaschinen ausgerüstet ist. Am 76-GeV-Beschleuniger in Serpuchow unterhält das VIK eine ständige Filiale. Im Aufbau befinden sich ein schneller 4-MW-Impulsreaktor IBR-2 und ein universelles Schwerionenringtron. Die Mitarbeit der Teilnehmerländer erfolgt gleichberechtigt und unabhängig von der Höhe der jährlichen Mitgliedsbeiträge. Die Zahl der Mitarbeiter betrug Ende 1970 etwa 5000.

Zu den Erfolgen des VIK zählen u. a. die Entdeckung des Antisigmaminushyperons, des Isotops Antihelium-3, der unerwarteten Größe des Realteils der Streuamplitude der elastischen Streuung bei hohen Energien, Beweise für die Ladungsunabhängigkeit der Kernkräfte, die Entdeckung der doppelten Pionenumladung, die eindeutige Identifizierung der Elemente 102 und 103, die Entdeckung der Elemente 104 und 105, die Entdeckung der Emission verzögerter Protonen, der spontanen Spaltung aus dem isomeren Zustand, der verzögerten Spaltung, die Entdeckung von etwa 200 neuen neutronendefiziten und neutronenangereicherten Isotopen, darunter He-8, Untersuchungen mit ultrakalten Neutronen. Bis Ende 1971 wurden weit über 6500 wissenschaftliche Arbeiten veröffentlicht.

vereinigtes Kernmodell, → Kernmodelle.

Vereinigung, → Menge.

Verfärbung von Kristallen, → Farbzentrum.

Verfestigung, eine Erhöhung der Fließspannung durch vorangegangene plastische Verformungen. Unter *linearer V.* versteht man den linearen Zusammenhang zwischen der Fließspannung σ_F und der logarithmischen Formänderung φ. Die lineare V. läßt sich durch die Beziehung

$$\sigma_F = \sigma_{F_0}(1 + \beta|\varphi|)$$

beschreiben. Für $|\varphi| \geqq 0{,}4$ wird das Werkstoffverhalten damit hinreichend genau dargestellt.

Das Verhältnis der im Versuch vorliegenden Normalspannung zur Fließspannung heißt *Verfestigungsverhältnis*.

Verfestigungsexponent, Exponent n bei der Beschreibung der Fließkurve durch die Potenzfunktion $k_f = a\varphi_g^n$. Dabei ist k_f die Formänderungsfestigkeit, φ_g größte logarithmische Hauptformänderung und a die Formänderungsfestigkeit für $\varphi_g = 1$. Wird die Fließkurve in doppeltlogarithmischem Papier aufgetragen, so ist n gleich dem Anstieg der Geraden. Panknin und Shawki zeigten auf mathematischem Wege, daß bei Gültigkeit der obigen Approximation n und die Gleichmaßdehnung φ_{gl} identisch sind. Eine experimentelle Übereinstimmung besteht jedoch nicht, da der Anstieg aus einer meist ausgleichenden Kurve berechnet wird bzw. bei einigen Werkstoffen die Bruchschubfestigkeit vor dem Stabilitätsverlust erreicht wird.

Verfestigungsregel, mathematische Beschreibung der Verfestigungseigenschaft. 1) *Isotrope V.*: Die ursprüngliche Fließfläche weitet sich geometrisch ähnlich auf, d. h., die Fließfläche behält ihre Form, ihren Mittelpunkt und ihre Orientierung bei (Abb. 1). Bei geometrisch gleichmäßiger Aufweitung ist die Druckfließspannung gleich der Zugfließspannung. Der Bauschinger-Effekt kann also nicht berücksichtigt werden. Bei Verwendung der Huber-Misesschen Fließbedingung lautet die isotrope V.

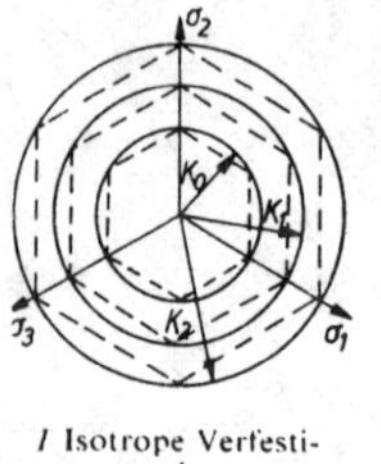

1 Isotrope Verfestigungsregel

$$2f(\sigma_{ij}) = s_{ij}s_{ij} = 2k^2.$$

2) *Kinematische V.*: Hier wird der ideale Bauschinger-Effekt berücksichtigt. Die Fließfläche verschiebt sich wie ein starrer Körper im Spannungsraum (Abb. 2). Bei Verwendung der Huber-Misesschen Fließbedingung lautet die kinematische V.

$$2f(\sigma_{ij}) = (s_{ij} - \alpha_{ij})(s_{ij} - \alpha_{ij}) = 2k_0^2.$$

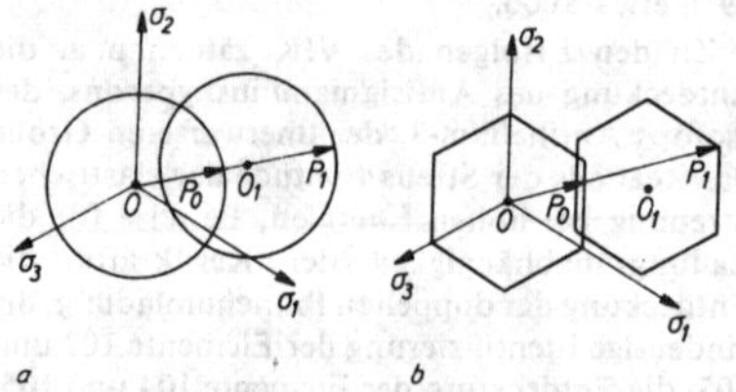

2 Kinematische Verfestigungsregel: *a* bei Huber-Misesscher Fließbedingung, *b* bei Trescascher Fließbedingung

3) *V. nach Islinski und Prager*: Von Islinski und Prager wurde folgender Ansatz für den Verschiebungstensor α_{ij} der kinematischen Verfestigungsregel angegeben:

$$\alpha_{ij} = c\varepsilon_{ij}^{pl}.$$

Der Verschiebungstensor ist dem Tensor der plastischen Formänderung proportional.

4) *V. nach Ziegler*: Von Ziegler wurde folgender Ansatz für den Zuwachs des Verschiebungstensors α_{ij} der kinematischen Verfestigungsregel angegeben:

$$d\alpha_{ij} = d\mu(\sigma_{ij} - \alpha_{ij})$$

$d\mu$ ist eine positive skalare Größe, σ_{ij} Spannungstensor, α_{ij} Verschiebungstensor, s_{ij} Spannungsdeviator.

5) *V. nach Kadaševil-Novožilov*: Sie stellt eine Kombination von isotroper und kinematischer V. dar. Die Verfestigungseigenschaft wird sowohl durch eine zugelassene Aufweitung der Fließfläche entsprechend der isotropen V. als auch durch eine Verschiebung der gesamten Fläche im Spannungsraum entsprechend der kinematischen V. beschrieben (Abb. 3). Der mathematische Ausdruck lautet dann:

$$(s_{ij} - \alpha_{ij})(s_{ij} - \alpha_{ij}) = k^2.$$

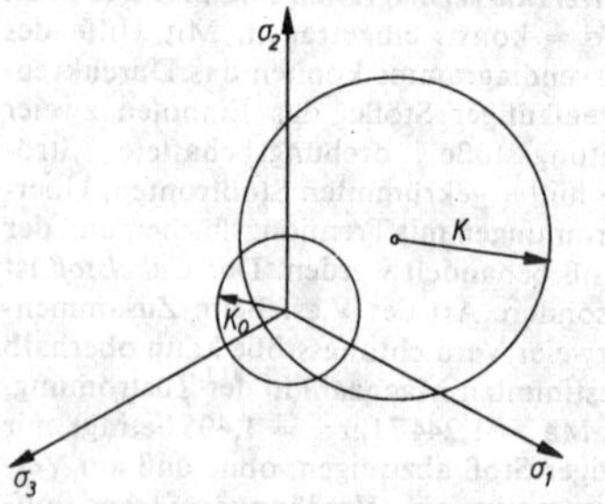

3 Kombination von isotroper und kinematischer Verfestigungsregel

verflochtener Strahlengang, in der Instrumentenoptik die gegenseitige Verkettung mehrerer Abbildungssysteme zu einer gemeinsamen Wirkung. Dabei wird durch geeignete Kopplungselemente, z. B. Feldlinsen, dafür gesorgt, daß für den gesamten Abbildungsvorgang weder die Apertur (Bildhelligkeit) noch das Sichtfeld vermindert wird.

Verformung, svw. Verzerrung.

Verformungsanisotropie, Anisotropie, die sich während der Verformung eines Werkstoffes ausbildet.

Die Verformung eines metallischen Vielkristalls vollzieht sich durch Abgleitungen in den Körnern und durch Verschiebung der Körner längs der Korngrenzen. Sind die Körner des unverformten Werkstückes unregelmäßig angeordnet und orientiert, so heben sich mögliche Anisotropien der Einzelkörner gegeneinander auf, d. h., der Werkstoff ist isotrop. Durch eine gerichtete Umformung bildet sich im allgemeinen eine Vorzugsrichtung der Körner aus, der Werkstoff wird anisotrop. Die bei gewalzten oder rekristallisierten Blechen auftretende Anisotropie wird *Flächenanisotropie* genannt. Werden Zugversuche an Flachstabproben angestellt, die in verschiedenen Richtungen der Blechebene entnommen wurden, so sind mehr oder weniger große Unterschiede in den mechanischen Eigenschaften festzustellen.

Verformungsmodelle, einfache kinematische Modellvorstellungen in der → Plastizitätstheorie.

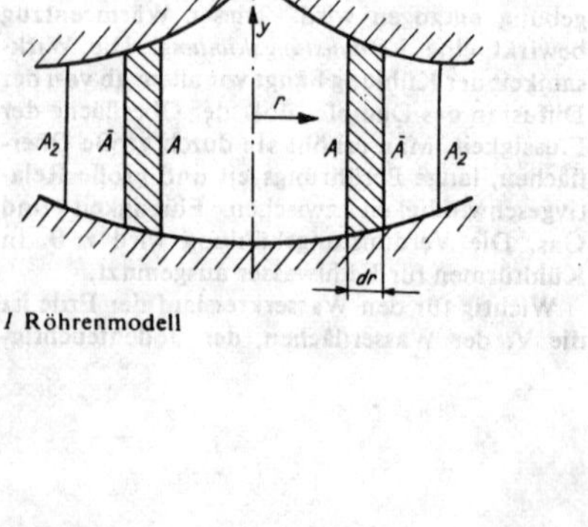

1 Röhrenmodell

mit deren Hilfe eine genauere Erfassung des Werkstoffverhaltens möglich wird. Die V. sind die Grundlage der elementaren Theorie der plastischen Verformung, insbesondere ihrer Anwendung in der Umformtechnik.

Das *Röhrenmodell* dient in der elementaren Plastizitätstheorie zur Erfassung axialsymmetrischer Umformvorgänge. Unter den Voraussetzungen

1) der Werkstoff fließt axialsymmetrisch und wird durch ein Paar schalenförmiger, axialsymmetrischer Bahnen geführt,
2) um die Achse zylindrische Werkstoffschnitte A behalten ihre Zylinderform und verschieben sich konzentrisch,
3) dünne Röhren benötigen zu ihrer Umformung die gleiche Leistung wie Zylinderröhren gleicher Höhe und gleichen Volumens

läßt sich zur näherungsweisen Erfassung des Umformvorganges das Röhrenmodell anwenden. Die Untersuchung des Beanspruchungs- und Formänderungsverhaltens dieses Modells liefert Aussagen über den zu behandelnden Umformvorgang.

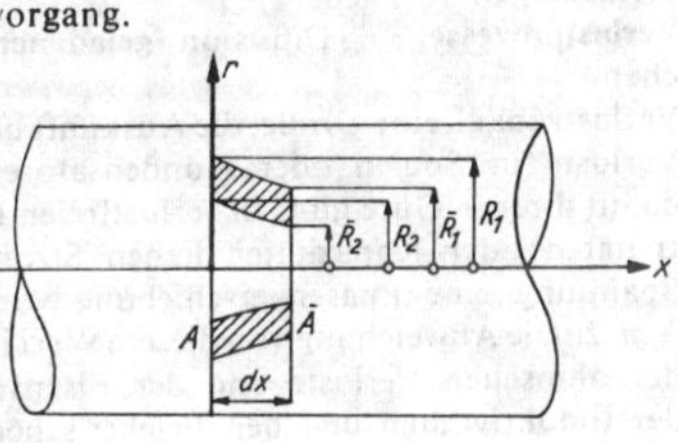

2 In einem Zylinder eingebettete Scheibe, Scheibenmodell

Auch das *Scheibenmodell* wird in der elementaren Plastizitätstheorie zur Erfassung axialsymmetrischer Umformvorgänge verwendet.

Unter den Voraussetzungen

1) der Werkstoff fließt axialsymmetrisch und wird durch eine oder zwei röhrenförmig ausgebildete, axialsymmetrische Bahnen geführt,
2) ebene Werkstoffquerschnitte A senkrecht zur Achse verschieben sich parallel,
3) dünne Scheiben benötigen zu ihrer Umformung die gleiche Leistung wie Zylinderscheiben gleicher Dicke und gleichen Volumens

läßt sich zur näherungsweisen Erfassung des Umformvorganges das Scheibenmodell anwenden.

Die Untersuchung des Beanspruchungs- und Formänderungsverhaltens dieses Modells liefert Aussagen über den zu behandelnden Umformvorgang.

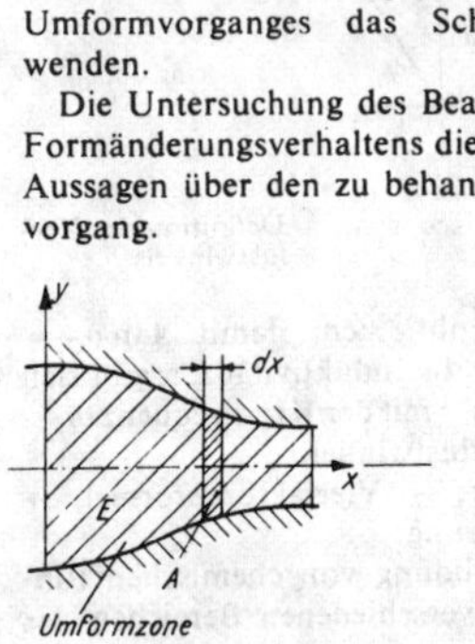

3 Streifenmodell

Das *Streifenmodell* ermöglicht in der elementaren Plastizitätstheorie die Erfassung ebener Umformvorgänge.

Unter den Voraussetzungen

1) der Werkstoff fließt eben und wird zwischen einem Paar von Bahnen geführt,
2) ebene, zur Fließebene E senkrechte Werkstoffquerschnitte A, die diese Fließebene parallel zu einer bestimmten festen Richtung schneiden, verschieben sich parallel

läßt sich zur näherungsweisen Erfassung des Umformvorganges das Streifenmodell anwenden. Die Werkstoffbewegung ist also von vornherein und für das Streifenmodell charakteristisch festgelegt worden. Die Untersuchung des Beanspruchungs- und Formänderungsverhaltens dieses Modells liefert Aussagen über den zu behandelnden Umformvorgang. Röhren-, Scheiben- und Streifenmodell werden als *elementare Modelle* bezeichnet.

Bei den *erweiterten Modellen* erfolgen gegenüber den elementaren Modellen Eckenkorrekturen bzw. die Berücksichtigung von Haftzonen. So werden an den Bahnknickstellen die Trägheitskräfte, Schiebungsanteile und der Verfestigungssprung berücksichtigt. Der *Verfestigungssprung* beruht auf der an diesen Stellen sprunghaft auftretenden Scherung, die zu einer entsprechenden Erhöhung der Formänderungsfestigkeit führt. Da die Randschubspannung τ_n den Wert $k_f/2$ nicht überschreiten kann, müssen bei einer weiteren Erhöhung von τ_n tote Zonen auftreten, die an der Werkzeugberandung haften. An der Grenze der toten Zone wird der Werkstoff abgeschert, d. h., die Geschwindigkeit ändert sich sprunghaft.

Bei den elementaren Modellen wird ein *virtueller Geschwindigkeitszustand* eingeführt, um die z. B. am Streifen wirkenden Kräfte über das Prinzip der virtuellen Arbeit berechnen zu können. Der virtuelle Geschwindigkeitszustand, der die Querschnitte parallel verschiebt und mit der Volumenkonstanz verträglich ist, wird dem wahren Geschwindigkeitszustand überlagert.

Verformungsweg, Verbindung der Punkte, die die nacheinander durchlaufenen Formänderungszustände eines Werkstoffes darstellen. Zu jedem V. gehört ein entsprechender Belastungsweg.

Vergangenheit, → Minkowski-Raum, → Lichtkegel.

Vergenz, bei der geometrisch-optischen → Abbildung der Kehrwert der Schnittweite bzw. der geometrischen Höhe eines von einem Achsenpunkt ausgehenden Strahlenkegels, dessen Grundfläche in der zugehörigen Hauptebene (→ Kardinalelemente) liegt.

Vergiftungsfaktor, das Verhältnis von Reaktivitätsänderung in einem Reaktor bei Einbringen einer Substanz in den Reaktor zur effektiven Reaktivität des Reaktors ohne diese zusätzliche Substanz.

Vergleichsformänderung, rheologische Größe, mit deren Hilfe der im allgemeinen mehrachsige Formänderungszustand auf einen einachsigen zurückgeführt wird. Die V. wird eingeführt, um den allgemeinen Formänderungszustand mit der Dehnung bzw. Stauchung im Zug- bzw. Druckversuch in Verbindung zu bringen. Sie ermöglicht, die im einachsigen Versuch gewonnenen Erkenntnisse zu verallgemeinern. Die V. kann wie folgt geschrieben werden:

$$\varepsilon_v = \frac{\sqrt{2}}{3}\sqrt{(\varepsilon_1 - \varepsilon_2)^2 + (\varepsilon_2 - \varepsilon_3)^2 + (\varepsilon_3 - \varepsilon_1)^2} = \sqrt{-\tfrac{4}{3} D_2}.$$

Es bedeuten ε_v die V., ε_1, ε_2, ε_3 die Hauptwerte des Formänderungstensors und D_2 die 2. Invariante des Formänderungsdeviators. Die V. wird auch vielfach als *äquivalente Verformung* bezeichnet.

Bei der Bestimmung der V. φ_v wird davon ausgegangen, daß die Verfestigung und damit die für eine bestimmte Formänderung benötigte Vergleichsfließspannung σ_v nur von der auf das Volumen bezogenen plastischen Arbeit W_{pl} abhängt. Zwei Umformvorgänge sollen also zur gleichen Verfestigung führen, wenn die aufgewendeten plastischen Arbeiten gleich sind. Daraus ergibt sich die Definition von φ_v zu

$$W_{pl} = \int \sigma_v \, d\varphi_v.$$

Die *V. nach v. Mises* ergibt sich bei der Verwendung der v. Misesschen Fließbedingung. Mit der Fließbedingung nach v. Mises und dem entsprechenden Stoffgesetz wird die V.

$$\varphi_v = (2/3)\,\{(1/2)\,[(\varphi_x - \varphi_y)^2 + (\varphi_y - \varphi_z)^2 + (\varphi_z - \varphi_x)^2] + (3/4)\,(\gamma'_{xy} + \gamma_{yz} + \gamma'_{zx})\}^{1/2}.$$

φ_x, φ_y und φ_z sind die logarithmischen Dehnungen, γ'_{xy}, γ_{yz} und γ_{zx} die Gleitungen.

Die *V. nach Tresca* ergibt sich bei der Verwendung der Trescaschen Fließbedingung. Mit der Fließbedingung von Tresca und dem entsprechenden Stoffgesetz wird die V. $\varphi_v = |\varphi|_{max}$.

Vergleichsnormalspannung, → Festigkeitshypothesen.

Vergleichsspannung, wird zum Vergleich einachsiger Beanspruchungen mit mehrachsigen Beanspruchungszuständen definiert. Die Fließspannung σ_0 ist die bei einachsiger Beanspruchung zum plastischen Fließen notwendige Spannung. Liegt ein mehrachsiger Spannungszustand vor, dann werden die Komponenten des Spannungstensors zu einer invarianten V. σ_v zusammengesetzt, die im Falle des Fließens gleich der Fließspannung gesetzt wird, → Fließbedingung.

Vergröberung, → Wachstumsfläche.

Vergrößerung, bei optischen Instrumenten das Verhältnis der subjektiv empfundenen Bildgröße zur Objektgröße. Als V. Γ wird das Verhältnis des Sehwinkels mit dem Instrument zum Sehwinkel ohne Instrument definiert, wobei die Lage des Bildes in der konventionell festgelegten Bezugssehweite von 250 mm vor dem Auge angenommen wird. Das sich aus den Abbildungsgleichungen (→ Abbildung) ergebende Verhältnis von Bild und Objekt soll grundsätzlich als Abbildungsmaßstab β bezeichnet werden.

Die *mikroskopische V.* ist definiert durch die Vergrößerungszahl $\Gamma = \mathrm{tg}\,\sigma'/\mathrm{tg}\,\sigma$, wobei σ' den Sehwinkel des Objektes mit Instrument und σ den Sehwinkel des Objektes ohne Instrument bezeichnet. Da es sich in der Regel um kleine Winkel handelt, ersetzt man meist das Verhältnis der Tangens durch das Winkelverhältnis σ'/σ selbst. Da σ' und σ auch von der Entfernung des Auges vom Objekt abhängen, bezieht man gewöhnlich auf die Bezugssehweite von 250 mm.

Die V. kann bei gegebener Apertur nicht beliebig gesteigert werden, sondern ist auf das 500- bis 1000fache der Apertur beschränkt (*förderliche* oder *nutzbare V.*). Darüber hinausgehende Werte bezeichnet man als *leere V.*, da die Auflösung durch die Beugungsscheibchen zweier zu trennender Punkte begrenzt wird. Bei der leeren V. ergibt sich außerdem eine sehr kleine bildseitige Apertur, so daß entoptische Störungen das Bild stark beeinträchtigen. Durch eine rotierende Mattscheibe können diese Störungen weitgehend beseitigt werden (Doppelmikroskop nach Lau).

Verhältnisgleichrichter, → Demodulation.

Verifizierbarkeit, → Positivismus.

Verjüngung, → Tensor, → Spinor.

Verkehrsradar, → Radar.

Verlangsamer, svw. Moderator.

verlorene Kraft, → Zwangskraft.

Verlustfaktor, → Verlustwinkel, → Güte.

Verlustkegel, → Bounce-Bewegung, → Driftverlustkegel.

Verlustprozesse, → Diffusion geladener Teilchen.

Verlustwinkel, eine Größe, die Auskunft über die Verluste in Spulen oder Kondensatoren und damit ihrer → Güte gibt. In verlustfreien Induktivitäten oder Kapazitäten haben Strom und Spannung eine Phasenverschiebung von $\varphi = \pm\pi/2$. Die Abweichung von diesem Wert infolge der ohmschen Verluste und der Eisenverluste der Induktivitäten und der dielektrischen Verluste der Kondensatoren nennt man den V. δ, der damit ein Maß für die Gesamtverluste ist.

Oft gebraucht man anstelle des V.s die *Verlustzahl* oder den *Verlustfaktor* $\tan\delta$. Die Verlustzahlen liegen für moderne Isolierstoffe zwischen 10^{-4} und 10^{-2}.

Die Verluste lassen sich in einem → Ersatzschaltbild als Reihenwiderstand R_r bzw. als Parallelwiderstand R_p darstellen (Abb.). Für die

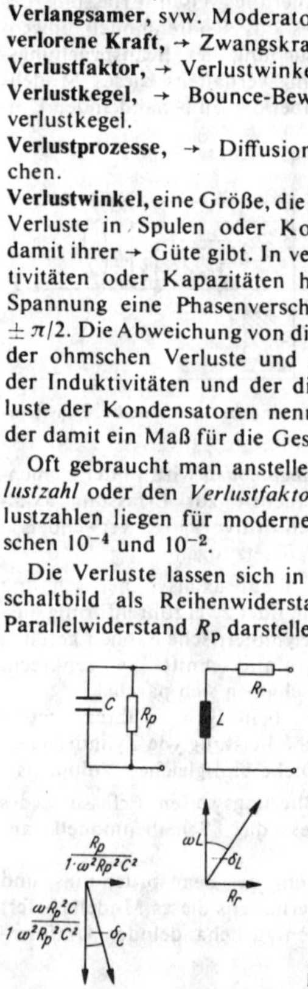

Definition des Verlustwinkels

Kapazität C ergibt sich damit $\tan\delta_C = (R_p\omega C)^{-1}$, und für die Induktivität L ergibt sich $\tan\delta_L = R_r \cdot (\omega L)^{-1}$ mit der Kreisfrequenz ω.

Verlustzahl, → Verlustwinkel.

Vermehrungsfaktor, → Vierfaktorenformel, → Neutronenvermehrung.

Vernetzung, die Bildung von chemischen Bindungen zwischen verschiedenen Bereichen des gleichen Moleküls (*intramolekulare V.*) oder zwischen verschiedenen Molekülen (*intermolekulare V.*). Die V. kann über Hauptvalenzbindungen (irreversibel) oder über Nebenvalenzbindungen, z. B. Wasserstoffbrückenbindungen, erfolgen und ist in letzterem Falle meist reversibel, mitunter temperaturreversibel, z. B. in Gelatinelösungen. Die V. verändert die Eigenschaften eines Moleküls in Richtung auf höhere thermische Beständigkeit und geringere Löslichkeit.

Verneuil-Verfahren, → Kristallzüchtung.

Vernichtungsoperator, → Erzeugungs- und Vernichtungsoperatoren.

Vernichtungsstrahlung, → Antiteilchen, → Zerstrahlung.

Vernier, svw. Nonius.

Verpuffung, → Wärmeexplosion.

Verpuffungsverfahren, → Verbrennungsmotor.

Verrückung, → virtuelle Verrückungen.

Verschiebung, 1) *dielektrische V.*, *Verschiebungsdichte*, *elektrische Erregung*, *elektrische Flußdichte*, $\vec{D}$, ein Vektor, der neben der elektrischen Feldstärke $\vec{E}$ zur Beschreibung des elektrischen Feldes dient. Die dielektrische V. $\vec{D} = \varepsilon_0\vec{E} + \vec{P}$ enthält die elektrische Polarisation $\vec{P}$ des Dielektrikums, die unter der Wirkung von $\vec{E}$ entsteht. Dabei ist ε_0 die elektrische Feldkonstante. In den meisten isotropen Medien erweist sich $\vec{P}$ als proportional zu $\vec{E}$, so daß $\vec{D} = \varepsilon_0(1 + \chi_e)\vec{E} = \varepsilon_0\varepsilon_r\vec{E}$ mit skalarem, im homogenen Medium konstantem ε_r geschrieben werden kann. χ_e ist die elektrische Suszeptibilität und $\varepsilon_r = 1 + \chi_e$ die relative Dielektrizitätskonstante. $\vec{E}$ und $\vec{P}$ und somit auch $\vec{D}$ sind gleichgerichtet. Im anisotropen Medium haben $\vec{E}$ und $\vec{D}$ verschiedene Richtung. ε_r ist ein Tensor. Bei einigen Stoffen ist ε_r feldstärkeabhängig: $\varepsilon_r = \varepsilon_r(\vec{E})$, → Ferroelektrikum. Die Einheit der dielektrischen V. ist das Coulomb je Quadratmeter, $\mathrm{C/m^2}$, $1\ \mathrm{C/m^2} = 1\ \mathrm{As/m^2}$.

Im elektrostatischen Feld ist der elektrische Verschiebungsfluß $\psi = \int_A \vec{D}\,\mathrm{d}\vec{A}$ durch eine geschlossene Fläche A gleich der von dieser umschlossenen Ladung, die somit die Quellen der dielektrischen V. bildet. Dabei sind die Ladungen, die zu den mikroskopischen Dipolen der Substanz gehören, nicht zu berücksichtigen.

Die Messung der dielektrischen V. erfolgt mit Hilfe der Erscheinung der elektrischen Influenz auf einem Leiter. Die auf einem Flächenelement $\mathrm{d}A$ influenzierte Ladung $\mathrm{d}Q$ ist proportional der dielektrischen V. und wird maximal, wenn $\vec{D}$ die Fläche senkrecht durchsetzt. Der Betrag von $\vec{D}$ ist dann gleich der Ladungsdichte auf dem Flächenelement $D = \sigma = \mathrm{d}Q/\mathrm{d}A$, die Richtung der dielektrischen V. stimmt mit der Richtung der Normalen auf das Flächenelement überein und weist von der negativen zur positiven Influenzladung. Da die Normalkomponente D_n eine ladungsfreie Grenzfläche stetig durchsetzt, kann die dielektrische V. im Dielektrikum durch die Influenz in einem (unendlich) dünnen Spalt senkrecht zu $\vec{D}$ gemessen werden. Die Messung der dielektrischen V. ist auch mit Hilfe eines isoliert an den zu vermessenden Raumpunkt gebrachten Plattenpaares aus gut leitendem Material möglich, indem die Platten zunächst miteinander in Kontakt gebracht, danach auseinandergezogen werden und die influenzierte Ladung Q der Platten gemessen wird. Die Richtung, in der die größte Ladung Q zu messen ist, ergibt sich senkrecht zum Plattenpaar. In dieser Richtung nimmt $\vec{D}$ den Betrag $D = Q_{max}/A$ an. Dabei ist A die so klein zu wählende Plattenfläche, daß $\vec{D}$ in dem von ihr benötigten Raum konstant ist. Diese auf der elektrischen Induktion (→ Influenz 1) basierende Meßvorschrift entspricht dem Gebrauch von $\vec{D}$ in den Maxwellschen Gleichungen $\oiint_A \vec{D}\,\mathrm{d}\vec{A} = \iiint_V \varrho\,\mathrm{d}\tau$ bzw. in differentieller Form $\mathrm{div}\vec{D} = \varrho$ (→ Maxwellsche Theorie des elektromagnetischen Feldes).

2) → Translationsbewegung.

3) → Verzerrung.

Verschiebungsdichte, → Verschiebung.

Verschiebungsfluß, *dielektrischer V.*, *elektrischer Fluß*, ψ, das über die Fläche A erstreckte Integral der elektrischen → Verschiebung $\vec{D} = \varepsilon_0\varepsilon_r\vec{E}$. Allgemein gilt $\psi = \int_A \vec{D}\,\mathrm{d}\vec{A} = \varepsilon_0 \int_A \varepsilon_r\vec{E}\,\mathrm{d}\vec{A}$. Die Einheit des dielektrischen V.es ist das Coulomb, C, 1 C = 1 As. Siemens stellte das *Ohmsche Gesetz für den Verschiebungsfluß* ψ auf, wie es z. B. am homogenen Feld $|\vec{E}| = U/d$ eines Plattenkondensators mit der Plattenfläche A, dem Plattenabstand d und der Flächenladungsdichte $\sigma = |\vec{D}| = \varepsilon_r\varepsilon_0|\vec{E}| = \varepsilon_r\varepsilon_0 U/d$ deutlich wird: $\psi = \int_A \vec{D}\cdot\mathrm{d}\vec{A} = |\vec{D}|\cdot|\vec{A}| = \varepsilon_r\varepsilon_0 UA/d = \Lambda_d U$. Der Proportionalitätsfaktor $\Lambda_d = \varepsilon_r\varepsilon_0 A/d$ wird *dielektrischer Leitwert* genannt. $1/\Lambda_d = R_d = d/\varepsilon_r\varepsilon_0 A$ ist der *dielektrische Widerstand*.

Verschiebungskonstante, svw. Dielektrizitätskonstante 1).

Verschiebungssatz, → Atomspektren.

Verschiebungsstrom, *elektrischer V.*, I_V, ein elektrischer → Strom, der die Ursache der mit zeitlich veränderlichen elektrischen Feldern im Vakuum und im Dielektrikum verknüpften magnetischen Felder bildet (→ elektromagnetisches Feld). Die Dichte des V.es, die *Verschiebungsstromdichte* $\vec{J}_V$, ist gegeben als die zeitliche Änderung der dielektrischen → Verschiebung $\vec{D} = \varepsilon_0\varepsilon_r\vec{E}$ (ε_0 ist die elektrische Feldkonstante, ε_r die relative Dielektrizitätskonstante, $\vec{E}$ die elektrische Feldstärke) zu $\vec{J}_V = \frac{\partial\vec{D}}{\partial t}$.

Die Einheit des elektrischen V.es ist das Ampere, Kurzz. A, die der Verschiebungsstromdichte das Ampere je Quadratmeter, Kurzz. $\mathrm{A/m^2}$.

Der von J. C. Maxwell genial eingeführte elektrische V. existiert gleichberechtigt neben dem Leitungsstrom (und dem Konvektionsstrom) und ergänzt im Wechselstromkreis mit dazwischengeschaltetem Dielektrikum den Leitungsstrom zu einem geschlossenen Stromkreis. Das wird deutlich am Beispiel eines Kondensators, der von einer mit ihm verbundenen Wechselstromquelle mit der Spannung $U = U_0\,\mathrm{e}^{j\omega t}$ fortwährend umgeladen wird (Abb.). Der Leitungsstrom I_L, der in den Belägen des Kondensators endet, setzt sich als elektrischer V. durch

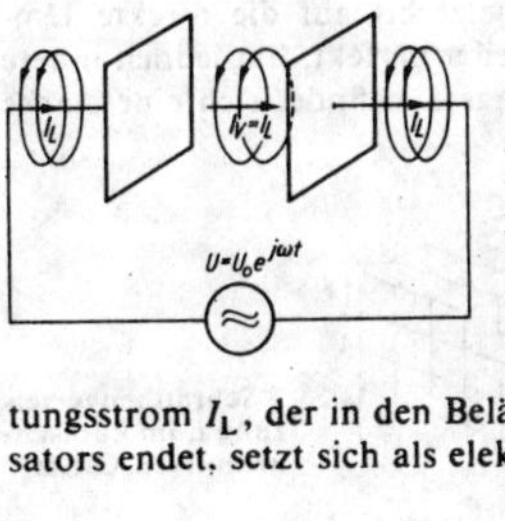

Verschiebungsstrom I_V, Leitungsstrom I_L und magnetisches Feld H in einem Wechselstromkreis mit Kondensator (Augenblicksbild)

den Feldraum des Kondensators fort und schließt somit den Stromkreis. Der Ladestrom $I_L = C \cdot \mathrm{d}U/\mathrm{d}t$ des Kondensators ist gleich dem elektrischen V.

$$I_V = J_V \cdot A = \varepsilon_0 \cdot \varepsilon_r \frac{A}{d} \frac{\mathrm{d}U}{\mathrm{d}t} = C \frac{\mathrm{d}U}{\mathrm{d}t},$$

wobei ohne Einschränkung ein Plattenkondensator mit der Kapazität $C = \varepsilon_0 \varepsilon_r \frac{A}{d}$ angenommen wurde, A ist die Plattenfläche, d der Plattenabstand. Das vom elektrischen V. erzeugte magnetische Feld berechnet sich wie das des Leitungsstromes nach dem → Durchflutungsgesetz. Die Größe des V.es nimmt gemäß seiner Definition proportional mit der Frequenz ω zu, so daß er besonders in der Hochfrequenztechnik eine entscheidende Bedeutung gewinnt (→ elektromagnetische Wellen).

Zerlegt man die dielektrische Verschiebung entsprechend ihrer physikalischen Bedeutung in $\vec{D} = \varepsilon_0 \vec{E} + \vec{P}$, so kann ein Teil des elektrischen V.es im Dielektrikum anschaulich als der Strom verstanden werden, der der dauernden Änderung der Polarisation $\vec{P}$ entspricht. $\varepsilon_0 \vec{E}$ liefert den bereits im Vakuum vorhandenen Beitrag, der keine anschauliche Bedeutung hat.

Verschiebungs-Verzerrungs-Beziehungen, → Verzerrung.

Verschmelzungsfrequenz, → Flimmerphotometer.

Verschränkungskorngrenze, → Korngrenze.

Versetzung (Tafel 59), eindimensionale Gitterfehlstelle, die in einem Kristall ein elastisches Eigenspannungsfeld erzeugt und deren Bewegung zur plastischen Deformation führt.

I) Allgemeines. In einem homogenen festen Körper kann man eine V. erzeugen, indem man den Körper längs einer im Inneren an der Linie L (Versetzungslinie) endenden Fläche F aufschneidet (Abb. 1a). Die beiden Ufer des

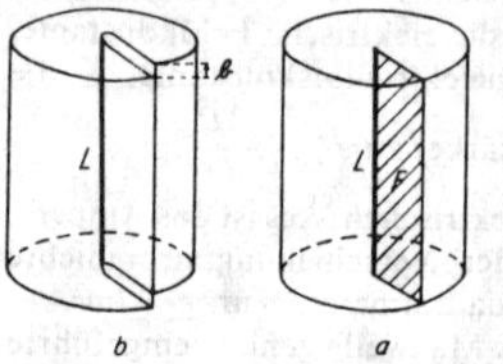

1 Erzeugung einer Versetzungslinie L durch Aufschneiden eines homogenen festen Körpers längs der Fläche F und gegenseitige Verschiebung der beiden Schnittufer. $\vec{b}$ Burgersvektor

Schnittes werden durch Anwendung äußerer Kräfte überall gleichmäßig gegeneinander (starr) verschoben – gegebenenfalls wird zusätzliches Material eingefügt oder Material weggenommen, um den Zusammenhalt des Körpers zu wahren – (Abb. 1b). Die Schnittflächen werden in der neuen Lage fest verbunden und die äußeren Kräfte beseitigt, so daß die Spannungen in dem Gebilde relaxieren können. Der Körper ist jetzt bis auf die direkte Umgebung von L wieder perfekt, hat jedoch innere Spannungen. Längs L befindet sich eine starke

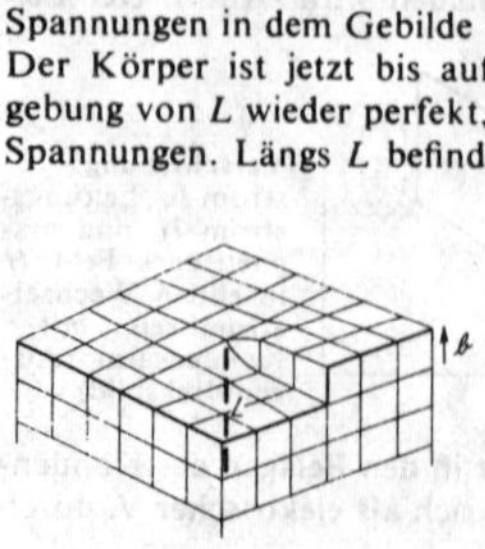

2 Schraubenversetzung L im kubisch-primitiven Gitter

Störung, die V. Der Vektor $\vec{b}$ der gegenseitigen Verschiebung der Ufer ist ein Maß für die Stärke der Störung und heißt → Burgersvektor.

Nach der geometrischen Orientierung von L und $\vec{b}$ unterscheidet man folgende V.en: 1) *Schraubenversetzung.* $\vec{b}$ liegt parallel zu L. Die Gitterebenen sind um L schraubenförmig verspannt (Abb. 2). 2) *Stufenversetzungen.* Zeichen $\perp$. Hier liegt $\vec{b}$ senkrecht zu L. Die Kristallstörung kann durch Einfügen einer zusätzlichen Halbebene erzeugt werden (Abb. 3). 3) *Gemischte*

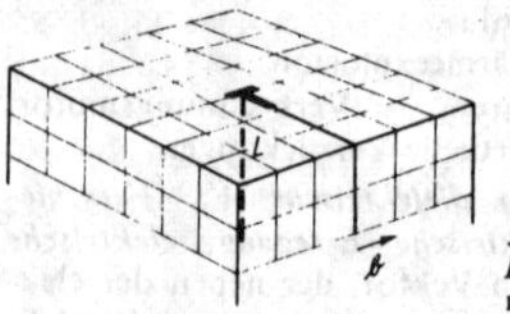

3 Stufenversetzung L im kubisch-primitiven Gitter

V.en: Im allgemeinen ist $\vec{b}$ weder parallel noch senkrecht zu L. V.en mit Mischcharakter lassen sich in eine Schrauben- und eine Stufenversetzungskomponente zerlegen.

Aus den zur Erzeugung einer V. notwendigen Operationen ergeben sich unmittelbar folgende Eigenschaften. 1) Eine V. kann nicht im Kristallinnern enden. Sie ist entweder in sich geschlossen, oder sie endet an einer Oberfläche oder an einem anderen Gitterfehler. 2) Der Burgersvektor hat an jeder Stelle der V. den gleichen Wert.

II) Experimentelle Nachweismethoden. 1) Durch chemisches oder thermisches Ätzen werden jeweils die Durchstoßpunkte der V.en durch Kristalloberflächen markiert. Oft kann zwischen Stufen- und Schraubenversetzungen unterschieden werden. Einzelne V.en können bis zu Versetzungsdichten (s. u.) von etwa 10^8 cm^{-2} nachgewiesen werden. 2) Durch Spannungsdoppelbrechung (→ Spannungsoptik) werden die elastischen Spannungsfelder von Versetzungsgruppen, in speziellen Fällen auch von einzelnen V.en nachgewiesen. 3) Im Licht- und Elektronenmikroskop können die Gleitstufen bewegter V.en beobachtet werden (vgl. Abschn. VI). 4) Durch besondere Wärmebehandlungen bilden sich an den V.en kolloidale Ausscheidungen, die lichtoptisch im Dunkelfeld beobachtet werden können (innere Dekoration in durchsichtigen Kristallen). Es können einzelne V.en im Volumen makroskopischer Kristalle abgebildet werden. 5) Durch elektronenmikroskopische Durchstrahlung von Kristallfolien im Beugungskontrast (→ elektronenmikroskopischer Bildkontrast) können einzelne V.en im Kristallvolumen abgebildet und der Burgersvektor kann dabei exakt bestimmt werden. Durch die Wechselwirkung der abbildenden Elektronen mit den Kristallen können Strahlenschäden entstehen, die die Struktur der V.en beeinflussen. 6) Mit der Röntgentopographie können einzelne V.en im Volumen makroskopischer Kristalle abgebildet werden, jedoch wegen des relativ geringen Auflösungsvermögens nur bei kleiner Versetzungsdichte. Dann ist die exakte Bestimmung der Burgersvektoren möglich. Bei großen Versetzungsdichten erhält man integrale Aussagen über die Versetzungsdichte.

7) Durch elektrische Leitfähigkeitsmessungen in Metallen erhält man ebenfalls nur integrale Aussagen. 8) Mit Hilfe der Kernresonanz und der paramagnetischen Elektronenresonanz gewinnt man integrale Aussagen über die Versetzungsdichte, gegebenenfalls auch über die Anordnung der V.en im Kristall (homogene Verteilung oder Anordnung in Gruppen).

III) Elastische Theorie der V.en. Die V.en stellen Quellen elastischer Eigenspannungen des Mediums dar. Viele mechanische Eigenschaften der V.en werden von der Gitterstruktur der Kristalle nicht wesentlich beeinflußt, z. B. das Spannungs- und Verzerrungsfeld in der Umgebung der V.en, die elastische Energie der V.en und die Kräfte auf V.en durch innere und äußere Spannungen sowie durch Bildkräfte. Diese Größen können mit der linearen Elastizitätstheorie isotroper Medien meist ausreichend genau behandelt werden im Gegensatz zu allen Fragen im Zusammenhang mit der atomistischen Struktur des Gitters, z. B. dem Reibungswiderstand der V.en (→ Peierls-Spannung) und den Effekten, die die unmittelbare Umgebung der V. betreffen.

1) *Spannungs- und Verzerrungsfeld der V.en.* a) Schraubenversetzungen im unendlich ausgedehnten isotropen Medium (lineare Elastizitätstheorie): Die Versetzungslinie L erstreckt sich längs der Koordinate z (Abb. 4). Sie kann er-

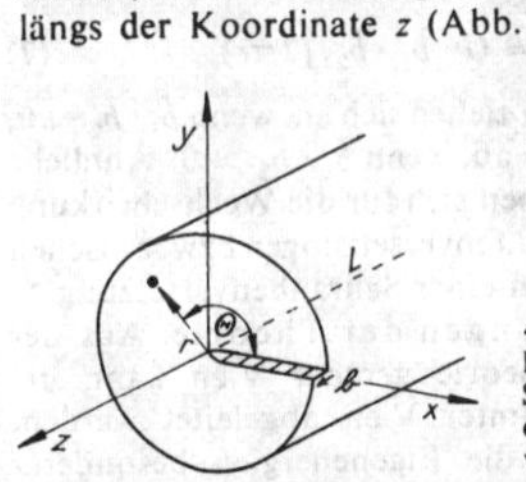

4 Erläuterung zur Berechnung des Spannungsfeldes einer Schraubenversetzung

zeugt werden durch einen Schnitt in der xz-Ebene längs positiver x und Verschiebung der beiden Ufer gegeneinander in z-Richtung um den Burgersvektor $\vec{b}$. Die Verschiebungen in x- bzw. y-Richtung sind $u_x = u_y = 0$, und die Verschiebung in z-Richtung u_z ist an der Schnittfläche diskontinuierlich. Wegen der Rotationssymmetrie des Problems kann man annehmen, daß u_z beim Umlaufen um die V. kontinuierlich wächst, also in Polarkoordinaten $r, \Theta: u_z(r, \Theta) = b\Theta/2\pi$. Diese Gleichung erfüllt die Gleichgewichtsbedingung dieses Problems $\Delta^2 u_z = 0$. Aus den Verschiebungen können nach dem Hookeschen Gesetz die Spannungen berechnet werden. In Polarkoordinaten (G ist der Schubmodul):

$$\left.\begin{aligned} \sigma_{\Theta z} &= Gb/2\pi r \\ \sigma_{rr} &= \sigma_{\Theta\Theta} = \sigma_{zz} = \sigma_{rz} = \sigma_{r\Theta} = 0. \end{aligned}\right\} \quad (1)$$

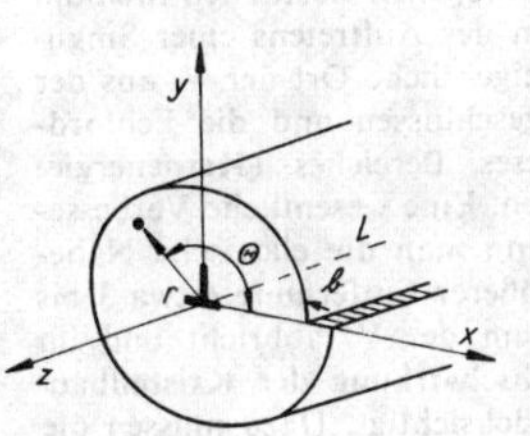

5 Erläuterung zur Berechnung des Spannungsfeldes einer Stufenversetzung L entlang der z-Achse

b) Stufenversetzung im unendlich ausgedehnten Medium: L erstreckt sich längs z (Abb. 5). Die V. wird hervorgebracht durch einen Schnitt in der xz-Ebene längs positiver x und Verschiebung der beiden Ufer gegeneinander in x-Richtung um b. Die V. erzeugt einen ebenen Verzerrungszustand mit $u_z = 0$ und $\partial u_x/\partial z = \partial u_y/\partial z = \partial u_z/\partial z = 0$. Die Spannungen ergeben sich mit Hilfe der Elastizitätstheorie in Polarkoordinaten zu

$$\begin{aligned} \sigma_{rr} &= \sigma_{\Theta\Theta} = -\frac{Gb \sin\Theta}{2\pi(1-\nu)\,r} \\ \sigma_{r\Theta} &= \frac{Gb\cos\Theta}{2\pi(1-\nu)\,r} \\ \sigma_{zz} &= \nu(\sigma_{rr} + \sigma_{\Theta\Theta}) \\ \sigma_{rz} &= \sigma_{\Theta z} = 0. \end{aligned} \quad (2)$$

Hierbei ist ν die Poissonsche Querkontraktionszahl. Neben den Schubspannungen treten also bei den Stufenversetzungen auch Normalspannungen auf (Abb. 6). Charakteristisch für

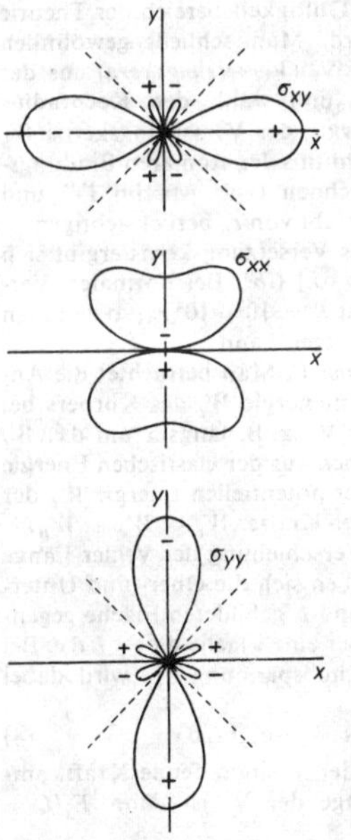

6 Linien konstanter Schubspannung um eine Stufenversetzung (in kartesischen Koordinaten): *a* σ_{xy}, *b* σ_{xx}, *c* σ_{yy}

das Spannungsfeld der Stufen- und der Schraubenversetzungen ist das Abklingen der Spannungen mit r^{-1}.

c) Gemischte geradlinige V.: b wird nach $b_s = b\cos\beta$ und $b_e = b\sin\beta$ in eine Schrauben- und eine Stufenkomponente zerlegt. Nach dem Superpositionsprinzip der Elastizitätstheorie können die Spannungs- und Verzerrungsfelder der beiden V.en mit b_s und b_e überlagert werden.

2) *Elastische Energie der V.en.* Man berechnet die elastische Energie W_e der V. im unendlich ausgedehnten Medium innerhalb eines Gebietes, das von zwei um die V. liegenden konzentrischen Zylindern mit den Radien r_0 und R ($r_0 < R$) begrenzt wird. Aus der elastischen Energie eines Volumenelementes des Körpers $dw = \sigma_{ij}\, d\varepsilon_{ij}$ (ε_{ij} sind die Dehnungen) folgt mit

dem Hookeschen Gesetz und Gl. (1) die Energie der Schraubenversetzung je Länge L:

$$\frac{W_e}{L} = \int_{r_0}^{R} \frac{\sigma_{\Theta z}^2}{2G}\, 2\pi r\, dr = \frac{Gb^2}{4\pi} \ln \frac{R}{r_0}. \quad (3)$$

Für eine Stufenversetzung ergibt sich analog

$$\frac{W_e}{L} = \frac{Gb^2}{4\pi(1-\nu)} \ln (R/r_0).$$

W_e/L divergiert sowohl für $R \to \infty$ als auch für $r_0 \to 0$. Die Divergenz für $R \to \infty$ drückt aus, daß man einer V. keine charakteristische Energie zuordnen kann, sondern daß die Energie von der Größe und Gestalt des Körpers abhängt. Befindet sich nur eine V. im Körper oder die V. in der Nähe einer Oberfläche, so setzt man R gleich dem kürzesten Abstand der V. von der Oberfläche, im Falle einer hohen Versetzungsdichte gleich dem halben Durchschnittsabstand der V.en.

Die Divergenz für $r_0 \to 0$ entsteht durch die Anwendung der linearen Elastizitätstheorie auf das Zentrum der V. Hier sind die Verzerrungen so groß, daß der Gültigkeitsbereich der Theorie überschritten wird. Man schließt gewöhnlich das Zentrum der V. (*Versetzungskern*) aus der Betrachtung aus und wählt den Kernradius $r_0 \approx b$. Die Energie des Versetzungskerns W_k kann man bei Kenntnis der atomaren Bindungsverhältnisse berechnen (vgl. Abschn. IV) und durch geeignete Wahl von r_0 berücksichtigen.

Die Energie des Versetzungskerns ergibt sich etwa zu $W_k/L = 0{,}1\, Gb^2$. Bei normalen Versetzungsdichten ist $R = 10^3 \cdots 10^4\, r_0$, so daß man $W_e/L \sim 0{,}5\, Gb^2$ setzen kann.

3) *Kräfte auf eine V.* Man betrachtet die Änderung der Gesamtenergie W_t des Körpers bei Verschiebung der V., z. B. längs x um dx. W_t setzt sich zusammen aus der elastischen Energie der V. W_e und der potentiellen Energie W_p der außen angreifenden Kräfte: $W_t = W_e + W_p$.

Während der Verschiebung der V. der Länge L um dx verschieben sich die Ober- und Unterseite der aus dx und L gebildeten Fläche gegeneinander um b über eine Fläche d$A = L$ dx. Bei Angreifen der Schubspannung σ_{yz} wird dabei die Arbeit

$$dW_p = -\sigma_{yz} b\, dA = -\sigma_{yz} bL\, dx \quad (4)$$

geleistet. Die an der V. angreifende Kraftkomponente pro Länge der V. ist dann $F_x/L = -\frac{1}{L}\frac{dW_e}{dx} + \sigma_{yz} b$. Der zweite Term

$$F'_x/L = \sigma_{yz} b \quad (5)$$

entsteht durch die äußere Spannung (*Peach-Koehler-Formel*). Gl. 5 gilt nicht nur beim Angreifen äußerer Spannungen, sondern auch bei der Einwirkung innerer Spannungen von anderen Gitterdefekten. $-\frac{1}{L}\frac{dW_e}{dx}$ stellt eine Bildkraft dar; diese tritt nur auf, wenn sich W_e bei der Verschiebung ändert, also z. B. in der Nähe von Oberflächen (vgl. Bemerkung zur Wahl von R in Abschn. III, 2).

4) *Konzept der Linienspannung der V.en.* Bei der Verlängerung der Linienlänge einer V. um dL vergrößert sich deren Energie um

$$dW_e = \frac{Gb^2}{4\pi K} \ln (R/r_0)\, dL \quad (3)$$

mit $K = 1$ für Schrauben- und $K = 1 - \nu$ für Stufenversetzungen. Da die V. versucht, eine Konfiguration niedriger Energie – d. h. geringer Linienlänge – einzunehmen, kann man in Analogie zur elastischen Saite die Versetzungsenergie je Länge als Linienspannung $T = dW_e/dL$ bezeichnen.

Das Linienspannungsmodell der V. wird z. B. bei der Berechnung der Gleichgewichtskrümmung eines an zwei Punkten festgehaltenen Versetzungssegmentes unter der Wirkung einer äußeren Spannung σ angewendet (Abb. 7). Bei der Durchbiegung leistet das Versetzungssegment nach Gl. 4 die Arbeit $dW_p = -\sigma b\, dF = -\sigma b \varphi R\, dR$. Zur Verlängerung der Linienlänge muß die Arbeit $dW_T = T\, dL = T\varphi\, dR$ aufgewendet werden. Im Gleichgewicht ist $dW = dW_p + dW_T = 0$. Daraus folgt der Krümmungsradius des Versetzungsbogens

$$R = T/\sigma b. \quad (6)$$

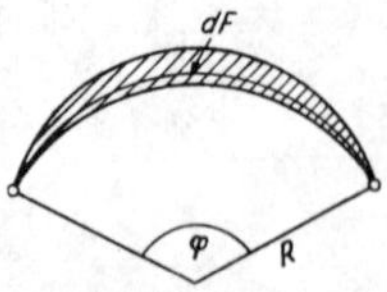

7 Erläuterung zur Berechnung der Gleichgewichtskrümmung eines Versetzungssegments beim Angreifen einer äußeren Spannung mit dem Linienspannungsmodell

5) *Wechselwirkungen geradliniger paralleler V.en. Beispiel*: Zwei Schraubenversetzungslinien L_1, L_2 in z-Richtung mit $\vec{b}_1$, $\vec{b}_2$ haben den Abstand r. L_1 erzeugt am Ort von L_2 die Spannung

$$\sigma_{\Theta z} = G|\vec{b}_1|/(2\pi r). \quad (1)$$

Diese Spannung ruft an L_2 nach Gl. 5 die Kraft je Länge

$$F_r/L = \sigma_{\Theta z}|\vec{b}_2| = G \cdot \vec{b}_1 \cdot \vec{b}_2/(2\pi r) \quad (7)$$

hervor. Die V.en ziehen sich an, wenn $\vec{b}_1 \cdot \vec{b}_2 < 0$, und stoßen sich ab, wenn $\vec{b}_1 \cdot \vec{b}_2 > 0$. Ähnliche Ausdrücke ergeben sich für die Wechselwirkung zwischen zwei Stufenversetzungen bzw. zwischen einer Stufen- und einer Schraubenversetzung.

6) Erweiterungen der Theorie. Aus der dargestellten Theorie gerader V.en kann die Theorie gekrümmter V.en abgeleitet werden. Man berechnet die Eigenenergien besonderer Versetzungskonfigurationen sowie deren Wechselwirkungen untereinander und mit anderen Gitterfehlstellen. Außerdem berücksichtigt man den Einfluß der Versetzungsbewegung auf die elastischen Eigenschaften. Bei speziellen Fragestellungen kann die Anisotropie der Kristalle nicht mehr vernachlässigt werden. Probleme, die sich mit dem Zusammenwirken sehr vieler V.en beschäftigen, werden von der → Kontinuumstheorie der Versetzungen behandelt.

IV) V.en im Kristallgitter. Während im elastischen Kontinuum Burgersvektoren beliebiger Größe und Richtung möglich sind, müssen die Burgersvektoren vollständiger V.en im Kristallgitter Gittervektoren sein, damit das Gitter nach dem gedachten Schnitt außerhalb der V. wieder störungsfrei zusammengesetzt werden kann.

Bei der elastizitätstheoretischen Behandlung wird die V. im homogenen elastischen Medium betrachtet. Wegen des Auftretens einer Singularität muß der eigentliche Ort der V. aus der Betrachtung ausgeschlossen und die Fehlordnungsenergie dieses Bereiches (Kernenergie) abgeschätzt werden. Eine wesentliche Verbesserung entsteht, wenn man die elastische Näherung schon in größerer Entfernung (etwa 3 bis 10 b) vom Zentrum der V. abbricht und im Inneren die Wechselwirkung der Kristallbausteine diskret berücksichtigt. Dazu müssen die

8 Realisierung einer plastischen Verformung durch die Bewegung einer Versetzung: *a* Einwirkung der Schubspannung σ auf einen Körper, *b* Bewegung einer Stufenversetzung in den Körper hinein, *c* gescherter Körper nach dem Hindurchbewegen der Versetzung

Wechselwirkungspotentiale der Kristallbausteine bekannt sein. Mit dieser diskreten gittertheoretischen Behandlung kann nicht nur die Versetzungsenergie, sondern auch die Peierls-Spannung atomistisch berechnet werden.

Im Gegensatz zum elastischen Kontinuum können V.en im Kristallgitter nur entlang dichtgepackter Gittergeraden exakt gerade verlaufen. Gemischte V.en sind deshalb stets aus Segmenten, die parallel zu den dichtgepackten Geraden verlaufen, und solchen, die von einer dichtgepackten Geraden in eine andere übergehen, aufgebaut. Man bezeichnet die Segmente je nach ihrer Orientierung als → Kinke oder als → Sprung in einer Versetzung.

V) Versetzungsknoten, Versetzungsreaktionen. Mehrere V.en können räumlich zusammentreffen und einen *Versetzungsknoten* bilden, an dem der Erhaltungssatz gilt: Die vektorielle Summe der Burgersvektoren der in den Knoten hineinlaufenden V.en ist gleich der vektoriellen Summe der Burgersvektoren der aus dem Knoten herauslaufenden V.en. Bei einem Dreifachknoten kann man für den Fall, daß sich der Knoten im Gleichgewicht befindet, die Winkel $\alpha_1, \alpha_2, \alpha_3$ zwischen den in den Knoten einlaufenden V.en näherungsweise durch die Linienenergien der V.en T_1, T_2, T_3 (vgl. Abschn. III, 4) ausdrücken: $\sin\alpha_1/T_1 = \sin\alpha_2/T_2 = \sin\alpha_3/T_3$. Versetzungsknoten sind im allgemeinen nicht beliebig mit den V.en beweglich.

V.en üben untereinander energetische Wechselwirkungen aus. Es können sich deshalb Versetzungsreaktionen ergeben. Dabei ist die Summe der Burgersvektoren vor und nach der Reaktion gleich. Oft sind jedoch die Linienenergien nicht gleich, so daß die Reaktionen mit einer Energietönung verbunden sind. Die Linienenergien der V.en sind in erster Näherung proportional zum Quadrat der Burgersvektoren $\vec{b}_i$ (vgl. Abschn. III, Gl. 3). Deshalb wird die Energietönung Q einer Versetzungsreaktion der Form $\vec{b}_1 + \vec{b}_2 = \vec{b}_3$ nach der Gleichung $\vec{b}_1^2 + \vec{b}_2^2 = \vec{b}_3^2 + Q = (\vec{b}_1 + \vec{b}_2)^2 + Q$ bestimmt. Genauso, wie sich V.en unter Energiegewinn zusammenlagern können, können auch V.en mit großen Burgersvektoren in V.en mit kleineren Burgersvektoren dissoziieren. In Kristallen sind nur solche Burgersvektoren stabil, bei denen keine Dissoziation der V.en möglich ist. Dadurch wird die Anzahl der in den einzelnen Kristallstrukturen möglichen Burgersvektoren auf eine sehr geringe Zahl eingeschränkt (Tab.).

VI) Versetzungsbewegung. Die grundlegende Bedeutung der V.en für die plastische Deformation besteht in ihrer Fähigkeit, sich im Kristall zu bewegen und dadurch bleibende Verformungen des Körpers hervorzurufen (Abb. 8). Wenn N V.en in der Volumeneinheit des Körpers jeweils die Fläche F durch Gleiten überstreichen, so erfährt der Körper eine Scherung $a = NFb$. Um die Wirkung der Bewegung einer V. genauer zu beschreiben, denkt man sich zwei unmittelbar benachbarte Würfel in einem ausgedehnten Kristall (Abb. 9a). Dabei liegt der Punkt P des einen Würfels unmittelbar neben dem Punkt Q des anderen. Bewegt sich auf der Trennungsfläche $\Delta\vec{F}$ zwischen den beiden Würfeln eine V. hindurch, so werden die Würfel um den Burgersvektor $\vec{b}$ der V. gegeneinander verschoben (Q nach P', Abb. 9b). Die gegenseitige Verschiebung bewirkt im allgemeinen eine Volumenänderung des betrachteten Bereiches um $\Delta V = (\vec{b}\Delta\vec{F})$. ΔV wird Null, wenn $\vec{b}$ in der von der V. überstrichenen Fläche $\Delta\vec{F}$ liegt. Man bezeichnet die Versetzungsbewegung dann als *konservative Bewegung* oder *Gleitbewegung*. Sie erfolgt in der *Gleitebene* (allgemeiner: *Gleitfläche*), die wegen $(\vec{b}\Delta\vec{F}) = 0$ vom Burgersvektor und der Versetzungslinie aufgespannt wird. Verläßt die V. ihre Gleitebene, dann treten Volumenänderungen auf, und man spricht von *nichtkonservativer Bewegung* (in bezug auf das Volumen) oder *Kletterbewegung*. Um den Zusammenhalt des Körpers zu erhalten, muß das zusätzliche oder verminderte Volumen durch Diffusion ausgefüllt oder abgebaut werden. Der Unterschied zwischen Gleit- und Kletterbewegungen ist in Abb. 10 am Beispiel einer Stufenversetzung anschaulich dargestellt (V. bei A).

Gleitbewegung: Die Gitterbindung zwischen C und B löst sich unter der Einwirkung der äußeren Spannung (Abb. 10a). Es entsteht ein Zwischenzustand (Abb. 10b). Wenn zwischen A und C eine neue Bindung entstanden ist, hat sich die V. durch Gleiten von A nach B bewegt (Abb. 10c). *Kletterbewegung:* Man kann z. B. die Atomreihe A von der V. entfernen (Abb. 10a) und durch Diffusion auf Zwischengitterplätze verteilen (Abb. 10d). Die V. hat sich dann von A nach D bewegt. Analog kann man auch bei E (Abb. 10a) eine zusätzliche Atomreihe einfügen.

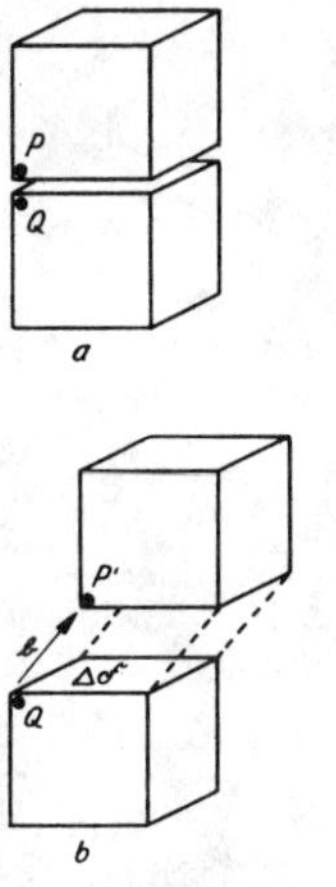

9 Volumenänderung bei der Versetzungsbewegung

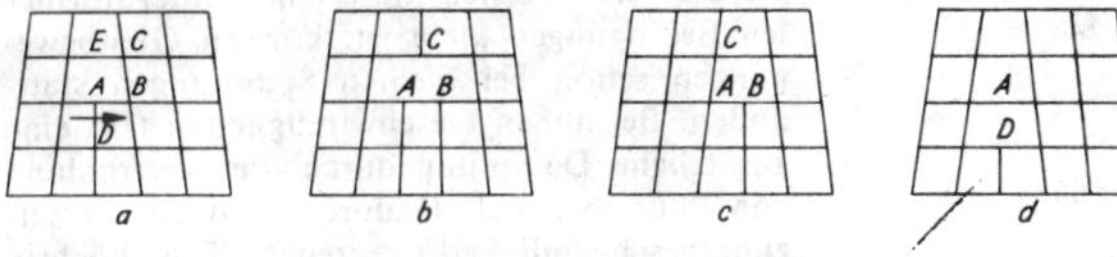

10 Gleit- und Kletterbewegung einer Stufenversetzung

Bei einer Schraubenversetzung fallen die Richtungen von b und L zusammen. Eine Schraubenversetzung hat deshalb im Kontinuum keine definierte Gleitebene, sondern alle L enthaltenden Ebenen können Gleitebenen sein. Im Gitter ordnet man jedoch Schraubenversetzungssegmenten meistens die Gleitebene einer Stufenversetzung mit gleichem b zu, da sich V.en im Gitter im allgemeinen nur auf wenigen kristallographischen Ebenen mit geringem Widerstand bewegen können. Eine Bewegung von Schraubenversetzungssegmenten aus dieser Gleitebene heraus bezeichnet man als *Quergleiten*.

Übersicht über die in den wichtigsten Translationsgittern stabilen Burgersvektoren

Gitter	kürzester stabiler Burgersvektor	andere stabile Burgersvektoren	energetisch gleichwertig
kubisch primitiv	$\langle 100\rangle$		
		$\langle 110\rangle$	2 V. en $\langle 100\rangle$
		$\langle 111\rangle$	3 V. en $\langle 100\rangle$ oder 1 V. $\langle 100\rangle$ und 1 V. $\langle 110\rangle$
kubisch raumzentriert	$^1/_2\langle 111\rangle$	$\langle 100\rangle$	
kubisch flächenzentriert	$^1/_2\langle 110\rangle$	$\langle 100\rangle$	2 V. en $^1/_2\langle 110\rangle$
hexagonal (dichteste Kugelpackung)	$^1/_3\langle 11\bar{2}0\rangle$		
		$\langle 0001\rangle$	
		$^1/_3\langle 11\bar{2}3\rangle$	1 V. $^1/_3\langle 11\bar{2}0\rangle$ und 1 V. $\langle 0001\rangle$

Durchstößt eine bewegte V. die Oberfläche des Kristalls, dann werden die Oberflächenbereiche auf beiden Seiten der Gleitspur um *b* gegeneinander verschoben. Hat *b* eine Komponente senkrecht zur Oberfläche des Kristalls, dann entsteht dabei eine Oberflächenstufe mit atomarer Höhe (*Gleitstufe* oder *Gleitlinie*).

Liegen mehrere Gleitlinien auf engem Raum nebeneinander, dann spricht man von einem *Gleitband.* Die licht- und elektronenmikroskopische Beobachtung von Gleitbändern und Gleitlinien ist eine wichtige Untersuchungsmethode zum Studium der kinematischen Eigenschaften der V.en.

Versetzungsbewegungen werden durch Kräfte, die an der V. angreifen, ausgelöst. Die Kräfte entstehen durch elastische Spannungen, durch die Linienspannung der V.en oder durch Nichtgleichgewichtszustände der Eigenfehlstellen des Kristalls. Die elastischen Spannungen sind eine Folge äußerer Spannungen oder elastischer Wechselwirkungen der Gitterfehler untereinander.

Die *Geschwindigkeit einer V.* in einer bestimmten Richtung (Gleiten oder Klettern) hängt neben der angreifenden Kraft vom Reibungswiderstand der V. in der betrachteten Richtung ab. Der Reibungswiderstand für Gleitbewegungen im sonst ungestörten Kristall ist durch die Peierls-Spannung gegeben. Da diese bei den meisten Materialien unter normalen Bedingungen klein ist, können Gleitbewegungen schon bei kleinen Spannungen stattfinden. Bei hohen Geschwindigkeiten tritt eine zusätzliche Dämpfung durch die Abstrahlung von Phononen auf. Dadurch wird die Versetzungsgeschwindigkeit begrenzt. Die höchste mögliche Geschwindigkeit ist die Schallgeschwindigkeit des Materials. – Bei Kletterbewegungen bleibt das Volumen des Körpers nicht erhalten. Der notwendige Materialtransport von oder zur V. erfolgt durch Diffusion von Eigenfehlstellen. Dabei kann die V. als Quelle oder Senke für die Fehlstellen wirken. Kletterbewegungen sind meist thermisch aktivierte Prozesse, so daß die Temperaturabhängigkeit ihrer Geschwindigkeit durch eine Arrhenius-Beziehung beschrieben werden kann. Sie finden wegen der notwendigen Diffusion meist nur bei hohen Temperaturen mit einer hohen Geschwindigkeit statt. Im allgemeinen klettert eine Versetzungslinie nicht als Ganzes, sondern durch eine Bewegung der Sprünge längs der V. in kleinen Schritten. Wenn die Emission oder Absorption der Eigenfehlstellen an den Sprüngen durch mechanische Kräfte ausgelöst wird, stellen die Sprünge ein Hindernis für die Versetzungsbewegung dar. Beim Vorhandensein einer Über- oder Untersättigung an Eigenfehlstellen kann die Emission oder Absorption der Fehlstellen an den V.en zu einer Einstellung der thermischen Gleichgewichtskonzentration der Fehlstellen führen. Neben den beschriebenen Einflüssen wird der Reibungswiderstand bestimmt durch Schnittprozesse der V.en untereinander (→ Sprung in einer V.), Wechselwirkungen mit besonderen Versetzungsanordnungen (→ Korngrenze, → Cottrell-Lomer-Versetzung), Versetzungsdipolen und -aufstauungen, im Kristall gelösten oder ausgeschiedenen Verunreinigungen und in einigen Fällen durch elektrische Wechselwirkungen geladener V.en mit anderen geladenen Gitterfehlern. Die Anzahl gleitfähiger V.en im Kristall und die Größe des Reibungswiderstandes bestimmen die mechanische Festigkeit des Materials. Die Erfassung dieser Größen und ihrer Abhängigkeit von thermischen und mechanischen Vorbehandlungen des Kristalls ist Aufgabe der Verfestigungstheorie.

VII) Unvollständige V.en (Teil-, Partial- oder Halbversetzungen). Das sind V.en, bei denen im Gegensatz zu den vollständigen V.en die gegenseitige Verschiebung der Schnittufer (→ Burgersvektor) kein Gittervektor ist. Die Umgebung der V. ist dann perfekt bis auf die Schnittfläche, die einen Stapelfehler enthält. Die Gleitebene einer unvollständigen V. ist wie die einer vollständigen durch $\vec{b}$ und *L* definiert. Eine unvollständige V. kann sich jedoch nur in der Ebene des Stapelfehlers bewegen: Bei den *Shockleyschen Halbversetzungen* fällt die Gleitebene mit der Ebene des Stapelfehlers zusammen. Die V. kann deshalb leicht gleiten. Shockleysche unvollständige V.en können folglich durch Gleitprozesse erzeugt werden. Bei den *Frankschen Halbversetzungen* („nicht gleitfähige" V.en) fällt die Gleitebene nicht mit der Stapelfehlerebene zusammen, so daß diese nur unter sehr hohen Spannungen gleiten können. Sie können jedoch leicht klettern und durch Kletterprozesse gebildet werden (Kondensation von Leerstellen, vgl. Abschn. IX).

In Gittern mit niedriger Stapelfehlerenergie können vollständige V.en durch Aufspaltung unter Energiegewinn in unvollständige V.en übergehen.

Beispiel: In kubisch flächenzentrierten Metallen dissoziieren die V.en mit $\vec{b} = 1/2\,[110]$ in zwei Shockleysche Halbversetzungen nach der Reaktion $\vec{b} = \vec{b}_1 + \vec{b}_2 = 1/2\,[110] = 1/6\,[211] + 1/6\,[12\bar{1}]$. Die beiden Teilversetzungen im Abstand r stoßen sich im Falle von Schraubenversetzungen wegen $\vec{b}_1 \cdot \vec{b}_2 > 0$ mit der Kraft je Länge $F_r/L = \frac{G\cdot\vec{b}_1\cdot\vec{b}_2}{2\pi r}$ (vgl. Abschn. III, Gl. 7) ab. Zwischen den Teilversetzungen wird ein Stapelfehler der Länge L und der Breite $\mathrm{d}r$ aufgespannt. Da zu dessen Bildung die Energie $\mathrm{d}W = \gamma L\,\mathrm{d}r$ (γ ist die Stapelfehlerenergie) aufgebracht werden muß, erzeugt der Stapelfehler auf die ihn begrenzenden Teilversetzungen die anziehende Kraft je Länge $F_r/L = -1\,L\,\mathrm{d}W/\mathrm{d}r = -\gamma$. Im Gleichgewicht ist die auf die Teilversetzungen einwirkende Gesamtkraft gleich Null. Daraus ergibt sich der Abstand r der Teilversetzungen (*Weite der Aufspaltung* oder *Versetzungsweite*) zu $r = \frac{G\cdot\vec{b}_1\cdot\vec{b}_2}{2\pi\gamma}$.

Die Messung von r ermöglicht die experimentelle Bestimmung von γ.

Die Aufspaltung beeinflußt wesentlich die Versetzungseigenschaften, besonders die kinematischen, da sich die Teilversetzungen nur in der Ebene des Stapelfehlers bewegen können. Deshalb muß z. B. an einer Schraubenversetzung, die ihre Gleitebene durch Quergleiten verlassen will, die Aufspaltung beseitigt werden; die V. muß sich an dieser Stelle einschnüren.

VIII) Erzeugung von V.en. 1) Beim Kristallwachstum. V.en in einem Substrat oder Impfkristall können sich in den aufwachsenden Kristall fortsetzen. Beim Zusammenwachsen zweier Kristallite kann eine gegenseitige Fehlorientierung durch den Einbau von V.en ermöglicht werden. Außerdem können durch den Einbau von V.en elastische Spannungen relaxiert werden, die durch den Temperaturgradienten beim Wachstum aus der Schmelze oder durch Konzentrationsschwankungen eingebauter Verunreinigungen entstehen. 2) Durch Kondensation von Eigenfehlstellen. Unter geeigneten Bedingungen lagern sich durch Abschrecken eingefrorene Eigenfehlstellen, z. B. Leerstellen, zu flächenhaften Gebilden zusammen (Abb. 11a). Diese stellen nach dem Zusammenklappen der Begrenzungsflächen Versetzungsringe mit prismatischen Gleitflächen dar (Abb. 11b) mit einem Burgersvektor senkrecht zur Ringebene. Man bezeichnet diese V.en als *prismatische V.en.* Entstehen beim Zusammenklappen der Begrenzungsflächen Stapelfehler, so stellen die Versetzungsringe Franksche unvollständige V.en dar. 3) Durch plastische Deformation. Da die bei der Kristallherstellung eingebauten V.en meist blockiert sind, müssen bei der plastischen Deformation neue, gleitfähige V.en produziert werden. Ihre Produktion erfolgt entweder in räumlich lokalisierten *Versetzungsquellen* oder während der Bewegung gleitender V.en (*Versetzungsvervielfachung*). Eine Versetzungsquelle besteht aus einem beweglichen Versetzungssegment, das an einem oder beiden Enden z. B. durch einen Versetzungsknoten im Gitter verankert ist.

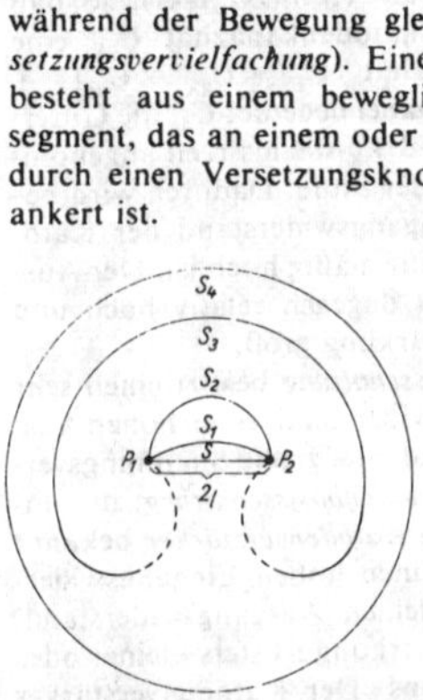

12 Frank-Read-Quelle

Ein spezieller Typ ist die ***Frank-Read-Quelle*** mit zwei Verankerungspunkten P_1, P_2 im Abstand $2l$ in der Gleitebene des Versetzungssegmentes S (Abb. 12). Unter der angreifenden Schubspannung baucht sich das Versetzungssegment aus (S_1). Die zur Erzeugung des Krümmungsradius R notwendige Spannung σ ist durch Gl. 6 (Abschn. III) gegeben. Die kritische Spannung, bei der die Versetzungsquelle arbeiten kann, ist erreicht, wenn R den kleinsten Wert $R = l$ angenommen hat (S_2). Der Versetzungsbogen kann dann ohne Erhöhung von σ weitergleiten, da R nach der Halbkreislage der V. wieder größere Werte als $R = l$ annimmt. Durch gegenseitige Annihilierung der in der Abb. gestrichelt gezeichneten Versetzungssegmente (Lage S_3) bildet sich ein neuer, geschlossener Versetzungsring (S_4). Danach ist die Quelle zur Abspaltung eines weiteren Versetzungsringes bereit.

Wahrscheinlich erfolgt die Versetzungserzeugung bei der plastischen Verformung nicht in solchen lokalisierten Quellen, sondern während der Bewegung der Gleitversetzungen. Dabei muß ebenfalls ein Versetzungssegment momentan verankert werden, was z. B. durch lokale Quergleitung eines Schraubenversetzungssegmentes erfolgen kann. Die die beiden Gleitebenen verbindenden Sprünge (→ Sprung in einer Versetzung) sind dann nicht in der Bewegungsrichtung der V. gleitfähig. Die Abspaltung der V. erfolgt wie bei der Frank-Read-Quelle (*Doppel-Quergleit-Mechanismus*). Im allgemeinen werden die gleitenden V.en im Kristall blockiert, bevor sie aus diesem vollständig herausgeglitten sind. Deshalb steigt dei der plastischen Deformation die Anzahl der V.en im Kristall stetig an.

IX) Versetzungsanordnungen. Die Kristalle enthalten von ihrem Wachstum her praktisch immer eine bestimmte Anzahl von V.en. Diese Anzahl wird beschrieben durch die Versetzungsdichte ϱ_V, d. i. die Länge der Versetzungslinien in der Volumeneinheit des Kristalls. Meistens ermittelt man die Versetzungsdichte als die Anzahl der durch die Flächeneinheit der Kristalloberfläche durchstoßenden V.en. Diese auf die Oberfläche bezogene Versetzungsdichte ist etwa gleich $\varrho_V/2$. Die Versetzungsdichten normaler Einkristalle liegen zwischen 10^4 und $10^{12}\,\mathrm{cm}^{-2}$.

Da die V.en meist keine Gleichgewichtsfehlordnung darstellen, versuchen sie durch Gleit- und Kletterbewegungen auszuheilen oder Lagen mit möglichst niedriger Energie einzunehmen. Dabei können sich im allgemeinen Versetzungsknoten bilden, und es entsteht ein dreidimensionales *Versetzungsnetzwerk*. Dieses ist besonders stabil, wenn es regelmäßig aufgebaut ist, da dann die Knoten ihre Gleichgewichtskonfiguration einnehmen können.

Während der Kristall wegen der statistischen Verteilung der Vorzeichen der Burgersvektoren beim räumlichen Netzwerk makroskopisch nicht fehlorientiert ist, können auch ganze Bereiche gegeneinander verschwenkt sein. Die Grenzflächen zwischen diesen Bereichen (Körner) werden durch regelmäßige Versetzungsanordnungen, die → Korngrenzen, gebildet.

Besondere Versetzungsanordnungen entstehen bei der plastischen Deformation der Kristalle. Zwei parallele V.en mit entgegengesetzt gleichen Burgersvektoren bezeichnet man als *Versetzungsdipol*. Bewegen sich mehrere V.en gegen ein Gleithindernis, z. B. eine Cottrell-Lomer-Versetzung, so können sich die V.en aufstauen (engl. 'pile up') und wirken dann für andere Gleitversetzungen in erster Näherung wie eine V. mit einem resultierenden Burgersvektor gleich der Summe der Burgersvektoren der aufgestauten V.en. Die bei der Verformung gebildeten Versetzungsanordnungen sind für die Verfestigung der Kristalle wichtig, da die Gleitversetzungen mit ihnen in elastische Wechselwirkung treten und deshalb bei ihrer Bewegung behindert werden.

Die bei der plastischen Deformation gebildeten V.en heilen, da sie sich nicht im thermischen Gleichgewicht befinden, bei Vorhandensein einer ausreichenden Beweglichkeit wieder aus. Die *Ausheilung* erfolgt stets durch Annihilierung zweier Versetzungen mit entgegengesetzt gleichen Burgersvektoren (Reaktion 2. Ordnung). Meist erfolgt dies in zwei Etappen: Bildung eines Versetzungsdipols durch Gleitung der beiden sich anziehenden V.en und nachfolgende Annihilierung durch Klettern (Abb. 13). Die Geschwindigkeit der Ausheilung wird hauptsächlich durch die nur bei hohen Temperaturen genügend schnell ablaufenden Kletterbewegungen bestimmt. Eine weitere Verminderung der Versetzungsdichte in der Matrix entsteht durch Zusammenlagerung der V.en zu Korngrenzen (→

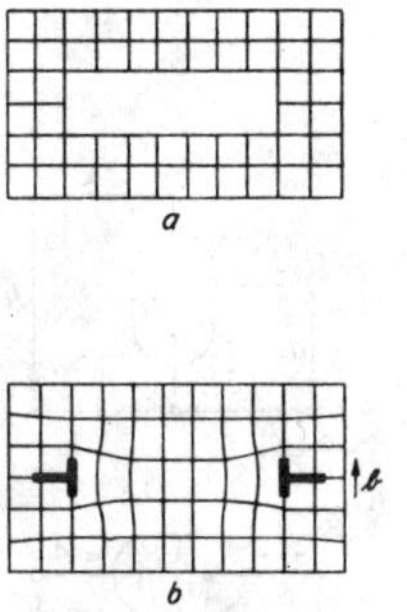

11 Bildung eines prismatischen Versetzungsringes durch Kondensation von Leerstellen: *a* flächenhafte Leerstellenansammlung, *b* prismatischer Versetzungsring

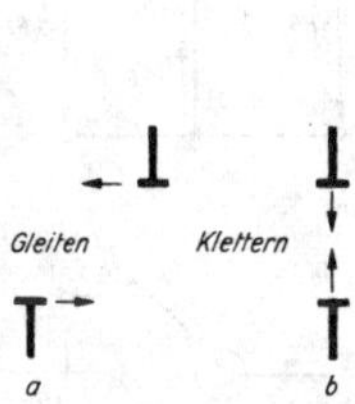

13 Annihilierung zweier Stufenversetzungen mit entgegengesetzt gleichen Burgersvektoren: *a* Bildung eines Versetzungsdipols durch eine Gleitbewegung, *b* gegenseitige Annihilierung durch eine Kletterbewegung

Polygonisation) und durch Absorption einzelner V.en an Korngrenzen (→ Rekristallisation). Lit. → Gitterfehlstellen.

Verseuchung, *radioaktive Verseuchung,* → radioaktive Kontamination.

Verstärker, Geräte, die dazu dienen, mit geringem Leistungsaufwand eine Steuerwirkung hervorzurufen, die eine größere Leistungsänderung nach sich zieht. Je nach dem Verwendungszweck unterscheidet man zwischen Vorverstärkern und Leistungsverstärkern.

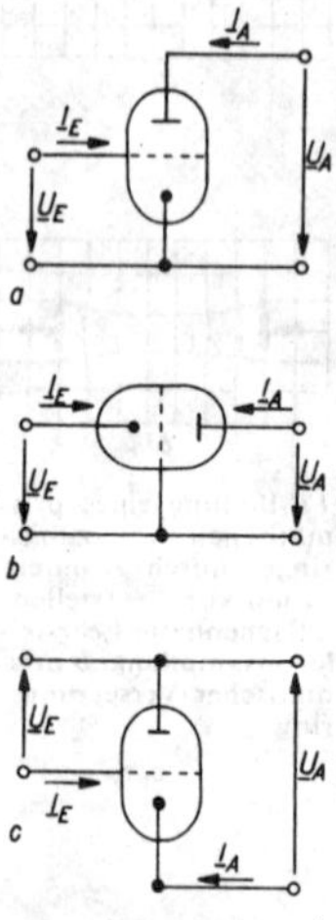

1 Grundschaltungen einer Elektronenröhre (Triode): *a* Katodenbasisschaltung, *b* Gitterbasisschaltung, *c* Anodenbasisschaltung

Vorverstärker haben z. B. die Aufgabe, sehr kleine Signalwechselspannungen oder Gleichspannungsänderungen auf einen vorgegebenen hohen Spannungswert zu verstärken. Sie bestehen im allgemeinen aus mehreren in Kaskade geschalteten Verstärkerstufen mit dazwischengeschalteten frequenzbestimmenden Netzwerken. Infolge der Kleinheit der Eingangssignale spielen dabei Verzerrungen durch die aktiven Elemente wie Elektronenröhren oder Transistoren kaum eine Rolle. Dagegen ist oftmals das Rauschen der Eingangsstufe von entscheidender Bedeutung. In mehrstufigen V.n können sehr hohe Verstärkungsgrade erreicht werden. So hat man z. B. schon 10^{18}fache Leistungsverstärkungen verwirklicht. Die Verstärkung sehr schwacher Signale (mit sehr kleiner Wechselstromleistung) verliert jedoch ihren Sinn, wenn die Signalleistung nicht größer als die Rauschleistung der stets vorhandenen Störungen am Eingang des V.s ist. Das Rauschen hat verschiedenen Ursprung. Es wird zum Teil mit dem Signal empfangen, zum Teil stammt es aus dem Eingangskreis, und zum Teil wird es in den aktiven Elementen selbst erzeugt. Meist bestimmt das Eigenrauschen der ersten Verstärkerstufe die kleinste verstärkbare Signalleistung. Zur Steigerung der Empfindlichkeit werden deshalb in Eingangsstufen besonders rauscharme Röhren und Transistoren verwendet. Im Bereich der Höchstfrequenzen setzt man zur Verbesserung der Empfindlichkeit spezielle rauscharme V. ein, z.B. Maser, Reaktanzverstärker und Wanderfeldröhren, die sich durch ein sehr kleines Eigenrauschen auszeichnen.

Als *Spannungsverstärkung* eines V.s ist das Verhältnis von Ausgangsspannung zu Eingangsspannung definiert.

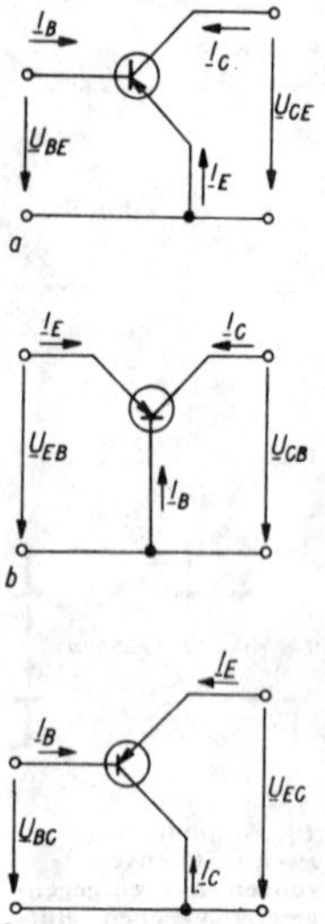

2 Grundschaltungen eines pnp-Transistors: *a* Emitterschaltung, *b* Basisschaltung, *c* Kollektorschaltung

Leistungsverstärker haben die Aufgabe, eine bestimmte vorgegebene Ausgangsleistung zu erzeugen. Bei ihnen lassen sich nichtlineare Verzerrungen oftmals nicht vermeiden. Man ist jedoch bestrebt, sie durch geeignete Schaltungen (z. B. Gegentaktverstärker) auf ein Mindestmaß herabzudrücken. Die *Leistungsverstärkung* eines V.s ist durch das Verhältnis von Ausgangsleistung zu Eingangsleistung definiert. Sie wird in Neper oder Dezibel angegeben. Als Maß für die nichtlinearen Verzerrungen eines V.s dient der *Klirrfaktor*. Dieser ist definiert als das Verhältnis der Summe der Effektivwerte aller Oberwellen zur Summe der Effektivwerte von Grundwelle und Oberwellen.

Nach dem Frequenzbereich, in dem der V. arbeitet, ist es üblich, zwischen Gleichstrom-, Niederfrequenz-, Zwischenfrequenz- und Hochfrequenzverstärkern zu unterscheiden. Entsprechend der Breite des verstärkten Frequenzbandes werden diese V. wiederum in Schmalbandverstärker und Breitbandverstärker untergliedert. *Schmalbandverstärker* sind V., deren Bandbreite je nach dem Anwendungszweck zwischen einem Hertz und wenigen Hertz Bandbreite variiert. Diese geringe Bandbreite wird durch Schwingkreise hoher Güte (Resonanzverstärker) oder durch aus Widerständen R und Kondensatoren C zusammengesetzte Netzwerke zur Aussiebung der betreffenden Frequenz (selektive RC-Verstärker) realisiert. *Breitbandverstärker* haben je nach Verwendungszweck eine Bandbreite von einigen MHz bis zu einigen 100 MHz; weiteres → Breitbandverstärker.

Die aktiven Elemente eines V.s wie Elektronenröhren und Transistoren können entsprechend den in den Abb. 1 und 2 skizzierten Grundschaltungen eingesetzt werden. Bei Elektronenröhren unterscheidet man zwischen Katodenbasis-, Gitterbasis- und Anodenbasisschaltung, je nachdem, ob die Katode, das Gitter oder die Anode dem Eingangs- und dem Ausgangskreis gemeinsam ist. a) Bei der *Katodenbasisschaltung* tritt eine Vergrößerung der Eingangskapazität auf (*Miller-Effekt*), so daß anstelle der Gitterkatodenkapazität C_{gk} eine vergrößerte Kapazität $C_E = C_{gk} + C_{ag}(1 + |V_K|)$ wirksam ist. Dabei bedeutet C_{ag} die Gitteranodenkapazität und V_K die als reell angenommene Verstärkung der Stufe. Dadurch wird bewirkt, daß der Eingangswiderstand der Katodenbasisschaltung nur mäßig hoch ist. Der Ausgangswiderstand ist dagegen relativ hoch und die Spannungsverstärkung groß.

b) Die *Gitterbasisschaltung* besitzt einen sehr niedrigen Eingangswiderstand, einen hohen Ausgangswiderstand und eine große Spannungsverstärkung. c) Die *Anodenbasisschaltung*, die unter der Bezeichnung *Katodenverstärker* bekannt geworden ist, hat einen hohen Eingangswiderstand und einen kleinen Ausgangswiderstand, ihre Spannungsverstärkung ist stets kleiner oder höchstens gleich Eins. Der Katodenverstärker verfügt aber über eine hohe Stromverstärkung, er wird deshalb häufig als Impedanzwandler und wegen seiner hohen Stabilität in Rückkopplungsschaltungen verwendet. Dementsprechend unterscheidet man bei Transistoren zwischen Basis-, Emitter- und Kollektorschaltung.

Der *Basisschaltung* eines Transistors entspricht die *Gitterbasisschaltung* einer Elektronenröhre. Nachteilig bei der Basisschaltung ist der sehr kleine Eingangswiderstand ($\approx 100\,\Omega$) und der sehr hochohmige Ausgangsinnenwiderstand (10^5 bis $10^6\,\Omega$). Die Kurzschlußstromverstärkung α ist ungefähr gleich Eins. Man erreicht mit dieser Schaltung 10^3- bis 10^4fache Spannungsverstärkungen. Ungünstig wirken sich die Widerstandsverhältnisse in der Basisschaltung auf die Hintereinanderschaltung mehrerer Transistorstufen aus, da im Gegensatz zu den Elektronenröhren, bei denen zur Steuerung keine oder nur eine sehr geringe Leistung erforderlich ist, bei Transistoren eine merkliche Steuerleistung benötigt wird. Dies bedingt aber, daß die Stufen leistungsmäßig aneinander angepaßt sein müssen.

Die wichtigste Schaltung für die praktische Anwendung ist die *Emitterschaltung*; ihr entspricht bei den Elektronenröhren die *Katodenbasisschaltung*. Die Kurzschlußstromverstärkung β erreicht Werte von 100 und mehr, die Spannungsverstärkung ist 10^3- bis 10^4fach. Der Eingangswiderstand ist wesentlich höher als in der Basisschaltung und liegt in der Größenordnung von 10^3 bis $10^4\,\Omega$. Außerdem hat die Emitterschaltung einen niedrigeren ausgangsseitigen Innenwiderstand (10^4 bis $10^5\,\Omega$). Dadurch ist es leichter, den Ausgang der vorhergehenden Stufe an den Eingang der nachfolgenden Stufe in Transistorverstärkern anzupassen.

Die *Kollektorschaltung* stellt eine relativ wenig benutzte Schaltung dar. Ihr entspricht bei den Elektronenröhren die *Anodenbasisschaltung* (der Katodenverstärker). Die Kollektorschaltung hat einen hohen Eingangswiderstand ($\approx 10^5\,\Omega$) und einen niedrigen Ausgangswiderstand. Sie kann ebenso wie der Katodenverstärker als Impedanzwandlerschaltung verwendet werden. Während die Stromverstärkung wie in der Emitterschaltung Werte von 100 und mehr erreichen kann, ist ihre Spannungsverstärkung stets kleiner als Eins.

Von allen drei Transistorgrundschaltungen besitzt die Basisschaltung die höchste Grenzfrequenz.

Entsprechend der Lage des Arbeitspunktes der Elektronenröhre oder des Transistors unterscheidet man zwischen A-, B- und C-Verstärkern. a) Bei den *A-Verstärkern* pendelt der Ausgangswechselstrom (z. B. der Anodenwechselstrom einer Elektronenröhre, Abb. 3) symme-

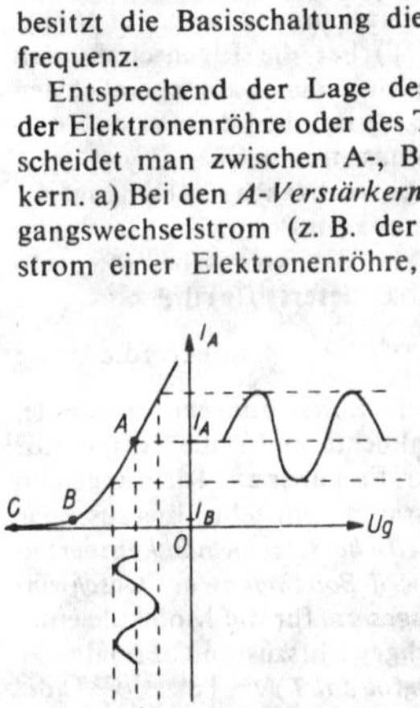

3 Lage der Arbeitspunkte auf der Anodenstrom-Gitterspannungs-Kennlinie eines Röhrenverstärkers. I_A, I_B Ruhestrom beim *A*- bzw. *B*-Verstärker. Für den *A*-Verstärker ist die Verstärkerwirkung angedeutet. U_g Gitterspannung

trisch um den Ausgangsruhestrom. b) Beim *B-Verstärker* liegt der Arbeitspunkt im unteren Kennlinienknick der Röhre oder des Transistors. B-Verstärker werden in Gegentaktschaltungen verwendet. Der Vorteil gegenüber der Gegentaktschaltung von A-Verstärkern liegt in der wesentlich geringeren Verlustleistung bei gleicher abgegebener Wechselstromleistung infolge des sehr geringen Ruhestromes. Gegentakt-B-Verstärker weisen jedoch größere Verzerrungen als Gegentakt-A-Verstärker auf, vor allem im Bereich kleiner Aussteuerungen. c) Beim *C-Verstärker* liegt der Arbeitspunkt unterhalb des Kennlinienknicks. Bei diesem V. wird nur die positive Halbwelle einer Wechselspannung ganz oder teilweise verstärkt. C-Verstärker werden vorwiegend für Sendezwecke verwendet, wobei die entstehenden Oberwellen durch eingangs- und ausgangsseitige Resonanzkreise ausgefiltert werden. Sie eignen sich zur Verstärkung schmaler Frequenzbänder.

Ein *supraleitender V.* dient zur Verstärkung kleiner Gleich- oder Wechselspannungen und enthält supraleitende Elemente, z. B. Kryotrons, supraleitende Tunneldioden, Josephson-Tunnelelemente, supraleitende Unterbrecher, supraleitende Übertrager oder z. B. im parametrischen supraleitenden V. gegeneinander bewegte supraleitende Spulen. Ein solcher supraleitender V. hat einen äußerst niedrigen Innenwiderstand und kann deshalb zur Verstärkung bzw. Messung sehr niedriger Spannungen bis zu etwa 10^{-12} V eingesetzt werden.

Der *logarithmische V.* ist ein spezieller V., dessen Ausgangsgröße immer proportional zum Logarithmus der jeweiligen Eingangsgröße ist. Die logarithmische Kennlinie wird z. B. durch den mehrere Zehnerpotenzen breiten Bereich der experimentellen Abhängigkeit des Stromes von der Spannung von thermischen Dioden (Anlaufstrombereich) und Halbleiterdioden erreicht.

Auch mit Trioden, Pentoden, Unijunction-Transistoren und anderen Festkörperbauelementen lassen sich entsprechende Kennlinienverläufe unter bestimmten Betriebsbedingungen realisieren. In der Praxis werden → Operationsverstärker verwendet, deren Rückkopplungszweig im allgemeinen aus einem Netzwerk von mehreren Dioden und Widerständen besteht.

Lit. Meinke u. Gundlach: Taschenb. der Hochfrequenztechnik (3. Aufl. Berlin, Göttingen, Heidelberg 1968); Schröder: Elektrische Nachrichtentechnik Bd 2 (2. Aufl. Berlin 1971).

Verstärkermaschine, eine Gleichstrommaschine (→ elektrische Maschine) mit hoher Leistungs- und Spannungsverstärkung, linearem Zusammenhang zwischen Ausgangs- und Eingangsgröße und geringen Zeitkonstanten. Da diese Forderungen durch den üblichen Gleichstromgenerator mit Erregerleistung als Eingangsleistung und Ankerleistung als Ausgangsleistung nicht ausreichend erfüllt werden, müssen die Auslegung des magnetischen Kreises und die Wicklungen geändert werden. Durch zusätzliche Steuerwicklungen und Arbeiten im linearen Teil der Magnetisierungskurve entsteht das → Rototrol, durch Ausführung als Querfeldmaschine mit kurzgeschlossenem Zwischenbürstensatz erhält man die → Amplidyne. Eine Sonderform der V. ist die → Autodyne.

V.n werden vor allem in der Steuerungs- und Regelungstechnik angewendet.

Verstärkerröhren, Sammelbegriff für Elektronenröhren, die zur Verstärkung von elektrischen Signalen dienen. Zu den V. gehören die Ein- und Mehrgitterröhren sowie einige Vertreter der → Mikrowellenröhren.

Verstärkungsfaktor, das Verhältnis der Anodenspannungsänderung zur Steuergitterspannungsänderung einer Elektronenröhre bei Konstanthaltung aller anderen Größen. Der Anodenstrom ist eine Funktion von Gitter- und Anodenspannung: $I_a = f(U_g, U_a)$, d. h.,

$$dI_a = \left(\frac{\partial I_a}{\partial U_g}\right)_{U_a\text{-konst.}} \cdot dU_g + \left(\frac{\partial I_a}{\partial U_a}\right)_{U_g\text{-konst.}} \cdot dU_a,$$

oder mit den Definitionen für Steilheit S und Innenwiderstand R_i

$$dI_a = S\,dU_g + \frac{1}{R_i}\,dU_a.$$

Unter Benutzung der Barkhausenschen Röhrengleichung läßt sich diese Beziehung auch schreiben $dI_a = S(dU_g + D\,dU_a)$, wobei D den

Durchgriff bedeutet. Falls der Außenwiderstand reell ist, folgt mit $\mathrm{d}U_a = -R_a\,\mathrm{d}I_a$ und unter nochmaliger Anwendung der Barkhausen-Gleichung

$$V = \frac{\mathrm{d}U_a}{\mathrm{d}U_g} = -\frac{1}{D}\,\frac{R_a}{R_a + R_i}.$$

Das Minuszeichen weist auf die Phasenverschiebung von 180° zwischen Ausgangs- und Eingangsspannung hin. Falls R_a ein komplexer Widerstand ist, wird die Verstärkung V eine komplexe Größe. Für den Fall $R_a \gg R_i$ (R_a reell) folgt

$$V = -\frac{1}{D} = -\mu.$$

Dieser Fall tritt bei Trioden im Leerlauf auf. $\frac{1}{D} = \mu$ ist die maximal mögliche Verstärkung der Triode. Sie erreicht Werte um 100. Falls $R_a \ll R_i$ (R_a reell) ist, folgt mit der Barkhausen-Gleichung $V = -SR_a$. Dieser Fall liegt in der Regel bei Pentoden vor. Der V. einer Pentode ist etwa 100mal größer als der der Triode.

Verstimmung, ein Maß für die Abweichung der Kreisfrequenz ω eines zu erzwungenen Schwingungen angeregten elektrischen → Schwingkreises von seiner Resonanzkreisfrequenz ω_0. Als V. v wird definiert: $v = \frac{\omega}{\omega_0} - \frac{\omega_0}{\omega}$. Für $\omega \approx \omega_0$, d. h. für Frequenzen in der Nähe der Resonanzfrequenz, ist $v \approx 2(\omega - \omega_0)/\omega$. Die Größe $v \cdot Q$, wobei Q die Güte des Schwingkreises darstellt, bezeichnet man als *normierte V.*

Versuch, → Experiment.

vertauschbar, → Kommutator 2).

Vertauschungsregel, svw. Vertauschungsrelation.

Vertauschungsrelation, *Vertauschungsregel,* in der Quantentheorie Beziehung zwischen zwei nicht vertauschbaren Operatoren $\hat{A}$ und $\hat{B}$, die den Zusammenhang der Produkte $\hat{A}\hat{B}$ und $\hat{B}\hat{A}$ angibt und festlegt, wie die Vertauschung von Operatoren auszuführen ist. Die Klammerausdrücke $[\hat{A}, \hat{B}]_- = \hat{A}\hat{B} - \hat{B}\hat{A}$ bzw. $[\hat{A}, \hat{B}]_+ = \{\hat{A}, \hat{B}\} = \hat{A}\hat{B} + \hat{B}\hat{A}$ bezeichnet man als Kommutator bzw. Antikommutator. In der Quantenmechanik ergibt sich z. B. für den Kommutator zwischen dem Orts- und Impulsoperator $[\hat{p}_x, \hat{x}]_- = \hbar/\mathrm{i}$; in der Quantenfeldtheorie ergeben sich für die Erzeugungs- bzw. Vernichtungsoperatoren $\hat{a}_i^+$ bzw. $\hat{a}_i^-$ von Teilchen im Zustand i die V.en $[\hat{a}_i^-, \hat{a}_j^+]_- = \delta_{ij}$, $[\hat{a}_i^-, \hat{a}_j^-]_- = [\hat{a}_i^+, \hat{a}_j^+]_- = 0$ für Bosonen und $[\hat{a}_i^-, \hat{a}_j^+]_+ = \delta_{ij}$, $[\hat{a}_i^-, \hat{a}_j^-]_+ = [\hat{a}_i^+, \hat{a}_j^+]_+ = 0$ für Fermionen. Man bezeichnet diese V. daher häufig als Bose- bzw. Fermi-Vertauschungsrelation. Die Darstellungen dieser V. durch bestimmte Matrizen oder spezielle Operatoren führen zu Darstellungen der entsprechenden Quantenfelder (→ Erzeugungs- und Vernichtungsoperatoren). Die V.en bestimmen die algebraische Struktur der Quantentheorie weitgehend: Materiefelder, die zu Teilchen mit ganzzahligem bzw. halbzahligem Spin gehören, sind mittels Kommutatoren bzw. Antikommutatoren zu quantisieren.

Verteilung, → Verteilungsfunktion, → Gibbssche Statistik.

Verteilungsfunktion, *Wahrscheinlichkeitsdichte, Phasenraumdichte,* Funktion, die die Verteilung von Teilchen, z. B. Molekülen eines Gases, entsprechend ihren Orten und Geschwindigkeiten angibt (→ Wahrscheinlichkeitsrechnung). (In einigen Zusammensetzungen wird auch *Verteilung* anstelle von V. benutzt.) Die *Einteilchen-Verteilungsfunktion* $f_1(t, \vec{r}, \vec{v})$ ist dadurch definiert, daß $f_1(t, \vec{r}, \vec{v})\,\mathrm{d}^3\vec{r}\,\mathrm{d}^3\vec{v}$ gleich der Wahrscheinlichkeit ist, zum Zeitpunkt t ein Molekül im Volumenelement $\mathrm{d}^3\vec{r} = \mathrm{d}x\,\mathrm{d}y\,\mathrm{d}z$ um den Ort $\vec{r}$ und im Bereich $\mathrm{d}^3\vec{v} = \mathrm{d}v_x\,\mathrm{d}v_y\,\mathrm{d}v_z$ um die Geschwindigkeit $\vec{v}$ anzutreffen. Die V. ist somit eine Wahrscheinlichkeit je Volumenelement im Phasenraum. Infolge der allgemeinen mathematischen Eigenschaften der Wahrscheinlichkeit ergibt sich unmittelbar die Gleichung $\iint f_1(t, \vec{r}, \vec{v})\,\mathrm{d}^3\vec{r}\,\mathrm{d}^3\vec{v} = 1$, wobei die Integration über alle physikalisch möglichen Orte und Geschwindigkeiten läuft. Man sagt, die so definierte V. sei „auf 1 normiert". Für praktische Rechnungen ist es üblicher, das Produkt aus der oben definierten V. und der Gesamtteilchenzahl N des Systems als V. zu bezeichnen. Diese „auf N normierte" V. $f(t, \vec{r}, \vec{v})$ hat die Eigenschaft, daß $f(t, \vec{r}, \vec{v})\,\mathrm{d}^3\vec{r}\,\mathrm{d}^3\vec{v}$ gleich der wahrscheinlichsten Anzahl der Moleküle im oben definierten Volumenelement des Phasenraumes ist.

In der Gleichgewichtsstatistik hängt die V. der Moleküle nur vom Betrag der Geschwindigkeit $|\vec{v}| = v$ ab, die klassische Maxwell-Boltzmann-Statistik liefert $f(v)\,\mathrm{d}^3\vec{v} = n\left(\frac{m}{2\pi kT}\right)^{3/2} \mathrm{e}^{-mv^2/(2kT)}\,\mathrm{d}^3\vec{v}$, wobei m die Masse eines Moleküls, k die Boltzmannsche Konstante, n die Teilchenzahldichte und T die Temperatur sind. Durch Integration über alle Richtungen im Geschwindigkeitsraum entsteht hieraus das klassische *Maxwellsche Geschwindigkeitsverteilungsgesetz* (*Maxwell-Boltzmannsches Geschwindigkeitsverteilungsgesetz*) für die Moleküle eines Gases im Gleichgewichtszustand $F(v)\,\mathrm{d}v = 4\pi v^2 f(v)\,\mathrm{d}v = 4\pi n(m/2\pi kT)^{3/2}\,v^2\,\mathrm{e}^{-mv^2/(2kT)}\,\mathrm{d}v$. Hierbei ist $F(v)\,\mathrm{d}v$ die mittlere Anzahl der Moleküle im Geschwindigkeitsintervall zwischen v und $v + \mathrm{d}v$. $F(v)$ wird als *Maxwellsche Geschwindigkeitsverteilung* (*Maxwellsche Geschwindigkeitsverteilungsfunktion, Maxwell-Verteilung*) bezeichnet. Aus der Abb. ist ersichtlich, daß die meisten Moleküle mittlere Geschwindigkeiten haben, während nur sehr wenige Moleküle mit sehr kleinen und mit sehr großen Geschwindigkeiten vorhanden sind. Die Geschwindigkeit, bei der $F(v)$ seinen Maximalwert annimmt, bezeichnet man als wahrscheinlichste Geschwindigkeit v_w. Für sie gilt $v_w = \sqrt{2kT/m}$, d. h., mit steigender Temperatur verschiebt sich das Maximum der Kurve zu höheren Geschwindigkeiten, während gleichzeitig die Kurve flacher wird. Für die mittlere Geschwindigkeit er-

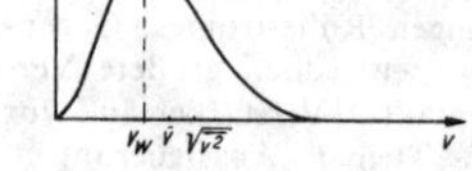

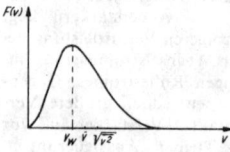

Verlauf der Maxwellschen Geschwindigkeitsverteilung. v_w wahrscheinlichste Geschwindigkeit, $\bar{v}$ mittlere Geschwindigkeit, $\bar{v^2}$ mittleres Geschwindigkeitsquadrat gibt sich $\bar{v} = (1/n)\int vF(v)\,dv = \sqrt{8kT/\pi m} = \sqrt{4/\pi}\,v_w$, d. h., sie ist etwas höher als v_w. Für das mittlere Geschwindigkeitsquadrat erhält man in Übereinstimmung mit der Definition der Temperatur (s. u.) den Ausdruck $\overline{v^2} = 3kT/m = (3/2)\,v_w^2$.

Das Maxwellsche Geschwindigkeitsverteilungsgesetz wurde 1859 von Maxwell gefunden und 1872 von Boltzmann theoretisch begründet. Der erste direkte experimentelle Nachweis gelang durch die Molekularstrahlversuche von Stern.

Da die Geschwindigkeit durch die Formel $E = mv^2/2$ eng mit der kinetischen Energie E verknüpft ist, läßt sich aus der Geschwindigkeitsverteilung unmittelbar auch die *Maxwellsche Energieverteilung* der Moleküle im Gleichgewichtszustand berechnen. Grundlegende theoretische Bedeutung hat die Energieverteilung in der Gibbsschen Statistik.

Weitere Gleichgewichtsverteilungen sind die *Fermi-Dirac-Verteilung* der Elektronen in Metallen (→ Fermi-Dirac-Statistik) und die *Einstein-Verteilung*, d. i. das Verteilungsgesetz für die Lichtquanten, aus dem unmittelbar das Plancksche Strahlungsgesetz folgt (→ Bose-Einstein-Statistik).

Grundlage der Nichtgleichgewichtsstatistik, also der Beschreibung irreversibler Prozesse, z. B. Diffusion, Wärmeleitung und elektrische Leitung, ist die Berechnung der V.en der beteiligten Teilchensorten, z. B. der Gasmoleküle oder der Elektronen und Ionen eines Plasmas, aus kinetischen Gleichungen, z. B. der Boltzmann-Gleichung.

Aus der V. lassen sich die wesentlichen makroskopisch interessierenden Größen unmittelbar berechnen. Die mittlere Teilchenzahl je Volumeneinheit erhält man aus der Formel $n(t, \vec{r}) = \int f(t, \vec{r}, \vec{v})\,d^3\vec{v}$, wobei über alle physikalisch möglichen Geschwindigkeiten integriert wird. Die mittlere *lokale Strömungsgeschwindigkeit* am Ort $\vec{r}$ zur Zeit t ergibt sich als mittlere Geschwindigkeit aus der Relation $\vec{u}(\vec{r}, t) = (1/n) \times \int f(t, \vec{r}, \vec{v})\,d^3\vec{v}$. Die *kinetische Temperatur* ist definiert durch die Beziehung $T(\vec{r}, t) = (m/3kn)\int(\vec{v} - \vec{u})^2 \cdot f(t, \vec{r}, \vec{v})\,d^3\vec{v}$. Gemäß der Zustandsgleichung des idealen Gases ergibt sich daraus der gaskinetische Druck $p(\vec{r}, t) = (m/3)\int(\vec{v} - \vec{u})^2 f(t, \vec{r}, \vec{v})\,d^3\vec{v}$. Eine Verallgemeinerung des gaskinetischen Druckes, die bei Abweichungen vom lokalen Gleichgewicht in der kinetischen Gastheorie und der Hydrodynamik eine Rolle spielt, ist der *Drucktensor* P. Er ist definiert durch die Relation $P(t, \vec{r}) = m\int(\vec{v} - \vec{u})(\vec{v} - \vec{u}) f(t, \vec{r}, \vec{v})\,d^3\vec{v}$. Im Integranden steht das dyadische Produkt der Größe $(\vec{v} - \vec{u})$ mit sich selbst. Im lokalen Gleichgewicht ist der Drucktensor diagonal und hat die Form $P = pE$, wobei p der gewöhnliche Gasdruck und E der Einheitstensor ist. Eine weitere makroskopische Größe, die sich aus der Einteilchen-Verteilungsfunktion bestimmt, ist die *lokale Wärmestromdichte* $q(t, \vec{r}) = (m/2)\int(\vec{v} - \vec{u})^2(\vec{v} - \vec{u})\, f(t, \vec{r}, \vec{v})\,d^3\vec{v}$. Im lokalen Gleichgewicht hat die Verteilungsfunktion die Gestalt einer *lokalen Maxwell-Verteilung* $f(t, \vec{r}, \vec{v}) = f^0(t, \vec{r}, \vec{v})$

$$= n(t, \vec{r})\left(\frac{m}{2\pi kT(t, \vec{r})}\right)^{3/2} \exp\left\{-\frac{m(\vec{v} - \vec{u}(t, \vec{r}))^2}{2kT(t, \vec{r})}\right\}$$

und der betrachtete Zustand wird vollständig durch die Größen $n(t, \vec{r})$, $\vec{u}(t, \vec{r})$ und $T(t, \vec{r})$ beschrieben. In diesem Falle sind kinetische Theorie und Hydrodynamik äquivalent.

In der kinetischen Theorie spielen neben den Einteilchen- auch höhere n-Teilchen-Verteilungsfunktionen eine wesentliche Rolle. Die *Zweiteilchen-* oder *binäre V.* $f_2(t, \vec{r}_1, \vec{r}_2, \vec{v}_1, \vec{v}_2)$ beschreibt die Wahrscheinlichkeit, zum Zeitpunkt t ein Teilchen im Volumenelement $d^3\vec{r}_1$ bei $\vec{r}_1$ und $d^3\vec{v}_1$ bei $\vec{v}_1$ und gleichzeitig ein zweites Teilchen im Volumenelement $d^3\vec{r}_2$ bei $\vec{r}_2$ und $d^3\vec{v}_2$ bei $\vec{v}_2$ anzutreffen. Die Zweiteilchen-Verteilungsfunktion hängt mit den entsprechenden Einteilchen-Verteilungsfunktionen wie folgt zusammen: $f_2(t, \vec{r}_1, \vec{r}_2, \vec{v}_1, \vec{v}_2) = f(t, \vec{r}_1, \vec{v}_1) \times f(t, \vec{r}_2, \vec{v}_2) + g(t, \vec{r}_1, \vec{r}_2, \vec{v}_1, \vec{v}_2)$, wobei g die Zweiteilchen-Korrelationsfunktion ist. Besteht keine Wechselwirkung zwischen den Teilchen, dann verschwindet die Korrelationsfunktion, und die Zweiteilchen-Verteilungsfunktion ist gerade das Produkt der entsprechenden Einteilchen-Verteilungsfunktion. Die n-Teilchen-Verteilungsfunktion f_n wird dadurch definiert, daß $f_n(t, r_1, r_2, \ldots, \vec{r}_n, \vec{v}_1, \vec{v}_2, \ldots, \vec{v}_n)\,d^3\vec{r}_1, d^3\vec{v}_1, \ldots, d^3\vec{r}_n\,d^3\vec{v}_n$ gleich der Wahrscheinlichkeit ist, gleichzeitig zum Zeitpunkt t ein Teilchen im Intervall $d^3\vec{r}_1$ bei $\vec{r}_1$, $d^3\vec{v}_1$ bei $\vec{v}_1$, ein zweites Teilchen im Intervall $d^3\vec{r}_2$ bei $\vec{r}_2$, $d^3\vec{v}_2$ bei $\vec{v}_2$, usw. und ein Teilchen im Intervall $d^3\vec{r}_n$ bei $\vec{r}_n$, $d^3\vec{v}_n$ bei $\vec{v}_n$ anzutreffen. Aus den n-Teilchen-Verteilungsfunktionen kann man niedere V.en durch Reduktion, d. h. Abintegration über die entsprechenden Orts- und Geschwindigkeitskoordinaten erhalten. Die Formel für die Berechnung der reduzierten *s-Teilchen-Verteilungsfunktion* f_s lautet $f_s(t, \vec{r}_1, \ldots, \vec{r}_s, \vec{v}_1, \ldots, \vec{v}_s) = \iint\cdots\int f_n(t, \vec{r}_1, \ldots, \vec{r}_n, \vec{v}_1, \ldots, \vec{v}_n)\,d^3\vec{r}_{s+1}\cdots \times d^3\vec{r}_n d^3\vec{v}_{s+1}\cdots d^3\vec{v}_n$. Auf diesem Wege gewinnt man aus der → Liouville-Gleichung für die N-Teilchen-Verteilungsfunktion (N ist wieder die Gesamtteilchenzahl des Systems) die Gleichungen der → BBGKY-Hierarchie.

Bei allgemeinen theoretischen Untersuchungen ist es günstiger, die V. mit den kanonisch konjugierten Variablen $\vec{r}_i$ und $\vec{p}_i$ im Phasenraum zu definieren, d. h., man führt neben den Orten $\vec{r}_i$ anstelle der Geschwindigkeiten $\vec{v}_i$ die Impulse $\vec{p}_i$ als Variable ein.

Verteilungssatz, 1) *Nernstscher V.*, 2) *Henry-Daltonscher V.*, → Absorption 1). → Gleichverteilungssatz.

Vertexdiagramm, → Feynman-Diagramm.

Vertexgraph, → Feynman-Diagramm.

Vertikalintensität, → Erdmagnetismus.

verträgliche Aussagen, → Aussagenkalkül der Quantentheorie.

Verträglichkeitsbedingungen, svw. Kompatibilitätsbedingungen.

Vertrauensbereich, der Bereich oberhalb und unterhalb des Mittelwertes einer Meßreihe, in dem bei Abwesenheit von systematischen Fehlern der wahre Meßwert mit der gewählten statistischen Sicherheit P zu erwarten ist. Der V. wird dargestellt durch $\pm \frac{t}{\sqrt{n}} s$; dabei bedeuten t den Faktor der → Studentschen Verteilung, n die Anzahl der Einzelmeßwerte und s die Standardabweichung. Die Grenzen des V.es heißen *Vertrauensgrenzen des Mittelwertes.*

Verunreinigungen in Festkörpern. Jeder Realkristall enthält stets eine gewisse Konzentration an *Fremdatomen*, d. s. Gitterbausteine, die sich von den Bausteinen des Wirtsgitters unterscheiden. Diese Fremdatome stellen *chemische Gitterfehlstellen* dar. Sie können anstelle der Atome des Wirtsgitters auf regulären Gitterplätzen eingebaut werden (*substitutioneller Einbau*), oder sie befinden sich auf Zwischengitterplätzen (*interstitieller Einbau*).

Bei sehr kleinen Konzentrationen sind die Fremdatome atomar verteilt, bei größeren Konzentrationen können sie sich ausscheiden (→ Ausscheidung). Verunreinigungen beeinflussen eine Reihe von Kristalleigenschaften, z. B. die elektrische Leitfähigkeit, besonders von Halbleitern und Ionenkristallen, die mechanischen Eigenschaften, besonders die Plastizität und die optischen Eigenschaften, wie die Lumineszenz.

Vervielfacher, 1) → Sekundärelektronenvervielfacher. **2)** Frequenzvervielfacher, → Mischung.

Verwachsung, Zusammenwachsen von Kristallen gleicher oder verschiedener Art. Neben den unregelmäßigen V.en in einem kristallinen Haufwerk, z. B. einem Gestein, gibt es die gesetzmäßigen V.en in Form der Parallelverwachsung, bei der nur äußerlich Individuen zu unterscheiden sind, der Bildung von → Zwillingen oder Viellingen und der → Epitaxie. Gesetzmäßige V.en sind auch die anomalen oder Adsorptions-Mischkristalle, bei denen die Gastkomponente orientiert in das Wirtsgitter eingelagert ist.

Verweilzeit, τ, die Zeit, die ein adsorbiertes Atom im Mittel auf einer Oberfläche verweilt, d. i. die Zeitspanne zwischen dem Auftreffen des Atoms auf der Oberfläche und seiner Desorption. Die V. τ ist durch die *Frenkel-Gleichung* gegeben: $\tau = (1/\nu_0)\, e^{\Delta E/kT}$. Hierbei ist ν_0 die Schwingungsfrequenz des Adatoms senkrecht zur Oberfläche, ΔE die Aktivierungsenergie der Desorption, k die Boltzmannsche Konstante und T die absolute Temperatur.

Verwölbung, bei Torsion das Hervor- oder Zurücktreten von Querschnittsflächenteilen in Stablängsrichtung. Spezielle Querschnitte sind wölbfrei, nämlich der Kreis(-ring)querschnitt und dünnwandige Querschnitte mit $r \cdot h =$ konst. Hierin ist h die Wanddicke und r der senkrechte Abstand der Wand vom Torsionsmittelpunkt.

Verzeichnung, → Abbildungsfehler.

Verzerrung, 1) Optik: nichtrotationssymmetrische Abweichung von der geometrischen Ähnlichkeit von Objekt und Bild bei der optischen Abbildung, → anamorphotische Abbildung.

2) Kontinuumsmechanik: im engeren Sinne die reine Schubverzerrung, im weiteren Sinne jede *Formänderung*, die Deformationen eines Materials. Der primäre Begriff ist die *Verschiebung*, die für jeden Punkt den Vektor $\vec{u}$ der Verrückung aus der Anfangslage angibt. Da diese Verschiebung im allgemeinen vom Ort abhängt, sind mit den Verschiebungen auch relative Längenänderungen verknüpft. Ist ein Volumenelement im nichtdeformierten Zustand durch die Koordinatendifferentiale dx_i mit $dx_1 = dx$, $dx_2 = dy$, $dx_3 = dz$ gegeben, so ändert sich das Längenquadrat $dl^2 = \sum_i dx_i^2$ in $dl'^2 = dl^2 + \sum_{ik} d_{ik}\, dx_i\, dx_k$ mit dem *Verzerrungstensor* (*Formänderungstensor*) $d_{ik} = \frac{\partial u_i}{\partial x_k} + \frac{\partial u_k}{\partial x_i} + \sum_l \frac{\partial u_l}{\partial x_i} \frac{\partial u_l}{\partial x_k}$. Dieser wird oft auch als ε_{ik} bezeichnet. Der Verzerrungstensor ist symmetrisch. Falls die V.en klein sind, so kann das letzte, in den Komponenten des Verschiebungsvektors quadratische Glied des Verzerrungstensors vernachlässigt werden. Die Bedeutung der Diagonalelemente d_{ii} des Verzerrungstensors folgt, wenn das Längenelement dl in einer der drei Koordinatenrichtungen orientiert ist unmittelbar aus $(dl')_i = (dl)_i \sqrt{1 + d_{ii}}$, d. h. für sehr kleine V.en gibt $d_{ii}/2 = \left(\frac{dl' - dl}{dl}\right)_i$ die relative *Längenänderung*, also die → Dehnung ε_i, die sich wiederum in der Näherung kleiner V.en zu $\varepsilon_i = \frac{\partial u_i}{\partial x_i}$ ergibt. Die Größe eines kleinen Volumenelements wird in gleicher Näherung nur durch die Längenänderungen in den drei Raumrichtungen entsprechend $dv' = dv\left(1 + \frac{d_{11}}{2}\right)\left(1 + \frac{d_{22}}{2}\right)\left(1 + \frac{d_{33}}{2}\right)$ geändert, d.h., die relative *Volumenänderung* wird durch $e = \frac{dv' - dv}{dv} = \varepsilon_1 + \varepsilon_2 + \varepsilon_3 = \operatorname{div} \vec{u}$ bestimmt. Der genaue Ausdruck für die relative Volumenänderung lautet

$$e = \frac{\Delta V}{V} = \begin{vmatrix} 1 + \frac{\partial v_x}{\partial x} & \frac{\partial v_y}{\partial x} & \frac{\partial v_z}{\partial x} \\ \frac{\partial v_x}{\partial y} & 1 + \frac{\partial v_y}{\partial y} & \frac{\partial v_z}{\partial y} \\ \frac{\partial v_x}{\partial z} & \frac{\partial v_y}{\partial z} & 1 + \frac{\partial v_z}{\partial z} \end{vmatrix} - 1.$$

Die Nichtdiagonalelemente des Verzerrungstensors beschreiben *Winkeländerungen* (*Schubverzerrungen*). Es sei γ_{ik} die Verkleinerung eines ursprünglich rechten Winkels in der ik-Ebene. Dann gilt exakt die Beziehung $\sin \gamma_{ik} = \frac{d_{ik}}{\sqrt{(1 + d_{ii})(1 + d_{kk})}}$, die für kleine V.en in $\gamma_{ik} = d_{ik}$ übergeht.

Es kann zweckmäßig sein, vom gesamten Verzerrungstensor den Tensor einer homogenen Kompression bzw. Dilatation so abzuspalten, daß damit die gesamte Volumenänderung erfaßt wird. Der Resttensor hat dann in der Näherung kleiner V.en eine verschwindende Spur, ist also ein Deviator. Formelmäßig lautet die Zerlegung $d_{ik} = \frac{1}{3}\delta_{ik} \sum_l d_{ll} + \left(d_{ik} - \frac{1}{3}\delta_{ik} \sum_l d_{ll}\right)$. δ_{ik} ist das Kronecker-Symbol. Wie jeder symmetrische Tensor kann auch der Verzerrungstensor durch eine Drehung des Bezugssystems x, y, z auf Diagonalform gebracht werden. Die Achsen dieses ausgezeichneten Bezugssystems heißen *Hauptachsen*, seine zueinander orthogonalen Koordinatenebenen *Hauptebenen*, die senkrecht zu diesen schubverzerrungsfreien Flächen wirkenden auftretenden Dehnungen *Hauptdehnungen*. Die Invarianten des Verzerrungstensors werden analog wie die des Spannungstensors gebildet, → Spannung.

Betrachtet man eine Formänderung in ihrem zeitlichen Ablauf, so ändern sich im allgemeinen die Richtungen der Hauptachsen. Bleiben sie ausnahmsweise konstant, so heißt die Formänderung koaxial.

Verzerrungsenergie, *Formänderungsenergie*, die bei elastischer Formänderung im Körper gespeicherte, nur vom erreichten Verzerrungs-Endzustand abhängige Arbeit, die von den einwirkenden Kräften geleistet wird. Die auf die Volumeneinheit bezogene V. heißt *spezifische V.* und lautet für den Hookeschen Fall:

$$W^* = \frac{\mathrm{d}W}{\mathrm{d}V} = \underbrace{\frac{(1-2\nu)}{6E}\left(\sum_{k=x,y,z}\sigma_k\right)^2}_{W_V^*} + \underbrace{\frac{1}{12\,G}\sum_{k,l}\left[(\sigma_k-\sigma_l)^2 + 6\tau_{kl}^2\right]}_{W_G^*}.$$

Hierin ist W_V^* die der räumlichen Dehnung entsprechende Volumenänderungsenergie und W_G^* die der Schubverzerrung entsprechende Gestaltänderungsenergie, ν ist die Querdehnzahl, G der Schubmodul, E der Elastizitätsmodul, σ_k und τ_{kl} sind Spannungskomponenten.

Verzerrungstensor, → Verzerrung **2).**

verzögerte Neutronen, Bezeichnung für diejenigen Neutronen, die nicht *unmittelbar* bei der Kernspaltung entstehen (→ Spaltneutronen). Die Spaltprodukte der Kernspaltung, die sich bei ihrer Entstehung in hochangeregten Zuständen befinden, zerfallen normalerweise durch γ- und β-Prozesse. Sie haben einen sehr großen Neutronenüberschuß, weil z. B. die Urankerne und damit auch ihre unmittelbaren Trümmer 55% mehr Neutronen als Protonen besitzen im Gegensatz zu den stabilen Isotopen der entsprechenden Spaltprodukte, wo diese Zahl 30 bis 40% beträgt. Die überschüssigen Kernneutronen verwandeln sich so lange in Protonen, bis schließlich eine stabile Konfiguration erreicht wird. Die entsprechenden Umwandlungsketten führen im Mittel zu Kaskaden von drei, manchmal sogar bis zu sechs β-Zerfällen. Wenn eines dieser sekundären Spaltprodukte ein besonders locker gebundenes Neutron enthält, so wird neben den γ- und β-Prozessen auch die Neutronen-Emissionswahrscheinlichkeit merklich: Es werden die für die Reaktorsteuerung gegenüber den → prompten Neutronen so wichtigen, zeitlich späteren v.n N. ausgesandt [engl. delayed neutrons]. Insgesamt sind z. B. bei der Spaltung von U-235 durch thermische Neutronen etwa 0,76% aller Spaltneutronen verzögert. Die v.n N. werden nach Halbwertszeiten zu 6 Gruppen zusammengefaßt, und zwar nach den Zeiten, wie sie im Mittel nach der Spaltung entstehen; diese Halbwertszeiten sind identisch mit den Halbwertszeiten der vorhergehenden radioaktiven Kerne, der Mutterkerne für die *Neutronenstrahler*. Sowohl bei der Spaltung mit schnellen wie auch mit langsamen bzw. thermischen Neutronen findet man qualitativ die gleichen verzögerten Neutronengruppen mit ähnlichen relativen Intensitäten wieder, wie es die folgende Tabelle zeigt. Darin steht für thermische Neutronen n_{therm} und für Spaltneutronen $n_{schnell}$.

In der Reaktortechnik erlauben die v.n N. eine leichte und gefahrlose Regelung der Kernkettenreaktion. Deshalb haben sie neben ihrer theoretisch-physikalischen Bedeutung auch einen großen praktischen Wert.

Lit. Hertz: Lehrb. der Kernphysik Bd 2 (Hanau 1961) und Bd 3 (Leipzig 1962).

Verzögerung, → Beschleunigung.

Verzögerungskette, → Akustoelektronik.

Verzögerungsleitung, eine elektrische Leitung oder deren Nachbildung zur Verzögerung elektromagnetischer Wellen oder allgemein elektrischer Signale, z. B. von Detektorimpulsen bei Koinzidenzschaltung. Je nach dem Verwendungszweck unterscheidet man zwischen V.en für feste Verzögerung elektromagnetischer Signale und kontinuierlich variablen V.en. Als *V.en für feste Verzögerungen* werden Doppelleitungen (Koaxialkabel), Leitungen aus konzentrierten Schaltelementen (Kettenleiter aus Induktivitäten und Kondensatoren in *T*- und *TT*-Schaltungen, → Laufzeitkette) sowie spezielle Verzögerungskabel verwendet. Die technisch bequem erreichbaren Verzögerungszeiten liegen im Bereich von einigen µs. *Kontinuierlich variable V.en* bestehen meist aus wendelförmig aufgespulten Doppelleitungen, bei denen das Signal an jedem Punkt der Leitung abgegriffen werden kann (Verzögerungszeit bis etwa 100 ns); für sehr kurze Verzögerungszeiten bestehen sie aus posaunenförmig aufgebauten Koaxialleitungen, deren elektrische Länge variiert werden kann (Verzögerungszeit einige ns). Diese V.en haben obere Grenzfrequenzen in der Größenordnung von 10^7 bis 10^8 Hz.

Zur Verstärkung und Erzeugung höchstfrequenter elektromagnetischer Schwingungen bis zu 10^{11} Hz mit Hilfe von Laufzeitröhren werden spezielle V.en benötigt, bei denen die sich auf

verzögerte Neutronen

Gruppe	Halbwertszeit in s	verzögerte Neutronen bei den Prozessen 235 U + n_{therm}: Häufigkeit in %	Neutronenenergie in KeV	neutronenaktiver Kern	entstanden aus (Mutterkern)	$^{233}U + n_{therm}$	$^{239}Pu + n_{therm}$	$^{232}Th + n_{schnell}$	$^{238}U + n_{schnell}$
1	55,6	0,025	250	Kr-87	Br-87	23	7	70	20
2	22,0	0,166	560	Xe-137	J-137	78	63	310	213
3	4,5	0,213	430	Kr-89	Br-89	66	44	320	252
4	1,5	0,24	620			73	68	922	603
5	0,4	0,09	420			14	18	355	350
6	0,05	0,025				9	9	89	117

$\Sigma = 0,759$ bezogen auf 10^5 prompte Neutronen

der Leitung ausbreitende Welle mit einem Elektronenstrahl in Wechselwirkung steht. Dazu ist es erforderlich, daß sich die elektromagnetische Welle mit einer gegen die Lichtgeschwindigkeit kleinen Phasengeschwindigkeit ausbreitet und eine elektrische Feldkomponente in Ausbreitungsrichtung vorhanden sein muß. Eine der gebräuchlichsten V.en für derartige Anwendungen ist die *Wendelleitung* oder *Helix*. Sie besteht aus einem wendelförmig aufgewickelten Metalldraht (Abb. 1). Die Ausbreitungseigenschaften werden durch den Steigungswinkel ψ und den Wendelleitungsradius a maßgeblich beeinflußt. Die Anwendung erfolgt z. B. in den → Wanderfeldröhren.

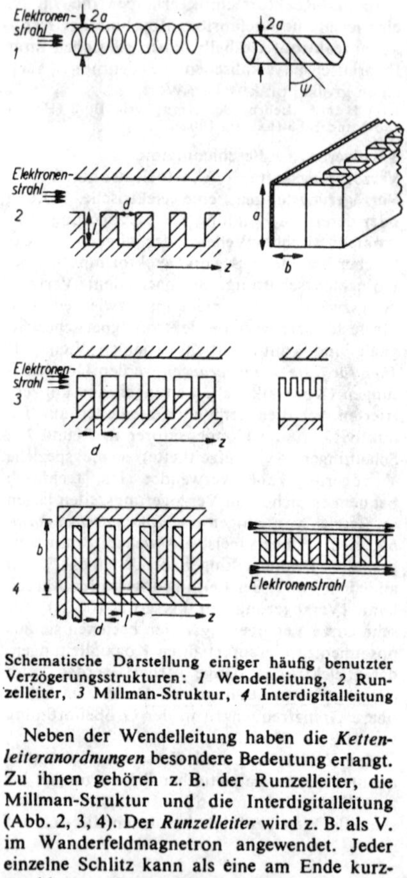

Schematische Darstellung einiger häufig benutzter Verzögerungsstrukturen: *1* Wendelleitung, *2* Runzelleiter, *3* Millman-Struktur, *4* Interdigitalleitung

Neben der Wendelleitung haben die *Kettenleiteranordnungen* besondere Bedeutung erlangt. Zu ihnen gehören z. B. der Runzelleiter, die Millman-Struktur und die Interdigitalleitung (Abb. 2, 3, 4). Der *Runzelleiter* wird z. B. als V. im Wanderfeldmagnetron angewendet. Jeder einzelne Schlitz kann als eine am Ende kurzgeschlossene Doppelleitung aufgefaßt werden, die in erster Näherung $\lambda/4$-Leitungen sind. Die *Millman-Struktur* hat einen ähnlichen Aufbau wie der Runzelleiter. Bei ihr durchsetzt der Elektronenstrahl, der in mehrere Teile aufgespalten ist, die kammförmig ausgeschnittenen Segmente, während er beim Runzelleiter parallel zu den Segmenten verläuft. Die *Interdigitalleitung* besteht aus zwei metallischen Kämmen, deren Zähne derart ineinandergreifen, daß ein mäanderförmiger Schlitz entsteht. Die Anordnung kann mit guter Näherung als mäanderförmige Doppelleitung aufgefaßt werden, auf der sich eine Leitungswelle mit Lichtgeschwindigkeit c ausbreitet. Die Gruppengeschwindigkeit ergibt sich zu $v_{gr} = c \cdot \frac{1}{1+b}$.

Lit. Meinke u. Gundlach: Taschenb. der Hochfrequenztechnik (3. Aufl. Berlin, Göttingen, Heidelberg 1968).

Die *supraleitende V.* ist eine V. für elektromagnetische Wellen bzw. Impulse, die aus Supraleitern aufgebaut ist und deshalb eine sehr geringe Dämpfung aufweist.

verzweigter Zerfall, → radioaktiver Zerfall.

Verzweigung, 1) svw. Abzweigung. **2)** → radioaktiver Zerfall.

Verzweigungspunkt, → Funktionentheorie.

Verzweigungssatz, → Kirchhoffsche Regeln.

Verzweigungsschnitt, → algebraische Funktion.

Verzweigungsstruktur, älterer Begriff für Strukturen, die beim Ätzen von aus der Schmelze gezogenen Kristallen beobachtet werden können. Die „Verzweigungsgrenzen" stellen mehr oder weniger regelmäßig angeordnete Kleinwinkelkorngrenzen dar.

Verzweigungsverhältnis, *Zerfallsverhältnis*, in der Quantenphysik Verhältnis der relativen Häufigkeiten möglicher Zerfallsarten, besonders von Elementarteilchen und Atomkernen (→ radioaktiver Zerfall). Das V. wird im allgemeinen in Prozenten angegeben (→ Elementarteilchen).

VHF, → Frequenz.

Vibration, → Schwingung.

Vibrationsmagnetometer, Einrichtung zur Messung magnetischer Momente. Die Probe und (mindestens) eine Prüfspule sind nahe beieinander angeordnet. Durch ein Lautsprechersystem oder einen Motorantrieb wird entweder die Spule oder die Probe zum Schwingen gebracht. Durch Messung der in der Spule induzierten Spannung kann man punktweise Magnetisierungskurven aufnehmen. Das Verfahren ist gut geeignet zur Messung magnetischer Größen in Abhängigkeit von der Temperatur.

Vibrationsniveau, Energieniveau des Atomkerns, das als Folge von Schwingungen der Nukleonen des Kerns sowohl bei kugelsymmetrischen als auch bei bleibend deformierten Kernen auftritt. Bei kugelsymmetrischen Kernen entstehen wegen einer Wechselwirkung des Kernrumpfes mit den äußeren Teilchen Oberflächenschwingungen. Das Energiespektrum der entstehenden V.s besteht aus Zuständen mit gleichen Abstandsdifferenzen. V.s dieser Art beobachtet man besonders bei gg-Kernen. Bleibend deformierte Kerne schwingen um die rotationssymmetrische Ruhegestalt.

Dabei kann die Rotationssymmetrie sowohl erhalten als auch leicht gestört werden. Die Schwingungen werden durch das Kollektivmodell beschrieben.

Vibrato, Frequenz- und Amplitudenmodulation tonfrequenter Schallsignale mit Modulationsfrequenzen der Größenordnung 10 Hz.

Vickersverfahren, → Härtemessung.

Vidikon, Bildaufnahmeröhre, die nach dem Prinzip des inneren Photoeffekts arbeitet.

Das durch die Signalplatte (sehr dünne Metallschicht) auf die aufgedampfte lichtempfindliche Halbleiterschicht auftreffende Licht verändert je nach der Helligkeit den Widerstand der Halbleiterschicht. Ihre dem Röhreninnern zugekehrte Oberfläche bildet mit der Signalplatte eine Vielzahl von Elementarkondensatoren. Während des Abtastvorgangs durch den langsamen Elektronenstrahl werden alle Elementarkondensatoren auf der dem Röhreninnern zugewandten Seite (Oberfläche der Halbleiterschicht) negativ aufgeladen. Die als Dielektrikum wirkende lichtempfindliche Schicht läßt im Verlauf zwischen zwei Abtastungen, je nach Intensität der Belichtung einzelner Stellen, eine Entladung der Elementarkondensatoren zu. Es entsteht ein Ladungsbild. Sein Ausgleich erfolgt durch den nächsten Abtastvorgang, wobei ein Ausgleichstrom von der Signalplatte über den Arbeitswiderstand R_a fließt und der erzeugte Spannungsabfall dem Bildsignal entspricht.

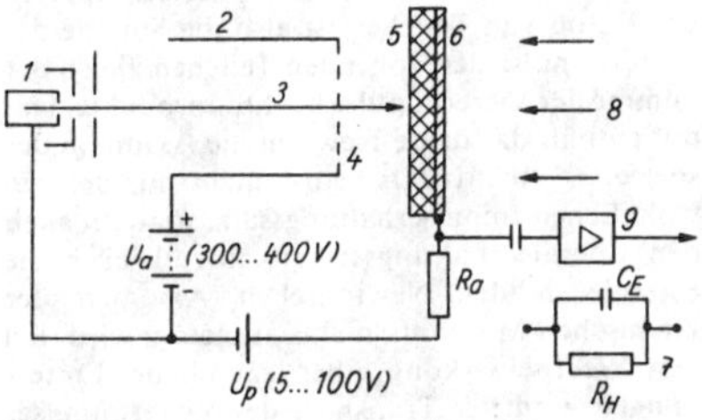

Wirkungsweise des Vidikons. *1* Strahlerzeugungssystem, *2* Anode, *3* abtastender. Elektronenstrahl, *4* Feinstrukturnetz, *5* lichtempfindliche Halbleiterschicht, *6* lichtdurchlässige Signalplatte, *7* Ersatzschaltung für das Bildelement, *8* Lichteinfall, *9* Vorverstärker, C_E Elementarkapazität, R_H Widerstand des Halbleiters

Bei dem noch im Versuchsstadium befindlichen *SEC-Vidikon* ist die Sekundäremissionsverstärkung bei einem dem Vidikon ähnlichen Aufbau herausgezogen worden, um mit einer einfacheren Anordnung als beim Superorthikon sich seiner Empfindlichkeit zu nähern.

Vielbereichsmesser, → Gleichrichtermeßinstrument.

Vielfachstreuung, → Streuung, → ionisierende Strahlung 2.3), → Coulomb-Vielfachstreuung.

Vielfachzerlegung, svw. Kernzertrümmerung.

Vielkanalanalysator, *Mehrkanalanalysator*, elektronisches Gerät zur Analyse von Impulsen nach ihrer Amplitude (*Impulshöhenanalysator*, *Amplitudenanalysator*) und anschließenden Speicherung des digitalen Wertes der Amplitude. V.en werden hauptsächlich zur Aufnahme der Energiespektren geladener Teilchen benutzt. Das gesamte Impulshöhenspektrum wird in viele Kanäle aufgeteilt, die untereinander gleichen Abstand haben. Je nach den Genauigkeitsforderungen verwendet man 32 bis 16000 Kanäle. Ein V. besteht im einfachsten Fall aus einem Analog-Digital-Konverter, einem Speicher, einem Sichtgerät und einer Ausgabeeinrichtung (Abb.). Jedem von Detektor und Verstärker kommenden Impuls wird im Amplituden-Zeit-

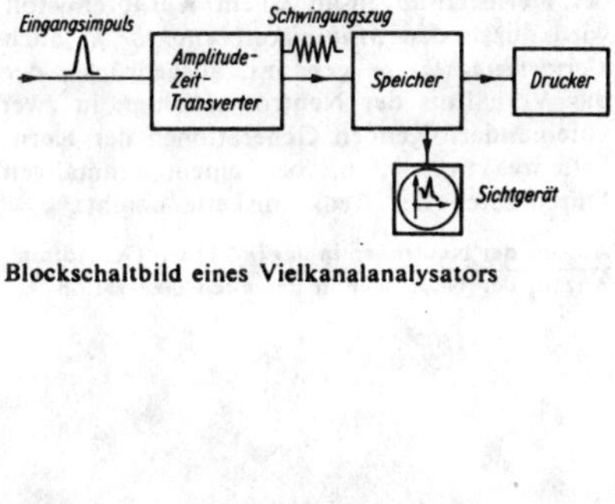

Blockschaltbild eines Vielkanalanalysators

Transverter entsprechend seiner Amplitude (Impulshöhe) ein endlich langer Schwingungszug zugeordnet. Die Anzahl der Schwingungen gibt die Nummer des Kanals an, in dem der Impuls eingespeichert werden soll. Im Speicher werden alle die Impulse addiert, die in den gleichen Kanal fallen. Nach Ablauf einer gewissen Zeit erhält man aus den Kanalinhalten das gewünschte Spektrum. Durch einen Diskriminator wird es ermöglicht, Impulse erst von einer bestimmten Größe an zu analysieren. Dadurch wird die bei kernphysikalischen Messungen stets störende → Nullrate nicht im vollen Umfang mit verwertet. Man kann V.en auch zur mehrdimensionalen Analyse benutzen, indem man z. B. sowohl auf der *x*- als auch auf der *y*-Achse Energien einspeichert und in *z*-Richtung die Anzahl der Impulse registriert. V.en eignen sich als universelle Nachweisgeräte der Kernphysik auch zur Zeitanalyse von Ereignissen und zur Teilchenunterscheidung. In Verbindung mit einer Rechenmaschine ermöglichen sie eine schnelle Auswertung der Messungen und gegebenenfalls eine Steuerung des laufenden Experimentes.

Vielkörperproblem, 1) häufige Bezeichnung für das → *n*-Körperproblem. **2)** *V. der Plasmaphysik*, → Plasmastatistik.

Vielkristall, *Polykristall*, *Kristallaggregat*, Bezeichnung für einen Stoff, der aus vielen *Kristalliten* (*Körnern* oder *Teilchen*) aufgebaut ist. Gegensatz: → Einkristall.

Die Kristallite können lose nebeneinander liegen (*Kristallpulver*) oder fest miteinander verbunden sein (*Gefüge*). Ein V. kann einphasig oder mehrphasig sein, je nachdem, ob er aus nur einer Kristallart oder mehreren besteht (→ Phasenanalyse 1). Die Kristallite eines Gefüges unterscheiden sich im allgemeinen durch die Orientierung ihrer → kristallographischen Achsen. Die Orientierungsverteilung (→ Textur) kann regellos sein oder Vorzugsorientierungen aufweisen (*Gefügeregelung*).

Der Durchmesser der Kristallkörner liegt zwischen 10 und 500 μm. Die einzelnen Körner sind durch → Korngrenzen voneinander getrennt, die in Schliffbildern sichtbar gemacht werden können. Wichtige Charakteristika eines V.s sind ferner die *Kornform*, z. B. globulares Korn, Stengelkristalle, und die *Korngröße*, die man lichtmikroskopisch an Schliffbildern oder durch Auszählen der Punkte auf röntgenographischen oder elektronographischen Vielkristalldiagrammen erhält. Die Korngröße kann halbquantitativ klassifiziert werden anhand von Vergleichsbildern, die von ASTM (*A*merican *S*ociety for *T*esting *M*aterials) herausgegeben wurden.

Vielkristalline Gefüge entstehen z. B. durch Pressen und Sintern von Kristallpulvern, durch Kristallisation von Kristallkeimen, aus der Schmelze, aus Lösung oder aus der Gasphase sowie durch plastische Verformung größerer Kristalle. Sie können sich durch Wanderung der Korngrenzen umbilden (→ Rekristallisation). Der überwiegende Teil der technischen Werkstoffe sind V.e.

Vielstrahlinterferenzen, svw. Mehrstrahlinterferenzen.

Viererbeschleunigung, Änderung der Vierergeschwindigkeit mit der Eigenzeit bzw. einem zeitanalogen Parameter der → Weltlinie, wenn diese lichtartig ist (→ Minkowski-Raum).

Vierergeschwindigkeit, Verallgemeinerung des Geschwindigkeitsvektors in der vierdimensionalen Raum-Zeit-Welt der Relativitätstheorie. Die V. eines Teilchens ist der Tangentialvektor an seine → Weltlinie. Ist diese zeitartig, d. h., bewegt sich das Teilchen unterhalb der Lichtgeschwindigkeit, so ist die V. u^μ ein zeitartiger Vektor. Als Parameter der Weltlinie wird die → Eigenzeit τ gewählt: $u^\mu = \frac{dx^\mu}{d\tau}$. Die V. hat einen konstanten Betrag: $g_{\mu\nu}u^\mu u^\nu = -c^2$. Bewegt sich das Teilchen mit Lichtgeschwindigkeit, so ist die Eigenzeit kein Kurvenparameter. Die Weltlinie ist lichtartig. Man muß einen anderen Parameter λ wählen. Der Tangentialvektor ist ein Nullvektor: $u^\mu = \frac{dx^\mu}{d\lambda}$, $g_{\mu\nu}u^\mu u^\nu = 0$.

Vierergruppe, → Antenne.

Viererimpuls, relativistische Verallgemeinerung des Impulsbegriffes, die Energie und Impuls zu einem Vierervektor zusammenfaßt.

Zur Definition dienen die → Newtonschen Axiome in relativistischer Verallgemeinerung. Nach dem ersten ist der Impuls eines Massepunktes proportional der Geschwindigkeit, der Viererimpuls also proportional der Vierergeschwindigkeit u^μ. Der Proportionalitätsfaktor ist die Masse, die in der Relativitätstheorie als Ruhmasse genauer charakterisiert wird (→ Masseveränderlichkeit):

$$p^\mu = m_0 u^\mu = \frac{m_0}{\sqrt{1 - \frac{v^2}{c^2}}}(v_1, v_2, v_3, c).$$

Für Teilchen mit komplizierter innerer Struktur (Spin) definiert der Impuls die mittlere Geschwindigkeit und die Ruhmasse über $g_{\mu\nu}p^\mu p^\nu = -m_0^2c^2$ und $u^\mu = \frac{p^\mu}{m_0}$. In der speziellen Relativitätstheorie ist cp_0 die Energie des Teilchens. In einem stationären Gravitationsfeld $\left(\frac{\partial g_{\mu\nu}}{\partial x^4} = 0\right)$ ist $p_0 = g_{4\mu}p^\mu$ eine Konstante und gleich der Energie $cp_0 = E$ (s. u.). Das zweite Newtonsche Axiom führt auf die Viererkraft: Ändert sich der Viererimpuls, so ist eine Kraft nach der Formel $\frac{dp^\mu}{d\tau} = F^\mu$ die Ursache. Die nullte Komponente des Impulses bedeutet nun notwendig eine Energie, denn aus $dE_{kin} = \vec{v}\vec{F}\,dt = \vec{v}\,d\vec{p}$ und $\vec{p} = m_0\vec{v}\Big/\sqrt{1 - \frac{v^2}{c^2}}$ folgt $dE_{kin} = c^2 d\left(m_0\left(1 - \frac{v^2}{c^2}\right)^{-1/2}\right)$. Die kinetische Energie ergibt sich somit aus $E_{kin} = \frac{m_0c^2}{\sqrt{1 - \frac{v^2}{c^2}}} - m_0c^2 = cp^0 - m_0c^2$.

Bezeichnet man den Term m_0c^2 als Ruhenergie und $E_{kin} + m_0c^2 = E$ als Gesamtenergie, so folgt $E = mc^2$ und $p^0 = \frac{E}{c}$. Die vierte Komponente von $F^\mu/\sqrt{1 - v^2/c^2}$ ist somit die gesamte Leistung der Kraft, während die ersten drei Komponenten mit den Komponenten der gewöhnlichen Kraft übereinstimmen. Der Wurzelfaktor berücksichtigt den Unterschied zwischen dem Differential $d\tau$ der Eigenzeit und dt in der Gleichung $dp^\mu/d\tau = F^\mu$. Entscheidend ist, daß die Ruhenergie nicht nur eine Integrationskonstante ist, sondern die Summe aller inneren Energieformen eines Systems darstellt (innere Bewegungen, thermische Energie, Bindungsenergie). Das dritte Newtonsche Axiom kann nicht unmittelbar in der Form actio = reactio übernommen werden, weil die Gleichzeitigkeit zweier Kraftwirkungen an verschiedenen Raumpunkten nicht mehr absolut festgelegt werden kann. Es besagt in der speziellen Relativitätstheorie, daß der Gesamtviererimpuls eines abgeschlossenen Systems konstant bleibt. Speziell beim Stoß von Teilchen ist also die Summe der Viererimpulse der stoßenden Teilchen gleich der Summe der Viererimpulse der Stoßprodukte. Damit enthält das dritte Newtonsche Axiom in der speziellen Relativitätstheorie nicht nur den gewöhnlichen Impulserhaltungssatz, sondern auch den Energieerhaltungssatz, während über die Energie in den Newtonschen Axiomen der klassischen Mechanik nichts ausgesagt wird. Bei der Wechselwirkung über räumliche Entfernungen wird der Transport des Viererimpulses von den Feldern übernommen (elektromagnetisches Feld, Mesonfeld), die Viererstromdichte des Viererimpulses wird durch den → Energie-Impuls-Tensor beschrieben. Die Quelldichte (Divergenz) dieser Viererimpulsströmung ist entgegengesetzt gleich der Dichte der Viererkraft, die von den Feldern auf die Teilchen ausgeübt wird.

Viererpotential, → Potential, → Relativitätselektrodynamik.

Viererstrom, → Relativitätselektrodynamik.

Vierervektor, Vektor in der vierdimensionalen Raum-Zeit-Welt der Relativitätstheorie. Auf Grund des → Relativitätsprinzips sind alle Gesetze der Physik in Skalaren, Spinoren, Vektoren und Tensoren des Riemannschen Raumes (in der speziellen Relativitätstheorie des Minkowski-Raumes) zu formulieren. Entscheidend für die Eigenschaft, V. zu sein, ist das Transformationsverhalten gegenüber Koordinatentransformationen, d. h. in der speziellen Relativitätstheorie bezüglich der → Lorentz-Gruppe. Die aus der Newtonschen Mechanik bekannten Vektoren, wie Geschwindigkeit, Impuls und Kraft, erhalten je nach Definition eine nullte oder eine vierte Komponente, deren Bedeutung die Theorie im einzelnen klärt.

Elektrische und magnetische Feldstärke setzen sich zu einem antisymmetrischen Vierertensor zusammen.

Vierfaktorenformel, Formel für die Neutronenbilanz bei der Kernkettenreaktion in einem thermischen Reaktor. Die *Neutronenvermehrung* bei Kernspaltungen in einem Kernbrennstoff wird durch den *Multiplikationsfaktor k*, auch *Vermehrungsfaktor* genannt, ausgedrückt, der das Verhältnis der Neutronendichten in zwei aufeinanderfolgenden Generationen der Kernkettenreaktion, d. h. bei einem einmaligen Durchlaufen der Reaktionskette angibt: $k = \frac{\text{Anzahl der Neutronen in der } (n+1)\text{-ten Generation}}{\text{Anzahl der Neutronen in der } n\text{-ten Generation}}$

Für ein idealisiertes, räumlich unendlich ausgedehntes Medium eines thermischen Reaktors läßt sich k (für diesen Fall häufig mit k_∞ bezeichnet) als Produkt von 4 Faktoren, d. i. die V., darstellen: $k = \eta \cdot \varepsilon \cdot p \cdot f$. Hierin bedeuten η die Anzahl der im Spaltelement, z. B. Uran, je absorbiertes thermisches Neutron entstehenden schnellen Spaltneutronen mit einer durchschnittlichen Energie von 2 MeV. Bei Zusammenstößen mit Atomkernen verlieren diese schnellen Neutronen allmählich ihre Energie (→ Moderator); sie werden im allgemeinen bis auf thermische Energien, d. h. $E_n \approx 0{,}025$ eV abgebremst. Während des Bremsprozesses bewirken die schnellen Spaltneutronen noch bei verhältnismäßig hohen Energien durch weitere Kernspaltungen, z. B. von U-238, eine Vermehrung der Neutronen um den Faktor ε, der deshalb auch *Faktor der schnellen Spaltung* oder *Schnellspaltfaktor* genannt wird.

Andrerseits können die Spaltneutronen auch vom Moderator und vom Kernbrennstoff – bei Uran besonders von den Resonanzen des U-238 im Energiebereich 0,005 bis 1 keV – eingefangen werden, d. h., sie gehen infolge Resonanzeinfangs verloren. Daß dies nicht geschieht, drückt die *Bremsnutzung p*, auch *Resonanzentweichwahrscheinlichkeit* genannt, aus.

f bedeutet den *Faktor der thermischen Ausnutzung*, oft auch nur Faktor der *thermischen Nutzung* genannt. Das ist die Wahrscheinlichkeit dafür, daß die thermischen Neutronen wieder im Spaltelement absorbiert werden, während die Wahrscheinlichkeit $1 - f$ unerwünschte Absorptionen beinhaltet. Für eine sich selbst unterhaltende Kernkettenreaktion muß $k \geqq 1$ sein. Bei $k > 1$ nimmt die Anzahl der in der Zeiteinheit auftretenden Neutronen und die dazu proportionale Zahl der Kernspaltung ständig zu – evtl. so weit, bis eine Katastrophe eintritt: Atombombenexplosionen verlaufen nach diesem Schema. Für den stetigen Betrieb eines Reaktors bei konstanter Leistung muß $k = 1$ gehalten werden.

Bei der Neutronenvermehrung, bezogen auf ein einmaliges Durchlaufen der Reaktionskette in einem realen, begrenzten Medium, treten zur V. noch zwei weitere Faktoren hinzu, die die Neutronenverluste durch die Oberfläche während des Bremsprozesses und während der thermischen Diffusion berücksichtigen. An Stelle des Multiplikationsfaktors k erhält man in diesem Falle den *effektiven* Multiplikationsfaktor k_{eff} (→ Reaktivität).

Vier-Fermionen-Wechselwirkung, → schwache Wechselwirkung.

Vierpol, Bezeichnung für jedes elektrische Netzwerk mit vier Anschlüssen, im engeren Sinne mit zwei Eingangsklemmen und zwei Ausgangsklemmen. Je nachdem, ob der V. Energiequellen enthält oder nicht, unterscheidet man zwischen *aktiven V.en* und *passiven V.en*. Von einem *linearen V.* spricht man, wenn er nur aus linearen, d. h. stromunabhängigen Schaltelementen aufgebaut ist. V.e sind Kabel und Leitungen, Übertrager, Verstärker, Siebschaltungen u. a. Verstärker und Übertrager mit Eisenkernen sind nur für hinreichend kleine Aussteuerungen lineare V.e.

In der Abb. 1 ist die Schaltung eines allgemeinen V.s mit Quelle und Verbraucher angegeben.

Ein linearer passiver V. besteht nur aus reellen und komplexen Widerständen, die weder vom Strom noch von der Spannung abhängen.

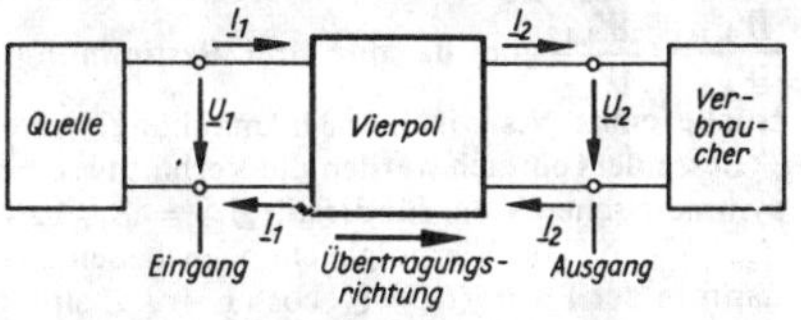

1 Allgemeine Schaltung eines Vierpols mit Quelle und Verbraucher

Sind die Übertragungseigenschaften eines V.s in jeder Richtung gleich, so liegt ein *symmetrischer V.* vor. Werden mehrere V.e hintereinander geschaltet, so entstehen → Kettenleiter. Sind diese aus gleichen symmetrischen V.n aufgebaut, so spricht man von homogenen symmetrischen Kettenleitern.

Für lineare passive V.e gelten die *Vierpolgleichungen* (Bezeichnung der Ströme und Spannungen siehe Abb. 1): $\underline{U}_1 = \underline{Z}_{11}\underline{I}_1 + \underline{Z}_{12}\underline{I}_2$, $\underline{U}_2 = \underline{Z}_{21}\underline{I}_1 + \underline{Z}_{22}\underline{I}_2$. Die $\underline{Z}_{ik}$ können aus den Schaltelementen, aus denen der V. aufgebaut ist, bestimmt werden.

Für den Fall des ausgangsseitigen Leerlaufs, d. h. $\underline{I}_2 = 0$, erhält man den Eingangsleerlaufwiderstand $\underline{Z}_{11}$ und im Falle des eingangsseitigen Leerlaufs, d. h. $\underline{I}_1 = 0$, den Ausgangsleerlaufwiderstand $\underline{Z}_{22}$. Als Kernwiderstand wird $\underline{Z}_{12} = -\underline{Z}_{21}$ bezeichnet. Die $\underline{Z}_{ik}$ können zu einer Matrix zusammengefaßt werden, die als *Widerstandsmatrix* $(\underline{Z})$ bezeichnet wird: $(\underline{Z}) = \begin{pmatrix} \underline{Z}_{11} & \underline{Z}_{12} \\ \underline{Z}_{21} & \underline{Z}_{22} \end{pmatrix}$. Löst man die Vierpolgleichungen nach den Strömen auf, so erhält man sie in der nachstehenden Form: $\underline{I}_1 = \underline{Y}_{11}\underline{U}_1 + \underline{Y}_{12}\underline{U}_2$, $\underline{I}_2 = \underline{Y}_{21}\underline{U}_1 + \underline{Y}_{22}\underline{U}_2$, wobei die Konstanten $\underline{Y}_{ik}$ Leitwerte darstellen, die zur *Leitwertmatrix* $(\underline{Y})$ zusammengefaßt werden können: $(\underline{Y}) = \begin{pmatrix} \underline{Y}_{11} & \underline{Y}_{12} \\ \underline{Y}_{21} & \underline{Y}_{22} \end{pmatrix}$. Für den Kernleitwert gilt $\underline{Y}_{12} = -\underline{Y}_{21}$. Dabei ist $\underline{Y}_{11}$ der Eingangskurzschlußwert und $\underline{Y}_{22}$ der Ausgangskurzschlußwert.

Eine dritte Form der Vierpolgleichungen erhält man, indem man diese nach den Eingangsgrößen auflöst: $\underline{U}_1 = \underline{A}_{11}\underline{U}_2 + \underline{A}_{12}\underline{I}_2$, $\underline{I}_1 = \underline{A}_{21}\underline{U}_2 + \underline{A}_{22}\underline{I}_2$. Die $\underline{A}_{ik}$ können in Form der *Kettenmatrix* $(\underline{A})$ geschrieben werden:

$$(\underline{A}) = \begin{pmatrix} \underline{A}_{11} & \underline{A}_{12} \\ \underline{A}_{21} & \underline{A}_{22} \end{pmatrix}.$$

Jeder lineare passive V. kann in eine äquivalente Π- oder T-Schaltung aus drei reellen oder komplexen Widerständen umgerechnet werden (Abb. 2). Von besonderer Bedeutung für den Betrieb von V.en sind der Eingangswiderstand $\underline{W}_1$ und der Ausgangswiderstand $\underline{W}_2$, die außer von den Vierpolwerten noch von den Abschlußwiderständen $\underline{R}_E$ am Eingang und $\underline{R}_A$ am Ausgang abhängen. Für einen symmetrischen V. ist ein Abschlußwiderstand $\underline{R}_E = \underline{R}_A = \underline{Z}$ vorhanden, für den $\underline{W}_1 = \underline{W}_2 = \underline{Z}$ wird. Dabei wird $\underline{Z}$ als Kenn- oder Wellenwiderstand bezeichnet. Beim unsymmetrischen V. erhält man

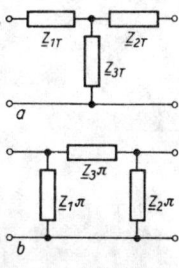

2 T-Ersatzschaltung (*a*) und Π-Ersatzschaltung (*b*) eines linearen, passiven Vierpols

verschiedene Werte für den Wellenwiderstand Z_1 am Eingang und Z_2 am Ausgang. Sie lassen sich aus den Leerlaufwiderständen W_{Li} und den Kurzschlußwiderständen W_{Ki} auf beiden Seiten des Vierpols ermitteln: $Z_1 = \sqrt{W_{L1} W_{K1}}$, $Z_2 = \sqrt{W_{L2} W_{K2}}$, wobei noch die Beziehung $\frac{W_{K1}}{W_{K2}} = \frac{W_{L1}}{W_{L2}}$ gilt, da nur drei Bestimmungsstücke eines V.s voneinander unabhängig sind.

Besonders einfach werden die Verhältnisse bei symmetrischen V.en, für die gilt $Z_{1T} = Z_{2T}$ bzw. $Z_{1\pi} = Z_{2\pi}$. Die Vierpolgleichungen lassen sich dann in der Form $U_1 = U_2 \cosh g + I_2 Z \sinh g$ und $I_1 = U_2 \frac{\sinh g}{Z} + I_2 \cosh g$ schreiben, wobei g das Übertragungsmaß und Z der Wellenwiderstand des V.s ist. Beide können aus den Schaltelementen berechnet werden.

Für das T-Glied ergibt sich $\cosh g = 1 + \frac{Z_{1T}}{Z_{3T}}$, $Z_{\text{T-Glied}} = \sqrt{2 Z_{1T} \cdot Z_{3T}} \sqrt{1 + \frac{Z_{1T}}{2 Z_{3T}}}$,

und für das π-Glied ergibt sich

$$\cosh g = 1 + \frac{Z_{3\pi}}{Z_{1\pi}}, \quad Z_{\pi\text{-Glied}} = \sqrt{\frac{Z_{1\pi} Z_{3\pi}}{2}} \cdot \frac{1}{\sqrt{1 + \frac{Z_{3\pi}}{2 Z_{1\pi}}}}.$$

Lit. Feldtkeller: Einführung in die Vierpoltheorie der elektrischen Nachrichtentechnik (8. Aufl. Stuttgart 1962); Meinke u. Gundlach: Taschenb. der Hochfrequenztechnik (Berlin 1968).

Vierpolersatzschemata, → Transistor.

Vierschichtdiode, → Halbleiterdiode.

Viertelwellenlängenplättchen, svw. Lambda-Viertel-Plättchen.

Vierundachtzig-Minuten-Pendel, mathematisches Pendel, dessen Fadenlänge gleich dem Erdradius $R = \frac{2}{\pi} \cdot 10^7$ m ist. Seine Schwingungsdauer beträgt $T = 84{,}4$ min. Um Mißweisungen eines Kreiselkompasses bei Geschwindigkeitsänderungen durch die dabei auftretenden Trägheitskräfte zu vermeiden, kann die Dauer der freien Schwingung der Kompaßnadel um den Meridian gleich der Schwingungsdauer T eines V.-M.-P.s gemacht werden, wie von Schuler (→ Trägheitsnavigation 3) bewiesen wurde.

Vignettierung, svw. Abschattung.

VIK Dubna, svw. Vereinigtes Institut für Kernforschung Dubna.

Virga, svw. Fallstreifen.

Virial, nach Clausius zeitlicher Mittelwert der Größe $\sum_{i=1}^{N} \vec{F}_i \cdot \vec{r}_i$ in einem System, hierbei ist N die Zahl der Massepunkte des Systems, $\vec{F}_i$ die auf den am Ort $\vec{r}_i$ befindlichen Massepunkt i wirkende Kraft. Aus der Bewegungsgleichung des i-ten Massepunktes $m_i \ddot{\vec{r}}_i = \vec{F}_i$ ergibt sich nach Multiplikation mit $\vec{r}_i$ und Bildung des Zeitmittels $-\overline{\frac{m_i}{2} \dot{\vec{r}}_i^2} = \overline{\vec{F}_i \vec{r}_i}$, falls alle Orte $\vec{r}_i$ und Geschwindigkeiten $\dot{\vec{r}}_i$ beschränkt bleiben. Das auf der rechten Seite der Gleichung stehende V. stimmt also mit dem negativen Mittelwert der kinetischen Energie überein. Das ist die Aussage des *Virialsatzes.* Er gilt über die hier skizzierte Ableitung hinaus auch mit anderer Bedeutung der Mittelwertbildung, nämlich quantenmechanische Mittelung für einen stationären Zustand, statistisch-mechanische Mittelung für ein klassisches oder quantenmechanisches System im Gleichgewicht. Nach dem Gleichverteilungssatz der klassischen Statistik kann die mittlere kinetische Energie eines Teilchens

$$\overline{\frac{m_i}{2} \dot{\vec{r}}_i^2} = \frac{3}{2} kT$$

unmittelbar durch die absolute Temperatur T ausgedrückt werden, k ist die Boltzmannsche Konstante. Gemäß der Einteilung der Kräfte in innere Kräfte, die die Wechselwirkung der Teilchen untereinander verursachen, und äußere Kräfte wird auch das V. in das innere und das äußere V. aufgespalten. Für ein ideales Gas verschwindet das innere V., da die Moleküle des idealen Gases nicht miteinander in Wechselwirkung stehen. Berechnet man das äußere V. aus den Kräften, die von der Begrenzung des Gasvolumens V auf die Gasmoleküle ausgeübt werden und die den Gasdruck p verursachen, so erhält man $-\frac{3}{2} pV$, also aus dem Virialsatz die Zustandsgleichung des idealen Gases, V ist das Volumen. Die zusätzliche Berücksichtigung des inneren V.s gemäß den molekularen Wechselwirkungskräften gestattet es, über den Virialsatz auch genäherte Zustandsgleichungen realer Gase zu erhalten. Der Virialsatz lieferte einen der historisch ersten Zugänge zur kinetischen Theorie, er wurde in diesem Zusammenhang zuerst von Clausius abgeleitet.

In Sonderfällen kann auch das V. der inneren Wechselwirkungskräfte weiter ausgewertet werden. Ist nämlich $\vec{F}$ eine homogene Funktion $(n-1)$-ten Grades der Ortskoordinaten, das zugehörige Wechselwirkungspotential also eine homogene Funktion n-ten Grades, so ist $-\sum_i \vec{F}_i \vec{r}_i = +nE_{\text{pot}}$ mit E_{pot} als der gesamten Wechselwirkungsenergie. Der Virialsatz lautet dann $E_{\text{kin}} - nE_{\text{pot}} = (3/2)pV$. Für $n = -1$ erhält man den wichtigen Spezialfall von Gravitationswechselwirkungen oder elektrostatischen Coulomb-Wechselwirkungen, wie sie sowohl für die Ladungsträger in einem Plasma als auch für die Elektronen in einem Atom oder einem Festkörper typisch sind.

Virialform, → Zustandsgleichung.

Virialkoeffizient, → Zustandsgleichung, → Mayer-Bogoljubowsche Zustandsgleichung.

Virialsatz, → Virial.

virtuell, scheinbar, nicht wirklich existierend und lediglich gedacht; gelegentlich auch im Sinne von möglich, aber nicht wirklich ausgeführt.

virtuelle Arbeit, → virtuelle Verrückungen.

virtuelle Bindungszustände, → quantenmechanische Streutheorie.

virtuelle Drehung, → virtuelle Verrückungen.

virtuelle Katode, eine Stelle zwischen den Elektroden einer Elektronenröhre, an der die Feldstärke gleich Null ist. Bei hohen Stromstärken und großen Elektrodenabständen kommt es zur Bildung einer → Raumladung zwischen den Elektroden, und das Potential an dieser Stelle kann gleich Null werden. Dies bedeutet aber, daß die Elektronen dieses Gebiet wie bei einer Glühkatode mit einer dem Verteilungsgesetz entsprechenden Geschwindigkeit verlassen. Es herrschen an dieser Stelle die gleichen Verhältnisse wie auf der eigentlichen Katode. Diese Erscheinung wird bei Leistungsröhren ausgenutzt, um das zur Vermeidung des Sekundärelektronenstromes zum Schirmgitter notwendige Bremsgitter zu sparen.

virtuelle Prozesse, in der Quantentheorie Prozesse, deren Existenz auf Grund des Erhaltungssatzes für Energie und Impuls real nicht möglich ist und die daher nicht beobachtbar sind, die aber in der Theorie der Elementarteilchen eine große Rolle spielen. Wegen der Heisenbergschen Unbestimmtheitsrelation $\Delta E \cdot \Delta t \geqq \hbar/2$ können während sehr kleiner Zeitdauern Δt relativ große Energieunbestimmtheiten ΔE auftreten. So kann z. B. für die kleine Dauer Δt ein Photon ein Elektron-Positron-Paar erzeugen, das anschließend wieder in ein Photon zerstrahlt, obwohl die Energie des Photons für eine reale Paarerzeugung nicht ausreichen würde; diese Prozesse sind für die → Selbstenergie der Photonen und in ähnlicher Weise für die → Vakuumschwankungen verantwortlich. Daher sind solche v.n P. prinzipiell zu berücksichtigen. Analog spricht man von virtuellen Teilchen, Zuständen und Übergängen. Es hat sich inzwischen eingebürgert, die Wechselwirkung realer Teilchen durch den Austausch virtueller Teilchen zu beschreiben, was sich besonders anschaulich durch die Feynman-Diagramme in der Mesonentheorie der Kernkräfte und der Quantenelektrodynamik wiedergeben läßt.

virtuelles Bild, → Abbildung.

virtuelle Temperatur, in der Meteorologie diejenige Temperatur, bei der wasserdampffreie Luft die gleiche Dichte haben würde wie die gegebene feuchte Luft unter dem gleichen Luftdruck. $T_v = T(1 + 0{,}0006\,s)$, wenn s die spezifische Feuchte (→ Luftfeuchtigkeit) in g/kg darstellt.

virtuelle Verrückungen, *virtuelle Verschiebungen,* lediglich gedachte infinitesimale, zu einem festen Zeitpunkt t augenblicklich vorgenommene Änderungen der Koordinaten eines mechanischen Systems, die mit den Bindungen der Massepunkte verträglich sein müssen, aber sonst beliebig sind. Unterliegt das System l holonomen Bindungen $f_\mu(\vec{r}_i, t) = 0$, wobei $\mu = 1, \ldots, l$ die verschiedenen Bindungen und $i = 1, \ldots, N$ die einzelnen Massepunkte numeriert, so liegt Verträglichkeit dann vor, wenn die v.n V. $\delta\vec{r}_i = (\delta x_i, \delta y_i, \delta z_i)$ den l Gleichungen

$$\sum_{i=1}^{N} (\mathrm{grad}_{(\vec{r}_i)}\varphi_\mu)\,\delta\vec{r}_i \equiv \sum_{i=1}^{N}\left(\frac{\partial\varphi_\mu}{\partial x_i}\delta x_i + \frac{\partial\varphi_\mu}{\partial y_i}\delta y_i + \frac{\partial\varphi_\mu}{\partial z_i}\delta z_i\right) = 0$$

genügen. Das System wird dann bereits durch $f = 3N - l$ verallgemeinerte Koordinaten q_j ($j = 1, \ldots, f$) beschrieben, die die Bindungen automatisch erfüllen und deren v. V. völlig beliebig sind. Unterliegt das System außerdem h nichtholonomen Bindungen der Gestalt $\sum_{j=1}^{f}(a_{j\nu}\,\mathrm{d}q_j + a_{j0}\,\mathrm{d}t) = 0$ mit $\nu = 1, \ldots, h$, so müssen die v.n V. δq_j den Bedingungen $\sum_{j=1}^{f} a_{j\nu}\,\delta q_j = 0$ genügen. Sind die nichtholonomen Bindungen in den v.n V. δq_j nicht linear, verliert der Begriff der v.n V. seinen Sinn. Wesentlich am Begriff der v.n V. ist, daß die Zeit nicht mit verändert wird, also $\delta t = 0$ gilt. Die v.n V. stimmen daher nur bei den skleronomen Systemen (→ mechanisches System) mit den wirklichen Lageänderungen des Systems überein. Für rheonome Systeme trifft dies nicht zu, da sich die Bindungen im Laufe der Zeit ändern: Sei ein Massepunkt P an eine Gerade G gebunden (Abb. 1), so ist die virtuelle Verrückung $\delta\vec{r}$ gleich der tatsächlichen Änderung $\mathrm{d}\vec{r}$ von P während der Zeit $\mathrm{d}t$, falls G raumfest ist; andernfalls ist $\delta\vec{r} \neq \mathrm{d}\vec{r}$, da sich P nur auf G bewegen kann und deren Lage zur Zeit t und $t + \mathrm{d}t$ verschieden ist (Abb. 2).

Bei v.n V. verrichten die an den mechanischen Systemen angreifenden Kräfte $\vec{F}_i$ ($i = 1, \ldots, N$) die *virtuelle Arbeit* $\delta A = \sum_{i=1}^{N} \vec{F}_i\delta\vec{r}_i$ oder $\delta A = \sum_{j=1}^{f} Q_j\delta q_j$, wobei die Q_j die verallgemeinerten Kräfte des Systems sind (→ verallgemeinerte Koordinaten).

Bei einem Massepunkt, der nur Kreisbewegungen ausführen kann (Abb. 3), wird die virtuelle Verrückung $\delta\vec{r}$ durch eine *virtuelle Drehung* $\delta\varphi$ um die (aus der Zeichenebene herauszeigende) z-Achse bewirkt. Die hierbei von der Kraft $\vec{F}$ verrichtete virtuelle Arbeit ist $\delta A = \vec{F}\delta\vec{r} = T_z\delta\varphi$. Darin ist T_z die z-Komponente des von $\vec{F}$ erzeugten Drehmoments $\vec{T} = \vec{r} \times \vec{F}$, d. i. die zur verallgemeinerten Koordinate φ gehörende verallgemeinerte Kraft.

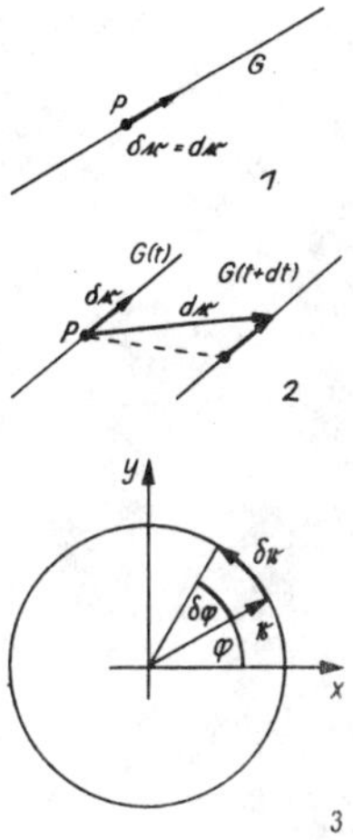

virtuelle Verrückungen

Der Begriff der v.n V. ist grundlegend für die Formulierung des → Prinzips der virtuellen Arbeit.

virtuelle Verschiebungen, svw. virtuelle Verrückungen.

Visioplastizität, eine experimentelle Methode zur Bestimmung von Verschiebungen bzw. Verschiebungsgeschwindigkeiten bei ebenen und rotationssymmetrischen Umformvorgängen. Die Probe wird in der Symmetrieebene geteilt und mit einem Gitter versehen. Das Gitter kann entweder auf photographischem oder mechanischem Wege aufgebracht werden. Aus dem Vergleich des unverformten und des verformten Gitters können die Verschiebungen bzw. die Verschiebungsgeschwindigkeiten berechnet werden. Durch Differentiation erhält man die Formänderungsgeschwindigkeiten und über entsprechende Spannungs-Formänderungs-Beziehungen die Spannungen.

viskoelastische Flüssigkeit, → Flüssigkeit mit Gedächtnis.

Viskoplastizität, Sammelbegriff für das Verhalten von Materialien, die sowohl beachtliche viskose als auch plastische Eigenschaften haben. Verschiedene Stoffe, wie Fette, Farben, Bohrschlamm, Lösungen von Kunststoffen und mitunter auch Metalle, zeigen erst oberhalb einer gewissen Beanspruchung, der Fließgrenze, ein viskoses Fließen, wobei dieses linear im Sinne eines Newtonschen Verhaltens oder allgemein nicht-Newtonisch sein kann. Für den Fließzustand, wobei man in der Regel die statische Fließbedingung von Huber, v. Mises, Hencky zugrunde legt, wird die rheologische Zustandsgleichung

$$S_{ij} = \left(2\eta + \frac{K}{\sqrt{I_2}}\right) D_{ij} \quad \text{für } D_{ij} \neq 0$$

bzw.

$$D_{ij} = \frac{1}{2\eta}\left(1 - \frac{K}{\sqrt{J_2}}\right) S_{ij} \quad \text{für } \frac{1}{2} S_{ij}S_{ji} > K^2$$

postuliert. Dabei ist S_{ij} der Spannungsdeviator, D_{ij} Deformationsgeschwindigkeitstensor, η Viskosität, K Fließgrenze (Schubfließspannung), I_2 2. Invariante des Deformationsgeschwindigkeitstensors, J_2 2. Invariante des Spannungsdeviators.

Die Angabe der Fließbedingung ist Teil der Zustandsgleichung. Materialien, denen diese Zustandsgleichung zugrunde liegt, werden Bingham-Stoffe (→ Bingham-Körper) genannt. Mitunter wird unterhalb der Fließgrenze ein elastischer Zustand angenommen, für den die Gleichung $S_{ij} = 2G\varepsilon_{ij}$ für $\frac{1}{2} S_{ij}S_{ji} \leqq K^2$ gültig ist. Dabei ist ε_{ij} der Deviator des Verzerrungstensors, G der Schubmodul.

Bei realen Materialien erfolgt der Übergang vom festen in den flüssigen Zustand allmählich. In gewissen Fällen genügt dann die Einführung einer hypothetischen Fließgrenze. Werden elastische Verzerrungen in die Betrachtungen mit aufgenommen, was vor allem bei dynamischer Belastung festerer Materialien, speziell bei der Umformung von Metallen wichtig ist, dann versagt das beschriebene Modell, und es wird das erweiterte Binghamsche Stoffgesetz theoretischen Untersuchungen zugrunde gelegt.

$$D_{ij} = \frac{1}{2G}\dot{S}_{ij} + \frac{K^2}{2\eta}\langle\Phi(F)\rangle\frac{\partial F}{\partial\sigma_{ij}} \quad \text{für } F > 0$$

$$\text{mit } \Phi(F) = 0 \quad \text{für } F \leqq 0$$
$$\Phi(F) \neq 0 \quad \text{für } F > 0$$

Der Punkt bedeutet die Ableitung nach der Zeit. Die Fließfunktion F ist entsprechend praktischen Forderungen wählbar. Diese von Perzyna entwickelte Theorie verlangt eine dynamische Fließbedingung. Es lassen sich auch Verfestigungseigenschaften mit in die Theorie aufnehmen. In der Literatur werden diese Stoffe auch als verzerrungsgeschwindigkeitsempfindliche Medien [engl. strain-rate sensitive materials] bezeichnet. Infolge der Kompliziertheit der Prozesse und der daraus resultierenden mathematischen Formulierung beschränkt man sich auf möglichst einfache Ausdrücke für die Funktion $\Phi(F)$. Es ergeben sich trotz allem nichtlineare Differentialgleichungen für die zu untersuchenden Probleme, deren Bearbeitung mit entsprechenden Näherungsverfahren möglich ist.

Viskosimeter, Meßgerät zur Bestimmung der Viskosität eines Fluides. In einem V. sind die auftretenden Strömungsverhältnisse so, daß sie für eine Berechnung zugänglich sind. Aus den Meßdaten läßt sich in Verbindung mit den theoretischen Ergebnissen die Viskosität bestimmen. Spezielle Formen sind → Kugelfallviskosimeter und → Zimm-Crothers-Viskosimeter.

viskosimetrische Strömung, parallele, an festen Wänden verlaufende Strömungen, die ausschließlich durch eine Schergeschwindigkeit, einen transversalen Geschwindigkeitsgradienten, in geeigneten Koordinatensystemen beschrieben werden können. Die Verwirklichung anderer Strömungen bei viskosen Flüssigkeiten bereitet experimentelle Schwierigkeiten.

Viskosität, *Zähigkeit, innere Reibung,* Materialeigenschaft, derzufolge Tangentialkräfte auftreten, die einer parallelen Verschiebung von Flüssigkeits- oder Gasteilchen relativ zueinander entgegenwirken. Beim Vorliegen von Querkräften spricht man von → Querviskosität. Die auf das Oberflächenelement dA einer Schicht wirkende innere Reibungskraft d$\vec{F}$ hat dabei nach dem Newtonschen Reibungsgesetz die Größe d$\vec{F} = -\eta$ grad $v \cdot \mathrm{d}A$, wobei $\vec{v}$ die Bewegungsgeschwindigkeit der Schicht und η die *dynamische V.*, auch *Koeffizient der inneren Reibung* genannt, ist. η wird in Newtonsekunde durch Quadratmeter Ns/m^2, vereinzelt auch in Poise, gemessen. Die → kinetische Theorie errechnet η für Gase nach verschiedenen Modellen und zeigt zugleich, daß die V. der Gase unabhängig vom Druck ist.

Der Quotient $\nu = \eta/\varrho$ heißt *kinematische V.* Sie wird in Quadratmeter durch Sekunde m^2/s, vereinzelt auch in Stokes, gemessen.

Besonders in der Rheologie wird die V. als Stoffkenngröße verwendet, die den Widerstand in Fluiden gegen das Verschieben ihrer Teilchen gegeneinander durch Kräfte angibt. Das Fließen dieser Stoffe wird als eine Gleitbewegung aufgefaßt. Nach dem Newtonschen Reibungsgesetz ist die Kraft $\vec{F}$, die notwendig ist, um zwei parallele Platten der Fläche A mit dem Abstand d im viskosen Stoff mit der Geschwindigkeit $\vec{w}$ gegeneinander zu bewegen, gegeben durch $\vec{F} = \eta\vec{w}\,\frac{A}{d}$. Der Kehrwert der dynamischen V. heißt *Fluidität*. Die V. ist vom Spannungs- und Temperaturzustand abhängig. Bei Newtonschen Flüssigkeiten nimmt die V. mit steigender Temperatur ab, bei Gasen zu.

Den Zusammenhang zwischen der Viskosität eines Gemisches fester Teilchen in einem Dispersionsmittel, einer Suspension, und dem Dispersionsmittel unter Beachtung der Volumenkonzentration der dispersen Phase gibt *Einsteins Viskositätsgleichung*

$\eta_{\mathrm{Susp}} = \eta_{\mathrm{Lösm}}(1 + 2{,}5\,c_{\mathrm{v}})$ wieder. c_{v} ist die Volumenkonzentration. Die Gleichung gilt nur für verdünnte Gemische, in denen die Abstände zwischen den Teilchen sehr viel größer als ihr Durchmesser sind.

Vizinalfläche, Kristalloberfläche, deren Orientierung sich nur wenig von der einer niedrig indizierten → Kristallfläche unterscheidet. V.n sind entweder durch sehr hohe Indizes oder gar nicht durch rationale Indizes zu charakterisieren. Sie entsprechen auch nicht einer im Kristallgitter enthaltenen Netzebene, sondern setzen sich stückweise aus niedrig indizierten Teilflächen zusammen, die durch Stufen atomarer Höhe voneinander getrennt sind.

Vlasov..., → Wlassow...

VLF, → Frequenz.

V/m, → Volt durch Meter.

Vogt-Russell-Theorem, → Stern.

Voigt-Effekt, → Magnetooptik.

Voigt-Körper, svw. Kelvin-Körper.

Voigt-Profil, → Spektrallinien.

Voith-Schneider-Propeller, → Propeller.

Vollfarbe, → Farbe.

vollplastischer Zustand, im gesamten Bauteil ausgebildeter plastischer Zustand. Es wird z. B. von vollplastischer Torsion eines prismatischen Stabes gesprochen, wenn der tordierte Stab infolge seiner Beanspruchung keinen elastischen Kern mehr aufweist und der plastische Materialzustand über den gesamten Stabquerschnitt ausgebildet ist.

Vollpolmaschine, → elektrische Maschine.

vollständige Induktion, → Induktion 1).

vollständige Messung, → Meßprozeß in der Quantenmechanik.

vollständiger Raum, → Hilbert-Raum.

vollständiges Differential, → Differentialrechnung.

vollständiges Funktionensystem, → Hilbert-Raum.

vollständiges Orthogonalsystem, → Hilbert-Raum.

Vollständigkeit, → Axiomensystem.

Vollständigkeit eines Satzes von Funktionen, → Entwicklung von Funktionen.

Vollständigkeit eines Systems von Eigenfunktionen, → Hilbert-Raum, → Eigenwertproblem.

Vollständigkeitsrelation, → Hilbert-Raum.

Volt, V, gesetzliche abgeleitete SI-Einheit der elektrischen Spannung. Vorsätze erlaubt. Das Volt ist die elektrische Spannung zwischen zwei Punkten eines fadenförmigen, homogenen und gleichmäßig temperierten metallischen Leiters, in dem bei einem zeitlich unveränderlichen Strom der Stärke 1 A zwischen den beiden Punkten eine Leistung von 1 W umgesetzt wird. $1\ \text{V} = 1\ \text{W/A} = 1\ \text{m}^2 \cdot \text{kg} \cdot \text{s}^{-3} \cdot \text{A}^{-1}$. Da Einheiten keine Zusätze erhalten dürfen, ist die Bezeichnung effektives Volt, V_{eff}, nicht zulässig, es gibt nur eine effektive Spannung U_{eff}.

Voltameter, *Coulombmeter,* ein elektrisches Meßgerät, das zum Messen elektrischer Ladungsmengen dient. Die Arbeitsweise des V.s beruht meist auf dem → Faradayschen Gesetz, indem volumetrisch oder durch Wägen die in einer elektrolytischen Zelle abgeschiedene Menge an Knallgas, Silber, Kupfer oder Quecksilber gemessen wird, die über die elektrochemischen Äquivalente dem Integral $Q = \int_{t_1}^{t_2} I\, dt$ proportional ist. Das *Silbervoltameter* wurde bis zur Neudefinition des Ampere als Einheit der Stromstärke als Normal benutzt. In einer L˙˙sung von neutralem Silbernitrat wird an der Anode ein Niederschlag von Silber erzeugt. Ein Strom von 1 A scheidet dabei in 1 s eine Masse von 1,11817 mg Silber ab. Die mit dem Silbervoltameter erreichbare Genauigkeit beträgt bis zu 10^{-6}. Das *Kupfervoltameter* kann bei stärkeren Strömen benutzt werden, ist aber wesentlich ungenauer. Das *Titrationsvoltameter* dient dagegen zur Präzisionsmessung auch kleinster Ladungsmengen. Der in der Gleichstromtechnik benutzte *Stia-Zähler* ist im Prinzip ein V. mit Quecksilberabscheidung. Er zählt Amperestunden bzw. bei konstanter Spannung Kilowattstunden.

Voltampere, V · A, VA, Einheit der elektrischen Scheinleistung anstelle des Watt. $1\ \text{V} \cdot \text{A} = 1\ \text{W} = 1\ \text{m}^2 \cdot \text{kg} \cdot \text{s}^{-3}$.

Voltamperesekunde, V · A · s, VAs, elektrische Einheit der Arbeit, früher gebräuchliche, nicht mehr zulässige Bezeichnung für → Joule.

Voltasche Spannungsreihe, svw. Spannungsreihe 1).

Volterra-Versetzung, → Somigliana-Versetzung.

Voltgeschwindigkeit, die Geschwindigkeit von Elektronen, die statt in Einheiten der Geschwindigkeit in Spannungseinheiten angegeben wird. Sie gilt für die Spannung, die Elektronen hätten durchlaufen müssen, um diese Geschwindigkeit zu erreichen. Die Angabe „Katodenstrahlen von 10000 V Geschwindigkeit" bedeutet einen Elektronenstrom, dessen Elektronen eine Geschwindigkeit von 0,2 c, d. h. 0,2 der Lichtgeschwindigkeit haben.

Volt durch Meter, V/m, gesetzliche abgeleitete SI-Einheit der elektrischen Feldstärke. Das V. d. M. ist die elektrische Feldstärke eines homogenen elektrischen Feldes, in dem die Potentialdifferenz zwischen zwei Punkten im Abstand 1 m in Richtung des Feldvektors 1 V beträgt. $1\ \text{V/m} = 1\ \text{m} \cdot \text{kg} \cdot \text{s}^{-3} \cdot \text{A}^{-1}$.

Voltmeter, *elektrischer Spannungsmesser,* ein elektrisches Meßinstrument zur Messung der elektrischen Spannung. Ein V. wird stets dem Element parallel geschaltet, dessen Spannung man messen will (im Gegensatz zum Strommesser). Damit das Einfügen des V.s in die Schaltung die zu messende Spannung nicht verringert, muß sein innerer Widerstand sehr groß gegen den Gesamtwiderstand der Schaltung zwischen den Anschlußpunkten sein. Der Meßbereich eines V.s kann durch Reihenschaltung eines Widerstandes vergrößert werden, jedoch wird bei n-facher Erweiterung auch die n-fache Leistung für das Meßinstrument mit Reihenwiderstand benötigt. Bei Wechselstrom ist es möglich, mit Spannungswandlern (→ Meßwandler) den Meßbereich zu vergrößern, ohne daß zusätzliche Leistungen benötigt werden. Das → Elektrometer ist das einzige V., bei dem der Ausschlag direkt von der Spannung abhängt. Alle anderen Meßinstrumente messen die Spannung über den Strom, der infolge des konstanten Innenwiderstandes des Instrumentes der anliegenden Spannung proportional ist.

Die wichtigsten V. sind → Drehspulinstrument und → Drehmagnetinstrument für Gleichspannungsmessungen und → Dreheiseninstrument, → Elektrometer und → Elektrodynamometer für Gleich- und Wechselspannungsmessungen. Nur für Wechselspannungsmessungen eignen sich → Gleichrichtermeßinstrumente. Bei hohen Frequenzen werden vorwiegend elektronische V. eingesetzt. Eine moderne Entwicklung sind die Digitalvoltmeter (→ Analog-Digital-Wandler).

Voltsekunde, V · s, Vs, SI-Einheit des magnetischen Flusses oder des Induktionsflusses, Eigenname ist → Weber (Wb). Vorsätze erlaubt. $1\ \text{V} \cdot \text{s} = 1\ \text{Wb} = 1\ \text{m}^2 \cdot \text{kg} \cdot \text{s}^{-2} \cdot \text{A}^{-1}$.

Volumen, *Rauminhalt,* die Größe eines von einem Körper eingenommenen Raumes, im erweiterten Sinne auch die Größe eines durch eine definierte Begrenzung umschlossenen Raumes.

Volumeneinheiten werden als dritte Potenzen der Längeneinheiten gebildet (Tab. 1).

Volumenmessung. Die anzuwendenden Verfahren hängen weitgehend von dem Aggregatzustand des zu messenden Stoffes ab.

Das V. fester Körper kann nur bei geometrisch einfachen Körpern aus deren geometrischen Abmessungen als Produkt aus Länge, Breite und Höhe bestimmt werden. Im einfachsten Fall wird das V. unregelmäßiger Körper nach dem Verdrängungsverfahren ermittelt. Dazu wird der Körper in einen mit reinem Wasser oder einer anderen Flüssigkeit bekannter Dichte gefüllten, geeichten Meßzylinder gebracht, an dessen Skale der scheinbare Volumenzuwachs der Flüssigkeit unmittelbar abgelesen werden kann. Das Verfahren eignet sich nicht für poröse Körper; für diese benutzt man am zweckmäßigsten Volumenometer oder Volumeter. Wesentlich exakter ist die hydrostatische Wägung. Bei Schüttgütern führt gegebenenfalls eine stereometrische Ausmessung mit Maßstäben bzw. Meßlatten zu genügend sicheren Ergebnissen, wenn die Schüttdichte bekannt ist und berücksichtigt wird.

Das V. von Hohlkörpern bestimmt man am besten durch Wägung, wobei der Körper einmal leer und einmal mit Wasser gefüllt, in Einzelfällen auch mit Quecksilber gefüllt gewogen wird; das V. wird als Differenz berechnet. In beiden Fällen ist die thermische Ausdehnung der Flüssigkeit und des Meßgefäßes zu berücksichtigen.

Flüssigkeiten werden am bequemsten mit Volumenmeßgeräten gemessen, z. B. mit Meßbechern, Meßzylindern, Meßeimern, bei sehr kleinen Mengen auch mit Büretten, Pipetten, Pyknometern, bei großen Mengen mit Meßkolben oder mit Lagerbehältern. Ferner kann die Messung nach Verfahren der Füllhöhenfeststellung oder manometrisch bzw. unter Nutzung des Bodendrucks vorgenommen werden.

Zur Volumenmessung von Gasen eignen sich Meßgeräte für wissenschaftliche und technische Untersuchungen, z. B. Azotometer, Gaskugeln u. ä.

Große Gas- und Flüssigkeitsvolumen werden mit Zählkammern sowie mit Zählern verschiedener Art gemessen, wobei besonders bei Gasen die Abhängigkeit des Volumens von Druck und Temperatur die Messung erschwert. Gasmengen können bei annähernd konstantem Druck mittels der Bewegung einer Gasbehälterglocke mit Wasserabschluß gemessen werden. Dieses Verfahren ist jedoch nicht sonderlich genau, da Druck- und Temperaturänderungen die Messung wesentlich beeinflussen können. Gase lassen sich auch in Druckbehältern konstanten V.s ein- oder abfüllen, wobei die Zustandsänderung des Meßgutes die Volumenmessung beeinflussen kann.

Die *dynamische* Volumenmessung des durch eine Leitung strömenden V.s beruht auf der Anwendung der Bernoullischen Gleichung und damit auf der Feststellung von Drücken in Gasen und Flüssigkeiten. Da das in einer bestimmten Zeit durch eine Leitung strömende V., der *Volumenstrom*, $V = \int_A v \, dA$ ist, wenn v die im Querschnittelement dA festgestellte Geschwindigkeit und A der Strömungsquerschnitt ist, kann die Volumenmessung auf eine Geschwindigkeitsmessung zurückgeführt werden. Es ist auch möglich, die Beziehung zwischen Druck und Geschwindigkeit zu nutzen. Wird der Strom an einer Stelle abgebremst, z. B. mit einer kleinen Sonde, die die mittlere Strömungsgeschwindigkeit nicht wesentlich stört, so entsteht ein Staudruck, aus dem die Geschwindigkeit und damit das V. berechnet werden kann. Als Meßgeräte werden Pitotrohre, Drucksonden und Prandtlrohre benutzt, wie überhaupt alle Meßgeräte und Meßmethoden der Durchflußmessung auch zur Volumenmessung eingesetzt werden können. Andererseits kann das V. auch nach dem Differenzdruckverfahren mit Düsen oder Blenden bestimmt werden. Der dabei entstehende Abfall des statischen Drucks $\Delta p = \Delta v^2/2$ ist in diesem Fall ein Maß für das V., sofern die Dichte der Medien bekannt ist. In Sonderfällen können kleine Flüssigkeitsmengen mit Düsen oder Blenden in Ausgußgefäßen (Danaiden) gemessen werden. In diesem Fall geht in die Berechnung noch die Ausflußzahl α ein, die Reibungseinflüsse und Strahlkontraktion erfaßt.

Die Volumenmessung zur Bestimmung der Volumenanteile verschiedener Substanzen in Gasgemischen zur Überwachung und Regelung des Verlaufs von Prozessen ist Aufgabe der Gasanalyse. Volumetrische Gasanalysen beruhen im allgemeinen darauf, daß manche Gase von bestimmten Flüssigkeiten absorbiert werden. Durch eine solche Absorption wird das betreffende Gasgemisch von der absorbierten Komponente frei, so daß sich bei unverändertem Druck eine Volumendifferenz ergibt. Nach diesem Absorptionsverfahren arbeiten z. B. Rauchgasprüfer, die auch automatisch betrieben und deren Befunde laufend registriert werden können. Eine andere Methode beruht auf der Verbrennung der in dem Gasgemisch enthaltenen brennbaren Bestandteile. Die Schwierigkeit dieses Verfahrens besteht darin, daß im Gegensatz zum Absorptionsverfahren mehr Bestandteile aus dem Gemisch entfernt werden, als gemessen werden sollen. Die Volumenänderung entspricht in diesem Fall also nicht unmittelbar der gesuchten Meßgröße.

Aus diesem Grund muß für jede Verbrennung zusätzlich ein Faktor bestimmt werden, der angibt, welche Volumendifferenz bei der Verbrennung eines bestimmten V.s der Meßkomponente, meist bezogen auf 1 cm^3, entsteht.

Volumetrische Analysatoren messen entweder die Wärmeleitfähigkeit, die Verbrennungswärme, die Strahlenabsorption oder magnetische Einflüsse und damit Konzentrationen oder Volumina. Analysatoren zur Volumenmessung mittels Wärmeleitfähigkeit arbeiten etwa nach folgendem Prinzip (Abb. 1): In vier Kammern befindet sich je eine Glasröhre mit eingeschmolzenem Widerstandsdraht und gleichem Widerstand. Diese werden so zu einer Wheatstoneschen Brücke zusammengefaßt, daß jeweils die gegenüberliegenden Kammern verbunden sind. Wird in die Kammern Gas unterschiedlicher Zusammensetzung geleitet, so kühlen sich die Widerstände in Abhängigkeit von den in den Gasen enthaltenen Komponenten unterschiedlich ab, so daß sich ihr Widerstand ändert. Läßt man durch die eine Leitung das zu untersuchende Gas und durch die andere das Meß- oder Vergleichsgas unter gleichem Druck strömen, so kann die Brückenverstimmung als Maß für das V. der betreffenden Gaskomponente dienen, die ermittelt werden soll. Erforderlichenfalls kann die Anlage thermostatiert werden. Wärmetönungsanalysatoren werden zur Volumenmessung benutzt, um die Verbrennungswärme von Gasen zu bestimmen. Das Prinzip ist dem der Analysatoren ähnlich.

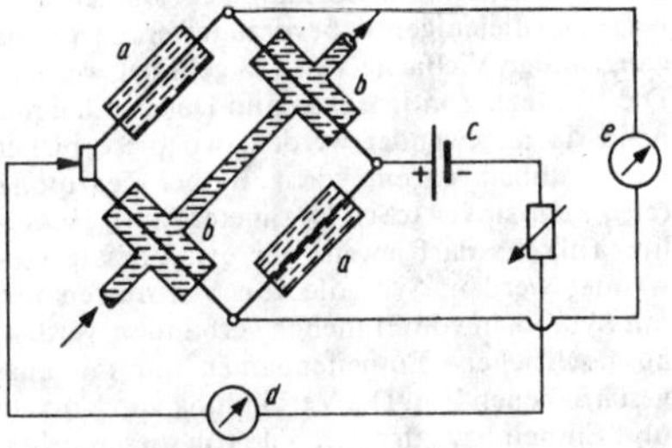

1 Analysator zur Volumenmessung mittels Wärmeleitfähigkeit. *a* Kammern mit dem Vergleichsgas, *b* Meßkammern, *c* Spannungsquelle, *d* Galvanometer, *e* Anzeigegerät

Nichtelementare Gase absorbieren infrarote Strahlen in verschiedenen Wellenbereichen; nach dem Prinzip der Strahlungsabsorption werden deshalb ebenfalls Volumenbestimmungen vorgenommen. Als Strahlungsquelle dient ein schwach glühender Draht. Seine Strahlen werden durch ein von einem Synchronmotor angetriebenes Blendenrad gleichmäßig unterbrochen und in zwei Kammern gesendet, unter denen sich je eine Empfängerkammer befindet. Die eine dieser Kammern ist mit einem Gemisch aus einem nicht absorbierenden Gas gefüllt, die andere mit dem Gas, dessen V. bestimmt werden soll. Da in der Kammer mit dem absorbierenden Gas eine höhere Temperatur und ein höherer Druck entstehen, kann die Druckänderung z. B. in eine Kapazitätsänderung umgeformt und zur Anzeige gebracht werden.

Zur Bestimmung des V.s mehrerer Komponenten von Gas- und Flüssigkeitsgemischen eignen sich Meßeinrichtungen, die nach den Methoden der Gaschromatographie arbeiten. Sie beruhen darauf, daß die einzelnen Bestandteile der Gemische beim Durchlaufen bestimmter fester Phasen unterschiedliche Wanderungsgeschwindigkeiten haben. Die festen Stoffe werden in Trennsäulen untergebracht. Der Trägerstrom (meist Wasserstoffgas) strömt unter konstantem Druck über die Vergleichszelle eines Detektors, die als Wärmeleitzelle ausgebildet ist, zunächst in eine Impfzelle, in der ihm ein exakt dosiertes Volumen Meßgas zugesetzt wird. Von dort strömt das Trägergas in die Trennsäule (Absorber). Die einzelnen Komponenten werden von der Füllung aufgenommen und in unterschiedlicher Zeit als Gaspfropfen abgegeben. In der Meßzelle des Detektors findet der Wärmeleitvergleich mit der von dem Trägergas durchströmten Vergleichskammer statt und ergibt eine Meßspannung als Ausgangsgröße, die der Konzentration bzw. dem V. der betreffenden Gaskomponente proportional ist. Die Registrierung wird in einer Brückenschaltung vorgenommen. Diese ist so abgeglichen, daß bei alleiniger Anwesenheit des Trägergases kein Ausschlag erfolgt. Bei Vorhandensein anderer Komponenten wird infolge Änderung der Wärmeleitfähigkeit die Brücke verstimmt. Der quantitative Anteil der einzelnen Bestandteile kann rechnerisch in Volumenprozenten aus dem Chromatogramm ermittelt werden.

Zur Messung des Sauerstoffanteils in Gasen, die bei der Überwachung von Verbrennungsprozessen und der Betriebssicherheit von Gasanlagen von großer Bedeutung ist, wurden magnetische Meßverfahren entwickelt. Sie nutzen die paramagnetischen Eigenschaften des Sauerstoffs aus, die temperaturabhängig sind.

Das Meßgas wird in eine Ringkammer geleitet, die mit einem waagerecht liegenden, elektrisch beheizten Glasröhrchen verbunden ist (Abb. 2). Das linke Teil des Röhrchens befindet sich zwischen den Polschuhen eines kräftigen Dauermagneten. Ist in dem Meßgas Sauerstoff enthalten, so wird dieser von dem Magnetfeld angezogen. In diesem Teil des Röhrchens entsteht ein Überdruck und innerhalb des Röhrchens ein Druckgefälle. Gleichzeitig wird das in Querrichtung strömende Gas im linken Teil der Heizwicklung erwärmt, so daß sich die

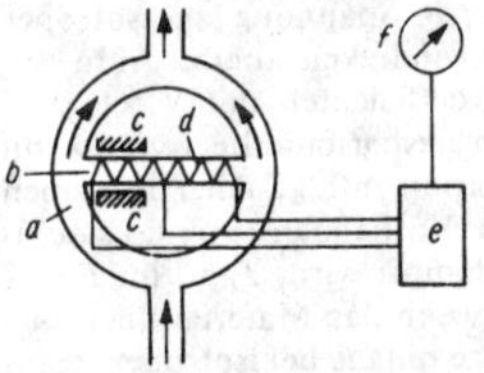

2 Magnetischer Sauerstoff-Analysator. *a* Ringkammer, *b* Querröhrchen, *c* Dauermagnete, *d* Heizwicklung, *e* Meßwertumformer, *f* Anzeigegerät

linken Heizspiralen stärker abkühlen als die rechten. Die in der Mitte angezapfte Heizwicklung bildet mit zwei Festwiderständen und einem Potentiometer zur Nullpunkteinstellung eine Wheatstonesche Widerstandsmeßbrücke. In dem Maße, wie sich infolge größeren Sauerstoffgehalts die Querströmung in dem Röhrchen erhöht und die einseitige Abkühlung sich ändert, ändert sich das Widerstandsverhältnis. Die dadurch entstehende Brückenverstimmung kann an einem Drehspulmeßwerk abgelesen werden, sie ist dem Sauerstoffgehalt proportional.

Lit. Handbuch der Meßtechnik in der Betriebskontrolle (Hrsg. J. Stanek) Bd 2 (Leipzig 1970).

Volumenänderungsenergie, → Verzerrungsenergie.

Volumenbruch, ein besonders in der theoretischen Behandlung hochmolekularer Lösungen verwendetes Maß für die Konzentration einer Komponente. Sind V_{i0} das molare Volumen der reinen Komponente i und n_i ihre Stoffmenge in der Einheit mol, so ist der V. $\varphi_i = n_i V_i / \sum_i n_i V_i$.

Volumendilatation, svw. Volumendehnung.

Volumenfluß, eine irreversible Vergrößerung oder Verkleinerung des Volumens unter einfacher Zug- oder Druckbeanspruchung. Bei Asphalt kann ein positiver V., d. h. Vergrößerung des Volumens, und bei Beton ein negativer V., d. h. Verkleinerung des Volumens, beobachtet werden. Der V. führt zu Veränderungen im Aufbau des Stoffes.

Volumengesetz, *chemisches V.*, 1808 von Gay-Lussac gefundenes Gesetz, nach dem sich das Volumenverhältnis gasförmiger, an einer chemischen Umsetzung beteiligter Stoffe durch einfache ganze Zahlen ausdrücken läßt.

Volumenintegral, → Integralrechnung.

Volumenionisation, die Entstehung der → Ionisation eines Gases infolge Abspaltung von Elektronen von seinen Atomen und Molekülen.

Volumenkraft, → Kraft.

Volumenmagnetostriktion, Anteil der Magnetostriktion, der durch seine Volumenänderung bei unveränderter Gestalt des Körpers gekennzeichnet ist. Ursache der V. ist die Änderung der Magnetisierung durch den → Paraprozeß.

Volumenometer, Meßgerät zur Volumenmessung, insbesondere zur Feststellung schädlicher Räume (Räume, die die Messung ungünstig beeinflussen bzw. sonst schwer erfaßbar sind), z. B. bei Pumpen, Gasthermometern, Volumenzählern. Das V. beruht auf dem Boyle-Mariotteschen Gesetz. Die Meßunsicherheit hängt weitgehend von der erreichbaren Temperaturkonstanz ab.

Volumenprozent, ein Konzentrationsmaß, → Konzentration.

Volumenrekombination, → Rekombination 1).

Volumensuszeptibilität, → Suszeptibilität 1).

Volumenviskosität, Stoffkenngröße, die das Verhältnis von isotroper Spannung zu isotroper Deformationsgeschwindigkeit angibt. Man unterscheidet zwei Koeffizienten der V.: 1) Volumenviskosität im Festzustand liegt vor, wenn die Volumenoszillation infolge einer isotropen Spannung durch das Vorhandensein eines Koeffizienten der V. gedämpft wird. 2) V. im Fließzustand liegt vor, wenn das Material über eine isotrope Fließgrenze hinaus bei isotroper Beanspruchung fließt.

von-Neumann-Gleichung, quantenstatistisches Analogon der → Liouville-Gleichung.

von-Neumannsche Formel, → Induktionskoeffizient.

von-Seeliger-Gleichung, → Newtonsche Kosmologie.

Voraussage, aus einer wissenschaftlichen Theorie abgeleitete Aussage über bisher unbekannte Zusammenhänge. Eine V. kann sich sowohl auf künftige Ereignisse als auch auf bisher wissenschaftlich unbearbeitete Erscheinungen beziehen, die gegenwärtig oder früher stattfanden, aber unbeobachtet blieben. Beispiel im ersten Sinne ist die V. des Bewegungsablaufs einer Maschine oder der Planetenstellung in 100 Jahren, Beispiel im zweiten Sinne ist die V. des Ω-Hyperons auf Grund der unitären Symmetrie von Hadronen oder die V. der Existenz des Planeten Neptun aus der Störung der Bahn des Planeten Uranus, die nicht aus der Störung durch die bis dahin (1846) bekannten Planeten erklärt werden konnte.

Im Gegensatz zur V. führt die *Erklärung* einer beobachteten Erscheinung diese auf das Wirken bekannter Gesetze zurück, indem gezeigt wird, daß aus diesen jene Erscheinung abgeleitet werden kann. V. und Erklärung setzen ein kausales Wirken der Naturgesetze voraus (→ Kausalität).

Vorbeschleuniger, → Teilchenbeschleuniger.

Vorkegel, der die Vergangenheit eines Ereignisses darstellende Teil des → Lichtkegels (→ Minkowski-Raum).

Vormagnetisierung, die Überlagerung eines zeitlich veränderlichen magnetischen Feldes (Arbeitsfeld) durch ein konstantes Gleichfeld (*Steuerfeld*) bei einem magnetischen Stoff. Es wirken also gleichzeitig zwei verschiedene Felder auf den Stoff ein.

Vorsätze, international festgelegte Vorsilben zum Bilden von dezimalen Vielfachen und Teile von → Einheiten mit selbständigem Namen. Dabei sollen diejenigen V. bevorzugt werden, die als ganzzahlige Vielfache von 10^3 gebildet werden. Die V. Dezi, Zenti, Hekto und Deka sollen nur noch da angewendet werden, wo diese bisher schon üblich waren, wie z. B. bei Zentipoise (cP), Zentistokes (cSt), Dezimeter (dm), Hektoliter (hl). Es darf jeweils nur ein Vorsatz verwendet werden. Symbole von V.n dürfen nur mit Symbolen von Einheiten verbunden werden, ausgeschriebene Einheitennamen nur mit ausgeschriebenen V.n. Die Verbindung von Vorsatz und Einheit bzw. der Symbole von diesen gelten jeweils als ein Symbol, von dem z. B. Potenzen gebildet werden dürfen, z. B. bei Kubikdezimeter (dm^3). An Potenzbezeichnungen dürfen keine V. angebracht werden. Potenzprodukte und -quotienten sollen möglichst so gebildet sein, daß V. nur im Zähler stehen, im Nenner nur Einheiten ohne V., allerdings wurde bei eingebürgerten Einheitenbezeichnungen von dieser Regel abgewichen wie z. B. bei den Druck- und Spannungseinheiten Kilopond durch Quadratzentimeter (kp/cm^2) und Newton durch Quadratmillimeter (N/mm^2). V. dürfen nicht angewendet werden bei den Einheiten Kilogramm (kg), Karat (Kt), bei den Zeiteinheiten außer der Sekunde, bei den Temperatureinheiten außer Kelvin, bei den Winkeleinheiten außer Radiant und Steradiant sowie neuerdings auch Gon (gon), bei den Längeneinheiten außer dem Meter, bei den Flächeneinheiten, bei den Druckeinheiten außer Torr und Bar, bei der Leistungseinheit Pferdestärke und bei der Leuchtdichteeinheit Apostilb.

Vorsatz	Symbol	Bedeutung
Tera	T	10^{12}
Giga	G	10^{9}
Mega	M	10^{6}
Kilo	k	10^{3}
Hekto	h	10^{2}
Deka	da	10^{1}
Dezi	d	10^{-1}
Zenti	c	10^{-2}
Milli	m	10^{-3}
Mikro	µ	10^{-6}
Nano	n	10^{-9}
Piko	p	10^{-12}
Femto	f	10^{-15}
Atto	a	10^{-18}
Myria *)	ma	10^{4}
Dimi *)	dm	10^{-4}

*) alter französischer Vorsatz, international nicht mehr gültig.

Vorschaltwiderstand, svw. Vorwiderstand.

Vorticity, Vertikalkomponente des Rotors der atmosphärischen Strömung.

Vorvakuumbeständigkeit, → Treibdampfpumpe.

Vorvakuumdruck, der Druck am Vorvakuumanschluß einer Hochvakuum- bzw. Feinvakuumpumpe.

Vorwärtsstreuung, → Streuexperiment, → analytische S-Matrix-Theorie, → Streuung.

Vorwiderstand, *Vorschaltwiderstand*, ein Widerstand (im engeren Sinne ein ohmscher Widerstand), der im Stromkreis einem Stromzweig vorgeschaltet (Reihenschaltung) wird und die Aufgabe hat, den Strom im Stromzweig auf einen bestimmten Wert herabzusetzen. Ein V. wird z. B. bei Voltmetern zur Meßbereichserweiterung und bei Verbrauchern mit fallender Strom-Spannungs-Kennlinie (Lichtbogen, Glimmlampe u. a.) zur Strombegrenzung eingesetzt. Um Wärmeverluste zu vermeiden, wird der V. im Wechselstromkreis häufig durch einen kapazitiven oder induktiven Widerstand ersetzt (z. B. Vorschaltdrossel bei Leuchtstofflampen).

Vorzeichenregel, → Optikrechnen.

Vorzugszahlen, zu bevorzugende, gerundete Glieder dezimalgeometrischer Zahlenfolgen mit dem Faktor $\sqrt[n]{10}$, wobei $n = 5; 10; 20; 40; 80$. Die V. sind ein wichtiges Hilfsmittel für die Standardisierung; sie dienen der zweckmäßigen Stufung von Abmessungen vornehmlich bei der Typung. V. werden auch bei der Herstellung von Meßgeräten bevorzugt. Darüber hinaus ist im Meßwesen auch die Staffelung 1; 2; 5; 10; 20; 50; 100; 200; 500; 1000 üblich.

Bezeichnung der Reihe	Anzahl Stufensprünge je Zehnerabschnitt	Stufensprung	
		Berechnung	Wert
R 5	5	$\sqrt[5]{10}$	1,6
R 10	10	$\sqrt[10]{10}$	1,25
R 20	20	$\sqrt[20]{10}$	1,12
R 40	40	$\sqrt[40]{10}$	1,06
R 80	80	$\sqrt[80]{10}$	1,03

Vs, $V \cdot s$, → Voltsekunde.

V-Teilchen, → Hyperonen.

V-Zentrum, → Farbzentrum.

w, 1) Wahrscheinlichkeit, → Wahrscheinlichkeitsrechnung. **2)** *w*, Energiedichte, → Energiesatz.

W, 1) → Watt. **2)** *W*, → Arbeit. **3)** *W*, → Energie.

Waage, Meßgerät zum Bestimmen der Masse. Hauptbestandteile einer W. sind die *Auswägeeinrichtung* zum Feststellen des Wägeergebnisses bzw. zum Einstellen des gewünschten Massebetrages und das *Lasthebelwerk* bzw. der *Meßgrößenumformer* mit dem *Lastträger*, der die zu wägende Last aufnimmt.

Die Einteilung der W.n kann erfolgen nach 1) dem Meßprinzip, wobei sich eine Unterteilung nach der Art der Auswägeeinrichtung vornehmen läßt, 2) den Fehlergrenzen, 3) der Art des Lastträgers, 4) dem Verwendungszweck.

1) Einteilung nach dem Meßprinzip. a) W.n, bei denen ein *direkter Massevergleich* bzw. ein *Drehmomentvergleich* durchgeführt wird. Solche W.n sind die *Hebelwaagen*. Bei diesen wird durch ein oder mehrere → Wägestücke bzw. Gewichtstücke das mit einem Hebel oder einem Hebelsystem von der Last hervorgerufene Drehmoment ausgeglichen und eine Gleichgewichtslage hergestellt.

Ist Gleichgewicht nur bei einer Hebellage erreichbar, spricht man von W.n mit einer Einspiellage; läßt sich das Gleichgewicht bei beliebigen Drehwinkeln des Hebels erreichen, handelt es sich um W.n mit einer unendlichen Anzahl von Einspiellagen. Außerdem gibt es W.n mit einer endlichen Zahl von Einspiellagen, bei denen nur eine begrenzte Anzahl von Gleichgewichtslagen möglich ist. Hebelwaagen mit einer Einspiellage lassen sich nach Art der Auswägeeinrichtung wie folgt einteilen: Zu den *W.n mit Lastschale bzw. Lastträger und Wägestücken* gehören alle einfachen Hebelwaagen, die nur einen Hebel besitzen, sowie zusammengesetzte Hebelwaagen, z. B. Tafelwaagen, Dezimal- und Zentesimalwaagen mit Hebelübersetzungen 1 : 10 bzw. 1 : 100. Bei *Laufgewichtswaagen* wird auf einem mit einer Skale versehenen Hebel ein Laufgewichtstück bis zum Erreichen der Einspiellage verschoben. Bei *Schaltgewichts-* und *Rollgewichtswaagen* werden in Kerben, die sich auf einem Hebel befinden, so viel Schaltgewichtstücke gesetzt bzw. Rollgewichtstücke gerollt, bis die Gleichgewichtslage erreicht ist. Hebelwaagen mit einer unendlichen Anzahl von Einspiellagen sind *Neigungswaagen*, bei denen der Masseausgleich mit einem fest auf dem Neigungshebel angeordneten Gewichtstück erfolgt und über den Winkelausschlag dieses Hebels der jeweilige Massebetrag angezeigt wird. Hebelwaagen mit einer endlichen Anzahl von Einspiellagen sind *Hubgewichtswaagen*, bei denen eingebaute Gewichtstücke bei zunehmender Belastung durch die Hebelbewegung angehoben werden und den Lastausgleich bewirken. Sie sind als *Grenzwaagen* ausgeführt, die nur das Einhalten oder das Überschreiten bestimmter Grenzen der Massewerte anzeigen. Aus den angegebenen Waagentypen werden auch Kombinationen untereinander hergestellt, z. B. Neigungsschaltwaagen, Neigungstafelwaagen.

b) W.n, bei denen ein *Vergleich von Kraftwirkungen* durchgeführt wird. Bei *Federwaagen* wird die Masse über die von der Kraftwirkung des Wägegutes hervorgerufene elastische Verformung einer oder mehrerer Federn ermittelt; dabei dient bei Zug- und Druckfedern deren Längenänderung, bei Torsionsfedern der vom Torsionsmoment bewirkte Winkelausschlag eines Zeigers als Maß für die Last. Bei *elektromechanischen W.n* wird mittels eines oder mehrerer mechanisch-elektrischer Meßgrößenumformer (z. B. → Kraftmeßdosen) die durch das Wägegut hervorgerufene Kraftwirkung über die Änderung des elektrischen Widerstands (z. B. mittels → Dehnungsmeßstreifens), über die Änderung der Induktivitäts-, der Kapazitäts- oder magnetischen Wirkungen, der Frequenz einer schwingenden Saite oder über den piezoelektrischen Effekt in eine elektrische Größe umgewandelt, deren Meßwert dem zu bestimmenden Massewert proportional ist. Der elektrische

Meßwert kann an Anzeige-, Registrier- und Steuereinrichtungen weitergeleitet werden. Bei *hydraulischen* und *pneumatischen W.n* ändert sich der in einer abgeschlossenen Flüssigkeits- bzw. Gasmenge herrschende Druck unter der Kraftwirkung der Last.

c) *Radiometrische W.n* messen die Masse über die Absorption oder die Streuung einer Strahlung radioaktiver Isotope.

d) W.n, die den *hydrostatischen Auftrieb* eines in eine Flüssigkeit eingetauchten Körpers nutzen. Bei *Senkwaagen* taucht ein Schwimmkörper durch eine aufgesetzte Last in eine Flüssigkeit bekannter Dichte verschieden tief ein, wobei die Eintauchtiefe ein Maß für die Last ist. Bei *hydrostatischen W.n* wird aus dem Auftrieb eines eingetauchten Körpers mit bekannter Masse die Dichte der Flüssigkeit oder des Festkörpers bestimmt (z. B. *Mohrsche W.*, *Westphalsche W.*).

2) Einteilung nach den Fehlergrenzen. a) *Feinwaagen* zeichnen sich durch besonders hohe Genauigkeit aus. Feinwaagen mit einer Höchstlast von etwa 1 mg bis 50 g (früher *Mikrowaagen* genannt) haben einen Skalenwert von etwa $0{,}2 \times 10^{-6}$ bis 1×10^{-6} mal Höchstlast (Sonderausführungen, z. B. mit Ausnutzung des Torsionsmoments eines Quarzfadens, lassen Fehlergrenzen von 10^{-7} bis 10^{-9} g einhalten), solche mit einer Höchstlast von 50 oder 100 g (früher *Halbmikrowaagen* genannt) einen Skalenwert von etwa 1×10^{-6} bis 5×10^{-6} mal Höchstlast, mit einer Höchstlast von meist 200 g (früher *Analysenwaagen* genannt), in Sonderfällen bis 50 kg einen Skalenwert von etwa $0{,}5 \times 10^{-5}$ bis 2×10^{-5} mal Höchstlast. Feinwaagen sind in der Regel ausgeführt als einfache Hebelwaagen, als W.n mit elastisch verformbarem Meßglied oder als elektromagnetische W.n.

Der Masseausgleich bei der einfachen Hebelwaage kann unter anderem erfolgen mittels Wägestücken, mittels Reiterwägestücken, mittels Schaltgewichtstücken, wobei diese Arten für sich allein, untereinander oder mit einer Neigungseinrichtung kombiniert angewendet werden. Besonders bei Feinwaagen angewendete Auswägeverfahren sind das *Proportionalverfahren*, bei dem die W. vor Beginn der Wägung auf Null gestellt und dann die Last mittels Auswägeeinrichtung bestimmt wird, in der Regel ohne Berücksichtigung der Fehler der W. und der Wägestücke; das *Vertauschungsverfahren* (*Gaußsche Wägung*), bei dem bei gleichartigen Hebelwaagen die Last und die zu ihrem Ausgleich benutzten Wägestücke mindestens einmal auf den Schalen getauscht werden und das Ergebnis aus den Wägungen gemittelt wird; das *Substitutionsverfahren* (*Bordasche Wägung*), bei dem der Hebel der Hebelwaage auf beiden Hebelarmen stets gleichmäßig belastet ist. Der eine Hebelarm trägt ein Gewichtstück konstanter Masse, auf dem anderen wird die Last aufgelegt und durch Abheben von Wägestücken von diesem Hebelarm Gleichgewicht hergestellt. b) *Präzisionswaagen* haben größere Fehlergrenzen als Feinwaagen. Diese liegen bei 10^{-3} bis 10^{-4} mal jeweilige Belastung und sind hauptsächlich als Hebelwaagen ausgeführt. c) Bei *Handelswaagen* liegen die zulässigen Fehlergrenzen höher als bei Präzisionswaagen. Die bekanntesten Ausführungen sind *Neigungstafelwaagen* und *Brückenwaagen* mit den verschiedensten Auswägeeinrichtungen.

3) Einteilung nach der Art des Lastträgers. Bei *Brückenwaagen* ist gewöhnlich der Lastträger als Plattform (Brücke) ausgebildet, die oberhalb des Lasthebelwerks angeordnet ist. Gleicharmige oberschalige Brückenwaagen bezeichnet man als *Tafelwaagen*. Bei *Behälterwaagen* ist der Lastträger für die Aufnahme von Schüttgütern bzw. Flüssigkeiten als Behälter ausgebildet.

Bei *Kranhakenwaagen* dient als Lastträger ein Kranhaken, bei *Bandwaagen* ein Förderband.

4) Einteilung nach dem Verwendungszweck. a) *W.n zum Bestimmen der Masse* (Wägen) sind z. B. Personen-, Vieh-, Fahrzeug-, Kran-, Laborwaagen. Zu den letzteren rechnet man außer den genannten Fein- und Präzisionswaagen unter anderem *Thermowaagen*, bei denen während der Wägung bei definierter Atmosphäre und definiertem Druck die Temperatur des Wägegutes zeitlich geändert wird, und *Sedimentationswaagen*, die zum Bestimmen der Korngröße von Sedimenten dienen. *Selbsttätige W.n* zum Wägen sind bestimmt zum selbsttätigen Ermitteln wechselnder Lasten; dazu gehören Rollbahn-, Hängebahn-, Drehgefäßwaagen und Gleisfahrzeugwaagen zum Wägen von fahrenden Zügen.

b) *W.n zum Abteilen eines bestimmten Massebetrages von einem größeren Massevorrat* (Abwägen, Dosieren, Abfüllen). *Schüttwaagen* sind selbsttätige Hebelwaagen mit Entleerungseinrichtung, mittels *Absackwaagen* wird das Wägegut abgewogen und in Säcke gefüllt. *Dosierwaagen* bestehen aus Auswäge-, Förder- und Steuereinrichtung; sie geben einen vorgegebenen stetigen Mengenstrom (z. B. Förderbanddosierwaagen) oder einen aus Teilen bestehenden Mengenstrom (z. B. elektrisch gesteuerte Schüttwaagen) ab. Sie werden z. B. zur Gemengeherstellung eingesetzt. c) *Kontrollwaagen* dienen zum Nachprüfen von nach Masse oder Volumen abgeteilten Mengen. Dazu sind solche W.n geeignet, deren Fehlergrenzen nicht größer als das 0,2fache der zu prüfenden Fehlergrenzen sind. d) *Sortierwaagen* stellen fest, ob die Einzelmassen von Gegenständen (Stückgüter, Schüttgutportionen u. a.) in bestimmten Grenzen liegen, und sortieren danach die Gegenstände. Sortierwaagen arbeiten z. B. in Verbindung mit Verpackungsmaschinen. e) *W.n zur Kraftbestimmung* sind z. B. als Federprüf- oder Drehmomentmeßgeräte ausgeführt. f) Mit *Zählwaagen* wird durch Massevergleich eine größere unbekannte Anzahl Teile gleicher Einzelmasse über eine kleinere Anzahl Teile derselben Einzelmasse ermittelt. Zählwaagen haben Zählschalen, die sich an einem oder an mehreren, verschieden übersetzten Hebeln befinden, oder nur eine Zählschale, die schiebbar auf einem mit einer Zählskale versehenen Hebel angebracht ist.

Meßtechnische Eigenschaften der W. 1) Der *Wägebereich* bezeichnet denjenigen Teil des Anzeigebereiches, für den die Fehlergrenzen einer W. eingehalten werden müssen und innerhalb dessen die W. benutzt werden darf. Die untere Grenze des Wägebereiches heißt *Mindestlast*, die obere Grenze *Höchstlast*. 2) → *Fehler*.

3) Die *Veränderlichkeit* ist ein qualitatives Maß für die Änderung der Anzeige einer W. bei wiederholten Wägungen der gleichen Last unter gleichen Bedingungen. Eine W. gilt als hinreichend unveränderlich, wenn bei wiederholten Wägungen die Wägeergebnisse nicht um mehr als einen vorgeschriebenen Bruchteil der Fehlergrenze voneinander abweichen. Ihr quantitatives Maß ist die Standardabweichung. 4) → *Empfindlichkeit*. 5) Die *Richtigkeit* ist gekennzeichnet durch den Betrag ihrer erfaßten systematischen Fehler. 6) Die *Beweglichkeit* gilt als Maß für die Reibung und das Spiel in den Drehgelenken der Waagenhebel; sie wird beurteilt nach Umkehrspanne und Anzeigeänderung, die eine stoßfrei aufgebrachte kleine zusätzliche Belastung im Betrage der Eichfehlergrenze im Verhältnis zum Sollwert der Anzeigeänderung bewirkt.

Besonderen Einfluß auf die meßtechnischen Eigenschaften der W. haben deren Konstruktionselemente, vor allem die Drehgelenke in ihrer Art (z. B. Schneide und Pfanne), die Anzahl und Werkstoffauswahl (Fehlerursachen: Reibung, Unparallelität, Abnutzung), die Hebel (Fehlerursache: elastische Verformung) und bei elektromechanischen W.n die Kraftmeßdose (Fehlerursachen: Unsymmetrie der Brückenschaltung, Nichtlinearität, Hysterese, Kriechfehler u. a.). Äußere Fehlereinflüsse auf das Wägeergebnis verursachen Luftauftrieb, Luftdruckänderungen, Temperaturänderungen, Netzspannungsschwankungen, Schwingungen und Stöße. Zusätzliche Konstruktionsgruppen an W.n sind unter anderem Dämpfungs-, Nullstell- und Arretiereinrichtungen. In Verbindung mit Fördereinrichtungen (Schwingrinnen, Schneckenförderer u. a.), Datenerfassungs- und -verarbeitungseinrichtungen (Meßwandler, Druckwerke, Buchungsmaschinen, Preisrechenwerke, Preisauszeichner, Fernanzeige u. a.) und Steuereinrichtungen (Programmgeber, Fernübertrager, Stellglieder u. a.) lassen sich W.n als Automatisierungsmittel in technologische Prozesse einordnen.

Lit. Finger: Elektrische Wägetechnik (Berlin 1964); Haeberle: 10000 Jahre W. (Balingen 1966); Karpin: Wägemaschinen (Leipzig 1958); Padelt u. Damm: Wägetechnik, Handb. der Meßtechnik in der Betriebskontrolle, Bd II, Tl 1 (Leipzig 1970); Reimpell u. a.: Handb. des Waagenbaus, 3 Bde (5. Aufl. Hamburg 1955, 1960, 1966); van Santen: Elektromechanisches Wägen und Dosieren (Hamburg 1967); Vieweg: Aus der Kulturgeschichte der W. (Balingen 1966); DIN 8120 Waagenbau, Begriffe (Januar 1971).

Wachstum, die quantitative Zunahme eines lebenden Systems, welches aus einem Überwiegen der aufbauenden (anabolischen) Prozesse über die abbauenden (katabolischen) Prozesse resultiert, die sich als Potenzfunktionen der Körpermasse darstellen lassen.

Wachstumsfläche, beim Kristallwachstum gebildete Begrenzungsfläche eines Kristalls. Nach der Kossel-Stranskischen Wachstumstheorie unterscheidet man zwischen *glatten* oder *vollständigen Flächen*, die kristallographisch indizierbare ebene Schnitte durch das Kristallgitter darstellen, und *vergröberten* oder *unvollständigen Flächen*, deren im ganzen ebene oder auch gekrümmte Gestalt aus verschiedenen glatten, relativ niedrig indizierten Flächenelementen zusammengesetzt ist (Abb.). Die glatten W.n sind identisch mit den Flächen der Gleichgewichtsform. Zur *Vergröberung* kommt es, wenn auf einer Fläche das Kristallwachstum nicht netzebenenweise, z. B. durch zweidimensionale Keimbildung oder Spiralwachstum, erfolgt. Die bei der Vergröberung entstehenden glatten Flächenelemente ergeben eine bestimmte Struktur des Oberflächenprofils, deren Elemente als *Subindividuen* bezeichnet werden. Bei fortschreitender Vergröberung werden diese Subindividuen größer, während ihre Zahl abnimmt. Als stabile Begrenzung eines wachsenden Kristalls sind nur glatte und solche vergröberten Flächen möglich, die ein bestimmtes Oberflächenprofil beibehalten. Wegen der in Wirklichkeit immer vorhandenen, z. B. durch ein Spiralwachstum gegebenen Oberflächenstufen treten glatte Flächen jedoch nicht als makroskopische Begrenzungsflächen in Erscheinung, sondern nur als Teilflächen zwischen den Stufen, z. B. im Falle der → Vizinalflächen. Außerdem können die äußeren Wachstumsbedingungen, z. B. die Temperaturverteilung oder die Zusammensetzung der Mutterphase vor der W., und die Wachstumsgeschwindigkeit eine bestimmte makroskopische Struktur der W. herbeiführen, z. B. die → Lamellenstruktur oder die Zellularstruktur (→ Zellularwachstum).

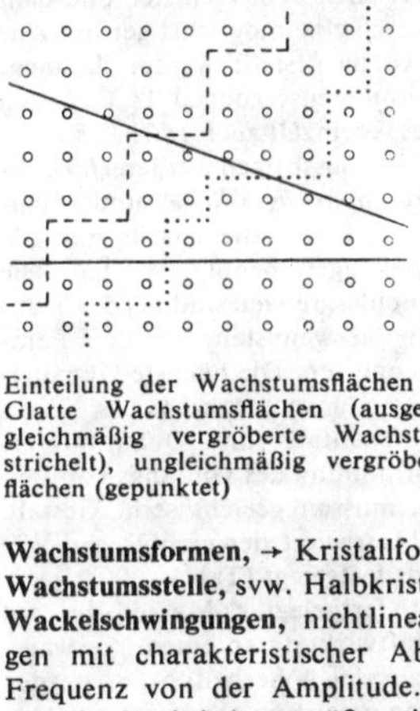

Einteilung der Wachstumsflächen (nach Stranski). Glatte Wachstumsflächen (ausgezogene Linien), gleichmäßig vergröberte Wachstumsflächen (gestrichelt), ungleichmäßig vergröberte Wachstumsflächen (gepunktet)

Wachstumsformen, → Kristallform.

Wachstumsstelle, svw. Halbkristall-Lage.

Wackelschwingungen, nichtlineare Schwingungen mit charakteristischer Abhängigkeit der Frequenz von der Amplitude. Je kleiner die Amplitude wird, desto größer wird die Frequenz. Daher ist bei erzwungenen W. im Gegensatz zu den erzwungenen linearen Schwingungen kein Zerstören durch Resonanz möglich, solange die Erregerfrequenz eine untere Grenzfrequenz nicht unterschreitet. Beispiel einer Wackelschwingung ist das Schwingen eines Stabes mit elastischen Schneiden auf einer elastischen Unterlage (Abb.).

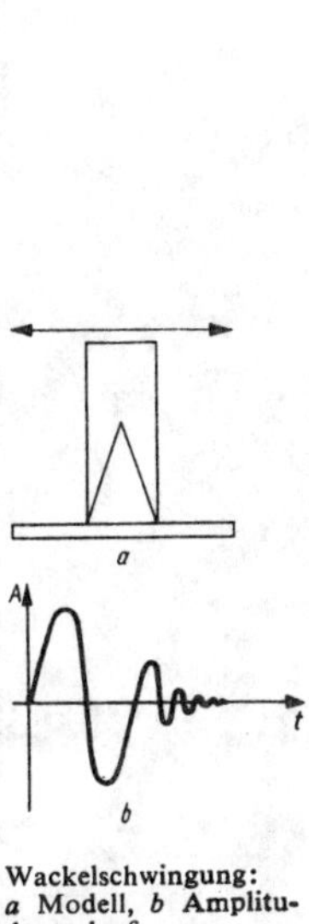

Wackelschwingung: *a* Modell, *b* Amplitudenverlauf

Wadsworth-Aufstellung, → Monochromator.

Wadsworth-Spiegelprisma, → Dispersionsprisma.

Wägen, das Bestimmen der Masse eines Wägegutes mittels einer → Waage, im Gegensatz zum → Abwägen.

Wägestück, fälschlich oft noch *Gewicht* genannt, ein Körper festgelegter Masse und Gestalt, der eine Masseeinheit oder eines ihrer Vielfachen oder Teile verkörpert. Das W. wird zur Bestimmung der Masse anderer Körper benutzt, wobei eine Hebelwaage als Komparator dient. W.e als selbständige Masseverkörperungen werden als

Art	Gestalt	Werkstoff	Massewert
Handelswägestücke	gerader Kreiszylinder	Neusilber, Messing, Rotguß	1 g bis 50 kg
	gerader Kreiszylinder mit Berichtigungskammer	Grauguß	50 g bis 50 kg
Präzisionswägestücke	Plättchen mit aufgebogener Kante oder Ecke	Leichtmetall Platin, Neusilber	1 mg bis 500 mg 10 mg bis 500 mg
	gerader Kreiszylinder	Messing, Rotguß Grauguß	1 g bis 50 kg 1 kg bis 50 kg
Feinwägestücke	Plättchen mit aufgebogener Ecke oder Kante	Aluminium, korrosionsbeständige Al-Legierungen	0,5 mg bis 5 mg
		Nickel, Nickelin, Neusilber, unmagnetischer korrosionsbeständiger Stahl, Aluminium, Platin, Gold	10 mg bis 500 mg
	Reiter	Draht	0,5 mg bis 5 mg
	nach unten verjüngter Kegelstumpf mit Knopf	Messing, Bronze, Neusilber, unmagnetischer korrosionsbeständiger Stahl	1 g bis 1 kg

Einzelwägestücke oder lose W.e bezeichnet. Es ist üblich, W.e zu Sätzen zusammenzustellen, in denen W.e verschiedener Masse gestuft enthalten sind, und zwar meist in jeder Dekade in den Stufen 1-, 2- und 5faches der Grundstufe. Die Stückelung (Unterteilung) ist so vorgenommen, daß mit den einzelnen W.en eines Satzes alle Massebeträge zwischen dem kleinsten und dem größten Stück durch eine möglichst geringe Anzahl Einzelstücke dargestellt werden können, z. B. in den Zusammensetzungen 1; 1; 2; 5 g oder 1; 2; 2; 5 g, vereinzelt auch 1; 2; 3; 5 g.

Der Genauigkeitsklasse nach werden *Handelswägestücke*, *Präzisionswägestücke* und *Feinwägestücke* unterschieden, die jeweils mit den entsprechenden Waagen benutzt werden. Die einzuhaltenden Fehlergrenzen sind bei den Handelswägestücken am weitesten, bei den Feinwägestücken am engsten. Die höchste Genauigkeit wird mit 1-kg-Stücken erreicht.

W.e, die bei Qualitäts- und Quantitätsvergleichen zur Bestimmung des Umfangs von Leistungen dienen, müssen geeicht sein. Gestalt, Werkstoff und Massewert der eichfähigen W.e sind in Standards festgelegt (Tab.).

Körper nicht festgelegter Masse, die auf Grund einer Kraftwirkung an einem Auswägehebel den Lastausgleich herbeiführen, werden *Gewichtstücke* genannt. Entsprechend der Auswägeeinrichtung werden *Laufgewicht-*, *Schaltgewicht-*, *Rollgewicht-*, *Hubgewicht-* und *Neigungsgewichtstücke* unterschieden.

Wägezelle, Auswägeeinrichtung mit Meßgrößenumformer als Baugruppe einer Waage. Mit der W. wird beim Wägen das Wägeergebnis festgestellt und dabei die Eingangsgröße (Masse bzw. Kraftwirkung der Masse) in eine Ausgangsgröße anderer physikalischer Art (z. B. in eine elektrische oder pneumatische Größe) umgewandelt, z. B. mit Kraftmeßdosen. Die Art der eingesetzten W. bestimmt die Benennung der Waagen als pneumatische, hydraulische oder elektromechanische Waage.

Wagnerscher Hammer, → Unterbrecher.

Wägung, → Waage.

wahre Reichweite, → ionisierende Strahlung 2.4).

Wahrheit, erkenntnistheoretische Kategorie, die die Eigenschaft von Aussagen, mit dem widerzuspiegelnden Sachverhalt der objektiven Realität übereinzustimmen, bezeichnet. Die Objektivität der W. begründet sich auf den objektiven, vom erkennenden Subjekt unabhängigen Charakter jeder wahren Erkenntnis. Die Wahrheitsfindung ist ein Prozeß, in dem sich das Denken durch relative, d. h. angenäherte W.en über das Objekt der absoluten W. über dieses asymptotisch nähert. Die Kriterien der W. sind Beweise, Reduktion, Deduktion und Entscheidungsverfahren, denen allen direkt oder indirekt die Praxis, in den Naturwissenschaften im allgemeinen in Form der Naturgesetze und -konstanten, sowie die Gesetze der formalen Logik zugrunde liegen.

wahrscheinlicher Fehler, → Fehlertheorie.

Wahrscheinlichkeit, 1) → Wahrscheinlichkeitsrechnung.

2) thermodynamische W., → Maxwell-Boltzmann-Statistik.

Wahrscheinlichkeitsdichte, → Wahrscheinlichkeitsrechnung, → Verteilungsfunktion.

Wahrscheinlichkeitsrechnung, mathematische Theorie, die historisch um 1700 aus der mathematischen Durchdringung der Glücksspiele entstanden ist. In dieser ersten Periode wurden ausschließlich die Hilfsmittel der Kombinatorik angewendet. Gegen 1900 gab R. v. Mises eine kompliziertere Fassung. Seine Theorie litt jedoch an erheblichen mathematischen Schwächen und war stark durch Elemente des subjektiven Idealismus belastet. Mit dem Beginn der dreißiger Jahre wurde schließlich die moderne W. entwickelt, die vor allem auf die Mengenlehre und die Maßtheorie gegründet ist. Die Schilderung der Anfangsgründe der W. beginnt mit der *Definition der Wahrscheinlichkeit.* Vor v. Mises unterschied man eine *Aprioriwahrscheinlichkeit*, die von vornherein bekannt ist, von der *Aposterioriwahrscheinlichkeit*, die nur durch Experimente feststellbar ist. Wird eine Serie von Versuchen angestellt, als deren Ergebnis ein bestimmtes Ereignis auftreten kann, so wird man dem Auftreten eines solchen *zufälligen Ereignisses* eine Wahrscheinlichkeit zuordnen. Die möglichen Ergebnisse eines Münzwurfes z. B. sind Wappen oder Zahl. Bei einer idealen Münze ist die Wahrscheinlichkeit $^1/_2$ dafür, daß bei einem Wurf das Wappen erscheint. Für einen Regentropfen, der auf eine Ebene trifft, gibt es offenbar überabzählbar viele verschiedene mögliche Ereignisse, die durch die Koordinaten x und y des Auftreffpunktes unterschieden werden. Eine schärfere Fassung des Wahrscheinlichkeitsbegriffes ist möglich, wenn es für den Ausgang eines Experiments n gleichmögliche einander ausschließende Fälle gibt, und wenn davon n_A Fälle gleichbedeutend mit dem Eintreffen des Ereignisses A sind; dann definiert man $p(A) = n_A/n$ als die Wahrscheinlichkeit des Ereignisses A. Dem unmöglichen Ereignis kommt damit die Wahrscheinlichkeit 0, dem sicheren die Wahrscheinlichkeit 1 zu. Man kann auch sagen, daß die Wahrscheinlichkeit für das Eintreffen des Ereignisses A gegeben ist durch den Quotienten aus der Anzahl n_A der für A günstigen Fälle und der Anzahl n alle möglichen Fälle. Diese Definition ist der Ausgangspunkt der *klassischen W*. Eine wesentliche Einschränkung ist durch die Bedingung gegeben, daß es sich um *gleichmögliche* Fälle handeln muß, daß z. B. ein Würfel echt oder ideal sein muß. Aus $p(A) = n_A/n$ ergeben sich sofort zwei *Verknüpfungsregeln* für die Wahrscheinlichkeit: Die Wahrscheinlichkeit für das Eintreffen irgendeines von mehreren Ereignissen, die einander ausschließen, ist gleich der *Summe der Wahrscheinlichkeiten* dieser Ereignisse, $p(A_1$ oder $A_2) = p(A_1) + p(A_2)$. Die Wahrscheinlichkeit für das gleichzeitige Auftreten mehrerer Ereignisse ist bei statistischer Unabhängigkeit beider gleich dem *Produkt der Wahrscheinlichkeiten* dieser Ereignisse, $p(A_1$ und $A_2) = p(A_1) \cdot p(A_2)$.

Die Bedingung, daß es sich um n gleichmögliche Fälle handeln muß, versuchte man gegen 1900 dadurch zu erfüllen, daß man als Wahrscheinlichkeit für das Eintreffen des Ereignisses A den Grenzwert $p(A) = \lim_{n \to \infty} n_A/n$ der *relativen Häufigkeit* $h(A) = n_A/n$ des Auftretens von A bezeichnete. Die Existenz dieses Grenzwertes ist sehr problematisch. Abgesehen von dieser mathematischen Schwierigkeit ist philosophisch einzuwenden, daß der seinem Wesen nach objektive Wahrscheinlichkeitsbegriff der subjektiven Versuchsfolge, die überdies nicht ausführbar ist, untergeordnet wird. Der auf diese Definition durch v. Mises gegründete Aufbau der W. hat sich nicht durchgesetzt.

Die Gesamtheit der Größen $p(A)$ bezeichnet man als die *Verteilung des Wahrscheinlichkeitsfeldes*; im folgenden soll sie stets so vorgegeben sein, daß $p(A) \geqq 0$ ist, daß $p(E) = 1$ für das sichere Ereignis E und für paarweise fremde Ereignisse $p(\sum_{i=1}^{\infty} A_i) = \sum_{i=1}^{\infty} p(A_i)$ gilt. Offensichtlich kann $p(A)$ *diskret* oder *kontinuierlich* sein, je nach der Natur der in Frage kommenden Ereignisse. Die beim Würfeln betrachteten Wahrscheinlichkeiten sind immer diskret, die Wahrscheinlichkeit dagegen dafür, daß sich ein quantenmechanisches Teilchen in einem bestimmten Volumen V aufhält, ist durch $\int_V \psi^* \psi \, dV$ gegeben, d. h. durch eine kontinuierliche Größe.

Zufällige Größen sind Variable, deren Wert durch Zufallsgesetzmäßigkeiten bestimmt wird. Ist von einer zufälligen Größe bekannt, welche möglichen Werte sie annehmen kann und mit welcher Wahrscheinlichkeit diese auftreten, dann sagt man, daß für diese zufällige Größe ein *Verteilungsgesetz* vorgegeben ist. Eine *stetige Zufallsgröße* kann beliebige Werte in einem Intervall (a, b) annehmen. Die Wahrscheinlichkeit dafür, daß ein bestimmter Wert innerhalb des Intervalls angenommen wird, ist offenbar Null, da es unendlich viele mögliche Werte gibt. Die Wahrscheinlichkeit dafür, daß die zufällige Größe A einen Wert innerhalb eines kleinen Teilstücks $x_1 \leqq A \leqq x_2$ annimmt, hängt von einer *Wahrscheinlichkeitsdichte* genannten Funktion $\varphi(x)$ ab und wird durch $p(x_1 \leqq A \leqq x_2) = \int_{x_1}^{x_2} \varphi(x) \, dx$ erklärt. Man definiert durch $p(A \leqq x_0) = \int_0^{x_0} \varphi(x) \, dx$ die Verteilungsfunktion für die zufällige Größe; sie gibt die Wahrscheinlichkeit dafür an, daß die Zufallsgröße A einen Wert innerhalb des Intervalls (a, b) annimmt, der kleiner als x_0 ist. Für eine stetige zufällige Größe t mit der Wahrscheinlichkeitsdichte $\varphi(t)$ ist der *Mittelwert* durch $\bar{t} = \int_{-\infty}^{\infty} \varphi(t) \cdot t \, dt$ definiert. Kann t nur die diskreten Werte $t_1, \ldots, t_n$ mit den Wahrscheinlichkeiten $p_1, \ldots, p_n$ annehmen, dann ist $\bar{t} = \sum_{i=1}^{n} t_i p_i$. Die *Streuung* einer zufälligen Größe ist schließlich definiert durch $\overline{(t - \bar{t})^2}$.

Wahrscheinlichkeitsstrom, → Stromdichte 4).

Wahrscheinlichkeitsverteilung, → Wahrscheinlichkeitsrechnung, → Binominalverteilung, → Fehlerrechnung, → Galtonsches Brett.

wahrscheinlichste Reichweite, → ionisierende Strahlung 2.4).

Waltenhofensches Pendel, eine experimentelle Anordnung, die in anschaulicher Weise die Wirkung von Wirbelströmen zeigt. Abb. 1 zeigt das

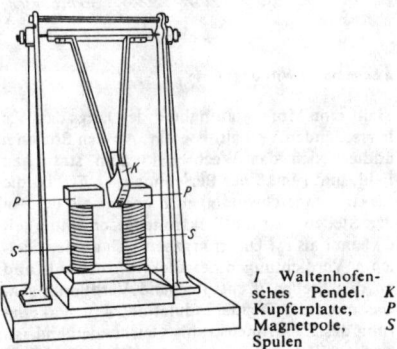

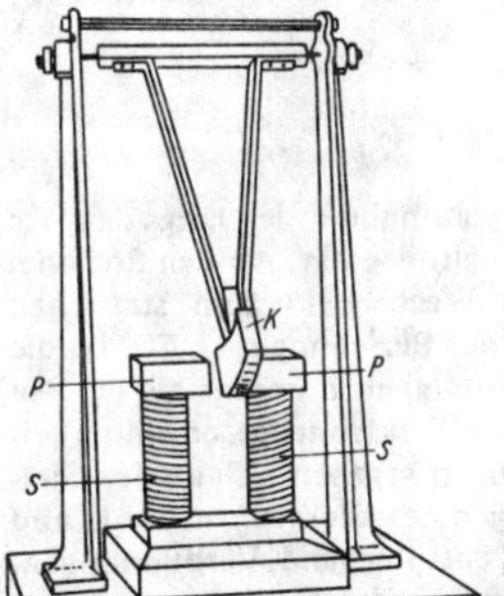

1 Waltenhofensches Pendel. *K* Kupferplatte, *P* Magnetpole, *S* Spulen

Prinzip des Waltenhofenschen P.s. Zwischen den Polen eines Elektromagneten kann eine dicke Kupferplatte ungehindert hin- und herschwingen, solange der Magnet nicht erregt ist. Schickt man einen Strom durch den Elektromagneten, so werden die Schwingungen der Kupferplatte stark gedämpft; das Pendel kommt fast augenblicklich zur Ruhe. Die Ursache für dieses Verhalten besteht darin, daß die in der bewegten Kupferplatte induzierten Wirbelströme nach dem Lenzschen Gesetz so gerichtet sind, daß die Bewegung im Magnetfeld gehemmt wird.

Schlitzt man den Pendelkörper (Abb. 2), so treten wesentlich geringere Wirbelströme auf, die nur zu einer geringen Dämpfung der Pendelschwingungen führen.

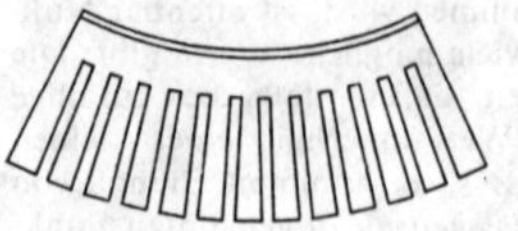

2 Geschlitzter Pendelkörper

Wälzkolbenpumpe, svw. Rootspumpe.

Wandelstern, → Planet.

Wanderfeldmagnetron, Verstärkerröhre aus der Gruppe der Lauffeldröhren. Ihre Verzögerungsleitung hat eine kammartige Struktur (Runzelleiter). Auf die vom Strahlerzeugungssystem (Elektronenkanone) ausgehende Elektronenströmung wirken gekreuzte elektrostatische und magnetostatische Felder. Falls sich die elektrische und magnetische Kraft kompensieren, bewegt sich der Elektronenstrahl geradlinig, d. h. parallel zu den Elektroden. Es muß also gelten $eE = evB$, wobei E die elektrische Feldstärke, B die magnetische Induktion und v die Strahlgeschwindigkeit bedeuten. Der Runzelleiter ist so dimensioniert, daß er die Phasengeschwindigkeit der auf ihm laufenden elektromagnetischen Welle auf den Wert der Strahlgeschwindigkeit $v_0 = E/B$ verzögert. Die Abb.

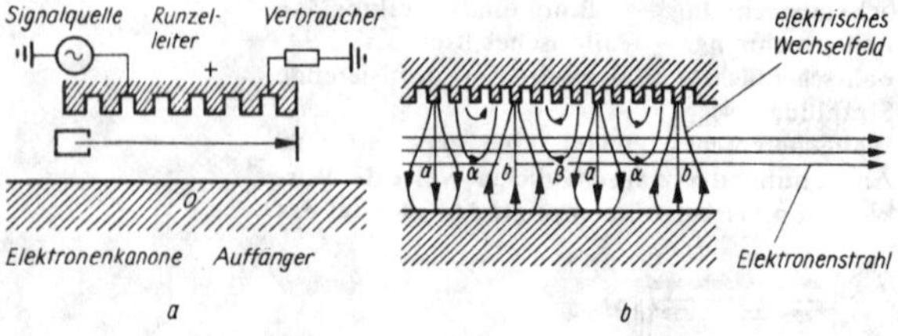

Wanderfeldmagnetron: *a* Schema, *b* Wirkungsweise

stellt eine Momentaufnahme der längs des W.s herrschenden Verhältnisse dar. An den Stellen *a* addiert sich das Wechselfeld zum statischen Feld, und gemäß der Beziehung $v = E/B$ ist die Elektronengeschwindigkeit v größer als v_0. An den Stellen *b* ist die Elektronengeschwindigkeit v kleiner als v_0. Daher ergeben sich an den Stellen α Verdichtungen des Elektronenstrahls und an den Stellen β entsprechend Verdünnungen, was mit einer Dichtemodulation, d. h. Paketierung des Elektronenstrahls gleichbedeutend ist. Auf die Elektronenpakete, die sich an den Stellen α befinden, wirkt ein elektrisches Feld in Flugrichtung. Da dieses klein ist gegen das elektrostatische Feld, werden die Elektronen in Richtung auf die positive Elektrode des Runzelleiters abgelenkt. Dabei bleibt ihre kinetische Energie erhalten, sie verlieren aber auf Grund der Annäherung an die positive Elektrode potentielle Energie. Wegen des Energiesatzes muß die verlorene Energie an das Wechselfeld abgegeben worden sein, d. h., dieses wurde verstärkt. Im Gegensatz zur Wanderfeldröhre wird also die zur Verstärkung benötigte Energie nicht aus der Differenz der Geschwindigkeiten des Elektronenstrahls und der elektromagnetischen Welle gewonnen, sondern aus der statischen Potentialdifferenz der Elektroden. Da die Elektroden auf ihrem Wege längs der Verzögerungsleitung fast ihre gesamte potentielle Energie an die Welle abgeben können, wird ein im Vergleich zur Wanderfeldröhre wesentlich höherer Wirkungsgrad von mehr als 50% erzielt. Daher eignet sich das W. vor allem als Leistungsverstärker.

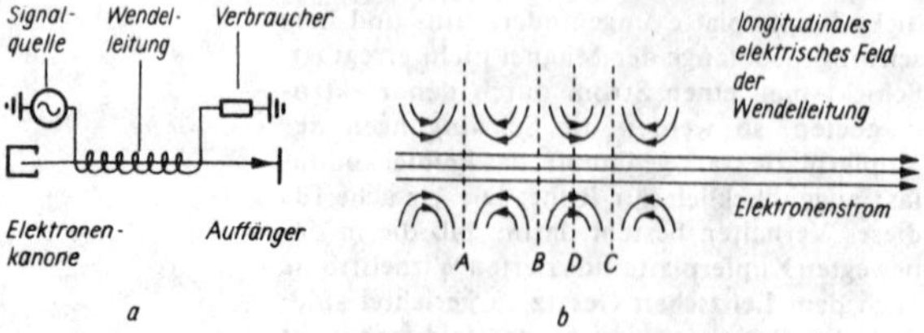

Wanderfeldröhre: *a* Schema, *b* Wirkungsweise

Wanderfeldröhre, *Travelling-wave-Röhre*, eine Lauffeldröhre, bei der ein durch ein Magnetfeld fokussierter Elektronenstrahl durch eine als zylindrische Wendel ausgebildete Verzögerungsleitung läuft. In der Verzögerungsleitung läuft eine elektromagnetische Welle mit einer Geschwindigkeit, die der des Elektronenstrahls v_0 nahekommt. Durch die Wechselwirkung des Elektronenstrahls mit dem elektrischen Feld der Verzögerungsleitung ergibt sich eine Paketierung der Elektronen. Wird die Strahlgeschwindigkeit etwas größer gewählt als die Fortschreitungsgeschwindigkeit der Welle auf der Wendelleitung, so laufen die Elektronenpakete gegen ein bremsendes elektrisches Feld an und geben damit Energie an die Welle ab, d. h., es tritt eine Verstärkung ein.

Zur Erklärung der Wirkungsweise des Elektronenmechanismus sind die Elektronenströmung im elektrischen Feld entlang der der Wendelleitung geführten Welle sowie der Verlauf der longitudinalen elektrischen Feldstärke in der Wendelachse angegeben. Die Abbildung stellt eine Momentaufnahme der auf der Wendelleitung herrschenden Verhältnisse dar. Aus dem Feldlinienverlauf ist zu erkennen, daß die in Richtung zum Auffänger fliegenden Elektronen je nach der an dem betreffenden Ort herrschenden Phasenlage des HF-Feldes beschleunigt oder verzögert werden. Während die im Bereich *AB* befindlichen Elektronen beschleunigt werden, erfahren die Elektronen im Bereich *BC* eine Verzögerung. In der Nähe von *B* kommt es also zur Bildung von Elektronenpaketen, deren mittlere Geschwindigkeit größer ist als die Phasengeschwindigkeit der Welle und die somit gegen das im Punkt *D* wirksame Bremsfeld anlaufen. Der damit verbundene Verlust an kinetischer Energie, die an das HF-Feld abgegeben wird, hat eine Verstärkung zur Folge. Die W.n, die einen Wirkungsgrad von 12 bis 20% erreichen, werden hauptsächlich in Richtfunkanlagen verwendet.

Wanderlänge, svw. Migrationslänge.

Wanderwellen, → Überspannung.

Wanderwellenbeschleuniger, ein → Teilchenbeschleuniger.

Wandler, svw. Meßwandler.

Wandpotential, → Plasmapotential.

Wandreibung, eine auf die dünne → Grenzschicht in Wandnähe konzentrierte Kraftwirkung, die entgegen der Strömungsrichtung wirkt. Infolge der Zähigkeit des Strömungsmediums und der großen Geschwindigkeitsgradienten treten in der Grenzschicht nach dem → Newtonschen Schubspannungsansatz erhebliche Schubspannungen auf. Diese verursachen einen Reibungswiderstand (→ Strömungswiderstand). Unmittelbar an der Wand haften die Flüssigkeitsteilchen (→ Haftbedingung).

Die W. kann mit Hilfe der Grenzschichttheorie berechnet werden, → Plattenströmung. An gekrümmten Wänden muß dabei die Grenzschichtdicke klein sein gegenüber dem Krümmungsradius. Bei stärkerer Wandkrümmung sind die Zentrifugalkräfte zu berücksichtigen, die Einfluß auf den Umschlag nehmen. An konvexen Wänden stabilisieren sie die laminare Grenzschicht, an konkaven Wänden wirken sie destabilisierend.

Wandrekombination, → Rekombination 1).

Wandschicht, svw. Grenzschicht.

Wandtemperatur, Temperatur der Oberfläche umströmter Körper mit und ohne Wärmeübergang von der Strömung an den Körper oder vom Körper an die Strömung. Ist die W. T_w größer als die Temperatur T_∞ des Strömungsmediums außerhalb der Grenzschicht, so wird die Strömung aufgeheizt und der Körper gekühlt. Bei $T_w < T_\infty$ findet eine Aufheizung des Körpers statt. Maßgebend für den Wärmeübergang ist eine dimensionslose örtliche Wärmeübergangszahl, die Nusseltzahl $Nu = \alpha \cdot l/\nu$; dabei bedeuten α die Wärmeübergangszahl, l die charakteristische Länge des Körpers und ν die kinematische Zähigkeit des Strömungsmediums.

Wenn der Körper vollkommen wärmeisoliert ist, nimmt seine Oberfläche die in der Temperaturgrenzschicht in Wandnähe vorliegende Temperatur an. Diese wird als → Eigentemperatur bezeichnet und erreicht in Überschallströmungen hohe Werte.

Wandverschiebung, elementarer Magnetisierungsprozeß, der die Magnetisierungskurve bei weichmagnetischen Werkstoffen weitgehend bestimmt. Die meist als starr angenommenen Bloch-Wände werden zunächst reversibel und mit zunehmender Feldstärke irreversibel (Sprung) so bewegt, daß die energetisch günstig orientierten Weißschen Bezirke auf Kosten der übrigen wachsen. Für die den W.en entgegenwirkenden Kräfte, von denen die Kenngrößen Anfangspermeabilität und Koerzitivfeldstärke entscheidend abhängen, gibt es verschiedene Theorien: 1) Bei der *Spannungstheorie* werden als wichtigstes Hindernis für die W. innere Spannungen σ_i angesehen. Mit der Magnetostriktion λ_S und der Sättigungsmagnetisierung M_S ergibt sich die Koerzitivfeldstärke $H_c = p\lambda_S\sigma_i/M_S$, wobei der Faktor p von dem Verhältnis der Wanddicke zur Wellenlänge der inneren Spannungen abhängt. Bei magnetischen Werkstoffen mit hoher Magnetostriktion, z. B. Nickel, hat sich die Spannungstheorie bewährt. 2) Die *Fremdkörpertheorie* nach Kersten geht von der Verringerung des Wandvolumens durch nichtmagnetische Einschlüsse aus, wobei die Bloch-Wand an den Fremdkörpern haftet (Abb. 1). Erst bei der kritischen Feldstärke werden diese Hindernisse überwunden. Eine Abschätzung der Koerzitivfeldstärke ergibt $H_c = 2{,}5\ KpV^{2/3}/M_S$. Dabei bedeuten K die Kristallenergie, M_S die Sättigungsmagnetisierung und V den Volumenanteil der Einschlüsse. Der Faktor p ist abhängig vom Verhältnis der Wanddicke δ zum Durchmesser der Fremdkörper d. Wegen des Streufeldeinflusses gilt die Theorie im wesentlichen für $d < \delta$ mit $p \sim d/\delta$. 3) Die *Streufeldtheorie*

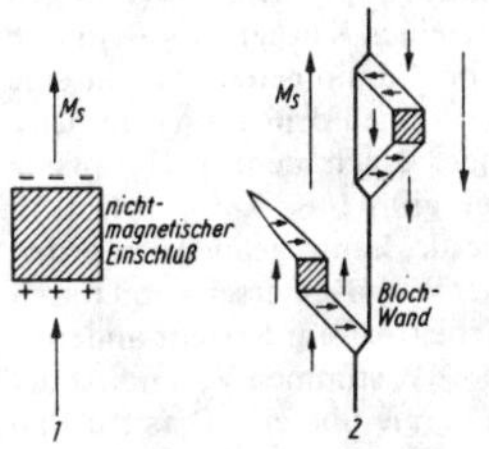

1 Freie magnetische Pole an den Oberflächen nichtmagnetischer Einschlüsse und *2* die Verringerung der Streufeldenergie durch sekundäre Wandstrukturen „Zipfelmützen"

von Néel berücksichtigt die hemmende Wirkung der an Gitterstörungen auftretenden freien Magnetpole bzw. Streufelder auf die W. Zur Verminderung der magnetostatischen Energie an größeren Einschlüssen $d \gg \delta$ bilden sich zipfelmützenförmige Wandstrukturen, die die W. beeinflussen (Abb. 2). Der Streufeldeffekt wirkt am stärksten auf die Koerzitivfeldstärke, wenn die Abmessungen der Fremdkörper im Bereich der Bloch-Wanddicke liegen: $d \approx \delta$.

Neben den genannten Behinderungen der W. können weiterhin räumlich begrenzte oder periodische Störungen durch Versetzungen, Korngrenzen, Diffusionsanisotropien und Nachwirkungseffekte auftreten.

Lit. Kneller: Ferromagnetismus (Berlin 1962).

Wankelmotor, → Verbrennungsmotor.

Wannier-Funktionen, die durch unitäre Transformation aus den Bloch-Funktionen eines Bandes ableitbaren Funktionen

$$a_\nu(\vec{r} - \vec{R}) = G^{-3/2} \sum_k e^{-i\vec{k}\vec{R}}\, \psi_{k\nu}(\vec{r}).$$

Dabei ist G die Anzahl der Elementarzellen, $\vec{R}$ der Gittertranslationsvektor, ν der Bandindex, $\vec{k}$ der reduzierte Ausbreitungsvektor, ψ die Bloch-Funktion und $\vec{r}$ der Ortsvektor des Elektrons. Die W.-F.en zu verschiedenen $\vec{R}$ und ν bilden wie die Bloch-Funktionen ein vollständiges Orthogonalsystem. Im Gegensatz zu den Bloch-Funktionen sind die W.-F. um den Punkt $\vec{R}$ zentriert. Sie ähneln darin den atomaren Eigenfunktionen.

Kann man die Bloch-Funktionen näherungsweise als Bloch-Summe schreiben, so sind die W.-F. mit den atomaren Eigenfunktionen identisch.

Wannier-Mott-Exziton, → Exziton.

Wärme, eine Energieform, nach der heutigen Erkenntnis die Energie der ungeordneten Bewegung (→ Brownsche Bewegung) der kleinsten Teilchen (Atome und Moleküle) der Körper. Erfolgt die Bewegung der Teilchen jedoch geordnet, z. B. in einem Teilchenstrahl, so setzt sich die Gesamtenergie zusammen aus der Wärmeenergie und der mechanischen Energie der Bewegung im Strahl. Einen Körper erwärmen heißt, die Energie der ungeordneten Bewegung seiner Moleküle zu steigern. Man bezeichnet die auf diesen Vorstellungen beruhende Theorie, die sich auf die Forschungen von Robert Mayer, Joule, Boltzmann, Clausius, Helmholtz stützt, als → kinetische Theorie. Einheiten der W. sind → Joule, → Kalorie, → Wattsekunde und → Newtonmeter. Robert Mayer zeigte erstmals, daß die W. eine Energieform und anderen Energien äquivalent ist (→ Wärmeäquivalent).

Thermodynamisch genauer bezeichnet man die nicht mit makroskopischen Bewegungen verbundene Energie eines Körpers als → innere Energie. W. bezeichnet dann genauer nicht eine Energieform, sondern eine Form der Änderung der inneren Energie. Nach dem 1. Hauptsatz der Thermodynamik gilt $\mathrm{d}U = \delta W + \delta A$, d.h., die innere Energie U kann geändert werden durch Zuführung der W. δW einerseits und durch Verrichtung der Arbeit δA am System andererseits. Nur wenn $\delta A = 0$, stimmen W. und Änderung der inneren Energie überein. Dies trifft zu bei festen äußeren → Parametern. Die bei einem Prozeß insgesamt zu- oder abgeführte W. hängt von dem speziellen Verlauf der Zustandsänderung ab, z. B. davon, ob das Volumen oder der Druck konstant gehalten werden. Die Wärmezufuhr führt bei einer kritischen Temperatur zum Übergang in einen anderen → Aggregatzustand. Zur Umwandlung von einem energieärmeren in einen energiereicheren Aggregatzustand wird die → Umwandlungswärme verbraucht, ohne daß während dieses Vorgangs die Temperatur ansteigt. Bringt man Körper verschiedenen Wärmezustandes in Berührung, so erfolgt → Wärmeübertragung.

Den Energietransport a) durch Berühren des Körpers mit einem zweiten von anderer Temperatur, → Wärmeleitung, b) durch Umwandlung der inneren Energie in elektromagnetische Wellen, die abgestrahlt werden, → Wärmestrahlung, c) durch Wegführen von Teilen des Körpers (samt ihrer inneren Energie) und ihren Ersatz durch Stoffe mit anderem Energieinhalt (Wärmekonvektion, → Konvektion 1) faßt man unter dem Begriff → Wärmeübergang zusammen.

Die Summe der bei chemischen Reaktionen oder Zustandsänderungen entwickelten oder verbrauchten W. wird als → Reaktionswärme bezeichnet. Bei langsamen chemischen Reaktionen wird die freiwerdende W. als *Bildungswärme*, bei rasch verlaufenden Reaktionen als *Verbrennungswärme* oder *Explosionswärme* bezeichnet.

Als *reduzierte W.* oder *Wärmegewicht* bezeichnet man den Quotienten aus W. und absoluter Temperatur W/T. Die reduzierte W. tritt z. B. beim Carnotschen Prozeß auf und steht in enger Beziehung zur → Entropie.

Lit. Becker: Theorie der W. (Berlin 1966); Berties: Übungsbeispiele aus der Wärmelehre (9. Aufl. Braunschweig 1972); Faltin: Technische Wärmelehre (5. Aufl. Berlin 1968); Geisler: Technische Wärmemechanik (Berlin 1963); Hittmair u. Adam: Wärmetheorie (Braunschweig 1971); Puschmann u. Draht: Die Grundzüge der technischen Wärmelehre (21. Aufl. Darmstadt 1971).

Wärmeäquivalent, *kalorisches Arbeitsäquivalent, kalorisches Energieäquivalent, Energieäquivalent der Wärme*, Umrechnungsfaktor der in Kalorien gemessenen Wärme in andere Energiemaßeinheiten der Mechanik oder Elektrizität.

Das *mechanische W.* wurde 1842 von Robert Mayer aus der Differenz der spezifischen Wärmekapazitäten der Gase bei konstantem Druck und konstantem Volumen bestimmt. Es gilt: 1 kcal = 426,79 mkp und 1 cal = 4,1868 Nm. Das *elektrische W.* ist die der Arbeitsmenge von 1 Joule entsprechende Wärme, die erscheint, wenn der Strom keine mechanische oder chemische Arbeit leistet und die von der Stromquelle abgegebene Energie im Leitungsdraht (Widerstand) in Wärme verwandelt werden kann (Joulesche Wärme). Es gilt: 1 Joule = 0,239 cal bzw. 1 cal = 4,1868 Joule bzw. 1 kWh = 860 kcal. In letzter Zeit wird für die Wärme das Joule und nicht mehr die Kalorie als Energiemaß benutzt.

Wärmeausdehnung, *Dilatation, thermische Dehnung*, Änderung des Volumens oder der Länge von Materialien durch Erwärmung. Der relative kubische thermische *Ausdehnungskoeffizient*, $\gamma = (1/V)\cdot(\partial V/\partial T)$, genügt zur Beschreibung der W. von Gasen und Flüssigkeiten. Im allgemeinen ist dieser Koeffizient positiv (außer bei Wasser zwischen 0 und 4 °C). Bei Kristallen hängt die W. meist von der Richtung infolge der Gitterstruktur ab. Die W. ist eine Folge der Wärmebewegung oder thermischen Anregung von Teilchen oder Quasiteilchen und deren Wechselwirkung. Bei Gasen unter konstantem Druck wird die W. durch die erhöhte mittlere kinetische Energie der Moleküle, die eine Druckerhöhung auf die Gefäßwände zur Folge hat und damit zur W. führt, verursacht. In Festkörpern beruht die W. auf der Anharmonizität der Gitterschwingungen. Bei Phasenumwandlungen zeigt die W. Anomalien, z. B. ändert sich bei Phasenumwandlungen 1. Art das Volumen sprunghaft.

Die *Dilatometrie* befaßt sich mit der experimentellen Bestimmung der W. Die Längendilatation wird dabei meist mit optischen Methoden, bei genauen Messungen mittels Interferenzmethoden oder Lichtablenkung durch einen drehbaren Spiegel bestimmt. Darüber hinaus sind auch elektrische Methoden im Gebrauch, bei denen die W. über die Kapazitätsänderung als Folge der Abstandsänderung zwischen zwei Kondensatorplatten gemessen wird.

Wärmeaustausch, ungenaue Bezeichnung für → Wärmeübertragung.

Wärmebehandlung, die Behandlung metallischer Werkstoffe, um bestimmte Eigenschaften zu erreichen. Dabei wird der Werkstoff Änderungen der Temperatur und des Temperaturablaufs unterworfen. Eine Wärmeformgebung oder mit Erwärmung verbundene Verfahren des Oberflächenschutzes fallen nicht unter den Begriff der W.

Jede W. beginnt mit einer Wärmezufuhr auf die Temperatur des beabsichtigten Verfahrens und endet mit einem Wärmeentzug. Die Auswahl des Verfahrens richtet sich nach den geforderten Eigenschaften des Werkstückes (→ Glühbehandlung, → Härten).

Wärmebewegung, Brownsche Bewegung, → Schwankungserscheinungen, → thermische Bewegung.

Wärmediffusion, das Wandern von Teilchen in festen Körpern bei Temperaturunterschieden, die bei inhomogenen Beanspruchungen entstehen, bei denen unterschiedliche Teile des Körpers unter unterschiedlichem Druck stehen. Die W. stellt somit einen Prozeß elastischer Nachwirkungserscheinungen in festen Körpern dar.

Wärmedurchgang, Wärmeübertragung durch ein System von ebenen Begrenzungsflächen hindurch, zwischen denen sich verschiedene Medien befinden. Dabei treten an den Begrenzungsflächen Wärmeübergang und in den Medien Wärmeleitung auf. Da der Wärmestrom Φ in beiden Fällen näherungsweise der entsprechenden Temperaturdifferenz und der Begrenzungsfläche A proportional ist, kann der gesamte W. durch $\Phi = kA(T_2 - T_1)$ beschrieben werden. Dabei sind $T_2 - T_1$ die Temperaturdifferenz zwischen den beiden äußersten Medien und k die Wärmedurchgangszahl, die angibt, welche Wärme innerhalb einer Sekunde bei einem Temperaturgefälle von 1 °C durch die Einheitsfläche geht. Sie läßt sich aus den Wärmeübergangszahlen α und den Wärmeleitfähigkeiten λ berechnen; z. B. beim W. durch ein Medium mit λ, α_1 und der Länge l in ein Medium mit α_2 zu $1/k = 1/\alpha_1 + l/\lambda + 1/\alpha_2$. Die Größe $1/kA$ bezeichnet man als *Wärmedurchgangswiderstand.*

Wärmeeindringzahl, b, die Zahl, der die aus der Grenzfläche eines Stoffes in einen kühleren Raum austretende Wärmemenge proportional ist: $b = \sqrt{\lambda c \varrho}$, wobei λ die Wärmeleitfähigkeit, c die spezifische Wärmekapazität und ϱ die Dichte sind. Die W. ist zugleich ein Maß für die Wärmespeicherfähigkeit des Stoffes.

Wärmeenergie, → Energie, → Wärme.

Wärmeexplosion, *Verpuffung*, exotherme chemische Umsetzung von Explosivstoffen, die infolge der rapiden Temperatursteigerung zu einer plötzlich auftretenden Drucksteigerung führt. Wird ein explosives Gemisch im offenen Raum auf den Flammpunkt erhitzt, so kommt es zur Verbrennung. Läuft der gleiche Vorgang dagegen im geschlossenen Raum ab, so führt das zur W. Wird das Reaktionsgemisch nicht im ganzen, sondern nur an einer bestimmten Stelle auf die Entflammungstemperatur gebracht, so pflanzt sich die W. durch den Gasraum mit einer Geschwindigkeit von 1 bis 5 m/s fort.

Von Semenow wurde 1928 eine Explosionsbedingung für W. formuliert. Ist p_{krit} der kritische → Explosionsdruck, oberhalb dessen bei konstanter Temperatur Explosion erfolgt, so ergibt $\log(p_{krit}/T_0)$ gegen $1/T_0$ aufgetragen eine Gerade. Dabei ist T_0 die konstante Temperatur der Gefäßwand. Ein Beispiel für einen Vorgang, der im geschlossenen Raum zur W. führt, ist die Reaktion $2\,NO + CS_2 \rightarrow CO_2 + S_2 + N_2$. Solche Vorgänge, die reine W. auslösen, sind jedoch relativ selten. Die meisten Explosionsvorgänge haben ihre Ursache in → Kettenreaktionen, die bei hohen Temperaturen oft noch eine Kettenverzweigung erleiden, wodurch die Reaktionsgeschwindigkeit außerordentlich rasch anwächst und schließlich zur → Detonation führt. Für die W. fester Explosivstoffe wird oft der Ausdruck *Deflagration* gebraucht.

Wärmeflußmesser, svw. Wärmestrommesser.

Wärmefunktion, Gibbssche W., → Enthalpie.

Wärmegewicht, svw. reduzierte → Wärme.

Wärmekapazität, C, die Wärme, die zur Erwärmung eines Körpers um 1 K notwendig ist. Ihre Maßeinheit ist J/K (früher cal/grd). Die W. kann durch die Gleichung

$$C = \delta W/\mathrm{d}T \qquad (1)$$

definiert werden. Dabei ist W die Wärme und T die absolute Temperatur. Die W. hängt mit der → spezifischen Wärmekapazität c je Masse m in der Form $C = mc$ zusammen. Zur Messung der W. dienen die Methoden der → Kalorimetrie.

Die W. hängt von der Art der Prozeßführung ab, da δW kein Differential einer Zustandsgröße ist. Es wird daher insbesondere zwischen der *W. bei konstantem Volumen* C_V und der *W. bei konstantem Druck* C_p unterschieden. Wird z. B. ein Gas bei konstantem Druck erwärmt, so dehnt es sich dabei aus, und es muß neben der Erwärmung (Erhöhung der inneren Energie des Gases) zusätzlich Arbeit gegen den äußeren Druck, z. B. gegen die äußere Atmosphäre, und gegen die zwischenmolekularen Kräfte geleistet werden. Diese beiden Anteile treten nicht auf, wenn bei konstantem Volumen erwärmt wird, so daß also $C_p > C_V$ ist.

Aus dem 1. Hauptsatz der Thermodynamik

$$\delta W = \mathrm{d}U + p\,\mathrm{d}V \qquad (2)$$

folgt unmittelbar

$$C_V = (\partial U/\partial T)_V = (\delta W/\mathrm{d}T)_V, \qquad (3)$$

wenn man U als Funktion von T und V wählt. Allgemein gilt bei dieser Variablenwahl $\mathrm{d}U = (\partial U/\partial T)_V\,\mathrm{d}T + (\partial U/\partial V)_T\,\mathrm{d}V$, womit aus (2) $C_p = (\delta W/\mathrm{d}T)_p = (\partial U/\partial T)_V + [(\partial U/\partial V)_T + p] \times (\partial V/\partial T)_p$ oder zusammen mit (3)

$$C_p - C_V = [(\partial U/\partial V)_T + p]\,(\partial V/\partial T)_p \qquad (4)$$

folgt.

Der zweite Anteil $p(\partial V/\partial T)_p$ auf der rechten Seite stammt von der Arbeit gegen den äußeren Druck p, der erste Anteil von der Arbeit gegen die zwischenmolekularen Kräfte, die sich in der Volumenabhängigkeit der inneren Energie äußern. Bei stabilen thermodynamischen Systemen ist stets $C_p > C_V > 0$ erfüllt. Zwischen der Enthalpie H und C_p gilt der einfache Zusammenhang $C_p = (\partial H/\partial T)_p$. Für ein ideales Gas ist die innere Energie vom Volumen unabhängig. Aus (4) erhält man daher bei Verwendung der Clapeyronschen Zustandsgleichung $C_p - C_V = nR$, wobei R die molare Gaskonstante und n die Anzahl der Mole ist. Allgemein läßt sich $C_p - C_V = 9\alpha^2 KVT$ durch den linearen thermischen Ausdehnungskoeffizienten α, den Kompressionsmodul K, das Volumen V und die absolute Temperatur T ausdrücken. Bei Festkörpern und Flüssigkeiten ist die Wärmeausdehnung meist sehr klein, so daß sich C_p und C_V kaum unterscheiden. Gemessen wird die W. C_p bei konstantem Druck. Die W. ist im allgemeinen ebenso wie die innere Energie U eine Funktion der Temperatur und des Volumens (oder des Druckes). Die Temperaturabhängigkeit der inneren Energie wird von den Freiheitsgraden des Körpers bestimmt, die thermisch angeregt werden können, z. B. die Freiheitsgrade der Translation von Atomen bzw. Molekülen in Gasen, der Rotationen und bei höheren Temperaturen gegebenenfalls auch der Schwingungen von Molekülen, der Gitterschwingungen von Kristallen, der Bewegung der Leitungselektronen in Metallen, der Spinwellen in Ferromagnetika, der Phononen und Rotonen in flüssigem Helium. Besonderheiten der W. treten z. B. bei Phasenübergängen ferroelektrischer oder ferromagnetischer Festkörper oder am λ-Punkt des flüssigen Heliums (→ Supraflüssigkeit) auf.

Klassische Theorie der W. Nach dem Gleichverteilungssatz der klassischen Statistik trägt jeder Freiheitsgrad zur inneren Energie U eine kinetische Energie $kT/2$ bei. Hierbei ist k die Boltzmannsche Konstante und T die absolute Temperatur. Hat ein Molekül f Freiheitsgrade, so hat ein System aus N Molekülen die innere Energie $U = fNkT/2$. Die W. bei konstantem Volumen V wird demnach $C_V = fN \cdot k/2$. Ein ideales einatomiges Gas hat nur die 3 Freiheitsgrade der Translation, d. h. $f = 3$ und $C_V = 3Nk/2$. Das gibt eine Molwärme $C_{mol} = 12{,}5$ J/mol K. Bei zweiatomigen Molekülen kommen zwei Freiheitsgrade der Rotation um zwei Achsen senkrecht zur Verbindungslinie der beiden Atome hinzu. Es sind also insgesamt 5 Freiheitsgrade vorhanden, d. h. $C_V = (5/2)\,Nk$. Bei drei- und mehratomigen Molekülen, deren Atome nicht auf einer Geraden liegen, sind drei Rotationsfreiheitsgrade vorhanden, und damit ist $C_V = (6/2)\,Nk = 3Nk$. Bei genügend hohen Temperaturen und geringen Dichten stimmen diese Werte gut mit dem Experiment überein. In dichten Gasen, Flüssigkeiten oder Festkörpern tritt außer der kinetischen Energie die potentielle Energie der gegenseitigen Wechselwirkung der atomaren Bausteine auf. Eine einfache Theorie existiert nur für kristalline Festkörper bei Temperaturen, die nicht zu nahe am Schmelzpunkt liegen. Die Gitterbausteine führen dann in guter Näherung rein harmonische Schwingungen um ihre durch die Gitterpunkte des Idealgitters markierten Ruhelagen aus. Die mittlere potentielle Energie stimmt dann mit der mittleren kinetischen Energie überein, so daß sich für die W. der Wert $C_V = (6/2)\,Nk$ ergibt, das entspricht einer Molwärme von $C_{mol} = 25$ J/Grammatom K = 6 cal/Grammatom · K (*Dulong-Petitsche Regel*). Bei tiefen Temperaturen werden Quanteneffekte wichtig, und es treten wesentliche Abweichungen von den durch die klassische Theorie vorhergesagten W.en auf.

Quantentheorie der W. Zur exakten Berechnung der inneren Energie und der daraus abgeleiteten W. müßte die Gesamtheit der stationären Energieniveaus E_n des Systems bekannt sein. Aus der Zustandssumme $Z = \sum_n \exp(-E_n/kT)$ ergeben sich dann alle thermodynamischen Größen; k ist die Boltzmannsche Konstante. Soweit das System als ideales Gas aus voneinander unabhängigen Teilchen angenähert werden kann, ist das Problem relativ einfach: a) Die quantenmechanische Behandlung der Translationsbewegung liefert für ununterscheidbare Gasteilchen die Phänomene der → Gasentartung, die allerdings für die W. von Gasen ohne praktische Bedeutung sind, da die Gase bereits bei wesentlich höheren Temperaturen kondensieren. b) Die Behandlung der inneren Anregungen der Moleküle erfordert, die Zustandssumme für ein Einzelmolekül auszuweiten. Das liefert keine prinzipiellen Schwierigkeiten, insbesondere kann die Zustandssumme der Rotationsanregungen berechnet werden, wobei das Einfrieren dieser inneren Molekülfreiheitsgrade bei tiefen Temperaturen quantitativ erfaßt wird.

Die Berechnung der inneren Energie kondensierter Substanzen bei hinreichend tiefen Temperaturen beruht auf dem Konzept der Quasiteilchen oder Elementaranregungen, durch die sowohl beim Festkörper (Phononen und Spinwellen, s. o.) als auch beim flüssigen Helium als der einzigen existierenden Quantenflüssigkeit die unteren Anregungszustände beschrieben werden können.

Ist $D(E)$ die Zustandsdichte der Quasiteilchen, d. h. $D(E)\,\mathrm{d}E$ die Zahl der dicht liegenden Quasiteilchenzustände im Energieintervall $\mathrm{d}E$, so ist die innere Energie $U = \int E\, D(E)\, \bar{n}(E)\, \mathrm{d}E$, wobei $\bar{n}(E)$ je nach dem Charakter der Elementaranregungen die mittlere Besetzungszahl für ein ideales Bose- oder Fermi-Gas ist. Da die Quasiteilchen im allgemeinen eine komplizierte Dispersionsrelation $E(p)$ haben, ist die Berechnung der Zustandsdichte $D(E)$ kein einfaches Problem.

In allen Fällen liefert die Quantentheorie der W. im Einklang mit dem 3. Hauptsatz der Thermodynamik $C \to 0$ bei $T \to 0$ und erklärt die Abweichungen von der → Dulong-Petitschen Regel bei tiefen Temperaturen.

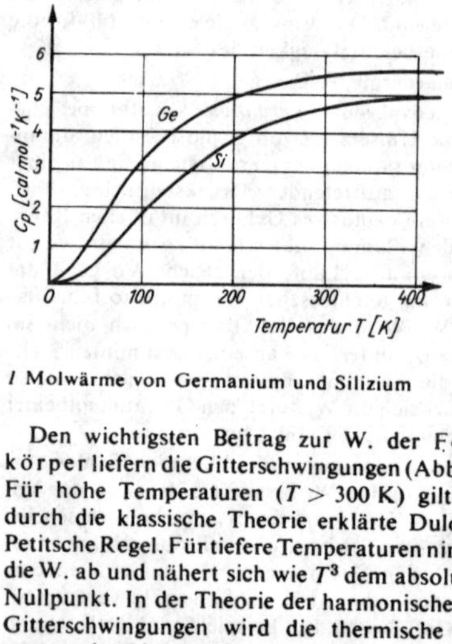

1 Molwärme von Germanium und Silizium

Den wichtigsten Beitrag zur W. der Festkörper liefern die Gitterschwingungen (Abb. 1). Für hohe Temperaturen ($T > 300$ K) gilt die durch die klassische Theorie erklärte Dulong-Petitsche Regel. Für tiefere Temperaturen nimmt die W. ab und nähert sich wie T^3 dem absoluten Nullpunkt. In der Theorie der harmonischen → Gitterschwingungen wird die thermische Bewegung des Gitters auf die Normalschwingungen zurückgeführt, deren mittlere Energie ε die eines linearen Oszillators s ist:

$$\varepsilon(\omega_s, T) = \hbar\omega_s(1/2 + \langle n_s \rangle). \qquad (5)$$

Hierbei bedeutet $\langle n_s \rangle = [\exp(\hbar\omega_s/kT) - 1]^{-1}$ gemäß der → Bose-Einstein-Statistik die mittlere Besetzungszahl eines Oszillators. Wird in der Kontinuumsvorstellung die Anzahl der möglichen Zustände im Frequenzintervall $\omega \cdots \omega + \mathrm{d}\omega$ mit $g(\omega)\,\mathrm{d}\omega$ bezeichnet, so daß die Gesamtzahl der Schwingungen $\int_0^\infty g(\omega)\,\mathrm{d}\omega = 3Nr$ ist (r bedeutet die Anzahl der Atome in einer Elementarzelle des Gitters), dann erhält man die Energie der Gitterschwingungen des Kristalls zu

$$U_p(T) = \int_0^\infty \varepsilon(\omega, T)\, g(\omega)\, \mathrm{d}\omega \,. \qquad (6)$$

Aus (6) ergibt sich die W. infolge der Gitterschwingungen:

$$C_V = k \int_0^\infty \frac{e^{\hbar\omega/kT}}{(e^{\hbar\omega/kT} - 1)^2} \left(\frac{\hbar\omega}{kT}\right)^2 g(\omega)\, \mathrm{d}\omega \,. \qquad (7)$$

Die Berechnung dieses Integrals setzt die Kenntnis der Verteilungsfunktion der Gitterschwingungen $g(\omega)$ voraus; diese wird entweder experimentell z. B. mittels Streuung von thermischen Neutronen bestimmt oder durch verschiedene Modelle angenähert, z. B. in der → Einsteinschen Theorie der spezifischen Wärmekapazität der Festkörper, der → Debyeschen Theorie der spezifischen Wärmekapazität der Festkörper oder in Theorien, die diese Modelle modifizieren.

In Metallen und Halbleitern tragen die Leitungselektronen besonders bei tiefen Temperaturen in beträchtlichem Maße zur W. bei. Im System entarteter Elektronen, deren Zustandsbesetzung durch die Fermi-Dirac-Verteilung $f(\varepsilon) = [e^{(\varepsilon-\mu)/kT} + 1)]^{-1}$ charakterisiert wird, stimmt für $kT \ll \varepsilon_F$ das chemische Potential μ etwa mit der Fermi-Energie ε_F überein, und nur ein kleiner zu kT proportionaler Bruchteil der Elektronen hat eine mittlere Anregungsenergie der Größenordnung kT. Daher ist die mittlere Energie des Elektronensystems von der Form $U_e(T) = U_e(0) + \alpha NT^2$, die W. also proportional zu T. Für freie Elektronen liefert die genauere Auswertung $C_e \approx N \frac{\pi^2}{2} \frac{k^2}{\varepsilon_F} T$, wobei N die Gesamtzahl der Elektronen ist. Unter Vernachlässigung der Elektron-Phonon-Wechselwirkung, d. h. bei tiefen Temperaturen, kann die W. von Metallen als Summe der Beiträge der Elektronen und des Gitters angegeben werden: $C = C_e + C_p = \gamma T + AT^3$. Hierbei sind γ und A Materialkonstanten, die praktischerweise aus der T^2-Abhängigkeit von C/T bestimmt werden (Abb. 2).

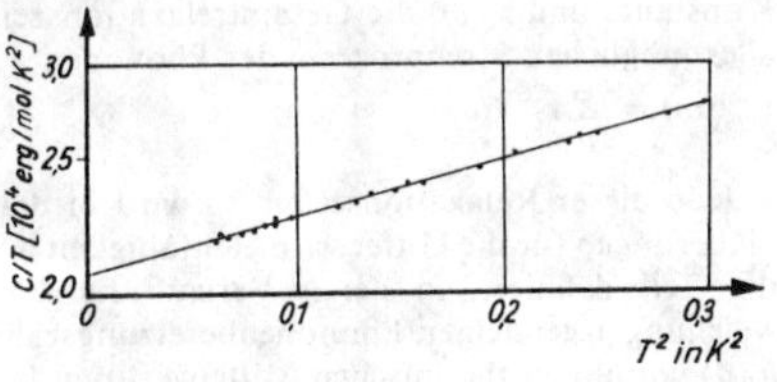

2 C/T in Abhängigkeit von T^2 für Kalium. $\gamma = 2{,}08$, $A = 2{,}57$

In Substanzen mit Phasenübergängen treten in der Nähe der Temperatur des Phasenübergangs charakteristische Vergrößerungen oder Unstetigkeiten der W. auf. Bei Phasenübergängen zweiter Ordnung wächst die W. am Phasenübergang von der symmetrischen Phase zur unsymmetrischen sprunghaft an. Auch die Phasenübergänge erster Ordnung zeigen eine λ-ähnliche Temperaturabhängigkeit der W.

Einen scharfen Phasenübergang zweiter Ordnung weisen die Supraleiter beim Übergang von der normalen zur supraleitenden Phase bei $T_c \approx 0$ bis 20 K auf (Abb. 3). Ferroelektrische

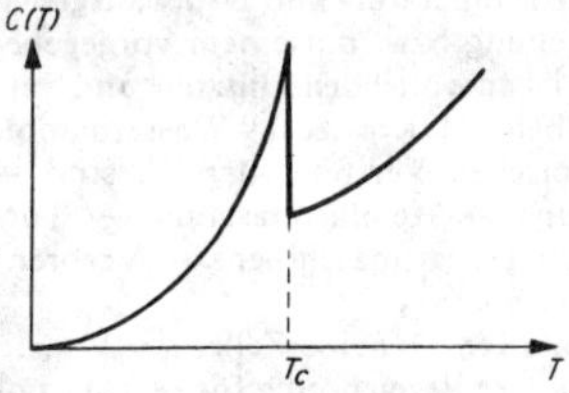

3 Wärmekapazität eines Supraleiters als Funktion der Temperatur

Kristalle können sowohl beim Übergang vom para- zum ferroelektrischen Zustand Phasenänderungen erster und zweiter Ordnung erleiden (Abb. 4, Abb. 5). Für das Ising-Modell des

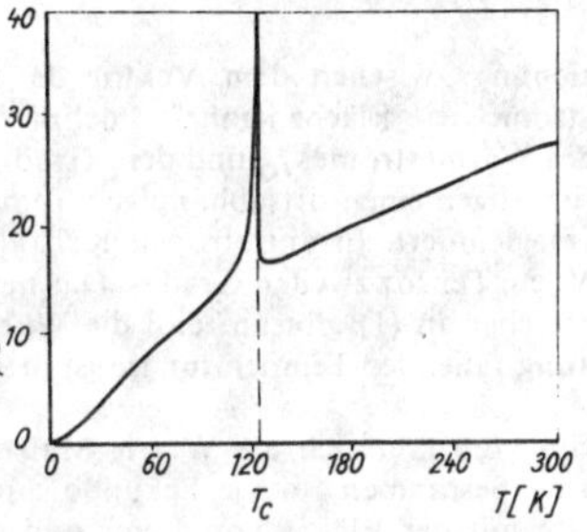

4 Wärmekapazität von KH_2PO_4 (Phasenübergang 1. Ordnung)

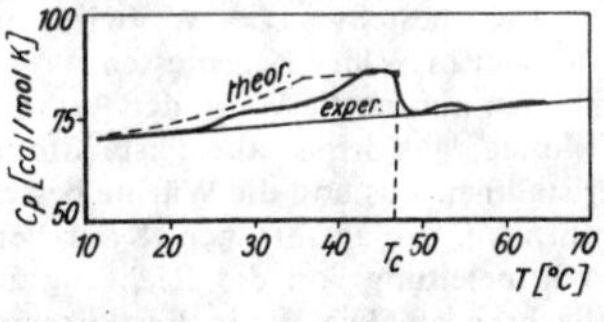

5 Wärme von Triglyzinsulfat (Phasenübergang 2. Ordnung)

zweidimensionalen Gitters zur Beschreibung der Eigenschaften ferromagnetischer Kristalle gelang es Onsager, die Temperaturabhängigkeit der W. zu berechnen: $C(T) \sim \ln |T - T_c|$ in der Nähe des Curie-Punktes T_c (Abb. 6); im dreidimensionalen Gitter tritt eine ähnliche Abhängigkeit auf.

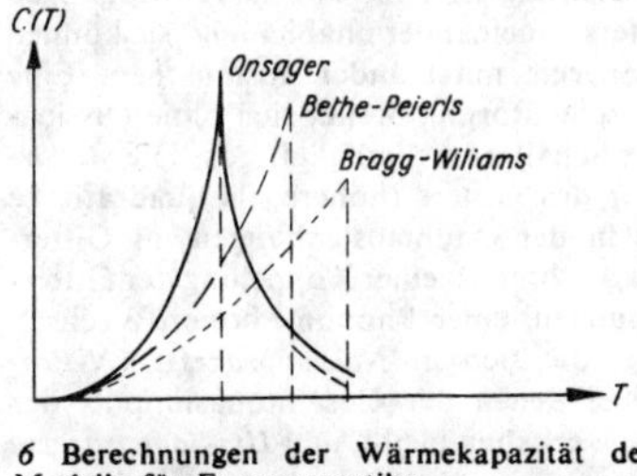

6 Berechnungen der Wärmekapazität des Ising-Modells für Ferromagnetika

Wärmekonvektion, → Konvektion.

Wärmekraftmaschinen, Kraftmaschinen, die die in verschiedenartigster Form vorliegende Wärmeenergie zur Elektroenergieerzeugung oder zum Antrieb von Arbeitsmaschinen, z. B. Pumpen und Verdichter, nutzen. Physikalisches Grundprinzip der W. ist die Ausnutzung des Strebens nach Temperatur- und Druckausgleich mit der Umgebung bzw. mit einem vorgegebenen Energieniveau von hocherhitzten und verdichteten Arbeitsmedien, z. B. Wasserdampf, Luft. Die typischen Vertreter der W. sind → Dampfmaschine, → Heißluftmaschine, → Turbine, → Heizungskraftmaschinen, → Verbrennungskraftmaschinen.

warme Laboratorien, → heiße Zelle.

Wärmelehre, ältere Bezeichnung für → Thermodynamik.

Wärmeleitfähigkeit, *spezifisches Wärmeleitvermögen, Wärmeleitzahl,* eine Materialeigenschaft, die das Vermögen des Wärmetransportes charakterisiert. Die W. λ wird durch das Grundgesetz der Wärmeleitung

$$\vec{j}_Q = -\lambda \operatorname{grad} T, \qquad (1)$$

der Beziehung zwischen dem Vektor der als Wärmestrom je Flächeneinheit definierten Dichte des Wärmestromes $\vec{j}_Q$ und dem Gradienten der im allgemeinen ortsabhängigen Temperatur $T(\vec{r})$, definiert. In anisotropen Kristallen ist die W. ein Tensor zweiten Grades. Das negative Vorzeichen in (1) gibt an, daß die Wärme in Richtung fallender Temperatur transportiert wird.

Experimentell läßt sich die W. als Maß für die Wärme bestimmen, die je Sekunde durch eine Platte mit der Fläche von 1 cm² und der Dicke von 1 cm fließt, wenn zwischen den beiden Seiten der Platte ein Temperaturunterschied von 1 K besteht. Die W. wird in cal/cm · s · K oder in W/m · K gemessen.

Im allgemeinen nimmt die W. in der Reihenfolge fest, flüssig, gasförmig ab. Feste Stoffe leiten im kristallinen Zustand die Wärme besser als im amorphen. In anisotropen Kristallen hängt die Wärmeleitung von der Richtung zu den Kristallachsen ab. Die W. in Festkörpern wird durch verschiedene Wechselwirkungsmechanismen der Elektronen und Phononen hervorgerufen; dabei muß man die Wärmeleitung in Metallen, Isolatoren und Halbleitern getrennt untersuchen.

1) *W. in Isolatoren.* Die Wärmeleitung in Dielektrika, die keine freien Ladungsträger haben, erfolgt infolge der kollektiven Anregungen des Kristallgitters, der → Phononen. In harmonischer Näherung sind die Normalschwingungen des Gitters voneinander unabhängig; sie können keine Energie miteinander austauschen. Eine mechanische Störung breitet sich ohne Dissipation mit Schallgeschwindigkeit aus. Die *Anharmonizität* des Gitters (höhere als quadratische Glieder in den Atomauslenkungen im Gitterpotential) führen zu einer Koppelung der Gitterschwingungen, einer Phonon-Phonon-Wechselwirkung, die sich in *Normalprozesse* (*N-Prozesse*), bei denen der Gesamtquasiimpuls der Phononen erhalten bleibt, und *Umklappprozesse* (*U-Prozesse*), die mit einer Änderung des Gesamtquasiimpulses verbunden sind, aufspalten läßt (Abb. 1). Außer diesem Streuprozeß von Phononen an Phononen können die Phononen an Kristallgrenzen und Gitterfehlstellen, z. B. an Punkt- und Linienfehlstellen oder Versetzungen, gestreut werden. Alle diese Prozesse tragen zur endlichen Lebensdauer τ der Phononen bei, die mit der mittleren freien Weglänge l und Gruppengeschwindigkeit der Phononen v mittels $\tau = lv^{-1}$ zusammenhängt. Wendet man auf das Phononengas die Begriffe der kinetischen Gastheorie an, so erhält man für die Wärmeleitfähigkeit λ infolge der Gitterschwingungen

$$\lambda = cvl/3, \qquad (2)$$

wobei c die spezifische Wärmekapazität der Gitterschwingungen je Volumeneinheit bedeutet.

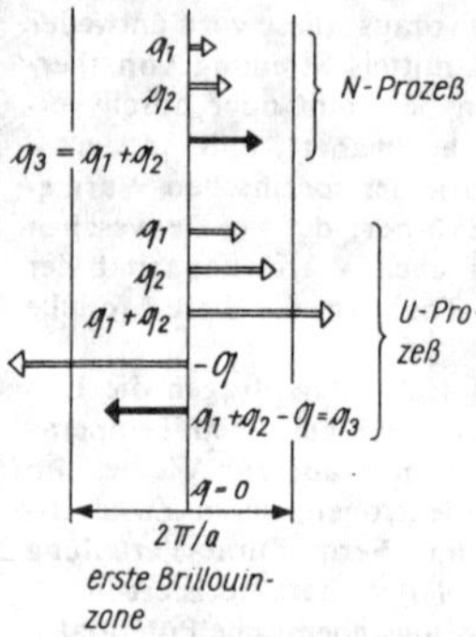

1 N- und U-Prozesse im eindimensionalen reziproken Gitter schematisch dargestellt: Phononen mit Quasiimpulsen $\hbar\vec{q}_1$ und $\hbar\vec{q}_2$ stoßen zusammen und erzeugen Phononen mit $\hbar\vec{q}_3$. a Gitterkonstante, Q Vektor des reziproken Gitters der Länge $2\pi/a$, $\hbar = h/2\pi$ Plancksche Konstante

Eine ähnliche Beziehung ergibt sich bei der genaueren, jedoch immer noch stark vereinfachten Behandlung des Gitters (Callaway) eines isotropen Kristalls ohne Dispersion (von der Wellenlänge unabhängige Schallgeschwindigkeit):

$$\lambda = \frac{1}{2\pi^2 v} \int_0^{k_B\theta/\hbar} \tau_c(\omega)\, C_V(\omega)\, \omega^2 \,d\omega. \qquad (3)$$

Hierbei bedeutet

$$C_V(\omega) = k_B \left(\frac{\hbar\omega}{2k_B T}\right)^2 \frac{1}{\sinh^2\left(\frac{\hbar\omega}{2k_B T}\right)}$$

die Wärmekapazität des einen Oszillators der Frequenz ω, k_B die Boltzmannsche Konstante, T die absolute Temperatur, θ die Debye-Temperatur, $\hbar = h/2\pi$ die Plancksche Konstante und $\tau_c(\omega)$ die Gesamtrelaxationszeit aller möglichen Streuprozesse der Phononen:

$$\tau_c^{-1}(\omega) = \sum_i \tau_i^{-1}(\omega). \qquad (4)$$

Jede dieser Relaxationszeiten τ_i wird in den Näherungen für die Gitterwärmeleitfähigkeit als die Zeit definiert, in deren Verlauf die Abweichung irgendeiner Phononenbesetzungszahl $n_j(\vec{q})$ von ihrem thermischen Mittelwert um das e-fache verringert wird unter der Voraussetzung, daß nur ein Streuprozeß wirkte. In (4) wird angenommen, daß τ_i vom Wellenzahlvektor $\vec{q}$ und der Nummer des Phononenzweiges j nur über die Frequenz $\omega_j(\vec{q})$ abhängt; außerdem wird in (3) von der Polarisation der Schwingungen abgesehen.

Die den Quasiimpuls erhaltenden N-Prozesse können nur dann zum Wärmeleitungswiderstand beitragen, wenn die Relaxationszeit der U-Prozesse frequenzabhängig ist, d. h., wenn durch die U-Prozesse eine „Anhäufung" von

Energie in bestimmten Bereichen des Phononenspektrums auftritt, die von den N-Prozessen wieder ausgeglichen wird. Die N-Prozesse führen eine Nichtgleichgewichtsverteilung $n(\vec{v}_p)$ der Phononen mit der Relaxationszeit τ_N in eine Gleichverteilung $n_0(\vec{v}_p)$ mit einer mittleren Geschwindigkeit $\vec{v}_p$ des strömenden Phononengases über (Abb. 2), während die U-Prozesse

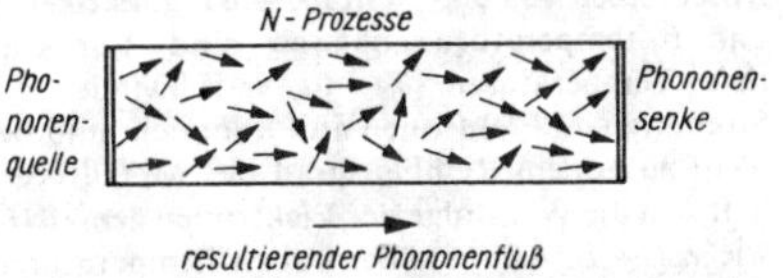

2 Der Wärmewiderstand ist bei N-Prozessen ($\vec{q}_1 + \vec{q}_2 = \vec{q}_3$) null (nach Kittel)

eine Gleichverteilung $n_0(0)$ mit der Relaxationszeit τ_U anstreben, bei der $\vec{v}_p$ verschwindet (Abb. 3): $n_0(\vec{v}_p) = [e^{(\hbar\omega - \vec{v}_p\hbar\vec{q})/k_BT} - 1]^{-1}$.

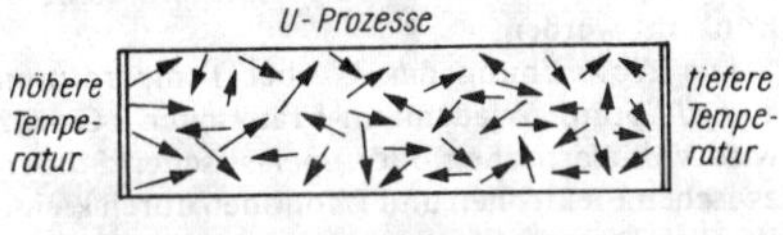

3 Bei U-Prozessen ändert sich bei jedem Stoß der Phononen der Phononenimpuls stark $\vec{q}_1 + \vec{q}_2 = \vec{q}_3 + \vec{Q}$, $\vec{Q} \neq 0$ (nach Kittel). Der anfängliche Phononenfluß (links) nimmt bei Ausbreitung nach rechts stark ab; der Energietransport tritt bei Temperaturgradienten auf

Bei tiefen Temperaturen $T < \theta$ sind überwiegend nur die Gitterschwingungen mit kleinen Energiewerten, also akustische Phononen mit kleinen Wellenzahlen angeregt. U-Prozesse treten seltener auf, und nur dann, wenn zumindest einer der $\vec{q}$-Vektoren der wechselwirkenden Phononen in der Nähe des Randes der Brillouin-Zonen liegt; es kommt zum „Ausfrieren" der U-Prozesse. Die mittlere freie Weglänge für diese Prozesse, die zu einer Dissipation der Phononenenergie führen, nimmt mit abnehmender Temperatur exponentiell zu. Für die Phononenrelaxationsrate gilt somit bei tiefen Temperaturen $\tau_U^{-1} \sim \omega^2 T^3 e^{-\theta/bT}$, $1 < b \leq 2$. N-Prozesse bedingen eine Relaxationsrate $\tau_N^{-1} \sim \omega^2 T^3$ (ohne Ausfrierungsfaktor $e^{-\theta/T}$). Bei hohen Temperaturen wächst die Relaxationsrate zunächst wie $\tau^{-1} \sim T$ und wird dann konstant, wenn die mittlere freie Weglänge der Phononen eine untere Grenze (experimentell etwa die 10fache Gitterkonstante am Schmelzpunkt) erreicht hat.

Gitterfehlstellen, an denen Phononen gestreut werden, sind durch Abweichungen der Massen oder/und der Kraftkonstanten in einem begrenzten Kristallgebiet oder durch Dehnungsfelder größeren Ausmaßes charakterisiert. Die Streuung von Phononen an einer „punkt"förmigen Gitterfehlstelle (z. B. Ersatz eines Atoms des Gitters durch ein isovalentes Atom anderer Masse oder Änderung der Bindungskräfte um ein Atom) kann für tiefe Temperaturen (langwellige Phononen) analog zur Rayleigh-Streuung durch eine Relaxationsrate $\tau_P^{-1} \sim \omega^4$ charakterisiert werden. Für linienhafte Fehlstellen erhält man in gleichem Näherungsgrade $\tau_L^{-1} \sim \omega^3$. Eine Versetzung hat ein weitreichendes Dehnungsfeld; die kontinuumstheoretische Behandlung liefert eine Relaxationsrate für die Phononenstreuung an Versetzungen in einem isotropen elastischen Kristall von $\tau_V^{-1} \sim \omega$, wenn der Temperaturgradient senkrecht zur Versetzungslinie liegt (für den parallelen Fall ist $\tau_V^{-1} = 0$). Für sehr tiefe Temperaturen ($T \lesssim \theta/20$) wird die mittlere freie Weglänge der Phononen vergleichbar mit den makroskopischen Kristalldimensionen (L) und damit temperatur- und frequenzunabhängig, wodurch die Relaxationsrate $\tau_K^{-1} = v/L$ wird. Bei den angegebenen Phononenstreuprozessen an Stellen mit verletzter Translationsinvarianz des Gitters wird der Quasiimpuls wie bei den U-Prozessen nicht erhalten. Setzt man die für tiefe Temperaturen (langwellige Phononen mit konstanter Gruppengeschwindigkeit) gültigen Relaxationsraten in (3) ein, so geht die ω-Abhängigkeit von $\tau^{-1} \sim \omega^n$ in die W. durch die Temperaturabhängigkeit $\lambda \sim T^{3-n}$ ein, wenn die obere Integrationsgrenze in (3) durch unendlich ersetzt wird. Somit ergeben sich folgende Temperaturabhängigkeiten der W. für tiefe Temperaturen (Abb. 4 und 5):

U-Prozesse	$\lambda \sim T^{-2} e^{\theta/bT}$, $1 \lesssim b \quad 2$
Punktdefekte	$\lambda \sim T^{-1}$
Liniendefekte	$\lambda \sim T^0$
Versetzungen	$\lambda \sim T^2$
Kristallgrenzen	$\lambda \sim T^3$
(Leitungselektronen	$\lambda \sim T^m \quad 1 \leq m \leq 2$)

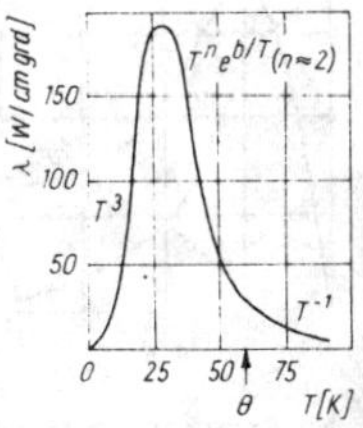

4 Wärmeleitfähigkeit von Al_2O_3 (nach Berman)

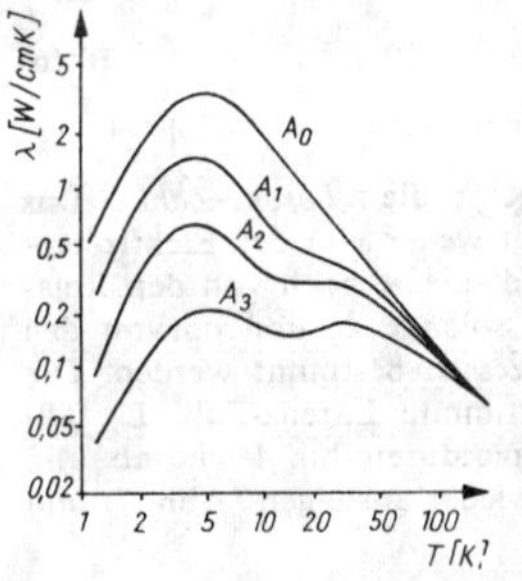

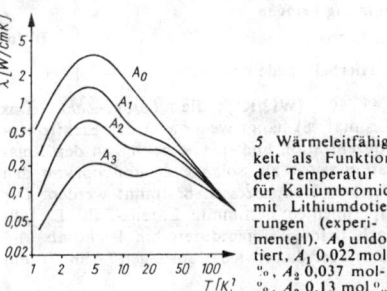

5 Wärmeleitfähigkeit als Funktion der Temperatur für Kaliumbromid mit Lithiumdotierungen (experimentell). A_0 undotiert, A_1 0,022 mol-%, A_2 0,037 mol-%, A_3 0,13 mol %

Hierbei wurden die N-Prozesse vernachlässigt und die Leitungselektronenbeiträge zum Vergleich angefügt.

Einige Wärmeleitzahlen

Substanz	λ [W/cm K]	T [K]
^7LiF	170	11
Al_2O_3 (synth.)	200	303
NaCl	0,04	200
KCl	5	8
Gläser	$10^{-3} \cdots 10^{-4}$	$2 \cdots 200$
Cu	50	150

2) *W. in Metallen.* In reinen Metallen überwiegt der Anteil der W., der von den Ladungsträgern herrührt, denjenigen infolge der Gitterschwingungen. Davon abweichendes Verhalten zeigen nur einige Halbmetalle, Legierungen und Metalle mit vielen Gitterfehlstellen. Durch die Elektron-Phonon-Wechselwirkung wird der Wärmeleitungswiderstand einerseits der Gitterschwingungen und andererseits der Elektronen

erhöht. Außer an Phononen werden die Elektronen auch an statischen Gitterfehlern, z. B. Versetzungen, Leerstellen, Fremdatome, Stapelfehler, gestreut, deren Anteil nach tiefen Temperaturen hin zunimmt (Abb. 6). Falls die

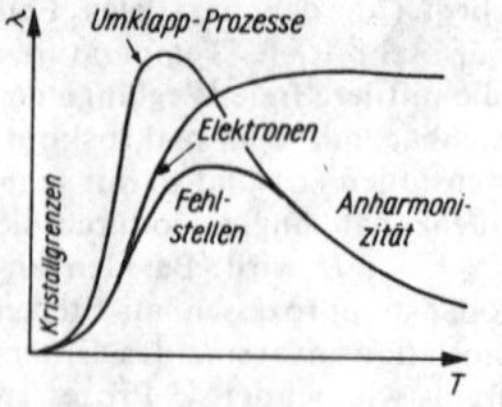

6 Verschiedene Mechanismen, die Wärmeleitfähigkeit in Metallen begrenzen (nach Makinson)

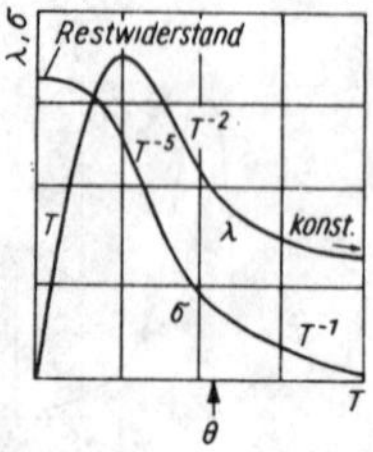

8 Relativer Verlauf der Temperaturabhängigkeit der Wärmeleitfähigkeit λ und der elektrischen Leitfähigkeit σ in Metallen

Streuung der Elektronen an den Phononen mit der Stoßzeit τ_p und an den Gitterfehlstellen mit der mittleren Stoßzeit τ_g unabhängig voneinander erfolgt, was bei geringer Konzentration an Fehlstellen in Metallen gewährleistet ist, können die entsprechenden Stoßraten τ_p^{-1} und τ_g^{-1} und somit die Beiträge zur W. in Analogie zur Behandlung der elektrischen spezifischen Widerstände (→ Matthiessensche Regel) addiert werden.

$$\lambda_{el}^{-1} = \lambda_p^{-1} + \lambda_g^{-1}. \tag{5}$$

Der Anteil der elektronischen W. λ_g infolge der Gitterstörungen läßt sich durch das → Wiedemann-Franzsche Gesetz mit dem Anteil des spezifischen elektrischen Restwiderstands $\varrho_g = \sigma_g^{-1}$ (σ_g elektrische Leitfähigkeit), der von den gleichen Streuprozessen herrührt, in Verbindung bringen:

$$\lambda_g/\sigma_g = L_0 T. \tag{6}$$

Hierbei bedeutet $L_0 \approx \frac{\pi^2}{3}\left(\frac{k_B}{e}\right)^2 = 2{,}45 \cdot 10^{-8}$ [WΩ/K^2] die *Lorenz-Zahl*. Das Resultat (6) hängt weder von der Elektronenkonzentration und -masse noch von den Relaxationszeiten ab, solange λ_g und σ_g von den gleichen Stoßprozessen bestimmt werden. Die experimentell bestimmte Lorenz-Zahl L_0 fällt nach tiefen Temperaturen hin leicht ab und kann aber dann wieder ansteigen (Abb. 7) und

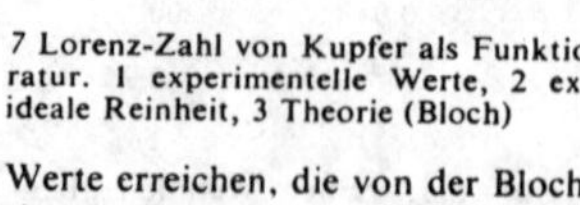

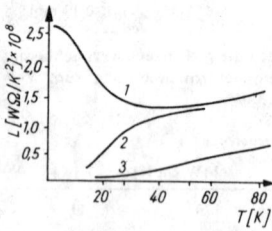

7 Lorenz-Zahl von Kupfer als Funktion der Temperatur. 1 experimentelle Werte, 2 extrapoliert auf ideale Reinheit, 3 Theorie (Bloch)

Werte erreichen, die von der Blochschen Theorie abweichen und auf Elektronen-Phononen-Umklappprozesse zurückgeführt werden können.

Experimentell bestimmte Lorenz-Zahlen für einige Metalle bei 0 °C in 10^8 WΩ/K^2

Cu	2,23	Sn	2,52
Ag	2,31	Pb	2,47
Pt	2,51	Mo	2,61
Au	2,35	W	3,04

Für den Anteil der elektronischen W. infolge der Elektron-Phonon-Streuung λ_p erhält man für Temperaturen $T \ll \theta$:

$$\lambda_p(T) = A n_a^{-2/3} \lambda_p(\infty)(\theta/T)^2. \tag{7}$$

Hierbei ist n_a die Anzahl der Leitungselektronen je Atom und A ein Zahlenfaktor ≈ 60 bis 100. $\lambda_g(\infty)$ folgt dem Wiedemann-Franzschen Gesetz (6). Für tiefe Temperaturen gilt daher nach (5) $\lambda_{el}^{-1} = \alpha T^2 + \beta T^{-1}$, wobei α und β temperaturunabhängig sind. Für sehr tiefe Temperaturen ($T \to 0$) verschwindet die Streuung von Elektronen an Phononen, und bei nicht zu hohem Reinheitsgrad des Metalls verhält sich die W. infolge der Elektronen gemäß (6) wie $\lambda_{el} \sim T$ (Abb. 8). Bei hohen Temperaturen ($T > \theta$) sind vor allem kurzwellige und somit energiereiche Phononen angeregt, an denen die Elektronen durch große Winkel nahezu elastisch gestreut werden und somit zu horizontalen Prozessen (Abb. 9b) führen, für die das Wiedemann-Franzsche Gesetz gültig ist. Da für $T > \theta$ die Proportionalität $\sigma \sim T^{-1}$ gilt, muß λ_{el} = konstant werden.

Die Abweichung der W. bei Temperatur $T < \theta$ vom Wiedemann-Franzschen Gesetz wird von elastischen oder unelastischen Stößen zwischen Elektronen und Phononen durch kleine Winkel verursacht, die zwar zur thermischen, aber wenig zur elektrischen Leitfähigkeit beitragen. Diese Prozesse werden als *vertikale Prozesse* bezeichnet. Zur Messung der W. in Metallen erzeugt man eine Elektronenverteilung, durch die ein Wärmetransport ohne Transport von elektrischer Ladung bewirkt wird. Der Temperaturgradient bedingt das Auftreten von heißen und kalten Elektronen, deren Temperatur durch die Fermi-Verteilung in der k_BT-Umgebung der Fermi-Fläche bestimmt wird (Abb. 9a und 9b).

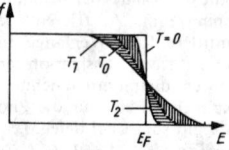

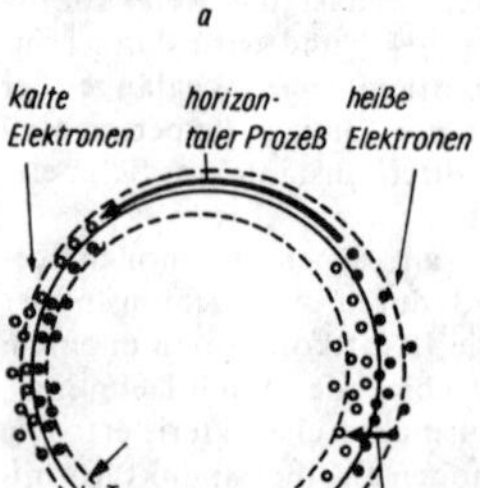

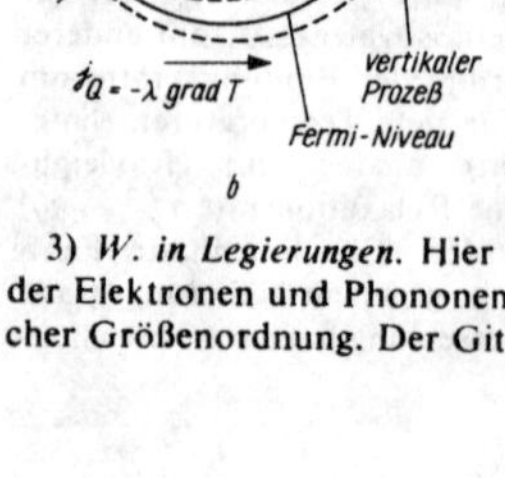

9a Fermi-Verteilung der Elektronen. $T_2 < T_0 < T_1$. *9b* Fermi-Verteilung der Elektronen im Metall. ● bzw. ○ geben die überschüssigen bzw. fehlenden Elektronen gegenüber dem thermischen Gleichgewicht an

3) *W. in Legierungen.* Hier sind die Beiträge der Elektronen und Phononen zur W. von gleicher Größenordnung. Der Gitterbeitrag zur W.

kann Information über die Elektron-Phonon-Wechselwirkung, die oberhalb 30 bis 50 K bemerkbar ist, liefern. Die Trennung von Elektronen- und Phononenbeiträgen ist häufig sehr schwierig, da in Legierungen die Matthiessensche Regel nur annähernd gilt, denn bei Zulegieren eines Metalls zu einem anderen wird nicht nur die Gitterperiodizität herabgesetzt, der Restwiderstand erheblich vergrößert, der bis zu mittleren Temperaturen konstant bleiben kann, sondern auch die Zahl der freien Ladungsträger und damit die Ausdehnung der Fermi-Fläche (somit die Wahrscheinlichkeit der Horizontalprozesse) werden geändert.

4) *W. in Halbleitern.* In den meisten Halbleitern wird die W. vom Phononensystem bestimmt; der Anteil der Elektronen wächst mit der Anzahl der freien Ladungsträger. In Störstellenhalbleitern können bei hinreichend großen Störstellenkonzentrationen die effektiven Bohrschen Radien der Ladungsträger in den Defekten so groß werden, daß sich Störstellenbänder ausbilden, die ihrerseits zur W. beitragen. Bei nichtentarteten Halbleitern, in denen die Zustandsdichte der Ladungsträger durch die Boltzmann-Verteilung beschrieben werden kann (bei niedriger Temperatur), erhält man einen elektronischen Anteil zur W. von $\lambda_{el} = L\sigma_g T$ mit der Lorenz-Zahl $L = 2(k_B/e)^2$, während für entartete Halbleiter (Fermi-Verteilung, häufig höhere Temperatur) die Lorenz-Zahl – wie bei den Metallen – $L = (\pi^2/3)\,(k_B/e)^2$ beträgt.

Im Zwischengebiet weicht die elektronische W. vom Wiedemann-Franzschen Gesetz ab.

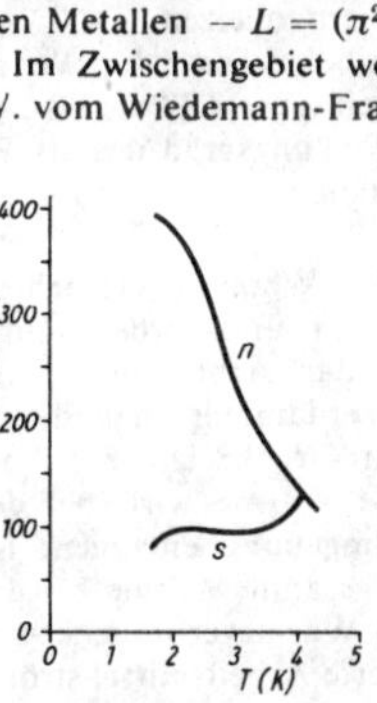

10 Wärmeleitfähigkeit λ von Quecksilber im supraleitenden (*s*) und normalleitenden (*n*) Zustand

5) Die *W. im supraleitenden Zustand* (Abb. 10) unterscheidet sich von der im normalleitenden Zustand, da die in der Nähe der Fermi-Grenze liegenden und zu Cooper-Paaren verbundenen Leitfähigkeitselektronen nicht mehr am Wärmetransport teilnehmen, da sie sich in einem Zustand tiefster Energie befinden, dem die Entropie Null zuzuordnen ist (→ Thermodynamik 6). Deshalb ist die W. im supraleitenden Zustand im allgemeinen geringer als die W. im normalleitenden Zustand. Der oft sehr beträchtliche Unterschied kann z. B. im *supraleitenden Wärmeschalter* ausgenutzt werden, der in Anlagen zur Erzeugung tiefster Temperaturen mit Hilfe der adiabatischen Entmagnetisierung eingesetzt wird, wenn diese im zyklischen Betrieb arbeiten.

Wärmeleitung, Form der Wärmeübertragung infolge Energietransportes oder -austausches durch ungeordnete Molekülbewegungen in ruhenden oder unbewegt gedachten Medien. Bei bewegten Medien tritt neben der W. die Wärmekonvektion auf. Durch die W. entsteht ein Wärmestrom Φ, d. i. die Wärmemenge dW, die je Zeiteinheit dt durch eine Fläche A transportiert wird. Ist der Wärmestrom an verschiedenen Stellen der Fläche verschieden groß, dann muß man die W. durch die Wärmestromdichte $\vec{J}_Q$ charakterisieren, d. i. der Wärmestrom $d\Phi$ durch ein Flächenelement $d\vec{A}$. Der Gesamtwärmestrom berechnet sich in diesem Falle durch Integration über die Fläche: $\Phi = \int d\vec{A}\cdot\vec{J}_Q$. Wenn der Wärmestrom eine beliebige Richtung hat, charakterisiert man ihn durch einen Vektor $\vec{J}_Q$, der die Richtung des Wärmestromes anzeigt. Die Wärmestromdichte ist nach dem *Fourierschen Gesetz* dem Temperaturgradienten proportional: $\vec{J}_Q = -\lambda \operatorname{grad} T$. Das Vorzeichen ist negativ, weil die Molekülbewegung in Richtung abnehmender Temperatur vonstatten geht. Der Proportionalitätsfaktor λ ist die → Wärmeleitfähigkeit.

Im *stationären Falle*, d. h. bei konstantem Wärmestrom, läßt sich das differentielle Fouriersche Gesetz zu der Form $\Phi = \lambda A \delta T/d$ integrieren. Dabei ist δT die Temperaturdifferenz zwischen zwei Flächen A im Abstand d voneinander. Wegen der Analogie zur elektrischen Leitung wird diese Beziehung auch *thermisches Ohmsches Gesetz* genannt. Dabei ist $R_W = d/A\lambda$ der *Wärmeleitwiderstand* (*Wärmewiderstand*) für die hier speziell betrachtete Anordnung.

Im *nichtstationären Falle* läßt sich die Energiebilanz mit dem Fourierschen Gesetz auf die Form der *inhomogenen Wärmeleitungsgleichung* $\partial T/\partial t = a\Delta T + v/\varrho c$ bringen. Dabei sind $a = \lambda/\varrho c$ die Temperaturleitfähigkeit, ϱ die Massendichte, c die spezifische Wärmekapazität und v die Wärmeleistungsdichte, eine charakteristische Größe für die Wärmeerzeugung, d. h. die von den möglicherweise im Volumenbereich, in dem die W. untersucht wird, verteilten Wärmequellen in der Zeiteinheit abgegebene Wärme $dW(\vec{r}, t)/dt = v(\vec{r}, t)$. Δ ist der Laplace-Operator. Die Wärmeleitungsgleichung ist eine partielle Differentialgleichung für das Temperaturfeld $T(x, y, z; t)$. Sie läßt sich in günstigen Fällen durch Fourier-Reihen lösen. Ein interessanter Spezialfall ist die Gleichung der → Wärmewelle. Praktisch tritt W. immer dort auf, wo Temperaturunterschiede existieren, und zwar so lange, bis der Temperaturunterschied ausgeglichen wird. Man unterscheidet gute und schlechte *Wärmeleiter*, z. B. sind alle Metalle gute Wärmeleiter, schlechte sind z. B. Luft und Wolle. In Flüssigkeiten und Gasen existiert neben der reinen W. noch die Wärmekonvektion.

Bei der *W. in Gasen* können die makroskopischen Erscheinungen der W. aus der Statistik der Molekülbewegungen relativ einfach begründet werden. Die W. in Gasen spielt deshalb in der Statistik eine große Rolle, weil sich die statischen Gesetzmäßigkeiten bei Gasen besser erfassen lassen als in Flüssigkeiten. Infolge der größeren Abstände der Gasteilchen ist ihre Wechselwirkung untereinander kleiner als in Flüssigkeiten, so daß sie in manchen Fällen sogar vernachlässigt werden kann. Dann kann das Modell des idealen Gases angewendet werden, und die kinetische Gastheorie kann die Wärmeleitfähigkeit λ des idealen Gases in Abhängigkeit von den Moleküleigenschaften angeben:

$\lambda = \varrho v l c/3$. Dabei ist v die mittlere Geschwindigkeit der Moleküle und l die mittlere freie Weglänge. Im Rahmen der kinetischen Gastheorie werden Verbesserungen der Formel für reale Gase untersucht.

Lit. Erdmann: W. in Kristallen, theoretische Grundlagen und fortgeschrittene experimentelle Methoden (Berlin, Heidelberg, New York 1969).

Wärmeleitungsgleichung, die Differentialgleichung $\frac{\partial u}{\partial t} = b^2 \left(\frac{\partial^2 u}{\partial x^2} + \frac{\partial^2 u}{\partial y^2} + \frac{\partial^2 u}{\partial z^2} \right)$ der Wärmeleitung in einem homogenen Medium. Dabei ist $u(x, y, z, t)$ die am Ort (x, y, z) herrschende *Temperatur*, und die Temperaturleitfähigkeit $a = b^2 = \lambda/c\varrho$ ergibt sich aus dem *Wärmeleitvermögen* λ der *spezifischen Wärme* c des Stoffes und seiner *Dichte* ϱ. Diese Gleichung spielt, mit anderer Bedeutung der in ihr auftretenden Größen, eine ausschlaggebende Rolle in allen Diffusionsprozessen (→ Diffusion).

Die Lösung dieser Gleichung wird noch wesentlich durch die Anfangsbedingung, die Anfangsverteilung der Temperatur zum Zeitpunkt $t = 0$,

$u|_{t=0} = f(x, y, z)$

und die Randbedingung an der das Medium begrenzenden Fläche bestimmt. Als Randbedingung kann entweder angenommen werden, daß die Temperatur am Rand des Mediums einen bestimmten, u. U. örtlich und zeitlich veränderlichen Wert annimmt, oder daß Wärme ausgestrahlt wird. In diesem Fall gilt näherungsweise das *Newtonsche Gesetz* (*Newtonsches Abkühlungsgesetz*), nach dem der *Wärmestrom* durch die das Medium begrenzende Fläche S proportional der Temperaturdifferenz zwischen Medium und der Umgebung ist: $\frac{\partial u}{\partial n} + h(u - u_0) = 0$ auf S, dabei bedeuten h die *Wärmeübergangszahl*, und $\partial u/\partial n$ ist die Ableitung der Temperatur in Normalenrichtung. Für den Fall eines unbegrenzten Mediums, in dem nur die Anfangsbedingung $u|_{t=0} = f(x, y, z)$ erfüllt werden muß, ist die Lösung der W. gegeben durch:

$$u(x, y, z, t) = \iiint_{-\infty}^{+\infty} f(\xi, \eta, \zeta) \cdot \frac{1}{(2b\sqrt{\pi t})^3} \times \exp\left\{ - \frac{(\xi - x)^2 + (\eta - y)^2 + (\zeta - z)^2}{4b^2 t} \right\} \mathrm{d}\xi \, \mathrm{d}\eta \, \mathrm{d}\zeta .$$

Für den Fall eines begrenzten Mediums, in dem eine entsprechende Randbedingung zu erfüllen ist, kann keine allgemeine Lösung angegeben werden. Lösungen lassen sich dann nur in Spezialfällen finden. Beispielsweise ist die Lösung der eindimensionalen W. $\frac{\partial u}{\partial t} = a^2 \frac{\partial^2 u}{\partial x^2}$ für den Fall eines einseitig begrenzten Stabes mit dem Endpunkt bei $x = 0$ und der Randbedingung $\left.\frac{\partial u}{\partial x}\right|_{x=0} = hu|_{x=0}$ gegeben durch

$$u(x, t) = \frac{1}{2b\sqrt{\pi t}} \int_0^\infty \left[f(\xi) \exp\left\{ - \frac{(x - \xi)^2}{4b^2 t} \right\} + \Phi(\xi) \exp\left\{ - \frac{(x + \xi)^2}{4b^2 t} \right\} \right] \mathrm{d}\xi \text{ mit}$$

$$\Phi(\xi) = f(\xi) - 2h\, \mathrm{e}^{-h\xi} \int_0^\xi \mathrm{e}^{h\xi'} f(\xi') \, \mathrm{d}\xi' .$$

Im allgemeinen Fall kann die Lösung der W. mit beliebigen Anfangs- und Randbedingungen stets in der Form $u(x, y, z, t) = \iiint_{-\infty}^{+\infty} f(\xi, \eta, \zeta) \times G(x, y, z, \xi, \eta, \zeta, t) \, \mathrm{d}\xi \, \mathrm{d}\eta \, \mathrm{d}\zeta$ dargestellt werden. Die Funktion G wird als *Greensche Funktion* der W. unter den entsprechenden Randbedingungen bezeichnet. Ihre explizite Angabe gelingt nur in wenigen Fällen.

Lit. A. Sommerfeld: Partielle Differentialgleichungen der Physik (6. Aufl. Leipzig 1966); W. I. Smirnow: Lehrgang der höheren Mathematik, Tl II (10. Aufl. Berlin 1971).

Wärmeleitungsvakuummeter, → Vakuummeter.

Wärmeleitwiderstand, → Wärmeleitung.

Wärmeleitzahl, → Wärmeleitfähigkeit.

Wärmemitführung, → Konvektion 1).

Wärmeohm, Maßeinheit des Wärmeleitwiderstandes im thermischen Ohmschen Gesetz der → Wärmeleitung von der Größe 1 Wärmeohm = 1 h · K/kcal. Ein Stoff hat also einen Wärmeleitwiderstand von 1 Wärmeohm, wenn zwischen zwei Grenzflächen ein Temperaturunterschied von 1 K herrscht und ein Wärmestrom von 1 kcal/h fließt.

Wärmepumpe, eine maschinelle Einrichtung, die unter Arbeitsaufwendung einem Wärmespeicher niedriger Temperatur T_0 Wärmeenergie entzieht und sie einem Wärmespeicher höherer Temperatur T_1 zuführt. Die W. dient dem Ziel, den Wärmespeicher auf T aufzuheizen. Der Wirkungsgrad einer reversibel arbeitenden W. ist maximal und wird durch $\eta' = T/(T - T_0) > 1$ gegeben; das ist der Wirkungsgrad des als W. betriebenen, also linksläufigen, → Carnotschen Kreisprozesses.

Hauptbestandteile der W. sind Verdichter, Verdampfer, Kondensator und Drosselventil. Der Verdichter saugt das Arbeitsmittel, ein Kältemittel, aus dem Verdampfer an und verdichtet es auf höheren Druck. Die zur Verdampfung erforderliche Wärme wird bei der Temperatur T_0 der Umgebung entzogen. Im Kondensator wird die gesamte Wärme bei der Temperatur T an einen Wärmeverbraucher abgegeben. Das kondensierte Arbeitsmittel strömt anschließend durch das Drosselventil, entspannt sich auf den Verdampferdruck und beginnt den Kreisprozeß von neuem. Thermodynamisch ist die W. eine → Kältemaschine mit dem Unterschied, daß bei der W. die Wärme mit höherer Temperatur, also im Kondensator, nutzbar gemacht wird und die erzeugte Kälte unausgenutzt bleibt.

Die zur Heizung verwendbare Wärme setzt sich aus der von T_0 auf T gehobenen Wärme und dem Wärmeäquivalent der dazu verbrauchten Arbeit zusammen, wobei die nutzbare Wärme $T/(T - T_0)$-mal größer ist als das Wärmeäquivalent der Arbeit.

Als Wärmequellen verwendet man Flußwasser, Grundwasser, Seen, Erdreich und Luft. Die Betriebskosten der W. sind abhängig vom Strompreis und den Kosten der Wärmequelle. Die W. wird vorwiegend in kohlearmen, wasserkraftreichen Ländern wie Schweiz und Norwegen eingesetzt. Industriell wendet man die W. in chemischen Betrieben bei Verdampferanlagen an.

Wärmequellendichte, ν_W, Wärmemenge dW, die in einer Volumeneinheit dV je Zeiteinheit dt durch Umwandlung anderer Energiearten erzeugt wird: $\nu_W = \mathrm{d}W/(\mathrm{d}V\,\mathrm{d}t)$. Falls die Wärmemenge nicht erzeugt, sondern vernichtet wird, erhält die W. ein negatives Vorzeichen. Die W. kann in kcal/m^{3}s gemessen werden.

Wärmespannung, eine Art Eigenspannung in Körpern mit ungleichmäßiger Temperaturverteilung, die z. B. durch rasche Abkühlung oder thermische Behandlung der Metalle entsteht und die technische Zerreißfestigkeit beeinflußt.

Wärmestrahlung, jede elektromagnetische Strahlung, deren Emission auf der thermischen Anregung der Strahlungsquelle beruht. Strahlungsvorgänge, bei denen die übertragene Energie nur aus der Wärmeenergie des Strahlers stammt und nur in solche des Empfängers umgewandelt wird, heißen *thermaktin.* Die nur auf thermaktinen Vorgängen beruhende W. heißt *Temperaturstrahlung.* Ein idealer Temperaturstrahler ist der → schwarze Körper. Ein nicht thermaktiner Vorgang ist z. B. die → Lumineszenz.

Die W. von Festkörpern kommt dadurch zustande, daß Elektronen thermisch in angeregte Zustände gehoben werden und dann unter Emission eines Photons in energetisch tiefere Zustände übergehen oder daß angeregte Phononen unter Emission von Photonen annihilieren.

Da das Absorptionsvermögen $A(\lambda)$ realer Festkörper im Gegensatz zum schwarzen Körper ($A_s(\lambda) \equiv 1$) eine komplizierte Abhängigkeit von der Lichtwellenlänge λ aufweist (→ Absorptionsspektrum von Festkörpern), weicht auch ihr Emissionsvermögen $E(\lambda)$ charakteristisch von dem Emissionsvermögen $E_s(\lambda)$ eines schwarzen Körpers ab, das durch die Plancksche Strahlungsformel gegeben ist. Nach dem Kirchhoffschen Gesetz emittiert ein Körper um so stärker, je stärker er bei der gleichen Wellenlänge absorbiert, und es gilt $E(\lambda) = A(\lambda) \cdot E_s(\lambda)$. Da stets $A(\lambda) < 1$, ist das Emissionsvermögen realer Festkörper immer kleiner als das eines schwarzen Körpers. Bei Metallen nimmt das Absorptionsvermögen bei langen Wellen ($\lambda \gtrsim 10\,\mu$m) proportional $1/\sqrt{\lambda}$ ab (Drude-Absorption, → Metalloptik), daher ist auch ihr Emissionsvermögen für W. dort relativ klein, während es im Sichtbaren dem eines schwarzen Körpers nahekommt. Daher sind glühende Metalle als Strahlungsquellen im fernen Infrarot nicht besonders geeignet. Im Gegensatz zu Metallen zeigen Ionenkristalle neben einer starken Grundgitterabsorption im sichtbaren bzw. ultravioletten Spektralbereich auch eine starke Absorption im fernen Infrarot durch optische Gitterschwingungen (→ Phonon). Entsprechende Materialien mit hohem Schmelzpunkt, insbesondere Metalloxide, sind daher günstige Strahlungsquellen im fernen Infrarot. Der *Nernst-Stab* besteht z. B. hauptsächlich aus ZrO_2. Wegen der hohen Grundgitterabsorption und der zu längeren Wellenlängen folgenden Absorptionslücke zeigt das Absorptionsvermögen $E(\lambda)$ von Ionenkristallen oft ein zusätzliches Maximum bei kleinen Wellenlängen (Abb.). So glüht z. B. ZnS, dessen Absorptionskante bei 800 °C im blaugrünen Spektralbereich liegt, bei dieser Temperatur blau. → Strahlungsempfänger.

Wärmestrom, Φ, die je Zeiteinheit dt bewegte Wärmemenge dW bei der Wärmeübertragung: $\Phi = \mathrm{d}W/\mathrm{d}t$. Im stationären Falle vereinfacht sich die Formel zu $\Phi = W/t$. Der W. kann in W oder kcal/s gemessen werden. Zur Messung des W.s dient der → Wärmestrommesser.

Wärmestromdichte, *Heizflächenbelastung,* j_Q, die je Zeiteinheit dt durch eine Fläche A bewegte Wärmemenge dW: $|j_Q| = \mathrm{d}W/(A\,\mathrm{d}t)$. Im stationären Falle gilt $|j_Q| = W/At$. Falls die W. ortsabhängig ist, ergibt sich für $|j_Q| = \mathrm{d}W/(\mathrm{d}A\,\mathrm{d}t)$, und der Zusammenhang zum Wärmestrom lautet $\Phi = \int \mathrm{d}\vec{A}\,\vec{j}_Q$. Die W. kann in W/m^2 oder kcal/(m^{2}s) gemessen werden.

Für Berechnungen an Dampfkesseln wird die Bezeichnung „*Heizflächenbelastung*" vorgezogen. Diese ist dort ein im Dampfkessel auftretender Berechnungskennwert, der aussagt, wieviel Wärmeenergie je m^2 Heizfläche übertragen wird. Die Heizflächenbelastung bezieht sich auf einzelne Anlagenteile, z. B. Verdampfer und Überhitzer, und wird vom Brennstoff, der Feuerungsart und dem verwendeten Werkstoff beeinflußt.

Wärmestrommesser, *Wärmeflußmesser,* ein Gerät zur Messung eines homogenen Wärmestromes Φ durch eine Fläche. Der W. besteht aus einer Platte der Fläche A, der Dicke d und der Wärmeleitfähigkeit λ, die auf die betreffende Fläche aufgelegt wird. Mit einem Thermoelement wird die Temperaturdifferenz ΔT zwischen den Plattenseiten gemessen. Nach dem Gesetz für die stationäre Wärmeleitung errechnet man den Wärmestrom zu $\Phi = \lambda A \Delta T/d$.

Wärmesummen, *Gesetz der konstanten W.,* → Heßsches Gesetz.

Wärmetauscher, svw. Wärmeübertrager.

Wärmetheorie, *kinetische W.,* → kinetische Theorie, Abschn. Geschichtliches.

Wärmetod des Weltalls, → Hauptsätze der Thermodynamik.

Wärmetönung, ältere Bezeichnung der → Reaktionswärme, → Q-Wert.

Wärmetransformator, Kombination von → Wärmepumpe und → Wärmekraftmaschine. Der W. kann Wärmeenergie zwischen Wärmespeichern verschiedener Temperatur „fast reversibel" transportieren (→ Carnotscher Kreisprozeß).

Wärmetransport, svw. Wärmeübertragung.

Wärmeübergang, Spezialfall der Wärmeübertragung zwischen zwei Medien verschiedener Temperatur durch die Begrenzungsfläche hindurch. Dabei treten Erscheinungen der Wärmeleitung, -konvektion und -strahlung gemeinsam auf. Der W. läßt sich durch das Newtonsche Abkühlungsgesetz beschreiben, das besagt, daß der Wärmestrom Φ zwischen den beiden Medien verschiedener Temperaturen T_1 und T_2 der Begrenzungsfläche F und der Temperaturdifferenz proportional ist: $\Phi = \alpha F(T_2 - T_1)$. Dabei ist α die *Wärmeübergangszahl* (*Wärmeübertragungszahl*), die von den beteiligten Stoffen und den sonstigen Versuchsbedingungen, nicht aber von der Temperaturdifferenz abhängt und z. B. bei Eisen/Luft ≈ 6 W/m^2 beträgt. Praktische Bedeutung hat der W. vor allem bei Abkühlungsvorgängen und bei Wärmeschutz.

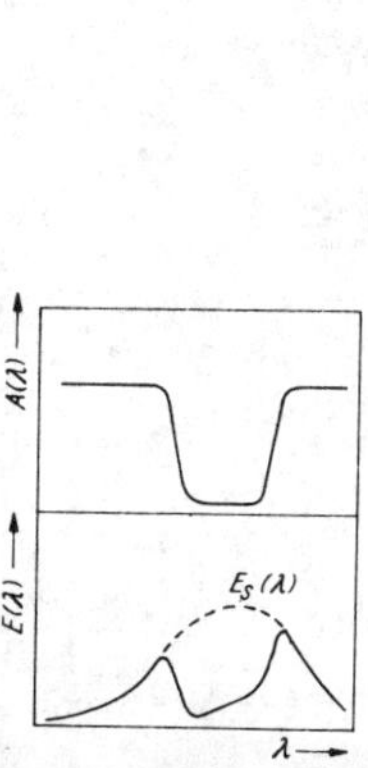

Wärmestrahlung. Schematische Darstellung des Absorptions- und Emissionsvermögens eines Ionenkristalls

Wärmeübertrager, *Wärmetauscher*, Apparat zur Übertragung der Wärmeenergie von einem wärmeren zu einem kälteren Medium. Man unterscheidet W. mit kontinuierlichem und mit periodischem Wärmefluß.

Der W. mit kontinuierlichem Wärmefluß (*Rekuperator*) hat zwischen den beiden Medien eine Trennwand, z. B. Rohrwand, durch die die Wärmeübertragung erfolgt. Die beiden Medien können im Gleich-, Gegen- oder Kreuzstrom zueinander geführt werden. Der W. mit periodischem Wärmefluß (*Regenerator*) hat eine Speichermasse, z. B. Schamottesteine, die zunächst durch das heiße Medium aufgeheizt wird. Nachfolgend strömt das kalte Medium durch den Speicherraum und nimmt die Speicherwärme auf. Dieser Vorgang erfolgt im steten Wechsel.

Wärmeübertragung, *Wärmetransport*, oft ungenau auch als *Wärmeaustausch* bezeichnet, alle Erscheinungen, bei denen Wärme von einem Medium mit höherer Temperatur zu einem Medium mit niedrigerer Temperatur oder innerhalb eines Mediums von einer Stelle höherer zu einer Stelle niedrigerer Temperatur überführt wird. Wenn beide Medien bzw. beide Stellen die gleiche Temperatur erreicht haben, endet der Vorgang (*Wärmegleichgewicht*). Bei der W. sind — meist gleichzeitig — folgende drei Formen beteiligt: 1) → Wärmeleitung, 2) Wärmekonvektion (Wärmemitführung, → Konvektion 1) und 3) → Wärmestrahlung. Zwischen Wärmeleitung und Wärmekonvektion ist die Trennung schwierig, weil beide auf der gleichen Erscheinung — Bewegung der Teilchen — beruhen, wobei die Unterscheidung in mikroskopische (bei der Wärmeleitung) und makroskopische Bewegung (bei Wärmekonvektion) in gewissen Grenzfällen reine Definitionssache ist. Die Wärmestrahlung kann als einzige der drei Erscheinungen auch im Vakuum vor sich gehen.

Die theoretische Behandlung der W. beruht auf der Rückführung der Probleme auf folgende Spezialfälle, und zwar 1) auf die *stationäre* und 2) auf die *nichtstationäre Wärmeleitung* (→ Wärmeleitung), 3) auf den → Wärmeübergang, 4) auf den → Wärmedurchgang und 5) auf die Wärmestrahlung. Da es sich bei 5) um einen Spezialfall der elektromagnetischen Strahlung handelt, gelten dafür die allgemeinen Strahlungsgesetze.

Praktisch wichtig ist die W. bei allen Erscheinungen, wo Wärme erzeugt wird, d. h. beim Heizen und Erwärmen, bei Transport von Wärme in Wärmeübertragungsmitteln, bei Wärmeschutz bzw. -dämmung sowie bei Abkühlungsvorgängen.

Wärmeübertragungsmittel sind körnige (z. B. Stahlkugeln, Metallkörper), flüssige (z. B. Wasser, Öl) oder gasförmige (z. B. Wasserdampf) Produkte, die zur Wärmeübertragung in Prozessen verwendet werden, wenn weder direkte Beheizung noch indirekte Beheizung durch Wärmeaustauscher möglich sind.

Lit. Gröber, Erk, Grigul: Grundgesetze der W. (3. Aufl. Berlin, Göttingen, Heidelberg 1963).

Wärmeübertragungszahl, → Wärmeübergang.

Wärmeverbrauch, das für Wärmekraftmaschinen als spezifischer Wärmebedarf bezeichnete Verhältnis von aufgewendeter Wärmeenergie zu gewonnener Elektroenergie, angegeben in kcal/kWh. Beispielsweise beträgt der spezifische Wärmebedarf für ein modernes Dampfkraftwerk 2200 bis 2100 kcal/kWh.

Wärmewelle, *Temperaturwelle*, Ausbreitungsform periodischer Temperaturschwankungen. Eine Formel für den ebenen Fall in Abhängigkeit von der Koordinate x und der Zeit t erhält man aus der Wärmeleitungsgleichung bei Schwankungen mit der Kreisfrequenz ω: $T(x, t) = T_0 \exp(-x\sqrt{\omega/2a}) \cos(\omega t - x\sqrt{\omega/2a})$. Dabei ist x die beim Fortschreiten ins Medium hineinwachsende Koordinate, bei $x = 0$ liegt die Grenzfläche. Die Wellen sind räumlich gedämpft, und ihre Abklinglänge $\sqrt{2a/\omega}$ ist um so kleiner, je kleiner die Temperaturleitfähigkeit a und je größer ihre Kreisfrequenz ω ist. W. treten z. B. tages- und jahreszeitlich auf der Erdoberfläche auf.

Wärmewiderstand, *thermischer Widerstand*, 1) svw. Wärmeleitwiderstand (→ Wärmeleitung); 2) der reziproke Wert der Wärmedurchgangszahl $1/k$.

Warmfront, → Front.

Warren-Averbach-Methode, → Verbreiterung von Interferenzlinien.

Washout, → radioaktiver Niederschlag.

Wasser-Cluster-Ion, *hydriertes Proton*, ein positives → Ion aus einer Klasse von Ionen der Form $H^+ \cdot (H_2O)_n$ mit $n = 1, 2, 3, \ldots$ Es wurde um 1965 in der → Ionosphäre der Erde entdeckt, wo es im Bereich unterhalb 85 km Höhe (D-Region) den größten Prozentsatz der vorhandenen Ionen bildet. Die vorgeschlagene Bezeichnung *Hydronium* für das W. hat sich bisher nicht allgemein durchgesetzt.

Wasserdampfstrahlsauger, eine zweistufige Vakuumpumpe. Die Wasserstrahlvorstufe ermöglicht das Arbeiten ohne weitere Vorvakuumpumpen. Mit Hilfe eines auf Überdruck befindlichen Treibdampfstromes kann ein angeschlossener Rezipient in der Dampfstrahlstufe auf einen Enddruck von etwa 2 Torr evakuiert werden. Der Treibdampf, dessen Überdruck zwischen 0,2 und 0,5 at liegen soll, kann einer normalen Dampfleitung entnommen werden. Für kurzzeitigen Betrieb genügt der Dampf aus einer einfachen Kochflasche. W. eignen sich besonders für Arbeiten in Laboratorien, z. B. zum Auspumpen von Laboratoriums-Destillationsapparaten, also immer dann, wenn der mit einer einfachen Wasserstrahlpumpe erreichbare Druck nicht ausreicht, jedoch der Einsatz rotierender Pumpen zu aufwendig ist.

Wasserfallelektrizität, *Balloelektrizität*, die Entstehung von freien Ladungen beim Aufprall von Wasser auf Hindernisse und beim Fallen von Wassertropfen durch Luft oder ein anderes Gas (→ Lenard-Effekt). Bei Substanzen mit hohem Assoziationsvermögen und großer Dielektrizitätskonstante bildet sich stets an der freien Flüssigkeitsoberfläche eine elektrische Doppelschicht aus. Werden nun Oberflächenstücke mit einem Durchmesser der Größenordnung 10^{-6} cm wie oben angeführt herausgerissen, so lädt sich das Wasser (oder die andere Flüssigkeit) positiv und das Gas mit den feinsten Flüssigkeitspartikelchen negativ auf. Der Effekt hat nichts mit der Reibungselektrizität zu tun. Die W. kann bei der Erklärung der Gewitter eine Rolle spielen. Wahrscheinlich treten auch an festen Teilchen derartige Doppelschichten auf, die bei entsprechender Trennung der Ladungen zu hohen Spannungen führen können (Staubexplosionen infolge Funkenüberschlags).

Wasserhose, → Trombe.

Wasserkanal, eine Einrichtung zur Erzeugung eines Wasserstromes mit zeitlich und räumlich möglichst konstanter Geschwindigkeitsverteilung für hydrodynamische Meßzwecke. Vorwiegend wird ein geschlossener Kreislauf verwendet, in dem das Wasser durch eine Pumpe umgewälzt wird. Der W. besitzt große Ähnlichkeit mit dem Windkanal und wird häufig zur Untersuchung der Kavitation eingesetzt.

Wassersäule, WS, nur zulässig in Verbindung mit den Längeneinheiten Millimeter (Millimeter Wassersäule, mmWS) oder Meter (Meter Wassersäule, mWS), wobei letztere nach Möglichkeit vermieden werden sollte. Die Bezeichnung W. ist Bestandteil einer Druckeinheit, die heute nur noch selten für Gas- und Winddruckangaben gebraucht wird.

Wasserschall, der im Gegensatz zu Luftschall und Körperschall sich im Wasser ausbreitende Schall.

Die Schallgeschwindigkeit in Wasser nimmt mit der Temperatur, dem Druck und dem Salzgehalt zu. Sie beträgt etwa 1400 m/s. Da die Absorption der Schallenergie in Wasser wesentlich kleiner als in Luft ist, ergeben sich bedeutend größere Reichweiten der Unterwasserschallsignale. Deshalb ist selbst bei höheren Ultraschallfrequenzen die Verwendung des Schalls zur → Echolotung in Wasser möglich. Der hohe Schallwellenwiderstand des Wassers erfordert jedoch besondere Unterwasserschallsender zur Umsetzung der mechanischen Schwingungsenergie des Wandlers in intensive Unterwasserschallsignale.

Wasserschlag, das sich als harter, metallischer Schlag auswirkende Zusammenstürzen eines dampfgefüllten Hohlraumes in einer Rohrleitung. Der Hohlraum trennt die Flüssigkeitssäule und entsteht infolge einer vorübergehenden Druckverminderung. Bei erneutem Druckanstieg stürzt der Hohlraum dann plötzlich zusammen. Beim schnellen Absperren einer Rohrleitung bewegt sich das Wasser hinter dem Schieber zunächst unter Hohlraumbildung weiter, wird dann aber durch den Atmosphärendruck zurückgedrückt und erreicht bei Reibungsfreiheit seine Ausgangsgeschwindigkeit c. Beim Verschwinden des Hohlraumes beträgt die entstehende Druckerhöhung unter der Voraussetzung starrer Rohrwände $\Delta p = \varrho \cdot a \cdot c/2$; dabei ist $a = \sqrt{K/\varrho}$ die Schallgeschwindigkeit, mit der sich Druckänderungen fortpflanzen, K ist der Volumenelastizitätsmodul, ϱ ist die Dichte der Flüssigkeit.

Wird durch schnelles Drosseln die Durchflußgeschwindigkeit um Δc verringert, so tritt in langen Rohrleitungen oder bei einer Schließzeit des Schiebers, die kleiner ist als die Reflexionszeit der Druckwelle, eine Druckerhöhung $\Delta p = \varrho \cdot a \cdot \Delta c$ auf. Bei Berücksichtigung des Elastizitätsmoduls E der Rohrwand breiten sich die Druckwellen mit der Geschwindigkeit

$$a' = \sqrt{\frac{1}{\varrho\left(\frac{1}{K} + \frac{d}{E \cdot \delta}\right)}}$$

aus; d ist der Durchmesser und δ die Wandstärke des Rohres.

Die durch instationäre Bewegung in Druckrohrleitungen möglichen Drucksteigerungen sind so groß, daß sie bei der Konstruktion unbedingt berücksichtigt werden müssen.

Wasserschwall, → Schwall und Sunk.

Wassersprung, → Schießen und Strömen.

Wasserstand, der senkrechte Abstand der Wasseroberfläche in Gewässern von einer festen Nullmarke. Liegt die Wasseroberfläche oberhalb der Nullmarke, so wird der W. positiv gerechnet; liegt sie unterhalb, so ist der W. negativ. Zur Wasserstandsmessung dienen Pegel. Der W. ändert sich örtlich und zeitlich, wobei sowohl kurzzeitige als auch langfristige Wasserstandsschwankungen auftreten.

Wasserstoff, H [von Hydrogenium], leichtestes chemisches Element mit der Kernladungszahl 1 und den Massezahlen der Isotope 1 (→ Protium, 99,984%), 2 (→ Deuterium, 0,016%), 3 (→ Tritium, $< 10^{-10}$%). Die prozentualen Angaben beziehen sich auf die Zusammensetzung des natürlich vorkommenden W.s. Physikalische Daten: Atommasse (bezogen auf ^{12}C) 1,00797 ± 0,00001 (Schwankung auf Grund der natürlichen Änderung in der Isotopenzusammensetzung), Wertigkeit 1, Dichte 0,089870 · 10^{-3} g/cm^3 bei 0 °C und 760 Torr, Dichte des flüssigen W.s 0,07 g/cm^3 bei −252,8 °C, Schmelzpunkt −259,4 °C, Siedepunkt −252,8 °C, kritische Temperatur −239,9 °C, kritischer Druck 12,8 atm, kritische Dichte 0,031 g/cm^3, Normalpotential 0,00 V bei 25 °C (für $H_2 \rightleftarrows \frac{1}{2} H_2^+ + e$). Der Atomkern des Wasserstoffatoms besteht aus einem Proton, die Atomhülle aus einem Elektron. Die möglichen Zustände des Elektrons bei seiner Bewegung unter dem Einfluß der Wechselwirkung mit dem Proton und äußeren Feldern beschreibt die Quantentheorie (→ Einelektronenproblem). Das Bohr-Sommerfeldsche Atommodell (→ Atommodell) gibt unter Verwendung klassischer Vorstellungen und zusätzlicher Quantenbedingungen ein anschauliches Bild von der Struktur des W.s.

Man unterscheidet zwei Arten von Wasserstoffmolekülen, den *Parawasserstoff* mit antiparallelen Kernspins und den *Orthowasserstoff* mit parallelen Kernspins.

wasserstoffähnliches Ion, Ion, dessen Elektronenhülle nur ein Elektron enthält (→ Einelektronenproblem).

Wasserstoffbindung, svw. Wasserstoffbrückenbindung.

Wasserstoffbrückenbindung, *Wasserstoffbindung, Wasserstoffbrücke, H-Brücke*, die Wechselwirkung zwischen einer Gruppe X−H (*Protonendonator*) und einer Gruppe Y (*Protonenakzeptor*): X−H···Y. Die W. beruht auf der Wirkung → zwischenmolekularer Kräfte. Sie wird vor allem bei Verbindungen beobachtet, die OH-, NH- oder andere Gruppen enthalten, in denen ein Wasserstoffatom mit besonders elektronegativen und kleinen Atomen verbunden ist. Die Wechselwirkungsenergie einer W. kann bis zu 10 kcal/mol betragen und liegt damit beträchtlich über den für die sonstigen zwischenmolekularen

Wechselwirkungen gefundenen Werten. Treten W.en zwischen verschiedenen Gruppen innerhalb eines Moleküls auf, so spricht man von *intramolekularen W.en.* Das Zustandekommen einer W. X – H ··· Y läßt sich auf den stark polaren Charakter der X – H-Gruppe zurückführen, die, mit dem positiven Ende am H-Atom, elektronegative Atome Y, z. B. Sauerstoff, Stickstoff, zu sich heranzieht. Die relativ zu den Dipol-Dipol-Wechselwirkungen sehr viel stärkere Wechselwirkung der W. hängt damit zusammen, daß wegen des kleinen H-Atoms eine besonders gute Annäherung der Dipole möglich ist.

Wasserstoffion, ein → Ion des Wasserstoffs. 1) Das *negative W.* H^- entsteht durch Anlagerung eines Elektrons an ein neutrales Wasserstoffatom. Die Elektronenaffinität des Wasserstoffatoms beruht darauf, daß noch ein weiteres Elektron in den tiefsten Quantenzustand eingebaut werden kann, was z. B. beim Heliumatom nicht möglich ist. Die Ionisationsenergie des H^--Atoms beträgt 0,75 eV. Das H^--Atom entsteht durch → Umladung beim Durchgang positiver W.en durch eine Metallfolie, z. B. Nickel: $H^+ + Ni \rightarrow H^- + Ni^{2+}$.

2) Das *positive W.* H^+ ist das → Proton.

Wasserstoff-Konvektionszone, → Sonne.

Wasserstofflampe, → Gasentladungslichtquelle.

Wasserstoffmaser, → Atomuhr.

Wasserstoffmolekül, das einfachste und kleinste aller neutralen Moleküle. Es ist quantenmechanisch relativ einfach zu berechnen und verkörpert den Prototyp der kovalenten Bindung (→ chemische Bindung, → Valenzstruktur-Methode).

Wasserstoffmolekülion, einfach positiv geladenes Ion H_2^+ des Wasserstoffmoleküls. Es besteht aus zwei Protonen und einem Elektron und läßt sich als Zweizentrenproblem quantenmechanisch exakt berechnen.

Wasserstoffradius, *Bohrscher W.*, → Atommodell, → universelle Naturkonstanten.

Wasserstoff-Skala, ursprüngliche Bezeichnung der thermodynamischen → Temperaturskala.

Wasserstoffspektrum, das Spektrum des Wasserstoffgases. Es wird durch eine in feuchtem Wasserstoffgas ablaufende Glimmentladung oder mittels Hochfrequenzanregung erzeugt. In Entladungsrohren mit Elektroden wird durch lange, enge Kapillaren die Rekombination der Wasserstoffatome zu Molekülen an den Elektroden verhindert (R. W. Wood) und so das Linienspektrum angeregt, das von den freien Wasserstoffatomen herrührt. Andernfalls entsteht das Wasserstoffmolekülspektrum (Viellinienspektrum).

Man unterscheidet verschiedene Arten von Wasserstoffspektren: 1) Das Linienspektrum, das eine einfache Gesetzmäßigkeit der Linienwellenzahlen zeigt. Zur Berechnung der Wellenlängen der Einzellinien hat J. J. Balmer eine Formel für die reziproken Wellenlängen experimentell gefunden: $\lambda^{-1} = R_H(1/n^2 - 1/m^2)$ (*Balmer-Formel*). Hierbei bedeuten λ^{-1} die Wellenzahl der einzelnen Spektrallinien in cm^{-1}, R_H die Rydbergsche Konstante für Wasserstoff mit dem Wert $1{,}09677759 \cdot 10^5\ cm^{-1}$, n und m alle ganzen positiven Zahlen. Die Zahl m muß stets größer sein als die eine Serie charakterisierende Zahl n. Mit größer werdendem m häufen sich die Spektrallinien und laufen für $m \rightarrow \infty$ der Seriengrenze $\lambda^{-1} = R_H/n^2$ zu. $R_H/n^2 = -E_n/(h \cdot c)$ sind die spektroskopischen → Terme, deren Differenzen die Wellenzahlen der Spektrallinien ergeben, E_n die nach der Quantentheorie möglichen diskreten Energiezustände des Wasserstoffatoms, h das Plancksche Wirkungsquantum und c die Lichtgeschwindigkeit.

Setzt man in der Balmer-Formel für n und m bestimmte Zahlenwerte ein, so erhält man folgende Serien des W.s (Abb. 1): Für $n = 1$,

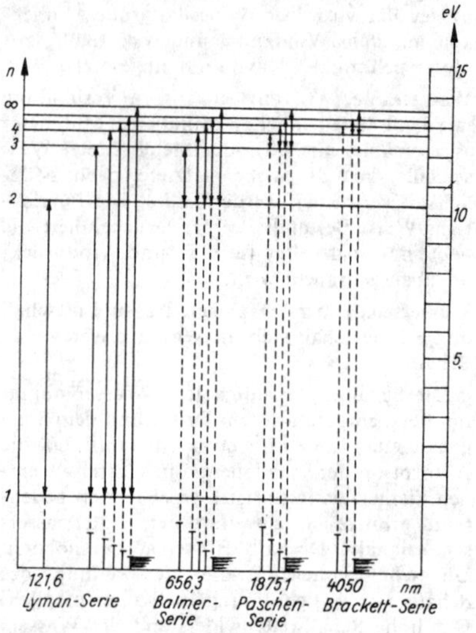

1 Termschema des Wasserstoffatoms

$m = 2, 3, \ldots$ ergeben sich die Wellenzahlen der Linien der *Lyman-Serie* (Ly_α, Ly_β usw.), die vollständig im vakuumultravioletten Gebiet liegt. Sie besteht aus den Strahlungskombinationen der angeregten Wasserstoffzustände mit dem Grundzustand. Deshalb erscheint diese Serie in Wasserstoffatomgas schon bei niedriger Temperatur in Absorption. Strahlt man die Linien dieser Serie in Wasserstoffatomgas ein, so werden die gleichen Frequenzen in Fluoreszenz allseitig emittiert (*Resonanzfluoreszenz*). Das niedrigste Glied der Lyman-Serie ($n = 1$, $m = 2$) liegt bei der Wellenlänge 121,6 nm und stellt die eigentliche Resonanzlinie des Wasserstoffatoms dar. Nach der Anregung durch Elektronenstoß haben die Atome eine mittlere Anregungsdauer von etwa 10^{-8} s, bevor sie spontan unter Lichtemission in den Grundzustand zurückfallen. Für die Anregungen der Ly_α-Linie müssen die Elektronen eine Mindestenergie von 10,2 eV haben. Die Seriengrenze der Lyman-Serie hat die Wellenzahl $\lambda_g^{-1} = R_H$, die Wellenlänge beträgt 91,2 nm. An die Seriengrenze schließt sich nach kurzen Wellen ein Gebiet mit kontinuierlich verteilten Emissions- bzw. Absorptionsfrequenzen, das *Grenzkontinuum*, an. Seine Intensität nimmt mit wachsendem Abstand von der Seriengrenze monoton ab.

Für $n = 2$, $m = 3, 4, \ldots$ erhält man aus der Balmer-Formel die Wellenzahlen der *Balmer-Serie.* Ihr erstes Glied ($n = 2$, $m = 3$) gibt die rote Wasserstofflinie H_α mit $\lambda = 656{,}3$ nm. Die weiteren Linien dieser Serie liegen im Grünblau, Blau, Violett, Ultraviolett, die Seriengrenze bei $\lambda_g^{-1} = R_H/2^2$, ihre Wellenlänge beträgt 364 nm. Die nächstfolgende Wasserstoffserie mit $m = 3$, $n = 4, 5, \ldots$ ist die *Paschen-Serie* (zuweilen auch *Ritz-Paschen-Serie* genannt). Sie verläuft fast völlig im Infrarot: Ihre erste Linie liegt bei 1875,1 nm, die Seriengrenze bei $\lambda_g^{-1} = R_H/3^2 = 12\,186\ \mathrm{cm}^{-1}$, $\lambda = 823$ nm. Weiter im infraroten Bereich liegen noch folgende Serien: die *Brackett-Serie* mit $m = 4$, $n = 5, 6, \ldots$ (erste Linie bei 4,05 μm); die *Pfund-Serie* mit $m = 5$, $n = 6, 7, \ldots$ (erste Linie bei 7,4 μm) und eine Serie mit $m = 6$, $n = 7, 8, \ldots$ (erste Linie bei 11,7 μm). Bisher wurden unter möglichst ungestörten Bedingungen der Atome im Laboratorium (Hochfrequenzanregung) sowie in Sternatmosphären Zustände des Wasserstoffatoms bis $n = 40$ beobachtet.

2) Kontinuierliche Spektren, die sich an den Seriengrenzen anschließen und vom positiven Wasserstoffion und von dem abgetrennten Elektron herrühren. 3) Ein Viellinienspektrum im Sichtbaren und Ultravioletten, das von den Molekülen H_2 und H_2^+-Ionen herrührt. 4) Kontinuierliche Spektren im Ultravioletten, die vom H_2-Molekül stammen. 5) Ein intensives Kontinuum im Infraroten, Sichtbaren und nahen Ultraviolett, dessen Erzeuger das negative Wasserstoffion H^- ist.

Feinstruktur der Wasserstofflinien. Mit hochauflösenden Spektralapparaten beobachtet man, daß die Linien des Wasserstoffatoms eine → Feinstruktur haben. Das Wasserstoffatom hat infolge des Elektronenspins $s = 1/2$ seines Elektrons ein *Dublettspektrum*, die entsprechende Feinaufspaltung der Terme ist im Energieschema für die rote Wasserstofflinie H_α dargestellt (Abb. 2). Danach besteht H_α aus 7 Kom-

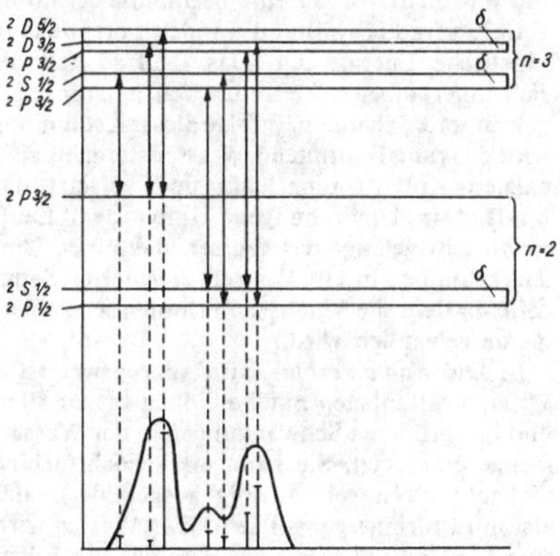

2 Feinstruktur der Wasserstofflinie $H\alpha$ bei 656,3 nm. δ Lamb-Verschiebung

ponenten; experimentell wurden jedoch nur 3 Komponenten einwandfrei getrennt. Die Theorie der Feinstruktur beim Wasserstoffatom wurde nach der alten Quantentheorie relativistisch von Sommerfeld, später unter Einbeziehung des Elektronenspins nach der Diracschen Theorie des Elektrons behandelt. Letztere führte zu der Formel für die Wasserstoffterme $T_{n,j} = RZ^2/n^2 + R\alpha^2(Z^4/n^4)\cdot[n/(j+1/2) - 3/4]$. Hierbei ist $j = l \pm 1/2$, $l = 0, 1, 2, \ldots$ die Quantenzahl für den Bahndrehimpuls des Elektrons, $\alpha = 1/137$ die Sommerfeldsche Feinstrukturkonstante, Z die Kernladungszahl, n die Hauptquantenzahl, j die oft als innere Quantenzahl bezeichnete Quantenzahl für den Betrag des aus Bahndrehimpuls und Spin zusammengesetzten Gesamtdrehimpulses des Elektrons.

Optische Beobachtungen mit erhöhter Genauigkeit führten schon 1939 zu der Vermutung (Houston, Pasternack), daß im Niveau $n = 2$ zwischen den Feinstrukturtermen $^2S_{1/2}$ und $^2P_{1/2}$, die die gleiche Energie haben sollten, eine Termdifferenz von $0{,}03\ \mathrm{cm}^{-1}$ vorhanden sei. Ende der 40er Jahre wurde diese Termdifferenz von Lamb und Retherford mittels hochfrequenzspektroskopischer Methoden mit großer Genauigkeit gemessen. Die Versuchsanordnung bestand in einem Wasserstoffatomstrahl, von dem ein kleiner Teil der Atome durch Elektronenbeschuß in den Zustand $n = 2$ angeregt wurde. Die Atome im Zustand $^2S_{1/2}$ sind metastabil, weil sie nach der Auswahlregel $\Delta L = \pm 1$ nicht mit dem Grundzustand kombinieren dürfen. Sie haben daher im angeregten Zustand eine Lebensdauer von etwa 10^{-3} s, in der sie noch als angeregte Atome eine Metallfläche erreichen, aus der sie auf Grund ihrer Anregungsenergie Elektronen herausschlagen. Ein Wechselfeld der Frequenz, die gleich der Frequenzdifferenz der beiden Zustände $S_{1/2}$ und $P_{1/2}$ ist, überführt Atome aus dem metastabilen in den instabilen Zustand $^2P_{1/2}$, so daß bei dieser Frequenz der Elektronenstrom am Auffänger abfällt. Die Versuche ergaben für die Termdifferenz einen Termabstand von 1056,2 MHz, in Wellenzahlen $\Delta\lambda^{-1} = 0{,}0352\ \mathrm{cm}^{-1}$, um die $^2S_{1/2}$ höher liegt als $^2P_{1/2}$ (*Lamb-Verschiebung*). Theoretisch wurde die Lamb-Verschiebung von Bethe u. a. aus der Quantenelektrodynamik auf einen Einfluß des Strahlungsfeldes auf die Energieniveaus der Atomhülle zurückgeführt. Sie existiert auch bei höheren Wasserstoffzuständen und ist ungefähr proportional zu n^{-3}.

Hyperfeinstruktur des Grundzustandes. Der Kern des Wasserstoffatoms, das Proton, hat einen Kernspin $I = 1/2$ und ein magnetisches Moment $\mu_p = +2{,}79$ Kernmagnetonen (Hyperfeinstruktur von Atomlinien). Zwischen dem Elektron und dem Kern besteht eine magnetische Wechselwirkung. Das Proton und das Elektron können mit ihren Spins entweder parallel (Gesamtdrehimpulsquantenzahl für Kern und Elektron $F = 1$) oder antiparallel ($F = 0$) stehen. Die beiden Zustände unterscheiden sich energetisch um den Betrag der Hyperfeinaufspaltung des Wasserstoffgrundzustandes. Die Frequenzdifferenz beträgt $\Delta\nu = 1420{,}4058 \pm 0{,}00006$ MHz. Diese Aufspaltung ist nur verträglich mit der Annahme eines magnetischen Moments des Elektrons von $1{,}001\,146 \pm 0{,}000\,012$ Bohrschen Magnetonen (*anomales magnetisches Moment des Elektrons*). Auch diese Abweichung vom Wert 1 Bohrsches Magneton, den das magnetische Moment des Elektrons nach der Diracschen Theorie haben sollte, ist aus der Quantenelektrodynamik hergeleitet worden.

Zwischen den Hyperfeinniveaus des Wasserstoffgrundzustandes gibt es strahlende Übergänge durch magnetische Dipolstrahlung. Die

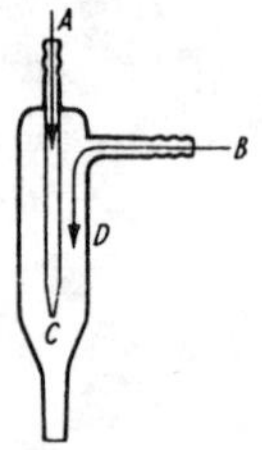

Wasserstrahlpumpe

dabei emittierte Wellenlänge ist die in Wasserstoff enthaltenden Gebieten des Kosmos emittierte Strahlung der Wellenlänge 21,1049 cm.

Wasserstrahlpumpe, Vakuumpumpe für geringes Vakuum. Ihr Arbeitsprinzip wurde von Bunsen angegeben. Ein Wasserstrahl entströmt mit großer Geschwindigkeit einer sich verjüngenden Düse. Die innerhalb des Mantels eingeschlossenen Luftmoleküle werden von dem Wasserstrahl mitgerissen und auf diese Weise in die atmosphärische Außenumgebung gedrückt. Für die aus dem Mantel abgeführte Luft strömt Ersatz aus dem zu evakuierenden Gefäß durch den Stutzen *A* nach. Der erreichbare Enddruck hängt von der Form der Düse *C* und dem Dampfdruck des Wassers ab, der bei Leitungswasser von 15 °C etwa 15 Torr beträgt. W.n sind die einfachsten und billigsten Vakuumpumpen, sie werden aus Glas, Metall oder Kunststoff hergestellt. Besonders geeignet sind sie für Arbeiten in Laboratorien, bei denen nur ein geringes Vakuum benötigt wird. Für Arbeiten mit aggressiven Substanzen werden W.n aus Kunststoff verwendet.

Wasserturbine, eine Kraftmaschine, in der die mechanische Energie des durch Rohrleitungen oder offene Gerinne zugeleiteten Wassers auf ein rotierendes Laufrad übertragen wird. Für die Wasserkraftnutzung ist nur die potentielle Energie des Wassers von praktischer Bedeutung; die kinetische Energie, gekennzeichnet durch die Fließgeschwindigkeit, ist demgegenüber vernachlässigbar klein. Die Leistung ist eine Funktion aus Wasserstrom und Fallhöhe.

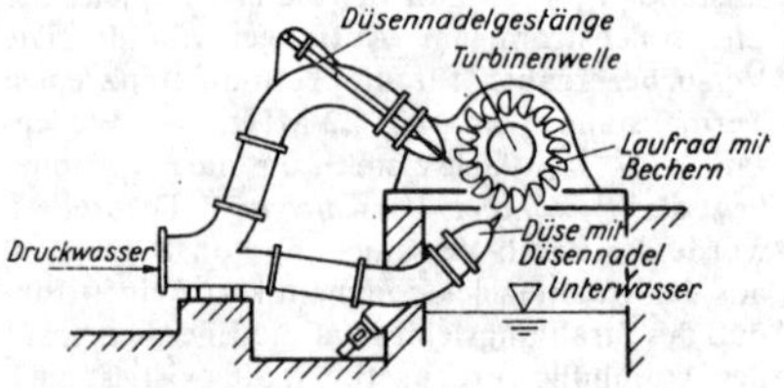

1 Peltonturbine

W.n können eingeteilt werden in Gleich- und Überdruckturbinen. 1) Bei *Gleichdruckturbinen* erfolgt die Umsetzung der potentiellen Energie bereits vor dem Laufrad. Der Hauptvertreter dieser Art ist die *Peltonturbine* (Abb. 1), die mit Fallhöhen von 100 bis etwa 2000 m arbeitet. Das zuströmende Wasser tritt durch eine oder mehrere Düsen mit großer Geschwindigkeit aus und trifft als freier Strahl tangential auf ein Rad, das am Umfang becherförmige Schaufeln mit einer Schneide in der Mitte trägt (Peltonrad). Hierdurch wird der Wasserstrahl in zwei Halbstrahlen zerteilt, die die Schaufelmulden durchfließen und ihre Energie an das Laufrad abgeben. Nach dem Austritt aus den Schaufeln fällt das Wasser frei in den Untergraben. 2) Bei *Überdruckturbinen* geht im Gegensatz zu den Gleichdruckturbinen die Umsetzung der potentiellen Energie im Laufrad vor sich. a) Die *Francisturbine* (Abb. 2) eignet sich für Fallhöhen

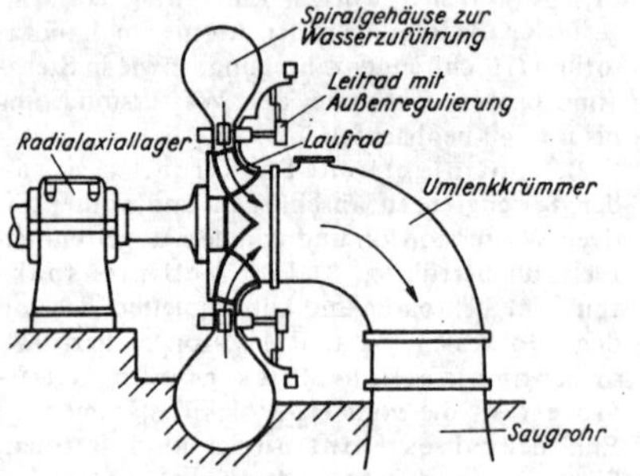

2 Francisturbine (Spiralturbine)

bis etwa 450 m, wobei sie bis 15 m als Schachtturbine und darüber als Spiralturbine ausgeführt wird. Bei der Schachtturbine strömt das Wasser zunächst in einen Betonschacht, bei der Spiralturbine in ein Spiralgehäuse. Im Inneren des Schachtes oder des Spiralgehäuses befindet sich das Leitrad, ausgeführt als Kranz mit schräggestellten drehbaren Schaufeln. Das Leitrad gibt dem Wasser eine bestimmte Richtung zum Laufrad (Drall) und wandelt potentielle in kinetische Energie um. Das Laufrad befindet sich innerhalb des Leitrades und hat räumlich gekrümmte Schaufeln. Infolge dieser Krümmung wird das radial eintretende Wasser stetig bis zum axialen Austritt umgelenkt und versetzt das Laufrad in Umdrehungen. Hinter dem Laufradaustritt gelangt das Wasser über einen Umlenkkrümmer in ein konisch erweitertes Saugrohr, in dem die kinetische in potentielle Energie umgewandelt wird.

b) Die *Kaplanturbine* wird vorzugsweise für Wasserkraftanlagen mit Fallhöhen bis zu 80 m und mit größeren Schwankungen in der Wassermenge eingesetzt. Sie kann als Schachtturbine (Schacht meist spiralförmig ausgebildet) oder als Spiralturbine gebaut sein. Das Wasser wird dem Laufrad über ein Leitrad radial zugeführt. Nach dem Leitrad durchströmt es einen schaufellosen Ringraum, in dem es in axiale Richtung umgelenkt und dem Laufrad, das verstellbare Schaufeln trägt, zugeführt wird. Nach dem Austritt wird die noch vorhandene kinetische Energie zur Verbesserung des Wirkungsgrades in potentielle Energie rückgewandelt. Neuerdings werden Kaplanturbinen als Rohrturbinen ausgeführt (Abb. 3).

Lit. Quantz u. Meerwarth: Wasserkraftmaschinen. Einführung in Wesen, Bau und Berechnung von Wasserkraftmaschinen und Wasserkraftanlagen

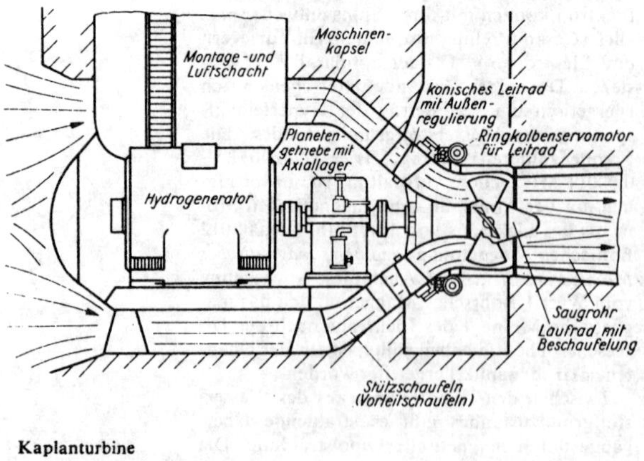

Kaplanturbine

(11. Aufl. Berlin, Göttingen, Heidelberg 1963); Raabe: Hydraulische Maschinen und Anlagen T12 W.n – Fragen der Konstruktion und des Betriebsverhaltens (Düsseldorf 1970); Witte: Handb. der Energiewirtschaft, Bd 2 (Berlin 1963).

Wasserwaage, alte Bezeichnung für → Richtwaage.

Wasserwellen, → Oberflächenwellen.

Wasserwert, die gesamte → Wärmekapazität einer Apparatur bei kalorimetrischen Messungen, die im allgemeinen aus einem Gefäß, Thermometer u. a. besteht. Der W. W eines Kalorimeters ist durch die Summe der W.e derjenigen Kalorimeterteile, deren Temperatur sich während der Messung ändert, gegeben: $W = \Sigma mc$. Dabei bedeuten m die Massen und c die spezifischen Wärmekapazitäten der Einzelteile.

Watsonsche Regel, Regel für das Verhältnis der Verdampfungswärmen H_V einer Flüssigkeit bei zwei verschiedenen Temperaturen T_1 und T_2: $(\Delta H_V)_1/(\Delta H_V)_2 = [(1 - T_{r1})/(1 - T_{r2})]^{0,38}$. Hierbei sind T_{r1} und T_{r2} die den Temperaturen T_1 und T_2 entsprechenden reduzierten Temperaturen T/T_{krit}.

Watt, W, gesetzliche abgeleitete SI-Einheit der Leistung. Vorsätze erlaubt. 1) Das Watt ist die Leistung eines gleichmäßig ablaufenden Vorgangs, bei dem in der Zeit 1 s die Arbeit 1 J verrichtet wird. 2) Das Watt ist die elektrische Leistung eines Stromes der Stärke 1 A in einem Leiter, an dessen Enden die Spannung 1 V herrscht. Zur Angabe von elektrischen Scheinleistungen ist der Name Voltampere (V · A), von elektrischen Blindleistungen der Name Var (var) zulässig. 3) Das Watt ist der Strahlungsfluß der spektralen Dichte $1\ W/m^2 \cdot sr$ auf einer Fläche von $1\ m^2$ in den Raumwinkel 1 sr. $1\ W = 1\ J/s = A \cdot V = 1\ m^2 \cdot kg \cdot s^{-3}$.

Wattmeter, svw. elektrischer Leistungsmesser.

Wattsekunde, W · s, Ws, SI-Einheit für Arbeit und Energie. Eigenname ist Joule (J). Vorsätze erlaubt. $1\ W \cdot s = 1\ J = 1\ N \cdot m = 1\ m^2 \cdot kg \cdot s^{-2}$.

Wattstunde, W · h, Wh, inkohärente Einheit der Arbeit. Vorsätze erlaubt. $1\ W \cdot h = 3{,}6 \cdot 10^3\ J$.

Wb, → Weber.

Wb/A, → Henry.

Wbm, Wb · m, → Webermeter.

We, → Weberzahl.

Weber, Wb, **1)** gesetzliche abgeleitete SI-Einheit des magnetischen Flusses. Vorsätze erlaubt. Das Weber ist der magnetische Fluß, der in einer ihn umschlingenden Windung die elektrische Spannung 1 V induziert, wenn er während der Zeit 1 s gleichmäßig auf Null abnimmt. $1\ Wb = 1\ V \cdot s = 1\ N \cdot m/A = 1\ m^2 \cdot kg \cdot s^{-2} \cdot A^{-1}$.

2) SI-Einheit der magnetischen Polstärke nach Coulomb. Das Weber ist die Coulombsche magnetische Polstärke eines Pols, auf den in einem magnetischen Feld der Feldstärke 1 A/m die Kraft 1 N ausgeübt wird.

Weber durch Ampere, svw. Henry.

Weber-Fechnersches-Gesetz, → Lautstärke.

Webermeter, Wb · m, Wbm, SI-Einheit des magnetischen Momentes nach Coulomb. Vorsätze erlaubt. Das Webermeter ist das Coulombsche magnetische Moment von zwei entgegengesetzt gleichen magnetischen Polen der Polstärke 1 Wb im Abstand 1 m. $1\ Wb \cdot m = 1\ m^3 \cdot kg \cdot s^{-2} \cdot A^{-1}$.

Weberzahl, We, eine → Kennzahl, das Verhältnis von Trägheitskraft zu Oberflächenspannungskraft in Strömungen: $We = \varrho \cdot c^2 \cdot l/C$; dabei bedeuten ϱ die Dichte, C die Kapillarkonstante des Strömungsmediums, c die Geschwindigkeit, l die charakteristische Länge. Die W. ist von Bedeutung für die Blasenbildung und den Zerfall von Flüssigkeitsstrahlen (→ Geschwindigkeitsziffer).

Wechselgröße, svw. Wechselstromgröße.

Wechselrichter, ein elektrisches Gerät (→ Stromrichter) zum direkten Umformen von Gleichstrom in ein- oder mehrphasigen Wechselstrom. Man verwendet dazu steuerbare → elektrische Ventile, die in der Schaltung so kombiniert und wechselweise auf- und zugesteuert werden, daß dem Wechselstromverbraucher Ströme geliefert werden, deren Polarität periodisch umgeschaltet wird. Ist der Verbraucher ein Wechselstromnetz, in das von einer Gleichstromenergiequelle eingespeist werden soll, so muß durch eine geeignete stetige Umsteuerung der elektrischen Ventile der zeitliche Verlauf des wechselgerichteten Stromes der Sinusform angenähert werden. Die Steuerung selbst muß von dem Wechselstromnetz her synchronisiert werden, um Übereinstimmung der Phasenlagen zu erzielen. Für diesen starkstromtechnischen Anwendungsfall werden ausschließlich mit Quecksilberdampf gefüllte Gasentladungsventile (→ elektrisches Ventil) verwendet.

In der Schwachstromtechnik benützt man W. insbesondere, um aus Gleichstromquellen geringer Spannung, z. B. aus elektrochemischen Elementen, Einphasenwechselspannungen zu erzeugen, die mitunter bis zu einigen 1000 V betragen können. Als steuerbare elektrische Ventile verwendet man dafür vorzugsweise Transistoren in Sperrschwingerschaltung, die eine rechteckförmige Wechselspannung liefert; diese wird anschließend mit einem Transformator auf die gewünschte Ausgangsspannung hochtransformiert.

Wechselsatz, → Atomspektren.

Wechselstrom, ein elektrischer → Strom, dessen Stärke und Richtung sich im Gegensatz zum → Gleichstrom periodisch mit der Zeit ändern. Das arithmetische Mittel der Augenblickswerte eines W.s ist Null. Als Periode eines W.s wird der Zeitabschnitt T bezeichnet, nach dessen Ablauf sich der gleiche Vorgang wiederholt. Die Periodenzahl je Sekunde ist die Frequenz $f = \frac{1}{T}$, ihre Einheit ist das Hertz (Hz).

Periodische Vorgänge beliebiger Kurvenform lassen sich in eine Reihe periodischer Schwingungen zerlegen (Fourier-Analyse). Es wird deshalb unterschieden zwischen einwelligen Sinusströmen und mehrwelligen Strömen, d. h. Strömen, die sich aus einer Reihe von Sinusströmen zusammensetzen lassen. Als *Grundwelle* wird diejenige Sinuswelle bezeichnet, deren Periodendauer mit derjenigen des gegebenen periodischen Vorgangs übereinstimmt. *Oberwellen* oder *Oberschwingungen* sind Sinuswellen mit kleinerer Periodendauer, d. h. mit höheren Frequenzen.

Ein reiner sinusförmiger W. läßt sich durch die Gleichung $i = I \sin(\omega t + \varphi)$ darstellen. Dabei ist i der Augenblickswert des Wechselstroms, $\check{I}$ der Scheitelwert oder die Amplitude, $\omega = 2\pi f$ die Kreisfrequenz, t die Zeit und φ der Phasen(verschiebungs)winkel. Für eine einzige Wechselstromgröße kann $\varphi = 0$ gesetzt werden, da die Zeitzählung beliebig gewählt werden kann. Bei Vorhandensein mehrerer Wechselstromgrößen müssen die Phasenverhältnisse beachtet werden, und φ ist unentbehrlich zur Festlegung der gegenseitigen Phasenbeziehungen.

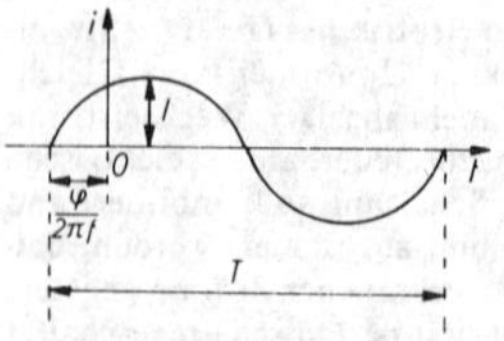

Zeitlicher Verlauf eines Wechselstromes

Der Effektivwert, das ist der quadratische Mittelwert eines W.s, ergibt sich zu $I_{\text{eff}} = \check{I}/\sqrt{2}$. Er ist dadurch gekennzeichnet, daß er in der Zeiteinheit in einem Widerstand R die gleiche Wärmemenge erzeugt wie ein Gleichstrom der Größe $I_0 = I_{\text{eff}}$. Der Augenblickswert eines mehrwelligen Stromes ist $i = \check{I}_1 \sin(\omega t + \varphi_1) + \check{I}_2 \sin(2\omega t + \varphi_2) + \check{I}_3 \sin(3\omega t + \varphi_3) + \cdots$ und der zugehörige Effektivwert

$$I_{\text{eff}} = \sqrt{\frac{\check{I}_1^2 + \check{I}_2^2 + \check{I}_3^2 + \cdots}{2}}.$$

Die üblichen technischen Wechselstromfrequenzen liegen zwischen 40 und 60 Hz (in Europa 50 Hz, in den USA 60 Hz). Für die Wahl dieser Frequenz war maßgebend, daß bei Glühlampen kein Flimmern bemerkbar sein darf ($f > 30$ Hz). Für reine Kraftanlagen, z. B. für den Betrieb elektrischer Bahnen, wird oft W. mit Frequenzen von 15, $16^2/_3$ und 25 Hz verwendet.

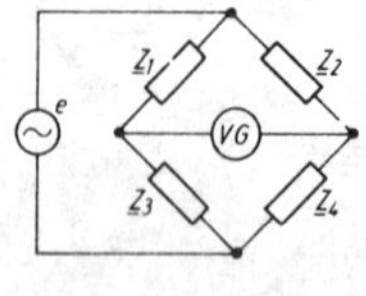

Allgemeine Wechselstrombrücke. $\underline{Z}_1$ bis $\underline{Z}_4$ komplexe Wechselstromwiderstände, *VG* Vibrationsgalvanometer, *e* Wechselspannungsquelle

Wechselstrombogen, mit Wechselspannung betriebene Bogenentladung.

Wechselstrombrücke, Meßbrückenschaltung zum Bestimmen von Wechselstromwiderständen (Abb.). W.n enthalten mindestens einen Zweig mit komplexen Widerständen, wobei die Art der Vergleichsimpedanz dem Meßzweck entspricht. Für die W. in allgemeiner Form gilt als Abgleichbedingung $\underline{Z}_1/\underline{Z}_2 = \underline{Z}_3/\underline{Z}_4$ und hiernach $\underline{Z}_1\underline{Z}_4 = \underline{Z}_2\underline{Z}_3$ und $\varphi_1 + \varphi_4 = \varphi_2 + \varphi_3$ mit den Impedanzen $\underline{Z}_1$ bis $\underline{Z}_4$ und den Phasenwinkeln φ_1 bis φ_4. Bei den W.n ist besonders auf Maßnahmen gegen störende Induktivitäten und Kapazitäten zu achten. Zu den W.n gehört auch die → Schering-Brücke.

Wechselstromentladung, elektrische Gasentladung, die mit Wechselspannung gespeist wird. Da Katode und Anode ständig im Rhythmus der Wechselspannung ihre Rollen vertauschen, verläuft der Mechanismus der Gasentladung hierbei wesentlich anders als bei Gleichstromentladungen. Die bei Gleichstromentladungen so bedeutungsvollen katodennahen Entladungsteile büßen ihre Vorzugsstellung ein. Außerdem sind Geometrie und Material der Elektroden bei W.en nur von geringem Einfluß. *Hochfrequenzentladungen* (Abb.) kann die Spannung nicht nur über gewöhnliche Elektroden, sondern auch elektrodenlos zugeführt werden. Die Ionisation des Gases erfolgt dann durch induktive oder kapazitive Ströme von außen her.

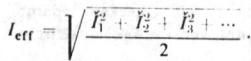

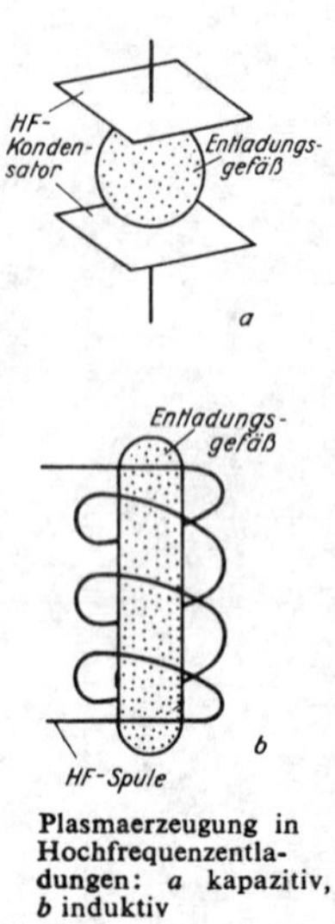

Plasmaerzeugung in Hochfrequenzentladungen: *a* kapazitiv, *b* induktiv

Wechselstromgröße, *Wechselgröße,* in der Elektrotechnik im weiteren Sinne zeitlich veränderliche Größe (Strom, Spannung, Feld), deren Mittelwert Null ist; im engeren Sinne eine zeitlich periodisch verlaufende Größe, deren Mittelwert über eine volle Periode Null ist. Bestimmungsgrößen der W. sind Augenblickswert, Scheitelwert, Effektivwert, Frequenz u. a. Die positiven und negativen Größtwerte (Scheitelwerte, Maximalwerte) der Wechselgröße sind gleich groß. Der Effektivwert ist der quadratische Mittelwert einer W., z. B. der Effektivwert der elektrischen Stromstärke $I_{\text{eff}} = \sqrt{\overline{i^2}} = \sqrt{\frac{1}{T}\int i^2\,\mathrm{d}t} = \check{I}\cdot\sqrt{\overline{\sin^2 \omega t}} = \check{I}/\sqrt{2}$. Dabei sind i der Augenblickswert der Stromstärke und T die Periodendauer. Der Scheitelfaktor gibt das Verhältnis des Scheitelwerts einer W. zum Effektivwert an, der Formfaktor wird als Verhältnis des Effektivwerts zum arithmetischen Mittelwert einer Halbwelle zur Beurteilung der Kurvenform der W. herangezogen. Am häufigsten werden in der Elektrotechnik zeitlich sinusförmige Größen angewendet. Weichen W.n vom zeitlich sinusförmigen Verlauf ab, so spaltet man oft durch eine Fourier-Zerlegung die Grundwelle ab und zieht zur näherungsweisen Berechnung das Betriebsverhalten elektrischer Stromkreise oder elektrischer Geräte heran. Für eine sinusförmige W. $a = \check{a}\cos(\omega t + \varphi_a)$ wird der Effektivwert $A = \check{a}/\sqrt{2}$. Dabei bedeuten a den Augenblickswert oder Momentanwert, $\check{a}$ den Maximalwert (Amplitude); $\omega = 2\pi \cdot f$, wobei f die Frequenz ist; φ_a ist der Phasenwinkel. $\sqrt{2}$ ist der Scheitelfaktor. Für eine Rechteckkurve wird der Scheitelfaktor 1 und für eine Dreieckkurve $\sqrt{3}$, seine Größe ist für die Beurteilung der Beanspruchung der Isolation wichtig. In der Wechselstromtechnik werden meist nur die für die Leistungs- und Energieumsetzung wichtigen Effektivwerte der Ströme und Spannungen genannt. Sie werden von den wichtigsten Meßgeräten (Weicheisenmeßwerk, Hitzdrahtmeßwerk u. a.) direkt angezeigt.

Häufig wird in der Wechselstromtechnik mit komplexen Größen gerechnet. Für den komplexen Augenblickswert $\underline{a}$ gilt $\underline{a} = \check{a}[\cos(\omega t + \varphi_a) + \mathrm{j}\sin(\omega t + \varphi_a)] = \check{a}\mathrm{e}^{\mathrm{j}\varphi_a} \cdot \mathrm{e}^{\mathrm{j}\omega t}$. Im Gegensatz zur Schreibweise der Mathematik ist, um Verwechslungen mit der Stromstärke i zu vermeiden, $\mathrm{j} = \sqrt{-1}$ eingesetzt worden. Den Augenblickswert erhält man durch $a = \mathrm{Re}\,\{\underline{a}\}$. Die Darstellung erfolgt in der komplexen Ebene (→ Zeigerdiagramm), wobei entweder der ruhende Amplitudenzeiger $\check{\underline{A}} = \check{a}\mathrm{e}^{\mathrm{j}\varphi_a}$ oder häufiger der ruhende Effektivwertzeiger $\underline{A} = \frac{\check{a}}{\sqrt{2}}\mathrm{e}^{\mathrm{j}\varphi_a}$ aufgezeichnet wird. Die Zeigerlänge (Betrag) gibt die Amplitude bzw. den Effektivwert an. Unter der Voraussetzung gleicher Frequenz ist die Phasenverschiebung zwischen Spannung $\underline{U}$ und Stromstärke $\underline{I}$ bei einem Zweipol (z. B. einem Verbraucher) zeitlich konstant und beträgt φ. Als *komplexer Widerstand* (*Wechselstromwiderstand, Impedanz,* wenig zutreffend auch *Scheinwiderstand* genannt) wird $\underline{Z} = R + jX = \underline{U}/\underline{I}$ eingeführt, mit dem *Wirkwiderstand R* als Realteil, der, solange der Skineffekt keine Rolle spielt, gleich dem *Gleichstromwiderstand* ist, d. h. dem ohmschen Widerstand bei Gleichstrom, und dem *Blindwiderstand X* (*Reaktanz*) als Imaginärteil, → Wechselstromwiderstände. Der reziproke Wert des Wechselstromwiderstandes heißt *Scheinleitwert*, der des Wirkwiderstands *Leitwert* und der der Reaktanz *Blindleitwert*.

Die → *Wechselstromleistung* wird im Wechselstromkreis erzeugt und verbraucht.

Wechselstromkompensator, → Kompensator.

Wechselstromleistung, die elektrische Leistung eines Wechselstromes. Die *Momentanleistung* $p(t)$ ergibt sich aus dem Produkt $u \cdot i$ der Momentanwerte von Strom und Spannung. Mit $u = \check{U} \sin(\omega t + \varphi)$ und $i = \check{I} \sin \omega t$ folgt $p(t) = \check{U}\check{I} \sin \omega t \sin(\omega t + \varphi)$. Dabei sind $\check{U}$ bzw. $\check{I}$ die Amplituden von Spannung und Strom, $\omega = 2\pi \cdot f$ ist die Kreisfrequenz des Wechselstroms, φ gibt die Phasenverschiebung zwischen Spannung und Strom an.

Die *Wirkleistung* P_W ergibt sich durch Mittelung der Momentanleistung $p(t)$ über eine Periode T: $P_W = (1/T) \int_0^T p(t)\, dt = (1/2)\, \check{U}\check{I} \cos \varphi$.

Führt man die Effektivwerte $U_{eff} = \check{U}/\sqrt{2}$ und $I_{eff} = \check{I}/\sqrt{2}$ für Spannung und Strom ein, so ergibt sich $P_W = U_{eff} \cdot I_{eff} \cdot \cos \varphi$. Man bezeichnet dabei $\cos \varphi$ als → Leistungsfaktor. Die Wirkleistung P_W ist maximal, wenn $\varphi = 0$ ist, wenn also Spannung und Strom in Phase sind. P_W wird Null für $\varphi = \pm\pi/2$, d. h. für reine induktive oder kapazitive Belastung des Wechselstromkreises.

Als *Blindleistung* P_B bezeichnet man die Größe $P_B = U_{eff} \cdot I_{eff} \sin \varphi$.

Unter *Scheinleistung* P_S versteht man den Ausdruck $P_S = U_{eff} \cdot I_{eff} = \sqrt{P_W^2 + P_B^2}$.

Der mathematische Zusammenhang zwischen Scheinleistung, Wirkleistung und Blindleistung wird einprägsam durch das Leistungsdreieck verdeutlicht (Abb.). Die entsprechenden Zerlegungen von Stromstärke und Spannung in der komplexen Ebene definieren *Wirkstrom* und *Blindstrom* bzw. *Wirkspannung* und *Blindspannung*.

In der Wechselstromtechnik werden außer der Einheit Watt (W), die hier insbesondere die Einheit der Wirkleistung darstellt, die Einheiten Voltampere (VA) für Scheinleistungen und Var (var), früher auch häufig Blindwatt (bW) genannt, für die Angabe von Blindleistungen verwendet.

Soweit W.en nicht absichtlich hervorgerufen werden, werden sie auch oft *Wechselstromverluste* oder *Wechselstromverlustleistungen* genannt.

Wechselstrommaschine, → elektrische Maschine.

Wechselstromrechnung, → komplexe Wechselstromrechnung, → Wechselstromgröße.

Wechselstromverluste, 1) → Wechselstromleistung.

2) *W. in Supraleitern* treten beim Belasten von Supraleitern mit Wechselstrom oder bei Anwesenheit von Supraleitern in magnetischen Wechselfeldern auf und können durch einen Ersatzwiderstand beschrieben werden. *Supraleiter 1. Art* haben unterhalb einer Frequenz ν des Wechselfeldes bzw. Wechselstroms, die mit der Energielücke 2Δ durch die Beziehung $h\nu = 2\Delta$ verknüpft ist, sehr geringe W., da die Energie der Strahlungsquanten dort nicht zum Aufbrechen der Cooper-Paare genügt. Die unterhalb dieser Frequenz vorhandenen sehr geringen W. sind im wesentlichen durch Oberflächeninhomogenitäten bedingt und können durch sorgfältige Vorbehandlung der Oberfläche praktisch zum Verschwinden gebracht werden (→ Oberflächenimpedanz). *Supraleiter 2. Art* haben wesentlich größere W. als Supraleiter 1. Art, wenn das Wechselfeld die untere kritische Feldstärke H_{c1} überschreitet. Es setzt dann Flußfließen ein, wobei sich die W. durch die Wirbelstromdämpfung im normalleitenden Kern der sich bewegenden Flußschläuche ergeben.

Nichtideale Supraleiter 2. Art weisen noch höhere W. auf, die mit der Hysterese der Magnetisierungskurve verknüpft sind. Sie sind der von der Magnetisierungskurve umschlossenen Fläche und der Frequenz des Wechselfeldes bzw. Wechselstroms proportional. Da die von der Magnetisierungskurve umschlossene Fläche wiederum den geometrischen Abmessungen des nichtidealen Supraleiters 2. Art proportional ist, kann man durch feine Unterteilung auch bei nichtidealen Supraleitern 2. Art zu tragbaren W.n kommen.

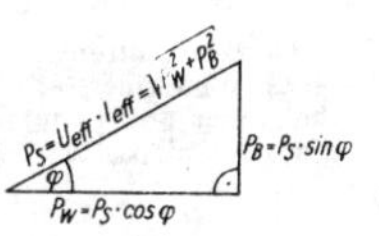

Wechselstromleistung. Leistungsdreieck

Wechselstromwiderstände, die in einem Wechselstromkreis auftretenden Wirkwiderstände, induktiven Widerstände von Spulen und kapazitiven Widerstände von Kondensatoren.

1) *Wirkwiderstand.* Fließt durch den Wirkwiderstand R ein Wechselstrom $i = \check{I} \cos \omega t$, so liegt an ihm die Spannung $u_R = Ri = R\check{I} \cos \omega t$

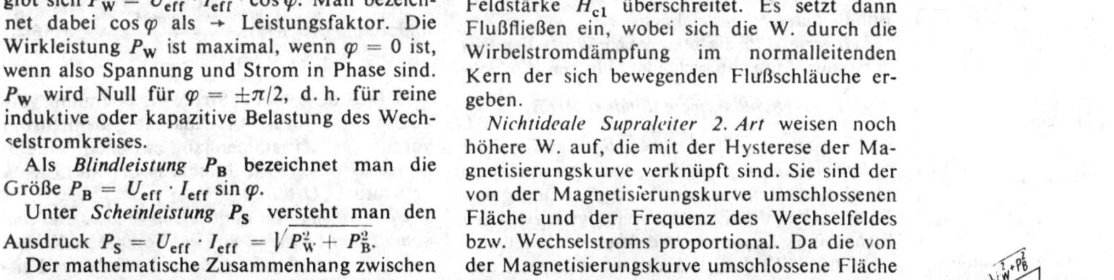

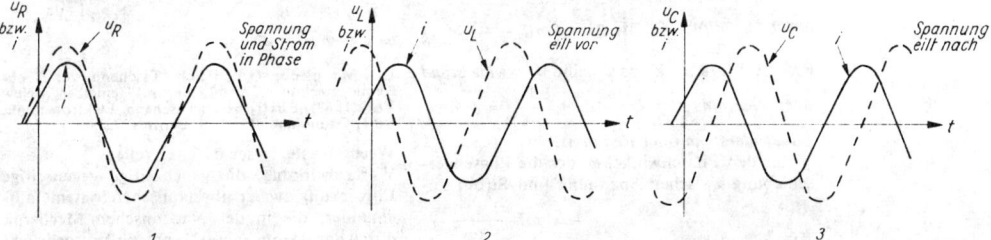

Wechselstromwiderstände. *1* **Verlauf von Spannung und Strom am Wirkwiderstand** R. *2* **Verlauf von Spannung und Strom am induktiven Widerstand** ωL. *3* **Verlauf von Spannung und Strom am kapazitiven Widerstand** $\frac{1}{\omega C}$

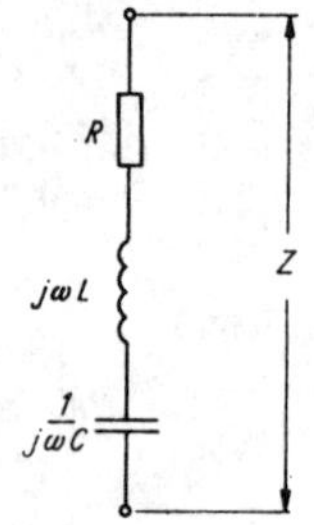

4 Reihenschaltung eines Wirkwiderstandes, einer Spule und eines Kondensators

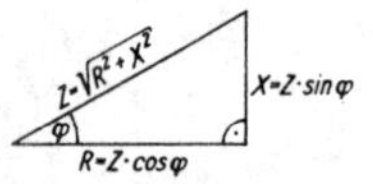

5 Widerstandsdreieck

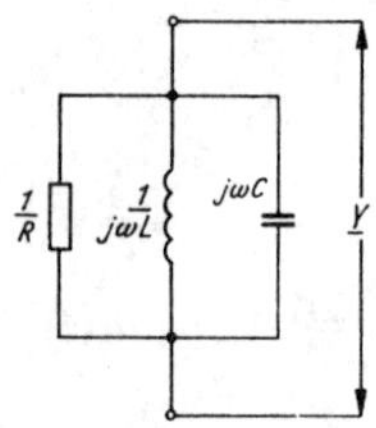

6 Parallelschaltung eines Wirkwiderstandes, einer Spule und eines Kondensators

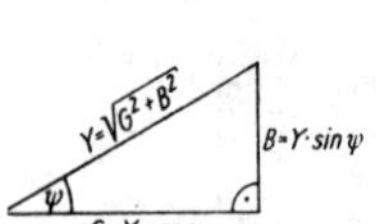

7 Leitwertdreieck

$\equiv \check{U}_R \cos \omega t$. $\check{I}$ und $\check{U}_R$ sind die Amplituden (Maximalwerte, Spitzenwerte) von Strom bzw. Spannung, ω ist die Kreisfrequenz des Wechselstroms. Beim Wirkwiderstand sind also Strom und Spannung in Phase (Abb. 1), und es gilt für die Amplituden $\check{U}_R = R \cdot \check{I}$.

2) *Induktiver Blindwiderstand.* Schaltet man eine Spule der Induktivität L in den Kreis, so liegt an ihr die Spannung $u_L = L \dfrac{di}{dt} = -\omega L \check{I} \cdot \sin \omega t = \omega L \check{I} \cos(\omega t + \pi/2) \equiv \check{U}_L \cos(\omega t + \pi/2)$. Die Spannung eilt daher dem Strom um $\pi/2$ oder 90° voraus (Abb. 2), und für die Amplituden gilt $\check{U}_L = \omega L \check{I}$. Eine Induktivität L im Wechselstromkreis besitzt infolgedessen einen Wechselstromwiderstand $X_L = \omega L$, den man als induktiven Blindwiderstand oder Induktanz bezeichnet.

3) *Kapazitiver Blindwiderstand* oder *Kapazitanz.* An einem Kondensator C, durch den ein Strom $i = \check{I} \cos \omega t$ fließt, liegt die Spannung $u_c = \dfrac{1}{C} \int i \, dt = \dfrac{1}{\omega C} \check{I} \sin \omega t = \dfrac{1}{\omega C} \check{I} \cos(\omega t - \pi/2) \equiv \check{U}_c \cos(\omega t - \pi/2)$. Die Spannung eilt dem Strom um $\pi/2$ oder 90° nach (Abb. 3). Für die Amplituden gilt $\check{U}_c = \dfrac{1}{\omega C} \check{I}$. Ein Kondensator stellt daher einen Wechselstromwiderstand $X_C = \dfrac{1}{\omega C}$ dar, den man als kapazitiven Blindwiderstand bezeichnet.

Leitwerte sind die reziproken Werte der Widerstände. Man unterscheidet zwischen *Wirkleitwert* $G = 1/R$, *induktivem Blindleitwert* $B_L = \dfrac{1}{\omega L}$ und *kapazitivem Blindleitwert* $B_C = \omega C$.

Reihenschaltung von W.n. Der Gesamtwiderstand einer Reihen- oder Parallelschaltung von W.n sowie die Phasenbeziehungen zwischen Strom und Spannung werden zweckmäßigerweise mit Hilfe der → komplexen Wechselstromrechnung ermittelt. Bei der Reihenschaltung von W.n ergibt sich der komplexe Gesamtwiderstand als Summe der komplexen Teilwiderstände.

Schaltet man einen Wirkwiderstand R, eine Spule der Induktivität L und einen Kondensator der Kapazität C in Reihe (Abb. 4), so findet man für den *komplexen Gesamtwiderstand* $\underline{Z} = R + j\omega L + \dfrac{1}{j\omega C} \equiv R + jX \equiv Ze^{j\varphi}$, wobei $j = \sqrt{-1}$ die imaginäre Einheit darstellt. Sein Absolutwert Z wird *Scheinwiderstand* oder *Impedanz* genannt: $Z = \sqrt{R^2 + \left(\omega L - \dfrac{1}{\omega C}\right)^2} = \sqrt{R^2 + X^2}$. $R = Z \cos \varphi$ heißt *Wirkwiderstand* oder *Resistanz* und $X = \omega L - \dfrac{1}{\omega C} = Z \sin \varphi$ *Blindwiderstand* oder *Reaktanz.*

Für den Phasenwinkel φ, der die Phasenverschiebung zwischen Spannung und Strom angibt, erhält man $\varphi = \arctan \dfrac{\omega L - \dfrac{1}{\omega C}}{R} = \arctan X/R$. Ist $\varphi > 0$, so eilt die Spannung dem Strom voraus, bei $\varphi < 0$ ist es umgekehrt.

Zur Veranschaulichung des zusammengesetzten Wechselstromwiderstands dient das *Widerstandsdreieck* (Abb. 5), an dem der Zusammenhang der einzelnen Größen klar wird. Trägt man die komplexen Widerstände als Zeiger in der komplexen Gaußschen Zahlenebene auf, so erhält man das Zeigerdiagramm der Widerstände (→ komplexe Wechselstromrechnung).

Parallelschaltung von W.n. Bei Parallelschaltung von W.n ergibt sich der komplexe Gesamtleitwert, also der reziproke komplexe Gesamtwiderstand, aus der Summe der komplexen Leitwerte der Teilwiderstände.

Eine Parallelschaltung von R, L, C (Abb. 6) hat den komplexen *Gesamtleitwert* $\underline{Y} = \dfrac{1}{R} + j\omega C + \dfrac{1}{j\omega L} = G + jB = Ye^{j\psi}$. Der Absolutwert Y wird als *Scheinleitwert* oder *Admittanz* bezeichnet: $Y = \sqrt{\dfrac{1}{R^2} + \left(\omega C - \dfrac{1}{\omega L}\right)^2} = \sqrt{G^2 + B^2}$. Dabei heißt $G = \dfrac{1}{R} = Y \cos \psi$ *Wirkleitwert* oder *Konduktanz* und $B = \omega C - \dfrac{1}{\omega L} = Y \sin \psi$ *Blindleitwert* oder *Suszeptanz.*

Für den Phasenwinkel ψ, der die Phasenverschiebung von Strom und Spannung angibt, findet man $\psi = \arctan \dfrac{\omega C - \dfrac{1}{\omega L}}{\dfrac{1}{R}} = \arctan \dfrac{B}{G}$.

Ist $\psi > 0$, so eilt der Strom der Spannung voraus, bei $\psi < 0$ eilt die Spannung dem Strom voraus. Der Zusammenhang zwischen den einzelnen Größen wird durch das *Leitwertdreieck* verdeutlicht (Abb. 7).

Umrechnung von komplexem Widerstand und komplexem Leitwert. Soll ein komplexer Widerstand $\underline{Z} = R + jX$ in einen komplexen Leitwert $\underline{Y} = G + jB$ umgerechnet werden oder umgekehrt, so kann dies nach folgenden Beziehungen erfolgen:

komplexer Widerstand $\xleftrightarrow{\underline{Z} = \underline{Y}^{-1}}$ komplexer Leitwert

$\underline{Z} = R + jX = Ze^{j\varphi}$	$\underline{Y} = G + jB = Ye^{j\psi}$
$R = \dfrac{G}{G^2 + B^2}$	$G = \dfrac{R}{R^2 + X^2}$
$X = -\dfrac{B}{G^2 + B^2}$	$B = -\dfrac{X}{R^2 + X^2}$
$Z = \dfrac{1}{\sqrt{G^2 + B^2}}$	$Y = \dfrac{1}{\sqrt{R^2 + X^2}}$
$\varphi = -\psi$	$\psi = -\varphi$

Lit. Meinke u. Gundlach: Taschenb. der Hochfrequenztechnik (3. Aufl. Berlin, Heidelberg, New York 1968); Philippow: Taschenb. Elektrotechnik, Bd 1, Grundlagen (3. Aufl. Berlin 1972).

Wechselwelle, → seismische Welle.

Wechselwirkung, die gleichzeitige gegenseitige Einwirkung zweier physikalischer Systeme aufeinander, die in der Newtonschen Mechanik durch das Axiom „actio = reactio“ ausgedrückt wird. Die W. läßt die Bewegung eines mit dem System B in Zusammenhang stehenden Systems A nicht nur als Folge der einseitigen Einwirkung von B auf A, sondern auch umgekehrt der Einwirkung von A auf B erscheinen und die Bewegung beider Systeme nur im Zusammenhang erklären. So ist z. B. die Bewegung der Planeten nicht nur abhängig von der Anziehungskraft der Sonne (und der anderen Planeten), sondern sie beeinflußt auch deren Bewegung (→ Kepler-Bewegung, → Himmelsmechanik).

In der nichtrelativistischen Physik kann die W. zweier Systeme durch die Kräfte, die sie aufeinander ausüben, charakterisiert werden. Diese werden entweder, wie z. B. in der Newtonschen Mechanik, als Fernkräfte aufgefaßt, da die W. augenblicklich, d. h. mit unendlicher Geschwindigkeit, übertragen wird, oder aber, z. B. in der Hydromechanik, als Nahkräfte verstanden, die die W. zwischen entfernten Objekten als Folge einer Kette von Kraftwirkungen unmittelbar benachbarter Objekte, d. h. mit endlicher Ausbreitungsgeschwindigkeit, übertragen, und man spricht demgemäß von einer *Fern-* bzw. *Nahwirkungstheorie*. In der relativistischen Physik erweist sich die Ausbreitungsgeschwindigkeit der W. als endlich, d. h., auch im Fall sich diskret im Raume bewegender Punktteilchen erfolgt die W. nicht augenblicklich, so daß man zur Einführung physikalisch realer Felder gezwungen ist, die sich ohne stofflichen Träger, d. h. im Vakuum, fortpflanzen können. Jede Feldtheorie, z. B. die Elektrodynamik, ist daher eine Nahwirkungstheorie.

Eine W. wird als *lokale W.* oder *Punktwechselwirkung* bezeichnet, wenn sie in jedem Raum-Zeit-Punkt $x = (\vec{r}, t)$ unabhängig von allen anderen Punkten $x' = (\vec{r}', t')$ eingeführt werden kann, andernfalls heißt sie *nichtlokale W.*

Die lokale W. verschiedener Felder oder auch eines Feldes mit sich selbst (*Selbstwechselwirkung*) wird durch eine in jedem Raum-Zeit-Punkt definierte *Wechselwirkungsdichte*, d. i. die Hamilton- bzw. Lagrange-Dichte $\mathcal{H}_W(x)$ bzw. $\mathcal{L}_W(x)$ der W., beschrieben (→ Feldtheorie), in die die Produkte der Felder und/oder deren Ableitungen am Punkt x und ferner eine (oder mehrere) für die Stärke der W. charakteristische Konstanten, die *Kopplungs-* oder *Wechselwirkungskonstanten*, eingehen. Sind die Kopplungskonstanten für alle an der speziellen W. beteiligten Systeme gleich, spricht man von *universeller W.* Die *Wechselwirkungsenergie* des gesamten Systems ergibt sich bei lokaler W. als das zeitabhängige Integral $H_W(t) = \int \mathcal{H}_W(x)\,d\tau$ über den ganzen dreidimensionalen Raum bzw. das von den wechselwirkenden Systemen eingenommene Volumen. Die Beschreibung nichtlokaler W.en erfordert eine zusätzliche Kenntnis über die Art der Nichtlokalität, etwa in Form einer Einflußfunktion $K(x_1, x_2, x_3, \ldots)$, die angibt, in welcher Weise die Felder $\Phi_2(x_2)$, $\Phi_3(x_3)$ usw. an den Punkten $x_2, x_3, \ldots$ auf das Feld $\Phi_1(x_1)$ am Punkt x_1 einwirken, d. h., $H_W(x_1) = \int K(x_1, x_2, x_3, \ldots)\, \mathcal{H}_W(x_2, x_3, \ldots)\, dx_2\, dx_3 \ldots$ (→ nichtlineare Feldtheorie).

Die Wechselwirkungsdichte relativistischer Theorien müssen bei Lorentz-Transformationen kovariant sein (→ Lorentz-Kovarianz). Im allgemeinen sind die Wechselwirkungsdichten jedoch auch noch zusätzlich invariant gegenüber bestimmten Symmetrietransformationen (→ Symmetrie); die Invarianten dieser Transformationen entsprechen den bei der Bewegung der Systeme zeitlich konstanten Größen. Die W.en und ihre Symmetrieeigenschaften sind daher eigentlich die fundamentalen Objekte der physikalischen Untersuchung.

Heute kennt man im wesentlichen vier verschiedene elementare W.en: 1) die Gravitationswechselwirkung (→ Gravitation), die zwischen allen Systemen wirkt, die die Eigenschaft Energie (bzw. Masse, → Trägheit der Energie) haben, 2) die → elektromagnetische Wechselwirkung, der alle elektrisch geladenen Teilchen und das Photon unterliegen, 3) die → starke Wechselwirkung, der alle Hadronen, d. s. Baryonen und Mesonen, unterliegen, und 4) die → schwache Wechselwirkung, die zwischen allen Teilchen mit Ausnahme des Photons wirkt. Die Eigenschaften dieser W.en sind der untenstehenden Tab. zu entnehmen.

Dabei ist die Größenordnung der auf das Proton bezogenen Kopplungskonstanten bzw. der Wirkungsquerschnitte als Maß für die Stärke eingetragen, ferner Reichweite und Universalität der W. Die Dauer der W. bezieht sich auf die Stoßdauer zweier sich mit (nahezu) Lichtgeschwindigkeit bewegender Teilchen. Als Erhaltungsgrößen sind die Quantenzahlen elektrische Ladung Q, baryonische Ladung A, leptonische Ladung L, Isospin I und dessen dritte Komponente I_3, Hyperladung Y und die volle SU(3)-Symmetrie aufgeführt; charakteristisch ist, daß mit der Stärke auch die Zahl der erhaltenen Größen wächst. Die äußerst verschiedene Stärke der vier elementaren W.en ist wesentliche Voraussetzung für die Möglichkeit, sie (in erster Näherung) unabhängig voneinander zu untersuchen, obwohl viele Teilchen gleichzeitig mehreren W.en unterliegen. Wegen der außerordentlich schwachen Kopplungskonstanten wird die Gravitation in der Elementarteilchenphysik völlig außer acht gelassen; die Bedeutung der Gravitation bezieht sich daher auf makroskopische bzw. astronomische Systeme, wo insbesondere die ebenfalls unendlich reichweitige elektromagnetische W. infolge der nahezu vollständigen Neutralität dieser Systeme in hinreichend großen Entfernungen ausgeschaltet ist. Das Fehlen der Universalität im Fall der star-

Eigenschaften der Wechselwirkungen

Typ	Kopplungskonstante	Reichweite in cm	Universalität	Dauer in s	Wirkungsquerschnitt in barn	Erhaltungsgrößen Q	A	L	Y	I_3	I	SU(3)
Gravitation	10^{-39}	∞	ja			+	+	+	−	−	−	−
schwache W.	10^{-14}	?	ja	10^{-10}	10^{-44}	+	+	+	−	−	−	−
elektromagnetische W.	10^{-3}	∞	ja	10^{-21}	10^{-33}	+	+	+	+	+	−	−
mittelstarke W.	1	} 10^{-13}	nein	10^{-23}	10^{-25}	+	+	+	+	+	+	−
starke W.	15					+	+	+	+	+	+	+

ken W. deutet darauf hin, daß sich in diesem Bereich zwei W.en mit nahezu gleicher Kopplungskonstante überlagern. Ob diese Interpretation korrekt ist, ist bisher noch ungeklärt.

In der Physik der Elementarteilchen können die W.en nicht durch klassische Felder beschrieben werden, vielmehr sind diese zu quantisieren, d. h. durch den Teilchenaspekt zu ergänzen. So entspricht nicht nur jedem „Teilchen" ein Feld (→ Feldtheorie), sondern auch jedem, eine W. übertragenden Feld entspricht ein zugehöriges „Quant", so z. B. der elektromagnetischen W. das Photon und dementsprechend der starken W. die Mesonen; das als Quant der schwachen W. hypothetisch angenommene intermediäre Boson konnte bisher nicht nachgewiesen werden. Dabei stellte sich heraus, daß die Quanten ganzzahligen Spin und die eigentlichen elementaren Teilchen, abgesehen von den Resonanzen (oder gebundenen Zuständen), stets halbzahligen Spin haben. Die W. der Teilchen kann dann auch als Austausch realer oder virtueller Quanten verstanden werden (→ Austauschwechselwirkung), der insbesondere die strenge Erhaltung bestimmter Quantenzahlen verständlich werden läßt (→ Superauswahlregel).

Eine allgemeine Theorie der elementaren W.en, die zugleich eine Theorie der Elementarteilchen wäre, gibt es heute noch nicht. Die Quantenfeldtheorie liefert nach Anwendung eines besonderen Verfahrens (→ Renormierung) eine äußerst präzise Theorie der elektromagnetischen W. (→ Quantenelektrodynamik), sie ist in gewissen Grenzen auch im Fall der nichtrenormierbaren schwachen W. anwendbar; im Fall der starken W. wurden gute Erfolge im Rahmen der allgemeinen analytischen S-Matrix-Theorie, speziell der Dispersionsrelationen, erzielt. Vornehmlich die Symmetrieeigenschaften der W. werden in der Stromalgebra ausgenutzt, die auf der W. zwischen den verschiedenen Strom- und Ladungsdichten (→ Ladung) beruht; sie spielt vor allem in der schwachen W. eine Rolle, deren Wechselwirkungsdichte als Strom × Strom-Wechselwirkung
$\mathcal{H}_W = \sum_{\mu=0}^{3} \frac{G}{\sqrt{2}} (\mathcal{J}_\mu \mathcal{J}_\mu^+ + \mathcal{J}_\mu^+ \mathcal{J}_\mu)$ mit $\mathcal{J}_\mu = j_\mu + J_\mu$ schreiben läßt, wobei j_μ bzw. J_μ der leptonische bzw. hadronische Viererstrom ist.

Während die extrem kurzreichweitige starke und schwache W. nur in der hochenergetischen Elementarteilchenphysik (→ Hochenergiephysik) eine wesentliche Rolle spielt, ist die elektromagnetische W. wegen ihrer großen Reichweite auch und vor allem von großer Bedeutung für die Atom-, Molekül- und Festkörperphysik. In diesem Bereich der (nichtrelativistischen) Vielteilchenphysik treten vor allem Kollektiveffekte auf, die sich durch eine W. zwischen den Quasiteilchen beschreiben lassen.

Wechselwirkungsbild, *Tomonaga-Bild, Wechselwirkungsdarstellung, Tomonaga-Darstellung* spezielle Darstellung der Zeitabhängigkeit in der Quantentheorie wechselwirkender Systeme, wobei die Zeitabhängigkeit der Wellenfunktion allein durch den Hamilton-Operator der Wechselwirkung und die Zeitabhängigkeit der Operatoren durch den Hamilton-Operator des wechselwirkungsfreien Systems gegeben ist. Das W. stellt also eine Vermischung des Schrödinger- und des Heisenberg-Bildes (→ Quantenmechanik) dar. Sei $\hat{H} = \hat{H}_0 + \hat{H}_1$ der Hamilton-Operator des wechselwirkenden Systems, $\hat{H}_0$ der des freien Systems und $\hat{H}_1$ beschreibe die Wechselwirkung, dann gilt für den Zustandsvektor ψ im Schrödinger-Bild die Schrödinger-Gleichung $+ i\hbar \frac{\partial \psi}{\partial t} = (\hat{H}_0 + \hat{H}_1) \psi$. Mit dem Ansatz $\psi(t) = \hat{U}_0(t) \psi'(t)$, wobei $\hat{U}_0(t) = \exp\{-(i/\hbar) \hat{H}_0 t\}$ ist, ergibt sich für $\psi'(t)$ die Gleichung $i\hbar \frac{\partial \psi'}{\partial t} = \hat{H}_1'(t) \psi'(t)$ mit $\hat{H}_1' = \hat{U}_0^{-1}(t) \hat{H}_1 \hat{U}_0(t)$, und die Operatoren $\hat{A}'(t) = \hat{U}_0^{-}(t) \hat{A} \hat{U}_0(t)$ genügen der Heisenbergschen Bewegungsgleichung $d\hat{A}'/dt = (i/\hbar) [\hat{H}_0, \hat{A}'] + \partial \hat{A}'/\partial t$, wobei wegen der speziellen Form von $\hat{U}_0(t)$ die Gleichheit $\hat{H}_0' = \hat{H}_0$ gilt.

Das von Tomonaga und Schwinger entwickelte W. wird vor allem in der Quantenfeldtheorie angewandt, da es für den Fall, daß $\hat{H}_1$ nur eine kleine Störung des Systems bewirkt, eine vorteilhafte Ausführung der (zeitabhängigen) Störungstheorie ermöglicht. Es besteht allerdings die begründete Vermutung, daß die Operatoren des W.es im Hilbert-Raum $\mathfrak{H}$ des wechselwirkungsfreien Systems gar nicht existieren (→ axiomatische Quantentheorie), wie im W. vorausgesetzt wird. Trotzdem führte seine Verwendung in der Quantenelektrodynamik nach Ausführung einer zwar eindeutigen, jedoch von mathematischen Gesichtspunkten aus unbefriedigenden Renormierung zu überraschend guten Erfolgen.

Wechselwirkungsdarstellung, svw. Wechselwirkungsbild.

Wechselwirkungsdichte, → Wechselwirkung.

Wechselwirkungsenergie, → Wechselwirkung.

Wechselwirkungskonstanten, → Wechselwirkung.

Weglänge, 1) → optische Weglänge.

2) *freie W.*, → kinetische Theorie.

Wehnelt-Katode, Katode zur Erzeugung hoher Emissionsströme. W.-K.n sind Glühkatoden aus direkt oder indirekt geheizten Metallblechen, meist Nickel oder Platin, die mit einer Paste aus Bariumoxid unter Beigabe anderer Erdalkalioxide belegt sind. Nach vorangegangener „Formierung" liefert diese Oxidkatode bei relativ niedrigen Temperaturen (schwache Rotglut) eine erhebliche Elektronenemission.

Wehnelt-Zylinder, eine zylindrische Elektrode, die der Fokussierung eines aus einer Glühkatode austretenden Elektronenstromes dient. Der Zylinder umgibt die Katode und hat ihr gegenüber eine negative Vorspannung. Wird der W.-Z. in eine Lochblende umgeformt (Abb. 1), so wird die

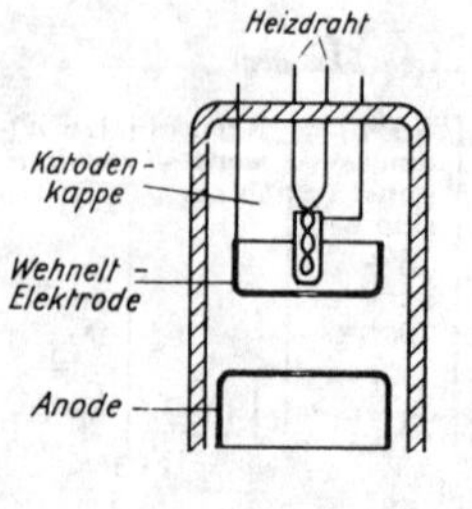

1 Elektronenkanone eines Katodenstrahloszillographen mit indirekt geheizter Oxidkatode

Elektronenstrahlintensität durch Variation der negativen Vorspannung an dieser zwischen Katode und Anode angeordneten Lochblende gesteuert, wobei deren Potentialvorhang unter gleichzeitiger Beeinflussung der Elektronenraumladung vor der Katode einen mehr oder weniger großen Emissionsbereich der Katode für das Strahlenbündel irisblendenartig freigibt. Wird die Wehnelt-Spannung an einem zwischen Hochspannungsquelle und Katode liegenden Widerstand abgegriffen, so ist der Strahlstrom automatisch stabilisiert. Wehnelt-Elektrode und Anode stellen im elektronenoptischen Sinn eine Immersionslinse dar, bei Wehnelt-Spannungen kurz vor der Sperrspannung wird das Elektronenstrahlbündel bereits in der Nähe des Glühfadens innerhalb des W.-Z.s in einem Brennfleck konzentriert. Durch spezielle Form der Wehnelt-Elektrode und Wahl der Spannungen kann man Elektrodenstrahlen für die verschiedenartigsten Verwendungszwecke erzeugen (Abb. 2) (→ Katodenstrahlröhre).

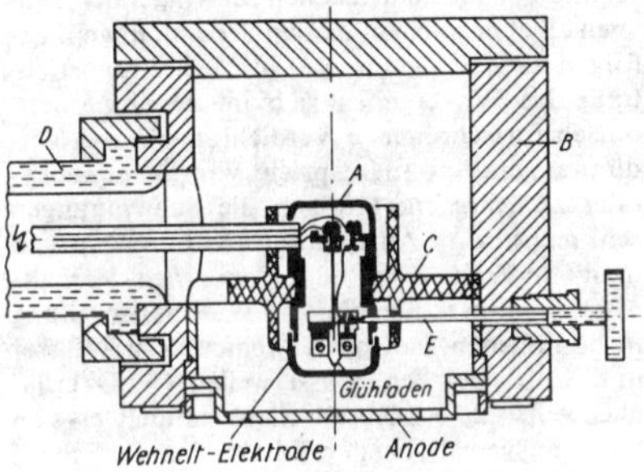

2 Ausführung einer Elektronenkanone für Hochspannungen bis 50 kV mit Haarnadelkatode (nach Boersch). *A* Katodensystem mit Wehnelt-Elektrode, *B* Gehäuse aus Aluminium, *C* Hochspannungsisolator aus Porzellan, *D* Hochspannungsdurchführung, *E* Quarzstab zum Justieren der Haarnadelkatode

Weicheiseninstrument, svw. Dreheiseninstrument.

weiches System, → nichtlineare Schwingungen.

Weichmachung, in der Plastchemie Vorgang, bei dem durch Zugabe niedermolekularer Substanzen zum hochpolymeren Produkt die molekulare Beweglichkeit von Makromolekülteilen vergrößert wird. Diese Beweglichkeitserhöhung kann durch eine Verkleinerung der Potentialschwellen, die den möglichen Platzwechseln im Polymeren entgegenstehen, interpretiert werden. Der Weichmachereinfluß ist einer Temperaturerhöhung analog, so daß sich die charakteristischen Dispersionsgebiete der mechanischen Verluste zu höheren Frequenzen verschieben. Die verminderte Härte bzw. Sprödigkeit ist meist mit einem Verlust an Festigkeit verbunden. Diese äußere W. hat den Nachteil, daß die niedermolekularen Zusätze ausdiffundieren können und das Material nach und nach wieder versprödet.

Eine als innere W. praktizierte Plastmodifizierung erfolgt über die polymere Kette selbst, wenn diese durch größere Seitenketten oder Seitengruppen nur noch einen lockeren sterischen Aufbau des polymeren Festkörpers zuläßt. Die Festigkeit nimmt dabei im allgemeinen nicht ab. Zu dieser Modifizierung werden die Verfahren der Ko- und Pfropfpolymerisation häufig eingesetzt.

Lit. Thinius: Chemie, Physik u. Technologie der Weichmacher (2. Aufl. Leipzig 1963).

Weigert-Effekt, 1) die Erzeugung von Anisotropien in Gelen durch linear polarisiertes Licht; 2) die durch die Interferenz des einfallenden Strahls mit dem an der Grenze Gelatine/Platte reflektierten Strahl verursachten Schwankungen der Schwärzung einer photographischen Emulsion in Richtung des einfallenden Lichtes.

Weingarten-Versetzung, → Somigliana-Versetzung.

Weinholdsches Gefäß, svw. Dewar-Gefäß.

Weißenberg-Aufnahme, → Bewegt-Film-Methoden.

Weißenberg-Effekt, auf das Wirken von Normalspannungen – Zugspannungen – zurückzuführender Effekt, der sich bei viskoelastischen Flüssigkeiten zeigt. Wird eine solche Flüssigkeit in ein Gefäß gebracht, in dem sich ein rotierender Stab befindet, kann ein Aufsteigen der Flüssigkeit längs des Stabes beobachtet werden. Bei der Verformung der Flüssigkeit treten außer den Schubspannungskomponenten noch Zugspannungsanteile längs der kreisförmigen Stromlinien auf, die auf die elastische Phase in dieser Flüssigkeit zurückzuführen sind. Die durch die Zugspannungen ausgelösten Kräfte schnüren die Flüssigkeit ab und drücken sie gegen die Zentrifugalkräfte nach innen und entgegen der Schwerkraft nach oben. Dieser Effekt wurde von Weißenberg vorausgesagt. Flüssigkeiten, die einen derartigen Effekt zeigen, werden auch Weißenbergsche Flüssigkeiten genannt, → Polymere. Der W.-E. läßt sich auch bei einer Stokesschen Flüssigkeit mit tensorieller Nichtlinearität, die durch einen Koeffizienten der Querviskosität charakterisiert wird, theoretisch nachweisen.

Weißer Zwerg, ein Stern mit äußerst kleinem Durchmesser, aber hoher effektiver Temperatur. Die Masse liegt in der Größenordnung der Sonnenmasse, der Radius aber in der Größenordnung der Planetenradien. Die mittlere Dichte mit etwa 10^5 g/cm^3 ist außerordentlich hoch. In einem Weißen Z. gehorcht der größte Teil der freien Elektronen nicht mehr der Zustandsgleichung des idealen Gases, sondern der der entarteten Materie. Nur in einer außerordentlich dünnen Atmosphäre herrschen die normalen Gasgesetze. Der Zustand eines Weißen Z.es wird im allgemeinen als Endzustand der Entwicklung eines normalen Sterns angesehen.

weißes Rauschen, 1) → Rauschen, 2) *weißes Spektrum,* → spektrale Amplitudenverteilung.

Weiß höherer Ordnung, → Interferenzfarben.

Weißkopf-Einheit, Einheit zur Angabe der Übergangswahrscheinlichkeit W je Zeiteinheit bzw. der Breite $\Gamma = \hbar W$ bei Gammaübergängen angeregter Atomkerne. W hängt außer von der Struktur der an den Übergängen beteiligten Niveaus sehr stark von der Energie E und der Multipolordnung L der Gammastrahlung und der Ordnungszahl Z des Kernes ab. Der Einfluß der Kernstruktur auf W kommt dann am besten zum Ausdruck, wenn die Abhängigkeit der Übergangswahrscheinlichkeit W von E, L

und Z eliminiert wird. Nach Weißkopf wird dazu W auf die Übergangswahrscheinlichkeit W_W eines Protons bezogen, das sich in einem zentralsymmetrischen rechteckigen Potentialtopf bewegt und dabei Gammastrahlung der entsprechenden Energie und Multipolordnung aussendet. W_W ist durch

$$W_W(EL) = 4{,}4 \frac{L+1}{L} \left(\frac{1}{(2L+1)!!} \right)^2 \times$$
$$\times \left[\frac{3}{3+L} \right]^2 \left[\frac{E}{197} \right]^{2L+1} R^{2L} \cdot 10^{21}\,\mathrm{s}^{-1}$$

für elektrische und

$$W_W(ML) = \frac{0{,}43}{R^2} W_W(EL)$$

für magnetische Multipolstrahlung der Ordnung 2^L gegeben und wird als W.-E. bezeichnet. Hierbei wird E in MeV angegeben, und R ist der Radius des Potentialtopfes in fm (dieser ist gleich dem angenommenen Kernradius). Hierbei ist allerdings zu beachten, daß die nach dem Einteilchenmodell berechneten γ-2^2-Übergangswahrscheinlichkeiten im Vergleich zu den experimentellen Werten für viele mittlere und schwere Kerne zu klein sind (→ Quadrupolstrahlung).

Weißsche Bezirke, *Elementarbezirke*, von P. Weiß 1907 hypothetisch vorausgesagte Volumenbereiche in ferro- und ferrimagnetischen Kristallen, in denen die atomaren magnetischen Momente infolge der → Austauschwechselwirkung ausgerichtet sind. Deshalb haben diese Bezirke ein magnetisches Gesamtmoment entsprechend der → spontanen Magnetisierung. Durch die Unterteilung eines Kristalls in W. B. erfolgt eine Verringerung der magnetostatischen Energie, und es kommt zur Ausbildung einer → Bezirksstruktur. Die Grenze zwischen zwei W.n B.n wird von einer → Bloch-Wand oder → Néel-Wand gebildet. Die W.n B. können experimentell mit der Methode der → Bitter-Streifen nachgewiesen werden.

Weißsche Indizes, → Indizes.

Weißsches inneres Feld, → Weißsche Theorie des Ferromagnetismus.

Weißsche Theorie des Ferromagnetismus, Vorstellung zur Erklärung der Existenz der spontanen Magnetisierung in Ferromagnetika unterhalb der Curie-Temperatur T_C und des Überganges zur magnetischen Sättigung beim Anlegen eines relativ kleinen äußeren Magnetfeldes.

Die W. T. d. F. beruht auf zwei Annahmen, die experimentell bestätigt sind, deren theoretische Klärung mit Hilfe der Quantenmechanik jedoch noch nicht völlig abgeschlossen ist.

1) Unterhalb T_C besteht der Ferromagnet aus kleinen spontan magnetisierten Bereichen, den *Weißschen Bezirken*, deren Magnetisierung verschieden orientiert ist. Der Übergang zur Sättigung kann deshalb bereits durch ein relativ kleines äußeres Magnetfeld erreicht werden, das lediglich diese Bezirke ausrichtet. 2) Die einzelnen Bereiche sind infolge eines sehr starken *Molekularfeldes*, des *Weißschen inneren Feldes*, spontan magnetisiert, d. h., innerhalb eines Bezirkes sind die magnetischen Momente der Atome ausgerichtet. Das Molekularfeld ist ein phänomenologisch eingeführtes Magnetfeld, das quantenmechanisch durch die Austauschwechselwirkung erklärt wird. Für Eisen liegt es in der Größenordnung von 10^7 A/cm.

weißverhüllt, → Farbenlehre.

Weitsichtigkeit, → Akkommodation.

Weitwinkelokular, → Okular.

Welle, eine sich räumlich ausbreitende Erregung, bei der Energie transportiert wird. W.n können als Ausbreitung einmaliger oder sich unter Umständen periodisch wiederholender Störungen der Teilchen eines bestimmten Mediums oder der Feldgrößen physikalischer Felder innerhalb eines Mediums oder des Vakuums verstanden werden; ihre Ausbreitungsgeschwindigkeit ist stets endlich (→ Feldtheorie). Bei einmaligen derartigen Vorgängen spricht man von *Schock-* oder *Stoßwellen*; sie treten z. B. bei Explosionen oder Funkenentladungen auf. Ist die Erregung streng periodisch, spricht man von W.n schlechthin. Die Ausbreitung der W.n in einem Medium als Träger erfolgt durch Anregung der Nachbarteilchen schwingender Teilchen zu ebensolchen lokalen Schwingungen. Erfolgen diese Schwingungen in Ausbreitungsrichtung der W., ergeben sich im Medium periodisch fortschreitende Verdichtungen und Verdünnungen, und man spricht von *Longitudinal-* oder *Längswellen*; erfolgen die Schwingungen senkrecht zur Ausbreitungsrichtung, spricht man von *Transversal-* oder *Querwellen*. Verhältnismäßig einfach erfolgt die Wellenausbreitung in homogenen, isotropen Medien, z. B. Wasser und Luft; bei den Wasserwellen (→ Oberflächenwellen 2, → Meereswellen) handelt es sich um Transversal-, bei den Schallwellen (→ Schall) um Longitudinalwellen. Die Ausbreitung elastischer Wellen in festen Körpern kann sowohl transversal als auch longitudinal erfolgen und ist bei → seismischen Wellen wegen der Anisotropien und Inhomogenitäten der Erde äußerst kompliziert. Die Ausbreitung zeitabhängiger Erregungen physikalischer Felder ist nicht an materielle Medien gebunden, sondern auch im Vakuum möglich. Bei den → elektromagnetischen Wellen schwingen sowohl elektrische als auch magnetische Feldstärke in den Punkten des felderfüllten Raumes; sie können nur als transversale W.n auftreten, d. h., die Feldvektoren stehen stets senkrecht auf der Ausbreitungsrichtung. Eine besondere Form elektromagnetischer W.n sind die Lichtwellen (→ Licht), deren Ausbreitung in der Optik untersucht wird. Sehr komplizierte Verhältnisse liegen bei der Ausbreitung elektrischer und magnetischer W.n im Plasma vor, die hier mit Schallwellen gekoppelt sein können (→ Plasmaschwingungen). Ähnlich wie beim elektromagnetischen Feld können sich Störungen des Gravitationsfeldes, d. h. der metrischen Potentiale $g_{\mu\nu}$, als → Gravitationswellen ausbreiten; ihre Existenz ist heute jedoch noch nicht eindeutig bewiesen. Elektromagnetische W.n und Gravitationswellen breiten sich mit der Lichtgeschwindigkeit c aus; die ihnen nach der Quantentheorie zuzuordnenden Teilchen haben daher die Ruhmasse Null. Umgekehrt können auch den Teilchen mit von Null verschiedener Ruhmasse, z. B. Elektronen oder Protonen, bestimmte Materiefelder und entsprechende Materiewellen zugeordnet werden (→ Wellentheorie der Materie, → Dualismus von Welle und Korpuskel).

Erfolgt die Schwingung der Teilchen oder Felder bei transversalen W.n nur in einer Richtung des Raumes, der Polarisationsrichtung, so heißt die W. linear polarisiert; eine Polarisation kann bei allen physikalischen Feldern auftreten, die nicht durch skalare Feldgrößen beschrieben werden. Bei Materiewellen ist die Polarisation durch die Richtung des Spins der zugehörigen Teilchenströme gegeben.

Als *Wellenfläche* oder *-front* bezeichnet man die jeweils zusammenhängenden Flächen aller derjenigen Punkte des Raumes, die sich im gleichen Schwingungszustand befinden, d. h. in (gleicher) Phase schwingen. Wenn die Wellenflächen Ebenen, konzentrische Kugeln oder Zylinder sind, spricht man von ebenen W.n (Planwellen), Kugelwellen oder Zylinderwellen (s. u.). Die Ausbreitung der W. läßt sich als Veränderung der Wellenfläche erklären, d. h. bei der ebenen W. als Verschiebung, bei der Kugel- und Zylinderwelle durch Ausweitung der Wellenfläche. Da benachbarte Wellenflächen W lokal, d. h. innerhalb hinreichend kleiner Volumina V, stets als eben angesehen werden können (Abb. 1), kann man auch eine lokale, senkrecht auf der Wellenfläche stehende Ausbreitungsrichtung einführen, die mit deren Normale, der *Wellennormale* $\vec{n}$, zusammenfällt. Der zu ein und derselben Zeit t in Ausbreitungsrichtung bestehende Abstand zweier Wellenflächen des gleichen Schwingungszustandes, d. h. gleicher Phase, wird *Wellenlänge* λ genannt. Die → Frequenz ν der W. gibt an, wieviele Wellenflächen gleicher Phase an einem raumfesten Punkt in 1 s vorbeiwandern. Die mit der Phasengeschwindigkeit identische Ausbreitungsgeschwindigkeit v der W. ist $v = \lambda \cdot \nu$. Als Kreisfrequenz bezeichnet man $\omega = 2\pi\nu$. Als *Wellenzahl* bezeichnet man den Kehrwert der Wellenlänge $(1/\lambda)$, d. i. die Anzahl ganzer W.n, die auf eine Längeneinheit kommen; sie ist der Frequenz direkt proportional: $1/\lambda = \nu/v$. Neben dieser vor allem in der Spektroskopie üblichen Definition der Wellenzahl bevorzugt man bei theoretischen Untersuchungen statt dessen $k = 2\pi/\lambda$ als Wellenzahl, so daß $k = \omega/v$ gilt. Der Vektor $\vec{k} = k\vec{n}$ ($\vec{n}$ ist der Einheitsvektor der Wellennormale bzw. Ausbreitungsrichtung) wird dann als *Wellenzahlvektor* bezeichnet; er ist streng genommen nur für ebene W.n oder nur lokal, d. h. als Funktion des Ortes, $\vec{k} = \vec{k}(\vec{r})$, definiert. Die Schwingungsdauer T einer W. ist die zum Vorbeilaufen einer ganzen Wellenlänge an einem Punkt benötigte Zeit $T = 1/\nu = 2\pi/\omega$.

Die Ausbreitung der W.n wird im allgemeinen Fall durch eine komplizierte partielle Differentialgleichung vom hyperbolischen Typ oder ein System von solchen für die entsprechende schwingungsfähige, vom Ort $\vec{r}$ und der Zeit t abhängende physikalische Größe oder deren Komponenten, die im folgenden mit $u(\vec{r}, t)$ bezeichnet werden, beschrieben. Die einfachsten Verhältnisse liegen in homogenen, isotropen Medien oder im Vakuum vor. Sind die Schwingungen von u zudem ungedämpft, dann wird die Ausbreitung dieser ungedämpften W.n durch die d'Alembertsche Wellengleichung

$$\Box\, u(\vec{r}, t) \equiv \Delta u(\vec{r}, t) - \frac{1}{v^2}\frac{\partial^2 u(\vec{r}, t)}{\partial t^2} = 0$$

beschrieben, wobei Δ der Laplace-Operator ist; die allgemeinste Lösung dieser Gleichung ist $u(\vec{r}, t) = u(\vec{k}\vec{r} - \omega t)$, wobei $u(q)$ noch eine beliebige Funktion von $q = \vec{k}\vec{r} - \omega t$ ist; q ist die Phase der W. Ist die Zeitabhängigkeit in der Form $e^{\pm i\omega t}$ bzw. $\sin \omega t$ oder $\cos \omega t$ gegeben, so spricht man von *harmonischen W.n.* Eine beliebige ungedämpfte W. kann stets als geeignete Überlagerung harmonischer W.n mit im allgemeinen verschiedenen Amplituden dargestellt werden. Die Zeitabhängigkeit ungedämpfter W.n ist nicht harmonisch (→ Schwingung).

Die verschiedenen Wellentypen, die sich durch die Gestalt ihrer Wellenflächen unterscheiden, ergeben sich bei entsprechender Erregung des homogenen isotropen Mediums oder der Felder. Ebene W.n ergeben sich bei gleichartiger Erregung, d. h. mit fester Phase, in einer Ebene (oder im unendlich fernen Punkt), Zylinderwellen bei gleichartiger Erregung längs einer Geraden und Kugelwellen bei Erregung in einem (endlichen) Punkt des Raumes; sie sind jeweils Lösungen der Wellengleichung in kartesischen Koordinaten, Zylinder- oder Kugelkoordinaten. Die allgemeine fortschreitende *ebene W.* (*Planwelle*) hat die Gestalt $u(\vec{r}, t) = u(\vec{k}\vec{r} - \omega t)$, wobei $\vec{k}$ der konstante, d. h. von $\vec{r}$ unabhängige Wellenzahlvektor ist. Ebene W.n sind sowohl für die praktische Anwendung als auch für theoretische Fragen von besonderer Bedeutung; die für sie anschließend einzuführenden Begriffe gelten sinngemäß auch für andere Wellentypen.

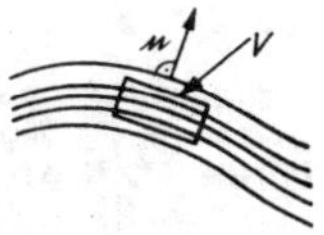

1

Da die Phase q auch in der Form $q = \vec{k}\left(\vec{r} - \frac{\omega}{k}\vec{n}t\right) = \vec{k}(\vec{r} - vt\vec{n})$ geschrieben werden kann, stimmt die Ausbreitungsgeschwindigkeit der W. mit der Phasengeschwindigkeit v_{Ph}, d. h. der Ausbreitungsgeschwindigkeit der Flächen konstanter Phase überein, denn die Phasenänderung $dq = \vec{k}(d\vec{r} - v\vec{n}\,dt)$ ist für $d\vec{r}/dt = v\vec{n} = v_{Ph}$ gerade gleich Null. Eine monochromatische, d. h. eine harmonische ebene W. der Amplitude A wird beschrieben durch $u[q(\vec{r}, t)] = A\,e^{\pm i(\vec{k}\vec{r} - \omega t)}$. Abb. 2 zeigt eine harmonische W. der Wellenlänge λ und der Amplitude A, die sich mit der Geschwindigkeit v in Richtung positiver x-Werte ausbreitet, wobei Ph die Punkte gleicher Phase sind. Die Stellen maximaler positiver bzw. negativer Auslenkung werden als *Wellenberg* bzw. *Wellental* bezeichnet. Eine beliebige ebene W. kann nun als Überlagerung monochromatischer W.n mit verschiedenen Amplituden und Frequenzen, aber gleicher Ausbreitungsrichtung dargestellt werden.

Stehende W.n sind W.n, deren Schwingungs- oder Wellenbäuche und Schwingungs- oder Wellenknoten ihre räumliche Lage beibehalten, im Gegensatz zu den fortschreitenden W.n. Sie entstehen, wenn sich zwei harmonische ebene W.n gleicher Amplitude A und Frequenz ω, aber entgegengesetzter Ausbreitungsrichtung überlagern (Abb. 3). Dann bleiben die Schwingungsknoten (K) stets in Ruhe, während die Schwingungsbäuche (B) maximale Änderung erfahren; sie werden durch $u(\vec{r}, t) = A \sin \vec{k}\vec{r} \times \sin \omega t$ beschrieben.

Stehende W.n lassen sich leicht durch Reflexion einer W. an einem dichteren Medium erzeugen. In diesem Fall entsteht ein Gangunterschied von $\lambda/2$, es liegt hier also ein Knoten. Bei der Reflexion am dünneren Medium entsteht kein Gangunterschied, es ist hier also ein Schwingungsbauch am Reflexionsort vorhanden. Sind die Amplituden beider Teilwellen

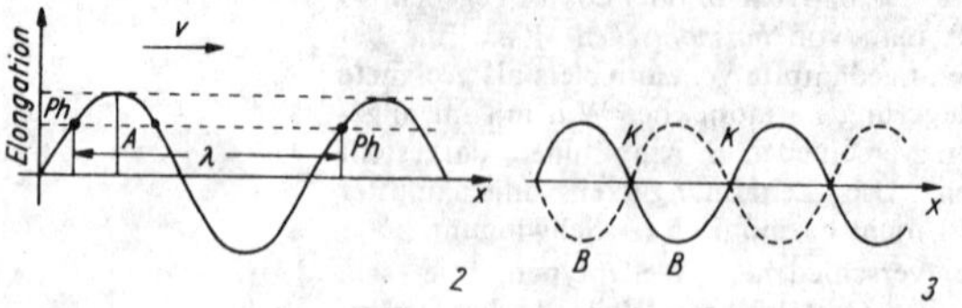

gleich groß, so ist die resultierende W. frei von fortschreitenden Anteilen. Lagert sich z. B. über eine sich in der x-Richtung ausbreitende W. $W_1 = A \cdot \cos \omega (t - x/c)$ eine W. W_2 gleicher Amplitude A, aber entgegengesetzten Verlaufes, $W_2 = A \cdot \cos \omega (t + x/c)$, so entsteht als resultierende W. $W = W_1 + W_2 = 2 \cdot A \cdot \cos(2\pi x/\lambda) \cdot \cos \omega t$. Orte mit $\cos(2\pi x/\lambda) = 0$ ergeben Knoten, Orte mit $\cos(2\pi x/\lambda) = 1$ ergeben Bäuche. Stehende W.n werden häufig zur Messung der Wellenlänge benutzt, wobei der doppelte Abstand zweier aufeinanderfolgender Knoten gemessen wird.

Stehende elektrische W.n entstehen, wenn eine Leitung am Ende nicht reflexionsfrei abgeschlossen ist und eine fortschreitende W. ganz oder teilweise reflektiert wird. Die hin- und rücklaufenden W.n überlagern sich dann zu einer stehenden W. In der Abb. 4 sind der Leitungs-

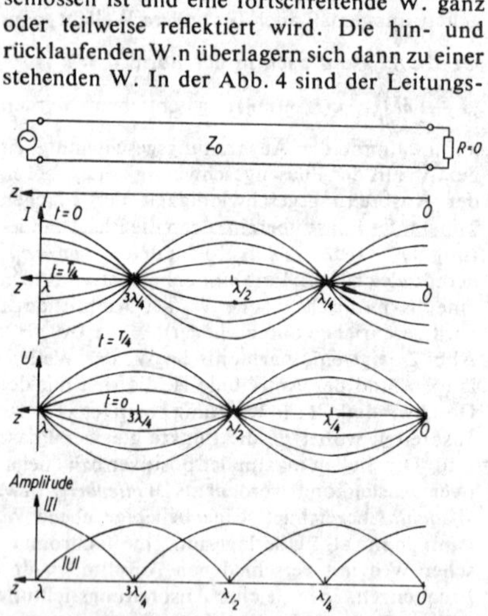

4 Verlauf des Stromes und der Spannung einer stehenden Welle auf einer kurzgeschlossenen Doppelleitung zu verschiedenen Zeitpunkten und Verteilung der gleichgerichteten Strom- und Spannungsamplituden entlang der Leitung

strom I und die Leitungsspannung U, also die Summe aus hin- und rücklaufender W., für eine am Ende kurzgeschlossene Leitung für verschiedene Zeitmomente dargestellt. Die Stellen, an denen die Spannung dauernd Null ist (Spannungsknoten), sind von den Stellen, an denen sie dauernd mit maximaler Amplitude schwingt (Spannungsbäuche), gerade um $\lambda/4$ verschoben. Ebenso bildet der Strom Knoten und Bäuche, nur sind diese um $\lambda/4$ gegenüber den entsprechenden Spannungsbäuchen bzw. -knoten verschoben. Ebenso tritt zeitlich gesehen eine Verschiebung zwischen Strom und Spannung auf. Hat der Strom zur Zeit $t = 0$ sein Maximum, so ist die Spannung überall Null, hat umgekehrt zur Zeit $t = T/4$ die Spannung ihr Maximum, so ist der Strom überall Null. T ist die Periodendauer. Analog sind die Verhältnisse bei offener Leitung; es liegen dann lediglich am Ende der Leitung ein Spannungsbauch und ein Stromknoten. Für eine mit verschiedenen Widerständen abgeschlossene Leitung ist die Spannungsverteilung in Abb. 5 angegeben. Eine reine fort-

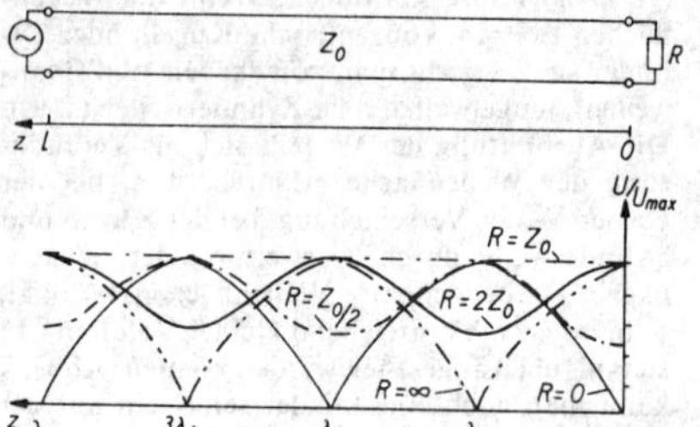

5 Normierte Amplitudenverteilung der Spannung längs einer Leitung für verschiedene Abschlußwiderstände R

schreitende W. liegt für den Fall vor, daß der Wellenwiderstand Z_0 gleich dem Abschlußwiderstand R ist. In allen anderen Fällen treten stehende W.n auf. Wird die Leitung anstatt mit einem reellen Widerstand mit einem komplexen Widerstand abgeschlossen, so tritt außerdem noch eine Phasenverschiebung auf. Das Verhältnis $m = \frac{U_{min}}{U_{max}} = \frac{I_{min}}{I_{max}}$ wird als *Anpassungsfaktor* bezeichnet und die Größe $s = 1/m$ als *Welligkeitsfaktor* oder *Stehwellenverhältnis* (abg. SWV oder VSWR, von engl. *v*oltage *s*tanding *w*ave *r*atio). – Außer auf Leitungen können sich stehende W.n auch in Hohlleitern und im Raum ausbilden. Letztere sind besonders im Kurzwellengebiet schwer zu vermeiden und wirken sich störend auf den Empfang aus.

Die Überlagerung zweier monochromatischer W.n gleicher (oder verschiedener) Amplitude und verschiedener Phase führt zur (teilweisen) → Interferenz. Eine besondere Form der Überlagerung sind → Wellenpakete, d. s. räumlich weitgehend lokalisierte Wellenerscheinungen, die sich wegen der Dispersion, d. h. der Abhängigkeit der Wellenzahl von der Frequenz, $k = k(\omega)$, nicht mit der Phasengeschwindigkeit, sondern der Gruppengeschwindigkeit v_G ausbreiten.

Die von einem Punkt O des Raumes auslaufende oder in diesen einlaufende harmonische *Kugelwelle* (*sphärische W.*) hat die analytische Form $u(r, t) = \frac{a}{r} e^{\pm i(kr - \omega t)}$, wobei $r = \sqrt{x^2 + y^2 + z^2}$ der Abstand von O und x, y und z die Koordinaten von $\vec{r}$ bezüglich O sind und das positive Vorzeichen im Exponenten der auslaufenden und das negative Vorzeichen der einlaufenden Kugelwelle entspricht; ihre Amplitude $A = a/r$ nimmt mit wachsendem r umgekehrt proportional zu diesem ab, dabei vergrößert sich die Wellenfläche proportional zu r^2. Die Kugelwelle $u(r, t)$ ist winkelunabhängige Lösung der Wellengleichung in Kugelkoordinaten, d. h., sie genügt außerhalb des Zentrums $r = 0$ der homogenen Wellengleichung in der Form $\Delta u - \frac{1}{v^2}\frac{\partial^2 u}{\partial t^2} = \frac{\partial^2 u}{\partial r^2} + \frac{2}{r}\frac{\partial u}{\partial r} - \frac{1}{v^2}\frac{\partial^2 u}{\partial t^2} = 0$. Stehende Kugelwellen entstehen als Überlagerung ein- und auslaufender Kugelwellen gleicher Frequenz ω und Amplitude a, z. B. durch Reflexion an einer zur Quelle konzentrischen Kugel; ihre analytische Form ist durch $u(r, t) = (a/r) \sin kr \cdot \sin \omega t$ gegeben.

Analog zur Kugelwelle erfolgt die Ausbreitung der punktförmigen Erregung einer ruhigen Wasseroberfläche als *Kreiswelle*, d. h. als Schnitt einer Kugelwelle mit einer Ebene, der Wasseroberfläche.

Die von einer Geraden im Raum auslaufende oder in diese einlaufende harmonische *Zylinderwelle* hat die analytische Form $u(\varrho, t) = aH_0^{(2)}(k\varrho)\,e^{-i\omega t}$ im Falle der auslaufenden und $u(\varrho,t) = aH_0^{(1)}(k\varrho)\,e^{i\omega t}$ im Falle der einlaufenden W., wobei $\varrho = \sqrt{x^2 + y^2}$ der senkrechte Abstand von der als z-Achse gewählten Zylinderachse und $H_0^{(1)}$ bzw. $H_0^{(2)}$ die erste bzw. die zweite Hankelsche Funktion zum Index 0 ist. Die Ausdehnung der Wellenfläche wächst bei Zylinderwellen direkt proportional zu ϱ, ihre Energiedichte nimmt deshalb mit ϱ^{-1} ab, und die Amplitude ist daher umgekehrt proportional zu $\sqrt{\varrho}$. Stehende Zylinderwellen entstehen als Überlagerung ein- und auslaufender Zylinderwellen gleicher Frequenz ω und Amplitude a: $u(\varrho, t) = a[J_0(k\varrho) \cos \omega t + N_0(k\varrho) \sin \omega t]$, wobei J_0 bzw. N_0 die Bessel-Funktion 1. bzw. 2. Art zum Index 0 ist. Die Zylinderwellen sind Lösungen der Wellengleichung

$$\Delta u - \frac{1}{v^2}\frac{\partial^2 u}{\partial t^2} = \frac{1}{\varrho}\frac{\partial}{\partial \varrho}\left(\varrho \frac{\partial u}{\partial \varrho}\right) + \frac{1}{\varrho^2}\frac{\partial^2 u}{\partial \varphi^2}$$

in Zylinderkoordinaten (ϱ, φ, z).

Wellenausbreitung, → elektromagnetische Wellen, → Welle.

Wellenberg, → Welle.

Wellenbild, modellhaft-anschauliche, aber einseitige Beschreibung von Mikroteilchen, wie Atomen, Atomkernen und Elementarteilchen, als Materiewelle, die den Teilchencharakter der Materie vernachlässigt. Die korpuskularen Eigenschaften der Mikroteilchen müssen nachträglich durch → Quantisierung eingeführt werden (→ Wellentheorie der Materie, → Dualismus von Welle und Korpuskel, → Heisenbergsches Unbestimmtheitsprinzip). Gegensatz: → Teilchenbild.

Wellenfeld, spezielle Lösungen der Gleichungen physikalischer Felder, die im Gegensatz zu statischen Lösungen eine wellenförmige Ausbreitung (→ Welle) beschreiben. Die Quantelung der W.er ermöglicht die Berücksichtigung auch des Teilchencharakters der Materie (→ Dualismus von Welle und Korpuskel).

Wellenfläche, → Welle, → Strahlenfläche, → Kristalloptik.

Wellenfront, → Welle.

Wellenfunktion, 1) Wellenlehre: eine von den Ortskoordinaten $\vec{r} = (x, y, z)$ und der Zeit t abhängende Funktion u, die einer Wellengleichung genügt.

2) Quantenmechanik: die den Zustand eines quantenmechanischen Systems beschreibende, der Schrödinger-Gleichung genügende Funktion $\psi(\vec{r}, t)$, die häufig auch als *Zustandsfunktion*, *Psi-Funktion*, *Schrödinger-Funktion* oder *Schrödingersche W.* bezeichnet wird. Ist ψ ein Element eines Hilbert-Raumes, d. h. $\psi \in \mathfrak{H}$, so wird ψ häufig ein *Zustandsvektor* genannt.

Allgemeiner versteht man unter W. auch die den allgemeineren Wellengleichungen (→ Spinordarstellung relativistischer Wellengleichungen) genügenden Funktionen; man spricht dann in Abhängigkeit von der speziellen Gleichung, der diese Funktionen genügen, z. B. von der Diracschen W., der Kemmerschen W. und der Weylschen W. Diese allgemeineren W.en beschreiben Teilchen mit Spin und anderen Freiheitsgraden (→ Quantenzahl) und hängen dementsprechend außer von $(\vec{r}, t)$ auch noch von solchen Quantenzahlen ab; sie können aufgefaßt werden als Funktionen im Orts- und z. B. Spinraum. Hängt die W. beispielsweise nur von den Spinvariablen ab, so bezeichnet man sie als *Spinfunktion*. Bezüglich der Vertauschung aller Koordinaten z. B. des Orts- und des Spinraums von je zwei identischen Teilchen eines Systems spricht man von der → antisymmetrischen Wellenfunktion.

Wellengleichung, total-hyperbolische Differentialgleichung

$$\Box u = \sum_{i=1}^{3} \frac{\partial^2 u}{\partial x_i^2} - \frac{1}{c^2}\frac{\partial^2 u}{\partial t^2} = \Delta u - \frac{1}{c^2}\frac{\partial^2 u}{\partial t^2} = 0. \quad (1)$$

Der Operator $\Box$ ist der → d'Alembertsche Operator, Δ der Laplace-Operator. Die Gleichungen aus weiten Gebieten der Physik und Technik sind vom Typ der W. Sie beschreibt die Ausbreitung von elektromagnetischen Wellen, Gravitationswellen, Schallwellen usw., wobei für c die jeweilige Ausbreitungsgeschwindigkeit einzusetzen ist. Vom Standpunkt der relativistischen Quantenfeldtheorie ist sie grundlegend für alle Felder, die Teilchen ohne Ruhmasse entsprechen. Da die W. eine *lineare* Differentialgleichung ist, gilt das Superpositionsprinzip. Es besagt, daß verschiedene Wellen sich unabhängig voneinander ausbreiten und überlagern. Die Summe zweier Lösungen der W. ist ebenfalls eine Lösung. Die W. beschreibt Ausbreitungsvorgänge. Störungen, die von einem Punkt (x_0, y_0, z_0, t_0) ausgehen, breiten sich längs des zu dem Punkt gehörigen charakteristischen Kegels

$$(x - x_0)^2 + (y - y_0)^2 + (z - z_0)^2 - \frac{1}{c^2}(t - t_0)^2 = 0 \quad (2)$$

aus. Durch die Vorgabe der Anfangsdaten u und $\frac{\partial u}{\partial t}$ im ganzen Raum zur Zeit $t = t_0$, also auf der Anfangshyperfläche $t = t_0$ im durch x, y, z und t aufgespannten vierdimensionalen

Raume, ist der weitere räumliche und zeitliche Verlauf der Wellenfunktion u eindeutig bestimmt.

Die Abänderung der Anfangsdaten auf einem Ausschnitt AB der Anfangsfläche $t = t_0$ beeinflußt die Wellenfunktion nur in den Punkten, die zur Vereinigungsmenge aller vom Teilabschnitt AB ausgehenden Kegel (2) gehören. Der Funktionswert u in einem Punkt (x, y, z, t) mit $t > t_0$ hängt nur von den Anfangswerten der Wellenfunktion u auf dem Teilabschnitt T der Fläche $t = t_0$ ab, der durch den zu (x, y, z, t) gehörenden Kegel (2) auf $t = t_0$ begrenzt wird (Abb.). Diese Aussagen gelten auch für die W. (1) im allgemeinen → Riemannschen Raum: $g^{\mu\nu}\,\nabla_\mu \nabla_\nu = 0$ (∇_μ ist die kovariante Ableitung. Es ist jeweils nur sinngemäß der Kegel (2)

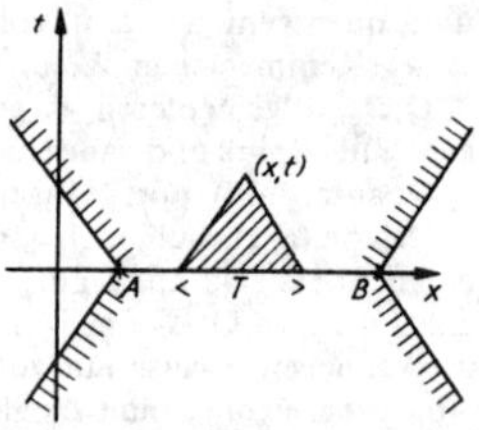

Wellengleichung

durch den Kegel der Nullvektoren l_μ im Riemannschen Raum $g^{\mu\nu} l_\mu l_\nu = 0$ zu ersetzen.

Spezielle Lösungen von (1) sind die ebenen Wellen und die Kugelwellen. Im ersten Fall hängt die Wellenfunktion nur von einer Ortskoordinate x und der Zeit t ab. Bei diesen Einschränkungen ist die allgemeine Lösung von (1):

$$u(x, t) = u_-\left(t - \frac{x}{c}\right) + u_+\left(t + \frac{x}{c}\right). \tag{3}$$

Man sieht, daß $u_\mp$ für alle Punkte (x, t), die der Bedingung

$$x = \text{konst.} \cdot \pm ct \tag{4}$$

genügen, konstant bleibt. Hat das Feld zur Zeit t_0 bei x_0 einen Wert $u_\mp^0$, so hat es den gleichen Wert zur Zeit t in einem Punkt, der von x_0 um $\pm ct$ entfernt ist. Die Lösungen u_- und u_+ stellen also Wellen dar, die sich längs der x-Achse in positiver bzw. negativer Richtung mit der Geschwindigkeit c fortpflanzen.

Eine zu (3) analoge Lösung von (1) erhält man, wenn man den Laplace-Operator in (1) in Kugelkoordinaten schreibt und nur von der Radialkoordinate und der Zeit abhängige Lösungen betrachtet. Die allgemeine Kugelwelle ist dann gegeben durch:

$$u = \frac{1}{r}\left\{u_-\left(t - \frac{r}{c}\right) + u_+\left(t + \frac{r}{c}\right)\right\}. \tag{5}$$

Hier stellt u_- eine auslaufende Kugelwelle dar, während u_+ einer konzentrisch in einem Punkt zusammenlaufenden Kugelwelle entspricht. Einlaufende Kugelwellen kommen in der Natur jedoch nicht vor. Sie werden deshalb bei der Behandlung physikalischer Probleme durch die *Sommerfeldsche Ausstrahlungsbedingung*

$$\lim_{r\to\infty} \left\{\frac{\partial}{\partial r}(ru) + \frac{1}{c} \cdot \frac{\partial}{\partial t}(ru)\right\} = 0 \tag{6}$$

ausgeschlossen.

Besonders wichtige Lösungen von (1) sind die mit periodisch von der Zeit abhängender Feldfunktion, insbesondere die ebenen monochromatischen Wellen:

$$u = \text{konst.} \cdot e^{i\left(\sum_{j=1}^{3} k_j x^j - \omega t\right)} = \text{konst.} \cdot e^{i(\vec{k}\vec{r} - \omega t)}. \tag{7}$$

Der Vektor $\vec{k}$ (bzw. k_j) ist der Wellenzahlvektor der Welle, ω ist die Kreisfrequenz. Der Wellenzahlvektor $\vec{k}$ ist proportional dem Normalvektor $\vec{n}$ in Ausbreitungsrichtung der Welle und wegen (1) gegeben durch:

$$\vec{k} = \frac{\omega}{c}\vec{n}, \text{ d. h. } \sum_{i=1}^{3} k_i^2 - \frac{\omega^2}{c^2} = \vec{k}^2 - \frac{\omega^2}{c^2} = 0. \tag{8}$$

Die Größen $\left(k_i, \frac{\omega}{c}\right)$ bilden damit im Falle elektromagnetischer Wellen einen Nullvektor im → Minkowski-Raum.

Jede Lösung von (1) läßt sich als eine Überlagerung von monochromatischen Wellen verschiedener Frequenz darstellen. Die Entwicklung der Lösung von (1) in ein Fourier-Integral (→ Fourier-Analyse) ergibt:

$$u = \int u(\vec{k})\, e^{i[\vec{k}\vec{r} - \omega(\vec{k})\, t]}\, d^3k + \int u(-\vec{k})\, e^{i[\vec{k}\vec{r} + \omega(\vec{k})\, t]}\, d^3k \tag{9}$$

wobei wegen (8)

$$\omega(\vec{k}) = c|\vec{k}|$$

ist, und $u(\vec{k})$ die Amplitude der Welle mit dem Wellenzahlvektor $\vec{k}$ ist.

Wellen, deren Ausbreitungsrichtung und Amplitude sich beim Fortschreiten um eine Wellenlänge nur wenig ändern, stellt man in der Form:

$$u = a(\vec{r}, t)\, e^{i\psi(\vec{r}, t)} \tag{10}$$

dar, wobei a die Amplitude und ψ die Phase der Welle charakterisiert. Dann kann man der Welle einen variablen Wellenzahlvektor $\vec{k}$ und eine variable Kreisfrequenz ω gemäß

$$\vec{k} = \operatorname{grad}\psi \text{ und } \omega = -\partial\psi/\partial t \tag{11}$$

zuordnen.

Aus (8) und (11) erhält man in dieser Näherung die Eikonalgleichung der Optik:

$$(\operatorname{grad}\psi)^2 - \frac{1}{c^2}\left(\frac{\partial\psi}{\partial t}\right)^2 = 0. \tag{12}$$

Die Lösungen der inhomogenen Wellengleichung (1):

$$\Box u = -4\pi\varrho \tag{1'}$$

lassen sich am einfachsten mit Hilfe einer → Greenschen Funktion darstellen. Die Greensche Funktion $G(\vec{r}, t, \vec{r}', t')$ ist eine Lösung der Gleichung (1') mit der → Diracschen Deltafunktion als Quelle:

$$\Box G(\vec{r}, t, \vec{r}', t') = -\delta(\vec{r} - \vec{r}')\,\delta(t - t'). \tag{13}$$

Der $\Box$-Operator wirkt auf die ungestrichenen Variablen $\vec{r}$ und t. Mit G kann man die Lösung von (1) in der Form:

$$u = 4\pi \int G(\vec{r}, t, \vec{r}', t')\,\varrho(\vec{r}', t')\, dV\, dt' \tag{14}$$

schreiben.

Die Greensche Funktion G läßt sich in zwei Anteile G_0 und G_1 zerlegen, wobei G_0 eine Lösung der homogenen Gleichung (1) ist und G_1 der Gleichung (13) genügt.

Wenn man von der Lösung (14) verlangt, daß sie im Unendlichen verschwindet, so erhält man mehrere zugehörige Greensche Funktionen, darunter zwei unabhängige Lösungen der homogenen Gleichung Δ und Δ^1, so daß $G_0 = \alpha\Delta + \beta\Delta^1$,

wobei

$$\Delta = -\frac{1}{(2\pi)^3}\int \frac{e^{i\vec{k}(\vec{r}-\vec{r}')}}{|\vec{k}|} \sin c\,|\vec{k}|\,(t-t')\,d^3k, \quad (15)$$

$$\Delta^1 = (2\pi)^{-1}\{(\vec{r}-\vec{r}')^2 - c^2(t-t')^2\}^{-1} \quad (16)$$

sind. Für die Lösung der inhomogenen Gleichung sind besonders die retardierte und die avancierte Greensche Funktion Δ_{ret} und Δ_{av} wichtig:

$$\Delta_{\substack{\text{ret}\\ \text{av}}} = \frac{1}{4\pi}\,\frac{\delta\left[(t-t') \mp \frac{1}{c}|\vec{r}-\vec{r}'|\right]}{|\vec{r}-\vec{r}'|} \quad (17)\ (18)$$

Die Differenz dieser beiden Lösungen der inhomogenen Gleichung ist die Lösung Δ der homogenen Gleichung. Sie ist in der Quantenfeldtheorie eine Kausalfunktion von besonderer Bedeutung.

Mit den Greenschen Funktionen (17) und (18) erhält man gemäß (14) die als retardierte bzw. avancierte Potentiale bezeichneten Lösungen der inhomogenen Gleichung (1'):

$$\varphi_{\substack{\text{ret}\\ \text{av}}} = \int \frac{\varrho(\vec{r}', \tau_{\mp})}{|\vec{r}-\vec{r}'|}\,dV \quad (19)\ (20)$$

Hierbei sind τ_- bzw. τ_+ die retardierte bzw. avancierte Zeitkoordinate:

$$\tau_{\mp} = t \mp \frac{1}{c}|\vec{r}-\vec{r}'|. \quad (21)$$

Man sieht, daß die Lösung (19) zur Zeit t im Punkt $\vec{r}$ nur von dem Zustand der Quelle ϱ zu den $t - \tau_-$ zurückliegenden Zeitpunkten abhängt, jedoch nicht von dem Zustand der Quelle bei $\vec{r}'$ zu noch früheren Zeitpunkten, was der Gültigkeit des → Huygensschen Prinzips entspricht. Die Zeitdifferenz entspricht genau der Zeit, die eine Welle der Geschwindigkeit c braucht, um sich vom Punkt $\vec{r}'$ zum Punkt $\vec{r}$ auszubreiten.

Die Lösung (19) ist das den auslaufenden Wellen entsprechende Potential, während das Potential (20) zur Zeit t von in der Zukunft von t liegenden Zuständen der Quelle ϱ abhängt. Hier wird die Wirkung vom Punkt $\vec{r}'$ auf den Punkt $\vec{r}$ durch aus der Zukunft einlaufende Wellen ausgeübt. Die Tatsache, daß in der Natur avancierte Wirkungen nicht auftreten, hängt eng mit der Existenz einer ausgezeichneten Zeitrichtung zusammen.

Im Fall eines endlichen Mediums sind außer Anfangs- auch Randbedingungen $u(s, t) = X(s, t)$ notwendig, wenn s ein Randpunkt ist.

Eine Lösung der W. bei beliebigen Rand- und Anfangsbedingungen kann nicht allgemein angegeben werden. Einige typische Fälle werden betrachtet.

1) Die *d'Alembertsche Lösung* für den eindimensionalen, unendlich ausgedehnten Fall. Die W. lautet dann $\frac{\partial^2 u}{\partial t^2} = a^2 \frac{\partial^2 u}{\partial x^2}$. Sind $u|_{t=0} = w(x)$, $\left.\frac{\partial u}{\partial t}\right|_{t=0} = v(x)$ die Anfangsbedingungen, so ist die Lösung gegeben durch $u(x, t) = \Theta_1(x - at) + \Theta_2(x + at)$ mit

$\Theta_1(x) = \frac{1}{2} w(x) - (1/2a)\int_0^x v(y)\,dy$ und

$\Theta_2(x) = \frac{1}{2} w(x) + (1/2a)\int_0^x v(y)\,dy.$

2) Die *d'Alembertsche Lösung* für den endlichen eindimensionalen Fall mit den Anfangsbedingungen $u|_{t=0} = w(x)$, $\left.\frac{\partial u}{\partial t}\right|_{t=0} = v(x)$ und den Randbedingungen $u|_{x=0} = 0$, $u|_{x=l} = 0$. Die Lösung hat dieselbe Gestalt mit den oben angegebenen Funktionen $\Theta_1(x)$ und $\Theta_2(x)$. Da die Funktion w und v jetzt jedoch nur im Intervall $(0, l)$ definiert sind, die Funktionen Θ_1 und Θ_2 aber auch für andere Werte ihrer Argumente gebraucht werden, müssen Θ_1 und Θ_2 gemäß $\Theta_1(-x) = -\Theta_2(x)$; $\Theta_2(l + x) = -\Theta_1(l - x)$ und den daraus folgenden Gleichungen

$\Theta_1(x + 2l) = \Theta_1(x),$

$\Theta_2(x + 2l) = \Theta_2(x)$

fortgesetzt werden. Im Fall der Randbedingungen $\left.\frac{\partial u}{\partial x}\right|_{x=0} = 0$, $\left.\frac{\partial u}{\partial x}\right|_{x=l} = 0$ muß die Fortsetzung der Funktionen Θ_1 und Θ_2 gemäß den Beziehungen

$\Theta_1(-x) = \Theta_2(x)$, $\Theta_2(l + x) = \Theta_1(l - x)$

erfolgen.

3) *Die Poissonsche Formel* für den Fall eines unendlich ausgedehnten dreidimensionalen Mediums mit den Anfangsbedingungen $u|_{t=0} = w(x, y, z)$ und $\left.\frac{\partial u}{\partial t}\right|_{t=0} = v(x, y, z)$ hat die Lösung

$$u(x, y, z, t) = \frac{t}{4\pi}\int_0^{2\pi}\int_0^{\pi} v(\alpha, \beta, \gamma)\,d\Omega + \frac{\partial}{\partial t}\left[\frac{t}{4\pi}\int_0^{2\pi}\int_0^{\pi} w(\alpha, \beta, \gamma)\,d\Omega\right]$$

mit $d\Omega = \sin\vartheta\, d\vartheta\, d\varphi$

und den Koordinaten $\alpha = x + at\sin\vartheta\cos\varphi$, $\beta = y + at\sin\vartheta\sin\varphi$, $\gamma = z + at\cos\vartheta$ eines variablen Punktes auf der Kugelfläche um den Bereich D mit dem Mittelpunkt $M(x, y, z)$.

Für die Fälle zwei- und dreidimensionaler endlicher Medien sind nur Lösungen in besonders einfachen Fällen, z. B. für Kugel oder Quader, bekannt. Eine Verallgemeinerung der W. ist die → Telegrafengleichung.

W.en der Elementarteilchen sind die → Spinordarstellung relativistischer Wellengleichungen, die → Rarita-Schwinger-Gleichung, die → Klein-Gordon-Gleichung, die → Dirac-Gleichung und die W. des Neutrinos (→ Weyl-Gleichung).

Lit. Smirnow: Lehrgang der höheren Mathematik Tl. II (10. Aufl. Berlin 1971); A. Sommerfeld: Partielle Differentialgleichungen der Physik (6. Aufl. Leipzig 1966); Landau u. Lifschitz: Lehrb. der theor. Physik Bd 2: Klassische Feldtheorie (5. Aufl. Berlin 1971); Macke: Wellen (2. Aufl. Leipzig 1961).

Wellengruppe, svw. Wellenpaket.

Wellenlänge, → Welle, → Crova-Wellenlänge.

Wellenlängennormal, → Meter.

Wellenleiter, *homogener W.*, eine Leitung aus dielektrischen Substanzen und Leitern, die in axialer Richtung einen gleichbleibenden Querschnitt besitzt und in der Lage ist, eine elektromagnetische Welle in dieser Richtung zu führen. Ein nach außen durch ein Rohr aus leitenden Wänden völlig abgegrenzter W. ohne Innenleiter wird → Hohlleiter genannt. Als Sonderfall eines Rechteckhohlleiters werden die Wellen zwischen zwei unendlichen, leitenden, parallelen Ebenen angesehen.

Atmosphärische W. oder *Ducts* entstehen, wenn in Abhängigkeit von der Höhe die relative Dielektrizitätskonstante ε_r und damit der Brechungsindex ein Maximum annimmt oder unstetig abnimmt. In einem atmosphärischen W. werden flach einfallende Strahlen geführt.

Die in W.n angeregten elektromagnetischen Wellen haben neben Komponenten der elektrischen Feldstärke $\vec{E}$ und der magnetischen Feldstärke $\vec{H}$ senkrecht zur Ausbreitungsrichtung (transversale Komponenten) noch Komponenten von $\vec{E}$ bzw. $\vec{H}$ in Ausbreitungsrichtung. Je nach dem Auftreten der Feldkomponenten in axialer Richtung kann man die möglichen Schwingungsformen in drei Gruppen einteilen.

1) *Leitungswellen, L-Wellen, TEM-Wellen* (Abk. von *t*ransversal-*e*lektro*m*agnetische Wellen). Bei ihnen ist die elektrische und die magnetische Feldstärke in Ausbreitungsrichtung gleich Null, d. h., es existieren nur dazu senkrechte Feldstärkekomponenten. *L*-Wellen treten nur bei gewöhnlichen Leitungen (→ Doppelleitungen) auf.

2) *E-Wellen, TM-Wellen* (Abk. von *t*ransversal-*m*agnetische Wellen). Bei ihnen ist die magnetische Feldstärke *H* in Ausbreitungsrichtung gleich Null, es existiert aber eine elektrische Feldstärkekomponente *E* in axialer Richtung, nach der sie bezeichnet sind. Die *E*-Wellen treten in Hohlleitern beliebigen Querschnitts auf.

3) *H-Wellen, TE-Wellen* (Abk. von *t*ransversal-*e*lektrische Wellen). Bei ihnen ist die elektrische Feldstärke *E* in axialer Richtung gleich Null, es existiert aber eine magnetische Feldstärkekomponente *H* in Ausbreitungsrichtung, nach der sie benannt sind. *H*-Wellen treten ebenfalls in Hohlleitern beliebigen Querschnitts auf.

Wellenmatrizen, → S-Matrix.

Wellenmechanik, → Quantenmechanik.

Wellennormale, → Welle.

Wellennormalenfläche, → Kristalloptik.

Wellenoperatoren, → S-Matrix.

Wellenpaket, *Wellengruppe*, Überlagerung harmonischer ebener Wellen mit verschiedenen Frequenzen ω und verschiedenen Amplituden derart, daß eine Wellenerregung des Mediums oder des physikalischen Feldes mit einer mittleren Kreisfrequenz ω_0 resultiert, die innerhalb eines Raumbereichs ΔR insoweit lokalisiert ist, daß außerhalb ΔR die Amplitude der Erregung nahezu verschwindet. Durch geeignete Überlagerung von Partialwellen kann jede beliebige Kontur eines W.es erzeugt werden:

$$\psi(\vec{r}, t) = \frac{1}{(2\pi)^{3/2}} \int^{\infty} c(\vec{k})\, e^{i(\vec{k}\vec{r} - \omega t)}\, d^3\vec{k},$$

wobei $\vec{k} = k(\omega)\,\vec{n}$ der Wellenzahlvektor mit der Wellenzahl $k(\omega)$, ω die Kreisfrequenz der ebenen Welle $e^{i(\vec{k}\vec{r} - \omega t)}$ und $c(\vec{k})$ die Amplitudenfunktion des W.es ist. Ist bei einem eindimensionalen W. $c(k)$ eine Gauß-Verteilung um die mittlere Wellenzahl k_0 und der mittleren quadratischen Abweichung Δk, d. h.,

$$c(k) = \frac{1}{\sqrt{2\pi}\,\Delta k} \exp\left[-\frac{(k - k_0)^2}{2(\Delta k)^2}\right],$$ so ist die Intensität $|\psi|^2$ des W.es ebenfalls eine Gauß-Verteilung mit der mittleren quadratischen Abweichung $\Delta x = 1/\Delta k$. In Abb. 1a ist eine solche Gauß-Verteilung im Wellenzahlraum und in Abb. 1b die dazugehörige Gauß-Verteilung im Ortsraum gegeben, deren Schwerpunkt x_0 sich mit der Gruppengeschwindigkeit v_G (s. u.) verschiebt. Die Halbwertsbreite Δx gibt den Grad der Lokalisierung an, d. h., die Lokalisierung ist um so stärker, je kleiner Δx ist; wegen $\Delta x \cdot \Delta k = 1$ kann ein stark lokalisiertes W. nur unter Benutzung eines breiten Frequenzspektrums aufgebaut werden. Dementsprechend folgt aus einer „Kastenverteilung" im k-Raum mit der scharfen Halbwertsbreite $\Delta k = a =$ Breite des Kastens (Abb. 2a) ein ausgedehntes W. im Ortsraum mit der dem mittleren Impuls k_0 entsprechenden Wellenlänge λ_0 (λ_0 ist im Verhältnis zu groß gezeichnet, Abb. 2b).

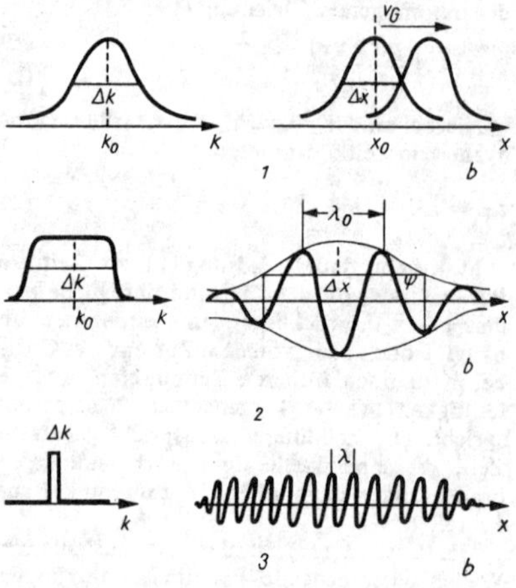

Wellenpaket

Ist die Phasengeschwindigkeit v_p aller Partialwellen dieselbe, dann bewegt sich auch der Schwerpunkt des W.es mit dieser Geschwindigkeit. Im allgemeinen ist aber ω eine Funktion von k, $\omega = \omega(k)$, und der Schwerpunkt bewegt sich mit der Gruppengeschwindigkeit

$$v_G = \left.\frac{d\omega(k)}{dk}\right|_{k=k_0} = \omega'(k_0) = v_p - \lambda\, dv_p/d\lambda,$$

wobei $\lambda = 2\pi/k$ die Wellenlänge der Partialwelle ist. Falls $d\omega/dk \neq v_p$ ist, spricht man von → Dispersion.

Beim praktischen Umgang mit Wellen treten ebene harmonische Wellen streng genommen nicht auf (sie müßten ja insbesondere eine unendliche Ausdehnung besitzen); statt dessen hat man in der Optik in guter Näherung W.e stufenförmiger Amplitudenfunktion $c(k)$ mit sehr schmaler Halbwertsbreite Δk (Abb. 3a), der im

Ortsraum ausgedehnte *Wellenzüge* mit nahezu konstanter Wellenlänge λ entsprechen (Abb. 3 b).

Aus der Beziehung $\Delta k \cdot \Delta x = 1$ folgt: Kommt der Erscheinung eine wohldefinierte Wellenlänge λ und daher $\Delta k = 0$ zu, dann muß notwendig $\Delta x = \infty$, d. h. die Erscheinung über den gesamten Raum verschmiert sein, und ist andererseits die Erscheinung scharf lokalisiert, d. h. $\Delta x = 0$, dann muß $\Delta k = \infty$ sein, und der Erscheinung kann keine Wellenlänge, auch nicht näherungsweise, zugeordnet werden.

Für nichtrelativistische Materiewellen ist $\omega = \hbar k^2/2m$, wobei $\hbar = h/2\pi$ (h = Plancksches Wirkungsquantum) und m die Masse eines Teilchens mit dem Impuls $p = \hbar k$ und der Energie $E = \hbar\omega$ ist. Die *Gruppengeschwindigkeit* $v_G = \mathrm{d}\omega/\mathrm{d}k = \hbar k/m = p/m$ stimmt wegen $p = mv$ mit der Teilchengeschwindigkeit v überein. Dennoch kann man ein Teilchen nicht als ein scharf lokalisiertes W. interpretieren, da wegen der Verschiedenheit von Gruppen- und Phasengeschwindigkeit die Partialwellen mit $\lambda < \lambda_0$ im Laufe der Zeit dem Zentrum des W.es davoneilen, während die mit $\lambda > \lambda_0$ immer weiter zurückbleiben, und zwar um so mehr, je kleiner bzw. größer λ ist. Das W. „zerfließt" daher mit der Zeit, und zwar um so schneller, je schärfer es zu einem Anfangszeitpunkt t_0 lokalisiert war. Ein Teilchen der Masse 1 g mit $\Delta x = 1$ cm würde in 10^{18} Jahren, ein Elektron der Masse $9 \cdot 10^{-28}$ g mit $\Delta x = 10^{-8}$ cm dagegen schon in $2 \cdot 10^{-16}$ s seine Ausdehnung verdoppeln und in 60 Tagen die Ausmaße des Sonnensystems einnehmen, d. h., Elementarteilchen wären nach dieser Vorstellung entgegen der praktischen Erfahrung äußerst instabil. Dies ist einer der Gründe für die statistische Interpretation der Quantenmechanik, wonach $|\psi|^2$ nicht direkt als Materiedichte, sondern als Wahrscheinlichkeitsdichte für das Auffinden eines Teilchens anzusehen ist.

Wellenquantisierung, → Quantisierung.

Wellenstrom, *Mischstrom*, Gleichstrom, dem ein Wechselstrom überlagert ist.

Wellental, → Welle.

Wellentheorie der Materie, Beschreibung der verschiedenen Elementarteilchen durch Felder, deren Störungen sich als Wellen ausbreiten (→ Feldtheorie). Die W. d. M. wurde von de Broglie mit der Vorstellung begründet, daß die Materie neben dem korpuskularen Charakter auch einen Wellencharakter habe (→ Dualismus von Welle und Korpuskel). Schrödinger entwickelte daraufhin die klassische nichtrelativistische W. d. M. durch Aufstellung einer Wellengleichung $\mathrm{i}\,\frac{\partial\psi}{\partial t} + \frac{1}{2\zeta}\,\Delta\psi - \eta V\psi = 0$ für die komplexe Wellenfunktion $\psi(\vec{r}, t)$ mit den Masse- und Ladungsparametern $\zeta = \frac{m}{\hbar}$ und $\eta = \frac{e}{\hbar}$; $\varrho = \psi^*\psi$ wurde dabei als Materiedichte interpretiert. Analog können relativistische Materiefelder eingeführt werden (relativistische → Wellengleichung, → Dirac-Gleichung, → Maxwellsche Theorie des elektromagnetischen Feldes). Die Unteilbarkeit der Elementarteilchen erforderte jedoch die Interpretation von ϱ als Wahrscheinlichkeitsdichte für das Auffinden eines Teilchens der Masse m und Ladung e am Ort $\vec{r}$ zur Zeit t (→ statistische Interpretation). Diese Interpretation führt bereits zur Quantentheorie von Einteilchensystemen. Bei einer konsequenten Quantisierung werden die Wellenfunktionen durch Operatoren ersetzt, die die Erzeugung und Vernichtung von Teilchen beschreiben; es entsteht die vollständige Quantentheorie von Vielteilchensystemen. Dieses Quantisierungsverfahren wird oft als 2. Quantelung bezeichnet, ein irreführender Ausdruck, da es sich um die Quantisierung eines klassischen Feldes handelt, das allerdings derselben Wellengleichung genügt wie die quantenmechanische Einteilchen-Wellenfunktion, die sich vom klassischen Feld nur durch ihre Interpretation unterscheidet. Ausgehend von klassischen relativistischen Feldtheorien erhält man relativistische Quantenfeldtheorien, in denen auch die Erzeugung und Vernichtung von Elementarteilchen beschrieben wird.

Wellentypen, → Hohlleiter, → Wellenleiter.

Wellenwiderstand, 1) das ortsunabhängige Verhältnis von Spannung zu Strom in jedem Punkt einer → Doppelleitung, wenn auf dieser nur fortschreitende Wellen vorhanden sind, d. h., wenn diese reflexionsfrei abgeschlossen oder unendlich lang ist. Eine mit dem W. abgeschlossene Leitung verhält sich wie eine unendlich lange Leitung, die ankommende Welle wird vollständig verschluckt. Für eine verlustbehaftete Doppelleitung mit den Belägen R für den Widerstand, L für die Induktivität, C für die Kapazität und G für den Leitwert je Längeneinheit ergibt sich aus der Lösung der → Telegrafengleichung für die Spannung und den Strom im Punkt x der komplexe Wellenwiderstand $\underline{Z}_L = \sqrt{\frac{R + j\omega L}{G + j\omega C}}$. Darin bedeutet ω die Kreisfrequenz.

Der W. ist frequenzabhängig und durch die Art der Leitung und ihren Aufbau bedingt. Im Falle einer verlustlosen Doppelleitung erhält man die bekannte frequenzunabhängige Beziehung $\underline{Z}_L = \sqrt{L/C}$.

Für das Verhältnis von Spannung zu Strom bei Vierpolketten gilt dasselbe wie bei Leitungen, die Größe wird ebenfalls W. genannt (weiteres → Kettenleiter). Eine entsprechende Bedeutung hat das Verhältnis von elektrischer Feldstärke E und magnetischer Feldstärke H einer freien, ebenen elektromagnetischen Welle. Es wird ebenfalls als W. oder korrekter *Feldwellenwiderstand* des freien Raumes bezeichnet, und es gilt $\underline{Z}_F = \sqrt{\frac{\mu_0 \cdot \mu_r}{\varepsilon_0\varepsilon_r - \mathrm{j}\,\frac{\varkappa}{\omega}}}$. Dabei ist μ_0 die absolute Permeabilität des Vakuums, μ_r ist die relative Permeabilität, ε_0 die absolute Dielektrizitätskonstante des Vakuums, ε_r die relative Dielektrizitätskonstante und $\varkappa$ die spezifische Leitfähigkeit. Für das Vakuum erhält man $\underline{Z}_{F0} = \sqrt{\frac{\mu_0}{\varepsilon_0}} \approx 376{,}7\ \Omega$, den Feldwellenwiderstand des leeren Raumes.

2) → Strömungswiderstand.

Wellenzahl, → Welle.

Wellenzahlvektor, $\vec{k}$, Vektor in Ausbreitungsrichtung einer ebenen monochromatischen → Welle. Er hängt mit der Kreisfrequenz $\omega = 2\pi\nu$

der Ausbreitungsgeschwindigkeit c und dem Normalvektor $\vec{e}$ der Fläche konstanter Phase der Welle folgendermaßen zusammen:

$$\vec{k} = \frac{\omega}{c}\vec{n}, \text{ d.h. } \vec{k}^2 - \frac{\omega^2}{c^2} = 0. \quad (1)$$

Für elektromagnetische Wellen im Vakuum bilden $\vec{k}$ und $\frac{\omega}{c}$ einen Nullvektor des Minkowski-Raumes. Bei der Betrachtung von elektromagnetischen Wellen in Medien ist es im allgemeinen notwendig, für $\vec{k}$ komplexe Werte einzuführen:

$$\vec{k} = \vec{k}_1 + i\vec{k}_2. \quad (2)$$

Entsprechend dem Auftreten der magnetischen Permeabilität μ und der Dielektrizitätskonstanten ε des Mediums in der Wellengleichung gilt für das Quadrat des W.s $\vec{k}$:

$$\vec{k}^2 = \vec{k}_1^2 - \vec{k}_2^2 + 2i\vec{k}_1 \cdot \vec{k}_2 = \varepsilon_0\varepsilon_r\mu_0\mu_r \frac{\omega^2}{c^2}. \quad (3)$$

Der W. wird komplex, wenn $\varepsilon\mu$ komplex ist. Die Größe $\sqrt{\varepsilon_0\varepsilon_r\mu_0\mu_r}$ wird in diesem Fall durch den Brechungsindex n und den Absorptionskoeffizienten $\varkappa$ des Mediums beschrieben:

$$\sqrt{\varepsilon_0\varepsilon_r\mu_0\mu_r} = n + i\varkappa. \quad (4)$$

Wellenzug, → Wellenpaket.

Welle-Teilchen-Dualismus, svw. Dualismus von Welle und Korpuskel.

Welle-Teilchen-Wechselwirkung, → quasilineare Theorie.

Welligkeit, periodische Schwankung einer Größe zwischen einem Minimal- und einem Maximalwert ohne Vorzeichenumkehr, zum Beispiel W. der Gleichspannung einer Gleichstrommaschine in Abhängigkeit von der Nutenzahl oder W. des Gleichstroms einer Gleichrichterschaltung.

Wellrad, → Rolle.

Wellrohr, Bauelement in Vakuumsystemen, das starre Verbindungen z. B. zum Zwecke der Aufnahme mechanischer bzw. thermischer Spannungen flexibler gestaltet. In der Praxis bewährt hat sich verstärktes Kupferwellrohr, das sich gegenüber einfachen Tombakfederkörpern beim Evakuieren nicht zusammenzieht. Auch ein Glasfaltenbalg in Hartglasausführung ist geeignet und wird in Vakuumapparaten in Glasausführung verwendet; gute Dienste in dieser Hinsicht leisten auch Schliffketten in Glasausführung.

Wellrohrmanometer, → Manometer.

Welt, → Kosmos.

Weltall, → Kosmos.

Weltalter. Die Friedmannschen Kosmen ohne kosmologische Konstante haben die Eigenschaft, zu einer bestimmten Zeit singulär zu werden, d. h., zu diesem Zeitpunkt wird die Dichte der Materie unendlich groß und der Abstand zwischen den mit der Materie bewegten Beobachtern gleich Null. Die Zeit, die seit diesem Zustand vergangen ist, wird W. genannt.

Für Friedmann-Kosmen mit den drei verschiedenen Krümmungen $\varepsilon = -1, 0, +1$ der dreidimensionalen Räume folgen die Beziehungen

$\varepsilon = +1$: $ht < 2/3$; $\varepsilon = 0$: $ht = 2/3$; $\varepsilon = -1$: $2/3 \leq ht \leq 1$.

Dabei ist h die Hubble-Konstante (→ Hubble-Effekt) und t das W.

Mit dem heutigen Wert der Hubble-Konstanten von der Größenordnung $10^{-18}\,s^{-1}$ ergeben sich für die verschiedenen Werte der Krümmung ε für das W. Werte von der Größenordnung 10^9 bis 10^{10} Jahre.

Die astronomischen Daten sind heute noch zu unsicher, um auf diesem Wege eine Entscheidung für oder gegen einzelne Weltmodelle treffen zu können.

Weltäther, → Äther.

Weltkoordinaten, die in der vierdimensionalen Raum-Zeit-Welt R den Weltpunkten durch ein Koordinatensystem zugeordneten Quadrupel (x^0, x^1, x^2, x^3) von Zahlen.

Liegt eine Punktmenge M von R im Bereich zweier Koordinatensysteme (x^0, x^1, x^2, x^3) und (y^0, y^1, y^2, y^3), so vermittelt M eine Zuordnung $y^i = y^i(x^0, x^1, x^2, x^3)$ zwischen den Koordinaten y^i und x^k desselben Punktes von M. Diese Zuordnung wird Koordinatentransformation genannt.

In der Raum-Zeit-Welt der speziellen Relativitätstheorie beschränkt man sich meistens auf kartesische Koordinaten, in denen das Linienelement die Form

$$ds^2 = (dx^0)^2 - (dx^1)^2 - (dx^2)^2 - (dx^3)^2$$

hat. Die zeitartige Koordinate x^0 (→ zeitartig) ist dabei die mit der Lichtgeschwindigkeit c multiplizierte universelle Zeit, und x^1, x^2, x^3 sind die Koordinaten des dreidimensionalen Ortsraumes. Es ist natürlich auch möglich, krummlinige W. zu verwenden. Die physikalischen Gesetze müssen daher so formuliert werden können, daß ihre Form nicht von der Wahl des Koordinatensystems abhängt. Das ist eine logisch notwendige Forderung, die es überhaupt erst gestattet, sinnvoll Physik zu betreiben.

In der allgemeinen Relativitätstheorie sind die physikalischen Erfahrungsräume indefinite → Riemannsche Räume, in denen wegen der Krümmung dieser Räume keine kartesischen Koordinaten gewählt werden können, wie das z. B. für eine Kugeloberfläche, die ein zweidimensionaler Riemannscher Raum ist, zutrifft. Im Unterschied zum Minkowski-Raum hat man es also im Riemannschen Raum immer mit krummlinigen Koordinaten zu tun. Die keiner Beschränkung unterliegende Wahl des Koordinatensystems ordnet jedem Weltpunkt drei beliebige räumliche Koordinaten x^1, x^2, x^3 und eine Zeitkoordinate x^0 zu. Die Zeitkoordinate wird durch eine in beliebiger Weise gehende Uhr bestimmt. Der Ausdruck $g_{ik}\,dx^i\,dx^k$ $(i, k = 1, 2, 3)$ wird daher im allgemeinen nicht mit dem durch die physikalischen Meßmethoden bestimmten Abstand zweier unendlich benachbarter Raumpunkte der Koordinaten x^i und $x^i + dx^i$ übereinstimmen. Ebensowenig wird $(dx^0)^2$ im allgemeinen die infinitesimale Zeitdifferenz zwischen in ein und demselben Raumpunkt stattfindenden Ereignissen angeben. Die wahren, d. h. physikalisch zu messenden Abstands- und Zeitintervalle hängen mit den Koordinatenintervallen folgendermaßen zusammen:

$$dl^2 = \left(g_{ik} - \frac{g_{0i}g_{0k}}{g_{00}}\right) dx^i\,dx^k$$

$$d\tau^2 = -\frac{1}{c^2}\,g_{00}(dx^0)^2;$$

dl ist der aus der Laufzeit von Lichtsignalen bestimmte Abstand und $d\tau$ ist das Eigenzeitintervall.

Weltlinie, Beschreibung der Bewegung eines Punktes durch eine Kurve in der vierdimensionalen → Raum-Zeit-Welt. Die dreidimensionale Beschreibung der Bewegung $\vec{r} = \vec{r}(t)$, $ct = ct$ ist allgemein durch $x^\mu = x^\mu(\lambda)$ ersetzbar. Nach dem Kausalitätsprinzip kann die W. eines materiellen Teilchens nirgends raumartig sein (→ Minkowski-Raum). Schneiden sich zwei W.n, so treffen sich am Schnittpunkt die beiden repräsentierten Teilchen.

Weltmodell, → kosmologisches Modell, → Kosmos.

Weltpunkt, *Ereignis,* Punkt der → Raum-Zeit-Welt, d. h. Angabe eines Ortes im dreidimensionalen Raum und eines Zeitpunktes.

Weltradius, Radius des gekrümmten dreidimensionalen Raums. Aus dem → kosmologischen Postulat folgt für die Metrik der Welt das Robertson-Walkersche Linienelement. Die dreidimensionalen Raumschnitte dieser Weltmodelle lassen sich in einen vierdimensionalen ebenen Hilfsraum einbetten und haben darin die Gestalt einer dreidimensionalen Kugel mit dem Radius R. R wird W. genannt.

Die dreidimensionalen Räume sind also Räume konstanter Krümmung, die durch das Quadrat des Kehrwerts des W. bestimmt wird.

Ist der Einbettungsraum ein echter euklidischer Raum, dann nennt man den Kosmos sphärisch. In diesem Fall ist der W. reell und die Krümmung positiv.

Ist der Einbettungsraum ein pseudoeuklidischer Raum, dann nennt man den Kosmos hyperbolisch. In diesem Fall ist der W. imaginär und die Krümmung negativ.

Die dreidimensionalen Raumschnitte können aber auch eben sein, d. h. die Krümmung Null haben. Ihnen kann ein unendlicher W. zugeordnet werden. In zeitabhängigen kosmologischen Modellen, die dem kosmologischen Postulat genügen, ist der W. durch die Funktion $S(t)$ im → Robertson-Walkerschen Linienelement gegeben.

Weltraumsimulator, eine große Ultrahochvakuumkammer, häufig nach dem Doppelwandprinzip gebaut, für die Nachahmung der Bedingungen, wie sie im Weltraum gegeben sind. In 500 km Höhe über der Erde beträgt der Druck z. B. nur noch etwa 10^{-8} Torr, in 1000 km Höhe etwa 10^{-11} Torr. Außerdem ändert sich die Partialdruckzusammensetzung der Atmosphäre über der Erde mit der Höhe. – Weltraumkammern dienen für vorbereitende Versuche und Kontrollen von Flugkörpern, Flugausrüstungen und Geräten, sowie für Tests in Verbindung mit thermischer Belastung, Sonnenbestrahlung, mechanischen Vibrationen und tiefen Temperaturen.

Weltzeit, → Zeitmaße.

Wendelleitung, → Verzögerungsleitung.

Wendelstein, → Kernfusion.

Wendepol, ein Hilfspol bei → elektrischen Maschinen mit Stromwender zur Verbesserung der Stromwendung. Die W.e haben in erster Linie die Aufgabe, das Luftspaltfeld im Bereich der Stromwendung zu kompensieren.

Wendeprisma, → Reflexionsprisma.

Wentzel-Kramers-Brillouin-Näherung, svw. WKB-Näherung.

Werkstoffprüfung (Tafel 48), die Ermittlung der physikalischen, mechanischen und chemischen Zusammensetzung von Werkstoffen. Die W. dient zur Güteüberwachung, Aufklärung von Schadensfällen, Schaffung von Unterlagen für die Grundlagenforschung, für die Standardisierung und Verwendung der Werkstoffe sowie zur Entwicklung neuer Werkstoffe. Häufig teilt man die Verfahren zur Prüfung metallischer Werkstoffe in zerstörende und zerstörungsfreie Verfahren ein.

Zu den zerstörenden Prüfverfahren gehören alle Verfahren der *Festigkeitsprüfung,* die den Widerstand eines Körpers gegen die Einwirkung einer Belastung kennzeichnen, z. B. Zugversuch, Verdrehversuch und Dauerschwingversuch; *Härtemessungen*; *Gefügeuntersuchungen*; *chemische Analysen* u. a.

Zerstörungsfreie Prüfverfahren arbeiten z. B. mit *Röntgenstrahlen* (→ Grobstrukturuntersuchung, → Feinstrukturuntersuchung, → Röntgenspektralanalyse) oder mit *Gammastrahlen.* Letzteres Verfahren bezeichnet man als *Gammaspektroskopie.* Es dient zum Feststellen äußerlich nicht wahrnehmbarer Fehlstellen (Risse, Lunker, Schlackeneinschlüsse, Schweißnahtfehler u. ä.) und zur Kontrolle von Schweißnähten. An den Stellen des Werkstückes, an denen sich Hohlräume befinden, wird die Strahlung weniger geschwächt. Die verminderte Strahlungsschwächung ist an einer stärkeren Schwärzung der hier meist als Detektor verwendeten photographischen Emulsion erkennbar. Im Gegensatz zur Durchstrahlung mit Röntgenstrahlen, mit denen man Schichtdicken bei Eisen bis maximal 100 mm untersuchen kann, erlaubt die große Härte der Gammastrahlung die Durchstrahlung von Stahl bis 200 mm und von Kupferlegierungen bis 150 mm Dicke. Als radioaktive Quelle dienen Radium, Kobalt-60, Tantal-182, Iridium-192, Thulium-170 und Zäsium-137. Die technisch wirksame Strahlungskomponente der drei letztgenannten Elemente entspricht der Röntgenstrahlung der Energiebereiche 1,3; 1,2 bzw. 0,6 MeV.

Wernicke-Prisma, → Dispersionsprisma.

Wertigkeit, *maximale W.*, wird bei der heteropolaren Bindung (→ chemische Bindung) durch die Zahl der Elektronen bestimmt, die von einem Atom abgegeben oder aufgenommen wer-

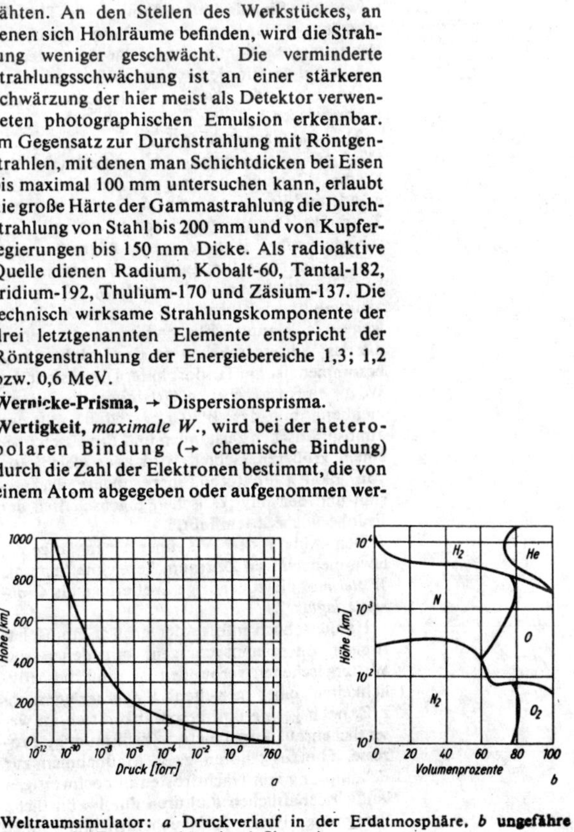

Weltraumsimulator: *a* Druckverlauf in der Erdatmosphäre, *b* ungefähre Struktur der Erdatmosphäre (nach Simons)

den können, um die Elektronenstruktur des nächstgelegenen Edelgases anzunehmen.

Die W. der Elemente ist je nach der Stellung im Periodensystem verschieden. Im allgemeinen ist sie für alle Elemente einer Gruppe gleich, während sie sich von Gruppe zu Gruppe ändert.

Die Alkalimetalle haben ein Außenelektron, die Erdalkalimetalle zwei, Aluminium und seine Homologen drei Außenelektronen und können demzufolge maximal positiv ein-, zwei- oder dreiwertige Ionen bilden. Umgekehrt nehmen z. B. die Halogene durch Aufnahme eines Elektrons eine Edelgaskonfiguration an und bilden so negativ einwertige Ionen.

Die Atome können in verschiedenen Verbindungen auch mit niedrigeren Wertigkeitsstufen, als sie der maximalen W. entspricht, auftreten. In Verbindungen wird die W. eines Elementes durch eine eingeklammerte römische Zahl hinter dem Elementnamen angegeben, z. B. Blei(IV)-chlorid.

Im Sinne von maximaler W. wird auch der Begriff *Valenz* gebraucht: Eine Valenz gibt an, wieviel Einfachbindungen ein Atom des betreffenden Elementes eingehen kann.

Speziell für kovalente Bindungen wird anstelle der W. oft der Begriff *Bindigkeit* benutzt, der die Zahl derjenigen Elektronen angibt, die durch ein Atom zu den mit seinen Bindungspartnern gemeinsamen Elektronenpaaren beigesteuert werden kann.

wesentliche Singularität, → Funktionen-Theorie.

Westdrift, 1) langsame, nach Westen gerichtete Bewegung der Kontinente infolge der Gezeitenkräfte und der für die Gezeitenkräfte unelastisch wirkenden Erde, experimentell jedoch nicht nachgewiesen.

2) → Säkularvariation.

Weston-Normalelement, → Normalelement.

Wetter, Gesamtheit der atmosphärischen Zustände und Prozesse an einem Ort und zu einem Zeitpunkt. Das W. wird durch eine Anzahl verschiedenartiger *Wetterelemente* charakterisiert, z. B. Lufttemperatur, Luftdruck, Luftfeuchtigkeit, Windrichtung und -geschwindigkeit, Bewölkung und Wolkenart, Hydrometeore, Sichtweite u. a. Hauptsächlicher Sitz der Vorgänge, die das Wettergeschehen an der Erdoberfläche bestimmen, ist die Troposphäre. Dabei steht das W. an einem gegebenen Ort immer in Zusammenhang mit der *Wetterlage*, d. h. mit den atmosphärischen Zuständen und Prozessen über einem größeren Gebiet, wird aber gleichzeitig von lokalen Faktoren, insbesondere der Gestalt und den physikalischen Eigenschaften der Erdoberfläche, beeinflußt.

Den Ablauf des W.s über einen längeren, etwa mehrtägigen Zeitraum bezeichnet man als *Witterung*, die zugehörige Wetterlage als *Großwetterlage*.

Hauptsächlich infolge der großen atmosphärischen Energieumsetzungen, mit denen das Wettergeschehen verbunden ist, sind die Möglichkeiten einer gezielten *Wetterbeeinflussung* z. Z. noch gering und beschränken sich im wesentlichen auf kurzdauernde kleinräumige Prozesse. Hierzu gehören z. B. Maßnahmen zur Bekämpfung von Nachtfrösten in hochwertigen landwirtschaftlichen Kulturen durch künstliche Beregnung, Heizung, Rauchentwicklung oder mechanische Durchmischung der bodennahen Luftschichten mittels Ventilatoren oder Hubschraubern, ferner Maßnahmen zur Wolken- oder Nebelauflösung und zur Hagelabwehr durch Eingriffe in die mikrophysikalischen Prozesse bei der Wolken- und Niederschlagsbildung. → Wettervorhersage.

Wetterleuchten, entfernte Blitze, deren Blitzbahn nicht mehr zu erkennen und deren Donner nicht mehr zu hören ist.

Wetterradar, → Radar.

Wettersatellit, ein künstlicher Erdsatellit, der mit Fernsehkameras und Strahlungsempfängern für verschiedene Wellenlängenbereiche ausgerüstet ist und meteorologische Informationen aus Gebieten liefert, die bisher kaum erfaßt wurden (Weltmeere, wenig besiedelte Regionen). Die Messung im IR-Bereich dient sowohl zur Bestimmung der Temperatur der strahlenden Flächen (Erdboden, Ozean, Wolken) als auch zur Lokalisierung von Wolkensystemen auf der Tag- und Nachtseite der Erde. Messungen im sichtbaren Bereich und im UV-Bereich ermöglichen die Bestimmung der Höhe der Wolkenobergrenze, des Ozongehaltes und der Lage von Dunstschichten in der Stratosphäre. Mittels numerischer Verfahren (Inversionsmethode) erhält man aus den Strahlungsmessungen Vertikalprofile von Temperatur und Feuchte. Je nach der Bahnneigung des W.en zur Äquatorebene werden unterschiedliche Gebiete überflogen. Geostationäre W.en (→ Erdsatellit) ermöglichen die kontinuierliche Beobachtung eines großen Teils der Erdoberfläche.

Die Meßergebnisse der W.en werden entweder im W. gespeichert und von bestimmten Bodenstellen abgerufen oder auch laufend gesendet, so daß sie mit geeigneten Empfangsapparaten von beliebigen Interessenten aufgenommen und direkt verwertet werden können.

Von den USA wurden bisher die erfolgreichen TIROS-, Nimbus-, ESSA- und ATS-Serien gestartet (erster W.-TIROS I-Start 1960). Die UdSSR startete 1966 ihren ersten W., Kosmos 122. Außerdem tragen W.en zur Verbesserung der Wettervorhersage und des Unwetterwarndienstes bei (Hurrikan-Überwachung).

Wettervorhersage, Vorhersage atmosphärischer Zustände und Prozesse, die in ihrer Gesamtheit das → Wetter darstellen. Nach der Länge des Vorhersagezeitraumes unterscheidet man *kurzfristige W.n* für 1 bis 2 Tage im voraus, *Mittelfristvorhersagen* mit einem Prognosezeitraum bis etwa eine Woche und *Langfristvorhersagen* für ganze Monate oder Jahreszeiten. Obwohl erste sporadische Versuche einer W. auf Grund erfahrungsmäßig erfaßter Zusammenhänge zwischen auffallenden Wettererscheinungen bereits im Altertum unternommen wurden, begannen die Voraussetzungen für systematische, wissenschaftlich fundierte W.n erst in der zweiten Hälfte des 19. Jh.s heranzureifen. Diese bestanden einmal in der Entwicklung der → Meteorologie zu einer exakten, mathematisch-physikalischen Wissenschaft (→ physikalische Meteorologie) und zum anderen im Ausbau eines internationalen Beobachtungsnetzes, in dem gleichzeitige meteorologische Beobachtungen nach einheitlichen Methoden angestellt und auf telegrafischem Wege verbreitet wurden, da eine W. allein aus örtlichen Wetterbeobachtungen günstigstenfalls für wenige Stunden im voraus möglich ist. Zunächst wurden W.n auf der Grundlage zahlreicher, teils empirischer, teils theoretisch begründeter Gesetzmäßigkeiten und Regeln aufgestellt, wobei anfangs die Luftdruckverteilung an der Erdoberfläche („Isobarenmeteorologie"), später die Verlagerung der Luftmassen und Fronten unter besonderer Beachtung der Höhenströmung („luftmassenmäßige Arbeitsweise") im Vordergrund standen. Seit den fünfziger Jahren vollzieht sich der Übergang zu objektiven Methoden der meteorologischen Analyse und Prognose unter breitester Anwendung der EDV („numerische Prognose").

Mathematisch gesehen stellt die W. ein Anfangs- und Randwertproblem dar, bei dem durch schrittweise numerische Auswertung eines komplizierten Differentialgleichungssystems aus dem Anfangszustand der Atmosphäre zum Zeitpunkt t_0 die Folgezustände zu den Zeiten $t_1, t_2, t_3, \ldots$ berechnet werden. In die Randbedingungen gehen dabei die Wechselwirkungsprozesse zwischen Atmosphäre und Erdoberfläche ein, die sich in der → Grundschicht der Troposphäre vollziehen, ferner die Einflüsse aus höheren Atmosphärenschichten bzw. dem interplanetaren Raum, im Falle der bisher allein praktisch realisierten Prognose für Teilgebiete der Erde auch die Zustände an den zeitlichen Begrenzungsflächen des Vorhersagegebiets, die aber ihrerseits (im allgemeinen unbekannte) Funktionen der Zeit sind. Wegen des letztgenannten Umstandes erfordert eine Verbesserung insbesondere längerfristiger W.n den Übergang zur lückenlosen Erfassung und Vorausberechnung atmosphärischer Zustände und Prozesse auf der gesamten Erde, wozu z. Z. große Anstrengungen auf internationaler Ebene unter Einsatz moderner Beobachtungsmittel, wie langlebiger driftender Ballone und Wettersatelliten, unternommen werden (Globales atmosphärisches Forschungsprogramm, → GARP; Weltwetterüberwachung, abg. WWW).

Die begrenzte Beobachtungsgenauigkeit, die beschränkte räumliche und zeitliche Dichte der Beobachtungen im Verein mit den Effekten kleinräumiger Prozesse von Zufallscharakter sowie die Kapazitätsgrenzen selbst der modernsten elektronischen Datenverarbeitungsanlagen bewirken, daß auch in Zukunft die Genauigkeit der W.n mit zunehmender Länge des Prognosezeitraums unvermeidlich abnimmt und insbesondere kleinräumige Erscheinungen, wie Böen, Schauer und Gewitter, in ihrem lokalen Auftreten nur sehr kurzfristig zuverlässig vorhergesagt werden können. Die praktischen Grenzen der Vorhersagbarkeit des Wetters im Sinne einer mechanisch-deterministischen Prognose sind noch weitgehend unbekannt und werden zwischen wenigen Tagen bis Wochen vermutet. Mit zunehmendem Vorhersagezeitraum wächst die Bedeutung statistischer Verfahren und Aussagen. Die z. Z. erst in Ansätzen entwickelten langfristigen W.n dürften auch künftig auf Wahrscheinlichkeitsaussagen über den Witterungscharakter (→ Wetter) beschränkt bleiben und werden zu ihrer Aufstellung wahrscheinlich die Berücksichtigung der langfristigen Wechselwirkung zwischen den Ozeanen und der Atmosphäre, der solar-terrestrischen Beziehungen und anderer Effekte erfordern.

Weyl-Algebra, → Erzeugungs- und Vernichtungsoperatoren.

Weyl-Gleichung, *Weylsche Neutrinogleichung, Wellengleichung des Neutrinos,* relativistische Wellengleichung für ein Teilchen mit dem Spin $s = 1/2$ und der Masse $m = 0$, die erstmals von H. Weyl (1929) aufgestellt wurde:

$$\sigma^\mu p_\mu \varphi(x) \doteq \partial\varphi/\partial t - \vec{\sigma}\,\mathrm{grad}\,\varphi = 0.$$

Dabei ist $\sigma^\mu = (\sigma^0, \vec{\sigma})$ mit $\sigma^0 = \begin{pmatrix} 1 & 0 \\ 0 & 1 \end{pmatrix}$ und $\vec{\sigma} = (\sigma_1, \sigma_2, \sigma_3)$ die Paulischen Spinmatrizen, $p_\mu = (p_0, \vec{p})$ ist der Impuls-Vierervektor mit $p_0 = E/c$, und $\varphi(x)$ ist die zweikomponentige Wellenfunktion (2-Spinor) des Neutrinos. Lösungen der W.-G. in Form ebener Wellen $\varphi = \mathrm{e}^{-\mathrm{i}(px)} v(p)$ mit $px = p_0 x^0 - \vec{p}\vec{r} = Et - \vec{p}\vec{r}$ und dem 2-Spinor $v(p)$ ergibt die W.-G. im Impulsraum $p_0 v(p) = -\vec{\sigma}\vec{p} v(p)$. Die Lösungen dieser Gleichung zu positiver Energie $p_0 = +|\vec{p}|$ (wegen $(\vec{\sigma}\vec{p})^2 = \vec{p}^2$ ist $p_0^2 = \vec{p}^2$) sind die Zustände des Neutrinos; für Neutrinos ist daher $\vec{\sigma}\vec{p}/|\vec{p}| = -1$. Spin und Impuls der Neutrinos sind antiparallel, d. h., die Neutrinos haben negative Helizität (Abb. 1). Die Lösungen negativer Energie $p_0 = -|\vec{p}|$ gehören nach Dirac (→ Dirac-Gleichung) zu den Antiteilchen, diese haben daher positive Helizität $\vec{\sigma}\vec{p}/|\vec{p}| = +1$ (Abb. 2).

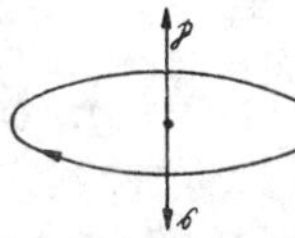

1

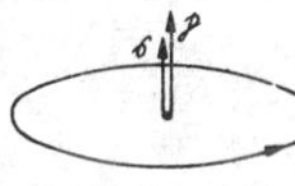

2

Weyl-Gleichung

Die W.-G. ist nicht invariant gegenüber der Paritätsoperation ($P: \vec{r} \to -\vec{r}$); da hierbei $\vec{p}$ in $-\vec{p}$, aber $\vec{\sigma}$ in $\vec{\sigma}$ übergeht, ist das Neutrino kein Eigenzustand der Parität. Die W.-G. trägt daher der Nichterhaltung der Parität bei allen Prozessen Rechnung, an denen Neutrinos (oder Antineutrinos) beteiligt sind, z. B. beim β-Zerfall. Sie ist auch nicht invariant gegenüber Teilchen-Antiteilchen-Konjugation C, da hierbei $\vec{p}$ in $\vec{p}$ und $\vec{\sigma}$ in $\vec{\sigma}$ übergeht und daher ein linkshändiges Neutrino in ein linkshändiges Antineutrino übergehen müßte: $\vec{\sigma}\vec{p}/|\vec{p}|$ in $\vec{\sigma}\vec{p}/|\vec{p}|$. Dagegen ist die W.-G. invariant gegenüber der kombinierten Parität PC; diese bleibt bei der schwachen Wechselwirkung im allgemeinen erhalten.

Die W.-G. des Neutrinos folgt aus der Dirac-Gleichung für Teilchen mit Spin $s = 1/2$ und von Null verschiedener Ruhmasse m, wenn man letztere gleich Null setzt (sie hat dann die Gestalt $\gamma^\mu \partial_\mu \psi(x) = 0$ und wegen des Fehlens des linearen Gliedes $m\psi(x)$ eine größere Lösungsmannigfaltigkeit) und durch die zusätzliche Forderung $\psi = -\mathrm{i}\gamma^5\psi$ die möglichen Lösungen so einschränkt, daß sie gegenüber PC, nicht aber P allein invariant sind (→ CP-Invarianz). Definiert man speziell $\psi_n = \frac{1}{2}(1 - \mathrm{i}\gamma^5)\psi$, so ergibt sich in der üblichen Darstellung $\gamma^0 = \begin{pmatrix} 0 & 1 \\ 1 & 0 \end{pmatrix}$, $\vec{\gamma} = \begin{pmatrix} 0 & \vec{\sigma} \\ -\vec{\sigma} & 0 \end{pmatrix}$, $\gamma^5 = \mathrm{i}\begin{pmatrix} 1 & 0 \\ 0 & -1 \end{pmatrix}$ für die γ-Matrizen gerade $\psi_n = \begin{pmatrix} \psi_{n'} \\ 0 \end{pmatrix}$, wobei $\psi_{n'}$ ein 2-Spinor ist, für den gerade die W.-G. gilt.

Im Gegensatz zur Weylschen oder Zweikomponenten-Theorie des Neutrinos wurde ursprünglich von E. Majorana angenommen, daß Neutrino und Antineutrino identisch seien und die Parität erhalten bleibe. Diese Majoranasche oder Vierkomponenten-Theorie des Neutrinos folgt ebenfalls aus der Dirac-Gleichung, wenn man die 4-Spinoren $\chi = \frac{1}{\sqrt{2}}(\psi + \psi^c)$ und $\omega = \frac{1}{\sqrt{2}}(\psi - \psi^c)$ bildet, wobei ψ^c der zu ψ ladungskonjugierte 4-Spinor ist, und $\omega = 0$, d. h. $\psi = \psi^c$, fordert; in der Majorana-Darstellung der γ-Matrizen folgt dann $\chi^c = \chi^\dagger = \chi$, d. h., χ ist hermitesch, beschreibt daher ein neutrales Feld, und wegen $\chi^c = \chi$ sind Teilchen und Antiteilchen identisch. Diese Vier-Komponenten-Theorie steht jedoch im Widerspruch zum Experiment.

Weylsche Neutrinogleichung, svw. Weyl-Gleichung.

WEZ, → Zeitmaße.

Wh, W · h, → Wattstunde.

Wheatstone-Brücke, → Meßbrücke.

Whewellsche Streifen, → Interferenzerscheinungen 5).

Whisker, *Nadelkristall, Haarkristall* (Tafel 56), nadel- oder haarförmige Wachstumsform eines Kristalls mit besonderen physikalischen Eigenschaften. Der Durchmesser der W.s beträgt einige 10^{-4} cm und die Länge einige mm — in einigen Fällen auch bis zu 20 cm. Gegenüber gewöhnlichen Kristallen des gleichen Stoffes zeichnen sich W.s durch eine extrem hohe Elastizitätsgrenze, die der Festigkeit des Idealkristalls nahekommt, aus. Deshalb haben W.s sowohl für Untersuchungen auf dem Gebiet der Festkörperphysik als auch, wenn sie in bestimmte andere Stoffe eingebettet werden, für die Herstellung neuer, wertvoller Werkstoffe (Verbundwerkstoffe) Bedeutung erlangt. Das Wachstum von W.s kann, gegebenenfalls durch besondere Versuchsführung, bei allen Arten des Kristallwachstums erfolgen. So wachsen Natriumchloridwhiskers auf der Oberfläche von mit gesättigter Lösung getränkten Keramikscherben oder an der Außenseite eines die Lösung enthaltenden Plastbeutels. Besonders lange Natriumchloridwhiskers gewinnt man aus einer Polyvinylalkohol enthaltenden Natriumchloridlösung. Das Wachstum von W.s aus der Gasphase gelingt bei Anwesenheit von Fremdgasen. Man unterscheidet, ob das Wachstum an der Spitze oder an der Basis des W.s erfolgt. Für das Wachstum an der Spitze wird angenommen, daß die eine oder wenigen im Kristall enthaltenen Versetzungen in Richtung der Whiskerachse orientiert sind und ein Spiralwachstum an der Spitze bewirken, während die auf die Seitenflächen auftreffenden Moleküle durch Oberflächendiffusion oder in einem adhärierenden Lösungsfilm zur Spitze wandern. Wachstum an der Basis erfolgt, wenn das Kristallmaterial von der Unterlage geliefert wird, z. B. im Verlauf einer speziellen Rekristallisation, wenn dünne Schichten getempert werden oder auf Grund von Versetzungsprozessen, wenn dünne Schichten einem Druck ausgesetzt werden.

Whistler (von engl. to whistle ‚pfeifen'), niederfrequente Funkstörungen, die im Gefolge von sich längs der Kraftlinien des geomagnetischen Feldes in der Ionosphäre und Magnetosphäre ausbreitenden magnetohydrodynamischen Wellen auftreten. W. entstehen z. T. auf Grund von Gewitterentladungen in der Atmosphäre, z. T. durch Fluktuationen im ionosphärischen und magnetosphärischen Plasma. Die Frequenz der W. liegt zwischen Ionen- und Elektronenplasmafrequenz. Die W. sind senkrecht zum Magnetfeld zirkular polarisiert. Rechtszirkularpolarisierte W. werden auch *R-Wellen* oder *Elektronen-Whistler*, linkszirkularpolarisierte auch *L-Wellen* oder *Ionenzyklotron-Wellen* genannt. Die Dispersionsrelation der W. läßt sich am einfachsten aus den Gleichungen für das Zweiflüssigkeitsplasma in linearer Näherung ableiten. Da W. senkrecht zum Magnetfeld polarisiert sind, treten sie leicht in Gyroresonanz mit Elektronen und Protonen und spielen eine große Rolle bei der Prezipitation geladener Teilchen.

Whole Body Counter, → Ganzkörperzähler.

Wichte, *spezifisches Gewicht*, γ, das Gewicht G eines Stoffes je Volumeneinheit:

$$\gamma = \lim_{V \to 0} \frac{\Delta G}{\Delta V} = \frac{dG}{dV}.$$ → Dichte.

Wicklung, die Zusammenschaltung von Einzelleitern (*Stabwicklung*) oder → Spulen (*Spulenwicklung*) in elektrischen Maschinen oder elektrischen Geräten. Bei konzentriert angeordneten W.en sind alle Spulen auf einem gemeinsamen Kern (Pol) gewickelt. Damit liegen alle Leiter für den Hauptweg der magnetischen Feldlinien praktisch an gleicher Stelle (z. B. W.en in Schaltgeräten, konzentrische W.en bei Transformatoren). Bei verteilten W.en liegen die Leiter in Nuten am Umfang des Ständers oder Läufers elektrischer Maschinen verteilt. Die Nut einer *Einschichtwicklung* enthält nur eine Spulenseite, bei einer *Zweischichtwicklung* liegen zwei Spulenseiten übereinander. Nach der Anordnung unterscheidet man *Ständerwicklung* und *Läuferwicklung*, nach der Energieflußrichtung → *Primärwicklung* und → *Sekundärwicklung*, nach der Unterbringung *Ankerwicklung* (→ Anker), *Hauptwicklung* und *Wendepolwicklung*. Nach der Stromeinspeisung unterteilt man in *Wechselstromwicklung* und *Drehstromwicklung* oder — um die Ausführung zu charakterisieren — in *ein-* und *mehrsträngige W.en.* Bei der Drehstromwicklung (Dreiphasenwicklung, dreisträngige W.) sind am Umfang $2p$ Spulenanordnungen (p = Polpaarzahl) untergebracht, wobei jede Spulenanordnung aus drei um $120°/p$ versetzten Spulen besteht. Nach Schaltung und Zusammenschaltung mit anderen Einrichtungen werden *Kurzschlußwicklung* (*Kurzschlußläuferwicklung, Käfigwicklung*), *Schleifringläuferwicklung* und *Stromwenderwicklung* (*Kommutatorwicklung*) unterschieden. Bei der Stromwenderwicklung sind die Spulenenden an benachbarte Lamellen des Stromwenders angeschlossen (*Schleifenwicklung*) oder aber an Lamellen, die um den Abstand ungleichnamiger Bürsten am Umfang entfernt liegen (*Wellenwicklung*). Nach der Funktion in den Einrichtungen unterscheidet man *Hilfswicklung, Steuerwicklung, Kompensationswicklung* u. a. Werden einer W. nur ihre eigenen Verluste von außen zugeführt, so daß sie am Energieumsatz nicht beteiligt ist, spricht man von *Erregerwicklung*. Die *Dämpferwicklung* ist eine Kurzschluß- oder Käfigwicklung in den Polschuhen der Synchronmaschine. Bei Abweichungen vom asynchronen Lauf, z. B. bei Drehschwingungen durch elektrische oder mechanische Belastungsstöße, werden Spannungen in der Dämpferwicklung erzeugt und Ströme angetrieben. Die von ihnen in Wärme umgesetzte Energie wird der Pendelenergie entzogen. Bei entsprechender Auslegung kann die Dämpferwicklung auch als *Anlaufwicklung* für den asynchronen Anlauf dienen.

Wicksches Theorem, Aussage über den Zusammenhang zwischen dem zeitgeordneten Produkt (T-Produkt) von Operatoren einer Quantenfeldtheorie mit einer Summe von Normalprodukten (N-Produkten) derselben Operatoren:

$$\mathrm{T}(\hat{A}\hat{B}\cdots\hat{X}\hat{Y}\hat{Z}) = \mathrm{N}(\hat{A}\hat{B}\cdots\hat{X}\hat{Y}\hat{Z}) +$$
$$+ \mathrm{N}(\overline{\hat{A}\hat{B}}\cdots\hat{Y}\hat{X}\hat{Z}) + \cdots + \mathrm{N}(\overline{\hat{A}\overline{\hat{B}\cdots\hat{X}\hat{Y}}\hat{Z}}) +$$
$$+ \cdots + \mathrm{N}(\overline{\hat{A}\hat{B}}\overline{\hat{C}\cdots\hat{X}\hat{Y}\hat{Z}}) + \cdots,$$

wobei die Summe über alle möglichen, durch eine Klammer (⌐¬) symbolisierten *Kontraktionen* zwischen zwei, vier, sechs usw. beliebigen Operatoren des Produktes zu erstrecken ist, bis schließlich alle Operatoren (unter Umständen bis auf einen) kontrahiert sind und Kontraktionen zwischen gleichzeitigen Operatoren nicht auszuführen sind. Dabei ist

$$\mathrm{N}(\overline{\hat{A}\hat{B}}\hat{C}\cdots\hat{X}\hat{Y}\hat{Z}) = \langle \mathrm{T}(\hat{A}\hat{B})\rangle_0\, \mathrm{N}(\hat{C}\cdots\hat{X}\hat{Y}\hat{Z})$$
$$\mathrm{N}(\hat{A}\overline{\hat{B}\hat{C}\cdots\hat{X}\hat{Y}}\hat{Z}) = \delta_p \mathrm{N}(\overline{\hat{B}\hat{Y}}\hat{A}\cdots\hat{X}\hat{Z}),$$

wobei $\langle \mathrm{T}(\hat{A}\hat{B})\rangle_0 \equiv \langle 0\,|\mathrm{T}(\hat{A}\hat{B})|\,0\rangle$ der Vakuumerwartungswert von $\mathrm{T}(\hat{A}\hat{B})$ und $\delta_p = +1$ bzw. -1 ist, wenn die Permutation P der in dem Produkt $\hat{A}\hat{B}\hat{C}\cdots\hat{X}\hat{Y}\hat{Z}$ enthaltenen Fermi-Operatoren in das Produkt $\hat{B}\hat{Y}\hat{A}\cdots\hat{X}\hat{Z}$ gerade bzw. ungerade ist, während δ_p sonst, d. h. falls nur Bose-Operatoren dabei vertauscht werden, stets gleich 1 zu setzen ist.

Die Kontraktionen $\mathrm{N}(\overline{\hat{A}\hat{B}}) = \langle \mathrm{T}(\hat{A}\hat{B})\rangle_0$ sind die kausalen Propagatoren (→ Ausbreitungsfunktion); im Fall der Quantenelektrodynamik sind das

$$\langle \mathrm{T}(\hat{A}_\mu(x)\, \hat{A}_\nu(x'))\rangle_0 = \tfrac{1}{2}\, g_{\mu\nu}\, D_\mathrm{F}(x'-x)$$
$$\langle \mathrm{T}(\hat{\bar{\psi}}(x)\, \hat{\psi}(x'))\rangle_0 = \tfrac{1}{2}\, S_\mathrm{F}(x'-x),$$

während alle übrigen Kontraktionen verschwinden.

Wideroe-Bedingung, → Fokussierung.

Widerspruchsfreiheit, → Axiomensystem.

Widerstand, im ursprünglichen Sinne eine Kraft, die der Bewegung eines physikalischen Systems entgegenwirkt, z. B. der Reibungswiderstand (→ Reibung) oder der → Strömungswiderstand. Allgemeiner definiert man aber auch den akustischen W. (→ Schallwellenwiderstand), den thermischen W. (→ Wärmewiderstand), den magnetischen W. (→ magnetischer Kreis), den dielektrischen W. (→ Verschiebungsfluß), den Lichtflußwiderstand (→ Ohmsches Gesetz 5). Insbesondere versteht man unter W. den elektrischen W., und zwar einmal als Bauelement (→ technischer elektrischer Widerstand) und andererseits als physikalische Größe.

Der *elektrische W.* (Größe), R, ist der W., den ein Leiter dem ihn durchfließenden elektrischen → Strom entgegensetzt. Bei Anlegen einer elektrischen Spannung U an die Enden eines Leiters fließt durch diesen ein Strom der Stärke I. Der Quotient aus Spannung und Stromstärke wird als der elektrische W. des Leiters definiert: $R = U/I$ (→ Ohmsches Gesetz). Mit den allgemeinen Definitionen von Strom und Spannung hat der W. eines homogenen Leiters die allgemeine Form

$$R = \frac{\int_1^2 \vec{E}\,\mathrm{d}\vec{s}}{\int \vec{j}\,\mathrm{d}\vec{A}} = \frac{\int_1^2 \vec{E}\,\mathrm{d}\vec{s}}{\sigma \int \vec{E}\,\mathrm{d}\vec{A}}\,.$$

Hierbei bedeuten $\vec{E}$ elektrische Feldstärke, $\vec{j}$ elektrische Stromdichte, σ spezifische elektrische Leitfähigkeit, 1 und 2 Punkte der Zu- und Ableitung des Stromes am Leiter (Anschlüsse), $\mathrm{d}\vec{A}$ das Element der vom gesamten Strom durchflossenen Fläche A im Leiter. Die Einheit des elektrischen W.es ist das → Ohm Ω ($1\,\Omega = 1\,\mathrm{V/A}$). Die reziproke Größe des elektrischen W.es heißt der *elektrische Leitwert* $G = 1/R$, seine Einheit ist das → Siemens, S.

Der elektrische W. eines Leiters hängt vom Material und den Abmessungen des Leiters ab, ferner von der Fläche und Form der Elektroden, über die die Stromzuleitung und -ableitung erfolgt (*Ausbreitungswiderstand*). Im Spezialfall eines homogenen zylindrischen Leiters (Draht) mit einem homogenen Stromfluß in Achsenrichtung ist dessen elektrischer W. der Länge l direkt und dem Querschnitt A des Leiters umgekehrt proportional: $R = \varrho \cdot \dfrac{l}{A}$. Der materialabhängige Proportionalitätsfaktor ϱ heißt der *spezifische elektrische W.* des Leiters, sein Kehrwert die *spezifische elektrische Leitfähigkeit* $\sigma = 1/\varrho$. Einheit des spezifischen elektrischen W.es ist das Ohmmeter, Ωm, sein Kehrwert hat die Einheit Siemens je Meter, S/m ($1\,\mathrm{S/m} = 1/\Omega\mathrm{m}$). ϱ ist zahlenmäßig gleich dem W. eines Leiters der Länge 1 m und vom Querschnitt 1 m².

Da der spezifische elektrische W. bzw. die Leitfähigkeit zwei Vektorgrößen, die Stromdichte und die Feldstärke, miteinander verbindet, sind sie im allgemeinen Fall eines anisotropen Materials durch einen Tensor 2. Stufe zu beschreiben, der bei Fehlen eines äußeren Magnetfeldes stets symmetrisch ist. Das ist eine spezielle Folge der Onsagerschen Relationen und der Thermodynamik irreversibler Prozesse. Die Zahl der unabhängigen Tensorkomponenten ist durch die Zugehörigkeit zum Kristallsystem bestimmt (Tab. 1).

Tab. 1

Kristall-system	Indizes der unabhängigen Komponenten des Leitfähigkeitstensors					
triklin	11	22	33	23	31	12
monoklin	11	22	33	0	31	0
orthorhombisch	11	22	33	0	0	0
trigonal	11	11	33	0	0	0
tetragonal	11	11	33	0	0	0
hexagonal	11	11	33	0	0	0
kubisch	11	11	11	0	0	0

Bei Störung der Kristallsymmetrie durch Einwirkung von äußeren elektrischen (heiße Elektronen) oder magnetischen Feldern (→ Magnetowiderstand) bzw. mechanischen Spannungen tritt auch in kubischen Kristallen, z. B. in Germanium oder Silizium, Anisotropie auf.

Der spezische elektrische W. ist von der Temperatur und von der mechanischen Beanspruchung des Leiters abhängig, ferner von einwirkenden Magnetfeldern. Einzelne Leiter zeigen auch eine Abhängigkeit von der elektrischen Feldstärke (→ Halbleiter), von der Belichtung (Photohalbleiter) u. a.

Von besonderer Bedeutung ist die Temperaturabhängigkeit des elektrischen W.es, die durch den Temperaturkoeffizienten $\alpha = \frac{1}{\varrho}\frac{d\varrho}{dt}$ beschrieben wird, wobei t die Temperatur ist. Da α im allgemeinen selbst temperaturabhängig ist, gilt für den elektrischen W. bei einer Temperaturänderung $\Delta t = t - t_0$ gegenüber einer Bezugstemperatur t_0 die Formel

$$\varrho_t = \varrho_0(1 + \alpha\Delta t + \alpha_1(\Delta t)^2 + \cdots).$$

Darin sind α, α_1, ... Mittelwerte, die jeweils für ein bestimmtes Temperaturintervall gelten. Für viele Stoffe, hauptsächlich Metalle, läßt sich in einem kleinen Temperaturintervall die Näherung $\varrho_t = \varrho_0(1 + \alpha\Delta t)$ mit in diesem Bereich konstantem α benutzen. Während Metalle in der Regel ein $\alpha > 0$, etwa $(4\cdots10)\cdot10^{-3}\ K^{-1}$, aufweisen, nimmt der elektrische W. von Kohle, Elektrolyten und Halbleitern mit steigender Temperatur ab, d. h., für sie ist $\alpha < 0$. Bei einigen Metallen verschwindet der elektrische W. nahe dem absoluten Nullpunkt praktisch vollständig (→ Supraleitfähigkeit). Die Tab. 2 und 3 geben einen Überblick über ϱ bzw. σ und α wichtiger Leiter, Nichtleiter, Halbleiter und Elektrolyte.

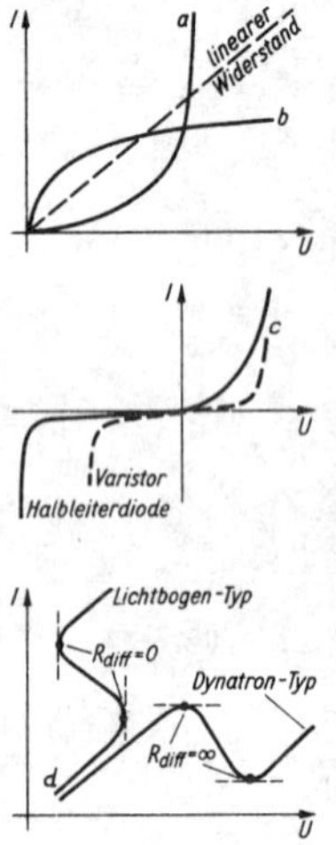

1 Strom-Spannungs-Kennlinien verschiedener Arten nichtlinearer Widerstände

Tab. 2.

	$\sigma_{0\,°C}$ 10^6 S/m	$\varrho_{0\,°C}$ 10^{-8} Ωm	$\alpha_{0\text{ bis }100\,°C}$ 10^{-3} K^{-1}
Metalle, rein			
Aluminium	40	2,5	4,60
Blei	5,21	19,2	4,28
Eisen	11,6	8,6	6,51
Gold	48,5	2,06	4,02
Kupfer	64,5	1,55	4,33
Magnesium	23,2	4,31	4,12
Nickel	16,3	6,14	6,92
Platin	10,2	9,81	3,96
Quecksilber, flüss.	1,063	94,07	0,99
Silber	67,11	1,49	4,30
Wismut	0,909	110	4,54
Wolfram	20,4	4,89	5,10
Zink	17,7	5,65	4,17
Zinn	8,97	11,15	4,65
Legierungen			
Konstantan 55 Cu 44 Ni 1 Mn	2,04*)	49*)	+0,08*) −0,04*)
Manganin 86 Cu 12 Mn 2 Ni	2,3*)	43*)	±0,01*)
Messing	14···11*)	7···9*)	≈1,6*)
Neusilber 60 Cu 17 Ni 23 Zn	3,33*)	30*)	0,35*)
Nickelin I 54 Cu 26 Ni 10 Zn	2,3*)	43*)	0,11*)
Goldchrom 97,95 Au 2,05 Cr	3,0*)	33*)	±0,001*)

*) Werte für 20 °C,

Ein elektrischer W., an dem Spannung und Strom streng proportional zueinander sind, heißt *linearer W.* Die Mehrzahl der Leiter ist linear, sieht man vom Einfluß der Stromwärme ab. Einige Widerstände zeigen aber infolge des Leitungsmechanismus oder der besonderen Wirkung der Stromwärme diese Proportionalität nicht, es sind *nichtlineare Widerstände.*

Auskunft über die Nichtlinearität eines W.es geben die *Strom-Spannungs-Kennlinie* (Abb. 1) und der jedem Punkt der Kennlinie zugeordnete

Tab. 3

	$\sigma_{20\,°C}$ in S/m	$\varrho_{20\,°C}$ in Ωm
Bogenlampenkohle	$(2\cdots1)\cdot10^4$	$(5\cdots10)\cdot10^{-5}$
Erde	$10^{-2}\cdots10^{-4}$	$10^2\cdots10^4$
Flußwasser	$10^{-1}\cdots10^{-2}$	$10^1\cdots10^2$
Seewasser	~3,3	~0,3
Wasser, dest.	$10^{-4}\cdots10^{-5}$	$10^4\cdots10^5$
Wasser, reinst	$4\cdot10^{-6}$	$2{,}5\cdot10^5$
Luft, normal	10^{-10}	10^{10}
Transformatorenöl	$10^{-12}\cdots10^{-18}$	$10^{12}\cdots10^{18}$
Marmor	$< 10^{-8}$	$> 10^8$
Glas	$< 10^{-11}$	$> 10^{11}$
Plexiglas	$< 10^{-13}$	$> 10^{13}$
PVC	$< 10^{-13}$	$> 10^{13}$
Glimmer	$< 2\cdot10^{-15}$	$> 5\cdot10^{14}$
Schwefel	$< 10^{-15}$	$> 10^{15}$
Hartgummi	$< 10^{-16}$	$> 10^{16}$
Paraffin	$< 3{,}3\cdot10^{-17}$	$> 3\cdot10^{16}$
Quarzglas	$< 2\cdot10^{-17}$	$> 5\cdot10^{16}$
Trolitul	$< 10^{-17}$	$> 10^{17}$
Bernstein	$< 10^{-18}$	$> 10^{18}$

differentielle W. $R_{diff} = \partial U/\partial I$, für den $R_{diff} \gtrless 0$ möglich ist, wohingegen stets $R \geqq 0$. Am linearen W. gilt $R = R_{diff} =$ konst. $\geqq 0$. Es lassen sich hauptsächlich vier Arten nichtlinearer Widerstände unterscheiden: a) I steigt mit U ab einem gewissen Wert stark an, in diesem Bereich ist $R_{diff} > 0$, aber sehr klein; diese Charakteristik zeigen z. B. Varistoren, Gasentladungsstrecken und Z-Dioden. b) I steigt ab einem gewissen Wert nur noch sehr wenig mit U an, d. h., es ist $R_{diff} > 0$, aber sehr groß, z. B. beim Eisenwasserstoffwiderstand. c) Die nichtlineare Kennlinie hängt außer von der Größe auch von der Polarität der angelegten Spannung ab. Eine solche unsymmetrische Kennlinie zeigen z. B. Halbleiterdioden. W.e, deren Nichtlinearität eine Folge der am W. umgesetzten Stromwärme ist, haben eine symmetrische Charakteristik, z. B. Varistoren und Eisenwasserstoffwiderstände.

Der *negative differentielle W.* bzw. die *negative differentielle Leitfähigkeit* bezeichnet den Sachverhalt, daß der Strom I nicht mehr monoton mit der Spannung U anwächst, daß also $dI/dU < 0$ gilt. Man unterscheidet *V*-förmige Charakteristiken, bei denen in einem begrenzten Spannungsbereich der Strom mit wachsender Feldstärke abfällt, und *S*-förmige Charakteristiken, bei denen der zunehmende Strom zu einem geringeren Spannungsabfall am Meßobjekt führt, da sich der Spannungsabfall am Außenwiderstand des Kreises, der zur Stabilisierung vorhanden ist, erhöht. Zur Aufnahme *V*-förmiger Charakteristiken werden kurzzeitige Impulse verwendet, da sonst die auftretenden Fluktuationen dazu führen, daß die Probe durch Ausbildung von → Domänen elektrisch inhomogen wird und daß entsprechende Schwingungen im Stromkreis auftreten. Bei der Untersuchung *S*-förmiger Charakteristiken ist durch entsprechende Wahl des Außenwiderstandes dafür zu sorgen, daß nicht infolge mangelnder Begrenzung des Stromes ein elektrischer Durchschlag auftritt. Die physikalischen Ursachen für den negativen differentiellen W., der bei Charakteristiken vom *N*-Typ vorliegt, können in einer starken Abnahme der Beweglichkeit oder der Konzentration als Funktion der Feldstärke liegen. Der erste Fall ist beim → Gunn-Effekt realisiert, wenn heiße Ladungsträger in ein (energetisch höher gelegenes) Band mit größerer effektiver Masse in Feldrichtung gestreut werden und durch den dabei auftretenden Anteil von Ladungsträgern mit kleinerer Beweglichkeit die Leitfähigkeit stark verringert wird. – Eine entsprechende Änderung der Konzentration der Ladungsträger in Abhängigkeit von der Feldstärke wird hervorgerufen, wenn der Einfangsquerschnitt der Rekombinationszentren mit wachsender Energie ansteigt. Das ist bei Zentren mit wachsendem Ladungscharakter realisiert, die gleichartig wie die betrachteten Ladungsträger geladen sind, z. B. Kupfer oder Gold in n-Germanium. Dort kann die Umbesetzung der Niveaus zur Verringerung der Konzentration quasifreier Elektronen führen. Die Bedingungen für das Auftreten dieser Erscheinung fordern bei vorgegebener Temperatur bestimmte Konzentrationsverhältnisse dieser unterschiedlich geladenen Zentren und der kompensierenden Störstellen.

Der negative differentielle W. bei Charakteristiken vom *S*-Typ (Abb. 2) tritt auf, wenn die Aufheizung der Elektronen durch Energieaufnahme aus dem angelegten Feld bei konstant vorgegebenem Strom zur Verringerung des elektrischen Feldes am Meßobjekt führt, weil entweder die Beweglichkeit im Falle dominierender Störstellenstreuung so stark anwächst oder die Ladungsträgerkonzentration durch → Stoßionisation (bei kompensierten Halbleitern) entsprechend zunimmt.

Der bisher betrachtete elektrische W. wird als *ohmscher W.* bezeichnet; er hat rein dissipativen Charakter, d. h., die beim Stromdurchgang aufzuwendende elektrische Energie wird vollständig in Stromwärme übergeführt. Im Wechselstromkreis wird der W. als *Wirkwiderstand* bezeichnet und ist durch die Proportionalität zwischen den Momentanwerten von Spannung und Strom gekennzeichnet. Mit dem *Blindwiderstand* setzt er sich zum *Wechselstromwiderstand* zusammen. Bei der Ausbreitung elektromagnetischer Wellen längs Leitungen und im freien Raum spielt der *Wellenwiderstand* eine Rolle. Ferner unterscheidet man in einem Stromkreis zwischen dem *inneren W.* der Stromquelle und dem *äußeren* (*Belastungs-*)*W.*

Bei der Zusammenschaltung von n Widerständen R_i ergibt sich der Gesamtwiderstand R bei Reihenschaltung als Summe der Teilwiderstände $R = R_1 + R_2 + \cdots + R_n = \sum_{i=1}^{n} R_i$; bei Parallelschaltung addieren sich die reziproken Teilwiderstände zum reziproken Gesamtwiderstand, d. h. die Teilleitwerte G_i zum Gesamtleitwert $G = 1/R$:

$$R = \frac{1}{\frac{1}{R_1} + \frac{1}{R_2} + \cdots + \frac{1}{R_n}} = \frac{1}{\sum_{i=1}^{n} \frac{1}{R_i}};$$

$$G = G_1 + G_2 + \cdots + G_n = \sum_{i=1}^{n} G_i.$$

I) *Metalle.* 1) Allgemeines. Die Unabhängigkeit des elektrischen W.es vom elektrischen Feld und von der Stromdichte ist, zumindest im Gebiet der Raumtemperatur, in weiten Grenzen sehr genau experimentell bewiesen.

Der numerische Wert und der Temperaturkoeffizient des elektrischen W.es können als bestes Charakteristikum der Metalle überhaupt angesehen werden. So beträgt der elektrische W. bei Raumtemperatur für Silber, den besten metallischen Leiter, $\varrho_{Ag} = 1{,}49 \cdot 10^{-8}\,\Omega\text{m}$ gegenüber $\varrho_{Ge} = 0{,}46\,\Omega\text{m}$ für den Halbleiter Germanium und $\varrho_{Glas} > 10^{11}\,\Omega\text{m}$ für Glas. Aber auch noch für Wismut, das in mancher Beziehung am Rande der Metalle steht, liegt der Wert des elektrischen W.es mit $\varrho_{Bi} = 110 \cdot 10^{-8}\,\Omega\text{m}$ noch um Größenordnungen über demjenigen der besten elektrolytischen Leiter, nämlich geschmolzener Salze.

2) Anisotropie des elektrischen W.es. Für einkristalline Bereiche eines Metalls ist der elektrische W. im allgemeinen ein symmetrischer Tensor 2. Stufe, zu dessen vollständiger Charakterisierung die Kenntnis der Widerstandswerte in Richtung der drei Hauptachsen erforderlich ist. Dieser Fall, z. B. für Gallium zutreffend, hat nur geringe praktische Bedeutung, da er nur bei wenigen Metallmodifikationen auftritt.

2 Stromdichte J als Funktion der Feldstärke E (in willkürlichen Einheiten) für negative differentielle Leitfähigkeit bei einer Charakteristik vom S-Typ

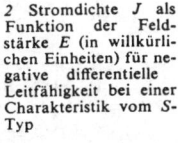

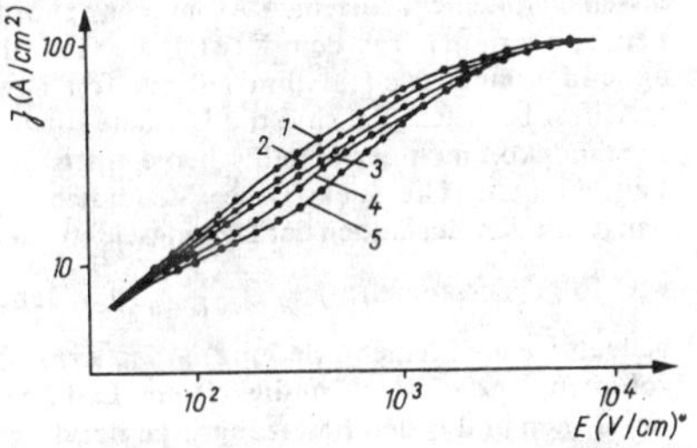

3 Strom-Spannungs-Charakteristik bei 77 K für n-Silizium (mit $6{,}9 \cdot 10^{13}$ Donatoren und $0{,}95 \cdot 10^{13}$ Akzeptoren je cm^{-3}) in Abhängigkeit von der Orientierung: Kurve 1 ⟨111⟩, Kurven 2 bis 5 für einen Winkel von 45, 36, 27, 0° gegen ⟨100⟩. J elektrische Stromdichte, E elektrische Feldstärke

Für tetragonal, hexagonal und trigonal kristallisierende Metalle entartet das Widerstandsellipsoid infolge der Kristallsymmetrie zu einem Rotationsellipsoid. Das bedeutet, daß in einer Ebene senkrecht zur Hauptachse des Metallkristalls der elektrische W. richtungsunabhängig ist. Das Widerstandsellipsoid wird durch 2 Werte, parallel und senkrecht zur Hauptachse, charakterisiert. Für eine beliebige Richtung im Kristall mit dem Winkel ϑ zur Hauptachse ergibt sich $\varrho(\vartheta) = \varrho_{\parallel} \cos^2 \vartheta + \varrho_{\perp} \sin^2 \vartheta$. Diese Beziehung trifft z. B. für Magnesium zu, außerdem für über ein Viertel der über 100 metallischen Elementmodifikationen.

Bei kubischer Gittersymmetrie entartet das Widerstandsellipsoid zu einer Kugel, der elektrische W. kann also durch eine einzige skalare Größe charakterisiert werden. Das gilt für die Mehrzahl der metallischen Elementmodifikationen.

Für polykristalline Bereiche kubischer Metalle stimmt der elektrische W. mit demjenigen einkristalliner Bereiche bei Temperaturen um Raumtemperatur und höher praktisch überein. Merkliche Abweichungen treten bei reinem Material und tiefen Temperaturen auf, da in diesem Falle der Widerstandsbeitrag der Korngrenzen nicht mehr vernachlässigbar ist.

Für polykristalline Proben hexagonaler, tetragonaler und trigonaler Metallmodifikationen wird der elektrische W. als skalare Größe bei vollständig unregelmäßiger Lagerung der Kristallite durch einen Mittelwert $\frac{1}{\varrho(\vartheta)} = \frac{1}{3}\left[\frac{2}{\varrho_\perp} + \frac{1}{\varrho_\parallel}\right]$ charakterisiert, der auch experimentell gefunden wird. Hinsichtlich des Temperaturbereichs gilt die gleiche Einschränkung wie bei kubischen Metallen.

3) Mikroskopische Deutung des elektrischen W.es. Beim Zusammentritt von vorher isolierten Metallatomen zum kristallinen Verband treten die bisher den einzelnen Atomen zugehörigen äußeren Elektronen in starke Wechselwirkung, ihre Energieniveaus spalten auf und bilden quasikontinuierliche Energiebänder, die durch verbotene Energiebereiche getrennt sind (→ Bändermodell, → Bandstruktur). Diejenigen Elektronen, die sich in den nur teilweise besetzten Energiebändern befinden, werden als *Leitungselektronen* bezeichnet. Sie lassen sich keinem einzelnen Atom mehr zuordnen, sondern gehören dem Kristall als Ganzem an und können sich in ihm nahezu frei bzw. quasifrei bewegen. Sie sind die Ursache für das Zustandekommen der metallischen elektrischen Leitfähigkeit. Die elektrische Stromdichte $\vec{j}$ hängt mit den Zuständen der Leitungselektronen wie folgt zusammen: $\vec{j} = \sum_k \frac{e}{V} \vec{v}_k \cdot f_k$. Dabei bedeuten e die Elementarladung, V das Kristallvolumen, $\vec{v}_k$ die Geschwindigkeit der Leitungselektronen und f_k den Besetzungsgrad der durch $\vec{k}$ gekennzeichneten Bloch-Zustände, deren Wellenfunktionen bei Vernachlässigung des periodischen Kristallpotentials in ebene Wellen $\exp(i\vec{k}\vec{r})$ übergehen. Im thermodynamischen Gleichgewicht bei Abwesenheit elektrischer Felder verschwindet $\vec{j}$ erwartungsgemäß. Unter der Einwirkung eines elektrischen Feldes würde im metallischen Idealkristall der elektrische Strom unbegrenzt anwachsen, da die Streuung der Elektronenwellen im streng periodischen Gitter durch Interferenz „aufgehoben" wird.

Der tatsächlich vorhandene elektrische W. ist auf die Störstreuung der Elektronenwellen an den Abweichungen vom streng periodischen Potentialverlauf zurückzuführen. Die dafür ursächlichen Gitterstörungen lassen sich folgendermaßen unterteilen: a) physikalische Kristallbaufehler, z. B. Leerstellen, Zwischengitteratome, Versetzungen, Stapelfehler; b) chemische Verunreinigungen substitutioneller und interstitieller Art; c) thermische Bewegung der Gitterbausteine; d) innere (z. B. Korngrenzen) und äußere Kristalloberflächen; e) Existenz eines Ensembles von Leitungselektronen.

Die Streuung der Elektronen an den genannten Abweichungen vom Idealgitter führt zu Impulsänderungen und im allgemeinen zu Energieverlust der Leitungselektronen. Dabei gelangen die gestreuten Elektronen im Mittel in diejenigen Zustände zurück, aus denen sie durch das elektrische Feld angehoben wurden. Bei konstantem elektrischem Feld stellt sich ein stationärer Zustand ein, der durch eine mittlere freie Weglänge λ der Elektronen in Verbindung mit ihrer Geschwindigkeit charakterisiert wird.

Für kubisch kristallisierende Metalle liefert die Rechnung mit Hilfe der Boltzmann-Gleichung unter gewissen Voraussetzungen $\varrho^{-1} = \frac{1}{12\pi^3} \cdot \frac{e^2}{\hbar} \int \lambda \, dS_F$. Dabei bedeutet dS_F einen differentiellen Teil der Fermi-Fläche. Die Berechnung des elektrischen W.es ist damit auf die Berechnung oder Abschätzung der mittleren freien Weglänge der Leitungselektronen auf der Fermi-Fläche zurückgeführt.

4) Widerstandsbeiträge verschiedener Streuprozesse. Jede der im vorigen Abschnitt genannten Ursachen für Streuprozesse ruft einen Widerstandsbeitrag hervor. Von Bedeutung ist dabei besonders der Bereich tiefer Temperaturen, $T < 30$ K, da erst hier der thermische elektrische Widerstandsbeitrag erstens seine Quantennatur offensichtlich zeigt und zweitens andere Effekte nicht mehr völlig überdeckt.

a) Streuprozesse der Ladungsträger an physikalischen Kristallbaufehlern und chemischen Verunreinigungen verursachen den → Restwiderstand.

b) Streuprozesse an den thermischen Gitterschwingungen (→ Elektron-Phonon-Streuung) rufen verschiedenen Widerstandsbeitrag hervor: Die Normal-(N-)Prozesse führen zum → Bloch-Grüneisen-Gesetz und damit zum bekannten T^5-Gesetz bei tiefen Temperaturen. Der Beitrag der Umklapp-(U-)Prozesse ist theoretisch schwierig berechenbar. Er sollte bei offenen Fermi-Flächen bis zu tiefsten Temperaturen auftreten, bei geschlossenen Fermi-Flächen dagegen unterhalb einer Temperatur $\theta_{min} = \frac{\hbar c q_{min}}{k_B}$ exponentiell abnehmen. Hierbei ist q_{min} der minimale Abstand zweier Fermi-Flächen im periodischen Zonenschema, c ist die Schallgeschwindigkeit und k_B die Boltzmannsche Konstante. Für Natrium scheint dieser Sachverhalt nachgewiesen zu sein.

Eine Rechnung über den Widerstandsbeitrag der Elektron-Phonon-Interband-Streuung liefert bei Annahme des Debye-Modells und zweier Leitungsbänder mit kugelförmigen Fermi-Flächen

$$\varrho \sim \left(\frac{T}{\theta}\right)^3 \cdot \int_{\theta_{min}/T}^{\theta/T} \frac{x^3 \, dx}{(e^x - 1)(1 - e^{-x})} \quad \text{mit}$$

$$\theta_{min} = \frac{\hbar c q_{min}}{k_B}.$$

Hierbei bedeutet q_{min} den minimalen Abstand der Fermi-Flächenanteile der beiden Leitungsbänder. Für hohe Temperaturen folgt ein zu T proportionaler Widerstandsbeitrag, für Temperaturen $T \gtrsim \theta_{min}$ ein zu T^3 proportionaler Term und für $T < \theta_{min}$ ein exponentiell abnehmender Widerstandsbeitrag.

c) Die Streuung der Elektronen an der Metalloberfläche erzeugt den Widerstandsbeitrag des → Size-Effektes.

d) Die Elektron-Elektron-Streuung liefert bei N-Prozessen keinen Widerstandsbeitrag. Beim Auftreten von U-Prozessen und bei Elektron-Elektron-Interband-Streuung ist ein zu T^2 proportionaler Widerstandsbeitrag zu erwarten, da die beteiligten Elektronen vor und nach dem Streuprozeß in der thermisch aufgelockerten Fermi-Fläche lokalisiert sein müssen. Dieses T^2-Widerstandsglied wurde bei den meisten Übergangsmetallen experimentell bei tiefsten Temperaturen bestätigt.

e) Die Überlagerung der angeführten Streuprozesse verursacht im allgemeinen zusätzliche Widerstandsbeiträge (→ Matthiessensche Regel).

II) *Metallegierungen* und *-verbindungen*. Der elektrische W. intermetallischer Verbindungen ist bisher nur ungenügend untersucht worden. Einige dieser Verbindungen ähneln im Widerstandsverhalten den Halbleitern (s. u.), andere haben einen charakteristisch metallischen elektrischen W. Dazwischen gibt es alle Abstufungen. Für eine metallische Legierung zweier lückenlos mischbarer Komponenten zeigt Abb. 4

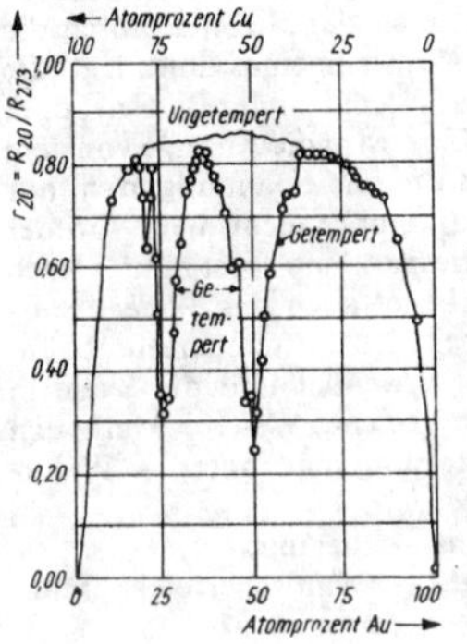

4 Widerstandsverhältnis $r_{20K} = \frac{\varrho(273\,K)}{\varrho(20\,K)}$ des Systems Gold (Au) – Kupfer (Cu) als Funktion des Mischungsverhältnisses nach Pospisil, bei 25 und 50 Atomprozent Gold bilden sich beim Tempern intermetallische Verbindungen

den Widerstandsverlauf in Abhängigkeit vom Legierungsgrad. Der W. wird durch Zulegierung stets erhöht.

Bei Auftreten geordneter Atomverteilung kann sich der elektrische W. jedoch erheblich verringern. Einige Legierungen (Widerstandslegierungen), z. B. Konstantan, Manganin, Neusilber und Nickelin, mit einem hohen spezifischen elektrischen W. und einem sehr kleinen Temperaturkoeffizienten (Tab. 2) haben als → technische elektrische Widerstände große Bedeutung erlangt.

III) *Halbleiter*. Der spezifische elektrische W. der Halbleiter weist dadurch Besonderheiten auf, daß die Konzentration der quasifreien Ladungsträger in einem großen Bereich in Abhängigkeit von der Dotierung des Kristalls und der vorgegebenen Temperatur variiert und die Beiträge der einzelnen Streuprozesse zur Beweglichkeit ebenfalls durch diese Größen bestimmt werden. Bei sehr tiefen Temperaturen (flüssiges Helium) treten in Halbleitern Hopping-Prozesse(→ Hopping) und Störbandleitung auf je nachdem, ob sich die Wellenfunktionen der Elektronen in der Umgebung der Störstellen überlappen oder nicht. Bei steigender Temperatur werden die Kristalle dann störleitend (→ Störstelle) und gehen bei hohen Temperaturen schließlich in den eigenleitenden Zustand (→ Eigenleitung) über. Die Übergänge zwischen den verschiedenen Leitungstypen hängen vom Kristallmaterial und seinen Dotierungen (Elemente, Konzentration) ab.

Für das Einsetzen des störleitenden Gebietes ist die Zunahme der Zahl freier Ladungsträger mit wachsender Temperatur infolge thermischer Ionisierung der Störstellen charakteristisch. Sie hängt von der Zustandsdichte N_c, den Dichten der Donatoren N_D und Akzeptoren N_A, den Ionisationsenergien der Donator- bzw. Akzeptorniveaus E_i und deren Entartungsgrad g_i ab. Aus dem Massenwirkungsgesetz folgt für die Zahl der quasifreien Elektronen:

$$n(T) = -\frac{\alpha(T) + N_A}{2} + \sqrt{\left(\frac{\alpha(T) + N_A}{2}\right)^2 + \alpha(T)(N_D - N_A)}$$

bzw. eine entsprechende Relation für Defektelektronen im p-Material. Dabei bedeutet

$$\alpha(T) = N_e\, e^{-W/kT}\, [1 + \sum_\nu g_\nu\, e^{-\Delta_\nu/k_B T}],$$

wobei N_e die effektive Zustandsdichte, W die Ionisationsenergie des Donators, Δ_ν der energetische Abstand der angeregten Zustände des Donators und g_ν ihr Entartungsgrad, k_B die Boltzmannsche Konstante und T die Temperatur sind.

Die thermische Ionisierung der Störstellen bedingt einen Übergang von der Streuung an neutralen Störstellen zu der an ionisierten Zentren. Mit wachsender Konzentration erhöht sich auch die *Wechselwirkung* der Ladungsträger untereinander (→ Elektron-Elektron-Wechselwirkung). Dabei ist allerdings neben dem Einfluß der Temperatur auf die Zahl der Partner für Streuung am Coulomb-Potential ihre direkte Einwirkung auf die Streuwahrscheinlichkeit zu berücksichtigen. Auf Grund der unterschiedlichen Temperaturabhängigkeiten der verschiedenen Streuprozesse dominiert bei zunehmender Temperatur meist die Streuung der Ladungsträger an Gitterschwingungen. Deshalb durchläuft die elektrische Leitfähigkeit als Funktion der Temperatur im störleitenden Gebiet meist ein Maximum (Abb. 5), wenn die Störstellen

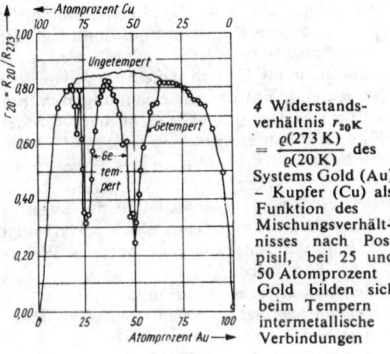

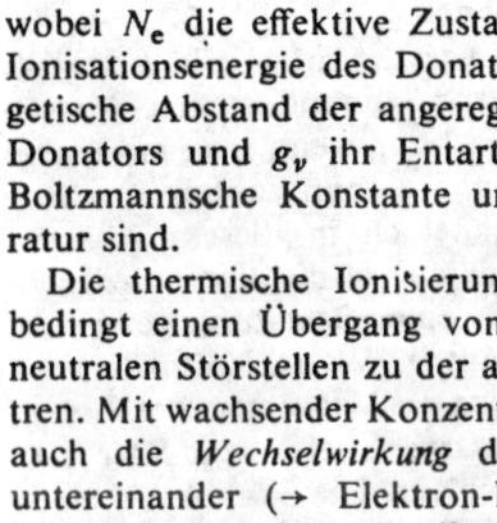

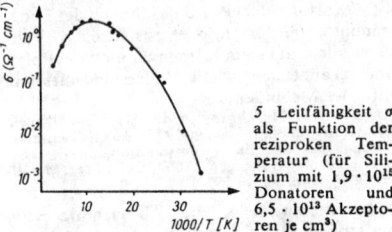

5 Leitfähigkeit σ als Funktion der reziproken Temperatur (für Silizium mit $1{,}9 \cdot 10^{15}$ Donatoren und $6{,}5 \cdot 10^{13}$ Akzeptoren je cm^3)

schon fast vollständig ionisiert sind, so daß die Ladungsträgerkonzentration praktisch konstant bleibt und die Beweglichkeit wegen des steigenden Einflusses der Streuung am Gitter abnimmt.

Beim Übergang zur Eigenleitung erfolgt wieder ein Anwachsen der elektrischen Leitfähigkeit, weil die starke Erhöhung der Ladungsträgerkonzentration beiderlei Vorzeichens in diesem Bereich auch über eine mit steigender Temperatur abnehmende Beweglichkeit dominiert. Zu den schon betrachteten Streuprozessen kommt nun noch die Wechselwirkung von Ladungsträgern beiderlei Vorzeichens vor, deren Einfluß aber wegen des betrachteten Temperaturintervalls außer bei hohen Dichten kaum eine Rolle spielt.

Außer der thermischen Erzeugung von Ladungsträgern aus Störstellen gibt es in Halbleitern noch die Möglichkeit der optischen Anregung und der elektrischen Injektion. Werden durch eines dieser Verfahren Ladungsträger erzeugt, so sind sie im allgemeinen räumlich inhomogen verteilt, so daß keine einheitliche elektrische Leitfähigkeit in der Probe mehr vorliegt.

Ist die Kante des Leitungs- bzw. Valenzbandes (→ Bändermodell) entartet, so tragen zur elektrischen Leitfähigkeit σ die Ladungsträger aus der Umgebung aller i thermisch besetzten Bandkanten bei, und es ist $\sigma = e \sum_i n_i \mu_i$, wenn e die Elementarladung, n_i die Ladungsträgerdichte der i-ten Gruppe und μ_i deren Beweglichkeit bezeichnen.

IV) *Widerstandsmessung.* Man erhält den W. eines vom Meßstrom durchflossenen Metallstabs je 1 m bzw. je 1 cm, wenn man mit einem Millivoltmeter den Spannungsabfall im Stab zwischen zwei Schneiden in diesem Abstand mißt. Entsprechend läßt sich ein direkt anzeigendes Ohmmeter aus einer Schaltung gewinnen, in der der unbekannte W. im Voltmeterkreis liegt und die Anzeige des Voltmeters herabsetzt, während es beim Kurzschließen der Klemmen des W.es voll ausschlägt. Die Skale kann einen Meßbereich von Null bis $10^5\,\Omega$ oder bis $10^7\,\Omega$ haben. Nach diesem Verfahren arbeiten auch Isolationsprüfer. Auch in Meßbrücken kann das Ohmmeter verwendet werden. Mit einem Kompensator und einem festen Normalwiderstand kann der gesuchte W. auf 10^{-5} bestimmt werden, während Ohmmeter bei technischen Messungen noch eine Meßunsicherheit von rund 10% haben. Mit einem hochohmigen Voltmeter kann ein W. auch durch Spannungsteilung gemessen werden. Sehr hohe Widerstände bestimmt man mit einem Galvanometer und einem Vergleichswiderstand oder aus der Entladungszeit eines Kondensators; dabei wird das Sinken der Ladespannung mit einem elektrostatischen Voltmeter oder mit einem Röhrenvoltmeter verfolgt. Am bekanntesten ist die Widerstandsmessung mit einer Meßbrücke.

Lit. Brauer: Einführung in die Elektronentheorie der Metalle (2. Aufl. Leipzig 1971); Justi: Leitungsmechanismus und Energieumwandlung in Festkörpern (2. Aufl. Göttingen 1966); Schulze: Metallphysik (2. Aufl. Berlin 1973).

Widerstandsanomalie, die Abweichung vom monotonen Abfall des elektrischen Widerstandes mit fallender Temperatur. Häufig tritt eine W. bei Metallen mit ferromagnetischen Verunreinigungen in Form eines Widerstandsminimums bei tiefen Temperaturen auf.

Widerstandsanpassung, → Anpassung.

Widerstandsbeiwert, → Strömungswiderstand.

Widerstandseffekt, → magnetischer Widerstandseffekt.

Widerstandserwärmung, die Umwandlung von Elektroenergie in ohmschen Widerständen in Wärmeenergie (Joulesche Wärme). Bei der *indirekten W.* dienen zur Wärmeerzeugung metallische Heizleiter, die meist in Isolierstoff eingebettet sind. Man verwendet sie in Heizgeräten, Warmwasserspeichern, Koch-, Brat- und Backgeräten, ferner in Widerstandsöfen zur Wärmebehandlung und zum Schmelzen von metallischen und nichtmetallischen Stoffen. Bei der *direkten W.* wird das zu erwärmende Material selbst vom Strom durchflossen. Die direkte W. wird zum Nieterwärmen, zum Schmelzen, zum Glühen und Entspannen von Profilmaterial u. dgl. angewendet.

Widerstandsmatrix, → Vierpol.

Widerstandsmesser, *Ohmmeter,* ein direktanzeigendes elektrisches Meßinstrument zum Messen von ohmschen Widerständen. An den Widerstand wird eine konstante Spannung U gelegt und der durchfließende Strom I gemessen. Da der Widerstand durch $R = U/I$ gegeben ist, kann die Skale in Widerstandswerten geeicht werden. Der W. enthält meist eine Trockenbatterie und für die Anzeige ein Quotientenmeßinstrument. Leitet man den Strom I durch die eine Spule dieses Instrumentes und legt die andere Spule an die Klemmen der Batterie, d. h. an die Spannung U, so wird die Anzeige von dem Quotienten aus Strom und Spannung, d. h. nur von dem Widerstand, aber nicht mehr von der Höhe der Batteriespannung bestimmt. Nach diesem Prinzip arbeitet auch das *Widerstandsthermometer.* Dabei wird ein temperaturabhängiger Widerstand verwendet und die Skale in Temperaturgraden geeicht. Weitere Methoden der Widerstandsmessung sind unter → Widerstand IV) angegeben.

Widerstandsmoment, → Biegung.

Widerstandsnormal, → technischer elektrischer Widerstand.

Widerstandsrauschen, → Rauschen II, 1.

Widerstandsspannung, svw. Spannungsabfall.

Widerstandsthermometer, → Widerstandsmesser.

Widerstandsverhältnis, in der Tieftemperaturphysik gebräuchlicher Quotient

$$r(T) = \frac{R(T)}{R(T_0)} = \frac{\varrho(T)}{\varrho(T_0)}$$

aus den elektrischen Widerstandswerten einer (Metall-) Probe bei einer tiefen Temperatur T und einer Bezugstemperatur T_0. So genau sich auch der absolute elektrische Widerstand R einer Probe ermitteln läßt, so schwierig ist es doch, den physikalisch interessierenden spezifischen elektrischen Widerstand ϱ auch nur auf 1% genau zu bestimmen. Durch die Quotientenbildung wird der Geometriefaktor eliminiert. Die Meßwerte an unterschiedlichen Proben desselben Materials lassen sich dann sehr genau vergleichen. Als Bezugstemperatur T_0 wird gewöhnlich 0 °C oder 20 °C verwendet. Da der spezifische elektrische Widerstand des Probenmaterials bei dieser Temperatur meist genau bekannt ist, kann mit obiger Beziehung aus dem W. der spezifische elektrische Widerstand bei der tiefen Temperatur T berechnet werden.

Wiebengasches Integrierverfahren, Verfahren zur Erfassung der integralen Intensität von Röntgenreflexen auf Röntgeneinkristallaufnahmen. Indem man den Film in zwei senkrecht aufeinanderstehenden Richtungen um relativ zur Größe des Reflexes kleine Werte verrückt, werden die bei aufeinanderfolgenden Belichtungen entstehenden Reflexe so überlagert, daß ein ausgedehntes Plateau konstanter Schwärzung entsteht, wobei diese Schwärzung der integralen Intensität entspricht. Bei Aufnahmen auf Planfilm wird der Film in seiner Ebene verrückt, bei zylindrischem Film wird der Film parallel zur Zylinderachse verschoben und um diese Achse gedreht.

Wiechert-Gutenberg-Diskontinuität, → Erde.

Wiechert-Herglotzsches Verfahren, ein Verfahren zur Ermittlung der Geschwindigkeiten v_P und v_S der → seismischen Wellen im Erdinneren auf Grund der an der Erdoberfläche beobachteten → Laufzeitkurve oder der Wellennormalen der seismischen Wellen. Das Verfahren beruht als Umkehrproblem auf einer Abelschen Integralgleichung.

Wiedemann-Franzsches Gesetz, (*Wiedemann-Franz-*) *Lorenzsches Gesetz*, besagt in der Formulierung von Wiedemann und Franz, daß das Verhältnis der Wärmeleitfähigkeit λ zur elektrischen Leitfähigkeit σ bei konstanter Temperatur T für Metalle nahezu konstant ist. Lorenz erweiterte das Gesetz zu $\lambda/\sigma = LT$. Die Proportionalitätskonstante L, auch *Lorentz-Zahl* genannt, ist bei reinen Metallen von der Art des Metalles und der Temperatur nahezu unabhängig und liegt bei etwa $2 \cdot 10^{-8}\ \mathrm{V^2/K^2}$.

Bei tiefen Temperaturen wird das W.-F. G. ungültig, denn L nimmt mit sinkender Temperatur ab. Um eine Erklärung des W.-F. G. es bemüht sich die Elektronentheorie der Metalle.

wiederholbarer Schritt, → Halbkristall-Lage.

Wiederholbarkeit, → Experiment.

Wiederkehreinwand, von Zermelo 1896 vorgebrachter Einwand, der sich gegen die Boltzmannsche Herleitung des → H-Theorems aus der klassischen Mechanik richtet. Der W. geht vom *Poincaretschen Wiederkehrtheorem* aus, nach dem jedes aus endlich vielen Teilchen bestehende mechanische System nach einer endlichen Zeit, der Poincaretschen Wiederkehrzeit, seinem Ausgangszustand wieder beliebig nahe kommt, was nicht mit der Aussage des H-Theorems über ein monotones Anwachsen der Zustandsfunktion Entropie vereinbar ist. Boltzmann konnte abschätzen, daß die Poincaretsche Wiederkehrzeit für praktisch beobachtbare Systeme unvorstellbar groß ist, konnte jedoch prinzipiell den W. nicht entkräften. Dies geschah erst durch Smoluchowski und Ehrenfest, die zu einer statistischen Interpretation des H-Theorems übergingen. → Umkehreinwand.

Wiederkehrwelle, → seismische Welle, → Seismologie.

Wiener-Integral, für die Wahrscheinlichkeitsrechnung und für Probleme der Physik 1923 von *Wiener* eingeführtes Integral

$$\int F[x(\tau)]\,\mathrm{d_W}x = \lim_{n\to\infty} \frac{1}{(\pi\Delta t)^{n/2}} \int_{-\infty}^{\infty} \mathrm{d}x_1 \cdots \mathrm{d}x_n \times$$
$$\times F(x_1,\dots,x_n)\exp\left[-\frac{x_1^2}{\Delta t} - \sum_{j=1}^{n-1} \frac{(x_{j+1}-x_j)^2}{\Delta t}\right]$$

für eine große Klasse von Funktionalen $F[x(t)]$ im Raum der im Intervall $[0, t]$ stetigen Funktionen $x(\tau)$ mit $x(0) = 0$.

Hierzu wurde die Funktion $x(\tau)$ durch einen Polygonzug ersetzt: $x(0) = 0, \dots, x(t_n) = x_n$; die Punkte t_l liegen äquidistant, $\Delta t = t/n$. Weiterhin ist $F(x_1, \dots, x_n) = F[x_n(\tau)]$. Symbolisch schreibt man das Wiener-Integral auch oft in der Form

$$\int F[x(\tau)]\,\mathrm{d_W}x = \frac{1}{N}\int_{-\infty}^{\infty} F[x(t)] \times$$
$$\times \exp\left\{-\int_0^t \left[\frac{\mathrm{d}x(\tau)}{\mathrm{d}\tau}\right]^2 \mathrm{d}\tau\right\} \prod_0^t \mathrm{d}x(t).$$

Der Normierungsfaktor N ergibt sich aus der Bedingung $\int \mathrm{d_W}x = 1$.

Wien-Robinson-Brücke, → Meßbrücke.

Wienscher Versuch, Nachweis für das tensorielle Transformationsgesetz des elektromagnetischen Feldstärketensors; hier speziell die Beobachtung einer elektrischen Feldstärke $\vec{E} = \vec{v} \times \vec{B}$ bei Bewegung eines Ladungsträgers mit der Geschwindigkeit $\vec{v}$ durch ein Magnetfeld $\vec{B}$. Im Wienschen V. werden Kanalstrahlen durch ein Magnetfeld geschickt, so daß sich dem Atomfeld eines Wasserstoffkanalstrahlteilchens durch die Relativbewegung ein elektrisches Feld überlagert und die Aufspaltung der Spektrallinien durch den → Stark-Effekt beobachtet wird.

Wiensches Geschwindigkeitsfilter, ein *Geschwindigkeitsmonochromator* für geladene Teilchen. Es besteht aus einem homogenen Magnetfeld B_y, zu dem senkrecht ein elektrisches Feld E_x steht. Die Feldstärken werden dabei so abgestimmt, daß die auf die geladenen Teilchen ausgeübte elektrische Kraft entgegengesetzt gleich der magnetischen Kraft ist (Abb.). Die Blenden

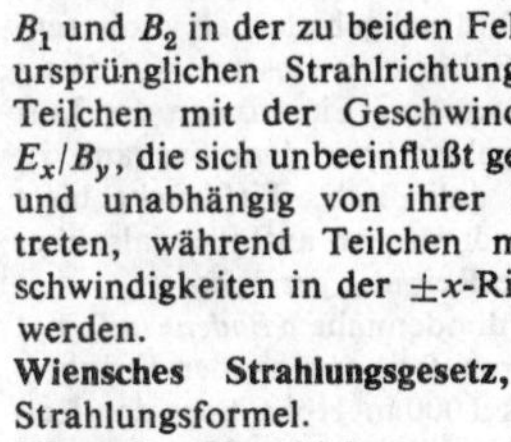

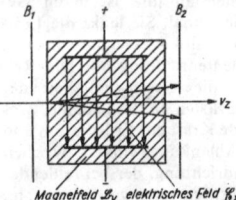

Wiensches Geschwindigkeitsfilter (schematisch)

B_1 und B_2 in der zu beiden Feldern senkrechten ursprünglichen Strahlrichtung lassen nur die Teilchen mit der Geschwindigkeit $v = v_z = E_x/B_y$, die sich unbeeinflußt geradlinig bewegen und unabhängig von ihrer Masse hindurchtreten, während Teilchen mit anderen Geschwindigkeiten in der $\pm x$-Richtung abgelenkt werden.

Wiensches Strahlungsgesetz, → Plancksche Strahlungsformel.

Wiensches Verschiebungsgesetz, → Plancksche Strahlungsformel.

Wightman-Funktionen, → axiomatische Quantentheorie.

Wigner-Eckart-Theorem, → Vektoraddition von Drehimpulsen.

Wigner-Energie, → Strahlenschäden 6).

Wigner-Funktion, eine Art Fourier-Transformierte der Dichtematrix, durch die neben den Ortskoordinaten den Teilchen formal den klassischen Impulsvariablen analoge, aber nicht mit ihnen identische Variable eingeführt werden. Die W.-F. wird gelegentlich bei praktischen Rechnungen anstelle der → Dichtematrix verwendet, sie ist besonders geeignet für den Grenzübergang zur klassischen Statistik.

Wignersche drei-jot-Symbole, *Wignersche 3j-Symbole*, → Vektoraddition von Drehimpulsen.

Wigner-Seitz-Methode, → Bandstruktur.

Wigner-Seitz-Zelle, *symmetrische Zelle*, Raumteil eines Kristalls, dessen Punkte einem herausgegriffenen Punkt näher liegen als allen anderen zu ihm translationsäquivalenten Punkten. Die W.-S.-Z. ist ein Polyeder, dessen Begrenzungsflächen Ausschnitte aus den Mittelebenen sind, die senkrecht auf den Verbindungsgeraden zwischen dem herausgegriffenen Punkt und den ihm translationsäquivalenten Punkten stehen.

Wilson-Kammer, svw. Nebelkammer.

Wilsonscher Versuch, Nachweis für das tensorielle Transformationsgesetz des elektromagnetischen Feldstärketensors; hier speziell der Beobachtung einer elektrischen Feldstärke $\vec{E} = \vec{v} \times \vec{B}$ bei Bewegung eines Ladungsträgers mit der Geschwindigkeit $\vec{v}$ durch ein Magnetfeld $\vec{B}$.

Im Wilsonschen V. wird ein Dielektrikum bei Bewegung durch ein Magnetfeld elektrisch polarisiert. Die Lorentz-Kraft (→ Relativitätselektrodynamik) wirkt auch auf die gebundenen Ladungen des Dielektrikums.

Wind, vorwiegend horizontale Bewegung der Luft relativ zur Erdoberfläche. Die in ihrer Gesamtheit den W. bildenden Luftteilchen folgen dem Luftdruckgefälle, dem Druckgradienten vom hohen zum tiefen Luftruck. Beim Strömen sind die Luftteilchen nicht nur dieser Gradientkraft unterworfen, sondern auch der Corioliskraft und der Reibungskraft. Die Corioliskraft greift senkrecht zur jeweiligen Bewegungsrichtung der Luftteilchen an und ist deren Geschwindigkeit proportional. Sie lenkt die Luftteilchen auf der Nordhalbkugel nach rechts von der Luftdruckgradientenrichtung ab. Die Reibungskraft bremst die Geschwindigkeit der Luftteilchen am stärksten in Bodennähe, wodurch die ablenkende Kraft der Erdrotation und damit auch der Ablenkungswinkel zwischen Gradient- und Windrichtung, der bei fehlender Reibung 90 Grad beträgt, verringert wird, d. h., die Luftmassen strömen mehr in Richtung des Zentrums des Tiefdruckgebietes als isobarenparallel (→ Buys-Ballotsches Gesetz). Auf dieses reibungsbedingte stärkere Einströmen der Luft in ein Tiefdruckgebiet über dem Festland ist zurückzuführen, daß sich Tiefdruckgebiete über dem Festland rascher auffüllen als über dem Meer, wo die Reibung geringer ist.

Der W. in Erdbodennähe (*Bodenwind*) hat wegen der größeren Reibung an der Erdoberfläche (in 500 bis 1000 m Höhe hört der Reibungseinfluß auf) eine geringere Stärke als der W. in größeren Höhen (*Höhenwind*). Der sich theoretisch nur aus dem Gleichgewicht von Gradient- und Corioliskraft im Falle geradliniger → Isobaren errechnende W. (Höhenwind) heißt *geostrophischer W.* Er weht parallel zu den geradlinigen Isobaren. Bei stärkerer Krümmung der Isobaren ist die Zentrifugalkraft zusätzlich zu berücksichtigen. Der sich theoretisch durch Zusammenwirken von Gradient-, Coriolis- und Zentrifugalkraft ergebende W. wird *Gradientwind* genannt. Er weht parallel zu den gekrümmten Isobaren.

Eine besondere Eigenschaft des Bodenwindes ist die mit der Turbulenz zusammenhängende *Böigkeit*, worunter man einen nach Richtung und Geschwindigkeit mehr oder weniger um einen Mittelwert schwankenden W. versteht. Der Bodenwind vollführt also im allgemeinen sowohl nach der Richtung als auch bezüglich der Geschwindigkeit dauernd Stöße, d. h., er weht nicht stetig, sondern in Pulsationen, deren Periode einige Sekunden beträgt.

Zur Kennzeichnung des W.es, der eine gerichtete Größe darstellt, ist die Angabe der Windrichtung und der Windgeschwindigkeit erforderlich. Für die Feststellung der *Windrichtung*, d. h. der Himmelsrichtung, aus welcher der W. kommt, verwendet man die Windfahne in Verbindung mit einer Windrose. Maßeinheiten für die Richtung sind die 32 Striche der Windrose oder die 36 Teile zu je 10 Grad des Vollkreises (Osten = 09, Süden = 18, Westen = 27, Norden = 36). Zur Messung der *Windgeschwindigkeit* dienen das → Anemometer, das Universal-Windmeßgerät (Böenschreiber), ein kombiniertes Gerät aus Windfahne, Schalenkreuzanemometer und Staudruckmesser mit gemeinsamer Registriertrommel, und das Hitzdrahtanemometer. Maßeinheiten für die Geschwindigkeit sind m/s oder km/h. Die Windstärke wird oft nach der Beaufort-Skala geschätzt in Stufen von 1 bis 12.

Die *Höhenwindmessung* erfolgt mit Hilfe von *Pilotballons*, d. s. mit Wasserstoffgas gefüllte Gummiballons. Aus der konstanten Steiggeschwindigkeit des Pilotballons und aus der Himmelsrichtung, die sich bei seiner Anvisierung mit einem Theodoliten ergibt, sowie aus seiner Höhe lassen sich Windrichtung und Windgeschwindigkeit in verschiedenen Höhen ermitteln.

Lit. Heyer: Witterung und Klima (2. Aufl. Leipzig 1972); Möller: Einführung in die Meteorologie 2 Bde (Mannheim 1972).

Windfahne, einfaches Instrument zur Messung der Strömungsrichtung. Die W. besteht aus einer dünnen starren Platte, die leicht um die an ihrer Vorderkante befindliche Achse drehbar ist und sich stabil in Strömungsrichtung einstellt. Zur genauen Gesamtdruckmessung wird sie häufig mit dem Pitotrohr kombiniert.

Windkanal, Einrichtung, die einen Luftstrom mit zeitlich und räumlich konstanter Geschwindigkeitsverteilung für aerodynamische Meßzwecke erzeugt. Bei Strömungsuntersuchungen sind die → Modellregeln zu berücksichtigen. Die Haupteinteilung der Windkanäle erfolgt nach der → Machzahl Ma in der Meßstrecke. Danach unterscheidet man:

1) *Windkanäle für niedrige Geschwindigkeiten* (Ma $\leqq$ 0,2). Bevorzugt verwendet wird die *Göttinger Bauart*, bei der ein Axialgebläse die Luft im geschlossenen Kreislauf umwälzt (Abb. 1).

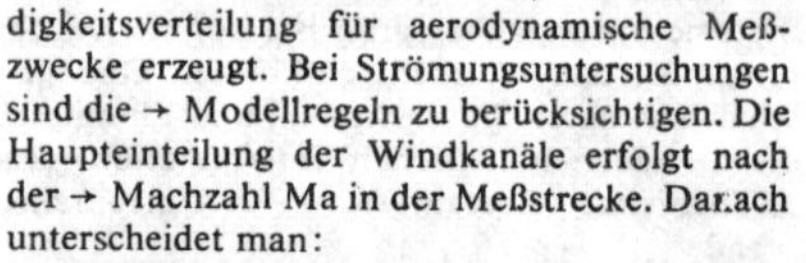

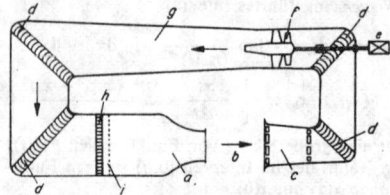

1 Windkanal Göttinger Bauart. *a* Düse, *b* offene Meßstrecke, *c* Auffangtrichter, *d* Umlenkgitter, *e* Antrieb, *f* Axialgebläse, *g* Diffusor, *h* Gleichrichter, *i* Sieb

Der Druck in der Meßstrecke, die sowohl geschlossen als auch als Freistrahl ausführbar ist, wird gleich dem Atmosphärendruck gewählt. In der Meßstrecke wird durch Gleichrichter, Siebe und eine sich stark verengende Düse ein Strahl möglichst konstanter Geschwindigkeit und geringer Turbulenz erzeugt. Zur Verminderung der Antriebsleistung wird hinter der Meßstrecke im Diffusor ein möglichst großer Teil der kinetischen Energie in Druckenergie umgewandelt. Die Messungen am Modell erfolgen mittels Sechskomponentenwaage oder Strömungssonden. Kanäle *Eiffelscher Bauart* ohne Luftrückführung werden besonders dann benutzt, wenn bei den Versuchen der Luft dauernd Verunreinigungen zugeführt werden.

2) *Windkanäle für hohe Unterschallgeschwindigkeiten* (Ma < 1). Sie sind ähnlich gebaut wie die für niedrige Geschwindigkeiten und haben wie diese eine geschlossene Meßstrecke, besitzen jedoch zusätzlich einen Kühler, um die durch Luftreibung im Kanal erzeugte Wärme abzuführen. Damit Reynoldszahl und Machzahl unabhängig voneinander geändert werden können, läßt sich das Druckniveau im gesamten Kanal in weiten Grenzen ändern. Es existieren sowohl Kanäle für stationären als auch für intermittierenden Betrieb.

3) *Windkanäle für transsonische Geschwindigkeiten* (Ma $= 0{,}8$ bis $1{,}3$). Der Unterschied zu den Unterschallkanälen besteht im wesentlichen in der Gestaltung der Meßstrecke. Zum Absaugen der Wandgrenzschichten werden die Wände der Meßstrecke perforiert. Das ist nötig, um den Einfluß der Strahlbegrenzung auf die Modellumströmung klein zu halten.

4) *Windkanäle für Überschallgeschwindigkeiten* (Ma $= 1{,}3$ bis 5). Bei diesen Windkanälen (Abb. 2) wird an Stelle der einfachen konvergenten Düse eine verstellbare Laval-Düse eingesetzt. Zur besseren Energieumsetzung muß auch der Diffusor verstellbar ausgeführt werden. Überwiegend werden intermittierend arbeitende Speicherkanäle mit Druck- oder Saugbetrieb benutzt.

5) *Windkanäle für hypersonische Strömungen* (Ma $\geqq 5$). Die in die Düse eintretende Luft muß zuvor aufgeheizt werden, damit die mit der Expansion in der Düse verbundene Abkühlung nicht zur Luftkondensation führt. Die Aufheiztemperatur steigt mit zunehmender Machzahl stark an. Zum Erzielen sehr hoher Machzahlen wird deshalb als Strömungsmedium Helium verwendet, das erst bei sehr tiefen Temperaturen kondensiert.

Windschatten, → Nachlauf.

Windsee, → Meereswellen.

Windstärke, → Wind.

Windsysteme, Luftzirkulationen auf einer nahezu geschlossenen Bahn. Die Strömungsvorgänge in der Atmosphäre haben ihre Ursache in den Temperaturunterschieden, die ihrerseits Luftdruckunterschiede bedingen. Je nach der räumlichen Ausdehnung dieser Unterschiede entwickeln sich kleinräumige oder großräumige W.

1) *Kleinräumige* oder *lokale W.* Durch Temperaturunterschiede von Land und Meer bedingt ist die *Land-* und *Seewind-Zirkulation*, deren bodennahes Strömungsglied tags von der kühlen See zum warmen Küstenland, nachts vom erkalteten Land zur kaum abgekühlten See gerichtet ist. Das für Wetter und Klima im Gebirge wichtige *Berg-* und *Talwindsystem* entsteht durch Temperaturunterschiede zwischen Berghang und Tal. Es ist durch den nächtlichen Hangabwind und Talabwind sowie den tagsüber wehenden Talaufwind und Hangaufwind gekennzeichnet. *Hangwind* ist ein thermischer Aufwind bei Tage, ein Abwind bei Nacht, der sich an jedem Hang ausbildet.

2) *Großräumige W.* der Erde beschreiben die allgemeine Zirkulation der Atmosphäre. In den äquatorialen Gebieten führt die starke Aufheizung der unteren Luftschichten zur Ausbildung der äquatorialen Tiefdruckrinne. Im Zusammenhang mit der in der Höhe vom Äquator abfließenden Luft bildet sich zwischen etwa 20° und 30° nördlicher und südlicher Breite, aber mit der Sonne jahreszeitlich pendelnd, ein Gürtel hohen Druckes aus, die *Roßbreiten-Hochdruckgebiete*. Von dort strömt die Luft in Bodennähe äquatorwärts der äquatorialen Tiefdruckrinne zu, durch die Ablenkung infolge der Corioliskraft auf der Nordhalbkugel als Nordost-Passat, auf der Südhalbkugel als Südost-Passat. Im Bereich des Äquators treffen die Passatströmungen der beiden Halbkugeln zusammen; es entsteht die innertropische Konvergenzzone, wobei vielfach eine nördliche und südliche zu unterscheiden ist. Zwischen beiden befindet sich die äquatoriale Westwindzone. Mit zunehmender geographischer Breite schließt sich an die Roßbreiten-Hochdruckgebiete die außertropische Westwindzone, die *planetarische Westwinddrift* an. Es ist die Zone wandernder Tiefdruckgebiete, die die westöstlichen Strömungen erheblich stören. In den Polargebieten führt die Ausstrahlung zur Ausbildung von Hochdruckgebieten. Die aus den Polarkalotten äquatorwärts abfließenden Kaltluftmassen werden infolge der Ablenkung durch die Corioliskraft zu polaren Ostströmungen. Die Grenze zwischen der polaren Kaltluft und der feuchtwarmen Tropikluft, die *Polarfront*, verläuft mehr oder weniger wellenförmig. An ihr erfolgen Kaltluftausbrüche bis weit in die gemäßigten Breiten.

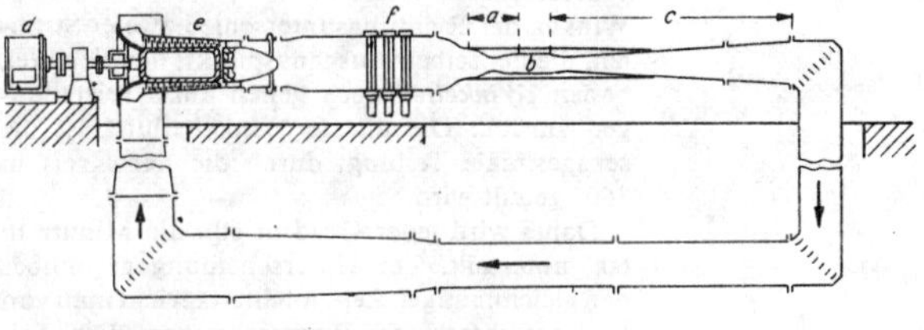

2 Überschallkanal mit stationärem Betrieb. *a* Laval-Düse, *b* Meßstrecke, *c* Diffusor, *d* Antrieb, *e* Verdichter, *f* Kühler

Die großräumigen W. werden durch die Land-Meer-Verteilung stark beeinflußt, so daß sich oft noch weitere periodisch wiederkehrende Luftströmungen zwischenschalten können, z. B. der → Monsun. Man versteht darunter einen jahreszeitlichen Wechsel zwischen trockenen, ablandigen Winden und feuchten Seewinden, die einen ganzen Kontinent oder große Teile eines solchen erfassen. Seine Entstehungsursache suchte man früher in der verschiedenen Erwärmung von Land und Meer; heute weiß man, daß diese Erklärung allein nicht ausreicht.

Lit. → Wind.

Windturbine, eine Windkraftmaschine zum Antrieb von Arbeitsmaschinen, z. B. Pumpen, Generatoren, die die in bewegter Luft enthaltene Energie ausnutzen. Sie werden auf hohen Türmen oder Masten angeordnet, um wirtschaftliche Windgeschwindigkeiten, mindestens 4 m/s, ausnutzen zu können. Sie haben entweder eine vertikale oder eine horizontale Welle, an der jeweils die einzelnen Flügel, ähnlich dem Propeller eines Flugzeuges, befestigt sind. Die Flügel können verstellbar angebracht sein. Ausführungen mit vertikaler Welle werden als *Windrad* bezeichnet.

Windung, → Raumkurve.

Windungsfläche, die Fläche einer Leiterschleife als Hilfsgröße zur Berechnung des magnetischen Flusses bzw. der induzierten Spannung; bei → Spulen auch das Produkt aus Fläche einer Leiterschleife und Windungszahl.

Windungszahl, → Spule.

Winkel, der Richtungsunterschied zweier Strahlen, die denselben Ausgangspunkt, den Scheitel, haben. *Winkelteilungen* gehen auf Kreisteilungen zurück. Die älteste Winkelteilung ist die sexagesimale Teilung, durch die der Kreis in 360° geteilt wird.

Dabei wird jeder Grad in 60′, die Minute in 60″ unterteilt. Zur Unterscheidung gegenüber den gleichnamigen Zeiteinheiten spricht man von Bogenminuten und Bogensekunden. Die Teilung des Kreises in 400^g entspricht der Zentesimalteilung des Rechten, die in Neugrad und Neusekunde fortgesetzt wird.

Im Internationalen Einheitensystem (SI) wurde der Radiant als Ergänzungseinheit erklärt und sein Betrag als Verhältnis von Radius zu Kreisbogen bei gleicher Länge definiert. Da der Radiant eine Einheit mit Eigennamen ist, dürfen von diesem im Gegensatz zu den übrigen Winkeleinheiten Vielfache und Teile mit Vorsätzen gebildet werden, wobei nur positive und negative Potenzen von 10^{3n} (n = ganze Vielfache von 1) gebildet werden sollten. Es besteht die Beziehung 1 rad = 57,296° = $63{,}662^g$.

Über *Winkeleinheiten* → Tabelle 1 (Winkel) und → nautischer Strich.

Winkelmessung. Normale für die Winkelmessung sind Teilkreise und feste Winkel zu 90°. *Teilkreise* oder *Teilscheiben* sind aus Glas oder Metall hergestellt, die Kreisteilung hat je nach Durchmesser und Verwendungszweck einen Skalenwert von 1 bis (1/12)°, mit Nonius lassen sich dann Winkel bis zu 1′ und mit optischer Ablesehilfe bis zu 1″ ablesen. Der Teilungsfehler bester Teilkreise aus Glas beträgt 0,5 bis 2″. Teilkreise können statt der Strichteilung auch Löcher oder Rasten haben oder als Zahnräder, Schneckenräder oder Spiegelpolygone ausgebildet sein.

Entsprechend den Parallelendmaßen in der Längenmessung gibt es *Winkelendmaße*. Haarwinkel gehören zu den festen Winkelmeßgeräten. Mit *Sinus-* und *Tangenslinealen* können beliebige Winkel durch zwei Längen der Seiten eines rechtwinkligen Dreiecks eingestellt werden (einstellbare Winkelmaße).

Kleine Winkel können mit der Rahmenrichtwaage bestimmt werden, bei denen der Skalenwert der Libellen 4″ bis 6,9′ betragen kann.

Optisch lassen sich Winkel mit einer geteilten Glasskale im durchfallenden Licht mit der Lupe auf ≈ 3′ ablesen. Mittels eines Spiegels kann das Bild der Skale mit einem Fernrohr beobachtet werden, dessen Fadenkreuz auf richtige Sehweite gebracht und dessen Okular so eingestellt wurde, daß Skale und Fadenkreuz keine Parallaxe zeigen.

Mit dem Theodoliten können Winkel in einer horizontalen oder in einer vertikalen Ebene sowie Teilungswinkel an großen Teilscheiben und Zahnrädern gemessen werden.

Winkel prismatischer Körper mit gut ebenen und reflektierenden Meßflächen, wie sie Winkelendmaße und Prismen haben, lassen sich mit dem Reflexionsgoniometer bestimmen. Es besteht aus Teilkreis und Autokollimationsfernrohr oder aus Kollimator und Fernrohr.

Universal-Winkelmesser dienen zum Messen und Einstellen beliebiger Winkel. Sie sind mit einem Teilkreis aus Glas oder Metall und 5′-Noniusablesung am beweglichen Schenkel versehen. Mit Lupen läßt sich eine Vergrößerung auf das 16- bis 40fache erzielen; die Meßunsicherheit beträgt ±2′.

Winkeldrehungen können auch mittels Mikroskops oder mit dem Interferometer gemessen werden.

Sehr kleine Winkeländerungen können mit einer Photozelle gemessen werden, auf die über einen Kondensor, eine Blende, eine Linse und einen Spiegel ein scharfes Bild der Blende fällt. Dreht sich der Spiegel, so wird eine größere Fläche der Zelle beleuchtet, die Änderung des Photostroms ist der Drehung des Spiegels proportional.

Winkeländerung, → Verzerrung.

Winkelbeschleunigung, → Beschleunigung.

Winkeldispersion, → Beugungsgitter, → Spektrograph.

Winkelgeschwindigkeit, → Geschwindigkeit.

Winkelhebel, → Hebel.

Winkelkorrelation, *Richtungskorrelation,* die gegenseitige Abhängigkeit der Richtungen *mehrerer* bei *einem* Prozeß entstehenden Zerfallsprodukte.

In der Kernspektroskopie versteht man unter W. die statistische Korrelation zwischen den Wahrscheinlichkeiten, mit denen zwei (oder mehr) Teilchen bzw. γ-Quanten in bestimmten Richtungen vom Kern emittiert werden. Beispielsweise können zwei Teilchen bevorzugt in die gleiche Richtung oder auch in entgegengesetzte Richtungen emittiert werden. Bei der experimentellen Untersuchung von W.en wird mit der → Koinzidenzmethode gearbeitet. Messungen dieser Art liefern Aussagen über die Spins und Paritäten der beteiligten Kernzustände, z. B. bei der Kernreaktion ${}^{19}_{9}F(p, \alpha\gamma){}^{16}_{8}O$ aus der α-γ-Korrelation Aussagen über Zustände der Kerne ${}^{19}_{9}F$ und ${}^{16}_{8}O$.

Die W. kann durch Wechselwirkungen der Kerne mit ihrer Umgebung verwischt werden. Aus Untersuchungen der W. an kristallinen Proben oder komplexen Ionen, in denen die elektrischen bzw. magnetischen Momente des Kerns mit den dort vorhandenen starken magnetischen oder elektrischen Feldern in Wechselwirkung treten können, sind demzufolge auch molekülphysikalische Aussagen zu gewinnen.

Winkelmaße, → Winkel.

Winkelmesser, svw. Goniometer.

Winkelrichtgröße, svw. Richtmoment.

Winkelvariable, → mechanisches System.

Winkelvergrößerung, → Winkelverhältnis.

Winkelverhältnis, *Konvergenzverhältnis, Tangensverhältnis*, γ, das Verhältnis der bild- und objektseitigen Öffnungswinkel konjugierter Achsenpunkte bei der geometrisch-optischen → Abbildung. Die Bezeichnung *Winkelvergrößerung* sollte lediglich bei subjektiv benutzten optischen Instrumenten verwendet werden.

Winkelverteilung, Anzahl der Teilchen einer Kernreaktion oder der emittierten Teilchen bzw. Quanten beim radioaktiven Zerfall in Abhängigkeit vom Winkel Θ zwischen einer vorgegebenen Richtung und dem Detektor. Als vorgegebene Richtung wählt man bei Kernreaktionen die Richtung des Teilchenstrahls. Aus der W. der Produkte einer Kernreaktion kann man Aufschlüsse über den Reaktionsmechanismus erhalten. So sind z. B. starke Maxima der Zählrate bei kleinen Winkeln gegenüber der Richtung des Primärteilchens ein Hinweis auf den direkten Mechanismus der Kernreaktion (Abb.), während konstante W.en die Bildung eines Compoundkerns anzeigen.

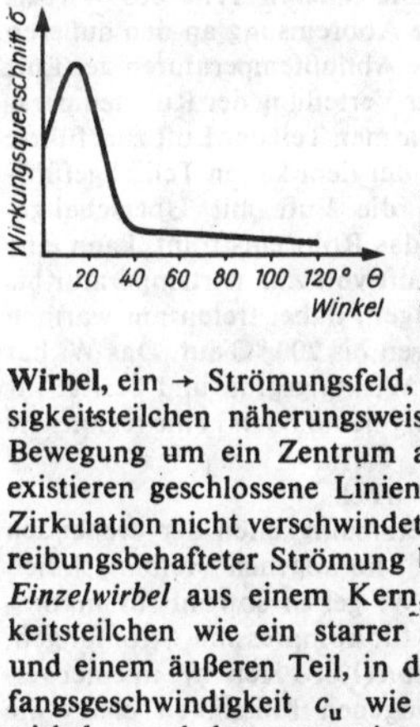

Winkelverteilung der Protonen einer direkten (d, p)-Reaktion (schematisch)

Wirbel, ein → Strömungsfeld, in dem die Flüssigkeitsteilchen näherungsweise eine kreisende Bewegung um ein Zentrum ausführen. Dabei existieren geschlossene Linien, längs derer die Zirkulation nicht verschwindet (→ Drehung). In reibungsbehafteter Strömung besteht der *ebene Einzelwirbel* aus einem Kern, dessen Flüssigkeitsteilchen wie ein starrer Körper rotieren, und einem äußeren Teil, in dem sich die Umfangsgeschwindigkeit c_u wie beim Potentialwirbel umgekehrt proportional zum Radius r ändert. Zwischen beiden Bereichen besteht ein stetiger Übergang (Abb.). Über die Entstehung

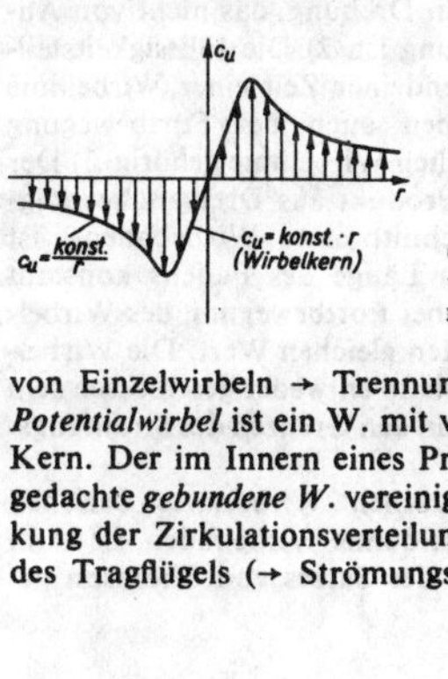

Geschwindigkeitsverteilung im ebenen Wirbel

von Einzelwirbeln → Trennungsfläche. Der → *Potentialwirbel* ist ein W. mit verschwindendem Kern. Der im Innern eines Profiles befindliche gedachte *gebundene W.* vereinigt in sich die Wirkung der Zirkulationsverteilung über der Tiefe des Tragflügels (→ Strömungswiderstand) und ist maßgebend für dessen Auftriebserzeugung. Im Gegensatz dazu ist ein *freier W.* ein materiell existierender W., der sich kräftefrei in der Strömung bewegt. In Grenzschichten treten charakteristische W. auf, die nach ihrem Entdecker benannt sind (*Taylor-Wirbel, Görtler-Wirbel*) oder nach dem physikalischen Vorgang (*Ablösewirbel*); sie haben große Bedeutung für den → Umschlag.

In realer Strömung nimmt die Umfangsgeschwindigkeit des W.s infolge der Zähigkeit des Mediums mit der Zeit ab. Ein Maß für die Lebensdauer des W.s ist die Halbwertszeit t^*, in der c_u auf die Hälfte des Ausgangswertes abgesunken ist. Unter der Voraussetzung, daß die Stromlinien immer konzentrische Kreise bilden, was nur bei kleinen Reynoldszahlen erfüllt ist, kann die Halbwertszeit nach Oseen berechnet werden: $t^* = r^2/(4\nu \cdot \ln 2)$. Dabei bedeuten r den Radius, auf dem die maximale Umfangsgeschwindigkeit auftritt, und ν die kinematische Zähigkeit des Strömungsmediums. Kleine W. klingen sehr schnell ab, große W. sind langlebig. Die großen W. zerfallen aber im allgemeinen schneller, als die Rechnung angibt. In ihrem Innern bilden sich kleine kurzlebige W., die den Zerfall beschleunigen (→ Turbulenz). Deren Wirkung wird aufgefaßt als scheinbare Erhöhung der Zähigkeit, auch als *Wirbelzähigkeit* bezeichnet. Das Verhältnis der Wirbelzähigkeit ν_w zur kinematischen Zähigkeit ν kann dargestellt werden als Quotient der Reynoldszahl des W.s $Re = c_u \cdot r/\nu$ zu ihrem kritischen Wert Re_{kr}, der sich nach der Instabilitätstheorie (→ Umschlag) ergibt: $\nu_w/\nu = Re/Re_{kr}$.

Die wichtigsten Begriffe des wirbelbehafteten Strömungsfeldes sollen kurz erläutert werden.

1.) *Wirbelbewegung* ist eine Strömung mit → Drehung. Zum Verständnis der Wirbelbewegung sollen zunächst im folgenden einige Größen im Feld der Drehungsvektoren (→ Strömungsfeld) erläutert werden, die analog zu den Größen im Geschwindigkeitsfeld definiert sind.

a) Die *Wirbellinie* ist eine Linie, die überall tangential zum Drehungsvektor $\vec{\omega}$ verläuft. Das Richtungsfeld der Wirbellinie ist gegeben durch $dx : dy : dz = \omega_x : \omega_y : \omega_z$; dabei sind x, y, z räumliche Koordinaten, ω_x, ω_y, ω_z Komponenten von $\vec{\omega}$.

b) Eine *Wirbelröhre* wird von der Gesamtheit der durch eine kleine geschlossene Kurve gehenden Wirbellinien gebildet. Ihren flüssigen Inhalt bezeichnet man als *Wirbelfaden.* Bei dünnen Wirbelfäden ist der Drehungsvektor über dem Querschnitt konstant und steht senkrecht auf ihm.

c) Der *Wirbelfluß* ist das Produkt aus Drehungsvektor und Querschnitt des Wirbelfadens. Die Wirbelbewegung reibungsfreier Medien wird durch die → Wirbelsätze von Thomson und Helmholtz beschrieben. Sie besagen im wesentlichen, daß ein Wirbelfaden dauernd aus den gleichen Flüssigkeitsteilchen besteht und seine Zirkulation räumlich und zeitlich konstant ist. Das von einem Wirbelfaden induzierte Geschwindigkeitsfeld ergibt sich nach dem → Biot-Savartschen Gesetz 2). Die W. bewegen sich so, wie es die übrige Strömung einschließlich der von ihnen selbst induzierten Strömung vorschreibt. Über Einzelheiten der Wirbelbewegung

→ Trennungsfläche, → Tragflügel, → Strömungswiderstand, über die Bewegung reibungsbehafteter W. → Turbulenz.

2) *Wirbelfeld* ist a) die Bezeichnung für die Darstellung des Geschwindigkeitsfeldes der Drehbewegung, → Strömungsfeld.

b) Die Bezeichnung für die regelmäßige Anordnung zellularer W. Die Stromfunktion eines ruhenden homogenen Wirbelfeldes lautet

$$\psi = A \cdot \exp\left\{-4\pi^2\nu\left(\frac{1}{\lambda_1^2} + \frac{1}{\lambda_2^2}\right) t\right\} \times$$
$$\times \sin 2\pi\left(\frac{x}{\lambda_1} - \frac{c_\infty}{\lambda_1} \cdot t\right) \sin 2\pi \frac{y}{\lambda_2} + c_\infty y;$$

dabei bedeuten A die Intensität, ν die kinematische Zähigkeit, x, y kartesische Koordinaten, λ_1, λ_2 die Wellenlänge in x- bzw. y-Richtung, c die Phasengeschwindigkeit, t die Zeit.

3) *Wirbelpaar* ist die Bezeichnung für zwei im Abstand a befindliche parallele gerade Wirbelfäden, die sich bis ins Unendliche erstrecken. Die Strömung eines Wirbelpaares ist nicht stationär, da die beiden Wirbelfäden, von denen jeder im Geschwindigkeitsfeld des anderen gelegen ist, eine Eigenbewegung besitzen. Zwei entgegengesetzt umlaufende W. gleicher Zirkulation Γ wandern z. B. senkrecht zu ihrer Verbindungslinie mit der Geschwindigkeit $\Gamma/(2\pi \cdot a \cdot b)$ fort; b ist die Länge des Wirbelfadens.

4) Der *Wirbelring* wird von einem kreisförmig geschlossenen Wirbelfaden gebildet und bewegt sich in ruhendem Medium senkrecht zu seiner Ebene fort. Die von einem Wirbelelement induzierte Fortschrittsgeschwindigkeit ist um so größer, je dünner der mit Drehung behaftete Wirbelkern ist. Wirbelringe entstehen im kritischen Reynoldszahlbereich (→ Umschlag) beim Ausströmen aus kreisrunden Düsen sowie beim stoßartigen Ausblasen. Sie können in Gasen mit Rauch, in Flüssigkeiten mit Farbe sichtbar gemacht werden.

5) Die *Wirbelschicht* ist eine von Wirbelkernen gebildete Schicht, wie sie in Trennungsflächen auftritt. Mit abnehmender Zähigkeit des Strömungsmediums wird der Kerndurchmesser der W. und folglich auch die Dicke der Wirbelschicht kleiner. Im Grenzfall verschwindender Zähigkeit geht der Wirbelkern in eine Wirbellinie und die Wirbelschicht in eine Wirbelfläche über. Im Unterschied zum Einzelwirbel bleibt die Geschwindigkeit bei Annäherung an die Wirbelfläche endlich.

Lit. → Strömungslehre.

Wirbelfaden, → Wirbel.

Wirbelfeld, → Wirbel, → Strömungsfeld, → Feld, → Induktion 2).

Wirbelfluß, → Wirbel.

Wirbellinie, → Wirbel.

Wirbelpaar, → Wirbel.

Wirbelquelle, Potentialströmung, die durch Überlagerung der ebenen → Quellen- und Senkenströmung und des ebenen → Potentialwirbels im Ursprung entsteht. Die Stromlinien sind logarithmische Spiralen, da das Verhältnis von Radialgeschwindigkeit c_r zu Umfangsgeschwindigkeit c_u im gesamten Strömungsfeld konstant ist: $c_r/c_u = Q/\Gamma =$ konst.; dabei bedeutet Q die Ergiebigkeit der Quelle und Γ die Zirkulation des Potentialwirbels. Die Gleichung der Stromlinien lautet in den Polarkoordinaten r, φ: $\ln r/r_0 = \varphi \cdot c_{r0}/c_{u0} = \varphi \cdot Q/\Gamma$; wobei durch den Index 0 die zum Bezugsradius r_0 gehörenden Werte gekennzeichnet sind. Die Spiralgehäuse von Turbomaschinen werden so ausgelegt, daß die Strömung wie bei einer W. verläuft.

Die *Wirbelsenke* entsteht aus der W. durch Umkehr der Strömungsrichtung, sie wird als idealisiertes ebenes Modell zur Beschreibung der Strömungsvorgänge in Staubabscheidern (Zyklonen) verwendet.

Wirbelring, → Wirbel.

Wirbelrohr, *Ranquesches Wirbelrohr*, eine Vorrichtung zum Trennen eines Gasstromes in einen wärmeren und einen kälteren Teilstrom, im Prinzip eine Kältemaschine ohne bewegliche Teile. Durch eine Düse wird Druckluft von einigen Atmosphären Überdruck tangential in ein Rohr eingeblasen. Neben dem Düsenaustritt befindet sich im Rohr eine Blende, durch deren zentrale Bohrung die kalte Luft seitlich abfließt. In entgegengesetzter Richtung bewegt sich die aufgeheizte Luft, deren Menge über ein am Rohrende befindliches Ventil regelbar ist. Der Vorgang wird durch die Bildung eines starken Wirbels bewirkt, dessen Achse mit der Rohrachse zusammenfällt. Aus dem Druck- und Geschwindigkeitsfeld des Wirbels folgt, daß die Ruhetemperatur (→ Kesselzustand) nach außen stark zunimmt. Die inneren Teile des Wirbels leisten durch ihre Abbremsung an den äußeren Teilen Arbeit. Die Abflußtemperaturen der Luft resultieren aus der Verteilung der Ruhetemperaturen. Die dem warmen Teil der Luft zugeführte Wärme ist gleich der dem kalten Teil abgeführten Wärme. Da die Luft mit Überschallgeschwindigkeit in das Rohr einströmt, kann eine Abkühlung der Luft von Zimmertemperatur bis auf −50 °C erfolgen, dabei treten am warmen Ende Temperaturen bis 200 °C auf. Das W. hat einen schlechten Wirkungsgrad und besitzt für die Kälteerzeugung heute noch keine technische Bedeutung.

Wirbelröhre, → Wirbel.

Wirbelsätze, Gesetzmäßigkeiten der drehenden Bewegung einer homogenen reibungsfreien Flüssigkeit. Die W. gelten sowohl für inkompressible als auch für kompressible Strömungen.

Satz von Thomson (Lord Kelvin): In einer reibungsfreien homogenen Flüssigkeit bleibt die Zirkulation längs einer geschlossenen flüssigen Linie zeitlich konstant.

Sätze von Helmholtz: 1) Kein Flüssigkeitsteilchen kommt in Drehung, das nicht von Anfang an in Drehung ist. 2) Die Flüssigkeitsteilchen, die zu irgendeiner Zeit einer Wirbellinie angehören, bleiben auch bei Fortbewegung dauernd zur gleichen Wirbellinie gehörig. 3) Der Wirbelfluß, das Produkt aus Drehgeschwindigkeit und Querschnitt eines Wirbelfadens, ist längs der ganzen Länge des Fadens konstant und behält auch bei Fortbewegung des Wirbelfadens dauernd den gleichen Wert. Die Wirbelfäden müssen deshalb entweder geschlossen sein oder können nur an den Grenzen des Strömungsfeldes enden.

Die Helmholtzschen Wirbelsätze beziehen sich auf unendlich dünne Wirbelfäden. Es kann jedoch mit Hilfe des Satzes von Thomson gezeigt werden, daß die Helmholtzschen Sätze auch für Wirbelröhren mit endlichem Querschnitt gelten (→ Wirbel).

Wirbelschicht, → Wirbel.

Wirbelschleppe, svw. Nachlauf.

Wirbelsenke, → Wirbelquelle.

Wirbelstraße, → Totwasser.

Wirbelstrombeiwert, → Jordansche Konstanten.

Wirbelstrombremsung, → Wirbelströme.

Wirbelströme, *Foucaultsche Ströme*, Wechselströme, die durch Induktion in einem Leiter entstehen, wenn sich dieser in einem magnetischen Wechselfeld befindet oder durch ein Magnetfeld bewegt wird. Dabei können hohe Stromwärmen auftreten. Dem elektromagnetischen Wechselfeld wird dadurch Energie entzogen; die entstehenden Energieverluste bezeichnet man als → Wirbelstromverluste. Entstehen die W. infolge Bewegung eines Leiters durch ein magnetisches Feld, so wird die Bewegung des Leiters nach dem Lenzschen Gesetz gehemmt (*Wirbelstrombremsung*). Die verlorene Bewegungsenergie des Leiters geht in Stromwärme über (→ Waltenhofensches Pendel). Bewußt ausgenutzt wird die Entstehung der W. beim Asynchronmotor mit Stromverdrängungsläufer und beim Dämpferkäfig der Synchronmaschine (zum Dämpfen mechanischer Schwingungen), als Wirbelstromdämpfung in Meßwerken sowie bei der Wirbelstrombremse zur Drehmomentenbestimmung bei Leistungen bis 5 kW. Bei den beiden letzten Anwendungsbeispielen rotiert eine gut leitende Scheibe im Magnetfeld eines Dauer- bzw. Elektromagneten. Die in der Scheibe hervorgerufenen W. bilden mit dem Magnetfeld ein Bremsmoment. Die Stromwärme von W.n wird ebenfalls häufig technisch ausgenutzt, z. B. zum Bau von Induktionsöfen.

Fließen im Leiter selbst Wechselströme, so überlagern sich die W. den Leiterströmen; es entstehen *Strom- und Feldverdrängungen*, d. h., die Ströme sind nicht mehr über den Leiterquerschnitt gleichmäßig verteilt, und es treten Änderungen der Feldverteilung auf.

Auch durch das zeitlich veränderliche Magnetfeld, das durch den im Leiter selbst fließenden Wechselstrom entsteht, werden im Leiterinneren W. induziert. Durch Überlagerung dieser W. mit dem Leiterstrom kommt es bei höheren Frequenzen zum Auftreten des → Skineffekts oder Hauteffekts. Die Ströme fließen dann nur noch in einer dünnen Schicht unter der Leiteroberfläche. Das Leiterinnere ist stromfrei.

Es sind eine Reihe von Verfahren entwickelt worden, um die oft unerwünschten Wirbelströme zu unterdrücken. Man verwendet z. B. anstelle massiver Metallmassen in elektrischen Maschinen und Wechselstrommagneten einzelne, voneinander isolierte Bleche und baut aus ihnen die Metallkerne auf (→ Lamellieren). Dadurch werden die Strombahnen der W. räumlich stark begrenzt, und es treten geringere Wärmeverluste auf. Eine andere Möglichkeit, W. zu verringern, besteht darin, die Leitfähigkeit des Materials zu verringern. Daher benutzt man oft Eisenbleche, denen einige Prozent Silizium zur Leitfähigkeitsminderung zugesetzt wurden. In der Hochfrequenztechnik finden Spulenkerne breite Verwendung, die zur Vermeidung von W.n aus in einer Isoliermasse gebundendem Eisenpulver bestehen.

Mikrowirbelströme sind W. in Ferromagnetika, die durch lokal eng begrenzte Magnetisierungsänderungen, z. B. eine sich bewegende Bloch-Wand, induziert werden. Die zugehörige Grenzfrequenz ist unabhängig von den Probendimensionen, aber abhängig von Einzelheiten der Magnetisierungsverteilung, z. B. Dicke und Dichte der Bloch-Wände.

Lit. Küpfmüller: Einführung in die theoretische Elektrotechnik (9. Aufl. Berlin, Heidelberg, New York 1968); Philippow: Grundlagen der Elektrotechnik (3. Aufl. Leipzig 1970).

Wirbelstromverluste, die durch das Fließen von → Wirbelströmen in Metallen auftretenden Stromwärmeverluste. Die Energie für diese unerwünschte Erwärmung wird aus dem Energieinhalt des magnetischen Feldes entnommen, das die Wirbelströme erzeugt. Als Beispiel seien die W. im technisch wichtigen Fall eines dünnen Eisenblechs angegeben (Abb.). Verläuft die ma-

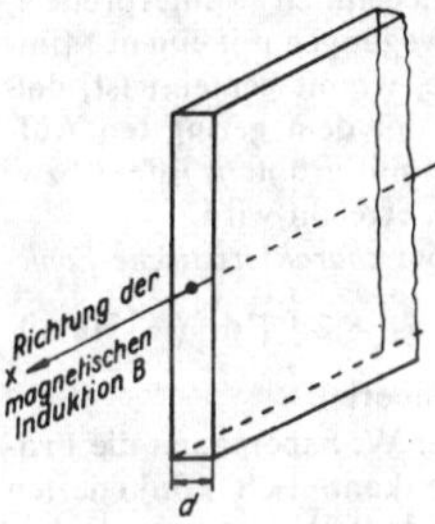

Wirbelstromverluste in einem dünnen Eisenblech

gnetische Induktion parallel zur x-Achse, so ergibt sich für die Wirbelstromverlustleistung bei niedrigen Frequenzen: $P_w = \frac{1}{24} \sigma\omega^2 d^2 B_{max}^2 V \sim \omega^2$. Dabei sind σ die spezifische Leitfähigkeit des Materials, ω die Kreisfrequenz des Feldes, d die Dicke des Bleches, B_{max} die Amplitude der mittleren magnetischen Induktion im Blech und V sein Volumen. Bei hohen Frequenzen gilt $P_w = \frac{\sqrt{2}}{8} \sqrt{\frac{\sigma\omega^3}{\mu}}\, dB_{max}^2 V \sim \omega^{3/2}$. Hierin stellt $\mu = \mu_r\mu_0$ die magnetische Permeabilität des Materials dar, wobei μ_r die relative und μ_0 die absolute Permeabilität bezeichnen. Bei niedrigen Frequenzen nimmt also $P_w \sim \omega^2$ und bei höheren Frequenzen $\sim \omega^{3/2}$ zu.

Über Möglichkeiten zur Unterdrückung von W.n → Wirbelströme.

Lit. Simonyi: Theoretische Elektrotechnik (4. Aufl. Berlin 1971).

Wirbelsturm, → tropischer Wirbelsturm.

Wirbelzähigkeit, → Wirbel, → Turbulenz.

Wirkleistung, → Wechselstromleistung.

Wirkleitwert, → Wechselstromwiderstände.

Wirkstrom, der Anteil $I_{eff} \cdot \cos\varphi$ einer Wechselstromstärke. $\cos\varphi$ ist der Leistungsfaktor. φ gibt die Phasenverschiebung der Spannung zur Stromstärke an. Multipliziert man den W. mit dem Effektivwert U_{eff} der Wechselspannung, so erhält man die Wirkleistung $P_W = U_{eff} \cdot I_{eff} \cdot \cos\varphi$ (→ Wechselstromleistung).

Wirkung, physikalische Größe der Dimension Energie · Zeit. Für konservative physikalische

Systeme kann die W. als *Wirkungsfunktion*, auch *Wirkungsintegral* oder *Hamiltonsche Prinzipalfunktion* genannt, definiert werden. Die Wirkungsfunktion ist das Integral S aller W.en längs einer möglichen oder der tatsächlichen Bahnkurve des Systems während einer bestimmten Zeitdauer: $S = \int_{t_0}^{t_1} L(q_i, \dot{q}_i, t)\, dt$; dabei wird die Lagrange-Funktion $L = T - U$, die Differenz der kinetischen Energie T und der potentiellen Energie U des Systems, als Funktion der Bahnkurve, d. i. als Funktion der verallgemeinerten Koordinaten und Geschwindigkeiten, betrachtet und bei festgehaltenen Anfangs- und Endpunkten zur Zeit t_0 und t_1 zwischen diesen Zeiten integriert. Hält man nur Anfangspunkt und -zeit fest, ist S eine Funktion des Endpunktes der Bahn bzw. der Endzeit. Die W. längs der tatsächlichen Bahnkurve eines Systems ist gegenüber möglichen Vergleichsbahnen ein Extremum, im allgemeinen ein Minimum (→ Hamiltonsches Prinzip, → Maupertuisscher Prinzip). Dies wird gelegentlich so interpretiert, daß die Natur alle Bewegungen mit einem Minimum an W. realisiere, womit gemeint ist, daß ein angestrebtes Ziel mit dem geringsten Aufwand an Mitteln, d. h. mit größtem Effekt bzw. auf schnellstem Wege, erreicht wird.

Als *verkürzte W.* oder *charakteristische Funktion* bezeichnet man $S_0 = 2 \int_{t_0}^{t_1} T\, dt$ (→ Hamiltonsche kanonische Theorie).

Die Dimension einer W. haben auch die Produkte aus zueinander kanonisch konjugierten Variablen, z. B. das Produkt $x \cdot p_x$ aus Ort x, d. h. Abstand eines Massepunktes von einem Bezugssystem, und Impuls p_x jeweils bezüglich einer vorgegebenen Richtung, hier der x-Richtung. Nach Planck treten in der Natur nicht beliebig kleine W.en auf; untere Grenze für die W. ist das Plancksche Wirkungsquantum $h = 6{,}6256 \cdot 10^{-27}$ erg · s. Demzufolge hat der Phasenraum eines (mechanischen) Systems, der von $2f$ kanonisch konjugierten Variablen aufgespannt wird (f ist die Anzahl der Freiheitsgrade des Systems), eine „körnige" Struktur, d. h., er besteht aus Zellen der Größen $\Delta\Omega = h^f$, innerhalb derer zwei mechanische Zustände nicht unterschieden werden können. Dies hat grundlegende Bedeutung für die statistische Physik, ist Ausgangspunkt der Quantentheorie und kann ferner direkt zur Quantisierung mechanischer Systeme über die Quantisierung der Phasenintegrale herangezogen werden.

Streng von diesem Begriff der W. ist derjenige zu trennen, der beim Gesetz von W. und Gegenwirkung (3. → Newtonsches Axiom) im Sinne einer → Wechselwirkung aller physikalischen Erscheinungen, d. h. ihrer gegenseitigen Bedingtheit, benutzt und in der Mechanik als → Kraft eingeführt wird.

Wirkungsfunktion, → Wirkung.

Wirkungsgrad, 1) *mechanischer W.*, η, das Maß für die mechanische Güte einer energieumwandelnden Maschine. Der mechanische W. ist das Verhältnis der effektiven Leistung N_e zu der beim Betrieb verbrauchten indizierten Leistung N_i: $\eta_m = N_e/N_i$. Der mechanische W. ist stets kleiner als 1 oder 100%, da alle äußeren oder mechanischen Verluste darin enthalten sind. Er berücksichtigt die Reibungsverluste an Gleit- und Lagerstellen. Seine Größe hängt von der Bauart, der Güte der Schmierung und Güte der mechanischen Ausführung ab.

2) Thermodynamik: → Carnotscher Kreisprozeß.

Wirkungsintegral, → Wirkung.

Wirkungslinie der Kraft, → Kraft.

Wirkungsprinzip, → Prinzipe der Mechanik.

Wirkungsquantum, → Plancksches Wirkungsquantum.

Wirkungsquerschnitt, der für die Wechselwirkung eines einheitlichen Teilchenstrahls, z. B. von Photonen, Elektronen, Protonen, Neutronen oder Ionen, mit einer bestimmten Sorte von Materie, z. B. den Atomen eines Kristalls, den Elektronen der Atome oder den Nukleonen des Atomkerns, charakteristische Quotient σ = Anzahl der je Zeiteinheit stattfindenden einzelnen Wechselwirkungsakte dividiert durch die Anzahl der je Zeiteinheit und je Flächeneinheit senkrecht zur Strahlrichtung einfallenden Primärteilchen. In Abhängigkeit von der Gesamtenergie E der wechselwirkenden Partner können im allgemeinen mehrere verschiedene Reaktionen (R) ablaufen, so daß man den W. gewöhnlich für jede Reaktion gesondert betrachtet und mit $\sigma_R(E)$ bezeichnet. Der W. hat die Dimension einer Fläche. Er kann anschaulich als diejenige (Kreis-)Fläche interpretiert werden, die von dem (als punktförmig gedachten) Primärteilchen getroffen werden müßte, um die entsprechende Reaktion auszulösen. Beim Stoß zweier (gleicher) Billardkugeln vom Radius r wäre z. B. der W. ein Kreis mit dem Radius $2r$. Genauer bezeichnet σ_R den *mikroskopischen W.*, d. h. den auf die Elementarakte bezogenen W. Im Gegensatz hierzu versteht man unter dem *makroskopischen W.* Σ_R den auf die Volumeneinheit bezogenen W. für eine bestimmte Reaktion R, d. h., mit der Anzahl N der je Volumeneinheit vorhandenen Atome, Moleküle oder Kerne der Materie folgt $\Sigma_R = N\sigma_R$ in cm^{-1}. Die wirksame Hindernisfläche je Flächeneinheit einer dünnen Schicht der Dicke dx ist $\sigma_R N\, dx$; diese dimensionslose Größe ist die Wahrscheinlichkeit dafür, daß das Teilchen beim Durchgang durch die Schicht eine Reaktion R erleidet.

Handelt es sich bei der speziellen Reaktion um die Absorption der Teilchen bzw. deren Einfang oder Streuung, spricht man häufig auch von *Absorptions-* oder *Einfang-* bzw. *Streuquerschnitt*. Während der Absorptionsquerschnitt ein *totaler W.* ist, kann der Streuquerschnitt auch als *effektiver* oder *differentieller W.* $d\sigma_R/d\Omega$ der Streuung in das Raumwinkelelement $d\Omega$ =

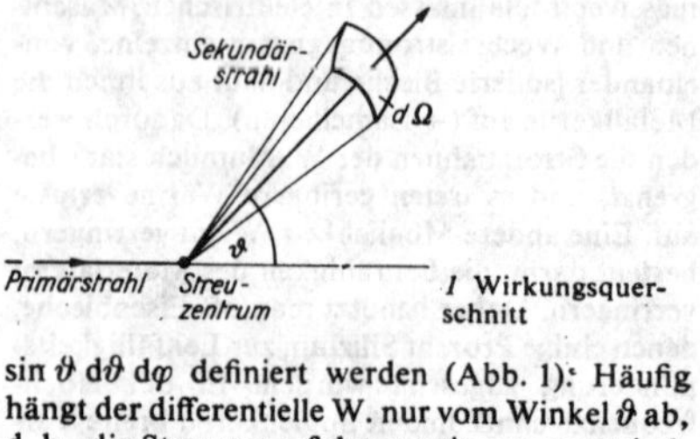

1 Wirkungsquerschnitt

$\sin\vartheta\, d\vartheta\, d\varphi$ definiert werden (Abb. 1): Häufig hängt der differentielle W. nur vom Winkel ϑ ab, d. h., die Streuung erfolgt rotationssymmetrisch bezüglich der Primärstrahlrichtung, man schreibt dann $\sigma_R(E, \vartheta)$. Der totale Streuquerschnitt ergibt sich daraus durch Integration über den gesamten Raumwinkel von 4π zu

$$\sigma_{R,\,tot} = \int \sigma_R(E, \vartheta)\, d\Omega.$$

Vielfach bezieht man den W. nicht nur auf eine bestimmte Reaktion, sondern auf alle bei einer bestimmten Gesamtenergie E der beiden Streupartner möglichen Reaktionen; der totale W. $\sigma_{tot}(E)$ ergibt sich dann als Summe über die einzelnen „Kanäle" R, die bei der Energie E „offen" sind (→ Streuexperiment): $\sigma_{tot}(E) = \Sigma_R\, \sigma_{R,\,tot}$. Analoges gilt für die differentiellen W.e $\sigma(E, \vartheta)$. Dies ist besonders in der Kern- und Elementarteilchenphysik zweckmäßig, wo zwei Stoßpartner mannigfachen Reaktionen unterliegen können. Ein stets offener Kanal ist die elastische Streuung; alle anderen Kanäle, bei denen gewöhnlich eine oder mehrere Quantenzahlen zwischen den Stoßpartnern ausgetauscht oder zusätzlich Teilchen erzeugt werden, gehören zu inelastischer Streuung. Dementsprechend unterscheidet man *elastischen* bzw. *inelastischen Streu-* oder *Wirkungsquerschnitt*; insbesondere gilt $\sigma_{tot} = \sigma_{el} + \sigma_{inel}$.

In vielen Fällen ist es zweckmäßig, die Streuwelle nach Partialwellen mit festen Werten des Drehimpulses l zu entwickeln; der W. setzt sich dann im Fall der Rotationssymmetrie aus den partiellen W.en $\sigma_l(E)$ zusammen: $\sigma(E) = \sum_{l=0} \sigma_l(E)$ (→ quantenmechanische Streutheorie, → ebene Welle).

Die totalen W.e liegen im allgemeinen in der geometrischen Größenordnung der Streupartner, z. B. für Moleküle und Atome bei 10^{-15} cm^2, für Atomkerne und Elementarteilchen bei 10^{-23} bis 10^{-26} cm^2, oftmals aber auch wesentlich darunter (10^{-33} cm^2) oder z. B. bei Resonanzen wesentlich darüber.

Als Einheit des W.s wird das Barn (b) benutzt; $1\ \text{b} = 10^{-24}$ cm^2.

Wirkungsvariable, → mechanisches System.

Wirkwiderstand, → Wechselstromwiderstände.

Witterung, → Wetter.

WKB-Näherung, *Wentzel-Kramers-Brillouin-Näherung, quasiklassische Näherung*, eine von Wentzel und Brillouin begründete und von Kramers verbesserte Methode zur näherungsweisen Bestimmung der Lösungen $\psi(x)$ der eindimensionalen Schrödinger-Gleichung $d^2\psi/dx^2 + (2m/\hbar^2)\,[E - V(x)]\,\psi = 0$ für ein Teilchen der Masse m und der Energie E in einem Kraftfeld mit dem Potential $V(x)$. Diese Methode ist anwendbar, wenn die de-Broglie-Wellenlänge λ klein gegenüber den charakteristischen Abmessungen des Systems ist und sich ferner nur langsam ändert, d. h., wenn $|d\lambda(x)/dx| \ll 2\pi$ ist ($\hbar = h/2\pi$, h Plancksches Wirkungsquantum).

Man macht den Ansatz $\psi(x) = A(x) \times \exp\{i\, S(x)/\hbar\}$ mit der langsam veränderlichen Amplitude A(x) und der Phase $S(x)$. Setzt man eine Reihenentwicklung nach Potenzen von $\hbar$ an, so ergeben sich schließlich zwei linear unabhängige Lösungen

$$\psi_\pm(x) = \hbar(2m\,|E - V(x)|)^{-1/2} \times$$
$$\times \exp\left\{\pm\,(i/\hbar) \int_0^x \sqrt{2m(E - V(x'))}\, dx'\right\},$$

die man über die Stellen $E = V(x)$, wo die Methode eigentlich versagt, hinaus fortsetzen kann, solange sich nur $V(x)$ genügend langsam ändert.

Eine zur WKB-N. analoge Methode wird unter anderem in der Theorie der Ausbreitung elektromagnetischer Wellen in Plasmen bei der Behandlung der Ausbreitung im inhomogenen Plasma angewendet.

Wlassow-Gleichung, 1945 von Wlassow aufgestellte Gleichung der kinetischen Theorie von Plasmen. Die W.-G. erfaßt die *kollektive Wechselwirkung* der geladenen Teilchen des Plasmas, d. h., ein Teilchen steht stets mit vielen anderen infolge der großen Reichweite der Coulombschen elektrostatischen Anziehungs- und Abstoßungskräfte gleichzeitig in Wechselwirkung. Sie lautet

$$\frac{\partial f}{\partial t} + \vec{v} \cdot \frac{\partial f}{\partial \vec{r}} - \frac{1}{4\pi\varepsilon_0}\, m\, \frac{\partial}{\partial \vec{r}} \int \frac{e^2}{|\vec{r} - \vec{r}_1|} \times$$
$$\times \left\{\int f(t, \vec{r}_1, \vec{v}_1)\, d^3\vec{v}_1 - n_0\right\} d^3\vec{r}_1 \cdot \frac{\partial f}{\partial \vec{v}} = 0.$$

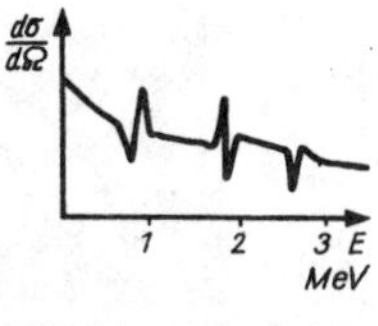

2 Wirkungsquerschnitt der elastischen Streuung in Abhängigkeit von der Energie (schematisch)

Dabei ist $f(t, \vec{r}, \vec{v})$ die Verteilungsfunktion der Plasmaelektronen in Abhängigkeit von der Zeit t, dem Ort $\vec{r}$ und der Geschwindigkeit $\vec{v}$, ε_0 die Dielektrizitätskonstante des Vakuums, m die Masse eines Elektrons, e die Elementarladung und n_0 die mittlere Elektronendichte. Die W.-G. entsteht aus der → Liouville-Gleichung, indem man dort anstelle der äußeren Kraft die Wechselwirkungskraft $e\vec{E}$ einsetzt. $\vec{E}$ ist das elektrische Feld, das die Kraftwirkung der übrigen Elektronen auf ein beliebig herausgegriffenes Elektron beschreibt und sich entsprechend der Raumladung, die bei einer Abweichung der Elektronenzahldichte von ihrem Mittelwert entsteht, aus der Poisson-Gleichung der Elektrodynamik bestimmt. Dabei wird die Teilchenzahldichte der Ionen als konstant angenommen. Die Ladungsverteilung wird selbst wieder durch die Verteilungsfunktion der Teilchen bestimmt. Die W.-G. ist die Übertragung der quantenmechanischen self-consistent-field-method (→ self-consistent-field) auf die Plasmakinetik, denn einerseits wird die Verteilungsfunktion f aus dem elektrischen Feld bestimmt und andererseits hängt dieses wiederum von f ab. Die W.-G. enthält keinen Term, der die Wechselwirkung unmittelbar benachbarter Teilchen beschreibt wie das Boltzmannsche Stoßintegral (→ Boltzmann-Gleichung). Sie ist zeitlich reversibel und liefert nicht wie die anderen kinetischen Gleiehungen das H-Theorem. Mathematisch stellt die W.-G. eine Integrodifferentialgleichung dar, deren Lösungstheorie nur im Falle schwacher Abweichungen vom Gleichgewicht entwickelt ist. Diese Lösungstheorie der linearisierten W.-G., die von Landau und van Kampen begründet wurde, gestattet Aussagen über Plasmaschwingungen und kinetische Plasmainstabilitäten (→ Plasma), insbesondere über das Phänomen der Landau-Dämpfung. Um die W.-G. auch zur Beschreibung von Transportprozessen verwenden zu können, kann man sie durch Wechselwirkungsterme, z. B. das Boltzmannsche Stoßintegral oder Modellstoßterme, erweitern.

Wlassow-Plasma, svw. stoßefreies Plasma.

Wobbeln, das periodische Ändern der Frequenz einer Wechselgröße durch eine Frequenz, die wesentlich geringer ist (Frequenzmodulation). Das W. wird zur Darstellung von Resonanzkurven mit dem Katodenstrahloszillographen oder bei raumakustischen Untersuchungen zum Abschwächen der Auswirkung von Raumresonanzen auf das Meßergebnis angewendet. Im weiteren Sinne bezeichnet man mit W. auch das Verursachen einer periodischen Schwankung, z. B des Bildpunkts einer Fernsehbildröhre, um die Zeilenstruktur zu verwischen.

Die Einrichtung in einem elektronischen Gerät, mit der man das W. erzielt, wird *Wobbler* genannt. Dieser Begriff wird auch ausgedehnt auf einen mit einer Wobblereinrichtung versehenen Prüfgenerator zur Darstellung von Zwischenfrequenz-Bandfilterkurven.

Wöhler-Kurve, aus Versuchen gewonnener Zusammenhang zwischen Spannungsamplitude und Anzahl der ertragbaren Lastwechsel. Die W.-K. besteht bei logarithmischer Abszisse aus zwei Geradenstücken.

Wohlsche Zustandsgleichung, spezielle thermische Zustandsgleichung, die den gasförmigen und flüssigen Bereich befriedigend beschreibt. Sie lautet $p = \frac{RT}{V-b} - \frac{a}{TV(V-b)} + \frac{c}{T^{4/3}V^3}$.

Hierbei bedeuten p den Druck, R die Gaskonstante, T die absolute Temperatur, V das Volumen, a, b und c konstante Parameter. Die W. Z. hat gegenüber vielen anderen halbempirischen Zustandsgleichungen den Vorteil, daß sie auch mittels reduzierter Größen (→ Zustandsgrößen) geschrieben werden kann.

Wolframlampe, → Lichtbogen.

Wolf-Rayet-Stern, → Spektralklasse.

Wolfston, *Bullerton,* ein rauher, schnarrender Ton bei Streichinstrumenten, der infolge eines instabilen Verhaltens einer Saitenschwingung entsteht.

Wolken, Ansammlung frei schwebender Wassertröpfchen oder Eisteilchen in der Atmosphäre. Man unterscheidet 10 Wolkengattungen: 1) *Cirrus* (Ci) oder Federwolken, 2) *Cirrostratus* (Cs) oder Federschichtwolken, 3) *Cirrocumulus* (Cc) oder *Federhaufenwolken,* 4) *Altostratus* (As) oder *hohe Schichtwolken,* 5) *Altocumulus* (Ac) oder *hohe Haufenwolken,* 6) *Stratus* (St) oder *Schichtwolken,* 7) *Cumulus* (Cu) oder Haufenwolken, 8) *Stratocumulus* (Sc) oder Schicht-Haufenwolken, 9) *Nimbostratus* (Ns) oder *Schicht-Regen-Wolken,* 10) *Cumolonimbus* (Cb) oder *Haufen-Regen-Wolken* oder *Gewitterwolken.* Die Wolkengattungen werden in weitere Arten und Unterarten gegliedert. Die mittlere Wolkenhöhe beträgt in gemäßigten Breiten für Ci, Cs, Cc (hohe W.) 5 bis 13 km, für As, Ac (mittelhohe W.) 2 bis 7 km, für St, Sc (tiefe W.) bis 2 km ü. M.; Cu, Cb und Ns beginnen im Niveau der tiefen Wolken und können mehrere Kilometer vertikal mächtig sein. Sonderformen sind → Perlmutterwolken und → leuchtende Nachtwolken.

W. entstehen bei Abkühlung der Luft unter den Taupunkt des Wasserdampfes durch rasches Aufsteigen von Luftballen (Thermik; Cu, Cb), durch weiträumiges Aufgleiten (As, Ns, Cs) oder durch Hebung von Luftmassen an orographischen Hindernissen (Hinderniswolken), durch Wärmeabgabe infolge Ausstrahlung, turbulenter Wärmeleitung, Vermischung (St, Sc) u. a. Die Bedeckung des Himmels mit W. heißt ***Bewölkung.*** Die Bestimmung der Zugrichtung erfolgt mit dem Wolkenspiegel, die Höhenbestimmung mittels Pilotballonen, Wolkenscheinwerfern oder elektronischen Wolkenhöhenmessern. Über Wolkenbruch → Regen.

Wollaston-Prisma, → Polarisationsprisma, → Reflexionsprisma.

Wood-Saxon-Potential, → Kernmodelle.

Wronskische Determinante, die aus n Funktionen $f_i(x)$, $i = 1, \ldots, n$, die $(n-1)$-mal differenzierbar sind, gebildete Determinante

$$\begin{vmatrix} f_1(x) & f_2(x) & \cdots & f_n(x) \\ f_1'(x) & f_2'(x) & \cdots & f_n'(x) \\ \vdots & \vdots & & \vdots \\ f_1^{(n-1)}(x) & f_2^{(n-1)}(x) & \cdots & f_n^{(n-1)}(x) \end{vmatrix} = D(x).$$

Ihr Verschwinden ist eine notwendige, aber nicht hinreichende Bedingung für die lineare Abhängigkeit der Funktionen $f_i(x)$.

Ws, W · s, → Wattsekunde.

WS, → Wassersäule.

wSZ, → Zeitmaße.

W-Teilchen, → schwache Wechselwirkung, → Elementarteilchen.

Wucht, → kinetische Energie.

Wu-Experiment, → Parität.

Wulffscher Satz, → Kristallform 2).

Wulffsches Netz, → stereographische Projektion.

Wurf, Bewegung eines freien Massepunktes der Masse m unter dem Einfluß der Fallbeschleunigung $\vec{g}$ nach Erteilung einer von Null verschiedenen Anfangsgeschwindigkeit $\vec{v}_0$ relativ zur Erde. Die Wurfbewegung erfolgt in der von $\vec{v}_0$ und $\vec{g}$ aufgespannten Ebene. Beim schrägen W. nach oben erhält man nach Einführung eines mit der Erde fest verbundenen, als ruhend angesehenen Koordinatensystems in der *Wurfebene* (Abb. 1) bei Vernachlässigung des Luftwiderstandes die Bewegungsgleichungen $\ddot{x} = 0$, $\ddot{y} = -g$, wobei $g = |\vec{g}|$ ist. Die Lösung dieser Bewegungsgleichungen liefert die *Wurfbahn,* eine Parabel mit der Gleichung $y = (\mathrm{tg}\,\alpha)\,x - gx^2/2v_0^2\cos^2\alpha$ (*Wurfparabel*), wobei α der Winkel zwischen $\vec{v}_0$ und der positiven x-Achse und $v_0 = |\vec{v}_0|$ ist. Die Bewegung ist im auf- und absteigenden Ast der Bahnkurve symmetrisch; beim schrägen W. nach unten beginnt die Bewegung bereits auf dem absteigenden Ast. Die *Wurfhöhe* $y_h = v_0^2\sin^2\alpha/2g$ erreicht für den senkrechten W. nach oben ihren höchsten Wert; die *Wurfweite* in horizontaler Richtung $x_w = v_0^2(\sin 2\alpha)/g$ erreicht für $\alpha = 45°$ ihr Maximum $x_{w,\max} = v_0^2/g$. Jede kleinere Wurfweite kann für jeweils zwei Winkel, α und $90° - \alpha$, erzielt werden; man spricht dann von *Flach-* bzw. *Steilschuß* (Abb. 2). Die *Wurfzeit* $t_w = 2v_0\sin\alpha/g$ ist beim Flachschuß geringer als beim Steilschuß. Die Enveloppe, d. i. die Einhüllende aller Wurfparabeln, ist die *Sicherheitsparabel* $y = v_0^2/2g - gx^2/2v_0$ (fette Kurve in Abb. 2). Es ist diejenige Parabel um einen vorgegebenen Abschußpunkt, deren Punkte bei vorgegebener Anfangsgeschwindigkeit v_0 des Massepunktes gerade noch erreicht werden können. Bei Berücksichtigung eines zur Geschwindigkeit $\vec{v}$ des Massepunktes proportionalen Luftwiderstandes (→ Reibung) $\vec{F}_L = -mk\vec{v}$, wobei k eine Propor-

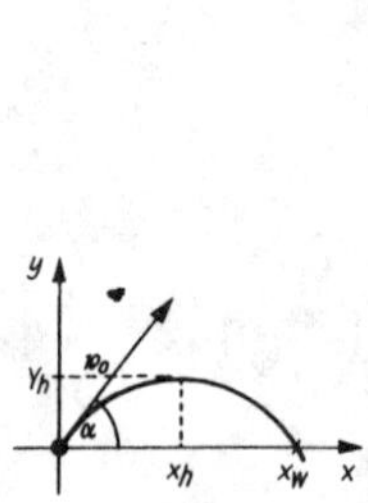

1

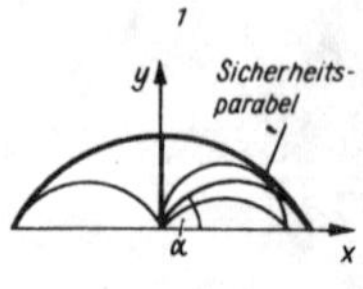

2

Wurf

tionalitätskonstante ist, weicht die Wurfbahn von der parabolischen Gestalt ab (Abb. 3): Der aufsteigende Ast der Bahnkurven ist länger als der absteigende, wird jedoch in der kürzeren Zeit durchlaufen. Die Verkürzung Δx_w der Wurfweite ist für kleine Werte von k durch $\Delta x_w \approx 4kv_0^2/3g \sin\alpha \sin 2\alpha$ gegeben, die Wurfzeit vermindert sich dabei um den Faktor $(1 - kv_0 \sin\alpha/3g)$.

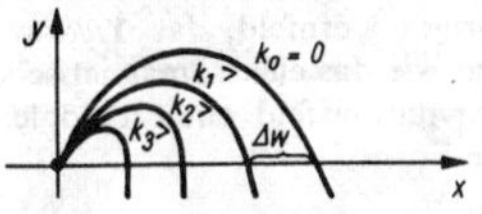

3

Die Bestimmung der wirklichen Bahnkurve z. B. eines Geschosses ist jedoch äußerst kompliziert, wenn man alle einwirkenden Effekte, besonders die von der Erdrotation und der Luftreibung herrührenden, exakt berücksichtigen will. Geeignete Näherungslösungen mittels numerischer Verfahren liefert die äußere Ballistik.

Würfellage, → Textur.

Wurzelkriterium, → Reihe.

Wüstengesicht, → Luftspiegelung.

***W*-Wert,** mittlere Energie zur Erzeugung eines Ionenpaares in einem Gas durch ein geladenes Teilchen, die je nach der Gasart 20 bis 40 eV beträgt und damit wesentlich über den Ionisierungsenergien liegt. Dies ist darauf zurückzuführen, daß ein Teil der Energie auf Anregungen entfällt. Die *W*-W.e hängen nur in geringem Maße von der Teilchenart ab. Die Abhängigkeit von der Energie ist für α-Teilchen in Edelgasen zu vernachlässigen; in Luft besteht bei niedrigen Energien eine geringe Abhängigkeit. Für Elektronen jedoch ist die Energieunabhängigkeit der *W*-W.e zumindest oberhalb 20 keV grundlegend für die Ionisationsdosimetrie. → Hohlraumionisation.

wZ, → Zeitmaße.

wZ*, → Zeitmaße.

WZ, → Zeitmaße.

***x*,** kartesische Koordinate, → Koordinatensystem.

***X*,** → Exposition.

X-Band, → Frequenz.

XE, → Siegbahnsche X-Einheit.

X-Einheit, → Siegbahnsche X-Einheit.

Xenonlampe, mit Xenon gefüllte Gasentladungslichtquelle. Die X. wird als Hoch- und Höchstdrucklampe wegen ihres sonnenlichtähnlichen Spektrums zur farbrichtigen Wiedergabe von Farbfilmen benutzt.

Xenonvergiftung, → Brennstoffvergiftung.

Xerogel, ein kohärentdisperses System aus zusammenhängender Festsubstanz, die Hohlräume mikroskopischer und submikroskopischer Dimensionen einschließt. Diese Hohlräume können untereinander zusammenhängen oder abgeschlossen und mit einem Gas gefüllt sein. X.e sind z. B. Bimsstein oder getrocknetes Silikagel.

Xerographie, wichtigstes der elektrostatischen Reproduktionsverfahren, das 1938 von Carlson entwickelt wurde. Lichtempfindliche Schicht bei der X. ist eine auf Metallfolie aufgetragene Halbleiterschicht, zumeist aus Selen, die über ein Gitter durch ein Hochspannungsfeld elektrostatisch positiv aufgeladen wird. Beim Belichten bricht an den belichteten Stellen das Potential zusammen, da durch die Belichtung die Leitfähigkeit des Selens erheblich erhöht und die Ladung an die metallische Grundplatte, die geerdet ist, abgegeben wird.

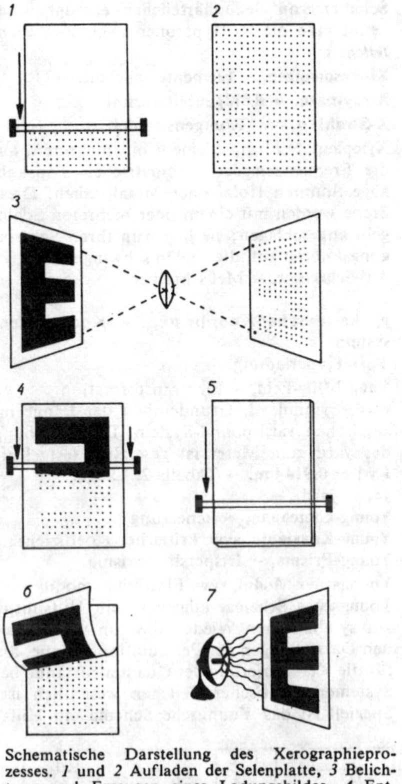

Schematische Darstellung des Xerographieprozesses. *1* und *2* Aufladen der Selenplatte, *3* Belichtung und Erzeugen eines Ladungsbildes, *4* Entwicklung durch Bestäuben mit dem negativ geladenen Harzpulver, *5* und *6* Übertragen des Staubbildes auf positiv geladenes Papier, *7* Fixieren des Bildes durch Einschmelzen des Staubes auf dem Fließpapier

Durch Berieseln, Bestäuben, durch Auftragen einer Suspension oder durch Bestreichen mit einem vorher aufgeladenen Toner wird das latente Bild entwickelt, je nachdem, ob der Toner negativ oder positiv aufgeladen wurde, erhält man ein Positiv oder Negativ der kopierten Vorlage. Der an den Ladungsstellen haftende Toner wird auf eine geeignete Unterlage übertragen und durch eine kurze thermische Behandlung oder durch ein Lösungsmittel darauf fixiert. Die Empfindlichkeit dieses Verfahrens erreicht bereits die mittlerer Silberhalogenid-Negativmaterialien.

Außer für Photokopien und Reprovorlagen im Kleinoffset wird die X. für Materialprüfungen mit Gammastrahlen und in der medizinischen Röntgenphotographie eingesetzt; mit der Röntgen-X. konnten dabei neuartige Effekte erzielt werden, die an Detailtreue den herkömmlichen photographischen Informationsgehalt weit übertreffen.

Xe-Vergiftung, → Brennstoffvergiftung.

Xi-Hyperonen, *Ξ-Hyperonen,* → Elementarteilchen (Tab. A und C) aus der Familie der Baryonen. Ξ^- wurde 1954 von Cowan in der kosmischen Strahlung entdeckt, Ξ^0 und die zugehörigen Antiteilchen wurden später gefunden. Da beim Zerfall der Xi-Hyperonen wegen der frei werdenden großen Energie ein ganzer Schauer von Sekundärteilchen erzeugt wird, nennt man die Xi-Hyperonen auch *Kaskadenteilchen.*

Xi-Resonanzen, → Elementarteilchen.

X-ray-flash, → Röntgenblitztechnik.

X-Strahlen, svw. Röntgenstrahlen.

Xylophon, Schlaginstrument mit mehreren, auf die Frequenzen der chromatischen Tonskala abgestimmten Holz- oder Metallstäben. Diese Stäbe werden mit einem oder mehreren Schlegeln angeschlagen; sie liegen in ihren Schwingungsknoten auf, die Enden schwingen frei.

***XY*-Schreiber,** → Meßschreiber.

***y*,** kartesische Koordinate, → Koordinatensystem.

***Y*,** → Hyperladung.

Yang-Mills-Feld, → Eichtransformation.

yard, Symbol yd, Grundeinheit der Länge im englischen yard-pound-System. Die Beziehung des yard zum Meter ist gesetzlich festgelegt: 1 yd = 0,9144 m. → Tabelle 2, Länge.

yd, → yard.

Young-Gleichung, → Benetzung.

Young-Konstante, svw. kritischer Koeffizient.

Young-Prisma, → Dispersionsprisma.

Youngscher Modul, svw. Elastizitätsmodul.

Youngsches Schema, allgemein ein Hilfsmittel zur symbolischen Wiedergabe von verschiedenen Darstellungen der Permutationsgruppe, die für die Klassifizierung der Quantenzustände bei Systemen identischer Teilchen wesentlich ist. Speziell ist das Youngsche Schema ein Hilfs-

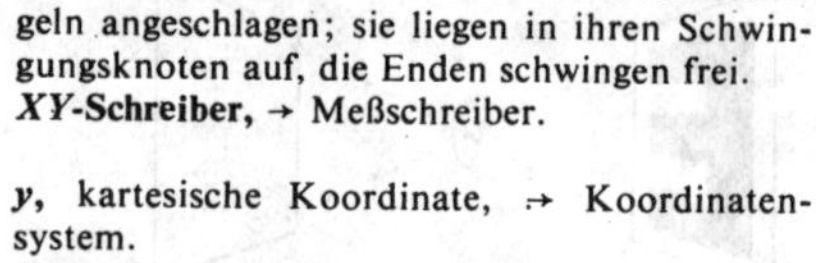

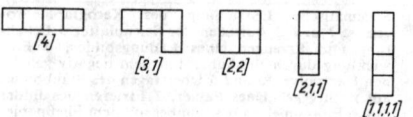

Youngsche Schemata für ein 4-Nukleonen-System

mittel zur Klassifizierung von Zuständen, die aus N Nukleonen mit gleichen Quantenzahlen n, l und j bestehen. Für $N = 4$ haben die Youngschen Schemata die in der Abb. angegebene Form. Ihre Bezeichnung steht in eckigen Klammern.

Y*-Resonanzen, → Elementarteilchen.

Y-Stern-Resonanzen, → Elementarteilchen.

Yukawa-Feld, → Yukawasche Theorie des Kernfeldes.

Yukawa-Potential, Zweiteilchenpotential, das sich als abstandsabhängige stationäre, kugelsymmetrische Lösung Φ der Kemmerschen Wellengleichung $(\Box + \varkappa^2)\,\Phi = 0$ ergibt, wobei $\Box$ der d'Alembert-Operator ist; $\Phi = g^2\,e^{-\varkappa r}/r$. Das Y.-P. entspricht näherungsweise dem Potential zweier punktförmiger Nukleonen der mesonischen Ladung g (→ Yukawasche Theorie des Kernfeldes). Das Y.-P. bzw. Überlagerungen von Y.-P.en $V(r) = \int\limits_0^\infty \frac{\mu(r')\,e^{-\varkappa(r-r')}}{r-r'}\,dr'$ mit einer ortsabhängigen Verteilungsfunktion $\mu(r)$ spielen in der Theorie der starken Wechselwirkung eine große Rolle.

Yukawa-Quant, svw. Pion.

Yukawasche Theorie des Kernfeldes, die von Yukawa 1935 erstmals durchgeführte Beschreibung der Kernkraft zwischen den Nukleonen durch ein zugehöriges Kernfeld, das *Yukawa-Feld.* Dieses genügt wie das elektromagnetische Feld und das Gravitationsfeld einer Feldgleichung, die hier die Form

$$\frac{1}{c^2}\,\frac{\partial^2\Phi}{\partial t^2} - \Delta\Phi + \varkappa^2\Phi = (\Box + \varkappa^2)\,\Phi = 0$$

hat, wobei $\Phi(\vec{r}, t)$ die vom Ort $\vec{r}$ und der Zeit t abhängende Feldgröße, $\Delta = \partial^2/\partial x^2 + \partial^2/\partial y^2 + \partial^2/\partial z^2$ der Laplace-Operator und $\varkappa$ eine Konstante sind. Diese Gleichung unterscheidet sich durch das Glied $\varkappa^2\Phi$ von der Wellengleichung für elektromagnetische Wellen; ihre kugelsymmetrischen stationären Lösungen (→ Yukawa-Potential) sind proportional $e^{-\varkappa r}/r$ und fallen demgemäß mit dem Abstand r vom Nukleon wesentlich stärker als das elektrostatische Potential, also stärker als $\sim 1/r$, ab. Damit wird der extrem kurzen Reichweite der Kernkräfte Rechnung getragen. Man wählt für $\varkappa^{-1}$, das die Dimension einer Länge hat, die Compton-Wellenlänge des Protons, $\varkappa^{-1} = 2 \cdot 10^{-13}$ cm. Daraus ergibt sich wegen $\varkappa = mc/\hbar$ für das Feldquant, das in Analogie zum Photon für die elektromagnetische Wechselwirkung die Kernwechselwirkung überträgt, eine Masse von etwa 200 Elektronmassen (m_e). Dieses Feldquant wurde Yukawa-Teilchen genannt und war zum Zeitpunkt der Aufstellung der Y.n T. d. K. unbekannt. Die Y. T. d. K. fand allgemeine Beachtung, als 1937 ein damals μ-Meson (→ Müon) genanntes Teilchen mit der Masse $m_\mu = 207\ m_e$ in der Höhenstrahlung gefunden wurde; es erwies sich jedoch nicht als Quant des Kernfeldes. Das vorausgesagte Teilchen fand man erst 1947 ebenfalls in der kosmischen Strahlung als π-Meson (→ Pion). Tatsächlich ist die Theorie der Kernwechselwirkung wesentlich komplizierter und die Y. T. d. K. nur ein erster Ansatz zur Theorie der starken Wechselwirkung; besonders werden von den Nukleonen – oder allgemeiner den Baryonen – noch weitere Mesonen mit anderen Quantenzahlen als Quanten ausgetauscht (→ Elementarteilchen, → Mesonentheorie der Kernkräfte).

Yukawa-Teilchen, svw. Pion.

Yukon, svw. Pion.

Y-Zirkulatoren, → nichtreziproke Bauelemente.

***z*,** kartesische Koordinate, → Koordinatensystem.

Z, 1) → Ordnungszahl.

2) Z, → Wechselstromwiderstände.

3) Z, → Wellenwiderstand.

Z*, → Zeitmaße.

Zähigkeit, svw. Viskosität.

Zähldekade, elektronische Schaltung zur Zählung von Impulsen, die die Zahl 0 bis 9 anzeigen kann. Z.n können mit vier Flip-Flop-Schaltungen und einer Diodenverschlüsselung aufgebaut werden. Schnelle Z.n erreichen mit Tunneldioden und Höchstfrequenztransistoren Zählgeschwindigkeiten bis einige 100 MHz. Für geringere Zählfrequenzen können auch spezielle Zählröhren verwendet werden (bis einige 100 kHz). Z.n sind zusammen mit Impulsformern und Torstufen Baugruppen eines elektronischen Zählgerätes. Sie finden auch Anwendung als Baugruppen in Digitalrechnern (z. B. zur Adressenzählung bei der Abarbeitung von Programmen) und elektrischen Meßgeräten, aber auch als mit Steuer- und Bedienungskomfort versehene geschlossene Geräte, die als *Universalzähler* bezeichnet werden. Die gezählten Impulse werden in diesem Fall mit Zählröhren in einem Zahlenfeld dargestellt. Solche Universalzähler können zur Präzisionsmessung von Frequenzen und Zeitabschnitten sowie zum Zählen von regelmäßig und stochastisch verteilten Vorgängen verwendet werden. Bei Anschluß eines Druckers können die Zahlenwerte auch auf einem Papierstreifen festgehalten werden.

Zahlenwert, *Maßzahl*, eine Zahl, die das Verhältnis einer physikalischen Größe zu ihrer Einheit angibt, oder die Zahl, mit der die Einheit multipliziert werden muß, damit man die Größe erhält: Größe = Zahlenwert mal Einheit. Wählt man eine n-mal so große Einheit, so verringert sich der Z. auf seinen n-ten Teil, denn das Produkt Z. mal Einheit ist konstant, d. h., der Z. ist abhängig von der benutzten Einheit. So sind 16 N = 1,632 kp.

Zahlenwertgleichungen werden in der Physik benutzt, um rein rechnerische Ergebnisse zu erhalten. Setzt man in der allgemeinen Größengleichung $v = l/t$, $l = 25$ m und $t = 3$ s, so lautet die Zahlenwertgleichung $v = 25/3$. Dabei bedeutet v die Geschwindigkeit, l die Länge und t die Zeit.

Zur Kennzeichnung von Z.en in Größengleichungen ist es üblich, das Symbol in geschweifte Klammer zu setzen, z. B. für eine Kraft von 7 N: $F = \{F\}\,[F]$, wobei die eckige Klammer für die Einheit steht; nur in einem solchen Zusammenhang hat die eckige Klammer bei der Einheitenangabe Berechtigung.

Zahlenwertgleichung, → Formel 1).

Zähler, Meßgerät zum Zählen von Meßvorgängen. 1) Z. für Flüssigkeiten und Gase arbeiten im allgemeinen nach den gleichen Prinzipien. Grundsätzlich ist zu unterscheiden zwischen Z.n für direkte Volumenmessung durch Meßkammern und Z.n für indirekte Volumenmessung mittels Meßflügeln; dazu kommen Durchflußintegratoren. Volumenzähler mit festen Kammerwänden sind *Trommelzähler*. Bei ihnen verlagert sich der Schwerpunkt während des Füllens, bis die gefüllte Kammer umkippt und dadurch die nächste Kammer freigibt (Meßbereiche 3 bis 300 l und 200 bis 3000 l). *Kolbenzähler* haben bewegliche Trennwände, bei ihnen werden Hübe gezählt (Meßbereiche 0,4 bis 4 m^3 und 2 bis 100 m^3). *Ringkolbenzähler* bestehen aus einem zylindrischen Gefäß mit ringförmiger Führung innerhalb des Gehäuses, dessen kreisende Bewegungen gezählt werden (Meßbereiche 10 bis 2000 l und 2 bis 30 m^3). *Wälzkolbenzähler* oder *Ovalradzähler* bestehen aus einer Meßkammer, in der zwei ovale Zahnräder gegeneinander abrollen. Zwischen den Kammerwänden entsteht ein sichelförmiger Raum, durch den das Meßgut abfließt und dabei das Zählwerk antreibt (Meßbereiche 10 bis 100 l und 50 bis 500 m^3). Nach dem gleichen Prinzip arbeiten *Drehkolbenzähler*, deren Räder Lemniskatenform haben (Meßbereiche 10 bis 100 m^3 und 3000 bis 30000 m^3). *Scheibenzähler* haben eine in der Meßkammer sich taumelnd bewegende bewegliche Trennwand, die das Zählwerk treibt. Es sind Durchflußzähler (Meßbereich 0,6 bis 3,6 m^3/h). Zu den *Flüssigkeitszählern mit Meßflügeln* gehören die *Flügelradzähler* (Hauswasserzähler), bei denen die Flüssigkeit ein Flügelrad antreibt, dessen Umdrehungen gezählt werden (Meßbereiche 40 bis 2000 l und 1 bis 100 m^3). *Woltmanzähler* sind Schraubenradzähler für Rohrdurchmesser von 40 bis 1000 mm (Meßbereiche 4 bis 40 m^3 und 150 bis 1500 m^3). Als Gaszähler sind *Drehkolbengaszähler* zu nennen, die nach dem Prinzip des Roots-Gebläses arbeiten (Drehzahlen 140 bis 1500 U/min). *Schraubenradgaszähler* sind für die Messung großer Mengen geeignet (Meßbereiche 10 bis 150 m^3 und 4000 bis 30000 m^3). *Trockene Gaszähler* oder *Membranzähler* haben einen Meßkammerabschluß aus deformierbaren, aus Bälgen bestehenden Wänden, deren Hübe gezählt werden. Größere Bedeutung haben die *nassen Gaszähler* erlangt, die ähnlich wie Trommelzähler arbeiten. Ihre Meßkammer ist durch eine Sperrflüssigkeit begrenzt (Meßbereiche 1 bis 100 l und 4 bis 4000 l). Bei den *Glockengaszählern* sind die Bälge durch starre Glocken ersetzt, die in Tauchtassen auf- und abschwingen.

Zusatzeinrichtungen an Volumenzählern sind Mengeneinstellwerke, die nach Durchfluß einer bestimmten Menge den Z. stillsetzen (z. B. bei Mineralölzählern und bei Münz-Gaszählern), sowie bei Gaszählern Mengenumwerter, die die gemessene Menge Gas vom Betriebszustand in den Normzustand des Gases oder in die im Gas enthaltene Verbrennungswärme umrechnen. Auch Schreib- und Registrierwerke können mit Z.n verbunden werden.

2) Z. für elektrische Arbeit werden in Gleichstrom- und Wechselstromzähler unterteilt. Zu den Gleichstromzählern gehören *Amperestundenzähler* mit elektrodynamischem Triebwerk. Der Rotor besteht aus zwei Spulen, die über einen Kollektor gespeist werden, und bewegt sich im Magnetfeld eines festen Spulenpaars. Das Gegendrehmoment wird von einer Wirbelstrombremse erzeugt, die sich mit dem Rotor im Feld eines kleinen Dauermagneten bewegt. Auch *Elektrolytzähler* können als Amperestundenzähler verwendet werden. Die aus einem Elektrolyten von dem Gleichstrom an der Katode ausgeschiedene Menge eines Stoffes ist dem Betrag dieser Strömung proportional. Beim Wasserstoffelektrolytzähler dient eine Phosphorsäurelösung als Elektrolyt, der übrige Raum ist mit Wasserstoffatmosphäre erfüllt. Anode und Katode haben Platinmaschengitter. Tritt ein Gleichstrom in den Elektrolyten, so scheidet sich an der Katode Wasserstoff ab, der in einem Meßgefäß aufgefangen wird und den Betrag der Meßgröße anzeigt. Beim *Wattstundenzähler* sind Strom und Spannung wirksam. Infolge des ver-

stärkten Übergangs der Wirtschaft zu Wechselstrom kommt Gleichstromzählern nur noch geringe Bedeutung zu. Unter den *Wechselstromzählern* steht der elektrodynamische Z. an erster Stelle. Wird anstelle des Dauermagneten eines Drehspulmeßgeräts eine feste Spule verwendet, die von dem gleichen Strom wie die Drehspule durchflossen wird, so wirken die an der Drehspule angreifenden Kräfte auch bei Stromumkehr stets in gleicher Richtung, da sich die magnetischen Felder beider Spulen umkehren. Ein derartiges Meßwerk mißt den Effektivwert des Stroms. *Induktionsmotorzähler* werden als Wirk- und Blindverbrauchszähler für ein- und mehrphasigen Wechselstrom ausgeführt. Der Rotor besteht meist aus einer Aluminiumscheibe, in die das Magnetsystem eingreift. Eine Wirbelstrombremse liefert das Gegendrehmoment. Der magnetische Fluß wird aus einem Dauermagneten gewonnen.

Eine wichtige Eigenschaft aller Z. ist der *Anlaufwert*, d. h., die Z. beginnen erst bei einer bestimmten Belastung zu zählen, unabhängig davon, wie groß der Fehler bei dieser Belastung sein würde. Der Anlaufwert ist der untere Grenzwert, von dem ab ein Z. benutzt werden darf.

Über mechanische Z. → Zählwerk.

3) Z. für ionisierende Strahlung, → Zählrohr.

Zähligkeit, in der Kristallographie 1) Z. einer *Punktgruppe* oder eines *Punktsymmetrieelements*, Ordnung der Gruppe, d. h. Anzahl der Symmetrieoperationen der Gruppe (→ Symmetrie). 2) Z. einer *Kristallform*, Anzahl der Kristallflächen, die aus einer gegebenen Fläche durch Anwendung der Symmetrieoperationen der Punktgruppe hervorgehen. 3) Z. eines *Symmetrieelements* mit Translationskomponenten, die Z. des entsprechenden Punktsymmetrieelements, das man durch Weglassen der Translationskomponenten erhält. 4) Z. einer *Punktlage*, Anzahl der Punkte innerhalb einer Elementarzelle, die durch Anwendung der Raumgruppensymmetrie aus einem Punkt der Punktlage entstehen.

Zählrate, → Zählstatistik.

Zählrohr, abgekürzt *Zähler* genannt, ein gasgefüllter → Detektor für den Nachweis und die Analyse von Kernstrahlung. Ein in ein Z. einfallendes Teilchen oder Gammaquant erzeugt durch Ionisationsprozesse entweder direkt oder indirekt über Sekundärprozesse (Photoeffekt, Compton-Effekt oder Paarbildung) eine von der Strahlungsart und ihrer Energie abhängige Zahl elektrischer Ladungsträger, die durch Stoßionisation in der Gasfüllung des Detektors vervielfacht werden (Gasverstärkung). Diese meßbaren Ladungsimpulse werden in Spannungsimpulse umgeformt und dann einer elektronischen Registriereinrichtung zugeführt, die aus Verstärker und Impulszähleinrichtung oder einem Impulsamplitudenanalysator besteht. Je nach Betriebsart unterscheidet man Proportional- und Auslösezählrohr.

Beim *Proportionalzählrohr* wird die Zählrohrspannung so eingeregelt, daß die Gasverstärkung im *Proportionalbereich* bleibt, d. h., die Anzahl der sekundären Elektronen ist proportional der Primärelektronenanzahl. Das Energieauflösungsvermögen beträgt einige Prozent. Die Spannungsamplituden der Ausgangssignale liegen im Millivoltbereich. Schwach ionisierende Teilchen lassen sich deshalb mit dem Proportionalzählrohr nur schwer nachweisen. Proportionalzähler sind meist als *Zylinderzähler* konstruiert. Eine zylinderförmige Katode umgibt einen dünnen, zentral angebrachten Anodendraht. Die Gasverstärkung wird bei dieser Bauform in dem kleinen Gebiet nahe des Anodendrahtes konzentriert. Dadurch werden alle im aktiven Volumen des Zylinderzählers erzeugten Elektronen gleichmäßig verstärkt. Dieses Z. eignet sich besonders zur Energiebestimmung und zur Teilchenunterscheidung. Wegen des hohen zeitlichen Auflösungsvermögens ist mit dem Proportionalzähler die Messung relativ hoher Impulsdichten möglich.

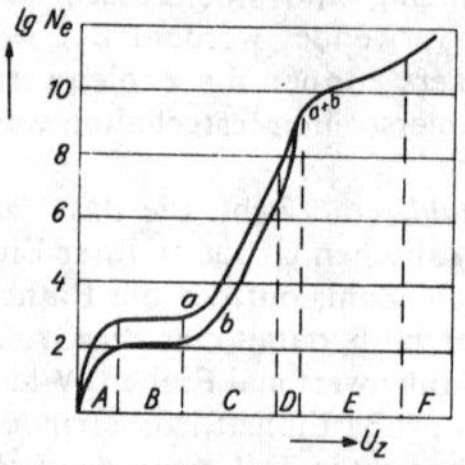

Elektronenzahl N_e in Abhängigkeit von der Zählrohrspannung U_z für verschiedene Werte *a*, *b* der Primärionisation. *A* Bereich der Ladungssammlung, *B* Ionisationskammerbereich, *C* Proportionalbereich, *D* Geigerschwelle, *E* Auslösebereich, *F* Dauerentladung

Mit dem *Auslösezählrohr*, auch *Geiger-Müller-Zählrohr* oder kurz *Geigerzähler* genannt, gelingt es dagegen, selbst Teilchen mit geringer Ionisationswahrscheinlichkeit zu registrieren. Ein einziges Primärelektron reicht aus, um eine Gasentladung „auszulösen". Durch Raumladungserscheinungen geht allerdings der lineare Zusammenhang zwischen Primärionisation und Zählrohramplitude verloren. Nach jeder Entladung ist das Auslösezählrohr für eine gewisse Zeit (*Totzeit*) unempfindlich gegenüber einfallender Strahlung. Dieses Zeitintervall wird durch die Wanderungsgeschwindigkeit der Ionen bestimmt. Die Totzeit beträgt einige hundert Millisekunden. Zur Verkürzung der Totzeit von Auslösezählrohren werden dem Füllgas Löschgase beigefügt, die bewirken, daß die Gasentladung selbständig unterbrochen wird (*selbstlöschendes Z.*). Das Geiger-Müller-Zählrohr wurde 1928 von H. Geiger und W. Müller entwickelt. Es besteht aus einem koaxial ausgespannten Zähldraht innerhalb eines zylindrischen Rohrs mit Gasfüllung (Helium von etwa 100 Torr). Die elektrische Feldstärke im Geiger-Müller-Zählrohr ist infolge der den Plateaubetrieb ermöglichenden hohen Betriebsspannung (etwa 1 kV) und eines sehr geringen Durchmessers des Anodendrahtes so groß, daß die von der einfallenden Strahlung erzeugten freien Elektronen durch Stoßionisation eine Elektronenlawine auslösen, die schließlich zu einer selbständigen Entladung führt. Die Ladungsmenge, die während einer durch ein auftreffendes Teilchen ausgelösten Entladung fließt, hängt beim Geiger-Müller-Zählrohr nur von der Spannung und den geometrischen Abmessungen ab, ist also im Gegensatz zum Proportionalzählrohr unabhängig von Art und Energie des auslösenden Teilchens.

Man unterscheidet beim Geiger-Müller-Zählrohr die nichtselbstlöschende und die selbstlöschende Ausführung. In den heute kaum noch verwendeten nichtselbstlöschenden Geiger-Müller-Zählrohren muß die Entladung von außen wieder gelöscht werden, z. B. durch einen großen Arbeitswiderstand von etwa $10^9\,\Omega$. Die selbstlöschenden Geiger-Müller-Zählrohre haben ein besseres zeitliches Auflösungsvermögen und gestatten damit höhere Zählgeschwindigkeiten. Die Löschung wird durch geeignete Zusammensetzung des Zählgases, z. B. Argon und Alkoholdampf als Löschzusatz, erreicht. Die Ionisierung der Alkoholdämpfe bewirkt die selbsttätige Löschung der Entladung; der Arbeitswiderstand kann klein gehalten werden, er beträgt etwa 1 MΩ (Megaohm). Bei den *Halogenzählrohren*, die keinen Proportionalbereich aufweisen und deshalb bei niedriger Betriebsspannung (etwa 300 V) arbeiten, wird zur Edelgasfüllung als Löschzusatz ein Halogen, z. B. Brom oder Chlor, verwendet. Das Ansprechvermögen des Geiger-Müller-Zählrohrs beträgt für Betastrahlung und für schwerere Teilchen nahezu 100%. Gammaquanten werden mit wesentlich geringerer Wahrscheinlichkeit gezählt, sie beläuft sich bei der Quantenstrahlung des radioaktiven Kobaltisotops ^{60}Co im allgemeinen auf weniger als 1%. Die Typen des Geiger-Müller-Zählrohrs, die auch zum Nachweis sehr energiearmer Teilchen und Quanten geeignet sind, haben ein Eintrittsfenster, das z. B. mit einer dünnen Aluminium-, Kunststoff- oder Glimmerfolie von einigen Mikrometern Stärke bedeckt ist. Diese werden wegen der äußeren Form ihrer Mantelelektrode gewöhnlich als *Glockenzählrohr*, seltener als *Endfensterzählrohr*, bezeichnet.

Die am Arbeitswiderstand entstehenden Spannungsimpulse werden in geeigneten Geräten weiterverarbeitet. So können sie z. B. nach geringer Verstärkung in einem elektronischen Zählgerät gezählt werden, oder es kann in einem Impulsdichtemesser ihre zeitliche Dichte angezeigt werden. Vielfach werden auch zwei oder mehrere Z.e in Koinzidenzschaltungen kombiniert.

Je nach der Elektrodenbauart spricht man vom *Maze-Zählrohr*, wenn sich die Anode im Innern des Rohres und die Katode außen auf der Glaswand befindet, und vom *Spitzenzähler*, wenn anstelle eines Anodendrahtes eine scharfe Spitze vorhanden ist. Da sich diese Spitze nachteilig auf die Stabilität dieses Z.s auswirkt, werden Spitzenzähler nur noch wenig verwendet.

Je nach spezieller Eignung, z. B. zum Nachweis von Neutronen, spricht man von → *Neutronenzählrohren*.

Eines besonderen Meßverfahrens bedient sich der für α- und β-Strahlung geeignete *Gasdurchflußzähler*, bei dem das Präparat wegen der geringen Reichweite der Strahlung zur Vermeidung der Absorption im Eintrittsfenster im Zählrohrinnern angeordnet wird. Der Gasdurchflußzähler arbeitet im Proportionalbereich bei ständig durchströmendem Füllgas (Methan, CO_2 und Argon) bis zu Drücken von 3,5 atm. Bei Anordnung im Magnetfeld lassen sich auch noch Betastrahlen größerer Reichweite durch entsprechende Bahnkrümmung im Zählrohrvolumen halten.

Speziell für die Messung der Aktivitäten von Flüssigkeiten oder Suspensionen wird der *Durchflußzähler* benutzt.

Lit. Allkofer: Teilchendetektoren (Thiemig-Taschenbücher Nr. 41, München 1971).

Zählrohrdiffraktometer, svw. Röntgendiffraktometer.

Zählrohrteleskop, eine Meßanordnung, bestehend aus mehreren Zählern zur Bestimmung der räumlichen Orientierung ionisierender Strahlung in einem begrenzten Winkelbereich. Die Genauigkeit der Messung ist durch den vom Z. erfaßten Raumwinkel ω gegeben. Außerhalb des durch die geometrische Anordnung gegebenen Raumwinkels ω wird keine ionisierende Strahlung registriert.

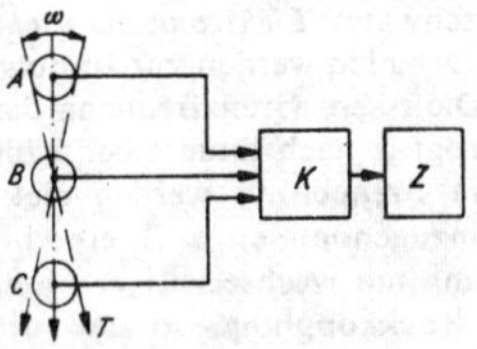

Aufbau eines Zählrohrteleskops. *A*, *B* und *C* Zählrohre, *T* Teilchenbahnen, *K* Koinzidenzschaltung, *Z* Zähleinrichtung, ω Raumwinkel

Zählstatistik, die zeitlich unregelmäßige Folge der Zählimpulse in statistisch verteilten unterschiedlichen Abständen beim Nachweis von Kernstrahlung. Die Z. tritt auf, weil die Aussendung z. B. radioaktiver Strahlung ein statistischer Prozeß ist, so daß bei konstanter Intensität der Strahlungsquelle die je Zeiteinheit gezählten Impulse, d. i. die *Zählrate m*, bei hinreichend großem m (d. h. $m > 100$) um einen Mittelwert $\bar{m}$ nach einer Gauß-Verteilung liegen. Daraus ergibt sich die Wahrscheinlichkeit $W(m)$ dafür, daß die Zählrate m gemessen wird zu $W(m) = (1/\sigma\sqrt{2\pi}) \exp\{-(m-\bar{m})/2\sigma^2\}$. Der mittlere Fehler der Einzelmessung ist $\sigma = \sqrt{\bar{m}}$. Der mittlere Fehler des Mittelwertes wird $\bar{\sigma} = \sqrt{\bar{m}/N}$ gesetzt, wobei N die Anzahl der Messungen ist. Für kleine Meßwerte m liefert die Wahrscheinlichkeitsrechnung keine Gauß-Verteilung, sondern eine Poisson-Verteilung $W(m) = \frac{(\bar{m})^m}{m!} e^{-m}$. Man erhält mit der Poisson-Verteilung ebenfalls $\sigma = \sqrt{\bar{m}}$ und $\bar{\sigma} = \sqrt{\bar{m}/N}$. Bei beiden Verteilungen ist der relative mittlere Fehler $\frac{\bar{\sigma}}{\bar{m}} = \frac{1}{\sqrt{N\bar{m}}}$. Er beträgt 10% für die Gesamtzahl von 100 Impulsen und 1% für 10000 Impulse. Je kleiner also die Zählrate ist, desto größere Schwankungen um den Mittelwert treten auf. Da diese Erscheinung beim Zerfall radioaktiver Nuklide (geringer Aktivität) besonders auffällig ist, wird die Zählratenschwankung auch als *radioaktive Schwankung* bezeichnet. Mittels des Gaußschen Fehlerintegrals berechnet man, daß 68,3% aller Meßwerte eine Schwankung aufweisen, die $\leqq \bar{m}^{1/2}$ ist.

Zählverluste, → Totzeit.

Zählwerk, Einrichtung zum Zählen von Vorgängen. Nach der Konstruktion werden verschiedene Arten von Z.en unterschieden. *Rollenzählwerke* müssen dezimal gestufte Ziffernrollen für mehrere Dekaden haben. Dabei darf die letzte Ziffernrolle durch eine Strichskale ersetzt sein, damit eine analoge Anzeige ermöglicht wird, wie es an Feinwaagen üblich ist. Alle → Zähler müssen Z.e haben, die erst weiterschalten, wenn der einzelne Zählvorgang nahezu beendet ist, oder die ein Weiterschalten bei unvollständiger Schaltbewegung nicht zulassen. Ziffernrollen müssen sich, von vorn gesehen, von unten nach oben bewegen. Die einzelnen Ziffern erscheinen in Aussparungen oder Kulissen. Bei *Scheibenzählwerken*, wie sie bei Gas-Z.n üblich sind, müssen die Umlaufwerte der einzelnen Scheiben aufeinander folgende ganzzahlige Potenzen von 10 bilden. Jede der Skalen hat einen eigenen Zeiger, der sich im Uhrzeigersinn dreht. Bei manchen Z.en ist die Farbe der Beschriftung vorgeschrieben, z. B. für Bruchteile des Kubikmeter rot, für Kubikmeter und seine Vielfachen schwarz. *Elektromechanische Z.e* mit mehreren Dekaden werden zur Impulszählung benutzt. Die obere Grenzfrequenz der Impulszählwerke liegt je nach Bauart bei 5 bis 40 Hz. Für höhere Frequenzen werden elektronische Mittel hinzugenommen, z. B. eine bistabile Kippschaltung mit wechselseitiger ohmscher kapazitiver Rückkopplung, so daß die Schaltung zwei stabile Zustände einnehmen kann. Sie bleiben bestehen, solange kein neuer Impuls vorhanden ist; danach werden sie wechselnd ein- und ausgeschaltet. Am Ausgang erscheint deshalb nur jeder zweite Impuls. Die Anzeige kann mittels Glimmlampen oder durch ein Drehspulgerät mit Stufenskale erfolgen. Dekadische *Zählröhren* werden ebenfalls zum Zählen von Vorgängen eingesetzt. *Kaltkatodenzählröhren* enthalten je zwei Gruppen von Haupt- und Nebenkatoden, die als fünfschenklige Sterne ausgebildet und so isoliert sind, daß sie innerhalb der zylindrischen Anode untergebracht werden können. Ein vorgeschalteter Widerstand begrenzt den Anodenstrom, so daß an nur einem Schenkel eine Entladung auftreten kann. Die Ausgangselektroden führen nur dann Strom, wenn an der zugeordneten Katode eine Entladung stattfindet. Zur Steuerung dient eine mit Transistoren ausgestattete bistabile Kippstufe. Der jeweilige Zählwerksstand ist an einem Anzeigewerk abzulesen. Bei Zählgeschwindigkeiten von weit mehr als 100 Hz kann in beiden Richtungen gearbeitet werden. Infolge der Katodenspannung von nur 60 V ist eine unmittelbare Steuerung nur mit Transistoren möglich.

An Meßgeräte muß das Z. mit dem messenden Organ so gekoppelt sein, daß es sich entsprechend den Bewegungen oder Umdrehungen eines Rades, einer Walze oder anderer Einrichtungen vorwärts, oder rückwärts bewegt und diese zählt. Die meisten Z.e haben eine Nullstelleneinrichtung, so daß jeder neue Zählvorgang bei Null begonnen werden kann. Unbefugtes Zurückstellen wird durch Sicherungen ausgeschlossen.

Zapfen der Netzhaut, → Auge.

Zapfenreibung, → Reibung.

Zapfensehen, → Adaptation.

Zäsium-137-Standard, → radioaktiver Standard.

Z-Diode, → Halbleiterdiode.

Zeeman-Effekt, von dem niederländischen Physiker Lorentz 1895 auf Grund seiner Elektronentheorie vermuteter, von seinem Mitarbeiter Zeeman ein Jahr später experimentell nachgewiesener Effekt, der darin besteht, daß die Energieniveaus der Atomhülle und damit die Spektrallinien bei Einwirkung eines äußeren Magnetfeldes auf ein Atom aufspalten. Beobachtet man die Emission des Lichtes in Richtung der Feldlinien des Magnetfeldes, so spricht man von einem *longitudinalen Z.-E.*, betrachtet man sie senkrecht zu den Kraftlinien, so liegt ein *transversaler Z.-E.* vor. Bei der Untersuchung der emittierten Spektrallinien kann man als Lichtquelle Flammen oder den elektrischen Lichtbogen benutzen; letzteren am besten in Form des Backschen Abreißbogens, bei dem der im starken Magnetfeld verlöschende Bogen durch eine bewegliche Bogenelektrode laufend neu gezündet wird. Die Feldstärke der Magnetfelder muß 10^5 bis 10^7 A/m betragen. Man erzeugt die Magnetfelder in großen wassergekühlten Elektromagneten mit Eisen(II)-Kobalt-Polschuhen, wobei in dem Raum, in dem die Emission des Lichtes stattfindet, das Feld homogen sein muß. Für Magnetfelder über $5 \cdot 10^6$ A/m geht man zu Impulsentladungen durch die Feldspulen (ohne Eisenkern) über. Zur Zerlegung der aufgespaltenen Spektrallinien sind große Beugungsgitter oder Interferenzspektroskope erforderlich. Den Polarisationszustand der Zeeman-Komponenten untersucht man mit den üblichen Anordnungen zur Polarisationsmessung.

Nach der Aufspaltung der Spektrallinien unterscheidet man den normalen und den anomalen Z.-E. Beim *normalen Z.-E.* tritt bei transversaler Beobachtung ein Linientriplett auf; im longitudinalen Effekt erfolgt eine Aufspaltung in zwei Linien (Komponenten). Von den Komponenten des Tripletts liegt eine am Ort der unverschobenen Linie; die beiden anderen sind symmetrisch nach höheren und nach niedrigeren Frequenzen um einen zum Magnetfeld proportionalen Betrag verschoben. Beim longitudinalen Effekt erscheinen nur die beiden verschobenen Komponenten. Bei transversaler Beobachtung schwingt der elektrische Vektor des emittierten Lichtes in der unverschobenen Komponente parallel zu den magnetischen Feldlinien, die beiden verschobenen Komponenten schwingen senkrecht dazu. Im longitudinalen Z.-E. zeigen die beiden Linien Zirkularpolarisation – rechts und links – um die magnetischen Kraftlinien. Dieser normale Z.-E. tritt bei Singulettsystemen auf (Abb. 1), bei denen das resultierende Spinmoment Null ist ($S = 0$) und nur die magnetischen Bahnmomente der Atome mit dem äußeren Magnetfeld wechselwirken können. Ist L die Quantenzahl des gesamten Bahndrehimpulses, so gibt es $2L + 1$ Einstellmöglichkeiten des magnetischen Moments der Atome im magnetischen Feld B, die durch die Magnetquantenzahl M_L unterschieden werden. Die Energiedifferenz benachbarter Terme ist $\Delta E = \mu_B B$, d. h., die Aufspaltung ist proportional zum äußeren Feld. μ_B ist das Bohrsche Magneton. Da die Auswahlregel $\Delta M_L = 0$ oder ± 1 gilt, ergeben sich unabhängig von L und der entsprechenden Zahl der Terme nur 3 Linien (*Lorentz-Tripletts*). In Wellenzahlen $\bar{\nu}$ umgerechnet beträgt mit H in A/m die Aufspaltung benachbarter Triplett-Komponenten $\Delta\bar{\nu} = (\mu_B/ch)\mu_0 H = 5{,}8675 \cdot 10^{-7} \cdot H\,\text{cm}^{-1}$ (= 1 Lorentz-Einheit).

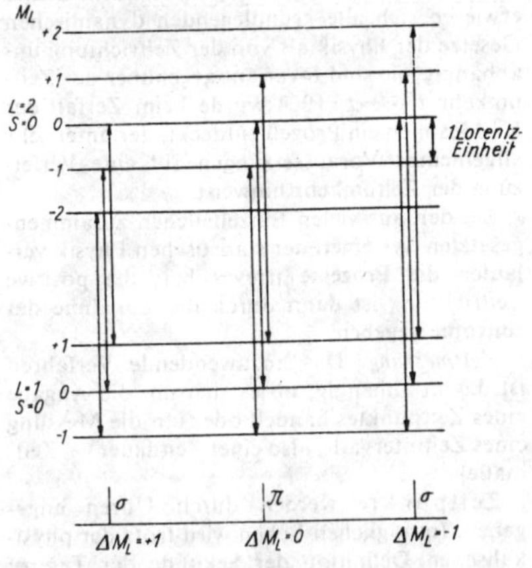

1 Normaler Zeeman-Effekt: Termschema einer Singulettlinie $^1P_1 - {}^1D_1$. L Quantenzahl des Bahndrehimpulses des Elektrons, M_L gequantelte Einstellung von L im Magnetfeld, S resultierendes Spinmoment der Elektronen, σ Polarisation senkrecht zur Feldlinienrichtung, π Polarisation parallel zur Feldlinienrichtung

Beim *anomalen Z.-E.* erfolgt eine komplizierte Aufspaltung der Linien. Auch hier herrscht Symmetrie zwischen den nach größeren und nach kleineren Frequenzen verschobenen Komponenten; die Verschiebung ist der Feldstärke proportional. Alle beobachteten Verschiebungen sind gebrochen rationale Vielfache der Verschiebung im normalen Z.-E. (*Rungesche Regel*). Die Komponenten des anomalen Z.-E.s sind ebenfalls teils parallel, teils senkrecht zu den magnetischen Feldlinien polarisiert.

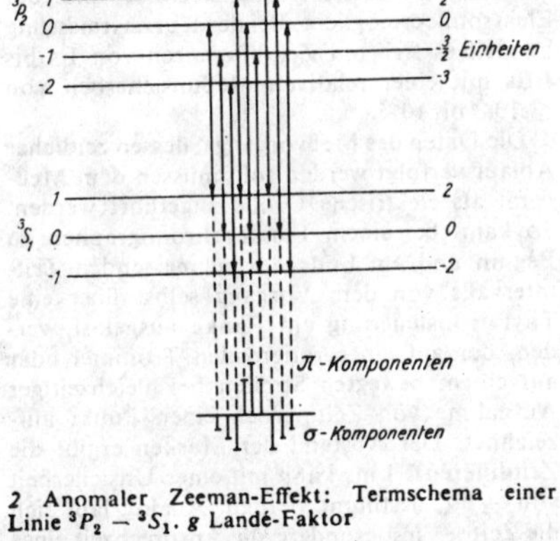

2 Anomaler Zeeman-Effekt: Termschema einer Linie $^3P_2 - {}^3S_1$. g Landé-Faktor

Beim anomalen Z.-E. (Abb. 2), der bei Nichtsingulettatomen auftritt, liegt eine komplizierte Aufspaltung der Terme und Linien vor, da die resultierenden magnetischen Momente der Atome und damit die Aufspaltung der Terme im Magnetfeld vom Landé-Faktor (→ Landésche Intervallregel) $g(L, S, J)$ abhängen. Auf Grund der Richtungsquantelung im äußeren Feld erfolgt auch hier eine Aufspaltung in $(2J + 1)$ Terme, charakterisiert durch die Magnetquantenzahl M_J. J ist die Quantenzahl für den gesamten, aus allen Bahn- und Spindrehimpulsen zusammengesetzten Drehimpuls. Wegen der magnetomechanischen Anomalie des Elektronenspins, die darin besteht, daß das Elektron einen mechanischen Eigendrehimpuls $\hbar/2$, aber ein magnetisches Moment von 1 Bohrschen Magneton hat, gilt für das magnetische Moment des Atoms in Feldrichtung $m_H = Mg(L, S, J)\mu_B$, so daß die Energieaufspaltung verschiedener Terme $\Delta E = \mu_B g(L, S, J) B$ von deren Quantenzahlen abhängt. Trotz gleicher Auswahlregel wie beim normalen Z.-E. ergibt sich somit ein sehr kompliziertes und komponentenreiches Aufspaltungsbild. Da der Landé-Faktor eine rationale Zahl ist, sind auch die Termaufspaltungen stets rationale Vielfache der Verschiebung im normalen Z.-E. Da die Aufspaltungen eindeutig von den Quantenzahlen L, S und J abhängen, hat der anomale Z.-E. große Bedeutung für die empirische Bestimmung der Quantenzahlen eines Atomzustandes.

Solange die Zeeman-Aufspaltungen klein gegen die Feinstrukturaufspaltungen sind, stellt das äußere Feld eine kleine Störung dar. Die inneren Kopplungen der verschiedenen Drehimpulse bleiben dann praktisch unverändert, das Atom orientiert sich als Ganzes in bezug auf das äußere Feld (Abb. 3). Die Kopplung der mit $\vec{L}$

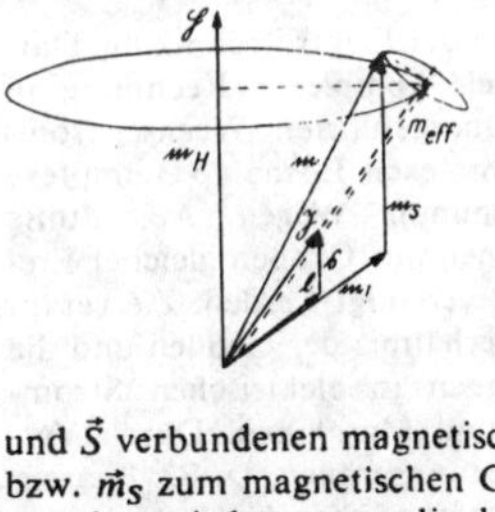

3 Entstehung und Larmor-Präzession des effektiven magnetischen Moments

und $\vec{S}$ verbundenen magnetischen Momente $\vec{m}_L$ bzw. $\vec{m}_S$ zum magnetischen Gesamtmoment $\vec{m}$, von dem wiederum nur die durch den g-Faktor charakterisierte J-Komponente (m_{eff}) nach außen in Erscheinung tritt, ist stärker als die Kopplung der magnetischen Momente $\vec{m}_L$ und $\vec{m}_S$ mit dem äußeren Feld. Bei großen Magnetfeldstärken ($H \gtrsim 10^6\,\text{Am}^{-1}$) erreichen die Aufspaltungen der Energieniveaus der Atomhülle beim Z.-E. die Größenordnung der Abstände zwischen den Komponenten eines Multipletts der Feinstruktur. Es wird dann auch bei Termen mit $S \neq 0$ ein normaler Z.-E. beobachtet (*Paschen-Back-Effekt*). Die magnetische Wechselwirkung mit dem äußeren Feld ist dann stärker als die Spin-Bahn-Wechselwirkung, wodurch die Kopplung des Gesamtbahndrehimpulses $\vec{L}$ mit dem Gesamtspindrehimpuls $\vec{S}$ zum Gesamtdrehimpuls $\vec{J}$ zerstört wird. $\vec{L}$ und $\vec{S}$ präzessieren unabhängig voneinander um das äußere Feld. Die Wechselwirkungsenergie ΔE hängt von den Quantenzahlen M_L und M_S der Komponenten von $\vec{L}$ und $\vec{S}$ in Magnetfeldrichtung in der Form $\Delta E = \mu_B B(M_L + 2M_S)$ ab, d. h., die Termaufspaltungen sind ganzzahlige Vielfache der Aufspaltungen beim normalen Z.-E. Man beobach-

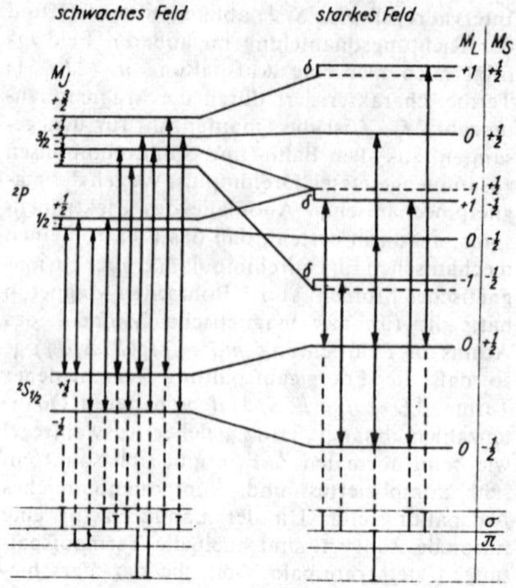

4 Verwandlung des anomalen Zeeman-Effekts in den Paschen-Back-Effekt einer $^2S - {}^2P$-Linie. M_S, M_L, M_J Quantenzahlen der Einstellung der Impulsvektoren $\vec{S}$, $\vec{L}$, $\vec{J}$ im Magnetfeld, $\delta = a \cdot \vec{m}_L \cdot \vec{m}_S$, das die magnetische Wechselwirkung zwischen Spinmoment und Bahnmoment beschreibt, a Faktor der feldfreien Feinstrukturaufspaltung

tet daher wieder ein Triplett, dessen Komponenten noch eine der feldfreien Feinstruktur entsprechende Aufspaltung zeigen (Abb. 4).

Über den Z.-E. des Kerns → Kernquadrupolresonanz.

Lit. van den Bosch: Z.-E. in Handb. der Physik Bd XXVIII (Berlin, Göttingen, Heidelberg 1957).

Zeigerdiagramm, in der Elektrotechnik die Darstellung der mittels komplexer Rechnung in ruhende Zeiger übergeführten Wechselstromgrößen in der komplexen Ebene (→ komplexe Wechselstromrechnung). Wegen Abspaltung der Frequenz können nur Größen gleicher Frequenz in einem Z. vereinigt werden. Z.e veranschaulichen das Verhältnis der Größen und die Phasenverschiebungen in elektrischen Stromkreisen, Geräten und Maschinen. Durch Verändern von Belastungsgrößen, z. B. Phasenwinkel und Stromstärke, oder durch Änderung der Frequenz beschreiben die Spitzen der Zeiger eine → Ortskurve.

Zeit, Grundbegriff zur Erfassung der Bewegung der Materie. In der vorrelativistischen Physik wurde die Z. nach Newton als absolute, d. h. unabhängig von der Materie und deren Veränderungen gleichmäßig verfließende Z. angesehen, die einer eindeutigen früher-später-Relation genügt. Dieser Irrtum wurde durch Einstein stufenweise beseitigt: zunächst durch die Relativierung der Gleichzeitigkeit als Folge der endlichen Ausbreitungsgeschwindigkeit des Lichtes und aller Wirkungen und die sich hieraus ergebende untrennbare Verknüpfung von Raum und Z. zur Raum-Zeit der speziellen Relativitätstheorie (1905) und anschließend durch die Verknüpfung der Geometrie der physikalischen Raum-Zeit mit der Materieverteilung und deren Bewegung in der allgemeinen Relativitätstheorie (→ Geometrodynamik).

Obwohl für raumartig getrennte Ereignisse keine eindeutige früher-später-Relation angegeben werden kann, ist dies für zeitartige getrennte Ereignisse und insbesondere die Punkte einer → Weltlinie möglich; für diese ist daher eine Zeitrichtung festgelegt.

Die Richtungseigenschaft der Z. ist physikalisch noch keineswegs völlig verstanden. Bisher erwiesen sich alle grundlegenden dynamischen Gesetze der Physik als von der Zeitrichtung unabhängig, sie sind invariant gegenüber der Zeitumkehr $t \to -t$; 1964 wurde beim Zerfall der K^0-Mesonen ein Prozeß entdeckt, der unter sehr allgemeinen Voraussetzungen auf eine Verletzung der Zeitumkehr hinweist.

Bei den aus vielen Einzelteilchen zusammengesetzten Systemen der statistischen Physik verlaufen die Prozesse irreversibel; die positive Zeitrichtung ist dann durch die Zunahme der Entropie gegeben.

Zeitmessung. Das anzuwendende Verfahren ist davon abhängig, ob es sich um die Angabe eines Zeitpunktes handelt oder um die Messung eines Zeitintervalls, also einer Zeitdauer (→ Zeitmaße).

Zeitpunkte werden durch Uhren angegeben. Im täglichen Leben wird trotz der physikalischen Definition der Sekunde der Tag zu 24 h = 1440 min = 86400 s gerechnet. Zur Angabe eines Zeitpunktes bzw. einer Uhrzeit werden die Symbole der Zeiteinheiten hochgestellt, also wie Exponenten, geschrieben, nur Fahrpläne machen eine Ausnahme.

Zeitintervalle werden im einfachsten Fall mit einer Stoppuhr gemessen. Sekundenmesser (besser Sekundenzähler) haben die Aufgabe, die Dauer von Vorgängen zu ermitteln, die durch Schaltvorgänge begrenzt sind. Sie werden mit einem Synchronmotor betrieben und haben einen Meßbereich von 200 s. Zeitzähler sind Synchronuhren, bei denen das Zifferblatt und der Zeiger durch ein Zählwerk mit digitaler Anzeige ersetzt ist. Zeitzähler dienen zur Überwachung der Laufzeit von Maschinen und Anlagen.

Mit der Beobachtung sehr kurzzeitiger Vorgänge hat die *Kurzzeitmessung* verstärkte Bedeutung erhalten. Sie wurde erst durch die Entwicklung der Hochfrequenztechnik und der Elektronik ermöglicht. Bei der Kurzzeitmessung handelt es sich um Zeitdifferenzen von 1 s bis 1 µs mit einer relativen Meßunsicherheit von $\leqq 10^{-3}$ bis 10^{-6}.

Die Daten des Meßvorgangs, dessen zeitlicher Ablauf verfolgt werden soll, müssen dem Meßgerät als elektrische Größe zugeführt werden. So kann bei einem Funkenchronographen zu Beginn und am Ende des zu messenden Zeitintervalls von dem Vorgang selbst über eine Thyratronsteuerung ein Funke ausgelöst werden, der auf einer rotierenden Trommel oder auf einem bewegten Streifen bei gleichzeitiger Aufnahme von Zeitmarken einen Punkt aufzeichnet. Der Abstand der Marken ergibt die Zeitdifferenz. 1 ms kann mit einer Unsicherheit von ±1% bestimmt werden. Analog läßt sich die Zeit – insbesondere die Ansprechzeit eines Meßgerätes – auch mittels Stromstoßgalvanometers messen. Auch statische Spannungsmesser lassen sich zur Messung kurzer Zeitintervalle heranziehen. Die weiteste Verbreitung haben digitale Verfahren gefunden. Die Impulse eines quarzgesteuerten Generators werden bei Beginn der Messung über ein elektronisches Tor auf eine Zählkette gegeben; am Ende des Vorgangs wird das Tor wieder geschlossen. Am Anzeigegerät kann der Meßwert abgelesen werden. Die Genauigkeit dieses Verfahrens hängt wesentlich von dem Generator ab. Die letzte Dekade, auch Zeitbasis genannt, zählt 10^{-4} bis 10^{-5} s, modernste Geräte erreichen $5 \cdot 10^{-9}$ s.

Die fundamentale Zeitmessung geschieht entsprechend der Definition der Sekunde durch Vergleich mit der Frequenz des Zäsiumatoms 133 oder des Ammoniakmoleküls, → Atomuhr. Als Arbeitsetalons dienen → Quarzuhren.

Als Zeitregistriergeräte eignen sich Oszillographen verschiedener Art, wenn gleichzeitig eine bekannte Frequenz oder daraus gewonnene Zeitmarken registriert werden. Die Zeitmessung wird auf diese Weise von der Aufzeichnungsgeschwindigkeit unabhängig. Zeitschreiber registrieren nicht nur die Einschaltdauer, sondern auch die Zeitpunkte des Ein- und Ausschaltens mittels eines Zeitmarkierwerks. Sie entsprechen Linienschreibern ohne elektrisches Meßwerk.

zeitartig, Begriff aus der Relativitätstheorie. Ein Vierervektor u^μ ist z., wenn der Betrag $g_{\mu\nu}u^\mu u^\nu < 0$ ist. Eine Weltlinie ist z., wenn die Tangentialvektoren z. sind. Zwei Weltpunkte liegen z. zueinander, wenn es eine stetig differenzierbare z.e Weltlinie gibt, die sie verbindet.

Beispiele für z.e Vektoren sind Vierergeschwindigkeit und Viererimpuls eines Teilchens mit Ruhmasse. In der speziellen Relativitätstheorie existiert zu jedem z.en Vektor ein → Inertialsystem, in dem die drei räumlichen Komponenten des Vektors verschwinden. Im Falle der Vierergeschwindigkeit ist dies das → Ruhsystem.

Ein z.er Vektor kann nur auf einem raumartigen Vektor senkrecht stehen.

zeitartige Vektoren, → Minkowski-Raum.

Zeitauflösung, → Auflösungsvermögen 3).

Zeitdehnung, → Stroboskop.

Zeitdilatation, *Einstein-Dilatation*, die Erscheinung, daß die mitbewegte Uhr eines Beobachters B^*, der sich gegen das Inertialsystem Σ bewegt, von Σ aus beurteilt langsamer geht als die Uhren, die in Σ ruhen. Die → Eigenzeit τ des bewegten Beobachters vergeht relativ zur Zeit t des Inertialsystems nach der Formel $d\tau = dt\sqrt{1 - v^2/c^2}$ (Abb. 1). Gehört der Be-

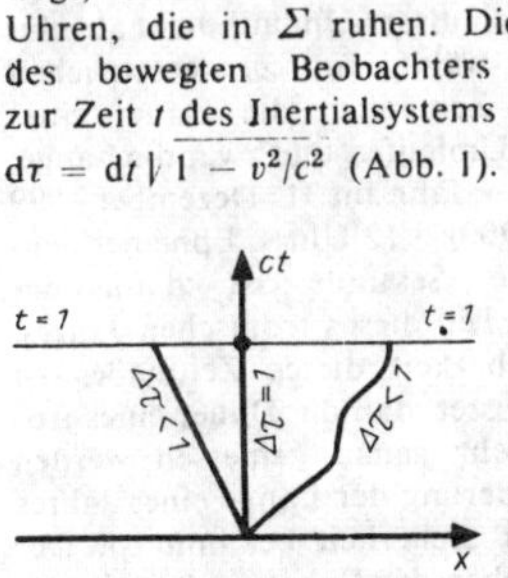

1 Die Inertialzeit vergeht schneller als die Eigenzeit der bewegten Körper

obachter B^* ebenfalls zu einem Inertialsystem Σ^*, dann gilt auch umgekehrt, daß der Beobachter B^* die Zeit in Σ langsamer verstreichen sieht als seine eigene. Das ist kein Widerspruch, da ein reiner Perspektiveeffekt vorliegt (Abb. 2). Physikalisch werden verschiedene Uhren miteinander verglichen. Es scheint stets die Uhr nachzugehen, die sich an den vielen, im jeweils anderen Bezugssystem synchronisierten Uhren vorbeibewegt. Die Achsen ct und ct^* sind die → Weltlinien der Beobachter B und B^* im räumlichen Ursprung von Σ bzw. Σ^*. Wegen der Konstanz der Lichtgeschwindigkeit müssen die Linien $\Delta s^2 = 0$ immer winkelhalbierende sein, danach sind die Achsen x und x^* einzu-

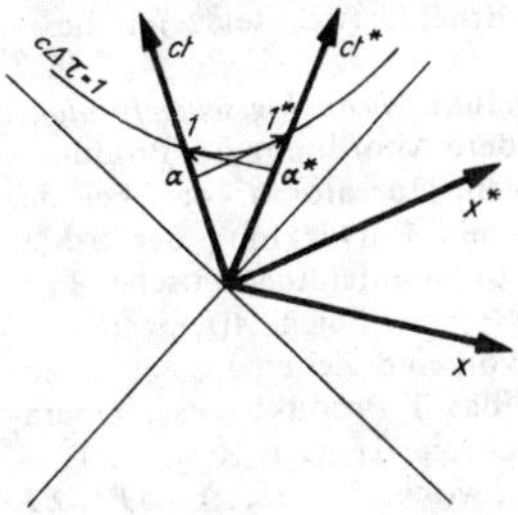

2 Symmetrie der Zeitdilatation

richten (→ Lorentz-Gruppe, → spezielle Relativitätstheorie). Nun liegen die von B als gleichzeitig beurteilten Ereignisse auf Parallelen zur x-Achse, die von B^* als gleichzeitig beobachteten Ereignisse auf Parallelen zur x^*-Achse. Das Ereignis α^* auf der ct^*-Achse, das B zum Zeitpunkt $ct = 1$ beobachtet, hat einen ct^*-Wert kleiner 1. Ebenso hat das Ereignis α auf der Weltlinie von B, das B^* zum Zeitpunkt $ct^* = 1$ beobachtet, einen ct-Wert kleiner 1. Die Z. ist also genau analog der scheinbaren Länge gegenseitig verdrehter, gleich langer Maßstäbe (Abb. 3), die Projektionen sind von beiden Standpunkten aus kürzer als der Bezugsmaßstab. Bei der Z. ist die Projektion einer zeitartigen Strecke immer „länger" als die Strecke selbst.

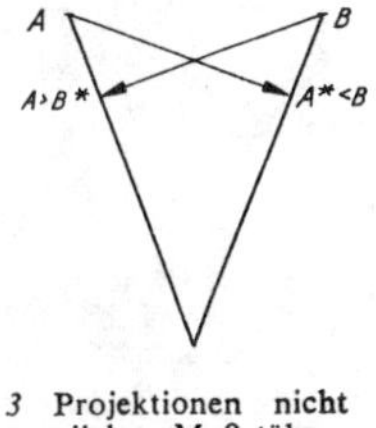

3 Projektionen nicht paralleler Maßstäbe im euklidischen Raum

Ein Problem ergibt sich erst, wenn der Beobachter B^* wieder zum Ausgangsort im System Σ zurückkehrt (→ Zwillingsparadoxon). Die Beobachter B und B^* sind dann aber nicht mehr gleichwertig, da sich mindestens einer beschleunigt bewegen muß. Es ist nicht verwunderlich, daß zwei Beobachter, die sich nach einer gewissen Zeit wieder im Raum treffen, unterschiedliche Eigenzeiten gebraucht haben, wenn man beachtet, daß die Eigenzeit der Bogenlänge entspricht. Die Bogenlänge einer Kurve zwischen zwei Punkten hängt analog vom Verlauf der Kurve ab.

Die Z. kann experimentell überprüft werden. Qualitativ und in beeindruckender Größenordnung ermöglicht sie, daß die kurzlebigen Müonen mit ihrer Lebensdauer von nur 10^{-6} s in kosmischer Strahlung bis auf die Erdoberfläche gelangen können, obwohl sie in den oberen Schichten der Atmosphäre erzeugt werden. Die ihnen vor dem Zerfall zur Verfügung stehende Zeit läuft für den Beobachter Erde scheinbar langsamer ab als die Zeit auf der Erde, da sich die Mesonen fast mit Lichtgeschwindigkeit bewegen $\left(\sqrt{1 - \frac{v^2}{c^2}} \approx 0{,}02\right)$. Die Z. der Mesonenlebensdauer ist im Labor an K- und π-Mesonen bestätigt worden.

Die Z. verursacht den transversalen → Doppler-Effekt. Senkrecht zur Bewegungsrichtung eines Senders ist entgegen den Folgerungen aus der Newtonschen Mechanik und entsprechend der relativistischen Z. eine Frequenzerniedrigung zu beobachten. Indirekt bewirkt die Z. auch die → Masseveränderlichkeit (→ Trägheit der Energie).

Zeitfestigkeit, maximale Spannungsamplitude, wenn das Material nur eine endliche Zahl n von Lastwechseln aushalten soll. Die Z. hängt von n ab und geht für $n \to \infty$ in die → Dauerfestigkeit über. Den Zusammenhang zwischen der Z. und der Zahl n der Bruchlastwechsel zeigt die → Wöhler-Kurve.

zeitgeordnetes Produkt, *chronologisches Produkt, T-Produkt,* besondere Anordnung des Produktes von zeitabhängigen Operatoren, das bei der störungstheoretischen Entwicklung der S-Matrix und anderer quantenfeldtheoretischer Probleme eine Rolle spielt. Seien $\hat{A}(t_1)$, $\hat{A}(t_2)$ ... Operatoren, die von den Zeiten $t_1, t_2, \ldots$ abhängen, dann ist das T-Produkt dieser Operatoren definiert durch $\mathrm{T}(\hat{A}(t_1)\ \hat{A}(t_2)\ \ldots) = \delta_P \hat{A}(t_{P1})\ \hat{A}(t_{P2}) \ldots$, wobei $P(1, 2, \ldots) = (P1, P2, \ldots)$ diejenige Permutation der Indizes 1, 2, ... ist, die die Zeiten $t_1, t_2, \ldots$ überführt in die Zeiten t_{P1}, t_{P2} mit $t_{P1} \geqq t_{P2} \geqq \ldots$, und δ_P im Falle von Bose-Operatoren gleich 1, im Falle von Fermi-Operatoren gleich $+1$ bzw. -1 ist, falls P eine gerade bzw. ungerade Permutation ist. Für zwei Bose-Operatoren ist also

$$\mathrm{T}(\hat{A}(t_1)\ \hat{A}(t_2)) = \begin{cases} \hat{A}(t_1)\ \hat{A}(t_2) & \text{für } t_1 \geqq t_2 \\ \hat{A}(t_2)\ \hat{A}(t_1) & \text{für } t_1 \leqq t_2; \end{cases}$$

bei Fermi-Operatoren ist die letzte Anordnung mit dem Faktor (-1) zu versehen. Wird der Faktor δ_P nicht eingeführt, spricht man vom P-Produkt. Das T-Produkt kann mit Hilfe des → Wickschen Theorems in eine Summe von Normalprodukten übergeführt werden.

Zeitgleichung, → Zeitmaße.

zeitinvariante Glieder, → Übertragungsglied.

Zeitlupe, → Kinematographie.

Zeitmaße, durch periodische Vorgänge definierte Zeitabschnitte, die zur Messung von Zeitintervallen dienten (→ Zeit). Die Benennung erfolgt nach dem Vorgang oder nach Bezugsgrößen.

1) Für die *Atomzeit* dienen die Resonanzschwingungen des Zäsiumatoms 133 oder des Ammoniakmoleküls als Normal, → Atomuhr. Mit ihnen kann die Sekunde bis auf eine Unsicherheit von 10^{-10}, für die Dauer eines Tages mit einer Unsicherheit von rund 10^{-9} festgelegt werden.

2) Das → Jahr a ist die Dauer eines Umlaufs der Erde um die Sonne. Das *tropische Jahr* begrenzen die Durchgänge der Sonne durch den mittleren Frühlingspunkt (→ Präzession), in mittlerer Sonnenzeit mSZ dauert es 365 d 5 h 48 min 46 s. Als Beginn gilt in der Astronomie der Zeitpunkt, zu dem die mittlere Sonne die Rektaszension $18^{\mathrm{h}}\ 40^{\mathrm{min}} = 280^{0}$ hat. Das *siderische Jahr* begrenzen die Stellungen der Sonne bezogen auf denselben Fixstern; wegen der Präzession unterscheidet es sich vom tropischen und dauert in mSZ 365 d 6 h 9 min 9 s. Das *anomalische Jahr* begrenzen die Durchgänge der Erde durch ihr Perihel, in mSZ dauert es 365 d 6 h 13 min 53 s.

3) Die *Sonnenzeit* SZ hat den Tag zur Einheit, den Zeitraum zwischen zwei unteren Kulminationen der Sonne. Wegen der unterschiedlichen Geschwindigkeit der Erde auf ihrer Bahn um die Sonne ist die durch direkte Sonnenbeobachtung gemessene *wahre Sonnenzeit* wSZ nicht konstant. Man nimmt deshalb eine gleichförmig auf dem Himmelsäquator bewegte *mittlere Sonne* an und erhält als Mittelwert der Tage in wSZ die Dauer des Tags in *mittlerer Sonnenzeit* mSZ. Da dieser Tag d in 24 Stunden h zu je 60 Minuten min von je 60 Sekunden s geteilt wird, ist 1 s der 86400. Teil von 1 d in mSZ. Die Differenz Zgl = wSZ − mSZ heißt *Zeitgleichung* und ist positiv, wenn die wahre Sonne früher kulminiert als die mittlere.

Die Einheit der Sternzeit Z* ist der *Sterntag* d* zwischen zwei oberen Kulminationen des Frühlingspunkts V. Er ist um 3 min 56,56 s mSZ kürzer als der mittlere Sonnentag d und ebenso wie dieser unterteilt: 1 d* = 24 h*, 1 h* = 60 min*, 1 min* = 60 s*. Wegen der Nutationen (→ Präzession) unterscheidet man von dieser *wahren Sternzeit* wZ* die von den periodischen Schwankungen des Frühlingspunkts befreite *mittlere Sternzeit* mZ*; die Differenz beträgt maximal 0,4 s*. Berücksichtigt man noch die Präzession von 50,3″/a, so erhält man den um 0,008 s längeren *siderischen Tag*. Alle diese Z. sind reproduzierbar, die Forderung der Unveränderlichkeit ist im strengen Sinne aber nicht gewährleistet, da die Erdrotation nicht völlig gleichförmig ist. Man unterscheidet drei Arten von Veränderungen: eine ständige Verlangsamung, unregelmäßig auftretende Schwankungen und jahreszeitlich bedingte regelmäßige Schwankungen. Die ständige Verlangsamung wird hauptsächlich durch Reibungseffekte innerhalb des Meerwassers und zwischen den Meer- und den Landmassen verursacht. Die unregelmäßig auftretenden Schwankungen sind wahrscheinlich durch Massenverlagerungen im Erdinnern, die jahreszeitlichen Schwankungen durch meteorologische Vorgänge bedingt.

4) Ein völlig konstantes Zeitmaß wird auf Grund mathematischer Berechnungen definiert. In dieser *Ephemeridenzeit* werden astronomische Ereignisse vorausberechnet. Ihr beobachteter Eintritt dient zur Kontrolle der Sternzeit oder der Sonnenzeit. Grundlage der mathematisch definierten Ephemeridenzeit ist ein anderer periodischer Vorgang, der Umlauf der Erde um die Sonne. Da auch dieser Umlauf nicht absolut gleichförmig ist, wählt man zur gesetzlichen Definition einer Zeiteinheit die Dauer eines ganz bestimmten Umlaufes, und zwar die Länge, die das tropische → Jahr am 31. Dezember 1899 (≙ 0. Januar 1900) 12 Uhr Ephemeridenzeit hatte. Eine Sekunde ist dann der 31556925,9747te Teil dieses tropischen Jahres. Die Reproduzierbarkeit dieses Zeitmaßes ist dadurch gewährleistet, daß die Dauer eines tropischen Jahres sehr genau gemessen werden kann und die Änderung der Länge eines Jahres mit ausreichender Sicherheit bekannt ist. Der Unterschied zwischen der Ephemeridenzeit und der Sonnenzeit beträgt gegenwärtig etwa 40 s.

5) *Zonen- und Ortszeiten.* In der bürgerlichen Zeitrechnung benutzt man die mittlere Sonnenzeit für Zeitangaben. Der Beginn der Zeitzählung nach Tagen, Stunden und Minuten ist die untere Kulmination der mittleren Sonne. Da diese von der geographischen Länge des Beobachtungsortes abhängt, haben alle Orte gleicher geographischer Länge gleiche *Ortszeiten* LT (engl.

local time). Für größere Gebiete auf der Erde legt man *Zonenzeiten* fest, z. B. die *Mitteleuropäische Zeit* MEZ und die *Weltzeit* WZ (Universal Time, UT), die jeweils auf einen einheitlichen Bezugsmeridian bezogen sind, und zwar die WZ auf 0° geographischer Länge, die MEZ auf 15° östlicher geographischer Länge. Die Differenz der MEZ gegen die WEZ ist +1 h.

6) *Zeiteinheiten*, vgl. Tabelle 1, Zeit.

Zeitmittel, → Statistik.

Zeitraffer, → Kinematographie.

Zeitumkehr, in der klassischen Physik und der nichtrelativistischen Quantenmechanik die Inversion der Zeitkoordinate $T: t \to -t$. Außer in der Thermodynamik und der statistischen Physik sind alle Naturgesetze invariant gegenüber Z., d. h., die Naturvorgänge sind in ihrem Ablauf im Prinzip umkehrbar (T-Invarianz). In der Quantenfeldtheorie wird die Z. durch einen antiunitären Operator $\hat{T}$ mit den folgenden Eigenschaften repräsentiert: 1) $\hat{T}$ kehrt die Zeit um, d. h., für die skalare Feldgröße $\varphi(\vec{r}, t)$ gilt $\hat{T}\varphi(\vec{r}, t)\hat{T}^{-1} = \eta\varphi(\vec{r}, -t)$, wobei η ein für verschiedene Größen unterschiedlicher Phasenfaktor mit $|\eta|^2 = 1$ ist; die hermitesch konjugierten Felder $\varphi^\dagger$ werden mit η^* transformiert:

$$\hat{T}\varphi^\dagger(\vec{r}, t)\hat{T}^{-1} = \eta^*\varphi^\dagger(\vec{r}, -t).$$

2) $\hat{T}$ kehrt das Vorzeichen der nullten Komponente, d. i. die Zeitkomponente von Vierervektoren A_μ und Tensoren $A_{\mu\nu\ldots}$, wobei $\mu, \nu \ldots = 0, 1, 2, 3$ ist, um, z. B. gilt $\hat{T}A_i(\vec{r}, t)\hat{T}^{-1} = \eta A_i(\vec{r}, -t)$, wobei $i = 1, 2, 3$ ist, $\hat{T}A_0(\vec{r}, t)\hat{T}^{-1} = -\eta A_0(\vec{r}, -t)$, und ferner transformiert $\hat{T}$ (Zweier-)Spinoren χ mit $+i\sigma_2$, wobei $\sigma_2 = \begin{pmatrix} 0 & i \\ i & 0 \end{pmatrix}$ eine der Paulischen Spinmatrizen ist: $\hat{T}\chi(\vec{r}, t)\hat{T}^{-1} = i\sigma_2\eta\chi(\vec{r}, -t)$.

3) $\hat{T}$ transformiert auch c-Zahlen und führt diese in ihr konjugiert Komplexes über: $\hat{T}c\hat{T}^{-1} = c^*$ (Antilinearität).

Die Invarianz der Naturgesetze gegenüber der Z. hat keine Erhaltungsgröße zur Folge wie die Paritätsoperation. Sie ist beim K_L^0-Zerfall (→ Kaon) zugleich mit der *CP*-Invarianz wegen des *CPT*-Theorems in geringem Maße verletzt und konnte bisher bei keinem weiteren Prozeß festgestellt werden; eine Begründung hierfür gelang noch nicht.

Zelle, 1) → Elementarzelle.

2) → heiße Zelle.

3) die kleinste Struktur- und Funktionseinheit, die alle Eigenschaften des Lebens aufweist. Eine Z. besteht gewöhnlich aus Zellkern und Zytoplasma und ist von einer Membran umgeben. Im Zytoplasma befinden sich verschiedene Organellen; dazu gehören die Zentrosomen, die Mitochondrien und die Vakuolen. Der flüssige Zellinhalt, das *Protoplasma*, besteht hauptsächlich aus Wasser. Er enthält aber auch Salze und einige komplizierte organische Verbindungen.

Jede Z. stellt einen Organismus im kleinen dar, dessen Subsysteme koordiniert wirken und verschiedene Lebensfunktionen erfüllen. Lebende Z.n besitzen folgende Fähigkeiten:

Sie können 1) Energie speichern und umwandeln, 2) Moleküle biologisch funktionaler Stoffe, z. B. Eiweiße, synthetisieren, 3) wachsen und sich teilen, 4) differenzieren, d. h. eine Zunahme an Organisation erfahren. 5) Die Zelle ist beweglich, 6) sie vermag sich anzupassen und sich damit die grundlegenden intrazellulären Prozesse bei Zustandsänderungen des äußeren Mediums zu sichern.

Die Z. stellt thermodynamisch ein offenes System dar. In allen Z.n ist der Hauptenergiespeicher die Adenosintriphosphorsäure (ATP). Beim Zerfall der Bindung, die die äußerste Phosphatgruppe mit dem Molekülrest vereinigt, werden etwa 12 kcal/mol frei. Dabei verwandelt sich ATP in Adenosindiphosphorsäure (ADP). Die in der Z. produzierte freie Energie dient der Eiweißsynthese und der Synthese anderer biologisch wichtiger Stoffe. Die freie Energie der Z. wird auch zur Leistung mechanischer Arbeit, z. B. bei intrazellulären Bewegungen des Protoplasmas oder bei der Muskeltätigkeit, benutzt. Die Zelle leistet beim aktiven Transport osmotische Arbeit und bei der Ladungstrennung an Membranen auch elektrische Arbeit. Trotz der prinzipiellen Gleichheit aller Z.n gibt es keine typische Z. Jede Z. unterscheidet sich von einer anderen.

Bakterienzellen haben oft eine Länge von etwa 3 μm und einen Durchmesser von 1 μm. Ihr Volumen beträgt ungefähr 2,5 μm^3.

Durch eine porige Membran ist der *Zellkern*, das Steuerzentrum der Z., vom Zytoplasma getrennt. Im Zellkern befinden sich diffus verteilt die Chromatinfäden. Aus diesen entstehen vor der Mitose (direkte Zellkernteilung) die Chromosomen; ihre Zahl und Form ist für jede Art von Organismen streng konstant; die Chromosomen enthalten die Desoxyribonukleinsäure (DNS). Neben dem Chromatin enthält der Zellkern noch den Nukleolus, einen sphärischen Körper, der reich an Ribonukleinsäure (RNS) ist. Im Nukleolus befinden sich Granulae, an denen, ähnlich wie bei den Ribosomen, die Synthese von Eiweiß und RNS erfolgt. Chromatin und Nukleolus sind in ein flüssiges Medium, den Kernsaft, eingelagert. Bakterienzellen haben keinen sichtbaren Zellkern, aber sie enthalten Kernstrukturen.

Ohne Zellkern vermag eine Zelle zwar noch einige Zeit zu existieren, aber ihre Fähigkeit zur Synthese erlischt allmählich, und die Zelle kann sich nicht mehr teilen.

Die *Transportmechanismen der Z.* haben die Aufgabe, den Abbau oder den Aufbau von Konzentrationsunterschieden zu bewirken. Die passiven Transportmechanismen, wie Diffusion und Osmose, können aus thermodynamischen Gründen nur einen Konzentrationsausgleich herbeiführen.

Für die Eiweißsynthese innerhalb einer Zelle ist die Annäherung eines Moleküls vom Radius R an eine spezifische Oberfläche eines anderen Moleküls notwendig. Die Wahrscheinlichkeit dafür, daß eine Berührung beider Moleküle innerhalb eines Volumens $d\tau$ im Abstand r vom Ausgangspunkt des einen Moleküls erfolgt, beträgt $W(r)\,d\tau$, wobei $W(r) = \frac{1}{(4\pi Dt)^{3/2}} \cdot e^{-\frac{r^2}{4Dt}}$, und entspricht der Lösung der dreidimensionalen Diffusionsgleichung. Hierbei bedeutet D die Diffusionskonstante des zu transportierenden Moleküls und t die Zeit, die zwischen dem Start des Moleküls und der Berührung mit dem anderen Molekül verstreicht. Für eine vorgegebene Transportstrecke ist $W(r)$ sowohl für kleine t als auch für große t klein. Mit maximaler Wahrscheinlichkeit erhält man $r^2 = 6Dt$. Kürzere Zeiten könnte die Z. durch eine zweidimensionale Diffusion erreichen. Hierbei gilt $r^2 = 4Dt$. Die lamellaren Strukturen des Zytoplasmas können die dreidimensional-diffundierenden Metaboliten (Stoffwechselanteile) auffangen und entlang der Grenzflächen in Form der rascher ablaufenden zweidimensionalen Diffusion weiterleiten.

Um Konzentrationsunterschiede innerhalb der Z.n und Gewebe aufzubauen, bedarf es aktiver Transportmechanismen. Diese müssen bestimmte Substanzen, wie K^+ oder Glykose, aus dem Außenmedium gegen einen bestehenden Konzentrationsgradienten in die Zelle transportieren oder z. B. Na^+ aus der Zelle nach außen schaffen. Die Bezeichnung „aktiv" soll bedeuten, daß der Transport gegen den Konzentrationsgradienten nicht von selbst erfolgt, etwa durch unterschiedliche Ionenkonzentrationen zu beiden Seiten einer Membran, sondern unter Einschaltung von Stoffwechselenergie.

Ein einfaches Beispiel eines homozellulären aktiven Transportes liefert die Z. der roten Blutkörperchen. Zellkompartimente haben eine hohe K^+-Konzentration, aber eine niedrige Na^+-Konzentration, während im umgebenden Blutplasma gerade umgekehrte Verhältnisse vorliegen. Dabei wird K^+ aktiv in die Zelle hineingepumpt und Na^+ heraus.

Ähnliche Vorgänge beobachtet man bei dem transzellulären und intrazellulären aktiven Transport. Offenbar spielen für die aktiven Transportmechanismen die Struktur und die Eigenschaften der Zellmembranen eine wesentliche Rolle.

Meiose und Mitose sind die Teilungsmechanismen der Z. und des Zellkerns.

In der *Meiose* wird die Chromosomenzahl der somatischen Z.n auf die Hälfte reduziert. Die Meiose besteht im wesentlichen aus zwei Teilungsschritten, deren einzelne Phasen wie bei der Mitose bezeichnet werden. In der frühen Prophase entsteht die Spindel, und im Kern erscheinen die Chromosomen; darauf erfolgt die Konjugation der homologen Chromosomen, es vereinigen sich zwei Chromosomen jedes Paares. Anschließend erfolgt ihre Verdoppelung. In der Telophase bilden sich zwei Zellen mit paarig vereinigten Chromosomen. Danach beginnt der zweite Teilungsschritt, dessen Ergebnis reife Gameten sind, deren Chromosomenzahl um die Hälfte geringer ist als die der Ausgangszellen.

Die *Mitose* ist die typische Form der Zellkernteilung. In der Periode zwischen zwei Teilungen, in der Interphase, sind die Chromosomen diffus im Kern verteilt. Vor Beginn der Teilung verdoppeln sich die Chromosomen. Zu jedem Chromosom bildet sich eine Kopie des Ausgangschromosoms. In der Prophase der Mitose drehen sich die Chromosomen zur Helixstruktur zusammen. Gleichzeitig wandern die Zentriolen, das sind für die Bewegungsvorgänge bei der Mitose verantwortliche Zellorganellen, zu den entgegengesetzten Enden der Z. und bilden dort Pole. Während der Metaphase bewegen sich die Chromosomen zum Äquator der Z. In der Anaphase teilen sich die Schwesterchromosomen und wandern zu den entgegengesetzten Polen. Im Endstadium der Mitose, in der Telophase, bildet sich die Helixstruktur der Chromosomen zurück. Die Mitose wird durch die Bildung einer neuen interzellulären Membran abgeschlossen, und zwei neugeschaffene Z.n befinden sich im Zustand der Interphase.

Die Dauer der Mitosestadien ist für die Z.n der verschiedenen Gewebe und Organismenarten unterschiedlich. Bei einigen menschlichen Z.n dauert die Prophase 30 bis 60 Minuten, die Metaphase 2 bis 6 Minuten, die Anaphase 3 bis 15 Minuten und die Telophase 30 bis 60 Minuten. Die ganze Mitose läuft in 1 bis 2 Stunden ab.

Den Teilungsmechanismen der Z. liegen physikalisch-chemische Gesetzmäßigkeiten zugrunde, die man mit Hilfe der Quantenmechanik zu erklären sucht. Physikalisch interessant ist die Frage, welche Kräfte die Chromosomen zwingen, sich mit ihren homologen Stellen anzuziehen, welcher Art die Mechanismen der Replikation der Chromosomen und Zentriolen und ihrer Bewegung in die Tochterzellen sind. Für die Erklärung der Chromosomenbewegung werden elektrische und magnetische Kräfte diskutiert, welche die Anziehung der Chromosomen und die Abstoßung der Schwesterchromosomen verursachen sollen.

Zellimpedanz, komplexer Wechselstromwiderstand einer Zelle. Seine frequenzabhängige Darstellung in einer Gaußschen Zahlenebene liefert die Ortskurve. Ihre Form beschreibt vollständig das passive elektrische Verhalten einer Zelle oder eines Gewebes. Eine elektrische Ersatzschaltung, die zur gleichen Ortskurve führt, liefert ein Modell des passiven elektrischen Verhaltens des zu untersuchenden Systems. Stellt man die in der Z. eingehende Dielektrizitätskonstante in Abhängigkeit von der Wechselstromfrequenz graphisch dar, so erhält man für lebende Systeme drei Dispersionsgebiete, die als α-, β- und γ-Dispersionsgebiet bezeichnet werden. Das α-Dispersionsgebiet entsteht durch Strukturen zellulärer Größenordnung, das β-Dispersionsgebiet rührt von Eiweißmolekülen und ihren Aggregaten her, und das γ-Dispersionsgebiet ist für die niedermolekularen Strukturen zuständig.

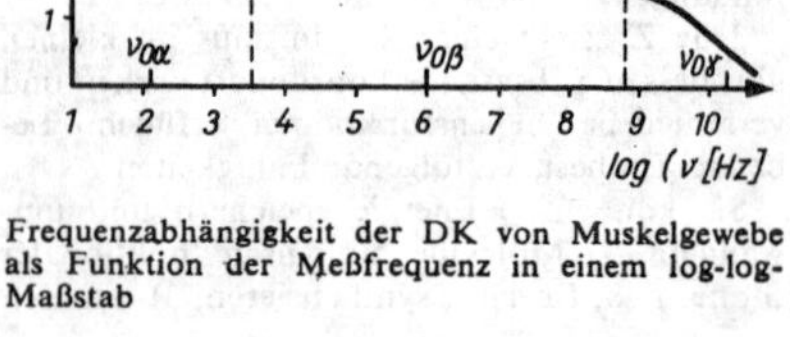

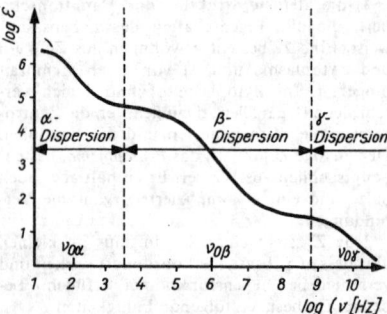

Frequenzabhängigkeit der DK von Muskelgewebe als Funktion der Meßfrequenz in einem log-log-Maßstab

In neuerer Zeit hat die Messung der Z. im Bereich des α-Dispersionsgebietes und bei extrem niedrigen Frequenzen (10^{-4} Hz) an Bedeutung für die zerstörungsfreie Strukturaufklärung biologischer Systeme gewonnen.

Zellularmethode, → Bandstruktur.

Zellularstruktur, → Zellularwachstum.

Zellularwachstum, Erscheinung beim Wachstum von Legierungen aus der Schmelze. Eine mehrkomponentige Schmelze hat im Bereich vor einer wachsenden Kristalloberfläche eine andere Zusammensetzung als in größerer Entfernung von dieser (Abb. 1 a). Da im Zustandsdiagramm entlang der Löslichkeits- oder Liquiduskurve jeder Zusammensetzung der Schmelze auch eine bestimmte Liquidustemperatur entspricht, ergibt sich hieraus das in Abb. 1 b gezeigte Verhalten der Liquidustemperaturen. Die Temperatur an der Phasengrenzfläche, die gleich der dort anzusetzenden Liquidustemperatur ist, ist also niedriger als die Liquidustemperatur in größerer Entfernung von ihr. Hieraus folgt die Möglichkeit, daß in einem gewissen Bereich (in Abb. 1 b schraffiert) die wirkliche Temperatur der Schmelze T_S niedriger als die Liquidustemperatur ist, auch wenn sie höher als die Temperatur der Phasengrenzfläche ist. Dieser Zustand heißt *konstitutionelle Unterkühlung*. Das Ergebnis ist eine Instabilität der wachsenden Kristalloberfläche. Ein zufällig entstandener Vorsprung (Zelle) der Kristalloberfläche wächst nicht nur weiter vor, sondern bewirkt auch die Bildung von ebensolchen Zellen rings um sich

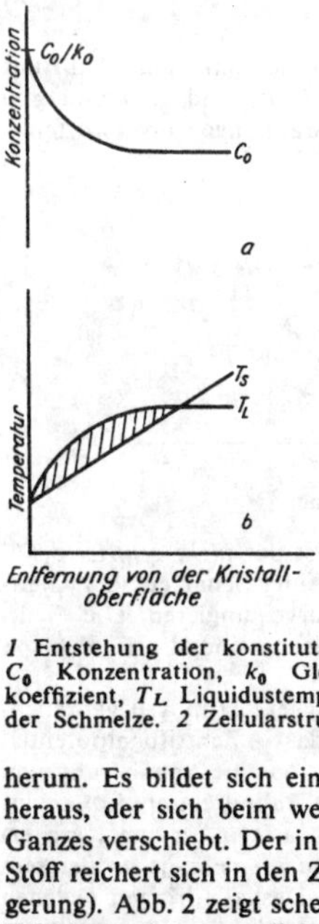

1 Entstehung der konstitutionellen Unterkühlung. C_0 Konzentration, k_0 Gleichgewichtsverteilungskoeffizient, T_L Liquidustemperatur, T_S Temperatur der Schmelze. *2* Zellularstruktur (schematisch)

herum. Es bildet sich ein stationärer Zustand heraus, der sich beim weiteren Wachstum als Ganzes verschiebt. Der in der Schmelze gelöste Stoff reichert sich in den Zellwänden an (→ Seigerung). Abb. 2 zeigt schematisch die gebildete Zellularstruktur parallel zur Wachstumsrichtung (a) und senkrecht zu dieser (b). Ist der Bereich der konstitutionellen Unterkühlung größer, so wachsen die Zellen in Form von Dendriten. Außer durch die Ursache ihrer Entstehung unterscheiden sich diese Zellulardendriten von freien Dendriten dadurch, daß sie eine netzartig zusammenhängende Struktur bilden.

Das Z. kann verhindert werden durch Verminderung der Konzentration des in der Schmelze gelösten Stoffes, Verringerung der Wachstumsgeschwindigkeit oder eine Vermeidung der konstitutionellen Unterkühlung durch einen steileren Temperaturgradienten.

Zener-Diode, → Halbleiterdiode.

Zener-Effekt, die bei kleinen Sperrspannungen (< 7 V) an Halbleiterdioden vorherrschende innere Feldemission. Wenn die an der Sperrschicht anliegende Feldstärke einen kritischen Wert überschreitet, werden Elektronen aus dem Valenzband z. B. der Si-Atome infolge des quantenmechanischen Tunneleffektes in das Leitungsband gehoben, ohne ihre Energie zu ändern. Da hierbei die thermische Energie dieser Elektronen also geringer als die Ionisationsenergie ist, bezeichnet man diesen Vorgang als innere Feldemission. Es tritt eine Leitfähigkeitserhöhung und mit ihr ein Spannungsdurchbruch ein.

Zenitdistanz, der Winkelabstand eines Gestirns vom Zenit des Beobachtungsortes. Die Z. wird in Grad von 0° bis 180° gemessen. Am Horizont ist die Z. also gerade gleich 90°, im Nadir gleich 180°. Die Z. eines Gestirns ist gleich $90° - h$, wenn h seine Höhe (→ astronomisches Koordinatensystem 1) über dem Horizont ist.

Zenker-Prisma, → Dispersionsprisma.

Zenti, c, Vorsatz vor Einheiten mit selbständigem Namen $\triangleq 10^{-2}$, → Vorsätze.

Zentimeterwellen, → Frequenz.

Zentralabschattung, die Abschattung axialer Bildpunkte. Bei optischen Systemen mit Zentralblende (z. B. Spiegelobjektiv) tritt ein zentrales Beschneiden der Öffnungsblende ein, das zur Verringerung des → Öffnungsverhältnisses und damit der Bildhelligkeit führt.

Zentralatom, → Komplexverbindungen.

Zentralbewegung, Bewegung eines Massepunktes unter dem Einfluß einer → Zentralkraft. Bei Z.en ist die Beschleunigung stets auf ein raumfestes Zentrum O hin oder von diesem weg gerichtet. Z.en sind z. B. die Bewegung der Planeten um die Sonne, der Monde um den Zentralkörper und der Elektronen im Atom, wobei bei letzteren wesentliche quantenmechanische Besonderheiten hinzukommen (→ Atommodell). Spezielle Z.en sind die → Kreisbewegung und die → Kepler-Bewegungen auf elliptischen, parabolischen oder hyperbolischen Bahnen.

zentraler Stoß, → Stoß.

Zentralfeld, → Zentralkraft.

Zentralion, → Komplexverbindungen.

Zentralkraft, im weiteren Sinne eine in jedem Punkt P des Raumes nach einem festen Zentrum O hin oder von diesem weg gerichtete Kraft, wobei der Betrag der Kraft noch geschwindigkeits- und zeitabhängig sein kann. Die Z. definiert ein Kraftfeld (*Zentralkraftfeld, Zentralfeld*) $\vec{F} = F(\vec{r}, \dot{\vec{r}}, t)\,\vec{r}/r$, wobei $\vec{r} = \overrightarrow{OP}$ der vom Zentrum O nach dem Punkt P gerichtete Radiusvektor, $\dot{\vec{r}}$ die Geschwindigkeit des Massepunktes in P und t die Zeit ist; $r = |\vec{r}|$ ist der Abstand OP und $\vec{r}/r = \vec{e}_r$ der Einheitsvektor in der Richtung von $\vec{r}$. Wegen der Newtonschen Bewegungsgleichung $\vec{F} = m\vec{a}$, wobei m die Masse und $\vec{a}$ die Beschleunigung des Massepunktes ist, hat die von einer Z. herrührende Beschleunigung stets ein festes *Beschleunigungszentrum*; die Beschleunigung hat nur eine Komponente in Richtung von $\vec{r}$: $\vec{a} = \vec{a}_r$. In Zentralkraftfeldern gilt der Drehimpulssatz: Da die zeitliche Ableitung des Drehimpulses $\vec{L}$ gleich dem Moment der Kraft $\vec{M}$ ist, also $d\vec{L}/dt = \vec{M} = \vec{r} \times \vec{F}$ gilt und da das Vektorprodukt paralleler Vektoren Null ist, verschwindet $\vec{M}: \vec{r} \times \vec{F} = F r^{-1}(\vec{r} \times \vec{r}) = 0$. Daher ist $\vec{L} =$ konst., und die Bewegung in einem Zentralkraftfeld ist somit stets eben, sie erfolgt in der zu $\vec{L}$ senkrecht stehenden Ebene, die durch den Vektor $\vec{r}_0$ der Anfangslage und den Vektor $\vec{v}_0$ der Anfangsgeschwindigkeit aufgespannt wird. Die Bewegungsgleichungen in einem Zentralkraftfeld lauten in ebenen Polarkoordinaten (→ Kinematik) $m(\ddot{r} - r\dot{\varphi}^2) = -F$; $d(r^2\dot{\varphi})/dt = 0$. Aus der zweiten Gleichung ergibt sich wegen $r^2\dot{\varphi} = L/m =$ konst. der Flächensatz: Bei einer Zentralbewegung ist die Flächengeschwindigkeit $dA/dt = L/2m$ des Massepunktes konstant; $C = L/m$ heißt Flächenkonstante. Mit Hilfe der aus dem Flächensatz folgenden Beziehung $dt = r^2\, d\varphi/C$ folgt für die erste Bewegungsgleichung $(mC^2/r^2)\,[d^2(1/r)/d\varphi^2 + 1/r] = F$, die *Binetsche Formel*, aus der bei bekannter Bahnkurve $r = r(\varphi)$ rückwärts die Kraft F bestimmt werden kann. Auf diese Weise gelang Newton die Ableitung des Gravitationsgesetzes aus dem 1. Keplerschen Gesetz, da dieses der Kepler-Bewegung zugrunde liegt.

Ist $\dot{\varphi} = 0$, d. h. $L = 0$, erfolgt die Bewegung auf einer Geraden durch das Zentrum. Von besonderer Einfachheit ist die → Kreisbewegung, bei der $r = R$ konstant ist und daher wegen des Flächensatzes auch $\dot{\varphi} = \omega =$ konst. folgt.

Zentralkräfte im engeren Sinne sind solche, für die der Betrag allein vom Abstand r abhängt: $F = F(r)$. In diesem Fall existiert stets ein Potential, das ebenfalls nur von r abhängt und durch $U(r) = \int_0^r F(r)\, dr$ gegeben ist. Zentralkraftfelder im engeren Sinne sind daher konservativ, d. h., es gilt der Energiesatz: Die Summe aus kinetischer und potentieller Energie $E = T + U$ ist konstant. Die praktisch auftretenden Zentralkräfte sind stets von diesem Typ.

Die Newtonsche Massenanziehungskraft und die Coulomb-Kraft zwischen zwei elektrisch geladenen Körpern sind spezielle Zentralkräfte, wobei insbesondere $F = \alpha/r^2$ gilt und die Konstante α von dem vorliegenden Problem abhängt. Ein anderes Beispiel einer Z. ist $F = k \cdot r$; diese Abhängigkeit der Kraft findet man bei einem isotropen räumlichen Oszillator. Im allgemeinen Fall $F = \lambda r^n$, wobei $\lambda =$ konst., kann die Bewegungsgleichung für $n = 5, 3, 1, 0, -1/3, -3/2, -5/3, -2, -7/3, -5/2, -3, -4, -5$ und -7 mit Hilfe von Kreisfunktionen oder elliptischen Funktionen integriert werden; für $n = 1, -2$ ergeben sich Ellipsen.

zentrierter Fächer, ein Gleitlinienfeld (→ Gleitlinien), das aus einer Schar sich schneidender gerader Gleitlinien und aus einer Schar konzentrischer Kreise besteht. Sind die Geraden z. B. die α-Gleitlinien, so folgt die mittlere Normalspannung P_{AC} längs der Linie AC aus der mittleren Normalspannung P_{AB} längs der Linie AB durch Anwendung der Henckyschen Gleichungen.

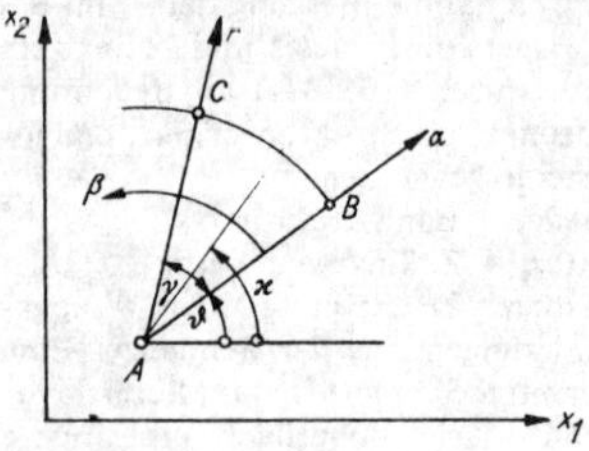

1 Zentrierter Fächer

$$P_{AC} = P_{AB} + 2k\gamma. \quad (1)$$

Bei Vertauschung der α- und β-Gleitlinien lautet die Beziehung

$$P_{AC} = P_{AB} - 2k\gamma. \quad (2)$$

Die Anwendung der Geiringer-Gleichungen ergeben für das Geschwindigkeitsfeld die Beziehungen

$$\left.\begin{aligned} v_\alpha &= -\frac{df}{d\vartheta} \\ v_\beta &= f(\vartheta) + g(r) \end{aligned}\right\} \quad (3)$$

Liegt der Fächermittelpunkt im plastischen Gebiet und hat der Geschwindigkeitsvektor in diesem den Betrag v_0 sowie den Neigungswinkel $\varkappa$ zur x_1-Achse, so folgt aus (3)

$$\left.\begin{aligned} f(\vartheta) &= v_0 \sin(\varkappa - \vartheta) \\ g(0) &= 0 \end{aligned}\right\} \quad (4)$$

Wenn der Fächermittelpunkt außerhalb des plastischen Gebietes liegt, sind $f(\vartheta)$ und $g(r)$ keinen solchen Beschränkungen unterworfen.

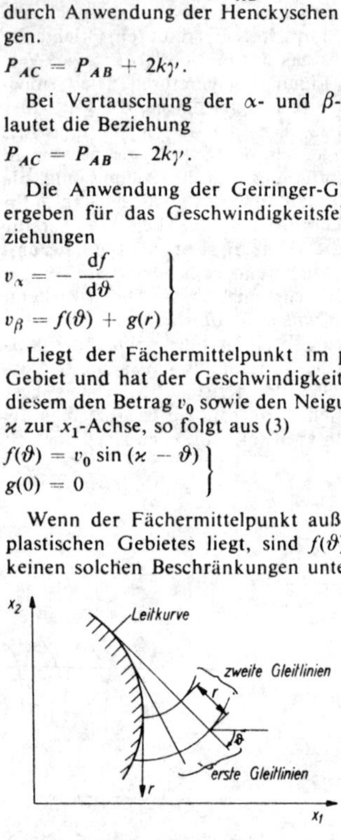

2 Nicht zentrierter Fächer

Eine Sonderform ist der *nicht zentrierte Fächer*. Er besteht aus einer Schar gerader Gleitlinien, die die Leitkurve tangieren. Die Gleitlinien der anderen Schar sind die Evolventen der Leitkurve.

Zentrifugalbarriere, in der Kernphysik gebräuchlicher Ausdruck für das → Zentrifugalpotential $V_Z = \hbar^2 l(l+1)/2mr^2$, das die Annäherung von Kernteilchen mit der Bahndrehimpulsquantenzahl $l > 0$ und der Masse m an den Kern erschwert, und zwar um so mehr, je größer sein Bahndrehimpuls l ist. Deshalb dringen Teilchen mit dem Bahndrehimpuls $l = 0$ bevorzugt in den Kern ein. Die Z. behindert – ebenso wie die Coulomb-Barriere – oft das Auftreten von Kernreaktionen, die unter Erfüllung der Erhaltungssätze eigentlich möglich wären.

Zentrifugalbeschleunigung, → Zentrifugalkraft, → Relativbewegung.

Zentrifugalenergie, → Kreisbewegung.

Zentrifugalkraft, *Fliehkraft, Schwungkraft,* Trägheitskraft auf Körper in rotierenden Bezugssystemen, die stets senkrecht zur (momentanen) Drehachse nach außen gerichtet ist und für einen Massepunkt P der Masse m mit dem senkrechten Abstand ϱ von der Drehachse den Betrag $F = m\varrho\omega^2$ hat, wobei ω die Winkelgeschwindigkeit der Drehung ist (Abb. 1). Der Z. entspricht eine *Zentrifugalbeschleunigung* vom Betrage $a_z = \varrho\omega^2$ und derselben Richtung wie $\vec{F}$. Die Abhängigkeit der Zentrifugalbeschleunigung vom Ortsvektor $\vec{r}$ des Massepunktes und dem Vektor $\vec{\omega}$ der Winkelgeschwindigkeit ist $\vec{a}_z = -\vec{\omega} \times (\vec{\omega} \times \vec{r})$, → Relativbewegung.

Am einfachsten bestimmt sich die Z. bei der Kreisbewegung; ϱ ist hier mit dem Abstand vom Kreismittelpunkt identisch, und $\vec{F}$ ist stets senkrecht nach außen gerichtet. Bei rotierenden starren Körpern, z. B. Schwungrädern, Ankern von Motoren oder Generatoren und Läufern von Turbinen, heben sich die Wirkungen der Zentrifugalkräfte aller Massepunkte gegenseitig auf, wenn die Achse durch den Schwerpunkt geht und die Richtung einer der Hauptträgheitsachsen hat; andernfalls ergeben sich eine resultierende Z. und ein resultierendes Drehmoment, die die Achse und die Achslager bei hohen Drehzahlen so stark beanspruchen können, daß das System zerstört wird. Eine weitere Folge der Z. ist die Abplattung der Himmelskörper, sowohl der Planeten als auch der Galaxien und Nebel; auf der Erde bewirkt die Z. eine Lotabweichung aus der Richtung auf den Erdmittelpunkt hin, d. i. das Zentrum der Erdanziehung (→ Erdbeschleunigung).

Auch bei beliebigen anderen krummlinigen Bewegungen von Massepunkten spricht man von einer Z. und versteht darunter die mit m multiplizierte negative Normalbeschleunigung (→ Kinematik). Diese ist von dem jeweiligen Krümmungsmittelpunkt K der Bahn weggerichtet (Abb. 2) und hat den Betrag $F = mv^2\varrho$. Zu den bekanntesten Auswirkungen der Z. gehört, daß die Insassen eines Fahrzeuges beim Durchfahren einer Kurve, die Benutzer eines Karussells während der Umdrehung nach außen gedrückt werden. Technisch ausgenutzt wird die Z. bei Zentrifugen, Zentrifugalpumpen und Fliehkraftreglern.

Zentrifugalmoment, *Deviationsmoment*, ein Flächenmoment zweiter Ordnung, das sich auf den Schnittpunkt der beiden aufeinander senkrecht stehenden Achsen, d. h. auf einen Punkt der Fläche bezieht. Bezüglich O lautet im kartesischen Koordinatensystem das Z.:

$$I_{yz} = -\int_A y \cdot z \cdot \mathrm{d}A.$$

Zentrifugalpendel, → Pendel.

Zentrifugalpotential, das Potential $V_z = m\omega^2\varrho^2/2 = m(\vec{\omega} \times \vec{r})^2/2$ der → Zentrifugalkraft auf ein Teilchen der Masse m, der Winkelgeschwindigkeit ω, dem zur Drehachse senkrechten Abstand ϱ und dem Ortsvektor $\vec{r}$. Der Begriff Z. wird insbesondere für den Anteil $L^2/2mr^2$ gebraucht, der bei der Bewegung im Zentralfeld als Teil der Gesamtenergie auftritt, L ist der konstante Betrag des Drehimpulses. Für die ebene Bewegung im Zentralfeld gilt der Zusammenhang $L = mr^2\dot{\varphi}$ zwischen Drehimpuls und Winkelgeschwindigkeit $\dot{\varphi}$. Da nicht $\omega = \dot{\varphi}$, sondern L konstant ist, erhält das Z. die angegebene Form $L^2/2mr^2$.

Zentripetalbeschleunigung, → Beschleunigung.

Zentripetalkraft, → Kreisbewegung.

zentrosymmetrisch, Bezeichnung für Figuren, Anordnungen, Symmetriegruppen mit einem Symmetriezentrum. Gegensatz: *azentrisch.*

Zeolithe, → Molekularsiebe.

Zer, *Cer,* Ce, chemisches Element der Ordnungszahl 58. Von den natürlichen Isotopen mit den Massezahlen 136, 138, 140 und 142 ist das zu 11,1 % im natürlichen Z. enthaltene ^{142}Ce ein α-Strahler mit einer Halbwertszeit von $5 \cdot 10^{15}$ Jahren. Bekannt sind 17 künstlich erzeugte Isotope mit Massezahlen zwischen 131 und 148.

Zerfallsbreite, → Zerfallsprozesse.

Zerfallselektron, ein Elektron, das aus dem Zerfall eines anderen Teilchens, etwa eines μ-Mesons, hervorgeht. Z.en bilden die Elektronenkomponente der kosmischen Strahlung.

Zerfallsenergie, die bei einer radioaktiven Kernumwandlung frei werdende Energie. Die Z. bestimmt die Energie der Strahlung. γ-Strahlung übernimmt die gesamte Z., während sie sich beim β-Zerfall auf das β-Teilchen und das Neutrino verteilt. Beim β- und α-Zerfall ist die Rückstoßenergie des Restkerns oft ein nicht zu vernachlässigender Teil der Z. Die Messung der Z. geschieht mit Hilfe der α-, β- und γ-Spektroskopie. Sie kann bis auf wenige Promille genau bestimmt werden.

Zerfallsgesetz, → Aktivität 2), → radioaktiver Zerfall.

Zerfallskonstante, → Aktivität 2).

Zerfallsprodukte, die bei einem radioaktiven Zerfall entstehenden Endkerne. Z. können entweder stabil oder selbst wieder radioaktiv sein (→ radioaktive Familien).

Zerfallsprozesse, neben den Streuprozessen wichtigste Reaktion der Elementarteilchen, die, obwohl die meisten Elementarteilchen instabil sind (Tab. → Elementarteilchen), Aufschluß über die Eigenschaften dieser Teilchen und ihre Wechselwirkung gibt. Die Z. können auf Grund der starken, der elektromagnetischen und der schwachen Wechselwirkung innerhalb der für diese Wechselwirkungen charakteristischen Wechselwirkungsdauer (Tab. → Wechselwirkung) stattfinden; die Zerfallszeit ist mit der mittleren Lebensdauer τ der Teilchen identisch, die mit der *Zerfalls-* oder *Halbwertsbreite* Γ über die Relation $\Gamma \cdot \tau \approx \hbar$ zusammenhängt, wobei $\hbar = h/2\pi$ (h Plancksches Wirkungsquantum) ist. Der Zerfall eines instabilen Teilchens kann auf verschiedene Arten (über verschiedene Kanäle) erfolgen; die Verhältnisse der Wahrscheinlichkeiten für die Zerfälle über die verschiedenen Kanäle heißen *Zerfallsverhältnis.*

Zerfallsverhältnis, → Zerfallsprozesse, → Verzweigungsverhältnis.

Zerfallswahrscheinlichkeit, → Zerfallsprozesse.

Zerrbilder der Sonne, → Luftspiegelung.

Zerstäubungsausbeute, Meßgröße bei der quantitativen Untersuchung von Zerstäubungsprozessen, die Anzahl der Festkörperteilchen, die je einfallendes Beschußteilchen im Mittel das Target verläßt. Im Experiment bestimmt man die Z. durch Ermittlung der innerhalb einer bestimmten Beschußdauer abgestäubten Target-

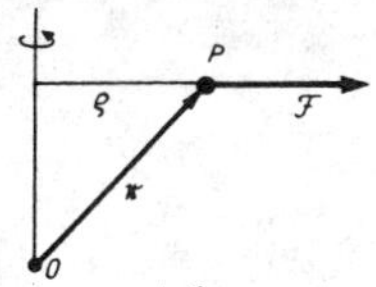

1

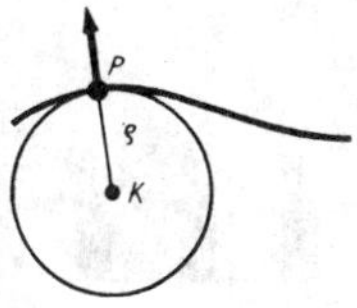

2

Zentrifugalkraft

teilchen häufig aus dem Gewichtsverlust der Beschußprobe oder aus der Zahl der in einem definierten Raumwinkelbereich ausgesandten Teilchen, wenn deren Winkelverteilung bekannt ist. Die Anzahl der Beschußteilchen ergibt sich unter Berücksichtigung bestimmter notwendiger Korrekturen, hervorgerufen durch Sekundärelektronen, Neutralisation und Reflexion, durch zeitliche Integration des auf die Probe fließenden Ionenstromes.

Die Z. ist abhängig von der Beschußenergie, vom Verhältnis der Masse der Targetatome und der Beschußteilchenmasse, der Ordnungszahl und der Sublimationsenergie des beschossenen Elementes sowie vom Auftreffwinkel der Beschußteilchen.

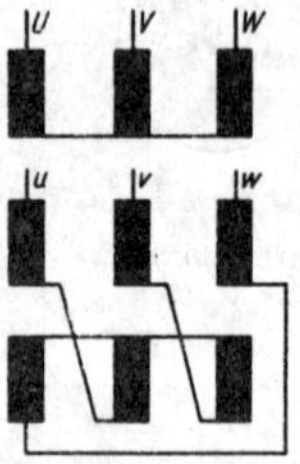

Schaltbild eines Drehstromtransformators. U, V und W Primärseite in Sternschaltung, u, v und w Sekundärseite in Zickzackschaltung

Zerstäubung von Festkörpern durch Ionenbeschuß, engl. *sputtering*, eine Methode bei der z. B. ein metallisches Target mit positiven Ionen beschossen wird, wodurch Atome vom Target abgedampft werden.

Die Z. v. F. d. I. hat im Zusammenhang mit dem Verhalten von Wasserstoff in heißen Gasströmen und Hochtemperaturplasmen, im Rahmen von Untersuchungen über Strahlenschäden an Reaktormaterialien sowie vor allem auch im Hinblick auf die Anwendung in der Beschichtungstechnik in neuerer Zeit wieder an Interesse gewonnen. Darüber hinaus erhielt auch die reine Festkörperphysik aus Zerstäubungsuntersuchungen wesentliche Anregungen. So sind z. B. die Entdeckung und das Studium fokussierender Stoßfolgen (Fokussonen) sowie von Channellingprozessen (→ Protonenstreuungsmikroskop) in bestimmten ausgezeichneten Gitterrichtungen unmittelbar mit Untersuchungen über die Wechselwirkung energiereicher Ionen mit kristallinen Festkörpern verknüpft.

Hinsichtlich der verwendeten Meßanordnungen lassen sich die experimentellen Untersuchungen zum Studium von Zerstäubungsvorgängen in zwei Gruppen einordnen: Bei Beschußenergien unterhalb einiger keV wird in der Regel mit elektrischen Niederdruckplasmen gearbeitet. Derartige Anordnungen sind insbesondere für die Anwendung der Festkörperzerstäubungen zur Herstellung dünner Schichten geeignet. Für die Untersuchung mit Beschußenergien um 10 keV und darüber arbeitet man demgegenüber im allgemeinen mit diskreten Ionenstrahlen. Eine typisch gewordene Anwendungsmöglichkeit für Beschußenergien in diesem Energiebereich stellen die Massenseparatoren dar.

Die → Zerstäubungsausbeute ist von verschiedenen Beschußparametern abhängig.

Zerstrahlung, die Vernichtung eines Teilchens und seines → Antiteilchens, wenn beide aufeinandertreffen. Bei der Z. entsteht eine elektromagnetische Strahlung, die *Vernichtungsstrahlung*. Am bekanntesten ist die Z. eines Positron-Elektron-Paares unter Aussendung zweier γ-Quanten mit einer Vernichtungsstrahlung von jeweils 511 keV. Bei der Z. eines Proton-Antiproton-Paares entstehen π- und K-Mesonen. Die Z. verläuft energetisch so, wie es von der Masse-Energie-Äquivalenzformel vorausgesagt wird. → Paarbildung.

Zerstreuungslinse, → Linse.

Zeta, → Kernfusion.

Zeta-Potential, *ζ-Potential*, *elektrokinetisches Potential*, die nicht sehr genau definierte Potentialdifferenz zwischen dem äußeren Rande der Helmholtzschen Doppelschicht an der Phasengrenze einer Elektrolytlösung und dem Lösungsinneren. Man nimmt an, daß die innerhalb dieses Teils der Doppelschicht befindlichen Moleküle und Ionen bei der elektrophoretischen Wanderung von Teilchen mitgenommen werden, während die außerhalb befindlichen Moleküle in Ruhe bleiben. Demnach bestimmt das Z.-P. die effektive Ladung und damit die Wanderungsgeschwindigkeit v und kann umgekehrt aus dieser ermittelt werden nach der Gleichung $v = \zeta \cdot (\varepsilon/300^2) \cdot 6\pi\eta$ cm s^{-1}. Dabei ist ε die Dielektrizitätskonstante, ζ das Z.-P. und η die Viskosität der Lösung (→ elektrokinetische Erscheinungen).

Zickzackschaltung, eine Schaltung der Sekundärwicklungen, die bei kleineren Drehstrom-Verteilertransformatoren in der Elektrizitätsversorgung zum Ausgleich unsymmetrischer Belastung häufig angewendet wird. Die zwei in Reihe geschalteten Hälften eines Stranges sind auf zwei verschiedenen Schenkeln (→ Transformator) untergebracht und besitzen entgegengesetzten Wicklungssinn. Eine einsträngige Belastung der Sekundärwicklung wird dadurch auf zwei Stränge der Primärwicklung verteilt.

Ziehspannung, die beim Draht- bzw. ebenen Ziehen auf den Endquerschnitt bezogene Ziehkraft. Da das Reduktionsverhältnis die Größe der Ziehkraft, die bei der plastischen Deformation aufgebracht werden muß, und damit der Z. beeinflußt, folgt die maximal mögliche Reduktion aus der Bedingung, daß die Z. kleiner als die Zugfestigkeit des gezogenen Stranges sein muß.

Ziehverfahren, → Kristallzüchtung.

Zielfernrohr, → Fernrohr.

Zielverfolgungsradar, → Radar.

Zielwinkelentfernungsmesser, → Entfernungsmesser.

Zimm-Crothers-Viskosimeter, ein Gerät zur Messung der Viskosität bei äußerst kleinen Schubspannungen, z. B. in biologischen Flüssigkeiten. Es besteht aus einem Hohlzylinder, der die Probe aufnimmt, und einem darin frei ohne Lagerung rotierenden Zylinder, der mit einem magnetischen Drehfeld in Rotation versetzt wird. Die infolge der Reibung auftretende Bremswirkung auf den Zylinder wird auf elektrischem Wege gemessen.

Zimm-Diagramm, eine bei der Auswertung von Lichtstreuungsmessungen zur Bestimmung von Molekulargewicht und Teilchengröße von Polymeren und Kolloiden verwendete spezielle Form eines von Hand durchzuführenden Ausgleichsverfahrens bei der Bestimmung einer Größe (hier der Streuintensität), die von zwei Parametern (hier Streuwinkel und Konzentration) abhängt.

Zinkpunkt, → Temperaturskala.

Zintl-Phasen, eine Gruppe der → intermetallischen Verbindungen.

Ziolkowskische Gleichung, → Rakete.

Zircaloy, → Zirkonium.

Zirkonium, Zr, chemisches Element der Ordnungszahl 40. Bekannt sind sechs stabile Isotope der Massezahlen 90 bis 92 und 94 bis 96. Es existieren radioaktive Isotope mit Massezahlen zwischen 89 und 97. Z. wird zur Umhüllung von Brennelementen in Reaktoren benutzt, weil es korrosionsbeständig und mechanisch haltbar ist. Gegen flüssige Alkalimetalle ist es ebenfalls beständig. Die Zirkoniumlegierung *Zircaloy* dient als Konstruktionsmaterial für Leistungsreaktoren.

Zirkularbeschleunigung, → Beschleunigung.

Zirkularbewegung, svw. Kreisbewegung.

zirkularer Dichroismus, → Drehvermögen 1).

Zirkulargeschwindigkeit, → Geschwindigkeit.

Zirkulation, Linienintegral der Geschwindigkeit in Strömungen längs einer geschlossenen Kurve K. Die Z. Γ ist definiert zu $\Gamma = \oint\limits_{(K)} \vec{c} \cdot \mathrm{d}\vec{s} = \oint\limits_{(K)} |\vec{c}| \cos\alpha \cdot \mathrm{d}s = \oint\limits_{(K)} (u \cdot \mathrm{d}x + v \cdot \mathrm{d}y + w \cdot \mathrm{d}z)$. Dabei bedeuten $\vec{c}$ den Geschwindigkeitsvektor, $\mathrm{d}\vec{s}$ das vektorielle Wegelement und $\mathrm{d}s$ seinen Betrag, $\mathrm{d}x$, $\mathrm{d}y$, $\mathrm{d}z$ seine rechtwinkligen Komponenten, α den Winkel zwischen $\vec{c}$ und $\mathrm{d}\vec{s}$ (Abb.); u, v, w sind die Geschwindigkeitskomponenten in den Koordinatenrichtungen. Die Z. ist eine skalare Größe, deren Definition sowohl für reibungsfreie als auch reibungsbehaftete, kompressible und inkompressible Strömungen gilt. In Potentialströmungen ist die Z. nur bei Mehrdeutigkeit des Potentials, d. h. wenn innerhalb der geschlossenen Kurve K ein Wirbel liegt, von Null verschieden. Die Z. steht im Zusammenhang mit der → Drehung und ist die Voraussetzung für das Entstehen des hydrodynamischen → Auftriebes. → Kutta-Joukowsky-Gleichung.

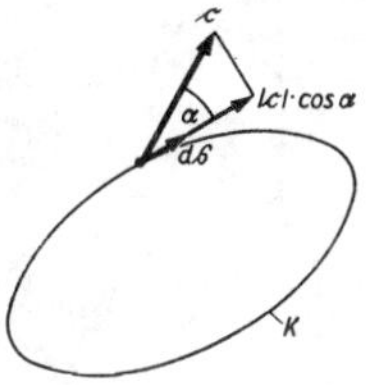

Berechnung der Zirkulation längs einer geschlossenen Kurve K

Zirkulation in der Atmosphäre, → Windsysteme.

Zirkulator, → nichtreziproke Bauelemente.

Zirkumglobalstrahlung, → Globalstrahlung.

Zirkumpolarstrahlung, → Globalstrahlung.

Zirkumzenitalbogen, → Halo.

Zischbogen, mit sehr hohen Stromstärken brennender Kohlelichtbogen, bei dem die an den Elektroden in den Bogen turbulent einströmende Luft ein zischendes Geräusch verursacht. Da diese Schallerscheinung in reinem Stickstoff nicht auftritt, ist das Zischen wahrscheinlich auf eine unregelmäßige Oxydation des Anodenmaterials zurückzuführen.

Zitterbewegung, → Vakuumschwankung.

Zodiakallicht, eine schwache Lichterscheinung am nächtlichen Himmel längs der Ekliptik. Das Z. entsteht durch Streuung des Sonnenlichts an Staubteilchen der interplanetaren Materie und an freien Elektronen. Es geht kontinuierlich in die Leuchterscheinung der äußeren Korona über und ist in abnehmender Intensität bis 90° Sonnenabstand wahrnehmbar. Längs der gesamten Ekliptik erstreckt sich das schwächere *Zodiakalband*, das als Auswirkung der Streugesetze im Gegenpunkt der Sonne eine Verbreiterung und Aufhellung, den *Gegenschein*, zeigt.

Zoll, ″, alte Einheit der Länge, nur noch für Rohrdurchmesser und Gewinde üblich. 1″ = 25,4 mm.

Zone, Gesamtheit von Kristallflächen (*tautozonale Flächen*), die sich in Kanten schneiden, die einer Achse, der *Zonenachse*, parallel liegen. In einer stereographischen Projektion liegen die Pole tautozonaler Kristallflächen auf Großkreisen. An einem Kristall treten nur solche Flächen auf, die einen *Zonenverband* bilden. Nach dem Zonenverbandsgesetz lassen sich aus vier Flächen, von denen drei nicht derselben Zone angehören, alle übrigen an dem Kristall vorkommenden Flächen ableiten. Genügen die Begrenzungsflächen eines Körpers dem Rationalitätsgesetz, so stehen sie im Zonenverband und umgekehrt. Die in eckigen Klammern angegebene Richtung einer Zonenachse $[uvw]$ wird *Zonensymbol* genannt. *Zonenbündel* bezeichnet die Gesamtheit der Zonenachsen eines Kristalls, und zwar so verschoben, daß sie durch einen gemeinsamen Trägerpunkt hindurchgehen. Ein *Zonenbüschel* bilden diejenigen Zonenachsen, die parallel zu einer Fläche verlaufen. Die *Zonenregeln* drücken die Beziehungen zwischen den Indizes einer Zonenachse und den Indizes der zu der betreffenden Zone gehörenden Flächen bzw. Netzebenenscharen aus: 1) Eine Ebene (hkl) gehört der Zone $[uvw]$ an, wenn $hu + kv + lw = 0$ gilt. 2) Die Indizes einer durch zwei Flächen $(h_1k_1l_1)$ und $(h_2k_2l_2)$ festgelegten Zonenachse ergeben sich aus

$$u : v : w = \begin{vmatrix} k_1 l_1 \\ k_2 l_2 \end{vmatrix} : \begin{vmatrix} l_1 h_1 \\ l_2 h_2 \end{vmatrix} : \begin{vmatrix} h_1 k_1 \\ h_2 k_2 \end{vmatrix}.$$

3) Sind zwei Zonenachsen durch $[u_1v_1w_1]$ und $[u_2v_2w_2]$ gegeben, so lauten die Indizes der ihnen gemeinsamen Fläche (hkl), wobei gilt:

$$h : k : l = \begin{vmatrix} v_1 w_1 \\ v_2 w_2 \end{vmatrix} : \begin{vmatrix} w_1 u_1 \\ w_2 u_2 \end{vmatrix} : \begin{vmatrix} u_1 v_1 \\ u_2 v_2 \end{vmatrix}.$$

4) Gehören drei Flächen $F_i = (h_i, k_i, l_i)$ mit $i = 1, 2, 3$ derselben Zone an, so gilt:

$$\begin{vmatrix} h_1 k_1 l_1 \\ h_2 k_2 l_2 \\ h_3 k_3 l_3 \end{vmatrix} = 0.$$

5) Gehören drei Zonen $Z_i = [u_iv_iw_i]$ derselben Ebene an, so ist

$$\begin{vmatrix} u_1 v_1 w_1 \\ u_2 v_2 w_2 \\ u_3 v_3 w_3 \end{vmatrix} = 0.$$

Zonenfehler, Bezeichnung für die Größe eines bei der optischen Abbildung für eine Zone des abbildenden Systems entstehenden Abbildungsfehlers.

Zonenkristalle, Mischkristalle mit einem Konzentrationsgefälle. Sie können beim Erstarren einer Schmelze entstehen, deren Komponenten Mischkristalle bilden. Die Bildung von Z.n beruht darauf, daß sich beim Erstarren die Zusammensetzung der Schmelze und der neu entstehenden Kristalle ständig ändert und die Diffusion in den Mischkristallen meist hinter der Erstarrungsgeschwindigkeit zurückbleibt. Den Vorgang der Zonenkristallbildung bezeichnet man als Kristallseigerung (→ Seigerung).

Zonenlinse, svw. Zonenplatte.

Zonenplatte, *Zonenlinse*, eine Platte, die mit einem System von abwechselnd durchsichtigen und undurchsichtigen Ringen versehen ist und eine optische Abbildung lediglich durch Beugung erzeugt. Die Breite Δr der einzelnen Ringe folgt dem Gesetz $\Delta r = r_2 - r_1 = (\sqrt{n+1} - \sqrt{n}) \cdot \sqrt{a'\lambda}$, wobei $n = 0, 1, 2, \ldots$ und λ die Wellenlänge des verwendeten Lichtes ist. Eine solche Z. bewirkt, daß eine senkrecht auftreffende ebene Welle durch Beugung und Interferenz in eine zu einem Punkt P konzentrische Kugelwelle übergeht, P liegt im Abstande a' von der Platte. Verwendet man statt der undurchsichtigen Zonen durchsichtige Zonen mit einem künstlichen Gangunterschied von $\lambda/2$, so steigert sich die Helligkeit des Bildes auf den doppelten Betrag. Fällt auf die Z. eine Kugelwelle, die von einem im Abstande a vor der Z. auf der Plattennormalen liegenden Punkt ausgeht, so ergeben sich eine Reihe von Intensitätsverstärkungen mit den Bildweiten a', die sich aus der Formel

$$\frac{1}{a'} - \frac{1}{a} = m\left(\frac{\lambda}{r_1^2}\right)$$

mit $m = 1, 2, 3, \ldots$ ergeben.

Zonenreinigung, → Kristallzüchtung.

Zonenschema, → Bandstruktur.

Zonenschmelzverfahren, → Kristallzüchtung.

Zonenstrahl, → Optikrechnen.

Zonenzeit, – Zeitmaße.

Zr, → Zirkonium.

Z-Resonanzen, → Elementarteilchen.

zufällige Entartung, scheinbar nicht auf der Invarianz des Systems gegenüber Symmetrietransformationen beruhende Entartung der Eigenfunktionen des Hamilton-Operators. Eine solche z. E. liegt beim Wasserstoffatom vor, dessen Eigenfunktionen höher entartet sind, als auf Grund der Rotationsinvarianz des Problems zu erwarten wäre; tatsächlich liegt eine weitere mit der Dynamik zusammenhängende Symmetrie vor, so daß das Wasserstoffatom nicht nur gegenüber der Drehgruppe O(3), sondern gegenüber O(3,1) invariant ist (→ Symmetriemodelle).

zufällige Größe, → Wahrscheinlichkeitsrechnung.

zufälliges Ereignis, eine Erscheinung, die unter wesentlichen Bedingungen eintreten kann, aber nicht eintreten muß. Es ist kennzeichnend, daß die Konstanz der gegebenen Bedingungen nie zwangsläufig zum Eintreten oder Nichteintreten des Ereignisses führt, weil vernachlässigte Nebenbedingungen in ihrer Gesamtheit dieses Ereignis wesentlich bestimmen. Als zufällige E.se beschreibt man häufig Massenerscheinungen, die man unter konstanten Bedingungen beliebig wiederholen kann. In diesem Fall kann man den Grad der Zufälligkeit quantitativ durch die *Wahrscheinlichkeit* erfassen (→ Wahrscheinlichkeitsrechnung), z. B. sind die wöchentlich gezogenen Zahlen beim Zahlenlotto, das Ergebnis eines Würfelversuchs oder der Atmosphärendruck Erscheinungen, die durch *Zufallsvariable* beschrieben werden. Eine bestimmte Zahl, ein bestimmtes Würfelergebnis bzw. ein bestimmter Temperaturwert kann im konkreten Versuch beobachtet werden oder nicht. Das Eintreten eines bestimmten Werts ist ein zufälliges Ereignis. Mehrere zufälligen E.se können miteinander durch *Ereignisoperationen* verknüpft werden. Alle zufälligen E.se einer gegebenen Versuchssituation bilden eine *Ereignisalgebra* oder *Boolesche Algebra*. Jedem zufälligen E. A kann eine binäre Variable a zugeordnet werden, die den Wert L annimmt, wenn A eintritt, und die Null ist, wenn A nicht eintritt. Die Beschreibung eines Ereignisses ist eine Aussage im Sinne der Aussagenlogik, die wahr ist, wenn A beobachtet wird und im anderen Falle falsch ist.

Zugeffekt, → magnetischer Zugeffekt.

zugeordnete Kugelfunktionen, svw. zugeordnete Legendresche Polynome.

zugeordnete Legendresche Polynome, *zugeordnete Kugelfunktionen,* Polynome

$$P_n^m(x) = \frac{(1-x^2)^{m/2}}{2^n n!} \frac{d^{n+m}}{dx^{n+m}} (x^2-1)^n,$$

für die gilt $P_n^0 = P_n$, wenn P_n ein Legendresches Polynom ist, und $P_n^m = 0$ für $m > n$,

$$P_n^{-m} = (-1)^m \frac{(n-m)!}{(n+m)!} P_n^m.$$

Die z.n L.n P. erfüllen die Differentialgleichung

$$\left\{(1-x^2)\frac{d^2}{dx^2} - 2x\frac{d}{dx} + n(n+1) - \right.$$
$$\left. - \frac{m^2}{1-x^2}\right\} P_n^m(x) = 0.$$

Es besteht die *Orthogonalitätsrelation*

$$\int_{-1}^{+1} P_l^m(x)\, P_n^m(x)\, dx = 0 \text{ für } l \neq n$$

und die *Normierung*

$$\int_{-1}^{+1} [P_n^m(x)]^2\, dx = \frac{2}{2n+1} \cdot \frac{(n+m)!}{(n-m)!}.$$

Ferner gilt die *Integraldarstellung*

$$P_n^m(x) = \frac{(n+m)!}{2\pi n!} J\, e^{-i\frac{m\pi}{2}}$$

$$\text{mit } J = \int_{-\pi}^{+\pi} (x + \sqrt{x^2-1}\cos\varphi)^n\, e^{-im\varphi}\, d\varphi.$$

Die z.n L.n P. lassen sich rekursiv mit Hilfe der Beziehung

$$(n+1-m)\, P_{n+1}^m - (2n+1)\, x P_n^m +$$
$$+ (n+m)\, P_{n-1}^m = 0$$

berechnen.

Zugspaltung, Verformungsart zur Untersuchung der Spaltbarkeit von Mineralen und Kristallen. Im Prinzip handelt es sich dabei um die Messung der Durchbiegung eines an beiden Enden aufgelegten Balkens. Die Kristallplatte wird auf zwei Stützen aufgelegt und dann zweckmäßig mit einer stumpfen Schneide bis zum Bruch durchgebogen. Bei dieser Anordnung geht die Dicke der Platte mit der zweiten bis dritten Potenz in die Rechnung ein.

Zugspannung, Normalspannung, die von der Angriffsfläche weg zieht, sie bewirkt Dehnung des Materials und ist positiv definiert.

Zugversuch, ein Verfahren der Werkstoffprüfung zur Ermittlung der mechanischen Eigenschaften von Werkstoffen unter einachsiger statischer Zugbeanspruchung.

Die Zugproben werden in eine Zerreißmaschine eingespannt und bis zum Bruch belastet. Aus der während des Versuchs an der Maschine angezeigten Kraft F und der zugehörigen Verlängerung $\Delta L = L - L_0$ kann man die Spannung $\sigma = \frac{F}{A_0}$ in kp mm^{-2} und die Dehnung $\varepsilon = \frac{L - L_0}{L_0}$ bestimmen und daraus das *Beanspruchungs-Dehnungs-Diagramm* (früher Spannungs-Dehnungs-Diagramm) zeichnen. Dabei bedeutet L die Länge der Probe während der Beanspruchung, L_0 die Länge der Probe vor dem Versuch und A_0 den Querschnitt der Probe. → Hookesches Gesetz, → Spannungs-Dehnungs-Beziehungen.

Zukunft, → Minkowski-Raum, → Lichtkegel.

zulässige Spannung, in der Technik zulässiger Höchstwert der Beanspruchung, der sich aus der kritischen Spannung wie Bruchspannung, Knickspannung, Fließgrenze durch Division mit dem → Sicherheitsbeiwert ergibt.

Zündbereich, → Zündgrenzen.

Zündelektrode, → Gasentladungsröhren.

Zündgeschwindigkeit, ist gleich der → Verbrennungsgeschwindigkeit eines laminar strömenden, homogenen Gemisches von Brenngas und Verbrennungsmittel (Luft, Sauerstoff). Außer vom Gaszustand hängt sie von der Gasart und vom

Gas	maximale Zündgeschwindigkeit in m/s	
	mit Luft	mit Sauerstoff
Wasserstoff	2,67	8,90
Methan	0,35	3,30
Azetylen	1,31	13,50
Kohlenmonoxid	0,33	1,10

Mischungsverhältnis mit Luft ab. Für jedes Gas tritt bei einem bestimmten Mischungsverhältnis ein Maximum der Z. auf.

Lit. Andrejew: Thermische Zersetzung und Verbrennungsvorgänge bei Explosivstoffen (Neustadt 1964); D'Ans u. Lax: Taschenb. für Chemiker und Physiker Bd 1 (Berlin, Heidelberg, New York 1967); Schuster: Verbrennungslehre (München 1970).

Zündgrenzen, sind die Grenzen in der Zusammensetzung, innerhalb derer ein Gasgemisch gerade noch zündbar ist. Sie werden meist in Volumenprozent des brennbaren Gases angegeben. An der oberen Zündgrenze besteht

Gas	Zündgrenzen in Vol. %	
	mit Luft	mit Sauerstoff
Wasserstoff	4,1 bis 75	5,4 bis 95
Methan	5,0 bis 15	5 bis 60
Azetylen	2,3 bis 82	2,8 bis 93
Kohlenmonoxid	12,5 bis 75	15,5 bis 94

Brenngasüberschuß, an der unteren Überschuß an Luft oder einem anderen Verbrennungsmittel. Zwischen den Z. liegt der *Zündbereich.* Die Z. sind druck- und temperaturabhängig.

Lit. D'Ans u. Lax: Taschenb. für Chemiker und Physiker, Bd 1 (Berlin, Heidelberg, New York 1967).

Zündgruppen, für den Explosionsschutz getroffene Einteilung der Gase und Dämpfe nach ihrer → Zündtemperatur.

Als Beispiel sollen einige chemische Verbindungen angegeben werden:

für die Zündgruppe 1 Äthan, Ammoniak, Azeton, Kohlenmonoxid, Methan, Stadtgas, Toluol, Wasserstoff;

für die Zündgruppe 2 Azetylen, Äthylalkohol,
für die Zündgruppe 3 Benzine,
für die Zündgruppe 4 Äthyläther,
für die Zündgruppe 5 Kohlendisulfid.

Zündmechanismus, Ionisationsvorgänge, die eine selbständige Gasentladung einleiten. Im *Townsend-Mechanismus* bei niedrigen Drücken bilden sich echte, exponentiell anwachsende Elektronenlawinen aus, und die Entladung zündet, wenn eine in Katodennähe entstandene Elektronenlawine die Anode erreicht. Ist ihr Ionisationskoeffizient α bekannt, so können in geometrisch einfachen Entladungsstrecken die Zündspannung und der Aufbau der Entladung berechnet werden. Bei höheren Drücken steigt die Rekombination, und die Elektronenlawinen nehmen weniger stark zu. Man nennt diese Form *Streamer* (Abb.). Sie wachsen in Feldrichtung; bilden

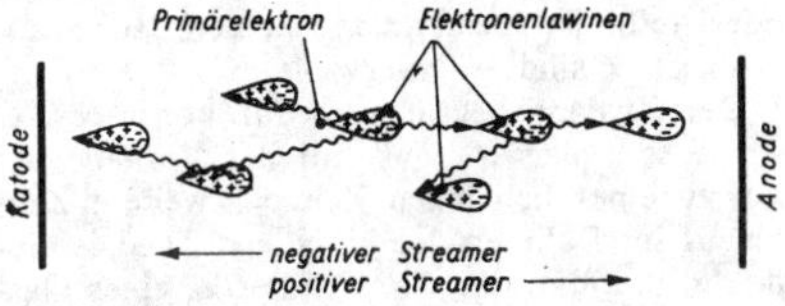

Streamer (schematisch)

sie schließlich mehr oder minder vollkommen leitende Brücken zwischen den Entladungselektroden, so zündet nach diesem *Streamermechanismus* die Entladung.

Wird die Zündspannung unmittelbar an die Elektroden gelegt, so kann *Zündverzug* eintreten.

Zündpunkt, svw. Zündtemperatur.

Zündspannung, → Gasentladung, → Gasentladungsröhre.

Zündtemperatur, *Zündpunkt,* die niedrigste Temperatur, bei der ein Stoff ohne äußere Energiezufuhr selbständig weiterbrennt. Dann ist die Wärmeentwicklung so groß wie die Wärmeab-

Stoff	Zündtemperatur bei 10^5 N/m²	
	in Luft in °C	in Sauerstoff in °C
Wasserstoff	510	450
Methan	645	645
Azetylen	335	300

gabe an die Umgebung. Die Z. kann deshalb auch keine strenge Stoffkonstante sein. Sie hängt vielmehr entscheidend von den Versuchsbedingungen mit den dabei vorhandenen Möglichkeiten des Wärmeaustausches und dem gewählten Meßverfahren ab. Die Z. wird außerdem vom Mischungsverhältnis des Gases mit Luft oder Sauerstoff, von einem eventuellen Ballastgas und vom Druck beeinflußt.

Bei der Entzündung brennbarer Dämpfe an der Oberfläche erhitzter Flüssigkeiten spricht man nicht von der Z., sondern vom → Flammpunkt.

Lit.: → Zündgeschwindigkeit.

Zündung, 1) die Einleitung eines Verbrennungsvorganges in einem brennbaren System. Es ist zwischen Selbstentzündung und Fremdentzündung zu unterscheiden. Letztere erfolgt meist durch lokale Erhitzung des Systems. Die Z. kann auch durch Belichtung, wie im System H_2-Cl_2, durch elektrische Funken oder durch adiabatische Kompression, wie beim pneumatischen Feuerzeug, herbeigeführt werden. Im einzelnen sind die Vorgänge bei der Z. recht kompliziert. Oft treten dabei Kettenexplosionen auf.

2) *Z. einer Gasentladung*, → Gasentladung.

Zündverzug, → Zündmechanismus.

Zuordnungsdefinition, → Definition.

Zupfinstrumente, Musikinstrumente mit gespannten Saiten, die angezupft werden. Zu den Z.n gehören Harfe, Lyra, Zither, Laute, Mandoline, Gitarre und Balalaika.

Zusammendrückbarkeit, svw. Kompressibilität.

Zusatzgrößen, thermodynamische, → Exzeßgrößen.

Zustand, (augenblickliche) Bewegungsform eines physikalischen Systems. Physikalische Größen, deren Meßwerte den Z. vollständig oder teilweise bestimmen, heißen Zustandsgrößen; sie sind → Observable.

Der Zustandsbegriff wird für konkrete Systeme so präzisiert, daß mit der Vorgabe des Z.s zu einer beliebigen Zeit der weitere Zeitablauf im Rahmen der jeweiligen Theorie eindeutig bestimmt ist. So wird der Z. eines klassischen Teilchensystems durch die Orte und Impulse bzw. Geschwindigkeiten sämtlicher Teilchen charakterisiert. Dementsprechend wird der Z. in der klassischen Physik durch einen Punkt oder Vektor im Phasenraum charakterisiert. Die Beschleunigungen der einzelnen Teilchen werden durch die wirkenden Kräfte bestimmt und daher nicht in die Festlegung des Z.s einbezogen. Der Z. eines elektromagnetischen Feldes wird durch die Angabe des elektrischen und magnetischen Feldes im gesamten Raum bestimmt; wieder bestimmen dann die Maxwellschen Gleichungen als Differentialgleichungen 1. Ordnung hinsichtlich der Zeit den weiteren Zeitablauf des Feldes.

In der Quantenmechanik sind nicht alle Observablen gleichzeitig meßbar (→ Heisenbergsches Unbestimmtheitsprinzip); ein vollständiger Satz darf daher nur kommensurable Observable enthalten, kann also insbesondere zueinander kanonisch konjugierte Variable (wie Ort und Impuls) nicht zugleich enthalten. Der *quantenmechanische Z.* (*Quantenzustand*) wird durch einen *Zustandsvektor* im *Zustandsraum*, dem Hilbert-Raum des Systems als quantenmechanischem Analogon des Phasenraums, beschrieben. Dieser Zustandsvektor kann auf verschiedene Weise dargestellt werden, am gebräuchlichsten ist die durch eine von den Orts- und Spinvariablen aller Teilchen abhängige Wellenfunktion. Ein quantenmechanisches System hat eine Reihe besonders wichtiger Zustände. Allgemein sind das die Eigenzustände bestimmter physikalischer Größen, in denen diese einen festen Wert haben, der bei jeder Messung am System mit Sicherheit beobachtet wird, im Gegensatz zu der allgemeinen Situation, in der lediglich eine Wahrscheinlichkeitsverteilung für die einzelnen Meßwerte existiert. Die wichtigste physikalische Größe ist die Energie, ihre quantenmechanischen Eigenzustände sind die *stationären Zustände* des Systems. Die gesamte Zeitabhängigkeit ihrer Wellenfunktion ψ (bzw. ihres Zustandsvektors) besteht in einem komplexen Phasenfaktor exp $(iEt/\hbar)$, der ohne Einfluß auf $\psi^*\psi$ und damit auf alle das System charakterisierenden Wahrscheinlichkeitsverteilungen ist. Insbesondere hat ein Teilchen in einem stationären Z. eine zeitunabhängige Verteilung seiner Aufenthaltswahrscheinlichkeit. Da zu jedem stationären Z. ein bestimmter Energiewert gehört, wird die Bezeichnung Z. einschränkend auch im Sinne von *Energieniveau* gebraucht. Ist das Energiespektrum diskret, so sind die stationären Zustände gleichzeitig *gebundene Zustände*, denn wegen der Normierung der Wellenfunktion muß diese im Unendlichen, bei einem Teilchen etwa in großem Abstand vom Bindungsbereich, hinreichend stark verschwinden.

Der stationäre Z. mit der niedrigsten Energie heißt *Grundzustand*, die höheren Zustände heißen *angeregte Zustände*. Diese sind häufig nur bei Vernachlässigung bestimmter Wechselwirkungen bzw. der durch sie vermittelten Prozesse wirklich stationär. Beispielweise führt die Wechselwirkung mit dem Strahlungsfeld zum Übergang angeregter Zustände in energetisch tiefere unter gleichzeitiger Emission eines Lichtquants. Sind die Übergangswahrscheinlichkeiten für diese quantenmechanischen Übergänge hinreichend klein, so verhalten sich diese Zustände zunächst fast wie stationäre Zustände; sie werden daher als *quasistationäre Zustände* bezeichnet. In solchen Fällen, bei denen die Übergangswahrscheinlichkeit extrem klein (verglichen mit den üblichen Werten, etwa bei der Lichtemission atomarer Systeme) ist, spricht man von *metastabilen Zuständen*. Die große Lebensdauer dieser Zustände beruht meist auf Erhaltungssätzen, die Anlaß zu Auswahlregeln geben, nach denen dieser Übergang bezüglich einer bestimmten Wechselwirkung verboten, bezüglich einer anderen, schwächeren Wechselwirkung oder einer höheren Näherung der mathematischen Auswertung mit einer geringeren Übergangswahrscheinlichkeit aber zugelassen ist.

Gegenstand der statistischen Mechanik sind *Makrozustände*, die mikroskopisch nicht mehr scharf definiert sind, sondern in der Angabe einer Wahrscheinlichkeitsverteilung für diese (klassischen oder quantenmechanischen) Mikrozustände bestehen. In der klassischen Statistik handelt es sich um Phasenraumverteilungen, in der Quantenstatistik kann das System durch einen statistischen Operator oder Dichteoperator beschrieben werden. Ein makroskopisches System kann nach einer (für große Systeme sehr kleinen) Alterungszeit durch relativ wenige Parameter beschrieben werden, die zwar nicht zur mikroskopisch genauen Beschreibung des Systems ausreichen, aber dennoch sein makroskopisches Verhalten im Mittel, d. h. bis auf sehr kleine und im allgemeinen uninteressante Schwankungen, zu erfassen gestatten. Die phänomenologische Durchführung dieses Programms ist Gegenstand der Thermodynamik. Zur Festlegung des Zustands eines thermodynamischen Systems im Gleichgewicht dienen thermodynamische Parameter, wie Volumen, Druck, Temperatur, elektrische Polarisation und Magnetisierung. Diese selbst sowie Funktionen von ihnen sind → Zustandsgrößen. Ein Nichtgleichgewichtszustand kann dann mit thermodynamischen Mitteln beschrieben werden, wenn sich Untersysteme (räumliche Aufteilung oder schwach gekoppelte Teilsysteme, z. B. System der Kernspins und Restsystem) angeben lassen, von denen sich jedes für sich näherungsweise im Gleichgewicht befindet.

Zustandsänderung, häufig als *thermodynamischer*

Prozeß bezeichnet, Übergang einer Substanz von einem thermodynamischen Zustand in einen anderen. Allgemein liegt eine Z. vor, wenn ein System aus einem Zustand 1 – charakterisiert durch die thermodynamischen Parameter p_1, T_1, V_1, ... (Druck, Temperatur, Volumen, ...) – durch den Ablauf eines oder mehrerer thermodynamischer Prozesse in einen Zustand 2 – charakterisiert durch die thermodynamischen Parameter p_2, T_2, V_2, ... – übergeht. Die Z.en können nach verschiedenen Gesichtspunkten klassifiziert werden.

I) Man unterscheidet *reversible* Z.en und *irreversible* Z.en. Eine Z. ist reversibel, wenn sie umkehrbar ist, d. h., sie kann vorwärts und rückwärts durchgeführt werden, ohne Veränderungen in zusätzlichen thermodynamischen Systemen zu hinterlassen. Bei einer reversiblen Z. bleibt die Entropie des Gesamtsystems konstant. In der Natur verlaufen alle Makroprozesse (nicht aber die Mikroprozesse, z. B. Bewegung von Elektronen um den Atomkern) grundsätzlich irreversibel, z. B. der Temperaturausgleich zwischen zwei Körpern durch Wärmeleitung und die Durchmischung zweier Gase. Die reversible Z. ist deshalb eine Idealisierung, die nur genähert erreicht werden kann. Sie ist jedoch für theoretische Überlegungen von grundsätzlicher Bedeutung (→ Carnotscher Kreisprozeß). Eine reversible Z. darf nur Gleichgewichtszustände durchlaufen. Andererseits ist im Gleichgewicht keine Änderung mehr möglich. Es müssen daher immer Abweichungen vom Gleichgewicht auftreten, wenn die Z. in endlicher Zeit ablaufen soll. Ein thermodynamisches System befindet sich in guter Näherung im Gleichgewicht, wenn die Z. quasistatisch erfolgt.

II) Besonders übersichtlich ist die Einteilung nach Z.en, bei denen ein bestimmter thermodynamischer Parameter konstant bleibt.

1) Die *isotherme Z.* verläuft bei konstanter Temperatur (T = konst.). Sie läßt sich relativ leicht realisieren. Bei einer isothermen Z. in einem idealen Gas bleibt die innere Energie U konstant, und man erhält aus dem 1. Hauptsatz der Thermodynamik bei Verwendung der Zustandsgleichung für das ideale Gas $W_{12} = A_{12} = p_1 V_1 \ln(V_2/V_1)$. Der → Carnotsche Kreisprozeß enthält z. B. zwei isotherme Z.en (→ Isotherme). Dabei bedeuten W_{12} und A_{12} die Änderung der Wärme bzw. der Arbeit bei einer Z. von 1 nach 2, p_1 und V_1 Druck und Volumen im Zustand 1 und V_2 das Volumen im Zustand 2.

2) Die *isobare Z.* verläuft bei konstantem Druck (p = konst., → Isobare).

3) Die *isochore Z.* verläuft bei konstantem Volumen (V = konst., → Isochore).

4) Die *adiabatische* Z. verläuft bei vollständiger Wärmedämmung, d. h. W = konst. (→ adiabatischer Prozeß). Geht die adiabatische Z. reversibel vor sich, so bleibt außerdem die Entropie S erhalten, d. h. S = konst., und es liegt eine *isentropische* Z. vor (→ Isentrope).

5) Die *isenthalpische* Z. verläuft bei konstanter Enthalpie H, d. h. H = konst. (→ Isenthalpe, → Joule-Thomson-Effekt).

6) Die *polytrope* Z. verläuft bei teilweisem Wärmeaustausch mit der Umgebung. Sie nimmt daher eine Mittelstellung zwischen der isothermen Z. (vollständiger Wärmeaustausch) und der adiabatischen Z. (kein Wärmeaustausch) ein (→ polytroper Prozeß).

Zustandsdiagramme, Sammelbezeichnung für alle Diagramme, die die thermodynamischen Eigenschaften ein- oder mehrkomponentiger Stoffe in ihren verschiedenen Phasen darstellen, z. B. p, V-Diagramm, p, T-Diagramm, T, s-Diagramm, Mollier-Diagramm, Siedediagramm, Schmelzdiagramm, i, S-Diagramm, i, p-Diagramm, i, T-Diagramm, i, x-Diagramm.

Zustandsdichte, $N(E)$, die Dichte der Zustände der Energie E eines Systems. Aus der → Bandstruktur kann man die Zustandsdichte eines Bandes berechnen:

$$N_\nu(E) = \sum_k \delta(E - E_\nu(\vec{k})) =$$

$$= \frac{\Omega}{4\pi^3} \int\limits_{E_\nu(k)=E} \frac{\mathrm{d}F}{|\nabla_k E_\nu(\vec{k})|}.$$

Die gesamte Zustandsdichte folgt aus $N(E) = \sum_\nu N_\nu(E)$. Dabei ist ν der Bandindex, $\vec{k}$ der reduzierte Ausbreitungsvektor und Ω das Kristallvolumen.

In der → Brillouin-Zone sind die Zustände eines Bandes gleichmäßig verteilt. Wesentliche Beiträge zur energetischen Z. kommen also aus solchen Bereichen der Brillouin-Zone, in denen das betreffende Band „flach" verläuft, $|\nabla_k E_\nu(\vec{k})|$ also klein ist. Ist $\nabla_k E_\nu(\vec{k}) = 0$, so liegt ein *kritischer Punkt* vor. Ist die Energie an einem kritischen Punkt nicht durch Bandentartung entartet, so kann man vier Arten von kritischen Punkten (Punkten stationärer Energie) unterscheiden, M_0, M_1, M_2 und M_3, je nachdem ob 0, 1, 2 oder 3 effektive Massen (d. h. Krümmungen der E- über $\vec{k}$-Fläche) negativ sind. M_0 ist ein Minimum, M_3 ein Maximum, und M_1 und M_2 sind Sattelpunkte. Die Z. zeigt in der Nähe jedes dieser kritischen Punkte einen charakteristischen Verlauf (Abb.). Für optische Interbandübergänge spielt die *kombinierte* oder *Interband-Zustandsdichte* eine Rolle. Sie gibt die Dichte der Zustandspaare an, deren $\vec{k}$-Vektoren übereinstimmen und deren Energiedifferenz einem vorgegebenen Wert E gleich ist:

$$N_{\nu\nu'}(E) = \sum_k \sigma(E - E_\nu(\vec{k}) - E_{\nu'}(\vec{k})).$$

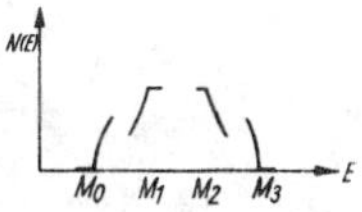

Verlauf der Zustandsdichte $N(E)$ in der Nähe von kritischen Punkten M_0, M_1, M_2 und M_3

Definiert man durch $\nabla_k(E_\nu(\vec{k}) - E_{\nu'}(\vec{k})) = 0$ *kritische* Interbandpunkte, so hat die Interband-Zustandsdichte an diesen Punkten den in der Abb. gezeigten charakteristischen Verlauf.

Zustandsfunktion, → Zustandsgrößen, → Wellenfunktion.

Zustandsgleichung, Beziehung zwischen thermodynamischen Parametern. Die bekannteste Z. ist die thermische Z. Sie kann in der Form $f(T, V, p) = 0$ geschrieben werden. Dabei ist T die Temperatur, V das Volumen und p der Druck. Die kalorische Z. verknüpft die innere Energie U mit zwei unabhängigen thermodynamischen Parametern in der Form $U = U(T, V)$, $U = U(T, p)$ oder $U = U(p, V)$. Besonders übersichtlich wird im allgemeinen die thermische Z., wenn sie in reduzierten Zustandsgrößen geschrieben wird. Die thermische Z. nimmt dann die Gestalt $f(T/T_{kr}, p/p_{kr}, V/V_{kr}) = 0$ an, wobei T_{kr}, p_{kr}, V_{kr} kritische Temperatur, Druck und Volumen bedeuten. Aus dem 2. Hauptsatz der

Thermodynamik folgt eine Verknüpfung zwischen der thermischen und der kalorischen Z. in der Form

$(\partial U/\partial V)_T = T(\partial p/\partial T)_V - p.$ (*)

Die thermischen und kalorischen Z.en der Gase werden mitunter auch als *Gasgesetze* bezeichnet.

A) Die *thermische Z.* $f(T, V, p) = 0$.

1) Das *ideale Gas* genügt der einfachsten Z., der → Clapeyronschen Z. Sie lautet $pV = nRT$, wobei n die Zahl der Mole und R die Gaskonstante bedeuten. Als Spezialfälle folgen aus dieser Z. das 1. Gay-Lussacsche Gesetz (p oder V = konst., → Gay-Lussacsche Gesetze) und das → Boyle-Mariottesche Gesetz (T = konst.).

2) Für *reale Gase* gibt es eine ganze Reihe thermischer Z.en, die sowohl theoretisch als auch empirisch und halbempirisch gewonnen wurden. Meist beschreibt eine Gleichung einen bestimmten Bereich oder bestimmte Eigenschaften besonders gut, z. B. das Verhalten bei hohen Drücken oder das Verhalten in der Nähe des Phasenumwandlungspunktes. Die gebräuchlichsten thermischen Z.en für reale Gase sind:

a) die → van-der-Waalssche Zustandsgleichung $(p + a/V^2)(V - b) = RT$. Hierbei sind a und b Konstanten.

b) die *Virialform* der thermischen Z. $pV = RT(1 + A/V + B/V^2 + C/V^3 + \cdots)$. Dabei sind A, B, C die temperaturabhängigen Virialkoeffizienten. Die Gleichung ist in Form einer Entwicklung nach $1/V$ dargestellt. Bei Kenntnis des Wechselwirkungspotentials der Gasatome können die ersten Virialkoeffizienten mit den Methoden der → Statistik systematisch berechnet werden. Neben der Entwicklung nach $1/V$ wird auch eine Entwicklung nach p verwendet. Mittels der Virialform ist eine theoretische systematische Verbesserung der Z. möglich. Eine spezielle Virialform ist die → Mayer-Bogoljubowsche Zustandsgleichung.

c) Die Berthelot-Gleichung

$$\left(p + \frac{a'}{V^2 T}\right)(V - b) = RT$$

stellt eine Verbesserung der van-der-Waalsschen Z. dar; a' und b sind Konstanten.

d) Weitere thermische Z.en für reale Gase sind die → Clausiussche Zustandsgleichung, die → Beattie-Bridgman-Gleichung, die → Beckersche Zustandsgleichung, die → Dieterici-Gleichungen, die → Wohlsche Zustandsgleichung und die → Redlich-Kwongsche Zustandsgleichung.

3) Für *Flüssigkeiten* gibt es noch keine befriedigenden theoretischen Z.en. Für Abschätzungen werden die van-der-Waalssche Z. und die Virialform der Z. benutzt. Einfache Flüssigkeiten können nach der halbempirischen Euckenschen Z. $p + A/V^3 = BT/V^3 + C/V^6$ beschrieben werden, wobei A, B, C empirische Konstanten sind.

Sind außer Druck, Temperatur und Volumen noch andere thermodynamische Parameter vorhanden, so treten weitere Z.en hinzu. Für magnetische Medien in einem Magnetfeld H muß zusätzlich die Z. $M = M(H, T)$ berücksichtigt werden (M = Magnetisierung), für elektrisch polarisierbare Medien im elektrischen Feld E entsprechend $P = P(E, T)$ (P = elektrische Polarisation).

B) *Die kalorische Z.* $U = U(T, V)$. Zunächst schreibt man das totale Differential der inneren Energie auf: $\mathrm{d}U = (\partial U/\partial T)_V\, \mathrm{d}T + (\partial U/\partial V)_T\, \mathrm{d}V$. Definitionsgemäß ist $(\partial U/\partial T)_V = C_V$ die Wärmekapazität bei einem konstantem Volumen. Gemäß Gleichung (*) erhält man für reale Gase, Flüssigkeiten und Festkörper aus der thermischen Z. der Form $p = p(T, V)$ in einfacher Weise $(\partial U/\partial V)_T$. Daher benötigt man zur Bestimmung der kalorischen Z. außer der thermischen Z. nur noch die Wärmekapazität C_V und muß dann noch integrieren. Speziell für ein ideales Gas folgt aus (*) $(\partial U/\partial V)_T = 0$, und damit wird $\mathrm{d}U = C_V\, \mathrm{d}T$ oder $U(T) = U_0 + C_V(T - T_0)$.

Für ein van-der-Waalssches Gas folgt aus der thermischen Z. und (*) $(\partial U/\partial V)_T = a/V^2$ und damit $U = U_0 + c_V(T - T_0) - a(1/V - 1/V_0)$.

C) Die *kanonische Z.* nach Planck stellt die Entropie S als Funktion des Volumens V und der inneren Energie U dar: $S = S(U, V)$.

Aus dem 1. und 2. Hauptsatz der Thermodynamik erhält man unmittelbar für das totale Differential der Entropie $\mathrm{d}S = T^{-1}(\mathrm{d}U + p\, \mathrm{d}V)$. Daraus folgt $(\partial S/\partial U)_V = 1/T$ und $(\partial S/\partial V)_U = p/T$. Bei gegebener Funktion $S(U, V)$ erhält man deshalb in einfacher Weise $p = p(U, V)$ und $T = T(U, V)$.

D) *dynamische Z.*, Gleichung über das Zeitverhalten von Zustandsgrößen, z. B. Druck und Dichte, die für sehr langsame Zustandsänderungen in die statische Z. übergeht.

E) → rheologische Zustandsgleichung, → Relaxationsströmungsgleichung.

Zustandsgrößen, 1) *Zustandsfunktionen*, thermodynamische Parameter, die von der Vorgeschichte des thermodynamischen Systems unabhängig und nur durch den Zustand im betrachteten Zeitpunkt gegeben sind. Z. sind insbesondere davon abhängig, auf welchem Wege bzw. durch welche thermodynamischen Prozesse ein bestimmter Zustand erreicht wurde. *Einfache Z.* sind z. B. Druck p, Volumen V und Temperatur T. Sie sind direkt meßbar. *Abgeleitete Z.* sind innere Energie U, Entropie S, freie Energie F, Enthalpie H u. a. Sie können aus der thermischen und kalorischen Zustandsgleichung bestimmt werden.

Die Wärme W und die Arbeit A in der Thermodynamik sind k e i n e Z., da ihre Größen nicht nur durch den Zustand festgelegt sind, sondern auch entscheidend von dem Weg abhängen, auf dem der entsprechende Zustand erreicht wurde. Differentielle Änderungen von Z. sind durch ein totales Differential darstellbar, d. h., für eine beliebige Zustandsgröße L gilt stets $\oint \mathrm{d}L = 0$ (→ thermodynamisches Potential).

Reduzierte Z. sind dimensionslos und werden auf ihre kritischen Größen bezogen. Der reduzierte Druck p ist demnach p/p_{krit}, die reduzierte Temperatur $t = T/T_{\mathrm{krit}}$ usw. Dabei sind p_{krit} und T_{krit} Druck und Temperatur im kritischen Punkt. Thermodynamische Beziehung und Gleichungen mit reduzierten Z. sind in vielen Fällen von der Substanz unabhängig. Werden die Zustände verschiedener Substanzen durch die gleichen reduzierten Z. festgelegt, so spricht man von *korrespondierenden Zuständen* (→ van-der-Waalssche Zustandsgleichung).

2) *Z. der Sterne*, → Stern.

Zustandsintegral, → Zustandssumme.

Zustandssumme, *Plancksche Zustandssumme*, in der Quantenstatistik die Summe $Z = \sum_n g_n \times$ $\times \exp(-E_n/kT)$, wobei E_n die Energie des n-ten Energieniveaus, k die Boltzmannsche Konstante, T die absolute Temperatur und g_n das *statistische Gewicht* des n-ten Energiezustandes ist, das die Vielfachheit des Zustandes bei einer quantenmechanischen Entartung, d. h. die Zahl der Zustände mit der gleichen Energie E_n angibt. Die Z. läuft über alle Energiezustände des betrachteten Systems. Sie tritt zumeist als Normierungsnenner bei der Berechnung von Mittelwerten in der Gleichgewichtsstatistik auf. Da sie durch die Formel $F(T, V) = -kT \ln Z$ unmittelbar mit der thermodynamischen Zustandsfunktion freie Energie F verknüpft ist und sich aus F bzw. $\ln Z$ alle weiteren thermodynamischen Zustandsgrößen, z. B. die innere Energie $U = kT^2 \dfrac{\partial \ln Z}{\partial T}$ oder der Druck $p = kT \dfrac{\partial \ln Z}{\partial V}$ direkt berechnen lassen, ist die Z. die natürliche Ausgangsfunktion für die Berechnung thermodynamischer Eigenschaften von Systemen aus ihrem mikroskopischen Aufbau.

Für den harmonischen Oszillator mit den Energieniveaus $E_n = (n + 1/2)\,h\nu$, wobei ν die Oszillatorfrequenz und h das Plancksche Wirkungsquantum ist, läßt sich die Z. unmittelbar berechnen, da sie bis auf den konstanten Faktor $\exp(-h\nu/2)$ eine geometrische Reihe darstellt. Es ergibt sich

$$Z = \sum_{n=1}^{\infty} e^{-(n+\frac{1}{2})h\nu/kT} =$$

$$= e^{-h\nu/2kT} \frac{1}{1 - e^{-h\nu/(kT)}} = (1/2) \sin h\left(\frac{h\nu}{2kT}\right).$$

Beim Grenzübergang zur klassischen Beschreibung erhält man aus der Z. das *Zustandsintegral Z* =

$$= \frac{1}{N!h^f} \int\int \cdots \int \exp\left(-\frac{E(q_1, p_1, \ldots, q_f, p_f)}{kT}\right) \times$$

$$\times\, dq_1\, dp_1 \ldots dq_f\, dp_f,$$

wobei f die Zahl der Freiheitsgrade und q_i und p_i die Koordinaten im f-dimensionalen Phasenraum des betrachteten Systems sind und die Integration über alle physikalisch möglichen Orts- und Impulswerte q_i bzw. p_i läuft. Der Normierungsfaktor $1/h^f$, der sichert, daß Z dimensionslos ist, wird durch die Deutung der Quantenzustände als Phasenzellen mit dem Volumen $1/h^f$ geliefert. Der Faktor $1/N!$, wobei N die Anzahl der (gleichartigen) Teilchen des Systems ist, kommt durch die quantenmechanische Nichtunterscheidbarkeit identischer Teilchen zustande. Nur die Berücksichtigung dieses Faktors liefert die richtige Abhängigkeit der Entropie und anderer thermodynamischer Größen von der Teilchenzahl. Die obige Form des Zustandsintegrals mit Berücksichtigung des Faktors $1/N!$ wird deshalb auch als *quantenmechanisch korrigiertes Zustandsintegral* bezeichnet.

Beispielsweise erhält man für ein ideales Gas aus N Molekülen, von denen jedes drei Freiheitsgrade hat, $Z = (2\pi mkT)^{3N/2}\, V^N / h^{3N} N!$. Die Berechnung des Druckes nach obiger Formel liefert unmittelbar den statistischen Beweis der Zustandsgleichung des idealen Gases.

Zustandsvektor, → Wellenfunktion 2).

Zuverlässigkeit, die Eigenschaft eines Bauelements oder eines Systems, z. B. eines Gerätes, eines Übertragungskanals, einer Anlage oder auch eines Organismus, den an sie gestellten Erwartungen in einer großen Anzahl von Fällen zu genügen. Die anderen Fälle werden zur *Ausfallrate* gerechnet, z. B. das Versagen eines Transistors oder das falsche Ergebnis eines Rechenautomaten. Da die Ursachen für Ausfälle meist durch eine Analyse nicht erfaßt werden können, werden die Z. und die Ausfallrate über ihre Häufigkeiten als Wahrscheinlichkeiten angegeben und in der Praxis als Toleranzen vorgeschrieben.

Eine hohe Z. ist besonders bei der Automatisierung von ausschlaggebender Wichtigkeit, da die ohne Zwischenschaltung des Menschen arbeitenden Automaten durch Fehlleistungen den gesamten Vorteil der Automatisierung wieder zunichte machen können.

Zuverlässigkeitsfaktor, svw. R-Faktor.

Zuverlässigkeitstheorie, Theorie zur Beurteilung und Berechnung der Zuverlässigkeit von Systemen, hauptsächlich die Zuverlässigkeit eines Gesamtsystems in Abhängigkeit von derjenigen seiner Teilsysteme: Die binären Zuverlässigkeitsvariablen S für das Gesamtsystem und S_i für die Teilsysteme, können nur die Werte 0 und 1 annehmen. Die Zuverlässigkeitsstruktur des Gesamtsystems wird dann durch eine Schaltfunktion $S = f(S_1, S_2, \ldots, S_n)$ beschrieben. Im einfachsten Fall verlieren die Teilsysteme unabhängig voneinander ihre Zuverlässigkeit. Ist dann p_i die Wahrscheinlichkeit dafür, daß $S_i = 1$ und p die Wahrscheinlichkeit für $S = 1$, so existiert eine Interpolationsfunktion $p = g(p_1, p_2, \ldots, p_n)$ zur Schaltfunktion f, die auf den Eckpunkten $S_i = 0$ bzw. 1 des n-dimensionalen Kubus die gleiche Werteverteilung wie f hat und in inneren Punkten des Kubus sich als Polynom niedrigsten Grades durch Interpolation ergibt. Im allgemeinen Fall bestimmt die Belegung $(S_1, S_2, \ldots, S_n)$ den Zuverlässigkeitszustand des Gesamtsystems. Er tritt mit einer gewissen Wahrscheinlichkeit $p_{S_1 S_2 \ldots S_n}$ auf. Mit einer gewissen Übergangswahrscheinlichkeit $p_{S_1 S_2 \ldots S_n / S_1 S_2 \ldots S_n}$ geht in Abhängigkeit von den Betriebsbedingungen der Zuverlässigkeitszustand $(S_1, S_2, \ldots, S_n)$ in $(S_1', S_2', \ldots, S_n')$ über.

Die Behandlung der Änderungen der Systemzuverlässigkeit von diesem allgemeineren Standpunkt aus wird von der Theorie der Markowschen Ketten beherrscht.

Wird mit τ der Zeitpunkt des ersten Ausfalls nach Inbetriebnahme des Systems bezeichnet, so ist die Zuverlässigkeitsfunktion $P(t) = p(\tau > t)$ die Wahrscheinlichkeit dafür, daß der erste Ausfall später als t erfolgt. Die Ausfallsintensität $\lambda(t)$ ist die Wahrscheinlichkeitsdichte dafür, daß bis zum Zeitpunkt t kein Ausfall erfolgte und daß es im Intervall $[t, t + \Delta t]$ zum ersten Ausfall kommt. Es besteht die Beziehung $\lambda(t) = -P'(t)/P(t)$.

Die mittlere ausfallsfreie Zeit T_0 ist der Mittelwert der zufällig auftretenden Ausfallszeiten, hierfür erhält man $T_0 = \int_0^\infty P(t)\,dt$. Charakteristisch für die meisten Ausfallsprozesse ist folgender qualitativer Verlauf der Ausfallsintensität: Für kleine t nimmt die Ausfallsintensität $\lambda(t)$ zunächst ab, weil die Frühausfälle allmählich überwunden werden.

Es folgt die Periode normaler Arbeit mit $\lambda(t) \approx \lambda_0$. Die dritte Periode, die Alterungsperiode, ist durch ein Ansteigen der Ausfallsintensität gekennzeichnet.

Die Zuverlässigkeitstheorie hat viele Berührungsstellen mit der Bedienungstheorie und der Empfindlichkeitstheorie.

Zuwachsfaktor, → Aufbaufaktor.

Zwang, svw. Zwangskraft.

Zwangskraft, *Zwang*, *Reaktionskraft*, *Führungskraft*, die bei der Bindung eines Massepunktes an eine bestimmte Fläche oder Kurve im Raum vom Führungsmechanismus aufzubringende Kraft. Beispielsweise tritt beim Rollen einer Kugel auf einem waagerechten Tisch eine der Schwerkraft entgegengerichtete, betragsmäßig gleich große Z. auf, die jene kompensiert und die Bewegung auf die Tischebene bindet. Die Z. steht immer senkrecht auf der Fläche oder Kurve, an die die Bewegung gebunden ist; sie kann daher bei starren, unveränderlichen Bindungen keine Arbeit leisten. Auf einer schiefen Ebene oder der Fallrinne bleibt eine zur Fläche bzw. Kurve tangentiale Komponente der Kraft unkompensiert, die die Bewegungsänderung hervorruft (Abb. 1). Das Gewicht $\vec{G}$ des Massepunktes wird demzufolge zerlegt in die tangentiale Komponente F_t und die Normalkomponente $\vec{F}_n$: $\vec{G} = \vec{F}_t + \vec{F}_n$; $\vec{F}_n$ wird durch die Z. $\vec{F}_z$ kompensiert, während $\vec{F}_t = \vec{G} + \vec{F}_z$ die *bewegende Kraft* ist; $\vec{F}_n = -\vec{F}_z$ wird auch *verlorene Kraft* genannt. Die Newtonsche Bewegungsgleichung des Massepunktes der Masse m lautet daher $m\ddot{\vec{r}} = \vec{F}_t$, wobei $\ddot{\vec{r}}$ die zweite zeitliche Ableitung des Ortsvektors ist.

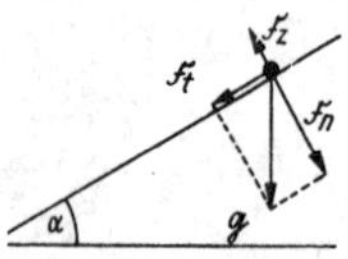

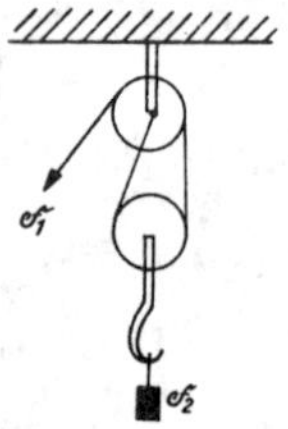

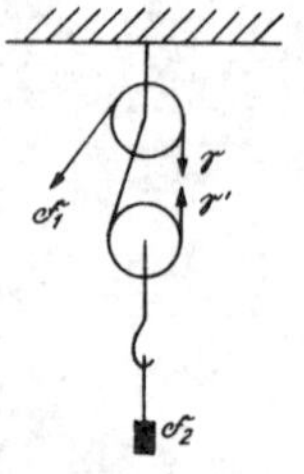

Zwangskraft

Bei einem Massepunktsystem können neben den Bindungen der einzelnen Massepunkte an Flächen oder Kurven noch zusätzliche Bindungen der Massepunkte untereinander auftreten, die zu inneren Zwangskräften führen. Beispielsweise führt Zug oder Druck auf einen starren Körper zu sich paarweise kompensierenden Spannungen innerhalb des Körpers.

Die Ermittlung innerer Zwangskräfte kann mit Hilfe des ***Befreiungsprinzips von Lagrange*** erfolgen, indem man jeweils eine der Bindungen aufhebt, so daß die zugehörige Z. zu einer eingeprägten Kraft wird und bei den nun erlaubten virtuellen Verrückungen ihres Angriffspunktes virtuelle Arbeit leistet. Beim Flaschenzug ist dies sehr anschaulich zu sehen (Abb. 2). Wird an irgendeiner Stelle das Seil zerschnitten (Aufheben der Bindung) und das Gleichgewicht zwischen der Kraft $\vec{F}_1$ und der Last $\vec{F}_2$ durch den Seilspannungen äquivalente Kräfte $\vec{S}$ und $\vec{S}'$ wieder hergestellt (Abb. 3), für die $\vec{S}' = -\vec{S}$ gilt, so ist das System als Ganzes wieder im Gleichgewicht. Eine virtuelle Verrückung von $\vec{F}_1$ um $\delta\vec{p}$ und $\vec{S}$ um $\delta\vec{s}$ ist nur möglich, wenn $\delta\vec{s} = \delta\vec{p}$ ist. Auf Grund des Prinzips der virtuellen Arbeit ist dann aber $(\vec{F}_1 - \vec{S})\,\delta\vec{p} = 0$ und daher $\vec{S} = \vec{F}_1$, d. h., die Seilspannung stimmt mit der am Flaschenzug angreifenden Kraft $\vec{F}_1$ überein.

Die Behandlung von Massepunktsystemen mit Hilfe des Begriffs der Z. und deren explizite Bestimmung erfolgt durch die Lagrangeschen Gleichungen 1. Art; die Tatsache, daß Zwangskräfte keine Arbeit verrichten, wird beim Prinzip der virtuellen Arbeit ausgenutzt.

zweiäugiges Sehen, → stereoskopisches Sehen.

zweidimensionale Supraleiter, → Exzitonen-Mechanismus der Supraleitfähigkeit.

Zweielektronenproblem, Berechnung der Wellenfunktionen und Energieeigenwerte für die stationären Zustände zweier Elektronen im Feld eines Atomkerns mit der Ordnungszahl (Kernladungszahl) Z. Für $Z = 2$ liefert das Z. die Theorie des Heliumatoms (→ Helium-Linienspektrum), für $Z > 2$ die der entsprechenden Ionen. Die Struktur des Termschemas wird wesentlich von der Austauschwechselwirkung bestimmt. Wegen der Antisymmetrie des räumlichen Anteils der Wellenfunktion weichen sich beide Elektronen in Triplett-Zuständen gegenseitig aus, während sie sich in Singulett-Zuständen bevorzugt benachbart aufhalten. Daher ist die stets positive Coulomb-Energie in Triplett-Zuständen kleiner als in entsprechenden Singulett-Zuständen. Diesen Effekt liefert bereits das → Hartree-Fock-Verfahren; wesentlich genauere Ergebnisse erhält man allerdings mit dem → Ritzschen Verfahren, das fast ausschließlich bei Z.en verwendet wird. Bei kleiner Ordnungszahl, z. B. bei Helium, übertrifft die Coulomb-Wechselwirkung der Elektronen die Spin-Bahn-Wechselwirkung. Die Feinstruktur stellt daher eine kleine Korrektur dar, es gilt die Russell-Saunders-Kopplung.

Zweierstoß, → Stoß.

Zweierstoßrekombination, → Rekombination 1).

Zweifachbindung, eine → Mehrfachbindung.

Zweiflüssigkeitsmodell, → Supraflüssigkeit.

Zweiflüssigkeitsmodell der Supraleitfähigkeit, → Gorter-Casimir-Zweiflüssigkeitsmodell.

Zweikammerklystron, eine Triftröhre zur Verstärkung von Schwingungen im GHz-Bereich. Die aus der Katode k austretenden Elektronen werden durch eine Gleichspannung U_0 beschleunigt. Auf der Strecke zwischen den Gittern des toroidförmigen Hohlraumresonators H_1, dem die zu verstärkende hochfrequente Wechselspannung zugeleitet wird, sind die Elektronen einem longitudinalen Wechselfeld ausgesetzt. Da die Spannung je nach ihrem Momentanwert bremsend oder beschleunigend auf die Elektronen wirkt, wird der Elektronenstrom geschwindigkeitsmoduliert. Im Laufraum verwandelt sich der geschwindigkeitsmodulierte Elektronenstrom in einen dichtemodulierten: Schnelle Elektronen holen langsamere ein, wodurch eine periodische Schwankung der Elektronendichte zustande kommt. Die durch das Gitter des Hohlraumresonators H_2 hindurchtretenden Elektronen fachen dort durch Influenz eine Schwingung an. Die in H_1 zugeführte Wechselspannung kann somit verstärkt aus H_2 entnommen werden.

Die Umwandlung der Geschwindigkeitsmodulation in eine Dichtemodulation des Elektronenstroms wird in der Abb. b verdeutlicht. Es sind

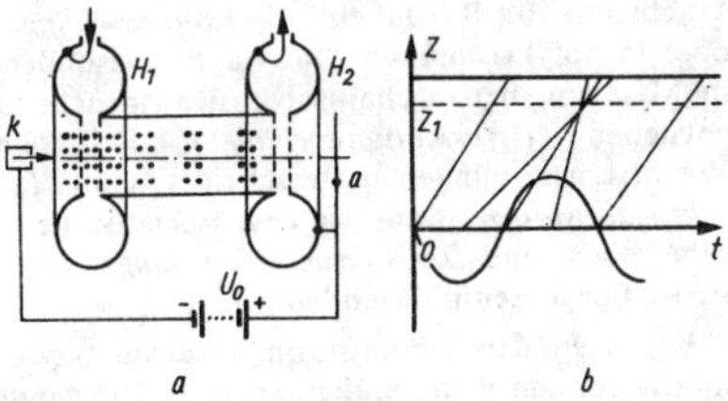

a b

Zweikammerklystron: *a* Schema, *b* Elektronenfahrplan bei sinusförmiger Modulation der Anfangsgeschwindigkeit

die Weg-Zeit-Diagramme nacheinander startender Elektronen und der Zeitverlauf der hochfrequenten Schwingung angegeben. Man sieht, daß an der Stelle z_1 eine Paketierung der Elektronen eintritt. Eine technische Ausführung des Z.s liefert z. B. eine HF-Leistung von 1 kW bei 10 GHz. Noch größere Leistungen und höhere Verstärkungen lassen sich erzielen, indem man in den Triftraum weitere Kreise einfügt. Diese Mehrkreisklystrons dienen unter anderem als Fernsehsenderöhren im Band IV und V.

Zwei-Komponenten-Theorie des Neutrinos, → Weyl-Gleichung.

Zweikörperpotential, Potential, das zwischen zwei Körpern wirkt und die Wirkung unter Umständen vorhandener anderer Körper nicht berücksichtigt.

Zweikörperproblem, Problem der Bewegung eines Systems zweier als Massepunkte mit den Massen m_1 und m_2 idealisierter Körper oder Teilchen unter dem alleinigen Einfluß ihrer gegenseitigen Wechselwirkung. Die freie Bewegung des Schwerpunktes läßt sich von der relativen Bewegung der beiden Massepunkte separieren; legt man den Ursprung O des Bezugssystems in den Schwerpunkt (Abb. 1 u. 2) des Systems, so ergibt sich $\vec{r}_1 = -m_2\vec{r}/(m_1 + m_2)$ und $\vec{r}_2 = m_1\vec{r}/(m_1 + m_2)$ mit dem Vektor $\vec{r} = \vec{r}_1 - \vec{r}_2$ der Relativbewegung beider Teilchen. Dabei reduziert sich das Z. auf die Bestimmung der Bewegung eines fiktiven Teilchens mit dem Ortsvektor $\vec{r}$ und der *reduzierten Masse* $m = m_1m_2/(m_1 + m_2)$ unter dem Einfluß der auf das Teilchen 1 wirkenden Kraft $\vec{F} = F\vec{r}/r$.

Von besonderem Interesse ist die Bewegung zweier Massepunkte unter dem Einfluß ihrer gegenseitigen gravitativen Anziehung (*Z. der Himmelsmechanik*, → Kepler-Bewegung) oder der Coulombschen Anziehung bzw. Abstoßung zweier geladener Teilchen. In diesen Fällen entspricht die zeitliche Änderung des Relativvektors $\vec{r}$ einer → Zentralbewegung, für die Energie- und Drehimpulssatz gelten.

Das Z. der allgemeinen Relativitätstheorie ist nicht in geschlossener Form lösbar. In erster Näherung ergibt sich die Kepler-Bewegung der Newtonschen Mechanik, in 2. Näherung folgt eine Drehung der großen Halbachse a der Ellipsenbahnen der Himmelskörper (→ Perihelbewegung).

Zweikreissystem, → Reaktor 4.2).

Zweiphasengebiet, Gebiet in Zustandsdiagrammen, z. B. im → Schmelzdiagramm und → Siedediagramm, in dem zwei Phasen koexistieren.

Zweipol, Bezeichnung für jedes elektrische Netzwerk mit zwei von außen zugänglichen Anschlußklemmen. Man unterscheidet aktive und passive Z.e. *Aktive Z.e* enthalten im Innern Strom- oder Spannungsquellen. *Passive Z.e* enthalten im Innern keine Energiequellen, sondern nur ohmsche Widerstände, Induktivitäten und Kapazitäten. Von einem *linearen Z.* spricht man, wenn der Z. nur Schaltelemente enthält, bei denen Proportionalität zwischen den Strömen und Spannungen herrscht.

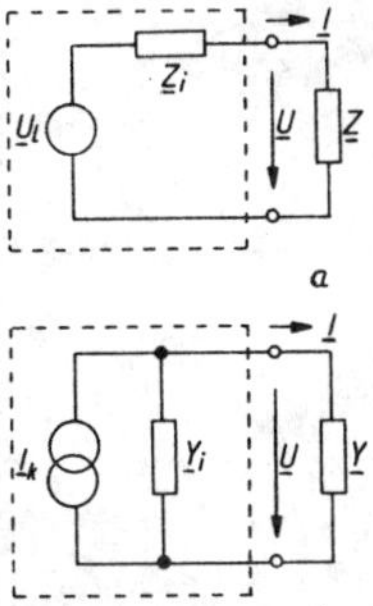

Ersatzschaltbilder eines aktiven Zweipols: *a* Spannungsquellenersatzschaltbild, *b* Stromquellenersatzschaltbild

Jeder lineare aktive Z., der eine beliebige Zahl von elektromotorischen Kräften in seinem Innern enthält, läßt sich durch eine Ersatzspannungsquelle mit dem Innenwiderstand $\underline{Z}_i$ darstellen. Diese Spannung, die auch als Urspannung bezeichnet wird, entspricht der Leerlaufausgangsspannung $\underline{U}_L$. Die Eigenschaften eines solchen aktiven Z.s lassen sich vollständig durch die Messung der Ausgangsspannung $\underline{U}_L$ bei Leerlauf und durch die Messung des Ausgangsstromes $\underline{I}_k$ bei Kurzschluß erfassen.

Das entsprechende Ersatzschaltbild ist in der Abb. a angegeben. Daneben läßt sich jeder aktive Z. durch eine Ersatzstromquelle mit dem Urstrom $\underline{I}_k$ und durch einen parallel zu ihr liegenden inneren Leitwert $\underline{Y}_i$ darstellen (Abb. b). Im Spannungsquellenersatzschaltbild ist der Widerstand $\underline{Z}_i = \dfrac{\underline{U}_L}{\underline{I}_k}$, die am äußeren Belastungswiderstand entstehende Spannung $\underline{U} = \underline{U}_L \dfrac{\underline{Z}}{\underline{Z}_i + \underline{Z}}$ und der durch den Belastungswiderstand fließende Strom $\underline{I} = \dfrac{\underline{U}_L}{\underline{Z} + \underline{Z}_i}$. Das Stromquellenersatzschaltbild enthält einen inneren Leitwert der Größe $\underline{Y}_i = \dfrac{\underline{I}_k}{\underline{U}_L}$. Die am äußeren Belastungsleitwert $\underline{Y}$ entstehende Spannung ist $\underline{U} = \dfrac{\underline{I}_k}{\underline{Y}_i + \underline{Y}}$ und der durch den äußeren Leitwert fließende Strom $\underline{I} = \underline{I}_k \cdot \dfrac{\underline{Y}}{\underline{Y} + \underline{Y}_i}$.

Zweipunktfunktion, → Ausbreitungsfunktion.

Zweischalenfehler, → Abbildungsfehler.

zweiseitige Bindung, → Bindung.

Zweistandentfernungsmesser, → Entfernungsmesser.

Zweistärkenglas, → Augenoptik.

Zweistoffsystem, svw. binäres → System.

Zweistromturbine, → Strahltriebwerk.

Zweistrom-Turbinen-Luftstrahltriebwerk, → Strahltriebwerk.

zweite kosmische Geschwindigkeit, → Fall.

zweite Quantisierung, → Quantisierung.

zweiter Schall, engl. *second sound*, Bezeichnung für ungedämpfte Temperaturwellen, die mit Dichteschwingungen des *Phononengases* verbunden sind. Der z. S. kann durch Anlegen einer ihre Temperatur periodisch ändernden äußeren Wärmequelle erzeugt werden. Ein Temperaturgradient breitet sich nicht mittels eines Diffusionsprozesses – wie bei der gewöhnlichen Wärmeleitung infolge der anharmonischen Phononenprozesse – aus, sondern in Wellenform mit einer charakteristischen Geschwindigkeit. Der z. S. tritt neben dem gewöhnlichen Schall

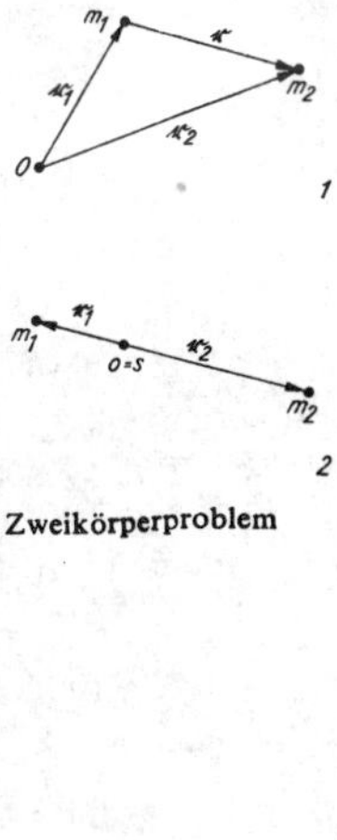

Zweikörperproblem

im suprafluiden Helium He-II auf. Im Rahmen des Zweiflüssigkeitsmodells für Helium II, bei dem eine normale und suprafluide Komponente mit den Dichten ϱ_n und ϱ_s unterschieden wird, läßt sich der z. S. in erster Näherung durch *gegenphasige* Sinusschwingungen der Dichtekomponenten ϱ_n und ϱ_s erklären; dabei bleibt die Gesamtmassedichte $\varrho = \varrho_n + \varrho_s$ räumlich konstant, d. h., es können keine Schallwellen auftreten. Jedoch entsteht eine sinusförmige Schwingung der Entropie s je Masseeinheit, weil die suprafluide Komponente im Gegensatz zur Normalkomponente keine Entropie transportiert. Umgekehrt kann durch lokale Temperaturänderung ein Entropiegradient erzeugt und eine gegenphasige Schwingungsmode der beiden Komponenten angeregt werden. Für Temperaturen $0 \neq T < T_\lambda$ (Temperatur des λ-Punktes) gelten die gekoppelten Wellengleichungen

$$\begin{aligned} \nabla^2\varrho - \frac{1}{c_1^2}\frac{\partial^2\varrho}{\partial t^2} + \gamma_1\nabla^2 T = 0 \\ \nabla^2 T - \frac{1}{c_2^2}\frac{\partial^2 T}{\partial t^2} + \gamma_2\frac{\partial^2\varrho}{\partial t^2} = 0 \end{aligned} \quad (1)$$

mit den Geschwindigkeiten der Masseschwingungen $c_1 = 1/\sqrt{(\partial p/\partial\varrho)_T}$, des zweiten Schalls $c_2 = \sqrt{\frac{s^2\varrho_s}{\varrho\varrho_n(\partial s/\partial T)_\varrho}}$ und den Koeffizienten $\gamma_1 = -\left(\frac{\partial\varrho}{\partial T}\right)_p$ (proportional zum Wärmeausdehnungskoeffizienten),

$$\gamma_2 = \frac{\varrho_n}{s\varrho_s}\left[1 - \frac{\varrho}{s}\left(\frac{\partial s}{\partial\varrho}\right)_T\right].$$

Hierbei bedeutet p den Druck. Bei Annäherung an den absoluten Nullpunkt $T \to 0$ werden die Gleichungen (1) wegen $\gamma_1 \to 0$, $\gamma_2 \to 0$ entkoppelt, und für die Schallgeschwindigkeiten gilt $c_1 \to c_0$, $c_2 \to c_0/\sqrt{3}$, wobei $c_0 \approx 235\ \mathrm{ms}^{-1}$ die Geschwindigkeit des gewöhnlichen Schalls in Helium ist.

Zwei-Triplett-Modell, → Quarkmodell.

Zwergstern, → Hertzsprung-Russell-Diagramm.

Zwielichtsehen, → Adaptation.

Zwilling, fester Körper, der aus zwei Einkristallen (Zwillingsindividuen) derselben Kristallart in bestimmter relativer Orientierung besteht. Es gibt mindestens zwei, eine Netzebene aufspannende Gittergeraden des einen Individuums, zu denen im anderen Individuum die entsprechenden Gittergeraden parallel oder antiparallel liegen. Sind alle einander entsprechenden Gittergeraden der beiden Individuen zueinander parallel, so spricht man von einer *Parallelverwachsung*. Sind Einkristalle in drei oder mehr verschiedenen Orientierungen verwachsen, so spricht man von *Drillingen* oder *Viellingen*. *Polysynthetische Verzwillingung* liegt vor, wenn in relativ kurzen Abständen verschieden orientierte Zwillingsindividuen aufeinanderfolgen. Zur Charakterisierung einer Zwillingsbildung gibt man eine Punktsymmetrieoperation an, das *Zwillingsgesetz*, das ein Zwillingsindividuum in die Orientierung eines benachbarten Individuums überführt. Ist der Einkristall monoklin oder höher symmetrisch, so läßt sich eine bestimmte Zwillingsbildung durch verschiedene Punktsymmetrieoperationen; beschreiben man wählt Drehung um eine solche Achse oder Spiegelung an einer solchen Ebene, die einfache, ganzzahlige Indizes haben. Z.e können beim Wachstum von Kristallen (*Wachstumszwillinge*) oder in polykristallinen Materialien, besonders in Metallen, bei mechanischer Beanspruchung entstehen (*Deformationszwillinge*). Bei den Wachstumszwillingen unterscheidet man *Berührungszwillinge*, wenn sie eine Ebene gemeinsam haben, und *Durchdringungszwillinge*, wenn sie sich gegenseitig durchdringen.

Ursachen der Bildung von Wachstumszwillingen können insbesondere sein: 1) Umwandlung einer höher symmetrischen Modifikation in eine verwandte niedriger symmetrische. Da es in bezug auf die Ausgangsmodifikation mindestens zwei symmetrieäquivalente Orientierungen der niedriger symmetrischen Modifikation gibt, entstehen Z.e, wenn die Umwandlung gleichzeitig von mehreren Keimen aus erfolgt. 2) Aufbau der Kristallstruktur aus geometrisch definierten Schichten derart, daß es partielle Deckoperationen gibt, die jeweils eine Schicht mit einer anderen Schicht oder mit sich selbst zur Deckung bringen, jedoch nicht Deckoperationen der ganzen Struktur sind. Dann können zwei Zwillingsindividuen so verwachsen sein, daß eine ihnen gemeinsame Grenzschicht sowohl dem Kristallbau des einen wie dem des anderen Individuums entspricht. Derartige Verhältnisse liegen bei *OD-Strukturen* (→ Kristall) vor.

Genügt die Geometrie der Atomanordnung den unter 2) angegebenen Bedingungen, so gibt es für jede Schicht mindestens zwei verschiedene Lagen, von denen jede zusammen mit der unmittelbar vorangegangenen Schicht einem anderen Zwillingsindividuum entspricht. Sind diese verschiedenen Lagen einander translationsäquivalent, so können sich Schichten bei mechanischer Belastung durch Scherkräfte so gegeneinander verschieben, daß aus einem Einkristall ein Z. entsteht. Dies ist z. B. die Erklärung für die Entstehung von Deformationszwillingen von Metallen mit kubisch dichter Kugelpackung (z. B. Kupfer).

Zwillingsparadoxon, *Uhrenparadoxon*, Beispiel zur Auswirkung der Zeitdilatation nach der speziellen Relativitätstheorie. Bei einem oft gemachten Fehler in der Errechnung der → Zeitdilatation liefert dieses Beispiel einen scheinbaren logischen Widerspruch in der Aussage der Zeitdilatation.

Zwei Beobachter bewegen sich von einem Weltpunkt A (Ereignis des gemeinsamen Aufbruchs) zum Weltpunkt B (Ereignis der gemeinsamen Ankunft), wie in der Abbildung skizziert ist. Beobachter I bewegt sich mit konstanter Geschwindigkeit von A nach B. Beobachter II nimmt einen Umweg über C. Die Bewegung von A nach C und die von C nach B erfolgt ebenfalls mit konstanter Geschwindigkeit, die in C geändert wird. Relativ zum Beobachter I ist Beobachter II ständig in Bewegung. Auf Grund der Zeitdilatation geht deshalb die Uhr von II langsamer als die von I.

Der Beobachter I ist am Treffpunkt B schneller gealtert als II, seine Uhr zeigt eine spätere Zeit an als die von II, wenn beide bei A den gleichen Stand hatten.

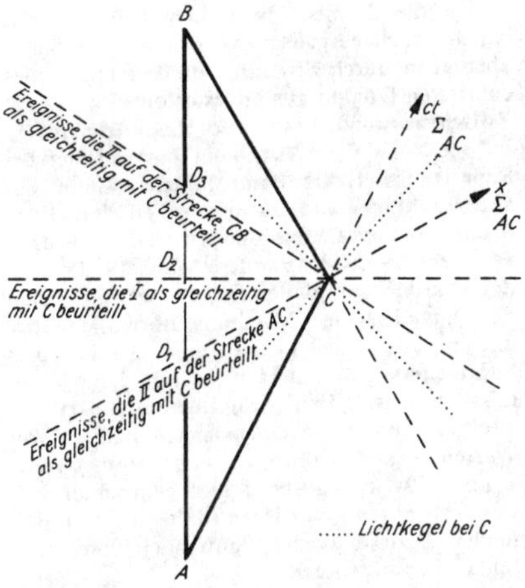

Beispiel zur Auswirkung der Zeitdilatation

Paradoxerweise scheint es nun möglich, genau das Gegenteil auf Grund des Standpunktes von Beobachter II festzustellen. Relativ zu II bewegt sich ja auch I ständig, seine Uhr sollte also gegenüber der Uhr von II nachgehen, was sich am Treffpunkt B zeigen müßte. Am Treffpunkt B kann die Kontrolle aber nur ein Ergebnis liefern. Auf dem Standpunkt von II läßt sich aber die Zeitdilatation nicht so ohne weiteres anwenden, denn in der Formel für die Zeitdilatation steht: $d\tau = \sqrt{1 - \frac{v^2}{c^2}} \cdot dt$; τ ist die Eigenzeit des bewegten Körpers; t ist die Zeit im Inertialsystem. Die Zeit des Beobachters II ist aber nicht die Zeitkoordinate eines Inertialsystems, da sich II nicht mit konstanter Geschwindigkeit von A nach B bewegt. Inertial bewegt sich II nur auf den Teilstrecken $\overline{AC}$ und $\overline{CB}$.

Die Zeitdilatation, die II auf diesen Teilstücken feststellt, betrifft nicht den ganzen Weg des Beobachters I, sondern nur einen Teil davon. Die Zeitdilatation liefert folgendes: Gemessen an der Eigenzeit gilt $\overline{AD_2} > \overline{AC}$ und $\overline{D_2B} > \overline{CB}$ (Beobachtung von I), also $\overline{AB} > \overline{AC} + \overline{CB}$. Beobachter II dagegen findet wegen der → Relativität der Gleichzeitigkeit $\overline{AC} > \overline{AD_1}$ und $\overline{CB} > \overline{D_3B}$, also $\overline{AD_1} + \overline{D_3B} < \overline{AC} + \overline{CB}$. Das ist aber kein Widerspruch mehr zur Beobachtung von I. Der Fehler in der paradoxen Formulierung liegt also darin, daß bei der Formulierung der Beobachtung von II die Auslassung der Strecke $\overline{D_1D_3}$ nicht erwähnt bzw. nicht beachtet wird.

Die Feststellung $\overline{AB} > \overline{AC} + \overline{CB}$ ist identisch mit der Dreiecksungleichung im → Minkowski-Raum.

Das Z. ist ein speziell-relativistischer Effekt und hat mit dem Gravitationsfeld nichts zu tun. Im Gravitationsfeld gelten die geschilderten Verhältnisse nur lokal, insbesondere sind zeitartige Geodäten, die Weltlinien unbeschleunigter Beobachter, nur stückweise echte Maxima der Eigenzeit und auch nur Maxima bezüglich lokaler Änderungen des Kurvenverlaufs. Im Gravitationsfeld wird der Uhrengang durch die Einsteinsche Frequenzverschiebung wesentlich beeinflußt.

Zwischenbandmoden, → lokalisierte Gitterschwingungen.

Zwischenbandstreuung, svw. Interbandstreuung.

Zwischenbasisschaltung, eine Elektronenröhrenschaltung, deren Eingangswiderstand zwischen dem hohen Eingangswiderstand der Katodenbasisschaltung und dem niedrigen Eingangswiderstand der Gitterbasisschaltung liegt. Kennzeichnend für die Z. ist, daß weder die Katode noch das Gitter geerdet ist, sondern daß der Erdanschluß an einer Anzapfung des zwischen Gitter und Katode liegenden Schwingkreises erfolgt. Durch die Wahl des Anzapfungspunktes kann der Eingangswiderstand auf einen gewünschten Wert zwischen dem hohen Wert der Katodenbasisschaltung und dem niedrigen Wert der Gitterbasisschaltung eingestellt werden.

Zwischenbürstenverstärker, svw. Amplidyne.

Zwischenfrequenzverstärker, *ZF-Verstärker*, ein → Verstärker zur Verstärkung der bei der Überlagerung zweier beliebiger Frequenzen ω und ω_0 an einem nichtlinearen Schaltelement entstehenden Kombinationsfrequenzen $\omega \pm \omega_0$ (Zwischenfrequenzen). Z. sind meist Resonanzverstärker, mit denen neben einem hohen Verstärkungsgrad eine gute Selektion realisiert werden kann. Angewandt werden die Z. z. B. in den Überlagerungsempfängern. Die konstante Zwischenfrequenz wird bei diesen durch den Gleichlauf zwischen variabler Oszillatorfrequenz und Empfangsfrequenz erzeugt.

Zwischengitterplätze, Lücken in den Kugelpackungen der Kristalle zwischen den regulär besetzten Gitterpunkten. Die Z. sind gewöhnlich unbesetzt. Befindet sich ein Atom oder Ion auf einem Zwischengitterplatz, so bezeichnet man die Fehlstelle als *Zwischengitteratom* oder *Zwischengitterion* (→ Eigenfehlstellen). Meist gibt es verschiedene, energetisch nicht gleichwertige Möglichkeiten, Atome in einem Kristall auf Z.n einzubauen, z. B. der raumzentrierte Einbau in einem flächenzentrierten Kristall und die aufgespaltene Konfiguration (*Hantellage, Zwischengitterpaar*), bei der sich zwei Atome einen regulären Gitterplatz teilen.

Zwischenkern, → Compoundzustand.

zwischenmolekulare Kräfte, *Molekularkräfte*, Anziehungs- und Abstoßungskräfte, die zwischen valenzmäßig abgesättigten Molekülen wirksam werden. Die Anziehungskräfte werden auch als *van-der-Waalssche Kräfte* bezeichnet und vor allem durch den Dipoleffekt, den Induktionseffekt und den Dispersionseffekt hervorgerufen. Sie sind die Ursache für das abweichende Verhalten realer Gase vom idealen Gaszustand.

Der *Dipol-* oder *Richteffekt* beruht auf der Wirkung von Orientierungskräften zwischen zwei permanenten Dipolen. Für zwei Dipole $\vec{\mu}_1$ und $\vec{\mu}_2$, die sich in einem Abstand r voneinander befinden, ergibt sich bei Berücksichtigung der Wärmebewegung unter der Voraussetzung $\frac{\vec{\mu}_1\vec{\mu}_2}{4\pi\varepsilon_0 r^3} \ll kT$ eine mittlere Wechselwirkungsenergie $U_{\mathrm{Dipol}} = -\frac{2}{3} \frac{\vec{\mu}_1^2\vec{\mu}_2^2}{16\pi^2\varepsilon_0^2 r^6} \cdot \frac{1}{kT}$. Wegen der auch bei dipollosen Molekülen und bei höheren

Temperaturen erheblichen Anziehungskräfte fügte Debye noch die Wechselwirkungsenergie hinzu, die durch die Anziehung zwischen einem permanenten Dipol und dem infolge der Deformierbarkeit der Ladungen in Nachbarmolekülen induzierten Momente zustande kommt (*Induktionseffekt*). Haben beide Moleküle die gleiche Polarisierbarkeit α und das gleiche Dipolmoment $\bar{\mu}$, so ergibt sich für den Mittelwert der Wechselwirkungsenergie der Ausdruck $U_{\text{Ind.}} = -\dfrac{2\alpha\bar{\mu}^2}{16\pi^2\varepsilon_0^2 r^6}$.

Den Hauptanteil an den z.n K.n liefert der *Dispersionseffekt*. Die von London erkannten Dispersionskräfte beruhen darauf, daß als Folge der inneren Elektronenbewegung auch in Atomen und dipollosen Molekülen fluktuierende Dipole entstehen, die die Elektronensysteme benachbarter Atome und Moleküle polarisieren und so eine Wechselwirkung hervorrufen. Für unterschiedliche, kugelsymmetrische Moleküle mit den Polarisierbarkeiten α_1 und α_2 ergibt sich für die Londonsche Wechselwirkungsenergie der Ausdruck $U_{\text{Disp.}} = -\dfrac{3}{2}\dfrac{\alpha_1\alpha_2}{16\pi^2\varepsilon_0^2 r^6}\dfrac{I_1 I_2}{I_1 + I_2}$, wobei I die Ionisierungsenergien sind.

Mit zunehmender Annäherung der Moleküle nimmt der Anteil der infolge Durchdringung der Elektronenhüllen auftretenden Abstoßungskräfte zu. Nach quantenmechanischen Betrachtungen läßt sich das Abstoßungspotential durch eine e-Funktion darstellen. Aus der Überlagerung von Anziehungs- und Abstoßungskräften ergibt sich das Gesamtpotential $U = -a/r^m + be^{-r/c}$ (Abb.). Hierbei sind a, b und c Konstan-

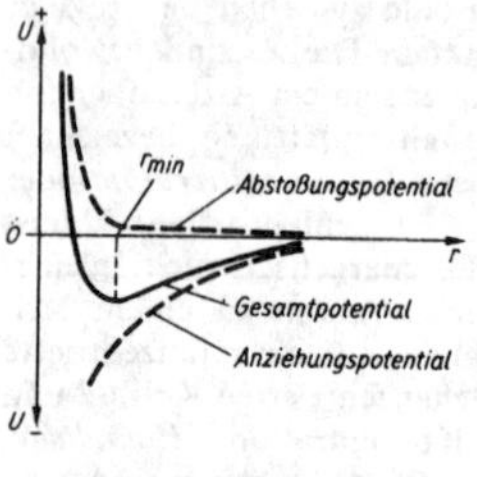

Potential der anziehenden und abstoßenden Kräfte und Gesamtpotential

ten. m hat im Falle überwiegender Dispersionskräfte den Wert 6.

Eine besondere Art zwischenmolekularer Wechselwirkung ist die → Wasserstoffbrückenbindung.

Als *Reichweite* z.r K. wird diejenige Entfernung definiert, bei der die Wechselwirkungsenergie zweier Moleküle dem Betrag der mittleren Energie der ungeordneten Wärmebewegung bei Zimmertemperatur (≈ 600 cal/mol) entspricht.

Zwischentalstreuung, die Übergänge von Ladungsträgern in Kristallen zwischen Zuständen, die in der Umgebung äquivalenter Punkte in der Brillouin-Zone liegen, also zu miteinander entarteten „Tälern" (Bandextrema) gehören. Ein solcher Übergang kann wegen der Forderung nach Impulserhaltung nur bei Wechselwirkung mit einem Stoßpartner erfolgen. Da die Differenz der zu den Bandkanten gehörenden Wellenvektoren $\bar{k}$ bei Mehrtalhalbleitern groß gegenüber dem Wellenvektor des Ladungsträgers ist,

erfolgt die Z. meist bei Wechselwirkung mit einem (hochenergetischen) Phonon. Sie kann aber auch durch Streuung am Potential eines entarteten Donatorzustandes erfolgen.

Zwischenzustand, 1) svw. Compoundzustand.

2) *Z. eines Supraleiters*, ein Zustand, der bei Supraleitern 1. Art dann auftritt, wenn ein äußeres Magnetfeld an einem Teil der Oberfläche des Supraleiters die kritische Feldstärke H_c überschreitet. Das äußere Magnetfeld dringt dann in den Supraleiter ein, und es bildet sich eine lamellenartige Mischung normalleitender und supraleitender Bezirke aus. Der Z. eines Supraleiters 1. Art darf nicht mit dem → gemischten Zustand eines Supraleiters 2. Art verwechselt werden. In einem engen Bereich von Werten des Ginzburg-Landau-Parameters $\varkappa$ können Zwischenzustand und gemischter Zustand gleichzeitig vorliegen, d. h., die supraleitenden Bezirke werden dann noch von Flußschläuchen durchsetzt.

Zwitterionen, Ionen, die Ladungen entgegengesetzten Vorzeichens im gleichen Molekül tragen. Typische Beispiele sind die Aminosäuren der allgemeinen Formel $R-CH(NH_2)COOH$. In Abhängigkeit von der Alkalität der Lösung (→ pH-Wert) treten folgende Formen auf:

$$\overset{\text{H}}{\underset{\text{R}}{H_3\overset{+}{N}-\overset{|}{\underset{|}{C}}-COOH}} \longrightarrow \overset{\text{H}}{\underset{\text{R}}{H_3\overset{+}{N}-\overset{|}{\underset{|}{C}}-COO^-}}$$

sauer   Zwitterion (isoelektrischer Punkt)

$$\longrightarrow H_2N-\overset{\text{H}}{\underset{\text{R}}{\overset{|}{\underset{|}{C}}}}-COO^-.$$

basisch

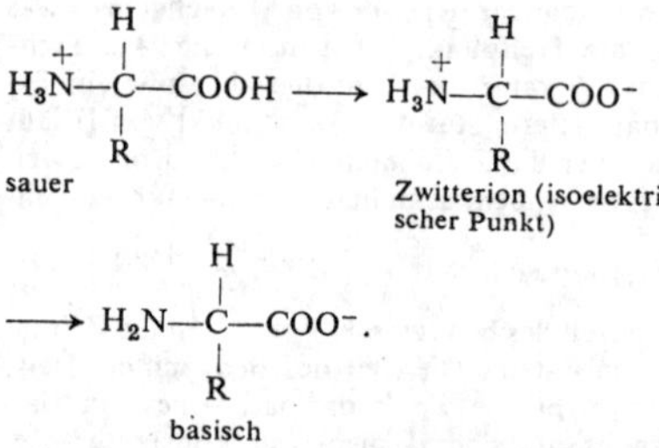

Analoge Ionenbildung tritt bei den aus Aminosäuren aufgebauten Proteinen auf.

Zwölf-jot-Symbol, 12*j-Symbol*, → Vektoraddition von Drehimpulsen.

Zyanotypie, *Blaudruck, Blaupause,* für Strichzeichnungen geeignetes photographisches Vervielfältigungsverfahren, dem die Reduktion von Eisen(III)-Salzen organischer Säuren zu Eisen-(II)-Salzen zugrunde liegt. Zur Bilderzeugung werden sowohl die Fe(III)- als auch die entstehenden Fe(II)-Ionen ausgenutzt, je nachdem, ob man gelbes $K_4(Fe(CN)_6)$ oder rotes Blutlaugensalz $K_3(Fe(CN)_6)$ einsetzt. In beiden Fällen entsteht ein blaues Komplexsalz, das ein Positiv- bzw. Negativ-Bild erzeugt. Schwarze Bilder werden durch Einwirkung von Tannin oder Gallussäure auf Eisen(III)-Verbindungen erhalten.

zyklisch, *periodisch,* zu einem vorgegebenen Anfangswert oder Ausgangspunkt zurückkehrend, z. B. die Bewegung eines mechanischen Systems auf einer geschlossenen Bahnkurve.

zyklische Koordinaten, → Lagrangesche Gleichungen 2), → Hamiltonsche kanonische Theorie.

zyklischer Beschleuniger, → Teilchenbeschleuniger.

zyklisches Vakuum, → Vakuumzustand.

zyklische Vektoren, → Fock-Raum.

Zykloide, → Rollkurve.

Zykloidenpendel, → Pendel.

Zyklone, *Tiefdruckgebiet*, Gebiet mit gegenüber der Umgebung erniedrigtem Luftdruck und vorherrschend aufsteigender Luftbewegung, daher mit meist starker, nach den Bildübertragungen der → Wettersatelliten oft in charakteristischen Bändern angeordneter Bewölkung und verbreitetem Niederschlag, insbesondere im Bereich der → Fronten.

Zyklotron, ein → Teilchenbeschleuniger.

Zyklotronbahn, die Bahn im Wellenvektorraum, auf der sich der Wellenvektor $\vec{k} = \frac{2\pi}{\lambda}\,\vec{n}^0$ eines Elektrons in einem homogenen Magnetfeld bewegt. Das Magnetfeld $\vec{B}$ übt auf ein Elektron mit der Geschwindigkeit $\vec{v}$ die Lorentz-Kraft $\hbar\, \mathrm{d}\vec{k}/\mathrm{d}t = e\vec{v} \times \vec{B}$ aus, die senkrecht zu $\vec{v}$ und $\vec{B}$ gerichtet ist und weder die Energie des Elektrons noch die Wellenvektorkomponente in Richtung des Magnetfeldes verändert. Hierbei ist $\hbar$ das durch 2π dividierte Plancksche Wirkungsquantum, t die Zeit und e die Elektronenladung. Die Z. ist daher eine Schnittkurve zwischen einer Fläche konstanter Energie (Isoenergiefläche) und einer Ebene, die senkrecht zum Magnetfeld verläuft. Für freie Elektronen sind die Isoenergieflächen Kugeln und die Z.en Kreise. In Festkörpern haben die Isoenergieflächen, insbesondere die Fermi-Flächen von Metallen, und die zugehörigen Z.en im allgemeinen eine komplizierte Gestalt. Man unterscheidet *geschlossene Z.en* und *offene Z.en*, die im wiederholten Zonenschema nicht begrenzt sind (→ Bandstruktur). Die Abb.

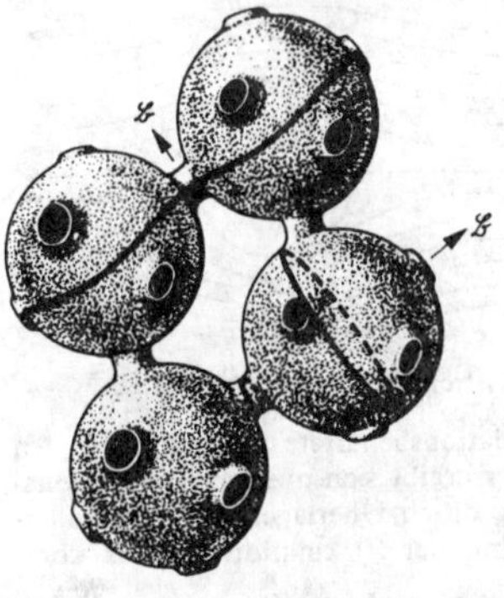

Offene und geschlossene Zyklotronbahnen auf der Fermi-Fläche von Kupfer

zeigt als Beispiel zwei geschlossene Z.en und eine offene Z. auf der Fermi-Fläche von Kupfer, die bei den angegebenen Orientierungen des Magnetfeldes möglich sind. Durch Drehung der Z. um 90° und Vergrößerung um den Maßstabsfaktor $\frac{\hbar}{|e|\,B}$ erhält man die Projektion der wirklichen Elektronenbahn auf eine zum Magnetfeld senkrechte Ebene. Infolge der zusätzlichen Bewegung des Elektrons in Richtung des Magnetfeldes hat die Elektronenbahn eine schraubenartige Form.

Zyklotronfrequenz, die Umlauffrequenz eines Elektrons im homogenen Magnetfeld. Die Z. ω_c eines Elektrons stimmt mit der Umlauffrequenz seines Wellenvektors auf der → Zyklotronbahn überein. Sie ist proportional zur Magnetfeldstärke B und wird gewöhnlich durch eine Zyklotronmasse m_c in der Form $\omega_c = |e|\,B/m_c$ ausgedrückt, wobei e die Elektronenladung ist.

Zyklotronmasse, → effektive Masse.

Zyklotronresonanz, *diamagnetische Resonanz*, die resonante Absorption eines elektromagnetischen Wechselfeldes durch rotierende Elektronen in einem homogenen Magnetfeld. Die experimentelle Untersuchung der Z. mit den Methoden der Mikrowellenspektroskopie liefert wichtige Aussagen über das Energiespektrum der Ladungsträger (Elektronen, Löcher) in Halbleitern und Metallen. Z. tritt ein, wenn die Feldfrequenz mit der Umlaufsfrequenz der Elektronen (→ Zyklotronfrequenz) übereinstimmt oder gegebenenfalls ein Vielfaches davon beträgt. In diesem Fall kann ein rotierendes Elektron durch das Wechselfeld stets gleichphasig beschleunigt werden und eine maximale Energie dem Feld entnehmen. Z. wird zur Beschleunigung von Elektronen im Zyklotron und zur Bestimmung von Zyklotronmassen von Festkörperelektronen ausgenutzt.

Die Ladungsträger stehen mit Kristallgitterschwingungen und Gitterstörungen in Wechselwirkung. Sie erleiden bei ihrem Bahnumlauf Stöße. Damit sich Kreisbahnen bilden können, ist es notwendig, daß die mittlere Zeit τ zwischen zwei Stößen wesentlich größer als die Umlaufzeit auf der Kreisbahn ist, daß also $\tau \gg 1/\omega_c$ gilt. Da die Relaxationszeiten τ in Kristallen schon bei der Temperatur des flüssigen Heliums kleiner als 10^{-11} s sind, so müssen die Meßfrequenzen im Mikrowellengebiet liegen. Meist arbeitet man bei Wellenlängen von 4 mm und 2 mm. Die Zyklotronresonanzspektrometer zeigen einen ähnlichen Aufbau wie die für paramagnetische Elektronenresonanzuntersuchungen verwendeten Geräte (→ paramagnetische Elektronenresonanz). Untersuchungen der Z. sind nur im Tieftemperaturgebiet ausführbar.

1) Z. in Metallen wird auch mit *Azbel-Kaner-Resonanz* bezeichnet. Dabei wird das Metall innerhalb eines Hohlraumresonators mit einer elektromagnetischen Mikrowelle im GHz-Bereich bestrahlt und die Absorption oder Reflexion der Mikrowelle bzw. die Oberflächenimpedanz der Metallprobe in Abhängigkeit von einem variablen Magnetfeld gemessen, das parallel zur Metalloberfläche gerichtet ist. Wie die Abb. zeigt, dringt die Mikrowelle nur in eine etwa 10^{-5} cm dicke Schicht (→ Skineffekt) unterhalb der Metalloberfläche ein, die bei Magnetfeldern von 100 bis 5000 G wesentlich kleiner ist als der Bahndurchmesser eines rotierenden Elektrons. Die Azbel-Kaner-Resonanz wird nur durch solche Elektronen hervorgerufen, die die Skinschicht mehrmals hintereinander durchfliegen, ohne inzwischen im Innern oder an der Oberfläche des Metalls gestreut zu werden. Deshalb ist diese Z. nur in sauberen Metalleinkristallen mit einer sehr gut polierten Oberfläche bei tiefen Temperaturen um 4 K möglich. Die Azbel-Kaner-Resonanz tritt ein, wenn die Wellenfrequenz ω ein ganzzahliges Vielfaches der Zyklotronfrequenz $\omega_c = |e|\,B/m_c$ des Elektrons ist, so daß das Elektron in der Skinschicht immer in der gleichen Richtung beschleunigt wird. Hierbei bedeuten B die Magnetfeldstärke, m_c die Zyklotronmasse und e die Ladung des

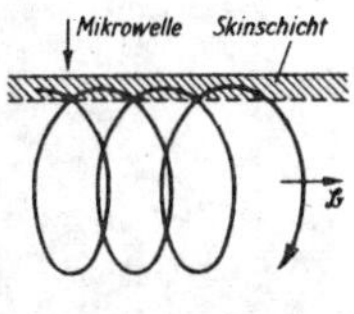

Bahn eines zyklotronresonanten Elektrons im Metall (Azbel-Kaner-Resonanz)

Elektrons. In diesem Fall dringt die Mikrowelle am schwächsten ins Metall ein und wird am stärksten reflektiert. Die Oberflächenimpedanz weist als Funktion der reziproken Magnetfeldstärke Oszillationen auf, aus deren Periode $\Delta(1/B) = |e|/m_c\omega$ die Zyklotronmasse m_c bestimmt werden kann. Haben die Leitungselektronen wie in den meisten Metallen unterschiedliche Zyklotronmassen, so können nur die am häufigsten vorkommenden, also extremalen Werte der Zyklotronmassen ermittelt werden. Die Azbel-Kaner-Resonanz ist ein wichtiges Hilfsmittel zur Bestimmung von Fermi-Geschwindigkeiten und Fermi-Flächen und ist in zahlreichen Metallen experimentell untersucht worden.

2) Die *dopplerverschobene Z.* ist die resonante Absorption einer elektromagnetischen Welle im homogenen Magnetfeld durch Elektronen, die sich relativ zur Wellenfront fortbewegen (→ Doppler-Effekt). Für ein Elektron mit der mittleren Geschwindigkeit $\vec{v}$ im Feld einer Welle mit dem Wellenvektor $\vec{q}$ und der Frequenz ω beträgt die effektive dopplerverschobene Wellenfrequenz $\omega_d = \omega - q/v$. Dopplerverschobene Z. tritt ein, wenn die effektive Wellenfrequenz entweder verschwindet oder ein ganzzahliges Vielfaches der Umlauffrequenz der Elektronen im Magnetfeld ist. Bei Erfüllung dieser Bedingung werden elektromagnetische Wellen, insbesondere → Helikonen und → Alfvén-Wellen, sowie Ultraschallwellen maximal von den Elektronen absorbiert. Aus der Magnetfeldstärke beim Einsetzen der Resonanzabsorption sind in zahlreichen Metallen gewisse geometrische Parameter der Fermi-Fläche, Zyklotronmassen und mittlere Geschwindigkeiten von Elektronen experimentell ermittelt worden.

Elementare Theorie der Z. Die Bewegungsgleichung für einen Ladungsträger mit der skalaren effektiven Masse m^* und der Ladung e im konstanten Magnetfeld B_0 und gleichzeitig im hochfrequenten elektrischen Feld $\vec{E}\,e^{i\omega t}$ lautet $m^*\left(\frac{d\vec{v}}{dt} + \frac{1}{\tau}\vec{v}\right) = e(\vec{E} + \vec{v} \times \vec{B}_0)$. Dabei ist $\vec{v}$ der Vektor der Geschwindigkeit. Ist $\vec{B}_0$ parallel zur z-Achse des Koordinatensystems und $\vec{E}$ parallel zur x-Achse, so ergibt sich als Lösung für die komplexe elektrische Leitfähigkeit

$$\sigma = \frac{nev_x}{E_x} = \sigma_0 \frac{1 + i\omega\tau}{1 + (\omega_c^2 - \omega^2)\tau^2 + 2i\omega\tau}$$

mit $\sigma_0 = \frac{ne^2\tau}{m^*}$. Hierbei ist n die Konzentration der Ladungsträger in der Probe. Die Absorption der hochfrequenten Strahlung durch die Probe ist proportional zum Realteil der elektrischen Leitfähigkeit:

$$\text{Re}\,\sigma = \sigma_0 \frac{1 + \omega_c^2\tau^2 + \omega^2\tau^2}{(1 + \omega_c^2\tau^2 - \omega^2\tau^2)^2 + 4\omega^2\tau^2}$$

Diese Gleichung beschreibt den auftretenden Zyklotronresonanzeffekt.

Lit. Brauer: Einführung in die Elektronentheorie der Metalle (2. Aufl. Leipzig 1971); Kittel: Einführung in die Festkörperphysik (2. Aufl. München und Wien 1969).

Zyklotronresonanzabsorption, → Magnetoabsorption.

Zyklotronschwingungen, → Plasmaschwingungen.

Zyklotronwelle, eine elektromagnetische Welle in Gasplasmen und Metallen im Magnetfeld, deren Frequenz annähernd die → Zyklotronfrequenz ist.

Zylinderdreilochsonde, eine → Strömungssonde.

Zylinderfunktion, *Z. erster Art*, svw. Bessel-Funktionen, *Z. zweiter Art*, svw. Neumannsche Funktionen, *Z. dritter Art*, svw. Hankelsche Funktionen.

Zylinderkoordinaten, → Koordinatensystem.

Zylinderlinse, → Linse.

Zylinderumströmung. Die ebene potentialtheoretische Translationsströmung um den querangeblasenen Kreiszylinder erhält man aus der Überlagerung einer Parallelströmung mit der Geschwindigkeit c_∞ und der ebenen, in der Zylinderachse angeordneten → Dipolströmung. Das komplexe Strömungspotential lautet $F(z) = c_\infty(z + R^2/z)$; dabei bedeutet $z = x + iy$ eine komplexe Variable und R den Zylinderradius. Potentialfunktion Φ und Stromfunktion ψ folgen daraus zu $\Phi = c_\infty \cdot x\left(1 + \frac{R^2}{x^2 + y^2}\right)$; $\psi = c_\infty y\left(1 - \frac{R^2}{x^2 + y^2}\right)$ (→ komplexe Methoden 1). Die Kreiszylinderkontur ist Bestandteil der Stromlinie $\psi = 0$. Bei $\varphi = 0$ und $\varphi = \pi$ liegen die → Staupunkte S (Abb. 1); φ ist der in Uhrzeigerrichtung weisende Zentriwinkel. Die Geschwindigkeit c auf der Zylinderoberfläche beträgt $c = 2 \cdot c_\infty \cdot \sin\varphi$. Ihr Maximalwert $c = 2 \cdot c_\infty$ tritt bei $\varphi = \pi/2$ und $\varphi = 3\pi/2$ auf.

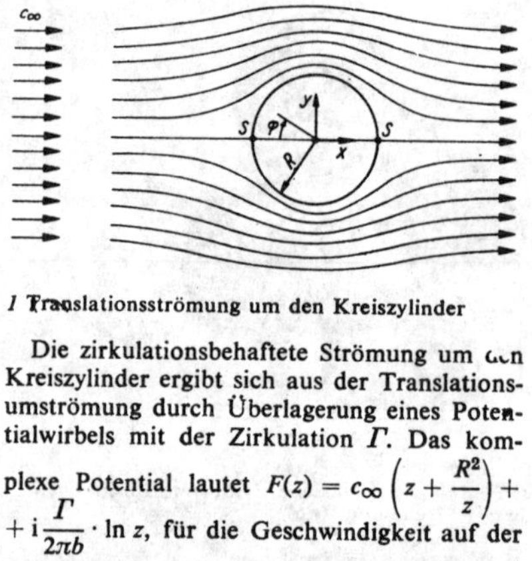

1 Translationsströmung um den Kreiszylinder

Die zirkulationsbehaftete Strömung um den Kreiszylinder ergibt sich aus der Translationsumströmung durch Überlagerung eines Potentialwirbels mit der Zirkulation Γ. Das komplexe Potential lautet $F(z) = c_\infty\left(z + \frac{R^2}{z}\right) + i\frac{\Gamma}{2\pi b} \cdot \ln z$, für die Geschwindigkeit auf der Kontur ergibt sich $c = 2 \cdot c_\infty \sin\varphi + \Gamma/(2\pi b)$; b ist die Zylinderlänge. Nach der → Kutta-Joukowsky-Gleichung erfährt der Zylinder den Auftrieb $F_A = \varrho \cdot b \cdot c_\infty \cdot \Gamma$. Mit zunehmender Zirkulation rücken die Staupunkte zusammen, bis sie für $\Gamma_{max} = 4\pi R \cdot c_\infty$ im Punkt $\varphi = 3\pi/2$ zusammenfallen (Abb. 2). Am Kreiszylinder kann die Strömung mit Zirkulation durch Drehung des Zylinders verwirklicht werden (→ Magnus-Effekt).

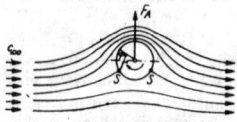

2 Kreiszylinderumströmung mit Zirkulation

In realer reibungsbehafteter Strömung stimmen Stromlinienbild und Druckverteilung $c_{p\infty}$ an der Luvseite des Zylinders gut mit den potentialtheoretisch berechneten Werten überein (Abb. 3), an der Leeseite dagegen reißt die Strömung ab.

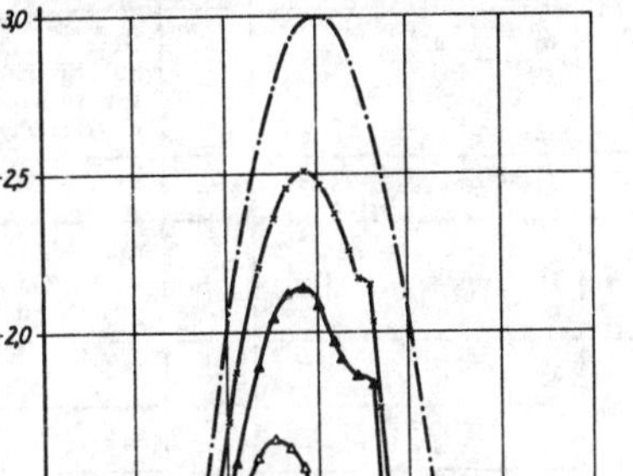

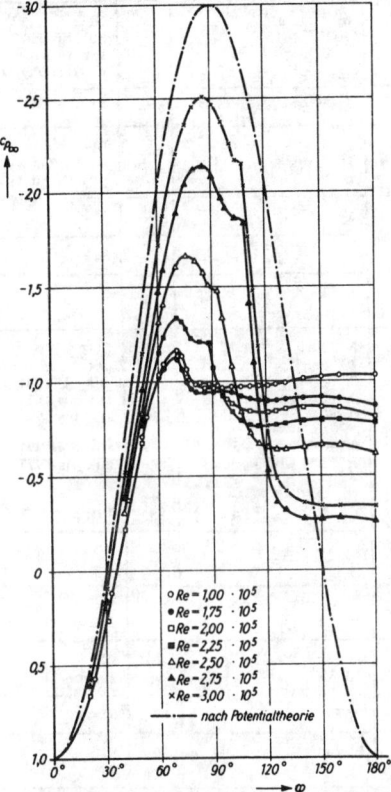

3 Druckverteilungen am Kreiszylinder. $c_{p\infty} = p_\infty - p/q_\infty$ (p_∞ Druck weit vor dem Zylinder, p Druck auf der Oberfläche des Zylinders, q_∞ Staudruck)

In dem → Totwasser herrscht ein erheblicher widerstandserzeugender Unterdruck. Der Widerstandsbeiwert $c_w = \dfrac{F_w}{\frac{\varrho}{2} c_\infty^2 \cdot D \cdot b}$ ist, wie Abb. 4 zeigt, hauptsächlich von der Reynoldszahl $Re = c_\infty \cdot D/\nu$ abhängig. Es bedeuten F_w die Widerstandskraft, D den Zylinderdurchmesser und ν die kinematische Zähigkeit des Strömungsmediums. Im Gebiet schleichender Strömung $Re \leqq 1$ gilt die Beziehung von Lamb: $c_w = \dfrac{8\pi}{Re(2 - \ln Re)}$. Bis zu $Re < 100$ überwiegt der Reibungswiderstand (→ Strömungswiderstand) den durch Strömungsablösung bedingten Druckwiderstand, bei höheren Reynoldszahlen bildet der Druckwiderstand den Haupt-

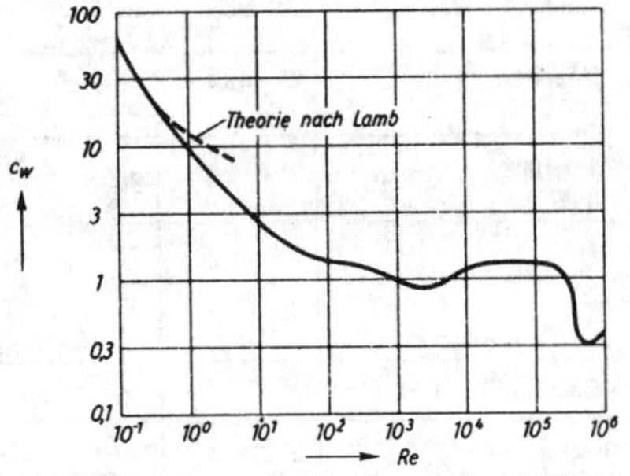

4 Widerstandsbeiwert c_w glatter Kreiszylinder in ebener Strömung

anteil des Strömungswiderstandes. Im Zylindernachlauf bildet sich im Reynoldszahlbereich $Re = 60$ bis $5 \cdot 10^3$ die Karmansche Wirbelstraße (→ Totwasser) aus. Für $Re > 5 \cdot 10^3$ herrscht völlig turbulente Vermischung vor. Ist die → Grenzschicht laminar abgelöst, d. h. $Re < 10^5$, so spricht man vom unterkritischen Strömungszustand. Im Gebiet $Re = 10^5$ bis $5 \cdot 10^5$ liegt der kritische Strömungszustand vor; hier erfolgt der Umschlag über den Mechanismus des laminaren Ablösewirbels. Da die turbulente Grenzschicht länger haftet als die laminare, wird das Totwasser kleiner, der c_w-Wert sinkt stark ab. Daran schließt sich der überkritische Bereich an, bei dem der Umschlag in anliegender Grenzschicht vor sich geht. Hoher Turbulenzgrad der Zuströmung und Oberflächenrauhigkeiten k_s fördern den Grenzschichtumschlag, der kritische Strömungszustand wird zu kleineren Reynoldszahlen verschoben (Abb. 5). Mit zunehmender → Machzahl steigt der Widerstandsbeiwert an.

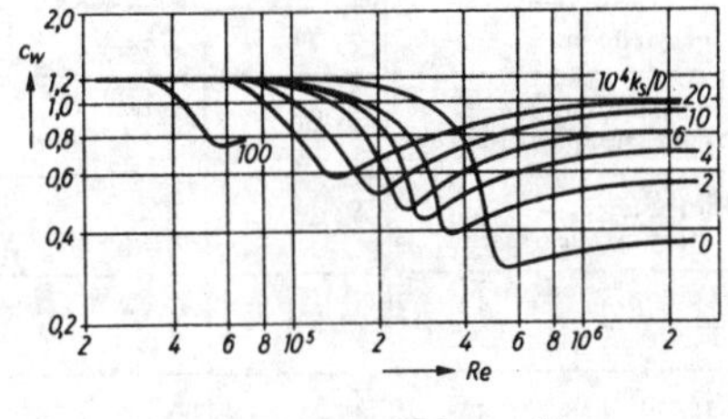

5 Einfluß der Rauhigkeit auf den c_w-Wert

Bei endlichem → Seitenverhältnis des Zylinders ergeben sich wesentlich kleinere Widerstandsbeiwerte als bei unendlichem Seitenverhältnis, da das Totwasser hinter dem Zylinder „belüftet" wird und sich damit ein kleinerer Unterdruck einstellt.

Zylinderwelle, → Welle.

Zylinderwelt, → Einstein-Kosmos.

Zylinderzähler, → Zählrohr.

zylindrische Fläche, eine brechende oder reflektierende Oberfläche zylindrischer Form. Der eine Hauptschnitt ist eine Gerade, der andere Hauptschnitt ein Kreisbogen.

Z-Zentrum, → Farbzentrum.

Tabelle 1: Gesetzliche Einheiten

Größenart	Symbol	Einheit	Ableitung	Vorsätze*)	Bemerkungen**)
Aktivität	A	1/s Ci	 $3{,}7 \cdot 10^{10}$/s	– +	SI zul. bis 1977
Arbeit, Energie	W, A, E	J(N · m, W · s) erg eV	$m^2 \cdot kg \cdot s^{-2}$ 10^{-7} J $1{,}60210 \cdot 10^{-19}$ J	+ + +	SI zul. bis 1977 ges. in Atom- u. Kernphysik
Beleuchtungsstärke	E	lx	$m^{-2} \cdot cd \cdot sr$	+	SI
Beschleunigung	a	m/s^2 gal	 10^{-2} m/s^2	+ +	SI zul. in Geophysik bis 1977
Bestrahlungsstärke	E	W/m^2	$kg \cdot s^{-3}$	+	SI
Dichte	ϱ, d	kg/m^3	·	+	SI
Dipolmoment, elektrisches	p	C · m	m · s · A	+	SI
Druck	p	Pa (N/m^2) bar kp/m^2 kp/cm^2 (at) m WS mm WS atm Torr (mm Hg)	$m^{-1} \cdot kg \cdot s^{-2}$ 10^5 Pa $0{,}980665 \cdot 10^1$ Pa $0{,}980665 \cdot 10^5$ Pa $0{,}980665 \cdot 10^4$ Pa $0{,}980665 \cdot 10^1$ Pa $1{,}01325 \cdot 10^5$ Pa 101325/760 Pa = $1{,}333224 \cdot 10^2$ Pa	+ + – – + – – +	SI ges. zul. bis 1977 zul. bis 1977 zul. bis 1977 zul. bis 1977 zul. bis 1977 zul. bis 1977
Elektrizitätsmenge, elektrische Ladung	Q	C	s · A	+	SI
Energiedosis	D	J/kg rd	$m^2 \cdot s^{-2}$ 10^{-2} J/kg	+ +	SI zul. bis 1977
Energiedosisleistung	$\dot{D}$	W/kg rd/s	$m^2 \cdot s^{-3}$ 10^{-2} W/kg	+ +	SI zul. bis 1977
Energiefluenz	Ψ, F	J/m^2	$kg \cdot s^{-2}$	+	SI
Energieflußdichte, Energiefluenzleistung	$\dot{\Psi}, I$	W/m^2	$kg \cdot s^{-3}$	+	SI
Entropie Entropie, spezifische	S s	J/K J/(kg · K)	$m^2 \cdot kg \cdot s^{-2} \cdot K^{-1}$ $m^2 \cdot s^{-2} \cdot K^{-1}$	+ +	SI SI
Exposition	X, J	C/kg R	$kg^{-1} \cdot s \cdot A$ $2{,}58 \cdot 10^{-4}$ C/kg	+ +	SI zul. bis 1977
Expositionsleistung	$\dot{X}, \dot{J}$	A/kg R/s	· $2{,}58 \cdot 10^{-4}$ A/kg	+ +	SI zul. bis 1977
Feldstärke, elektrische Feldstärke, magnetische	E H	V/m A/m	$m \cdot kg \cdot s^{-3} \cdot A^{-1}$ ·	+ +	SI SI
Fläche	A, S (für Bauwesen noch F zul.)	m^2 a ha b	1 m · 1 m 10^2 m^2 10^4 m^2 10^{-28} m^2	+ – – +	SI ges. ges. zul. in Atomphysik bis 1977
Flächendichte der Strahlungsenergie	σW	J/m^2 ly	$kg \cdot s^{-2}$ $4{,}1868 \cdot 10^4$ J/m^2	– –	 zul. in Meteorologie
Fluß, magnetischer	Φ	Wb (V · s)	$m^2 \cdot kg \cdot s^{-2} \cdot A^{-1}$	+	SI
Frequenz	f, ν	Hz 1/s = U/s 1/min = U/min 1/h = U/h	s^{-1} Hz (1/60) s^{-1} (1/3600) s^{-1}	+ + – –	SI SI ges. ges.
Geschwindigkeit	v, u	m/s kn	· 1 sm/h = 1852 m/h = 0,514444 m/s	+ –	SI zul. in Seefahrt

Tabelle 1 Gesetzliche Einheiten (Fortsetzung)

Größenart	Symbol	Einheit	Ableitung	Vorsätze*)	Bemerkungen**)
Induktion, magnetische (Flußdichte, magnetische)	B	T (Wb/m²)	$kg \cdot s^{-2} \cdot A^{-1}$	+	SI
Induktivität	L	H, (Wb/A)	$m^2 \cdot kg \cdot s^{-2} \cdot A^{-2}$	+	SI
Kapazität, elektrische	C	F, (C/V)	$m^{-2} \cdot kg^{-1} \cdot s^4 \cdot A^2$	+	SI
Kerma	K	J/kg	$m^2 \cdot s^{-2}$	+	SI
Kermaleistung	$\dot{K}$	W/kg	$m^2 \cdot s^{-3}$	+	SI
Kraft	F	N p dyn	$m \cdot kg \cdot s^{-2}$ $0{,}980665 \cdot 10^{-2}$ N 10^{-5} N	+ + +	SI zul. bis 1977 zul. bis 1977
Kraftmoment	M	N · m	$m^2 \cdot kg \cdot s^{-2}$	+	SI
Länge	l	m sm Å XE AE pc	Grundeinheit 1 852 m 10^{-10} m 10^{-13} m $1{,}49600 \cdot 10^{11}$ m $3{,}08572 \cdot 10^{16}$ m	+ – – – – +	SI zul. in Seefahrt zul. in Spektroskopie bis 1977 zul. in Spektroskopie zul. in Astronomie zul. in Astronomie
Leistung, Wirkleistung	P	W PS	$m^2 \cdot kg \cdot s^{-3}$ 735,498 75 W	+ –	SI zul. für Kraft- und Arbeitsmaschinen bis 1977
Leitfähigkeit, elektrische	γ, σ	S/m (1/Ω · m)	$m^{-3} \cdot kg^{-1} \cdot s^3 \cdot A^2$	+	SI
Leitwert, elektrischer Leitwert, magnetischer	G Λ, G_m	S (1/Ω) H (Wb/A)	$m^{-2} \cdot kg^{-1} \cdot s^3 \cdot A^2$ $m^2 \cdot kg \cdot s^{-2} \cdot A^{-2}$	+ +	SI SI
Leuchtdichte	B, L	cd/m² sb asb	· 10^4 cd/m² $(1/\pi)$ cd/m² = 0,318 310 cd/m²	+ + –	SI zul. bis 1974 zul. in Lichttechnik bis 1974
Lichtmenge	Q	lm · s	s · cd · sr	+	SI
Lichtstärke	I	cd	Grundeinheit	+	SI
Lichtstrom	Φ	lm	cd · sr	+	SI
Masse	m	kg g t Kt	Grundeinheit 10^{-3} kg 10^3 kg $2 \cdot 10^{-4}$ kg	– + + –	SI ges. ges. ges. für Edelsteine, Edelmetalle und Perlen
Massestrom, Massedurchfluß	$\dot{m}$	kg/s	·	+	SI
Massestromdichte	ϱ, $\dot{w}$	kg/m² · s	·	+	SI
Moment, magnetisches (nach Coulomb)	m_C	Wb · m	$m^3 \cdot kg \cdot s^{-2} \cdot A^{-1}$	+	SI
Polarisation, elektrische Polarisation, magnetische	P J	C/m² T(Wb/m²)	$m^{-2} \cdot s \cdot A$ $kg \cdot s^{-2} \cdot A^{-1}$	+ +	SI SI
Polstärke, magnetische (nach Coulomb)	p	Wb, $\left(N\middle/\frac{A}{m}\right)$	$m^2 \cdot kg \cdot s^{-2} \cdot A^{-1}$	+	SI

Tabelle 1
Gesetzliche Einheiten (Fortsetzung)

Größenart	Symbol	Einheit	Ableitung	Vorsätze*)	Bemerkungen**)
Schalldruck	p	N/m² (Pa) µbar	$m^{-1} \cdot kg \cdot s^{-2}$ 10^{-1} N/m²	+ −	SI ges.
Schalleistung	P	W	$m^2 \cdot kg \cdot s^{-3}$	+	SI
Schallenergie	W, E	J	$m^2 \cdot kg \cdot s^{-2}$	+	SI
Schallimpedanz, spezifische, Schallwellenwiderstand	Z_s	N · s/m³	$m^{-2} \cdot kg \cdot s^{-1}$	+	SI
Schallschnelle	v	m/s	·	+	SI
Spannung, elektrische Spannung, magnetische Spannung, mechanische	U, u U_m σ	V A Pa (N/m²)	$m^2 \cdot kg \cdot s^{-3} \cdot A^{-1}$ (A/m) · m $m^{-1} \cdot kg \cdot s^{-2}$	+ + +	SI SI SI
Strahldichte, spektrale	L, B	W/(m² · sr)	$kg \cdot s^{-3} \cdot sr^{-1}$	+	SI
Strahlstärke	I, J	W/sr	$m^2 \cdot kg \cdot s^{-3} \cdot sr^{-1}$	+	SI
Strahlungsenergie	Q, W	J, (Ws)	$m^2 \cdot kg \cdot s^{-2}$	+	SI
Strahlungsfluß, Strahlungsleistung	Φ, P	W	$m^2 \cdot kg \cdot s^{-3}$	+	SI
Strahlungsflußdichte, spezifische Ausstrahlung	M, D	W/m²	$kg \cdot s^{-3}$	+	SI
Stromstärke	I, i	A	Grundeinheit	+	SI
Teilchenfluenz	Φ	1/m²	·	+	SI
Teilchenflußdichte, Fluenzleistung	ϕ, φ	1/(m² · s)	·	+	SI
Temperatur, thermodynamische Celsius-Temperatur Temperaturdifferenz	T, Θ, ϑ t, ν $\Delta T, \Delta t$ ΔT	K °C K, (grd, °C, °K) K	Grundeinheit (t_C + 273,15) K · ·	+ − − +	SI ges. zul. SI
Temperaturleitfähigkeit	a	m²/s m²/h	$m^2 \cdot s^{-1}$ 2,777778 · 10^{-4} m²/s	+ +	SI ges.
Verschiebung, elektrische, Verschiebungsdichte	D	C/m²	$m^{-2} \cdot s \cdot A$	+	SI
Verschiebungsfluß, elektrischer	ψ	C	s · A	+	SI
Viskosität, dynamische	η	N · s/m² (Pa · s) P cP	$m^{-1} \cdot kg \cdot s^{-1}$ 10^{-1} N · s/m² 10^{-3} N · s/m²	+ + −	SI zul. bis 1977 zul. bis 1977
Viskosität, kinematische	ν	m²/s St cSt	· 10^{-4} m²/s 10^{-6} m²/s	+ + −	SI zul. bis 1977 zul. bis 1977
Volumen	V	m³ l	1 m · 1 m · 1 m 10^{-3} m³	+ +	SI ges.
Volumenstrom	V	m³/s		+	SI
Wärmekapazität Wärmekapazität, spezifische	C c	J/K J/(kg · K)	$m^2 \cdot kg \cdot s^{-2} \cdot K^{-1}$ $m^2 \cdot s^{-2} \cdot K^{-1}$	+ +	SI SI
Wärmeleitfähigkeit	λ	W/(m · K) cal/(cm · s · K) kcal/(m · h · K)	$m \cdot kg \cdot s^{-3} \cdot K^{-1}$ 4,1868 · 10^2 W/(m · K) 1,163 W/(m · K)	+ + +	SI zul. bis 1977 zul. bis 1977
Wärme(menge)	W, Q	J, W · s, N · m cal	$m^2 \cdot kg \cdot s^{-2}$ 4,1868 J	+ +	SI zul. bis 1977
Wärme(menge), spezifische	q	J/kg cal/g	$m^2 \cdot s^{-2}$ 4,1868 · 10^3 J/kg	+ +	SI zul. bis 1977

Tabelle 1 Gesetzliche Einheiten (Fortsetzung)

Größenart	Symbol	Einheit	Ableitung	Vorsätze*)	Bemerkungen**)
Wärmestrom	Φ	W cal/s kcal/h	$m^2 \cdot kg \cdot s^{-3}$ 4,1868 W 1,163 W	+ + +	SI zul. bis 1977 zul. bis 1977
Wärmestromdichte	j_Q, q	W/m^2 $cal/(cm^2 \cdot s)$ $kcal/(m^2 \cdot h)$	$kg \cdot s^{-3}$ $4{,}1868 \cdot 10^4\ W/m^2$ $1{,}163\ W/m^2$	+ + +	SI zul. bis 1977 zul. bis 1977
Wärmeübergangs- und -durchgangskoeffizient	α k	$W/(m^2 \cdot K)$ $cal/(cm^2 \cdot s \cdot K)$ $kcal/(m^2 \cdot h \cdot K)$	$kg \cdot s^{-3} \cdot K^{-1}$ $4{,}1868 \cdot 10^4\ W/(m^2 \cdot K)$ $1{,}163\ W/(m^2 \cdot K)$	+ + +	SI zul. bis 1977 zul. bis 1977
Widerstand, elektrischer	R	Ω, (V/A)	$m^2 \cdot kg \cdot s^{-3} \cdot A^{-2}$	+	SI
Widerstand, spezifischer elektrischer	ϱ	$\Omega \cdot m$	$m^3 \cdot kg \cdot s^{-3} \cdot A^{-2}$	+	SI
Winkel, ebener	α, β, γ	rad	1m/1m	+	SI
		°	$1° = \frac{\pi}{180}\ rad$	–	ges.
		′	$1' = \frac{\pi}{10800}\ rad$	–	ges.
		″	$1'' = \frac{\pi}{64800}\ rad$	–	ges.
		gon	$1\ gon = \frac{\pi}{2 \cdot 10^2}\ rad$	+	ges.
		g	$1^g = \frac{\pi}{2 \cdot 10^2}\ rad$	–	zul. bis 1974
		c	$1^c = \frac{\pi}{2 \cdot 10^4}\ rad$	–	zul. bis 1977
		cc	$1^{cc} = \frac{\pi}{2 \cdot 10^6}\ rad$	–	zul. bis 1977
Winkel, räumlicher	Ω, ω	sr	$1\ m^2/1\ m^2$	+	SI
Winkelbeschleunigung	$\alpha, \varphi, \varepsilon$	rad/s^2	·	+	SI
Winkelgeschwindigkeit	$\omega, \dot{\varphi}, w$	rad/s	·	+	SI
Zeit (Zeitspanne)	t	s min h d	Grundeinheit 60 s 3600 s 86400 s	+ – – –	SI ges. ges. ges.

*) + Vorsätze erlaubt, – Vorsätze nicht erlaubt
**) ges. = gesetzlich, zul. = zulässig

Tabelle 2: Ausländische Einheiten und ihre Umrechnung in SI-Einheiten

Größenart	Einheit	Symbol	Umreohnung
Aktivität	transmutation per second	tps	1/s; s^{-1}
Arbeit, Energie	British thermal unit	Btu	$1{,}05506 \cdot 10^3$ J
	centigrade heat unit = centigrade thermal unit	chu, CHU; ctu, CTU	$1{,}899 \cdot 10^3$ J
	cheval-heure	chh	$26{,}478 \cdot 10^5$ J
	foot-poundal	ft · pdl	$4{,}214 \cdot 10^{-2}$ J
	foot-pound-force	ft · lbf	1,356 J
	foot-ton-force	ft · tonf	$3{,}037 \cdot 10^3$ J
	frigorie	fg	$4{,}1855 \cdot 10^3$ J
	horse-power-hour	hp · h	$2{,}684 \cdot 10^6$ J
	inch-pound-force	in · lbf	0,113 J
	yard-pound-force	yd · lbf	4,068 J
Beleuchtungsstärke	footcandle	fc	10,76 lx
Dichte	ounce per gallon (UK)	oz/gal (UK)	6,236 kg/m³
	ounce per gallon (US)	oz/gal (US)	7,49 kg/m³
	pound per cubic foot	lb/ft³	16,02 kg/m³
	pound per cubic inch	lb/in³	$27{,}68 \cdot 10^3$ kg/m³
	pound per cubic yard	lb/yd³	0,593 kg/m³
Drehzahl	turn per minute	tpm, t/min	1 U/min = $1{,}667 \cdot 10^{-2}$ Hz
	turn per second	turn/s	1 U/s = 1 Hz
Druck	barye	ba	0,1 N/m² (Pa)
	inch of water	in H_2O	249,089 N/m² (Pa)
	inch of mercury	in Hg	3386,39 N/m² (Pa)
	pièze	pz	10^3 N/m² (Pa)
	poundal per square foot	pdl/ft²	1,48816 N/m² (Pa)
	pound-force per square foot	lbf/ft²	47,88 N/m² (Pa)
	pound-force per square inch	lbf/in², psi	$6{,}8947 \cdot 10^3$ N/m² (Pa)
	pound-force per square yard	lbf/yd²	5,320 N/m² (Pa)
	ton-force per square foot	tonf/ft²	107252 N/m² (Pa)
Entropie	British thermal unit per degree Rankine	Btu/°R	1899,10 J/K
Fläche	acre	a	4046,86 m²
	circular inch	circ in	$5{,}067 \cdot 10^{-4}$ m²
	circular mil	circ mil	$5{,}067 \cdot 10^{-14}$ m²
	square foot	ft²	$929{,}029 \cdot 10^{-4}$ m²
	square inch	in²	$6{,}4516 \cdot 10^{-4}$ m²
	square yard	yd²	0,836 m²
Frequenz	cycle per minute	cpm	$1{,}667 \cdot 10^{-2}$ Hz
	cycle per second	c, cps	1 Hz
Geschwindigkeit	admiralty knot (UK)	kn (UK)	1853,181 m/h = 0,51477 m/s
	foot per second	ft/s	0,3048 m/s
	inch per second	in/s, ips	0,0254 m/s
	knot (US)	kn	1852 m/h = 0,51444 m/s
	mile per hour	mph	0,447 m/s
	yard per second	yd/s	0,9144 m/s
Kraft	poundal	pdl	0,138255 N
	pound-force	lbf	4,44822 N
	ton-force	tonf	9964,02 N
	short ton-force	sh tonf	8896 N
Länge	foot	ft	$30{,}48 \cdot 10^{-2}$ m
	furlong	fur	201,17 m
	inch	in, ″	25,4 mm = 0,0254 m
	mil	‴	25,4 µm = $25{,}4 \cdot 10^{-6}$ m
	statute mile	mi (US), mile (UK)	1609,344 m
	nautical mile (UK)	n mile (UK)	1853,181 m
	nautical mile (US)	n mile (US)	1852 m
	yard	yd	0,9144 m
Leistung	British thermal unit per hour	Btu/h	0,293 W
	British thermal unit per second	Btu/s	1055,06 W

Tabelle 2 Ausländische Einheiten und ihre Umrechnung in SI-Einheiten (Fortsetzung)

Größenart	Einheit	Symbol	Umrechnung
Leistung	cheval-vapeur	ch	735 W
	foot-poundal per second	ft · pdl/s	$4{,}214 \cdot 10^{-2}$ W
	foot-pound-force per second	ft · lbf/s	1,3558 W
	horse-power	hp	745,7 W
	inch-pound-force per second	in · lbf/s	0,11298 W
	yard-pound-force per second	yd · lbf/s	4,06725 W
Leuchtdichte	candela per square foot	cd/ft²	10,76 cd/m²
	candela per square inch	cd/in²	1550 cd/m²
	foot-lambert	ft · la	3,426 cd/m²
	lambert	la	$3{,}18 \cdot 10^{3}$ cd/m²
Masse: Avoirdupois-System	dram (US)	dr (US)	$1{,}772 \cdot 10^{-3}$ kg
	cental, quintal	ctl, q	45,359 kg
	centweight, hundredweight	cwt	50,80 kg
	grain	gr	$64{,}799 \cdot 10^{-6}$ kg
	ounce	oz	$28{,}35 \cdot 10^{-3}$ kg
	pound	lb	0,45359243 kg
	quarter	quarter	12,701 kg
	ton, long-ton (US), gross-ton (US)	ton, ltn, gross tn	1016,047 kg
	short ton (US)	sh tn	907,185 kg
Apothecaries-System	drachm (UK) = dram (US)	dr (UK) dr ap (US)	$3{,}888 \cdot 10^{-3}$ kg
	apothecaries' ounce	oz ap	$31{,}103 \cdot 10^{-3}$ kg
	apothecaries' pound	lb ap	$373{,}242 \cdot 10^{-3}$ kg
	apothecaries' scruple	s ap	$1{,}296 \cdot 10^{-3}$ kg
Troy-System	pennyweight	dwt	$1{,}555 \cdot 10^{-3}$ kg
	troy ounce	oz tr	$31{,}103 \cdot 10^{-3}$ kg
	troy pound	lb tr	$373{,}242 \cdot 10^{-3}$ kg
Stromdichte	ampere per square foot	amp/ft², A/ft²	$0{,}108 \cdot 10$ A/m²
	ampere per square inch	amp/in², A/in², apsi	$15{,}5 \cdot 10^{2}$ A/m²
Temperatur	degree Rankine	°R	5/9 K
	degree Fahrenheit	°F	$(5/9)(t_F - 32)$ °C
Temperaturdifferenz	Fahrenheit degree = Rankine degree	degF = degR	5/9 K = 5/9 °C
Viskosität, dynamische	poundal second per square foot	pdl · s/ft²	1,48816 N · s/m²
Viskosität, kinematische	square foot per hour	ft²/h	$0{,}258 \cdot 10^{-4}$ m²/s
	square foot per second	ft²/s	$9{,}29 \cdot 10^{-2}$ m²/s
	square inch per second	in²/s	$6{,}45 \cdot 10^{-4}$ m²/s
	square yard per hour	yd²/h	$0{,}2323 \cdot 10^{-3}$ m²/s
	square yard per second	yd²/s	0,8361 m²/s
Volumen	bushel (UK)	bushel (UK)	$36{,}37 \cdot 10^{-3}$ m³
	bushel (US)	bu (US)	$35{,}239 \cdot 10^{-3}$ m³
	cubic foot	ft³	$2{,}832 \cdot 10^{-2}$ m³
	cubic inch	in³	$16{,}387 \cdot 10^{-6}$ m³
	cubic yard	yd³	0,7646 m³
	gallon (UK)	gal (UK)	$4{,}546 \cdot 10^{-3}$ m³
	gallon (US)	gal (US)	$3{,}785 \cdot 10^{-3}$ m³
	register ton	reg ton	2,8316 m³
für trockene Substanzen	board foot	bd ft, fbm	$2{,}360 \cdot 10^{-3}$ m³
	cord	cd	3,625 m³
	dry barrel	bbl	$115{,}628 \cdot 10^{-3}$ m³
	dry pint (US)	dry pt	$0{,}551 \cdot 10^{-3}$ m³
	dry quart	dry qt	$1{,}101 \cdot 10^{-3}$ m³
für Flüssigkeiten	fluid drachm (UK)	fl dr (UK)	$3{,}552 \cdot 10^{-6}$ m³
	fluid dram (US)	fl dr (US)	$3{,}697 \cdot 10^{-6}$ m³
	fluid ounce (UK)	fl oz (UK)	$28{,}413 \cdot 10^{-6}$ m³
	fluid ounce (US)	fl oz (US)	$29{,}574 \cdot 10^{-6}$ m³
	fluid scruple	s, sc, fl s	$1{,}184 \cdot 10^{-6}$ m³
	liquid pint (US)	liq pt	$0{,}473 \cdot 10^{-3}$ m³
	liquid quart (US)	liq qt (US)	$0{,}946 \cdot 10^{-3}$ m³
	liquid quarter (UK)	liq quarter (UK)	$289{,}5 \cdot 10^{-3}$ m³
	liquid quarter (US)	liq quarter (US)	$281{,}9 \cdot 10^{-3}$ m³
	petroleum barrel		$158{,}9 \cdot 10^{-3}$ m³
	petroleum gallon		$3{,}78 \cdot 10^{-3}$ m³
Winkel, ebener	degree	°, d	$1{,}745 \cdot 10^{-2}$ rad
	grade	^{g}	$1{,}571 \cdot 10^{-2}$ rad
Winkel, räumlicher	square degree	sq d	$3{,}0462 \cdot 10^{-4}$ sr
	square grade	$(^{g})^2$	$2{,}467 \cdot 10^{-4}$ sr
	grade carré	gr²	

Tabelle 3: Einheiten für Arbeit und Energie, Druck, Kraft und Leistung

Arbeit, Energie und Wärme

	J	erg	W · h	kp · m	eV	cal
Joule	1	10^{7}	$2{,}778 \cdot 10^{-4}$	0,1019716	$6{,}242 \cdot 10^{18}$	$2{,}388 \cdot 10^{-1}$
Erg	10^{-7}	1	$2{,}778 \cdot 10^{-11}$	$1{,}019716 \cdot 10^{-8}$	$6{,}242 \cdot 10^{11}$	$2{,}388 \cdot 10^{-8}$
Wattstunde	$3{,}600 \cdot 10^{3}$	$3{,}600 \cdot 10^{10}$	1	$3{,}671 \cdot 10^{2}$	$2{,}247 \cdot 10^{22}$	$8{,}598 \cdot 10^{2}$
Kilopondmeter	9,80665	$9{,}80665 \cdot 10^{7}$	$2{,}724 \cdot 10^{-3}$	1	$6{,}122 \cdot 10^{19}$	2,342
Elektronenvolt	$1{,}602 \cdot 10^{-19}$	$1{,}602 \cdot 10^{-12}$	$4{,}450 \cdot 10^{-23}$	$1{,}634 \cdot 10^{-20}$	1	$3{,}826 \cdot 10^{-20}$
Kalorie	4,1868	$4{,}1868 \cdot 10^{7}$	$1{,}163 \cdot 10^{-3}$	$4{,}269 \cdot 10^{-1}$	$6{,}614 \cdot 10^{19}$	1
British thermal unit	$1{,}055 \cdot 10^{3}$	$1{,}055 \cdot 10^{10}$	$2{,}931 \cdot 10^{-1}$	$1{,}076 \cdot 10^{2}$	$6{,}586 \cdot 10^{21}$	$2{,}520 \cdot 10^{2}$
foot-poundal	$4{,}214 \cdot 10^{-2}$	$4{,}214 \cdot 10^{5}$	$1{,}171 \cdot 10^{-5}$	$4{,}297 \cdot 10^{-3}$	$2{,}630 \cdot 10^{17}$	$1{,}007 \cdot 10^{-2}$
foot-pound-force	1,356	$1{,}355 \cdot 10^{7}$	$0{,}377 \cdot 10^{-3}$	$1{,}382 \cdot 10^{-1}$	$8{,}464 \cdot 10^{18}$	$3{,}239 \cdot 10^{-1}$
horse-power-hour	$2{,}686 \cdot 10^{6}$	$2{,}686 \cdot 10^{13}$	$7{,}460 \cdot 10^{2}$	$2{,}739 \cdot 10^{5}$	$1{,}676 \cdot 10^{25}$	$6{,}415 \cdot 10^{5}$
therm	$1{,}056 \cdot 10^{8}$	$1{,}056 \cdot 10^{15}$	$2{,}933 \cdot 10^{4}$	$1{,}077 \cdot 10^{7}$	$6{,}592 \cdot 10^{26}$	$2{,}522 \cdot 10^{7}$
thermie	$4{,}1868 \cdot 10^{6}$	$4{,}1868 \cdot 10^{13}$	$1{,}163 \cdot 10^{3}$	$4{,}269 \cdot 10^{5}$	$2{,}613 \cdot 10^{25}$	10^{6}
frigorie	$4{,}1855 \cdot 10^{3}$	$4{,}1855 \cdot 10^{10}$	1,163	$4{,}268 \cdot 10^{2}$	$2{,}613 \cdot 10^{22}$	10^{3}
foot-ton-force	$3{,}037 \cdot 10^{3}$	$3{,}037 \cdot 10^{10}$	0 844	$3{,}097 \cdot 10^{2}$	$1{,}896 \cdot 10^{22}$	$7{,}254 \cdot 10^{2}$

Druck

	Pa = N/m²	bar	kp/cm² = at	mm WS	atm	Torr
Pascal = Newton/ Quadratmeter	1	10^{-5}	0,1019716 · 10^{-4}	0,1019716	0,986923 · 10^{-5}	0,750062 · 10^{2}
Bar	10^{5}	1	0,1019716 · 10	0,1019716 · 10^{5}	0,986923	0,750062 · 10^{3}
Kilopond/Quadrat- zentimeter	9,80665 · 10^{4}	9,80665 · 10^{-1}	1	10^{4}	0,967841	7,35558 · 10^{2}
Millimeter Wassersäule	9,80665	9,80665 · 10^{-5}	10^{-4}	1	0,967841 · 10^{-4}	7,35558 · 10^{-2}
physikalische Atmosphäre	1,01325 · 10^{5}	1,01325	1,033	1,033 · 10^{4}	1	7,60 · 10^{2}
Torr	1,333 · 10^{2}	1,333 · 10^{-3}	1,360 · 10^{-3}	1,360 · 10	1,316 · 10^{-3}	1
pound-force per square foot	4,788 · 10	4,788 · 10^{-4}	4,883 · 10^{-4}	4,883	4,725 · 10^{-4}	3,591 · 10^{-1}
pound-force per square inch	6,895 · 10^{3}	6,895 · 10^{-2}	7,031 · 10^{-2}	7,031 · 10^{2}	6,805 · 10^{-2}	5,172 · 10
poundal per square foot	1,488	1,488 · 10^{-5}	1,517 · 10^{-5}	1,517 · 10^{-1}	1,469 · 10^{-5}	1,116 · 10^{-2}
inch of water	2,491 · 10^{2}	2,491 · 10^{-3}	2,540 · 10^{-3}	2,540 · 10	2,458 · 10^{-3}	1,868
inch of mercury	3,386 · 10^{3}	3,386 · 10^{-2}	3,453 · 10^{-2}	3,453 · 10^{2}	3,341 · 10^{-2}	2,540 · 10
ton-force per square foot	1,073 · 10^{5}	1,073	1,094	1,094 · 10^{4}	1,059	8,048 · 10^{2}
barye	10^{-1}	10^{-6}	0,1019716 · 10^{-5}	0,1019716 · 10^{-1}	0,986923 · 10^{-6}	0,750062 · 10^{-3}
pièze	10^{3}	10^{-2}	0,1019716 · 10^{-1}	0,1019716 · 10^{3}	0,986923 · 10^{-2}	0,750062 · 10

Kraft

	N	dyn	p	lbf	pdl	tonf	sh tonf
Newton	1	10^{5}	0,1019716 · 10^{3}	2,248 · 10^{-1}	0,7233 · 10	1,0036 · 10^{-4}	1,1241 · 10^{-4}
Dyn	10^{-5}	1	0,1019716 · 10^{-2}	2,248 · 10^{-6}	0,7233 · 10^{-4}	1,0036 · 10^{-9}	1,1241 · 10^{-9}
Pond	9,80665 · 10^{-3}	9,80665 · 10^{2}	1	2,2046 · 10^{-3}	0,7093 · 10^{-1}	9,843 · 10^{-7}	1,1023 · 10^{-6}
pound-force	4,448	4,448 · 10^{5}	0,45359 · 10^{3}	1	3,2174 · 10	4,464 · 10^{-4}	5,000 · 10^{-4}
poundal	1,3825 · 10^{-1}	1,3825 · 10^{4}	1,4098 · 10	3,1081 · 10^{-2}	1	1,387 · 10^{-5}	1,554 · 10^{-5}
ton-force	0,9964 · 10^{4}	0,9964 · 10^{9}	1,016 · 10^{6}	2,240 · 10^{3}	7,206 · 10^{4}	1	1,120
short ton-force	0,8896 · 10^{4}	0,8896 · 10^{9}	0,9072 · 10^{6}	2,000 · 10^{3}	6,4348 · 10^{4}	8,928 · 10^{-1}	1

Leistung

	W = J/s	erg/s	kp · m/s	cal/s	kcal/h	PS
Watt	1	10^7	$1{,}019716 \cdot 10^{-1}$	$2{,}38846 \cdot 10^{-1}$	$8{,}5983 \cdot 10^{-1}$	$1{,}3596 \cdot 10^{-3}$
Erg/Sekunde	10^{-7}	1	$1{,}019716 \cdot 10^{-8}$	$2{,}38846 \cdot 10^{-8}$	$8{,}5983 \cdot 10^{-8}$	$1{,}3596 \cdot 10^{-10}$
Kilopondmeter/ Sekunde	9,80665	$9{,}80665 \cdot 10^7$	1	2,3423	8,4321	$1{,}3333 \cdot 10^{-2}$
Kalorie/Sekunde	4,1868	$4{,}1868 \cdot 10^7$	$4{,}2693 \cdot 10^{-1}$	1	3,600	$5{,}69247 \cdot 10^{-3}$
Kilokalorie/Stunde	1,163	$1{,}163 \cdot 10^7$	$1{,}1859 \cdot 10^{-1}$	$2{,}7778 \cdot 10^{-1}$	1	$1{,}5812 \cdot 10^{-3}$
Pferdestärke	$7{,}355 \cdot 10^2$	$7{,}355 \cdot 10^9$	$7{,}500 \cdot 10$	$1{,}757 \cdot 10^2$	$6{,}3241 \cdot 10^2$	1
British thermal unit per second	$1{,}055 \cdot 10^3$	$1{,}055 \cdot 10^{10}$	$1{,}076 \cdot 10^2$	$2{,}52 \cdot 10^2$	$9{,}071 \cdot 10^2$	1,4344
foot-poundal per second	$4{,}214 \cdot 10^{-2}$	$4{,}214 \cdot 10^5$	$4{,}297 \cdot 10^{-3}$	$1{,}007 \cdot 10^{-2}$	$3{,}623 \cdot 10^{-2}$	$5{,}7294 \cdot 10^{-5}$
foot-pound-force per second	1,356	$1{,}356 \cdot 10^7$	$1{,}3825 \cdot 10^{-1}$	$3{,}233 \cdot 10^{-1}$	1,166	$1{,}8436 \cdot 10^{-3}$
horse-power	$7{,}457 \cdot 10^2$	$7{,}457 \cdot 10^9$	$7{,}604 \cdot 10$	$1{,}781 \cdot 10^2$	$6{,}412 \cdot 10^2$	1,0139

Tabelle 4: Einheiten des CGS-, es- und em-Systems (→ Maßsystem) und ihre Umrechnung in SI-Einheiten

Größenart	Symbol	CGS- oder Gaußsche absolute Einheit (cgs-E)	elektrostatische Einheit (esE)	elektromagnetische Einheit (emE)	SI-Einheit	
					Symbol	Umrechnung
Länge	*l*	cm	cm	cm	m	1 m = 10^2 cm
Masse	*m*	g	g	g	kg	1 kg = 10^3 g
Zeit	*t*	s (sec)	s (sec)	s (sec)	s	
Kraft	*F*	$cm \cdot g \cdot s^{-2}$ (dyn)	$cm \cdot g \cdot s^{-2}$ (dyn)	$cm \cdot g \cdot s^{-2}$ (dyn)	N	1 N = 10^5 dyn
Energie	*W*, *E*	$cm^2 \cdot g \cdot s^{-2}$ (erg)	$cm^2 \cdot g \cdot s^{-2}$ (erg)	$cm^2 \cdot g \cdot s^{-2}$ (erg)	J	1 J = 10^7 erg
Druck	*p*	$cm^{-1} \cdot g \cdot s^{-2}$ (dyn/cm²)	$cm^{-1} \cdot g \cdot s^{-2}$ (dyn/cm²)	$cm^{-1} \cdot g \cdot s^{-2}$ (dyn/cm²)	Pa N/m²	1 Pa = 10 dyn/cm²
Leistung	*P*	$cm^2 \cdot g \cdot s^{-3}$ (erg/s)	$cm^2 \cdot g \cdot s^{-3}$ (erg/s)	$cm^2 \cdot g \cdot s^{-3}$ (erg/s)	W	1 W = 10^7 erg/s
Stromstärke, elektrische	*I*	$cm^{3/2} \cdot g^{1/2} \cdot s^{-2}$	$cm^{3/2} \cdot g^{1/2} \cdot s^{-2}$	$cm^{1/2} \cdot g^{1/2} \cdot s^{-1}$	A	1 A = 10^{-1} emE
Spannung, elektrische	*U*	$cm^{1/2} \cdot g^{1/2} \cdot s^{-1}$	$cm^{1/2} \cdot g^{1/2} \cdot s^{-1}$	$cm^{3/2} \cdot g^{1/2} \cdot s^{-2}$	V	1 V = 10^8 emE
Widerstand, elektrischer	*R*	$cm^{-1} \cdot s$	$cm^{-1} \cdot s$	$cm \cdot s^{-1}$	Ω	1 Ω = 10^9 emE
Kapazität, elektrische	*C*	cm	cm	$cm^{-1} \cdot s^2$	F	1 F = 10^{-9} emE
Feldstärke, elektrische	*E*	$cm^{-1/2} \cdot g^{1/2} \cdot s^{-1}$	$cm^{-1/2} \cdot g^{1/2} \cdot s^{-1}$	$cm^{1/2} \cdot g^{1/2} \cdot s^{-2}$	V/m	1 V/m = 10^6 emE
Elektrizitätsmenge	*Q*	$cm^{3/2} \cdot g^{1/2} \cdot s^{-1}$	$cm^{3/2} \cdot g^{1/2} \cdot s^{-1}$	$cm^{1/2} \cdot g^{1/2}$	C	1 C = 10^{-1} emE
Verschiebung, elektrische	*D*	$cm^{-1/2} \cdot g^{1/2} \cdot s^{-1}$	$cm^{-1/2} \cdot g^{1/2} \cdot s^{-1}$	$cm^{-3/2} \cdot g^{1/2}$	C/m²	1 C/m² = $4\pi \cdot 10^{-5}$ emE
Induktivität	*L*	cm	$cm^{-1} \cdot s^2$	cm	H	1 H = 10^9 emE
Fluß, magnetischer	*Φ*	$cm^{3/2} \cdot g^{1/2} \cdot s^{-1}$	$cm^{1/2} \cdot g^{1/2}$	$cm^{3/2} \cdot g^{1/2} \cdot s^{-1}$ (Mx)	Wb	1 Wb = 10^8 Mx
Feldstärke, magnetische	*H*	$cm^{-1/2} \cdot g^{1/2} \cdot s^{-1}$	$cm^{1/2} \cdot g^{1/2} \cdot s^{-2}$	$cm^{-1/2} \cdot g^{1/2} \cdot s^{-1}$ (Oe)	A/m	1 A/m = $4\pi \cdot 10^{-3}$ Oe
Induktion, magnetische	*B*	$cm^{-1/2} \cdot g^{1/2} \cdot s^{-1}$	$cm^{-3/2} \cdot g^{1/2}$	$cm^{-1/2} \cdot g^{1/2} \cdot s^{-1}$ (G)	T	1 T = 10^4 G
Dielektrizitätskonstante, absolute	*ε*	1	1	$cm^{-2} \cdot s^2$	F/m	1 F/m = $4\pi \cdot 10^{-11}$ emE
Permeabilität, absolute	*μ*	1	$cm^{-2} \cdot s^2$	1	H/m	1 H/m = $10^7/4\pi$ esE

Tabelle 5: Elektrische und magnetische Größenarten und die zugehörigen SI-Einheiten

elektrisches Feld			magnetisches Feld		
Größenart	Symbol	SI-Einheit	Größenart	Symbol	SI-Einheit
Fläche des Plattenkondensators	A	m^2	Windungsfläche	A	m^2
Plattenabstand	l	m	Spulenlänge	l	m
Spannung, elektrische	U	V	Spannung, magnetische	V, U_m	A
Elektrizitätsmenge, Ladung, elektrische	Q	C	Fluß, magnetischer	Φ	Wb
Feldstärke, elektrische	E	V/m	Feldstärke, magnetische	H	A/m
Polarisation, elektrische	P	C/m^2	Polarisation, magnetische	J	T
Verschiebung, dielektrische, Verschiebungsdichte	D	C/m^2	Induktion, magnetische	B	T
Kapazität, elektrische	C	F	Induktivität	L	H
Feldkonstante, elektrische	ε_0	F/m	Feldkonstante, magnetische	μ_0	H/m
Dielektrizitätskonstante	ε	·	Permeabilität	μ	·
Suszeptibilität, elektrische	χ, χ_e	·	Suszeptibilität, magnetische	χ, χ_m	·
Polarisierbarkeit, elektrische	α	$F \cdot m^2$	Polarisierbarkeit, magnetische	β	$H \cdot m^2$
Moment, elektrisches	p_e	$C \cdot m$	Moment, magnetisches (nach Coulomb)	p_m	$Wb \cdot m$
Widerstand, elektrischer, Wirkwiderstand	R	Ω	Widerstand, magnetischer	R_m	$A/Wb = H^{-1}$
Leitwert, elektrischer, Wirkleitwert	G	S	Leitwert, magnetischer	Λ	H
Leitfähigkeit, elektrische	$\gamma, \sigma, \varkappa$	S/m	Leitfähigkeit, magnetische	$\varkappa_m$	H/m
Widerstand, spezifischer elektrischer	ϱ	$\Omega \cdot m$	Widerstand, spezifischer magnetischer	ϱ_m	$S \cdot m/s$

Tafelverzeichnis

Aus technischen Gründen mußten in diesem Nachdruck die Farbtafeln 1-12 entfallen.

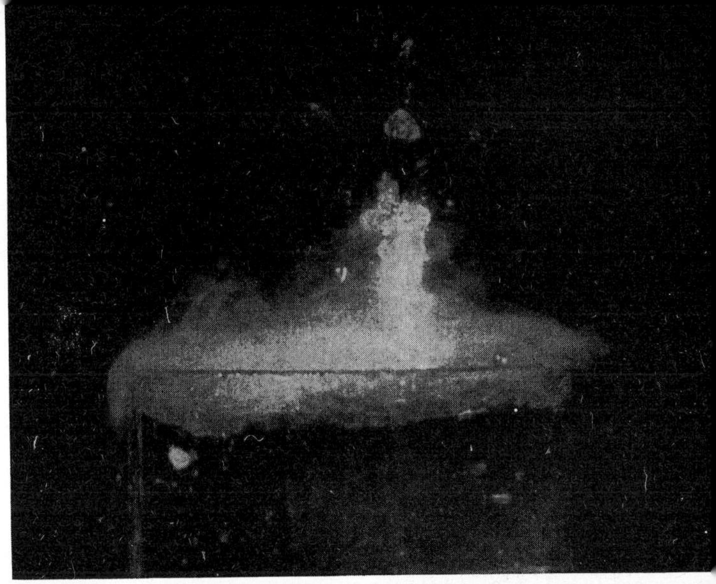
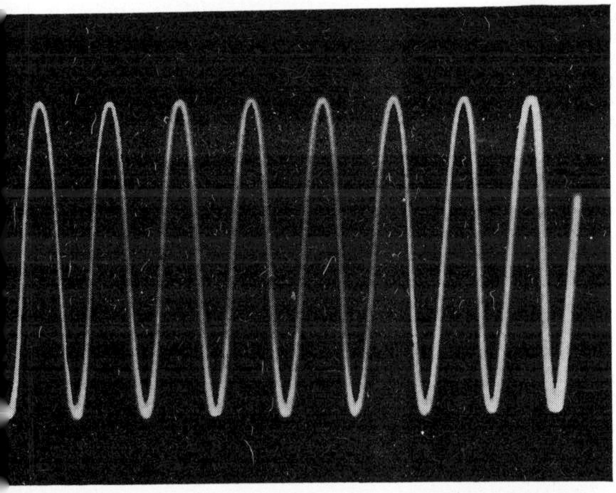
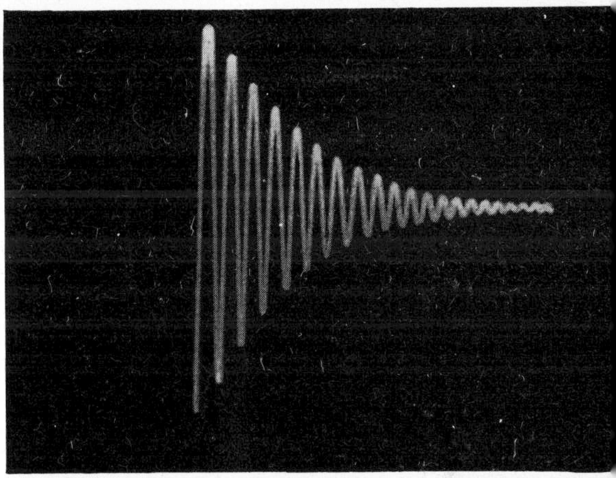
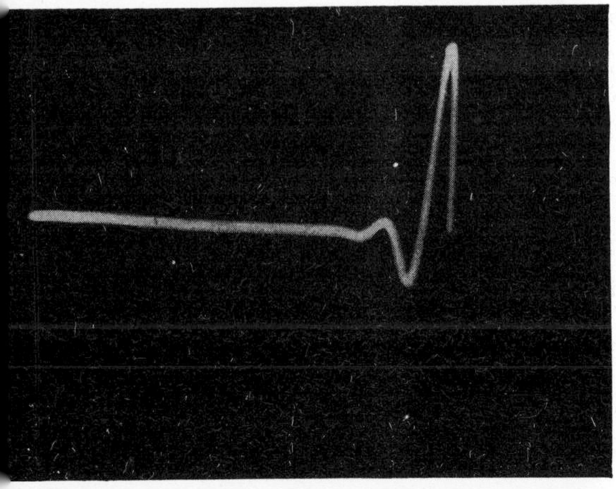
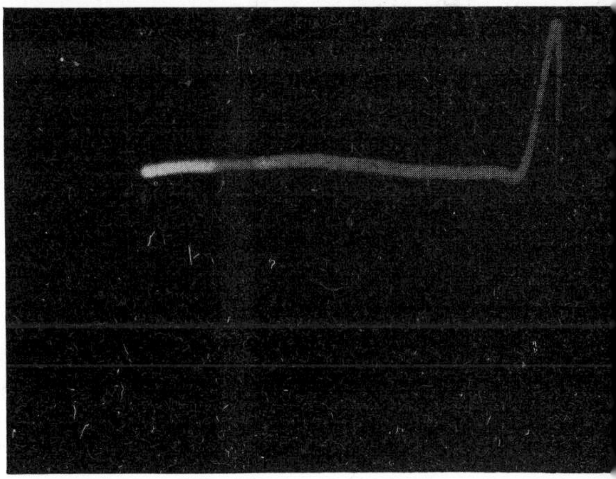
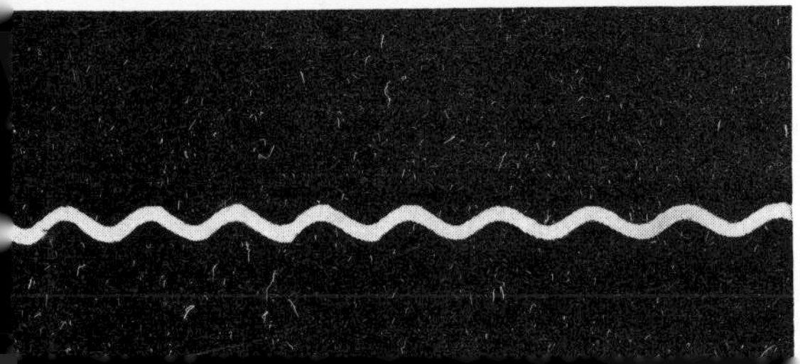

1 Drehwaage zur Bestimmung der Gravitationskonstanten. **2** Vernebelung von Kohlenstofftetrachlorid durch Ultraschall. – **Schwingungen I. 3** Ungedämpfte harmonische Schwingung. **4 bis 6** Gedämpfte harmonische Schwingung, Dämpfung zunehmend (Abbildung **6** nahezu aperiodischer Grenzfall). **7** Schwingung des Zinken einer Stimmgabel

1 2
3 4
5 6
7

Tafel 13

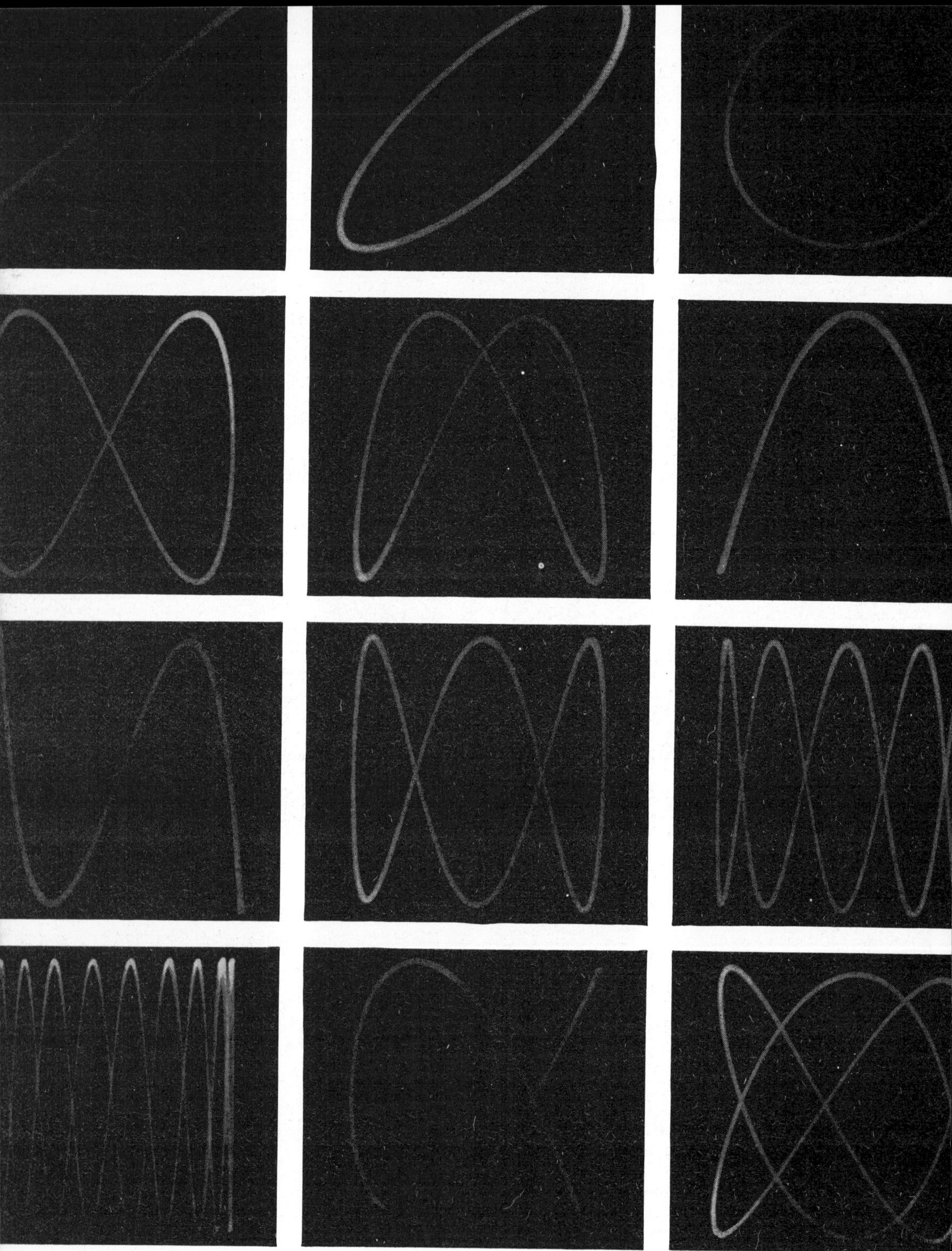

1 2 3
4 5 6
7 8 9
10 11 12

Tafel 14 **Schwingungen II.** Zusammensetzung von zwei senkrecht aufeinander stehenden linearen harmonischen Schwingungen (Lissajous-Figuren): **1 bis 3** Frequenzverhältnis (vertikal zu horizontal) 1 : 1, Phasenunterschied 0°, 45°, 90°. **4 bis 6** Frequenzverhältnis 2 : 1, Phasenunterschied 0°, 45°, 90°. **7 und 8** Frequenzverhältnis 3 : 1. **9** Frequenzverhältnis **5 : 1.** **10** Frequenzverhältnis 10 : 1. **11 und 12** Frequenzverhältnis 3 : 2

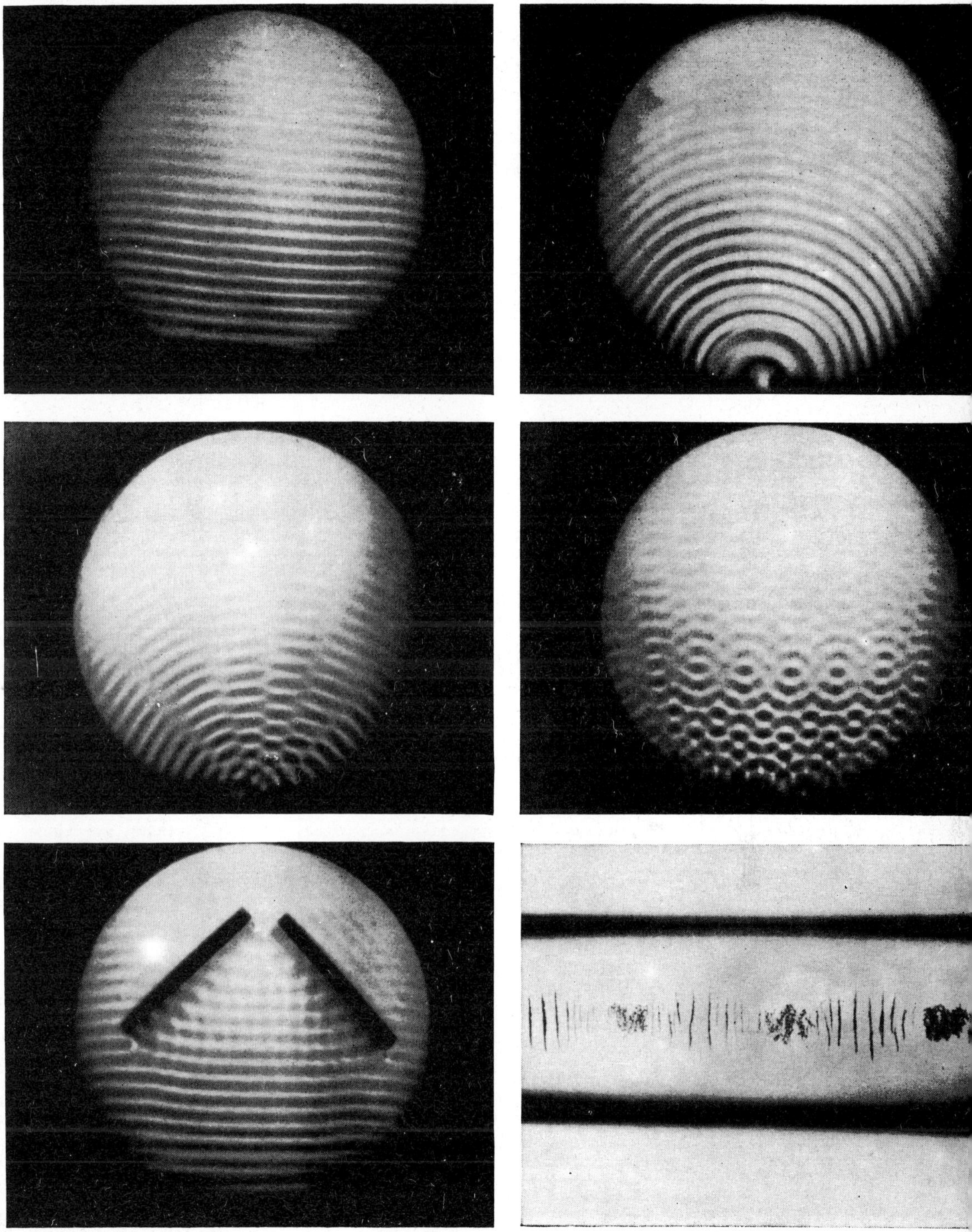

1 2
3 4
5 6

Wellen. 1 bis 5 Wasserwellen: **1** Ebene fortschreitende Welle (lineare Erregung). **2** Fortschreitende Kreiswelle (punktförmige Erregung). **3** Überlagerung (Interferenz) von zwei Kreiswellen (Interferenzhyperbeln). **4** Überlagerung von 8 Kreiswellen. **5** Überlagerung einer ebenen Welle nach Reflexion an zwei Hindernissen. **6** Schallwelle: Stehende Schallwelle in einem Rohr, sichtbar gemacht durch Korkpulver (Kundtsche Staubfiguren)

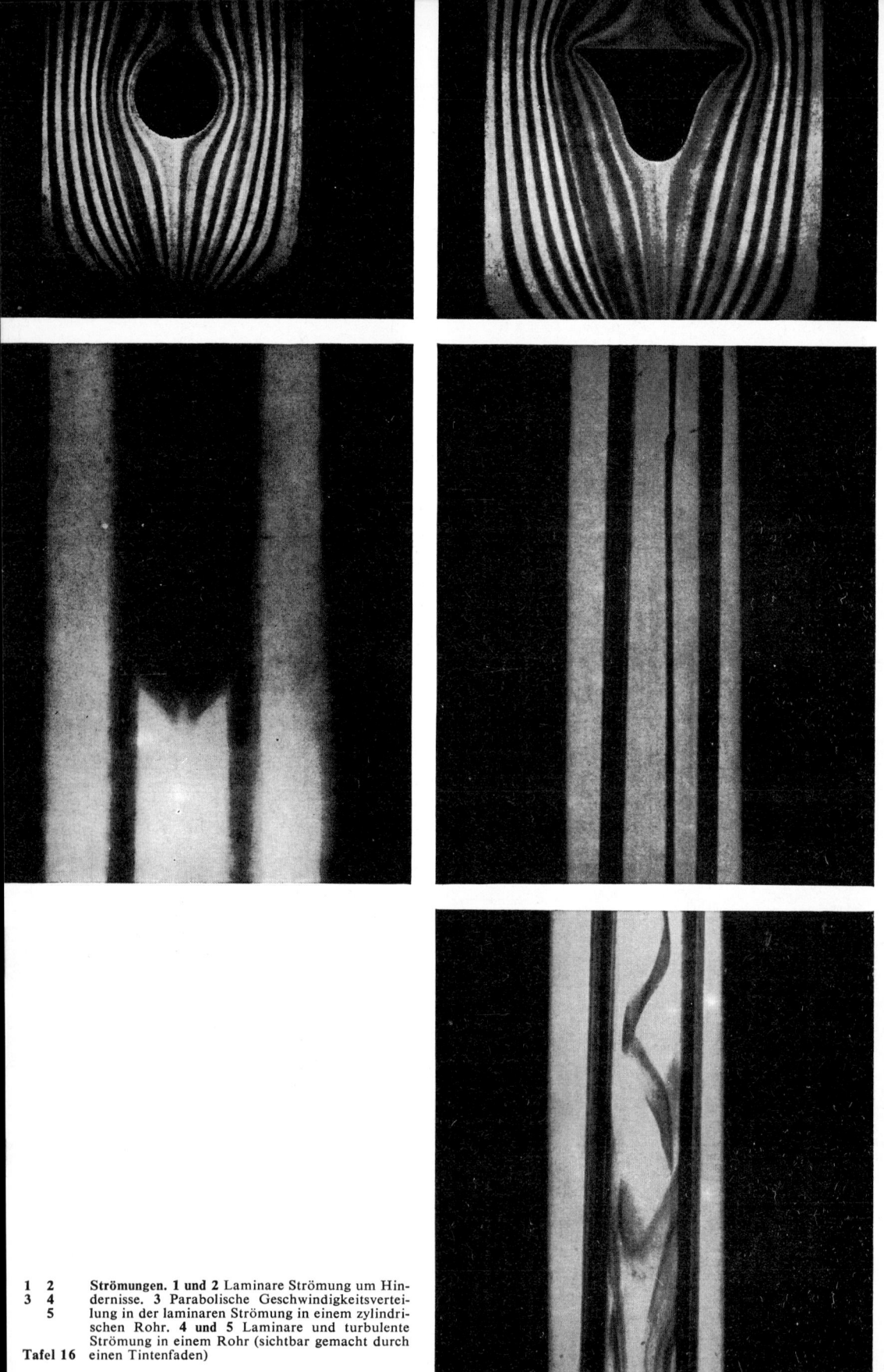

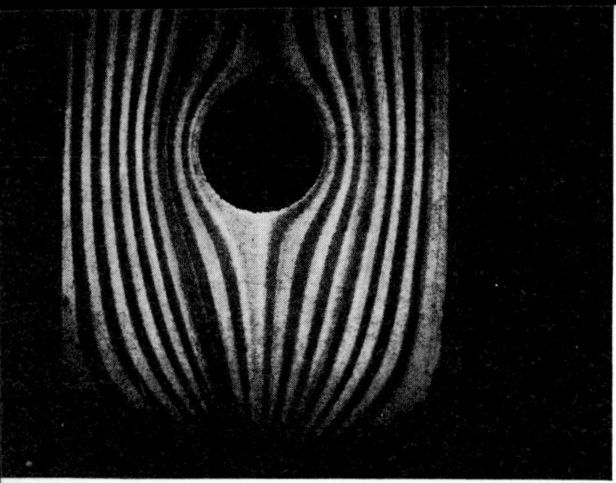
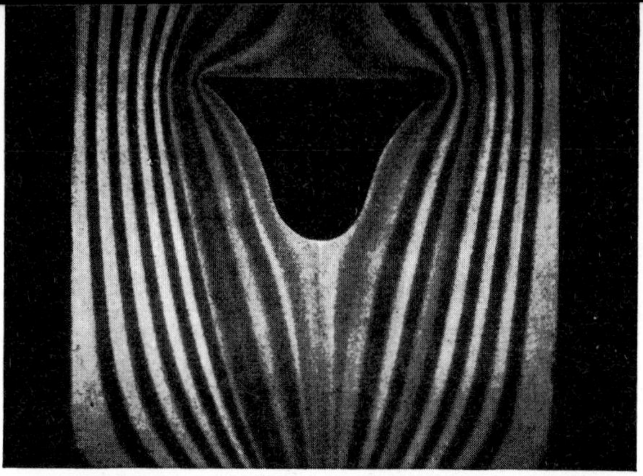
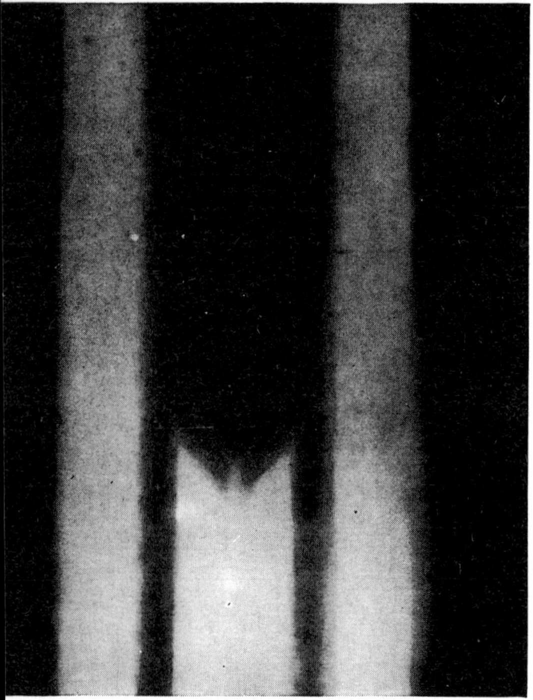
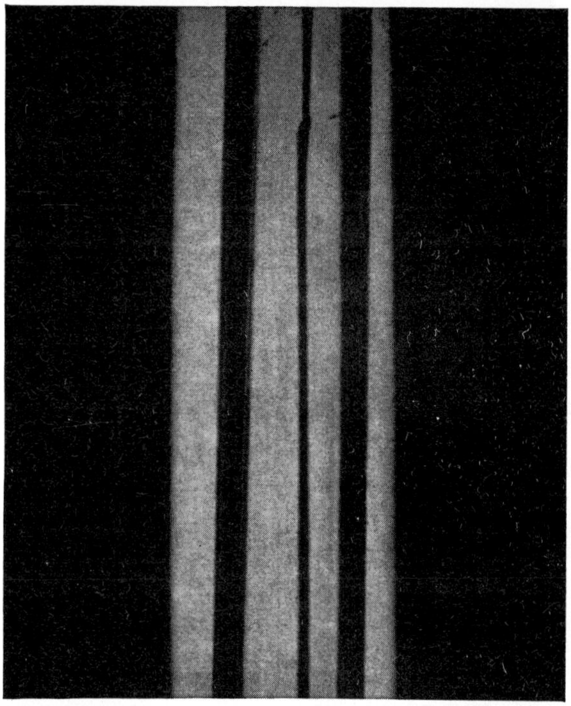
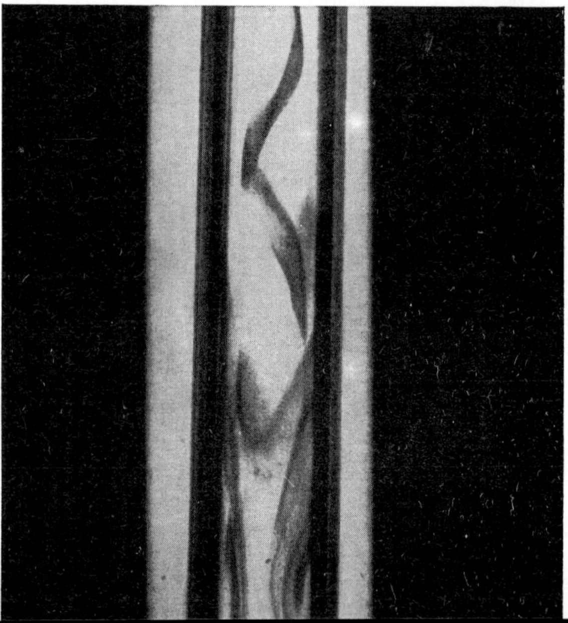

1 2
3 4
5

Tafel 16

Strömungen. 1 und 2 Laminare Strömung um Hindernisse. 3 Parabolische Geschwindigkeitsverteilung in der laminaren Strömung in einem zylindrischen Rohr. **4 und 5** Laminare und turbulente Strömung in einem Rohr (sichtbar gemacht durch einen Tintenfaden)

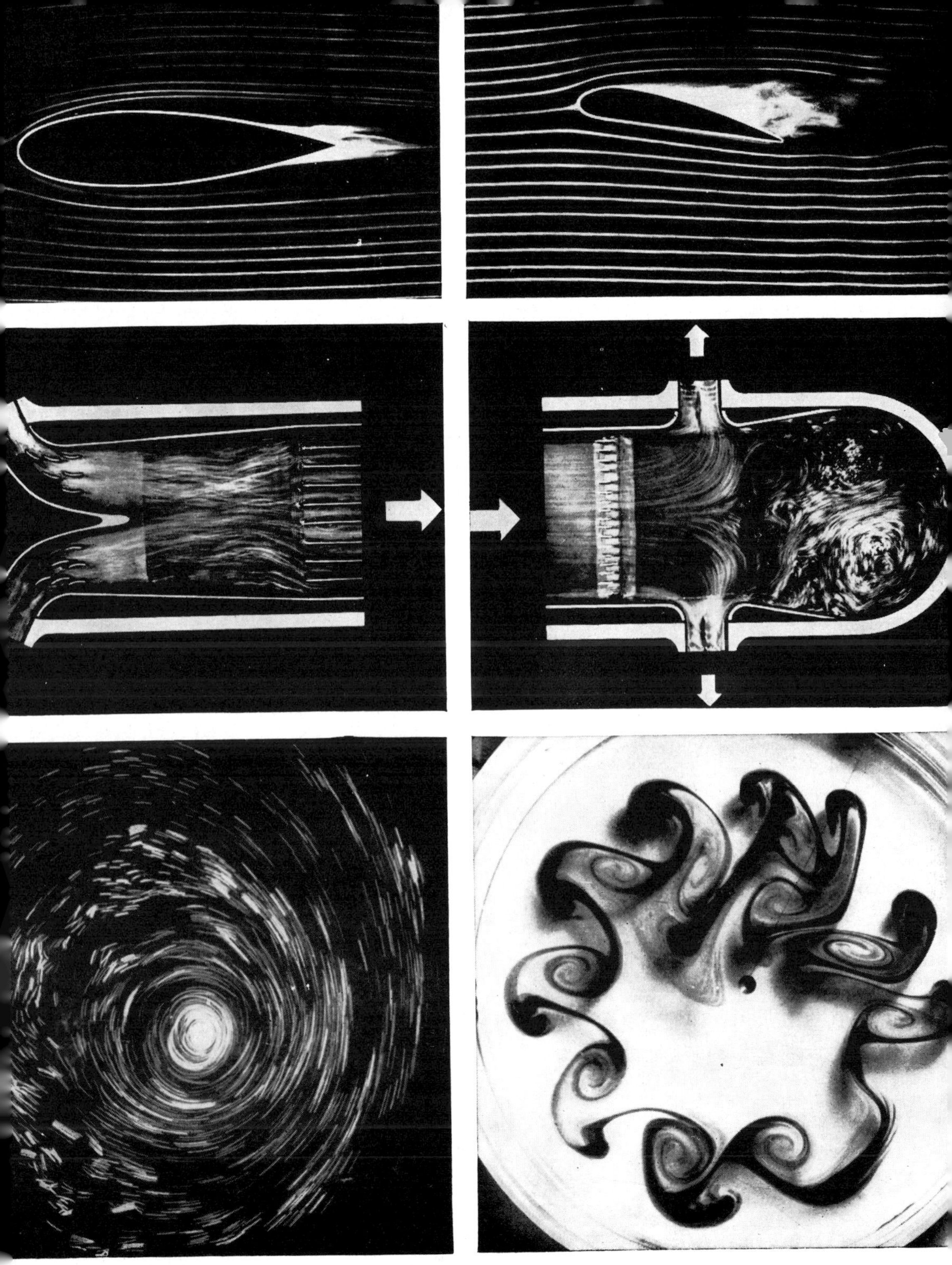

1a 1b
2a 2b
3 4

Strömungslehre II. 1 Die ebene Umströmung von Tragflügeln (im Rauchkanal sichtbar gemacht): **1a** anstellungsfreie Umströmung eines symmetrischen Tragflügels, **1b** Umströmung eines angestellten gewölbten Tragflügels. **2** Strömung durch einen Druckwasserreaktor: **2a** Eintrittsteil, **2b** Austrittsteil des Reaktors. **3** Wirbel, in dessen Außenbereich Strömungen eingelagert sind. **4** Wirbelbildung in rotierenden Flüssigkeiten

Tafel 17

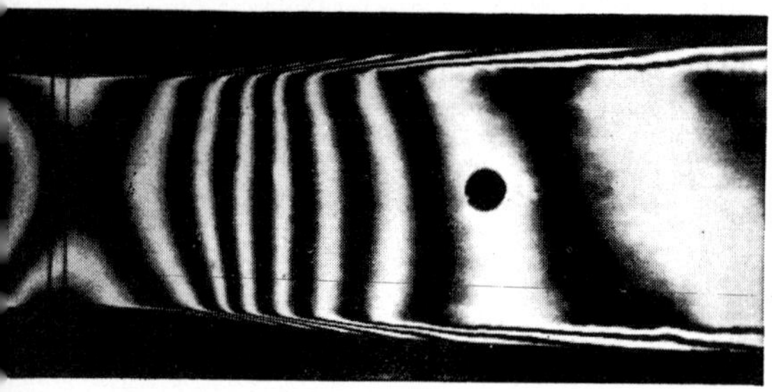

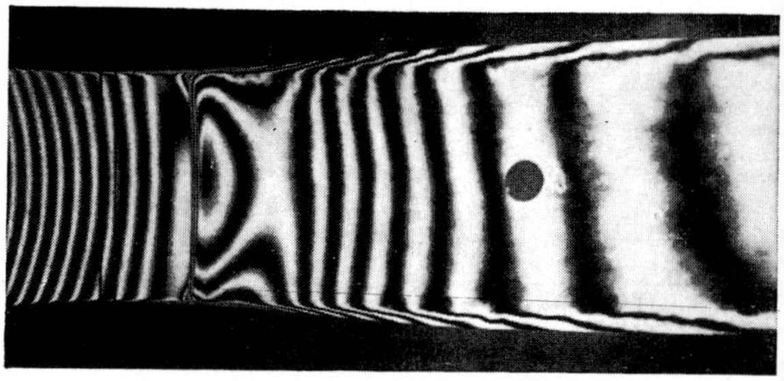

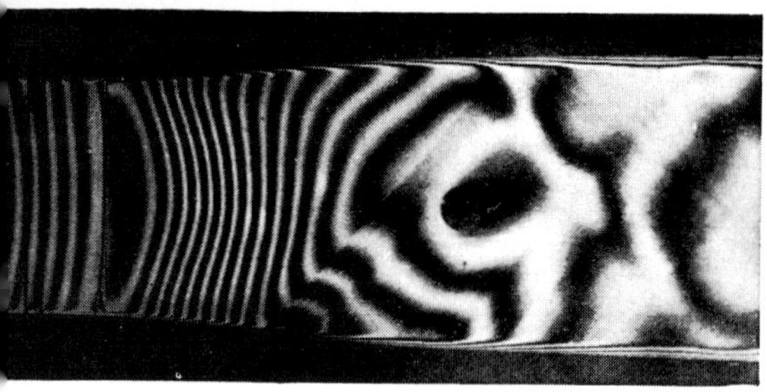

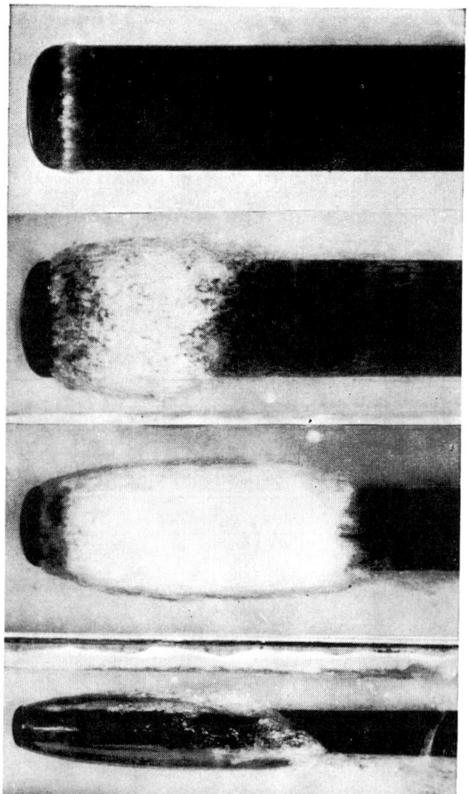

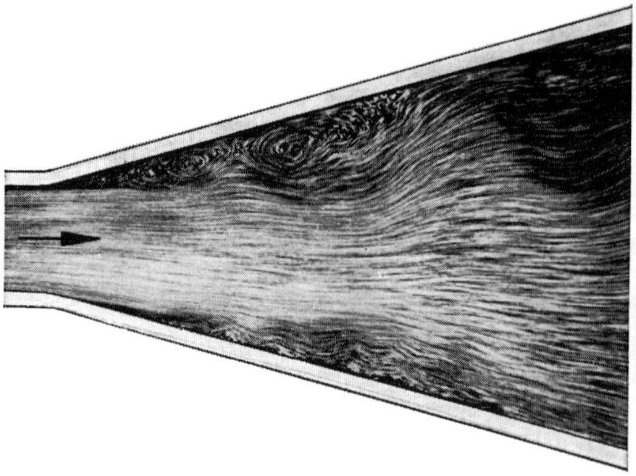

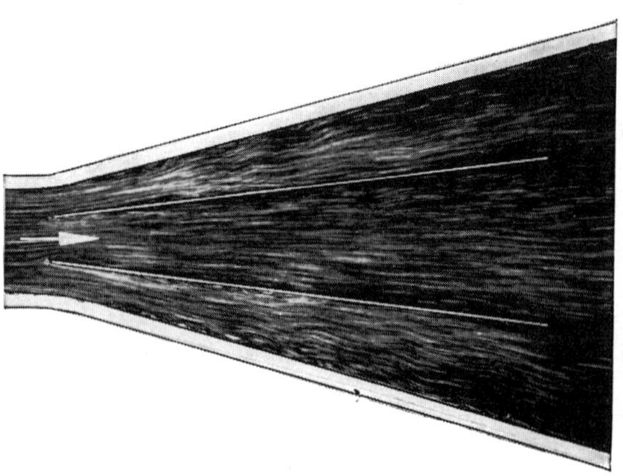

1a 1b
1c 1d
2a 3a
2b 3b
2c
2d

Strömungslehre III. 1 Interferometrische Aufnahmen der Strömung durch eine Lavaldüse: **1a** reine Unterschalldurchströmung; **1b** hinter dem engsten Querschnitt baut sich ein kleines Überschall feldauf, das durch einen Verdichtungsstoß abgeschlossen wird; **1c** voll ausgebildete Überschallströmung, die Machschen Linien sind gut sichtbar; **1d** gegabelter Verdichtungsstoß in einer Lavaldüse mit gekrümmter Mittellinie. 2 Beispiele von schwacher bis zu voll ausgebildeter Kaviation an einem zylindrischen Körper mit Halbellipsoidnase: **2a** $\sigma = 0{,}93$; **2b** $\sigma = 0{,}41$; **2c** $\sigma = 0{,}31$; **2d** $\sigma = 0{,}26$. **3** Ebene Strömung durch einen Diffusor: **3a** abgerissene Strömung infolge zu großen Erweiterungswinkels; **3b** durch Verwendung eines Multidiffusors kann die Strömung wieder zum Anliegen gebracht werden

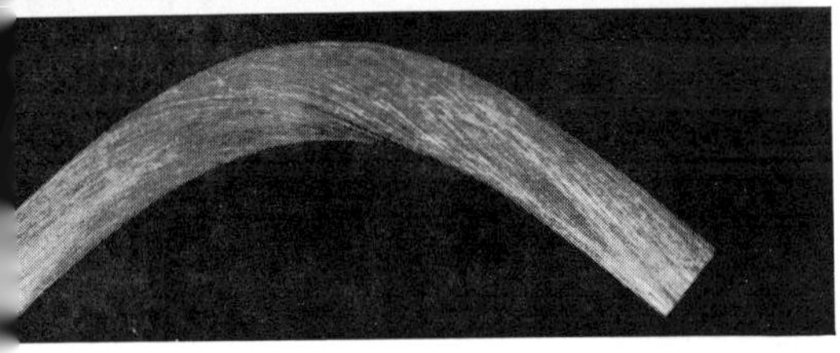

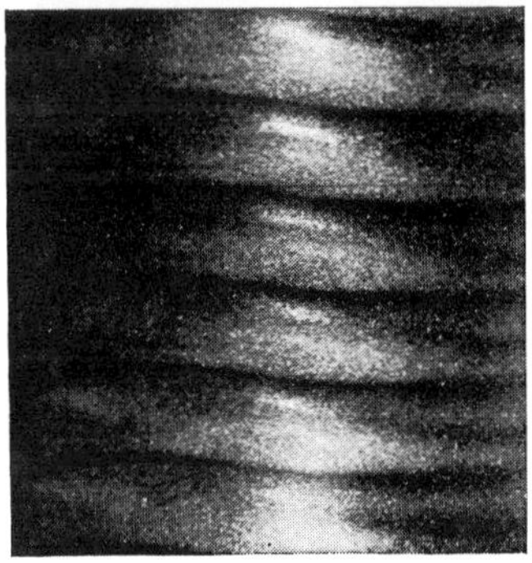

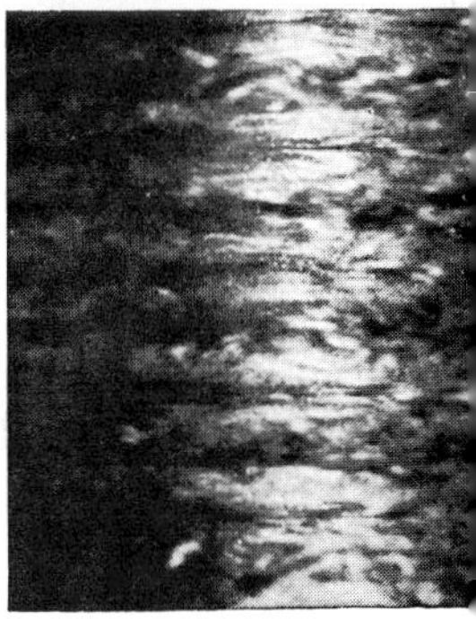

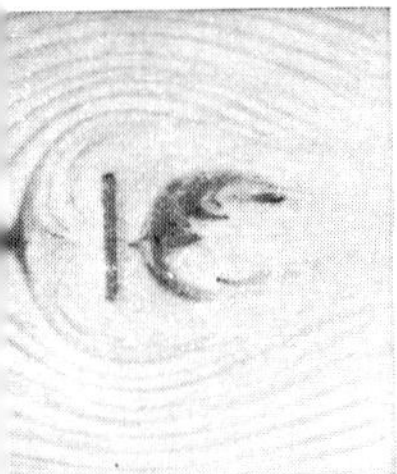

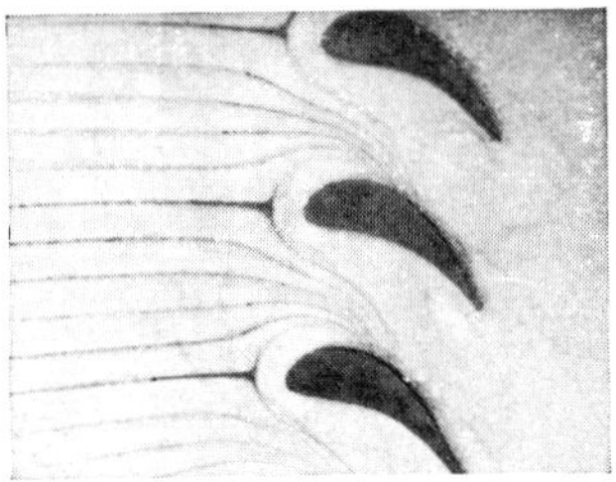

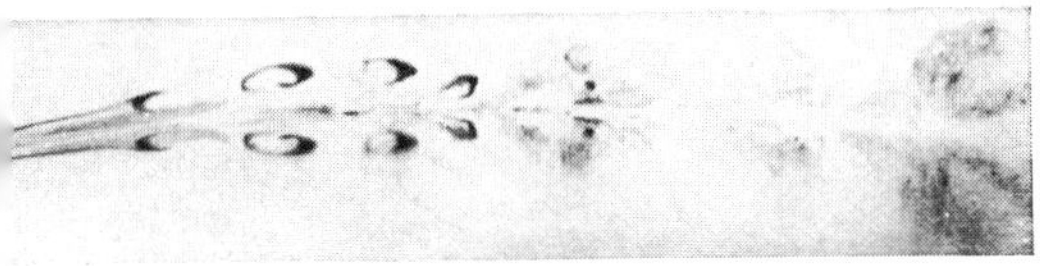

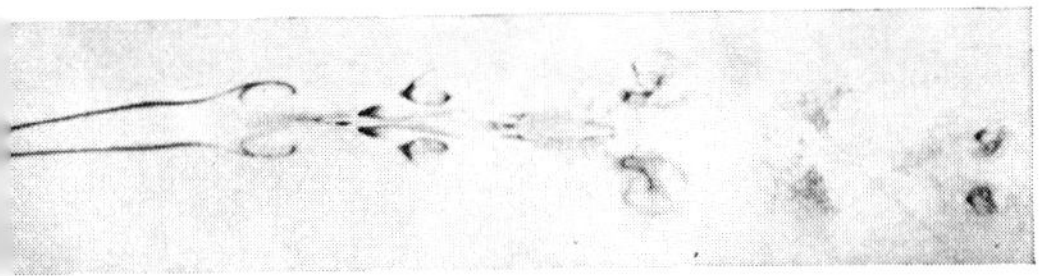

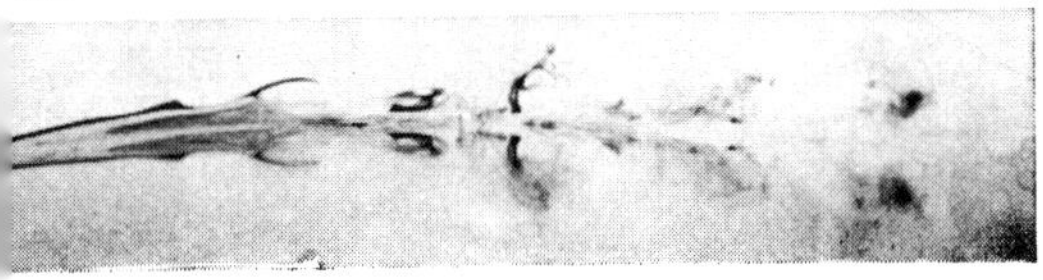

Strömungslehre IV. 1 Strömung durch einen 90°-Krümmer: **1a** Abreißen der Strömung im Krümmer, **1b** Vermeiden der Ablösung durch Einbau eines Schaufelgitters, **1c** wandnahe Strömung (Rußanstrich). **2** Wandnahe Strömung: **2a** um die quergestellte ebene Platte, **2b** um ein Schaufelgitter. **3** Über den Mechanismus des laminaren Ablösewirbels erfolgender Grenzschichtumschlag in verzögerten Grenzschichten. Die durch Farbzugabe nachgebildeten Streichlinien spiegeln sich auf der Tragflügeloberfläche, die in der Fotografie selbst nicht sichtbar ist ($Re = 8 \cdot 10^4$, Belichtungszeit 10^{-6} s). Die Aufnahmen erfolgten zu verschiedenen Zeiten. **4** Strömung zwischen konzentrischen Zylindern, von denen der innere rotiert: **4a** laminare Taylorwirbel ($Re = 260$), **4b** turbulente Taylorwirbel ($Re = 3130$

1a	1b
1c	4ab
2ab	
3a	
3b	
3c	

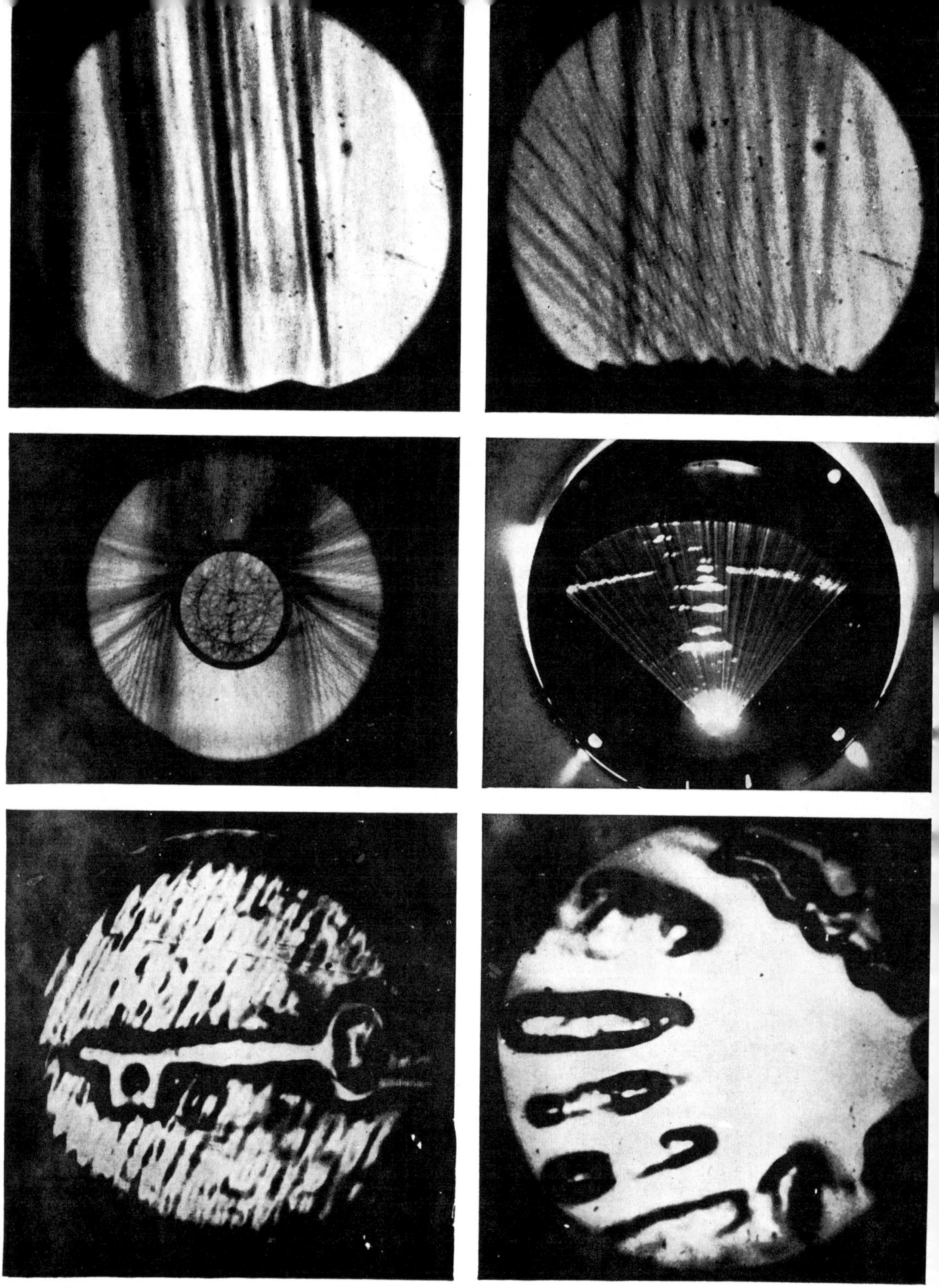

1 2
3 4
5 6

Ultraschall. **1**, 2 und **3** Reflexion von parallelen Ultraschallstrahlen an verschiedenen Hindernissen und Sichtbarmachung des veränderten Wellenfeldes in einer optischen Anordnung durch den Debye-Sears-Effekt. **4** Ultraschall-Materialprüfung mit einem Schnittbildverfahren. Die im Fächer liegenden hellen Flächen zeigen Fehlstellen im geprüften Material an. **5** und **6** Aufnahmen an einem Ultraschall-Sichtgerät. In die Schallstrahlung innerhalb einer Flüssigkeit gebrachte Gegenstände (Schlüssel, Hand) erzeugen durch zusätzliche Schallabsorption über den Schallstrahlungsdruck an der Flüssigkeitsoberfläche ein Reliefbild, das durch eine optische Schlierenanordnung abgetastet wird

Tafel 20

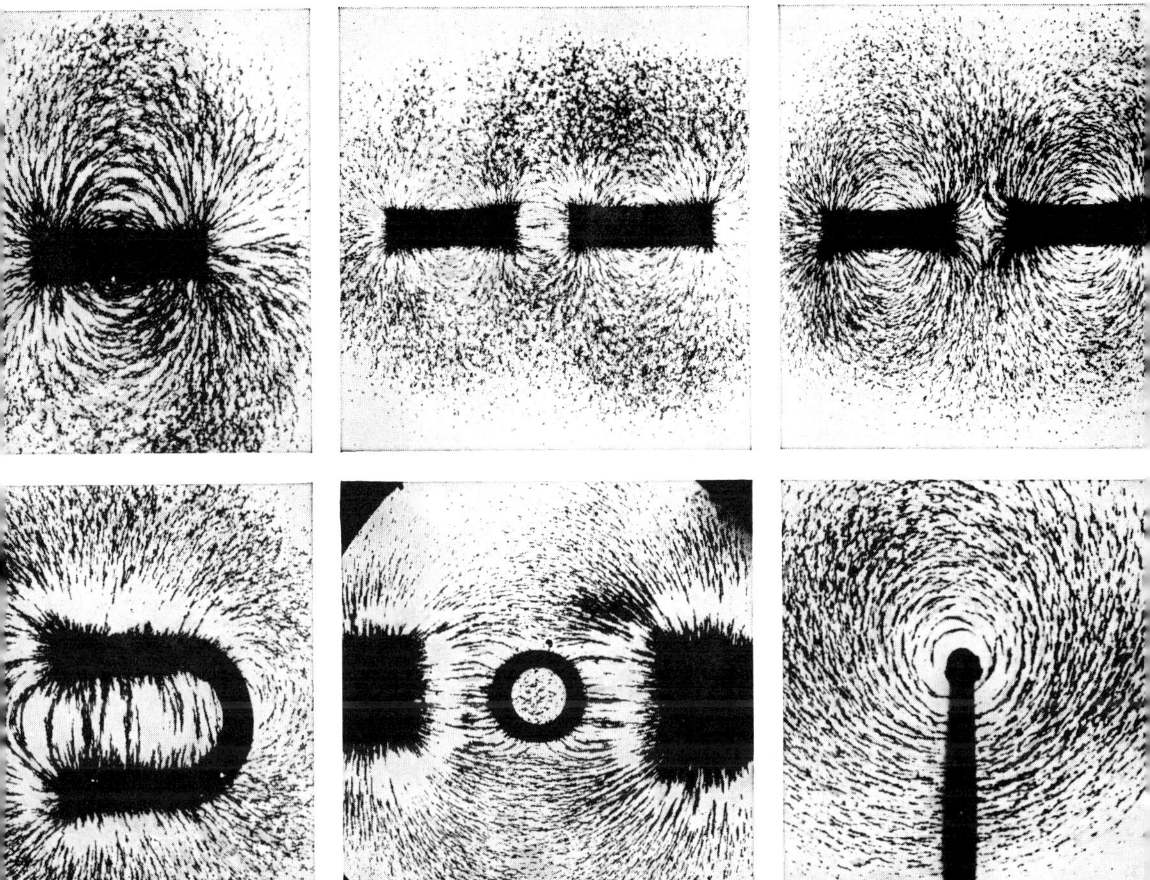

1 2 3
4 5 6
7 8 9

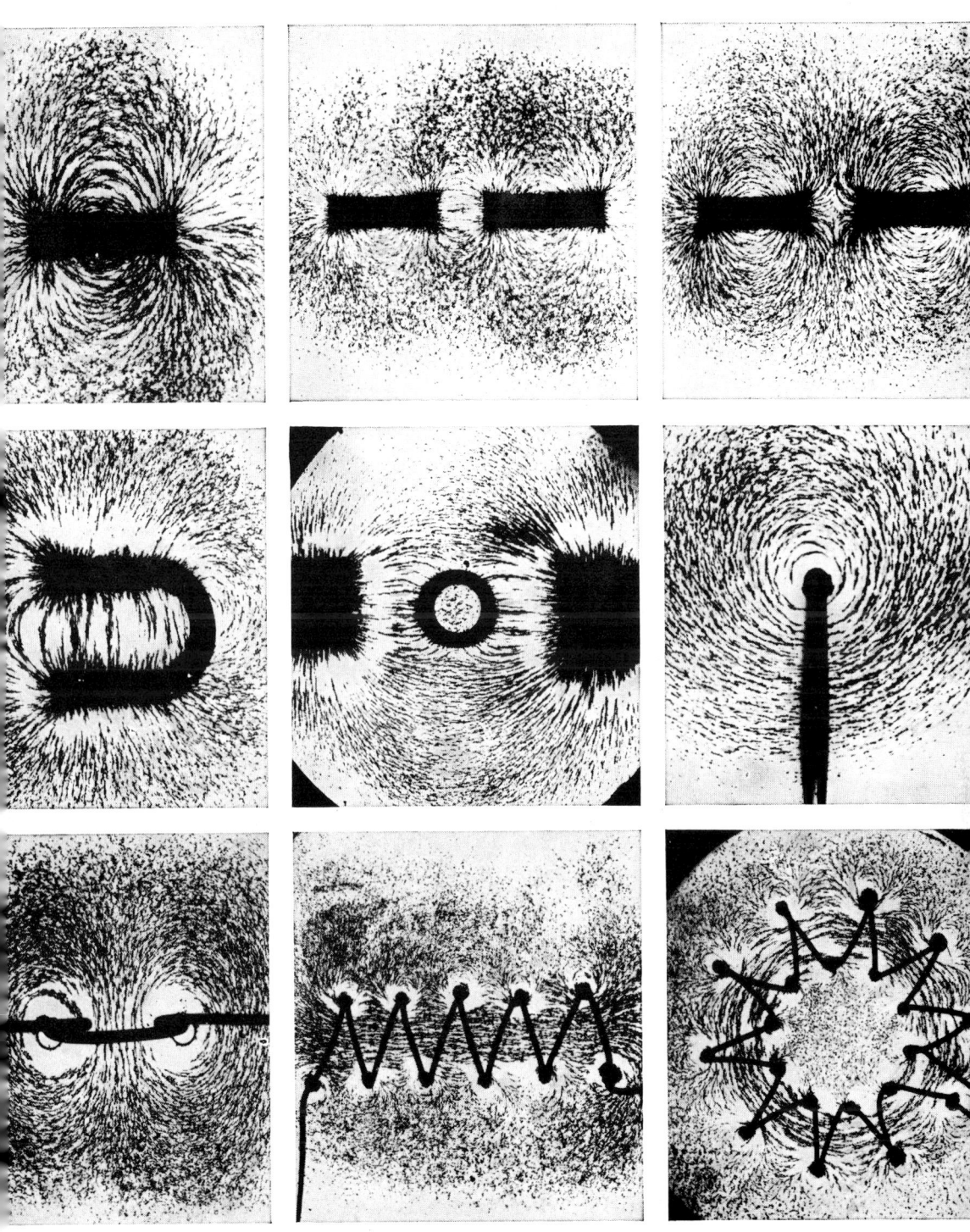

Magnetisches Feld. 1 Feld eines Stabmagneten. **2 und 3** Feld zweier Stabmagnete, deren ungleichnamige bzw. gleichnamige Pole sich gegenüberstehen. **4** Feld eines Hufeisenmagneten. **5** Abschirmende Wirkung von Eisen. **6** Feld eines stromdurchflossenen geraden Leiters, der senkrecht zur Bildebene verläuft. **7** Feld einer stromdurchflossenen Leiterschleife. **8** Feld einer Längsspule. **9** Feld einer Ringspule

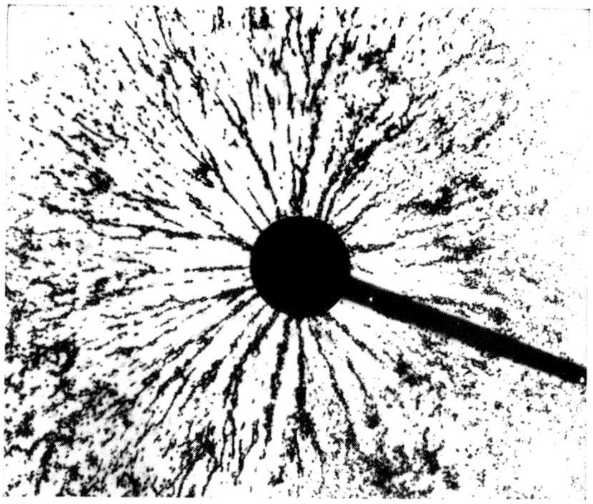

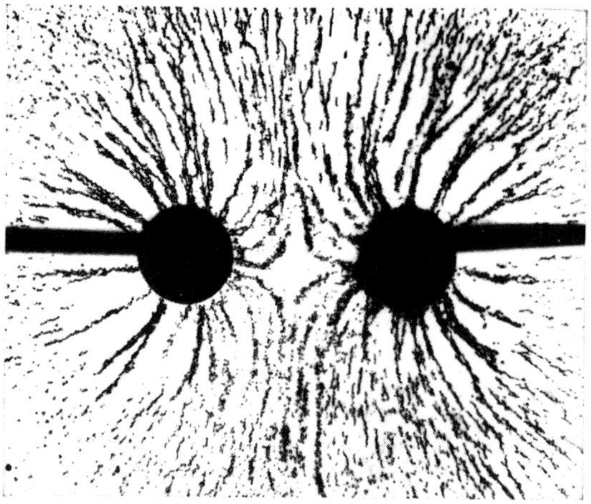

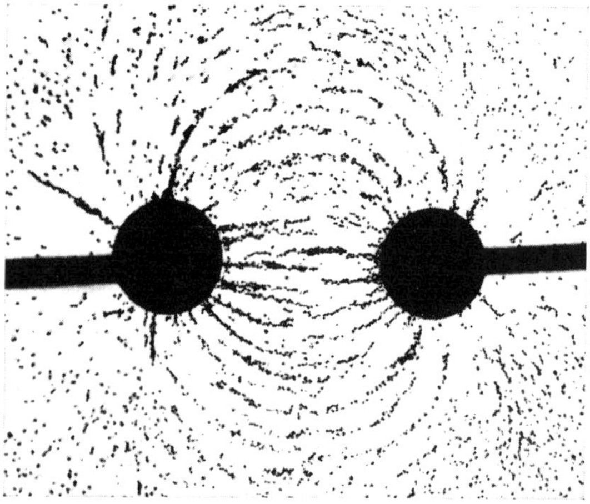

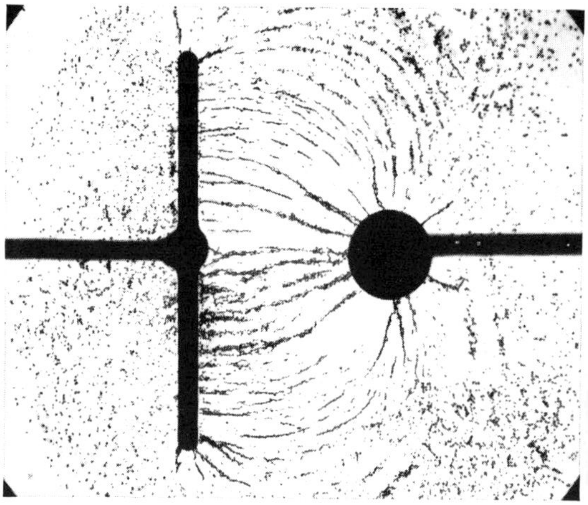

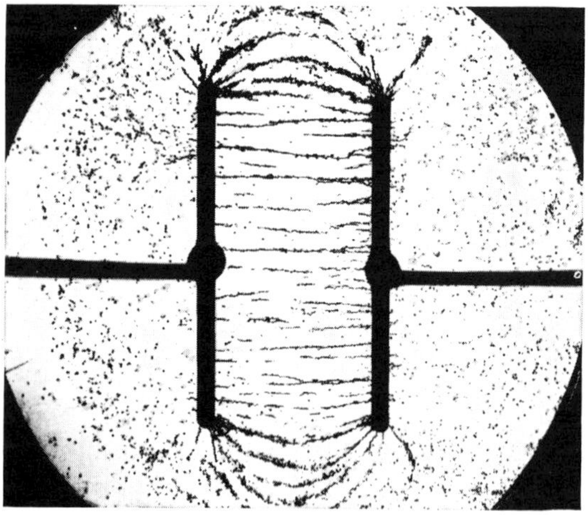

1 2
3 4
5 6
Tafel 22

Elektrisches Feld. 1 Feld einer Punktladung. **2 und 3** Feld zwischen zwei ungleichnamigen bzw. gleichnamigen Punktladungen. **4** Feld zwischen ungleichnamiger Punkt- und Flächenladung. **5** Feld eines Plattenkondensators. **6** Quadrantenelektrometer, Gehäuse abgenommen

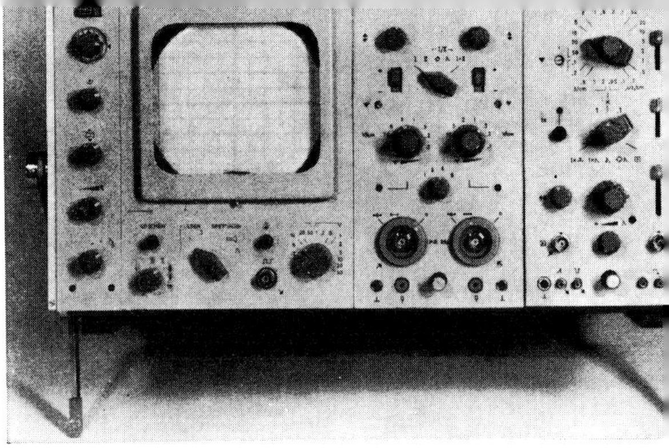

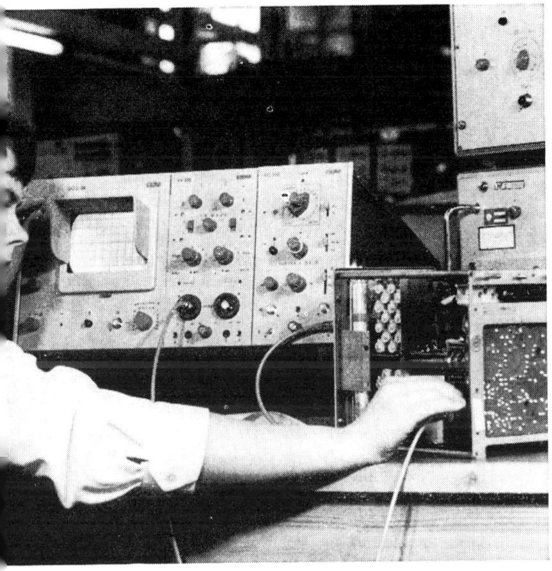

1	3
2	5
4	

Elektrische Meßgeräte I. 1 Geöffnete Meßdose eines Quadrantenelektrometers (Detail zu Abbildung **6**/ Tafel **22**). **2** Prüfung einer Schaltung mit dem Universal-Oszillographen OG 2-30, einem Elektronenstrahloszillographen in moderner Einschubbauweise. Neben dem Sichtteil (links) sind die Wechseleinschübe für die vertikale und horizontale Ablenkung des Elektronenstrahls eingesetzt (Zweikanal-Breitbandverstärker und Kippgenerator). **3** Universal-Speicheroszillograph OG 2-31 in Einschubbauweise, wahlweise verwendbar als Normal- und Speicher-Oszillograph für die Darstellung einmaliger, stochastischer und periodischer elektrischer Schwingungen. **4** Schleifenoszillograph für die gleichzeitige Aufzeichnung von bis zu acht niederfrequenten Schwingungen (Acht-Kanal-Lichtschreiber 8 LS-201). Meßbereichswähler (oben), Meß- und Registrierteil mit herauslaufendem Registrierpapier (Mitte), Stromversorgungsteil (unten). **5** Moderne Schwingungsmeßgeräte im Einsatz für die Messung und Analyse mechanischer Schwingungen. Diese werden mit piezoelektrischen Meßwandlern in elektrische Signale umgeformt, mit dem vierkanaligen Integrierverstärker SM 241 (Mitte) verstärkt, von dem elektronischen Spannungsmesser SM 211 (oben) angezeigt und durch die Klassiereinrichtung KLA 2 (unten) statistisch ausgewertet

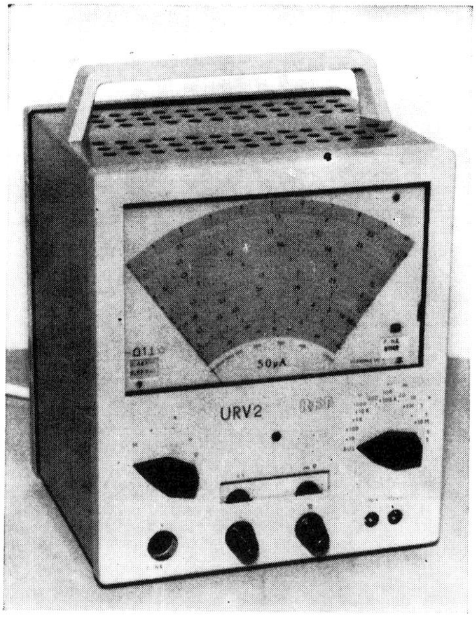

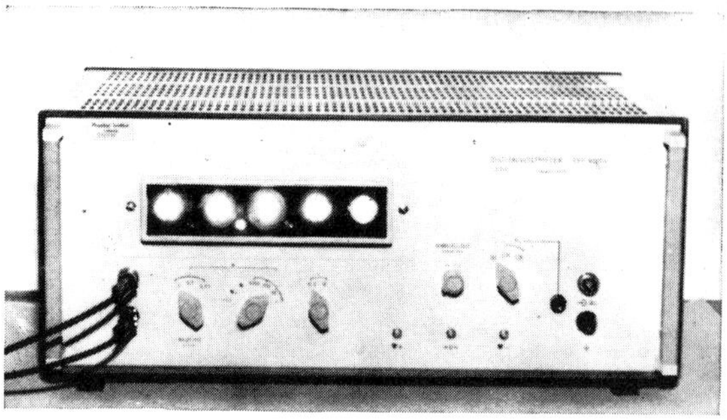

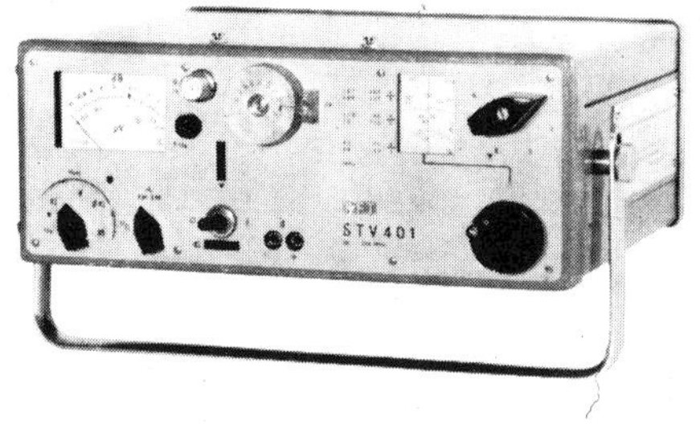

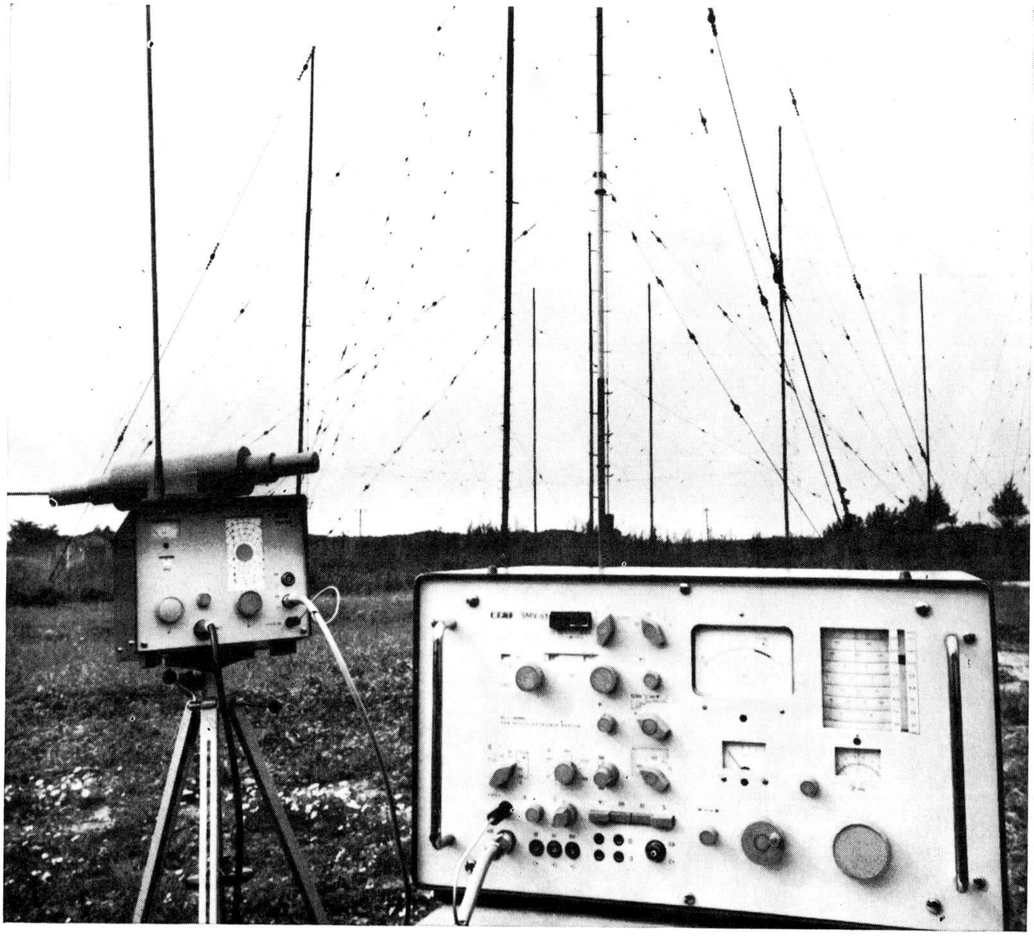

1 2 3 4

Tafel 24

Elektrische Meßgeräte II. 1 Universal-Röhrenvoltmeter URV 2, ein elektronischer Vielfachspannungsmesser für Gleichspannungsmessungen sowie für Wechselspannungsmessungen im Bereich von 16 Hz bis 300 MHz. **2** Digitalvoltmeter Typ 4015a für Gleichspannungsmessungen mit vierstelliger Ziffernanzeige sowie Komma- und Vorzeichenanzeige. **3** Tragbares selektives Transistorvoltmeter STV 401 für die Messung kleiner Hochfrequenzspannungen. **4** Feldstärkemessung im Nahfeld der Antenne eines Rundfunksenders mit dem Feldstärkemeßplatz FSM 6, bestehend aus einer Meßantenne mit drehbarem Ferritstab und Einstellgerät (links) und einem hochempfindlichen selektiven Mikrovoltmeter (rechts)

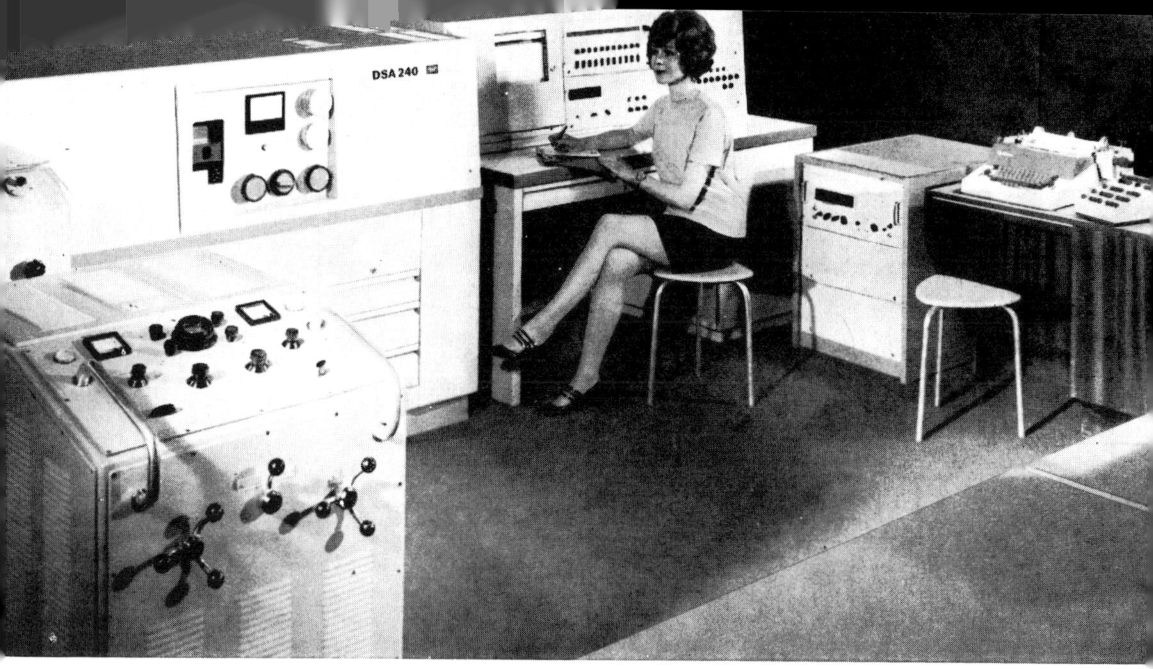

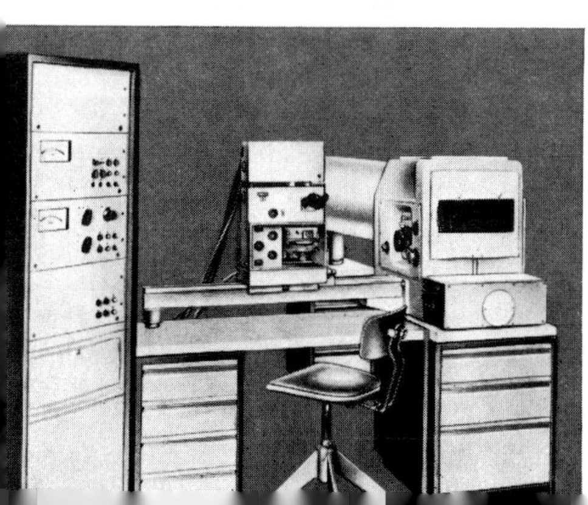

Spektralanalyse. 1 Direktanzeigender Spektralanalysator zur automatischen Emissionsspektralanalyse. **2** Vollautomatischer Röntgenfluoreszenz-Analysator für zerstörungsfreie spektrochemische Analyse aller Elemente mit Ordnungszahl $Z \geqq 11$. **3** Laser-Mikrospektral-Analysator für die Spektralanalyse mikroskopisch kleiner Probenbereiche

1
2
3

Tafel 25

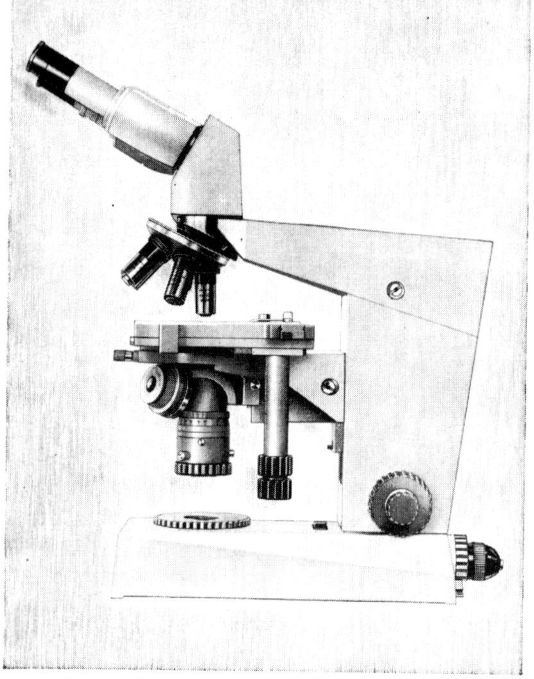

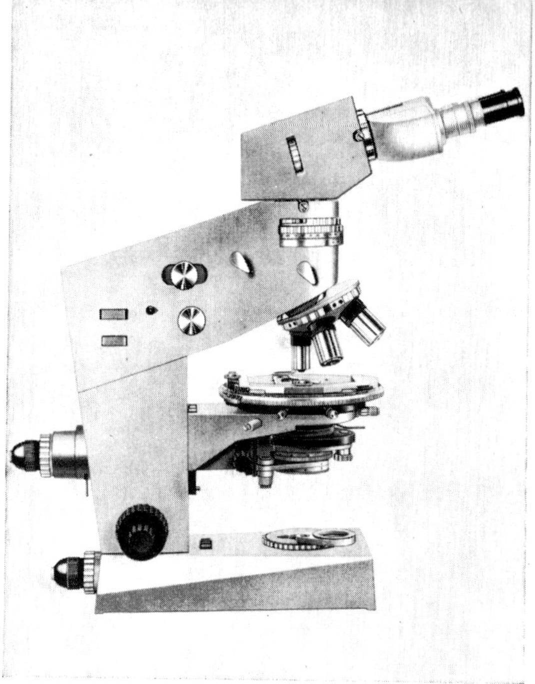

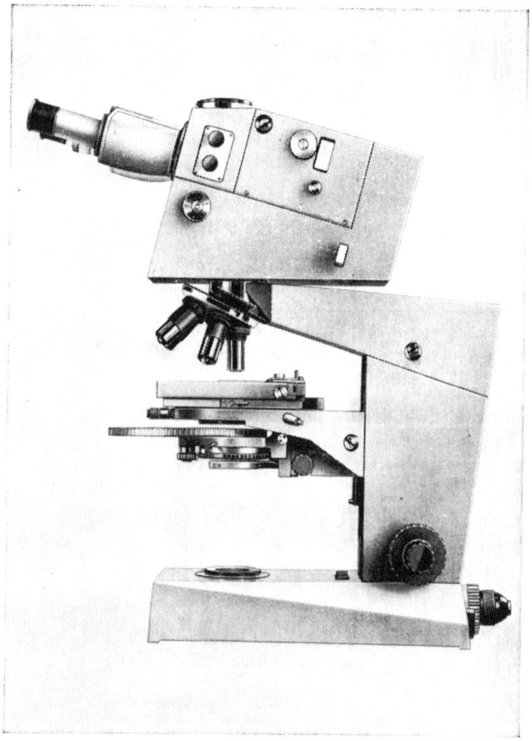

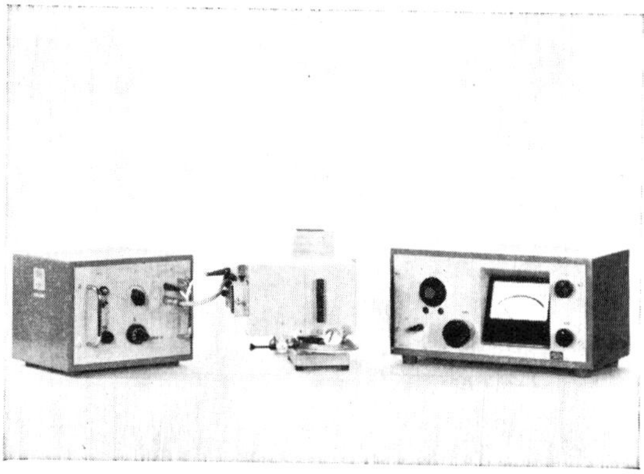

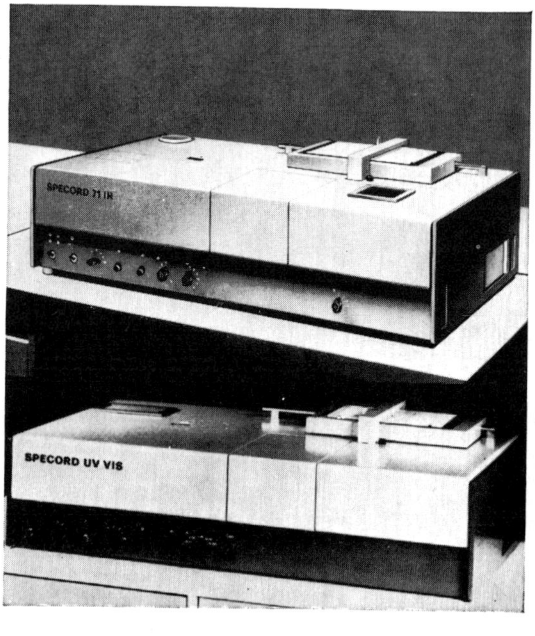

1 2
3 4
5
6

Lichtmikroskope – Spektralphotometer. 1 Durchlichtmikroskop. 2 Polarisationsmikroskop. 3 Interferenzmikroskop. 4 Einstrahl-Spektralphotometer mit Zusatzverstärker und Glanzmeßansatz für den sichtbaren Wellenzahlbereich. 5 Vollautomatisch registrierendes Zweistrahl-Spektralphotometer für den infraroten Wellenzahlbereich. 6 Vollautomatisch registrierendes Zweistrahl-Spektralphotometer für den ultravioletten und sichtbaren Wellenzahlbereich

Tafel 26

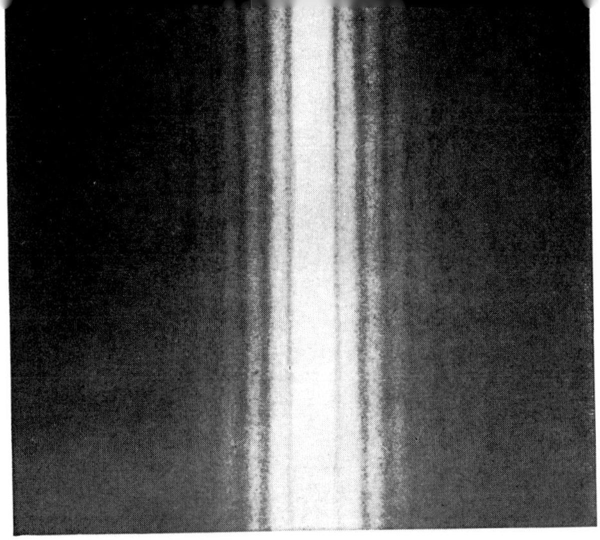

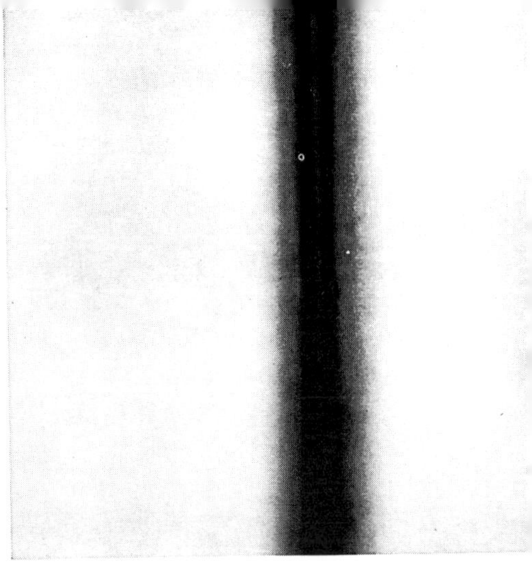

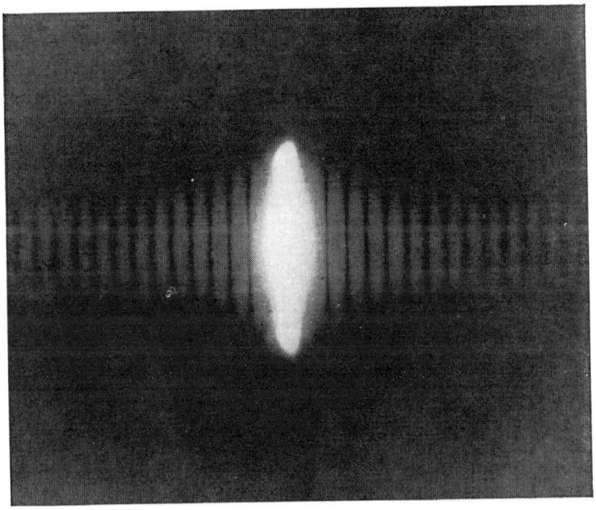

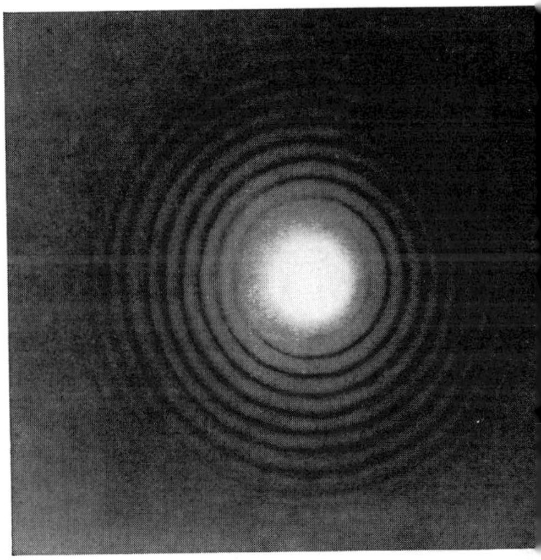

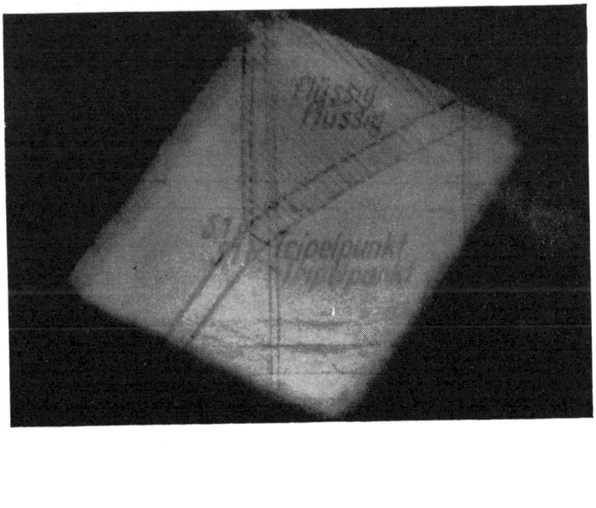

1 2
3 4
5 6

Beugung. 1 und 2 Beugungsbild eines Spaltes und eines Drahtes. **3 und 4** Beugungsbild eines Spaltes und einer Kreisblende mit Laserlicht. – **5** Doppelbrechung in einem Kalkspat. – **6** Optische Bank mit einigen typischen Aufbauten (von links nach rechts): Bogenlampe, Kondensor mit Kühlküvette, Blende, Polarisator, Präparat, Objektiv, Umkehrprisma und Analysator

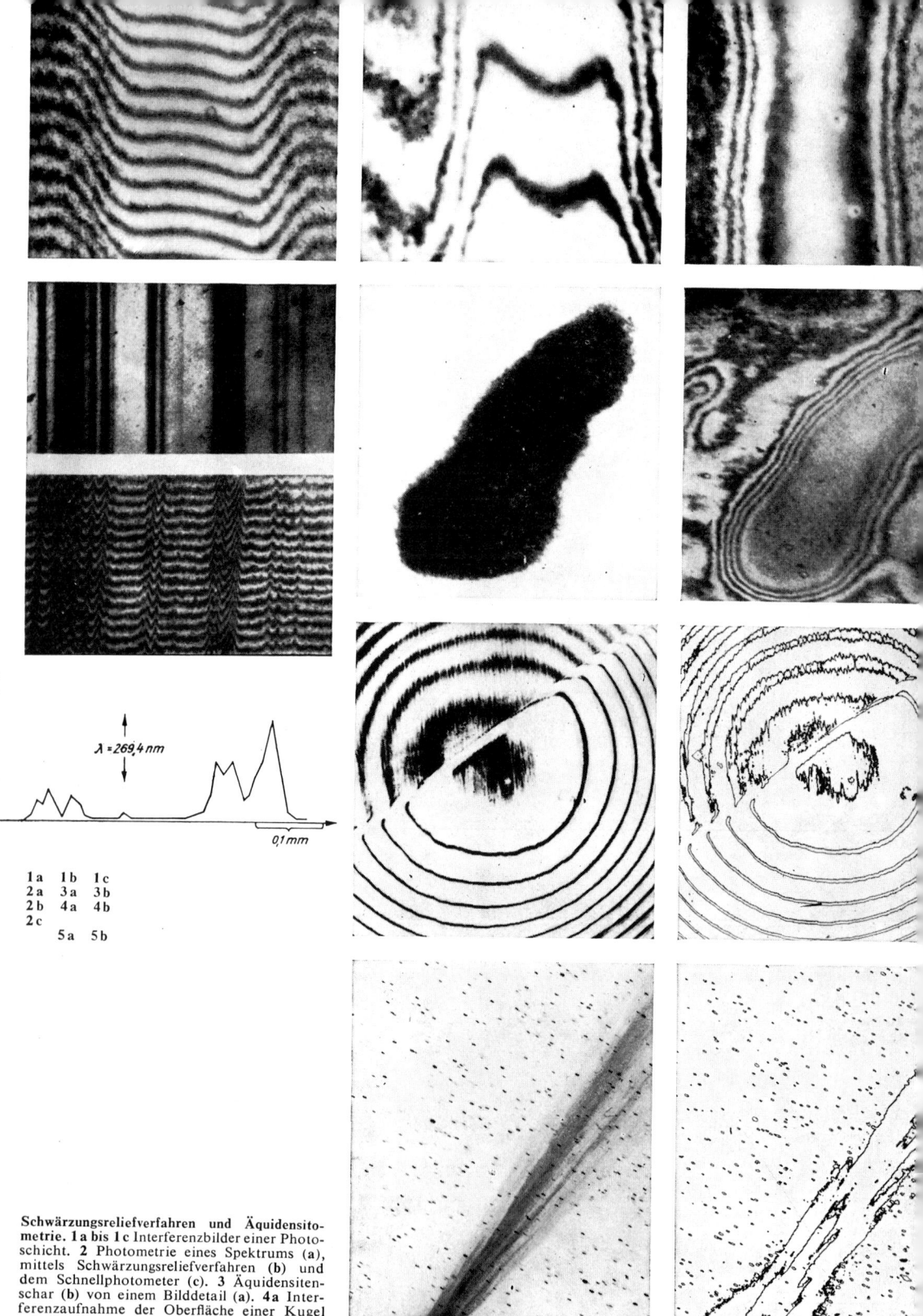

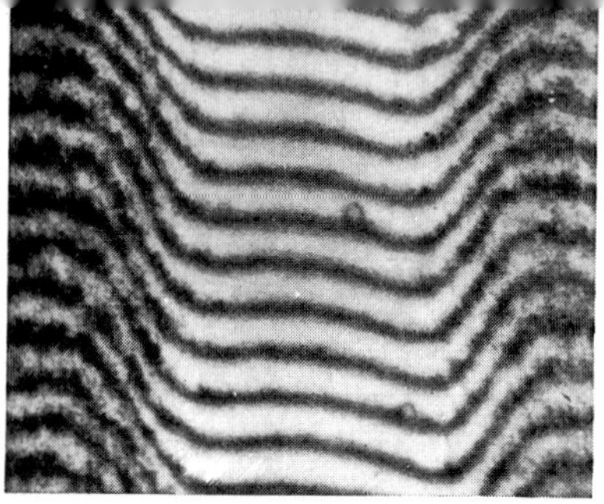

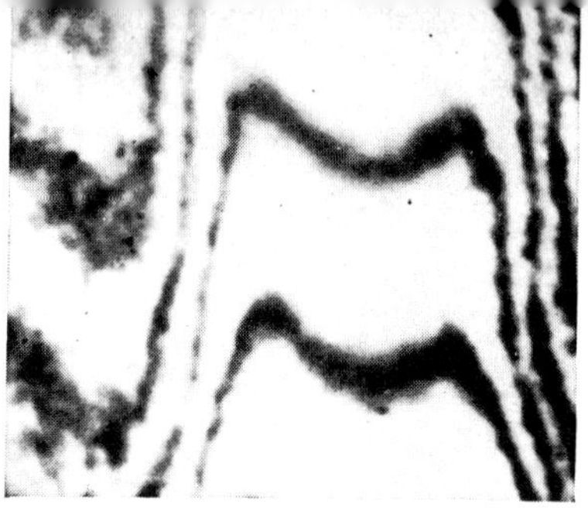

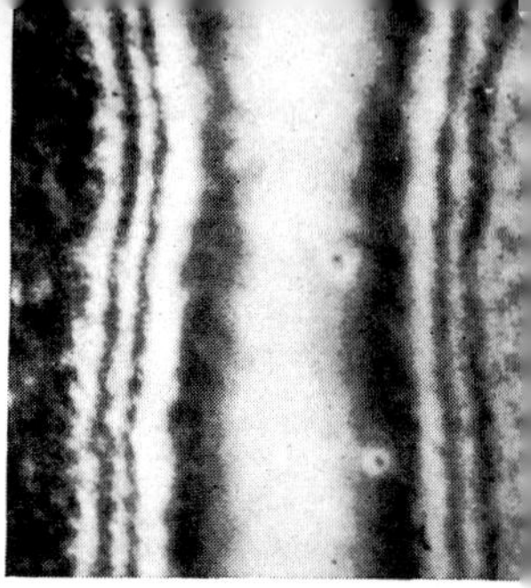

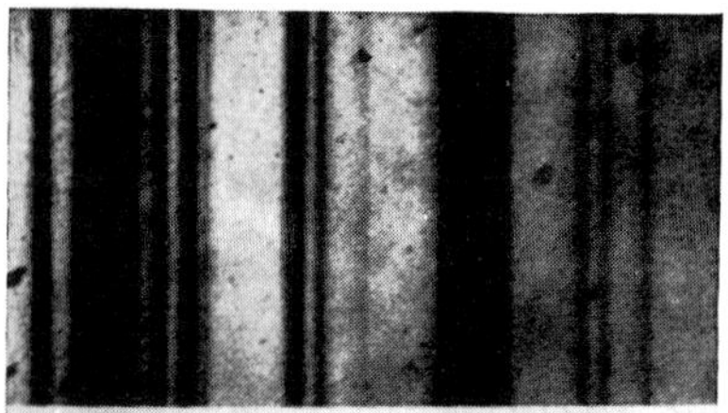

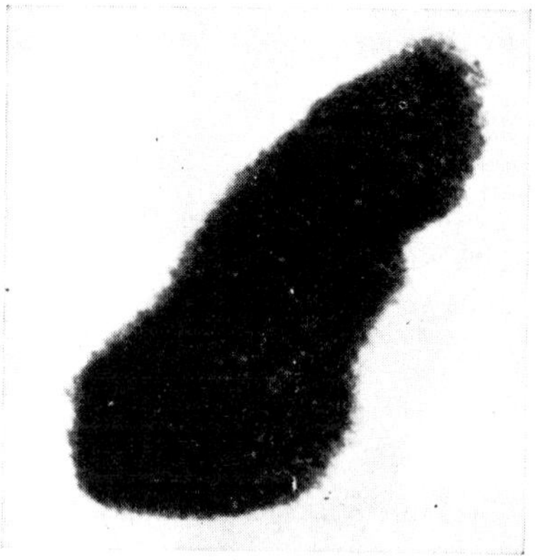

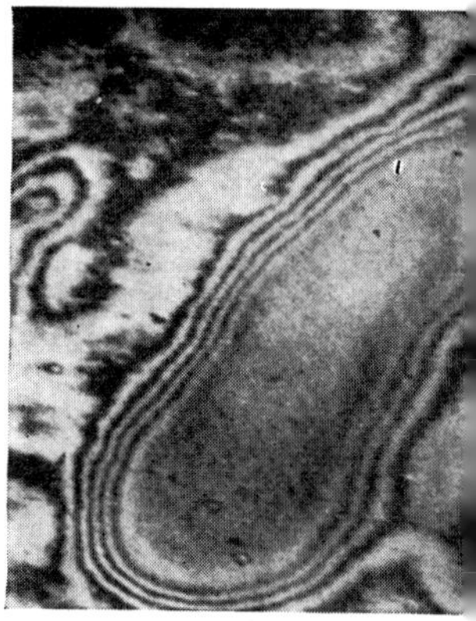

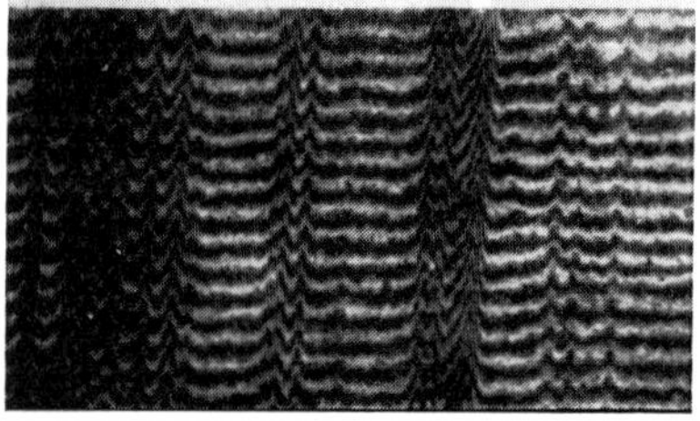

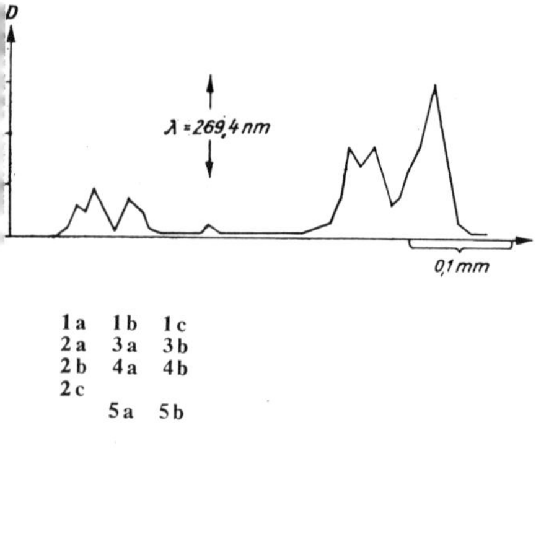

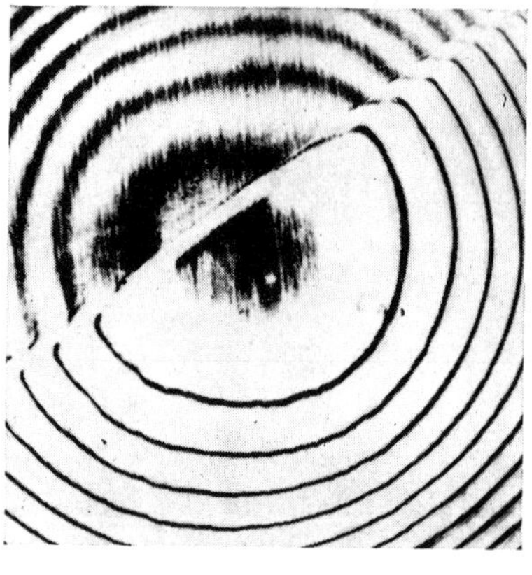

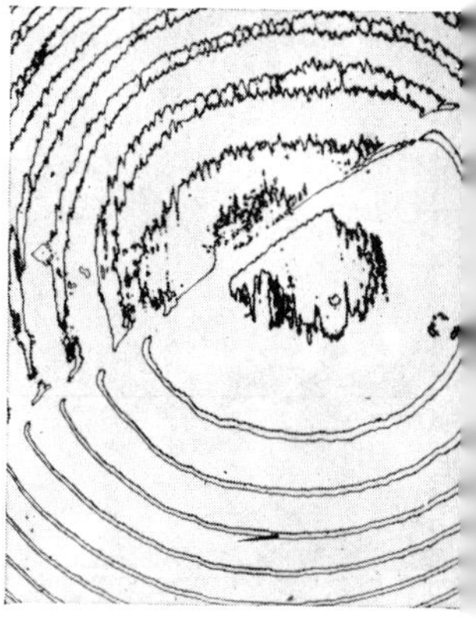

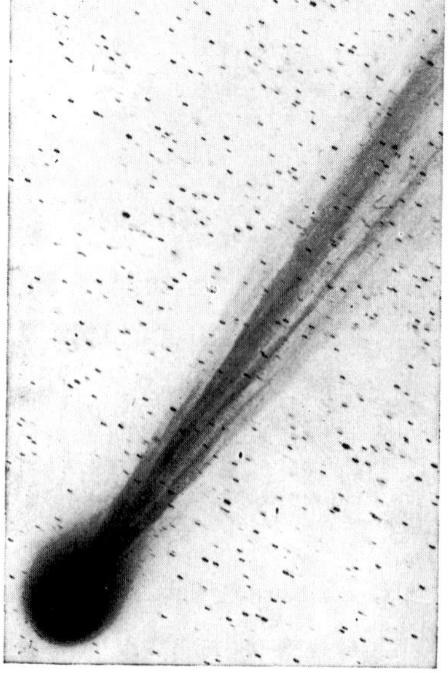

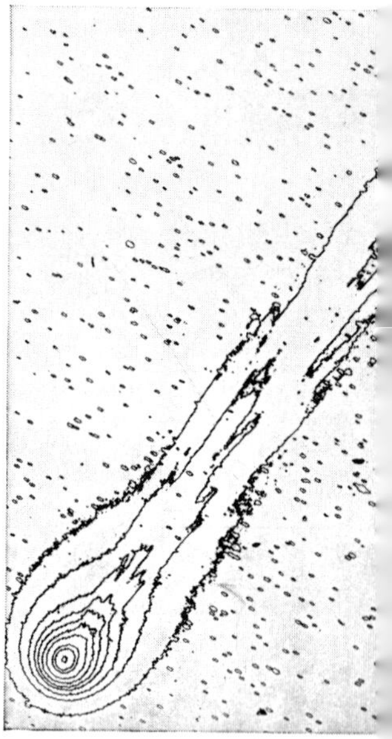

1a	1b	1c
2a	3a	3b
2b	4a	4b
2c		
	5a	5b

Schwärzungsreliefverfahren und Äquidensitometrie. 1a bis 1c Interferenzbilder einer Photoschicht. **2** Photometrie eines Spektrums **(a)**, mittels Schwärzungsreliefverfahren **(b)** und dem Schnellphotometer **(c)**. **3** Äquidensitenschar **(b)** von einem Bilddetail **(a)**. **4a** Interferenzaufnahme der Oberfläche einer Kugel mittels Zweistrahlinterferenzen und Mehrstrahlinterferenzen, **4b** Äquidensitentransformation von **4a**. **5** Kometenaufnahme **(a)** und ihre Transformation in eine Äquidensitenschar **(b)**

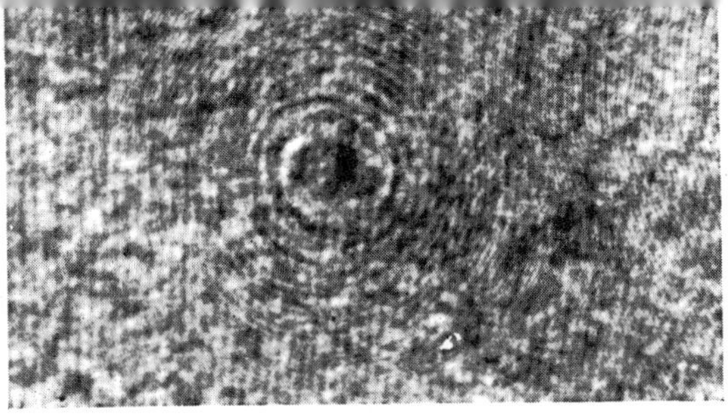

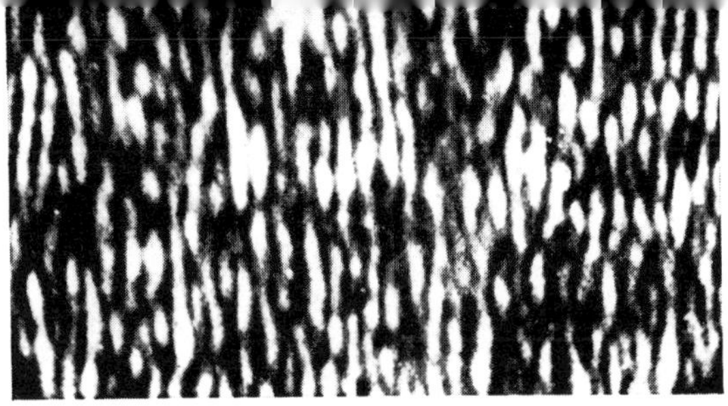

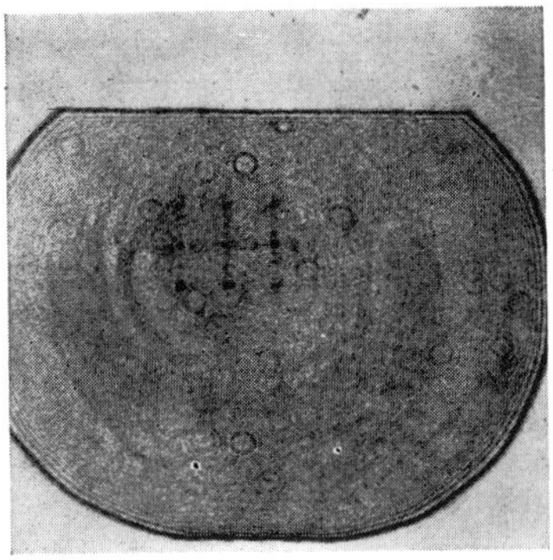

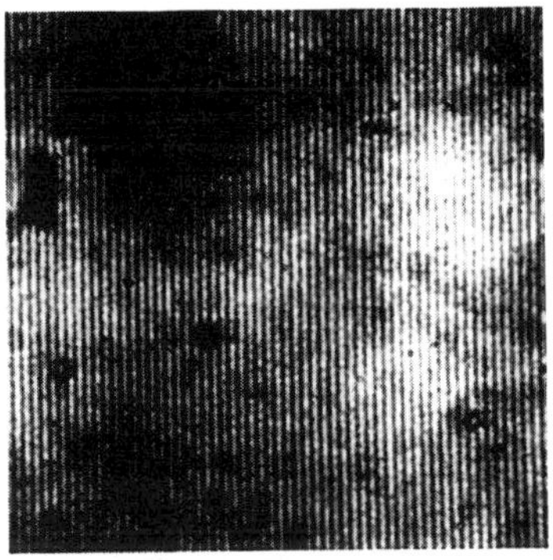

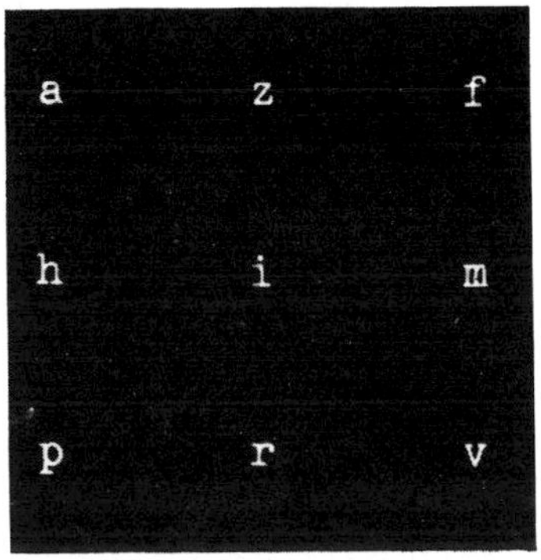

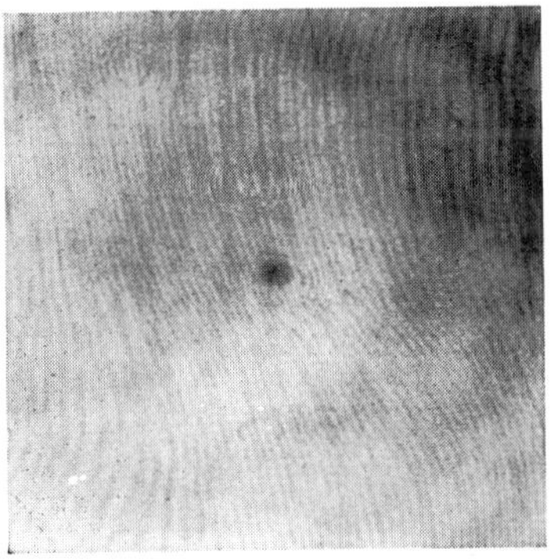

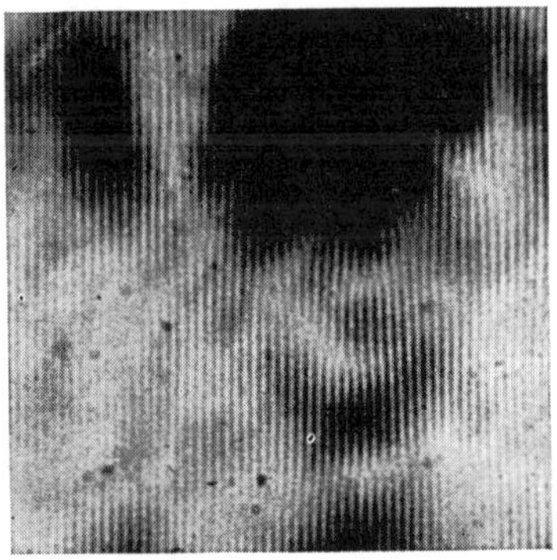

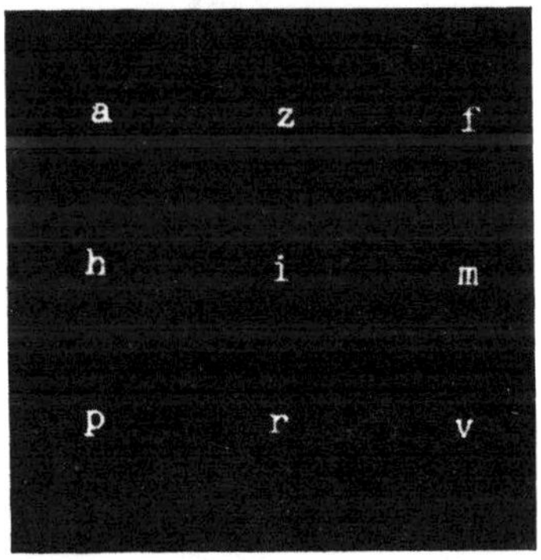

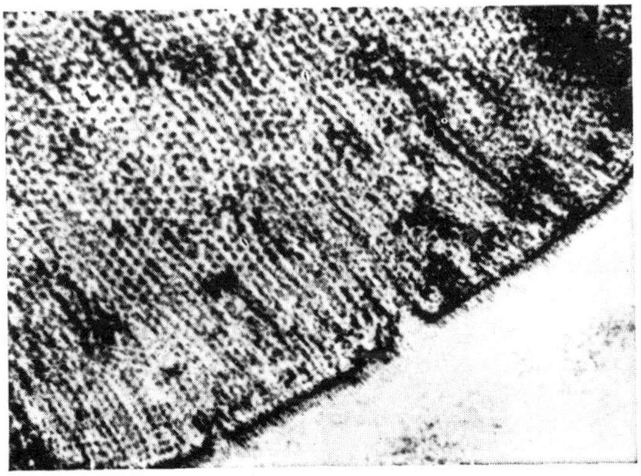

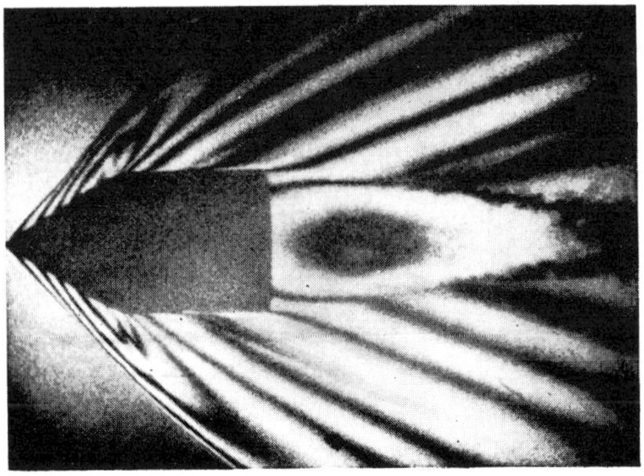

Holographie. 1 Makroskopische Ansicht eines Hologramms (die auftretenden Strukturen rühren von Beugung her und haben keine Beziehung zu der gespeicherten Information). **2** Mikrostruktur eines Hologramms (Vergrößerung etwa 250fach). Das modulierte Gitter ist der Träger der gespeicherten Information. **3a** Fresnel-Hologramm eines ebenen Objekts (Buchstabenensemble); **3b** vergrößerter Ausschnitt aus diesem Hologramm; **3c** Rekonstruktion (schwach vergrößert). **4a** Fourier-Hologramm eines ebenen Objekts (Buchstabenensemble); **4b** vergrößerter Ausschnitt aus diesem Hologramm; **4c** Rekonstruktion (schwach vergrößert). **5** Vergrößerung (etwa 120fach) eines Insektenflügels durch linsenlose Hologramm-Mikroskopie. **6a** Sichtbarmachung der Stoßwelle eines Geschosses mittels Durchlicht-Hologramm-Interferometrie; **6b** Sichtbarmachung der Verformung eines Bauteils mittels Auflicht-Hologramm-Interferometrie

1	2	
3a	3b	3c
4a	4b	4c
5	6a	
6b		

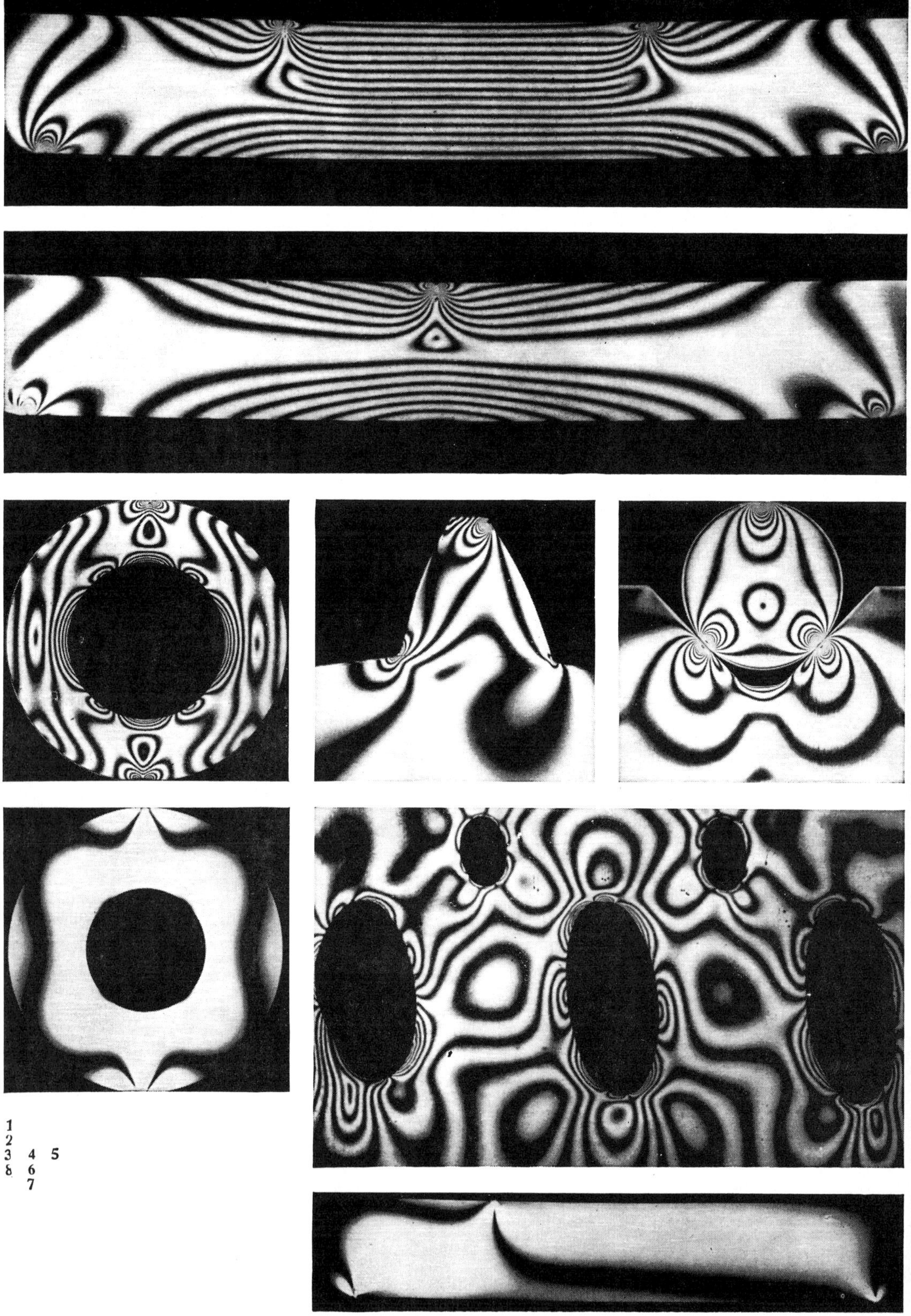

1
2
3 4 5
8 6
7

Spannungsoptik. **1** Reine Biegung im mittleren Bereich des Trägers – Isochromatenbild eines Eichversuchs. **2** Querkraftbiegung – Isochromatenbild eines Trägers auf zwei Stützen mit mittiger Einzellast. **3** Isochromatenbild eines diametral gedrückten Kreisringes. **4** Isochromatenbild eines Einzelzahnes unter Einzellast. **5** Isochromatenbild einer senkrecht belasteten Scheibe in einer V-Nut. **6** Ausschnitt aus einem Isochromatenbild der halben Abwicklung des Mantelumfangs eines belasteten Drehrohrofens. **7** 10°-Isokline eines Trägers auf zwei Stützen mit außermittiger Einzellast. **8** 45°-Isokline eines diametral gedrückten Kreisrings

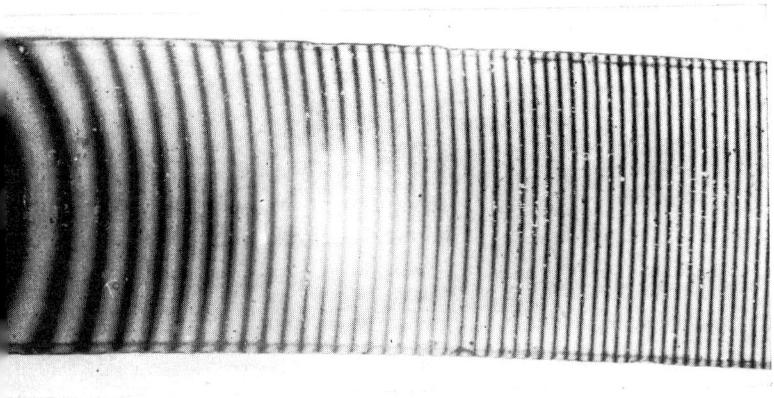

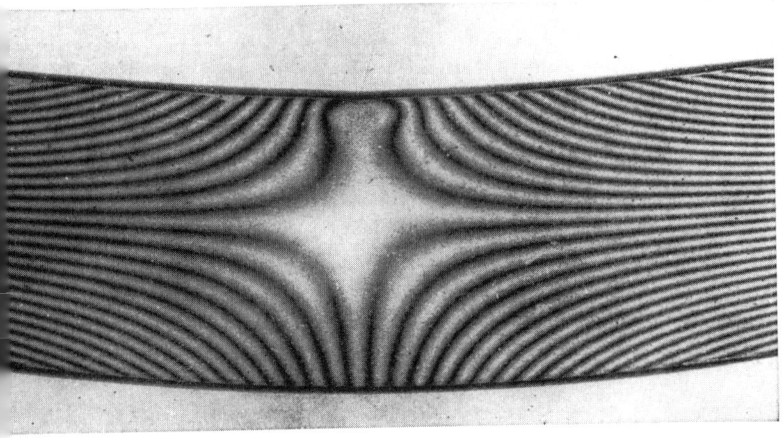

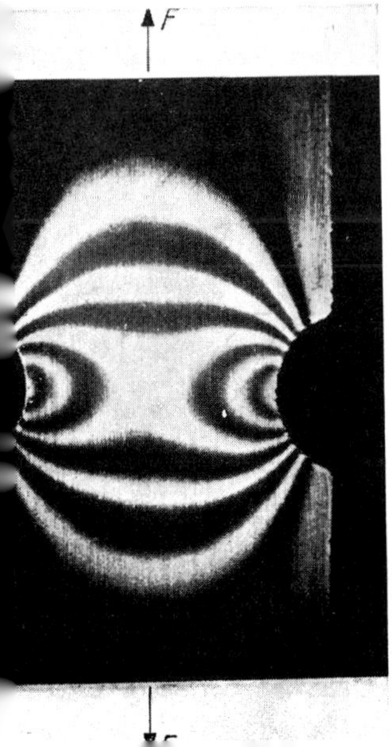

Moiréverfahren. 1 Moiréstreifen, erzeugt durch zwei Gitter mit gering verschiedenen Gitterkonstanten, zur Messung sehr kleiner Verschiebungen. **2** Moiréstreifen, erzeugt durch zwei um einen kleinen Winkel zueinander geneigter Gitter, zur Messung sehr kleiner Verdrehungen. **3** Moirémuster am Keilstab unter reiner Biegung. **4** Moirémuster am gekerbten Keilstab unter reiner Biegung. **5** Querkraftbiegung – Moirémuster am einseitig eingespannten Träger mit Einzellast am freien Ende. **6** Querkraftbiegung – Moirémuster am Träger auf zwei Stützen mit mittiger Einzellast. **7** Ausschnitt aus einem Moirémuster einer diametral gedrückten Kreisscheibe. **8** Moirémuster eines gekerbten Zugstabes, erzeugt nach dem Schatten-Moiréverfahren

1 2 3
5 4
6 7
8

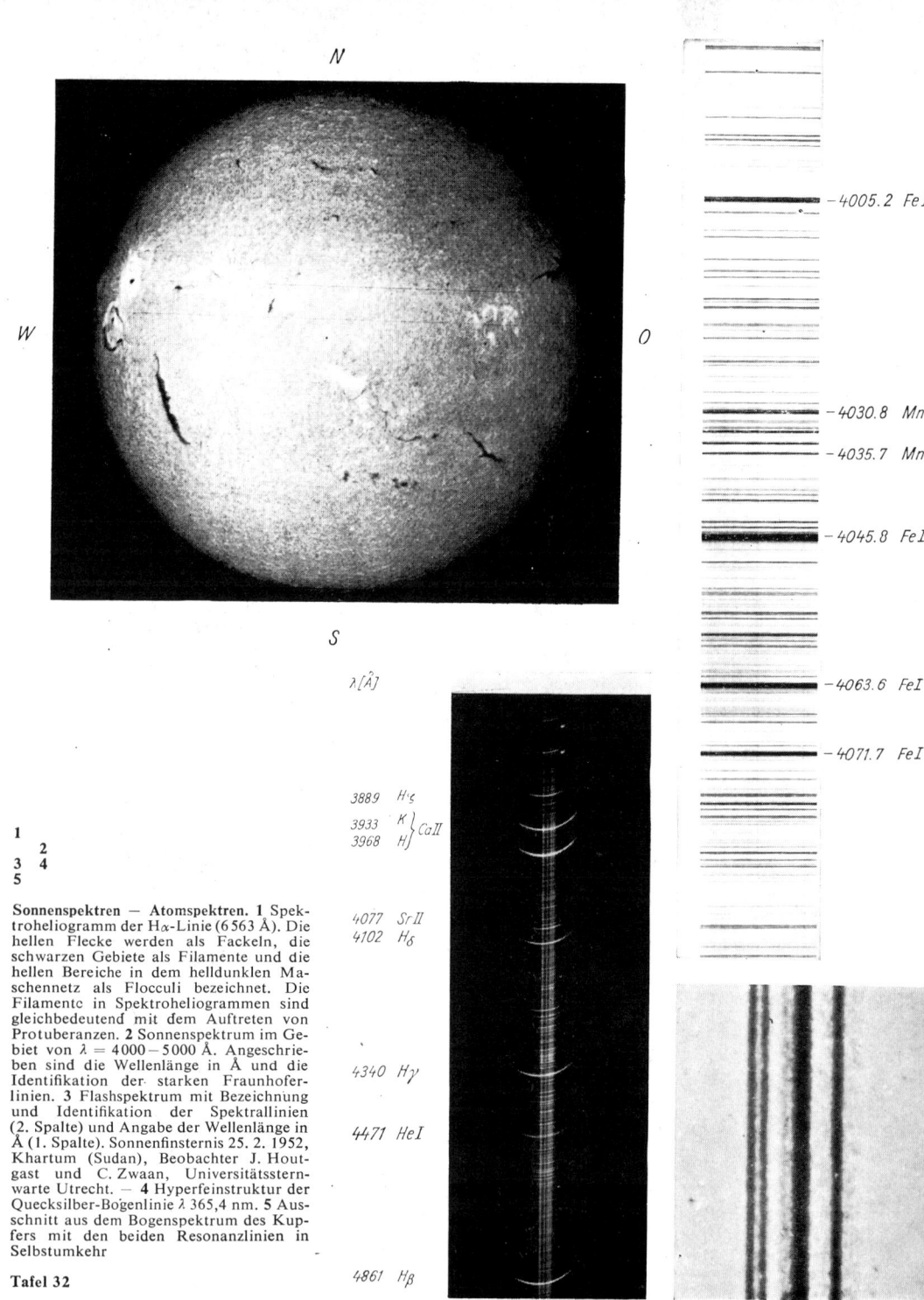

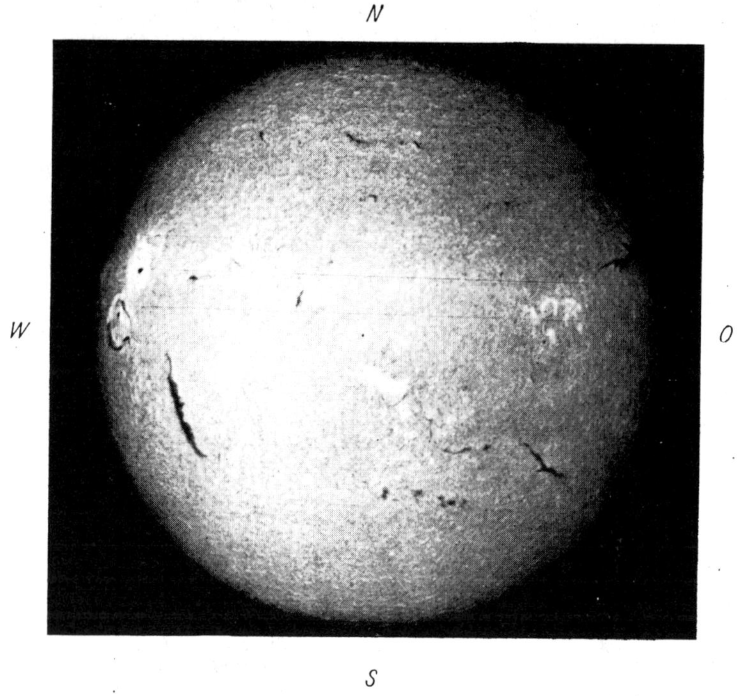

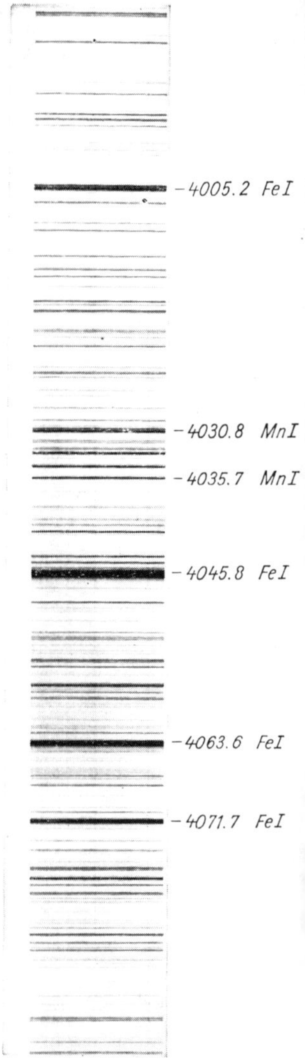

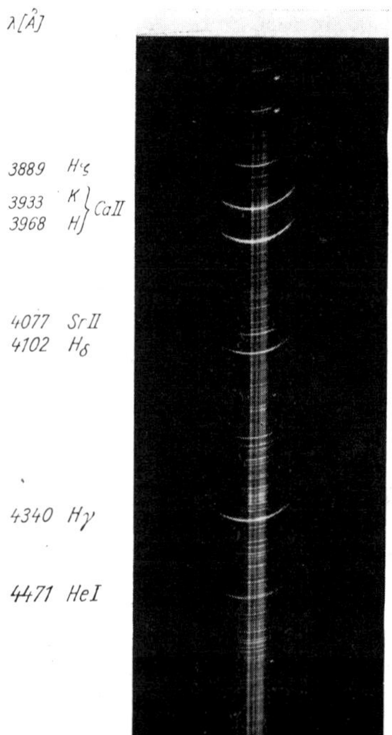

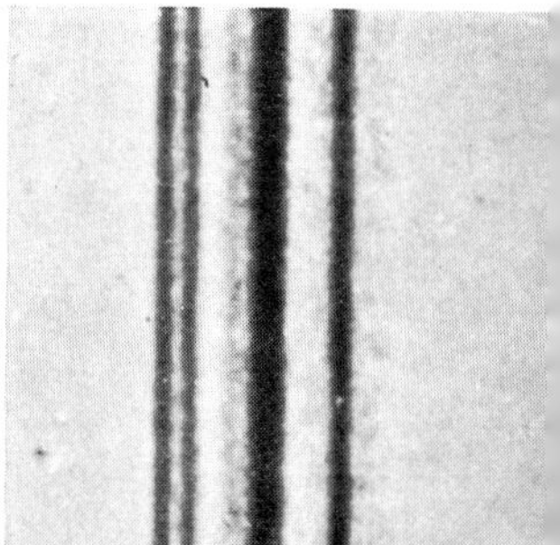

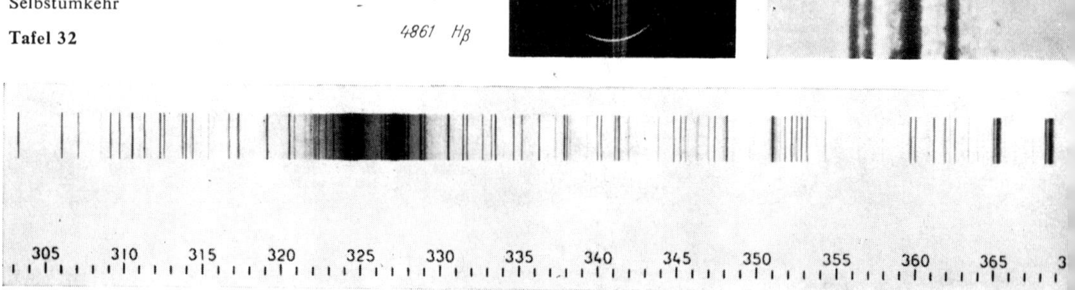

1
2
3 4
5

Sonnenspektren — Atomspektren. 1 Spektroheliogramm der Hα-Linie (6563 Å). Die hellen Flecke werden als Fackeln, die schwarzen Gebiete als Filamente und die hellen Bereiche in dem helldunklen Maschennetz als Flocculi bezeichnet. Die Filamente in Spektroheliogrammen sind gleichbedeutend mit dem Auftreten von Protuberanzen. **2** Sonnenspektrum im Gebiet von $\lambda = 4000-5000$ Å. Angeschrieben sind die Wellenlänge in Å und die Identifikation der starken Fraunhoferlinien. **3** Flashspektrum mit Bezeichnung und Identifikation der Spektrallinien (2. Spalte) und Angabe der Wellenlänge in Å (1. Spalte). Sonnenfinsternis 25. 2. 1952, Khartum (Sudan), Beobachter J. Houtgast und C. Zwaan, Universitätssternwarte Utrecht. — **4** Hyperfeinstruktur der Quecksilber-Bogenlinie λ 365,4 nm. **5** Ausschnitt aus dem Bogenspektrum des Kupfers mit den beiden Resonanzlinien in Selbstumkehr

Tafel 32

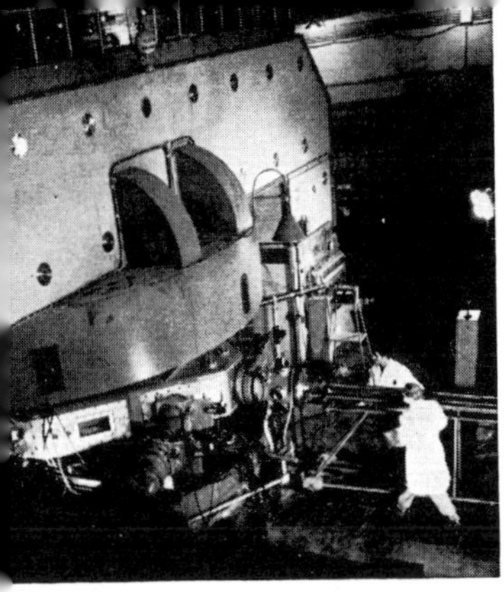

Zyklotron und Isochronzyklotron. **1** Zyklotron U-310 im VIK Dubna zur Beschleunigung schwerer Ionen. Vorderansicht mit Beschleunigungskammer, Strahlherausführung und Experimentierstand zur Synthese des Elements 104. **2** Zyklotron U-310 im VIK Dubna mit HF-Resonator (links) und Strahlverteilersystem (rechts). **3** Beschleunigungsduanten des Zyklotrons U-310. **4** Steuerpult des Zyklotrons U-310. **5** HF-Zuführung und HF-Resonator am Isochronzyklotron U-200 für schwere Ionen im VIK Dubna. **6** Polschuh des Isochronzyklotrons U-200 im VIK Dubna mit drei Shims und Teil der Beschleunigungskammer

1 2
3 4
5 6

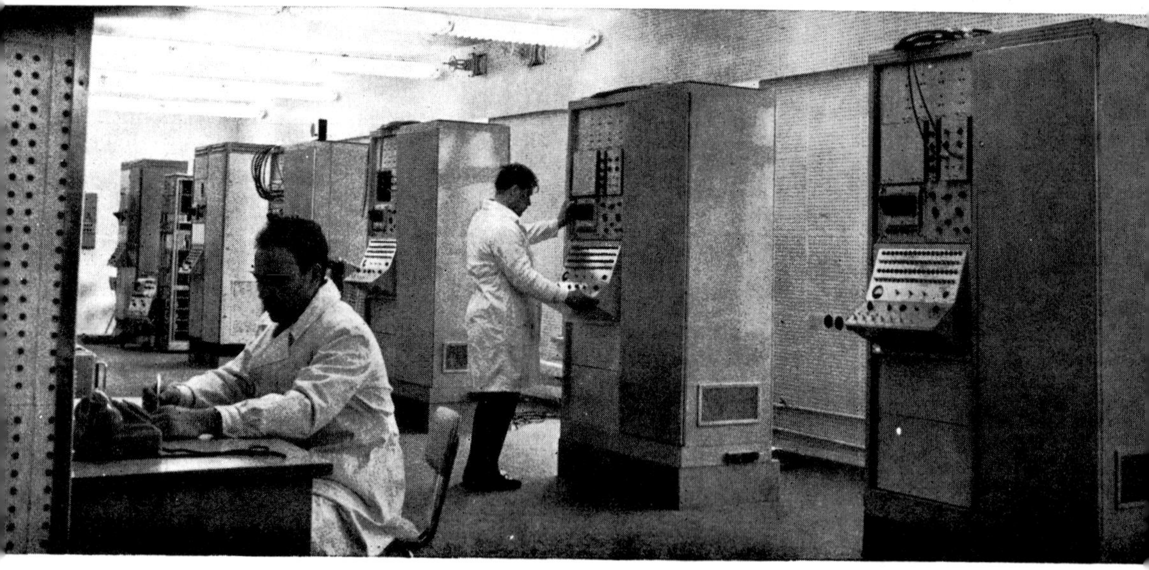

1
2 3
4
Tafel 34

Synchrozyklotron. 1 Synchrozyklotron im VIK Dubna zur Beschleunigung von Protonen auf 680 MeV. **2** Strahlfenster des 680-MeV-Synchrozyklotrons im VIK Dubna in der Beschleunigungskammer. **3** Pi-Mesonentrakt am 680-MeV-Synchrozyklotron im VIK Dubna, aus magnetischen Quadrupollinsen bestehend. **4** Meßzentrum am 680-MeV-Synchrozyklotron im VIK Dubna zur Speicherung und Vorverarbeitung der von den Detektoren und Spektrometern anfallenden Informationen. Im Bild 4096-kanalige Analysator-Kleinrechnereinheiten vom Typ „Tensor“

Synchrophasotron I. 1 Gesamtansicht des 76-GeV-Protonenbeschleunigers Serpuchow bei Moskau. 2 Blick in die 90160 m² große, freitragend ausgeführte Experimentierhalle des 76-GeV-Synchrophasotrons. Links im Bild der durch Betonblöcke abgeschirmte Magnetring. 3 Magneteinheiten des 28-GeV-Synchrophasotrons im CERN bei Genf

1
2
3

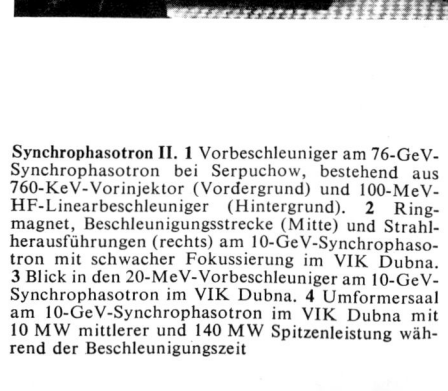

Synchrophasotron II. 1 Vorbeschleuniger am 76-GeV-Synchrophasotron bei Serpuchow, bestehend aus 760-KeV-Vorinjektor (Vordergrund) und 100-MeV-HF-Linearbeschleuniger (Hintergrund). **2** Ringmagnet, Beschleunigungsstrecke (Mitte) und Strahlherausführungen (rechts) am 10-GeV-Synchrophasotron mit schwacher Fokussierung im VIK Dubna. **3** Blick in den 20-MeV-Vorbeschleuniger am 10-GeV-Synchrophasotron im VIK Dubna. **4** Umformersaal am 10-GeV-Synchrophasotron im VIK Dubna mit 10 MW mittlerer und 140 MW Spitzenleistung während der Beschleunigungszeit

1 3
2 4

Synchrophasotron III. 1 Blick in die Beschleunigerhalle des 10-GeV Synchrophasotrons im VIK Dubna. Magnetring (außen), elektrische und elektronische Steuer-, Schalt- und Regelanlagen (innen). **2** Teilchenkanäle am 10-GeV-Synchrophasotron im VIK Dubna. 3 GeV/c-Antiprotonenkanal mit elektrostatischem Separator (links), 5 GeV/c-Antiprotonenkanal mit elektrodynamischem Separator (rechts)

1
2

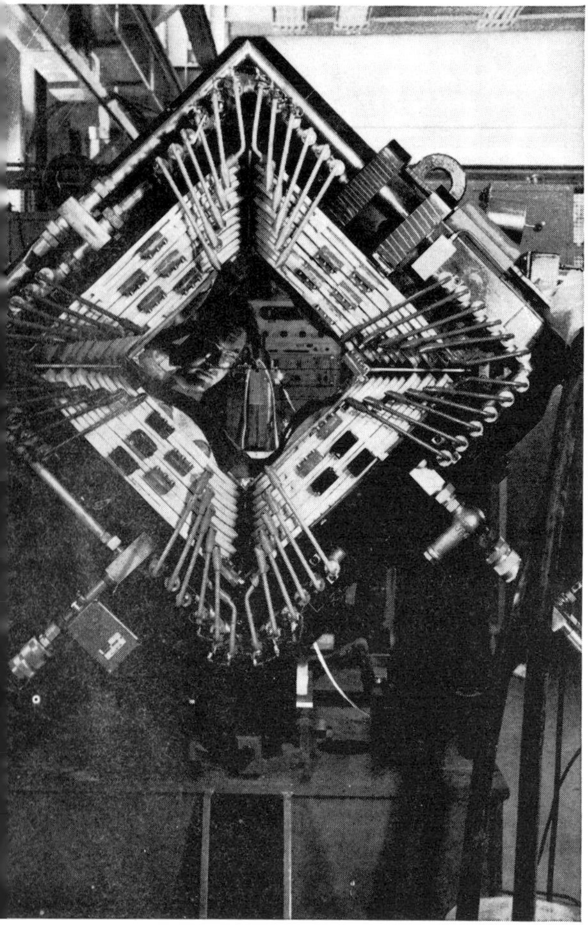

1 3
2 4

Tafel 38

Beschleunigertechnik I. 1 Speicherring für Protonen im CERN bei Genf mit Kreuzungsstelle. **2** Magnetische Quadrupollinse mit 30 cm Apertur im CERN bei Genf. **3** Targettiefkühlanlage im VIK Dubna für 0,005 K im Dauerbetrieb nach dem ^{3}He-^{4}He-Mischverfahren arbeitend. **4** Kühlstelle aus Abbildung **3**

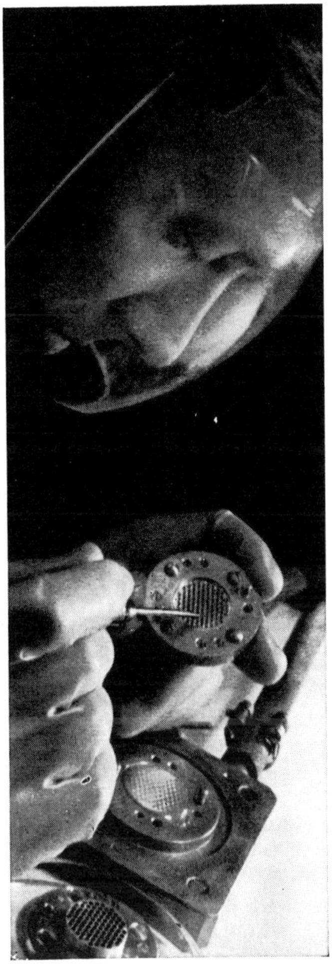

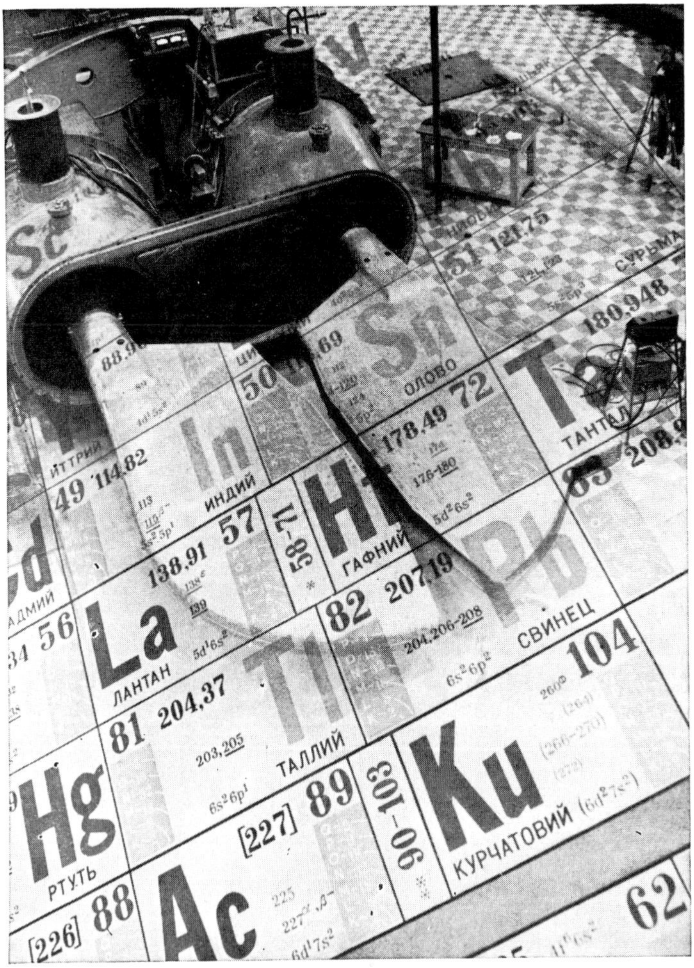

1 2
3

Beschleunigertechnik II. 1 Urantarget mit kollimierender Aluminiumhalterung zur Synthese des Elements 104 am U-310 im VIK Dubna. **2** Periodisches System der Elemente nach Mendelejew mit dem neuen Element 104 (Kurtschatowium) und Duantenpaar des Schwerionenzyklotrons U-310 im VIK Dubna. **3** Kollektive Teilchenbeschleunigung im VIK Dubna nach dem Prinzip der Beschleunigung von mit Ionen geladenen Elektronenringen arbeitend. Ringformer und Ringkompressor (oben rechts), Linearbeschleuniger für die Ringe (vorn)

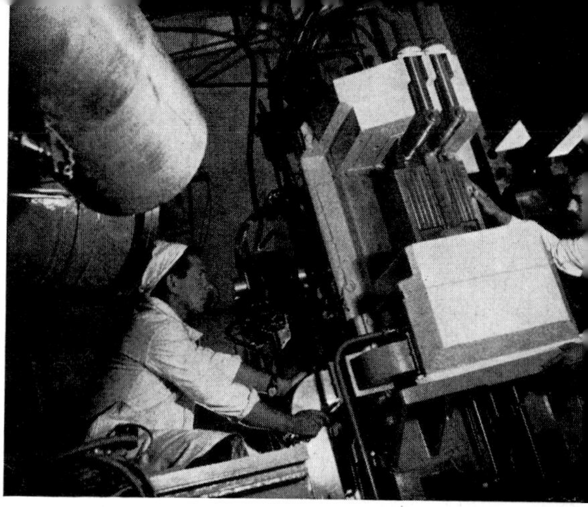

1 2
3
4

Impulsreaktor und Neutronenphysik. 1 Impulsreaktor IBR-30 im VIK Dubna. **2** Heiße Zone des IBR-30 (Detail zu Abbildung **1**). **3** Blick in den Experimentiersaal am IBR-30 in VIK Dubna mit Neutronenstrahlunterbrecher (rechts), Neutronenflugkanäle (vorn) und Neutronendetektoren (oben). Die Neutronendetektoren gehören zu einem Flugzeit- und Winkelspektrometer für Neutronen. Jeder der Abschirmbehälter enthält 132 ^{3}He-Detektoren. **4** Neutronengenerator mit 600-KeV-Kaskadenbeschleuniger für Deuteronen an der Technischen Universität Dresden

Tafel 40

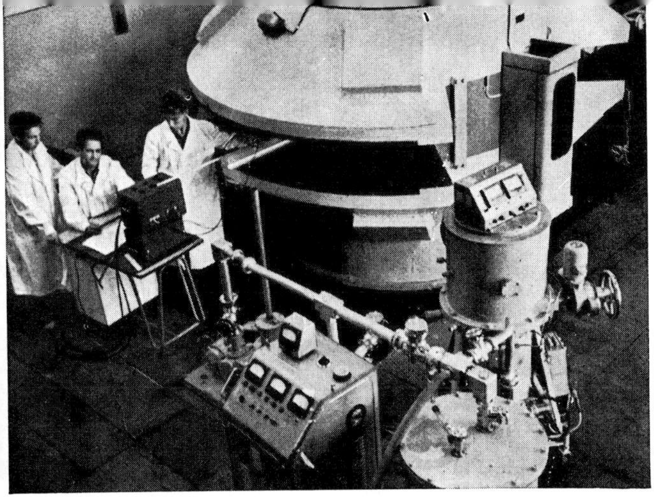

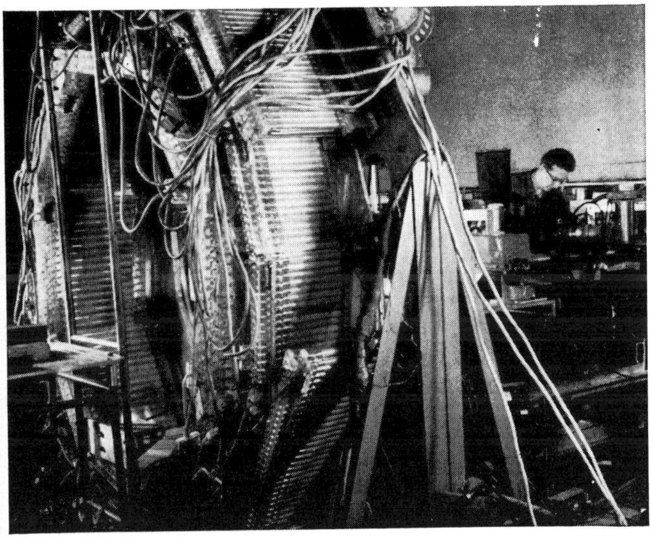

1 2
3
4 5

Teilchenspektrometer I. 1 Alphaspektrograph im VIK Dubna. **2** Betaspektrometer vom Toroidtyp (geöffnet) am U-200 im VIK Dubna. **3** Hodoskop am Synchrozyklotron im VIK Dubna, aus 1 500 Geiger-Müller-Zählern bestehend. **4** Großvolumige Proportionalzählrohre zur Suche nach superschweren, spontan spaltenden Elementen im VIK Dubna. **5** Nanosekundenflugzeitspektrometer für schnelle Neutronen an der Technischen Universität Dresden

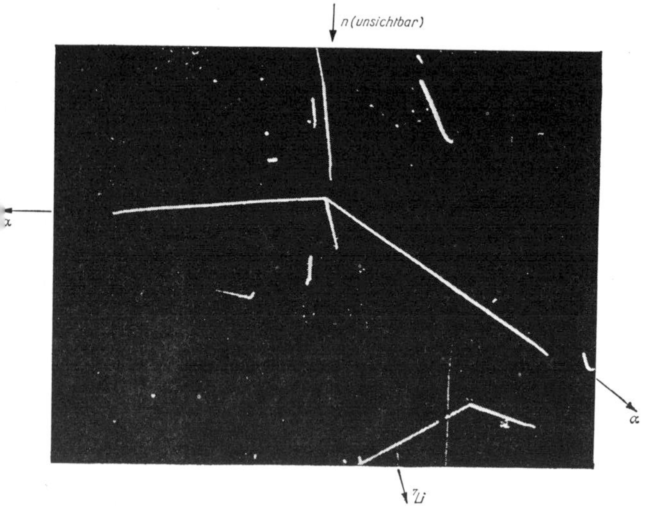

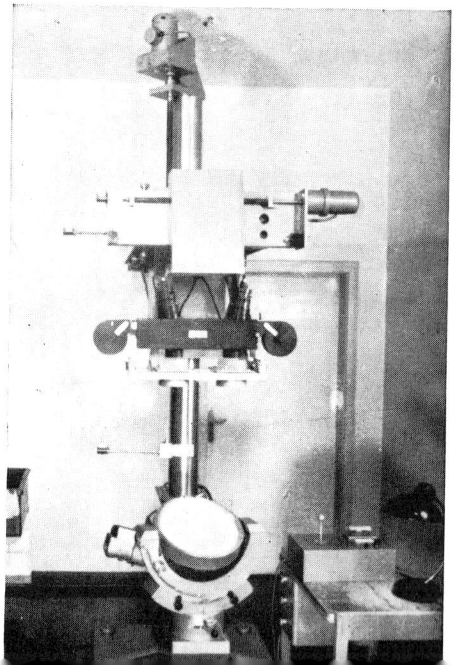

1
4 2
3

Tafel 42

Teilchenspektrometer II. 1 Massenseparator zur Trennung kurzlebiger radioaktiver Isotope am Synchrozyklotron im VIK Dubna. **2** Diffusionsnebelkammer im Zentralinstitut für Kernforschung Rossendorf. **3** Auswertegerät für stereoskopische Nebelkammeraufnahmen im Zentralinstitut für Kernforschung Rossendorf. **4** Nebelkammeraufnahme der Reaktion $^{14}N(n, 2\alpha)\,^{7}Li$

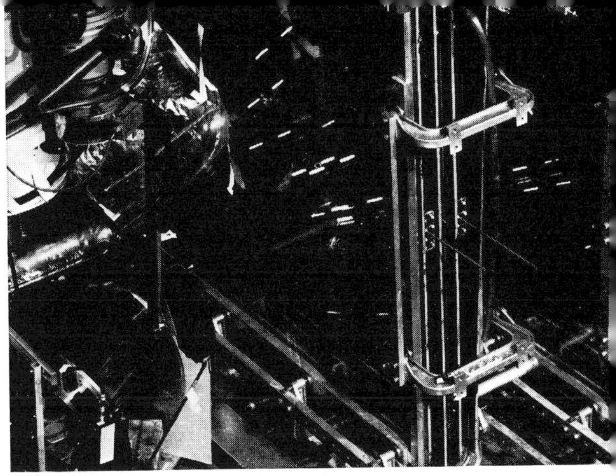

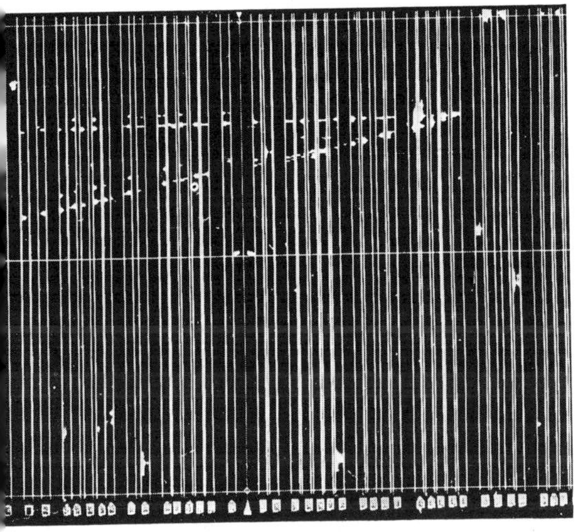

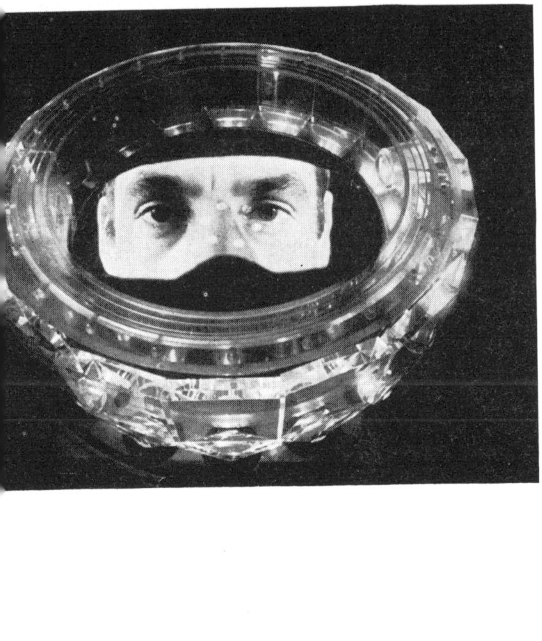

Funken- und Streamerkammern. 1 Teilchenspektrometer für ein CERN-Serpuchow-Experiment, bestehend aus Wasserstofftarget (links), Funkenkammern (Mitte), Szintillationszählern (durch schwarze Verkleidung gegen Licht abgeschirmt) und Analysiermagneten (oben). **2** Funkenkammer mit Teilchenspuren (Detail zu Abbildung **1**). **3** Teilchenspuren in einem Funkenkammerspektrometer zum Nachweis von Neutrinos (Einfall von rechts) im CERN bei Genf. **4** Hochdruckstreamerkammer im VIK Dubna mit Szintillationszählersteuerung. **5** Szintillationsdetektoren um das Streamerkammervolumen angeordnet, rechts Strahleintrittsfenster (Detail zu Abbildung **4**)

1 2
3
5 4

Tafel 43

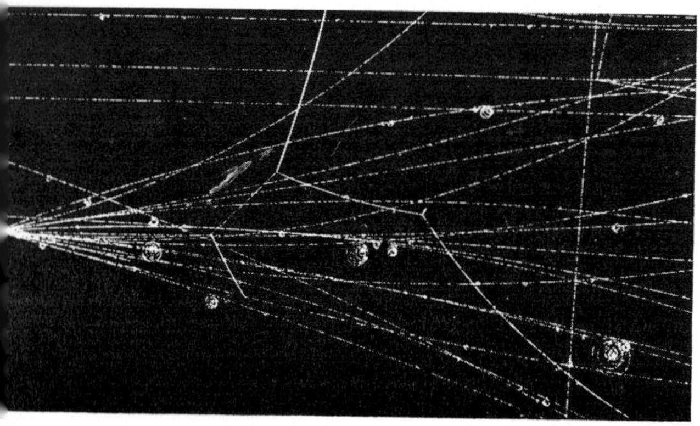

Blasenkammern I. 1 Gesamtansicht der 2-m-Wasserstoffblasenkammer im CERN bei Genf. **2** 2-m-Wasserstoffblasenkammer des CERN ohne Magnet (Detail zu Abbildung **1**). **3** Montage der 2-m-Wasserstoffblasenkammer (Detail zu Abbildung **1**). **4** 16 GeV/cπ^-p Wechselwirkung mit 18 sichtbaren Spuren von Reaktionsprodukten, aufgenommen mit der 2-m-Wasserstoffblasenkammer im CERN bei Genf.

1
2 3
4

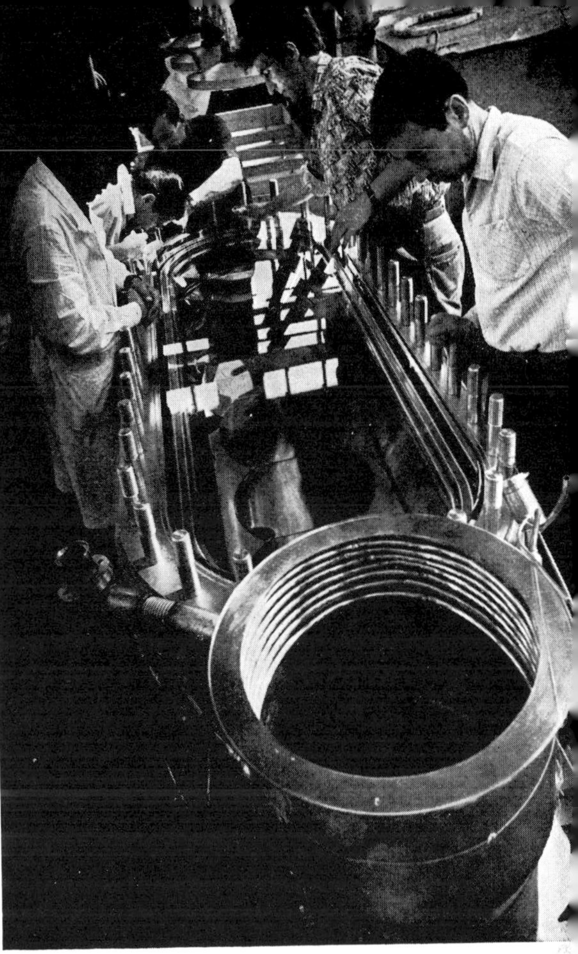

1 2
3
4

Blasenkammern II. 1 Montage einer 2-m-Wasserstoffblasenkammer im VIK Dubna. **2** Reaktionsraum (oben) der 2-m-Wasserstoffblasenkammer im VIK Dubna. **3** Gesamtansicht der 2-m-Propanblasenkammer im VIK Dubna. **4** Typische Blasenkammeraufnahme mit vielen Wechselwirkungsereignissen (VIK Dubna)

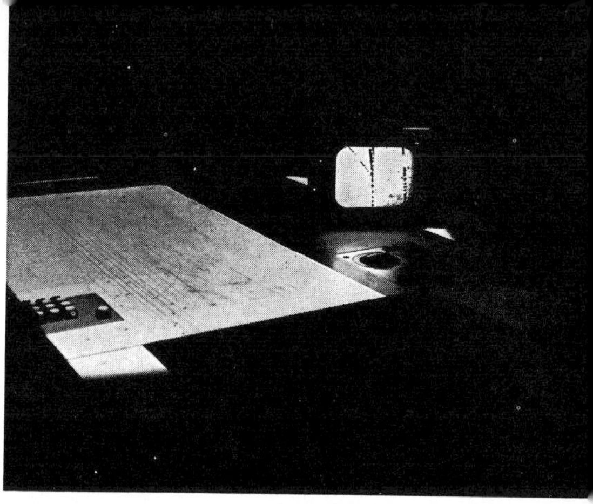

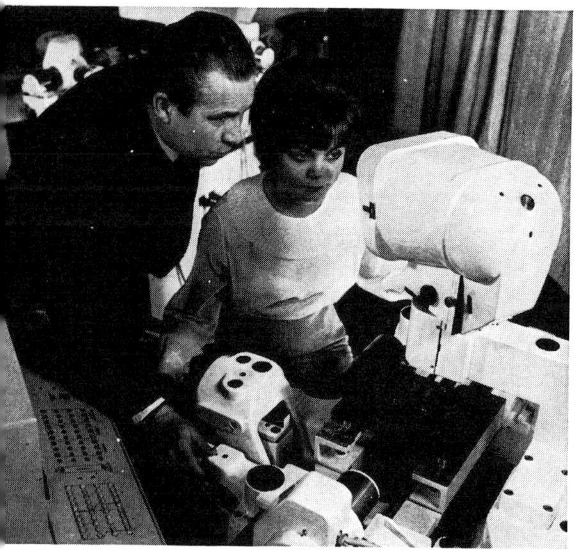

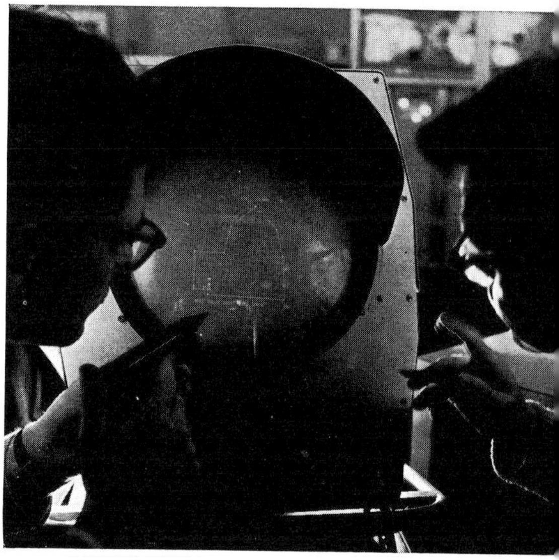

1 2
3 4
5

Auswertung von Blasenkammeraufnahmen. 1 Gesamtansicht eines Spirallesegerätes für Blasenkammeraufnahmen im CERN bei Genf. **2** Projektionstisch (links), Fernsehschirm zur Koordinatenkontrolle (Mitte), Datenausgabe (rechts) (Detail zu Abbildung **1**). **3** Halbautomat zur Auswertung von Blasenkammeraufnahmen im VIK Dubna. **4** Lichtstiftgerät im VIK Dubna. **5** Elektronische Rechenmaschine BESM-6 im VIK Dubna

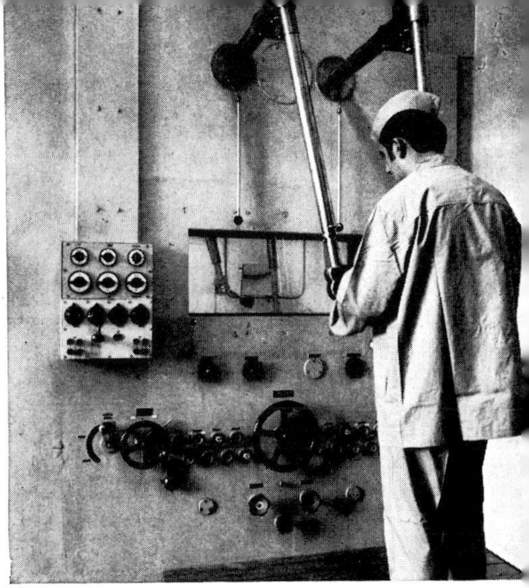

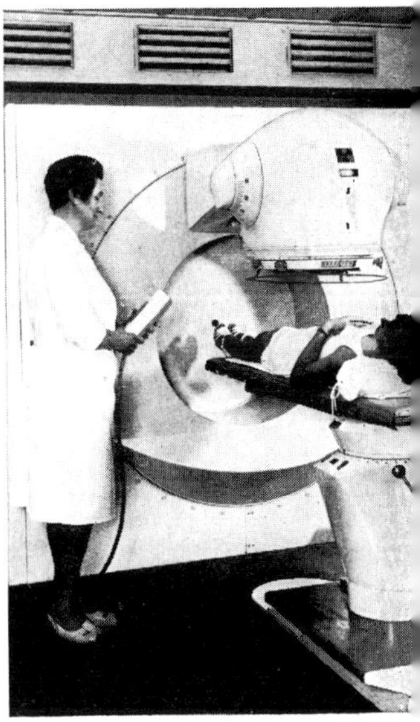

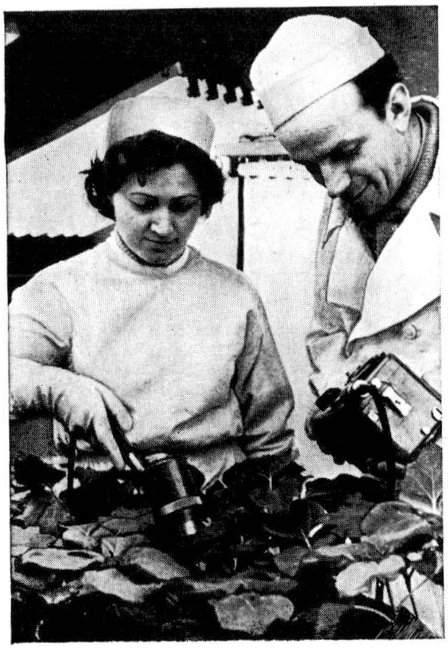

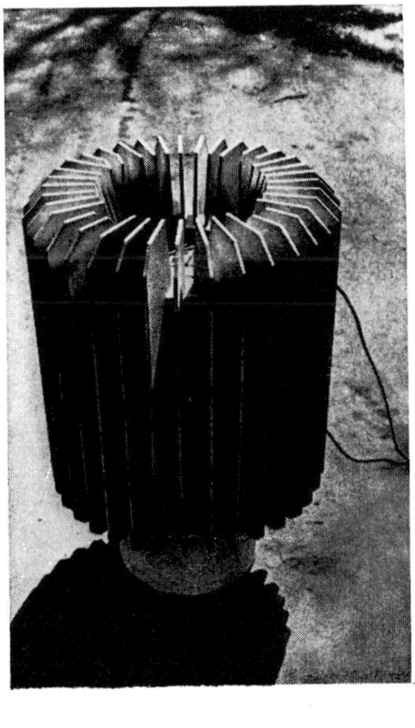

1 2
4a 4b 3
5 6

Radioaktivität. **1** Heißes Labor. Belüftung durch Öffnungen in der Decke, Entlüftung durch die Abzüge. **2** Ferngesteuerte Greifarme für Arbeiten mit radioaktiven Stoffen. **3** Gammatherapieeinrichtung zur Geschwulstbehandlung im Körperinnern. **4** Stofftransport in Pflanzen durch Phosphor-32 und durch Autoradiographie sichtbar gemacht. Phosphor-32 gelangt über die Stengel (Abbildung **4a**) zu den Blatträndern (Abbildung **4b**). **5** Untersuchung von Pflanzen, die mit Phosphor-32 markiert wurden. **6** BETA-2, eine in der UdSSR entwickelte Isotopenstromquelle, die Strahlungsenergie von Strontium in elektrischen Strom umwandelt und eine wartungsfreie Betriebsdauer von etwa 10 Jahren hat

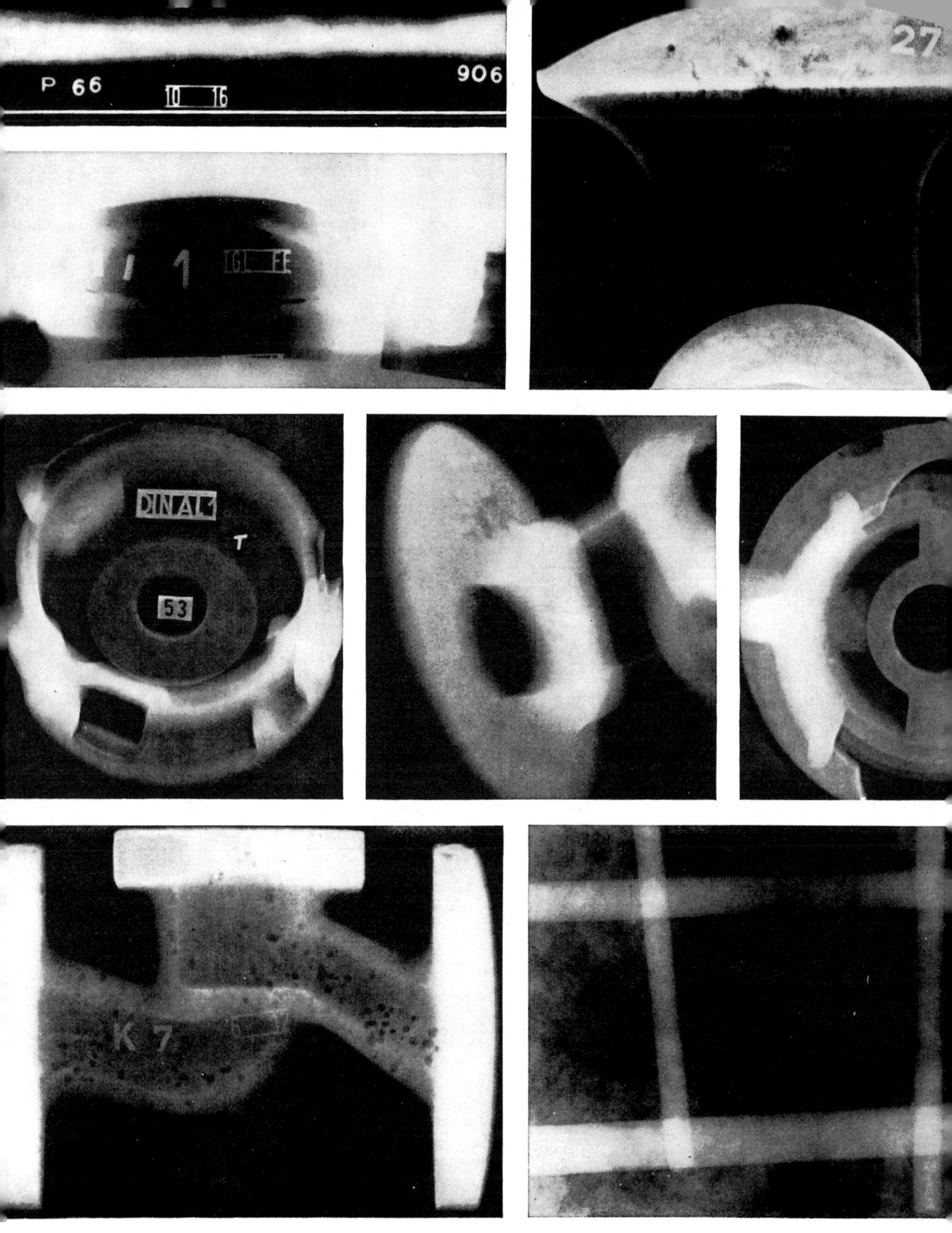

1
2 4
3 5 7
6 8

Zerstörungsfreie Werkstoffprüfung mit Hilfe radioaktiver Isotope. 1 Röntgenaufnahme einer Längsschweißnaht (Querrisse) **2** Röntgenaufnahme einer Rundschweißnaht (Ellipsenaufnahme). **3** Tm-170-Aufnahme eines Gußstückes aus Aluminium **4** Co-60-Aufnahme eines Gußstückes aus Stahl. **5** Co-60-Aufnahme einer Armatur aus Stahlguß. **6** Ir-192-Aufnahme einer Armatur aus Stahlguß **7** Ir-192-Aufnahme eines Gußstückes aus Grauguß. **8** Co-60-Aufnahme (Bewehrung im Beton)

Tafel 48

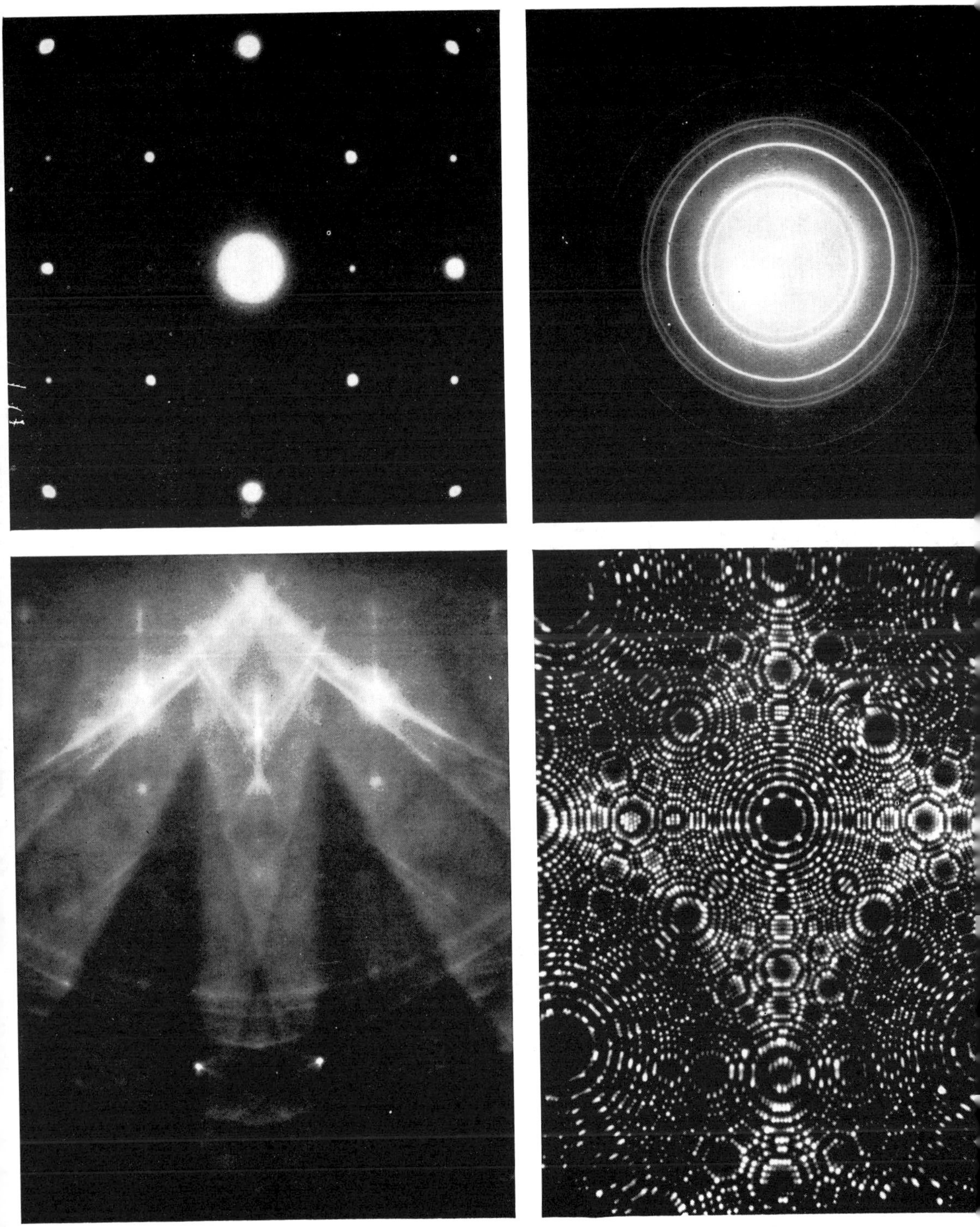

1 2
3 4

Elektronenbeugung – Feldionenmikroskopie. 1 Beugungsdiagramm eines MoO_3-Einkristalls. **2** Beugungsdiagramm einer feinkristallinen LiF-Aufdampfschicht. **3** Kikuchi-Diagramm, aufgenommen an einer (111)-Fläche eines Silber-Einkristalls (Reflexions-Elektronenbeugung). **4** Feldionenmikroskopische Aufnahme einer Iridium-Kristallspitze mit Versetzungen und Leerstellen

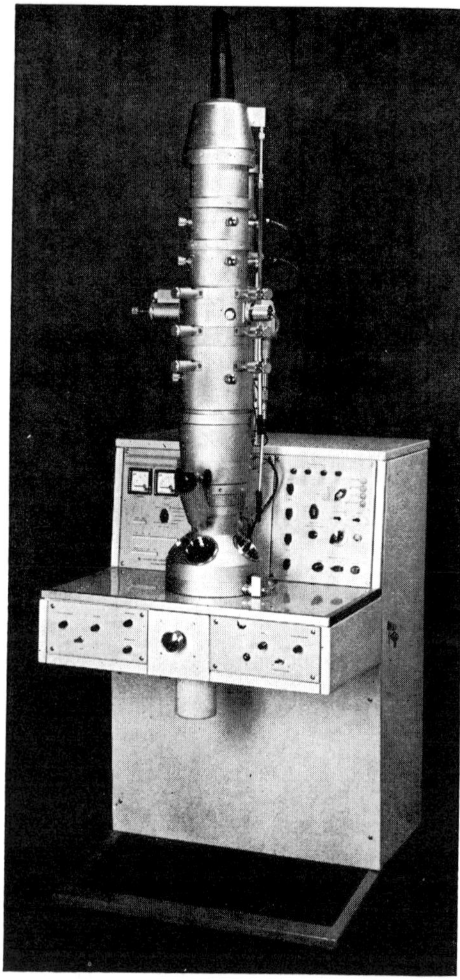

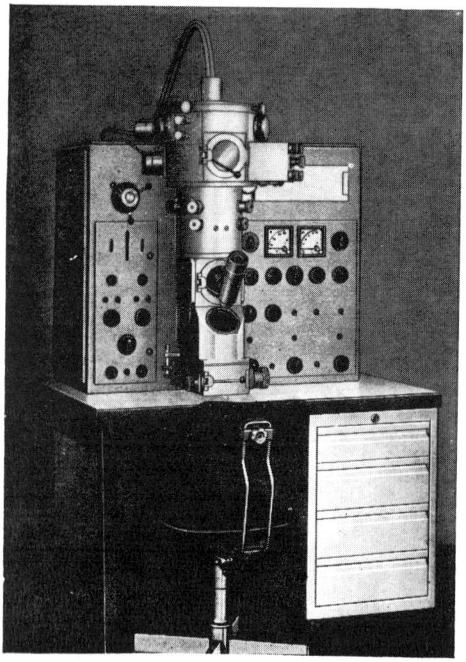

1 3
2 4

Elektronenmikroskopie I. 1 Durchstrahlungs-Elektronenmikroskop SEM 3-2. **2** Elektronenoptische Anlage EF in der Ausrüstung als Emissionsmikroskop. **3** Raster-Elektronenmikroskop „Stereoscan". **4** Elektronenspiegel-Mikroskop

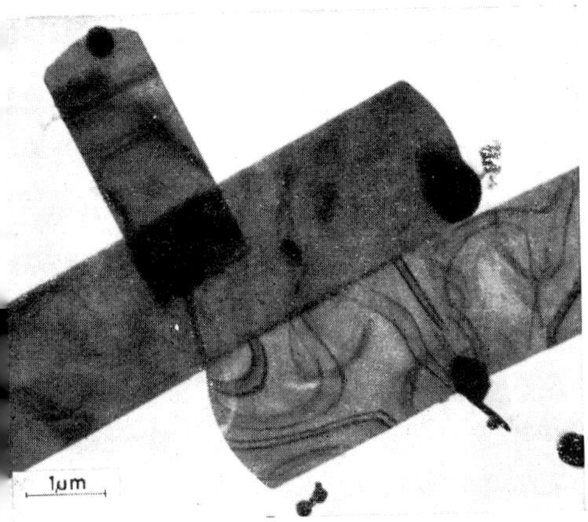

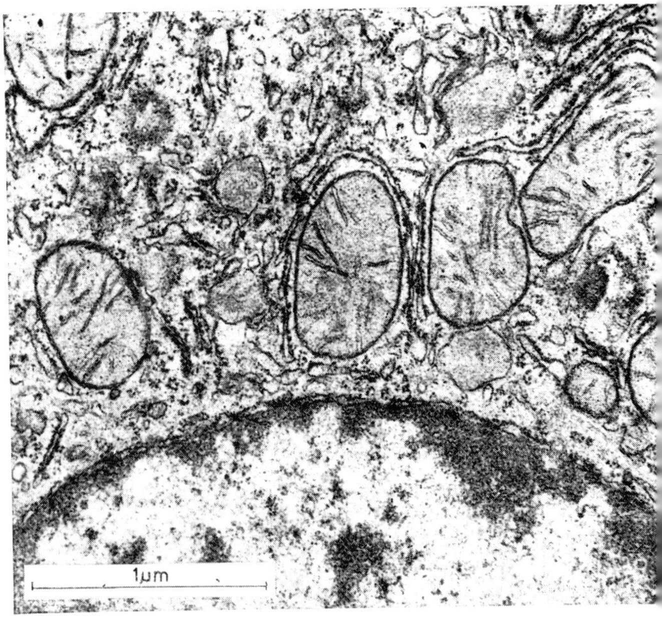

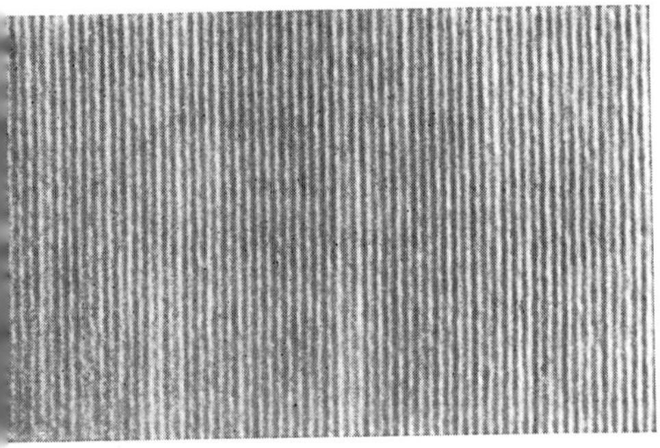

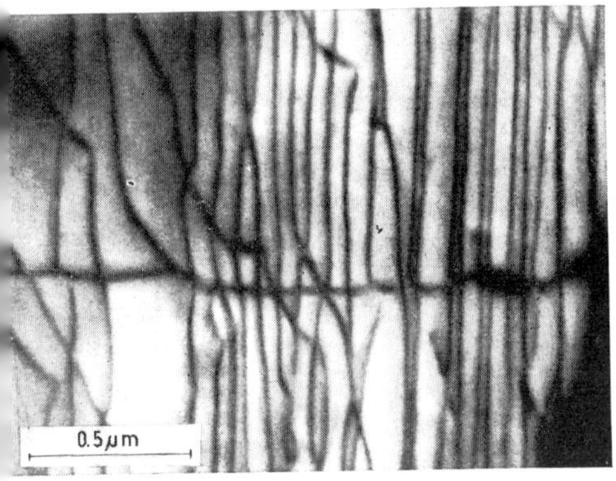

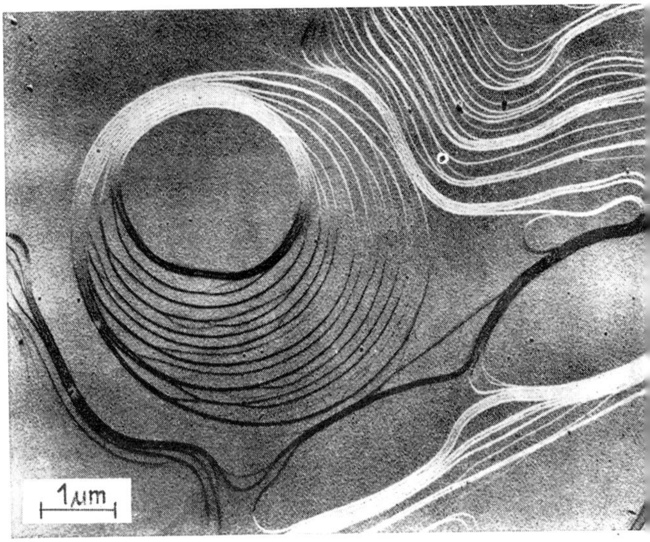

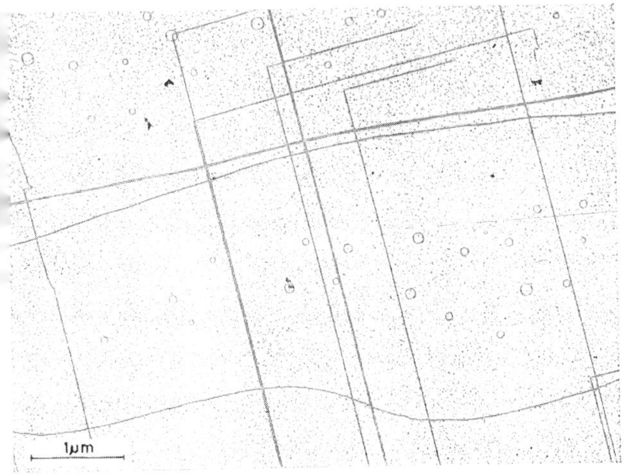

Elektronenmikroskopie II. 1 Aufrauchpräparat (MoO_3-Kriställchen). **2** Dünnschnittpräparat: Leberzelle der Maus. **3** Netzebenenabbildung eines Kupfer-Phthalocyaninkristalls. (201)-Netzebenen. Netzebenenabstand 9,8 Å. **4** Versetzungen in einer dünnen Germanium-Kristallfolie, abgebildet im Beugungskontrast. **5** Wachstumshügel auf der Oberfläche eines NaCl-Kristalls (Platin-Kohle-Abdruck). **6** Gleitlinien (Quergleitung) auf der Oberfläche eines NaCl-Kristalls (Präparationsmethode: Oberflächen-Dekoration)

1
3 2
4 5
6

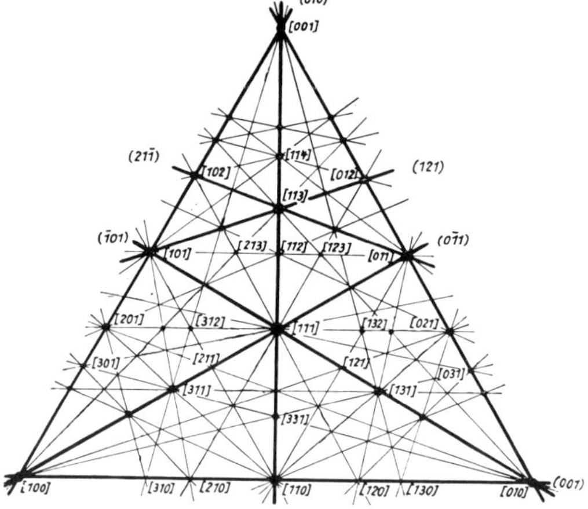

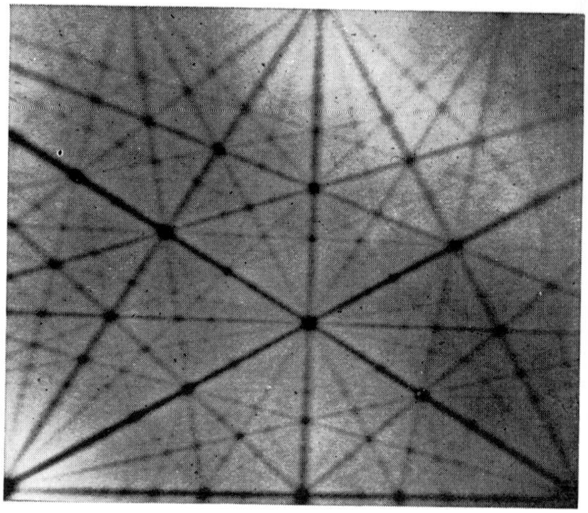

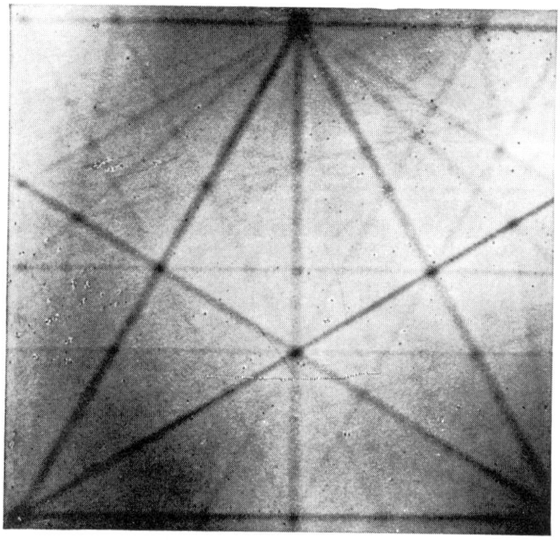

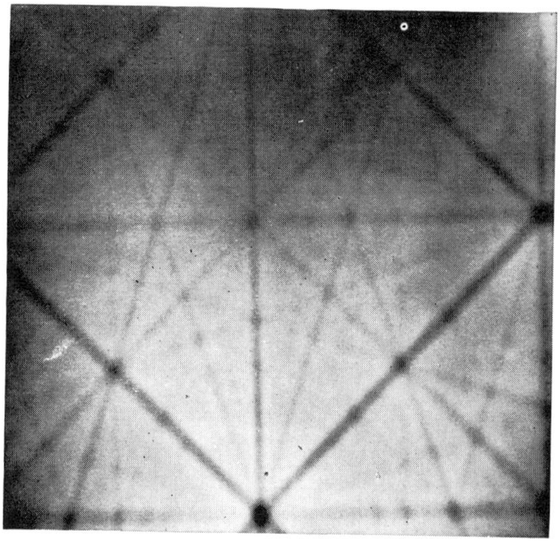

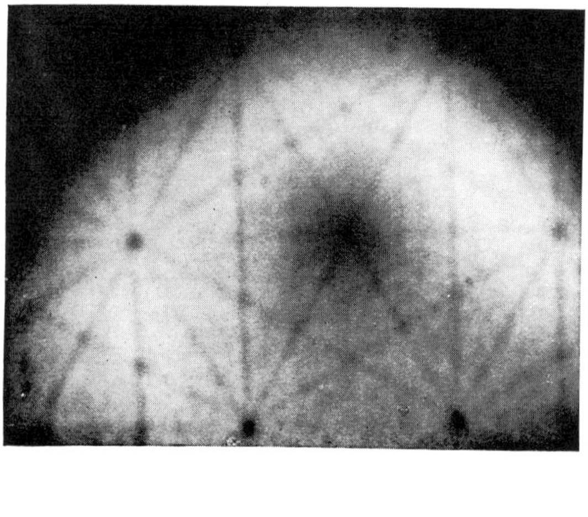

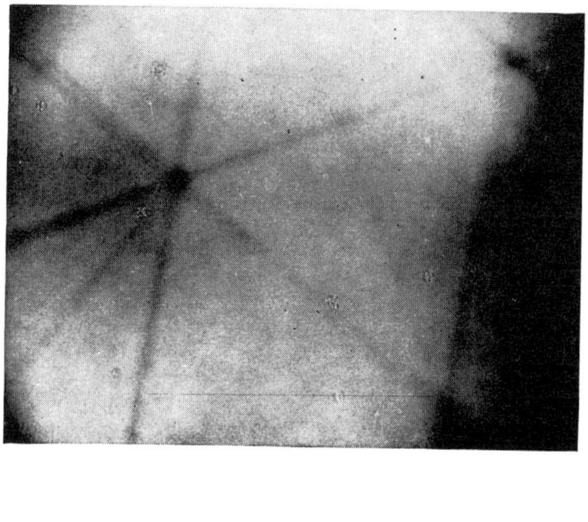

1 2
3 4
5 6

Tafel 52

Ionographie. 1 Berechnetes Protonogramm für ein kubisch raumzentriertes Gitter (in ⟨111⟩-Richtung orientiert). **2** Protonogramm eines kubisch raumzentrierten Kristalls, Molybdän in ⟨111⟩-Richtung orientiert. Protonenenergie 480 keV. **3** Protonogramm eines Kristalls mit Diamantstruktur, Silizium in ⟨111⟩-Richtung orientiert, Protonenenergie 550 keV. **4** Protonogramm eines kubisch flächenzentrierten Kristalls, Gold epitaktisch auf Steinsalz aufgebracht in ⟨100⟩-Richtung orientiert, Protonenenergie 1,0 MeV. **5** Protonogramm einer epitaktisch auf Glimmer aufgebrachten Goldschicht, Zwillingsbildung um die ⟨111⟩-Kristallachse, Protonenenergie 1,0 MeV. **6** Protonogramm einer epitaktisch auf Steinsalz aufgebrachten Goldschicht, Kristallitverkippung um eine ⟨110⟩-Kristallachse, Verkippungswinkel 2°, Protonenenergie 1,0 MeV

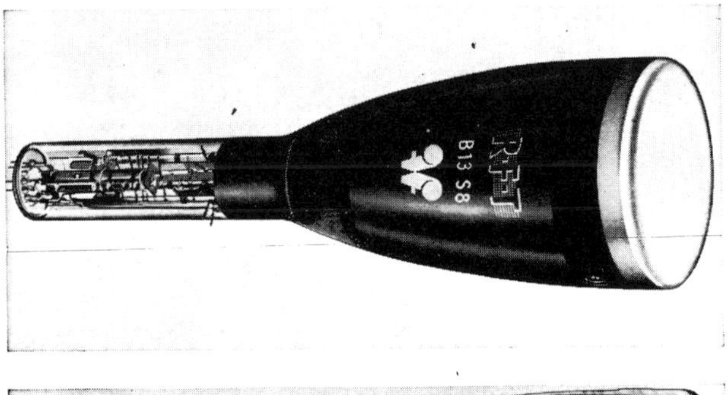

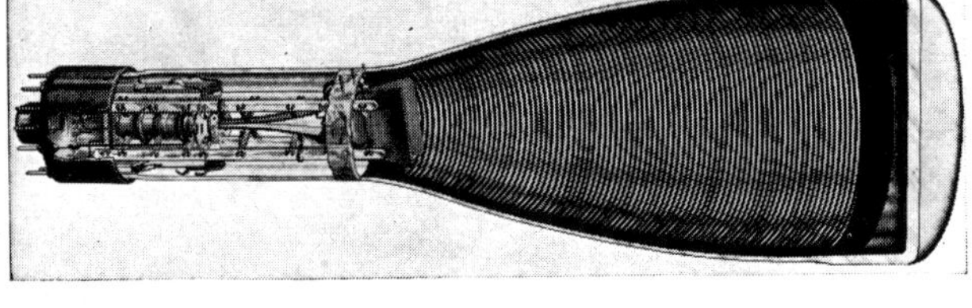

Elektronenröhren. **1** Moderne Elektronenröhren (von links nach rechts): Senderöhre (Originalhöhe 142 mm), Regeltriode, Senderöhre mit 70 W Anodenverlustleistung, Triode für Frequenzen bis 3,75 GHz, Dekadenzählröhre, Ziffernanzeigeröhre, Diode, Doppeltriode, Abstimmanzeigeröhre, Pentode, Doppeldiode, Miniaturtriode (Originalhöhe 29 mm). **2** Systemaufbau einer Pentode (von rechts nach links): Sockel mit Katode, darüber Steuergitter; Sockel mit Katode, Steuergitter, Schirmgitter, Bremsgitter, Halterung für Getter, darüber innere Abschirmung; komplettes Röhrensystem ohne Anodenbleche, darüber Anodenblech; komplettes Röhrensystem; komplettes Röhrensystem nach dem Einschmelzen in den Glaskolben und dem Evakuieren, im Glaskolben oben Getterspiegel. **3** Ansicht einer Oszillographenröhre. **4** Schnittbild einer Oszillographenröhre

1
2
3
4

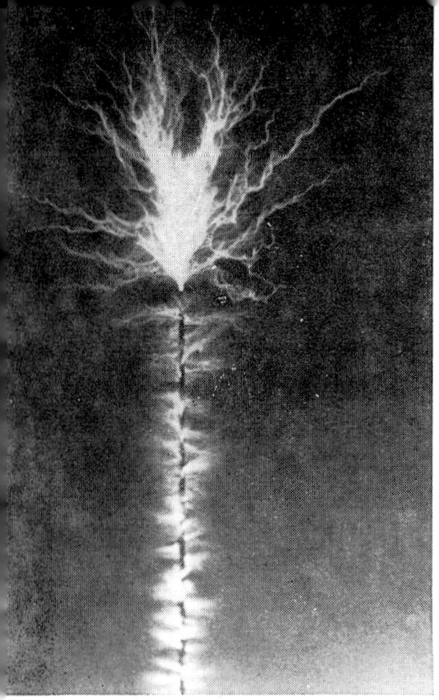
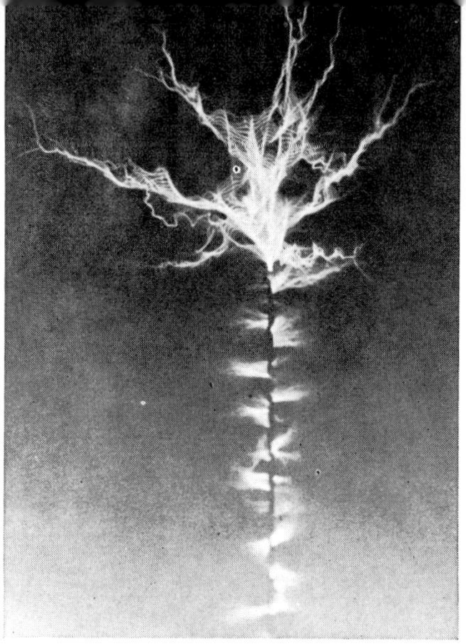
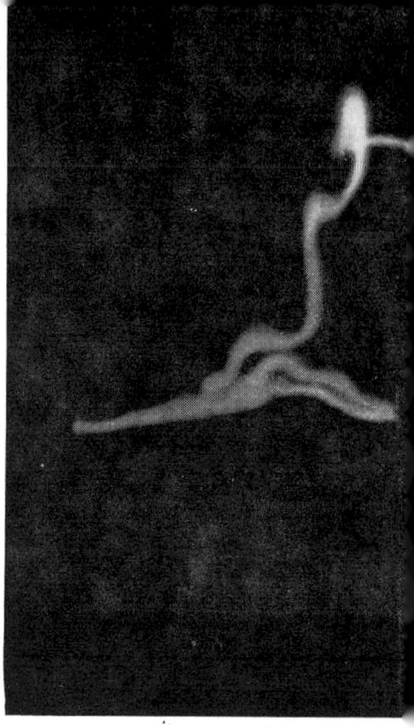

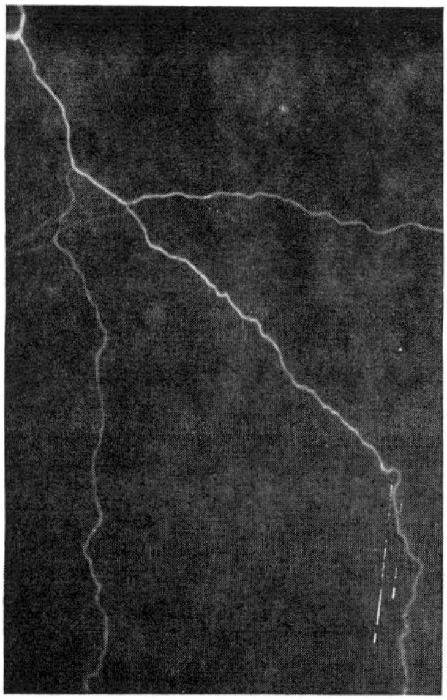
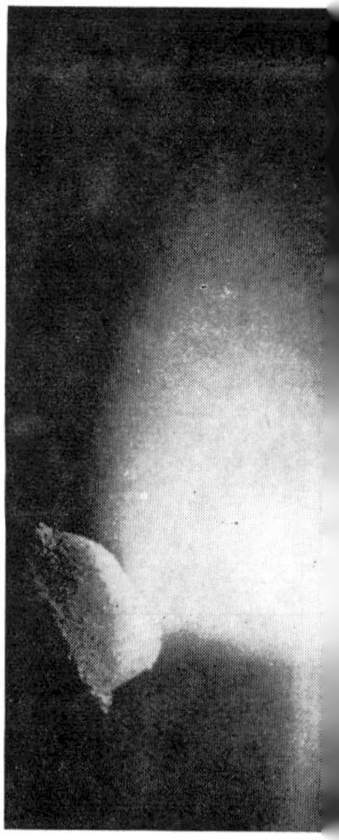

1 2 3
4 5 6
7

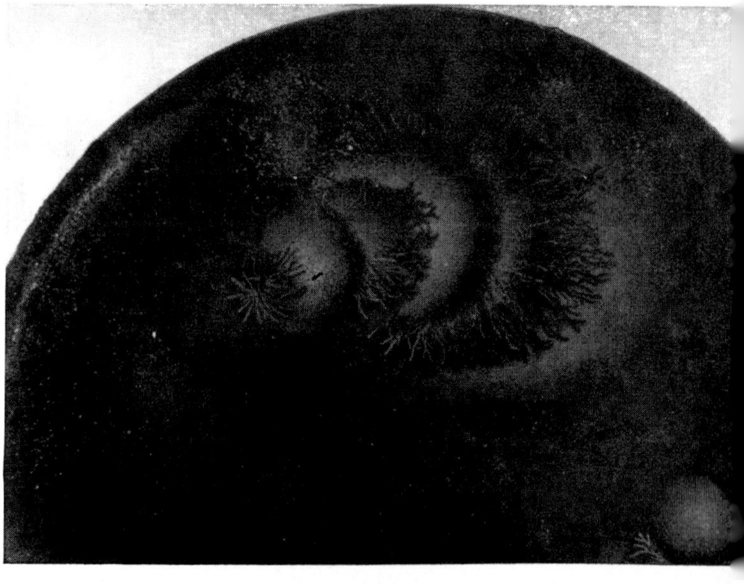

Elektrische Entladungen. 1 und 2 Hochfrequente Büschelentladung an einer Spitze (Tesla-Transformator). **3 und 4** Niederfrequente Funkenentladung an einem Hörnerblitzableiter und einem Kondensator (Franklinsche Tafel). **5** Blitz. **6** Kohle-Lichtbogen. **7** Lichtenbergsche Figuren (durch eine Spitze bewirkte Entladungsform auf einer mit Bärlappsamen bestreuten, isolierenden Platte)

Tafel 54

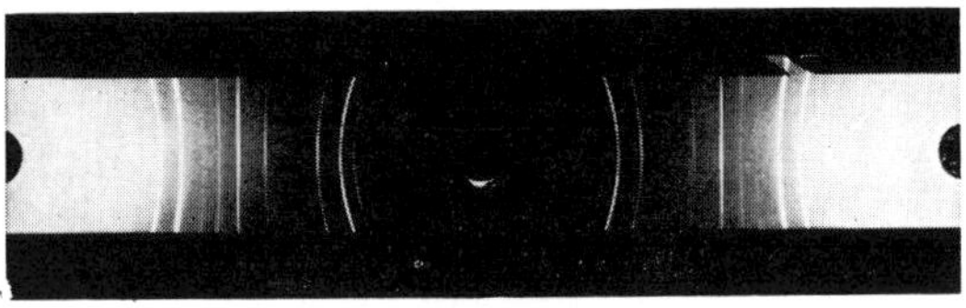

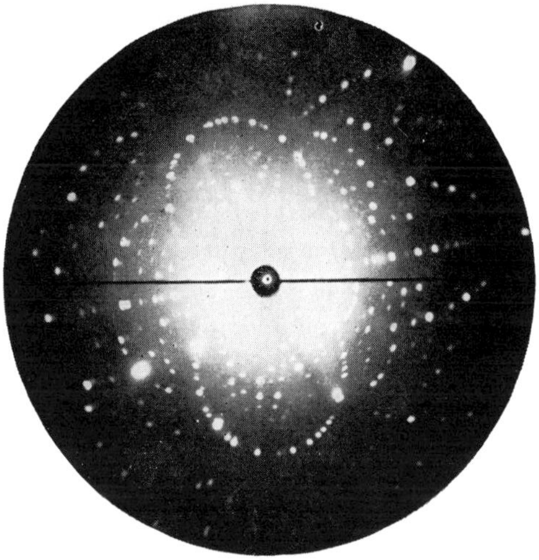

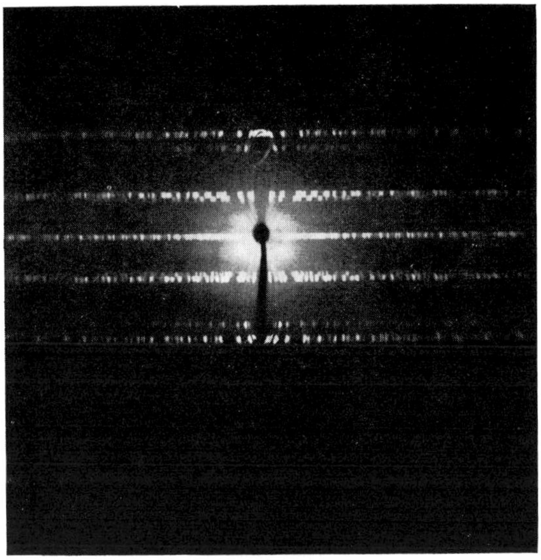

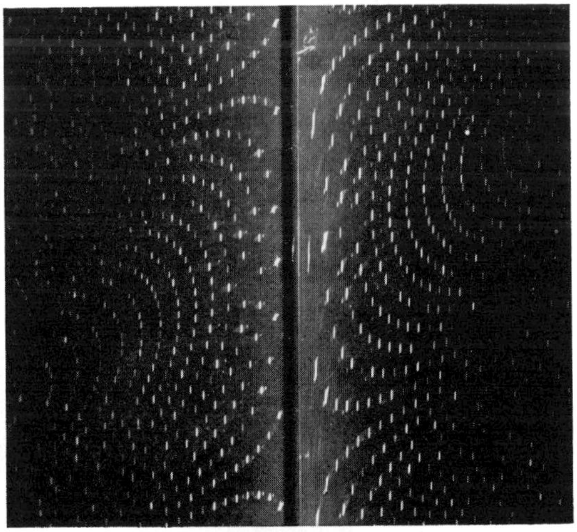

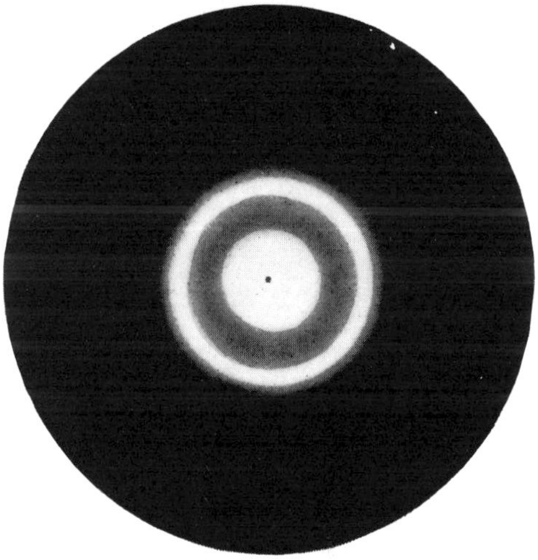

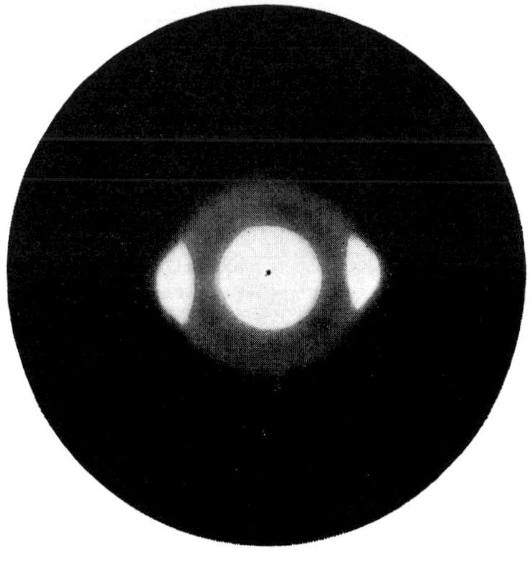

Röntgenaufnahmen von Kristallen — Röntgeninterferenzaufnahmen von Polyäthylen. 1 Debye-Scherrer-Aufnahme von polykristallinem Kupfer. **2** Laue-Durchstrahlaufnahme eines Triglyzinsulfat-Kristalls. **3** Drehkristallaufnahme eines Triglyzinsulfat-Kristalls mit Kobalt-Strahlung. Die Schichtlinien mit Interferenzen stärkerer Schwärzung stammen von der K-Strahlung, die geringerer Schwärzung von der K-Strahlung. **4** Äquiinklinations-Weißenberg-Aufnahme eines Kristalls einer Gadolinium-Komplexverbindung. Hier werden nur Interferenzen einer einzigen Schicht (vgl. Abbildung **3**) abgebildet. Durch Kopplung von Kristalldrehung und Filmtranslation wird die gesamte Filmebene mit Interferenzen belegt. Dadurch kann die bei Drehkristall-Aufnahmen mögliche Überlagerung von Interferenzen vermieden werden. **5** Röntgeninterferenzaufnahme (Flachkammer) von teilkristallinem und durch Verstreckung orientiertem Polyäthylen. **6** Röntgeninterferenzaufnahme (Flachkammer) von teilkristallinem nichtorientiertem Polyäthylen

1
2 3
4 5
6

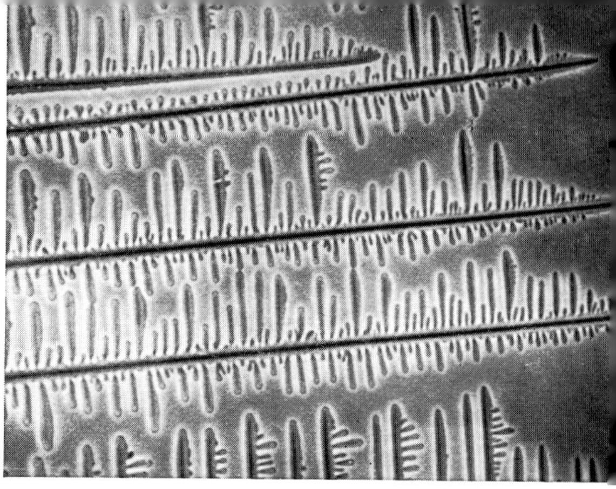

1 3
2 4
5 6

Kristallisation und Wachstumserscheinungen. 1 Durch Abdampfen erhaltene Spiralstufen auf der Oberfläche eines NaCl-Kristalls, mit Hilfe der Golddekoration elektronenmikroskopisch sichtbar gemacht. Vergrößerung 20000fach. **2** Elektrolytisches Kugelwachstum von Silber. Vergrößerung 140fach. **3** In einer Kohlenstofftetrabromidschmelze gewachsene Dendriten. Vergrößerung 300fach. **4** Eisenwhisker, gewachsen durch thermische Zersetzung von Eisenbromid. Vergrößerung 10fach. **5** Rekristallisation von Zinn. Links primäre Rekristallisation, rechts Kornvergrößerung. Vergrößerung 8fach. **6** In wäßriger Lösung gezüchteter Ammoniumdihydrogenphosphat-(ADP)-Kristall. Originalgröße 20 cm

Tafel 56

1 2 3
4 5 6
7 8 9

Kristalle I. 1 Silberfeder. **2** Schwefelkies. **3** Magnetkies. **4** Zinkblende. **5** Antimonglanz. **6** Bergkristall. **7** Rauchquarz. **8** Chalzedon. **9** Achat (angeschliffen)

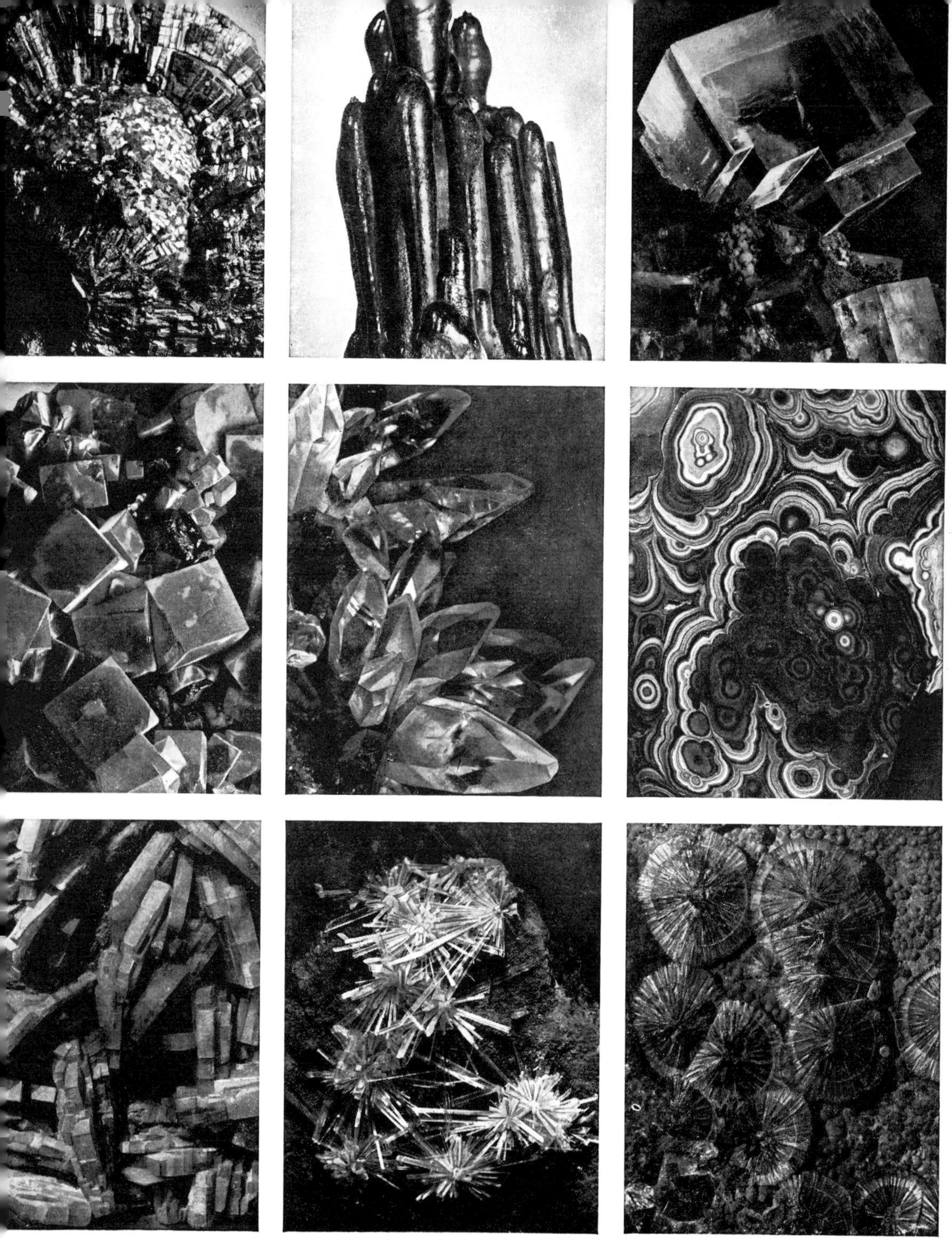

1 2 3
4 5 6
7 8 9

Tafel 58 **Kristalle II. 1** Pyrolusit. **2** Brauneisenerz. **3** Steinsalz. **4** Flußspat. **5** Kalkspat. **6** Malachit (angeschliffen). **7** Schwerspat. **8** Gips. **9** Wavellit

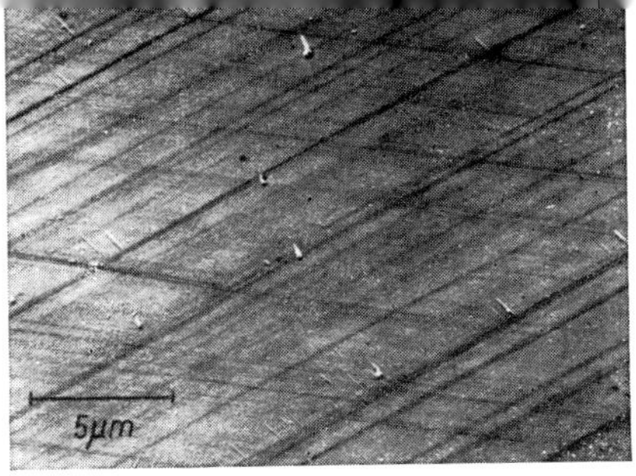

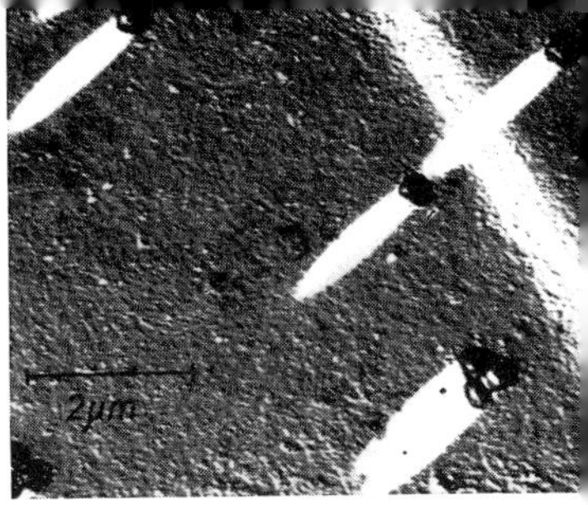

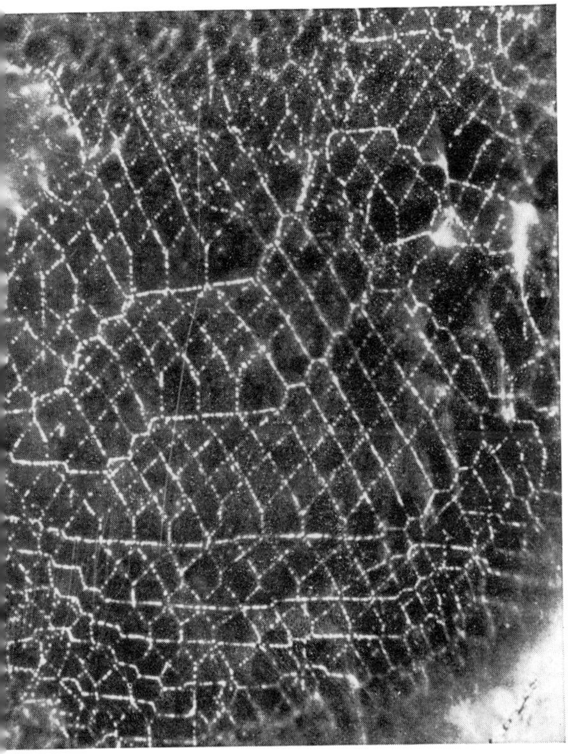

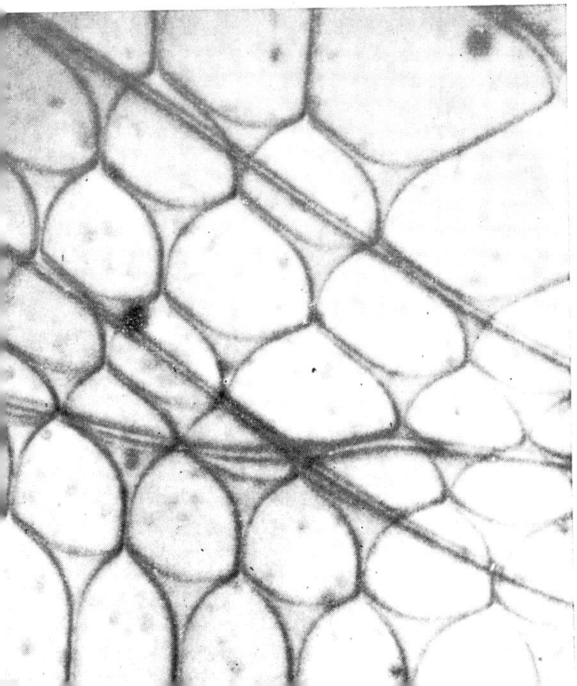

1 2a 2b
3 5
4

Versetzungsnachweis. 1 Durchstoßpunkte von Versetzungen durch eine (100)-Spaltfläche eines NaCl-Einkristalls. Der Kristall wurde unter Wasser gebogen und danach bei 600 °C getempert. Bei der Temperung sind Einzelversetzungen zu Polygonisationsgrenzen zusammengelaufen. Vergrößerung 510fach. **2a und 2b** Gleitspuren eines bei Raumtemperatur um 1% verformten Wolfram-Einkristalls. Elektronenmikroskopische Aufnahme eines Oberflächenabdruckes. Zur Bestimmung der Stufenhöhe der Gleitbänder wurden auf die Probe Latexkügelchen mit bekanntem Durchmesser aufgebracht. Durch einen Vergleich der Schattenlänge von Latexkügelchen auf der nach Platin-Kohle-Bedampfung glatten Oberfläche und in der Nähe eines Gleitbandes kann die Stufenhöhe dieses Gleitbandes gemessen werden. **3** Versetzungsnetzwerk in einem KCl-Einkristall. Lichtmikroskopische Dunkelfeldaufnahme. Vergrößerung 600fach. **4** Versetzungsnetzwerk in einem Graphit-Einkristall. Die in zwei Teilversetzungen aufgespaltenen Versetzungen haben sich bei einem Teil der Knoten eingeschnürt, bei dem anderen Teil ist durch die Linienspannung die Weite der Aufspaltung in den Knoten noch vergrößert. Elektronenmikroskopische Aufnahme im Beugungskontrast. Vergrößerung 12 500fach. **5** Einzelversetzungen, prismatische Versetzungsringe und eine Spiralversetzung in einem Silizium-Einkristall. Die Aufwindung einer Einzelversetzung zu der Spiralversetzung und die Bildung der prismatischen Versetzungsringe erfolgte durch Kletterbewegungen. Während die im Bild hell erscheinenden Versetzungsringe vollständigen Versetzungen entsprechen, stellen die dunkel erscheinenden Ringe Teilversetzungen dar, die einen Stapelfehler beranden. Der Nachweis der Versetzungsstrukturen erfolgte durch die röntgentopographische Methode nach Lang. Vergrößerung 50fach.

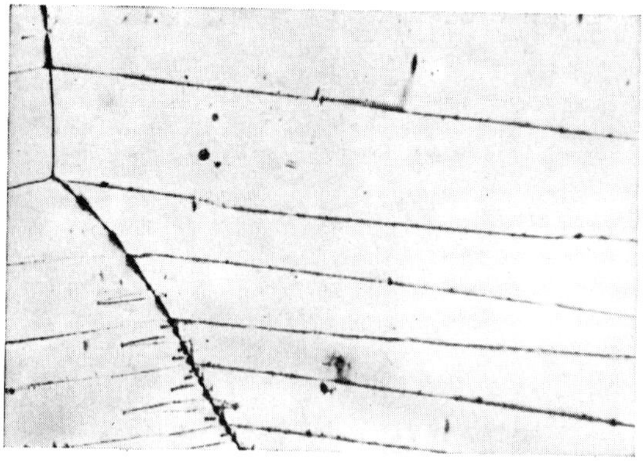

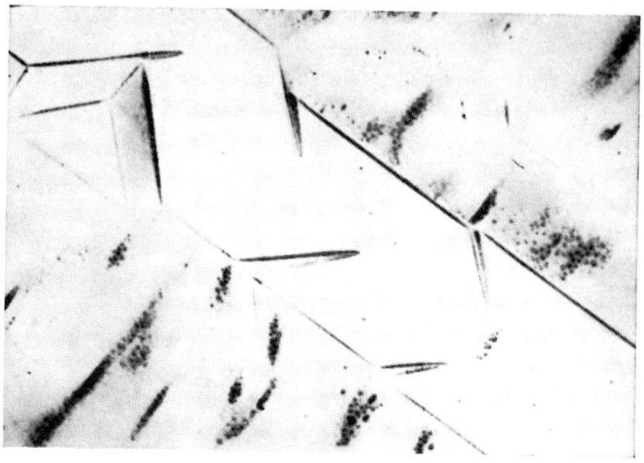

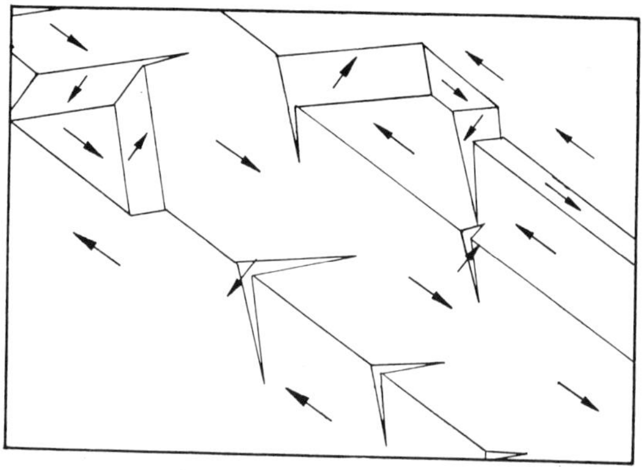

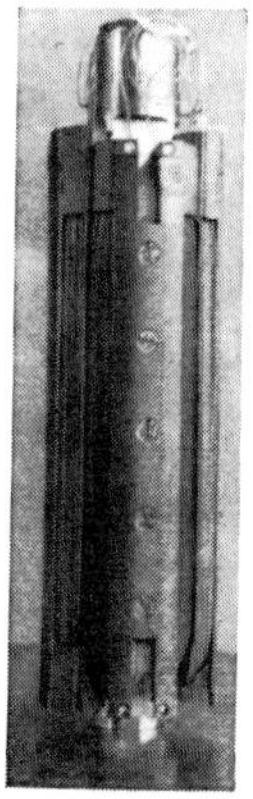

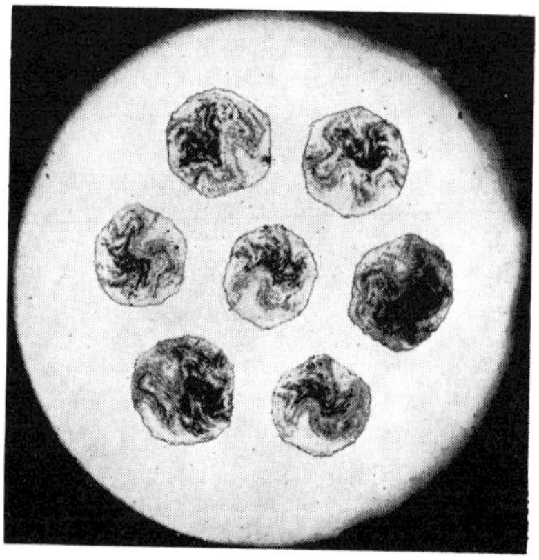

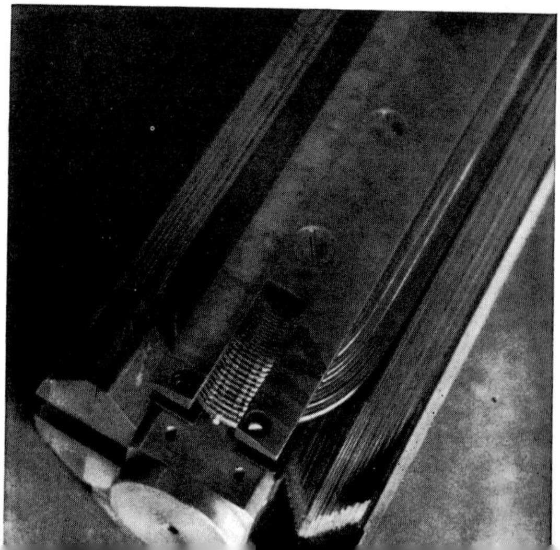

1 2a
2b
3 4 6
5

Magnetische Werkstoffe — Supraleitfähigkeit. 1 180°-Wandstruktur in Fe-3% Si-Texturblech. Die Bereichstruktur setzt sich im wesentlichen ungestört über die Korngrenze fort. Zur Verminderung der durch den geringen Orientierungsunterschied der Körner bedingten magnetischen Streufelder bilden sich an der Korngrenze innerhalb der Bereiche lanzettförmige entgegengesetzt magnetisierte Bezirke („Spikes") aus. **2** Bereichsstruktur mit 90°- und 180°-Wänden auf der (100)-Fläche einer Fe-10% Al-Legierung: **2a** Magnetpulveraufnahme, **2b** wahrscheinliche Magnetisierungsverteilung. **3** Supraleitender Quadrupolmagnet mit zugehörigem Kryostaten. **4** Supraleitender Quadrupolmagnet ohne Armierung, die zur Aufnahme der Kräfte erforderlich ist. **5** Teilansicht des supraleitenden Quadrupolmagneten. Eingelegte Isolierstreifen gewährleisten, daß das Kühlmittel zu den Kühlkanälen Zugang findet. **6** Verbundleiter Kupfer-Supraleiter mit 7 in die Kupfermatrix eingebetteten Supraleiterdrähten. Gesamtdurchmesser 0,5 mm. Schliffbild

Tafel 60

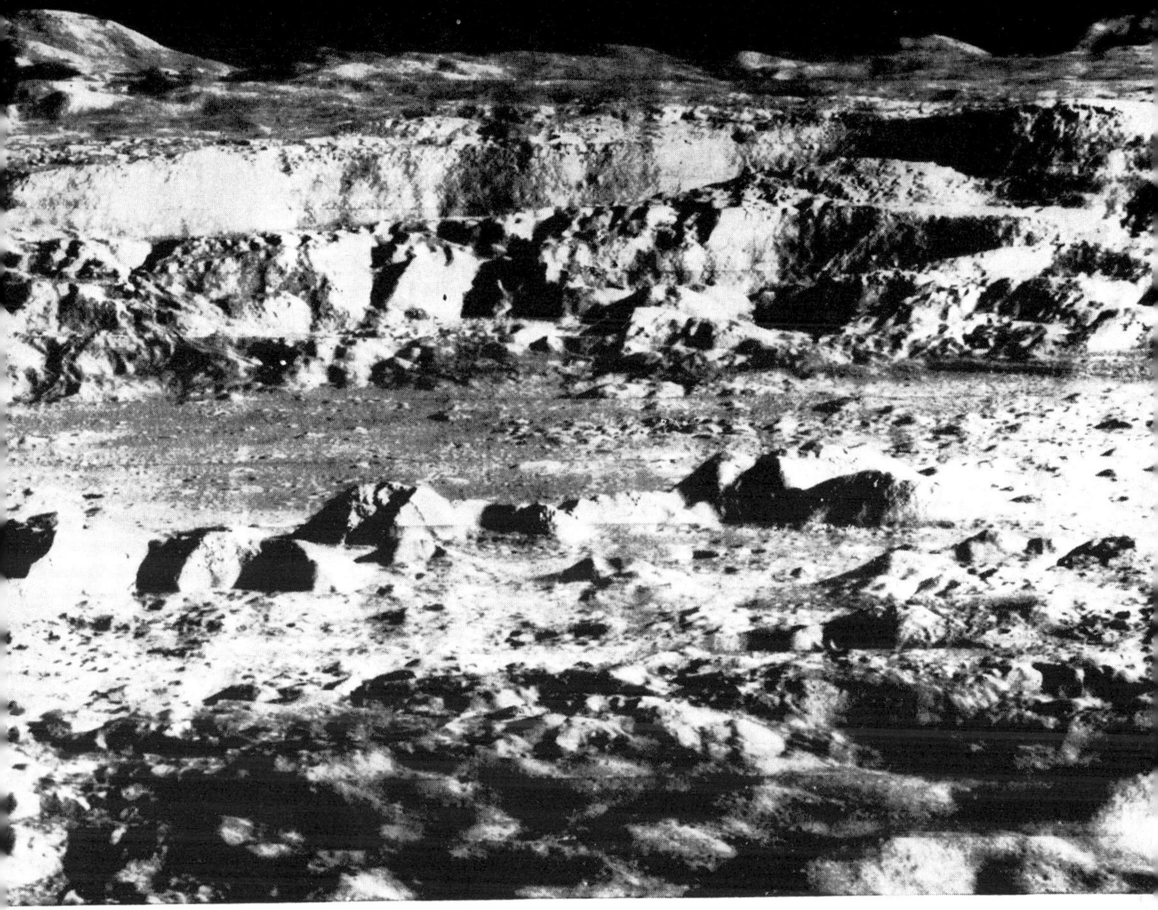

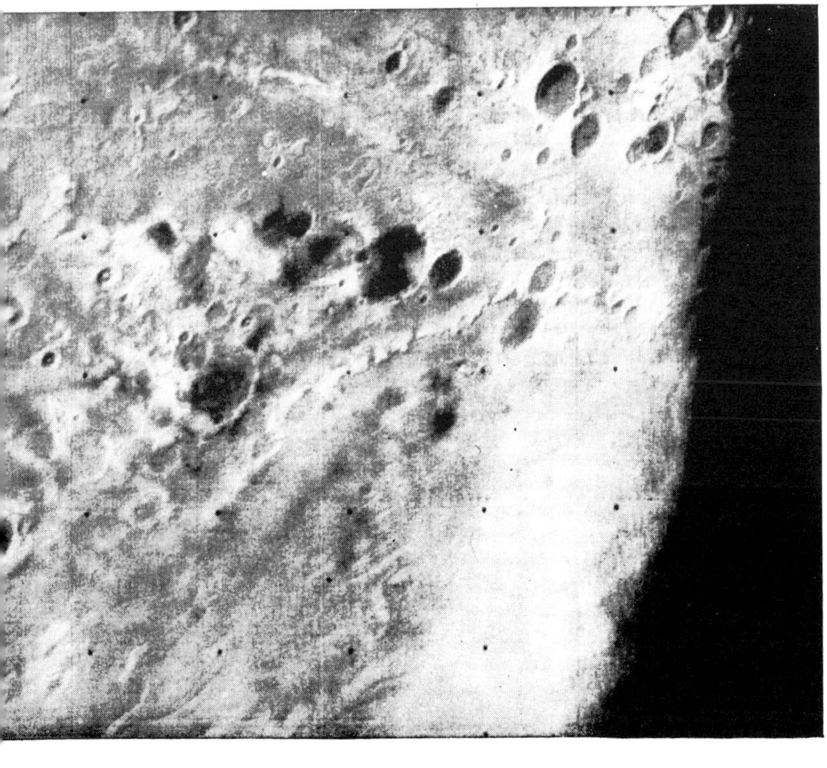

1
2

Astrophysik I. Sonnensystem: **1** Das Innere des Kraters Kopernikus. **2** Das Südpolgebiet des Planeten Mars. Die Schattengrenze zwischen beleuchtetem und unbeleuchtetem Teil der Marsoberfläche verläuft etwa senkrecht nahe dem rechten Bildrand. Es lassen sich eine Vielzahl von langgestreckten oder fleckenartigen Strukturen erkennen, die möglicherweise von gefrorenem Kohlendioxid herrühren

1
2

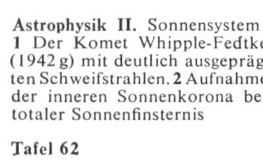

Astrophysik II. Sonnensystem: **1** Der Komet Whipple-Fedtke (1942 g) mit deutlich ausgeprägten Schweifstrahlen. **2** Aufnahme der inneren Sonnenkorona bei totaler Sonnenfinsternis

Tafel 62

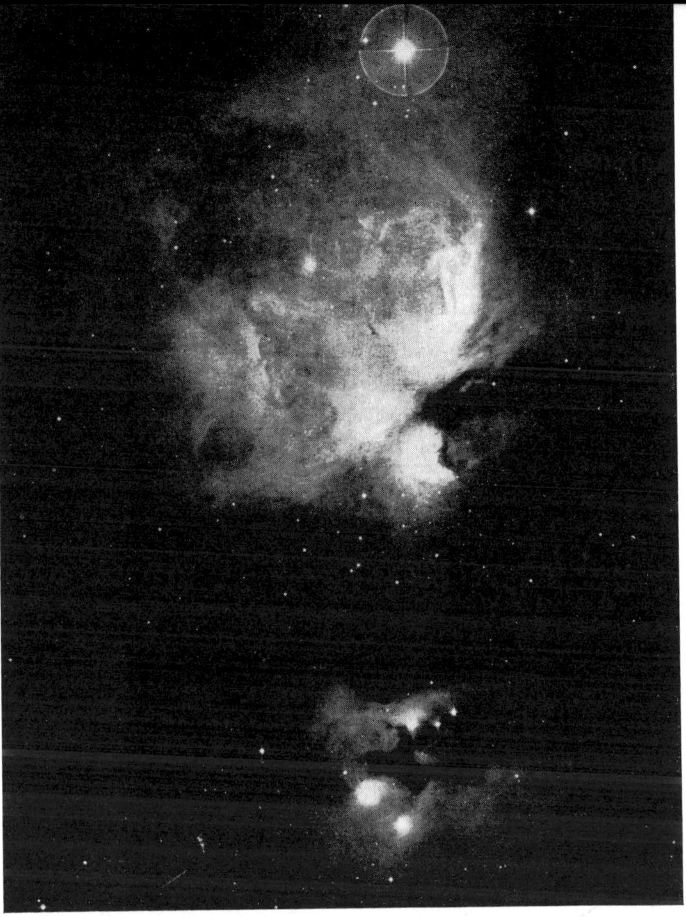

Astrophysik III. 1 Interstellare Materie: Großer Orionnebel. **2** Extragalaktisches Sternsystem: Andromedanebel (M 31). Rechts oben ist der Begleiter NGC 205 zu erkennen. **3** Kugelsternhaufen: M 13 im Sternbild Hercules

1 3
2

Tafel 63

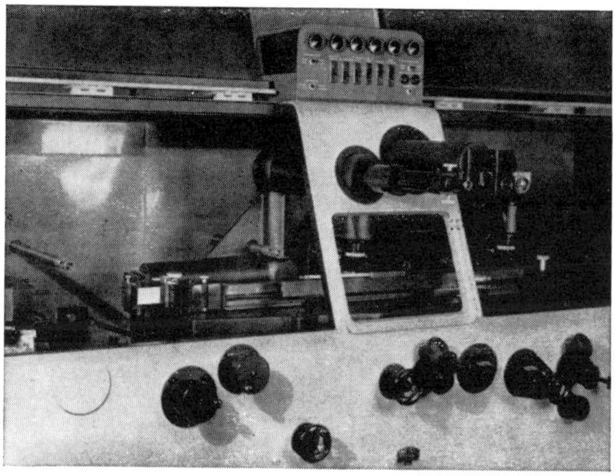

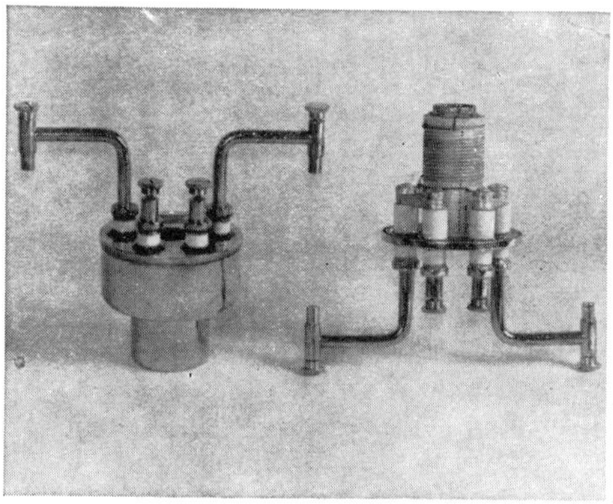

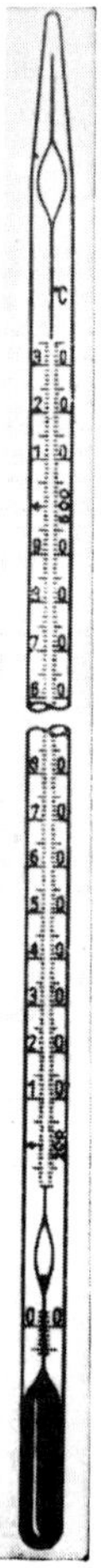

1 2
3 4
5 6
7 8

Etalons. **1** Kilogramm Prototyp Nr. 55 (verkleinert). **2** Kraftmeßbügel mit Meßuhr 10 Mp und 500 kp. **3** Normal-Weston-Elemente (verkleinert). **4** Strichmaß-Endmaß-Komparator. **5** Rockwell-Prüfgerät. **6** Gold-Chrom-Normalwiderstand. **7** Parallelplatten-Ionisationskammer (Etalon für Röntgen-Einheit). **8** Normalthermometer mit unterdrücktem Meßbereich

Tafel 64